SACHREGISTER

Teil Ib: Cephaline–Harnanalyse

CHEMISCHES ZENTRALBLATT

1830 gegründet
1897–1945 von der Deutschen Chemischen Gesellschaft fortgeführt

Herausgegeben im Auftrage
der Deutschen Akademie der Wissenschaften zu Berlin,
der Chemischen Gesellschaft in der DDR,
der Akademie der Wissenschaften zu Göttingen
und der Gesellschaft Deutscher Chemiker
von Prof. Dr. HEINRICH BERTSCH und Prof. Dr. Dr. h. c. WILHELM KLEMM

Chefredakteure
Dr. HELGA VÖLZ und Dr.-Ing. CHRISTIAN WEISKE

AKADEMIE-VERLAG GMBH · BERLIN · VERLAG CHEMIE GMBH · WEINHEIM/BERGSTRASSE

139. JAHRGANG

1968

Chem Zbl. 139. Jg. Sachregister 1968 – Teil Ib: Cephaline – Harnanalyse Berlin 1971

SACHREGISTER

Teil Ib: Cephaline – Harnanalyse

CHEMISCHES ZENTRALBLATT

1830 gegründet
1897—1945 von der Deutschen Chemischen Gesellschaft fortgeführt

Herausgegeben im Auftrage
der Deutschen Akademie der Wissenschaften zu Berlin,
der Chemischen Gesellschaft in der DDR,
der Akademie der Wissenschaften zu Göttingen
und der Gesellschaft Deutscher Chemiker
von Prof. Dr. HEINRICH BERTSCH und Prof. Dr. Dr. h. c. WILHELM KLEMM

Chefredakteure
Dr. HELGA VÖLZ und Dr.-Ing. CHRISTIAN WEISKE

139. JAHRGANG
1968

AKADEMIE-VERLAG GMBH · BERLIN · VERLAG CHEMIE GMBH · WEINHEIM/BERGSTRASSE

Herausgeber: Prof. Dr. Heinrich Bertsch, Berlin, und Prof. Dr. Dr. h. c. Wilhelm Klemm, Münster
Stellvertretende Herausgeber: Prof. Dr.-Ing. Dr. rer. nat. h. c. Eberhard Leibnitz, 104 Berlin, Schiffbauerdamm 19, Fernsprecher: 42 55 71
und Prof. Dr.-Ing. Bertold Reuter, 1 Berlin 30, Geisbergstraße 39. Fernsprecher: 2119091
Chefredakteure und verantwortlich für den Inhalt: Dr. Helga Völz, 104 Berlin, Schiffbauerdamm 19, Fernsprecher: 42 55 71
und Dr.-Ing. Christian Weiske, 1 Berlin 30, Geisbergstraße 39, Fernsprecher: 2119091
Stellvertretender Chefredakteur: Dr.-Ing. Günter Pötzscher, 1 Berlin 30, Geisbergstraße 39, Fernsprecher: 2119091

© 1969

Akademie-Verlag GmbH, 108 Berlin, Leipziger Str. 3–4 (Fernsprecher: 220441, Telex-Nr. 0112020) und Verlag Chemie GmbH,
6940 Weinheim/Bergstr. Pappelallee 3 (Fernsprecher: (06201) 3635; Fernschreiber: 465516 vchwh d). Bestellnummer: 1007/139
Preis des 139. Jahrganges einschl. Autoren-, Patent-, Sach- u. Formelregister: 3200,–; einseitig bedruckte Ausgabe: 3700,–.
Abgabe der Zeitschrift nur mit sämtlichen Registern.

Satz u. Druck: Leipziger Druckhaus · Grafischer Großbetrieb · III/18/203
Veröffentlicht unter der Lizenznummer 1273 des Presseamtes beim Vorsitzenden des Ministerrates
Printed in Germany

Vorwort

zum Sachregister 1968

Im Vergleich zu früheren Sachregistern wurde folgendes geändert:

Organische Verbindungen, deren Summenformeln zur Zeit der Bearbeitung bekannt waren, wurden im Formelregister registriert. Definierte Verbindungen mit einem Trivial- bzw. Handelsnamen erhielten im Alphabet des Sachregisters einen Hinweis auf die entsprechenden Formeln. Trivial- bzw. Handelsnamen von Gemischen aus definierten Verbindungen wurden im Sachregister geführt.

Neu aufgenommen wurden die Stichwörter: Ferro-, antiferro- und ferrimagnetische Resonanz; Jahn-Teller-Effekt; Kernquadrupolresonanz; Mikroorganismen, Spezielle Mikroorganismen.

Gestrichen wurden die Stichwörter: Bakterien, Bakteriophagen, Mikroben, Pilze und Viren (umgelegt nach Mikroorganismen, Spezielle Mikroorganismen).

Stichwortbearbeitung: Die Anordnung der Stichwörter erfolgte wie bisher nach sachlichen Gesichtspunkten. Bei Stichwörtern mit größerem Umfang wurden die Sachverhalte durch Absätze bzw. Unterüberschriften kenntlich gemacht.
Die speziellen Mikroorganismen wurden unter dem Stichwort Mikroorganismen, Spezielle Mikroorganismen in alphabetischer Folge aufgeführt.

Abkürzungen: Im Sachregister wurden die in den Referateheften zugelassenen Abkürzungen angewandt. Außerdem wurden die Wortendungen . . . ung (ausgenommen Atmung, Streuung, Verdauung), . . . ich, . . . ig und . . . ion durch einen Punkt, die Endsilben keit(en) und heit(en) durch k. bzw. h. ersetzt. Ferner wurden folgende Abkürzungen benutzt:

d. = der, die, das, dem, den
v. = vom, von

Manuskriptbearbeitung: Dipl.-Chem. Sigrid Dehmlow, Dr. Irmgard Delius, cand. rer. nat. Jutta Dikau, Dipl.-Ing. Ingrid Froelich, Dipl.-Chem. Udo Geisler, Dipl.-Chem. Achim Günther, Dipl.-Chem. Eva Hunger, Chem.-Ing. Marlis Ihme, Dr. Hermien Kartono, Dr. Werner Krietsch, Dipl.-Chem. Edith Kronacher, Dipl.-Chem. Eva Krüger, Dr. Horst Liepack, Dipl.-Ing. Gisela Maier, Dipl.-Ing. Zbigniew Mika, Dipl.-Chem. Herbert Müller, Dipl.-Chem. Sylvia Oelsner, Dipl.-Phys. Manfred Piwonski, Dr.-Ing. Günter Pötzscher, Dipl.-Chem. Vera Prill, Dipl.-Chem. Wolfgang Räck, Margarete Reiff, Dipl.-Ing. Joachim Richter, Margret Rodegast, Dipl.-Ing. Elfriede Rosdorff, Dipl.-Chem. Ingrid Schmidt, Dipl.-Chem. Isadora Schreiber, Dipl.-Phys. Hans-Dietrich Schwartz, Dipl.-Ing. Galip Sertcan, Dr. Klaus Steiner, Dipl.-Phys. Dorle Streubel, Dipl.-Chem. Joseph Stumbek, Dr. Edit Ulbrich, Dr.-Ing. Nikolaus Ullmann, Dipl.-Chem. Rosemarie Werner, Dr. Maria Winter.

An der **Vorbereitung des Manuskripts** waren außerdem beteiligt:

Chem.-Ing. Gerda Aalburg, Dipl.-Chem. Marianne Bautze, Dipl.-Chem. Wolfgang Betcke, Chem.-Ing. Ilse Blücher, Dipl.-Ing. Ingeborg Buchta, Dipl.-Chem. Lisa Bürger, Dipl.-Chem. Hugo Christen, Dr. Viktor Dobrusskin, Dr. Helene Fröhlich, Chem.-Ing. Dorothea Garbe, Beate Geffe, Dipl.-Chem. Karla Gottwald, Dr. Margret Hänel, Dipl.-Chem. Inge Hahnefeld, Dipl.-Chem. Hildegard Heckner, Chem.-Ing. Ingrid Heidrich, Dipl.-Chem. Gertraut Herper, Stud.-Ass. Renate Hünnebeck, Chem.-Ing. Heinz Jablokoff, Dr. Dieter Jäkel, Hannelore Jehne, Dipl.-Chem. Renate John-Bilal, Dr. Armin Jungblut, Dipl.-Phys. Klaus Kaffanke, Dipl.-Chem. Christel Kahler, Dr. Hellmut Karge, Dr. Barbara Keil, Bärbel Kirkorowicz, Dipl.-Phys. Günther Klotz, Dipl.-Ing. Uta Knappe, Dipl.-Chem. Margret Koppe, Dipl.-Phys. Wolfgang Kunath, Dipl.-Lebensmittelchem. Christa Lehmann, Dipl.-Chem. Winfried Luft, Dipl.-Ing. Ruth Mattner, Dr. Jörg Melsheimer, Dr. Steffi Mohrmann, Dipl.-Ing. Marietta Moldenschardt, Dipl.-Chem. Hildegard Neumann, Anneliese Nuck, Dr. Evelyn Otto, Hans-Georg Peter, Dr. Rosemarie Reinhardt, Chem.-Ing. Marlies Rielat, Chem.-Ing. Eva Schmidt, Dr. Dieter Schmitt, Chem.-Ing. Waltraud Schmitt, Dipl.-Chem. Hans-Jürgen Schönherr, Chem.-Ing. Rita Sensz, Dr. Horst Sternberg, Dipl.-Chem. Siglinde Stiehl, Dr. Ingeborg Störig, Dietmar Strauch, Dipl.-Chem. Wolf-Dieter Streubel, Dipl.-Chem. Gert Teska, Dipl.-Chem. Ursula Venzke, Dipl.-Phys. Dieter Vetterkind, Gisela Völter, Dipl.-Chem. Irmela Wendlandt, Dr. Wolfgang Werner, Dr. Harry Wielgosch, Dr. Irma Wilke, Lebensmittelchem. Marianne Willgallis, Dipl.-Lebensmittelchem. Edeltraud Witke, Dipl.-Chem. Dieter Wolke, Dipl.-Ing. Fritz Wolter, Chem.-Ing. Armin Wosche, Dr. Ilse Zoll.

Berlin, März 1971

Dr. Helga Völz Dr.-Ing. Christian Weiske

Cephaline (Kephaline)

Lysocephaline s. dort; s. auch *Lipoide*; *Phosphatide*.

Vorkommen, Gehalt, Zusammensetzung: Vork. v. Serin- u. Äthanolaminphosphoglycerid: in Lipomyces lipofer 14-1329; in Pilzen 10-1332; Vork. v. Phosphatidyläthanolamin: in Kinetoplasten 20-1390; in d. Zellmembranen v. Microbacterium ammonia philum 26-1400; in E. coli K-*12* 27-1496; u. Phosphatidylserin in d. L-Form v. Proteus P_{18} 32-1493; in Actinomycetales 43-1278; u. -N-monomethyläthanolamin in Thiobacillus thiooxydans 43-1289; in Streptomyces siogaensis 45-1389; – v. Streptomyces olivaceus 47-1424; Phosphatidyläthanolamingeh. v. Holotrichia-Arten 47-1521.

Geh. in Opium 1-1319; Vork. v. Phosphatidyläthanolamin u. Phosphatidylserin: im Apfelparenchym 15-1487; in Rizinussamen 25-1491.

Geh. im Myelin aus d. weißen Hirnsubstanz 1-1085; Bestandteil d. menschl. Speichels 9-1390; Geh. v. Phosphatidyläthanolamin im Kükenserum (in vivo-Einbau v. ^{32}P) 10-1463; Vork. v. Phosphatidylserin u. -äthanolamin in Extrakten aus Retinastäbchen (Wrkg. v. Licht) 10-1538; Veränder. in d. Konz. v. Phosphatidylserin u. -äthanolamin bei Nierenschädig. infolge v. CCl_4 10-1551; Phosphatidylserin im menschl. Serum 11-1468; Geh. an Phosphatidyläthanolamin u. Phosphatidylserin: d. Rinderherz-Ventrikels 11-1519; d. Glucose-6-phosphatdehydrogenasedefizienten-roten Blutkörperchen in Ggw. v. Nitrofurantoin u. Acetylphenylhydrazin 12-1475; Calamin-– d. Leber nach Ganzkörperbestrahl. mit letalen Röntgendosen 13-1547; Geh. im Plasma bei Patienten mit Leberkrankh. 14-1527; Phosphatidyläthanolamin- u. Phosphatidylseringeh. d. Myelins aus d. peripheren Nervensyst. 14-1530; Geh. an Phosphatidyläthanolamin im Plasma (Einfl. v. Lebertransplantat.) 16-1625; – d. Schweineerythrozyten 18-1474; Geh. an Serinphosphatid: u. Äthanolaminphosphatid in Muskeln 18-1529; im Rinderhirnmyelin 18-1536; Vork. v. Phosphatidyläthanolamin u. Phosphatidylserin im Nebennierenmark 20-1176; Geh.: in Leber u. Serum nach orthotop. Lebertransplantat. beim Hund (chromatograph. Unters.) 20-1568; an Phosphatidyläthanolamin u. -serin in Litomosoides carinii 21-1598; – in d. Erythrozyten d. Schafes 23-2217; Geh. an Phosphatidyläthanolamin in testikularen u. ejakulierten Widderspermatozoen 24-1654; N-substituierte Aminoäthanolphosphorsäureester in Hirn u. Leber 24-1682; Geh. an Phosphatidyläthanolamin in d. äußeren Segmentscheibe d. Rinderretina 24-1692; Geh. an Phosphatidylserin: im Androgen-aktivierten Sexualsegment d. Niere d. ind. Hauseidechse 25-1561; in menschl. Leukozyten in Bezieh. zum Zelltyp 26-1577; Geh. an Phosphatidyläthanolamin in d. Schweineaorta 27-1719; Altersverteil. d. Serum-– 29-1657; Äthanolaminglycerophosphatidgeh.: d. Mitochondrien aus Rinderherz, -leber u. -niere 37-1279; u. Phosphatidylseringeh. d. Leber beim sich entwickelnden Kükenembryo 37-1671; Vork. v. Äthanolaminphosphoglycerid: im Myelin d. brachialen Plexus v. Saimiri sciureus 37-1711; in Fossilien 38-1596; Vork. in Erythrozyten v. Säugetierarten 38-1653; Phosphatidyläthanolamin: d. menschl. Gaumenmandeln 39-1403; v. Lecanium horii 39-1408; Verteil. v. Serin- u. Colamin-– in d. Kornea d. Rindes 47-1676.

Phosphatidyläthanolamin im β-Lipoprotein v. Serum u. Cerebrospinalfl. 46-1430.,

Zus. v. Phosphatidyläthanolamin aus Bakterienmembranphospholipiden nach enzymat. Hydrolyse 26-1429; Verteil. d. Posit. v. Fettsäuren in Phosphatidyläthanolamin aus Mycobakterien 41-1316; Fettsäurezus. v. Phosphatidyläthanolamin u. Phosphatidylserin d. Epidermis 46-1169.

Bildung, Darstellung: Biosynth. v. Phosphatidyläthanolamin 10-1262; Bldg. in Rattenlebermikrosomen 22-1651; Bezieh. zwischen d. Biosynth. v. Phosphatidyläthanolamin u. Fettsäuren in Chlorella vulgaris 24-1513; Bldg. v. Phosphatidyläthanolamin im Gehirn 24-1683; Geschw. d. Biosynth. v. Phosphatidyläthanolamin bei d. Membranbldg. bei Tetrahymena pyriformis 25-1481; Biosynth. v. Phosphatidyläthanolamin: in d. Rattenleber 25-1651; in E. coli K-*12* 27-1497; Synth. v. Diacylglycerylphosphoryläthanolamin in d. Plazenta 34-1279; Phosphatidyläthanolaminsynth. während d. Flugmuskelentw. bei Hyalophora cecropia 37-1694; Synth.: v. Phosphatidyläthanolamin u. Phosphatidylserin durch Hirnschnitte 40-1456; d. phosphon. Analoga d. – bei Tetrahymena 45-1403; v. Phosphatidyläthanolamin in d. Lunge 45-1645.

Einbau: radioakt. Vorstufen in Phosphatidyläthanolamin im Apfelparenchym 15-1488; v. $^{32}P_i$ in Phosphatidylserin u. -äthanolamin d. Hirns v. Ratten mit u. ohne Gewöhn. sowie Morphin-abstinenten Tieren (Einfl. v. Morphin) 17-1723; v. $^{14}C_{(1)}$-Linolsäure in d. Phosphatidyläthanolaminfrakt. d. Rattenleber (Wrkg. v. CCl_4) 22-1652; v. Polyenfettsäuren in Phosphatidyläthanolamin in d. Gewebekultur v. HeLa-Zellen 23-1264; v. Linolsäure u. Eikosadiensäure in Phosphatidyläthanolamin 28-1240; Einbau v. ^{32}P: in Phosphatidyläthanolamin d. Aorta u. Koronararterien 37-1692; in d. – d. Erythrozyten 44-1438; Einbau v. ^{32}P-Orthophosphat in Phosphatidyläthanolamin durch menschl. Erythrozyten-Ghostzellen 44-1439.

Phosphatidyläthanolamin aus d. Lipidextrakten v. Säugetiergeweben 43-1490; Trenn. v. Phosphatidyläthanolamin aus Spinatblättern u. Chloroplastenlamellen 14-1388.

Physikalisches und physikalisch-chemisches Verhalten: Physikal. Eig. monomol. Schichten d. synthet. 2.3-Diacyl-DL-phosphatidyläthanolamine mit trans.-Doppelbind. 35-1192; Permeabilität v. fl. Krist. v. Phosphatidylserin für univalente Ionen 29-1281.

Reaktionen: Hydrier. an Pd-Katalysatoren 15-2248; Wechselwrkg.: v. Phosphatidylserin–Metall-Komplexen mit Äthylendiamin, Polyaminosäuren u. Protein 20-1460; zwischen Phosphatidyläthanolamin d. Gehirns u. „Strukturprotein" 21-1727; Bind. v. Noradrenalin an Phosphatidylserin 30-1426; Hemm. d. durch γ-Strahlen induzierten cis–trans-Isomerisat. v. ungesätt. Bind. in Rinderfett durch – 44-2967.

Biochemisches und physiologisches Verhalten: Hydrolyse v. monomol. Filmen v. ^{32}P-Phosphatidyläthanolamin mit Phospholipase A 12-1237; Abbau v. Phosphatidyläthanolamin durch Phospholipase in Rattenlebermikrosomen 19-1403; Hydrolyse v. menschl. Leukozyten-Phosphatidyläthanolamin durch Schlangengiftenzyme 37-1398; Katalaseaktivität in Silicagel u. –-Schichten 18-1244; aktivierende Wrkg. v. Phosphatidylserin u. Phosphatidyläthanolamin auf d. (Na^+–K^+)-aktivierte ATPase aus Niere u. Gehirn d. Ratte 21-1469; Phosphatidyläthanolamin als Substrat d. Cyclopropansynthetase 36-1406; Einfl. auf d. aktivierende Wrkg. v. Autoprothrombin C auf Präthrombin 40-1279; Umsatz v. Phosphatidyläthanolamin u. -serin in E. coli 51/52-1339; Verfüttern v. Phosphatidyläthanolamin an Ratten 17-1598; Phosphatidylserin- u. -äthanolaminstoffwechsel in Mitochondrien u. Mikrosomen d. Kaninchenleber während d. Entw. 13-1528.

Analyse: Best. v. Serinphosphatid u. Phosphatidyläthanolamin 33-1631.

Cephaloridin s. unter $C_{19}H_{17}N_3O_4S_2$.

Cephaloridin (E) s. unter $C_{19}H_{17}N_3O_4S_2$.

Cephalosporin C s. unter $C_{16}H_{21}N_3O_8S$.

Cephalosporin C_A s. unter $C_{19}H_{22}N_4O_6S$.

Cephalosporin C_C s. unter $C_{14}H_{17}N_3O_6S$.

Cephalosporine, Cephalosporansäuren (*3.* **Mitt.**) 1-0892, 19-1222; – (*4.* **Mitt.**) 30-1315; Chemie (*10.* Mitt.) 42-1298; Biosynth. 3-1332, 46-1320; synthet. Unters. an mit Cephalosporin C verwandten Verb. 3-1018; **Darst.:** v. – 7-1098; v. Cephalosporin C_A-Deriv. (Antibiotika) 7-1758*; v. Benzylcephalosporin C_A-Deriv. d. Pyridins (Antibiotika) 7-1759*; v. – (Antibiotika) 17-1852*; v. inneren 7-[Thienylacetylamino]-desacetyloxymethyl-3-pyridiniummethylcephalosporansäuresalzen (Antibiotika) 17-1853*; v. 7-[1′.2′.3′.4′-Tetrahydronaphthylmercaptoacetylamino]-]cephalosporansäuren (Heilmittel) 27-1948*; v. Zwischenprod. 40-1624*; v. Acylaminocephalosporansäuren (antibiot. Wrkg.) 47-1810*; biolog. u. chem. Unters. (Übersicht) 46-1547; biochem. Wrkg.-Mechanismus 13-1317; Hemm. d. durch β-Lactamase hervorgerufenen Zers. v. Cephaloridin u. Cephalothin durch andere – 25-1455; bakteriolog. u. pharmakolog. Eig. v. neuen – 18-1317; Wrkg. auf Staphylokokken 23-1500, 37-1518; Stoffwechsel v. oral zugeführten – bei d. Ratte 8-1615.

Cephalothin s. unter $C_{16}H_{16}N_2O_6S_2$.

Cepham s. unter C_6H_9NOS.

Cepharamin s. unter $C_{19}H_{23}NO_4$.

Cepharanthin s. unter $C_{37}H_{38}N_2O_6$.

Ceporin s. unter $C_{19}H_{17}N_3O_4S_2$.

Cer

Vorkommen, Gehalt

Häufigk. in Ap-Sternen 20-0782; Linien v. – im Kosmos 25-0845; Diffus. v. – in d. Sonne 40-0672; Linien v. – im Kosmos 51/52-0604, 51/52-0607, 51/52-0610; Linien v. – im Spektrum v. Arcturus 51/52-0609; Modell für magnet. Sterne (Radialgeschw. u. Linienintensitäten v. –) 51/52-0612; Linien v. –: im Kosmos 51/52-0621; in einigen C-Sternen 51/52-0623; Häufigk. v. – im Kosmos 51/52-0626; Verh. d. Linien v. – auf d. Sonnenscheibe nach Beobacht. bei u. ohne Sonnenfinsternis 51/52-0629; α-Aktivität hoch radioakt. ^{144}Ce-Falloutteilchen 5-0795; relative ^{141}Ce- u. ^{144}Ce-Konz. in d. Rückständen aus d. dritten u. fünften chines. Kernwaffentest 5-0789; golbale Zirkulat. v. Radioiostopen aus d. Kernexplos. v. *14/5. 1965* 10-0814; radioakt. Fallout in Vil'njus in d. Jahren *1962* u. *1964* (Geh. an –) 30-0824; Anhäuf. v. künstl. ^{144}Ce u. ^{141}Ce auf d. Erdoberfläche im Bereich v. Leningrad *1954–65* 33-0983; Geh. an ^{144}Ce u. ^{141}Ce in d. Bodenluft v. Bombay nach Kernwaffenvers. 34-2225 Vork. v. – in agpait. Phonolithen 8-0756; – in Meteoriten u. Tektiten 16-0764; Verteil. d. – in Mineralkomponenten d. Chondriten Bruderheim 28-0806; – - u. Ba-Häufigk. im Howarditen Bununu 29-0864; Verteil. v. – in Gesteinen d. mittleren Vordneprs 36-0780; –- u. Er-Geh. in einigen Standardgesteinen 38-0793; vertikale Verteil. v. ^{90}Sr, ^{144}Ce u. ^{147}Pm u. ^{155}Eu in marinen Küstensedimenten 45-0762; –-Geh. in Stromsedimenten d. Paparoa-Bereichs (New Zealand) 49/50-0658; Unters. v. – in Epidot u. Orthit 49/50-0681; Geh. an ^{144}Ce in niederländ. Nahr.-Mitteln 2-1479; Verteil. u. biolog. Wrkg. v. ^{144}Ce in Geweben 34-1556; Anreicher. v. Radio-– in d. Geweben v. Süßwasserpflanzen 41-1429.

Herstellung

Kinetik d. anod. Abscheid. v. ^{144}Ce 8-0575; Eig. d. anod. Abscheid. v. ^{144}Ce charakterisierenden akt. Zentren 35-0534; **Extrakt.:** v. ^{144}Ce mit Naphthensäuren in Ggw. bestimmter Zusätze wie Fe^{3+}, Cu^{2+} u. Mn^{2+} 4-0451; v. Ce(IV) aus saurer Lsg. mit Triphenylarsinoxid 2-1725; Dekontaminat. v. ^{144}Ce aus wss. Lsg. mittels Molekularsieb *4*A 12-2098; Reinig. durch Amalgammeth. 13-2133.

Physikalisches und physikalisch-chemisches Verhalten

Rotat.-Niveaus mit großem Spin in gg-Isotopen v. – 1-0044; Zerfallsenergie v. ^{139}Ce u. Lebensdauer d. *166*-keV-Niveaus in ^{139}La 1-0073; γ-Übergänge in ^{140}Ce 3-0073; Natur d. 0^+-Energieniveaus (*1905* keV) v. ^{140}Ce 6-0042; (n, α)-Rk. mit *15*-MeV-Neutronen an ^{140}Ce 6-0075; β-Zerfall v. ^{144}Ce 11-0061; Polarisat.-Mess. nahe d. Isobarenanalogen v. Zuständen in ^{141}Ce 12-0044; Aktivier.-Querschnitt bei *14,5*-MeV-Neutronen für d. Erzeug. v. ^{139m}Ce 12-0065; innere u. äußere Konvers. beim ^{143}Ce-Zerfall 14-0037; Strahl.-Einfang u. Neutronenemiss. in ^{142}Ce + p 14-0064; Zerfall $^{140}La \rightarrow ^{140}Ce$ 14-0065; elast. Streuung v. *3,2*-MeV-Neutronen an – 15-0029; radiochem. Best. v. ^{141}Ce u. ^{144}Ce bei d. Spalt. v. ^{232}Th mit Reaktorneutronen 15-0072; unabhäng. Bldg.-Querschnitte v. ^{139}Ce, ^{141}Ce u. ^{143}Ce aus d. Spalt. v. natürl. U durch *20–85*-MeV-Protonen 16-0049; Ausb. an ^{141,143,144}Ce bei d. Spalt. v. ^{237}Np mit Reaktorneutronen 16-0050; therm. Neutroneneinfangsquerschnitt u. Resonanzeinfangintegral d. Lanthanidenkerne ^{140}Ce u. ^{142}Ce 17-0065; Parameter d. opt. Modells u. d. Analyse v. (d, p)-Strippingexperimenten an ^{140}Ce 20-0002; ^{140}Ce + ^{16}O bei *90* MeV 21-0038; ^{156}Dy*-Compoundkern bei ^{140}Ce + ^{16}O bei *90* MeV 21-0040; Zerfall $^{139}Pr \rightarrow ^{139}Ce$ 21-0065; beobachtete γ-Strahlen u. Ausb. d. (γ, n)-Rk. mit *20*-MeV-Bremsstrahl. an ^{140}Ce 23-0052; γ-Spektrum d. abgetrennten ^{143}Ce, d. Zerfallskurven v. ^{143}Ce, ^{141}Ce sowie d. Massenverteil.-Kurven bei d. spontanen Spalt. v. ^{238}U 23-0075; Niveaus v. ^{139}Ce 25-0027; kollektive O^--Vibrat. in ^{140}Ce 26-0003; Energien u. Halbwertszeiten v. Isomerenniveaus in ^{139}Ce 26-0024; unelast. Streuung von *26*-MeV-Deuteronen an – 27-0008; Spins d. Grundzustände d. $(2f_{7/2}) \pm 3$-Konfig. in ^{143}Ce u. ^{145}Ce 27-0010; γ-spektrometr. Unters. d. Energien an ^{141}Ce 28-0001; Energiespektrum v. ^{142}Ce 29-0012; Zerfallsschema v. $^{137m}Ce \rightarrow ^{137}La$ 31-0019; Ausb. an ^{143}Ce bei d. Photospalt. v. ^{235}U 31-0037; Mess. d. Halbwertszeit v. ^{144}Ce 32-0019; Aktivier.-Querschnitt v. ^{140}Ce für *14*-MeV-Neutronen 32-0029; Matrixelementaufheb. im β-Zerfall v. ^{141}Ce 34-0005; Unters. v. ^{140}Ce(^{16}O, xn)Dy 35-0011; Zustände in ^{141}Ce 37-0012; γ-Strahl. v. ^{135}Ce 37-0035; γ-Spektren beim Zerfall $^{139}Pr \rightarrow ^{139}Ce$ 39-0027; Richt.-Korrelat. zwischen K-Röntgenstrahlen durch Elektroneneinfang u. Kern-γ-Strahlen beim $^{139}Ce \rightarrow ^{139}La$-Zerfall 40-0002; Identifizier. d. 1^--Neutron-

Teilchen–Loch-Zustände in ^{140}Ce 41-0009; Reorientier. orientierter Kerne im intermediären Zustand beim β-Zerfall v. ^{141}Ce in Ce–Mg-Nitrat 41-0014; Lad.-Austauscheffekte in d. zu Zuständen in ^{141}Ce führenden (d, p)Rk. 42-0003; angeregte Zustände v. ^{138}Ce beim Zerfall v. ^{138}Pr 43-0029; Winkelverteil. d. γ-Strahlen aus unelast. Neutronenstreuung an ^{140}Ce nahe d. Schwelle 45-0014; Berechn. d. Wrkg.-Querschnitte u. Polarisat. bei d. elast. Protonenstreuung an ^{140}Ce 49/50-0009; Energieniveaus v. ^{135}La beim Zerfall v. ^{135}Ce 49/50-0012; Niveaudichte deformierter —-Kerne 51/52-0011.

Feinstruktur d. Röntgenabsorpt.-Spektren im Bereich d. $N_{IV,V}$-Absorpt.-Kante v. ^{58}Ce 10-0317; Röntgenabsorpt.-Spektren (*25 bis 250* Å) v. ^{58}Ce 12-0108; UV-Absorpt.-Spektren v. Ce^{3+} in CaF_2-, SrF_2- u. BaF_2-Krist. 16-0347; Röntgenabsorpt.-Spektren v. – 17-0367; Einfl. d. endl. Kerngröße auf d. Abstand d. Röntgen-L_I-L_{II}-Niveaus in – 18-0090; Aufspalt. d. Linien v. Ce (*1* %) in mit – substituierten *Y–Fe-Granat* 18-0344; durch β-Teilchen v. ^{204}Tl u. ^{90}Sr/^{90}Y in – angeregte Emiss.-Spektren 30-0052; Selbstabsorpt.-Effekte in d. weichen Mα- u. Mβ-Röntgenemiss.-Spektren v. – 34-0408; relative Intensitäten d. f–d-Übergänge im Syst. MeF_2: Ce 40-0254; Isotopieverschieb. v. vier natürl. —-Isotopen 43-0080; Änder. d. Absorpt.- u. Fluoreszenzspektren d. Ce^{3+}-Ions bei d. Komplexbldg. 44-0062; F-Zentren nach Protonenbestrahl. bei NaCl:Ce 45-0319; linearer Stark-Effekt in d. Spektren lokaler Zentren v. Ce^{3+} in CaF_2 45-0324; Einfl. v. —-Zusätzen auf γ-induzierte Absorpt.-Banden d. Tl^+, Pb^{2+} in Kaliumboratgläsern d. Zus. *4,5* Mol B_2O_3; *0,95* Mol K_2O 47-0281; Lage d. Ce-L_{III}-Kante in —-Verb. mit B, Si, Ge, Al, Be u. Mg 51/52-0218; Linienbreitencharakteristik v. Ce(III)-dotiertem YIG 51/52-0254.

Opt. Absorpt. u. Thermolumineszenz v. γ-bestrahltem kommerziellen opt. Glas d. Typs K-*108*, mit – 3-0361; Photored. $SE^{3+}\rightarrow SE^{2+}$ (SE = Seltenerdmetalle) in Fluoritkrist. mit Ce^{3+} 7-0316; Elektrolumineszenzspektren v. Dioden aus GaP:Ce 9-0361; stark verzögerte Fluoreszenz d. Nd^{3+} in reinem $LaCl_3$ u. in Ce^{3+} enthaltendem $LaCl_3$ 11-0385; Einfl. v. Ce^{3+} auf d. opt. Zentren v. Nd^{3+} in CaF_2-Krist. (Typ *1*) 13-0318; Thermolumineszenz in LiF:Ce 15-0351; Energieübertrag. u. sensibilisierte Lumineszenz in Einkrist. d. CaF_2:(Ce + Mn)-Syst. (Absorpt., Lumineszenz u. relative Intensität d. Ce- u. Mn-Emiss.) 19-0372; Kathodenlumineszenz v. MgS:Ce/Ni 19-0383; Radiolumineszenz v. mit – aktivierten Zirkonosilicaten 21-0408; Absorpt. u. Lumineszenz v. dreiwert. – in Berylliumfluoridglas mit K-, Ca- u. Al-Fluorid 22-0365; magnetoopt. Rotat. in mit – aktivierten Krist. 23-0378; UV-Absorpt.-Spektren d. Pr^{3+}-Ions in Erdalkalimetallfluoriden (Vgl. zu –) 25-0338; Einfl.: v. therm. Neutronen auf d. Eig. opt. Gläser mit —-Ionen 29-0329; v. Ce^{3+} auf d. opt. Eig. v. CaF_2:Dy^{2+}-Laserkrist. 30-0358; Dauer d. Lösch. d. Kathodolumineszenz v. mit Ce aktivierten Silicatgläsern d. Zus. *5–26* Mol.-% MgO; *1,3* bis *7* Li_2O; *4–18* Al_2O_3; *25–52* SiO_2; *1–2.3* Ce_2O_3 35-0324; massenspektroskop. Unters. d. Alter. d. Phosphors $Ca_2MgSi_2O_7$:Ce(P-16) bei Elektronenbeschuß 40-0214; —-sensibilisierte Lumineszenz v. mit Mn aktivierten Erdalkalimetallaluminat-Phosphoren 41-0269; Radiophotolumineszenzzentren in Ag-aktiviertem Phosphatglas mit —-Zusätzen 41-0271; Unters. einiger Ce^{3+}-aktivierter Phosphore 43-0311; Thermolumineszenz u. Absorpt.-Spektren v. —-Ionen in CaF_2 44-0295; ein neuer P für Abtast-Kathodenstrahlröhren für Farbfernsehen, gelbemittierendes $Y_3Al_5O_{12}$:Ce^{3+} 44-0303; Natur d. Leuchtzentren im Krist.-Phosphor $PbSO_4$:Ce(Sm) 46-0341; Fluoreszenz v. —-aktivierten Granatkrist. $Y_3Al_5O_{12}$:Ce, $Lu_3Al_5O_{12}$:Ce u. $Y_3Al_2Ga_3O_{12}$:Ce 46-0343.

Einfl. v. – auf d. Weißerstarr. v. Guß-Fe 1-2203; Mess. d. Stapelfehlerenergie v. – 4-0196; Herleit. einer Temp.-Abhängigk. d. Wertigk. d. —-Ions in Verb. 4-0424; Einfl. d. Ce(III)–W.-Wechselwrkg. auf d. Valenzschwing. u. H-Brücken-Donator-Eig. d. OH-Gruppen in d. H-Brücken Hydratwasser-Anion 7-0580; Atomstreufaktoren für – 11-0191; Bind.-Isomerie u. ihre Rolle beim Aufbau v. —-Krist. 12-0189; Zusatz v. – u. Ag als keimbildende Agentien zu Vitrokeramkörper „Agalit" 15-2339; dynam. Jahn-Teller-Effekt d. ^{2}D–E-Zustandes v. Ce^{3+} in CaF_2 21-0384; Verteil.-Koeff. bei d. Zücht. v. $CaMoO_4$ mit —-Dotier. 27-0216; komplexe Diffus.-Sättig. v. techn. Fe mit – 27-0338; Herst. v. metallograph. —-Schliffen 29-2552; Diffus.-Koeff. v. – in α-Al_2O_3-Lucalox 37-2364; allotrope Umwandl. 44-0107; Berechn. für d. Grundzustände d. neutralen Atome v. – 45-0036; Krist.-Struktur u. Wärmeausdehn.-Koeff. v. – bei niedr. Temp. 45-0147; Rekristallisat. u. Kalthärt. v. – 47-2320.

Besonderh. d. Stoßkompress. v. – 5-0338.

Zusammenhang zwischen DK u. R_F-Wert bei Ce(IV) 11-1881; Best. v. Widerstand u. Krist.-Struktur v. – während zykl. Temp.-Behandl. 28-0449; Feld- u. Durchmessermess. d. positiven Säule für Ce/Ar u. Ce/He 32-0137; Unters. d. Elektronendurchdring.-Vermögens in Festkörpern unter Verw. kathodolumineszenter dünner Filme aus d. Glas SiO_2:Ce 37-0329.

Magnet. Kernmoment v. ausgerichteten $^{137m}Ce^{3+}$-Kernen in Nd-Äthylsulfat u. Ce–Mg-Nitrat 4-0394; magnet. Verh. –: in Ce/P, Ce/As, Ce/Sb u. Ce/Bi 5-0538; in Ce/Be, Ce/B u. Ce/C 6-0481; Besonderh. d. magnet. Eig. v. Ce^{3+}-Zentren in Krist. v. CaF_2-Typ an Hand v. EPR-Daten 8-0311; ESR-Signale d. Rk. zwischen TiO_2^{2+}, Ti^{3+} u. Ce^{4+} 11-0164; ESR v. Ce^{3+} in Y–Ga-Granat 14-0365; paramagnet. Resonanz an Einkrist. aus La_2O_3: Ce^{3+} 17-0411; Winkelabhängigk., Hyperfeineffekte u. Kreuzrelaxat. (EPR) v. Ce^{3+} in $Mg_3La_2(NO_3)_{12}\cdot 24\,H_2O$ 19-0401; EPR-Spektren v. Paaren wechselwirkender Seltenerdmetallionen (Paarspektren v. – in Y-Äthylsulfat) 21-0418; EPR-Spektren v. Ce^{3+} in $CaWO_4$, $SrWO_3$, $PbMoO_4$, v. in $CaWO_4$ 21-0426; Thermokraft u. magnet. Suszeptibilität bei tiefen Temp. v. – (*0,5* Atom-%) in Au u. Ag 22-0503; dynam. Wechselwrkg. zwischen paramagnet. Relaxat. für —-dotiertes La-Mg-Nitrat u. resonanten Phononen in einem „Flaschenhals"-Gitter 24-0387; EPR v. Ce^{3+} in mit Seltenerdmetallen u. Na-Fluoriden dotiertem CaF_2 30-0338; Spin-Polarisat. in d. Nähe lokalisierter Momente v. in fl. Al gelöstem – 31-0339; Berechn. d. Wellen funkt. d. Fremdions Ce^{3+} in CaF_2 31-0522; elektron. Zustand v. – in d. Phase $CeRh_3$ 31-0523; Einfl. v. —-Verunreinig. auf d. dynam. Polarisat. v. Protonen in $Mg_3(La, Nd)_2(NO_3)_{12}\cdot 24\,H_2O$ 38-0369; EPR u. Relaxat. v. Ce^{3+} in $YCl_3\cdot 6\,H_2O$ 39-0297; paramagnet. Relaxat.-Mess. an – in $CaWO_4$ mit einer Elektronen–Spin-Echo-Meth. 39-0303; Einfl. v. – auf d. Farbzentren in Gläsern mit Nd 47-0322; ENDOR-Mess. d. ^{19}F-Kerne in CaF_2 mit Ce^{3+}-Geh. 48-0340; EPR v. $LaCl_3$:Ce^{3+} 49/50-0240.

Polarograph. Unters. v. – in geschmolzenen Nitraten mit einer rotierenden Scheibenelektrode 21-0678; Oberflächenzustand u. Potential v. Anthracenmembranen in Ce^{3+}/Ce^{4+}-Lsg. 24-0625; Verifikat. d. Potential-Zeit-Kurven für d. bimol. Redoxrk. VO^{2+}/Ce(IV) 27-0707.

Wärmeleitfähigk. u. elektr. Leitfähigk. v. – bei Raumtemp. 6-0283; Theorie d. isomorphen Phasenumwandl. u. d. krit. Überganges v. – 13-0558; positive Aktivier.-Energie d. Elektronendurchtrittsrk. für Ce(IV)/Ce(III) 15-0613; Schmelzpunktanomalien 16-0265; Einfl. auf d. eutektoide Umwandl. in Guß-Fe 17-2425; Elastizitätsmoduln u. Debye-Temp. v. polykrist. – 39-0167; Thermodynamik d. Syst. Ce/H 42-0082; Phasendiagramm d. Syst. Ce/Te 45-0518.

Isolier. aus Spaltprod. durch elektrophoret. Fokussier. 1-1780; Abtrenn. v. leichten Seltenerdmetallen an Anionenaustauschern 1-1803; Trenn. d. – v. Seltenerdmetallen durch Anionenaustausch 1-1805; Anionenaustauschtrenn. v. Ce(III) u. anderen Elementen in HCl/CH_3COOH 1-1811; Koagulat. v. AgBr-Solen durch Ce^{3+} in Ggw. v. Polyvinylalkohol 2-0599; Ionenaustausch zwischen V(V)-Hexacyanoferrat u. NO_3^--Lsg. 3-2002; Verteil.-Koeff. in verschiedenen Adsorpt.- u. Austauschmedien 5-0682; Abtrenn. v. – v. Tl^+ mit EDTA u. Citronensäure oder Weinsäure 9-0643; Sorpt.: d. —-Ionen durch phosphorylierte Cellulose 10-2168; an Zr-Phosphatgelen verschiedener Kristallinität 13-0666; Austauschverh. an V-Hexacyanoferrat(II) 14-1903; ionenaustauschchromatograph. Verh. v. Ce(III) in HCNS-Lsg. 17-1985; Adsorpt. an Ionenaustauschpapier SV-*2* 22-0673; pH-Abhängigk. d. Adsorpt.-Stärke v. Ce^{3+} an Versenol 25-2031; Selektivität v. Carbonsäureionenaustauschern für – 28-0681; Ionenaustauschgleichgew. an Ti-Hexacyanoferrat(II) 29-0751; Austausch an U-Hexacyanoferrat(II) 30-0639; Verteil.-Koeff. v. Ce(III) an Dowex *1*-X *8* 33-2214; Absorpt. v. ^{144}Ce–^{144}Pr in illit.-vermiculit. Tonmineralien 35-0598; Natur d. Bind. v. ^{144}Ce mit Alkylarylsulfonsäuren 37-0714; Verteil.-Koeff. v. ^{141}Ce zwischen einer Tri-n-dodecylaminlsg. in Xylol u. Mineralsäuren 39-1935; Verteil. v. —-Ionen auf Chelataustauschern auf Oxinbasis 46-0607; Synergie bei d. Verteil.-Chromatographie mit umgekehrter Phase 47-1964.

Hydrolyse v. Cer(IV) in *3* m $NaNO_3$-Lsg. 1-0581; Extrakt.: v. – als Nitrosonaphtholat in Ggw. heterocycl. Basen 7-0536; v. Ce(III) mit Bis-[2-äthylhexyl]-phosphorsäure aus citrathalt. Lsg. in Ggw. v. Cr(III) 9-0572; Solventextrakt. 11-1911; Verteil.-Koeff.: v. ^{144}Ce bei d. Fäll. v. Ca-Lanthaniden-Oxalaten 12-0535; v. Fe^{3+}, Al^{3+}, Ca^{2+}, Mg^{2+}, UO_2^{2+} u. einiger Spaltprod. wie ^{144}Ce bei d. Extrakt. durch Palmitinsäure u. Paraffinschmelzen 13-0567; Solvatat.-Zahlen u. „intrinsic"-Ionenradien für Ce^{3+} 14-0591; Verteil. v. Ce(IV) u. HNO_3, Extrakt. v. Ce(IV) im Syst. $Ce(NO_3)_4/HNO_3/H_2O/(C_4H_9O)_3PO$ bei *25*° 16-0556; Löslichk. in Acetylaceton 17-2118; Extrakt.: v. – mit Trioctylamin aus komplexierter wss. Phase 20-0503; als Antipyrin–Salicylat-Komplex 28-2024; Eluier. v. KU-*2* X *8* mit Milchsäure u. HCl 37-0716; Verteil.-Koeff. bei d. Extrakt. v. Ce(III) mit Äthylen-bis-(dioctylphosphinoxid) 41-0464; spektrophotometr. Mess. d. Hydrolysekonst. v. Ce(IV) 42-0478; Verteil.-Koeff. v. – bei d. Extrakt. anorgan. Ionen mit N-(Di-n-butylphosphono)-succinimid (N-DPBS) 45-0484; Abtrenn. durch Elut. mit Milchsäure-Äthylendiamintetraessigsäure v. EDTA bzw. Dowex X-*8* 45-0615; Extrakt. v. – mit Bis-[2-äthylhexyl]-phosphorsäure 47-0446; Löslichk. v. Ce(IV) im Syst. $Ce(CO_3)_2/Na_2CO_3/H_2O$ 51/52-0373.

Reaktionen

Bldg. u. Einfang v. Löchern bei d. UV-Bestrahl. v. gefrorenen, sauren, —-Ionen enthaltenden wss. Lsg. 5-0736; ^{60}Co-γ-Strahlenchemie v. 6 m H_2SO_4 in Ggw. v. Ce(IV) in Ggw. u. unter Ausschluß v. O_2 28-0716; Radiolyse v. W. durch bei d. stillen Entlad. in He bzw. Ar entstehende langsame Elektronen in d. Syst. Ce(IV)/Tl(I) in angesäuerten Lsg. 33-0833; Kinetik d. Isotopenaustauschs zwischen Ce^{3+} u. $CeEDTA^-$ (H_4EDTA = Äthylendiamintetraessigsäure) unter Verw. v. ^{144}Ce 33-0755; Ox. v. zonengeschmolzenem – 15-2452; Verw. d. Entlad. v. akt. Stickstoff in wss. Lsg. auf d. Red. v. Ce(IV)→Ce(III) 41-0634; Einäquivalent-Ox. (Sulfitox. durch $[Ce(H_2O)_n]^{4+}$) 6-0669; Kinetik u. Mechanismus d. Ox. v. Hypophosphit durch Ce(IV) in H_2SO_4-saurer Lsg. 24-0705; Unters. d. Komplexbldg. v. $CeSO_4^+$ aus Ce(III) mit Hilfe d. Ultraschallabsorpt. 32-0717; Rk.-Fähigk. v. Fluoroschwefelsäure gegenüber – 37-0808; Ox. v. Ru(II)- u. Fe(II)-Komplexen durch Ce(IV)-Ionen (Kinetik) 12-0663; Thermodynamik d. Sm_2O_3-Red. durch – 13-2326; Mechanismus u. Kinetik d. durch Ag(I), Mn(II) u. Ag(I)–Mn(II) katalysierten Ox. v. Hg(I) durch Ce(IV) 19-0774; Rk. mit Tm_2O_3 zu Tm 22-2479; kinet. Unters. d. bei d. Ce(IV)/V(IV)-Titrat. ablaufenden Rk. 31-0739; kinet. Unters. d. Syst. Ce(IV) + Mn(II) $\rightleftharpoons$ Ce(III) + Mn(III) in schwefelsauren Medien 49/50-1918.

Spektrophotometr. Unters. d. Rk. bzw. Komplexbldg. v. —-Ionen mit Methylenblau in alkal. Lsg. mit Ae., CCl_4, Dichloräthan, Bzl., $CHCl_3$ u. Butanol als Extrakt.-Mittel 1-0580; Einfl.: v. Ce^{3+} u. Ce^{2+} auf d. Bldg. v. Mo(VI)-3-Phenyldaphnetin-Komplexen 9-0573; v. Ce^{4+} u. Ce^{3+} auf d. Bldg. v. U(IV)-Pongamol-Komplexen in Lsg. 9-0574; Komplexbldg. v. – mit Cellulose u. anderen Verb. mit Hydroxygruppen 24-0592; Ox. v. Safranin T in wss. Lsg. durch Ce^{4+}-Ionen 28-0947; Farbrk. d. Diaminophenole mit Ce(IV) 30-2013; Ox. v. Benzylalkohol durch —-Ionen in wss. Lsg. 37-1011; Ox. v. p-Hydroxymethylbenzoatopentamminkobalt(III) zu p-Aldehydobenzoatopentamminkobalt(III) durch Ce(IV) in $HClO_4$-Lsg. 44-0632.

Herst. ungesätt. Aldehyde in Ggw. eines —-halt. Katalysatorkomplexes 3-2601*; Radiolyse wss. $HClO_4$-Lsg. (Einfl. v. Ce^{4+}-Ionen) 6-0697; Chemilumineszenz v. Lucigenin bei d. Rk. mit H_2O_2 in Ggw. v. Ce-Ionen 6-0708; Kinetik d. durch —-Ionen gestarteten Vinylpolymerisat. in wss. Lsg. 20-1115; Ce(III)-Ion/Amin-Syst. als Redoxinitiatoren d. Polymerisat. v. Acrylsäurederiv. 26-1167; Synth. v. Pfropfcopolymeren aus Polyvinylalkohol u. Methylacrylat in Ggw. v. Ce(IV)-Salzen 28-1164; Ammonox. v. Propylen u. Isobutylen mit —-halt. Heteropolyverb. $Me_xMe'_yMe''_zO_Q$ als Katalysatoren 28-2584*; katalyt. Wrkg. v. – auf d. therm. Zers. v. $Pr_2(C_2O_4)_3$ durch Bldg. gemischter Oxalate v. Pr(IV) u. Ce(IV) 38-0653.

Biochemisches und physiologisches Verhalten

Langzeit-in-vivo-Retent. v. ^{144}Ce bei Hunden 4-1288; Stoffwechselverh. v. inhaliertem ^{144}Ce, ^{91}Y, ^{143}Pr u. ^{147}Pm im Organismus 13-1554; Einfl.: v. eingebautem – auf d. Herztätigk. d. Ratte 39-1537; v. ^{144}Ce auf d. periphere Blut 45-1683.

Analyse, Prüfverfahren

Farbrk. auf Ce(III) u. Ce(IV) 28-1947; 4-Aminoacetophenon im Tüpfelprobennachw. v. Ce(IV) 43-1963.

Best.: v. Ce(IV) mit Fe(II) (voltammetr.) 1-1720; v. Ce(III) durch kontinuierl. potentiometr. Rücktitrat. mit EDTA 2-1729; amperometr. Best. v. Ce(IV) mit Methylenblau 4-1625; Titrat. mit Fe(II)-Verb. 8-1805; kolorimetr. Best. v. Ce(IV) mit N.N'-Bis-[β-hydroxypropyl]-o-phenylendiamin 8-1889; spektrometr. Best. 13-1867; Verw. v. 2'.3'.6'.7'-Tetrahydroxyfluoranderiv. als Farbindikatoren für – 16-1848; Best. mit d. Träger-Dest.-Verf. 18-1961; spektrophotometr. Best. mit Alizarinrot S 19-2097; amperometr. Titrat. v. – mit $NaNO_2$ 20-1905; spektrophotometr. Best. mit Sulfanilsäure 21-2165; photometr. Best.: v. – mit Phenylanthranilsäure 27-2193; v. Ce(IV) mit p-Aminoacetophenon 28-2025; Titrat.: v. Ce(IV) in H_2SO_4-halt. Lsg. mit in CH_3CN gelöstem CuCl 38-1979; v. Ce(III) mit $K_3[Fe(CN)_6]$ in alkal. Lsg. mit potentiometr. Endpunktsanzeige. oder in Ggw. v. Murexid 39-1964; titanometr. Titrat. v. Ce^{4+} 45-2001; Best. v. Ce(III) mit $K_3[Mo(CN)_8]$-Lsg. 47-1955; oszillograph. Best. an festen Elektroden durch Fäll. 48-1843; coulometr. Titrat. v. – mit Mo(V) 51/52-1813; Verh. v. – bei d. Phasenumkehrchromatographie mit PBHA 51/52-1834.

Photometr. Titrat. v. Ce(III) allein u. in Ggw. v. Fe(II) mit $K_2Cr_2O_7$ 1-1825; Abtrenn. aus Spaltprod. durch Ionenaustauschchromatographie u. Best. 2-1856; Einfl. v. B u. B_4C auf d. Verdampf. v. – aus Graphitelektroden bei d. Spektralanalyse im Lichtbogen 5-1856; Best.: v. ^{140}Ce in Kernbrennstoffen durch d. Isotopenverdünn.-Meth. 5-2006; v. ^{144}Ce im frischen Fallout 6-1994; Trenn. bin. Gemische v. – mit La, Pr u. Nd durch Papierfäll.-Chromatographie mit Oxin 7-1954; Best. d. Radioisotope Ce, Ba, La u. Np nach d. $BaSO_4$-Trenn. 12-1858; photometr. Best. in metall. Ni durch TBP-Extrakt. 14-2023; Best.: v. – in Gläsern durch Röntgenstrahlfluoreszenz 19-2224; v. ^{144}Ce in atmosphär. W.-Nd. durch Ionenaustausch 20-1915; volumetr. Best. v. Gemischen aus Ce(III) u. La(III) mit $K_4[Fe(CN)_6]$ 21-2164; Schnelltrenn. v. Mo aus Spaltprod. durch Extrakt. mit Di-(2-äthylhexyl)-orthophosphorsäure 21-2170; Verw. v. Li-gedrifteten Ge-Dioden für d. γ-spektrometr. Best. v. ^{141}Ce 23-2069; γ-radiometr. Best. v. ^{144}Ce im Meer 23-2167; Elektrophorese v. ^{144}Ce auf Cellogel 24-1998; Ionenaustauschertrenn. 24-2005; differentielle amperometr. Best. v. – in Gußeisen, Stählen u. Leg. 25-2168; Anwend. v. Tributylphosphat zur Extrakt. v. Mikromengen – bei d. Stahlanalyse 27-2294; Abtrenn. v. ^{144}Ce aus Nuklidgemischen 28-2043; gleichzeit. amperometr. Best. v. Cr, Mn u. – 29-2111; R_F-Wert: v. Ce(III) auf Sn(IV)-Phosphat-Papier 31-2055; v. Ce(III) 31-2096; photometr. Best. v. – in Gesteinen in Carbonatlsg. nach Extrakt. mit Di-n-butylphosphorsäure 31-2112; chromatograph. Trenn. d. Ce(IV)-Polyphosphate v. Co(II)-, Cu(II), Ni(II)-Polyphosphaten 33-2230; Anreicher. aus Meerwasser mit Ionenaustauscherharzen 35-2066; jodometr. Best. v. Ce(IV) in Ggw. v. Fe(III)-Ionen 37-2117; chromatograph. Trenn. v. ^{140}La, ^{144}Ce, ^{147}Pm u. ^{152,154}Pm 38-2068; Meth. zur gleichzeit. Best. v. ^{90}Sr, ^{137}Cs u. ^{144}Ce im Meerwasser 38-2090; papierelektrophoret. Trenn. d. Ce/N-2-Hydroxyäthyliminodiessigsäure-Komplexes v. anderen Seltenerdmetall-Komplexen 40-1816; Analytik d. – in –-beruhigten Stählen 41-2148; naßchem. Best. v. – in Gußeisen, unlegiertem u. legiertem Stahl 42-1917; radiochem. Best. d. Spaltprod. Radio-– in U 45-2086; Nachw. v. ^{141}Ce im Abwasser durch Ionenaustausch (γ-Spektrometrie) 46-1795; papierchromatograph. Verb. 46-1809; Papierchromatographie 46-1832; spektrochem. Best. in Eruptivgesteinen 47-1981; Trenn. v. anderen Metallionen an Ionenaustauschpapieren 51/52-1839; dünnschichtchromatograph. Trenn. v. Gemischen d. Seltenerdmetalle 51/52-1874; photometr. Best. mit Isonicotinsäurehydrazid u. 2.3.5-Triphenyltetrazoliumchlorid 51/52-1904.

Amalgamverf. zur Abtrenn. v. Eu v. – 24-2029; photometr. u. titrimetr. Best. v. Mo in Nb-Leg. in Ggw. v. – 34-2066; Einfl. v. ^{144}Ce bei d. Best. v. ^{239}Pu in wss. Lsg. durch Fl.-Szintillat. 45-2087; titrimetr. Best. v. Na in – mit Hilfe v. Anionenaustauschern 51/52-1864.

Kinet. Best. v. Au über d. Katalyse d. Ce(IV)–Hg(I)-Rk. durch Au(III) 6-1910; Titrat. v. U(IV) mit Ce(IV)-Sulfat 10-1935; Best. d. butanolextrahierbaren J (BEJ) mit d. –-Ox.-Meth. 12-1917; coulometr. Titrat. v. J^- mit Ce(IV) 21-2065; Verw. d. γ-Strahl. v. ^{139}Ce zur Best. v. CeO_2 in CeO_2/La_2O_3-Misch. 38-2057.

Cerlegierungen

Al: Krist.-Struktur d. sog. α-$CeAl_4$ 5-0254; Wärmeausdehn. d. Leg. Al*10*W mit Beimeng. v. *0,02*; *0,05*; *0,1*; *0,3*; *0,5* u. *1*% Ce 7-0281; Einw. auf d. Festigk. (u. elektr. Widerstand) v. Al 29-2512; Krist.-Strukturen d. $CeAl_4$ Verb. 35-0166; Atomdurchmesser v. Ce in $CeAl_2$ 37-0250; quatern. Verb. $Ce_3MnCu_8 \cdot Al_{24}$ u. ihre Krist.-Struktur 44-0221; Krist.-Struktur d. Verb. CeAl 46-0225; Gitterkonst. u. Strukturtyp v. $Ce_8Al_{13}Ge_3$, $Ce_{33,3}Al_{64,7}Ge_2$, $Ce_8Al_{13}Sn_2$ u. $Ce_{33,3}Al_{65,7}Sn$ 47-0195; Supraleit. v. $CeAl_2$ 31-0475; magnet. Suszeptibilität v. CeAl 2-0476; röntgenograph. Phasenanalyse (Zustandsdiagramm) d. Syst. Ce/Mg/Al im Bereich *0 – 33,3* Atom-% Ce 45-0532.

Be: magnet. Suszeptibilität v. $CeBe_{13}$ 6-0481; Löslichk. v. Ce in Be 2-0558.

Bi: Struktur u. magnet. Eig. v. CeBi, $CeBi_2$, Ce_3Bi, Ce_4Bi_3 5-0538; Übersicht über magnet. Eig. v. CeBi 7-0455; durch ein Magnetfeld induzierte magnet. Phasen v. CeBi mit NaCl-Struktur 28-0486; röntgenograph. u. DTA-Unters. v. Ce_4Bi_3 31-0212.

Cd: Charakterisier. v. Punktfehlstellen in d. nichtstöchiometr. Verb. $CeCd_{6+x}$ mit Hilfe thermodynam. Überleg. 26-0241; Magnetisier. v. Ce_xCd mit x = *1,2 – 1,3* 44-0394.

Co: Gitterdaten, Isomorphie mit $PuNi_3$ u. Darst. v. $CeCo_3$ 18-0243; Supraleit. v. $CeCo_2$ 31-0475; magnet. Eig. u. Struktur v. $CeCo_5$ 6-0496; Unters. magnet. Strukturen d. intermetall. Verb. $CeCo_5$ (Neutronenbeug.) 21-0552; magnet. u. kristallograph. Eig. v. $CeCo_5$ 48-0577; Berechn. d. Konz.-Abhängigk. d. Aktivität d. Komponenten, d. Misch.-Wärme u. d. Bereichs d. Koexistenz zweier nicht mischbarer Phasen aus d. Konst. d. intermol. Wechselwrkg. d. – 29-0648; Syst. Pu/Ce/Co 44-0107; Oberflächenspann. v. – (*6,12* u. *18*% Co) u. Pu/Co/Ce-Leg. (*33 – 68,1*% Pu, *8,3 – 10,2* Co, *23,6* bis *56,3* Ce) 1-0633.

Cr: Wärmebeständ. Leg. aus *30* Cr, *3,5* Ta, *10* W, *0,9* C, Rest Co 23-2677*.

Cu: quatern. Verb. $Ce_3MnCu_8Al_{24}$ u. ihre Krist.-Struktur 44-0221.

Dy: Phasenstabilität u. Stapelfehler in Ce/Dy 31-0465.

Er: Phasenstabilität u. Stapelfehler in Ce/Er 31-0465; Gitterkonst. u. effektive Atomdurchmesser in d. Syst. Th/Ce/Er 36-0146.

Eu: Phasenstabilität u. Stapelfehler in Ce/Eu 31-0465.

Fe: Verw. v. Ce: zur Modifizier. v. Grauguß 3-2501*; zur Stahlmodifizier. 4-1948; Löslichk. v. Ce in Fe (Stahl *20* u. *40* ChM) 14-0571; Verw. v. Ce zur Modifizier. v. Roh-Fe-18-2306; Einfl. v. Ce: auf d. Eig. v. Stahlguß *15*ChM*1*F 21-2545; auf d. Kugelgraphitbldg. in Guß-Fe 34-2384; Verteil. v. Ce in Stahlguß 38-2453.

Gd: Gitterabstände in – 18-0235; Phasenstabilität u. Stapelfehler in Ce/Gd 31-0465; Gitterkonst. u. effektive Atomdurchmesser in d. Syst. Th/Ce/Gd 36-0146; Atomdurchmesser v. Ce in – 37-0250.

Ge: Krist.-Struktur u. magnet. Eig. v. Ce_5Ge_3 20-0439; Gitterkonst. v. Ce_5Ge_4 30-0181; Lage d. Cl-L_{III}-Kante in CeGe, Ce_5Ge_3 u. $CeGe_2$ 51/52-0218; Gitterkonst. u. Strukturtyp v. $Ce_8Al_{13}Ge_3$ u. $Ce_{33,3}Al_{64,7}Ge_2$ 47-0195; Struktur u. Gitterparameter d. intermetall. Verb. im Syst. Ce/Si/Ge 8-0513; Krist.-Struktur u. Isotypie v. $CeNi_2Ge_2$ 9-0268.

Hg: Krist.-Struktur u. Darst. v. Ce_5Hg_{21} 34-0201.

Ho: Phasenstabilität u. Stapelfehler in Ce/Ho 31-0465.

In: Atomdurchmesser v. Ce in $CeIn_3$ 37-0250.

Ir: Atomdurchmesser v. Ce in $CeIr_2$ 37-0250.

La: Phasenstabilität u. Stapelfehler in Ce/La 31-0465; Kondo-Effekt in Supraleit.-Eig. v. magnet. verd. – 33-0585; Gitterkonst. u. effektive Atomdurchmesser in d. Syst. Th/Ce/La 36-0146.

Lu: Phasenstabilität u. Stapelfehler in Ce/Lu 31-0465.

Mg: Einfl. v. Ce auf d. Bearbeitbark. v. Mg (Zugdehn.) 27-2578; Krist.-Struktur v. Ce_5Mg_{42} 1-0252; Lage d. Ce-L_{III}-Kante in CeMg u. $CeMg_3$ 51/52-0218; Verfeiner. einer Struktur v. Th_2Ni_{17}-Typ ($CeMg_{10,3}$) 26-0260; röntgenograph. Phasenanalyse (Zustandsdiagramm) d. Syst. Ce/Mg/Al im Bereich *0* bis *33,3* Atom-% Ce 45-0532.

Mn: Struktur v. $CeMn_2$, Ce_6Mn_{23} u. $CeMn_{12}$ sowie Isomorphie mit Th_6Mn_{23} u. $ThMn_{12}$ 6-0239; quatern. Verb. $Ce_3MnCu_8Al_{24}$ u. ihre Krist.-Struktur 44-0221.

Nd: Phasenstabilität u. Stapelfehler in Ce/Nd 31-0465.

Ni: Atomdurchmesser v. Ce in $CeNi_3$ 37-0250; Supraleit. v. Ce/Ni 31-0475; Einfl. v. Ce auf d. Charakter d. Grenzverteil. überschüss. Carbide in einer komplex legierten Ni-Leg. d. Typs ŽS 18-0223; Berechn. d. Konz.-Abhängigk. d. Aktivität d. Komponenten, d. Misch-Wärme u. d. Bereichs d. Koexistenz zweier nicht mischbarer Phasen aus d. Konst. d. intermol. Wechselwrkg. d. – 29-0648; Krist.-Struktur u. Isotypie v. $CeNi_2Ge_2$ 9-0268.

Pb: Darst. u. Struktur v. Ce_5Pb_3 21-0240.

Pd: Gitterkonst. u. Phasen v. $CePd_3$ 14-0283; Zustandsdiagramm u. Phasen im Syst. Ce/Pd 42-0476.

Pr: Phasenstabilität u. Stapelfehler in Ce/Pr 31-0465.

Pt: Darst. u. Röntgenunters. v. Pt_5Ce 31-0222; Atomdurchmesser v. Ce in $CePt_2$ 37-0250.

Pu: Selbstbestrahl.-Effekte in einer *15* Atom-% Pu enthaltenden – 49/50-0189; Thermodynamik verd. Lsg. v. Pu in Ce; Syst. Pu/Ce/Co 44-0107; Oberflächenspann. v. Pu/Co/Ce-Leg. (*33 – 68,1*% Pu, *8,3 – 10,2* Co, *23,6 – 56,3* Ce) 1-0633.

Rh: Atomdurchmesser v. Ce in $CeRh_3$ 37-0250; Supraleit. v. Ce/Rh 31-0475; elektron. Zustand v. Ce in d. Phase $CeRh_3$ 31-0523.

Sc: Magnet. Moment u. Temp.-Abhängigk. d. magnet. Suszeptibilität 18-0497.

Si: Einfl. eines Zusatzes v. maximal *2* Atom.-% – auf d. Temp.-Schwelle v. Cu_5Si 47-0230; Struktur u. Gitterparameter d. intermetall. Verb. im Syst. Ce/Si/Ge 8-0513.

Sm: Phasenstabilität u. Stapelfehler in Ce/Sm 31-0465.

Sn: Darst. u. Struktur: v. Ce_5Sn_3 5-0257, 5-0261; Darst., Gitterdaten u. magnet. Suszeptibilität v. Ce_5Sn_3 u. Ce_2Sn 5-0260; Atomdurchmesser v. Ce in $CeSn_3$ 37-0250; Gitterkonst. u. Strukturtyp v. $Ce_8Al_{13}Sn_2$ u. $Ce_{33,3} \cdot Al_{65,7}Sn$ 47-0195; NMR u. Mössbauer-Effekt v. ^{119}Sn in $CeSn_3$ 6-0380.

Tb: Phasenstabilität u. Stapelfehler in Ce/Tb 31-0465.

Th: Gitterabstände u. effektive Atomdurchmesser im tern. Syst. Th/Ce/Zr 32-0219; Gitterkonst. u. effektive Atomdurchmesser in d. Syst. Th/Ce/X (X = Y, La, Gd, Er) sowie Th/Zr/Ce 36-0146; Phasen u. Misch-.krist.-Bldg. in d. Syst. Th/Zr/Ce 4-0472.

Tm: Phasenstabilität u. Stapelfehler in Ce/Tm 31-0465.

V: Beschränkte Löslichk. im fl. Zustand im Syst. v. V/Ce 42-0475.

Y: Gitterabstände in – 18-0235; Gitterkonst. u. effektive Atomdurchmesser in d. Syst. Th/Ce/Y 36-0146; Atomdurchmesser v. Ce in Y 37-0250.

Zn: Krist.-Struktur d. Verb. Ce_3Zn_{22} 29-0200; Gitterkonst. u. Darst. v. $CeZn_{11}$ 31-0211; intermetall. Phasen in d. Syst. v. Zn mit Ce 42-0449.

Zr: Gitterabstände u. effektive Atomdurchmesser im tern. Syst. Th/Ce/Zr 32-0219, 36-0146; Phasen u. Mischkrist.-Bldg. in d. Syst. 4-0472.

Cerverbindungen

Analyse v. Ce–Mo-Heteropolyverb. 31-2093; Darst. u. therm. Zers. v. Ce–Salz–Hydrazin-Komplexen 38-0734; Ox. v. Olefinen in Ggw. v. Ce-halt. Heteropolysäuren 20-2519*; Wechselwrkg. v. Aminopolycarbonsäuren mit Ce(IV)-Salzen 37-2161; Verw.: v. Ce(IV)-Salzen bei d. Polymerisat. v. Acrylonitril 36-2840*; bei d. Tieftemp.-Polymerisat. v. Vinylchlorid 3-2950*, 3-2951; v. Ce-Salzen v. Polyborverb. bei d. Photopolymerisat. v. ungesätt. Verb. 15-2932*.

Anorganische Cerverbindungen

Bldg. v. CeCO u. CeC_xO_y bei d. Rk. v. C mit CeO_2 38-0662.

Cerantimonide: Struktur u. magnet. Eig. v. CeSb, $CeSb_2$, Ce_3Sb, Ce_2Sb 5-0538; röntgenograph. u. DTA-Unters. Ce_4Sb_3 31-0212.

CeSb, Suszeptibilität als Funkt. d. Temp. u. d. magnet. Momente als Funkt. d. Feldstärke 4-0424; Übersicht über magnet. Eig. 7-0455; magnet. Anisotropie v. —-Einkrist. 47-0406.

$CeSb_2$, Krist.-Chemie v. — 35-0167.

Cerarsenate(V): $CeAsO_4$, Krist.-Wachstum 36-0137.

Cerarsenide: Struktur u. magnet. Eig. 5-0538.

CeAs, Suszeptibilität als Funkt. d. Temp. u. d. magnet. Momente als Funkt. d. Feldstärke 4-0424; Struktur u. magnet. Eig. 5-0538; Übersicht über magnet. Eig. 7-0455; Bldg.-Enthalpie 13-0544.

$CeAs_2$, Struktur u. magnet. Eig. 5-0538.

Cerborate, Bldg. d. Citratoborates $Ce\cdot(BO_2\cdot C_6H_6O_7)\cdot 3\,H_2O$ 48-0714.

Cerboride: CeB_4, magnet. Suszeptibilität 6-0481.

CeB_6, Mg-therm. Darst. v. — 35-0698; Lage d. Ce-L_{III}-Kante 51/52-0218; Supraleitfähigk. 29-0503; magnet. Suszeptibilität 6-0481, 31-0525; Dampfzus. u. Verdampf.-Wärmen 6-0561.

Cerbromide bzw. -bromokomplexe

Herst. v. Tetrahydrofuranverb. d. — 11-0757; thermogravimetr. Unters. v. —-Tetrahydrofuran-Verb. 41-0646.

$CeBr_3$, Darst. 31-0812.

Bromocer(IV)-säure:

$H_2[CeBr_6]$-Salze, Absorpt.-Spektren v. oktaedr. $[(C_2H_5)_4N]_2[CeBr_6]$ 23-0111.

Cerbromoborate, Verw. v. $Ce_2(B_{12}Br_8F_4)_3$ als Polymerisat.-Katalysator 14-2807*.

Cercarbide: Darst. d. Oxidcarbids d. Ce beim Glühen v. Ce_2O_3/Kohle-Gemischen 44-0691.

CeC_2, Bldg. bei d. Rk. v. C mit CeO_2 38-0662; Charakter d. Änder. d. effektiven Lad.-Trägerkonz. in d. Reihe d. Seltenerdmetalldicarbide u. Werte für — 12-0395; magnet. Suszeptibilität 6-0481; magnet. u. Krist.-Struktur 15-0483; Krist.- u. magnet. Strukturen (Neutronenbeug.) 17-0534; Bldg.-Enthalpie, Standardentropie u. Zers.-Dampfdruck v. — in Hinsicht auf d. Permeabilität d. Graphits für flücht. Spaltprod. 17-0610; massenspektrometr. Unters. d. Subl. v. — mit d. Knudsen-Zelle sowie Subl.-Drücke, Subl.-Enthalpie u. Bldg.-Enthalpie, Krist.-Struktur zweier polymorpher Modifikat., eutekt. Temp. d. Syst. CeC_2/C 37-0525.

Ce_2C_3, Neutronenbeug.-Unters. bei tiefen Temp. 25-0192; magnet. Suszeptibilität 6-0481.

Cercarbonat: $Ce_2(CO_3)_3$, Darst. aus einigen Salzen v. organ. Säuren 6-0734; IR-Spektren v. — u. $Ce_2(CO_3)_3\cdot 8\,H_2O$ 25-0098; Löslichk. v. Ce(IV) im Syst. $Ce(CO_3)_2/Na_2CO_3/H_2O$ 51/52-0373.

Cerchloride bzw. -chlorokomplexe

Darst.: v. Komplexverb. v. — mit 2.2'-Bipyridyl 1-0706; d. krist. Wolframatchlorids d. Ce, $CeWO_4Cl$ 40-0631; Bezieh. zwischen Gitterenergie u. Schmelztemp. in — 36-0221; Einfl. auf Enzyme 14-1232.

$CeCl_3$, Darst. 31-0812; Anwend. v. Zonenschmelzen u. Kolonnenkristallisat. zur Reinig. d. eutekt. KCl/LiCl-Schmelze v. gelösten —-Verunreinig. 46-0495; EPR-Spektren gefrorener Lsg. v. $CeCl_3\cdot 6\,H_2O$ in A. u. HCl 18-0376; paramagnet. Relaxat. v. — 29-0378; paramagnet. Spin–Gitter- u. Kreuz-Relaxat. in $CeCl_3\cdot 7\,H_2O$ zwischen *1,1* u. *4,2* °K 43-0318; EPR v. — 49/50-0240; Einfl. d. —-Konz. auf d. polarograph. Unters. v. Ce in geschmolzenen Nitraten mit einer rotierenden Scheibenelektrode 21-0678; chronopotentiometr. Unters. v. — in $NaNO_3/KNO_3$-Schmelze 25-0633; Löslichk. u. feste Phasen im Syst. $CeCl_3/LaCl_3/H_2O$ u, $CeCl_3/YCl_3/H_2O$ bei *25°* 21-0618; spezif. Wärme v. $CeCl_3\cdot 7\,H_2O$ zwischen *1,1* u. *3,3* °K 42-0224; Auflsg. v. Zn in $ZnCl_2$-Schmelze unter Zusatz v. — 17-0630; Absorpt. v. ^{144}Ce–^{144}Pr in illit.-vermiculit. Tonmineralien 35-0598; Hydrolyse v. — in Alkalichloridschmelzen 30-0706; Komplexbldg. v. Chromazurol S mit — 47-0473; Umsatz d. $^{144}CeCl_3$ bei Ratten nach partieller Hepatektomie 26-1666.

CeOCl, Bldg. v. — bei d. Hydrolyse v. $CeCl_3$ in Alkalichloridschmelzen 30-0706; Verw. v. — als Katalysator bei d. Zers. v. NH_4Cl 24-2264*.

Chlorocer(III)-säure:

$H_3[CeCl_6]$-Salze, Absorpt.-Spektren v. oktaedr. $[(C_6H_5)_3PH]_3[CeCl_6]$ 23-0111.

Chlorocer(IV)-säure:

$H_2[CeCl_6]$-Salze, Absorpt.-Spektren v. oktaedr. $[(C_2H_5)_4N]_2[CeCl_6]$ 23-0111.

Cerchloroborate, Verw. v. $Ce_2[B_{10}Cl_8\cdot(OH)_2]_3$ als Polymerisat.-Katalysator 14-2807*.

Cercyanide, Herst. v. $Ce(CN)_3\cdot 6{,}4$ THF 21-0824.

Cercyanoargentat(I): $Ce[Ag(CN)_2]_3$, Herst. v. — 21-0829.

Cercyanoferrate, Synth. anorgan. Ionenaustauscher aus Amberlite IRA-*410*, IR-*45* Dowex *1*-X, IRS-*50* u. AN *9* u. — 16-0670.

Cerfluoride bzw. -fluorokomplexe

Absorpt.- u. Lumineszenzspektren v. CaF_2–CeF_3:Nd^{3+} 22-0390; neue Krist. für Laserzwecke (CaF_2/CeF_3:Nd^{3+}) 27-0454; Ce(III)-Verteil. aus Fluorid-Syst. zwischen einem Kationenaustauscher u. wss. Phase 49/50-0430; Verw. v. — zur Herst. v. Fluoreszenzmaterial 25-2354*.

CeF_3, NMR u. Hyperfeinwechselwrkg. in Krist. 2-0335; opt. Absorpt.-Spektren v. H- u. D-dotierten Krist. 3-0342; Lumineszenz v. Seltenerdmetallionen in K_3CeF_6 durch Sintern eines Gemisches v. KF u. — mit *0,5–2* Atom-% Eu^{3+} oder Sm^{3+} 21-0401; DK bei Raumtemp. 30-0442; NMR v. ^{19}F in — 38-0378; Phasendiagramme d. bin. Syst. v. — mit CaF_2, SrF_2 bzw. BaF_2 9-0553; Phasendiagramm u. Gitterkonst. d. Phasen d. Syst. NaF/CeF_3 11-0599; Standardbldg.-Enthalpie 13-0549; Krist.-Struktur d. Phasen u. Mischkrist.-Bldg. im Syst. v. Erdalkalimetallfluoriden mit — 41-0500; kalorimetr. Unters. d. Fäll.-Rk. u. d. Bldg.-Wärme v. **$CeF_3\cdot 0{,}5\,H_2O$** 42-0409; Verw. zur Oberflächenbehandl. opt. Glasteile zwecks Erzeug. eines reflex.-mindernden, achromat. Films 18-2256*.

CeF_4, Erhöh. d. hydrolyt. Beständigk. v. — 33-2514.

Fluorocer(III)-säuren:

$H_3[CeF_6]$, Salze s. *Calcium-*, *Kalium-* u. *Natriumfluorocerate(III)* s. dort.

Cerfluoroborate, Verw. v. $Ce_2(B_{10}H_4F_6)_3$ u. $Ce_2(B_{12}Br_8F_4)_3$ als Polymerisat.-Katalysator 14-2807*.

Cerfluorosulfate, Reflex.-Spektren v. — 20-0271.

Cerhalogenide, Darst. wasserfreier — 31-0812; Verw. v. — als Sikkative 10-2962*.

Cerhydride: NMR-Unters. d. magnet. Eig. 11-0406; Protonen-Knight-Verschieb. in $CeH_{2,0}$, $CeH_{2,46}$ u. $Ce_{2,85}$ 11-0407; Thermodynamik d. Syst. Ce/H 42-0082.

CeH_2, Zücht. u. einige Eig. v. —-Einkrist. 7-0216; Unters. d. Gitterdynamik v. — durch unelast. Streuung kalter Neutronen 26-0272; Leitfähigk. u. Hall-Effekt in — 16-0431; Verw. v. — als Moderator in Kernreaktoren 49/50-2124.

CeH_3, Unters. d. Gitterdynamik durch unelast. Streuung kalter Neutronen 26-0272.

Cerhydridoborate, Verw. v. $Ce_2(B_{10}H_4F_6)_3$ als Polymerisat.-Katalysator 14-2807*.

Cerhydroxide: Misch.-Wärme v. TBP mit $[CeOH(NO_3)_3]\cdot 2$ TBP in Abhängigk. v. Molenbereich d. TBP 6-0576.

CeOOH, Zusammenhang zwischen Krist.-Struktur u. d. IR-Absorpt.-Spektrum v. — 36-0322.

$Ce(OH)_3$, Zusammenhang zwischen Krist.-Struktur u. d. IR-Absorpt.-Spektrum v. — 36-0322.

$Ce(OH)_4$, Mitfäll. v. kleinen In-Mengen mit — 44-0447.

Cerhydroxoborate, Verw, v. $Ce_2[B_{10}Cl_8\cdot(OH)_2]_3$ als Polymerisat.-Katalysator 14-2807*.

Cerjodid: CeJ_3, Bldg.-Enthalpie aus d. Metall u. Na 27-0636.

Cermolybdate bzw. -molybdatokomplexe

Unters. d. Synth.-Beding., d. Beständigk., d. Redoxeig. u. d. Absorpt.-Spektren v. Molybdänheteropolyverb. d. Ce 8-0686; Lumineszenz v. Nd^{3+} in $NaCe(MoO_4)_2$ 13-0344; Rk. v. Propylen mit NH_3 u. O_2 in Ggw. v. $Te_{1,2}CeMo_{12}O_{40,4}$ 43-2613*.

Molybdatocersäuren:

Analyse v. Ce–Mo-Heteropolyverb. 31-2093.

Cerniobate(V)

Siehe auch unter *Ceroxide* (*Mischoxide*).

$CeNbO_4$, Bldg. v. — bei Rk. zwischen Nb_2O_5 u. CeO_2 27-0654.

$CeNb_3O_9$, Bldg. v. — bei Rk. zwischen Nb_2O_5 u. CeO_2 27-0654; Gitterkonst. u. Darst. v. — 36-0185.

Cernitrate: IR- u. Raman-Spektren d. Syst. Cer(IV)-Nitrat/W. 20-0097; opt. Spektren v. $Mg_3Ce_2(NO_3)_{12}\cdot 24\,H_2O$ 49/50-0213; Krist.-Feldspektren im fernen IR (*10* bis *50* cm^{-1}) für d. Mg-Doppelnitrate v. Ce 49/50-0214; Verhältnisse d. Krist.-Feldparameter in $CeMg_3(NO_3)_{12}\cdot 24\,H_2O$ 3-0254; magnet. Kernmoment v. ausgerichteten $^{137m}Ce^{3+}$-Kernen in Ce–Mg-Nitrat 4-0394; direkte, Orbach- u. Raman-Relaxat. in verd. Mg/Ce-Nitrat in $Mg_3La_2(NO_3)_{12}\cdot 24\,H_2O$ (EPR) 5-0422; Einfl. eines Phononenflaschenhalses auf d. dynam. Polarisat. v. Protonen in $La_2\cdot Mg_3(NO_3)_{12}\cdot 24\,H_2O$ mit *0,1–5%* Ce 25-0386; Curie-Weiss-Konst. für Felder senkrecht zur c-Achse in Ce–Mg-Nitrat 28-0227; Resonanz- u. Relaxat.-Unters. v. Ce–Mg-Nitrat 49/50-0240; spezif. Wärme v. Cermagnesiumnitrat u. Wärmewiderstand zwischen fl. ^3He u. CMN 5-0342; Stabilitätskonst. u. Bldg.-Enthalpie- u. Entropie-Werte v. $Ce\cdot NO_3^{3+}$ 5-0589; Misch.-Wärme v. TBP mit $[CeOH(NO_3)_3]\cdot 2$ TBP in Abhängigk. v. Molenbereich d. TBP 6-0576; Rk. v. Ce-Ammoniumnitrat mit α-Phenylvinylphosphonsäure u. Polyvinylalkohol (Copolymerisat.) 28-1186; Photo- u. redoxakt. Zers. v. Eisessig mit $(NH_4)_2Ce(NO_3)_6$ 25-0780; Verw.: als Redoxkatalysator 34-2781*; als Sikkativ 10-2962*; in Glaspoliermittel 13-2236*; bei d. Ausrüst. v. Cellulosetextilien 28-3041*; physikal.-chem. Eig. gemischter Kaliumcerhexanitrocuprate 28-0770.

Darst. v. Dimethylsulfoxidkomplexen d. — 18-0716, —-nitrat 47-0645; Komplexe mit Triphenylarsinoxid 40-0617; Darst. v. Komplexen v. Triphenylphosphinoxid mit — 47-0641; Misch.-Wärme v. TBP mit $[Ce\cdot OH(NO_3)_3]\cdot 2$ TBP in Abhängigk. v. Molenbereich d. TBP 6-0576.

$Ce(NO_3)_3$, EPR-Spektren gefrorener Lsg. v. $Ce(NO_3)_3\cdot 6\,H_2O$ in A. u. HNO_3 18-0376; magnet. Temp.-Skala *0,002–2°* K für Einkrist.-Sphäroide d. paramagnet. Salzes $2\,Ce(NO_3)_3\cdot 3\,Mg(NO_3)_2\cdot 24\,H_2O$ 36-0404; Misch.-Wärme v. TBP mit $Ce(NO_3)_3\cdot 3$ TBP in Abhängigk. v. Molenbereich d. TBP 6-0576; Löslichk. im Syst. $Ce(NO_3)_3/Be(NO_3)_2/H_2O$ 29-0616; thermochem. Unters. d. Extrakt. d. — mit Tributylphosphat 36-0463; Best. in Gemischen v. Seltenerdmetallsalzen in nichtwss. Lsg. durch potentiometr. Titrat. mit $(CH_3)_4NOH$-Lsg. 21-2162.

$Ce(NO_3)_4$, Einfl. v. — auf d. anod. Abscheid. v. Cm 46-0542; Misch.-Wärme v. TBP mit $Ce(NO_3)_4\cdot 2$ TBP in Abhängigk. v. Molenbereich d. TBP 6-0576; Austauschwärmen d. Syst. $Ce(NO_3)_4\cdot 2\,TBP/n\text{-}C_9H_{20}$; $Ce(OH)(NO_3)_3\cdot 2\,TBP/n\text{-}C_9H_{20}$ u. $Ce(NO_3)_4\cdot 3\,TBP/n\text{-}C_{10}H_{22}$ 42-0426; Löslichk. v. — im Syst. $Ce(NO_3)_4/HNO_3/H_2O/(C_4H_9O)_3PO$ bei *25°* 16-0556.

Ammoniumnitratocerate(III) s. dort.

Cernitride: Darst. v. CN u. $Gd_{0,9}Cl_{0,1}N$ durch reaktives Bogenschmelzen 15-0730.

CeN, Übersicht über magnet. Eig. 7-0455; Berechn. d. red. thermodynam. Potentials v. — 45-0473.

Cernitritocuprate(II), physikal.-chem. Eig. v. $K_5Ce[Cu(NO_2)_6]_2$ 28-0770.

Ceroxide

Bezieh. zwischen Gitterenergie u. Schmelztemp. in — 36-0221; Verw. in Glaspoliermittel 13-2236*.

CeO, Rotat.-Analyse d. Absorpt.-Banden v. — 9-0126; Dissoziat.-Energie, Bldg.-Enthalpie u. thermodynam. Funkt. v. gasf. — 17-0609; Verw. v. — in Brandschutzüberzugsmitteln 28-3114*.

Ce_2O_3, Bldg. v. — bei d. Rk. v. C mit CeO_2 38-0662; EMK-Werte d. reversiblen galvan. Zelle Ce_2O_3/O_2 44-0516; F. 14-0531; Bldg.-Enthalpie v. — aus d. Metall u. Na_2O 27-0636; Eig. v. — bei d. heterogenen katalyt. Ox. d. Propens 23-0760; Reinig. v. Na-K-Krist.-Gläsern mit —-halt. Nd_2O_3 19-2439; spektrograph. Best. kleiner Mengen La u. Nd in reinem — 43-1964.

CeO_2, Besonderh. d. Wärmestrahl. v. Auer-Welsbach-Netzen, Netze u. Stäbe aus reinem Th_2O_3/CeO_2-Gemisch in Flammen 37-0747; IR-Absorpt.-Spektren 44-0072; Absorpt.- u. Lumineszenzspektren v. CaF_2–CeO_2:Nd^{3+} 22-0390; Einfl. v. therm. Neutronen auf d. Eig. opt. Gläser mit *1* u. *2%* — 29-0329; Emiss.- u. Anreg.-Spektren v. — aktiviert mit Sm^{3+}, Eu^{3+} u. Er^{3+}, Nd^{3+} 3-0352; Druckeffekt auf d. Reflex.-Vermögen v. gepreßtem — 20-0253; Natur d. Leuchtzentren im Krist.-Phosphor CeO_2–Sm 46-0341; Bldg. v. $CeFeO_3$ durch Festkörperrk. im Syst. FeO/CeO_2 2-0220; Unters. d. Mikrokristallisat. v. lichtempfindl. Gläsern d. Syst. $SiO_2/Al_2O_3/Li_2O/K_2O/CeO_2/Ag$ 6-0247; Wachstum u. Eig. v. —-Einkrist. 27-0214; Modell für d. Defektstruktur v. nichtstöchiometr. 47-0186; „sensibilisierter" Spann.-Aufbau in mit CeO_2 dotierten Natriumboratgläsern durch UV-Bestrahl. 14-0280; Einfl. d. Glühtemp. in O_2 auf d. Kontaktpotentialdifferenz v. CeO_2 gegen eine Au-Elektrode 9-0676; Elektronenleitfähigk. v. Ce-halt. Gläsern mit *15–40%* — 39-0356; Natur d. in — u. Ca-dotiertem — beobachteten zeitl. Änder. d. elektr. Leitfähigk. 40-0323; EPR-Spektren: v. —-Einkrist. mit Er^{3+} oder Yb^{3+} 8-0323; v. CeO_2:Dy^{3+}-Einkrist. 23-0431; dreiwert. Seltenerdmetalle in —-Einkrist. (Spin–Gitter-

Relaxat. kub. u. trigonaler Er^{+}-Zentren) 28-0353; EMK-Werte d. reversiblen galvan. Zelle CeO_2/O_2 44-0516; Einfl. v. – auf d. Anodeneffekt bei d. Elektrolyse v. Na_3AlF_6/Li_3AlF_6 51/52-0422; Best. d. Erstarr.-Punktes 3-1918; F. 14-0531; Unters. d. Einfl. v. – auf d. therm. Beständigk. v. heißgepreßtem ZrO_2 14-2249; Enthalpie u. spezif. Wärme v. – bei hohen Temp. 29-0588; Koagulat. u. elektr. Eig. v. – -Hydrosolen 20-0579; D. u. Oberflächenspann. v. Schmelzen d. Syst. $CeO_2/MnO/Al_2O_3/SiO_2$ 28-0654; Kinetik d. Isotopenaustausches im Syst. CeO_2/O_2 36-0636; Einfl. d. Gasmediums auf d. chem. Rk. u. d. polymorphe Umwandl. im Syst. ZrO_2/CeO_2 6-2213; Rk. mit Nb_2O_5 27-0654; Rk. u. Verdampf.-Mechanismus in – -halt. Graphitelektroden bei Lichtbogenanreg. 38-0583; Einfl. v. C auf – bei hoher Temp. 38-0662; katalyt. Eig. v. – bei d. Ox. v. KW-Stoffen 1-0664; Kontaktox. v. Äthylen durch – unter Bldg. v. CO_2 u. W. 5-0721; verschiedene Arten d. O-Bind. auf d. Oberfläche v. – -Katalysatoren 11-0713; Verw. v. – für d. Herst. v. Luminophoren 38-2371*; durch – -Zusatz stabilisiertes hochfeuerfestes ZrO_2 11-2268; Verw.: in Bindemitteln für feuerfeste Körper 20-2265*; in Poliermitteln 43-2374*; für Kennzeichn.-Farben für Metalle 48-2805*; Best. v. – in CeO_2/La_2O_3-Misch. (Aktivier.-Analyse) 38-2057; selektive Ausscheid. v. – aus einer Y^{3+}–La^{3+}–Ce^{4+}-Lsg. durch Erhitzen im Autoklaven 45-2077.

Mischoxide

CeO_2-halt. elektr. Isolierglas 13-2244*; Ce_2O_3-halt. gelbes, stark lichtbrechendes Glas für d. Perlenherst. 25-2411*; CeO_2-halt. gelbes Glas für Glasperlen 31-2419* CeO_2-halt. krist.-fäh. Glas zur Herst. keramikähnl. Gegenstände 32-2340*.

Mikrokristallisat. v. CeO_2- u. Ag-halt., lichtempfindl. Gläsern 6-0247; Bezieh. zwischen d. Gitterparameter u. d. Abständen Anion/Kation in Ce-Verb. mit Perowskit-Struktur 28-0146.

Al: Zücht. v. $Ce_3Al_5O_8$ mit Hilfe d. Schwimmzonenverf. 8-0190.

Ca: IR-Spektren v. $CaCeO_3$ 20-0276; Gitterparameter u. Abstände Anion–Kation in $CaCeO_3$ 28-0146.

Cd: Gitterparameter u. Abstände Anion–Kation in $CdCeO_3$ 28-0146.

Fe: Krist.-Struktur v. durch Festkörperrk. im Syst. FeO/CeO_2 gebildetem $CeFeO_3$ 2-0220; lineare magnetoakust. Doppelbrechungs- u. transversale ferroakust. Resonanzexperimente an $Ce_3Fe_5O_{12}$ 40-0364.

La: Darst. u. Unters. v. $La_2Ce_2O_7$ durch Neutronenbeug. 19-0255.

Nb: Bldg.: u. Gitterparameter u. therm. Zers. v. $CeNb_5O_{14}$ 2-0712; v. Ce_3NbO_7 bei Rk. zwischen Nb_2O_5 u. CeO_2 27-0654.

Seltenerdmetalle: Pulverdiagramme u. spektroskop. Unters. d. Mischoxide v. Ce mit Seltenerdmetalloxiden 10-0209.

Si–Al: Elektronenleitfähigk. v. Gläsern d. Zus. SiO_2, Al_2O_3 u. CeO_2 39-0356.

Ta: Bldg. u. Gitterparameter u. therm. Zers. v. $CeTa_7O_{19}$ 2-0712.

Te: Temp.-Abhängigk. d. paramagnet. Suszeptibilität v. Ce_2O_2Te 24-0505.

Ti: Gitterkonst. u. Darst. v. $CeTi_2O_6$ 17-0274; Suszeptibilitätswerte v. $Ce[TiO_3]$ 8-0138.

Y–Fe: Magnetostrikt. v. Ce^{3+} in Y-Fe-Granat 30-0485.

Y–Nb–Ti: Isomorphie u. Darst. v. Verb. im Syst. $YNbTiO_6/CeNbTiO_6$ 9-0258.

Zn–Na–Si: Faraday-Effekt in Silicatgläsern d. Zus. $Na_2O \cdot 2\,ZnO \cdot 4{,}8\,SiO_2$ + *5* Gew.-% CeO_2 bei tiefen Temp. 9-0339.

Zr: Best. d. elektron. Halbleit. in bin. ZrO_2/CeO_2 49/50-0302.

Mehrkomponentige Oxide: Dauer d. Lösch. d. Kathodolumineszenz v. mit Ce aktiviertenSilicat-Gläsern d. Zus. *5 – 26* Mol.-% MgO; *1,3 – 7* Li_2O; *4 – 18* Al_2O_3; *25 – 32* SiO_2; *1 – 2,3* Ce_2O_3 35-0324; Unters. d. Mikrokristallisat. v. lichtempfindl. Gläsern mit d. Meth. variabler Zus. d. Proben d. Zus. *76* (Gew.-%) SiO_2, *8* Al_2O_3, *12* Li_2O, *4* K_2O, CeO_2 u. Ag maximal *0,12* u. *0,08* 6-0247.

Ceroxidhydrate

Ceroxidhydroxide s. unter *Cerhydroxide.*

Cerperchlorate: Darst.: v. o-Phenanthrolinkomplexen 18-0715; v. Dimethylsulfoxid-Komplexen 21-0826; v. Pyridin-N-Oxid-Komplexen 33-0882; v. Antipyrinkomplexen 47-0644.

$Ce(ClO_4)_3$, konduktometr., kryoskop. u. IR-Unters. 36-0689.

Cerphosphate: Herst. u. chem. Eig. v. – als Ionenaustauscher 16-0750; (Ionenaustauschereig. gegenüber einwert. Kationen) 29-0749.

$CePO_4$, IR-Spektren v. wasserfreiem – 5-0132.

CeP_2O_7, Stabilitätskonst. 44-0436.

Cerphosphide: Struktur u. magnet. Eig. v. CeP u. CeP_2 5-0538.

CeP, Suszeptibilität als Funkt. d. Temp. u. d. magnet. Momente als Funkt. d. Feldstärke 4-0424; Übersicht über magnet. Eig. 7-0455.

Cerselenate(IV): therm. Zers. v. $Ce_2H \cdot (SeO_3)_5 \cdot 5\,H_2O$ 43-0595.

$Ce_2(SeO_3)_3$, Bldg.-Wärmen 27-0624.

Cerselenide: Darst. u. Gitterparameter v. Ce_2O_2Se 22-0226.

$CeSe_2$, Krist.-Struktur v. Cerpolyselenid 45-0235; Krist.-Chemie 35-0167.

Cersilicide, Herst. v. CeSi u. $CeSi_2$ 5-2387; Gitterkonst. v. Ce_5Si_4 u. Ce_5Si_3 30-0181; Lage d. Ce-L_{III}-Kante in CeSi, Ce_3Si_2, Ce_5Si_3, $CeSi_2$ 51/52-0218; Krist.-Struktur u. Isotypie v. $CeNi_2Si_2$ u. CeM_2Si_2 (M = Mn, Fe, Co, Cu) 9-0268; Strukturdaten v. Ce_2Cu_3Si Ce_2CuSi_3, Ce_2NiSi_3 37-0251; Gitterkonst. u. Strukturtyp v. Ce_2Al_3Si 47-0195.

Cersulfate bzw. -sulfatokomplexe

Verringer. d. magnet. Moments durch Bahn–Gitter-Wechselwrkg. für Ce^{3+} in – 39-0267; Best. d. Stabilitätskonst. v. Sulfatokomplexen v. Ce(III) 28-0590; Best. d. Bldg.-Enthalpien v. Sulfatokomplexen v. Ce(III) 28-0591; Kapitza-Widerstand v. Ceräthylsulfat 38-0262; Ce(III)-Verteil. aus α-Hydroxyisobutyrat-, Fluorid- u. Sulfat-Syst. zwischen einem Kationenaustauscher u. wss. Phase (Gleichgew. Konst. für d. stufenweise Komplexbldg. in d. wss. Phase) 49/50-0430; durch Bromid katalysierte Ox. v. J_2 mit $Ce(SO_4)_2 \cdot 2\,(NH_4)_2SO_4 \cdot 4\,H_2O$, Verw. zur Best. v. Bromid 12-1852; VSO_4 als Red.-Mittel bei d. redoxkinet. Titrat. v. $Ce(SO_4)_2 \cdot 2\,(NH_4)_2SO_4$ 34-1891.

$CeSO_4$, inhibierende Wrkg. auf Leucinaminotransferase 16-1327.

$Ce(SO_4)_2$, IR-Absorpt.-Spektren v. $Ce \cdot (SO_4)_2 \cdot 4\,H_2O$ u. $Ce(SO_4)_2 \cdot 8\,H_2O$ 36-0060; Mess. an – in Lsg. v. Anthracen-Radikalanionen u. -kationen in organ. Lsgm. an d. rotierenden Anthracenscheibenelektrode 13-0641; Radiolyse v. Fl. bei hohen Drücken (wss. – -Lsg.) 30-0679; Isotopeneffekt bei d. Ox. v. K_2PtCl_4 mit – in H_2O u. D_2O 20-0645; Ox. v. Äthylenglykol mit – (Kinetik) 47-1047; Ox.-Mechanismus v. α-Hydroxysäuren mit – 1-0879; Ox.: v. Weinsäure (Kinetik) 20-0911; v. Brenztraubensäure (Kinetik) 20-0912; v. Benzilsäure (Kinetik u. Mechanismus) 47-1052; amperometr. Titrat. 4-1625; Verw. zur potentiometr. Titrat. v. Mikromengen Fe(II) 1-1824; Best. v. tert.-Butylhydroperoxid mit – in H_2SO_4 19-2173; analyt. Verw. zur Phenacetinbest. in Arzneizubereit. 36-1668; biamperometr. Titrat. v. J^- mit – neben Br^- u./oder Cl^- 43-1939; Verw. zur Redoxtitrat. v. AsO_3^{3-} 21-2067.

$Ce_2(SO_4)_3$, IR-Spektren v. $Ce_2(SO_4)_3 \cdot 5\,H_2O$ 32-0345.

Sulfatocer(IV)-säuren:

$H_2[Ce(SO_4)_3]$, Salze s. *Ammonium-, Kalium-* u. *Natriumsulfatocerate(IV).*

$H_4[Ce(SO_4)_4]$, Salze s. *Ammonium-, Kalium-* u. *Natriumsulfatocerate(IV).*

$H_6[Ce(SO_4)_5]$, Salze s. *Ammoniumsulfatocerat(IV).*

$H_8[Ce(SO_4)_6]$, Salze s. *Ammoniumsulfatocerat(IV).*

Cersulfide: Synth. u. Unters. v. $CeZnS_3$ 33-0881; Stabilisier. d. γ-Phase v. $Ce_{3-x}S_4$ 42-0121; Struktur u. Darst. v. Ce_2O_2S 1-0256.

CeS, Dissoziat.-Energien v. – (massenspektrometr. Best.) 31-0579; Verw. in Bindemitteln für feuerfeste Körper 20-2265*.

Ce_2S_3, Verw. in Bindemitteln für feuerfeste Körper 20-2265*.

Ce_3S_4, Verw. in Bindemitteln für feuerfeste Körper 20-2265*.

Certantalate(V)

Siehe auch unter *Ceroxide (Mischoxide).*

$CeTa_3O_9$, Gitterkonst. u. Darst. v. – 36-0185.

Certelluride, CeTe, $CeTe_3$, Ce_2Te_3, Ce_3Te_4, Ce_2Te_5, Ce_4Te_7 als Phase d. Syst. Ce/Te (Krist.-Struktur) 45-0518; Krist.-Chemie v. $CeTe_2$ 35-0167; Gitterkonst. u. Darst. v. Ce_2Te_5 16-0235; Temp.-Abhängigk. d. paramagnet. Suszeptibilität v. Ce_2O_2Te 24-0505.

Certhiocyanate: EPR-Spektren gefrorener Lsg. v. $Ce(CNS)_3 \cdot 7\,H_2O$ in Triäthylphosphat (+ HCl) 18-0376; Rk. zwischen Dioxan u. $Ce(SCN)_3 \cdot 7\,H_2O$ 19-0860.

Cervanadate: Lumineszenzspektren v. mit Eu dotiertem (Mg, Ce)VO_4, (Ca, Ce)VO_4, (Sr, Ce)VO_4, (Ba, Ce)VO_4, (Zn, Ce)VO_4 u. (Cd, Ce)VO_4 12-0346.

$Ce_2V_{10}O_{28}$, Bldg.-Beding. u. einige Eig. v. – 3-0712.

Cerwolframate bzw. wolframatokomplexe

Lumineszenz v. Nd^{3+} in $NaCe(WO_4)_2$ 13-0344; Darst. d. krist. Wolframatchlorids d. Ce, $CeWO_4Cl$ 40-0631; Hydrothermalsynth. v. Krist. v. $LiCe(WO_4)_2$ 42-0193.

Wolframatocersäuren:

Darst. u. Basizitätsbest. d. Heteropolysäuren $H_5[Ce^{III}W_8O_{28}]$ u. $H_4[Ce^{IV}W_8O_{28}]$ 28-0747.

Organische Cerverbindungen

Spektrophotometr. Unters. d. Komplexbldg. v. Ce^{3+} mit Methylenblau in alkal. Lsg. 1-0580; Darst. v. Komplexverb. v. Ce-Chloriden mit 2.2′-Bipyridyl 1-0706; thermogravimetr. Unters. d. Thermolyse d. Malonate u. Succinate v. Ce 1-0707; Zusammenhang zwischen d. Beständigk. u. d. IR-Absorpt.-Spektren v. Ce-Komplexverb. mit β-Diketonen 5-0598; Löslichk. v. Komplexverb. aus Cer-Acetat mit Thioharnstoff 6-0591; Darst. v. Komplexverb. v. Ce mit ungesätt. Aminen 7-0696; Stabilitätskonst. d. 1:1-, 1:2- u. 1:3-Komplexe v. Ce mit α-Carboxy-β-methyltropolon 10-0556; Ox. v. Benzolcarbonsäuren in Ggw. v. Ce-Benzoat 10-2549* Herst. v. Tetrahydrofuranverb. d. Ce-Bromide 11-0757; Thermogravimetrie d. Oxalathydrate d. Ce 11-0758; Löslichk. v. $Ce(C_2O_4)_3 \cdot n\,H_2O$ in alkal. AeDTE- u. Komplexon IV-Lsg. 12-0536; IR-Spektren v. Ce^{3+}-Salzen d. Polystyrolsulfon-, -selenon-, selenin- u. -phosphinsäure (Valenzschwing. freier OH-Gruppen u. Hydratatat.) 13-0164; Darst. u. chem. Eig. v. Komplexen d. Tropolonatanions mit Ce 13-0749; Verw. v. $Ce_2[B_{10}Cl_3(COCH_3)_2]_3$ als Polymerisat.-Katalysator 14-2807*; Darst. v. Komplexen d. Halogenacetate d. Ce mit 1.10-Phenanthrolin u. α.α′-Bipyridyl 15-0732; Verw. v. Ce-Salzen v. Polyborverb. bei d. Photopolymerisat. v. ungesätt. Verb. 15-2932*; Darst. u. Eig. (Löslichk., Spektren) v. Ce-Diphthalocyanin aus Ce-Acetat u. o-Phthalonitril 16-0596; IR-Absorpt.-Spektren v. $Ce(HCOO)_3$ 17-0140; Darst.: v. o-Phenanthrolin-Komplexen d. Ce-Perchlorate 18-0715; v. Dimethylsulfoxid-Komplexen d. Ce-Nitrate 18-0716; v. Dimethylsulfoxid-Komplexen v. Ce-Perchlorat 21-0826; zunehmende Stabilität u. vorgeschlagene Modelle v. Chelaten v. Ce mit 1-Hydroxycyclopentancarbonsäure (potentiometr. Unters. d. Bldg.-Konst.) 21-0827; Kondens. v. $(NH_2 \cdot CH_2)_3C$–CH_3 mit α-C_5H_4N–CHO zu 7-Methyl-2.4.9-tris-[α-pyridyl]-1.3.5-triazatricyclo-[3.3.-1.1^{3,7}I]-decan (1:1-Komplexbldg. mit Ce) 21-0845; Ce-Komplexe mit ÄDTA u. CDTA 22-0597; Röntgenstrukturunters. v. Certriacetathydrat 23-0256; Löslichk. v. Ce-Acetat-Verb. mit Thioharnstoff in Essigsäure 23-0639; KMR-Unters. an Diketonato-Ce-Komplexen 24-0794; Komplexbldg. v. Ce mit Prolin 26-0611, 26-0612; Verw. v. Ce(III)-Oxalat als Stabilisator 26-2891*; stufenweise Bldg.-Konst. d. Mandelat-Chelate v. Ce 27-0661; IR-spektroskop. Unters. an $Ce(NO_3)_3 \cdot 3$ TBP 28-0088; Ce(IV)-Oxidalkanolatpolymere (Übersicht) 28-0783; Darst., Leitfähigk. u. Löslichk. v. Ce-Benzylmalonat 29-0813; Darst. u. Eig. v. cycl. Polyäthern u. ihre Komplexe mit Ce-Salzen 30-0719; Bldg.-Beding. u. Zus. v. Pernitrilotriacetat-Komplexen v. Ce 32-0611; Löslichk. v. mit ^{14}C u. ^{144}Ce markiertem $Ce_2(C_2O_4)_3 \cdot 10\,H_2O$ in W. 32-0745; Kinetik d. Isotopenaustauschs zwischen Ce^{3+} u. $CeEDTA^-$ (H_4EDTA = Äthylendiamintetraessigsäure) unter Verw. v. ^{144}Ce 33-0755; Darst. v. Pyridin-N-oxid-Komplexen d. Ce-Perchlorats 33-0882; Herst. v. Ce-Resinat aus Kolophonium (Verw. für Überzüge) 34-2920; Best. d. Bldg.-Funkt. v. Komplexen im Syst. $Ce^{3+}/C_2O_4^{2-}$ aus Elektroüberführ.-Daten 36-0508; Kapitza-Widerstand v. Ceräthylsulfat 38-0262; Zers.-pH-Kurven für Ce-Komplexe v. DETA, Nitridotriessigsäure u. Diäthylentriaminpentaessigsäure 38-0653; thermograph. Unters. komplexer Ce-Citrate 38-0654; Darst. elektronenreicher Verb. d. Ce mit 2.2′-Dipyridyl 38-0656; spektrophotometr. Unters. an Komplexen v. 1.2.4-Trihydroxyanthrachinon mit Ce 39-0507; Best. d. Stabilitätskonst. d. Komplexverb. v. Ce^{3+} mit Essigsäure durch Papierelektrophorese 40-0514; Komplexe d. Ce-Nitrats mit Triphenylarsinoxid 40-0617; Darst. v. Koordinat.-Komplexen v. – mit organ. Sulfoxiden 40-0647; polarograph. Unters. v. Chelaten d. Äthylendiamin-N.N′-diessigsäure-N.N′-bis-[α-propionsäure] mit Ce (Stabilitätskonst.) 41-0556; thermogravimetr. Unters. v. Ce-Bromid-Tetrahydrofuran-Verb. 41-0646; Änder. d. Absorpt.- u. Fluoreszenzspektren d. Ce^{3+}-Ions bei d. Komplexbldg. mit Carbonsäuren 44-0062; Darst.: v. Ce(IV)-Komplexen mit Schiffschen Basen 45-0686;

v. Komplexen v. Triphenylphosphinoxid mit Ce-Nitrat 47-0641; v. Antipyrinkomplexen v. Ce-Perchlorat 47-0644; v. Dimethylsulfoxidkomplexen v. Ce-Nitrat 47-0645; Bldg. d. Citratoborates $Ce(BO_2C_6H_8O_7)\cdot 3\ H_2O$ 48-0714; Ce(III)-Verteil. (Syst. α-Hydroxyisobutyrat/Fluorid/Sulfat) 49/50-0430; Stabilitätskonst.: d. α-Hydroxycyclohexancarboxylat-Komplexe v. Ce 51/52-0396; d. Komplexe v. Ce(III) mit α - Carboxy - β - methyltropolon 51/52-0398; Bldg.-Konst. u. Freie Bldg.-Energien d. Komplexe v. 3-Nitroalizarin mit Ce 51/52-0399; Darst. v. Ce(III)-Carboxylaten 51/52-0541.

Ceramid s. unter $C_{20}H_{41}NO_4$.

Ceramide, — aus Nakahara-Fukuoka-Sarkom-Gewebe 33-1416; neutrales —-enthaltende Glykolipide (chromatograph. Arbeitsweise für d. quant. Isolier. aus Säugetiergeweben) 43-1489; Fettsäurezus. d. — d. normalen u. malignen Epidermis 46-1169; Hydrolyse u. Synth. durch ein aus Rattengehirn aufgearbeitetes Enzym 16-1383; —-Bdlg. durch Cerebrosid-Galaktosidase d. Gehirns 18-1225; papierchromatograph. Trenn. 15-1631.

Ceramidlactosid s. unter $C_{54}H_{103}NO_{13}$.

Cercosporin s. unter $C_{30}H_{28}O_{10}$.

Cerealien s. *Getreide.*

Cerebellin, Rk. d. — d. Kleinhirns (Wrkg. v. Reserpin u. Chlordiazepoxid) 45-1787.

Cerebronsäure s. unter $C_{24}H_{48}O_3$.

Cerebroside

Sulfatide s. dort; s. auch *Glykolipoide*; *Sphingolipoide.*

Substituierte — (*1.* Mitt.) 42-0999: Phosphatidyläthanolplasmalogengeh. v. Holotrichia-Arten aus d. Rumen v. Kühen 47-1521; Geh. u. Zus. v. Colamin-— aus grünen Blättern v. Spinacia oleracea 7-1345; Geh.: im Myelin aus d. weißen Hirnsubstanz 1-1085; in peripheren Nerven bei Wallerscher Degenerat. 2-1454; im Gehirn bei einem Fall v. diffuser Sklerose 7-1549; d. Myelins aus d. peripheren Nervensyst. 14-1530; 3-O-Acyl-— d. Gehirns 15-1632; Geh. im Hirn bei Ahornsirupharnkrankh. 17-1634: Phosphatidylserin aus Schweineerythrozyten (Isolier. durch Cellulosesäulenchromatographie) 18-1474; Geh.: im Rinderhirnmyelin 18-1536; im Neugeborenengehirn 18-1538; d. peripheren Nervs normaler u. mit Organophosphorverb. vergifteter Hühner 18-1568; Äthanolamin- u. Serinphosphatidgeh. d. Mitochondrien u. Mikrosomen 20-1179; Vork. v. Gluco-— im Gehirn bei Gangliosidstoffwechselstör. 20-1572; Geh.: in Myelin u. gliareichen Frakt. aus Rattenhirn 20-1576; an Äthanolaminplasmalogen in testikularen u. ejakulierten Widderspermatozoen 24-1654; — aus Gehirn 25-1679; Ester-— im Gehirn 25-1680; Konz. im menschl. Myelin 25-1689; — in d. Gehirngeweben v. Tieren (Vgl.) 27-1730; Geh. d. Gehirns: eines Buckelwals 44-1475; u. Rückenmarks d. wachsenden Ratte (Einfl. v. Östradiol u. Cortisol) 46-1385; Galalcto-—-Geh. v. Proteolipiden aus Rindergehirn 11-1536; Geh. v. β-Lipoprotein v. Serum u. Cerebrospinalfl. 46-1430; Zus. d. Cerebroside: d. Milz bei Gaucherscher Krankh. 4-1149; d tier. Gehirns 18-1537.

Einbau: v. Phosphorylpropanolamin u. Phosphoryläthanolamin in d. — v. Hirndispers. 3-1282; v. Glucose-C in — durch Hirnschnitte v. Ratten während d. Entw. 6-1305; v. Äthanolamin in — in Pflanzengewebe durch Ca^{2+} aktiviertes Syst. 14-1402; markierter Hexose in Hirn-— 38-1720; Darst. v. D-, L-oder DL-[Diacyl]-α-— 7-0996; Synth. v. ungesätt. Fettsäuren enthaltenden gemischten Diacylphosphatidylserinen 17-1052; präparative Meth. für d. Isolier. v. Gehirn-— 23-1719; Synth. v. Phosphonsäureanalogen v. L-α-— 33-1795; Darst.: v. Phosphonatanaloga v. — 36-1036; v. $O^1.O^2$-Diacylglycerin-(3)-phosphorsäureserinestern (Hemmstoff gegen Thromboplastinbldg.) 51/52-1763*; Abtrenn. aus Spinatblättern u. Chloroplastenlamellen 14-1388.

Einfl. auf d. spektralen Eig. monomol. Schichten v. Chlorophyll a 31-1021; Röntgenbeug.-Unters. in Abhängigk. v. Konz. u. Temp. 23-1258; Bedeut. d. polaren Gruppen v. Hirn-— für ihre Eig. an d. Grenzfläche Luft–W. 44-1391; Acetylier. u. Dünnschicht-Gaschromatographie v. Cephalin B 20-1938; Perjodatox. 45-1523; Dispergier. v. — u. Kationenbind. bei Salzzugabe 3-1371; Wrkg. v. Phospholipase C auf Äthanolaminplasmalogen 12-1256.

Papierchromatographiemeth. für Gluco- u. Galakto-— 39-1520; Best. v. Äthanolamin u. Serin in — 46-1901.

Cerebrospinalflüssigkeit (Liquor [cerebrospinalis]) Siehe auch *Körperflüssigkeiten.*

Förder. d. Produkt. v. — durch niedr. Dosen v. intraventrikulär verabreichtem Ouabain 43-1622; Veränder. v. p_{CO_2} im Blut u. in d. — bei akuter experimenteller Hyperkapnie beim Hund 4-1214; Wrkg. d. Bluthyperoxie auf d. O_2 d. — beim Hund 4-1250; physiolog. O_2-Regulat. in d. — (Wrkg. d. Hyperoxie) 4-1251; Einfl, v. Strophanthin K auf d. Druck d. — bei experimenteller Pathologie d. Herz–Gefäß-Syst. 37-1793; Eindringen v. 2-Hydroxyiminomethyl-N-methylpyridiniummethansulfonat in d. — u. d. Fetus 1-1568; v. Thiamin aus d. Blut in d. — 14-1499; Wrkg.: d. Injekt. v. γ-Hydroxybuttersäure u. γ-Butyrolacton im —-Syst. 14-1555, 14-1556; v. Arzneimitteln bei Einführ. in d. — (Übersicht) 41-1650; Diffus. v. Cephalothin in d. — 47-1497.

Gewebsproteine d. — 1-2453; Isolier. u. Charakterisier. lipophiler Steroidkonjugate aus d. — 2-1387; freie u. konjugierte C_{18}-, C_{19}- u. C_{21}-Steroide in d. — 3-1398; freies u. konjugiertes Noradrenalin in d. — d. Menschen 9-1428; Lactationenkonz. in d. — v. Hunden nach experimenteller Hyperkapnie 12-1480; Isolier. u. partielle Charakterisier. v. niedermol. Proteinen u, v. Immunoglobulin G aus d. — 13-1509; Lactatdehydrogenaseisoenzyme in d. — d. Kaninchens (Einfl. v. Anämie, Hypoxie u. Co) 20-1260; Geh. d. — an 5-Hydroxyindolylessigsäure bei Narkolepsie 23-1725; Progesteron in d. — während d. Schwangerschaft 24-1580; Vork. v. Carbamazepin u. Abbauprod. in d. — nach Applikat. 29-1780; Fluoridkonz. d. — 30-1467; physikochem. Eig. v. Albuminen aus mensch. — 43-1455; β-Lipoprotein d. — 46-1430; Kreatinkinase in d. — 51/52-1271; niedermol. Proteine d. — 51/52-1532; Pb in d. — bei klin. Saturnismus 51/52-1714.

Stoffwechselschicksal v. ^{14}C-L-Dopa in d. — v. Menschen 9-1605; Bind.-Kapazität d. — für Cyano- u. Hydroxycobalamin 17-1589.

Elektrophorese d. —-Proteine 17-1588; Meth. zur Eineng. d. — für d. Eiweißelektrophorese 18-2027; Polyacrylamidgelelektrophorese v. Proteinen d. — 21-2225; Anwend. d. zweidimensionalen Gelfiltrat.-Elektrophorese u. Immonogelfiltrat. zur Auftrenn. d. Eiweiße menschlicher — 39-2061; Nachw. v. 5-Carbamyl-5H-dibenzo-[b, f]-azepin in d. — mit Dünnschichtchromatographie 3-1643; Analyse v. Indolsäuren in d. — 12-1927; kolorimetr. Best. v. 1.3-Bis-[2-chloräthyl]-1-nitrosoharnstoff in d. — 13-1948; Best.: d. Gesamtproteine u. v. Globulinen in d. — (Anwend. d. Autoanalyse zur Technik d. chem. Fraktionier.) 23-1665; (γ-Globuline) 23-1666; (Mucoproteine) 23-1667; v. Steroiden in d. — 23-2210; Glucosemikrobest. in d. — mit o-Toluidin 24-2081; Best.: v. Prolin in d. — 24-2093; v. Prolinspuren in d. — 26-2115; v. Fettsäuren in d. — 27-1687; v. Na u. K in d. — nach d. Tode (Bedeut. zur Best. d. Todeseintritts) 33-2293; UV-photometr. Best. d. Proteine in d. — mit einem modifizierten Biuretreagenz 34-2034; Best.: d. Proteine d. — durch Anwend. d. einfachen radialen Immunodiffus. 34-2035; v. Dimethylsulfoxid in d. — durch Verteil.-Gaschromatographie 36-2010; fermentative Mikroschnellbest. v. Glucose zur Unters. d. — 36-2011; Ca-Best. in d. — (automat. Atomabsorpt.-Spektrometrie) 37-2204.

Bibl.: Immunoglobulin G and low molecular weight proteins in human cerebrospinal fluid B 4; Hydrodynamik, Elektrolyt- und Säure–Basen-Haushalt im Liquor und Nervensystem (Symposion, Frankfurt/Main *1967*) B 60.

Čerenkov-Strahlung, Möglichk. eines Isotopieeffekts bei — 17-1976; — als Superphasengeschw.-Effekt 38-0001; Korrektur opt. Syst. für Weitwinkel-— 51/52-1806.

Modulat. d. Lad.-D. eines Strahls bei d. Wechselwrkg. mit einem Festkörperplasma 3-0035; —: d. modulierten Lad. eines Strahls beim Durchgang durch einen Festkörperspalt 3-0036; durch einen geladenen Ring in einem durchsicht. einachs. Krist. 24-0326; Submillimeter-— v. einem Elektronen-Gleichstrombündel 31-0022; Berechn. d. Energieausb. d. — eines Elektron–Positron-Paares 36-1892; —: im leitenden, dielektr. Medium 46-0005; in einem halbunendl. dielektr. Medium mit einer leitenden Grenze 46-0006.

Großfläch. Čerenkov-Zähler 4-1579; Nachw. v. β-Strahlern im Urin durch Mess. d. Čerenkov-Effektes 12-1925; großer gasgefüllter Čerenkov-Zähler 16-1889; Herst. eines ellipt. Spiegels für Schwellwert-Gas-Čerenkov-Zähler 18-1909; Anwend. d. Čerenkov-Effektes auf d. Nachw. beschädigter Brennelemente im WWR-S-Reaktor 21-2236; opt. Reflektoren für Čerenkov-Zähler mit interner wss. Probe 22-2047; Cerenkov-Zähl. mit Farblöschkorrektur u. Kanalverhältnisbest. 39-1899; Anwend. d. — zum Nachw. v. ^{42}K im Harn 40-1872; Lichtkoppler hohen Wrkg.-Grades für Čerenkov-Schwellwertzähler 43-1869; Teilchenzählanalyse eines Perspex-Čerenkov-Zählers 47-1868; kompakter Čerenkov-Zähler zum Elektronennachw. 47-1869; Bleiglas-Čerenkov-Zähler mit totaler Absorpt. 49/50-1820; Best. β-strahlender Radioisotope durch Čerenkov-Zähl. 51/52-1826.

Cereolysin s. unter *Proteine, spezielle Proteine.*

Ceresan M s. unter $C_{15}H_{17}HgNO_2S$.

Ceresin, Gewinn.: aus Petrolatum 2-2482, 31-3272*; aus hydroraffinierten Schmierölfrakt. 40-2474; Unters. d. aus hydrierten Ölfrakt. östl. S-halt. Erdöle gewonnenen — 48-2397; Inhibier. d. Ox. durch mehrkern. Verb. (Mechanismus) 15-0972; Thermoelektrete aus Asphalt u. — (Wrkg.-Weise) 25-1257.

Cerevisterin s. unter $C_{28}H_{46}O_3$.

Cerit, Isotypie v. — u. Whitlockit 49/50-0170.

Cermets s. unter *Pulvermetallurgie.*

Cernuosid s. unter $C_{21}H_{20}O_{11}$.

Ceroide, —-Bldg. in d. Leber bei Ratten mit zirrhoseerzeugendem Futter (kein Einfl. v. DL-α-Tocopherol) 35-1602.

Ceroplastol I s. unter $C_{25}H_{40}O$.

Ceroplastol II s. unter $C_{25}H_{40}O$.

Ceropten s. unter $C_{18}H_{18}O_4$.

Cerotinsäure s. unter $C_{28}H_{52}O_2$.

Ceruloplasmin s. unter *Enzyme, Spezielle Enzyme* (*Coeruloplasmin*).

Cerussit s. unter *Bleicarbonate*: $PbCO_3$.

Cerylalkohol s. unter $C_{26}H_{54}O$.

Cetan s. unter $C_{16}H_{34}$.

Cetanol s. unter $C_{16}H_{34}O$.

Cetavlon s. unter $C_{19}H_{43}NO$.

Ceten s. unter $C_{16}H_{32}$.

Cetoleinsäure s. unter $C_{22}H_{42}O_2$.

Cetolensäure s. unter $C_{22}H_{42}O_2$.

Cetophenicol s. unter $C_{13}H_{15}Cl_2NO_4$.

Cetrimid s. unter $C_{19}H_{43}NO$.

Cetrimonium s. unter $C_{19}H_{43}NO$.

Cetylalkohol s. unter $C_{16}H_{34}O$.

Cetylchlorid s. unter $C_{16}H_{33}Cl$.

Cetylpyridiniumbromid s. unter $C_{21}H_{39}NO$.

Cevadin s. unter $C_{32}H_{49}NO_9$.

Cevin s. unter $C_{27}H_{43}NO_8$.

CG-50-1, Bedeut. d. Ionenform v. — für d. Chromatographie v. Makromol. (Reinig. v. Influenzaviren) 23-1532.

Ch 8 s. unter *Eisen, Schmiedeeisen und Stahl* (*Sondermarken*).

9 Ch s. unter *Eisen, Schmiedeeisen und Stahl* (*Sondermarken*).

Ch 13 s. unter *Eisen, Schmiedeeisen und Stahl* (*Sondermarken*).

Ch 17 s. unter *Eisen, Schmiedeeisen und Stahl* (*Sondermarken*).

20 Ch s. unter *Eisen, Schmiedeeisen und Stahl* (*Sondermarken*).

Ch 28 s. unter *Eisen, Schmiedeeisen und Stahl* (*Sondermarken*).

40 Ch s. unter *Eisen, Schmiedeeisen und Stahl* (*Sondermarken*).

1 Ch 13 s. unter *Eisen, Schmiedeeisen und Stahl* (*Sondermarken*).

3 Ch 13 s. unter *Eisen, Schmiedeeisen und Stahl* (*Sondermarken*).

4 Ch 13 s. unter *Eisen, Schmiedeeisen und Stahl* (*Sondermarken*).

Chabasit, SiO_2-reicher — v. d. Barstow-Format., San Bernardino-Couty, Südkalifornien 2-0763; — in d. Basalten d. Monte Baldo (Trentino) 4-0652; Vork. v. — in d. basanit. Laven v. südöstl. Kalifornien 7-0773; Nachw. v. — im Pontian 16-0832; Verteil. v. — im westl. Sredna-Gora-Gebirge 41-0707.

Kristallisat. v. — u. chabasit. Gmelinit unter hydrothermalen Beding. (experimentelle Unters.) 48-0775.

Krist.-Habitus v. — 27-0917; ^1H-NMR u. d. Lage d. H-Atome in natürl. — 25-0388; synthet. — u. ihre Adsorpt.-Eig. 2-0612; intrakrist. Sorpt. v. S u. P durch — 28-0648; Hg-Aufnahme in verschiedenen kation. Formen v. — 28-0649; Alkalimetallkationengleichgew. mit — 28-0678; hydraul. Permeabilität eines —-Krist.-Pfropfens 44-0554; Konzentrat.-Abhängigk. d. Sorpt. an — 49/50-0498.

Verw. v. — als Katalysator zum hydrierenden Kracken v. KW-Stoffen 23-2944*.

Herst. v. n-Zeolithen aus bulgar. — 34-2148*.

Ch 17 AG 14 s. unter *Eisen, Schmiedeeisen und Stahl* (*Sondermarken*).

30 Ch 2 AJu 2 F s. unter *Eisen, Schmiedeeisen und Stahl* (*Sondermarken*).

Chaksin s. unter $C_{11}H_{19}N_3O_2$.

Chalcedon s. unter *Siliciumoxide*: SiO_2.
Chalcocit s. unter *Kupfersulfide*: Cu_2S.
Chalcomycin s. unter $C_{35}H_{56}O_{14}$.
Chalcose s. unter $C_7H_{14}O_4$.

Chalkogene

Farbzentren d. – in Alkalimetallhalogenidkrist. 21-0373.

Chalkogenverbindungen

Chalkogenometallate 5-0266, 15-0605; Chalkogenite 19-0265; Interchalkogenverb. 27-0825; Chalkogencarbonate 29-0590; Interchalkogenverb. 37-0559.

Chalkogenide.

Arsen-, *Cadmium-*, *Chrom-*, *Erdalkalimetall-*, *Europium-*, *Kupfer-*, *Lanthan-*, *Molybdän-*, *Samarium-*, *Seltenerdmetall-*, *Silber-*, *Uran-*, *Wolfram-* u. *Zinnchalkogenide* s. dort.

Tern. – 10-0233; Chalkogenidgläser (Übersicht) 26-2345; Herst. blaulumineszierender – d. *2.* Gruppe d. Periodensyst. 11-2189*; Abhängigk. d. Eig. v. – d. Typs ABX_3 v. ihrer chem. Zus. 21-0836; nichtoxid., für Infrarotstrahlen durchläss. Chalkogenidgläser 32-2328; Zücht., Farbe, Form u. Gittertyp bin., tern. u. Mischkrist.-– 9-0240; Krist.-Wachstum u. Gitterdaten v. quatern. I_2246_4-– durch Transportrk. mit J 15-0216; elektron. Eig. v. – d. Metalle d. ersten Reihe d. Übergangselemente (Übersicht) 36-0089; Thermo-EMK v. – d. V. Gruppe im festen u. fl. Zustand 2-0361; Intensitäten u. Dublett-Abstände verbotener Übergänge bei d. paramagnet. Resonanz v. Mn^{2+} in – 4-0331; thermodynam. Funkt. gasförm. – d. Zn-Untergruppe 34-0556; Berechn.-Meth. für d. Löslichk. v. – 41-0473.

Bibl.: Halbleiterverbindungen, ihre Herstellung und Eigenschaften. Chalkogenide der Elemente der *2.*, *4.* und *5.* Gruppe des Periodensystems [russ.] B 46.

Chalkomenit s. unter *Kupferselenate(IV)*: $CuSeO_3$.
Chalkon s. unter $O_{15}H_{12}O$.
Chalkone, – 36-1058; Verteil. in Pflanzen 7-1355; Geh. in d. Trieben d. Apfelbaumes 35-1439; Darst.: aus Acetophenonen u. p-Hydroxybenzaldehyden 4-0826; v. – u. ihren Thiophenanaloga aus β-Chlorvinylketonen 36-1075; v. Selenophenanalogen v. – 47-1215; Polarographie 2-0863; Basizität u. Struktur v. Furananaloga v. – 31-1027; IR-Spektren 44-0926; Basizität 49/50-0929; Epox. 26-1062; Red. bzw. Isomerisier. 36-1019; Hemmwrkg. v. Aza-– auf d. Nebennierenrinde (Darst.) 42-1392; Bezieh. zwischen antibakterieller Wrkg. u. chem. Struktur 47-1488; bakteriostat. Eig. v. Aza-– 51/52-1351; Papierchromatographie 19-2158; – als analyt. Reagenzien in d. anorgan. Chemie 47-1958.

Chalkopyrit (Kupferkies), Vork.: in d. Pb–Zn-Mineralisat. im westl. Vorbaikal 1-0779; in sulfid. Mineralzonen v. basalen Nonesuchschiefern, Nord Michigan 2-0755; v. Rein-Ag mit – im südwestl. Teil d. Hăt-Zone bei Příbram 2-0781; im Zement d. tatar. Sedimente d. Uralgebietes 6-0797; in d. Cu-Erzvork. am Ostrand d. Wadi-Araba, Jordanien 7-0792; in d. „Kurokô"-Erzlagern 7-0795; in d. „Schwarzerzlagern" d. Kosaka- u. Hanaokagruben 7-0796; im Uchinotai-Erzlager, Mine Kosaka 7-0798; im westl. Teil d. Uchinotai-Erzvork., Mine Kosaka 7-0799; in d. Daiichi-Erzlagern d. Shakanai-Mine 7-0801; in d. Hanawa-Mine, Nordwestjapan 7-0802; in d. Magnet Cove-Baryt-Sulfid-Lagerstätte, Walton, N.S. 7-0805; – in d. Effusivgesteinen d. mittleren Bug-Region 8-0785; Überkrust. d. Kohlesubstanzen durch – im Cu-Erzlager v. Lublin 8-0791; Se-Verteil. in Untergrundwässern v. –-Erzlagerstätten 11-0822; Magnetkies-–-Vererz. am Kontakt d. Zentralen Aaregranites im westl. Aarmassiv nördl. Brig 11-0846; Geochemie v. – in d. Litschkwasker Au-Erzlagerstätte 13-0816; –: neben Pentlandit in d. Zone v. S. Cosmo Albanese (Cosenza) 16-0842; in d. Erzlagerstätte „Stastie" (Kreis Widin) 17-0857; Assoziat. v. – mit d. geothermalen Salton Sea-Sole 17-0858; Vork. v. – im Pb–Zn-Erzlager v. Lázně Kynžart bei Mariánske Lázně 22-0797; Zusammenhang v. lokalen Fluoritfärb. u. –-Einschlüssen 23-0870; Paragenese v. Ilvait mit – in italien. Skarnen 23-0872; Zn-Verteil. in endogenen Aureolen v. –-Lagerstätten 24-0844; Nachw. v. – in New-Brunswick-Pyriten als feine Einschlüsse u. Verwachs. 31-0886; Vork. v. – neben Pyroxenolitgranaten in Einschlüssen d. Basalts v. Hoggar (Zentralsahara) 32-0843; – in Meteoriten (bes. aus New South Wales) 36-0752; Siderit-Septarien u. d. Paragenese v. – 36-0775; – v. Madoc, Ontario 36-0809; sternähnl. Krist.-Einschlüsse in – aus d. Lagerstätte v. Quadrate-Trentino 36-0829; Vork.: v. Tetraedrit in Assoziat. mit – aus d. VII. bis X. Sohle d. Ader Maria bei Roznava (Süd-Slowakei) 36-0840; v. – in d. metallogenen Fe-Provinz v. Südost-Missouri 38-0856; Paragenese v. Sphalerit mit – in verschiedenen Mineralisat.-Etappen 38-0868; Anwend. u. Bedeut. d. Au–Ag-Verhältnisse in –-Erz v. Val D'Or Quebec 39-0767; – in Pyrop-Peridotiten aus Kimberliten Jakutiens 39-0711; Nachw. v. – in d. Sokolov-Lagerstätte 39-0763; Vork. v. – in d. Thanksgiving-Mine, Baguio-Gebiet, Mountain Provinz, Philippinen 39-0765; Spurenelemente in – v. Zentral-Distrikt, New Mexico u. v. Bingham-Distrikt, Utah 39-0773; – in d. Gruben v. Laurium (Attika) 39-0774; Verteil. v. Au in – u. Skarnlagerstätten d. Altai-Sajaner-Gebietes 41-0702; Unters. d. Differentiat. v. Sulfiden an – in geschlossenen Syst. in Olivin-Diabas, Missouri 42-0660; Vork. v. Volynskit verwachsen mit – 42-0722; Geochemie d. Re in – 45-0770; Vork. v. Tenorit in Hohlräumen v. Quarz mit – in Borovec bei Štěpánov 47-0680; Geochemie d. Elemente d. Pt-Gruppe in – 47-0690; Texturen d. – v. Thackaringa 47-0748; Vork.: v. – in d. Pb–Ag-Erzlagerstätten d. Rio Ribeira de Iguapé-Bezirkes (Südbrasilien) 48-0769; v. Au in Assoziat. mit – in Kieslagerstätten 48-0770.

Freisetz. v. – aus „Gelbem Erz" 7-0815; Flotat. v. Freiberger – 18-2183; Flotierbark. v. – in Bi-Mineralien 22-2430; Aufbereit.: v. Flammofenschlacke d. –-Schmelze 31-2620*; v. Flammofen-Schlacke d. Verschmelzens v. – 32-2433*; Flotat. v. – 39-2477*.

Mössbauer-Effekt in – 39-0025; Mössbauer-Spektrum v. ^{57}Fe in – 41-0716; Mössbauer-Unters. v. – (Krist.-Feld) 43-0475; physikochem. Aspekte d. Rekristallisat. v. – 45-0739; Elektronegativität u. Valenzzustand d. Atome in komplexem krist. – 46-0700; Erwärm. v. einphas. polykrist. – (Texturanalyse) 47-0747; Einfl. d. pH-Wertes d. Mediums auf d. erzwungene Polarisat. v. – 9-0816; galvan. Effekt bei – 45-0565; Unters. d. anod. Auflsg. v. –-Konzentrat bei direkter Elektrolyse 45-2494; Elektrokapillarerschein. an d. Grenze Chalkopyrit/Xanthogenatlsg. 49/50-0455; elektrochem. Unters. d. Au-Ablager. auf – 49/50-0686.

Ox.-Geschw. v. – in wss. Lsg. bei höheren Temp. 44-0107.

Ox. v. – durch gewaschene Zellsuspens. v. Thiobacillus ferrooxidans 23-1472.

Röntgenmikrobeug. v. – mit einem schreibenden Röntgenmikroanalysator 2-1750; Neutronenaktivier.-Analyse v. Bornit u. – 4-0632.

Chalkopyrrhotin s. *Cubanit.*
Chalkosiderit, Identifizier. d. PO_4^{3-}-Gruppe in – mit Strychninmolybdat-Reagenz 27-2216.
Chalkosin s. unter *Kupfersulfide*: Cu_2S.
Chalkostibit (Wolfsbergit), –-Fund in Hg-Erzen d. Altaigebirges 38-0838; – aus Tereks (Kirgiz. SSR) 48-0739; Verf. zur hydrothermalen Darst. v. – 6-0725.
Chamazulen s. unter $C_{14}H_{16}$.
Chamigren s. unter $C_{15}H_{24}$.
Chamissonin s. unter $C_{15}H_{20}O_4$.
Chamosit

Sekundäre Bldg. v. – aus Goethit 9-0782; Mössbauer-Analyse v. Fe in – 26-0841.

Champagner s. unter *Wein.*
Champamycin-B, Reinig. v. – aus Streptomyces champavatii (pharmakolog. Eig.) 37-1509.
Chanoclavin s. unter $C_{16}H_{20}N_2O$.
Chanoclavin I s. unter $C_{16}H_{20}N_2O$.
Chanoclavin II s. unter $C_{16}H_{20}N_2O$.
Chaparrin s. unter $C_{20}H_{28}O_7$.
Chaparrol s. unter $C_{20}H_{45}O_5$.
Charantin (F. 296 – 272°), blutzuckersenkende Wrkg. v. – (aus d. Früchten v. Momordica charantia) 19-1584.
Charnockit, mikrograph. Textur in einer –-Schwelle v. Hebbale, Coorg District, Mysore 12-0761; Zus. blättchenförm. Verwachs. in rhomb. Pyroxenen charnockit. Gesteine 17-0827; chem. Unters. v. Pyroxenen d. charnockit. Gesteine v. Kondapalli (Andhra Pradesh), Indien 23-0883; Myrmekit in – v. Südwest Nigeria (Diskuss.) 39-0706; (Erwider.) 39-0707; hydroxylhalt. rhomb. Pyroxene aus – Nordkareliens 39-0737.
Chasmanin s. unter $C_{25}H_{41}NO_6$.
Chasmanthinin s. unter $C_{36}H_{49}NO_9$.
Chasmoconitin s. unter $C_{34}H_{47}NO_9$.
Chaulmoograöl s. unter *Fette.*
Chavicin s. unter $O_{17}H_{19}NO_3$.
Chebulagsäure s. unter $C_{41}H_{30}O_{27}$.
Chebulinsäure s. unter $C_{41}H_{32}O_{28}$.
Chelaplex III s. unter $C_{10}H_{16}N_2O_8$.
Chelate s. unter *Komplex- und Molekülverbindungen (und Komplexbildner).*
Chelatometrie s. unter *Maßanalyse.*
Chelerythrin s. unter $C_{21}H_{19}NO_5$.
Chelidonin s. unter $C_{20}H_{19}NO_5$.
Chelidonsäure s. unter $C_7H_4O_6$.
Chelirubin s. unter $C_{20}H_{19}NO_6$.
Chemagro 2635, Gaschromatographie d. Rückstände v. – in Ernteprod. u. Böden 15-2128.

Chemie

Agrikulturchemie; *Biochemie*; *Forensische Chemie*; *Kolloidchemie*; *Laboratorium*; *Laboratoriumsgeräte*; *Makromolekulare Chemie*; *Mikrochemie*; *Pharmazie*; *Photochemie und Strahlenchemie*; *Physikalische Chemie*; *Physiologische Chemie* s. dort. Analyt. – s. unter *Analyse.* Klin. – s. unter *Medizin.* Kristall-– s. unter *Kristallstruktur.* Petrochemie s. unter *Erdöl.* Techn. – s. unter *Technologie.*

Chem. u. elektrochem. Eig. gelöster Stoffe in geschmolzenem KSCN 3-0582; Fortschritte in d. Festkörper-– (Sammelref.) 5-0163; Bezieh. zwischen – u. Kernenergie (technolog. u. wissenschaftl. Gesichtspunkte d. Strahl.-Chemie) 8-0001; statist. Meth. in d. – 9-1841; Unters. in d. Festkörper-– 11-0224; – in Schmelzlsg. 13-0584; Fortschritte in d. Hochtemp.-Forsch. d. – 19-0542; Anwend. stabiler Isotope in d. – (Übersicht) 26-0002; Hochtemp.-– (Fortschrittsbericht) 29-2309; praxisnahe Labor.-Unters. 36-2043; extreme Temp.- u. Druckbeding. in d. chem. Industrie 41-0377; – stark konz. Ionenlsg. 44-0499, 44-0500.

Fortschritt in d. anorgan. – 24-0001; Anwend. physikal. Meth. in d. anorgan. – 24-0134; Spektroskopie im fernen IR in d. anorgan. Struktur-– 47-0063.

Endgült. Regeln für d. Nomenklatur d. organ. – (C, H, O, N, Halogen, S, Se u./oder Te enthaltende charakterist. Gruppen) 3-0963; neuere Meth. d. präparativen organ. – 4-0795, 4-0796; Anwend. v. Isotopen in d. organ. – (Übersicht) 7-0816; Lsgm.-Effekte in d. organ. – 11-0965; Anwend. physikal. Meth. in d. organ. – 12-0778; Rolle d. Lsgm. in d. organ. – (Übersicht) 17-0991; MO-Theorie d. organ. – (Aromatizität u. elektrozykl. Rk.) 19-0989; – mehrkern Verb. 23-0136; organ. Synth. (Meth. zur Darst. organ. Chemikalien) 24-1022; Massenspektrometer in d. organ. – 27-0959; Möglichk. eines Modells in d. organ. – (Bezieh. zwischen Taftkonst. u. Parametern d. statist. Thermodynamik) 27-1036; Anwend. d. paramagnet. Elektronenresonanz in d. organ. – 28-0887; Anwend. d. Massenspektroskopie in d. organ. – 28-0890; neuere Meth. d. präparativen organ. – (Silylier. als Hilfsmittel in d. organ. Synth., Übersicht) 31-1079; Metallnitride in organ. Rk. 34-1043; organ. Synth. mit Edelmetallverbind. 35-1162; – konjugierter Anionen u. Enole 36-0974; Entw. d. Elektro-– in d. organ. Synth. 37-2734; neuere Meth. d. präparativen organ. – 38-1106; Verw. v. Diacylperoxiden in d. organ. Synth. (Übersicht) 38-2599; organ. Grundstoffe 39-2542; Differential-Thermoanalyse in d. organ. – 40-0833; Anwend. physikal. Meth. in d. organ. – 41-0848; organ. Synth. 43-0935; Elektrolyse bei konst. Potential in d. organ. – 45-0945; feste Katalysatoren mit bas. Charakter u. ihre Anwend. in d. organ. Synth. (Übersicht) 47-2498; organ. Synth. mit substituierten Metallamiden 48-1111; organ. Synth. unter Verw. v. Edelmetallverbind. 49/50-1025, 49/50-1034; – d. funktionellen Gruppen Bd. *3* (– d. Äthergruppier.) 51/52-0840.

Bibliographie: Chemisches Rechnen auf elementarer Grundlage in Form einer Aufgabensammlung B 1; Chemie im medizinischen Laboratorium. Einführung in die theoretischen Grundlagen B 1; Anorganische Chemie B 1; Beilsteins Handbuch der organischen Chemie. Erg.-Werk *3*. Literatur von *1930 – 1949*. Bd. *6*. Teil *6*. Systemnummer *548 – 557* B 2; Fachliteratur des Chemikers. Einführung in ihre Systematik und Benutzung, mit einer Übersicht über wichtige Werke. (Mit einer Einführung in die Dokumentation.) B 9; Denkwege der Chemie. Elemente ihrer Wissenschaftstheorie B 9; Anorganische Chemie B 9, B 10; Gmelins Handbuch der anorganischen Chemie. System-Nr. *48*. Vanadium. Teil B. Lfg. *1*. Verbindungen bis Vanadium und Wismut B 11; Standardmethoden der praktischen Chemie. (Arbeitsvorschriften für Unterricht und Praxis.) Analytische Methoden der anorganischen Chemie. Vereinfachter qualitativer Analysengang B 13; Einführung in die Chemie B 17; Chemie. Lehrbuch für Ingenieur- und Fachschulen B 17; Gmelins Handbuch der anorganischen Chemie. System-Nr. *16*. Phosphor. Gesamtregister. *1967* B 17; Fortschritte der chemischen Forschung. Bd. *8*. Tl. *2*: Elektrochemie. Tl. *3*: Anorganische

Chemie B 17; Reinststoffprobleme. Bd. III: Realstruktur und Eigenschaften von Reinststoffen. *2.* Internationales Symposium „Reinststoffe in Wissenschaft und Technik" Dresden, *1965.* Teil *3* B 18; Chemikalienkunde. Eine Stoffkunde mit Grundlagenchemie B 25; Organische Chemie. Eine Einführungsvorlesung für Studierende der Naturwissenschaften und der Medizin B 25; Chemie in Beispielen für Ingenieurschulen (*55* Beispiele und *219* Aufgaben mit Lösungen) B 25; Chemie B 25; Gmelins Handbuch der anorganischen Chemie. System-Nr. *14.* Kohlenstoff. TB. Lfg. *1.* Das Element: Isotope, Atom, Molekeln, Einstoffsystem, Dampf, Diamant B 27; Houben-Weyl, Methoden der organischen Chemie. Bd. *10*: Stickstoffverbindungen *1,* Teil *2* B 27; Leitfaden der Chemie für Landwirte B 31; Chemie — Die Frage nach dem Stoff, Struktur und Umwandlung der Moleküle B 33; Chemie des Alltags. Praktische Chemie für jedermann B 33; Chemie für Techniker B 33; Anorganikum. Lehr- und Praktikumsbuch der anorganischen Chemie mit einer Einführung in die physikalische Chemie B 33; Lehrbuch der organischen Chemie B 34; Anwendung von Isotopen in der organischen Chemie und Biochemie. Bd. *1*: Bestimmung der Isotopenverteilung in markierten Verbindungen B 34; Chemieleitfaden für Studierende der Technik B 41; Gmelins Handbuch der anorganischen Chemie. System-Nr. *34.* Quecksilber. Teil B. Lfg. *2.* Quecksilber-Halogenverbindungen. System-Nr. *48.* Vanadium. Teil B. Lfg. *2.* Schluß der Verbindungen. Legierungen, Koordinationsverbindungen mit neutralen und innerkomplexbildenden Liganden B 42; Chemie in wasserfreiem flüssigem Ammoniak. Teilbd. *1*: Anorganische und allgemeine Chemie in flüssigem Ammoniak (= Chemie in nichtwäßrigen ionisierenden Lösungsmitteln. Bd. *1*) B 42; Beilsteins Handbuch der organischen Chemie. Erg.-Werk *3.* Die Literatur von *1930—1959* umfassend. Bd. *6.* Teil *7.* Systemnummer *558—573* B 42; Synthesen mit Kohlenmonoxyd (= Organische Chemie in Einzeldarstellungen. *10.*) B 43; Chemisches Grundwissen für Chemiefacharbeiter B 49; Grundriß der anorganischen Chemie B 49; Gmelins Handbuch der anorganischen Chemie. System-Nr. *48.* Vanadium. Teil B. Lfg. *2.* Schluß der Verbindungen, Legierungen, Koordinationsverbindungen mit neutralen und innerkomplexbildenden Liganden B 50; Beilsteins Handbuch der organischen Chemie. Erg.-Werk *3,* die Literatur von *1930—1949* umfassend. Bd. *6,* Teil *8* B 51; Vom Rohstoff zum Chemieprodukt B 57; Allgemeine und physikalische Chemie. Slg. Göschen Bd. *698/698a* B 57; Chemie in nichtwäßrigen ionisierenden Lösungsmitteln. Eine Monographienreihe. Bd. *3*: Chemie in flüssigem Distickstoffteroxid und Schwefeldioxid B 57; Gmelins Handbuch der anorganischen Chemie. System-Nr. *48.* Vanadium. Teil A. Lfg. *1.* Geschichtliches, Vorkommen, Technologie, Darstellung des Elements B 58; Houben-Weyl, Methoden der organischen Chemie. Bd. *10*: Stickstoffverbindungen *1,* Teil *4* B 59; Mathematik, Physik, Chemie B 65; Organische Chemie und Einführung in die Biochemie. Lehrbuch B 65; Landolt-Börnstein, Zahlenwerte und Funktionen aus Physik, Chemie, Astronomie, Geophysik und Technik. Bd. *2*: Eigenschaften der Materie in ihren Aggregatzuständen. Teil *10*: Magnetische Eigenschaften B 65; Gmelins Handbuch der anorganischen Chemie. System-Nr. *57.* Nickel. Teil C. Lfg. *1*: Koordinationsverbindungen mit neutralen und innerkomplexbildenden Liganden B 66; Beilsteins Handbuch der organischen Chemie. *4.* Aufl. Erg.-Werk *3,* die Literatur von *1930* bis *1949* umfassend. Bd. *6,* Teil *9* B 74; Zahlenwerte und Funktionen aus Physik, Chemie, Astronomie, Geophysik und Technik. Physikalisch-chemische Tabellen. Bd. *4*: Technik. Teil *4*: Wärmetechnik B 77; Einführung in das anorganisch-chemische Praktikum (einschließlich der quantitativen Analyse) B 81; Lehrbuch der Chemie für Ingenieurschulen B 89; Warenkunde. Chemie und Technologie. Bd. *3/4.* Organischer Teil B 89; Chemie B 89; Chemische Elementarprozesse B 89.

Russisch: Lehrbuch der Chemie. Teil *1*: Allgemeine theoretische Chemie B 17; Allgemeine Chemie B 17; Chemie und chemische Technologie B 22; Praktikum der anorganischen Chemie B 25; Wörterbuch der Deskriptoren für die Chemie und chemische Industrie B 29; Arbeiten zur Chemie und chemischen Technologie (Mitteilungssammlung) B 37; Monomere und Polymere. Teil *1* (Mitteilungssammlung) B 43; Praktikum der allgemeinen Chemie B 49; Grundlagen der allgemeinen Chemie B 49; Lehrbuch der organischen Chemie B 51; Handbuch der Chemie. Bd. *4*: Analytische Chemie B 53; Entwicklung der Vorstellung über die chemischen Grundgesetze B 57; Handbuch des Chemikers. Bd. *6*: Rohstoffe und Produkte der organischen Industrie B 63; Synthese und Umwandlung monomerer Verbindungen (Mitteilungssammlung) B 83; Chemie und chemische Technologie. Lfg. *6* B 85; Synthese auf Basis von Acetylen und Produkten der Kohlechemie. (Mitteilungssammlung) B 86; Handbuch der Chemie. Bd. *6*: Rohstoffe und Produkte der organischen Industrie B 86; Anorganische Chemie B 89; Anorganische Stoffe B 90; Lehrbuch der theoretischen Grundlagen der organischen Chemie B 91; Methoden der elementorganischen Chemie B 91; Methoden der Kybernetik in der Chemie und chemischen Technologie B 94; Chemie des Acetylens B 95; Chemie und Technologie organischer Stoffe und hochmolekularer Verbindungen B 95; Chemie und Technologie der Produkte der organischen Synthese. Monomere und Halbprodukte (Mitteilungssammlung) B 95.

Rumänisch: Infrarotspektroskopie. Anwendungen in der organischen Chemie B 34.

Tschechisch: Die paramagnetische Elektronenresonanz (PER) und ihre Anwendung in der Chemie B 25.

Ungarisch: Chemische Arbeitsvorschriften B 41; Praktikum für allgemeine und anorganische Chemie B 49; Allgemeine und anorganische Chemie für Medizinstudierende B 49; Organische Chemie für Medizinstudierende B 49; Organische Chemie B 51.

High-temperature chemistry; current and future problems B 1; Foundations of college chemistry B 1; Basic principles of chemistry B 1; General chemistry B 1; Inorganic chemistry: an intermediate text B 1; Introduction to organic chemistry B 2; Elements of organic chemistry B 2; Modern organic chemistry B 2; Dictionary of organic compounds: the constitution and physical, chemical and other properties of the principal carbon compounds and their derivatives, together with relevant literature references. *3*rd Supplement: incorporating new materials published in and before *1966* B 2; Engineering manual; a practical reference to data and methods in architectural, chemical, civil, electrical, mechanical and nuclear engineering B 5; Chemical principles in practice B 9; New trends in chemistry teaching. Vol. *1* B 9; Advanced level practical chemistry B 9; Projects in chemistry for the secondary school B 9; Principles of chemistry; an introductory text-book of inorganic, organic, and physiological chemistry for nurses and students of home economics and applied chemistry B 9; Intermediate inorganic chemistry for higher secondary and intermediate students of Indian universities B 9; Chemistry; an introduction B 9; Higher chemical arithmetic B 9; Inorganic chemistry B 10; Methods of elemento-organic chemistry. Vol. *3*: The organic compounds of zinc and cadmium B 11; Reagent for organic synthesis B 11; Organic chemistry. Vol. *1*: The fundamental principles B 11; A laboratory guide in chemistry B 13; The chemical senses B 13; Laboratory experiments in general chemistry B 17; College chemistry B 17; Investigations in chemistry; a text for the general chemistry laboratory B 17; Classification of organic compounds B 19; Basic techniques of preparative organic chemistry B 19; Organic chemistry B 19; Chemist's dictionary of medical terms B 21; Foundations of chemistry in the laboratory B 25; Report of the Government Chemist B 25; Problems for introductory university chemistry, with complete solutions B 25; Comprehensive chemistry B 25; Introductory general chemistry laboratory manual B 25; Chemistry for sanitary engineers B 25; Handbook of chemistry; a reference volume for all requiring ready access to chemical and physical data used in laboratory work and manufacturing B 25; Progress in inorganic chemistry. Vol. *8* B 25; Stationary random processes B 26; Elements of chemistry B 26; Chemistry problems B 26; Seven solid states: an introduction to the chemistry and physics of solids B 26; Inorganic syntheses. Vol. *9* B 27; A mechanistic approach to organic chemistry B 27; Collection of organic chemistry problems B 27; Model answers in inorganic chemistry for A-Level and Ordinary National Certificate students B 33; Practical chemistry: an integrated course B 33; Programmed introduction to general and physical chemistry B 33; Experimental chemistry: a laboratory manual B 33; Chemical energetics: a programmed book B 34; Organic chemistry B 34; Index of chemistry films: a comprehensive list of films and filmstrips on chemistry and related topics B 37; Model answers on chemistry B 41; The language of chemistry; reading, writing, and understanding equations B 41; Mellor's modern inorganic chemistry B 41; Inorganic syntheses. Vol. *10* B 42; Naming organic compounds: a programmed introduction to organic chemistry B 42; Handbook of tables for organic compound identification B 43; Technique of organic chemistry. Vol. *12*: Thin-layer chromatography B 45; Chemistry and industry: applications of basic principles in research and process development B 46; Regenerative EMF Cells. A symposium cosponsored by the Division of Industrial and Engineering Chemistry and the Division of Fuel Chemistry, Detroit, Michigan, April *1965* (= Advances in chemical series, *64*) B 46; Experimental chemistry B 49; Encyclopedia of chemical technology. Vol. *13*: Manganese compounds to Nitrophenols B 54; Nuffield chemistry. For O Level G.C.E. B 57; Introduction to chemistry B 57; Chemistry fundamentals: a notebook of definitions, statements and equations in O-Level chemistry B 57; Chemical combination, atomic and molecular weights B 57; Basic organic chemistry. Part *2* B 59; Rodd's chemistry of carbon compounds. Vol. *2.* Part A: Monocarbocyclic compounds to and including five ring atoms B 59; A laboratory investigation of concepts in chemistry B 61; Polish-German chemical dictionary B 61; Basic experimental chemistry B 65; International Union of Pure and Applied Chemistry, Organic Chemistry Division in conjunction with The Czechoslovak Academy of Sciences and The Czechoslovak Chemical Society. Organosilicon Chemistry B 66; Organic syntheses; an annual publication of satisfactory methods for the preparation of organic chemicals. Vol. *47* B 66; Practical organic chemistry B 66; Chemistry and medicine; papers presented at the fiftieth anniversary of the founding of the Medical School of the University of Minnesota B 68; Industrial organic chemistry B 71; An introduction to modern chemistry B 73; Elements, compounds and mixtures B 73; A chemical operatives' handbook B 73; Chemistry; a survey of fundamentals B 73; Objective tests in chemistry: a practice book for O-level students B 73; Fundamentals of college chemistry B 73; Chemical properties and changes B 73; Matter, its form and changes B 73; Chemistry; an investigative approach B 73; Advances in inorganic chemistry and radiochemistry. Vol. *10* B 73; Progress in high temperature physics and chemistry. Vol. *2* B 73; An introduction to coordination chemistry = International series of monographs in inorganic chemistry, vol. *3* B 74; Physics and chemistry of the organic solid state. Vol. *3* B 74; Progress in organic chemistry. Vol. *7* B 74; Experimental organic chemistry B 74; Principles of organic synthesis B 74; A modern approach to chemistry. In *2* vols. Book *1* B 81; Chemistry: advanced test B 81; Nuffield chemistry. Book of data B 81; Practical chemistry for secondary schools B 81; Topics in Advanced Level chemistry B 81; Classical scientific papers: chemistry B 81; University chemistry B 81; Modern experiments for introductory college chemistry B 81; Chemistry in liquid dinitrogen tetroxide and sulphur dioxide B 81; Physical methods in advanced inorganic chemistry B 81; Practical inorganic chemistry: preparations, reactions and instrumental methods B 81; Energy in chemistry B 82; Organic chemistry; an introduction B 83; Organic syntheses via metal carbonyls B 83; Proceedings of the XVII International congress Chemistry days *1966* on the extreme conditions of temperature and pressure in the chemical industry. Milan, *1966* B 85; Encyclopedia of chemical technology. Vol. *12*: Iron to manganese B 85; College chemistry; a survey B 89; College chemistry, with qualitative analysis B 89; Chemistry: experiments and principles B 89; Chemical principles; a programmed text. *2* vols. B 89; Introduction to chemistry B 89; General chemistry B 89; Principles of chemistry B 89; The handling of chemical data B 89; Chemistry and dissociated water vapor and related systems B 89; Introduction to theoretical organic chemistry B 91; Experimental organic chemistry B 91; Study problems in organic chemistry B 91; A mechanistic introduction to organic chemistry B 91; Revision notes for Advanced Level organic chemistry B 91.

Terminologie de la chimie en chinois moderne B 1; Chimie, classes terminales C.D.T. B 17; Chimie, 1re D, programme du *13* juin *1966* B 17; Chimie, 1re CT, programme du *13* juin *1966* B 17; Chimie, 2de A, programme de *1966* B 17; Chimie, classe de 2nde, section A, programme *1966* B 17; Chimie. *1*er Cycle P.C. et préparation aux grandes écoles. Tome I: Chimie physique. Tome II: Chimie descriptive B 17; Chimie. Chimie générale et éléments non métalliques B 17; Dictionnaire chimique anglais-français B 17; Problèmes et calculs de chimie générale et de cristallochimie B 17; Cours de chimie minérale B 17; Cours de chimie organique (les grandes fonctions simples) B 19; Chimie, *2*e C et T, programme de *1966* B 25; Chimie, classe de *1*re, section D. B 25; La chimie en classes terminales C.D. et T. B 25; La chimie en *1*re C. et T. B 25; Chimie générale. *1*ère part: Lois générales physico-chimiques B 25; Chimie. Texte anglais et français B 26; La chimie en P.C., C.B., B.G. Tome I: Structure de la matière B 33; La chimie en *1*reD. B 33; Travaux pratiques de chimie organique. *2*e cycle B 34; Cours de chimie organique. Nouvelle version incluant le programme du *1*er cycle C.B. et du C.P.E.N. B 34; Chimie. Chimie des métaux et chimie organique. Classes de *1*re C. et T. B 34; Carbochimie, les trésors du charbon B 39; Outils mathématiques de la physique et de la chimie. Tome II: Variable complexe B 41; La chimie au C.P.E.M. et au C.P.E.B.H. Fadc. *1*: Chimie générale B 49; La chimie en P.C., C.B. et B.G. *1*re année. Fasc. *2*: La reaction chimique B 49; Exercicies commentés de chimie organique B 51; La chimie au C.P.E.M. et au C.P.E.B.H. Fasc. *2*: Thermochimie et cinétique B 57; Chimie organique fondée sur la synthése. *2* Vol. Tome I, II B 59; La chimie au C.P.E.M. et au C.P.E.B.H. *1*. Chimie générale. *2*. Thermochimie et cinétique B 65; Nouveau traité de chimie minérale B 66; La chimie en classes terminales, sections C, D, et T B 73; Chimie, *2*de C. et T., nouveaux programmes B 73; Chimie, classes terminales C, D et T. Nouveaux programmes B 73; Chimie, terminale C, D, T B 73; Physique et chimie, *1* AB B 73; Préparation des substances minérales manuel des travaux pratiques de chimie générale et minérale, *1*re année B 73; Exercices et problèmes de chimie physique, chimie minérale et chimie organique B 73; Chimie minérale. Tome I B 73; Chimie. Classes terminales C, D, T B 73; Chimie générale B 73; La chimie en *1*re D. B 73; Chimie (La) en *1*re C et T B 81; Chimie minérale B 81; Terminologie chimique franco-anglaise B 81; Nouveau traité de chimie minérale. Tome VIII. Fasc. *1*: Carbone B 82; Précis de chimie organique. Tome I: Généralités. Série acyclique B 83; Chimie organique. Tome VII. Troisième partie. Traité de chimie appliquée B 83; Chimie. Classe de *1*re C et T B 89; Chimie générale. Vol. II: Chimie inorganique B 89; Applications de la théorie des groupes à la chimie. Maîtrise de chimie physique B 89; Guide de la chimie international. *1968* B 89; Cours de chimie organique B 91; Cours de chimie organique. *1*. Chimie organique générale B 91.

Kemieksperimenter B 1; Kortfattet indføring i almen organisk kemi B 2; Opgaver i almen kemi B 41; Fysik og kemi leksikon B 41; Grundrids af den almene kemi. Bd. *1* B 57.

Esercitazioni di chimica organica B 2; Elementi di chimica applicata ai materiali da costruzione B 5; Chimica applicata ai materiali da costruzione B 5; Chimica B 9; Il progresso della chimica. Elementi di chimica per gli istituti tecnici commerciali B 9; Fondamenti di chimica moderna B 9; Chimica e mineralogia B 10; La chimica. Per i giovani della seconda classe degli istituti tecnici commerciali B 25; Fondamenti di chimica moderna. Con esercizi B 25; Chimica moderna. Elementi di chimica, ad uso degli istituti tecnici commerciali B 25; Chimica moderna. Per gli istituti tecnici commerciali B 25; Chimica e sperimentazione. Per il secondo anno degli istituti tecnici industriali B 25; Chimica generale ed inorganica B 25; Elementi di chimica. Con esercizi. Appendice di esercitazioni di laboratorio. Vol. I B 25; Chimica e mineralogia B 25; Compendio di chimica B 25; La chimica B 25; Chimica generale ed inorganica B 26; Chimica generale B 26; Elementi di chimica generale B 26; Chimica e mineralogia B 26; Chimica generale e inorganica B 26; Chimica organica con elementi di analisi organica B 27; Corso di addestramento con indirizzo tecnico-cartario anno *1966–67*. Chimica generale ed applicata B 29; Chimica e sperimentazione. Vol. secondo B 33; Laboratorio di chimica organica. Preliminari, analisi qualitativa, preparazioni, tabelle B 45; Chimica. Per gli istituti tecnici commerciali e per gli istituti tecnici femminili B 81; Chimica. Vol. I B 81; Chimica generale e inorganica. Per gli istituti tecnici industriali B 81; Chimica generale inorganica e organica. Per gli istituti tecnici B 81; Chimica. Per gli istituti tecnici industriali. Vol. II: Chimica organica e industriale B 81; Chimica. Con una appendice sulla mineralogia B 81; Elementi di chimica generale inorganica e organica B 81; Fondamenti di chimica (generale, inorganica, cenni d'organica) B 81; Lezioni di chimica. (Complementi di chimica ed elettrochimica) B 81; Breve corso di chimica organica. Con indirizzo biologico B 83; Appunti di impianti chimici. *1*. *2*. B 85; Chimica delle alte temperature e delle alte pressioni. Convegno tenuto a Roma, *1966* B 85; Fondamenti chimici e chimico fisici delle tecnologie e chimica applicata B 85; Manuale del chimico industriale B 85; Lezioni de chimica industriale B 85; Appunti di chimica organica B 91.

Scheikunde voor analisten. Deel I. Theoretische scheikunde B 1; Scheikunde voor k.a.v.o. Deel *3* B 1; Leerboek der scheikunde. Deel IB. Algemene en theoretische scheikunde. Deel *2*A: Algemene en toegepaste scheikunde B 9; Practicum scheikunde B 9; Scheikunde voor analisten. Deel *4*: Vraagstukken en opgaven B 17; Compendium der chemie B 17; Leerboek der scheikunde. Deel *3*B. Koolstofchemie B 17; Stoffen en reacties. Scheikunde voor h.a.v.o. Deel *2* B 17; Scheikunde voor het dagelijks leven B 17; Inleiding tot de scheikunde B 17; Algemene, anorganische en praktische scheikunde B 17; Scheikunde voor medici en biologen. Deel *2*. Organische chemie B 17; Scheikunde voor m.a.v.o. B 17; Organische scheikunde B 19; Scheikunde voor scheepswerktuigkundigen B 25; Eenvoudige scheikunde. Deel *2* B 25; Wegwijs in de scheikunde. De wereld van het speels atoom B 25; Eenvoudige scheikunde voor het technisch onderwijs, hogere secundaire cyclus. Deel I B 41; Scheikunde voor medici en biologen. Deel I: Algemene chemie B 41; Handleiding bij de praktische oefeningen in de scheikunde B 49; Scheikunde B 57; Practicum der organische chemie B 66; Inleiding tot de koolstofscheikunde. Deel I: Alifatische verbindingen B 66; Algemene scheikunde voor het hoger technisch onderwijs. Deel I: Theoretische scheikunde B 81; Chemisch practicum. Wenken, vraagstukken en proeven B 89; Inleidende nota's van anorganische chemie B 89; Scheikunde B 89; Algemene scheikunde. Deel II: Organische scheikunde. Vol. *1*: Systematische beschrijving van de eigenschappen van organische verbindingen. Vol. *2*: Capita selecta uit de organische scheikunde B 91; Leidraad bij het onderwijs in de scheikunde. Deel *3*. Organische scheikunde B 91.

Chemiefasern

Glasfasern s. unter *Glas*.

Chemiefasern im allgemeinen

Allgemeines und Übersichtsarbeiten. – (Verbrauch u. Entw.) 3-3097; Fortschritte bei synthet. Fasern 6-2893; reaktive Fasern 10-1118; Entw.: auf d. – -Gebiet 11-3006; v. synthet. Fasern u. Anwend. 14-2884; – mit bes. Eig. 18-2880; Entw.-Stand u. -Tendenzen d. Synth.-Faser 19-3074; – -Stoffprodukt. 23-3309; – -Stoffe mit speziellen Eig. 30-2859; v. Naturfasern zu – 31-3345; wichtigste synthet. Faserstoffe 37-3195; texturierte Garne 45-2927, 46-2443; – -Stoffe in d. UdSSR 48-2713.

Aufbereit. v. Abwässern d. Kunstseidenfabriken 18-2144, 20-2150.

Eigenschaften. Rheolog. Unters. an Spinnlsg. 5-3034; Schrumpfmess. an – 6-2872; Wrkg. d. Kernstrahl. auf synthet. Fasern 7-2995; Fadenbldg. v. Kunstfasern 8-2943; über d. Eig. v. synthet. Fasern entscheidende Faktoren 10-2914; Elastizitäts- u. Festigk.-Eig. 11-3009; Adsorpt.-Eig. u. ζ-Potential v. synthet. Fasern in neutralen u. alkal. oberflächenakt. Lsg. 12-2941; Einfl. v. künstl. Bestrahl. auf – -Gewebe 16-3026; elast. Eig. v. – 20-2908; rheolog. Unters. an Spinnlsg. 22-3018; Adhäs. v. Polymeren an synthet. hochorientierten Fasern 28-1146; Schrumpfen v. Synth.-Fasern in verschiedenen Medien 28-3023, 29-3206; Festigk. v. – mit idealer Orientier. 30-1115; ζ-Potential v. Natur- u. synthet. Fasern in Farbstofflsg. 40-2525; Oberflächenstruktur v. synthet. Fasern 40-2756; zähelast. Eig. v. – 49/50-2984; Struktur u. mechan. Eig. v. synthet. Fasern 51/52-1137; morpholog. Struktur u. Orientier. v. – 51/52-2759.

Herstellung. Kräusel. v. synthet. Endlosfäden 3-3098; Messen, Regeln, Steuern bei d. Erzeug. v. Kunstfasern 9-2981; Entgraphitisieren v. Zahnrädern bei d. Fertig. v. synthet. Fasern 31-3368*; Naßspinnverf. (mechan. Analyse) 43-3010; Verminder. d. Gesundh.-Schädig. bei d. Produkt. v. – 49/50-2983; Spinnkörper 49/50-2998*.

Verarbeitung, Veredlung. Modifizier. v. synthet. Fasern durch Strahl.-Pfropf. v. Vinylmonomeren 2-2734; Butadien-Pfropf. auf Kunstseide 6-1160; Appretier.-Mittel 7-2997*; Modifizier.: v. organ. Substrat in Faserform durch Polymerisat. v. ungesätt. Aldehyd 16-3013*; v. – (Übersicht) 17-3286; Ausrüst.-Technologie v. Mischgeweben aus – u. Wolle 28-3008; Modifizieren v. synthet. Fasern: mit Bis-phenol-bis-aziridincarbonsäureester 34-2867*; durch Pfropfen mit Vinylmonomeren 38-3010; Verf. zur Verbesser. v. synthet. Fasern 45-3186.

Ausnutz. d. Lumineszenzerschein. bei d. opt. Aufhell. v. – 3-3087; opt. Aufheller (2-Azolyl-5-oxdiazolylthiophen-Verb.) 11-2999*; (Azolylthiophenverb.) 23-3074*; Aufhellen v. – mit $CH(OH)SO_3Na$-Gruppen enthaltenden Mitteln 31-3043*; opt. Aufheller für synthet. Fasern (Triazinylaminostilbenverb.) 37-3181*; (7-Triazinylamino-3-arylcumarinverb.) 37-3183*; (2.5-Bis-benzoxazolylthiophene) 49/50-2996*; opt. Bleichen mit Oxazolylthiophenverb. 51/52-2743*.

Schlichten v. Garnen aus synthet. Fasern 1-2809; Entfernen v. Webverschmutz.: mit oxyäthyliertem Wollfett 1-2829*; mit Wollfettemuls. 1-2830*; Schlichten v. synthet. Fasern 2-2715; Klebmittel zum Verbinden v. Kautschuk mit Kunstfasern 4-2291*; Schlichten v. – 6-2870; Beschicht.-Material aus chlorierten Polyolefinen für Kunstfasern 6-2966*; Antistatika aus Phosphorsäureestern, mehrwert. Alkohol u./oder Polyglykol 10-2905*; Schlichten v. Synth.-Faserfäden mit wss. Lsg. aus Salzen v. Polyacrylsäure u. Polyacrylamid 12-2932*; bakterizide Ausrüst. 16-3011*; dampfdurchläss. wasserdichte Stoffe aus synthet. Fasern mit Überzug aus Terpolymeren 16-3039*; antistat. Misch. für lineare synthet. Fasern 18-2874*; TiO_2-Pigmente zur Mattier. v. – 18-2882; Verkleben v. gummierten u. kunststoffbeschichteten – -Geweben 19-2895; IR-Strahl.-Anlage für d. Stabilisier. v. synthet. Fasern 24-2804; Behandl. v. Geweben aus synthet. Fasern mit Lsg. v. Perlon-Abfällen (Versteif. u. Verhinder. d. Ausfransens) 25-3240*; wasserabweisende Mittel aus Hydroxyalkoxy-Al-Carbonsäureestern 25-3243*; Antistatika für Kunstfasern (sulfonsäuregruppenhalt. Silane u. Siloxane) 33-2788*; Verbesser. d. Adhäs. v. Imprägnier.-Komposit. an Kunstfasergeweben 33-3085; Antistatika (Polyalkylenglykoläther) 33-3326*; permanent antistat. Ausrüst. 40-2748; Erziel. v. wasserunlösl. antistat. wirksamen Oberflächenfilmen auf synthet. Faserstoffen unter Verw. v. $\alpha.\beta$-Chlorhydrinen 46-2631; Hydrophilier. v. synthet. Fasern 49/50-2992.

Färben, Drucken. Kontinueverf. zum Färben v. Stückware aus synthet. Fasern u. Fasermisch. 1-2579; Intensivier. d. Färbeprozesse mit organ. Lsgm. 1-2582; Theorien d. Färbevorganges 2-2549; Färben v. Chemstrandfasern 4-2249; Schnellfixierverf. mit überhitztem Dampf 7-2753; Färben: während d. Faserbldg. 9-2693; mit Pigmenten 10-2698; mit Dispers.-Farbstoffen (Rapidothermverf.) 10-2702; moderne Meth. im Druck auf Synth.-Fasern 21-2950; Kettbaumfärb. v. Kunstfasern 22-2791; Färben u./oder Bedrucken v. synthet. Fasern: mit Anthrachinonfarbstoffen 30-2656*; in Ggw. v. Isocyanatumsetz.-Prod. 30-2662*; Vigoureuxdruck v. Kammzügen aus synthet. Fasern 31-3038; Färben u./oder Bedrucken: mit $CH(OH)SO_3Na$-Gruppen enthaltenden Farbstoffen 31-3043*; v. – nach Modifizier. mit o-[$\beta.\gamma$-Epoxypropyl]-Deriv. aromat. Amine 31-3047*; unter Verw. v. überhitztem Dampf 36-2706; v. synthet. Textilien unter Verw. v. Dithiooxamiden u. Metallsalzen 36-2709*; Mehrfarbeneffekte auf modifizierten Synth.-Fasern 39-2792; Färben v. Wolle/– 45-2926; Mehrfarbeneffekte auf Misch. v. synthet. Fasern 46-2442; neue Farbstoffe u. Färbeverf. für – 47-2717; verbesserte Fixier. v. Dispers.-Farbstoffen auf Synth.-Fasern 47-2720; Färben v. Kunstseide mit Direktfarbstoffen 48-2474; Kontinuefärben v. synthet. Faserstoffen 49/50-2763; Färben v. synthet. Stoffen mit Pigmentfarbstoffen 49/50-2778*.

Farbstoffe für synthet. Fasern 7-2754.

Anthrachinonfarbstoffe für synthet. Fasern 2-2566*; (für Spinnmassen) 3-2805*; (mit Hydroxyarylresten) 10-2714*; (mit Sulfamoylaryloxy-[mercapto]-gruppen) 10-2716*; (mit Diphenylsulfongruppen) 21-2971*; (aus 1.4-Diamino-2-aroylanthrachinonen u. Halogennitrobenzolen) 22-2822*; (mit Hydroxyphenylgruppen) 25-2964*, 34-2660*; (mit Nitrophenylaminogruppen) 34-2662*; (Cl- oder Br-halt.) 40-2535*; (mit Hydroxyarylgruppen) 43-2832*; (mit Phenylaminogruppen) 46-2467*; (mit Arylsulfonamidogruppen) 49/50-2789*; (mit Imidgruppen) 49/50-2791*.

Azofarbstoffe für synthet. Fasern (mit Acylaminophenylgruppen) 4-2258*; (mit Benzthiazolgruppen) 4-2261*; (mit quart. Ammoniumgruppen) 5-2774*; (mit Hydroxybenzoylgruppen) 5-2775*; (metallhalt.) 9-2719*; (auf Basis v. Hydroxyderiv. d. Carbazols) 13-2727; Monoazofarbstoffe für Spinnmassen 16-2762*; Azofarbstoffe (mit Anthrachinongruppen) 18-2691*; (mit Phenylcarbamoylnaphthylgruppen) 19-2877*; (mit 2-Hydroxypropenylgruppen) 19-2878*; (metallhalt.) 23-2998*; (mit heterocycl. Gruppen) 25-2941*; (mit Benzimidazoliniumgruppen) 25-2954*; (mit Pyrazolgruppen) 26-2827*; (mit Triazinylpyrazolgruppen) 36-2725*; Disazofarbstoffe 39-2822*; Azofarbstoffe (mit Bis-hydroxyäthylaminophenylgruppen) 40-2528*; (mit Naphtholgruppen) 41-2886*; (mit Carbamoylnaphthylgruppen) 42-2508*; (mit Sulfamoylnaphthylgruppen) 44-2569*; Diazopigmente 44-2578*; Azofarbstoffe (mit Alkoxy- oder Aminocarbonyldiphenylgruppen) 46-2461*.

Phthaloylacridonfarbstoffe 4-2264*; kation. Farbstoffe 10-2710*; Reaktivfarbstoffe d. Azoreihe für Kunstseide 13-2729*; Nitrodiphenylamin-Dispers.-Farbstoffe 17-2998; metallhalt. kation. Farbstoffe 17-3006*; bas. Farbstoffe 18-2687*; Acridinfarbstoffe 20-2721*; Farbgemische für hydrophobe synthet. Materialien 23-2981*; reaktive Metallkomplexfarbstoffe 23-3000*; Reaktivfarbstoffe 29-2962*; kation. Farbstoffe 39-2811*; Reaktivfarbstoffe 49/50-2780*.

Verwendung. Synth.-Fasern enthaltende ölfeste Misch. 4-2379*; synthet. Fasern in hadernhalt. Maschinenpappe 21-3456; Saugfähigmachen v. Kunstseideabfällen (für Reinig.-Lappen) 35-2997*; Reifenkord u. Tauwerk aus synthet. Fasern 41-3112.

Analytisches. Prüf. u. Analyse v. Fasern u. Ausrüst. 9-2032; Identifizier. v. –: durch Lsg.- u. Quellvorgänge 11-3007; durch pyrolyt. Gaschromatographie 17-2144; Best.: v. – in Papieren 22-3175; v. natürl. u. chem. Fasern in Gemischen (quant.) 31-2236; verbesserter Flammfesttest für thermoplast. Gewebe 36-2960; Best. d. Beständigk. v. – -Stoffen gegenüber Bewitter. 51/52-2735.

Bibliographie. Chemiefasern. Handelsnamen, Arten, Hersteller B 39; Modernes Schären von Chemiefasern. Endlose Fäden und Spinnfasern B 71; Verschleißfestigkeit von Geweben aus Wolle und Kunstfasern [russ.] B 48; Überwachung der Kunstfaserproduktion. Handbuch [russ.] B 64; Kontrolle der Kunstfaserproduktion. Handbuch [russ.] B 79; Synthetische Fasern. Chemie und Technologie [rum.] B 31; Verarbeitung der Chemiefasern in Mischungen [rum.] B 31; Synthetische Fasern [tschech.] B 55; Encyclopedia of polymer science and technology; plastics, resins, rubbers, fibers. Vol. *6*: Enzymes to finishing B 7; Skinner's cotton and man-made fibres directory of the world. *1968* B 48; Artificial fibres B 55; Man-made fibres; science and technology B 71; Processing of chemical fibres B 79; Synthetic fibre-forming polymers B 83; Les textiles synthétiques B 39; Elementi di tintura ed analisi delle fibre sintetiche B 87.

Chemiefasern aus Cellulose und Cellulosederivaten (Celluloseregeneratfasern)

Allgemeines und Übersichtsarbeiten. – mit hohem Naßmodul 2-2745; Cellulosechemie u. Faserprodukt. 19-3083; Entw. auf d. Gebiet d. Regeneratfaserstoffe 23-3309.

Eigenschaften. Strukturunters.: an – mit chem. Akzessibilitätsmeth. 1-2820; v. Hydratcellulosefasern durch D.-Mess. 2-2744; Größe d. Strukturelemente u. physikal.-mechan. Eig. v. Hydratcellulosefasern 5-1130; Stauchverh. v. Reyon-Zwirnen 19-3073; Einfl. d. Feuchtigk. auf d. Fadendehn. bei Rayon 21-3253; elektr. Anisotropie v. – 22-3016; Strukturunters. v. –: mit Hilfe v. D.-Mess. 32-2877; mit chem. Akzessibilitätsmeth. 38-3023; Eig. u. Strukturunterschiede zwischen – (Einfl. d. Behandl. mit NaOH) 43-3031; Adsorpt. v. J_2 an Reifenkordgarn aus Regeneratcellulose 46-2639; Strukturunters. an – 47-3008; Oberflächenstruktur v. Regeneratcellulose-Kordseiden 49/50-2985; elektronenmkr. Unters. v. – 49/50-3007; Verbesser. d. fibrillären Anordn. u. d. Eig. v. – 51/52-2762.

Herstellung. Fortschritte bei Reyon 6-2893.

Kunstseidezellstoff aus Nadelholz-Knotenfängerabfall d. Sulfitaufschlusses 5-3170; Pulpe für Rayon aus ind. Harthölzern 6-2908; Herst. v. Kunstseidenzellstoff nach d. Sulfatverf. 37-3354*; Fichtentextilzellstoff 48-2898.

Gekräuselte – 2-2763*; Herst.: v. – 3-3121*; v. Fasern aus gepfropften Copolymeren v. Cellulose u. Polyvinylalkohol 6-2894; v. – unter Zusatz v. Aminen 14-2922*; v. Protein-Cellulose-Fasern 19-3101*; v. – (Zugabe eines Sulfonamids) 23-3337*; (Zusatz v. Alkylenoxidpolymeren) 31-3374*; (mit erhöhtem Modul in feuchtem Zustand) 35-3022*; (Zusatz v. Sulfamiden) 37-3224*; gekräuselte Hydratcellulosefäden 38-3038*; hitzebeständ., mikrobenfeste Fasern aus Pfropfpolymeren aus Cellulose u. synthet. Polymeren 39-3050*; Herst.: v. Fasern aus gepfropften Copolymeren d. Cellulose u. Polyvinylalkohol 42-2696; v. – (für hochwert. Textilprod.) 48-2744*.

Verarbeitung, Veredlung. Pfropfpolymerisat. v. Vinylverb. an – 2-2752*; Verbesser. d. Trockenknitterfestigk. v. – durch Behandl. mit Divinylsulfon abgebenden Mitteln 4-2461*; Erziel. v. Oberflächeneffekten v. erhöhter Waschbeständigk. auf Zellwollgewebe 5-3044; Unterdrück. d. Noppenbldg. bei ungewebten Faserschichten aus – durch Imprägnier. mit Harnstoff- oder Melamin–CH_2O-Harz 19-3099*; opt. Aufhellen mit N-Methylolgruppen-halt. Verb. 21-2953*; Ausrüst.-Verf. v. Zellwollgeweben zwecks besserer Verwert. d. Rohmaterials 28-3039; Veredeln v. – enthaltenden Textilien mit Acetalen 31-3371*; Appretur zur Herst. v. knitterfreien Zellstoffgeweben 31-3373*; Pfropf. v. Methylmethacrylat auf Celluloserayon 33-1333; Permanent-Preß-Ausrüst. v. Polyester/Zellwolle 34-2838; Verhindern d. Einlaufens v. Zellstofftextilien durch Behandeln mit äthylen. Verb. 34-2869*; Waschfestmachen v. Zellstoffgewebe durch Behandl. mit Lauge 35-3019*; Einfl. d. Wäsche auf gebleichte u. mit Harnstoffderiv. modifizierte Zellwollgewebe 36-2970; verzögerte Fixier. v. Reyongeweben u. -fertigwaren 38-3001; Verbesser. d. Naß- u. Trockenfaltenfestigk. v. – 45-3212*.

Färben, Drucken. Best. d. Diffus.-Koeff. als Funkt. d. Farbstoffkonz. in Reyon 12-2678; kovalente Farbstoff–Zellwoll-Bind. über Vernetzer 16-2746; Färben v. – mit reaktiven Farbstoffen 16-2752*; Herst. v. Ätzdruckeffekten auf gefärbten – -Textilien 16-2756*; echte Färb. u. Drucke auf – 20-2704; Färben u./oder Bedrucken v. –: mit Umsetz.-Prod. aus anion. Farbstoffen u. organ. N-Basen 20-2708*; mit N-Methylolgruppen-halt. Farbstoffen 21-2953*; mit Phthalocyaninfarbstoffen 21-2956*; vor d. Formgeb. in Ggw. v. quart. oberflächenakt. Verb. 23-2983*; mit in W. lösl. Phthalocyaninfarbstoffen 23-2992*; Färben v. Zellwolle mit Phthalocyaninfarbstoffen 24-2654*; Anschmutzen v. – durch Dispers.-Farbstoffe bei d. Thermosolier. 25-2940; Färben mit Chinoxalinfarbstoffen 29-2930*; kontinuierl. u. diskontinuierl. Färben v. – 31-3034; Färben v. –: mit akt. H-Atome enthaltenden Farbstoffen in Ggw. v. alkal. wirkenden Mitteln u. polyfunktionellen Verb. 31-3050*; mit thiosulfatoäthylsulfonylgruppenhalt. Farbstoffen 32-2712*; mit sulfoaminoäthylsulfonylgruppenhalt. Farbstoffen 35-2763*; mit Direktfarbstoffen 35-2780; Färben: v. Zellwolle mit Cibacronfarbstoffen 37-2935; v. – mit akt. H-Atome aufweisenden Farbstoffen in Ggw. v. polyfunktionellen Verb. 37-2944*; Herst. v. wasserunlösl. Azofarbstoffen auf – 40-2521*; Färben u./oder Bedrucken: v. – mit Reaktivfarbstoffen 41-2866*; v. – mit Chinonfarbstoffen 43-2801*; v. Zellwolle mit Basazolfarbstoffen 44-2551; v. – mit Phthalocyaninfarbstoffen 47-2736*; Egalisier.-Meth. d. Indanthrenfarbstoffe auf Zellwolle 47-2718; Färben: v. – mit Phthalocyaninfarbstoffen 49/50-2775*; v. Zellwolle mit Schwefelfarbstoffen (kontinuierl.) 49/50-2776*.

Färben u./oder Bedrucken: v. Polyester/– 11-2701; v. Polyester/Zellwolle mit Samaronfarbstoffen 14-2706; v. Polyester/– in Ggw. v. α-halogenfettsaurem Salz 33-2990*; v. Polyester/Zellwolle mit Levafix P- u. Resolinfarbstoffen 37-2939; v. – -halt. Mischgeweben mit Hydrosolfarbstoffen 38-2788.

Anthrachinonfarbstoffe für – 25-2962*, 28-2799*, 41-2895*.

Azofarbstoffe: für Zellwolle (mit Chinazoloncarbonsäure-Gruppen) 3-2788; für – (metallhalt.) 4-2262*; quaternierte Disazofarbstoffe 5-2778*; metallhalt. Polyazofarbstoffe 5-2781*; Azofarbstoffe (metallhalt., mit Benzothiazolgruppen) 6-2688*; (mit Aminoalkylsulfonylaminogruppen) 7-2756*; (mit N-Phenylcarbamoylnaphtholgruppen) 19-2877*; Disazofarbstoffe (mit Pyrazolgruppen) 19-2882*; Azofarbstoffe: für Reyon (zum Spinnfärben) 25-2970*; für – (metallhalt., mit Triazolgruppen) 28-2790*; Disazofarbstoffe (pyrazolringhalt.) 38-2808*; Azofarbstoffe: für – (chinazolinringhalt.) 42-2511*; (mit Ureidosulfonylarylgruppen) 45-2950*; für Reyonfasern (mit N-Dicarbamoylphenylcarbamoylnaphtholgruppen) 45-2956*; Gemische v. Monoazofarbstoffen (Benzolazoaminonaphtholsulfonsäuren) 51/52-2522*.

Reaktivfarbstoffe d. Azoreihe (metallhalt.) 1-2595*; (pyrimidinringhalt.) 1-2606*; (metallhalt.) 5-2773*; imidazoliumgruppenhalt. Farbstoffe 8-2693*; Anthrachinonküpenfarbstoffe 10-2719*; Reaktivfarbstoffe: mit Phthalazingruppen 11-2718*; d. Monoazoreihe (metallhalt.) 12-2695*; mit Chinoxalingruppen 12-2696*; Farbstoffe mit Acylamino- u. Imidazoliumgruppen 12-2699*; Reaktivfarbstoffe: d. Formazanreihe (metallhalt.) 12-2700*; d. Diazoreihe u. ihre Cr- u. Co-Komplexe 14-2715*; hydraziniumgruppenhalt. Farbstoffe 14-2718*; reaktive Azofarbstoffe: u. ihre Cu-Komplexverb. 15-2831*; mit Sulfonaphthylgruppen 15-2837*; Perinaphthazolfarbstoffe für Reyonfasern 15-2848*; Reaktivfarbstoffe (mit pyridinringhalt. Gruppen) 18-2685*; (pyridazonringhalt.) 21-2974*; polycycl. Küpenfarbstoffe mit Sulfonsäuregruppen 22-2818*; reaktive Metallkomplexfarbstoffe 23-2999*; Anthrachinonküpenfarbstoffe d. Phthaloylacridonreihe 23-3001*; Reaktivfarbstoffe d. Anthrachinonreihe 24-2675*; Azodisulfidfarbstoffe 27-3100*; Reaktivfarbstoffe: d. Azoreihe 35-2790*; d. Anthrachinon- u. Phthalocyaninreihe (pyrazinringhalt.) 37-2962*; mit Thiodiazolgruppen 38-2811*; reaktive Disazofarbstoffe (metallhalt.) 39-2818*; metallhalt. Formazanfarbstoffe 40-2529*; Reaktivfarbstoffe: für Zellwolle (wasserlösl.) 40-2536*; d. Azoreihe (mit Aminonaphthalinsulfonsäuregruppen) 41-2884*; mit Pyrazolgruppen (metallisierbar) 41-2885*; d. Anthrachinonreihe 41-2891*; acylaminomethylgruppenhalt. Farbstoffe 43-2821*; Küpenfarbstoffe d. Anthrachinon- u. Perylentetracarbonsäurereihe 43-2836*; Reaktivfarbstoffe: d. Azoreihe für Zellwolle 46-2463*; für – (thiazolringhalt.) 49/50-2779*; (mit Triazingruppen) 51/52-2525*.

Verwendung. Herst. v. Blättern, Bahnen oder Vliesen aus – 26-2999*.

Analytisches. Thermogravimetr. Identifizier. v. Rayon 43-2126.

Acetatfasern

Allgemeines, Eigenschaften. Einfl. v. Metallsalzen auf d. Eig. v. Acetylcelluloselsg. u. – 4-2481; Eig.: u. Veredl. v. Acetatseide 6-2910; v. Geweben aus Acetat- u. Viskosefasern 16-3035; photolyt. Abbau 19-3075; Quell. v. – 20-2913; photochem. Zers. 32-2720; Relaxat.- u. Retardat.-Verh. 32-2861; Einfl. d. Laugenbehandl. auf d. Eig. v. – 33-3325; Struktur v. partiell acetylierten Viskosefasern (IR-Absorpt.-Spektren) 39-3030.

Herstellung. Mischpolymere aus Celluloseacetat u. Acrylnitril für Fäden 3-3117*; Herst. v. lichtechten – 7-3020; Kalt-Laugen-Meth. zur Veredl. v. Sulfatcellulose für – 17-3302, 17-3303; lichtresistente – 25-3253; Spinnlsg. mit Di- oder Tricarbonsäurezusatz 31-3375*; flammwidr. Acetatcellulose-Spinnlsg. 32-2893*; Herst.: v. antibakteriziden – (Zusatz v. Hexachlorophen zur Spinnlsg.) 42-2697; v. – mit poröser, mikro-runzel. Oberfläche 45-3211*; v. Fäden u. Fasern aus Misch. v. Acrylonitril(co)polymerisaten mit Celluloseacetat 47-3029*; Spinnlsg. mit Di- oder Tricarbonsäurezusatz (nicht matt werdende –) 47-3034*; Hexachlorophen enthaltende – (Antimikrobenaktivität) 49/50-3011; kontinuierl. Acetylier. v. Cellulose zur Herst. v. – 51/52-2774.

Verarbeitung, Veredlung. Schlichtemittel für – 3-3088; Bleichmittel für Acetatreyon aus K-Pyrosulfat u. CaO_2 4-2455*; Permanent-Press für Polyamid-/Acetat-/Viskosefaser-Misch. 8-2923; Verbesser. d. Schmutzabweis. u. Härte v. – durch Harzbehandl. 16-3012*; Verw. v. Polyvinylalkohol beim Schlichten v. – 16-3036; antistat. Eig. v. Äthylendiamin-Deriv. bei Acetatseide 19-3078; Modifizieren v. – mit Rk.-Prod. aus Diisocyanaten u. Polyoxyäthylen 23-3339*; Anwendbark. u. Aufhell.-Effekte v. Pyridylpyrazolinen bei – 26-2969; Verbesser. v. – durch chem. Modifizier. 51/52-2771.

Färben, Drucken. Färben v. – mit indigoiden Küpenfarbstoffen 4-2251; Ausziehfärben mit Naphtholen 4-2253; Unifärben u. selektives Verseifen v. Acetatgarnen 11-2700; Färben mit Anthrachinonfarbstoffen in Ggw. v. Hexahydrotriazinderiv. 13-2724*; Filmdruck mit sauren Woll- u. Metallkomplexfarbstoffen auf Acetatkunstseide 16-2738; Färben u./oder Bedrucken: mit nichtlösl. Azofarbstoffen 23-2974; nach Behandl. mit Hydroxyäthylcellulose 23-2986*; mit Anthrachinonfarbstoffpräp. 25-2965*; mit wss. Dispers. v. Azofarbstoffen 30-2660*, 32-2705*; mit Azo- u. Anthrachinonfarbstoffen 32-2711*; Einfl. v. ster. Faktoren beim Färben mit Dispers.-Farbstoffen 32-2719, 36-2708; Färben: unter Verw. v. Dithiooxamiden u. Metallsalzen 36-2709*; mit Farbstoffen mit akt. H-Atomen 37-2944*; mit Azofarbstoffen 37-2947*; v. Cellulose/– mit Hydrosolfarbstoffen 38-2788; v. –-Geweben mit Chinophthalonfarbstoffen 41-2867*; mit Disazofarbstoffen 42-2512*; Fixieren v. Dispers.-Farbstoffen auf – mit Hochtemp.-Dampf 44-2552; Färben v. Wolle/– 45-2926; Einfl. d. Struktur v. – auf d. Färbbark. mit Dispers.-Farbstoffen 45-2928; Färben mit Azofarbstoffen 48-2479*.

Neue Farbstoffe für – 18-2679.

Anthrachinonfarbstoffe für – (mit Phenylmercaptogruppen) 6-2689*; (mit Aminogruppen) 13-2739*; (mit Sulfamoylphenylaminogruppen) 14-2720*; (mit Amino- u. Carboxamidgruppen) 17-3012*; (mit Carbamoylphenylaminogruppen) 22-2823*; (mit Sulfamoylarylaminogruppen) 25-2962*; (mit Sulfamoylorganoaminogruppen) 28-2799*, 28-2800*; (mit Hydroxyphenylgruppen) 34-2660*; (mit Sulfamoylaralkylaminogruppen) 37-2960*; (mit Dihydroxy- u. Phenylaminogruppen) 40-2533*; (mit Dihydroxyphenylaminogruppen) 46-2467*; (mit Arylsulfonylgruppen) 49/50-2788*.

Azofarbstoffe für – (mit Chinazolon carbonsäuregruppen) 3-2788; (mit Alkoxycarbonylalkylaminophenylgruppen) 4-2260*; (mit Thiazolgruppen) 6-2683*; (metallhalt.) 6-2688*; (mit Aminoalkylsulfonylaminogruppen) 7-2756*; (mit Acyloxyalkylaminophenylgruppen) 8-2685*; (mit Acylaminophenylgruppen) 11-2706*; (mit Benzindolingruppen) 15-2840*; (mit Acylaminoalkylaminophenylgruppen) 16-2760*; (2-Cyan-4-nitroazobenzole) 16-2761*; (mit Benzimidazoliniumgruppen) 25-2954*; (metallhalt., zum Spinnfärben) 26-2828*; (mit 1-Phenyl-3-methylpyrazolongruppen) 28-2788*; (metallhalt., mit Triazolgruppen) 28-2790*; Disazofarbstoffe 28-2796*; Azofarbstoffe (mit Pyrazoliumgruppen) 29-2958*; (mit Benzothiazolgruppen) 33-2994*; (mit Carbamoylnaphthylgruppen) 34-2659*; (mit N-Hydroxypropylsulfamoylnaphthylgruppen) 36-2722*; (mit Triazinylpyrazolgruppen) 36-2724*, 36-2725*; (mit Pyrazolgruppen) 37-2952*; Disazofarbstoffe 39-2820*; Azofarbstoffe (mit Hydroxyäthylaminophenylgruppen) 40-2528*; (mit Acyloxyäthylaminophenylgruppen) 41-2883*; (mit N-Alkyl[Aryl]oxyalkylcarbamoylnaphtholgruppen) 41-2886*; (carbocycl. oder heterocycl. arylierte Naphthoxidinverb.) 41-2888*; (mit N-Acyloxyalkylcarbamoylnaphthylresten) 42-2508*; (mit Alkoxycarbonyläthylaminophenylresten) 44-2571*; Disazodispers.-Farbstoffe 45-2948*; Azofarbstoffe (metallhalt.) 45-2953*; (2-Alkoxycarbonyl-4-nitro-4'-aminoazobenzole) 47-2742*; (Azobenzole mit Ester- u. Aminogruppen) 49/50-2781*.

Reaktive Dispers.-Farbstoffe d. Monoazo- u. Anthrachinonreihe 2-2570*; Reaktivfarbstoffe mit Dichlorchinolingruppen 4-2266*; Dispers.-Farbstoffe aus 6-Methylchinizarin 5-2772; Reaktivfarbstoffe d. Phthalocyaninreihe 6-2690*; dihydrofuranonringhalt. Farbstoffe 8-2694*; metallhalt. Reaktivfarbstoffe d. Formazanreihe 12-2700*; Farbstoffe aus Kondens.-Prod. v. Aminoverb. mit Diamino(thio)benzophenonen 15-2850*; p-(1.2- Dicyanvinyl) - N.N - dimethylanilinfarbstoffe 17-3016*; bas. Farbstoffe 18-2687*; Farbstoff Violett *4* S 22-2819*; Formazanfarbstoffe (schwermetallhalt.) 25-2959*; Reaktivfarbstoffe 26-2832*; (Styryldichlortriazine) 28-2787; Signierfarbstoffe 30-2667; wasserlösl. kation. Farbstoffe 39-2811*; metallhalt. Formazanfarbstoffe 40-2529*; Triazenfarbstoffsalze 48-2485*.

Analytisches. Chromatograph. Nachw. v. synthet. Farbstoffen aus gefärbten – 12-1976; Identifizier. durch pyrolyt. Gaschromatographie 17-2144.

Triacetatfasern

Chem. u. physikal.-chem. Veränder. v. – durch Trockenhitzebehandl. 6-2909; Eig. u. Veredl. v. Triacetatseide 6-2910; thermomechan. u. therm. Analyse v. faserbildendem Cellulosetriacetat 7-3003; Einfl. d. Formier. Beding. auf Struktur u. Eig. v. – 8-2946; Thermorelaxat. 8-2948; Thermoplastizität 14-2905; thermomechan. Verh. v. – 15-1213; Kettenlängenverteil. 15-3117; Veränder. d. Faserstruktur bei d. Thermofixier. (Jodsorpt. u. Kristallisat.-Zustand) 15-3118; Schrumpfen v. –-halt. Geweben 29-3235; Eig. v. – nach Bestrahl. mit Kunstlicht 37-3209; Einfl. d. Thermofixier. v. – auf d. Orientier.-Grad 37-3210; chem. u. physikal.-chem. Veränder. v. – bei trockener Hitzebehandl. 45-3197.

Cellulosetriacetat besserer Löslichk. (Verbesser. d. Verspinnens) 4-2493*; Abbaufähigk. v. Acetylier.-Gemischen bei d. –-Gewinn. 10-2926; Herst. v. verspinnbaren Lsg. v. Cellulosekristallitaggregat-Triacetat 27-3524*; Fäden aus Cellulosetriacetat (Reinig.) 32-2892*; (Herst.) 39-3049*, 47-3033*.

Färben v. –: mit Azofarbstoffen 4-2253; mit Dispers.-Farbstoffen 6-2669; Kettbaumfärb. 22-2791; Färben u./oder Bedrucken v. –: mit Remaron-Druckfarbstoffen 24-2651; mit Anthrachinonfarbstoffen 30-2656*; mit Azofarbstoffen 30-2660*; Einfl. v. ster. Faktoren beim Färben v. – mit Dispers.-Farbstoffen 32-2719; Färben u./oder Bedrucken v. –: unter Verw. v. überhitztem Dampf 36-2706; unter Verw. v. Dithiooxamiden u. Metallsalzen 36-2709*; Färbepräp. zur Erzeug. v. wasserunlösl. Azofarbstoffen auf –-Textilien 37-2945*; Färben u./oder Bedrucken: v. – mit Azofarbstoffen 37-2947*; v. – mit Anthrachinon- oder Diarylaminfarbstoffen 38-2795*; v. Triacetat/Polyamid-Mischartikeln 51/52-2510.

Monoazofarbstoffe für – (mit Alkylsulfonylaminoanilingruppen) 9-2722*; peri-Naphthazolfarbstoffe 15-2848*; Disazofarbstoffe (mit N.N-Dicyanäthylaminophenylgruppen) 22-2816*; Anthrachinonfarbstoffpräp. 25-2965*; Monoazofarbstoffe (mit Pyrazolobenzothiadiazingruppen) 29-2956*; Azo- u. Anthrachinonfarbstoffe (mit Sulfonyloxypyridingruppen) 29-2959*; polymere Signierfarbstoffe 30-2667; Azofarbstoffe (mit Acyloxyäthylaminophenylgruppen) 35-2793*; (mit Triazinylpyrazolgruppen) 36-2724*, 36-2725*; (mit Aminonaphthylsulfogruppen) 38-2807*; (mit Carbamoylnaphthylgruppen) 41-2886*, 42-2508*; Anthrachinonfarbstoffe 46-2467*; Anthrachinondispers.-Farbstoffe 47-2747*; Gemische v. Monoazofarbstoffen (Phenylsulfamoylhalogenbenzolazoaminonaphtholsulfonsäuren) 51/52-2522*.

Spezielle Acetatfasern

Tricel

Strukturänder. beim Thermofixieren 7-3021.

Fasern aus Celluloseäthern

Azofarbstoffe für – 4-2261*; Mikrostruktur d. cyanäthylierten Cellulosefaser 5-3041; Verbesser. d. Färbbark. v. Fasern aus Cyanäthylcellulose 13-2722*; Polymethinfarbstoffe 19-2883*; Azofarbstoffe 25-2956*; Diazapolymethinfarbstoffe 26-2830*, 42-2514*; Monoazofarbstoffe (Spinnfärben) 43-2823*; Disazofarbstoffe 49/50-2786*; Monoazofarbstoffe 51/52-2521*.

Fasern aus Celluloseestern

Siehe auch *Acetatfasern*.

Fasern aus Polyacetylsorbaten d. Cellulose 2-2746; Herst. v. – unter Zusatz v. Di- oder Tricarbonsäure 39-3048*.

Färben u./oder Bedrucken v. –: unter Verw. v. aromat. Aminen u. Chinonen 23-2977*; in Ggw. v. Isocyanatumsetz.-Prod. 30-2662*; Chlorfestmachen v. mit Anthrachinonfarbstoffen gefärbten – 31-3372*; Färben mit Anthrachinonfarbstoffen 37-2949*; Färben, Foulardieren oder Bedrucken v. – 51/52-2512*.

Azofarbstoffe für – (mit Benzthiazolgruppen) 4-2261*; (mit Hydroxybenzoylgruppen) 5-2775*; (mit Dicarboximidogruppen) 5-2776*; (mit quart. N-heterocycl. Gruppen) 6-2681*; (auf Thiazolbasis) 6-2683*; (auf Basis v. Aminoisothiazolen) 6-2684*; (mit heterocycl. Gruppen) 6-2685*; (mit N-Carboximidoalkylgruppen) 14-2714*; (mit Alkoxycarbonyläthylaminophenylgruppen) 20-2719*; (pyrazolringhalt.) 26-2827*; (mit Alkylsulfonylgruppen) 35-2791*; (mit Thiazoliumgruppen) 39-2814*; Disazofarbstoffe (mit Ureidogruppen) 42-2509*; Monoazofarbstoffe (für d. Spinnfärben, mit Carbamoylalkoxycarbonylphenylgruppen) 43-2823*; (mit Cyanalkylaminophenylgruppen) 43-2824*; Disazofarbstoffe (mit Carbamoylhydroxyphenylgruppen) 43-2830*; Azofarbstoffe (mit N-Dicarbamoylphenylcarbamoylnaphtholgruppen) 45-2956*; (mit Acyloxyalkylaminophenylgruppen) 46-2464*; Disazofarbstoffe (mit Phthalimidgruppen) 49/50-2786*; Monoazofarbstoffe (mit Pyrazoliumgruppen) 51/52-2521*.

Anthrachinonfarbstoffe 17-3011*; Diazapolymethinfarbstoffe 19-2883*; Anthrachinonfarbstoffe 21-2972*; Diazapolymethinfarbstoffe 26-2830*; β-Cyanstyrylgruppen-halt. Farbstoffe 33-3006*; Anthrachinonfarbstoffe 40-2533*, 40-2535*; Diazapolymethinfarbstoffe 42-2514*; Anthrachinonfarbstoffe 43-2832*.

Kupferfasern

Herst.: v. Cu-Xanthogenatfasern 9-2984; v. gefärbten Fasern aus Cellulosecuoxam 14-2921*; Fließvorgänge beim Kunstseidenspinnen nach d. Cuoxam-Verf. 29-3233.

Viskosefasern

Allgemeines, Eigenschaften. Viskosestapelfasern v. neuem Typ 2-2743; neue Elflafatypen 2-2749; Polynosefasern 6-2907; Modalfasern 11-3014, 17-3301; Entw. innerhalb d. Viskosechemie 25-3251; Hochmodulfasern 36-2974; neue Typen v. Viskosestapelfasern 37-3207.

Bewert. d. Eig. v. – 2-1085; Quell- u. Löseverh. v. Viskosekordseiden 3-3105; Struktur u. Fadenbldg.-Mechanismus bei Superkordreyon 5-3040; Einfl. d. Hydrolyse auf d. Doppelbrech. bei – 6-1158; Bldg. v. – 8-1124; Einfl. d. Temp. auf d. Plastifikat.-Verstreck. v. Viskosekordfäden 8-2944; gebundenes u. freies W. in – (Röntgen-Mikrowellen-Absorpt.) 9-2963; Eig. v. Geweben aus – u. Acetatfasern 16-3035; mechan. Eig. v. Viskosevliesen (Einfl. d. Verstreck.) 21-3288; (Einfl. d. Bindemittels) 21-3289; Eig. u. Anwend.-Möglichk. v. Polynosic-Fasern 23-3308; querschnitts- u. quellungsmorpholog. Unters. 30-2858; Eig.: v. nichtgewebten Stoffen aus Rayon-– nach Pfropf. mit Vinyl-Polymeren 30-2864; v. Polynosic-Fasern (Modifizier.-Möglichk.) 31-3364; Einfl. d. Temp. auf d. Plastifikat.-Verstreck. v. Viskosekordseide 31-3365; Relaxat.- u. Retardat.-Verh. 32-2861; querschnitts- u. quellungsmorpholog. Unters. 32-2874; Quecksilberporosimetrie u. Elektronenmikroskopie an – 32-2875; Unters. d. Oberfläche v. – 32-2876; strukturelle Einheitlichk. v. Viskoseseide 33-3322; Struktur u. Charakteristika v. Polynosefasern 37-3206; therm. Abbau v. Viskoseseide in N_2-Atmosphäre u. W. bzw. Glycerin 38-3023; Adhäs.-Festigk. v. strahlungsgehärteten Polyesterharzen an hochorientierten – 39-1105; β-Strahlenabsorpt. in Viskosetextilien 40-1926; ultrarotspektroskop. Zugänglichk.-Mess. an – 40-2762; Kristallitorientier. in Einzelfäden aus Viskose 42-1067; spezif. Gew. v. Kord-– hoher Festigk. 45-3193; mechan. Eig. v. Geweben aus Viskose nach d. Bewitter. 47-3006; Struktur u. Eig. v. – 47-3009; querschnitts- u. quellungsmorpholog. Unters. 48-2730; elektronenmkr. Unters. 49/50-3009.

Herstellung. Kalt-Laugen-Meth. zur Veredl. v. Sulfatcellulose für – 17-3302, 17-3303; Herst. v. polynos. Fasern (Weiterentw. d. Toramomen-Verf.) 37-3203; Sulfit-Zellstoffe für HWM-Fasern 37-3204; Herst. v. Viskosekord (Fortschrittsbericht) 39-3031; Cellulose für – 39-3033; Eign. v. Zellstoffen zur –-Herst. 39-3142; Zellstoffe für neue –-Typen 40-2764; Migrat. d. oberflächenakt. Stoffe bei d. Erzeug. u. Verarbeit. v. Viskoseseide 46-2640; Polynosefasern aus verschiedenen Typen v. gelösten Zellstoffen 48-2729; Reinigen d. Abwässer v. –-Stoffbetrieben 49/50-2985; Einfl.: d. Harzgeh. v. Zellstoff auf d. Eig. v. HWM-Fasern 51/52-2761; d. α-Cellulosegeh. v. Birkenzellstoff auf d. Eig. v. Polynosefasern 51/52-2765.

Einfl. d. Durchmessers d. Spinndüsenöffn. auf d. Dicke d. orientierten Hülle 7-3019; Oberflächenerschein. an d. Grenzfläche Viskose–Spinnbad 8-2943; Einfl. d. Viskose- u. Fällbadtemp. auf d. Spinnsicherh. bei d. Fadenbldg. 15-3112; Verlauf d. Neutralisat. in Viskosekapillarfäden (Einfl. d. Spinnparameter) 16-3032; Charakterisier. d. Vorreife-, Filtrat.- u. Spinnprozesses durch Verw. radioakt. Nuklide 16-3033; Cellulosexanthogensäure als Zwischenprod. d. Viskosespinnprozesses 40-2761; Einfl. verschiedener Faktoren auf d. Zn-Geh. in frisch gesponnenen – 40-2763; Zers. v. Cellulosexanthat während d. Spinnens in Lsg. mit geringem Säuregeh. 49/50-3008; Wirkungsweise v. Viskosespinnmodifikatoren 51/52-2766; diffusionsabhäng. Rk. beim Viskosespinnprozeß 51/52-2769.

Rückgewinn. v. Zn aus d. Spinnbädern 20-2141; Abtrennen v. Schwermetallionen aus Spinnlsg. mit Ionenaustauschern 21-3267*; Beseitig. v. H_2S aus Viskosespinnbad 23-3338*; Reinig. u. Entgas. d. Fäll.-Bäder 32-2878, 38-3022; Rückgewinn. v. Schwermetallionen aus Viskose-Spinnbädern 46-2657*; Entgasen d. Spinnbades 47-3032*.

Verspinnen v. Viskose: mit oxalkylierten Polyaminen als Modifizier.-Mittel 1-2844*; im Trichterprinzip 2-2742; kaust. Soda enthaltende Viskose für Fäden 4-2492*; Spinnfl. aus Viskose u. Polytetrafluoräthylenemuls. 8-2966*, 10-2938*; Herst. v. – verbesserter Anfärbbark. durch Zumischen v. Cellulosekristallit-Aggregaten 15-3131*; Viskosemodifizier.-Mittel aus N-Acyläthylendiamin-N′-polyalkylenglykoläther 19-3103*; für Reifenkord geeignete Viskose 19-3104*; stark gekräuselte – 30-2876*; Verspinnen einer Misch. v. Viskose mit Nitrilgruppe enthaltendem Proteinderiv. (Fasern mit wollart. Griff guter Biegefestigk.) 33-3340*; Verw. v. oberflächenakt. Substanzen bei d. – -Herst. 39-3034; Herst.: v. Viskosefäden 39-3046*; v. Reyonfasern aus Viskose mit Monoamin u. Polymerem als Modifizier.-Mittel 43-3047*; Verspinnen v. Polytetrafluoräthylen enthaltender Viskose 44-2801*; Herst. v. – 46-2658*; Fäden aus MoS_2 enthaltender Viskose 48-2743*.

Pfropfpolymerisat. v. Viskosereyonstapelfaser mit Acrylnitril in Ggw. v. Ammoniumferrisulfat 3-3120*, 9-2999*; Pfropfpolymerisat v. – mit Acrylnitril 17-3323*; Aufpfropfen auf –: v. Acrylonitril 34-2885; v. 2-Methyl-5-vinylpyridin 39-3050*; v. Methylmethacrylat u. Acrylamid (elektrochem.) 45-3194; modifizierte polynos. Fasern 51/52-2763; Pfropfbehandl. mit Acrylonitril 51/52-2768.

Verarbeitung, Veredlung. Ausnutz. d. Lumineszenzerschein. bei d. opt. Aufhell. v. – 3-3087; Schlichtemittel für – 3-3088; maßbeständ. Textilgewebe aus – 5-3059*; Dimethylbenzylphenyläther u. Hydroxybenzylamin als Knitterverminder.-Mittel für Viskoseseide 6-2873; Permanent-Press für Polyamidfaser/Acetatfaser/ – -Misch. 8-2923; Erhöh. d. Abnutz.-Festigk. v. – -Geweben mit Polymethacrylsäure 11-3016; antibakterielle Ausrüst. 12-2927; Viskoseglanzstoff-Reifenkord großer Festigk. (Aufbringen v. Boraxlsg.) 19-3100*; ölabweisende Imprägnier. v. Polyester/ – 22-3009; Erhöh. d. Scheuerbeständigk. durch Pfropfen mit Methacrylsäure 23-3320; Veredl. mit Methylolharnstoffkondensaten (Alter. d. Vorkondensate u. Ausrüst.-Effekte) 24-2838; spezif. Leitfähigk. v. Avivagepräp. auf – 25-3252; Modifizieren v. – während d. Ausrüst. 26-2986; Adhäs. v. Imprägnier. an Gewebe u. Kord aus – 33-3085; – mit antimikrobiellen Eig. 33-3321; Behandl. v. – mit Diäthylenglykoldiglycidyläther u. Zn-Fluoroborat 33-3324; Bleichen v. Baumwolle/Viskoseseide mit Peressigsäure 34-2837; reaktives Acetal für – -Ausrüst. 34-2883; Einfl. d. Wäsche auf gebleichte u. mit Harnstoffderiv. modifizierte Polynosicgewebe 36-2970; spezif. elektr. Leitfähigk. v. Avivagemitteln auf – 40-2760; Möglichk. d. Hochveredl. v. – 41-3123; Antimikrobenaktivität v. Hexachlorophen enthaltenden – 49/50-3011; Erhöh. d. Verschleißfestigk. v. – -Geweben 51/52-2767.

Färben, Drucken. Färben v. Triacetat/ – mit Dispers.-Farbstoffen 6-2669; Bewert. d. Echth. v. Färb. auf Viskosestapelfasern 6-2672; kontinuierl. Färben mit reaktiven Farbstoffen 14-2703; gefärbte – durch Zusatz v. Azo- oder Phthalocyaninpigmenten 14-2921*; echte Färb. u. Drucke auf Viskosereyon 20-2704; Fixierausb. v. Levafix-P-Farbstoffen 21-2949; Diffus.- u. Adsorpt.-Vorgänge v. Direktfarbstoffen in – 26-2804, 26-2808; Farbstreifigk. v. Flächengebilden aus Viskoseseide 31-3040; Färben: v. Viskoseseide mit Beizenfarbstoffen 31-3049*; v. – -halt. Gemischen 35-2760; v. Viskosegarn mit Küpenfarbstoffen 35-2762*; v. – mit Reaktivfarbstoffen 38-2796; v. Wolle/ – 45-2926; v. – mit Cibacronfarbstoffen 48-2463; v. – mit Reaktivfarbstoffen 48-2470; v. – mit Direktfarbstoffen 48-2474; v. Modalfasern u. deren Misch. mit Baumwolle u. synthet. Fasern 49/50-2768.

Azofarbstoffe für – (mit Aminoalkylsulfonylaminogruppen) 7-2756*; Triazinfarbstoffe 9-2726*; Reaktivfarbstoffe (mit Phthalazingruppen) 11-2718*; Oxazinfarbstoffe 12-2692; Reaktivfarbstoffe (mit Chinoxalingruppen) 12-2696*; wasserlösl. Schwefelfarbstoffe 18-2679; Tris-azofarbstoffe 21-2969*; Reaktivfarbstoffe (pyridazonringhalt.) 21-2974*; (mit Trichlorpyridon- oder Pentachlorcyclohexendiongruppen) 25-2951; Pigmentfarbstoffe 25-2970*; hochmol. Farbstoffe 25-2971*; Reaktivfarbstoffe (mit Thiolsulfatotriazinylgruppen) 28-2786; (pyrimidinringhalt.) 29-2963*; rotorangefarbenes Pigment aus 2.5-Dichloranilin u. Azotol-PA 30-2673*; Reaktivfarbstoffe (mit Triazingruppen) 36-2726*; Monoazofarbstoffe (mit Carbamoylalkoxycarbonylphenylgruppen) 43-2823*; (mit Cyanalkylaminophenylgruppen) 43-2824*; (mit N-Dicarbamoylphenylcarbamoylnaphthylgruppen) 45-2956*; Reaktivfarbstoffe 47-2745*.

Verwendung. Nichtgewebte Stoffe aus –/Polyäthylenfasern 16-3042*.

Analytisches. Best. d. S-Geh. in – (elektrometr.) 3-2118; Identifizier. durch pyrolyt. Gaschromatographie 17-2144; Best.: v. CS_2 in – (photometr.) 22-2209; v. – in Misch. mit Polyesterfasern u. Baumwolle 26-2152; v. CS_2 im Fällbad d. – -Herst. 27-3357; d. mineral. Anteile im Ascherückstand v. – (spektralanalyt.) 31-2237; v. Metallbeimeng. im Spinnbad 38-2164; v. kation. Spinnhilfsmitteln durch Zweiphasentitrat. 38-2165; v. Polynosicfasern in Ggw. v. Baumwolle 40-1924.

Spezielle Viskosefasern

Airon PL

Ausrüsten 9-2985; Maßhaltigk. v. – -Geweben 16-3034.

Avril

Signierfarbstoffe für – 30-2667.

Evlan

Färben v. Wolle/ – 48-2468.

Hypolan S

Mechan. Eig. v. – -Geweben nach Bewitter. 47-3006.

Z 54

Färben v. –/Baumwolle 7-2752.

Vollsynthetische Fasern

Vollsynthetische Fasern im allgemeinen

Allgemeines, Eigenschaften. Neue faserbildende Polymere 2-2735; Synth. u. Unters. v. farb. Hochpolymeren u. d. auf ihnen basierenden Fasern 16-2740, 22-3014, 26-2976, 33-3311, 33-3317.

Photoelast. Beobacht. bei d. Verstärk. mit Polymerfasern 14-2769; Abkühl. eines aus d. Schmelze gesponnenen polymeren Fadens im Spinnschacht 17-3288; Gesetzmäßigk. d. Abkühl. v. Polymermaterialien während d. Fadenbldg. 45-3192; Bewert. d. Pillingbldg. 49/50-2983.

Herstellung. Herst.: v. neuart. textilen Flächengebilden aus d. Schmelze thermoplast. Kunststoffe 1-2811; v. Kunststoffasern, synthet. Vliesstoffen u. faserförm. Oberflächen 1-2813; v. Fasern aus koll. Dispers. v. Polymeren 9-2972; Modifizier. chem. Fasern durch Bldg. aus Schmelzen v. Polymergemischen 13-2957; Herst. v. Ausgangsmonomeren für d. Synth. v. faserbildenden Polymeren mit Heteroketten 17-3287; Erzeug. v. pillingarmen Fasern 21-3259; Einfl. verschiedener Erspinn.-Parameter auf d. Gleichmäßigk. schmelzersponnener Faserstoffe 24-2806; Blockpolymere für Fasern 27-3180*; Reinigen v. Spinndüsen bei d. Herst. v. – 34-2846*; Verbesser. v. – unter Verw. v. Alkyleniminen 37-3219*; Modifizier. chem. Fasern durch Spinnen aus Schmelzen v. Gemischen d. Polymeren 38-3014; Schmelzspinnprozeß 42-2688; Kaltverstreck. v. – in organ. Fl. 46-2636.

Verarbeitung, Veredlung. Vorbehandl. v. Stückwaren aus – u. deren Misch. 2-2713; dauerhafte antistat. Ausrüst. 5-3024; N-halt. Kunststoffasern mit Al_2O_3-Überzug (aufgerauhte Textilien) 7-3029*; Ausrüst. mit filmbildenden wasserunlösl. Polymeren 13-2950*; Permanent-Preß auf Geweben aus Misch. v. Cellulose- u. – 17-3293; Verketten gekreuzter Fäden v. Gespinsten aus Polymeren 35-3011*; Erhöhen d. Kristallinität v. Hochpolymerfasern (Ultraschalleinw.) 41-3099*; Probleme u. Fehler bei d. Ausrüst. v. – unter Berücksichtig. d. elektrostat. Verh. 43-3013.

Färben, Drucken. Dampfphasenfärb. v. – 10-2700; Färben u. Bedrucken v. Misch. aus Cellulose- u. – 23-2990*; Monoazofarbstoffe für – 45-2951*; Färben: u. Bedrucken v. – mit 5.8-Dihydroxy-1.4-naphthochinon 47-2732*; v. Misch. aus Modal- u. – 49/50-2768; u. Ausrüsten v. Wolle/ – (Verf.-Technik) 51/52-2503.

Verwendung. Verw. v. Fasern aus säurebeständ. thermoplast. Kunststoff zur Herst. v. Röhrchen-Elektroden 4-1848*; nichtaufrauhende, nichtgewebte Textilien aus – 7-3024*; Herst. v. papierähnl. Gebilden aus – 19-3197*.

Polyacrylfasern

Formbeständigk. v. Maschenwaren aus – 5-3035; über d. Eig. v. – entscheidende Faktoren 10-2914.

Fäden aus Polyacrylsäureimiden (Naß- oder Trockenspinnen) 11-3022*; Polymerisat. v. Acrylaten in Ggw. v. Cellulosesulfaten zur Faserherst. 13-2836*; Herst. v. – mit Hohlräumen 15-3093; Fasern aus Bicyclo-[3.2.0]-heptyl-(6)-(meth)acrylaten 17-3138*; Modifizier. (chem. u. physikal. Meth.) 19-3072; Polymerisate d. 2-Norbornylmethylesters v. (Meth)Acrylsäure für Fasern 23-3136*; Rk.-Spinnverf. für Polymethylmethacrylat-Fasern 27-3376; Herst. v. – (Naßspinnverf.) 44-2784.

Azofarbstoffe für – 3-2794*; Färben v. –/Wolle 4-2247; Ausziehfärben mit Naphtholen 4-2253; Egalfärben 4-2254; Azofarbstoffe für – 5-2776*, 5-2780*; – u. ihre Färbbark. 6-2670; Azofarbstoffe: auf Basis v. Aminoisothiazolen 6-2684*; für säuremodifizierte – 9-2714*; mit N-Carboximidoalkylgruppen 14-2714*; Hilfsmittel beim Färben v. – 15-2813; moderne Meth. im Druck auf Modacrylfasern 21-2950; Kettbaumfärb. 22-2791; Irga-Pad-Kontinuefärb. 37-2937; Färben v. Cellulose/ – mit Hydrosolfarbstoffen 38-2788; Ausziehkurven bas. Farbstoffe für – 40-2524; bas. Farbstoffe 41-2881; Färben v. Wolle/ – 45-2926; Disazofarbstoffe 45-2949*; kontinuierl. Färben nach d. Irga-Pad-Verf. 46-2446; kation. Farbstoffe (Egalisiereig.) 51/52-2501; Azofarbstoffe 51/52-2522*.

Best. d. Baumwolle in Geweben mit – 1-1905.

Polyacrylnitrilfasern

Allgemeines, Eigenschaften. – sowjet. Produkt. 15-3106; Entw. auf d. Gebiet d. – 23-3309; – sowjet. Produkt. 23-3312; – 37-3199.

Ausbldg. v. Strukturen bei d. Koagulat. v. Polyacrylonitrillsg. 2-2737; mechan.-technolog. Eig. u. Struktur v. Fäden aus Polyacrylnitrilcopolymerisat 2-2738; Verfärb. v. – 4-2475; Fließverh. v. Polyacrylonitril-Lsg. 5-3034; thermomechan. u. therm. Analyse v. faserbildendem Polyacrylonitril 7-3003; Einfl. v. Molgew. u. Polydispersität auf strukturelle u. mechan. Charakteristiken d. – 7-3005; therm. Schrumpf. v. – u. Änder. im Orientier.-Grad d. amorphen Gebiete 11-3011; Diffus. v. bas. Farbstoffen in sulfonathalt. – 15-1190; Elektrolyteinfl. auf d. elektrokinet. Potential v. – 21-3292; Einfl. v. Lsgm. u. Zus. d. Fäll.-Mittels auf d. Eig. v. – 23-3313; mechan.-technolog. Eig. u. Struktur v. – 24-2827; Eig. v. Faserstoffen auf d. Basis eines Acrylonitrilcopolymeren 27-3377; Verh. v. – (Spann.-Rk.) 29-1260; (Abhängigk. v. Struktur u. Umgeb.-Medium) 29-1261; Strukturänder. bei d. Thermobehandl. 31-3356; Anisotropie d. KMR-Spektren in – -Stoffen 31-3357; Relaxat.- u. Retardat.-Verh. 32-2861; Einfl. v. Molgew. u. Polymolekularität auf d. strukturmechan. Kriterien v. – 33-3312; Eig. d. Fasern auf Basis eines Copolymers aus Acrylonitril u. Methylolmethacrylamid 38-3012; Strukturveränder. bei isotherm. Verzug 39-3024; β-Strahlenabsorpt. in – 40-1926.

Herstellung.

Rohstoffe: Herst. für Fasern: v. gleichmäß. pigmentierten Acrylonitrilpolymeren 7-3026*; v. antistat. Acrylonitrilpolymeren (verbesserte Färbbark.) 8-2957*; v. Pfropfpolymeren v. Acrylnitril an Proteine 8-2960*; v. Polyacrylonitril verbesserter Anfärbbark. (Zusatz eines Homopolymerisats eines Sulfins) 12-2957*; v. Vinyllactamglieder enthaltenden Polymeren d. Acrylonitrils 22-3012; v. farb. Polyacrylonitril 26-2976, 33-3316; v. gepfropften Acrylonitrilcopolymeren 33-3333*; v. Acrylonitrilpolymerisaten 33-3335*; v. Acrylonitril(misch)polymerisaten 33-3336*; v. Copolymeren auf Acrylonitrilbasis (für gut anfärbbare Fasern) 35-3003*; v. Copolymeren aus Acrylonitril u. Vinylmonomeren 36-2981*; v. Acrylonitrilpolymerisaten in nichthomogenem Medium durch Bestrahl. 45-3188.

Spinnverfahren, Herstellung von Fasern: Herst.: v. spinnfäh. Polyacrylonitrillsg. 5-3053*; v. verspinnbaren Lsg. v. Polyacrylonitril in HNO_3 8-2958*; v. Pfropfpolymerisaten aus Acrylnitril u. Protein in

NaSCN-Lsg. 8-2959*; Polyacrylonitrillsg. mit Komplexverb. aus BF_3 u. Alkoholen 8-2961*; Polyacrylonitrilspinnlsg. (Herst. durch Lös.-Polymerisat. in Dimethylsulfoxid mit Lauroylperoxid als Katalysator) 9-2995*; (Filtrierbark.) 12-2944; (in DMF für Fasern mit hohem Weißegrad u. guter Anfärbbark.) 12-2960*; Verspinnen d. Lsg. v. Copolymeren aus Acrylonitril u. Vinylidenchlorid unter Zugabe v. Red.-Mitteln (wenig verfärbte Fasern) 12-2963*; Polyacrylnitrillsg. (in Sulfoxiden oder Sulfonen) 17-3159*; Naßspinnen (hydrophobe organ. Fl. enthaltendes Bad) 20-2926*; verspinnbare Polyacrylonitrilmischpolymerisatlsg. (gut färbbare Faserprod.) 37-3223*; Koagulat. beim Naßspinnen 43-3027; Lsg.-Spinnen v. Copolymeren aus Acrylonitril u. Vinylacetat 47-3003; Spinnlsg.: v. Acrylonitril–Vinylidenchlorid-Copolymeren 48-2742*; auf Polyacrylonitrilbasis 49/50-3021*; Herst. v. Fasern: aus Polyacrylonitril 1-2836*; aus Acrylonitril(co)polymeren (Zusatz v. Celluloseacetat) 3-3117*; aus Copolymerisaten v. Acrylonitril mit Vinylidenchlorid (Zusatz v. Sb-Verb.) 11-3020*; fadenförm. Gebilde aus Acrylonitril/Acrylsäure-Copolymeren 12-2959*; Herst. v. Fasern: aus Acrylonitrilpolymeren (in Ggw. v. Triazolderiv.) 15-3128*; aus Copolymeren v. Acrylonitril mit Methacrolein 29-2911, 25-3248; aus stabilisierten Acrylonitrilpolymerisaten (Zusatz v. Maleinimid-Deriv.) 26-2993*; aus Acrylonitrilcopolymerisaten (Stabilisier. mit Sb-Verb.) 26-2994*; aus Pfropfcopolymeren d. Acrylnitrils 30-2860; aus Polyacrylnitril (mit sauren u. bas. Farbstoffen färbbar) 30-2871*; aus Polyacrylnitril u. copolymerisierbarem äthylen. Monomeren 32-2883*; aus Copolymeren v. Arylnitril mit Acrylaten oder Vinylacetat (gut anfärbbare Fasern mit Schrumpf-Eig.) 33-3334*; aus Copolymeren v. Acrylonitril mit Glycidylmethacrylat 34-2878; aus Acrylnitril/Vinylacetat-Copolymeren 35-2998*; aus Polyacrylnitril (kontinuierl.) 35-3005*; aus Acrylnitrilcopolymeren (verbesserte Wärme- u. Lichtbeständigk.) 35-3007*; (verbesserte Anfärbbark.) 35-3008*; aus Polyacrylonitril (in Ggw. v. DMF u. aromat. KW-Stoff) 44-2797*; aus Mischpolymerisaten v. Acrylnitril u. Arylalken 47-3028*; aus Misch. v. Acrylonitril(co)polymerisaten mit Celluloseacetat 47-3029*.

Verhinder. d. Färbbark. v. Fasern aus Copolymeren v. Acrylnitril mit Vinylpyridin mit kation. oder bas. Farbstoffen (Behandl. mit Halogenalkylphosphat) 3-3116*, 7-3027*; Herst.: v. gekräuselten – 35-3004*; v. – mit hohem Weißgrad, verbesserter Farbstabilität u. Anfärbbark. (Behandl. mit Hypophosphit) 35-3006*; Verformen v. – 35-3009*; gekräuselte oder kräuselbare Fäden bzw. Fasern aus Acrylonitril u. N-Methylolderiv. 36-2980*; Herst.: v. gekräuselten – 41-3133*; v. mattierten – (Zusatz v. Ti-Verb.) 47-3030*.

Modifizier. v. – 5-3033; strukturelle Modifizier. 24-2826; Modifizier. v. – 31-3358, 38-3013.

Verarbeitung, Veredlung. Behandl. v. – mit W.-Dampf 1-2835*; permanent antistat. Ausrüst. v. – -Garnen auf Kreuzspulen 8-2939; Verbesser. d. Färbbark. u. antistat. Eig. (Behandl. mit Alkoholen u. Halogenwasserstoffen) 10-2934*; strahlenchem. Veredl. 11-2990; Behandl. v. Polyacrylonitrilgarn mit aliphat. oder cycl. Carbonat 12-2958*; Besprühen v. Vliesen aus Polyacrylonitril mit Klebemitteln auf Polyvinylacetatbasis 12-2961*; Carbonisier. v. – 13-2958; Härten v. – durch Aldehydbehandl. 15-3127*; Verbesser. d. Schmutzabweis. u. Härte v. – 16-3012*; opt. Aufheller aus Dibenzimidazolylfuranen 27-2878*; Aufhellen v. – 31-3043*; opt. Aufheller: aus 7-Triazolyl-3-arylcumarinen 41-3103*; aus Benzoxazolverb. 51/52-2741*.

Färben, Drucken. 2-Ton-Effekte auf Polyester–Polyacrylnitril-Misch. 6-2670; Mechanismus d. Färbens modifizierter – 8-2671; Wrkg. v. Hilfsmitteln beim Färben v. – (Egalisier.-Problem) 10-2695; Verbesser. d. Färbbark. v. Fasern aus Acrylnitril u. Methylacrylat (Behandl. mit Äthylendiamin) 13-2722*; moderne Meth. im Druck auf – 21-2950; Verbesser. d. Anfärbbark. v. Fäden aus Copolymerisat aus Acrylonitril u. Vinylidenchlorid 26-2996*; kontinuierl. u. diskontinuierl. Färben 31-3034; Aufziehkurven bei d. Auswahl kation. Farbstoffe für – 35-2759; Auswahl saurer Farbstoffe für kation. – 39-2795; Fixieren v. Farbstoffen mit Hochtemp.-Dampf 44-2552; Färben u. Ausrüsten: v. – 45-2927; v. Kräuselfäden u. Gestricken aus – 46-2443.

Färben u./oder Bedrucken: v. – mit bas. Farbstoffen 3-2787*; v. gewebten Pelzimitat. aus – mit bas. u. metallisierten Farbstoffen 5-2758; mit Anthrachinonfarbstoffen 13-2724*; in Ggw. v. Polyvinyldispers. 16-2749*; unter Verw. v. aromat. Aminen u. Chinonen 23-2977*; mit Benzylidenoxindolfarbstoffen 26-2813*; mit bas. Farbstoffen 27-3072*, 27-3073*; in Ggw. v. Isocyanatumsetz.-Prod. 30-2662*; in Ggw. zweibas. Carbonsäuren 30-2663*; mit Addit.-Gruppier. aus Aldehyd- u. aliphat. Gruppe enthaltenden Farbstoffen 31-3043*; in Ggw. schwach alkal. wirkender Mittel 31-3050*; mit kation. Farbstoffen 33-2981; Färben v. Acrylnitrilcopolymerisat-Faserstoffen 33-2984; Färben u./oder Bedrucken: mit indolongruppenhalt. Farbstoffen 34-2649*; unter Verw. v. Dithiooxamiden u. Metallsalzen 36-2709*; mit hydrazoniumgruppenhalt. Farbstoffen 36-2711*; mit indoliumgruppenhalt. Farbstoffen 36-2715*; in Ggw. polyfunktioneller Verb. 37-2944*; mit Azofarbstoffen 37-2947*; Färben u. Klotzen v. – mit Azomethinen aromat. Amine 41-2865*; Färben u./oder Bedrucken: v. – in Ggw. v. organ. Säuren 44-2557*; v. Bodenbelägen aus – 49/50-2766; v. Teppichen aus – 49/50-2767, 49/50-2769; Färben, Foulardieren u. Bedrucken v. – 51/52-2512*; (mit Anthrachinonfarbstoffen) 51/52-2516*.

Azofarbstoffe für – (metallhalt.) 2-2559*; (mit Pyridiniumgruppen) 2-2561*; (mit Benzothiazolgruppen) 4-2261*; (mit quart. Ammoniumgruppen) 5-2774*; quart. Disazofarbstoffe 5-2778*; Azofarbstoffe (mit quart. Ammoniumgruppen) 6-2681*; (mit N-heterocycl. Gruppen) 6-2685*; (mit Alkylsulfonylaminogruppen) 7-2756*; (mit Benzothiazol- u. Pyrazolongruppen) 9-2716*; (mit Sulfamoylphenylgruppen) 10-2709*; (mit Pyrazoliumgruppen) 12-2694*; (mit Pyridaziniumgruppen) 14-2709*; (bas.) 14-2710*; (mit Indazoliumgruppen) 19-2874*; (mit Perimidiniumgruppen 19-2876*; (mit Benzimidazoliumgruppen) 25-2954*; (mit Pyrazolgruppen) 28-2789*; (metallhalt.) 28-2794*; (mit Indol- u. Pyrazolgruppen) 29-2958*; (metallhalt.) 34-2656*; (mit Alkyl(Vinyl)sulfonylaminophenylgruppen) 35-2790*; (mit Indazoliumgruppen) 35-2792*; (mit Sulfamoylnaphthylgruppen) 36-2722*; (mit Indazoliumgruppen) 38-2802*; (metallisiert) 40-2531*; (mit Acyloxyäthylaminophenylgruppen) 41-2883*; (mit Diketopyrimidingruppen) 41-2889*; (mit Carbamoylnaphtholgruppen) 42-2508*; (mit Cyanalkylaminophenylgruppen) 43-2824*; (mit Perimidiniumgruppen) 44-2568*; (mit Aminophenylgruppen) 46-2464*; (mit Morpholinogruppen) 49/50-2782*; (mit Phthalsäureimidgruppen) 49/50-2786*; (mit Sulfonaphthylgruppen) 51/52-2519*; (mit Pyrazoliumgruppen) 51/52-2521*.

Reaktivfarbstoffe d. Phthalocyaninreihe für – 6-2690*; Farbstoffe mit Hydraziniumgruppen 7-2759*; kation. Farbstoffe 9-2691, 10-2710*; Reaktivfarbstoffe d. Formazanreihe (metallhalt.) 12-2700*; Diazapolymethinfarbstoffe 13-2737*; Triazenfarbstoffe 14-2700; Anthrachinonfarbstoffe 14-2720*; farb. Kondens.-Prod. zur – -Färb. 15-2850*; p-(1.2-Dicyanvinyl)-N.N-dimethylanilinfarbstoffe 17-3016*; Azoanthrachinonfarbstoffe 18-2691*; Diazapolymethinfarbstoffe 19-2883*, 26-2830*; Signierfarbstoffe 30-2667; fluoreszierende Farbstoffe 31-3077*; Naphthochinoniminfarbstoffe 32-2722*; Triazenfarbstoffe 33-2997*; Perinaphthazolfarbstoffe 33-3005*; Ceramidonfarbstoffe 34-2664*; Anthrachinonfarbstoffe 37-2957*; kation. Farbstoffe 39-2811*; Cu-halt. reaktive Disazofarbstoffe 39-2821*; Reaktivfarbstoffe (metallisierbar) 41-2885*; bas. Farbstoffe 45-2947*; Triazenfarbstoffe 48-2485*.

Verwendung. Verw.: v. – zur Herst. v. durchscheinendem Papier 6-3058*; v. – -Gewebe als Diaphragma bei d. elektrochem. Herst. v. Olefinoxiden 8-2550*; v. Faservliesen aus Acrylnitril-Copolymeren zur Herst. v. wattierten Stoffen 28-2941*; Teppichgarne aus Polyacrylonitril 34-2836.

Analytisches. Nachw.: v. – (mkr. Typrk.) 7-3007; v. synthet. Farbstoffen aus gefärbten – (chromatograph.) 12-1976; Charakterisier. v. zur Verspinn. eingesetzten Acrylonitrilpolymerisaten durch Lsg.-Fraktionier. 12-2945.

Spezielle Polyacrylnitrilfasern

Acrilan

Azofarbstoffe für – 5-2780*; gebundenes u. freies W. in – (Röntgen-Mikrowellen-Absorpt.) 9-2963.

Beslon

Pfropf. v. Methylmethacrylat auf – 33-1333.

Cashimilon

Anwendbark. u. Aufhell.-Effekte v. Pyridylpyrazolinen bei – 26-2969.

Dralon

Bedrucken v. Diolen/– 6-2671; elektr. Widerstand v. – 7-2994; Ausrüst. buntgewebter Dekorat.-Stoffe aus – 7-3006.

Nitron

Einfl.: v. Amidocitraconsäure(deriv.) auf Struktur u. mechan. Eig. d. – -Faser 5-3032; v. Antistatika auf – 15-3105; Identifizier. durch pyrolyt. Gaschromatographie 17-2144; Orientier. 28-1130; Rk. mit Hydroxylaminhydrochlorid 30-2650; Färben mit kation. Farbstoffen in Ggw. v. Sorpt.-Beschleunigern 33-2981; Reinig. v. Acrylonitril zur – -Herst. 33-3314; Färben: mit kation. Farbstoffen 39-2796, 39-2798; mit Remazolfarbstoffen 43-2795; Eig. v. – T 51/52-2735.

Orlon

Azofarbstoffe für – 5-2780*; Färben: in Abwesenh. v. Retardern 11-2699; v. –/Cellulose mit Sevron T-Paste (kontinuierl.) 14-2704; u. Ausrüsten v. unterschiedl. färbbaren – -Typen 43-2797; v. –/Cellulose mit Sevron T-Paste 45-2924.

Utilon

Neue Faser – 14-2904, 33-3315.

Wolpryla

Herst. v. – *65* 33-3313.

Polyäthylenfasern

s. unter *Polyolefinfasern*.

Polyamidfasern

– (Fortschrittsbericht) 15-3108; Poly-L-Methionin-Faser 22-3021; Entw. auf d. Gebiet d. – -Stoffe 23-3309.

Eigenschaften. Einfl. v. γ-Strahlen auf d. mechan. Eig. v. – 2-2734; physikal.-mechan. Eig. d. Polypyromellithsäureimid-Faser 9-2977; über d. Eig. v. – entscheidende Faktoren 10-2914; Verh. unterschiedl. fixierter Polyamidware gegenüber Lager.-Einfl., Schmutzpigmenten, Hautfett u. Weißtönern 11-3012; Feinstruktur (Deformat.) 12-2946; Orientier. v. Kristalliten in stabilisierten – 14-2901; Faserwander. in Wolle/– -Misch. 16-3025; Einfl. d. Orientier. auf Kristallisat.- u. Längenänder.-Verh. v. – 26-2977; Fadenbldg.-Prozeß 26-2980; physikal.-mechan. Eig. v. Polypyromellitimid-Fäden 29-3224; Alter. v. – unter Winterbeding. 37-3200; Längsquell. 39-3019; β-Strahlenabsorpt. in – 40-1926; HCl- u. KCl-Aufnahme v. – 40-2757; Einfl. v. γ-Strahlen auf d. Sorpt.-Eig. v. – 41-3116; Orientier. u. Farbstoffsorpt. 41-3117.

Herstellung.

Neue Wege bei d. Herst. v. – 41-3113.

Rohstoffe: Einsatz v. petrolchem. Prod. bei d. Herst. neuer Nylontypen 2-2739; Herst. für Fasern: v. Polyamiden (Reinig.) 3-2930*; v. 3-Aminotetraalkylcyclobutanolen (für hochmol. Polyamidester) 4-2146*; v. Polyamiden aus bicycl. Diaminen u. Dicarbonsäuren (beständ. gegen Hitze u. Ox.) 4-2489*; v. Copolyamid mit Piperazin- u. Bzl.-Ringen 6-1141; Entw. v. in d. Spinnschmelze nicht gelierenden Polyamiden 6-2893; Herst. für Fasern: v. Polyamidoestern auf Basis v. Caprolactam u. Dimethylterephthalat 7-3012; v. Copolyamiden auf Basis v. p- u. m-Xylylendiamin u. Adipinsäure 7-3013; v. Mischpolyamid aus Piperazinadipat u. ε-Caprolactam 8-2963*; v. Polyamiden unter Verw. v. Xylylendiaminen oder -dicarbonsäuren 9-2996*; v. Polyamid mit verbesserter Licht- u. Wärmefestigk. 9-2997*; v. Polyimiden aus Diamin u. Tetracarbonsäuredianhydrid 10-2824*; v. Polyamidestern auf Basis v. Terephthalsäuremonomethylester 16-3030; v. Polyamiden unter Verw. v. Diaminostilbendisulfonsäuren 22-3035*; v. Homo- oder Copolyamiden aus Amidincarbonsäuren 22-3036*; v. Polyamidoestern auf Basis v. Monomethylterephthalat 26-2975; v. Polyamiden aus aromat. Diaminen u. aromat. Dicarbonsäurehalogeniden 27-3239*; v. Polyamiden auf Basis v. ω-Aminosäuren mit Cyclohexanringen 27-3380; v. Polyamidmisch. aus 1.11-Diaminoundekan, Terephthalsäure u. ε-Caprolactam 30-2874*; d. Polyamide v. Hydrazodicarbonsäuren (hydrophile Fasern) 33-3338*; v. Mischpolyamiden aus Laurinlactam u. übl. Polyamidbausteinen 35-2922*; v. Polyamid aus 1.4-Bis-[methylamino]-cyclohexan u. Adipinsäure 38-1258.

Spinnverfahren, Herstellung von Fasern: Herst.: v. wollähnl. gekräuselten – -Fasern (Mitverw. v. sulfonsäuregruppenhalt.

Polyamiden) 1-2837*; v. Fäden aus unter Verw. v. Cyclohexan-bis-methylaminen hergestellten Polyamiden 1-2838*; v. — (Zusatz v. Polyalkylenäther) 4-2490*; v. — mit verbesserter Lichtfestigk. (Zusatz v. mit Mn-Borat überzogenem TiO_2) 8-2952*; Verspinnen v. Lsg. aus Poly-L-alanin u. Polyvinylpyrrolidin in Na_2SO_4-Lsg. 8-2962*; Gewinn. v. Polypyromellitsäureimid-Fasern 9-2977; Spinnkräuselfäden u. -fasern aus sich im Polymerisat.-Grad unterscheidenden Polyamiden 11-3021*; Herst. v. Hochtemp.-Fasern auf d. Basis v. aromat. Polyamiden 17-3294; Spinnen v. Polyamiden aus H_2SO_4-Lsg. 18-2885; Lsg. v. Polyamiden in W./Phytinsäure 19-3024*; Herst. v. hochtemperaturbeständ. — (HT-*1*) 23-3314; Verspinnen v. Polyamiden unter Zusatz v. Polyäthylenoxid u. Phenolen 26-2995*; Texturier. v. Polyamidgarnen 29-3201; Herst. v. Fäden: aus Polypyromellitimid 29-3224; aus Misch. v. Polyamid u. polymerer cycl. Vinylverb. 30-2875*; Koagulat. d. Polymeren aus Polyamidlsg. beim Verspinnen 32-2872; Herst. v. —: mit guter Wärmebeständigk. (Polykondens. v. Xylylendiamin mit Adipinsäure) 32-2884*; mit erhöhter Festigk. 35-2999*; Strukturier. v. — beim Spinnen aus Polyamid–Polyformaldehyd-Gemischen 38-3014; Herst. v. Fasern: unter Verw. v. hochschmelzenden linearen Polyamiden 39-3044*; aus Polyamiden aus Diaminodiphenyl(alkan)disulfonsäuren, aliphat. Dicarbonsäuren u. polyamidbildenden Ausgangsstoffen 39-3045*; Schmelzspinnen v. Polyesteramiden 41-3134*; Herst.: v. — mit gesteigerter dynam. Reib. u. gesteigertem Widerstand gegen Haufenbldg. (Zusatz v. Metall–Terephthalat) 43-3043*; v. Fasern aus Lsg. v. Polyamiden in W./Phytinsäure 46-2654*; v. Fasern aus sulfohalt. Polyamiden (hydrophile Eig.) 47-3031*; Nachpolymerisat. v. Polyamidschmelzen 48-2725; Herst.: v. Spinnkräuselfäden u. -fasern aus Polymeren auf Polyamidbasis mit unterschiedl. Nachpolymerisat.-Verh. 49/50-3022*; v. Mehrkomponentenfäden u. -fasern aus Polyamiden (Verspinnen v. Homopolyamiden mit Mischpolyamiden) 49/50-3023*, 49/50-3024*; v. strukturgekräuselten — (bifilares Verspinnen) 49/50-3025*.

Modifizier. v. — (chem. u. physikal. Meth.) 19-3072; (Änder. d. Struktur) 28-3033.

Verarbeitung, Veredlung. Stabilisieren v. — 1-2839*; Behandl. v. — mit hydrophilen oxäthylierten Verb. 1-2840*; — mit besserer Wärme- u. Lichtbeständigk. u. fungizidem Schutz 2-2758*; antistat. Behandl. mit kationenakt. Mitteln v. Imidazolin-Typ 3-3102; Verbesser. d. Alkali- u. W.-Festigk. v. Poly-L-glutaminsäurefasern 3-3118*; oxyäthylierte Polyamide zur Verbesser. d. W.-Aufnahmefähigk. v. — 4-2460*; oxydatives Bleichen 5-3037; TiO_2-Pigment zur Mattier. 5-3055*; Hydrophilier. durch Aufpfropf. v. Na-Methacrylat 6-2901; kombinierte versteifende, hydrophobe u. feuerfeste Ausrüst. v. —-Geweben 6-2902; Stabilisier. gegen Zers. durch Licht (Zusatz v. Mn-Salz u. H_3TO_2) 7-3028*; Permanent-Press für —-halt. Mischgewebe 8-2923; Kontinue-Weißausrüst. v. Polyamidwirkwaren 10-2917; Erhöh. d. Temp.-Beständigk. durch Behandl. mit Diketen 10-2936*; Veredeln v. Polyamidfeindrähten zur Herst. v. Geweben 10-2937*; strahlenchem. Veredl. 11-2990; Bleichen mit H_2O_2 in Ggw. v. organ. Stabilisatoren 15-3107; Schmutzabweisendmachen 15-3129*; Stabilisier. v. Polyamid-Korden u. -Garnen durch Behandl. mit Dialkylhydroxyphenylsulfid 20-2927*; Wasserdichtausrüst. v. Polyamidgewebe 28-3031; oxydatives Bleichen 30-2861; Verbesser. d. Erhalt. d. Gewebestruktur v. —-Gewebe 30-2873*; Beschichten v. Superpolyamidtextilien mit in W. lösl. Kondens.-Prod. aus Melamin u. HCHO 31-3369*; Adhäs. v. Imprägnier. an Gewebe u. Kord aus — 33-3085; Appretur für — 33-3337*; — mit geringer Tors. 35-3012*; Wärmestabilisier. durch Behandl. mit ungesätt. Säuren 38-3034*; Bind. v. Kautschuk an Polyamidgarn 39-2968*; Senk. d. Festigk.-Verlustes beim Bleichen u. Waschen v. —-Textilien mit H_2O_2 enthaltenden Mitteln (Diamin-Zusatz) 41-2916*; wasserbeständ. Imprägnier. mit Styrol 41-3118; Beschichten v. textilen Flächengebilden aus Polyamidseide mit Elastomeren oder Plasten (Fördergurte, Treibriemen) 49/50-3003*.

Opt. Aufheller für — [2-Benzoxazolyl-(2)-thiophen] 9-2968*; opt. Aufhellen: v. Stückware aus texturiertem Polyamid 24-2807; v. — mit Naphthtriazolderiv. 34-2844*; mit aldehyd- oder acetalgruppenhalt. Mitteln 34-2647*; opt. Aufheller: aus 3-(p-Triazinylaminophenyl)-cumarinen 37-3184*; aus Dibenzoxazolylmethylenverb. 51/52-2739*.

Färben, Drucken. Rk. v. Dichlortriazinfarbstoffen mit — 4-2244; Färben v. — (Literaturübersicht) 4-2246; Farbstoffaufnahme v. Polyamidseide 5-2756; Färben v. Polyamidgarnen beeinflussende Faktoren 5-2757; Färb. mit Pigmenten 10-2698; Färben v. — (Überblick) 11-2701; Einfl. v. Gerbmitteln auf d. Färben v. — 18-2666; moderne Meth. im Druck auf — 21-2950; Kettbaumfärb. 22-2791; lichtechte, brillante Türkistöne 23-2973; Einfl. v. kationakt. Weichmachern auf d. Reibechth. v. Färb. 25-2939; Vigoureuxdruck in Ggw. v. Primasol KW 31-3038; Thermosolfärb. mit sauren Farbstoffen 33-2983; Färben v. Tufting-Teppichen aus — 37-2933; Irga-Pad-Kontinuefärb. 37-2937; Farbaffinität v. Polyamidgarnen beeinflussende Faktoren 38-2791; Behandl. d. Differential-Dyeing-Polyamid-Syst. 39-2792; Einfl. v. Monoäthanolamin auf Färben u. Bedrucken v. —-Geweben 39-2794; Fixieren v. Farbstoffen auf — mit Hochtemp.-Dampf 44-2552; Färben u. Ausrüsten v. Kräuselfäden aus Polyamid 45-2927, 46-2443; einbad. Stückfärben v. Möbelbezugsstoffen aus Speckelonfasern 47-2714; Färben v. Tufting-Teppichen aus Differential-Dyeing-Polyamid 47-2715; Kontrast- u. Multicolorfärb. v. texturierten — 48-2465; Ton-in-Ton-Mouliné gefärbte Polyamidtextilien 48-2476*; Thermosolfärben v. —-Geweben 48-2713; Färben oder Bedrucken v. Polyamidteppichen 49/50-2766, 49/50-2767, 49/50-2769.

Spinnfärben (Zusatz v. Doppeloxiden oder Spinellen) 2-2756*; Hilfsmittel zum Färben v. — mit anion. Farbstoffen 3-2782*; Färben u./oder Bedrucken: v. — mit Vialonechtfarbstoffen 4-2242; mit Azofarbstoffen 4-2253; mit wasserlösl. Farbstoffen in Ggw. eines Polyglykoläthers 7-3030*; Spinnfärben mit Hexaazapentaphen-Deriv. 9-2970*; Färben u./oder Bedrucken: mit Azofarbstoffen 12-2683*; mit Anthrachinonfarbstoffen (in d. Schmelze) 12-2684*; mit Cibacet-, Tectilon- u. Avilonlumierefarbstoffen 14-2701; mit Umsetz.-Prod. aus anion. Farbstoffen u. organ. N-Basen 20-2708; mit metallhalt. Dispers.-Farbstoffen 22-2793; unter Verw. v. aromat. Aminen u. Chinonen 23-2977*; mit Metallkomplexfarbstoffen 23-2979*; Druckfarben 27-3065*; Färben u./oder Bedrucken: mit dispersen Farbstoffen 27-3069*; mit bas. Farbstoffen 29-2922*; in Ggw. v. Isocyanatumsetz.-Prod. 30-2662*; in Ggw. v. Salzen d. Trichloressigsäure 30-2665*; mit Beizenfarbstoffen 31-3049*; mit halogentriazinylaminogruppenhalt. Farbstoffen 32-2708*; mit in W. lösl. oder dispergierbaren Farbstoffen 32-2710*; mit dispersen metallhalt. Farbstoffen 33-2985; mit aldehyd- oder acetalgruppenhalt. Farbstoffen 34-2647*; unter Verw. v. Dithiooxamiden u. Metallsalzen 36-2709*; in Ggw. polyfunktioneller Verb. 37-2944*; mit Azofarbstoffen 37-2947*; mit Anthrachinon- oder Diarylamidfarbstoffen 38-2795*; Herst. v. gefärbten — unter Verw. v. aromat. Diaminen 38-3035*; Färben u./oder Bedrucken: mit Chinophthalonfarbstoffen 41-2867*; mit Chinonfarbstoffen 43-2801*; in Ggw. organ. Säuren 44-2557*; in Ggw. v. ω-Aminoalkancarbonsäuren 48-2478*; mit Chromfarbstoffen 49/50-2764; Färben, Foulardieren oder Bedrucken v. — 51/52-2512*; Färben mit farbstoffhalt. Koazervaten 51/52-2517*.

Färben u./oder Bedrucken v. Misch. aus —: u. Triacetat (mit Dispers.-Farbstoffen) 6-2669; u. Baumwolle 11-2701; u. Cellulose (mit Beizenfarbstoffen) 31-3049*; (mit Hydrosolfarbstoffen) 38-2788; u. Dorlastan 38-2790; u. Wolle 45-2926; (Bodenbeläge) 49/50-2766; u. Triacetat 51/52-2510.

Neue Farbstoffe für — 15-2818, 18-2679.

Anthrachinonfarbstoffe für — (mit Tetrahydrofurangruppen) 5-2783*; (mit Phenylmercaptogruppen) 6-2689*; (mit Acylaminomethyl- u. Sulfogruppen) 12-2697*; (mit Aminogruppen) 13-2739*; (mit Benzylcyclohexylaminogruppen) 13-2741*; (mit Sulfamoylphenylaminogruppen) 14-2720*; (mit Phosphonsäuregruppen) 15-2842*; (mit Carbamoylphenylaminogruppen) 22-2823*; (mit Sulfamoylarylaminogruppen) 25-2962*; (mit Sulfonamidoarylalkylaminogruppen) 28-2799* (mit substituierten Diaminogruppen) 28-2800*; (mit Alkoxyphenylgruppen) 34-2660*; (mit p-Nitrophenylaminogruppen) 34-2662*; (mit substituierten Diaminogruppen) 37-2960*; (mit Dihydroxyphenylaminogruppen) 40-2533*; (Cl- oder Br-halt.) 40-2535*; (mit Aminoalkylphenylgruppen) 41-2892*; (mit carbonylhalt. Arylgruppen) 43-2832*; Anthrachinonfarbstoffe 47-2747*; (imidazolringhalt.) 49/50-2790*.

Azofarbstoffe für — (mit Äthionylaminogruppen) 1-2592* (metallhalt., mit Triazingruppen) 1-2594*; (metallisierbar, mit Aminonaphtholgruppen) 2-2559*; metallhalt. Disazofarbstoffe 2-2562*; Azofarbstoffe (mit Alkoxycarbonylalkylaminophenylgruppen) 4-2260*; (mit Benzthiazolgruppen) 4-2261*; (mit Hydroxyphenylcarbonylgruppen) 5-2775*; (mit Dicarboximidogruppen) 5-2776*; quaternierte Disazofarbstoffe 5-2778*; Azofarbstoffe (mit quaternierten N-heterocycl. Gruppen) 6-2681*; (mit Naphtholgruppen) 6-2682*; (auf Thiazolbasis) 6-2683*, 6-2684*; (mit N-heterocycl. Gruppen 6-2685*; (metallhalt., mit Benzthiazolgruppen) 6-2688*; (mit Alkylsulfonylaminogruppen 7-2756*, 7-2760*; (mit Acyloxyalkylaminophenylgruppen) 8-2685*; (d. Benzolazonaphthalinreihe) 8-2689*; (mit Alkylsulfonylaminophenylgruppen) 9-2722*; (mit Acylaminomethylphenylgruppen) 9-2724*; (mit Acylaminophenylgruppen) 11-2706*; (mit Pyrimidingruppen) 11-2708*; (Cr-halt.) 13-2735*; (metallhalt.) 15-2834*; (metallisierbar, mit heterocycl. Gruppen) 17-3004*, 17-3005*; (Co-halt.) 17-3008*; (pyrazinringhalt.) 18-2686*; (mit o-Hydroxygruppen) 19-2875*; Disazofarbstoffe (mit Pyrazolgruppen) 19-2882*; Azofarbstoffe (mit Alkoxycarbonyläthylaminogruppen) 20-2719*; (metallhalt., mit Naphthylgruppen) 20-2720*; (mit Alkoxycarbonylalkylaminophenylgruppen 21-2964*; (metallisierbar, mit Carbamoylcyanmethylgruppen) 24-2662*; (metallisierbar) 24-2664*; (mit Benzimidazoliumgruppen) 25-2954*; (pyrazolringhalt.) 25-2956*; (metallisierbar, mit Aminobenzolsulfonsäuregruppen) 26-2826*; (mit Pyrazolgruppen) 26-2827*; (metallisierbar, mit Carbamoylacetonylgruppen) 26-2828*; (metallhalt., mit Triazolgruppen) 28-2790*; (Cr-halt., mit Naphtholsulfonsäuregruppen) 28-2791*; (metallhalt., mit Acylsulfamoylgruppen) 28-2794*; Disazofarbstoffe (mit Benzdioxangruppen) 28-2796*; Azofarbstoffe (Cu-halt., mit Naphthylgruppen) 29-2957*; (metallisiert, mit Pyrazolgruppen) 29-2960*, 31-3070*; (metallhalt., mit Methoxycarbonylaminonaphtholgruppen) 31-3075*; (mit Benzthiazolgruppen) 33-2994*; (metallhalt., mit Imidazolgruppen) 33-2995*; (metallhalt., mit Triazinylsulfamoylgruppen) 34-2656*; (mit Alkylsulfonylgruppen) 35-2791*; (metallisierbar, mit Hydroxypropylsulfamoylnaphthylgruppen) 36-2722*; (mit Triazinylpyrazolgruppen) 36-2724*, 36-2725*; Disazofarbstoffe (mit Pyrazolgruppen) 38-2808*; Azofarbstoffe (mit Carbamoylacetonylgruppen) 39-2813*; (mit Thiazoliumgruppen) 39-2814*; (metallisiert) 40-2531*; (mit Alkoxycarbonyläthylaminophenylgruppen) 41-2883*; (pyrimidinringhalt.) 41-2889*; Disazofarbstoffe (mit Ureidogruppen) 42-2509*; Azofarbstoffe (mit Thiosulfonsäureestergruppen) 42-2510*; (mit Carbamoylalkoxycarbonylphenylgruppen) 43-2823*; (mit Cyanalkylaminophenylgruppen) 43-2824*; Disazofarbstoffe (metallisierbar) 43-2828*; (mit Cyanhydroxypropylgruppen, metallisierbar) 43-2829*; (mit Carbamoylhydroxyphenylgruppen) 43-2830*; Monoazofarbstoffe (mit Alkoxycarbonyläthylaminogruppen) 44-2571*; Disazofarbstoffe (mit Arylcarbaminsäuregruppen) 45-2948*; Azofarbstoffe (mit N-Dicarbamoylphenylcarbamoylnaphtholgruppen) 45-2956*; (mit carbonylhalt. Diphenylylgruppen) 46-2461*; (mit Acyloxyalkylaminophenylgruppen) 46-2464*; (mit Alkoxycarbonylnitrophenylgruppen) 47-2742*; (mit Alkoxycarbonylphenylgruppen) 49/50-2781*; (Cr-halt.) 49/50-2784*; Disazofarbstoffe (mit Phthalimidgruppen) 49/50-2786*; Azofarbstoffe (mit Acetoacetylaminophenylgruppen) 51/52-2519*; (mit Acylamidodiphenylylgruppen) 51/52-2520*; (mit Pyrazoliumgruppen) 51/52-2521*; Disazofarbstoffe (mit Alkylsulfamoylphenylgruppen) 51/52-2524*.

Reaktivfarbstoffe: d. Azoreihe (metallhalt.) 1-2595*; d. Monoazo- oder Anthrachinonreihe 2-2570*; mit Dichlorchinolingruppen 4-2266*; d. Azoreihe (metallhalt.) 5-2773*; d. Phthalocyaninreihe 6-2690*; d. Azoreihe (metallhalt.) 8-2687*; Reaktivfarbstoffe (Übersicht) 9-2692*; Reaktivfarbstoffe: d. Azoreihe (metallisiert) 9-2721*, 9-2723*; (mit Anthrachinonyltriazingruppen) 10-2718*; mit Halogenphthalazingruppen 11-2718*; d. Azoreihe (metallhalt.) 12-2695*; mit Chinoxalingruppen 12-2696*; d. Formazanreihe (metallhalt.) 12-2700*; d. Azoreihe (mit Hydraziniumgruppen) 13-2729*; d. Anthrachinon- u. Phthalocyaninreihe (mit Diphenylsulfongruppen) 13-2742*; d. Disazoreihe u. d. Metallkomplexe 14-2715*; d. Azoreihe (mit Aminogruppen) 15-2837*; d. Anthrachinonreihe (mit Phenylaminogruppen) 15-2843*; d. Azo-, Anthrachinon-, Phthalocyanin- u. Oxazinreihe (pyridazonringhalt.) 21-2974*; d.

Azoreihe (metallhalt.) 22-2814*, 23-2999*; d. Anthrachinonreihe (mit Acylaminomethylarylgruppen) 24-2675*; mit quart. N-heterocycl. Gruppen 26-2832*; aus Styryldichlorsymm.-triazinen 28-2787; d. Azoreihe (Cr- u. Co-halt.) 28-2792*; mit 1.2.4-Triazingruppen 29-2962*; d. Azoreihe (Cr-halt.) 33-3000*; mit Pyrimidylbenzotriazolgruppen 35-2787*; d. Azoreihe (mit Sulfonylaminophenylgruppen) 35-2790*; (Cu-halt.) 35-2795*; mit Triazinylgruppen 38-2806*; mit Thiodiazolgruppen 38-2811*; d. Disazoreihe (metallhalt.) 39-2818*; (Cu-halt.) 39-2821*; d. Anthrachinonreihe (mit Aminophenylaminogruppen) 39-2825*; d. Azoreihe (u. ihre Metallkomplexverb.) 41-2884*; (metallisierbar mit Pyrazolgruppen) 41-2885*; d. Anthrachinonreihe (mit Tetrahalogenpyrimidingruppen) 41-2891*; d. Azoreihe (metallisierbar) 43-2822*; (mit Halogentriazinylgruppen) 45-2954*; (metallhalt.) 46-2462*; Reaktivfarbstoffe 47-2745*; (thiazolringhalt.) 49/50-2779*; (mit quart. N-heterocycl. Gruppen) 49/50-2780*; (mit Triazingruppen) 51/52-2525*.

Farbstoffe: mit Hydraziniumgruppen 7-2759*; mit Imidazoliumgruppen 8-2693*; Azoanthrachinonfarbstoffe (mit Triazinresten) 9-2712*; Farbstoffe: mit Imidazoliumgruppen 12-2699*; mit Hydraziniumgruppen 14-2718*; d. Perinaphthazolreihe 15-2848*; farb. Kondens.-Prod. zum Färben v. – 15-2850*; metallhalt. kation. Farbstoffe 17-3006*; Phthalocyaninfarbstoffe 18-2681; Farbstoffe mit Isochinolinringen 18-2685*; Anthrachinonazofarbstoffe 18-2691*; Diazapolymethinfarbstoffe 19-2883*; Formazanfarbstoffe (schwermetallhalt.) 25-2959*; Diazapolymethinfarbstoffe 26-2830*; Signierfarbstoffe 30-2667; β-cyanstyrylgruppenhalt. Farbstoffe 33-3006*; kation. Farbstoffe 39-2811*; metallhalt. Formazanfarbstoffe 40-2529*; Leukoschwefelsäureester v. Küpenfarbstoffen 40-2532*; Azoküpenfarbstoffe 42-2511*; acylaminomethylgruppenhalt. Farbstoffe 43-2821*; Anthrapyrimidinfarbstoffe 47-2751*; Triazenfarbstoffsalze 48-2485*; Markier.-Farben aus Stilbendisulfonsäureverb. 49/50-2771*.

Verwendung. – in Reifenkord 7-3009; Herst. v. Kunstleder unter Verw. v. – enthaltendem Faservlies 32-3097*; Teppichgarne aus Polyamid 34-2836; – als Einlage in Autoreifen (Vermeid. v. Ermüd.-Erschein.) 35-3010*; Verw. zur Herst. v. Papier 37-3361, 44-2948*.

Analytisches. Chromatograph. Nachw. v. synthet. Farbstoffen aus gefärbten – 12-1976; Analyse d. endständ. Gruppen v. Polyamiden zur Faserherst. 31-3139.

Spezielle Polyamidfasern

Polyamid-3-fasern

Fäden: aus β-Polyamiden 2-2757*; aus Poly-4.4-dimethylazetidin-2-on 5-3057*; Darst. v. β-Lactamen u. Polymerisat. zu Nylon *3* 13-2959; Fasern aus Poly-β-methyl-β-butyrolactam 23-3334*.

Polyamid-6-fasern (Nylon 6)

– (Fortschrittsbericht) 15-3108.

Beeinfluss. d. Doppelbrech. an – durch Fixierbeding. 3-3099; Löslichk. v. Polycaproamid im Syst. $CaCl_2$–CH_3OH 3-3103; dynamometr. Eig. u. Struktur 6-2897; Unters. d. therm. Behandl. u. Verstreck. durch DTA 6-2900; thermomechan. u. therm. Analyse v. faserbildendem Polycaprolactam 7-3003; Porendurchmesser u. -vol. bei – (Hg-Porosimetrie) 11-2984; Einfl. v. Tensiden auf d. Rk. v. – mit HCl 17-3299; dynamometr. Verh. u. Struktur v. auf Dauerstand beanspruchten – 19-3081, 19-3082; Einfl.: v. Pfropf. mit Polystyrol auf d. Oberflächeneig. 22-3013; v. Heißbehandl. auf d. Feinstruktur v. –-Filamenten 23-3316; Unters. d. Thermostabilisier.-Prozesses v. Polycaproamidseiden 24-2830; strukturelle Veränder. bei d. Fixier. 27-3379; kinet. Aspekte d. Strahl.-Pfropfcopolymerisat. v. Acrylonitril auf – 28-1177; Relaxat.- u. Retardat.-Verh. 32-2861; Einfl. v. stufenweiser Belast. auf d. dynamometr. Verh. 39-3025; ζ-Potential u. Oberflächenfärbbark. 40-2525; Modifizier. d. Eig. durch Strukturbldg. 45-1201; Eig. v. Polyamid-6-Seide in Abhängigk. v. d. Lagerdauer d. unverstreckten Fäden 45-3189; Einfl. d. Monomerengeh. auf d. Orientier. v. – 49/50-3004.

Herst. v. Polycaprolactam für Fasern 5-3054*; Wiedergewinn. v. bei d. Faserbldg. sich ausscheidendem Caprolactam 7-3008; – mit erhöhter Thermo- u. Lichtbeständigk. 17-3315*; Entfern. v. niedermol. Verb. aus d. Polycaproamidschmelze 23-3317.

Verbesser. d. Moduls v. – 6-2893; Stabilisier. gegen Licht- u. Wärmeabbau (Behandl. mit aliphat. Diamin) 10-2935*; (Behandl. mit Py.-Lsg.) 17-3316*; Stabilisieren 35-3013*; Thermostabilisier. 38-3015.

Nasse Verasch. unter Verw. v. H_2O_2 2-1924; Fixiergradprüf. 4-2476, 18-2886; Analyse v. –-Copolymeren durch DTA u. IR-Absorpt.-Spektrometrie 26-2148; Best. d. Extraktgeh. v. – u. d. Caprolactamgeh. in –-Extrakten 37-2256.

Dederon

Einsatz opt. Aufheller für d. Weißausrüst. v. –-Seide 10-2918; Unters. an heißluftfixiertem –-Gewebe (Einfl. v. Fixierzeit u. -temp.) 18-2886; Eig. v. γ-bestrahltem –-Monofil 28-3030; Herst. v. –-Dedotex 34-2879; Agglomeraterschein. v. TiO_2 beim –-Direktspinnverf. 44-2786; Farbstreifigk. v. –-Seide 46-2445, 48-2467.

Kapron

Verfestig.-Mechanismus v. –-Fäden bei d. therm. Nachbehandl. 5-3036; mechan. u. thermomechan. Eig. v. mit S_2Cl_2 vernetzten –-Fasern 6-2896; Abhängigk. d. Festigk. d. –-Faser v. Reckgrad 7-3010; thermoplast. Eig. v. –-Geweben 11-3013; Einfl. v. therm. u. mechan. Behandl. auf d. Säurebeständigk. 13-2960; Belicht. v. –-Gewebe unter period. Befeucht. 16-3026; morpholog. Merkmale v. vernetzter –-Faser 18-2884; Einfl. d. Thermofixier. auf Struktur u. Eig. v. d. Sonnenlicht ausgesetzten – 21-3294; Struktur hochorientierter, durch Pfropf. mit Polyacrylnitril modifizierter –-Seiden 23-3315; Abhängigk. d. Festigk. v. Verstreck.-Grad 24-2831; Einfl. d. Durchlässigk. v. – auf d. Pfropfkinetik v. Acrylverb. 25-3249; Zerstör. v. gefärbtem – durch Thermoox. 29-3226; Verfestig.-Mechanismus v. – bei d. therm. Nachbehandl. 33-3320; Einfl. v. γ-Strahl. auf – 34-2880; Struktur v. hochorientierten, durch Pfropf. mit Polyacrylonitril modifiziertem – 38-3017; thermooxydative Zerstör. v. farb. – 38-3018; Adhäs. strahlungsgehärteter Polyesterharze an hochorientierten –-Fasern 39-1105; Einfl. d. Orientier.-Verstreck. auf d. thermomechan. Eig. 40-2758; Verfestig.-Mechanismus bei Wärmebehandl. 44-2787; Diffus. metallhalt. Dispers.-Farbstoffe in – 45-2941; Temp.- u. Durchmesserms. an –-Kord 45-3192; Mol.-Orientier. 46-1086.

Strukturier. durch S_2Cl_2-Lsg. 7-3011; Strahl.-Pfropf. v. Polystyrol auf – 8-2940; hydrophobe Imprägnier. 9-2975; Modifizier. (Strukturier. durch S_2Cl_2-Lsg.) 9-2978; Emulgator für d. –-Herst. 13-2961*; antistat. Eig. v. Äthylendiamin-Deriv. bei – 19-3078; strahleninitiiertes Pfropfen v. Polystyrol auf – 21-3290; Verbesser. d. Wärmebeständigk. v. – 21-3293; Pfropf. v. Acrylonitril auf – (Einfl. v. Methanol) 26-2978; (kinet. Besonderh.) 28-3029; für d. Erspinnen v. –-Seide einsetzbare therm. beständ. Präparat. 30-2862; Reinig. v. –-Abfällen 34-2741; Pfropfpolymerisat. auf –: v. Acrylsäure 37-3201; v. Acrylonitril 38-3010; Spinnpräparat. für –-Fäden 38-3016; Wärmestabilisier. 38-3034*; Aufbringen v. Polydimethylsiloxankautschuk u. chlorsulfoniertem Polyäthylen auf –-Gewebe 47-2910*.

Rk. v. Dichlortriazinfarbstoffen mit – 4-2244; farb. –-Fasern 16-2740, 22-3014, 27-3378; Azofarbstoffe 31-3076*; farb. –-Fäden 33-3319.

Identifizier. durch pyrolyt. Gaschromatographie 17-2144.

Bibl.: Herstellung der Kapronfaser [russ.] B 55.

Perlon

Elektr. Widerstand v. – (Mess.) 7-2994; Einfl. d. Erwärm. d. Spinn- bzw. Zwirnläufers auf – 14-2886; Hydrier. d. Nitrocyclohexans in d. –-Herst. 45-3190.

Relon

Färben mit anion. u. Dispers.-Farbstoffen 13-2719.

Silon

Masern auf –-Fasern 17-3298.

Polyamid-6.6-fasern (Nylon 6.6, „Nylon")

Neue –-Prod. 14-2902; – (Fortschrittsbericht) 15-3108.

Beweglichk. v. Anionen in – 6-2899; Stretch-Eig. u. elast. Verh. v. –-halt. Erzeugnissen 9-2976; Stauchverh. v. –-Zwirnen 19-3073; photolyt. Abbau 19-3075; Einfl. d. Feuchtigk. auf d. Fadendehn. 21-3253; Querschnittsdehn. 28-3033; Beeinfluss. d. krist. Struktur v. – (IR-spektrograph. Unters.) 28-3034; Transmiss.-Elektronenmikroskopie 32-1208; Relaxat.- u. Retardat.-Verh. 32-2861; Widerstandsfähigk. gegen Bewetter. 34-2835.

Polyamide für Fäden aus Hexamethylendiammoniumadipat, Hexamethylendiamin u. W. 5-3056*; Herst. feinfaser. Gebilde aus Polyhexamethylenadipamid 19-3096*; Entwässern, Schmelzen u. Verspinnen v. Polyhexamethylenadipamidschnitzeln 30-2872*; Herst. v. –-Fasern mit gesteigerter dynam. Reib. u. gesteigertem Widerstand gegen Haufenbldg. (Zusatz v. Metall-Terephthalat) 43-3043*; – mit *0,5–0,75* Gew.-% TiO_2 45-3210*.

Schutz gegenüber Hitzedegradat. (Thioharnstoff-Behandl.) 5-3026; –-Garne mit oxäthylierte Prod. enthaltendem Ausrüst.-Mittel 13-2868*; Appretier. v. –-Garn (Behandl. mit Kondens.-Prod. aus Alkylphenol u. Äthylenoxid) 16-3040*; Krimpen v. –-Gewebe 16-3041*; Schutz gegen therm. Abbau durch Thioharnstoff 28-3032; antistat. Behandl. 29-3242*; Überziehen v. –-halt. Gewebe mit thermoplast. Harz 34-2941*; Stabilisieren 35-3013*; dauerhafte antistat. Ausrüst. v. –-Geweben 46-2638.

Azofarbstoffe 3-2788; Färben (Literaturübersicht) 4-2246; (mit sauren Farbstoffen) 4-2251; dihydrofuranonringhalt. Farbstoffe 8-2694*; Azofarbstoffe 10-2697; beim Färben v. – verwendete Hilfsmittel 13-2717; gleichmäß. Färben mit neuen Säurefarbstoffen 17-2981; p-(1.2-Dicyanvinyl)-N.N-dimethylanilinfarbstoffe 17-3016*; Färbeisotherme v. –-Färb. mit Säurefarbstoffen 24-2648; Reaktivfarbstoffe 28-2786; Signierfarbstoffe 30-2667; Reaktivfarbstoffe 32-2717; Azodispers.-Farbstoffe d. Acetacetylaminothiazols 37-1156; Farbstoffkonz.-Profile innerhalb einzelner –-Filamente 37-2931; faserreakt., photochromer Farbstoff 38-2798; Dispers.-Farbstoffe 40-2526; Azofarbstoffe 46-2460*; Färben v. Wolle/– 48-2468; (mit sauren Farbstoffen) 48-2469.

Nasse Verasch. unter Verw. v. H_2O_2 2-1924; Best.: v. Amin- u. Carboxylendgruppen in – 3-2119; v. Farbstoffen auf gefärbtem – 12-2678; Analyse v. –-Copolymeren durch DTA u. IR-Absorpt.-Spektrometrie 26-2148.

Amilan

Anwendbark. u. Aufhell.-Effekte v. Pyridylpyrazolinen bei – 26-2969.

Anid

Identifizier. durch pyrolyt. Gaschromatographie 17-2144; Einfl.: d. Bewitter. auf thermofixiertes – 26-2979; v. γ-Strahl. auf – 34-2880.

Antron

–-Teppichfasern 14-2902.

Cantrece

–, ein *2*-Komponenten-Kräuselgarn 14-2902.

N-44

–-Reifengarn 14-2902.

Polyamid-6.10-fasern

Nasse Verasch. unter Verw. v. H_2O_2 2-1924.

Polyamid-7-fasern

Önanth

Identifizier. durch pyrolyt. Gaschromatographie 17-2144.

Polyamid-11-fasern

Rilsan

Herst., ausgehend v. Rizinusöl 13-2962; Eig. 13-2963; Herst. (Übersicht) 47-3004.

Undekan

Identifizier. durch pyrolyt. Gaschromatographie 17-2144.

Polyamid-12-fasern

Herst. v. Nylon *12* (Übersicht) 47-3004.

Texturierte Polyamidfasern

Helanca

Pillingresistenz bei elast. Geweben mit –-Garn 12-2926.

Polyharnstoff- und Polyurethanfasern

Elastomerfäden auf Polyurethanbasis 14-2903; Bayer-Elastomer-Fäden aus Polyurethanen 15-3109; Elastomerfäden auf Polyurethanbasis 24-2824; Polyurethanharz mit verringerter Toxizität u. erhöhter Lichtfestigk. 31-3240*; elast. Polyurethanfaser *Spandex* (Übersicht) 36-2969, 38-3019; *Spandex*-Fäden 46-2642.

Eig. v. Elastomerfäden aus Polyurethanprod. 13-2964; Verh. v. elastomeren Fäden auf Polyurethanbasis unter Veredl.-Beding. 42-2695.

Herst. v. Fasern aus Rk.-Prod. v. Polyestern mit aromat. Diisocyanat 1-2841*; gummielast. Fäden aus isocyanatendgruppenhalt. Polyestern (Zusatz v. Fluoralkylester) 1-2842*; Herst.: v. Polyurethanfasern 2-2759*; (kautschukart.) 2-2760*; v. Polyurethanelastomeren mit guter Färbbark. für Fäden (Zusatz v. ZnS) 9-2998*; Diisocyanat-Polymere für hitzebeständ. Fasern 15-3001*; Lsg. v. Polyurethanen in W./Phytinsäure 19-3024*; elastomere Polyurethane mit guter Lichtfestigk. u. guten mechan. Eig. 22-3037*; Herst.: v. elast. Polyurethanfäden 22-3038*; v. elastomeren Fäden aus Polysiloxanen oder Polyaluminiumsiloxanen u. Harnstoff- oder Urethanpolymeren 23-3336*; v. Polyureiden v. Hydrazodicarbonsäuren für hydrophile Fasern 33-3338*; v. gummielast. Fäden aus Polyestern u. Diisocyanaten 36-2978*; Stabilisier. v. Polyesterurethanen für Fasern 44-2706*; Lsg. v. Polyurethanen in Phytinsäure/W. 46-2654*; Herst. v. Polyurethanfäden 46-2656*; Herst. für Fasern: v. Polyurethanen 47-2883*; v. Urethangruppen enthaltenden Elastomeren 49/50-2935*.

Lichtstabilisier. v. Polyurethanfasern mit Polyvinylalkohol 12-2962*; Verbesser. d. Dehn.-Festigk. u. Ausdehn. v. Polyurethanfäden 13-2974*; Stabilisier. v. Polyesterurethanfasern gegen Licht u. Abgase 14-2918*; opt. Aufhellen v. Polyurethanfasern mit Naphthtriazolderiv. 34-2844*; Stabilisier. v. Polyurethanfasern gegen Verfärb. durch saure Dämpfe 46-2655*.

Färben u./oder Bedrucken v. Polyurethanfasern: unter Verw. v. aromat. Aminen u. Chinonen 23-2977*; in Ggw. v. Isocyanatumsetz.-Prod. 30-2662*; unter Verw. v. Dithiooxamiden u. Metallsalzen 36-2709*; mit Azofarbstoffen 37-2947*; mit Anthrachinon- oder Diarylaminfarbstoffen 38-2795*; in Misch. mit Nylon 48-2469.

Anthrachinonfarbstoffe 12-2697*, 25-2962*, 28-2799*, 28-2800*, 37-2960*.

Azofarbstoffe (mit Äthionylaminogruppen) 1-2592*; (metallhalt.) 1-2594*; (mit quart. Ammoniumgruppen) 5-2780*; (mit heterocycl. Gruppen) 6-2685*; (mit Acyloxyalkylaminophenylgruppen) 8-2685*; (Benzolazonaphthalinverb.) 8-2689*; (Cr-halt.) 13-2735*; (metallhalt.) 15-2834*; (pyrazinringhalt.) 18-2686*; (mit o-Hydroxygruppen) 19-2875*; (mit Pyrazolgruppen) 25-2956*; (metallhalt.) 28-2790*, 33-2995*; (mit Carbamoylphenylgruppen) 43-2823*; (mit Ester- u. Aminogruppen) 49/50-2781*; (Cr-halt.) 49/50-2784*; Disazofarbstoffe (mit Phthalimidgruppen) 49/50-2786*; N-heterocycl. Monoazofarbstoffe 51/52-2521*.

Reaktivfarbstoffe: d. Azoreihe 15-2837*; d. Anthrachinon-— 15-2843*; d. Azoreihe (metallhalt.) 23-2999*; (mit Sulfonylaminophenylgruppen) 35-2790*; mit N- u. S-heterocycl. Ringen 49/50-2779*.

Farbstoffe: mit Imidazoliumgruppen 8-2693*, 12-2699*; mit Pyridinringen 18-2685*; Diazapolymethinfarbstoffe 19-2883*, 26-2830*; Farbstoffe: mit Cyanvinylgruppen 33-3006*; mit Thiodiazolgruppen 38-2811*.

Dorlastan

Färben u. Ausrüsten v. —-halt. Wirkwaren 38-2789; Bedrucken v. —-Geweben u. -Gewirken 38-2790; Ausrüst. v. —-halt. Geweben 41-2859.

Lycra

Eig. v. (hydro)therm. vorbehandeltem — 2-2741; dynamometr. Eig. 32-2873; Eig. v. therm. behandeltem — 41-3119.

Polyesterfasern

Fasern: aus Polyesteramiden s. unter *Polyamidfasern*; aus Polyesterurethanen s. unter *Polyharnstoff- und Polyurethanfasern*.

Chemie u. Eig. d. Copolyätheresterfaser 20-2909; texturierte Polyesterfäden 41-3115.

Eigenschaften. Mechan. Eig. v. γ-bestrahlten — 2-2734; Beeinfluss. d. Doppelbrech. an — durch Fixierbeding. 3-3099; über d. Eig. v. — entscheidende Faktoren 10-2914; Faserwander. in —/Wolle-Misch. 16-3025; Abkühl. v. aus d. Schmelze gewonnenen — im Spinnschacht 17-3288; therm. Schrumpf. u. Änder. im Orientier.-Grad d. amorphen Gebiets 25-3247; physikal.-mechan. u. textile Eig. 31-3355; Verh. v. unterschiedl. fixiertem —/Baumwollgewebe gegenüber Pigmentschmutz u. Hautfett 32-2859; Relaxat.- u. Retardat.-Verh. 32-2861; β-Strahlenabsorpt. in — 40-1926.

Herstellung. Entw. in d. —-Herst. 15-3093; neue Wege bei d. Herst. v. — 41-3113.

Rohstoffe. Herst. für Fasern: v. S-halt. Polyestern (sehr elast. Fasern) 17-3320*; v. Mischpolyestern 23-3129*; v. Polyestern unter Zusatz v. Vinylverb. (Verbesser. v. mechan. Eig. u. Färbbark.) 30-2870*; v. (cyclo)aliphat. Polyestern 31-3208*; v. durch Epoxyverb. modifizierten linearen Polyestern 33-3329*; v. glasklaren linearen Polyestern unter Verw. v. metall. Sb 33-3330*; v. linearen Polyestern (gut färbbar) 35-3000*, 39-3043*; Polyester: zum Schmelzspinnen aus Poly-(äthylen-1.2-diphenoxyäthan-4.4'-dicarboxylat) oder dessen Copolymeren 41-3130*; mit hoher Beständigk. gegen W., Laugen u. organ. Lsgm. für Fäden 45-3208*.

Spinnverfahren, Herstellung von Fasern: Verstrecken 2-2755*; Herst. v. — (kontinuierl.) 6-2893; (im Schmelzspinnverf.) 12-2955*; (mit verbesserter Molekularorientier.) 19-3095*; Texturier. 29-3201; Spezialfasern mit Hohlräumen aus Polyester 29-3240*; — erhöhter Festigk. 35-2999*; Herst. v. Fäden aus H_3PO_4 enthaltenden Mischpolyestern (gut anfärbbar) 36-2979*; antistat. — aus 2-wert. Alkoholen, Dicarbonsäuren u. Glycidyläthern 41-3131*; — mit guter Anfärbbark. (Zusatz v. tert. Aminen) 41-3132*; Unters. zum Schmelzspinnprozeß 42-2688; Schmelzspinnen v. Poly-[äthylen-1.2-diphenoxyäthan-4.4'-dicarboxylat] bzw. deren Mischpolyester 42-2709*; —: mit gesteigerter dynam. Reib. u. gesteigertem Widerstand gegen Haufenbldg. (Zusatz v. Metall-Terephthalat) 43-3043*; mit Polyäther (geringere Verschmutz.) 47-3027*.

Modifizier. (chem. u. physikal. Meth.) 19-3072.

Verarbeitung, Veredlung. Ausrüsten v. permanent texturierten — 2-2550; Permanent-Press für —/Baumwoll-Mischgewebe 8-2923; strahlenchem. Veredl. 11-2990; geformtes Textilmaterial aus Teilen aus Fäden niedrigkrist. Polyester 14-2916*; Verbesser.: d. Schmutzabweis. u. Härte durch Harzbehandl. 16-3012*; d. reversiblen Dehn.-Eig. v. Baumwoll/—-Mischgeweben 16-3046*; Herst. v. hochvoluminösem Fasermaterial unter Verw. v. Co-— 17-3307*; Behandl. mit Quellmittel (Verbesser. d. Abfärbbark. u. Verringer. d. Pillingeffekts) 17-3313*; Schutz v. Baumwoll/—-Garnen gegen γ-Strahlen durch ausgewählte Färbeverf. 18-2665; Verbinden v. — mit Kautschuk 19-3059*, 19-3060*, 19-3094*, 20-2870*; wasserabstoßende u. antistat. Imprägnier. 20-2924*; ölabweisende Imprägnier. v. —/Viskose-Textilien 22-3009; Verbesser. d. Haftfestigk. an Kautschuk 27-3283*; Ausrüst. v. Mischgeweben aus — u. Baumwolle 27-3354; Behandl. v. nichtgewebten Stoffen aus — 29-3239*; Adhäs. v. Imprägnier. an Gewebe u. Kord aus — 33-3085; Imprägnier. u. Permanent-Preß-Ausrüst. v. —/Baumwolle 34-2838; Hitzebehandl. v. Polyesterkord 36-2967; Bind. v. Kautschuk an — 39-2968*; Hochtemp.-Bleiche v. —/Baumwoll-Mischgewebe 42-2689; Imprägnier. mit oberflächenakt. Phosphorsäureester u. Aminsalz eines Alkylphosphonats 44-2796*; Ausrüsten v. Polyester-Kräuselfäden 45-2927, 46-2443; gegen Waschen, Scheuern u. Trockenreinig. beständ. — (Behandl. mit kristallisierbaren Polymeren) 48-2740*; Ausrüsten v. —/Wolle 49/50-2761.

Opt. Aufheller für — [2-Benzoxazolyl-(2)-thiophen] 9-2968*; (Cumarinderiv.) 11-2995*; (α.β-Dibenzoxazolyläthylen) 11-2996*; (Stilbennaphthotriazole) 12-2931*; opt. Aufhellen: v. Stückware aus texturierten — 24-2807; v. — mit Addit.-Gruppier. aus Aldehyd- u. aliphat. Gruppe enthaltenden Mitteln 31-3043*; v. — mit Naphthtriazolderiv. 34-2844*; opt. Aufheller für —-Textilien (Oxazolverb.) 51/52-2740*.

Färben, Drucken. Färben permanent texturierter — 2-2550; Gleichgew. beim Färben mit Dispers.-Farbstoffen 4-2252; Ausziehfärben mit Naphtholen 4-2253; Färbeverh. v. Polyestergarnen beeinflussende Faktoren 5-2757; Färben v. — 9-2697; Spinnfärben mit Hexaazapentaphenderiv. 9-2970*; Massefärb. mit Pigmenten 10-2698; Färben: v. — 11-2701; v. texturierten Polyestergarnen 14-2702; Thermosolfärbeverf. 16-2741; Verbesser. d. Anfärbbark. (Behandl. mit quellend wirkenden Stoffen) 19-3093*; moderne Meth. im Druck auf — 21-2950; Kettbaumfärb. 22-2791; Reservier.-Druckverf. 22-2798*; Färben gebauschter Polyestermaterialien 26-2807; Verbesser. d. Anfärbbark. durch definiertes Schrumpfen 26-2812*; kontinuierl. u. diskontinuierl. Färben 31-3034; Vigoureuxdruck in Ggw. v. Primasol KW 31-3038; Verbesser. d. Anfärbbark. 33-3331*; Hilfsmittel auf Polyphosphatbasis 36-2703; Bedrucken v. — unter Verw. v. überhitztem Dampf 36-2706; Phänomenologie d. Färb. mit Dispers.-Farbstoffen bei *200°* 37-2936; Färben v. — 37-2943*; Färbepräp. zur Erzeug. v. Azofarbstoffen auf — 37-2945*; Verbesser. d. Anfärbbark. 37-3222*; d. Farbaffinität v. Polyestergarnen beeinflussende Faktoren 38-2791; Kinetik d. Färbens mit Dispers.-Farbstoffen 41-2861; Thermosolfärb. 42-2495; Fixieren v. Farbstoffen auf — mit Hochtemp.-Dampf 44-2552; Färben: v. Polyester-Kräuselfäden 45-2927; unter Druckdampf u. nach d. Thermosolprozeß 46-2440; v. texturierten — 46-2441; v. Polyester-Kräuselfäden 46-2443; Verbesser. d. therm. Beständigk. v. Färb. auf — (Behandl. mit Metallsalz-Lsg.) 47-2729*; Thermosolfärben 48-2462; Thermosolierbark. v. Dispers.-Farbstoffen auf — 48-2464; Stückfärben v. Teppichen aus — 49/50-2767.

Färben u./oder Bedrucken v. —: mit Anthrachinonfarbstoffen 4-2257*; mit Azofarbstoffen 13-2725*; mit Indigosolfarbstoffen 14-2705; mit Anthrachinonfarbstoffen 16-2757*; mit dispergierten Farbstoffen 22-2795*; mit mercaptogruppenhalt. Farbstoffen 23-2982*; mit Anthrachinonfarbstoffen 23-2989*, 25-2965*, 26-2815*; unter Verw. v. konz. Färbepräp. 27-3062*; mit Anthrachinonfarbstoffen 27-3074*; mit Azofarbstoffen 27-3082*, 29-2926*; mit Anthrachinonfarbstoffen 30-2656*; mit Azofarbstoffen 30-2660*; in Ggw. v. Isocyanatumsetz.-Prod. 30-2662*; in Ggw. zweibas. Carbonsäuren 30-2663*; mit Addit.-Gruppier. aus Aldehyd- u. aliphat. Gruppe enthaltenden Farbstoffen 31-3043*; unter Verw. v. tert. Monoaminen 31-3044*; in Ggw. schwach alkal. wirkender Mittel 31-3050*; mit dispersen Farbstoffen 31-3052*; mit Azofarbstoffen 32-2705*; mit Azo- u. Anthrachinonfarbstoffen 32-2711*; mit Anthrachinonfarbstoffen 32-2713*; unter Verw. v. Dithiooxamiden u. Metallsalzen 36-2709*; mit hydrazoniumgruppenhalt. Farbstoffen 36-2711*; mit Azofarbstoffen 36-2712*, 36-2714*, 37-2947*; mit isoindolgruppenhalt. Farbstoffen 37-2948*; mit Anthrachinonfarbstoffen 37-2949*; mit Anthrachinon- oder Diarylaminfarbstoffen 38-2795*; mit Anthrachinonfarbstoffen 40-2534*; mit Azofarbstoffen 42-2512*; mit Anthrachinonfarbstoffen 44-2575*, 45-2936*; mit schwach sauren Flotten 47-2728*; mit Dispers.-Azofarbstoffen d. Ronasynreihe 48-2472; mit Azofarbstoffen 49/50-2772*; mit Anthrachinonfarbstoffen 49/50-2777*; Färben, Foulardieren oder Bedrucken 51/52-2512*; Färben mit Anthrachinonfarbstoffen 51/52-2516*.

Färben u./oder Bedrucken v. Misch. aus —: u. Baumwolle mit Dispers.- u. Küpen-Farbstoffen 4-2251; u. Triacetat mit Dispers.-Farbstoffen 6-2669; u. Cellulose 9-2697; (mit Samaron- u. Remazolfarbstoffen) 10-2702; u. Cellulose 11-2701; (mit Indigosolfarbstoffen) 14-2705; u. Baumwolle oder Zellwolle (mit Samaron- u. Remalanfarbstoffen) 14-2706; u. Baumwolle (mit Direkt-Dispers.-Farbstoffmisch.) 15-2817; (Thermosolfärb.) 17-2983; u. Cellulose (Nuancen u. deren Kontrolle) 17-2984; u. Wolle (mit Lanestrenfarbstoffen) 19-2869; u. Baumwolle (Fixierausb. v. Levafix P-Farbstoffen) 21-2949; u. Cellulose (Verteil. u. Küpen- u. Indigosolen) 23-2972; Färben u./oder Bedrucken v. —-halt. Misch.: unter Druckdampf in Ggw. v. überhitztem W.-Dampf 24-2650; mit Remaron-Druckfarbstoffen 24-2651; Färben u./oder Bedrucken v. Misch. aus —: u. Cellulosefasern 25-2935; (Ausscheid. d. Celluloseanteils aus thermosolierten —/Cellulosegemischen) 25-2940; u. Baumwolle (mit 2.3-dichlorchinoxalingruppenhalt. Farbstoffen) 29-2929*; u. Cellulosefasern 31-3037; (in Ggw. v. halogencarbonsauren Salzen) 33-2990*; (mit Dispers.-Farbstoffen) 34-2648*; (mit Levafix P- u. Resolinfarbstoffen) 37-2939; (mit Hydrosolfarbstoffen) 38-2788; Klotz-, Trocken-, Dämpf- u. Fixierstadien v. Farbstoffen auf Cellulose/— 40-2519; Färben v. Misch. aus —: u. Baumwolle (Wander.-Vorgänge v. Dispers.-Farbstoffen) 44-2545; (Einstell. v. Farbnuancen) 44-2548; u. Cellulosefasern (kontinuierl.) 44-2550; (mit Basazolfarbstoffen) 44-2551; u. Wolle 45-2926; Färben: v. —-halt. Misch. unter Druckdampf u. nach d. Thermosolprozeß 46-2440; v. —/Cellulose (mit Chromesterschwarz T u. Dispers.-Farbstoffen nach d. Einbad-Thermofixier-Verf.) 47-2712; (einbad. Klotz-Hochtemp.-Dampf-Fixierverf.) 47-2719; Verbesser. d. therm. Beständigk. v. Färb. auf —-halt. Misch. (Behandl. mit Metallsalzlsg.) 47-2729*; Färben v. Misch. aus —: u. Cellulose (mit Dispers.- u. Reaktivfarbstoffen) 49/50-2762; u. Baumwolle (mit Dispers.- u. Reaktivfarbstoffen) 49/50-2765; Färben: v. Teppichen aus —/Polyamid 49/50-2767; v. Kreuzspulen aus –/Wolle 51/52-2508; v. –/Cellulosefasern nach d. Thermosol-Thermofixier-Verf. mit Dispers.- u. Reaktivfarbstoffen 51/52-2509.

Neue Farbstoffe für – 18-2679.

Anthrachinonfarbstoffe für – (mit Alkyl- bzw. Arylsulfonylgruppen) 2-2566*; (aus Aminoanthrarufinen) 2-2568*; (N-halt.) 2-2569*; (für Thermosolfärb.) 3-2799*; (mit Tetrahydrofurylgruppen) 5-2783*; (mit Cyclohexylalkoxygruppen) 5-2784*; (mit Phenylmercaptogruppen) 6-2689*; (mit Acylaminogruppen) 10-2714*; (mit Phenylaminogruppen) 12-2698*; (mit Aminogruppen) 13-2739*; (mit Sulfamoylphenylaminogruppen) 14-2720*; (mit Phenylaminogruppen) 17-3011*; (mit Sulfonylaminogruppen) 21-2972*; (mit Amino- u. Aroylgruppen) 22-2821*; (mit Carbamoylphenylaminogruppen) 22-2823*; (mit Sulfamoylarylaminogruppen) 25-2962*; (mit Benzoxazol- oder -thiazolgruppen) 25-2963*; (mit Sulfonsäureamidgruppen) 28-2799*, 28-2800*; (mit Sulfonyloxypyridingruppen) 29-2959*; (mit Acylaminogruppen) 29-2964*; (Rk.-Prod. aus α-Nitroanthrachinonen u. Cyaniden) 30-2670*; (halogenhalt.) 34-2660*; (mit Nitrophenylaminogruppen) 34-2662*; (mit Sulfamoylaralkylaminogruppen) 37-2960*; (halogenhalt.) 40-2535*; (mit Hydroxy- u. Phenylaminogruppen) 40-2533*; (mit Sulfamoylphenylaminogruppen) 41-2894*; (mit Triazinylaminogruppen) 41-2895*; (mit carbonylgruppenhalt. Arylresten) 43-2832*; (mit Benzoxazol- oder -thiazolgruppen) 43-2833*; (mit Hydroxy- u. Phenylaminogruppen) 46-2467*; (mit Arylsulfonylgruppen) 49/50-2788*; (mit Phenoxygruppen) 49/50-2789*; (imidazolringhalt.) 49/50-2790*; (mit Imidgruppen) 49/50-2791*.

Azofarbstoffe für – (pyrazolringhalt.) 1-2597*; (mit Acylaminophenylgruppen) 4-2258*; (mit Hydroxybenzoylgruppen) 5-2775*; (mit Dicarboximidogruppen) 5-2776*; (auf Thiazolbasis) 6-2683*; (auf Basis v. Aminoisothiazolen) 6-2684*; (mit N-heterocycl. Gruppen) 6-2685*; (mit Alkylsulfonylaminogruppen) 7-2756*; (mit Acyloxyalkylaminophenylgruppen) 8-2685*, 8-2688*; (Benzolazonaphthaline) 8-2689*; (mit Aminophenylgruppen) 8-2690*; (mit Aminoalkylaminophenylgruppen) 9-2714*; (mit Alkylsulfonylaminophenylgruppen) 9-2722*; (Imidazopyridine) 10-2697; (benzothiazepinonringhalt.) 10-2707*; (mit Acylaminophenylgruppen) 11-2706*; (benzthiazolringhalt.) 11-2713*; Gemische mit Cyanäthylaminophenylgruppen) 12-2693*; (mit N-Dicarboximidoalkylgruppen) 14-2714*; (mit Acylaminophenylgruppen) 15-2832*; (mit Cyanphenylgruppen) 16-2761*; (mit o-Hydroxygruppen) 19-2875*; (mit Alkoxycarbonylalkylaminophenylgruppen) 20-2719*, 21-2964*, 22-2812*, 22-2813*; Disazofarbstoffe (mit Cyanäthylaminophenylgruppen) 22-2816*; Azofarbstoffe (pyrazolinringhalt.) 23-3000*; (mit Naphthalingruppen) 25-2952*; (pyrazolringhalt.) 25-2956*, 26-2827*; (metallhalt.) 26-2828*; (mit Pyrazolgruppen) 28-2788*; (metallhalt.) 28-2790*; Disazofarbstoffe (mit Benzdioxangruppen) 28-2796*; Azofarbstoffe (mit Sulfonyloxypridingruppen) 29-2959*; (mit Benzthiazolgruppen) 33-2994*; (mit Carbamoylnaphthylgruppen) 34-2659*; (mit Alkylsulfonylalkylgruppen) 35-2791*; (mit Acyloxyäthylaminophenylgruppen) 35-2793*; (mit Triazinylpyrazolgruppen) 36-2724*, 36-2725*; Azodispers.-Farbstoffe d. Acetacetylaminotiazols 37-1156; Azofarbstoffe (mit Pyrazolgruppen) 37-2952*; (mit Acylaminophenylgruppen) 38-2804*; (mit Sulfonyl- u. Aminogruppen) 38-2807*; Disazofarbstoffe (mit Carboxyphenylgruppen) 39-2820*; Azofarbstoffe (mit Acyloxyäthylaminophenylgruppen) 41-2883*; (mit Carbamoylnaphthylgruppen) 41-2886*, 42-2508*; Disazofarbstoffe (mit Ureidogruppen) 42-2509*; Azofarbstoffe (mit Cyanalkylaminophenylgruppen) 43-2824*; (mit Acyloxyäthylaminophenylgruppen) 43-2826*; Disazofarbstoffe (mit Carbamoylphenylgruppen) 43-2830*; Monoazofarbstoffe (mit Alkoxycarbonyläthylaminophenylgruppen) 44-2571*; Disazofarbstoffe (mit Carbamatgruppen) 45-2948*; Azofarbstoffe (mit Diphenylylgruppen) 46-2461*; (mit heterocycl. Gruppen) 46-2464*; (mit Alkoxycarbonylphenylgruppen) 47-2742*; 49/50-2781*; Disazofarbstoffe (mit Phthalimidgruppen) 49/50-2786*; Azofarbstoffe (mit Pyrazoliumgruppen) 51/52-2521*; (Benzolazoaminonaphtholsulfonsäuren) 51/52-2522*.

Reaktivfarbstoffe: d. Azo- oder Anthrachinonreihe 2-2570*; d. Phthalocyaninreihe 6-2690*; d. Formazanreihe (metallhalt.) 12-2700*; mit quart. N-heterocycl. Gruppen 26-2832*; aus Styryldichlortriazinen 28-2787*; mit Pyrazolgruppen (metallisierbar) 41-2885.

Anthrachinon - 3.4(N) - benzacridonfarbstoffe 1-2599*; Phthaloylacridonfarbstoffe 4-2264*; Farbstoffe mit quart. Ammoniumgruppen 7-2759*; Perinaphthazolfarbstoffe 15-2848*; metallhalt. kation. Farbstoffe 17-3006*; Anthrachinonazofarbstoffe 18-2691*; Diazapolymethinfarbstoffe 19-2883*; Farbgemisch zum Färben v. – 23-2981*; Pigmentfarbstoffe zum Spinnfärben 25-2970*; Diazapolymethinfarbstoffe 26-2830*; Signierfarbstoffe 30-2667; Farbstoffe mit Cyanvinylgruppen 33-3006*; kation. Farbstoffe 39-2811*; metallhalt. Formazanfarbstoffe 40-2529*; Anthrapyrimidinfarbstoffe 47-2751*; Triazenfarbstoffsalze 48-2485*.

Analytisches. Quant. Analyse v. Wolle/–-Gemischen durch Pyrolysegaschromatographie 6-1986; Nachw. v. synthet. Farbstoffen aus gefärbten – (chromatograph.) 12-1976; Identifizier. chem. Verunreinig. in – durch Radioaktivier. u. Chromatographie 24-2825; Best. v. – in Misch. mit Baumwolle u. Viskosefasern (quant.) 26-2152.

Polyterephthalatfasern

Eigenschaften. Unters. v. Hitzebehandl. u. Verstreck. an Polyäthylenterephthalatfasern mit DTA 3-3101; thermomechan. u. therm. Analyse v. faserbildendem Polyäthylenterephthalat 7-3003; Verstreck.-Verh. u. charakterist. Schrumpf. v. Polyäthylenterephthalat-Fäden 11-3010; Einfl.: v. organ. Verb. auf Polyäthylenterephthalatfasern 12-2943; v. Pfropf. mit Polystyrol auf d. Oberflächeneig. v. Polyäthylenterephthalatfäden 22-3013; Querschnittsdehn. v. Polyäthylenterephthalatfasern 24-2829; Lichtabbau v. Polyäthylenterephthalatfasern 28-3028.

Herstellung. Schmelzspinnen v. Polyestern mit Terephthalsäure 14-2917*; Spinnmassen aus Polyäthylen- u. Poly-[resorcin]-terephthalat 15-3126*; Fasern aus modifizierten Polyestern aus Terephthalsäure, Alkylenglykol u. N-halt. 2bas. oder Hydroxycarbonsäuren 17-3314*; Herst. v. Bis-(2-hydroxyäthyl)-terephthalat für Fasern 20-2823*; Isomerisier. d. Alkalisalze d. Phthal- u. Isophthalsäure zu Terephthalat u. anschließende Kondens. 20-2910; Verbesser. d. Streckfähigk. v. Polyäthylenterephthalatfäden 20-2925*; therm. stabiles Polyäthylenterephthalat für Fasern (Zusatz v. Metall–Phthalocyaninkomplexen) 22-3032*; Herst. v. Polyäthylenterephthalat für Fasern 22-3033*; (kontinuierl.) 25-3109*; Fasern aus Polyäthylenterephthalat mit Methoxypolyäthylenglykol u. Pentaerythrit 32-2880*, 32-2881*; Faserkabel aus Polyäthylenterephthalat 37-3221*; Fäden aus Polyäthylenterephthalathexahydroterephthalat 43-3044*.

Verarbeitung, Veredlung. Verbesser. d. W.-Aufnahmefähigk. v. – mit oxäthylierten Polyamiden 4-2460*; nichtgewebte Stoffe aus Polyäthylenterephthalatfasern 7-3025*; Binden v. Polyäthylenterephthalatfasern an Kautschuk 15-3012*; Klebendmachen v. Polyäthylenterephthalat für Reifenkord 26-2992*; Aufhellen v. Polyäthylenterephthalatfasern mit Addit.-Gruppier. aus Aldehyd- u. aliphat. Gruppen enthaltenden Mitteln 31-3043*; opt. Bläuungsmittel aus Benzoxazolverb. 35-2983*; opt. Aufhellen mit Naphthtriazolylstilbenen 51/52-2738*.

Färben, Drucken. Diffus. v. Dispers.-Farbstoffen in Polyäthylenterephthalatgewebe 7-2750; Druckpaste u. -verf. 16-2758*; Verbesser. d. Anfärbbark.: v. Polyäthylenterephthalatfäden (durch definiertes Schrumpfen) 26-2812*; v. – 46-2653.

Färben u. Bedrucken v. Polyäthylenterephthalatfasern: mit Anthrachinonfarbstoffen 4-2257*, 13-2724*, 16-2757*; mit 3-Hydroxychinophthalonfarbstoffen 20-2705; unter Verw. v. aromat. Aminen u. Chinonen 23-2977*; mit mercaptogruppenhalt. Farbstoffen 23-2982*; mit Anthrachinonfarbstoffen 26-2815*, 27-3074*; mit Azofarbstoffen 27-3082*, 29-2926*; mit Addit.-Gruppier. aus Aldehyd- u. aliphat. Gruppe enthaltenden Farbstoffen 31-3043*; in Ggw. v. tert. Monoaminen 31-3044*; in Ggw. v. schwach alkal. wirkender Mittel 31-3050*; mit Azofarbstoffen 32-2705*; mit Anthrachinonfarbstoffen 32-2713*; in Ggw. polyfunktioneller Verb. 37-2944*; mit isoindolgruppenhalt. Farbstoffen 37-2948*; mit Anthrachinonfarbstoffen 45-2936*; mit wasserlösl. u. Dispers.-Farbstoffen 47-2728*; mit Azofarbstoffen 48-2479*, 49/50-2772*, 49/50-2777*.

Anthrachinonfarbstoffe 1-2600*; Azofarbstoffe 4-2260*, 4-2261*, 8-2688*; p-(1.2-Dicyanvinyl)-N.N-dimethylanilinfarbstoffe 17-3016*; Farbgemisch 23-2981*; Azofarbstoffe 25-2952*, 40-2528*, 42-2508*, 45-2951*; Anthrachinondispers.-Farbstoffe 47-2747*; polycycl. Farbstoffe 48-2486*.

Verwendung. Verw. v. Polyäthylenterephthalatfasern für Röhrchen-Elektroden 4-1848*.

Polycarbonatfasern

Fäden aus Lsg. v. hochmol., linearen Polycarbonaten 22-3034*; lineare Polycarbonate zur Herst. v. Fasern 28-2905*; dehbare u. feinkrist. – 29-3241*; Polycarbonate mit Urethangruppen für Fasern 31-3214*; – mit mikrokrist. Struktur 35-3001*.

Spezielle Polyesterfasern

Dacron

Fixiergeschw. v. Latylfarbstoffen auf – 7-2749; Färben, Foulardieren oder Bedrucken v. – mit Azo- oder Anthrachinonfarbstoffen 32-2711*; Einfl. ster. Faktoren beim Färben v. – 32-2719; Absorpt.-Eig. v. Latyl-Dispers.-Farbstoffen auf – 38-2787; – (Übersicht) 48-2723.

Diolen

Bedrucken v. –/Dralon 6-2671; elektr. Widerstand 7-2994.

Fortrel

Texturierte –-Strickwaren 6-2895.

Lawsan

Orientier.-Prozesse bei d. Dehn. 7-3004; chem. Struktur u. kolorist. Eig. v. Dispers.-Farbstoffen bei d. Färb. v. – 9-2708; Einfl. d. Imprägnier.-Beding. auf d. Festigk. d. Verbind. mit Kautschuk 9-2800; Imprägniermassen für – auf Basis blockierter Isocyanate 9-2974; Wrkg. v. Antistatika auf – 15-3105; künstl. Bestrahl. 16-3026; Identifizier. durch pyrolyt. Gaschromatographie 17-2144; Azofarbstoffe 19-2867; antistat. Eig. v. Äthylendiamin-Deriv. bei – 19-3078; Verteil. v. Küpen- u. Indigosolen in –/Baumwolle 23-2972; Orientier. 28-1130; Einfl. d. Wärmebehandl. auf d. mechan. Eig. 28-3027; Eig. v. farb. – 33-3311; Einfl. v. γ-Strahl. auf – 34-2880; Strukturveränder. bei d. Verstreck. 37-3198; Pfropfpolymerisat. v. Crotonaldehyd auf – 38-3010; Einfl. d. Wärmebehandl. auf d. Veränder. d. mechan. Eig. v. – 38-3011; Adhäs. strahlungsgehärteter Polyesterharze an – 39-1105; Verfestig. beim Ziehen 51/52-2760.

Terlyen

Einfl. d. relativen Feuchtigk. auf d. Dehn. 21-3253; Widerstandsfähigk. gegen Bewetter. 34-2835; Überziehen mit Celluloseacetat 46-2638.

Tetoron

Dispers.-Farbstoffe für – 5-2772; therm. Schrumpf. u. Änder. im Orientier.-Grad d. amorphen Gebiets 25-3247; Pfropf. v. Methylmethacrylat auf – 33-1333.

Trevira

Elektr. Widerstand 7-2994; Färben v. –/Cellulose mit Samaronfarbstoffen 17-2982; –-hochfest für Kordzwirne u. -Gewebe 19-3080.

Polyolefinfasern

Siehe auch *Polyacrylfasern*; *Polystyrolfasern*; *Polyvinylfasern*; *Weitere vollsynthetische Fasern.*

Entw. in d. –-Herst. 15-3093; – aus Filmen 47-2801.

Eigenschaften. Mechan. Eig. v. γ-bestrahlten – 2-2734; Einfl. d. Temp. auf d. Eig. v. – 23-3310, 33-3310; Eig. v. Fasern aus krist. KW-Stoffpolymeren 41-3114.

Herstellung. Herst. v. gut färbbaren – (Zugabe v. N-halt. Polykondens.-Prod.) 1-2831*; (Zusatz v. Polymeren aus Phenolderiv. u. Epichlorhydrin) 3-3113*; Poly-[4-methylpenten-(1)]-Misch. mit Polypropylen für Fasern 3-3114*; gut färbbare – (Zusatz v. Polyätheramid) 8-2953*; (Zusatz v. Terpolymeren aus Styrol, Acrylnitril u. Vinylmonomerem) 8-2954*; (Zusatz v. Benzolsulfonamiden) 9-2990*; orientierte Fäden aus verschäumten Polyolefinen 9-2994*; – mit verbesserter Anfärbbark. (Zusatz v. N-Vinylpyrrolidonen) 10-2790*; Weichmachen v. – (Zusatz v. hydriertem Triphenyl) 10-2931*; isotakt. Polyolefine v. verbesserter Anfärbbark. (mit Polyepichlorhydrin) 12-2954*; Polyolefinmassen mit verbesserter Anfärbbark. (mit Mischpolymerisat aus Äthylen u. Aminoalkylacrylaten) 14-2919*; Herst.: v. Fäden aus Homo- oder Mischpolymerisaten v. 3-Methyl-1-hexen 16-2895*; v. – mit verbesserter Färbbark. [Zusatz v. (Iso)Cyanursäurepolyallylestern] 17-3309*; Schmelzspinnen v. Polyolefine u. Polyvinylverb. enthaltenden Gemischen 19-3092*; Monoolefin/

Alkoxyäthylen-Copolymere für Fasern 31-3179*; Fäden u. Fasern aus isotakt. Polyolefinen 39-3041*; faserbildende Mischpolymerisate aus Vinylidencyanid, hydrolysierbaren Alkylester einer Sulfonsäure u. Monoolefin (leicht anfärbbar) 46-2652*.

Aufpfropf. v. Vinylmonomeren auf — ohne vorhergehende Aktivier. 14-2898*.

Verarbeitung, Veredlung. Strahlenchem. Veredl. 11-2990; Antistatikum 14-2890*; Schlichten v. Polyolefingarn 20-2923*; opt. Aufheller (Furan-, Thiophen- oder Pyrrolderiv.) 29-3208*; Aufhellen v. — mit Addit.-Gruppier. v. Aldehyd- u. aliphat. Gruppe enthaltenden Mitteln 31-3043*.

Färben, Drucken. Spinnfärben mit Hexaazapentaphen-Deriv. 9-2970*; Färben u./oder Bedrucken: v. Ni-Chelatkomplexe enthaltenden — 16-2751*; v. metallhalt. — mit Azofarbstoffen 22-2796*; v. — unter Verw. v. aromat. Aminen u. Chinonen 23-2977*; Direktfärben mit Disazodispers.-Farbstoffen 24-2671*, 24-2672*; Verbesser. d. Färbbark. v. — 27-3063*; Färben: v. — mit Addit.-Gruppier. aus Aldehyd- u. aliphat. Gruppe enthaltenden Farbstoffen 31-3043*; v. Ni-halt. — mit Azofarbstoffen 32-2703, 32-2704*; v. — mit Azofarbstoffen 33-2991*; v. Ni-halt. — mit Azofarbstoffen 41-2868*; v. — mit Azofarbstoffen 42-2512*, 48-2475*; v. — mit Pigmentfarbstoffen 49/50-2778*; v. — mit Anthrachinonfarbstoffen 51/52-2516*.

Reaktivfarbstoffe d. Phthalocyaninreihe 6-2690*; Azodispers.-Farbstoffe 13-2730*, 13-2731*, 13-2732*; Disazofarbstoffe 39-2820*; metallisierbare Reaktivfarbstoffe 41-2885*; Monoazofarbstoffe 43-2824*.

Verwendung. Verw. zur Herst. v. Kunstleder 32-3097*.

Polyäthylenfasern

Temp.-Koeff. d. Reißfestigk. u. Reißdehn. 33-3310; Eig. d. Fasermisch. aus Polypropylen u. Polyäthylen 36-2962.

Herst. v. Fasern, Vliesstoffen u. faserförm. Oberflächen aus HD-Polyäthylen u. Vinylacetat-Äthylen-Copolymeren 1-2813; Verbesser. d. Anfärbbark. v. — (Zusatz v. Celluloseäther) 15-3123*; Herst. bzw. Verw. für Fasern: v. Copolymerisaten aus Äthylen u. $\alpha.\beta$-ungesätt. Carbonsäuren 18-2780*; v. Copolymeren aus Äthylen u. N-Vinyllactamen 29-3044*; Einfl. v. Antioxydantien auf d. Pfropfen v. Vinylmonomeren auf γ-bestrahlte — 39-3020; Herst.: v. Fäden aus Misch. v. Niederdruckpolyäthylen mit Polypropylen 42-2707*; d. — 43-3024.

Verbesser. d. W.-Aufnahmefähigk. mit oxyäthylierten Polyamiden 4-2460*; nichtgewebte Stoffe aus Viskose/— 16-3042*; opt. Aufheller (p-Triazinylaminophenylcumarine) 37-3184*.

Verbesser. d. Färb. v. — 3-2784*; Reaktivfarbstoffe 26-2832*; Disazofarbstoffe 39-2820*; Färben v. — mit Polyazofarbstoffen 48-2475*.

Verw. v. Gewebe aus polyäthylenhalt. Gemisch zur Herst. v. Kunstleder 32-3095*.

Identifizier. durch pyrolyt. Gaschromatographie 17-2144.

Polypropylenfasern

Verbesser. v. — 6-2893; Entw. in d. — Herst. 15-3093; —-Forsch. in Ungarn 17-3296; Eig. u. Anwend.-Möglichk. für — 23-3308, 25-3245; Entw. auf d. Gebiet d. — 36-2963; — 47-3001.

Mol. Struktur v. Polypropylen beim Übergang aus d. Schmelze in d. feste Phase 1-2812; Mol.-Orientier. u. Zugverhältnis 12-1068; Eig. d. Fasern aus Gemischen v. Polypropylen mit Poly-2-vinylpyridin 14-2900; Orientier. 28-1130; physikal. Verh. 29-1232; Relaxat.- u. Retardat.-Verh. 32-2861; Temp.-Koeff. d. Reißfestigk. u. Reißdehn. 33-3310; Eig. v. Fasermisch. aus Polypropylen u. Polyäthylen 36-2962; Adhäs. strahlungsgehärteter Polyesterharze an — 39-1105; Eig.-Veränder. infolge Bewitter. 47-3001; Strukturveränder. bei zweistuf. Deformat. 47-3002; Sphärolithstruktur, Deformat.-Morphologie u. mechan. Eig. v. isotakt. — 51/52-1142; Änder. d. mol. Struktureig. v. Polypropylen beim Erspinnen u. Verstrecken d. Fäden 51/52-2735.

— aus Polypropylen u. Mischpolymerisat aus Äthylen u. Propylen 4-2488*; gegen Abbau durch Lichteinw. stabilisiertes Polypropylen für Fäden 9-2992*; krist. Blockpolymerisate aus Propylen u. Diolefinen oder Acetylen-KW-Stoffen für Fasern 19-2968*; gedehnte hochkrist. — 23-3333*; Schmelzspinnprozeß (Unters.) 42-2688; Fäden aus Misch. v. Niederdruckpolyäthylen u. Polypropylen 42-2707*.

Nachbehandl. v. — mit sauerstoffhalt. Gas 1-2833*; oxydative Aufarbeit., Verstrekken u. Block-Copolymerisat. 5-3052*; Vernetzen v. — 9-2989*; Verhinder. d. Verfärb. beim Erwärmen v. metallhalt. — (Zusatz v. Dicarbonsäure) 9-2991*; Pfropfcopolymerisat. v. Glycidylmethacrylat auf — 10-1118; Weichmachen v. — (Zusatz v. hydriertem Triphenyl) 10-2931*; Copolymerisieren v. — 15-3124*; durch UV-Strahl. initiierte Pfropf. v. Vinylmonomeren an — 17-3295; Lichtstabilisier. 32-2871, 33-3327*; Pfropfcopolymerisat. v. Divinylbenzol auf — 37-3196; Modifizier. d. Eig. v. — durch Einführ. aromat. Ringe 37-3197; Pfropfpolymerisat. v. Styrol auf — 38-3010; Modifizier. mit Copolymeren aus Styrol u. Acrylnitril 38-3029*.

Mit bas. u. kation. Farbstoffen gut färbbare — (Zusatz d. Salze v. Heteropolysäuren) 1-2832*; Verbesser. d. Anfärbbark. v. — oder spinnfäh. Polypropylen (Propfpolymerisat. mit Styrolen u. Einführ. v. Aminogruppen) 3-2784*; (Zusatz v. Polymeren aus Hydroxyphenylverb., Epichlorhydrin u. Aminen) 3-3113*; (Zusatz v. Polyätheramid) 8-2953*; (Zusatz v. Terpolymeren aus Styrol, Acrylnitril u. Vinylpyridin) 8-2954*; (Zusatz v. Copolymeren aus Diallylamin u. Vinylpyridinen) 8-2955*; (Zusatz v. Benzolsulfonamiden) 9-2990*; (Aufpfropfen v. vinylgruppenhalt. Polyglykoläther) 9-2993*; (Zusatz v. Celluloseäther) 15-3123*; (Zusatz v. Pfropfpolymeren aus Vinylacetat u. Polyäthylen) 17-3310*; (Zumischen v. Bisamiden) 17-3311*, 21-3087*, 27-3067*; (Zusatz v. Copolymeren aus Äthylen u. N-Vinylpyrrolidonverb.) 37-3083*; (Alkalisulfonatzusatz) 37-3084*; (Zusatz v. N-halt. Polymeren) 39-3040*; (Zusatz v. Aminoalkylmethacrylatpolymeren) 40-2629*; (Zusatz v. Bisamiden) 43-2799*; (mit Polykondensaten aus Diglycidylaminen u. Aminen) 45-2923.

Verhinder. d. Vergilb. v. Phenolderiv. enthaltenden — durch Abgase (Aminbehandl.) 3-3115*; innere Antistatik-Behandl. mit Metallsalzen amphoterer oberflächenakt. Agentien 9-2966; Überziehen v. —-halt. Textilgewebe mit thermoplast. Harz 34-2941*; Stabilisier. 38-3030*; moderne Behandl. v. — 48-2466.

Verw. feiner vernetzter polymerer Pulver beim Färben v. — 11-2696; Entw. u. Stand d. Färbens v. — 11-2698; Thermosolfärb. v. —/Cellulosefasern mit Küpenfarbstoffen 19-2868; kontinuierl. u. diskontinuierl. Färben v. — 31-3034; Färbeeig. d. o-Alkylderiv. v. p-Disazobenzol 32-2699; Farbstoffstruktur u. färber. Verh. beim Färben v. metallhalt. — 41-2862; Färb. v. — 48-2466.

Färben u./oder Bedrucken: v. chlorophosphorylierten — 1-2834*; v. — mit Monoazofarbstoffen 12-2685*; v. Ni-halt. — mit Azo- oder Azomethinfarbstoffen 16-2751*; v. — mit Monoazofarbstoffen 21-2958*; v. Ni-halt. — mit Azofarbstoffen 22-2796*; v. metallhalt. — (mit o-hydroxynitrosogruppenhalt. Farbstoffen) 23-2985*; (mit Azofarbstoffen) 25-2941*; v. — mit sauren Farbstoffen in Ggw. v. Thiocyanaten 26-2811*; v. — mit Azofarbstoffen 29-2923*; v. metallmodifizierten — mit Azofarbstoffen 29-2924*; v. — mit Ni- u. Cu-halt. Monoazofarbstoffen 29-2925*; v. — in Ggw. zweibas. Carbonsäuren 30-2663*; v. — in Ggw. v. Erdalkaliverb. 31-3048*; v. Ni-halt. — mit Azofarbstoffen 32-2703*, 32-2704*, 32-2714*; v. — mit Monoazofarbstoffen (thiadiazolringhalt.) 32-2715*; (triazolringhalt.) 32-2716*; v. modifizierten — mit Monoazofarbstoffen 34-2652*; v. — mit Monoazofarbstoffen 34-2653*; v. — unter Verw. v. Dithiooxamiden u. Metallsalzen 36-2709*; v. — mit hydrazoniumgruppenhalt. Farbstoffen 36-2711*; v. Ni-halt. — mit Azofarbstoffen 41-2868*, 47-2730*; v. — mit Polyazofarbstoffen 48-2475*; v. — mit metallhalt. Azofarbstoffen 49/50-2774*.

Monoazofarbstoffe (mit heterocycl. Gruppen) 2-2560*; (pyrazolringhalt.) 15-2833*; metallhalt. kation. Farbstoffe 17-3006*; Monoazofarbstoff (mit Chinolingruppen) 21-2965*; metallisierbare Azofarbstoffe 24-2664*; Azofarbstoffe für Ni-modifizierte — (mit Pyrazolgruppen) 26-2827*; Reaktivfarbstoffe 26-2832*; Disazofarbstoffe (mit Carboxyphenylgruppen) 39-2820*.

Teppichgarne aus Polypropylen 34-2886.

Identifizier. durch pyrolyt. Gaschromatographie 17-2144.

Polypropylenfasern

s. unter *Polyolefinfasern*.

Polystyrolfasern

Perinaphthazolfarbstoffe für — 15-2848*; opt. Aufheller für — oder Styrol–Olefin-Copolymerisatfasern 29-3208*.

Polytetrafluoräthylenfasern

s. unter *Polyvinylfasern*.

Polyurethanfasern

s. unter *Polyamidfasern*.

Polyvinylfasern

Fortschritte bei — 6-2893; über d. Eig. v. — entscheidende Faktoren 10-2914.

Herst. v. Fasern, Vliesstoffen u. faserförm. Oberflächen aus Vinylacetat/Äthylen-Copolymeren 1-2813; Pfropfpolymerisat. v. Vinylmonomeren an Polyvinylacetale zur Herst. v. Fasern mit verbesserter Färbbark. 2-2754*; vernetzte Fäden aus vinylaromat. Polymeren 10-2932*; Polymere v. Trifluoräthylvinyläther für Fasern 13-2857*; Herst. v. Polyvinylidenfluoridfäden 15-3130*; Modifizier. (chem. u. physikal. Meth.) 19-3072; Schmelzspinnen v. Polyolefine u. Polyvinylverb. enthaltenden Gemischen 19-3092*; stabilisierte Alkylvinylpyridine für Copolymerisate zur Faserherst. 19-3097*; Herst. für Fasern: v. Copolymeren aus 2.2.4-Trimethyl-3-hydroxypentylvinyläther u. anderen ungesätt. Monomeren 21-3097*; v. Copolymeren aus Äthylen u. N-Vinyllactamen 29-3044*; Fasern verbesserter Hitzestandfestigk. aus Polyvinyl- oder Polyvinylidenfluorid 33-3195*; Herst. v. gummielast. Polyolefinen für Fasern durch Emuls.-Polymerisat. v. vinylaromat. Verb. 33-3233*; Verspinnen v. Polyvinylacetat aus d. Schmelze 48-1270; gummielast. Fäden aus Mischpolymeren v. OH-Gruppen enthaltenden Äthylenvinylestern mit Diketenen u. ggf. Monoisocyanaten 48-2741.

Reaktivfarbstoffe d. Phthalocyaninreihe für Polyvinylacetatfasern 6-2690*; Anthrachinonfarbstoffe für — 14-2720*; Reaktivfarbstoffe für Polyvinylacetatfasern 26-2832*; Azofarbstoffe für — 35-2791*; Reaktivfarbstoffe für Polyvinylacetatfasern 41-2885* Monoazofarbstoffe für — 43-2824*.

Polyvinylalkoholfasern

Bldg. u. Eig. 43-3026.

Elastizitäts-Relaxat.-Eig. v. — 2-2736; Abschätz. d. Orientier.-Grades mit Hilfe d. KMR-Meth. 3-1120; Änder. d. Struktur u. Eig. v. — bei therm. Behandl. 4-2474; thermomechan. u. therm. Analyse v. faserbildendem Polyvinylalkohol 7-3003; krist. Ordn.-Zustände v. — 14-1095; Einfl. d. thermoplast. Reck. auf d. Verfestig. u. Hydrophobier. v. — 14-2899; IR-Spektren v. mit Anthrachinon-Aldehyd-Farbstoffen gefärbten — 17-3297; Dehydrat., Ionenaustausch- u. antibakterielles Verh. 18-2883; Thermodynamik d. Deformat. orientierter — 21-3291; Einfl.: d. Polymerisat.-Temp. v. Vinylacetat auf d. Eig. v. — 28-3026; d. morpholog. Struktur auf d. mechan. Eig. v. — 34-2877; Ox.-Potentiale v. — mit Elektronenaustauscherwrkg. 36-1176; elektrokinet. Potential d. — (Zusammenhang mit d. Faserstruktur) 36-2964; Einfl. d. Verfestig.-Beding. auf d. zähelast. Eig. v. — 46-2637.

Herst. für Fasern: v. Polyvinylalkohol aus Vinylformiat 8-2956*; v. N-halt. Polyvinylalkoholderiv. 15-3004*; v. wärmefestem, weißem Polyvinylalkohol 17-3312*; v. Polyvinylalkohol aus Polyvinylacetat (in NH_3-Ggw.) 35-2987; (durch Verseif.) 35-2988; Verseif. v. Polyvinylacetat zu Polyvinylalkohol für d. Faserherst. 35-2993; Wiedergewinn. v. Vinylacetat in d. Polyvinylalkoholherst. für d. Faserherst. 35-2994.

Herst.: v. Fasern aus gepfropften Copolymeren v. Cellulose u. Polyvinylalkohol 6-2894; v. — für chirurg. Zwecke 9-2973; v. — (Fällbad aus wss. Lsg. v. $LiSO_4$ u. oxyäthylierten Polyaminen) 10-2933*; Verspinnen aus Salzbädern 27-3375; Herst.: v. elast. — 30-2867*; v. gut färbbaren — 30-2868*; v. — guter Dimens.-Stabilität u. W.-Löslichk. 30-2869*; Verspinnen v. Polyvinylalkohol 35-2991; Spinnlsg. aus Polyvinylalkohol 35-2992; — mit verbesserter Reißfestigk. 37-3220*; Spinnlsg. v. Polyvinylalkohol 39-3042*; Herst.: v. Fasern aus gepfropften Copolymeren d. Cellulose u. Polyvinylalkohol 42-2696; v. — 42-2708*, 47-3026*.

Pfropfpolymerisat. v. Methylmethacrylat an — 2-2753*; Acetalisier. v. — durch Furfurol 12-2942; Behandl. v. — (Recken, Einw. v. wss. Lsg. u. Acetalisieren) 14-2915*; Vernetz. mit N-Hydroxymethylacrylamid (durch Härt.) 18-1103; (durch feuchtwarme Behandl. unter Druck) 18-1104; Verester. mit $TiCl_4$ 28-3024; Acetalisier. 35-2990; Aminier. v. Halogenderiv. d. – (– mit Ionenaustauschereig.) 36-2965; Modifizier. durch Aufpfropfen v. Vinylpolymeren 36-2966; Dehydratat. v. – 38-3031*; acetylierte – 38-3032*; Einführ. v. Thiolgruppen 39-3022; mit Si-Verb. veresterte – 39-3023; Umsetz. mit Dialkylphosphiten (IR-spektroskop. Unters.) 43-3025; Herst. v. unlösl. – durch Acetalisier. unter gleichzeit. Färben 48-2739*.

Antibakterielle Ausrüst. 12-2927; flammfeste – 13-2973*; Verbesserung d. Haft. v. – an wärmehärtbaren Harzen 19-3068*; Stabilisier. 28-3025; – mit antimikrobiellen Eig. 33-3321; Bleichen 35-2989.

Färben mit thiosulfatoäthylsulfonylgruppenhalt. Farbstoffen 32-2712*; Herst. v. gefärbten – 33-3328*.

Azofarbstoffe 6-2688*; metallhalt. Azoreaktivfarbstoffe 22-2814*.

Verw. v. –: zur Herst. chem. Textilspitzen 15-3103*, 15-3104*, 17-3308*; zur Herst. v. Kationenaustauschermaterial 34-2136*.

Best. d. Erweich.-Punktes v. – in W. 3-3100; thermomechan. u. isometr. Verf. zum Bewerten d. Eig. v. – 23-3311; analyt. Unters. v. Rohstoffen u. Prod. im Herst.- u. Verspinn.-Vorgang d. faserbildenden Polyvinylalkohols 35-2986.

Benzalon

Eig. 25-3246, 34-2876; Herst., Eig. 39-3021.

Vinol

Einfl. oberflächenakt. Stoffe auf d. Elektrisierbark. 5-3031; therm. Verstreck. 16-3028; Identifizier. durch pyrolyt. Gaschromatographie 17-2144; Färben v. – 23-2970; (mit Anthrachinonfarbstoffen) 39-2797; elektrokinet. Potential v. – in Lsg. v. Elektrolyten u. Direktfarbstoffen 51/52-2735.

Vinylon

Anionenaustauschergewebe auf Basis v. – 3-2148; Herst. v. synthet. Spitzen unter Verw. v. – 17-3308*; Papier aus – 23-3430; Pfropf. v. Methylmethacrylat auf – 33-1333.

Polytetrafluoräthylenfasern

Polytetrafluoräthylenemuls. als Spinnlsg. 10-2938*; Herst. v. luftdurchläss. Papier u. Karton aus – 41-3225*.

Polyfen

Formier. 4-2477; Orientier. 28-1130; Kinetik d. thermooxydativen Abbaus 34-2881.

Polyvinylchloridfasern

Darst. u. Eig. d. Fasern aus Polymeren d. Vinylchlorids 3-3104; Entw. auf d. Gebiet d. – 23-3309; – (Übersicht) 37-3202.

Einfl. v. γ-Strahlen auf – 9-2979; rheumalindernde Eig. v. PVC-Gestricken 26-2981; Relaxat.- u. Retardat.-Verh. 32-2861; β-Strahlenabsorpt. in – 40-1926.

Formmassen für Fäden verbesserter Hitzebeständigk. aus Vinylchloridpolymerisaten u. SiO_2 oder Al_2O_3 10-2835*; Mischpolymerisate d. Vinylchlorids für Fasern 14-2825*; krist. PVC für Fasern mit verbesserter Schrumpf. in sd. W. 17-3317*, 17-3318*; wärmefestes Mischpolymerisat aus Vinylchlorid u. Chlorendosäure für Fasern 17-3319*; verspinnbare Lsg. v. nachchloriertem PVC 42-2710*.

Pfropfcopolymerisat. v. Glycidylmethacrylat auf – 10-1118.

Walk-Vliesstoffe aus – (Flächenmasseschwank.) 10-2913; opt. Aufheller (p-Triazinylaminophenylcumarine) 37-3184*; Phosphorylier. v. – 38-3020.

Einfl. d. Bldg.-Beding. auf d. Farbintensität d. – 14-2698; gefärbte – mit hoher Farbintensität durch Färben in Masse 38-3036*.

Reaktivfarbstoffe d. Phthalocyaninreihe 6-2690*; metallhalt. kation. Farbstoffe 17-3006*; Azofarbstoffe 25-2956*; Reaktivfarbstoffe 26-2832*, 41-2885*.

Polyvinylidenchloridfasern

Formmassen für Fäden verbesserter Hitzebeständigk. aus Vinylidenchloridpolymeren u. SiO_2 oder Al_2O_3 10-2835*; Fasern aus Copolymerisaten v. Acrylonitril mit Vinylidenchlorid (stabilisiert) 11-3020*; (wenig verfärbt) 12-2963*; (mit verbesserter Anfärbbark.) 26-2996*; Spinnlsg. v. Acrylonitril/Vinylidenchlorid-Copolymeren 48-2742*.

Chlorin

Modifizier. durch Strahl.-Pfropf. mit Methacrylsäure 39-3026.

Polyvinylidendinitrilfasern

Kation. Farbstoffe für Polyvinylidencyanidfasern 39-2811*; faserbildende Mischpolymerisate aus Vinylidencyanid, hydrolysierbarem Alkylester einer Sulfonsäure u. Monoolefin (leicht anfärbbar) 46-2652*.

Weitere vollsynthetische Fasern

Herst. für Fasern: v. Trioxan/Oxathiazin-Copolymeren 1-2706*; v. Trioxan-Copolymerisaten mit cycl. Äthern u. Diglycid 1-2707*; v. Polyamidin 2-2761*; v. polymerem 1.8-Oktamethylen-1.3.4-oxadiazol 2-2762*; v. polymeren Lactonen 3-2922*; v. Copolymerisaten aus Aldehyden u. cycl. Imiden 4-2349*; thermomechan. u. therm. Analyse v. faserbildendem Poly-(2.6-dimethyl-p-phenylenäther) 7-3003; Fäden: aus Polybutadiensulfonen 7-3031*; aus chloriertem Polybutadien 8-2964*; Herst. bzw. Verw. für Fasern: v. Trithianpolymerisaten 8-2965*; v. Thiazolpolymeren (hitzebeständ.) 9-2795; d. Polymeren u. Mischpolymeren v. 2-imidsubstituiertem Butadien 9-2883*; v. Mischpolymerisaten aus Trioxan u. 1-Thia-3-azacycloalkanen 10-2806*; hochtemperaturbeständ. Fasern auf Basis v. Benzimidazolen, Oxadiazolen, Thiadiazolen, Triazolen u. Thiazolen 10-2916; Verdick.-Mittel aus Polyoxymethylenfasern 12-2956*; Herst. bzw. Verw. für Fasern: v. Copolymeren d. Formaldehyds 14-2808*; v. vernetzten linearen Polyoxymethylenen 14-2809*; v. schmelzbaren Aldolpolymeren aus Dialdehyden 14-2812*; v. Polycyanocyclopenten 14-2822*; v. fluorierten Polymeren mit 1.3.4-Oxadiazolring 14-2823*; v. N-Sulfonylaziridinpolymeren 14-2920*; v. Polybenzimidazolen 15-2998*; Fäden aus Oxymethylenhomopolymerisaten 16-2917*; Herst. bzw. Verw. für Fasern: v. Formaldehyd-Copolymeren mit Dienen 19-2993*; v. Oxymethylencopolymeren 19-2995*; unlösl. Fasern oder Fäden aus Poly-β-lactamen mit ungesätt. Seitenketten 21-3130*; Fasern auf Basis v. Polyhydroxymethylenen 23-3156*; aromat. Polymere für Fasern 23-3168*; Färben v. Polyoxymethylentextilien mit Dispers.-Farbstoffen 27-3075*; Verspinnen v. Polyoxymethylen unter Zusatz v. Styrol 33-3332*; Borimidazolpolymerisate für stabile Fasern 35-2655*; wärmebeständ. Polyhydrazide für Fasern 35-2928*; hochkrist. Polyoxymethylenfasern 35-3002*; Gelier.-Mittel für KW- oder Hydrazintreibstoffe aus Polyoxymethylenfasern 36-3193*; synthet. Faser auf Polyformaldehydbasis 38-3033*; hitzebeständ. Fasern aus Thiazolpolymeren 40-1049; Herst. bzw. Verw. für Fasern: v. Trioxan-Mischpolymerisaten 45-3209*, 48-2556*; v. Poly-1.3-oxaza-2.4-dionen 49/50-2938*; v. Imid- u. Estergruppen enthaltenden Polymeren 49/50-2941*.

Sonstige Kunstfasern

Kautschukfasern

Elast. Fäden aus Naturkautschuk 46-2642.

Proteinfasern

Verbesser. d. Trockenknitterfestigk. v. – enthaltenden Textilien 4-2461*; Azofarbstoffe für – 19-2881*; Herst.: v. Protein/Cellulose-Fasern 19-3101*; v. Fasern aus Misch. v. Viskose mit Nitrilgruppen enthaltenden Proteinderiv. 33-3340*; Azofarbstoffe für regenerierte – 35-2790*; Herst. v. wasserunlösl. Azofarbstoffen auf – 40-2521*; Färben v. Wolle/regenerierte – 45-2926.

Chemikalien, – auf Terpentinöl-Basis 32-2555.

Meth. zur Darst. organ. – 24-1022; Edelmetallkatalysatoren in d. Feinchemikalienindustrie (Übersicht) 42-2290; Reinig. d. – v. Fe-Spuren mit 1.10-Phenanthrolin ohne Verw. v. Red.-Mitteln 27-2086.

Chemikalien als cancerogene Mittel (Übersicht) 19-1324; physikal. Toxizität v. Chemikalien 43-2095, 43-2096.

Analysen v. Arzneimitteln u. – durch IR-Spektroskopie 2-1590, 32-1690, 34-1708, 34-1709, 40-1841, 40-1930, 42-1578 bis 42-1581.

Bibl.: Chemikalienkunde. Eine Stoffkunde mit Grundlagenchemie B 25; Chemikalien. Handbuch in *4* Teilen. Teil *1*. [russ.] B 49; Residue reviews; residues of pesticides and other foreign chemicals in foods and feeds. Vol. *18* B 8; Organic syntheses: an annual publication of satisfactory methods für the preparation of organic chemicals B 19; 'Anala R' standards für laboratory chemicals B 69.

Chemilumineszenz s. unter *Lumineszenz*.
Chemisorption s. unter *Adsorption*.
Chemotherapeutika s. unter *Arzneimittel*.
Chenodesoxycholsäure s. unter $C_{24}H_{40}O_4$.
Cheralith, Krist.-Struktur 37-0285.
Chernovit s. unter *Ittriumarsenate(V)*: $YAsO_4$.
Chervetit s. unter *Bleivanadate(V)*: $Pb_2V_2O_7$.
Chetomin, Hemmwrkg. v. – u. –-Diacetat auf Bacillus subtilis 11-1292.
Chevron RE-5353 s. unter $C_{13}H_{19}NO_3$.
Chevron RE-5655 s. unter $C_{12}H_{16}ClNO_2$.
85 ChF s. unter *Eisen, Schmiedeeisen und Stahl (Sondermarken)*.
Ch 14 G 30 s. unter *Eisen, Schmiedeeisen und Stahl (Sondermarken)*.
Ch 22 G 12 s. unter *Eisen, Schmiedeeisen und Stahl (Sondermarken)*.
30 Ch 10 G 10 s. unter *Eisen, Schmiedeeisen und Stahl (Sondermarken)*.
17 ChG 9 AN s. unter *Eisen, Schmiedeeisen und Stahl (Sondermarken)*.
Ch 12 G 7 AN 5 s. unter *Eisen, Schmiedeeisen und Stahl (Sondermarken)*.
Ch 17 G 9 AN 4 s. unter *Eisen, Schmiedeeisen und Stahl (Sondermarken)*.
Ch 18 G14 AN 4 s. unter *Schmiedeeisen Eisen, und Stahl (Sondermarken)*.
Ch 21 G 7 AN 5 s. unter *Eisen, Schmiedeeisen und Stahl (Sondermarken)*.
35 ChGF s. unter *Eisen, Schmiedeeisen und Stahl (Sondermarken)*.
45 Ch 10 G 14 Ju 2 s. unter *Eisen, Schmiedeeisen und Stahl (Sondermarken)*.
45 Ch 10 G 15 Ju 2 s. unter *Eisen, Schmiedeeisen und Stahl (Sondermarken)*.
35 ChGM s. unter *Eisen, Schmiedeeisen und Stahl (Sondermarken)*.
35 Ch 2 G 2 M s. unter *Eisen, Schmiedeeisen und Stahl (Sondermarken)*.
28 Ch 10 G 8 M 4 s. unter *Eisen, Schmiedeeisen und Stahl (Sondermarken)*.
0 Ch 18 G 8 N 2 T s. unter *Eisen, Schmiedeeisen und Stahl (Sondermarken)*.
Ch 14 G 14 N 3 T s. unter *Eisen, Schmiedeeisen und Stahl (Sondermarken)*.
25 Ch 2 GNTA s. unter *Eisen, Schmiedeeisen und Stahl (Sondermarken)*.
45 ChGR s. unter *Eisen, Schmiedeeisen und Stahl (Sondermarken)*.
55 ChGR s. unter *Eisen, Schmiedeeisen und Stahl (Sondermarken)*.
40 ChGRT s. unter *Eisen, Schmiedeeisen und Stahl (Sondermarken)*.
14 ChGS s. unter *Eisen, Schmiedeeisen und Stahl (Sondermarken)*.
30 ChGSA s. unter *Eisen, Schmiedeeisen und Stahl (Sondermarken)*.
35 Ch 2 GSMA s. unter *Eisen, Schmiedeeisen und Stahl (Sondermarken)*.
12 ChG 2 SMF s. unter *Eisen, Schmiedeeisen und Stahl (Sondermarken)*.
12 Ch G 2 SMV s. unter *Eisen, Schmiedeeisen und Stahl (Sondermarken)*.
30 Ch GSNA s. unter *Eisen, Schmiedeeisen und Stahl (Sondermarken)*.
30 ChGSNAS s. unter *Eisen, Schmiedeeisen und Stahl (Sondermarken)*.
40 ChGSTF s. unter *Eisen, Schmiedeeisen und Stahl (Sondermarken)*.
18 ChGT s. unter *Eisen, Schmiedeeisen und Stahl (Sondermarken)*.
30 ChGVT s. unter *Eisen, Schmiedeeisen und Stahl (Sondermarken)*.
20 ChGWST s. unter *Eisen, Schmiedeeisen und Stahl (Sondermarken)*.
20 ChGWT s. unter *Eisen, Schmiedeeisen und Stahl (Sondermarken)*.
20 ChG 2 Z s. unter *Eisen, Schmiedeeisen und Stahl (Sondermarken)*.
Chibinit s. unter *Rinkit*.
Chicagoblau 6 B s. unter $C_{34}H_{28}N_6O_{16}S_4$.
Chicagoblau extra s. unter $C_{34}H_{28}N_6O_{16}S_4$.
Childrenit, Identifizier. d. PO_4^{3-}-Gruppe in – mit Strychninmolybdat-Reagenz 27-2216.
Chimaerol s. unter $C_{27}H_{48}O_5$.
Chimylalkohol s. unter $C_{19}H_{40}O_3$.
Chinacridon s. unter $C_{20}H_{12}N_2O_2$.
Chinacridonfarbstoffe s. unter *Farbstoffe, organische*.
Chinacrin(e) s. unter $C_{23}H_{30}ClN_3O$.
Chinaldin s. unter $C_{10}H_9N$.
Chinaldinaldehyd s. unter $C_{10}H_7NO$.
Chinaldine s. unter *Chinoline*.
Chinaldinsäure s. unter $C_{10}H_7NO_2$.
Chinalizarin s. unter $C_{14}H_8O_6$.
Chinasäure s. unter $C_7H_{12}O_6$.
Chinazolin s. unter $C_8H_6N_2$.
Chinazoline, – 6-1079, 14-1029; – u. 1.4-Benzodiazepine 28-1091, 30-1566, 31-1172, 34-1072, 48-1200, 49/50-1099.

Vork. v. Chinazolinderiv. bei Pseudomonaden 22-1402.

Darst.: u. Rk. v. 2-[o-Nitrophenyl]-4-anilinochinazolinen 3-1044; v. 4-Hydroxychinazolin-3-oxiden (Fungizide) 7-3100*; v.

4-Amino-6-[amidinophenyldiazoamino]-1-alkylchinazoliniumsalzen (Heilmittel) 10-1692*; v. 4-Phenyl(Alkoxyphenyl)-chinazolin-3-oxiden (Beruhig.-Mittel) 11-1718*; v. 2-Guanidino-- (Bakteriostatika) 11-3084*; v. 4-Hydroxychinazolin-3-oxiden (Fungizide) 12-3073*; v. – (katalyt. Wrkg. v. Diazoalkanen) 14-1026; v. 4-Amino-2-[5-nitrofuryl-(2)]-– 16-1086; v. 4-Hydroxychinazolin-3-oxiden (Fungizide) 18-3022*; v. 4-[N-(β-Dimethylaminoäthyl)-amino]-– (Heilmittel) 19-1902*; v. 2-Guanidino-– (Bakteriostatika) 19-1941*; v. 2-Alkoxy-4-phenyl-– (Beruhig.-Mittel) 22-1839*; v. Chinazolinderiv. 34-2553*; v. Chinazolin-1-oxiden 34-2554*; v. 1.2-di- bzw. 2-substituierten – (Übersicht) 38-1174; v. 6.7-Dimethoxy-– (Heilmittel) 39-1700*; v. Chinazolinderiv. 41-1104; v. Verb. mit Chinazolinkern 44-0917; v. 6-substituierten 2-Alkyl-4-phenyl-– 48-2371*; v. 2-Sulfonyloxymethyl-4-phenylhalogenchinazolin-3-oxiden 51/52-1768*; v. N-substituierten 2.4.6-Triamino-– 51/52-1769*.

^{1}H-NMR-Spektren v. monosubstituierten – 22-0884; MO-Berechn. an – 25-0953.

Ringerweiter. v. – durch Rk. mit starken Basen 37-2803* bis 37-2805*; reversible Addit. v. W. an – (Kinetik) 47-1088.

Verw.: als UV-Stabilisatoren für Kunststoffe (4-Hydroxy-–) 36-2795*; als Insektizide u. Akarizide [Phosphonsäurechinazolyl-(2)-ester] 48-2893*.

Bibl.: Fused pyrimidines. Part *1*: Quinazolines B 51.

Hydrierte Chinazoline

Chinazolone; *Chinazolthione* s. dort.

Darst. v. 1.2-Dihydrochinazolin-3-oxiden 49/50-1099.

Chinazolon s. unter $C_8H_6N_2O$.

Chinazolone, Darst.: v. 3-Phenylchinazolonen-(4) (Heilmittel) 1-1623*; v. 2-Methyl-3-aryl-3H-chinazolinon-(4)-1-oxiden 3-1043; v. 2-Alkylamino-3-alkylchinazolonen-(4) 4-0843; v. Chinazolonen-(4) 4-2178*; v. 1.4-Dihydro-1-hydroxy-4-oxochinazolinen 5-1025; v. 2-tert.-Aminoalkyl-3-alkyl(bzw. aryl- bzw. aralkyl)-halogenchinazolonen-(4) (analget. Sedativa) 9-1693*; v. 3-Amino-3H-chinazolin-4-onen (Heilmittel) 10-1703*; v. 1.2.3.4-Tetrahydrochinazolinonen-(4) (Inhibitoren d. Multiplikat. v. Zellen) 13-1043; v. 7-Chlor-6-sulfamyl-2-alkyl(aralkyl- bzw. halogenalkyl)-3.4-dihydrochinazolonen-(4) (Heilmittel) 19-1903*; v. Chinazolin-4-onen (Heilmittel) 21-1878*; v. Chinazolonhydraziden (Monoaminoxydase-Inhibitoren) 23-1143; v. 1-Dialkylaminoalkyl-1.2.3.4-tetrahydrochinazolin-4-onen (Heilmittel) 24-1787*; v. 2-Methyl-3-aryl-6-sulfamoyl-7-halogen-3H-chinazolonen-(4) (harntreibende Mittel) 25-1858*; v. 1-Phenyl-2-[α-hydroxyalkyl]-1.4-dihydrochinazolinonen-(4) 26-1094; v. 2-Anilino-3-arylchinazolonen-(4) 27-1209; v. 1.2-disubstituierten Chinazolinonen-(4) 28-1081; v. 1-Aminoalkyl-4-oxo-1.2.3.4-tetrahydrochinazolinen (Antihistamine, Sedativa) 30-1696*; v. 3-Heterocycloalkyl(Aryl)-2-methyl-5-chlor-3H-chinazolonen-(4) 30-2528*; v. 2.3.6.8-tetrasubstituierten Chinazolonhydraziden (Monoaminoxydase-Inhibitoren) 31-1169; v. 1-Aryl-1.2.3.4-tetrahydrochinazolindionen-(2.4) 32-1207; v. 2-substituierten 1-tert.-Aminoalkyl-4-oxo-1.2.3.4-tetrahydrochinazolinen (Antihistaminika) 35-1798*; v. 2-substituierten 4-Oxo-3.4-dihydrochinazolinen 37-1172; v. 2-Alkyl(Aryl)-3-[ω-(4-phenylpiperazino)-alkyl] chinazolonen-(4) (Heilmittel) 37-1862*; v. 3-Cyanalkylchinazolin-4-onen (Diuretika) 38-1868*; v. 2-tert.-Aminoalkylalkoxychinazolonen-(4) (Sedativa, Analgetika) 38-1869*; v. 2-Mercaptochinazolonen-(4) 41-1105; v. 2-[2'-Hydroxyphenyl]-chinazolin-4-onen (Fluoreszenzstoffe) 42-2365*; v. halogenierten 2-Methyl-3-o-tolyl]-chinazolonen-(4) 46-1020; v. 3-Aminoalkylchinazolindionen 47-2572*; v. Acetylenderiv. v. 1H.3H-Chinazolindionen-(2.4) 49/50-1100; v. 2-Heterocycloäthenyl-3-alkyl (bzw. aryl)-chinazolonen-(4) (Heilmittel) 51/52-1770*.

Rk. v. 2.3-disubstituierten 3H-Chinazolinonen-(4) mit Peressigsäure 3-1043.

2.3-disubstituierte – als Sedativa 11-1641; antitussive Aktivität v. 2.3-disubstituierten – 13-1632.

Verw. als Heilmittel [2-Äthenyl-3-aryl-(alkyl)-chinazolinone-(4)] 31-1836*.

Chinazolthione, Darst. v. 1.2-disubstituierten Chinazolinthionen-(4) 28-1081.

Chingamin s. unter $C_{18}H_{26}ClN_3$.

Chinhydron s. unter $C_{12}H_{10}O_4$.

Chinid s. unter $C_7H_{10}O_5$.

Chinidin s. unter $C_{20}H_{24}N_2O_2$.

Chinin s. unter $C_{20}H_{24}N_2O_2$.

Chininsäure s. unter $C_{11}H_9NO_3$.

Chinizarin s. unter $C_{14}H_8O_4$.

Chinöstradol s. unter $C_{22}H_{30}O_3$.

Chinol s. unter $C_6H_6O_2$.

Chinolin s. unter C_9H_7N.

Chinoline

Siehe auch *Farbstoffe, organische – Chinolinfarbstoffe.*

Neue Chinolindiol-(2.4)-deriv. 6-1061; Chinolinderiv. 10-1294; 8-Mercapto-– 32-0963; Darst.: v. 4-Hydroxy-– 1-0910; v. Chinaldinen 2-1000; v. 4-Hydroxy-– 5-1020; u. antibakterielle Eig. v. Decamethylen-bis-[(4-substituierten amino)-chinaldinium]-salzen 5-1323; v. 3-Alkyl-2-[naphthyl-(2)]-cinchoninsäuren 6-1059; v. 4-Acyl(Aroyl)-methyl-– 6-1063; v. 4-Hydroxychinolin-3-carbonsäureestern 6-1064; v. 3- u. 6-Amino-– (Antiserotoninwrkg.) 7-1597; v. 8-Hydroxychinolin-5-sulfonsäuren 7-1771*; u. Unters. v. Deriv. d. 2.2'-Bichinolyls 8-1038; v. Chinolylcarboxy-3-indolyl]-alkancarbonsäuren (Antiphlogistika) 8-1673*; v. – aus Nitroverb. 11-1063; aus Oximen v. β-phenyl-α.β-ungesätt. Ketonen 12-0980; v. α.ω-Bis-[4-chinolyl-(4)-piperazino]-alkanen 12-1651*; v. 7-Chlor-4-[4-(tert.-aminoalkyl)-piperazinoalkylamino]-– 12-1652*; v. Chinolinanaloga v. N-Lostverb. 13-1034; v. 8-Hydroxychinolyl-(2)-hydrazonen 14-1024; v. 4-Anilino-– 19-1168; v. 1-Aryllepidiniumsalzen 24-1125; v. O-[8-Chinolyl]-O-alkylthiophosphorsäureesteramiden 24-2957*; v. 4-Amino-– 25-1725; v. 2-Methyl-(β-dimethylaminoäthyl)-3-alkyl-4-hydroxy-6-methoxy-– 26-1085; v. 2-Äthyl(Vinyl)-chinolin-*N*-oxiden 26-1086; aus Oximen v. α.β-ungesätt. β-Phenylaldehyden 27-1199; v. – (Mittel gegen Darmerkrank.) 27-1912*; (Heilmittel) 27-1913*; v. Amino-– 27-2881*; v. Styryl-– 28-2634*; v. 2.4-disubstituierten – 29-1179; aus Alkylanilinen 29-2692; v. halogenierten – 31-1163; v. 1.4-Bis-[chinolyl-(4)-amino]-alkylpiperazinen u. -homopiperazinen 31-1826*; v. 1-Alkyl-2-[(β-sulfo-β-alkyl- oder aryl)-vinyl]-chinoliniumbetainen 32-3137*; u. NMR-Spektren v. Halogen-– 34-0915; v. 4-substituierten Carbostyrilderiv. 34-1081; v. 4-Anilino-8-hydroxy-– 35-1102; v. Chinolyl-(8)-estern v. Disulfonsäuren 36-1080; v. 2-substituierten Chinolin-4-essigsäurederiv. 36-1085; v. – 36-2586*, 36-2587*; v. 5-Methyl-8-hydroxy-– (Amöbizide) 38-1540; v. Halogenphenylchinolyläthern 41-1095; v. 2-Furfurylidenalkyl-– 42-2359*; v. 6.7-Dialkoxy-4-hydroxy-3-chinolincarbonsäureestern 44-1611*; v. Chinolincarbonsäuren 46-1009; v. Sulfanilamidderiv. d. Chinolins 48-1185; aus Nitroverb. 48-1187; v. Chinolyl-(8)-carbaminsäureestern 48-2880*.

Anwend. d. Hammett-Gleich. auf – 11-0946; Halochromie v. Chinolinanaloga d. Chalkons mit Elektronendonatorsubstituenten 23-0907; Bezieh. zwischen Struktur u. UV-Spektrum v. 2-Alkoxy-– 25-0909; Löslichk. v. Chinolinbasen in W. 25-0997; IR-Spektren v. Chinolinanaloga d. Chalkone 31-0934; Oberflächenaktivität 31-1019; NMR- u. UV-Spektren 32-0911; UV-Spektren v. Lepidinen 33-1041; CH-Azidität u. Tautomerie v. 2-Chinolylmethanen 35-0922; elektr. Oberflächenpotential u. Oberflächenspann. v. Chinolyloxyessigsäure-Deriv. 39-0858; polarograph. Red.-Potentiale v. Nitro-– 39-1176; Lumineszenz v. Chinolinolen 48-0811; ESR-Unters. an 4-Nitrochinolin-1-oxid u. verwandten Verb. 48-1047; prototrope Gleichgew. in d. ersten angeregten Singulettzuständen halogenierter Chinolinole-(8) 48-1065.

Desox. v. Aminophenylazochinolin-N-oxiden 3-2792*; mehrzähn. chelatbildende Chinolin-8-aldehydderiv. 5-0752; Rk. v. Hydroxy-– mit 2.3-Dichlor-1.4-naphthochinonen 5-2786*; Chelatbldg. v. Arylazo-8-hydroxy-– mit zweiwert. Metallen 9-1844; Aromatisier. v. Dihydro-– 13-1033; Photolyse v. 2-Methyl-substituierten Chinolin-N-oxiden (Mechanismus) 14-0950; Claisen-Umlager. v. 3-substituierten 2-Alkyl-4-chinolylallyläthern 18-0933; Dechlorier. v. Chlor-– (Kinetik) 25-1051; Verw. als Polymerisat.-Katalysator (quart. Verb. v. Heptaalkyl-–) 27-3195*; Claisen-Umlager. v. 4-Allylchinolyläthern 30-1080; Nitrier. v. 2.3- u. 3.4-Polymethylen-– 30-1082; mehrzähn. chelatbildende Co(III)-Chinolin-8-aldehydderiv. 36-0732; Rk. v. Chinoliniumionen mit Acetylcholin-Rezeptor u. Acetylcholinesterase 40-1461; Dehydrier. v. Trialkyl-– 43-1013; Photo-Umlager. v. methylsubstituierten Chinolin-N-oxiden 48-1186.

Hemmwrkg. v. Styrylchinoliniumverb. auf Monoaminoxydase 5-1601; Anticoccidienaktivität v. 6.7-Dialkoxy-4-hydroxychinolin-3-carbonsäureestern 6-1064; Antiserotoninwrkg. 7-1597; blutdrucksenkende Wrkg. 10-1640; Stoffwechsel v. Verb. d. 4-Amino-7-chlorchinolinreihe 15-1663; Resorpt. u. Stoffwechsel v. 8-Hydroxy-– 22-1693; Pharmakologie v. alicycl. kondensierten Lepidinen 22-1694; Konstit.-Karzinogenität-Bezieh. bei Deriv. v. 4-Hydroxyaminochinolin-1-oxiden 31-1353; Hemmwrkg. v. 4-Amino-– auf d. Replikat. v. X-*174*-Bakteriophagen 34-1375; radiojodierte – als tumorlokalisierende Verb. 39-1190; analget. u. entzündungshemmende Aktivität v. 4-[2-Carbalkoxyphenylamino]-– 39-1582; antibakterielle Wrkg. v. Formyl-8-hydroxy-– 41-1369; durch Acetylcholinesterase katalysierte Hydrolyse v. 1-Methylacetoxychinoliniumjodiden 44-1234; neue Therapeutika aus d. Gruppe d. – 48-1619.

Verw.: als Anthelmintika [2 (bzw. 4)-Styrylchinoliniumverb.] 5-1715*; als Beizinhibitoren (– aus Steinkohlenteerbasen) 7-2409; zur Vertreib. v. Vögeln (Nitro-–) 43-3097*.

Spektrophotometr. Analyse 9-1674; Best. in ammoniakal. Schwelwasser 15-2106; Verteil.-Chromatographie 39-2043; fluorometr. Best. 45-1832, 45-1833; 8-Mercapto-– als analyt. Reagenzien 51/52-1809.

Dihydrochinoline, Darst.: v. 2.2-Dialkyl-1.2-– 17-2803*; v. 7.8-– 17-2805*; v. N-Allyl-1H-chinolonen-(4) 30-1080; v. 7-Hydroxy-2-oxo-1.2-– 39-1694*; Spektrum u. Struktur d. Salze v. N-Methylchinolonen 24-0879.

Tetrahydrochinoline, Darst.: v. 1-Phenyl-4-amino-1.2.3.4-– 1-1618*; v. 1.2.3.4-Tetrahydro-4-alkoxychinaldinen 2-1000; v. 1-Hydroxy-2-oxo-1.2.3.4-– 7-1053; v. 4-Oxo-1.2.3.4-– (Analgetika) 9-1042; v. 2-Oxo-1.2.3.4-– 11-1717*; v. 1.2.3.4-– 29-1178; v. N-Alkyltetrahydrochinaldinsäureamiden 29-1845*; v. N-substituierten 1.2.3.4-– 42-2361*; v. Polymethylen-– 46-1660*.

Chinolinol s. unter C_9H_7NO.

Chinolinrot s. unter $C_{20}H_{16}N_2O$.

Chinolinsäure s. unter $C_7H_5NO_4$.

Chinolizidin s. unter $C_9H_{17}N$.

Chinolizidon s. unter $C_9H_{15}NO$.

Chinolizine, Stereochemie d. cis- u. trans-1-Hydroxy-1-phenylchinolizidine 27-0964; Darst.: v. tricycl. Chinolizidonen-(2) 18-1041; v. Acylionen d. Chinolizidins 37-1166; NMR-Spektren 2-0829, 15-0901; NMR-Linienbreiten v. angularen Methylgruppen in N-Methylchinolizidiniumionen 15-0886.

Chinolon-(4) s. unter C_9H_7NO.

Chinomycin A s. unter $C_{50}H_{60}N_{12}O_{12}S_2$.

Chinomycin B s. unter $C_{52}H_{64}N_{12}O_{12}S_2$.

Chinomycin C s. unter $C_{54}H_{68}N_{12}O_{12}S_2$.

Chinomycin D s. unter $C_{51}H_{62}N_{12}O_{12}S_2$.

Chinomycin E s. unter $C_{53}H_{66}N_{12}O_{12}S_2$.

Chinon s. unter $C_6H_4O_2$.

Chinon vom F. 245–250° (Zers.), Darst. aus 2.9-Dimethylpicen 23-1111.

Chinondiazide, Darst.: v. isomeren Naphthochinondiazidsulfochloriden 33-2834*; v. 5-substituierten Naphthochinon-[1.2]-diaziden-[2] 48-3033*; Rk. v. o-–: mit Arylhydrazonen 14-0807; mit β-Aminocrotonsäureäthylester 30-1071; mit Keten 36-2578*; Verw. zur Herst. v. lichtempfindl. Druckplatten (o-Naphtho-–) 51/52-3004*.

Chinone

Anthrachinone; *Benzochinone*; *Chinondiazide*; *Chinonimine*; *Chinonmethide*; *Chinonoxime*; *Naphthochinone*; *Plastochinone* s. dort; Semi-– s. unter *Radikale.*

– 7-1017; perikondensierte o-– 8-1000; polymere – 8-1100; zur Kenntnis d. o-– 14-0998, 30-0910 bis 30-0912; Chinonthioäther 51/52-1255.

Vork. bzw. Geh.: in d. blaugrünen Alge Anacystis nidulans 4-1118; im Pigmentprotein v. Spinatchloroplasten 6-1172; in d. Chloroplasten v. Tabakblättern 14-1389; im Kernholz v. Mansonia altissima 17-3428; in Myxophyceae 20-1427; in Chloroplasten u. blaugrünen Algen 21-1571; in Dianella revoluta u. Stypandra grandis 28-1103; in d. Erbsenpflanze 29-1572; in Acetobacter xylinum 47-1428.

Darst. v. halogenierten p-– 3-2632*; Bldg. bei Pflanzen mit verschiedener Strahlenempfindlichk. 5-1342; Biosynth. in Euglena gracilis var. bacillaris 10-1373; Darst. aus 2.4.6-Tri-tert.-alkylphenolen 11-2563*; Bldg. v. Hydroxyaryl-– durch Addit. v. Phenolen an Chinone 14-0993; Darst.: v. 3-Formyl- u. 3-Alkanoyl-4.5-indolo-– 15-2692*; v. Kumulen-– 24-1101; v. Pentacen-5.14.7.12-di-– 29-2774*; v. Heptacen-6.17.8.15-di-– 29-2775*; u. Eig. v. o-– mit elektrophilen Substituenten 30-0910; Bldg. aus einwert. Phenolen mit Kaliumnitroso-bis-sulfat (Mechanismus) 30-0930; Darst. v. Dipheno-– 31-2835*; Bldg. v. Perylen-– in etiolierten, mit Cladosporium cucumerinum infizierten Gurkensämlingen 33-1623; Darst. u. Rk. v. Pentacendi-– 37-2955*; Einbau v. Methionin in — durch Hevea brasiliensis-Latex 48-1520; Darst. u. Verw. v. Chinonaldehyden 49/50-1753*.

Polarograph. u. spektroskop. Unters. v. Chinongleichgew. 10-0924; Elektronenspektren v. o-— 16-0868; Krist.-Daten v. α-Hydroxy-— mit intramol. H-Bind. 30-0886; IR-Spektren 32-0902; Thermochemie v. 2-Amino-p-— 34-0871; polarograph. u. photoaktivierte Red. 35-0935; MO-Deut. d. C=O-Valenzfrequenzänder. in — durch Bldg. v. Lad.-Übertrag.-Komplexen 42-0756; Adsorpt. an Aluminiumoxid u. Alumosilikatkatalysatoren 42-0824; Phosphoreszenzbanden 47-0796; Krist.- u. Mol.-Struktur v. Hydroxy-— u. deren Salzen. (*1.* bis *5.* Mitt.) 48-1007 bis 48-1011; Elektronenspektren v. Acen-— 51/52-0722.

Katalyt. Wrkg. v. o-— 1-0878; Protonenübertrag. während d. Rk. angeregter Zustände v. — 3-0959; Synth. v. Steroid-$\Delta^{1,4,6}$-trien-3-onen mit Hilfe v. — mit hohen Potentialen 3-1081; Rk.: mit Acetessigester 6-1043; mit Enaminen 10-2565*; Einw. v. Enaminen auf — 11-1048, 11-1049; Einführ. v. Formylalkylgruppen in — 13-0999; Rk.: mit Phenolen 14-0993; zwischen — u. Carbonylverb. — katalysiert durch Al-Oxid 17-1077; Bldg. v. festen Lad.-Übertrag.-Komplexen mit kanzerogenen u. verwandten nichtkanzerogenen Elektronendonatoren 22-1297; Addukte aus — u. Diazoalkanen 23-1123; Photoaddit. v. p-— an Olefine 23-2843*; Dehydrier. v. Steroiden mit — 24-1159; Rk. mit Tropoiden 29-1128; Red. v. 12-Nitronaphthindolizin-— 31-3065*; Rk. v. Chinonen in DMSO (polarograph. Unters.) 35-0509; Unters. d. Tautomerie v. methylsubstituierten — (Frage d. Chinonmethidzwischenstufen bei d. oxydativen Phosphorylier.) 36-1185; Rk. mit HN_3 40-0987; Photochemie v. p-— 43-0837; lichtinduzierte Rk. bei — 45-1010; nucleophile 1.2-Addit. an d. Carbonyl-Gruppe v. p-— 45-1082; — als Katalysatoren bei d. H-Übertrag. v. Dihydronicotinamidadeninnucleotid-Modellverb. auf organ. Einelektronenakzeptoren 46-0835; Ferrocyanid-Red. v. — (Kinetik) 47-1048; Red. v. polycycl. — zu KW-Stoffen mit Al-Cyclohexanolat 48-1155; Dehydrier. v. Acenaphthen durch — 51/52-0848.

Wrkg. auf d. Pflanzenwachstum 3-1364; — u. Hydrochinone als Inhibitoren d. Lipidperox. 11-1501; Lösch. d. Chlorophyllfluoreszenz in Algen u. Chloroplasten durch — 18-1367; Photored. v. — durch isolierte Spinat-Chloroplasten 25-1520; Wrkg. v. p-— u. Vitamin E u. K im tier. Organismus (Übersicht) 41-1561; Einfl. auf d. Prolin-Hydroxylier. in Hühnerembryonen 43-1264.

Verw.: zum Vernetzen v. Polyolefinen 18-2960*; zum Dehydratisieren oder Dehydrieren v. organ. Verb. u. Isomerisieren v. Olefinen (Polyacen-—) 31-2733*; in Schmieröl zur Verminder. d. Belags v. silberhalt. Metallen 35-2744*.

Farbrk. zum Nachw. v. o-— d. Phenanthrenreihe 8-1930; Verw. zum Nachw. u. zur Best. v. CN^- 11-1895; Papierchromatographie v. polycycl. — 22-2132; Mikrobest. v. Hydroxy-— in roten Lackfarben 28-2132.

Chinonimine, Darst. v. o- u. p-Chinonmethidiminen 47-1183; Hydrolyse v. p-Benzochinonmonoiminen 29-0994; Verw. zur Vulkanisat. v. Poly-α-olefinen 19-2954*.

Chinoniminfarbstoffe s. unter *Farbstoffe, organische.*

Chinonmethide, Darst. v. stabilen o-Chinodimethanen 13-1021; Bldg. aus Hydroxybenzylalkoholen u. -äthern 27-1161; Synth. v. o- u. p-Chinonmethidiminen 47-1183; Polymerisat. d. — 2-1087; photosensibilisierte Addit. v. Phenolen an — 49/50-1013.

Chinonoxime, Isomerie v. Benzochinonmonoximen 30-0887, 30-0888; Verw. als Boden- u. Saatgutfungizide (methylsubstituierte 1.4-Benzochinonmonoxime) 20-3021*.

Chinophthalon s. unter $C_{18}H_{11}NO_2$.

Chinosol s. unter C_9H_7NO.

Chinovasäure s. unter $C_{30}H_{46}O_5$.

Chinoxalin s. unter $C_8H_6N_2$.

Chinoxaline, Chinoxalinderiv. (Chinoxylin-N-oxide) 17-1095; Unters. in d. Chinoxalinreihe 26-1097, 26-1098; Chinoxalinderiv. 49/50-1104, 49/50-1105.

Darst.: v. Pyrido- u. Pyridylderiv. v. Chinoxalin 2-1012; v. — (neue Synth.) 3-1045; v. S-2-Chlorchinoxalinyl-(3)-thio-(di- u. trithio)-kohlensäureestern (Akarizide) 3-3196*; v. — 5-1024; v. Deriv. d. 2-Nitromethylchinoxalins 7-1060; v. 2.3-disubstituierten — 9-1050; v. N-substituierten 2.3-Dichlorchinoxalin-6-sulfonamiden (Fungizide) 11-3082*; u. färber. Verw. (2.3-Dihalogenchinoxalincarbonsäure-[(N-alkyl bzw. hydroxyalkyl)-farbstoffamide])12-2696*; (1-Hydroxy-2-{[chinoxalinylamino] - 2′ - sulfophenylazo}-7-phenyl-(naphthyl)-azo - 8 - aminonaphthalinsulfonsäuren) 14-2717*; (metallhalt. 2-[Halogenchinoxalinoylamino]-5-hydroxy-6-[arylazophenyl(naphthyl)-azo]-naphthalin-4.8-disulfonsäuren) 14-2716*; (1-Amino-4-[triazinyl(pyrimidyl bzw. chinoxalinyl) - aminoalkylanilino] - anthrachinon 2(2.x-di)-sulfonsäuren) 15-2843*; v. 2.3-Dimercaptochinoxalin-Deriv. (Herbizide) 25-3346*; v. N-substituierten 3.6-Diamino-2-chinoxalincarboxamiden (Tranquillizer) 26-1782*; v. 3.6-Diamino-N-[2.2-dialkoxyäthyl]-2-chinoxalincarboxamiden (Heilmittel) 26-1783*; u. färber. Verw. v. Cu-halt. 1-Hydroxy-2-{x-hydroxy-x′-[chinoxalinoyl bzw. chinoxalinsulfonylamino]-naphthylazo} - 6 - nitronaphthalinsulfonsäuren 29-2957*; v. 5.8-Dihydroxy-— 30-1089; v. strukturisomeren — 31-1170; v. nitrosubstituierten 2.3-Dichlor-— (Bakterizide, Fungizide) 33-3432*; v. 2-Halogen-3-mercaptochinoxalinderiv. (Milbenbekämpf.-Mittel) 49/50-3079*.

NMR- u. UV-Spektren 32-0911; Mol.-Polarisierbark. 51/52-0701.

Elektronendichte u. Reaktivität v. Chinxaolincarbonsäuren u. -estern 4-0704; Rk. v. Halogenchinoxalinsulfonsäurehalogeniden 12-2695*.

Chemotherapeut. Aktivität d. Acetoxymethylabkömmlinge v. Chinoxalin-bis-(N-oxid) 3-1578; Verw. v. halogenierten Methoxynitro-— in Anstrichfarbstoffen 28-3107*; Stabilisier. v. Polyolefinen durch — 8-2777*, 9-2825*, 10-2792*; Verw. zur Beeinfluss. d. Pflanzenwachstums (2.3-Bis-[guanylmercapto]-—) 4-2588*.

— als analyt. Reagenzien 18-1865; Best. v. aromat. Glyoxalen als — 40-1848.

Hydrierte Chinoxaline. Herst.: v. 2-n-Alkyl-3.4-dihydro-3-oxo-— u. deren 1-Oxiden 5-1024; v. 2-Oxo-1.2.3.4-tetrahydro-— 34-2555*; v. 1.2-Dihydro-— (Diuretika) 51/52-1772*.

Chinuclidin s. unter $C_7H_{13}N$.

Chinnuclidine, Darst., Rk. v. N-Acyloxysalzen 33-1267.

Chinuclidon-(3) s. unter $C_7H_{11}NO$.

Chiolith, Zustandsfeld v. —, $Na_5Al_3F_{14}$, im Syst. NaF/AlF_3 1-0559; Verw. zur Al-Elektrolyse 22-2556*.

Chirurgie

Blutersatz s. unter *Physiologische Lösungen*; *Anästhesie*, *Chirurgisches Nähmaterial*, *Sterilisation*; *Verbandsmaterial* s. dort.

Tieftemp.-Entspann. für Implantate 6-2288; Elg.: v. Co- u. Co-Pt-Leg. für Implantate im Menschen 6-2293; v. Ti für chirurg. Implantate 6-2297; Korros. v. Implantaten 6-2364; Lsg. zum anod. Ätzen v. chirurg. Nadeln 26-1518*; Zus. einer Haftfolie für chirurg. Zwecke 33-1966*.

Bibl.: Plastics in surgery B 55.

Chirurgisches Nähmaterial, Verwendbark. v. Plasten als — (tierexperimentelle Unters.) 1-1596; chem.-therm. Verf. zur Sterilisat. v. *Katgut* 3-1713; Herst. v. opt. akt. Lactiden zur Herst. v. als — dienenden Polymerisaten 3-1797*; Kontrolle d. Technologie d. *Catgut*-Herst. vom mikrobiolog. Gesichtspunkt 8-1642; Herst. v. Polyvinylalkoholfasern für chirurg. Zwecke 9-2973; Gerb. v. Kollagenfäden als — 13-1727*; Verw. v. α-Cyanacrylsäurederiv. als — für lebendes Gewebe 28-1827*; Herst. v. — aus einem Polyhydroxyessigsäureester 34-1767*; Verw. v. Polyhydroxyessigsäureester vom Molgew. *10000—100000* als — 43-1757*; Sterilitätsprüf. v. *Catgut* 47-1760.

Chitin, Komponente d. Hyphen-Wände v. Neurospora crassa 7-1273; Geh. d. Zellwand: v. Aspergillus 40-1322; einer Griseofulcin-produzierenden Spezies v. Penicillium 51/52-1357; — bei Tunikaten 22-1509; Vork. in d. Eischalen d. Kartoffelzystennematode Heterodera rostochiensis 44-1382; Synth.: durch Partikelpräp. v. Allomyces macrogynus 10-1260; in Sporen u. wachsenden Zellen v. Blastocladiella emersonii 48-1381; Bind.: d. β-Fructofuranosidase an — in Ascosporenzellwänden 5-1296; an Lysozym 37-1415; Assoziat. zwischen — u. Protein in —-halt. Geweben v. Insekten 6-1406; Best. d. Abbaus im Boden durch Ermittl. d. freigesetzen CO_2 24-2915.

Chitosan, Methylier. 26-1103; Verw.: zur Herst. v. Anionenaustauscherharz 23-2352*; für hochmol. Farbstoffe 25-2971*; Kolloidtitrat. mit Glycol-— zur Überwach. d. Dosier. v. Koagulanten 43-2001.

0 Ch 23 Ju 5 A s. unter *Eisen, Schmiedeeisen und Stahl (Sondermarken).*

0 Ch 27 Ju 5 A s. unter *Eisen, Schmiedeeisen und Stahl (Sondermarken).*

2 Ch 13 L s. unter *Eisen, Schmiedeeisen und Stahl (Sondermarken).*

Chiopinit s. *Euxenit.*

Chlor

Vorkommen, Gehalt

—-Verlust krist. u. glas. silicat. vulkan. Gesteine 1-0753; Nachw. v. — in zwei Pantelleritproben mit d. Mikrosonde 2-0745; Verteil. v. — in terrestr. Gesteinen 3-0773; Vork. u. Best. v. — in extraterrestr. Böden (Surveyors Mondaufgabe) 5-0777; geometr. Unters. v. — in vulkan. Gasen 8-0761; Vork. v. — im antarkt. Schnee 10-0811; Herkunft v. Cl^- in d. Wässern d. quart. Ablager. Südestlands 12-0748; Best. v. — in Gaseinschlüssen in Mineralien 14-0777; Einfl. v. Cl^- in d. Atmosphäre auf d. Fallout *1964—1966* 15-0834; — in Meteoriten u. Tektiten 16-0764; — in Sternspektren 20-0770; Best.: v. Cl^- in W. aus bituminösen Kohlenminen in Nord-West-Virginia 22-0798; v. — in d. Thermalwässern v. Rotorua 23-0868; Linien v. — im Kosmos 25-0842, 25-0843; Best. v. Cl^- in d. Grundwässern im Snamjanki-Gebiet (Ukrain. Schild) 29-0869; globale Verteil. v. — in marinen Aerosolen 30-0819; — im Kosmos 35-0785; — im Mondmaterial (Surveyor V) 35-0830; Kation/Chlor-Verhältnisse in Meerwasser 38-0793; Verteil. v. — in terrestr. Gesteinen 38-0802; Diffus. v. — in d. Sonne 40-0672; durch Höhenstrahlen erzeugte Radionuklide ^{34m}Cl, ^{38}Cl u. ^{39}Cl als Tracer für atmosphär. Nd.-Prozesse 40-0708; Best.: v. Cl^- in d. Grundwässern einiger Hg-Sb-Lagerstätten Mittelasiens 43-0722; v. ^{36}Cl in d. Chondriten Peace River u. Harleton 45-0723; Korrelat. v. Cl- u. SO_4-Ionen in natürl. Wässern 45-0748; Linien v. — im Kosmos 51/52-0604; zeitl. Änder. d. Cl^--Ionengeh. im Regen 51/52-0675; Einfl. d. —-Anreicher. im Boden auf d. Nucleinsäureumsatz in d. Pflanze 51/52-1421.

NO_3^--, SCN^-- u. ClO_2^--Clearance in Bezieh. zur Cl^--Clearance 1-1465; Geh. v. Cl^-: in Blut u. Gewebe (bei Lungenödem nach Diphosgen u. Adrenalin) 2-1370; d. Muskelzellen d. Taenia coli d. Meerschweinchens (Wrkg. v. Ouabain) 3-1672; Cl^--Ausscheid. im Harn (Einfl. v. Hydrochlorothiazid) 3-1678; (Einfl. v. Furosemid) 3-1679; (Wrkg. v. Wy-5256) 5-1662; Cl^--Konz. im intra- u. extrazellularem Raum bei d. Ratte 5-1477; Cl^--Geh. im Gewebe v. Ratten (akute Wrkg. v. A.) 7-1587; Ausscheid. v. Cl^-: durch d. Nieren (Wrkg. v. Glucagon) 10-1443; bei Schafen, Rindern u. Kamelen (Einfl. v. Vasopressin) 12-1421; simultane Best. d. Membranpotentiale u. d. intrazellularen —-Ionenkonz. in Nervenneuriten 12-1552; Cl^--Geh. d. Magensaftes (Bezieh. zur Azidität u. Einw. v. Reizstoffen) 13-1403; intrazelluläres Cl^- in Nervengewebe (Rk. auf Glutamat) 14-1531; normaler Cl^--Geh. im Blut (statist. Analyse) 15-1563; Cl^--Geh. d. Blutes v. Kranken nach d. Operat. unter Thiopental-A.-Narkose 15-1704; Konz. v. Cl^- im Blut v. Peripatopsis moseleyi 16-1557; Geh. an Cl^- in d. Schleimhaut d. Rinderpansens 18-1518; Cl^--Ausscheid. bei d. nicht narkotisierten Hund 19-1831; Serum- u. Gewebe-Cl^- d. Ratte (Einfl. v. Diuretika) 19-1833; Cl^--Ausscheid. (Wrkg. v. N-[4-Chlor-3-sulfamoylbenzolsulfonyl]-N-methyl-2-aminomethyl-2-methyltetrahydrofuran) 19-1836; Exkret. v. Cl^- durch d. Niere (Wrkg. v. Adenosinderiv.) 23-1742; Cl^--Ausscheid. bei Mutterschafen (Einfl. v. Arginin-Vasopressin u. Lysin-Vasopressin) 27-1621; Konz. an Cl^- in Branchialepithel u. -Lymphe v. Austropotamobius pallipes (Lereboullet) 28-1554; Cl^- im Harn beim Huhn im Moment d. ersten Eiablage 32-1639; Cl^--Ausscheid. beim Hund nach Einw. v. Ca-Ionen 33-1872; Auslsg. v. Cl^--Ionen-Verlust durch Diuretika (Pathogenese u. Ersatz) 35-1725; Cl^--Konz. in Ehrlich-Asziteskarzinomzellen u. -Fl. 38-1337; Cl^--Standardwert d. Blutes d. Maus 38-1646; Cl^--Geh. in Froschhautausscheid. 43-1382; Korrelat. zwischen d. Azidität u. d. Cl^--Geh. d. an d. Körperoberfläche sezernierten menschl. Schweißes 44-1402; Cl^--Ausscheid. beim Schaf (Einfl. v. Arginin-Vasopressin) 47-1573.

Bildung, Darstellung

Bezieh. zwischen Deacon-Verf. u. Oxychlorier. 1-2053; Herst. durch Elektrolyse 3-2249*; Bldg. v. instabilem Cl_2^- 6-0696; Herst.: an Graphitanoden 7-2137; mit HCl + O + V-, Ce-, Mo-, Ag-Katalysator 7-2151*; durch NH_4Cl-Zers. 8-2134*; durch NaCl-Elektrolyse 9-2191*; durch Ox. v. HCl mit HNO_3 11-2159*; mit Alkalicarbonat 11-2160*; v. — u. NH_3 aus NH_4Cl 14-2183*; kinematograph. Unters. d. anod. —-Entw. (Verdampf.) in Salzschmelzen u. wss. Lsg. 17-2263; Herst.: aus NH_4Cl im Kreisprozeß 17-2274*; aus Cl-KW-Stoffen 17-2275*; aus HCl u./oder NH_4Cl 18-2186*; Bldg. v. Cl_2 bei d. Rk. v.

ClF_3 mit überschüss. UO_2F_2 20-0743, 26-0783; elektrolyt. Herst. v. – aus HCl 26-2295*; Herst.: aus HCl 28-2281*; durch Rk. v. NH_4Cl oder HCl mit MgO 29-2334*; aus HCl u. O_2 mit Katalysatorgemisch 33-2426*; Einfl. d. Temp. auf d. Cl-Ausb. bei d. Radiolyse v. HCl-Lsg. 34-0795; Herst.: durch Rk. v. $NaClO_3$, NaCl, H_2SO_4 u. W. 37-2391*; aus Alkalimetallchlorid u. -chlorat 37-2392*; Schaumbldg. bei d. elektrolyt. Gewinn. v. – 37-2446; Gewinn. v. – bei d. Entfern. v. SO_2 aus Abgasen 39-2277*; Bldg. v. Cl_2: durch Düsenfluorier. v. ClCN 40-0594; aus NaCl in Ggw. v. V_2O_5 41-2309*; bei d. Rk. v. ClF_3 mit W. 43-0577; durch katalyt. Ox. v. HCl 43-2256; durch photochem. Zers. v. Nitroniumperchlorat 44-0662; Herst.: v. NOCl-freiem – aus HCl unter Verw. v. $Mg(NO_3)_2$-Lsg. 45-2343*; v. – u. H_2SO_4 aus HCl u. SO_3 in Ggw. v. V_2O_5 als Katalysator 45-2347*; katalyt. Verarbeit. v. HCl zu – 47-2188*; Herst. v. – durch Ox. v. gasf. HCl mit HNO_3 49/50-2156*.

Unfallgefahren in elektrolyt. – -Anlagen (Übersicht, NaCl-Elektrolyse) 7-2222.

Anreicher. v. ^{37}Cl durch Elektrolyse v. geschmolzenem $PbCl_2$ 3-2215; Entfern. aus über *500°* heißen Elektrolysezellen 13-2145*; Glasfasergewebe als Filtermaterial für d. Staubabscheid. aus – 14-2095; Absorpt. v. Cl^- bei d. C/H-Best. in Pyrolyse-Prod. 17-2060; Entfern. v. – aus $TiCl_4$ 29-2358*; Reinig.: v. – -Gas durch UV-Bestrahl. 31-2352*; v. fl. – mittels Bett aus SiO_2 u. Ca-Silicat 32-2248*; Mikrodest. zur Abtrenn. v. Mikromengen Cl^- aus Pu-Verb. u. U-Lsg. 41-2037; Papierchromatographie: v. Cl^-/PO_4^{3-} mit Ameisensäure-halt. Lsgm.-Syst. 42-1802; v. Cl^- 45-2067; elektr. – -Gasentnebel. 45-2330.

Fördern v. fl. – mit Spaltrohrmotorpumpen 11-2117; Rückgewinn. aus Cl-KW-Stoffen 19-2400*; Verflüssig.: v. H-halt. komprimiertem – -Gas 20-2185*; v. – 26-2296*; Trocknen v. – mit H_2SO_4 34-2249*.

Physikalisches und physikalisch-chemisches Verhalten

Abs. Wrkg.-Querschnitt v. $^{39}K(n, \alpha)^{36}Cl$ für *2,46*-MoV-Neutronen 2-0047; μ^--Übergangsenergien (2p–1s) in – -Atomen 5-0046; Erzeug. v. ^{36}Cl in Chondriten durch d. solare kosm. Strahl. 6-0774; Resonanzen in $^{36}S(p,\gamma)^{37}Cl$ 11-0076; Koinzidenzunters. v. $^{39}K(n,\alpha\gamma)^{36}Cl$ 11-0078; Dreifach-p$\gamma\gamma$-Korrelat. bei d. Rk. $^{34}S(p, \gamma)^{35}Cl$ 21-0050.

Energie v. ^{35}Cl beim Austritt aus einem 2-Stufen-Beschleuniger 3-1906; Isobarenanalogzustand mit $1f_{7/2}$-Konfig. in ^{37}Cl 4-0027; Negatronenspektrum v. ^{36}Cl 5-0088; Quantencharakteristik d. Niveaus bei *3,01* u. *2,65* MeV d. ^{35}Cl-Kerns 6-0035; tiefliegende Niveaus d. ^{37}Cl-Kerns 6-0037; Energiespektrum v. ^{38}Cl 6-1863; *3,16*-MeV-Niveau v. ^{35}Cl 10-0032; Paritäten v. Zuständen in ^{33}Cl 12-0025; $^{34}S(p, \gamma)^{35}Cl$-Rk. u. ^{35}Cl-Energieniveaus 15-0059; Kernparameter aus d. Mess. d. β-Spektrums v. ^{36}Cl 16-0038; $1f_{7/2}$- u. $2p_{3/2}$-Zustände in $^{33,35,37}Cl$ 18-0005; Kernniveaus v. – -Isotopen 22-0006; Analyse v. – -Wellenfunkt. durch direkte Rk. 25-0042; Kernniveaus v. ^{37}Cl im Bereich d. Anreg.-Energie v. *10,4* bis *10,6* MeV aus $^{36}S(p, \gamma)^{37}Cl$ 27-0010; Best. v. Misch.-Parametern bei nuklearen Strahl.-Übergängen in ^{36}Cl 28-0011; ^{35}Cl u. d. Kombinat.-Modell 30-0018; β-Zerfall v. ^{34}Cl 31-0019; Positronenemiss. aus ^{34}Cl 32-0021; Lebensdauer d. *3,163*-MeV-Niveaus v. ^{35}Cl 37-0011; Masse u. Zerfall v. ^{32}Cl u. T = *0*-Analogzustände 39-0016; ^{35}Cl-Niveaus; Isobarenanalogzustände in ^{35}Cl 41-0010; Durchgang v. β-Teilchen aus unendl. dicken ^{36}Cl-Quellen durch Al 46-0008; pion. *3d*–*2p*-Übergänge in – 47-0014; β- u. γ-Mess. beim Zerfall v. ^{38}Cl 51/52-0011.

Lad.-Austausch v. abgebremsten π^--Mesonen an ^{35}Cl 3-0023; Energieniveaus v. ^{38}Ar aus d. Rk. $^{37}Cl(p, \alpha_0)^{34}S$ 4-0028; $^{37}Cl(p, \gamma)^{38}Ar$ 11-0077; γ-Strahlen aus Wechselwrkg. v. *14,7*-MeV-Neutronen mit – 13-0075; (p, γ)-Rk. bei *0,3–2,1* MeV an – 13-0080; angeregte Niveaus ungerader Parität bei $^{37}Cl(p, \gamma)^{38}Ar$ 16-0022; ^{37}Cl-Experiment zur Best. solarer Neutrinos 20-0786; Ausb. d. (γ, n)-Rk. an ^{35}Cl 23-0052; Strahl.-Einfang schneller Neutronen durch ^{37}Cl 24-0051; (n, d)-Rk. an ^{35}Cl bei *14,4* MeV 25-0027; Kernstruktureffekte in (π^+, 2p)-Rk. an – 28-0002; $^{37}Cl(p, \gamma)^{38}Ar$-Resonanzen bei Ep = *1,0–1,8* MeV 30-0003; Rk.-Mechanismus d. Grundzustandsrk. $^{35}Cl(d, 2p)^{35}S$ bei *14,5* MeV u. $^{35}Cl(d, 2\alpha)^{29}Si$ bei *9,0* – *12,0* MeV 31-0017; Lebensdauermess. in ^{38}Ar aus $^{35}Cl(\alpha, p\gamma)$ bei E = *5,9* u. *10,5* MeV 32-0002; Rk. v. Positronen mit Cl_2 34-0007; Rk.-Mechanismus für Stöße v. Myonium mit – 35-0011; $\gamma\gamma$-Richt.-Korrelat. in $^{35}Cl(n, \gamma)^{36}Cl$ 35-0032; Einfangrate pro ^{37}Cl-Atom für solare Neutrinos; bei $^{37}Cl(d, ^3He)^{36}S$ beobachtete Niveaus positiver Parität in ^{36}S 40-0002; Absolutmess. d. kohärenten Streulängen v. – für freie Neutronen mit d. Schwerkraft-Refraktometer am FRM 41-0012; Unters. d. Rk. $^{35}Cl(p, \alpha_0)^{32}S$ mit hoher Auflös. 47-0012; $^{37}Cl(^3He, \alpha)^{36}Cl$ 51/52-0010.

Einfl. v. – auf d. Emiss.- u. Absorpt.-Spektren v. CdSe u. CdS-Krist. 1-0372; Spektrum d. freien – -Atoms 5-0116; Emiss.-Spektrum v. Cl_2^+ 5-0121; Kinetik d. Emiss.-Spektrums d. – -Nachleuchtes 7-0120; Vgl. d. ^{35}Cl-NQR-Relaxat.-Zeiten v. $NaClO_3$· $KClO_3$, $Ba(ClO_3)_2·D_2O$ u. $Ba(ClO_3)_2·H_2O$ 7-0341; NQR v. ^{35}Cl in Hexahalogenrhenaten(IV) 9-0143; KK-Kante u. – -Kante in KCl 10-0314; ^{35}Cl-NQR in festem Cl_2 10-0342; Fluoreszenz-Emiss.-Spektren v. ZnS:Ag(Cl) 12-0344; Spektrallage d. Kα-Satelliten 13-0129; relative Intensität d. Kα-Satelliten u. chem. Bind.-Unters. an – 13-0130; NQR d. mol. Beweg. u. zwischenmol. Kräfte in festem – 13-0353; Oszillatorstärken d. UV-Resonanzlinien v. Cl VIII 17-0112; K-Absorpt.-Spektren d. – in Alkalimetallchloriden 17-0355; Theorie d. Röntgensatelliten bei Cl^- 18-0092; Unters. v. Pentachlorphenylquecksilberderiv. durch NQR v. ^{35}Cl 21-0141; durch Verunreinig. induzierte Absorpt. im fernen IR in d. Phononenlückenbereichen v. KJ:Cl, KBr:Cl 27-0382; Übergänge innerer Schalen in Ca XII, XIII, XIV u. in isoelektron. Ionen v. – in Plasmen, d. durch Laserstrahl. erzeugt werden 28-0065; IR-Spektren v. Nitratfilmen mit Cl^--Zusatz 29-0360; Temp.-Abhängigk. d. NQR-Frequenz v. ^{35}Cl in $KClO_3$ zwischen *12* u. *90* °K 31-0362; Einfl. d. Probeneinh. auf d. NQR-Frequenz v. ^{35}Cl in $KClO_3$ 31-0363; ^{35}Cl- u. ^{37}Cl-NQR in gewöhnl. u. deuteriertem $KH(CCl_3COO)_2$ u. $NH_4(CCl_3COO)$ 31-0369; NQR: v. ^{35}Cl in $(NH_4)_3·[InCl_5H_2O]$ 35-0332; d. – -Kerne in NaCl 38-0360; NQR-Frequenz v. ^{35}Cl in $KClO_3$ 39-1888; Absorpt.-Serien zwischen *600* u. *1500* Å u. Ionisat.-Potentiale v. atomarem – 41-0053; matrixisolierte Rk. v. C-Atomen mit – 41-0244; Best. d. Spektren aus Bogenentlad. in – 42-0078; NQR d. – im symm. Wasserstoffdichloridion v. $(C_2H_5)_4·NHCl_2$ 44-0311; – -Kernquadrupolkoppl. in JCl_3 u. dessen Addukt mit $AlCl_3$ 44-0312; NQR v. – in $SbCl_5CH_3CN$, $SbCl_3POCl_3$ u. $SbCl_5$ 45-0079; IR-Nachw. v. Cl_3 46-0068; Theorie d. IR-Gitterschwing.-Absorpt. durch Frequenzlücken u. Resonanzmoden in KJ mit Cl^--Verunreinig. 48-0292; ^{35}Cl-NQR-Spektren v. Triphenylzinnchlorid 49/50-0067.

Rekombinat.-Mechanismus zur Deut. d. Kantenemiss. in CdS:Cl 1-0373; Photolumineszenz v. $ZnSe_xTe_{1-x}$:Cu(Cl) 1-0376; Neubest. d. Röntgen-K-Fluoreszenzausb. v. – 3-0114; UV-Filtereig. v. Cl_2 8-0104; Chemilumineszenz bei d. Bldg. v. Cl_2 10-0688; Strom–Spann.-Charakteristiken, Photospann. u. Elektrolumineszenz v. p–n-Übergängen in ZnS:Cl 13-0340; Einfl. d. Feuchtigk. u. chem. Zus. auf d. Alter. v. ZnS:Mn(Cl)-Phosphoren 13-0343; Hochfrequenzindukt.-Anreg. v. kontinuierl. Laserübergängen im Sichtbaren in Cl^+ 14-0145; Laserschwing. v. atomarem – in HCl-Gasentlad. 14-0146; Elektronenlumineszenz v. ZnS:Cu (Pb, Cl)-Schichten 15-0357; selbstaktivierte Lumineszenz, Photoleit. u. Donatoren in ZnS-Einkrist. mit – -Verunreinig. 18-0352; Schwing.-Besetz.-Umkehr u. stimulierte Emiss. bei d. Rk. v. H mit Cl_2 19-0140; elektrolumineszierender p–n-Übergang durch Thermodiffus. d. Cu in einem gezüchteten ZnS:Cl-Einkrist. 22-0356; Rekombinat.-Leuchten beim Durchschlag in durch therm. Ag-Diffus. hergestellten ZnS-p–n-Übergängen 23-0414; Beitrag freier Elektronenpaare zur Refrakt. v. – 24-0099; Modell für V-Zentrum, das aus einem Cl_3^--Ion besteht 25-0333; Rekombinat.-Lumineszenz im NaJ:Tl-Phosphor mit – -Zusatz 25-0351; Einfl. eines sek. Aktivators auf d. Einfangzentren v. ZnS:Cl-Krist.-Phosphoren 25-0357; Wechselwrkg. zwischen d. leitenden Schicht u. d. Luminophorschicht aus ZnS(Cu, Cl) bei d. Herst. eines Elektrolumineszenzkondensators 27-0401; Berechn. d. Lumineszenz-Abklingzeit für tetraedr. koordinierte Mn^{2+}-Ionen in ZnS:Cl-Kirst. 31-0335; Zusammenhang zwischen Lumineszenz u. EPR bei ZnS:Ag-Einkrist. mit – -Beimisch. 32-0385; Anreg. in d. Zentren u. Band–Band-Anreg. in ZnS:Cu, Cl 33-0372; IR-Verstärk. d. Elektrolumineszenz in Zn(Mn, Cl)-Einkrist. 33-0374; Leuchtdichte u. komplexe DK während d. Thermolumineszenz v. ZnS/Cu, Cl 33-0375; Strahl.-Rekombinat. v. – -Atomen in Stoßwellen in Cl_2–Ar-Misch. 37-0087; zeitl. Änder. d. Gleichspann.-Elektrolumineszenz v. dünnen ZnS:Cu(Mn, Cl)-Schichten 45-0337; Refrakt.-Werte für Bind. v. – mit sich selbst 46-0036; therm. angeregter dielektr. Effekt u. Thermolumineszenz v. ZnS:(Cu, Cl) 48-0325; Mechanismus d. Gleichstrom-Elektrolumineszenz in p-Cu_xS–n-ZnS(Mn, Cu, Cl)-Filmstrukturen 48-0326.

Magnet. Hyperfeinstrukturkonst. für d. neutrale Atom sowie positive u. negative Ionen v. – 1-0103; Spin-Bahn-Koppl.-Konst. für – u. Cl^+ 1-0104; analyt. Näher. für kohärente u. inkohärente Atomstreufaktoren für – 1-0172; Bedeut. d. Rotat. bei Mol.-Stößen d. Cl_2 mit sich selbst 1-0177; Kleinwinkelstreuanomalie bei Stoß eines K-Atoms gegen ein Cl_2-Mol. oder – -Atom 2-0145; Stör.-Rechn. für d. Einfl. d. elektr. Wechselwrkg. auf d. protonenmagnet. Abschirm. für Cl^- 3-0099; Berechn. d. Einzentrum-Integrale in d. halbempir. MO-Theorie für Cl^+, Cl^0 u. Cl^- 4-0078; Übergangswahrscheinlichk. 6-0082; Modellpotential für Syst. mit geschlossenen Schalen (Cl^-) 6-0251; Übergangswahrscheinlichk. d. Schwing.-Zustände u. Morse-Potentiale für Cl_2 10-0085; Oktopol-Hyperfeinwechselwrkg.-Konst. v. – 11-0107; elektrostat. Polarisierbark. u. Abschirmfaktoren für Cl^- 11-0110; Atomstreufaktoren für – 11-0191; Valenzzustandsenergien 12-0082; Coulomb-Integrale 12-0085; Elektronenaffinität 17-0084; Berechn. d. Streufaktors u. d. inkohärenten Intensität d. Röntgen- u. Elektronenstreuung für – 18-0152; Feinstruktur d. Cl-Isotope in $CHCl_3$, CCl_4, $SiCl_4$, $GeCl_4$ u. $SnCl_4$ 18-1896; Atomparameter für halbempir. SCF-LCAO-MO-Berechn. 19-0082; Anwend. d. Meth. d. dynam. Ähnlichk. auf d. Berechn. d. Bind.-Energien u. Eigenfrequenzen v. Cl_2 19-0095; Berechn. d. Bldg.-Arbeit einer Leerstelle im NaCl-Krist. 20-0203; Identifizier. d. orthogonalen Zonen in rhomb. – -Krist. mit Flächen- u. Raumzentrier. 22-0196; Berechn. d. Aktivier.-Energien d. – -Ionenverschieb. in NaCl-Krist. 22-0251; *3d*-, *4s*- u. *4p*-Orbitale für – 23-0086; totale Hartree-Fock-Energiedifferenzen in d. isoelektron. MgI-Folge (Cl VI) 23-0087; relative Wahrscheinlichk. d. strahlungslosen u. strahlenden Übergänge in mehrfach ionisiertem – 23-0088; s-Hybrid-Charakter v. Bind.-Orbitalen v. ^{35}Cl in Chloriden 23-0099; Oszillatorenstärken v. Interkombinat.-Linien in d. isoelektr. Be-Reihe (Cl XIV) 24-0061; vereinfachte LCAO-MO-SCF-Berechn. für Cl_2 27-0080; Energieniveaus in d. isoelektron. BI-Folge (Cl XIII) 28-0041; Hydberg-Klein-Rees-Vanderslice-Potentialkurven für Cl_2 28-0051; vollständ. Potentialkurven für angeregte Zustände v. Cl_2 28-0053; mol. Vibrat.-Frequenzen v. Cl_2^- in Alkalimetallhalogenid-Krist. 33-0405; lokalisierte Schwing. v. Cl^- u. Br^- in KJ im Frequenzbereich zwischen opt. u. akust. Phononen 36-0317; Bahn–Bahn-Wechselwrkg. 41-0033; vergleichende Unters. d. physikal. Eig. d. isoelektron. Syst. –, Ar^+, K^{2+} 41-0035; Mess. d. Absorpt.-Oszillatorstärken v. ClI-Linien im Vakuum-UV-Bereich 41-0052; red. Potentialkurve für d. Grundzustand (RPC) u. d. Anomalie v. Cl_2 43-0057; Bezieh. d. NQR-Spektrums zur Struktur für ^{35}Cl 43-1887; Korrelat.-Energie v. K-Schalen-Elektronen, Abschätz. für Cl^- 44-0034; Ionisat.-Potentiale v. Atomen u. Ionen v. – 45-0033; Kraftkonst. für Cl_2 u. Cl_2^+ 47-0042; Wahrscheinlichk.-Verteil.-Funkt. u. mol. Intensität für Cl_2 49/50-0087.

Empir. Bezieh. zwischen Scherspann., Druck u. Temp. 15-0255.

Wrkg. v. – zur Erzeug. eines Potentialunterschieds beim Einbringen zwischen auf verschiedenen Temp. befindl. Elektroden 2-0150; elektr. Feldgradienten u. NQR-Frequenz v. – in $NaClO_3$ u. $KClO_3$ 4-0321; Berechn. d. Ionisat.-Potentials für – -Atome bzw. -Ionen 7-0101; Ionisier.-Energie für Cl^{3+} 7-0102; Elektronenstöße mit Ionen d. $3p^3$-Konfig. (Stoßstärken für Cl III) 13-0195; Wrkg.-Querschnitte für d. Einquanten-Photoablsg. v. Cl^- 14-0176; Ionisier.- u. Einfangkoeff. 16-0141; Fixier. an Anthraziten u. Rußen u. ihr Einfl. auf d. elektr. Widerstand 21-0728; photoelektron. Prozesse in ZnS:Cu:Cl-Einkrist. 26-0447; kinet. Energie d. bei Elektronenstoß mit Cl_2 entstehenden Bruchstückionen Cl^+ 29-0138; Temp.-Abhängigk. d. elektr. Widerstandes v. $BaTiO_3$ bei Behandl. mit – 29-0470; Ejekt. v. ^{35}Cl u. ^{37}Cl aus NaCl beim Beschuß mit Elektronen (Oberflächenpotential) 33-0461; Stromimpulse in durch Wechselspann. angeregten Ozonisatorentlad. in Cl_2 34-0087; Dipolpolarisierbark. d. Na-Reihe (Cl^{6+}) 37-0047; elektr. Quadrupolwechselwrkg. v. ^{23}Na- u. ^{35}Cl-Kernen in d. Nähe v. für Na substituierten Ag-Ionen in NaCl 38-0376; Al–Cl-Entlad. großer Helligk.-Ausb. 42-0078.

ESR-Unters. eines Rk.-Zwischenprod. in vakuumsubl. NaCl:Cl_2 1-0388; atomarer Parameter zur Erklär. v. ESR- u. diamagnet.

Suszeptibilitätsdaten v. ^{35}Cl 2-0129; ESR-Spektrum 2-0130; ESR-Spektren v. –-Atomen in d. Gasphase in ihren elektron. Grund ($^2P_{3/2}$)- u. angeregten ($^2P_{1/2}$)-Zuständen 2-0132; ^1H- u. Cl-NMR in antiferromagnet. $MnCl_2 \cdot 4\,H_2O$ 3-0386; Korrelat. d. opt. u. ESR-Absorpt. d. Cl_2^--Zentrums in KCl 10-0346; ^{35}Cl- u. ^{37}Cl-NMR v. – u. Cl^- 16-0882; anomale paramagnet. Suszeptibilität v. mit Cu u. – aktivierten ZnS-Phosphoren nach Druckstößen 17-0547; Kernspin-Gitter-Relaxat. v. ^{35}Cl in antiferromagnet. $CoCl_2 \cdot 6\,H_2O$ 20-0326; Neuorientier.-Korrelat.-Zeit für – zur Berechn. d. innermol. Dipolbeitrages d. Protonen in fl. HCl u. DCl 29-0373; NMR v. ^{35}Cl in NH_4Cl unter hohem Druck 29-0387; magnetoelektr. Suszeptibilitäten v. Cl^- 40-0052; Deuteronen- u. ^{35}Cl-Spin-Gitter-Relaxat. in HCl 42-0295; Kernspin-Gitter-Relaxat.-Unters. für ^{35}Cl in $Rb_2[MnCl_4] \cdot 2\,H_2O$ 49/50-0240.

Wahre Temp.-Koeff. d. Potentials d. $Ag/AgCl/Cl^-$-Elektrode 2-0579; Standardpotential d. Cl_2/Cl^--Elektrode bei verschiedenen Temp. u. verwandte thermodynam. Funkt. 3-0596; Zusammenbruch d. Passivität v. Ni in alkal. Cl^--Lsg. 3-0620; titrimetr. Best. v. Hg u. Hg-Verb. in Salzlsg., Laugen u. Schlämmen bei d. elektrolyt. –-Produkt. 3-2095; Überführ.-Zahlen u. Ionenbeweglichk. bez. Cl^- aus Mess. d. EMK in Salzschmelzen 5-0606; Einfl. v. Cl^- auf d. Auflsg.-Geschw. v. Fe unter d. Einw. v. Wechselstrom 6-0639; Cl_2-Ionisat. an Pt- u. Ir-Elektroden in d. eutekt. Schmelze $AlCl_3/NaCl/KCl$ 7-0601; polarograph. u. potentiometr. Ermittl. d. Assoziat.-Konst. v. Cd^{2+} mit Cl^- in wasserhalt. NH_4NO_3 bei tiefen Temp. 10-0574; Spann.-Rißkorros. v. Ti/Al-Leg. in Cl^--Lsg. 10-0596; anod. Ox. v. Pb(II) → PbO_2 in Cl^--Lsg. 10-0597; Einfl. v. Cl^- auf d. anod. Ox. v. Dihydrogenäthylendiamintetraacetatokobalt(II) an d. C-Pasten- u. Pt-Elektrode 10-0613; Mechanismus d. anod. Auflsg. u. elektrolyt. Abscheid. v. Pd aus Cl^--Elektrolyten 11-0642; Polarographie v. Cl^- in wasserfreiem Sulfolan 11-0654; Einfl. v. Cl^- auf d. Null-Lad.-Potentiale v. Cu u. Sn in Dioxan/W.-Gemischen 12-0580; Selbstentlad. v. – im geschmolzenen Salzelektrolyten 12-2221; Einfl. v. Cl^- auf d. kathod. Red. u. anod. Ox. v. In 13-0637; elektrolyt. Ox. v. Cl^- an einer Elektrode aus pyrolyt. Graphit in wss. u. Acetonitrillsg. 13-0642; Normalpotentiale v. – Elektroden 14-0593; anod. Auflsg. v. Cd in Cl^- enthaltenden wss. Lsg. 14-0612; Berechn. d. Potentialdifferenz zwischen Na u. – 15-0606; elektrochem. Verh. v. Ag- u. Ag/Silberhalogenid-Elektroden in Cl^--Lsg. 16-0637; Einfl. d. Temp. auf d. Null-Lad.-Potential d. Hg-Elektrode in Ggw. v. Cl^- 17-0685; Potential einer Ag/Ag-Halogenid-Elektrode in einer Misch. v. Cl^- u. Br^- 18-0593; Beding. zur elektrolyt. Abscheid. eines Ti-Filmes aus Cl^--Schmelzen 18-0600; spezif. Adsorpt. v. Cl^- an d. Bi-Tropfelektrode 19-0701; Verh. v. Ni bei d. Elektrolyse v. Cl^--Schmelzen mit Ni-Ionen 20-0547; kinet. polarograph. Ströme in $S_2O_8^{2-}$/Cu(II)-Misch. im Cl^--Medium 20-0574; Ox. d. Tetramminplatin(II)-Kations u. Red. v. trans-Dihalogenotetramminplatin(IV)-Kationen an einer Pt-Elektrode in wss. Cl^--Lsg. 21-0677; kombinierter Einfl. v. Cl^- u. organ. Zusätzen auf d. Geschw. d. elektrochem. Vorgänge an d. In(Hg)-Elektrode 22-0639; Anodenprozeß bei d. Ox. v. Cl^--Ionen an Graphitelektroden in schwefelsauren Lsg. 23-0684; anod. Ox. v. Cl^- an einer Pt-Mikroelektrode mit period. Erneuer. d. Diffus.-Schicht 23-0691; Stromverteil. u. Elektrolytzus. in poröser Graphitelektrode bei d. anod. Abscheid. v. O_2 u. Cl_2 25-0618; Stromstärke-Potential-Kurven an Al-Elektroden in schwachen Säuren u. ihren Pufferlsg. u. d. Einfl. v. Cl^- 25-0647; Einfl. v. Cl^- auf d. anod. Auflsg. v. Al durch Rechteckstrompolarisat. in wss. Lsg. v. Alkalimetallhalogeniden 25-0648; Ansprechen d. Ag/AgCl-Elektrode auf –-Ionen in W. u. in W./Äthanol-Misch. 26-0638; Fäll.-pH-Wert im heterogenen Syst. $In^{3+}/OH^-/Cl^-/H_2O$ in Ggw. d. neutralen Elektrolyts $CaCl_2$ 28-0565; Kinetik d. Red. v. Mn(II) in Ggw. v. Cl^- an d. Hg-Tropfelektrode 28-0635; Unters. d. Adsorpt. v. Cl^- auf Pt-Elektroden mit d. Tracer-Technik 29-0700; Verh. d. Elektroden Ag/AgCl, Cl^- u. Hg/Hg_2Cl_2, Cl^- in Formamid 30-0571; Einfl. v. Cl^-: im Red.- u. Ox.-Prozeß d. In an d. Amalgamelektrode 30-0584; auf d. differentielle Doppelschichtkapazität v. Pb 31-0676; Mess. d. EMK d. Konz.-Kette $Ag/Ag^+, Na^+, Cl^-, Br^-/Glas/Ag^-, Na^+, Cl^-, Br^-/Ag$ 34-0650; Einfl. d. Cl^--Aktivität auf d. Potential d. Zn/Ag(2 Phasen)/$ZnCl_2$-Elektrode 35-0517; chronopotentiometr. Best. d. Diffus.-Koeff. v. Ti-Ionen in Cl^-/F^--Schmelzen 37-0586; elektrochem. Verh. v. Ti-Leg. in Cl^--halt. sowie SO_4^{2-}- u. Cl^--halt. Lsg. 37-0616; Einfl. v. Cl^- auf d. polarograph. Verh. v. Ni^{2+} in wss. u. A.-Lsg. 37-0640; Verunreinig.-Effekte bei Cl_2-Elektroden hoher Stromdichte 39-0541; Einfl. v. Cl^-: auf d. elektrochem. Red. v. Ge(IV) 44-0549; auf d. anod. Abscheid. v. Cm 46-0542; auf d. Lochkorros. v. Ni 47-0507; chronoamperometr. Unters. d. Ox. v. W-, Ta-, Pt- u. Cu-Elektroden in Cl^--Schmelzen mit veränderl. pO^{2-} 47-0509; Einfl. v. Cl^- auf d. polarograph. Unters. v. Np 47-0525; Best. d. Transportbeweglichk. v. Cl^- in Methanol 49/50-0436; oszillograph. Polarographie v. Cl^- in Nitratschmelzen 51/52-0431.

Bromid–Chlorid-Anionenaustauschgleichgew. in Salzschmelzen 5-0584; Anreg.-Mechanismus d. intramol. Schwing. im akust. Bereich in Cl_2 8-0483; Theorie d. signifikanten Struktur d. Mol. mit behinderter zwischenmol. Rotat. in d. kondensierten Phase v. Cl_2 9-0515; Berechn. d. Zustandsgleich., Viskosität, Wärmeleitfähigk. u. Diffus. für gasf. – 10-0498; Ultraschallabsorpt. u. Struktur v. Cl^--Lsg. 16-0616; Bezieh. zwischen Oberflächenspann. u. latenter Verdampf.-Wärme v. Cl_2 17-0557; Best. d. Änder. d. relativen Kavitat.-Stärke mit d. Temp. bei gegebenen Ultrabeschall.-Beding. über d. Freisetz. v. Cl_2 aus einer gesätt., o-Toluidin enthaltenden CCl_4-Lsg. in W. 19-0612; Trockn. u. Verflüssig. v. – u. d. Phasendiagramm Cl_2/H_2O 22-0559; Grenzkurve v. – in d. Nähe seines krit. Punkts 23-0606; Phasenunters. im Syst. In/Cl 24-0582; Wärmeleitfähigk. v. NaF-Einkrist. mit –-Zusatz 29-0286; Diffus. v. Cl^- durch fl. Krist. v. Phosphatidylserin 29-1281; scheinbare spezif. Wärme v. Cl^- in Methanol 36-0446; Explos.-Eig. v. Gemischen aus gasf. HN_3 u. – 36-0613; Stoßwellen in mit Schwing. angeregtem – 37-0471; Thermodynamik d. Syst. $GaP/Cl_2/H_2$ beim Dampftransport im offenen Rohr 38-0566; Verw. v. radioakt. Isotopen zur Best. d. Selbstdiffus.-Koeff. v. Cl^- in $Na^{36}Cl$-Lsg. mit d. Kapillarmeth. 39-0523; Verdampf.-Wärme v. fl. – 40-0421; Best. d. Fl.–Dampf-Gleichgew. Cl_2/SO_2 durch dynam. Ebulliometrie bei tiefen Temp. 40-0424; Berechn.: thermodynam. Parameter d. Gasphase bei d. Zücht. v. Al-Antimonid unter Verw. v. – 40-0436; d. Schwing.-Relaxat. in – mit einem Lennard-Jones-Potential 41-0397; Schwing.-Relaxat.-Zeit v. Cl_2 41-0398; partielle Molvol. v. Cs- u. Cl^--Ionen in Lsg. als Funkt. d. Konz. 45-0556; Dreieckszustandsdiagramme v. – enthaltenden tern. u. quatern. Syst. 46-0494; Einfl. d. Grundsalze auf d. Aktivitätskoeff. v. H^+ u. Cl^- 46-0527; verallgemeinerte Watsonsche Bezieh. für d. latente Verdampf.-Wärme v. – 49/50-0390.

Feldelektronenmkr. Unters. d. Adsorpt. v. – auf einem Re-Katalysator 2-0654; Oberflächenspann. (Theorie) 5-0660; Einfl. v. –-W. auf d. Oberflächenreaktivität v. C 10-0631; ESR-Unters. v. an einer Silicageloberfläche adsorbiertem – 23-0437; Adsorpt.-Reihenfolge d. Halogenidionen an Al_2O_3 30-1927; Adsorpt. u. Kondens. v. –-Dämpfen an Silicagel 32-0693; konkurrierende Adsorpt. v. Äthan u. Chloridionen 32-0977; dünnschichtchromatograph. Verh. v. Cl^- 44-1775; Mechanismus d. Fixier. durch Holzkohle u. Ruß 47-0558.

Misch.-Enthalpien in d. reziproken Syst. $Ag^+/Cs^+/NO_3^-/Cl^-$, $Li^+/Cs^+/Cl^-/Br^-$, $Na^+/Rb^+/Cl^-/Br^-$ u. $Na^+/Cs^+/Cl^-/Br^-$ 2-0555; diskontinuierl. Modell für d. Hydratat. v. Cl^- 3-0588; Löslichk. in CCl_4, $SiCl_4$, $TiCl_4$ u. $SnCl_4$ 6-0573; Einfl. d. Cl^--Konz. auf d. Löslichk. v. $PbCl_2$ in Na- u. Ni-Sulfatlsg. 10-0547; Berechn. d. Freien Überführ.-Enthalpien v. Cl^- v. W. in Acetonitril 15-0599; Einfl. v. Cl^- auf d. Rotat.-Beweglichk. d. Mol. d. Lsgm. Methanol, Essigsäure u. Py. 21-0642; Löslichk. in 1.2-Dichloräthan 23-0610; wahre Freie Solvatat.-Energien v. Cl^- in nichtwss. u. gemischten Lsgm. 26-0626; Verw. v. Cl^- zur Extrakt. v. Aminen 28-0937; Nahhydratat. v. Cl^- in verd. wss. Lsg. 29-0671; Einfl. d. Temp. auf d. negative Hydrat. v. Cl^- 32-0624; Absorpt. v. – in ruhender Fl. in einfachem Sperrhahn-Absorber 37-2323; Hydratat.-Konst. in Acetonitril 49/50-0987.

Reaktionen

Rk. im Syst. Pb^{4+}/Cl^- 3-0018.

Radioisotopen-Austausch zwischen –-Gas u. geschmolzenem $PbCl_2$–KCl 7-0527; Isotopenaustauschrk. zwischen Cl_2 u. KCl-Krist. 20-0649; Chlor-Isotopenaustausch zwischen $Li^{36}Cl$ u. 2.4.6-Trinitrochlorbenzol in äthanol. Lsg. 33-1171; Einfl. d. Lsgm. (Aceton) u. einer γ-Bestrahl. auf d. Kinetik d. Isotopenaustauschs v. $^{36}Cl^-$ in Tetracidoplatin(II)-Komplexen 40-0552.

Kinetik d. Photodissoziat. v. – u. d. Rekombinat. freier Cl-Atome 14-0698; Geschw. d. Dissoziat. v. – in Stoßwellen 91-0744; (in einer Cl_2/Ar-Misch.) 37-0088.

Substitut. v. SCN^- durch Cl^- in trans-$Pt(NH_3)_4 \cdot (SCN)_2$ (Kinetik) 1-0658; Mechanismus d. Chlorier. v. TiO_2 mit – in Ggw. v. C 1-0659; Rk.: v. – mit cis- u. trans-[Co(III)·$(en)_2XBr]^{n+}$ (X = NH_3, Br, Cl, H_2O) unter Erhalt. d. opt. Konfig. 3-0745; mit Alkalihydroxid 3-2247*; relative Rk.-Geschw. v. Cl^- mit OH-Radikalen (p-Nitrosodimethylanilin als OH-Radikalfänger in d. Strahl.-Chemie) 4-0582; Kinetik: u. Mechanismus d. Substitut. d. W. in $[Co(CN)_5 \cdot H_2O]^{2-}$ durch Cl^--Ionen 5-0699; d. Substitut. d. Halogenid-Ions in $[Pt(NH_3)_4Br]^{3+}$ bzw. in $[Pt(NH_3)_4 \cdot ClBr]^{2+}$ durch Cl^- 5-0702; Rk. mit Al in Salzschmelzen 5-2187*; Kinetik: d. Bldg. v. NOCl u. COCl bei Rk. v. Cl-Atomen mit NO bzw. CO unter Mitwrkg. v. – 8-0612; d. Ox. v. Fe(II) durch wss. –-Lsg. 9-0660; Rk.: v. CS u. CSe mit – 9-0687; d. Cu-Oberfläche mit reinem – 9-2357; Kinetik d. Assoziat.-Rk. v. Cl^- unter Elektronenabgabe bei therm. Energien 10-0637; Rk. mit Nb_2O_5 in Ggw. v. CO 10-2175; Kinetik d. Chlorier. v. Co_3O_4, Fe_2O_3 u. $Co \cdot Fe_2O_4$ mit gasf. – 10-2313; Bldg. v. $In(OH)Cl_2$ im Syst. $In/OH^-/Cl^-/W.$ in Ggw. v. NaCl u. KCl 12-0533; Rk. mit OH-Gruppen auf d. Oberfläche v. getrocknetem SiO_2-Aerogel 12-0616; Freie Enthalpien d. Rk. v. PbO mit – u. Cl_2 + CO 13-0551; epitakt. Abscheid. v. GaAs im Syst. Ga/As/Cl/H 14-0539; – in Verbrenn.-Prozessen 14-0657; Kinetik d. Bldg. v. BrCl aus $Br_2 + Cl_2$ in *99,6* H_2SO_4 15-0690; thermograph. Meth. zur Korros.-Unters. v. Fe u. seinen Leg. in –-Gas 17-2529; Rk.: v. $O{=}SF_2{=}NCOF$ mit – in Ggw. v. CsF 18-0687; v. H-Atomen mit HCl u. – (Rk.-Geschw.) 20-0623; v. metall. Na mit – (Kinetik) 21-0747; zwischen CO, – u. NO_2 24-0696; reduzierende Chlorier. v. V_2O_5 mit gasf. Cl_2/S_2Cl_2-Gemisch 24-0722; Komplexbldg. v. Eu(III) mit Cl^- in *4* m $HClO_4$ u. *4* m $NaClO_4$ (Stabilitätskonst.) 25-0598; Ionen-Assoziat.-Konst. d. Syst. cis-[CoCl(DMF)·$(en)_2]^{2+}Cl^-$ u. cis-$[CoClBr(en)_2]^+Cl^-$ in wasserfreiem DMF 25-0746; Rk. v. – mit HgO zur Darst. v. ClO_2 26-0743; Rk. v. GeO_2 mit – 28-0739; spektralphotometr. Unters. d. Gleichgew. zwischen Cr(VI)-Spezies in sauren Lsg. mit verschiedenem Cl^--Geh. 29-0660; photochem. Rk. v. H u. – im Elektrolysegas 32-2310; ΔH^0-Werte für d. Wechselwrkg. v. Cl^- mit Pd^{2+} 35-0453; Rk.: zwischen $NaClO_2$ u. gelöstem – 36-0666; v. VF_5 mit – 36-0703; Chlorier. mit –, Chlorwasserstoff u. NH_4Cl v. in keram. Massen enthaltenen melanokrat. Fe-Verb. 37-2466; Dipersität v. MgO-Teilchen u. d. Geschw. d. Chlorier. in geschmolzenem Carnallit 38-2310; Chlorier. v. GeO_2 mit gasf. – (Best. d. Gleichgew.-Konst., d. Enthalpie u. Freien Enthalpie) 42-0410; Rk. v. $[(C_4H_9)_4N_2][Re_2Cl_8]$ mit – zu $[(C_4H_9)_4N] \cdot [Re_2Cl_9]$ 42-0597; Austauschrk. zwischen trans-$[Pt(NO_2)X(pip)_2]$ (pip = Piperidin; X = Br^-, N_3^-, NO_2^-) u. Cl^- in CH_3OH, DMF u. DMSO (Kinetik) 44-0636; photochem. Gleichgew. v. N_2F_4 u. – mit NF_2Cl 46-0664; Rk.: v. HNF_2 mit Cl^- (Kinetik) 47-0573; v. $J(5^2P_{1/2})$ mit – (Kinetik) 48-0647; v. Thiothionylfluorid u. Difluorsulfan mit – 48-0657; Best. d. Assoziier.-Konst. für d. Assoziier. v. Co(III)-Komplexen mit Cl^- 49/50-0444; Substitut. v. Br^- in $[Pt(diäthylentriamin)Br^+]$; durch Cl^- (Kinetik) 51/52-0486; Rk. v. Al-Selenidhalogeniden mit – 51/52-0537.

Rk.: mit Cyclohexan u. NO 2-2399*; einiger Chromene u. Naphthopyrane mit – 8-1033; zwischen C_2H_4 u. –-W. in einer Feuchtwandkolonne 9-2497; Ionenassoziate d. Triphenyltetrazoliums mit Cl^- 20-0506; Rk.: mit γ-Thiopyran 31-1157; mit 1-Dichlor-2.2-difluoräthylen (Kinetik) 23-1060; mit 1.1-Dichloräthylen 46-0838; v. – im natürl. W. mit Phenolen 34-2184; v. 1.1.3.3.5.5-Hexaphenylcyclotriphosphinoborin mit – zum Hexachlorid 6-0721; mit $LiCB_{10}H_{10}CCH_3$ zu 1-Methyl-2-chlor-o-baren 37-0812; mit Tris-[pentafluorphenyl]-phosphin u. -arsin 45-0673; mit Na-bis-[trimethylsilyl]-amid bei *– 70°* zu N-Cl-Hexamethyldisilazan 4-0590.

Substitut.-Rk. an Diacido-1.4.8.11-tetraazacyclotetradecan-Co(III)-Komplexen mit Cl^- 16-0704; Einw. v. – auf d. Oxymercurier.-Prod. d. Norbornens 20-1003; Komplexbldg. d. Ferriciniumkations in wss. Lsg. mit Cl^- 24-0600; Rk.: v. – mit einem Äthylendiamingold(III)-Komplex v. Tetramintyp unter Bldg. v. $[Au(NClHCH_2CH_2NClH) \cdot Cl_2]Cl$ 35-0761; mit freien Iminoxyradikalen 7-0934; 1:1-Komplex zwischen Cl^- u. N-[p-Hydroxyphenyl]-trimethylammonium-Ion (Nachw. u. Bldg.-Konst.) 28-0941; Wrkg. v. – auf Cellulose

4-2621; Bind. v. Cl^- durch rekonstruiertes Kollagen 8-1420; Coulombsche Wechselwrkg. v. Cl^- mit Rinderserumalbumin 47-1610.

Kinetik d. Elektronenübergangs v. V(II) zu Co(III) unter katalyt. Einfl. v. Cl^- 2-0641; Rk. v. SiO_2 mit SiC mit zugesetztem – (Kinetik) 4-0574; Einfl. v. Cl_2-Zusatz auf d. Bldg. negativer Ionen in einer O-Stadtgas-Flamme durch d. Gleichricht.-Effekt 9-0652; Kinetik d. bas. Hydrolyse v. HNF_2 bei Ggw. v. Cl^- 9-0658; Ox. v. Kohle durch – 14-0652; Einfl.: d. Konz. v. Cl^- auf d. scheinbare Gleichgew.-Konst. v. $HCrO_4^- \rightleftharpoons Cr_2O_7^{2-} + H_2O$ 15-0595; v. Cl^- auf d. Hydrolysegeschw.-Konst. d. Zn-Äthylcysteinats 17-0725; auf d. Rk. v. Fe(II) mit H_2O_2 (thermodynam. Daten d. Komplexbldg.) 17-0726; v. CO_2 u. – auf d. Bldg. v. Apatit u. v. Oktacalciumphosphat 18-0706; Herst. v. Aluminiumoxid u. – enthaltenden Katalysatoren zur Friedel-Crafts-Rk. 20-2502*; Einfl. v. Cl^-: auf d. Geschw. d. säurekatalysierten Aquotisier. v. trans-Dinitrotetramminkobalt(III)-nitrat 20-0639; auf d. Darst. v. Prod. d. Rk. v. trans-Oxotrihalogeno-bis-[triphenylphosphin]-rhenium(V) mit Carbonsäuren 28-0753; auf d. Ultrazentrifugenverh. v. Transferrin 35-1561.

Biochemisches und physiologisches Verhalten

Chlorid-Ionen-Fluß durch künstl. Membranen (Wrkg. v. trans-gelösten Stoffen) 28-1551; Wrkg. v. Cl^- auf d. Ca^{2+}-Effluxgeschw. aus Mitochondrien 18-1140.

Verwert. v. Cl^- durch Chlorperoxydase 8-1253; enzymat. Halogenier. mit Cl^- (Hemm. durch antithyreoide Verb.) 8-1254; –-Ionenbind. durch ATP-Kreatinphosphotransferase 36-1320; Wechselwrkg. v. Cl^- mit Co(II)-Kohlensäureanhydrase 41-1289; keine aktivierende Wrkg. v. Cl^- auf Pflanzeninvertase 1-1231; Einfl. v. Chlorid auf d. Fixier. v. NAD an Glutamatdehydrogenase 3-1222; Hemmwrkg. v. Chlorid auf d. Glykogensynthetase d. Hefe 5-1228; spezif. Wrkg. v. Cl^- auf d. Konformat. u. therm. Stabilität v. Ribonuclease 7-1228; Einfl. v. Chloriden auf Reaktivier. v. Dehydrogenasen 12-1190; stimulierende Wrkg. v. Cl^- in Ggw. v. Fe^{2+} auf d. Aktivität v. Proteinasen aus Gliocladium roseum 14-1294; Wrkg. v. Cl^-: auf d. L-Aminosäureoxydase bei pH *6,25* 17-1283; auf d. ($Na^+ + K^+$)-aktivierte ATPase 17-1334; Hemm. d. Fumarathydratase durch Cl^- 21-1482; Einfl. v. Cl^-: auf d. v. Cholin-Acetyltransferase katalysierten Rk. 23-1406; auf Erythrozytencarboanhydrase (Komplexbldg.) 23-1441; Wrkg. v. Chlorid auf d. Aktivität d. L-Glutaminsäuredehydrogenase u. d. Osmoregulat. 23-1579; Einfl. v. Cl^-: auf d. Aktivität d. L-Glutaminsäuredehydrogenase 25-1344; auf d. Glutaminaseaktivität d. Magenmuskeln 26-1348; Hemmwrkg. v. Cl^- auf saure Phosphomonoesterase aus Milz 27-1447; Wrkg. auf d. Kohlensäureanhydrase B d. menschl. Erythrozyten 36-1398.

– als Desinfekt.-Mittel (Vgl. mit Br u. J) 35-1366; virizide Wrkg. v. – in Abwasser 48-2088.

Eintritt d. – in d. Pflanze (Einfl. d. Rk. d. Nährbodens) 33-1663; –-Aufnahme durch d. Pflanzen (Einfl. d. Spurenelemente) 35-1424; Resorpt.-Isotherme für Chlorid bei Kartoffeln (Rolle d. elektr. Transmembranpotentials) 35-1426; Cl^--Resorpt. in Scheiben v. roter Rübe (Bezieh. zur Proteinsynth.) 35-1436; Cl^--Aufnahme durch Wurzelgewebe d. Roten Rübe (Einfl. v. Oligomycin) 38-1573; Einfl.: v. – in d. Industrieatmosphäre Oberschlesiens auf d. physiolog. Verh. d. Pflanze 1-2035; v. Cl^- auf Wachstum, Reprodukt, u. Carotinbilder d. Alge Dunaliella salina Teod. 14-1373.

Resorpt. v. Cl^- aus d. normalen menschl. Kolon (Wrkg. v. 9α-Fluorhydrocortison) 35-1525; Permeabilität: für Cl^- v. Dünndarm 8-1431; für Chlorid v. Froschhaut 9-1564; Akkumulat. v. Chlorid durch Rattenlebermitochondrien 16-1211; Cl^--Abgabe beim Übergang d. euryhalinen Flundern u. Zackenbarsche in Süßwasser 32-1552; Einbaumuster v. ^{36}Cl aus CCl_4 in chem. Komponenten der Leber in vivo 14-1524; W.- u. Cl^--Stoffwechsel (Einfl. v. Adrenocorticohormonen, antidiuret. Hormon u. Nicotin) 39-1422; Wrkg. v. Cl^- auf d. Akt.-Potential d. normalen Muskelfasern d. Frosches (Einfl. v. depolarisierten u. hyperpolarisierten Strömen) 26-1632; Notwendigk. v. Cl^- für d. Erschlaff. gestreifter Muskeln v. langsamem Typ 43-1499; Einfl. v. Cl^- auf d. Wrkg. v. γ-Aminobuttersäure auf d. in vitro im Colliculus superior hervorgerufenen Potentiale 49/50-1575.

Technische Verwendung

Ablsg. v. C-Abdrücken v. Metalloberflächen mit Chlorwasser 8-1842; lineare Programmier. bei Optimalwertregel. d. Zus. v. Gemischen v. $CaCl_2$ verschiedener Konz. u. – 25-2284; Anwend. zur W.-Entsalz. im Hydratverf. 10-2126; Chlorier. v. Apatit in einer $CaCl_2$-Schmelze 22-2326; Verw. d. Glaselektrode bei d. Herst. v. $Ca(OCl)_2$ durch Chlorier. 42-2075; Herst., Eig. u. Struktur v. As/S/Cl-Gläsern 26-2345; –-halt. Glas zur Herst. phototroper Glaskörper 26-2355*; Verdichten poröser, hochkieselsäurehalt. Glasgegenstände durch Erhitzen in –-halt. Atmosphäre 28-2352*.

Analyse, Prüfverfahren

Nachw.: durch eine (α, n)-Rk. 20-1861; bei d. therm. Zers. v. NH_4ClO_4 46-0660.

Best.: v. Cl^- mit Ag^+ (voltammetr.) 1-1720; durch Chronoamperometrie mit kathod. Wiederauflsg. 2-1825; in Bakterien 3-1288; v. Cl^- mit Fe(II)-Verb. 8-1805; mit Ag^+ (Adsorpt.-Indikatoren) 8-1807; d. Bleichwrkg. durch amperometr. Titriermeth. 9-2029; v. freiem – auf Grund seiner Bleichwrkg. auf Methylorange 16-2016; Umbau eines Dohrmannschen Mikrocoulometer-Gaschromatographen zu einer „Gesamt-Chlorid"-Einh. 27-2333; Best.: v. Cl^- nach d. Prinzip d. Coulometrie (automat. Gerät) 30-1928; unter Verw. einer Hohlkathode im Vakuumbereich 30-1933; d. akt. – bei reakt.-kinet. Mess. (polarograph.) 36-1935; mit d. Technicon Auto-Analyser im klin. chem. Labor 39-2052; graph. Darst. d. Anwend.-Bereiche für Meth. zur Best. v. – 45-2063; photometr. Serienbest. v. Cl^- (automat.). 48-1789; Best.: durch Hochfrequenzanreg. (spektrograph.) 48-1827; an einer Ag-Elektrode (oszillopolarograph.) 51/52-1856.

Best.: v. – in einem Gemisch v. CO_2, –, NOCl u. SO_2 (gaschromatograph.) 6-1878; in Böden 6-1919; v. Mikromengen v. Cl^- in ClO_4^- (spektralphotometr.) 8-1877; in Kohlen (experimentelle u. statist. Unters. d. Verf.) 10-1996; v. kleinen Mengen v. –-Ionen in farb. Salzen 17-2041; v. Nitrosylchlorid u. – durch Gaschromatographie (Abhängigk. d. Trenn. v. Geh.) 20-1887; v. – u. a. Halogenidionen nach Ionenaustauschchromatographie 23-2113; in Glas durch Pyrohydrolyse 23-2252; v. Cl^- in CdSe (Mikrobest.) 25-2158; in wss. Lsg. (radiometr.) 30-2050; v. – v. geochem. Standards 31-2108; nach Mohr (Stör. d. NH_4-Ions) 33-2195; in Silicatgesteinen als Fe(III)-Thiocyanat-Komplex (photometr.) 33-2242; in U.S.G.S.-Standardgesteinen durch Neutronenaktivier.-Analyse 38-0801; durch Gaschromatographie 43-2004; durch Anwend. v. γ–γ-Koinzidenzmess. (Neutronenaktivier.) 43-2117; v. Cl/ClO_2-Misch. in d. fl. u. d. Gasphase (potentiometr.) 44-1789; v. geringen –-Mengen in Gasen 44-1927; nach Austausch-rk. in Säulen 45-2065; v. Mikromengen in Brennstofflsg. homogener Lsg.-Reaktoren 45-2175; in Beton durch Röntgenfluoreszenzanalyse 45-2194; durch Anwend. v. Redox-Potentialen 48-1968.

Best.: in Seewasser 2-1776; in W. u. Abwässern 5-2007; v. Chloriden u. freiem – in Nutz- u. Abwässern 9-2013; v. freiem u. Gesamt-Cl_2 in W. neben anderen Halogenverb. (photometr.) 18-2039; v. Cl^--Spuren in W. (potentiometr.) 24-2017; in Böden u. Grundwässern (mercurimetr.) 28-2048; im W. 30-2049; durch Titrat. nach Gran in Meerwasser 38-2088; in Brunnenwasser, in chem. gereinigtem W., im Dampfkondensat u. im bas. Kondensat d. NH_4NO_3-Produkt. 45-2186.

Best.: in organ. Verb. neben S 4-1649; in –-halt. Polymeren 7-2035; in DDT durch Verw. v. dispergiertem Na 10-2019; durch O-Kolbenverbrenn. (mikroanalyt.) 11-1925; v. C, H u. – mit Bi als Absorpt.-Mittel (Mikrobest.) 15-2030; v. P, S u. – in Insektiziden durch mikrocoulometr. Gaschromatographie 15-2125; nach Verbrenn. in heißen Kolben 18-1987; in CCl_4 19-2114; v. labilen Chloridgruppen im Polyvinylchlorid 22-1192; in Cellulosepräp. (amperometr.) 23-2199; v. Spuren in Monomeren u. Polymeren 25-2194; in organ. Verb. 26-2076; in organ. Verb. nach d. Meth. d. Verbrenn. im O-Kolben 30-1989; in hochhalogenierten organ. Verb. (Verw. d. O-Kolbens bei d. Mikrobest. v. –) 32-2007; v. kleinen Mengen v. flücht. S u. – als Verunreinig. in Polyäthylen u. anderen Polymeren 37-2255; in Haushaltsdetergentien (Elementaranalyse) 39-2119; d. Cl^--Geh. v. Zellstoffen (polarograph.) 45-2225; v. organ. gebundenem – in Äthylen/Luft-Gemischen 48-1987.

Best.: d. Cl^--Geh. v. kleinen Muskelproben 3-2081; in Milch durch potentiometr. Titrat. 6-2004; in Fleischerzeugnissen 8-1988; v. Ca^{2+} u. Cl^- in einer Serumprobe 11-1960; in standardisiertem Kohlpulver 12-1904; im Blutserum mit Dichlorfluorescein 14-1983; in Lebergewebe, Blut oder Muskelgewebe (aktivierungsanalyt.) 23-2229; im Milchfiltrat 31-2253; durch automat. Potentiometrie (Geh. im Blut) 43-2057; Nachw. v. Br-Vergift. auf Grund zu hoher Werte bei d. automat. Serumchloridbest. 46-1938; Mikrometh. zur Cl^--Best. in Serum, Schweiß u. Harn 49/50-2004.

Best.: geringer Br^--Mengen neben – durch ihre katalyt. Wrkg. auf d. J_2-Ox. (kolorimetr.) 12-1852; v. Hg in Ggw. v. Cl^- (komplexometr.) 27-2189; v. W. durch Karl Fischer-Titrat. in akt. – enthaltenden Substanzen 29-2071; v. ClO_2 in einem Gasgemisch in Ggw. v. – 37-2145*; durch biamperometr. Titrat. v. J^- mit $Ce(SO_4)_2$ neben Br- u./oder Cl^- 43-1939; Cl^--Stör. bei d. Best. d. Gesamt-Halogens v. organochlorhalt. Pestizid-Rückständen in Pflanzen 43-2134; Einfl. v. – auf d. atomabsorptionsspektrometr. Best. v. Mg 51/52-1866; Best. v. C u. H in organ. Substanzen nach Absorpt. v. – 51/52-1915.

Coulometr. Titrat. v. As(III) mit Cl_2 21-2065; Röntgenfluoreszenzmeth. zur Best. v. – in biolog. Gewebesubstanzen 2-1898; galvan. Elemente zur Mess. d. –-Konz. d. Luft 32-2220; intrazellulare pH-Mess. mit ^3H-markiertem W., ^{14}C-markiertem 5.2-Dimethyl-2.4-oxazolidindion u. ^{36}Cl 5-1999; LaF_3-Elektrode in Cl^--Lsg. zur Best. v. F^--Geh. 33-2193.

Bibliographie

Handbuch der analytischen Chemie. Teil *3*: Quantitative Bestimmungs- und Trennungsmethoden. Bd. *7a β*: Elemente der siebenten Hauptgruppe. *2*. Chlor, Brom, Jod B 37.

Russ.: Automatisierung der Chlorproduktion B 22; Automatisation der Chlorgewinnung B 62.

Chlorine, dioxide and chlorites. Chemistry, technology and application B 78.

Chlorsauerstoffsäuren

Zustandssumme für $(^{35}ClO_4)^{2-}$ 5-0556.

Salze

Therm. Stabilität d. Salze v. Chlorsauerstoffsäuren in fester Phase 32-0821, 33-0775, 33-0776.

HClO, Hypochlorige Säure

Herst. konz. Lsg. 3-2245*; Zers. v. ClO_4^- unter Bldg. v. ClO^- 6-0698.

IR-Spektrum: v. – u. DOCl 29-0105; v. – in einer Matrix 46-0070; Chemolumineszenzrk. v. Luminol mit ClO^- 28-2000; Wechselwrkg.-Kraftkonst. fü Eigenwertprobleme d. Ordn. n = *3* am Beispiel – u. DOCl 5-0113; Näher.-Meth. zur Berechn. d. Trägheitsdefektes v. – u. DClO 12-0835; anod. Auflsg. v. Mo u. Zeitgesetze d. Oxidschichtbldg. in – 11-0641; Bldg. v. – bei d. anod. Ox. v. Cl^- 23-0684.

Rk.: v. – mit cis- u. trans-$[Co(III)\cdot(en)_2XBr]^{n+}$ (X = NH_3, Br, Cl, H_2O) (Erhalt. d. opt. Konfigurat.) 3-0745; mit $Ca(OH)_2$ 3-2273*; Quantenausb. d. Chemilumineszenz bei d. Ox. v. Luminol mit ClO^- 37-0801; Einfl. v. Cu- u. Co-Zusätzen auf d. Chemilumineszenzrk. v. ClO^- mit Luminol 36-0662; katalyt. Einfl. v. ClO^- auf d. Rk. zwischen CO_2 u. W. 19-0762; Ox. starkbas. Anionenaustauscher durch – 26-2183.

Mikrobenzerstör. durch niedr. Konz. an ClO^- 37-1498; Wrkg. v. neutralem ClO^- auf Epithel-Mucopolysaccharide 16-1483.

Indirekte Best. v. ClO^- mit Tl 26-2031 coulometr. Titrat. v. ClO^- 30-1929; Redoxtitrat. v. ClO^- 31-2090; spektralphotometr. Best. v. Mikromengen v. ClO^- in ClO_4^- 8-1877; Ursache d. Werte-Schwank. bei d. Bromid. Best. über d. –-Ox. 23-2248; Phenol/ClO^--Rk. zur Best. v. NH_3 28-1997.

Salze **(Hypochlorite)**

ClO^- s. unter d. Säure.

Alkali-, *Calcium-* u. *Natriumhypochlorit* s. dort.

Ester

Rk.: v. 3-Chlorpropen oder 3-Chlorbuten-(1) mit Alkylhypochlorit 9-2519*; v. langkett., äthylen. ungesätt. Verb. mit Alkylhypochlorit 25-2695*.

$HClO_2$, Chlorige Säure

Zers. v. ClO_4^- unter Bldg. v. ClO_2^- 6-0698; Näher.-Rechn. nach d. MO–LCAO–SCF-Meth. für ClO_2^- 32-0052; Best. d. Elektronenstruktur v. ClO_2^--Mol. aus Daten d. Röntgenspektren 37-0055; molare Ionengitterentropie bei Standardbeding. für ClO_2^- 32-0253; Kinetik d. Ox. v. ClO_2^- durch Peroxomonoschwefelsäure bzw. Peroxyessigsäure (Hinweis auf nucleophile Reaktivität) 2-0636; Bldg. komplexer Ionen zwischen ClO_2 u. ClO_2^- 20-0524; – als Agens zur Blockier. v. Gewebealdehyden 8-1964; Titrat. v. – mit Fe(II)-Verb. 8-1805; polarograph. Charakterisier. v. ClO_2^- an d. rotierenden Scheibenelektrode 7-1936; spektralphotometr. Best. v. Mikromengen v. ClO_2^- in ClO_4^- 8-1877; Best. v. ClO_2^- mit OsO_4 als Katalysator in d. Titrimetrie 16-1930.

Salze (**Chlorite**)

ClO_2^- s. unter d. Säure.

Kinet. Unters. d. Zers., Disproportionier. u. Explos. d. Metallchlorite 33-0775.

Alkali-, *Barium-*, *Blei-*, *Natrium-* u. *Silberchlorite* s. dort.

$HClO_3$, Chlorsäure

Zers. v. ClO_4^- unter Bldg. v. ClO_3^- 6-0698.

IR-Spektren v. Festkörpern u. wss. Lsg. d. ClO_3^- 32-0333; mittlere Schwing.-Amplituden für ClO_3^- (isoelektron. Reihe) 6-0101; generalisierte mittlere Amplitudenquadrate u. Coriolis-Konst. für ClO_3^- 12-0102; Einfl. v. Konz. u. Temp. auf d. fl. Zustand wss. –-Lsg. 25-0611; Näher.-Rechn. nach d. MO–LCAO–SCF-Meth. für ClO_3^- 32-0052; Best. d. Elektronenstruktur v. ClO_3^- aus Daten d. Röntgenspektren 37-0055; Ionisat.-Potential u. Verteil. d. Elektronendichte in ClO_3^- 45-0050; ^{35}Cl-^{37}Cl-NMR v. ClO_3^- 16-0882; Einfl. v. ClO_3^- auf d. Lochfraßkorros. v. Cr-Stählen 15-0627; Bldg. v. – bei d. anod. Ox. v. Cl^- 23-0684; Ionengitterentropie bei Standardbeding. für ClO_3^- 32-0253; dünnschichtchromatograph. Verh. v. ClO_3^- 44-1775; Isothermen d. Syst. $NaClO_3$–NaOH–H_2O 35-2181; Best. d. Solvatat. v. ClO_3^- 51/52-0416.

Erkenn. außerird. Lebens durch Unters. v. Verb. hohen Energieinhaltes, wie ClO_3^- (O-Isotopen-Austausch-Rk.) 5-0784; Zers. v. Chlorat in einer Dichromatlsg. geschmolzener Nitrate (Rk.-Mechanismen) 40-0578; Red. v. ClO_3^- zu Cl^- mittels Elektronenaustauscher 6-1876; katalyt. Ox. v. p-Phenetidin mit ClO_3^- 12-0645; Ionenassoziate d. Triphenyltetrazolismus mit ClO_3^- 20-0506; Ox. v. p-Phenetidinhydrochlorid mit ClO_3^- in Ggw. v. 8-Hydroxychinolin 41-0588; Einfl.: v. ClO_3^- auf d. Kationenaustausch an $Cu_2[FeCCN)_6]$ 4-0558; einer vorhergehenden Röntgenbestrahl. u. v. ClO_3^- (als Verunreinig.) auf d. Geschw. d. therm. Zers. v. NH_4ClO_4 6-0699; v. – auf d. Darst. v. Prod. d. Rk. v. trans-Oxotrihalogeno-bis-[triphenylphosphin]-rhenium(V) mit Carbonsäuren 28-0753; durch SO_3^{2-}/ClO_3^- katalysierte Polymerisat. v. Acrylamid 46-1047.

Bedeut. v. ClO_3^- als Substrat d. assimilator. u. dissimilator. Nitratreduktase aus Aerobacter aerogenes 38-1369; ClO_3^- als kompetitiver Hemmer d. Nitratred. in zellfreien Extrakten aus Bacillus cereus u. Pseudomonas aeruginosa 39-1318; Wrkg. v. ClO_3^- auf d. Thyroxin-Stoffwechsel bei Ratten 47-1585.

Dünnschichtelektrophoret. Nachw. v. ClO_3^- 5-1887; Nachw. v. ClO_3^- auf Papierchromatogrammen mit H_2Se 30-1999; Titrat. v. –: mit Fe(II)-Verb. 8-1805; mit Mo(V) (coulometr.) 51/52-1813; spektralphotometr. Best. v. Mikromengen v. ClO_3^- in ClO_4^- 8-1877; Verw. bei d. Best. d. Serum-Thyreoidhormone 13-1455; Best. v. V mit Hilfe d. katalyt. Rk. auf Grund d. Landolt-Effektes ($ClO_3^-/J^-/Sn^{2+}$-Rk.) 19-2095.

Salze (**Chlorate**) s. unter *Alkali-*, *Ammonium-*, *Barium-*, *Blei-*, *Caesium-*, *Kalium-*, *Lithium-*, *Magnesium-*, *Natrium-*, *Rubidium-* u. *Silberchlorat*.

W.-Bilanz d. –-Produkt. 49/50-2138; therm. Zers. d. Metallchlorate u. einige ihrer physikal. Eig. 33-0776.

$HClO_4$, Perchlorsäure

IR- u. Raman-Spektren wss. –-Lsg. einiger Oxide 8-0128; IR-Spektren v. Gemischen wss. – u. wss. H_2SeO_3 (intermol. Wechselwrkg.) 9-0136; Absorpt.-Spektren: d. Komplexverb. v. Hg(II) mit Thioharnstoff in – (Lsgm.-Einfl.) 17-0126; d. Np-Ionen in –-Lsg. 23-0126; Einfl. d. Hydrolyse auf d. Elektronenabsorpt.-Spektrum v. UO_2^{2+} in –-Lsg. 27-0103; IR-Spektren v. Festkörpern u. wss. Lsg. v. ClO_4^- 32-0333; $K\beta_1\beta'$-Linie in ClO_4^- 35-0060.

Einfl. v. Zusätzen an – auf d. spektrale Verteil. d. Lichtemiss. wss. T_2O-Lsg. 8-0658; opt. Absorpt.-Intensitäten u. Quantenzählerwrkg. v. Er^{3+} in Y–Ga-Granaten u. Vgl. mit $ErCl_3$ in – 45-0327.

Näher.-Rechn. nach d. MO–LCAO–SCF-Meth. für ClO_4^- 32-0052; Best. d. Elektronenstruktur v. ClO_4^- aus Daten d. Röntgenspektren 37-0055.

Relaxat. v. ^{23}Na in wss. Lsg. mit ClO_4^- 16-0382; ^{35}Cl- u. ^{37}Cl-NMR v. ClO_4^- 16-0882; Relaxat.-Effektivität paramagnet. Ionen im Syst. Fe^{3+}, Mn^{2+}, $Cr^{3+}/HClO_4/H_2O$ 49/50-0242.

Hystereseeffekte bei d. H_2-Entw. an Pb in wss. – 1-0607; ohm u. kapazitive Komponente d. Impedanz einer Pt-Elektrode in – 2-0589; H_2-Überspann. an Au in – 3-0615; Verh. v. gesätt. KW-Stoffen an leitenden porösen Teflonelektroden in –-Elektrolyten 4-0505; Einfl. v. HCl auf d. Auflsg. v. Glanz-Pt bei d. Polarisat. in –-Lsg. 5-0636; Berechn. d. Säurefunkt. für – 10-0568; H_0-Mess. in $LiClO_4/HClO_4$- u. $NaClO_4/HClO_4$-Misch. mit vorgegebener Anionengesamtkonz. 10-0569; Spann.-Rißkorros. v. Ti/Al-Leg. in ClO_4^--Lsg. 10-0596; Dissoziat.-Gleichgew. v. CrO_3Cl^- u. H_2CrO_4 in Ggw. v. – 12-0567; relative Dissoziat.-Konst. v. – in Py. 13-0609; Einfl. v. ClO_4^- auf d. kathod. Red. u. anod. Ox. v. In 13-0637; Überführ.-Koeff. u. heterogene Geschw.-Konst. für Cd(II) in – (Phasenwinkelmess. mit Wechselstrompolarograph) 13-0643; Einfl. v. organ. Verb. u. Anionen auf d. Kapazität d. elektr. Doppelschicht an d. Phasengrenze Fe/$HClO_4$ 14-0617; Passivier. d. GaAs-Elektrode in Ggw. v. – 15-0615; Einfl.: v. – auf d. chronoamperometr. Unters. v. Pb-Nd. auf Au-Elektroden 15-0620; v. ClO_4^- auf d. Lochfraßkorros. v. Cr-Stählen 15-0627; Tl(I)/Tl(III)-Elektrodenrk. in – 17-0680; potentiometr. Best. d. Dissoziat.-Konst. v. HSO_4^- in wss. $HClO_4/NaClO_4$-Lsg. 18-0567; Berechn. d. Parameter d. Debye-Hückel-Formel für $NaClO_4$ u. – 18-0568; ion. Assoziat.-Konst. u. Grenzleitfähigk. d. zweiten Komponente v. $NaClO_4/HClO_4$ in Essigsäure 19-0662; Einfl. v. ClO_4^- auf d. Mechanismus d. anod. Auflsg. v. Fe in sauren Lsg. 19-0682; Elektrodenkinetik d. Red. v. O_2 an oxidfreien Pt-Elektroden in – 19-0687; kombinierter Einfl. v. ClO_4^- u. organ. Zusätzen auf d. Geschw. d. elektrochem. Vorgänge an d. In(Hg)-Elektrode 22-0639; Aciditätsfunkt. wss. Lsg. v. – 24-0612; Polarographie v. TcO_4^- in – 24-0660; Adsorpt.-Rk. bei d. Auflsg. v. Co in $NaClO_4$/$HClO_4$-Lsg. 25-0653; Dissoziat. v. – 27-0685; Kinetik d. Red. v. Mn(II) in Ggw. v. ClO_4^- an d. Hg-Tropfelektrode 28-0635; Unters. d. Adsorpt.-Eig. d. Hg in Ggw. v. Harnstoff u. ClO_4^- 30-0583; Einfl. v. ClO_4^- im Red.- u. Ox.-Prozeß d. In an d. Amalgamelektrode 30-0584; Passivier. v. β-PbO_2 in – 30-0587; Einfl.: d. spezif. Adsorpt. v. Ba^{2+} auf d. Potential d. Pt-Elektrode in $HClO_4/Ba(ClO_4)_2$-Lsg. 30-0597; v. ClO_4^- auf d. differentielle Doppelschichtkapazität v. Pb 31-0676; Abscheid. u. Auflsg. v. Ni in ClO_4^--Lsg. 32-0650; Potentiale für d. Halbneutralisat. u. pK-Werte für – in Nitromethan/Essigsäure 37-0587; Elektrolyse v. –-Lsg. zur Synth. v. Cl_2O_7 37-0805; Assoziat. v. – in konz. wss. Lsg. u. d. Existenz v. H_3O^+ u. $H_5O_2^+$ im Existenzbereich d. Monohydrates 39-0517; Beeinfluss. d. Leitfähigk. geschmolzener H_3PO_4 durch – 39-0527; pK-Wert v. – 42-0871; Teilnahme v. ClO_4^- am Elementarakt d. elektrochem. Rk. d. Fe-Auflsg. in sauren Lsg. 44-0542; Stromdichteverteil. an einer rotierenden Scheibenelektrode in wss. $NaBr/HClO_4$-Lsg. 45-0574; pKa-Werte in 1.1.3.3-Tetramethylguanidin 46-0814; Einfl.: v. –-Lsg. auf d. Unvollständigk. reversibler Peaks bei d. Wechselstrompolarographie v. Cd^{2+}-, Zn^{2+}-, Eu^{3+}- u. Ni^{2+}-Lsg. 47-0517; v. ClO_4^- auf d. polarograph. Unters. v. Np 7-0525; Transportbeweglichk. v. ClO_4^- in Methanol 49/50-0436.

Enthalpie d. Überführ. v. Nitromethan aus W. in *1* molale wss. Lsg. v. – 1-0542; Ionenaustauschgleichgew. v. Ti(IV) in ClO_4^--Lsg. 2-0565; Viskosität v. –-Lsg. in Tri-n-butylphosphat 4-0720; thermodynam. Charakteristiken d. Syst. $HClO_4/H_2O$, $Ca(ClO_4)_2/H_2O$ u. d. gesätt. Lsg. d. Syst. $Ca(ClO_4)_2/HClO_4/H_2O$ 6-0587; Bldg.-Wärmen v. Lsg. in d. Syst. $Ca(ClO_4)_2/HClO_4/H_2O$ u. $Cd(ClO_4)_2/HClO_4/H_2O$ 6-0588; –-Flammen 14-0657; Freie Überführ.-Enthalpien v. ClO_4^- v. W. in Acetonitril 15-0599; Einfl. v. neutralen Elektrolyten auf d. Gleichgew.-Aktivität d. Ionen im Syst. $In^{3}/OH^-/ClO_4^-/H_2O$ 26-0627; Aktivier.-Energien d. Translat. v. ClO_4^- in Acetonitril 27-0686; Gleichgew.-Konst. d. Komplexbldg. u. Löslichk.-Prod. im Syst. $Th(HPO_4)_2 \cdot 4\,H_2O/H_3PO_4/HClO_4/H_2O$ u. im Syst. $U(HPO_4)_2 \cdot 4\,H_2O/H_3PO_4/HClO_4/H_2O$ 28-0589; thermodynam. Charakteristiken gesätt. $Cd(ClO_4)_2/HClO_4/H_2O$-Lsg. 30-0529; Ionengitterentropie bei Standardbeding. für ClO_4^- 32-0253; D. v. – in H_3PO_4-Lsg. 39-0526; phänomenolog. Koeff. für Elektrizitäts-Leit. u. Diffus. in konz. –-Lsg. 39-0538; –-Flammen 41-0572; Stabilitätskonst. v. Ca(II)- u. Sr(II)-Komplexen mit Sulfat- u. Oxalat-Ionen in *1* molarem –-Medium 46-0520; Änder. d. Aktivitätskoeff. v. H^+ u. Cl^- beim progressiven Austausch v. ClO_4^- gegen Cl^- in d. $NaCl/NaClO_4$-Lsg. 46-0527.

Grenzflächenspann. an d. Grenzfläche Hg/$HClO_4$ bei hohen Potentialen 1-0621; Einfl. auf d. Solubilisier. v. W. in nichtpolaren Lsg. öllösl. Tenside 17-0700; Herabsetz. d. Oberflächenspann. v. *70* %ig. – durch Dodecyltropyliumfluorborat bzw. -perchlorat 36-0945; Best. d. Verteil.-Koeff. v. ClO_4^- zwischen Dowex 50 X *4* u. HBr-Lsg. 38-2029; Adsorpt. v. HF an ClO_4^--halt. Anioniten aus d. Gasphase 42-0552; R_F-Werte v. *1*- u. *2*-wert. Metallionen in Lsg. mit hoher ClO_4-Konz. 44-0618; Extrakt.: v. $HClO_4$ durch Bis-[2-äthylhexyl]-phosphorsäure 3-0545; mit Dinonylnaphthalinsulfonsäure in Heptanlsg. 6-0660; Elut. v. Tl(I) an Dowex *50* W-X *8* mit – 9-0643; Löslichk. v. BiOCl in –-Lsg. 13-0579; Extrakt. v. Zr u. Hf durch Tributylphosphat aus HNO_3–$HClO_4$-Gemischen (Verteil.-Koeff.) 16-0558; Löslichk.: v. BiOCl u. $BiONO_3$ in wss. –-Lsg. 23-0644; in d. Syst. $Cu(ClO_4)_2$–$HClO_4$–H_2O u. $Zn(ClO_4)_2$–$HClO_4$–H_2O 23-0648; Löslichk.-Isothermen d. Syst. $Mn(ClO_4)_2/HClO_4/H_2O$, $Co(ClO_4)_2/HClO_4/H_2O$ u. $Ni(ClO_4)_2/HClO_4/H_2O$ 25-0586; Komplexbldg. v. Eu(III) mit NO_3^- u. Cl^- in *4* m $HClO_4$ (Stabilitätskonst.) 25-0598; Extrakt. v. – u. HCl bei gemeinsamem Vorliegen durch Tri-n-butylphosphat 26-0570; Verw. v. ClO_4^- zur Extrakt v. Aminen 28-0937; quant. Charakteristik d. Nahhydratat. v. ClO_4^- in verdünnten wss. Lsg. 29-0671; Red. v. XeO_3 durch H_2O in *0,01* m – 36-0665; Löslichk.: v. H_2S in $HClO_4/NaClO_4/H_2O$-Misch. 37-0553; v. α-GaO(OH) bei *60°* in –-Lsg. konst. Ionenstärke 47-0460; Hydratat.-Konst. in Acetonitril 49/50-0987; Best. d. Solvatat. v. ClO_4^- 51/52-0416.

Sorpt. v. Nitrosonitro–Ru-Komplexen aus –-Lsg. 2-0617; elektrochem. Ox. v. ClO_4^--Ionen in Nitromethan 21-0780.

Einfl. v. Säure auf d. H-Ausb. bei d. UV-Bestrahl. gefrorener J^-- bzw. Fe^{2+}-halt. wss. –-Lsg. 5-0735; Radiolyse wss. –-Lsg. 6-0697, 6-0698; EPR-Spektren der bei d. Bestrahl. v. gefrorenen wss. –-Lsg. durch ^{60}Co-γ-Strahl. gebildeten Radikale u. deren photochem. Umwandl. durch sichtbares Licht 8-0648; γ-Radiolyse v. –-Lsg. durch EPR 17-0745.

Rk. mit $TiCl_4$ u. $BeCl_2$ 3-2278*; Verw. v. – als Zündkomponente v. Treibstoffen (Mechanismus) 9-0956; Auflsg.-Geschw. v. U_3O_8 in – in Abhängigk. v. d. Fe^{3+}-Konz. 10-0670; Lochfraßkorros.: v. Zr in – 19-2602; v. Al in – 20-2381; Verh. v. Mo(VI) in –-Lsg. 22-0605; Kinetik d. Red. v. ClO_4^- durch Ti^{3+} 30-0655; Darst. v. HJO_3 durch direkte Ox. v. H_2 mit $HClO_4 \cdot 2\,H_2O$ 30-0687; –-Flammen 31-0728 bis 31-0730; stabilisierte Elektronen in H_2O-ClO_4^--Matrizen durch Röntgenbestrahl. bei *–196°* in Ggw. v. Akzeptoren 34-0799; Kinetik d. Auflsg. v. ⟨*111*⟩-orientierten GaAs-Einkrist. in $FeCl_3$–$HClO_4$-Lsg. 36-0645.

Ionenassoziate d. Triphenyltetrazoliums mit ClO_4^- 20-0506; Rk.: v. Oxyorganoquecksilberverb. mit akt. Methylenverb. u. d. Demercurier. d. Hg-Verb. mit – 25-0804; d. σ-Allylpentacarbonylmangans mit – 43-0631; v. Komplexen d. Typs $[Co(halac)_2 \cdot trien]ClO_4$ mit – 43-0647.

Komplexbldg. d. Ferriciniumkations in wss. Lsg. mit ClO_4^--Anionen 24-0600; Rk. mit N-Oxiden u. Acetanhydrid 34-1079; Einfl. wss. –-Lsg. auf d. Aktivitätskoeff. v. Purin- u. Pyrimidinbasen 24-1307.

Mercurier. v. Aromaten mittels Hg(II)-Acetat in Essigsäure u. $HClO_4$ 16-0695 bis 16-0697; durch – katalysierte pseudokation. Polymerisat. v. Styrol 20-1103, 27-1285; Einfl. v. – auf d. Darst. v. Prod. d. Rk. v. trans-Oxotrihalogeno-bis-[triphenylphosphin]-Re(V) mit Carbonsäuren u. verwandten Verb. 28-0753; – u. ihre Verb. als Katalysatoren in d. organ. Synth. 33-1258; Einfl. v. ClO_4^- auf d. Hydrolysegeschw. v. $Cr_2O_7^{2-}$ 35-0623.

Bedeut. v. Perchlorat als Substrat d. assimilator. u. dissimilator. Nitratreduktase aus Aerobacter aerogenes 38-1369; Indukt.-Wrkg. v. ClO_4^- auf Nitratreduktase aus Bacillus cereus 6-1250; ClO_4^- als kompetitiver Hemmer d. Nitratred. in zellfreien Extrakten aus Bacillus cereus u. Pseudomonas aeruginosa 39-1318; Nichtbeeinfluss. d. J-Fixier. v. Algen durch – 12-1364; Perchloratclearance in Bezieh. zur Chloridclearance beim Hund 1-1465; Wrkg.: v. ClO_4^- auf d. Acetylcholin-

Empfindlichk. d. Musculus rectus abdominis v. Rana pipiens 19-1672; v. Perchlorat auf d. Thyroxin-Stoffwechsel bei Ratten 47-1585.

Zünd. v. Brennstoffen d. Composite-Festtreibstoffe durch —-Dampf 14-3120, 42-2926.

Nachw. v. ClO_4^- auf Papierchromatogrammen mit H_2Se 30-1999.

Rk. zur Identifizier. u. Best. v. ClO_4^- 1-1784; potentiometr. Titrat. v. ClO_4^-: v. Anilin u. seinen Deriv. in nichtwss. Medien 7-1989; in DMF 17-1949; Best.: in nichtwss. Medium mit CH_3OLi 22-2009; mit Kristallviolett (spektrophotometr.) 38-2047; mit Tetraphenylarsoniumchlorid 42-1810; durch Spektralphotometrie 45-2062; durch Polarographie 45-2121.

Aufeinanderfolgende Best. v. ClO_4^-- u. NO_3^- 18-1944; Extrakt. u. Best. v. ClO_4^- mit Kristallviolett-Lsg. in Bzl. 39-1937.

Spektralphotometr. Best. v. Mikromengen v. Cl^-, ClO_3^-, ClO_2^- u. ClO^- in ClO_4^- 8-1877.

Stufenweise Elut.-Analyse v. Stärke u. Amylopektin mit — auf Papier 6-3093; amperometr. Titrat. v. submillinormalen Konz. an Hexacyanoferrat(III) in $HClO_4$/KSCN-Lsg. 12-1859; Essigsäureanhydrid bei d. —-Titrat. 19-2121; Best. medizin. carbonylgruppenhalt. Präp. durch Titrat. in nichtwss. Lsgm. mit — 19-2153; direkte photometr. Chloridbest. in biolog. Fl. bei Verw. v. Hg-Thiocyanat u. — 25-2120; Aufschluß organ. Verb. mit — zur Mikro-S-Best. 28-2052; Entfern. v. HF durch Abrauchen mit — 40-1795; Best. v. organ. gebundenem N u. P mit —-Aufschluß 43-2008; — als fl. Anionenaustauscher 51/52-1840.

Salze (**Perchlorate**)

Spezielle — s. unter den entsprechenden Metallen.

Darst.: eines anorgan. — d. Formel $M(ClO_4)_n \cdot N_2O_4$ 9-2177*; v. Tetrachlorphosphonium-, Chlor(phenyl)-phosphoniumperchloraten 19-0827; Synth. u. Bldg.-Kinetik v. Bis[pyridin]-boroniumperchlorat 46-0668; *400*-Amp.-Zelle zur Herst. v. — 48-2170; Beseitig. v. — in Abzügen 2-2049.

Spektren u. Struktur v. — 5-0132; Lsgm.-Wärmen einiger — in W. u. in Propylencarbonat 2-0541; Verdampf. v. einigen — d. Amintyps 18-0508; Löslichk.: v. Tetraäthylammoniumjodid, KJ u. NaJ in CH_2Cl_2, Äthylenchlorid, Chlorbenzol u. THF in Ggw. v. Tetrabutylammoniumperchlorat 6-0593; v. Ferrocenylmethyltrimethylammoniumperchlorat in wss. $HClO_4$-Lsg. 25-0584; Verteil. v. Di-n-butylphosphorsäure zwischen CCl_4 u. —-Lsg. 49/50-0405.

Radiolyse fester — 19-0797;; kinet. Unters. d. therm. Zers. v. Alkalimetall- u. Metall(II)-perchloraten 45-0637; durch hydratisierte — katalysierte Polymerisat. v. N-Vinylcarbazol 9-1122.

Derivate

Amidoderivate

$NH_2(ClO_3)$ (Perchlorsäureamid) - Salze

Darst. einiger Salze d. Perchlorsäureamids 31-0790.

Chlorverbindungen

Verb. mit C—Cl-Bind. s. *Organochlorverbindung.*

Kristallviolett-Komplexe v. Chloriden u. -Oxidchloriden in Lsg. 1-0576; Chloro-Komplexe: v. zweiwert. Ionen v. leichten Elementen d. Übergangsreihe Mn–Cu 28-0603; v. Ionen d. Gruppe IIB u. Pd^{2+} u. Au^{3+} 44-0490; MO-LCAO-Näher. d. σ-Bind. C—Cl, O—Cl u. Cl—F 23-0095; magnet. Rotat. d. (C—Cl)-Bind. u. (Cl—Cl)-Bind. u. Stell. d. Elements im Periodensyst. 20-0090; ^1H-NMR-Spektren d. Clathrathydrate v. Cl_2 23-0146; Verdampf. v. — aus basalt. Laven während d. Abkühl-Prozesses 41-0765; coulometr. Best. d. Spuren v. — in fl. Brennstoffen 11-2013.

Chloramine s. unter *Stickstoffverbindungen.*

Chlorazid: ClN_3, Zers.-Flamme v. — 30-0648; Rk. v. $(C_2H_5)_3Al$ u. — zu trimerem $(C_2H_5)_2AlN_3$ 21-0816.

Chlorfluoride bzw. -fluorokomplexe

Mol. Vibrat.-Frequenzen v. ClF^- in Alkalimetallhalogenid-Krist. durch ESR 33-0405; ^{119}Sn-Kernquadrupolresonanzspektren v. Addukten d. SnF_4 mit ClF_3 37-0069; Schwing.-Spektrum u. Kraftkonst. d. ClF_2^+ in ClF_2AsF_5 u. ClF_2BF_4 47-0065.

ClF, Bldg. v. — bei d. Rk. v. ClF_3: mit überschüss. UO_2F_2 20-0743; mit W. 43-0577; Mol.-Orbital-Meth. für — 9-0107; s-Hybrid-Charakter v. Bind.-Orbitalen v. ^{58}Cl in — 23-0099; vereinfachte LCAO-MO-SCF-Berechn. für — 27-0080; Dipolmomente, Bind.-Winkel u. Natur d. chem. Bind. v. — 42-0038; Temp.-Abhängigk. d. thermodynam. Größen u. d. spezif. Wärme für $FCl-F_2$ 11-0573; Zustandssumme v. — bei hohen Temp. 17-0555; Rk. v. — mit HNO_3 bei *—112°* zu NO_3Cl 46-0665.

ClF_3, Chlortrifluorid (D. u. Viskosität im Gaszustand) 35-0423; Reinig. v. — aus Zylindern 35-0670; generalisierte mittlere Amplituden u. Coriolis-Konst. für — 12-0101; mittlere Schwing.-Amplitude in — 28-0060; Bind.-Struktur v. — 38-0063; Dipolmomente, Bind.-Winkel u. Natur d. chem. Bind. v. — 42-0038; F–F-Koppl.-Konst. in — 12-0818; Temp.-Abhängigk. d. thermodynam. Größen u. d. spezif. Wärme für BF_3-ClF_3 11-0573; photochem. Bldg. v. ClF_5 aus — u. F_2 11-0729; Zünd. d. H_2-O_2-Treibstoffgemischs mit Hilfe v. — 19-0755; Rk. v. —: mit Uranylfluorid 20-0743; mit UO_2F_2 26-0783; mit W. 43-0577; Nachw. v. Sub-ppm-Mengen an — in Luft durch Elektroneneinfang-Gaschromatographie 27-2224; Verw. v. — in d. Gaschromatographie 3-2007.

ClF_5, photochem. Bldg. v. — aus ClF_3 u. F_2 11-0729; Darst. u. Eig. v. — 46-0663; Konstrukt. d. geeignetsten Hybridorbitale für — 40-0038; thermodynam. Funkt. v. — 34-0559.

ClO_2F (Chlorylfluorid), Bldg. v. — bei d. Rk. v. ClF_3: mit überschüss. UO_2F_2 20-0743; mit W. 43-0577.

ClO_3F (Perchlorylfluorid), Bldg. v. — bei d. Rk. v. ClF_3: mit überschüss. UO_2F_2 20-0743; mit W. 43-0577; Darst., physikal. Eig. u. Rk. v. — 25-0791; Rk. v. fl. NH_3 mit — zur Darst. v. Perchlorsäureamid u. dessen Salzen 31-0790.

Fluorochlorsäuren:

$H[ClF_2]$ (Fluorochlor(I)-säure), Schwing.-Spektren u. Kraftkonst. d. Difluorochlorat(I)-Anions, ClF_2^- 28-0081.

$HClF_4$ (Fluorochlor(III)-säure)

Salze s. *Kaliumfluorochlorate(III).*

Chlornitrat s. *Nitroxychlorid: NO_3Cl.*

Chloroxide: Kristallviolett-Komplexe v. Oxidchloriden in Lsg. 1-0576; Strahlenchemie v. Cl–O-Verb. 17-0745, 19-0797, 42-0591; IR-Spektren im Syst. Cl_2-O_2 (photochem. gebildete Radikale) 44-0653.

Cl_2O, Synth. v. — 26-0743; IR-Spektren v. — 26-0732; Näher.-Meth. zur Berechn. d. Trägheitsdefektes v. — 12-0835; Bezieh. zwischen Bind.-Energie u. Kraftkonst. für — 47-0043; Photolyse v. matrixisoliertem — (IR-Spektren) 26-0732; Radikalkettenhalogenier. mit — 51/52-0860.

ClO, photochem. Zers. v. Nitroniumperchlorat unter Bldg. v. — 44-0662; Zweiquantenübergänge in d. Elektronenresonanzspektren v. — 38-0137; IR-Spektrum u. Kraftkonst. v. ClO^- 13-0330; Dipolmomente v. — 51/52-0061; ESR-Spektrum v. — 2-0130; Stark-Effekt in d. Gasphasen-ESR-Spektroskopie u. Dipolmoment v. — 4-0107; ESR-Spektren v. paramagnet. Zentren in bestrahltem $KClO_4$ mit —-Zentren 30-0346; Gasphasen-ESR-Spektrum v. — 47-0080; Zustandssumme v. —-Mol. bei hohen Temp. 17-0555.

Cl_2O_3, Darst. v. — 25-0790.

ClO_2, Übersicht über Eig. u. Herst. 1-2043; Herst. (NaCl-Elektrolyse an Graphit oder Magnetit) 3-2246*; Bldg. v. —: durch Zers. v. ClO_4^- 6-0698; durch Rk. v. Alkalichlorat mit HCl 24-2265*, 30-2216*; aus $NaClO_2$ u. Essigsäureanhydrid 33-2402; u. Cl durch Rk. v. $NaClO_3$, NaCl, H_2SO_4 u. W. 37-2391*; u. Cl aus Alkalimetallchlorid u. -chlorat 37-2392*; bei der Hydrolyse v. ClO_2F 43-0577; Herst. v. —-halt. Mitteln 43-2271*; photochem. Zers. v. Nitroniumperchlorat unter Bldg. v. — 44-0662.

UV-Photolyse v. gasf. — bei *—45°* 25-0790; IR-Unters. d. —-Radikals in einer Matrix 46-0069; IR-Spektrum u. Kraftkonst. v. ClO_2^- 13-0330; Kraftkonst.: v. — (aus Normalschwing.) 18-0077; v. — 29-0070; Bind.-Energie u. Kraftkonst. für — 47-0043; paramagnet. Relaxat. v. — in Lsg. 5-0420; ClO_2-Zentrum durch Röntgenbestrahl. v. $KClO_4$-Krist. 30-0346; Zustandssumme für $^{35}Cl^{16}O_2$ 5-0556; Fortpflanz. d. Detonat. in reinem oder verd. — 10-0638.

Ox. v. Elastoidin durch ClO_2/Cl_2 32-3081; Rk. v. — mit organ. Verb. 10-0972; —-Zers.-Flammen 14-0657; Zers.-Flamme v. Chlorazid im Vgl. mit der v. ClO_2 30-0648; Zers. wss. —-Lsg. bei Röntgenbestrahl. (Mechanismus) 42-0591; Bldg. komplexer Ionen zwischen — u. ClO_2^- 20-0524; Korros. v. säurebeständ. Stahl in —-Lsg. 26-2492; Rk. v. — mit Phenolen in natürl. W. 34-2184; Wrkg. auf Phenolabwasser (Ox.) 4-1773.

Verw.: zur Reinig. v. Kationenaustauschern 42-2010*; zur W.-Desinfekt. in Schwimmbecken 12-2092; zur W.-Aufbereit. 32-2184; zur Trinkwasserschön. 32-2185; zur Entkeim. v. Badewasser 48-2076.

Best. v. — (titrimetr.) 16-1930; Nachw. in einem Gasgemisch in Ggw. v. Cl_2 37-2145*; potentiometr. Best. v. Cl/ClO_2-Misch. in d. fl. u. d. Gasphase 44-1789.

ClO_3, Eig. v. — in gefrorenen Lsg. (Bldg.-Beding. u. EPR-Spektren) 29-0791.

Cl_2O_7, elektrochem. Synth. v. — 37-0805; Schwing.-Spektren u. chem. Struktur v. — 45-0069; krist. Phasen d. Syst. $N_2O_5/Cl_2O_7/H_2O$ 22-0567; Bldg. v. NO_2ClO_4 im Syst. $N_2O_5/Cl_2O_7/H_2O$ 35-0470.

Chlorperoxide, wahrscheinl. Bldg. eines Peroxochlorradikals bei γ-Bestrahl. v. $KClO_4$-Krist. 33-0835.

Chlorphosphoniumverbindungen s. *Phosphorchloride.*

Chlorsilane s. unter *Siliciumchloride.*

Chlorwasserstoff

Cl^- s. auch unter *Chlor.*

Vorkommen

Vork. in d. Venus-Atmosphäre 15-0775, 15-0825; Best. v. — in Wässern aus Öl enthaltenden tert. u. kretazäischen Format. 38-0766; —-Verteil. an d. Oberfläche v. Seen in Maine 38-0768; —-Geh.: in gasf. Mineraleinschlüssen im Bldg.-Prozeß v. Quarz-Fluorit-halt. Pegmatiten 41-0705; im menschl. Magensaft 9-1391, 9-1393; —-Sekret. in d. Magenschleimhaut d. Ochsenfrosches 9-1522; spezif. Stimulier. d. Magensäuresekret. durch ein Pentapeptidderiv. v. Gastrin 13-1479; Acidität d. Magens (Bezieh. zum Elektrolytgeh. u. Einw. v. Reizstoffen) 13-1403; —-Verhältnisse im Magen 13-1618; Acidität d. Magensaftes (Einfl. v. Angiotensin) 15-1561; Acidität d. Magensaftes (Einfl. v. Bradykinin) 15-1562; maximale Magensäuresekret. beim Menschen (stimulierende Wrkg. v. Pentagastrin) 22-1567; Verteil. v. — im Magensaft u. Harn (Wrkg. d. inneren Magendrucks) 45-1637; Wasserglaszusatz für HF-halt. — (Korros.-Schutz) 14-2182*.

Bildung, Darstellung

Bldg. v. —: durch Hefezellen im Verlauf d. alkohol. Gär. 16-1418; durch Zers. d. Perchlorations 6-0698; durch Zers. v. $MgCl_2$ 9-2169; in kontinuierl. Verf. 19-2401*; in Ggw. v. Fe- oder Mn-Oxiden aus NH_4Cl 22-2334*, 22-2335*; durch Eintragen v. NaCl u. $NaHSO_4$ in eine Na_2SO_4-Schmelze 22-2336*; bei d. hydrotherm. Aufarbeit. v. Glauberit 24-2256; durch Zers. v. NH_4Cl 24-2264*; aus NH_4Cl u. H_2SO_4 29-2337*; Ursachen d. —-Emiss. bei d. Brüdenwäsche in KCl-Fabriken 32-2225; Laboratoriumsmeth. zur Darst. v. gasf. — unter Druck 38-0609; Herst. v. —: aus NaCl in Ggw. v. V_2O_5 41-2309*; durch Erhitzen d. Endlaugen d. NaCl-Kristallisat. 45-2328; aus Abgasen 49/50-2157*.

Abtrenn. aus wasserfreien B-Hydriden 3-2248*; Abtrenn. v. COF_2 9-2181*; Wiedergewinn. v. — aus Beizlaugen 9-2454*; Glasfasergewebe als Filtermaterial für d. Staubabscheid. aus — 14-2095; Entfern. v. HF aus HF/HCl-Gasgemischen mit H_3BO_3-Lsg. 18-2187*; Entfern. v. SO_2 aus — 19-2674*; Entfern. v. — aus Eiweißhydrolysaten 25-3392; isopiest. Darst. hochreinen — 27-2087; —-Elektrolyse mit einer Pulverkathode 6-2132; Verarbeit. v. — zu Cl_2 durch Ox. mit HNO_3 11-2159*; Aufarbeit. v. H-, Silane- u. —-halt. Abgasen 18-2195*; katalyt. Verarbeit. v. — zu Cl_2 47-2188*; Ätz. v. GaAs-Einkrist. mit HCl/H_2-Gemischen (Kinetik) 7-0657.

Physikalische und physikalisch-chemische Eigenschaften

Spektren und optische Eigenschaften: IR- u. Raman-Spektren wss. —-Lsg. v. TiO_2, ZrO_2, HfO_2, V_2O_5, Nb_2O_5, Ta_2O_5, MoO_3 u. WO_3 8-0128; IR-Spektren v. — u. DCl in einer SF_6-Matrix 9-0132; Schwing.-Rotat.-Konst. v. gasf. — (Banden $\nu_{0\to 2}$ u. $\nu_{0\to s}$) 12-0231; Fluoreszenzspektren bei d. —-Bldg. (angeregte Schwing.-Niveaus) 16-0090; IR-Spektren v. Äther/HCl-Syst. 17-0900; Durchlässigk.-Grenzen v. HfO_2- u. ThO_2-Interferenzfilmen im UV-Bereich d. Spektrums unter —-Einfl. 22-0339; Absorpt.-Spektrum v. Nd^{3+} in Komplexen mit Cl^- 23-0112; Aggregat. verd. Lsg. v. — in festem Ar bei *—196°* (IR-Absorpt.-Spektren v. Polymeren u. Copolymeren) 24-0363; ferne IR-Absorpt. in d. festen Phasen v. HCl 20-0283; Spektren im fernen IR v. im β-Hydrochinonclathrat eingeschlossenem — und HCl/DCl-Gemisch. 24-0364; Rotat. v. — in einer festen N-Matrix 26-0122; Schwing.- u. Rotat.-Einfl. auf d.

Kernquadrupolkoppl.-Konst. in $H^{35}Cl$, $D^{35}Cl$, $T^{35}Cl$, $D^{37}Cl$ u. $T^{37}Cl$ 28-0047; integrale Absorpt.-Stärken aus Brech.-Daten für – 28-0079; Schwing.-Spektren u. Kraftkonst. v. HCl_2^- 28-0081; Zirkulardichroismus v. Co(III)-bis-[diamin]-Komplexen mit – 28-0327; druckinduzierte Absorpt. in d. Rotat.-Schwing.-Spektren v. – in Lsg. mit Ar 29-0104; IR-Bandenformen in fl. Lsg. zweiatom. polarer –-Mol. in nichtpolaren Lsgm. 30-0073; Form u. Feinstruktur d. druckinduzierten Bande in d. Rotat.-Schwing.-Banden v. – 31-0086; spektroskop. Best. d. Lichtgeschw. aus Mikrowellen- u. IR-Daten v. $^1H^{35}Cl$ 32-0062; Mess. d. Rotat.-Linienstärken in – durch asymm. Fourier-Transformat.-Techniken 34-0063; Elektronen-Absorpt.-Spektren d. $CuCl_2$-Arten in Äthylacetat/Äthylalkohol/HCl-Lsg. 40-0048; Spektren im fernen IR v. –-Dimeren in festen Edelgaslsg. 43-0096; Rotat.-Schwing.-Spektren v. – u. DCl in Edelgasmatrizen 49/50-0209.

Einfl. v. –-Zusätzen auf d. spektrale Verteil. d. Lichtemiss. wss. T_2O-Lsg. 8-0658; Kovalenzeffekte in U(IV)-Halogenokomplexen durch Rotat.-Verschieb. d. Elektronenenergieniveaus beim Austausch v. – durch Br 11-0374; Laserschwing. v. atomarem Cl in –-Gasentlad. 14-0146; Einfl. d. Cl^--Ionen auf d. Verteil. d. Aktivators in NaJ:Tl-Krist.-Phosphore (Zücht. aus d. Schmelze) 16-0364; Schwing.-Besetz.-Umkehr u. stimulierte Emiss. bei d. Rk. $H + Cl_2 \rightarrow HCl + Cl$ 19-0140; Photolumineszenz v. Oxidfilmen auf Al in –-Lsg. 21-0403; Mol.-Laser-Betrieb mit – u. DCl 27-0150

Strukturuntersuchungen: SCF-Einzentrum-Entw. für – 1-0109; Druckabhängigk. d. Ligandenfeldaufspalt. (10 Dq) v. Ionen mit oktaedr. Cl^- 2-0295; Einfl. endl. Kernmasse auf d. zentrifugale Valenzkraftkonst. v. $H^{35}Cl$ 4-0089; elektr. Anharmonizität aus d. Linienintensitäten d. Oberton-Schwing.-Rotat.-Banden v. – 9-0112; Resonanzübergang v. Schwing.-Energie bei Mol.-Stößen am Beispiel – 9-0183; energet. Charakteristik u. Refrakt. v. Bind. in – 13-0116; Spin–Bahn-Koppl.-Konst. für ClH^+ 15-0085; optimierte Einzentrum-SCF-MO-Basis-Funkt. für – 17-0098; IR-Absorpt.-Spektrum u. Struktur v. krist. – 19-0363; Einzentrumsunters. (Energie, Bind.-Länge, Kraftkonst.) d. Edelgashydridionen NeH^+ u. ArH^+ im Vgl. mit – 21-0090; Ligandenfeldstärke für Cl^- in Komplexen v. Mn(II), Fe(III), Cr(III), Co(III) u. Rh(III) 21-0097; s-Hybrid-Charakter v. Bind.-Orbitalen v. ^{35}Cl in – 23-0099; Einfl. v. Konz. u. Temp. auf d. fl. Zustand wss. –-Lsg. 25-0611; Krist.-Zücht. durch chem. Transport im Syst. Ti_2O_3/HCl 27-0213; Mediumeffekte in H_3PO_4 enthaltenden –-Lsg. 30-0572; Elektronenstruktur v. – aus Röntgen- u. Elektronenbeug. 31-0111; Einfl. v. – auf d. Korundsinter. 33-2543; Wachstumprozeß v. Si beim Transport im Syst. HCl/H_2/Si 34-0774; Krist.-Struktur v. kub. DCl 36-0161; Feldgradienten aus Einzentrumentw.-Wellenfunkt. für d. D-Plätze in DCl 40-0037; Dipolmomente, Bind.-Winkel u. Natur d. chem. Bind. v. – 42-0038; Einfl.: v. Dispers.- u. Debye-Indukt.-Kräften auf d. Linienbreite d. Grundschwing.-Banden v. – 43-0082; d. Erstarr.-Geschw. auf d. dendrit. Eisbldg. aus wss. –-Lsg. 45-0187; Krist.-Struktur: v. $HCl \cdot 2\,H_2O$ 45-0226; v. $HCl \cdot 3\,H_2O$ 45-0227; v. festem – u. DCl 46-0219; Kraftkonst. für – u. HCl^+ 47-0042; Hartree-Fock-Wellenfunkt. für – 49/50-0033; Wahrscheinlichk.-Verteil.-Funkt. u. molekulare Intensität für – 49/50-0087; kovalente Effekte für Seltenerdmetallionen mit *6*, *8* u. *12* Nachbarn in Form v. Cl^--Liganden 49/50-0212; Veränder. d. $FeCl_2$–Graphit-Einschlußverb. durch – 49/50-0567.

Elektrische und magnetische Eigenschaften: Dielektrizitätskonst. v. –-Gas als Funkt. d. Druckes 2-0109; therm. Temp.-Koeff. d. Potentials d. Kalomelelektrode in wss. – 14-0597; Herauslsg. v. Alkalimetallionen aus Rb_xWO_3 u. K_xWO_3 mit HCl u. Erhöh. d. Supraleit.-Übergangstemp. 30-0438; Dipolrelaxat. v. – als Gastmol. in Chinolclathraten 41-0810; Leitfähigk. v. Eis bei Dotier. mit – 42-0081; H-Bind. u. induziertes Dipolmoment im Donator–Akzeptor-Syst. v. – mit CCl_4, C_6H_6, CH_2CHCN bzw. $(CH_3)_2CO$ 46-0047.

Verschieb. d. ^{133}Cs-Kernresonanzlinien in wss. Lsg. durch Cl^- 11-0393; Gradient d. elektr. Feldes am Platz d. Deuterons in DCl (NMR-Mess.) 13-0349; IR- u. NMR-Spektren einer –-Lsg. in wasserfreiem $AsCl_3$ 14-1867; Cl- u. D-Relaxat.-Zeit-Mess. in fl. – u. DCl 29-0373; Einfl. d. Protonenaustausches in W. auf d. NMR-Linienbreiten v. ^{17}O in Abhängigk. v. –-Zusatz 35-0329; D- u. ^{35}Cl-Spin–Gitter-Relaxat. in DCl u. – 42-0295; NMR- u. NQR-Unters. d. mol. Beweg. in festem – u. DCl (Temp.-Abhängigk.) 43-0320; D-Quadrupolkoppl.-Konst. v. DCl 46-0350.

Elektrochemische Eigenschaften: Best. d. Oberflächenspann. u. -lad. v. Elektrolyten mit –-Zusatz aus polarograph. Tropfzeiten 1-0619; Diffus.-Potential in HCl/HBr-Lsg. 3-0597; Einfl. v. – auf d. Auflsg. v. Glanz-Pt bei d. Polarisat. in $HClO_4$ 5-0636; Indikator zur Best. d. Aciditätsfunkt. v. – in CuCl-Lsg. 6-0616; Kinetik d. elektrochem. Ox. im Syst. J_2/JCl/HCl 6-0633; Mess. d. Ionenüberführ.-Zahlen relativ zur Lsg. in –-Lsg. 8-0547; Lad.-Kurven v. Metallpulvern in – 9-0608; H_0-Mess. in LiCl/HCl- u. NaCl/HCl-Misch. mit vorgegebener Anionengesamtkonz. 10-0569; Rk.-Kinetik d. anod. Auflsg. v. Mo u. Zeitgesetze d. Oxidschichtbldg. in – 11-0641; Dissoziat.-Gleichgew. v. CrO_3Cl^- u. H_2CrO_4 in Ggw. v. – 12-0567; theoret. Unters. d. Elektrolyse v. – 12-0584; Unters. d. relativen Dissoziat.-Konst. v. – in Py. (mit H_2-Elektrode) 13-0609; elektrolyt. Leitfähigk. v. –: in Äthanol/W.-Misch. 13-0613; in Propanol-(1)/W.-Misch. 13-0616; Überführ.-Koeff. u. heterogene Geschw.-Konst. für Cd^{2+} in – 13-0643; Einfl. v. – auf d. Mechanismus d. durch Absorpt. induzierten Elektrodenpotentials d. Ag/AgCl-Zelle 14-0594; Kapazität d. elektr. Doppelschicht an d. Phasengrenze Fe/HCl 14-0617; Abhängigk. d. pH-Wertes verd. –-Lsg. v. Kation d. Alkalimetallchloridzusatzes 16-0606; elektrochem. Verh. v. Sn in Pufferlsg. in Ggw. v. – 16-0634; anod. Schichten auf Sn in – 16-0635; Tl(I)/Tl(III)-Elektrodenrk. in – 17-0680; Oberflächenzustand d. Pt/H_2-Elektrode in KCl/HCl-Lsg. in Abhängigk. v. pH-Wert 17-0683; elektrochem. Verh. d. Cr in wss. – (Passivier.) 17-2531; Berechn. d. Parameter d. Debye-Hückel-Formel für NaCl + – u. KCl + – 18-0568; Mess. d. Doppelschichtkapazität an d. Phasengrenze Hg/HCl mit Hilfe einer potentiostat. Impulsmeth. 19-0673; Red. v. As-Verb. an Hg- u. Amalgamkathoden u. an Amalgamen einiger Metalle in – 19-0700; elektr. Nachw.-Meth. mit offenem Stromkreis bei Mess. d. Überführ.-Zahlen in HCl/$CdCl_2$-Lsg. (Meth. d. wandernden Grenzfläche) 20-0544; elektr. Leitfähigk. v. – in wasserfreiem Benzonitril 20-0891; Korros. d. anod. polarisierten Ti in konz. – 22-0640; H_2-Ionisat. an d. Pt-Elektrode in – 23-0689; Aciditätsfunkt. wss. –-Lsg. 24-0612; Best. d. Dissoziat.-Konst. v. – in aliphat. Alkoholen 25-0607; Best. d. Redoxpotentials d. Syst. Mn^{4+}/Mn^{2+} in Abhängigk. v. d. –-Konz. 25-0615; Abhängigk. d. sich zwischen in W. eintauchende Elektroden einstellende Potentialmax. v. d. –-Zugabe 25-0616; Oberflächenzustand einer platinierten Pt-Elektrode in KCl/HCl-Lsg. bei Potentialen im „Doppelschicht"-Gebiet 25-0639; Auflsg. v. Fe in – 25-0651; Bedeck. v. Fe mit H_2 während d. Korros. in – 25-0652; polarograph. Verh. v. pseudotetraedr. Cu^{2+}-Komplexen mit Cl^- an d. Hg-Tropfelektrode in nichtwss. Lsgm. 25-0660; Einfl. d. Zus. u. Temp. v. Glycerin/W.-Lsg. auf d. Überführ.-Zahlen v. gelöstem – 28-0609; Unters. d. Verh. v. Sb(III) in – durch Vektorpolarographie mit einer stationären Hg-Elektrode 28-0633; Wrkg. v. substituierten Thioharnstoffen auf d. Kapazität d. elektr. Doppelschicht an d. Phasengrenze zwischen unlegiertem Stahl u. – 29-0692; polarograph. Verh. v. Wolframat in – 29-0708; Mechanismus d. Fe-, Zn- u. Cu-Korros. in –-halt. Atmosphäre 30-0595; Temp.-Abhängigk. d. Nahwechselwrkg.-Parameter v. Ionen in wss. –-Lsg. 32-0625; Pt/H_2-Elektrode in wss. – 32-0635; chem. u. elektr. Eig. d. Grenzfläche zwischen ZnSe u. – 32-0642; Einfl. d. Temp. auf d. Korros.-Stabilität u. die Elektrodenpotentiale v. techn. Al in – 34-0662; oszillograph. Unters. d. Red. v. ReO_4^- u. $ReCl_6^{2-}$ in –-Lsg. 35-0546; Entlad.-Grenzströme v. H-Ionen aus –-Lsg. mit wechselnder Konz. eines indifferenten Elektrolyten 37-0607; elektrochem. Ox. v. H_2 an Pt in – 37-0608; Wechselstrompolarographie v. Pb^{2+}, Cd^{2+} u. Tl^+ bei niedr. –-Konz. 37-0630; Übergangspotential zwischen wss. –-Lsg. u. gesätt. wss. KCl-Lsg. 38-0592; elektrochem. Verh. v. Ti in Fe(II)- u. Fe(III)-Ionen enthaltenden –-Lsg. 39-0560; Mess. d. Leitfähigk. v. konz. –-Lsg. (Vgl. mit ber. Werten) 44-0499; elektrostat. Potentiale an d. Grenzfläche Eis/wss. Lsg. in Abhängigk. v. d. –-Konz. in W. 44-0507; Koppl. d. – u. $ZnSO_4$-Elektrolyse an einer festen Elektrode 44-0522; spektralphotometr. u. polarograph. Unters. v. Mo(IV) in – 44-0550; Ionenverteil. u. Phasengrenzpotentiale während d. Ausfrierens v. stark verd. –-Lsg. bei einheitl. Ausfriergeschw. 45-0567; Äquivalentleitfähigk. bei unendlicher Verdünn. v. – 46-0538; Einfl.: v. – auf d. Nullad.-Potential v. Au- u. Ag-Elektroden 46-0539; einer HCl/KCl-Lsg. auf d. H_2-Überspann. an Ag bei niedr. Stromdichten 46-0546; v. KCl/HCl- u. –-Lsg. auf d. Unvollständigk. reversibler Peaks bei d. Wechselstrompolarographie v. Cd^{2+}-, Zn^{2+}-, Eu^{3+}- u. Ni^{2+}-Lsg. 47-0517; Kathodenglühen während d. Elektrolyse v. – 49/50-0450.

Thermische Eigenschaften: Diffus.-Koeff. v. – in wss. Lsg. (Mess. mit Hilfe d. Diaphragmazellenmeth.) 1-0588; Aktivitätskoeff. v. HCl/$LaCl_3$-Misch. 1-0592; Phasen im Syst. $FeCl_3$/HCl/H_2O/(iso-$C_3H_7)_2O$ 2-0547; Se(IV) in –-Lsg. (Bldg. v. Chlorokomplexen) 4-0479; Viskosität v. –-Lsg. in Tri-n-butylphosphat 4-0720; Absorpt. v. zwei Komponenten eines Gasgemisches durch ein fl. Lsgm. am Beispiel d. Syst. HCl/SO_2/H_2O 5-0572; Br^-/Cl^--Anionenaustauschgleichgew. in Salzschmelzen 5-0584; Interdiffus. v. Di-tert.-butylperoxid + HCl in zylindr. Gefäßen 6-0524; Löslichk. u. Lsg.-Wärme v. – in Triäthoxysilan 7-0526; therm. Diffus. in d. Syst. Ar/$H^{35}Cl$, Ar/$H^{37}Cl$, Ar/$D^{35}Cl$ u. Ar/$D^{37}Cl$ 8-0479; Freie Überführ.-Enthalpien für – aus reinem W. in Misch. v. CH_3COOH/H_2O aus d. Standard-EMK-Werten 8-0487; Zustandsgleich. Viskosität, Wärmeleitfähigk. u. Diffus. für gasf. – 10-0498; Einfl. unterschiedl. Trägh.-Momente auf d. Thermodiffus. v. $H^{35}Cl$, $D^{35}Cl$, $H^{37}Cl$ u. $D^{37}Cl$ 13-0519; Freie Enthalpie v. PbO mit – unter Bldg. v. $PbCl_2$ 13-0551; Aktivitätskoeff. v. – in N.N-Dimethylformamid 13-0608; refraktometr. Unters. d. Syst. HCl/NaOH/W. 14-0542; Standardpotential u. Aktivitätskoeff. v. – 14-0595; Viskosität v. fl. – 15-0549; elektr. Leitfähigk., Viskosität u. D. v. – in Hexanol u. Heptanol 15-0604; Löslichk.-Isotherme d. Syst. RbCl/JCl_3/HCl/H_2O 16-0563, 16-0564; Änder. d. Ultraschallgeschw. während d. Neutralisat. v. – 16-0617; Phasendiagramm v. Syst. SO_2/HCl 16-0913; Aktivitätskoeff. v. – in wss. $NaClO_4$-Lsg. 17-0654; Ultraschall-Schwing.-Potentiale u. ihre Anwend. zur Best. partiellen mol. Vol. d. –-Ionen 18-0579; partielle molare thermodynam. Charakteristiken: d. Syst. $MgCl_2$/HCl/H_2O 19-0637; im Syst. $CaCl_2$/HCl/H_2O 19-0638; Transportkoeff. für isotherme vektorielle Transportprozesse in – 19-0660; B-Koeff. d. Viskosität u. molares Vol. v. wss. –-Lsg. 21-0639; Viskositäts- u. Leitfähigk.-Werte v. –-Lsg. in DMSO 21-0655; Viskosität v. Gasmisch. NH_3, H_2, N_2, O_2 Luft, CH_4, HCl, CO_2, SO_2 u. H_2S (Berechn. nach d. Meth. v. Wilke) 22-0523; Aktivität v. – im Syst. HCl/H_2SO_4/H_2O 22-0618; Berechn. d. Dampfdrucks u. d. D. v. – 23-0605; Syst. mit S. u. – 27-0996; feste Phasen im Syst. $BeCl_2$/HCl/H_2O 28-0564; physikal.-chem. Unters. d. Syst. $Zr(OH)_4$/HCl/Me_2SO_4/H_2O 28-0568; Aktivitätskoeff. v. – in verdünnter wss. Lsg. 28-0601; Temp.-Abhängigk. d. D. v. fl. – aus d. krit. Daten u. d. Siedetemp. 29-0587; Phasendiagramme v. Syst. mit Methanol u. – 29-0979; Lsg. v. – in Formamid (thermodynam. Eig. aus Mess. d. EMK) 30-0513; Berechn. d. Viskosität d. –-Dämpfe 31-0554; molare Ionengitterentropie bei Standardbeding. für – 32-0253; mittleres intermol. Potential eines in fl. CCl_4 gelösten –-Mol. 32-0568; Zustandssummen d. Verb.-Gruppe HF–HCl–HBr–HJ durch Vgl.-Meth. 37-0458; Stabilitätskonst. v. Organozinn(IV)-chlorid-Komplexen in wss. Lsg. 37-0574; Elektrizitätsleit. u. Diffus. in konz. –-Lsg. 39-0538; Verdampf.-Wärme v. nichtion. Fl. v. – 40-0421; Schwing.-Relaxat.-Zeit v. – 41-0398; Gleichgew.-Unters. d. benzol. Phase d. Syst. Bzl./HCl/H_2O 41-0942; Dreieckszustandsdiagramme v. – enthaltenden Syst. 46-0494; D. v. –-Gas bei *25*, *50* u. *75°* u. Drücken zwischen *5* u. *40* atm 48-0618; thermochem. Charakteristik d. Syst. $MeCl_2$/HCl/H_2O mit Me = Mg, Ca, Cd 49/50-0398.

Kolloidchemie und Grenzschichtforschung: Einfl. v. Cl^- auf d. Kationenaustausch an $Cu_2[FeCCN)_6]$ 4-0558; Diffus. v. – durch Ionenaustauschmembrane 5-0677; Anionenaustausch v. Ga- u. In-Chlorokomplexen in Ggw. v. – u. organ. Lsgm. 6-0663; Sorpt. v. Ti durch KU-*2* u. AV-*17* aus –-Lsg. in Ggw. v. Methanol, n-Propanol u. Aceton 6-0665; Quellbark. v. AV-*17* (Cl^--Form) 8-0603; elektr. Potentiale u. Oberflächenspann. wss. Lsg. v. Na-Undecylsulfat in Ggw. v. – 10-0625; Cl^-/NO_3^-- u. Cl^-/SCN^--Ionenaustausch an wasserhalt. ZrO_2 11-0677; adiabat. Absorpt. verd. –-Gase in Bodenkolonnen (Enthalpie-Konz.-Diagramm) 11-2472; Rk. mit OH-Gruppen auf d. Oberfläche v. getrocknetem SiO_2-Aerogel 12-0616; Änder. d. Cl^--Ionenkonz. während d. Koagulat. v. $Fe(OH)_3$ 15-0631; Oberflächendruck monomol. Stearinsäureschichten auf – 15-0653; Chloridkomplexe v. Co(II) in Anionen- u.

Kationenaustauschern 15-0671; Ionenaustauschverh. v. W(VI) in --sauren alkohol. Lsg. v. KU-*2* u. EDE-*10* 16-0672; Einfl. auf d. Solubilisier. v. W. in nichtpolaren Lsg. öllösl. Tenside 17-0700; Austauschwärme v. Cl^- in kreuzvernetzten stark bas. Anionenaustauschern (Dowex-*2*) 20-0615; Abhängigk. d. Maximumpotentials d. Elektrokapillarkurve v. d. Cl^--Konz. in Ä. u. W. 22-0644; HCl/Anionit-Gleichgew. 22-0671; Desorpt. v. Cl^- aus einer an d. Cu-Oberfläche adsorbierten Schicht durch langsame Elektronen 23-0708; Cl^-/OH^--Austausch in wss.-methanol. Lsg. am Anionit Dowex-*1x4* (OH) 23-0721; Einfl. v. Feuchtigk. auf d. Bldg. Liesegangscher Ringe im Syst. NH_3/HCl 24-0668; Sorpt. v. In aus HCl–NH_4SCN-Lsg. durch Aktivkohle SKT 25-0704; Salzeffekte auf d. Adsorpt. v. – an Zuckerkohle 25-1003; Desorpt. v. Cu, Ag, In u. Sb mit – v. Ge-, Si- u. Quarz-Oberflächen 26-0698; Einfl. v. Cl^- auf d. elektr. Eig. v. Membranen 27-0729; osmot. Verh. v. Ionenaustauschermembranen in --Lsg. 27-0764; Best. d. elektr. Grenzflächenpotentials zwischen wss. Cl^-/J^--Lsg. u. Nitrobenzol bzw. Tributylphosphat 32-0659; Ionenaustauschsorpt. einiger Metalle aus weinsauren Lsg. in Ggw. v. Cl^- 34-0729; Adsorpt. an CdS 35-0581; Austausch v. Cl^- am Anionit AV-*17* 36-0590; Austauschwärme v. J^- mit Cl^- an einem Anionenaustauscher 37-0710; Eluier. v. Seltenerdmetallen v. KU-*2*-X *8* mit – 37-0716; Verteil.-Koeff. v. Cl^- zwischen Dowex *50*-X *4* u. HBr-Lsg. 38-2029; Best. d. Zetapotentials v. Glaskugeln in --Lsg. 42-0491; Adsorpt. v. HF an Cl^--halt. Anioniten aus d. Gasphase 42-0552; $[PoCl_6]^{2-}/Cl^-$-Austausch an Monoschichten kation. Seifen 44-0590; elektr. Leitfähigk. v. Schichten gemischter Ionenaustauscher in --Lsg. 44-0598; Standardänder. d. Freien Energie d. Austauschs Cl^-/SO_4^{2-}, $C_2O_4^{2-}$, CO_3^{2-} u. SO_4^{2-} 44-0600; Einfl. unterschiedl. Festionen v. Anionenaustauscherharzen auf d. Metallkomplexadsorpt. in --Lsg. 44-0607; krit. Flock.-Konz. v. Cl^- für Eisenoxidhydrat-Sole 45-0589; Einfl. auf d. Oberflächenstruktur v. porösem SiO_2 45-0602; Adsorpt. an Si 47-0554; Einfl. v. Cl^- auf d. Stabilität v. $Fe(OH)_3$-Sol 49/50-0466; Dämpf. v. zylindr. stehenden Kapillarwellen durch grenzflächenakt. Stoffe auf --Lsg. 49/50-0489; Einfl. auf d. Stabilität u. Koagulat. v. Niobsäurehydrosolen 51/52-0439; elektrodialyt. Unters. d. Desorpt. v. Cl^- aus EDE-*10*, AN-*2*F, AN-*23* u. KB-*2* 51/52-0468.

Lösungen: Struktur v. --Hydratsolvaten in TBP (IR-Unters.) 1-0575; Sorpt. v. Nitrosonitroruthenium-Komplexen aus --Lsg. 2-0617; Extrakt. v. –: durch Bis-[2-äthylhexyl]-phosphorsäure 3-0545; aus --Lsg. mit Butylacetat 3-0546; Verteil. v. Fe(III): zwischen wss. – u. benzol. Lsg. v. Nitrobenzol 5-0579; zwischen wss. – u. Ae./Bzl. 5-0580; Hydratat.-Zahl d. Ionen H^+, Li^+, Na^+, K^+ in --Lsg. hoher Konz. 6-0617; Extrakt.: mit Dinonylnaphthalinsulfonsäure in Heptanlsg. 6-0660; v. Nb(V) u. Komplexbldg. im Syst. $NbCl_5$/HCl/TBP 7-0535; Sorpt. v. Cr(VI) aus CrO_3/HF/HCl/H_2O-Lsg. durch Anionit AV-*17* 8-0604; Extrakt.: v. – durch Trilaurylamin 12-0521; in d. Syst. $NdCl_3/PrCl_3$/HCl/H_2O/TBP 12-0523; Löslichk. v. – in Sulfonen, Sulfonaten u. Sulfonylchloriden 13-0898; Eig. v. bei konst. Temp. siedenden Lsg. v. Zirkon(IV)-oxidchlorid in – 14-0547; Extrakt.: v. Te durch TBP aus --u. HCl/H_2SO_4-Lsg. 16-0550; v. Sc als $ScCl_3$ aus --Lsg. mit TBP 16-0555; v. Ti(IV) als $TiCl_4$ durch TBP aus --sauren Lsg. in Ggw. eines Aussalzmittels 16-0557; vergleichende Unters. d. chromatograph. Verh. u. d. Extrakt. v. Ga mit TBP aus --Lsg. 19-0645; Löslichk., Solvat-Bldg. u. solvolyt. Rk. v. – in DMF 20-0498; Mechanismus d. Extrakt. v. – mit TBP 20-0500; Umsetz. v. V_2O_5 mit NaCl u. Verh. d. V-halt. Verb. in – 20-0514; Auflsg. v. Zr in – 20-2392; Extrakt. v. – durch aromat. KW-Stoffe 23-0617; Löslichk. v. – in Schmelzen vulkan. Gesteins 23-0897; Extrakt. v. – u. $HClO_4$ bei gemeinsamem Vorliegen durch TBP 26-0570; Löslichk. v. Bertrandit in – 29-0902; Energie d. H-Bind. d. Komplexe v. – mit organ. Basen 30-0902; Löslichk. v. Ge-Verb. in wss. --Lsg. 31-2218; Aktivitätskoeff. v. Cl^- u. ihre Solvatat. 33-0706; Verteil. v. Diantipyrylmethan u. Thiocyanat im Syst. Chlf./wss. --Lsg. 36-0461; Lsgm.-Extrakt. v. – (Sammelref.) 37-0545; Löslichk. v. $GeCl_4$ in – 40-0447; Mischbark. in nichtwss. Syst., d. – enthalten 42-0427; Extrakt. v. –: durch Di-Isononylamin in $CHCl_3$ 47-0442; u. Verteil.-Diagramm in d. Syst. $FeCl_3$/HCl/H_2O/Lsgm. 49/50-0406; mit Trioctylamin 51/52-0380.

Reaktionen

Einw. v. – zur Erhöh. d. Weißegrades bei Feinkeramikprod. 3-2338*; H-Isotopenaustausch zwischen HCl u. DBr-Lsg. in fl. N_2 u. O_2 (Kinetik) 34-0743; H-Ausb. bei d. UV-Bestrahl. eingefrorener J^-- u. Fe^{2+}-halt. wss. --Lsg. 5-0735; homogene therm. Zerfallskonst. v. – in Stoßwellen 13-0671; Elektrolyse v. wss. --Lsg. 18-2188*; elektrolyt. Zers. v. – in einer Zelle mit filterpressenähnl. Bauweise 20-2186*; Photolyse v. --Gas 22-0721; Radiolyse v. --Lsg. (Cl-Ausb. bei verschiedenen Temp.) 34-0795.

Rk.: v. Na_3PO_4 u. K_3PO_4 mit --Gas in *4* Stufen 2-0680; v. SiO_2 mit SiC bei erhöhten Temp. bei Zusatz v. – 4-0574; v. $S_2O_3^{2-}/NO_2^-$ mit – 5-0693; Ti-Korros. in – 8-2369; Rk. v. –: mit Biotit-Schuppen 9-0805; mit Quarz u. Korund bei hohen Temp. u. Drücken 9-0820; Geschw. d. Ox. v. – 10-2164; Red. v. NH_4TcO_3 durch konz. – 14-0728; Geschw. u. Adsorpt.-Konst. d. Ox.-Rk. v. – an Cr_2O_3-Katalysatoren 15-0707; Rk.: v. KBH_4 mit – bei *–70°* in geschlossenem Rohr 15-0719; v. Diboran mit – 17-0759; Geschw. d. Konkurrenzrk. v. H-Atomen mit HCl u. Cl_2 20-0623; Chlorier. v. Ga_2O_3 durch – 20-0650; Red. v. TcO_4^- durch konz. – 20-0747; Rk. v. U- u. Th-Carbiden mit wss. --Lsg. 21-0842; Korros.-Hemm. v. Stahl in – durch Schäumen 21-2602; Koordinat.-Gleichgew. im Syst. Cu^{2+}·aq/HCl/W. 24-0604; Korros.-Unters. an Granaten durch Ätzen mit – 24-0851; Rk.: mit Alkalichlorat 24-2265*; mit Na_2ZrSiO_5 27-0841; mit GeO_2 28-0739; mit MgO 29-2334*- mit Alkalichlorat 30-2216*; mit H_2WS_4 32-0793; Katalysator zur --Ox. zu Cl_2 34-2233; Lsg.-Geschw. v. Boraten in --Lsg. 35-0635; Rk.: v. KBH_4 u. B_2H_6 mit – bei tiefen Temp. 36-0668; v. Kaliumboranocarbonat mit – 36-0671; Hemm. schneller u. heißer HN_3- bzw. C_2H_2–O_2-Flammen durch Zusätze v. – (Rk.-Mechanismus) 37-0752; Chlorier. mit Cl, – u. NH_4Cl v. melanokrat. Fe-Verb. in keram. Massen 37-2466; Rk. v. PrP mit – 38-0652; Verw. v. – im Gemisch mit NH_4Cl zur Chlorier. v. Fe_2O_3 38-2315; Berechn. d. Konst. v. Ion-Mol.-Rk. zwischen HCl^+ u. – 41-0566; Charge-transfer-Mechanismen für d. Rk. v. NH_3 mit – 41-0569; Rk.-Enthalpie für d. Rk. v. Ba mit HCl·*400* H_2O 42-0408; Aktivier.-Energien u. Geschw.-Konst. für Hin- u. Rückübertrag. v. H-Atomen im Syst. HCl/Cl 42-0558; Zers.-Dynamik v. Al-Schichtsilicaten bei Behandl. mit – 43-0591; katalyt. Ox. v. – 43-2256; Rk. mit SO_2 45-2347*; Unters.: d. Verh. v. PrP bei Einw. v. – 49/50-0589; d. Rk. v. – mit KSO_3Br 51/52-0529.

Rk.: in Misch. v. HCl mit D_2 u. CD_4 45-0954; mit Propargylchlorid 16-1010; Addit. v. – an Co(III)-koordinierten ungesätt. aliphat. Aminen 42-0604.

Abspalt. v. Vinylgruppen aus Tetravinylblei mit – 3-0710; Rk. v. $C_5H_5V(CO)_4$ mit Na-Amalgam zu $Na_2(C_5H_5V(CO)_3]$ u. Weiterrk. mit – zu $(C_5H_5)_2V_2(CO)_5$ 3-0715; Mechanismus d. Desoxymercurier. mit – 20-0707; Rk. v. Phenyl-(trihalogenmethyl)-quecksilberverb. mit – 21-0805; Spalt. einiger unsymm. mit Si substituierter Diorganoquecksilberverb. durch – 21-0808; therm. Zers.-Prod. d. $(CH_3)_4Ti$ mit – 22-0745; --katalysierte Hydrolysen v. cis- u. trans-Chloro- u. cis-Isothiocyanato-nitro-bis-[äthylendiamin]-kobalt(III)-Salzen 23-0826; Ätherspalt. v. $C_5H_5(CO)_2$·Fe–CH_2O·CH_3 mit – zum Metall–Carben-Syst. $[Cp·(CO)_2Fe(CH_2)]^+$ mit Cp = Cyclopentadienyl 28-0759; Rk.: v. Bis-[fluordinitromethyl]-quecksilber mit – 38-0641; d. σ-Allylpentacarbonyl-Mn mit – 43-0631.

Umsetz. aliphat. Dinitrile mit – u. $SnCl_2$ 3-0974.

Kinetik u. Stereochemie d. Addit. im Syst. 1-Phenylpropin/HCl/Essigsäure 13-0933; Rk. mit Chorisminsäure 34-1318; Komplexbldg.: mit Ortonal 47-1763; zwischen TBP u. – 14-0575; Holzverzucker. durch gasf. – (Fließbett-Verf.) 4-2625, 6-3045; Einfl. auf d. Chemolumineszenzrk. v. Siloxen mit MnO_4^- 2-1858; therm. Zers. v. Acetaldehyd in Ggw. v. – 3-0947; Oberflächenpotential u. Oberflächenspann. wss. Lsg. v. N-Cetylpyridiniumbromid in Ggw. v. – 5-0665; Einfl. v. –: auf d. Bldg. v. Zementklinker 5-2278; auf d. Halogen-Austauschrk. im Syst. $GeCl_4/BBr_3$ 8-0615; auf d. Geschw. d. Rk. zwischen $S_2O_8^{2-}$ u. $Fe(CN)_6^{4-}$ 16-0703; Zers. v. tert.-Butylmethyläther in Ggw. v. – 31-1073, 31-1074; Einfl. v. Cl^- auf d. Hydrolysegeschw. v. $Cr_2O_7^{2-}$ 35-0623; Polymerisat. v. Octamethylcyclotetrasiloxan unter Einw. v. – 42-1063; Einfl. v. – auf d. selektive Hydrier. v. Benzalaceton 44-2345; Red. u. Racemisier. v. Sulfoxiden durch Cl^- in wss. Perchlorsäure 45-0963; Einfl. v. – auf d. therm. Abbau v. PVC 45-1210; Katalyse d. Autox. v. Furfurylalkohol durch – 46-0832.

Biochemisches und physiologisches Verhalten

Einfl.: v. – auf Diplocarpon rosea Wolf 19-1534; auf d. turbidimetr. Rk. nach Erhitzen v. Albumin u. v. Serum u. Plasma d. Ratte 43-1456; v. --Aerosolen auf d. isolierten Lungen v. Meerschweinchen 2-1481; auf d. Zus. d. Magensaftes 38-1687.

Technische Verwendung

Herst.: v. Cl aus – 18-2186*, 28-2281*; v. Phosphornitrilchlorid aus – 43-2281*; Verw. v. – zum Bleichen v. Porzellan 19-2448; Wrkg. verd. – auf d. organ. Substanz v. Steinkohlen 24-2585; Verw. v. –: allein u. im Gemisch mit HF oder CH_3COOH zur Säuer. bei d. Erdölgewinn. 29-2877; als Stabilisator für Plaste 13-2854*; Holzverzucker. mit gasf. – 6-3046 bis 6-3051; Einfl. v. –: auf Feuchtigk., Festigk. u. Ca-Geh. v. Käse 42-2872; auf d. photograph. Entw.-Prozeß 20-3154.

Analyse, Prüfverfahren

Nachw. .v Cl^-: durch Dünnschichtelektrophorese 5-1887; bei d. therm. Zers. v. NH_4ClO_4 46-0660.

Best.: v. Cl^- (mercurimetr.) 11-1991; kleiner Mengen Cl'-Ionen mit Diphenylcarbazon + Bromphenolblau als Indikator (mercurimetr.) 39-1943; v. Cl^--Spuren nach HCl-Entw. (konduktometr.) 40-1796; v. verd. – durch Messen d. beim Ionenaustausch freiwerdenden Wärmeenergie 46-1816.

Best. v. – in d. Atmosphäre (photometr.) 3-2091; v. – im Magensaft (kolorimetr.) 10-1970; v. Cl^- mit Cd-Nitrat in wasserfreier Essigsäure (amperometr. u. visuelle Titrat.) 17-2008; d. J/Cl-Verhältnisse v. Wijs-Lsg. u. v. – (Schnelltitrat.-Meth.) 24-2015; in DMSO (gaspolarograph.) 29-1993; v. – u. Diamindihydrochloriden (konduktometr.) 39-2038; v. Cl^- mit doppelt polarisierbaren Elektroden in W. u. Abwässern 39-2084; Chromatographie anion. Cl^--Komplexe v. Metallen auf mit Tri-n-octylamin imprägniertem Papier 43-1931; gaschromatograph. Best. 43-2004; Best. v. Cl^- in sauren Cu-Bädern 47-2084.

Best.: geringer Ti-Mengen in Cl^--Lsg. unter Verw. v. Diantipyrylmethan 21-2241; v. Cu, Cd u. Pb nebeneinander in – in strömender Lsg. (polarograph.) 22-2012; polarograph. Spurenanalyse in --Lsg. 22-2014; Best.: v. Spurenverunreinig. in – (gaschromatograph.) 24-2016; d. Geh. an Äthylchlorid in --Gas (IR-spektroskop.) 29-2178; v. F^- in Ggw. v. Cl^- (voltammetr.) 33-2190; Einfl. v. –: bei d. Dünnschichtchromatographie v. Aminopurinen u. Aminopyrimidinen 34-2013; auf d. Sn-Best. im Stahl 37-2241; flammenphotometr. K- u. Na Best. in Ggw. v. Cl^- 39-2094; potentiometr. Differentialmeth. zur Best. hoher Alkalikonz. mit amalgamierten Zn-Elektroden in Ggw. v. – 47-1887.

Extraktionschromatograph. Trenn. v. Metallhalogeniden im Syst. TBP/HCl 21-2144; Standardlsg. v. – 22-2004; Hydrolyse v. Bodenstickstoff mit – 33-2315; Chromatographie in HCl Syst. 37-2097; Bldg. v. radioakt. Flecken auf Glasfaserpapier durch Rk. v. $KMnO_4$ u. $H^{36}Cl$ mit schwefelhalt. Aminosäuren 39-2031.

Salze **(Chloride)**,

Spezielle – s. unter den entsprechenden Metallen; kovalente Oxidchloride als Lsgm. (Übersicht) 29-0806; Herst. reiner – durch Chlorier. oxid. Erze 13-2144*.

Physikal.-chem. Unters.: v. Mikroverunreinig. aus Chloriden v. Elementen d. IV. Gruppe 2-0669; v. Syst. $ScCl_3$/MeCl (elektr. Leitfähigk.) 26-0633, 26-0634; d. Syst. $GaCl_3$/MeCl 49/50-0413.

Brech.-Indizes in geschmolzenen Alkalimetallchloriden 46-0303; Lad.-Verteil. im $[Cl–H–Cl]^-$-Ion im Vgl. mit d. Lad.-Verteil. in festem HCl u. im unsymm. $[HCl_2]^-$ in $(CH_3)_4NHCl_2$ 44-0311.

Elektrolyt. Abscheid. eines Ti Films in einer --Schmelze 2-0586; oszillopolarograph. Unters. v. F^-/Cl^--Schmelzen mit lösl. Ti-Verb. 5-0641; Einfl. d. --Konz. auf Diffus.-Strom u. Halbstufenpotential v. Cd^{2+} 8-0578; Verw. d. oszillopolarograph. Meth. zur Unters. geschmolzener – 9-0618; Beding. für d. elektrolyt. Abscheid. v. Ti-Schichten aus Cl^--Schmelzen 21-0657; Red. v. Sm u. Er in --Lsg. an d. Hg-Tropfelektrode 28-0634; elektr. Leitfähigk. geschmolzener Metall–Metallchlorid-Misch. 31-0657; anod. Polarisat. v. Ferromangan in --Lsg. 36-0536; elektrochem. Spann.-Reihe v. Metallchloriden in geschmolzenem Dimethylammoniumchlorid 37-0597; C als Indikatorelektrode in geschmolzenen – 46-0540.

Lsgm.-Wärme v. Tetraäthylammoniumchlorid 2-0542; Einfl. v. Halogeniden zweiwert. Metalle als Beimeng. auf d. Stabilität v. KCl/NaCl-Mischkrist. 9-0554; Verdünn.-Enthalpie v. Metallchloriden u. HCl 14-0592; schnelle Mess. d. Diffus.-Koeff. v. – in Lsg. 21-0581; Best. d. Aktivität v. NaCl in --Schmelzen durch EMK-Mess. 23-0677.

Bromid–Chlorid-Anionenaustauschgleichgew. in --Schmelzen 5-0584; Adsorpt. aus bin. Lsg. unbegrenzt lösl. – 6-0657; --Diffus. im Syst. Ton/W. 19-3114; Wrkg. v. Fe-Oxid-Verunreinig. auf positive u. negative Adsorpt. v. – durch Kaolinite 19-3116; Unters. v. Me–MeCl-Komplexen durch Ionenaustausch u. Solventextrakt. 28-0682, 28-0683; Elut.-Charakteristika v. Metallchloriden aus anorgan. Salzschmelzen als fl. Phasen 33-2179.

Solventextrakt. v. Sb(III) aus --Lsg. mit TBP 5-0574; Hydratat.-Zahl d. Ionen H^+, Li^+, Na^+, K^+ in --Lsg. hoher Konz. 6-0617; Rk. v. Quarz u. Korund mit --Lsg. bei hohen Temp. u. Drücken 9-0820; Extrakt.: v. ZnCl durch Trilaurylammoniumchlorid in Xylol 12-0522; v. Tl(III) durch TBP aus Chlorid/Sulfat-Lsg. 16-0554; chromatograph. Verh. u. Extrakt. v. Ga mit TBP aus --Lsg. verschiedener Metalle 19-0645.

Bldg. v. $[UO_2Cl_4]^{2-}$ durch Sättig. einer Lsg. v. $(C_{10}H_{21})_3N \cdot HCl$ mit $UO_2Cl_2 \cdot H_2O$ 4-0488; Rk. v. O mit Metallchloriden 15-0700; Darst. v. Edelmetall-Mohr auf Trägern durch Red. wss. Lsg. v. Edelmetallchloriden mit H_2 41-0613; Einfl. d. in d. Zementöfen zirkulierenden – auf d. Verlauf d. Klinkerbldg. 15-2354; Rk. v. Halogenolefinen mit Chloriden d. Elemente d. 3. u. 5. Gruppe 42-0925; Herst. eines Katalysators aus – zur Polymerisat. v. olefin. KW-Stoffen 19-2945*; katalyt. Wrkg. v. Metallchloriden: für d. Fluorier. v. CCl_4 durch NaF 21-0769; auf Al_2O_3, SiO_2 u. Celiten u. d. Rk.-Mechanismus bei d. Oxychlorier. v. Äthylen 29-0788; akut-tödl. Vergift. durch perorale Aufnahme einer *15*%ig. Lsg. v. Alkyldimethylbenzylammoniumchlorid; Alkyl = $C_{15}-C_{18}$ (Desinfekt.-Mittel C_4) 31-1778.

Mechanismus d. Beeinfluss. d. Schmelzvorgangs v. Na–Ca-Gläsern durch – 10-2264.

Abtrenn. v. – durch Dest. u. ihre kolorimetr. Best. mit Methylrot 7-1935; physikal.-chem. Unters. v. Mikroverunreinig. v. Chloriden d. Elemente d. IV. Gruppe 2-0669.

Chloracetamid s. unter C_2H_4ClNO.

Chloraceton s. unter C_3H_5ClO.

Chloracizin s. unter $C_{19}H_{21}ClN_2OS$.

Chloral s. unter C_2HCl_3O.

Chloralbetain s. unter $C_2H_3Cl_3O_2$.

Chloralhydrat s. unter $C_2H_3Cl_3O_2$.

Chloralid s. unter $C_5H_2Cl_6O_3$.

Chloralose s. unter $C_8H_{11}Cl_3O_6$.

Chlorambucil s. unter $C_{14}H_{19}Cl_2NO_2$.

Chlorambuzyl s. unter $C_{14}H_{19}Cl_2NO_2$.

Chlorameisensäure s. unter $CHClO_2$.

C(h)loramin s. unter $C_5H_{11}Cl_2N$.

Chloramin-T s. unter $C_7H_8ClNO_2S$.

Chloramphenicol s. unter $C_{11}H_{12}Cl_2N_2O_5$.

Chloramphenicole, Synth.: v. p-Acylanalogen v. – u. ihre antimikrobielle Eig. 37-1216; v. Thiamphenicolderiv. 37-1883*; scheinbare Bezieh. zwischen d. Aktivität v. – in vitro u. d. Elektronenpolarisierbark. 36-1468; Vorhersage d. biolog. Aktivitäten durch mikrobielle Kinetik 24-1470.

Mikrobiolog. Wertbest. v. --Estern 42-1577.

Chloranil s. unter $C_6Cl_4O_2$.

Chloranilsäure s. unter $C_6H_2Cl_2O_4$.

Chlorantine fast red, Unters. durch Agargel-Elektrophorese 22-2200.

Chlorantine red, Wechselwrkg. mit Ionenaustauscherharzen 1-1757.

N-**Chloratisiniumhydroxid** s. unter $C_{22}H_{34}ClNO_3$.

Chlorazin s. unter $C_{11}H_{20}ClN_5$.

Chlorazolhimmelblau FF s. unter $C_{34}H_{28}N_6O_{16}S_4$.

Chlorazol-Schwarz E s. unter $C_{34}H_{27}N_9O_7S_2$.

Chlorazol Sky Blue FF s. unter $C_{34}H_{28}N_6O_{16}S_4$.

Chlorbensid s. unter $C_{13}H_{10}Cl_2S$.

Chlorbensidsulfon s. unter $C_{13}H_{10}Cl_2O_2S$.

Chlorbensidsulfoxid s. unter $C_{13}H_{10}Cl_2SO$.

Chlorbenzilat s. unter $C_{16}H_{14}Cl_2O_3$.

Chlorbutol s. unter $C_4H_7Cl_3O$.

Chlorcholinchlorid s. unter $C_5H_{14}ClNO$.

Chlorcyan s. unter $CClN$.

Chlorcyclizin s. unter $C_{18}H_{21}ClN_2$.

Chlordan s. unter $C_{10}H_6Cl_8$.

Chlorden s. unter $C_{10}H_6Cl_6$.

Chlordesoxycellulose s. unter *Cellulosederivate, Oxycellulose.*

Chlordiazepoxid s. unter $C_{16}H_{14}ClN_3O$.

Chlorendosäure s. unter $C_9H_4Cl_6O_4$.

Chloreton s. unter $C_4H_7Cl_3O$.

Chlorex s. unter $C_4H_8Cl_2O$.

Chlorfenvinphes s. unter $C_{12}H_{14}Cl_3O_4P$.

Chlorguanid s. unter $O_{11}H_{16}ClN_6$.

Chlor-Hastingsit s. unter *Hastingsit.*

Chlorhexidin s. unter $C_{22}H_{30}Cl_2N_{10}$.

Chlorhydrine s. unter *Halogenhydrine.*

Chloridin s. unter $C_{12}H_{13}ClN_4$.

Chlorierung s. unter *Halogenierung.*

Chlorimipramin s. unter $C_{19}H_{23}CtN_2$.

Chlorimpiphenine s. unter $C_{25}H_{32}ClN_5OS$.

Chlorin s. unter *Chemiefasern, Polyvinylfasern.*

Chlorine s. unter *Chlorophylle, Abbauprodukte.*

Chlor-IPC s. unter $C_{10}H_{12}ClNO_2$.

Chlorisondamin s. unter $C_{14}H_{22}Cl_4N_2O_2$.

Chlorite, O-Isotopenverhältnisse in – regionalmetamorpher Gesteine 1-0752; Vork. v. – in bas. Gängen d. Rhein. Schiefergebirges 1-0762; Kontrolle d. SiO_2-Geh. im Meerwasser durch – 3-0769; – in Sedimenten d. oberen Devon aus Zentralneusüdwales 3-0783; Vork.: v. – in d. Sedimenten v. Vogherese-Appenins (Pavia) 4-0644; v. Mg-– in d. Gipslager d. Wanibuchi-Mine 7-0803; Ni-halt. – aus Ultrabasiten d. westl. Asov-Vorlandes 8-0767; Verteil. v. – in Rifflagerstätten d. Olekma-Tokko-Zwischenflußgebietes (Südjakutien) 12-0759; Bldg. v. – bei d. Verwitter. v. Biotit in Aberdeenshire-Böden 14-0778; Paragenese v. – in d. propylitisierten Gesteinen d. Chelopech-Au-Cu-Pyrit-Lagerstätten, Pirdop-Gebiet 14-0781; Neubldg. eines Zwischenschicht--Montmorillonits aus Verwitter.-Prod. d. Montmorillonits 16-0841; Unters. v. – in einem schemat. Ozeanmodell 17-0811; Assoziat. v. – mit Muskoviten aus Zgid-Graniten (Nord-Osetien) 17-0851; --Mineralien in ordoviz. Bimssteintuff u. d. aus ihm entstehenden Böden in Snowdonia, Nordwales 19-0888; Euklas aus Quarz---Zonen veränderter Granite Jakutiens 19-0892; geordnete trioktaedr. --Vermiculite aus Zwischenlagen v. Buketa-Say-Asbesten (Kasachstan) 19-0907; Altersbest. an – durch Mineraltrenn. 23-0871; – in d. Synklinale v. Namur 23-0872; Vork.: neben Moissanit in Pegmatiten v. Cepelare 34-0847; in italien. Roterde 36-0791; in einer Erzlinse v. Quarzkeratophyr v. Pikovice 36-0793; v. violettem Anhydriten neben – in d. Norils'k-I-Intrus. 38-0833; – im Kontaktmarmor im Radautal-Gabbro (Harz) 39-0685; Vork.: in einer calcit. Matrix. d. Pinon-Peak-Breccien-Pipes 39-0686; in d. Thanksgiving-Mine, Baguio-Gebiet, Mountain Provinz, Philippinen 39-0765; angereicherter ^{40}Ar-Geh. in – 41-0693; Vork.: v. Datolith in Verwachs. mit Prehnit u. – in Diabas-Porphyriten 42-0687; v. – im östl. Werra-Kaligebiet 42-0719; Paragenese v. – mit Cummingtonit aus ultrabas. Gesteinen 43-0742; Umwandl. v. Gibbsit zu – in Ozean-Grundsedimenten 45-0773; Paragenese v. Freibergit mit – 47-0710; Al-Geh. d. – in krist. Schiefern 49/50-0647.

Bldg.: bei d. Umwandl. v. Olivin bei mittleren u. tiefen Temp. 38-0861; durch Alter. v. Al-Hydroxid-Kieselsäure-Nd. in KCl–NaCl-Lsg. 41-0777.

Si–O- u. OH-Absorpt.-Banden in – 42-0683; strukturelle Aspekte v. dioktaedr. – 28-0831; Struktur u. Zus. v. – 31-0891; Austausch v. $[BO_3]^{3-}$ u. $[OH]^{3-}$ in B-Li-– 32-0853; Gitterstör. v. – 36-0159; kristallchem. Unters. d. --Oberfläche 36-0835; Energieänder.: bei d. Dehydratat. v. – 12-0772; in d. Dehydroxlyier.- u. Dehydratat.-Prozessen v. – 41-0744.

Zers.-Dynamik v. – bei Säurebehandl. 43-0591.

Nachw. v. – in Liastonen aus d. Raum Grimmen 20-2248; Best. geringer Mengen krist. Fe-Oxide in Ggw. hoher Geh. an amorphen Hydroxiden in *Leptochloriten* 35-2063.

Chloritoid, Vork. v. – im ostalpinen Sedimentat.-Becken d. Kreidezeit 1-0764; – u. d. isochem. Charakter d. Barrow-Zonen 39-0688; Stabilitätsbereich v. – 3-0803.

α-**Chlorkodid** s. unter $C_{18}H_{20}ClNO_2$.

Chlorkohlensäure s. unter $CHClO_2$.

Chlormadinon s. unter $C_{23}H_{29}ClO_4$.

Chlormerodrin s. unter $C_5H_{11}ClHgN_2O_2$.

Chlormethiazol s. unter C_6H_8ClNS.

Chlormethylierung s. unter *Alkylierung.*

Chlormezanon(e) s. unter $C_{11}H_{12}ClNO_3S$.

2.4-Chlornitrophenol R s. unter $C_{16}H_{10}ClN_3O_{10}S_2$.

Chlorobacten s. unter $C_{40}H_{52}$.

Chlorobiumchinon, Identifizier. in Chlorobium thiosulphatophilum 12-1327.

Chlorochin s. unter $C_{18}H_{26}ClN_3$.

Chlorocyclizin s. unter $C_{18}H_{21}ClN_2$.

Chloroform s. unter $CHCl_3$.

Chlorogenin s. unter $C_{27}H_{44}O_4$.

Chlorogensäure s. unter $C_{16}H_{18}O_9$.

Chlorolyse s. unter *Halogenierung.*

Chloromycetin s. unter $C_{11}H_{12}Cl_2N_2O_5$.

Chlorophos s. unter $C_4H_8Cl_3O_4P$.

β-**Chlorophyll,** Gemisch v. Xanthophyllen, Mesobiliverdin u. – als Grünpigmente d. Raupen v. Hestina japonica 2-1326.

Chlorophyll A s. unter $C_{55}H_{72}MgN_4O_5$.

Chlorophyll a s. unter $C_{55}H_{72}MgN_4O_5$.

Chlorophyll a_I, Rolle v. –: bei d. Plastochinonred. bei d. Photosynth. 40-1394; bei d. Plastohydrochinonox. bei d. Photosynth. 40-1395.

Chlorophyll B s. unter $C_{55}H_{70}MgN_4O_6$.

Chlorophyll b s. unter $C_{55}H_{70}MgN_4O_6$.

Chlorophylle

Siehe auch *Assimilation*; *Chlorplasten*; *Pflanzen, Pflanzenfarbstoffe.*

Chemie (*1.* Mitt.) 8-1059.

Vorkommen, Gehalt, Zusammensetzung: --art. Verb. im Boden 23-3346; Bezieh.: d. --Geh. zu photosynth. Fermenten in grünen Einzellern 17-1453; v. α-Linolenat zum --Geh. u. photosynthet. O_2-Produkt. in Chlorella 19-1502; – in Chloroplastenfragmenten v. Euglena (durch Fluoreszenz-Spektrometrie festgestellte Auswrkg. v. Präparat.-Meth.) 19-1505; Geh. in Dunaliella salina 25-1509; --Proteinkomplex in Gonyaulax 28-1490; – v. grüner u. v. etiolierter Euglena gracilis u. v. Blastocrithidia culicis 47-1547.

Tagesschwank. d. – einiger Licht oder Schatten liebender Pflanzen 3-1360; Geh. in d. Blättern d. Kartoffelpflanze (Einfl. v. Cu) 6-1374; --halt. Gewebe 9-1362; Bezieh. zwischen d. Geh. an – u. d. Aktivität d. Chlorophyllase in d. Innenhäuten d. Gurkensamens während d. Entw. 11-1356; Geh.: in Pflanzen (Einfl. v. Mo) 13-1372; u. wasserhaltende Kraft d. Blattes 18-1371; in Keimpflänzchen d. mit d. gemeinen Quecke wachsenden Weizens 23-1569; d. mit d. Quecke wachsenden Weizens (Einfl. v. Mineralnährstoffen) 23-1570; v. Pflanzen mit Plastiden-„Rückmutat." 32-1242; Einfl. v. Co auf d. Geh. in Buchweizen 33-1650; Geh.: in d. Weinpflanze (Einw. v. Chlorcholinchlorid) 33-1667; in jungen Gerstenpflanzen (Einfl. d. blauen, roten u. grünen Lichtes) 35-1387; d. Chloroplasten d. mutanten Maisblätter 35-1447; mit – interferierender Faktor aus Spinatblättern 35-1452; Geh. im Tabakblattgewebe nach d. Ernte (Einfl. v. 6-Furfurylaminopurin) 36-1500; Vork. --art. Verb. mit Absorpt.-Maxima bei *418* u. *444* nm in einigen grünen Pflanzen 38-1568; Geh.: d. Keimpflanzen d. Weizens (Einfl. d. aus d. Quecke extrahierten Wirkstoffe) 39-1393; v. Elodea densa (Einfl. d. aus d. Quecke isolierten Wirkstoffe) 39-1394; –: in d. lebenden Pflanze (Derivativ-Spektrophotometrie) 47-1545; d. farblosen u. d. grünen Kallus u. d. Blätter v. Kalanchoe crenata 49/50-1385; Geh. v. Mais bei verschiedener Zn-Versorg. (Einfl. d. Zn-Düng.) 51/52-1417; Wrkg. v. Mikrowellen gegenüber d. Blanchier. in W. auf d. Geh. v. Broccoli 47-3189; Heterogenität (Übersicht) 18-1372; Wrkg. d. Hellgrünfaktors h auf d. Zus. d. – in Blättern u. Petalen verschiedener Oenotheren 23-1560.

Bildung, Darstellung: Synth. bei Euglena gracilis (Hemmwrkg. v. Hydroxyharnstoff) 9-1352; Hemm. d. Synth. in Erbsensämlingen durch 1-Amino-2-nitropentan-1-carbonsäure 9-1375; Synth. bei Euglena gracilis (Einfl. v. Acetat) 12-1374; Hemm. d. Synth. durch Germaniumsäure bei Cyclotella cryptica 14-1245; Wrkg. d. Lichtintensität auf Enzyme d. photosynthet. Carboxylier.-Phase u. --Synth. in ergrünenden Blättern v. Hordeum vulgare 14-1400; Bldg.: d. Weizens (Wrkg. v. inaktiviertem Albomycin) 17-1393; in isolierten Wurzeln v. Gurken u. Erbsen 17-1478; in Chlorella (Auftreten einer Verzöger.-Phase nach Neuherst. einer verd. Kultur) 17-1479; (Wrkg. v. Glucose u. Lichtintensität auf d. Verzöger.-Phase) 17-1480; Häm- u. --Biosynth.-Kette in Chloroplasten 21-1572; Biosynth.: in Mais 26-1287; bei grünen u. Purpurbakterien (Einfl. v. Spurenelementen) 26-1376; in Euglena gracilis var. bacillaris (Stör. durch Purin-, Pyrimidin- u. Aminosäure-Analoga) 26-1467; Hemm. d. Bldg. bei Euglena durch bakterielle u. mitochondriale Proteinsynth. hemmende Antibiotika 29-1581; Einfl. v. Chloramphenicol auf d. Synth. in Pflanzen 35-1453; Synth. d. Tabakkallus (Wechsel wrkg. v. Zucker u. Kinetin) 49/50-1419; Einbau v. DL-$^{14}C_{(2)}$-Mevalonsäurelacton in d. Phytolseitenkette v. – in Kotyledonen d. Keimlinge v. Kiefernarten 48-1511; Extrakt. aus Euglenazellen durch niedrigpolare Lsgm. 45-1489.

Physikalisches und physikalisch-chemisches Verhalten: „Rote Verschieb." u. Strukturänder. d. Absorpt.-Spektrums als Folge d. aggregierten Pigmentformen 41-1442; Lösch.

d. Fluoreszenz durch Chinone in Algen u. Chloroplasten 18-1367; Lumineszenzspektren d. — v. höheren Pflanzen 18-1368; Wrkg. v. Carbonyldicyanid - p - trifluormethoxyphenylhydrazon auf d. Fluoreszenz u. Photosynth. 26-1520; Lumineszenz 41-0264; Natur v. red. — 18-1369; Singulett–Singulett-Übertrag. in — 34-0876; Lamellenstruktur d. Chloroplastenflächen, Spektraleig. d. Monoschichten v. — in vivo, in vitro u. d. Adsorpt.-Mechanismus bei ihrer Formier. (Übersicht) 35-1444; —-Triplettzustände 46-0037.

Reaktionen: Prim. photochem. Rk. d. — mit Akzeptoren u. Donatoren d. Elektronen 26-1515; reversible photochem. Ox. durch Nitroverb. 8-0953; Zwischenstufe bei d. Photored. 6-1395; polarograph. u. photochem. Red. 33-1661; Bezieh. zwischen Dunkel- u. photochem. Red. 26-1511.

Biochemisches und physiologisches Verhalten: Unters. über —-Komplexe in vivo 21-1571; — u. deren Funkt. in d. Photosynth. (Übersicht) 25-1518; photosensibilisierende Aktivität d. —-Eiweiß–Lipoid-Komplexe (Koazervate) 26-1517; eine zweite —-Rk. in d. Elektronenkette d. Photosynth. (Registrier. durch d. Technik d. mehrfachen Anreg.) 28-1526; selektive Phäophytinisier. v. — d. Zellen v. Euglena 33-1662; Abbau in alterndem Kohlblatt-Gewebe (Hemmwrkg. v. Cumarin, Phosphon D u. CCC) 26-1524; Einfl. v. Alters- u. N-Zufuhr bedingtem —-Geh. auf d. Chloroplast–Chinon-Geh. v. Tabakblättern 14-1389.

Analyse: Artefakte bei d. Chromatographie v. — 9-1350; Auftrenn. durch Gegenstromextrakt. 44-1894; Trenn. phytillierter u. nicht phytillierter — durch Dünnschichtchromatographie 49/50-1969; spektralphotometr. Best. unter bes. Berücksichtig. verschiedener Gerätetypen 31-2164.

Bibliographie: Spektroskopie des Chlorophylls und der Wuchsstoffe [russ.] B 83.

Bakteriochlorophylle

— in Chromatiumchromatophoren (Wrkg. v. Triton-X-*100*) 13-1369; —-Protein-Komplex aus Rhodospirillium-rubrum-Chromatophoren (enzymat. Abspalt.) 23-1465; Differentialinhibier. u. induzierte Synth. v. — in im Dunkeln aerob gezüchteter Rhodopseudomonas spheroides 21-1483.

Bakteriochlorophyll c, Vork. im Meeresschwamm Halichondrium panicea 45-1463.

Bakterioviridin, Synth.: durch grüne Bakterien (Teilnahme d. *δ*-Aminolävulinsäure) 13-1305; (bei verschiedenen Beding.) 26-1409; Biosynth.-Wege 26-1410; Photoox. 18-1285; umkehrbare photochem. Ox. u. Red. im zähfl. Nährboden 34-1412.

Chlorobiumchlorophylle

Struktur 9-1066.

Chlorobiumchlorophyll-660, Biosynth. 2-1308.

Protochlorophylle

— in grünen Pflanzen u. Bakterien 4-1127.

Abbauprodukte

Chlorine, Massenspektren 23-0944; elektrochem. Red. 51/52-1095; Dünnschichtchromatographie d. Methylester d. — u. verwandter Verb. 26-2092.

Chlorophyllide, —-Geh. in d. Chloroplasten d. Blätter 2-1287; Umwandl. v. Proto-— in — (Abhängigk. v. d. Lichtintensität) 26-1519.

Chlorophylline, Leuchten v. — bei Anreg. durch einen Rubinlaser 17-0879; Hyperfein- u. Superhyperfeinstruktur d. ESR u. d. chem. Bind. in Cu(II)-Na-— 48-0896; photochem. Ox. v. Phenolen in Ggw. v. — 36-1059.

Chlorophyllid a s. unter $C_{35}H_{34}MgN_4O_5$.
Chlorophyllin a s. unter $C_{34}H_{32}MgN_4O_6$.
Chlorophyllin b s. unter $C_{34}H_{30}MgN_4O_6$.

Chloroplasten

Biochemie 21-1571, 21-1572; Abtrenn. d. Spinat-— durch Digitoninbehandl. (Eig.) 17-1481; Präparat. v. — aus Blättern v. Phaseolus vulgaris im Hinblick auf Hill- u. photosynthet. Phosphorylier.-Aktivität 34-1410.

Eigenschaften: Lösch. d. Chlorophyllfluoreszenz durch Chinone in — 18-1367; Fluoreszenz d. durch Einw. v. Triton X-*100* erhaltenen Sub-— 25-1517; Pigmentzus. u. opt. Rotat.-Dispers. v. — nach Einw. v. Detergentien 35-1448; Natur d. —-Lamelle 9-1351, 35-1444; Einfl. v. Phenylmercuriacetat u. Phosphat auf d. Licht-bedingte Schrumpf. u. auf andere Rk. in — 37-1580; Regulier. d. Licht-induzierten Anschwellens v. isolierten — (Strukturveränder.) 44-1095; Wrkg. d. Extrakt. mit KW-Stofflsgm. auf d. Struktur d. —-Membran 44-1363; Wander. d. — v. Nitella v. äußeren gelart. Zytoplasma zum inneren strömenden Zytoplasma durch Einw. v. Dinitrophenol 4-1120; elektrophoret. Beweglichk. d. lichtinduzierten Ladung v. Spinat-— 12-1130; Charakteristika d. Membran-— 18-1373.

Bestandteile: Charakterisier. d. Polysomen in d. — v. Pflanzen 21-1309; Einfl. v. Desoxyribonuclease auf DNS-ähnl. Fibrillen in — 29-1311.

P/2e⁻-Verhältnis v. angenähert *4* in isolierten — 24-1274; P:O- u. ADP:O-Verhältnis u. Quantenausb. in — mit Chloranil als Elektronenakzeptor 24-1275; Mn- u. Cu-Geh. d. — 27-1557; ESR-Studien an photoinduzierten Veränder. d. Mn^{2+}-Geh. in isolierten — 47-1539.

RNS- u. Protein-Geh. d. — (Einfl. v. Mineraldünger) 1-1103; Faktor aus — v. Euglena gracilis 1-1255; —-Protein mit lichtreduzierbarer Disulfidbind. (Reinig., Eig.) 1-1322; Chlorophyllidgeh. 2-1287; Pigmentproteine in Spinat-— 6-1172; Aminosäurenzus. d. —-Proteine: d. Tabakblattes 9-1340; bei autolysierten Tabakblättern 9-1341; Anzahl d. Proteinkomponenten im Lamellarsyst. d. — 10-1377- Chinongeh. d. — v. Tabakblättern (Änder. im Zusammenhang mit d. Alters- u. N-Zufuhr-bedingten Chlorphyllgeh.) 14-1389; Vork. u. intrazelluläre Verteil. v. Pflanzensulfolipiden in — 15-1471; Löslichk. u. Eig. d. Proteins d. —-Lamellen 19-1478; Chlorophyllzustand in —-Fragmenten v. Euglena 19-1505; assoziierte Proteine v. Vicia faba-— u. assoziierte Nucleinsäuren v. Euglena gracilis-— 21-1571; Wrkg. d. Hellgrünfaktors h auf d. Zus. d. —-Pigmente einiger Oenotheren 23-1560; wasserlösl. Proteine v. Mangold-— unter bes. Berücksichtig. v. Frakt.-I-Protein 27-1565; Ribosomen-RNS aus — 34-1203; mögl. Funkt. v. Galaktosyldiglyceriden in Euglena-— 44-1097; niedermol. —-RNS v. Vicia faba-Blättern 44-1114.

Isolier.: v. Aldolase aus isolierten Spinat-— 3-1272; — v. Ca^{2+}-abhäng. ATPase aus — (Stimulier. d. Photophosphorylier.) 4-1079; photosynthet. Nitritreduktase aus — v. Spinat 16-1314; Isolier. u. Eig. v. Aldolase aus Spinat-— 20-1369; Ribulosediphosphatcarboxylase aus — v. Spinatblättern 21-1476; (—)-S-Adenosyl-L-methionin-Mg-Protoporphyrin-Methyltransferase in — aus Mais 26-1287; Lokalisat. v. Enzymen d. reduktiven u. d. oxydativen Pentosephosphatzyklus in d. — u. Permeabilität d. —-Membran gegenüber Metaboliten 28-1528- Isolier. einer —-Fragmentfrakt. mit Plastocyanin-abhäng. u. Cytochrom-f-unabhäng. MADP⁺-photoreduzierender Aktivität 31-1564; Aldolase-Aktivität in — v. Spinacia oleracea 38-1460; Bezieh. zwischen d. Katalase-Aktivität u. d. Verbrauch v. O_2 bei isolierten — 42-1181; Ferredoxin-aktivierte Fructosediphosphatase in isolierten — 42-1207; Isolier. u. Eig. v. Liponsäurerehydrogenase aus — 51/52-1254; intrazelluläre Lokalisat. v. Phosphoglykolatphosphatase u. Glyoxalatreduktase in — 51/52-1283.

Physiologie, Beziehung zur Photosynthese und Photoreduktion: Wachstum nach Neuherst. einer verd. Kultur v. Chlorella vulgaris (Bezieh. zum *α*-Linolenatgeh.) 17-1479; Wrkg.: v. B-Mangel auf Sonnenblumenblätter-— 17-1489; v. 5-Nitrofuranen auf d. —-Syst. v. Euglena viridis 19-1456; verschiedener Teile d. UV-Spektrums auf d. — d. Tomaten- u. Gurkenpflanzen 21-1570; Terpenoide u. —-Entw. 21-1572; Einfl. d. Saccharose auf d. Beständigk. d. isolierten — 35-1203; Indukt. d. —-Entw. in Euglena gracilis 42-1118 bis 42-1120; Ribosomenbldg. in — (Hemmwrkg. v. 3-Amino-1.2.4-triazol) 29-1368; —-Mutat. bei Ageratum nach Behandl. mit 5-Bromdesoxyuridin 9-1153; nach —-Mutat. auftretender Geh. an freien u. Eiweißaminosäuren in Maisblättern 30-1366.

Freisetz. v. Brenzcatechinoxydase aus Zuckerrüben-— 3-1228; Biosynth. d. Nucleinsäuren in — 4-0986; Replikat. v. —-DNS in Tabakpflanzen 8-1184; Verlänger. v. Acylträgerproteinderiv. durch Spinat-— 12-1306; Wrkg.-Mechanismus v. Carboxydismutase bei d. HCO_3^--Aufnahme in d. — 13-1256; Bind. d. —-DNS an d. Kern-DNS v. Euglena gracilis 14-1202; Bldg. v. Nitritreduktase in einem ribosomalen Syst. d. — 14-1255; schneller O_2-Austausch siolierter — im Licht (massenspektrograph. Unters.) 16-1222; Selbstreplikat. d. —-DNS in Acetabularia mediterranea 16-1243; ³⁵S-Einbau in d. Proteine d. — 18-1377; Biosynth. d. Stärke in — 18-1379; Bezieh. zwischen d. Synth. v. Lipid u. wasserlösl. Säuren durch — 22-1480; Bind. v. Chloramphenicol durch Ribosomen aus — 27-1330; mit Tabak-— assoziierte DNS 27-1363; Polyguanylsäure u. ihre Wrkg. auf d. Aminosäureeinbau im zellfreien Protein-synthetisierenden Syst. aus Spinat-— 30-1172; Biosynth. v. Saccharosephosphat mit — d. Zuckerrohrblatts 30-1379; mit d. photosynthet. Red. v. NADP⁺ in Ggw. künstl. Elektronendonatoren gekoppelte Bldg. v. ATP durch — 31-1568; Spezifität organ. Säuren für d. säureinduzierte ATP-Synth. durch isolierte — v. Spinat 33-1379; mit — assoziierte, schnell renaturierende DNS-Komponente 36-1231; DNS-Synth. in isolierten — 37-1318; Proteinstoffwechsel bei — (Einfl. v. Simazin) 37-1589; Wiederherst. d. Bind. v. durch Einw. v. Triton X-*100* erhaltenen isolierten — 38-1563; Anreg. d. H⁺-Ionenaufnahme v. — durch N.N.N'.N'-Tetramethyl-1.2-diaminoäthan 40-1114; Überprüf. eines vorgeschlagenen Acetyl-CoA Synth.-Weges in — (Isotopenverdünn.-Analyse) 40-1176; Ox. v. Hydroxylamin in einer —-Suspens. (Wrkg. v. Mn, Ni u. Cu) 45-1488; Synth. v. —-RNS an —-DNS 47-1336; nichtspezif. Einbau v. ³H-Thymidin in d. — v. Spirogya grevilleana 47-1538; Glyoxylat u. Serin in d. Biosynth. v. —-Terpenoiden 48-1306; Einbau v. $^{14}C_{(2)}$-Mevalonsäure in Phytoen durch isolierte — 48-1512.

Photophosphorylier. u. d. mit d. Phosphorylier. gekoppelte Elektronentransport in — (Hemm. durch Phlorrhizin) 1-1335; photosynthet. Aktivität ganzer Blätter u. isolierter — (Einfl. d. Lichtbeding. während d. Wachstums) 4-1128; photosynthet. Rk.: in isolierten — (Hemm. durch Herbizide d. Benzimidazoltyps) 4-1129; in Spinat-— u. d. Beteilig. v. Glyoxylat an d. Photophosphorylier. (Einw. v. *α*-Hydroxysulfonaten) 6-1398; Hemmwrkg. v. sek., tert. u. Dialkoholen auf Elektronentransport u. Photophosphorylier. in Spinat-— 11-1235; photosynthet. Rk. in UV-bestrahlten — 12-1366; Hemm. v. Elektronentransport u. Photophosphorylier. durch prim. Alkohole in Spinat-— 14-1268; Bezieh. v. Elektronentransport u. Photophosphorylier. zu Konform.-Änder. in — 15-1492; Modell für d. Photosynth. bei — 17-1482; Wrkg. hydrolyt. Enzyme auf d. photosynthet. Leist.-Fähigk. u. d. Morphologie d. — 17-1486; N.N.N'.N'-Tetramethyl-p-phenylendiamin als Katalysator d. Photophosphorylier. in Spinat-— 17-1488; Bezieh. zwischen Struktur u. Funkt. d. — während d. Ontogenese d. Kartoffel 18-1370; Teilnahme v. Acetylphosphat an d. Photophosphorylier. in d. — d. Erbsenpflanze 18-1375; CO_2-Aufnahme durch isolierte — (Einfl. d. Temp.) 18-1376; Photosynth. isolierter — 19-1497; Einbau v. ^{14}C-CO_2 u. $^{14}C_{(2)}$-Mevalonsäure in Terpenoide höherer Pflanzen während d. —-Entw. 20-1434; Elektronentransport in — (Rubimedin als neues Redoxprotein) 21-1574; Photophosphorylier. durch isolierte — v. Euglena gracilis 21-1575; eine durch Licht ausgelöste ATP–P_i-Austauschaktivität in — 21-1577; Hemmwrkg. v. Salicylaldoxim auf d. Photoox.-Red.-Rk. d. — 21-1578; Konkurrenz zwischen P_i u. H⁺ bei Phosphorylier. u. Kationenaustausch in — 24-1276; Carotinoide u. Fettsäuren als Entkoppler d. Photophosphorylier. in isolierten — 24-1509; Struktur d. — u. Biochemie d. Photosynth. (Übersicht) 27-1591; Photosynth. u. Aktivität d. isolierten — d. Erbse bei Ca-Mangel 27-1592; photosynthet. O_2-Entw. durch isolierte — in Ggw. v. Zwischengliedern d. KW-Stoffzyklus 28-1524; Isolier. eines wahrscheinl. Koppl.-Faktors d. Photophosphorylier. aus — v. Euglena gracilis 32-1529; Licht-induzierte Absorpt.-Änder. in —-Fragmenten d. Wildtyps u. mutierter Stämme 34-1408; Mechanismus d. Photosynth. bei — 35-1443; Photosynth.-Vermögen d. — d. mutanten Maisblätter 35-1447; Photoox. v. Hydroxylamin in isolierten — (Einfl. v. Ferredoxin) 37-1578; photosynthet. Rk. in isolierten — (Hemm. durch Disalicylidenpropandiamin) 37-1579; Wrkg. hydrolyt. Enzyme auf photosynthet. Wirksamk. u. Morphologie d. — 38-1564; Beteilig. v. Plastochinon C beim Elektronentransport in — 40-1113; Quantenausb. d. Ferrocytochrom-c-Photoox. in — 40-1115; Photophosphorylier. u. Translokat. d. Protonen in — 40-1400; Photoox. v. Ascorbat zu Oxalat u. Threonat mit — u. mit IR-Licht 42-1364; Aminentkoppl. d. Energieübertrag. in — (Bezieh. zur Ammoniumionenaufnahme) 44-1096; Elektronentransport bei — 44-1362, 44-1363; Hemm. photosynthet. Rk. isolierter — durch —-Antikörper 44-1364; photochem. Aktivität d. aus etiolierten Pflanzen isolierten — 47-1540; photosynthet. Indukt. in Spinat-— in Abhängigk. v. Isolier.-Medium 47-1541; photosynthet. Assimilat. v. CO_2 u. Acetat durch isolierte — 47-1542; Funkt. d. „Quantasoms“ aus Spinat-— bei d. Photosynth., Struktur u. Eig. membrangebundener, bei d. Dunkel-Rk. d. Photophosphorylier. akt. Partikel 47-1546; Hemmwrkg. v. Chlortributylzinn auf d. Photophosphorylier. in isolierten — 49/50-1406.

Aktivität v. Enzymen u. d. Hill-Rk. in d. — (Einfl. v. γ-Strahlen) 5-1341; Hill-Rk. u. d. Ascorbat–Indophenol-Photored. d. — v. Spinatblättern 8-1401; Photoadapt. d. Mechanismus d. Photored. v. NADP durch — 18-1374; Photored. d. Chinone durch isolierte Spinat-— 25-1520; Hemmwrkg. v. Aniliden auf d. Hill-Rk. in Spinat-— (Darst.) 43-1364.

Analyse: Gleichzeit. Best. d. Geh. an —-Pigmenten u. d. Festigk. ihrer Bind. mit d. Protein–Lipoid-Komplex in d. Pflanzenblättern 6-1386; Trenn.-Meth. für Lipide v. Spinatblättern u. —-Lamellen 14-1388.

Bibliographie: Le chloroplaste, croissance et vieillissement B 35.

Chloroplastenfarbstoffe, fettlösl. — 21-1571.

Chloropren s. unter C_4H_5Cl.

Chloropren-L7-Latex s. unter *Kautschuk, Halogenbutadien-Elastomere.*

Chloropyramin s. unter $C_{16}H_{20}ClN_3$.

Chloroquin(e) s. unter $C_{18}H_{26}ClN_3$.

Chlorothiazid s. unter $C_7H_6ClN_3O_4S_2$.

Chloroxanthin s. unter $C_{40}H_{60}O$.

Chloroxon s. unter $C_9H_9ClO_3$.

Chloroxuron s. unter $C_{15}H_{15}ClN_2O_2$.

Chlorphenäthazin s. unter $C_{16}H_{17}ClN_2S$.

Chlorphencyclan s. unter $C_{18}H_{28}ClNO$.

Chlorphenesin s. unter $C_9H_{11}ClO_3$.

Chlorphenesincarbamat s. unter $C_{10}H_{12}ClNO_4$.

Chlorpheniramin s. unter $C_{16}H_{19}ClN_2$.

Chlorphenolrot s. unter $C_{19}H_{12}Cl_2O_5S$.

Chlorphenothan s. unter $C_{14}H_9Cl_5$.

Chlorphenoxamin s. unter $C_{18}H_{22}ClNO$.

Chlorphentermin s. unter $C_{10}H_{14}ClN$.

Chlorphosphonazo III s. unter $C_{22}H_{16}Cl_2N_4O_{14}\cdot P_2S_2$.

Chlorphosphonazo R s. unter $C_{16}H_{12}ClN_2O_{10}PS_2$.

Chlorpikrin s. unter CCl_3NO_2.

Chlorprocain s. unter $C_{13}H_{19}ClN_2O_2$.

Chlorprocainpenicillin O s. unter $C_{13}H_{18}N_2O_4S_2$.

Chlorproguanil s. unter $C_{11}H_{15}Cl_2N_5$.

Chlorpromazin s. unter $C_{17}H_{19}ClN_2S$.

Chlorpromazinsulfoxid s. unter $C_{17}H_{19}ClN_2OS$.

Chlorpropamid s. unter $C_{10}H_{13}ClN_2O_3S$.

Chlorpropham s. unter $C_{10}H_{12}ClNO_2$.

Chlorprophenpyridamin s. unter $C_{16}H_{19}ClN_2$.

Chlorpropylat s. unter $C_{17}H_{16}Cl_2O_3$.

Chlorprothixen s. unter $C_{18}H_{18}ClNS$.

Chlorquinaldol s. unter $C_{10}H_7Cl_2NO$.

Chlorsulfonierung s. unter *Sulfohalogenierung.*

Chlortetracyclin s. unter $C_{22}H_{23}ClN_2O_8$.

Chlorthalidon s. unter $C_{14}H_{11}ClN_2O_4S$.

Chlorthiamid s. unter $C_7H_5Cl_2NS$.

Chlorthiazid s. unter $C_7H_6ClN_3O_4S_2$.

Chlorthion s. unter $C_8H_9ClNO_5PS$.

Chlortrianisen s. unter $C_{23}H_{21}ClO_3$.

Chlortrimeton s. unter $C_{16}H_{19}ClN_2$.

Chlorzoxazon s. unter $C_7H_4ClNO_2$.

Ch12M s. unter *Eisen, Schmiedeeisen und Stahl (Sondermarken).*

40ChM s. unter *Eisen, Schmiedeeisen und Stahl (Sondermarken).*

25Ch5MA s. unter *Eisen, Schmiedeeisen und Stahl (Sondermarken).*

12Ch1MF s. unter *Eisen, Schmiedeeisen und Stahl (Sondermarken).*

15Ch2MF s. unter *Eisen, Schmiedeeisen und Stahl (Sondermarken).*

30Ch3MF s. unter *Eisen, Schmiedeeisen und Stahl (Sondermarken).*

12Ch1M1F s. unter *Eisen, Schmiedeeisen und Stahl (Sondermarken).*

15Ch1M1F s. unter *Eisen, Schmiedeeisen und Stahl (Sondermarken).*

40Ch5MFA s. unter *Eisen, Schmiedeeisen und Stahl (Sondermarken).*

15Ch1M1FL s. unter *Eisen, Schmiedeeisen und Stahl (Sondermarken).*

12Ch2MFSR s. unter *Eisen, Schmiedeeisen und Stahl (Sondermarken).*

38ChMJuA s. unter *Eisen, Schmiedeeisen und Stahl (Sondermarken).*

Ch17M5N3 s. unter *Eisen, Schmiedeeisen und Stahl (Sondermarken).*

Ch18MTF s. unter *Eisen, Schmiedeeisen und Stahl (Sondermarken).*

40ChN s. unter *Eisen, Schmiedeeisen und Stahl (Sondermarken).*

Ch8N2 s. unter *Eisen, Schmiedeeisen und Stahl (Sondermarken).*

Ch16N6 s. unter *Eisen, Schmiedeeisen und Stahl (Sondermarken).*

Ch17N2 s. unter *Eisen, Schmiedeeisen und Stahl (Sondermarken).*

Ch17N4 s. unter *Eisen, Schmiedeeisen und Stahl (Sondermarken).*

Ch18N9 s. unter *Eisen, Schmiedeeisen und Stahl (Sondermarken).*

Ch23N8 s. unter *Eisen, Schmiedeeisen und Stahl (Sondermarken).*

34ChN3 s. unter *Eisen, Schmiedeeisen und Stahl (Sondermarken).*

1Ch17N2 s. unter *Eisen, Schmiedeeisen und Stahl (Sondermarken).*

1Ch18N9 s. unter *Eisen, Schmiedeeisen und Stahl (Sondermarken).*

Ch15N60 s. unter *Eisen, Schmiedeeisen und Stahl (Sondermarken).*

Ch15N85 s. unter *Nickellegierungen (Sondermarken).*

Ch20N80 s. unter *Nickellegierungen (Sondermarken).*

Ch23N18 s. unter *Eisen, Schmiedeeisen und Stahl (Sondermarken).*

0Ch23N18 s. unter *Eisen, Schmiedeeisen und Stahl (Sondermarken).*

Ch25N13 s. unter *Eisen, Schmiedeeisen und Stahl (Sondermarken).*

Ch25N20 s. unter *Eisen, Schmiedeeisen und Stahl (Sondermarken).*

Ch28NA s. unter *Eisen, Schmiedeeisen und Stahl (Sondermarken).*

12ChN3A s. unter *Eisen, Schmiedeeisen und Stahl (Sondermarken).*

20ChN3A s. unter *Eisen, Schmiedeeisen und Stahl (Sondermarken).*

37ChN3A s. unter *Eisen, Schmiedeeisen und Stahl (Sondermarken).*

20Ch2N4A s. unter *Eisen, Schmiedeeisen und Stahl (Sondermarken).*

5Ch20N4AG9 s. unter *Eisen, Schmiedeeisen und Stahl (Sondermarken).*

5Ch20N4AG9(M) s. unter *Eisen, Schmiedeeisen und Stahl (Sondermarken).*

0Ch21N6B s. unter *Eisen, Schmiedeeisen und Stahl (Sondermarken).*

Ch15N5D2T s. unter *Eisen, Schmiedeeisen und Stahl (Sondermarken).*

1Ch18N9G s. unter *Eisen, Schmiedeeisen und Stahl (Sondermarken).*

Ch17N4G14AB s. unter *Eisen, Schmiedeeisen und Stahl (Sondermarken).*

0Ch18N5G12AB s. unter *Eisen, Schmiedeeisen und Stahl (Sondermarken).*

25Ch17N4G15AF2 s. unter *Eisen, Schmiedeeisen und Stahl (Sondermarken).*

25Ch17N44G15AF2 s. unter *Eisen, Schmiedeeisen und Stahl (Sondermarken).*

Ch25N16G7AR s. unter *Eisen, Schmiedeeisen und Stahl (Sondermarken).*

4Ch12N8G8MFB s. unter *Eisen, Schmiedeeisen und Stahl (Sondermarken).*

40Ch12NG8MW s. unter *Eisen, Schmiedeeisen und Stahl (Sondermarken).*

4Ch12N8G8MW s. unter *Eisen, Schmiedeeisen und Stahl (Sondermarken).*

Ch18N6G9R3 s. unter *Eisen, Schmiedeeisen und Stahl (Sondermarken).*

12Ch16N14G2W2B1 s. unter *Eisen, Schmiedeeisen und Stahl (Sondermarken).*

ChNJuR s. unter *Eisen, Schmiedeeisen und Stahl (Sondermarken).*

ChNM s. unter *Eisen, Schmiedeeisen und Stahl (Sondermarken).*

35ChNM s. unter *Eisen, Schmiedeeisen und Stahl (Sondermarken).*

40ChNM s. unter *Eisen, Schmiedeeisen und Stahl (Sondermarken).*

34ChN1M s. unter *Eisen, Schmiedeeisen und Stahl (Sondermarken).*

34ChN3M s. unter *Eisen, Schmiedeeisen und Stahl (Sondermarken).*

Ch16N9M2 s. unter *Eisen, Schmiedeeisen und Stahl (Sondermarken).*

0Ch17N4M2 s. unter *Eisen, Schmiedeeisen und Stahl (Sondermarken).*

Ch17N5M3 s. unter *Eisen, Schmiedeeisen und Stahl (Sondermarken).*

15Ch16N2M s. unter *Eisen, Schmiedeeisen und Stahl (Sondermarken).*

10Ch16N25M6 s. unter *Eisen, Schmiedeeisen und Stahl (Sondermarken).*

40ChNMA s. unter *Eisen, Schmiedeeisen und Stahl (Sondermarken).*

40Ch2N4MA s. unter *Eisen, Schmiedeeisen und Stahl (Sondermarken).*

20Ch15N3MA s. unter *Eisen, Schmiedeeisen und Stahl (Sondermarken).*

Ch16N15M3B s. unter *Eisen, Schmiedeeisen und Stahl (Sondermarken).*

Ch25N15MDA s. unter *Eisen, Schmiedeeisen und Stahl (Sondermarken).*

ChN28M3D3T s. unter *Eisen, Schmiedeeisen und Stahl (Sondermarken).*

Ch23N28M2D3T s. unter *Eisen, Schmiedeeisen und Stahl (Sondermarken).*

Ch23N28M3D3T s. unter *Eisen, Schmiedeeisen und Stahl (Sondermarken).*

0Ch23N28M3D3T s. unter *Eisen, Schmiedeeisen und Stahl (Sondermarken).*

34Ch2N2MF s. unter *Eisen, Schmiedeeisen und Stahl (Sondermarken).*

36ChN1MFAR s. unter *Eisen, Schmiedeeisen und Stahl (Sondermarken).*

0Ch15N7M2Ju s. unter *Eisen, Schmiedeeisen und Stahl (Sondermarken).*

0Ch21N6M2T s. unter *Eisen, Schmiedeeisen und Stahl (Sondermarken).*

Ch17N13M2T s. unter *Eisen, Schmiedeeisen und Stahl (Sondermarken).*

1Ch12N25MT3JuR s. unter *Eisen, Schmiedeeisen und Stahl (Sondermarken).*

ChN60MVTJu s. unter *Nickellegierungen (Sondermarken).*

16ChN25M2W5 s. unter *Eisen, Schmiedeeisen und Stahl (Sondermarken).*

Ch60NMWTJu s. unter *Nickellegierungen (Sondermarken).*

Ch18N10R3 s. unter *Eisen, Schmiedeeisen und Stahl (Sondermarken).*

Ch23N7S s. unter *Eisen, Schmiedeeisen und Stahl (Sondermarken).*

41ChN5S s. unter *Eisen, Schmiedeeisen und Stahl (Sondermarken).*

Ch18N35S3 s. unter *Eisen, Schmiedeeisen und Stahl (Sondermarken).*

Ch20N14S2 s. unter *Eisen, Schmiedeeisen und Stahl (Sondermarken).*

Ch25N20S2 s. unter *Eisen, Schmiedeeisen und Stahl (Sondermarken).*

40Ch5NSMF s. unter *Eisen, Schmiedeeisen und Stahl (Sondermarken).*

40Ch5NSVF s. unter *Eisen, Schmiedeeisen und Stahl (Sondermarken).*

5ChNT s. unter *Eisen, Schmiedeeisen und Stahl (Sondermarken).*

ChN78T s. unter *Nickellegierungen (Sondermarken).*

Ch18N9T s. unter *Eisen, Schmiedeeisen und Stahl (Sondermarken).*

Ch21N5T s. unter *Eisen, Schmiedeeisen und Stahl (Sondermarken).*

0Ch21N5T s. unter *Eisen, Schmiedeeisen und Stahl (Sondermarken).*

Ch25N4T s. unter *Eisen, Schmiedeeisen und Stahl (Sondermarken).*

1Ch18N8T s. unter *Eisen, Schmiedeeisen und Stahl (Sondermarken).*

1Ch18N9T s. unter *Eisen, Schmiedeeisen und Stahl (Sondermarken).*

Ch12N10T s. unter *Eisen, Schmiedeeisen und Stahl (Sondermarken).*

1Ch21N5T s. unter *Eisen, Schmiedeeisen und Stahl (Sondermarken).*

Ch18N10T s. unter *Eisen, Schmiedeeisen und Stahl (Sondermarken).*

Ch18N12T s. unter *Eisen, Schmiedeeisen und Stahl (Sondermarken).*

1Ch18N10T s. unter *Eisen, Schmiedeeisen und Stahl (Sondermarken).*

ChN77TJu s. unter *Nickellegierungen (Sondermarken).*

ChN77TJuR s. unter *Nickellegierungen (Sondermarken).*

Ch18N9TL s. unter *Eisen, Schmiedeeisen und Stahl (Sondermarken).*

Ch 12N20T3T s. unter *Eisen, Schmiedeeisen und Stahl (Sondermarken).*

35ChNV s. unter *Eisen, Schmiedeeisen und Stahl (Sondermarken).*

34ChN3V s. unter *Eisen, Schmiedeeisen und Stahl (Sondermarken).*

18Ch2N4VA s. unter *Eisen, Schmiedeeisen und Stahl (Sondermarken).*

4Ch14N14V2M s. unter *Eisen, Schmiedeeisen und Stahl (Sondermarken).*

ChN66VMTJu s. unter *Eisen, Schmiedeeisen und Stahl (Sondermarken).*

ChN70VMTJu s. unter *Nickellegierungen (Sondermarken).*

ChN35VTJu s. unter *Eisen, Schmiedeeisen und Stahl (Sondermarken).*

18Ch2N4WA s. unter *Eisen, Schmiedeeisen und Stahl (Sondermarken).*

Ch19N9WBT s. unter *Eisen, Schmiedeeisen und Stahl (Sondermarken).*

1Ch14N14W2M s. unter *Eisen, Schmiedeeisen und Stahl (Sondermarken).*

1Ch12N2WMF s. unter *Eisen, Schmiedeeisen und Stahl (Sondermarken).*

ChN70WMPJuB s. unter *Nickellegierungen (Sondermarken).*

ChN67WMTJu s. unter *Nickellegierungen (Sondermarken).*

ChN70WMTJu s. unter *Nickellegierungen (Sondermarken).*

ChN35WTJu s. unter *Eisen, Schmiedeeisen und Stahl (Sondermarken).*

Ch05 s. unter *Eisen, Schmiedeeisen und Stahl (Sondermarken).*

Cholsyin s. unter $C_{18}H_{19}NO_5$.

Cholaldehyd s. unter $C_{24}H_{40}O_4$.

Cholamin s. unter $C_{24}H_{34}O_5$.

Cholansäure s. unter $C_{24}H_{40}O_2$.

Cholanthrene, karzinogene Aktivität v. 3-Methyl-— in Mäusen 39-1184.

Cholecalciferol s. unter $C_{27}H_{44}O$.
Cholecystokinin s. unter *Hormone, Gastrointestinale Hormone.*
Choleretika s. unter *Galle.*
$\Delta^{3,5}$-Cholestadien s. unter $C_{27}H_{44}$.
Cholestan s. unter $C_{27}H_{48}$.
Cholestanol s. unter $C_{27}H_{48}O$.
Cholestanon s. unter $C_{27}H_{46}O$.
Cholesten s. unter $C_{27}H_{46}$.
Cholestendiol s. unter $C_{27}H_{46}O_2$.
Cholestenol s. unter $C_{27}H_{44}O$.
Cholestenolon s. unter $C_{27}H_{44}O_2$.
Cholestenon s. unter $C_{27}H_{44}O$.
Cholesterin s. unter $C_{27}H_{46}O$.
Cholesterinderivate, Estergeh. d. Lipidkomponenten eines α_2-Lipoproteins aus Schweineserum 44-1442; Bldg. v. Estern im Gehirn 41-1590.
Cholesterylbromid s. unter $C_{27}H_{45}Br$.
Cholestyramin (Questran), Wrkg.: d. --Verabreich. auf d. Serumlipide u. d. N-Bilanz bei familiärer Hypercholesterinämie 17-1751; auf d. Gallensäuren- u. Cholesterinstoffwechsel bei d. Maus 19-1665; v. – auf d. orale Toxizität v. Digitoxin u. dessen Bind. in vitro durch – 30-1630; auf d. Cholesterinbiosynth. 31-1701; --induzierte Gallensteine (Gallensäuren- u. Cholesterin-Geh.) 33-1682; Einfl. v. --Futter auf d. Gallensäuren im Pfortaderblut v. Ratten 34-1522; Vgl. d. Gallensäurebind.-Kapazität (in vitro) u. d. hypocholesterinäm. Aktivität (in vivo) 11-1663.
Cholin s. unter $C_5H_{15}NO_2$.
Cholinergika s. unter *Nerven.*
Cholinolytika s. unter *Nerven.*
Cholinomimetika s. unter *Nerven.*
Cholinplasmalogene s. unter *Lecithine.*
Chologen s. unter $C_{24}H_{34}O_5$.
Choloxin s. unter $C_{15}H_{11}J_4NO_4$.
Cholsäure s. unter $C_{24}H_{40}O_5$.
Chondodendrin s. unter $C_{36}H_{38}N_2O_6$.
Chondrite s. unter *Meteorite.*
Chondrodit, Bldg. im Syst. $MgO/SiO_2/MgF_2$ 11-0856.
Chondroitin, Geh.: im Harn 47-1618; an – A, B u. C in d. Mucopolysacchariden d. Rattenblutplättchen 18-1502.
Chondroitinschwefelsäure (Chondroitinsulfate)

Chondroitinschwefelsäure B s. *Dermatanschwefelsäure*; s. auch *Heparin*; *Mucopolysaccharide.*

Geh.: im Hautbindegewebe einiger Säugetiere 1-1343; an – A u. C in d. Aortenwand in experimenteller Hyper- u. Hypothyreose 2-1361; d. Zahnpulpa d. Rindes 3-1370; Vork.: v. Condroitin-4-sulfat in d. Synovialfl. bei rheumatoider Arthritis 5-1365; in normalem menschl. Plasma (zonenelektrophoret. Unters.) 6-1497; v. – C in gemischten Speicheldrüsentumoren 9-1207; v. „übersulfatiertem" Chondroitin-6-sulfat in Knorpelgeweben 13-1536; --Protein-Komplex: normaler u. sklerot. Aorten 16-1476; aus Schweinerippenknorpel 24-1225; --Protein aus Rindernasenknorpel (Bezieh. zwischen makromol. Eig. u. Funkt.) 27-1720; Geh.: in d. Schweineaorta 27-1723; im Harn 47-1618; Vork. v. – A u. C in Rinderhirn, weißer Substanz u. Myelin 47-1670; Geh. in Rinderknorpel u. -knochen 49/50-1569; --halt. Mucopolysaccharide aus Rinderherzklappen 12-1404; Geh. in Mucopolysacchariden normaler menschl. Herzklappen 16-1478; Vork.: v. – A im Protein–Polysaccharid-Komplex d. Rippenknorpels d. Schweines 16-1481; in Mucopolysacchariden d. sich entwickelnden Graafschen Follikel d. Ratte 25-1626; in Polysaccharidproteinen aus menschl. Rippenknorpel 38-1592; Geh. an Chondroitin-4-sulfat v. Glucosaminglucanen im Nasenknorpel 39-1401; Vork. im Kohlenhydratanteil d. Proteinpolysaccharide aus d. Nasenknorpel d. Rindes 44-1392; – A als glykosid. Hauptbestandteil d. Mucopolysaccharide bei experimentellem Osteolathyrismus 44-1393; Zus. d. – aus Rinderknorpel 16-1477; Galaktose u. Xylose als Strukturbausteine in --Protein-Komplexen bei Wirbeltieren 17-1511; Substratwrkg. v. Tetra-, Hexa- u. Octasacchariden aus Chondroitin-4-sulfat bei β-Glucuronidase aus d. Aorta d. Rindes 24-1390; Struktur: d. --Peptide d. Rinder-Cornea 37-1593; d. neutralen Disaccharids aus d. Bereich d. Chondroitin-4-sulfat–Protein-Bind. 48-1557.

Darst. v. – d. Tintenfischknorpels 2-1317; Einbau v. Aminosäuren u. Sulfat in d. – v. embryonalen Hühnerknochen (Wrkg. v. Serum) 3-1502; Meth. zur Trenn. v. – C v. anderen sauren Mucopolysacchariden d. menschl. Aorta 9-1542; Fraktionier. v. – einer kleinen Gruppe v. Chondrozyten 18-1423; Abtrenn. v. – B v. – A u. C [papierelektrophoret. Meth. mit $ZnSO_4$ oder $Zn(CH_3COO)_2$ als Elektrolyt] 22-1496.

Opt. Rotat.-Dispers. v. – u. seinen Komplexen mit aromat. Farbstoffen 33-1352; elektrophoret. Unters. v. --Protein-Komplexen 8-1422.

Verw. v. --Aufbereit. zur Darst. v. Hexuronsäure 30-1400; Fäll.-Komplexe aus – unter Einbau v. Metallionen 30-1137; Modellunters. d. Bind. v. Phenothiazinderiv. an – auf Grund d. metachromat. Verschieb. in Ggw. v. Farbstoffen 18-1591; Histon---Komplexe (Bldg.) 12-1403; Chondroitin-4-sulfat–Protein-Bind. 16-1475; Wechselwrkg.: zwischen – u. Serumproteinen 20-1525; v. Serumalbuminen mit Gelen aus Chondroitin-4-sulfat nach Behandl. mit Epichlorhydrin 21-1672; --Protein v. Rinderknorpel 34-1543; Deut. d. Schutzwrkg. v. – bei d. Radiolyse 26-1676.

Enzymat. Hydrolyse 41-1282; Wrkg.: auf d. pept. Proteolyse (elektrophoret. Unters.) 8-1307; auf d. Desoxyribonuclease-Aktivität in synchron wachsenden u. sich teilenden Massenkulturen v. Tetrahymena pyriformis 18-1217; Ausscheid. im Harn 12-1531; Fixier. v. ^{75}Se u. ^{35}S an – d. Rinderrippenknorpels 13-1535; Ausscheid. mit d. Harn bei Kindern u. Erwachsenen 27-1685; gerinnungshemmende Wrkg. v. – A u. C aus d. menschl. Aorta 11-1476; Einfl. auf d. Mineralisier. in vitro 16-1486; keine Wrkg. v. Na-– auf Amphibien- u. Geflügelentw. 27-1669; Einfl. v. Na-– auf d. Acetylcholin–Atropin- u. Histamin–Atropin-Syst. im Meerschweinchenileum 32-1592; Hemmwrkg. v. – A auf d. Koronaratherosklerose bei röntgenbestrahlten u. mit Cholesterin gefütterten Ratten 39-1574; therapeut. Anwend. v. Fe-– für i.v. Injekt. 35-1579.

Trenn. v. – A v. Polysaccharidsäuren durch Stärkegelelektrophorese 8-1932; Cellulose-Säulenchromatographie zur Isolier. v. – 23-2233; chromatograph. Trenn. d. Chondroitin-4-Sulfats v. anderen sauren Mucopolysacchariden im Harn 37-2208; dünnschichtchromatograph. Identifizier. v. Chondroitin-4- u. -6-sulfat 26-2091; immunochem. Mikrobest. d. polymeren DNS in Ggw. v. – 27-1364; gaschromatograph. Trenn. d. Iduronsäure u. Glucuronsäure v. – 47-2027.

Chondroitinsulfat B s. *Dermatanschwefelsäure.*
Chondromucoproteine s. unter *Proteine, Spezielle Proteine (Mucoproteine).*
Chondrosin s. unter $C_{12}H_{21}NO_{11}$.
Chonemorphin s. unter $C_{23}H_{42}N_2$.
Choriongonadotropin s. unter *Hormone, Chorionhormone.*
Chorionhormone s. unter *Hormone.*
Chorisminsäure s. unter $C_{10}H_{10}O_6$.

Chrom

Herst. v. --Überzügen s. unter *Galvanotechnik*; *Metallüberzüge.*

Vorkommen, Gehalt

Häufigk. in ultramaf. Gesteinen 3-0780; Häufigk.-Verteil. v. – im Rocky Hill Stock, Tulare County, California 3-0781; Vork.: v. Cr I u. Cr II in d. Sonnenatmosphäre 5-0771; in d. Spektrum d. F8V-Sterns Beta Virginis 5-0773; als Spurenelement in einigen Erzvork. u. d. zugehör. Gesteinen d. „Kurokô"-Lagers 6-0802; Kartier. d. --Erzvork. in Bulgarien 9-0799; Emiss.-Linien v. Cr I im Spektrum d. Kometen Ikeya-Seki (*1965* f) 10-0789; Verteil. v. – in d. Fe-Meteoriten 11-0812; – im granulometr. Spektrum d. Deckablager. d. beloruss. Polessje 11-0835; Verteil.: d. spallogenen – in Leg. v. Fe-Meteoriten 12-0734; in Rifflagerstätten d. Olekma-Tokko-Zwischenflußgebietes (Südjakutien) 12-0759; Vork. in d. Laven aus d. Gegend d. Mont-Dore 13-0786; Verteil. v. – in Tiefseesedimenten d. Atlant. Ozeans 13-0789; Analyse d. Spektrums v. HD *30 353*-Linien v. Cr II 15-0802; Änder. d. Äquivalentlinienbreiten u. Wellenlängen v. Cr I u. Cr II in d. A2p-Stern *73* Draconis (HD *196502*) 15-0805; Linien v. Cr II in Coudé Spektren v. η-Carinae 15-0806; selektive Anreg. d. Cr I-Niveaus in S-Sternen 15-0807; Linien v. – im solaren Röntgenspektrum v. *1,9 – 25* Å 15-0823; – in Meteoriten u. Tektiten 16-0764; Verteil.: v. – in d. vertikalen Landschaft im Süden Jakutiens 17-0814; in differenzierten Intrus. palagonit. Trappe im oberen Teil d. unteren Tunguska 18-0787; – in Torfen d. Nordteils d. Russ. Plattform 18-0788; zonale Verteil. v. --Beimeng. in Diamantkrist. 19-0890; – in Sternspektren 20-0771; Häufigk.: in γ-Serpentis 20-0779; in Ap-Sternen 20-0782; Röntgenübergänge d. Cr XVII-Linien v. Kα-Typ in d. Sonnenatmosphäre u. im Laborplasma 20-0783; Verteil. v. – in granitoiden Körpern verschiedener Morphologie 24-0810; Linien v. – im Kosmos (Zeitschriftenref.) 25-0842, 25-0845 bis 25-0847; Asymmetrie d. Konturen schwacher Fraunhofer-Linien v. – 25-0863; Verteil. v. – in Moränen verschiedenen Alters d. Grodno-Gebietes d. BSSR 26-0823; Valenzzustand v. – in Seewasser 27-0884; Berechn. v. --Beimeng. in Cassiteriten verschiedener genet. Typen 29-0896; --Linienemiss. in Sonnenflares (Zeitschriftenref.) 30-0774; Vgl. mariner u. limn. Tone nach Geh. v. – geringer Konz. 31-0869; Vork. in d. *6* Standardgesteinen G-*2*, GSP-*1*, AGV-*1*, PCC-*1*, DTS-*1* u. BCR-*1* 32-0836; Vgl. d. Häufigk. v. – im Mondmaterial mit d. v. Peridotit, Plateaubasalt, Granit, Tektit, basalt. Achondrit u. Chondrit 35-0830; Verteil.: v. – bei d. Erzbldg. in d. Cu-Sulfidlagerstätte v. Krasnogvardeiskoe (Mittelural) 36-0771; in Gesteinen d. mittleren Vordneprs 36-0780; v. --Beimeng. auf fazielle Profile d. Fe–Kieselsäure–Schiefer-Format. d. Kursker Magnet. Anomalie 36-0794; Vork.: in Sulfideinschlüssen in Meteorit-Leg. 37-0870; im Steinmeteoriten St. Severin 37-0877; in Pyroxenen u. Amphibolen v. ultramaf. Gesteinen d. Urals 38-0797; --Geh. d. Magnetite u. Haematite d. metallogenen Eisenprovinz v. Südost-Missouri, USA 38-0856; – in einigen sek. U-Mineralien Süddeutschlands 38-0878; – u. --halt. Minerale in tiefen Xenolithen kimberlit. Pipes 39-0703; Peridotite mit --halt. Pyrop in d. Schloten d. Gegend v. Bédarieux (Herault) 39-0712; Verteil. v. – in Tonfrakt. d. Gesteine d. Neokoms d. West-Surgutischen Erdöllagerstätten (Westsibirien) 39-0732; Cr II in d. Spektren d. Nova Delphini *1967* 40-0670; Häufigk. (im Vgl. zur Sonne) in τ Bootis v. Cr I u. Cr II 40-0671; Diffus. v. – in d. Sonne 40-0672; Ursachen d. Bldg. v. anomalen --Geh. in Steinkohlen 42-0649; Best. v. ^{51}Cr in d. Chondriten Peace River v. Harleton 45-0723; Geochemie v. – in sudet. Ergußgesteinen 45-0737; Verteil. v. – in koexistierenden Mineralien ultramaf. Gesteine 45-0772; Bezieh. zwischen – d. kohlensauren Wässer u. d. Fe-Lagerstätten d. Halbinsel Kerčen 45-0777; --halt. Muskovite aus Biotit–Gneis-Xenolithen 47-0726; Linien: v. – im Kosmos (Zeitschriftenref.) 51/52-0604, 51/52-0606, 51/52-0607; v. – im Spektrum v. Arcturus 51/52-0609; v. – im Kosmos (Zeitschriftenref.) 51/52-0610; Modell für magnet. Sterne (Radialgeschw. u. Linienintensitäten v. –) 51/52-0612; Linien v. – im Kosmos (Zeitschriftenref.) 51/52-0615, 51/52-0616; Häufigk. in d. Sonnenphotosphäre 51/52-0619; Linien: v. – im Kosmos (Zeitschriftenref.) 51/52-0621; v. – im Spektrum d. Veränderlichen HR *234* 51/52-0622; v. – in C-Sternen 51/52-0623; Häufigk. v. – im Kosmos (Zeitschriftenref.) 51/52-0626; Verh. d. Linien v. – auf d. Sonnenscheibe nach Beobacht. bei u. ohne Sonnenfinsternis 51/52-0629; Linien v. – im Kosmos (Zeitschriftenref.) 51/52-0630.

Geh. in Pollen 29-1550.

--Geh.: im Blut bei Leukosen u. Anämien 26-1570; in d. Leber v. Proteinmangelratten 40-1504.

Bildung, Darstellung

Herst. aus Bauxitrotschlamm im Fließbettofen 3-2502*; Erzeug. v. ^{51}Cr hoher spezif. Aktivität für medizin. Anwend. 18-0745; Abscheid. v. – auf Trägern durch chem. Red. 19-0223; Gewinn.: aus --reichen Lateriterzen 21-2500; aus Abfallschlämmen d. Erzaufbereit. 23-2678*; Herst. v. metall. – durch Red. v. $CrCl_3$ mittels Al 24-2439*; optimale Beding. d. elektrolyt. --Abscheid. 27-2574; Herst. v. --Isotopentargets für d. Kernforsch. 29-0858; Gewinn. durch *1*stuf. Elektrolyse v. Chloridlsg. 29-2624*; Herst. v. plast. – durch Schmelzelektrolyse v. Chloriden mit mit auflösbarer Elektrode 36-2222; galvan. Abscheid. v. mikroriss. – 41-2548*.

Extrakt. d. Na-Röstgutes v. --Erzen 2-2165; Säureauslaug. v. --Erzen (katalyt. Red.) 28-2424; Flotat. v. --Erz mit vorher. Entschlamm. d. Ausgangsprod. 32-2435*.

Entfern. v. – aus C-halt. Fe-Schmelzen 1-2177; Rückgewinn. aus Industrieabwässern 2-2034; Kinetik d. Entchrom. v. fl. Roh-Fe 4-1945; Rückgewinn. v. – u. --halt. Abfallbrühen d. Lederindustrie 4-2706; flotative Entfern. aus Abwässern d. Metallindustrie 17-2270; Sorpt. v. Cr(III) aus HF-halt. Lsg. durch Anionenaustauscher 19-2388; Anreicher. v. ^{51}Cr in Seewasser 23-2170; Ausbringen v. – beim O_2-Blasen v. Stahl 25-2489; Verunreinig. d. aluminotherm. – u. seine Reinig. durch Elektrolyse bei hoher Temp. 32-2386.

Papierchromatograph. Trenn. v. Cr(III), Mn(II), Co(II), Fe(III) u. Ni(II) 8-1893; Kationenaustauschtrenn. v. Cr(III) u. d.

Gruppe Mo–W–Nb–Ta 10-1933; chromatograph. Abtrenn. aus U 13-1876; Beding. zur Trenn. v. Fe(III) u. Cr(VI) in chromsauren Lsg. 13-1880; Trenn.: v. Cr(III) u. Hg(II) durch Ionenaustausch 16-1935; v. Ti u. – in schwefelsauren Lsg. 23-2148; d. – v. Kationen d. H_2S- u. d. $(NH_4)_2S$-Gruppe 37-2094; Cr(III) v. V(IV), Mn(II) u. Co/Fe(III) an Dowex *50*-X *4* 38-2029; Abtrenn. d. U v. – 39-2014; Trenn.: v. Spuren Fe^{3+} u. Al v. Cr^{3+} an Kieselgelsäulen 40-1810; v. – u. Fe in Lsg. [Trenn.-Beding. v. Cr(VI) u. Fe(III) in Chromsäurelsg. durch Mitfäll.] 46-0488; dünnschichtchromatograph. Trenn. v. Pb(II)/Cr(III)/Mn(II)/Ni(II)/Cu(II)/Co(II) 48-1815; Trenn. v. anderen Metallionen an Ionenaustauschpapieren 51/52-1839.

Herst. dünner Folien v. – u. –-Leg. 3-1967; anod. Ablösen v. –-Überzügen 11-2455*; Ätzen v. –-halt. Schichten 45-2390*.

Verbesser. d. Korros.-Beständigk. v. dekorativen elektrolyt. –-Überzügen 1-2280; Überzugsmittel aus Polyvinylplastisolen u. -organosolen für – 6-2970*; Oberflächennitrieren zur Herst. v. Präzis.-Widerständen 15-2303*; Elektrolyt zum Polieren v. – 30-2435*; Erzeug. eines magnet. Ni-Überzugs auf einer –-Unterlage 43-2337*.

Physikalisches und physikalisch-chemisches Verhalten

Einfl. v. – auf physikal. Eig. d. Leg. auf NiMn-Basis 10-0419.

Wrkg.-Querschnitt d. Rk. $^{55}Mn(n, p)^{55}Cr$ 2-0048; Mess. d. μ^--Übergangsenergien (*2*p – *1*s) in –-Atomen 5-0046; $^{51}V(p, n)^{51}Cr$-Rk. 5-0091; anisotrope Kernresonanzfluoreszenzausb. v. –-Atomen in einem V-Einkrist. 6-0041; Erzeug. v. ^{51}Cr in Chondriten durch solare kosm. Strahl. 6-0774; Struktur v. K-Serien im atomaren Einfang v. negativen Myonen in – 7-0036; Isomerenverschieb. d. *14,4*-keV-γ-Linie v. ^{57}Fe im Metallgitter v. – 7-0067; Unters. v. (n, γ)-Rückstoßschäden in – mit d. Kernresonanzfluoreszenzmeth. 10-0283; chem. Folgen d. Bestrahl. v. krist. Oxoanionensyst. mit Neutronen bzw. mit radioakt. $^{51}Cr^+$- u. $^{51}Cr^{3+}$-Ionen 12-0684; genaue Neubest. d. $p_k\omega_k$-Wertes u. d. Fluoreszenzausb. ω_k v. – nach d. Elektroneneinfang-Zerfall v. ^{54}Mn (p_k = K-Einfangwahrscheinlichk.) 33-0062; Richt.-Korrelat. zwischen K-Röntgenstrahlen, d. Elektroneneinfang folgen, u. Kern-γ-Strahlen beim $^{54}Mn \rightarrow {}^{54}Cr$-Zerfall 40-0002; Aerosol u. Staub-Radioaktivität innerhalb v. Hochenergiebeschleunigern (relative Konz. v. ^{51}Cr im Staub) 51/52-1806.

Konfig.-Misch., Senioritätsmisch. u. Stripping-Experimente in d. $f_{7/2}$-Protonenschale in ^{52}Cr 1-0041; Voraussage v. Momenten u. Übergangsraten in Isotopen v. – nach d. Cariolis-Koppl.-Modell 2-0014; $1f_{7/2}$–$2p_{3/2}$-Wechselwrkg. in ^{51}Cr 2-0016; Meth. zur Berechn. d. Intensität d. rückgestreuten γ-Strahl. v. ^{51}Cr 3-0034; (p, n)-Mess. v. Coulomb-Verschieb.-Energien an – 4-0050; totale u. K-Konvers.-Koeff. in ^{54}Cr als Standard 5-0078; Berechn. d. $\Delta S/g$-Werte als eine Funkt. d. Temp. für ^{52}Cr 6-0015; Unters. d. Niveaustruktur v. ^{53}Cr u. ^{52}Cr mit (d, d′)- u. (d, t)-Rk. 8-0031; Kernspektroskopie in ^{52}Cr, ^{53}Cr u. ^{54}Cr durch (p, d)-, (p, t)- u. (p, p′)-Rk. 8-0065; Unters. d. Niveaus v. ^{52}Cr unter Benutz. v. (p, α)-Rk. 10-0035; Zerfall v. ^{55}Cr 11-0080; Elektroanreg. v. Riesendipolresonanzen in ^{52}Cr 14-0025; Bahnelektroneneinfänge in ^{51}Cr 16-0043; Q-Werte u. angeregte Niveaus v. ^{48}Cr 17-0036; abs. Niveaudichten aus unelast. Neutronenstreuung an – 18-0021; Kernenergieniveaus v. ^{52}Cr 19-0048; Reichweite v. Phototeilchen-Rückstoß-Atomen in – 21-0346; beim Zerfall v. $^{52m,g}Mn$ u. ^{52}V bevölkerte angeregte Zustände v. ^{52}Cr 24-0022; γ-spektrometr. Unters. d. Energien an ^{51}Cr 28-0001; Schalenmodellberechn. für ^{54}Cr 29-0033; Anreg. tiefliegender Niveaus v. ^{52}Cr bei d. unelast. Streuung v. Neutronen mit *1* – *4* MeV 35-0022; Ableit. v. Kernradius u. Oberflächendicke aus (α, α)-Rk. an ^{52}Cr 39-0015; Winkelkorrelat. in ^{50}Cr 45-0014; Schalenmodellberechn. v. ^{56}Cr 46-0004; Ableit. v. ^{52}Cr-Niveaus aus d. statist. Analyse d. Rk. $^{51}V(p, p)^{51}V$ 47-0012; pion. *3*d–*2*p-Übergänge in – 47-0014; spektroskop. Formfaktoren v. ^{53}Cr 51/52-0013.

(^{4}He, t)-Rk. an ^{52}Cr 1-0061; unelast. Streuung u. Strahl.-Einfang v. Protonen durch ^{50}Cr u. ^{54}Cr 2-0017; differentielle Wrkg.-Querschnitte u. Polarisat. für d. elast. Streuung d. Protonen an ^{52}Cr 4-0005; Niveaus im ^{51}Mn u. ^{53}Mn aus d. Strahl.-Einfang v. Protonen durch ^{50}Cr u. ^{52}Cr 4-0029; über ein Spaltneutronenspektrum gemittelte (n, p)-Wrkg.-Querschnitte für ^{52}Cr, ^{53}Cr u. ^{54}Cr 9-0076; γ-Koinzidenzen in (n, γ)-Rk. an ^{50}Cr u. ^{53}Cr 11-0079; Proton-Spinflip bei unelast. Streuung an ^{52}Cr 12-0034; elast. Streuung: v. Deuteronen bei *34,4* MeV an ^{52}Cr 14-0013; v. *3,2*-MeV-Neutronen an – 15-0029; DWBA u. Spin–Bahn-Effekte in d. (d, p)-Rk. an $^{50,52}Cr$ 15-0061; kurzleb. Prod. bei d. Bestrahl. v. – mit *12,5*-MeV-Deuteronen 15-0062; $^{50}Cr(^3He, d)^{51}Mn$-Rk. 15-0063; Ausb. d. (γ, n)-Rk. an ^{52}Cr 23-0052; Neutroneneinfang-γ-Strahl. bei $^{50}Cr(n, \gamma)^{51}Cr$ 23-0064; $^{52}Cr(p, d)^{51}Cr$ u. $^{50}Cr(p, d)^{49}Cr$ bei *17,5* MeV 23-0066; $^{52}Cr(d, p)^{53}Cr$ im Energiebereich d. Coulomb-Stripping 23-0067; Anreg.-Funkt. für (p, n)- u. (p, 2n)-Wechselwrkg. in – zwischen *8* u. *14* MeV 25-0027; totaler Rk.-Querschnitt u. elast. Streuung v. *24,7*-MeV-α-Teilchen an – 27-0008; Neutronen-Verdampf.-Spektren aus (α, n)-Rk. an ^{52}Cr 27-0049; Mechanismus v. (p, n)-Rk. an ^{53}Cr bei *6,8* MeV 28-0025; $^{50,52,54}Cr(^3He, \alpha)$ bei *18* MeV 29-0012; Winkelkorrelat.-Mess. in $^{53}Cr(p, n\gamma)^{53}Mn$ 33-0061; $^{50}Cr(p, \gamma)^{51}Mn$ 33-0064, 33-0065; $^{54}Cr(d, p)^{55}Cr$ bei *12* u. *6,8* MeV 34-0006; *14,8*-MeV-Neutronen-Aktivier.-Querschnitt für – 35-0035; Zwischenstruktur in d. totalen Neutronen-Wrkg.-Querschnitten v. ^{52}Cr 36-0006; Streuung v. polarisierten *18,6*-MeV-Protonen an ^{52}Cr 39-0015; $^{53}Cr(p, p'\gamma)^{53}Cr$ u. $^{53}Cr(p, n\gamma)^{53}Mn$ 40-0026; unelast. Streuung mit polarisierten Protonen an ^{52}Cr 41-0010; therm. Neutronen-Wrkg.-Querschnitte u. Resonanzintegrale v. ^{50}Cr 42-0023; (d, ^{3}He)-Rk. an ^{52}Cr bei *34* MeV 44-0003; Mess. v. Absorpt.-Querschnitten für Neutronen mit einer mittleren Energie v. *24* keV in – 44-0020; elast. Neutronenstreuung an – 46-0004; Mess. v. Wrkg.-Querschnitten für d. (p, pn)-, (p, p2n)-, (p, 2pn)- u. (p, 2p2n)-Rk. bei *370* MeV an ^{50}Cr **49/50-0012**.

Berechn. d. Spektren v. Cr IV 5-0119; spektrale Emiss. im Bereich *2200* – *6600* Å v. durch Laserstrahl erzeugten Plasmen v. – 11-0137; Spektrallage d. Kα-Satelliten 13-0129; Multiplettstruktur d. $K\alpha_{1,2}$- u. $K\beta_1,\beta'$-Linien d. Röntgenspektren 16-0073; Veränder. d. Absorpt.-Spektren v. Rubin mit Cr^{3+} bei starker Anreg. 16-0350; UV-Absorpt. v. Cr(VI) in bin. Alkaliboratgläsern 17-2377; Röntgenstrahlen-Wellenlängen 18-0088; Feinstruktur d. Röntgenemiss.-Banden d. – in Abhängigk. v. d. Ordn.-Zahl 18-0096; Aufspalt. d. Linie v. Ce (*1*%) in mit – substituiertem Y–Fe-Granat 18-0344; Fern-IR-Spektren v. $Al_2O_3:Cr^{3+}$ u. $Al_2O_3:Ti^{3+}$ 20-0287; Cr^{3+}-Fremdionen-Lumineszenzspektren in MgO 20-0311; Intensitäten opt. Absorpt.-Spektren d. –-Ionen 21-0390; $^2E \rightarrow {}^2T_2$-Absorpt.-Spektrum v. Rubin mit *0,05* % Cr^{3+}-Geh. 21-0391; Mess. d. R_1-Linienbreite an *42* Rubinkrist. in Abhängigk. v. d. Cr^{3+}-Konz. 22-0364; Submillimeterwellen-Spektrum v. mit – dotierten Al_2O_3-Krist. 24-0379; Resonanzlinien aus d. Selbstionisat. v. Energieniveaus für Cr XIV 26-0100; Absorpt. v. Cr^{3+}-Ionen in Wirtsgittern, d. fünffach geladene Kationen enthalten 27-0375; Elektronenemiss.-Spektren v. hochionisiertem – 28-0066; Emiss.-Spektrum in einer Acetylen/N_2O-Flamme 28-1967; Absorpt.-Spektrum angeregter metastabiler Ionenzustände in $Al_2O_3:Cr^{3+}$ 29-0330; Strahl. bei opt. Übergängen, d. bei senkrechtem Eintritt v. *6* – *23*-keV-Elektronen in –-Oberflächen auftreten 30-0287; Vgl. d. Lumineszenzanreg.-Spektren v. $Al_2O_3:Cr^{3+}$ 31-0336; durch Phononen bewirkte Fluoreszenzspektrallinienbreite in $MgO:Cr^{3+}$ 32-0354; Absorpt.-Koeff. im ultraweichen Röntgengebiet 34-0396; L-Emiss.-Banden 34-0409; Feinstruktur d. Röntgenemiss.-Banden 34-0412; Kohlenstoff-K- u. –-Emiss.-Banden u. Bind. in Cr_3C_2 34-0424; Isotopie-Verschieb. in Cr I 35-0062; Temp.-Abhängigk. d. Breiten u. Lagen d. R- u. N-Linien im Fluoreszenzspektrum v. mit – hochdotiertem Rubin 35-0320; Energieniveau-Berechn. für Cr IV-Spektren 38-0040; opt. Spektren v. –-halt. β-SiC 39-0274; Verlauf opt. Übergänge mit d. Temp. in mit Cr^{3+} dotiertem $MgAl_2O_4$ 43-0283; Deut. d. opt. Spektrums eines Paares austauschgekoppelter –-Ionen in Rubin 45-0317; Absorpt.-Spektrum v. Cr^{3+} in Chromdiopsid 46-0330; Konst. d. quadrat. Stark-Effekts v. – 49/50-0059; Elektronen-Emiss.-Spektren v. mit Cr^{3+} dotierten $NaMgAl(C_2O_4)_3 \cdot 9\,H_2O$-Krist. 51/52-0241.

Quanten-Zähl-Spektroskopie v. $Al_2O_3:Cr^{3+}$ 5-0401; Superfluoreszenz u. Besetz.-Umkehr in Rubin:Cr 5-0430; direkte –-Konz.-Abhängigk. d. Fluoreszenz einer Haupt- u. einer Nebenlinie v. Rubin:Cr 6-0362; Energieübertrag. in Rubin:Cr 7-0329; Deformat.-Aufspalt. d. Linien im Lumineszenzspektrum u. Struktur austauschgekoppelter Paare v –-Ionen in Rubin 7-0330; Fluoreszenz v. Cr^{3+} in d. Huntitstruktur v. $YAl_3B_4O_{12}$, $EuAl_3B_4O_{12}$, $YGa_3B_4O_{12}$, $EuGa_3B_4O_{12}$ u. $VGa_3B_4O_{12}$ 7-0331; Lebensdauer d. Fluoreszenz v. Cr^{3+} in $Y_{3-x}Tm_xAl_{5-x}Cr_xO_{12}$ 8-0298; Mess. d. Besetz. d. Grundzustandsenergie in Rubin:Cr beim opt. Pumpen 8-0338; opt. Phononen bei d. Elektronenspinrelaxat. in $MgO:Cr^{3+}$ 9-0344; Fluoreszenzunters. d. Energieübertrag. zwischen Einzel- u. Paar-Cr^{3+}-Syst. in Al_2O_3 9-0362; Mikrowellenquantenverstärker für d. Bande X eines N_2-Masers u. eines Rubin:Cr-Lasers 9-0399; Reflex. v. Röntgenstrahlen v. – im Bereich *7* – *44* Å 10-0297; Wrkg.-Grad d. opt. Energieübertrag. zwischen Cr^{3+}- u. Nd^{3+}-Ionen in $Y_3Al_5O_{12}$ 11-0392; opt. Absorpt.-Charakteristika v. rosa Rubin:Cr 14-0320; opt. Absorpt. u. Energie-Niveaus d. Mn in ZnS:Mn-Krist. (Vgl. mit ZnS:Cr) 14-0323; Injekt.-Elektrolumineszenz in CdS bei hoher Stromdichte v. einer CdS–SiO–Au(Cr)-Diode 14-0347; Absorpt. v. Photonen niedr. Energie in – 15-0320; Farbzentren in –-dotiertem Rubinkrist. 18-0343; Druckeffekt auf d. Reflex.-Vermögen v. gepreßtem – 20-0253; Temp.-Abhängigk. d. scharfen Cr^{3+}-Fluoreszenz in Perowskiten 20-0310; opt. Eig. doppelter Metallfilme aus – u. Ag 21-0361; Radiolumineszenz v. mit – aktivierten Zirkonosilicaten 21-0408; Fluoreszenz v. Cr^{3+} in $GdAlO_3$ 22-0361; Ellipsometerunters. d. anomalen Absorpt. in sehr dünnen dielektr. Schichten auf aufgedampftem – 25-0317; innere Rauschtemp. d. Reflex.-Masers mit *0,045* Gew.-% Cr_2O_3 25-0401; opt. Eig. v. –-Aufdampfschichten auf Glasträger 27-0358; Strahl. aus d. $^4T_2$-Zustand v. Cr^{3+} in Rubin u. Smaragd 30-0315; Gitterstör. durch Cr^{3+}-Ionen als Ursache d. Frequenzverdoppel. in Rubin 31-0289; Reflex. weicher Röntgenstrahl. v. dünnen –-Schichten 34-0393; Quantenausb. bei d. Radikalrekombinat.-Lumineszenz v. ZnS–Cr 36-0329; Unters. v. Alexandriten, Al_2BeO_4, u. d. Abhängigk. d. opt. Eig. v. –-Geh. 38-0829; Strahl.-Vermögen v. – beim Erhitzen an d. Luft 40-0241; Lumineszenzeig. v. $Li_2Ge_7O_{15}:Cr$ 40-0273; Durchlässigk. v. Al_2O_3–*0,05* % Cr v. *0,17* – *3,0* μ 41-0231; Einfl. v. – auf d. Färb. v. Kyanit 41-0727; Röntgenlumineszenz v. $Al_2O_3:Cr^{3+}$-Einkrist. 42-0286; UV-Absorpt. v. Cr(VI) in bin. u. tern. Alkali- u. Erdalkalioxidgläsern 45-2423; sphär. Reflektor zur Verw. beim opt. Pumpen v. Lasern mit Ergebnissen v. YAl-Granat:Nd(Cr) 47-0328; opt. Eig. im fernen UV 48-0264; Farbe d. natürl. Korunde durch –-Geh. 49/50-0226.

Magnet. Hyperfeinstrukturkonst. für d. neutrale Atom sowie positive u. negative Ionen v. – 1-0103; Spin–Bahn-Koppl.-Konst. 1-0104; analyt. Näher. für kohärente u. inkohärente Atomstreufaktoren für – 1-0172; Berechn. d. Einzentrum-Integrale in d. halbempir. MO-Theorie für Cr^{3+}, Cr^+ u. Cr^0 4-0078; Verschieb. d. –-Niveaus in Al_2O_3 mit d. Druck 8-0277; Atomstreufaktoren 11-0191; Einfl. eines elektr. Feldes auf d. Grundzustand v. Cr^{3+}-Ionen in α-Al_2O_3 14-0364; Oszillatorstärken d. UV-Resonanzlinien v. Cr XV 17-0112; Beiträge d. Kation–Kation-Wechselwrkg. zur Hyperfeinwechselwrkg. (Anwend auf Cr^{3+} in $KMgF_3$ u. MgO) 21-0411; Slater-Condon-Parameter für Atome u. Ionen v. – 26-0080; spannungsinduzierte Nullfeld-Aufspalt. v. d^3- u. d^8-Ionen in kub. Krist. u. numer. Werte für Cr^{3+} in einaxial verspannten MgO-Krist. 29-0333; einfache Basis für Mol.-Wellenfunkt. für – 36-0043; Photoemiss.-Unters. d. Elektronenstruktur v. – 38-0413; Bahn–Bahn-Wechselwrkg. 41-0033; Energieniveaus v. $3d^n$-Ionen (Cr^{3+}, Cr^{2+}) in einem Krist.-Feld d. Symmetrie C_4 41-0101; Zustandsdichte 43-0267.

Einfl. d. Erhitz.-Geschw. auf d. Verhältnis d. Vol.- u. Korngrenzendiffus. v. – in Fe 1-0317; Isotopeneffekt für d. Diffus. im Syst. Cr/Ni 3-0304; Berechn. d. tiefen Donator- u. Akzeptorniveaus in Ge mit –-Dotier. 6-0414; Struktur v. durch Subl. hergestellten epitakt. –-Schichten 7-0225; gekoppelte Substitut. v. – u. Li in Zn-Wolframat 7-0239; konventioneller Verneuil-Prozeß v. Rubin u. –-Geh. im stationären Zustand (Schmelzzone) 8-0189; Verdicht.-Kinetik beim Sintern v. Pulvern aus red. – 9-2368; metallograph. Unters. an Benetz.-Proben v. – 10-0225; Einfl. v. – auf Zus. u. Struktur d. Zementitphase 11-0288; Druck- u. Vol.-Koeff. d. Isomerieverschieb. v. ^{57}Fe im Wirtsgitter v. – 11-0528; Kovalenzeffekte bei trigonaler Verzerr. durch paramagnet. Ionen v. Cr^{3+} in Wirtsgittern 12-0307; Krist.-Feldunters. an Cr^{3+} in ZrO_2 12-0308; Substitut.-Defekte u. Resonanzmoden in Festkörpern (Neutronenstreuexperimente an —-Krist. mit. W-Verunreinig.) 13-0266; Phasengleichgew. u. Krist.-Struktur u. Gitterkonst. fester Lsg. v. Cr bzw. W in d. Carbidphasen d. Syst. W/Cr/C 13-0593; Gefüge, Carbiddispers. in — 13-2320; Struktur galvan. —-Überzüge (Wrkg. v. Ultraschallfeldern) 13-2381; Unlöslichk. u. Versetz.-Diffus. in Metallen geringer fester Löslichk. (— in Al) 14-0289; Löslichk. v. C in festem — 14-0569; Darst. v. großen Einkrist. v. SiC-Polytypen durch Fäll. aus Lsg. mit —-Dotier. 15-0203; Diffus.-Koeff. v. N in — 16-0302; Zwillinge u. Stapelfehler auf *{310}*-Ebenen v. — 17-0239; Energieniveaus d. Elektronen v. metall. — 17-0477; Berechn. d. Streufaktors u. d. inkohärenten Intensität d. Röntgen- u. Elektronenstreuung für — 18-0152; Elektronenbeug. an durch Tieftemp.-Kondens. hergestellten amorphen —-Schichten 19-0276; Best. d. Krist.-Struktur einer neuen Modifikat. v. — durch Elektronenbeug. 23-0263; Löslichk.-Grenze in (Mn, Me)(Se, S) 23-2583; spannungsinduzierte trigonale Krist.-Feldparameter v. — in Rubin 24-0343; Mess. d. Vol.- u. Korngrenzendiffus.-Koeff. v. radioakt. — in α-Fe 25-0269; Diffus. v. — in kub raumzentriertem Zr 25-0270; Spann.- t Dilatat.-Felder d. *⟨111⟩*-Versetz. in —-Krist. 26-0239; Einfl. v. — auf d. Walztextur v. Fe 26-2466; Substitut. v. — in Zn-Wolframat bei d. Zücht. aus d. Schmelze 27-0209; Existenz einer Unendlichk.-Stelle in d. Frequenzverteil. g (ν) 27-0275; Mechanismus d. Diffus. in — 27-0336; komplexe Diffus.-Sättig. v. techn. Fe mit — 27-0338; Autoradiogramm d. Verteil. v. — im Stahl *50*-HSA 27-2299; Beimisch.-Diffus. v. — in α-Zr 29-0293; Einfl. v. —-Einschlüssen auf d. Kornwachstum v. Oxiden 30-2269; Rekristallisat. 30-2362; Textur galvan. —-Nd. auf Ti-Leg. 30-2387; Änder. d. Krist.-Feldparameter in d. Spinellstruktur (mit Cr^{3+} dotierte Mg–Al-Spinelle) 31-0299; Versetz.- u. Verform.-Mechanismus in —-Einkrist. 32-0193; tiefliegende —-Beimisch. in Si 32-0421; Bändertheorie d. antiferromagnet. — 32-0500; Diffus. v. — in Fe u. Stählen mit niedr. C-Geh. 34-0362; Einfl. v. H auf d. Diffus. v. C in — 35-0258; Korrekturen für anomale Streuung v. Röntgen-K_α-Strahlen v. — 37-0101; Bldg. v. —-Hohlwhiskern durch Rk. mit Cyanoferrat(II) u. Cyanoferrat(III) 37-0166; Gefügeveränder. in — bei d. Verform. 37-0192; elektronenmkr. Unters. v. unter hohem Druck verformtem — 37-0193; elektron. Deut. d. Sintermechanismus bei —-Pulvern 39-0198; Wachstum v. N/Austenit in legiertem Ferrit (Einfl. v. —), Mechanismus d. Korngrenzeneinkerb. in — 42-0082; korrelierte Struktur in aufgedampften Cermet-(Cr/SiO)-Schichten 42-0154; Epitaxie v. — auf NaCl-Spaltflächen im Ultrahochvakuum 44-0147; Gitterparameter 44-0254; elektronenmkr. u. Elektronenbeug.-Unters. v. feinen, durch Verdampf. in Ar unter niedr. Druck dargestellten —-Rauchteilchen 45-0166; Suche nach einer Energielücke in — unter Verw. v. IR-Reflex. u. -Transmiss. 45-0307; Aktivier.-Enthalpie d. Selbstdiffus. 46-0290; Beobacht. d. Oberflächensegregat. v. — in Stahl durch Auger-Elektronenemiss. 48-0135; Berechn. d. Leerstellenwander.-Energie in — 48-0182; Temp.-Abhängigk. d. Diffus. in — 49/50-0186; Nullfeldaufspalt. d. kub. $t_2{}^3$-Terme am Beispiel v. Al_2O_3:Cr^{3+}, MgO:Cr^{3+} 49/50-0210.

Einfl.: auf d. Tieftemp.-Kerbschlagzähigk. d. Stahls *14*Ni*6* (Friduetil N*2*) 1-2214; auf Festigk. u. Härte in Grauguß 15-2424; Spaltrißfortpflanz. in —-Krist. (Modellberechn.) 18-0265; Voraussage d. Kugelspin- u. d. Grenzflächengleitreib. bis *2500* °F zwischen ZrO_2 u. — 19-0306; Änder. d. Mikrohärte v. neutronenbestrahltem — beim Anlassen u. Verformen 21-0292; Wrkg. d. freien Versetz. auf d. Fließen u. d. Bruch in — 27-0306; Rißverbreiter. in polykrist. — bei thermozykl. Behandl. 29-2544; Aufblähen v. —-halt. feuerfesten Materialien 35-2339; Zugfestigk. u. Dehn. v. zonengeschmolzenem — 40-0129; Reib.- u. Verschleißunters. v. Hart-— an PTFE 40-2206; Spann.–Bruch-Verh. 44-0107; Mikrohärte in d. Nähe d. Néel-Punkts 46-0278; Einfl. v. — auf d. Temp.-Schwelle v. Cu_5Si 47-0230; Bezieh. v. Härte u. Porosität v. Cr-Oxid/Cr-Cermets 47-2325.

Tunnel-Emiss. aus Al–Al_2O_3–Cr-Strukturen 1-0461; Einfl. v. — auf d. Restwiderstand v. Al u. Zn 1-0474; elektr. Widerstand v. —-Pulversäulen in Abhängigk. v. d. Beleg.-Dichte 1-2241; Elektronen- u. Ionenemiss. v. polykrist. —-Oberflächen in Cs-Dampf 2-0364; Feldemiss. 5-0442; Minimum d. elektr. Widerstandes 5-0482; Einfl. v. —-Dotier. auf d. Sprungtemp. v. supraleitendem Al u. Zn 7-0422; —-Ionenströme bei Ar- bzw. O-Beschuß 8-0351; Änder. d. Leitfähigk. bei Verunreinig. v. KCl-Krist. durch — 19-0442; Korrelat.-Effekte u. Supraleitfähigk. in verd. Leg. mit —-Verunreinig. 21-0523; Einfl. mechan. Spann. auf d. Hall-Koeff. v. —-Filmen 23-0514; elektr. Widerstand in d. Nähe d. Néel-Punktes 24-0473; elektr. Durchschlag zwischen —-Elektroden im Hochvakuum (Theorie) 26-0174; Nachbarschaftseffekte zwischen supraleitenden dünnen Schichten u. — 28-0463; Leitfähigk. 30-0420; Kathodenfall v. Vakuumbögen an Aufstäub.-Kathoden aus — 31-0139; Hall-Koeff. 31-0467; Einfl. eines überlagerten —-Films auf d. elektr. Leitfähigk. dünner Metallfilme 32-0447; anomale Verminder. d. elektr. Widerstandes beim Legieren mit V u. Ti 32-0452; Photoleitfähigk. in mit — dotierten InGaAs-Leg. bzw. mit Zn u. —-dotiertem InAs 33-0518; Gleichspann.-Leitfähigk. v. Si–SiO_2–(Cr–Au)-Strukturen 36-0379; Einfl. v. —-Ionen auf d. therm. angeregte (Exo)-Emiss. v. Elektronen u. auf d. Thermolumineszenz v. Al_2O_3-Krist. 37-0398; v. d. —-Störstellenkonz. abhäng. Tunnel.-Anomalie bei d. Vorspann. Null 40-0329; Bogenzünd. an —-Oberflächen 42-0078; Temp.-Abhängigk. d. Mikrowellen-DK v. GaAs:Cr-Einkrist. 43-0453; Ionisat.-Potentiale v. Atomen u. Ionen v. — 45-0033; Elektrotransport v. — in festem Y 45-0420; Photoleitfähigk. v. —-dotiertem GaAs 47-0360; dynam. dielektr. Eig. (DK) v. TGS mit Cr^{3+}-Beimeng. 47-0402; Einfl. dielektr. dünner Schichten auf d. Widerstand v. im Vakuum aufgedampften dünnen —-Schichten 48-0469; Reichweiteverteil. v. ^{51}Cr-Ionen in orientierten W-Einkrist. (*0,1* – *1,0* MeV) 51/52-0192.

Magnet. Momente v. Cr^{3+} in oktaedr. Ligandenfeldern 1-0169; de Haas-van Alphen-Effekt 5-0535; Kern-Zeeman-Effekt v. ^{119}Sn, gelöst in — 7-0460; Neutronenbeug.-Unters. d. antiferromagnet. Verh. 8-0446; Einfl. v. — auf d. Koerzitivkraft v. Malcolloy 9-2360; Theorie d. g-Verschieb. v. Cr^+ in NaCl-Krist. 12-0357; Einfl. v. N auf d. magnetomechan. Dämpf. in — 14-0267; Temp.- u. Magnetfeldabhängigk. d. Antiferromagnetismus v. reinem — 14-0486; überschüss. magnet. Moment eines —-Atoms im ferromagnet. Ni 17-0525; Einfl. v. — auf d. magnet. Eig. v. Elinvar-Leg. 23-0574; magnet. Zusammenbrechen, Fermi-Fläche u. galvanomagnet. Eig. 31-0466; Druckabhängigk. d. wandernden Antiferromagnetismus in — 31-0530; Austauschbeitrag zu d. D-Parametern v. Cr^{3+} in Eu–Ga-Granat $Eu_3Ga_5O_{12}$ 39-0397; Best. d. Energieänder. in — durch antiferromagnet. Ordn. mit Hilfe v. Mess. d. Widerstandes u. d. Seebeck-Koeff. 41-0344; Spin–D.-Welle in — 42-0374; *3*. Krist.-Feld-Konst. d. Cr^{3+}-Ions in Krist. v. $ZnWO_4$-Typ 46-0363; magnet. Eig. u. Strukturen zusammengesetzter dünner Filme aus ein oder zwei Permalloy-Schichten u. einer —-Schicht 46-0437; magnet. Moment v. Cr^{3+} in $HgCr_2S_4$ 48-0555.

^{53}Cr-NMR in $LaCrO_3$ u. ENDOR v. Cr^{3+} in $LaAlO_3$:Cr 2-0330; Einfl. eines äußeren elektr. Feldes auf d. EPR-Signale eines Paares austauschgekoppelter —-Ionen in Rubin 7-0344; EPR v. — in CaF_2 8-0313; ESR-Analyse v. MgO mit Dotier. v. Fe^{3+}, Mn^{2+} u. Cr^{3+} 8-0321; Einfl. d. Cr^{3+}–Eu^{2+}-Wechselwrkg. auf d. EPR v. Cr^{3+} in Eu–Ga-Granaten 8-0326; Feinstruktur d. akust. Dipolkernresonanz v. ^{27}Al in Rubin:Cr^{3+} 9-0383; gruppentheoret. Berechn. d. Einfl. eines elektr. Feldes auf d. EPR-Spektrum in Rubin:Cr^{3+} 10-0351; Konz.-Best. d. Cr^{3+}-Ionen in Rubin mittels EPR 10-0352; Kreuzrelaxat. zwischen Cr^{3+}-Ionen in verd. Kaliumcyanochromat(III) (EPR) 10-0353; Pseudo-Stark-Aufspalt. d. Cr^{3+}-EPR-Linie in $CdWO_4$ 10-0354; Nachw. dynam. orientierter Kerne durch akust. NMR in Al_2O_3:Cr^{3+} 11-0396; Verunreinig.-Einfl. v. — auf d. Knight-Verschieb. v. ^{63}Cu in verd. fl. Leg. d. Cu 11-0398; paramagnet. Mikrowellen-Ultraschallresonanz v. Cr^{2+}-Ionen in MgO 13-0489; EPR v. Cr^{3+} u. Defektzentren in Topas 14-0368; akust. EPR-Spektren an γ-bestrahltem Rubin:Cr^{4+} 14-0369; ESR u. opt. Absorpt. v. Cr^{3+} in einem Phosphatglas 14-0371; photoinduzierte EPR v. Cr^+ in ZnTe u. Photoleitfähigk. 15-0367; EPR u. opt. Spektren v. Cr^{3+} in SnO_2-Einkrist. 15-0370; Spin–Gitter-Relaxat. v. Cr^{3+} in Einkrist. v. $ZnWO_4$ 19-0400; EPR-Linienbreite v. Cr^{3+} in mit schnellen Neutronen bestrahltem $(Al_2O_3)_{1-x}$·$(Cr_2O_3)_x$ 21-0416; EPR-Spektrum v. V_2O_5:Cr^{3+} 21-0417; ENDOR-Mess. an Cr^{3+} in MgO 22-0379; Einfl. v. Krist.-Fehlern auf d. Spin–Gitter-Relaxat. in Rubin 22-0385; Kreuz-Relaxat. zwischen Cr^{3+} u. Cr^{3+} in Rubin bei *35* GHz 22-0386; Analyse d. ESR-Spektrums v. —-halt. Rubin mit Varianztechniken 23-0436; EPR v. —: in CaF_2 26-0377; in Sc_2O_3 u. Y_2O_3 26-0381; Resonanzabsorpt. v. Al_2O_3:Cr im X-Band 27-0432; ESR v. assoziierten Kationen-Leerstelle-Zentren in MgO:Cr 27-0433; ESR- u. opt. Unters. v. —-dotierten $AlPO_4$-Krist. 27-0436; therm. Gorter-Effekt bei d. EPR für Al_2O_3:Cr^{3+} 28-0357; Temp.-Anomalie d. EPR-Spektren paramagnet. Ionen in mit Cr^{3+} dotierten Triglycerinsulfatkrist. 28-0359; EPR-Spektrum v. Cr^{3+} in $K_2NaCo(CN)_6$ 28-0366; EPR-Austauschwechselwrkg. d. Cr^{3+}-Ionen in Rubin 28-0379; NMR v. — in CrTe u. Cr_3Te_4 29-0392; Theorie d. EPR-Linienform v. Cr^{3+}-Zentren in $ZnWO_4$ 30-0335; Wrkg. v. ^{27}Al auf d. Elektronen-Kreuzrelaxat. in Rubin mit Cr^{3+} 31-0370; opt. Nachw. d. Spin–Gitter-Relaxat. u. d. Hyperfeinstruktur im angeregten E(^{2}E)-Zustand v. V^{2+} u. Mn^{4+} in Al_2O_3 (Vgl. mit $^{53}Cr^{3+}$ in Al_2O_3) 36-0335; EPR-Spektren v. Cr^{3+} in $LiNbO_3$-Krist. 36-0338; EPR v. Cr^{3+} in $YAl_3(BO_3)_4$-Krist. 37-0381; photoinduzierte EPR v. Cr^+ in ZnSe 39-0301; EPR v. Cr^{3+} in $LaAlO_3$-Einkrist. 39-0302; Abhängigk. d. Breite d. Signals d. EPR v. äußeren konst. elektr. Feld an Rubin mit *0,05* % Cr^{3+}-Ionen 41-0284; Mikrowellen-Resonanzabsorpt. in Rubin 44-0315; Elektronen–Spin–Gitter-Relaxat. v. — in MgO 45-0340; Abklingkonst. d. photoinduzierten ESR v. Cr^+ in ZnS 45-0346; EPR in Rubin mit *0,5* % — im elektr. Gleichfeld ohne Magnetfeld 47-0310; schwache Feinstrukturkomponenten in d. ESR-Spektren v. Cr^{3+} in $(NH_4)Al(SO_4)_2 \cdot 12\,H_2O$ 47-0321; opt. u. ESR-Spektren v. Cr^{3+} in $LiNbO_3$ u. $LiTaO_3$ 48-0353; EPR v. — in Rubin; Spin–Gitter-Relaxat.-Unters. für MgO:Cr^{3+} 49/50-0240; Einfl. d. Struktur d. Lsg. auf d. Relaxat.-Effektivität paramagnet. Ionen im Syst. Cr^{3+}/$HClO_4$ oder HNO_3/H_2O 49/50-0242; EPR v. Cr^{2+} in Periklaseinkrist. 51/52-0258.

Unters. v. $(P_2Mo_{18}O_{62})^{6-}$ u. $(As_2Mo_{18}O_{62})^{6-}$ durch potentiometr. Titrat. mit Cr(II) 5-0643; tensiodynam. Verh. v. — in Amidosulfatbädern 6-0642; Wachstumsgeschw. v. —-Schichten auf Cu bei d. elektrolyt. Abscheid. aus CrO_3-Lsg. 8-0560; anod. Passivier. v. — in Alkalilsg. (Polarisat.-Kurven) 8-2352; Rk v. H_2 mit — unter Elektrolysebeding. 13-0628· elektrolyt. Abscheid. tern. Fe/Ni/Cr-Leg. au; einem Cl^--Bad an —-Kathoden 14-0603s elektrolyt. —-Fäll. mit Ultraschall (mathemat; Modell) 14-2169; oszillopolarograph. Unters. v. Cr(VI) mit vorgegebenem Spann.-Verlauf unter Verw. v. Ag- u. Ag-Amalgamkathoden. sowie Mo-Anode 15-0629; elektrochem. Verh. v. — in wss. HCl (Passivier.) 17-2531; anod. Polarisat.-Verh. v. — in H_2SO_4 19-0684; elektrolyt. Abscheid. (Wrkg. v. Katalysatoren) 19-2584; Einfl. eines Ultraschallfeldes auf d. elektrolyt. Abscheid. v. — 22-0628; elektrolyt. Abscheid. v. — aus H_2CrO_4 in Ggw. v. F-Ionen 26-0652; Einfl. v. Ni^{2+}, Co^{2+} u. Fe^{3+} auf d. chem. u. elektrochem. Ox. v. Cr(III) zu Cr(VI) an PbO_2 26-0662; elektrolyt. Abscheid. v. — im Schmelzfluß (Elektroden-Rk.-Mechanismus) 26-2484; Verifikat. d. Potential–Zeit-Kurven für d. bimol. Redox-Rk. Cr(II)/Fe(III) 27-0707; spannungsabhäng. Geschw.-Konst. für d. Red. v. Cr(III) in ClO_4^--Lsg. 27-0716; chronopotentiostat. Unters. d. Passivier. v. — 28-0628; Polarographie v. Cr(VI) in geschmolzenem Na-Disilicat 28-0637; spektralphotometr. Unters. d. Gleichgew. zwischen Cr(VI)-Spezies in sauren Lsg. mit verschiedenem Chloridgeh. 29-0660; Einfl.: d. Krist.-Struktur auf d. elektrochem. Verh. d. — 36-0534; v. Cumarin auf d. Abscheid.-Potential v. Cr(III) an Festmetallelektroden 36-0539; Kinetik d. elektrolyt. H_2-Abscheid. auf — mit verschiedener Krist.-Struktur 37-0601; Verteil. d. Stroms bei d. Elektrolyse v. Cr-Sulfaten an —-Kathoden 39-0546; polarograph. Unters. v. Cr^{3+}/Cr^{2+} in W./N_2H_4-Misch. 47-0528.

Cr_2S_5 als neue Phase im Syst. Cr/S 7-0552; Gitterkonst. d. Phasen d. Syst. Cr/C/N 11-0607; Strukturdiagramme d. Syst. Cr/Fe/C/N 12-0543; numer. Best. d. Phasenzus. polynärer Syst. am Beispiel d. Syst. U/C/Cr 13-0506; Viskosität v. fl. — 13-0535; Abhängigk. d. Sättig.-Dampfdrucks v. Kp. 13-0557; Phasengleichgew. eines Teils d. Syst. Ti/Al/Cr/Fe/Si/B 18-0547; Grüneisen-Parameter 20-0217; Einfl. v. γ-Bestrahl. auf d. therm. Leitfähigk. v. Al_2O_3 mit —-Geh. bei tiefen Temp. 21-0311; quantenstatist. ab-initio-Berechn. d. Kohäs.- u. Vol.-Eig. 22-0245; Einfl. auf d. O-Aktivität in Fe-Schmelzen 22-2440; Phasenbezieh. d. Syst. Cr/C/N 24-0567; Teil d. Syst. Ti/Al/Cr/Fe/Si/B 26-0606; Erzeug. v. Hyperschall fin MgO mit —-Beimeng. durch einen Rubinlaser 27-0285; Magnetfeldabhängigk. d. therm. Leitfähigk. v. mit — dotiertem MgO 33-0256; Verh. v. C im Syst. Cr/fl. Li/C 34-0622; Fortpflanz. v.

Ultraschall senkrecht zur opt. Achse in $LiNbO_3:Cr^{3+}$ 35-0208; Phononenleitfähigk. in – 35-0245; Enthalpie u. spezif. Wärme bei hohen Temp. 35-0444; Verdampf. v. – beim Umschmelzen v. Stahl 35-2401; Verb. im Syst. Zr/Cr/B 36-0496; Bezieh. zwischen therm. Ausdehn.-Koeff. u. Kompressibilität 39-0200; Aktivität v. – in bin. Cr–Ti-Leg. 39-0496; Phasengleichgew. d. Syst. Re/Cr/C 39-0498; Seiger.-Koeff. v. – in d. Eutektika Fe–Graphit u. Fe–Zementit 39-0501; Best. d. thermodynam. Aktivität v. verd. Lsg. d. – in fl. Fe 40-0449; röntgenograph. Unters. in d. Syst. Cr/Si(Ge)/As 42-0455; Thermodynamik d. –-Ionenverteil. in einfachen Spinellen 44-0245; Berechn. d. Änder. d. elektron. spezif. Wärme, d. Restwiderstandes u. d. thermoelektr. Kraft durch Verunreinig. in – mittels einer Stör.-Meth. 47-0382.

Chromatographie v. Cr(III) auf mit hochmol. Aminen imprägniertem Papier 1-1790; Austauschtrenn. v. Cr(III) im HCl–CH_3COOH-Medium 1-1811; komplexchem. Eig. eines Chelatharzes mit Sarkosin-Ankergruppen gegenüber – 2-0627; chromatograph. Verh. auf mit Aminen behandelten Papieren 2-1790; Fäll.-Wrkg. auf Kieselsäure-Sole 4-0525; Ionenaustausch an Serpentinit, Glaukonit u. Bentonit 6-0659; Sorpt. v. Cr(VI) aus CrO_3–HF–H_2O-, CrO_3–HF–HCl–H_2O- u. CrO_3–HF–H_2SO_4–H_2O-Lsg. durch AV-*17* 8-0604; Zusammenhang zwischen DK u. R_F-Wert v. Cr(III) u. Cr(II) 11-1881; Berechn. d. Oberflächenenergie v. α-Cr 12-0246; Adsorpt. v. Stearinsäure u. Polystyrol v. niedr. Mol-Masse auf – aus Bzl.-Lsg. 14-1090; ionenaustauschchromatograph. Verh. v. Cr(III) in HCNS-Lsg. 17-1985; Adsorpt.: an $ThO(OH)_2 \cdot n\,H_2O$ u. $TiO(OH)_2 \cdot n\,H_2O$ 20-0617; an Zirkoniumphthalophosphaten 22-0672; Benetzbark. mit Glasschmelze 23-2628; Adsorpt. v. N_2O an – 25-0695; Isothermen d. Adsorpt. an – 26-0676; Sorpt.: v. Hydroxykomplexen an Silicagel 26-0695; durch Aktivkohle SKT aus Acetatlsg. 27-0762; Einfl. d. Sättig. metall. Oberflächen mit – auf d. Benetzbark. durch Glasschmelzen 28-2344; Bldg. v. Cr^{3+}-Gelen 29-0716; Oberflächenenergie 30-0619; N_2-Adsorpt. an Cr/Al_2O_3-Katalysatoren 30-0629; Einfl. d. Temp. u. Zus. auf d. D. u. Oberflächenenergie v. – 31-0699; Verteil.-Koeff. v. Cr(III) an Dowex *1*-X *8* 33-2214; Chemisorpt. im Syst. H/Cr 34-0721; R_F-Werte in *3* Dünnschichtmedien 35-2020; Einfl. v. Re auf d. Grenzflächenenergien v. – 42-0082; Adsorpt. v. Gasen an –-Schichten 42-0537.

Extrakt. v. radioakt. ^{31}Cr mit Naphthensäuren in Ggw. v. Zusätzen wie Fe^{3+}, Cu^{2+} u. Mn^{2+} 4-0451; Best. d. Verteil.-Koeff. v. Cr^{3+} in Aceton/NH_4SCN- u. A./NH_4SCN-Lsg. (mit Dowex *1*-X *8*) 6-1899; Extrakt. als Nitrosonaphtholat in Ggw. heterocycl. Basen 7-0536; Hydrolyse-Konst. v. Cr^{3+} 9-0571; Freie Hydratat.-Energie u. neuer Ionenradius v. Cr^{3+} 17-0615; Löslichk. in Acetylaceton 17-2118; Extrakt. aus Nitratlsg. 26-2125; Verteil.-Koeff. v. ^{51}Cr zwischen einer Tri-n-dodecylaminlsg. in Xylol u. Mineralsäuren 39-1935; Anwend. v. 1-Phenyl-3-methyl-4-caprylpyrazolon-(5) bei Fl./Fl.-Extrakt. v. Cr^{3+} 41-0471; Solvatisier. v. Cr(III)-Ionen in Misch. aus wss. Säure u. Äthanol 44-0469.

Reaktionen

Cr^{3+}–Cr^{6+}-Gleichgew. in bin. Alkalimetallboratgläsern 9-0557; Wertigk. v. – auf verschiedenen Al-Oxid-Trägern 11-0714; Koordinat.-Chemie v. Cr(III), Bedeut. d. Lsgm. (Übersicht) 35-0783.

Dissoziat.-Energie v. Cr_2 (massenspektrometr. Unters.) 9-0172.

Ox. v. Cr^{2+} mit $FeNCS^{2+}$ 3-0718; Fe_2O_3-Einfl. auf d. Ox.-Geschw. d. – bei d. Kalzinier. v. Chromitchargen 3-2388; Umsetz. v. metall. – mit H_2S bei *1000–1100°* zu Cr_2S_3 7-0706; Mineralneubldg. v. –-Erzen beim Brennen in schwach reduzierender u. in oxydierender Atmosphäre 7-2276; photometr. Unters. d. Farbrk. zwischen Cr(III)-Ionen u. $K_4[Fe(CN)_6] \cdot 3\,H_2O$ 8-0713; Hitzebeständigk. v. – mit MgO in Sinterkörpern 9-2367; Nitrieren v. kompaktem – (Bldg. v. Cr_2N u. CrN) 9-2393; Ox. v. – beim O_2-Blasen v. –-reichem Metall 11-2342; Hochtemp.-Ox. v. Y_2O_3-halt. – 11-2394; Mechanismen für d. V(III)–Cr(II)-Rk. 12-0627; Rk. zwischen –-Überzug u. Oberflächenschicht v. Metallerzeugnissen beim Erwärmen 13-2382; Red. v. Cr(VI) durch metall. Hg in saurer Lsg. (Kinetik) 16-0717; Rk. zwischen Cr(III), Mo(VI) u. P(V) in schwach sauren wss. Lsg. 22-0604; Red. v. Zn–Cr-Katalysatoren außerhalb d. Kolonne 23-2372; Kinetik: d. gemeinsamen C- u. –-Ox. beim O_2-Blasen 23-2545; d. Oxidored. zwischen Np(IV) u. Cr(II) 30-0658; Red. v. Np(V) durch Cr(II) in Perchlorat-Lsg. (Kinetik) 30-0659; Korngrenzenrk. in Magnesia–Cr-Steinen 30-2268; Korros. elektrolyt. –-Nd. 33-2692; Red. einiger N-halt. Verb. durch Cr(II)-Ionen u. deren Komplexe 36-0621; Rk.-Fähigk. v. Fluoroschwefelsäure gegenüber – 37-0808; Mineralbldg. in feuerfesten Cr–Magnesit-Materialien im Drehofen 37-2470; Tracer-Unters. d. Cr(II)–Cr(VI)-Synproportionier. 45-0626; Kinetik u. Mechanismus d. Elektronenaustausches zwischen $[Cr(OH_2)_5(H_2PO_2)]^{2+}$ u. Cr^{2+} in wss. perchlorsaurer Lsg. 49/50-0532; Rk. v. – in d. eutekt. Schmelze d. KNO_3 u. $LiNO_3$ 51/52-0555.

Bldg. v. Cr-Carbonylkomplexen mit 1.2.5-Triphenylphosphol u. seines Oxids 14-0709; N-koordinierte Pyridine als brückenbildende Gruppen in Ox.–Red.-Rk. zwischen $[Co^{III}(NH_3)_5L]^{2+}$ u. Cr^{2+} 45-0630; Farbrk. d. Diaminophenole mit Cr(VI) 30-2013; Komplexbldg. mit o.o'-Dihydroxyazobenzol bei polarograph. Unters. 40-0513; Red. v. Organoquecksilberverb. mit Cr(II) (Rk.-Mechanismus) 12-0641; Komplexbldg. bei d. Umsetz. d. Cr(VI) mit 4-Methylphenylamino-3-methyl-3-hydroxybutanon-(2) 44-0478; Esterhydrolyse bei d. Rk. v. Methyl- u. Äthylmalonatopentamminkobalt(III)-Komplexen mit Cr^{2+} 2-0643; Mechanismus d. Red. v. Maleinsäure durch Cr(II)-Ionen 12-0880; Kinetik d. Red. v. $[Co(NH_3)_5L]^{2+}$-Ionen (L = Carbonsäuren oder α-Hydroxycarbonsäuren) durch Cr^{2+} 20-0641; Kenntnis d. maskierenden Wrkg. einiger Salze v. α-Hydroxycarbonsäuren auf – 22-3256; Kinetik d. Red. v. Glyoxylatopentamminkobalt(III) $[Co(NH_3)_5(OCOCHO)]^{2+}$ durch Cr(II)-Ionen 27-0792; Rk. mit Cellulose 14-1133; Bind. v. ^{51}Cr am Hämoglobin 19-1619; Verb.-Mechanismus d. ^{51}Cr mit Eiweißen 38-1648.

Aufarbeit. d. Al–Cr–K-Katalysators zur Aromatisier. v. n-Heptan 5-2519; Dehydrier. v. Paraffin-KW-Stoffen mit –-Katalysator 5-2525*; Chemilumineszenz v. Lucigenin bei d. Rk. mit H_2O_2 in Ggw. v. – 6-0708; Herst. eines Al–Cr–K-Katalysators zur Dehydrier. v. KW-Stoffen 6-2458*; Al–Cr-Dehydrier.-Katalysatoren, promotiert mit Seltenerd-Elementen 7-2540; Kinetik d. durch – katalysierten Decarboxylier. v. Histidin 9-0656; durch Cr(II) katalysierte Aquotisier. d. Jodopentaquochrom(III)-Ions 10-0645; Ox.-Beständigk. v. komplexen Siliciden durch –-Zusatz 10-2283; Herst. v. Oligomeren v. 1.3-Dienen mit aktiviertem –-halt. Katalysator 11-2571*; Effekte d. nichtbrückenbildenden Liganden in cis- u. trans-$[Cr(en)_2Cl_2]^+$ sowie cis- u. trans-$[Cr(en)_2(H_2O)Cl]^{2+}$ bei d. durch Cr(II) katalysierten Dissoziat. d. Komplexe (Kinetik) 12-0647; Pd–Cr-Katalysator zur selektiven Hydrier. v. Diolefinen oder Acetylenen 12-2515*; Wrkg. v. H_2O_2 in Ggw. v. Cr^{3+} auf Kollagen 16-3252; Regenerat. d. Alumochromkatalysators zur Butandehydrier. 18-2465; Wrkg. auf d. Stahldesox. 19-2520; Kinetik d. Aquotisier.-Prozesses v. cis-Dichloro-bis-[äthylendiamin]-chrom(III)-chlorid in Ggw. v. Cr^{2+} 25-0736; Red. aromat. Monocarbonsäureester mit –-halt. Cu-Katalysator 25-2724*; Koordinat. d. fünfwert. – bei d. Polymerisat. v. Äthylen 29-0780; Einfl. v. – auf d. Korros. v. Leg. d. Syst. Al/Zn/Mg 30-2394; Rekombinat.-Wirksamk. v. Oberflächen aus – für O-Atome 31-0765; –-halt. Dehydrier.-Katalysatoren, Aktivität bei d. Dehydrier. v. Äthylbenzol 32-0739; Katalyse d. Aquotisier. v. Chloroaquotetramminchrom(III)-chlorid durch Cr(II) 33-0757; Einfl. d. Red. auf d. Aktivität v. Al–Cr–K-Katalysatoren bei d. Dehydrier. v. Isopentan zu Isoamylen 37-0782; Red. v. gesätt. zweibas. Säuren an Cu–Cr- u. Zn–Cr-Katalysatoren 37-2737; Einfl. v. – auf d. Hochtemp.-Ox. v. Fe–Al–Cr-Leg. in CO_2 38-2520; Unters. d. Fe–Cr-Katalysators zur CO-Konvertier. in d. Wirbelschicht 38-2732; Promotorwrkg. v. – auf Ni-Katalysatoren 42-0589; Bezieh. zwischen katalyt. Aktivität u. Dispers.-Zustand v. – auf einem Silicagel mit *13,5%* Al_2O_3 45-0646; katalyt. Aktivität u. Dispers.-Zustand v. – auf verschiedenen Trägern 45-0647.

Biochemisches und physiologisches Verhalten

Einfl. v. Cr^{3+}-Salzen auf d. Toxizität v. Ascorbinsäure u. Cu^{2+} gegen Serratia marcescens 43-1293.

Bedeut. in d. Ernähr. 3-1469; Intestinalresorpt. v. Cr^{3+}-Spuren 35-1606; Augenschädig. bei Ratten nach Verfütter. v. –-armem Futter 51/52-1597; Stoffwechsel v. – bei d. Maus (autoradiograph. Unters. als Funkt. d. Wertigk. d. –) 3-1486; Aufnahme v. ^{51}Cr als Funkt. d. Erythrocytenalters 17-1563; Abbau ^{51}Cr-markierter Erythrozyten u. Argyrophilie im retikulo-histiozytären Syst. v. Milzautotransplantaten d. Maus 39-1517; Bind. v. ^{51}Cr an menschl. Erythrozyten 51/52-1501; Wrkg. v. Cr^{3+} auf d. Glucosetoleranz bei Ratten 3-1427; Einfl. auf d. durch Insulin stimulierte Glucoseaufnahme durch Fettgewebe 44-1423; akute Toxizität v. Cr^{3+} u. Cr^{6+} bei verschiedenen Arten v. Warmwasserfischen 17-1647; Einfl. auf d. Entw. v. Lungenkrebs bei Ratten infolge d. –-Geh. v. Chrysotilasbeststaub 27-1387.

Technische Verwendung

^{51}Cr-markiertes Humanserumalbumin für medizin. Zwecke (Herst.) 6-1539; Verbesser. d. Widerstandes gegen Wärmeschock v. ZrO_2 durch –-Zusatz 25-2422; Schleifscheiben aus –-halt. Elektrokorund 11-2273; Verw. zur Herst. metallkeram. Formkörper 23-2508*.

Analyse, Prüfverfahren

Papierchromatograph. Nachw. in Al-Leg. 2-1911; dünnschichtchromatograph. Trenn. u. Nachw. 5-1888; Trenn. u. Identifizier. v. – mit basenimprägniertem Filtrierpapier 14-1924; dünnschichtchromatograph. Abtrenn. u. reflexionsspektroskop. Nachw. v. μg-Mengen Cr^{3+} 17-1984; Trenn. v. anderen Kationen durch d. Ringofenmeth. u. Tüpfelnachw. 18-1940; aktivierungsanalyt. Nachw. in Lebergewebe, Blut oder Muskelgewebe 23-2229; Farbrk. auf Cr(III) 28-1947; atomfluoreszenz-flammenspektrometr. Nachw. mit einer heißen Hohlkathodenlampe 38-2079; Identifizier. v. ^{51}Cr durch Autoradiographie 40-1771; chromatograph. Nachw. v. Spuren v. toxikolog. – (Ringofenmeth.) 40-1879; Nachw. v. ^{51}Cr im Abwasser durch Ionenaustausch (γ-Spektrometrie) 46-1795.

Lösungsspektrograph. Best. durch Ultraschallzerstäub. 1-1733; Best.: v. Cr(III) durch kontinuierl. potentiometr. Rücktitrat. mit EDTA 2-1729; durch differenzierte Titrat. in nichtwss. Medien 2-1730; Analyse durch Atomabsorpt. 5-1849; empfindl. Lsg.-Spektralanalyse v. – mit Impulsbogenanreg. d. Trockenrückstandes auf Spektralkohleelektroden 5-1853; Titrat. mit Fe(II)-Verb. 8-1805; gaschromatograph. Best. als Cr(III)-Chelat d. Heptafluordimethyloctandions 8-1894; spektrophotometr. Best. mit 2-Hydroxy-1-(2-hydroxy-4-sulfo-1-naphthylazo)-naphthalein (Na-Salz) 12-1860; Best. d. Bruchteils atomaren – in einer Acetylen–Luft-Flamme 14-0660; analyt. Meth. zur Unters. u. Best. v. – 14-2017; automat. Redoxtitrat. v. Cr(VI) 21-2064; chelatometr. Schnellbest. v. Cr(III) 21-2169; Beding. zur Best. v. – 23-2057; photometr. Best. mit Xylenolorange u. Methylthymolblau 28-2031; inverspolarograph. Best. 29-2107; Best. v. μg-Mengen ^{51}Cr 30-1909; spektralphotometr. Best. als Ascorbinat-Komplex 31-2106; coulometr. Best. v. Cr(II) mit Fe(III) 34-1980; Spurenanalyse durch Atomabsorpt.-Spektroskopie 35-1958; Abtrenn. u. Best. mit Hilfe v. Ionenaustauschern u. Komplexon III 35-2130; Titrat. v. Cr(VI) in H_2SO_4-halt. Lsg. mit in CH_3CN gelöstem CuCl 38-1979; Hochfrequenz-Emiss.-Spektralanalyse 41-1966; Best.: v. Cr(VI) mit Komplexon III 41-2059; durch Atomabsorpt.-Spektrophotometrie 41-2113; Brenzcatechinviolett als empfindl. Reagenz zur spektrophotometr. Best. v. Cr(III) u. Cr(VI) 44-1815; amperometr. Titrat. v. Cr(III) mit verschiedenen Komplexonen 44-1816; Papierchromatographie v. Cr(VI) 45-2067; spektrophotometr. Best. v. Cr(III) 46-1841; photometr. Best. v. – mit Thioglykolsäure 46-1842; photometr. Best. v. Cr(VI) 48-1845; Dünnschichtchromatographie auf mit neutralen Organophosphorverb. imprägniertem Trägermaterial 51/52-1833.

Aktivierungsanalyt. Best. in hochreinem Al 1-1797; Best. in Fe 2-1776; Best. in hochreinem Al durch Neutronenaktivier. 2-1841; röntgenfluoreszenzspektrometr. Best. in tern. Leg. 2-1910; Trenn. v. Fe, –, V, Ti, Ni u. Al durch Ionenaustausch in d. Stahlanalyse 3-2102; chem. Naßanalyse v. Mikromengen – in Leg. 4-1682; Best. in einer Ni–Cr–Al–C-Leg. (kolorimetr.) 4-1689; spektrograph. Best. in einigen ind. Böden 5-1951; komplexometr. Analyse eines mit Ni u. – legierten Stahls 5-2021; Best. v. ^{51}Cr im frischen Fallout 6-1994; Dünnschichtchromatographie v. – neben Fe u. Se 10-1931; spektrophotometr. Best. v. Mikromengen – in reinem Fe 10-1987; Best.: in standardisiertem Kohlpulver 12-1904; in Stählen mit Laser-Anreg. 13-1820; Übersicht über Meth. zur Best. v. – in hochreinem Nb u. Ta sowie in ihren Verb. 13-1872; Best. v. – im Fluß Seveso 14-1936; komplexometr. Best. v. – in Silicaten 15-2098;

polarograph. Meth. zur --Best. in Rubinkrist. 16-1936; Best. v. – in Grundwasser nach einer Ionenaustauschermeth. 16-1959; spektralphotometr. Best. in Ilmenit 18-1981; atomabsorptionsspektrometr. Best. v. – als Nebenbestandteil in Fe-halt. Material 18-2045; Best. d. --Verteil. in hochborhalt. Fe–Cr–Ni-Leg. (Mikrosonde) 18-2051; spektrograph. Best. in Stahl 20-1999; Best. kleiner Geh. v. – bei d. Herst. v. Formguß 20-2005; Schnellbest. als Spurenelement in Schmierölen v. Dieselmotoren durch Röntgenfluoreszenzspektrometrie 21-2261; massenspektrometr. Best. v. – in Al 22-2017; Verh. v. Mikromengen an – in Fe bei Extrakt. mit Methylisobutylketon 23-2154; Best. v. –: in Silicatgesteinen (kolorimetr.) 23-2161; als Verunreinig. in Fe u. schwach legiertem Stahl (massenspektrometr.) 23-2256; in Fe durch Neutronenaktivier.-Meth. 23-2259; flammenphotometr. Best. v. – in Silicaten 24-2046; Best.: in legierten Stählen durch amperometr. Titrat. 24-2117; in niedriglegierten Stählen durch Atomabsorpt.-Spektrometrie 24-2118; spektrophotometr. Best. v. – in Anodenrückständen 24-2119; photometr. Mikro-Schnellbest. d. Cr(VI)- u. allg. --Geh. v. Alumochromkatalysatoren 24-2124; Best. d. Verteil. v. – in Laserrubinen durch Neutronenaktivier. 25-0394; photometr. Best. in Ta 25-2068; spektrograph. Best. in Graphit 27-2177; Anwend. d. Atomabsorpt.-Meth. zur Best. v. – in Al–Cr–Ni-Leg. 27-2304; spektrometr. Best. v. Spuren – in Nb 28-2030; --Best. bei gerichtschem. Unters. 28-2097; Best.: v. Spuren – in einer *1*-g-Probe Na 29-2085; in Be durch Röntgenfluoreszenzanalyse 29-2090; gleichzeit. amperometr. Best. v. –, Mn u. Ce 29-2111; flammenphotometr. Best. in Wässern 29-2137; automat. Best. in Abwasser 30-2051; Anreicher. u. Best. v. – in d. Prod. d. Al-Industrie 30-2061; Best. v. – in Feuerfestmaterialien 30-2260; spektrophotometr. u. aktivierungsanalyt. Best. in Mo u. W 31-2094; Best. v. – in Stahl 31-2212; aktivierungsanalyt. Best. v. – in Gemälden 35-2012; Best. in Al-Leg. (Atomabsorpt.) 35-2139; Papierchromatographie v. Cr^{3+} in Ggw. v. SCN^- 36-1919; Simultanbest. v. Mg, Ca, Cu, Mn u. – durch Flammenphotometrie 36-1946; störungsfreie flammenphotometr. Best. v. Mg, Ca, Cu, Ca u. – nebeneinander 36-2021; thermometr. Best. in Martin- u. Hochofenschlacken in Ggw. v. Al 37-2237; spektralanalyt. Best. in Rubinen 38-2083; Best. in Pu/U/Zr- u. U/Zr-Leg. 39-2081; Verw. v. Komplexon III bei d. --Best. nach d. Persulfatmeth. in Stählen 40-1910; Titrat. v. Cr(III) enthaltenden Gemischen mit Komplexon III 41-2069; Best. v. – in Silicaten 41-2079; Eichverf. für d. Röntgenfluoreszenzanalyse dünner Ni–Cr-Filme 41-2134; spektroskop. Best. in Rb_3AsO_4 u. Cs_3AsO_4 42-1815; Best. in Chromeisenerz nach einem Ionenaustauschverf. 44-1835; spektralanalyt. Best. in Al 44-1935; photometr. Best. d. --Geh. in Laser-Rubinen mit Diphenylcarbazid 45-2083; Best.: d. --Geh. in Brunnenwasser, in chem. gereinigtem W., im Dampfkondensat u. im bas. Kondensat d. NH_4NO_3-Produkt. 45-2186; in Gesteinen u. Mineralien 46-1853; spektrograph. Best. in Böden 47-1987; Neutronenaktivier.-Analyse v. – in durch Zonenschmelzen gereinigtem Carbazol 48-1905; Best. im menschl. Serumalbumin 48-1933; spektrograph. Best. in Pt-Netzen (Katalysatoren bei d. HCN-Synth.) 48-1977; Röntgenfluoreszenzbest. v. – in Zircaloy-*2* 48-2242; Best.: d. Änder. d. --Geh. in U. S. Geological Survey Standards v. Silicatgesteinen 49/50-0639; in feuerfesten Stoffen mit Komplexon III 49/50-1919; aktivierungsanalyt. Best. in Al 49/50-2033.

Best.: v. Mg in --Erzen mit EDTA 2-1904; Cu-Best. neben – durch selektive Red. 5-1942; Best.: v. O u. N in – 14-2019; v. Al_2O_3 in --Erz u. --Magnesitsteinen 17-2048; photometr. Best. v. Verunreinig. in reinem – unter Anwend. v. Gruppenreagenzien 17-2128; chem.-spektralanalyt. Best. metall. Verunreinig. in reinem – 17-2129; vergleichende Unters. zur Best. d. O-Geh. v. --Metall 20-2003; Best. d. N in --Metall nach d. naßchem. Dest.-Verf. 20-2004; Einfl. v. Cr(III) auf d. polarograph. Best. v. Cu(II) u. Pb(II) in Iminodiacetat-Lsg. 25-2074; Best.: eines Fremdanions in Elektrolyten zur --Abscheid. 26-2171*; v. Fe(II)/Fe(III) in Ggw. v. Cr(III) (papierchromatograph.) 31-2096; v. O, N u. H in – 42-1915; d. Metallgeh. v. --Erzen mit Hilfe d. β-Rückstreuungs-Meth. 47-2074.

Analyse v. α,α-Bis-(tert.-butylperoxy)-diisopropylbenzol in Essigsäure mit Cr^{3+} 24-2075; amperometr. Titrat. v. Re mit Cr^{3+} 44-1821.

Verf. zur Best. d. Dicke v. --Aufdampfschichten 2-0177; Schichtdickenbest. v. --Filmen auf Fe mit d. Elektronenstrahlmikroanalysator 6-1798; Mess. d. Dicke v. --Aufdampfschichten auf einem Schwingquarz 10-1851; diffraktometr. Best. d. Dicke dünner --Schichten auf Al 21-0215; Verf. für Schnellkorros.-Vers. an galvan. --Überzügen auf Stahl 37-2636.

Verfolg. v. Abscheid.-Rk. durch radioakt. Markier. mit ^{51}Cr in menschl. Serumalbumin 14-1989; Unters. über d. Fe-Umsatz bei Hepatitis mit Hilfe v. Radio-- 29-1718.

Bibliographie

Zur Geochemie und Lagerstättenkunde des Chroms und zur Mikroskopie und Genese der Chromerze B 91; Die Plastizität von NiCr-Legierungen bei langfristiger Verwendung [tschech.] B 7; Chemical analysis of chrome-bearing materials B 23; Methods for the analysis of iron and steel. Part *24*: Chromium in iron and steel: photometric B 53; Chromium B 55.

Chromlegierungen

Allgemeines über – s. auch unter *Chrom*.

Sinterleg. auf Cr-Basis mit Oxidphase 2-2271*; Sinter-- mit Spinellphase 2-2272*; elektrolyt. Abscheid. v. --Überzügen 19-2585; Herst. v. oxiddisperser – 45-2623*, 45-2624*; Erzeug. v. Diffus.-Si-Schichten auf – 2-2277*.

Einfl. einer keram. Umgeb.: auf d. Kriecheig. v. – 1-2254; auf d. mechan. Eig. v. – 40-0130; Auftreten eines Minimums d. elektr. Leitfähigk. v. – bei niedr. Temp. 11-0476; Neutronenbeug.-Unters. v. – 8-0446; Spindichte-Welle in Cr u. seinen Leg. 42-0374.

Legierungen mit speziellen Bestandteilen

Cr-Sinterleg. mit dispergiertem *3,51 – 7,38* BeO, *4,15 – 8,65* MgO, *3,89 – 8,15* CaO, *5,38 – 11,07* SrO oder *8,31 – 16,57* CdO 36-2465*; Herst. einer Ni–Cr–B–Si-Leg. für Metallspritz- u. Aufschweißzwecke 9-2461*.

Al: Herst. einer --Vorleg. 31-2626*; Einfl.: d. Charakters d. Versetz.-Struktur u. d. Korngröße auf d. Gültigk. d. Cottrell-Stokes-Gesetzes bei einer Fe–Ni–Cr–Ti–Al-Leg. 23-0328; einer dritten Komponente auf d. Zustand eines bei großen Abkühl.-Geschw. erhaltenen Mischkrist. im Syst. Al/Cr 28-0579; röntgenograph. Unters. Al-reicher Leg. d. tern. Syst. Al/Cu/Cr, Al/Cr/Zr u. d. quatern. Syst. Al/Cu/Cr/Zr 42-0474; röntgenograph. Phasenanalyse d. Syst. La/Al/Cr 45-0254; Elastizitätskonst. u. Phasen v. Leg. d. Syst. Ti/Al/Cr/Fe/Si 14-0272; Antiferromagnetismus in Al–Cr-Mischkrist. 48-0557; spezif. Wärme d. kub.-raumzentrierten Leg. $(V, Cr)_{0,9}Al_{0,1}$ bei tiefen Temp. 17-0298; strukturelle Änder. u. Mischkrist.-Bldg. im Syst. Ni/Cr/Ti/Al/W bei Temp. v. *850°* 26-0608.

Au: Hyperfeinfelder an ^{119}Sn in – 25-0517.

Co: Beding. d. elektrolyt. Abscheid. v. --Überzügen 13-2380; Ausscheid.-Verh. bei d. Härt. v. Federleg. CoNiCrFe 13-2354; Superplastizität u. Tieftemp.-Duktilität v. – mit *30* Atom-% Co (aus Sammelref.) 44-0107; Auftreten eines Minimums d. elektr. Leitfähigk. v. – bei niedr. Temp. 11-0476; Unters. d. spezif. elektr. Widerstandes v. Cr-reichen Cr–Co-Leg. 14-0437; elektr. Widerstand v. Cr-reichen Cr–Ge-Leg. zwischen *4* u. *320* °K u. Vgl. mit Cr–Co 23-0506; elektr. Widerstand v. Cr–Co 49/50-0308; magnet. Momente v. Cr in – 12-0465; anod. Polarisat.-Verh. v. Co-Leg. mit *5 – 90* Cr in H_2SO_4 19-0684.

Cu: Herst. (u. Eig.) v. CuCr u. CuCrZr 24-2363; Zustandsdiagramm d. Cu-Ecke im Syst. Cu/Cr/Ni 40-0491; röntgenograph. Unters. Al-reicher Leg. d. tern. Syst. Al/Cu/Cr u. d. quatern. Syst. Al/Cu/Cr/Zr 42-0474; Einfl. d. Übergangselemente d. ersten großen Periode auf d. Leitfähigk.-Eig. v. Cu–Cr 35-0368; Haftfestigk. dünner Cr–Cu-Schichten auf Glas 37-0651.

Fe: Herst. v. – mit feindisperser Spinellphase 26-2515*.

Röntgenfluoreszenzintensitäten v. tern. Ni–Fe–Cr-Leg. 34-0422; Ausscheid.-Verh. bei d. Härt. v. Federleg. CoNiCrFe 13-2354; Best. d. Verteil. v. Elementen in hoch-B-halt. Fe–Cr–Ni-Leg. 18-2051; Versetz.-Formen (u. Spann.-Korros.) v. Ni–Cr–Fe-Leg. 18-2372; Einfl. d. Charakters d. Versetz.-Struktur u. d. Korngröße auf d. Gültigk. d. Cottrell-Stokes-Gesetzes bei einer Fe–Ni–Cr–Ti–Al-Leg. 23-0328; Zus. u. Aufbau v. Oxidschichten auf Fe–Cr-Schmelzen 30-2307; Darst. u. Orientier. v. --Einkrist. durch Zementat. v. Fe-Einkrist. durch Cr 44-0148; Ordn.-Einfl. in $Ni_3(Fe, Cr)$ mit *0 – 12,5* Atom-% Cr 46-0202; Elastizitätskonst. u. Phasen v. Leg. d. Syst. Ti/Al/Cr/Fe/Si 14-0272; elektr. Widerstand v. Cr-reichen – zwischen *4* u. *320* °K bei Anlegen u. Fehlen transversaler Magnetfelder 16-0460; magnet. Widerstandsänder. v. – mit bis *11,2* Fe 18-0440; elektr. Widerstand v. Cr-reichen Cr–Ge-Leg. zwischen *4* u. *320* °K u. Vgl. mit Cr–Fe 23-0506; Thermokraft u. Widerstand v. Cr-reichen – zwischen *25* u. *1000°* 31-0394; Best. v. Energieänder. in – durch antiferromagnet. Ordn. mit Hilfe v. Mess. d. Widerstandes u. d. Seebeck-Koeff. 41-0344; Phasenübergang erster Ordn. zwischen d. antiferromagnet. u. d. sinusförm. Struktur v. verd. – mit *3,76* Atom-% Fe 1-0494; Neutronenbeug.-Unters. v. verd. – 8-0445; Temp.-Abhängigk. d. Wechselwrkg.-Effekte in Ansamml. ferromagnet. feiner Teilchen v. Fe–Ni–Cr-Proben 11-0547; magnet. Momente v. Cr in – 12-0465; Antiferromagnetismus in – mit *0,4 – 4,9* Atom-% Fe 18-0495; anod. Auflsg. v. Fe–Cr in sd. HNO_3 8-2365; Bldg.-Wärmen u. Wärmekapazitäten im Syst. Fe/Ni/Cr 28-0550; Wrkg. v. Mn auf d. Gleichgew. zwischen d. Phasen α u. γ im Syst. Fe/Cr/Mn 40-0486; thermodynam. Eig. v. Syst. mit Misch.-Lücke Fe/Cr (aus Sammelref.) 42-0082.

Ox.-Verh. v. – bei *800 – 1200°* in O 3-2470; Ox. d. Oberfläche v. --Schmelzen 5-2355; Lochfraßverh. im Syst. Fe/Cr 6-2367; innere Ox. v. – in W.-Dampf bei *600°* (Wrkg. d. Kaltbearbeit.) 17-2517; Hochtemp.-Ox. v. – im Bereich v. *25 – 95* Cr 21-0751; Hochtemp.-Korros. v. Ni Cr–Mo–Fe–W-Leg. 23-2631; Konz.-Profile in d. Grundleg. bei d. Ox. v. Fe–Cr-Leg. mit *59,9* Cr 34-0764; Anwend. einer röntgenograph. Glanzwinkel-Meth. zur Unters. d. Tieftemp.-Ox. v. – 45-0640; Anfangsstufen d. Oxidwachstums auf einer – 48-2275; Zers. v. Ameisensäure an – mit *42* Atom-% Fe 11-0724; katalyt. Aktivität v. – bei d. NH_3-Synth. 37-2375.

Röntgenfluoreszenzspektrometr. Best. v. Cr, Fe u. Ni in – 2-1910.

Ge: Herst. v. Cr_3Ge durch Warmpressen (Eig.) 14-2170; Krist.-Struktur v. $Cr_{11}Ge_{19}$ 11-0294; Phasen-Gleichgew.-Diagramm d. Syst. Cr/Ge 31-0639; Röntgenstrukturanalyse tern. Verb. $RX'X_2''$ in d. Syst. R/Cr/Ge mit R = Ti, Zr, Hf, V, Nb, Ta 32-0233; Mikrohärte v. Cr_3Ge 40-0134; elektr. Widerstand: v. Cr-reichen – zwischen *4* u. *320* °K 23-0506; v. ferromagnet. – im Temp.-Bereich *20* bis *300* °K 24-0474; Röntgenstrukturanalyse tern. Verb. d. Syst. Hf/Cr/Ge 32-0233.

La: Röntgenograph. Phasenanalyse d. Syst. La/Al/Cr 45-0254.

Mn: Auftreten eines Minimums d. elektr. Leitfähigk. v. – bei niedr. Temp. 11-0476; NMR-Unters. an ^{55}Mn in – 13-0359; Konz.-Abhängigk. d. Spindichtewellenperiodizität in antiferromagnet. – 25-0509; paramagnet. Suszeptibilität d. Syst. Cr/Mn 32-0524; magnet. Struktur u. physikal. Eig. v. – 36-0402; spezif. Wärmen v. antiferromagnet. – 38-0524; elektr. Widerstand u. Thermo-EMK in Cr-Einkrist. mit kleinen Mn-Konz. 38-0544; Konz.-Abhängigk. d. Periodizität d. Spindichtewelle in antiferromagnet. – 42-0374; Wrkg. v. Mn auf d. Gleichgew. zwischen d. Phasen α u. γ im Syst. Fe/Cr/Mn 40-0486.

Mo: Umwandl. im festen Zustand in – im Cr-reichen Gebiet 4-0477; magnet. Struktur u. physikal. Eig. v. – 36-0402; elektr. Widerstand u. Thermo-EMK in Cr-Einkrist. mit kleinen Mo-Konz. 38-0544; spezif. Wärme u. Hall-Effekt v. – mit *25 – 80* Atom-% Mo 38-0475.

Hochtemp.-Korros. v. Ni–Cr–Mo–Fe–W-Leg. 23-2631.

Nb: Röntgenstrukturanalyse tern. Verb. d. Syst. Nb/Cr/Ti 32-0233.

Ni: Herst. einer Ni–Cr–B–Si-Leg. für Metallspritz- u. Aufschweißzwecke 9-2461*.

Röntgenfluoreszenzintensitäten v. tern. Ni–Fe–Cr-Leg. 34-0422; Phasenanalyse u. Kristallisat. v. amorphen Widerstandsschichten aus Cr–Ni mit *30 – 43* Ni 2-0234; Ausscheid.-Verh. bei d. Härt. v. Federleg. CoNiCrFe 13-2354; dendrit. Seiger. in Mehrstoffleg. d. Syst. Ni/Cr/X (X = Si, Ti, Sn) 15-0234; Versetz.-Formen (u. Spann.-Korros.) v. Ni–Cr–Fe-Leg. in NaCl-Lsg. 18-2372; Einfl. d. Charakters d. Versetz.-Struktur u. d. Korngröße auf d. Gültigk. d. Cottrell-Stokes-Gesetzes bei einer Fe–Ni–Cr–Ti–Al-Leg. 23-0328; strukturelle Änder. u. Mischkrist.-Bldg. im Syst. Ni/Cr/Ti/Al/W bei Temp. v. *850°* 26-0608; Kinetik d. Strukturumwandl. warmfester Leg. d. Syst. Ni/Cr/Al 28-2414; Nahordn. in d. Ni_2Cr-Leg. 34-0175; gegenseit. Diffus. im Syst. Ni/Cr 39-0230; Zustandsdiagramm d. Cu-Ecke im Syst. Cu/Cr/Ni

40-0491; Ordn.-Einfl. in Ni_3(Fe, Cr) mit *0* bis *12,5* Atom-% Cr 46-0202; Einfl. d. atomaren Ordn. auf d. Verform.-Verfestig. d. Leg. Ni_2Cr 9-0298; Auftreten eines Minimums d. elektr. Leitfähigk. v. – bei niedr. Temp. 11-0476; elektr. Widerstand: v. Cr-reichen Cr–Ge-Leg. zwischen *4* u. *320* °K u. Vgl. mit Cr–Ni 23-0506; v. Ni–Cr 49/50-0308; Temp.-Abhängigk. d. Wechselwrkg.-Effekte in Ansamml. ferromagnet. feiner Teilchen v. Fe–Ni–Cr-Proben 11-0547; magnet. Momente v. Cr in – 12-0465; FMR in bin. Leg. v. NiCr 14-0374; Einfl. d. magnet. Umwandl. auf d. elektrochem. Verh. v. – 25-0654; Bldg.-Wärmen u. Wärmekapazitäten im Syst. Fe/Ni/Cr 28-0550; Benetz. v. Al_2O_3 durch Cr–Ni-Schmelzen 2-0605; Haftfestigk. dünner Cr–Ni-Schichten auf Glas 37-0651.

Gegen Brennstoffaschen-Korros. beständ. – 7-2709; Korros.-Beständigk. v. Ni-Leg. mit *30 – 60* Cr gegen Ablager. v. Brennstoffasche 9-2379; Korros. v. – bei hohen Temp. 18-2395; Hochtemp.-Korros. v. Ni–Cr–Mo–Fe–W-Leg. 23-2631; Elektroox. v. H u. katalyt. Hydrier. v. K-Maleinat u. o-Nitrobenzol an Ni–Cr-Skelettleg. 5-0718.

Os: Phasen v. Typ A *15* im Syst. Cr/Os (aus Sammelref.) 42-0082; paramagnet. Suszeptibilität v. – 32-0524.

Pd: Widerstandsminimum in verd. – 6-0449; Konz.-Abhängigk. d. elektr. Widerstandes d. fl. Leg. Pd–Cr 23-0502; Viskosität d. Syst. Cr/Pd 34-0554; Phasenumwandl. in festen – 45-2543.

Pt: Phasen v. Typ A *15* im Syst. Cr/Pt (aus Sammelref.) 42-0082.

Re: Mechanismus d. Korngrenzeneinkerb. in Cr–*35* Re (aus Sammelref.) 42-0082; elektr. Widerstand u. Thermo-EMK in Cr-Einkrist. mit kleinen Re-Konz. 38-0544; Konz.-Abhängigk. d. Spindichtewellenperiodizität in antiferromagnet. – 25-0509, 42-0374.

Ru: Paramagnet. Suszeptibilität v. – 32-0524.

Si: Dendrit. Seiger. in Mehrstoffleg. d. Syst. Ni/Cr/Si 15-0234; elektr. Eig. v. Cr–Si–W-Leg.-Pulver mit *28* Si 12-2184; Einfl. d. Temp. u. Zus. auf d. D. u. Oberflächenenergie v. – 31-0699.

Sn: Dendrit. Seiger. in Mehrstoffleg. d. Syst. Ni/Cr/Sn 15-0234.

Ta: Phasen d. Syst. Zr/Ta/Cr 21-0629; Ausscheid.-Vorgänge (Bldg. v. $TaCr_2$) in Ta–Cr-Mischkrist. 29-0177; Röntgenstrukturanalyse tern. Verb. d. Syst. Ta/Cr/Ge 32-0233; Kriecheig. v. – mit *2* Ta (Einfl. v. Luft-N_2) 11-2384; elektr. Widerstand v. Ta–Cr 49/50-0308.

Ti: Phasenumwandl. v. $TiCr_2$ mit V u. Mo 10-2350; dendrit. Seiger. in Mehrstoffleg. d. Syst. Ni/Cr/Ti 15-0234; Einfl. d. Charakters d. Versetz.-Struktur u. d. Korngröße auf d. Gültigk. d. Cottrell-Stokes-Gesetzes einer Fe–Ni–Cr–Ti–Al-Leg. 23-0328; strukturelle Änder. u. Mischkrist.-Bldg. im Syst. Ni/Cr/Ti/Al/W bei Temp. v. *850°* 26-0608; Röntgenstrukturanalyse tern. Verb. d. Syst. Ti/Cr/Ge 32-0233; Elastizitätskonst. u. Phasen v. Leg. d. Syst. Ti/Al/Cr/Fe/Si 14-0272; Elastizitätseig. v. Leg. d. tern. Syst. Ti/Zr/Cr 25-0234; anomale Verminder. d. elektr. Widerstandes v. metall. Cr beim Legieren mit Ti 32-0452; Phasengleichgew. in Leg. d. Syst. Ti/V/Cr 21-0628; Schmelzdiagramm d. Syst. Ti/Zr/Cr 26-0601; Aktivitäten v. Cr u. Ti in bin. – 39-0496.

Verw. v. Cr–Ti-Leg. aus *30 – 48* Cr, *30 – 48* Ti, *4 – 8* Sn bzw. *36 – 56* Cr, *36 – 56* Ti u. *1 – 15* Zr als Lot 24-2440*.

U: Perlitrk. d. $\beta \rightarrow \alpha$-Umwandl. in – 21-2564; Keimbldg. u. Wachstum d. Martensitstruktur in – 42-0156; Einfl. d. Löslichk.-Grenze v. Cr in β-U auf d. isothermen Umwandl. v. *720°* abgeschreckten – 49/50-0425.

V: Phasenumwandl. im Cr-reichen Gebiet d. Syst. Cr/V u. Cr/Mo/V (Zustandsdiagramme) 29-2505; Modifikat. d. Carbide im Syst. V/C/Cr bei *1350°* 29-2550; Röntgenstrukturanalyse tern. Verb. d. Syst. V/Cr/Ge 32-0233; Hall-Effekt in – bei *298* u. *77* °K in Magnetfeldern bis zu *100* kOe 28-0452; anomale Verminder. d. elektr. Widerstandes v. metall. Cr beim Legieren mit V 32-0452; elektr. Widerstand u. Thermo-EMK in Cr-Einkrist. mit kleinen V-Konz. 38-0544; Koppl.-Konst. u. Bandstruktur-Zustandsdichten v. – 48-0483; magnet. Struktur u. physikal. Eig. v. – 36-0402; spezif. Wärme d. kub.-raumzentrierten Leg. $(V, Cr)_{0,8}Al_{0,2}$ 17-0298; Phasengleichgew. in Leg. d. Syst. Ti/V/Cr 21-0628.

W: Strukturelle Änder. u. Mischkrist.-Bldg. im Syst. Ni/Cr/Ti/Al/W bei Temp. v. *850°* 26-0608; elektr. Widerstand u. Thermo-EMK in Cr-Einkrist. mit kleinen W-Konz. 38-0544; Entmisch. v. – innerhalb d. chem.-spinodalen Grenze d. Syst. W/Cr 18-0545; Hochtemp.-Korros. v. Ni–Cr–Mo–Fe–W-Leg. 23-2631.

Y: N in einer – mit *0,12* Atom-% Y (aus Sammelref.) 44-0107.

Zr: Phasen d. Syst. Zr/Ta/Cr 21-0629; Schmelzdiagramm d. Syst. Ti/Zr/Cr 26-0601; $ZrCr_2$ im Syst. Zr/Cr/B 36-0496; Röntgenstrukturanalyse tern. Verb. d. Syst. Zr/Cr/Ge 32-0233; röntgenograph. Unters. Al-reicher Leg. d. tern. Syst. Al/Cr/Zr u. d. quatern. Syst. Al/Cu/Cr/Zr 42-0474; Elastizitätseig. v. Leg. d. tern. Syst. Ti/Zr/Cr 25-0234; thermochem. u. Strukturänder. bei d. Rk. v. H_2 mit Leg. u. intermetall. Verb. d. Syst. Zr/Cr 8-0623.

Chromsauerstoffsäuren

Chrom(V)-säuren

Mol.-Orbitaltheorie für CrO_4^{3-} 2-0080; Elektronenstruktur d. $[CrO_4]^{3-}$-Ions 6-0087; Elektronenstruktur u. -spektren v. $[CrO_4]^{3-}$ 26-0079.

Salze s. *Barium-*, *Blei-* u. *Strontiumchromate(V)*.

Chrom(VI)-säuren

Salze, Farbrk. v. Chromat mit Phenacetin 36-1653.

H_2CrO_4, Chromsäure

Herst. 4-1795*; Chromatbldg.: bei d. alkal. Zers. v. blauem Cr-Peroxid 16-0756; bei d. anod. Polarisat. v. Co/Cr-Leg. in H_2SO_4 19-0684; Extrakt. v. CrO_4^{2-} aus saurer Lsg. mit Triphenylarsinoxid 2-1725; Entfern. d. Anions aus Lsg. mit Silicoaluminaten v. Nephelinhydrat I-Typ 17-2232*; Extrakt. d. Ionenassoziate d. Triphenyltetrazoliums mit CrO_4^{2-} 20-0506; Mitfäll. v. Chromationen mit d. Hydroxiden einiger Seltenerdmetalle 44-0449.

Elektronenspektren v. $TiCl_4$, $TiBr_4$ u. TiJ_4, Vgl. mit $[CrO_4]^{2-}$ 4-0099; Spektren u. Elektronenstruktur tetraedr. Chromat-Ionen 6-0088; Mess. d. Reflex.-Vermögens für Sonnenlicht an mit einer Chromatschicht bedeckten polierten Probe 22-0321; Mol.-Orbitaltheorie für CrO_4^{2-} 2-0080; MO-Energieniveaus v. $[CrO_4]^{2-}$ 6-0087; Valenzschwing. d. CrO_4^{2-} 17-0139; Coriolis-Koppl.-Konst. v. CrO_4^{2-} 18-0082; Elektronenstruktur u. -spektren v. $[CrO_4]^{2-}$ 26-0079; Coriolis-Koppl.-Koeff. v. CrO_4^{2-} 28-0056; Kraftkonst. v. CrO_4^{2-} 28-0057, 29-0073; Bezieh. zwischen d. chem. Verschieb. v. ^{17}O u. d. Grad d. π-Bind. v. O zu Cr in CrO_4^{2-} 25-0112; elektr. Leitfähigk. v. in ––Lsg. gebildeten kathod. Schichten 8-0560; Dissoziat.-Gleichgew. v. – 12-0567; Einfl. v. CrO_4^{2-} auf d. Lochfraßkorros. v. Cr-Stählen 15-0627; Polarographie v. CrO_4^{2-} 24-0658; elektrolyt. Abscheid. v. Cr aus – in Ggw. v. F-Ionen 26-0652; Transport v. CrO_4^{2-} durch Polyampholytmonoschichten, d. an d. polarisierten Tropfelektrode adsorbiert sind 35-0532; Red. v. CrO_4^{2-} in Acetonitril 47-0518; Zustandssumme für $(^{52}CrO_4)^{2-}$ 5-0556; Näher.-Meth. zur Berechn. d. molaren Ionengitterentropie bei Standardbeding. für CrO_4^{2-} 32-0253; Sorpt.: v. CrO_4^{2-} am anod. Film an Al aus wss. Lsg. 4-0548; v. Chromationen an anod. Al_2O_3 37-0704; dünnschichtchromatograph. Verh. v. CrO_4^{2-} 44-1775; Eig. v. CrO_4^{2-}, die d. Extrahierbark. ihrer Assoziate mit Triarylmethanfarbstoffen bestimmen 35-0467.

Einfl. d. Art u. d. Konz. d. Grundelektrolyten auf d. scheinbare Gleichgew.-Konst. $2\,HCrO_4^- \rightleftharpoons Cr_2O_7^{2-} + H_2O$ 15-0595; Reaktivität d. H-Atome mit – in wss. Lsg. 7-0667; Chromatbehandl. v. Tonsuspens. 13-0648; polarograph. Red. v. CrO_4^{2-} in Kühlwasser 18-2138; Kinetik d. ––Ox. v. Alkoholen in wss. Acetonlsg. 51/52-0859; Einfl. v. CrO_4^{2-} auf d. Hydrolysegeschw. v. $Cr_2O_7^{2-}$ 35-0623; Wrkg. v. CrO_4^{2-}-Ionen auf d. Mitfäll. v. Mo u. W mit Zr-Hydroxid 44-0448.

Dünnschichtelektrophoret. Nachw. v. CrO_4^{2-} 5-1887; chromatograph. Nachw. v. CrO_4^{2-} auf mit Ti-Hydroxid imprägniertem Papier 5-1890; chelatometr. Titrat. v. Chromat nach Red. 35-2047; analyt. Aspekte d. Ox. organ. N-Verb. mit – 35-2075, 43-2011, 43-2012; Unters. über d. Fe-Umsatz bei Hepatitis mit Hilfe v. Radio-Fe u. ^{51}Cr-Chromat 29-1718.

Salze

Alkalimetall-, *Ammonium-*, *Barium-*, *Blei-*, *Cäsium-*, *Calcium-*, *Chrom-*, *Eisen-*, *Kalium-*, *Kobalt-*, *Krypton-*, *Kupfer-*, *Lanthan-*, *Lithium-*, *Magnesium-*, *Mangan-*, *Natrium-*, *Neodym-*, *Rubidium-*, *Samarium-*, *Silber-* u. *Zinkchromate(VI)* s. dort.

Auffüll. d. anod. Oxidfilms auf Al in wss. ––Lsg. u. ihre relative Wirksamk. 5-0629.

Ester, Ester d. Chromsäure (Übersicht) 33-0908.

$H_2Cr_2O_7$, Dichromsäure

Stabilisier. d. Cr(VI)-Ions auf Chromoxid-Trägerkatalysatoren d. Äthylenpolymerisat. durch Bldg. v. $Cr_2O_7^{2-}$-Ionen auf d. Oberfläche 22-0713; Extrakt. d. Ionenassoziate d. Triphenyltetrazoliums mit $Cr_2O_7^{2-}$ 20-0507.

Unters. d. Unterschiede in d. IR-Spektren zwischen Festkörpern u. wss. Lsg. u. deren pH-Abhängigk. bei $Cr_2O_7^{2-}$ 32-0333; Cr-Bind. in Lignosulfonat–Bichromat-Gel 11-3115; Bezieh. zwischen d. chem. Verschieb. v. ^{17}O u. d. Grad d. π-Bind. v. O zu Cr in $Cr_2O_7^{2-}$ 25-0112; Kinetik d. Anionenadsorpt. an anod. Oxidschichten auf Al bei ihrer Verdicht. in wss. $Cr_2O_7^{2-}$-Lsg. 32-0696; kontinuierl. Ionenflotat. v. Dichromat mit gelöster Luft unter Verw. v. Äthylhexadecyldimethylammoniumbromid u. Dow N-*12* 46-2000; pH-Abhängigk. d. Adsorpt. v. $Cr_2O_7^{2-}$- durch Fe_2O_3-Pulver 36-0584.

Einfl. d. Art u. d. Konz. d. Grundelektrolyten auf d. scheinbare Gleichgew.-Konst. $2\,HCrO_4^- \rightleftharpoons Cr_2O_7^{2-} + H_2O$ 15-0595; Red. v. $Cr_2O_7^{2-}$ zu Cr^{3+} mittels Elektronenaustauscher 6-1876; Reaktivität d. H-Atome mit – in wss. Lsg. 7-0667; Kinetik d. Hydrolyse d. Dichromat-Ions (Einfl. v. Zusätzen) 35-0622; (Katalyse durch Basen u. Nucleophile) 35-0623; Zers. v. Chlorat in einer Dichromatlsg. geschmolzener Nitrate (Rk.-Mechanismen) 40-0578.

Wrkg. auf Pelzfärb. bei verschiedenen pH-Werten 1-2580.

Verw. v. Resorufin- u. Resazurin-Deriv. als titanometr. u. stannometr. Indikatoren bei d. Titrat. v. $Cr_2O_7^{2-}$ 8-1806; coulometr. Titrat. v. $Cr_2O_7^{2-}$ mit $[CuCl_3]^{2-}$ 21-2065; β-Colubrin als Redoxindikator für Dichromattitrat. 44-1737; Mikrotitrat. v. $Cr_2O_7^{2-}$ in Triäthanolamin-Lsg. 44-1739; coulometr. Best. v. $Cr_2O_7^{2-}$ 44-1824; titanometr. Titrat. v. $Cr_2O_7^{2-}$ 45-2001; Best. v. Fe in Dünger durch Titrat. mit Dichromat 1-1907; Gelier. eines Ligninsulfonats mit Bichromat 6-3044; Dichromatmeth. zur Fe-Best. in Düngemitteln 13-1993.

Salze s. *Alkalimetall-*, *Ammonium-*, *Cadmium-*, *Cäsium-*, *Chrom-*, *Erdalkalimetall-*, *Kalium-*, *Lithium-*, *Natrium-*, *Rubidium-*, *Silber-* u. *Zinkchromate(VI)*.

$H_2Cr_3O_{10}$, Trichromsäure

Salze s. *Kaliumchromate(VI)*.

Peroxochromsäuren

Peroxochrom(V)-säuren

H_3CrO_8, Salze s. *Chrom-* u. *Kaliumperoxochromate(V)*.

Peroxochrom(VI)-säuren

Darst. v. blauem Peroxochromat in Ggw. v. Weinsäure 51/52-0556; Unters. über mit Äther u. Äthylacetat extrahiertes blaues Peroxochromat u. dessen Zers.-Prod. 51/52-0557; vergleichende Unters. d. Chinolin- u. Hexamethylentetramin-Komplexe mit äther. blauem Peroxochromat im Zusammenhang mit d. Konstit. d. blauen u. roten Peroxochromate 32-0788.

Chromverbindungen

Fluorhalt. Cr(III)-Komplexe 27-0849.

Herst. v. – durch Röstaufschluß v. Cr-Erz 21-2386*; photolyt. Darst. v. Ge – Cr- u. Sn – Cr-Bind. [Darst. v. $(C_6H_5)_4AsCr(CO)_5 \cdot GeCl_3$ u. $(C_6H_5)_4AsCr(CO)_5SnCl_3$] 32-0794; Abtrenn. v. Cr(III)-Verb. aus $TiOSO_4$-Lsg. durch Sorpt. u. Ionenaustausch 30-2201, 36-2223.

IR-Spektren v. Cr(III)-Komplexen mit Hydroxy-Brücken v. *650 – 80* cm^{-1} 21-0132; Ligandenfeldstärke für F^-, H_2O, Harnstoff, Cl^-, Br^-, Oxalat, NH_3, Äthylendiamin u. CN^- in Cr-Komplexen 21-0097; UV-spektrometr. Ermittl. v. OH···O- u. O···H-Abständen in Krist.-Hydraten v. Cr-Salzen 27-0380; Ligandenfeld-Parameter aus Reflex.-Spektren v. – 21-0397; Temp.-Abhängigk. d. $^2E_g \rightarrow {}^4A_{2g}$-Phosphoreszenz glasart. erstarrter Lsg. v. Cr(III)-Komplexen in Glycerin–W. u. Formamid–Methanol 28-0341; Komplex v. Cr(III) mit fünffacher Koordinat. 3-0722; oktaedr. Cr(III)-Komplexe in dipolaren, aprot. Lsgm. (Isomerisier.) 16-0700; Anwend. d. Ligandenfeldtheorie für d^3- u. d^7-Elektronenkonfig. in nichtkub. Feldern auf quadrat. Cr(III)-Komplexe 29-0332.

Bedeut. d. Dublett-Zustandes in d. Photochemie d. Cr(III)-Komplexe 2-0664; Unters. d. komplexchem. Umwandl. bas. Cr-Salze mittels d. polarograph. Meth. 2-2948; abs. Quantenausb. für d. Photolyse v. wss. Cr(III)-Komplex-Lsg. 11-0734; Rolle v. Quartett-Anreg.-Zuständen in d. Photochemie v. Cr(III)-Komplexen 24-0740; Theorie d. Ligandensubstitut. in Cr^{3+}-Komplexen 45-0051; Kinetik d. Ox. v. V(II) durch Cr(III)-Komplexe 22-0687; katalyt. Red. v. — mit CO 28-2424; Red.: v. Co(III) durch Np(V) u. durch einen Np(V)–Cr(III)-Komplex 51/52-0485; v. organ. Peroxiden mit Cr(II)-Salzen 2-0875; Rk. gerbender mehrkern. Cr(III)-Komplexe mit d. Polyamidpulver AK *50/50* 26-3208.

Polymerisat. v. Äthylen mit Katalysatoren aus — u. metallorgan. Verb. 13-2821*; Herst. eines Cr-Salz-halt. Katalysators zur partiellen Dehydroxylier. v. *2*- zu *1*wert. Phenolen 17-2765*; Einfl. auf d. Aktivität v. Raney-Ni-Katalysator 47-2501.

Verw.: v. Cr(III)-Komplexverb. in galvan. Zn-Bädern 4-1996; v. Cr(VI)-Verb. zur Herst. v. Polymerschutzschichten 14-2965*.

Photometr. Mikrobest. kleinster Mengen — in d. Luft 27-2278; Best. d. Konz. bas. Cr(III)-Salze in wss. Lsg. 31-2092; Prüf. d. Auswaschbark. eines sauren Cr–F–As-Salzgemisches, zweier Cr–Cu–As-Salzgemische u. eines Cr–Cu–B-Salzgemisches aus Holz 2-2884; polarograph. Unters. bas. Cr-Komplexe 40-0624.

Bibl.: Technologie der Chromverbindungen [russ.] B 54; Arbeiten zur Technologie der Chromverbindungen Lfg. *16* [russ.] B 54.

Anorganische Chromverbindungen

Verw. v. Diperoxoaminchrom(IV)-Verb. bei d. Synth. v. Cr(III)–Amin-Komplexen 7-0708; Bldg. v. $[Cr(NH_3)_5(H_2O)]^{3+}$ bei d. photochem. Rk. v. $[Cr(NH_3)_5Cl](ClO_4)_2$ in H_2O im sichtbaren Gebiet 8-0649; Darst.: v. $Cr(CO)_5PH_3$ 32-0809; v. HNO_3-Addukten v. Ammin-Komplexen u. Cr 43-0641; Bldg. v. Cr–Mo-Komplexen in wss. Lsg. v. $Cr(NO_3)_3$, Na_2MoO_4, KH_2PO_4 u. Trilon B 51/52-0400.

Absorpt.-Spektren wss. Lsg. v. tern. P(V)–Cr(III)–Mo(VI)-Verb. 5-0126; Darst. u. IR-Spektren d. Carbonylmetallationen $[(OC)_5 \cdot M\text{-}Cr(CO)_5]^-$ 15-0756; Deut. d. Spektren im Sichtbaren u. UV v. $[Cr(H_2O)_6]^{3+}$ 40-0050; magnetoopt. Aktivität v. d → d-Übergängen an $[Cr(NH_3)_6]^{3+}$ 49/50-0056; Zuordn. d. C–O-Schwing.-Banden v. Verb. d. Typs $Cr(CO)_{6-n}L_n$ (L = Ligand mit Zentralatom d. *5.* Hauptgruppe) 12-0136; Einfl. d. Ringgröße u. Konform. auf d. Rotatorstärke v. $[Cr(NH_3)_6]^{3+}$ 19-0113; Berechn. v. $[Cr(NH_3)_6]^{3+}$ u. $[Cr(H_2O)_6]^{3+}$ mit Hilfe d. Ligandenfeldtheorie 27-0089; Elektronenanreg.-Vorgänge u. Bind.-Verhältnisse in $[Cr(NH_3)_6]^{3+}$ u. $[Cr(H_2O)_6]^{3+}$ 40-0042; effektive Atomlad. d. $[Cr(H_2O)_6]^{2+}$, $[Cr(H_2O)_6]^{3+}$, $[Cr(NH_3)_6]^{2+}$ u. $[Cr(NH_3)_6]^{3+}$ 18-0070; Säureeig. tern. P–Cr–Mo-Heteropolyverb. 5-0740; pK_1-Werte u. Eig. v. Komplexen v. Pseudohalogenen d. VI. Gruppe mit Cr 30-0564; chronopotentiometr. Red. v. $[Cr(NH_3)_6]^{3+}$ in Ggw. v. ÄDTA 35-0540; Einfl. d. Doppelschichtstruktur u. d. Ionenassoziat. auf d. Elektrodenprozesse bei d. Red. v. $[Cr(H_2O)_6]^{3+}$ u. $[Cr(NH_3)_6]^{3+}$ 49/50-0453.

Protonenspinrelaxat. u. Säuredissoziat. v. $[Cr(H_2O)_6]^{3+}$ 44-0497; Stabilität v. P–Cr–Mo-Heteropolysäuren 51/52-0400; Rk.-Wärme für d. Rk. $Cr(H_2O)_6^{3+} + Cl^- = CrCl(H_2O)_5^{3+} + H_2O$ in wss. Perchlorsäure 3-0576; Ox. v. Cr^{2+}(aq.) mit Pb^{2+} (aq.) in Ggw. v. Malonsäure 3-0719; Protonisier.-Kinetik d. Hexaquo-Kationen d. Cr in wss. Lsg. 25-0748; Kinetik d. Substitut. v. H_2O in $[Cr(H_2O)(NH_3)_5]^{3-}$ durch SCN^- oder Cl^- 27-0785; kinet. Unters. d. Austausches v. W. im Aquopentamminchrom(III)-Ion durch Thiocyanat 47-0577; Substitut. eines H_2O in $[Cr(H_2O)_6]^{3+}$ durch Polyphosphate (Kinetik u. Mechanismus) 51/52-0482; Rk. v. $[Cr(H_2O)_6]^+$ mit Acetat 47-0576; Zus. v. Ca-Gerblsg. u. ihre Rk. mit d. Hautsubstanz 32-3082.

Chromarsenat(V): $CrAsO_4$, röntgenograph. u. thermoanalyt. Unters. v. $CrAsO_4 \cdot aq$ 28-3142.

Chromboride: Darst.-Beding. 8-0684; carbotherm. Herst. 17-2468; Bldg. im Syst. Zr/Cr/B 36-0496; physikal. Eig. v. Chromboridphasen 8-0685; Existenzbeding. u. Eig. 11-0604; physikal.-chem. Eig. v. Cr-Boridcarbid 46-0398; Schleiffähigk. 9-2365; Diskuss. d. Ergebnisse magnet. u. elektr. Mess. unter Berücksichtig. d. Elektronenstruktur 2-0454; magnet. Eig. u. Gitterparameter v. $CrMn_2B_4$ 43-0488.

CrB, Transportrk. zur Darst. v. —-Krist. 12-0201; Darst. v. — 30-0731; Bldg. in d. Syst. Zr/Cr/B 36-0496; Druckeffekt auf d. Reflex.-Vermögen v. gepreßten — 20-0253.

Cr_2B_3, Polarisat.-Mess. an —-Elektroden in wss. $CH_3CONH_2Br_2$-Lsg. 26-0640.

CrB_2, Herst. im Plasmastrahl 6-2314; Transportrk. zur Darst. v. —-Krist. 12-0201; Darst. v. — 30-0731; Ätzen v. — im Dampf 12-2242; elast. Konst. u. Besonderh. d. Elektronenstruktur 1-0311; Härte u. E-Modul 22-2486; Verw. eines Gemisches aus —, $MoSi_2$ u. Si als Ox.-Schutz für BC_4 24-2246.

Chrombromide bzw. -bromokomplexe

Synth. v. $[Cr(en)_2(H_2O)F]Br_2 \cdot H_2O$ u. $[Cr(en)_2 \cdot FBr]Br$ 11-0767; Elektronenspektrum v. trans-$[Cr(III)en_2Br_2]$ 13-0126.

$CrBr_3$, anomale Dispers. d. Faraday-Effekts im Ferromagnetikum $RbNiF_3$ im Gegensatz zu — 45-0314; Verf. zur Kristallisat. v. — 9-0237; elektronenmkr. Beobacht. ferromagnet. Domänen in — 8-0455; Neutronenstreuung an polykrist. paramagnet. — 33-0636.

Bromochrom(II)-säure:

$H_4[CrBr_6]$, effektive Atomlad. d. $[CrBr_6]^{4-}$ 18-0070.

Bromochrom(III)-säure:

$H_3[CrBr_6]$, effektive Atomlad. v. $[CrBr_6]^{3-}$ 18-0070.

Salze, Darst. v. Pyridiniumbromochromate(III) 38-0692.

Bromochrom(V)-säure:

$H_2[CrOBr_5]$, Interpretat. d. Ligandenhyperfeinstruktur in d. ESR-Spektren v. $[CrOBr_5]^{2-}$ 17-0164.

Chrombromozincate(II), Darst. v. α-[Cr(A)Cl][$ZnBr_4$] (A = Tetraäthylenpentamin) 1-0727.

Chromcarbide: Bldg. v. $Cr_{26}C_6$ im Syst. Cr/C/N 24-0567; Herst. v. (Ti, W, Cr)C 24-2382; Bldg. v. $Cr_{23}(C, B)_6$ bei d. anod. Unters. einer Ni-Leg. mit Cr, W, Al, Fe, C u. B 39-0565.

Existenzbeding. u. Eig. 11-0604; einige physikal.-chem. Eig. v. Cr-Boridcarbid 46-0398; röntgenograph. u. magnetochem. Unters. d. Metall–Metall-Austausches in $MoCr_2 \cdot Al_2C$ u. $[Nb_3(CrAl)_3C]$ 8-0420; Krist.-Struktur v. VCr_2C_2 32-0221; Struktur u. Entw. d. Krist.-Parameter d. $(Cr, Fe)_7C_3$-Mischkrist. 46-0236; Schleiffähigk. 9-2365; Warmhärte v. $(W_{0,65}Cr_{0,14}Re_{0,14}Ta_{0,07})_2C$ 12-2254; Festigk.-Kennwerte poröser — 12-2329; Einfl. v. paramagnet. Verunreinig. aus CrC auf d. supraleitende Verh. v. kub. MoC 19-0498; Phasengleichgew. u. Krist.-Struktur u. Gitterkonst. fester Lsg. v. Cr bzw. W in d. Carbidphasen d. Syst. W/Cr/C 13-0593; Verdampf. (thermodynam. Eig.) 15-2464; Verh. v. C bei d. Carbidbldg. im Syst. Cr/Li (fl.)/C 34-0622; „red. thermodynam. Potential" v. Cr_4C 45-0473.

Stabilität v. — in Tonerde–Kryolith-Schmelzen 19-2548.

Verw. in Schleif- u. Schneidmassen 42-2162*.

DTA-Kurven u. Analyse d. entweichenden Gase v. in Stahl eingeschlossenen — 27-2292.

$Cr_{23}C_6$, Kinetik d. Ausscheid. v. — in nichtrostenden Cr*18*Ni*9*-Stählen 12-2310; Lsg.-Wärme in Cr 14-0569; Härte u. E-Modul 22-2486; „red. thermodynam. Potential" 45-0473; Best. in einer Ni–Cr–Al–C-Leg. durch Röntgenanalyse 4-1689.

Cr_7C_3, Bldg. im Syst. Cr/C/N 24-0567; Einfl. v. Neutronenstrahl. auf Struktur (u. Eig.) v. — 17-2470, 26-2469; Härte u. E-Modul v. — 22-2486; thermodynam. Berechn. d. Gleichgew. im Syst. Sauerstoff/Cr_7C_3 44-0457; „red. thermodynam. Potential" 45-0473.

Cr_3C_2, Herst.: im Plasmastrahl 6-2314; v. hochporösem — 11-2365; Bldg. im Syst. Cr/C/N 24-0567.

Änder. d. physikal. Eig. mit d. Zus. im Syst. Cr_3C_2/HfC 23-0204; C–K- u. Metallemiss.-Banden u. Bind. in — 34-0424; Löslichk. v. — in TiC, VC, NbC, TaC u. WC 14-0552; elast. Konst. u. Besonderh. d. Elektronenstruktur 1-0311; Härte u. E-Modul 22-2486; Zerstäub. v. — durch Cd^+-Ionen v. Energien bis zu *500* eV 29-0304; thermodynam. Berechn. d. Gleichgew. im Syst. Sauerstoff/Cr_3C_2 44-0457; „red. thermodynam. Potential" 45-0473.

Ox. v. Hartstoffen auf —-Basis 6-2360; Einfl. v. —-Zusatz auf d. Ox.-Widerstand v. Graphit 2-2123.

Chromcarbonate, Verw. v. — als Sinterhilfe für Dolomit, Magnesit u. Kalk 44-2161*.

Chromcarbonatozirkonate(IV), IR-spektroskop. Unters. v. $\{Cr[CO(NH_2)_2]_6\}_2[Zr(CO_3)_7] \cdot 13\,H_2O$ 32-0084.

Chromcarbonyle bzw. -carbonylkomplexe

Organ. — s. unter d. Abschnitt *Organische Chromverbindungen*.

Herst.: v. $Cr(CO)_5CN$ u. $Cr(CO)_5SCN$ 15-0747; v. μ-Dicyano-bis-[pentacarbonylchrom]-Komplexen 21-0840; v. $Cr(CO)_5PH_3$ 32-0809.

Bldg. u. IR-Spektren v. Addukten aus $Cr(CO)_6$ u. 2.8.9-Trioxa-1-phosphaadamantan 4-0607; Zuordn. d. C–O-Schwing.-Banden v. Verb. d. Typs $Cr(CO)_{6-n}L_n$ (L = Ligand mit Zentralatom d. *5.* Hauptgruppe) 12-0136.

Red. d. zweikern. Neutralkomplexe $Cr_2(CO)_{10}J$ u. $Cr_2(CO)_{10}SCN$ mit Na-Amalgam in THF 15-0746; Rk.: v. $Cr(CO)_5J$ u. $Cr_2(CO)_{10}J$ mit verschiedenen N- u. P-Liganden 36-0706; v. $(NH_3)_3Cr(CO)_3$ mit C_8H_8 11-0772.

$Cr(CO)_6$, Retent. v. ^{48}Cr, ^{51}Cr u. ^{14}C in — nach Beschuß mit *2*-MeV-Protonen u. v. ^{49}Cr, ^{14}C, ^{15}O u. ^{51}Cr in — nach Bestrahl. mit *50*-MeV-Bremsstrahl. sowie mit Reaktorneutronen u. therm. Neutronen 41-0631; Lsgm.-Einfl. auf d. IR-Spektren 25-0097; Ionisier.-Ausb. bei Elektronenbeschuß v. — 7-0160; Temp.-Mess. in einem Stoßrohr, d. mit *0,33*% — gefüllt ist, mit Ultraschall u. Linienumkehr 39-0415; Löslichk., Viskosität u. D. v. — in verschiedenen Lsgm. 29-0619.

Kinetik d. therm. Zers. v. — 18-0669; Rk.: mit aliphat. Aminen 8-0705; mit 1-Methoxycyclohexadien-(1.4) u. verwandte Verb. (Adduktbldg.) 7-0710; mit $(C_6H_5)_2PH$ 38-0717; mit Meso- bzw. Protoporphyrin-IX-dimethylester 6-0762.

Herst. v. Katalysatoren durch Imprägnieren v. SiO_2 u./oder Al_2O_3 mit — 25-2648*.

Carbonylchromsäuren:

Bldg. v. $[Cr_2(CO)_{10}J]^-$ u. $[Cr_2(CO)_{10}SCN]^-$ 15-0746; IR-Spektren v. $Cr(CO)_5Cl^-$ 14-0133; Darst. u. IR-Spektren d. Carbonylmetallationen $[(CO)_5M-Cr'(CO)_5]^-$ (M = Mn, Re) 15-0756.

Salze

Natrium- u. *Zinncarbonylchromate* s. dort.

Darst.: v. $[N(C_2H_5)_4][(CO)_5CrHCr(CO)_5]$ 8-0697; u. IR-Spektren v. $[B^+]_2[(CO)_5Me \cdot XMe(CO)_5]$ ($B^+ = [(C_6H_5)_3P]_2N$ bzw. $(CH_3)_4N$; X = SnJ_2, GeJ_2 bzw. SO_2; Me = Cr) u. $[B^+]_2[Me(CO)_5InBr_3]$ aus $[B^+]_2[Me_2(CO)_{10}]$ u. SnJ_2, GeJ_2, SO_2 u. InBr 38-0704.

$H_2[Cr_2(CO)_{10}]$-Salze, Darst.: v. $[R_4N] \cdot [HCr_2(CO)_{10}]$ 7-0718; v. $[N(C_2H_5)_4]_2[Cr_2(CO)_{10}]$ 8-0697.

Chromchalkogenide, Ferromagnetismus u. metall. Leitfähigk. v. Cu–Cr–Chalogenid-Spinellen 38-0546.

Chromchloride bzw. -chlorokomplexe

Einfl. d. Elektrolytkonz. auf d. Bldg. v. $CrCl(H_2O)_5^{3+}$ in wss. Perchlorsäure 3-0576; Kinetik d. Bldg. v. $[CrCl(NH_3)_5]^{2+}$ 27-0785; Darst.: v. α-[Cr(A)Cl][$ZnBr_4$] (A = Tetraäthylenpentamin) 1-0727; v. $[Cr(en)_2FCl]Cl$ u. $[Cr(en)_2(H_2O)F]Cl_2 \cdot H_2O$ 11-0767.

IR-Spektrum v. $Cr(NO)_2(C_5H_5)Cl$ 6-0127; Elektronenspektrum v. trans-$[Cr(III)en_2Cl_2]$ 13-0126; Gütemodulat. d. Resonators eines Rubinlasers mit Hilfe transparenter Verb. d. Phthalocyaninreihe mit — 2-0348; diffuse Reflex.-Spektren v. $CrCl_3 \cdot 6$ Harnstoff 12-0320; Isomerisier. v. cis- u. trans-$[CrCl_2(en)_2]^+$ in wasserfreiem DMF 16-0700; Struktur d. Chromylchlorid-Komplexe v. Phenylmethanen 27-0850; Isomerisier. d. cis- u. trans-Dichlorotetraaquochrom(III)-Ions in saurer wss. Lsg. 36-0515; geometr. Isomere v. Trichlorodiäthylentriaminchrom(III) 38-0694; Chlorokomplexe v. Cr(III) in Propandiol-(1.2)-carbonat u. Trimethylphosphat (Koordinat.-Formen) 47-0479; Bldg., IR-Spektrum u. magnet. Eig. v. $CrCl_3 \cdot 2\,N(CH_3)_3$ 3-0722; elektrolyt. Abscheid. tern. Fe–Ni/Cr-Leg. aus einem Fe-, Ni- u. Cr-Chlorid-Bad 14-0603; Zusammenhang zwischen d. polarograph. u. spektrophotometr. Charakteristiken v. $[Cr(H_2O)_4Cl_2]^+$ 16-0643.

Chem. Effekte d. Rk. $^{50}Cr(n, \gamma)^{51}Cr$ in polykrist. cis- u. trans-$[Cr(en)_2Cl_2]NO_3$ 44-0665; photochem. Rk. v. $[Cr(NH_3)_5Cl](ClO_4)_2$ in H_2O zu $[Cr(NH_3)_4Cl(H_2O)]^{2+}$ bzw. $[Cr(NH_3)_5(H_2O)]^{3+}$ im sichtbaren Gebiet 8-0649; Effekte d. nichtbrückenbildenden Liganden in cis- u. trans-$[Cr(en)_2Cl_2]^+$ sowie cis- u. trans-$[Cr(en)_2(H_2O)Cl]^{2+}$ bei d. durch Cr(II) katalysierten Dissoziat. d. Komplexe 12-0647; therm. Zers. v. $[Cr(C_2O_4)(NH_3)_4]Cl$ 46-0650; Kinetik d. Substitut. eines Cl^--Ions aus $[Cr(OH_2)_4Cl_2]^+$ bzw. aus $[Cr(OH_2)_3(OH)Cl_2]$ durch H_2O u. d. katalyt. Einfl. v. $CrCl_2$ 11-0684; Aquotisier. v. Chloropentamminchrom(III) in sauren Salzlsg. 12-0646; stöchiometr. N_2-Fixier. an Komplexen aus $CrCl_2$ u. Li-Naphthalid 12-0711; Hydrolyse v. trans-$[CrCl_2en_2]^+$ 20-0640; Kinetik: d. Aquotisier.

v. cis-Dichloro-bis-[äthylendiamin]-chrom(III) chlorid 23-0734; d. Aquotisier.-Prozesses v. cis-Dichloro-bis-[en]-chrom(III)-chlorid in Ggw. v. Cr^{2+} 25-0736; d. Cr(II)-katalysierten Hydratat. d. trans- u. cis-$[CrCl(H_2O)_4]^+$ zu $[CrCl(H_2O)_5]^{2+}$ 31-0740; Katalyse d. Aquotisier. v. Chloroaquotetramminchrom(III)-chlorid durch Cr(II) 33-0757; Kinetik d. Hydrolyse: v. cis-Dichloro- u. cis-Chloroaquo-bis-[propylendiamin]-chrom(III)-Kation 33-0758; d. blauen Isomeren $[CrCl_2(H_2O)_2(en)]^+$ u. d. roten Isomeren $[CrCl(H_2O)_3(en)]^{2+}$ 36-0622; Kinetik u. Mechanismus d. sauren Hydrolyse d. Trichlorotrithioharnstoffchrom(III)-Komplexes u. d. Einritts v. Chlorid in d. trans-Dichlorotetraaquochrom(III)-Komplex 44-0627; Rk. v. Cyclopentadienylchromdinitrosylchlorid mit Elektronendonatoren 45-0694; maskierende Wrkg. v. α-Hydroxycarbonsäuresalzen auf bas. – 22-3256.

Nachw. v. gastrointestinalem Proteinverlust durch direkte i.v.-Injekt. v. ^{51}Cr-Chlorid 23-1686.

Verw. v. Methylacrylat–$CrCl_3$-Komplexen bei d. Herst. v. überzogenen Blöcken 6-2265*.

$CrCl_2$, Kinetik d. Substitut. eines Cl^--Ions aus $[Cr(OH_2)_4Cl_2]^+$ bzw. aus $[Cr(OH_2)_3(OH)Cl_2]$ durch H_2O u. d. katalyt. Einfl. v. – 11-0684; Rk. v. Pyrrol mit C_4H_9Li oder C_2H_5MgBr zu am N-Atom metallierten Prod. u. Weiterrk. mit – 15-0749.

$CrCl_3$, Multiplettstruktur d. $K\alpha_{1,2}$- u. $K\beta_1,\beta'$-Linien d. Röntgenspektren v. – 16-0073; Ligandenfeld-Parameter aus Reflex.-Spektren v. $[Cr(H_2O)_6]Cl_3$ 21-0397; Darst. v. Cr durch Elektrolyse v. – in einem geschmolzenen Eutektikum v. LiCl u. KCl (Elektroraffinier.) 32-2386; Polarographie v. – in 1.2-Propandiolcarbonat 37-0636; spektrophotometr. u. galvanostat. Verh. v. – -Lsg. 46-0555; Schmelzdiagramme v. $GaCl_3$ mit – 24-0586; röntgenograph. Unters. v. Schmelzen d. Syst. $CrCl_3/NaCl/RbCl$ u. $CrCl_3/NaCl/CsCl$ 26-0596; thermodynam. Unters. d. Syst. $VCl_3/CrCl_3/KCl$ (Schmelzdiagramm) 26-0597; (Konz.-Bereiche d. Existenz v. Mischkrist.) 26-0598; thermograph. Unters. d. Syst. $CrCl_3/NaCl/RbCl$ 35-0499; spezif. elektr. Leitfähigk., Viskosität, D. u. d. pH-Wert im Syst. $Na_5P_3O_{10}/CrCl_3/H_2O$ 41-0487.

Umsetz. mit H_2S bei *1000–1100°* zu Cr_2S_3 7-0706; Red. v. – zur Herst. v. Cr 24-2439*; Syst. $NaCl/CrCl_3$ (thermograph. u. röntgenograph. Nachw. d. Bldg. d. Verb. Na_3CrCl_6) 26-0595; Verw.: zur Darst. v. Cr-Tellurat 42-0494; zur Darst. v. Chromtripolyphosphatglas 44-0610; Rk.: v. Pyrrol mit C_4H_9Li oder C_2H_5MgBr zu am N-Atom metallierten Prod. u. Weiterrk. mit – 15-0749; mit Polyacrylamid u. Methanol 51/52-2592*.

Verw. v. – als Katalysator für d. Trioxanpolymerisat. 7-2900*; katalyt. Wrkg. v. – -Zusätzen für d. Fluorier. v. CCl_4 durch NaF 21-0769; Isomerisier. v. C_{6-8}-n-Paraffinen aus turkmen. Bzn. an mit – aktiviertem Gumbrin 24-2481; katalyt. Aktivität v. – auf Al_2O_3, SiO_2 u. Celiten u. d. Rk.-Mechanismus bei d. Oxychlorier. v. Äthylen 29-0788.

Intestinalresorpt. v. $^{51}CrCl_3$ 35-1606.

CrO_2Cl_2, Absorpt.-Spektrum v. krist. – bei *1,7* °K (*6000–3800* Å) 38-0322; Bezieh. zwischen d. chem. Verschieb. v. ^{17}O u. d. Grad d. π-Bind. v. O zu Cr in – 25-0112; Darst. v. Cr(IV)-Oxid aus – durch therm. Zers. 38-0690; Verw.: als Polymerisat.-Katalysator 25-3137*; zur Herst. v. Edelsteinen 9-2222*.

Chlorochromsäuren:
IR-Spektren v. $Cr(CO)_5Cl^-$ 14-0133.

Chlorochrom(II)-säuren:
$H_2[CrCl_4]$, Salze s. *Natriumchlorochromate(II)*.
$H_3[CrCl_5]$, Salze s. *Natriumchlorochromate(II)*.
$H_4[CrCl_6]$, effektive Atomlad. d. $[CrCl_6]^{4-}$ 18-0070.

Chlorochrom(III)-säuren:
Salze s. *Cäsium-*, *Kalium-* u. *Rubidiumchlorochromate(III)*.
$H_3[CrCl_6]$, effektive Atomlad. d. $[CrCl_6]^{3-}$ 18-0070; Nichtdiagonalmatrixelement bei MO-Berechn. für $[CrCl_6]^{3-}$ 19-0091; Berechn. v. $[CrCl_6]^{3-}$ mit Hilfe d. Ligandenfeldtheorie 27-0089; Elektronenanreg.-Vorgänge u. Bind.-Verhältnisse in $[CrCl_6]^{3-}$ 40-0042.
Salze
Cäsium-, *Kalium-*, *Lithium-*, *Natrium-* u. *Rubidiumchlorochromate(III)* s. dort.
Darst. v. Pyridiniumchlorochromaten(III) 38-0692.

Chlorochrom(V)-säuren:
Salze
Ammonium-, *Cäsium-* u. *Rubidiumchlorochromate(V)* s. dort.
IR-Spektren v. $M_2[Cr^VOCl_5]$ 8-0123.

Chlorochrom(VI)-säuren:
Dissoziat.-Gleichgew. v. Trioxochlorochromaten(VI) 12-0567.

Chromchlorocuprate(II), Reflex.-Spektrum u. Elektronenzustände d. $CuCl_5^{3-}$-Ions in $[Cr(NH_3)_6][CuCl_5]$ 3-0329.

Chromchromate(VI), Bldg. v. $[Cr(OH)_2]_2 \cdot CrO_4$ bei d. Radiolyse v. festem Ammoniumdichromat u. seinen neutralen Lsg. 44-0663; Darst., Verw. v. Bis-biphenylchromdichromat $[(C_6H_5 \cdot C_6H_5)_2Cr]_2Cr_2O_7$ 15-2959*; Polymerisieren v. Äthylen mit Katalysatoren aus Bis-biphenylchromchromat u. $(Alkyl)_3Al$ 19-2955*.

Chromcyanide bzw. -cyanokomplexe
Herst.: v. $Cr(CO)_5CN$ 15-0747; v. μ-Dicyano-bis-[pentacarbonylchrom]-Komplexen 21-0840; Deut. d. Spektren im Sichtbaren u. UV v. cis-$[Cr(CN)_3(H_2O)_3]$, cis-$[Cr(CN)_2(H_2O)_4]^+$ u. $[Cr(CN)(H_2O)_5]^{2+}$ 40-0050.

Cyanochromsäuren:
Salze s. *Natrium-* u. *Zinncyanochromate*.
$H_2[Cr(NO)(CN)_5]$-Salze, IR-Spektren v. $[(CH_3)_4N]_2[Cr(NO)(CN)_5]$ 10-0106.
$H_3[Cr(NO)(CN)_5]$, $[Cr(CN)_5NO]^{3-}$ (polarograph. Red. in neutraler Lsg.) 19-0705; polarograph. Unters. d. Chromnitroprussid-Reox. durch Sulfat 20-0566.
Salze s. *Kaliumcyanochromate*.

Cyanochrom(III)-säuren:
Deut. d. Spektren im Sichtbaren u. UV v. $[Cr(CN)_5(H_2O)]^{2-}$ u. $[Cr(CN)_4(H_2O)]^-$ 40-0050.
Salze s. *Kaliumcyanochromate(III)*.
$H_3[Cr(CN)_6]$, Deut. d. Spektren im Sichtbaren u. UV v. $[Cr(CN)_6]^{3-}$ 40-0050; Berechn. v. $[Cr(CN)_6]^{3-}$ mit Hilfe d. Ligandenfeldtheorie 27-0089; Elektronenanreg.-Vorgänge u. Bind.-Verhältnisse in $[Cr(CN)_6]^{3-}$ 40-0042; magnetoopt. Aktivität v. d → d-Übergängen an $[Cr(CN)_6]^{3-}$ 49/50-0056; Abschätz. d. kinet. Parameter v. $[Cr(CN)_6]^{3-}$ über d. Durchtrittscharakteristik einer linearen R–L–C-Schalt. 37-0620; Ionenassoziat. zwischen quart. Ammoniumionen u. $[Cr(CN)_6]^{3-}$ 13-0174.
Salze s. *Kaliumcyanochromate(III)*.

Chromcyanoferrate(II): Mössbauer-Spektren v. Gemischen aus $K_2[CrFe^{II}(CN)_6]$, $Cr[CrFe^{II}(CN)_6]$, $K[CrFe^{III}(CN)_6]$ u. $Cr_3[Fe^{III}(CN)_6]_2$ 2-0139; strukturelle Unters. v. – mit Hilfe v. Ultraschallwellen 12-0555.

$Cr_4[Fe(CN)_6]_3$, schnelle Mess. d. Diffus.-Koeff. v. – in Lsg. 21-0581.

Chromcyanoferrate(III), Mössbauer-Spektren v. Gemischen aus $K_2[CrFe^{II}(CN)_6]$, $Cr[CrFe^{II}(CN)_6]$, $K[CrFe^{III}(CN)_6]$ u. $Cr_3[Fe^{III}(CN)_6]_2$ 2-0139; strukturelle Unters. v. – mit Hilfe v. Ultraschallwellen 12-0555.

Chromcyanonicolate(II), Darst. v. $[Cr(NH_3)_6][Ni(CN)_5] \cdot H_2O$ u. $[Cr(en)_3][Ni(CN)_5] \cdot 2\,H_2O$ 16-0761.

Chromfluoride bzw. -fluorokomplexe
Synth. v. $[Cr(en)_2(H_2O)F]X_2$ u. $[Cr(en)_2 \cdot FY]Y$, wobei X = Cl, Br, J, SCN, ClO_4 u. Y = Cl, Br, SCN 11-0767; Darst. v. $[CrF(NH_3)_5](NO_3)_2$ 47-0578; Elektronenspektren v. trans-$[Cr(III)(H_2O)_4F_2]^+$ 13-0126; Ligandenfeld-Parameter aus Reflex.-Spektren v. $[CrF(H_2O)_5[SiF_6]$ 21-0397.

CrF_3, Ligandenfeld-Parameter aus Reflex.-Spektren v. $[Cr(H_2O)_6]F_3$ u. $[CrF_3(H_2O)_3]$ 21-0397; Neutronenstreuung an polykrist. paramagnet. – 33-0636; EPR v. V u. Cr in $CaF_2:CrF_3$ 8-0313; Subl.-Enthalpien, Subl.-Drücke v. – 21-0605; Bldg.-Kinetik eines *1:1*-Komplexes zwischen – u. 2-Hydroxy-4-nitrophenylazo-α-naphtholsulfonsäure-(4) 25-0737.

Fluorochrom(II)-säure:
$H_4[CrF_6]$, effektive Atomlad. d. $[CrF_6]^{4-}$ 18-0070.

Fluorochrom(III)-säuren:
Salze s. *Chrom-* u. *Natriumfluorochromate(III)*.
$H_2[CrF_5]$, Salze s. *Kaliumfluorochromate(III)*.
$H_3[CrF_6]$, effektive Atomlad. d. $[CrF_6]^{3-}$ 18-0070; Nichtdiagonalmatrixelement bei MO-Berechn. für $[CrF_6]^{3-}$ 19-0091; Berechn. v. $[CrF_6]^{3-}$ mit Hilfe d. Ligandenfeldtheorie 27-0089; Elektronenanreg.-Vorgänge u. Bind.-Verhältnisse in $[CrF_6]^{3-}$ 40-0042.
Salze s. *Cäsium-*, *Eisen-*, *Kalium-*, *Kobalt-*, *Kupfer-*, *Lithium-*, *Magnesium-*, *Mangan-*, *Natrium-*, *Nickel-*, *Rubidium-*, *Thallium-* u. *Zinkfluorochromate(III)*.

Fluorochrom(IV)-säure:
$H_2[CrF_6]$, Salze s. *Ammoniumfluorochromate(IV)*.

Fluorochrom(V)-säure:
$H_2[CrOF_5]$, Interpretat. d. Ligandenhyperfeinstruktur in d. ESR-Spektren v. $[CrOF_5]^{2-}$ 17-0164; Vgl. d. X- u. O-Band-ESR-Spektren d. Ionen $CrOF_5^{2-}$ u. $MoOF_5^{2-}$ in gefrorenen HF-Lsg. 32-0378.

Chromfluorochromate(III), Darst. v. cis-$[CrF_2(en)_2][CrF_4en] \cdot H_2O$ u. $[CrF_2(prop)_2] \cdot [CrF_4(prop)] \cdot 3{,}5\,H_2O \cdot 0{,}5$ THF (prop = 1.2-Diaminopropan) 2-0713.

Chromfluorophosphat: **$Cr_2(PO_3F)_3$**, magnet. Suszeptibilität v. $Cr_2(PO_3F)_3 \cdot 18\,H_2O$ 49/50-0084; W.-Abgabe in Abhängigk. v. d. Dampfdruck stabiler – -Hydrate 7-0543.

Chromfluorosilicate, Ligandenfeld-Parameter aus Reflex.-Spektren v. $[CrF(H_2O)_5] \cdot [SiF_6]$ 21-0397.

Chromfluorosulfate, Darst. durch Verdräng.-Rk. 30-0688.

Chromhalogenide, Darst. v. Komplexen: v. – mit tritert. Arsinen 15-0744; v. Cr(II)-Halogeniden mit Triphenylphosphinoxid 51/52-0561; Neutronenstreuung an paramagnet. – 33-0636; Chemie d. – (Überblick) 30-0696; Kinetik d. Substitut. d. Halogens in $[Cr(halogenid)(NH_3)_5]^{2+}$ durch H_2O oder OH^- 47-0578.

Chromhydride, Bldg. v. – bei d. Rk. v. H_2 mit Cr unter Elektrolysebeding. 13-0628; paramagnet. Suszeptibilität v. – in Abhängigk. v. H-Geh. 28-0494; reduzierende Natur v. $CrH_{1,47}$-Oberflächen 8-0601.

Chromhydroxide: Vorliegen v. $CrO_2(OH)_2$ in d. Gasphase bei d. Rk. v. CrO_3 mit W.-Dampf bei höheren Drücken 6-0580; Bldg. v. $[Cr(OH)_2]_2CrO_4$ bei d. Radiolyse v. festem $(NH_4)_2Cr_2O_7$ u. seinen neutralen Lsg. 44-0663; Mitfäll. v. kleinen In-Mengen mit – 44-0447; IR-Spektren v. Cr(III)-Komplexen mit Hydroxy-Brücken v. *650–80* cm^{-1} 21-0132; Paramagnetismus v. $[Cr_4(OH)_6(en)_6]J_6 \cdot 4\,H_2O$ 22-0500; Bind. v. $Cr_2(OH)_2(SO_4)_2 \cdot Na_2SO_4$ bzw. $Cr_2(OH)_4SO_4 \cdot 2\,Na_2SO_4$ durch Kollagen 46-0608; Rk.-Mechanismus d. Bind. v. $Cr_2(OH)_2(SO_4)_2 \cdot Na_2SO_4$, $Cr_2(OH)_4SO_4 \cdot 2\,Na_2SO_4$ u. $Cr_8(OH)_{18}(SO_4)_3 \cdot 9\,Na_2SO_4$ durch Kollagen 46-0609; Kinetik d. Substitut. eines Cl^--Ions aus $[Cr(OH_2)_3(OH)Cl_2]$ durch H_2O u. d. katalyt. Einfl. v. $CrCl_2$ 11-0684.

$Cr(OH)_3$, Sorpt.-Eig. v. gemeinsam gefällten Kieselsäuregel u. – 20-2177.

Chromhypophosphite, Kinetik u. Mechanismus d. Elektronenaustausches zwischen $[Cr(OH_2)_5(H_2PO_2)]^{2+}$ u. Cr^{2+} in wss. perchlorsaurer Lsg. 49/50-0532.

Chromjodide: Synth. v. $[Cr(en)_2(H_2O)F]J_2$ 11-0767; Paramagnetismus v. $[Cr_4(OH)_6 \cdot (en)_6]J_6 \cdot 4\,H_2O$ 22-0500; Synth. u. Spalt. v. cis-Difluoro-bis-[diamin]-chrom(III)-jodid 2-0713; durch Cr(II) katalysierte Aquotisier. d. Jodopentaquochrom(III)-Ions 10-0645; katalyt. Red. v. $[Cr(C_6H_5C_6H_5)_2]J$ 11-0652; Red. v. $Cr_2(CO)_{10}J$ mit Na-Amalgam in THF 15-0746; Unters. d. Reaktionsweisen d. Chromcarbonyl–Halogen-Verb. $Cr(CO)_5J$ u. $Cr_2 \cdot (CO)_{10}J$ mit verschiedenen N- u. P-Liganden 36-0706.

CrJ_2 bzw. Cr_2J_4, Bldg.-Enthalpie v. CrJ_2 aus d. Metall u. NaJ 27-0636; Zers. v. Cr_2J_4 auf Quarzglas 35-0642.

Chrommolybdate bzw. -molybdatokomplexe
$Cr_2(MoO_4)_3$, röntgenograph. Unters. 22-0228.

Molybdatochromsäure:
Salze s. *Ammoniummolybdatochromate*.

Chromniobat(V): **$CrNbO_4$**, kontinuierl. Mischkrist.-Reihe im Syst. $TiO_2/CrNbO_4$ 45-0509.

Chromnitrate: Darst. v. $[CrF(NH_3)_5] \cdot (NO_3)_2$ 47-0578; chem. Effekte d. Rk. $^{50}Cr(n,\gamma)^{51}Cr$ in polykrist. cis- u. trans-$[Cr(en)_2 \cdot Cl_2]NO_3$ 44-0665; Photoaquotisier. v. $[Cr \cdot (NH_3)_6(NO_3)_3]$ 11-0734.

$Cr(NO_3)_3$, Spin–Gitter-Relaxat. v. – in $ZnWO_4$-Einkrist. 19-0400; Mess. d. Leitfähigk. konz. – -Lsg. (Vgl. mit ber. Werten) 44-0499; spektrophotometr. u. galvanostat. Verh. v. – -Lsg. 46-0555; Stabilisier. v. AgBr- u. AgJ-Solen durch hydrolysiertes – 21-0700; Koagulat. u. Lad.-Umkehr lyophober Koll. aus – 30-0604; Rk. v. Äthylentrithiocarbonat mit – 17-0761; Komplexbldg. im Syst. $Cr(NO_3)_3$/EGTA in saurem Medium 12-0554; spektrometr. Unters. d. Komplexbldg. v. – mit Chromazurol S in Ggw. v. $NaClO_4$ 8-0526; Verw.: v. wss. – -Lsg. zur Herst. v. Mangano–Chromoxid–Manganit-Katalysator 9-2127*; in Treibstoff 36-2681*; potentiometr. Titrat. in nichtwss. Lsg. 6-1889.

Chromnitride: Bldg. v. $(Cr_xV_{1-x})N$ 9-0727; Darst. v. Mischkrist. zwischen Nitriden u. Oxidnitriden v. Cr 28-0163; ellipsometr. Unters. d. Kinetik d. Nitridbldg. auf Cr 44-0107; Existenzbeding. u. Eig. v. – 11-0604.

Cr_2N, Bldg.: v. – 9-0727; v. – im Syst. Cr/C/N 24-0567; Morphologie v. – beim Nitrieren v. kompaktem Cr 9-2393; elast. Konst. u. Besonderh. d. Elektronenstruktur 1-0311; „red. thermodynam. Potential" v. – 45-0473.

CrN, Bldg. im Syst. Cr/C/N 24-0567; Unters. d. —-Ausscheid. in Fe–Cr-Leg. 4-1943; Morphologie v. — beim Nitrieren v. kompaktem Cr 9-2393; Modifikat. v. —-Ausscheid. in Stahl 31-2508; elast. Konst. u. Besonderh. d. Elektronenstruktur 1-0311; Härte u. E-Modul v. — 22-2496; „red. thermodynam. Potential" 45-0473.

Chromnitrite: IR-Spektren v. $[Cr(ONO)_3 \cdot (NH_3)_3]$ u. $[Cr(ONO)_3(H_2O)_3 \cdot 1{,}5\ H_2O$ 27-0133.

$\mathbf{Cr(NO_2)_3}$, potentiometr. Titrat. in nichtwss. Lsg. 6-1889.

Chromnitrosylkomplexe

IR-Intensitäten v. NO-Valenzschwing. in — 6-0127; Rk. v. Cyclopentadienylchromdinitrosylchlorid mit Elektronendonatoren 45-0694.

$\mathbf{H_2[Cr(NO)(CN)_5]}$-Salze, IR-Spektrum v. $[(CH_3)_4N]_2[Cr(NO)(CN)_5]$ 10-0106.

$\mathbf{H_3[Cr(NO)(CN)_5]}$, $[Cr(CN)_5NO]^{3-}$ (polarograph. Red. in neutraler Lsg.) 19-0705; polarograph. Unters. d. Chromnitroprussid-Reox. durch Sulfit 20-0566.

Salze s. *Kaliumnitrosylchromate.*

Chromoxide

Suboxide v. Cr (Übersicht) 35-0782.

Gewinn. aus Ilmenit in d. Wirbelschicht 15-2524*; —-Emiss. beim Erwärmen v. Ni–Cr-Leg. 20-2379; Bldg.-Enthalpie v. Cr_8O_{21} u. Cr_5O_{12} 25-0557; Herst.: v. — in Form v. hohlen Schalen 40-2064*; v. gelbgrünen —-Pigmenten 48-2138*; Trockn. v. Cr-Gel-suspens. 48-2137*.

IR-Spektren hoher Auflös. —-halt. Pigmente 40-0263; IR-spektroskop. Unters. v. —-Schichten 42-2146; chem. Strukturunters. d. Dehydrier.-Katalysators β-Eisenoxid–Chromoxid mit Hilfe d. DTA 21-0766; rasterelektronenmkr. Beobacht. v. — an d. Metall/Oxid-Grenzfläche einer hochreinen Fe/Cr-Leg. 46-0188; Einfl. v. — auf d. Verform.-Widerstand v. Monel 9-0300; magnet. u. kristallchem. Eig. v. CrO 24-0509; Oberflächen eig. v. calciniertem —-Gel 35-0568.

Kinetik d. Red. durch C aus geschmolzenen Schlacken 31-0757; Unters. kryometr. Rk. v. Lsg. v. — mit Ti^{4+} oder Si^{4+} in einer KF-Schmelze 36-0686; Regenerat. eines Tonerde–Chromoxid-Katalysators für d. Dehydrier. v. n-Butan 12-2487; Aktivier.- u. Alter.-Prozeß industrieller Cr–Zn–Fe-Oxid-katalysatoren d. Butylendehydrier. 15-0710; Koordinat. d. fünfwert. Cr u. Aktivität v. —-Katalysatoren bei d. Polymerisat. v. Äthylen 29-0780; Herst. v. leicht verformbaren Kupfer–Chromoxid-Katalysatoren zu selektiven Hydrier.-Rk. 43-2568*; —-Trägerkatalysatoren für d. Propen-Polymerisat. (Bezieh. zwischen katalyt. Aktivität u. Dispers.-Zustand v. Cr auf einem Silicagel mit *13,5*% Al_2O_3) 45-0646; (katalyt. Aktivität u. Dispers.-Zustand v. Cr auf verschiedenen Trägern) 45-0647; (magnet. Eig. u. Dispers.-Zustand v. —) 45-0648; Darst. v. mit K_2CO_3 promotierten Katalysatoren aus Cr-, Zn- u. Mn-Oxid für d. Dampfphasen-Entcarbonylier. v. Furfurol u. 5-Methylfurfurol 46-0655.

Verw.: als Katalysator zur Entgift. v. Autoabgasen 30-2198*; zur Herst. v. gebranntem bas. feuerfestem, mit Teer getränktem Stein 4-1909*; als Sinterhilfe für Dolomit, Magnesit u. Kalk 44-2161*; v. —-Pigment in Polymerüberzügen 4-2511; verbesserte elektrolyt. —-Überzüge auf Metallen 12-2449*; Verw. zur Anfärb. v. PVC 7-2833.

Bibl.: Specification for chromic oxide pigments B 94.

$\mathbf{Cr_2O_3}$, Bldg. v. — bei d. Ox. v. verd. Ni–Cr-Leg. 8-0627; Bldg.-Enthalpie v. — aus Cr u. Na_2O 27-0636; Bldg. bei d. therm. Zers. v. CrO_2 in Luft 38-0691.

Physikal.-chem. Eig. v. Al_2O_3–Cr_2O_3-Katalysatoren 14-0681; physikal. Charakteristika v. MgO–Cr_2O_3-Mischkatalysatoren 20-2091.

Struktur v. K-Serien im atomaren Einfang v. negativen Myonen in — 7-0036.

Multiplettstruktur d. $K\alpha_{1,2}$- u. $K\beta_1,\beta'$-Linien d. Röntgenspektren v. — 16-0073; IR-Spektren hoher Auflsg. v. — 40-0263; opt. Spektrum v. antiferromagnet. — 46-0326.

Glow-Erschein. v. — 6-0363; Gütemodulat. v. Rubin-Lasern mit — durch KS-*19*-Filter 8-0340; Davydov-Aufspalt. d. E-Linien in antiferromagnet. — 19-0357; Erzeug. d. zweiten Harmonischen in — mit geordneter magnet. Struktur 23-0370; Mess. d. Hohlraumresonatorverluste eines Rubin-Lasers mit —-Dotier. durch Fabry-Perot-Resonanz 29-0406; opt. Unters. d. Phasenzus. v. $BaTiO_3$ mit geringen —-Zusätzen 31-0814; Färb. v. Gläsern durch —-Verunreinig. 33-2501; gyrotrope Doppelbrech. — Phänomenolog. Theorie (Beispiel —) 42-0374.

Elektronenmkr. Unters. v. —-Pulver 3-1965; Einkrist.-Zücht. v. — mit Korundstruktur nach d. Schmelzflußmeth. 11-0269; Krist.-Feldunters. an — in ZrO_2 12-0308; Einfl.: v. — auf d. Kristallisat.-Prozeß v. Gläsern magnet. Gesteine (Andesit u. Granit) 17-0284; geringer —-Zusätze auf d. Kristallisat. eines Mehrstoffglases 24-0276; Keimbldg.-Wrkg. v. — bei d. heterogenen Kristallisat. v. Gläsern d. Syst. $SiO_2/Al_2O_3/Fe_2O_3$/MgO/CaO/Er_2O 25-0206; Röntgen- u. IR-Unters. d. Syst. BeO/Cr_2O_3 29-0632; Diffus.-Mess. im Syst. Al_2O_3/Cr_2O_3 32-0305; Strukturunters. an Cr_2O_3-Mischoxidkatalysatoren 40-0472; Beweglichk. v. Edelgasen in — 41-0194; Oberflächenkoordinat. v. Cr-Ionen in —-Katalysatoren auf SiO_2, Al-Silicaten oder Al_2O_3 als Träger zur Äthylenpolymerisat. 41-0611; Kristallisat. v. Gläsern d. Syst. Anorthit/Wollastonit bei Anwesenh. v. — 45-0286; epitakt. Wachstum v. — 47-0174.

Härten v. Al_2O_3 durch — in fester Lsg. 3-2331; Einfl. v. —-Pigmenten auf d. physikal.-mechan. Eig. v. gespritzten Polyäthylenüberzügen 28-3057.

Unters. d. magnetoelektr. Effekts in — über d. DK 6-0462; supraleitende Pb-Schichten mit —-Zusatz 10-0444; Druckeinfl. auf Lad.-Transport in — 18-0417; Temp.-Abhängigk. d. DK, d. dielektr. Verlustfaktors u. d. elektr. Leitfähigk. v. $SrTiO_3$-Krist. mit —-Dotier. 20-0432; Einfl. v. — auf d. piezoelektr. Eig. v. $Pb(Mg_{1/3}Nb_{2/3})O_3$–$PbTiO_3$–$PbZrO_3$-Keramik 21-2476; Auflad. d. —-Katalysatoroberfläche bei d. Adsorpt. v. Propylen–O_2-Gemischen 23-0761; Einfl. v. —-Zusatz auf d. elektr. Hochtemp.-Leitfähigk. v. Al_2O_3 28-2374; elektr. u. katalyt. Eig. v. mit Mg u. Ti dotiertem — 32-0738; Temp.- u. Alter.-Charakteristiken d. DK d. piezoelektr. Pb(Zr, Ti)O_3-Keramiken mit —-Zusatz 45-0433; Elektrostrikt. u. Polarisier. v. polykrist. Pb(Zr, Ti)O_3-Mischkrist., z. T. mit — 46-0421.

Nullpunktspinabweich. für Cr^{3+} in — 2-0330; Einfl. d. Domänenstruktur auf d. magnet. Eig. v. — 2-0479; magneto-elektr. Suszeptibilität v. polykrist. — 6-0482; EPR v. V u. Cr in CaF_2:Cr_2O_3 8-0313; magnet. Unters. an Al_2O_3–Cr_2O_3-Katalysatoren 12-0478; magnet. Eig. u. Verteil. d. Komponenten im Syst. NiO/Cr_2O_3 12-0479; Struktur u. magnet. Unters. v. — in MgO u. in Li_2O 12-0539; Spindichteänder. beim Übergang v. paramagnet. in d. antiferromagnet. Zustand 13-0476; magnet. Eig. d. Syst. Ni/Cr_2O_3 mit Ni-Geh. v. *35*—*100*% in schwachen Magnetfeldern 20-0450; Kontrakt. d. Hystereseschleifen bei NiFe–Cr_2O_3 27-0589; magnet. Unters. am CuO/Cr_2O_3-Katalysator 44-0647; Mess. d. magneto-elektr. Effektes zwischen *1,8* u. *33* °K an — 47-0422; Druckabhängigk. d. Néel-Temp. v. — 48-0558.

Berechn. d. EMK-Werte d. reversiblen galvan. Zelle Cr_2O_3/O_2 44-0516.

Existenzbereich, Krist.-Struktur u. Gitterkonst. nichtstöchiometr. Phasen in d. Syst. $V_2O_5/VO_2/Cr_2O_3$ 1-0562; therm. Gleichgew. d. Phasen d. Syst. $Al_2O_3/Cr_2O_3/SiO_2$, d. sich bei Oberflächenverbrenn. an hochfeuerfesten Korundproben einstellt 6-0602; Schmelzdiagramm d. Syst. MgO/Fe_2O_3/Cr_2O_3 + Al_2O_3 7-2280; Verdampf. v. — während d. Ox. v. Chromier.-Schichten 19-2578; Schrumpf. 23-0338; Phasengleichgew. d. Syst. $Al_2O_3/Cr_2O_3/SiO_2$ u. Feuerfeststoffe (Conference on the Silicate Industry, Budapest *1965*) 30-2260; Best. d. elementaren Hypertetraeder in d. Subsolidusstruktur d. Syst. CaO/MgO/FeO/$Fe_2O_3/Cr_2O_3/Al_2O_3/ZrO_2/TiO_2/SiO_2$ 34-0599; Zustandsdiagramm d. Syst. BaO/Cr_2O_3 39-0479; Subsolidusstruktur d. Syst. CaO/MgO/$Cr_2O_3/Al_2O_3/SiO_2$ 39-0483; Grunddaten d. Subsolidusbaus d. Syst. CaO/MgO/FeO/$Fe_2O_3/Cr_2O_3/Al_2O_3/ZrO_2/TiO_2/SiO_2$ 39-0484; Zustandsdiagramm: d. Syst. Eu_2O_3/Cr_2O_3 40-0471; d. Syst. Fe_2O_3/Cr_2O_3 41-0513; Linienintensitäten v. Spurenelementen in Abhängigk. v. d. Zus. u. d. Schmelzdiagramm d. Syst. Al_2O_3/Cr_2O_3 44-1757.

Lumineszenz bei d. Adsorpt. v. O_2 u. CO an — 4-0545; Struktur d. Adsorpt.-Zentren v. Al_2O_3–Cr_2O_3-Katalysatoren zur Paraffindehydrier. 4-0577; Adsorpt. v. Methanol an Al_2O_3–Cr_2O_3-Kontakten 13-0894; Sorpt. u. magnet. Suszeptibilität an d. Syst. NO/Cr_2O_3-Hydrat auf Silicagel 20-0602; Kinetik d. Ausbreit. v. Schmelzen über d. Oberfläche v. — 21-0717; Natur d. Adsorpt.-Zentren auf d. Oberfläche v. Mischkatalysatoren aus — mit Metallsilicaten 34-0786; Best. d. akt. Oberflächen d. Syst. Cr_2O_3/Aluminiumsilicat 37-0684; Einfl. d. Adsorpt. v. W.-Dampf auf d. Texturveränder. v. Al_2O_3/Cr_2O_3-Oberflächen 44-0568; Bind.-Energie v. O_2 an d. Oberfläche v. — 47-0603; Best. d. Sorpt.-Parameter v. stabilisierten Ni–Cr_2O_3-Katalysatoren durch Adsorpt. v. N_2, H_2 u. O_2 49/50-0559.

Darst. v. Chromboriden mit d. borotherm. Meth. aus — 8-0684; Rk. zwischen $SrCO_3$ bzw. $BaCO_3$ u. — 12-0680; Festkörperrk. zwischen MgO/Cr_2O_3 25-0271; Rk.: mit Mg–Cr-Ferriten (Kinetik) 27-0805; mit PbO 27-2444; Red.-Geschw. v. — durch im Fe gelöstes C 32-2370; Zusammenhang zwischen d. Chlorier.-Geschw. v. — mit Cl_2 u. d. Löslichk. in KCl- u. NaCl-Schmelzen 33-0797; Morphologie d. —-Red. 37-0231; Rk. u. Verdampf.-Mechanismus in —-halt. Graphitelektroden bei Lichtbogenanreg. 38-0583; thermochem. Rk. mit Kohlepulver bei d. Emiss.-Spektrophotometrie 41-1963; Rk.: mit geschmolzenem $NaNO_3$ oder $NaNO_2$ 42-2069; mit CaO-halt. Verb. 48-0688; v. — in d. eutekt. Schmelze d. KNO_3 u. $LiNO_3$ 51/52-0555.

Katalyt. Eig. v. — bei d. Ox. v. KW-Stoffen 1-0664; Hydrier. v. Dicarbonsäuren an Cu–Cr_2O_3-Katalysatoren 1-2457*; Einfl. v. Druck auf d. Aktivität: eines ZnO–Cr_2O_3-Katalysators bei d. therm. Zers. v. Methanol 5-0715; u. Struktur v. CuO–Cr_2O_3-Katalysatoren bei d. Dehydrier. v. Isopropanol 5-0720; Einfl. auf katalyt. Eig. v. Cd–Ca-Phosphatkatalysatoren 5-2516; ZnO–Cr_2O_3-Katalysator für d. Methanolsynth. 7-2545; Hydrier. v. Methyltrifluoracetat mit —-halt. Katalysator 8-2478*; Cr_2O_3–Al_2O_3-Katalysatoren zur Dehydrocyclisier. v. n-Hexan 9-2505; Herst. v. Glycidamid in Ggw. v. — 9-2577*; Einfl. v. Struktur u. Oberfläche auf d. Aktivität u. Selektivität d. Fe–Cr-Katalysators bei d. Dehydrier. v. n-Hexan 10-0679; Einfl. auf d. Kalkaufnahme bei d. Synth. v. Klinkermineralien u. Brennen d. Klinker 11-2291; Dehydrier. v. Propan mit d. —-halt. Katalysator K-*27* 11-2499; Ni/Cr_2O_3-Katalysator für d. Hydrier. v. Aldehyden 11-2501; Gasphasendehydrier. v. 2-Methyl-5-äthylpyridin mit —-halt. Katalysator 11-2512; Dehydrieren v. Monoolefinen in d. Dampfphase mit —-halt. Katalysator 11-2528*; Gewinn. v. Polyäthylen an —-Katalysatoren 11-2819*; Cr_2O_3–Al_2O_3-Katalysatoren zur Dehydrier. v. n-Butan (Einfl. v. chem. Zus. u. pH-Wert auf d. Aktivität) 12-2490; Dehydrier. v. Cyclohexen-(1)-ol-(3) am CuO–Cr_2O_3-Katalysator in d. Wirbelschicht 12-2501; Geschw. u. Adsorpt.-Konst. d. Ox.-Rk. v. HCl an —-Katalysatoren 15-0707; Herst. eines Cr_2O_3/α-Al_2O_3-Katalysators zur Dehydrier. v. KW-Stoffen 15-2584*; Wrkg. als Katalysator für d. NH_3-Verbrenn. 16-2192; Dehydrier. v. Bernsteinsäuredinitril mit —-Katalysator 16-2540*; bifunktioneller Charakter einer —-Oberfläche bei katalyt. Umwandl. v. Cyclohexan 18-0946; Dampfphasenox. v. Monomethylpyridinen mit V_2O_5–Cr_2O_3-Katalysator 18-2474; Dehydrocyclisier. v. n-Paraffinen an —-halt. Katalysatoren 19-2688; Herst.: v. durch Si-halt. Stoffe stabilisierten Al_2O_3–Cr_2O_3-Katalysatoren zur Dehydrier. v. KW-Stoffen 20-2474*; v. Katalysatoren für d. Polymerisat. d. Äthylens durch Auftragen v. — auf Alumosilicat 21-3084*; Einfl. d. Natur d. Promotors auf d. Eig. v. Al_2O_3–Cr_2O_3-Katalysatoren bei d. Dehydrier. v. Isopentan 23-0758; Ox.-Zustand v. — u. seine katalyt. Aktivität bei d. Umwandl. o-H_2⇌p-H_2 24-0732; — auf Al_2O_3, Aktivität bei d. Dehydrier. v. Äthylbenzol 24-0733; Zusammenhang zwischen Exoelektronenemiss. v. Pt/Cr_2O_3-Katalysatoren u. ihrer Aktivität bei d. Fl.-Phasenzers. v. H_2O_2 u. d. Cyclohexenhydrier. 25-0770; Einfl. auf Fe_2O_3-Katalysator für d. Dehydrier. v. Äthylbenzol 25-02666; Dehydrieren: v. Butan mit Cr_2O_3-Tonerdekatalysator (Herst.) 25-2683*; v. aliphat. KW-Stoffen mit —-Katalysator 26-2633*; Kinetik d. ^{18}O-Austausches zwischen O_2 u. — bzw. zwischen O_2 u. CO_2 an — 27-0811; Entalkylier. v. C_9-Alkylbenzolen mit —-Katalysator 27-2786; Aktivität bei d. Äthylenox. 29-1006; katalyt. Aktivität v. — bei d. Hydrier. v. Äthylen 31-0768; —-halt. Dehydrier.-Katalysatoren, Aktivität bei d. Dehydrier. v. Äthylbenzol 32-0739; Einfl. d. katalyt. Aktivität v. Al_2O_3–Cr_2O_3-Katalysatoren bei d. Dehydrier. v. n-Butan in Abhängigk. v. d. —-Menge 32-2546; Kinetik d. p-H_2-Umwandl. an — als Funkt. d. H_2-Verhältnisses 33-0824; Natur d. Adsorpt.-Zentren auf d. Oberfläche v. Cr_2O_3-Metallsilicatkatalysatoren 34-0786; Rk. v. Propylen oder Isobutylen mit NH_3 u. O_2 u. —-halt. Katalysator 36-2550*; Zerfall v. N_2O an — 37-0793; Zusammenhang zwischen magnet.

Eig. v. – -„Gelen" u. ihre katalyt. Aktivität bei d. Äthylenhydrier. 39-0624; Einfl. d. Rk.-Milieus auf d. Dehydrier.-Aktivität v. – 39-0625; – -Katalysator zur Fluorier. v. Halogen-KW-Stoffen 41-2672*; Katalysator zur Herst. v. Polyolefinen aus Silicagel u. – 41-2974*; Radiolyse wss. Bzl.-Lsg. in Ggw. v. – 43-0929; N_2O-Zerfall an CuO/Cr_2O_3-Mischoxidkatalysatoren 44-0646; Dehydrier. v. Isopropanol an gepreßtem $CuO–Cr_2O_3$-Syst. 44-2346; Herst. eines Cr_2O_3–Alkalioxid-Katalysators auf η-Al_2O_3 zur Dehydrocyclisier. v. KW-Stoffen 44-2348*; Einfl. d. Preßdruckes auf d. katalyt. Aktivität eines ZnO–Cr_2O_3-Katalysators bei d. Zers. v. Methanol 49/50-0557.

Verw.: als Zusatz bei d. Ferrit-Herst. 36-2266*; zur Herst. v. feuerfesten Körpern aus gebundenem Al_2O_3 2-2136; Zusatz als Keimbildner bei d. Herst. v. glaskrist. Material auf d. Basis schwerschmelzbarer Tone 4-1899; Verw.: in Gemischen anorgan. Glasurfarben 11-2278*; v. – -Pulver zur Verfestig. v. Al_2O_3–TiO_2-Keramik 19-2455; in geschmolzenen feuerfesten Formkörpern mit bes. guter Beständigk. gegen Korros. u. Eros. 25-2424*; als Zusatz in farb. Li-Glasuren 28-2363; Herst. v. feuerfesten Stoffen aus MgO mit – -Zusätzen 32-2346; Färben v. Baumwolle mit – 25-2937; Verw. zur Herst. v. Polyamidpigmenten 8-2995*.

Alkal. Aufschluß v. – zur qual. Analyse 33-2187; Best. v. – in Meteoriten d. Samml. d. Naturhistor. Museums Wien durch chem. Analyse u. Neutronenaktivier. 11-0810; Schnellmeth. zur Best. v. – in Stuhlhomogenaten 25-2142; Schnellanalyse v. Prod. auf Cr_2O_3–MgO-Basis 45-2190; markiertes – als Indikator für Verdauungsprod. (Darst. und quant. Best. in Faezes) 46-1921.

Schichtdickenbest. v. – -Filmen auf Fe–Cr mit d. Elektronenstrahlmikroanalysator 6-1798.

CrO_2, Bldg. im Syst. $K_2Cr_2O_7/N_2H_4 \cdot 2\,HCl/H_2O$ 22-0578; Darst. v. – aus CrO_2Cl_2 38-0690.

IR-Spektrum 20-0288; Krist.-Wachstum 31-0181; spezif. elektr. Widerstand v. – -Einkrist. 6-0445; Elektronentransport in – 18-0418; elektr. Widerstand v. gesintertem – 32-2240; magnet. Verh. v. – in d. Nähe d. krit. Punktes 4-0395; magnet. Zustandsgleich. für – nahe ihrer Curie-Punkte 24-0507; EMK-Werte d. reversiblen galvan. Zelle CrO_2/O_2 44-0516; Nachw. v. Phasenumwandl. v. – durch Hochfrequenzwechselstrom-Mess. mit Hilfe eines Q-Meters 45-0479.

Topotaxie bei d. Zers. v. – 30-0668; therm. Zers. v. – in Luft 38-0691; Stabilität v. – bei hohen Drücken u. Temp. im „Belt" App. 40-0623; Rk. v. SrO bzw. Sr_2CrO_4 mit – 38-0548; – mit bis zu *50* Gew.-% Metalloxiden u. -fluoriden als Ox.-Katalysator 39-2242*.

CrO_3, magnet. Ausricht. interstellarer Teilchen, Unters. an – 15-0775.

Herst.: durch therm. Zers. v. Cr-Verb. 15-2263*; v. ferromagnet. – in Nadel- oder Prismenform 34-2299*; Rückgewinn. v. – aus Spülwasser d. Verchrom. v. Blechen 30-2171.

Druckeffekt auf d. Reflex.-Vermögen v. gepreßtem – 20-0253; EPR-Spektren v. Cr-Ionen im Syst. MgO/CrO_3 15-0371; Einfl.: d. – -Konz. auf d. Rk. v. H_2 mit Cr unter Elektrolysebeding. 13-0628; auf d. prim. Wachstumsvorgänge d. anod. Oxidschichten auf Al 17-0672; Berechn. d. EMK-Werte d. reversiblen galvan. Zelle CrO_3/O_2 44-0516; Differentialenthalpieanalyse v. – durch Mikrokalorimetrie 25-0557; Sorpt. v. Cr(VI) aus CrO_3–HF–H_2O-, CrO_3–HF–HCl–H_2O- u. CrO_3–HF–H_2SO_4–H_2O-Lsg. durch Anionit AV-*17* 8-0604.

Rk. mit W.-Dampf bei höheren Drücken 6-0580; Photored. v. – auf SiO_2–Al_2O_3-Trägern in Ggw. v. organ. Stoffen bzw. H_2O-Dampf 7-0665; Darst. v. koll. $CrPO_4$ aus H_3PO_4, – u. Na_2SO_3 22-0647; Rk. in d. eutekt. Schmelze d. KNO_3 u. $LiNO_3$ 51/52-0555; oxydative Spalt.: v. olefin. Doppelbind. mit – 10-2491*; v. Äthern mit – 4-0908; Ox. v. Trialkylsilylacetylenalkoholen mit – 13-2536*.

Aktivitätszentren v. – für d. Polymerisat.-Katalyse 5-0714; Einfl. auf katalyt. Eig. v. Cd–Ca-Phosphatkatalysatoren 5-2516; Äthylenpolymerisat. an – -Trägerkatalysatoren 14-1074; Dampfphasenox. v. Acrolein mit – -Katalysator 14-2511; Stabilisier. d. Cr(VI)-Ions auf – -Trägerkatalysatoren d. Äthylenpolymerisat. 22-0713; EPR-Unters. d. Äthylenpolymerisat. an d. Syst. Al_2O_3/CrO_3 u. SiO_2/CrO_3 25-1211; am Syst. $SiO_2 \cdot Al_2O_3/CrO_3$ 25-1212; Aktivier. v. – (Polymerisat.-Katalysator) 26-2886*.

Berufskrankh. durch – 2-1560.

Verw.: in gegen Temp.-Änder. chem. u. mechan. widerstandsfäh. keram. glühfesten Mullitmassen 23-2507*; für Chromphosphatanstriche 16-3090*; für Kennzeichn.-Farben für Metalle 48-2805*; zum Konservieren v. antikem Holz 27-3490*.

Chronopotentiometr. Meth. zur Best. v. Sulfat in – 29-2078; Verw. in d. Dünnschichtchromatographie v. Monoglyceriden 12-1963; Unters. v. abgeschreckten – -Schmelzen 33-2499.

Mischoxide, Chromate

Chromspinell als petrogenet. Indikator 3-0786; Zus. u. Eig. v. durch Säuren aus Kimpersaj-Erzen isolierten *Chromspinellen* 14-2251; Lichtabsorpt. d. Cr^{3+} in oxid. Phasen 43-0282; Strukturätz. v. *Chromspinellen* 28-0190; Wärmeaktivität Kempirsajsker *Chromspinelle* 34-2316; Schnellanalyse v. Chromiten 45-2190.

Al: Gitterparameter v. α-Al_2O_3/Cr_2O_3-Mischkrist. 22-0221; Darst. u. Krist.-Chemie v. Cr-Sesquioxiden aus Cr_2O_3–Al_2O_3 24-0786; Darst. v. $5\,Al_2O_3 \cdot 3\,Cr_2O_3$-Einkrist. 46-0144; paramagnet. Resonanzunters. an Einkrist. d. Syst. α-Al_2O_3/Cr_2O_3 12-0359; EPR-Linienbreite v. mit schnellen Neutronen bestrahltem $(Al_2O_3)_{1-x}(Cr_2O_3)_x$ 21-0416; magnet. Suszeptibilität v. Cr_2O_3–Al_2O_3-Mischkrist. 41-0371; Absorpt.-Maximum für Ultraschallwellen in d. Nähe d. „Spin-Flop"-Übergangs einaxialer Antiferromagnete $[(Cr_2O_3)_{0,94}(Al_2O_3)_{0,06}]$ 17-0308.

Be: Herst. v. $Be(CrO_2)_2$ 10-2194*.

Bi: Röntgenograph. Unters. v. $BiCrO_3$ 45-0248.

Ca: Herst. v. – 28-2550*; Gitterparameter u. Abstände Anion–Kation in $CaCrO_3$ 28-0146.

Co: Herst. v. $Co(CrO_2)_2$ 10-2194*; IR-Hauptabsorpt.-Banden v. Cr_2CoO_4 19-0368; Einfl. d. Krist.-Deformat. auf d. Gitterschwing. v. $CoCr_2O_4$ 45-0311; thermodynam. Eig. v. $CoCr_2O_4$ 29-0598; Co–Chromit-Trägerkatalysator zur Ox. v. KW-Stoffen u. olefin. Bestandteilen v. Verbrenn.-Gasen 43-2569.

Cu: IR-Hauptabsorpt.-Banden v. Cr_2CuO_4 19-0368; Struktur v. $CuCr_2O_4$ 36-0193; Einfl. d. Krist.-Deformat. auf d. Gitterschwing. v. $CuCr_2O_4$ 45-0311; magnet. u. kristallchem. Eig. v. $CuCrO_2$ 24-0509; Adsorpt.-Geschw. v. Isopropylamin u. Aceton an Cu–Chromit-Katalysatoren 2-0613; Verpuff. v. $[N_2H_5] \cdot ClO_4$ mit $CuCrO_2$ als Katalysator 2-0631; Red. v. Dialkylterephthalat mit Cu–Chromit-Katalysator 2-2398* Steiger. d. Aktivität d. für d. Red. v. Fettsäureestern benützten Cu–Chromit-Katalysators ($CuO/CuCr_2O_4$) durch Wassergas-Rk. 4-0578; Zers. v. Alkenyl-β-hydroxycycloalkanen mit Cu–Chromit-Katalysator 10-2521*; Verbrenn v. NH_4ClO_4/Cu–Chromat(III)-Syst. 14-0657; Hydrieren v. Lactonen, Lactamen oder acycl. Estern in Ggw. v. mit Ba stabilisierten oder mit BaO aktiviertem Cu–Chromit 15-2629*; Einfl. v. $CuCrO_2$ auf d. Verbrenn.-Geschw. v. $N_2H_6(ClO_4)_2$ 31-0731; Entzünd. u. Verbrenn. v. NH_4ClO_4 in Ggw. v. Cu–Chromit als Katalysator 41-0574.

Dy: Magnet. Struktur v. $DyCrO_3$ 43-0480.

Er: Magnet. Strukturen v. $ErCrO_3$ 10-0472; Neutronenbeug.-Unters. d. magnet. Struktur v. $ErCrO_3$ 19-0523; Best. d. Erstarr.-Punktes v. $ErCrO_3$ 3-1918.

Eu: Bldg. v. kongruent schmelzendem $EuCrO_3$ im Syst. Eu_2O_3/Cr_2O_3 (Unters. d. Eig. 40-0471.

Fe: Mit Fe–Ti-Oxiden einiger Dunedin-Laven assoziierter Cr–Fe-Spinell 38-0819; röntgenspektroskop. Unters. v. $(5 - x)\,Fe_2O_3 \cdot x\,Cr_2O_3$ mit $x = 0 - 4$ 17-0381; IR-Hauptabsorpt.-Banden v. Cr_2FeO_4 19-0368; Einfl. d. Krist.-Deformat. auf d. Gitterschwing. v. $FeCr_2O_4$ 45-0311.

Fe–Al: Gitterkonst. im Syst. α-(Al, Fe, $Cr)_2O_3$ u. fihr Abweichen v. d. Vegardregel 45-0143.

Fe–Ca: Magnet. Phasengleichgew. in Cr-substituiertem Ca-Ferrit 32-0511.

Fe–Co: Gleichgew.-Beding. bei d. Red. v. $CoFe_xCr_{2-x}O_4$-Mischkrist. 41-0514.

Fe–Cu: Magnet. Suszeptibilität d. Syst. $CuCr_{2-x}Fe_xO_4$ 10-0491.

Gd: Best. d. Erstarr.-Punktes v. $GdCrO_3$ 3-1918.

Ho: Magnet. Strukturen v. Ho-Chromaten(III) 10-0472; Best. d. Erstarr.-Punktes v. $HoCrO_3$ 3-1918.

In: Darst. u. Struktur v. $CrInO_3$ 46-0249.

La: IR-Absorpt., diffuse Reflex.-Spektren u. therm. Zers. v. $LaCrO_3$ 22-0350; ^{53}Cr-NMR in $LaCrO_3$ 2-0330; Best. d. Erstarr.-Punktes v. $LaCrO_3$ 3-1918; Wärmeleitfähigk. u. Seebeck-Effekt v. $LaCrO_3$ 15-0282.

Li: Darst. v. $LiCrO_2$ u. $LiCr_5O_8$ 10-2194*; magnet. u. kristallchem. Eig. v. $LiCrO_2$ (Übersicht) 24-0509.

Li–Fe: Herst. v. $Li_{0,5}Cr_{1,25}Fe_{1,25}O_4$-Schichten 3-0212.

Lu: Magnet. Strukturen v. $LuCrO_3$ 10-0472.

Mg: Herst. v. $Mg(CrO_2)_2$ 10-2194*; IR-Hauptabsorpt.-Banden v. Cr_2MgO_4 19-0368; IR-Absorpt.- –, diffuse Reflex.-Spektren u. therm. Zers. v. $MgCr_2O_4$ 22-0350; Wrkg. v. Fe-halt. Schmelzen auf mit $MgCr_2O_4$ angereicherte Prod. 6-2211; Sinter. u. thermomechan. Eig. v. Magnesiochromit ($MgO \cdot Cr_2O_3$) 14-2250; Phasengleichgew.-Bezieh. d. quatern. Syst. $MgAl_2O_4/MgFe_2O_4/MgCr_2O_3/Ca_2SiO_4$ u. d. pseudoterm. Syst. $MgAl_2O_4/MgCr_2O_4/Ca_3MgSi_2O_8$ 30-0543.

Mg–Al–Fe: Phasengleichgew. u. Red.-Mechanismus v. Mischkrist. im Spinellbereich d. Syst. Mg/Al/Cr/Fe/O 34-0826.

Mg–Cu: Lichtabsorpt. v. Cu^{2+} in $Cu_x \cdot Mg_{1-x}Cr_2O_4$ 32-0337.

Mg–Fe: Bldg. stöchiometr. Spinelle im Syst. $MgO/Cr_2O_3/Fe_2O_3$ 33-0921; thermodynam. Eig. v. Mg-Ferritchromit 18-0504, 41-0433; Rk. v. Cr_2O_3 mit Mg–Cr-Ferriten 27-0805.

Mn: Herst. v. $Mn(CrO_2)_2$ 10-2194*; Mikrowellenresonanz in $MnCr_2O_4$ 49/50-0240; Einfl. d. Krist.-Deformat. auf d. Gitterschwing. v. $MnCr_2O_4$ 45-0311; Elektronentransport in $Mn_xCr_{1-x}O_2$ 18-0418; magnet. Eig. d. Mischoxide $Cr_{1-x}Mn_xO_2$ mit d. Krist.-Struktur v. Rutil 13-0491; Spinkorrelat.-Funkt. v. $MnCr_2O_4$ 24-0494.

Mn–Bi: Röntgenograph. Unters. v $BiMn \cdot O_3$–$BiCrO_3$-Mischkrist. 45-0248.

Mn–Cu: Ionenkonfigurat. u. kristallograph. u. elektr. Eig. v. $CuCrMnO_4$ 18-0422.

Mn–Cu–Fe: Einfl. d. Porosität auf d. Tensor d. magnet. Permeabilität polykrist. Mn–Cr–Cu-Ferrite 45-0458.

Mn–Fe: Konz.-Abhängigk. d. thermodynam. Funkt. im Mischkrist. $MnFe_2O_4$–$MnCr_2O_4$–Fe_3O_4 9-0558.

Mn–Mg: Röntgen- u. Neutronenbeug.-Unters. d. durch Jahn-Teller-Effekt verursachten Tetragonalen Verzerr. in $MgCr_{2-x} \cdot Mn_xO_4$-Spinell 33-0208.

Na: Herst. v. $NaCrO_2$ u. $NaCr_5O_8$ 10-2194*; magnet. u. kristallchem. Eig. v. $NaCrO_2$ 24-0509.

Na–As: Granatstruktur v. $\{Na_3\}[Cr_2] \cdot As_3O_{12}$ 37-0255.

Nd: IR-Absorpt.-, diffuse Reflex.-Spektren u. therm. Zers. v. $NdCrO_3$ 22-0350; Neutronenbeug.-Unters. d. magnet. Struktur v. $NdCrO_3$ 19-0523; Best. d. Erstarr.-Punktes v. $NdCrO_3$ 3-1918.

Ni: Herst. keram. Pigmente v. Spinelltyp aus d. Serie NiO–Cr_2O_3 4-1892; IR-Hauptabsorpt.-Banden v. Cr_2NiO_4 19-0368; Einfl. d. Krist.-Deformat. auf d. Gitterschwing. v. $NiCr_2O_4$ 45-0311; thermodynam. Eig. v. $NiCr_2O_4$ 29-0598; Ni–Chromit-Trägerkatalysator zur Ox. v. KW-Stoffen u. olefin. Bestandteilen v. Verbrenn.-Gasen 43-2569*.

Ni–Fe: Bezieh. zwischen Gitterkonst. u. chem. Zus. v. Spinellphasen im Syst. Fe/Cr/Ni/O, d. bei d. Ox. austenit. Stahls gebildet werden 8-0631; röntgenspektroskop. Unters. v. $NiCr_{2-x}/Fe_2O_4$ mit $x = 0 - 2$ 17-0381; magnet. Suszeptibilität d. Syst. $NiCr_{2-x} \cdot Fe_xO_4$ 10-0491.

Ni–Mn: Ionenkonfigurat. u. kristallograph. u. elektr. Eig. v. $NiCrMnO_4$ 18-0422.

P–Al: Gläser im Syst. $Al_2O_3/Cr_2O_3/P_2O_5$ 46-2133.

Pb: Krist.- u. magnet. Struktur v. $PbCrO_3$ 4-0396.

Pm: Gitterdaten, Darst. u. Farbe: v. $PmCrO_4$ 15-0242; v. $PmCrO_3$ 15-0243.

Pr: Best. d. Erstarr.-Punktes v. $PrCrO_3$ 3-1918.

Sc: Darst. u. Krist.-Chemie v. Cr-Sesquioxiden aus Sc_2O_3–Cr_2O_3 24-0786.

Seltenerdmetall–Sb: Magnet. Moment u. Curie-Temp. v. $(RE)_2{}^{3+}Cr^{3+}Sb^{5+}O_7$ (RE = Seltenerdmetall) 6-0479.

Sm: IR-Absorpt.-, diffuse Relfex.-Spektren u. therm. Zers. v. $SmCrO_3$ 22-0350; Best. d. Erstarr.-Punnktes v. $SmCrO_3$ 3-1918.

Sr–Nb: Absorpt. v. Cr^{3+}-Ionen in $SrCr \cdot NbO_6$ 27-0375.

Ta–Fe–Sr: Atomanord. im Syst. $Sr(Fe \cdot Ta)_{0,5}O_3/Sr(CrTa)_{0,5}O_3$ 2-0210.

Ta–Pb: Darst., Gitterdaten u, DK v. Pb_2CrTaO_6 23-0280.

Tb: Neutronenbeug.-Unters. d. magnet. Struktur v. $TbCrO_3$ 38-0532; magnet. Struktur v. $TbCrO_3$ 39-0386.

Ti: Gitterkonst. u. Darst. v. Cr_2TiO_5 17-0274.

Ti–Co–Mg: Bldg. u. Farbentw. v. Spinellen d. Syst. $CoO/MgO/TiO_2/Cr_2O_3$ 35-2268.

Ti–Co–Mg–Ni: Bldg. u. Farbentw. v. Spinellen d. Syst. $CoO/NiO/MgO/TiO_2/Cr_2O_3$ 35-2347.

Ti–Mg: Bldg. u. Farbentw. v. Spinellen d. Syst. $MgO/TiO_2/Cr_2O_3$ 35-2268.

Ti–Mg–Ni: Bldg. u. Farbentw. v. Spinellen d. Syst. $NiO/MgO/TiO_2/Cr_2O_3$ 35-2347.

Ti–Nb: Krist.-Struktur u. Fluoreszenz v. $CaTiNbO_6$ 31-0216.

Ti–Sb: Krist.-Struktur u. Fluoreszenz v. $CrTiSbO_6$ 31-0216.

Ti–Ta: Krist.-Struktur u. Fluoreszenz v. $CrTiTaO_6$ 31-0216.

Tl: Darst. u. Struktur v. $TlCrO_3$ 46-0249.

Tm: Magnet. Struktur v. $TmCrO_3$ 10-0472.

U: Gitterdaten, Darst. u. Reflex.-Spektrum v. $CrUO_4$ 28-0210.

V: Bldg. v. nichtstöchiometr. Phasen in d. Syst. $V_2O_5/VO_2/Cr_2O_3$ 1-0562.

V–Na: Granatstruktur v. $\{Na_3\}[Cr_2]\cdot(V_3)O_{12}$ 37-0255.

Y: Temp.-Abhängigk. d. magnet. Momente in Richt. d. kristallograph. Hauptachse in orthorhomb. $YCrO_3$ 1-0498; magnet. Strukturen v. Y-Chromaten (III) 10-0472.

Y–Al–Tm: Lebensdauer d. Fluoreszenz v. Cr^{3+} in $Y_{3-x}Tm_xAl_{5-x}Cr_xO_{12}$ 8-0298.

Y–Sb: Magnet. Moment u. Curie-Temp. v. Y_2CrSbO_7 6-0479.

Yb: Best. d. Erstarr.-Punktes v. $YbCrO_3$ 3-1918.

Zn: IR-Hauptabsorpt.-Banden v. $Cr_2\cdot ZnO_4$ 19-0368; Kristallisat.-Erschein. in Glasuren durch $ZnCr_2O_4$-Bldg. 28-2363; Einfl. d. Krist.-Deformat. auf d. Gitterschwing. v. $ZnCr_2O_4$ 45-0311; Herst. eines Zn–Chromat-Katalysators zur Herst. u. CH_3OH u. Isobutanol 11-2534*; Eig. v. Zinkchromatkatalysatoren d. Zus. $Cr_2O_3\cdot ZnO$ bei d. Hydrier. v. n-Hexan 34-0785; Synth. v. Alkoholen aus CO u. H_2 mit $ZnCr_2O_4$-halt. Katalysator 39-2545.

Zn–Co–Ni–Ti: Bldg. u. Farbentw. v. Spinellen d. Syst. $CoO/NiO/ZnO/TiO_2/Cr_2O_3$ 35-2349.

Zn–Co–Ti: Bldg. u. Farbentw. v. Spinellen d. Syst. $CoO/ZnO/TiO_2/Cr_2O_3$ 35-2268.

Zn–Fe: Eig. v. $ZnCr_2O_4\cdot ZnO\cdot Fe_2O_3$ bei d. Hydrier. v. n-Hexan 34-0785.

Zn–Fe–Ni: Mess. d. komplexen DK, d. komplexen magnet. Suszeptibilität u. d. nichtreziproken Dämpf.-Effektes v. Ferriten d. Zus. *44* Fe_2O_3 + *5* Cr_2O_3 + *18* NiO + *33*ZnO 14-0469.

Zn–K: IR-Spektrum v. $K_2O\cdot 4\,ZnO\cdot 4\,CrO_3\cdot 3\,H_2O$ 40-0263.

Zn–Ni–Ti: Bldg. u. Farbentw. v. Spinellen d. Syst. $NiO/ZnO/TiO_2/Cr_2O_3$ 35-2347.

Zn–Ti: Bldg. u. Farbentw. v. Spinellen d. Syst. $ZnO/TiO_2/Cr_2O_3$ 35-2268.

Zr–Mg: Techn. Eig. v. Zus. d. Syst. $MgO/Cr_2O_3/ZrO_2$ 35-2347.

Chromoxidhydrate, gegenseit. Adsorpt. v. Tonmineralien u. kolloidalem – 7-0632.

Chromperchlorate: Darst.: v. $[Cr(en)_2\cdot(H_2O)F](ClO_4)_2\cdot H_2O$ 11-0767; v. cis-$[Cr(H_2O)_2\cdot(propylendiamin)_2](ClO_4)_3\cdot 3\,H_2O$ 33-0758; IR-Spektrum v. $[Cr(DMSO)_6](ClO_4)_3$ 41-0068; photochem. Rk. v. $[Cr(NH_3)_5Cl](ClO_4)_2$ in H_2O 8-0649; Hydrolyse v. – 47-0480.

$Cr(ClO_4)_2$, Bldg. d. Thiochrom(III)-Ions $CrSH^{2+}$ aus Na_2S_x-Lsg. u. – unter N_2 51/52-0560.

$Cr(ClO_4)_3$, Polarographie v. – in 1,2-Propandiolcarbonat 37-0636; schnelle Mess. d. Diffus.-Koeff. v. – in Lsg. 21-0581; Viskosität v. wss. –-Lsg. 32-0631; Koagulat. u. Lad.-Umkehr lyophober Koll. aus – 30-0604.

Chromperoxide

Peroxochromsäuren s. unter *Chromsauerstoffsäuren.*

Synth. neuer Diperoxochrom(IV)-Komplexe mit Äthylendiamin, Propylendiamin u. Isobutylendiamin 3-0717; Verw. v. Diperoxoaminchrom(IV)-Verb. bei d. Synth. v. Cr(III)-Amin-Komplexen 7-0707, 7-0708, 43-0614, 43-0615; Zers. d. blauen Cr-Peroxids 16-0756; kinet. Unters. d. Rk. v. Peroxoverb. v. Cr(VI) in sauren Medien 47-0575.

Chromperoxochromat(V): $CrCrO_8$, Vorliegen v. – in „äther. blauem Peroxochromat" 32-0788.

Chromphosphate: im Syst. $Na_5P_3O_{10}/CrCl_3$/W. 41-0487; Herst. v. – enthaltenden Prod. (Verw.) 48-2791*; Chromtripolyphosphatglas, ein neuer anorgan. Ionenaustauscher für Alkalimetallionen 44-0610; Verw.: als Rostschutzpigmente 10-2952; zur Herst. v. feuerfestem Mörtel mit guter Haftfestigk. für Eisen, Stahl u. anderen feuerfesten keram. Prod. 9-2277*; Feuerfestbinder „EMBIX"-Al–Cr-Phosphat 25-2419.

$CrPO_4$, IR-Spektren hoher Auflös. v. – 40-0263; Stabilität v. koll., mit ^{32}P markiertem – gegen Isotopenaustausch 22-0647; Ionenaustausch-Eig. 37-0720; Ox. v. Propylen oder Isobuten mit –-halt. Katalysator 9-2535*; Eig. u. Aktivität d. mit – aktivierten Ca–Ni-Phosphat-Katalysators F-2 zur Dehydrier. v. Butylenen 16-2502; intrakavitäre Verabreich. v. ^{32}P-– in d. Kontrolle v. krebsinduzierten Absonder. 6-1234.

$Cr_4(P_2O_7)_3$, IR-Absorpt.-Spektrum v. H_2O-freiem – 43-0294.

$Cr_5(P_3O_{10})_3$, Bldg. v. $Cr_5(P_3O_{10})_3\cdot aq.$ (IR-Spektrum) im Syst. $Na_5P_3O_{10}/CrCl_3$/W. 41-0487.

Chromphosphide: Temp.-Abhängigk. d. magnet. Moments v. Cr_3P, Mn_3P, Fe_3P u. Ni_3P sowie ihrer Mischkrist. 9-0481.

CrP, elektrolyt. Darst. 15-0609; gerichteter Einbau v. – in InP 1-0222.

Chromselenide: Spinellstruktur u. Darst. v. $CuCrMeSe_4$ (Me = Sn, Hf, Ti, Zr) u. $AgCrSnSe_4$ 10-0232; Züchten v. $CdCr_2Se_4$-Einkrist. durch Transport über d. fl. Phase in Ggw. v. Pt als Katalysator 16-0207; Synth. u. Röntgenunters. v. Cr-Sulfid- u. Cr-Telluridseleniden 35-0717; Neutronenbeug.-Unters. v. antiferromagnet. $FeCr_2Se_4$ 37-0264; Vgl. d. Atomabstände in $CuCr_2Se_4$ u. $CuCr_2Se_3Br$ 45-0258; Neutronenbeug. u. elektr. Transporteig. v. $CuCr_2Se_4$ 10-0474; Verh. v. $ZnCr_2Se_4$ mit spiralförm. Spinanordn. in einem Magnetfeld 2-0485; magnet. Eig. d. Syst. $ZnCr_2Se_4/CdCr_2Se_4$ 6-0480; ferromagnet. Resonanz v. $CdCr_2Se_4$-Einkrist. 10-0362; NMR in $CuCr_2Se_4$ 13-0368; ferromagnet. Resonanz u. andere Eig. v. $CdCr_2Se_4$-Einkrist. 15-0383; magnet. u. elektr. Eig. v. $Me_{1-x}Cu_xCr_2Se_4$ (Me = Zn, Cd, Hg) 19-0538; Cu-NMR in paramagnet. u. ferromagnet. $CuCr_2Se_4$ 22-0378; magnet. Eig. u. Krist.-Struktur v. Mischkrist. d. Syst. (1 – x) $Cd\cdot Cr_2S_4\cdot x\,CdCr_2Se_4$ 33-0656; Neutronenbeug.-Unters. d. magnet. u. Krist.-Struktur v. $CuCr_2Se_4$ 35-0391; magnet. Widerstandsänder. v. n-leitendem $CdCr_2Se_4$ 38-0447; Cu auf tetraedr. Plätzen in $CuCr_2Se_4$ (magnet. u. Leitfähigk.-Unters.) 38-0546; NMR v. Cu in $CuCr_2Se_4$ 48-0348; ferri- u. antiferrimagnet. Resonanz in $ZnCr_2Se_4$ 49/50-0240; strukturelle, elektr. u. therm. Parameter v. VCr_2Se_4, $FeCr_2Se_4$ u. $NiCr_2Se_4$ 29-0480; Gitterparameter, elektr. u. therm. Leitfähigk. u. Thermo-EMK v. Cr_2Se_3 u. Cr_3Se_4 33-0528.

CrSe, Multiplettstruktur d. $K\alpha_{1,2}$- u. $K\beta_1$, β'-Linien d. Röntgenspektren v. – 16-0073; Gitterparameter, elektr. u. therm. Leitfähigk. u. Thermo-EMK v. – 33-0528.

Chromsilicate, Verw. v. – als Sinterhilfe für Dolomit, Magnesit u. Kalk 44-2161*.

Chromsilicide: Existenzbeding. u. Eig. v. – 11-0604; Gitterparameter fester Lsg. v. $CrSi_2$ mit VSi_2 u. $TiSi_2$ 17-2471; Röntgenstrukturanalyse v. $RCrSi_2$ mit R = Zr, Ti, Hf, V, Nb, Ta 32-0233; Temp.-Koeff. d. Widerstandes v. dünnen –-Schichten 4-0365; Verw. v. im Vakuum aufgedampften –-Schichten bei hoher Temp. zur Best. v. Widerstandsänder. bei Einw. mechan. Spann. 25-0478; Bandstruktur u. Supraleit. v. Cr_3Si 31-0481; elektr. Widerstand einiger Cr–Si-Leg. 39-0360; elektr. u. magnet. Eig. v. Mischkrist. aus $CrSi_2$ u. VSi_2 oder $TiSi_2$ 16-0448.

Cr_3Si, Druckeffekt auf d. Reflex.-Vermögen v. gepreßtem – 20-0253; Transportrk. zur Darst. v. –-Krist. 12-0201; elast. Konst. u. Besonderh. d. Elektronenstruktur 1-0311; Viskosität v. fl. – 13-0535; Einfl. v. Temp. u. Zus. auf d. D. u. Oberflächenenergie v. – 31-0699.

Cr_5Si_3, Viskosität v. fl. – 13-0535; Einfl. v. Temp. u. Zus. auf d. D. u. Oberflächenenergie v. – 31-0699.

CrSi, elast. Konst. u. Besonderh. d. Elektronenstruktur 1-0311; Symmetrie d. atomaren Umgeb. u. magnet. Eig. 15-0500; Viskosität v. fl. – 13-0535; Einfl. v. Temp. u. Zus. auf d. D. u. Oberflächenenergie v. – 31-0699.

$CrSi_2$, Transportrk. zur Darst. v. –-Krist. 12-0201; Härte u. E-Modul v. – 22-2486; Anisotropie d. thermoelektr. Eig. in –-Einkrist. 13-0385; Viskosität v. fl. – 13-0535.

Chromsulfate: IR-Absorpt.-Spektren v. wasserfreien u. hydratisierten Cr(III)-Sulfaten 3-0144; Isotypiebezieh. in d. Reihe d. Cr-, Al- u. Ga-Sulfate 6-0182; Elektronenstruktur v. Guanidiniumhexaquochrom(III)-sulfat 43-0117; Struktur v. Guadiniumchromsulfathexahydrat 43-0463; Entropieänder. bei d. isothermen Magnetisier. v. Kaliumchromalaun bei d. Temp. d. fl. He 10-0480; Best. sehr tiefer Temp. aus d. Mess. d. magnet. Suszeptibilität v. Methylamin-Cr-Alaun u. K–Cr–Alaun 43-1877; Verteil. d. Stroms bei d. Elektrolyse v. – 39-0546; dielektr. Verh. v. an teilweise dehydratisierten Alaunen (KCr-Sulfate) adsorbiertem W. 32-0686; Bind. v. $Cr_2(OH)_2(SO_4)_2\cdot Na_2SO_4$ bzw. $Cr_2\cdot(OH)_4SO_4\cdot 2\,Na_2SO_4$ durch Kollagen 46-0608; Rk.-Mechanismus d. Bind. v. $Cr_2(OH)_2\cdot(SO_4)_2\cdot Na_2SO_4$, $Cr_2(OH)_4SO_4\cdot 2\,Na_2SO_4$ u. $Cr_8\cdot(OH)_{18}(SO_4)_3\cdot 9\,Na_2SO_4$ durch Kollagen 46-0609.

Maskierende Wrkg. v. α-Hydroxocarbonsäuresalzen auf bas. – 22-3256.

Färb. v. Nucleinsäuren mit Gallocyanin-Chromalaun (Leberzellen) 1-1098; Gallocyaninchromalaunfärb. für pflanzl. Nucleinsäuren 1-1099; Verw. v. Chromalaun zur Unters. d. Nucleinsäure in Pflanzen mit d. zytochem. Lumineszenzmeth. 17-1445; Gallocyanin–Cr–Alaun-Farblsg. (Einfl. d. Herst.-Meth. auf ihre Aktivität) 44-1892.

$CrSO_4$, Red. v. $CuSO_3$-Lsg. mit – in/ohne Ggw. v. Ag^+, Pd^{2+}, $[PtCl_6]^{2-}$, Mn^{2+} u. $[Fe(CN)_6]^{4-}$, NCS^- 2-0725; potentiometr. Titrat. d. Red.-Prod. v. $(P_2W_{18}O_{62})^{6-}$ u. $(As_2W_{18}O_{62})^{6-}$ mit – 5-0642; Mechanismus d. Red. v. Hg-organ. Verb. durch wss. –-Lsg. 12-0641; Standardisier. v. Os(VIII)-Lsg. durch potentiometr. Titrat. mit – 33-2238.

$Cr_2(SO_4)_3$, Multiplettstruktur d. $K\alpha_{1,2}$- u. $K\beta_1$, β'-Linien d. Röntgenspektren v. – 16-0073; W.-Abgabe in Abhängigk. v. d. Dampfdruck stabiler –-Hydrate 7-0543.

Chromsulfide: Cr_2S_5 als neue Phase im Syst. Cr/S 7-0552; Darst.: v. $CoCr_2S_4$ 9-0240; v. Thiochromiten 43-0612; dünner ACr_2S_4-Schichten (A = Mn, Fe, Co, Cu, Zn) 45-0179; v. ACr_2S_4 (A = Mn, Zn, Cd) 51/52-0115; Bldg. d. Thiolochrom(III)-Ions $CrSH^{2+}$ aus Na_2S_x-Lsg. u. $Cr(ClO_4)_2$ unter N_2 51/52-0560.

Elektronen-Absorpt.-Spektrum v. Natriumthiochromit $NaCrS_2$ 37-0357.

Spinellstruktur u. Darst. v. $CuCrMeS_4$ (Me = Hf, Ti, Sn) u. $AgCrSnS_4$ 10-0232; Darst. u. Gitterparameter v. CrL_2S_4 (L = Y, Ho, Er, Tm, u. Yb) 16-0234; Phasenumwandl. v. ACr_2S_4 mit A = Mn, Fe, Co, Cu, Zn 31-0166; Synth. u. Röntgenunters. v. Cr–Sulfid- u. Cr–Tellurid-Seleniden 35-0717; Cu auf tetraedr. Plätzen in $Cu[Cr_2]S_4$ 38-0546.

Supraleit. in $CuRh_{0,992}Cr_{0,008}S_4$ 27-0542.

Magnet. Eig. d. Syst. $HgCr_2S_4/CdCr_2S_4$ 6-0480; ferromagnet. Resonanz v. $CdCr_2S_4$ Einkrist. 10-0362; Struktur u. magnet. Eig. v. Cr_2NiS_4 10-0476; magnet. induzierter elektr. Feldgradient an zweiwert. Fe auf Tetraederplätzen aus Mössbauer-Unters. an ^{57}Fe in $FeCr_2S_4$ 12-0468; Unters. d. ferrimagnet. u. antiferromagnet. Strukturen v. Cr_5S_6 durch Neutronenbeug. 17-0536; Ferromagnetismus v. $CuCr_2S_4$ 19-0538; unendliche Ansamml. in nichtgeordneten magnet. Mischkrist. $Mn_x\cdot Cr_{1-x}S$ 28-0500; magnet. Eig.: d. Spinellsyst. $Fe_{1-x}Cu_xCr_2S_4$ 28-0503; Krist.-Struktur v. Mischkrist. d. Syst. (1 – x) $CdCr_2S_4\cdot x\,CdCr_2\cdot Se_4$ 33-0656; effektive Feldparameter in d. Mössbauer-Spektroskopie v. Fe für $FeCr_2S_4$-Pulver 41-0361; Mössbauer-Spektren v. $Fe\cdot Cr_2S_4$ 43-0478; magnet. Struktur: v. $CoCr_2S_4$ 45-0444; u. Metamagnetismus v. $HgCr_2S_4$ 48-0555; ferri- u. antoferromagnet. Resonanz in $ZnCr_2S_4$ 49/50-0240.

Gitterparameter, elektr. u. therm. Leitfähigk. u. Thermo-EMK v. Cr_7S_8 33-0528.

CrS, Bldg.-Wärme 32-0579; Multiplettstruktur d. $K\alpha_{1,2}$- u. $K\beta_1$, β'-Linien d. Röntgenspektren v. – 16-0073.

Cr_2S_3, Darst. u. physikal.-chem. Eig. v. – 7-0706; Zücht., Farbe, Form u. Gittertyp v. –-Krist. 9-0240; elektr. Leitfähigk., Wärmeleitfähigk., Thermo-EMK, Hall-Konst., Mikrohärte, Wärmeausdehn.-Koeff. sowie Bandbreite 2-0398; Darst. v. Cr_2S_5 durch Rk. v. S mit – 7-0552; Verlauf d. Festkörperrk. zwischen ZnS u. – unter Bldg. v. $ZnCr_2S_4$ 8-0629.

Chromtantalat(V): $CrTaO_4$, magnet. Eig. v. – mit Rutilstruktur 18-0484.

Chromtellurate(VI), Stabilitäts- u. Leitfähigk.-Änder. v. –-Solen während d. Koagulat. bei verschiedenen Dialysestufen 42-0494.

Chromtelluride: Neutronenbeug.-Unters. d. ferromagnet. Verb. $TiCr_2Te_4$ 10-0475; Synth. u. Röntgenunters. v. Cr–Sulfid- u. Cr–Tellurid-Seleniden 35-0717; Cu auf tetraedr. Plätzen in $Cu[Cr_2]Te_4$ (magnet. u. Leitfähigk.-Unters.) 38-0546; Hall-Effekt in – 7-0402; Mess. d. gewöhnl. Hall-Effektes in magnet. Krist. u. Anwend. auf d. Syst. Cr/Te 29-0482; Fl.-Transporterschein. bei $Cr_{1-x}Te_{1+x}$-Leg. in paramagnet. Zustand 38-0449; NMR in $CuCr_2Te_4$ 13-0368; Ferromagnetismus v. $CuCrTe_4$ 19-0538; NMR v. $CuCr_2Te_4$ 48-0348; NMR-Resonanz-Best. d. ^{151}Te-Hyperfeinfeldes in ferromagnet. $CuCr_2Te_4$ 48-0349.

CrTe, Multiplettstruktur d. $K\alpha_{1,2}$- u. $K\beta_1,\beta'$-Linien d. Röntgenspektren v. – 16-0073; Durckeinfl. auf d. Curie-Temp. 19-0537; NMR in – 29-0392.

Cr_3Te_4, NMR in – 29-0392.

Chromthiocyanate bzw. -thiocyanatokomplexe

Synth. v. $[Cr(en)_2(H_2O)F](SCN)_2 \cdot 0,5\ H_2O$ u. $[Cr(en)_2F(NCS)(NCS)]$ 11-0767; Herst.: v. $Cr(CO)_5SCN$ 15-0747; u. Isomerisier. d. schwefelgebundenen Monothiocyanat-Komplexes v. Cr(III) 3-0718; Red. v. $Cr_2(CO)_{10} \cdot SCN$ mit Na-Amalgam in THF 15-0746; Rk. zwischen Picolinen- u. Cr(III)-thiocyanat 30-0728.

Thiocyanatochromsäuren:

Darst. v. $[Cr_2(CO)_{10}SCN]^-$ 15-0746; Chromatographie v. Cr-Thiocyanatanionkomplexen auf mit höheren tert. Aminen imprägniertem Papier 21-2145.

Thiocyanatochrom(III)-säuren:

Zusammenhang zwischen d. polarograph. u. spektrophotometr. Charakteristiken v. $[Cr(CNS)_4Py_2]^-$ 16-0643.

$H[Cr(SCN)_4(NH_3)_2]$, Zusammenhang zwischen d. polarograph. u. spektrophotometr. Charakteristiken v. $[Cr(CNS)_4(NH_3)_2]^-$ 16-0643.

Salze

Ammonium-, *Blei-*, *Cadmium-*, *Chrom-*, *Eisen-*, *Kalium-*, *Kobalt-*, *Kupfer-*, *Mangan-*, *Nickel-* u. *Zinkthiocyanatochromate(III)* s. dort..

Darst.: d. 1.3-Dialkylimino-1.1.3.3-tetraamido-4.4-dihydridoketadiphosphonitrilium-Salzes 19-0823; d. Tetraaminophosphonium-Salzes 33-0857; spektrophotometr. Unters. über d. *Reineckate* organ. N-Basen 49/50-0051; Koordinat.-Vermögen v. N-methylsubstituierten Phosphorsäurenamiden mit – u. d. Extrakt.-Verh. d. gebildeten Komplexe 3-0765; photometr. Best. v. Te mit Thioharnstoff/*Reinecke-Salz* 23-2116; Differenzier. v. Polyäthylenglykolen mit *Reinecke-Salz* 49/50-2047.

$H_3[Cr(NCS)_6]$, Temp.-Abhängigk. d. $^2Eg \to {}^4A_{2g}$-Phosphoreszenz glasart. erstarrter Lsg. v. $[Cr(SCN)_6]^{3-}$ in Glycerin–W. u. Formamid–Methanol 28-0341; Berechn. v. $[Cr(NCS)_6]^{3-}$ mit Hilfe d. Ligandenfeldtheorie 27-0089; Elektronenanreg.-Vorgänge u. Bind.-Verhältnisse in $[Cr(NCS)_6]^{3-}$ 40-0042; Chemie: d. Säure – 32-0789, 32-0790; d. Hexathiocyanatochrom(III)-ions 38-0693, 43-0613; Isotopenaustausch in d. Syst. $[Cr(CNS)_6]^{3-}/{}^{14}CNS^-$ (Mechanismen, Aktivier.-Energien) 41-0578.

Salze

Kalium- u. *Palladiumthiocyanatochromate(III)* s. dort.

Bldg. v. Pyridinium- u. γ-Picolinium-thiocyanatochromaten(III) 30-0728; Darst. d. Hexathiocyanatochromate: einiger heterocycl. N-Basen 32-0789; einiger aliphat. u. aromat. Mono- u. Diamine 32-0790; Absorpt.- u. Reflex.-Spektren im sichtbaren u. nahen UV-Bereich v. $[(C_{16}H_{33})(CH_3)_3N]_3[Cr(NCS)_6]$ 35-0065; physikal.-chem. Unters. d. Rk. zwischen Schwermetallen u. Thiocyanatochromat(III) 6-0750.

Chromthiocyanatochromate(III), Polymerisieren v. Äthylen mit Katalysatoren aus $(Alkyl)_3Al$ u. Bis-arenchromtetrathiocyandiammonochromat 19-2956*.

Chromuranat(VI): $CrUO_4$, Struktur d. neuen Verb. $UFeO_4$ sowie Isomorphie mit – 34-0216.

Chromvanadate(V): Darst. u. Unters. d. Chrommetavanadate $[(H_2O)_4Cr{-}\mu(OH)_2 \cdot Cr(H_2O)_4](VO_3)_4$ u. $(Cr_2O)(VO_3)_4$ 30-0727.

$CrVO_4$, Bldg. v. – bei d. Zers. v. $[Cr \cdot (H_2O)_6] \cdot (VO_3)_3 \cdot 0,5\ H_2O$ u. $[Cr(H_2O)_6] \cdot (VO_3)_3 \cdot 2\ H_2O$ 3-0716; Darst. u. Unters. 30-0727; Best. d. Metallatomlagen in – durch Röntgenabsorpt.-Spektroskopie 1-0254.

$Cr(VO_3)_3$, Bldg. v. *2* allotropen Formen v. – bei d. Dehydratat. v. $[Cr(H_2O)_6] \cdot (VO_3)_3 \cdot 0,5\ H_2O$ u. $[Cr(H_2O)_6] \cdot (VO_3)_3 \cdot 2\ H_2O$ 3-0716; Ox. v. Propylen oder Isobuten mit –-halt. Katalysator 9-2535*.

Organische Chromverbindungen

H_2CrO_4-Ester s. unter *Chrom(VI)-säuren*: *H_2CrO_4*.

Sigma-gebundene Organo-Cr-Verb. u. Wasserstoffübertrag.-Rk. 3-0724; elektrochem. Unters. an Organo-Cr-Carbonylkomplexen 7-0609; Elektrochemie v. Organo–Cr-Verb. 7-0610; Darst. eines Komplexes mit einer sek. C–Cr-Bind. sowie v. luftbeständ. Komplexen mit prim. C–Cr-Bind. 12-0712; Herst. (Eig.) v. Organochromverb. als Korros.-Inhibitoren für organ. Überzüge 15-2505; Verw. v. Organo–Cr–Carbonyl-Verb. als Fungizide 15-3194*; Darst. v. wasserlösl. σ-gebundenen Organo–Cr-Verb. (unsubstituierte u. substituierte Dichloro-tris-[pyridin]-benzylchrom(III)-Komplexe) 20-0737; Färben v. tier. Fasern mit Cr-halt. Farbstoffen 22-2794*; Eig. u. Verw. Cr-halt. Komplexfarbstoffe 33-2982; katalyt. Aktivität v. Cr–π-Komplexen 37-1228; Rk. v. Cr-Carbonylkomplexen mit zweizähn. Liganden mit Lewis-Basen unter Ligandenaustausch 43-0620.

Rk.: v. (Norbornadien)$Cr(CO)_4$ mit o-Allylphenyldiphenylphosphin(L) 2-0716; v. CO mit Phenylderiv. d. Cr 3-0764; Verw. einer aromat. Cr-Tricarbonylverb. in Motortreibstoffen 4-2211*; IR-Intensitäten v. $C_6H_6 \cdot Cr(CO)_3$, $C_6(CH_3)_6Cr(CO)_3$ u. $Cr(NO)_2(C_5H_5)Cl$ 6-0127; Herst. u. Verw. v. Cyclopentadienyl–Cr–Carbonyl-Verb. 6-2562*; Spektren im fernen IR v. kub. $(C_6H_6)_2Cr$ 7-0143; elektrochem. Unters. u. Unters. d. nukleophilen Verh. v. Cyclopentadienyl–Cr–Carbonyl-Komplexen 7-0611; komplexe σ-Alkylchromverb. 7-0709; Synth. v. [π-Chromtricarbonylstyryl]-aromaten durch Wittig-Rk. 7-0711; Deuterolyse v. $(C_6H_5CH_2)_3Cr$, Bldg. v. Toluol, Dibenzyl, 2-Benzyltoluol, π-(2-Benzyltoluol)-π-(toluol)-chrom 9-0728; Herst. v. Arenchromtricarbonyl 10-2334*; katalyt. Red. v. Bis-[diphenyl]-chrom(I)-jodid mit d. Syst. $NaBH_4/[Co(bipy)_3]Cl_2$ 11-0652; Bldg., IR- u. NMR-Spektren v. $C_8H_8Cr(CO)_3$ 11-0772; IR- u. ^1H-NMR-Spektren v. Tricarbonylchrom-π-aromatenkomplexen 12-0168; Verw. v. Cyclopentadienyl–$Cr(CO)_3$-Salzen als Fungizide 13-3058*; ^1H-KMR-Spektren v. Cr(0)-Tricarbonylkomplexen mit p-substituierten Toluolen 14-0155; vergleichende Unters. d. Temp.-Abhängigk. d. NMR-Spektren analoger cycl. Polyolefinkomplexe d. Cr, Mo u. W 14-0157; Bldg. d. Bis-[aren]-chrom-Kations bei Einw. v. CO auf d. Rk.-Misch. v. C_6H_5MgBr mit $CrCl_3$ in Ae. 14-0726; Darst. u. Verw.: v. Bis-biphenylchromdichromat $[(C_6H_5 \cdot C_6H_5)_2 \cdot Cr]_2Cr_2O_7$ 15-2959*; v. Bis-(biphenylchrom)-Verb. 15-2960*; Reaktivität v. π-Cyclopentadienylchromdicarbonylnitrosyl gegenüber d. Friedel-Crafts-Acetylier. 16-0708; Massenspektren u. Stereochemie v. Cyclopentadienylchromtricarbonylen 18-0163; durch Trimethyl-Cr, Trivinyl-Cr, Triäthyl-Cr, Triphenyl-Cr, Bis-benzolmethyl-Cr u. schwarzen Cr-π-Komplex katalysierte Polymerisat. v. Butadien 18-1097; Stereochemie v. Tricarbonylcycloheptatrienchromderiv. (1-Phenylcycloheptatrien-(2.4.6)-chromtricarbonyl) 19-0259; Polymerisieren v. Äthylen mit Katalysatoren: aus Bis-biphenylchromchromat u. $(Alkyl)_3Al$ 19-2955*; aus $(Alkyl)_3Al$ u. Bis-arenchromtetrathiocyandiammonchromat bzw. -tetrathiocyandianilinochromat 19-2956*; aus Bis-arenchromVerb. 19-2957*; Übergang v. σ-Arylchromverb. in Aromaten–Cr-Komplexe (σ-Mesitylverb. d. dreiwert. Cr) 22-0759; Färben v. Cr-halt. Olefinfasern 22-2796*; Darst. v. Tetracarbonyl-(hexamethylbicyclo-[2.2.0]-hexadien)-chrom(0) 23-0810; Schwing.-Spektren v. $Hg[Cr(CO)_3(C_5H_5)]_2$ 24-0117; ESR-Spektren v. Cr(I)-Komplexen mit Toluol 24-0130; Problem d. Überganges v. σ-Arylchromverb. in Aromaten–Cr-Komplexe (Mechanismus d. Bldg. v. Aromaten–Cr-Komplexen aus $(C_6H_5)_3Cr(THF)_3$ bzw. aus $(p\text{-}CH_3 \cdot C_6H_4)_3Cr(THF)_4$ durch Einw. organ. Lsgm.) 25-0738; Verw. eines Diaryl–Cr-Salzes als Korros.-Schutzmittel in Schmierölen u. hydraul. Fl. 26-2784*; Struktur d. Chromylchloridkomplexe v. Phenylmethanen 27-0850; Nachbargruppeneffekte bei d. Aren-π-Komplexbldg. mit Cr 27-0851; Konfig. v. opt. akt. Benzoltrichromcarbonylderiv. 27-0859; Umsetz. v. Natriumpentaphenylchromat(III) u. Lithiumhexaphenylchromat(III) mit $CrCl_3$-Tris-[tetrahydrofuran] in Ae. 28-0744; magnet. Eig. u. Absorpt.-Spektren v. $Cr(C_6H_6)_2$ u. $[Cr(C_6H_6)_2]^+$ 29-0067; massenspektroskop. Unters. v. Benzolcyclopentadienylmangan, Vgl. mit Bis-[benzol]-chrom 29-0127; NMR-Spektren d. Bis-[methylcyclopentadienyl]–Cr-Verb. 30-0098; intramol. Wasserstoffübertrag. in Aren-Komplexen v. Cr u. ihre Bldg. aus $CrCl_3$ u. Li-Naphthalid in THF 39-0601; Elektronenaustauschwechselwrkg. zwischen d. Bis-[biphenyl]-chrom(III)-Kation u. Aquo-Ionen v. Metallen 39-0602; ^1H-NMR-Spektren v. Naphthalinchrom(0)-tricarbonyl u. seinen Deriv. 40-0626; elektrophile Substitut.-Rk. v. Arenchromtricarbonylen 40-0627; Übergang v. σ-Aryl–Cr-Verb. in Aromaten–Cr-Komplexe (Mesityl- u. Naphthyl-Verb. d. zweiwert. Cr) 45-0693; Rk. v. Cyclopentadienylchromdinitrosylchlorid mit Elektronendonatoren 45-0694; Darst. v. Na- u. Li-Tetraphenylchromaten(III) 51/52-0562.

Gütemodulat. d. Resonators eines Rubinlasers mit Hilfe transparenter Cr-Verb. d. Phthalocyaninreihe 2-0348; Darst. v. elektronenreichen Komplexen d. Cr mit 2.2′.2″-Tripyridyl 3-0721; Bldg. u. IR-Spektren v. Addukten aus Cr-Carbonylen u. 2.8.9-Trioxa-1-phosphaadamantan 4-0607; Bldg. v. $Cr \cdot (CO)_5(DMP)$ bzw. $Cr(CO)_3 \cdot 3\,(DMP)$ u. $Cr \cdot (CO_4)(terpy)$ bzw. $Cr(CO)_3(terpy)$ bei d. Rk. v. $Cr(CO)_6$ mit Terpyridyl (terpy) bzw. 2.6-Dimethylpyrazin (DMP) 7-0717; Herst.: v. Thiophen–Cr(0)-tricarbonylkomplexen 7-2640*; v. $Cr(CO)_5A$ (A = Pyrrolidin) 8-0705; Kinetik d. Synth. v. Tricarbonylcycloheptatrien-, -naphthalin- bzw. -hexamethylbenzolchrom aus Tetracarbonylnorbornadienchrom u. d. Liganden 10-0646; Substitut. v. Cr in isomeren u. N-Methyl-substituierten Pentaquopyridiomethylchrom(III)-Ionen $[(HN^+ \cdot C_5H_4CH_2)Cr(H_2O)_5]^{3+}$ durch Hg bei Zusatz v. $HgCl_2$ bzw. $HgBr_2$ 12-0648; Darst.: u. Eig. d. Komplexes v. Trimethylamin-N-oxid mit Cr 14-0744; v. Pyrrolylchrom-Verb. 15-0749; Substitut. v. CO in $[Cr(CO)_4$-o-phen$]$-Komplexen durch $P(OCH_2)_3CCH$ (Kinetik) 16-0701; elektrolyt. Red. d. Bis- u. Tris-[2.2′-dipyridyl]-chrom(III)-Komplexe 17-0688; magnet. Eig. einiger Cr(III)-Komplexe mit Bipyridin u. Phenanthrolin 18-0149; Synth., Krist.-Struktur u. magnet. Eig. v. Cr(II)-Phthalocyanin (β-Form) 19-0872; Wechselstrompolarographie d. Tris-[2.2′-dipyridyl]-chrom(III)-Ions 20-0567; Berechn. v. Cr(III)-Komplexen mit Pyridin-N-oxid mit Hilfe d. Ligandenfeldtheorie 27-0089; Bldg. v. 1-Methyl-1.2-dihydropyridinchrom(0)-tricarbonyl 29-0826; vergleichende Unters. d. Chinolin- u. Hexamethylentetramin-Komplexe mit äther. blauem Peroxochromat im Zusammenhang mit d. Konstit. d. blauen u. roten Peroxochromate 32-0788; polarograph. Unters. d. Red. v. Ammoniumtetrathiocyanato-bis-[pyridin]-chromat(III) 33-0730; magnet. Moment v. Cr-Komplexen mit Bipyridin u. Phenanthrolin 34-0076; Darst.: v. Cr-Phthalocyanin 36-0708; v. $Cr(CO)_4L$ (L = phen) 38-0703; magnet. Momente, Absorpt.-Spektren im sichtbaren Bereich v. Cr(III)-Komplexen mit 4-substituierten Pyridin-N-oxiden 39-0073; Darst.: u. Eig. v. Alkali- bzw. Erdalkalimetallverb. d. Tris-[2.2′-Bipyridyl]-chroms ($LiCrbipy_3 \cdot 4\ THF$, $Na_2Crbipy_3 \cdot 7\ THF$, $Na_3Crbipy_3 \cdot 7\ THF$ u. $Ca_2Crbipy_3 \cdot 7\ THF$) 40-0625; v. Tris-[o-pyridyl-(2)-phenyl]-chrom(III) aus $CrCl_3 \cdot 3\ THF$ u. o-Pyridyl-(2)-phenyllithium 43-0712; v. Cr–Carbonyl-Polypyrazolyl-(1)-boraten mit anderen Liganden 51/52-0520; eines Zweikernkomplexes d. Cr mit Dioxan als Brückenliganden 51/52-0558; v. Komplexen v. Cr(II)-Halogeniden mit THF 51/52-0561.

Krist.- u. Molekularstruktur v. Dichloro-tris-[tetrahydrofuran]-p-tolylchrom(III) 5-0264; Darst. v. Cr–Carbonyl-Deriv. v. Tetrafluorbenzobicyclo-[2.2.2]-octatrien 32-0805.

Darst. Cr-halt. Azofarbstoffe 1-2594*, 1-2595*, 2-2559*, 3-2789*, 3-2791*, 5-2773*, 9-2711*, 9-2716*, 9-2718*, 9-2725*, 9-2819*, 10-2708*, 10-2712*, 11-2709*, 13-2735*, 14-2708*, 14-2715*, 15-2834*, 15-2841*, 17-3004 bis 17-3006*, 21-2968*, 22-2814*, 23-2998*; 23-2999*, 24-2664*, 24-2665*, 24-2668*, 24-2669*, 25-2957*, 25-2958*, 26-2828*, 26-2832*, 28-2791*, 28-2792*, 28-2794*, 29. 2956*, 29-2960*, 29-2962*, 31-3070*, 31-3071*, 31-3075*, 33-2995*, 33-2998*, 33-3000*, 33-3001*, 34-2656*, 39-2812*, 39-2813*, 42-2513*, 43-2822*, 43-2825*, 45-2953*, 49/50-2784*.

Färber. Verw. Cr-halt. Azofarbstoffe 27-3069*, 30-2654*, 31-3046*, 36-2731*.

Acidotetraäthylenpentaminkomplexe d. Cr(III) 1-0727; Synth.: u. Spalt. d. cis-Difluoro-bis-[diamin]-chrom(III)-jodids 2-0713; neuer Diperoxochrom(IV)-Komplexe mit Äthylendiamin, Propylendiamin u. Isobutylendiamin 3-0717; Bldg., IR-Spektrum u. magnet. Eig. v. $CrCl_3 \cdot 2\ N(CH_3)_3$ 3-0722; Krist.- u. Molekularstruktur v. Tricarbonylchrom-o-toluidin 4-0216; koordinative Verb. v. Aminoxiden mit Cr 6-0095; Verw. v. Diperoxoaminchrom(IV)-Verb. bei d. Synth. v. Cr(III)–Amin-Komplexen 7-0707, 7-0708; Bldg. v. $Cr(CO)_5A$ (A = aliphat. Amin) 8-0705; Darst. v. $[Cr(en)_2(H_2O)F]X_2$ (X = Cl, Br, J, SCN, ClO_4) u. $[Cr(en)_2FY]Y$ (Y = Cl, Br, SCN) 11-0767; Effekte d. nichtbrückenbildenden Liganden in cis- u. trans-$[Cr(en)_2 \cdot Cl_2]^+$ sowie cis- u. trans-$[Cr(en)_2(H_2O)Cl]^{2+}$ bei d. durch Cr(II) katalysierten Dissoziat. d. Komplexe (Kinetik) 12-0647; Elektronenspektren v. trans-$[Cr(III)en_2b_2]$ mit b = Br^-, Cl^- u. H_2O 13-0126; Zirkulardichroismus v. Cr-Komplexen mit N.N-Bis-[picolyl-(2)]-1-methyl-1.2-diaminoäthan 14-0108; Isomerisier. v. cis- u. trans-$[CrCl_2(en)_2]^+$ in wasserfreiem DMF 16-0700; Darst.: v. $[Cr(en)_3] \cdot [Ni(CN)_5] \cdot 2\ H_2O$ 16-0761; v. *1:1*-Komplexen

v. Cr(III)-Salzen mit 1.4.8.11-Tetraazaundecan 18-0752; Einfl. d. Ringgröße u. Konformat. auf d. Rotatorstärke v. Cr-Komplexen mit Aminen 19-0113; Hydrolyse v. trans-$[CrCl_2en_2]^+$ 20-0640; Ligandenfeldstärke für Äthylendiamin in Komplexen v. Cr(III) 21-0097; Paramagnetismus v. $[Cr_4(OH)_6\cdot(en)_6]J_6\cdot 4\,H_2O$ 22-0500; Kinetik d. Aquotisier. v. cis-Dichloro-bis-[äthylendiamin]-chrom(III)-chlorid 23-0734; magnet. Momente u. Reflex.-Spektren v. Cr(III)-Komplexen mit Äthylendiamin 24-0135; Kinetik d. Aquotisier.-Prozesses v. cis-Dichloro-bis-[äthylendiamin]-chrom(III)-chlorid in Ggw. v. Cr^{2+} 25-0736; Berechn. v. Cr(III)-Komplexen mit Äthylendiamin mit Hilfe d. Ligandenfeldtheorie 27-0089; Anwend. d. Ligandenfeldtheorie für d^3- u. d^7-Elektronenkonfig. in nichtkub. Feldern auf quadrat. Cr(III)-Komplexe mit Äthylendiamin 29-0332; Darst. d. cis-$[Cr(pn)_2X_2]X$- .u cis-$[Cr(tm)_2X_2]X$-Komplexe mit Hilfe d. „Thermal-Matrix"-Meth. (pn = 1.2-Propandiamin u. tm = 1.3-Propandiamin) 30-0729; Ox. prim. u. sek. Alkohole mit Komplex aus CrO_3 u. tert. Amin 31-2734*; Synth. d. Chloroaquotriäthylentetraminchrom(III)-Kations u. Kinetik d. prim. u. sek. Aquotisier. d. cis-α-Dichlorotriäthylentetraminchrom(III)-Kations 32-0719; Kinetik d. Hydrolyse d. cis-Dichloro- u. cis-Chloroaquo-bis-[propylendiamin]-chrom(III)-Kations u. Darst. v. cis-$[Cr(H_2O)_2(propylendiamin)_2](ClO_4)_3\cdot 3\,H_2O$ 33-0758; spektroskop. Unters. an Charge-Transfer-Komplexen v. Aromaten-Chromtricarbonylen mit 1.3.5-Trinitrobenzol 34-0048; Bldg. v. Hexakis-[methylamin]-chrom(III)-Ionen u. Unters. ihrer Absorpt.-Spektren 35-0737; Kinetik d. Hydrolyse d. blauen Isomeren d. Dichlorodiaquoäthylendiaminchrom(III)-Kations $[CrCl_2\cdot(H_2O)_2(en)]^+$ u. d. roten Isomeren d. Chlorotriaquoäthylendiaminchrom(III)-Kations $[Cr\cdot Cl(H_2O)_3(en)]^{2+}$ 36-0622; geometr. Isomere v. Trichlorodiäthylentriaminchrom(III) 38-0694; ^{1}H-NMR-spektroskop. Unters. v. Aminomethylcarbenpentacarbonylchrom(0) 39-0065; Darst. u. Unters. v. Salzen d. Typs $AminH[Cr(NCS)_4(Anilin)_2]$ 43-0613; Verw. v. Diperoxoaminchrom(IV)-Verb. bei d. Synth. v. Cr(III)–Amin-Komplexen 43-0614, 43-0615; chem. Effekte d. Rk. $^{50}Cr(n,\gamma)^{51}Cr$ in polykrist. cis- u. trans-$[Cr(en)_2Cl_2]NO_3$ 44-0665; magnetoopt. Aktivität v. d→d-Übergängen an $[Cr(en)_3]^{3+}$ 49/50-0056.

Herst.: v. Chrom(IV)-tetra-tert.-butylat als Katalysatorbestandteil zur Polymerisat. v. Äthylen 1-2692*; v. cis-Ox_3Cr u. trans-Ox_3Cr u. Bldg. v. *1:1*- u. *2:1*-Komplexen aus d. cis-Verb. u. Alkoholen, Äthern u. Aminen (HOx = Oxin) 2-0714; mögl. Ligandenfeldeffekte in Metall–O-Schwing. v. Methanolat d. Cr 13-0160; Darst.: v. Cr-Komplexverb. mit Monoäthanolamin 31-0827; v. Äther-Komplexen v. Cr(III) 36-0704; neuer Verb. d. Hexacyanatochrom(III)-ions mit p-Anisidin 38-0693; schneller H–D-Austausch zwischen [O–D]-Methanol u. d. C–CH_3-Gruppe d. Methylmethoxycarbenpentacarbonylchrom(0) bzw. d. Methylengruppe d. Methyläthoxycarbonpentacarbonylchrom(0) 42-0572; Darst. v. Cr(IV)-tetra-tert.-butylat 49/50-0607.

Massenspektrograph. Unters. an Cyclopentadienyl-μ-Mercaptid-, μ-Alkoxo- u. μ-Dialkylamidoderiv. v. Cr 11-0172; Rk. v. $(CO)_5\cdot Cr[C(OCH_3)CH_3]$ mit C_6H_5SeH, Bldg. v. $(CO)_5CrSeC_6H_5[CH(OCH_3)CH_3]$ 19-0874; Berechn. v. Cr(III)-Komplexen mit Tetramethylensulfoxid u. DMS mit Hilfe d. Ligandenfeldtheorie 27-0089; DMSO als Lsgm. u. seine Koordinat.-Kapazität in bezug auf Cr(III) 28-0786; Darst. v. Koordinat.-Komplexen v. Cr mit organ. Sulfoxiden 40-0647; IR-Spektren v. $[Cr(DMSO)_6](ClO_4)_3$ 41-0068.

Darst. IR- u. NMR-Spektren v. 2-cis-Propylen-(A) u. 2-trans-Propenylphenyldiphenylphosphin u. d. Komplexen $ACr(CO)_4$ u. (trans-A)$Cr(CO)_4$ aus (Norbornadien)$Cr\cdot(CO)_4$ 2-0717; IR-Intensitäten v. Cr-Carbonyl- u. Nitrosylkomplexen mit substituierten Phosphinen 6-0127; IR-Spektren v. $Cr(CO)_5\cdot P(C_6H_5)_3$ u. trans-$Cr(CO)_4\cdot[P(C_6H_5)_3]_2$ 14-0133; Struktur v. Tetracarbonylmethylmethoxycarbentriphenylphosphinchrom 14-0232; Darst. v. komplexen Halogeniden d. Cr mit tritert. Arsinen 15-0744; sichtbare u. UV-Spektren v. Phosphino- u. Arsinokomplexen d. Cr 26-0106; Berechn. v. Cr(III)-Komplexen mit Tris-[Dimethylamino]-phosphin mit Hilfe d. Ligandenfeldtheorie 27-0089; Rk. v. cycl. Arsinen bzw. Phosphinen mit Cr-Carbonylen (Austausch v. CO-Gruppen) 31-0859; Darst. v. Cr(II)-Komplexen d. Triphenylarsinoxids 33-0909; Bldg. v. einigen Cr-Komplexen bei d. Rk. v. $Cr(CO)_5J$ u. $Cr_2(CO)_{10}J$ mit verschiedenen Phosphinen, Aminen u. Heterocyclen 36-0706; Darst.: v. $Cr(CO)_5P(C_6H_5)_2H$ durch Rk. v. $Cr(CO)_6$ mit $(C_6H_5)_2PH$ 38-0717; v. Cr–Carbonyl-Addit.-Verb. mit Phosphinen 43-0713; Phosphor-(^{31}P)-Unters. tert. Phosphinderiv. v. Cr-Carbonylen 45-0696; Cr–Carbonyl-Komplexe mit o-Styryldiphenylphosphin 45-0697; ^{31}P-NMR-Unters. v. Cr-Carbonyl-Komplexen mit tert. Phosphinen 46-0084; ^{31}P-Spin-Koppl.-Konst. in disubstituierten Cr–Carbonyl-Komplexen mit Phosphinen 47-0084; Darst. v. Komplexen v. Cr(II)-Halogeniden mit Triphenylphosphinoxid 51/52-0561; Ox. einiger phosphinsubstituierter Cr-Carbonyle 51/52-0563.

Darst. v. $Na[Cr(CO)_5CN]$ u. Rk. mit $(CH_3)_3ECl$ zu $(CH_3)_3ENCCr(CO)_5$ u. Protonisier. zu $HNCCr(CO)_5$ (E = Sn, Si) 1-0721; stöchiometr. Na-Fixier. an Komplexen aus $CrCl_3$ u. Li-Naphthalid 12-0711; Gitterabstände u. Metall–Metall-Bind. in $C_5H_5(CO)_3CrSn\cdot(C_6H_5)_3$ 15-0245; Bldg. v. $Li(C_5H_5)Cr(C_4H_4N)_3\cdot 2$ Äe. 15-0749; sichtbares Spektrum v. $[Li\cdot(Dioxan)]_3[Cr(CH_3)_6]$ (Ligandenfeldparameter) 19-0112; Darst. u. IR-Spektren v. $(CO)_5\cdot CrP[Me(CH_3)_3]_3$ (Me = Si, Ge, Sn) 37-0848; Rk. v. $(C_3H_5)_2Cr$ mit $LiCH_3$ zu $[(CH_3)_4CrLi_2\cdot(THF)_2]_2$ 38-0695.

Absorpt. u. Dissoziat.-Konst. d. 1-(o-Tolyl)-biguanid-Komplexe mit Cr(III) in 1-Methylpyrrolidon-(2) 3-0580; diffuse Reflex.-Spektren v. $CrCl_3\cdot 6$ Harnstoff 12-0320; Ligandenfeldstärke für Harnstoff in Komplexen v. Cr(III) 21-0097; Berechn. v. Cr(III)-Komplexen mit Harnstoff mit Hilfe d. Ligandenfeldtheorie 27-0089; IR-spektroskop. Unters. v. $\{Cr[CO(NH_2)_2]_6\}_2\cdot[Zr_2(CO_3)_7]\cdot 13\,H_2O$ 32-0084; Komplexbldg. v. Cr(III) mit Diäthyldithiocarbaminsäure 36-0516; Übersicht über Cr-Komplexe v. 1-Amidino-O-alkylharnstoffen 40-0592; Elektronenstruktur v. Guanidiniumhexaquochrom(III)-sulfat 43-0117; Darst. v. $Cr[(C_2H_5)_2NC(Se)Se]_3$ 43-0714, 43-0715; Kinetik u. Mechanismus d. sauren Hydrolyse d. Trichlorotrithioharnstoffchrom(III)-Komplexes u. d. Eintritts v. Chlorid in d. trans-Dichlorotetraquochrom(III)-Komplex 44-0627.

NMR d. Acetylacetonate v. Cr(III) 1-0161; Darst. v. Tris-[di-(mesitylcarbinol)-methanato]-chrom(III) 3-0581; UV-, NMR- u. IR-Spektren v. Tris-Komplexen v. (+)-Hydroxymethylencampher mit Cr(III) 5-0757; Elektronenspektren d. 3-Phenyl- u. 3-Benzylpentandion-(2.4)-Komplexe v. Cr(III) 6-0113; Darst. u. gaschromatograph. Unters. d. Cr(III)-Chelats mit 1.1.1.2.2.3.3-Heptafluor-7.7-dimethyloctandion-(4.6) 8-1894; elektr. Momente einiger substituierter Tris-[acetylacetonato]-chrom(III)-Verb. 10-0101; Überführ.-Ausheil. v. neutronenbestrahltem bzw. mit $^{51}Cr^{3+}$ dotiertem Cr(III)-acetylacetonat 11-0736; ESR-Unters. d. katalyt. Syst. $Cr(acac)_3/Al(C_2H_5)_3$ in verschiedenen organ. Lsgm. 12-0165; Massenspektrometrie u. Strukturen v. Dämpfen v. $Cr(acac)_3$ 12-0174; Darst. u. Eig. v. Tris-[dithioglyoxalato]-Komplexen v. Cr (neutrale u. anion. Komplexe) 12-0714; ^{18}O-Austausch zwischen Tris-[acetylacetonato]-chrom(III) u. W. sowie d. Aquotisier. v. Tris-[acetylacetonato]-chrom-(III) 14-0661; Darst.: u. Eig. v. prismat. Komplexen d. Zus. $CrS_6C_6H_6^{z-}$ (Ligand abgeleitet v. Dithioglyoxal $S_2C_2H_2$) sowie deren substituierter Analoga $CrS_6C_6R_6^{z-}$ (z = *0*, *1*, *2*) 14-0729; v. Cr-halt. Anthrachinonfarbstoffen 15-2842*; ^{17}O-NMR v. mit ^{17}O angereichertem $Cr(acac)_3$ 16-0116; therm. Lösch. d. Cr(III)-Lumineszenz v. Cr(III)-Komplexen mit Acetylaceton oder substituierten Acetylacetonen in verschiedenen isomorphen krist. Wirtsgittern u. in Lsg. 16-0374; Molekularstruktur d. Acetylacetonchelats v. Cr 18-0245; Extrakt. v. Cr^{3+} als 2-Thenoyltrifluoracetonatochrom 19-0647; Darst. v. Cr(III)-Acetylacetonaten u. Rk. mit $Cu(NO_3)_2$ in Acetanhydrid zu Cr(III)-3-Nitroacetylacetonaten 20-0762; Hydrier. substituierter Olefine mit Cr-Acetylacetonat als Katalysator 20-2489; gaschromatograph. Analyse d. Hexafluoracetylacetonats v. – 23-2104; Herst. v. Cyclododecatrienen mit Katalysator aus Cr-β-Diketo-Komplex u. Organo-Al-Halogenid 24-2556*; Bromier. v. Cr-Acetylacetonaten 26-0782; Darst., IR- u. UV-Spektren v. Cr(III)-Tris-[halogenacetylacetonat] 26-0799; Berechn. v. Cr(III)-Komplexen mit Acetylaceton mit Hilfe d. Ligandenfeldtheorie 27-0089; Darst. v. Tris-[3-nitropentandion-(2.4)-ato]- u. -[2-nitro-1.3-diphenylpropandion-(1.3)-ato]-Cr 27-0866; O-Valenzfrequenzen d. Acetylacetonatokomplexe v. Cr 28-0094; thermodynam. Eig. u. Schwing.-Frequenzen v. Dibenzoylmethanatokomplexen d. Cr 28-0095; massenspektrometr. Unters. v. ^{52}Cr-Acetylacetonaten 31-0115; thermodynam. Effekte d. Aufspalt. d. inneren Orbitale in Dibenzoylmethankomplexen v. Cr^{3+} 47-0438; Anreicher. v. Spuren Al in Tris-acetylacetonatochrom(III) 49/50-1901.

Darst.: d. Cr-Komplexe d. *1:1*-Dithiolato-Anions $[S_2CC(CN)_2]^{2-}$ 7-0745; neuer Cr-Komplexe d. Tetracyanäthylens 37-0842; v. Komplexen v. Cr(II)-halogeniden mit Acetonitril 51/52-0561.

Kationeneffekt bei d. polarograph. Red. v. cis-Dioxalatodiaquochromat(III)- u. Trioxalatochromat(III)-Ionen 2-0596; Bldg. d. Cr(III)-Salze d. Malonsäure, d. Monomethyl- u. d. -äthylmalonsäureester 2-0643; einzähn. Form d. Malonatochrom(III)-Komplexes 3-0719; Darst. u. Charakterisier. v. Tris-[diacetamido]-chrom(III) u. Tris-[dibenzamido]-chrom(III) 3-0720; IR-Spektren v. Cr(III)-Komplexen d. Iminodiessigsäuren 5-0135; Verw. v. Methylacrylat–$CrCl_3$-Komplexen bei d. Herst. v. überzogenen Blöcken 6-2265*; Komplexbldg. zwischen Cr(VI) u. EDTA 8-0525; Kinetik d. Bldg. v. cis-$K[Cr(C_2O_4)_2\cdot(DMS)_2]$ 8-0621; Komplexe v. Cr^{3+} mit Citronensäure in Lsg. 9-0571; Glühen v. $(NH_4)_3\cdot[Cr_xV_{1-x}(C_2O_4)_3]$ bzw. $x(NH_4)_3[Cr(C_2O_4)_3]$ unter N_2/H_2 9-0727; Bldg. u. Charakterisier. v. $Cr(CO)_3XY$ bzw. $Cr(CO)_3XY_2$ (X = cycl. N-Basen, Y = Phosphine, Py., Amine, Thioharnstoff, CH_3CN, Säureamide u. Organowismut- bzw. -selenverb.) 11-0769; Aktivität v. Cr-Acetat 12-0661; thermochem. Eig. v. Tris-[glycinato]-chrom(III) u. Tris-[alaninato]-chrom(III) 13-0553; therm. Zers. v. Cr(III)-Mellitat 14-0673; Mechanismus d. Rk. v. Polyvinylalkohol mit Cr-Stearat 14-1093; Darst.: u. Eig. v. Cr(II)-Carboxylaten (neue Addukte d. Cr(II)-Acetats u. -Formiats mit sauerstoff- u. stickstoffhalt. Liganden sowie Cr(II)-Salze substituierter Essigsäuren) 15-0748; v. Cr-Komplexen mit 2-Thiocarbonylpyridin 15-0773; v. $KCrO_3\cdot(OCOC_2H_5)$ (Verw. als Polymerisat.-Katalysator) 17-3123*; magnet. Eig. einiger Cr(III)-Komplexe mit Anthranilsäure 18-0149; Darst. u. Isomerie v. Tris-[acetoacetanilidato]-chrom(III) 18-0733; Geschw. d. Dissoziat. v. cis-Diaquo-bis-[malonato]-chromat(III) zum Monomalonatokomplex im $HClO_4/NaClO_4$-Medium 19-0768; Darst. neuer Cr(II)–Carboxylat-Komplexe mit anomalen magnet. Eig. 20-0736; Ligandenfeldstärke für Oxalat in Komplexen v. Cr(III) 21-0097; Darst., IR- u. UV-Spektren v. $K[Cr(IDE)_2]\cdot 2{,}5\,H_2O$ (H_2IDE = Iminodiessigsäure) 21-0844; Einfl. d. koordinierten Metallions in $K_3[Cr(C_2O_4)_3]\cdot 3\,H_2O$ auf d. Radiolyse d. Komplexes 23-0770; Darst.: u. Unters. d. Komplexe d. Cr(III) mit N-substituierten Äthylendiamintriessigsäuren 23-0811; u. Eig. d. Komplexe aus DL-Methionin u. Cr(III) 23-0847; magnet Momente u. Reflex.-Spektren v. Cr(III)-Komplexen mit Oxalsäure 24-0135; Aufspalt. d. Oxalato-bis-[äthylendiamin]-chrom(III)-Ions in d. opt. Antipoden durch Umsetz. mit d- oder *l*-K[Co(ÄDTA)] 24-0778; Verw. v. $CrO_2(C_2H_3O_2)_2$ als Polymerisat.-Katalysator 25-3137*; Berechn. v. Cr(III)-Komplexen mit Pyridincarbonsäure u. Lactamen mit Hilfe d. Ligandenfeldtheorie 27-0089; Darst. u. IR-Spektren v. $Cr(OOCNH-NH_2)_3$ 27-0868; Verw. v. Cr-Octoat, Cr-Acetylacetonat, Dicumol-Cr zur Herst. farb. Polymerer 31-3147*; Gerb. v. Emuls.-Schichten durch Cr(III)-Acetat 32-3119; Synth. u. Reaktivität d. Chromtricarbonyl-Komplexe d. Ester substituierter Benzoesäuren 34-0822; Elektronenaustauschkatalyse bei d. Bldg. d. Cr(III)–EDTA-Komplexes u. seine photometr. Best. 34-1979; Herst. v. Cr-Resinat aus Kolophonium (Verw. für Überzüge) 34-2920; therm. u. photochem. Aktivier. d. innermol. Redoxrk. d. Trioxalatokomplex-Ionen v. Cr^{3+} 37-0765; Polarographie u. Absorpt.-Spektren v. Cr(III)-Acetatlsg. 39-0580; Cr(III)-Komplexe mit Nitrilotriessigsäure 39-0664, 39-0665; Isotopenaustausch im Syst. $^{14}C_2O_4^{2-}/[Cr(C_2O_4)_3]^{3-}$ 41-0583; Thermolyse d. komplexen Oxalate $A[(H_2O)_2Cr(C_2O_4)_2]$, $B[(Py)_2Cr\cdot(C_2O_4)_2]_2$ u. $[B(Py)_n/Cr_2O_7]$ (A = Li, Na, K, u. B = Zn, Cd, Hg, Mn, Co, Ni) 43-0612; Krist.- u. Mol.-Struktur d. Methylbenzoatderiv. v. Tricarbonylchrom 45-0241; IR-Spektren d. Äthylendiamintetraacetate v. Cr^{3+} 46-0074; therm. Zers. d. Trioxalatokomplexe d. Cr(III) sowie d. Oxalatoamminkomplexe $[Cr(C_2O_4)(NH_3)_4]Cl$ 46-0650; kinet. Gleich. für d. Bldg. v. $[Cr_3(OH)_2(CH_3COO)_6]^+$ in wss. Lsg. aus $[Cr(H_2O)_6]^+$ u. Acetat 47-0576; Kinetik d. Bldg. d. Tris-[oxalato]-Komplexes aus cis-$[Cr(C_2O_4)_2(H_2O)_2]^-$ mit $HC_2O_4^-$ oder $C_2O_4^{2-}$ 47-0579; Darst.: v. Ammonium-bis-[N-(alkyl)-iminodiacetato]-chromat(III) u. d. freien Säure 47-0666; v. [Cr en_3]-Salzen d. Disalicylatoborsäure 48-0663; Verw. v. Komplex-Verb.

aus Cr(III) u. Perfluorfettsäuren für Überzüge u. Imprägnier. 48-2807*; magnetoopt. Aktivität v. d→d-Übergängen an $[Cr(C_2O_4)_3]^{3-}$ 49/50-0056; Einfl. v. Inertsalzen auf d. säurekatalysierte Aquotisier. d. Tris-[oxalato]-chromat(III)-Ions 49/50-0531; Spektren v. Chromoxalatkrist. 51/52-0241; Zus. v. Cr-Komplexen mit Weinsäure im Hinblick auf d. Struktur v. blauem Peroxochromat 51/52-0556; Darst. d. Ba- u. NH_4-Verb. v. opt. akt. Cr(III)-Komplexen eines neuart. Zweikerntyps mit zwei L-Tartratbrücken 51/52-0559.

Cr(III)-Nitrat-Chromazurol S in wss. Lsg. 8-0526; Herst.: v. Cr-Ligninsulfonaten u. ihre Wrkg. auf Tonsuspens. 15-2769; v. Cr-Komplexen mit dreizähn. Azofarbstoffen mit Sulfonamido- u. Sulfonsäuregruppen als komplexierende Liganden 20-0738; Stabilität d. Cr(III)-Chelate d. 8-Hydroxychinolin-5-sulfonsäure 23-0667; Substitut. v. Cycloheptatrien in d. Tricarbonylcycloheptatrienkomplexen d. Cr durch Trimethylphosphit unter Bldg. d. Tricarbonyl-tris-[trimethylphosphit]-metallkomplexe (Kinetik) 37-0762; Verw. v. Cr-Naphthenat, Cr-Salzen d. C_{17}–C_{20}-Carbonsäuren u. Cr-Dodecylbenzolsulfonat als antistat. Zusätze (in Erdölprod.) 38-2737; Jodier.-Geschw. v. 8-Hydroxychinolin-5-sulfonsäure u. ihren Cr(III)-Komplexen 45-0635; Darst. d. Cr-Salzes d. Diphenyldithiophosphinsäure 48-0713.

Berechn. v. Cr(III)-Komplexen mit Diäthyldithiophosphat mit Hilfe d. Ligandenfeldtheorie 27-0089; monomol. Filme v. Komplexen zwischen Tributylphosphat u. Cr(VI) 27-0652; EPR-Unters. v. Cr(V)-Komplexen mit Diäthyldithiophosphorsäure, Diäthyldithiocarbamat u. Butylxanthogenat 31-0106.

Eig. u. Zus. v. Cr(III)-Verb., d. sich bei d. Umsetz. v. Glucose u. K_2CrO_4 in Ggw. v. K_2CO_3 bilden 36-0707; Darst. u. Eig. v. ^{51}Cr-Inulin 38-1716.

Darst. v. Chrommesoporphyrin-IX-dimethylester 6-0762; Modifizier. v. Cr^{3+}-Protein-Komplexen in γ-bestrahlten Proteinen 10-1131; Bldg. v. Tetracyclin- u. Hydroxytetracyclinchelaten v. Cr(III) 17-0796.

Chromane

Flavane; *Flavanone* s. dort; Tocopherole s. unter *Vitamine*, *Vitamin-E-Gruppe*; siehe auch *Tocopheramine*.

Darst.: v. 2.5-Dimethyl-7.8-dimethoxy-2-[β-carboxyäthyl]-6-hydroxy-— 27-1145; v. 3-[p-Dialkylaminobenzyliden]-6-bromchromandionen-(2.4) 30-1067; v. 2-Methyl-2-alkyl-6-alkylamino-— 35-2656*; Rk. v. Chromanonen mit NaN_3 16-1118; Hydrier. v. mit Chromanon verwandelten Ketoximen 20-1019; biolog. akt. Terpenoid-— (Übersicht) 18-1415, 22-1464; Einbau v. ^{14}C-Methionin in Chromanole 48-1520.

Chromanon s. unter $C_9H_8O_2$.
Chromatin s. unter *Zellen*.
Chromatit s. unter *Calciumchromate(VI)*: $CaCrO_4$.

Chromatographie

Elektrochromatographie u. Papierelektrochromatographie s. unter *Elektrophorese*.

— spezieller Stoffe u. Stoffklassen s. unter d. entsprechenden Stichwörtern.

Siehe auch *Ionenaustausch*; *Molekülsiebe*.

Allgemeines und Methodik

Fl.–Fest-Adsorpt.-— 1-1750, 1-1751; Vgl. zwischen Säulen- und Papier-Ionenaustauschchromatographie 1-1753; Unters. d. Fl.-Phasen-— mit Hilfe d. Trennstufentheorie (theoret. Unters.) 1-1760; Vorliegen v. Turbulenz u. Koppel. v. Wirbel- u. Querdiffus. in chromatograph. Säulen 1-1762; Turbulenz-Ström.-— eine neue Möglichk. für schnellere Analysen 1-1763; Einfl. d. pH-Wertes in d. Fäll.-— 2-1792; Theorie d. Verteil.—- 2-1794; Trenn. mittels Adsorpt.-Chromatographie 5-0037; Trenn. anorgan. Substanzen durch Säulenverteil.-— (Übersicht) 6-1874; Leist.-Fähigk. chromatograph. Verf. 7-1986; — (Überblick über d. Weiterentw. v. Dez. *1963* bis Dez. *1965*) 9-1928; Ionenaustausch-— 9-1932; Genauigk. bei d. Best. d. chromatograph. Beweglichk. u. ihre Bedeut. bei d. Identifizier. v. Verb. 10-1908; Ausnutz. d. Vorteile v. Säulen- u. Dünnschichtchromatographie im „wiek trough"-Syst. 12-1839; Frontanalysen-— (Theorie u. experimentelle Unters.) 12-1844 bis 12-1847; theoret. Unters. über d. — mit Hilfe v. Elektrolytlsg. 15-1977; Gelpermeat.-— in organ. Lsgm. 15-2119; Theorie d. Fäll.— 16-1838; Berechn. d. Arbeitskonz. eines chromatograph. Prozesses zur Trenn. fl. Gemische 17-0719; Ionenaustausch–Cellulose-— mit hoher Auflsg. (Überblick) 18-1924; Entw. d. — mit Mol.-Sieben 18-1925; Theorie d. — an Mol.-Sieben 18-1926; prakt. Betracht. zur — an Mol.-Sieben 18-1927; Abhängigk. chromatograph. Größen v. Zweistofflsg. v. d. Eig. d. Komponenten 19-0736; chromatograph. Analyse (Literaturübersicht) 20-1866; Trockensäulen-— 22-2055; Differenz-— 22-2062; Theorie d. Gelfiltrat.-— (Permeat.) 23-2089; Gelfiltrat. (Überblick) 24-2001; Vgl. d. chromatograph. Verh. organ. Elektrolyte in d. Strukturunters. 25-0999; Definit. d. Zonen- (oder Grenzflächen-) Auflsg. bei d. — 25-2025; Einfl. d. Totvolumens hinter d. Säule auf d. chromatograph. Trenn.-Grad 26-2021; Zusammenhänge zwischen Mol.-Struktur u. chromatograph. Verh. 26-2086; Adsorpt.-— mit linearer Elut. 27-2150; vereinfachte Ableit. d. van Deemter-Gleich. 28-0684; Gelpermeat.-— (Art d. Trenn. v. Makromol.) 28-1145; Rk.-Grenzen u. Elut.-Profile in d. Säulen-— 29-0753; polarograph. Best. v. Anionen im Eluat v. —-Säulen 30-1848; chromatograph. Verf. (Überblick) 30-1902; Erzeug. genau linearer Gradienten für d. — 30-1916; Ermittl. u. Korrelat. v. Auflsg.-Indizes polarer Lsgm. für d. — 31-2047; neue Anwend. d. Gelfiltrat. (Übersicht) 33-2070; Ausflußvol. gegen reziproke Ausflußvol. bei d. Ausleg. v. Gelfiltrat.-Vers. 33-2175; Molgew.-Best. durch Mol.-Sieb-— 35-1925; Theorie d. Verteil.-— 35-2014; Theorie d. Sorpt.-— (numer. Berechn.) 35-2015; chromatograph. Verf. in d. anorgan. Chemie (Übersicht) 35-2016; chromatograph. Verf. mit fl. Anionenaustauschern 35-2020; Fl.-— mit hoher Geschw. 35-2022; Unters. über d. Bezieh. zwischen Mol.-Struktur u. chromatograph. Verh. 35-2083; Filmbldg. d. Fl. auf d. Oberfläche d. Trägers 36-1926; — mit fl. Anionenaustauschern (HCl-Syst.) 37-2097; Grundgleich. d. chromatograph. Theorie 39-1908; Beitrag zur Theorie d. — (lineare Nichtgleichgew.-— mit einer chem. Rk. erster Ordn.) 39-1909; chromatograph. Analyse nach Pyrolyse d. Verb. (Übersicht) 39-1917; experimentelle Ermittl. unbestimmter Fehler bei d. Höhen–Breiten- u. Höhen-Ausmess. v. Maxima in d. — 39-1930; Vgl. d. Parameter bei d. Verteil.-— lipophiler organ. Elektrolyte für Lsgm. mit verschiedenen Donator–Acceptor-Eig. 39-2043; grundsätzliche Unters. zur Säulenadsorpt.-— 40-1778; (Verhältnis zwischen chromatograph. u. schubweiser Adsorpt.) 40-1779; Berechn. d. Genauigk. chromatograph. Analysen 41-2022; beschleun. Adsorpt.-— an feinstteil. Feststoffen 42-1796; Parallelität v. Löslichk. u. chromatograph. Verh. in d. Verteil.-— 42-1800; — v. anorgan. Substanzen mit umgekehrter Phase 42-1801; Elut.-— an Kationenaustauschern 44-0599; Bldg. kompliziert geformter Maxima in der Ionenaustauschchromatographie 44-0602; Mehrfachentw. v. anorgan. Ionen in d. — 44-1776; R_M-Werte in vereinfachten Vierkomponentensystemen d. Typs tern. Lsgm./reines Lsgm. 44-1777; Mehrdimens. — mit verschiedenen Entw.-Meth. 44-1855; fest–fl. — in Kapillarsäulen 45-2051; Ionenaustausch-— mit gepackten Kapillarsäulen u. amperometr. Detekt. 46-1797; Unters. über d. Bezieh. zwischen mol. Struktur u. chromatograph. Verh. 47-0998 bis 47-1000; Mol.-Gew.-Eich. bei d. Gel-— 47-2102; Gelpermeat.-Chromatographie (Elut.-Verh. in Abhängigk. v. d. Mol.-Art) 48-1822; Vielfach-Säulenverf. für Trenn. über einen großen Molekulargew.-Bereich mit Hilfe v. Sephadex 48-1823; Auswert. d. Zonen bei d. Säulen-— durch diffuse Reflex.-Spektroskopie 49/50-1854; — durch Gelfilter. 49/50-1873; Zonenprofil bei d. — v. Lsg. 51/52-1828; — im Kreislauf unter Verschärf. d. Zonen 51/52-1829; chromatograph. Verf. mit fl. Anionenaustauschern (starke einbas. Säuresyst.) 51/52-1840; Temp.-Programmier. bei d. Adsorpt.-— v. Lsg. 51/52-1841.

Anwend. d. Coulometrie mit kontrolliertem Potential zur automat. Registrier. bei d. Fl.-— (Best. v. Anionen in d. Fl.-— durch Coulometrie mit indirekt kontrolliertem Potential) 18-1929; Spektro-— 38-2117; Chromatomassenspektrometrie (Analyse einiger Klassen organ. Verb.) 41-2085.

Apparate: Vorricht. für Säulen- u. Dünnschicht-— 1-1776; d. Aufbau eines Fl.-Chromatographen beeinflussende Faktoren 35-2023; einfaches Gerät für d. Säulen-— 36-1907; Genauigk. u. Zuverlässigk. v. Betriebschromatographen 41-2021.

Zerlegbares Rohr für präparative — 23-2090; Säule v. geringem Ausmaß zur Unters. mit Xerogelsyst. 36-1908; Füllmeth. chromatograph. Säulen u. typ. Parameter 40-1786; quadrat. Acrylamidgelsäulen u. ein neuer Gel-Schneider 48-1824.

Schreiber für d. lineare Durchflußgeschw. bei d. Fl.–Fest-Adsorpt.-— 1-1751; stoßfreie Hochdruckpumpe für d. Fl.-— 1-1777; Vorricht. zum Eindampfen chromatograph. Eluate 4-1607; Programmiergerät für d. automat. Eingabe v. Lsg. in —-Säulen 14-1894; kompakte elektron. Vorricht. zur automat. Verteil. v. Pufferlsg. in d. Säulen-— 14-1895; Sprühgerät zur Verw. in d. — 23-2088; Vorr. zur Erziel. eines konkaven Konz.-Gradienten bei d. Säulen-— 26-2017; Schraubenschlüssel für Einspritzköpfe v. Chromatographen 36-1933; automat. Gerät zur Zugabe v. Lsgm. zu —-Tanks 37-2096.

Flammenionisat.-Detektor für d. Fl.–Fl.-— 1-1774; App. zur kontinuierl. Mess. u. Aufzeichn. d. Radioaktivität u. Lichtabsorpt. in säulenchromatograph. Frakt. 2-1783; Meth. zur Anzeige eluierter Komponenten in nichtwss. säulenchromatograph. Syst. 2-1816; Syst. für automat. Ables. in d. Mehrfach-Säulen-— mit Übertrag. für Computerberechn. 3-1999; Grundlagen u. Wrkg.-Weise eines neuart. universellen Detektors für d. — mit fl. Elut.-Mitteln 12-1838; automat. Gerät zur fortlaufenden Mess. d. UV-Absorpt. im Eluat einer chromatograph. Säule 15-1976; Verdampf. Analysator als Anzeigegerät d. Konz. gelöster Stoffe im Eluat chromatograph. Säulen 18-1930; — mit Hilfe eines automat. Frakt.-Sammlers u. eines registrierenden Polarimeters 25-2026; Verw. d. hängenden Hg-Tropfelektrode u. d. —-Säule in d. Polarographie 32-1886; Mikroadsorpt.-Detektor zur allg. Anwend. in d. Fl.-— 34-1957; registrierendes Photometer zur Unters. v. im Ultraviolettbereich absorbierenden Eluaten aus —-Säulen 35-1955; thermoelektr. Mol.-Gew.-Best. in *0,001* m Lsg. (neuer Detektor für d. Fl.-—) 36-1857; Detektor zur Fl.-— 39-1928; Reflex.-Refraktometer mit geringem Zellvol. für d. Fl.-— 45-2012.

Materialien: Definit. d. Wrkg.-Grades v. Al_2O_3 als Adsorbens in d. — (Anthracen-Index) 1-1752; ausgewählte Cu-Aminkomplexe als stationäre Phasen 2-1811; Gelfiltrat. mit Molekularsieb-Kolonnen 8-2036; Anwend. v. Radioisotopen in d. Säulen-— an substituierten Cellulosen 10-1942; Extrus.-Säulen-— an Cellulose 12-1837; Trenn. einiger Metalle durch Extrakt.-— unter Verw. neuer neutraler P-organ. Verb. 13-1850; säulenchromatograph. Trenn. v. Metallionen durch Kombinat. verschiedener Chelat-Harze 14-1902; tritiiertes Al_2O_3 als Reagenz für d. Selbstmarkier. chromatograph. Analysen 16-1896; Säulen-— mit Tetranitrobenzylpolystyrolharz als stationäre Phase 18-1931; makroporöse Styrol–Divinylbenzol-Copolymere u. ihre Verw. in d. — 21-1238; Fe(III)-Oxide u. -Hydroxide als chromatograph. Adsorpt.-Mittel (Änder. d. Sorpt.-Eig. v. Fe_2O_3) 21-2143; chromatograph. Eig. v. modifiziertem Al_2O_3 22-0674; Standardisier. d. Säulen-— bestimmter Al-Oxide 23-2083; radiochem. Trenn. v. Metallen durch Extrakt.-— auf pulverförm. Polytetrafluoräthylen im Syst. Trioctylamin/Elektrolyt 24-2003; Trenn. v. Metallionen durch Säulenverteil.-— mit umgekehrten Phasen mit Kel-F als Träger für Methyltricaprylammoniumchlorid (Aliquat *336*) 25-2027; — auf Polyamiden 26-1747, 26-1748; — u. Elektro-— anorgan. Salze mit Hydrogensulfat- u. Pyrosulfatschmelzen 26-2015; Trenn. v. komplex gebundenen u. hydratisierten Metallkationen an Al_2O_3 26-2016; Unters. an engpor. Silicagel für d. Adsorpt.-— mit linearer Elut. 27-2150; Gelpermeat.-— an porösem Polyäthylenglykolmethacrylat 30-1903; Einfl. d. Calcinier.-Temp. u. -zeit auf d. Retent.-Eig. v. Florisil 33-2320; Herst. v. hochwirksamen Trägermaterial auf Basis v. Chromosorb G 34-1944; Einfl. d. Dehydroxylier. u. d. Trimethylsilier. d. Oberfläche großspor. Silicagele auf d. — 36-1924; polare Trennfl. in Dederonkapillarsäulen 36-1928; Fl.–Fl.-Verteil.-— mit d. Syst. Chloroform/Cyclohexan/Nitromethan 36-1979; Normier. d. Adsorbentien für d. Säulen-— 40-1778; Eisen(III)-oxide und -hydroxide als chromatograph. Adsorpt.-Mittel (Trenn. einiger bin. Misch. v. Kationen an Fe(III)oxid) 43-1928; Verw. v. Triisooctylamin als Anionenaustauscher zur Verteil.-— 44-1779; Anwend. d. Radioisotopen bei d. Säulen-— mit substituierten Cellulosen 44-1802; — auf Kieselgelzylinder (Technik u. Anwend.) 45-1843; Mikro-—, Immuno-— u. Best. d. proteolyt. Aktivität auf mit Proteinen imprägnierten Nitrocellulosemembranen 48-1936; Herst. u. Einfüllen d. Gels für d. Gelpermeat.-— 48-1821; Anwend. v. Radioisotopen bei d. — auf Säulen mit Cellulosederiv. 51/52-1830; Phasenumkehr-— v. Metallionen mit Phenylbenzohydroxamsäure 51/52-1834.

Anwendung: Chromato-polarograph. Unters. 9-1988; Mess. v. Phasengleichgew. bei hohen Drücken durch Tracer-Pulschromatographie 11-0678; chromatograph. Meth. zur Best. d. physikal. Adsorpt. v. Gasen an festen Glasoberflächen 17-2376; Prozeß- – in d. Verf.-Regel. 20-1877; Best. d. spezif. Oberflächen v. Festkörpern aus d. Elutionsfront d. Chromatogramme 22-0652; Anwend. d. Mol.-Sieb- – zur Mol.-Größen- u. Molgew.-Best. 22-1986; Möglichk. d. quant. Best. durch Chromatographieren v. Niederschlägen 22-2056; – reziproker Salzsyst. 23-2082; Ionenaustausch- – als neuere Meth. zur Trenn. v. biolog. Material 23-2206; – in d. Klinik 29-2165; Best. d. Austauschkonst. v. Ionen aus Daten eines chromatograph. Vers. (Austauschkonst. mehrfach geladener Ionen am Kationit KU-*2*) 31-0722; chromatograph. Trenn. d. bei kontrollierter Hydrolyse auf Kieselgel-Platten entstehenden Spaltprod. 38-2028; – in d. metallurg. Analyse 41-2143; Anwend. chromatograph. Meth. bei d. Analyse v. mineral. Rohstoffen 42-1841; Darst. reiner Stoffe durch Elut.-Wärmeverteil.- – 43-1929; Oberflächengrößenbest. v. Silicagel durch – 46-0582; Best. d. Bestandteile pflanzl. Extrakte auf d. Grundlage d. chromatograph. Nachw.-Grenze 46-1624; chromatopolarograph. Unters. 48-1882.

Bibliographie

Gelchromatographie, Gelfiltration, Gelpermeation, Molekülsiebe. Ein Laboratoriumsbuch B 13; Chromatographisches Praktikum. Eine Anleitung zur kritischen Durchführung chromatographischer Arbeiten (= Methoden der Analyse in der Chemie. Bd. *6*) B 77.

Theorie des Ionenaustauschs und der Chromatographie [russ.] B 90; Praktisches Handbuch der Chromatographie [russ.] B 93.

Chromatography B 5; Advances in chromatography. Vol. *4* B. 21, B. 28; Advances in chromatography. Vol. *5* B 76.

Cromatografia di partizione a fasi invertite e sue applicazioni B 29.

Gaschromatographie

Allgemeines und Methodik

Entw. u. Anwend. d. – 1-1758; elektrostat. Wechselwrkg. bei d. Adsorpt.- – 1-1761; relativer Anteil d. Mol.-Diffus. u. Anastomose in – -Säulen 1-1764; Trägerwrkg. auf d. Retent.-Volumina in d. – 1-1765; Prüf. d. Theorie v. Glaskugelsäulen für d. Verteil.- – 1-1768; Mikrosäulensyst. mit hohem Säuleneingangsdruck für d. – 1-1770; Temp.-Einfl. auf d. Trägergasgeschw. in gepackten u. Kapillarsäulen 1-1772; Berechn. d. Massenübergangskoeff. mit Hilfe einer exakteren Theorie d. Adsorpt.- – 2-0628; Einschätz. d. Theorie d. – 2-1795; Isotopeneffekte in d. – 2-1796; Trenn. v. Mol. durch verlustlose – 2-1797; neue gaschromatograph. Trennverf. (Stufen-, Vakanz-, Differential-, Iterat.-Chromatographie, Chromatographie ohne Trägergas) 2-1798; neue Möglichk. d. Adsorpt.- – 2-1799; Theorie u. Gestalt. präparativer Trennsäulen (Abhängigk. d. Trennleist. v. Trägermaterial, Einhülltechnik, Gasgeschw. u. Säulenlänge) 2-1800; neue Ausblicke auf d. Leist.-Fähigk. d. Trennsäule eines Gaschromatographen 2-1802; Säulenvgl. für Mikro- – 2-1804; Temp.-Verteil. in temp.-programmierten Säulen 2-1805; Einfl.: v. Druckgradienten auf d. Schärfe d. gaschromatograph. Stofftrenn. 2-1806; d. Syst. fester Träger/fl. Phase auf d. Trenncharakteristik in d. – 2-1807; Auflsg. chromatograph. Zonen infolge ungleichmäß. Ström. in gepackten Säulen in d. – 2-1808; Anwend. d. Molkohäs. auf d. Verteil.- – 2-1810; Einfl. d. festen Trägers u. d. fl. Phase in d. quant. – 3-2003; Druckänder. in d. – 3-2004, 3-2005; Trennsäule in d. – (Theorie, Aufbau u. Herst. v. Trennsäulen, Trägermaterialien, Anwend.) 4-1608; nichtlineare Programmier. d. Temp. bei d. – 7-1927; Retent. einiger flücht. chem. Verb. an einer stationären Phase d. – 7-1928; Entw.-Tendenzen d. – (Meth. d. modernen organ.-chem. Analytik) 8-1907; Entw.: auf d. Gebiet d. angewandten – 9-1811; in d. – 9-1812; – (Übersicht Dez. *1963* bis Nov. *1965*) 9-1933; Bibliographie zur temperatur-programmierten – mit Kommentaren – *1952* bis *1964* (*1952–1961*) 9-1934; (*1962–1963*) 9-1935; (*1964*, Sach- u. Autorenregister) 9-1936; Bibliographie u. Literaturindex zur – bis *1966* 9-1937; Programmier. d. Eintrittsdruckes v. Trägergas in d. – 10-1911; Frontalanalysenchromatographie, auf Sorpt. d. Gelösten zurückzuführende Fließgeschw.-Änder. u. Retent.-Charakteristiken scharfer Fronten (Berechn.) 12-1844; (experimentelle Unters.) 12-1845; Frontalanalysenchromatographie, d. Breiten stationärer Fronten an Säulen unter Vernachlässig. radialer Permeabilitätsschwank. (Theorie) 12-1846; (experimentelle Unters.) 12-1847; präparative – 15-0948; analyt. Rk.- – 15-1978; Probenprofile u. Temp.-Schwank. in d. präparativen – 18-1935; Unters. d. Gas–Fl.-Chromatographie 19-0736; gaschromatograph. Schnellanalyse (Übersicht) 19-2077; Verw. v. Retent.-Werten zur Temp.-Programmier. bei d. qual. – 19-2078; prakt. Kriterium für einen minimalen Spulendurchmesser in d. – 19-2079; Anwend. veränderl. Gasström. u. Rückspül. in d. – 19-2080; – (Übersicht *1964* u. *1965*) 20-1872; quant. gaschromatograph. Analyse 20-1873; Entw. d. Chromatographie ohne Trägergas 20-1875; Analyse komplexer Gemische durch temperatur-programmierte – an Kapillarsäulen 20-1878; Leistungsfähigk. v. gefüllten Kapillarsäulen in Abhängigk. v. d. Trägergasgeschw., d. Probengröße, d. Kapillardurchmessers u. d. Art d. Trägergases 20-1879; – in d. chem. Analyse (Überblick UdSSR) 22-2063; Wirbeldiffus. in d. – 22-2064, 22-2066; Möglichk. d. Bandenverdoppl. bei d. Verteil.- – 22-2067; Ausb.-Index zum Trennsäulenvgl. in d. präparativen – 22-2068; Verdünn. d. chromatograph. Zone u. Best. d. Anfangskonz. reagierender Stoffe bei d. Rk.- – 22-2070; Trennsäule in d. – 22-2072; optimale Trenn. bei minimalem Zeitbedarf in d. – 23-2094; experimentelle u. theoret. Unters. d. spezif. gaschromatograph. Retent.-Vol. an Gemischen aus polaren u. apolaren Trennfl. 23-2095; Best. d. abs. Eichkoeff. in d. – an Gemischen unbekannter Konz. 24-2006; Anwend. d. aktivierten Adsorpt. in d. Adsorpt.- – 24-2007; heterogener Isotopenaustausch in gaschromatograph. Säulen 25-2023; Differentialchromatographie ohne Trägergas 25-2032; zusätzl. Adsorpt.-Wechselwrkg. bei d. Verteil.- – 25-2033; Vgl. d. Adsorpt.- u. Verteil.- – v. Gemischen gleichart. Zus. 25-2091; – (Jahresübersicht) 26-0001; Atlas v. Gasanalysen durch – 27-2153; mögl. Ursachen d. Auftretens scheinbarer Maxima auf einem Chromatogramm 27-2157; schnelle Aufheiz. gaschromatograph. Säulen nach isotherm. Trenn. d. Komponenten 28-1988; experimentelle – 29-0010; – (Übersicht über neuere Entw.) 29-2055; theoret. Abschätz. d. gaschromatograph. Isotopenaustausches u. d. Wirksamk. d. Säule 29-2060; temperatur-programmierte – mit Kapillarsäulen großer Wirksamk. 30-2606; präparative – 32-1967; gaschromatograph. Meth. (Wahl d. festen Trägers) 32-1968; – (Dokumentat. u. Veröffentlich. chromatograph. Arbeiten u. Daten, Adsorpt.- –, Fl.-Chromatographie, Schnelligk. chromatograph. Analysen, Hilfsmeth. d. – mit unterbrochener Elut. mit anschließender IR- u. Massenspektroskopie d. Eluate, Schnell- –) 33-2179; – mit programmierter Temp. (Übersicht) 33-2180; Turbulenz- – 33-2181; Best.- – 33-2182; Experimentalunters. d. Wrkg. d. Stoffüberganges bei d. präparativen – 33-2183; – bei programmierter Temp. (Durchführ. bei nichtlinearen Temp.-Verlauf) 34-1932; Temp.-Programmiermeth. für d. – 34-1933; krit. Prüf. d. Gleich. für d. Auflsg. bei d. Verteil.- – (verallgemeinerte Gleich. für lineare Elut.-Beding.) 34-1934; Ansprechfaktoren für gaschromatograph. Analysen (Übersicht) 34-1955; Rückspül- – als neue Meth. d. Rückstandsanalyse 35-2166; relative Bedeut. d. äußeren u. inneren Diffus. bei d. Verwisch. gaschromatograph. Banden 36-1921; Unters. v. zwischenmol. Kräften im Syst. Probe/Trennfl. in d. – mit Hilfe d. IR-Spektroskopie 36-1927 neue Meth. d. kontinuierl. – 36-1931; – mit variabler Durchflußgeschw. u. – mit Umkehr. d. Ström.-Richt. d. Gases (Backflushing) 37-2098; Wechselbezieh. zwischen d. Struktur d. stationären Phase u. d. Aktivitätskoeff. d. Verteil.- – 38-2032; Verf. d. „heart cutting“ in d. – 39-1919; dynam. Simulier. einer gaschromatograph. Säule 39-2185; Gleich. für d. Trennstufenhöhe in d. – 40-1783; gaschromatograph. Best. v. Spuren im Tailing d. Hauptkomponente durch Säulenumschalt. 41-2024; Kompensat.-Technik in d. – 41-2025; gaschromatograph. Trenn. mit modifizierten linearen Temp.-Programmen 43-2124; Extrakt. v. in W. gelösten Gasen zur gaschromatograph. Analyse 44-1840; Fehlerquellen im gaschromatograph. Syst. 45-2037; Ausnütz. d. Sorpt.-Eig. v. Trägern in d. – 46-1800; – (Abhängigk. d. Elut.-Daten organ. Stoffe v. Parachor) 46-1806; Einfl. adsorptiver Eig. d. Trägermaterials auf d. R_M-Werte in d. Verteil.- – 47-1934; Verf. zur quant. Abschätz. d. Trennwirksamk. gaschromatograph. Säulen 47-1935; gaschromatograph. Unters. v. Dampfphasen (vereinfachte Probengeb.) 51/52-1845; Revis. d. van Deemter-Theorie in bezug auf Diffus. u. Druckabfall in d. Gasphase 49/50-1875; Vorauswandern d. Randzonen bei d. – 51/52-1828; gaschromatograph. Trenn. gasförm. Prod. 51/52-1910; organ. Spurenanalyse durch Verteil.- – 51/52-1970.

– v. isotopen Mol. an Kapillarsäulen 1-1759; Aspekte u. Möglichk. d. Isotopen- – 4-1542; gaschromatograph. Analyse wasserhalt. Lsg. 11-1884; Schnellbest. v. mit ^{14}C u. ^{3}H markierten Verb. durch – 19-2084; Anwend. d. „Sechserregel“ auf d. Diastereomerentrenn. mit Hilfe d. Verteil.- – 23-2091, 23-2092; anomale Eichkurven v. hochsd. Verb. in d. – 23-2102; gaschromatograph. Trenn. d. H-Isotopen-Verb. 25-2098; gaschromatograph. Best.: hochsd. Komponenten 26-2022; niedrig sd. Komponenten in Ggw. eines störenden Lsgm. durch „Subtrakt. d. Lsgm.-Bande“ 31-2058; gaschromatograph. Trenn. polarer Verb. durch W.-Dampf als Trägergas u. W. als fl. Phase 33-2259; Unters. d. Retent.-Verh. isotopenhalt. Verb. in einer Kombinat. Kapillar- – -Massenspektrometrie mit einer Isotopen-scan-Meth. 39-1925; Verdräng.-Effekt d. W. in d. – 38-2033; gaschromatograph. Analyse verd. wss. Syst. organ. Verb. 39-1931; Gas–Fl.-Chromatographie v. Elektronendonator–Akzeptor-Syst. 45-0909; Identifizier. organ. Substanzen mit Hilfe d. – 46-1802; verbesserte quant. gaschromatograph. Spurenanalyse flücht. organ. Verb. in W. 46-1804; – racem. Modifikat. 46-1807; Analyse funktioneller organ. Gruppen mit Hilfe d. – 46-1862; gaschromatograph. Analyse funktioneller Gruppen 51/52-1917.

Pyrolyse als Hilfsmittel zur Identifizier durch Kombinat. v. – u. Massenspektro-. metrie 2-1813; photolyt. Abbau als Hilfsmittel zur gaschromatograph. Best. organ. Strukturen 2-1815; Pyrolyse- – (Kinetik u. Prod.-Unters.) 34-1938; Fortschritte im Aufbau v. Pyrolyseeinh. für d. – 35-2026; chem. Konzentrier. in d. – zur Best. v. Spurenverunreinig. 35-2021; Hochfrequenzpyrolyse zur gaschromatograph. Strukturbest. organ. Verb. 46-1803.

Identifizier. v. Banden in d. – 33-2179; Anwend. d. kontrollierten partiellen thermolyt. Dissoziat. zur Identifizier. gaschromatograph. Eluate 34-1946; Elektronenanlager.-Spektren zur Identifizier. gaschromatograph. Fraktionen 34-1953; Identifizier. gaschromatograph. getrennter Peaks durch gaschromatograph. Unters. d. Pyrolyseprod. 35-2025; Verhältnisregistrier. v. Massenspektren bei d. Kombinat. v. – u. Massenspektrometrie 37-2048; Ergebnisse mit einer optimierten Koppl. v. Gaschromatograph. u. Massenspektrometer 38-2038; Koppl. d. – mit Erkenn.-Meth. (Massenspektrometrie) 39-1924.

Quant. Auswert. v. Gas-Chromatogrammen (Bezieh. zwischen Retent.-Zeit u. Bandenfläche) 13-1845; Eliminier. v. Fehlern durch Basislinienverschieb. bei d. Bandenflächenmess. in d. – 17-1986; Identifikat. gaschromatograph. Banden (Übersicht) 18-1933; quant. Auswert. gaschromatograph. Analysen 20-1882; Auswert. v. Gaschromatogrammen mit Hilfe d. Retent.-Energie oder d. Kovatsschen Retent.-Index 23-2103; Vgl. einiger Verf. zur Berechn. d. Retent.-Werte in d. – 27-2154; quant. Auswert. v. Gaschromatogrammen 29-2056, 29-2057; (bei d. Analyse v. Gasgemischen) 35-2181; Reproduzierbark. d. Routine-Eich. in d. – 39-1918; Fehlererkenn. am Gaschromatographen durch Auswert. d. Chromatogrammbildes 39-1929; quant. Interpretat. v. Chromatogrammen bei d. gaschromatograph. Analyse v. Gasgemischen 40-1789, 40-1790; graph. Ermittl. d. relativen Retent.-Zeiten bei d. Verteil.- – 42-1870; Bedeut. d. quant. Auswert. in d. – 45-2036; Fehler bei manueller Integrat. chromatograph. Peaks 47-1933.

Apparate: Kontinuierl. gaschromatograph. Elementaranalyse d. Komponenten v. aus Chromatographiesäulen eluierten Gemischen 2-1812; App. für Gegenstromverteil. u. – 4-1609; automat. präparative Chromatographieapp. zur Reinig. niedr. sd. Fl. 5-1893; simultane – z. Radioaktivitätsanalyse (Geräte, Eich. u. Anwend.) 9-1811; Betriebs- – – (App.) 14-2008; präparative – mit einem rotierenden Labor.-Gerät (Trenn. v. Misch. mit engem Siedebereich u. v. rohen Rk.-Prod.) 16-1916; einfache App. für d. Verteil.-Gaschromatographie 19-0004; analyt. gaschromatograph. Instrumentier. 19-2050; automat. Industrie-Gaschromatographen 20-1876; Einsatz gaschromatograph. Säulen hoher Trenn. leist. in direkter Kombinat. mit einem Massenspektrometer 20-1880; integriertes Syst. aus Elektronenrechenanlage u. Gaschromatograph 20-1883; Automatisier. d. gaschromatograph. Analyse 22-1981; App. zur präparativen – 22-2069; App. für d. Rk.- – mit Vorr. zum Hydrieren ungesätt. Verb. 22-2071; Automatisier. d. gaschromatograph. Analyse 22-1981; Anwend. v. Zirkulat.-App. zur gaschromatograph. Isotopentrenn. 24-2008; Anwend. automat. Gaschromatographen in d. tschechoslowak. chem. Industrie 27-2397; App. für – (Modifizier. gaschromatograph. Geräte für größere Anwendbark., Zirkularchromatographie-Gerät zur präparativen Trenn. fl. u. gasf. Gemische, Konstrukt. eines kontinuierl. Gaschromatographen) 33-2179; Einfl. d. H_2- u. Trägergas-Ström.-Geschw. auf d. relative mol. Anzeige d. FID 34-1954; *2* Laborchromatographen zur qual. Unters. v. Lsg. (Mess. d. Ansprechverhältnisse für Elektroneneinfang u. Flammenionisat.) 36-1932; automat. Betriebs-Gaschromatograph mit Kapillarkolonne 39-1920; automat. präparativer Gaschromatograph APG *402* 39-1921; eine mikrokatalyt.-gaschromatograph. Vers.-Anordn. zur Unters. d. katalyt. Eig. geringer Mengen elektron. modifizierten Kontaktmaterials 44-0642; Bau eines – 44-1779, 44-1780; Vorricht. zur automat. präparativen – 51/52-1842.

Anwend. eines Digitalrechners auf d. Ergebnisse v. Rk. im Labor.-Maßstab (–) 33-2179; Behandl. d. Daten v. Gaschromatographen mit „on lin"-Computern 45-2040; Programmgeber für d. präparative – 47-1931.

Vorr. für Säulen- u. Dünnschichtchromatographie zur Vorreinig. für gaschromatograph. zu trennende Substanzen 1-1776; App. zur Spurenanreicher. in W.-Misch. für – 12-1916; elektr. Entlad.-Pyrolysator für d. – 23-2097; Extrakt. v. in W. gelösten Gasen zur gaschromatograph. Analyse (App.) 44-1840.

Probengeber aus Teflon für d. – 3-2008; Probenahme in d. – (Headspace) 7-1929; automat. Substanzdosier. (pneumat. Problem d. präparativen –) 8-1866; selbstschließender Einlaßkolben zur Varier. d. effektiven Säulenlänge für d. präparative – 10-1913; quant. gaschromatograph. Probengeber zur Unters. v. Gasrk. in stat. Syst. 22-2076; automat. Probengeber für Dämpfe bei d. gaschromatograph. Analyse 22-2077; Gasprobenventil für d. – 22-2078; einfache Vorr. zur Gas-Probenahme ohne Verunreinig. durch Luft 27-2162; pneumat. Regelsyst. in Verbind. mit einem – 27-2401; Anordn. zur Dosier. kleinster Fl.-Mengen in Gaschromatographen 28-1989; Anreicher. v. flücht. Proben in einer Dosierschleife für d. – 30-1919; Meth. u. Gerät zur Dosier. organ. Verb. in d. – 34-1940; Gerät für d. Direktinjekt. bei offenen Röhrensäulen v. Gaschromatographen 34-1945; auswechselbare Patrone für d. Injekt.-Führ. bei d. gaschromatograph. Best. flücht. Substanzen in wss. Fl. 38-2039; kontinuierl. u. kombinierte Programmier. d. Eintrittsdruckes v. Trägergas unter isothermen Beding. 40-1784; Injekt.-Hahn für Gasproben in d. – 41-2026.

Gepackte Kapillarsäulen für d. Verteil.- – 2-1803; Adsorpt.-Säule für d. Dampfphasen-Chromatographie 7-1931*; Vorbehandl. v. Scheidewänden zur Verminder. d. Verunreinig. d. Eluats u. d. anomalen Bandenbldg. bei d. Temp.-Programmier. 8-1868; Trägerbedeckte Kapillarsäulen (ausgewählte Anwend.) 16-1917; zwei einfache App. zur Vorbereit. u. Imprägnier. v. Trägermaterial für gaschromatograph. Trennsäulen 16-1918; Anwend. v. Säulenpaaren in Verb. mit einem Vierfach-Probengebersyst. bei d. – 22-2075; gaschromatograph. Kolonnenschalt. für d. Analyse d. Gase in geschlossenen Syst. für biolog. u. biomedizin. Unters. 32-1970; Glaskapillarsäulen mit hoher Auflsg. für d. – 33-2179; mehrkanal. offene Röhrensäulen 34-1941; Glasdünnschichtkapillaren mit belieb. stationärer Phase für d. – 39-1923; dynam. Simulier. einer gaschromatograph. Säule 39-2185; Samml. v. durch Verteil.- – getrennten Frakt. 1-1773; Wirksamk. v. Mol.-Separatoren zwischen Gaschromatographen u. Massenspektrometer 3-2006; Gewinn. v. gaschromatograph. Frakt. für d. IR-Analyse (Vorr.) 3-2009; Sammler für gaschromatograph. Frakt. 21-2147; Samml. v. verteilungs-gaschromatograph. getrennten Frakt. (direkte Überführ. d. Frakt. aus d. Ausfrierfalle in AgCl-IR-Küvetten oder in sphär. NMR-Mikrozellen) 23-2098; auf selektiver Permeat. v. He durch eine Teflonmembran beruhendes Verbind.-Stück zwischen Gaschromatographen u. Massenspektrometer 29-2059.

Mess. d. Radioaktivität in Eluaten v. Gaschromatographen (Verw. d. Flammenionisat.-Detektors als Verbrenn.-Raum in Verb. mit bes. konstruierten Absorbern) 1-1775; Verw. d. Massenspektrometers zur Anzeige u. Identifizier. d. Eluate aus Kapillarsäulen d. – 2-1817; anomale Anzeige eines He-Ionisat.-Detektors in d. – 5-1895; Best. v. Spurenverunreinig. im Chromato-Massenspetrometer (Verw. d. Massenspektrometers als Detektor bei gaschromatograph. Best.) 6-1877; Unters. über d. Gasdichte-Zelle 8-1867; pneumat. Detektor für einen Gaschromatographen 15-1981; schnelle IR-spektroskop. Analyse gaschromatograph. Banden (App.) 16-1919; Gasstromaktivier. u. automat. Radio- – v. Verb. mit kurzleb. Nucliden 16-1894; mit d. einer Glimmentlad. nachfolgenden Elektronenstrom arbeitender gaschromatograph. Detektor 17-1987; Best. d. Anzeigegrenzen v. gaschromatograph. Detektoren mit Hilfe eines Elektronenrechners 19-2083; moderne gaschromatograph. Detektoren 20-1881; Einfl. d. Wärmeleitfähigk. d. Trägergases auf d. Empfindlichk. d. Flammenionisat.-Detektors 22-2079; Empfindlichk. d. Elektroneneinfangdetektors gegenüber halogenhalt. Substanzen 22-2080; Verw. v. kommerziellen Isotopenmassenspektrometern als chromatograph. Detektoren 22-2081; quant. – mit Wärmeleitfähigk.-Detektoren (Näher.-Meth.) 23-2093; Ansprechcharakteristiken: eines neuen „Stapel"-Flammenionisat.-Detektors 23-2099; eines neuen Hochtemp.-Elektroneneinfangdetektors zur gaschromatograph. Analyse 23-2100; „Kr-Triode" als selektiver Detektor für d. – 23-2101; Identifizier. d. Komponenten in Gaschromatogrammen auf Grund ihres Elektronenanlager.-Vermögens (Ionisat.-Kammer) 25-2034; Kleinmassenspektrometer als susbtanzspezif. Detektor für Gaschromatographen 25-2038; Arbeitsweise eines Entlad.-Detektors in d. – 27-2158; Arbeitscharakteristik d. im Chromatographen Chrom III eingebauten Ar-Triodenionisat.-Detektors 27-2159; Proportionalzähler zur Prüf. auf ^{14}C u. Tritium im Eluat einer GLC-Säule 27-2160; Samml. v. $^{14}CO_2$ v. einem H-Flammendetektor 27-2161; massenspektrometr. Best. v. nichtgetrennten Verb. im Gaschromatogramm 29-2058; Nachw. stabiler Gase in d. – mit Hilfe v. Radioionisat.-Meth. (Detektortypen) 29-2061; Verstärk. u. Registier. d. Ionisat.-Stromes eines Flammendetektors in d. Gasverteil.-Chromatographie 29-2063; Analyse organ. Verb. durch –-Quadrupol-Massenspektrometrie (Anordn.) 34-1948; Detektoren für d. – (Übersicht) 34-1950; Veränder. d. Ansprechfaktoren d. Elektroneneinfangdetektors bei verschiedenen Parametern (Einfl. d. Ström.-Geschw. d. Trägergases, d. Detektortemp. usw.) 34-1952; nach einem Servomechanismus arbeitender Detektor für d. quant. Mess. gaschromatograph. Zonen v. hydrierbaren Stoffen 34-1956; Anzeigeempfindlichk. v. Flammenionisat.-Detektoren mittels Gaschromatographie v. siliciumorgan. Verb. 38-2035; IR-Mikrospektroskopie v. Eluaten d. Kapillar- – (neuer Detektor für organ. Mol.) 38-2036; universaler Gasregistrator 40-1773; Meth. zur Überführ. gaschromatograph. Frakt. in IR-Küvetten 40-1791; IR-Spektroskopie im Mikromaßstab v. gaschromatograph. Frakt. (Vorbereit. d. Probe) 41-1957; Verwendbark. v. Mikrokatharometer-Detektoren bei hohen Druck 41-2027; konst. Stromversorg. für d. Perkin-Elmer-Wärmeleitfähigk.-Detektor 41-2028; Anwend. d. thermoion. Halogen-Detektors in d. – 43-1932; Charakteristiken: v. Ionisat.-Detektoren u. Elektrometern zur – 45-2038; v. Potentiometerschreibern für quant. – 45-2039; kleines Massenspektrometer als spezif. gaschromatograph. Detektor 46-1801; Nichtreproduzierbark. bei d. quant. Kalibrier. eines Flammenionisat.-Detektors in d. – 46-1863; Flammenemiss.- u. Flammenemiss.-/Flammenionisat.-Doppeldetektoren für d. – 48-1819; Anwend. d. Elektroneneinfangdetektors in d. – (Empfindlichk. u. Anzeigefaktor) 51/52-1846.

Symm. elektron. Integrator für d. – 24-2011; hochempfindl. Integrator in d. – 37-2099; hochempfindl., elektron. Integrator für d. – 40-1792; direkt anzeigender, d. substanzspezif. Detektorempfindlichk. kompensierender Integrator für d. – 51/52-1847; Integrierverf. für d. Radio- – (App.) 51/52-1848.

Stationäre und bewegte Phasen: Modifizierte gaschromatograph. Adsorbentien u. Träger 2-1809; Selektivität d. stationären Phase in d. Verteil.- – (Dispers.-Wechselwrkg.) 11-0920; Selektivität d. stationären Phase in d. Gaschromatographie (intermol. Wechselwrkg. einfacher Mol. mit polaren u. nichtpolaren stationären Phasen) 12-1848; Herst. wirksamer Träger für – 17-2001; Polarität v. Fl.-Phasen u. Selektivität gaschromatograph. Säulen 19-2081; gaschromatograph. Unters. mit Misch. stationärer Phasen 19-2134; Verw. imprägnierter Mol.-Siebe in d. – 27-2156; Einfl. einer sauren oder bas. Behandl. fester Träger auf d. Effektivität v. Trennsäulen bei d. gaschromatograph. Trenn. v. Verb. verschiedener Polarität 28-1987; Gaschromatographie mit überkrit. Fl. 30-1918; präparative Adsorpt.- – unter Anwend. modifizierter Adsorbentien 30-1995; Bedeut. d. stationären Phase in d. Verteil.- – u. Meth. zur Sorbentienauswahl 32-1969; Vers. mit gaschromatograph. Trägermaterialien (Beobacht. über Pyrolyse) 34-1939; unspezif. u. spezif. Adsorbentien für d. – 36-1922; Grundsätze für d. Selektivität einer stationären Phase in d. Verteil.- – 38-2031; krist.-fl. Schmelzen als stationäre Phasen in d. Fl.- – 41-2023; Stabilität d. stationären fl. Phase in d. Austausch- – 44-0612; Wahl d. stationären Phase in d. – 45-2286; derivatograph. Unters. v. gaschromatograph. Trennfl. 48-1820; Wahl u. Auswahl d. stationären Phase in d. – 51/52-1844; Unters. d. Textur v. Graphitproben im Hinblick auf ihre Verw. als Träger in d. Verteil.- – 10-1912; Adsorpt.-Gefäße mit Kohle für d. gaschromatograph. Analyse organ. Dämpfe 51/52-1843; Aerogelsäulen in d. – 1-1769; trennakt. Kapillar-Adsorpt.-Säulen für d. – mit Kieselsäuresol Nalco CD-*100* 1-1771; Behandl. d. festen Trägersubstanz INZ-*600* für d. Verteil.- – 15-1980; gaschromatograph. Verh. vorbehandelter Silicagele 18-1936; Silicagel als Trägermaterial bei d. Verteil.- – 23-2096; modifizierte Silicagele (Adsorpt.-Eig. u. Anwend. in d. – 30-1996; Chromatographie leichter Gase auf Silicagelen mit durch Metalle ersetzten Protonen 36-1925; anorgan. Salze als Trennphasen in d. – 39-1922; Belegen u. Packen v. Glaskugeln in Trennsäulen für d. – 22-2073; Herst. u. Verw. v. Glasperlensäulen für d. Verteil.- – 34-1942; strömungsprogrammierte – an mit porösen Schichten beladenen Glasperlen 34-1943; Anwend. v. porösem Glas in d. – 36-1923; geschmolzene quatern. NH_4-Salze als stationäre fl. Phasen für d. Verteil.- – 22-2074; Modifizier. v. Diatomit- u. Kaolin-Trägern d. Verteil.- – 37-0722; Anwend. v. Tuffen aus d. SSR als feste Träger in d. Verteil.- – 24-2009; Herst. v. therm. stabilen mehrkern. aromat. Verb. als stationäre Phase für Gaschromatogramme 40-2372*; Diphenyloxid-Verb. zur Verw. als Kolonnenfl. für Dampfphasenchromatographie 19-2086; Eig. v. als stationäre Phasen für d. – benutzten Polyäthylenglykolen 43-1933; Behandl. v. festen Trägern für d. – mit siliciumorgan. Verb. 38-2034; Metallkomplexe v. β-Diketonen als fl. Phasen in d. Verteil.- – 13-1846; Unters. d. Eig. v. mit Anthrachinon modifiziertem,graphitiertem Ruß als Säulenfüll. (Adsorpt.- – mit organ. Phase) 18-1937; Formamid als stationäre Phase in d. – 1-1767; höhere Nitrobenzoesäureester als stationäre Phase in d. – 7-1932*; Dialkylphthalate als stationäre Phasen für d. – 26-2023; – unter Verw. v. Cholesterylestern als fl. Phase 35-2024; Einsatz v. Glykolbenzoaten als stationäre Phasen in d. – 36-1929; Anwend. v. Pentaerythritestern als stationäre fl. Phasen in d. – 36-1930; Gebrauch v. Sephadex in gaschromatograph. Säulen 35-2019; Anwend. v. Polymeren für d. gaschromatograph. Kolonne 40-1785; Diskontinuität d. Retent.-Zeiten an Carbowax *20* M auf Gas Chrom P bei tiefen Temp. 49/50-1876.

Einfl. v. Zusätzen adsorpt.-mindernder Stoffe bei d. – mit offenen-Röhren u. gepackten Säulen 27-2155; halogenierte Verb. als Tracergase zur gaschromatograph. Unters. d. Beweg. v. Luftmassen 44-1844; Verw. v. Dow Corning *200*-Siliconöl zur Verminder. fortschreitender Peakverbreiter. in einer gaschromatograph. Säule 47-1932.

Gemischte Trägergase für d. quant. Chromatographie 11-1894; präparative – mit Dämpfen nicht brennbarer organ. Fl. als Trägergas 15-2579; Herst. v. reinem He-Trägergas durch Diffus. 24-2012; Verw. v. Luft als Trägergas in d. Elektroneneinfangdetektor 38-2037; chemisorptives Substrat zur Luftreinig. für einen Flammenionisat.-Detektor 41-2029.

Anwendung: Mess. d. Oberfläche mit einem handelsübl. modifizierten Gaschromatographen 1-1710; Anwend.-Möglichk. d. Pyrolyse- – 2-1900; einige Anwend. d. – auf d. Gebiet d. Malerei 2-1925; gaschromatograph. Trenn. u. γ-spektrometr. Analyse v. Abgasen d. Reaktors VVR-M 6-1972; gaschromatograph. Unters. v. Rauchlsg. 7-2062; gaschromatograph. Best. v. Adsorpt.-Wärmen auf Weißruß 8-0598; gaschromatograph. Mikrometh. in d. forens. Wissenschaft 12-1938; Reinig. v. ^{14}C-markierten Substanzen durch präparative – 16-1915; gaschromatograph. Unters. v. bei d. Wiederaufbereit. v. Kernreaktor-Spaltstoffen verwendeten Lsgm. 16-2015; automat. präparative – als Reinigungsmethode in d. synthet. organ. Chemie 17-1039; Anwend. d. – in Erdöl- u. erdölchem. Industrien 19-2827; – u. ihre Anwend. in d. Forsch. u. in d. Textilindustrie 19-2257; gaschromatograph. Mess. v. Absorpt.-Daten bei endl. Konz. 20-1874; – in d. Geologie 20-1911; gaschromatograph. Unters. d. Adsorpt. makroporöser Silicagele u. Alumosilicagele 23-0714; Best. d. Monomerreaktivitätsverhältnisses mittels – 23-1225; – als neue Meth. zur Trenn. v. biolog. Material 23-2206; Anwend. d. – auf biochem. u. biolog. Probleme 23-2210; chromatograph. Best. d. akt. H in organ. Verb. 26-2072; Reinigen v. metall. oder halbmetall. Stoffen auf gaschromatograph. Wege 26-2206*; theoret. Grundlagen d. Anwend. v. – zur Prozeßregel. 27-2396; gaschromatograph. Analyse v. Gemischen S-halt. Gase 28-2001; Best. physikal. u. chem. Parameter durch – 29-0752; gaschromatograph. Best. d. Löslichk. in flücht. Fl. 30-1917; – bei katalyt. Unters. (Übersicht) 32-0735; gaschromatograph. Unters. chem. Gleichgew., Trenn. v. Enantiomeren durch Verteil.-Gaschromatographie, Best. d. Energie v. H-Bind. mit Hilfe d. Verteil.- –, Analyse organ. Verb. durch Massenspektrometrie u. –, Kombinat. v. präparativer – u. Isotopenverdünn. zur quant. Analyse isomerer Rk.-Prod., gaschromatograph. Unters. über Verunreinig. – Spuren, biomedizin. Anwend. d. 33-2170; gaschromatograph. Unters. d. Adosprt.-Eig. v. Äthyl-, Phenyl- u. Hydridpolysiloxanen 34-0712; direkte Unters. d. heterogenen Katalyse durch Adsorpt.- – 34-1936; Pyrolyse- – (Übersicht über industrielle Anwend.-Möglichk.) 34-1937; physikochem. Mess. mit Hilfe d. – 36-0594; – zur Betriebskontrolle einer Vorlaufkolonne 36-2097; Best. d. Aktivitätskoeff. bei unendlicher Verdünn. durch d. Gas–Fl.-Chromatographie 37-0721; – bei d. pharmazeut. Analyse 39-1664, 39-1665; Best. d. effektiven Diffus.-Koeff. v. Katalysatoren durch – 41-0608; systemat. Anwend. d. Verteil.- – in d. Toxikologie 41-2126; Anwend. d. – für Hygieneunters. in d. chem. Industrie 41-2129; Anwend. d. – in d. pharmazeut. Analyse 49/50-1708; – in d. Industrie d. Kunststoffe, Farben u. Lacke 51/52-1850.

Bibliographie

Gaschromatographie (Mitteilungssammlung) Lfg. *5* [russ.] B 28; Gaschromatographie (Mitteilungssammlung) Lfg. *6* [russ.] B 93; Gaschromatographie (Mitteilungssammlung) Lfg. *7* [russ.] B 93.

Gas chromatography abstracts B 13; Compilation of gas chromatographic data B 45; The practice of gas chromatography B 61; Instrumentation in gas chromatography B 69; Lectures on gas chromatography B 77; Gas chromatography abstacts B 93.

Chromatographie en phase gazeuse des stèroides hormonaux appliquèe aux liquides biologiques B 92; Manuel pratique de chromatographie en phase gazeuse B 93.

Gas cromatografia B 93.

Papierchromatographie

Allgemeines und Methoden

Vgl. zwischen Säulen- und Papier-Ionenaustauschchromatographie 1-1753; Maßstäbe zur Best. d. R_F-Werte in d. – 2-1787; Bezieh. zwischen d. R_M-Werten in Paaren v. papierchromatograph. Verteil.-Syst. 2-1788; Autotransfer-Chromatographie v. Dünnschicht- auf Papier 2-1789; Verh. anorgan. Ionen an Chromatographiepapier in Gemischen aus organ. Lsgm. u. Säuren 4-1623; Modifizier. d. eindimensionalen – 7-1925; Dünnschicht- u. Papierchromatographie (Einführ.) 8-1856; Lsgm.-Effekte bei d. – 11-1880; Thermochromatographie auf Papier 13-1904; qualitative Analyse durch Papierchromatographie 15-0017; Bestätig. v. theoret. Unters. über d. Einfl. v. Elektrolytlsg.-Eig. als Laufmittel bei d. Chromatographie durch experimentelle papierchromatograph. Unters. 15-1977; Thermochromatographie auf Papier (Probleme d. Chromatographie mit Temp.-Gradienten) 16-1906; – anorgan. Stoffe (R_F-Werte anorgan. Ionen in Äthanol–Mineralsäure-Gemischen) 16-1907; Thermochromatographie auf Papier 16-1932; analyt. Ergebnisse d. papierchromatograph. Zonenstreifenverf. 18-1923; Best. v. Substanzen auf Papierchromatogrammen 22-2061; Identifizier. v. Substanzen mittels Papier- u. Dünnschichtchromatographie 23-2084; Trennvorgang bei d. Ringofenmeth. 24-2004; zweidimensionale – mit einer Rk. auf d. Papier 30-1913; Richtlinien für d. Auswahl d. Beding. bei d. – 31-2048; R_x als Stoffkriterium zur papierchromatograph. Identifizier. 32-1965; papierchromatograph. Trenn. v. Ionen (Einfl. v. Thiocyanat) 36-1919; Best. v. Metallionen in Gemischen durch Ringkolorimetrie nach vorher. Trenn. durch Papierchromatographie 39-1914; Ringofenmeth. u. ihre Anwend. in d. organ. Analyse (Übersichtsbericht) 39-2016; Bezieh. zwischen R_F- u. pH-Wert für lipophile organ. Elektrolyte bei d. – mit umgekehrten Phasen u. gepufferter wss. Phase 40-1781; Best. d. R_F-Werte v. *1*- u. *2*wert. Metallionen durch Papierchromatographie in Lsg. mit hoher ClO_4-Konz. 44-0618; Ionenaustausch- – anorgan. Ionen 44-1778; Best. durch –, UV-Photographie u. Photometrie 46-1877; quant. Best. v. Substanzen auf Papierchromatogrammen 47-1930; Eluier. v. Papierchromatogrammen 48-1816; Löslichk.-Chromatographie an Papier 49/50-1956; Spurenanalyse mit – u. radioakt. Fäll.-Mitteln 51/52-1827.

UV-Spektroskopie bei d. Analyse v. Papierchromatogrammen 14-1899; Herst. radioakt. Standards für paierchromatograph. Unters. 16-1938; densitometr. quant. Best. am Mikrochromatogramm 25-2097; Fl.-Szintillat.-Mess. d. Radioaktivität auf Papierchromatogrammen toluolunlösl. ^{14}C- u. ^{3}H-markierter Verb. 26-2095.

Apparate: –-Geräte 16-1904; App. zur schnellen quant. Best. anorgan. Substanzen durch Kombinat. v. – mit konduktometr. u. polarograph. Meth. 16-1905; – in extralangen Tanks 51/52-1835.

Gerät zur streifenförm. Auftrag. für d. – 2-1793; einfache Aufbringvorr. für präparative Dünnschicht- u. Papierchromatographie 3-2000; automat. Auftraggerät zur – 10-1910; Vorr. zur Probenaufbring. auf Papierchromatogramme 40-1782; Pipette zum streifenförm. Auftragen bei d. – 47-1929.

Vorr. zum Festhalten v. Papierchromatogrammen während d. Äquilibrier. u. Entw. 3-2001; App. zum automat. Abstellen d. Lsgm.-Beweg. an Chromatographiepapier 28-1984; Elut.-App. für – 29-2054; Verunreinig. v. Papierchromatogrammen durch Scheren 30-1915.

Optimale Arbeitsbeding. registrierender Zählratenmeßgeräte für radioakt. – 2-1791; schnelle Auswert. v. Radiochromatogrammen mit Hilfe einer Funkenkammer 3-1993; Chromatographie-Sprühkammer für gift. u. aggressive Sprühreagentien 5-1891; Linearisator für d. Auswert. v. Papierelektropherogrammen auf d. Chromoscan-Densitometer 8-1872; automat. Auswert. v. Dünnschicht- u. Papierchromatogrammen markierter Verb. 20-1871; Maschine für d. Behandl. v. Papierstreifen mit chem. Reagenzien 22-2061; transistorierter Lsgm.-Frontdetektor 30-1914; elektron. Syst. zur photograph. Vermess. v. Papierchromatogrammen 47-1930.

Materialien: Papiere aus chem. modifizierter Cellulose in d. Chromatographie 1-1754; opt. Eig. chromatograph. Papiere 1-1755; Chromatographie auf Glasfaserpapier 1-1756; Chromatographie v. Metallionen auf mit hochmol. Aminen imprägniertem Papier mit Thiocyanatlsg. als Entwickler 1-1790; chromatograph. Verh. v. Metallionen auf mit Aminen behandelten Papieren 2-1790; chromatograph. Eig. eines mit Ti-Hydroxid imprägnierten Papiers 5-1890; Einfl. d. DK auf d. R_f-Werte v. Metallionen in einigen Ameisensäure/Alkohol-Lsgm.-Syst. 11-1881; Adsorbentien in d. – 11-1882; R_M- u. R_F-Koeff. mehrbas. Elektrolyte bei d. Chromatographie auf gepuffertem Papier 14-1900; mit Ionenaustauschern imprägniertes Filterpapier u. dessen Verwend. 16-1909; Adsorpt. v. Metallionen aus $HF–HClO_4$-Gemischen an einigen Ionenaustauscherpapieren (R_F-Werte) 16-1910; Chromatographie einiger Metallionen auf mit Sn(IV)-Phosphat getränktem Papier 31-2055; Papierchromatographie v. Metallionen in Butanol–Perchlorsäure-Mischungen 36-1918; Verh. v. *33* Metallionen auf mit Tri-n-octylaminhydrochlorid imprägnierten Papier 43-1931; Adosrpt. v. Metallionen aus perchlorsauren Medien an Zirkoniumphosphat-Ionenaustauscherpapier 46-1809; anorgan. Chromatographie an imprägnierten Ionenaustauscherpapieren 51/52-1839.

Anwend. v. Solubilisatoren in d. – 27-1854, 34-1706; – einiger Kationen in umgekehrten Phasen unter Verw. zweier Nitrophenylthiophosphatderiv. als stationäre Phasen 36-1920; – v. Anionen mit Ameisensäurehalt. Lsgm.-Syst. 42-1802; Unters. wss. Lsgm. zur papierchromatograph. Trenn. v. Kationen 42-1833.

Chromatograph. Reinig. v. Kaliumthiocarbonat (PTC)-Reagenz zum Gebrauch als Entwickler v. Chromatogrammen 5-1892; quant. Radio- – unter Verw. v. Tollens-Reagenz 13-1910; verbesserte Meth. zum Nachw. fluoreszierender Verb. auf Chromatogrammen durch Besprühen mit Lsg. hochsd. Amine 16-1908; Nachw. v. Metallen auf Papierchromatogrammen mit Rhodamin B 31-2105; Metallfarbindikatoren als Entwickler in d. anorgan. – 45-2229.

Anwendung: Rundfilterchromatographie in d. chem. Toxikologie 1-1874; Anwend. d. – auf textilchem. Probleme 1-1900; halbquant. autoradiograph. Best. v. ^{14}C-Aktivitäten im Pico- bis Nano-Curie-Bereich mit Hilfe d. Ringofenmeth. 5-1880; papierchromatograph. Strukturanalyse organ. Verb. 6-1875; Best. v. Mikromengen leicht reduzierbarer Elemente mit Hilfe d. Ringkolorimetrie 7-1926; radiochem. Trenn. mit Hilfe d. Ringofenmeth. 10-1926; – als analyt. Hilfsmittel für d. Färber 11-2015; Anwend. d. Ringofenmeth. auf radiochem. Probleme 17-2025; Nachw. funktioneller Gruppen unter Verw. d. Ringofenmeth. 17-2065; Verw.-Möglichk. d. – (Beeinfluss. d. Verteil.) 22-2059; (Identifizier. v. Verb. u. Zuordn. zu Gruppen durch –) 22-2060; papierchromatograph. Best. d. krit. Mizellkonz. 38-1814; Best. d. Beweglichk. im freien Puffer mittels – 48-1818; papierchromatograph. Kontrolle d. Mizellbldg.-Konz.-Mess. 49/50-1698.

Bibliographie

Paper chromatography and electrophoresis. Vol. 1: Electrophoresis in stabilizing media B 20.

Dünnschichtchromatographie

Allgemeines und Methodik

Maßstäbe zur Best. d. R_F-Werte in d. – 2-1787; quant. – 2-1839; Einfl. d. räuml. Mol.-Baues auf d. dünnschichtchromatograph. Verh. 3-2064; anorgan. Dünnschichtchromatographie 5-1887; Dünnschicht- u. Papierchromatographie (Einführ.) 8-1856; – (Fortschritte) 8-1857; – in d. anorgan. Analyse 8-1858, 8-1892; präparative Schichtchromatographie (Grundzüge) 9-1930; „Wick trough"- u. dünnschichtchromatograph. Entw. 12-1839; – anorgan. Ionen 13-1870, 13-1871; Fehlerquelle in d. präparativen Schichtchromatographie 16-1897; Reproduzierbark. d. R_F-Werte bei d. – 16-1900; – u. reflex.-spektroskop. Analyse v. Kationen (Kationennachw. auf Dünnschichtplatten) 17-1984; – (Anwend. in d. anorgan. Chemie) 18-1921; Ionenaustausch- – 19-2171; dünnschicht-chromatograph. Meth. 20-1868; Ionenaustauscher- – 20-1943; – 21-0011; Identifizier. v. Substanzen mittels Papier- u. Dünnschichtchromatographie 23-2084; absteigende – 23-2085; Zusammenhänge zwischen Mol.-Struktur u. chromatograph. Verh. 26-2086; Trenn. einiger anorgan. Ionen durch Dünnschichtverteil.-Chromatographie mit umgekehrten Phasen 27-2151; – v. Verb., d. stark adsorbiert werden 28-2076; Unters. d. Struktureinfl. auf d. – 29-1822; Vorhersage v. R_F-Werten bei d. – 30-1904; Trenn. v. Metallionen durch Fäll.-Chromatographie an Dünnschichten 30-1905; kombinierte Cellulose- – u. -elektrophorese 30-2006 bis 30-2008; anorgan. – (Übersicht) 31-2049; Meth. zur quant. – 31-2051; multiple organ. Mikrosynth. auf d. Dünnschichtplatte 31-2052; quant. – (Meth. zur quant. Best. v. auf Dünnschichten getrennten Substanzen) 32-1959; chem. Rk. auf d. Schicht einer Dünnschichtplatte 32-1960; Praxis d. – 32-2079; Bedeut. d. Lsgm.-Dampfes bei d. – 33-2176; systemat. – d. Elemente in HCl-Syst. 35-2020; – organ. Ionen 35-2054; – anorgan. Ionen 37-2094; – (Überblick) 39-1910; – v. Anionen 44-1775; Ionenaustausch- – 46-1799; anorgan. – 48-1815.

Fluoreszenzlösch. durch J; empfindl. Nachw. organ. Verb. auf Chromatogrammplatten 2-1786; quant. Auswert. v. Dünnschichtchromatogrammen 4-1601; UV-Spektroskopie bei d. Analyse v. Dünnschichtchromatogrammen 14-1899; direkte fluorimetr. Abtast. v. Dünnschichtchromatogrammen 20-1914; Fluoreszenzlösch. UV-absorbierender Verb. auf Dünnschichtchromatogrammen (Anwend. auf Luftverunreinig.) 26-2127; Elut.-Technik zur Reduzier. d. Fehler bei d. quant. – 30-1912; – radioakt. markierter organ. Verb. 32-1961; dünnschichtchromatograph. u. reflex.-spektroskop. Kationenanalyse 38-2075; krit. Betracht. zur photometr. Auswert. v. Dünnschichtplatten 39-1911; Anwend. d. DTA bei d. Dünnschichtchromatographie 39-2026; Tritiumnachw. durch β-Radiolumineszenz in Standardsubstanzen für d. Dünnschichtchromatographie 42-1799; quant. Auswert. v. Dünnschichtchromatogrammen 47-1928; quant. Analyse v. Metallionen durch Densitometrie v. Dünnschichtchromatogrammen 48-1815; Auswert. d. Flecken bei d. Dünnschichtchromatographie durch diffuse Reflex.-Spektroskopie 49/50-1854.

Apparate: Vorr. für Säulen- u. Dünnschichtchromatographie 1-1776; kontinuierl. präparative – (App.) 8-1859; Hilfsmittel zum Arbeiten mit radioakt. Substanzen in d. – 8-1860; App.: zur präparativen Dünnschichtmeth. 14-1898; für d. horizontale – 20-1869; zur präparativen – 26-2018; u. Verf. zur Entw. v. Dünnschichtplatten unter N_2 30-1907; Hilfsmittel für d. – 35-2017; Plastikplatten-– in einem runden Tank 36-1917; Plexiglastank zur Entw. präparativer Dünnschichtchromatogramme 37-2095; Anordn. für d. präparative, kegelförm. – 47-1927; einfache Vorr. für d. präparative – 48-1810; Chromatographieapp. für mikrodünne Schichten 48-1811; bill. „Doppel-S"-Tank für – 49/50-1872.

Einfache Aufbringvorr. für präparative Dünnschicht- u. Papierchromatographie 3-2000; Meth. zur quant. Auftrag. v. Extrakten auf Dünnschichtchromatogramme 8-1862; Probenaufgabe in d. präparativen – 16-1898; modifiziertes Aufgabegerät zur gleichmäß. Beschicht. v. Dünnschichtplatten 16-1903; Probenaufgeber zur präparativen Schichtchromatographie 18-1922; Gerät zum Auftragen v. Proben auf Dünnschichtplatten 28-1983; halbautomat. Gerät zum Probenauftragen für d. – 34-1929; App. für d. quant. Auftragen v. Proben als Streifen bei d. – 36-1915; App. für d. Aufbringen v. Proben für Dünnschichtchromatogramme 36-1916; automat. Auftragen bei d. – 42-1798.

Vorbeschichtete Platten für d. – 2-1784; App. u. Verf. für d. Beschicht. v. Objektträgern für d. – 4-1603; Reinig. v. ––Platten 4-1604; Mehrschichtenchromatographie als Hilfsmittel zur Lsg. v. Trennproblemen auf d. Dünnschichtplatte (Streichgerät zur Herst. d. Platten) 25-2265; Gerät zur Herst. v. Dünnschichten 31-2053; Streichgerät zur Herst. einheitl. Platten für d. – 33-2177; Gerät zur Mehrfachlinier. v. dünnschichtchromatograph. Platten 39-1912; vereinfachte Vorr. zur Herst. v. Dünnschichtplatten 44-1774; Entfern. v. Verunreinig. aus Chromatographierplatten 47-1926; Herst. v. fixierten Dünnschichten auf Platten ungleicher Dicke 48-1812.

Autotransfer-Chromatographie v. Dünnschicht auf Papier 2-1789; Verf. einer Ablös. d. Kieselgelschicht v. d. Trägerplatte für d. Bioautographie v. Dünnschichtchromatogrammen 14-1897; Vakuumdest. zur Rückgewinn. v. Proben nach d. – (App.) 29-2053; leistungsfähiger Trockenapp. für Dünnschichtchromatogramme 30-1908; einfache Konservier.-Meth. für Dünnschichtchromatogramme 30-1911; Herst. v. Mikropillen aus Dünnschichtchromatogrammen für d. IR-spektrometr. Identifizier. 31-2054; Dokumentat. u. Konservier. v. Dünnschichtchromatogrammen 32-1964.

Farb. Aufzeichn. d. UV-Fluoreszenz in Dünnschichtchromatogrammen 2-1785; Meth. zum Abtasten v. Radiochromatogrammen 18-1917; vielseit. photometr. Abtastgerät für große TLC-Platten 20-1870; automat. Auswert. v. Dünnschicht- u. Papierchromatogrammen markierter Verb. 20-1871; dauerhafte Aufzeichn. v. Dünnschichtchromatogrammen auf durchsicht. Papier 23-2087; automat. Abtasten v. Chromatogrammen mit einem γ-Spektrometer 30-1909; Aufzeichn. v. Dünnschichtchromatogrammen auf Polacolor-Film unter ultraviolettem Licht 30-1910; Radioaktivitätsabtastgerät für Dünnschichtchromatogramme 32-1962; quant. Auswert. v. Dünnschichtchromatogrammen mit einem Papierstreifendensitometer 32-1963; Gerät zur Mess. spektraler Reflex. auf Dünnschichtplatten mit einem Zeiss-Spektrophotometer 36-1913; quant. Auswert. fluoreszierender oder absorbierender Flecken auf Dünnschichtchromatogrammen (App.) 36-1914; quant. Analyse durch Dünnschichtchromatographie mit Flammenionisat.-Detektor 38-2027; automat. Abtast. v. Chromatogrammplatten mit Hilfe eines γ-Strahlenspektrometers 42-1792; einfaches Gerät für d. Biotest mit Testorganismen auf dünnschichtchromatograph. getrennte Stoffe 45-2219.

Gerät zur direkten, schnellen u. genauen R_F-Wert-Ables. in d. – 22-2057; Rechengerät für radioakt. – 37-2088; Vorr. zum rationellen Ausmessen von 20 × 20-cm-Chromatographierplatten auf d. Vitatron-Densitometer 39-1913; Schablone zur schnellen Mess. v. R_F-Werten in d. – 47-1925; Dokumentat. d. Dünnschichtchromatogramme mit d. Schnellkopiermaschine DOKUFO 48-1814.

Materialien: Keramische Platten für d. Chromatographie 7-1923; Anwend. v. Whatman SG *41* u. Whatman CC *41* für d. – 14-1896; ––Material aus flexibler Unterlage mit SiO_2-Polyvinylalkohol-Auftrag 15-2215*; präparative Schichtchromatographie auf Gips 16-1901; – an Madrellschem Salz 16-1902; Träger für d. – 17-1998; für d. präparative – geeignete Adsorpt.-Mittel auf d. Basis v. SiO_2, Al_2O_3 u. Cellulose 17-1999; für d. präparative – geeignete Adsorpt.-Mittel 17-2000; Dünnschichtchromatographie u. -chromatoelektrophorese wasserlösl. Substanzen auf Cellulosepulver 22-2058; – an Kieselgel (quant. Analyse durch direkte UV-Spektrophotometrie) 23-2086; – auf Polyamiden 26-1747; Herst. eines festen Polyamidadsorbens für d. – 30-1906; Polyamid-– (Übersicht) 31-2050; modifizierte – mit Ag-Ionen 35-2079; allgemein anwendbares Bindemittel (Henkel-Methylan-Spezial) zur Herst. v. wss. Streichmittel-Suspens. für d. – 42-1797; Herst., Eig. u. Anwend. v. papierähnl. PEI-Celluloseblättern zur Ionenaustausch-– 46-1799; anorgan. – an mikrokrist. Cellulose 51/52-1831; – mit Siloxid 51/52-1832; – auf mit neutralen Organophosphorverb. imprägniertem Trägermaterial 51/52-1833; Trenn. organ. Säuren auf Cellullose-Dünnschichtplatten 35-2078; Waschen v. Absorbentien für d. – 48-1813.

Unters. d. Elut.-Kraft v. Lsgm.-Syst. an Dünnschichten aus Florisil 12-1945; dünnschichtchromatograph. Trenn. mit alkohol. Lsg. anorgan. Salze als Laufmittel 12-1876; Schnellmeth. zur Prüf. v. Lsgm.-Syst. in d. Dünnschichtchromatographie 16-1899; Dünnschichtchromatographie mit umgekehrten Phasen v. Metallionen mit TBP 40-1780.

Uranylacetat als Sprühreagens in d. Dünnschichtchromatographie 4-1602; $(NH_4)_2 \cdot SO_4/NH_4HSO_4$ als neues Sprühreagenz an Stelle v. H_2SO_4 in d. Dünnschichtchromatographie 35-2018; allg. Nachw. organ. Verb. auf Dünnschichtchromatogrammen durch Ozonisier. in Verb. mit Besprüh. mit 2.4-Dinitrophenylhydrazin oder Molybdatophosphorsäure 36-1910; neue Sprühreagenzien für d. – 51/52-1943.

Anwendung: Trenn. v. Kationen d. III. analyt. Gruppe mit Hilfe d. – auf Stärke 5-1888; dünnschichtchromatograph. Strukturanalyse organ. Verb. 6-1875; Anwend. d. – bei d. pharmazeut. Analyse (Übersicht) 10-1669; – in d. Materialprüf. 12-2008; Anwend. d. – bei pharmazeut. Analysen (Übersicht) 14-1694; – als neuere Meth. zur Trenn. v. biolog. Material 23-2206; Charakterisier. u. Strukturermittel. organ. Verb. mit Hilfe d. – 29-2052; dünnschichtchromatograph. Meth. in d. Rückstandsanalyse 30-2081; dünnschichtchromatograph. Trenn. v. Diastereomeren an Kieselgel-D 36-1911; Best. d. chromatograph. Aktivität v. krist. Al-Hydroxiden mittels – 37-0723; – in d. Klinik 40-1873; – in d. gerichtsärztlichen Toxikologie 41-2125; – seltener Elemente 43-1980; anorgan. Mikroanalyse unter Verw. dünnschichtchromatograph. Verf. 44-1923; Bedeut. d. – für d. chem.-toxikolog. Analyse 49/50-2020; – im systemat. toxikolog. Analysengang 49/50-2021; Analyse v. Misch. ^{14}C-markierter Verb. mittels – 51/52-1938.

Bibliographie

Dünnschicht-Chromatographie. Ein Laboratoriumshandbuch B 29; Thin-layer chromatography B 45; Technique of organic chemistry. Vol. *12*: Thin-layer chromatography B 45.

Chromazurol S s. unter $C_{23}H_{16}Cl_2O_9S$.
Chromchlorit s. *Kämmererit.*
Chromdiopsid s. unter *Diopsid.*
Chromel s. unter *Nickellegierungen* (*Sondermarken*).
Chromel P s. unter *Nickellegierungen* (*Sondermarken*).
Chromen s. unter C_9H_8O.
Chromene

Chromone; *Cumarine* s. dort.

Chromen-(3)-ole-(6) 8-1032; Darst. aus Allyltriphenylphosphoniumbromid 40-0973; Strukturbeweis für d. gefärbten Photoprod. v. – 49/50-0782; Rk. mit Brom u. Chlor 8-1033.

Chromfarbstoffe s. unter *Farbstoffe, organische* (*Metallkomplexfarbstoffe*).
Chromit s. unter *Eisenoxide, Mischoxide*: *Cr·* ($FeCr_2O_4$).
Chromogene, vereinfachte kolorimetr. Best. v. Adrenalin u. Noradrenalin ähnl. – im Blut 21-1632.
Chromomycin A_2 s. unter $C_{59}H_{86}O_{26}$.
Chromomycin A_3 s. unter $C_{57}H_{82}O_{26}$.
Chromomycin A_4 s. unter $C_{48}H_{68}O_{22}$.
Chromon s. unter $C_9H_6O_2$.
Chromone (Benzo-4-pyrone)

Siehe auch *Flavone.*

Natürl. – 21-1827; Darst.: v. 5-Alkoxychromoncarbonsäuren-(2) 21-1869*; v. heterocycl. substituierten – (potentiell Antikrebsmittel) 23-1128; v. Chromoncarbonsäuren (Antianaphylaktika) 39-1689*; v. 2-Halogenalkyl-3-aryl-7-hydroxy-– (coronarerweiternde Mittel) 42-1605*; v. Chromon-2-carbonsäurederiv. 42-1606*; Photochemie v. 2-Benzyl- u. 2-Benzhydryl-3-benzoyl-– 36-1005; Analytik v. – 3-1716.

Chromophor s. unter *Farbe.*
Chromoproteine s. unter *Proteine, Spezielle Proteine.*
Chromosomen s. unter *Zellen.*
Chromosorb, Stabilität v. stationären fl. Phasen auf – 44-0612.
Chromosorb A, Verw. als gaschromatograph. Trägermaterial bei d. pyrolyt. Umwandl. v. Cyclohexan zu Bzl. 34-1939.
Chromosorb G, Verw. als gaschromtograph. Trägermaterial bei d. pyrolyt. Umwandl. v. Cyclohexan zu Bzl. 34-1939.
Chromosorb P, Verw. als gaschromatograph. Trägermaterial bei d. pyrolyt. Umwandl. v. Cyclohexan zu Bzl. 34-1939.
Chromosorb W, Verteil. v. Fl. an d. Oberfläche v. porösem – 44-0613; Verw. als gaschromatograph. Trägermaterial bei d. pyrolyt. Umwandl. v. Cyclohexan zu Bzl. 34-1939.
Chromotrop 2 B s. unter $C_{16}H_{11}N_3O_{10}S_2$.
Chromotrop 2 R s. unter $C_{16}H_{12}N_2O_8S_2$.
Chromotropsäure s. unter $C_{10}H_8O_8S_2$.
Chromspinelle s. unter *Chromoxide, Mischoxide.*
Chromspinellide s. unter *Spinellide.*
Chronoamperometrie s. unter *Polarisation, elektrolytische* .
Chronopotentiometrie s. unter *Polarisation, elektrolytische.*
Chrysanthemaxanthin s. unter $C_{40}H_{56}O_3$.
Chrysanthemin s. unter $C_{21}H_{22}O_{12}$.
Chrysanthem(um)säure s. unter $C_{10}H_{16}O_2$.
cis-**Chrysanthenol** s. unter $C_{10}H_{16}O$.
Chrysanthenon s. unter $C_{10}H_{14}O$.
Chrysarobin s. unter $C_{15}H_{12}O_3$.
Chrysen s. unter $C_{18}H_{12}$.
Chrysenchinon s. unter $C_{18}H_{10}O_2$.
Chrysenex s. unter $C_{18}H_{13}N$.
Chrysin s. unter $C_{15}H_{10}O_4$.
Chrysoberyll (Alexandrit), morpholog. Besonderh. v. – am Sargardon 42-0684; Bldg. d. krist. Phase – im Be-Glas 5-2247; Unters. v. – u. d. Abhängigk. d. opt. Eig. v. Cr-Geh. 38-0829; Asymmetrieparameter, Orientier. d. Feldgradient-Hauptachsen u. Quadrupolkoppl.-Konst. v. – 30-0449; antiferromagnet. Resonanz in Cr-– 51/52-0257; Best. d. ––Anteils in Be-Erzen 41-2076.
Chrysoeriol s. unter $C_{16}H_{12}O_6$.
Chrysoidin s. unter $C_{12}H_{12}N_4$.
Chrysokoll s. unter *Kupfersilicate*: $CuSiO_3$.
Chrysomallin (Antibiotikum 2703), erfolgreiche Therapie d. Chorionepithelioms mit – 17-1254.
Chrysophanol s. unter $C_{15}H_{10}O_4$.
Chrysophansäure s. unter $C_{15}H_{10}O_4$.
Chrysophenin G s. unter $C_{30}H_{28}N_4O_8S_2$.
Chrysotil s. unter *Antigorit.*
Chrysozin s. unter $C_{14}H_8O_4$.
9 ChS s. unter *Eisen, Schmiedeeisen und Stahl* (*Sondermarken*).
38 ChS s. unter *Eisen, Schmiedeeisen und Stahl* (*Sondermarken*).
40 ChSA s. unter *Eisen, Schmiedeeisen und Stahl* (*Sondermarken*).
ChS-Epoxy-110 s. unter *Plaste, Polyäther* (*Epoxidharze*).
10 ChSND s. unter *Eisen, Schmiedeeisen und Stahl* (*Sondermarken*).
40 ChS NMF s. unter *Eisen, Schmiedeeisen und Stahl* (*Sondermarken*).
0 Ch 17 T s. unter *Eisen, Schmiedeeisen und Stahl* (*Sondermarken*).
Ch 25 T s. unter *Eisen, Schmiedeeisen und Stahl* (*Sondermarken*).
Chuchrovit, Ähnlichk. zwischen – u. oktaedr. Krist. im Gips d. Phosphorsäureindustrie 4-0633.
Churchit, – aus Pegmatit-Gängen v. Südural 46-0704.
3 Ch 2 V 8 s. unter *Eisen, Schmiedeeisen und Stahl* (*Sondermarken*).

9 Ch 5 VF s. unter *Eisen, Schmiedeeisen und Stahl* (*Sondermarken*).

9 ChVG s. unter *Eisen, Schmiedeeisen und Stahl* (*Sondermarken*).

1 Ch 12 V 2 MF s. unter *Eisen, Schmiedeeisen und Stahl* (*Sondermarken*).

3 Ch 2 W 8 s. unter *Eisen, Schmiedeeisen und Stahl* (*Sondermarken*).

Ch 8 WF s. unter *Eisen, Schmiedeeisen und Stahl* (*Sondermarken*).

ChWG s. unter *Eisen, Schmiedeeisen und Stahl* (*Sondermarken*).

Ch 8 WL s. unter *Eisen, Schmiedeeisen und Stahl* (*Sondermarken*).

Ch 4 W 2 M 1 V s. unter *Eisen, Schmiedeeisen und Stahl* (*Sondermarken*).

4 Ch 5 W 4 VSM s. unter *Eisen, Schmiedeeisen und Stahl* (*Sondermarken*).

Chylomikronen s. unter *Lymphe*.

Chymopapain s. unter *Enzyme, Spezielle Enzyme*.

Chymopapain B s. unter *Enzyme, Spezielle Enzyme*.

Chymotrypsin s. unter *Enzyme, Spezielle Enzyme*.

CI-572 s. unter $C_{14}H_{21}NO$.

CI-581 s. unter $C_{13}H_{16}ClNO$.

C.I. 583 s. unter $C_{14}H_{11}Cl_2NO_2$.

C.I. 7111 s. unter *Eisen, Schmiedeeisen und Stahl* (*Sondermarken*).

C.I. 14700 s. unter $C_{18}H_{16}N_2O_7S_2$.

C.I. 15510 s. unter $C_{16}H_{12}N_2O_4S$.

C.I. 15585 s. unter $C_{17}H_{13}ClN_2O_4S$.

C.I. 15620 s. unter $C_{20}H_{14}N_2O_4S$.

C.I. 15985 s. unter $C_{16}H_{12}N_2O_7S_2$.

C.I. 18005 s. unter $C_{27}H_{19}N_3O_8S_2$.

C.I. 18965 s. unter $C_{16}H_{12}Cl_2N_4O_7S_2$.

C.I. 19140 s. unter $O_{16}H_{12}N_4O_9S_2$.

C.I. 53290 (Indocarbon CL), Färben v. Baumwolle mit – 21-2957*.

C.I. 59855 (Vat Black 19), Färben v. Baumwolle mit – 21-2954*.

C.I. 61500 s. unter $C_{16}H_{14}N_2O_2$.

C.I. 61505 s. unter $C_{17}H_{16}N_2O_3$.

C.I. 69000 s. unter $C_{28}H_{13}NO_4$.

C.I. 69800 s. unter $C_{28}H_{14}N_2O_4$.

C.I. 70805 s. unter $C_{42}H_{18}N_2O_6$.

C.I. 71050 s. unter $C_{70}H_{28}N_4O_{10}$.

C.I. Acid Blue 104 s. unter $C_{43}H_{51}N_3O_7S_2$.

C.I. Acid Blue 109 s. unter $C_{45}H_{47}N_3O_7S_2$.

C.I. Acid Red 85 s. unter $C_{35}H_{26}N_4O_{10}S_3$.

C.I. Acid Violet 9 s. unter $C_{34}H_{26}N_2O_7S$.

CIBA 8514, Beurteil. v. – zur Bekämpf. v. Neoseiulus caudiglans 13-3052.

Ciba-40866 s. unter $C_{43}H_{58}N_2O_{12}$.

Ciba-41135 s. unter $C_{42}H_{55}N_3O_{12}$.

Ciba Araldit 6060 s. unter *Plaste, Polyäther* (*Epoxidharze*).

Ciba 21401-Ba s. unter $C_{19}H_{34}O_6$.

CIBA 30920-Ba s. unter $C_{136}H_{210}N_{40}O_{31}S$.

CIBA 31.531-Ba s. unter $C_{14}H_{19}N_5$.

Ciba 32.644-Ba s. unter $C_6H_6N_4O_3S$.

CIBA 36716-BA, Depoteffekte d. synthet. Polypeptids – mit ACTH-Wrkg. 17-1519.

CIBA 39089-Ba s. unter $C_{15}H_{23}NO_3$.

Cibacetdunkelblau RB (Cibacet Dark Blue RB), Bedrucken v. Textilien mit – 16-2758*.

Cibacetfarbstoffe, Färben v. Polyamiden mit – 14-2701.

Cibacron brillantrot B s. unter $C_{19}H_{14}ClN_7O_7S_2$.

Cibacronfarbstoffe, Vorschriften zum Abziehen 12-2682; *10* Jahre Praxis mit – im Ausziehverf. 26-2824; Färben v. Baumwolle u. Zellwolle mit – 37-2935; Praxiserfahr. mit – im Ausziehverf. 48-2463.

Cibacrongelb R s. unter $C_{21}H_{17}ClN_8O_7S_2$.

CIBA 1002-Go s. unter $C_{24}H_{28}N_4O$.

Cibanonfarbstoffe, Red.-Geschw. 15-2816.

C.I. Basic Blue 41, Färben v. Polyacrylonitril mit – 3-2787*.

C.I. Basic Red 22 s. unter $C_{18}H_{16}N_2O_8S_2$.

C.I. Basic Yellow 19, Färben v. Polyacrylonitril mit – 3-2787*.

Cichoriosid s. unter $C_{15}H_{16}O_9$.

Cidial s. unter $C_{12}H_{14}O_4PS_2$.

C.I. Direktblau 10 s. unter $C_{32}H_{26}N_4O_{16}S_4$.

C.I. Direktblau 152 s. unter $C_{24}H_{28}N_6O_{10}S_2$.

C.I. Direktviolett 37 s. unter $C_{34}H_{28}N_6O_{10}S_2$.

C.I. Disperse Red 15 s. unter $C_{14}H_9NO_3$.

Cignatorin s. unter $C_{35}H_{65}NO_8$.

Ciliapterin s. unter $C_9H_{11}N_5O_3$.

C.I. Mordant Black 13 s. unter $C_{26}H_{18}N_2O_9S_2$.

C.I. Mordant Black 26, färber. Verw. 31-3049*.

C.I. Mordant Violet 28 s. unter $C_{27}H_{26}ClNO_6$.

Cinchocain(e) s. unter $C_{20}H_{29}N_3O_2$.

Cincholsäure s. unter $C_{30}H_{48}O_5$.

Cinchomeronsäure s. unter $C_7H_5NO_4$.

Cinchonidin s. unter $C_{19}H_{22}N_2O$.

Cinchonin s. unter $C_{19}H_{22}N_2O$.

Cinchophen s. unter $C_{16}H_{11}NO_2$.

Cineb s. unter $C_4H_8N_2S_4$.

α-Cinensäure s. unter $C_9H_{16}O_3$.

Cineol s. unter $C_{10}H_{18}O$.

racem. **Cineolsäure** s. unter $C_{10}H_{16}O_5$.

Cinerin I s. unter $C_{20}H_{28}O_3$.

Cinerin II s. unter $C_{21}H_{28}O_5$.

(+)-Cinerolon s. unter $C_{10}H_{14}O_2$.

Cinerubin, Komplexe v. – mit DNS (physikochem. Eig.) 17-1230.

Cinnabarin s. unter $C_{14}H_{10}N_2O_5$.

Cinnabarinsäure s. unter $C_{14}H_8N_2O_6$.

Cinnabarit s. unter *Quecksilbersulfide*: HgS.

Cinnamoylchlorid s. unter C_9H_7ClO.

Cinnamylalkohol s. unter $C_9H_{10}O$.

Cinnamylchlorid s. unter C_9H_7ClO.

Cinnarizin s. unter $C_{26}H_{28}N_2$.

Cinnolin s. unter $C_8H_6N_2$.

Cinnoline, Cinnolinchemie 6-0836; – 19-1172, 19-1173, 38-1170, 38-1173; Herst. 15-1785*, 16-1732*, 16-1730, 16-1762*; UV-Spektren v. halogensubstituierten 4-Hydroxy- u. 4-Mercapto-– 6-0836; Annelier.- u. andere Effekte bei d. UV-Absorpt. mehrkern. – 27-0934; Diprotonier. mehrkern. – in H_2SO_4 27-1010; Tautomerie u. Alkylier. v. 4-Hydroxy-– 38-1173.

Cinobufagin s. unter $C_{26}H_{34}O_6$.

Cinobufotalin s. unter $C_{26}H_{34}O_7$.

Ciodrin s. unter $C_{14}H_{19}O_6P$.

CIPC s. unter $C_{10}H_{12}ClNO_2$.

C.I. Pigment Violett 23, Konditionieren v. – aus 3-Amino-9-äthylcarbazol u. Chloranil 20-2578*.

Circulin A s. unter $C_{53}H_{100}N_{16}O_{13}$.

Cirolerosus, Herst. d. Antibiotikums – durch Zucht v. Streptomyces bellus 37-1897*.

Cirsimaritin s. unter $C_{17}H_{14}O_6$.

C.I. Solvent Blue 5 s. unter $C_{33}H_{41}N_3O$.

Cissamparein s. unter $C_{37}H_{38}N_2O_6$.

Citanest s. unter $C_{13}H_{20}N_2O$.

Citraconsäure s. unter $C_5H_6O_4$.

Citraconsäureanhydrid s. unter $C_5H_4O_3$.

Citral s. unter $C_{10}H_{16}O$.

Citramalsäure s. unter $C_5H_8O_5$.

Citranaxanthin s. unter $C_{33}H_{44}O$.

β-Citraurin s. unter $C_{30}H_{40}O_2$.

Citrimidsäure s. unter $C_6H_7NO_5$.

Citrinin s. unter $C_{13}H_{14}O_5$.

CITROFLEX 4 s. unter $C_{18}H_{32}O_7$.

CITROFLEX A 8 s. unter $C_{32}H_{58}O_8$.

Citronellal s. unter $C_{10}H_{18}O$.

Citronellol s. unter $C_{10}H_{20}O$.

Citronensäure s. unter $C_6H_8O_7$.

Citronensäurezyklus s. unter *Stoffwechsel*.

Citropten s. unter $C_{11}H_{10}O_4$.

Citrovorumfaktor s. unter $C_{20}H_{23}N_7O_7$.

Citrullin s. unter $C_6H_{13}N_3O_3$.

Citrus, Vernicht. v. lebenden –-Wurzeln 2-2840; Wrkg. v. Sprühölen an –-Bäumen 9-3036, 9-3037; Fungizid für –-Früchte (Thiabendazol) 10-3026; Einfl.: v. Phosphatdünger auf Ertrag u. Qualität v. Valencia-Orangen 12-3043; d. Vorerntespritz. v. Wachstumsregulatoren auf Größe, Zus. u. Lager.-Verh. v. Mandarinen 12-3051; Vorerntebehandl. mit Schädlingsbekämpf.-Mitteln 19-3231; Einfl. v. chem. Behandl. auf d. Fruchtfall bei Orangen 36-3062; Petroleumöle zur Bekämpf. v. –-Schädlingen 43-3087.

Einfl. v. B-Nine, Cycocel u. Benzothiazoloxyacetat auf Blütenknospenindukt. v. Limonen-Bäumen 7-1385; Nitratreduktase-Aktivität als Anzeichen d. Mo-Spiegels bzw. Bedürfnisses v. –-Pflanzen 9-1234; nichtenzymat. Red. v. Nitrit durch Ascorbinsäure in –-Geweben 18-1365; Nachw. u. Transport v. quatern. Ammonium-Pflanzenhemmstoffen in jungen Pampelmusen 33-1665; Stoffwechsel v. $^{14}C_{(3)}$-DL-Tryptophan in Citrus aurantifolia-Früchten 35-1435; physiolog. Wrkg. v. Triazinen auf – 38-1581; Einfl. v. Luftverunreinig. auf Photosynth. u. W.-Verbrauch v. –-Bäumen 42-2064; Biotest mit –-Blütenblättern, basierend auf d. Effekt v. Indolylessigsäure auf d. Blütenöffn. 48-1547.

Flücht. Komponenten v. –-Blüten 2-1285; –-Carotinoide 2-1286; Wachstumsfaktor aus Zitronenschalen (Citrus limonum) 4-1135; Flavonoide aus –-Früchten 6-1104; Na- u. K-Geh. v. Orangensaft 6-3097; Geh. an organ. Säure in Valencia-Orangen 7-1340; Anthocyane v. Orangensaft 7-3191; Pektine v. Schale, Haut u. Saftsäcken d. Grapefruit 9-1316; Proteine v. –-Früchten (Extrakt. u. Elektrophorese) 12-1991; Analysen d. Saftes aus Floridaorangenschalen während d. Ernte *1962/63* u. *1963/64* 12-1992; Flavanonrutinoside d. Grapefruit 13-1937; Bitterprinzip bei –-Früchten 14-0846; Apo-10'-violaxanthal aus Schalen v. Valencia-Orangen 14-1385; α-Tocopherol in Orangen 14-2055; Pektine v. –-Früchten (Fraktionier.) 17-1432; Proteine v. –-Früchten (Scheibenelektrophorese) 21-1536; Sterine d. Grapefruitschale 21-1555; konjugierte Verb. v. Dichlorphenoxyessig- u. Trichlorphenoxypropionsäure in –-Schalen 22-3191; Chloraminindex u. Formolzahl v. Säften italien. –-Früchte 22-3214; Mineralstoffzus. v. Orangensäften 23-3476; Grapefruit-Phenole 25-1498; Naringeninrhamnodiglucoside aus Grapefruit 25-1506; –-Bitterstoffe 29-1568; Zus. v. Zitronensaft (Carotinoide u. Sterine) 31-3524; mineral. Zus. d. Serums v. Orangensäften 31-3525; flücht. Geschmackskomponenten in Orangensaft 32-2105; Geh. an Naringin u. anderen Flavanonglykosiden d. Saftbehälter v. texan. Grapefruit (jahreszeitl. Veränder.) 32-3057; flücht. Bestandteile aus Orangen 33-1293; –-Acetylesterase (Hemm. durch Organo-P-Verb.) 37-1401; fehlende Bitterk. in Navel-Orangen v. bodenständ. Ablegern 37-1562; –-Carotinoide 37-3384; Zus. v. Zitronensaft (papierchromatograph. Best.) 40-1946; –-Carotinoide 45-1462; –-Bitterstoffe 47-1259, 48-1458; phenol. Inhaltsstoffe d. Pampelmusen 48-1476; 4α.14α-Dimethyl-$\Delta^{8,24(28)}$-ergostadien-3β-ol u. Cycloeucalenol in Grapefruitschalen 48-1529; –-Carotinoide 49/50-1130, 49/50-1131; Bldg. v. Diacetonamin u. Triacetonamin in Extrakten v. Tangerinen 49/50-1381.

Bis-quatern. Ammoniumverb. zum Reinigen v. –-Früchten 4-2274*; Einfl. d. Lager. v. unterschiedl. hergestellten Orangensäften auf Formol- u. Chloramin-T-Werte 5-3222; Verpack.-Art u. Diphenyl in Bezieh. zur Haltbark. v. Tangerinen u. Valencia-Orangen 6-3096; Konservier. v. –-Fruchtsaft mit $SnCl_2 \cdot 2\,H_2O$ 6-3110*; Haltbarmachen v. –-Früchten während d. Lager. mit NCl_3-Gas entwickelnder Substanz 8-3176*; chem. Behandl. v. –-Früchten unter bes. Berücksichtig. d. Verf. zum Schutz gegen Verderb 19-3231; 2-Aminobutan zur Fäulnisverhüt. v. –-Früchten 24-3025; Fungizidbehandl. zur Verringer. d. Fäulnis v. Orangen (Vgl.) 25-3439; Diphenylgeh. u. -geruch v. –-Früchten u. -Erzeugnissen u. Übergang v. Diphenyl auf unbehandelte Früchte bei d. Lager. 31-3501.

Best.: v. Diphenyl in –-Früchten (gaschromatograph.) 6-2014; v. Biphenyl in Orangen (phosphorimetr. nach Dünnschichtchromatographie) 7-2047; v. Naringin in –-Früchten (Qualitätsbest.) 7-2064; v. o-Phenylphenol in –-Früchten (spektrofluorimetr.) 13-2025; quant. Analyse v. Phenolaminen in –-Fruchtsäften 14-2065; Best. v. Karamel in Säften u. Orangengetränken 16-2065; Sojaextrakte als mögl. Fälsch.-Mittel für Orangensaftkonzentrate 17-3503; Nachw. bzw. Best.: v. Verfälsch. v. –-Säften 23-3476; v. Diphenyl in –-Früchten (Dünnschichtchromatographie/Photometrie) 24-2169; v. Mandarinen- u. Tangerinensäften in Orangensaft 25-3442; v. Monuron-, Diuron- u. Simazinresten in –-Früchten 31-2252; d. Pektinesterase in –-Säften (manometr. Meth.) 31-2258; v. Verfälsch. v. –-Säften 31-3525; v. Orangensaft in alkoholfreien Mischgetränken 32-2106; v. Diphenylamin in –-Früchten 33-2330; v. Fe, Mn, Zn u. Cu in –-Blättern (photometr.) 34-2026; v. Orangensäften zugesetzten Carotinoiden 34-2096; v. Naringin in Grapefruits (dünnschichtchromatograph.-photometr.) 35-2170; v. mehrkern. KW-Stoffen in –-Fruchtextrakten 38-2184; Sojaextrakte als mögl. Fälsch.-Mittel für Orangensaftkonzentrate 38-3226; Nachw. v. Verfälsch. in –-Säften 40-1944; Analysenmeth. für Fruchtsäfte, Konzentrate u. Futtermittel aus –-Früchten 40-1945; Best.: v. Limonin in Orangen u. Orangensaft 48-2027; v. Biphenyl in –-Früchten u. in imprägniertem Papier (dünnschichtchromatograph.) 49/50-2077.

Citrylidenmalonsäure s. unter $C_{13}H_{18}O_4$.

C.I. Vat Black s. unter $C_{45}H_{22}N_2O_6$.

C.I. Vat Blue 4 s. unter $C_{18}H_{14}N_2O_4$.

C.I. Vat Blue 6 s. unter $C_{28}H_{12}Cl_2N_2O_4$.

trans-**Civeton** s. unter $C_{17}H_{30}O$.

Ck 45 s. unter *Eisen, Schmiedeeisen und Stahl* (*Sondermarken*)

Ck 53 s. unter *Eisen, Schmiedeeisen und Stahl* (*Sondermarken*).

Ck 175 s. unter *Eisen, Schmiedeeisen und Stahl* (*Sondermarken*).

CL-43064 s. unter $C_7H_{14}NO_2PS_3$.

CL-47031 s. unter $C_7H_{14}NO_2PS_2$.

CL-47470 s. unter $C_8H_{16}NO_3PS_2$.

C.L. 62375 s. unter $C_{10}H_{15}N_3O_4$.

Cladinose s. unter $C_8H_{16}O_4$.

Cladochrome A, Bldg. in etiolierten, mit Cladosporium cucumerinum infizierten Gurkensämlingen 33-1623.

Clafen, Wrkg. auf d. Eig. v. Cytochrom c 1-1169.

Claisen-Cope-Umlagerung s. unter *Umlagerungen*.

Clathrate s. unter *Komplex- und Molekülverbindungen* (*und Komplexbildner*).

Claudetit s. unter *Arsenoxide*: As_2O_3.

Clausthalit s. unter *Bleiselenide*: $PbSe$.

Clavatol s. unter $C_{10}H_{12}O_3$.

Clavine, biogenet. Bezieh. zwischen – u. Lysergsäurederiv. 48-1404.

Clavolonin s. unter $C_{16}H_{25}NO_2$.

Clavorubin s. unter $C_{16}H_{10}O_8$.

6-Cl-DMAP s. unter $C_{24}H_{29}ClO_4$.

Cleavamin s. unter $C_{19}H_{24}N_2$.

Cleavelandit s. unter *Albit*.

Clematosid C s. unter $C_{88}H_{144}O_{48}$.
Clemizole s. unter $C_{19}H_{20}ClN_3$.
Clemmensen-Reduktion s. unter *Reduktion*.
Cleol 18 s. unter *Plaste, Polyäther* (*Weitere Polyäther*).
1-Cleve-6-säure s. unter $C_{10}H_9NO_3S$.
Clidinium s. unter $C_{22}H_{27}NO_4$.
Cliftonit, Vorschlag zur Entsteh. v. – in Meteoriten 11-0814.
Clintonit, Neuunters. v. – v. Originalfundort 31-0889.
Cliodrin s. unter $C_{14}H_{19}O_6P$.
CL-MPT s. unter $C_{13}H_{11}ClO_2S$.
Clofibrat s. unter $C_{12}H_{15}ClO_3$.
Clofluperol s. unter $C_{22}H_{22}ClF_4NO_2$.
Clomethiazol s. unter C_6H_8ClNS.
Clomid s. unter $C_{26}H_{28}ClNO$.
Clomiphen s. unter $C_{26}H_{28}ClNO$.
Clomiphenitrat s. unter $C_{26}H_{28}ClNO$.
Clopamid s. unter $C_{14}H_{20}ClN_3O_3S$.
Clopenthixol s. unter $C_{22}H_{25}ClN_2OS$.
Clophedionol s. unter $C_{17}H_{20}ClNO$.
Clothiapin s. unter $C_{18}H_{18}ClN_3S$.
Cloth red B, Wechselwrkg. mit Ionenaustauscherharzen 1-1757.
Cloven s. unter $C_{15}H_{24}$.
Cloxacillin s. unter $C_{19}H_{18}ClN_3O_5S$.
Cl-SA III s. unter $C_{12}H_{13}ClN_4O_2S$.
Clupanodonsäure s. unter $C_{22}H_{34}O_2$.
Clupein s. unter *Proteine, Spezielle Proteine*.
CM-2 A s. unter *Molybdänlegierungen* (*Sondermarken*).
CMC s. unter *Cellulosederivate, Celluloseglykolsäure*.
CMP s. unter $C_9H_{14}N_3O_8P$.
CMPP s. unter $C_{10}H_{11}ClO_3$.
CMU s. unter $C_9H_{11}ClN_2O$.
13 CN 25 s. unter *Eisen, Schmiedeeisen und Stahl* (*Sondermarken*).
CN-55.945-27 s. unter $C_{27}H_{28}N_2O_4$.
1 CN 164 BC s. unter *Eisen, Schmiedeeisen und Stahl* (*Sondermarken*).
Cnicin s. unter $C_{20}H_{26}O_7$.
Cnidilid s. unter $C_{12}H_{18}O_2$.
COA s. unter $C_{21}H_{36}N_7O_{16}P_3S$.
Cobalamin s. unter $C_{63}H_{88}CoN_{14}O_{14}P$.
Cobalamine s. unter *Vitamine, Vitamin-*B_{12}*-Gruppe*.
Cobaltin, –: in d. Erzlagerstätte „Stastie" (Kreis Widin) 17-0857; aus Rešice bei Moravský Krumlov 47-0705.
Cobaltocen s. unter $C_{10}H_8Co$.
Cobamid s. unter $C_{53}H_{81}CoN_{11}O_{16}P$.
Cobefrin s. unter $C_9H_{13}NO_3$.
Cobinamid s. unter $C_{48}H_{74}CoN_{11}O_{10}$.
Cobraneurotoxin, Lokalisier. im Rattendiaphragma (Einfl. d. Denervier.) 24-1705.
Cocain s. unter $C_{17}H_{21}NO_4$.
Cocarboxylase s. unter $C_{12}H_{18}N_4O_7P_2S$.
Coccinin s. unter $C_{17}H_{14}O_6$.
Cocculolidin s. unter $C_{15}H_{19}NO_3$.
Cochenillerot s. unter $C_{20}H_{14}N_2O_{10}S_3$.
Cocinerit, Neuunters. v. – 42-0685.
Cocktail lytique, Wrkg. v. – auf d. strahlenbedingte Beeinträchtig. d. Radio-Fe-Utilisat. 35-1655.
Coclaurin s. unter $C_{17}H_{19}NO_3$.
Coclidin s. unter $C_8H_{11}N$.
Cocodimethylamin, Verw. d. Acetats in Mitteln zur Unterdrück. v. Nebentrieben bei Tabakpflanzen 13-3033*.
Cocosfasern s. unter *Fasern, pflanzliche*.
Codamin s. unter $C_{20}H_{25}NO_4$.
Codein s. unter $C_{18}H_{21}NO_3$.
Codeinon s. unter $C_{18}H_{19}NO_3$.
Codéthyline s. unter $C_{19}H_{23}NO_3$.
Codoxime s. unter $C_{20}H_{24}N_2O_5$.
Coelestin s. unter *Strontiumsulfate*: $SrSO_4$.
Coelicomycin, Vgl. v. – u. rotvioletten Antibiotika mit Indikatoreig. 34-1351.
Coenzym I s. unter $C_{21}H_{27}N_7O_{14}P_2$.
Coenzym A s. unter $C_{21}H_{36}N_7O_{16}P_3S$.
Coenzym B_{12} s. unter $C_{72}H_{100}CoN_{18}O_{17}P$.
Coenzym Q_0 s. unter $C_9H_{10}O_4$.
Coenzym Q_1 s. unter $C_{14}H_{18}O_4$.
Coenzym Q_2 s. unter $C_{19}H_{26}O_4$.
Coenzym Q_3 s. unter $C_{24}H_{34}O_4$.
Coenzym Q_4 s. unter $C_{29}H_{42}O_4$.
Coenzym Q_5 s. unter $C_{34}H_{50}O_4$.
Coenzym Q_6 s. unter $C_{39}H_{58}O_4$.
Coenzym Q_7 s. unter $C_{44}H_{66}O_4$.
Coenzym Q_8 s. unter $C_{49}H_{74}O_4$.
Coenzym Q_9 s. unter $C_{54}H_{82}O_4$.
Coenzym Q_{10} s. unter $C_{59}H_{90}O_4$.
C(o)erulomycin s. unter $C_{12}H_{11}N_3O_2$.
Coeruloplasmin s. unter *Enzyme, Spezielle Enzyme*.
Coesit s. unter *Siliciumoxide*: SiO_2.
Cofermente s. unter *Enzyme, Spezielle Enzyme* (*Coenzyme*).
Coffeasterin s. unter $C_{31}H_{50}O$.
Coffein s. unter $C_8H_{10}N_4O_2$.
Coffinit s. unter *Uransilicate*.
Cohenit s. unter *Eisencarbide*: Fe_3C.
Cohumulinon s. unter $C_{20}H_{28}O_6$.
Cohumulinsäure s. unter $C_{14}H_{20}O_4$.
Cohumulinsäure A s. unter $C_{14}H_{20}O_4$.
Cohumulon s. unter $C_{20}H_{28}O_5$.
Coixol s. unter $C_8H_7NO_3$.
Cokarzinogen A_1 s. unter $C_{36}H_{56}O_8$.
Colamin s. unter C_2H_7NO.
Colamincephaline s. unter *Cephaline*.
Colcemid s. unter $C_{21}H_{25}NO_5$.
Colchicein s. unter $C_{21}H_{23}NO_6$.
Colchicin s. unter $C_{22}H_{25}NO_6$.
Colchicine, Darst.: v. 1-Cyan-– (antimitot. Wrkg.) 14-1729*; v. (1-Methyl)-7-Desacetylamino-7-oxo-[bzw. acyl(alkyl) (bzw. dialkyl)-amino]-10-desmethoxy-10-alkoxy (bzw. alkylmercapto bzw. amino)-– 30-2534*; v. Cyancolchiceinamiden (Heilmittel) 34-1752*; v. Δ^6-Dehydro-des-[acetylamino]-colchiceinäthern (Mittel für d. Zucht polyploider Pflanzen) 35-3070*; v. Des-[acetylamino]-thiocolchicinäthern (Mittel zur Zucht polyploider Pflanzen) 35-3071*; Wrkg. auf Talgdrüsen u. Epidermis d. Mäusehaut 4-1311; immunolog. Unters. in d. –-Reihe 27-1674.
Colemanit, Lsg.-Geschw. v. – in H_3PO_4-Lsg. 40-0573; therm. Zers. v. synthet. – 51/52-0533.
Colensenon s. unter $C_{19}H_{30}O_2$.
Coleon B, Isolier. aus d. Blättern v. Coleus igniarius 40-0994.
Coletrast s. unter $C_{15}H_{12}J_2O_3$.
Colicin B, Bldg. durch Salmonella typhi 1-1291.
Colicine, – v. E. coli (immunochem. Charakterisier.) 8-1373; Charakterisier. d. – nach d. Aktivität u. d. Charakter d. Inhibier.-Zone 26-1435; vergleichende Unters. d. mit d. –-Indukt. verbundenen Begleiterschein. 51/52-1358; Vgl. d. physikal.-chem. Eig. 10-1300; Bezieh. zwischen d. biolog. Eig. v. – u. verschiedenen Enterobacteriocinen 24-1453; bakterielle Rezeptoren für – (Übersicht) 19-1455; Bezieh. zu Pneumocinen auf Grund d. antibakteriellen Eig. 4-1112; Wrkg.: auf E. coli 4-1115; auf d. DNS-Synth. bei Bacillus megaterium 30-1210; Wechselwrkg. zwischen – u. Bakterienzellen (–-tolerante Mutat. in E. coli) 38-1313; Antigenbezieh. bei – 44-1306.
Colicin E_2, Reinig., Charakterisier. 48-1361.
Colicin E_3, Reinig., Charakterisier. 48-1361.
Colicin K, Wrkg. auf E. coli 4-1115, 27-1527.
Colicin M, Wrkg. auf E. coli 4-1115.
Colimycin s. unter $C_{45}H_{85}N_{13}O_{10}$.
Colistimethat s. unter $C_{49}H_{93}N_{13}O_{22}S_4$.
Colistin s. unter $C_{45}H_{85}N_{13}O_{10}$.
Colistin A s. unter $C_{53}H_{100}N_{16}O_{13}$.
Colistine, Struktur-Aktivitäts-Bezieh. 47-1498.
Colitose s. unter $C_6H_{12}O_4$.
Colitoxine s. unter *Toxine, Spezielle Toxine*.
Collidin s. unter $C_8H_{11}N$.
Collinsit, Identifizier. d. PO_4^{3-}-Gruppe in – mit Strychninmolybdat-Reagenz 27-2116.
Colloidox s. unter *Kupferchloride*.
„**Colocynthin**", Zus. 26-1736.
Colominsäure, Darst. v. an d. Carboxyl-Gruppe red. – 23-1236.
Coloradoit s. unter *Quecksilbertelluride*: *HgTe*.
Colorol, Verw. v. – als Befeucht.-Mittel für Anstriche. *2.* Mitt. 22-3050.
Colostrin, Nucleotidstruktur v. – (blutdrucksteigendes Prinzip d. Kolostrum) 45-1526.
Colostrum s. unter *Frauenmilch*; *Milch*.
β-Colubrin s. unter $C_{22}H_{24}N_2O_3$.
Columbamin s. unter $C_{20}H_{21}NO_5$.
Columbia SXC s. unter *Aktivkohle*.
Columbin s. unter $C_{20}H_{22}O_6$.
Columbit s. *Niobit*.
Commotional, Einfl. auf d. Alkoholox. im Blut 7-1586.
Communol s. unter $C_{20}H_{32}O$.
Communsäure s. unter $C_{20}H_{30}O_2$.
Compactinervin s. unter $C_{20}H_{24}N_2O_4$.
Compazine s. unter $C_{20}H_{24}ClN_3S$.
Complamin s. unter $C_{13}H_{21}N_5O_4$.
Compound 4072 s. unter $C_{12}H_{14}Cl_3O_4P$.
Compound 48/80 s. *Verbindung 48/80*.
Compton-Effekt, Compton-Streuung v. γ-Strahlen v. gebundenen Elektronen 6-0004; stimulierte Compton-Streuung 10-0079; Compton-Profile v. Graphit u. Diamant durch unelast. gestreute Röntgenstrahlen 17-0344; Unters. d. Compton-Profils d. Mol. W. u. NH_3 nach d. Meth. d. vereinigten Atome 25-0078; virtuelle Compton-Streuung bei hohen Energien 27-0009; Mess. d. Compton-Bande an Be-Einkrist. 28-0143; Proton-Compton-Effekt für *300*-MeV-Photonen 29-0019; Anomalien in d. Compton-Streuung v. Röntgenstrahlen an V 34-0385; – als Superphasengeschw.-Effekt 38-0001; Compton-Streuung v. γ-Quanten an Protonen bei Energien < *150* MeV 41-0008; Abtrenn. d. Compton-Komponenten in d. Röntgenstreuung amorpher Stoffe 44-0116; Verw. d. Compton-Streuung zur Best. d. Massenschwäch.-Koeff. 47-1910; Ge(Li)-Einkrist.-Compton-Spektrometer (γ-Nachw. in Ggw. v. starken Compton- u. Neutronen-Backgrounds) 48-1762; Deuteron-Bind.-Energie u. Energieverlust durch γ-Strahlen in W. aus Compton-Streuung 51/52-0016; – in Si- u. MgO-Einkrist. 51/52-0194.
Computer s. unter *Rechenmaschinen* (*und Speicherelemente*).
Conalbumin s. unter *Proteine, Spezielle Proteine*.
Concanavalin A s. unter *Proteine, Spezielle Proteine*.
Concanavalin B s. unter *Proteine, Spezielle Proteine*.
Condelphin s. unter $C_{25}H_{39}NO_6$.
Condurit s. unter $C_6H_{10}O_4$.
Condurit-A s. unter $C_6H_{10}O_4$.
Condurit-B s. unter $C_6H_{10}O_4$.
Condurit-C s. unter $C_6H_{10}O_4$.
Condyfolin s. unter $C_{18}H_{22}N_2$.
Condylocarpin s. unter $C_{20}H_{22}N_2O_2$.
Conessidin s. unter $C_{22}H_{34}N_2$.
Conessimin s. unter $C_{23}H_{38}N_2$.
Conessin s. unter $C_{24}H_{40}N_2$.
Confertifolin s. unter $C_{15}H_{22}O_2$.
Congocoll, Wrkg. auf d. enzymat. Aktivität v. Crotalus atrox-Gift 3-1577.
Congressan s. unter $C_{14}H_{20}$.
γ-Conicein s. unter $C_8H_{15}N$.
α-Conidendrin s. unter $C_{20}H_{20}O_6$.
Coniferin s. unter $C_{16}H_{22}O_8$.
Coniferylaldehyd s. unter $C_{10}H_{10}O_3$.
Coniferylalkohol s. unter $C_{10}H_{12}O_3$.
Coniin s. unter $C_8H_{17}N$.
Conkurchin s. unter $C_{21}H_{32}N_2$.
Conoduramin s. unter $C_{43}H_{52}N_4O_5$.
Conodurin s. unter $C_{43}H_{52}N_4O_5$.
Conoflorin s. unter $C_{19}H_{24}N_2O$.
Conopharyngin s. unter $C_{23}H_{30}N_2O_4$.
Conray s. unter $C_{11}H_9J_3N_2O_4$.
Conray 60 s. unter $C_{11}H_9J_3N_2O_4$.
Conray EV s. *C 882-A*.
Convallagenin A s. unter $C_{27}H_{44}O_5$.
Convallasapogenin C s. unter $C_{27}H_{44}O_4$.
Convallasaponin A s. unter $C_{32}H_{52}O_9$.
Convallasaponin B s. unter $C_{32}H_{52}O_{10}$.
Convallasaponin C s. unter $C_{44}H_{72}O_{16}$.
Convallatoxin s. unter $C_{29}H_{42}O_{10}$.
Convallatoxol s. unter $C_{29}H_{44}O_{10}$.
Convallatoxolosid s. unter $C_{35}H_{54}O_{15}$.
Convallosid s. unter $C_{35}H_{52}O_{15}$.
Convicin s. unter $C_{10}H_{15}N_3O_8$.
Coomassieblau s. unter $C_{26}H_{19}N_3O_{10}S_3$.
Coomassie Brilliantblau R s. unter $C_{45}H_{47}N_3O_8S_2$.
Copaen s. unter $C_{15}H_{24}$.
Copiamycin, „Beemer-Effekt" v. – in d. experimentellen Chemotherapie 22-1701.
Copiapit, *Zinkcopiapit* aus d. Thermalzone d. vorgeschobenen Grats d. westl. Kopet-Dag 11-0848; – d. Nikitovsker Hg-Lagerstätte 47-0749; Röntgendiffraktometerdaten v. *Alumino-Copiapit* 42-0686.
Coppingers Radikal s. unter $C_{29}H_{41}O_2$.
N-**Coppingers Radikal** s. unter $C_{28}H_{40}NO_2$.
Coptisin s. unter $C_{19}H_{15}NO_5$.
Coquimbosäure s. unter $C_{18}H_{16}O_7$.
Co-ral s. unter $C_{14}H_{16}ClO_5PS$.
Coramin s. unter $C_{10}H_{14}N_2O$.
Coranen s. unter $C_{20}H_8$.
Corazol s. unter $C_6H_{10}N_4$.
Corchorosid s. unter $C_{28}H_{42}O_9$.
Corchorosid A s. unter $C_{29}H_{42}O_9$.
„**Cordfaktor**", Konstit. d. – v. Corynebacterium diphtheriae 15-1436.
Cordiamin s. unter $C_{10}H_{14}N_2O$.
Cordierit, isochem. Entw. v. –-Anthophyllit-Gesteinen 1-0759; Verzwilling. u. Ursprung d. – v. Santa Comba, Dão, Viseeu, District Portugal 9-0783; Granat, Hypersthen, – u. Gedrit enthaltende Gesteine v. Kiuruvesi, Finnland 11-0838; Hypersthen-–-Gneis in d. metamorphen Bogen d. Aracena (Huelva, Spanien) 17-0835; – aus Pegmatiten Westböhmens 33-0991; Vork. v. –-Granat-Gneis in Georgia 39-0693.

Herst. v. porösen –-Scherben auf Serpentinbasis 3-2332; Hydrothermalsynth. v. Fe-– bei d. Synth.-Vers. v. Ferrohastingsit 17-0863; Bldg. v. – aus Al–Mg-Silicatschmelzen 28-2273; Herst. gesinterter –-Körper auf d. Basis v. Serpentin 29-2423; synthet. – aus verschiedenen Rohmaterialien (Conference on the Silicate Industry, Budapest *1965*) 30-2260; –-Bldg. aus Serpentinit, Kaolin u. Reinoxiden im Dreistoffsyst. $MgO/Al_2O_3/SiO_2$ 32-2352; Talk u. seine Verw. bei d. Herst. v. –-Körpern 49/50-2217.

Elektron. u. Schwing.-Absorpt.-Spektren v. – 36-0812; strukturelle u. chem. Effekte auf d. SiKβ-Röntgenlinie v. Haddam-– 51/52-0206; Sinter- u. Kristallisat.-Prozesse v. Glaspulver aus – 35-2329.

Verw. v. – in d. Elektrotechnik 49/50-2175; – als Basis temperaturwechselbeständ. feuerfester Baustoffe 31-2443; dichte weißbrennende —-Keramik als Werkstoff für flammfestes Geschirr 47-2257.

Cordycepin s. unter $C_{10}H_{13}N_5O_3$.

Coreborin II, Best. durch Titrat. mit $HClO_4$ in nichtwss. Lsg. 19-2153.

Coreximin s. unter $C_{19}H_{21}NO_4$.

Corglykon s. unter $C_{29}H_{42}O_{10}$.

Coriamyrtin s. unter $C_{15}H_{18}O_5$.

Coriphosphin s. unter $C_{16}H_{17}N_3$.

Coriphosphin O s. unter $C_{16}H_{17}N_3$.

Corkit, Identifizier. d. PO_4^{3-}-Gruppe in — mit Strychninmolybdat-Reagenz 27-2216.

Corlumin s. unter $C_{21}H_{21}NO_6$.

Coroglaucigenin s. unter $C_{23}H_{34}O_5$.

Coronadit, neues Mineral — für d. Fe-Lagerstätte v. Kremikovice 42-0715; mineralog. Unters. an *Cesarolith* v. drei tunes. Pb-Zn-Lagerstätten 43-0719.

Coronardilatoren s. unter *Arzneimittel, Herz- und Gefäßmittel*.

Coronaridin s. unter $C_{21}H_{26}N_2O_2$.

Coronen s. unter $C_{24}H_{12}$.

Coronophilin s. unter $C_{15}H_{20}O_4$.

Corotoxigenin s. unter $C_{23}H_{32}O_5$.

Corpaverin, Erkennen v. — als Gemisch oder Mol.-Verb. aus Capaurin u. Sendaverin 43-1011.

Corphyrine, physikal. u. chem. Eig. d. — 36-0859.

Corpus luteum s. unter *Drüsen, Geschlechtsdrüsen*.

Corrin s. unter $C_{19}H_{22}N_4$.

Cor-Ten s. unter *Eisen, Schmiedeeisen und Stahl (Sondermarken)*.

Cortencrin s. unter $C_{30}H_{50}O_8$.

Cortexolon s. unter $C_{21}H_{30}O_4$.

Cortexon s. unter $C_{21}H_{30}O_3$.

Corticoide s. unter *Hormone, Nebennierenhormone (Rindenhormone)*.

Corticosteroide s. unter *Hormone, Nebennierenhormone (Rindenhormone)*.

Corticosteron s. unter $C_{21}H_{30}O_4$.

Corticostimulin s. unter *Hormone, Hypophysenvorderlappenhormone (Verschiedene Hormone des Vorderlappens, Adrenocorticotropes Hormon)*.

Corticotropin s. unter *Hormone, Hypophysenvorderlappenhormone (Verschiedene Hormone des Vorderlappens, Adrenocorticotropes Hormon)*.

β^{1-24}-**Corticotropin** s. unter $C_{136}H_{210}N_{40}O_{31}S$.

Corticotropinfreisetzender Faktor s. unter *Hormone, Hypophysenhinterlappenhormone*.

Corticotropin „Nyco" Pr. 89 s. unter *Hormone, Hypophysenvorderlappenhormone (Verschiedene Hormone des Vorderlappens — Adrenocorticotropes Hormon)*.

Corticotropin „Nyco Pr. 97" s. unter *Hormone, Hypophysenvorderlappenhormone (Verschiedene Hormone des Vorderlappens — Adrenocorticotropes Hormon)*.

Cortine, s. unter *Hormone, Nebennierenhormone (Rindenhormone)*.

Cortisol s. unter $C_{21}H_{30}O_5$.

Cortison s. unter $C_{21}H_{28}O_5$.

Cortisonacetat s. unter $C_{23}H_{30}O_6$.

Cortol s. unter $C_{21}H_{36}O_5$.

Cortolon s. unter $C_{21}H_{34}O_5$.

Corybulbin s. unter $C_{21}H_{25}NO_4$.

Corydalin s. unter $C_{22}H_{27}NO_4$.

Corydin s. unter $C_{20}H_{23}NO_4$.

Corymbiferin s. unter $C_{15}H_{12}O_7$.

Corymbol, Säurehydrolyse 47-1257.

Corymbosin, Säurehydrolyse 47-1257.

Corymbositin s. unter $C_{23}H_{40}O_8$.

Corynantheidin s. unter $C_{22}H_{28}N_2O_3$.

Corynein s. unter $C_{11}H_{19}NO_3$.

Corynomycolensäure s. unter $C_{32}H_{62}O_3$.

Corynomycolsäure s. unter $C_{32}H_{64}O_3$.

Cosalit, Geochemie v. — in d. Litschkwasker Au-Erzlagerstätte 13-0816; Modellvers. zur Bldg. v. — im Syst. Ag/Bi/Pb/S (Phasenbezieh. u. Mineralvergesellschaft.) 3-0804.

Cosmetin s. unter $C_{21}H_{20}O_{10}$.

Cosmosiin s. unter $C_{21}H_{20}O_{10}$.

Costal s. unter $C_{15}H_{22}O$.

Costa-Ribeiro-Effekt s. unter *Elektrizität*.

Costinsäure s. unter $C_{15}H_{22}O_2$.

Costol s. unter $C_{15}H_{24}O$.

Costunolid s. unter $C_{15}H_{20}O_2$.

Cotarnin s. unter $C_{12}H_{15}NO_4$.

Cotarnolin s. unter $C_{11}H_{11}NO_3$.

Cotinin s. unter $C_{10}H_{12}N_2O$.

Cotnion s. unter $C_{10}H_{12}N_3O_3PS_2$.

Cotoran s. unter $C_{10}H_{11}F_3N_2O$.

Cotton-Effekt s. unter *Rotation, optische*.

Cotton-Mouton-Effekt, Struktur u. Konform. v. RNS durch d. Doppelbrech. im Magnetfeld 15-1260; magnet. Doppelbrech. v. diamagnet. Gasen 20-0088; Cotton-Mouton-Konst. für Kr u. Xe 24-0101; — einer Fl. 29-0313; Best. d. molaren Cotton-Mouton-Konst. v. Gelöstem in unendl. Verdünn. 45-0785.

Coulometrie s. unter *Maßanalyse, Elektrochemische Verfahren*. Coulometr. Verf. in d. *Polarographie* s. dort.

Coumadin s. unter $C_{19}H_{16}O_4$.

Coumaphos s. unter $C_{14}H_{16}ClO_5PS$.

Coumatetralyl s. unter $C_{19}H_{16}O_3$.

Coumermycin A, hydrolyt. Abbau (Bldg. durch Streptomyces rishiriensis) 37-1512.

Coumermycin A_1, chemotherapeut. Aktivität v. —. *1.* Mitt. (Aktivität gegen Neisseria meningitidis d. Typs A u. gegen Meningopneumonitis) 29-1765.

Coumermycin A_2 s. unter $C_{53}H_{55}N_5O_{20}$.

Coumingin s. unter $C_{29}H_{47}NO_8$.

Covellin s. unter *Kupfersulfide: CuS*.

Covellit s. unter *Kupfersulfide: CuS*.

CP 31393 s. unter $C_{11}H_{14}ClNO$.

CP 31675 s. unter $C_{13}H_{18}ClNO$.

CP 47114 s. unter $C_9H_{12}NO_5PS$.

CP 53926 s. unter $C_6H_{12}NO_4PS_2$.

CPAS s. unter $C_{12}H_6Cl_4N_2S$.

CPPC s. unter $C_{10}H_{11}Cl_2NO_2$.

13 Cr s. unter *Eisen, Schmiedeeisen und Stahl (Sondermarken)*.

41 Cr 4 s. unter *Eisen, Schmiedeeisen und Stahl (Sondermarken)*.

100 Cr 6 s. unter *Eisen, Schmiedeeisen und Stahl (Sondermarken)*.

145 Cr 6 s. unter *Eisen, Schmiedeeisen und Stahl (Sondermarken)*.

210 Cr 46 s. unter *Eisen, Schmiedeeisen und Stahl (Sondermarken)*.

Crambenöl s. unter *Fette*.

Crandallit, Identifizier. d. PO_4^{3-}-Gruppe in — mit Strychninmolybdat-Reagenz 27-2216.

Crataegus (Weißdorn), Geh. an Gesamt-Carotinoiden u. β-Carotin in d. Früchten 1-3062; pharmakolog. Eig. d. aus Crataegus oxyacantha isolierten Flavanpolymeren 19-1743; neue Flavonoide aus Blättern v. Crataegus curvisepala 27-1263; chromatograph. Unters. galen. Präp. v. Crataegus heldreichii 20-1623.

C-reaktives Eiweiß s. unter *Proteine, Spezielle Proteine (C-reaktives Protein)*.

C-reaktives Protein s. unter *Proteine, Spezielle Proteine*.

Creedit, Konvergenzprobleme d. Verfeiner. v. Krist.-Strukturen nach d. Meth. d. kleinsten Quadrate am Beispiel v. — 20-0150.

Cremes s. unter *Salben*.

Cremophore E l, Wrkg. v. — als Lsg.-Vermittler auf d. bakteriostat. Wrkg. v. Sulfanilamid 26-1426.

Crepeninsäure s. unter $C_{18}H_{30}O_2$.

CRF s. unter *Hormone, Hypophysenhinterlappenhormone (Corticotropin freisetzender Faktor)*.

Crinamin s. unter $C_{17}H_{19}NO_4$.

Crinan s. unter $C_{16}H_{19}NO_2$.

Crinin s. unter $C_{16}H_{17}NO_3$.

Crinosterin s. unter $C_{28}H_{46}O$.

Crispatin s. unter $C_{16}H_{23}NO_5$.

Cristobalit s. unter *Siliciumoxide: SiO_2*.

Crithminsäure s. unter $C_8H_8O_2$.

Criwellin s. unter $C_{18}H_{21}NO_5$.

100 CrMn 6 s. unter *Eisen, Schmiedeeisen und Stahl (Sondermarken)*.

42 CrMo 4 s. unter *Eisen, Schmiedeeisen und Stahl (Sondermarken)*.

100 CrMo 6 s. unter *Eisen, Schmiedeeisen und Stahl (Sondermarken)*.

10 CrMo 9 10 s. unter *Eisen, Schmiedeeisen und Stahl (Sondermarken)*.

24 CrMoV 5,5 s. unter *Eisen, Schmiedeeisen und Stahl (Sondermarken)*.

15 CrNi 6 s. unter *Eisen, Schmiedeeisen und Stahl (Sondermarken)*.

Cr 18 Ni 9 s. unter *Eisen, Schmiedeeisen und Stahl (Sondermarken)*.

Cr 18 Ni 12 s. unter *Eisen, Schmiedeeisen und Stahl (Sondermarken)*.

Cr 18 Ni 13 Mo 3,3 s. unter *Eisen, Schmiedeeisen und Stahl (Sondermarken)*.

Cr 5 Ni 5 MoV s. unter *Eisen, Schmiedeeisen und Stahl (Sondermarken)*.

Crocein O, Verw. zur Best. d. Eiweißgeh. v. Weizen in d. Brauindustrie 12-1997.

Crocein Orange s. unter $C_{16}H_{12}N_2O_4S$.

Crocein scarlet MOO s. unter $C_{22}H_{16}N_4O_7S_2$.

Crocetindial s. unter $C_{20}H_{24}O_2$.

Crocidolit s. *Krokydolith*.

Crocin s. unter $C_{44}H_{64}O_{24}$.

Crocoxanthin (F. 163—165°), Vork. in *3* Algenarten 10-1340.

Cronstedtit, Mössbauer-Analyse d. Fe in — 26-0841.

Crossit, Genese d. *Rhodusit*-Mineralisat. in d. Lagerstätte v. Dzezkazgan-Typ 14-0784; Bldg.-Mechanismus d. Kumolinsker *Rhodusit*-Asbeste (Zentralkasachstan) 36-0767; strukturelle u. chem. Effekte auf d. SiKβ-Röntgenlinie v. — 51/52-0206.

Crotalaburnin s. unter $C_{18}H_{25}NO_6$.

Crotonal s. unter C_4H_6O.

Crotonaldehyd s. unter C_4H_6O.

Crotonalkohol s. unter C_4H_8O.

Crotonöl s. unter *Fette*.

Crotonosin s. unter $C_{17}H_{17}NO_3$.

Crotonsäure s. unter $C_4H_6O_2$.

Crotonylidendiharnstoff s. unter $C_6H_{12}N_4O_2$.

Crotylalkohol s. unter C_4H_8O.

Crotylidendiharnstoff s. unter $C_6H_{12}N_4O_2$.

Cruciatin s. unter $C_{17}H_{20}O_{10}$.

Crustaceen

Eigenschaften, Bestandteile: Na-Pumpe in Maja-Muskelfasern (Einfl. v. Insulin) 8-1491; Membranpotential u. d. intrazelluläre Ionenkonz. in einzelnen Nervenneuriten d. Languste 12-1552; Rückresorpt. v. in d. hinteren Blinddärmen gespeicherten Ca durch d. Zökalepithel bei Orchestia 24-1664; elektr. Aktivität v. Muskelfasern d. Flußkrebses (Wrkg. v. krist. Tetrodotoxin, Procain, Eserin u. Neostigmin) 27-1714.

Zus. u. Nährwert d. Fleisches v. Astacus leptodactylus (Übersicht) 11-3134; Membrankomponenten d. neuromuskulären Syst. v. — 15-1625; Struktur u. zytochem. Zus. d. Spermatozoidenkapsel bei Dekapoden 24-1250; flücht. Komponenten v. Kellerasseln 35-1472; Ca-Geh. d. W. u. Ca-Gleichgew. bei Astacus pallipes zwischen d. Häut. 4-1253; Zn-Konz. in schnell u. langsam kontrahierenden Hummermuskeln 8-1581; Isotopenzus. d. Phosphatsauerstoffs in d. Schalen rezenter — 40-1416.

Vork. v. natürl. quatern. Ammoniumverb. in — 5-1359; Reindarst. d. Globins v. Tubifex tubifex-Hämoglobin 6-1477; Dissoziat. v. Eriphia-Hämocyanin 7-1461; Pyruvat, Glutamat u. Tricarbonsäurezyklus-Intermediärprod. in —-Streck.-Rezeptorneuronen nach verlängerter Impulsaktivität 10-1531; Astaxanthin in Lepas fascicularis 13-1389; direkte Stimulier. d. Atmungsenzymaktivität durch Augenstielextrakt v. Garnelen 15-1420; Actomyosin-ähnl. Protein aus Flußkrebsnerven (mögl. mol. Erklär. v. Permeabilitätsänder. während d. Erreg.) 16-1639; Wrkg. v. Serotonin auf d. Blutzucker bei — 18-1466; Astaxanthingeh. in d. zweiten Fühlern v. Talitrus saltator u. Orchestia gammarella 28-1540; Satelliten-DNS v. „Poly-d(A-T)" d. Krebses 29-1361; Zus. d. Phospholipide v. Felsenhummer 29-3384; Isolier. v. Cytidylyl-(5' → 3')-adenosin-5'-phosphat, Adenylyl-(5' → 3')-cytidin-5'-phosphat, Uridylyl-(5' → 3')-adenosin-5'-phosphat u. Adenylyl-(5' → 3')-uridin-5'-phosphat aus Embryonen v. Euchaeda japonica 31-1294; Einfl. ionisierender Strahlen auf polyungesätt. Fettsäuren v. Garnelen 45-3325; Faktor S, eine neuromuskuläre Erregersubstanz aus — 46-1421; Sehpigmente d. Flußkrebse 48-1600.

Krist. ATP: L-Argininphosphotransferase aus Hummermuskel 2-1169; Succinatdehydrogenase v. Branchinella 5-1208; Actomyosinart. ATPase in Membranpräp. v. Nervenstrang d. Panzerkrebses 5-1282; Lactatdehydrogenase-Aktivität in Oozyten v. Cambarus u. Homarus 21-1382; Reinig. d. Argininkinase d. Hummers (Faktoren mit Einfl. auf d. Reaktivier.) 31-1416; Protease u. trypsinähnl. Frakt. aus Astacus fluviatilis 33-1512; Hautverhärt. u. Blut-Phenoloxydase bei Uca pugnax 45-1658; Esterasen, Phosphatasen u. Glykogen in d. Antennendrüse v. Pacifastacus leniusculus 46-1260.

Stoffwechsel: Verwert. d. im W. gelösten $^{14}C_{(1)}$-Glucose durch Gammarus balcanicus 6-1512; Bind. v. Actinomycin D an Krebs-dAT (Natur d. DNS-Bind.-Stelle) 9-1185; Aufnahme v. anorgan. Phosphat durch Daphnia schodleri 10-1515; Stoffwechsel v. γ-Aminobuttersäure im Nervensyst. d. Hummers 12-1214; Proteinsynth. ohne Zellteil. während d. Entw. v. Artemia salina-Embryonen 12-1504; Aufnahme v. Pu durch Homarus vulgaris 12-1557; Stoffwechsel v. Keto-Carotinoiden in niederen Krebsen 20-1456; Vgl. d. Intermediärstoffwechsels v. L-Glutamat in Muskel- u. Nervengewebe v. Krabben 23-1707; chem. Eig. v. Munida gregaria u. Euphausia superba 26-1536; Nucleotidstoffwechsel während d. Embryogenese v. Meeresgarnelen 28-1647; Decarboxylier. v. Asparaginsäure u. Oxalessigsäure bei Hummer u. Krebs 32-1454; O_2-Bind.-Charakteristiken v. Hummer-Hämocyanin u. siner Untereinh. 33-1725; Natur- u. Stoffwechselrolle v. Ubichinon in Mitochondrien v. Carcinus maenas 34-1519; Stoffwechsel bei Astacus astacus 34-1531; Veränder. v. Glykolysezwischenprod. Phosphaten u. Pyridinnucleotiden nach längerer Reiz. eines isolierten —-Neurons 34-1552; Wrkg. v. Zwischenprod. d. Tricarbonsäurezyklus u. v. Glutamat auf d. Impulsaktivität u. d. Atmung d. Dehn.-Rezeptorneurons d. Krebses 34-1553.

Biologie: Einfl. d. ox. Oleinsäure auf d. Ausschlüpfen d. Larven aus d. Eiern v. Artemia salina 11-1489; Funkt. v. $P^1.P^4$-Diguanosin-5'-tetraphosphat bei d. Entw. v. Artemia salina 16-1583.

Beeinflussung: Einfl.: v. Thiometon auf – 18-1299; d. Giftes v. Latrodectus mactans tredecimguttatus auf d. Streck.-Rezeptorneuron d. Krebses 18-1574; Widerstandsfähigk. hydratisierter Dauereier v. Artemia salina gegen Anoxie 32-1640.

Konservierung: Einfl. v. Gewürzölen auf d. Haltbark. v. Garnelen 7-3170; Verlust an wasserlösl. Stoffen bei d. Eindos. u. Lager. v. Krabbenfleisch 35-3171; Unters. d. Bezieh. zwischen Nettogew. u. Trockengew. gefrorener Krabbenprod. 42-1956; Trockengew. v. gefrorenen Krabben 42-1957.

Untersuchungsmethoden: NH_3 als Index für d. Zers. v. Krebsfleisch 13-2012; Rückstandsunters. v. Aldrin u. Dieldrin in Krebsen v. Reisfeldern mit Insektizidkontaminat. 20-2999; Mess. d. red. Pyridinnucleotide in einem einzelnen Neuron d. Krebses 35-1637.

Crustacyanin, Spezifität d. Carotinoid-Proteinbind. in – 12-1401.
Crustaxanthin s. unter $C_{40}H_{56}O_4$.
Crustecdyson s. unter $C_{27}H_{44}O_7$.
Cruzin, Beurteil. v. – als chem. Sterilantia gegenüber Musca domestica 7-3084.
115 CrV 3 s. unter *Eisen, Schmiedeeisen und Stahl* (*Sondermarken*).
Cr 12 W 2 V s. unter *Eisen, Schmiedeeisen und Stahl* (*Sondermarken*).
Crychin s. unter $O_{19}H_{17}NO_4$.
Cryptomerin A s. unter $C_{31}H_{20}O_{10}$.
Cryptomerin B s. unter $C_{32}H_{22}O_{10}$.
Cryptophlamsäure s. unter $C_{21}H_{32}O_6$.
Cryptopin s. unter $C_{21}H_{23}NO_5$.
(±)-**Cryptowollin** s. unter $C_{19}H_{21}NO_5$.
Cryptoxanthin s. unter $C_{40}H_{56}O$.
Crystalline s. unter *Proteine, Spezielle Proteine* (*Kristalline*).

C-Säure s. unter $C_{10}H_9NO_6S_2$.
C 8514/Schering 36268 s. unter $C_{10}H_{13}ClN_2$.
ČSN 15 223 s. unter *Eisen, Schmiedeeisen und Stahl* (*Sondermarken*).
ČSN 17 241 s. unter *Eisen, Schmiedeeisen und Stahl* (*Sondermarken*).
ČSN 17 246 s. unter *Eisen, Schmiedeeisen und Stahl* (*Sondermarken*).
ČSN 17 251 s. unter *Eisen, Schmiedeeisen und Stahl* (*Sondermarken*).
CTAB s. unter $C_{19}H_{43}NO$.
CTBA s. unter $C_{19}H_{43}NO$.
CTP s. unter $C_9H_{16}N_3O_{14}P_3$.
Cu 101 s. unter *Kupferlegierungen* (*Sondermarken*).
Cu 220 s. unter *Kupferlegierungen* (*Sondermarken*).
Cu 260 s. unter *Kupferlegierungen* (*Sondermarken*).
Cu 715 s. unter *Kupferlegierungen* (*Sondermarken*).

Cuban s. unter C_8H_8.
Cubanit, *Chalkopyrrhotin* in Meteoriten (bes. aus New South Wales) 36-0752; Vork. v. – in Meteoriten (Übersicht) 37-0858; Unters. d. Differentiat. v. Sulfiden an Cubanit in geschlossenen Syst. in Olivin-Diabas, Missouri 42-0660; Mössbauer-Spektrum v. ^{57}Fe in – 41-0716.
(–)-α-**Cubeben** s. unter $C_{15}H_{24}$.
Cubebin s. unter $C_{20}H_{20}O_6$.
Cucurbin, Anthelmintikaaktivität d. – aus Kürbissamen 30-1635.
Cucurbitacin B s. unter $C_{32}H_{46}O_8$.
Cucurbitacin D s. unter $C_{30}H_{44}O_7$.
Cucurbitacin E s. unter $C_{32}H_{44}O_8$.
Cucurbitacin J s. unter $C_{30}H_{44}O_8$.
Cucurbitacin L s. unter $C_{30}H_{44}O_7$.
Cue lure s. unter $C_{12}H_{14}O_3$.
Cularimin s. unter $C_{19}H_{21}NO_4$.
Cularin s. unter $C_{20}H_{23}NO_4$.
Cumachlor s. unter $C_{19}H_{15}ClO_4$.
Cumalin s. unter $C_5H_4O_2$.
p-**Cumaraldehyd** s. unter $C_9H_8O_2$.
Cumaran s. unter C_8H_8O.
Cumarane (2.3-Dihydrobenzofurane), Vork. 26-1494; Darst. u. Rk.: v. 3-[2-Hydroxybenzyliden]-3H-cumaranonen-(2) 7-1049; v. 2-Dialkylamino-5-hydroxy-– 11-1049; Cumaranon-Synth. 47-1212.
Cumarin s. unter $C_9H_6O_2$.
Cumarine, 4-Hydroxy-– 16-1101; zur Kenntnis d. – 23-1129, 37-1162; Übersicht über – 38-1231; natürl. – 39-1015, 39-1360.

Vork.: im Öl d. Schalen v. Florida-Pampelmusen 13-1352; im Pflanzenreich u. Biosynth. (Übersicht) 14-1395; in Coronilla hycrana 15-1474; Struktur v. – aus d. Wurzel v. Seseli libanotis 18-1359; Vork.: in Peucedanum palustre 22-1080; in d. Wurzeln v. Hippomarathrum microcarpum 22-1141; in d. Früchten v. Archangelica decurrens 25-1198; im Öl v. Prangos pabularia 26-1473; v. Oxy-– im Rhizom v. Atractylodes ovata 26-1494; in d. Wurzeln v. Phlojodicarpus villosus 31-1155; in Hippomarathrum caspium 31-1156; in Euphorbiaceen 46-1615.

Darst.: v. Cumarinderiv. 1-0985, 1-0986; v. 7-[1.3.5-Triazinylamino]-3-aryl-– (opt. Aufheller) 3-3093*; v. 3-[2-Hydroxyphenyl]-– 7-1049; v. 4-Hydroxy-3-[aminoalkylaminocarbonyl]-– (Heilmittel) 8-1668*; v. 1.2.3-Triazolderiv. v. 3-Phenyl-– (opt. Aufheller) 11-3000*; v. Pyridyl-– (Depressiva) 13-1023; Biosynth. d. – 13-1368; Darst.: v. 7-Hydroxy-– (Coronarvasodilatoren) 13-1671*; v. Cumarinderiv. (Antikoagulantien) 21-1870*; v. 7-[s-Triazinylamino]-3-aryl-– (opt. Aufheller) 21-3265*; aus Malon-p-phenetididsäure u. Salicylaldehyden 23-1130; v. 4-Alkyl-3-[β-hydroxyalkyl]-– 23-2847*; Bldg. in Convolvulus sepium 24-1525; Darst.: v. tert.-Aminoalkoxy-3.4-diphenyl-– (Heilmittel) 24-1780*; v. Cumaryl-N-alkyl-N-naphthylthioncarbamaten 25-2758*; v. 3-Phenyl-7-acylamino-– (opt. Bleichmittel) 29-3207*; v. 6-Chlor-3-alkoxy-4-[2-hydroxyäthylamino]-– 30-1075; aus Malonsäuremono-2.5-xylidid u. Salicylaldehyden 32-1100; v. O.O-Bis-[halogenalkyl]-O-cumarinyl-(7)-phosphaten bzw. -thiophosphaten (Heilmittel) 35-1789*; v. 4-Methylcumaryl-(7)-estern v. Disulfonsäuren 36-1080; v. O.O-Dialkyl-O-[cumarinyl-(3)]-(thio)phosphaten (Pestizide) 37-3317*; u. kanzerostat. Aktivität v. N-Lost-Verb. v. 6-substituierten – 39-1207; u. mögl. Antitumoraktivität v. N-Lost-Verb. v. 7-Hydroxy-– 39-1208; v. Cumarinylphosphaten u. -thionophosphaten (Insektizide u. Akarizide) 42-2820*; v. 3-[β-Hydroxyalkyl]-4-alkyl-– 45-2778*; v. 3-[γ-Amino-β-hydroxypropyl]-4-alkyl-7-alkoxycarbonylmethoxy-– (coronarerweiternde Mittel) 47-1784*; v. 7-Hydroxy-– (coronarerweiternde Mittel) 49/50-1734*.

Spektren u. Struktur v. Salzen v. Hydroxy-– 3-0838; Massenspektren v. 4-Hydroxy-3-phenyl-– 14-0853; integrale Intensitäten d. CO-Bande v. – 18-0830; Sorpt. an Ionenaustauscherharzen 22-0937; IR-Spektren 28-2075; Massenspektren 39-0826; H-Bind. in Nitro-7-hydroxy-– 41-0958; NMR-Lsgm.-Verschieb. u. Struktur 46-0744.

Red. v. Nitrohydroxycumarin-3-carbonsäureäthylestern 1-0985; Rk.: v. Methoxy-– mit CH_3MgJ 8-1033; mit Hydrazin u. Phenylhydrazin 11-1053; mit diazotierter 1-Amino-2-naphthol-4-sulfonsäure 17-2015; Einw. v. Hydrazinhydrat auf – 18-1027; anomale Rk. v. 3-substituierten 4-[2-Hydroxyäthylamino]-– mit Na-Alkanolaten 30-1075; Umlager. v. 3.4-disubstituierten – 30-1076; Quaternisier. v. Heterocyclyl-– 31-3077*; Reaktivität v. Hydroxy-– bei elektrophiler Substitut. 46-0823.

Aspekte d. akuten u. chron. Vergift. mit – 7-1616; – als Antikoagulantien (hereditäre Resistenz beim Menschen) 10-1470; antibiot. Wirksamk. v. natürl. – 15-1444; Kanzerogenität bei weibl. Sprague-Dawley-Ratten 17-1251; Stoffwechsel bei d. Ratte 22-1641; Stimulier. d. Enzyme d. Leber durch – 24-1356; saluret. u. choleret. Wirksamk. 30-1634; Einfl.: v. natürl. – auf Wachstum, Atmung u. Phosphorylier. v. Hefen 35-1370; auf d. Atmung v. Saccharomyces cerevisiae 41-1362; auf d. Wachstum v. Saccharomyces cerevisiae 41-1363; Mechanismus d. Wrkg. v. Cumarin-Antikoagulantien 43-1480; antibiot. Wirksamk. v. natürl. – 46-1324; Einfl.: v. – als Antikoagulantien auf Adeninnucleotidgeh. u. Proteinsynth. d. Leber 46-1435; auf d. Aufnahme v. Aminosäuren u. Einbau in d. Hefeprotein bei Saccharomyces cerevisiae 49/50-1310.

Verw.: als photograph. Entwicklersubstanz (Daphnetine) 6-3149*; als opt. Aufheller für Polyesterfasern (3-[Benzoxazolyl-(2)]-–) 11-2995*; als Anthelminthika (3-Halogen-4-methyl-7-hydroxycumarin-O.O-dialkylphosphorsäureester) 13-1726*; als opt. Aufheller (3-Phenyl-–) 21-3261*; bei Gallen- u. Leberbeschwerden (Hydroxy-–) 28-1766*; als opt. Aufheller [7-(s-Triazinylamino)-3-aryl-–] 37-3183*; [3-(p-s-Triazinylaminophenyl)-–] 37-4184*; als Gerbentwickler (7.8-Dihydroxy-–) 42-2944; als opt. Aufheller für photograph. Materialien (7-Triazinylamino- bzw. 7-Pyrazolyl-–) 46-2893*.

Dünnschichtchromatographie 2-1883; Papier- u. Dünnschichtchromatographie 6-1875; Ionenaustauscherchromatographie 28-2080; Dünnschichtchromatographie v. Rattengiften auf d. Basis v. Cumarinderiv. 49/50-2056.

Bibl.: Natürliche Cumarine und Furocumarine [russ.] B 19.

Cumarinpyrone, Synth. 10-1036.
Cumarinsäure s. unter $C_9H_8O_3$.
Cumaron s. unter C_8H_6O.
Cumarone s. *Benzofurane*.
Cumarsäure s. unter $C_9H_8O_3$.
Cumidin s. unter $C_9H_{13}N$.
Cuminsäure s. unter $C_{10}H_{12}O_2$.
Cummingtonit, Mg-halt. – aus ultrabas. Gesteinen 43-0742; Best. d. Kationenverteil. in d. Serie –-Grunerit durch Mössbauer-Spektren 42-0697; quant. Best. v. Gitterplatz-Besetz. in einem – durch d. Mössbauer-Effekt 33-0193; röntgenkristallograph. Eig. d. Serie –-Grunerit 38-0845; hydrothermale experimentelle Unters. d. Stabilität v. – 41-0768.
Cumol s. unter C_9H_{12}.
Cuoxam s. unter *Kupferhydroxide*.
Cuparen s. unter $C_{15}H_{22}$.
Cuparenal s. unter $C_{15}H_{20}O$.
γ-**Cuparenol** s. unter $C_{15}H_{22}O$.
Cupferron s. unter $C_6H_6N_2O_2$.
Cu-Phaeophytin a s. unter $C_{55}H_{74}N_4O_5$.
Cupral s. unter $C_5H_{11}NS_2$.
Cupreidin s. unter $C_{19}H_{22}N_2O_2$.
Cupreine, elektrokapillare Eig. d. wss. Lsg. v. Hydro-– 3-0888.
Cuprenen-(2) s. unter $C_{15}H_{24}$.
Cupressuflavon s. unter $C_{30}H_{18}O_{10}$.
Cuprethol s. unter $C_5H_{11}NO_2S_2$.
Cuprit (Rotkupfererz) s. unter *Kupferoxide*: Cu_2O.
Cuprizon s. unter $C_{14}H_{22}N_4O_2$.
Cuproin s. unter $C_{18}H_{12}N_2$.
Cupron s. unter $C_{14}H_{13}NO_2$.
Cuprosklodowskit, kristallograph. Unters. 38-0840.

Cuprotest s. unter $C_{22}H_{18}N_2$.
D-**Curacose** s. unter $C_7H_{14}O_5$.
Curare, Alkaloide aus Calebassen-– (*19.* Mitt.) 3-1058; (*20.* Mitt.) 3-1059; (*3.* Mitt.) 17-1116; (spezif. Deuteriummarkier. u. Kernresonanzunters.) 22-1100.

Synth.: u. –-ähnl. Wrkg. einiger bisquatern. Biphenylendimethylen-bis-tropeine 6-1632; mit Fluorescein behandelter curarisierender Reagenzien 6-1633; Darst. v. Deriv. d. 1.10-Diphenyl-3.7.12.16-tetraazatricyclo-[14.2-2.$2^{7,10}$]-dokosans mit –-Wrkg. 9-1632; –-Aktivität v. 1-N-Piperidino-4-benzoylcyclohexanolbrommethylat 10-1618; –-ähnl. Wrkg.: v. Polybutandioladdukten 10-1619; d. Abkömmlinge d. Cyclobutandicarbonsäuren (Abhängigk. v. d. Struktur d. zentralen Mol.-Teils) 21-1801; d. bisquatern. Salze d. Truxillsäuredialkylaminoalkylester (Wrkg.-Breite u. -Dauer 26-1715; v. symm. bisquatern. Tropeinen 30-1621; v. Dialkylaminoalkylestern v. Alkylmercaptobernsteinsäuren 31-1097; –-mimet. Wrkg. d. α-Toxins v. Naja nigricollis 32-1670; –-art. Wirkprinzip d. Erythrina-Alkaloide 33-1821; Darst. v. Quartärsalzen v. Bis-O-[dialkylaminoalkyl]-dioximen mit –-Aktivität 33-1854; –-ähnl. Wrkg. v. Imidazol-4.5-dicarbonsäure-bis-[β-diäthylaminoäthylamidmethylhydroxid], Dijodid 35-1086.

Neuromuskuläre Wrkg. in Insekten 12-1592; Wrkg.: einiger curarisierender Stoffe auf d. Adrenalin-erzeugende Wrkg. v. Acetylcholin u. v. K-Ionen bei Hunden 13-1612; auf d. Wrkg. v. Pronethalol auf d. arteriellen CO_2-Geh. 20-1603; d. –-ähnl. Stoffe auf d. reflektor. Veränder. d. Arteriendruckes 34-1622; –-Behandl. u. Brenzcatechinaminsekret. 34-1623; Einfl. d. –-ähnl. Stoffe auf d. Potential d. Hirnrinde nach Reiz. v. Nervus cardiacus inferior u. Nervus vagus 46-1579; Antagonismus zwischen Tubocurarin oder Diallylnortoxiferin u. *4* –-Antagonisten (Vgl.) 38-1788; Anti-–-Wrkg. v. Aminopyridinen 44-1513.

Curarin s. unter $C_{38}H_{42}N_2O_6$.
C-**Curarin III** s. unter $C_{20}H_{24}N_2O_2$.
α-**Curcumen** s. unter $C_{15}H_{22}$.
Curcumin s. unter $C_{21}H_{20}O_6$.
Curcumol s. unter $C_{15}H_{24}O_2$.
Curie-Temperatur s. unter *Magnetismus, Magnetische Phasenübergänge*; *Ferroelektrizität*.
(–)-**Curin** s. unter $C_{36}H_{38}N_2O_6$.

Curium

O- u. C-Geh. v. –-Proben, d. durch Red. v. „naß“ u. „trocken“ hergestellten Trifluoriden erzeugt wurden 48-0691.

Einfl. d. pH auf d. Trenn. v. Eu, Gd, Am u. Cm an Dowex *50*-X *8* 1-1822; Trenn.: u. Gewinn. v. – aus wss. Lsg. 10-2425*; v. – v. d. Lanthaniden u. Y 10-2426*; Solventextrakt. 11-1911; Trenn. v. ^{152}Eu, ^{147}Pm, ^{241}Am u. ^{246}Cm durch elektrophoret. Fokussieren 15-2013; Unters. d. Lsgm.-Extrakt. v. – neben Cf, Fm u. Md im Syst. Di-(2-äthylhexyl)-orthophosphorsäure/Toluol/HCl 21-2174; Abtrenn. d. – v. Am 24-2290*; Extrakt. aus Nitratlsg. 25-2125; Trenn. v. – v. Am u. Eu an Dowex *50* X *4* (Verteil.-Koeff. in HBr-Lsg.) 38-2029; chromatograph. Trenn. v. ^{239}Pu, ^{241}Am u. ^{242}Cm 38-2068; Trenn. v. $^{241}Am(III)$ u. $^{244}Cm(III)$ durch Extrakt.-Chromatographie 39-1984; Cm/Cf-Trenn. an Biokad AG *50* WX *12* 44-0605; Ionenaustausch-Trennverf. für ^{244}Cm 44-1818.

Berechn. d. Verteil. v. α-Teilchen für ^{242}Cm 2-0008; α-Zerfall v. ^{240}Cm u. ^{241}Cm 2-0063; Best. d. Halbwertszeit d. spontanen Spalt. v. ^{242}Cm u. ^{244}Cm durch abs. α- u. Neutronenzähl. 2-1768; Neutronen u. γ-Quanten in d. spontanen tern. Spalt. v. ^{244}Cm 7-0094; Querschnitte u. Winkelanisotropie v. Spaltfragmenten für Spalt. einiger Isotope v. – durch schnelle Neutronen 9-0093; niederenerget. Anreg. v. ^{245}Cm 12-0020; Bezich. zwischen d. Energie d. α-Teilchen u. d. Anzahl d. γ-Quanten bei d. spontanen tern. Spalt. v. ^{244}Cm 13-0097; Anreg. v. Vibrat.-Niveaus beim α-Zerfall Cm → Pu 27-0029; Halbwertszeit d. spontanen Spalt. v. ^{250}Cm 27-0068; Verteil. v. Massen u. Lad. in d. Spalt. v. ^{245}Cm (Spalt. durch therm. Neutronen) 31-0019; Oberflächen-Deltawechselwrkg. in d. g-Isotopen v. – 44-0016; K-Röntgenstrahlen aus ^{252}Cm-Spaltfragmenten bei tern. Spalt. 49/50-0012.

Atomstreufaktoren für – 11-0191; Ionenradien v. Cm^{4+} u. Cm^{3+} 18-0241.

Magnet. Atomstrahlresonanz 18-0112.

Anod. Abscheid. v. – 46-0542.

Schmelzpunktanomalien v. – 16-0265; Verringer. d. Verdampf.-Geschw. ^{244}Cm enthaltender Strahl.-Quellen durch lokale Schäden d. Oberflächen durch Spalttrümmer 25-0289.

Ox. v. Cm(III) in konz. CsF-Lsg. 48-0692.

Retent. v. ^{244}Cm bei d. Ratte (Wrkg. v. Desferrioxamin) 5-1557.

Curiumverbindungen

Anorganische Curiumverbindungen

Curiumchloride, physikochem. Eig. v. – in Salzschmelzen 2-0001.

Curiumfluoride bzw. -fluorokomplexe

Darst. u. Gitterkonst. v. $K_7Cm_6F_{31}$ 22-0229.

Fluorocurium(IV)-säure:

$H_2[CmF_6]$, Salze s. *Rubidiumfluorocurate(IV).*

Curiumoxide, Isotopenzus. d. v. ^{244}Cm-Oxid abgegebenen Xe, Kr u. Ar 28-0721.

Curiumphosphate, Komplexbldg. v. Cm^{3+} mit $H_3P_3O_9$.

Curiumsulfate, Stabilitätskonst. v. Sulfatokomplexen v. Cm(III) 28-0590; Bldg.-Enthalpien v. Sulfatokomplexen v. Cm(III) 28-0591.

Organische Curiumverbindungen

Komplexbldg. v. – mit Milchsäure 26-0618; Bldg. u. Löslichk. d. Oxalate v. Cm(III) 30-0739; Chelatbldg.: v. Cm^{3+} mit N-(2-Hydroxyäthyl)-äthylendiamin-N.N'.N'-triessigsäure 31-0649; mit Nitrilotriessigsäure (Stabilitätskonst.) 35-0504; Komplexbldg. v. Cm^{3+} mit Methylphosphonsäure 26-0620.

Curtius-Reaktion s. unter *Umlagerungen.*
Curvularin s. unter $C_{16}H_{20}O_5$.
Curvulin s. unter $C_{12}H_{14}O_5$.
Curvulinsäure s. unter $C_{10}H_{10}O_5$.
Curvulsäure s. unter $C_{11}H_{12}O_6$.
Cuskohygrin s. unter $C_{13}H_{24}N_2O$.
Cusol, Verw. als Repellens für Erdölarbeiter 33-3425.
Cusol A, Verw. als Repellens gegen Formica rufa 29-3310.
Cuthizon s. unter $C_{11}H_{15}N_3S$.
C 125 W 2 s. unter *Eisen, Schmiedeeisen und Stahl (Sondermarken).*
C 130 W 2 s. unter *Eisen, Schmiedeeisen und Stahl (Sondermarken).*
C 85 WS s. unter *Eisen, Schmiedeeisen und Stahl (Sondermarken).*
Cyan s. unter C_2H_2.
Cyanacetamid s. unter $C_3H_4N_2O$.
Cyanäthylcellulose s. unter *Cellulosederivate, Äthylcellulose.*
Cyanäthylierung s. unter *Additionsreaktionen.*
Cyanamer P 250 s. unter *Plaste, Acrylpolymerisate (Polyacrylamide).*
Cyanamid

Thermodynamik d. – -Synth. 27-0993; Bldg. bei Photolyse d. CH_4 in N_2-Matrix 43-0571.

Einfl. v. Atomgruppen auf d. Valenzschwing.-Frequenz 19-0990.

Umwandl. v. – in sterilem Boden 34-2960; Abbau v. – in Kulturböden 40-2853; Rk.: mit H_3BO_3 41-2294*; mit SF_4 in Ggw. v. NaF zur Darst. v. N-Cyaniminoschwefeldifluorid u. N.N'-Iminoschwefelfluoriddifluormethan 44-0676; mit 1H-3.4-Dihydro-2.3-benzoxazin 10-1048; mit Mesidin 34-1046; mit p-Chlorbenzylisothiocyanat 28-1088; mit Crotonaldehyd 5-2550* bis 5-2552*; v. – u. d. Dihydrochlorids mit polyalkylierten Diaminobenzophenonen u. -thiobenzophenonen 15-2850*; mit 2-Amino-3-hydroxy- bzw. -5-hydroxyacetophenon 22-1146; mit p-Aminobenzaldehydguanylhydrazon 19-2763*; mit unsubstituierten aliphat. Säurechloriden 26-1045; mit Cyanessigsäureäthylester 35-1109.

Verw. zur Stabilisier. v. organ. Isocyanaten 21-2693*.

Spektrophotometr. Best. v. – in Bodenproben u. Pflanzen 5-1983; Best. v. – -Rückständen auf egrenierten Baumwollsamen 10-2020; chronokonduktometr. Analyse v. – -halt. Gemischen 19-2127; Best. in Ggw. v. Hydrazin u. Aminoguanidin 24-2070.

Salze s. *Blei-, Calcium-* u. *Natriumcyanamide.*

Cyanamide, Darst. u. Verw.: v. – 37-2799*; v. chlorierten Phenyl- – 39-2585*; Wechselwrkg. v. Phenyl- bzw. p-Tolyl- – mit alkylsubstituierten Thiocarbamiden 6-0987; Rk. mit Pyrazincarbonsäurehydrazid 17-2809*; Polymerisat. v. Alkylendi- – 21-3184*, 25-3124*; Rk.: v. Dialkyl- – mit Metall(0)-Verb. 27-0864; mit $COCl_2$ 37-2775*; v. – 40-0985, 40-0986; Analyse d. Cyanamidderiv. 51/52-1936.
Cyanazid s. unter $C_3H_5N_3O$.
Cyanguanidin s. unter $C_2H_4N_4$.
Cyanhämoglobin s. unter *Blutfarbstoffe, Derivate des Hämoglobins.*
Cyanhydrine s. unter *Säurenitrile.*
Cyanide s. unter *Cyanwasserstoff* bzw. *Säurenitrile.*
Cyanidin s. unter $C_{15}H_{12}O_7$.
***N*-Cyanimine,** Herst.: v. – (Verw.) 27-2877*; v. – 47-2509*.
Cyanin s. unter $C_{27}H_{32}O_{17}$.
Cyanine, Darst.: v. Monomethin- – (UV-Spektren) 12-0970; v. Mero- – 30-1067; v. Quadrupolmero- – 40-0927; therm. Zers. v. Beta- – 38-1203; Verw. v. 1.1'-Dialkyl-3.3'-dialkyl-(bzw. aryl)-6.6'-di-[benzthiazolyl-(2'')]-benzimidocarbo- – als spektrale Sensibilisatoren für photograph. Emuls. 1-3125*.
Cyaninfarbstoffe, s. unter *Farbstoffe, organische, Polymethinfarbstoffe.*
Cyanit s. unter *Aluminiumsilicate.*
Cyanmethämoglobin s. unter *Blutfarbstoffe, Derivate des Hämoglobins (Methämoglobincyanid).*
Cyanmethylierung s. unter *Alkylierung.*
Cyanocentaurin, krist., blaues Kornblumenpigment (Konstit.) 7-1353.
Cyanocobalamin s. unter $C_{63}H_{88}CoN_{14}O_{14}P$.
Cyanodontin s. unter $C_{15}H_{10}O_6$.
Cyanoform s. unter C_4HN_3.
Cyanopsin, –, ein Sehpigment d. Retina 36-1603.
Cyanosin s. unter $C_{21}H_8Br_4Cl_2O_5$.
Cyansäure, Darst., Rk. 3-1029; Herst.: v. – aus Harnstoff 19-2718*; freier – durch Spalt. v. Carbaminsäurechlorid mit Lewis-Base 20-2528*; v. – aus Harnstoff im Wirbelbett 45-2736*.

Stark-Rotat.-Spektren v. – u. DNCO im Millimeterwellenbereich (Dipolmomentänder. mit K) 7-0147; Absorpt.-Spektrum v. Nd(III) in Komplexen mit OCN^- 23-0112; Mikrowellenspektrum d. – (Struktur- u. 1-Typ-Dublett-Aufspalt.) 42-0064; Fermi-Dublett ν_1, $2\nu_2$ im Cyanation bei d. IR-Absorpt. v. mit ^{13}C, ^{15}N oder ^{18}O angereichertem NCO^- in KBr- u. KCl-Einkrist. 42-0264; Bldg. u Spektren v. NCO bei Photolyse v. – in Ne-, Ar-, N_2- u. CO-Matrizen 43-0572; allg. quadrat. Mittelwerte d. Schwing.-Amplituden u. Schrumpf.-Effekt für – 18-0083; Massenspektrum 39-0825; ^{13}C-NMR-Unters. d. Ions 12-0815; Näher.-Meth. zur Berechn. d. molaren Ionengitterentropie bei Standardbeding. für CNO^- 32-0253.

Cyanatverb. u. deren reakt. Verh. 25-0818, 47-0661; Photolyse v. – in d. Dampfphase 38-0607; Polymerisat. v. Isocyansäure 17-3162*; Rk. mit NH_3 (Katalysator) 16-2587*; Instabilitätskonst. v. Komplexen d. Syst. $Cu^{2+}/OCN^-/H_2O$ 36-0519; pK_1-Werte u. Eig. v. Cyanato-Komplexen v. Übergangsmetallen 30-0564; Rk.: v. Iso- – mit äthylen. ungesätt. Verb. 26-2651*; mit 2-substituierten Δ^2-Thiazolinen 12-0993; photoinduzierte nucleophile Substitut. in halogenierten B_{10}- u. B_{12}-Clovoboranen in Ggw. v. OCN^- 27-0826; Rk. mit funktionellen Gruppen v. Proteinen (dissoziiertes N-Carbamylimidazol) 31-1260; Cyanat-Rk. mit funktionellen Proteingruppen 14-1140; (Amino- u. Carboxylgruppen) 39-0965; Bind.-Kinetik zwischen OCN^- u. Metmyoglobin bzw. Methämoglobin 19-1606; Cyanat-Komplex d. Metmyoglobins 19-1611; Einfl. v. NCO^- auf d. Hydrolysegeschw. v. $Cr_2O_7^{2-}$ 35-0623.

Wechselwrkg. v. NCO^- mit Co(II)-Kohlensäureanhydrase 41-1289; Indukt.-Wrkg. v. OCN^- auf Nitratreduktase aus Bacillus cereus 6-1250; Hemmwrkg. v. OCN^- auf d. metallionenabhäng. Bind. v. Sulfonamid an Kohlensäureanhydrase 16-1400; inaktivierende Wrkg. v. Cyanat auf Papain 31-1448; Hemm. d. assimilator. u. dissimilator. Nitratreduktase aus Aerobacter aerogenes durch – 38-1369; OCN^- als kompetitiver Hemmer d. Nitratred. in zellfreien Extrakten aus Bacillus cereus u. Pseudomonas aeruginosa 39-1318; Wrkg. v. Cyanat auf krist. Amylase aus Schweinepankreas 44-1245.

Spektrophotometr. Titrat. v. anorgan. Cyanat in nichtwss. Lsgm. 23-2119; argentometr.-amperometr. Titrat. eines Gemisches v. Thiocyanat u. Cyanat unter Ausnutz. v. Löslichk.-Unterschieden 5-1959; polarograph. Best. d. Cyanatkonz. in cyanid. Elektrolyten 46-1947.

Salze

Aluminium-, Arsen-, Bor-, Eisen-, Kalium-, Kobalt-, Kupfer-, Natrium-, Nickel-, Schwefel-, Zinn- u. *Zirkoniumcyanate* s. dort.

Rk. v. anorgan. Cyanaten mit Halogeniden (Chlorhydrinen) 34-0998.

Ester

Iso- – s. unter *Isocyansäure.*

Cyansäureester (Umsetz. mit Phosphorigsäureestern) 13-0977; Synth. u. Rk. d. – (Übersicht) 4-0796; Darst.: v. – aus Thiocyanaten 35-1028; v. aromat. Cyanestern (Verw. für Kunststoffe) 36-2836*; v. aromat. Cyansäureestern durch Rk. v. Phenolen mit Halogencyaniden 37-2784*; v. festen, thermoplast. Blockcopolymerisaten aus Vinylpolymeren u. Cyanatmonomeren (Verw. für Filme) 18-2795*; Rk.: mit Thiocarbonsäure- bzw. Thiokohlensäurederiv. 38-1855*; mit Sulfonsäurehydraziden 8-2522*.
Cyansäureester s. unter *Isocyansäure.*
Cyanursäure s. unter $C_3H_3N_3O_3$.

Cyanwasserstoff (Blausäure)

Vorkommen, Gehalt

– im Kosmos 35-0785; Vork. v. – in Planeten 40-0678; – u. – -Glykoside (Übersicht) 22-1471; Cyanidumsatz im Boden 23-3344; – -Geh. in Obstbranntweinen 28-3232; – -Rückstände in Lebensmitteln (gesetzl. zuläss. Höchstmenge u. analyt. Best.) 36-3134; – in Prunoideensamen u. anderen Lebensmitteln (– -Geh. in rohen u. verarbeiteten bitteren Mandeln; toxikolog. u. lebensmittelrechtl. Überlegung) 38-3224.

Bildung, Darstellung

Rk. v. angeregtem ^{13}N mit C_2H_4 u. CH_3 unter Bldg. v. $HC^{13}N$ 6-0707; Bldg. v. –: durch Dezimeterwellen aus $As–NH_3–CH_4$-Misch. 13-0692; bei Rk. v. C 19-2814; in Sorghum vulgare 31-1440; bei d. Dublier. v. Porolon mit Baumwollgewebe 39-1645.

Gewinn. aus Acroleincyanhydrin (Fließschema) 3-2602*; katalyt. Synth. v. – aus Acetonitril u. NH_3 14-0691; Herst. aus organ. Nitrilen 19-2717*; – -Synth. (Aufarbeit. v. Waschsäuren) 19-2719*; App. zur kontinuierl. Herst. niedr. Konz. v. – 20-0696; Herst. aus Monocarbonsäurenitrilen 38-2652*; Anfall v. – bei d. Steinkohlenverkok. u. sein Verbleib bei d. Kohlenwertstoffgewinn. 41-2795; Herst. v. – durch Rk. v. NH_3, CH_4 u. Luft an Pt-Gazekatalysator 46-2315*; spektrograph. Best. v. Fe, Ni u. Cr in Pt-Katalysatoren d. – -Synth. 48-1977.

– -Beseitig. aus Gasen durch therm. Zers. mit O_2 14-2677*; Cl-Einfl. auf d. CN^--Entgift. v. Abwasser 16-2173; trockene Gasreinig. v. – mit Na_3CO_3 oder K_2CO_3 u. Fe-Oxid oder -Hyxroxid 17-2933*; Entfern. aus Abwasser: durch Xylenyldiphenylphosphat 18-2162*; v. Hochofengas-Wäschereien 20-2138; Entfern. v. – aus Luft durch Absorpt. in NaOH 20-2155; elektrolyt. Ox. v. Cyanidrückständen 21-2759*; Auswaschen v. – aus Gasen mit Cyclopentadien 24-2606*; Gewinn. v. Acrylsäurenitril aus Gemischen mit – 25-2694*; – -Beseitig. aus Abwasser (Übersicht) 26-2251; elektrolyt. Zerstör. d. Abfallcyanide in Abwasser 38-2275; – -Entfern. aus Kokereigas mit Raseneisenerz unter Druck 41-2802; Aufarbeit. v. Cyanid enthaltenden Abfallaugen durch Ox. v. $Cr(VI)^+$ 42-2337*.

Physikalisches und physikalisch-chemisches Verhalten

Linienbreiten d. ν_3-Bande v. – 18-0124; Mess. v. Schwing.-Relaxat.-Zeiten mit d. Spektrophon (Anwend. auf –) 19-0119; IR-spektroskop. Unters. d. Vakuum-UV-Photolyse v. matrixisoliertem – 32-0077; Mikrowellenunters. v. stoßinduzierten Übergängen zwischen Rotat.-Niveaus (Beobacht. in –) 32-0093; Bezieh. zwischen d. NQR-Frequenz v. $C^{14}N$ u. d. Indukt.-Konst. σ^* 37-0924.

Laserstrahlen für d. IR-Bereich v. – 4-0127; Temp.-Abhängigk. d. $^2Eg \rightarrow {}^4A_{2g}$-Phosphoreszenz glasart. erstarrter Lsg. v.

$[Cr(CN)_6]^{3-}$ in Glycerin–W. u. Formamid–Methanol 28-0341; Cyanid-Ion-Umgeb.-Stör. d. Schwing.- u. Rotat.-Beweg. durch Isolier. in Alkalimetallhalogeniden 29-0345; abs. Frequenzmess. an neuen —-Laserlinien im Submillimeterbereich bei kontinuierl. Betrieb 32-0098; multiple Pulsemiss. eines —-Lasers 38-0133; Zuordn. v. DCN- u. —-Laserlinien im fernen IR 43-0108; neue Rotat.-Kaskadenübergangslinien beim DCN-Laser 43-0109; Vers. zur Herst. v. kontinuierl. —-Lasern 47-0074.

Best. d. Elektronenstruktur v. — mit Hilfe Gaußscher Orbitale 8-0088; Berechn. v. Dipolmomenten u. d. Ionisat.-Potentiale nach d. iterativ erweiterten Hückel-Theorie 9-0869; lokalisierte Orbitale für einige einfache Mol. (Anwend. auf —) 12-0088; Bind.-Parameter 12-0836; LCAO-MO-SCF-Berechn. an — unter Verw. eines Basissatzes v. Gauß-Orbitalen 16-0065; Elektronenstruktur u. Bind.-Längen v. — 18-0068; Berechn. d. π-Elektronendichte, -Bind.-Ordn., -Bind.-Längen 20-0858; Ligandenfeldstärke für CN^- in Komplexen v. Mn(II), Fe(III), Cr(III), Co(III) u. Rh(III) 21-0097; dipolare Verunreinig. wie CN^- in Alkalimetallhalogeniden 23-0398; Bezieh. zwischen Länge, Ordn. u. Kraftkonst. d. C–C-Bind. 26-0905; SCF-LCAO-Berechn. 31-0974; SCF-Mol.-Berechn. 31-0977; Elektronenstruktur (halbempir. SCF-Mol.-Orbital-Behandl.) 35-0890; Effekte d. Quasilinearität in — 41-0043; kub. anharmon. Potentialkonst. aus Schwing.-Rotat.-Wechselwrkg.-Konst. (Anwend. auf —) 47-0046; Franck-Condon-Prinzip u. Gestaltänder. bei — 48-0048; Perspektiven in d. Strukturchemie v. Me–CN-Komplexen 51/52-0099.

Massenspektrometr. Unters. v. H_2CN^+ 3-1942; Ionisat.-Energien für — 4-0088; Dipolrelaxat. v. — als Gastmol. in Chinolclathraten 41-0810; Elektronenstoßquerschnitte für N_2 mit — 45-0104; dielektr. Relaxat. im HCN/Hydrochinon-Clathrat 48-0819.

^{13}C-NMR-Unters. d. —-Ions 12-0815; ^{13}C-NMR v. paramagnet. Cyaniden d. Übergangselemente d. Eisengruppe 19-0397; ESR-Spektren u. therm. Eig. v. $^1H^{12}C^{14}N^-$, $^2H^{12}C^{14}N^-$ u. $^1H^{13}C^{14}N^-$, $^1HNCO^-$ 27-0422.

Elektrochem. Unters. v. Fe/Protoporphyrin-Komplexen mit CN^- 20-0570; Einfl.: oberflächenakt. Stoffe auf d. Struktur elektrolyt. Ag-Nd. aus CN^--halt. Elektrolyten 21-0660; v. Wechselstrom auf d. Kathodenpolarisat. bei d. elektrolyt. Abscheid. v. Ag aus Cyanidelektrolyten 22-0641; Ableit. d. Nahbereichs-Ionenwechselwrkg. für Alkalimetallhalogenide in — aus thermodynam. u. elektrokinet. Daten 25-0609; Einfl. v. CN^- auf d. Kinetik d. elektrolyt. Abscheid. v. Pd 27-0712; Temp.-Einfl. auf d. Kinetik d. elektrolyt. Ag-Abscheid. aus CN^--halt. Elektrolyten 33-0717; chronopotentiometr. Unters. d. elektrolyt. Ag-Abscheid. aus CN^--Elektrolyten 46-0553; Best. d. Transportbeweglichk. v. — in W., NH_3 u. ^{4}HeJ 49/50-0436; Einfl. v. CN^- auf d. Elektrokapillarerschein. an d. Grenze Mineral/Xanthogenatlsg. 49/50-0455.

Thermodynam. Gleichgew. in Planetenatmosphären (Berechn. für —) 10-0785; Viskosität v. fl. — 15-0549; Näher.-Meth. zur Berechn. d. molaren Ionengitterentropie bei Standardbeding. für CN^- 32-0253; Berechn. d. Rk.-Wärmen für Gasphasenrk. v. — aus d. Hartree-Fock-Energien 40-0409; Chemisorpt. an Ni u. Ir auf SiO_2 51/52-0454.

Reaktionen

Polymerisat. v. — mit Zusatz v. Alkalimetallvanadaten(V) 3-2614*; Austauschgeschw. v. H_2O in $[Co(CN)_4(SO_3)OH_2]^{3-}$ durch CN^- u. Bldg.-Quotient v. $[Co(CN)_4(SO_3)\cdot NH_3]^{3-}$ aus $[Co(CN)_4(SO_3)OH]^{4-}$ u. NH_3 1-0650; Kinetik u. Mechanismus d. Isotopenaustausches im Syst. $[V(CN)_5NO]^{5-}/^{14}CN^-$ 41-0577; p-Nitrosodimethylanilin als OH-Radikalfänger in d. Strahl.-Chemie (relative Rk.-Geschw. v. CN^- mit OH-Radikalen) 4-0582; Kinetik d. Rk. v. HNF_2 mit CN^- 47-0573; Auflsg. v. Au u. Ag in wss. CN^--Lsg. 10-0674; Lsg.-Geschw. v. Zn in Cyanidlsg. 27-0803; photoinduzierte nucleophile Substitut. in halogenierten B_{10}- u. B_{12}-Clovoboranen in Ggw. v. CN^--Ionen 27-0826; Thermodynamik d. Metall–Cyanid-Koordinat. (log K-, ΔH^0- u. ΔS-Werte für d. Wechselwrkg. v. CN^- mit Pd^{2+}) 35-0453; Abhängigk. d. Red. v. $[Fe(CN)_6]^{3-}$ in W. v. pH u. d. CN^--Konz. 42-0573.

Rk.: mit C_2H_2 17-2750*; mit D_2 u. CD_4 45-0954; mit Aminen 15-1032; mit einigen Pyridiniumionen 38-1166; mit Polyacrolein 29-1246; v. Organoaluminiumverb. mit Cyaniden 3-0699; v. — mit Organylchlorsilan u. Organylsilylamin zu Organylcyanosilanen 39-0646; mit Benzilen 4-0827; mit Formaldehyd u. Alkalimetallhydroxid 4-2126*; mit Isophoron (Fließbild) 8-2540*; d. Na-Verb. v. — mit Methylacetophenonen bzw. d. K-Verb. v. — mit Benzylmethylketonbisulfit 24-1074; v. —, NH_3 u. Formaldehyd zu N-Methylenglycinnitril 32-2589*; v. —-Synth.-Gas mit aliphat. Aldehyden 37-2771*; mit einigen konjugierten Ketonen d. Eudesman-Reihe 51/52-1099; mit Isonitrosoaceton 22-1026; mit Indolyl-(3)-acetonacetylhydrazon 28-1061; mit Carboniumionen 3-0967; Cyanäthylier. 1-2431*; Rk.: mit 3.5-Diäthoxycarbonylcyclopentandion-(1.2) 5-0992; mit 2-Cyan-1-methylcyclohexen-(2)-carbonsäureäthylester 24-1093; mit 2.2.2-Trifluoräthylthiolacetat (Kinetik) 28-0978; mit *l*-1β-Carboxymethyl-3α-methoxy-4β-acetoxy-6β-formylcyclohexan 28-2633*; —-Komplex mit Chlorperoxydase 8-1252; Einfl. v. Cyanid auf d. durch Ag^+ beeinflußbaren Komplexe aus DNS u. polycycl. KW-Stoffen 16-1261; Bind.-Kinetik zwischen CN^- u. Metmyoglobin bzw. Methämoglobin 19-1606; Rk. v. Cyanid mit Methämoglobin M 47-1598; Häm-Koppl.-Effekt bei d. Rk. d. Ferrimyoglobins v. Spermwal mit Cyanid 49/50-1517.

Verw. v. CN^+–Co-Komplex bei d. homogenen katalyt. Hydrier. v. Nitrobenzol 16-0960; Einfl. v. CN^-: auf d. Rk. v. Phosphatidylinositphosphat aus Mitochondrien mit $Na_3{}^{32}PO_4$ oder $^{32}P\gamma$-ATP 1-1090; auf d. Hämintransfer zwischen Methämoglobinen verschiedener Spezies u. Humanserumalbumin 29-1644; auf d. Hydrolysegeschw. v. $Cr_2O_7^{2-}$ 35-0623

Biochemisches und physiologisches Verhalten

Einfl. v. Cyanid: auf d. Stimulier. d. K^+-Freisetz. aus Mitochondrien durch Histone 14-1159; auf K^+-abhäng. Rückprall- u. Schwing.-Erschein. bei atmungsverbundenen Beweg. v. Ca^{2+} u. H^+ in Rattenlebermitochondrien 23-1265; Hemmwrkg. v. CN^- auf d. DNS-Inaktivier. durch Hydroxylamine 30-1204; Hemm. d. mitochondrialen Atmung durch Cyanid 38-1352; Einfl. auf d. Bezieh. zwischen d. Ox.-Rk. u. d. Phosphorylier. u. W.-Bldg.-Rk. d. ox. Phosphorylier. 44-1208; Hemmwrkg. v. CN^- auf gerein. Peroxydase aus Rinderschilddrüsengewebe 1-1190; Einfl.: v. KCN auf S-Galaktosidasen aus Neurospora crassa 1-1228; v. NaCN auf Arylsulfatase-Rk. 3-1249; v. NaCN auf d. enzymat. Hydrolyse v. Nucleosiddiphosphaten u. p-Nitrophenylphosphat bei normalen u. mit Cortison behandelten Ratten (quant. Unters. an isolierten Pankreasinseln) 5-1410; v. Cyanid auf d. Cholin-Ox.-Syst. d. Lebermitochondrien 8-1216; Inhibitorwrkg. v. KCN auf bakterielle Uricase 8-1247; v. Na-Cyanid auf d. enzymat. Aktivität v. Cystin-abbauenden Zytoplasmateilchen aus Kohl 8-1344; v. NaCN auf d. Succinatdehydrogenase in Derxia gummosa 12-1199; v. CN^- auf d. enzymat. Ox. v. α-NADH 16-1267; Hemmwrkg. v. CN^- auf Glucose-6-phosphatdehydrogenase u. 6-Phosphogluconsäuredehydrogenase aus Rattenlebermitochondrien 16-1298; inhibierende Wrkg. v. KCN auf Leucinaminotransferase 16-1326; stimulierende Wrkg. v. KCN auf d. anaerobe Produkt. v. Rhodanese durch Thiobacillus denitrificans 16-1341; Hemmwrkg. v. CN^- auf d. metallionenabhäng. Bind. v. Sulfonamid an Kohlensäureanhydrase 16-1400; Inaktivier. d. Hämsynthetaseaktivität in menschl. Blut durch Cyanid 16-1406; aktivierende Wrkg. v. KCN auf d. enzymat. Desaminier. v. Aminosäuren durch Azotobacter chroococcum 17-1295; Hemm. v. Oxydasen in E. coli durch KCN 17-1370; Hemmwrkg. v. NaCN: auf L-Alanin–α-Ketoglutarat-Aminotransferase 18-1197; auf d. Guanindesaminase d. Lengfischmuskels 21-1464; Cyanidempfindlichk. d. Thiosulfat oxydierenden Enzymsyst. v. Thiobacillus novellus 22-1330; Hemmwrkg. v. KCN: auf d. Hydroxylier. v. Cumarin mit Lebermikrosomen v. Kaninchen (kinet. Unters.) 22-1331; auf Uridindiphosphoglucose–Glykogen Transferase 22-1341; Einfl. v. CN^- auf Erythrozytencarboanhydrase (Komplexbldg.) 23-1441; Hemmwrkg. v. KCN auf d. Aktivität d. Dehydrogenasen v. Brucella abortus *19*-BA 26-1270; Einfl. v. KCN auf d. Cytochromsyst. in dunkelaerob gewachsenen Rhodospeudomonas spheroides 27-1429; Red. v. Cyanid durch Nitrogenase v. Azotobacter chroococcum 28-1479; Hemm. d. Milchsäuredehydrogenase aus Menschenlunge durch CN^- 39-1219; Einfl. v. Cyaniden auf ORD-Hemm. an Ferricytochrom c 40-1182; Hemmwrkg. v. KCN auf Diaminoxidase 40-1203; Einfl. v. KCN auf Synth. u. Aktivität d. Cholinsulfatase in Aspergillus nidulans (Regulat.) 40-1256; Hemmwrkg. v. CN^- auf d. enzymat. Entw. v. Äthylen aus Methional durch Erbsensämlingsextrakt 40-1307; Analogie u. Unterschied zwischen d. Cyanid-Komplex v. Cytochrom a u. d. sog. „Cytochrom a" frei v. Cytochrom a_3 41-1259; ATP-abhäng. Red. v. — durch N_2-fixierende Enzyme v. Azotobacter vinelandii u. Clostridium pasteurianum 41-1293; Hemmwrkg. v. KCN auf Melilotathydroxylase im Cumarinstoffwechsel in einem Mikroorganismus 44-1328.

Einfl.: v. KCN auf d. $\Delta^{1.4}$-Pregnadien-17α.21-diol-3.20-dion-Bldg. durch Septomyxa affinis 3-1318; v. Cyanid auf d. Dechlorier. v. DDT durch Aerobacter aerogenes 8-1360; v. KCN auf d. N_2-Bind. durch Chromatium minutissimum 12-1276; v. CN^- auf d. energiegebundene Red. v. NAD^+ durch Succinat in Thiobacillus novellus 18-1272; v. Cyanid auf d. Anreicher. v. Silicat in zellfreien Extrakten v. Proteus mirabilis 20-1398; v. KCN auf d. Biosynth. v. Vitamin B_{12} u. Porphyrin durch d. Zellen v. Propionibacterium shermanii 26-1408; v. KCN auf d. Aufnahme v. Xanthin durch Candida guilliermondi 30-1300; v. Cyanid auf d. respirator. Syst. v. Rhodotorula glutinis 34-1330, 34-1331; v. CN^- auf d. Phagozytose v. Latexkörnern durch Acanthamoeba 41-1419; v. KCN auf d. induzierte rasche Freisetz. v. Phosphat durch Mikroorganismen 44-1308; v. Cyanid nach Alkylier. auf Chlamydomonas reinhardi 45-1416.

Einfl.: v. KCN auf photosynthet. Rk. in lyophilisierten Zellen d. Blaualge Anacystis 12-1367; v. NaCN auf d. Licht-abhänh. K-Aufnahme durch Maisblattgewebe 20-1417; Enzym-Zucker-Geh. im unreifen, mit Cyanid behandeltem Zuckerrohr 20-1445; Einfl. v. Cyanid auf d. Äthylenbldg. durch eine subzellulare Frakt. v. reifenden Tomaten 23-1558; selektive Effekte v. CN^- auf d. Perithezium-entw. u. d. Verzweig. bei Sordaria 47-1544.

Einfl.: v. Cyanid auf d. Biosynth. v. Adrenocorticotropin u. Protein durch Schnitte v. Rinderhypophysenvorderlappen 2-1340; v. KCN auf d. Diurese 2-1446; v. NaCN auf Nierenrindenschnitte (Aufnahme v. Inosit) 2-1448; v. KCN auf d. Proteinpolysaccharide d. Knorpels 4-1148; v. CN^- auf d. Transport v. narkot. Analgetika durch Choroidplexus- u. Nierengewebe in vitro 5-1620; v. KCN auf d. intravitale Thiazolbldg. nach Applikat. v. S-Methyl-β-N-[4-methylthiazolyl-(2)]-isothiosemicarbaziddihydrochlorid an Meerschweinchen 7-1255; d. Stoffwechselhemmstoffes NaCN auf d. Geschmacksrk. d. Frosches 7-1555; durch KCN verursachte histotox. Anoxie (Vgl. d. Wrkg. v. Dimethylaminoäthanol u. Centrophenoxin) 8-1630; Wrkg. v. Cyanid auf d. oxydative Phosphorylier. d. Lungenmitochondrien beim Meerschweinchen 9-1243; periphere Chemorezeptoren u. tox. Angriff v. KCN 12-1566; Einfl. v. CN^- auf d. Kontrakt. v. Rattenlebermitochondrien unter Palmitoylcarnitin 13-1134; Hemmwrkg. v. CN^- auf d. L-Argininінkorporat. in d. Mitochondrien aus Tumoren u. verschiedenen Normalgeweben in vitro 13-1152; Wrkg. v. Cyanid auf d. renale Na-Resorpt. 13-1534; Einfl.: v. NaCN auf d. Chlorpromazin-Hyperthermie 17-1703; v. KCN auf d. Proteinaufnahme durch isolierte Tumorzellen 19-1318; durch NaCN gehemmte Glucoseox. in Aszitestumorzellen (Aktivier. durch Jodacetat) 19-1321; Hemmwrkg. v. KCN auf d. $^{24}Na^+$-Ausfluß u. d. Pyridinnucleotide in Rattenleberschnitten 19-1676; Ionengradienten als kontrollierender Faktor d. Akkumulat. v. Glycin durch Aszitestumorzellen in Ggw. v. NaCN 20-1221; hemmender Einfl.: v. Cyanid auf d. Glyoxylatstoffwechsel d. Blutzellen bei Hyperoxalurie 20-1514; v. KCN auf d. Succinatox. durch Rattenlebermitochondrien u. mitochondr. Fragmente 21-1393; v. Cyanid auf d. Thrombozyten-Glykolyse 21-1666; v. KCN auf d. Nucleinsäuregeh. v. Ehrlich-Aszitestumorzellen 27-1378; auf d. Aggregat. v. Blutplättchen 28-1627; v. KCN auf normale u. Geschwulstzellen 30-1233; Hemmwrkg. v. CN^- auf einzelne markhalt. Nervenfasern v. Xenopus 30-1554; Hemm. d. Ox. v. 7-Dehydrocholesterin durch ein v. red. Pyridinnucleotiden abhäng. Mäuseleber-Mikrosomen-Syst. durch — 35-1263; Einfl. v. Cyanid auf d. Fructosestoffwechsel v. Stiersperma 35-1580; Hemm. d. Na^+-Transports in d. isolierten Harnblase d. Kröte durch Cyanid 35-1668; Einfl. v. KCN auf d. Atmungsaktivität d. Mitochondrien d. Nebennierenrinde während d. Hydroxylier. v. Steroiden 44-1085; Hemmwrkg.: v. KCN auf d. Stimulat. d. Pentosephosphatweges in d. Schilddrüse durch Thyreotropes Hormon 44-1408; v. CN^- auf d. in vitro-Einbau v. ^{32}P-Orthophosphat in Phosphatidyläthanolamin u. andere Phosphatide durch reife menschl. Erythrozyten-Ghostzellen

44-1439; Wrkg. v. KCN auf d. Mitochondrienschwell. infolge v. Diphtherietoxin in Zellkulturen v. Hühnerembryonen 49/50-1362.

Tox. Wrkg. v. NaCN (Einfl. v. $NaNO_2$ bzw. Methämoglobin) 2-1482; Vergift. durch – bzw. NaCN (Antidoteig. v. β-Hydroxyäthylmethylenamin) 11-1674; Wrkg. v. Persantin auf d. –-Vergift. 17-1763; akute Cyankalivergift. (Einfl. neurotroper Mittel) 43-1588; Vergift. mit subletalen KCN-Dosen bei gleichzeit. experimenteller Neurose 47-1685.

Analyse

Dünnschichtelektrophoret. Nachw. v. CN^- 5-1887; ultraempfindl. spezif. Meth. für d. CN^--Nachw. unter Verw. v. p-Nitrobenzaldehyd u. o-Dinitrobenzol 18-1997.

Adsorpt.-Indikatoren für d. Best. v. CN^- mit Ag^+ 8-1807; Best. niedr. Cyanidkonz. in Lsg. 10-1976; mercurimetr. Best. v. Cyaniden 11-1991; coulometr. Best. v. CN^- bei d. Fl.-Chromatographie 18-1929; chem.-chromatograph. Meth. zur Best. v. Mikrogrammengen Cyanid 21-2199; indirekte spektralphotometr. Best. v. Cyanid mit Hg(II)-Phthaleinkomplexon 23-2120; indirekte UV-spektrophotometr. Best. v. Cyanid 23-2184; argentometr. Best. v. CN^- mit d. Meth. d. Depolarisat.-Endpunkts 26-2081; theoret. Grundlage d. photometr. Best. v. Cyanidionen mit Variaminblau 30-2002; Best. v. CN^- mit Hilfe eines Adsorpt.-Indikators 31-2007; indirekte photometr. Best. v. Cyanidionen 35-2080; indirekte chelatometr. Best. 36-1934; toxikolog. Best. 46-1937.

Best. v. Cyanionen in Wässern u. Abwässern 5-2011; gaschromatograph. Best. in μg-Mengen in Schädlingsbekämpf.-Mitteln 13-1997; Restmengenbest. in begasten Lebensmitteln (photometr.) 14-2060; Best. in W. u. Abwasser (komplexometr.) 21-2237; cycl. Voltammetrie einiger Fe–Porphyrin-Komplexe mit – 27-2253; Mikrobest. v. Cyanid u. Anwend. auf d. Analyse d. Gesamtblutes 28-2088; elektrochem. Analysator v. – in d. Atmosphäre 31-2120; Isolier. u. spektrophotometr. Best. v. – aus Weinreben 42-1877.

Ag-Analyse in Cyanidbädern mit EDTA 10-1994; Best. v. Au in Cyanidabfallsg. durch Lsgm.-Extrakt. u. Atomabsorpt.-Spektrometrie 27-2212; polarograph. Best. d. Cyanatkonz. in cyanid. Elektrolyten 46-1947; photometr. Best. v. Tetrathionat nach Rk. mit CN^- 44-1791.

Salze

Alkalimetall-, *Aluminium-*, *Blei-*, *Bor-*, *Cadmium-*, *Cäsium-*, *Cer-*, *Chrom-*, *Dysprosium-*, *Eisen-*, *Erbium-*, *Europium-*, *Gadolinium-*, *Germanium-*, *Halogen-*, *Holmium-*, *Iridium-*, *Kalium-*, *Kobalt-*, *Kupfer-*, *Lanthan-*, *Lutetium-*, *Molybdän-*, *Natrium-*, *Neodym-*, *Nickel-*, *Palladium-*, *Praseodym-*, *Rubidium-*, *Samarium-*, *Schwefel-*, *Silber-*, *Silicium-*, *Terbium-*, *Thulium-* u. *Zinncyanide* s. dort.

^{13}C-NMR v. paramagnet. Cyaniden d. Übergangselemente d. Eisengruppe 19-0397; Rk. v. organ. Halogenid mit Metallcyanid in Lacton als Lsgm. 46-2311*.

Ester s. *Säurenitrile.*

Cyaphenin s. unter $C_{21}H_{15}N_3$.
Cyasteron s. unter $C_{29}H_{44}O_8$.
Cybisterol s. unter $C_{21}H_{28}O_3$.
Cybisteron s. unter $C_{21}H_{30}O_2$.
Cycasin s. unter $C_8H_{16}N_2O_7$.
Cyclamat s. unter $C_6H_{13}NO_3S$.
Cyclamenaldehyd s. unter $C_{13}H_{18}O$.
Cyclamiretin A s. unter $C_{30}H_{48}O_4$.
Cyclamiretin D s. unter $C_{30}H_{48}O_4$.
Cyclandelat s. unter $C_{17}H_{24}O_3$.
Cyclane s. unter *Kohlenwasserstoffe, Alicyclische Kohlenwasserstoffe.*
Cyclanolin s. unter $C_{20}H_{25}NO_5$.
Cyclanone s. unter *Ketone.*
Cyclazocin(e) s. unter $C_{18}H_{25}NO$.
Cycleanin s. unter $C_{38}H_{42}N_2O_6$.
Cyclethrin s. unter $C_{21}H_{28}O_3$.
Cyclisierung

Siehe auch *Aromatisierung.*

–-Katalysatoren: NiO (aktiviert durch Pt u. Pd) 3-0672; Plasmaalbumin für Diaryl-[o-(α-hydroxytolyl)]-phosphate 13-1564; Pt (mit Na aktiviert) auf Silicagelträger 33-2952*; platinierte Holzkohle, Einfl. v. KOH auf d. Aktivität (für Isooctan) 37-0787; Cyclopentadienyleisendicarbonylacrylnitriltetrafluorborat (für acetylen. Verb.) 37-2808*; Chrom–Alkalioxid auf η-Aluminiumoxid 44-2348*; Pt (Unters. durch Extrakt.) 45-0654; aus Al-, Cr- u. K-Oxiden (für d. Dehydrocyclisier. v. Paraffinen) 47-2543*.

peri-– 18-1006; Hugershoff-Rk. 26-1076, 26-1077; (Deriv. d. Naphtho-[1.2:d]-thiazols) 27-1187; Hetero-– 28-0992, 28-0993; – zwischen C/C-Doppelbind. 32-1053; aromat. –-Rk. bei d. therm. Krackung 13-0942.

– v. Arylaluminiumverb. 2-0694; 1.5-– v. vinylsubstituierten S-Diimiden 2-0991; – v. Tryptaminderiv. 2-1001; –: v. 4-Chlorbutanol 5-0928; unter Bldg. v. cis-Hydrindan (Mechanismus) 6-1025; v. 1.19-Didesoxybiladienen-[a.c] (basenkatalysiert) 9-1062; d. Metallkomplexe v. 1.19-Didesoxybiladienen-(a.c) 9-1063; v. 1.19-Didesoxybiladienen-[a.c] 9-1065; Dehydro-– v. Alkanen (Chromoxid–Aluminiumoxid-Katalysatoren) 9-2505; –: v. Hexadien-(1.5) (durch Aluminiumalkyle katalysiert) 12-0701; v. β-Ferrocenylpropionsäuren 12-0718; v. N-Methyl-N-alkenylhydroxylaminen 15-1102; Fünfring-– v. Jodperfluoralkanen mit 1.6-Heptadien (Radikalrk.) 18-0960; peri-– in d. Acenaphthenreihe 18-1006; – v. 1.ω-Dimethoxyalkanen 18-1015; Dehydro-– v. Paraffin-KW-Stoffen (Einfl. v. CHJ_3) 18-2617; säurekatalysierte – v. acycl. Dienen 19-1083; –: v. Bis-[triäthyl]-siloxanen 19-1161; mit 2-Hydrazinopyridin 20-1022; stereospezif. – v. Isoprenoiden 22-1061; baseninduzierte – v. Propargyloxyäthanol u. 2-Halogenallyloxyäthanolen 22-1065; –: v. Pyridyl-(2)-hydrazonen 22-1086; v. m-Phenylen-bis-thioharnstoff 26-1076; v. polyungesätt. konjugierten Alkylketten (Ni-Katalysator) 27-3119; dehydrierende – v. n-Heptan 29-1048; Dehydro-– v. 3-Phenylpentan (am SiO_2–Al_2O_3-Katalysator) 31-1059; Pictet-Spengler-– unter Bldg. v. Prolinen 32-1053; –: v. Epoxyverb. 34-1052; v. organ. Verb. bei Mercurier. (Kinetik, Mechanismus) 35-0621; v. 1-Furoylaminoguanidinen 36-0968; Addit.-Prod. v. Isocyanaten mit Aminosäuren 36-0982; – v. 6-Phenylhexen-(1) u. 7-Phenylhepten-(1) (Alkalimetall-katalyisert) 36-1016; C_5-Dehydro-– v. Isooktan (an Pt-Katalysatoren) 37-0787; – v. γ- u. δ-Halogenmethyläthern (in Ggw. v. Lewis-Säuren, Mechanismus) 40-0963; basenkatalysierte – hoch enolisierbarer Syst. 42-0900; Indol-– bei d. Ox. v. Monohydroxyphenäthylamin-Deriv. 43-0981; – v. 1-Alkylidenamino-3-[N.N'-diarylguanyl]-guanidinen 43-0990; Arin-– v. N-Alkyl-β-[2-methoxy-5-chlorphenyl]- bzw. -β-[3-chlor-4-methoxyphenyl]-äthylaminen 45-1075; –: v. Monoäthanolamin (Mechanismus) 46-0878; v. Cytokinin (Inaktivier.) 46-1369; oxydierende – v. 2-Nitroanilin mit Phenyljodosoacetat (Kinetik) 47-1053; reduktive – v. Nitroverb. mit Triäthylphosphit 47-1207; –: unter Bldg. v. fluorierten N-Heterocyclen 47-1229; v. Vinylcyclohexenen 51/52-1042.

– v. Schiffschen Basen d. β-Ketocarbonsäureester (Conrad-Limpach-Rk.) 1-0910; kation. – v. Isopimarsäurederiv. 2-1030; –: v. 2-Carboxyphenylacetaldehyden 3-1034; d. Oxime v. α.β-ungesätt. β-Phenylcarbonylverb. 5-0990; oxydative – v. 4-Arylthiosemicarbaziden u. aromat. Aldehyden 5-1015; basenkatalysierte – v. N-substituierten o-Nitrobenzamiden 5-1025; –: v. o-Chlorphenyl-β-dicarbonylverb. 6-1049; v. 3-[2-Hydroxybenzyliden]-3H-cumaranonen-(2) 7-1049; v. Phenacylestern N-substituierter Carbaminsäuren 10-1031; v. 2-Alkoxyäthyldiazomethylketonen 11-1047; v. Benzalanilin (photokatalysiert) 11-1070; v. N-[2-Acylaminophenyl]-heterocyclen mit Polyphosphorsäure 12-0972; d. Oxime v. α.β-ungesätt. β-Phenylketonen 12-0980; v. Methyl-γ-arylketonen 13-0997; v. γ- u. δ-Ketocarbonsäuren 15-1079; v. ω-Benzoylalkyltriphenylphosphoniumsalzen (nach Wittig) 15-1086; v. Diensäurechloriden 16-1014; v. orthosubstituierten N-Phenylglycinen 16-1077; v. α-Cyan-o-nitroacetaniliden 17-1095; v. 2-Arylmercaptocycloheptanonen-(1) 19-1146; v. Aminoacetylensäuren 20-1006; v. Hexadiensäureestern 22-1040; Simmon-– v. α.β-ungesätt. Ketonen 22-1052; –: v. Ylidenmalononitrilen 23-1095; linearer Tetra- u. Oktadepsipeptide 24-1161; v. Methojodiden u. Aminoalkoholen 25-1149; v. Phthalamidsäurederiv. 26-0985; therm. – v. Alkadienonen 26-1006; –: v. Alkenonen 26-1007, 26-1008; v. o-substituierten Amiden 26-1030; v. Semiphoron in saurer Lsg. (Kinetik) 27-1077; d. Oxime v. α.β-ungesätt. β-Phenylaldehyden 27-1199; v. β-[2-Oxocyclohexyl]-propionsäuren 29-1149; Claisen-– v. 6-Oxoalkansäureestern 30-1037; –: v. [2-Oxo-3-pentylcyclopentyl]-glyoxylsäureestern 34-1083; v. O-[2.4-Dinitrophenyl]-oxim 35-1079; Hydroxylacyl-– bei N-Hydroxyacyllactamen 36-1094; –: v. Phthalsäuremonoanilid (Topotaxie) 36-1134; v. 2.3-Dimethoxy-β-phenoxyzimtsäure 37-1161; Niementowski-– v. 4-Oxochinazolin 37-1172; –: v. α-Halogenacylaminen 38-1106; v. 5-Methyl-3-[p-methoxyphenyl]-2-carbomethoxy-1-oxocyclopentan-2-essigsäure u. Deriv. 38-1140a; v. Peptiden mit 2-Äthyl-5-phenylisoxazolium-3'-sulfonat 39-0969; v. isoprenoiden Ketoverb. 39-1013; v. Phenylpropiolsäure-trans-cinnamyl- u. -phenylpropargylestern 42-0951; v. Anthrimiden 42-0965; d. Phenylhydrazone v. 4-Hydroxy-3-acyl-6-methylpyridonen-(2), ihrer N-Methyl- u. N-Phenylderiv. 42-0982; v. α-Arylazo-α-cyanthioacetaniliden 43-0988; oxydative – v. Benzylthiosemicarbazonen 44-0922; Photo-– v. Anilen 44-0937; –: v. Deriv. d. Mono- u. Dithiomalonsäurearylamide 46-1001; v. Benzylphenyl-(2)- u. [Naphthyl-(1)-methylphenyl-(2)]-benzo-[b]-thienylketonen 47-1122; v. p-Fluorbenzolazoketoestern u. Azodiketonen 47-1218; v. Anthrimiden zu Carbazolen 49/50-1084; v. o-Hydroxyphenyl-α-acetylstyrylketonen 49/50-1088; v. Benzoesäuren (Kinetik, Substituenteneffekt) 51/52-0907; v. γ-Äthinylketonen 51/52-1041.

–: v. 2-[Δ^3-Cyclopentenyl]-äthyl- u. 1-[Δ^3-Cyclopentenyl]-propyl-(2)-arensulfonaten 3-0929; v. 2-[3-Methyl- u. 2-[3.4-Dimethyl-Δ^3-cyclopentenyl]-äthyl-p-nitrobenzolsulfonat- 3-0930; v. Pseudosapogeninderiv. 6-1110; über freie Radikale 10-0957; v. Dihydrocleavamin 12-1012; v. N-[β-Halogenalkyl]-benzolsulfonamiden (Kinetik) 16-0996; d. β-Allyloxyäthylradikals (Kinetik) 18-0940; v. Benzoylguanidinoimidazol-4-carbonsäureamid 25-1169; v. 3-[Δ^2-Cyclopentenyl]-propylbrosylat 26-1058; v. 2-Aminoperiacylaminonaphthol-(1)-disulfonsäure-(3.6) 33-1254; Dehydro-– einer Benzinfrakt. aus Korobkovsk-Erdöl (Einfl. v. Dichloräthan u. Tetrachloräthylen) 33-2932.

Cyclisierungsprodukt v. Kp.$_3$ 130–132°, Bldg aus 2-Methyl-4-allyl-4-hydroxymethyl-10-hydroxydecahydroisochinolinhydrochlorid 37-1200.

Cyclite, Amino-– 8-1051, 18-0997, 23-1102; – 33-1229, 39-0982, 51/52-1030; Vork. in Asclepiadaceae 10-1371; Biosynth. d. – 9-1337, 10-1371, 11-1361, 25-1529, 40-1401; Synth. v. Desoxynitroinositen 36-1098; Struktur u. Stereochemie d. Hexite 2-1023, 2-1024; Bezieh. zwischen Molrotat. u. Struktur v. Polyhydroxycyclohexanen 13-0891; NMR-Studien an Cyclanolen 40-0770; Einfl. v. Inositen auf d. Lipide v. Candida albicans 24-1439; Gaschromatographie v. Trifluoracetylderiv. v. – 42-1281.

Cyclizin(e) s. unter $C_{18}H_{22}N_2$.
Cycloaddition s. unter *Additionsreaktionen.*
Cycloalliin s. unter $C_6H_{11}NO_3S$.
Cycloartenol s. unter $C_{30}H_{50}O$.
Cyclobarbital s. unter $C_{12}H_{16}N_2O_3$.
Cyclobenzaprin s. unter $C_{20}H_{21}N$.
Cyclobisuberodien s. unter $C_{30}H_{28}O_6$.
Cyclobutadiene, – 14-0751, 24-1095; Darst. v. Nitrodimethylamino-– 26-1040; Grundzustände v. kondensierten – 34-0936; Chemie d. – (Übersicht) 30-1033.

Bibl.: Cyclobutadiene and related compounds B 11.

Cyclobutane, Cyclopropane u. – 2-0816; Konformere v. Cyclobutylmonohalogeniden 26-0869; Alkyliden-– 47-1187; Darst.: v. Cyclobutancarbonsäureimiden (Wrkg. auf d. Zentralnervensyst.) 4-0817; v. Tetrafluor-– 15-3207*; v. Oktahalogen-– 18-2525*; v. 3-(3.3-Difluorcyclobutyl)-acrylnitril 23-2832*; aus ungesätt. Fettsäureestern 33-1234; v. Norcaryophyllensäuren 35-1060; v. 2-Arylcyclobutylaminen 46-1519; v. diastoreomeren Cyclobutanolen 48-1166; Konform.-Eig. v. halogenierten – 5-0826; Mol.-Struktur u. Konform. v. 1.3-Dihalogen-– 15-0078; F–F-Koppl.-Konst. v. Fluor-– 12-0818; Existenz v. Konformeren bei Cyclobutylmonohalogeniden 17-0942; Spektren v. – (Einfl. d. 1.3-Wechselwrkg. v. π-Elektronen) 23-0924; Komformere v. Cyclobutylmonohalogeniden 26-0869; Massenspektren v. Cyclobutancarboxylaten 26-0901; Konfig.-Analyse 31-0951; Photolyse konfigurations-isomerer Cyclobutanonderiv. 1-1019; Rk. v. Tetraalkylcyclobutandiolen mit Dicarbonsäuren 9-2861*; Acetolyse v. überbrückten Cyclobutylcarbinyltosylaten (Kinetik) 14-0940; Ox. v. Alkyliden-– mit organ. Persäuren (Kinetik) 19-1053; Photolyse v. Cyclobutandionen-(1.3) 34-1015; Grignard-Addit. an ster. gehinderte Cyclobutanone (Übersicht) 34-1023; Spalt. v. Halogen-– 36-2551*; curareähnl. Aktivität: v. Cyclobutandicarbonsäuren 21-1801; v. bisquart. Salzen v. Truxillsäuredialkylaminoalkylestern 26-1715; Empfindlichk. d. neuromuskularen Synapse verschiedener Muskeln gegenüber d. α-Truxillsäure 34-1628.

Cyclobutene, – 13-0938; Darst.: v. Quadratsäureestern (Übersicht) 3-0993; v. 1-Pyrrolyl-(2)-3-pyrroliden-(2)-– 30-2669; v. 1-Hydroxy-(bzw. alkoxy)-cyclobutenonen-(3) 39-1684*; Isomerisier. v. – 14-0945; Rk. v. perhalogenierten – mit Hydriden d. Elemente d. IV. Gruppe 29-0818; Isomerisier. 51/52-0909.
Cyclobutonium s. unter $C_{34}H_{54}N_2O_6$.
Cyclobuxin s. unter $C_{25}H_{42}N_2O$.

Cyclobuxin D s. unter $C_{25}H_{42}N_2O$.
Cyclobuxoxazin A s. unter $C_{28}H_{48}N_2O_2$.
Cyclocarbothiamin s. unter $C_{13}H_{16}N_4O_3S$.
Cyclocitral s. unter $C_{10}H_{16}O$.
Cyclocoloren s. unter $C_{15}H_{24}$.
Cyclocolorenon s. unter $C_{15}H_{22}O$.
2′.3′-Cyclocytidylsäure s. unter $C_9H_{12}N_3O_7P$.
Cyclodextrine s. unter *Dextrine.*
Cyclodien, —-Rückstände im Boden 7-3045.
Cyclodiene s. unter *Kohlenwasserstoffe, Alicyclische Kohlenwasserstoffe.*
Cycloeucalanol s. unter $C_{30}H_{52}O$.
Cycloeucalenol s. unter $C_{30}H_{50}O$.
Cyclogeraniol s. unter $C_{10}H_{18}O$.
α-Cyclogeraniolen s. unter C_9H_{16}.
Cycloguanil s. unter $C_{11}H_{14}ClN_5$.
Cycloheptaamylose s. unter *Dextrine, β-Dextrin.*
Cycloheptane, Unters. in d. Cycloheptanreihe 7-1013; Ring-Invers. bei — 46-0781; Autox. v. Alkyliden-— (Kinetik) 16-0968; Cyclodehydratisier. v. 2-Arylmercaptocycloheptanonen-(1) 19-1146.

Cycloheptatriene (Tropilidene)
Siehe auch *Tropolone; Troponoide; Tropyliumverbindungen.*
Darst. 21-1119; therm. Umlager. v. 7-substituierten Norbornadienen zu Cycloheptatrienen 26-0976; Darst. v. Imino-— 38-1137, 39-2591*; MO-LCAO-Behandl. v. α.ω-Dicycloheptatrienylpolyenen 40-0792; Isomerisier.: v. Alkoxy-— 30-1036; v. Alkyl-— 32-1073.

Cycloheptene, Ring-Invers. bei — 46-0781.
Cyclohexaamylose s. unter *Dextrine, α-Dextrin.*
Cyclohexadiene
Siehe auch *Benzochinone.*
Darst.: v. Cyclohexadienoncarbonsäureamiden 4-0818; v. 2.3.4.5.6.6-Hexaalkylcyclohexadien-(2.4)-onen 11-1027; v. Polyporsäurederiv. 14-0978; v. Di-n- u. tert.-butyl-1.4-dihydrobenzolen 24-1067; v. 4-Allylcyclohexadien-(2.5)-onen-(1) 25-1075; v. Hexaalkylcyclohexadien-(2.4)-onen 42-0896; v. konjugierten — durch Isomerisier. v. unkonjugierten — 46-2332*; v. Alkyl-—-(1.3) 49/50-2640*.
NMR-Unters. v. fluorierten — 8-0859; Protonen-Resonanzspektrum v. 1.4-Dihydrobenzolen 14-0839.
Photochemie v. Cyclohexadien-(2.5)-onen 1-0929; Rk. v. Cyclohexadienonen 26-1042, 26-1043; Photoumlager. v. 2.6-Di-tert.-butylcyclohexadienonen 28-1043; Rk. v. Cyclohexadienonen 6-0954, 6-0955; Photochemie d. — 29-1142, 29-1143; Rk. v. Cyclohexadienonen 26-1042, 26-1043; Hydrier. v. Cyclohexadiencarbonsäuren 26-2847; Rk. v. Cyclohexadienonen 30-1038, 34-1037; Photolyse v. Cyclohexadien-(2.5)-onen 38-1099; photochem. Umlager. gekreuztkonjugierter Cyclohexadienone 41-1067; Photochemie d. Cyclohexadiene 43-1007; Rk. v. Peroxycyclohexadienonen mit Triphenylphosphin 46-0834; Photoumlager. enolisierbarer Cyclohexadienone 46-0892; Disproportionier. v. Alkyl-— 49/50-2639*; Dehydrier. d. intermediären substituierten Cyclohexadienylradikale 51/52-0988; Rk. v. Cyclohexadienonen 51/52-1024.

Cyclohexan s. unter C_6H_{12}.
Cyclohexane
Siehe auch *Cyclite.*
3.6-Endo-— 8-0992; Fluor-— 23-1080; Unters. in d. Tetramethylcyclohexan-Reihe 16-1052, 16-1053; Methylcyclohexylaldehyde 43-0962, 43-0963; methylsubstituierte — 43-0987; Unters. in d. Gruppe d. Tetramethylcyclohexans 48-1143; Cyclohexan-Verb. 48-1145.
Isolier. v. ω-[2-Alkylcyclohexyl]-alkansäuren aus Leinsamenöl 27-1561.
Darst.: v. (Alkyl)-Cyclohexyloxycyclopropylaminen 2-1599*; v. 1-Cyclohexyl-5-(alkoxyphenyl)-3-aza-pentanol-(1)-verb. (blutdrucksenkende Mittel) 4-1367*; v. 1-Amino-2-[hydroxyalkylcyclohexylalkyloxy]-4-hydroxyanthrachinonen 5-2784*; v. Methylisopropylcyclohexanolen 6-1015; v. 2-Alkylcyclohexandionen-(1.3) 6-1016; v. N-[α-Dimethylamino- oder -Morpholinoacyl]-phenylcyclohexylaminen 6-1691*; v. 4.4′-Thio-bis-{(2-alkyl bzw. cyclohexyl)-6-cyclohexylphenolen} 6-2531*; v. perhalogenierten Cyclohexan-1.4-dicarbonsäurefluoriden 8-2539*; v. 1-Phenyl-1-(arylisopropylaminoalkyl)-— 10-1685*; v. Estern 3-substituierter 2-Oxocyclohexylessigsäuren 12-0951; v. N.N′-disubstituierten Cyclohexan-1.4-bis-[methylaminen] 12-0952; v. 1.4-Dialkylcyclohexanonen 12-0958; v. 1.4-Bis-[2′-benzylcyclohexylamino]-anthrachinonsulfonsäuren 13-2741*; v. Norbornylcyclohexanolen u. -cyclohexanonen 14-2750; v. 2-Alkylcyclohexandionen-(1.4) 15-1079; v. Bis-[1-hydroxycyclohexyl]-acetylenalkoxymethyläthern 20-0991; v. Hexaalkylidencyclohexanen 21-2795*; v. Alkylcyclohexanolen 23-2826*; v. N-substituierten Cyclohexylaminen 23-2836*; v. Cyclohexanoncarbamyloximen 23-3412*; v. gem.-Dimethylnorbornylcyclohexanonen 25-1185; v. N-[4-Cyclohexylbenzyl]-3-O-acy.-tropiniumbromiden 26-1790*; aus polyungesätt. konjugierten Alkylketten 27-3119; v. Alkoxycyclohexylaminen 30-1040; v. 1.2-disubstituierten — 30-2519*; u. Antikrebswrkg. v. 2-substituierten Cyclohexandionen-(1.3) 31-1164; v. diastereoisomeren 1-Phenyl-4-tert.-butylcyclohexandiolen-(1.2) 31-1124; v. Cyclohexylthienyl-(3)-glykolsäureaminoester 34-1636; v. 1-Cyclohexyloxy-2-alkoxy-3-diäthylaminopropanen 35-1063; v. α-Cyclohexylbuttersäuretrialkylammonioalkylestersalzen 35-1773*; v. ungesätt. Methylcyclohexanphosphonsäureestern 36-1055; v. α-Cyclohexylbuttersäureaminoäthylestern 36-1678*; v. Estern d. Cyclohexanreihe 37-1133; v. Diphenylcycloalkyl-[1-spiro-1′]-cyclohexanonen 38-1153; v. Polychloralkancarbonsäure-2-hydroxycyclohexylestern 40-2868*; v. Phenylalkancarbonsäurecyclohexylmethylestern 40-2884*; v. α-Phenyl-α-cyclohexylbernsteinsäurederiv. 41-1022; u. Konform. v. 2-Alkyl-1-phenylcyclohexanolen-(1) 41-1049; v. 2-Amino-2-phenylcyclohexanonen 43-1699*; v. β-Ketoacetalen d. Cyclohexanreihe 46-0968; v. N-[1-Phenylcyclohexyl-(1)-alkyl]-2-arylpropylaminen 48-1676*; v. halogenierten Cyclohexylalkyläthern 49/50-2642*.
Konform.-Analyse v. 1.4-Cyclohexandiolen (Lsgm.-Effekte) 1-0798; NMR-Spektren v. α-Bromcyclohexanonen 4-0675; gem. substituierte — als Modell für Konform.-Analysen durch NMR 13-0889; Dipolmomente v. — (Berechn.) 14-0813; Konform. v. 2.5-Dialkylcyclohexanolen 14-0870; Stereochemie v. Nitro-— 15-0927; Proton–Proton-Koppl.-Konst. bei — 18-0835; Dipolmomente v. trans-aa-Dihalogen-4-tert.-butyl-— 22-0856; spektroskop. Unters. d. räuml. Struktur v. Dialkyl-— 22-0909, 22-0910; Konform.-Analyse v. Benzoylamino-— 23-0949; IR-Spektren v. Bis-[dimedonyl]-methanderiv. 24-0880; Unterschiede d. Enthalpie u. d. freien Enthalpie zwischen Konformeren v. Chlor- u. Brom-— 28-0910; Konfig.-Analyse d. Tercyclohexyle 34-0943; Konform.-Analyse v. trans-1.4-Dihalogen-— 40-0801; NMR v. Methyl-— 46-0742; Konform.-Gleichgew. v. α-Halogencyclohexanonen 46-0783; Raman-Spektren v. Alkyl-β-chloräthyl-— 49/50-0726.
Hydratat. v. α-Acetylenketonen d. Cyclohexanreihe 1-0948; Nitrosodecarboxylier. v. Cyclohexancarbonsäurederiv. 1-2814; Rk.: mit Chlorsulfonsäure u. NO u. NO_2 3-2674*; v. 4-Alkyl-— mit Nitromethan 4-0880; v. Alkalisalzen v. Cyclohexandialkanolen mit Anthrachinonverb. 5-2784*; Autox. v. Alkyliden-— 10-0910; Überführ. v. Cyclohexylaminoanthrachinonen in Aminoanthrachinone 13-2739*; Rk. v. Benzylcyclohexylaminen mit 1.4-Dihydroxyleukoanthrachinonen 13-2741*; Red. v. N-acylierten 2-Aminocyclohexanonen 15-1080; Alkylier. v. Cyclohexankohlenwasserstoffen mit Cyclohexen 17-2735; Verw. v. Bis-[4.4-dialkylperoxycyclohexyl]-alkanen als Polymerisat.-Katalysatoren 23-3110*; asymm. Red. v. Cyclohexylarylketonen 28-1044; Cyclisier. v. β-[2-Oxocyclohexy]-propionsäuren 29-1149; Rk. v. Cyclohexandionen-(1.3) mit α-Halogenketonen 30-1061; Polykondens. v. 3.5.5-Trialkyl-3-[aminomethyl]-cyclohexylamin mit Carbonsäuren 31-3230*; Rk. v. Cyclohexanolen mit Chlorameisensäureäthylester 33-1262; Photooximier. 35-1131; Rk. mit Ameisensäure 37-1133; Rk.-Fähigk. v. Alkyl-— bei d. Hydrogenolyse (Kinetik) 39-0879; Rk. v. aromat. N-Oxiden mit Enaminen v. Cyclohexanon 39-1021; Keto–Enol-Gleichgew. bei Cyclohexandionen-(1.3) 45-0935; Kondens. v. chlorsubstituierten Alkyl-— mit Allylchlorid 46-0964; Acetolyse v. ster. gehinderten Cyclohexyltosylaten 48-1161; Dehydrohalogenier. v. β-Chlorpropylalkyl-— 48-2323.
Struktur u. Fungitoxizität v. Cycloheximid-Deriv. 5-1326; enzymat. Red. v. 3- u. 4-Alkylcyclohexanonen (ster. Verlauf) 15-1306; Toxozität v. Cyclohexylaminosäuren für E. coli 15-1442; Wrkg. v. N-Cyclohexylfettsäureamiden auf experimentelle Atherosklerose bei Kaninchen 21-1807; zentrale Eig. v. Cyclohexylaminen (Bezieh. zur Konstit.) 27-1558; pharmakolog. Eig. v. 2-Acetylcyclohexandionen-(1.3) 39-1210.
Verw.: gegen Apfelmehltau (2- bzw. 4-Cyclohexyldinitrophenolderiv.) 27-3475; für Polyamide (4-Aminocyclohexylalkancarbonsäuren) 28-2915*; in fungiziden Mitteln (Cycloheximidsemicarbazone) 32-2994*; als synthet. Schmiermittel (Cyclohexanone) 42-2477*.
Anwend. d. Thioharnstoffmeth. zur Trenn. v. stereoisomeren Dialkyl-— 23-2191.

Cyclohexene, Cyclohexenonderiv. 19-1134; **Darst.**: v. L-Cyclohexenyl-5-(alkoxyphenyl)-3-aza-pentanol-(1)-Verb. 4-1367*; v. 1.4-Bis-(aminomethyl)-1-cyclohexenverb. 4-1374*; v. 2.6.6-Trimethylcyclohexen-(1)-ylpolyen-tert.-carbinolen 5-1733*; v. ω-[2.6.6-Trimethylcyclohexen-(1)-yl]-alkylpolyencarbonsäuren 5-1734* v. Propyl-— 6-1025; v. 3-Chlor-5.5-dimethylcyclohexen-(2)-ylideniminiumsalzen 15-1100; v. 5-Methyl-6-alkylcyclohexen-(5)-onen-(1) 37-2978*; v. Polyalkylcyclohexenen aus Polyalkylcyclohexadienen 40-2384*; v. β-Ketoacetalen d. $Δ^3$-Cyclohexanreihe 46-0968; v. Alkyl-— 49/50-2639*; NMR-Unters. v. fluorierten — 8-0859; IR-Spektren v. KW-Stoffen d. Cyclohexenreihe 45-0801; Hydratat. v. α-Acetylenketonen d. Cyclohexanreihe 1-0948; Halogenlactonisier. v. $Δ^2$-Cyclohexenylessigsäuren (Stereochemie) 12-0950; Polymerisat. v. 4.5-Cyclohexen-1.1-dimethylcarbonsäureestern 18-2788*; Rk. v. 3-Alkoxy-6-acylcyclohexen-(2)-on-(1) mit NH_2OH 25-2754*; Cyclisier. v. 2-Halogen-3-[β-hydroxyäthoxy]-— 29-1182; Addit. d. freien Radikale v. Thiolessigsäure an — (Stereochemie) 30-1034; Rk. v. 1-Hydroxy-3-oxo-2-[N-arylformimidoyl]-—-(1) mit NH_3 47-2555*; Clemmensen-Red. v. Cyclohexenonen 49/50-1060; Dichloreliminier. v. 1.2-Dihalogen-—-(1) 51/52-1038; Cyclisier. v. Vinyl-— 51/52-1042.

Cyclohexenoxid s. unter $C_6H_{10}O$.
Cycloheximid s. unter $C_{15}H_{23}NO_4$.
Cyclolaudenol s. unter $C_{31}H_{52}O$.
Cycloleucin s. unter $C_6H_{11}NO_2$.
Cyclomethoxazin B s. unter $C_{28}H_{48}N_2O_2$.
Cyclomicrophyllin-A s. unter $C_{28}H_{48}N_2O_2$.
Cyclomicrophyllin-B s. unter $C_{27}H_{46}N_2O_2$.
Cyclononan s. unter C_9H_{18}.
Cyclononen s. unter C_9H_{16}.
Cyclooctadiene, Herst. v. Cyclooctadienen-(1.5) durch Dimerisier. v. 1.3-Dienen 23-2823*; Isomerisier. 21-1048; Hydrier. 45-2754*.
Cyclooctane, Unters. in d. Cyclooctanreihe 44-0900; Darst. v. α-substituierten Cyclooctylessigsäuren 44-0900; NMR-Spektren u. Konform. 35-0899; Solvolyse- u. Eliminier.-Rk. 34-0965; Solvolyse v. 5-Tosyloxycyclooctancarbonsäuremethylestern 34-0968.
Cyclooctatriene, Stereochemie d. Bldg. v. — über Valenzisomerisier. 47-1098.
Cyclooctene, Darst. 45-2754*.
Cyclooktaamylose s. unter *Dextrine, γ-Dextrin.*
Cycloolivil s. unter $C_{20}H_{24}O_7$.
Cyclopal s. unter $C_{12}H_{14}N_2O_3$.
Cyclopenin s. unter $C_{17}H_{14}N_2O_3$.
Cyclopenol s. unter $C_{17}H_{14}N_2O_4$.
Cyclopentadiene
Siehe auch *Ferrocene; Fulvalene; Fulvene; Metallocene.*
—, Fulvene u. Fulvalene 1-0946; Bistetracyclone u. Bishexaphenylbenzole 27-1155; substituierte — u. verwandte Verb. 31-0938; Darst.: v. siliciumhalt. — 7-1012; v. Cyclopentadienylidenpyranen 7-1047; v. Estern v. Pentachlorcyclopentadienylcarbinol 24-2937*; v. Pentaphenylcyclopentadienyl-Verb. 33-1032; v. Si-halt. Biscyclopentadienylderiv. d. Titans 49/50-2658*; MO-LCAO-Behandl. v. α,ω-Dicyclopentadienylpolyenen 40-0792; Rk. v. 2.5-Dialkyl-3.4-diphenylcyclopentadienonen mit Alkylen-N.N′-bis-maleinimid 4-2347*; Eliminier.- u. Substitutions-Rk. mit — 7-1020; therm. Isomierisier. v. Trimethyl-— 29-1121; Allylumlager. v. Pentadien-(1.3)-olen-(5) 35-0990; Umlager. v. — (Kinetik) 38-1078; Konfig. u. therm. Isomerisier. v. Addukten mit Maleinsäureanhydrid 47-1202; Photochemie v. Dicyclopentadienderiv. 51/52-1010; Verw.: als Fungizide (Salze v. $Cr(CO)_3$- bzw. $Mo(CO)_3$-Deriv. v. —) 13-3058*; zum Flammwidrigmachen v. Epoxidharzen (Polyhalogen-—) 28-2891*.

Cyclopentamin s. unter $C_9H_{19}N$.
Cyclopentane, Fluor-— 39-0978, 39-0979.
Darst.: v. 2-Alkylcyclopentandionen-(1.3) 6-1016; v. 1.2-Di-[mono- oder -polyhydroxyalkyl]-3-methoxyarylcyclopentanolen 10-1684*; v. α-Cyclopentylbenzylaminen 11-1707*; v. 2-Alkylcyclopentandionen-(1.4) 15-1079; v. Polychlor-— 27-1150; v. 2-Acylcyclopentanonen 30-1037; u. pharmakolog. Unters. aminierter Cyclopentylthienyl-(3)-glykolsäureaminoester 34-1636; v. Estern d. Cyclopentan-Reihe 37-1133; v. Methyl(Dimethyl)cyclopentylphosphonsäuredichloriden 37-1134; v. Cyclopentancarbonsäurederiv. 37-1852*; v. Epoxiden v. Cyclopentan 39-0980; v. 2- bzw. 4-substituierten Cyclopentanon-(3)-ylessigsäureestern 39-2850*; v. Cyclopentylessigsäureestern 40-1592*; v. α-Phenyl-α-cyclopentylbernsteinsäurederiv. 41-1022; v. Cyclopentanonen 43-0964; v. 1.3-Dioxo-2-alkyl-— 43-1722*; v. halogenierten Cyclopentylalkyläthern 49/50-2642*; v. 2-Benzyloxyalkyl-4-phenylimino-1.3-cyclopetandionen

49/50-3074*; v. 2-Methylencyclopentanolen 51/52-1041.

NMR-Spektren u. Konfig.-Zuordn. v. Polyhydroxy- — 15-0899; Konform. v. 4-substituierten Epoxy- — 21-0960; NMR-Spektren v. Enolacetaten v. Methylcyclopentantrionen u. -dionen 39-0813; Konform.-Analyse v. — 40-0795, 40-0796.

Cyclodehydratisier. v. 2-[6-Aryl-3-oxohexyl]-2-alkylcyclopentandion-(1.3) 4-2153*; Cyclisier. v. 5-Methyl-3-[p-methoxypehnyl]-2-carbomethoxy-1-oxocyclopentan-2-essigsäurederiv. 38-1140a; Enolisier. u. H-Brückenbldg. im Cyclopentan-β-tricarbonylsyst. 45-0922.

Bezieh. zwischen chem. Konstit. u. zentralen Eig. bei Cyclopentylaminen 27-1558; antiblast. Wrkg. v. Cyclopentanonen 33-1442; antispasmod. in vitro-Aktivität v. Pentoxyverinderiv. 34-1632; antiblast. Wrkg. v. Alkylcyclopentanon - (3) - carbonsäureamiden 41-1251.

Verw.: zum Schutz gegen Mikroorganismen (2.5-Bis-[N.N-dialkylaminomethyl]-cyclopentanon) 37-3358*; als synthet. Schmiermittel (Cyclopentanone) 42-2477*.

Cyclopentene, Darst. v. 2-Acetylcyclopenten-(4)-dionen-(1.3) 18-0995; H-Bind. u. Tautomerie bei Cyclopentanonenolen 20-0844; basenkatalysierte Gleichgew.-Isomerisier. v. Methyl- — 13-0990; Benzopersäureox. v. Cyclopenten-(2)-onen 29-1112; Rk. mit Ameisensäure 37-1133.

Cyclopenthiazid s. unter $C_{13}H_{18}ClN_3O_4S_2$.

Cyclophane, Synth. u. Ringinvers. v. Meta- — 2-0852.

Cyclo(-Phe-D-Phe) s. unter $C_{18}H_{18}N_2O_2$.

Cyclophosphamid s. unter $C_7H_{15}Cl_2N_2O_2P$.

Cyclophosphan s. unter $C_7H_{15}Cl_2N_2O_2P$.

Cyclopropane, — u. Cyclobutane 2-0816; fluorierte — 5-0919, 5-0920; — 13-0989; Cyclopropanone u. verwandte Verb. 42-0942; Cyclopropylsemidione 49/50-0764.

Darst.: v. Pyrrolidon-2-carbonsäure (bzw. Piperidinoessigsäure) - phenylcyclopropylamiden 1-1606*; v. N-[2-Arylcyclopropyl]-N-alkylformamiden 2-1598*; v. (Alkyl)-Cyclohexyloxycyclopropylaminen 2-1599*; v. Cyclopropancarbonsäurederiv. 3-3193*; aus Dibrommethan u. Olefinen 4-0841; v. [2-Cyclopropylfuryl-(5)]-aldehyden u. -ketonen 6-2549*; v. 1-(Cyclopropylcarbonyl)-harnstoffen 11-1706*; v. disubstituierten 1-Alkoxycyclopropancarbonsäureaniliden 11-3073*, 11-3074*; v. Phenyl- — aus Allylchloriden u. Phenyllithium (Mechanismus) 13-0935; v. N-[2-Alkoxycyclopropyl] - N.N.N - trimethylammoniumjodiden 13-0993; v. Chrysanthemummonocarbonsäurephenylestern 13-3071*; v. 6-substituierten Piperonylchrysanthematen 15-2181; v. 1-substituierten Cyclopropanolen 19-1132; v. Dihalogen- — 20-0988; Biosynth. v. Cyclopropanverb. 20-1399; Darst.: v. Alkoxy- — 21-1087; v. — 21-1119; v. N-Aryloxy- (bzw. -thio)-alkylcyclopropylaminen 21-1862*; v. gem.-Dihalogen- — 25-1121; v. Cyclopropylhydantoinderiv. 29-1839*; v. 2-Cyclopropylmethyl-6.7-benzomorphanen 29-1850*; v. 2-Cyclopropyl-10-tert.-aminoalkylphenothiazinen 31-1840*; v. Chrysanthemummonocarbonsäure - [3.6 - dihydrophthalimidomethyl]-estern 33-3436*; v. Difluor- — 34-1063; v. Aminocyclopropylphenthiazindioxidderiv. 35-2659*; Biosynth. v. Cyclopropanverb. 36-1406; Darst.: v. Ketonen mit Cyclopropanring 39-0995; v. Pyridyl- — 40-1606*; aus α-Halogenmethyltrihalogensilanen u. Olefinen 40-2381*; v. Methylcyclopropanolen 42-0941; v. 1-[Halogencyclopropylcarbonyl]-harnstoffen 43-1698*; v. Aryl- — 44-0895; v. gem.-Dimethyl- — 45-1070; v. Cyclopropancarboxamiden u. -thiocarboxamiden (Herbizide) 45-3261*; v. 4-Aminophenylcyclopropylketonen 46-1662*; baseninduzierte Umwandl. v. Δ^2-Pyrazolinen in — (Kinetik) 47-1105.

NMR-Spektren 6-0847; UV- u. IR-Absorpt.-Spektren v. 1.1-Diacyl- — 10-0839; Hybridisier. v. methylsubstituierten — nach d. Meth. maximaler Überlapp. 19-0992; bevorzugte Konform.: in Aryl- — 23-0946; v. Cyclopropylsubstituenten in Triarylmethylkationen 26-0913; NMR-Spektren v. langkett. 1.2-disubstituierten Cyclopropanestern 31-0958; massenspektrometr. Unters. an doppelten Aldiminen v. 1.2-Diamino- — 32-0935; Ringlage in Cyclopropanfettsäureestern 42-0770; Konjugat. d. — 48-0902; NMR-Spektren v. trans-2-Arylcyclopropancarbonsäuren 49/50-0737; NMR-Spektroskopie (C—C-Koppl.) 49/50-0741; Thermodynamik d. Vinylcyclopropyl-Syst. 49/50-0888.

Chemie d. Cyclopropanole 3-0934; therm. Umlager. v. cis-2-Alkylcyclopropancarbonsäuremethylestern (Mechanismus) 3-0941; Spalt. v. — durch Pb-Tetraacetat 4-0814; reduktive Öffn. konjugierter Cyclopropylketone 5-0889; Spalt. v. geminalen Dihalogen- — 7-2564*; Rk. v. Cyclopropylketonen mit Phosphorpentachlorid 9-1009; Baeyer-Villiger-Ox. v. Cyclopropylketonen 17-1063; Rk. v. Cyclopropylketonen mit (Cyclopropyllithiummethyl)-triphenylphosphoniumbromid 18-0998; Homoallylumlager. v. tert. α-Cyclopropyl-α′-äthylen oder -acetylenalkoholen 20-1071; Pyrolyse v. Alkenyliden- — 22-1049; therm. Umwandl. v. Vinyl- — 23-1098; Polymerisat. v. hoch chlor- bzw. methylsubstituierten — 25-1237; Ringöffn. u. Substitut. v. Alkylgruppen in — 29-1055; Chromsäureox. v. 1.2-Dialkyl- — 29-1124; oxydative Spalt. 29-1146; Red. konjugierter Cyclopropylketone mit Li 29-1207; Umlager. v. p-substituierten 1-Phenyl-1-cyclopropyläthylenen (Kinetik) 33-1182; therm. Umlager. v. Cyclopropylketonen zu Homoallylketonen (Kinetik) 33-1183; Solvolyse v. Cyclopropylchloriden (stereochem. Aspekte) 35-0965; Austauschrk. v. Methylencyclopropancarbonsäuren mit D_2O (Kinetik) 35-0977; Chemie gem. Dihalogen- — 36-0972; säurekatalysierte Spalt. v. Cyclopropylketonen 40-0960; Solvolyse v. Cyclopropylcarbinylsyst. mit ankondensierten Ringen 41-1063; Decarboxylier. v. Cyclopropancarbonsäuren 45-1016; photochem. Umlager. v. Phenylvinyl- — (Mechanismen) 46-0888.

Insektizide Wrkg. v. Chrysanthemumsäure-4-alkylbenzylestern 10-1567; Cyclopropanfettsäure-Stoffwechsel bei Ratten 31-1700; fungistat. Aktivität v. Aryloxycyclopropancarbonsäuren 41-1367.

Cyclopropene, chem. u. biolog. Wrkg. v. Cyclopropenoidverb. (Überblick) 2-1499; Cyclopropenderiv. 47-1193; Vork.: v. Cyclopropenfettsäuren im Öl v. Bombax oleagineum Decne 22-1448; in Sterculia foetida u. Hibiscus syriacus 51/52-1130; Darst.: v. Arylchlor- — 7-0935; v. 2-[Diphenylcyclopropenyliden]-1.3-dicarbonylverb. 12-0954; v. Alkyl- u. Aryl- — (photochem.) 24-1091; MO-LCAO-Behandl. v. α.ω-Dicyclopropenylpolyenen 40-0792; Unters. über phenylsubstituierte 1-[Δ^2-Cyclopropenyl]-3-diazopropanone-(2) 43-0975; Reaktionsweise d. Cyclopropenylidensyst. 12-0954; Isomerisier. v. Bis-cyclopropenylverb. zu Benzolen 27-1154; Inhibier. v. Fettsäuredesaturase durch Cyclopropenfettsäuren 8-1340; Hemmwrkg. v. Cyclopropenfettsäuren auf d. Dehydrier. v. Stearinsäure bei Hennen 40-1503, 43-1473; Einfl. v. Cyclopropenfettsäuren auf d. Cholesterinstoffwechsel v. Küken 47-1625.

Cycloprotobuxin-C s. unter $C_{27}H_{48}N_2$.

Cycloprotobuxin-D s. unter $C_{26}H_{46}N_2$.

Cyclopseudodiosgenin s. unter $C_{27}H_{42}O_3$.

Cyclopseudosarsapogenin s. unter $C_{27}H_{44}O_3$.

Cyclorolfeibuxin C s. unter $C_{27}H_{48}N_2O_2$.

Cyclorolfein s. unter $C_{25}H_{41}N_2$.

Cyclorolfoxazin s. unter $C_{26}H_{41}NO_3$.

Cyclorphan s. unter $C_{20}H_{27}NO$.

Cycloserin s. unter $C_3H_6N_2O_2$.

Cycloten s. unter $C_6H_8O_2$.

Cyclothiazid s. unter $C_{14}H_{16}ClN_3O_4S_2$.

Cyclothymidin s. unter $C_{10}H_{12}N_2O_4$.

Cyclotriphosphazatriene s. *Triazatriphosphorine.*

Cyclotriveratrylen s. unter $C_{27}H_{30}O_6$.

Cyclouridin s. unter $C_9H_{10}N_2O_5$.

Cycloveratryl s. unter $C_{54}H_{60}O_{12}$.

Cyclovirobuxin s. unter $C_{26}H_{46}N_2O$.

Cycluron s. unter $C_{11}H_{22}N_2O$.

Cycocel s. unter $C_5H_{14}ClNO$.

Cydoxin, Strahlenschutzwrkg. v. — (Mechanismus) 5-1547.

Cylindrit s. *Kylindrit.*

Cylindrocarpidin s. unter $C_{23}H_{30}N_2O_4$.

Cylindrocarpin s. unter $C_{30}H_{34}N_2O_4$.

Cymarin s. unter $C_{30}H_{44}O_9$.

Cymarose s. unter $C_7H_{14}O_4$.

p-Cymen s. unter $C_{10}H_{14}$.

Cymol s. unter $C_{10}H_{14}$.

Cymrit, — in d. Franciscan-Format., Californien 47-0706; Synth. v. — 45-0182; Krist.-Struktur 9-0270.

Cynarin s. unter $C_{25}H_{24}O_{12}$.

Cynarosid s. unter $C_{21}H_{20}O_{11}$.

Cynaustin s. unter $C_{15}H_{25}NO_4$.

Cynaustralin s. unter $C_{15}H_{27}NO_4$.

Cyolane s. unter $C_7H_{14}NO_2PS_3$.

Cyporen s. unter $C_{15}H_{24}$.

Cyprex A s. unter $C_{13}H_{29}N_3$.

Cyprinol s. unter $C_{27}H_{48}O_5$.

Cyproheptadin s. unter $C_{21}H_{21}N$.

Cyprolidol s. unter $C_{21}H_{19}NO$.

Cyproteron s. unter $C_{22}H_{27}ClO_3$.

Cyproteronacetat s. unter $C_{24}H_{29}ClO_4$.

Cyrtolith s. unter *Zirkoniumsilicate*: $ZrSiO_4$.

Cys–Cys s. unter $C_6H_{12}N_2O_4S_2$.

Cystamin s. unter $C_4H_{12}N_2S_2$.

Cystathionin s. unter $C_7H_{14}N_2O_4S$.

Cysteamin s. unter C_2H_7NS.

Cystein s. unter $C_3H_7NO_2S$.

Cysteinolsäure s. unter $C_3H_9NO_4S$.

Cysteinsäure s. unter $C_3H_7NO_5S$.

Cystin s. unter $C_6H_{12}N_2O_4S_2$.

Cystogon s. unter $C_4H_9NS_2$.

Cystophos s. unter $C_2H_8NO_3PS$.

Cytidin s. unter $C_9H_{13}N_3O_5$.

Cytidin-2′.3′-cyclophosphat s. unter $C_9H_{12}N_3O_7P$.

Cytidindiphosphat s. unter $C_9H_{15}N_3O_{11}P_2$.

Cytidinmonophosphat s. unter $C_9H_{14}N_3O_8P$.

Cytidintriphosphat s. unter $C_9H_{16}N_3O_{14}P_3$.

Cytidylsäure s. unter $C_9H_{14}N_3O_8P$.

Cytisin s. unter $C_{11}H_{14}N_2O$.

Cytisosid s. unter $C_{22}H_{22}O_{10}$.

Cytiton s. unter $C_{11}H_{14}N_2O$.

Cytochalasin B s. unter $C_{19}H_{37}NO_5$.

Cytochemie s. unter *Zellen.*

Cytochrome s. unter *Enzyme, Spezielle Enzyme.*

Cytochromoid c, — v. Rhodopseudomonas palustris (elektrophoret. u. andere Unters.) 16-1277.

Cytokinine s. unter *Wuchsstoffe.*

Cytolipin H s. unter $C_{54}H_{103}NO_{13}$.

Cytolipin R, —: ein neues, aus Rattenlymphosarkom isoliertes Lipidhapten 26-1602.

Cytomycin s. unter $C_{17}H_{23}N_7O_5$.

„Cytosid" s. unter $C_{54}H_{103}NO_{13}$.

Cytosin s. unter $C_4H_5N_3O$.

Cytosinarabinosid s. unter $C_9H_{13}N_3O_5$.

Cytosinin s. unter $C_{10}H_{12}N_4O_4$.

Cytostatica s. unter *Tumoren.*

Cytotaxine, — im Kaninchenserum 33-1745.

Cytotoxika s. unter *Tumoren.*

Cytovirin, Pyrolyse-Gaschromatographie zur Unterscheid. v. Blastacid in S u. Charakterisier. 12-1891.

Cytoxan s. unter $C_7H_{15}Cl_2N_2O_2P$.

D-1 s. unter *Aluminiumlegierungen (Sondermarken).*

D 12 s. unter *Eisen, Schmiedeeisen und Stahl (Sondermarken).*

D 16 s. unter *Aluminiumlegierungen (Sondermarken).*

2.4-D s. unter $C_8H_6Cl_2O_3$.

D-43 s. unter *Nioblegierungen (Sondermarken).*

D 47 s. unter $C_{17}H_{18}N_2S_2$.

D 533 s. unter $C_{18}H_{21}NO$.

D 535 s. unter $C_{29}H_{42}N_2O_4$.

D 541 s. unter $C_{25}H_{33}ClN_2O_2$.

D 548 s. unter $C_{18}H_{21}NO_2$.

D 553 s. unter $C_{19}H_{22}ClNO$.

D 557 s. unter $C_{19}H_{22}NO_2$.

D 558 s. unter $C_{19}H_{22}ClNO_2$.

D 559 s. unter $C_{18}H_{20}ClNO_2$.

D 563 s. unter $C_{19}H_{23}NO_3$.

D 568 s. unter $C_{20}H_{25}NO_3$.

D 573 s. unter $C_{27}H_{38}N_2O_4$.

D 573 [ω-[β-Hydroxy-α-methylphenäthylamino]-3.4.5-trimethoxypropiophenonhydrochlorid] s. unter $C_{21}H_{27}NO_5$.

D 573 [α-Isopropyl-α-[3.4-dihydroxyphenyl]-δ-[N-methyl-N-{3.4-dihydroxyphenäthyl}-amino]-valeronitril] s. unter $C_{23}H_{30}N_2O_4$.

D 574 s. unter $C_{18}H_{21}NO_3$.

D 577 s. unter $C_{19}H_{23}NO_3$.

D 580 s. unter $C_{18}H_{20}N_2O_4$.

D 581 s. unter $C_{19}H_{23}NO_3$.

D 582 s. unter $C_{19}H_{23}NO_3$.

D 584 s. unter $C_{17}H_{19}NO_2$.

D 585 s. unter $C_{20}H_{25}NO_3$.

D 587 s. unter $C_{18}H_{21}NO_3$.

D 589 s. unter $C_{20}H_{25}NO_2$.

D 591 s. unter $C_{19}H_{23}NO$.

D 593 s. unter $C_{19}H_{22}ClNO$.

D 594 s. unter $C_{19}H_{23}NO_2$.

D 595 s. unter $C_{25}H_{32}Cl_2N_2O_2$.

D 596 s. unter $C_{19}H_{23}NO_3$.

D 597 s. unter $C_{19}H_{23}NO_4$.

D 600 s. unter $C_{28}H_{40}N_2O_5$.

D 680 s. unter $C_{31}H_{46}N_2O_5$.

D 735 s. unter $C_{12}H_{13}NO_2S$.

D 775 s. unter $C_{23}H_{28}F_3N_3OS$.

D 1529 s. unter $C_{18}H_{21}NO_3$.

D 1562 s. unter $C_{19}H_{23}NO_3$.

D 1563 s. unter $C_{20}H_{25}NO_4$.

D 1565 s. unter $C_{20}H_{25}NO_4$.

D 1567 s. unter $C_{20}H_{25}NO_4$.

D 1571 s. unter $C_{18}H_{21}NO_3$.

D 1575 s. unter $C_{19}H_{23}NO_4$.

D 1586 s. unter $C_{17}H_{18}N_2O_4$.

D 1588 s. unter $C_{19}H_{23}NO_4$.

D 2505 s. unter $C_{19}H_{23}NO_3$.

D 4720 s. unter $C_{12}H_{14}N_2O_2S_2$.

DA 992 s. unter $C_{19}H_{26}N_2O$.

DA 1529 s. unter $C_{20}H_{22}ClN_3O_2$.

DA 1543 s. unter $C_{29}H_{43}NO_3$.

DA 1627 s. unter $C_{19}H_{23}NO_3$.

DA 1686 s. unter $C_{23}H_{32}N_2O_2$.

DA 1788 s. unter $C_{22}H_{32}N_2O_2$.

DAC-2787 s. unter $C_8Cl_4N_2$.

Dachbedeckung, Werkstoffkennwerte v. Glasvlies zur Erzeug. v. bituminösen Glasvliesdachbahnen 1-2151; Flachdach-Dämmelemente aus Phenolharz- u. Polyurethan-Schaumstoffen 1-2152; nicht ausblühender Zementdachziegel 3-2379*; bituminöses, Al-Korn v. mehr als *1* mm enthaltendes Streugut für

Dächer 3-2386*; Leichtbetonkörper für Dachziegel 9-2313*; Asphaltemuls. als Überzugsmittel für Dächer 19-2480*; Prüfverf. für Dachziegel 25-2536; Einfl. d. Formvorgangs auf d. Frostfestigk. v. Dachziegeln 36-2309; abriebfeste, rutschsichere Silicone für begehbare Dächer 38-2913*; frostfeste keram. Dachziegel 43-2385; Formmassen für Dachabdeck. aus Polyolefinen, Gleitmittel, Ruß, TiO_2 u. Füllstoff 43-2394*; Bitumen/Latex-Emuls. für Dachabdeck. 45-3008.

Dacit, Herst. v. Porzellanen auf d. Basis v. --Porphyren 4-1895; dacit. Porphyre als Rohstoff hoher Qualität für d. Herst. keram., säurebeständ. Erzeugnisse 12-2246.

Dacron s. unter *Chemiefasern, Polyesterfasern.*

Dacthal s. unter $C_{10}H_6Cl_4O_4$.

Dactinomycin s. unter $C_{62}H_{86}N_{12}O_{16}$.

Dämpfe

Spezielle – s. unter d. entsprechenden Stichwörtern. Dampf–Fl.-Gleichgew. s. unter *Dampfdruck. Kondensation* s. dort. Analyse v. – s. unter *Gasanalyse.*

Siehe auch *Chromatographie, Gaschromatographie; Massenspektroskopie; Spektroskopie.*

Radioakt. Aerosole u. – 40-0707.

--Trenn. durch partielle Kondensat. eines --Gemisches 34-2139*; Berechn. d. Druckverlusts bei d. Filtrat. reagierender – durch d. Katalysatorschicht für d. Projektier. v. Anlagen 37-2361.

Fluoreszenz v. Mol. in verd. Dämpfen 3-0818; Lumineszenz bei d. Adsorpt. v. – an Festkörpern 4-0545.

Einfl. d. Adsorpt. v. – auf d. Leitfähigk. dünner Metallschichten 10-0629; Oberflächenleitfähigk. u. Leit.-Mechanismus bei d. Adsorpt. v. – an SiO_2 18-0626.

Analyse d. Umwandl. eines – mit d. Digital computer 9-0516; Assoziat. in Salz-– 17-0627; Berechn. d. thermodynam. Eig. v. – mit einem Digitalcomputer 19-0543; Darst. d. D. in Abhängigk. v. d. Wärmeleitfähigk. v. überhitztem – 31-0557; Dampf–Festkörper-Wechselwrkg. u. d. Effus.-Zelle (Gesamtdiffus.-Strom durch eine zylindr. Öffn.) 44-0403; Best. d. thermodynam. Eig. u. d. Mol.-Zus. d. – v. Stoffen mit d. Effus.-Meth. 44-0418.

Isosteren u. isostere Adsorpt.-Wärmen v. – an Aktivkohleproben mit unterschiedl. Mikrostruktur 2-0610; Einfl. d. Moleküldimens. auf d. Adsorpt. ihrer – auf Aktivkohle 5-0667; heterogene Keimbldg. v. – 7-0612; Mechanismus d. --Adsorpt. 13-0658; Einfl. v. – auf d. Grenzflächenenergie v. Glimmer 26-0673; Permeat. organ. – durch Polymermembranen 27-1274; Adsorpt. v. organ. – in Polymer/Füllstoff-Syst. 32-1202; Mess. d. Sorpt.-Isothermen v. organ. – durch d. modifizierte Meth. v. Glueckauf 33-1140; Sorpt. v. organ. – an pulverförm. porösen Sorbenten 33-1141; Keimbldg. in homogenen – 34-0670; physikal. Adsorpt. v. – auf Eis(N) 42-0526; Unters. d. --Adsorpt. auf porösem Glas durch Oberflächenleitfähigk. 44-0582; Best. v. Adsorpt.-Isothermen aus Lsg. mit Hilfe d. Adsorpt.-Wärmen d. – d. reinen Komponenten 47-0563; photochem. Bldg. schwerflücht. Tröpfchen aus organ. – in Luft 49/50-0473; Mess. d. Oberflächengröße pulverförm. Stoffe durch therm. Desorpt. organ. – 51/52-0441.

Bezieh. zwischen d. Kp v. Fl. u. d. Toxizität ihrer – 43-2096.

Bibl.: Messung des Verbrauchs und der Menge von Flüssigkeiten, Gas und Dampf [russ.] B 54; The chemistry of molten salts; an introduction to the physical and inorganic chemistry of molten salts and salt vapours B 34; Charakterization of high-temperature vapours B 42.

Daidzein s. unter $C_{15}H_{10}O_4$.

Dalapon s. unter $C_3H_4Cl_2O_2$.

Dalyit, zweites --Vork. v. Sao Miguel, Azoren 22-0827.

Dalzin s. unter $C_8H_{14}N_4S_2$.

DAM s. unter $C_4H_7NO_2$.

Damascenin s. unter $C_{10}H_{13}NO_3$.

Damilen s. unter $C_{20}H_{23}N$.

Dammar s. unter *Harze, Naturharze.*

Damnacanthal s. unter $C_{16}H_{10}O_5$.

Dampf (Wasserdampf) s. unter *Wasser.* --Dest. s. unter *Destillation; Dampf- und Heizkessel; Vergasung* s. dort; s. auch *Dämpfe; Feuchtigkeit.*

Dampfdruck

Destillation; Ebullioskopie; Kondensation; Kritischer Zustand; Verdampfung; Zustandsgleichung s. dort.

Verallgemeiner. d. Maxwell-Kriteriums für d. Van der Waals-Gleich. durch Einführ. einer neuen --Isotherme 3-0521; Anfangsverlauf d. Druck- u. Temp.-Kurven d. koexistierenden Phasen v. Syst. feste Phase/Fl./Dampf u. Fl./Fl./Dampf 5-0570; Einfl. v. – auf d. Wachstum kleiner Kavitat.-Blasen durch konvektive Diffus. 7-2079; Best. v. Hochdruck–Fl.-Dampf-Gleichgewichtsdaten (Syst. Methanol/Äthanol) 7-2529; Phasengleichgew. Dampf/Fl. bei hohen Drücken 11-0678; Abhängigk.: d. Sättig.-– v. Kp. 13-0557; d. mittleren molaren u. differentiellen spezif. Wärme einer adsorbierten Substanz v. relativen – 15-0658; vierter Parameter für d. – polarer Fl. 16-0517; Gültigk. d. Regel v. Ramsay u. Young für d. – v. isosteren Verb. 19-0616; --Isotopie-Effekt v. H-Brückenbildnern 22-0548; Berechn. d. – auf d. Dampf/Fl.-Grenzkurve mit red. Zustandsgleich. 23-0605; Beitrag zur Unters. v. Verdampf.-Gleichgew. bei hohem Druck 28-0557; Rechn.-Verf. zur Best. d. --Kurve v. Verb. mit kovalenter Bind. 31-0585; – über ferromagnet. Krist. 32-0582; Koexistenzkurve für Fl. u. Gas nahe am krit. Punkt 35-0454; Gleichgew. Fl./Dampf (Syst. Äthylbenzol/Cumol/Butylbenzol unter atmosphär. Druck) 35-0909; Einfl. d. Verdampf.-Koeff. u. d. Geometrie d. Knudsen-Kammer auf d. Größe d. gemessenen Drucks 36-0411; Theorie d. Übergangsschicht u. Oberflächenspann. im Syst. Fl./Dampf 37-0657; Analyse d. Gleichgew.-– einiger einfacher Fl. 38-0586; Zusammenhang zwischen Schallgeschw. in Fl. u. ihrem Sättig.-– 39-0850; Fl./Dampf-Gleichgew. (Dampf/Fl.-Gleichgew. im Heptan/Toluol/p-Xylol-Syst. u. in Heptan/Toluol-Extrakt.-Mittel-Syst.) 39-0851; Einfangskoeff. u. Desorpt.-Geschw. eines Atoms an einem Metallgitter in Hinsicht auf d. – 48-0644.

Druck u. Zus. d. gesätt. Dampfs in bin. Syst. mit chem. Umsetz. d. Komponenten in d. Dampfphase (thermodynam. Grundgleich. d. gesätt. Dampfs mit chem. reagierenden Komponenten) 5-0569; Destillat.-Linien im Zustandstetraeder eines Vierstoffsyst. 10-0534; Dampfzus. in Dreistoffsyst. (Verf. zur Berechn.) 14-0889; Partialdruckverhältnisse v. Zweikomponentensyst. mit komplizierter Dampfzusammensetz. u. ihre Funkt. bei massenspektrometr. Unters. 19-0627; Lage d. Konz.-Bereiche u. Temp.-Verschieb. tern. Azeotrope (azeotrope Eig. v. sieben Dreikomponentensyst.) 19-1021; Dampf/Fl.-Gleichgew.-Konst. für Drei- u. Vierkomponentengemische 22-0555; Fl./Dampf-Phasengleichgew. in bin. u. Mehrstoffsyst. bei Drücken oberhalb Atmosphärendruck 25-0562; Dampf/Fl.-Gleichgew. v. Syst. mit geringen Mengen v. Komponenten 25-2252; Thermodynamik tern. Syst. Fl./überkrit. Gas mit Anwend. auf d. Hochdruck-Gas-Extrakt. 28-0558; Behandl. isobarer bin. Dampf/Fl.-Gleichgew.-Daten 29-0609; örtl. thermodynam. Konsistenz v. Dampf/Fl.-Gleichgew.-Daten für bin. u. Vielkomponentensyst. 29-0611; Theorie d. Verteil. nichtflücht. Stoffe zwischen sd. W. u. damit im Gleichgew. stehendem Dampf 35-0460; Berechn. d. Dampf/Fl.-Gleichgew. v. Dreistoffgemischen aus Siededruckmess. 35-0461; Extremstellen d. Partialdrücke d. Komponenten in bin. Syst. aus kondensierter Phase u. Dampf unter isothermen Beding. 42-0820; – v. athermen fl. Misch. v. Monomeren u. Dimeren 44-0408; Fl./Dampf-Gleichgew. in Elektrolytsyst. (Syst. $K_2O/SO_2/H_2O$) 44-0430; tern. Gas/Fl.-Gleichgew. (Verw. eines vielstuf. Destillierapp.) 45-2693; Gleichgew. zwischen d. fl. u. d. gasf. Phase in Salpetersäure enthaltenden Syst. 47-0440.

Anorganische Stoffe

Nichtmetallische Elemente

– v. ^3He in hohen Magnetfeldern (Theorie) 32-0581; thermomol. Druckverhältnis (Knudsen-Effekt) v. ^3He bis zu *0,3* °K herab 43-0533; thermomol. Druckdifferenzmess. für d. ^3He- u. ^4He-Präzis.-Dampfdruckthermometrie 51/52-0343; – v. Ar 27-0637; Koexistenzkurve v. Ar nahe d. krit. Zustand 48-0629; – v. festem Ar, Kr u. Xe 36-0212; Anwend. d. Theorie d. signifikanten Strukturen zur Berechn. d. Temp.-Abhängigk. d. – v. fl. O_2 42-0403; –: v. N_2 u. H_2 bei tiefen Temp. 6-0559; v. fl. N zwischen d. Tripel- u. d. krit. Punkt 27-0638; Flüchtigk. v. N bei Drücken bis *10000* at u. Temp. bis *400°* 41-0422; Grenzkurve v. Cl in d. Nähe seines krit. Punkts 23-0606; Gleichgew.-Zus. v. Se-Dampf 2-0512; –: v. Si 2-0649; v. Sb u. Sb_2O_3 9-0533.

Metalle und Legierungen

– v. Metallen im Druckbereich v. *50* bis *4000* Torr 21-0594; Sättig.-– über festen K-Leg. mit Sb 41-0426; Sättig.-– v. Cs 28-0553; –: v. Mg über Mg-Seltenerdmetall-Leg. 49/50-0384; über festen Ca-Leg. mit Si 24-0561; v. Zn 31-0577; über Ga, Sb u. GaSb 36-0457; Gasphasengleichgew. im Syst. Ga/As/Zn 48-0635; –: v. Ho 43-0545; v. Yb 31-0588; Best. d. – v. Sn nach einer Meth. d. Vakuumverdampf. 49/50-0391; –: über festen Leg. v. Ca mit Pb 13-0589; v. Mo verschiedener Reinh. 28-0554; v. Pu 10-0533; v. Mn bei hohen Temp. 37-0541; v. fl. Fe 45-0477; v. Ag u. Cd über Ag, Cd u. einer Ag-Leg. mit Cd 51/52-0363; v. Au 46-0472; Möglichk. eines bes. tern. Punkt auf d. P–T-Diagramm d. Leg. FeRh 16-0544; –: v. Re, Rh, Pd u. Ti 18-0511; v. Cu/Pt-Leg. (aus Sammelref.) 44-0107.

Verbindungen

--Sprünge an d. Oberfläche v. W. bei d. Verdampf. durch eine Monoschicht 1-Hexadecanol 16-0543; – v. W. mit schwerem O 46-0468; --Kurve v. dissoziierendem N_2O_4 19-0617; – v. XeF_2 u. XeF_4 51/52-0356; Grenzkurve Fl./Gas für SF_6 in d. Nähe seines krit. Punkts 10-0529; – v. B_2O_3 11-0575; signifikante Struktur u. – v. fl. N_2H_4 u. fl. B_2H_6 13-0529; –: v. CO_2, N_2 u. H_2 bei tiefen Temp. 6-0559; v. CO_2 bei *0,01°* 9-0537; --Kurve u. Druck–D.-Diagramm für CO_2 u. N_2O in d. Nähe d. krit. Gebietes 15-0541; Zers.-– vermutl. gebildeter Carbide in Hinsicht auf d. Permeabilität d. Graphits für flücht. Spaltprod. 17-0610; – für d. gesätt. Fl. u. d. gesätt. u. überhitzten Dampf v. CO 20-0471; – v. SiJ_4 5-0567; Partialdrücke v. Te_2(g) u. SiTe(g) über Si_2Te_3 34-0562; --Zus.-Isothermen stabiler Hydrate v. Monofluorophosphaten u. Sulfaten 7-0543; –: d. Verb. PH_2F_3 u. PHF_4 11-0748; v. AsH_3 PH_3 u. H_2S 41-0442; v. Sb u. Sb_2O_3 9-0533; d. polymorphen Modifikat. v. As_2O_3 u. Sb_2O_3 29-0606; Sättig.-– über $SbCl_3$, $SbCl_5$ u. d. Rk.-Gleichgew. $SbCl_3 + Cl_2 \rightleftharpoons SbCl_5$ 34-0582.

– v. gasf. NaCl u. NaBr 2-0522; Zustandsgleich. u. --Werte v. NaCl im Bereich *0* bis *500* kbar für *0–2000°* 9-0538; – v. festem NaF u. Na_2F_2 18-0509; --Gleich. d. Dissoziat. v. Na_2CO_3 bzw. K_2CO_3 20-0659; Sättig.-– v. K über geschmolzenem KCl 51/52-0384; –: v. RbCl, RbBr, RbJ, CsCl, CsBr u. CsJ 37-0534; v. Be_3N_2 36-0456; v. monomerem BeF_2 u. dimerem $(BeF_2)_2$ 41-0427; Dissoziat.-Druck v. MgB_{12} 8-0486; Gesamtdrücke bei d. Zers. u. Subl. v. krist. Zn_3P_2 17-0619; Unters. v. – über ZnTe nach d. Tors.-Effus.- u. Tors.-Langmuir-Meth. 34-0587; – v. Cd(g) u. P_4(g) über Cd_3P_2 31-0587; Gleichgew.-Zus. d. Se-Dampfes über HgSe, CdSe, SrSe u. über Se 2-0512.

Abs. – v. AlF_3 u. d. Dimeren Al_2F_6 18-0499; – v. $BaAl_4$ 36-0446; Unters. d. Hydratat.-Grades v. $Ga_2(SO_4)_3$ unter konst. W.-– durch Thermogravimetrie u. Differentialthermoanalyse 9-0710; – u. therm. Stabilität v. GaS 34-0589; Diffus. v. Zn in unter As-– stehenden GaAs 35-0256; – über GaSb 36-0457; Temp.-Abhängigk. d. Dissoziat.-Drucks v. InP 4-0447; – d. monomeren u. d. dimeren Form v. gasf. TlF 17-0620; Partialdrücke v. Tl_2O über Tl_2O_3 21-0602; – v. LaF_3 21-0603; Sublimat.-Druck: v. CeC_2 37-0525; v. NdF_3 aus massenspektroskop. Unters. 2-0524; – v. Gd_2O_3 zwischen *2350* u. *2590* °K 46-0470; Sublimat.-Druck u. – v. DyF_3, HoF_3 u. ErF_3 37-0539.

O-– v. Ti_3O_5 bei hoher Temp. 13-0563; Sublimat.-Drücke v. TiF_3 28-0543; Gleichgew.-Druck v. H_2O(g) über $ZrF_4 \cdot NH_4F \cdot H_2O$ 34-0571; –: v. ZrB_2 45-0474; über Krist.-Hydraten v. Zr- u. Hf-Oxidchloriden 1-0560; v. reinem $HfBr_3$ 17-0780; v. $HfCl_4$ u. $ZrCl_4$ 19-0622; Sättig.-– v. $ZrCl_4$ u. $HfCl_4$ 21-0600.

– u. thermodynam. Daten d. Dimerisier. v. gasf. $SnCl_2$ 19-0623; Gleichgew.-Druck v. O_2 über Pb-Oxiden bei verschiedenen Temp. 13-0583; Möglichk. zur Berücksichtig. d. Einfl. d. Diffus.-Übergangs bei d. --Mess. v. PbS bei *1073–1222°* K mittels d. Strahlmeth. 31-0584; Temp.-Abhängigk. d. Fehlstellenkonz. u. d. Se-Partialdrucks in Pb-Selenid bei konst. Abweich. v. d. stöchiometr. Zus. 34-0595; Zers.-Druck: u. – v. $VOCl_3$, VO_2Cl u. $VOCl_2$ 15-0554; v. VCl_3 u. VOCl 15-0555; –: bei d. therm. Zers. v. NbO_2F unter Bldg. v. gasf. $NbOF_3$ 28-0546; v. $NbCl_5$ 51/52-0349; Sublimat.-Drücke v. $NbCl_5$ u. $TaCl_5$ 17-0613; –: v. $BiCl_3$ u. $BiBr_3$ 16-0585; v. Bi_2Se_3 23-0607.

Sättig.-– u. d. thermodynam. Daten für d. Verdampf. v. Alkalimetallchlorochromaten 34-0590; Partialdrücke v. Mo u. C beim Verdampfen v. Mo_2C 28-0548; – v. $WOBr_4$ u. WO_2Br_2 15-0583; Subl.-Druck v. WO_2J u. WO_2J_2 41-0431; – v. WO_3 41-0444.

–: v. UO_2 u. U-Carbid 19-0624; d. Verb. v. U u. Th mit Elementen d. Gruppen IIIb u. IVb 21-0588; O_2-Partialdrücke für $MnFe_2O_n$ 16-0541; Sublimat.-Druck v. Al_2O_3 in H_2 2-0650; – u. Sättig.-– v. SnI_2 37-0540.

Subl.-Drücke v. CrF_3, MnF_3 u. FeF_3 u. Dissoziat.-Energie v. Fe_2F_6(g) 21-0605; Gleichgew.-Partialdruck v. O über $FePO_4$ 41-0512; – v. Dijodooktacarbonyldieisen(I) 51/52-0574; Gleichgew.-Beding. bei d. Red. v. $CoFe_xCr_{2-x}O_4$-Mischkrist. u. Abhängigk. v. O_2-Partialdruck 41-0514; – v. AgF 21-0604.

Partialdruck: v. OsO_3 u. OsO_4 über OsO_2 13-0564; v. As_2 u. As_4 bzw. Se_2 über $PtAs_2$, $OsAs_2$ bzw. $OsSe_2$, $RuSe_2$ 34-0557.

W.-– in Zonen regionaler Metamorphose u. d. Natur d. Hornblende-Granulit-Fazies 7-0763; – v. natürl. Tektitschmelzen bei hohen Temp. u. seine Anwend. auf d. aerodynam. Analyse 36-0844; Verteil.-Koeff. K_p zwischen Schmelze u. Gasphase einer granit. Schmelze bei W.-Drücken bis *3000* atm 41-0779.

Wäßrige Lösungen

Einfl. v. anorgan. Salzen auf d. relative Flüchtigk. v. Lsg. in schwerem W. 41-0441; Verteil.-Koeff.: für H_2O zwischen gasf. u. fl. Cl_2 22-0559; v. J zwischen fl. u. gasf. Phase v. Grubenwasser 26-2246; Einfl. v. Nitraten auf d. relative Flüchtigk. v. Salpetersäure in ihren wss. Lsg. 31-0593; Sättig.-– im Syst. $HNO_3/N_2O_4/H_2O$ 44-0422; Fl./Dampf-Gleichgew. im Syst. $NH_3/H_2S/H_2O$ 7-0525; Aktivität u. teilweise Azeotropie im Syst. $HNO_3/H_2SO_4/H_2O$ u. Dampf/Fl.-Gleichgew. d. Syst. H_2O/HNO_3 u. H_2O/H_2SO_4 11-0581; Lsg./Dampf-Gleichgew. in tern. Syst. d. Typs Metall(I)/Nitrat/HNO_3/W. 16-0565; Berechn. d. – beim Verdampfen v. NaOH-Lsg. 3-2156; – v. konz. NaOH-Lsg. 34-0583; Sättig.-– über konz. Lsg. im Syst. $NaOH/H_2O$ 42-0421; Dampf/Fl.-Diagramm d. Syst. K/NaCl/NO_3/H_2O 7-0540; –: d. euton. Lsg. v. LiF u. KF in W. 23-0630; v. wss. KCl-Lsg. in Kapillaren durch EMK-Mess. 36-0412; v. NH_3 über wss. KOH-Lsg. 42-0423; W.-–: in d. Syst. v. KOH, RbOH u. CsOH mit W. 35-0472; über gesätt. Lsg. d. Syst. $KClO_4/NH_4ClO_4/H_2O$ 1-0553; v. wss. $MgCl_2$-Lsg. 20-0478; –: v. bin. wss. Lsg. v. NaCl, KCl, Na_2SO_4 u. $MgSO_4$ bei Konz. u. Temp. in Höhe d. Entsalz.-Prozesse 23-0614; v. W.-Dampf über Lsg. d. bin. Syst. $NaNO_2/H_2O$, KNO_2/H_2O u. $Mg(NO_2)_2/H_2O$ 39-0460; Best. d. – aus Mess. d. Kp. v. gesätt. u. ungesätt. wss. Lsg. v. NaCl u. $Cd(NO_3)_2$ 25-0560; – d. flücht. Komponenten d. Syst. $Cd(ClO_4)_2/HClO_4/H_2O$ 30-0529; H_2S-Partialdrücke bei d. Löslichk. v. α-MnS in wss. $HClO_4/NaClO_4$-Lsg. 37-0554; Phasengleichgew. Fl./Dampf im Syst. $H_2O/HReO_4$ 15-0569; Fl./Gas-Gleichgew. im tern. Syst. $H_2O/HReO_4/H_2SO_4$ 31-0605.

Andere Lösungen

Fl./Gas-Gleichgew. in verd. Lsg. in d. Nähe d. krit. Punktes d. weniger flücht. Komponente 44-0419; Dampf/Fl.-Gleichgew. d. Syst. Ne/He 25-0550; – v. fl. Misch. aus Ar u. Kr 44-0421; O_2-Partialdruck über Ag/Cu-Schmelzen 49/50-0423; Fl./Dampf-Gleichgew.: d. Syst. N_2/Ar 29-0570; im Syst. Ar/N_2 (experimentelle Daten u. ihre Bestätig.) 29-0610; (Interpolat. experimenteller Daten) 30-0525; v. Cl_2/SO_2 40-0424; Fl./Dampf-Gleichgew. im Syst. $SiHlC_3/POCl_3$ 23-0613; Anwend. einer Festelektrolyt-Zelle zur Mess. d. O_2-Gleichgew.-Drucks über fl. Metall/O_2-Lsg. 49/50-0421; – v. K-Silicatlsg. 2-0532; Druck u. Zus. d. gesätt. Dampfes über Schmelzen: d. Syst. $MgCl_2$/NaCl u. $MgCl_2$/KCl 3-0553; d. Syst. $MgCl_2/CaCl_2$ 16-0582; – v. $ZrCl_4$ in d. fl. bin. Syst. LiCl/Li_2ZrCl_6, NaCl/Na_2ZrCl_6 u. KCl/K_2ZrCl_6 51/52-0389; Gleichgew.-Fl./Dampf: im Syst. $AsCl_3/SnCl_4$ 25-0564; im Syst. $TaCl_5/Al_2Cl_6$ 29-0629; Phasendiagramm Fl./Gas im Syst. Na/Bi 13-0591; Fl./Dampfgleichgew. d. Syst. $ReOCl_4/WOCl_4$ 35-0502.

Sonstige Systeme

Verdampf.-Gleichgew.: in d. Syst. N/O, Ar/Kr u. Kr/Xe 12-0517; bei hohem Druck d. Syst. Ne/N_2 28-0557; –-Kurve u. Druck-D.-Diagramm für N_2O/Luft, N_2O/H_2O u. CO_2/N_2O in d. Nähe d. krit. Gebietes 15-0541; O_2-Gleichgew.-Drücke d. monovarianten, aus zwei kondens. festen Phasen bestehenden Syst. Alkalimetalljodid/Alkalimetalljodat 45-0500; H_2O-Dampf-Dissoziat.-Druck für d. Salzpaare $Na_2CO_3/Na_2CO_3 \cdot H_2O$ u. $Na_2CO_3 \cdot H_2O/Na_2CO_3 \cdot 10\,H_2O$ 38-0578; partielle – d. Komponenten über RbCl/CsCl-Mischkrist. 24-0574; Mg-Gleichgew.-Drücke für d. Rk. $TiO + MgO = TiO_2 + Mg_{gasf}$, $2\,TiO + MgO = Ti_2O_3 + Mg_{gasf}$, $Ti_2O_3 + MgO = 2\,TiO_2 + Mg_{gasf}$ 16-0574; Gleichgew.-Zus. d. Dampfphase über ZnS/CdS-Mischkrist. 30-0537; – in d. Syst. NaF/AlF_3 u. LiF/NaF/AlF_3 1-0548; Verdampf.-Gleichgew. d. bin. Syst. NaF/AlF_3 (Isothermenschar d. mittleren Molmasse im Dampf) 4-0458; –: im Syst. Al/Al_2O_3 6-0555; über d. Syst. NaF/AlF_3 14-0558; u. Phasengleichgew. im Syst. Ga/As 38-0589; in d. Syst. $GaCl_3$/RbCl u. $GaCl_3$/CsCl 49/50-0413; v. Sm über d. Teilsyst. SmC_2/C 29-0639; p-O/Ti-Diagramm d. bin. Syst. Ti/TiO_2 13-0562; Partialdrücke über d. Syst. TiC/C u. ZrC/C 32-0605; Druck u. Zus. d. Dampfes im Syst. $SnCl_2$/KCl 30-0541; – u. Dampfzus.: im Syst. SnJ_2/KJ 30-0542; im Syst. $SnCl_2$/NaCl 46-0503; – über d. Syst. KCl/$PbCl_2$ u. RbCl/$PbCl_2$ 17-0627; Partialdruck d. PbTe in d. Syst. PbTe/PbSe u. PbTe/SnTe 23-0651; Diagrammdarst. d. Gleichgew.-Verhältnisse im Syst. Pb/S/O zwischen d. Koordinaten log p_{O_2} u. log p_{S_2} 49/50-0422; relative Flüchtigk. im Syst. $NbCl_5/NbOCl_3$ 41-0502; CO-Gleichgew.-– über Ta/C/O-Mischkrist. 29-0642; –-Koeff. im Syst. $TaCl_5/WOCl_4$ 18-0541; Best. d. O_2-Partialdrücke im Syst. US/UOS/UO_2 durch galvan. Festkörperzellen 9-0555; Gleichgew.-O-Partialdrücke: v. nichtstöchiometr. Oxiden d. Syst. U/O für $1080 < O \leqq 1150$ u. $2{,}19 < O/U < 2{,}63$ [Verlauf d. Isotherme P_{O_2} (O/U) bei *1098°*] 25-0592; über d. festen Lsg. d. Syst. U-Oxid/Y-Oxid u. U-Oxid/La-Oxid 42-0433; Gleichgew.-Unters. am Syst. $SiCl_4/Fe_2Cl_6$ (fl./gasf.) bei kleinen $FeCl_3$-Konz. 2-0669; O_2-Gleichgew.-Druck über d. Hämatitphase im Syst. Fe/O 23-0659; Bedeut. u. d. experimentelle Beherrsch. d. O-Partialdruckes bei d. Synth. u. Unters. v. Fe^{2+}-halt. Silicaten 32-0866; Gleichgew.-– v. Cd über d. bin. Syst. Cd/Ag u. Cd/$CdCl_2$ 34-0502.

Metallhaltige organische Verbindungen

–: v. festen Addukten v. $(CF_3)_2NOH$ mit festem KF oder CsF 1-0680; v. Tetraalkylgermanen 2-0520.

Organische Stoffe

Abhängigk. d. – organ. Verb.: v. d. chem. Konstit. 21-0981; v. d. chem. Konstit. 33-2730; –: oberhalb d. normalen Kp. v. aromat. KW-Stoffen 8-0882; v. 3-Hexin 16-0911; Computerprogramm für d. Berechn. v. Dampf/Fl.-Gleichgew. in KW-Stoff-Syst. 16-0914; – v. KW-Stoffen mit hohem Molgew. 19-1020; –-Kurve v. Cuban im Gebiet v. *239–262°* 25-0985; –: d. C_5-C_8-n-Alkene 36-0858; v. verzweigten C_4-C_5-KW-Stoffen 38-0892; v. verzweigten C_6C_8-KW-Stoffen 38-0893; d. C_5-C_8-Alkane 40-0714; v. Propylen 40-0817; v. deuterierten Äthanen 40-0830; v. Naphthalin (neue Mess. zwischen *40* u. *180°*) 51/52-0786; v. festen kanzerogenen Aromaten u. sein Nachw. 44-1919; –-Kurve u. Druck–D.-Diagramm für CO_2, N_2O, CF_3Cl in d. Nähe d. krit. Gebietes aus d. örtl. Brechzahl 15-0541; –: v. 1.1-Difluoräthylen 19-1019; v. chlorierten Äthylenen 32-2544; v. Tetrafluormethan 38-0996; v. reinen Fluorkohlenstoffen 40-0831; v. halogenierten Methanen 49/50-0690; v. Nitromethan 51/52-0680; v. Azoverb. in d. Dampfphase 51/52-0785; v. alkylierten Dihydroxybenzolen 4-0722; Druck-Vol.-Temp.-Verh.: v. fl. u. gasf. Methanol 20-0874; v. A. im Gas- u. fl. Zustand 22-0929; Einfl. v. Nitroalkoholen auf d. relative Flüchtigk. v. KW-Stoffen verschiedener Klassen 46-0793; –: v. Propylenglykolen u. Glycerin 47-0782; d. drei isomeren Isopropylphenole 48-0787; v. Fluoralkoholen 51/52-0787; Sättig.-Drücke u. Gleichgew. in d. Dampfphase für Addit.-Verb. einiger Phosphine mit BH_3, BF_3 bzw. Trimethylboran 11-0576; – v. Trialkylthioboraten 17-0606; –-Gleich. v. Tetrakis-[trifluormethyl]-tetraphosphathiophan u. Trimethylphosphinsulfid 21-0983; –: v. Dekaboran(14)-Deriv. 27-0926; v. 4.4'-Diaminodiphenylmethan u. 4.4'-Diisocyanatodiphenylmethan 41-0796; v. Pentafluorguanidin 51/52-0681; –-Gleich v. Trifluormethylfluorformiat 9-0896; Dissoziat.-Drücke v. Citronensäuremonohydrat 7-0905; Sättig.-– v. Methylacetat, Äthylacetat, n-Propylacetat, Methylpropionat u. Äthylpropionat 39-0849; – v. Mono- u. Dialkylsubstituierten aliphat. Amiden 45-0889.

Dampf/Fl.-Gleichgew.: im Syst. Äthan/n-Butan 7-0901; v. Bzl./Cyclohexan 11-0921; isotherme Dampf/Fl.-Gleichgew.-Daten für d. Syst. Cyclohexan/n-Heptan/Toluol 15-0938; Best. v. Dampf-Fl.-Gleichgew.-Koeff. durch Gas-Fl.-Verteil.-Chromatographie an d. Syst. CH_4/Propan/n-Decan u. CH_4/Propan/n-Heptan 19-1023; Erklär. d. Knickes auf d. –-Kurven v. benzol. Polyvinylcarbazollsg. 23-1216; Dampf/Fl.-Gleichgew.-Daten d. Syst. n-Pentan/Bzl. 29-0609; Gleichgew. Fl./Dampf: d. Syst. Äthylbenzol/Cumol/Butylbenzol unter atmosphär. Druck 35-0909; im Heptan/Toluol/p-Xylol-Syst. u. in Heptan/Toluol-Extrakt.-Mittel-Syst. 39-0851; d. Syst. Bzl./Cyclohexan/n-Hexan 40-0715; d. Syst. CH_4/Toluol bei niedr. Temp. u. hohen Drücken 40-0836; – v. Misch. aus $CHBr_3$ u. 2.2.4-Trimethylpentan 5-0851; Dampf/Fl.-Gleichgew.: in bin. aus Difluorchlormethan, Hexafluorpropylen u. Trifluoräthylen gebildeten Gemischen 18-2460; in d. Syst. Trioxan/Bzl. u. Trioxan/Methylenchlorid 30-0893; im Syst. C_6H_6/CCl_4 32-0961; im Syst. Py./Tetrachloräthylen 38-0998; Fl./Dampf-Gleichgew. v. Br- u. J-Lsg. in CCl_4 41-0457; isobares bin. Dampf/Fl.-Gleichgew. im Syst. Chlf./CCl_4 43-0871; Verdampf.-Gleichgew. v. Tetrachlorkohlenstoff/Perchloräthylen-Gemischen 47-2499; –-Daten d. Misch.-Lückensyst. Methylcyclohexan/Perfluormethylcyclohexan 49/50-0904; Fl./Fl./Dampf-Gleichgew. im Syst. n-Heptan/Nitromethan/Nitroäthan 9-0897; Fl./Gas-Gleichgew. v. Bzl./Anilin 10-0890; –-Isothermen d. bin. Misch. v. n-Hexan mit CD_3- u. D_α-Methylamin 45-0906; Gleichgew. Dampf/Fl. d. Syst. Bzl./n-Heptan/n-Butanol 5-0852; isotherme u. isobare Dampf/Fl.-Gleichgew.-Werte d. Syst. Toluol/Isoamylalkohol 7-0904; Hochdruck–Fl.–Dampf-Gleichgew.-Daten d. Methanol/Äthanol-Syst. 7-2529; isotherme Dampf/Fl.-Gleichgew.-Daten d. Syst. Heptan/Propanol bei *75°* u. Decan/Butanol bei *100°* 38-1000; Fl./Dampf-Gleichgew.: im Syst. CCl_4/Propanol 41-0943; d. bin. Syst. Methyltrichlorsilan/Dimethyldichlorsilan u. Phenyldichlorsilan/Phenyltrichlorsilan 29-0977; in bin. u. tern. Syst. aus Methylchlorsilanen, $SiCl_4$ u. $\beta.\beta'$-Dichlordiäthyläther 46-0794; d. tern. Syst. Aceton/Äthanol/n-Butanol 5-0854; – d. Syst. Aceton/Chloroform/Bzl. u. seiner Komponenten in einem bin. Syst. 22-0920; Dampf/Fl.-Gleichgew. d. Syst. Aceton/Isopropanol 26-0925; Zus. koexistierender Phasen d. Dampf/Fl.-Gleichgew. verd. Lsg. v. Hexan in aliphat. Ketonen 36-1901; Dampf–Fl.-Gleichgew.: d. Syst. Aceton/Hexylalkohol 49/50-0903; in Syst. aus Trichlorsilan u. Tetrachlorsilan mit Nitrilen 30-0896; im Syst. Aceton/Acetonitril 51/52-0795; tern. Dampf/Fl.-Gleichgew. für d. Syst. Äthylacetat/Äthanol/n-Butanol 16-0923; Dampf/Fl.-Gleichgew.: bei d. Verester. v. Essigsäure mit n-Butanol zu Butylacetat 20-2470; in d. Syst. Bzl./Butylacetat u. CCl_4/Butylacetat 24-0949; Phasengleichgew. dampfförm./fl. d. Syst. Bzl./Essigsäure u. n-Heptan/Essigsäure 27-0997; relative Flüchtigk. v. Hexan/C_6-Olefinsyst. in N.N-Dimethylformamid 37-0972; Hochdruck-Dampf/Fl.-Gleichgew. u. d. krit. Zustand im Syst. Trifluoressigsäure/Perfluorbutan 37-0975; isotherme Dampf/Fl.-Gleichgew.-Daten d. Syst. n-Heptan/Valeriansäure 40-0832; Fl./Dampf-Gleichgew. im tern. Syst. Tetrachlorkohlenstoff/Benzol/Butylacetat 41-0945; Fl./Dampf-Phasengleichgew. im Syst. Essigsäure/Methylacetat 41-0946; Verdampf.-Gleichgew. v. Ameisensäure/Essigsäure-Gemischen 47-2499; Dampf/Fl.-Gleichgew.-Daten für d. tern. Syst. CCl_4/Äthylacetat/n-Butanol 51/52-0798.

Anorganische-organische Systeme

Verdampf.-Gleichgew. u. krit. Kurven in d. Syst. Äthan/W. u. n-Butan/W. bei hohen Drücken 23-0611; Fl./Dampf-Gleichgew.: im Syst. Py./W. 14-0878; d. W./Phenol-Syst. in einem weitem Temp.-Bereich 15-0944; – v. Propylenglykolen u. Glycerin u. deren wss. Lsg. 47-0782; Phasengleichgew. Fl./Dampf im Syst. W./Äthanol/Acetaldehyd 11-0926; Luft/W.-Verteil.-Koeff. einiger aliphat. Aldehyde 23-0977; Dampf/Fl.-Gleichgew. d. Syst. Acrylnitril/Acetonitril/W. 6-0898; Daten d. Dampf/Fl.-Gleichgew. für d. Syst. Äthanol/mit Kaliumacetat gesätt. W. 12-0528; thermodynam. Bezieh. d. Dampf/Fl.-Gleichgew. im Syst. Essigsäure/W. 51/52-0800.

Fl./Dampf-Gleichgew. d. Syst. Methan/n-Hexan/N_2 3-0880; Gleichgew. zwischen Feststoff u. Dampf im Syst. Ne/Methan 4-0450; Fl.–Dampf-Gleichgew. im Syst. Äthan/CO_2 10-2484; Gleichgew.-Verteil. v. Methan zwischen d. fl. u. d. gasf. Phase v. O_2 17-0621; Verdampf.-Gleichgew. bei hohem Druck d. Syst. N_2/n-Butan u. N_2/Isobutan 28-0557; Fl./Dampf-Gleichgew. im Syst. He/CH_4 30-0524; Phasengleichgew. fl./gasf. d. Syst. Propylen/Kr u. Propylen/Xe 42-0420; –-Kurve u. Druck–D.-Diagramm für N_2O/Luft, N_2O/H_2O, CO_2/N_2O u. CF_3Cl/N_2O in d. Nähe d. krit. Gebietes aus d. örtl. Brechzahl 15-0541; Dampf–Fl.-Verteil.-Koeff. im Syst. CCl_4/Br_2 u. CCl_4/J_2 41-0457; Fl./Dampf-

Gleichgew.: u. – d. Syst. SO_2 + Dimethyläther 16-0547; im Syst. CH_3SiCl_3/PCl_3 19-0633; –: v. Äthylen u. CO_2 in acetylenhalt. Aceton bei tiefen Temp. 25-0996; in d. Syst. Ammoniumacetat/NH_3 u. Ammoniumformiat/NH_3 23-0634.

Untersuchungsmethoden

Automat. Registrier. v. –-Osmometerwerten 4-1516; –-Osmometer 8-1786; Meth. zur –-Best. bei hohen Temp. 10-0526; Isotopenaustauschmeth. mit einmal. isothermem Anlassen zur Best. v. – 15-0559; automat. App. zur Best. v. isothermen Fl./Dampf-Gleichgew. 16-1841; Einfl. v. Einschränk. d. Mol.-Ström. auf Mess. d. – 20-0487; Kolonne zur Best. d. Dampf/Fl.-Gleichgew. bei niedr. Druck 21-2317; Anwend. d. Tors.-Technik für –-Mess. im Temp.-Bereich v. *1500 – 2500°* 26-1936; thermomol. Druckdifferenz-Mess. für d. Präzis.-^{3}He- u. -^{4}He-Dampfdruckthermometrie 28-0534; App. zur stat. –-Mess. v. Misch. 33-2087; Sondenmeth. zur Best. v. Gleichgew.-– 34-0502; Best. d. –: v. Fl. durch v. mikroporösen Medien induzierte Ström.-Mess. 35-0397; bei hohen Temp. mit Hilfe einer neuen Tors.-Effus.-Apparatur 37-0541; Nachw. niedr. Partialdrücke mit d. Ionenkäfig 41-1922; Effus.-Tors.-Meth. d. –-Best. unter Verw. einer magnet. Aufhäng. 42-0416; gleichzeit. Best. d. Diffus.-Koeff. u. d. – mit d. Meth. d. nichtstationären Grenze 45-0465; Meth. d. großen Tropfens zur Best. d. – v. fl. Metallen 45-0477; thermomol. Druckdifferenzmess. für d. ^{3}He- u. ^{4}He-Präzis.-Dampfdruckthermometrie 51/52-0343.

Best.: d. Molgew. v. Polyoxyäthylenglykolen mittels Differentialmanometrie (App.) 15-1181; sehr kleiner W.-Geh. in hochpolymeren Stoffen durch –-Mess. 33-2309; tensometr. Meth. zur Best. d. Mol.-Gew. v. niedermol. Substanzen 37-2025; mittlerer Aktivitätskoeff. v. Polyelektrolyten im tern. Syst. W./Na-Polyacrylat/NaCl aus isopiest. –-Mess. 49/50-0395.

Bibliographie

Vapour-liquid equilibrium B 61.

Dampf- und Heizkessel

Aufbereit. von Kesselspeisewasser s. unter *Wasser, Kesselspeise- und Kühlwasser.*

Siehe auch *Kesselstein.*

Verhinder. v. Kesselstein durch Zusatz v. Na-Salz d. Carboxymethylcellulose 8-2085*; chem. Reinig. v. Dampferzeugern mit inhibierter HCl 14-2131; chem. Reinig. v. Schiffskesseln durch Säuren 14-2132; feuerseit. Ablager. u. ihr Einfl. auf d. Wärmeübergang in einem mit gepulvertem Brennstoff beheizten Kessel 15-2201, 15-2202; Korros.-Überwach. v. Benson-Kesseln 16-2155; Verhüt. d. Kesselsteinbldg. in Hochdruck-Dampferzeugern mittels Salz d. Nitrilotricarbonsäure 16-2164*; Verhinder. d. Korros. in Hochdruckheißdampfkesseln durch Zusatz v. LiOH 17-2579*; Hemm. d. H_2SO_4-Korros. in –-Feuer. durch NH_3 19-2604; Zunderbldg. u. Stillstandkorros. in – 20-2127; verbesserter –-Betrieb durch kontrollierte Vorenthärt. u. Auswahl v. W. 22-2277; Verhüt. v. Steinansatz in Dest.- u. Verdampf.-App. durch Polyacrylsäure 28-2231*; rauchgasseit. Korros. u. Verschlack. in Dampferzeugeranlagen 31-2599; martensitaushärtender Stahl Almar *362* für geschweißte Druckkessel 36-2347; H_2SO_4-Korros. in Heißwasserkesseln durch Erhöhung d. Taupunktes 36-2427; Reinigen v. – durch Einspeisen v. Kieselgur, Na_2SO_3, Silicon u. Tannin 40-2014*.

Bibl.: Handbuch für Kesselwärter. Bd. *1*: Grundbegriffe, Brennstoffe, Verbrennung, Feuerungen und Dampfkessel B 46; Handbuch für Kesselwärter. Bd. *2*: Überhitzer, Nachschaltheizflächen, Kesselausrüstung, Kesselbetrieb, Kesselschäden und Speisewasserpflege B 54; Pressure vessel design and analysis B 37.

Danalith, Best. d. –-Anteils in Be-Erzen 41-2076.

Danburit, – in d. unterkambr. salzhalt. Ablager. Ost-Sibiriens 11-0845; Paragenese v. Tjanšanit mit – 46-0705; strukturelle u. chem. Effekte auf d. SiKβ-Röntgenlinie v. – 51/52-0206; ESR v. Elektronen–Loch-Zentren in – 21-0425; Flotat. im Syst. Ölsäure bzw. Ölsäure/Danburit 34-0706; –-Konzentrat für Borglasschmelzen 4-1870; Zusatz v. –-Konzentrat zur Herst. v. Grundier.- u. Deck-Glasemaillen 27-2521*.

Daniellsäure s. unter $C_{20}H_{28}O_3$.
Danomycin s. unter $C_{73}H_{125}FeN_{10}O_{37}$.
DANS-Cl s. unter $C_{12}H_{12}ClNO_2S$.
Dansyl s. unter $C_{12}H_{12}ClNO_2S$.
Dansylcadaverin s. unter $C_{17}H_{15}N_3O_2S$.
Dansylchlorid s. unter $C_{12}H_{12}ClNO_2S$.
Daphnandrin s. unter $C_{36}H_{38}N_2O_6$.
Daphnetin s. unter $C_9H_6O_4$.
Daphnetine s. unter *Cumarine.*
Daphniphyllin s. unter $C_{32}H_{49}NO_5$.
Dapotum s. unter $C_{29}H_{38}F_3N_3O_2S$.
Dapson s. unter $C_{12}H_{12}N_2O_2S$.
Daraprim s. unter $C_{12}H_{13}ClN_4$.
Darapskit, Vork. in antarkt. Böden 43-0747; Struktur 45-0267.

Darco G 60 s. unter *Kohle, aktive.*
Darenthin s. unter $C_{11}H_{18}BrNO$.
Darm s. unter *Organe.*
Darutigenol s. unter $C_{20}H_{34}O_3$.
Darutosid s. unter $C_{26}H_{44}O_8$.
Darzens-Rekation s. unter *Kondensationsreaktionen.*

Dasanil s. unter $C_{11}H_{17}O_4PS_2$.
Dasycarpidon s. unter $C_{17}H_{20}N_2O$.
Dasycarpin s. unter $C_{20}H_{35}N_3$.
D 16 AT s. unter *Aluminiumlegierungen* (*Sondermarken*).

DATC s. unter $C_{23}H_{32}N_2O_2S$.
Datiscetin s. unter $C_{15}H_{10}O_6$.
Datiscin s. unter $C_{27}H_{30}O_{15}$.
Datolith, –-Krist. aus Gesteinen d. Trappformat. d. nordwestsibir. Plattform 11-0844; – aus Diabas-Porphyriten (Krim) 42-0687; Paragenese v. Tjanšanit mit – 46-0705; Stellerit aus d. vulkanogenen Komplex v. Chry-Piljaki in Paragenese mit Quarz, Calcit u. – 47-0738; Neubetracht. d. Struktur v. – 45-0268; Verw. v. –: zur Herst. v. H_3BO_3 49/50-2140; in B-halt. Silicatemaillen 17-2392*.

Datura, Indukt. d. Synth. eines Antivirusfaktors bei – durch Gaben v. Phytinsäure 24-1544; Biosynth. d. Tigloylester v. Datura meteloides u. D. innoxia 5-1354; Stoffwechsel v. α- u. δ-Methylornithin in Datura metel u. D. stramonium (Bldg. v. Tropan-Alkaloiden) 21-1563; Biosynth.: d. Tropan- u. Punicaalkaloide bei Datura metel 25-1533; d. Tropanalkaloide bei Datura metel 25-1534; Vorstufen d. Pyrrolidinringes bei d. Biosynth. d. Tropanalkaloide durch – 26-1503; Mechanismus d. Bldg. d. Tropansäure aus $^{14}C_{(1)}$, $^3H_{(2)}$-Phenylalanin bei Datura metel (Biosynth. d. Tropanalkaloide) 26-1504; Wrkg. chem. Dünger auf Wachstum, Ertrag u. Alkaloidprodukt. v. Datura stramonium var. inermis bei Anbau in d. VAR 38-1570, Biosynth. v. Tropasäure in Datura innoxia 45-1496; Dynamik d. Ansamml. u. Lokalisier. d. Li in Datura stramonium 6-1372; Alkaloidgeh. d. Blätter d. in Bulgarien wildwachsenden Datura stramonium 7-1359; Vgl. v. Alkaloidgeh. u. -zus. d. Blätter u. Samen v. – 12-1599; Alkaloidspektrum in – während d. Ontogenese 14-1393; Aufnahme u. Speicher. v. Alkaloiden in Gewebekulturen v. – 17-1423; Vork. v. Hyoscyamin u. Scopolamin in Kreuz. v. Datura ferox u. D. stramonium 29-1569; Alkaloidgeh. v. Datura metel var. fastuosa (Wrkg. pflanzl. Hormone) 29-1590; Gewinn. v. Scopolamin aus Datura innoxia 48-1630; Aminosäuregeh. v. Datura stramonium 51/52-1720; Einfl. v. γ-Strahlen auf Datura stramonium var. inermis aus d. U. A. R. 7-1332; Abtrenn. d. flücht. Basen aus d. Alkaloidextrakt. v. Datura stramonium 30-1642.

Daubréelith, – in Meteoriten u. Tektiten (Zeitschriftenref.) 16-0764; –-Einschlüsse in Meteorit-Leg. 37-0870; orientierte –-Lamellen im Meteoriten Gibeon 41-0679.

Daunomycin s. unter $C_{27}H_{29}NO_{10}$.
Daunomycinon s. unter $C_{21}H_{18}O_8$.
Dauricin s. unter $C_{38}H_{44}N_2O_6$.
Dawsonit, – in d. Greta-Kohlen bei Muswellbrook, New South Wales 42-0688; Bldg. u. Eig. 37-2381; Krist.-Struktur 32-0238.
Dazomet s. unter $C_5H_{10}N_2S_2$.
DBCP s. unter $C_3H_5Br_2Cl$.
DBP s. unter $C_8H_{19}O_4P$.
DBPC s. unter $C_{15}H_{24}O$.
DC 200 s. unter *Plaste, Si-Plaste* (*Weitere Organo-Si-Polymere*).
DC-703 s. unter *Plaste, Si-Plaste* (*Weitere Organo-Si-Polymere*).
DCB-Tricyclin s. unter $C_{15}H_{16}O_4$.
DCF, Verw. zur Bekämpf. v. Getreiderost 9-3034.
D & C Green No. 6 s. unter $C_{28}H_{22}N_2O_2$.
DCI s. unter $C_{11}H_{15}Cl_2NO$.
DCPA s. unter $C_{10}H_6Cl_4O_4$.
D & C Red Nos. 17 s. unter $C_{22}H_{16}N_4O$.
D & C Reed Nos. 18 s. unter $C_{26}H_{24}N_4O$.
D & C Red Nos. 35 s. unter $C_{17}H_{13}N_3O_3$.
D & C Rot Nr. 21 s. unter $C_{20}H_8Br_4O_5$.
DCTA s. unter $C_{14}H_{22}N_2O_8$.
DCTFA s. unter $C_3Cl_2F_4O$.
D & C Violett No. 2 s. unter $C_{21}H_{15}NO_3$.
D & C Yellow No. 11 s. unter $C_{18}H_{11}NO_2$.
DD, Einfl. auf d. Burtfähigk. d. Eier v. Meloidogyne javanica 11-3066; Verw. zur Bekämpf.: v. Radopholus similis 2-2840; v. Drahtwürmern (Limonius canus) an Kartoffeln 3-3173; d. Kohlhernieerregers (Plasmodiophora brassicae Wor.) 4-2584; Beurteil.: v. – für d. Bekämpf. d. Knöllchennematode (Meloidogyne javanica) an getrocknetem Tabak 7-3079; zur Bekämpf. d. Knöllchennematoden (Steiger. d. Ertrags an Zuckerrohr) 12-3059; Verw.: zur Tabaknematodenbekämpf. 20-3012; zur Bodenentseuch. 25-3331; –-Bodenentseuch.-Mittel zur Bekämpf. zuckerrübenschädigender Nematoden, bes, Trichodorus anemones 25-3332; Verw. zur Bodenbegas. (Auftreten v. Mn-Mangel) 31-3409.
DDA s. unter $C_{14}H_{10}Cl_2O_2$.
DDD s. unter $C_{14}H_{10}Cl_4$.
DDE s. unter $C_{14}H_8Cl_4$.
DDI s. unter $C_{28}H_{72}N_2O_2$.
DDNP s. unter $C_6H_2N_4O_5$.
DDS s. unter $C_{12}H_{12}N_2O_2S$.
DDT s. unter $C_{14}H_9Cl_5$.
DDTC s. unter $C_5H_{11}NS_2$.
DDVP s. unter $C_4H_7Cl_2O_4P$.
Deacidite FF s. unter *Plaste, Styrolpolymerisate* (*Weitere Polystyrole*).

De-Acidit GSRA-102 s. unter *Plaste, Styrolpolymerisate* (*Weitere Polystyrole*).
Deacon-Verfahren s. unter *Chlor.*
DEAE-Cellulose s. unter *Cellulosederivate, Äthylcellulose.*

Debrisochin s. unter $C_{10}H_{13}N_3$.
Decadron s. unter $C_{22}H_{29}FO_5$.
Deca-Durabolin s. unter $C_{28}H_{44}O_3$.
Decalin s. unter $C_{26}H_{31}NO_5$.
Decamethonium s. unter $C_{16}H_{40}N_2O_2$.
Decan s. unter $C_{10}H_{22}$.
Decansäure s. unter $C_{10}H_{20}O_2$.
Decarbonylierung s. unter *Dissoziationsreaktionen.*
Decarboxylierung s. unter *Dissoziationsreaktionen.*

Deccan Trapp s. unter *Basalt.*
Decoyinin s. unter $C_{11}H_{13}N_5O_4$.
Decylisierung s. unter *Spalten.*
Dederon s. unter *Chemiefasern, Polyamidfasern.*
Dederon-Dedotex s. unter *Chemiefasern, Polyamidfasern.*

Def s. unter $C_{12}H_{27}OPS_3$.
Deferoxamin s. unter $C_{25}H_{48}N_6O_8$.
Defol s. unter $C_9H_{18}Cl_3O_3PS$.

Deformation

Bruch u. Rißbldg. bei – s. unter *Festigkeit.*

Siehe auch *Ausdehnung*; *Elastizität*; *Plastizität.*

Versetz.-Dynamik bei d. Verform. u. Erhol. 3-0367; Mechanismus d. Warmverform. 3-2449; Schergrenzenbest. bei gekerbten Rundproben 4-1968; Verform.-Struktur v. neutronenbestrahlten Folien 5-0352; Einfl. d. bleibenden Dehn. auf d. Alter.-Technik 6-0267; Gleich. für d. Pulverkompress. 9-0633; Molekularmechanismen d. Verform.-Prozesse 11-0308; Unters. d. Verform. v. Einzelkristalliten im Krist.-Verband durch röntgenograph. Spann.-Mess. 13-2339; Verh. v. Dehn.-Meßstreifen bei tiefen Temp. (magnet. Widerstandsänder. v. Dehn.-Meßstreifen aus Cu–Ni (*40* %), Ni–Cr (*20* %) u. Ni(*61* %)–Cr (*20* %)–Mn (*17,5* %)–Mo (*1,5* %) bei *4,2 – 300* °K) 16-0463; [Eichfaktor (Verhältnis d. relativen Widerstandsänder. zur Belast.-Änder.) als Funkt. d. Temp. v. *0 – 300* °K bei Cu–Ni (*40* %)-Leg. u. Ni–Cr (*20* %)-Leg.] 16-0464; Berechn. d. Verh. eines Stabes während einer Dehn.-Probe bei hohen Belast.-Geschw. 19-0304; thermodynam. Auswert. v. Mess. d. Verform.-Geschw. 20-0225; Mess. sehr kleiner Verform. mit Hilfe v. Kα-Dubletts 23-0206; Dehn.-Verh. v. Vulkanisaten u. Einkrist. 24-1172; Kinetik d. Versetz.-Multiplikat. bei stat. Verform. v. Halbleitern 26-0238; Abweich. v. d. Cauchy-Relat. u. d. atomist. Bind.-Eig. 27-0289; Bieg. einer transversal isotropen Kugelschale 29-0239; Unters. verformter duktiler u. spröder Krist. mit d. Meth. d. anomalen Röntgendurchlässigk. 29-0278; Theorie endl. elast.-plast. Beanspruch. (Detonat.) mit Anwend. auf d. Fall ebener Wellen 31-0254; Einfl. d. Versetz.-D. auf d. Verhältnis zwischen d. elast. u. plast. Verform. reibender Materialien 32-2430; Magnetisier.-Änder. bei d. Verdrill. zylind. ferromagnet. Proben 33-0645; Klassifizier. d. verschiedenen Stadien d. elast.-plast. Verform. v. Realkrist. 37-0316; Röntgenmess. v. anomalen Restdehn. 37-2068; in einem transparenten Dielektrikum durch eine Lichtwelle hervorgerufene – 38-0268; Häuf. v. Dehn. zweiter Ordn. in kalthärtenden Werkstoffen 39-0157; Oberflächendeformat. d. Gitters in kub.-flächenzentrierten Krist. 39-0300; Spann. Abhängigk. d. Versetz.-Geschw. im Mikrodehn.-Gebiet 40-0133; Umwandl. eines Gitters mit „ABCBCACAB“-Stapelordn. in ein kub.-flächenzentriertes Gitter durch Verform. 46-0207; Mikro- – v. Festkörpern 48-0208; Reib.-Kraft u. Mess. an Hystereseschleifen im Gebiet v. Mikrodehn. 51/52-0172.

Nichtmetallische Elemente

Verform.-Mechanismen in polykrist. Graphit 41-0132; Unters. d. Zugverform. eines Si-Krist. mit Hilfe d. Röntgenstrahlentypographie 19-0297; Innere Reib. u. elektr. Widerstand von Si-Einkrist. bei mehrfacher Wechselverbieg. 35-0217; Einfl. v. einachs. Kompress. auf d. Störstellenleit. in p-Si 46-0373; Relaxat.-Zeit d. Defektelektronen in verformten Si bei tiefen Temp. 49/50-0290.

Metalle und Legierungen

Endlagen bei d. Stauch- u. Zugverform. v. polykrist. Metallen 3-0275; Grenzverformbark. v. Metallen beim Riß unter hydrostat. Beding. 4-0251; Doppelkinkmodell für d. Kaltverform. kub.-raumzentrierter Metalle u. Leg. 5-0315; Beteilig. fokussierender Stöße infolge v. Bestrahl. beim Verform.-Prozeß v. Metallkrist. 6-0314; komplexe Darst. d. geometr.-kristallograph. Verhältnisse bei d. Druckverform. kub.-raumzentrierter Metalleinkrist. durch ⟨111⟩{110} 12-0253; Orientier.-Abhängigk. d. Dehn. in kub.-raumzentrierten Metallen 14-0268; Fortpflanz. d. Stapelfehler in stark kaltverformten Metallen 15-0223; bleibende Verform. u. Verfestig. bei einer Explos.-Verarbeit. v. Metallen 22-0267; Verh. v. Ordn.-Leg. bei verschiedenen Verform.-Beding. 22-0275; Einfl. d. Oberflächenschichten auf d. Verform. v. Metallen 23-0310; Einfl. d. Charakters d. Versetz.-Struktur u. d. Korngröße auf d. Gültigk. d. Cottrell-Stokes-Gesetzes bei Leg. 23-0328; Verform.-Mechanismus v. hexagonalen Metallen mit c/a-Verhältnis $>$ *1,633* 29-2540; Verh. kub.-flächenzentrierter Metalle u. Leg. bei cycl. Spann. u. Dehn. (phänomenolog. Experimente) 34-0298; (Versetz.-Strukturen u. Mechanismen) 34-0299; hydrostat. Kompress. d. Metalle bei allseitigem gleichmäßigem Druck 34-0300; innere Verschieb. v. verspannten hexagonal-dichtgepackten Metallen 38-0248; Besonderh. d. Mechanismus einer Verform. mit hoher Geschw. v. Metallen mit hexagonal dichtester Pack. 39-0160; latente Verform.-Energie in Mischkrist.-Leg. fester Lsg. 39-0194; innere Reib. v. Metallen bei Zug–Druck-Beanspruch. 41-2449; Stapelfehler in verformten Metallen 46-0203; Verform.-Mechanismus v. Metallen mit disperser, inkohärenter zweiter Phase 46-0271; einfaches Verf. für d. Stoßverform. v. Metallfolien 51/52-0183.

Anwend. v. Vers. mit wechselnder Dehn.-Geschw. bei d. therm. aktivierten Verform. d. K 15-0261; therm. aktivierte Verform. v. K 35-0218; Kompress. d. Erdalkalimetalle Mg, Ca, Sr u. Ba mit starken Stoßwellen 27-0323; Einfl. einer Vorverform. bei *400°* auf d. mechan. Charakteristiken v. polykrist. Be bei *50*, *100* u. *200°* 40-0113; durch Kalterweich. induzierter Strecken v. Mg-Einkrist. 12-0258; Besonderh. d. Verform.-Mechanismus d. Mg-Leg. bei einer hydroexplosiven Belast. MA *8* 30-0233; Dehn. d. Mg-Leg. MA *2–1* mit vershiedenem H-Geh. 30-2357; mechan. Eig. v. Zn-Einkrist. bei hohen Reckgeschw. 10-0264; durch hydrostat. Druck induzierte Verform. v. polykrist. Zn 42-0082; Verform. v. Zn-Einkrist. bei hohen Dehn.-Geschw. 48-0209; Kompress. v. Hg bei hohem Druck 17-0302; Einfl. v. Verunreinig. auf d. Erhol. v. verformtem Al 5-0317; Einfl. d. bleibenden Dehn. auf d. Alter.-Kinetik in Al-Leg. mit Cu 6-0266; Dehn.-Eig. v. Al–7Si-Leg. nach Wärmebehandl. 7-2376; Exoelektronenemiss. v. verformtem Al u. d. Leg. D *16* nach Schlageinwrkg. 9-0405; Bezieh. zwischen d. Durchmesser prismat. Versetz.-Schleifen u. d. Verform.-Widerstand einer v. *600°* abgeschreckten Al-Leg. mit Mg 10-0265; Verh. v. Al–Cu-Krist. bei cycl. Belast. 14-0277, 14-0278; Zugeig. v. Al–Si-Leg. (Wrkg. v. Zus. u. Wärmebehandl.) 14-2328; Zugverform.-Verh. einer Al–Mg-Leg. 15-0264; Einfl. einer Verform. auf d. Ausscheid. in Al-Leg. mit Cu 16-0216; Bldg.-Mechanismus prismat. Versetz.-Schleifen in cycl. verformtem Al 17-0244; innere Reib. bei Tors.-Vers. an Einkrist. aus reinem Al u. Zn 18-0275; Dehn. v. Al–Zn–Si-Leg. 19-2536; Verform.: v. Al-Einkrist. bei hohen Verform.-Geschw. 23-0314; dünner Al-Folien bei hydrostat. Druck 23-0315; – v. polykrist. Al bei hohen Zuggeschw. 30-2358; erhöhte Erhol. d. Stufe I von verformtem Al 32-0268; Spann.-Alter. von kommerziell reinem Al 32-0269; Relaxat.-Spektrum einer deformierten Al–Fe-Leg. 34-0309; Verform. v. Al-Einkrist. bei hohen Verform.-Geschw. 35-0221; Dehn.-Geschw. v. Al in Abhängigk. v. d. Temp. 35-2240; Zugeig. v. Al–Zn–Mg-Leg. mit Ag-Zusätzen 35-2492; Röntgen-Restdehn.-Mess. beeinflussende experimentelle Faktoren bei hochfesten Al-Leg. 37-2068; Bezieh. v. Fließspann. v. Al zu Dehn. u. Temp. 38-2488; Versetz.-Dämpf. in Al bei hohen Verform.-Geschw. 39-0164; Verform. v. Al-Einkrist. mit hohen Verform.-Geschw. 40-0117; Erhol. v. bei *– 195°* kaltverformten Al–Si-Leg. 40-0119; Tieftemp.-Verform. v. elektronenbestrahltem Al 41-0208; Ätzfiguren v. bei *4,2* °K verformtem hochreinen Al 46-0159; krit. Verform. v. Al bei d. thermomechan. Bearbeit. 47-0225.

Besonderh. d. Stoßkompress. v. Lanthaniden (La, Ce, Sm, Dy u. Er) 5-0338; therm. aktivierte Verform. v. α-Ti unterhalb *0,4* T_M 3-0283; Einfl. d. Verform.-Geschw. auf d. Strukturänder. v. Ti 5-0218; Verform.-Mechanismus in Ti bei tiefen Temp. 34-0310, 34-0311; Röntgenmess. v. Restdehn. in Ti-Leg.-Blechen 37-2068; Verform.-Mechanismus in Ti bei niedrig. Temp. 40-0122, 44-0107; Stauchеig. v. Zr u. Zircaloy 1-0300; – -Verh. v. Zircaloy-*2* mit Richt.-orientierten Zr-Hydridausscheid. 2-2200; Erhol. v. verformtem Zr bei niedr. Temp. 18-0212; Verform. v. Proben aus Zr verschiedener Reinh. durch Walzen 27-0302; Einfl. d. Zugverform. v. Zr u. Ti auf d. Restwiderstand u. d. Versetz.-D. 27-0525; therm. aktivierte Verform. v. α-Zr 29-0263; Einfl. einer Vorzugsorientier. auf d. Verform.-Verh. v. Brennelementrohren aus Zircaloy-*2* 36-0252; Einfl. d. Dehn.-Geschw. auf d. duktilspröd-Übergang v. Zircaloy-*2* 36-2378; Verform. v. Zircaloy-*2* 40-0126; Best. d. Anisotropie d. Streckgrenze u. d. Dehn. in Zircaloy-*2* in einem einzigen Versuch 40-0127; Stapelfehlerbldg. durch Verform. in Ti, Zr u. Hf 32-0189; Verform.-Charakteristik v. polykrist. Th zwischen *78* u. *473* °K 32-0273.

Wrkg. geladener Verunreinig. auf d. Verform. v. versetzungsfreiem Ge 4-0245; Röntgenunters. v. Versetz. in durch Biegen verformten Ge-Krist. 15-0170; durch Kerbschlag in Ge erzeugter Schaden 16-0219; Streckverh. v. versetzungsfreiem Ge v. *500°* bis in d. Bereich d. Schmelzpunktes 41-0139; Verform. v. Nb-Einkrist. 3-0285; Einfl. v. N auf d. Zug- u. Kriech-Dehn.-Eig. v. Nb 17-2410; Verform. v. Nb-Einkrist. 24-0308; (elektronenmkr. Unters. d. Versetz.-Strukturen) 24-0309; Einfl. v. Reinh.-Grad u. Temp. auf d. dynam. Mikroverform. v. Nb 34-0313; Röntgenunters. d. Verform. v. Nb/Re-Leg. 42-0082; Abhängigk. d. Reckalter. in Nb v. O-Geh. 51/52-0178; Verform. v. anod. Oxidschichten auf Drähten aus Al, Ta bzw. Zr 2-0253; Erhol. d. elektr. Widerstands v. verformtem, im Ultrahochvakuum entgastem Nb u. Ta 16-0278; Verform. v. Ta–Nb- u. Ta–Mo-Einkrist. 34-0315; Verfestig. v. durch Stauch. verformtem Ta in drei Bereichen 46-0277; Verform. orientierter, dünner Bi-Einkrist. 29-0186; Besonderh. d. Änder. d. Mikrohärte v. neutronenbestrahltem Cr beim Verformen 21-0292; Versetz.- u. Verform.-Mechanismus in Cr-Einkrist. 32-0193; Gefügeveränder. in Cr bei d. Verform. 37-0192; Dehn. v. zonengeschmolzenem Cr 40-0129; Beobacht. v. Versetz. in verformten Mo-Krist. 31-0193; elektronenmkr. Unters. v. unter hohem Druck verformtem Cr u. Mo 34-0193; Wirk. d. Verform. auf d. elektr. Widerstand von Mo-Einkrist. 40-0132; Verform. v. Mo-Einkrist. bei geringen Dehn.-Geschw. 43-0225; elektr. Widerstand v. Gitterdefekten in verformten W-Einkrist. bei niedr. Temp. 3-0226, 3-0227; Zugeig. v. W-Faserverbundstoffen bei erhöhter Temp. 42-0082; Einfl.: d. Korngröße auf d. Zug- u. Kriech-Eig. v. bogen- u. elektronenstrahlgeschmolzenem W bei *2250–4140*°F 44-0107; einer Warmbehandl. auf d. Verh. v. U im Zugverh. im Temp.-Bereich v. *20–200°* 41-0143; Zugverh. v. Pu mit Ga bei *– 60*, *+ 30* u. *77°* 36-0254; Verform.-Vermögen v. gegossenem Re (Einfl. d. Leg.-Elemente) 26-2445.

Verform.-Verh. isoaxialer Fe–Si-Bikrist. 4-0250; lokale Verform. einer Fe/Si-Leg. bei d. Wechselwrkg. v. Gleitbändern u. Zwillingen mit Hindernissen 6-0208; Bldg. d. Versetz.-Struktur bei d. Verform. v. Einkrist. aus Si-halt. Fe 7-0224; Bezieh. zwischen Mikroverform. u. d. Entw. v. Versetz. in Fe u. niedr. gekohltem Stahl 9-0292; Stoßkompress. niedr. gekohlter Stähle 9-0293; Einfl. einer vorangehenden Verform. auf d. Kerbschlagzähigk. v. Stahl *30*ChGSA 9-0295; elektronenmkr. Unters. d. Verform. perlit. Strukturen beim Drahtziehen 10-2369; Änder. d. inneren Reib. mit d. Verform.-Amplitude in monokrist. u. polykrist. Fe 11-0316; Verform. v. Zementit 13-0288; Kaltverform.-Max. d. inneren Reib. in Fe 14-0270; Reckalter.-Effekte in Fe bei Explosivverform. 14-0271; Dehn.-Verh. v. Schmiede-Fe bei erhöhten Temp. 14-2347; Verform.-Verh. v. Fe–Cr-Leg. 15-2471; Alter.-Verform. v. Stahl (Einfl. v. Zr) 18-2318; Verform. bei d. Wechselwrkg. v. Zwillingen u. martensit. Schichten mit Hindernissen eines Stahles 21-0295; Ursachen d. starken Amplitudenabhängigk. d. inneren Reib. in kalt verformten Stahl U *8* 21-0296; Versetz.-Struktur v. verformten Fe-Einkrist. 23-0237; Verform.-Verh. nicht isoaxialer Bikrist. aus Fe–Si 23-0323; Kaltverform.-Dämpf.-Max. in α-Fe 24-0312; Gefügeauswrkg. bei d. Impulsverform. eines niedrigggekohlten Stahls 25-0237; Verform.-Widerstand v. Cr–Mn-Stahl 25-2493; Verform. v. polykrist. Fe in d. Fließebene 26-0289; innerkrist. Struktur v. Fe/Co-Leg. bei hohen Verform.-Graden 27-0227; durch d. divergente Röntgenstrahlmeth. beobachtete Dehn.-Verform. in Einkrist.-Platten v. Fe 29-0266; Einfl. v. Verform. u. Abschrecktemp. auf d. Zerfallsmechanismus im Stahl EI*702* 30-0161; metallograph. Unters. d. Verform.-Mechanismus d. Stahles EI *702* 30-0162; Verformbark. v. rostfreiem Stahl bei tiefen Temp. 31-2510; Verform.-Geschw. v. Stählen mit hoher Streckspann. nach d. Bestrahl.-Härt. 31-2533; Mechanismus d. Kornvergröber. bei d. Rekristallisat. an Proben aus d. Leg. EI*437*B nach krit. Verform. 34-0128; Nachw. d. Polygonisat. u. zweier Rekristallisat.-Vorgänge im Laufe d. Anlassens v. vorher unter Druck kaltverformtem Fe elektrolyt. Reinh. 34-0129; Verform. bei d. Verlangsam. d. Zwillingsbeweg. durch Hindernisse in einer Fe-Leg. 34-0322; Verform. einer bei *475°* gealterten Fe–Cr-Leg. 34-0326; Zugverform. v. Fe-Einkrist. mit [*100*]- u. [*110*]-Achsen zwischen *– 70* u. *+ 250°* 36-0255; Einfl. d. Verform.-Beding. auf d. Prozesse d. Reckalter. v. Armco-Fe 37-0198; Interpretat. v. Gittereigendehn.-Verteil. verformter homogener Armco-Fe-Werkstoffe 39-0175; Unters. d. Entw. d. inneren Reib. beim Snoekpunkt v. C bei einer Fe–C-Leg. in Abhängigk. v. Grad d. Verform. 39-0178, 39-0179; Erhol. v. Punktfehlern in Fe nach Verform. bei tiefen Temp. 40-0138; Streckpunkt v. spannungsgehärtetem Martensit in Stahl *4340* 42-0082; Wrkg. v. Alter. u. Substruktur auf d. Zugeig. v. Stahl *1020* 45-2533; Gitterdefekte in zonengereinigtem Fe durch Verform. bei *– 196°* 46-0180; Bezieh. zwischen d. Orientier. v. Fe-Einkrist., ihren Verform.-Mechanismen beim Walzen u. d. Walztexturen 49/50-0178.

Abhängigk. d. Verform.-Widerstandes in Ni–Au-Leg. v. Temp. u. Geschw. 3-2446; Dämpf.-Maxima in verformtem Ni 4-0254; Verform.- u. isotherm. Anlaßverh. v. Ni 5-0328; Erhol. d. elektr. Widerstandes v. kaltverformtem hochreinem Ni 5-0329; Anisotropieverh. v. vielkrist. Ni u. unlegiertem Stahl an Hand v. Zugvers. 5-2401; Einfl. v. dispersen Oxiden d. Al, Mg u. Cr auf d. Verform.-Widerstand v. Monel 9-0300; Verform. v. Ni bei hohen Dehn.-Geschw. 10-2373; Einfl. v. C-, Si-, Fe-, Au-Verunreinig. auf d. Erhol. v. kaltbearbeitetem Ni 13-0265; Krist.-Struktur v. $TaNi_3$ u. ihre Veränder. durch Kaltverform. 19-0264; röntgenograph. Unters. d. Struktur-Verzerr. v. Ni bei d. Dehn. bei normalen oder erhöhten Temp. 21-0298; Einfl. d. Temp. u. d. Verform.-Grads bei d. thermomechan. Bearbeit. auf d. Warmfestigk. v. Ni 21-0299; obere Temp.-Grenze d. sprunghaften Verform. v. Ni 22-0272; Gitterdefekte in stoßdeformiertem u. kaltbearbeitetem Ni 23-0326; Dehnbark. v. Ni bei Zugbeanspruch. im Vakuum 26-2462; Dehn.- u. Kriecheig. v. Einkrist. d. Ni-Superleg. Mar-M *200* 29-0274; Änder. d. Elektronenstruktur v. Ni u. seinen Leg. mit Ga u. Ge bei Verform. 36-0259; Leerstellenbldg. durch Kaltverform. in NiGa 40-0145; Verform. v. passiven Filmen aus Al, Fe u. Ni/Cr-Leg. 44-0541.

Mikroausdehn.-Bereich u. Übergang zur Makrodehn. in polykrist. Cu 1-0305; Analyse v. Versetz.-Anordn. in verformten Cu-Einkrist. 3-0228; Versetz. in leicht verformten Cu-Krist. 3-0229; Metallfluß beim Tiefziehen v. Cu mit kub. Textur 3-2456; Temp.-Abhängigk. d. Versetz.-Feinstruktur in cycl. verformtem Cu 5-0231; Bezieh. zwischen Reckgeschw. u. Verform.-Geschw. v. Cu-Einkrist. in Stufe III 11-0318; Besonderh. d. Mechanismus d. Hochgeschw.-Verform. v. Cu 12-0266; Dehnbark. v. bin. Cu–V-Leg. 13-2349; Fließeffekte u. Effekte zweiter Ordn. durch cycl. Verform. in belastetem Cu 14-0274; Dehn.-Verform. v. überhärteten Cu–Be-Einkrist. 14-0276; Substrukturen in durch

Explos. verformtem u. erhitztem β-Messing 16-0225; Verform. v. Einkrist. gealteter Cu–Ni–Co-Leg. in verschiedenen Strukturzuständen 18-0287; gespeicherter Energie in Cu-Krist. bei Zugverform. 19-0305; Einfl. v. Wechselbieg. auf Cu-Whisker 22-0277; Rekristallisat. v. kalt verformtem Cu 23-0224; Rekristallisat. u. mechan. Eig. v. durch Dehn. bei niedr. Temp. verformten Cu 25-0179; durch Tors.-Ermüd. in Cu-Einkrist. erzeugte Streif. (Bezieh. zwischen Quergleit. u. d. Streifenbldg. durch Ermüd.) 25-0240; (Mechanismus d. Streifenbldg. durch Ermüd. u. d. Ausbleibens d. Ermüd.-Erschein. bei niedr. Spann.-Amplituden) 25-0241; Einfl. quasielast. Verform. auf d. Moduldefekt v. kaltbearbeitetem Cu 27-0317; Versetz.-Struktur v. durch Explos. verformtem Cu 29-0193; vorübergehend gespeicherte Energie in Cu u. Cu-Leg. mit Sn bei Verform. 30-0245; Bldg. v. Stapelfehlern in polykrist. Messing bei d. Verform. durch Dehn. 32-0199; Analyse v. Röntgeninterferenzlinienprofilen verformter Cu/Zn-Leg. mit elektron. Rechenhilfsmitteln 34-0097; – neutronenbestrahlter Cu-Einkrist. 40-0234; Verform. v. α-CuAl in Stufe I 42-0082; mechan. Hysterese in verformten Cu-Krist. 42-0232; Verform. v. Cu-Krist. während d. Schneidens nach Standardverf. 44-0107; Amplitude d. Variat. d. Poisson-Konst. als Funkt. d. Konz. für Cu u. α-Messing 49/50-0181; Widerstandsunters. v. durch zykl. Belast. v. Cu-Einkrist. hervorgerufenen Fehlstellenkonz. 51/52-0137; Anordn. u. Verteil. v. Versetz. in verformten Cu/Al-Einkrist. mit Al 51/52-0138; Versetz.-Häufigk. in verformten Cu/Al-Einkrist. 51/52-0139; Stabilität v. *(110)*[*112*]-Orientier. in durch Flächendruckkompress. verformtem Ag 22-0280; Versetz.-Verteil. in Ag-Einkrist. im Verform.-Zustand I 24-0252; Einfl. d. Zn-Konz. auf d. Verform. v. Ag–Zn-Einkrist. 30-0248; Zugverform. v. MgAg-Einkrist. 42-0082; Abhängigk. d. Verform.-Widerstandes in Ni–Au-Leg. v. Temp. u. Geschw. 3-2446; Verform.-Mechanismus d. geordneten Leg. CuAu 23-0243; Scherspann. v. stark verformtem Cu, Ag u. Au bei hohen Drücken u. Temp. 41-0153; Gitterfehler in verformtem Pd 5-0238; mit Korngrenzen zusammenhängende Verform. beim Drehen v. Pd in einem breiten Temp.-Bereich 21-0305; Verform. v. durch spinodale Entmisch. verfestigten Au–Pt-Polykrist. 25-0242.

Anorganische Verbindungen

Kompress. u. innere Struktur v. Schneeteilchen beim Zusammendrücken 4-0260; Verform. v. Eis 42-0081; lineare Kompress. v. α-Quarz bis herauf zu *150* kbar 13-0279; dynam. Kompress. v. Quarz 36-0785; Dehn. in Metallcarbiden 35-0239; Energieabsorpt. beim Pressen v. Halogenidsalzen (NaCl–KCl-Gemische) 30-0249; Versetz.-Struktur v. unter konst. mechan. Spann. verformten LiF-Krist. 26-0253; Kompress. v. ^{7}LiH, ^{7}LiD, ^{6}LiH u. ^{6}LiD 43-0228; Mikrohärte verformter NaCl-Krist. 6-0274; Einfl. einer Verform. auf d. Wärmeleitfähigk. v. NaCl 9-0312; Strahl.-Härt. in mechan. belasteten NaCl-Einkrist. 9-0321; auf d. Kompress. v. NaCl basierende Kalibrier. d. Drucks bis *100* kbar 17-0321; Richt. d. Verform. d. Oberflächenschichten bei d. Reib. v. NaCl-Krist. 20-0221; Versetz.-Struktur v. bei *4,2* °K auf NaCl-Einkrist. gebildeten Verform.-Rosetten 26-0254; Formveränder. v. NaCl-Krist. bei Kompress. entlang [*011*] 44-0107; Verform.-Eig. v. polykrist. KCl–NaCl-Misch. 32-0290; explosive Verform. v. NaCl- u. KCl-Einkrist. 35-0231; Duktilität v. verformtem Mg–MgO-Sinter 15-2462; Kinking in MgO-Einkrist. unter hohen Enddrücken 29-0246; Tors. v. Calcit-Einkrist. 36-0261; – während d. Dehydroxylier. v. $Ca(OH)_2$ u. $Mg(OH)_2$ 41-0165; physikal.-chem. Umwandl. v. HgO bei dynam. Kompress. 29-0810; durch Oberflächenspann. in dünnen Al-Nitridkrist. hervorgerufene spontane Bieg. 4-0264; Zugvers. mit Al_2O_3-Whiskern 21-0308; Verform.-Theorie d. Warmverform. mit Anwend. auf Pb- u. Saphirkugeln 41-0128; Kompress. bis *250* kbar v. GaAs 41-0169; Verform.: v. Zr–O-Einkrist. 40-0124; v. Zr–H-Leg. 40-0125; Unters. d. Reckalter. v. Ta–O u. Nb–O mit Hilfe v. Widerstandsmess. 51/52-0179; elastoplast. Verform. v. Ferrit-Körner (Änder. d. magnet. Figuren u. d. Ox.-Geschw.) 11-2214; Einfl. v. Kaltverform. auf d. elektr. Widerstand einiger Pd/B-Leg. 38-0472; dynam. – v. Ton durch explosive Wrkg. 27-0734; opt. Eig. v. durch Stoß komprimiertem Pb-Glas 29-0251; – v. Plagioklas durch Stoßwellen in d. Gesteinen d. Nördlinger Ries 36-0788; zur Natur d. Verform. anorgan. Gläser durch Mikroeindrücke 39-0140; Verform.-Geschw. v. Magnetit, Magnesit, Halit, Calcit, Sphalerit, Apatit, Siderit in einem hochfrequenten elektromagnet. Feld 47-0232.

Organische Stoffe

Mechan. Eig. v. festem CH_4 bei Dehn. 41-0921; Einfl. v. Verunreinig. auf d. Verform.-Verh. v. Naphthalin 49/50-0820.

Einfl.: d. Sphärolithgröße auf d. – v. Guttaperchafilmen 3-1155; d. – -Geschw. auf d. Strukturumwandl. in kristallisierenden Polymeren 3-1093; lokalisierte – lamellarer Polyäthylenkrist. 7-1109; – v. Polymeren (Stabilität d. monoklinen Phase v. Polyäthylen) 7-1110; (Rekristallisat. beim Tempern v. gezogenen Fasern v. Polymeren) 7-1113; gegenseit. Bezieh. d. – -Eig. v. Polymeren 8-1073; Kaltziehen u. Kristallisat. v. Polyäthylenterephthalat 9-1115; Bezieh. zwischen d. Mol.-Orientier. u. d. Zugverhältnis v. Polypropylenmonofilen 12-1068; Verh. v. Plasten für verschiedene Verw.-Zwecke bei unterschiedl. Verform.-Geschw. 19-1241; physikal. Eig. v. gerecktem Polymethylmethacrylat 20-1112; Nacheinanderentw. d. Einschnür. u. Orientier.-Effekte bei d. – v. Capron 20-1125; Poisson-Koeff. bei d. Kompress. einiger krist. Polyolefine unter konst. Belast. 20-1133; Mechanismus d. Kaltziehens in krist. Hochpolymeren 25-1207; Kaltziehen v. glas. Polystyrol unter Eigenbelast. 33-1329; maximale Dehn.-Eig. v. Elastomeren (Abhängigk. d. Bruch-Enveloppe, d. maximalen Dehn. u. d. Zug–Spann.-Gleichgewichtskurve v. Netzwerkeig.) 36-1146; Mess. d. – v. Plastmassen mit Hilfe eines kombinierten Prüfgeräts 38-1239; – v. isotakt. Polypropylen bei tiefen Temp. 38-1242; Temp.-Abhängigk. d. Anfangs- – u. d. verzögerten – v. krist. Polyolefinen bei Druck 38-1286; Diffus. v. Polyisoprenmakromol. in Naturkautschuk bei linearer Streck. d. Kautschuks 38-1302; Verh. v. Sphärolithen bei – v. Polymeren 40-1011; photograph. Lichtstreuung u. Photomikroskopie v. verformten, ringförm. Polyäthylen-Sphärolithen 41-1142; Strukturänder. beim Recken orientierter Polyäthylenfilme 45-1166; – -Morphologie v. isotakt. Polypropylen-Fasern 51/52-1142.

Dehn.-Eig. v. dekrist. Prod. aus Baumwolle 24-1220.

Spannungs–Dehnungs-Beziehung

Wechselbezieh. v. Wechselfestigk. u. wahrer Spann.–Dehn.-Verh. v. Metallen 6-2327; Reckvers. zur Best. v. Spann.–Dehn.-Kurven 10-2364; Spann.-Druchbieg.-Kurven bei H-Verspröd. v. Zr 12-2349; Spann.–Dehn.-Kurven v. kub. raumzentrierten Metallen 14-2344; Einfl. d. Korngröße auf d. Zug–Spann.-Bezieh. in C-armem Stahl 17-2410; Spann.–Dehn.-Kurven u. Gleitsyst. bei Druck u. Zug v. Nb-Einkrist. 24-0308; Bezieh. v. Spann.–Dehn.-Kurve u. Gefüge v. Grauguß 27-2562; Wrkg. d. Ausgangsversetz.-D. auf d. Spann.–Dehn.-Kurve u. auf d. Oberflächenmerkmale beim Gleiten v. Cu 30-0243; Besonderh. d. Dehn.-Kurven v. Fe nach einer Reckalter. 34-0317; Spann.–Dehn.-Diagramm d. Mischkrist. d. α-Fe mit Cr, Mo, Co, Ni 40-0139; Spann.–Dehn.-Schaubild an d. Streckgrenze v. weichem Stahl 43-2438; Reckdiagramme v. Filmen v. atakt. Polymethylmethacrylat u. Polystyrol nach orientierendem Recken 45-1109.

Elastische Deformation

Elast. Dehn. v. epitakt. Überzügen v. Pt/Au, Au/Cu, Au/Ni, Ag/Au, Pd/Au, Pd/Pt u. Cu/Ni 5-0206; Elektronenbeug.-Kontrast v. elast. Schubverform. durch kohärente Phasen 19-0201; elast. – v. Feldionenmikroskopspitzen 20-0348; Rheologie viskoelast. Maxwellscher Fl. unter großen elast. Verform. 20-0581; elast. Gitterverform. unter Kriechbeding. 22-0278; Abklingen d. elast. Vorläufers in Quartzit für zylindr. u. sphär. Fließen 43-0220.

Plastische Deformation

Theorie v. auf einer Fläche verteilten infinitesimalen Versetz., angewandt auf diskontinuierl. Fließvorgänge 3-0222; Kalthärt. bei leichter Gleit. 3-0269; basales u. primat. Gleiten in hexagonal dichtest gepackten Krist. 3-0274; Spann.-Verhältnisse in Nebengleitsyst. in d. Nähe einer Aufstauung v. Versetz. in hexagonalen Krist. 3-0278; Keimbldg. mechan. Zwillinge infolge v. Gleiten 5-0196; Einfl. plast. Verform. auf Krist.-Gitterdefekte 7-0275; Mechanismus für „viskoses“ Korngrenzengleiten 18-0269; Doppelgleit.-Deformat.-Hypothese für kub. flächenzentrierte Einkrist. 20-0230; neuzeitl. Anschauungen über Bruch u. Fließen (Theorie d. Fließens) 21-2452; plast. Verform. im Fall d. ebenen Bieg. 22-0270; Fließen v. einer Aufstauung bei uneinheitl. Scherspann. 23-0304; Gleitverteil. in einer dünnen Scheibe eines Krist. an einer freien Oberfläche 27-0291; Diffus.-Versetz.-Mechanismus d. Fließens eines Krist. 34-0282; Theorie d. Fließens von Polykrist. 34-0283; maschinelle Analyse d. plast. Verform. durch Gleiten 34-0284; Mechanismus d. Korngrenzengleitens in verformten Polykrist. 34-0333; Geschw. d. Fortschreitens plast. – im Lüdersband 34-2404; Abhängigk. d. Fließgrenze v. d. Gleitsyst.-Orientier. 39-0130; Besonderh. d. bei d. elektr. Eros. einiger Halbleitereinkrist. entstehenden plast. Verform. 39-0246; Beitrag d. Korngrenzengleit. zur Gesamtdehn. eines Polykrist. 40-0098; Lsg. d. Taylor-Analyse für axialsymm. Fließen durch Computerberechn. 41-0123; Translat.-Gleit. u. Fließoberfläche v. Krist. 41-0130; Computersimulier. d. plast. Verform. bei kub.-flächenzentriertem Polykrist. u. d. abgeleitete Walztextur 43-0221; Einfl. v. plast. Verform. v. elektrophoret. Nd. auf d. Charakter ihrer Porenstruktur 44-0564; Aktivier.-Parameter für Versetz.-Gleiten 45-0192; Kontinuumstheorie d. plast. – 48-2230.

Nichtmetallische Elemente

Plast. – als Ursachen d. Doppelbrech. v. Diamant 1-0777; Doppelbrech., Röntgentopographie u. elektronenmkr. Unters. d. plast. – v. Diamant 20-0220; Gleiten in synthet. Diamant 34-0289; Versetz.-Struktur v. im Stadium d. leichten Gleitens verformtem Si 21-0222; Fremdstoffdiffus. in plast. verformten Si-Einkrist. 27-0334; plast. Verform. v. Si im Sprödbruchbereich 28-0247.

Metalle und Legierungen

Unters. d. Ungleichmäßigk. d. plast. Verform. in polykrist. Metallen (Stahl) 2-2209; Bedeut. v. Stapelfehlern bei Gleit. in kub. Metallen 3-0224; Substruktur plast. verformter Metalle mit kub.-raumzentriertem Gitter 6-0206; plast. Verform. d. Metalloberfläche durch ein schleifendes Korn 7-0276; Einfl. d. plast. Fließens geordneter Leg. auf d. hohe Ermüd.-Festigk. 7-2379; Fließen d. Metalle bei erhöhten Temp. 9-2373; Verteil. d. plast. Verform. in polykrist. Metallen 14-0265; Abstand v. verteilten Sperren bei plast. Verform. im Metallgitter 18-0272; Anwend. d. anisotropen elast. Theorie auf d. Wahl d. prim. Gleitsyst. in hexagonalen dicht-gepackten Metallkrist. 20-0226; Relaxat.-Erschein. bei plast. Verform. v. Metallen unter Reib. 26-2470; Wrkg. d. freien Versetz. auf d. Fließen in kub.-raumzentrierten Metallen 27-0306; Anisotropieeinfl. auf d. plast. Verform. v. Metallen mit kub.-flächenzentriertem Gitter 29-0182; Einfl. v. Verunreinig. auf d. Diskontinuität d. Fließkurven hochschmelzender Metalle 29-2546; plast. Verform. v. geordneten Leg. (Übersicht) 32-0180; Zusammenhang zwischen d. Veränder. d. Feingefüges u. d. mikroplast. Verform-Widerstand v. Metallen u. Leg. 34-0297; Möglichk. einer Beeinfluss. d. geschwindigkeitsbestimmenden Mechanismus d. Abgleit. in kub.-raumzentrierten Metallen u. Leg. durch Strahlenschädig. 34-0292; Mechanismus d. wiederholten diskontinuierl. Fließens v. Metallen 34-0293; Gleitverh. v. Metallen mit hexagonal dichter Pack. 41-0144; Textur-Theorie nach Taylor für axialsymm. Fließen in kub.-raumzentrierten Metallen 46-0270; Kontinuumstheorie d. plast. – d. Metalle 48-2230; Gleitsyst. intermetall. Verb. 51/52-0143.

Prismat. Gleiten v. Be-Einkrist. 35-0219; plast. – v. Magnox ALSO bei Ermüd.-Belast. 10-2363; plast. Verform. d. intermetall. Verb. $MgZn_2$ 24-0303; Gleiten im Pyramidalsyst. zweiter Ordn. in Zn-Einkrist. 34-0302; Anisotropie d. Korngrenzengleitens in Zn-Bikrist. u. Mechanismus d. Gleitens durch Klettern v. Versetz. 49/50-0174; therm. aktivierte Gleit. v. Cd-Einkrist. 1-0297; Best. kristallograph. Gleitebenen auf elektronenmikroskop. Durchstrahl.-Aufnahmen v. Zn u. Al 3-0204; Fließkurvenverlauf v. Al–Cu–Mg-Leg. 5-2395; Aktivier.-Wärme beim sek. Fließen d. Al–Mg-Leg. mit geringem Mg-Geh. 11-0312; Besonderh. d. plast. Verform. v. Al-Einkrist. bei $1{,}3-4{,}2$ °K 12-0259; Einfl. d. plast. Verform. auf d. Clusterbldg. v. Leerstellen in Al 18-0208; plast. Verform. v. Al-Leg. im fest–fl. Zustand 23-2610; Einfl. d. Angriffsbeanspruch. auf d. Versetz.-Konfigurat. nach plast. Verform. an Al-Einkrist. 30-0234; Erhol.-Prozesse höchstreiner Al-Proben nach einer plast. Verform. 32-0451;

Einfl. einer plast. Verform. u. Alter. auf d. Gefüge d. Leg. AMg*11* 34-0163; Vorkommen v. zwei Arten interkrist. Fließens in Al 40-0116; Fließkraft in Einkrist. einer Al–Mg-Leg. 40-0120; plast. Bieg. v. Al-Zylindern bei *500* °F 51/52-0174; geschwindigkeitsbestimmender Mechanismus während d. Streckens u. Fließens v. α-Ti unter *0,4* T_M 18-0277; plast. Verform. v. Ti bei tiefen Temp. 20-2337; geometr. Orte d. Fließens bei d. Knoop-Härtemess. an zwei Ti-Leg. 39-0168; Identifizier. eines nicht basalen Gleitvektors in Ti u. Ti–Al-Leg. 43-0215; Strecken u. plast. Verform. in texturierten Blechen aus Ti u. seinen Leg. (aus Sammelref.) 44-0107.

Versetz.-D. u. lokale Abgleit. in Ge-Einkrist. 17-0245; plast. Verform.: v. Ge im elektr. Feld 19-0300; einer durch Punktkontakt gebildeten Ge-Diode 39-0152; Röntgenbeug.-Abb. einiger bei d. plast. Verform. v. Ge entstehenden Versetz. 46-0168; Aktivier.-Energien für d. Fließen v. techn. V zwischen *500* u. *800*° 11-0313; plast. Verform. v. V-Einkrist. bei *298* u. *77* °K 30-0236; Fließgeschw. v. Nb-Leg. 16-2361; Abgleit. u. Fließen in Nb-Einkrist. 51/52-0177; plast. Verform. v. Ta-Einkrist. (Oberflächenmorphologie d. Gleitens) 30-0238; (Orientier.-Abhängigk. d. Streckgrenze) 41-0142; Versetz.-Gleiten beim Sintern v. Pulvern aus red. Cr 2368; leichtes Gleiten in Mo-Krist. 3-0286; Änder. d. Versetz.-Dämpf. während d. Fließens v. Mg u. Mo 8-0243; Einfl. v. Ultrahochvakuum auf d. Fließen v. Mo 44-0107; plast. Verform. v. U (Abhängigk. v. Temp. u. Verform.-Geschw.) 16-2372; Wachstum v. fehlerfreien Krist. aus α-U durch plast., therm. Verform. u. Ausglühen bei hoher Temp. in d. α-Phase 20-0165; plast. Verform. v. α-U bei verschiedener Zuggeschw. 34-2408.

Plast. Verform. v. Fe–Mo-Einkrist. 3-0288; Rolle d. Gleit. bei Wachstum u. Schrumpf. v. vorgebildeten Zwillingen in α-Fe u. Fe-Lsg. mit Si 4-0183; plast. Verform. v. Fe-Whiskern 4-0248; Einfl. einer plast. Warmverform. auf d. Kinetik einer isothermen Austenitumwandl. 6-0214; Gleitfortpflanz. in polykrist. Fe mit Si 12-0261; Mechanismus d. plast. Verform. in unbestrahltem u. bestrahltem niedriggekohltem Stahl 12-0290; Gleit- u. Schubspann. in Fe/Si-Krist. u. in Metallen 16-0166; Deut. d. Gittereigenverform. plast. zugverformter Fe-Proben 18-0281; Einfl. d. Druckes auf d. durch Verzwilling. erzeugte Fließen in Armco-Fe 18-0282; „sägezahnartiges" Fließen u. negative Abhängigk. d. Verform.-Geschw. an Al–Mg, Fe–Si u. α-Ti 18-0284; Reckspann. u. Fließwiderstand v. Fe u. Stahl unter dynam. Belast. 21-2569; Einfl. d. Art d. plast. Verform. auf d. Sekundärrekristallisat.-Textur einer Fe-Leg. mit Si 24-0242; plast. Fließen v. Martensit 24-0313; Einfl. d. Art d. Aufspalt. v. Schraubenversetz. auf d. Geometrie d. Gleitens in kub.-raumzentrierten Metallen, wie Nb u. Fe/Si-Leg. 25-0181; Fließen v. Stahl mit niedrigem C-Geh. bei mittleren Reckgeschw. 27-0310; Einfl. einer plast. Verform. auf d. Größe d. Mössbauer-Effekts d. Stahls *1*Ch*18*N*9*T 29-0225; plast. — bei d. Bldg. v. Rissen in Si-halt. Fe 29-0267; Wrkg. d. gelösten Zusatzelemente auf d. Gleiten u. d. mechan. Zwillingsbldg. in Fe-Leg. 30-0241; Einfl. von Oberflächenschichten auf d. plast. Einfl. v. Oberflächenschichten auf d. plast. Verform. v. Fe u. Mo 32-0279; gleitinduzierte Richt.-Ordn. in Fe–Ni-Leg. 32-0287; Fließen v. Stahl bei Kaltformpress. 34-2414; Fließwiderstand bei therm.-aktivierter Verform. v. Martensit 36-2336; einige Besonderh. d. Mechanismus früher Stadien d. plast. Verform. im α-Fe 39-0181; zur Wrkg. v. Kerben auf Gleiten in Si-Stahl 39-0185; Einfl. einer plast. Verform. u. Glüh. auf d. Eig. an Austenit 39-0228; ruckartiges Fließen v. Flußstahl bei dynam. Reckalter. 39-2388; Fließen v. Einkrist. aus Fe 40-0136; Einfl. v. Neutronenbestrahl. auf d. plast. Verform. v. Fe-Einkrist. mit unterschiedl. C-Geh. (Verfestig.-Kurven) 41-0211; (Verfestig.-Kenngrößen) 41-0212; Einfl. d. Relaxat. vor d. Fließen auf d. Fließen v. Fe 42-0230; Einfl. v. Neutronenbestrahl. auf d. plast. Verform. v. Fe-Einkrist. mit unterschiedlichem C-Geh. 43-0223; plast. Fließen v. Fe-Einkrist. 44-0107; Versetz.-Mechanismus für d. plast. Fließen einer Fe/Mn-Leg. bei tiefen Temp. 44-0107; Fließvermögen v. Ni bei Zugbeanspruch. im Vakuum 26-2462; plast. Verform. v. Ni–Al-Einkrist. 32-0285; Einfl. einer plast. Verform. auf d. allotropen Umwandl. v. Co 5-0191; Widerstand gesinterter W–Co-Hartmetalle mit *10*–*25* Co gegenüber plast. Verform. 10-2365; plast. Verform. v. hexagonalen Co-Einkrist. 14-0273; bes. Arten d. plast. Oberflächenverform. eines hexagonalen Co-Einkrist. durch Reib. 36-0257.

Erhol. plast. verformter Cu-Whisker 1-0304; Fließwiderstand in Cu-Einkrist. 3-0291; plast. Verform. v. dünnen Cu-Einkrist. 5-0232; Einfl. einer plast. Verform. auf d. elektr. u. therm. Idealwiderstand v. Cu u. Al 16-0462; Beginn d. Jerky-Fließens während Wechselreck. in d. Cu-Leg. mit Sn 17-0254; Änder. d. spezif. elektr. Widerstands v. Cu-Draht mit d. plast. Verform. bei verschiedenen Verform.-Geschw. 18-0443; Versetz. u. Bänder stet. Gleit. in ermüdetem Cu 23-0327; prismat. Quergleit. v. Versetz. in d. Umgeb. v. kohärenten, verspannten Ausscheid. an Cu–Co u. Ni–Si 23-0330; Einfl. einer plast. Verform. auf d. Temp.-Schwelle d. Sprödigk. v. Cu-Metallverb. 24-0318; durch Tors.-Ermüd. in Cu-Einkrist. erzeugte Streif. (Bezieh. zwischen Quergleit. u. d. Streifenbldg. durch Ermüd.) 25-0240; Abhängigk. d. irreversiblen Amplitude v. plast. deformiertem, polykrist. Cu 27-0316; plast. Verform. dünner Cu-Einkrist. 29-0276; Besonderh. d. Relaxat. v. plast. verformten Cu- u. Fe-Whiskern 30-0246; elast. Konst. v. polykrist. Cu nach plast. Verform. bei *77* °K 34-0337; Erhol. d. Ultraschalldämpf. in Cu-Einkrist. nach geringer plast. Verform. 36-0260; plast. Verform. v. Cu bei hohen Verform.-Geschw. 36-2374; Quergleit. in β-CuZn 37-0205; plast. Verform. v. Cu-Einkrist. unter d. Einwrkg. d. Kontaktes mit einer halbkugel. Reibfläche 41-0149; Einfl. einer dispersen Phase auf d. Verteil. v. Versetz. in plast. verformten Cu-Krist. 46-0205; plast. Fließen v. neutronenbestrahltem Cu aus d. therm. aktivierten Versetz.-Beweg. 48-0211; Versetz.-Anordn. u. Verfestig. im Bereich II plast. verformter Au-Einkrist. 3-0293; Versetz.-Anordn. u. Verfestig. im Bereich plast. verformter Au-Einkrist. 18-0288.

Anorganische Verbindungen

Einfl. d. H-Unordn. auf d. plast. Verform. v. Eis 41-0155; plast. Verform. v. Eis 41-0156; Fließen v. polykrist. Eis bei kleinen Spann. u. kleinen Dehn. 48-0210; Mechanismus d. plast. Verform. v. polykrist. NH_3 beim Kriechen 28-0237; plast. Verform.: v. Ammoniakeinkrist. 35-0226; v. Quarz bei Atmophärendruck 32-0289.

Kinetik d. plast. Verform. einiger Alkalimetallhalogenidkrist. 1-0308; Änder. d. Versetz.-Dämpf. während d. Fließens v. LiF 8-0243; durchschnittl. Abstände d. Versetz.-Gleit. während d. plast. Verform. v. LiF-Krist. 19-0293; plast. Verform. während d. Spalt. v. LiF 42-0082; Dynamik d. plast. Fließens in NaCl-Krist. bei konst. Spann. 17-0318; Übergang plast. Verform. durch Korngrenzen in NaCl-Bikrist. 19-0296; Oktaedergleit. in Steinsalz 42-0233; Einfl. plast. Verform. auf d. Mikrohärte v. KBr-Krist. 30-0261; Gleiten in CsCl-Hartkugelmodellen 25-0231; Bldg. v. F-Zentren in Erdalkalimetalloxiden durch plast. Verform. 48-0200; Farbzentren in plast. verformten Erdalkalimetallfluoriden 48-0304; Gleiten in BeO-Einkrist. 42-0234; Ätzmuster auf (*1010*)-Flächen v. plast. verformten CdS-Krist. 4-0206; Plast. Verform. in Einkrist. eines Mg–Al-Spinelles (Gleiten parallel zur (*111*)-Ebene) 43-0222; neues Gleitsyst. in Saphir 46-0284; Einfl. d. plast. Biegens auf d. dielektr. Eig. v. InSb (Mess.) 30-0400; Einfl. d. Oberflächenverfestig. auf d. plast. Verform. v. TiC u. TiB_2 25-2536; plast. Verform. v. heißgepreßtem TiC, VC, NbC u. TaC 45-2537; Einfl. d. Oberflächenverfestig. auf d. plast. Verform. v. $MoSi_2$ 25-2536; Gleiten v. Mo_2C-Einkrist. 44-0107; plast. Verform.: v. heißgepreßtem WC 45-2537; v. Fe(II)-oxid 1-0312; Gleitsyst. v. $CoSi_2$ 51/52-0143; Einfl. einer plast. Verform. auf d. Temp.-Schwelle d. Sprödigk. d. Metallverb. Cu_3Si, Cu–Sb-Leg., Cu_5Si u. Cu_2Sb 24-0318.

Kriechen

Exponentielle Funkt. echter Ordn. u. ihre Anwend. auf d. Beschreib. v. Kriechvorgängen 2-0248; Diffus.-Kriechen v. Festkörpern 2-0261; Mechanismus d. Hohlraumwachstums beim Kriechen 4-0240; Unters. d. Kriechens v. Konstrukt. bei wechselnden Temp. (Übersicht) 11-2369; Abänder. d. Kriechwertkorrelat.-Parameters nach Clauss 12-1949; theoret. Ableit. d. Kriechdauer eines Fehlers in kommerziellem Material durch Tripelpunktspalt. 13-0283; ein weiterer Nachw. zur Stütz. d. auf d. Basis d. Versetz.-Dynamik entwickelten Kriechmodells 17-0313; Kriechen v. Festkörpern 18-0276; Modell der gesprungenen Schraubenversetz. für stationäres Kriechen 32-0262, 32-0263; Mechanismus d. Kavitat. beim Hochtemp.-Kriechen 34-0335; stationäres Diffus.-Kriechen 35-0253; Bedeut. d. Korngrenzenabgleit. beim Hochtemp.-Kriechen 41-0124; Berechn. d. durch Korngrenzengleit. während d. Kriechens v. polykrist. Festkörpern hervorgerufenen Verform. u. Analyse v. kombinierten Kriechdaten d. ersten u. zweiten Stufe 44-0107; Einfl. d. Kriechgeschw. auf d. Mechanismus d. Lunkerbldg. 46-0269.

Metalle und Legierungen

Mechanismus d. stationären Kriechens v. Metallen u. Leg. bei hohen Temp. 16-2381; kinet. Besonderh. d. Kriechens dünner Metallfilme 24-0316; Kriechverh. v. schwer schmelzenden Leg. im ultrahohen Vakuum 26-0288; Mechanismus d. tert. Kriechens in kub.-flächenzentrierten Metallen 26-0294; Mechanismus d. Hochtemp.-Kriechens v. Metallen mit großer Stapelfehlerenergie 34-0295; Beschleunig. d. Kriechens metall. Einkrist. bei einer elektr. Auflad. ihrer Oberfläche 35-0220; zur Theorie d. Kriechens v. verzerrten metall. Krist. 39-0156; physikal. Parameter d. Hochtemp.-Kriechens v. warmfesten Leg. bei großen Spann. 39-0190; Spann.-Abhängigk. d. Hochtemp.-Kriechens v. Metallen 47-2335.

Kriechen v. K in Abhängigk. v. Temp. u. Druck 20-0228; Mechanismus d. prismat. Kriechens in Mg–Li 5-0316; Hohlraumbldg. während d. Kriechens v. Magnox AISO 15-0263; Korngrenzengleiten während d. Kriechens an d. Mg-Leg. Wagnox Al *80* 41-0134; Kriechverh.: v. Magnox ZR-*55* bei *350*–*450*° 48-2238; v. Zn-Schmelzfluß- u. Rekristallisat.-Einkrist. 7-2390; Verh. v. Cd beim stationären Kriechen 42-0082; Einfl. d. Korngröße auf d. Kriechwiderstand v. Blechen d. Leg. AK *4-1* 12-2316; Änder. d. Mosaikstruktur v. Al beim Kriechprozeß 19-0299; Substruktur v. Al bei Unters. auf Lebensdauer u. Kriechen 39-0165; Druckabhängigk. d. Kriechens bei hoher Temp. in In-Einkrist. 32-0272; Kriechen v. Ti-Leg. 1-2237; Bewert. d. Kriechens v. Leg. d. Syst. Ti–Al–V durch d. Biege-Meth. bei erhöhten Temp. 28-2446; Kriechverform. v. gewalzten ZnTi-Leg. (aus Sammelref.) 44-0107; Kriechen: in α-Zr (Übersicht) 4-1963; v. Th während d. Spalt. 35-0275; Kriechdehn. v. eigenleitendem u. v. Ga-dotiertem Ge 8-0242; Spann.-Empfindlichk. d. Kriechens v. Pb bei niedriger Spann. 38-2483; Kriecheig. v. dispergiertem, oxidgehärtetem Pb 41-0140; Kriechen v. Ta bei hoher Temp. 44-0107; Einfl.: einer keram. Umgeb. auf d. Kriecheig. v. Cr-Leg. 1-2254; v. Luft-N_2 auf d. Kriecheig. v. Cr–Ta-Leg. 11-2384; Best. d. Aktivier.-Energien verschiedener Verform.-Mechanismen durch Kriechvers. an U-Ein- u. -Polykrist. zwischen *150* u. *770*° 19-0301.

Kriechverh. v. Cr–Ni-Stahl (ruhende Belast.) 4-1970; Kriech–Dehn.-Verh. v. rostfreiem Stahl *316* 17-2410; Kriechverh. zweier Cr–Ni-Stähle mit *15* Cr, *35* Ni u. unterschiedlichem C-Geh. (Einfl. v. Überbelast.) 17-2474; Einfl. d. Strukturzustands auf d. Kurzzeitkriechen v. austenit. Stahl 21-0297; Änder. d. Versetz.-Struktur v. Si-halt. Fe mit *3* Si beim Kriechen 24-0241; kurzzeitiges Kriechen warmfester Stähle d. Turbinenbaus 31-2540; Kriechgeschw. v. Fe u. Stahl bei Temp. über *1100*° bis zum F. 32-2368; Kriecheig. v. austenit. Cr–Ni–Mo-Stahl in Abhängigk. v. Gefüge 37-2545; Kriechverh. v. austenit. Cr–Ni-Stahl in Na 39-2408; Kriechmechanismus in α-Fe 42-0082; Kalthärt. u. Erhol. beim Kriechen bei Ni u. Al 11-0317; Kriechmechanismus v. thoriertem Ni ober- u. unterhalb v. *0,6* T_M 12-2347; Kriechen bei konst. Belast. bei Cr–Mo–V-Stahl u. Ni 15-0256; Kriechverh. einer Ni-Basis-Leg. 17-2410; Mechanismus d. Erhol. v. Nimonic *80* A nach d. Kriechen 19-2557; Kriechverh. v. Ni-Leg. beim Temp.-Wechsel 26-2463; Erhol.-Kinetik d. Kriecheig. während d. Glühens v. Nimonic *80* A 26-2464; Kriechen v. dispersionsverfestigten Ni–Al_2O_3-Leg. 30-2376; kurzzeitiges Kriechen hochfester Ni-Leg. d. Turbinenbaus 31-2540; Rekrist. während d. Kriechens v. Ni 32-0284; Kriechgeschw. dispersionshärtender Ni–Cr–Al-Leg. 33-2658; Bestrahl.-Kriechen in Ni, Mo, Ti, d. Nimonic-Leg. PE *16* u. *80* A u. rostfreiem Stahl bei *100*° 40-0233; Kriechen v. Ni, Cu u. ihren Leg. bei hoher Temp. 18-0286; Substruktur v. Cu-Vakuumkondensaten nach Kriechen u. Anlassen 30-0168; Einfl. einer Vorverform. bei *77* u. *4,2* °K auf d. Hochtemp.-Kriechen von Cu u. Ni 34-0338; Konz.-Abhängigk. d. Grenze d. linearen Kriechens v. Cu-Leg. mit Ni 34-0339; Einfl. d. kristallograph. Ordn. auf d. Kriechen v. β-Messing 40-0148; Wrkg. v. Spann.-Wechsel auf d. Kriechen v. Cu–Al-

Leg. 47-2336; Hochtemp.-Kriechen v. Ag u. innerl. ox. Ag–Mg-Leg. 17-2410; Kriechverh. v. dispersionsgehärtetem Ag 27-2596; Einfl. d. Anlassens in Luft auf d. gleichförm. Kriechgeschw. v. Cu u. Ag bei niedr. Druck 49/50-0182.

Anorganische Verbindungen

Kriechen v. festem NH_3 6-0271; abgestuftes Kriechen v. LiF-Einkrist. 5-0331; Kriechverh. v. NaCl-Einkrist. 6-0273; Einfl. geringer Verunreinig.-Konz. auf d. Hochtemp.-Kriechen v. NaCl-Einkrist. 28-0240; Bezieh. zwischen Kriechverh. u. elektr. Leitfähigk. v. polykrist. Be-Oxid 32-0291; Analyse d. zweitabhäng. Kriechphänomene in MgO-Einkrist. 5-0336; Kriechen v. dichtem, polykrist. MgO 21-2475; Mechanismus d. Kriechens v. MgO-Ziegeln 26-2365; Kriechen v. polykrist. Th-Oxid 26-2369; Kriechverform. v. gesintertem ZrB_2 44-2215; Aktivier.-Energie für d. Kriechen v. PbS bei hoher Temp. im stationären Zustand 17-0320; Kriechen v. Kohlestäben (Grünlinge) 2-1950; numer. Berechn. d. Kriecheinfl. in Bauwerken aus Beton 16-2302; Kriechen v. Kohlemisch. bei d. Extrus.-Temp. 27-0296; Hitzebeständigk. v. sitallisierten Gläsern (Kriechkurven) 36-0264.

Organische Stoffe

Augenblickl. Querkontrakt.-Verhältnis v. Polymeren beim Kriechen 40-1021.

Untersuchungsmethoden

Meth. zur Herst. v. Si-Planar-Dehn.-Meßstreifen 1-1703; App. zur Verform. v. Metallproben im Zugvers. unterhalb Raumtemp. 7-1873; Pfefferkorn-App. als abs. Meßgerät 7-2021; einige Arbeiten mit d. Mikrodehn.-App. 8-0245; opt. aktive Überzüge für Verform.-Unters. 16-2367; Mikroapp. zur Unters. d. Verform. v. Metallproben bei Temp. bis *1,3* °K 17-0309; Verf. zur Best. d. Übergangs v. plast. zum elast. verformten Bereich v. Metallen 19-2551; Best.-Verf. für Fließkurven d. Kaltverform. v. Rein-Al u. Al-Leg. 35-2439; Röntgenstrahlverfahren d. divergierenden Bündels für d. Unters. anisotroper Verform. v. Einkrist. 38-0201; Anwend. d. Versetz.-Ätz. zur Unters. d. plast. Verform. im Sprödbruchbereich 38-2491; Anwend. d. Moiree-Verf. zur Mess. v. Dehn. 39-2405.

Fließen v. Werkstoffen als Gestalt.-Grundlage u. Herst.-Verf. für Behälter 2-1944; Anwend. d. Tors.-Technik für Dampfdruckmess. im Temp.-Bereich v. *1500–2500°* 26-1936.

Bibliographie

Theorie des Kriechens [russ.] B 58.

Degrand s. unter $C_{10}H_{22}Cl_2N_2O_4$.
Deguelin s. unter $C_{23}H_{22}O_6$.
Deguelinsäure s. unter $C_{23}H_{24}O_8$.
Dehalogenierung s. unter *Eliminierungsreaktionen*.
Dehnung s. unter *Deformation*.
Dehydracetsäure s. unter $C_8H_8O_4$.
Dehydratation, —: v. organ. Verb. s. unter *Eliminierungsrekationen*; v. *Hydraten* s. dort.
Siehe auch *Trocknen und Entwässern.*
Dehydratisierung von organischen Verbindungen s. unter *Eliminierungsreaktionen.*
Dehydrazinierungsreaktion s. unter *Eliminierungsreaktionen.*
Dehydrierung s. unter *Oxydation.*
Dehydroabietinsäure s. unter $C_{20}H_{28}O_2$.
11-Dehydroaldosteron s. unter $C_{21}H_{26}O_5$.
Dehydroascorbinsäure s. unter $C_6H_6O_6$.
Dehydrobenzperidol s. unter $C_{22}H_{22}FN_3O_2$.
Dehydrocholesterin s. unter $C_{27}H_{44}O$.
Dehydrocholsäure s. unter $C_{24}H_{34}O_5$.
11-Dehydrocortisteron s. unter $C_{21}H_{28}O_4$.
Dehydrocorydalin s. unter $C_{22}H_{25}NO_4$.
Dehydrocorydalmin s. unter $C_{20}H_{21}NO_5$.
Dehydrocostuslacton s. unter $C_{15}H_{18}O_2$.
Dehydrocyclisierung s. unter *Cyclisierung.*
Dehydrodeserpidin s. unter $C_{32}H_{38}N_2O_9$.
Dehydrodiferulasäure s. unter $C_{20}H_{18}O_8$.
Dehydroemetin s. unter $C_{29}H_{38}N_2O_4$.
Dehydroepiandrosteron s. unter $C_{19}H_{28}O_2$.
Dehydrogenans-P 439 s. unter $C_{50}H_{72}O_2$.
Dehydrohalogenierung s. unter *Eliminierungsreaktionen.*
Dehydroisoandrosteron s. unter $C_{19}H_{28}O_2$.
Dehydrosiomerisierung s. unter *Umlagerungen.*
Dehydrolinalool s. unter $C_{10}H_{16}O$.
Dehydromatricarianal s. unter $C_{10}H_6O$.
Dehydromatricarianol s. unter $C_{10}H_8O$.
Dehydromethionin s. unter $C_5H_9NO_3S$.
Dehydroreserpin s. unter $C_{33}H_{40}N_2O_{10}$.
Dekacyclen s. unter $C_{36}H_{18}$.
Dekalin s. unter $C_{10}H_{18}$.
Dekaline, Darst.: v. 4-substituierten trans-1.1-Dimethyldekalonen-(2) 4-0831; v. Chlor-— 18-1003; v. 3-Alkyl-3.5.5-trimethyldekalonen-(2) bzw. -dekalolen-(2) (Riechstoffe) 23-2693*; NMR-Spektren: v. α-Bromdekalonen 4-0675; u. bevorzugte Konform. v. cis-Decalon-(2)-Deriv. 6-0860; NMR-Linienbreiten v. angularen Methylgruppen in — 15-0886; Massenspektren v. 2-Arylidendekalonen-(1) 31-0972; Einw. v. Thionylchlorid auf trans-Dekalole 18-1003; Dehydrier. v. Perhydronaphthalinen in Mikroansätzen 34-1113; Red. v. stereoisomeren Dekalonen-(1) durch Curvularia falcata 34-1059; Verw. zum Reinigen v. acetylenhalt. rohen Krackgasen 46-2299*.
Dekamethonium s. unter $C_{16}H_{40}N_2O_2$.
Dekamin s. unter $C_{30}H_{42}N_4O_2$.
Dekrepsitation, Bezieh. d. Bldg.-Temp., d. Homogenisier. u. d. — v. Gas–Fl.-Einschlüssen 8-0794.
Deladroxon s. unter $C_{29}H_{36}O_4$.
Delalutin s. unter $C_{27}H_{40}O_4$.
Delessit, Abhängigk. epigenet. Veränder. an *Eisenchloriten* v. d. litholog. Besonderh. d. Gesteine 4-0647.
Delnav s. unter $C_{12}H_{26}O_6P_2S_4$.
Delphinidin s. unter $C_{15}H_{12}O_8$.
Delphinin s. unter $C_{33}H_{45}NO_9$.
Delphlescin s. unter $C_{24}H_{39}NO_8$.
Delphrenin s. unter $C_{27}H_{31}NO_8$.
Delpregnin, Wrkg. einer Behandl. mit — v. *20.* Tag d. Zyklus auf d. Geh. v. Gonadotropinen, 17-ketogenen Steroiden u. 17-Ketosteroiden im Urin normaler Frauen (Verschieb. d. Menses) 8-1463.
Delpyrin s. unter $C_{49}H_{82}N_2O_{17}$.
Delrin s. unter *Plaste, Polyäther (Polyoxymethylene).*
Delrin 500 *Plaste, Polyäther (Polyoxymethylene).*
Deltacortril s. unter $C_{21}H_{28}O_5$.
Delysid s. unter $C_{20}H_{25}N_3O$.
Demantoid s. unter *Andradit.*
Demecariumbromid s. unter $C_{32}H_{54}N_4O_6$.
Demecolcin s. unter $C_{21}H_{25}NO_5$.
Demethylchlortetracyclin s. unter $C_{21}H_{21}ClN_2O_8$.
Demethylpterocarpin s. unter $C_{16}H_{12}O_5$.
Demeton s. *Systox.*
Demeton-O-methyl s. unter $C_6H_{15}O_3PS_2$.
Demeton-S-methyl s. unter $C_6H_{15}O_3PS_2$.
Demissidin s. unter $C_{27}H_{45}NO$.
Dendramin s. unter $C_{16}H_{25}NO_3$.
Dendrin s. unter $C_{19}H_{29}NO_4$.
Dendrobin s. unter $C_{16}H_{25}NO_2$.
Dendrobinsäure s. unter $C_{16}H_{27}NO_3$.
Dendroketose s. unter $C_6H_{12}O_6$.
Dendrolasin s. unter $C_{15}H_{22}O$.
Densipolsäure s. unter $C_{18}H_{32}O_3$.
Densitometer und Densitometrie s. unter *Photochemie.*
Dentin s. unter *Zähne.*
Deodarin s. unter $C_{16}H_{14}O_7$.
DEP s. unter $C_7H_{16}O_2$.
DEPC s. unter $C_6H_{10}O_5$.
Depepsen s. *SN-263.*
Depocid s. unter $C_{15}H_{14}N_4O_2S$.
Depovernil s. unter $C_{11}H_{12}N_4O_3S$.
Depressiva s. unter *Nerven.*
Depsipeptide, — 24-1160, 24-1161; Depsidanaloge biolog. akt. Peptide 30-1448; Unters. an — 37-0940; — 39-1068, 43-1039, 44-0979; Synth. in Depsipeptidreihe 25-1194; Darst. 28-1120, 48-1221, 28-1120; Massenspektrometrie v. Cyclo-— 25-0941; Konform.-Unters. v. — 25-0962; biolog. Aktivität: v. — (wechselseit. Ersetzbark. v. Amid- u. Estergruppen) 19-1592; v. Depsipeptidanaloga d. Bradykinins 46-1416.
Deptropincitrat s. unter $C_{23}H_{27}NO$.
Dequalinium s. unter $C_{30}H_{42}N_4O_2$.
DER-332, Beobacht. d. Phosphoreszenz v. —-Szintillatoren bei Anreg. durch ^{60}Co-γ-Strahl. 48-0808.
Deriphat 160 s. unter $C_{18}H_{35}NO_4$.
Derivatographie s. unter *Phasengleichgewichte.*
Dermatanschwefelsäure (Chondroitinschwefelsäure B, Chondroitinsulfat, Dermatansulfat), Geh. in d. Aortenwand in experimenteller Hyper- u. Hypothyreose 2-1361; Vork. in gemischten Speicheldrüsentumoren 9-1207; Geh. in Schweineaorta 27-1723; Vitamin C-induzierte Zunahme v. — in Kulturen v. Hurler's Fibroblasten 28-1222; Geh. im Aortenwandgewebe d. Hundes 29-1596; —-halt. Mucopolysaccharide aus Rinderherzklappen 12-1404; Meth. zur Trenn. v. — v. anderen sauren Mucopolysacchariden d. menschl. Aorta 9-1542; Abtrenn. v. — v. Chondroitinsulfat A u. C [papierelektrophoret. mit $ZnSO_4$ oder $Zn(CH_3COO)_2$ als Elektrolyt] 22-1496; Struktur 36-1507, 36-1508; Konform. d. Iduronsäurehälfte v. — 43-1092; Depolymerisat. durch Testis-Hyaluronidase (Mikroverf.) 26-1361; inhibierende Wrkg. auf d. lysosomale Hyaluronidase aus Rattenleber 8-1303; gerinnungshemmende Wrkg. v. — aus d. menschl. Aorta 11-1476; Trenn. v. — v. Polysaccharidsäuren durch Stärkegelelektrophorese 8-1932; dünnschichtchromatograph. Identifizier. 26-2091; chromatograph. Trenn. v. anderen sauren Mucopolysacchariden im Harn 37-2208.
Dermatansulfat s. *Dermatanschwefelsäure.*
Derrisäure s. unter $C_{23}H_{24}O_8$.
Desacetoxymatricarin s. unter $C_{15}H_{18}O_3$.
Desacetyldiabolin s. unter $C_{19}H_{22}N_2O_2$.
Desacylcynanhogenin s. unter $C_{21}H_{32}O_5$.
Desacylmetaplexigenin s. unter $C_{21}H_{32}O_6$.
Desalgin T 12, Desinfekt.-Mittel für Kühlwasser-Syst. 8-2080.
Desalkylierung, N-Entmethylier. im Stoffwechsel 14-1616.

Katalyt. Wrkg.: eines Mischoxid-Katalysators 15-2586*; v. modifizierten Ni–Alumosilicat-Katalysatoren 22-0961; v. γ-bestrahltem SiO_2–Al_2O_3 25-1058; v. Ni–Al_2O_3-Katalysatoren 29-1014; v. Ni-Katalysatoren 37-1031; v. Krack-Katalysatoren 39-0912; v. Ni-Katalysatoren 39-0913.

Desalkylier.: v. Natriumalkylbenzolsulfonaten (Mechanismus) 3-2576*; v. Cumol 4-0752; v. N-substituierten Carbonsäureamiden 5-0981; v. Alkylaromaten 11-2487*; Demethylier. v. Ajmalinderiv. durch Ox. 12-1010; — v. Aminoalkoholen 13-1028; Demethylier.: v. methylierten Pyridinen mit W.-Dampf am Ni–Tonerde-Katalysator 19-1084; v. isomeren Kresolen am Ni/Al_2O_3-Katalysator 19-1085; —: v. Na-Alkylbenzolsulfonaten in d. Alkalischmelze 21-2710; v. Alkylaromaten 22-2608*; v. Tetraalkylhypodiphosphaten 25-0798; v. Isopropylbenzol auf γ-bestrahltem SiO_2–Al_2O_3 25-1058; v. alkylaromat. Verb. 29-1014; homogene — v. Alkylnaphthalinen (Mechanismus) 30-0962; —: v. 3-Phenylpentan am SiO_2–Al_2O_3-Katalysator 31-1059; v. Alkylbenzolen an Krackkatalysatoren 34-1010; v. Alkylbenzolen an verschiedenen festen, sauren Katalysatoren 34-1011; katalyt. — alkylaromat. Verb. 37-1031; — v. Alkylbenzolen an Krack-Katalysatoren (Kinetik; Temp.-Effekt) 39-0912; Demethylier. v. Aminopyrin im Hirn 47-1674; — v. 9-tert.-Butylacridanen 48-1060.

Hydrodesalkylier.: v. Aromaten 2-2389*; v. Cumol 3-0667; v. Alkylaromaten 11-2486*; v. Methylaromaten (Kinetik) 19-1057, 21-2712; v. Toluol an mit Na modifizierten Ni–Alumosilicat-Katalysatoren 22-0961; v. Alkylaromaten 22-2607*; v. Alkylnaphthalinen an einem Ni-Katalysator (Kinetik) 37-1031; v. Isopropylbenzol am Ni-Katalysator (Kinetik) 39-0913.

Desaminierung s. unter *Eliminierungsreaktionen*; enzymat. — s. unter *Enzyme, Spezielle Enzyme (Desaminasen).*
Desaminomercaptoformycin s. unter $C_{10}H_{12}N_4O_4S$.
Desaminomethylthioformycin s. unter $C_{11}H_{14}N_4O_4S$.
Desaspidin s. unter $C_{24}H_{30}O_8$.
Desaspidin AB s. unter $C_{22}H_{26}O_8$.
Desaspidin VB s. unter $C_{25}H_{32}O_8$.
Descloizit, — v. Südwestafrika (IR- u. Röntgenunters.) 42-0721.
Deseril s. unter $C_{21}H_{27}N_3O_2$.
Deserpidin s. unter $C_{32}H_{38}N_2O_8$.
Desferal s. unter $C_{25}H_{48}N_6O_8$.
Desferrialbomycin, Strukturunters. 5-1081.
Desferrichrysin s. unter $C_{29}H_{49}N_9O_{14}$.
Desferrioxamin s. unter $C_{25}H_{48}N_6O_8$.
Desferrioxamin B s. unter $C_{25}H_{48}N_6O_8$.
Desglucoerycordin s. unter $C_{29}H_{44}O_9$.

Desinfektion (und Desinfektionsmittel, Antiseptika)

Siehe auch *Arzneimittel*; *Konservierung*; *Schädlingsbekämpfung*; *Sterilisation.*

—-Mittel (*8.* Mitt., Übersicht) 17-1776; neue —-Stoffe (*2.* Mitt.) 22-1816.

Zusammensetzung und Herstellung von Desinfektionsmitteln (Antiseptika): Verw. v. Cl abgebendem Material in sanitären —-Mitteln 7-1781*; Oberflächenchlorier.-Mittel zur — 16-1759*; Zus. eines —-Mittels 21-1923*, 21-1924*, 22-1862*; quart. Ammoniumverb. als Germizide (Übersicht über Herst., Eig. u. Verw.) 24-1758; Verw.: v. Aryl-N-arylcarbamaten als —-Mittel 27-1961*; v. 2-Jodmethyl-5-nitrofuran in einem Antiseptikum 28-1822*; v. Bi-Hydroxychinolinsalicylat als Antiseptikum 31-1864*; Zus.: eines Phenol-halt. —-Mittels 33-1961*, 33-1962*; v. —-Mitteln 34-1766*; Verw. d. Rk.-Prod. aus einem Dithiocarbaminsäurederiv. u. Trichlorcyanursäure als —-Mittel 41-3193*; Zus. v. desinfizierenden Aerosolen 49/50-1762*.

Darst.: v. 1.2.3.4.7.7-Hexachlorbicyclo-[2.2.1]-2-hepten-5.6-bis-hydroxymethylensulfit (—-Mittel) 1-2469*; v. m-Alkyl-p-aminophenyl- u. m-Alkyl-p-alkylaminophenylmethylcarbamaten (—-Mittel) 1-2951*; v. Tetracyclinderiv. (--Mittel für Glaswaren) 2-2411*; v. N-Methylglycinderiv. v. Trichlorphenol (Antiseptika) 3-1790*; v. Bis-[pyridyl-(4)-mercapto]-Verb. (--Mittel) 4-1419*; v. trockenen Alkalidichlorisocyanuraten (--Mittel) 6-2554*; v. Fettsäureamidderiv. (--Mittel) 7-1767*; v. O-Halbacetalen d. Formaldehyds (--Mittel) 8-2486*; v. Alkylammoniumnitraten (--Mittel) 11-2593*; d. Antibiotika N-*329* A u. N-*329* B (Germizide) 11-3083*; v. 4.5-Polymethylen-6H-1.2.6-thiadiazin-1.1-dioxiden (--Mittel) 12-2580*; v. jodhalt. Oberflächen-akt. Mitteln 13-1727*; v. Magnesium-bis-dichlorisocyanurat u. dessen Hydraten (--Mittel) 14-2591*; v. Zink-bis-(dichlorisocyanurat) u. seinen Hydraten (--Mittel) 14-2592*; v. Organozinnverb. (--Mittel) 15-1821*; v. quatern. N-Germiziden aus Monophenolverb. d. Fl. v. Kaschunußschalen 16-1044; durch Auftrag. eines akt. Stoffes auf einen festen Träger (--Mittel) 16-1758*; v. desinfizierenden quatern. Ammoniumsalzen 19-1936*; v. Alkylisochinoliniumsalzen v. aromat. Carbonsäuren (--Mittel) 19-1939*; v. 2-Thion-3.5-dibenzyltetrahydro-1.3.5-thiadiazin (desinfizierendes Mittel) 24-1822*; v. Misch. aus Ba-Salzen v. chlorierten Phenolen, Kolophonium u. Alkaliseifen (Antiseptika) 27-3481*; v. Trifluormethylaniliden (antisept. Mittel) 29-1869*; v. Imidazothiazolen (--Mittel) 31-1871*; v. 1.1'-Alkyliden-bis-hydantoinen (Germizide u. Antiseptika) 32-1759*; v. Bis-[trifluormethyl]-aniliden (Germizide) 34-3003*; v. p-Cymol abgeleitete oberflächenakt. Antiseptika 36-1669; Gewinn. v. reinen 1-Carboxyalkylamino-3-dodecylaminopropanen (--Mittel) 36-1729*; Darst.: v. stabilen germiziden Dispers. 38-1827*; amphoterer Phenolverb. (Germizide) 39-1748*; v. jodierten Polyurethanschäumen u. -filmen (Antiseptika) 40-1630*; v. Eucalyptolsulfonsäure (Antiseptikum) 41-1842*; v. 2.5-Bis-[halogenalkyl]-1.4-dioxanen (Germizide) 41-2726*; v. Hydrazinderiv. (Oberflächenantiseptika) 43-1753*; v. quart. cycl. Diazaverb. (Germizide) 44-1558*; v. quatern. Alkylammoniumnitraten (--Mittel) 44-2399*; v. Chlor abspaltenden u. Ionenkomplexe bildenden --Mitteln 45-2984*; v. Butenyl-(2)-sulfonderiv. (Germizide) 49/50-3063*; aus einem tox. halogenierten KW-Stoff, einem KW-Stofflsgm. u. einem Stabilisator in Form komplexer Monocarbonsäuren (Germizide) 49/50-3069*.

Darst. v. Kuppl.-Prod. aus Pyridinen u. α- oder β-olefin. Ketonen, Carboxylaten, Carboxamiden, Nitrilen, Phosphonaten, Phosphinaten, Phosphinoxiden oder Sulfonen als Zwischenprod. für Antiseptika 16-2583*; Verw.: v. Alkyl-Sn-Halogeniden als Zwischenprod. für --Mittel 20-2215*; v. 3.4-disubstituierten 1.2.5-Thiadiazolidin-1.1-dioxiden als Zwischenprod. für chlorhalt. --Mittel u. Antiseptika 30-2525*.

Desinfektion und a(nti)septische Behandlung: – v. medizin. Abwässerrohren mit quatern. Ammoniumsalzen 2-1580*; Modifizieren v. Fasern u. Folien mit Antiseptika 12-1623*; Dampfentseuch. mit β-Propiolacton 13-1648; Verw. v. gasf., antimikrobiellen Agenzien zur – (Übersicht) 14-1668; Zus. v. --Mittel für medizin. Instrumente 20-1682*; Vgl. v. Cl, Br u. J als --Mittel für Schwimmbassinwasser 35-1366; Mikrobenzerstör. in alkal. u. angesäuertem W. durch jodhalt. Germizide 37-1498; desinfizierende Wrkg. d. Abkömmlinge v. 4-[p-Dialkylaminophenyl]-pyridin 41-1357; Verw. v. Halogensalicylaniliden u. Alkoholen als Haut--Mittel 47-1814*.

Untersuchungen an Desinfektionsmitteln: Prüf. v. --Mittel auf Viruzidie gegenüber Virusarten d. Pockenvakzine-Gruppe 6-1367; Typen u. Eig. v. --Mitteln (Übersicht) 14-1705; Mechanismus d. Wrkg. v. Phenol--Mitteln 15-1441; Unters. v. drei --Mitteln (Vgl.) 18-1671; Wirksamk. v. --Mitteln auf Mykoplasmen 19-1869; Änder. d. antisept. Eig. v. Kationtensiden in Ggw. v. nichtionogenen Tensiden 24-1759; --Wrkg. v. VUFB *3555* u. VUFB *4013* (Vgl. mit Septonex Spofa) 45-1801; Änder. d. antisept. Eig. v. Kationtensiden in Ggw. v. nichtionogenen Tensiden 48-2492.

Bibliographie: Disinfection, sterilization, and preservation B 76.

Desipramin s. unter $C_{18}H_{22}N_2$.
Deslanosid s. unter $C_{47}H_{74}O_{19}$.
Desmethylamitriptylin s. unter $C_{19}H_{21}N$.
Desmethylimipramin s. unter $C_{18}H_{22}N_2$.
Desmeton s. unter $C_8H_{15}N_5O$.
Desmetryne s. unter $C_8H_{15}N_5S$.
Desmin s. *Stilbit*.
Desmodur s. unter *Plaste, Polyurethane (Weitere Polyurethane)*.
Desmophen s. unter *Plaste, Polyester (Weitere Polyester)*.
Desmosin, --Geh. d. Aorta nach Einw. v. β-Aminopropionitril 44-1495; Vork. in Elastinen aus verschiedenen Quellen 3-1515; --Biosynth. (Natur d. Zwischenprod.) 14-1520; Bldg. in d. Kükenaorta (Stör. bei Pyridoxinmangel) 23-1678; Biosynth. *2.* Mitt. 49/50-1570.
Desmosterin s. unter $C_{27}H_{44}O$.
Desmotroposantonin s. unter $C_{15}H_{18}O_3$.
Desmycosin s. unter $C_{38}H_{65}NO_{14}$.
Desoderierung

– v. *Fetten* u. *Milch* s. dort; s. auch *Geruch*; *Kosmetika*.

Darst. v. Mikroorganismenpräp. mit desodorierender Wrkg. 3-1798*; selbsttreibendes, alkoholfreies Gemisch für --Mittel 5-3127*; hygien. desodorisierendes Absorpt.-Material 7-1689*; Auftrag. eines akt. Stoffes auf einen festen Träger (--Mittel) 16-1758*; Darst.: eines --Mittels 21-1924*; v. 2-Thion-3.5-dibenzyltetrahydro-1.3.5-thiadiazin (desodorierendes Mittel) 24-1822*; Zus. eines Desodorans mit phenol. Bakterizid 33-1962*; Darst. v. Desodorantien aus Fe(II)- u. Cu(II)-Verb. in ionisierter u. komplexer Form 35-2837*; Raumdesodorans auf Basis v. Polyestern 39-2856*; – d. Abgase v. Fischmehltrocknern, bes. v. Feuertrocknern d. Fischmehlindustrie 2-2943*; Beseitig. v. animal. Gerüchen durch natürl. bzw. synthet. Essenzen 34-2704*; – v. Paraffin-KW-Stoffgemischen an einem Mol.-Sieb aus Tonerde u. Zeolith X 43-2744*.

Desorex s. unter *Aktivkohle*.
Desorption s. unter *Adsorption bzw. Gasabsorption*.
Desosamin s. unter $C_8H_{17}NO_3$.
Desoxometaphanin-C s. unter $C_{18}H_{25}NO_3$.
Desoxyadenosin s. unter $C_{10}H_{13}N_5O_3$.
3'-Desoxyadenosin-5'-triphosphat s. unter $C_{10}H_{16}N_5O_{12}P_3$.
Desoxyadenylsäure s. unter $C_{10}H_{14}N_5O_6P$.
Desoxybenzoin s. unter $C_{14}H_{12}O$.
Desoxycholsäure s. unter $C_{24}H_{40}O_4$.
Desoxy-CMP s. unter $C_9H_{14}N_3O_7P$.
Desoxycorticosteron s. unter $C_{21}H_{30}O_3$.
Desoxycortisol s. unter $C_{21}H_{30}O_4$.
Desoxycortisonacetat s. unter $C_{23}H_{30}O_5$.
Desoxycytidin s. unter $C_9H_{13}N_3O_4$.
Desoxycytidintriphosphat s. unter $C_9H_{16}N_3O_{13}P_3$.
Desoxycytidylsäure s. unter $C_9H_{14}N_3O_7P$.
Desoxygalaktose s. unter $C_6H_{12}O_5$.
Desoxygenierung s. unter *Reduktion*.
Desoxygibberellin C s. unter $C_{18}H_{24}O_5$.
2-Desoxyglucose s. unter $C_6H_{12}O_5$.
Desoxyguanosin s. unter $C_{10}H_{13}N_5O_4$.
Desoxyguanylsäure s. unter $C_{10}H_{14}N_5O_7P$.
Desoxyhämoglobin S s. unter *Blutfarbstoffe, Derivate des Hämoglobins*.
Desoxyinosin s. unter $C_{10}H_{12}N_4O_4$.
Desoxyinosylsäure s. unter $C_{10}H_{13}N_4O_7P$.
Desoxyoctapamin s. unter $C_8H_{11}NO$.
Desoxypikrosalvinsäure s. unter $C_{20}H_{28}O_4$.
Desoxypodocarpsäure s. unter $C_{17}H_{22}O_2$.
Desoxypodophyllotoxin s. unter $C_{22}H_{22}O_7$.
Desoxypolyoxamsäure, Vork. in Polyoxinen 26-1451.
Desoxyribonucleinsäuren s. unter *Nucleinsäuren*.
Desoxyribonucleohiston s. unter *Proteine, Spezielle Proteine (Histone)*.
Desoxyribonucleoproteine s. unter *Proteine, Spezielle Proteine (Nucleoproteine)*.
Desoxyribose s. unter $C_5H_{10}O_4$.
Desoxysarpagin s. unter $C_{19}H_{22}N_2O$.
Desoxystreptamin s. unter $C_6H_{14}N_2O_3$.
Desoxytetracyclin s. unter $C_{22}H_{24}N_2O_7$.
Desoxythymidin s. unter $C_{10}H_{14}N_2O_4$.
Desoxythymidintriphosphat s. unter $C_{10}H_{17}N_2O_{13}P_3$.
Desoxyuridin s. unter $C_9H_{12}N_2O_5$.
Desoxyuridinmonophosphat s. unter $C_9H_{13}N_2O_8P$.
Desoxyuridylsäure s. unter $C_9H_{13}N_2O_8P$.
Desoxyvasicin s. unter $C_{11}H_{12}N_2$.
Desoxyvasicinon s. unter $C_{11}H_{10}N_2O$.
Desoxyzucker s. unter *Kohlenhydrate, Derivate*.
Desrhoeadin s. unter $C_{22}H_{23}NO_6$.
Desthiobiotin s. unter $C_{10}H_{18}N_2O_3$.
Desthiothiamin s. unter $C_{12}H_{18}N_4O_3$.

Destillation

Allgemeines über Kolonnen s. unter *Scheiden*.

--Unters. 1-1943; Fortschritte auf d. Gebiet d. – u. Rektifikat. 2-1965; – (Fortschrittsbericht) 2-1966; --Unters. 5-2068; Salzeffekt bei d. – (Literaturübersicht) 8-2020; --Analyse 9-1818; –: hitzeempfindl. Stoffe 11-2079; komplexer Gemische 13-2062; – 14-2083; krit. Auswert. d. Literatur über d. Rektifikat. bei Druckminder. 18-2083; – [Fortschrittsbericht über Kolonnen] 25-2249; kontinuierl. --Analyse 25-2254; Rektifikat. (Fortschrittsbericht) 37-2306; – 38-2215; Aspekte d. – nahe d. krit. Punkt 38-2217; – 40-1960.

Theorie und Berechnungsverfahren

Vgl.-Möglichk. v. Rektifizierkolonnen 3-2158; experimentell-statist. Meth. zur Best. d. Steuer.-Punkte v. Rektifizierkolonnen 5-2073; Temp. u. Zus. eines Mehrstoffgemisches bei dessen teilweiser Verdampf. 6-0569; Berechn. d. Wirksamk. diskontinuierl. Rektifikat. mit Holdup v. bin. Gemischen 7-2083; Freih.-Grade bei d. Regel. v. --Kolonnen 8-2017; multivariable Regel. einer Zweistoff---Kolonne 8-2018; Zeitoptimier. d. diskontinuierl. – v. Zweistoffgemischen 8-2019; Rohstofftemp. beim Eintritt in d. Rektifikat.-Kolonne 8-2023; Gleich. zu Kriterien d. Stofftrenn. bei d. Rektifikat. 8-2025; Einfl. d. Mitreißens d. Fl. auf d. Wrkg.-Grad d. Böden mit totaler Durchmisch. in einer Rektifikat.-Kolonne 9-2088; Berechn. d. Zahl d. theoret. u. realen Böden d. Rektifikat.-Kolonnen unter Verw. eines Enthalpie-Diagramms 9-2089; Kinetik d. Rektifikat. in Kolonnen mit kleinen Füllkörpern 9-2090; Kinetik d. Stoffübertrag. bei d. Rektifizier. v. Mehrstoffgemischen 9-2091; Dest.-Linien im Zustandstetraeder eines Vierstoffsyst. 10-0534; analyt. Berechn. d. minimalen Zahl d. Böden bei d. Rektifikat. bin. Gemische u. Einschränk. d. Rücklaufverhältnisses 10-2070; verallgemeinertes Modell für d. dynam. Verh. einer --Kolonne 12-2018; verallgemeinerte Gleich. für d. Gleichgew.-Verdampf. u. frakt. – 13-2060; Einfl. d. Mitreißens auf d. Bodenwrkg.-Grad v. --Anlagen 14-2083; Freih.-Grade bei d. Regel. v. --Kolonnen 14-2089; Anwend. d. elektron. Datenverarbeit. zur Dimensionier. v. --Anlagen 14-2091; Wirksamk. v. Durchperlböden mit gekreuzter Phasenführ. bei d. Rektifizier. bin. Gemische 15-2183; Bodenwrkg.-Grad bei d. – 17-2191; Berechn. d. Rektifizier. nichteutekt. Gemische teilweise lösl. Stoffe 20-2051; Freih.-Grade für unstet. --Vorgänge 23-2316; Gleich. für d. Änder. d. Konz. v. Mikrobeimeng. bei d. destillativen Reinig. fl. Substanzen 23-2319; Berechn.-Verf. für d. Zerleg. schwer trennbarer Zweistoffgemische durch selektive Absorpt. bzw. extraktive – 23-2326; Berechn. d. --Kolonnen für nichtideale Mehrkomponentengemische 24-2180; Vgl. d. Stoffaustauschkorrelat. für Siebböden v. --Kolonnen 25-2250; Best. d. Übergangs–Bodenwrkg.-Grades aus Prozeßparametern 25-2251; – v. Syst., d. geringe Mengen v. Komponenten enthalten 25-2252; theoret. Bezieh. für d. Mehrstoff-– in Füllkörperkolonnen 25-2253; Tridiagonalmatrix zur Berechn. d. – v. Vielstoffsyst. 27-2375; Berechn.-Meth. d. Rektifikat.-Prozesses bin. Gemische mit gleichzeit. chem. Rk. *1.* Ordn. 27-2378; Berechn.-Meth. für d. Vielstoff-– 30-2102; Vgl. v. Bezieh. zur Berechn. v. Siebböden für d. – 31-2292; Best. d. Trenneffekts bei d. – bzw. Kondens. v. Dreistoffgemischen durch Teilverdampf. bzw. Teilnd. 32-2127; Mechanismus d. Schaumstabilisier. u. Entschäum.-Wrkg. bei d. – 32-2129; näherungsweise Berechn. d. stet. – 33-2367; kinet. Koeff. in Gleich. zur Berechn. eines Rektifikat.-Prozesses 34-2108; Lös. v. Problemen für --Kolonnen-Syst. 35-2201; Bezieh. zwischen HTU-Wert u. Schütthöhe bei – in Füllkörperkolonnen 37-2310; Frequenzverh. v. Mehrkomponenten-Dest.-Kolonnen 37-2312; Besonderh. d. pseudobin. Gleichgew.-Kurven in d. Kinetik d. Rektifikat. v. Mehrstoffgemischen 37-2315; Gesetzmäßigk. period. Rektifikat.-Prozesse bin. Umsetz.-Prod. in d. fl. Phase enthaltender Gemische 37-2316; Anwend. d. Berechn. stufenweiser Grundoperat. auf d. Rektifikat. mit nichtkonst. Fl.- u. Dampf-Ström. 37-2317; Berechn. d. Minimumverhältnisses d. Ström.-Geschw. zweier Phasen im Gegenstrom-Gleichgew.-Stufenbetrieb bei – 42-1988; Berechn. d. Rektifikat. eines bin. Gemisches bei Vorhandensein einer chem. Rk. unter Berücksichtig. ihrer Wärmetön. 45-2276; iterative Meth. für d. Best. d. Bodentemp. u. d. zwischen d. Böden strömenden Mengen im Gleichgew.-Zustand bei – 46-2005; Zeitoptimier.-Problem bei d. Zweistoff-Blasen-– 46-2006; Modell v. Diffus.-Grenzschichten für Beschreib. v. Stoffaustauschprozessen bei Rektifikat. 46-2007; näherungsweise Berechn. d. Rektifikat.-Prozesse v. Mehrkomponentenmisch. 46-2008; Hydrodynamik in Kolonnen mit kleinen Füllkörperabmess. 46-2009; mathemat. Modellier. u. numer. Integrat. v. Gleich. für d. Vielstoffblasen-– 51/52-2034.

Experimentelle Untersuchungen zum Destillationsvorgang

Druckgefälle durch —-Böden ohne Fallleit. 1-1943; Effektivität v. Labor.-Rektifikat.-Kolonnen mit spiralförm.-prismat. Füllkörper 3-1905; Rektifikat. in Kolonnen mit berieselten Wandflächen 5-2069; Wiedergewinn. verd. Lsgm. u. Wirtschaftlichk. ihrer Rektifikat. 5-2072; Stoffaustausch bei d. — im Trägergasstrom in Füllkörpersäulen 8-2021; Füllkörperrektifizierkolonnen mit Maldistribut. d. Rücklaufs 8-2022; Wärmezufuhr u. -ableit. bei d. Rektifikat. 8-2024; Best. d. minimal zuläss. Dampfgeschw. auf Siebböden 9-2086; Rektifikat. in Kolonnen mit berieselten Wandflächen 11-2080; Kolonne zur Unters. d. konventionellen u. d. gesteuerten zykl. — 12-2019; Wirksamk. einer Rektifizierkolonne unter nichtadiabat. Beding. 13-1806; Leist.-Vgl. v. Glocken- u. Ventilböden mit tern. Gemischen 14-2084; Durchmisch., Wrkg.-Grad, Stoffübergang u. Leist.-Fähigk. bei Siebböden mit Ablauf v. einer —-App. 14-2085; Wrkg.-Grad v. großen Turbogridböden 14-2086; Einfl. v. oberflächenakt. Stoffen auf d. Wrkg.-Grad einer Füllkörperdest.-Kolonne 14-2087; Auswahl v. Testmisch. für —-Kolonnen für d. Best. d. Trennleist. 15-2182; Glockenböden zur Rektifikat. mit gelenkter Fl.-Beweg. 21-2316; Gasmisch. im Zwischenraum d. Austauscherböden v. Rektifikat.-Kolonnen 22-2241; Stoffaustauschwiderstände in Fl. u. Dampf bei d. Rektifikat. v. Dreistoffgemischen 23-2317; Wärmeverluste bei d. Rektifizier. v. Mehrkomponentengemischen 23-2318; Wärmeübergang in Füllkörper-Dest.-Kolonnen (Einfl. d. hydrodynam. Beding. u. physikal. Eig. d. Syst. CCl_4–C_6H_6 auf d. Wärmeübergang) 27-2376; Verbesser. d. Trenneffekts bei — 28-1927; Wärmeübertrag. in einem zylindr.-kon. Dünnschichtverdampfer 28-2180; Dynamik v. —-Kolonnen bei Anwend. d. Impulstechnik 29-2270; Mess. d. dynam. Charakteristik einer Raffinerie-Dest.-Kolonne mit willkürl. Störsignalen 29-2271; photograph. Unters. d. Schaumhöhe auf Siebböden 31-2293; Lös. eines Schaumproblems bei d. — 32-2130; Rektifikat. in Kolonnen mit berieselten Wänden (Rolle d. Gemischzus.) 32-2132; Vgl. v. Wrkg.-Grad u. Leist. v. Füllkörpern aus Metallgeweben für industrielle —-Kolonnen 32-2133; Versprüh. in d. Flash-Zone einer Kolonne zur Vakuum-— 32-2650; Änder. d. Zwischenbödenwirksamk. bei d. — unter Beweg. d. Schwerpunktes d. Zwischenböden u. Bodenkolonnen bei Erreich. d. Endkonz. 33-2368; Hydrodynamik u. Stoffaustausch bei d. Rektifikat. in Kolonnen mit beheizter Füll. 33-2370; Kondens. hochsd. u. erstarrender Mehrkomponentengemische bei d. Rektifikat. 34-2110; Kinetik d. Rektifikat. mehrkomponent. Gemische 36-2098; Einstellzeit v. Gleichgew.-Dest.-Anlagen 37-2314; Beeinfluss. d. Selektivität einer komplexen Rk. bei d. Verw. einer —-Kolonne als Reaktor 37-2318; Unters. v. metall. Pall-Ringen bei d. — 38-2214; (Wrkg.-Grad ausgewählter Typen großer —-Böden bei totalem Rücklauf) 38-2215; Ermittl. d. Tropfgeschw. in Siebböden v. —-Kolonnen 39-2173; Zwischenraum bei Scheibenglocken in —-Kolonnen 39-2174; Rektifikat. in Kolonnen mit berieselten Wänden 39-2177; Diffus.-Modell für d. Fl.-Durchmisch. auf Turbogrid-Böden 40-1960; Rektifikat. in Kolonnen mit berieselten Wänden (Flut. u. Rolle d. Gasdurchsatzes) 42-1987; Einfl. d. Charakters d. Oberflächenspann. auf d. Bodenwrkg.-Grad einer —-Kolonne 45-2272; Einfl.: d. Kontaktwinkels auf d. Benetz. v. Pack. u. d. Leist.-Fähigk. bei d. — 45-2273; verschiedener Füllkörperlager. u. Zulaufzus. auf d. Stoffaustausch in Füllkörper-Dest.-Kolonnen 45-2274; Übergangsverh. u. Feedworward-Regel. einer Stör. unterworfenen —-Kolonne 45-2275; Druckverlust u. Trennleist. einer schrägliegenden nichtadiabat. betriebenen Füllkörperkolonne für Vakuumrektifikat. 48-2040; Rektifikat. in Kolonnen mit metall. Füllkörpern 49/50-2095.

Apparate und allgemeine Verfahren

Austauscheinricht. für d. Vakuum-— 1-1944; Mol.-— mit geneigter Platte 2-1713; neue —-Möglichk. durch Anwend. d. Mol.-— 2-1967; extraktive — v. Stoffen aus $\geqq$*2* Gemischen mit verschiedenen Kp.-Bereichen 2-2354*; prakt. Zubehörteile für Labor.-— 4-1508; Hochleist.-Rektifizierkolonnen mit Injekt.-Böden 5-2071; Einstell. eines konst. Rücklaufverhältnisses bei d. Trenn. v. Gemischen mit *2* Komponenten durch — 5-2112*; Regel. v. diskontinuierl. — 14-2090; Rektifikat.-Säule mit freier Ström. d. Dampfphase u. Fließpapier als Träger d. fl. Phase 15-2184; Destillierapp. für Dampf–Fl.-Gleichgew. bei tiefen Temp. 16-1829; Anwend. eines Quarzkrist.-Vibrators bei —-Unters. im Vakuum 20-0469; neue App. zur frakt. — 20-1784; optimale Verf. d. Rektifikat. v. Mehrkomponentengemischen 20-2050; Mehrzweckgerät zur Kontrolle eines Frakt.-Vol. nach d. Niveau-Prinzip 21-2040; — mit W.-Dampf über einem Ionenaustauscher 21-2312; Rückgewinn. u. Konzentrier. v. Ionenarten aus wss. Lsg. mit Schaum-Fraktionier. unter Total-Rücklauf 24-1934; App. für d. —, Sorpt. u. Extrakt. (Fortschrittsbericht) 25-2248; Wrkg.-Grad v. Rektifizier.-Kolonnen mit Rüttelfüll. unter Verw. v. n-Heptan–Toluol-Gemischen 25-2256; Trenn. durch frakt. — unter Vakuum 32-2131; Rektifizieren v. Mehrkomponentengemischen mit selektiv zu hydrierendem Bestandteil 32-2566*; App. zur schnellen Bereit. v. Elektroden für d. Trägerdest.-Meth. 34-1869; — wärmeempfindl. Materialien 40-1961; Optimier. v. Vakuumrektifikat. 46-2010; Verbesser. eines Geräts zur W.-Dampf-— im Halbmikromaßstab 48-1759.

Destillationskolonnen

—-Kolonnen mit Seitenströmen oder mehreren Zuläufen 1-1940; Temp.-Regel. im Kolonnenkopf bei d. sek. — 9-2087; Glas-Glockenboden-Kolonnen 11-1812; Gleichstromrektifikat. mit hoher Geschw. in Röhrenkolonnen 14-2088; Ausleg. v. Füllkörper-Dest.-Kolonnen 15-2181; Beheiz.-Meth. für Rektifikat.-Kolonnen 20-2049; Ganzglasfüll. für —-Kolonnen 21-2032; Kolonne zur Best. d. Dampf–Fl.-Gleichgew. bei niedr. Druck 21-2317; Regel. einer —-Kolonne mit Druckabweich. 22-2243; Konstrukt. u. Charakteristiken v. Labor.-Glaskolonnen für Rektifikat.-Zwecke mit Lochböden 29-1977; automat. Regel. d. Wärmezufuhr zu einer einfachen Rektifizierkolonne 34-2142*; Regel. d. Arbeitsbereiche v. Rektifikat.-Kolonnen 36-2096; Gaschromatographie zur Betriebskontrolle einer Vorlaufkolonne 36-2097; Füllkörperkolonnen für Rk. mit Gasabsorpt., Rektifikat. u. Extrakt. 37-2301; Aufbau u. Leist.-Fähigk. v. Regeleinricht. mit Störgrößenaufschalt. für Mehrkomponenten-Dest.-Kolonnen 37-2313; elektron. Kreise zur dynam. Simulier. einer Boden-Dest.-Kolonne 41-2197.

Destillation anorganischer Stoffe

Rektifikat. eines Gemisches v. He-Isotopen in unbeschickten Kolonnen 17-0753; Anwend. d. Wärmeübertrag. durch direkten Kontakt auf d. — v. Meerwasser 16-2091; —-App. zur Bereit. hochreinen W. 27-2070; Trenn. d. N- u. O-Isotope durch — v. Stickstoffoxid 17-0754; Best. u. Analyse d. Isotopenanteile verschiedener Arten v. N in Böden: durch Extrakt.-Dest.-Meth. 29-2129; durch direkte Dest.-Meth. 29-2130; Modifizier. d. Methodik zur isothermen — v. NH_3 36-2022; dynam. Ansprechen v. Luftrektifikat.-Kolonnen auf Unterbrech. d. Luftzufuhr 43-2168; Routinebest. v. N in Gußeisen durch chem. — 46-1955; Mikrobest. v. Fluorid mit Hilfe einer verbesserten —-Technik 16-1928; schnelle Abtrenn. v. Mikrogramm-Mengen Fluorid durch — 32-1978; Mikro-— zur Abtrenn. v. Mikromengen Cl^- aus Pu-Verb. u. U-Lsg. 41-2037; — v. Te in H_2 32-2249*; Herst. v. Te hoher Reinh. durch Vakuum-— 36-2358; Wrkg. d. Diffus.-Widerstände u. d. therm. Flusses auf d. Geschw. d. Entwässer. v. o-Borsäure zu m-Borsäure durch azeotrope — mit Toluol 4-0568; Anlage zur ^{10}B-Abtrenn. mittels Austausch-— d. Komplexes $(CH_3)_2O \cdot BF_3$ 10-0697; ^{10}B-Abtrenn. durch Niedertemp.-— d. BF_3–Methylfluorid-Komplexes 11-0742; Verteil.-Koeff. für d. Prozeß d. Austausch-— d. Komplexes $BF_3 \cdot (CH_3)_2O$ 19-0620; Austausch-— d. Komplexes $(CH_3)_2O \cdot BF_3$ bei Atmosphärendruck zur Isotopentrenn. 21-0598; Einfl. d. Drucks auf d. Trenn. d. Isotope ^{11}B u. ^{10}B durch — v. BF_3 34-0581; Vakuum-— v. metall. Sb 31-2339.

Anwend. d. Technik d. markierten Atome zur Unters. d. industriellen Cd-Rektifikat.-Prozesses 2-0669; Rektifizier. v. Zn u. Cd 29-2479; Labor.-Hg-Dest.-App. 13-1807; radiograph. Unters. d. Abtrenn. v. Zn, As u. Tl v. Cd durch frakt. — 27-2595; Vakuum-— v. Y 26-0764; — v. Nb u. Ta bei d. spektrograph. Best. 15-2010; App. zur — v. Bi 8-0683; Vakuum-— zur Herst. v. hochreinem Bi 33-2619; Reinig. v. Re durch Rektifizier. seines Oxidtetrachlorids 35-0502.

Destillation organischer Stoffe

Polyazeotrop. — v. Kohlenteer-Bestandteilen 17-2909; Reinig. mit in W. lösl. Bestandteilen verunreinigten organ.-techn. Lsgm. durch azeotrope — bei Zusatz v. KW-Stoff-Frakt. 22-2265*; destillative Abtrenn. organ. Verb. 29-2292*; — v. organ. Fl. 34-2141*; neue hochwirksame Füllstoffe zum Rektifizieren v. KW-Stoffgemischen u. KW-Stoffderiv. 25-2257; Algorithmus zur Berechn. d. Rektifikat.-Prozesses v. KW-Stoffgemischen unter Berücksichtig. d. nichtidealen Phase 33-2369; extraktive — v. Alkinen aus KW-Stoffgemischen mit Alkadienen 17-2941*; Betriebsanalyse v. Butan-Dest.-Kolonnen mit verschiedenen Böden 23-2315; Mol.-Dest.-App. zur Herst. v. hochreinem Bzl. 2-2329; Verteil. d. Komponenten in Rektifikat.-Kolonnen am Beispiel d. nichtidealen dreikomponent. Cyclohexan–Bzl.–CCl_4-Gemisches 10-2071; Wirksamk. v. —-Böden beim Syst. Ae.–Butanol-(1) in d. krit. Reg. 2-2318; Rektifikat. v. Zweistoffgemischen (n-Hexan/Bzl., Methanol/Äthanol u. Bzl./Cyclohexan) in innen berieselten Rohren 24-2181; Verteil. d. Komponenten d. tern. Syst. $CH_3OH/C_2H_5OH/H_2O$ in d. Dampfphase bei d. Rektifikat. 25-2219; Vgl. v. Zwischenbödenkonstrukt. für industrielle —-Anlagen zur Rektifikat. bin. Gemische v. abs. Äthanol u. Acetaldehyddiäthylacetal 25-2255; Stoffübertrag. bei d. Rektifikat. v. Äthanol(Methanol)–W.-Gemischen in einer Siebbodenkolonne 34-2109; extraktive — v. Aromaten enthaltenden KW-Stoffgemischen mit cycl. Sulfon oder cycl. Sulfoxid 15-2788*; azeotrope Rektifikat. v. Gemischen aus $SiCl_4$ u. Trimethylchlorsilan in Ggw. v. Acetonitril 27-2377; Best. d. —-Trenneffekts einer Säule am Syst. ^{14}C-Ameisensäure/^{3}H-Essigsäure 11-1931; Rektifikat. d. Vierstoffsyst. Essigsäure–Äthylacetat–Methyläthylketon–n-Hexan 36-2099; rechenförm. Aufsatz für d. Vakuum-— zur Best. d. Geh. an 17-Hydroxycorticosteroiden im Blut 11-1959.

Anwend. d. Mol.-— in d. Industrie d. Fette 2-2587; Möglichk. d. Mol.-— als Trennmeth. in d. Industrie d. pflanzl. Öle (Übersicht) 32-3047; Dampfphasen-Vorreinig. für gaschromatograph. Best. v. Pestizidrückständen in Pflanzenextrakten 37-2273.

Best. d. gesamten flücht. Basen in d. Pansenfl. durch Dampf-— 12-1923.

Anwendung

Vakuum-— zur Rückgewinn. v. Proben nach d. Dünnschichtchromatographie 29-2053; Herst. v. Reinstmetallen nach d. Verf. d. halbkontinuierl. Vakuum-— 2-0669.

Bibliographie

Vitriol-Vakuum-Destillationsanlagen [russ.] B 30; Unsteady state processes with applications in multicomponent distillation B 5; Six-language vocabulary of distillation terms: English, Français, Español, Russkii, Italiano, Deutsch B 38; Distillation and rectification in the chemical industry B 54; Distillation B 70.

Destruxin A s. unter $C_{29}H_{47}N_5O_7$.
Destruxin B s. unter $C_{30}H_{51}N_5O_2$.
Desulfurierung s. unter *Sulfurierung*.
Desylamin s. unter $C_{14}H_{13}NO$.
DETA, Beurteil. als Repellens gegen Formica rufa 29-3310.
Detergentien s. unter *Oberflächenaktive Verbindungen*; Herst. u. Verw. v. —: für Dispergiermittel s. unter *Dispersionen*; für Emulgiermittel s. unter *Emulsionen*; für *Netzmittel*; für *Wasch- und Reinigungsmittel* s. dort.
Detonationen s. unter *Explosionen*.
Deuterauxin, Bldg. v. polymerisiertem — bei d. umkehrbaren Inaktivier. gealterter Indolyl-(3)-essigsäure-Lsg. 24-1528.
Deuterium s. unter *Wasserstoff*, *Schwerer Wasserstoff*.

Deuteronen

Kernumwandlung durch — s. dort. Rk. an — s. auch unter d. entsprechenden Beschußteilchen (*Neutronen*; *Protonen* usw.). Andere als Kerneig. v. Deuterium s. unter *Wasserstoff-Schwerer Wasserstoff*.

Neubest. d. Bind.-Energie d. — 15-0034; Nachw. d. Singulett-— (d) u. d. Rk. $^{9}Be(p, d) \cdot {}^{8}Be$ 15-0035; Summenregel für d. magnet. Moment v. Teilchen mit belieb. Spin u. einfache Anwend. auf d. — 17-0045; Tensorpolarisat. v. $^{4}He(d, d)^{4}He$-— im Gebiet d. *1,07*-MeV-Resonanz 27-0044; Mess. d. Tensorpolarisat.-Grades d. polarisierten —-Bündels 31-0018; Rk., d. zum Singulettzustand d. — führen 40-0002.

Photozertrümmer. v. ^{7}Li mit Emiss. v. — 8-0049; — direkter Wechselwrkg. aus d. Beschuß mittelschwerer u. schwerer Kerne durch *156*-MeV-Protonen 9-0078; Tensor-Polarisat. v. — bei $^{9}Be(p, d)^{8}Be$ 9-0081; Rk.

$\pi^- + {}^3$He → d + n (+ γ) 33-0049; Erzeug. v. – hohen Impulses aus Kernen beim Beschuß mit *1*-GeV-Protonen 37-0019.

Erzeug. eines – -Stroms v. *0,3* μA 20-1786; Impuls-Ionenquelle für – mit geheizter Kathode in einem Magnetfeld 31-0143.

Depolarisat. eines polarisierten – -Bündels durch Lad.-Austausch in K-Dampf 1-0035; ^{2}H(p, γ)^{3}He-Rk. bei d. Breakup-Schwelle 3-0052; Einfl. einer ^{4}D-Komponente in ^{3}He auf d. direkten Einfangsquerschnitt für D(p, γ)^{3}He 3-0053; Photozertrümmer. v. ^{3}He aus einem direkten Einfangmodell d. Rk. d(p, γ)^{3}He 3-0054; Zweiprotonen-Endzustandwechselwrkg. in d. Rk. D(^{3}He, t)2p u. ^{3}He·(d, t)2p bei einer Schwerpunktsenergie v. *21* MeV 7-0073; Photozertrümmer. d. – v. *100 – 420* MeV 8-0046; Streuung v. *135*-MeV-Protonen durch – 9-0036; D(d, n)^{3}He u. D(d, p)^{3}H mit polarisierten – bei *460* keV 9-0037; Mechanismus d. Rk. α + d → α + p + n 9-0040; Wrkg.-Querschnitt d. – -Wechselwrkg. mit Al bei *710* MeV 10-0009; Einlager., Diffus. u. D.-Verteil. v. – in Selbsttargets aus Au, Ni u. Cu 10-0285; Integralgleich. für durch – induzierte Rk. 13-0037; D(d, p)-Rk. mit polarisierten – bei *100* bis *500* keV 13-0038; D(d, p)^{3}H-Rk. mit polarisierten – 13-0039; D(d, n)^{3}He-Rk. mit polarisierten – 13-0040; totaler n–d-Wrkg.-Querschnitt 15-0036; Deuteron-Aufbrechen durch *14,1*-MeV-Neutronen 22-0003; Protonenausb. aus ^{2}H(d, p)^{3}H als Funkt. d. Winkels zwischen d. Lage d. Target-Einkrist. u. d. – -Strahls 23-0046; Energieverlustmess. in Anthracen, Terphenyl u. Plastikszintillator für – v. *100 – 900* keV 25-0891; Photodesintegrat. d. – durch polarisierte γ-Strahlen 27-0039; Resonanzlad.-Austausch zwischen Protonen u. – niedr. Energie 27-0164; Neutron–Neutron-Koinzidenzspektren aus ^{2}H·(n, 2n)^{1}H bei *14,1* MeV 28-0001; Kernstruktureffekte in (π^+, 2p)-Rk. an ^{2}H 28-0002; Energieabhängigk. d. Diffus.-Parameters für – 32-0009; Polarisat. v. Neutronen aus ^{2}H·(d, n)^{3}He unterhalb *400* keV 34-0005; abs. σ-Werte für Koinzidenznachw. v. Proton u. gestreutem α-Teilchen in ^{2}H(α, α′p) 36-0004; ^{2}H(^{3}He, γ)^{5}Li bei E(^{3}He) ≦ *5,5* MeV 37-0011; ^{2}H(p, 2p)n bei *9,0* u. *10,5* MeV 37-0021; Theorie d. Photodesintegrat. d. – 39-0016; stark polarisierte Neutronen aus d. s-Wellen-Rk. T(d, n)^{4}He u. D(t, n)^{4}He 41-0010; Polarisat. d. Lyman-α-Strahl. aus D$^+$–Edelgas-Lad.-Übertrag.-Stößen 43-0131; Photodesintegrat. d. – v. *140 – 400* MeV 44-0004; Deuteron-Bind.-Energie u. Energieverlust durch γ-Strahlen in W. aus Compton-Streuung 51/52-0016.

Verw. d. opt. Kernmodells für d. Analyse d. Streuung v. – an Kernen 2-0006; Phasenverschieb.-Analyse d. Deuteron-α-Streuung zwischen *10* u. *27* MeV 4-0007; elast. Streuung polarisierter – an ^{4}He zwischen *18* u. *22* MeV 4-0008; Vektorpolarisat. bei d. α-Streuung 8-0009; elast. Streuung v. *6 – 12*-MeV- – durch ^{48}Ti 8-0010; elast. u. unelast. Streuung v. *15,8*-MeV- – 10-0007; – -Streuung an schweren Kernen 10-0008; Neutron–Deuteron-Streulängen 12-0010; Populat. v. Rotat.-Niveaus durch unelast. Streuung v. – 12-0045; Winkelverteil. für unelast. – -Streuung an Sm 12-0046; Korrelat.-Korrekturen gemäß d. opt. Potential aus Deuteron–Kern-Streuung 13-0036; Analyse v. elast. gestreuten – mittels Strippingrk. 14-0012; elast. Streuung v. – bei *34,4* MeV 14-0013; d–α-Doppelstreuung 14-0014; Analyse d. elast. – -Streuung durch Kerne unter Berücksichtig. d. Tensors d. Spin–Bahn-Wechselwrkg. 18-0014; Streuung v. *63*-MeV- – an C, Al u H 18-0015; opt. Modell für d. elast. Streuung v. – an Kernen 23-0036; Polarisat. u. Phasenverschieb. in D(p, p)D bei *3,00* MeV 29-0014; Triton-Bind.-Energie u. n–d-Streulängen aus Potentialen mit trennbaren Variablen 29-0022; elast. Streuung v. – durch α-Teilchen (E_d = *3 – 14* MeV) 31-0017; Kleinwinkelverh. d. Polarisat. bei elast. p–d-Streuung (E_p = *11,6* MeV) 32-0002; Spin–Bahn-Effekte in d. Analyse d. elast. – -Streuung nach d. opt. Modell 33-0011; Phasenverschieb. d. d + α-Streuung 37-0012; elast. Streuung u. Polarisierbark. d. – 42-0002; elast. u. fast elast. Streuung hochenerget. Protonen an Deuterium 44-0008; elast. Streuung v. *52*-MeV- – 49/50-0009.

Abbremsenergie v. Be, Al, Cu, Ag, Pt u. Au für – v. *5 – 12* MeV 15-0308.

– -Bestrahl.-Effekte (elektr. Widerstand) in Al mit *4*% Cu 5-0351; Kathodolumineszenz v. SiC-Krist. mit Strahl.-Defekten durch D$^+$-Bestrahl. 6-0360; Einfl. d. Tieftemp.-Deuteronenbestrahl. auf Supraleiter *2.* Art 13-0442; Strahlenausheil. in mit – bestrahltem Au, Al u. Pt (Restwiderstandsmess.) 17-0339; Erhol. v. mit – bestrahltem Au, Al u. Pt 17-0340.

Anwend. v. Kanal-, Schatten- u. anderen Effekten, d. mit d. Fortpflanz. v. schnellen – durch Einkrist. verbunden sind, zur Unters. v. Leg. 15-0153.

Mess. d. elektr. Neutronformfaktors aus elast. e–d-Streuung 6-0007.

Probenhalter für – -Bestrahl.-Experimente in Metallen zwischen *4* °K u. Zimmertemp. 36-1848.

Devadarool s. unter $C_{20}H_{34}O_2$.
Dewar-Gefäße s. unter *Laboratoriumsgeräte.*
Dexamethason s. unter $C_{22}H_{29}FO_5$.
Dexamphetamin s. unter $C_9H_{13}N$.
„Dexa-Rhinospray“, Eiweißbind. u. Resorpt. v. – nach inhalativer u. rektaler Applikat. 8-1474.

Dexchlorpheniramin s. unter $C_{16}H_{19}ClN_2$.
Dexon s. unter $C_8H_{11}N_3O_3S$.
Dextran

Imferon; *Macrodex*; *Polyglukin*; *Rheomacrodex* s. dort.

–: u. Deriv. (*10.* Mitt.) 18-1223; u. Dextranasen (*5.* Mitt.) 39-1036; – aus Leuconostoc mesenteroides (Vgl. mit synthet. –) 42-1262.

Enzymat. Bldg. (Ursprung d. Verzweig.) 23-1481; Synth.: v. extrazellulärem – durch kariogene Bakterien (Vork. in Zahnplaques beim Menschen) 37-1597; durch Leuconostoc 45-1387; v. Dialdehyd- u. Dicarboxyl- – 15-1215; eines Mercaptoäthyläthers v. – 37-1261; Darst.: v. vernetztem – in Perlform durch Umsetz. mit Epichlorhydrin 47-2579*; v. fluoreszenzmarkiertem – 48-2378*; frakt. Fäll. v. – -Hydrolysaten 9-1737*; Zwei-Segment-Säulenmeth. für d. Trenn. einzelner – -Frakt. aus Erythrozytensuspens. 22-1580; Sterilisier. 46-1646.

H-Bind. u. Konform. v. – in DMSO 14-0871; Molgew. nativer – 27-1317; Ultraschallabsorpt. in wss. – -Lsg. mit hohem Molgew. 17-1184; Sedimentat.-Eig. v. Komplexen aus – -Sulfat u. Lipoprotein niedr. D. 34-1492; Kinetik d. Quell. v. – -Gelen in Lsgm. 32-1225; elektrophoret. Unters. d. reversibel in Wechselwrkg. tretenden Syst. – -Sulfat–Carboxyhämoglobin (Verw. kombinierter Schlieren- u. Absorpt.-Optik) 35-1185; Verteil.-Unters. v. renaturierter DNS im Syst. – –Polyäthylenglykol 7-1187.

Ox. v. – u. Red. in Ggw. v. NH_3 mit H_2 13-1724*; nichtion. Cu(II)-Komplexverb. mit hydriertem – 26-2671*; Vernetz. mit Epichlorhydrin zum Einfang v. DNS 42-1123; Rk. mit Pelentansäure 46-1101; Fäll. v. Plasmaproteinen mit – 5-1433.

Freisetz. v. Mikrosomen-RNS durch makromol. – 46-1127; Histaminase-freisetzende Wrkg. v. – -Sulfat-Na *10* u. Na *500* bei Meerschweinchen 10-1605; Hemmwrkg. auf Ribonuclease aus Acetabularia 18-1208; Wechselwrkg. mit Lysozym 18-1223; Wrkg. auf Leberenzyme 41-1641, 41-1640; Gewinn. v. Mutanten d. Herpesvirus mit Resistenz gegenüber – -Sulfat 13-1332; – -Sulfat als genet. Marker v. Poliovirus 18-1331; Wechselwrkg. zwischen – -Sulfat u. E. coli-Ribosomen 34-1202; Wrkg. v. DEAE- –: auf d. Wachstum d. Rubella-Virus in BHK *21*-Zellen 37-1536; auf d. Bldg. v. infektiöser Virus-RNS 38-1530; auf d. Virulenz d. nichtpathogenen r$^+$-Variante d. Enzephalomyokarditis-Virus 44-1343; Einfl. hoher osmot. Konz. v. –: auf d. N- u. C-Umsatz d. Maispflanze 2-1312; auf d. Pferdebohnenpflanze 35-1390; Gefäßpermeabilität d. Rattenhaut für – (Einfl. d. Molgew. u. d. Struktur) 21-1811; Resorpt. durch d. Haut (Einfl. v. Mucopolysaccharidfaktoren) 39-1556; Ausscheid. mit d. Urin (Molgew.-Verteil.) 27-1683; Einfl. auf d. anaphylakt. Hypotens. bei Ratten 4-1245; sensibilisierende Wrkg. auf Erythrozyten (Einfl. v. O-Stearoylgruppen) 6-1504; Wrkg.: d. Belast. mit Fe– – -Komplex auf Morphologie u. Funkt. d. Rattenniere 10-1528; v. – -Zufuhr auf d. interstitielle Albumin d. Leber 11-1525; leukozytot. Wrkg. bei d. Ratte 12-1478; Einfl.: auf d. Vorphase d. Gerinn. in vitro 13-1496; bei d. mit einem *1*% Cholesterin enthaltendem Futter versorgten Kaninchen 17-1710; – -induzierte Rattenpfotenödeme (Wechselwrkg. zwischen β-adrenerg. Blockade u. Vasodilatoren) 18-1616; arterieller Unterdruck durch – (Rolle v. endogenem Histamin u. 5-Hydroxytryptamin) 22-1561; hemmende Wrkg. v. – -Lsg. auf d. Hyperlipämie nach Verbrenn. 22-1661; Beeinfluss. d. Vorphase d. Gerinn. durch – 23-1649; Glykämie u. d. nachfolgende passive Übertrag. eines eine anaphylaktoide Rk. bewirkenden Faktors bei d. Ratte nach – -Injekt. 23-1657; Wrkg. auf d. Plasmagerinn.-Faktoren 25-1618; – -Ödem d. Rattenpfote u. ATP-Geh. in entzündeten Geweben (Einfl. v. Natriumsalicylat) 25-1745; Wrkg. v. – -Sulfat auf Amphibien- u. Geflügelentw. 27-1669; Ödembldg. durch – (Aminbeteilig.) 38-1776; durch – bei d. Ratte ausgelöster Schock (Wrkg. v. Polybrène) 40-1488; Immunisier. mit einem Oxytocin– – -Komplex 51/52-1518; Aminosäurezus. v. Anti- – v. d. gleichen u. v. unterschiedl. Spezifität v. verschiedenen Individuen 33-1751.

Verw. v. wasserlösl. Isoniazid-Oxy- – als Tuberkulostatika 11-1716*; Darst.: v. polymeren Arzneimitteln durch Rk. mit Dialdehyd- u. Dicarboxyl- – 15-1216; v. Benzyl- – zur Herst. v. Arzneimitteln mit verzögerter Wirkstoffabgabe 27-1860*; – als Bindemittel in d. Pillenzubereit. 30-1646; Verw. für hochmol. Farbstoffe 25-2971*.

Markier. auf Agargel 36-1985; Färbemeth. für – auf Celluloseacetat 13-1956; Trenn. v. Mannan/Glykogen/– mit Dodecarboniumchlorid 22-2141; analyt. Trenn. v. wasserlösl. nichtlipoiden Substanzen u. Gangliosiden v. anderen Lipiden durch Säulenchromatographie an – -Gel 14-2001; Unters. v. DNS, partiell denaturierter DNS u. v. Protein–DNS-Komplexen im Polyäthylenglykol– – -Phasensyst. 28-1297; Meth. zur Extrakt. v. gereinigter DNS oder v. Protein–DNS-Komplexen aus E. coli mit einem Polyäthylenglykol– – -Phasensyst. 28-1298.

Dextrine

Studien über Schardinger- – (*12.* Mitt.) 43-1090; Vork.: in in Grusinien wachsenden Ephedraceen 10-1355; v. Malto- – in Kartoffelphosphorylasepräp. 4-1032.

Bldg. v. Malto- –: in Streptococcus mitis 24-1361; bei d. Spalt. v. Amylopektin u. Glykogen durch endozelluläre α-Amylase aus E. coli 24-1385; Retent. v. flücht. Bestandteilen während d. Trocknens v. wss. Malto- – -Lsg. 41-3284.

Gestalt d. Cello- – in wss. Lsg. (bei *25°*) 49/50-0814; (Temp.-Abhängigk.) 49/50-0815; Einfl. auf d. Kinetik d. anod. Auflsg. v. Cu in Ggw. einer chem. Polarisat. 6-0641; Diffus.-Koeff. 21-0581; Einfl. auf d. Hydratat. v. Portlandzement u. seine Klinkermineralien 43-2379.

Schwing.-Einfl. auf d. Geschw. d. – -Invers. 21-3008; Einfl. d. Ultraschallfeldes auf d. Hydrolyse wss. – -Lsg. 1-0835; Bldg. v. Einschlußkomplexen v. Cyclo- – mit Epichlorhydrin 7-1136; Katalyse d. Decarboxylier. durch Cyclo- – 29-1110.

Wrkg.: d. Branching Enzyms aus Muskeln auf durch Übertrag. v. UDP-Glucose vergrößertes Grenz- – 2-1158; v. Cellulase aus Trichoderma viride auf Cello- – 13-1217; auf mitochondriale u. lysosomale Enzyme u. d. Schwell. d. Mitochondrien d. Rattenleber 1-1253; Zusammenhang zwischen enzymat. Aktivität auf subzellulärer Stufe u. – 32-1260; Wrkg. auf d. Toxinbldg. durch Clostridium perfringens Typ D 7-1270; fördernde Wrkg. auf d. Wachstum v. Sclerotinia trifoliorum 42-1255; Einfl. v. – –Maltose-Diät auf d. Aktivitäten v. Leber-Glucose-6-phosphatase, anorgan. Pyrophosphatase, Pyrophosphatglucosephosphotransferase 3-1257; Bedeut. v. – in d. Ernähr. v. Wistarratten 24-1659; Einfl. v. Diäten mit – auf d. Papierelektrophorese v. Rattenserum 10-1479.

Verw.: in Gefrierschutzmittel 2-1994*; in Schmiermitteln für Al-Pressen 33-2970*.

Best. v. W. in Cyclo- – durch eine IR-Meth. 12-1897; Überführ. v. Cyclo- – auf einen nichtreduzierenden Akzeptor unter Bldg. v. Oligosacchariden als Prüfmeth. auf Cyclodextrintransglucosidase 8-1265.

α-Dextrin (Cyclohexaamylose, Hexaglucan), H-Bind. u. Konform. v. Cyclo- – in DMSO 14-0871; Clathratverb. v. Cyclo- – (Übersicht) 20-1142; Krist.- u. Mol.-Struktur d. Kaliumacetatkomplexes v. – 21-1268; NMR-Spektrum u. Konform. v. Cyclo- – in DMSO-Lsg. 17-0943; Wrkg. v. Grenz- – auf Takamylase-A-Hitzeinaktivier. 36-1352.

β-Dextrin (Cycloheptaamylose, Heptaglucan), – aus Serratia marcescens (Darst., Struktur) 30-1130; H-Bind. u. Konform. v. Cyclo- – in DMSO 14-0871; Clathratverb. v. Cyclo- – (Übersicht) 20-1142; NMR-Spektrum u. Konform. v. Cyclo- – in DMSO-Lsg. 17-0943; radioakt. Zerfall v. Cyclo- – -Clathrat mit $^3H_{2(9.10)}$-Stearinsäuremethylester 41-1021; Hydrolyse v. Grenz- – durch weniger säurestabile saccharogene Amylase 18-1280.

γ-Dextrin (Cyclooktaamylose, Oktaglucan), Clathratverb. v. Cyclo- – (Übersicht) 20-1142.

δ-Dextrin, Mol.-Größe u. Struktur 43-1090.

ε-Dextrin, Mol.-Größe u. Struktur 43-1090.

ζ-Dextrin, Mol.-Größe u. Struktur 43-1090.

η-Dextrin, Mol.-Größe u. Struktur 43-1090.

Dextroamphetamin s. unter $C_9H_{13}N$.

Dextromethorphan s. unter $C_{18}H_{25}NO$.

Dextromoramid s. unter $C_{25}H_{32}N_2O_2$.

Dextrorphan s. unter $C_{17}H_{23}NO$.

Dextrose s. unter $C_6H_{12}O_6$.

DFOM s. unter $C_{25}H_{48}N_6O_8$.

DFP s. unter $C_6H_{14}FO_3P$.

DGO-10 s. unter *Kautschuk, Andere Elastomere (Elastomere aus Olefinen, Olefinmischpolymerisaten und dergleichen)*.

Dhandrasit, Vork. in Granatnestern in Teilen d. Dhandrashügels 48-0740.

Dhurrin s. unter $C_{14}H_{17}NO_7$.

DI-1 s. unter *Eisen, Schmiedeeisen und Stahl (Sondermarken)*.

Diabas, —-Probleme u. problemat. — 47-0691.

Alkal. —-Pikrit-Intrus., New South Wales, Australia 1-0773; Granit-Xenolithe in —-Porphyrit-Dykes d. Cassiterit-Sulfid-Lagerstätte v. Levic (Kavalerovskiy-Region in d. Nähe d. Meeres) 13-0800; hydrothermale Veränder. d. — (Makrately-Vererz. v. Abchasia) 27-0898; K-Ar-Alter für —-Proben d. südl. Brasiliens 38-0780; Differentiat. v. Sulfiden in geschlossenen Syst. in Olivin-—, Missouri 42-0660; Datolith aus —-Porphyriten (Krim) 42-0687.

Hugoniot-Zustandsgleich. für — 43-0738.

—-Pulver-halt. Kontaktmassen für d. Ox. v. Anthracen 13-2561*.

Einfl. v. —-Mehl auf d. Antikorros.-Eig. v. Polyäthylenüberzügen 18-2917.

Vork. u. Best. v. W-*1* (chem. Analysenexperiment für Surveyors Mondaufgabe) 5-0777; analyt. Daten v. U.S.G.S. Standard-Gestein W *1* 47-0681; Best. v. Ba in W-*1* durch Isotopenverdünn. 3-0766; atomabsorptionsphotometr. Best. d. Sr-Geh. in W *1* 5-1912; neutronenaktivierungsanalyt. Best. v. In in — 22-2104; Ce- u. Er-Geh. in W-*1* 38-0793; Best. v. Spurenelementen in —-Gesteinen durch Neutronenaktivier.-Analyse u. Lsgm.-Extrakt. 39-2006.

Diabetes insipidus s. unter *Harn, Harnbildung und Diurese*.

Diabetes (mellitus)

Siehe auch *Blut, Gesamtblut (Blutzucker); Blutanalyse; Harnanalyse; Hormone, Pankreashormone (Insulin)*.

Wrkg. v. Insulin auf Blutzucker u. Corticosterongeh. d. Blutes bei — infolge v. Na-Fluoracetat 6-1466; Steroid-— (Einfl.) 9-1419; diabetogenes Polypeptid d. Rinder-Adenohypophyse 19-1582; diabetogene Wrkg. v. 5-Phenylazo-8-oxychinolin (Rolle d. Chelatbldg.) 21-1648; Unters. über Arzneimittel-— (Mg u. Kohlenhydratstoffwechsel) 39-1455; diabetogene Wrkg. v. Streptozotocin 49/50-1498; — nach 5-(p-Diäthylaminophenylazo)-8-hydroxychinolin 51/52-1478.

Experimenteller Diabetes

Diabetogene Wrkg. v. Alloxan (Einfl. v. Pyrimidinen u. ihren Vorstufen) 11-1447; Alloxan-— (Einfl. auf Anreicher. v. Glyceriden u. Phospholipiden im Rattenherzen u. im Gastroknemiusmuskel) 20-1497; Nebenschilddrüse bei trächt., alloxandiabet. Ratten u. deren Nachkommen 36-1535; Entw. d. Alloxan-— bei Mäusen 43-1429.

Beziehung zu Enzymen: Einfl. auf d. Aktivität v. Leber-Glucose-6-phosphatase, anorgan. Pyrophosphatase, Pyrophosphatglucosephosphotransferase 3-1257; Aktivität d. anorgan. Pyrophosphatase, Pyrophosphatglucosephosphotransferase u. Glucose-6-phosphatase in Leber- u. Nierenmikrosomen v. alloxandiabet. Ratten 8-1316; Wrkg. v. Alloxan-— auf d. Glucose-ATP-phosphotransferase-Aktivität d. Fettgewebes 11-1435; Lipidumsatz u. Aktivität d. lipolyt. Fermente bei Alloxan-— 18-1459; Wrkg. v. Alloxan-— auf d. Phosphofructokinase-Aktivität im Rattenherzen 20-1304; RNS-Synth. u. RNS-Polymeraseaktivität in alloxandiabet. Rattenleber (Stimulier. durch Insulin) 23-1621; Einfl. v. Alloxan-— auf d. Synth. d. Leber-Glucokinase in d. neugeborenen Ratte 24-1365; Glykogen u. alkal. Phosphatase in d. Exsudatleukozyten bei Alloxan-— 26-1559; Einfl. v. Alloxan-—: auf d. Transaminaseaktivität in d. Rattenniere 32-1365; auf d. UDP-Glucuronyltransferaseaktivität u. Steroidglucuronidsynth. in Rattenlebermikrosomen 32-1370.

Beziehung zu anderen Stoffwechselvorgängen: L-Ascorbinsäure-Stoffwechsel v. alloxandiabet. Ratten 2-1409; Stoffwechsel v. $^{14}C_{(6)}$-Glucose in perfundierten Herzen alloxandiabet. Ratten 5-1418; Mucopolysaccharidstoffwechsel d. Aortenwand beim experimentellen — (autoradiograph. u. radiochem. Unters.) 5-1419; Wrkg.: v. Alloxan-— auf d. Futterverbrauch bei Ratten (Einfl. v. Insulin) 6-1462; v. Methandrostenolon auf d. Zuckergeh. d. Blutes u. auf d. Eiweißzus. d. Blutserums v. Kaninchen bei Alloxan-— 6-1463; Rk. d. anorgan. P d. Serums v. alloxandiabet. Hunden auf Insulin 7-1446; Cholesterinsynth. in d. Leber d. alloxandiabet. Ratte (Rolle d. Futters) 11-1434; N-Stoffwechsel u. Glykämie bei Alloxan-— (Wrkg. d. Somatotropen Hypophysenhormons) 14-1431; herabgesetzte mikrosomale Desaturier. d. Linol- zur γ-Linolensäure bei alloxandiabet. Ratten 17-1546; Stoffwechsel v. Xylit bei alloxandiabet. Kaninchen 22-1553; Lipidstoffwechsel d. Leber bei experimentellem — 22-1657; Wrkg. v. Alloxan-— auf d. Glykosaminoglykane d. Retina u. Aorta v. Ratten 38-1634; Fettmobilisierende Substanz im Harn alloxandiabet. Ratten 41-1553; adrenerg. Substanz im Blut v. Kaninchen mit Alloxan-— 43-1449; Einfl. v. Hunger u. Alloxan-— auf d. Citratgeh. d. Rattenleber 44-1425; Wechselbezieh. zwischen d. myokardialen Substratspiegeln u. d. Blutglucosespiegel in vivo an normalen Ratten u. Ratten mit akutem u. chron. Alloxan-— 44-1426; Einfl. d. Alloxan-— auf d. Geh. an freien Fettsäuren im Plasma v. Embryonen u. neugeborenen Ratten 45-1608.

Diabetes mellitus

Rolle d. Brenzcatechinaminspiegels im Blut für d. Pathogenese v. — 20-1489; Insulinbldg. u. Pathogenese v. — (Übersicht) 30-1439.

Beziehung zu Enzymen: Einfl. auf d. Phosphoenolpyruvatcarboxykinaseniveaus d. Rattenlebermitochondrien 13-1250.

Beziehung zu anderen Stoffwechselvorgängen: Austauschbares K bei Diabetikern 3-1425; Neugeborene v. diabet. Müttern (Insulin, Insulinantikörper u. Glucose im Plasma) 4-1200; Einfl.: v. Kaffee auf Glucosetoleranz u. zirkulierendes Insulin bei Menschen mit — im Frühstadium 6-1461; v. Cholin auf d. Blutgeh. an Cholesterin u. Lecithin bei — 6-1464; Hungerblutzucker u. Serumwachstumshormon bei — mit Hypophysenunterfunkt. 6-1465; Gerinn.- u. Antigerinn.-Syst. d. Blutes bei — 6-1500; Wrkg. v. — auf d. Triglyceride d. Herzens u. d. Ausnutz. d. freien Fettsäuren 9-1439; Insulin-ähnl. Aktivität im Serum bei — 9-1441; Empfindlichk. d. Haut gegenüber Tolbutamid bei Diabetikern 9-1443; Wrkg. v. Tolazamid auf d. Lipämie bei Diabetikern 9-1639; Plasmainsulin u. Glucosetoleranz v. Gesunden u. Patienten mit leichtem — (Wrkg. v. Salicylat) 10-1444; Synth. einfach ungesätt. Fettsäuren bei diabet. Ratten (Einfl. v. Insulin) 11-1438; Wrkg. auf d. Tricarbonsäurezyklus-Stoffwechsel im durchströmten Rattenherz 12-1541; Fructosetoleranzteste bei Patienten mit — 13-1465; Wechselbezieh. zwischen freien Plasmafettsäuren u. d. Glucosestoffwechsel beim diabet. Hund 13-1527; Geh. an nicht veresterten Fettsäuren u. freien 11-Hydroxycorticosteroiden im Plasma v. Diabetikern (Korrelat.) 15-1549; fibrinolyt. Aktivität d. Blutes bei nichtvorbehandelten Diabetikern (Einfl. v. Tolbutamid) 15-1555; Citratgeh. d. Leber u. Niere v. Ratten bei — 16-1650; Wachstumshormonspiegel bei — (Best. bei Nüchternh., Ruhe u. nach Gabe v. Arginin oder Insulin) 18-1434; Stoffwechsel v. Thyroxin u. Trijodthyronin bei — 18-1460; $^{14}C_{(COOH)}$-Markier. d. Fettsäuren in d. Thrombozyten v. Diabetikern 20-1517; Bezieh. zwischen d. verzögerten Anfangsausschütt. v. Insulin nach glykäm. Stimulier. u. d. Kohlenhydratintoleranz bei leichtem — 21-1642; Zn-Konz. im Blut v. Diabetikern 21-1645; Plasmalipide bei Patienten mit — 21-1646; Ausscheid. v. Tetrahydro-11-desoxycortisol, Tetrahydrocortison u. Tetrahydrocortisol bei Diabetikern 22-1540; Konz. v. Glucose, freien Fettsäuren, Glycerin u. Insulin im Plasma *4* Jahre vor d. Einsetzen einer diabet. Ketose 23-1622; hypolipidäm. Wrkg. v. Chlorphenoxyisobuttersäureäthylester bei im Erwachsenenalter auftretendem — 23-1625; Verteil. d. ^{65}Zn in d. Organen u. seine Ausscheid. aus d. Organismus bei — 26-1560; Isolier. v. S-(Carboxymethyl)-cystein aus d. Urin v. Diabetikern 27-1615; α_2-Makroglobulinkonz. im Serum bei — 27-1663; Geh. an unveresterten Fettsäuren im Blutplasma v. Diabetikern (Einfl. v. ACTH) 30-1408; Milchsäureumsatz bei normalen u. diabet. Hunden (Errechn. mit zwei Tracer-Meth.) 30-1514; Einfl. v. Sulfonylharnstoff, ACTH u. Metopiron auf Endprod. d. Brenzcatechinaminstoffwechsels bei — 32-1588; Kohlenhydratstoffwechsel v. Diabetikern (Einfl. v. Raubasin) 33-1863; Proteinsynth. in Leukozyten v. Diabetikern 36-1548; Rk. v. Insulin im Serum auf Glucagon bei diabet. Kindern 51/52-1481; Vitamin B_6-Stoffwechsel bei Patienten mit — 51/52-1565.

Beeinflussung, Therapie: Therapeut. Wrkg. v. Pyridoxalphosphat auf diabet. Neuropathie 14-1505; orale antidiabet. Wrkg. v. N-{4-[β-Methoxy-5-chlorbenzamido)-äthyl]-benzolsulfonyl}-N′-cyclohexylharnstoff 19-1583; antidiabet. Wrkg. d. Extraktes aus Eugenia jambolana 24-1612; Wrkg. eines adrenalen 11β-, 17α-Hydroxylaseinhibitors bei beginnendem juvenilen — 33-1708; antidiabet. Wrkg. v. Casearia esculenta 39-1454; Wrkg. v. ungereinigtem Sekretin beim Alters-— 42-1414; blutzuckersenkende Wrkg. v. o-Kresotinsäure bei — v. mittlerem u. leichtem Schweregrad 43-1428.

Zusammensetzung bzw. Darstellung von Antidiabetika: Zus. v. Antidiabetika 8-1658*; Darst. (Sulfonylharnstoffe) 2-1595*; (Dimethylbiguanid u. dessen Salze zur Behandl. v. menschl. —) 9-1680*; (Benzolsulfonylharnstoffe) 14-1712* bis 14-1715*; (Indolin-6-sulfonamid u. seinen 1-Acylderiv. als Zwischenprod. für Antidiabetika) 14-1722*; (Indolin-6-sulfonylharnstoffe) 14-1723*; (Sulfamylsemicarbazide) 19-1897*; (Benzolsulfonylharnstoffe) 21-1856*, 23-1854*, 24-1764*; (4-[4′-Äthylbenzolsulfonyl]-1.1-tetramethylensemicarbazid) 27-1895*; (Di-K-Mucat zur Behandl. v. K-Mangel bei —) 31-1800*; (4-[4′-Methylbenzolsulfonyl]-1.1-tetramethylensemicarbazid) 31-1808*; (2-Benzolsulfonylamino-4-methyl-5-acetylpyrimidine) 31-1834*; [3-(Alkyl, Phenyl)-mercapto-2-hydroxybenzoesäure] 37-1847*; (2-[Arylcarbonyl-N-alkylaminoalkylbenzolsulfonamido]-pyrimidine 37-1858*; (Guanidinverb.) 41-1591*; (Benzolsulfonylharnstoffe) 41-1796*; (4-Benzolsulfonylthiosemicarbazide) 42-1589*; (2-Benzolsulfonylaminopyrimidine) 43-1718*; (Pyrazole) 45-1855*; (Benzolsulfonylharnstoffe) 49/50-1724*.

Untersuchungsmethoden: Best. d. Insulin-ähnl. Aktivität im Serum mit d. Ratten-Nebenhodenfettgewebs-Meth. bei Patienten mit — nicht pankreat. Ursprungs 9-1442; Blutglykogenbest. bei Diabetikern (Vgl.) 23-1627.

Bibliographie: Schriftenreihe der ärztlichen Fortbildung. *33*: Diabetes mellitus (Theorie, Klinik, Therapie. Vorträge aus einem Fortbildungslehrgang in der Hautklinik der Humboldt-Universität, Berlin) B 4; Tabellen zur Berechnung der Harnzuckerausscheidung bei Diabetes mellitus B 13; International congress series, no. *140*: Sixth congress of the international diabetes federation, Stockholm, *1967* B 4, B 44; Current trends in diabetes mellitus B 12; Diabetes mellitus (Lectures held in Cairo and Alexandria, *1966*) B 21; Clinical diabetes mellitus B 76; Diabète sucré B 36.

Diabolin s. unter $C_{21}H_{24}N_2O_3$.

Diacarb s. unter $C_4H_6N_4O_3S_2$.

Diacetin s. unter $C_7H_{12}O_5$.

Diacetonamin s. unter $C_6H_{13}NO$.

Diacetoxydiphenylisatin s. unter $C_{24}H_{19}NO_5$.

Diacetoxyscirpenol s. unter $C_{19}H_{26}O_7$.

Diadochit, Identifizier. d. PO_4^{3-}-Gruppe in — mit Strychninmolybdat-Reagenz 27-2216.

Diät s. unter *Ernährung*.

Diäthazin s. unter $C_{18}H_{22}N_2S$.

Diäthylaminoäthylcellulose s. unter *Cellulosederivate, Äthylcellulose*.

Diäthylcarbamazin s. unter $C_{10}H_{21}N_3O$.

Diäthylmalonat s. unter $C_7H_{12}O_4$.

Diäthyl-Safranin s. unter $C_{24}H_{28}N_4O$.

Diäthylstilböstrol s. unter $C_{18}H_{20}O_2$.

Dialon SK-1 s. unter *Plaste, Phenolharze (Weitere Phenolharze)*.

Dialicor s. unter $C_{21}H_{27}NO_2$.

Dialin s. unter $C_{10}H_{10}$.

Diallat s. unter $C_{10}H_{17}Cl_2NOS$.

Diallyl s. unter C_6H_{10}.

Diallyl-nortoxiferrin s. unter $C_{44}H_{52}N_4O_4$.

Dialogit s. unter *Mangancarbonate*: $MnCO_3$.

Dialursäure s. unter $C_4H_4N_2O_4$.

Dialyse

Elektrodialyse s. dort.

Überführungsgeschw. bei d. — v. Arzneimittelmol. aus d. mizellaren in d. wss. Phase 2-1567; Unters. d. — als analyt. Hilfsmittel 9-1823; schnelle Mikro-— u. H-Austausch 14-1828; —-Meth. ohne Membran 14-1829; Unters. d. Bind. bei Makromol. mit Hilfe eines —-Verf. 20-1785; analyt. Anwend. d. — unter Verw. differentialkinet. Meth. 34-1874; Freisetz. v. Arzneimitteln aus nichtionogenen oberflächenakt. Lsg. mit d. stat. —-Meth. 35-1645; einfache Vorr. zur — einer Folge vieler individueller kleiner Frakt. 42-1702;

Handhab. v. --Beuteln u. wiederholte Probenentnahme 42-1703; Trennen v. gelösten Stoffen mit unterschiedl. Diffus.-Koeff. durch Gegenstrom-- 48-2056*.

– v. Cu- u. Cd-Hexacyanoferrat(III) 37-0646; Stabilitäts- u. Leitfähigk.-Änder. v. Cr-Telluratsolen während d. Koagulat. bei verschiedenen --Stufen 42-0494; Verh. v. Polyäthylenglykol bei – u. Gelfiltrat. 8-1093; Extrakt. v. Aflatoxin aus Erdnuß-Prod. durch – 16-2062; Harnsäurebest. mit Hilfe d. – 33-2287; Gleichgew.---Unters. d. Wechselwrkg. v. organ. Ammonium-Kationen mit Polyacrylaten u. Copolyacrylaten 42-1047.

Herst. v. Dialysemembranen aus organ. linearen schmelzbaren hydrophoben Polymerisaten unter Einführ. v. quatern. NH_4-, Sulfon-, Guanidinium- oder Sulfoniumgruppen 8-1873*.

Diamant, --führende Durchschlagsröhren 6-0806, 6-0807; Natur d. --Schichten 9-0784; Isotopenzus. v. – in C-reichen Meteoriten 11-0808; hexagonale – in Meteoriten 16-0777; – mit hexaedr. Habitus aus tert. Seifen v. Pridneprovie 19-0889; zonale Verteil. v. Beimeng. in --Krist. 19-0890; vulkanolog. Betracht. u. d. Entsteh. d. – 23-0874; --Vork. in unteren Pridnestrov 28-0832; Ursprung d. verschiedenen Typen u. Arten v. – 33-0991; hexagonale – in Meteoriten 36-0747; Häufigk. v. – d. Typs II 36-0814; Diagnostik kleiner d. – begleitenden Mineralkörner 36-0815; Isotopeneffekte bei --Bldg. 36-0816; --Krist. aus d. „Mir"-Pipe 42-0689.

Synth. v. –: mit Ni-Ge-Leg. als Katalysator 20-2183; aus Natur- oder Kunstgraphit 30-2219*; aus C mittels Funkenentlad. in dielektr. Fl. 32-2267*; v. Ballas-Typ 41-2288; aus Graphit 47-2211*.

Herst. --halt. Verbundkörper 3-2522*; Pulvermisch. zur Herst. v. Panzerfass. für --Ziehsteine 5-2456*; Herst. v. --Werkzeugen mit metall. Bind. 36-2466*.

Physikal. Eig. v. – (Übersicht) 48-0125. Belad. v. Kernvers.-Emuls. mit --Krist. 4-1584; Winkelverteil. d. Bremsstrahl. d. hochenerget. Elektronen in einem --Krist. 34-0015.

Feldinduzierte IR-Absorpt. in – 1-0359; Feinstruktur in d. direkten Absorpt.-Kante v. – 7-0310; IR-Spektren v. --Coat 14-0335; C–K- u. Metallemiss.-Banden u. Bind. in – 34-0424; Summenregel für IR-Absorpt. in – 40-0240; Ursachen d. Doppelbrech. v. – 1-0777; Störstellenrekombinat.-Strahl. v. natürl. – (mit *N9*-Zentren verknüpfte Exzitonenlumineszenz) 8-0292; Anreg.-Spektrum v. Al-Akzeptoren in – unter axialem Druck 11-0375; Einfl. v. einachs. u. hydrostat. Druck auf d. Absorpt.-Kantenspektrum für im Sichtbaren lumineszierende – 11-0376; Compton-Profile v. – durch unelast. gestreute Röntgenstrahlen 17-0344; Doppelbrech., Röntgentopographie u. elektronenmkr. Unters. d. plast. Deformat. v. – 20-0220; Phononenwechselwrkg., piezoopt. Eig. u. d. Wechselbezieh. d. *N3*- u. *N9*-Absorpt.-Emiss.-Syst. v. – 25-0360; Einfl. einer Wärmebehandl. u. Bestrahl. mit Elektronen auf d. Lumineszenz v. natürl. – 32-0367; Lumineszenzspektren v. natürl. – 32-0368; Bezieh. zwischen Photoelastizität, Elektrostrikt. u. Raman-Effekt *1.* Ordn. in – 49/50-0203.

Röntgen-Reflexe u. Metalleinschlüsse in synthet. – 7-0808; Einschlüsse, Doppelbrech. u. Struktur v. natürl. – 8-0769; anomales Verh. bei d. Kristallisat. v. – 9-0220; Scherspann. u. Deformat.-Energien v. Kantenversetz. in – 16-0213; Bemerk. zur Weiserschen Theorie d. Diffus. v. Zwischengitterionen im --Gitter 25-0262; hexagonaler – (neue C-Modifikat.) 26-0196; Kristallisat. v. – 26-0207; Berechn. d. Peierls-Potentials im --Gitter mit Hilfe d. Pseudopotentialmeth. 28-0230; Morphologie d. --Krist. unter Berücksichtig. d. Oberflächenstruktur 31-0884; Verzerr. einer Monoleerstelle im – durch Jahn-Teller-Effekt 33-0198; topograph. Röntgenbeug.-Unters. jakut. – 34-0157; kovalente Bind. in – 37-0104; Strukturunters. v. natürl. --Krist. d. kub. Form 37-0181; Gitterdynamik u. IR-Absorpt. v. – 37-0343; orientierte Kristallisat. v. α-SiC auf – 44-0155; Ätzgruben u. trigonale Senken auf --Flächen 44-0172; natürl. – mit dodekaedr. Habitus 44-0173; A-Posteriori-Theorie d. kovalenten Bind. in --Krist. 45-0146; Laser-induzierte Ätz. v. --Oberflächen 45-0297; Mikromorphologie d. (*111*)-Flächen in --Zwillingen 46-0148; dreieckförm. Eindrücke auf – 46-0149; mittleres inneres Gitterpotential v. – 46-0254; Wachstumshügel auf (*100*)-Flächen v. synthet. – 48-0143.

Wrkg. v. Neutronenbestrahl. auf d. plast. Verh. --Plättchen v. Typ II A 17-0331; Spaltrißfortpflanz. in --Krist. (Modellberechn.) 18-0265; Verspann. in geschliffenen --Flächen 29-0242; Gleiten in synthet. – 34-0289; Härtemess. v. – bei hohen Temp. 35-0216; Bind.-Bieg.- u. -Streck.-Modell d. photoelast. Konst. in --Krist. 39-0151; kontrollierter Bruch v. – 41-0174; Scherspann. u. Energien v. *1/2* ⟨*110*⟩, {*111*}-Stufenversetz. in elast. Anisotropen kub.-flächenzentriertem – 43-0216; Scherspann. v. Kippgrenzen in – 48-0201.

Mess. d. elektr. Transports an synthet. halbleitenden – 4-0360; Halbleiterverh. v. – 15-0400; Breite d. Valenzbandes in – 24-0466; Temp.-Abhängigk. d. Bandabstandes in – 27-0472; opt. Unters. d. elektron. Struktur v. – 32-0318; Photoleit.-Oszillat. in halbleitendem – 37-0422; Eigen- u. Fremd-Photoleitfähigk. v. natürl. – im UV-Bereich 37-0423; Niederfrequenz-DK v. – 41-0351; Photoleitfähigk. v. – Typ IIb 42-1758.

ESR in halbleitenden – 14-0367; ESR-Eig. v. wärmebehandeltem synthet. – 21-0428; ESR v. Ni in synthet. – 21-0429; EPR-Linie durch Austausch v. N-Paaren als Verunreinig.-Atome in – 26-0385; dynam. Jahn-Teller-Effekt u. andere Effekte im ESR-Spektrum v. N in – bei hoher Temp. 27-0417.

Gitterdynamik v. – 16-0264; charakterist. Debye-Temp. v. – 26-0275; Wärmetransportphänomene in – 31-0268; Gitterdynamik u. Debye-Temp. v. – 36-0213; Phononendispers.-Bezieh. für – 37-0303; Temp.-Abhängigk. d. *415*-nm-Null-Phonon-Linie in – 38-0324; Anwend. d. statist. Thermodynamik auf d. --Gitter 38-0555.

Benetzbark. v. – durch geschmolzene Metalle u. Leg. 19-0714; Adsorpt. v. CO_2 an – 42-0527.

Rk. v. H_2- u. Tritiumatomen mit --Staub bei *77* °K 1-0685; katalyt. Aktivität d. Alkalimetallionen bei d. oxydativen Auflsg. v. – in überhitztem W.-Dampf 21-0768; energet. u. Strukturfaktoren bei d. katalyt. Ox. v. – durch CO_2 u. überhitzten W.-Dampf in Ggw. v. Alkalimetallionen 35-0629.

Hämolyt. Aktivität v. --Staub 12-1379. – in d. Technik (Übersicht) 44-2074; Verw. v. graphitfreien --Teilchen als Schleifmittel 17-2400*.

Zerstörungsfreie Best. v. N in – durch Photoaktivier. 11-1897; neutronenaktivierungsanalyt. Best. d. Verunreinig. in – (Unters. ihrer Verteil.) 44-1833.

Bibl.: Gmelins Handbuch der anorganischen Chemie. System-Nr. *14.* Kohlenstoff. TB. Lfg. *1.* Das Element: Isotope, Atom, Molekeln, Einstoffsystem, Dampf, Diamant B 27; Kohlenstoffverbindungen der Meteorite (Organische Verbindungen, Diamanten, Graphit) [russ.] B 66; Behandlung von Gold, Diamant und seltenen Erzen und Seifen (Mitteilungssammlung) [russ.] B 70.

Diambutol s. unter $C_{10}H_{24}N_2O_2$.
Diaminophen s. unter $C_{20}H_{24}ClNO_2$.
Diamiphen s. unter $C_{20}H_{24}ClNO_2$.
Diamorphin s. unter $C_{21}H_{23}NO_5$.
Dian s. unter $C_{15}H_{16}O_2$.
Dianabol s. unter $C_{20}H_{28}O_2$.
Dianisidin s. unter $C_{14}H_{16}N_2O_2$.
1.1'-Dianthrimid s. unter $C_{28}H_{15}NO_4$.
Diantipyrylmethan s. unter $C_{23}H_{28}N_4$.
Diaphene, Verw. zur Imprägnier. v. Wolle gegen Insektenfraß 7-3086.
Diaphyllin s. unter $C_7H_8N_4O_2$.
Diaporthin s. unter $C_{13}H_{14}O_5$.
Diaporthinsäure s. unter $C_{11}H_{12}O_5$.
Diaspor s. unter *Aluminiumhydroxide*: *AlOOH*.
Diatomeenerde s. unter *Siliciumoxide*: SiO_2.
Diatomit s. unter *Siliciumoxide*: SiO_2.
Diatrizoat s. unter $C_{11}H_9J_3N_2O_4$.
Diaveridin s. unter $C_{13}H_{16}N_4O_2$.
Diazacholesterin s. unter $C_{25}H_{44}N_2O$.
Diazadiphosphetidine, Synth. v. 1.3-Bis-[thiocyanatophenyl]-2.4-dimethyl(phenyl)-1.3.2.4-diazodiphosphetidin-P.P-dioxiden 45-1065.
Diazeniumverbindungen, Synth.: v. Carbonylazoverb. durch Rk. v. Alkoxydiazeniumsalzen mit Carboxylaten 21-1112; v. symm.-Triazoliumkationen durch Rk. v. Alkoxydiazeniumsalzen mit N-Heterocyclen 21-1113.
Diazepam s. unter $C_{16}H_{13}ClN_2O$.
1.2-Diazetidine, Darst. v. 3-Tolylimino-- 9-1017.
1.3-Diazetidine s. *Uretidine.*
Diazine, Unters. an Diazin-Syst. 41-0835; Kernquadrupolresonanz in festen – 8-0854; ^{13}C-NMR-Unters. v. – u. ihren Kationen 23-0938; Singulett-Singulett- u. Triplett-Triplett-Spektren bei *77* °K 43-0763; strahlungslose Übergänge bei – 49/50-0694.
1.3-Diazine s. *Pyrimidine.*
1.4-Diazine s. *Pyrazine.*
Diazinin s. unter CH_2N_2.
Diazinon s. unter $C_{12}H_{21}N_2O_3PS$.
Diaziridine, – 18-1018; ^1H-NMR-spektroskop. Unters. d. Methylengruppe in – 8-0860; Rk. v. Diaziridinosulfonen mit Methyljodid 28-2582*.

Bibl.: Dreiringe mit zwei Heteroatomen. Oxaziridine, Diaziridine, cyclische Diazoverbindungen B 19.

Diazirine, Darst. 18-1017; therm. Zers. 6-0958; Photochemie 40-0787; Pyrolyse u. UV-Photolyse 41-0967.
Diazolin s. unter $C_{19}H_{20}N_2$.
Diazolinium s. unter $C_{19}H_{20}N_2$.
Diazoniumverbindungen s. unter *Diazoverbindungen.*
Diazopropan s. unter $C_3H_6N_2$.
Diazoschwarz S, Diffus. in Cellophanfolien 13-2714.
Diazothioäther, aromat. – (Zers.) 7-0959.
Diazotierung, – mit Nitroamminkobalt(III)-Komplexen (Übersicht) 32-0720; – (homogene Katalyse) 33-1156; – 40-0860.

Aprot. – v. aliphat. Aminen 7-0982; –: v. 6-Methoxy-2-aminobenzthiazol 7-2754; v. aromat. Aminen 12-0908; v. 1.2-Benzocyclenyl-(4)-aminen 20-0939; v. 1.2-Benzocyclenyl-3-methylaminen 20-0940; v. Nitranilinen (Kinetik) 39-0927; v. o-Anisidin (Kinetik) 47-1055; v. Alkylaminen (Mechanismus) 47-1123.

Diazoverbindungen

Chinondiazide s. dort; Verw. für Azofarbstoffe s. unter *Farbstoffe, organische – Azofarbstoffe.*

Aromat. – u. Azoverb. 6-1008, 6-1009; – 10-0971, 12-0908; cycl. – 17-1075; heterocycl. – 29-1153; aromat. – 32-0995; aromat. – u. Azoverb. 33-1241; über – 36-1001; gelöste u. ungelöste Probleme d. Diazoniumionen 40-0860; N-[2-Diazo-3-oxoalkanoyl]-glycinester 45-1023; Alkyldiazoniumkationen 49/50-0926; Unters. an Diazomethanen 49/50-1030.

Darst.: v. Diazoalkanen aus N-Nitroso-N-alkylaminderiv. (Mechanismus) 4-0819; v. Diazoniumpolyhydrodecaborverb. 6-2197*; v. Diazoestern aus Phosphoryliden u. Aziden 9-1030; u. Eig. v. tritierten Diazoniumsalzen u. verwandten Verb. 9-1489; u. Rk. v. Ar–N=N–PtCl[P(C_2H_5)$_3$]$_2$ 12-0730; v. Diazocarbonsäureäthylestern 13-0980; v. α-Diazocarbonylverb. 23-1092; v. Sulfofluorid-Gruppe enthaltenden Diazokomponenten 24-1070; v. N.N-Di-sek.-alkyl-tert.-aminen als Zwischenprod. für – 24-2544*; v. 2-Diazo-3-oxo-5-[5-nitrofuryl-(2)]-penten-(4)-säureestern (Bakterizide) 32-1756*; v. α-Diazo-β-carbonylsulfonen 37-1110; v. Diazoniumsalzlsg. 40-2315*; v. 1-Dicyanmethyl-3-[p-tolylsulfonyl]-triazen-(1) als Zwischenprod. für – 44-0881; v. polyfunktionellen Diazoniumhalogeniden 49/50-2783*.

Aziditätsbest. mit Hilfe v. aliphat. – 4-0727; Elektronenspektren v. Diazoacetophenonen 19-0943; IR-Spektren v. Diazoniumsalzen organ. Säuren 30-0845; Aziditätsbest. mit Hilfe v. aliphat. – 42-0871.

Rk. d. Carbene mit Diazoalkanen 2-0966; Acetylier. v. 2-Diazoindanonen-(1) 3-1034; Rk. v. Diphenyldiazomethanen mit Benzoesäuren in Toluol (quant. Struktur–Reaktivität–Temp.-Bezieh.; Kinetik) 4-0769; Azokuppl. mit Schiffschen Basen 4-0854; Rk. v. α-Pyridon mit Diazoalkanen 6-1057; Zers. v. Diazoniumsalz (Einfl. d. Ionenpaarbldg. auf d. Verlauf) 11-1020; Cyclisier. v. 2-Alkoxyäthyldiazomethylketonen 11-1047; Struktur u. Rk. v. aromat. – 12-0802, 12-0838, 12-0839; Rk.: v. Aryldiazoniumsalzen mit β-Diketonen 12-0930; v. α-Diazomethylketonen mit Benzolsulfonamiden 12-1642*; mit Ketoestern 12-2571; Rk. v. α-Diazosulfonen 13-0960; katalyt. Wrkg. d. Diazoalkane als Protonenüberträger 14-1026; Ozonisier. v. monosubstituierten Diazomethanen 15-0975; Rk.: v. Äthylvinylsulfon mit aromat. Diazoniumchloriden 21-1117; v. aliphat. – mit ungesätt. Verb. 23-1101; Addukte aus Chinonen u. Diazoalkanen 23-1123; Azokuppl. v. Anthra-1.3-oxazinen mit aromat. – 25-1161; 1.3-dipolare Cycloaddit. v. Diazoalkanen 27-1066; Rk.: v. diazotierten Halogennitroanilinen mit Formaldoxim 27-1147; v. Diazoalkanen mit Tris-[amino]-phosphinen 28-1012; Ozonisier. v. substituierten Diazomethanen 28-1040; Rk. v. Diazoalkanen mit Cyclanonen 29-1123; Meerwein-Rk. v. Divinylsulfon mit Aryldiazoniumchloriden 30-1019; Rk. v. Diazocarbonylverb. 30-1070, 30-1071; Rk.: v. aromat. – mit Lignin 30-1143; v. Vinylphosphonsäurediäthylester mit Diazoniumsalzen 35-1051; Ox. v. Hydrazinderiv. mit Cu- u. Fe-Salzen; Analogie zu Rk. v. Diazoniumsalzen 36-1014; Rk.: v. wss. – mit äthylen. Copolymerisaten 36-2848*; v. Aryldiazoniumchloriden mit Furan-2-carbaldehyd 37-1155; Photochemie v. Diazomethanen 40-0787; Rk. v. Diazoalkanen 41-1076; Synth. tritiummarkierter Säuren durch Kettenverlänger. v. Diazophthalimidoalkanonen 43-0957; Rk. v. Aryldiazoniumchloriden mit Cyanthioacetaniliden bzw. 2-Cyan-3-aryl-4-phenylthiazoliumbromiden 43-0988; säurekatalyt. Hydrolyse v. p-substituierten Phenylbenzoyldiazomethanen (Kinetik u. Mechanismus) 44-0822; Cu-katalysierte N-Alkylier. v. Aminen mit Diazoalkanen 44-0883; Rk. v. diazotierten Anilinen mit 2-Bromchromotropsäuredi-Na-Salz-Dihydrat 44-0905; Rk. v. Diazoketonen in Ggw. v. Metallchelaten 44-2359; Formazanbldg. durch Diazonium-Ion-Angriff an Hydrazone (Kinetik u. Mechanismus) 45-0980; Rk.: v. Organoquecksilberverb. mit Diazoniumsalzen 46-0877; v. aliphat. — mit Acetalen, Orthocarbonsäureestern u. ihren S-Analoga 47-1212; v. Diaryldiazoalkanen 47-1220; 1.3-dipolare Cycloaddit. v. Diazoalkanen 49/50-0989; Photolyse v. substituierten Benzoldiazoniumsalzen (Kinetik) 49/50-1012; Rk. v. Diphenylamin-4-diazoniumbasen mit CH_2O u. Halogenwasserstoffen 49/50-2783*.

Diazoderiv. v. Peptiden als mögl. antineoplast. Chemotherapeutika 9-1218, 9-1219; antineoplast. Aktivität v. Hydrazonderiv. v. N-Diazoacetylglycinhydrazid 9-1220.

Verw.: aromat. Diazosulfonate zur Erzeug. v. physikal. entwickelbaren Metallkeimbildern (aromat. Diazosulfonate) 4-2751*; zur Herst. v. Wärmekopiermaterialien [4-Amino-2.5-dialkyl(bzw. dialkoxy)benzoldiazosulfonate] 22-3339*.

Chromotropsäure als Kuppl.-Komponente für Diazoniumsalze 1-1584; Best. d. Glutamat-Oxalacetat-Transaminase durch Kuppl. v. Oxalacetat mit Diazoniumsalzen 15-1344; Anwend. v. Diazoniumsalzen zum histochem. Nachw. v. unspezif. Esterasen (Beding. für d. Brauchbark.) 35-1291; N-Best. in — 35-2075; potentiometr. Indikat. bei Kuppl.-Titrat. mit aromat. — 39-1871; Elementaranalyse in Bis-diazoarsonoderiv. d. Chromotropsäure: v. As 48-1875; v. N 48-1876.

Bibl.: Photosensitive diazo compounds and their uses B 48.

Diazoxid(e) s. unter $C_8H_7ClN_2O_2S$.
Diazoxon s. unter $C_{12}H_{21}N_2O_4P$.
Dibazol s. unter $C_{14}H_{12}N_2$.
Dibenamin s. unter $C_{16}H_{18}ClN$.
Dibenzamid s. unter $C_{14}H_{11}NO_2$.
Dibenzanthracen s. unter $C_{24}H_{14}$.
Dibenzanthron s. unter $C_{31}H_{16}O_2$.
Dibenzanthronfarbstoffe s. unter *Farbstoffe, organische Benzanthronfarbstoffe.*
Dibenz[*b*,*e*]azepine s. *Morphanthridine.*
Dibenz[*b*,*f*]azepine, Darst.: v. 10-Alkoxy-— 28-1776*; v. 5-Aminoalkyl-— 33-1941*.

10.11-Dihydro-5H-dibenz-[b,f]-azepine (Iminodibenzyle), Darst.: v. N-Alkylamino-— 4-1382*; v. — 9-1695*; v. 3-Halogen-— 29-2807*; v. Aminoalkyl-— 32-1714*; v. (3.7-Dihalogen)-5-Alkyl-11-[tert.-aminoalkyl]-5H-dibenz-[b.f]-azepin-10-[11H]-onen 33-1940*; v. 3-Acetyl-5-aminoalkyl-— 34-1747*; v. (5-Alkyl bzw. -Aralkyl)-10-tert.-aminoalkyl-— 35-1801*; v. 10-Oxo-5-alkyl-(bzw. aralkyl)-11-tert.-aminoalkyl-— 35-1802*; v. 10-Aminoalkyl-— 36-1689*; v. 10-Oxo-11-tert.-aminoalkyl-— 36-1690*.

Dibenzepin s. unter $C_{18}H_{21}N_3O$.
Dibenzofuran s. unter $C_{12}H_8O$.
Dibenzo[fg.st]pentacen s. unter $C_{28}H_{16}$.
Dibenzophenanthren s. unter $C_{22}H_{14}$.
Dibenzopyren s. unter $C_{24}H_{14}$.
Dibenzothiophen s. unter $C_{12}H_8S$.
Dibenzoylperoxid s. unter $C_{14}H_{10}O_4$.
Dibenzyl s. unter $C_{14}H_{14}$.
Dibenzylin s. unter $C_{18}H_{22}ClNO$.
Dibenzylketon s. unter $C_{15}H_{14}O$.
Dibiomycin s. unter $C_{22}H_{23}ClN_2O_8$.
Dibozan s. unter $C_{22}H_{26}N_2O_4$.
Dibrom s. unter $C_4H_7Br_2Cl_2O_4P$.
Dibromthymolbenzein s. unter $C_{27}H_{28}Br_2O_2$.
Dibucain s. unter $C_{20}H_{29}N_3O_2$.
Dibutadiamin s. unter $C_8H_{20}N_2$.
Dibutox s. unter $C_{10}H_{12}N_2O_5$.
Dicain s. unter $C_{15}H_{24}N_2O_2$.
Dicamba s. unter $C_8H_6Cl_2O_3$.
Dicapthon s. unter $C_8H_9ClNO_5PS$.
Dicaptol s. unter $C_3H_8OS_2$.
Dicarbonsäuren s. unter *Carbonsäuren.*
Dichinolyl s. unter $C_{18}H_{12}N_2$.
Dichlobenil s. unter $C_7H_3Cl_2N$.
Dichlofluanid s. unter $C_9H_{11}Cl_2FN_2O_2S_2$.
Dichlon(e) s. unter $C_{10}H_4Cl_2O_2$.
Dichloralharnstoff s. unter $C_5H_2Cl_6N_2O_3$.
Dichloramin B s. unter $C_6H_5Cl_2NO_2S$.
Dichloramin T s. unter $C_7H_7Cl_2NO_2S$.
Dichloran s. unter $C_6H_4Cl_2N_2O_2$.
Dichlorcarben s. unter CCl_2.
Dichlorcyanursäure s. unter $C_3HCl_2N_3O$.
Dichlorfluorescein s. unter $C_{20}H_{10}Cl_2O_5$.
Dichlorfos s. unter $C_4H_7Cl_2O_4P$.
Dichlorhydrin s. unter $C_3H_6Cl_2O$.
Dichlorisonoradrenalin s. unter $C_{11}H_{15}Cl_2NO$.
Dichlorisoprenalin s. unter $C_{11}H_{15}Cl_2NO$.
Dichlorisoproterenol s. unter $C_{11}H_{15}Cl_2NO$.
Dichlorophen s. unter $C_{13}H_{10}Cl_2O_2$.
Dichloros s. unter $C_4H_7Cl_2O_4P$.
Dichlorphenamid s. unter $C_6H_6Cl_2N_2O_4S_2$.
Dichlorphentermin s. unter $C_{10}H_{13}Cl_2N$.
Dichlorphos s. unter $C_4H_7Cl_2O_4P$.
Dichlorvos s. unter $C_4H_7Cl_2O_4P$.
Dichroismus s. *Pleochroismus.*

Dichte (spezifisches Gewicht)

Sedimentation (*und Schleudern*) s. dort.

Allgemeines und Theorie

Berechn. d. — eines Gasgemisches im thermodynam. Gleichgew. nach einem Iterat.-Verf. in Matrizenschreibweise 11-0558; Polymerordn. u. Polymer-— 15-1164; —-Matrizen für Atome u. Festkörper (effektive Potentialmatrix u. Block-Gleich.) 17-0291; vergleichende Mess. d. Temp.-Abhängigk. v. Viskosität, — u. Brech.-Index reiner Fl. u. Lsg. 17-0952; Abschätz. d. Lennard-Jones-Potentialenergieparameter aus d. — v. Fl. 20-0851; Formel zur Berechn. v. Fl.-— 21-2690; quantenmechan. Hartkugelgas im Grenzfall hoher — mit Anwend. auf verfestigte leichte Gase (^3He, ^4He, H_2 u. D_2) 22-0243; Berechn. d. — auf d. Dampf–Fl.-Grenzkurve mit red. Zustandsgleich. 23-0605; Umkehr d. Verdicht.-Prozesses in Oxiden u. Metallen 25-0247; zum T^4-Gesetz für d. — d. normalen Komponente in Bose-Fl. 26-0537; Temp.-Abhängigk. d. — v. *11* gesätt. Fl. 29-0587; Darst. u. — in Abhängigk. v. d. Wärmeleitfähigk. v. überhitztem Dampf 31-0557; charakterist. Eig. v. Entw. d. radialen Verteil., direkten Korrelat. u. Streuintensitätsfunkt. bis zur *1.* Ordn. in d. — 34-0239; — v. Falloutteilchen aus Detonat. in d. Luft 35-0852; — d. Syst. Fl./Dampf 37-0657; Berechn. d. — v. Luft aus einer für alle niedr. sd. Fl. gemeinsamen red. Zustandsgleich. 40-0396; phänomenolog. Bezieh. zwischen —, Viskosität, Schallgeschw., spezif. Wärme u. Wärmeleitfähigk. 43-0510; lineare Bezieh. v. Temp. u. — beim Kompressibilitätsfaktor *1* 43-0517; Druckabhängigk. d. — v. Fl. 45-0874; Ausbreit. v. —-Schwank. in einem dichten Gas aus harten Kugeln 49/50-0351.

Anorganische Stoffe

Nichtmetalle: Bezieh. zwischen d. — d. Suprafluids u. d. Ordn.-Parameter für suprafluides He nahe T_λ 4-0436; — d. normalen Komponente in konz. Isotopenlsg. v. He u. effektive Masse d. ^3He 4-0437; Verdicht. v. rotierendem He II u. d. —-Sprung beim Phasenübergang 7-0515; — v. ^4He in d. Nähe d. krit. Punktes 12-0497; thermodynam. Theorie d. Singularität d. λ-Phasenumwandl. u. ihre Anwend. auf d. — v. ^4He 15-0531; — v. rotierendem He II 21-0577; — d. Supra-Fl. fl. He in d. engen Poren v. pulverförm. Fe_2O_3 (red. rouge), v. Linde B Al_2O_3 u. v. Ruß (Elf 8 u. Carbolac I bzw. II) (Mess. d. *4.* Schalls) 25-0548; Ausbreit. d. *4.* Schalls u. d. — d. Supra-Fl. He II in Mikroporen v. Vycor-Glas mit d. mittleren Radius *31* Å 25-0549; orthobare — v. ^3He im krit. Gebiet (DK-Mess.) 28-0532; Mol.-— v. verd. $^3He/^4He$-Misch. 32-0551; —: v. rotierendem He II 32-0552; einer verd. $^3He/^4He$-Lsg. unter Druck 32-0553; Gleichgew.-— v. fl. ^4He u. ^3He 39-0432; Einfl. einer Rotat. auf d. — v. He II 42-0399; — v. fl. ^4He unter Druck unterhalb *1,4* °K 49/50-0366; Best. d. Gesamt-— v. festem Ar 15-0274; Einfl. d. Isotopenzus. eines Ne-Isotopengemisches auf d. — 17-0588; —: v. fl. Ne bis zu Drücken v. *1000* atm 32-0560; v. festem Ar am Tripelpunkt u. d. Konz. v. Leerstellen 34-0342; Berechn. d. — v. N_2, O_2 u. Ar aus einer für alle niedr. sd. Fl. gemeinsamen red. Zustandsgleich. 40-0396; —-Änder. in festem H_2 12-0270; Anwend. d. Theorie d. signifikanten Struktur zur Berechn. d. — v. fl. O_2 42-0403; — in d. Umgeb. d. λ-Punktes v. S (*160°*) 41-0443; Darst. v. massiven pyrolyt. Kohlenstoffen in d. Wirbelschicht u. — 14-0704; Dimens.-Änder. in pyrolyt. C durch Bestrahl. mit schnellen Neutronen bei hohen Temp. 19-0329; Best. d. — v. Graphit 33-0714; strahlungsinduzierte Verdicht. v. pyrolyt. C 41-0218; —-Änder. infolge v. Versetz. in Si-Einkrist. 6-0277; — v. hochreinem Se 35-0353; — v. unter Vakuum raffiniertem B 38-0611.

Metalle: neuere Mess. d. — u. d. krit. Eig. v. fl. Rb u. Cs 11-0577; Nomogramm für d. Best. d. — v. fl. Na 12-0508; —: v. fl. Li, Rb u. Cs bei hohen Temp. 17-0594; poröser Gußstücke aus Metall 17-2547*; v. amorphem Ge 23-0478; v. fl. Rb in d. Nähe v. F. 34-0551; v. fl. Fe u. Ni 36-2354; Mechanismus d. Einfl. v. Beimeng. auf d. Wärmeleitfähigk., — u. Mikrohärte v. Cd, Sb, Ge, Mn, Bi, V, Tl, In u. Na 39-0206; Elektronenkorrelat. bei metall. — 49/50-0261; Zunahme d. scheinbaren — v. Fe-Pulver 51/52-2234.

Legierungen: —: v. Fe/C/Si- u. Fe/C/Mn-Leg. im festen u. fl. Zustand 14-2305; v. Leg. d. Syst. Hf/Sc 15-0585; v. Fe/Co/Ni-Schmelzen 17-0697; v. gesinterten W-Leg. mit Ni, Cu u. ZrO_2 17-2467; v. Grauguß als Funkt. d. Gaslunkerporosität 18-2312; im Syst. Ga/In/Sn 22-0538; Einfl. v. Temp. u. Zus. auf d. — v. Cr/Si-Leg. 31-0699; — v. Fe/Mn/Si-Schmelzen 31-0700; Temp.- u. Konz.-Abhängigk. d. — fl. Leg. d. Syst. Ni/Ga 31-2523; —: d. Leg. d. Syst. Sn/Pb, Sn/Zn u. Sn/Bi 35-0434; v. Leg. d. Syst. W/La_2O_3 39-0325; —-Zunahme u. Kornwachstum während d. Sinter. in fl. Phase v. W/Ni/Cu-Leg. 42-0237.

Verbindungen: — v. W., D_2O, $H_2{}^{18}O$, $D_2{}^{18}O$ u. T_2O 6-0546; Abhängigk. d. Koordinat.-Zahl schwacher Elektrolyte v. d. — d. W. als Lsgm. 8-0546; unelast. Neutronenstreuung durch —-Schwank. in CO_2 in d. Nähe d. krit. Punktes 13-0525; —: v. W. zwischen *0* u. *40°* 13-0537; v. wss. H_2O_2-Lsg. 16-0528; Berechn. d. — v. SF_6 u. seinen Komponenten im Gaszustand 19-0589; orthobare — u. krit. Parameter v. $SiCl_4$, $SiHCl_3$, $SiBr_4$ u. $SiHBr_3$ 21-0599; Nomogramm zur Best. d. — v. H_2O_2-Lsg. 21-2152; —: v. wss. H_2O_2-Lsg. 26-0556; v. Chlortrifluorid im Gaszustand 35-0423; v. geschmolzenen H_3PO_4-Lsg. 39-0526; —-Verteil. v. adsorbiertem W. in dispergierten Medien 45-0610; — v. HCl-Gas bei *25,50* u. *75°* u. Drücken zwischen *5* u. *40* atm 48-0618; Veränder. d. — v. W. in Abhängigk. v. d. Isotopen-Zus. 49/50-0370.

Wechselwrkg. v. Verunreinig. in einer NaCl-Schmelze u. Einfl. auf d. — d. NaCl-Krist. 1-0217; —: v. $Fe_2B_2O_5 \cdot H_2O$ u. FeB_4O_7 1-0723; einer neuen γ-Modifikat. v. UF_4 9-0542; Wahl v. Zusätzen beim Sintern v. Al-Oxid bis zur theoret. — 9-2268; Einfl. v. Restgasdruck auf d. Sinter. v. Al-Oxid bis zur theoret. — im Vakuum 9-2269; — v. Ni-Telluriden als Phasen d. Syst. Ni/Te 11-0605; orthobare —: v. $GeCl_4$ 13-0532; v. $TiCl_4$ u. $VOCl_3$ 13-0533; v. fl. $WOCl_4$ u. $ReOCl_4$ 13-0534; —: v. (Na–Tl)NO_3-Schmelzen 13-0617; v. $Hg_3As_2J_4$ u. $Hg_3P_2J_4$ 14-0713; fester Lsg. v. CeF_3 in CaF_2, SrF_2, BaF_2 u. PbF_2 v. Fluorit-Typ 15-0582; v. MnP, TiP u. CrP 15-0609; v. Th-Monocarbiden 16-0538; v. $BiCl_3$ u. $BiBr_3$ 16-0585; v. fl. $Ca(NO_3)_2 \cdot 4\,H_2O$ u. $Na_2S_2O_3 \cdot 5\,H_2O$ 17-0666; d. tern. eutekt. Schmelzen aus Alkalimetallnitraten u. -nitriten 18-0584; v. Cs-Ozonid 19-0117; v. gasf. RbBr u. CsBr 19-0621; v. fl. $HfCl_4$ u. $ZrCl_4$ 19-0622; v. Cs_2TeBr_6 als krist. Phase im Syst. CsBr–$TeBr_4$/H_2O bei *25°* 19-0635; v. K_2MoCl_6, Rb_2MoCl_6, Cs_2MoCl_6 u. Na_2MoCl_6 21-0587; Zusammenhang zwischen Druck u. — pulverförm. Preßkörper aus Carbonyl-Fe-Pulver 23-0334; — v. fl. Fe-Leg. mit P u. S 23-2553; —, Gitterparameter u. Defektchemie v. reinen nichtstöchiometr. Verb. (TiO_2, TiS_2, Ti_2S_3 u. Bi_2Te_3) 28-0145; —: v. krist. u. amorphem V_2O_5 28-0162; v. KCl, NaBr oder KBr 28-0604; Einfl. d. Bestrahl.-Beding. im Reaktor auf d. —-Änder. v. LiF-Krist. 29-0300; Diffus.-Vermögen, —, Viskosität u. Brech.-Index wss. Lsg. v. $(NH_4)_2Ni(SO_4)_2$ (Tab.) 29-0674; d. — v. *23* $Bi_2O_3 \cdot Fe_2O_3$ 30-0747; —-Änder. in neutronenbestrahltem LiF 34-0377; — d. einfachsten flücht. Hydride d. Elemente d. III.–VI. Gruppe 34-0550; Einfl. fremder Ionen auf d. — v. aktiviertem Al_2O_3 34-0697; — v. Te-Chalkogenidphosphiden 35-0692; — v. Alkalimetall- u. Erdalkalimetallnitraten 37-0591; dilatometr. —-Best. v. $LiNO_3 \cdot 3\,H_2O$-Schmelzen 39-0436; Einfl. v. NaOH, Na_2O_2, $NaNO_3$ u. Na_2CO_3 auf d. — v. NaF-Einkrist. 40-0155; —: v. fl. NpF_6 40-0400; v. $EuCrO_3$ 40-0471; Verteil. v. KOH- u. KNO_3-Beimeng. bei d. Kristallisat. v. KBr aus d. Schmelze u. ihr Einfl. auf d. — d. Krist. 42-0176; — v. Einkrist. d. festen Lsg. $In(As_{1-x}P_x)$ 44-0161; Verdicht. v. MgO in Ggw. einer fl. Phase 45-0204; — v. $Rb_5 \cdot (WO_3)_2F_5 \cdot 2\,H_2O$ u. $Rb_3WO_3F_3$ 51/52-0374.

Systeme: —-Schicht. u. Druck-—-Diagramm für CO_2, N_2O, CF_3Cl sowie N_2O/Luft-, N_2O/H_2O-, CO_2/N_2O- u. CF_3Cl/N_2O-Gemische in d. Nähe d. krit. Gebietes aus d. örtl. Brechzahl 15-0541; —: d. Syst. H_2O/Cl_2O_7 27-0685; d. fl. Phase im Syst. Ne/Ar bei hohen Drücken 30-0508; v. Schmelzen d. Syst. K, Cd, Pb//Cl 1-0538; d. Lsg. v. KCl, KBr, KJ bzw. KNO_3 in fl. NH_3 1-0551; v. Na-Aluminat-Lsg. bei *25–90°* 4-0443; v. festem u. geschmolzenem Li_2SO_4–Ag_2SO_4

4-0502; v. geschmolzenen $AgNO_3/RbNO_3$-Misch. 6-0548; u. Mol-Vol. d. reziproken Syst. Li, Cs//NO_2, NO_3 9-0546; magnet. Permeabilität, Koerzitivkraft, elektr. Widerstand, Curie-Temp. u. — v. Proben d. Syst. MgO/Fe_2O_3 u. MnO/Fe_2O_3 in Abhängigk. v. Fe_2O_3-Geh. 12-0483; —: d. Gemische v. $TiCl_4$ u. $VOCl_3$ 13-0533; v. Lsg. d. Salze NH_4HCO_3, $NaHCO_3$, NH_4Cl u. d. Lsg. v. Ammoniak im Temp.-Bereich *20 – 100°* 13-0538; v. Na/NH_3-Lsg. 13-0540; v. wss. $NH_4H_2PO_4$- u. $ND_4 \cdot D_2PO_4$-Lsg. 15-0574; u. Struktur einiger Phasen d. Syst. NbO_2/Nb_2O_5 16-0575; im Syst. ZnV_2O_4/LiV_2O_4 19-0469; geschmolzener Salze d. Syst. $KCl/NaCl/CaCl_2/MgCl_2$ 20-0507; v. LiCl in einigen Lsgm. 21-0643; für d. Syst. $HCl/FeCl_3$ u. $HCl/FeCl_3/CaCl_2$ 21-0669; d. Schmelzen d. bin. Syst. M_2F_2/BaF_2 (M = Li, Na, K, Cs) 24-0578; in Schmelzen v. NH_4NO_3 sowie in d. Syst. NH_4NO_3/KCl u. $NH_4NO_3/NH_4H_2PO_4$ 26-0558; in Syst. aus geschmolzenen Li_3AlF_6/K_3AlF_6, Li_3AlF_6/Rb_3AlF_6 u. Li_3AlF_6/Cs_3AlF_6 26-0589; v. Schmelzen d. Syst. $ZrO_2/MnO/Al_2O_3/SiO_2$ u. $CeO_2/MnO/Al_2O_3/SiO_2$ 28-0654; v. Cr-, Mo-, W- u. Mn-Carbonylen in verschiedenen Lsgm. 29-0619; v. K-Aluminatlsg. 29-0677; d. bin. Misch. v. geschmolzenem Na(Cl–Br), Na(Br–J), Na(Cl–J), K(Cl–Br) u. K(Br–J) 37-0593; v. Schmelzen d. Syst. $NaF/BaCl_2/AlF_3$ (Al-Raffinat.) 37-2556; v. Alkalimetallnitrat/Cd-Nitrat-Schmelzen 46-0498; v. $Cd/CdCl_2$- u. $Cd/CdBr_2$-Lsg. bei *560 – 700°* 51/52-0387.

—: gesätt. Lsg. d. Syst. $Ba(NO_2)_2/Ba(NO_3)_2/H_2O$ bei *25°* 7-0541; v. Lsg. d. Syst. $H_2SO_4/H_3PO_4/H_2O$ 8-0541; im Syst. $Li_2SO_4/Al_2(SO_4)_3/H_2O$ 13-0577; v. $Be(NO_3)_2 \cdot 4\,H_2O$ im Syst. $Be(NO_3)_2/Be(OH)_2/H_2O$ 18-0522; Konz.-Abhängigk. d. — wss. LiCl-Lsg. 20-0436; —: im Syst. $NH_3/CO_2/H_2O$ 20-0470; d. Syst. $(NH_4)_2CO_3/K_2CO_3/H_2O$ bei *15°* 22-0570; v. B_2O_3-Lsg. 25-0574; d. Lsg. d. Syst. $H_2SO_4/H_3PO_4/H_2O$ im Gebiet mäß. Konz. 27-0611; in d. wss. Nitratschmelzen W./$LiNO_3/KNO_3$ bei *119°* u. $KNO_3/Ca(NO_3)_2 \cdot 4\,H_2O$ bei *100°* 28-0538; Isobare d. — sd. gesätt. Lsg. d. Syst. K, Na//Cl, NO_3/H_2O 28-0562; —: d. Syst. $ZrOCl_2/NH_4Cl/H_2O$ u. $ZrOCl_2/LiCl/H_2O$ bei *25°* 28-0567; im Syst. $Na_2CrO_4/(NH_4)_2CrO_4/H_2O$ 29-0618; im quatern. reziproken wss. Syst. $Na_2CrO_4 + 2\,KClO_4 \rightleftharpoons 2\,NaClO_4 + K_2CrO_4$ 31-0623; v. wss. NaCl-, KCl-, NaBr- u. KBr-Lsg. 32-0567; v. wss. Lsg. v. KOH 34-0549; v. wss. LiCl-, KCl- u. NH_4Cl-Lsg. 34-0640; in d. Syst. v. KOH, RbOH u. $CsOH/H_2O$ 35-0472; v. Lsg. d. Syst. $NaNO_2/Ni(NO_2)_2/H_2O$ 35-0490; Berechn. d. — v. konz. Phosphorsäurelsg. 37-0509; —: v. Lsg. d. Syst. $K_2O/Al_2O_3/H_2O$ u. $Na_2O/K_2O/Al_2O_3/H_2O$ 41-0420; v. gesätt. Gleichgew.-Lsg. d. Syst. $2\,NH_4ClO_4/Mg(ClO_4)_2/H_2O$ 41-0479; im Syst. $Na_5P_3O_{10}/CrCl_3/H_2O$ 41-0487; v. gesätt. Lsg. d. Syst. $CuSO_4/MgSO_4/H_2O$ bei *25°* 41-0492; u. Kompressibilität u. Ultraschallgeschw. in wss. Metallperchlorat-Lsg. 49/50-0375; d. gesätt. Lsg. d. Syst. $K_2SO_4/MnSO_4/H_2O$ 49/50-0399.

Mineralien und Gesteine

Veränder. d. — d. Mariupolitminerale d. Oktober-Massivs bei d. Verwitter. 2-0777; —: d. Zirkone aus d. Böhm. Mittelgebirge 4-0650; v. verschiedenen meteorit., vulkan. u. aus Eis stammenden Kügelchen 28-0808; v. Deccan Trappen 36-0772; Koeff. d. Wärmeleitfähigk. v. einigen Sedimenten u. seine Abhängigk. v. d. — u. v. W.-Geh. d. Gesteine 43-0719; — u. Lichtbrech. d. Moldavite v. Mechov 45-0728.

Technische Produkte: — v. Gläsern als Funkt. d. therm. Vorgeschichte 7-2255; Einfl. d. Zus. auf d. — pulvermetallurg. Kontaktwerkstoffe 17-2462; — v. Aktivkohleelektroden 18-0596; —-Änder. in unter hohem Druck stehenden Na-Boratgläsern 21-2462; — geschmolzener Gläser 23-0592; Einfl. v. therm. Neutronen auf d. — opt. Gläser 29-0329; —: d. Keramiken d. Syst. ZnO/TiO_2 30-0540; v. Silicatgläsern mit zwei Alkalimetallen 39-0275.

Metallderivate organischer Verbindungen

—: v. $[Th(CH_3COO)_4]$ u. $[NH_2C(NH) \cdot NH_3]_2[Th(CH_3COO)_6]$ 1-0714; v. Komplexverb. v. Ce u. Pr mit ungesätt. Aminen 7-0696; d. Lsg. v. Alkylammoniumverb. 10-0571; v. Hg(I)-Phthalat 19-0843; v. Na-Gallat-Lsg. in Abhängigk. v. d. Na_2O-Konz. 22-0620; v. $RhCl_3 \cdot$[o-Methoxyphenyldimethylarsin]$_2$ 43-0686.

Organische Stoffe

Reine Stoffe: —: v. p-Dihalogenbenzolen 3-0821; v. vier Spiro-KW-Stoffen 22-0853; v. $CClF_3$, CHF_3, $CH_2{=}CF_2$, N_2O u. C_2H_6 24-0557; Einfl. d. — auf d. Radiolyse v. Äthan 24-1010; —: v. Diphenylalkanen 27-0933; v. fl. leichten KW-Stoffen 27-0990; v. chlorierten Äthylenen 32-2544; d. $C_5 - C_8$-n-Alkene 36-0858; v. CH_4 40-0396; d. $C_5 - C_8$-Alkane 40-0714; v. Tetrahydrofuran zwischen *–78* u. *+30°* 41-0794; halogenierter Methane 49/50-0690; v. Chinoxalinen 51/52-0701.

—: v. fl. Monomethylamin bei hohen Drücken 33-1128; v. ster. einheitl. Cyclohexylamin-Deriv. (Überprüf. d. Auwers-Skita-Regel) 35-0900; v. Nitromethan im Bereich v. *26 – 200°* 51/52-0680; IR-spektroskop. Unters. zur Struktur v. H_2O, CH_3OH u. C_2H_5OH (Entw. eines Modells zur Best. d. —) 19-0604; —: d. drei isomeren Isopropylphenole 48-0787; v. cis-P.P'-Dichlor-P.P'.P''.P''-tetraphenylcyclotriphosphazatrien 14-0708; v. Dekaboran(14)-Deriv. 27-0926; Bezieh. zwischen —, Kp. u. Verdampf.-Wärme v. Phosphinen 36-0940; —: v. Acetondämpfen bei niedr. Temp. 46-0795; v. Methylcyanid 33-0708; v. unterkühlten fl. Alkylbenzolen u. Dialkylphthalaten (Temp.-Abhängigk.) 14-0883; alternierende — bei Dicarbonsäuren u. Phenylalkylmethanolen 15-1022; —: einiger β-Alkoxypropionsäureester 28-0840; v. geradkett. prim. u. sek. Alkanphosphonsäuredichloriden 34-0904; d. gesätt. Dämpfe v. aliphat. KW-Stoffen, Ae., Essigsäure u. Methyl- u. Propylalkohol 36-0939; v. N-monosubstituierten Amiden u. cycl. Estern 49/50-0691; v. Stärke u. wss. Stärkesuspens. 29-3392; durch Strahl. hervorgerufene Änder. v. Brech.-Index, — u. DK v. Polymethylmethacrylat 49/50-1182.

Systeme: Einfl. v. Pilocarpin auf d. — d. Schweinespeichels 3-1382; DK, Viskositäten u. — v. Dioxan/Methylalkohol, Dioxan/Acetonitril u. Dioxan/Aceton 10-0575; —: v. Acetonitril/Methanol-Misch. 18-0811; in d. Syst. Cyclohexan/Bzl. 23-0971; u. Mol-Vol. bin. Lsg. v. Nitroparaffinen in CCl_4 33-1129; v. methanol. Lsg. v. Bzl., Toluol, Anilin u. Phenol 38-0891; d. Syst. Py./Ameisensäure 38-0895; d. Syst. Bzl./Cyclohexan/n-Hexan 40-0715; v. Carbonsäure/Paraffin-Syst. 45-0925.

Systeme organischer und anorganischer Verbindungen

—: d. fl. Phasen im Syst. NH_4SCN/Isopentanol/H_2O 7-0531; d. Syst. p-Nitroanisol/$SnCl_4$ 8-0514; u. Viskosität u. Leitfähigk. wss. Lsg. v. KCl, LiCl, Glycin u. Harnstoff 12-0573; einiger W./Harnstoff/Ammoniumsalz-Syst. 13-0574; v. Propanol-(1)/W.-Misch. 13-0615; d. Syst. Acrylnitril/Methanol/W. 13-0896; v. 2.2.2-Trifluoräthanol/W.-Gemischen 14-0876; v. HCl u. HBr in Hexanol u. Heptanol 15-0604; d. Komplexe d. Zus. $[W(NCS)_nCl_m]^{6-(n+m)}$ mit n = *1 – 6* in d. Syst. $WCl_6/KNCS/CH_3 \cdot COCH_3$, $WCl_6/KNCS/CH_3COC_2H_5$ u. WCl_6/KNCS/Cyclohexanon 18-0559; v. wss. Lsg. v. Tetramethylammoniumbromid u. Tetramethylammoniumjodid 23-0902; Anomalien in d. —-Kurven v. Alkyldiamin/W.-Syst. 25-0982; — v. Chinolinbasen in W. 25-0997; Wrkg. d. Temp. auf d. — v. Bakterien- u. Virus-DNS in CsCl-Lsg. in d. Ultrazentrifuge 25-1254; —: in d. Syst. H_2SeO_4/CH_3COOH, $H_2SeO_4/CH_2ClCOOH$ u. $H_2SeO_4/CHCl_2COOH$ 28-0559; in d. Syst. $CO(NH_2)_2/Sr(NO_2)_2/H_2O$ u. $CO(NH_2)_2/Ba(NO_2)_2/H_2O$ 31-0599; v. Lsg. v. LiCl in Carbonsäuren 33-0707; d. Syst. $SbCl_3$/Isopropanol u. Bldg. d. Verb. $2\,SbCl_3 \cdot C_3H_7OH$ 34-0609; v. wss. Seltenerdmetallnitratlsg. in Ggw. v. $LiNO_3$ u. TBP 36-0571; d. fl. Phase d. Syst. $NaB_5O_8(Na_2B_{10}O_{16})/Na_2 \cdot C_5H_6O_7/H_2O$ 37-0557; d. fl. Phase d. Syst. Borsäure/Natriumhydrogentrihydroxyglutarat/W. 37-0558; Wrkg. d. Methylier. d. Cytosin-Reste auf d. — v. DNS in CsCl-Lsg. 37-1319; —: d. Syst. $K_2SO_4/CH_3OH/H_2O$ durch Zusatz v. KCl bzw. Na_2SO_4/CH_3OH/W., Na_2SO_4/Propanol/W. u. Na_2SO_4/Isopropanol/W. durch Zusatz v. NaCl 39-0459; v. wss. Lsg. v. prim. Alkoholen 39-0776; d. Lsg. v. Tetra-n-pentylammoniumthiocyanat in Nitrobenzol bei *25°* 42-0740; Isothermen d. — v. gesätt. Lsg. d. Syst. $Mg(NO_2)_2/CO(NH_2)_2/H_2O$ bei *20°* 44-0434; —: d. Lsg. v. Decanol im Syst. Natriumcaprylat/Decanol/H_2O 45-0580; v. wss. Hexamethylentetramin-Lsg. 47-0781; v. Propylenglykolen u. Glycerin u. deren wss. Lsg. 47-0782; d. Syst. Aceton/CS_2, Aceton/Tetrachloräthylen, Cyclopentanon/CS_2, Hexan/Heptan, Äthylacetat/CCl_4 48-0786.

Untersuchungsmethoden

Dichtegradientenmeth. s. unter *Sedimentation (und Schleudern)*.

Magnet. Totalimmers.-Hydrometer für verd. Elektrolytlsg. 2-1719; Mess. d. — eines Gases 3-2012; Anwend. d. Elektronensondenmeth. zur Best. d. — v. Polymeren 3-2112; laufende —-Mess. mit Universal-Industrie-Syst. ZPU 7-2117; Präzis.-Best. d. — fester Proben durch hydrostat. Wägen 9-1831; Berechn. d. γ-Strahlenstreuung bei d. —-Mess. 9-1832; Auftriebsmikrowaage zur Gas-—-Mess. 10-1842; Mess. v. kleinen —-Änder. in Feststoffen 10-1843; Beschreib. zweier genauer Pyknometer 11-1827; —-Best. an kleinen fl. Proben 12-1787; —-Veränder. d. zur —-Mess. verwandten Plastikkugeln 12-1788; Best. d. — geladener Teilchen in Tieftemp.-Plasmen 13-1820; App. zur Best. d. scheinbaren — stück. Feststoffe in Gasen bei erhöhten Temp. 15-1922; Ähnlichk.-Theorie für d. Best. d. — gesätt. Dämpfe organ. Fl. 17-0962; Füllen v. Pyknometern 21-2047; Densimeter mit magnet. Schwimmer 22-2002; Best. d. — geringer Mengen fl. u. leichtschmelzender Stoffe 23-2029; Tabellen für ein Syst. zur Erzeug. v. Konz.-Gradienten 25-1953; —-Mess. bei tiefen Temp. 25-1961; Best. d. Stabilität v. schweren Suspens. mittels App. zur Best. v. —-Änder. 27-2366; —-Mess. v. Stäuben mit Hilfe d. Luftpyknometers 28-1932; Radioisotopen-Meßgerät für — 28-2047; kontinuierl. Mess. d. Lsg.-Konz. in einem Kristallisator durch —-Best. 33-2072; Diaphragmadetektor zur —-Best. v. Gasen 33-2116; Mess. d. —-Unterschiedes zwischen koexistierenden Fl. u. Dämpfen 35-1930; Geräte zur Mess. d. — v. hochviskosen, schlamm- u. krümelhalt. Stoffen (Fortschrittsbericht) 37-2341; Meth. zur —-Best. v. Schmelzen kongruent schmelzender Krist.-Hydrate u. anderer ähnl. Syst. 39-0436; Best. d. — verd. wss. Lsg. (App.) 39-0520; γ-—-Meßanordn. mit automat. Abgleich 39-1859; Nomogramm zur Best. d. — wss. Salzlsg. zwischen *18* u. *20°* 44-1726; Verf. zur Best. v. — mit hoher Reproduzierbark. durch hydrostat. Wägen 45-1991; Fehlerquellen bei d. aräometr. u. pyknometr. —-Best. 48-1769.

Einfl. d. Sondenlänge auf d. —-Mess. v. Gesteinen mit d. γ–γ-Meth. 13-0769; pyknometr. Mess. d. Einw. v. Stoßwellen auf Erdalkalimetall-Fluoride (MgF_2, CaF_2, SrF_2 u. BaF_2) 20-0238; Mikroradiographietechnik zur —-Best. pyrolyt. C-Beläge auf Graphitplättchen für Kernbrennstoffelemente 20-1988; Best. d. — d. trockenen u. gequollenen Kationenaustauscher KU-*2*, KU-*1*, KB*4*-P-*2* sowie d. Anionenaustauscher AV-*17*, EDE-*10*P, AN-*2*F in verschiedenen Formen 20-2042; Problem d. —-Best. d. W. 21-0579; Best. d. — v. feuerfesten Stoffen durch Mess. d. Absorpt. v. γ-Strahlen 24-2313; kontaktfreie Mess. d. — fl. Oxide bei hohen Temp. 25-0680; Hochtemp.-Hochdruckzelle zur Mess. d. — v. Metallen (radiometr.) 32-1874; —-Mess. in freien N_2^+-Strahlen u. Stoßwellen 40-0379; neue mkr. Meth. zur Best. d. — v. Mineralien 47-0680; Best. d. scheinbaren — v. feuerfesten Stoffen durch Absorpt. v. γ-Strahlen 49/50-2229.

—-Best. an Faserstoffen (—-Begriffe) 31-3346; — v. Uranin–Aerosol-Teilchen 28-1933; —-Best.: d. Cellulose u. ihre Anwend. 25-1243; v. Lackfarbenüberzügen (Vgl. verschiedener Meth.) 37-2258; Zusatzmitt. zu d. Temp.-Korrekturtabellen für d. — v. Weinen 6-2017; „Gradient balance"-Meth. zur Best. d. — v. Milch 13-2013; internationale Tabelle für d. Alkoholgeh. O.I.V. (Tabellen für Temp.-Korrekturen bei W.–Alkohol-Gemischen, —-Best. mit Pyknometern) 21-2194; —: u. Trockenextrakt v. Fruchtsäften 35-2172; v. Bieren 35-2175; v. Apfelweinen 35-2176; v. Fruchtsaft, Konzentraten u. Futtermitteln aus Citrusfrüchten 40-1945; v. Milch 48-2016.

Dichtungen (und Dichtungsmittel)

— für *Vakuumtechnik* s. dort.

Siehe auch *Kitte*.

— u. Lager für Labor.-Rührer 18-1834; Erzeug. v. Dicht.-Papieren als Korros.-Schutz in Brennkraftmotoren 18-3060*; — mit gleitendem Überzug auf Plaste- u./oder Kautschuk-Basis 28-2170*; Profile für Abdicht. aus vernetzten Vinylchloridpolymerisaten 33-2346*; Berechn. v. Abdicht.-Syst. mit Ringen aus weichen Metallen 40-1949; — für Rotat.-Verdampfer 45-1975.

Identifizier. v. Vitondichtungen 10-1820.

Dichtungsmittel: Polyvinylacetalschwamm-Material für — 1-2158*; Herst.: v. N-halt. Polyphenylensulfiden als Dicht.-Massen 3-2960*; v. — aus ölfesten Butadien–Acrylnitril-Elastomeren 4-2379*; Verw.: v. Perfluorkohlenstoffgruppen enthaltenden Polymeren für — 5-2928*; v. Safloröl zur Herst. v. Dicht.-Mitteln 6-2927; Dicht.-Masse aus fl. Polysulfidpolymerisat u. Silanen 8-3007*; gefärbtes Dicht.-Mittel aus Alkydharzen, Polybuten, Tri-[chloräthyl]-phosphat u. Farbstoffen 10-2057*; rheolog. Eig. v. Kunstharz-—

11-2806; Verw. v. Polyvinylidenverb. für d. Herst. v. Dicht.-Massen 13-2863*; mineral. Füllstoffe in Dicht.-Massen 15-2864; neues Dicht.-Material FUM aus Fluorplast *4D* u. Schmiere 18-2071; Verw. v. Triallylcyanurat-Maleinsäureanhydrid-Copolymerisaten für — 21-2291*; Dicht.-Massen auf d. Basis fettsäuremodifizierten Alkydharzes 21-2294*; klebende Dicht.-Massen aus Elastomeren u. synthet. Harzen 21-2295*; Überblick über Dicht. aus Fluor-KW-Stoffen 22-2868; selbstklebende Mastix auf Basis v. Elastomeren als Dicht.-Mittel 23-2533*; Verw. v. Organopolysiloxanen als Überzugs-, — u. Klebemasse 23-3169*; Herst.: v. Asphalt-Komposit. für Sprüh- u. Dicht.-Mittel aus d. Halogenmethylier.-Prod. eines aromat. Mineralschmierölextrakts 24-2703*; Herst. v. Kondens.-Prod. für Dicht.- u. Dämpf.-Massen 24-2791*; Acrylmischpolymerisate für Dicht.-Massen 27-3232*; Polyäther mit Organosiliciumgruppen als Beschicht.- u. Abdicht.-Masse 27-3281*; Erfahr. beim Einsatz v. Polytetrafluoräthylen-Dicht.-Material 28-2163; Dicht.-Mittel aus Vinylchloridpolymerisat oder -mischpolymerisat 28-2166*; Dicht.-Masse aus harzart. Vinylchloridhomo- oder -mischpolymerisat u. Zusatz v. Oleylamid u./oder Erucasäureamid 28-2167*; Dicht.-Masse auf Basis v. 3.3.3-Trifluorpropylmethylsiloxan-Kautschuk 28-2168*; Herst.: wärmebeständ. Dicht.-Materialien auf Fluorkautschukbasis 28-2169*; v. — aus Kautschukmisch. mit Zusätzen v. Polykondens.-Prod. aus KW-Stoffharz, Aldehyd u. Terpenphenol 28-2935*; Übersicht über d. Verw. v. Polymeren als Imprägniermittel u. Werkstoffe für — 32-2754; Herst. eines Abdicht.-Materials aus elast. Schaumstoff 37-2292*; härtbare Epoxidharzmassen zur Verw. als Dicht.-Massen 44-2660*; härtbare Dicht.- u. Überzugsmassen aus Polysulfid-Kondensat 45-2254*; fl. Einkomponenten-Dicht.-Mittel auf Polysulfidbasis 51/52-2834*.

Hitzebeständ. Keramik-Metall-Abdicht. (Al_2O_3–Mo) 5-2266; Herst. v. Dicht.-Misch. für Dächer u. Wände aus Polyester- oder -ätherharzen, Asphalt, Isocyanat, Treibmitteln, Katalysatoren, oberflächenakt. Mitteln u. ggf. Treibhilfsmitteln 10-2056*; Dicht.-Material aus innigem Gemisch v. zwei plast. Massen zum Abdichten v. Kabeln 10-2058*; Dicht.-Werkstoffe für Dampfturbinen (Fe–Cu-Sinterleg.) 12-2330; Wrkg. v. Betondicht.-Mitteln 15-2361; oxydationsbeständ., v. Cs nicht angreifbare Hochtemp.- — zwischen hochgeglühten Oxiden u. Metall 18-1827; Fensterdicht. zur Verw. im Ultrahochvakuum 18-1831; Dicht.-Material zur Abdicht. v. Metallen mit anderen Materialien aus fl. Thiokol u. synthet. Harz 21-2292*; Si-organ. Massen als Dicht.-Mittel für Mauerwerk 23-2532*; Herst. v. elast. Dicht.-Material u. Überzügen für bautechn. Zwecke aus hochviskoser Alkalisilicatlsg. mit natürl. Kautschuk oder Kunststofflatex (*30*%ig) u. Füllstoffen 25-2442*; Masse zum Abdichten v. Hohlräumen in Glas 27-2505*; pulvermetallurg. Herst. poröser Körper aus Stahl u. Kunstharzpulver für — v. Pumpen u. Turbinen 27-2693*; Plastisolmisch. zum Abdichten v. Metallkronenkapseln für Flaschen u. Behälter aus PVC oder PVC-Copolymerisaten 34-2788*; He II-dichte Hochdruckdicht. für opt. Fenster 38-1959; Verw. v. Polysulfidkautschuk zum Abdichten v. Treibstoffbehältern 45-3026.

Dickenmessung, Absolutbest. d. Dicke u. Zus. v. Oberflächenschichten mit d. Mikrosonde 2-0176; Verf. zur — v. Aufdampfschichten 2-0177; —: dünner Schichten 2-1768; mit Röntgenfluoreszenzmeth. 3-1911; Vielzweck-α-Teilchen-Dickenmesser 3-1912; — während d. Herst. v. scheibenförm. Proben für d. Durchstrahl.-Elektronenmikroskopie 3-1968; Schicht- — mit Hilfe d. Elektronenstrahlmikroanalysators 6-1798; Verf. v. Leonard u. Ramey zur — v. dünnen Schichten 7-0188; laufende — mit Universal-Industrie-Syst. ZPU 7-2117; ellipsometr. Berechn. d. Brech.-Index eines dünnen Films u. d. Dicke 8-0268; Einfl. d. Temp. auf d. Meßgenauigk. bei d. kontinuierl. Dickenmess. v. Aufdampfschichten mit d. Schwingquarz 10-1851; Film- — mit d. Elektronenmikrosonde 11-2389; — durch Reflex. v. Licht an beschichteten rauhen Oberflächen 12-0297; opt. Meth. zur — dünner Filme 12-1778; interferometr. — v. dicken Filmen 12-1779; opt. Meth. zur — v. Glasur 13-2253; Anwend. d. Konzepts d. effektiven Brech.-Index auf d. Mess. d. Dickenverteil. dielektr. Filme 14-0307; Schnitt- — mit d. Stereoscan an „semidünnen" Schnitten u. ihre Bedeut. für d. lichtmkr. Autoradiographie 14-1879; theoret. Unters. d. Empfindlichk. einiger Meth. mit normaler Inzidenz zur Mess. opt. Konst. u. Filmdicken 16-0334; — metallograph. Schliffe für d. Autoradiographie 19-2076; diffraktometr. — dünner Schichten 21-0215; opt. — nichtabsorbierender dünner Schichten auf Metall u. Glas 21-0362; Kondens.-Effekte bei Schicht- — mit d. Schwingquarzverf. 21-2035; röntgenfluoreszenzanalyt. abs. — ebener dünner Elementschichten 21-2036; — eines dünnen Blättchens mit einem Michelson-Interferometer 21-2082; Film- — durch IR-Interferenz 22-1983; — ebener dünner Mehrfachschichten durch Röntgen-Fluoreszenzanalyse 23-2020; Analyse v. Meßsyst. zur — mit Röntgenstrahl. 26-1931; Wahl optimaler geometr. Beding. bei d. — mit Hilfe d. Röntgenfluoreszenz 29-2032; Schicht- — nach Kiessig mit einem automat. registrierenden Röntgengoniometer 31-1991; Flächengew.-Meßgeräte VA-T-*74* u. VA-T-*75* (Anwend. zur —) 32-1868; Interferenzapp. zur Mess. d. opt. Dicke v. dünnen transparenten Schichten 36-1852; Best. d. opt. Stärke dünner Deckschichten im Vakuum 40-1696; Interferometereinstellvorr. zur — v. Filmen 42-1714; radioisotop. — -Syst. u. -Verf. 46-2208; Mess. v. kleinsten Schichtdicken u. d. Struktur v. Festkörperoberflächen 48-1764; Meth. zur — dünner Filme 49/50-1824.

Doppelschicht-Interferenz in Luft/CdS-Filmen (Meth. zur —) 2-0285; —: einer Betonplatte mit γ-Strahlen 2-2154; v. anod. erzeugten Al_2O_3-Schichten 2-2250; v. Zn-Überzügen auf Stahldrähten 3-2468; v. Plattier.-Schichten auf Fe durch Röntgenfluoreszenz 10-1988; Berücksichtig. d. Einfl. v. Oberflächenfilmen auf d. Resultate metallopt. Mess. (Mess. d. Schichtdicke aus d. Phasendifferenz bei Lichtreflex.) 16-0337; Schicht- — v. elektrolyt. verzinnten Blechen 17-2512; — eines auf Saphir epitaxial aufwachsenden Si-Films 22-1983; zerstörungsfreie — v. SiO_2-Schichten 25-0315; Einfl. d. Kondens.-Koeff. v. Ag auf Schicht- — mittels Vielstrahlinterferenz 26-0194; — v. Folien aus Metallen d. Pt-Gruppe u. Au 28-2440; nichtdestrukt. Schicht- — v. Au u. Ag auf anderen Metallen mittels β-Strahlen-Rückstreuung 28-2470; mkr. u. elektronenmkr. Meth. zur — v. Glasfasern 33-2517; Verf. zur — v. Metallfilmen 34-1879; einfache Technik zur — sehr dünner SiO_2-Filme 36-0107; röntgenograph. — v. Sn-Überzügen 36-2411; Ni-Schicht- — v. plattiertem Stahl 37-2608; — v. SiO_2-Filmen auf Si mit d. UV-Interferenz-Meth. 41-1919; Korrekturen zur — v. SiO_2-Schichten auf Si auf Grund d. Reflex.-Vermögens 42-0255; — an Al_2O_3 durch Tunnelemiss.- u. Kapazitätsmess. 43-0412; Analyse d. Leonard- u. Ramey-Meth. zur — dünner metall. Schichten 43-0427; Schicht- — an dünnen Edelmetallschichten durch Röntgenfluoreszenzanalyse nach einer eichprobenfreien Emiss.-Meth. 43-1872; Röntgenfluoreszenzbest. d. Zus. v. Ni–Fe–Co-Dünnschichten 43-2102; — einer dünnen aufgedampften Ni-Schicht mit d. Elektronenmikroskop 44-1767.

Dickit, — in Lansing Group (pennsylvan.) Kalksteinen, Wilson u. Montgomery Counties, Kansas 27-0905; Unters. d. Hydroxylgruppen in — -Nakrit mittels selektiver Deuterier. u. IR-Spektroskopie 41-0742; Vgl. d. Phasenumwandl. v. Alunit u. seiner Gemische mit Quarz u. — 36-0770.

Dicloxacillin s. unter $C_{19}H_{17}Cl_2N_3O_5S$.
Dicofol s. unter $C_{14}H_9Cl_5O$.
Dicolin s. unter $C_{16}H_{36}N_2O_4$.
Dicryl s. unter $C_{10}H_9Cl_2NO$.
Dictamnin s. unter $C_{12}H_9NO_2$.
Dicumarin s. unter $C_{19}H_{12}O_6$.
Dicumarol s. unter $C_{19}H_{12}O_6$.
Dicumylperoxid s. unter $C_{18}H_{22}O_2$.
Dicupral s. unter $C_{10}H_{20}N_2O_4$.
Dicyan s. unter C_2N_2.
Dicyanamid s. unter C_2HN_3.
Dicynon s. unter $C_6H_6O_5S$.
Dieca s. unter $C_5H_{11}NS_2$.
Dieldrin s. unter $C_{12}H_8Cl_6O$.

Dielektrika

Zündkerzenisolatoren s. unter *Elektroden*, Kabel- — s. unter *Kabel*, *Elektrete* s. dort.

Siehe auch *Elektrotechnik*; *Halbleiter*; *Kondensatoren*.

Fortschrittsbericht 45-2461.

Herstellung und Verwendung von Isoliermassen

Bewert. neuer Isolierstoffe (Übersicht) 1-2097; Glasseide als Trägermaterial in Schicht-Isolierstoffen 1-2099; Langstabilisatoren als Isolierelemente für Hochspann.-Freileit. 3-2303; hitzebeständ. Elektroisolat.-Überzüge für Trafostahl 5-2214*; Erhöh. d. Kriechstromfestigk. v. Isolierteilen 5-2216*; Verkupfer. v. Isolierstoffen durch Tauchen 12-2423*; Anwend. d. Elektrophorese für Glasüberzüge zur elektr. Isolier. 14-2923; neue Isolier. für d. Ständerwickl. großer Hochspann.-Maschinen 21-2414; Herst. v. isolierenden Überzügen auf Stahlblech 21-2425*; Erhöh. d. therm. Beständigk. v. elektr. Isolier. 21-3463*; Klebemittel zum Befestigen v. Metallfolien auf isolierendem Material 29-2978*; Herst.: dielektr. dünner Filme durch Hochfrequenzzerstäub. 34-0475; v. großen Isolatoren (Stangenisolatoren) 41-2364; v. Isoliermaterial für Dynamomaschinen 43-2334*; Zusammenhang v. Temp. u. Zeit beim Aushärten v. Isolierstoffen 49/50-2173; Wahl d. Temper.-Zeit für Isolierstoffe an Hand d. Verlustfaktors 49/50-2174.

Anorganische Isoliermittel

Herst. v. Titanatkörpern mit hoher DK 1-2104*; Alter.-Kennziffer glimmerhalt. Isolier. v. elektr. Maschinen 2-2072; feuerfeste mineral. Isolat. für elektr. Leiter 2-2088*; kontinuierl. Herst. v. flexiblen, glimmerhalt. Isolierbändern 2-2089*; Zus. v. Gläsern auf Perlitbasis zur Herst. v. Hochspann.-Isolatoren 4-1880; Andesit-Glasur für Porzellanhochspann.-Isolatoren 4-1890; Verw.-Möglichk. d. Pegmatite d. Krasnowsker u. Alexandrowsker Lagerstätte zur Herst. v. Hochspann.-Isolatoren 4-1989; anod. Erzeug. dielektr. Oxidschichten auf Ti 4-2062*; Bindemittel zum Vorimprägnieren v. Folienglimmer-Isolierstoffen 5-2215*; keram. Formkörper hoher Festigk. zur Verw. als elektr. Isolatoren 6-2226*; Herst. v. anod. Ta-Oxid- — 7-2190; Email-Lack für elektr. Isolat. 7-2201*, 7-2202*; Verw. v. K-armem Pegmatit für Isolator-Porzellane 8-2160; Verbesser. an dielektr. Titanatkernen 8-2161; Einfl.: v. γ-Strahl. auf Resonatoren mit dielektr. Wandschichten aus $BaTiO_3$-Keramik 9-0470; d. Zusatzes v. Alkali- u. Erdalkalimetallen auf d. dielektr. Eig. v. Glas u. Papier 10-0452; elektr. Isolierschichtkörper aus synthet. F-Phlogopitpapier 10-2236*; Ba–Ti-Keramik als keram. Hochfrequenz- — 11-2272; Herst.: v. sehr reinem Ba-Titanat für keram. — 12-2196*; v. Glimmer-Formkörper für elektr. Isolat. 13-2203*; B-freie Glasfasern aus *6,7* SiO_2, *0,3* Al_2O_3, *1,5* BaO, *0,3* MnO, *2,0* ZnO, *0,05* ZrO_2 für elektr. Isolat. 13-2204*; elektr. Isolierglas aus SiO_2, Bi_2O_3, PbO 13-2244*; Erhöh. d. Festigk. v. Elektroporzellan 13-2255; Au–Pd-Pulver zur Herst. elektr. leitender Schichten auf dielektr. Keramik 14-2210*; Herst. entglaster $BaTiO_3$- — 15-2294; keram. — mit Mg-, Sr- u. Pb-Titanat u. $Bi_2Ti_2O_7$ u. $La_2Ti_2O_7$ 16-2252*; keram. Isoliermasse aus Ton, Perlit u. Schamottemehl 17-2339*; dielektr. Eig. keram. elektrotechn. Erzeugnisse aus Korund 17-2387; hochfestes Porzellan mit erhöhtem Geh. an Al_2O_3 zur Herst. v. Hochspann.-Isolatoren 21-2471; neue Pb- u. Bi-halt. Stoffe mit Pyrochlorstruktur 23-0280; Herst. v. elektr. Isoliermaterial: für Metalle aus Na-Metaphosphat u. SiO_2 28-2312*; aus Asbestgewebe mit Glimmerbelag 28-2313*; dielektr. Eig. d. Autoklavenbetone auf Basis sand. Portlandzemente 33-2567; Herst. v. Elektromagnesia mit verbesserter elektr. Isolierfähigk. 38-2360*; Dauerfestigk. u. Eig. v. keram. Scherben im Zusammenhang mit d. Herst. v. Hochspann.-Isolatoren 45-2462; elektr. isolierender Keramikkörper geringer Schwind. 46-2110*; eisenhalt., aus silicat. Gesteinen erschmolzene Gläser für Hochspann.-Isolatoren 47-2253; Herst. eines keram. — auf $BaTiO_3$-Basis 48-2160*; Verw. v. Cordierit in d. Elektrotechnik 49/50-2175; Versatz für keram. Isolierstoff 49/50-2187*; zementgebundene Formkörper für Isolierstoffe 49/50-2188*.

Vollständ. Stromkreisisolier. mit Si-Nitrid 7-2193; Hest.: v. dielektr. Zn_2TiO_4/$CaTiO_3$ 11-2212; einer SiO_2-Isolierschicht auf Si-Einkrist. 16-2220; v. B-Phosphat als elektr. Isoliermittel 23-2445*; v. hochreinem feindispersem Al_2O_3 zur Verw. als elektr. Isoliermaterial 24-2298*; v. Arsen–Phosphor-Verb. als dielektr. Fl. 24-2552*; dünner Ni-Schichten als — 29-2383; elektr. Durchschlagsfestigk. v. $BaTiO_3$ 30-0445; Si-Einkrist.-Schichten auf Isolatoren (Al_2O_3, SiO_2, $MgAl_2O_4$, SiC, BeO) 36-0123; Herst. v. Ba-Titanat 48-2135*; Einfl. v. Nb u. Fe auf d. dielektr. Eig. v. TiO_2 48-2150.

Organische Isoliermittel

B-Carbonsäureester v. Phosphinoboranen als — 4-1821*; Langmuir-Blodgett-Multimonoschichten v. Stearinsäure auf Metallunterlagen als Dünnschicht- — 8-0416; Verw. v. Perfluoralkanen als — 8-2456; Herst.: v.

Perhalogenfluor-KW-Stoffen als – 11-2532*; v. H-modifizierten Fluorkohlenstoffpolyäthern als – 22-2639*; v. cyanäthylierter Hydroxyäthylsaccharose als – 26-2673*; Verw. v. Ionisat.-Kammern mit Hexan als fl. dielektr. Nachw.-Medium in d. Strahl.-Dosimetrie 38-1975; Herst.: v. Perfluoralkylenpolyäthern als – 38-2634*; v. 3.5-Dichlor-2.4.6-trifluorbenzolsulfonylfluorid als – 38-2657*.

Harze, Lacke u. dgl.: hochwert. Motorentränk. u. Lacküberzüge 2-2073; elektr. isolierende Schichten aus Polymeren oder Kautschuk für Stahlrohre 4-2539*; Elektroabscheid. v. in W. emulgierten Farben auf elektr. leitenden Oberflächen 4-2541*; Verw. v. Polyolefin-Formmassen für elektr. Isolat. 5-2939*; härtbare Formmassen mit guten elektr. Isolat.-Eig. 9-2240*; Kunststoffe für elektr. Isolier. 15-2292; Entw. d. Isolat.-Technik durch Kunststoffe 16-2219; Verw. v. hitzehärtbaren Kunstmassen zur Herst. v. elektr. Isoliermaterial 19-2972*; Isolierlacke (Überblick) 21-2412; Herst.: v. Elektroisolierlack 21-2422* bis 21-2424*; v. dielektr. Epoxidschichten 23-1212; v. kriechstrom- u. lichtbogenbeständ. Kunstharzen für Nieder- u. Hochspann.-Isolatoren 24-2299*; Polymere u. Copolymere konjugierter Diolefine für Elektroisoliermaterial 27-3209*; Herst. elektr. nicht leitender Überzüge durch Al-pigmenthalt. Anstrichmittel 28-2316*; Elektroisolat.-Lack für lackierte Oberflächen 32-2295*; Herst. v. Elektroisolierlacken mit hoher Elastizität u. Chemostabilität 38-2358*; duroplast. Formstoffe als Isolierstoffe in d. Elektrotechnik (Überblick) 40-2087; Elektroisolierstoff erhöhter Wärmebeständigk. 48-2149; Metallisieren v. Isolat.-Körpern aus Kunstharz 49/50-2353*; Verw. v. Copolymeren zur Isolier. 49/50-2924*.

Herst. v: – aus Polyäthylen mit Spann.-Stabilisator 16-2251*; geschäumtes stereoreguläres Polypropylen 34-2297*; Polyäthylenschaumisolier. für elektr. Leit. 45-2396*; Herst. v. Isolier. aus verschäumtem Polyäthylen 45-3104*; Elektroisolat.-Plaste aus PVC 2-2087*; Herst. v. porösem PVC mit hohem elektr. Widerstand 17-3179*; Phthalsäurediester als Weichmacher für PVC-Harze mit elektr. Isolierfähigk. 18-2229*; Herst. v. PVC-Misch. mit guten dielektr. Eig. 28-2927*; Weichmacher für PVC-Isoliermassen 31-2389*; Verw. v. Massen aus Polychlornaphthalin, Äthylenvinylacetatcopolymeren u. chloriertem Polyäthylen für – 32-2817*; Verw. v. Cl-Paraffinen in PVC-Kabel- u. Extrus.-Massen 43-2327; Herst. v. Polyimidharz für elektr. Isolat. 11-2220*; geschäumte Polyimide zur therm. u. elektr. Isolat. 34-2296*; Elektroisolierlack aus Polyamid 51/52-2155*; Unters. d. Isolier. v. Elektromotoren mit Epoxidharzen 2-2071; Epoxidharzmassen mit guter elektr. Widerstandsfähigk. 4-1818*; Verw.: v. Überzugsmitteln aus härtbarem Epoxyharzpräp. auf elektr. Leit. 6-2965*; v. Epoxidharz als elektr. Isoliermaterial 28-2311*; Epoxyharz zur elektr. Isolat. 34-2295*; Verw. v. Epoxidesterlacken für d. Elektroisoliertechnik 36-3000; Herst.: v. Isoliertränkmasse aus Epoxidharz für Generatorwickl. 38-2362*; v. Epoxycarbonaten für Isolat.-Massen für d. Elektroindustrie 42-2353*; Epoxidharze als Isoliermassen für d. Elektrotechnik 43-2938*; härtbare Epoxidharzmassen zur Verw. als Isoliermassen für Elektroindustrie 44-2660*; Polycarbonat auf Bis-phenol A-Basis als elektr. Isoliermaterial mit großer Wärmestabilität (Übersicht) 45-2381; Polyesterpulver aus Polyäthylenterephthalat für Elektroisolier. u. Schutzüberzüge 11-2219*.

Herst. v. Isoliermaterial (Polykohlensäureester + Butylkautschuk) 1-2103*; Bewert. v. „Kynar" (Vinylidenfluoridharz) als Isolator für Computer 3-2304; mehrschicht. Überzüge aus Polyvinylacetal, Phenol-HCHO-Harz, Polyisocyanat u. Polyimid für elektr. Leiter 4-2530*; elektr. isolierende Schichtplatten (Polyesterfasern/Phenolharz) 7-2199*; Herst.: v. Isolierlack (Rk. v. Diestern oder Dianhydriden mit Diaminen) 8-2173*; v. Polyisocyanatlacken für isolierende Überzüge 8-2175*; Verw. v. Poly-[methylendiphenylenoxid] (Doryl) als Isoliertränkharz auf d. Elektrosektor 9-2785; witterungsbeständ. Formmassen aus Alkenyl- oder vinylaromat. Polymeren 12-2216*; therm. stabiles Isolat.-Harz aus Alkoxymethyldiphenyloxid 14-2217*; vernetztes neutrales Harz mit Polyisocyanat 16-2253*; Verw. d. Polymerisats aus halogenhalt. Alkenen u. Alkanen sowie CO- u. OH-halt. Verb. als Isoliermaterial 18-2228*; Überziehen v. elektr. Leit. u. Drähten mit Hydrazidgruppen enthaltendem Harz 20-2976*; Verw. v. Polyvinylcarbazol für elektr. Isolierstoffe 22-2375*; Herst. v. α-Perfluor-p-xylylen-Polymeren als elektr. Isoliermaterial 27-3254*; elektr. Isoliermaterial aus Polysiloxanen 27-3280*; Herst. v. Elektroisolierlack aus epoxymodifiziertem Polyesteramid, organ. Diisocyanat u. Polyalkohol 28-2314*; Verw. v. Äthylen-Copolymerisaten zur Isolier. elektr. Leiter 28-2315*; Herst. v. Siliconpolymeren zur elektr. Isolat. v. Cu-Leitern 32-2292*; Verw. v. Glyptalharzen als Folien mit guten elektr. Isoliereig. 33-3192*; Lack durch Alkoholyse v. Polyäthylenterephthalat u. Glycerin zur Isolat. für Cu-Leiter 34-2293*; stabile Harzmisch. aus Copolymer v. Vinylchlorid u. Äthylhexylacrylat zur elektr. Isolat. 34-2294*; Herst. v. Melamin–Formaldehyd-Preßmassen für elektrotechn. Zwecke 35-2292; Vernetzen v. Äthylen–Propylen-Copolymeren als elektr. Isoliermaterial 35-2304*; Herst.: v. Organopolysiloxanen als elektr. Isolierstoffe 35-2305*; eines Kunstharz- – aus Phenolharzen u. $PNCl_3$-Polymeren 36-2262*; schnellhitzehärtbare Siliconformmassen für Elektroisolier. 37-2436*; Widerstandsfähigk. d. mit Füllstoffen versehenen Polymethylphenylsiloxan-Lacks K-*47* 38-2351; Verw.: v. Polymerisaten aus Perfluorcyclobuten u. Hexafluoraceton für dielektr. Artikel 41-2339*; v. Kautschuk für elektr. Isolier. 42-2126*; Herst.: v. Isoliermaterial für Temp. bis *1100°* aus Formaldehydharz 43-2335; v. härtbarem Phenylphenol-Formaldehydharz mit guten elektr. Isoliereig. 45-2397*; elast. Gießharz mit TiO_2 u. Quarzmehl für elektr. Isolat. 51/52-2156*; Verw. v. Rk.-Prod. aus Schellack u. KW-Stoff-Phenolharz für elektr. isolierende Drahtlacke 51/52-2850*.

Faserstoffe, Papier, Cellulose: Novomikaband *200* als Kunstharzisolier. für Hochspann.-Maschinen 1-2100; wärmefestes selbstklebendes Isolierband 4-1820*; als Hochfrequenzabsorber wirkende Dachpappe 5-2213*; Siliconkautschukisolierband 9-2242*; Einfl. d. Zusatzes v. Alkali- u. Erdalkalimetallen auf d. dielektr. Eig. v. Papier 10-0452; Klebband für kriechstromfeste Isolier. 10-2237*; selbstklebender, kriechstromfester Klebstreifen 10-2238*; wärmeempfindl. Klebestreifen als ölfestes elektr. Isoliermaterial 18-2227*; Herst. v. wärmehärtbaren Harzschichtplatten aus Cellulose u. HCOH (elektr. Isoliermaterial) 18-2230*; elektr. Isoliertafel aus einer Papierschicht u. Phenolharz 18-2231*; Einfl. d. chem. Konstit. v. Isolieröl auf d. dielektr. Durchschlag v. ölgetränktem Papier 19-2428; Kunstharzisolier. aus Novomikaband *200* im Generatorständer-Nutmodell 21-2415; Herst.: v. stabilisierter Cyanäthylsaccharose bes. zusammen mit Papier oder Gewebe als elektr. Isolierstoffe 26-2672*; v. hydrophobem Pfropfpolymerisat aus Cellulose u. Methylmethacrylat 31-2390*; elektr. isolierende Fl. zum Tränken v. Kondensatorpapier 32-2293*, 32-2294*; neue Isolieröle u. -massen für papierisolierte Hochspann.-Kabel 49/50-2177.

Isolieröle: Isolieröl (hydriertes Mineralöl) 8-2172*; Herst. v. Transformatoröl erhöhter Ox.-Festigk. aus naphthen. Straightrun-Destillat 21-2426*; Abhängigk. d. Durchschlagsfestigk. v. Erdöl v. emulgiertem W. 24-2294*; Herst. v. Dibenzostannolen als Stabilisatoren für Isolat.-, Transformatoröle 24-2581*; Einfl. geringer Dosen v. γ-Strahlen u. Neutronen auf d. Alter. v. Transformatorenöl 24-2599; Zusätze zur Verminder. d. dielektr. Verluste bei Isolierölen 28-2306; Furfurol-Reinig. v. Destillat aus Wolgograd-Erdöl zur Verw. in Trafos 28-2307; Verbesser. d. elektr. Eig. v. Trafoöl 29-2387; Wrkg. v. aromat. Verb. u. ausgewählten Additiven auf d. Ox.-Beständigk. v. Transformatoröl 32-2286; Herst. v. Polychlordiphenyl als Isolieröl 34-2298*; Zusatz: v. MgO zu Isolierölen zur Erhöh. d. Wärmeleitfähigk. 36-2264*; v. 1-Epoxyäthyl-3.4-epoxycyclohexan zu Isolierölen aus chlorierten Aromaten 36-2265*; Möglichk. zur Herst. hochwert. Transformatorenöle aus paraffin- u. S-halt. Erdölen 42-2123; Abbau v. Kerosin als dielektr. Fl. zur Funkenbearbeit. v. Metallen 43-2467; Bldg. einzelner großer Tropfen beim Einspritzen v. Transformatorenöl bei *293°* u. verschiedenen Geschw. in W. 43-2722; Einfl.: v. Desox.-Mitteln auf d. Reinig. v. Isolierölen 49/50-2179; d. H_2SO_4-Reinig. auf d. Beständigk. v. Trafoölen 49/50-2180; gasdichtes Isolieröl 49/50-2189*.

Eigenschaften

Dielektrische Eigenschaften; *Dielektrizitätskonstante*; *Ferroelektrizität*; *Leitfähigkeit, elektrische*; *Polarisation, dielektrische* v. – s. dort. Elektrostat. Auflad. v. – s. unter *Elektrizität*.

Zerstör. transparenter – bei Einw. v. Laserlichtimpulsen 1-0321; Optik einer dünnen Metallschicht zwischen zwei dielektr. Medien gleicher Brechzahl 1-0334; Reflex. u. Refrakt. elektromagnet. Wellen durch ein sich bewegendes – 2-0281; Einfl. d. opt. Dicke auf d. gerichtete Transmiss.- u. Emiss.-Vermögen eines – 2-0282; Merkmale d. nichtlinearen opt. – 4-0279; durch intensive Rubinlaser in Fl. induzierte akust. Impulse u. Zusammenbruch d. dielektr. Eig. 8-0410; Depolarisat. v. linearpolarisiertem Laserlicht (He–Ne; *0,6328 μ*) bei d. Rückstreuung v. – 11-0349; Best. d. opt. Verdet-Koeff. in Isolatoren 11-0359; Laser-Impuls-Verzerr. in einem nichtlinearen – 13-0305; Einw. v. IR-Strahl. auf d. Kapazitätsänder. v. gesintertem CdS 13-0468; effektive Brech.-Indizes v. Metall- – - Interferenzfiltern 16-0338; dielektr. Relaxat. in additiv gefärbten KCl- u. KCl:$SrCl_2$-Krist. 17-0517; Reflex.-Mess. v. Nichtleitern im extremen UV 22-0322; Anreg. akust. Schwing. bei d. Wechselwrkg. eines Stroms geladener Teilchen mit einem dielektr. Krist. 22-0485; Kinetik eines durch Laserlicht auf d. Oberfläche v. – angeregten Funkens 23-0445; opt. Zweimagnonen-Raman-Streuung in magnet. geordneten – 25-0304; Theorie d. Raman-Gitterstreuung in Isolatoren 28-0289; Kriterien für d. opt. Festigk. v. transparenten – 30-0270; Übergangsstrahl. relativist. Elektronen beim Durchqueren v. Grenzflächen v. – 30-0286; Zeit- u. Temp.-Abhängigk. v. Bestrahl.-Effekten in festen – 31-0493; Exzitonenresonanzen in Isolatoren (opt. Anreg.) 33-0313; photodielektr. Effekt in komprimiertem CdS-Pulver 34-0474; Lumineszenz v. dielektr. Fl. unter hoher elektr. Spann. 34-0875; dielektr. Relaxat. in Wasserglas 35-0378; Erzeug. elektr. u. magnet. Anisotropie in nichtabsorbierenden isotropen Stoffen durch intensive Laserstrahlen 36-0393; in einem transparenten – durch eine Lichtwelle hervorgerufene Deformat. 38-0268; Oberflächenschichten-Relaxat. im dielektr. Spektrum v. GdF_3-dotiertem CaF_2 39-0373; laserinduzierter Zusammenbruch in transparenten – 43-0241; Einfl. elektr. Felder auf d. Absorpt.-Kanten v. Isolatoren (Theorie) 48-0284.

Dendritenwachstum in festen Isolatoren 8-0412; Aufrauhen d. Oberfläche v. – 10-2240*; Mikrostruktur (Korngröße) dielektr. Schichten aus TiO_2, SiO_2, ZnS u. MgF_2 15-0240; SCF-Berechn. v. gebundenen Elektronenpaaren in – 22-0484; Oberflächenrunzel.-Zeiten einiger fl. – in d. Glimmentlad. 25-0497; Gittertheorie d. elast. – 33-0597; (Anwend. auf d. Fluoritgitter) 33-0598.

Festigk.-Zunahme v. Porzellanisolatoren (Conference on the Silicate Industry, Budapest *1965*) 30-2260.

Relaxat.-Effekte an Halbleiter-Isolator-Grenzflächen 1-0456; Wechselwrkg. zwischen – u. Elektrode bei hoher Temp. 3-2300; dielektr. Dissipat. in NaCl u. KCl unterhalb *4,2* °K 4-0384; Korrekturen zu Coulomb-Wechselwrkg. für ein festes – hinsichtl. d. lokalen Feldes 6-0458; Lad.-Übergänge in bin. Nichtelketrolytgemischen 6-0899; Vermeid. v. Glimmentlad. auf Hochspann.-Isolatoren auf Eukryptitbasis 6-2189; mit d. Kapazitätsmeth. gemessene Eig. d. Grenzfläche v. Au/Isolator/CdS-Schichten 7-0405; elektr. Leitfähigk. u. dielektr. Absorpt.-Erschein. in Pb-Zirkonatkeramiken 7-0433; Potentialrelief rechteck. Lad.-Flecken auf einem – 8-0411; Gasextrakt. v. d. Oberfläche eines Isolators in einem starken elektr. Feld im Vakuum (Polymethylmethacrylat, Vinylplast, Fluoroplast-*4*) 8-0418; Auger-Mechanismus d. Elektronenemiss. aus – 9-0403; Photoleitfähigk. v. – unter d. Einw. v. Laserstrahl. 9-0416; Strom–Spann.-Temp.-Abhängigk. symm. Tunnelübergänge eines Isolatorfilms zwischen Metallelektroden 9-0419; Relaxat.-Erschein. in – 9-0464; Theorie d. kurzzeit. raumladungsgestörten Ströme in Isolatoren 10-0383; druckinduzierter Isolator–Metall-Übergang v. J 11-0438; Symmetrieeig. d. nichtlinearen dielektr. Tensors in Krist. 11-0505; Unters. verlustarmer – bei *55* GHz mittels eines Parallelplattenresonators u. geführter Wellen 11-0509; Durchschlagspann. v. anod. Al_2O_3-Schichten (Einfl. v. Alter. u. Dicke) 12-2139; Einfl. dielektr. Filme v. SnS oder Tl_2Se auf d. Supraleitfähigk. dünner Sn- u. Tl-Filme 13-0450; durch Laser erzeugter dielektr. Durchschlag in Fl. mit folgender Absorpt. eines sek. Lichtstrahls 13-0463; phänomenolog. Theorie d. dielektr. Empfindlichk. 14-0464; Ionen-Thermoströme in dielektr. Festkörpern 14-0467; NaCl in starken elektr. Feldern 14-0468; hohe Potentiale in elektronenbestrahlten – 14-0470; Wrkg. d. aus Plasten flücht. Gase auf d. elektr. Eig. v. Isolierstoffen 14-2205; Theorie d. Kontaktes Dielektrikum/Metall 15-0410; raumladungsbegrenzter Einschaltstrom einschließl. Diffus. in einem Isolator 16-0420; Verteil. d. elektr. Feldes in Doppelschicht- – an d. Front eines Einzelimpulses unter Berücksichtig. d. Polarisat.-Ausbldg. (NaCl-Transformatorenöl u. NaCl–H_2O) 16-0481; Best. d. Festigk. v. – im Verlauf v. Leitfähigk.-Mess. 18-0399; mol.-dynam. Berechn. elektr. Dipole in einem starren Gitter (dielektr. Nachwrkg.-Funkt.) 18-0467; nichtlineare Polarisat. eines – 18-0468; Durchschlagsfestigk. v. keram. Isolatoren beeinflussende Faktoren 18-2224; Quantentheorie d. seignetteelektr. geordneten krist. – 19-0505; Analyse d. mit d. Halbleiter-Isolator–Halbleiter-Struktur verbundenen negativen Widerstandes 20-0395; Energieverteil. v. Elektronen beim Durchtunneln einer Metall–Isolator–Metall–Sandwich-Struktur 20-0396; Exzitonenisolator (eine neue isolierende Phase) 20-0427; kollektives Verh. v. polaren Verunreinig. in Ionenkrist. 22-0486; Ellipsometerunters. d. anomalen Absorpt. in sehr dünnen dielektr. Schichten auf aufgedampften Metallen 25-0317; Beobacht. v. Metall/Halbleiter- u. Metall/Dielektrikum-Dünnschichtkontakten im Elektronenspiegel 25-0462; Gesetzmäßigk. d. nichtstationären Stroms in Syst. Metall/Dielektrikum/Metall 25-0464; Mechanismus d. Stromtransportes in Metall/Dielektrikum / Metall - Dünnschichtstrukturen 25-0468; Durchschlag in fl. – im Nanosekunden-Bereich 25-1018; Theorie d. Lawinendurchbruchs fester – 26-0426; Gleichwertigk. d. Theorien elast. – v. Toupin u. Grindlay 26-0491; dünne – als stabiler Elektret 26-0495; Mikrowellen-Faraday-Rotat. in künstl. – aus Ni-Pulver 27-0365; Poole-Frenkel-Effekt u. Schottky-Effekt in Metall/Isolator/Metall-Strukturen 27-0517; longitudinale Relaxat. elektr. Dipole in Krist. 28-0228; Theorie d. Plasmonenanreg. in dünnen dielektr. Filmen durch Elektronen bei nicht normalem Einfall 28-0268; Unters. d. elektr. Durchschlags v. Isolatoren 28-0403; Self-consistent-Paarkorrelat. in Isolatoren v. Mott-Typ 28-0405; Einbezieh. d. Eindringens elektr. Felder in d. Elektroden in d. Theorie d. Elektronentunnel. durch eine dielektr. Schicht 30-0385; Leitfähigk.-Mechanismen pyrolyt. erhaltener – 30-0402; Kennzeichn. d. Halbleiter/Dielekrikum-Grenzfläche durch d. Unters. d. komplexen Kapazität v. Metall/Oxid/Halbleiter-Strukturen 31-0445; Wechselwrkg. zwischen Polarisat.-Wellen u. Spinwellen in Magneto- – 31-0487; Erzeug. u. Dissipat. stat. Lad. auf – in einem Vakuum (Auflad. v. Polythen u. Glas; Kontaktpotential; Trägerbeweglichk.); Mechanismus d. Entlad. v. Isolatoren durch ionisierte Luft 31-0488; räumliche Symmetrie u. induzierte Polarisat. v. dielektr. Krist. 31-0489; Mechanismus d. Impulsdurchschlags über d. Oberfläche eines – im Vakuum (Forsterit-Keramik) 32-0484, 32-0485; dielektr. Phasenübergänge in gammabestrahltem KNO_3 32-0490; elektr. u. opt. Eig. v. Metall/Dielektrikum/Metall-Tunnelstrukturen 33-0386; Photoemiss.-Unters. dünner Sandwichstrukturen Metall/Isolator/Metall 33-0538; Entlad.-Figuren in – durch Elektronenbestrahl. 35-0365; erhöhter Lad.-Transport in leitende Teilchen mit C beschichteter Zucker enthaltenden dielektr. Fl. (Freon *113*) 35-0377; elektr. Wrkg.-Weise v. Wandlern aus Metall–Isolator–piezoelektr. Halbleiter-Strukturen 36-0378; Anisotropieeffekte im exziton. Isolator 36-0392; Gesetzmäßigk. d. Durchschlags d. Kautschukisolat. bei *–40* bis *+50°* 37-2431; Verh. dielektr. Fl. in starken inhomogenen elektr. Feldern (Sumoto-Effekt) 39-0872; elektromagnet. Moden anisotroper dielektr. Wellenleiter an p–n-Übergängen 44-0346; Beding. d. Auftretens einer Starkstrompolarisat. in dielektr. oder halbleitenden organ. Fl. homogener Medien 44-0375; zeitabhäng. Ströme bei kleinen Feldstärken in Isolatoren mit Haftstellen 46-0370; Unters. d. Photoelektronenemiss. v. Metall–Isolator–Metall–Anordn. mit einer Elektronenkamera v. Lallemand 48-0385; Dipol.-Relaxat.-Verluste in Li- oder Na-dotiertem CoO 48-0433; Lad.-Übertrag. durch Reib. zwischen Alkalimetallhalogeniden u. organ. Isolatoren 48-0508.

Wechselwrkg. zwischen Spinwellen u. Lad.-Trägern in antiferromagnet. – 9-0473; Protonen-Spin-Gitter-Relaxat. in $NaNH_4 \cdot SO_4 \cdot 2\,H_2O$ 19-0399; Entropie u. Suszeptibilität einer reinen Dipol/Dipol-Substanz 28-0227; Orientier.-Abhängigk. d. Spinwellendämpf. in ferromagnet. Isolatoren mit Spinellstruktur [Li-, Mn-, Mg-, Ni-, Zn-Ferrate-(III)] 29-0559; Begrenz. d. Beweglichk. magnet. Domänengrenzen durch anisotrope Störstellenionen in ferrimagnet. Isolatoren 30-0482.

Lad.-Übertrag.-Prozesse an Elektroden aus Isolatoren 24-0967.

Theorie: d. akustoelektr. Effekts in – 2-0450; d. Wärmeleitfähigk. dünner dielektr. Proben 6-0281; Wärmewiderstand an Phasengrenzflächen zwischen Metall- u. dielektr. Schichten bei *1,5 – 4,2* °K 8-2040; Wärmeleit. bei tiefen Temp. in dielektr. Krist. 12-0496; Ultraschallgeschw. in bin. fl. Misch. v. Nichtelektrolyten 14-0884; Beweg.-Effekt dielektr. Fl. im inhomogenen elektr. Feld 15-0962; Berechn. v. Kronig-Penney-Typ für d. Elektronentunnel. durch dünne dielektr. Film 16-0486; Best. d. Aktivier.-Energie Q v. mol. Relaxat.-Prozessen als Funkt. d. dielektr. oder dynam. mechan. Verlustfaktors 17-0513; Abhängigk. d. Ionenbeweglichk. v. d. Viskosität dielektr. Fl. v. *5* P bis $2 \cdot 10^{-5}$ P 19-0606; Ultraschallverstärk. in Schichtstrukturen piezoelektr. Dielektrikum/Halbleiter 22-0257; Wärmestrom in dielektr. Stoffen im Falle d. Grenzflächenstreuung 23-0341; Thermodynamik gasf. – mit starren Multipolmol. 23-0576; Übergang Isolator/Metall bei hohem Druck 24-0423; Hyperschallwellen in dielektr. Krist. (KBr, KCl, NaCl, Ge, Si, MgO, TiO_2, Al_2O_3, SiO_2) 25-0225; Berücksichtig. d. partiellen Reflex. d. Phononen an d. Grenzen bei d. Berechn. d. Wärmeleitfähigk. v. – bei tiefen Temp. 25-0252; Einfl. eines äußeren elektr. Feldes auf d. Schallabsorpt. in einem – 30-0224; Temp.- u. Frequenzabhängigk. d. Schallgeschw. in dielektr. Krist. 30-0225; Ultraschallabsorpt. in dielektr. Krist. mit hohen Verunreinig.-Konz. 31-0250; Phasenübergang Dielektrikum/Metall in Antiferromagnetika 31-0486; mkr. Theorie d. therm. Anreg. in dielektr. Krist. u. d. Analogie zwischen erstem u. zweitem Schall 34-0473; Meth. zur Mess. d. Wärmeleitfähigk. fl. u. gasf. – u. ihre Anwend. auf Transformatorenöl u. andere Stoffe 34-0508; therm. Leitfähigk. v. dielektr. Festkörpern (KCl, KBr, gebrannter Talk, Dunit u. Eklogit) 39-0208; thermodynam. Potentiale elast. – bei endlichen Feldern u. Deformat. 41-0347; Dilatat. in Dipolansamml. enthaltenden Ebenen 46-0268; Elektrophorese mit hohen Feldern in Transformatorenöl mit niedr. Leitfähigk. 46-0614.

Best. d. Geh. an Ox.-Inhibitoren v. Typ d. phenolderiv. in Transformatorenölen 43-2122.

Untersuchungsmethoden

Vgl. einer numer. Meth. u. d. WKB-Näher. bei d. Best. d. Transmiss.-Koeff. dünner Isolatorschichten 1-0459; Haftelektroden zur Best. elektr. Eig. v. Isolierstoffen 1-2098; Meth. zur Unters. d. dielektr. Eig. v. Fl. im Millimeterbereich 4-0383; Meßplatz zur Best. d. komplexen Dielektrizitätskonst. v. – u. d. tensoriellen Permeabilität v. Ferriten im K-Band 4-1524; Berechn. v. Kapazitäten u. Feldern zwischen Leitern mit geschichtetem – nach d. Teilflächenmeth. 7-0427; Teilflächenmeth. zur Best. d. Kapazität belieb. Leiter 7-0428; Ganzmetallhöchstvakuumanlage für Unters. bei d. Herst. dielektr. u. halbleitender Schichten 8-1779; turbidimetr. Korngrößenbest. polydisperser dielektr. Syst. 12-1783; Mess. d. stat. Suszeptibilität v. polaren Fl. in Lsg. auf ein Millionstel 20-1822; Prüfverf. zur Charakterisier. d. Wärmebeständigk. v. Spulentränklacken u. Elektroisolier-Überzugslacken 21-2413; Einh.-Meth. zur Unters. v. dielektr. u. metall. Leitern v. Schichttyp 25-0506; Meth. zur Best. d. Temp.-Abhängigk. d. Wärmeleitfähigk. v. dielektr. Materialien 27-0325; Best. d. Eig. eines – mittels Dipolwellen 33-0604; Meth. zur Mess. d. Wärmeleitfähigk. fl. Dielektrika u. ihre Anwend. 34-0508; Mess. d. dielektr. Verluste durch DTA 38-0899; Wechselstromverf. zur Mess. d. elektr. Leitfähigk. dielektr. Fl. 41-1923; Null-Meth. zur Mess. fl. – zwischen *250* u. *1000* MHz 41-1941; Niveausonde für dielektr. Fl. 44-1730; Verf. zur Mess. d. Leitfähigk. v. Isolierölen mit niedriger DK 49/50-2178.

Verw. v. Ionisat.-Kammern mit fl. dielektr. Nachw.-Medien in d. Strahl.-Dosimetrie 38-1975.

Bibliographie

Neuere Untersuchungen an Isolierölen mit Hilfe chromatographischer Methoden B 6; Elektronen und Festkörper. Anregungen, Energieverluste, dielektr. Theorie B 82.

Russ.: Transformatorenöl B 62; Wege zur Erhöhung der Stabilität von Isolieröl im elektrischen Feld B 86.

Physics of dielectrics and radiospectroscopy. Vol. *3*. B 49; Anelastic and dielectric effects in polymeric solids B 51; Digest of literature on dielectrics. Vol. *30* B 74; Dielectrics B 74; Progress in dielectrics. Vol. *7* B 74.

Les phénomènes d'ionisation et de conduction dans les diélectriques liquides B 82.

Dielektrische Eigenschaften

Dielektrizitätskonstante (und dielektrische Verluste); *Ferroelektrizität*; *Moment, elektrisches Polarisation, dielektrische* s. dort.

Haftelektroden zur Best. v. – v. Isolierstoffen 1-2098; dielektr. Effekte u. Enzymkinetik 2-1197; dielektr. Verh. v. nichtkrist. Festkörpern (Gläser, Hochpolymere, Gummi) 4-0175; dielektr. Mess. an Fl. mit einer koaxialen Leit. 5-0817; durch ein starkes magnet. Wechselfeld induzierte elektr. Anisotropie in Diamagnetika 7-0819; Einfl. d. Lad.-Trägerstreuung auf d. komplexen dielektr. Tensor 8-0347; dielektr. Unters. (Brückenmeth. bei Wellenlängen v. *4,3* mm für verd. Lsg.) 12-0780; – in d. statist. Mechanik 13-0507; – v. elektroopt. Materialien bei modulierender Mikrowellenfrequenz 14-0466; (Dipolmomente u. Relaxat.-Zeiten v. einigen Verb. mit intramol. H-Brücken in Lsg.) 15-0847; dielektr. Verh. u. Protonenleit. in Festkörpern (Borax) 16-0483; dielektr. Funkt. eines entarteten Elektronengases in Ggw. eines stationären Magnetfeldes 20-0425; dielektr. Effekte v. Fehlern in d. H-Bind. 20-0815; Temp.-Abhängigk. d. dielektr. Parameter v. koll. Gleichgew.-Syst. 24-0664; dielektr. Funkt. eines Halbleiters in einem äußeren elektr. Feld 26-0419; – v. Ionen/Dipol-Lsg. 34-0641; dielektr. Unters. (Relaxat.-Prozesse v. Methoxybenzol u. fluorsubstituierten Methoxybenzolen) 36-0870; dielektr. Interbandeig. v. Festkörpern im elektr. Feld 38-0419; Wärmewellen in dielektr. Zylindern mit rauhen Wänden bei tiefen Temp. 39-0205; dielektr. Unters. 39-0782; Verh. dielektr. Fl. in starken inhomogenen elektr. Feldern (Sumoto-Effekt) 39-0872; dielektr. Mess. v. Lsg. v. Elektrolyten in 1.2-Dichloräthan 40-0726; dielektr. Unters. (Mol.- u. zusätzl. Relaxat.-Prozesse bei einigen phenylsubstituierten Verb.) 41-0811; Modell für d. Tunnel. durch einen nicht krist. dünnen dielektr. Film 43-0368; Loch-Begriff in d. dielektr. Theorie 44-0372; dielektr. Unters. d. H-Bind. in einigen Addukten v. O-halt. Basen u. Säuren 44-0788; – v. Feststoffen 47-2224; dielektr. Theorie d. unelast. Streuung v. Elektronen in Krist.-Gitterreflexe 48-0126; – v. adsorbierten Gas-Mol. 49/50-0494; dielektr. Unters. (mesomere u. gekoppelte Ringrotat.-Mechanismen) 51/52-0696; Analyse v. Werten d. dielektr. Dispers. in zwei Relaxat.-Bereichen 51/52-0698.

Anorganische Stoffe

Elemente

– v. krist. Ar 30-0273; Schalenmodell u. – v. festem Kr 15-0317; Vgl. d. Energieverlustspektren v. Elektronen in Al u. K mit d. dielektr. Theorie 48-0235; photodielektr. Effekt in kompensiertem Ge 7-0384.

Verbindungen

Dielektr. Verh. v. an Zeolithen adsorbiertem W. 21-0726; – : v. an Zeolith adsorbiertem W. (Kinetik d. Änder. d. – v. hydratisierten Zeolithen) 26-0683; v. gewöhnl. u. schwerem, an Zeolith adsorbiertem W. 26-0685; dielektr. Verh. v. an teilweise dehydratisierten Alaunen adsorbiertem W. 32-0686; dielektr. Durchbruchserschein. in aufgedampften dünnen SiO-Schichten 12-0414; – v. durch eine Hochfrequenzglimmentlad.-Rk. erzeugten Si/N-Verb. in dünner Schicht 20-0434.

– v. Zwischengitter-Fremdkationen in Alkalimetallhalogenidkrist. 13-0465; – in mit Co-dotierten Alkalimetallhalogeniden 33-0602; Real- u. Imaginärteil d. dielektr. Funkt. v. krist. LiF 24-0345; – : v. mit Ca dotierten NaCl-Einkrist. 43-0452; v. Co-dotierten NaCl-Krist. 49/50-0320; v. festen Lsg. d. Syst. KCl/KBr in Abhängigk. d. Zus. u. d. Beimisch. 35-0382; dielektr. Mess. an CaF_2 u. CaF_2:Y 23-0402; Pseudopotentialberechn. d. Imaginärteiles d. dielektr. Funkt. für d. Zn-Blendestruktur: GaAs 38-0506; therm. angeregter dielektr. Effekt u. Thermolumineszenz v. ZnS/Cu, Cl 48-0325; – v. CdSe-Filmen 18-0427; dielektr. Mess. in Böhmit 27-0330; Überblick über d. neuere Literatur über d. – u. d. Sintern v. Al-Oxid 30-0443; – v. heißgepreßtem Al_2O_3 32-2285; – u. Sinterdiagramm v. $MgO \cdot SiO_2/Al_2O_3$

36-2256; dielektr. Alter. u. Mikrostruktur im Syst. $BaTiO_3/CaTiO_3$ 6-0228; —: v. Hochfrequenzwerkstoffen aus $MgO/TiO_2/CaO$ 7-2192; d. ferroelektr. Keramiken $Ba(TiSn)O_3$ 23-0540; v. TiO_2-Suspens. 30-0606; v. $SrTiO_3$ mit Geh. an Nb 49/50-0323; Berechn. d. Imaginärteils d. dielektr. Funkt. v. SnTe mit d. empir. Pseudopotentialmeth. 43-0410; dielektr. Unters.: im Syst. $PbO/BaO/MgO/SiO_2$ 22-2397; v. Pb-Zirkonat bei niedr. Frequenz 32-0491; —: u. opt. Phononen in $LiNbO_3$ 29-0353; u. elektro-opt. Eig. v. $Pb_3MgNb_2O_9$ 29-0519; Struktur u. — v. Mischkrist. d. Syst. $NaNbO_3/CdTiO_3$ 49/50-0322; — v. anodisiertem $Ta(Ta_2O_5)$ nach Wärmebehandl. in Luft in Abhängigk. v. einer anschließenden chem. Abtrag. d. Oxidschichten 11-0508; Überblick über bekannte — v. $KTa_xNb_{1-x}O_3$-Mischkrist. mit Perowskitstruktur 20-0261; — v. Li-Tantalat 39-0149; Struktur u. — v. Mischkrist.: d. Syst. $LiTaO_3/CdTiO_3$ u. $LiNbO_3/CdTiO_3$ 41-0356; im Syst. $PbLi_{1/3}Nb_{1/3}W_{1/3}O_3/Pb_2CdWO_6$ 25-0505; —: v. $PbZrO_3/BiFeO_3$-Mischkrist. 12-0451; v. Mischkrist. aus $BiFeO_3$ u. $Pb(Ti, Zr)O_3$ bei hoher Temp. u. hoher Frequenz 43-0460; v. $Bi_{0,1}Sr_{0,85}TiO_3$, $Ba_{1,15}(Nb_{1,75}Zr_{0,3})O_6$, $Pb_3(MgNb_2)O_9$ u. $Pb_3(NiNb_2)O_9$ 12-0446.

Gläser, Mineralien, Kohlen, technische Produkte

Spezielle Gläser u. Mineralien einfacher Zus. s. unter d. entsprechenden Absätzen.

— v. Zeolith NaX 2-0448; Einfl. v. Alkali- u. Erdalkalimetallzusätzen auf d. — v. Glas u. Papier 10-0452.

Metallderivate organischer Verbindungen

— v. dünnen Schichten aus Cu-Chelaten mit Polytetracyanäthylen 8-0417.

Organische Stoffe

— v. organ. Fl. bei Mikrowellenfrequenzen 9-0829; dielektr. Unters. v. bin. Syst. organ. Verb. 36-0865; — v. substituierten n-Alkanen im Zustand d. unterkühlten Fl. 16-0859; dielektr. Relaxat.-Zeit v. langkett. KW-Stoffen 20-0861; Einfl. d. Porenstruktur v. Silicagel auf d. dielektr. Verh. v. adsorbiertem Bzl. 23-0712; dielektr. Parameter v. Aromaten 51/52-0698; photodielektr. Effekt in Phthalocyanin 38-1024; dielektr. Unters.: d. Syst. Tetrahydrofuran/Chloroform 7-0823; v. Chloroform als Protonendonator bei d. Ausbldg. v. H-Brücken mit organ. Verb. 42-0826; — v. Nitrotoluolen u. Toluidinen bei Mikrowellenfrequenzen 9-0829; Anomalien d. Temp.-Abhängigk. d. — v. fl. Nitrobenzol 16-0860; dielektr. Dispers. v. Alkylaminen im Mikrowellenbereich 20-0816; Einfl. v. hohem hydrostat. Druck auf d. dielektr. Verh. v. Nitrobenzol 41-0812; —: v. Kryptophenolen 10-0829; v. Stearinsäure 7-0824; dielektr. Unters. an Dipeptiden v. Alanin u. Glycin 43-0761; Vgl. d. — v. α- u. β-Alanin-Lsg. 49/50-0700; — v. Hexametapol 36-0871; Einfl. d. Äthylaminbehandl. auf — u. Kristallinität v. Cellulose 24-1217, 24-1218; dielektr. Dispers. v. Proteinlsg. in Ggw. kleiner Zwitterionen 13-1121; — u. O_2-Sättig. v. Hämoglobin 44-1431; nichtlineares dielektr. Verh. v. DNS-Fasern bei niedr. Frequenzen 10-1134.

—: v. KW-Stoffgruppen in Transformatorenöl 35-2294; v. Polyanion-Polykation-Komplexen 8-1076; v. gießbaren Phenol-Copolykondensaten u. ihre Beeinfluss. durch Röntgenstrahlen 11-1145; Zusammenhang zwischen dynam.-mechan. u. — v. Polyäthylen in Abhängigk. v. d. Krist.-Struktur 13-1094; —: v. dünnen organ. Polymerfilmen (Einfl. d. Polymerisat.) 16-2221; v. glasfaserverstärkten Polyesterplasten (Feuchtigk.-Einfl.) 17-2334; v. polymerem Tetracyanäthylen 19-1267; Einfl. energiereicher Strahl. auf d. dielektr. Verh. v. Polyvinylchlorid 27-1308; dielektr. Verh. v. Polychloropren (Vgl. mit Polyvinylchlorid) 27-1309; — v. Gemischen aus Polyvinylchlorid u. einem Butadien–Acrylonitril-Copolymeren 28-1183; Modell für d. theoret. Deut. d. dielektr. Verh. d. amorphen Polymeren 32-1167; dielektr. Unters. an Polyvinylacetat während d. isothermen Vol.-Kontrakt. 32-1200; —: v. Polyhexamethylenadipamid in Abhängigk. v. d. Lichteinw. 32-1209; v. Makromol. 36-1137; Frequenzabhängigk. d. dielektr. Dispers. in krist. ox. Polyäthylen 43-1057; Bezieh. zwischen d. dielektr. u. mechan. Dispers. v. Polyglykolmethacrylaten bei tiefen Temp. 46-1074; Temp.-Abhängigk. d. dielektr. Verh. v. Polyvinylacetat im Hauptrelaxat.-Gebiet in d. Umgeb. u. unterhalb d. Glastemp. 49/50-1179.

Anorganisch-organische Systeme

Dielektr. Effekte u. Konform. v. kleinen Peptiden in wss. Lsg. 8-0818; dielektr. Verh. v. Elektrolytlsg. in A. u. W./Dioxan 49/50-0438.

Untersuchungsmethoden

Nichtpolarisierendes Elektrodensyst. für dielektr. Mess. an Natronglas 6-1810; dielektr. Probenhalter geringer Zuleit.-Kapazität 6-1811; App. zur Mess. d. — v. Fl. mit großen Verlustfaktoren 7-1887; Michelson-Interferometer für dielektr. Mess. im Millimeterwellenbereich 33-2105; Meßanordn. zur Best. d. — v. Polymeren im Dezimeterwellengebiet 47-2103.

Verfolg. d. Härt. eines Epichlorhydrin–Bis-phenol A-Epoxidharzes durch dielektr. Mess. 13-1104; Trenn. durch dielektr. Verteil. (Theorie) 14-1977; (Anwend. auf d. Isolier. u. Reinig. v. Sojabohnen-Phosphatiden u. Bakteriensporen) 14-1978; Universal-Dielektrometer für d. organ.-chem. Analytik 21-2071; dielektr. Unters. d. therm. Zers. v. NaN_3 bei *100* Hz–*300* kHz 38-0604; Unters. d. Struktur v. W. an Proteinen, Peptiden u. Aminosäuren mit dielektr. Mess. 42-1073.

Dielektrizitätskonstante (und dielektrische Verluste)

Dielektrika; *Elektrete*; *Ferroelektrizität* s. dort.

Siehe auch *Moment, elektrisches*; *Polarisation, dielektische.*

Gültigk.-Bereich d. Geschw.-Theorie für frequenzabhäng. *dielektr. Verluste* (Ungleichgew.-Effekte) 1-0276; Ableit. d. — für ein Ungleichgew.-Syst. unter Berücksichtig. d. Austauschwechselwrkg. 4-0381; DK 4-0382; — d. geladenen Bose-Gases hoher D. u. Gültigk. d. Bohm-Pines-Annahme 6-0456; akust. Verstärk. in Materialien mit spannungsabhäng. — 6-0464; *dielektr. Verluste* in heterogenen Modellsyst. 9-0463; Theorie d. abs. — v. Misch. 10-0446; Čerenkov-Strahl. in einem Medium mit variabler — 10-0447; Unters. v. tern. Gemischen mit d. — -Dreieckdiagramm-Meth. 18-0882; Bezieh. zwischen d. Proton–Proton- u. Proton–Elektron- — 20-0426; — u. zwischenatomare Kräfte 20-0429; Nomogramme zur Best. v. komplexen — bei Hyperfrequenzen 20-1823; Ableit. d. makroskop. van der Waals-Kräfte in Abhängigk. v. d. — 23-0534; graph. Meth. zur Best. v. komplexen — 23-2035; Dispers. d. — für ein Syst. starrer Dipole ohne Wechselwrkg. 26-0497; allg. Theorie d. Abhängigk. d. — v. Druck, Temp. u. chem. Zus. 27-0551; Entropie u. Suszeptibilität einer reinen Dipol–Dipol-Substanz 28-0227; stat. — u. ihre Spann.-Abhängigk. aus d. Gittertheorie d. elast. Dielektrikums 33-0598; komplexe — bei einer Wellenlänge v. 8,6 mm im Temp.-Bereich v. *1*–*60*° 37-0436; Bezieh. zwischen d. kovalenten Bind.-Lad. u. d. makroskop. — 38-0196; klass. Theorien d. — 39-0371; magnetoelektr. Suszeptibilitäten v. Atomsyst. im S-Zustand 40-0052; —: in nichtabsorbierenden opt. Medien 40-0248; eines, eine feste Punktlad. enthaltenden Elektronengases 49/50/-0317.

Gase

Analyse d. — eines Zwei-Temp.-Plasmas 2-0445; — v. realen Gasen (als Funkt. d. relativen D. u. *1.* u. *2.* dielektr. Virialkoeff.) 19-0581; nichtlineare Koeff. d. dielektr. Suszeptibilität dritter Ordn. v. Gasen u. d. Erzeug. d. dritten opt. Harmonischen 46-0064.

Flüssigkeiten und disperse Systeme

Einfl. einiger *1*:*1*wert. Salze auf d. Jodidlöslichk. in Lsgm. mit niedr. — 6-0593; stat. — v. Fl.-Gemischen 7-0820; Einfl. v. elektr. u. magnet. Feldern auf d. Mikrowellen- — eines Fl.-Krist. mit positiver dielektr. Anisotropie 9-0831; Darst. d. — v. Fl. u. Festkörpern in einem Argand-Diagramm 10-0448; — v. lyophoben Koll. in gemischten Lsgm. 12-0603; Berechn. d. komplexen — einer polaren Fl. nach d. Meth. d. Librat.-Mol. 13-0461; stat. nichtlineare — nichtpolarer Fl. 15-0462; Einfl. d. — d. Lsgm. auf d. Viskosität v. Alkalimetallsalzlsg. 15-0600; — u. *dielektr. Verluste* einiger Fl. mit niedr. Verlust bei *2,1* mm 15-0845; Berechn. d. — einer Fl. durch eine Clusterreihenentw. 20-0428; —: v. wss. elektrolyt. Lsg. (Theorie) 24-0613; u. *dielektr. Verlust*-Faktor v. wss. Lsg. 25-0496; Wechselbezieh. d. elektr. Leitfähigk. v. Lsg. mit d. — u. Viskosität d. Mediums 30-0569; Gleich. für d. Abhängigk. d. Aktivitätskoeff. v. Ionen v. d. — 33-0706; — u. dielektr. Absorpt. in ion. Salzschmelzen 39-0372; Temp.-Abhängigk. d. — polarer Fl. bei Mikrowellenfrequenzen 41-0809; Einfl. d. — d. Lsgm. auf d. Geschw. d. J_2-Austausches 42-0864; — v. Misch. v. Pulverpack. mit Fl. (Porosität) 43-0454; Anwendbark. d. Wethamschen Regel auf hydrophobe Sole in einem Dispers.-Medium mit veränderl. — 45-0589; Druckabhängigk. d. — v. Fl. 45-0874; Lsg. mit hoher — (Wechselwrkg. zwischen gelöstem Stoff u. Lsgm. in Formamid aus Löslichk.-Daten) 49/50-0397.

Feste Stoffe

Ableit. v. — -Werten d. Festkörpers aus Mess. an Pulvern verschiedener Vol.-Frakt. in verschiedenen Medien 2-0447; Bezieh. zwischen d. — v. Ionenkrist. u. ihren Radien 4-0382; Einfl. elektr. Felder auf d. — v. Festkörpern 6-0459; longitudinale u. transversale — v. absorbierenden einachs. Krist. 7-0301; Dispers. d. — bei ferroelektr. Übergängen 7-0430; Darst. d. — v. Fl. u. Festkörpern in einem Argand-Diagramm 10-0448; —, *dielektr. Verlust* u. Mol.-Beweg. im festen Zustand (Überblick) 10-0453; Gestaltabhängigk. d. — v. Ionenkrist. 10-0454; Viel-Körpereffekte d. — v. Halbleitern 18-0308; Abhängigk. d. — krist. Dielektrika v. d. Ionenpolarisierbark. 18-0472; — v. Mol-Krist. 25-0499; Theorie: v. akust. u. Kompress.-Wellen in Krist. mit großer — 26-0277; d. elektr. Leit. v. Krist. mit großer — 26-0493; Bezieh. zwischen — u. Polarisierbark. für Krist.-Gittermodelle 26-0494; — u. d. *dielektr. Verlust*-Faktor v. techn. Variconden 31-0494; Abhängigk. v. Real- u. Imaginärteil d. — v. Wellenvektor in II–VI-Krist. 38-0325; Beschreib. d. Wechselwrkg. zwischen Gitter u. Elektronenbeweg. im Ion. Krist. durch ein einfaches Modell u. eine modifizierte Definit. der — 40-0343; — u. dielektr. *Verlust*-Faktor v. Seignetteelektrika bei sehr hohen Frequenzen 40-0345; Dispers. d. — in Seignetteelektrika mit Perowskitstruktur bei hohen u. sehr hohen Frequenzen 40-0346; — u. *dielektr. Verlust*-Faktor einiger glas.-krist. Materialien auf d. Basis v. Siegnetteelektriken 40-0349; Abhängigk. d. — v. d. Wechselspann. in Filmvariconden 40-0350; — v. festen Ionenverb. u. ihre Abhängigk. v. hydrostat. Druck 41-0351; Temp.-Abhängigk. d. — u. d. *dielektr. Verlust*-Faktors v. Antiseignetteelektrika 42-0369; Theorie d. Ultraschallverstärk. in Halbleitern mit hoher — 47-0222.

Anorganische Stoffe

Nichtmetallische Elemente

Einfl. d. Rotat. auf d. — v. rotierendem He 16-0480; theoret. Analyse v. Daten für d. — aus d. Änder. d. Lorentz-Lorenz-Funkt. mit d. Druck für festes Ar 33-0596; —: v. H_2/He 15-0546; für fl. N_2, fl. O_2, fl. Ar u. fl. Luft 44-0374; u. tan δ v. fl. Br im Bereich *8,2*–*18* GHz 15-0463; v. trigonalem Se 28-0309; v. rhomboedr. β-B im Bereich *1,2* bis *6,2* eV 23-0364; v. Graphit 38-0293; spektrale Abhängigk. d. — v. Graphit 43-0296; transversale u. longitudinale — d. Graphits 45-0306; Frequenzabhängigk. d. komplexen — v. Si 29-0433; — v. dünnen Sb-Aufdampfschichten im extremen UV 21-0363.

Metalle und Legierungen

Piezoreflex.-Vermögen d. Edelmetalle u. Änder. d. — 15-0312; Temp.-Abhängigk. d. — v. sehr verd. Leg. 23-0505; Beitrag v. Interbandübergängen in Metallen zur — 25-0498; Näher. für d. abgeschirmten Austausch u. d. — v. Metallen 30-0441; Austauschterm in d. — v. Metallen 49/50-0318; —: v. Na u. K im Wellenlängenbereich v. *2,5*–*10* μ 19-0342; v. Mg 30-0275; Drude-Theorie u. d. Abhängigk. d. — v. d. Photonenenergie bei fl. Hg 33-0283; — v. fl. Hg mit u. ohne Oberflächenkontaminat 38-0288; Gang d. komplexen — in eigenleitendem Ge im Mikrowellenbereich 6-0460; Mikrobrechn. d. — v. Ge-Krist. 16-0484; — v. Ge im fernen UV 29-0318; Frequenzabhängigk. d. komplexen — v. Ge 29-0433; — v. n-Ge als Funkt. d. Frequenz 38-0505; Imaginärteil d. — v. Ge u. grauem Sn 42-0249; —: v. im Vakuum aufgedampften weißem Sn 42-0254; v. Sn im extremen UV 44-0272; v. Pb im sichtbaren u. IR-Spektralbereich bei Zimmer- bis zu He-Temp. 39-0255; reale u. imaginäre Anteile d. — nach Kramers-Kronig aus d. Relfex.-Kurven v. fl. Hg, In u. Bi 22-0332; — v. Filmen aus Fe/Ni-Leg. 24-0341; Imaginärteil d. — v. Cu 32-0320; Frequenzdispers. d. — v. Pd 14-0303; — v. AuPd- u. AgPd-Leg. 48-0262.

Verbindungen

Darst. d. – v. W. durch das elektr. Moment 10-0449; – v. W. bei d. Wellenlänge *0,85* mm 10-0450; Dipolmomente u. – für H_2O u. D_2O 22-0483; – : u. *dielektr. Verlust*-Faktor v. W. u. wss. Lsg. 25-0496; v. Eis 42-0081; signifikante Struktur u. – v. fl. N_2H_4 13-0529; – : u. *dielektr. Verlust* an Halogenwasserstoffen im Frequenzbereich *5* bis *225* MHz 11-0507; v. fl. XeF_6 14-0462; Bezieh. zwischen Brech.-Index, – u. thermodynam. Parametern u. Fluoriden 35-0284; – : v. HCl-Gas als Funkt. d. Druckes 2-0109; v. JF_7 u. JOF_5 19-0346; u. Leitfähigk. v. sehr dünnen SiO-Schichten 2-0406; v. SiO-Schichten 12-0197; einer durch Vakuumverdampf. v. SiO hergestellten dünnen Schicht 15-0465; v. SiO_2-Dispers. 36-0556; u. Streufaktoren v. As/S-Gläsern (Frequenzabhängigk.) 38-0507; komplexe – v. SbSJ-Whiskern als Funkt. d. Temp. 5-0507; – u. elektr. Leitfähigk. v. Filmen d. Oxidglassyst. TeO_2/Sb_2O_3 16-0485; Änder. d. – von SbSJ durch Beleucht. 22-0488; Anomalien in d. Temp.-Abhängigk. v. – u. *dielektr. Verlust* bei Sb_2S_3 25-0500; anomale Dispers. d. – v. Sb_2S_3- u. SbSJ-Krist. bei hohen Frequenzen 25-0501. – v. geschmolzenen Alkalimetallnitraten- u. -thiocyanaten 46-0303; –, Viskositäten u. Leitfähigk. v. LiBr in verschiedenen Lsgm.-Gemischen (Tabelle) 28-0608; Veränder. d. – u. d. *dielektr. Verlust*-Winkels an LiF-Proben mit verschiedener Mg-Konz. 35-0379; Plasmaanreg. in LiF aus d. Energieabhängigk. d. reziproken Imaginärteiles d. – 41-0348; Temp.-Abhängigk. d. – v. $NaNO_2$-Einkrist. 12-0447; – v. ferroelektr. $NaH_3(SeO_3)_2$-Krist. 15-0468; Imaginärteil d. – von NaCl u. LiF 19-0361; – u. *dielektr. Verlust* v. epitakt. gewachsenen $NaNO_3$-Krist. 19-0466; *dielektr. Verlust*-Maximum v. $NaCl:CaCl_2$ + NaOH-Krist. 39-0375; Temp.-Abhängigk. d. – v. $KH_3(SeO_3)_2$-Krist. 4-0385; – u. tg δ: v. KD_2PO_4-Krist. 9-0467; v. KCl 9-0469; *dielektr. Verluste* v. KCl-Krist. mit Beimeng. aus Co^{2+} bzw. Cu^{2+} 17-0458; – : v. KD_2PO_4 in d. Nähe d. seignette-elektr. Curie-Punktes 35-0205; v. frisch gespaltenen NaCl- u. KCl-Einkrist. 38-0326; *dielektr. Verluste* v. mit $SrCl_2$ u. KOH dotierten KCl-Einkrist. 49/50-0321; – d. Fluoride, Chloride, Bromide u. Jodide d. Li, Na, K, Rb u. Cs 39-0371.

– : u. tg ν d. Syst. Si_3N_4/MgO 26-0496; v. CaF_2- u. $CaF_2:CaO$-Einkrist. 6-0428; v. mit UO_2 dotierten CaF_2-Einkrist. 6-0429; *dielektr. Verluste* v. O^{2-}-□-Dipolen in KCl 11-0506; Energieverluste eines einen CaF_2-Film durchsetzenden Elektronenstrahls u. Vgl. mit d. komplexen – 29-0448; *dielektr. Verluste*: in Mn^{2+}, OH^- u. O enthaltenden CaF_2-Krist. 41-0279; in mit O_2 dotiertem CaF_2 44-0377; u, – v. $NaNO_3$, KNO_3 u. $Sr(NO_3)_2$ 16-0482; – : v. keram. $BaTiO_3$ im unteren Phasenübergangspunkt 12-0449; v. $Ba(NO_2)_2 \cdot H_2O$ 30-0447; v. CaF_2, SrF_2 u. BaF_2 33-0598; Feldabhängigk. d. komplexen – v. $BaTiO_3$ bei *58,2* GHz 33-0607.

– v. dünnen ZnS-Schichten 17-0514; Leuchtdichte u. komplexe – während d. Thermolumineszenz v. ZnS/Cu, Cl 33-0375; *dielektr. Verlust*-Faktor v. ZnS-Phosphoren 43-0455; – v. CdO-Krist. 11-0268; Besonderh. d. Einfl. eines Hochfrequenzfelds auf d. photo-*dielektr. Verluste* in CdS-Einkrist. 12-0399; – im fernen IR v. CaF_2, SrF_2, BaF_2 u. CdF_2 45-0309; dielektr. Konst. v. CdSe, ZnTe u. ZnSe aus Absorpt.- u. Reflex.-Spektren in IR bei tiefer Temp. 48-0293; Einfl. einer Bestrahl. mit therm. Neutronen auf – u. *dielektr. Verlust*-Winkel v. Keramiken aus reinem Al-Oxid 6-0311; Temp.-Abhängigk. d. – v. Al_2O_3-Schichten 25-0502; charakterist. Energieverlustspektren u. -Im(1/ε) für amorphes u. polykrist. Al_2O_3 33-0454; Hauptachsen- – v. Saphir mit Hilfe einer mechan. Meth. 37-0434; Resonanzverh. d. Mikrowellen- – v. GaAs 41-0352; – : v. GaAs bei Mikrowellen- u. Millimeterfrequenzen 41-0354; u. *dielektr. Verlust*-Winkel v. halbisolierendem GaAs bei Mikrowellenfrequenzen 41-0355; Temp.-Abhängigk. d. Mikrowellen- – v. GaAs:Cr-Einkrist. 43-0453; stat. – d. InSb-Gitters nahe d. Magnetoplasmakante bei Mikrowellen frequenzen 11-0363; – -Zunahme im Bereich d. Störstellenleit. d. p-InSb 31-0286; – v. α-In_2Se_3 (Frequenz- u. Temp.-Abhängigk.) 43-0408; Spann.-Kapazität-Charakteristiken u. – eines durch reakt. Zerstäub. hergestellten Syst. Si/Ta_2O_5 27-0515; Temp.- u. Druckabhängigk. v. – d. Tl-Halogenide 33-0603; – u. Atomlad. v. Seltenerdmetallfluoriden 30-0442; Temp.-Abhängigk. d. – v. Dünnschichtkondensatoren d. Syst. $Dy_2O_3/B_2O_3/SiO_2$ 1-0485.

– v. $SrTiO_3$–$La_{2/3}TiO_3$-Mischkrist. 18-0471; Temp.-Abhängigk. v. –, *dielektr. Verlust-Faktor* u. elektr. Leitfähigk. v. $SrTiO_3$-Krist. 20-0432; $BaTiO_3$-Keramiken mit hoher – 26-2370; – u. *dielektr. Verlust*-Winkel in polykrist. $BaTiO_3$ 27-0550; – -Best. bei (Ba, Ca)TiO_3 27-0553; Theorie d. – v. Rutil u. Anatas 31-0491; Unschärfe v. – -Spektren im Bereich d. langwell. Kante d. Eigenabsorpt.-Bande v. amorphen TiO_2-Schichten durch Gitterfehler 32-0334; Theorie d. hohen – in feingekörntem $BaTiO_3$ 32-2283; Wrkg. v. *2*dimensionalem Druck auf d. – v. $BaTiO_3$ 32-2284; Druckabhängigk. d. – v. $SrTiO_3$ u. $(Ba_{0,05}Sr_{0,95})TiO_3$ bei tiefen Temp. 38-0509; Theorie d. Dispers. d. – v. polykrist. $BaTiO_3$ im Bereich sehr hoher Frequenzen 40-0344; Dispers. d. – : u. d. *dielektr. Verlust*-Faktors bei sehr hohen Frequenzen in polykrist. $BaTiO_3$ 40-0347; v. $BaTiO_3$ 40-0348; Temp.-Abhängigk. v. – u. *dielektr. Verlust*-Faktor v. $BaTiO_3$-Krist. mit Fe u. Co-Zusatz 42-0366; Hystereseverluste u. – v. $BaTiO_3$ 42-0367; komplexe – v. red. TiO_{2-x} bei Frequenzen zwischen 10^2 u. 10^5 Hz 44-0378; – u. *dielektr. Verlust*-Faktor v. $BaTiO_3$-Krist. mit c-Domänen im Dezimeterwellenbereich 51/52-0315; Einfl. einer Bestrahl. auf –, *dielektr. Verlust*-Faktor u. dielektr. Hysterese v. $BaTiO_3$-Ein- u. Polykrist. 51/52-0319; – v. ZrO_2-Einkrist. 25-0503.

– : v. GeTe 22-0324; v. SnTe 19-0343; opt. – : v. p-SnTe 38-0299; v. SnTe im IR 42-0253; – : u. *dielektr. Verluste* v. PbJ_2-Krist. 6-0461; v. $PbWO_4$ u. $CaWO_4$ 20-0433; Änder. v. –, tan δ u. Spann.-Feld-Konst. v. Pb-Zirkonat/Pb-Titanat-Keramik durch Druckspann. 28-0468; Temp.- u. Alter.-Charakteristiken d. – v. piezoelektr. Pb·(Zr, Ti)O_3-Keramiken mit Cr_2O_3-Zusatz 45-0433; elektr. Hysterese u. Anomalie im Verlauf d. – in $PbZrO_3$ 45-0434; – v. $LiNbO_3$-Einkrist. im niederen Frequenzbereich 4-0386; Temp.-Abhängigk. d. – v. $LiNbO_3$-Einkrist. u. Einkrist. d. Zus. $Li(Nb_{0,9} \cdot Ta_{0,1})O_3$ 5-0514; – : v. ferroelektr. (Sr, Ba)Nb_2O_6-Krist. 28-0295; v. $K_{0,6}Li_{0,4} \cdot NbO_3$ 30-0282; v. $NaBa_2 \cdot Nb_2O_{15}$ 32-0330; v. $LiNbO_3$-Einkrist. (Frequenz-Abhängigk.) 38-0508; *dielektr. Verlust* oxid. Ta u. Ti-Aufdampfschichtkondensatoren 4-0388; – v. $LiNbO_3$ u. $LiTaO_3$-Einkrist. 30-0446.

– v. $Bi_{12}GeO_{20}$ 11-0513; Temp.-Abhängigk. d. – v. $CaBi_4Ti_4O_{15}$, $PbBi_4Ti_4O_{15}$, $SrBi_4Ti_4O_{15}$ u. $BaBi_4Ti_4O_{15}$ 24-0491; – v. mit Fe dotiertem, polykrist. Ba–Bi-Titanat(IV) 41-0338; Anomalie d. – in d. Nähe d. Néel-Temp. in Cr_2O_3 6-0462; – v. ferroelektr. $Gd_2(MoO_4)_3$ 7-0361; Hochfrequenz- – für dünne Schichten v. MoO_3 28-0304; – einer γ-Modifikat. v. UF_4 9-0542.

– : v. $KCoF_3$, $KMnF_3$ u. $RbMnF_3$ 19-0345; v. α-MnS bei hoher u. niedr. Frequenz 44-0287; v. ReO_3 33-0292; v. techn. Ferriten 13-0466; *dielektr. Verluste* an Mn-Ferriten $Mn_xFe_{3-x}O_4$ u. an Y–Fe-Granat 25-0504; – d. Syst. $Bi_4Ti_3O_{12}/BiFeO_3$, $Bi_4 \cdot Ti_3O_{12}$/n $BaTiO_3$, $Bi_4Ti_3O_{12}/PbTiO_3$ u. $Bi_4Ti_4 \cdot O_{12}/CaTiO_3$ 45-0251; dielektr. Dispers. v. ferroelektr. $K_4[Fe(CN)_6] \cdot 3\,H_2O$ bei Mess. d. komplexen – 45-0436; – -Mess. an reinen NiO-Proben, sowie mit Li^+- u. Cr^{3+}-Zugaben 9-0466; *dielektr. Verluste* v. Mikrowellenferrit $Ni_{1-x}Co_xFe_2O_4$ ($0 \leqq x \leqq 0{,}04$) u. $Ni_{0,973} \cdot Mn_{0,027}Fe_2O_4$ 13-0467; komplexe – v. Ferriten d. Zus. *44* Fe_2O_3 + *5* Cr_2O_3 + *18* NiO + *33* ZnO mittels eines Mikrowellensyst. 14-0469; – : d. Syst. NiO/TiO_2 44-0379; v. $CuCl_2 \cdot 2\,H_2O$ u. $Cu(NH_4)_2Cl_4 \cdot 2\,H_2O$ 2-0447; *dielektr. Verlust* v. einkrist. u. polykrist. AgCl in einem Ultraschallfeld 20-0430; – v. $AgClO_2$, $AgClO_3$ u. $AgClO_4$ 37-0772; komplexe –, *dielektr. Verlust*-Winkel u. Absorpt.-Index d. α-AgJ im Mikrowellengebiet 44-0376; relative – v. Phasen d. Syst. $KNbO_3/AgNbO_3$ 49/50-0417.

Kohlen, Mineralien, Gläser und technische Produkte

Spezielle Gläser u. Mineralien einfacher Zus. s. unter d. entsprechenden Absätzen.

Komplexe – einiger Gläser u. Keramiken im Frequenzbereich *8,5*–*34,4* GHz 1-0483; Temp.-Abhängigk. v. – u. tg δ einiger Gläser 1-0484; Veränder. d. – d. Mariupolitminerale d. Oktober-Massivs bei d. Verwitter. 2-0777; *dielektr. Verluste* v. anorgan. u. organ. Gläsern (Sammelref.) 4-0175; OH-Valenzschwing.-Banden v. dekationisierten Y-Zeolithen in Bezieh. zur – v. physikal. adsorbierten Gasen 12-0334; – v. Salzgesteinen 14-0776; *dielektr. Verluste* in Scheibenglas, Sitall, K_2O- u. Li_2O-Gläsern bei sehr hohen Frequenzen 18-0473; *dielektr. Verlust* v. Alkalimetallsilikat-Gläsern mit zwei verschiedenen Alkalimetalloxiden 35-0192; – u. *dielektr. Verlust*-Faktor v. Alumosilicatphosphatgläsern d. Syst. $CaO/MgO/Al_2O_3/SiO_2/P_2O_5$ 35-0383; Einfl. d. Glasphase auf d. *dielektr. Verlust* v. synthet. Steatit 35-2293; Vgl. d. stat.– mit elektroopt. Konst. in transparenten Niobatglas/Keramik-Syst. 47-0271.

Metallhaltige organische Verbindungen

Einfl. d. – auf d. R_f-Werte v. Metallionen in einigen Ameisensäure/Alkohol–Lsgm.-Syst. 11-1881; – v. Rochellesalz: im Bereich d. ferroelektr. krit. Punktes 3-0469; im Mikrowellenbereich 10-0455; Temp.-Verh. d. – v. Seignettesalz im Mikrowellengebiet 19-0512; komplexe – v. Seignettesalz 27-0554; – v. Rochellesalz bei Gammabestrahl. 37-0435; dielektr. krit. Verlangsam. in ferroelektr. $Ca_2Sr(C_2H_5CO_2)_6$ 29-0524; PMR-Spektren u. – v. $CaMe(CH_3CH_2COO)_6$ mit Me = Ba, Sr, Pb 30-0448.

Organische Stoffe

– u. *dielektr. Verlust*-Faktor v. organ. Isoliermitteln 11-0509; – v. organ. Verb. (synthet., fl. Imprägnier.-Mittel für Kondensatoren) 14-0811; Misch.-Gleich. für stat. – für bin. Syst. organ. Verb. 14-0812; – v. fl. organ. Verb. u. ihren festen Rotatorphasen 41-0810; – für suspendierte Clathratpulver in Paraffin 24-0364; – v. n-Hexan als Funkt. v. Temp., Druck u. D. 34-0877; Einfl. d. KW-Stoffzus. auf d. *dielektr. Verlust* v. Trafoöl 46-2103; – v. Tetrahydrofuran zwischen *–78°* u. *+30°* 41-0794; – v. Chinoxalinen 51/52-0701; – v. p-Dihalogenbenzolen 3-0821; – d. normalen Alkylhalogenide im Zustand unterkühlter Fl. 28-0934; dielektr. Konst. u. Paarwechselwrkg. in CHF_3 47-0797; – u. *dielektr. Verlust*-Winkel substituierter Aniline 43-0760; – v. Diäthylenglykol 31-1047; spezif. *dielektr. Verluste* v. Methanol u. Äthanol 33-1148; – v. Phenolen mit intramol. H-Bind. 39-0782; – v. niedr. aliphat. Alkoholen 45-0608; *dielektr. Verluste* bei Mikrowellenabsorpt. v. Anisolen u. substituierten Anisolen in nichtpolaren Lsgm. 47-0798; – d. drei isomeren Isopropylphenole 48-0787; – u. *dielektr. Verluste* v. cycl. Ketonen in Cyclohexan bzw. p-Xylol 51/52-0696; – v. Dioxan/Methylalkohol, Dioxan/Acetonitril u. Dioxan/Aceton (Tabelle) 10-0575; – v. Acetonitril/Methanol-Misch. 18-0811; – v. fl. Nitrilen 20-0818; – v. Methylcyanid 33-0708; – v. Triglycinsulfat u. Rochellesalz im Bereich d. ferroelektr. krit. Punktes 3-0469; Temp.-Abhängigk. d. – v. ferroelektr. Triglycinfluoroberyllat 3-0478; Temp.-Abhängigk. d. – v. $(NH_2CHCOOH)_3H_2SeO_4$ 5-0518; – v. pflanzl. Ölen 10-2733; – v. Syst. Essigsäure/Amine 24-0863; Temp.-Abhängigk. d. – v. Triglycinfluoroberyllat bei hydrostat. Drücken v. *1*–*8000* kg/cm^2 31-0492; anomales Verh. d. – v. Triglycinsulfat bei niedr. Temp. 45-0437; – v. TGS mit Cr^{3+}- u. Cu^{2+}-Beimeng. 47-0402; – d. Syst. $Aceton/CS_2$, Aceton/Tetrachloräthylen, $Cyclopentanon/CS_2$, Hexan/Heptan, $Äthylacetat/CCl_4$ 48-0786; – v. N-monosubstituierten Amiden u. cycl. Estern 49/50-0691; – v. TrimethylphenylammoniumbenzolsulfonatinAdiponitril 5-0605; *dielektr. Verluste* d. Chinol–Methanol–Clathrat-Verb. 51/52-0797; Formeln für d. – u. d. Dissipat.-Faktor v. Misch. u. deren Anwend. auf Cellulosesyst 19-2181.

Temp.-Abhängigk. d. tg δ- u. ε'-Werte v. Polyäthylen im Höchstfrequenzgebiet 2-1053; *dielektr. Verluste* u. Polarisat. v. organ. Polymeren in Verb. mit ihrem Aufbau (Sammelref.) 4-0175; dielektr. γ-Absorpt. (Tieftemp. Peak d. *dielektr. Verluste*) v. Polypropylen 14-1084; – v. Polyvinylbenzoat-Monoschichten 19-1264; Einfl. d. laminaren Fließens auf d. – v. verd. Polymerlsg. 40-1022; *dielektr. Verlust*-Winkel u. – v. Polymeren im Mikrowellengebiet 43-1051; Mechanismus d. vielfachen *dielektr. Verlust*-Maxima v. Polymeren in verd. Lsg. 47-1268; durch Strahl. hervorgerufene Änder. v. Brech.-Index, D. u. – v. Polymethylmethacrylat 49/50-1182.

Anorganisch-organische Systeme

Bezieh. zwischen d. Addit.-Geschw. v. Br_2 an ungesätt. Verb. u. d. – d. Lsgm. 18-0920; – v. $KClO_3$ in W./Dioxan-Misch. 39-0536; – v. gesätt. Lsg. v. W. in CCl_4 bei verschiedenen Temp. 51/52-0314; – in d. Syst. CH_4/Ar, CH_4/CF_4 u. H_2/He 15-0546; Gesamt- – v. KJ-, NaJ-, NaBr- u. LiCl-Lsg. in Methylalkohol 7-0579; Einfl. v. – auf d. H-Funktion wss. Alkohole 6-0909; – v. Propanol-(1)/W.-Misch. 13-0615; – v. 2.2.2-Trifluoräthanol/W.-Gemischen 14-0876; Einfl.

d. – d. Mediums auf d. Standardpotentiale d. Ag/AgBr-Elektrode in Äthylenglykol/W.-Misch. bei verschiedenen Temp. 23-0681; Einfl. d. – auf d. Autoprotolysekonst. v. Äthylenglykol/W.-Gemischen bei verschiedenen Temp. 24-0611.

Untersuchungsmethoden

Fehlerquelle d. Poley-Meth. bei Berücksichtig. d. Fl.-Einfl. auf d. Wellenlänge im Dielektrikum 1-0480; Mess. d. Leitfähigk. u. d. – v. Fl. durch Wechselstrom 4-1523; Sonde zur Mess. d. – 5-1840; dielektr. Mess. bis zu $6 \cdot 10^8$ Hz mit zwei Elektroden zur – -Best. 6-1809; Resonanzbrücke zur Mess. v. ε u. tg δ v. Stoffen mit hoher Leitfähigk. 9-0469; Mess. d. – v. Rochellesalz im Mikrowellenbereich mit einer neuen Anordn. auf d. Basis d. Hohlraumresonanz 10-0455; kontaktfreie Best. d. – v. Lsg. 10-1858; dielektr. Zelle für Fl. mit großer – 11-1837; Phase-lock-Meth. zur Mess. v. – 15-1932; Mess. d. stat. Suszeptibilität v. polaren Fl. in Lsg. auf ein Millionstel 20-1822; Wellenleiter-Resonanzverf. zur – - u. tg ϑ-Best. an Seignette- u. Paraelektrika bei Zentimeter- u. Millimeterwellen 27-0553; Meth. zur Mess. d. – v. Polyäthylen durch Elektronenbeug. 27-1276; Best. d. komplexen – v. fl. Dielektrika im Mikrowellenbereich 28-1936; modifizierte Zelle zur Mess. v. – 28-1937; Best. d. – eines geschmolzenen Salzes mit einem neuentwickelten Interferometer 31-0490; Meth. zur Mess. d. – v. Substanzen mit sehr schwachen Verlusten durch Millimeterwellen 31-0495; App. zur Best. d. – v. *1 – 10* Debye 33-2104; Meth. zur Best.: d. – durch direkte Frequenzmess. 34-0476; d. *dielektr. Verluste* bei sehr niedr. Frequenzen 35-0384; App. zur Best. v. Änder. d. komplexen – 36-1865; Meßzelle zur Best. d. – v. Fl. in einem weiten Temp.-Bereich 36-1869; Meth. zur Mess.: d. Feldstärkeabhängigk. d. – v. Fl. 37-2035; d. – v. polaren Fl. im Bereich ultrahoher Frequenzen 42-1741; Korrekturen zu Präzis.-Mess. d. Mikrowellen- – v. Fl. 43-0449; Labor.-Meth. zur Mess. d. – u. d. elektr. Leitfähigk. v. feuchten Gesteinen 46-0694.

Meth. zur Unters. d. Komplexbldg. in unpolaren Lsgm. durch – -Mess. 14-0574; – -Titrat. zur Unters. d. Komplexbldg. (Anwend. auf d. Organozinkchemie) 14-0577; W.-Best. in Trotyl durch – -Mess. 15-2151; Meth.: zur Analyse v. Lsgm.-Gemischen bei d. Extrakt. v. Baumwollsaat durch – -Änder. 21-2265; orthobare D. v. ^{3}He im krit. Gebiet aus – -Mess. 28-0532; zur Best. d. Orientier. in Polymermaterialien mittels d. – 28-1130; Verw. d. – -Mess. zur Fl.-Standanzeige v. Kältemitteln in Vorratsgefäßen 40-1690; Meth. d. – -Änder. zur kontinuierl. Mess. d. Feuchtigk.-Geh. v. Feststoffen 45-2052; Best. d. Solvat. v. $NaClO_4$ in N.N.-Dimethylformamid durch Mess. d. komplexen – 49/50-0437.

Diels-Alder-Reaktionen s. unter *Additionsreaktionen.*
Diene s. unter *Äthylenverbindungen* bzw. *Kohlenwasserstoffe (Olefine).*
Dienkautschuk s. unter *Kautschuk, Butadien-Elastomere.*
Dienöstrol s. unter $C_{18}H_{18}O_2$.
Diensynthesen s. unter *Additionsreaktionen.*
Dieselöl s. unter *Brennstoffe, Flüssige Brennstoffe.*
Diethazin s. unter $C_{18}H_{22}N_2S$.
Diethylpropion s. unter $C_{13}H_{19}NO$.
Differentialthermoanalyse s. unter *Phasengleichgewichte.*

Diffusion

– : im elektr. Feld s. unter *Überführung, elektrische*; im Magnetfeld s. unter *Magnetismus*; v. Elementarteilchen s. unter d. entsprechenden Stichwörtern; in *Plasmen* s. dort; bei d. *Dialyse*; *Osmose* u. zur Best. der *Permeabilität* s. dort.

– -Flammen s. unter *Verbrennung und Flammen.* – -Potentiale s. unter *Potentiale.* – -Strom s. unter *Polarisation, elektrolytische.* – -Pumpen s. unter *Pumpen.*

Allgemeines

Zur Theorie therm. aktivierter Prozesse (makroskop. –) 1-0276; – -Kinetik in bin. Syst. bei Vorliegen einiger Phasen 2-0260; Analyse d. Kirkendall-Effekte unter Berücksichtig. v. Änder. d. Atomvol. 3-0302; Mehrkomponenten- – 3-0305, 3-0306; Ströme.-Bezieh. für d. – in Mikrokapillaren 5-0656; konvektive – zwischen parallelen Platten mit einer katalyt. Wand bei laminarer Ström. u. einer Rk. erster Ordn. 5-2123; vergleichende thermodynam. Bewert. d. – -Sättig. aus d. Gas- u. Dampfphase 6-0301; Wachstum kleiner Kaviat.-Blasen durch konvektive – 7-2079; – in einer Kugel mit schneller irreversibler Rk. in begrenzten Syst. 11-2071; Wärmeübertrag. u. bin. – mit thermodynam. Koppel. bei erzwungener Konvekt. an einer ebenen Platte unter Berücksichtig. veränderl. Stoffeig. 13-2084; konzentrationsabhäng. – in einem halbunendl. Medium 15-0284; nichtlineare – -Gleich. für d. krit. Punkt 15-0538; laminare Dispers. in Kapillaren 15-2173; radiale Dispers. in gesätt. porösen Medien 15-2174; Berechn. d. – -Koeff. aus d. Gradientenkurve d. Phasengrenze 16-0612; Geschw.-Autokorrelat. für harte Kugeln über d. gesamten Bereich d. Fl.-D. u. Boltzmann-Theorie d. Selbst- – -Koeff. 17-0582; – in bin. Syst. beim krit. Zustand 17-2177; Formeln für d. – in Syst. mit intermediärem Bind.-Typ 19-0430; Einfl. d. Definit. eines einheitl. therm. Flusses in Energie- u. Entropiebilanzen auf d. Formulier. d. Flüsse u. auf d. verallgemeinerten Kräfte bei d. – 19-0554; – in stationären Syst. 20-0463; Effus. aus kugelförm. Öffn. (Transport durch Mol.-Ström.) 20-0465; Massenfluß bei d. Unters. v. – -Koeff. 20-0577; Einw. akust. Schwing. auf d. – 21-0574; Wesen d. Wirbel- – 22-2065; (in d. Gaschromatographie) 22-2066; Ionisat.-Mechanismus d. Aktivier. d. – durch Strahl. 25-0261; Kinetik d. heterogenen Kondens. in einer – -Ström.-Zelle mit unterschiedl. Temp. 25-0538; klass. Grenzwerte d. Koeff. d. – aus d. kinet. Theorie geladener Kugeln 25-0542; Begriff d. – bei d. chem. Kinetik (Übersicht) 27-2373; Quantentheorie d. Rauschquellen u. – -Koeff. 28-0518; – -Thermoeffekte beim turbulenten Stoffaustausch 29-2261; axiale – u. Durchmisch. in stationären Dreiphasenreaktoren mit strömender Gasphase sowie nichtströmender, fl. u. fester Phase 30-2128; Theorie zur Vorausberechn. d. – -Koeff. v. Vielkomponentensyst. 31-0548; Berechn. v. Gegenstromverteil.-Kurven nichtidealer Lsg. 31-1989; stationäre – mit einem variablen Koeff. 32-0537; Meth. zur Auflsg. d. – -Gleich. 33-2355; einige d. Knudsen-Effus. beeinflussende Parameter (Gültigk. d. Kosinus-Gesetzes als Funkt. v. Zellen- u. Proben-Geometrie sowie -Materialien) 34-0504; (Monte-Carlo-Analyse) 34-0505; Temp.-Abhängigk. d. atomaren Verdampf.- u. – -Geschw. 34-0585; Einfl. d. konzentrationsabhäng. – -Koeff. auf d. Wander. v. Phasengrenzen 35-0121; thermodynam. Eig. eines Zwischen- – -Syst. 35-0252; stationäres – -Kriechen 35-0253; – -Näher. zur Gegenstromverteil.-Theorie 35-2191; konzentrationsabhäng. physikal. Eig. u. Stoffübergangsgeschw. 35-2192; Lsgm.-Gegen- – bei d. Gasabsorpt. 35-2204; normale u. anomale – beim „Wind-Tree"-Modell nach Ehrenfest 36-0422; Effekte v. Konz.-Gradienten in Grenzschicht-Trennzellen 37-2012; Unters. d. Anomalien nicht-Fickscher – durch zeitl.-Verzöger. 40-0376, 40-0377; – d. Elemente in d. Sonne 40-0672; durch –, Wind u. chem. Rk. verursachtes Abklingen über große Entfern. v. aus Raketen abgelassenem Li 40-0695; komplementäre Variat.-Prinzipien für eine verallgemeinerte – -Gleich. 41-0189; Einfl. einer feldabhäng. – auf d. stabile Domänenausbreit. beim Gunn-Effekt 41-0314; Theorie d. Beweg. v. Fl.-Tropfen in diffundierenden bin. Gasgemischen 41-0414; – in d. laminaren Ström. 41-0415; Berechn. v. – -Vermögen u. Löslichk. mit Fehlerunters. für d. – in einer Kugel 43-0236; Theorie d. „single file"- – 43-0558; – -Näher. für d. Trägh.-Energieübertrag. bei d. isotropen Turbulenz 43-2161; Gesamt- – -Strom durch eine zylindr. Öffn. 44-0403; Berechn. d. – v. Fl., Gasen u. ihren Gemischen 44-1969; Behandl. v. Ström.-Rohren auf d. Grundlage d. – -Modells unter Berücksichtig. nichtidealer Eingangsfunkt. 46-2027; einige – -Probleme 47-0237; Berechn. d. – für ein Modell v. Pulvergemischen 47-0239; – -Konz.-Verteil. in d. Nähe eines idealisierten Kontaktpunktes 48-0222; doppelte, freie, eindimensionale, aufrechterhaltene u. frontale Immuno- – 49/50-0467; analoge Lsg. d. – -Problems d. Übergangswärme im Reaktor-Brennelement 49/50-2121.

Diffusion in Gasen

– d. Misch. zweier Gase aus d. zweiten Näher. d. Herzfeld-Näher.-Gleich. 6-0516; Bezieh. zwischen d. therm. Leitfähigk. u. d. – -Koeff. reiner u. gemischter mehratom. Gase 8-0478; Berechn. d. – für reine Gase bei niedr. D. 0-0498; Gas- – in einem Kavitat.-Hohlraum 10-0504; – v. Gasen bei hohen Drücken (Selbstdiffus.-Koeff. v. CO_2) 11-0565; Selbst- – v. Gasen in Kapillaren 15-0651, 15-0652; isotherme – in komprimierten Gasen nahe am krit. Punkt 17-0574; Einw. akust. Schwing. auf d. – in Gasen 21-0574; Theorie d. Beweg. großer flücht. Teilchen in einem diffundierenden Gasgemisch 22-0531; – -Transport v. Gasen bei nicht gleichförm. Drükken 28-0524; nichtäquimolale – in tern. Gasmisch. 31-1007; nichtanalyt. D.-Verh. d. – -Koeff. eines Lorentz-Gases 33-0670; – v. Gasen mit Rotat.-Freih.-Graden in einem äußeren Feld 33-0682; – -Koeff. in reagierenden Gasen 33-0684; Baro- – -Effekt auf d. – -Zeit in Gasen 35-0412; nichtstat. – in tern. Gasgemischen 38-2211; Berechn. d. – -Koeff. für verd. Gase 42-0394; – u. Thermo- – in Gasmisch. mit inneren Freih.-Graden 43-0524; Annäher. d. Temp.-Abhängigk. d. Selbst- – -Koeff. u. bin. – -Koeff. v. Gasen durch einen Potenzansatz 48-2044; Revis. d. van Deemter-Theorie in bezug auf – u. Druckabfall in d. Gasphase 49/50-1875.

– v. metastabilen He-Atomen in He-Gas bei tiefen Temp. 29-0576; thermomol. Druckverhältnis (Knudsen-Effekt) v. ^{3}He bis zu *0,3* °K herab 43-0533; Selbst- – -Koeff. v. Ar u. Hartkugelfluiden 11-0560; – -Koeff. v. Ar 15-0528; Berechn. d. – -Koeff. im Syst. Ar/He aus Mess. an einer Trennschaukel 17-0575; Selbst- – -Mess. in Ar-Gas 33-0683; – : v. Gasen (Syst. He/Kr, Ar/Kr u. Kr/Xe) 12-0495; in Mehrkomponenten-Gasmisch. (Syst. Xe/Kr/He, Xe/Kr/Ne, He/Ne/Kr) 26-0541; Best. d. – -Koeff. für d. Syst. N_2/H_2 als Funkt. d. Temp. u. d. Konz. 4-0430; Bezieh. zwischen d. Koeff. d. Selbst- – d. Viskosität, d. Wärmeleitfähigk. u. d. spezif. Wärme v. Ar u. N_2 24-0535; Zwischen- – -Koeff. aus d. Viskositäten v. H_2/N_2- u. H_2/NH_3-Gasmisch. 24-0598; Wechselwrkg. zwischen – u. viskoser Ström. eines N_2O/CO_2-Gemisches 9-0519; – -Koeff. d. Syst. $CO_2/N_2/Ar$ 28-0525; bin. – in Kr/CO- u. Kr/NO-Syst. 35-0424; – -Koeff.: in d. Syst. He/Ar, He/Ne, Ne/Ar, NH_3/Ar, Ne/N_2, He/CO_2 u. N_2/Ar 37-0475; u. Thermo- – -Faktoren v. CO_2-Isotopenmol. in Ar u. He 38-0565; Selbst- – v. CO_2 u. seinen Misch. mit Ar, N_2 u. W. 41-0377; Best. d. – -Koeff. v. As-Dampf in Ar u. He 17-0577; – : opt. orientierter Na-Atome in einem Puffergas 12-0128; v. Cs_2^+-Ionen in Cs-Dampf 48-0108; – -Konst. v. UJ_4 34-0538.

Selbst- – in gasf. CH_4 1-0829; Inter- – v. CO_2 + HBr, CO_2 + Br_2, Di-t-butylperoxid [dtBP] + HBr, dtBP + HCl, dtBP + SF_6 u. Luft + Br_2 in zylindr. Gefäßen 6-0524; Diffusivität v. Methan, Äthan, Propan, n-Butan, Neopentan, n-Hexan, n-Nonan, Ar, CO, CO_2, N_2, CCl_4 u. Bzl. in d. Nähe d. krit. Punktes 8-0484; Molekular- – -Koeff. bei bin. Gassyst. u. *1* atm Druck d. Syst. n-Hexan/CH_4 u. 3-Methylpentan/CH_4 10-0881; Selbst- – in Äthan nahe am krit. Punkt 19-1014; – im homogenen Syst. CH_4/n-Butan 25-0987; Temp.-Abhängigk. d. – -Koeff. d. Gaspaare Ar/Kr, Kr/O_2, Ar/C_2H_2 u. O_2/SF_6 bei *290* bis *410* °K 31-0555; Instabilitäten in d. tern. – durch Sichtbarmachen mit NH_4Cl-Rauch u. quant. durch Unters. d. Stabilitätsgrenzen in $H_2/CH_4/CO_2$-Misch. als Funkt. d. Drucks u. d. Gaszus. 35-0425; – im Syst. CO_2/Äthan in d. Nähe d. krit. Punktes d. Gleichgew. Fl.–Dampf 36-0934; Berechn. d. Selbst- – v. CH_4 u. Ar 40-0375; – -Koeff.: v. Dämpfen gesätt. KW-Stoffe 41-0935; v. NH_3 u. CH_3NH_2 u. deren Misch. 42-0397; Durchdring.-Vers. mit Propan u. Äthan 49/50-0899.

Diffusion in Flüssigkeiten und Schmelzen

Ableit. v. Bezieh. für d. thermodynam. – -Koeff. v. tern. Elektrolytlsg. durch d. Thermodynamik irreversibler Prozesse 1-0587; – in bin. Lsg., Variat. d. – -Koeff. mit d. Konz. 11-0570; – in bin. Fl.-Gemischen 12-0506, 12-0507; Theorie d. – in Lsg. nahe d. krit. Punkt 15-0539; isotherme – : in bin. Syst. v. Fl. 15-0543; in einer nicht idealen tern. Fl. in mechan. Gleichgew. 19-0554; Einw. akust. Schwing. auf d. – -Prozeß in Fl. 21-0574; – -Gleich. für eine bin. Eindring.-Lsg. 25-0258; Theorie d. konvektiven – in dünnen Fl.-Filmen 32-0546; Berechn. v. – -Koeff. in Fl. 32-0548; rotator. u. translator. – u. Dipol–Spin-Relaxat. in diamagnet. Elektrolytlsg. 32-0626; – in d. Nähe d. krit. Entmisch.-Punktes fl. Gemische 33-1131; Selbst- – im krit. Entmisch.-Gebiet fl. Gemische 33-1132; nichtlineare – in Lsg. in d. Nähe d. krit. Punktes 35-0430; – -Koeff. für Gase in Fl. aus Lsg.-Geschw. kleiner Gasblasen 39-0435; – -Modell für d. Fl.-Durchmisch. auf Turbogrid-Böden 40-1960; Theorie für d. Abschätz. d. – in vermischten Lsgm. 43-2162; Instabilität bei mehrkomponent. Fl.- – 45-0884; Berechn. v. – -Koeff. in Fl. 45-0885; Molekular- – v. CO_2 in hochviskose Newtonsche u. nicht-Newtonsche Fl. 45-

2266; Temp.-Abhängigk. d. gegenseit. – in Lsg. 49/50-0369; Selbst-– in einfachen Fl. (fl. Ar, Kr u. Xe) 49/50-0376; –: v. H_2 in starken Elektrolyten 49/50-0446; im krit. Entmisch.-Gebiet bin. fl. Syst. 49/50-0897; einiger bin. Fl.-Syst. (Diaphragma-Meth.) 49/50-0898.

Metalle, Legierungen: –: in fl. Metallen 19-0613; v. intermetall. Verb. 30-0121; Inter-– v. ^{6}Li u. ^{7}Li in nahezu isotopenreinen Li-Metall-Schmelzen 37-0512; Selbsttransport, Elektrokonvekt. u. effektive Selbst-– in fl. Rb 5-0609; –: v. Fe in geschmolzenem Al, Zn, Sn u. Mg 9-0530; v. ^{210}Pb u. ^{210}Bi in zwei fl. Pb/Sn-Leg. 1-0539; Elektrotransport u. effektive Eigen-– in reinem fl. Ga-Metall 8-0392; – v. ^{110}Ag in fl. Ga u. v. ^{65}Zn u. ^{124}Sb in fl. Sn 10-0517; –-Konst. in fl. Pb/Sn-Leg. 10-0518; –-Koeff. v. Ag, Cd, Tl, Sn u. Sb in fl. Pb u. Bi 15-0551; Verschieb. inerter Markier. bei d. – in eutekt. Schmelzen v. Bi/Cd 36-0272; Elektrowander. u. – v. Ag in fl. Bi 42-0082; –-Gebiet d. Auflsg. v. Nb in Fe/C-Schmelzen 17-2423; – v. N in fl. Fe/C-Leg. bei *1600°* 49/50-0378; –-Koeff. d. Ni im fl. Cu 1-0540; gegenseit. – in d. verd. fl. Cu-Leg. Cu/S, Cu/Se u. Cu/Te 10-0519; –-Koeff. v. fl. U, Au u. Pb aus d. Viskositäten 13-0536; –-Vermögen v. O in fl. Ag 17-0622; – v. Ru, Fe u. Co in fl. Ag 35-0435.

Nichtmetalle: Beweg. v. Verunreinig. in fl. He 28-0535; –-Koeff. in fl. ^{3}He am krit. Punkt 39-0427; Phononen u. atomare Beweg. in fl. Ar 39-0434; Selbst-–: in fl. Ar, Kr u. Xe 3-0532; v. fl. Ar, Xe u. Ne 6-0533; Best. d. Reib.-Koeff. aus Zeitkorrelat. zwischen unelast. u. elast. mol. Wechselwrkg. u. Selbst-–-Koeff. in fl. Ar, Kr u. Xe 36-0424; Selbst-– v. fl. Ar, Ne, N_2, CO, O_2, CH_4, C_2H_4, Kr u. Xe 32-0533; – in fl. H u. D 13-0254; Mechanismus d. – v. H_2 in fl. N_2 u. v. He in fl. H_2 15-0545; –-Koeff. v. H_2, T_2, Ne, Ar u. CH_4 in fl. N_2 22-0535; Selbst-–-Koeff. v. fl. CO_2 u. SF_6 15-0540; – v. P in P-Schmelzen 22-2443.

Selbst-– in fl. CH_4 1-0829; Diffusivität v. Methan, Äthan, Propan, n-Butan, Neopentan, n-Hexan, n-Nonan, Ar, CO, CO_2, N_2, CCl_4 u. Bzl. in d. Nähe d. krit. Punktes 8-0484; –-Unters. an Polyphenylen mit stäbchenart. Mol.-Form 10-0877; Best. d. –-Koeff. v. CS_2, Aceton, n-Propanol u. Bromoform 35-0285; Bezieh. zwischen Viskosität u. Selbst-–-Koeff. für W., Bzl., Bromäthan, Methylalkohol, A., n-Propyl-, Isopropyl-, n-Butyl- u. tert.-Butylalkohol, Hg, Pb, S u. CCl_4 37-0496; Aktivier.-Energie d. – v. C_2H_6 40-0827; differentielle –-Koeff. v. Hexamethylentetramin 47-0987.

Wäßrige Lösungen: – eines Polyelektrolyten in wss. Lsg. bei Abwesenh. v. Salz 1-0834; Tracer-– in wss. Elektrolytlsg. v. Standpunkt d. Thermodynamik d. irreversiblen Prozesse 15-0603; Best. d. Einfl. v. –-Koeff. auf d. Ionenstofftransport an ruhenden Scheiben- u. Konuselektroden in strömender Lsg. 19-0668; – v. Gasen in elektrolyt. Lsg. 26-2187; –-Parameter für CO an Pt-Elektroden in wss. Lsg. 42-1812.

Massenspektrometr. Best. d. –-Koeff. v. N_2, O_2 u. CO_2 in W. 1-0535; schnelle Mess. d. –-Koeff. v. NH_4Cl, Na_2SO_4 u. $BaCl_2$ in wss. Lsg. (Diaphragmazellenmeth.) 1-0588; Best. d. –-Koeff. d. Dodekawolframatosilicatanions u. v. dessen zwei ersten Red.-Formen 1-0590; Löslichk. u. –-Koeff. v. O in KOH 3-0544; – v. $[Fe(CN)_6]^{2-}$ u. $[Fe(CN)_6]^{3-}$ in wss. KOH-Lsg. 3-0591; radiometr. Mess. d. –-Geschw. v. Fe(III)-Ionen in Lsg. 5-0601; Best. d. –-Koeff.: v. $(NH_4)_6[P_2W_{18}O_{62}]\cdot 4,2\ C_2H_8O_2\cdot 5\ H_2O/(P_2W_{18}O_{62})^{6-}$ in H_2SO_4/Na_2SO_4 5-0642; v. $(NH_4)_2SO_4$ in W. 8-0543; Anwend. d. Arbeitsimpedanz zur Best. d. –-Koeff. v. Hg(I) in $HClO_4$ 8-0563; radiometr. Best. v. Selbst-–-Koeff. für TcO_4^- in wss. Lsg. 13-0645; –-Koeff.: v. WS_4^{2-} in wss. Lsg. 15-0605; v. W-Heteropolysäuren 16-0613; v. Ag(I), Zn(II) u. $[Fe(CN)_6]^{3-}$ in Salzlsg. 19-0703; Unters. d. homogenen Isotopenaustauschs durch kontinuierl. Mess. d. Selbst-–-Prozesses im Syst. Tl(I)/Tl(III) 19-0761; –-Koeff.: v. Fe^{3+} bei d. Cu-Auflsg. in Fe-Chlorid-Lsg. 21-0669; v. MnO_4^{3-} in konz. KOH 21-0676; v. In(III) u. Sb(III) in HCl 24-0656; v. Cu^{2+} in Cu- u. Cd-Sulfat 28-0621; v. Sm^{3+} in Cl^--Lsg. 28-0634; –-Vermögen, D., Viskosität u. Brech.-Index wss. Lsg. v. $(NH_4)_2Ni(SO_4)_2$ 29-0674; aus kernmagnet. Relaxat.- u. Selbst-–-Daten abgeleitetes mirkodynam. Modell v. wss. Alkalimetallhalogenid-Lsg. 32-0628; –-Koeff.: v. Mn(II), Mn(III) u. Mn(IV) in H_2SO_4 32-0657; v. Cd(II), Pb(II) u. Cu(II) in starker H_3PO_4 33-0731; v. W. in d. Syst. v. KOH, RbOH u. CsOH mit W. 35-0472; v. Hg_2^{2+} 35-0529; v. $ReCl_6^{2-}$ in HCl-Lsg. 35-0546; polarograph. Best. d. –-Koeff. d. Nitroamminkobalt(III)-Komplexions 37-0639; Modifikat. d. Diaphragmazellentechnik zur Mess. d. –-Koeff. v. J_3^-/J^- u. $[Fe(CN)_6]^{4-}/[Fe(CN)_6]^{3-}$ in neutraler u. alkal. Lsg. 39-0510; Verw. v. radioakt. Isotopen zur Best. d. Selbst-–-Koeff. v. Mn^{2+} in $^{56}MnCl_2$ u. TeO_4^- in $NH_4{}^{99}TeO_4$ mit d. Kapillarmeth. 39-0523; phänomenolog. Koeff. für d. – in konz. HCl-, HNO_3- u. $LaCl_3$-Lsg. 39-0538; Selbst-– in wss. Sulfit-Lsg. 49/50-0377; –-Koeff. v. H_2 u. He in W. 51/52-0346; Beitrag adsorbierter Kationen zur – in Syst. Ton/W. 19-3113; Chlorid-– in Syst. Ton/W. 19-3114.

Translat.-Beweglichk. d. Mol. im Syst. Triäthylamin/W. 1-0831; –: v. Methan, Äthan, Propan u. n-Butan in W. v. *25–33°* 4-0716; v. wss. Cholinchlorid-Lsg. 5-0855; im Syst. Harnstoff/markierter Harnstoff/W. 7-0893; Vgl. d. Gouy- u. Diaphragma-Zellen-Meth. zur Unters. d. isothermen tern. – d. Syst. W./Zucker/KCl 9-0527; Mess. d. – am Syst. W./Triäthylamin 17-0591; –-Koeff. v. H_2, O_2, N_2, Luft, He, Ar, CH_4, C_2H_6, C_3H_8 u. n-C_4H_{10} in W. bei *10–60°* 21-0582; Einfl. d. Ionisat. auf d. – d. Monocarbonsäuren in wss. Lsg. bei *25°* 25-0993; – v. $Fe(CN)_6^{4-}$ u. $Fe(CN)_6^{3-}$ in wss. KCl-Lsg. u. in d. Na-Salz d. Carboxymethylcellulose enthaltenden Lsg. 31-0656; Intra-–-Koeff. d. tern. Syst. v. markierten Aminosäuren u. H_2O 41-0938; – v. Mannit u. Thioharnstoff als Spurenkonz. in wss. Lsg. bei *25°* 47-0986; –-Koeff. d. Cellodextrine in wss. Lsg. bei *25°* 49/50-0814.

Nichtwäßrige Lösungen: – in $Fe_2(SO_4)_3$/Glycerin u. $FeSO_4$/Glycerin mittels Mössbauer-Absorpt. u. Rayleigh-Streuung 6-0620; Intra-– v. Bzl. u. Cyclohexan in ihren Misch. 7-0892; –-Koeff. v. Dihydrogenäthylendiamintetraacetatokobalt(II) in Na-Acetat/Essigsäure/Polyacrylamid 10-0613; Konz.-Abhängigk. d. Selbst-–-Koeff. in d. Syst. CH_4/Ar, CH_4/CF_4 u. H_2/He 15-0546; chronopotentiometr. –-Koeff. für J_3^- u. J^- in DMSO-Lsg. 19-0696; –-Koeff. in KW-Stoffsyst. (n-Butan/n-Decan) in d. fl. Phase 20-0871; –: in CCl_4/Cyclohexan-Lsg. 21-0978; in Gemischen deuterierter u. nicht deuterierter KW-Stoffe 23-0970; in d. Syst. Cyclohexan/Bzl. 23-0971; Aktivier.-Energien d. Translat. v. Alkalimetallionen in Acetonitril 27-0686; – H-Brücken-bildender gelöster Stoffe in CCl_4 33-1133; Best. d. –-Koeff.: d. Alkali- u. Erdalkalimetallionen in 1.2-Propandiolcarbonat 37-0634; v. Tl(I), Ni(II) u. Cd(II) in 1.2-Propandiolcarbonat 37-0635; v. Ti-, V- u. Cr-Verb. in 1.2-Propandiolcarbonat 37-0636; – in Misch. aus Oktamethylcyclotetrasiloxan u. Bzl. bzw. CCl_4 38-0575; –-Koeff. für O_2, N_2 u. He in W., für O_2 u. He in A. sowie für O_2 in Bzl. u. Cyclohexan 39-0435; Selbst-– v. Methylalkohol-Mol. in Metalljodidlsg. 41-0417; rasche Mess. d. –-Koeff. v. Harnstoff in W. v. *5–61°* u. v. Chlf. in Methanol v. *–25* bis *+48°* 47-0430.

Salzschmelzen: Transporteig. geschmolzener Elektrolyte 17-0659; Best. d. Transportgrößen in Salzschmelzen mittels – an gesinterten keram. Oxiden 44-0617; Ne-– in Glaschmelzen 17-2363; N_2-– in Glasschmelzen 31-2410; –-Koeff. v. Cu^{2+}, Cd^{2+} u. Fe^{3+} in geschmolzenen $NaPO_3$/KCl 5-0640; Best. d. –-Koeff. für NO_2^- in Alkalimetallnitratschmelzen 6-0648; Berechn. d. Paarsprung-–-Koeff. für NaCl- u. CsCl-Schmelzen 10-0572; Best. d. –-Koeff. v. Pb, Cd, u. Zn in KSCN-Schmelzen 10-0612; Tracer-–-Mess. in Misch. geschmolzener Alkalimetallcarbonate 11-0571; Mess. d. –-Koeff. v. U(III) u. U(IV) 13-0638; Best. v. –-Koeff. in d. Syst. $NaNO_3/KNO_3$ u. $LiNO_3/KNO_3$ 17-0658; Tracer-–-Koeff. d. Na- u. Tl-Ionen im geschmolzenen Syst. $(Na–Tl)NO_3$ 18-0575; –-Koeff.: v. Ag(I) in $NaNO_3$ (*0–100* Mol-%)/KNO_3-Schmelzen 24-0619; für $TlNO_3$, KJ u. $NaNO_2$ in $LiNO_3/NaNO_3$-Schmelzen 25-0633; v. SO_3 in äquimol. NaCl/KCl-Schmelzen 30-0566; chronopotentiometr. Best. d. –-Koeff. v. Ti-Ionen in Cl^-/F^--Schmelzen 37-0586; Selbst-– v. Na in Na-Silicatschmelzen 40-0401; –-Koeff. v. Zr^{2+}- u. Zr^{4+}-Ionen in NaCl/KCl-Schmelzen 41-0418; Selbst-– in geschmolzenem $PbBr_2$ 41-0419; –: v. P u. Na in $Na_2O/P_2O_5/SiO_2$-Schmelzen 44-0411; v. UO_2^{2+} bzw. UO_2^+ in d. eutekt. LiCl/KCl-Schmelze 45-0575; v. Np(IV) in d. eutekt. Schmelze LiCl/KCl 46-0556; für Cl^-, Br^- u. J^- in Nitratschmelzen 51/52-0431.

Diffusion in dispersen Systemen und Polymeren

–-Mess. an Aerosolen v. Aitken-Kernen 3-0624; Theorie d. Beweg. v. Fl.-Tropfen in diffundierenden bin. Gasgemischen 41-0414; Geschw.-Gleich. für mol. Diffus. in einer dispersen Phase 43-2159.

Selbst-– v. W. in ein Agar-Agar-Ge 12-0606; Trockn.-Tauglichk. v. Ionen u. Pasten (–-Erschein. v. W.) 15-2341; Behinder.-Effekt für Selbst-–-Koeff. v. Na u. Cs in Agar-Gelen 21-0701; – v. J_2 u. Methylenblau bei Keimbldg. u. Wachstum v. Krist. in Na_2SiO_3-Gelen 24-0223.

– v. Methyläthylketon in Polystyrol nach Behandl. mit γ-Strahlen 6-1123; Eindringen v. Farbstoffen in polymere Filme (Chlorazol Sky blue FF in Cellulose) 10-0884; – in Polymergelen 13-1089; O_2-– in Polymethylmethacrylat 14-1109; Konz.-Abhängigk. d. – v. bas. Farbstoffen in sulfonathalt. Polyacrylnitrilfasern 15-1190; – v. Dioctylphthalat in Polyvinylchlorid 15-1195; Modell für d. – in einem glas. Polymeren 17-1157; – in Gele u. Polymerlsg. 18-0613; – v. W.-Dampf in Polyvinylpyrrolidon 19-1270; Einfl. d. Molgew. v. KW-Stoffen auf ihre – in Polyolefinen 20-1100; Best. d. –-Konst. v. W. in polymeren Substanzen 21-0712; Mehrkomponenten-– bei Hochpolymeren 22-1155, 22-1156; – in glasförm. Polymeren (Temp.-Abhängigk. u. Lsgm.-Einfl.) 24-1189; Einfl. d. Konz. auf d. –-Koeff. im Syst. DMF/Polyacrylonitril 24-1200; Permeat. v. W. durch polymere Hydrogele 27-1275; – v. Gasen durch Silicongummi 32-0534; Permeat. u. – v. Kr durch Hochpolymere 32-1180; Mehrkomponenten-– bei Hochpolymeren (tern. – im Syst. Polystyrol/Polystyrol/Toluol) 36-1142; –: in Gelen aus vernetzten Polyäthylenglykolmethacrylaten 37-1241; v. Polyisoprenmakromol. in Naturkautschuk bei linearer Streck. d. Kautschuks 38-1302; v. 2.6-Di-tert.-butyl-4-methylphenol in Hochdruck-Polyäthylen 39-1085; v. O_2 durch Plastikleit. 43-1854; v. Elektrolyten in Hochdruckpolyäthylen 45-1168; v. Oligomeren v. Polystyrol u. Polyhydroxypropylenglykol 46-1067.

– v. W. in Zeolithen 3-0626; Kinetik d. Selbst-– v. Alkalimetallionen in synthet. Zeolith v. Typ A 17-0714; –-Besonderh. d. Gelösten in H-Bind.-Syst. 20-0869; Elektronenzustand u. Beweg.-Dynamik v. Sn-Atomen auf d. Oberfläche v. Silicagel u. Zeolith 30-0633; Inter-– v. Na-Ionen im Ionenaustauschharz Amberlite IR-*120* L 35-0600; – v. Substanzen in formierten Zeolithen 37-0653; –-Mechanismus d. Eluier. v. Seltenerdmetallen 37-0716; Äthan-– in ionenausgetauschten synthet. Zeolithen v. Typ A 44-0569; Selbstdiffus. v. Na in Montmorillonit-Suspens. 9-0628; Einfl. v. Kolloidgröße u. Lsgm.-– auf d. dynam. Kernpolarisat. v. koll. Asphaltlsg. 10-1074; Unters. d. – d. Salicylsäure u. d. Na-Salicylats aus einigen Salbengrundlagen 27-1855.

Diffusion in Festkörpern

Einfl. einer Bestrahl. auf d. –-Versetz.-Kriechen v. Krist. 1-0325; – in heterogenen Festkörpern u. Berechn. d. Konz.-Verteil. d. Leg. 2-0259; –-Kinetik in bin. Syst. bei Vorliegen einiger Phasen 2-0260; Kinetik d. Sinterns u. –-Kriechens v. Festkörpern 2-0261; Atomverschieb. bei ein- u. zweidimensionaler – 2-0265; Einfl. geringer Beimeng. auf d. –-Koeff. in polykrist. Materialien 2-0266; aktivierte – v. Gasen in Feststoffen 2-1957; – aus gut gerührter fluider Phase in eine d. Form eines rechtwinkl. Parallelepipeds besitzende feste Phase 2-1958; Anharmonizität d. statist. dynam. Theorie d. Festkörper-– 7-0288; Oberflächenerschein. u. –-Mechanismen v. Fehlstellenbeweg. in Ionenkrist. 7-0289; Computer-Simulier. d. Leerstellenwander. 11-0322; –-Beweg. v. Einschlüssen in Festkörpern u. Verh. disperser Syst. bei hohen Temp. 15-0285; Zwischengitter-– in einem kub.-raumzentrierten Gitter 15-0287; – v. Edelgasen in Festkörpern (spaltbares Material) 15-0288; – u. Reinststoffprobleme 16-0166; raumladungsbegrenzter Einschaltstrom einschließl. – in einem Isolator 16-4020; –-Verbreiter. v. p–n-Übergängen in Halbleitern 16-0422; –-Berechn. in festen Lsg. v. drei Komponenten 17-2410; Geschw.-Prozesse für atomare – in Festkörpern 21-0313; Isotopeneffekt bei d. Zwischengitter-– 21-0314, 21-0315; Theorie d. –-Beweg. v. Poren in Feststoffen (Mischkrist.) 21-0316; Einw. akust. Schwing. auf d. –-Prozeß in Feststoffen 21-0574; Rolle v. Kleinwinkel-Korngrenzen im –-Prozeß 23-0344; – v. Edelgasblasen in Festkörpern 23-0345; Wachstum einer intermetall. –-Schicht in einem bin. Syst. 24-0198; –-Prozesse in Feststoffen während d. Temperns 24-2172; Weisersche Theorie d. – v. Zwischengitterionen im Diamantgitter 25-0262; Best. d. effektiven Korngrenzen selbst-– in Polykrist. geringer Kristallitgröße 25-0266; Bedeut. korrelierter Defekte in d. γ-strahlungsverstärkten – 27-0340; γ-strahlungsverstärkte – in Festkörpern

27-0341; Transport v. Materie in einfachen Ionenkrist. (kub. Halogenide) 28-0258; mkr. Theorie d. — in krist. festen Lsg. u. zeitl. Entw. d. diffusen Streuung v. Röntgenstrahlen u. therm. Neutronen 28-0259; Isotopeneffekt bei d. Zwischengitter-— 28-0260; Bezieh. zwischen Leerstellenbldg. sowie Wanderungsenergie u. d. Debye-Temp. in Festkörpern 31-0236; Eigenkrümm. d. Arrhenius-Kurve bei —-Vers. 33-0257; —-Versetz.-Mechanismen d. Fließens eines Krist. unter Berücksichtig. d. elast. Wechselwrkg. zwischen d. Versetz.-Schleifen 34-0282; Best. d. — u. Stoffaustauschkoeff. zwischen d. Phasen in d. Wirbelschicht nach d. Tracergas-Meth. 36-2117; Abschätz. d. —-Koeff. in einem Gitter mit Hohlräumen mit Hilfe d. Variat.-Prinzips 39-0212; elast. —-Wechselwrkg. v. Poren untereinander u. mit d. Flächen eines Krist. 39-0215; —-Entfern. v. Teilchen u. Poren durch wandernde Korngrenzen 40-0176; Wander. v. Phasengrenzen u. Mehrphasen-— in bin. Syst. aus Metall u. Zwischengitteratomen 41-0191; Unters. d. Einfl. d. Gitterfehlerkonz. auf d. —-Parameter in d. festen Phase mit Hilfe v. Isotopen 41-0192; Leerstellen-— in kub.-flächenzentrierten Gittern 47-0238; Einfl. d. Abweich. v. d. Vegardschen Regel auf d. — in einem Mischkrist. unter allseit. Druck 47-0240; experimenteller Vgl. d. Korngrenzen-—-Modelle 48-0223.

Elemente, anorganische Verbindungen

Selbst-— in festem Ar (Aktivier.-Energie) 7-0290; Einfl. v. ^{4}He auf d. Austauschgitterrelaxat. in festem ^{3}He 19-0286; Konz.-Verteil. v. P in —-Schichten 16-0298; Korrelat. zwischen Porengrößenverteil., Permeabilität u. — in Graphit 22-2270; Bemerk. zur Weiserschen Theorie d. Diffus. v. Zwischengitterionen im Diamantgitter 25-0262; Strukturabhängigk. d. Tracer-— v. Th in pyrolyt. Graphit 39-0217; durch örtl. — in Si entstehende Versetz. 5-0214; Ausscheid. in Si nach — v. B 5-0345; Mechanismus d. substitutionellen — in Si 6-0292; —: v. Ni in Si 6-0294; u. elektr. Überführ. v. In u. Ag in Si entlang d. Versetz. 6-0295; dissoziative — v. Ni in Si u. Selbst-— v. Si 10-0388; kooperativer —-Effekt v. B u. P in Si 12-0276; B-— in Si unter Verw. v. Diboran 13-0290; Diboran für B-— in Si 13-0291; Verteil. u. Fäll. v. Au in durch — mit P dotiertem Si 15-0227; —-induzierte Fehlstellen in Si durch B- u. P-— 19-0434, 19-0435; Röntgenbeug.-Unters. d. in Si durch tiefe P-— erzeugten Defekte 21-0319; — v. Au in Si 25-0276; Fremdstoff-— (B, Ga, Sb, u. P) in plast. verformten Si-Einkrist. 27-0334; — v. B bzw. Ga in Si (Einfl. v. As- bzw. Sb-Konz.-Gradienten) 33-0484; Anwend. d dynam. Röntgenbeug.-Theorie auf d. Unters. d. — v. B u. P in Si-Krist. 36-0276; Selbst-— in eigen- u. störleitendem Si 37-0407; — in Si (Einfl. einer Versetz.-Beweg. auf d. —-Koeff. v. B u. P in Si) 39-0218; (erhöhte — v. P in Si) 39-0219; anomale —-Effekte in Si 41-0193; — v. Au in Si 43-0377; $POCl_3$ als Ausgangsmaterial für d. — v. P in Si 44-0255; Natur d. Quellen für Versetz.-Schleifen (durch Au-— in Si-Krist. erzeugt) 46-0153; Einfl. hoher P-Konz. auf d. — v. P in Si 47-0248; Selbst-— in Te (Einfl. v. Anisotropie u. Verunreinig.) 15-0293; (Einfl. v. Korngrenzen u. Versetz.) 15-0294; Aktivier.-Energie bei Selbst-— v. hochreinem Se 35-0353.

— v. Lsgm. u. gelöstem Stoff in verd. Leg. u. kub.-flächenzentrierten Metallen 1-0314; Selbst-— u. elast. Konst. v. anomalen kub.-raumzentrierten Metallen 3-0272; — in mehrphas. Leg.-Syst. 3-0303; Unters. d. Leerstellenwander. in geordneten bin. Leg. mit d. Monte-Carlo-Meth. 8-0256; Berechn. d. effektiven Vol.-Selbst-—-Koeff. in Metallen mit Korngrenzen, Versetz. u. inneren Oberflächen 10-0269; Masseneffekt in d. — leichter Zwischengitterlsg. (H_2, D_2) in Metallen (Ni, Cu) 12-0277; Computer-Programm zur Beschreib. d. — -Kinetik in Metallen 13-0292; — u. Kirkendall-Verschieb. in bin. Leg. 14-0288; Mechanismus d. — über Strukturdefekte (Versetz.- oder interkrist. Verb.-Typ) in Metallen 15-0286; Analyse d. nichtlinearen Darst. d. Selbst-—-Koeff. für kub.-flächenzentrierte Metalle im Arrhenius-Diagramm 22-0296; — d. Metalle ineinander während d. Aufdampfens u. danach 28-0463; Energie d. Absorpt. v. H in einem Metall 29-0296; —-Mechanismus in geordneten kub.-raumzentrierten Leg. (β-AgMg) 29-0297; — v. intermetall. Verb. 30-0121; Kinetik d. durch gelöste Stoffe verstärkten — in verd. kub.-flächenzentrierten Leg. 34-0354; anomales —-Verh. kub.-raumzentrierter Übergangsmetalle (β-Zr- u. β-Ti) 34-0355; Selbst-— u. elast. Konst. d. anomalen kub.-raumzentrierten Metalle 34-0357, 34-0358; Bezieh. zwischen d. Leerstellenbldg.- u. -wander.-Energie sowie d. Aktivier.-Energie d. — u. d. Debye-Temp. v. Metallen 37-0306; Oberflächen-, Vol.- u. Korngrenzen-— beim Sintern v. Metallen 38-2471; gerichtete Selbst-— u. Sintern in Metallen u. Leg. 39-0226; Wander. v. Phasengrenzen u. Mehrphasen-— in bin. Syst. aus Metall u. Zwischengitteratomen 41-0191; Einfl. eines Leerstellenflusses auf d. — in Metallsyst. 42-0082; Aktivier.-Enthalpie d. Selbst-— in Metallen 46-0290; Temp.-Abhängigk. d. — in Metallen mit kub.-raum- u. kub.-flächenzentrierten bzw. hexagonal dicht gepacktem Gitter (W, Mo, Cr, Ta, Nb, V, Fe, Co, Ni, Cu, Ag, Au, Ti) 49/50-0186.

— v. Au in Na 12-0283; Selbst-— in K 17-0325; —: d. Alkalimetalle K, Rb, Na in Na u. K 46-0291; v. H in Be 10-0272; Selbst-— in Be 47-0249; —-Kriechen in Mg-Leg. mit *0,5* Gew.-% Zr 41-0135; — v. Cu u. Ga in Zn-Einkrist. 8-0254; anisotrope — v Hg in Zn 14-0292; Unters. d. anisotropen — v. Ni in Zn durch eine autoradiograph. Meth. 21-0324; anisotroper Isotopeneffekt bei d. — v. Zn u. Cd in Zn 39-0227; Isotopieeffekt bei d. Selbst-— in Zn 42-0238; Aktivier.-Energien für d. Na-— in Na_5Hg_2 u. Na_3Hg_2 43-0327; — v. Cu an d. Korngrenzen v. Al-Bikrist. 23-0344; Bezieh. zwischen Selbst-—, Schmelzen u. d. Leerstellen-Beimeng.-Bind. in verd. Al-Leg. mit Pb, Cu, Sb, Tl, In, Cd 27-0337; NMR-Mess. d. —-Koeff. v. reinem Al 34-0360; — v. Mo in Al 35-0255; direkte Beobacht. schneller Selbst-— entlang v. Versetz. in Al 36-0278; — v. Pd, Ag, Cd, In u. Sn in Al 40-0190; Ausheilkinetik v. Lücken u. d. Selbst-— -Koeff. v. Al 43-0239; Zusammenhang d. Aktivier.-Energie u. Rk.-Wärme v. —-Prozessen für Al-Leg. mit *5,3* bzw. *2,7* Atom-% Ag 47-0242; Tracer-— v. Hg in Tl-Amalgamen 4-0444; — v. Au u. Ag in Tl 48-0225.

— v. W, Mo, Cr u. Fe in kub.-raumzentriertem Zr sowie v. W, Mo u. Zr in Ti 25-0270; — in Ionenkrist. in Zr bei Durchgang v. elektr. Strom bei hoher Temp. 17-2519; neue —-Vers. zur Phasengestalt. im Syst. Mg/Zr sowie über d. Kornfein.-Effekt durch Zr 18-0296; —: metall. Beimeng. in Zr u. Ti 25-0270; v. Y in Zr 25-2528; v. S in Zr 29-0292; Selbst-— u. Beimisch.-— (Sn, Cr, Ag, V u. Mo) in α-Zr 29-0293; anomales —-Verh. kub. raumzentrierter Übergangsmetalle (β-Zr u. β-Ti) 34-0355, 34-0356; —-Parameter v. H in d. α-Phase v. Zr, Zircaloy-*2* u. Zircaloy-*4* 39-0491; —: v. C in Hf 47-0245; v. Th, Pa u. U in kub.-flächenzentriertem Th 10-0273; Selbst-— v. Ge entlang eingewachsener Versetz. im äußeren elektr. Feld 6-0296; — v. Li in Ge u. Si 12-0279; Ausdiffundieren v. Sb aus Ge u. seine Anwend. auf Transistoren 17-0456; —: u. Bldg.-Energie v. therm. Leerstellen in Ge 21-0322; v. Al u. B in Ge 33-0259; in verd. Tl-Sn-Leg. 34-0361; v. Cu in Sn 36-0280; v. ^{110}Ag im Sn 41-0202; Tracerdiffus.-Koeff. v. Pb in zweiphas. Pb-Ag-Krist. 6-0299; v. C, N u. O in V 45-0421; Selbst-— v. Nb in Nb/W-Leg. 3-2436; Relaxat.-Effekt infolge — v. Zwischengitter-H in Ta u. Nb 9-0317; Selbst-— v. Nb in Nb-Leg. mit *5* bis *45* Mo 12-2328; vorläuf. Elektronensondenmess. d. Einfl. v. O u. N auf d. — im Syst. Nb/Ti 13-1820; gegenseit. — v. Nb u. Metallen d. Gruppen IVa, Va u. VIa (Ti, Zr, Ta, Mo, V) 23-0349; Unters. d. C-— in Nb 25-2526; Selbst-— v. Nb in seinen Leg. mit Ti u. Zr 25-2527; —: v. V in Nb, Zr u. V 41-0197; v. N_2 in Nb-Drähte 43-0444; Anodisier. als Technik zur Unters. d. — im Syst. TiNb 44-0107; — v. S in Nb bei *1370*–*1770* °K 47-0243; C-Diffus. in Nb 48-2227; ^{1}H-NMR-Unters. d. H-— im Syst. Ta/H 7-0293; elast. Relaxat. infolge — v. Zwischengitter-D-Atomen in Ta 28-0249; Atombeweglichk. u. — v. Ag in Bi in Abhängigk. v. d. kristallograph. Richt. 39-0234; Zusammenhang d. Aktivier.-Energie d. Selbst-— mit d. Gitterenergien in d. Metallen Na, Mg, Zn, Cd, Tl, Pb, Sb u. Bi 47-0241; —-Koeff. v. N in Cr 16-0302; Mechanismus d. — in d. kub.-raumzentrierten Übergangsmetallen V, Cr, β-Ti u. β-Zr 27-0336; Einfl. v. H auf d. — v. C in Cr 35-0258; Temp.-Abhängigk. d. —-Koeff. v. K in Mo 20-2335; Einbau v. H-Ionen in Mo, Ti, Ta u. Zr 24-0323; Tracer-— v. W in Mo 28-0265; Löslichk.-Grenze u. — v. C in Mo 46-0292; — v. S in Mo 47-0244; —-Koeff. in pulvermetallurg. Drähten d. Syst. Mo/W 18-2328; — v. Re u. Mo in W u. dessen Leg. mit Re u. Mo 27-0339; Beweg.-Energie v. Leerstellen in W 28-0279; Kinetik d. metall. Aktivier. beim Sintern von W 32-0299; Korngrenzen-— in W 35-0259; chem. — im Syst. Nb/W 42-0082; Unters. d. -Beweglichk. v. C in W u. Mo nach d. Meth. d. inneren Reib. 47-0246; — v. Re in W 47-0251; chem. — in d. hexagonalen Phase d. Syst. Zr/Pu 22-0297; — im Syst. Zr/*15* Atom-% U 35-0260; Anisotropie d. Selbst-— in α-U 42-0082.

Einfl. d. Erhitz.-Geschw. auf d. Verhältnis d. Vol.- u. Korngrenzen-— v. Co in Fe u. Cr in Fe 1-0317; — kompakter Carbide in Lagerstahl beim Anlassen 2-2216; Beweg. fester Teilchen in austinit. korrosionsbeständ. Stahl *304* 3-0310; N-Diffus. in Fe/Cr-Leg. (innere Reib. bei Nitrid-Ausscheid.) 4-1943; Einfl. d. elektr. Beding. auf d. — v. H_2 in Fe u. weichen Stählen 5-0633, 5-0634; Zusammenhang d. —-Parameter v. H mit kinet. Koeff. in Fe/Al-Leg. 9-0318; — Fe/Zn im festen Zustand 10-0274; Zementat.-Kinetik v. Ag u. Cu durch Fe in Sulfat-Lsg. 11-2385; Best. d. —-Koeff. bei d. Kondens. an heißen Proben v. Fe 14-0290; Wander.-Energie u. Löslichk. v. O in kub.-raumzentriertem Fe 14-0293; Herring-Nabarro-Kriechunters. d. Selbst-— v. reinem Fe u. Fe-Leg. mit N, P oder *3,5* % Si 16-0303; —: v. H in Fe 18-0298; v. U in quasiunendl. Verdünn. in Ti u. Fe 19-0316; —-Sättig. v. Stahl durch B u. Ti 20-2361; Rk. d. —-Verchrom. v. Fe 24-2409; Mess. d. Vol.- u. Korngrenzen-—-Koeff. v. radioakt. Cr in α-Fe 25-0269; —-Rk. im aluminierten Fe 26-2455; umgekehrte C-— beim Glühen v. Fe-Leg. im Vakuum 27-2614; Best. v. —-Koeff. unter Berücksichtig. d. Rk.-Kinetik an d. Phasengrenze mit Anwend. auf d. Syst. Fe/Mn 29-0289; —-Geschw. v. Carbiden in Cr-Stählen 30-2374; Einfl. v. C auf d. — v. W in Stahl 30-2375; —-Erschein. an Reib.-Oberflächen (vakuumbehandelte Stähle *U12* u. *U8*, techn. Fe mit Carbidschicht gegen Stähle mit hohem Carbidbildnergeh. wie *Ch12M*, *R18* u. ihr Zusammenhang mit d. Verschleißfestigk.) 32-0283; — von Chrom in Fe u. Stählen mit niedrigem C-Geh. 34-0362; Korngrenzen-— v. Fe in verschiedenen austenit. Stählen 34-0363; —-Ausgleich v. Krist.-Seiger. in Stahl 34-2422; Einfl. d. konzentrationsabhängig. —-Koeff. auf d. Wander. v. Phasengrenzen bei Ferrit 35-0121; —: v. Zn-Dampf in Fe u. C-Stahl 35-2388; v. N in α-Fe mit P 35-2390; v, Cr in Fe bei —-Überzügen auf Fluß-Fe 35-2465; mkr. u. elektronenopt. Unters. d. — v. H u. d. Struktur v. Fe-Sorten verschiedener Reinh. nach kathod. Belad. 36-0274; — v. ^{59}Fe in Mn–Zn-Ferrit-Einkrist. u. -Polykrist. 38-0603; Einfl. einer plast. Verform. u. Glüh. auf d. H-Durchdringbark. an Austenit einer Fe-Leg. 39-0228; Grenzen- u. Vol.-— v. Ni in Fe 39-0231; Selbst-— v. Fe in FeS 40-0183; S-Aktivität, Leerstellenkonz. u. Selbst-— in einer wachsenden Schicht v. FeS auf Fe 40-0184; Kationen-—-Koeff. v. Mn, Co, Zn, Fe u. Ca u. Leerstellen-D. in Mn–Zn-Ferriten 40-0186; Beweglichk. v. Edelgasen in d. anisotropen keram. Oxiden Al_2O_3, Cr_2O_3, Fe_2O_3, TiO_2 u. U_3O_8 41-0194; —-Vermögen v. O in α- u. γ-Fe 41-2200; Permeabilität, Löslichk. u. — v. O in kub.-raumzentriertem Fe 44-0107; Eindringvermögen v. H u. D in α-Fe 45-0296.

— v. N in Fe-Ni(Co)–N-Leg. (innere Reib.) 39-2385; Eindring.-Geschw. v. D u. H in Fe/Ni-Leg. (Einfl. d. Oberflächenhärt.) 23-2616; Elektro- u. Thermotransport in Ni 1-0317; Isotopeneffekt: für d. — im Syst. Cr/Ni 3-0304; bei d. — u. Löslichk. v. H in Ni 15-0290; —: u. Löslichk. v. H in Einkrist. v. Ni u. Ni/V-Leg. 15-0291; v. C in Ni bei Temp. oberhalb u. unterhalb d. Curie-Temp. 15-0296; im Syst. Co/Ni 16-0304; im Syst. Fe/Ni 16-0305; Selbst-— v. Ni in Ni/Fe-Leg. mit *20*–*35* Atom-% Fe 25-0272; elektr. Widerstand bei — v. H in Ni 27-0331; — v. H in kub.-flächenzentriertem Ni u. Ni-Leg. mit *10,05*–*59,75* (%) Fe (maximal *0,01* C u. *0,005* S) 29-0294; Porosität, Porengröße, Korngröße u. effektive Vol.-Selbst.— in gesintertem Ni 30-0257; gegenseit. — im Syst. Ni/Cr 39-0230; Rk.-— u. Kirkendall-Effekt im Syst. Ni/Al 40-0189; — im Syst. Fe/Ni/Co 40-0191; Best.: d. —-Koeff. d. H durch eine Ni-Folie 40-0192; d. Selbst-—-Koeff. im Syst. Fe/Ni durch Mess. d. Kirkendall-Effektes 41-0200; —: v. C in γ-Fe/Ni-Leg. 42-0082; v. Ni in Ni-Nb-Leg. mit *1*–*2* Gew.-% Nb 47-0252.

Selbst-— u. elast. Konst. v. anomalen kub.-raumzentrierten Metallen (β-Ti, β-Zr, γ-U, β-Hf, β-Messing, V_3Si, In-Tl-Leg., Fe-Ni-Leg., α-Ti, α-Zr) 3-0272; — v. Cu in elektrolyt. abgeschiedenen Permalloyschichten 6-0300; Selbst-— v. Cu bzw. Zn in Cu/Zn-Leg. 8-0256; Umkehr. d. Elektrowander. in Cu 8-0393; Kinetik d. Löslichk. v. H in Fe, Ni, Co u. Cu 9-0319; Isotopeneffekt für d. — v. Zn in Cu u. geordnetem u. fehlgeordnetem CuZn 11-0328; spannungsinduzierte Hetero-— entlang Versetz. in Cu-Leg. mit *0,006* bis

0,1 Atom-% Si, Ge bzw. Sn 14-0294; –: v. Xe in Cu 17-0324; v. S in hochreinem Cu 23-0350; v. Zn in Cu-Whiskern 25-0268; v. Ni in Cu 25-0273; Sichtbarmachen v. Versetz. in Einkrist. (Si, Cu, Ge) durch – markierter Atome (^{110}Ag) 36-0106; Unters. d. Kinetik d. Inter-– v. Cu u. Mn mit Hilfe einer Röntgenmikrosonde 36-0282; experimentelle Trenn. d. Frenkel- u. Kirkendall-Effekts an d. Grenzfläche Cu–Ni 39-0213; Nachw. weitreichender Defektwander. im Erhol.-Bereich I v. Cu 39-0249; – v. Cu in Ag/Cu-Leg. 39-2402; Best. d. Selbst-–-Koeff. im Syst. Cu/Ni durch Mess. d. Kirkendall-Effektes 41-0199; –-Verh. d. Cu auf d. Ni-Seite d. Syst. Cu/Ni 41-0201; Unters. d. Zwischengitterwander.-Kinetik in Cu bei tiefen Temp. 41-0215; – d. Tracers ^{65}Zn im α-Mischkrist. auf d. Cu-reichen Ecke d. Syst. Cu/Ni/Zn 42-0082; spannungsbeschleunigte – v. Cu/Te-Paaren 44-0107; –-Eig. v. Defekten d. Stufe III in Cu 45-0293 bis 45-0295; Einfl. v. Druck auf d. –-Effekte in d. Syst. Cu/Ni u. Si/Ni 47-0253; Theorie d. – in geordneten Leg. v. β-Messing-Typ (Theorie) 48-0230; Einfl. v. Cd auf d. interkrist. Selbst-– v. Ag 2-0266; – v. S in Ag 3-0307; Tracer-–-Koeff. v. Pb in zweiphas. Pb/Ag-Krist. 6-0299; Korrelat.-Koeff. u. Isotopeneffekt für d. – v. Zn in Ag 11-0327; Isotopenaustauschmeth. mit einmal. isothermen Anlassen zur Best. d. Temp.-Abhängigk. d. –-Koeff. v. Ag 15-0559; Beweis d. Erfüll. d. Grenzbeding. in d. Isotopenaustauschmeth. zur Best. v. Diffus.-Koeff. u. Verdampf.-Geschw. v. Festkörpern an Ag 15-0560; Beweglichk. v. T in Ag u. Al nach Ionenbeschuß 18-0300; Ne-– in Ag 22-0299; – v. Beimeng. in polykrist. Ag (In) 22-0300; (Sb) 39-0232; Selbst-– v. Ag in AgW-Bronze 40-0188; durch Spann. beschleunigte Selbst-– in Ag 42-0082; – v. ^{110}Ag in Al u. in Al–Ag-Mischkrist. 48-0224; –-Koeff.: v. Ag in Au-(*10–60* Atom-%) Ag-Leg. 5-0343; d. O_2 durch eine Au-Schicht 5-0455; Aktivitätskoeff. u. Einfl. d. Leerstellenflusses auf d. – in Ag/Au-Leg. 12-0282; Einfl. d. hohen elektron. Stromdichte auf d. Beweg. v. ^{195}Au u. ^{125}Sb in Au 12-0284; Nd. u. – v. D in Au, Ni u. Cu 13-0293; – v. Co in einer Cu_2Au-Leg. 17-0326; Einfl. eines elektr. Feldes auf d. interkrist. – in Edelmetallen d. *1.* Gruppe (Ag in Cu, Ag u. Au) 25-0275; Strukturanisotropie d. Oberflächenkoeff. d. Selbst-– v. polykrist. Au 30-0258; Wechselwrkg. v. Defekten in d. –-Zone schmaler Au/Ag-–-Paare 34-0365; Analyse v. Selbst-–- u. Abschreckunters. in Al u, Au 38-0266; Stoßaufheiz. u. Wander.-Energie einer einzelnen Leerstelle v. Au 39-0117; Selbst-– in fast gleichatomaren Au/Cd-Ordn.-Leg. 40-0197; – in kub.-flächenzentrierten geordneten Krist. v. CuAu-Typ (Theorie) 48-0231; Temp.-Abhängigk. d. – in Metallen mit kub.-raum- u. kub.-flächenzentrierten bzw. hexagonal dicht gepacktem Gitter (W, Mo, Cr, Ta, Nb, V, Fe, Co, Ni, Cu, Ag, Au, Ti) 49/50-0186.

– v. H durch Pd 11-0323; Durchlässigk. v. Pd u. Pd/Ag (*75/25*) für D u. H bei höheren Temp. u. Drücken 12-0287; –: v. H u. D in Pd u. Pd-Leg. mit bis zu *40*% Ag-Geh. (gasvolumetr. Mess.) 27-0332; – v. H u. D in Pd u. Pd-Leg. mit Ag, Sn, Rh, Pb u. Cd (elektrochem. Meth.) 27-0333; –-Geschw. v. H durch Pd 31-0274; – v. H im Syst. Pd/H 33-0258; – u. Beweglichk. v. Sn in Ni u. v. ^{59}Fe in Pd 39-0233; einige Nichtgleichgew.-Experimente über d. H-Durchdring.- u. –-Charakeristiken einer *75* Pd–*25* Ag-Leg. 51/52-0186; Röntgenmess. d. chem. –-Koeff. im Syst. Au/Pt 15-0299; wechselseit. – in bin. Syst. mit ununterbrochener Mischkrist.-Bldg. (Fe/Ni, Ni/Co, Ni/Pt u. Co/Pt) 39-0229; Leerstellen, Doppelleerstellen u. Selbst-– in Pt 43-0238.

–: d. Chalkogene in II–VI-Verb. 16-0299; v. C in Übergangsmetallcarbiden d. IV.–VI. Gruppe d. Periodensyst. 39-0225; Selbst-–: in Eis-Einkrist. 4-0272; v. T in natürl. u. synthet. Eis-Einkrist. 26-0305; NMR- u. NQR-Unters. d. mol. Beweg. in festem HCl u. DCl (Temp.-Abhängigk.) 43-0320; Unters. d. – v. Au in SiO_2 u. Si mit einer MOS-Struktur 2-0268; Mess. d. Verteil. v. diffundiertem P in einer Si–Dioxid-Schicht unter Verw. v. ^{32}P als Indikator 21-0320.

– v. Traceralkalimetallionen in Alkalimetallnitraten 5-0608; Einfl. v. Röntgenstrahl. auf d. gegenseit. – in Alkalimetallhalogenideinkrist. 15-0298; Berechn. d. Aktivier.-Energien d. Ionenverschieb. in Alkalimetallhalogenidkrist. 22-0251; Löslichk., – u. IR-Absorpt. v. W.-Mol. in Alkalimetallhalogenidkrist. 33-0347; Selbst-– in kub. Lithiumsulfat 4-0503; NMR-Best. d. Ionen-– in (Mn- oder Mg-dotiertem)LiF 28-0261; – v. Pb in NaCl 10-0271; Beweg. v. Na^+ in d. –-Zone d. Syst. NaCl/NaBr 23-0347; – v. Zn in dotierten NaCl-Krist. 28-0262; Berechn. d. Selbst-–-Koeff. in Proben mit einem Gradienten d. chem. Konz. (Syst. NaCl/NaBr) 39-0216; – v. Cd^{2+}-Ionen in NaCl-Einkrist. 40-0178; maschinelle Berechn. d. integralen –-Koeff. v. KCl 5-0599; nichtideale – v. Ar in KCl 6-0302; Frenkel-Effekt bei d. gegenseit. – in Alkalimetallhalogenideinkrist. (Syst. KCl/KBr) 9-0315; – d. Chloridions in KCl 12-0278; Einfl. d. Oberflächenverdampf. auf d. durch Isotopenaustauschrk. bestimmte Br-– in KBr 15-0297; –: im Syst. KCl/KBr u. NaCl/NaBr unter d. Einw. v. Röntgenstrahl. 15-0298; v. Ar in bestrahlten Ionenkrist. (KCl-Einkrist. u. K-dotierte Na-Salze) 24-0320; –-Permeabilität verschiedener Defekte in KCl- u. KJ-Einkrist. 25-0264; Entropie u. Enthalpien d. Selbst-– in KBr 27-0335; Beweglichk. d. Edelgase Ar u. Xe in reinem u. mit K_2CO_3 bzw. $CaBr_2$ dotiertem KBr 29-0291; Edelgas-– in neutronenbestrahlten K-Halogeniden (Anionen-– in KBr, – in LiF) 29-2424; – v. Tl^+ in dotiertem u. vorbehandeltem KCl 33-0260; Wander. d. Poren in d. –-Zone in d. Syst. Cu/Ni u. KCl/KBr 39-0214; – v. Br^--Ionen in Alkalimetallhalogenideinkrist. (KBr, NaBr, NaCl) 41-0195; Durchdring. v. isolierten anod. ZrO-Schichten durch KNO_3 42-0239; – in mit Edelgasen beschossenem KCl, KBr u. KJ 48-0226; chem. –-Koeff. v. Paar KCl/RbCl 14-0295; Selbst-– v. ^{134}Cs in CsJ-Ein- u. Polykrist. 28-0263; – v. Xe in neutronenbestrahlten Cs-Halogeniden (CsF, CsBr u. CsJ) 37-0326; Selbst-– u. Ionenleitfähigk. in CsCl-Einkrist. 39-0221; Kationen-Selbst-– in mit schnellen Neutronen bestrahltem BeO 30-0263; Koinzidenzmeth. zur Best. d. ^6Li-Konz. in neutronenbestrahlten BeO-Körpern (– v. Li in BeO) 35-0254; Selbst-– v. Be in polykrist. BeO 40-0180; Einfl. d. Kristallitgrößenverteil. auf d. Korngrenzen-Selbst-– v. Na u. Ca in Polykrist. v. $Na_2O \cdot 2\,CaO \cdot 3\,SiO_2$ 10-0270; Selbst-– v. Ca in CaO-Einkrist. 11-0326; ^{22}Na- u. ^{45}Ca-Vol.- u. Krongrenzen-– in polykrist. $Na_2O \cdot 2\,CaO \cdot 3\,SiO_2$ 25-0267; Verh. v. F^--Zwischengitterionen während d. Red. v. Dy^{3+}-Ionen in CaF_2 (Aktivier.-Energie d. Wander. d. F^--Ionen) 27-0212; – v. Edelgasen (Ar, Kr u. Xe) in Calciumfluorid 37-0327; Deut. d. Edelgas- u. Selbst-–-Mechanismen in CaF_2 37-0328; –: v. Be in MgO 8-0252; v. Ba in MgO 36-0277; Inertgasblasen v. Ne u. He in neutronenbestrahltem MgO 40-0210; – v. Xe in BaF_2 1-0315; Bldg.: v. Fäll. in GaAs bei Ein-– v. Zn 37-0224; v. dekorierten Versetz. u. Fehlern unterhalb d. Oberfläche in GaAs bei Ein-– v. Zn 37-0225; Selbst-– v. S in ZnS 39-0222, 48-0228; durch α-Teilchen v. ^{239}Pu im Feld einer Röntgen- oder γ-Bestrahl. verursachte – v. Strahl.-Schäden in CdS 1-0324; opt. Unters. d. Cu-– in CdS-Einkrist. 4-0273; – v. Se in CdTe 7-0292; –-Koeff. v. Se u. Te in CdSe, ZnSe, CdS u. CdTe 16-0299; Erzeug.-Rekombinat.- u. –-Rauschen in CdS-Photoleitern 19-0460; Ionendiffus.-Geschw. in β-Al-Oxid 25-0710; – v. ^{229}Th u. ^{233}U in α-Al_2O_3 28-2197; Einfl. v. MgO u. $MgTiO_3$ auf d. –-Kriechen v. polykrist. Al-Oxid 32-0295; – v. β-akt. Prod. d. Kernspalt. in α-Al_2O_3-Sinterkörpern 37-2364; – v. ^{239}Pu u. ^{241}Am in α-Al_2O_3 40-1998; –-Koeff. bei Wärmebehandl. v. InSb-Krist. mit verschiedenen Versetz.-Dichten 17-0462; –, Löslichk. u. Lad.-Zustand v. Ag in InAs 23-0348; Cd- u. Zn-– in InP 26-0306; –: v. Zn u. Cd in InAs 26-0307; v. Au in krist. u. glas. $CdGeAs_2$ 35-0277; v. Au in InAs 36-0283; v. Cu in InAs 40-0311; Änder. d. Gitter v. InSb u. InAs während d. Zn-– 45-0292; Temp.-Abhängigk. d. Isokonz.-– v. Zn in GaAs 6-0297; Einfl. eines elektr. Feldes auf d. – v. Verunreinig. in GaAs 6-0430; –-Längen v. Elektronen u. Löchern in GaAs 13-0404; – u. Löslichk. v. Li in GaSb 16-0300; Mess. d. –-Längen in n-GaAs durch Elektronenstrahlanreg. aus d. Spann.-Abhängigk. d. Kathodolumineszenz 16-0419; –: u. Löslichk. v. Li in GaSb 33-0261; v. Zn in unter As-Dampfdruck stehendem GaAs 35-0256; Gitterplatzwechsel v. Si in GaAs (Si bei Li-–) 38-0264; Abhängigk. d. –-Koeff. v. Fermi-Niveau (Zn in GaAs) 39-0223; – v. ^{65}Zn in GaAs bei hohem As-Druck 48-0227; – v. F-Atomen in LaF_3-Einkrist. durch kernmagnet. Resonanz 5-0346; Selbst-– v. O in Y_2O_3 u. Er_2O_3 34-0367.

O-– in mit CaO stabilisiertem ZrO 18-0294; Edelgas-– in nichtstöchiometr. ZrC 19-0314; –: v. C durch Zr-Carbid 25-0263; v. Zr in Zr-Hydrid 36-0279; Aktivier.-Energien für d. H-– in Th-Hydriden 30-0256; –-Koeff. v. Pb-Chlorid 39-0336; –: v. ^{22}Na in PbTe 48-0229; v. C in V- u. Ti-Carbiden 36-0275; v. O in nahezu stöchiometr. α-Nb_2O_5 35-0257; Temp.-Abhängigk. d. –-Koeff. v. C in nicht stöchiometr. Zr-, Nb- u. Ta-Carbiden 31-0275; – v. C in Ta-Monocarbid 44-0107; Unters. d. Cu-– in Bi_2Te_3 nach d. Ätzverf. 36-0281; –-Mess. im Syst. Al_2O_3/Cr_2O_3 32-0305; Selbst-– v. C in Mo_2C zwischen *890* u. *1500°* 17-2469; – v. Ca in mit Nd u. Na dotierten $CaWO_4$-Einkrist. 33-0262; Gitter- u. Krongrenzen-– v. Pa in ThO_2 u. in einem ThO_2/UO_2-Mischkrist. 47-0250; – v. ^{133}Xe in UN-Einkrist. 2-0262; –-Mess. an nichtgasf. Spaltprod. in UO_2 5-0347; – v. Ar u. Xe in U-dotiertem CaF_2 in UO_2- u. UC-Einkrist. u. Kr u. J in UO_2 15-0288; Selbst-– v. U in Urandioxid (Einfl. d. Abweich. v. d. Stöchiometrie u. d. Korngrenzen) 16-0307; Mitschleppen v. Blasen durch Korngrenzen in bestrahltem UC 16-0308; Anwend. d. – im elektr. Feld zwischen *900* u. *1100°* zur Best. d. –-Koeff. v. O in UO_2 22-0303; Wander. v. Gasblasen in bestrahltem UO_2 23-0356; Selbst-– v. U in UC 37-0323; Oberflächenselbst-– v. UO_2 37-0324; – v. Mn in MgO/FeO-Paaren bei veränderl. Konz. u. Stabilität d. Mischkrist. 12-0280; Unters. v. –-Erschein. in ferrimagnet. Spinellen d. Zus. $NiO \cdot (1-x)Fe_2O_3 \cdot x\,Al_2O_3$ mit $0 < x < 1$ 10-0495; – v. Co in $(Ni, Mn)Fe_2O_4$ u. deren Einfl. auf das magnet. Verh. 13-0237; –-Koeff. für ^{35}S u. ^{64}Cu 32-0442; bei d. – v. Ag^+-Ionen in α-Ag_2S u. Ag_2Se u. Ag_2Te beobachtete Abweich. v. d. Einstein-Bezieh. 12-0281; Einfl. d. hydrostat. Drucks auf d. Selbst-–-Mechanismus in AgCl-Einkrist. 24-0321; – u. elektrolyt. Wander. v. Cd-Ionen in $AgCl/CdCl_2$-Mischkrist. 28-0267; Hochdruckunters. v. AgJ (– in einem Druckgradienten) 34-0368; Abweich. v. d. Einstein-Bezieh. in Krist. (Selbst-– v. Ag^+-Ionen in α-Ag_2S u. α-Ag_2Se) 40-0187.

Mineralien, anorganische technische Produkte

Ausdehn. d. Darkenschen Gleich. auf d. bin. – in Keramiken 2-2128; – v. Fl. in Papierunterlagen 3-3225; Methodik zur Mess. v. –-Koeff. in Gläsern d. Zus. *20* Mol.-% Na_2O u. *80* Mol.-% SiO_2 7-0287; Na^+-– in NaCl- u. Na_2SO_4-halt. $Na_2O \cdot 2\,SiO_2$-Glas 7-2256; – v. W. in Beton bei Temp. zwischen *50* u. *95°* 7-2319; Freisetz. v. Kr aus Pyrex-Glas 10-0277; – v. Siemens-Martin-Ofenschlacken in bas. feuerfesten Stoffen 10-2280; T-–-Mess. an protonenbestrahlten Proben d. Eisenmeteoriten Sikhote-Alin 11-0807; Zusammenhang zwischen Adsorpt. u. –-Geschw. v. Sr-Spuren in Böden 13-0785; –-Prozesse in Glasoberflächen 17-2371; Na-– v. Na–Al-Silicat- u. Na–Ca–Al-Silicat-Gläsern 17-2374; – v. W. in Beton bei Temp. zwischen *50* u. *95°* 17-2406; Ionen-– u. elektr. Leitfähigk. v. Gläsern mit einem Alkalimetall 19-0471; – v. Bzl. u. n-Pentan in Aktivkohlekörnchen 21-0727; Lsg. u. – v. He u. Ne in Tridymit u. Cristobalit 22-0302; v. W. u. W.-Dampf in keram. Materialien 22-2415; Si-– in *3*-Schichtverbundblechen mit verschiedenem Si-Geh. 22-2487; Na-Selbst-– in Na-Aluminosilicatgläsern 25-2404; –-Mess. in Böhmit 27-0330; – v. ^{90}Sr in Basalt 28-2262; Einfl. d. Feuchtigk. auf d. Isolat.-Eig. v. keram. Materialien u. Mess. d. –-Widerstände 28-2392; – v. T in Quarz u. Quarzglas 29-0290; Na-–-Vers. in Quarzkrist. 32-0304; – gasf. KW-Stoffe in synthet. Mordenit 32-0689; Kationenwander. in tetragonalen Spinellen ($MgMn_2O_4$) 38-0265; Einfl. d. α–β-Quarzumwandl. auf d. ^{22}Na-– in SiO_2-Glas 40-0177; – v. nach $^{142}Nd(^{12}C, 4n)^{150}Dy$ erhaltenem Dy in Folien (Ta, Mo, Graphit, graphitisiertes Papier) 40-0198; K-– in ein Na/Ca-Glas 42-2144; He-, Ar-, Xe- u. Kr-Migrat. in einigen Mineralen 45-0781; – v. K aus glimmerähnl. Tonmineralien 46-0604; Unters. d. Selbst-– v. O in Magnetit 47-2073.

Organische Verbindungen

– in organ. Krist. (Anthracen) 1-0830; (Gitter- u. Unterkorngrenzen-–) 33-1134; NMR-Unters. d. Druckabhängigk. d. Selbst-– in vier organ. Festkörpern 33-1135; – v. Triplett-Exzitonen in Anthracen 4-0717, 25-1021; Selbst-–: in polykrist. Naphthalin 36-0921; in Naphthalin-Einkrist. 51/52-0780.

Diffusion in biologischen Systemen

Mitochondrialer Ionentransport (Mechanismus u. physiolog. Bedeut., Übersicht) 1-1091; Ionentransport in d. Neuronenmembran (Wrkg.-Mechanismus v. DDT) 1-1511; Mechanismus d. Ionentransports in Human-Erythrozyten 2-1373; Sedimentat.- u. –-Koeff. aus d. Transport enzymat. Aktivitäten 3-1218; moderne Hypothesen d. Ionentransports (Modifikat. d. Modells nach Wigglesworth für d. Ausscheid, v. Harnsäure in Insekten) 5-1515; Ionentransport im Darm u. seine Koppel. an andere Transportvorgänge (Übersicht) 7-1513; Schalenmodell-Berechn. v. Rotat.-Diffus.-Koeff. v. Tabakmosaikvirus u. T *2*-Phagen 15-1464; Einfl. v. gereinigtem Staphylokokken-α-toxin auf d. Ionentransport im Epithel d. Krötenblase 16-1431; Valinomycin u. Ionentransport in Mitochondrien 17-1202; Einw. akust. Schwing. auf d. —-Prozeß in biolog. Syst. 21-0574; Galaktose-Permeat. unter N_1-n-Butylbiguanid 23-1624; — v. CO_2 durch dünne Lsg.-Sch,chten (biochem. Diskuss.) 23-2240; Hämoglobinbegünstigte O_2-— 24-1627; begünstigte O_2-— (mögl. Rolle v. Myoglobin als Transportmechanismus) 24-1671; Beeinfluss. d. —-Geschw. v. Arzneimitteln durch verschiedene Substanzen (Gallamin-Flaxedil-Test) 35-1644; Elektronen- u. Ionentransport in biolog. Syst. im festen Zustand (Mechanismus) 39-1124; Ionentransportsyst. d. Photosynth. (Unters. auf mol. Stufe) 40-1397.

Diffusion an Phasengrenzen

Konvekt.-— in laminaren Syst. an d. Oberfläche einer rotierenden Platte 2-1959; —-Prozesse durch Ionenaustauschmembranen (effektiver —-Koeff.) 5-0677; axiale — u. Durchmisch. in stationären Zweiphasenreaktoren mit einer strömenden Phase 5-2119; — aus einem dünnen Film in einen dissoziierenden oder verdampfenden Festkörper 6-0291; — adsorbierter Gase 6-0656; Best. d. —-Koeff. d. Fl. in einer porösen Elektrode 7-0589; — in einem Ionenaustauscherharz (Nernst-Planck-Modell) 7-0634; — v. am Boden befindl. linienförm. Quelle in d. gestörte Grenzschicht weit stromabwärts v. Hindernis 7-2080; Oberflächen-— in mikroporösen Medien 8-0597; — durch Fl.–Fl.-Grenzflächen (Kontaktflächen-Widerstand in Dreikomponentensyst.) 11-0929; Austausch-— zwischen strömenden Fl. u. Oberflächen 11-2070; Theorie d. Permeat. 12-0600; — durch eine laminare kompressible Mischzone 13-2054; Sorpt.-— in heterogenen Syst. 14-0640 bis 14-0642; Koaleszenz zweier Kugeln durch Oberflächen-— 15-0283; Wechselwrkg. zwischen Substratmol. beim Durchtritt durch Membranen 15-0642; — v. Gasen durch poröse Medien 20-0586; gekoppelte mol. Ström. u. Oberflächen-— am Beispiel d. Cs-Transports durch eine zylindr. W-Röhre unter d. Einfl. elektr. Felder 22-0411; W. in porösen u. nichtporösen Membranen 22-0646; —-Theorie für diskrete Medien (Bläschen-— u. d. Beweg. v. Punktdefekten in d. Nähe v. Oberflächen) 23-0345; —: mit zeitabhäng. Widerstand in d. Phasengrenzfläche 24-2177; v. W.-Dampf in einigen Kationenaustauscher-Membranen 25-0718; durch eine stationäre fl.–fl.-Grenzschicht 25-2246; Permeat. organ. Dämpfe durch Polymermembranen 27-1274; Unters. d. Durchdringbark. v. Monoschichten mit Hilfe markierter Verb. 30-0899; Permeat. u. Diffus. v. Kr durch Hochpolymere 32-1180; Einfl. d. Permeat.-Drucks bei Fl.-Permeat.-Prozessen 32-2534; Quer-— durch eine Granularschicht 35-0565; Einfl.: d. Salzzus. d. Kationits KU-*2* auf d. Geschw. d. Inner-—-Prozesse d. Sorpt. v. Seltenerdmetallen 37-0715; d. Oberflächen-— auf d. Trenneffektivität bei Gas-— 37-2369; Best.: d. Aktivier.-Energie d. Selbst-— v. W.-Mol. in Hohlräumen 41-0416; d. effektiven —-Koeff. v. Katalysatoren durch Gaschromatographie 41-0608; Massentransport durch — v. nichtadsorbierten Gasen in porösen Strukturen 42-0512, 42-0513; sigmoide Konz.-Abhängigk. undirektionaler Flüsse bei d. „single file"-— durch Membranen (Theorie) 43-0558; konvektive — bei Stauström. an unvollkommenen semipermeablen Membranen 43-2160; durch Film-— beeinflußte Neutralisat. eines stark sauren Austauschers durch eine schwache Base 44-0591; Einfl. d. Harz-Selektivität auf d. durch Film-— bestimmten Ionenaustausch 44-0592; Anreicher. eines bin. Gemisches bei Ström. durch ein mikroporöses Medium 44-1981; durch konvektive — begrenzte Zuführ. v. oberflächenakt. Substanzen in laminare fl. Filme 45-0594; — v. Gasen in porösen Substanzen 49/50-0485.

Physik v. Eis u. Schnee (Teilchenwander. auf u. Luftblasenwander. in Eis) 42-0081; Oberflächen-— beim Wachstum einer Grenzfläche Eis/Luft 42-0166; — v. CO_2 durch geladene Monoschichten an d. Grenzfläche Luft/W. 12-0612; Oberflächen-— v. an Aktivkohle adsorbiertem CO_2 30-0631; —-Koeff. für bin. Gemische v. O, O_2, N, N_2, CO, CO_2, C, C_3, CN, H, H_2, H_2O, O, O_2 u. OH in d. Grenzschicht über Graphit bei dessen Abtrag. in Luft 40-0390; Sorpt. u. Oberflächenström. in graphitisierten C-Membranen 43-0562; — v. P durch eine Oxidschicht in Si 1-0316; spiegelelektronenmkr. Unters. d. Oberflächen-— v. Li in Si 6-0293; Kationenmigrat. in SiO_2-Schichten auf Si 13-0289; Mess. d. Selbst-—-Koeff. v. an Silicagel adsorbierten CH_4 durch NMR 31-1010; Herst. v. u. B-— im SiO_2-Film 39-0220; durch doppelte — (v. B u. P) verursachte Fehlordn. in epitakt. Si 46-0152; P-Konz.-Profil u. Phasenausscheid. in Phosphatsilicatgläsern auf SiO_2-Filmen 47-0247.

Bldg. v. Leerstellen bei d. — v. Atomen eines Metalls durch d. Oberflächenschicht eines Oxidfilms u. Einfl. d. Mediums auf d. Versetz.-Struktur 5-0344; Oberflächen-— kub.-raumzentrierter u. kub.-flächenzentrierter Metalle 6-0290; B_6-— in techn. Werkstoffe (Oxidüberzüge) 19-2579; Kinetik d. Oxidfilm-Wachstums auf Metallkrist.; Elektronentunnel. u. Ionen-— 21-0220; Selbst-— auf fast reinen Metalloberflächen 34-0670; Wachstumskinetik v. Oxidschichten auf Metallkrist. (Ionen-—) 46-0143; Nachw. d. ^{18}O-— in Oberflächendefekten beim MgO durch Protonenaktivier. 18-0293; Einfl. adsorbierter Komplexionen u. organ. Mol. auf d. Beweglichk. v. oberflächennahen Versetz.-Ringen in MgO 41-0163; Oberflächenselbst-— in atomist. Sicht (W auf W) 2-0264; elektronenmkr. Unters. d. Oberflächen-— v. Ba auf d. Flächen eines groben W-Einkrist. 19-0315; Metalldefizit, Selbst-— u. O-Aktivität in einer auf Co wachsenden Oxidschicht 40-0185; Natur kurzgeschlossener —-Wege in Ni-Oxidfilmen 3-0311; Oberflächenselbst-— u. Oberflächenenergie v. Ni 34-0364; Widerstand oxid. Ni-Schichten gegenüber d. Durchtritt v. H 40-0193; elektronograph. Unters. d. Oberflächen-— in d. Syst. Cu/Ni u. Cu/Ag 25-0274; experimentelle Trenn. d. Frenkel- u. Kirkendall-Effekts an d. Grenzfläche Cu/Ni u. an d. Fläche KCl/KBr 39-0213; Mess. d. Oberflächen-Selbst-— an Cu 43-0237; Einfl. v. adsorbiertem S auf d. Oberflächenselbst-— v. Cu 44-0107; Oberflächen- u. Vol.-— in dünnen Filmen d. Syst. Ag/Se 1-0318; Einfl. v. adsorbiertem S auf d. Oberflächenselbst-— v. Ag 17-0327; — d. Cd aus einem CdS-Film in einen überschichteten Au-Film 7-0393; Strukturanisotropie d. Oberflächenkoeff. d. Selbst-— v. polykrist. Au 30-0258; Oberflächenselbst-— v. Au (Analyse d. Kratz-Schnitt-Abtrag.-Prozesses) 44-0107; Oberflächen-— auf d. dichtgepackten (*111*)-Ebene v. Au-Einkrist. 47-0165; Röntgenbeug. an vielschicht. Fe/Mg- u. Au/Mg-Dünnfilmstrukturen u. deren — 51/52-0132; Oberflächenselbst-— v. Ni u. Pt 34-0366.

Phenoltransport in Celluloseacetatmembranen 49/50-0902.

Diffusionsgesteuerte Vorgänge

Verdampf.-Geschw. u. Wärmedissipat. eines geheizten Fadens in einer gasf. Atmosphäre (W-Transport durch d. Langmuir-Schicht) 1-0546; Einfl. d. äußeren Ox. auf d. physikal.-chem. Prozesse (—, Leerstellen u. Poren) im Innern d. Metallphase bei hohen Temp. 2-0258; —-Theorie d. therm. Zerfalls zweiatom. Mol. 5-0686; hydrodynam. Einfl. auf d. Geschw. —-bestimmter Rk. in Lsg. 9-0655; Bedeut. d. Oberflächen-— bei d. Mechanismen d. heterogenen Keimbldg. 11-0228; Einfl. d. — durch d. Lsg. u. längs d. Oberfläche auf d. Elektrokristallisat.-Prozeß 12-0586 bis 12-0588; allg. Kriterium für d. Einfl. d. — auf chem. Rk. in porösen Festkörpern 12-0625; —-Phänomene u. ihr Einfl. auf d. Rk.-Geschw. bei Rk. d. Typs aA (fest) ⇌ bB (fest) + G (gasf.) 12-2036; konvektive — u. Kinetik chem. Rk. am Festkörperoberflächen 14-0657; —-Auflad. v. Aerosolteilchen bei niedr. Drücken 15-0646; — bei d. Radiolyse 16-1000; Einfl. d. Längs-— auf d. stationären Beding. v. chem. Longitudinal-Ström.-Reaktoren 16-2118; durch Film-— kontrollierte Neutralisat. eines stark sauren Austauschers mit starken Basen 17-0716; Rolle d. Oberflächen-, Vol.- u. Korngrenzen-— im Sinterprozeß d. Metalle 18-0295; — u. heterogene Rk. 18-0642; Konz.-Abhängigk. d. —-Koeff. beim Wachsen oder Auflösen v. Ausscheid. 22-0295; Berechn. d. Rk. *1.* Ordn. an porösen Katalysatorteilchen beim Auftreten einer inneren — im impulschromatograph. Gebiet d. Reaktorarbeit 24-0726; bei einer chem. Mehrstufenrk. verlaufende — 27-0768; Materialtransport im Vakuum-—-Ofen 27-2384; quant. Charakteristik d. Nahhydratat. einiger Ionen in verd. wss. Lsg. durch d. Aktivier.-Energie d. Selbst-— 29-0671; theoret. Betracht. über d. Zonenschmelzen organ. Substanzen u. Unters. d. —-Gradienten 29-1979; verschiedene —-Mechanismen bei reinen Rk.-Bereichen 33-0799; unipolare —-Auflad. kleiner Aerosolpartikel 34-0693; —-Kinetik v. Rk. 36-0603; Theorie d. —-Rk. in d. fl. Phase 36-0615; Mehrkomponentenübergangs-— mit heterogener Rk. 38-2213; Kriterien zur Einschätz. d. Einfl. d. — d. Stoffe u. d. Wärmeübergangs im Katalysatorkorn auf d. Rk.-Geschw. d. heterogenen Katalyse 39-2229; Vgl. v. kinet. —-Modellen für d. Adsorpt. in Füllkörperbetten 40-1964; Theorie d. Sinterns v. Drähten durch Oberflächen-— 41-0190; Abschätz. d. effektiven —-Vermögens für reagierende Syst. 41-2255; Einfl. d. Oxidkorngrenzen auf d. —-gesteuerte Ox. v. Metallen 46-0636; Änder. d. Zus. an d. Grenzfläche Oxid/Leg. bei d. Ox. v. Leg. (—) 46-2228.

—-Koeff.: für d. ZnO-Red. durch metall. Fe aus Silicatschmelzen 3-2422; d. O_2 im Ti (Geschw. d. Ox.) 7-0658; reaktive — v. C im Syst. Me/C 15-0295; Best. v. —-Koeff. unter Berücksichtig. d. Rk.-Kinetik an d. Phasengrenze mit Anwend. auf d. Syst. Fe/Mn 29-0289; Hochtemp.-Ox. v. Ti u. —-Koeff. für d. — v. O in α-Ti 29-0764; Möglichk. zur Berücksichtig. d. Einfl. d. —-Übergangs bei d. Dampfdruckmess. v. PbS bei *1073–1222* °K mittels d. Strahlmeth. 31-0584; Wrkg. d. — auf d. Ultraschalldämpf. in He/Ar u. He/Kr-Misch. 34-0526; Verbreiter. d. Stoßwellen in He–Ar-Misch. durch —-Effekte 35-0416; Ox. u. Entfern. v. Mg durch — in Al u. Al/Mg-Leg. 36-0382; Gasphasen-— bei d. Oberflächenrk. v. Ge mit J 46-2080.

Anwendung von Diffusionsverfahren

Trenn. v. organ. Verb. durch — mittels semipermeabler Membranen 4-2098*; Ag-Membran für — -Zellen zur Abtrenn. u. Reinig. v. O_2 14-2180*; Anwend. d. fest.–fl.-— zur Herst. integrierter Stromkreise 14-2203; Trennverf. für organ. Verf. durch selektive — durch Polymerenfilm 15-2213*; Identifizier. v. Proteinen in kleinen Mengen Blut oder Serum durch Gel-— 17-2096; F^--Best. durch — v. HF (Conway-Zelle) 18-2034; Charakterisier. d. Polydispersität v. Polymeren aus —-Daten 22-1156; Kinetik d. Extrakt. v. $UO_3 \cdot 2\,H_2O$ durch wss. H_2SO_4, HNO_3 oder HCl mit durch — bestimmter chem. Rk. 23-0754; Herst. v. reinem He-Trägergas durch — 24-2012; Vgl. zwischen Gelfiltrat. u. Immuno-— zur Best. d. Selektivität bei Proteinurie 25-2139; Meth. d. —-Sättig. in festen metall. Pulvern durch Be 26-2452; Genauigk. d. —-Mikrometh. nach Conway zur Best. v. NH_4 27-2339; für Serienanalyse nach Conways —-Mikrometh. geeignete Schale 27-2340; Inertgas-— zur Best. v. Gitterfehlern in Ionenkrist. 29-2424; Unters. d. Mischkrist. d. Syst. W/Ta/Re mit d. —-Meth. 30-0547; — v. Gasen durch Silicongummi zur Partialdruckmess. in Gasmisch. 32-0534; Trenn. v. Fl.-Gemischen mit d. Permeat.-Meth. 32-2128; Anwend. d. einfachen radialen Immuno-— zur Best. d. Proteine d. Rückenmark-Fl. 34-2035; Trenn. d. Neonisotope in einer Hg-Massen-—-Säule 35-1918; Mikroschnellbest. v. NH_3 durch isotherme — 36-1962; Mikro-—-Meth. zur Best. d. Fluoridgeh. in Käse 37-2281; Elektrodekantiergerät mit Mehrfachmembran zur Abtrenn. eines reinen Bestandteiles aus Proteinmisch. 40-1692; Best. v. Ammoniak, Harnstoff u. Ketonkörpern in biolog. Material mit Hilfe eines modifizierten Mikro-—-Gefäßes 41-2115; Effus.-Tors.-Meth. d. Dampfdruckbest. unter Verw. einer magnet. Aufhäng. 42-0416; gleichzeit. Best. v. flücht. Säuren u. SO_2 in alkohol. Getränken durch Mikro-— 42-1962; Herst. v. H großer Reinh. durch — unter Verw. v. Pd u. Pd/Ag-Leg. 42-2068; Best. d. proteingebundenen J im Blutserum unter Anwend. einer Verasch.-Einricht. mit Isotherm-— 43-2062; Trenn. v. fl. Gemischen durch Permeat. 43-2172; Anwend. d. nichtlinearen konvektiven — auf Hyperfiltrat. 44-1982; Best.: v. F in Pflanzen durch Mikro-— 45-2142; v. anorgan. Fluorid im Harn nach d. —-Meth. 45-2154; —-Meth. zur Best. v. NH_3 in gefärbten Abwässern 47-2070.

Untersuchungsmethoden

—-Mess. unter Einbezug eines diskontinuierl. Grenzflächenkontakts 1-0313; Ermittl. d. —-Koeff. v. Salz in Lsg. (App.) 8-0543; Best. d. —-Koeff. v. Ionen nach einem interferometr. Verf. 8-0570; elektromagnet. anzeigende Taucherwaage für Wäg. u. —-Mess. 8-1785; Best. v. Selbst-—-Koeff. durch Mess. d. Kirkendall-Effekts 16-0297; Meßmeth. d. Materialtransports 19-0313; Änder. d. Eindringkurven bei —-Mess. durch Verdampf. d. —-Materials 21-0317; abs. Meth.

zur Best. d. --Parameter über ebene Trenngrenzen 21-0318; schnelle Mess. v. --Koeff. nach einer Ström.-Meth. 21-0581; automat. Stufenschaltsyst. zur Präparier. v. standardisierten dünnen Filmen für d. Elektronenstrahl-Mikroanalyse 22-2002; Best. v. --Koeff. durch automat. Abtasten u. Analysieren v. Gouy-Beug.-Bildern 25-1952; Verw. d. Gaschromatographie zur Best. v. – 29-0752; Anwend.: v. Radioistotopen bei -- u. Auto--Mess. 30-1891; d. Moiré-Interferenzverf. bei --Mess. 34-1872; Empfindlichk.-Steiger. d. --Mess. (Moiré-Interferenzbilder) 34-1873; Verw. v. Radionukliden für --Unters. in Ein- u. Mehrphasensyst. (method. Übersicht) 37-0467; Berechn. d. --Koeff. in porösen Sorbentien aus d. Sorpt.-Geschw. 37-0652; Mess. v. --Koeff. mittels Elektrophorese 38-0180; Best. d. Eindringtiefe v. --Schichten in Halbleiterkrist. 38-2352*; Verw. v. radioakt. Isotopen zur Best. d. Selbst---Koeff. mit d. Kapillarmeth. 39-0523; Berechn. d. Inner---Kinetik an elektron. Rechenmaschinen 40-0583; Arbeitsweise einer mit H v. *0,1* atm Druck gefüllten --Kammer 40-1693; Herst. einer Knudsen-Zelle aus Quarz 41-1909; Mess. v. konzentrationsabhäng. --Koeff. 43-2158; Best. v. --Koeff. durch d. Kapillarmeth. 44-1979; gleichzeit. Best. d. --Koeff. u. d. Dampfdruckes mit d. Meth. d. „nichtstationären" Grenze 45-0465; Meth. zur Best. d. --Koeff. bei röntgenograph. Unters. 47-0236; MOS-C-V-Meth. zur Best. v. --Koeff. u. Löslichk. fester Lsg. in d. Oxid-Schicht 47-0378; neue Zelle zur Mess. d. --Koeff. d. Translat. bei Fl. 47-0429.

Schnelle elektrochem. Festkörpermeth. zur Unters. d. – in Metallen bei hohen Temp. 5-0343; revidierte Werte d. integralen --Koeff. v. KCl-Lsg. für d. Eich. v. Diaphragmazellen 5-0599; Methodik zur Mess. v. --Koeff. in Gläsern d. Zus. *20* Mol.-% Na_2O u. *80* Mol.-% SiO_2 7-0287; Best. v. --Koeff. aus Viskositätsmess. (Einfl. höherer Glieder d. Chapman-Enskog-Näher. an He/Ar-, He/Kr-, He/Xe- u. Kr/Xe-Gemischen) 9-0520; Mess. d. Selbst--Koeff. v. Cd mit d. Sekt.-Meth. 16-0301; Methodik d. Best. v. Selbst---Koeff. durch heterogenen Isotopenaustausch an Silicat-Ionenaustauschern 17-0713; elektrochem. Best. d. --Koeff. in Ton/W.-Syst. 19-3115; Mess. d. Verteil. v. diffundiertem P in einer Si–Dioxid-Schicht unter Verw. v. ^{32}P als Indikator 21-0320; Unters. d. anisotropen – v. Ni in Zn durch eine autoradiograph. Meth. 21-0324; Verw. d. lokalen Spektralanalyse für d. Unters. d. – v. Be in Mg 24-2121; Tracer-Best. v. H in im W.-Dampf gewachsenen SiO_2-Schichten 36-0273; mkr. u. elektronenopt. Unters. d. – v. H u. d. Struktur v. Fe-Sorten verschiedener Reinh. nach kathod. Belad. 36-0274; Anwend. d. dynam. Röntgenbeug.-Theorie auf d. Unters. d. – v. B u. P in Si-Krist. 36-0276; Unters.: d. Cu-– in Bi_2Te_3 nach d. Ätzverf. 36-0281; d. Kinetik d. Inter-– v. Cu u. Mn mit Hilfe einer Röntgenmikrosonde 36-0282; Verw. d. Spinechos bei d. opt. Orientier. zur Unters. d. – v. ^{133}Cs in Ar 37-0466; Best. d. Selbst---Koeff.: im Syst. Cu/Ni durch Mess. d. Kirkendall-Effektes 41-0199; im Syst. Fe/Ni durch Mess. d. Kirkendall-Effektes 41-0200.

Mess.: d. O_2-– in Polymeren durch Phosphoreszenzlösch. 14-1109; d. --Eig. in einigen fl. organ. Syst. unter Verw. v. Diaphragmazellen 22-0925; Unters. d. – v. Lsgm. in Polyisobutylen nach einer Interferenz-Mikrometh. 22-1166; radiochem. Unters. d. – v. Ionen durch organ. Schutzanstriche 28-3055; --Mess.: an sehr hochmol. Biopolymeren mit d. Schlierengerät *80* 35-1926; an Polymerlsg. mit Hilfe d. Zeiß-Schlierengerätes *80* 48-1252.

Thermodiffusion

Best. d. optimalen Arbeitsbeding. in --Kolonne zur Isotopentrenn. 4-1722; – 5-2136; –: in vorwiegend Lorentz-Misch. 11-0562; in Membranen (Theorie d. Permeat. u. Thermoosmose) 12-0600; in einer zur Erreich. einer höheren Leist. geneigten Plattenkolonne 13-2053; nicht beachteter Effekt in d. – 14-0516; neue App. zur Best. d. – in fl. Phase 15-2172; Mess. d. Wärmeleitfähigk. v. Ne mit d. --Kolonne 16-0524; – in isotopen Gasmisch. 17-0576; Formeln für d. – in Syst. mit intermediärem Bind.-Typ 19-0430; period. betriebene hochleistungsfäh. --Kolonne mit perforierter Trennwand 22-2238; Ableit. v. Gleich. d. – aus d. Gyarmati-Prinzip 26-0536; Einfl. eines chem. Gleichgew. auf d. – 27-0607; Isotopentrenn. mit --Kolonnen 29-1978; Trenn. v. Gemischen v. Polymerhomologen in einer Thermogravitat.-Kolonne (–) 30-1117; Wander. v. Verb. radioakt. Elemente in einer Röhre mit einem Temp.-Gradienten 31-1988; Einfl. v. Dimeren auf d. --Faktor bei schwach erhöhtem Druck 32-0540; Rotat.-Relaxat.-Zahlen aus Mess. d. therm. Transpirat. 33-0675; Einfl. d. – auf Kriterien für konstitutionelle Unterkühl. 35-0120; spektroskop. Meth. zur Unters. d. – 35-0398; opt. Unters. d. Soret-Effekts 36-0931; Potentialfunkt. für einige kugelförm. unpolare Mol. aus d. Temp.-Abhängigk. d. – 40-0375; Thermomolekulareffekt 41-0380; experimentelle Verifizier. d. Theorie d. --Säule 43-0525; kontinuierl. Ström. in Füllkörpersäulen für – 44-1980; hydrodynam. Theorie d. Wandeffektes bei d. --Trenn. v. Polymerenlsg. 46-1052; Entwurf v. --Kolonnen 51/52-2039.

Abhängigk. d. --Faktors bin. Gasgemische v. d. Zus. 1-0529; – d. Misch. zweier Gase aus d. zweiten Näher. d. Herzfeld-Näher.-Gleich. 6-0516; Tabellen d. --Faktoren für verschiedene isotope Gasgemische 7-0495; – in vielatom. Gasen (Stefan-Maxwellsche --Gleich.) 8-0479; verbesserte Form für d. Trennschaukel (Mess. d. Faktoren d. – in Gasmisch.) 30-0498; Druckabhängigk. d. --Thermoeffektes in Gasen (Dufour-Effekt) 40-0378; Betrieb einer --Säule bei Gasmisch. mit gleichem Molgew. (CO_2/N_2O) 42-0395; Diffus. u. – in Gasmisch. mit inneren Freih.-Graden 43-0524; Thermoosmose idealer Gase 45-0469; – in Misch. aus ein- u. mehratom. Gasen 47-0433; tabellierte Werte d. --Faktoren für verschiedene isotope Gasmisch. 49/50-0361; – v. Gasen in porösen Substanzen 49/50-0485.

Thermogravitat.-– in Fl. 17-0590; – im krit. Entmisch.-Gebiet bin. fl. Syst. 17-0591; therm. Selbstdiffus. in fl. Elektrolytlsg. 39-0514; --Unters. in Fl. mit d. Durchflußzelle (Syst. CCl_4/Cyclohexan) 47-0984.

Bezieh. zwischen – u. Leitfähigk. in einer Zweikomponenten-Krist.-Struktur 19-0312; Isotopeneffekt bei d. – in Festkörpern 25-0259; – in krist. Festkörpern 29-0288.

Isotop. Faktor d. – für Kr 8-0476; – in einigen bin. Misch. v. H-Isotopen 8-0477; Abhängigk. d. --Faktors v. d. Zus. d. Syst. Ar/He 10-0505; Diffus.-Koeff. aus Mess. d. --Faktors in d. Syst. He/Kr u. He/Ar 11-0562; nach d. Kolonnenverf. gewonnener --Faktor v. Ar 15-0528; Berechn. d. --Faktors im Syst. Ar/He aus Mess. an einer Trennschaukel 17-0575; Temp.-Abhängigk. d. --Faktors v. Kr 19-0577; --Faktor für He/Ne/Kr u. H_2/Ne/Kr bei *336* u. *356* °K 25-0545; Potential-Modell für d. He/H-Wechselwrkg. bei d. – v. H_2, D_2 u. T_2, HD, HT u. DT in ^3He u. ^4He 30-0496; Temp.-Abhängigk. d. --Faktoren in d. bin. u. tern. Gasgemischen d. Syst. He/Ne/Kr 30-0497; – in d. H_2/He-Gasmisch. 30-0499; Faktor d. – v. HD/D_2 30-0500; – in J_2/He-Gemischen 31-0556; experimentelle u. theoret. Unters. d. Leist.-Fähigk. einer Trennschaukel am Syst. Ar/He 34-0525; Abhängigk. d. --Koeff. v. d. Zus. für d. Syst. Xe/Ne 34-0527; --Faktoren aus Mess. an einer Trennschaukel (Ar/He u. Kr/Ne) 37-0481; – in einer Misch. aus belasteten Kugeln u. glatten Kugeln (Modell für ^4He/HT u. ^3He/HD) 38-0564; kinet. Theorie d. geladenen Kugeln (--Koeff. für verd. Gase u. in einer verd. Gasmisch. v. D_2 u. HT) 42-0394; --Faktor für d. Syst. $N_2O_4 \rightleftharpoons 2\,NO_2$/Ar sowie v. PCl_5 u. v. He, Ne, Ar, Kr, Xe in u. ohne Ggw. d. $(HF)_6 \rightleftharpoons 6$ HF-Gleichgew. 40-0386; –: im Syst. He/Ne/CO_2 41-0406; v. Elektrolyten in gewöhnlichem u. schwerem W. 1-0589; Einfl. unterschiedl. Trägh.-Momente auf d. – v. $H^{35}Cl$, $D^{35}Cl$, $H^{37}Cl$ u. $D^{37}Cl$ 13-0519; Best. d. durch Thermodiffus. verursachten Verteil.-Koeff. für wss. Lsg. v. KBr, NaBr, $BaBr_2$, $SrBr_2$ auf opt. Wege 44-0496.

–: in metall. Li 2-0263; u. Zusammenhang mit elektr. Überführ. in W 3-0309; v. Leerstellen in Zn 8-0253; Elektrotransport u. therm. Transport in Na-Metall 14-0291; Diffus.-Widerstände bei d. Kondens. v. Alkalimetallen 21-0590; durch – bestimmte Löslichk. v. H_2 in Zr-Leg. 21-0614; Thermodynamik d. – in Substitut.-Leg. u. mittlere Bldg.-Enthalpie d. Leerstellen 31-0271; Thermo- u. Elektrotransport in β-Ti u. β-Zr 43-0240.

Best. d. Soret-Koeff. S_T in wss. Lsg. v. KBr, NaBr, $BaBr_2$ u. $SrBr_2$ 26-0628; potentiometr. Meth. zur Unters. d. einfachen Soret-Effektes in wss. Lsg. v. KBr, NaBr, $BaBr_2$ u. $SrBr_2$ 37-0598; Unters. d. reinen Soret-Effekts in wss. Lsg. v. KBr, NaBr, $BaBr_2$ u. $SrBr_2$ mit einer potentiometr. Technik 44-0510; opt. Best. d. – v. geschmolzenem $NaNO_3$ u. KNO_3 47-0428; Best. d. --Konst. eines Gemisches v. $ZrCl_4$- u. $HfCl_4$-Dämpfen 34-0536; Mess. d. --Faktors v. gasf. UF_6 34-0537.

Darst. v. stark angereichertem $^{13}CH_4$ durch – v. Methan 17-0960; Vgl. d. Wärmetheorien d. Transports u. d. – mit Cyclohexan/CCl_4-Syst. 22-0928; --Trenn. d. Paraffin–Naphthen-Anteiles v. Destillaten d. Moldau-Erdöls 26-2759; Trenn. d. Isoparaffine u. Naphthene d. Frakt. *300 – 350°* u. *350 – 420°* durch – 37-2869; --Transportkoeff. für isotop. substituiertes Methan 45-0883; --Mess.: v. Polymeren in Lsg. mit Hilfe einer Grenzflächentechnik 51/52-1144; an Polystyrol in Toluol 51/52-1145; an stereoregulären Poly-α-olefinen in Isooctan 51/52-1146; v. Polystyrol in Cyclohexan mit u. ohne sek. Grenzflächen 51/52-1147.

Bibliographie

Russ.: Diffusion und Wärmeübergang in der chemischen Kinetik B 2; Diffusionsprozesse in Metallen (Mitteilungssammlung) B 89.

Diffusion in polymers B 74; Diffusion kinetics for atoms in crystals B 82.

Diffusion thermique, diffusion électrique et conductibilité ionique dans le protoxyde de fer B 34.

Difolatan s. unter $C_{10}H_9Cl_4NO_2S$.
Diformazan s. unter $C_{38}H_{30}N_8$.
Digacin s. unter $C_{41}H_{64}O_{14}$.
Digallussäure s. unter $C_{14}H_{10}O_9$.
Digalogenin s. unter $C_{27}H_{44}O_4$.
Digenit s. unter *Kupfersulfide*.
Digifologenin s. unter $C_{21}H_{28}O_5$.
Digilanid A s. unter $C_{49}H_{76}O_{19}$.
Digilanid B s. unter $C_{49}H_{76}O_{20}$.
Digilanid C s. unter $C_{49}H_{76}O_{20}$.
Digiprogenin s. unter $C_{21}H_{28}O_5$.
Digipurpurogenin s. unter $C_{21}H_{32}O_4$.
Digitalinum verum s. unter $C_{36}H_{56}O_{14}$.
Digitalis (Fingerhut), über – (*13.* Mitt.) 4-1336; Umbldg. v. Pregnenolon in Digifologenin durch Digitalis lanata 13-1366; Einfl. einiger Steroide auf Kalluswachstum u. Bldg. Baljet-positiver Substanzen in Digitalis mertonensis 22-1446; Biosynth. v. Digitoxose: u. Glucose d. Glykoside v. Digitalis purpurea 27-1598; in Digitalis lanata 33-1630; Pregnenolonstoffwechsel in Digitalis lanata 39-1390; Biosynth. d. Cardenolid- u. Spirostanglykoside in Digitalis lanata 42-1358; Einbau v. $^{14}C_{(2)}$-Mevalonsäure in Digitoxigenin durch Digitalis purpurea (Verteil. d. Aktivität) 48-1523; Pregnan-$3\beta.14\beta$-diol-20-on als Vorstufe d. Cardenolide in Digitalis lanata 48-1524; Digitanolbiosynth. aus Δ^5-Pregnenol-3β-on-20 durch Digitalis purpurea 48-1525; Biosynth.: v. Cholesterin durch Sämlinge v. Digitalis purpurea 48-1528; v. Cardenoliden in Digitalis lanata (Rolle v. Progesteron) 48-1533.

--Glykoside (*25.* Mitt.) 1-1012; Isolier.: v. Digitoxin aus Blättern v. Digitalis purpurea 13-1637; v. („γ")-14α-Digiprogenin aus Digitalis purpurea 16-1134; v. F-Gitonin durch enzymat. Spalt. d. Saponine aus Digitalis purpurea 20-1076; Einfl. d. Trockn.-Temp. auf Geh. an Lanatosiden in d. Blättern v. Digitalis lanata 21-1828; kardioton. Aktivität im Kallusgewebe v. Digitalis mertonensis 22-1747; Herzglykoside v. Digitalis ciliate 26-1475; Glykosidzus. d. Blätter v. Digitalis lanata, D. purpurea, D. ferruginea, D. parviflora, D. grandiflora u. D. heywoodii 27-2259; Herzglykosidgeh. in d. Blättern v. Digitalis lanata 33-1900; Glucosidgeh. u. Toxizität v. Extrakten v. Digitalis lanata u. Digitalis purpurea 35-1742; Glykosidkomponenten v. Digitalis lanata aus Wild- u. Kulturpflanzen 39-1374.

Einfl. auf d. Monoaminoxydase-Aktivität im Ratten-, Meerschweinchen- u. Katzengehirn 5-1654; Serumeiweißbind. v. --Glykosiden (Best. mit d. Ultrazentrifuge) 1-1560; Wrkg.: d. Digitalisier. auf d. Ausscheid.-Geschw. v. ^3H-Digoxin aus d. Blut 5-1655; v. Mephentermine auf --induzierte Arrhythmien 9-1637; biochem. Faktoren d. --art. Wirksamk. 10-1630; Vgl. v. – bei d. Erzeug. ventrikulärer Rhythmusstör, bei d. Katze nach Reserpinbehandl. 15-1736; Einfl. auf d. Leist.-Fähigk. gesunder Ratten im Schwimmvers. 18-1615; Antagonismus v. Pronethalol bei --Arrhythmie als neutrales Phänomen 20-1604; Wrkg.: bei Herzinsuffizienz auf d. Myokardstoffwechsel 23-1709; auf d. Myokardsauerstoffverbrauch 25-1794; inotrope Wrkg. (Bezieh. zur Na^+- u. K^+-abhäng. Ca^{2+}-Aufnahme v. Herzmitochondrien) 45-1795; therapeut. u. tox. Wrkg. im Herz-Lungenpräp. d. Hundes (Wrkg. v. Reserpin u. Pronethalol) 5-1653; Narkose u. --Toxizität 10-1629; akute suizidale --Intoxikat. 27-

1847; elektrophysiolog. Eig. v. Diphenylhydantoin-Na u. v. Procainamid am normalen u. --vergifteten Herzen (Vgl.) 33-1866; Schutz vor d. --Toxizität durch prophylakt. Anwend. v. Diphenylhydantoin-Na 33-1867; Einfl. d. Unithiols auf d. tox. Wrkg. v. – 37-1796.

Gewebekultur v. Digitalis mertonensis 22-1446; Vers. zur „industriellen Lyophilisat." v. Folia – 39-1646; Beurteil. d. Qual. v. Digitalis purpureae unter d. Gesichtspunkt d. Isolier. reiner Glykoside 45-1813*; Wertbeständigk. galen. --Zubereit. 48-1637.

Analyse (Brauchbark. d. Dünnschichtchromatographie) 13-1913; Best.: d. Gesamt- u. d. Primärglykosidgeh. d. Blätter v. Digitalis viridiflora 13-1638; v. Cardenolidverb. u. Lanatosid C in d. Blättern v. Digitalis lanata 21-1830; v. Digilanid A, B u. C in bulgar. --Arten 51/52-1722; Wrkg.-Best. v. --art. Substanzen an d. herzinsuffizienten Hochdruckratte 25-1797.

Bibl.: Digitalis therapy: a reappraisal of digitalis and cardiac glycosides B 76.

Digitalose s. unter $C_7H_{14}O_5$.
Digitogenin s. unter $C_{27}H_{44}O_5$.
Digitonin s. unter $C_{56}H_{92}O_{29}$.
Digitoxigenin s. unter $C_{23}H_{34}O_4$.
Digitoxin s. unter $C_{41}H_{64}O_{13}$.
Digitoxose s. unter $C_6H_{12}O_4$.
Diglyme s. unter $C_6H_{14}O_3$.
Digoxigenin s. unter $C_{23}H_{34}O_5$.
Digoxin s. unter $C_{41}H_{64}O_{14}$.
Dihexyverin s. unter $C_{20}H_{35}NO_2$.
Dihydralazin s. unter $C_8H_{10}N_6$.
Dihydran s. unter $C_7H_8ClN_3O_4S_2$.
Dihydroabietinsäure s. unter $C_{20}H_{32}O_2$.
Dihydroakuammicin s. unter $C_{20}H_{24}N_2O_2$.
Dihydrocarveol s. unter $C_{10}H_{18}O$.
Dihydrocarvon s. unter $C_{10}H_{16}O$.
Dihydrochlorothiazid s. unter $C_7H_8ClN_3O_4S_2$.
Dihydrocodein s. unter $C_{18}H_{23}NO_3$.
Dihydrocodeinon s. unter $C_{18}H_{21}NO_3$.
20-Dihydrocortisol s. unter $C_{21}H_{32}O_5$.
Dihydrocorynantheol s. unter $C_{19}H_{26}N_2O$.
Dihydrocyclobaleabuxin s. unter $C_{27}H_{48}N_2O_2$.
Dihydrocyclobuxin s. unter $C_{25}H_{44}N_2O$.
Dihydrocyclomicrophyllin B s. unter $C_{27}H_{48}N_2O_2$.
Dihydrocyclomicrophyllin C s. unter $C_{27}H_{48}N_2O_2$.
Dihydrodaidzein s. unter $C_{15}H_{12}O_4$.
Dihydrodesoxystreptobiosamin s. unter $C_{13}H_{25}\cdot NO_8$.
Dihydrodesoxystreptomycin s. unter $C_{21}H_{41}N_7O_{11}$.
Dihydroergosin s. unter $C_{30}H_{39}N_5O_5$.
Dihydroergotamin s. unter $C_{33}H_{37}N_5O_5$.
Dihydro-β-erythroidin s. unter $C_{16}H_{21}NO_3$.
Dihydrogeraniol s. unter $C_{10}H_{20}O$.
Dihydrohelminthospor(in)säure s. unter $C_{15}\cdot H_{26}O_3$.
Dihydroheptachlor s. unter $C_{10}H_7Cl_7$.
Dihydroisohyänancin s. unter $C_{15}H_{20}O_7$.
Dihydrojasmonsäure s. unter $C_{12}H_{20}O_3$.
Dihydro-β-jonon s. unter $C_{13}H_{22}O$.
Dihydrokaempferol s. unter $C_{15}H_{12}O_6$.
Dihydro-α-linalool s. unter $C_{10}H_{20}O$.
Dihydrolycorin s. unter $C_{16}H_{19}NO_4$.
Dihydrolysergsäure s. unter $C_{16}H_{18}N_2O_2$.
Dihydromorphin s. unter $C_{17}H_{21}NO_3$.
Dihydromyrcenol s. unter $C_{10}H_{20}O$.
Dihydron s. unter $C_{18}H_{21}NO_4$.
Dihydronerol s. unter $C_{10}H_{20}O$.
Dihydronovobiocin s. unter $C_{31}H_{38}N_2O_{11}$.
Dihydroorotsäure s. unter $C_5H_6N_2O_4$.
Dihydropapaverin s. unter $C_{20}H_{23}NO_4$.
Dihydroparthenolid s. unter $C_{15}H_{22}O_3$.
Dihydroporphin s. unter $C_{20}H_{16}N_4$.
Dihydrorobustsäure s. unter $C_{22}H_{22}O_6$.
Dihydrosphingosin s. unter $C_{18}H_{39}NO_2$.
Dihydrostreptomycin s. unter $C_{21}H_{41}N_7O_{12}$.
Dihydrostreptose s. unter $C_6H_{12}O_5$.
Dihydrotachysterin s. unter $C_{28}H_{46}O$.
Dihydrotachysterin 2 s. unter $C_{28}H_{46}O$.
Dihydrothebain-ζ s. unter $C_{19}H_{23}NO_3$.
Dihydrothebainon s. unter $C_{18}H_{23}NO_3$.
Dihydrothymin s. unter $C_5H_8N_2O_2$.
Dihydrotoxiferin s. unter $C_{40}H_{48}N_4O_2$.
Dihydroxanthommatin s. unter $C_{20}H_{15}N_3O_8$.
Dihydroxythujaplicatin s. unter $C_{20}H_{22}O_9$.
Dihydrozeatin s. unter $C_{10}H_{15}N_5O$.
Diisoeugenol s. unter $C_{20}H_{24}O_4$.
Diisopropylfluorphosphat s. unter $C_6H_{14}FO_3P$.
Dijodthyronin s. unter $C_{15}H_{13}J_2NO_4$.
Dijodtyrosin s. unter $C_9H_9J_2NO_3$.
Diketen s. unter $C_4H_4O_2$.
Dikodid s. unter $C_{18}H_{21}NO_3$.
Dikotex s. unter $C_9H_9ClO_3$.
Dikotex-80 (Kresonit), Einfl. auf d. Entw. d. Bodenalgen 13-1383.
Dilan, Beständigk. im Boden 34-2964; Auswert. eines kolorimetr. Verf. für – 19-2267.
Dilantin s. unter $C_{15}H_{12}N_2O_2$.
Dilatometrie s. unter ***Ausdehnung***; dilatometr. Unters. v. *Phasengleichgewichten* s. dort.
Dilaudid s. unter $C_{17}H_{19}NO_3$.
Dilitursäure s. unter $C_4H_3N_3OS$.
Dillapiol s. unter $C_{12}H_{14}O_4$.
Diloran s. unter $C_6H_4Cl_2N_2O_2$.
Dimecron s. unter $C_{10}H_{19}ClNO_5P$.
Dimedon s. unter $C_8H_{12}O_2$.
Dimedrol s. unter $C_{17}H_{21}NO$.
Dimeflin s. unter $C_{20}H_{21}NO_3$.
Dimefox s. unter $C_4H_{12}FN_2OP$.
Dimenhydrinat s. unter $C_{17}H_{21}NO$.
Dimercaprol s. unter $C_3H_8OS_2$.
Dimerisation s. unter *Polymerisation*.
Dimerisierung, elektrolytische s. unter ***Elektrolyse***.
Dimeryldiisocyanat, Verw. zur Herst. v. Polyurethanlacken 40-2783.
Dimetan s. unter $C_{11}H_{17}NO_3$.
Dimethadion s. unter $C_5H_7NO_3$.
Dimethisteron s. unter $C_{23}H_{32}O_2$.
Dimethoat s. unter $C_5H_{12}NO_3PS_2$.
Dimethothiazine s. unter $C_{19}H_{25}N_3O_2S_2$.
Dimethoxanat s. unter $C_{19}H_{22}N_2O_3S$.
Dimethrin s. unter $C_{19}H_{26}O_2$.
Dimethylaminonaphtheurhodin, Lumineszenz u. Stokes'sche Verschieb. v. – 11-0866.
Dimethyldian s. unter $C_{17}H_{20}O_2$.
Dimethylgelb s. unter $C_{14}H_{15}N_3$.
Dimethyltubocuranin s. unter $C_{40}H_{50}N_2O_8$.
Dimetilan s. unter $C_{10}H_{16}N_4O_3$.
Dimetiotazin s. unter $C_{19}H_{25}N_3O_2S_2$.
Dimetridazol s. unter $C_5H_7N_3O_2$.
Dimöstrol s. unter $C_{20}H_{24}O_2$.
Dimorphecolsäure s. unter $C_{18}H_{32}O_3$.
Dimroth-Umlagerung s. unter *Umlagerungen*.
Dimuxan, Verw. gegen schädl. Forstinsekten 21-3382.
Dinactin s. unter $C_{42}H_{68}O_{12}$.
Dinas(steine) s. unter *Keramik, Silicasteine*.
Dinezin s. unter $C_{18}H_{22}N_2S$.
Dinitrohydroxyazo s. unter $C_{22}H_{14}N_6O_{14}S_2$.
2.4-Dinitrosulfophenol s. unter $C_{26}H_{17}N_5O_{21}S_5$.
Dinoben s. unter $C_7H_3Cl_2NO_4$.
Dinocap s. unter $C_{18}H_{24}N_2O_6$.
Dinoseb s. unter $C_{10}H_{12}N_2O_5$.
Diocid, bakteriozide u. bakteriostat. Eig. 26-1427.
Diodon s. unter $C_7H_5J_2NO_3$.
Diodrast s. unter $C_7H_5J_2NO_3$.
Diole s. *Glykole*.
Diolein s. unter $C_{39}H_{72}O_5$.
Diolen s. unter *Chemiefasern, Polyesterfasern*.
Dionin s. unter $C_{19}H_{23}NO_3$.
Diopsid, Nachw. v. – in dekorativer Syenitglasur 11-2265.

Vork. v. diopsid. Augit in d. Dyke einer Charnockit-Schwelle v. Hebbale, Coorg Distrikt, Mysore 12-0761; – in Meteoriten u. Tektiten (Zeitschriftenref.) 16-0764; *Malakolith* im Pyroxen–Feldspat-Gestein nahe Channapatna, Bangalore Distrikt, Mysore 18-0797; Vork. v. – neben Pyroxenolitgranaten in Einschlüssen d. Basaltes v. Hoggar (Zentralsahara) 32-0843; --Tactit v. Velběhy 33-0991; Vork. v. – in d. K-halt. Syenit bei Shaki, West-Nigeria 36-0797; Enstatit, Endiopsid u. – v. Kondapallibereich 36-0798; Diagnostik kleiner d. Diamanten begleitenden Cr---Körner 36-0815; Best. v. – in d. Wiona-Meteoriten 37-0878; Spurenelemente in – v. ultramaf. Gesteinen d. Urals 38-0797; –: in d. vulkan. Gesteinen d. Leucite Hills, Wyoming 42-0661; in einem sedimentären Xenolith v. Brome Mountain, Quebec 46-0698.

Absorpt.-Spektrum v. Cr-– 46-0330; Mössbauer-Spektrum v. natürl. – 46-0701; Absorpt.-Banden im nahen IR v. – (zum Vgl. mit Spektren v. Mond- u. Marsoberflächen) 51/52-0648; spektrales Reflex.-Vermögen v. – 40-0679; mechan. Zwillingsbldg. in natürl. u. experimentell deformiertem – 3-0782; Strukturumwandl. in --$GaAl_2SiO_6$-Gemischen 9-0818; Kristallisat.-Prozeß v. Gläsern auf d. Basis magmat. Gesteine unter Bldg. v. – 17-0284; Kristallisat. P- u. Ti-halt. Schlackengläser unter Bldg. v. – 24-0278; Tabelle d. effektiven Ordn.-Zahl als Funkt. d. Druckes für – 36-0762; Zus.-Eig.-Diagramm d. Syst. Aegirin/Hedenbergit/Diopsid u. d. Möglichk. einer Subsolidusentmisch. im Syst. 2-0770; Zustandsdiagramm d. Syst. Sr-Metasilicat/Diopsid 21-0621; therm. Strahl.-Leitfähigk. v. – 35-0823; Hydratat.-Eig. v. – 38-2391.
Diorit, Änder. d. Au-Geh. v. Mineralien d. Marysville-Quarz---Stocks, Montana 1-0771; granulare *Mikrodiorit*-Einschlüsse im Granit v. Lavadores (Vila Nova de Gaia) 2-0750; stoffl. Zus. d. Andesit---Komplexe (am Beispiel d. Balygyčano-Sugojsker Gebietes) 24-0817; Bldg.-Etappen u. genet. Typen d. Fe-Erze d. vulkano-pluton. paläozoischen Andesit---Format. v. Turgaj 42-0656; spektrales Reflex.-Vermögen v. – 40-0679.
Dioscorin s. unter $C_{13}H_{19}NO_2$.
Diosgenin s. unter $C_{27}H_{42}O_3$.
Diosgenon s. unter $C_{27}H_{40}O_3$.
Diosmetin s. unter $C_{16}H_{12}O_6$.
Diosmin s. unter $C_{28}H_{32}O_{15}$.
Diosphenol s. unter $C_{10}H_{16}O_2$.
Diospyrsäure s. unter $C_{30}H_{48}O_3$.
Dioxaborine, Darst.: v. B-Aryl-1.3.2-dioxaborinanen 1-1612*; v. 4.6-Dimethyl-2-dialkylboronia-1.3-dioxinen 20-1017; v. 1.3.2-Dioxaborinium (Boroxaropyrylium)-Salzen 24-1135; v. Vinyldioxaborinanen 42-2339*.
Dioxaborole, Darst. v. B-Aryl-1.3.2-dioxaborolanen 1-1612*.
Dioxalan s. unter $C_6H_{12}O_3$.
Dioxan s. unter $C_4H_8O_2$.
Dioxane, NMR-Unters. (Konfig.) 43-0789.
1.3(*m*)-Dioxane, Darst.: v. Dicarbamaten v. 5.5-Bis-hydroxymethyl-1.3-dioxan (Heilmittel) 16-1727*, 16-1728*; aus Olefinen u. CH_2O 21-2833*; v. 2-Phenyl-2-[piperidyl-(2)]- – 36-2589*; v. 2-Alkyl(aryl)-5-alkyl-5-[α-methoxyäthyl]-– 37-1170; v. 2-substituierten m-Dioxanolen-(5) 45-1061; NMR-Spektren (stereospezif. weitreichende Koppl.) 21-0937; NMR-Unters. an – mit axialen Alkylsubstituenten 43-0790; Hydrolyse 27-1046; Pyrolyse 27-2803*; katalyt. Spalt. (Aufarbeit. d. Spaltprod.) 31-2781*; Pyrolyse 34-2523*; Hydrier. v. 4.4-Dialkyl-– 36-2542*; Anlager. v. Aminen an Vinylacetylenyl-– 46-1014.
1.4-Dioxane, Darst.: v. in 2- u. in 5-Stell. durch Lactame substituierten – 39-2616*; u. Verw. v. 2.5-Bis-[halogenalkyl]-– 41-2726*; Mol.-Polarisierbark. u. Konform. v. 2.3-disubstituierten – in Lsg. 31-0988; Ox. v. Bis-[(cyclo)-alkenyloxy]-– 10-2578*.
Dioxaphosphole, Darst.: v. 1.1.1-Trialkoxy-3.4-dicarbalkoxy-3.4-dimethyl-2.5-dioxaphospholanen 24-1124; u. IR-Spektren v. cycl. Äthylenestern v. Phosphoramidsäuren 29-1163.
Dioxaphosphorine, Darst. 35-2877*.
Dioxathion s. unter $C_{12}H_{26}O_6P_2S_4$.
Dioxazinfarbstoffe s. unter *Farbstoffe, organische, Oxazinfarbstoffe*.
Dioxazole, Darst. v. 2.5-disubstituierten 1.3.4-Dioxazolyl-(2)-penicillinen (Antibiotika) 13-1717*.
Dioxen s. unter $C_4H_6O_2$.
1.4-Dioxepan s. unter $C_5H_{10}O_2$.
1.3-Dioxepine, Polymerisat. v. Dihydro-Δ^5-– 35-2918*.
Dioxolan s. unter $C_3H_6O_2$.
1.3-Dioxolane, Konform. v. 2-substituierten – 15-0893; Darst.: v. Deriv. v. 6.6-Äthylendioxyhexansäure-[β-hydroxyäthylester] 8-0965; v. 1.3-Dioxalan-2-carbonsäuren (Heilmittel) 13-1670*; u. Verw. v. halogenierten – 28-1891*; u. Stereochemie v. 1.2-O-[Hydroxyalkyliden]-glycerinen 28-1064; v. – (Lsgm. u. Weichmacher) 36-2800*; v. 4-[Piperidyl]-– (Heilmittel) 42-1610*; v. 2-substituierten 4-Hydroxymethyl-– (Übersicht) 45-1061; aus Polyfluorketonen u. Epoxiden 45-3088*; Hydrolyse v. 2-substituierten – (Kinetik, Substituenteneinfl.) 21-1028; Umester. v. Acrylpolymeren mit 2-Vinyl-4-hydroxyalkyl- – 32-2944*; Hydrolyse: v. – (Kinetik) 45-0972; v. 2-Aryl-4.4.5.5-tetramethyl-1.3-dioxolanen 48-1090; physiolog. Wirksamk. u. Synth. v. aminosubstituierten – 39-1595; curarisierende Wrkg. v. bisquart. Ammoniumsalzen v. Bis-[Methyldioxolanyl]-äthanen 47-1729.
DIP s. unter $C_{14}H_{21}NO_2$.
Dipalmitin s. unter $C_{35}H_{68}O_5$.
Diparcol s. unter $C_{18}H_{22}N_2S$.
Dipenol s. unter $C_{11}H_{14}O$.
Dipenten s. unter $C_{10}H_{16}$.
Dipeptide s. unter *Peptide*.
Diphacil s. unter $C_{20}H_{25}NO_2$.
Diphemanil s. unter $C_{20}H_{25}NO$.
Diphemin s. unter $C_{18}H_{21}NO_3$.
Diphenamid s. unter $C_{16}H_{17}NO$.
Diphenhydramin s. unter $C_{17}H_{21}NO$.
Diphenidol s. unter $C_{21}H_{27}NO$.
Diphenochinon s. unter $C_{12}H_8O_2$.
Diphensäure s. unter $C_{14}H_{10}O_4$.
Diphenyl s. unter $C_{12}H_{10}$.
Diphenylalkane, Unters.: an Diphenylmethanen (*11.* Mitt.) 17-1078; v. 1.1-– (*2.* Mitt.) 27-0933; an – (*3.* Mitt.) 51/52-1031; Synth. v. reinen – 1-0953; Alkylier. durch Alkaliamide u. -metalle in fl. NH_3 zu $(C_6H_5)_2CRR'$ 5-0994; Darst.: v. substituierten – 7-1014; v. 2-Amino-2'-hydroxy-5'-alkyldiphenylmethanen (Antioxydantien für Öle) 33-2959*; lineare Bezieh. d. Freien Energie zur Dissoziat.-Geschw. v. 4-substituierten Diphenylmethylchloriden 11-0985; Spalt. v. Diarylmethanen unter d. Einfl. v. $AlCl_3$ 51/52-1031; Rk.: v. N.N'-dialkyl-substituierten 4.4'-Diaminodiphenylmethanen mit Epichlorhydrin 45-0952; v. α.ω-– mit Phenacetylchlorid 27-1155; anthelmint. Aktivität neuer Diphenyltrichlormethylmethanderiv. 25-1801; Verw. v. p.p'-Dihydroxydiphenylmethanen als Azokuppl.-Komponenten 24-2664*; Pharmakolo-

gie v. – 42-1487; Verw. als Katalysatoren bei d. Polymerisat. v. olefin. ungesätt. Monomeren 22-2880*.

Diphenylbutazon s. unter $C_{19}H_{20}N_2O_2$.
Diphenylcarbazid s. unter $C_{13}H_{14}N_4O$.
Diphenylcarbazon s. unter $C_{13}H_{12}N_4O$.
Diphenylen s. unter $C_{12}H_8$.
Diphenylenoxid s. unter $C_{12}H_8O$.
Diphenylensulfid s. unter $C_{12}H_8S$.
6.6-Diphenylfulven s. unter $C_{18}H_{14}$.
Diphenylglyoxim s. unter $C_{14}H_{12}N_2O_2$.
Diphenylhydramin s. unter $C_{17}H_{21}NO$.
Diphenylmethanfarbstoffe s. unter *Farbstoffe, organische.*
Diphenyloxid s. unter $C_{12}H_{10}O$.
Diphenylpikrylhydrazyl s. unter $C_{18}H_{12}N_5O_6$.
Diphenylpyralin s. unter $C_{19}H_{23}NO$.
Diphesatin s. unter $C_{24}H_{19}NO_5$.
Diphetarson s. unter $C_{14}H_{18}As_2N_2O_6$.
Diphosgen s. unter $C_2Cl_4O_2$.
Diphosphatidylglycerin s. *Cardiolipin.*
Diphosphoglycerinsäure s. unter $C_3H_8O_{10}P_2$.
Diphosphopyridinnucleotid s. unter $C_{21}H_{27}N_7O_{14} \cdot P_2$.
Dipicolinsäure s. unter $C_7H_5NO_4$.
Dipikrylamin s. unter $C_{12}H_5N_7O_{12}$.
Dipin s. unter $C_{12}H_{24}N_6O_2P_2$.
Dipiperon s. unter $C_{21}H_{30}FN_3O_2$.
Diplacin s. unter $C_{26}H_{44}N_2O_8$.
Dipolmoment s. *Moment, elektrisches.*
Diprasin s. unter $C_{17}H_{20}N_2S$.
Diprazin s. unter $C_{17}H_{20}N_2S$.
Diprocon s. unter $C_{13}H_{13}J_3N_2O_4$.
Diprophyllin s. unter $C_{10}H_{14}N_4O_4$.
Dipterex s. unter $C_4H_8Cl_3O_4P$.
Dipterex MR, Verw. zur Bekämpf. d. Rübenfliege (*1957–1967*) unter Berücksichtig. d. Blattlausbekämpf. 38-3145.
Dipterocarpol s. unter $C_{30}H_{50}O_2$.
Dipyridamal s. unter $C_{24}H_{40}N_8O_4$.
Dipyridamol s. unter $C_{24}H_{40}N_8O_4$.
Dipyridyl s. unter $C_{10}H_8N_2$.
2.2′-Dipyridylketoxim s. unter $C_{11}H_9N_3O$.
Dipyron(e) s. unter $C_{13}H_{17}N_3O_4S$.
Diquat s. unter $C_{12}H_{14}N_2O_2$.
Direktechtorange, Oberflächennatur d. starren elektr. Dipols v. koll. – in W. 10-0615.
Direktfarbstoffe s. unter *Farbstoffe, organische.*
Direktschwarz BH s. unter $C_{32}H_{24}N_6O_{11}S_3$.
Dirhodan s. unter $C_2N_2S_2$.
Disipal s. unter $C_{18}H_{23}NO$.
Dismutation s. unter *Oxydoreduktion.*
Disopyramidum s. unter $C_{21}H_{29}N_3O$.
Dispergiermittel s. unter *Dispersionen.*
Disperse scarlet s. unter $C_{17}H_{16}BrN_5O_3$.
Dispersion s. unter *Refraktion* bzw. unter d. entsprechenden Stichwörtern.

Dispersionen

Eig. koll. – s. unter *Kolloidchemie.*
Siehe auch *Emulsionen*; *Suspensionen.*
– -Polymerisation s. unter *Kautschuk*; *Plaste*; *Polymerisation.*

Verträglichk. v. Polymeren in Form wss. – 5-1106; Kinetik fließender – (konz. Suspens. starrer Teilchen) 7-0616; eindimensionales – -Modell 8-2008; Best. d. Höhe einer Stoffübertrag.-Einh. in polydispersen Syst. unter Berücksichtig. v. Vor- u. Rückmisch. 8-2015; Axial- – in Extrakt.-Kolonnen 8-2027; Grundbegriffe disperser Syst. 9-2964; physikal. Chemie disperser Syst. u. ihre Klassifikat. 12-0596; – -Analyse mit Hilfe eines automat. wägenden Sedimentometers 13-0652; Diffus.-Beweg. v. Einschlüssen in Festkörpern u. Verh. disperser Syst. bei hohen Temp. 15-0285; Adsorpt. v. Polymeren u. Stabilität v. Pigment- – 15-0640; laminare – in Kapillaren 15-2173; radiale – in gesätt. porösen Medien 15-2174; Koaleszenz u. Re- – v. Tröpfchen im Gegenstromfüllkörperbett für Fl.–Fl.-Kontakt 16-2082; Stabilität v. nichtwss. – 19-0710; Fließeig. v. – fester Stoffe in Fl. 19-2313; opt. Streuquerschnitte v. Poly- – kugelförm. Dielektrika 21-0685; Teilchengrößenbest. v. Poly- – auf Grund v. mittleren Streuquerschnitte 21-0686; Strukturfestigk. disperser Syst. 21-0691; Filtrat. v. durch anion. u. kation. Polyelektrolyte ausgeflockten koll. – 21-0694; effektive – in einem Rohrreaktor mit Rücklaufeinricht. 21-2339; Einfl. d. Teilchengrößenverteil. auf d. Stoffaustausch in – 26-2178; Impuls- u. Wärmeübertrag.-Charakteristiken v. fl.–fl.- – bei turbulenter Ström. 26-2179; Sprungkennlinien-Meth. für eine einfache Erfass. d. Stoffübergangs in Fl. u. – 29-2262; theoret. Analyse einiger Bezieh. u. Mechanismen d. Wärme- u. Stoffübertrag. in – 31-2284; Unters. d. viskos-plast. Eig. disperser Syst. unter d. Beding. hoher Temp. u. Drücke an d. App. VSN-*2* 32-1875; elektrokinet. Erschein. in nichtwss. dispergierten Syst. 34-0673; Kinetik strömender – (Gleichgew.-Orientier. v. Stäbchen u. Plättchen) 34-0682, 34-0683; (Übergangsorientier. v. Zylindern) 34-0684; Längs- – bei d. Ström. eines Gases oder einer Fl. durch ein körn. Festbett 34-2119; neue Meth. zur Unters. disperser Syst. 35-0462; Einfl. oberflächenakt. Substanzen auf d. hydraul. Widerstand u. d. Fließstruktur v. Fl.–Gas- – im vertikalen Ringkanal 35-2185; Unters.-Ergebnisse über d. Trenn.- u. Mischkinetik disperser Materialien 35-2186; elektr. Analogon für nichtstat. Wärmeaustausch in dispersen Syst. 35-2187; Zusammenhang zwischen Feuchtigk.-Geh. u. Temp. v. dispersem Material bei Wirbelschichttrockn. 35-2232; Wrkg. d. Sek.-Ström. in einem gebogenen Rohr auf d. longitudinale – 38-2233; gleichzeit. Best. v. axialer – u. Stoffübergangszahlen in Absorpt.-Kolonnen 39-2183; Meth. zur gleichzeit. Best. d. Werte v. Wärmeübertrag.-Koeff., – -Koeff. u. Wärmeleitfähigk. d. Füllkörper eines Kugelbetts 39-2207; Lichtstreuung v. Poly- – Miescher Teilchen 42-0490; Analyse d. axialen – bei zeitl. variabler Ström. 44-1989; Geschw. einer beschränkten Teilchenbeweg. in dispersen Phasen v. fl.–fl.-Syst. 45-2259; laminare – in Kapillaren (Unters. über kombinierte natürl. u. erzwungene Konvekt. in vertikalen Rohren) 51/52-2033.

Neue Meth. zur Dehydratat. v. – 1-1963; Herst. v. – zum Flammspritzen v. Emails oder Glasuren 3-2340*; Bldg. u. Verschmelz. v. – (Literaturübersicht) 8-2009; Auflös. v. Metall/Nichtmetall- – 9-2118*; App. zur Erzeug. luftfreier – 12-1768; Seifenfilme beim Dispergieren 14-2077; Ausflock. dispergierter Feststoffe aus wss. anion. Suspens. mittels eines festen, wasserlösl. Polymers aus einem α-äthylen. ungesätt. Sulfin 16-2103*; allg. Gesetzmäßigk. d. Gasdispergier. u. charakterist. – -Bereiche für monodisperse blasengesätt. Syst. 36-2083; Dispergier. in Kugelmühlen 36-2988.

Herst. v. – v. ZrO_2 u. PuO_2 in Zr-Leg. zur Verw. als Kernbrennstoff 1-1990*; mechan.-chem. Dispergier. v. Metallen durch d. mechan. Abbau v. Polymeren 3-1106; – -Energien u. Oberflächenspann. d. Edelmetalle 5-0661; Entw. u. Unters. d. Syst. U/Nb/Si als disperse Leg. 7-2131; – -Zustand d. Metalls im Rh–Pt-Leg.-Trägerkatalysator (Pt-Leg. mit *5* Gew.-% Rh) 14-0689; Einfl. d. Zus. d. Mediums auf d. Stabilität u. d. ξ-Potential organ. Metall- – (Zn- u. Ni- – in Methanol–Bzl.- u. Äthanol–Bzl.-Gemischen) 23-0697; Best. d. spezif. Oberfläche dispergierter Metalle 29-0722; einige Kriech- u. Ermüd.-Eig. v. dispergiertem, oxidgehärtetem Pb 41-0140.

Chem. Aufblätter. v. Vermiculit u. d. Herst. koll. – 7-0618; – im Syst. Benton/organ. Medium 9-0627; Wechselwrkg. eines Polyacrylnitrilpräp. mit Tonmineralien in ihren wss. – 10-0618; Einfl. v. Ultraschallschwing. auf d. Strukturbldg. wss. Kaolinit- – 16-0645; elektrokinet. Unters. v. Ton- – in hydrolysierten Al-Lsg. 21-0688; Einfl. einer hydrothermalen Bearbeit. auf d. Strukturbldg. mineralisierter – v. Hydroglimmer 21-0697; – v. Tonmaterialien für d. Best. d. Korngröße 21-0711; Strukturbldg.: hochthixotroper – v. Tonmineralien bei hydrothermalen Beding. 28-0643; in wss. – d. Monokationformen v. Monothermit 37-0649; Kennzeichn. u. Bewert. wss. – v. Tonmineralien 42-0509.

Elektrophoret. Eig. v. AgBr- – 1-0646; Dispergier. d. Syst. Rutil/organ. Fl. mit Ultraschall 3-0628; Herst.: stabiler – einer bas. Mg-Verb. 3-2272*; monodisperser Frakt. v. Mn–Zn-Ferrit 5-0646; Aggregat. v. SiO_2- – durch Fe(III) 5-0653; Adsorpt. v. kation. Schaumerzeugern auf Silberhalogenid–Gelatine- – 10-0633; Viskosität u. Stabilität koll. Graphit- – in Ggw. v. Nichtelektrolyten 12-0602; Ausflock. v. koll. Al_2O_3- – durch adsorbierte Ionen v. oberflächenakt. Verb. 15-0639; Einfl.: d. – -Grades v. MgO u. $Mg(OH)_2$ auf einige physikal.-chem. Eig. 19-0840; v. C_3-, C_4- u. C_5-Alkoholen sowie W. auf d. Stabilität v. – mit Al_2O_3 u. $Al(OH)_3$ 21-0698; Mechanismus d. Desaggregat. u. Stabilität v. Rutil- – in organ. Fl. 21-0699; mechan. Eig. (Festigk. u. Elastizitätsmodul) v. – v. ThO_2 in BeO 28-0243; Unters. d. – v. *2*-wert. Kationen in NaCl 29-2424; elektroviskose Eig. v. SiO_2- u. Ca-Titanat- – 36-0555; elektrokinet. Potential u. Leitfähigk. v. SiO_2- – 36-0556.

Herst. v. transparent mizellaren Hydrazin-KW-Stoff- – als insektizide, herbizide, bakterizide Zubereit. 7-3102*; – v. Triglyceriden 10-2732; Herst. v. Emuls. u. – für kosmet. u. pharmazeut. Zwecke durch Emulgier. v. Cetylalkohol u. anderen Wachsalkoholen 26-2202*; lumineszenzspektroskop. Unters. d. – -Zustandes v. Bzl. in Cyclohexan u. in linearen Paraffin-KW-Stoffen bei *77* °K 48-1049.

Einfl. d. Dispersität auf d. dynam. Eig. eines Ruß-gefüllten Styrol–Butadien-Kautschuks 19-1252; Herst.: v. – mit Pb-Verb. als Additive für Öle u. Bohrschlamm, Anstrichfarben u. Schmieröle 40-1977*; v. stabilen – v. negativ geladenem Material in kation. wss. Bitumenemuls. 48-2434*; v. Vinylesterpolymerisat als hochviskose wss. – 48-2500*.

Dispergiermittel: Herst. bzw. Verw.: v. Mischpolymerisat aus Vinylacetat u. Mono-K-Salz v. ungesätt. Dicarbonsäure 1-2702*; v. aliphat. Perfluorpolyäthercarbonsäurefluoriden 2-2601*; v. N-halt. Polykondensaten 2-2794*, 2-2795*; d. Salze v. substituierten Diaminen u. 2-Oxohexahydropyrimidinen 7-2791*; v. Dispergiermittel durch Einleiten v. CO_2 im Gemisch aus in Öl gelöstem Ca-Sulfonat, $Ca(OH)_2$, W. u. Alkohol 8-2042*; v. Formamiden v. Monoalkenylsuccinimiden für Schmieröle, Benzine u. Heizöle 8-2646*; v. Dispergiermitteln auf Basis v. Dinaphthylmethandisulfonsäure 10-2096*; v. wasserlösl. härtbaren Methylolmelamin- oder Methylolharnstoffäthern mit Monoalkoholen oder mit Polyäthylenglykolen 11-2119*; v. Alkylhalogennaphthalinsulfonaten 12-2566*; v. cycl. Aminen 12-2570*; eines Alkylesters einer anorgan. Säure u. einer Polyhydroxyverb. in Schmierfett auf Tonerdebasis 13-2694*; v. Alkylphenoxybenzoesäuren 14-2578*; v. Tetraäthylammoniumsulfonaten 16-2558*; v. N-Acylsarcosin für Ca–Acetat–Öl-Dispers. 20-2694*; v. alkalilösl. Kondens.-Prod. aus Phenolen, HCHO u. Carbonsäuren in d. Lack-, Textil- u. Papier-Industrie 20-2829*; v. alkylierten Diphenyloxidsulfonaten für Pigmente in nicht lösenden Fl. 20-3077*; v. alkalilösl. Kondens.-Prod. aus Phenolen, HCHO u. Carbonsäuren 21-3126*; v. Aluminiumsulfinaten 22-2697*; v. Lignosulfonat aus Hartholz 25-3382; v. Addit.-Verb. d. allg. Formel $(R^1)(R^2)(R^3)N[R(R^4)SO_3H]\ldots OSO_2 \cdot OR^5$ 27-2405*; v. Ätheralkoholsulfaten d. Oleyl- u. Elaidylalkohols (Kalkseifendispergierer) 27-3123; v. α-Alkyl-α′-hydroxyäthyl- u. -hydroxypropylglycerindiäthern 27-3124; einer Misch. v. 2 Copolymeren aus 2-Methyl-5-vinylpyridin u. Methacrylat sowie aus Fumarsäurealkylester u. Gemisch aus Vinylacetat u. Maleinsäureanhydrid in Mineralschmierölen 29-2916*; eines Mischpolymerisats aus C_{6-20}-Alkylmethacrylat u. Vinyloxyäthylalkohol in Schmier-, Heiz- u. hydraul. Ölen 31-2976*; v. Alkylenglykolester u. Olefin-Alkenylbernsteinsäureanhydrid-Copolymerisat in Schmieröl 33-2958*; v. Salzen v. tert. Alkylammoniumionen mit Alkylestern v. Olefinmischpolymerisaten für organ. Pigmente 34-2927*; eines Pfropfcopolymerisats aus Alkyl(meth)acrylat u. N-substituierter Maleamin- bzw. Itaconaminsäure in Schmier- u. Brennölen 35-2746*; v. N-Vinyllactampolymerisaten 36-2849*; v. Kondens.-Prod. aus Phenolen, N enthaltenden Verb. u. CH_2O 38-3068*; v. amphoteren Phenolverb. 39-1748*; v. Ammoniumsalzen d. Isäthionsäure (Zwischenprod.) 41-2925*; Einfl. v. HF–$C_{10}H_6(SO_3Na) \cdot CH_2C_{10}H_6(SO_3Na)$ als Dispers.-Mittel auf d. Gießeig. v. Steingutschlicker 45-2441; Herst. bzw. Verw.: v. wasserlösl. Kondens.-Prod. aus aromat. Verb. oder deren wasserlösl. Anlager.-Prod. mit Äthylenoxid u./oder Propylenoxid 47-2163*; v. substituierten α-Hydroxy-β-alkoxypropylaminen 47-2768*; v. wasserlösl. höhermol. Rk.-Prod. v. Styrol 47-2855*.

Dispersionsfarbstoffe s. unter *Farbstoffe, organische.*
Dispersolscharlach s. unter $C_{17}H_{16}BrN_5O_3$.
Dispranol s. unter $C_5H_{10}Cl_2O_2$.
Disproportionierung s. unter *Oxydoreduktion.*

Dissoziation, elektrolytische

Aktivitätskoeffizient s. dort.

Assoziat. u. – in d. elektrochem. Diffus.-Schicht 10-0586; Einfl. auf Rk.-Geschw. 12-0646; Ionenassoziat. 16-0614, 16-0615; Integrieren d. Gleich. d. Rk.-Isobare bei endl. Werten d. Ionenstärke d Lsg. 22-0617; Paarassoziat. v. Ionen mit niedr. DK 28-0608; Ionenpaarassoziat. bei niedriger DK 35-0513, 35-0514; Berechn. d. Dissoziat.-Konst. v. Elektrolyten mit elektron. Rechenmaschinen 37-0581; therm. – -Gleichgew. u. innere Ionenleit. in fl. Phase 49/50-0441; Einfl. d. Ionenassoziat. auf Elektrodenprozesse einiger substituionsinerter Komplexionen 49/50-0453; Ionenpaare u. Wechselwrkg. zwischen Lsgm. u. Gelöstem 51/52-0417.

Dissoziation von Salzen

Siehe auch d. Absatz *Dissoziation in nichtwäßrigen Lösungsmitteln.*

Kinetik d. Ionenassoziat. in Mn-Sulfatlsg. (Thermodynamik d. schrittweisen Assoziat. in W.) 1-0593; —-Konst. nach d. Bjerrumschen Theorie für Na- u. K-Cyanoferrate 2-0578; Assoziat. v. $MnSO_4$ in Methanol/W.-Gemischen mit hohem Methanolgeh. 4-0500; polarograph. u. potentiometr. Ermittl. d. Assoziat.-Konst. v. Cd^{2+} mit Br^- in geschmolzenem $Ca(NO_3)_2 \cdot 4\,H_2O$ bei tiefen Temp. 10-0574; Ionenassoziat. v. $MgSO_4$ in W. 12-0569; Ionenassoziat.-Gleichgew. d. Syst. Kaliumhexacyanoferrat(III)/hexacyanoferrat(II) 13-0610; Einfl. d. Viskosität auf d. Ultraschallrelaxat. v. $MgSO_4$ in W./Äthylenglykol-Misch. bei *25°* 16-0614; —-Konst. v. $Zn(NH_2 \cdot CH_2COO)_2$ u. $[Zn(NH_2CH_2COO)]^+$ 16-0641; — v. Na_2CO_3 u. Na_2SO_3 in alkohol. Plattierlsg. 17-0671; IR-Unters. an d. Mg(II)-, Al(III)-, Se(III)- u. -La(III)-Salzen v. Polystyrolsulfonsäure zur Best. d. — 18-0576; Ionenassoziat. in wss. LiCl-Lsg. hoher Konz. 22-0619; Relaxat.-Unters. d. Ionen-—-Gleichgew. v. $CdBr_2$, $Ni(CH_3COO)_2$ u. $(NH_4)_2HPO_4$ im Ultraschallbereich 23-0676; kristallchem. Umwandl. bei d. — v. Mg–Mn-Ferriten 23-0821; Ultraschallabsorpt. u. Ionenassoziat. in Na–Acetat-Lsg. 27-0682; —-Gleichgew. d. Syst. aromat. KW-Stoff$^-$/Na^+ ⇌ Radikalanion$^-$ + Na^+ 28-0942; Kinetik d. durch Fe(II) katalysierten — d. Monothiocyanatokomplexes v. Fe(III) 30-0660; Leitfähigk.: v. $LiNO_3$ in verschiedenen Lsgm.-Gemischen 35-0513; v. $NaClO_4$ in verschiedenen Lsgm.-Gemischen 35-0514; Ionenpaar-Assoziat.-Konst. v. LiJ in Dioxan/W. 37-0582; — v. $CH_3HgOSO_2CH_3$ u. $(CH_3 \cdot Hg)_2SO_4$ in wss. Lsg. 38-0500; spcktralphotometr. Best. d. Assoziat.-Konst. v. La-Salicylat 38-0591; —-Konst. v. $NaHP_2O_6^{2-}$ u. $NaP_2O_6^{3-}$ 39-0535; Assoziat.-Konst. v. $KClO_3$ in W./Dioxan-Misch. 39-0536; —-Konst. d. $UO_2 \cdot HPO_4$-Komplexe 44-0439; Assoziat.-Konst.: v. LiBr in Aceton/W.-Misch. 44-0501; v. Cd-Ionen mit Br^- in $LiNO_3/KNO_3/H_2O$ 46-0521; —-Konst. v. $Pb(C_5H_4O_4)^{2-}$ 47-0524; Lad.-Anteil in wss. Lsg. v. Polyelektrolyt-Salzen nach Mess. d. Leitfähigk. u. Überführ. 49/50-1169; scheinbarer —-Grad v. Salzen v. polymeren Säuren 49/50-1198; Assoziat.-Konst. v. $LiClO_3$ in W./Dioxan-Misch. 51/52-0416.

Säure–Base-Gleichgewichte

Maßanalyse s. dort; Herst. v. Pufferlsg. s. unter *Pufferung.*

Einfl. d. pH auf physikal., physikal.-chem., chem. u. physiolog. Vorgänge s. unter d. entsprechenden Stichwörtern.

Siehe auch d. Absatz *Dissoziation in nichtwäßrigen Lösungsmitteln.*

Verw. d. Edwards-Gleich. zur Best. d. „Härte“ v. Säuren 3-0584; Rk. v. deprotonisierten Liganden 3-0762; Unters. d. Acidität v. Syst. aus H-Säure u. säureähnl. Verb. durch D-Austausch (Syst. Deuteriumträger/$CH_3 \cdot COOH/BF_3$ bzw. $SnCl_4$) 6-0672; Nivellier.-Effekt auf d. Lewis-Acidität durch Lsgm. (Best. d. Gleichgew.-Konst. für Rk. zwischen $SnCl_4$ bzw. $SnBr_4$ u. 3-Methyl-4-nitroanilin bzw. 4-Nitroanilin in o-Dichlorbenzol, 1.2-Dichloräthan u. Äther) 7-0569; Tiefsee-pH 7-0755; Deprotonier. schwacher Säuren 10-0567; Bezieh. d. Aciditätskonst. mit d. —-Geschw. v. Pseudosäuren 10-0895; zweiteil. Gleich. zur Berechn. d. Enthalpien v. Lewis-Säure-Base-Wechselwrkg. 11-0936; Ionisat. v. Säuren u. Basen in d. Luft/W.-Grenzfläche 11-1164; differenzierende Wrkg. v. Estern auf d. Stärke v. Säuren 13-0909; Basizität u. Ox.-Koppl.-Potential zur Ermittl. d. Gruppen-Elektronegativität 13-0914; quantitative Aspekte d. Lewis-Acidität 14-0578; Ionisat.-Gleichgew. v. Säuren 15-0594; Lsgm.- u. Temp.-Einfl. auf d. Rk. d. Protonenübertrag. bei angeregten Mol. 15-0850; Komplexstabilität u. Basizität d. Komplexbildner 18-0555; Bezieh. zwischen V- u. pH-Wert v. Böden 19-3122; Redox-Prozesse u. Lewis-Säure-Lewis-Base-Rk. mit Oxidoberflächen 23-0755; Ionisat.-Geschw. schwacher Säuren (Fehlen eines prim. kinet. Isotopeneffekts in Dimethylsulfoxid) 23-0993; Aciditätsfunkt. wss. Lsg. starker Säuren 24-0612; Säure/Base-Gleichgew. in Lsgm. 25-1009; Deut. d. Säure–Basen-Prozesses mit d. Fermi-Statistik (Definit. d. pH-Werts) 27-0677; Acidität v. Syst. mit erniedrigter W.-Aktivität 28-0599; Chemie konjugierter Anionen 29-1040; Rk. deprotonierter Liganden 31-0862; pK-Werte im angeregten Zustand 31-1022, 33-1144; Einfl. d. Säure–Base-Wechselwrkg. v. Extrakt.- u. Verdünn.-Mittel auf d. Extrakt. 35-0465; Säure–Base-Eig. u. katalyt. Aktivität v. Festkörperoberflächen 35-0643; quant. Aspekte d. Lewis-Acidität 36-0948; Säure–Base-Wechselwrkg. u. d. summar. Aktivitätskoeff. (Mineralbldg.-Prozesse) 38-0763; Kohlenstoffbasizität (Überblick) 38-1027; Säurestärke v. heterogegen Katalysatoren u. ihre Bezieh. zur katalyt. Aktivität u. Selektivität 39-0620; quant. Aspekte d. Lewis-Acidität 40-0435; quant. Aspekte d. Lewis-Acidität 41-0548 bis 41-0550; Komplexstabilität u. Basizität d. Liganden 41-0551; Rk. deprotonisierter Liganden 43-0697; Fermi-statist. Behandl. v. Säure–Basen-Prozessen (neue Definit. d. pH) 44-0491; anomale pH-Änder. in Inertgaslsg. als mögl. Hinweis auf ihre Basizität 46-0526; Säure–Base-Gleichgew. in konz. Salzlsg. 46-0809; — v. Säuren u. Basen in Gemischen aus W. u. organ. Lsgm. 46-0813; Wechselwrkg.-Prinzipien v. Kationen u. Anionen bei d. Bldg. v. Sulfosalzen 47-0746; Thermodynamik d. Protonen-— in verdünnter wss. Lsg. 47-1011; Änder. in d. pK_{BH^+}-Werten schwacher Basen bei Anreg. zum ersten angeregten Singulettzustand 51/52-0822; ster. Hinder. u. Acidität 51/52-0830.

Anorganische Verbindungen

Mess. d. Hammettschen Aciditätsfunkt. in H_2SO_4/W. mittels Glaselektroden 3-0585; H_--Aciditätsskala v. NaOH, KOH u. LiOH mit Indolderiv. 4-0496; Zus. wss. Phosphatlsg. bei verschiedenen Temp., pH-Werten u. Ionenstärken d. Lsg. 6-0618; Berechn. d. Säurefunkt. für $HClO_4$ 10-0568; Unters. d. relativen —-Konst. v. HCl, HBr, HJ, HNO_3 u. $HClO_4$ in Py. mit d. H_2-Elektrode 13-0609; Berechn. d. pH-Wertes d. Übergangs v. d. Entlad. v. H_3O^+ zur vorherrschenden Entlad. v. W.-Mol. 13-0627; Bezieh. d. Aciditäten $H_{(0)}$ wss. Se- u. Schwefelsäuren 16-0607; Einfl. gemischter Lsgm. mit D-Isotopen auf d. — v. HJO_4 17-0651; Best.: d. Ionenprod. v. D_2O u. D_2O/H_2O (Glaselektrode) 18-0566; d. —-Konst. v. HSO^-_4 bei verschiedenen Ionenstärken u. Temp. d. Lsg. 18-0567; Berechn. d. —-Konst. d. Kieselsäure bei erhöhten Temp. 18-0570; Abschätz. d. ion. Assoziat.-Konst. für $HClO_4$ in $NaClO_4/HClO_4$-Misch. in Essigsäure 19-0662; Aciditätsfunkt. wss. Lsg. v. H_2SO_4 ,HCl u. H_3PO_4 24-0612; — v. $HClO_4$ 27-0685; oszillograph. Näher.-Meth. zur Best. d. —-Konst. v. H_3BO_3 u. $H_2PO_4^-$ 28-0602; — v. H_2SeO_3 in Alkohol/W.-Gemischen 29-0668; Ionisat.-Konst. v. H_2S 31-0654; Assoziat. d. $HClO_4$ in konz. wss. Lsg. u. d. Existenz v. H_3O^+ u. $H_5O_2^+$ im Existenzbereich d. Monohydrates 39-0517; spektralphotometr. Best. d. —-Konst. v. HSO_4^- in wss. Lsg. 39-0518; Eigen- u. Molekül-— v. $H_2S_2O_7$ 39-0525; — v. Kohlensäure u. Borsäure in Meerwasser bei hohem Druck 43-0717; Assoziat.-Konst. v. H_3O^+ u. HSO_4^- 44-0494; —-Grad u. d. —-Konst. v. HJO_3 44-0495; Unters. d. Einfl. d. Druckes auf d. — v. H_2CO_3 durch Mess. mit d. gepufferten Glaselektrode 46-0528.

Best. d. —-Konst. phosphorsaurer Ionitgruppen 4-0555; Oberflächenacidität v. komprimiertem $KHSO_4$ 5-0711; Indikator zur Best. d. Aciditätsfunkt. v. HCl in CuCl-Lsg. 6-0616; Best. d. Basizität d. Salze v. Luteowolframatophosphorsäure mit Hilfe d. magnet. Protonenresonanz 7-0583; H_0-Mess. in $LiClO_4/HClO_4^-$ u. $NaNO_3/HNO_3$-Misch. mit vorgegebener Anionengesamtkonz. 10-0569; —-Gleichgew. v. Trioxochlorochromaten(VI) u. Cr-Säure 12-0567; thermodynam. Potentiale v. OH^-, HCO_3^- u. Ca^{2+} in wss. Lsg. bei erhöhten Temp. 12-0568; *1.* u. *2.* —-Konst. v. H_2WS_4 15-0605; Änder. d. — während d. langsamen Koagulat. v. $Fe(OH)_3$ durch Elektrolyte 15-0631; Einfl. v. Neutralsalzen auf d. Acidität dünner starker Säuren (Abhängigk. d. pH-Wertes verd. HCl-Lsg. v. Kation d. Alkalimetallchloridzusatzes) 16-0606; Acidität v. $Na_3HP_2O_6$ 16-0693; Meth. zur Best. d. Protonisier.-Konst. v. NaCl, NH_4ClO_4 u. NH_4NO_3 18-0568; Aciditätsfunkt. im Syst. $H_2SO_4/Na_2SO_4/ZnSO_4$/W. 18-0573; pH-Mess. an wss. $Mg(HCO_3)_2$-Lsg. (Glaselektrode) 21-0645; Best. d. Aciditätskonst. v. Ni^{2+} u. NiO 21-0670; Oberflächenacidität u. dehydratisierende Eig. v. Al-Oxiden 21-0763; Best. d. freien Säure in Sb(III)- u. Bi(III)-Lsg. 24-1958; Protonisier.-Kinetik d. Hexaquo-Kationen d. Ni u. Cr in wss. Lsg. 25-0748; pH-Wert im Syst. GeO_2/NaOH/MeX/H_2O 35-0486; —-Konst. v. $H_2S_{(g)}$ in wss. Lsg. bzw. KCl 36-0451; pH-Wert d. fl. Phase d. Syst. $NaB_5 \cdot O_8(Na_2B_{10}O_{16})/Na_2C_5H_6O_7/H_2O$ 37-0557; Änder. d. pH-Werts im Syst. $InCl_3/Na_4P_2O_7/H_2O$ 41-0485; pH-Wert im Syst. $Na_5P_3O_{10}/CrCl_3/H_2O$ 41-0487; pK-Werte für d. Säure–Base-Paare NH_4^+/NH_3 u. H_2O/OH^- in konz. Salzlsg. 44-0492; Protonenspinrelaxat. u. Säure-— am $[Cr(H_2O)_6]^{3+}$-Komplexion 44-0497.

Einfl. d. Alkalinität auf d. Zus. v. Calciumamphibolen in magmat. Gesteinen 6-0805; Theorie d. Acidität v. Emaillegläsern 7-0584; Säureeig. bin. Silicatkatalysatoren 9-0675; Ermittl. d. Oberflächenacidität v. Oxidkatalysatoren durch DTA 15-0708; Bezieh. zwischen Acidität v. Oxidkatalysatoren u. Aktivität bei d. Dehydratisier. v. Alkoholen u. d. Isomerisier. v. Olefinen 33-0814; pH-Funkt. v. Gläsern d. Syst. Li_2O/BaO-(Pr, Nd)$_2O_3/SiO_2$ 34-0649; Zusammenhang zwischen Acidität u. katalyt. Aktivität bei d. Cyclopropan-Isomerisier. an hydratisierten ZnO-Oberflächen 39-0616; Natur d. sauren Zentren eines bei hoher Temp. „aktivierten“ SiO_2/Al_2O_3-Katalysators in Bezieh. zum IR-Spektrum v. adsorbiertem Py. 39-0621; Säuregrad v. aktiviertem Bentonit aus Keless 47-0767.

Metallderivate organischer Verbindungen

Darst., Protonisier. u. Alkylier. v. Natriumcyanopentacarbonylmetallaten 1-0721; —-Konst. einiger organ. Amine u. ihrer Cu(II)-Chelate 2-0634; Unters. d. Kinetik d. Bldg. d. Co(II)-monomalonatkomplexes nach d. Temp.-Ursprungmeth. (—-Geschw.-Konst.) 2-0644; Best. d. —-Konst. v. Mg^{2+}/1.2.3-Triaminopropan; Mn^{2+}/2.2′-Bis-[dicarboxymethylamino]-diäthylsulfid u. Fe^{3+}/1.2-Bis-[2-dicarboxymethylamino]-äthoxyäthan 3-0586; Isotopenfraktionier. bei Elektronenübergangsrk. (Einfl. v. nicht in Brückenstell. stehenden Liganden in Co–Amin-Komplexes) 3-0744; Darst. v. $[Pt(NH_3py)_2Cl_2](NO_3)_2$ u. $[Pt(NH_3)_2py_2Cl_2](NO_3)_2$ u. Unters. d. sauren Eig. 3-0760; Gleichgew. zwischen Carbonsäuren u. $SnCl_4$ u. d. Bronsted-Acidität solcher zweifach saurer Syst. 3-0907; kinet. Unters. d. Säure–Base-Effekte bei µ-Amido-µ-peroxo-bis-[bis-(äthylendiamin)-kobalt]-Komplexen 10-0721; Einfl. d. — eines Metallkomplexes MX_n auf d. Höhe d. Potentials d. Elektrode 13-0619; Säure–Base-Rk. bei hoher Temp. (Methylammoniumchlorid mit einigen Metalloxiden) 14-0679; —: d. Tartratoaluminiumsäure 17-0652; v. $TiCl_4$-Esteraddukten 18-0577; Zus. u. —-Konst. v. Tartrato- u. Citratogermaniumsäure 18-0578; Bezieh. zwischen d. —-Konst. v. Metall–NTA–(H_3L)-Komplexen u. d. kinet. oszillopolarograph. Parametern 20-0568; Säurestärke u. Aktivität als Polymerisat.-Katalysatoren v. Syst. Organometallverb./Silanole 25-1201; Bldg. u. Unters. d. Acidität v. trans-$[PtCl_2(NH_3)_2H_2O]$ u. $[Pt(NH_3)_2(C_2H_4)H_2O]^{2+}$ 26-0805; Säure-—-Konst. d. Metallkomplexe v. D-Glucosamin u. seinen drei O-Methylderiv. 27-1015; relative Basizitäten v. metallorgan. Äthern, Aminen u. Sulfiden 30-0079; Kinetik d. —-Rk. u. Bldg.-Konst. d. Cd(II)-N-Hydroxyäthyläthylendiamintriacetat-Komplexes bei d. Polarographie 30-0553; Indikat. d. relativen Basenstärken v. Organometallbasen aus d. protonenmagnet. Resonanzverschieb. bei Verdünn. in Chlf. 31-0655; Best. d. Säure-—-Konst. protonisierter EDTA-Chelatkomplexe aus d. Geschw. v. Isotopenaustauschrk. 33-0755; —-Konst. d. Komplexe d. Ferricenylgruppe mit Cl^- u. ClO_4^- 36-0518; pH-Wert d. fl. Phase d. Syst. Borsäure/Natriumhydrogentrihydroxyglutarat/W. 37-0558; Berechn. d. —-Konst. v. Li-Pikrat in W. mit elektron. Rechenmaschinen 37-0581; Raman-Spektroskopie d. — v. CH_3Hg(II)-Salzen in wss. Lsg. 38-0590; Einfl. d. Hammettschen Säurefunkt. auf d. saure Hydrolyse v. Na-Arylsulfaten 44-0829; Berechn. d. thermodynam. Assoziat.-Konst. u. d. —-Grades wss. Lsg. v. Nitroamminkobalt(III)-Komplexen 46-0532; theoret. Bezieh. zwischen Geschw.-Konst. u. Säurefunkt. in konz. methanol. Alkalimethylatlsg. 46-0626; Protonenaustauschmess. an $Fe(CN)_2$-Komplexen mit 1.10-Phenanthrolin 47-0670; Protonier. d. Indol-Grignard-Reagenzes u. anderer organometall. Deriv. d. Indols 48-0672; Lewis-Acidität v. Alanen (Wechselwrkg. v. Trimethylalan mit Sulfiden) 51/52-0351.

Organische Verbindungen

Protonier. v. enol. Deriv. 4-0725; H_--Aciditätsskala v. organ. Verb. 12-0856; Basizitätsunters. v. organ. Verb. durch Konduktometrie (Protonier. einiger Alkohole) 12-0858; Ionisat. einiger typ. schwacher organ. Basen in konz. Überchlorsäure 14-0902; Vorhersage d. Stärke einiger organ. Basen 18-0895; Einfl. d. Mediums auf d. — organ. Verb. in Methanol/W.-Gemischen 20-0886; Anwend. d. pK_a-Werte auf chem. Strukturunters. 30-0905; Protonier.-Rk. aromat. Anionen in aliphat. Alkoholen (Kinetik) 45-0937; Basizität v. organ. Verb. 45-0938; Bezieh. zwischen d. chem. Protonenverschieb.

organ. Mol. u. pK-Werten 47-0847; Basizität u. H-Bind. in einigen Addukten v. O-Basen mit Säuren 49/50-0917.

Acidität v. KW-Stoffen 8-0895 bis 8-0898; pK-Werte doppelbind.-isomerer KW-Stoffe mit gemeinsamem Carbanion 13-0906; Protonier. v. Methylbenzolen 13-0907; --Konst. d. Tetraphenyläthylenradikalanions 23-0988; Protonier.: v. Cyclooctatetraen 24-0928; dinegativer aromat. KW-Stoff-Ionen 34-0883; pK-Werte u. Substituenteneffekte v. Bicyclo-[2.2.2]-octanen u. aromat. Analogen 34-0964; Basizität aromat. KW-Stoffe 45-0939; Acidität v. KW-Stoffen 47-1070, 47-1071; Protonier. u. Deprotonier. v. Azulenen (Kinetik) 47-1075; basenkatalysierte Isomerisier. u. kinet. Acidität v. 1.4-Diinen 49/50-0992.

Einfl. v. Neutralelektrolyten auf d. Indikatoracidität v. wss. KOH (Indazol, Indol-3-carboxylat) 4-0497; Näher.-Best. d. zweistuf. Protonier.-Konst. v. Bipyridyl-(2.2'), 1.10-Phenanthrolin u. dessen Deriv. 6-0908; Protonenaffinitäten u. d. Methyl-Indukt.-Effekt 10-0894; pK_a-Werte: u. Hammett-Gleich. v. Chinolinen u. Isochinolinen 11-0946; v. Pyrrolo-[1.2:a]-chinoxalinen 12-0861; Einfl. d. Ionenstärke auf d. Säure–Basen-Eig. v. Pyrimidinbasen 18-1156; – v. Indolizinen 19-1030; --Konst. v. heterocycl. Verb. 20-0883; Ionisier.-Konst. d. 7-Hydroxylumazins u. seiner Methylderiv. 21-0914; Berechn. d. Basizität v. Py.-Basen 22-0943; Ionisat.-Konst. v. 1.2.4-Triazolen 23-0989; Ionisat.-Konst. u. Verteil.-Koeff. analget. wirksamer 2-Benzylbenzimidazolderiv. u. verwandter Verb. 23-1799; Bezieh. d. wahren pK_{NH}-Werte v. Chinazolinen zur Elektronendichte u. zur π-Energieänder. bei Protonier. in 1-Stell. 25-0953; $C_{(1)}$- u. $C_{(3)}$-Protonier. v. Indolizinen 27-0987; Diprotonier. mehrkern. Cinnoline in H_2SO_4 27-1010; Konst. d. Gleichgew. Kation-Pseudobase v. Heteroaromaten 30-0831; Protonier.-Stelle in Cinnolin 31-1063; Einfl. v. Pyridin-Deriv. auf d. NH-Acidität v. häminkoordiniertem Imidazol u. 1.2.4-Triazol (spektrometr. Unters.) 31-1629; CH-Acidität v. 2-Chinolylmethanen 35-0922; pK_a-Werte v. Acridinen u. Deriv. 35-0954; Basizität aromat. substituierter Epoxide 37-0978; Thermodynamik d. Ionisat. einiger Thiazole in wss. Lsg. 38-1016; pK-Werte v. 8-Azapurinen 39-0914; relative Basizität substituierter Pyridine (Elektronegativitätsreihen d. Substituenten) 41-0960; --Konst. heterocycl. Verb. (1.3.5-Triazaindene) 43-0888; pK_a-Werte v. 5- (oder 6-)substituierten Benzimidazolen 45-0940; Bezieh. zwischen Struktur u. Acidität v. am Benzolring hydroxylierten Mono- oder Polyäthylbenzofuranen u. analogen Deriv. v. Benzo[b]thiophenen 45-0941; potentiometr. Unters. v. Säure–Base-Gleichgew. in 1.1.3.3-Tetramethylguanidin 46-0814; pK_a-Werte substituierter Purine 47-1087; semiempir. MO-Berechn. d. Basizität v. Pyrazol, Imidazol u. methylsubstituierter Pyrazole u. Imidazole (Indukt.-Modell d. Elektronenabgabe) 48-0932; pK-Werte v. Methylpyridinen 51/52-0824.

– v. 4-substituierten Diphenylmethylchloriden 11-0985; pK-Wert v. 1.2.3.4-Tetrachlor-5.6-diphenylcalicen 46-0711.

Stabilitätskonst. für d. Protonisier. v. N.N-Dimethyläthylendiamin in wss. Lsg. 1-0585; – v. Anilinhydrochlorid durch Lsgm.-Extrakt. 3-0899; Basenstärke u. Ligandeneig. v. N-[Tetrahydrofuryl-(2)-methyl]-1.2-diaminoäthanen 4-0608; Aciditätsbest. mit Hilfe aliphat. Diazoverb. (Aufstell. einer dynam. Aciditätsreihe) 4-0727; Basizität tert. Enamine 4-0744; Thermodynamik d. Protonier. v. wss. Triäthylendiamin 5-0865; Basizitätskonst. mehrfach substituierter Phenylhydrazine 8-0899; spektrophotometr. Unters. d. relativen Basenstärken monosubstituierter Anilinderiv. in Tetraäthoxysilan 11-0937; Best. d. --Konst. v. Aminen 12-0862; pK_a-Werte: einiger 2-Aminoimidazoliumionen 15-0954; v. 5-Phenyl-2-alkylamino- bzw. -imino-1.3.4-oxadiazolen 16-0931; v. 5-Phenyl-2-phenylamino-1.3.4-oxadiazolen u. 5-Phenyl-2-phenylimino-Δ^4-1.3.4-oxadiazolinen 16-0932; v. 5-Phenyl-2-phenylamino-1.3.4-thiadiazol u. 5-Phenyl-2-phenylimino-Δ^4-1.3.4-thiadiazolin 16-0933; Indikatorsäure/Basengleichgew. in wss.-nichtwss. Lsgm.-Gemischen v. Nitranilinen 16-0934; Basenstärke d. Aminderiv. v. heterocycl. N-Verb. 16-0935; Best. d. pH-Wertes v. CH_3CONH_2/Br_2/W. in Abhängigk. v. d. Acetamidkonz. 18-0582; – v. m-Chloranilinhydrochlorid 18-0896; Protonier. v. N.N-Dimethylnitrosoamin, N.N-Diäthylnitrosoamin u. N-Nitrosopiperidin (NMR-Unters.) 19-0971; --Konst. v. 5-Nitro-1.10-phenanthrolin 20-0884; Unters. d. Thermodynamik v. Anilin u. seinem Nitrat durch Lsgm.-Extrakt. 23-0991; Säurefunkt. d. Gemische aus W. u. Äthylendiamin 25-1011; Unters. d. positiven Brückeneffekts auf Grund d. Mess. d. Ionisat.-Konst. d. N–H-Valenzschwing. v. Aminen mit zwei Phenylkernen 25-1015; --Konst. v. Polynitroalkanen in Alkoholen u. aprot., dipolaren Lsgm. 25-1016; Protonenaustausch: v. Ammoniumsalzen in tert.-Butanol über Ionenpaare (Kinetik) 26-0961; v. Ammoniumsalzen in tert.-Butanol (Salzeffekte; Kinetik) 26-0962; Säure--Konst. d. Imidazoliumions 27-1009; hochchlorierte aliphat. Amine u. ihre Basizitätsverhältnisse 27-1011; Protonier. v. 2-Nitropropan in W./H_2SO_4 27-1012; Protonenübertrag. zwischen Aminen u. ihren konjugierten Säuren (Beteilig. d. Lsgm.) 28-0990; Berechn. d. Gleichgew.-Konst. d. Protonisier. einiger p-Phenylendiaminderiv. aus ihrer Löslichk. in wss. Säurelsg. 30-0894; – d. 4-Aminopyridiniumions in *50* %ig. Methanol u. d. daraus abgeleitete saure Funkt. zwischen *10* u. *40°* 30-1842; Methylier. v. deprotoniertem Äthylendiamin mit Methylchlorid, -bromid u. -jodid 31-0862; --Konst. v. substituierten Amidinium-, Guanidiniumionen, 3-Nitroguanidinen u. Ammoniumionen (Bezieh. mit d. Hammett-Gleich.) 31-1023; Bezieh. zwischen pK_a-Wert u. Hammett-ϱ-Konst. für einige 4-substituierte 2-Nitroaniline 32-0969; lineare Bezieh. v. Enthalpie u. Freier Energie als zusätzl. Beweis für d. Hammettsche Indikator-Überlager.-Meth. bei Aminen 34-0962; thermodynam. Funkt. d. – v. Anilinium- u. Toluidinium-Ionen 36-0954; Best. d. pK-Werte für Acetanilid u. Antipyrin in Nitromethan/Essigsäure 37-0587; --Konst. 6-substituierter 2.4-Diamino-1.3.5-triazine 37-0916; Basizitätskonst. v. Iminoxylradikalen 39-0867; Unters. d. – v. NAHM durch eine Extrakt.-Meth. 39-1866; Best. v. pK_a-Werten d. Anionen v. 2-Naphthylamin u. d. Kations v. 1-Naphthylamin, im angeregten Zustand unter Verw. d. Photopotentiometrie 40-0846; --Konst. substituierter Aniline 43-0889; Basizität v. N-Methylanilin 43-0890; --Konst.: einiger Pyridylazoverb. 43-2033; v. 4-Nitropyrazolen 44-0790; v. substituierten Benzylaminen 45-0952; Basizität v. Aminofluoranthenen 46-0769; Einfl. d. α-Fluors auf d. Säurestärke v. substituierten Nitromethanen 46-0811; Bezieh. zwischen Valenzfrequenz d. NO_2-Gruppe u. d. Basizität v. substituierten Nitrobenzolen 46-0812; Isotopeneffekte auf d. Basizität v. 2-Nitrophenoxid, 2.4-Dinitrophenoxid, Hydroxid u. Imidazol in D_2O/H_2O-Misch. 47-1010; Geschw.-Konst. d. – v. Amin–W.-H-Bind. u. d. Effekt v. nichtpolaren Gruppen in wss. Lsg. 49/50-0927; Synth. u. Protonen--Konst. v. 2.2'-Iminodimethylendipyridin (2.2'-Dipicolylamin) 51/52-0823; Einfl. d. Methylsubstitut. auf d. Protonier.-Thermodynamik aliphat. Diamine 51/52-0825; Gleichgew.-Konst. u. Substituenteneinfl. bei Ionisat. v. Anilin als Base u. d. Ionenpaar-– v. Aniliniumacetat in Eisessig 51/52-0826; Acidität d. Polynitrobenzole in Äthylendiamin 51/52-0827.

– u. Homokonjugat. bestimmter Phenole in Acetonitril 4-0726; H-Funkt. v. basehalt. wss. Alkoholen 6-0909; Beweglichk. d. H in d. Methylgruppen v. Kresoläthern u. Polymethylbenzolen 10-0933; Protonier. einiger Alkohole 12-0858; Säure–Basen-Eig. v. Mono- u. Dinitrophenolen in Acetonitril 16-0936; Bezieh. v. Aciditäten v. 4-substituierten 2-Chlorphenolen u. Substituentenkonst. 17-0894; Protonier. aliphat. Alkohole in $FSO_3H/SbF_5/SO_2$ 17-0994; spektrophotometr. Best. d. --Konst. v. Äthylenglykolato-, Glycerinato-, Mannito- u. Sorbitoborsäure 18-0569; Säurestärke v. Naphtholen u. Nitronaphtholen 18-0897; Protonenübertrag. v. Phenolen auf Trinitrobenzylanionen (Kinetik) 18-0910; Substituenteneinfl. auf d. protolyt. – v. Phenolen mit angeregten Elektronenzuständen 21-0996; Protonier.-Gleichgew. v. 1.3-Dimethoxybenzol u. Azulen in H_2SO_4 u. $HClO_4$ 21-1034; Autoprotolyse-Konst. v. Äthylenglykol/W.-Gemischen bei verschiedenen Temp. 24-0611; Säure–Base-Gleichgew.: in tert.-Butylalkohol 24-1961; in Alkoholen 25-1009; Prototropiekonst. d. Anions v. 2-Hydroxymethylbenzimidazol 26-0935; --Konst. v. 2.4- u. 2.6-Dinitrophenol 26-0936; pulsradiolyt. Vers. zur elektrolyt. – v. aliphat. Alkoholradikalen 26-0993; --Konst. d. 2.6-Dinitrophenols in W.–Methanol-Misch. nach konduktometr. u. photometr. Mess. 29-0985; saure --Konst. v. Brenzcatechin 30-0563; spektrophotometr. Best. d. --Konst. v. Hydroxytriazenen u. Substituenteneinfl. auf d. pK_a-Werte 32-0971; – v. Adrenalin in wss. Elektrolyten 36-0956; --Konst. einiger 4-Hydroxypteridinderiv. 36-0997; ster. Effekte v. o-Methyl-Gruppen auf d. Ionisat.-Konst. v. Phenolen 37-0989; --Konst. d. Chloranilsäure 40-0512; Best. v. pK_a-Werten d. Anions u. Kations v. Pyridinol-(3) im angeregten Zustand unter Verw. d. Photopotentiometrie 40-0846; Berechn. d. Aciditätskonst. v. Sorbit aus d. Sorbitolysenkinetik v. Reaktivfarbstoffen 42-0859; H-Bind. u. Säure–Base-Gleichgew. v. Propylamin mit Alkoholen 43-0887; ion. – v. 4-substituierten Phenolen, 2.6-Dichlor- u. 2.6-Dimethylphenolen in organ. Lsgm. 44-0792; --Konst. einiger disubstituierter Aniline u. Phenole in wss. Lsg. bei *25°* 47-1007; Substituenteneinfl. auf d. thermodynam. Funkt. d. – v. metasubstituierten Phenolen 47-1008; --Konst. v. m-Nitrophenol in Methanol/W.-Lsg. 51/52-0828; Säure--Konst. v. Phenol u. einigen Hydroxymethylphenolen zwischen *20* u. *60°* 51/52-0829; Effekt d. 2.6-Di-tert.-butyl-Substitut. auf d. Acidität v. Phenolen in Methanol 51/52-0830; Basizität v. Äthern 51/52-0840.

Einfl. d. Struktur auf d. --Konst. v. Mercaptanen 20-0887; Lewis-Säure–Base-Rk. zwischen Dimethylaminoborhydriden 6-0712; Basizität: v. Phosphinen 8-0900; v. Phosphinoxiden u. Phosphinsulfiden durch Mess. d. chem. Verschieb. in H_2SO_4-Lsg. 34-0963; IR-spektroskop. Unters. d. bas. u. sauren Eig. einiger O-halt. Si-organ. Verb. 3-0901; Unters. d. Basenstärke v. Monomethoxyderiv. d. Methylsilans 48-0667; potentiometr. Best. d. --Konst. v. Xanthogensäuren 3-0902; --Konst. v. Cyanguanylharnstoff u. Cyanbiguanid 16-0937; Acidität d. Hydrats v. Isobutyraldehyd 4-0760; spektrophotometr. Best. d. pK-Werte d. – v. β-Diketonen 6-0911; Säurestärke v. 5- u. 7-Hydroxyindanon-(1) u. Nitroderiv. 6-0912; Basenstärke v. substituierten Anilinen, Aceton u. Diäthyläther mit Hilfe d. Verteil.-Meth. 12-0857; Basizität v. 2-, 3- u. 4-Phenacylpyridinen 12-0860; – v. p- u. m-substituierten Acetophenonen (T-Isotopeneffekte) 14-0903; pK-Werte v. 1.4-Dichlor-, 1.4-Dinitro-, 1.4-Disulfonyl-, 1.4-Diphenoxy- u. unsubstituiertem 2.5-Dihydroxy-p-benzochinon 18-0555; Protonier. v. Enaminoketonen 23-0992; thermodynam. --Konst. v. Dibenzoylmethan u. Benzoylaceton in W./Dioxan- u. W./Methanol-Gemischen bei niedr. Geh. an nicht wss. Lsgm. 25-1017; Basizität u. Struktur v. $\alpha.\beta$-ungesätt. Ketonen d. heterocycl. Reihe 31-1027; Acidität d. Diketon- u. Enolform verschiedener β-Dicarbonylverb. 34-0938; Vgl. d. Säurestärken v. β-Dicarbonyl- u. β-Disulfonyl-Verb. 35-0927; Basizität v. Ketonen gegenüber Lewis-Säuren 41-0550; Aciditäten v. Harnstoff, Thioharnstoff u. Äthylenglykol 46-0529; Basizität v. Verb. d. Pyronreihe (Benzthiapyrone) 49/50-0928; IR-spektroskop. Unters. d. relativen Basizität v. Chalkonen 49/50-0929; Best. d. Säure--Konst. Schiffscher Basen 3-0903; Substituenteneinfl. auf d. Elektronendichte am Azomethinstickstoff (Basenstärke) 16-0925; --Konst. substituierter Salicylaldoxime 41-0961; elektron. Einfl. auf d. Acidität bei Phosphoniumyliden 12-0864; Orthoeffekt auf d. – v. substituierten Aniliniumionen 37-0987; aciditätsverstärkende Einfl. v. Oniumgruppen bei Yliden 46-0815; pK-Werte v. W./Acetonitril-Gemischen 26-0937; Ionisier. v. 4-Nitrobenzylcyanid in alkal. Medien 39-0816.

Zusammenhang zwischen d. Aciditätskonst. d. Carbonsäuren u. d. Substituentenkonst. (Übertrag. v. Elektroneneffekten in d. chem. Syst.) 46-0821; pK_a-Werte v. Chinoxalincarbonsäuren u. -estern 4-0704; – aliphat. Ammonioester 5-0897; --Konst. u. Konform. v. 9.10-Dihydroanthracencarbonsäuren 6-0913; Rotat.-Orientier. v. Carboxylgruppen in Cyclohexansyst., Revis. d. Simonschen pK_α-Regel 7-0916; Acidität v. Thioamiden mit Oxadiazol-, Thiadiazol- u. Triazolgruppier. 9-0904; H-Aciditätsskala auf d. Basis d. Ionisier. v. Carbonsäuren 9-0906; --Konst. v. 1.3-Diaminopropanol-(2)-N.N.N'.N'-tetraessigsäure 11-0630; Säure--Konst.: d. alkohol. Hydroxyls d. Mandelsäure 11-0939; d. alkohol. Hydroxyle d. Weinsäure 11-0940; Best. d. pK_{RCOOH}-Werte u. σ^*-Konst. für einige elektronegative Substituenten R 12-0867; Einfl. d. Ionenstärke auf d. --Konst. d. Weinsäure u. auf d. Gleichgew.-Konst. d. Komplexe ihrer Anionen mit d. Na-Kation 12-0868; Additivität d. Einfl. v. F-Atomen in pentasubstituierten Benzolcarbonsäure-Deriv. auf d. thermodynam. pK_a-Werte 12-0869; --Konst. v. Essigsäure in A./W.-Misch. 13-0614; differenzierende Wrkg. v. Estern auf d. Stärke v. Säuren 13-0909; chem. Konstit. u. --Konst. v. Monocarbonsäuren 13-0910; Protonenassoziat.-Konst. v. Ketonen u. Carbonsäuren 14-0898; Acidität substituierter γ-Ketocarbonsäuren bzw. ihrer Pseudosäuren 15-0955; Best. d. --Konst. v. *9* Aminosäuren 16-0605; potentiometr.

Unters. über d. – v. Chinolinsäure in Lsgm. mit verschiedenen Dielektrizitätskonst. 17-0970; pK-Werte v. α-Phenyl-α.α'-dialkylbernsteinsäuren u. entsprechenden γ-Aldehydsäuren 17-0971; Best. d. Gleichgew. d. Amin-Säure-Syst. aus Löslichk.-Änder. eines Salzes 18-0898; –-Konst. v. Essigsäure in A.-W.-Lsg. 19-1031; pK_a-Wert v. protonierten, α.β-ungesätt. Carbonsäuren 20-0888; Basenstärke v. N.N-substituierten Amiden 20-0889; Säure–-Konst. d. meso- u. dl-2.3-Diaminobutan-N.N.N'.N'-tetraessigsäure 21-0634; –-Konst. für einige Nitrophenole u. für Salicylsäure in D_2O 21-0995; Gleichgew. d. o- u. p-Aminobenzoesäureäthylesters mit d. H-Ion in W. 21-0997; Säure–Base-Umwandl. v. Hydroxyphthalanen 22-0944; Coulombsche Kräfte bei d. Säure–Basen-– v. Carbonsäuren in Eisessiggemischen 22-0945; Übertrag. d. Substituenteneinfl. in d. cis- u. trans-Zimtsäure-Reihe (pK-Werte) 24-0962; – schwacher Säuren im Lsgm. mit sehr kleiner DK (tert.-Amylalkohol) 25-1010; spektralphotometr. Best. d. –-Konst. v. N.N'-Bis-[3-hydroxypropyl]-dithiooxamid u. N.N'-Bis-[2-hydroxypropyl]-dithiooxamid 27-1013; –-Konst. einiger Aminoester 27-1014; – v. Malonsäuren (D_2O-Lsgm.-Isotopeneffekte, Kinetik)27-1048; Acidität v. D-Essigsäure 28-0943; H_A-Säurefunkt. u. d. Mechanismus d. Amidhydrolyse in Salzsäure 29-0987; –-Konst. v. Oxalsäure 30-0557; Säure-–-Konst. d. Thionalids 30-0561; –-Konst. v. p-substituierten Pyrrolid.ndionen-(2.5) 31-0936; Substituenteneffekte ui Stärke d. pK_a-Werte v. 4-, 5-, 6-, 7- u. 8-substituierten 2-Naphthoesäuren 31-1026; lineare Bezieh. d. freien Enthalpien für Protonen-– v. Pyrimidinsäuren 35-0506; Protonier. v. sek. Amiden 35-1001; – v. Hydroxamsäuren mit Hilfe d. UV-Spektroskopie 36-0912; Gleichgew.-Konst. u. thermodyn. Funkt. d. – v. Betain 36-0953; pK-Werte v. m- u. p-[N.N-Dimethylamino]-N-cyanbenzamid u. Hammett-Bezieh. d. N-Cyanbenzamide 36-0955; additiver Effekt d. Orthosubstituenten auf d. – v. Benzoesäuren 37-0985; Orthoeffekt auf d. – v. substituierten Benzoesäuren 37-0986; –-Konst. v. D_4-Essigsäure in D_2O bei *5–50°* 37-0990; Einfl. d. Ionenstärke u. Temp. auf d. –-Konst. v. Salicylsäure 37-0991; Säure-–-Konst. v. Thionalid 37-0992; Äthanol-Essigsäure-Verester.-Gleichgew. mit saurem Ionenaustauscher als Katalysator 37-0993; –-Konst.: v. Essigsäure in Propanol-(1)–W.-Gemischen bei *15*, *25* u. *35°* 37-0994; u. N-Benzyloxycarbonylaminosäuren 38-1055; – v. o-Phenol- u. m-Chlor-o-phenolazochromotropsäure 39-0506; relative Aciditäten v. substituierten Salicylsäuren in benzol. Lsg. (Einfl. d. intramol. H-Bind.) 40-0847; –-Konst. substituierter Benzoesäuren in Acetonitril 43-0891; –-Konst.'substituierter Benzoesäuren in Acetonitril 43-0891; thermodynam. Funkt. d. – v. Aminobenzoesäuren 43-0892; Kohlenstoffisotopeneffekt bei d. Bldg. v. Hydrogenmalonation 43-0924; –-Konst. d. Pyrazolcarbon- u. Pyrazolessigsäuren 44-0791; Säure–Base-Gleichgew. v. substituierten Benzoesäuren 44-0793; – v. Cystein u. verwandten SH-Verb. 44-0794; Wrkg. d. Säurestärke auf d. H-Bind. in krist. Salzen v. N-Oxiden mit 2.4.6-Trinitrobenzoesäure 45-0927; thermodynam. Größen d. – einiger Aminosäuren in wss. Lsg. 45-0942; – v. Essigsäure in Misch. v. W. u. DMSO 46-0538; –-Konst. v. 2.4-Dichlorphenoxyessigsäure in W. 46-0816; Säuregrad: v. Nitrilotri-[methylenphosphonsäure], Äthyliminodi-[methylenphosphonsäure] u. Diäthylaminomethylphosphonsäure 47-0466; v. Nitril aminomethylphosphonsäure 47-0466; v. Nitrilotri-[methylenphosphorsäure]-N-oxid u. Nitrilotriessigsäure-N-oxid 47-0467; Gleichgew.: zwischen Ionen d. Ascorbinsäure u. Protonen in 3 m-$NaClO_4$ 47-1012; u. Kinetik d. Säure–Base-Rk. zwischen d. Carbinolbase v. Kristallviolett u. Säuren in Bzl. 47-1015; Acidität v. Bicyclo-[2.2.2]-octancarbonsäuren-(1) in Methanol-Lsg. 49/50-0925; Ionisat.-Konst. v. Semicarbaziddiessigsäure u. Thiosemicarbaziddiessigsäure 51/52-0409; –-Konst. v. N.N'-Bis-[2-hydroxybenzyl]-äthylendiamin-N.N'-diessigsäure 51/52-0413; Arrhenius-Parameter für d. alkal. Hydrolyse v. Glycinäthylester in wss. Lsg. u. thermodynam. Funkt. für seine Ionisat. als Säure 51/52-0877.

Best. d. –-Konst. einiger Sulfonsäuren durch Raman-Mess. 4-0728; pK-Werte: v. Phenyl-2-, -3- u. -4-picolylsulfonen 12-0859; v. Benzoyltriphenylphosphinomethylenen 14-0905; –-Konst. v. Phenylfluoron u. Methylthymolblau 17-0641; thermodynam. Unters. d. – d. 3-Amino-4-methylbenzolsulfonsäure 24-0963; Best. d. –-Konst. einiger phosphorhalt. Säuren in aliphat. Alkoholen 25-0607; –-Konst.: d. o-Carboxyphenylazochromotropsäure 36-0511; d. o-Hydroxyphenylazochromotropsäure 36-0512; Säure-–-Konst. v. substituierten Methandiphosphonsäuren (Bezieh. zwischen ^{31}P-NMR-Verschieb. u. Taft-σ^*-Werten) 46-0817; –-Konst. v. Äthylendiamin-N.N.N'.N'-tetramethyl- u. Diäthylentriamin-N.N.N'.N''.N''-pentamethylphosphonsäure 47-0497; Ort d. Protonier. eines Sulfonamids u. Stereochemie d. Protonenaustauschs 49/50-0807; Basizität aliphat. Sulfonamide 49/50-0931; spektrophotometr. Best. d. Säure-–-Konst. v. Phenylazochromotropsäurederiv. 49/50-0932; Best. d. Acidität substituierter Methylendiphosphonsäuren 51/52-0393.

Protonen-– v. Adenosin 2-0854; Säureverh. v. Galakturonsäure u. Carboxymethylcellulose 3-1161; –-Konst. u. Struktur v. Ergothionein 7-0917; –-Gleichgew. d. Pferdehämoglobins 7-1456; – d. Eriphia Hämocyanins 7-1461; –-Konst. d. Gibberelline 8-0901; reversible – d. alkal. Phosphatase v. E. coli 12-1252; – v. Isoalloxazin-8-Chlortheophyllin-Komplexen 13-0900; Acidität einiger Hexosen 17-0972; Säure–Basen-Eig. v. Nucleosiden u. Nucleotiden (Einfl. d. Ionenstärke) 18-1156; Best. d. Säure-–-Konst. v. L-Cystein, Penicillin- u. Biguanidpräp. (pH-Meßmeth.) 18-1664; NH-Acidität v. Hämindiäthylester-Imidazol- u. -1.2.4-Triazol-Komplexen (spektrophotometr. Unters.) 22-1573; H-Ion-Titrat.-Kurve v. Ribonuclease in 6 m Guanidinhydrochlorid 27-1438; –-Konst. v. Antimycin A_3 u. Analogen 28-0944; Einfl. d. Substituenten auf N-Basizität v. Deuteroporphyrinen 31-1630; Säure–Base-Titrat. v. Tabakmosaikvirus u. Tabakmosaikvirusprotein 37-1538; H-Ionengleichgew. v. nativem u. denaturiertem Pepsin 38-1432; Best. d. titrierbaren Acidität u. Pufferkapazität v. Harn 43-2077; Protonier. v. Polypeptiden in „helixbrechenden" Lsgm. 44-1020, 44-1021; Säure-–-Konst. v. Fructose-Bor- u. Glucose-Bor-Komplexen 45-0534; H^+-Gleichgew. u. chem. Modifikat. d. Lysin- u. Tyrosinreste v. Rinder-Kohlensäureanhydratase B 51/52-1298; – d. Hämoglobins (Wrkg. d. Temp.) 51/52-1493.

Protolyt. Gleichgew.- u. kinet. Unters. an Deriv. v. Malachitgrün (o-, m- u. p-Methylmalachitgrün) 3-0904; Säure–Base-Eig. v. symm. Carbocyaninen (Einfl. d. Polymethinkettenlänge) 3-0905; Protolysegleichgew. u. Rk.-Geschw. d. 3-Pyridingrüns in wss. Lsg. 20-0928; Ionenformen d. Eosins im sauren u. bas. Medium 29-0919.

Physiologische Systeme

pH-Änder. d. Haut nach Hydrocortisonsalbe u. teerhalt. Zinkoxidpaste bei ekzemat. Kindern 9-1650; Ausgleich d. H^+-Konz. bei chron. Stoffwechselacidose 13-1522; Säure–Basen-Haushalt bei Hunden nach Verabreich. v. 2-Amino-2-hydroxymethylpropandiol-(1.3) 43-1634; atmungsunabhäng. Verdräng. v. Protonen aus externen anion. Gruppen v. Mitochondrien durch Alkalimetallkationen 47-1323.

Untersuchungsmethoden (und pH-Messung)

Betriebsarmaturen für Glaselektroden 1-1717; Best. d. pH-Wertes v. Weinbrand 2-1934; registrierendes Vielzweck-pH-Meter 4-1528; nichtlogarithm. Titrat.-Kurven für d. Best. v. –-Konst. u. Reinh. 4-1530; Mess. d. pH-Wertes bei d. Zuckergewinn. (Verf. u. Geräte) 4-2667; experimentelle Technik u. Darleg. graph. Meth. zur Best. d. pK-Werts 6-0911; Fortschritte auf d. Gebiet kationenempfindl. Glaselektroden 8-1809; Best.: d. pH-Werte v. in verd. Salzlsg. suspendierten Böden 14-2985; d. Acidität wss. Lsg. mit Kryptonaten 16-1924; pH-Mess. mit Glaselektroden 17-1991*; Kalomelelektrode für d. pH-Best. 17-1992*; pH-Wertmess. in d. Süßwarenindustrie 17-2155; Meth. zur Best. d. Protonisier.-Konst. schwacher Basen 18-0568; industrielle pH-Mess. 18-2102; Best. d. pH-Wertes v. HF mit Hilfe v. Phosphatelektrodengläsern 20-0546; photometr. pH-Best. mit einem einfachen Standard u. Berechn. aus einem Nomogramm (Anwend. auf menschl. Plasma) 20-1960; Meth. zur Best. d. Säure–Base-Eig. mineralbildender Lsg. 21-0890; Standardisier. v. pH-Meßgeräten 21-2052; nichtlogarithm. Titrat.-Kurven zur Best. v. –-Grad u. Reinh. schwacher Säuren u. Basen 22-2008; Elektrodengläser für pH-Mess. 23-2034; Mikro-Verf. zur Best. d. H-Ionenkonz. im Blut 24-2087; Computerprogramme für d. rigorose Analyse potentiometr. Werte für d. Protonen-– 28-0588; genaue Standard-pH-Werte 28-0600; oszillograph. Näher.-Meth. zur Best. d. –-Konst. einiger schwacher Säuren 28-0602; Mikrobest. d. Säure- u. Basen-–-Konst. mit Hilfe d. Papierelektrophorese 29-0986; Betriebserfahr. mit d. neuen, kontinuierl. pH-Meßvorr. 30-2117; ‚Hohlstöpsel' zum schnellen Entfernen v. Ionen aus kleinen Fl.-Vol. durch Zentrifugieren 36-1835; Vgl. d. Einfl. v. MoO_4^{2-} u. WO_4^{2-} auf d. pH-Mess mit d. Glaselektrode Philips UN *201* u. d. Chinhydronelektrode 37-0600; spektrophotometr. Best. d. Ionisat.-Konst. schwacher organ. Elektrolyte in einem Ionenaustauscher 37-0988; pH-Best. im stark alkal. Bereich mit Bis-[triazinylamino]-stilben-Deriv. 38-2043*; pH-Mess. in Alkohol/W.-Misch. 39-0511; Meth. zur Best. d. –-Konst. v. im UV absorbierenden Verb., durch Analyse d. gesamten Spektrums 39-0516; Mess. d. –-Konst. v. Enzymaktivatoren nach einer „Alles- oder Nichts"-Meth. 40-1237; Aciditätsbest. mit Hilfe aliphat. Diazoverb. 42-0871; automat. Aufzeichn. pH-abhäng. Rk. unter Anwend. linearer pH-Programmier. 42-1078; genaue pH-Mess. in kleinen Volumina 42-1723; App. zur automat. pH-Kontrolle in Algenkulturen 42-1878; Mikroküvette zur potentiometr. pH-Mess. 43-1883; Glaselektrode u. ihre Anwend. zur pH-Mess. 43-1886; Anwend. d. Theorie v. Robinson u. Stokes zur Berechn. v. Aciditätskonst. 44-0492; Fixier. u. experimentelle Best. d. Acidität in Tetrahydrofuran 44-0511; Best. v. niedr. Na-Konz. in W. mit Hilfe einer auf Na-Ionen ansprechenden Glaselektrode 45-2070; Unters. zur Best. d. pH-Wertes v. Zigarettenrauch 46-1996; Fehler v. Glaselektroden in Standard-Pufferlsg. bei hoher Meßgenauigk. 49/50-1837; Unters. d. Säure–Base-Neutralisat.-Rk. mit potentiometr. Meth. u. visuellen Indikatoren 51/52-0821.

Dissoziation in nichtwäßrigen Lösungsmitteln

Lewis-Säure–Base-Wechselwrkg. in polaren nichtwss. Lsgm.; Säurefunkt. für amphiproton. Medien 2-0668; Gleichgew.-Aciditäten v. KW-Stoff-Säuren in Cyclohexylamin 2-0853; Säure/Base-Gleichgew. für 2.4-Dinitrophenol u. einigen Aminen in nichtwss. Medien 3-0900; Vgl. d. Stärken v. aliphat. Säuren u. einigen anderen Carbonsäuren in Bzl. bei *25°* 3-0906; Best. d. Assoziat.-Konst. v. Trimethylphenylammoniumbenzolsulfonat in 1.4-Dicyanbutan 5-0605; Charakteristik d. Ionenassoziat. d. Alkalimetallionen in Acetonitril 7-0586; Assoziat.: v. NaJ, KJ, Tetrabutylammoniumjodid u. Tetrabutylammoniumtetraphenylborat in Äthylmethylketon u. Aceton 8-0548; d. Cd-Ions u. v. Br^- in geschmolzenem (Na, K)NO_3, KNO_3 u. $NaNO_3$ 10-0573; Ionenpaarassoziat. in Gemischen v. Dioxan/Methylalkohol u. Dioxan/Aceton bei niedr. DK 10-0575; potentiometr. Best. einer Säureskala v. N-Verb. in N.N-Dimethylformamid 11-0938; Säure/Base-Gleichgew. in geschmolzenen Alkalimetallnitraten 12-0575; Einfl. d. spezif. Solvatat. auf d. – v. Äthylnitroacetat in aliphat. Aminen 12-0865, 12-0866; Unters. zum Bronsted-Säure–Base-Verh. d. in geschmolzenen Salzen u. Hydroxiden gelösten „komplexen Oxide" 17-0657; Ionenassoziat. in geschmolzenen Alkalimetallnitraten 17-0658; Assoziat. gemischter Liganden in Salzschmelzen (Assoziat.-Konst. v. $[AgClBr]^-$ in $NaNO_3$-Schmelze) 18-0580; Säure–Basen-Rk. v. Phosphaten u. Molybdaten in Alkalimetallnitratschmelzen 20-0543; Lsg. v. LiBr in Diäthyläther (Eigenassoziat. u. Solvatat.) 21-0644; Best. d. Mediumeffekte für Einzelionen u. ihre Rolle bei d. Interpretat. v. pH-Werten in nichtwss. Lsgm. 24-1955; Best. d. Säurestärke v. Hg(II)-halogeniden in Alkoholen u. Estern 25-0608; Acidität in wasserfreiem Äthylendiamin 25-1012; – v. Schwefelchloriden in Acetonitril 27-0681; Best. d. Aciditätskonst. v. Li^+, Sr^{2+}, Zn^{2+} u. Ti^{4+} in geschmolzenem NaOH/KOH 28-0606; Assoziat.-Konst. v. Ag- u. Halogenidionen in Sulfatschmelzen u. Vgl. mit d. Quasigittertheorie 28-0607; chronopotentiometr. Unters. d. – v. SO_4^{2-} in äquimol. NaCl/KCl-Schmelzen 30-0566; Assoziat.-Verh. d. Alkalimetallperchlorate u. -tetraphenylborate in wasserfreiem Acetonitril 33-0708; Natur d. Assoziat. v. Grignard-Verb. in Diäthyläther 35-0679; Wechselwrkg. v. Sb-Halogeniden mit Nitroanilinen in Ae. u. Dichlorbenzol (Lewis-Acidität) 36-0948; Berechn. d. –-Konst. v. NaJ in Methyläthylketon u. v. Essigsäure in DMF u. Aceton mit elektron. Rechenmaschinen 37-0581; Best. d. – v. CdJ_2 in A. 37-0585; potentiometr. Unters. v. Basenstärken im bin. Lsgm. CH_3COOH/p-Dioxan 39-1872; differenzierender Effekt v. DMSO auf d. Azidität v. KW-Stoffen 45-0952; polarograph. Best. d. Bldg.-Konst. v. Pb-Halogenid u. Zn-Chlorid in Dimethylsulfoxid 47-0476; Unters. d. Ionenassoziier. v. $[CoCl_2(en)_2]Cl \cdot nH_2O$ in N.N-Dimethylformamid, N.N-Dimethylacetamid u.

Dimethylsulfoxid durch Leitfähigk.-Mess. 49/50-0444; Acidität nichtwss. Lsgm. 49/50-0924, 49/50-0925; --Grad. v. MoF_6, WF_6, UF_6, ReF_6, OsF_6 u. XeF_6 in HF 51/52-0368; --Konst. v. Zn-, Cd-, Ni- u. Hg-Dithizonat in DMF 51/52-0407.

Bibliographie

Chemie in nichtwäßrigen ionisierenden Lösungsmitteln. Eine Monographienreihe. Bd. *3*: Chemie in flüssigem Distickstofftetroxid und Schwefeldioxid B 57; Messen und Regulieren des pH [ungar.] B 38.

Dissoziationsenergie, —: bei elektrolyt. Dissoziat. s. unter *Dissoziation, elektrolytische*; bei anderen Dissoziat.-Rk. s. unter *Reaktionsenergetik und -gleichgewichte*; — v. Bindungen s. unter *Valenz*.

Dissoziationskonstante s. unter *Dissoziation, elektrolytische*.

Dissoziationsreaktionen

— im Massenspektrometer s. unter *Massenspektroskopie*; photo- u. strahlenchem. — s. unter *Photochemie und Strahlenchemie*; — in Flammen s. unter *Verbrennung und Flammen*; hydrolyt., oxydative, reduktive bzw. solvolyt. Spalt.-Rk. s. unter *Hydrolyse*; *Oxydation-*, *Reduktion* bzw. *Solvolyse*; Hydrogenolyse s. unter *Hydrierung*; Ozonolyse s. unter *Oxydation*; s. auch *Spalten*.

Katalysatoren: Kobaltoxid- u. Kobaltmangnesiumoxid-Katalysatoren 1-0663; Chromoxid-Katalysatoren 1-0911; 1:1-Chelatkomplexe v. Co(II) mit organ. Aminen 2-0634; $ZnO-Cr_2O_3$-Katalysator (Druckeinfl.) 5-0715; γ-bestrahlte wss. Lsg. v. cis- u. trans-$[CoCl_2 \cdot en_2]Cl$ 6-0701; Eisensalz-Katalysatoren 6-0960; $Al_2O_3-SiO_2$-Katalysatoren 7-0957; Cu-Salz-Katalysatoren 7-0958; Pt-Katalysator 8-0642; Cu(II)-Komplexe 10-0655; Ni(II)-Chelate 10-0656; Cu(II)-Komplexe 10-0657, 10-0658, 10-0660; Al_2O_3-, K_2O- u. SiO_2-halt. Fe-Katalysatoren 10-0675; W-Filme (mit u. ohne H_2-Beleg.) 10-0676; Ni-Katalysator (Promotier. durch elektron. Wechselwrkg. mit seiner Ge-Trägersubstanz) 11-0715; katalyt. Wirksamk. d. Prod. d. therm. Zers. v. Co–Ni-Mischoxalaten auf d. weitere therm. Zers. 11-0716; intermetall. Verb. d. 3d-Übergangsmetalle 11-0724; Zeolith-Katalysator (aus synthet. krist. Mordenit) 11-2513*; Co-Komplex-Katalysator 12-0661; Äthylendiamin–Cu-Komplex-Katalysatoren 17-0728; katalyt. Aktivität d. Syst. $nSiO_2 \cdot mAl_2O_3 \cdot xH_2O$ 19-0793; Formiatophthalocyaninatomangan(III)-Ameisensäure- u. Phthalocyaninatomangan(II)-Katalysator 19-0794; ZrO_2 (Wrkg. v. Ultraschallwellen auf d. katalyt. Aktivität v. wss. Suspens.) 20-0666; Al-Silicat-Katalysator 21-1052; $Nd_2O_3-TiO_2$-Katalysatoren 23-0759; La_2O_3-, Nd_2O_3-, Sm_2O_3-, Ho_2O_3- u. Er_2O_3-Katalysatoren 24-0731; Pt/MgO- u. Pt/Cr_2O_3-Katalysatoren 25-0770; Cu-Stearat oder Cu-Acetat-Katalysatoren 26-0716; Li_2TiO_3-, $Li_2 \cdot ZrO_3$-, Li_2HfO_3-Katalysatoren 26-0727; Cyclodextrine (Modellrk. für d. Wirkungsweise v. Enzymen) 29-1110; MgO–Katalysatoren (Stabilitätsabnahme) 30-0672; saure Festkörperkatalysatoren 30-0961; modifizierte Alumosilicatkatalysatoren 32-1009; Metallphthalocyanine d. Platingruppe 35-0627; Si-Einkrist. (Änder. d. Wachstumsgeschw. d. Chemisorpt.-Schicht, d. Elektronenaustrittsarbeit u. d. Oberflächenaktivität bei Belicht.) 35-0659; katalyt. Eig. v. Ho_2O_3 36-0651; Übergangsmetall-, Erdalkalimetall- u. Alkalimetall-Katalysatoren 37-0794; Erhöh. d. katalyt. Aktivität v. PbO durch Zusätze v. Py., Glykokoll u. Imidazol 39-0623; organ. Se-Verb. 43-0923; CuO/Cr_2O_3-Mischoxidkatalysatoren 44-0646; Mg–Cd-, Mg–Zn-, Cd–Zn-Leg. (gegossene Proben bzw. aufgedampfte Filme) 45-0651; Oxidkatalysatoren 47-1210; $ZnO-Cr_2O_3$-Katalysator (Einfl. d. Preßdruckes auf d. katalyt. Aktivität) 49/50-0557; Ag-Katalysator (Einfl. d. Orientier. u. d. Krist.-Defekte auf d. katalyt. Aktivität) 51/52-0502; Phthalocyanine 51/52-0948.

Allgemeines: Pyrolyse als Hilfsmittel zur Identifizier. 2-1813; Identifizier. mit Hilfe d. Pyrolyse-Gaschromatographie 2-1900; integrierte Pyrolyse-Gaschromatographie zur Aufklär. d. Mikrostruktur v. Polymeren 2-1923; Zers.-Gase v. Explosivstoffen (gaschromatograph. Best.) 2-1943; Pyrolyse- u. gaschromatograph. Analyse v. Verschnittvulkanisaten 4-1693; Diffus.-Theorie d. therm. Zerfalls zweiatom. Mol. 5-0686; Zers.-Rk. (Unters.-Meth.) 8-0626; Pyrolyse 9-1811; Best. d. Aktivier.-Energie v. --Prozessen 10-0664; Depolymerisat. v. Paraldehyd (Metallsulfat katalysiert) 10-0959; therm. — eines festen Stoffes (Kinetik) 11-0686; Meth. zur Lsg. d. Gleich. v. laminaren, nicht im Gleichgew. befindl. Grenzschichten eines dissoziierenden Gases (Luft) 12-0494; oxydativ-reduktive Depolymerisier. v. Ascorbat 12-1521; Zers. im festen Zustand 12-2037; Zerfalls-Rk. bei d. therm. Krackung (Mechanismus) 13-0942; Pyrolyse als Meth. zur Unters. d. Verbrennungskinetik (Symposium) 14-0657; zweistuf. therm. Zers. v. Feststoffen 15-0701; Pyrolyse-Gaschromatographie: v. oberflächenakt. Substanzen 16-2038; v. natürl. Harzen 16-2040; Decarboxylier. v. Hg-Salzen substituierter Benzoesäuren 18-0679; Fragmentier.-Rk. 20-0921, 20-0938; Modifikat. d. Kassel-Theorie d. unimol. — 23-0724; Depolymerisat. v. Glucosaminglucanen durch Testis-Hyaluronidase (Mikroverf.) 26-1361; Polymerisat.-Depolymerisat. d. Tabakmosaikvirus-Proteins 27-1547; Zers. v. Festkörpern (unter Entw. gasf. Phasen) 28-0765; neue Typen d. Pyrolyse (Übersicht) 31-1080; Tschugajeff-Rk. (Umlager. u. trans-Eliminier.) 32-1039; Einfl. d. — auf Rotat. u. Vibrat. v. zweiatom. Gasen 33-0103; Pyrolyse-Gaschromatographie (Kinetik u. Prod.-Unters.) 34-1938; thermolyt. — (zur Identifizier. gaschromatograph. Eluate) 34-1946; radikal. Decarbonylier.-Rk. 35-1070; --Geschw. (Näher.-Rechn.) 37-0730; unimol. — (Riccatische Differentialgleich.) 37-0732; Decarboxylier. v. Säuren 39-0952; therm. Zerfall fester Phasen (Mechanismus) 40-0526; Decarboxylier. langkett. Fettsäuren durch Hefen 40-1343; —: v. Gasen bei hohen Temp. 41-0377; v. zweiatom. Mol. (Kinetik) 41-0565; thermolyt. Spalt. 42-0769; heterolyt. Fragmentier. 44-0845; Decarboxylier. v. Cyclopropancarbon- u. Cyclopropylessigsäuren 45-1016; krit. Bind.-Länge bei — 49/50-0950; Tiefdruck-Pyrolyse 51/52-0930; Decarboxylier. 51/52-0934.

Spaltung: v. Anisol u. seinen Chlorderiv. (Kinetik) 2-0898; Fragmentier. v. 3.5-Diaryl-1.2.4-oxadiazolen 3-1029; Spalt.: v. tert.-Butylperestern 4-0768; v. Di-tert.-butylperoxid 6-0959; Fragmentier.: v. β-Phenylalkylhydrazinen 7-1005; v. Azoverb. 8-0930; v. quart. Pyrrolidiniumsalzen 8-0931; Spalt.: v. γ_1-Makroglobulinen durch Cysteamin 9-1147; v. Cumolen (Kinetik) 10-0954; v. Cumol 11-0991; d. Sn–Sn-Bind. in R_6Sn-Verb. (Kinetik, Mechanismus) 12-0643; v. Benzyltrimethylsilanen 12-0945; Bamford-Stevens-Rk. d. Cyclodecanon-p-toluolsulfonylhydrazons 15-1075; Fragmentier.: v. Arylazocarbonsäureestern 16-1041; v. 2-Brombenzolazocarbonsäuren 16-1042; Spalt.: v. unsymm. Disulfiden 17-1041; v. Aluminiumhydridoborat mit Liganden, d. Elemente d. V. u. VI. Gruppe enthalten 24-0769; v. Lad.-Übertrag.-Komplexen v. Methylbenzolen mit 2.3-Dichlor-5.6-dicyan-p-benzochinon (Kinetik) 26-0981; d. C–C-Bind. v. organ. Verb. 27-1045; v. Alkanen (Theorie) 29-1041; v. Cumol an Al_2O_3 29-1044; v. Propan, Isobutan u. n-Butan 31-1058; v. Trimethylessigsäure 32-1012; v. Metallchloriten (Kinetik) 33-0775; Ätherspalt. v. 6.7-dimethoxysubstituierten 3.4-Dihydroisochinolinen u. Isochinolinen 33-1266; Spalt.: v. Cumol (Mechanismus u. Kinetik) 34-1005; v. O-Glucuroniden mit L-Ascorbinsäure 35-1594; v. Cumol 36-0652; v. Lipoprotein hoher D. aus Eidotter 38-1594; Bamford-Stevens-Rk. v. $\Delta^{1.4}$-Dienon-(3)-Steroid-Tosylhydrazonen 40-0999; Spalt.: v. Hämoglobinmol. in Lsg. starker Elektrolyte 43-1095; v. Cyclohexylamin u. Dicyclohexylamin (Kinetik) 44-0833; v. 1.2-Dihalogenbarenen 44-0884; v. festem Natriumtrimetaphosphat beim Mahlen 45-0662; d. S–N-Bind. in 3-Hydroxyisothiazol 51/52-0945.

Stabilität: v. Alkalimetalloxalatoscandaten 3-0705; v. Dichlormethyllithium 4-0592; v. Borheterocyclen 4-0766; v. aromat. Na-Sulfonaten 9-0700; v. $Sc-H_2SO_4$-Verb. 9-0714; v. Übergangsmetalloxiden 9-0757; v. Peroxohydraten ($Rb_2 \cdot CO_3 \cdot 3\,H_2O_2$ u. $Cs_2CO_3 \cdot 3\,H_2O_2$ u. $Rb_2CO_3 \cdot 6\,H_2O_2$) 10-0710; Überblick über chronolog. Anordn. 14-0714; Stabilität: v. TaB_2, ZrC, Mo_2C, $MoSi_2$, $TaSi_2$ u. WSi_2 22-0416; v. nicht stöchiometr. Ni-Sulfiden 23-0833; v. Acetylen mit Formaldehyd, Acetaldehyd u. Methylalkohol 24-1006; d. Aquo- u. Amminzink-, -cadmium- u. -kupfer(I)-tetrafluoroborate 26-0563; v. ZrO_2 (Einfl. d. Phasenzus.) 29-0815; v. $PbTeO_3$ u. $PbTeO_4$ 29-0820; d. Salze v. Chlorsauerstoffsäuren (in fester Phase) 32-0821, 33-0775, 33-0776; v. GaS 34-0589; v. komplexen Halogeniden 36-0466; v. $AgClO_2$, $AgClO_3$ u. $AgClO_4$ 37-0772; v. Polymetallorganosiloxanen 38-0623, 38-0624; v. festen anorgan. Verb. u. v. Mineralien 41-0607; v. gereinigtem Tridymit 42-0735; v. γ-Al_2O_3 (Einfl. v. Ca^{2+} m Sr^{2+} u. Ba^{2+}) 45-0681; v. Übergangsmetallsulfiden d. IV. Gruppe 46-0471.

Thermische Dissoziationsreaktionen

Therm. —: v. Ionenkrist. (Bedeut. d. freien Vol.) 35-0666; Zerfall v. Sprengstoffen (unterhalb d. Schmelzpunkts, Kinetik) 42-0567; v. Ionensalzen (Einfl. v. Röntgenbestrahl.) 45-0659.

Therm. —: v. N_2O (an Einkrist. aus Kobaltoxid u. Kobaltmagnesiumoxid) 1-0663; v. NH_3 (Kinetik) 1-0667; v. Ozonid-Ionen (Kinetik) 1-0669; v. H_2O_2 (im Syst. Luminol/Cu(II)/H_2O_2) 1-0679; v. Ozon (Kinetik) 2-0630; v. H_2O_2 (in Eis mit u. ohne Zusatz v. $FeCl_3$ bzw. $CuCl_2$) 2-0633; v. Aziden 5-0710; v. H_2O_2 (Cu(II)-Komplexe, katalysiert) 10-0654, 10-0655, 10-0657, 10-0660; v. NH_3 (Al_2O_3-, K_2O- u. SiO_2-halt. Fe-Katalysatoren, Kinetik) 10-0675; v. N_2H_4 (Kinetik) 10-0676; v. H_3O^+ (Kinetik) 11-0680; v. H_2O_2 (Kinetik) 11-0718; (Co-Komplex, katalysiert) 12-0661; v. N_2H_4 durch H-Atome 12-0685; v. H_2O_2 16-0529; v. Ozon (Mechanismus) 16-0682; v. wss. H_2O_2 (Einfl. v. Ga u. In) 16-0721; v. NH_3 (an W in Ggw. v. H-Atomen) 16-0723; v. N_2O (Kinetik) 18-0670; v. N_2O_4 (thermodynam. Eig.) 19-0617; v. H_2O_2 (Fl.-Phasen) 25-0770; v. H_2O_2-Dampf u. HO_2-Radikalen 26-0726; v. H_2O_2 in fl. Phase (Li_2TiO_3, Li_2ZrO_3, Li_2HfO_3) 26-0727; v. NH_3 29-0778; (Mechanismus) 29-0779; v. HNO_3 (Kinetik) 29-1013; v. H_2^+-Ionenstrahlen 32-0125; v. N_2H_4 32-0742; v. Wasserstoff (Kinetik) 37-0483, 37-0737; v. NH_3 (Kinetik, Mechanismus) 37-0792; v. N_2O (an Cr-Oxid) 37-0793; v. NO_2 (Kinetik) 41-0567; v. H_2O_2 (an Amminkupferkomplexen u. Eisenporphyrin) 41-0614; v. Stickoxid 42-0560; v. schnellen H_2^+- u. H_3^+-Atomen 43-0145; v. H_2O_2 (durch Fe(III) in Ggw. v. Aceton, Kinetik) 47-0583; v. Azid-Ionen (IR-Unters.) 47-0598; v. N_2O (an Mn_2O_3) 47-0609; v. H_2O_2 (Bi-Oxidhydrat-katalysiert) 51/52-0488.

Therm. —: v. Hydraziniummonoperchlorat u. -diperchlorat 2-0648; v. J_2-Mol. 7-0508; v. F_2 (Kinetik) 12-0630; v. Wasserstoffhalogeniden 13-0671; v. F_2O 19-0743; v. Chlor (Kinetik) 19-0744; v. Jod 24-0695; v. Chlorazid 30-0648; v. Chlorat (Mechanismus) 40-0578.

Therm. —: v. H_2S (Kinetik) 2-0647; v. B_2H_6 (Mechanismus) 3-0658; v. Pentaboran-9 (Kinetik) 3-0659; v. CO (in Ggw. v. Fe) 3-0674; v. Sulfamid 6-0710; v. CO_2 16-0683; v. Tetrachlorsilan 16-0684; v. H_3PO_5 (Mechanismus) 16-0692; v. Diboran 17-0759; v. SeO_3 (thermogravimetr. Unters.) 18-0659; v. $HSiCl_3$ (Kinetik) 18-0662; v. Diphosphin 19-0819; v. CO_2 20-0624; (in d. stillen Entlad.) 21-0736; v. Hexafluorosilicaten 21-0799; v. SiO_2 26-0719; v. Phosphorsäure- u. Thiophosphorsäure-tris-[alkylamiden] 26-0750; v. Borsäure 31-0752; v. Amidoschwefelsäure 31-0792; v. $S_2O_8^{2-}$ (in Ggw. v. Aquopentammin- u. Hexamminkobalt(III)-Ionen) 33-0763; v. $S_4(NH_4)$ 33-0849; v. BJ_3 (auf erhitzten Mo-Oberflächen) 35-0720; v. SO_2 36-0607; v. CO_2 u. O_3 36-0608; v. Kohlenstoff 41-0425; v. $SbCl_5$ (Kinetik) 43-0568; v. $B_9H_{13}S(CH_3)_2$ 45-0666; v. höheren Hydridoboraten 46-0667; v. $(C_2H_5)_4NBH_4$ oder $(C_2H_5)_4NB_3H_8$ 49/50-0562; v. Boraten 51/52-5033.

Therm. —: v. Brucit 1-0218; v. Alkalimetallperoxiden u. -hyperoxiden sowie Erdalkalimetallperoxiden 2-0689; v. wasserfreiem Lithiumbromit 3-0695; v. NH_4ClO_4 (Kinetik) 6-0699; v. MgB_{12} (Dissoziat.-Druck) 8-0486; v. $NaNO_3$ 9-0671; v. Brucit (thermogravimetr. Kurve) 9-0702; v. $K_2S_2O_8$ u. $(NH_4)_2S_2O_8$ (Kinetik) 10-0641; v. $Ba(NO_2)_2$ 10-0711; v. $CaCO_3$ u. $MgCO_3$ (Aktivier.-Energien durch Differentialthermoanalyse) 11-0703; v. $Ba_2N_2 \cdot O_2$ 14-0668; v. Calciumcarbonat (Kinetik) 15-0703; (Verlauf d. Temp. während d. — im Stickstoffstrom) 18-0663; v. $MgBr_2 \cdot 6\,H_2O$, $CaBr_2 \cdot 6\,H_2O$ u. $BaBr_2 \cdot 2\,H_2O$ 19-0784; v. NH_4ClO_4 (in Ggw. v. CdO, MgO, Li_2O u. In_2O_3) 21-0770; (Einfl. v. Zn-, Cd- u. Mg-Perchlorat auf d. therm. Stabilität) 21-0771; v. Mg-Perjodaten 21-0791; v. Alkalimetallnitratschmelzen (Kinetik) 22-0689; v. $CaCO_3$ (Einfl. d. Temp.) 23-0744; v. $NaBO_2$ 23-0775; v. $Ca_2J_2O_9$ u. $Ba_2J_2O_9$ 23-0780; v. Calciumjodat 24-0549; (auftretende Gleichgew.) 24-0550; v. $Na_2S_2O_4$ (in wss. $NaHSO_3$-Pufferlsg., Kinetik) 24-0703; v. $BeF_2 \cdot 2\,NH_3$ 24-0763; v. NH_4ClO_4 25-0753; (NiO- u. CuO-Zusätze, Mechanismus) 25-0754; v. NH_4ClO_4 25-0755; v. Oxiden bei ihrer Umsetz. mit C 26-0719; v. Ca-Jodat 28-0541; v. Orthosalzen v. K (mit d. Elementen IVa u. IVb) 28-0741; v. $NH_4 \cdot ClO_4$ (Mechanismus) 29-0770; v. Apatiten mit Ca-Unterschuß (zur Strukturklär.) 30-0699, 30-0700; v. geschmolzenen Alkalimetallcarbonaten 31-0615; v. $(NH_4)_2SO_4$ u. NH_4HSO_4 (Mechanismus, Kinetik) 31-0753; v. $CaCO_3$ 32-0730; v. Na-Halogeniden (in verschiedenen

Gasatmosphären) 32-0761; v. Calciumaluminathydraten 32-0765; v. Metallchloraten 33-0776; v. Brucit (Kinetik) 33-0777; v. Kaliumsuperoxid 33-0863; v. Ca-Phosphaten 35-0628; v. Alkalimetall- u. Ammoniumtetrachlorojodaten 35-0677; v. Metallnitriten u. -nitraten 35-0757; v. Be-Nitrid (Aktivier.-Enthalpie) 36-0456; v. C_8K (Rk.-Enthalpien) 37-0519; v. NH_4ClO_4 (an Übergangsmetallen, Erdalkalimetallen u. Alkalimetallen) 37-0794; v. NaN_3 38-0604; v. Mg-Boraten 38-0629; v. Ca-Boraten 38-0630; v. $Ba(N_3)_2$-Einkrist. (Kinetik) 39-0605 bis 39-0609; (Einfl. organ. Halbleiter-Zusätze) 39-0610; v. NH_4ClO_4 (Kinetik) 40-0555; v. $Ba(N_3)_2$-Einkrist. (Mechanismus) 41-0590; v. Alkalimetall- u. Metall(II)-perchloraten 45-0637; v. reinem u. Fe bzw. Mn enthaltendem Brucit (Mechanismus) 45-0638; v. $Ba(N_3)_2$-Einkrist. 46-0644, 46-0645; v. NH_4ClO_4 (massenspektrometr. Unters.) 46-0660.

Therm. —: v. bas. Ammoniumaluminiumsulfat (Zers.-Geschw., Mechanismus) 2-0651; v. K_2TiF_6 7-0697; v. Y-Hydroxid 8-0676; v. Aluminatlsg. 13-0681; v. $Sc_2(HPO_3)_3 \cdot xH_2O$ zu $Sc_4(P_2O_7)_3$ u. $ScPO_4$ 14-0717; v. La_2CO_5 in La_2O_3 14-0718; v. Zn-Verb. 16-0577; v. krist. Zn_3P_2 (Kinetik) 17-0619; v. Kalium- u. Natriumquecksilberimidodisulfat 18-0708; v. NH_4-, Na-, K- u. Ba-Quecksilberamidosulfat 18-0709; v. $InF_3 \cdot 3\,H_2O$ 19-0851; v. Hg-Amidosulfaten 21-0802; v. Cs-Doppelsulfaten mit Eu, Gd oder Tb 22-0744; v. Lithiumhydridoaluminat 23-0782; v. Na-Doppelsulfaten mit Eu u. Tb 23-0792; v. $TlClO_4$ 26-0762; v. Lanthandiphosphaten (thermograph. u. röntgenograph. Unters.) 26-0765, 26-0766; v. Thulium- u. Lutetiumhydroxid 26-0769; v. Zinkorthophosphat 28-0732; v. $CaYb_2O_4$ (Kinetik) 29-0772; v. ZnS u. CdS (Dissoziat.-Konst.) 30-0537; v. $GaH(SeO_4)_2$ 30-0704; v. Amminquecksilber(II)-sulfat 33-0872; v. markiertem HgO 34-0769; v. krist. Zinkhydroxiden 35-0682; v. GaSb 36-0457; v. Monocalciumaluminat (in Ggw. v. Chloriden) 38-0643; v. Zn-Salzen 40-1805; v. Al(III)-nitrid (Kinetik) 42-0580; v. Seleniten einiger Seltenerdmetalle 43-0595; v. Cd-Deriv. 45-0679; v. $CaCO_3$ (im CO_2-Strom bei isothermer Umgeb.) 46-0646.

Therm. —: v. $Cs_2[HfCl_6]$, $Rb_2[HfCl_6]$, $K_2[HfCl_6]$ u. $(NH_4)_2[HfCl_6]$ 1-0713; v. Cs_2VCl_6 3-0713; v. $NH_4[TaCl_6]$ 7-0704; v. Ti_3O_5 13-0563; v. $VOCl_3$, VO_2Cl u. $VOCl_2$ 15-0554; v. VCl_3 u. VOCl 15-0555; v. NH_4VO_3 16-0716; v. Bleioxidnitraten 17-0785; v. NbO_2F (Dampfdrücke) 28-0546; v. NH_3-Addukten v. $ZrCl_4$ 30-0711; v. Zirkoniumsulfattetrahydrat 32-0775; v. PaJ_5 32-0787; v. Y- u. Nd-Germanaten 35-0704; v. $PbCO_3$ (Rk.-Mechanismus) 39-0611; v. $Sn(OH)_4$ (Protonenresonanz- u. Elektronenbeug.-Unters.) 40-0556; v. festem SnS_2, Sn_2S_3 u. Sn_3S_4 (Dissoziat.-Druck) 45-0472; v. Blei(II)-hyponitrit 46-0647; v. α-PbN_6 47-0599; v. Zirkoniumoxidchlorid 51/52-0544.

Therm. —: v. Mg-, La-, Nd- u. Sm-Chromaten(VI) 22-0350; v. $Bi_2(SO_4)_3$ 23-0808; v. CrO_2 30-0668; v. $[(H_2O)_4Cr\text{–}\mu(OH)_2Cr(H_2O)_4](VO_3)_4$ 30-0727; v. Cr_2J_4 auf Quarzglas (Theorie d. heterogenen Keimbldg. für ein Vielkomponentensyst.) 35-0642; v. blauem $CrO(O_2)_2$ (Kinetik) 47-0575; v. Ammoniumzinkhexamolybdat 23-0812; v. Kaliumpolymolybdaten 23-0813; v. Zirkoniummolybdat 23-0814; v. $Mo(CO)_6$-Dämpfen 26-0720; v. Sr-Aquopolymolybdaten 35-0722; v. Peroxowolframaten d. Elemente d. Zinkuntergruppe 8-0691; v. Peroxowolframaten einiger Elemente d. II. Gruppe 8-0693; v. $H_6[W_{12}O_{38}(OH)_2]$ u. d. Na-, K- u. NH_4-Salzen 38-0699; v. $NH_4UO_2PO_4 \cdot 3\,H_2O$ 3-0729; v. polymorphem UO_3 (Vgl. mit d. kohletherm. Red.) 6-0677; v. U-Oxiden 24-0723; v. α-UO_3 25-0758; v. Hydrazinium(+1)- u. Hydroxylammoniumpentafluorouranat(IV) 31-0833; v. Uranylchlorid 40-0579.

Therm. —: v. feuchtem bzw. wasserfreiem $MnCO_3$ 3-0730; v. Ferriten (thermodynam. Analyse) 6-0603; v. Fe_3O_4 u. NiO 8-0626; v. γ-MnO_2 8-0637; v. Ni-Terephthalat u. Ni-Salzen anderer Carbonsäuren 14-0674; v. Hexamminkobalt(III)-bromid 14-0735; d. Cu-Hydrids 15-0768; v. Cr- u. Mn-Carbonylen (Kinetik) 18-0669; v. $MnCO_3$ (Mechanismus) 22-0698; v. $KMnO_4$-Präp. (in Abhängigk. v. d. Größe d. spezif. Oberfläche) 22-0705; v. NiO (Einfl. d. Beleucht. mit wassergefiltertem Licht) 22-0730; v. Co- u. Fe-Carbonylen (bei d. Oxosynth.) 26-0721; v. γ-bestrahltem $KMnO_4$ (Kinetik) 26-0740; v. K–La-Hexanitrocuprat 28-0770; v. α-FeOOH 30-0744; v. Kupferborat (Einfl. d. Teilchengröße) 35-0756; v. $K_4[H_6NiMo_6O_{24}] \cdot 5\,H_2O$ u. $(NH_4)_4[H_6NiMo_6O_{24}] \cdot 5\,H_2O$ 36-0730; v. nichtstöchiometr. Cu-Sulfiden (Dissoziat.-Druck) 37-0544; v. $Ni(OH)_2$–$Mg(OH)_2$-Mischkrist. 38-0731; v. Me-Salz–Hydrazin-Komplexen (Me = U, Th, Ce, Ni) 38-0734; v. Bakalsk-Siderit (in CO_2-Atmosphäre, Kinetik) 38-2308; v. Mg–Cu-Ferriten 39-0485; v. Ilmenit 40-0635; v. Fe(II)- u. Fe(III)-Phosphaten 41-0512; v. Hexacyanoferrat(II) 41-0598; v. Ni(II)-Sulfat (Kinetik) 42-0082; v. Krokydolith (Kinetik, Mechanismus) 46-0648; v. Amminkobalt(III)-halogeniden 46-0649; v. Co–Isothiocyanat-Alkoholaten (Dissoziat.-Drücke) 47-0463; v. Mn(II)-Carbonaten (Kinetik) 49/50-0550; v. $Mn(NO_3)_2$ (Kinetik) 49/50-0551; v. Hexammin- u. Pentamminkobalt(III)-halogeniden (Kinetik) 49/50-0552; v. Nickeltetracarbonyl (Kinetik) 49/50-0553.

Therm. —: v. Disilbermesoperjodat 4-0609; v. OsO_2 13-0564; v. Dolomit u. Ankerit 13-0818; v. $Ag_2C_2O_4$, AgN_3 oder BaN_6 14-0675; v. Ag_2SeO_4 u. Ag_2CrO_4 18-0518; v. AgCN (Einfl. v. O_2) 22-0701; v. Ag-Dithionat (Bldg. freier Radikale) 22-0702; v. Ag_2SO_4 23-0806; v. Disilberorthoperjodat 23-0846; v. entkationisiertem Erionit 23-0896; v. Ag_2O (Ag bzw. Ni als Katalysator) 24-0736; v. $AgNO_2$ (Einfl. einiger Halbleiter-Beimisch.) 25-0767; v. $IrCl_3$ 29-0600; v. Ag_2SO_3 29-0854; v. $AgMnO_4$ (in Ggw. v. Metalloxiden) 31-0755; v. Silberchlorit, -chlorat u. -perchlorat 32-0821; v. festem $AgNO_2$ (nach γ-Bestrahl.) 39-0612.

Therm. —: v. Trichlormethyllithium 4-0539; v. $(CH_3)_2NB_2H_5$ (in d. Dampfphase) 6-0712; v. Co-, Mn-, Cu-Komplexen mit Py. (Kinetik) 9-0674; v. Dimethylglyoximatokobalt(III)-halogenidkomplexen mit Arylaminen oder N-Heterocyclen als Neutralliganden 11-0708; v. cis- u. trans-$[Cr(en)_2Cl_2]^+$ sowie cis- u. trans-$[Cr(en)_2(H_2O)Cl]^{2+}$ (Kinetik) 12-0647; v. Cumylperoxytriäthylzinn (Kinetik, Zers.-Prod.) 16-0699; v. Komplexverb. v. Polyalkylhalogenphosphoranen mit $AlCl_3$ 17-0773; v. sek.-Lithiumbutyl (Kinetik, Mechanismus) 19-0782; v. Zinkphäophytinat (Kinetik) 21-0740; d. Tetramethyltitans 22-0745; v. Py.-Nickelhalogeniden 23-0836; v. Inorgan. Verb. 24-0739; v. Cu- u. Ag-Arylen 29-0760; v. N-Methylpyridiniumjodopentacarbonylchromat 29-0826; v. $B_7C_2H_{12}C_6H_5$ u. $B_7C_2H_{11}(CH_3)_2$ 30-0691; v. $B_7C_2H_{11}(CH_3)_2$ 30-0692; v. $[Fe(phen)(CN-CH_3)_4]^{2+}$ u. $[Fe(dipy)(CN-CH_3)_4]^{2+}$ (Kinetik) 31-0776; v. $[Fe(phen)_2(CN-CH_3)_2]^{2+}$ u. $[Fe(dipy)_2(CN-CH_3)_2]^{2+}$ (Kinetik) 31-0777; v. Cr-Komplexverb. mit Monoäthanolamin 31-0827; v. $[CuL_2]SO_4 \cdot H_2O$ (L = 1.3-Aminopropan) 32-0818; v. Verb. d. Pb-Perchlorats mit Py. 35-0712; v. Tri-tert.-butyl- u. Tetra-tert.-butylferrocen (Kinetik) 36-0641; v. Cu-α-Thiopicolinsäureanilid-Chelatkomplexen durch N_2H_4 (Kinetik) 36-0656; v. Tris-[butyl-(2)-amino]-boran 38-0616; v. prim. Alkylammoniumtetraphenylboraten 38-0617; d. Al-Hydrid-ätheradddukts $4\,AlH_3\,(C_2H_5)_2O$ 40-0612; v. Verb. d. Typs $NiX_2(TH)_n$ (TH = Thioharnstoff) 41-0660; v. CH_3SiCl_3 42-0594; v. Komplexen d. Typs $[Co(Cy)_2Amin_2]X$ (Cy = 1.2-Cyclohexandiondioxim) 43-0650; v. nido-2.3-Dicarbahexaboran-(8), $C_2B_4H_8$ 46-0673; v. Methylderiv. d. 1.2-Dicarbaclovopentaboran-(5) 46-0675; v. Dimethylquecksilber (Kinetik, Mechanismus) 47-0600; v. $[ReO_2 \cdot py_4]^+$-Salzen 48-0694; v. $Ti(CH_3)_4$ 49/50-0593.

Therm. —: v. Malonaten u. Succinaten v. Seltenerdmetallen, Y u. Sc 1-0707; v. $La(C_2O_4)_2 \cdot 6\,H_2O$, $La(C_2O_4)_2 \cdot 10\,H_2O$ u. $Th(C_2O_4)_2 \cdot 6\,H_2O$ 2-0698; v. Aluminiumoxalat 3-0697; v. komplexen Eisenoxalaten 3-0737; v. Caprylsäuremonoäthanolamid–$SnCl_4$- u. Laurylsäurediäthanolamid–$SnCl_4$-Komplex d. Zus. *2 : 2* bzw. *2 : 3* 4-0484; v. $FeC_2O_4 \cdot 2\,H_2O$ u. $Fe_2(C_2O_4)_3 \cdot 5\,H_2O$ 8-0712; v. Metallcarboxylaten $[Ni(CH_3COO)_2 \cdot 4\,H_2O]$ 9-0672; $[Pb(CH_3COO)_2 \cdot 3\,H_2O]$ 9-0673; v. Co–Ni-Mischoxalaten (katalyt. Wirksamk. d. Zers.-Prod.) 11-0716; v. Cd-Acetatdihydrat 11-0754; v. festen Nd-Komplexen d. Äthylendiamintetraessigsäure 11-0759; v. Oxalatoamminkobalt(III)-Komplexen (Rolle d. Triplettzustands) 13-0680; v. Ba- u. Sr-Tris-[oxalato]-ferrat(III) 13-0726; v. Ag-Oxalat 13-0744; v. Salzen d. Mellitsäure 14-0673; v. mellitsaurem Al 14-0715; v. Alkalimetalloxalatoberyllaten (Kinetik) 15-0702; v. Acetaten d. leichteren Seltenerdmetalle 15-0731; v. Metall–AeDTE-Komplexen 15-0769; v. Ca-Oxalat (Kinetik) 16-0712; v. Silberoxalat 17-0749; v. Hydraten d. Be-Oxalats 18-0703, 18-0704; v. cis-Diaquobis-[malonato]-chromat(III) (Kinetik) 19-0768; v. Bleitetrabenzoat bzw. Bleitetra-(p-methylbenzoat) 21-0741; v. Sc-Salzen d. Mellitsäure 21-0822; v. Zinkbariumformiat-Doppelsalzen (Kinetik) 22-0695; v. Th-Oxalat (Kinetik) 22-0697; v. Ni-Formiat ohne Zusätze u. in Ggw. v. Li^+, Mn^{2+} u. Al^{3+} (Kinetik) 22-0699; v. Oxalaten (Anwend. d. Kompensat.-Gesetzes) 22-0700; v. Samariumacetat 22-0743; d. Doppelsalzes $Cu(HCOO)_2 \cdot 2\,Ba(HCOO)_2$ 23-0749; v. Cu-Salzen d. Benzoesäure, o-, m- u. p-Methylbenzoesäure u. o- u. p-Chlorbenzoesäure (Kinetik) 24-0724; v. Cu-Formiat 25-0763; v. Co- u. Ni-Formiat (Zusammenhang zwischen Kinetik u. elektr. Leitfähigk.) 26-0722; v. Oxalaten (Mechanismus) 29-0773; v. Zn- u. Mn-Formiat 31-0754; v. Fe(II)-oxalatdihydrat (Einfl. d. Atmosphäre) 31-0844; v. Fe-Oxalaten (Mössbauer-Effekt) 34-0770; v. Ag-Oxalat (Einfl. v. NO, Kinetik) 34-0771; v. Pr(III)-oxalat 38-0653; v. Fe(II)-Oxalatdihydrat 40-0557; v. Ag-Oxalat (Einfl. organ. Verb. mit konjugierten Bind.) 40-0558; v. Metallacetaten 40-0605; v. Nickelformiat 40-1748; v. komplexen Oxalaten sowie d. entsprechenden Dichromaten 43-0612; v. Kobaltacetattetrahydrat (im Stickstoffstrom) 43-0648, 43-0649; v. Zn-Oxalat 44-0690; v. Trioxalatokomplexen d. Fe(III), Co(III) u. Cr(III) sowie v. Oxalatoamminkomplexen $NH_4[Co(C_2O_4)_2(NH_3)_2]$, $[Co(C_2O_4)(NH_3)_4]Cl$, $[Cr(C_2O_4)(NH_3)_4]Cl$ u. v. $[Co(NH_3)_6]Cl_3$ 46-0650; v. Pa-Oxalat 51/52-0553.

Therm. —: v. Ammoniumthiocarbamat 2-0523; v. Komplexen v. Alkyldiphenylphosphinaten mit MgJ_2 18-0705; v. Diphenylthiophosphinsäureamiden 19-0820; v. Hg(II)-arylsulfinaten 26-0758; v. Zink-bis-[4-methylpentyl-(2)]-dithiophosphat 2-0690; v. Seltenerdmetalldibutylorthophosphaten 37-0825; v. Metall-O.O-dialkyldithiophosphaten 46-0651.

Therm. —: v. Äthan 3-0944; v. Toluol (H_2-Träger-Meth.) 4-0765; v. CH_4 u. Gemischen aus CH_4 u. an Brennstoffen reicher Luft 5-0921; v. Äthan (Kinetik) 6-0957; (Mechanismus) 8-0939; v. Polyäthylen u. Polypropylen 8-1976; v. Isopentan 9-0955; v. Äthylbenzol (Temp.-Abhängigk.) 10-2487; v. Äthan 12-0906; v. CH_4 (an im Ultrahochvakuum aufgedampften Ni-Filmen) 13-0943; v. KW-Stoffen 15-0968; v. Diphenyl 16-0992; v. 2.3-Dimethylbutan (Kinetik, Mechanismus) 17-1021; v. Xylol 18-0937; v. C_2H_2 19-0780; v. Cumol (Al-Silicat-Katalysator, Kinetik) 21-1052; v. CH_4, $SiCl_4$ oder SiF_4 22-0694; v. gesätt. KW-Stoffen (Wandeffekte) 22-0990; v. Bicyclo-[1.1.0]-butan (Kinetik) 22-0991; v. Tropilidenen 23-1034; v. isomeren Hexanen 23-1039; v. Toluol, Xylol, Äthylbenzol u. Cumol 23-1067; v. substituierten Vinylcyclopropanen 23-1098; v. Buten-(1) 26-0977; v. Propylen 26-0978; v. isomeren Hexanen 27-1069; v. n-Dodecan 27-1070; v. Cyclohexan 29-0989; v. Methan (in Ggw. v. Äthylen u. Acetylen) 29-1042; v. KW-Stoffen (Kinetik) 29-1043; v. Anthracendimeren 30-0961; v. Cumol (an modifizierten Alumosilicatkatalysatoren, Kinetik) 32-1009; v. aromat. KW-Stoffen (Mechanismus) 32-2538; v. hochangeregtem Äthylen 33-1186; v. CH_4 34-0766; v. Diallyl 36-0988; v. CH_4 (Monte Carlo-Unters.) 37-0729; v. KW-Stoffen 38-0618; eines Gemisches aus CH_4 u. $TiCl_4$ 41-0606; v. Äthan (in Ggw. verschiedener Gase, Kinetik) 41-0996; v. Cumol 45-0644; v. Cyclopenten 45-0958; v. CH_4 (Kinetik u. Mechanismus) 47-1100; v. Propan (Kinetik) 47-2497; v. Methan 51/52-0494; v. exo- u. endo-Dicyclopentadien (Kinetik) 51/52-0931; v. Dekahydronaphthalin, Tetrahydronaphthalin u. deren Gemischen mit Naphthalin 51/52-0964.

Therm. —: v. Pyrazolinen (Stereochemie) 5-0925; v. Hexamethylentetramin 7-0957; v. methylierten Pyridinen (Ni-Tonerde-Katalysator) 19-1084; v. $\Delta^{2,5}$-Bicyclo-[2.2.1]-heptadien 20-0936; arylsubstituierten v. Bipyrrylen-(1.1′) 21-1053; v. Alkylidencyclopropanen 22-1049; v. 4-Methylen-Δ^1-pyrazolin (Kinetik) 25-1068; eines Bzl.–Cumaron-Gemisches 27-1071; v. tritiiertem Thymidin 28-1004; v. Δ^1-Pyrazolinen (Kinetik) 32-1008; v. 3.5-Diphenyl-1.2.4-oxadiazol u. 2.5-Diphenyl-1.3.4-oxadiazol 39-0924; v. 3-Azaquadricyclan-Deriv. 43-1007; v. cis- u. trans-[4-D]-3-Methyl-Δ^1-pyrazolin 47-1106; v. cis- u. trans-3.4-Dimethyl-Δ^1-pyrazolin 47-1107; v. Cycloalkano-[a]-pyrrolen 51/52-0920; v. Pyrazolinen 51/52-0924.

Therm. —: v. Allylbromid 3-0945; v. Alkylhalogeniden 8-0940; v. Methylchlorid (Kinetik) 11-0984; v. Äthyljodid (Kinetik) 18-0938; v. chlorierten Äthanen (Kinetik) 21-1054; v. p-Chlor-α-phenylbenzylpiperazinderiv. 25-1827; v. Difluorchlormethan (Kinetik, Mechanismus) 26-0979; v. Chloroform (Kinetik) 27-1047; v. Perfluorcyclopropan (Kinetik) 41-0997; v. Äthylchlorid u. $[D_5]$-Äthylchlorid 47-1089; v. Methylchlorid (Berechn.) 47-1108; v. Chlorpropanen 48-1084; v. Difluordiazarin (Kinetik) 49/50-0995; v. aktivierten Alkylfluoriden (Kinetik) 51/52-0921; v. 2.2-Dichlorbutan u. 2.2-Dichlorpropan

(Kinetik) 51/52-0923; v. 3-Chlorbuten-(1) u. 3-Chlor-2-methylbuten-(1) (Kinetik) 51/52-0925; v. n-Propylbromid 51/52-0926.

Therm. —: v. unsymm. geminalen Aminen 3-0946; v. 3.3-Tetramethylenazirin, 3.3-Pentamethylenazirin, 3.3-Diäthyldiazirin 6-0958; v. Azidoameisensäurealkylestern 6-0962; v. tert.-Butylhydroperoxid (Kinetik) 7-0958; eines Diazoniumsalzes (Einfl. d. Ionenpaarbldg.) 11-1020; v. 1.3.5-Tri-p-tolylpentazdien-(1.4) 15-0997; v. Alkylaziden 16-1005; v. Azoverb. 16-1041, 16-1042; v. Nitroaromaten 18-0939; v. 1.2-Benzocycloalkenyl-(4)-diazoniumionen 20-0939; v. [1.2-Benzocycloalkenyl-(3)-methyl]-diazoniumionen 20-0940; v. Diäthylamin 25-1059; v. Phenylazotriphenylmethan 26-0980; v. Azocumol (Kinetik) 32-1010; v. Azocumol 32-1011; v. α-Phenyläthylazomethan (Mechanismus) 34-1007; v. aliphat. tert. Nitroverb. 49/50-0946; v. Tetrakis-[dimethylamino]-methan 51/52-0922; v. sek.-Nitraminen 51/52-0929.

Therm. —: v. N-Alkoxymethyläthyleniminen (Mechanismus) 4-0662; v. 1.2-Dimethoxy-1.1.2.2-tetraphenyläthan 5-0926; v. Cumolhydroperoxid 6-0960; v. Acetaldehyd-di-n-butylacetal 8-0941; v. substituierten Norbornadienonketalen 12-0907; v. Xanthenäther 14-1022; v. Dibenzoylperoxid 15-0841; v. Dibenzoylperoxid u. Cumolhydroperoxid 15-0842; v. Ameisensäure u. Methanol (Kinetik) 16-0993; v. Dialkylperoxiden 17-1024; v. Cumolhydroperoxid 19-0793; v. Kresolen 19-1085; v. Benzylhydroperoxid (Kinetik) 22-0992; v. Cyclohexanformoyl- u. Isobutyryl-Perobiden (Kinetik) 23-1040; v. Äthern mit Butin-(2)-yl-Resten 25-1082; v. parasubstituierten trans-γ-Benzylidenbutyrylperoxiden (Kinetik) 27-1072; v. n-Butylvinyläther 28-0987; v. tert.-Butylmethyläther 31-1073; v. tert.-Butyläthyläther 31-1074; v. Diisopropyläther (Kinetik, Mechanismus) 35-0996; v. tert.-Butylhydroperoxid (Kinetik) 38-1082; v. Methanol (an einem Methanol-Synth.-Katalysator) 39-0925; v. Äthyl-tert.-butyläther (Kinetik) 41-0998; v. tert.-Butylhydroperoxid 43-0923; v. Ketalen 44-0862; v. Benzoylperoxiden (Kinetik) 45-0994; v. Benzoylperoxid 46-0872; v. 2-Methylpropanol-(2) (Kinetik) 47-1109; v. ω-Jodacylperoxiden 47-1110; v. 4-Phenylazonaphthol-(1) 48-0904; v. Äthern 51/52-0840; v. 3-Hydroxyhexadienen-(1.2) (Einfl. d. Methylsubstituier.) 51/52-0927; v. Crotyldi-tert.-butylcarbinol 51/52-0928; v. tert.-Butylhydroperoxid 51/52-0930; v. Isopropanol (Kinetik) 51/52-0949.

Therm. —: v. Phenyldimethylsilan 1-0905; v. 2.2.5.5-tetrasubstituierten Δ^3-1.3.4-Thiadiazolin-1.1-dioxiden 2-0961; v. N-Nitroso-N-[2.2-diphenylcyclopropyl]-harnstoff 3-0948; v. aromat. Diazothioäthern 7-0959; v. Siloxanen 8-0970; v. Aralkylthiocarbonaten (Mechanismus) 13-0944; v. Xanthogenaten (Kinetik) 14-2521; v. Harnstoff (Kinetik) 18-0942; v. Buten-(2)-episulfoxiden (Stereochemie) 19-1080; v. Polyfluoralkylsiliciumverb. (Kinetik) 22-0993; v. Methyläthyl- u. Diäthylcarbonat (Kinetik) 27-1073; v. Alkyl- u. Cycloalkylboranen 33-1212; v. N-Nitroamiden u. N-Nitrocarbamaten (Kinetik) 35-0998; v. 4-Methylcyclohexyl-p-tolylsulfoxiden 41-1046; v. Äthylxanthogenat (Kinetik) 47-1115; v. p-Nitrobenzoesäure-[O-benzylkohlensäure]-anhydriden (Mechanismus) 51/52-0936.

Therm. —: v. Schiffschen Basen v. 4-Dichlormethyl-4-methyl-$\Delta^{2.5}$-cyclohexadienon-(1) 2-0960; v. substituierten Thiazolindionen-(4.5) 2-0988; v. Acetaldehyd 3-0947; v. 3-Acetyl-Δ^1-pyrazolinen 5-0924; v. Sydnoniminhydrochloriden (Kinetik, Mechanismus) 9-0959; v. Trifluoracetaldehyd 10-0900; v. Tetra-n-alkylammoniumsalzen 14-0886; Decarboxylier.: v. Furfurol 17-1023; v. Butanal (Kinetik) 21-1042; therm. —: v. Trifluoracetaldehyd 21-1055; v. aliphat. u. alicycl. Ketonen 24-1003; v. Acetonylaceton (Kinetik) 28-0989; v. Aceton (Kinetik) 30-0666; v. Äthylcyanid, tert.-Butylcyanid, Cumylcyanid u. Acetamid 30-0965; Decarbonylier.: v. 9-Phenylfluorenyl-(9)-acetaldehyd 35-1070; v. Phenoxyacetaldehyd 38-1083; therm. —: v. Diazirinen u. p-Tosylhydrazon-Na-salzen 41-0967; v. Dimethyläthanolaminoxidmonohydrat 42-0873; v. Aldehyden Kinetik) 46-0873; v. N-Benzhydryl-α.α-diarylnitronen (Mechanismus) 46-0874; v. Triarylsulfoniumalkoxiden 48-1126; Decarbonylier. v. Aldehyden 49/50-1025.

Therm. — v. Ameisensäuredampf 1-0906; Decarboxylier.: v. ungesätt. Säuren (Mechanismus) 1-0907; v. Chinaldinsäure 3-0949; therm. — v. Ameisensäure 4-0580; Decarboxylier.: v. elektronegativ-substituierten Benzoesäuren 4-0767; v. Pyridincarbonsäuren 4-0865; v. β.γ-ungesätt. Säuren 10-0955; v. Oxalessigsäure 10-0956; therm. — v. Ameisensäure 11-0715, 11-0724; Decarboxylier.: v. Picolinsäure (Kinetik) 11-0986; v. Malonsäure 13-0946; therm. —: v. Ameisensäure (Kinetik) 16-0993; v. Oxalsäure (Kinetik) 16-0994; v. D_2-Oxalsäure (Kinetik) 18-0943; Decarbonylier. v. Ameisensäure 19-0777; therm. — v. Ameisensäure (Mechanismus) 19-0792, 19-0794; Decarboxylier. v. Pentancarbonsäuren (Mechanismus) 19-1055; therm. —: v. Ameisensäure (Kinetik, Mechanismus) 19-1081; (Kinetik) 19-1082; v. Oxalsäure (Kinetik u. Stöchiometrie) 20-0937; Decarboxylier.: v. Maleopimarsäure u. Fumaropimarsäuren 23-1170; v. substituierten Anthranilsäuren 26-0982; v. β-Resorcylsäure (Kinetik) 29-1045; v. 5-Aminoimidazol-4-carbonsäuren (Einfl. v. Übergangsmetallen, Mechanismus) 30-0967; v. Oxalessigsäure 33-1367; therm. —: v. Propionsäure 36-0990; d. Trimethylessigsäure 36-0991; v. Salzen d. α-Chlorzimtsäure 36-0992; v. organ. Carbonpersäuren (Kinetik) 37-1044, 37-1045; Decarboxylier. v. 5-Azaorotsäure 42-0874; therm. — v. Peroxyester v. Alkoxy- u. Aryloxyalkansäuren 43-0925; Decarboxylier.: v. Malonsäure u. anderen Säuren (Kinetik) 45-0995; v. Oxalessigsäure 47-1111; v. 4-Methoxyanthranilsäure 47-1114; therm. —: v. Phenylmercaptoessigsäure 47-1116; v. Ameisensäure (Mechanismus) 51/52-0933; Decarboxylier. v. Benzoylessigsäuren 51/52-0935; therm. —: v. Chlorameisensäure (Kinetik) 51/52-0937; v. Ameisensäuredampf 51/52-0948.

Therm. —: v. N-[α-Alkoxyalkyl]-carbonsäureamiden 2-0978; v. tert.-Butylperestern 4-0768; v. 4.4-Dialkyl-3-cyan-3-carbomethoxy-Δ^1-pyrazolinen 5-0923; v. Diazoessigester (Kinetik) 6-0961; v. β-Methyl-β-phenyl-β-peroxypropiolacton 6-0963; Decarboxylier. v. Histidin (Kinetik) 9-0656; therm. —: v. Di-tert.-butylperoxyoxalat 10-0902; v. acylierten Bis-[hydroperoxybutyl]-peroxiden 14-0921; v. Azidoformiaten 15-1030; v. Oxalat-Ionen in einer KBr-Matrix (Kinetik) 16-0711; Decarboxylier. v. 8-Oxa-7-oxobicyclo-[2.2.2]-octen-(5)-2.3-dicarbonsäureanhydrid 16-0987; therm. —: v. Alkylsauerstoffestern 16-1099; v. β-Allyloxypropionylperoxid (Kinetik) 18-0940; v. trans-γ-Benzylidenbutyrylperoxid (Kinetik) 18-0941; v. in 4-Stell. d. aliphat. oder aromat. Reste disubstituierten 3-Cyan-3-äthoxycarbonyl-Δ^1-pyrazolinen 20-1013; v. Diestern 21-1096; v. Carbonsäure-Dithiocarbaminsäureanhydriden u. verwandten Verb. 23-1136; v. Salzen v. Benzilsäureestern (Kinetik) 23-1840, 23-1841; d. Prolinringes 25-1136; v. Diazoessigsäureäthylester 26-0716; v. tert.-Butylperoxyformiat (Kinetik) 27-1068; v. Dibenzoylperoxid (Kinetik) 30-0964; v. Allylacetat 31-1061; v. aromat. Carbonsäureperestern (Kinetik) 36-0994; v. Bornyl- u. Isobornylacetat 36-0995; v. α-Formylestern 36-1081; v. Phenyljodosodibenzoat (Kinetik) 39-0926; v. Diazoessigsäureäthylester (Kinetik) 41-1000; v. Phenylacetylcarbamaten (Übersicht) 41-1037; v. Peroxyestern d. Dimethylmalonsäure (Kinetik) 44-0846; v. Aminimiden 44-0867; v. Glykokoll, α-Aminobuttersäure, Leucin, Phenylalanin u. Asparaginsäure 47-1112; v. tert.-Butylperpivalat 47-1113; v. N-Alkyl-N-nitrosoacetamid (Mechanismus) 47-1123; v. Säureanhydriden 47-1230; v. Methylformiat (Kinetik) 49/50-0996; Decarboxylier. v. Pb(II)-Octanoat (Kinetik) 51/52-0934.

Therm. —: v. N-Aryl-N′-tosyloxydiimid-N-oxiden 3-0981; v. Addit.-Prod. v. Aminen u. Sulfonamiden 11-1014; v. Di-O-alkylphosphonomethoxysilanen 24-1055; v. Phosphoniumsalzen 24-1083; v. Cyclohexylmethyl-p-toluolsulfonat 32-1074; v. Thiosulfonaten (Stereochemie) 41-1035; v. Benzolsulfonylazid 51/52-0938; v. 1-Methylcyclooctylhypochlorit 34-0966; v. O.O-Dialkyl-S-aryl-thiophosphorsäureestern 35-0999; v. tert.-Butylhypochlorit 38-1084; v. Hypobromiten 40-0936; v. β-Carbamoylalkylschwefelsäuren 42-0913; v. Nitraten höherer Alkohole 49/50-0998; v. tert.-Alkoxyradikalen 10-0901; v. normalen u. deuterierten Alkylradikalen (Kinetik) 16-0949; v. Carbeniumionen 16-0976; v. Butylradikalen 17-1020; d. Hexyl-(3)-Radikals (Kinetik) 17-1022; d. Hydrogenoxalations (Kinetik) 21-1056; d. Isopropoxylradikals (Druckabhängigk.) 29-1003; v. an d. Nickeloxidoberfläche adsorbierten organ. Radikalen 30-0966; v. p-Alkyl-o.o′-di-tert.-butylphenoxyradikalen (Kinetik) 37-1005; v. freien Nitrobenzol-Radikalen (Kinetik) 47-1039; v. Ionen (Substituenteneffekte) 47-1120; (Einfl. v. Lad.- u. Radikalstellen) 47-1121; v. m-substituierten Aniliniumionen (Substituenteneinfl. auf d. thermodynam. Funkt.) 48-1066; d. Triphenylmethylperoxy-Radikals 49/50-0997; d. Äthylradikals (Kinetik) 51/52-0916; d. Propionylradikals (Kinetik u. Druckabhängigk.) 51/52-0932.

Therm. —: v. Olefinpolymeren (gaschromatograph. Best. d. Zus.-Prod.) 5-2031; v. Heteratisin 7-0882; v. Anthocyaninverb. 11-2045; v. Hämoglobin verschiedener Tierarten in Untereinh. 12-1462; v. Naturkautschukvulkanisaten (Charakterisier. v. organ. Prod.) 20-2024; v. 4.4-Dimethyl-3.4-seco-lactonen 33-1296; v. Mikroorganismen (Gaschromatographie) 34-2045, 34-2047; v. Betacyaninen u. Betaxanthinen 38-1203; v. Polyestern (Kinetik) 39-2045; v. Polysulfidpolymeren (Mechanismus d. S—S-Bind.) 42-1059; v. Cellulose 42-1068; v. β-Cholestanyl-S-methylxanthat (Druckeffekte) 47-1117.

Bibliographie

Untersuchung der Zusammensetzung und Umwandlung der Produkte des Hochtemperaturzerfalls von Erdölkohlenwasserstoffen [russ.] B 63; Thermal dissociation of cheimcal compounds B 66.

Dissoziationswärme, —: bei elektrolyt. Dissoziation s. unter *Dissoziation, elektrolytische*; bei anderen Dissoziat.-Rk. s. unter *Reaktionsenergetik und -gleichgewichte.*

Dissoziation, thermische s. unter *Dissoziationsreaktionen.*

Distamycin A s. unter $C_{22}H_{27}N_9O_4$.

α.β-Distearin s. unter $C_{39}H_{76}O_5$.

Disthen s. unter *Aluminiumsilicate.*

Distomycin A s. unter $C_{22}H_{33}N_9O_4$.

Distraneurin s. unter C_6H_8ClNS.

Disulfide s. unter *Sulfide, organische.*

Disulfiram s. unter $C_{10}H_{20}N_2S_4$.

Disulformin s. unter $C_{27}H_{26}N_6O_8S_4$.

Disulforosamin s. unter $C_{19}H_{16}N_2O_8S_2$.

Disulfoton s. unter $C_8H_{19}O_2PS_3$.

Di-Systin s. unter $C_8H_{19}O_2PS_3$.

Disyston s. unter $C_8H_{19}O_2PS_3$.

Diterpene s. unter *Terpene.*

Ditetracyclin s. unter $C_{62}H_{68}N_6O_{16}$.

Dithane M 45 s. unter $C_4H_8N_2S_4$.

1.3-Dithia-2.4-diphosphacyclobutane, Rk. v. — -P.P′-disulfiden mit Phenylisocyanat bzw. Phenylisothiocyanat 13-1010.

Dithian s. unter $C_4H_8S_2$.

1.3-Dithiane, Ringvereng. in d. 1.3-Dithianreihe 18-1026; Verw. als Insektizide (2-[Dialkoxyphosphinyl]- bzw. 2-[Dialkylmercaptophosphinyl]- —) 46-2744*.

Dithiane 45 s. unter $C_4H_8N_2S_4$.

Dithianon s. unter $C_{14}H_4N_2O_2S_2$.

Dithiazine s. unter *Ringsysteme, organische* (*Spezielle Ringsysteme*).

1.2.4-Dithiazole, Bldg. v. 3-Imino-1.2.4-dithiazolidinonen-(5) 30-1066.

1.2-Dithiepan s. unter $C_5H_{10}S_2$.

1.2-Dithiine, Darst. 14-1027.

1.4-Dithiine, Darst. aus Dichlormaleinimiden + H_2S (Rk.) 6-1074.

Dithiobiuret s. unter $C_2H_5N_3S_2$.

Dithiocarb s. unter $C_5H_{11}NS_2$.

Dithiocarbaminoessigsäure s. unter $C_3H_5NO_2S_2$.

Dithiocarbaminsäure s. unter CH_2NS_2.

Dithiocarbaminsäurederivate

Thiuramsulfide s. dort.

Dithiocarbamate 3-1027, 47-1061.

Darst.: v. N-substituierten Dithiocarbaminsäure-5.5.5-trihalogenpenten-(2)-ylestern (Schädlingsbekämpf.-Mittel) 6-3010*; v. Carbamoylthionocarbamoyldisulfiden (Fungizide, Bakteriostatika) 24-2944; v. nitroaromat. Dithiocarbamidsäureestern 26-2661*; v. O-Aryl-β-[dithiocarbaminoyl]-äthansulfonaten 29-2751*; v. N-Alkylthiocarbamoylmercaptopropionamiden u. -propionitrilen 31-1795; v. N-Methyldithiocarbaminsäureestern (Schädlingsbekämpf.-Mittel) 31-3451*; v. [N-Arylthiocarbamylmercapto]-propionsäuren 35-1046; v. N-Alkylaryldithiocarbamaten (Mittel gegen Kokzidiose) 41-1841*; u. Verw. v. Salzen v. Alkylen-bis-dithiocarbaminsäuren 41-3192*; v. Arylalkylsulfenyl- — (Pflanzenschutzmittel) 41-3199*; v. N-Dithiocarboxyaminosäuren (Hepatika) 43-1697*; v. Thionothiolcarbaminsäurearyloxy(mercapto)äthylestern (Schädlingsbekämpf.-Mittel) 44-2902*; v. Polychlorphenylmethylen-bis-[dialkyldithiocarbamaten] (Herbizide) 45-3257*; v. Halogenbenzyldithiocarbanilaten (Herbizide) 46-2739*; v. N-[p-Toluolsulfonyl]-dithiocarbaminsäureäthylestern 47-1173.

H-Bind. in Dialkylammoniumdialkyldithiocarbamaten 6-0904; opt. Rotat.-Dispers. v. Dithiocarbamaten v. α-Aminosäuren (Lsgm. Abhängigk.) 28-0843; Quadrantenregel für d. $n \rightarrow \pi^*$-Cotton-Effekt für Dithiourethanen v. opt. akt. Aminen 46-0714; Rotat.-Barriere in Dithiocarbaminsäureestern 48-0941.

Rk. v. Dithiocarbaminsäureestern: mit Oxalylchlorid 2-0988; mit N-Acylanthranilsäuren 4-2178*; photochem. u. therm. Umwandl. v. Carbonsäure-Dithiocarbaminsäureanhydriden u. verwandten Verb. 23-1136; Rk.: v. Dithiocarbamaten mit Cephalosporinen 30-1315; v. K-Aryldithiocarbamaten mit β-Chlorpropionsäure 35-1046; v. Ammoniumdithiocarbamaten mit (+)-α-Brom-α-[2-methylbutyl]-essigsäure 35-1089; v. Dithiocarbamidsäureestern mit PCl_5, $COCl_2$, $SOCl_2$ oder Oxalylchlorid 36-2523*; mit Trichlorcyanursäure 41-3193*; innermol. Umlager. in d. Aminoalkyldithiocarbamatreihe 42-0910; Verw. als Vulkanisat.-Beschleuniger (Fe-Dialkyldithiocarbamate) 45-3053*.

Fungistat. Eig. v. Dithiocarbamidsäureestern u. dithiocarbamidsauren Salzen 2-1239; bakteriostat. Eig. v. Dithiocarbamidsäureestern u. dithiocarbamidsauren Salzen 2-1240; fungizide Wrkg.: v. Dialkyldithiocarbamaten 6-1370; v. Carboxymethyldithiocarbaminsäurederiv. 7-1297; Pflanzenpharmakologie d. Dithiocarbamate 17-1504; Wrkg. v. Dithiocarbamatderiv. auf d. durch CCl_4-Verabreich. bei d. Ratte hervorgerufene experimentelle Leberschädig. (Bezieh. zur Konstit.) 21-1819; fungizide Wrkg.: v. Dithiocarbamaten 26-1413; v. β-[Thiocarbamoylmercapto]-aldehyden, -ketonen u. -säuren 27-1126; Wirksamk. bei Hypoxie 34-1565; antimykot. Wrkg. v. N-Methyl-N-[β-cyanäthyl]- u. N-Methyl-S-carboxyalkyldithiocarbamaten 51/52-1346.

Verw.: zum Stabilisieren v. elastomeren Polyurethanen 2-2671*; zum Stabilisieren v. Polypropylen (Metalldithiocarbamate) 7-2878*, 8-2786*; gegen Nematoden (N-[p-Chlorphenyl]-dithiocarbaminsäureester) 9-3067*; als Alter.-Schutzmittel für Hochpolymere 13-2805*; als Vulkanisat.-Beschleuniger für Kautschukmilch 14-2829*; für Anstriche (S-Aminodithiocarbaminsäuren) 16-3091*; bei d. Herst. v. Polyurethanschaumstoffen mit erhöhter Belast.-Fähigk. (Pb-Bis-[dithiocarbamate]) 23-3146*; zur Herst. v. Wärmekopiermaterialien (Dialkyl- bzw. Diaryldithiocarbamate) 24-3120*; bei d. Herst. v. Polyurethanschaumstoffen (N.N-Bis-[hydrocarbyldithiocarbamate]) 44-2714*; zur Verarbeit. v. Polychloroprenlatex (Dialkylammoniumsalze v. Dialkyldithiocarbaminsäuren) 45-3091, 45-* 3092*.

Gaschromatographie v. Metallsalzen v. Äthylen-bis-(dithiocarbaminsäuren) 23-2277.

Dithiocarbazinsäurederivate, Herst. v. Dithiocarbazidsäurealkenyl- u. -cycloalkenylestern (Schädlingsbekämpf.-Mittel) 45-3266*.

Dithiokohlensäurederivate

Xanthogensäuren (*und Derivate*) s. dort.

Darst. v. Dithiokohlensäure-S-[2-chlorchinoxalinyl-(3)]-estern (Akarizide) 3-3196*.

Dithiol s. unter $C_7H_8S_2$.

Dithiolan s. unter $C_3H_6S_2$.

1.2-Dithiolane, Darst. v. Dialkylamino(alkyl)-– 13-2598*; Polarisat.-Daten u. Dipolmomente 34-0878.

1.3-Dithiolane, Zirkulardichroismus 47-0787; Verw. als Insektizide {2-[Dialkoxy(Dialkylmercapto)phosphinylimino]-–} 46-2744*.

1.2-Dithiole, Darst.: v. 1.2-Dithiolthionen-(3) (Übersicht) 24-1108; v. 5-Aryl-1.2-dithiolthionen-(3) 32-2633*; u. Verw. v. 1.2-Dithiacyclopententhionen-(3) 36-2577*; protonmagnet. Resonanzspektren v. 1.2-Dithiolonen-(3) u. 1.2-Dithiolthionen-(3) 6-0866; Rk.: v. Aryl-1.2-dithioliumsalzen mit Vinyläthern bzw. Ketonen 16-2578*; v. 1.2-Dithiacyclopenten-(4)-thionen-(3) mit Acetylenen 40-0968; Verw.: als fungizide u. bakterizide Mittel (5-Amino-1.2-dithiol-3-one) 15-1822*; zur Sensibilisier. v. photograph. Emuls. [1.2-Dithiolthione-(2)] 20-3164*.

1.3-Dithiole, Darst. v. 1.3-Dithiolium-Kationen u. verwandten Dithiolen 22-1074; Protonenaktivität im 1.3-Dithiolium-Syst. 28-0976.

Dithiophilit, Identifizier. d. PO_4^{3-}-Gruppe in – mit Strychninmolybdat-Reagenz 27-2216.

Dithiophos, Wrkg. auf Aphis fabae in Futterbohnen 33-3421.

Dithiothreitol, stimulierende Wrkg. auf d. durch Licht ausgelöste ATP-P_i-Austauschaktivität in Chloroplasten 21-1577.

Dithizon s. unter $C_{13}H_{12}N_4S$.

Dithranol s. unter $C_{14}H_{10}O_3$.

Ditilin s. unter $C_{14}H_{32}N_2O_6$.

Ditran (JB 329, Ethotrimeprazine), Fütter.-Meth. zur Prüf. d. psychomimet. Wrkg. d. Hydrochlorids 17-1737; antagonist. Wrkg. v. –-Oxotremorin bei Ratten u. Mäusen 19-1802; Modifikat. durch – hervorgerufener exogener psychot. Zustandsbilder durch methansulfonsaures Dihydroergotamin 27-1759; Wrkg. v. – auf d. Verh. v. Ratten 51/52-1682.

„**Ditran**" [**Diphenyltrichloräthan**] s. unter $C_{14}H_{11}Cl_3$.

Di-Trapex, Verw. als Bodenentseuch.-Mittel (Einfl. auf d. Mykorrhiza v. Forstpflanzen) 21-3379.

Diuretika s. unter *Arzneimittel*.

Diuron s. unter $C_9H_{10}Cl_2N_2O$.

Divernolin s. unter $C_{39}H_{68}O_7$.

Divinyl s. unter C_4H_6.

Dixanthylen s. unter $C_{26}H_{16}O_2$.

Dixyrasin s. unter $C_{24}H_{33}N_3O_2S$.

Djenkolsäure s. unter $C_7H_{14}N_2O_4S_2$.

DJK 21 s. unter $C_{12}H_{18}N_2O_2$.

Djurleit s. unter *Kupfersulfide*.

D 16 M s. unter *Aluminiumlegierungen* (*Sondermarken*).

DMA s. unter C_4H_9NO.

DMAE s. unter $C_4H_{11}NO$.

DMAP s. unter $C_{24}H_{30}O_4$.

DMBA s. unter $C_{20}H_{16}$.

D.M.E s. unter $C_{16}H_{16}Cl_2O_2$.

DMF s. unter C_3H_7NO.

D.M.I. s. unter $C_{18}H_{22}N_2$.

DMPA [**α-Methoxy-3.4-dichlorphenylessigsäure**] s. unter $C_9H_8Cl_2O_3$.

D.M.P.A. [**Pestizid**] s. unter $C_{10}H_{14}Cl_2NO_2PS$.

DMPFH s. unter *Plaste, Phenolharze* (*Weitere Phenolharze*).

DMPP s. unter $C_{12}H_{20}N_2O$.

DMS s. unter C_2H_6OS.

DMSO s. unter C_2H_6OS.

DN 65 [äthoxylierter linearer sek. Alkohol mit *11–15* C], steigernde Wrkg. auf Herbizide 47-1557.

DNBP s. unter $C_{10}H_{12}N_2O_5$.

DNC s. unter $C_7H_6N_2O_5$.

DNOC s. unter $C_7H_6N_2O_5$.

DNOPC s. unter $C_{18}H_{24}N_2C_6$.

DNP s. unter $C_6H_4N_2O_5$.

DNPP s. unter $C_9H_{10}N_2O_5$.

DNS s. unter *Nucleinsäuren*.

D.N.T. s. unter $C_7H_6N_2O_4$.

Doburil s. unter $C_{14}H_{16}ClN_3O_4S_2$.

DOC s. unter $C_{21}H_{30}O_3$.

DOCA s. unter $C_{23}H_{32}O_4$.

Dociton s. unter $C_{16}H_{21}NO_2$.

Dodecan s. unter $C_{12}H_{26}$.

Dodecansäure s. unter $C_{12}H_{24}O_2$.

Dodecarboniumchlorid s. unter $C_{22}H_{40}N_2O_2$.

Dodecen s. unter $C_{12}H_{24}$.

n-**Dodecensäure** s. unter $C_{12}H_{22}O_2$.

Dodecylen s. unter $C_{12}H_{24}$.

Dokosan s. unter $C_{22}H_{46}$.

Dokosansäure s. unter $C_{22}H_{44}O_2$.

Dokumentation, National Standard Reference Data Syst. 1-0012; Informat.-Verarbeit. in einer Erfahr.-Wissenschaft 3-0010; Erzeug. einer eindeut., maschinell verwertbaren Beschreib. für chem. Strukturen (v. Chemical Abstracts Service entwickelte Technik) 3-0011; Connectivity-Code zur Beschreib. chem. Strukturen 3-0012; Verw. d. Wiswesser-Notat. zur Best. übereinstimmender chem. Strukturen 3-0013; Analyse v. Dokumenten auf systemtheoret. Grundlage 5-0021; Bewert. v. links u. rols als Hilfsmittel bei d. Recherche 5-0022; Indexing v. Spektraldaten 7-0006; Syst. DARC (Prinzipien d. Korrelat.-Unters. u. d. allg. Gleich. d. Topo-Informat.) 7-0007; – u. Datenverarbeit. auf elektron. Weg unter Berücksichtig. d. Anwend. im klin.-chem. Labor. 9-0015; Magnetbandregistrier. analyt. Daten 12-1850; Problem chem. Ringstrukturen aus topolog. Sicht 13-0008; Kommunikat. in d. Wissenschaft (– u. Automat.) 15-0008; – 17-0014 bis 17-0016, 19-0003, 21-0004; bei geochem. Erkund.-Diensten angewendetes Verschlüssel.-Syst. u. verwendete Datenkarten 22-0794; Probleme d. chem. Informat. u. ihre Lsg.-Möglichk. mit Hilfe eines Thesaurussyst. 23-0021; chem. – 25-0017; Computer-Eingabe u. semant. Organisat. wissenschaftl. Ausdrücke 25-0018; Entw. u. Organisat. einer Literaturabteil. d. Großindustrie (am Beispiel d. BASF) 27-0006; Ordn.-Syst. in d. verfahrenstechn. – 27-0006; Notwendigk. neuer Meth. in d. techn.-wissenschaftl. – d. chem. Forsch. (Karteikastensyst. mit visueller Auswahl, Übersicht) 29-0009; Wiederauffinden v. Informat. aus d. neueren Literatur über medizin. Chemie 31-0011; – u. Veröffentlich. chromatograph. Arbeiten u. Daten 33-2179; Sadtler-Standardgitterspektren 35-0004; Datenkompilier. 37-0009; – 41-0004; – d. Dünnschichtchromatogramme mit d. Schnellkopiermaschine DOKUFO 48-1814.

Bibl.: Fachliteratur des Chemikers. Einführung in ihre Systematik und Benutzung, mit einer Übersicht über wichtige Werke. (Mit einer Einführung in die Dokumentation) B 9; Chemische Literatur und ihre Verwendung [russ.] B 17; Communication in science: Documentation and automation. A Ciba Foundation Volume B 17.

Dolabradien s. unter $C_{20}H_{32}$.

Dolacole s. unter *Plaste, CS-Plaste*.

Dolantin s. unter $C_{15}H_{21}NO_2$.

Dolerit, Häufigk. v. Hg in – 16-0767; junge (postpräkambr.) – v. Nigeria 18-0790; Alter d. –-Schwellen in d. Vestfold-Hills, Antarktis 41-0695; Genese taxit. Gabbro-– differenzierter Trapp-Intrus. d. Norilsker Gebietes 42-0653; Vork. v. Olivin-Essexit-– im Grat d. Kleinen Kurilen 42-0658; Wärmeleitfähigk. v. – bei hohen Temp. 39-0690; Genauigk. d. chem. Best. d. Gesamt-Fe-Geh. u. Al-Geh. in – 5-1949.

Dolichol s. unter $C_{100}H_{164}O$.

Dolomit, Übersicht über Eig., Brennen u. Verw. v. – zu feuerfesten Ziegeln 36-2294.

Vork.: in bas. Gängen d. Rhein. Schiefergebirges 1-0762; in d. Esopus Format., Kingston, New York 1-0768; Verteil. v. Cl in – 3-0773; Vork. v. – neben Loughlinit (Na-Sepiolith) u. Analcim in neogenen Sedimenten Anatoliens 3-0795; Cu-Erzvork. am Kontakt Dolomit/Sandtstein am Ostrand d. Wadi Araba, Jordanien 7-0792; – in d. Oncolithen in d. Brioverien-Kalken v. Meauffe (Manche) 11-0840; Danburit u. Sr-Hilgardit in d. unterkambr. –-Anhydrit-Ablager. Ost-Sibiriens 11-0845; authigene Quarze in –-halt. Böden 11-0847; O-Isotopen-Fraktionier. im Syst. Dolomit/Calcit/CO_2 11-0854; – in d. Sedimenten im Kara-Bogas-Gol 14-0775; Häufigk. v. – in d. sedimentären Reihen 16-0830; morpholog. Besonderh. v. – in d. Carbonatiten d. nördl. sibir. Plattform 17-0842; mögl. Isotopeneffekte bei –-Bldg.-Prozessen 18-0769; Verteil.-Besonderh. natürl. radioakt. Elemente in – 18-0778; mariner – mit ungewöhnl. Isotopenzus. 19-0891; Vork. v. – in Assoziat. mit Palygorskit v. Hanezuru, Kuzu, Tochigi Präfektur, Japan 19-0901; – in ordoviz. u. silur. Sedimenten d. Sibir. Plattform 32-0847; Bedeut. v. – bei d. Bldg. v. hyperabyss. Skarn-Erzlagerstätten 36-0771; rosa Mn-halt. – aus Proben v. Chaméane (Puy-de-Dôme) 36-0817; –-Bldg. im devon. Massenkalk d. Winterberges (Harz) 39-0689; mit d. Granitisier. verbundene metasomat. Umbldg. v. in dolomit. Marmoren eingeschlossenen gneis. Schichten 39-0699; Sr- u. Mn-Geh. v. koexistenten Calciten u. – 47-0703; synsedimentäre Mineralparagenese v. – im oberen Wettersteinkalk d. Pb–Zn-Lagerstätte Bleiberg-Kreuth (Kärnten) 48-0773; Vork. v. Iowait in Paragenese mit – 49/50-0669; Absorpt.-Banden v. – v. Mond- u. Marsoberflächen im nahen IR 51/52-0648.

Rezente –-Bldg. aus Calcit u. Magnesit (Laborvers.) 7-0812; Synth. v. Norsethit bei ca. *20°* u. *1* at als Modell zur Dolomitisier. 32-0864; Flotat. v. – aus Čulak-Tau-Erz 15-2249; Flotat.-Verh. v. – durch wss. Na-Oleatlsg. 42-1976; Reinig. v. – durch Chlorier. 29-2593*; Herst. v. Periklas aus – 1-2079*; Sinterhilfe für – 44-2161*.

Einfl. d. Zus.: auf d. physikal.-chem. Eig. d. –-Emailleglasur für Steingut 12-2249; undurchsicht. –-Glasuren für Fayencen auf ihre physikal.-chem. Eig. 34-2319; Mineralkonstit. v. bei *1500°* gebrannten feuerfesten Zirkon-–-Steinen 35-2337; Einfl. d. Konform. auf d. Eig. v. Harz-–-Erzeugnissen 45-2455; Best. d. opt. Konst. v. – im IR-Bereich 21-0359; Sinterverh. v. – unterschiedl. Petrographie 1-2130; Beispiel eines Computerprogramms zur Berechn. d. Löslichk. v. MgO in CaO u. CaO in MgO in – 11-0591; gegenseit. Löslichk. v. CaO u. MgO in gebranntem – 11-0592; Mechanismus für d. Einbau v. Magnesit in – (Diskuss.) 27-0908; (Erwider.) 27-0909; Verschleiß v. Teer-–-Steinen in O_2-Aufblastiegeln 7-2295; Rißbldg. in Glasuren v. –-Steingut 26-2361; galvan. Effekt bei – 45-0565; Änder. d. Phasenbestands nach d. therm. Behandl. v. Gips in Ggw. v. – 5-2290; Phasenänder. bei Erwärm. u. Schmelzen v. Löß-–-Chargen (Herst. v. Mineralwatte) 6-2258; Unters. d. –-Problems am Phasendiagramm $CaCO_3/MgCO_3$ 22-0804; therm. Verh. v. – 28-0765; Calcit-–-Magnesit-Stabilitätsbezieh. in Lsg. (Einfl. d. Ionenstärke) 3-0800; Auflsg.-Charakteristika v. – in Ggw. u. Abwesenh. v. Mg^{2+} in wss. Lsg. 46-0707.

Thermodynam. Abschätz. d. Stufen d. progressiven Metamorphosen v. kiesel., dolomit. Kalksteinen 42-0631; therm. Zers. v. – 13-0818; Rk. v. –-Kalk mit SO_2 d. Rauchgase in Flugstaubwolke 7-2090; Gewinn. v. H_3BO_3 aus B-Mineralisat. in dolomit. Kalksteinen 9-0678; Behandl. v. – mit CO_2 10-2198*; Probleme d. Hydratat. v. feuerfesten Stoffen aus – u. Kalkstein 26-2364; Kaustifizier. v. Alkali-Si-Lsg. durch gebrannten – 35-2356; Bldg. v. Forsterit u. Calcit aus Tremolit u. – 38-0884; Herst. v. Mg-Oxid aus – u. $CaCl_2$-Ablaugen d. Sodafabrikat. 51/52-2183.

Eign. kalzinierter – für Entschwefel.-Verf. 33-2929; Verw.: v. –-Filterbett zur W.-Reinig. (Entsäuer.-Verlauf) 22-2273; v. totgebranntem – zur Herst. v. bas. Feuerfeststeinen 2-2141*; Eign. stabilisierter Magnesit-–-Steine für Drehöfen d. Zementindustrie 2-2150; Herst. v. wärmedämmenden Leichtsteinen aus Sinter-– 3-2375*; Verw. v. –

an Stelle v. Kalkstein zur Intensivier. d. Schmelzens v. Mineralwattechargen 6-2257; techn. Sinter- – für d. O_2-Aufblasverf. 7-2296; Verw. v. transkarpat. – zur Herst. feuerfester ungebrannter Konvertermaterialien 14-2244; keram. gebundene Sinter- – -Steine in Zement- u. Kalköfen 15-2353; Herst. v. Formkörpern aus Sinter- – 31-2455*; Teer- – -Magnesit-Ziegel auf Basis v. – d. Alekseevskij-Vork. 37-2469; Chlormagnesiumzement auf d. Grundlage gebrannten – 46-2151; Zukunftsaussichten dolomit. Baustoffe in d. Stahlindustrie 31-2445; Verw. v. – bei d. silicotherm. Mg-Herst. 39-2399; Einfl. v. – -Extendern auf d. Vol.-Formulier. v. Anstrichfarben 38-3049; Gerbverf. mit Cr(III)-Salzen unter Verw. v. – 1-3081*.

Best. v. – (DTA) 5-1947; (Röntgenmeth.) 5-1948; Ionenaustauschverf. für – 44-1835; Abtrenn. d. – v. feinkörn. rezenten Sedimenten u. röntgenograph. Nachw. 45-2106; Schnellmeth. zur Analyse v. – 15-2021; chelatometr. Mg-Best. in – 29-2185; chem. u. spektrochem. Analyse v. – 41-2074; direkte gravimetr. Schnellbest. v. Mg in – 42-1843; polarograph. Mn-Best. in – 45-2089; Schnellmeth. zur Best. v. SiO_2, Fe_2O_3, Al_2O_3, TiO_2, CaO u. MgO in – 47-1980.

Bibl.: Die Genese von Dolomit in Sedimenten B 2.

Domiphenbromide s. unter $C_{22}H_{41}NO_2$.
Dooline s. unter $C_{13}H_{29}N_3$.
DOPA s. unter $C_9H_{11}NO_4$.
Dopamin s. unter $C_8H_{11}NO_2$.
Dopan s. unter $C_9H_{13}Cl_2N_3O_2$.
Doppelbrechung s. unter *Refraktion*; Spannungs- – s. unter *Spannungsoptik*; magnet. – s. *Cotton-Houton-Effekt*; elektr. – s. unter *Kerr-Effekt, elektrooptischer*.
Doreit, Cr, Ni u. Co in – aus d. Gegend d. Mont-Dore 13-0786.
Doriden s. unter $C_{13}H_{15}NO_2$.
Dorlolen s. unter $C_{13}H_{15}NO_2$.
Dorlastan s. unter *Chemiefasern, Polyamidfasern*.
Dorlone, Verw. zur Tabaknematodenbekämpf. 20-3012.
Dormin s. unter $C_{15}H_{20}O_4$.
Dormisan s. unter $C_6H_{10}O$.
Dormutil s. unter $C_{16}H_{14}N_2O$.
Doryl s. unter *Plaste, Polyäther (Weitere Polyäther)*.
Dotriakontan s. unter $C_{32}H_{66}$.
Dow Corning 200 s. unter *Plaste, Si-Plaste (Weitere Organo-Si-Polymere)*.
Dow Corning 200 Fluid, piezo-opt. Koeff. 51/52-0688.
Dow ET-597 s. unter *Plaste, Acrylpolymerisate (Polyacrylamide)*.
Dowex-2 s. unter *Plaste, Styrolpolymerisate (Weitere Polystyrole)*.
Dowex 1 X ... s. unter *Plaste, Styrolpolymerisate (Weiter Polystyrole)*.
Dowex 50.4 s. unter *Plaste, Styrolpolymerisate (Polystyrolsulfonsäuren)*.
Dowex A-1 s. unter *Plaste, Styrolpolymerisate (Weitere Polystyrole)*.
Dowex 50 WX ... s. unter *Plaste, Styrolpolymerisate (Weitere Polystyrole)*.
Dowex 50 X ... s. unter *Plaste, Styrolpolymerisate (Weitere Polystyrole)*.
Dowfume MC-2, Anwend. v. – zur Bodendesinfekt. u. Bekämpf. d. Verticillium-Welke d. Eierpflanze 40-2863.
Dowko-186 s. unter $C_{18}H_{16}OSn$.
Dow M 2451, Verw. zur Bekämpf. v. Crambus teterrellus, C. trisectus u. C. mutabilis 5-3111.
Dow N-12, kontinuierl. Ionenflotat. v. Dichromat mit gelöster Luft unter Verw. v. Äthylhexadecyldimethylammoniumbromid u. – 46-2000.
Downtherm A, winkelabhäng. Verlustspektren für therm. Neutronen in – 3-0049; Mess. v. Neutronenspektren in – 5-0055.
Dowtherm, Best. v. Dimethylterephthalat in Ggw. v. – in d. Luft v. Arbeitsräumen 17-2113.
Doxapram s. unter $C_{24}H_{30}N_2O_2$.
Doxycyclin s. unter $C_{22}H_{24}N_2O_8$.
Doxylamin s. unter $C_{17}H_{22}N_2O$.
DPA s. unter $C_9H_9Cl_2NO$.
DPH s. unter $C_{18}H_{16}$.
DPN s. unter $C_{21}H_{27}N_7O_{14}P_2$.
DPNH s. unter $C_{21}H_{29}N_7O_{14}P_2$.
DPPD s. unter $C_{18}H_{16}N_2$.
DPPH s. unter $C_{18}H_{12}N_5O_6$.
DPTD s. unter $C_{10}H_{16}N_2S_4$.
Drachenblut s. unter *Harze, Naturharze*.
Dragees s. unter *Tabletten*.
Draht

Herst. v. Metall- – s. unter *Metalle*. *Drahtexplosionen* s. dort.

Ummantelte elektr. Drähte s. unter *Kabel*.

– -Lacke auf Basis v. Kunstharzen (Überblick) 1-2863; Unters. d. Haft. v. Zn-Überzügen auf – 2-2244; Feuerplattier. v. – mittels Vibrator 4-2046*; Herst. u. Verarbeit. v. gesteuertabgekühltem Walz- – 5-2408; Härten eines Emaillackes für – -Isolier. 8-2174*; elektr. Isolier. v. – mit geschäumtem Kunststoff 10-2239*; Herst. v. supraleitenden – durch schmelzfl. Metallüberzug 12-2190*; Flammschutzmittel für Polyäthylen- – -Isolat. 12-2197*; elektr. Stabilität v. Äthylen-Propylen(EPM)- u. Äthylen-Propylen-Dien (EPDM)-Isolat. v. – 13-2196; Herst. supraleitender – aus Folie 14-2207*; Polyäthylenüberzüge für elektr. Leit.- – 14-2215*; Anwend. d. Elektrophorese zur Heizdrahtisolat. aus Al_2O_3 14-2923; – -Isolier. mit Kunststoffschaum 16-3095*; isotherm. Behandl. v. legierten – (mechan. Eig.) 19-2556; Verw. v. fl. hitzehärtbaren Misch. zum Lakkieren v. – 20-2961*; – -Lacke aus äthylen. Copolymerisaten u. Epoxyverb. 22-3075*; Verw. v. Polyurethanen für widerstandsfäh. Überzüge auf – 24-2901*; Korros.-Schutz-Überzüge mittels Dispers. aus pflanzl. Öl u. Kunstharz u. Metallpulver 26-2531*; – -Patentier. in einer Wirbelschicht mit Schutzatmosphäre 31-2557; hermet. Schutzhülle für – -Spulen aus Äthylcellulose 33-2715*; hitzebeständ. Lacke für d. – -Emailier. 34-2433; Verbinden v. – -Teilen zur Herst. v. Schutzhüllen für Kernbrennstoffelemente 38-2511; Vorteile eines Boraxüberzuges beim – -Ziehen 41-2466; mechan. Eig. v. Bewehr.- – nach d. Patentieren 42-2228; Prüf. v. Lack- – -Tränkmittel-Kombinat. auf therm. Überlastbark. 42-2717; Verw. v. Organopolysiloxanelastomeren für – -Isolier. 42-2764*; feine dispersionsgehärtete – 45-2632*; Herst. magnet. – 46-2111*; IR-spektroskop. Identifizier. v. Polyimid- – -Lacken 51/52-2799.

Verf. d. – -Unters. (Übersicht) 4-1974; totales Emiss.-Vermögen für eine Halbkugel v. – mit Überzügen 5-0363; elektronenmkr. Unters. d. Verform. perlit. Strukturen beim – -Ziehen 10-2369; Emüd. v. Profil- – geschlossener Tragseile 17-2479; mechan. Eig. u. Lebensdauer v. hochfestem – 28-2414; Einfl. v. Warmbehandl., Verform.-Grad u. chem. Zus. v. – auf seine mechan. Eig. 32-2396; Best. d. Kontaktwinkels an – 35-0573; Wrkg. metall. Überzüge auf d. Tors.-Erhol. v. – 35-2483; Konstrukt. einer Mikrodehn.-App. u. Zerreißfestigk.-Unters. an µ-feinen – für d. Feldionen-Massenspektrometrie 39-1864; Theorie d. Sinterns v. – durch Oberflächendiffus. 41-0190; Mikrospektralanalyse dünner Überzüge auf – 41-2155; Theorie d. Entsteh. d. Textur beim – -Ziehen 49/50-2300.

Bibl.: Wire review. *1967* B 63.

Drahtexplosionen, Kalibrier. v. unter W. explodierenden Drähten durch Vgl. mit Unterwasserexplos. v. TNT 5-0692; durch – in Luft hervorgerufene Merkmale einer Stoßwelle 8-0391; nichtlineare Gleich. für Stromkreise mit explodierenden Drähten 13-0430; formelmäß. Beschreib. v. – 19-0474; Anwend.-Möglichk. d. Lasertechnik bei d. Unters. d. elektr. – 27-0177; Mehrpolstrahl.-Anreg. mittels – -Technik 42-0049; Strahl. aus d. dichten Plasma eines elektr. explodierenden Drahtes im Vakuum 42-0078; Änder. in d. Leiterform während – 47-0103; Best. d. Plasmatemp. bei – 51/52-0092.

Theorie d. Kompress. v. Magnetfeldern durch elektr. implodierende Metallfolien (Cnare-Effekt) 19-0473; elektr. Explos. v. Folien 28-0113.

Dralon s. unter *Chemiefasern, Polyacrylfasern*.
Dramamin s. unter $C_{17}H_{21}NO$.
Dravit, – u. Prozesse d. Turmalinbldg. in Gesteinen d. mittleren Region d. Berda-Flusses (westl. Azov-Region) 48-0741.

Drevogenin A s. unter $C_{28}H_{42}O_7$.
Drevogenin B s. unter $C_{23}H_{34}O_6$.
Drevogenin D s. unter $C_{21}H_{34}O_5$.
Drevogenin P s. unter $C_{21}H_{32}O_5$.
Drevogenon A s. unter $C_{28}H_{40}O_7$.
Dri-Die, Beurteil. v. – zur Bekämpf. d. trop. Pferdezecke [Dermacentor nitens (Neumann)] 5-3124.

Drimanol s. unter $C_{15}H_{28}O$.
Drimaren X-Farbstoffe, Färben: v. Polyester/Cellulose mit – 25-2935; v. Cellulosefasern mit – 48-2470.

Drimaren Z-Farbstoffe, Färben: v. Polyester/Cellulosefasern mit – -Reaktivfarbstoffen 25-2935; v. Polyester/Baumwolle mit – 49/50-2765.

Drimenin s. unter $C_{15}H_{22}O_2$.
Drimenol s. unter $C_{15}H_{26}O$.
Drimsäure s. unter $C_{12}H_{20}O_4$.
Drogen s. unter *Arzneipflanzen (und Drogen)*.
Droperidol s. unter $C_{22}H_{22}FN_3O_2$.
Drosopterin(e) s. unter $C_9H_{11}N_5O_3$.

Druck

Einfl. v. – auf physikal. u. chem. Eig. sowie spezielle chem. Rk. u. Anwend. v. – bei speziellen Verf. s. unter d. entsprechenden Stichwörtern. Stoßwellen s. unter *Schallwellen (und andere mechanische Wellen)*.

Dampfdruck; *Dichtungen (und Dichtungsmittel)*; *Kompressibilität*; *Kritischer Zustand*; *Osmose und osmotischer Druck*; *Pumpen*; *Vakuumtechnik*; *Ventile*; *Zustandsgleichung* s. dort.

Fixpunkte auf d. Hochdruckskala 9-0537; elektron. Verarbeit. v. auf Magnetband gespeicherten Partialdruckdaten 10-1901; auf d. Kompress. v. NaCl basierende Kalibrier. d. – bis *100* kbar 17-0321; Hochdrucktechnik (Fortschrittsbericht) 25-2308; Hoch- – (Jahresübersicht) 26-0001; Verw. v. Fe/Co- u. Fe/V-Leg. zur – -Eich. im Bereich v. *130*–*300* kbar 31-1996; Meth. zur Best. d. Übergangs- – v. Hg bei *0°* als Fixpunkt für hohe Drücke 37-0535; – in d. Percus-Yevick-Näher. 38-0553; elektrochem. Korros. in d. Hochdrucktechnik 45-2305.

– -Verlust u. Stoffaustausch in Ventilböden v. Absorpt.-Kolonnen 1-1945; Wärmeübergang u. – -Verlust bei Ström.-Vorgängen in Rohrschlangen 1-1959; dynam. – in He- u. Ar-Plasma-Strahlen in Luft 3-0529; Unters. d. – in Füllkörperschichten mit Hilfe d. Ableit. aus zweidimensionalem Modell 3-2155; Verf. zur Ermittl. d. – -Abfalls in Röhrenwärmeaustauschern 3-2181; Wärmeübergangs- u. – -Verlustmess. an querangeströmten Glattrohrbündeln 5-2097; Gleich. für Haftkraft, Kapillar- –, Fl.-Vol. u. Grenzwinkel einer Fl.-Brücke zwischen *2* Kugeln 7-2071; – v. verd. Gasen u. Best. deren wahrer Werte 10-0503; – -Abfall beim hydraul. Heben v. Schlämmen hoher D. aus großen Festkörpern mit weiter Korngrößenverteil. 20-2067; zweiphas. – -Abnahme bei zweiphas. Ström. v. W. u. Luft in Röhren mit kleinem Durchmesser 21-2328; – -Verlust beim Durchströmen d. Fl.-Schicht auf einem Siebboden 23-2314; Mindestdruckverlust d. Anströmbodens bei Fluidatbetten 24-2192; vgl. Mess. d. – -Verlustes u. Stoffaustausches bei neuen Ventilblöcken 32-2126; experimenteller Nachw. einer – -Erhöh. durch Einkapsel. 35-1928; graph. Best. d. – (nach d. Meth. v. Baklanoff) für d. Verdampf.-Grenzgebiet v. Heizrohröfen 35-2181; – -Gradienten bei d. Ström. v. inkompressiblen Zweiphasen-Gemischen durch Rohre, Venturirohre u. Stauränder 37-2327; Berechn. d. – -Verlusts bei d. Filtrat. reagierender Dämpfe durch d. Katalysatorschicht für d. Projektier. v. Anlagen 37-2361; Wärmeübergang u. – -Verlust an innenbeheizten Ringspalten bei Hochdruckgaskühl. 40-1991; – -Verlauf während d. Explos. v. H_2/Luft-Gemischen 41-0393; – -Entw. während d. Eigenerwärm. unstabiler Fl. in nichtgeschlossenen Behältern mit Gasabführ. als bestimmendem Faktor 45-2258; – -Verlust u. Stoffaustausch v. Ventilböden 46-2001; Wärmeübergang u. – -Verlust bei d. Kältemittelverdampf. im waagerechten Ström.-Rohr 48-2050; – -Verlust beim Durchströmen v. Fl. über zylindr. Bohr. 49/50-2097.

– -Einfl. bei organ. Verb. (empir. Bezieh. zwischen elektr. Leitfähigk. u. – für organ. Feststoffe) 17-0979; moderne Forsch. bei sehr hohen – (Überblick) 20-0001; chem. Thermodynamik u. Kinetik bei hohem – 21-2347; – -Effekte bei schnellen Rk. angeregter Mol. in Lsg. 25-0901; hohe Temp., hohe – u. period. Verb. (Fortschrittsbericht) 29-2309; Einfl. v. – bei reinen Rk.-Bereichen 33-0799; organ. Rk. unter hohem – 37-1042; extreme – -Beding. in d. chem. Industrie 41-0377.

Druckapparate und Autoklaven: – -Kolben zum schnellen Abkühlen v. Proben 1-1706; Herst.-Verf. für – -Behälter durch Fließen v. Werkstoffen 2-1944; – -Prüfmaschinen mit Kolbenfedermanometer 3-2360; – -Profile in Hochdruckzellen mit gegenüberliegenden Stempeln 8-0246; App. zur Ausführ. v. Rk. unter – mit Rührer 10-1815; Hochdruck (≈*4* kbar)/Hochvakuum-App. zur Synth. u. Trenn. v. flücht. u. festen Substanzen 21-2029; Reib.-Einfl. u. – -Eich. in einem Kolbenzylinderapp. bei hohem – u. hoher Temp. 21-2045; Hochdruckapp. zur Mess. d. Fluoreszenzspektren v. Lsg. bei Drücken bis zu *6000* at 21-2104; Vorr. zum Zurückziehen d. Kolbens d. Hughes-Presse 21-2219; dichte elektr. Durchführ. für Hochdruckgassyst. bei tiefen Temp. 27-2066; Konstrukt.-Material für Anlagen zur Spalt. v. KW-Stoffen unter – 28-2165; Gaseinlaßsyst. zur präzisen Herst. niedr. – 37-2006; He II-dichte Hochdruckdicht. für opt. Fenster 38-1959; selbstdichtender Labor.-Autoklav mit Ag-Auskleid. 39-1852; Konstrukt. eines

Hochdruckapp. 40-1684; Vers.-Einricht. zur Unters. physikal. Eig. v. Feststoffen bei sehr hohen stat. — 44-1714; Sicherh. u. Ausleg. v. Hochdruckanlagen 45-2304.

Druckmessung (Manometer und manometrische Verfahren): Elektronen-Oszillat. in Ionisat.-Manometern 1-0198; neue Ausführ. d. Ionisat.-Manometers nach Bayard u. Alpert 5-1826; Kolbenmanometer zur Mess. v. — bis zu *100* kbar 6-1806; Multipliersyst. d. Massenfilters AMP *3* zur Mess. v. Partial-— im UHV-Bereich 8-1815; —-Messer mit Tunnel-Flächendiode 9-1830; modifizierte Geräte für —-Prüf. bei Temp. bis *1800*° 9-2070; Eich. eines Knudsen-Vakuummeters 10-1841; Ioneninstrument für Vakuummess. unterhalb v. $1 \cdot 10^{-10}$ Torr 11-1825; Vielröhrenmanometer zur Mess. v. kleinen —-Differenzen 11-1826; automat. Gasdruckkontroll- u. Vol.-Meßgerät 12-1786; Mess. v. kleinen — mit Thermistoren 15-1921; Anwend. eines opt. Zeigersyst. an einem Bourdon-Quarzrohr-Vakuummeter 16-1840; Hg-Behälter für Absperr. oder McLeod-Manometer 18-1832; empfindl. Differential-Manometer für korrosive Gase 22-2002; nichtballist. Membranen-Differentialmanometer 23-2028; Mess. v. sehr kleinen — 24-1944; —-Mess. im Hoch- u. Ultrahochvakuumbereich mit Ionisat.-Vakuummetern (Kaltkathodenvakuummeter) 26-1935; modifiziertes Diaphragmadruckmeßgerät für korrodierende Gase 26-1937; Aufbau eines akust. Manometers 26-1938; Miniaturdruckfühler 27-2079; Entgasen v. Manometerfl. im Vakuum 27-2080; Theorie d. Knudsenschen Absolutmanometers 29-1989; Partialdruckmess. u. Partialdruckmeßgeräte 30-1830; Bayard-Alpert-Manometer mit Steuerelektrode 31-1997; Präzis.-Druckmess. 33-2086; Wärmewiderstands-Vakuummeßgerät 35-1929; empfindl., registrierendes Federmanometer 36-1860; anomale Ionenströme in Bayard-Alpert-Ionisat.-Meßgeräten 37-2030; Anfangsverteil. d. Ionenenergie u. d. Mess. v. sehr tiefem Druck 37-0092; App. zur Best. kleiner —-Differenzen in Fl. 40-1702; Bourdon-Rohrmanometer aus Quarzglas 41-1921; vereinfachtes McLeod-Manometer 45-1987; einfaches Maximum-Differentialmanometer 45-1988; Interferenz-Mikromanometer 45-1989; automat. Hg-Einstellvorr. für ein McLeod-Vakuummeter 46-1760; Eich. eines Bayard-Alpert-Vakuummeters für Cl 46-1761; Ionisat.-Manometer für Gasdruckmess. 47-1879.

Elektron. Verarbeit. v. auf Magnetband gespeicherten Partialdruckdaten 10-1901; Meth. zur Best. d. Partial-— v. H in H_2/Ar-Gemischen 10-1916; Mess. v. Höchstdruckeig. v. Materialien unter Verw. einer Leichtgaskanone 12-0265; Verf. zur Mikromanometrie in einem strömenden Gas 21-2046; Mess. sich schnell ändernder — 23-2027; —-Mess. zur Best. d. Sauggeschw. v. Hochvakuumpumpen 24-1927; Vers. zur Mol.-Ström. v. Gasen durch Rohre u. Teile v. Vakuumsyst. unter Verw. eines Bayard-Alpert-Ionisat.-Vakuummeters 24-1945; Omegatronmassenspektrometer für Partialdruckmess. in d. oberen Atmosphäre 26-1934; Mess. v. — u. Fl.-Stand in d. W.- u. Abwasserwirtschaft 30-2052; Verw. v. Fe/Co- u. Fe/V-Leg. zur —-Eich. im Bereich v. *130 — 300* kbar 31-1996; Mess. d. Gesamt- u. Partial-— zwischen 10^{-10} u. 10^{-12} Torr 45-1990; Total- u. Partialdruckmess. bei — zwischen $2 \cdot 10^{-10}$ u. 10^{-12} Torr 49/50-1831.

Bibliographie: Wärmetechnisches Meßwesen. Seminar *1966* Essen. Teil *1*: Temperatur und Druck B 29; Vakuummessung. (Messung kleiner absoluter Drücke) [russ.] B 53; Experimental stress analysis: principles and methods B 22; Proceedings of the XVII International Congress „Chemistry Days *1966*" on the extreme conditions of temperature and pressure in the chemical industry B 62; Proceedings of the XVII International congress Chemistry days *1966* on the extreme conditions of temperature and pressure in the chemical industry. Milan, *1966* B 85; Chimica delle alte temperature e delle alte pressioni. Convegno tenuto a Roma, *1966* B 85.

Druckerei

Farbstoffe und Farben für d. — s. unter *Druckfarben*; Herst. v. Papier für Druckzwecke s. unter *Papier*; photomechanischer Druck und Xerographie s. auch unter *Photographie*; *Schrift*; *Vervielfältigungsblätter* s. dort.

Druckverfahren: Flachdruckverf. 18-3063*; Druckverf. unter Verw. v. Urethankautschuk-Vorpolymerisat auf d. Oberfläche d. Zubringerwalzen für d. Druckfarbe 19-3193*; flexibles Master-Blatt für planograph. Druckverf. 39-3153*; reversibles Druckverf. 44-2953*; Siebdruckverf. 46-2784*; farb. Drucken 49/50-3092*; Herst. v. Abziehbilderdrucken 51/52-2912*; Maskiermeth. im Siebdruck 51/52-2989.

Hilfsmittel: Verw. v. N-halt. Kondens.-Prod. als Verlack.-Komponente beim Gummidruck 2-2795*; Herst. v. Sulfonsäureestern als Druckhilfsmittel 8-2482*; Lackemuls. für Druckplatten 8-3127*; photopolymerisierbare Schicht für Druckformen oder Reliefbilder 11-3128*; Pulver zum Verhindern d. Anklebens frischer Offsetdrucke 16-3218*; Verw. v. wss. Dispers. v. Acrylcopolymeren als Bindemittel für Farben u. Pigmente für lithograph. Druckplatten 18-2787*; nach d. photograph. Ag-Salz-Diffus.-Verf. hergestellte Befeuchterlsg. für Flachdruckformen 19-3195*; Herst. v. Kondens.-Prod. aus Phenolen, HCHO u. Carbonsäuren als Verlack.-Komponente beim Gummidruck u. zur Herst. v. Lithographenmassen 20-2829*; Verw. v. Äthylen-Acrylsäureester-Copolymeren beim Drucken 21-3103*; Schutz- u. Verstärkerfirnis für lithograph. Druckformen 22-3182*; Herst. v. Alkalimetall-quatern.-ammoniumdoppelsalzen d. Kieselsäure als Druckhilfsmittel 23-2804*; Streupuder zur Verhinder. d. Verschmierens u. Zusammenklebens v. frisch gedruckten Texten 30-3030*; Lack für Druckformen 30-3032*; wasserlösl. Spezialschellacke *63* im Flexodruck 37-3352; Verw. v. alkalilösl. Kondens.-Prod. als Verlack.-Komponente beim Gummidruck 48-2564, 48-2565*.

Druckformen u. dgl.: Herst.: v. Flachdruckformen 3-3230*; v. Flachdruckplatten 3-3231*; lichtempfindl. Druckplatte 6-3065*; lichtempfindl. Flachdruckplatte 7-3149*; Herst. v. Druckplatten 8-3122*; lichtempfindl. Druckplatten 8-3123*; elektr. beschriftbare lithograph. Offsetdruckplatte 8-3124*; lichtempfindl. Flachdruckplatte 11-3129*; Herst. v. Papierflachdruckformen 12-3137*; lithograph. Platte 12-3138*; lichtempfindl. Druckplatte 14-3058*; Herst.: v. Reliefdruckplatten durch Photopolymerisat. v. Plasten 15-2932*; gekörnter lithograph. Druckplatten 16-3216*; Flachdruckplatte 19-3194*; Herst. v. biegsamen Druckplatten, bes. für d. Letterndruck 20-3074*, 20-3075*; Verw. v. Polysulfidpolymeren als Material für Druckwalzen 21-3169*; Stoppbad für d. Herst. v. Flachdruckformen in Folien- oder Plattenform 24-3002*; Herst. v. Flachdruckplatten durch Bldg. eines Ag-Bildes auf einem Träger 24-3003*; mehrschicht. Druckplatte 29-3372*; Herst. v. Al-Druckplatten für d. Offsetdruck 30-3031*; lithograph. Druckplatten 31-3490*; Herst.: v. Polyamidplatten durch Vergießen eines Polymerfilms auf eine Metallunterlage für d. Hoch- u. Offsetdruck 31-3491*; v. lithograph. Druckblättern 32-3022*; planograph. Klischeeblätter oder Druckplatten 32-3023*; Herst.: v. metall. Oberflächen auf Druckplatten oder Klischees 32-3024*; v. Flachdruckplatten 39-3152*; Flachdruckplatte 41-3227*; plast. Druckplatten 42-2855*; Herst.: v. Druckplatten 42-2856*; v. feinpulver. Natur- oder Synth.-Kautschukmisch. zur Herst. v. Druckwalzen, -platten u. Stempelkissen 43-2968*; Flachdruckplatte 44-2955*.

Ätzbad für Photogravüredruckformen 1-3022*; Ätzen v. Druckplatten 8-3126*; Herst. geätzter Druckformen 11-3130*; Ätzen v. Druckplatten 24-2999*; Herst. v. lithograph. Druckklischees 28-3190*; Anwend. v. Zn–Al–Be-Leg. für chemigraph. Zwecke 36-2350; Beschrift. einer lithograph. Druckform mit hydrophiler Oberfläche 36-3124*; galvan. Klischees (Elektrotypie) 42-2857*; Herst. geätzter Druckplatten 44-2954*.

Erhöh. d. Lebensdauer d. Flachdruckplatte 6-3064*; Befeucht.-Walze zum Befeuchten v. Flachdruckformen 7-3150*; Behandl. v. Flachdruckplatten 8-3125*; Verstärk. v. Bildern auf lithograph. Druckplatten 8-3128*; Behandl. d. Kautschukoberfläche v. Walzen oder Zylindern v. Druckmaschinen 30-3033*; Vorpräparat. v. Al-Flachdruckplatten 46-2783*.

Druckfarben

—: für d. Textildruck s. dort; für Plastikfolien s. unter *Filme*; für Plastgegenstände s. unter *Plaste*; s. auch *Tinten*; *Vervielfältigungsblätter*.

Druckfarben und Hilfsmittel. Herstellung, Verwendung: — für Kohlepapier u. Farbbänder 3-3234*; Stempelkissenfarbe 5-3190*; Herst. schwarzer — auf d. Basis v. W.-in-Öl-Emuls. 8-3130*; Netz- u. Sieb-— 14-3059*; —: für d. Flachdruckverf. 16-3219*; aus Farbstoffen, Bindemitteln u. Lsgm. aus Glykolen 18-3065*; magnet. — für Flachdruckzwecke 20-3076*; Herst. v. unter d. Einw. v. UV-Strahlen schnell trocknenden — 23-3439*; typograph. — 24-3005*; — für typograph. u. Offsettechnik 28-3191*; Einführ. d. Fließpunkttechnik v. Daniel in d. Produkt. v. Stempelfarben 28-3053; „flowpoint"-Technik v. Daniel als Hilfsmittel bei d. Herst. v. Stempelfarben mit TiO_2 30-2886; — 30-3034*; (für d. Anilindruck) 32-3025*; (für d. Druck auf Folien) 32-3026*; schnelltrocknende — 36-3125*; Herst. v. carbograph., durch Druck übertragbaren wachsfreien — 36-3126*; schwarze — für Zeit.-Papier (Eig. u. analyt. Kontrolle) 43-3121; Herst. 44-2956*; Zus. 46-2785*; Herst. v. Schreibmaschinenbändern 14-3056*.

Azofarbstoffe für — 1-2593*; Verw.: v. mit Kondens.-Prod. aus Phenolen u. HCHO verlackten bas. Farbstoffen zum Gummidruck 1-2885*; v. mit Kondens.-Prod. aus Phenolen, HCHO u. Sulfonsäureamiden verlackten bas. Farbstoffen zum Gummidruck 1-2886*; Farbstoffe zum Gummidruck (Flexographie) 3-3232*; Darst., Verw. v. chromogenen Aminophenylderiv. d. Benzodifurandionreihe für Farbstoffgemisch in d. Druckerei 4-2636*; Triarylmethanfarbstoffe für d. Offsetdruck 7-2762*; 1.2-Phthalylcarbazolpigmentfarbstoffe für — 15-2845*; Anthrachinonfarbstoffe für — 15-2847*; Farbstoffe für — 15-2850*; Monoazofarbstoffe für — 16-2762*; Azofarbstoffe für — 17-3004*, 17-3005*; Pigmentfarbstoffe für — 17-3015*; Azofarbstoffe für — 19-2880*; Konditionieren v. Pigmenten zum Pigmentieren v. Überzugs- u. Druckfarbenmisch. 20-2578*; Verw. v. schwarzem Polystyrolfarbstoff für — 20-2957*; metallhalt. Azofarbstoffe für — 23-2998*; Azofarbstoffe für — 24-2662*, 24-2664*; Herst. v. — mit 1.6-Diaminoanthrachinonfarbstoffen 24-2880*; Verw. v. Chromatpigmenten in — 26-3008; Isodibenzanthronfarbstoffe für — 29-2928*; Triphendioxazinfarbstoffe für — 33-3004*; chromogene Aminophenylderiv. v. Benzodifurandion zur Herst. v. Drucken u. Duplikaten 36-3123*; Herst. v. Pigmentfarbstoffen zur Herst. v. — 37-2810*; Disazofarbstoffe für — 43-2828*; Azofarbstoffe für — 43-2829*; Disazofarbstoffe für — 44-2572*; Herst. v. — mit Anthrachinonfarbstoffen 44-2838*.

Verw. v. Saccharoseacetatisobutyrat für — 1-2859; Verlack.-Mittel für bas. Farbstoffe für d. Gummidruck 3-2923*; Verw.: v. eiweißhalt. Bindemitteln für — 6-2946*; v. Polyäthylenmischharz für — 7-2873*; v. Polyurethananstrichen für — 8-2993; alkalilösl. Kondens.-Prod. als Komponente für Flexo-— 12-3139*; Verw. v. modifiziertem Kolophonium als Bindemittel für — 16-3085*; Formaldehydharze für d. Herst. v. Gummi-— 16-3220*; Polyvinylacetatdispers. für — 17-3445; Herst.: v. organ. Al-Verb. durch Rk. mit organ. OH-Verb. u. organ. Carbonsäuren u. ihren quatern. Salzen als Zusatzstoffe zu Druckerschwärze 26-2676*; v. fluorierten organ. Al-Verb. als Zusatzstoffe für Druckerschwärze 29-2815*; Polyamidharze für — 32-3027*; Herst.: v. Heteroaluminoxanen als Bestandteile in Druckerschwärze 35-2669*; v. hochmol. Kondens.-Prod. aus Ketonen mit CH_2O für d. Herst. v. — 38-3199*; v. Alkalimetall enthaltenden organ. N-Basen-Silicaten als Zusatzmittel für — 41-2701*.

Eigenschaften: Deckvermögen d. Buntpigmente in — (Bedeut. d. Deck.-Kriteriums) 8-2976; **Begriff.** d. Löslichk.-Parameters bei d. Formulier. flexograph. — 18-3051; Einfl. v. Wachsen auf d. Scheuerfestigk. v. — 28-3180; Verh. organ. Farbpigmente in — 35-3155.

Untersuchungsmethoden: Berechn. d. Deckvermögens d. Buntpigmente in — (Computerprogramm) 20-2934; neue Meth. zur Bewert. v. — 30-3024; mkr. Unters. d. Farbstoffübertrag. bei — 44-3025.

Drüsen

Siehe auch *Organe*; *Zellgewebe, Zellgewebe, tierische.*

Probleme d. fetalen Endokrinologie 19-1547; endokrine — v. Menschen u. Fischen (Übersicht) 24-1566; Ciba-Foundat.-Colloquien über Endokrinologie 30-1422.

Bestandteile: Vork. v. Glykogengranula in d. *Hypobranchialdrüsen* v. Covolinia inflexa u. Euclio pyramidata 4-1154; chem. Zus. d. Wachses im frei fließenden Sekret d. *Bürzeldrüse* d. Höckerschwans 7-1409; Auftreten neutraler u. saurer Mucopolysaccharide zusammen mit d. Golgi-App. in — v. Helix pomatia 8-1433; Bestandteile d. *Pharynxdrüse* v. Messor capitatus 12-1405; Mucopolysaccharide d. *Lorenzinischen Drüsen* v. Squalus acanthias 16-1487; Aminosäurezus. d. ***Magendrüsen***-Mucoproteine v. Hunden 17-1512; Vgl. zwischen d. *Bürzeldrüsen*-Wachs d. Peiping-Ente u. d. Wachs d. Wildente 27-1618; Nebensteroide d. *Prothorakalabwehrdrüsen* v. Dytiscus marginalis 28-1560; ster. Konfig. d. in d. Wachs d. *Bürzeldrüse* verschiedener Arten v. Wasservögeln vorhandenen 2.4.6-Trimethylnonansäure 39-1409; chem. Zus. d. Wachses im Sekret d. *Bürzeldrüse* d. rötl. u. gemeinen Schellente 45-1520; Wehrstoffe d. Sekrets d. *Prothorakalwehrdrüsen* einer mexikan. Cybister-Art 48-1566; Biochemie d. *Giftdrüse* v. Heloderma horridum 51/52-1657.

Verteil. v. Cytochromoxydase, Monoaminoxydase u. Carboanhydrase in d. *Carotisdrüse* d. Kaninchens 28-1369; Esterasen, Phosphatasen u. Glykogen in d. *Antennendrüse* v. Pacifastacus leniusculus 46-1260.

Funktion, Stoffwechsel: Endokrine Rk. bei d. durch Goldthioglucose verursachten Fettleibigk. d. AkR-Maus 4-1298; Histaminsekret. d. *Magendrüsen* (Teilnahme d. Nervensyst.) 11-1503; hormonale Kontrolle d. *Kittdrüsen*-Sekret. 18-1425; Wrkg. v. Aminopterin auf d. CO-Erzeug. in d. *Gasdrüse* v. Physalia physalis 23-1699; Sekret. v. Thiocyanation durch d. *Nasendrüse* d. Adelie-Pinguins 24-1563; Bldg. v. GDP-L-Galaktose aus GDP-D-Mannose in zellfreien Extrakten d. *Eiweißdrüsen* v. Helix pomatia 27-1341; freifließende *Bürzeldrüsen*-Sekret. v. Arten d. Familie Anatidae 39-1410; Änder. im Proteinstoffwechsel in endokrinen – bestrahlter Ratten 46-1488.

Beziehung zu anderen Körperfunktionen: Rolle d. Hormone d. Adenohypophyse u. d. durch sie beeinflußten – bei d. Leberkarzinogenese durch Isochinolinfarbstoff 9-1196; endokrine Regulier. d. Mineralstoffwechsels 24-1615; Bezieh. zwischen endokrinen Funkt. v. Vitamin-B_6-Stoffwechsel 51/52-1565.

Beeinflussung, Pathologie: Beeinfluss. endokriner – d. Sherman-Ratte durch d. Lipid- u. Proteingeh. d. Nahr. 4-1258; endokrine Eig. peroral verabfolgter Kontrazept.-Mittel (Literaturübersicht) 5-1375; endokrinolog. Daten v. 6-Methyl-9β.10α-steroiden 7-1086; Artunterschiede in d. Rk. d. endokrinen – auf ein Stilbenderiv. 14-1564; Chlorpromazin u. endokrine Funkt. (Übersicht) 22-1716; Wrkg.: einiger Pestizide auf d. endokrine Syst. (Übersicht) 23-1771; v. Melatonin auf d. endokrinen – v. Küken 30-1444; endokrinolog. Befunde bei jungen Arbeitern unter CS_2-Einw. 34-1500; endokrine Wrkg. einiger substituierter Dibenzodiazocine 37-1616; endokrinolog. Eig. v. Pflanzenprod. 47-1700; Wrkg. ionisierender Strahl. auf – 51/52-1621; Herst. v. 6.16-substituierten Progesteronverb. (antiendokrin wirksame Heilmittel) 7-1741*.

Einfl. d. Pathologie d. – auf d. Geh. an Phenylalanin u. Tyrosin im Blutserum 3-1419; Veränder. endokriner – u. Anämie bei Ratten nach Verabreich. v. Östrogenen 8-1456.

Bibliographie: Deutsche Gesellschaft für Endokrinologie (*12*th Symposium *1966*) B 4.

Ciba Foundation colloquia on endocrinology B 44; Proceedings of XXXX Annual Meeting of Japan Endocrinological Society, Nagoya *1967* B 52; Acta Endocrinologica Congress, Helsinki *1967* B 60; (Special lectures) B 75; Lecture notes on endocrinology B 68; Metabolic and endocrine physiology; an introductory text B 76; Textbook of endocrinology B 76; International symposium on biorhythms in clinical and experimental endocrinology, Firenze *1966* B 84.

Problèmes actuels d'endocrinologie et de nutrition. Serie n° *11*: Foie et glandes endocrines B 36; Biologie générale. Fasc.: C: Glandes endocrines. Vitamines B 44; Foie et glandes endocrines B 67; Cahiers de biologie. Préparation aux concours. Cahier I: Circulation. Rein. Endocrinologie I B 68; Mémento d'endocrinologie B 75; Actualités endocrinologiques, 9e serie *1968* B 92.

Endocrinologia pratica e terapia ormonica delle malattie non endocrine B 13; Trattato di endocrinologia. Vol. I: Dalla biosintesi ormonale alle sindromi cliniche (*1966*) B 84.

Bauchspeicheldrüse

s. *Pankreas*.

Brustdrüsen (Mamma, Milchdrüsen)

Frauenmilch; *Lymphe*; *Milch* s. dort.

Hormonabhäng. Differenzier.: d. – in Abhängigk. zum Zellzyklus 20-1161; unreife Mäuse-– in vitro 40-1442.

Bestandteile: Lipide d. – (Vork. v. aliphat. δ-Lactonen) 1-1348; Kanalkeratin d. Rinderzitze (Lipidanalyse) 1-1362; Aktivität d. Asparagat-Transcarbamylase u. Konz. v. RNS in d. – d. Ratte (Wrkg. v. Trächtigk. u. Hormonen) 11-1488; Phospholipidgeh. in d. – v. Kaninchen 17-1516; Regulier. d. RNS-Spiegels in ––Gewebekulturen durch Insulin 28-1277; Wrkg. v. Östrogen u. Progesteron auf d. DNS d. – u. d. Futteraufnahme durch hypophysektomierte weibl. Ratten 29-1610; Geh. v. 3-Methylcholanthren u. 7.12-Dimethylbenz-[a]-anthracen in d. – nach intragastr. Applikat. (Bezieh. zur karzinogenen Wrkg.) 39-1183; Uridindiphosphat-D-xylose in d. – d. Schafes 40-1435.

Aktivität: v. Glucokinase u. Dehydrogenase d. Euters bei normalen Kühen u. solchen mit spontaner Ketose 6-1262; verschiedener Enzyme d. – virgineller, trächt. u. laktierender Mäuse 6-1510; Fructose-1.6-diphosphatase in laktierenden Rinder-– 16-1359; Veränder. im Enzymmuster d. – d. laktierenden Ratte nach Hypophysektomie u. Entwöhn. 16-1411; Wrkg. ionisierender Strahl. auf d. Enzymspiegel im Kuheuter 19-1710; intrazelluläre Herkunft v. Enzymen in d. laktierenden Kaninchen-– 29-1483; subzelluläre Verteil. d. A- u. B-Proteine d. Lactosesynthetase in d. Rinder- u. Ratten-– 36-1203; alkal. Phosphataseaktivität im ––Epithel (opt. u. ultrastrukturelle Lokalisier.) 40-1251; enzymat. Aktivitäten in – 42-1378.

Stoffwechsel: Fettsäuresynth. in zellfreien Präp. aus laktierenden Ratten-– (Wrkg. v. Glycerin-3-phosphat) 4-1279; Hormon-abhäng. Entw. d. Proteinsynth. in d. – in vitro 11-1385; Harnstoffbldg. in d. Ziegen-– während d. Laktat. 12-1408; Acetylier. v. Sulfanilamid durch Eutergewebe laktierender Ziegen 13-1570; Muster d. durch d. – laktierender Ratten synthetisierten Fettsäuren (Einfl. v. Thyroidektomie) 16-1528; Biosynth. v. Lactose durch ––Schnitte d. laktierenden Ratte 24-1564; durch d. – d. Schafes im Verlauf d. ersten drei Laktat.-Monate verwertete Glucosemenge (Best.) 24-1565; Muster d. durch zellfreie Präparat. aus laktierender Ratten-– synthetisierten Fettsäuren (Beeinfluss.) 27-1476; Einbau: v. Glycin in Casein durch d. isolierte – d. Schafes 33-1546; v. ^{35}S-L-Methionin in Casein durch d. isolierte – d. Schafes 33-1547; Glucosestoffwechsel in d. laktierenden Ratten-– (Einfl. d. Thyreoidektomie) 36-1528; Einbau v. DL-$^{14}C_{(2)}$-Ornithin u. DL-$^{14}C_{(5)}$-Arginin in Milchbestandteile durch isolierte laktierende Schafeuter 44-1404; Caseinbiosynth. d. – (Phosphorylier. v. Proteinvorläufern) 45-1527; Synth. v. spezif. Gewebeproteinen u. Eiweißsekreten in d. – (Einfl. d. Röntgenstrahlen) 45-1528; Insulin-abhäng. DNS-Polymerase u. DNS-Synth. in d. Epithelzellen v. – in vitro 46-1156; Synth.-Weg v. NAD in – 48-1561.

Laktation – Beziehung zu anderen Körperfunktionen: Wrkg. v. Corticosteron u. Aldosteron auf d. Milchleist. d. Ratte 7-1429; Hypothalamus u. Laktat. (Übersicht) 7-1411; Einfl. v. Oxytocin auf d. Milchfluß bei säugenden Mutterschafen 9-1395; Rolle d. Hormone bei d. Regulier. d. Bezieh. zwischen – u. Sexualsyst. (Laktat.) 11-1400; Einfl.: verschiedener Hormone auf d. Milchausscheid.-Rk. v. aus d. Ratten-– isoliertem Gewebe 16-1548; v. Reserpin u. Chlorpromazin auf d. Milchsekret.-Reflex in laktierenden Ratten 18-1590; Ablaktat. durch Hydrochlorthiazid 22-1749; Laktogenese bei Ratten (Stoffwechsel d. Uridindiphosphatgalaktose in d. –) 44-1403.

Übergang v. $^{152/154}$Eu auf d. Nachkommen während d. Laktat.-Periode 2-1475; Fettsäuretransport d. Lymphe d. Ductus thoracteus bei d. laktierenden Weidekuh 3-1464; Einfl.: d. Laktat. auf d. ^{90}Sr-Stoffwechsel d. Ratten bei Ca-reicher Diät 5-1447; v. Ferricyanoferrat(II) auf d. Verh. v. ^{137}Cs bei laktierenden Ratten 13-1553; Synth. u. Ausscheid. d. Lactose bei Kühen während d. Erstlaktat. 18-1522; Einfl. d. Laktat. auf Histologie u. Esteraseaktivität d. Rattenhypophysenvorderlappen 19-1557; Veränder. d. Geh. an Serumproteinen bei normaler Schwangerschaft, bei d. Geburt sowie in d. postnatalen u. Laktat.-Periode 21-1675; Einfl.: d. Laktat. auf d. Brustkrebserzeug. in drei genet. Typen v. Mäusen durch Dibenz-[a.h]-anthracen (Vgl. mit d. Brustkarzinogenese durch 3-Methylcholanthren) 27-1395; v. 17β-Östradiol u. L-Thyroxin auf d. Aktivität d. v. NADP abhäng. Dehydrogenasen d. Ovars bei d. laktierenden Ratte 29-1609; Stoffwechsel v. ^{14}C-Carbaryl bei einer laktierenden Kuh 34-1441; Aflatoxinstoffwechsel beim laktierenden Mutterschaf 41-1664; Lactatdehydrogenaseisoenzymverteil. in Schweine-, Human- u. Rindermilch während d. Laktat. 42-1172; Stoffwechsel v. $^{14}C_{(2)}$-DL-Propandiol-(1.2) bei einer laktierenden Kuh 49/50-1600.

Ektomie: ––ektomierte Ratten (Einfl. v. Testosteron) 43-1170.

Transplantation: ––Transplantat. u. Tumorbldg. (Konz. u. Clearance v. 7.12-Dimethylbenz-[a]-anthracen im Transplantat) 51/52-1196.

Beeinflussung: Einfl.: v. Gonadotropin u. Follikelhormonen auf d. – bei Ratten 7-1423; v. Oxytocin u. synthet. Analogen auf d. isolierte ––Myoepithel d. laktierenden Ratte (Einfl. einiger Ionen) 15-1511; Stammunterschiede in d. Empfindlichk. v. Mäuse-– in Organkultur gegen Prolactin u. Somatotropin 24-1571; Einfl.: v. Hormonen auf d. ––Wachstum v. ovarektomierten Ratten 31-1749; v. Medroxyprogesteron auf d. – bei d. Ratte 32-1569; v. Progesteron auf d. mitot. Aktivität d. Epithels d. – 33-1694; v. Corticosteron auf d. Wachstum d. – trächt. Ratten 35-1518.

Pathologie – Beziehung zu anderen Körperfunktionen:

DNS-Geh. bei ––Krankh. 10-1190; Östrogene u. experimentelle Mißbldg. d. Mammamorphogenese 12-1424; Clomiphenwrkg. auf d. Hormonausscheid. v. Galaktorrhoe-Patientinnen 36-1513.

Wrkg. einer Leberstör. auf d. Auslös. v. ––Tumoren durch 7.12-Dimethylbenz-[α]-anthracen bei Sprague-Dawley-Ratten 9-1194; ––Neoplasmen bei Wistarratten nach wiederholten Mageneintröpfel. v. 3-Methylcholanthren 9-1197; Erzeug. v. Brustkrebs durch 1.2-Diäthylhydrazin 13-1155; Kanzerogenität einmal. intragastr. Dosen v. KW-Stoffen, Nitrosaminen, aromat. Aminen, Farbstoffen, Cumarinen u. verschiedenen Chemikalien für d. – weibl. Sprague-Dawley-Ratten 17-1251; Hormone u. Brustkrebs 19-1547; Einfl.: d. Säugens u. d. Wurfgröße auf d. Wachstum v. 7.12-Dimethylbenz-[a]-anthracen-induzierten Ratten-––Tumoren 27-1394; v. Umweltbeding. auf d. Brustkrebserzeug. in drei genet. Typen v. Mäusen durch Dibenz-[a.h]-anthracen u. Vgl. mit d. Brustkarzinogenese durch 3-Methylcholanthren 27-1395; Abnahme d. Befalls v. Mäusen mit spontanen ––Tumoren nach Infekt. mit einem Enzym-freisetzenden Virus 32-1313; hyperplast. Schäden in d. – v. Sprague-Dawley-Ratten nach Behandl. mit 7.12-Dimethylbenz-[a]-anthracen 33-1425; induzierte ––Karzinome d. weibl. Ratte als Arzneimittelbewert.-Syst. 33-1449.

Einfl. v. Östradiolvalerat auf Enzyme, Nucleinsäuren u. Lipide v. R *3230* AC-––Tumor u. -Gewebe 14-1225; biochem. Charakterisier. einer milchähnl. Fl. in einem ––Adenokarzinom 20-1220; Wrkg. v. Actidion auf Östrogen-induzierte biochem. Veränder. in ––Tumoren u. – 27-1408; Hydrolyse v. 3'-monoveresterteε Phosphat enthaltenden Desoxyribooligonucleotiden durch d. Exonuclease d. ––Tumors d. Maus 32-1304; Nucleasen, Adenosindesaminase u. Dehydrogenasen bei malignen u. nichtmalignen Erkrank. d. weibl. – 49/50-1233; Beobacht. über d. Bind. v. Testosteron an maligne ––Tumoren u. andere Gewebe in vitro 51/52-1226.

Therapie: Tetracyclinderiv. zur Behandl. d. Mastitis in d. Tiermedizin (Darst.) 2-2411*; intrakavitäre Radioisotopenbehandl. v. ––Tumoren 6-1234; Wachstum u. Therapie v. durch 7.12-Dimethylbenzanthracen bei Ratten hervorgerufene ––Tumoren 9-1195; kombinierte Behandl. v. durch 3-Methylcholanthren induziertes ––Karzinom in Ratten (Wrkg. v. Chemotherapie, Ovariektomie u. Futtereinschränk.) 13-1159; Veränder. d. Fe-Stoffwechsels während d. Androgentherapie d. fortgeschrittenen Brustkrebses 22-1292; Hormontherapie bei Brustkrebs (Wrkg. v. Corticosteron oder Medroxyprogesteronacetat auf klin. Verlauf u. Hormonausscheid.) 45-1330; hormonelle Beeinfluss. d. Wachstums v. 7.12-Dimethylbenzanthracen-induzierten ––Tumoren in d. Periode nach d. Geburt 45-1331.

Analyse, Untersuchungsmethoden: Best. v. 7.12-Dimethylbenz-(α)-anthracen in ––Gewebe v. Ratten durch Verteil.-Gaschromatographie 5-2002; temperaturprogrammierte Verteil.-Gaschromatographie v. freien radioakt. Fettsäuren aus ––Extrakten 51/52-1959; OIB-Test bei Brustkrebs 9-1540; Best. v. Ätiocholanolon im Harn bei Verdacht auf Brustkrebs 31-1665.

Epiphyse (Pinealdrüse, Zirbeldrüse)

Bestandteile: Abtrenn. v. Melatonin aus ––Extrakten 4-1202, 4-1204; 5-Hydroxytryptamingeh. d. – v. Ratten (Einfl. einer Überdosis v. NaCl im Futter) 8-1493; Fermenthistochemie d. menschl. – 15-1421; antigonadotroper Faktor d. – (chromatograph. u. elektrophoret. Unters.) 18-1464; —-Peptid 20-1469; Dunkelh. u. Monoaminoxydase bei d. nächtl. Änder. v. 5-Hydroxytryptamin u. Hydroxyindol-O-methyltransferase-Aktivität d. – d. Makak 28-1362; Vork. v. zwei östrushemmenden Faktoren in d. – v. Rindern 39-1456; Vers. einer Charakterisier. d. antigonadotropen Prinzips d. – 40-1460.

Stoffwechsel: Synth. v. Serotonin durch d. – d. Ratte in Organkultur 16-1551; sekretor. Aktivität d. – [Ox. v. $^{14}C_{(1)}$- u. $^{14}C_{(6)}$-Glucose] 18-1250; Tryptophanhydroxylier. in d. – 36-1243; Einbau v. ^{3}H-Noradrenalin u. ^{3}H-5-Hydroxytryptophan in d. – 40-1454; Bldg. v. Melatonin u. 5-Hydroxyindolessigsäure aus ^{14}C-Tryptophan durch Ratten-— in Organkulturen 48-1585.

Beziehung zu anderen Körperfunktionen: Mg-Stoffwechsel unter Einfl. d. – 24-1615; Wrkg.: d. Resekt. d. – auf d. Umsatz v. Ca^{2+} u. SO_4^{2-} in d. lymphat. Organen 29-1634; v. —-Extrakt auf d. Geh. an freiem Methionin in Kaninchenleber 49/50-1501.

Beeinflussung, Pathologie: Wrkg. v. Melatonin auf d. – v. Küken 30-1444; virale neoplast. Umwandl. d. – d. Hamsters in vitro (Beibehalt. d. enzymat. Funkt.) 12-1170; Bldg. v. Methanol durch ein Enzym eines ektop. Pinealoms 28-1320.

Analyse: Chromatographie frakt. Schafs-—-Extrakte 4-1203.

Geschlechtsdrüsen (Gonaden, Keimdrüsen)

Fortpflanzung s. unter *Biologie*; s. auch *Organe, Geschlechtsorgane.*

Bestandteile, Stoffwechsel: Ascorbinsäuregeh. d. – einiger Süßwasserfische d. Bhavanisagar-Reservoirs 11-1497; „Östron-Östradiol"-Frakt. d. mit – d. weibl. Hühnerembryos inkubierten Medien 16-1510; biochem. Bestandteile d. Pferdeembryo-— 35-1494.

Fructosebldg. in d. akzessor. – (Einfl. v. Östrogenen) 16-1508; Biosynth. v. 11-Ketotestosteron u. 11β-Hydroxytestosteron durch – d. atlant. Lachses in vitro 37-1608; Stoffwechsel v. radioakt. Testosteron u. Dehydroepiandrosteron durch männl. intersexualisierte in vitro kultivierte Hühnerembryo-— 40-1449; Bldg. v. Östron u. Östradiol durch in vitro-Kulturen d. – v. Hühnerembryonen 48-1572.

Ektomie – Beziehung zu anderen Körperfunktionen: Hypnot. Wrkg. v. Medinal u. antihypnot. Wrkg. v. Coffein bei kastrierten Mäusen in Bezieh. zur Jahreszeit 3-1632; Wrkg. v. Kastrat. auf nukleolare Ribosomen u. Polyribosomen d. Bulbokavernosus d. Ratte (Wrkg. v. Testosteron) 6-1182; Nervenprozesse v. jungen kastrierten Hunden v. starken Nerventyp (Einfl. d. Testosteronpropionats) 11-1405; Einfl.: d. Kastrat. auf d. Geh. an hypophysärem Prolactin bei d. Peking-Ente 16-1497; v. Schizandra chinensis auf d. Samenblasen, Prostata u. Nebennieren bei intakten u. kastrierten Ratten 17-1679; d. Kastrat. auf Histologie u. Esteraseaktivität d. Rattenhypophysenvorderlappen 19-1557; v. Gonadektomie auf d. Entw. v. Plasmazelltumoren 23-1337; Rk. d. akzessor. Genitalorgane v. gonadektomierten männl. u. weibl. Ratten auf homologe Sexualhormone u. deren Beeinfluss. durch Metaxylhydrochinon 27-1631; Indukt. v. Lungenkrebs u. Leukämie durch Injekt. v. 4-Nitrochinolin-1-oxid bei gonadektomierten Ratten 35-1241; Entw. v. Nebennierenrindenkarzinomen bei C3H-Mäusen nach Kastrat. u. Zufuhr v. 7.12-Dimethylbenz-[a]-anthracen 51/52-1197.

Beeinflussung, Pathologie: Beeinfluss. d. – d. Sherman-Ratte durch d. Lipid- u. Proteingeh. d. Nahr. 4-1258; Restitut. d. akzessor. – nach Langzeitbehandl. mit einem Androgenantagonisten (Cyproteronacetat) 10-1408; antigonadotroper Faktor d. Zirbeldrüse (chromatograph. u. elektrophoret. Unters.) 18-1464; Einfl. v. Cortisonacetat auf d. – d. Mäuse 30-1428; Anti-—-Aktivität v. Chlormadinone bei d. Ratte 40-1448; durch CCl_4 erzeugte —-Hemm. bei Ratten (Verhinder. durch Phentolamin) 43-1578; A-Homoöstratrien-4-one als antigonadotrop wirksame Heilmittel 23-1908*; Fe- u. Cu-Haushalt bei Patienten mit Gonadendysgenesie u. d. Formen d. Hypogonadismus (Einfl. d. Geschlechtshormone) 17-1525; Patienten mit gonadalen Veränder. (Identifikat. u. Best. v. Testosteron in d. Sulfatfrakt. d. Plasmas) 42-1389.

Corpora lutea

s. *Corpus luteum.*

Corpus luteum (Corpora lutea, Gelbkörper)

Bestandteile, Stoffwechsel: Hydroxysteroiddehydrogenase-Aktivität im – 1-1187; 3β-Hydroxysteroiddeshydrogenase u. Δ^5-3-Ketosteroidisomerase aus Rinder-— (Reinig.) 3-1232; Progesterongeh. d. – d. Schweines während Östrus u. Trächtigk. 4-1173; Akkumulat. v. zykl. AMP in – (stimulierende Wrkg. v. Luteinisier.-Hormon) 16-1499; Glucose-6-phosphatdehydrogenase aus bovinem – (Einfl. v. Hormonen) 17-1276; Einfl. v. Nicotinamidadenindinucleotid auf mikrosomale Δ^5-3-Ketosteroidisomerase aus Rinder-— 37-1450; Vgl. d. endokrinen Aktivität v. – während d. Schwangerschaft u. während einer Pseudoschwangerschaft bei 87 Patientinnen 41-1491.

Progesteronsekret. durch d. – d. Schafes nach Hypophysektomie, Sekt. d. Hypophysenstammes u. Hysterektomie 16-1516; in vitro-Sterinbiosynth. im Rinder-— 23-1599; Umwandl. v. $^{14}C_{(4)}$-Δ^4-Androsten-3.17-dion in Östrogene durch d. subzelluläre Frakt. d. menschl. – d. normalen Menstruat.-Zyklus 28-1577; Hydroxylier. u. Stoffwechsel v. $^{3}H_{(7)}$-Δ^4-Androsten-3.17-dion im menschl. – 31-1603; Synth. v. Progesteron in vitro durch – v. Schweinen 35-1499; Umwandl. v. Progesteron in 16α-Hydroxyprogesteron in normalem – d. Menschen 42-1184; Cholesterinsynth. im – d. Rindes (in vitro-Inhibier. durch Pregnenolon) 46-1389; Aspekte d. Einbaus v. $^{14}C_{(1)}$-Acetat in Steroide in vitro durch – v. Rindern 49/50-1445.

Beeinflussung: Verlänger. d. Lebenszeit v. Rinder-— durch Einzelinjekt. v. Rinder-Luteinisier.-Hormon 2-1338; Verw. v. 18.19-Di-nor-13β-n-propyl-17-äthinyltestosteron als Heilmittel zur Behandl. v. Stör. d. – 4-1407*; luteolyt. Wrkg. v. Prolactin bei hypophysektomierten Ratten 9-1400; Aufrechterhalt. d. Funkt. d. gestativen – (Trächtigk. bei d. hypophysektomierten weibl. Ratte) 28-1567; Einfl. v. Cortisonacetat auf d. – v. Mäusen 30-1428.

Eierstöcke

s. *Ovarien.*

Epididymis

s. *Hoden.*

Gelbkörper

s. *Corpus luteum.*

Hoden (Testes, Testikel)

Bestandteile: Erhol.-Effekt heterologer DNS im – bei bestrahlten Mäusen 8-1598; Lipoidgeh. d. menschl. – 11-1379; Geh. an Lipidperoxiden im – nach fettfreier Diät 21-1704; Chinongeh. d. – v. Ratten (Einfl. d. Nah- u. Fernbestrahl.) 21-1743; Isolier. v. Testodoxin aus Schweine-— (Ersatz für Adrenodoxin bei d. 11β-Steroidhydroxylier.) 23-1403; Vork. v. S-(Carboxymethyl)-cystein im Ziegen-— 27-1615; testikuläre Sterine 32-1451; Histologie d. Interstitiums u. d. Vork. v. Steroiden im – d. Stichlings 32-1570; Kininsubstanz im – v. Meerschweinchen nach induzierter allerg. Orchitis 32-1636; Isolier. v. DNS aus Axolote-— (Primerwrkg. d. DNS auf d. RNS-Synth. in vitro) 35-1216; histolog. Lokalisier. v. Follikel stimulierendem u. luteinisierendem Hormon im Ratten-— 35-1490; Veränder. d. Lipidzus. d. reifenden Ratten-— 36-1566; Geh. an Spermidin u. Histidin im – v. Meerschweinchen 47-1593.

Hydroxysteroiddehydrogenase-Aktivität in Leydig-Zellen d. Ratten-— 1-1187; —- u. Serum-Hyaluronidase (Vgl.) 5-1289; spezif. Phosphatase aus Ratten-— 8-1285; saure u. alkal. Phosphatase- u. β-Glucuronidase-Aktivität d. – v. Vipera aspis 16-1354; histochem. Lokalisier. einiger Dehydrogenasen im – v. Bullen 18-1182; biochem. Eig. d. Hyaluronidase aus Ratten-— 19-1424; —-spezif. Hexokinasen in Drosophila melanogaster 20-1150; Isoenzyme d. Malatdehydrogenase in – 20-1262; oxydative Enzyme im bestrahlten – 21-1760; Ratten-—-Enzympräp. 25-1563; Aktivität d. Asparaginattranscarbamylase im – 26-1288; —-Hyaluronidase (Depolymerisat. v. Glucosaminglucanen) 26-1361; Transaminase(GOT u. GPT)-u. Leucinaminopeptidase-Aktivität im – v. Vipera aspis 28-1377; Hyaluronatlyase d. – (Lokalisier. u. Sichtbarmach. durch Agargel-Elektrophorese) 29-1479; Serum- u. —-Hyaluronidase (Vgl.) 32-1420; 20α-Hydroxysteroiddehydrogenase im Ratten-— 33-1451; Auftreten einiger Hydrolasen u. Oxidoreduktasen in d. Leydig-Zellen d. reifenden Ratten-— 35-1333; 17β-Hydroxysteroiddehydrogenase-Aktivität im menschl. – 36-1237; Enzym- u. Mol.-Natur d. Lactatdehydrogenase-Unterbanden u. d. X_4-Isozyms im – 36-1269; Anreicher. v. β-Acetylglucosaminase u. Galaktosidase im Widder-— 36-1360; —-Hyaluronidase 36-1507; Einfl.: verschiedener Faktoren auf d. an d. Steroidgenese beteiligten —-Enzyme 37-1362; v. Nicotinamidadenindinucleotid auf mikrosomale Δ^5-3-Ketosteroidisomerase aus Ratten-— 37-1450; v. menschl. Choriongonadotropin auf d. Enzyme d. —-Mikrosomen nicht geschlechtsreifer Ratten 38-1603; intrazelluläre Verteil. u. Eig. v. Steroid-16α-hydroxylase im menschl. – 39-1227; Mikrosomenenzyme d. – hypophysektomierter Ratten (Einfl. v. menschl. Choriongonadotropin in vivo) 41-1484; Konz. d. – an Coenzym A (Wrkg. d. Choriongonadotropin u. d. Thio-Tepa) 43-1388; (Wrkg. d. Vitamine A u. E u. Pantothensäure) 43-1476.

Eigenschaften: Gew. d. – nach Testosteronimplantat. 6-1427; Wrkg. v. 3-Allylhydroxyöstriol auf d. Gew. d. – 27-1624.

Funktion, Stoffwechsel: In vivo-Perfus. eines menschl. —: mit [4-^{14}C]-Androstenolon u. [7α-^{3}H]-Androstenolon-[^{35}S]-sulfat 49/50-1457; mit [7-^{3}H]-Progesteron u. [4-^{14}C]-Androstenolon 49/50-1458.

Wrkg. d. Dauerverabreich. v. Reserpin auf d. chem. Bestandteile u. d. Stoffwechsel d. Truthahn-— 28-1705; Stoffwechsel: v. Spuren v. V-48 im Ratten-— 35-1658; v. $^{14}C_{(4)}$-Testosteron im Ratten-— 2-1346; Biosynth. v. Testosteron durch Affen-— in vitro 10-1409; Markier. v. —-Lipiden nach Injekt. v. $^{14}C_{(1)}$-Arachidonsäure 10-1521; Einfl.: v. Thyroxin u. Luteinisier.-Hormon auf einige an d. Lipogenese im – beteiligte Enzyme 12-1314; v. Nitrofurazon auf d. Inkorporat. v. ^{14}Cn-L-Lysin in d. Protein d. Ratten-— 13-1569; Einbau radioakt. Verb. in Purin- u. Pyrimidinbasen u. in 2-Desoxyribose d. DNS d. Lachs-— 14-1209; Bldg. v. Testosteron durch d. durchströmten Kaninchen-— 19-1563; Pyruvatstoffwechsel im – v. Fischen u. Kaninchen (Einfl. v. p-Nitrophenol u. 2.4-Dinitrophenol) 21-1470; Hemm. d. durch menschl. Choriongonadotropin stimulierten 17-Oxosteroidsekret. d. – durch Methylendianilin 22-1533; Testosteronbiosynth. durch Schnitte v. Kaninchen-— ($^{14}C_{(U)}$-Glucose als C-Quelle für testikuläre Steroide u. Proteine) 25-1560; Stoffwechselprod. v. Hydrocortison im – (Wrkg. v. Adrenosteron) 25-1565; Biosynth. v. Testosteron durch menschl. – u. durch einen virilisierenden Interstitialzellentumor 28-1322; Sekret. v. Testosteron u. Androstendion durch fetale Kalbs-— in vitro 32-1571; Stoffwechselwege bei d. Androgen-Biosynth. im Affen-— 34-1447; Steroidbiosynth. in Einzelschichten d. Interstitialzellen v. Mäuse-— 35-1503; in vitro-Stoffwechsel v. $^{14}C_{(4)}$-Dehydroepiandrosteron durch Ratten-— (Kinetik) 35-1504; Fettsäurestoffwechsel im Ratten-— (Einfl. v. Hypophysektomie u. Ersatztherapie) 36-1512; Biosynth. v. 11β-Hydroxytestosteron u. 11-Ketotestosteron im – d. Regenbogenforelle 37-1609; Einfl. v. Choriongonadotropin auf d. red. NADP–DCPIP-Oxydoreduktasesynth. v. Ratten-— 38-1604; Testosteronsynth.: durch menschl. – in vivo (Verwert. v. zirkulierenden Vorläufern) 43-1392; aus Progesteron u. Pregnenolon durch Ratten-—-Mikrosomen 45-1542; Biosynth. v. Steroidhormonen im – (Übersicht) 45-1543; Umwandl. v. $^{3}H_{(7)}$-Pregnenolon u. $^{14}C_{(4)}$-Progesteron in Testosteron u. Androstendion durch – v. Säugetierfeten in vitro 46-1390; Dehydroepiandrosteronsulfat als Sekret.-Prod. d. Eber-— 49/50-1462.

Ektomie – Beziehung zu anderen Körperfunktionen: Entzugsblut. durch Chinöstradol bei kastrierten Affen 1-1382; Östrogensynth. bei kastrierten Männern (Vorstufenrolle v. Testosteron) 3-1396; Einfl. d. Kastrat.: auf d. Isorenin-Spiegel d. Submandibularisdrüse d. männl. weißen Maus (Lokalisier. d. Enzyms in d. Drüse) 7-1408; auf d. Inkorporat. v. $^{14}C_{(6)}$-Orotsäure in RNS u. freie Nucleotide d. Mäuseniere (Wrkg. v. Androgen) 13-1425; Wrkg. v. Androgenen auf Prostata u. Samenbläschen kastrierter Ratten 15-1514; paradoxe Wrkg. v. Injekt. einer antiandrogenen Substanz auf d. Struktur d. Submaxillardrüsen bei d. männl. kastrierten Ratte 16-1522; Änder. d. Acetylcholinesterase-Aktivität d. Hypothalamus d. männl. Meerschweinchens nach Kastrier. 24-1376; in vitro-Inkorporat. v. ^{14}C-Natriumformiat in d. Samenbläschen d. kastrierten Ratte (Wrkg. v. Testosteronphenylpropionat) 28-1586; Bebrüt. v. Nebennierenhomogenaten kastrierter Meerschweinchen mit 7α-^{3}H-Cholesterin unter d. Einfl. v. Serum-Gonadotropin 41-1485; Einfl. d. Kastrat. auf d. kanzerogene Wrkg. v. 9.16-Dimethyl-1.2-benzanthracen bei männl. Mäusen 45-1297.

Beeinflussung: Wrkg.: v. Melanophoren stimulierenden Hormonen auf – v. Meerschweinchen 4-1158; v. ACTH u. HCG auf d. – 8-1439; Veränder. d. – v. Meerschweinchen bei Verfütter. einer Vitamin-A-freien, aber Methylretinoat-halt. Kost 5-1463; histochem. Veränder. im – skorbut. Meerschweinchen (Wrkg. v. Ascorbinsäure) 5-1475; Veränder. d. – bei Ratten nach Verabreich. v. Östrogenen 8-1456; antagonist. Wrkg. v. Cyproteron u. Testosteron auf d. – 16-1520; direkte Wrkg. v. Vitamin A auf Eber-– 16-1595; Wrkg. einiger Zytostatika auf d. reifen Ratten-– (histolog. u. enzymhistochem. Unters.) 22-1318; Veränder. d. – d. weißen Ratte bei A-Avitaminose 26-1612; Wrkg. v. Melatonin auf d. – v. Küken 30-1444; Unempfindlichk. d. – v. Rhesusaffen gegen 1-[N.N-Diäthylcarbamylmethyl]-2.4-dinitropyrrol 37-1727; Einfl. v. Win *18446* auf d. Ratten-– 43-1533.

Pathologie: –-Degenerat. bei d. Ratte mit Vitamin-E-Mangel (Lysosomenenzyme) 5-1486; Wachstum experimenteller –-Teratome (Wrkg. v. 2-Amino-5-nitrothiazol) 9-1402; –-Atrophie nach Anwend. v. techn. Metoxychlor 19-1845.

Therapie: Behandl. d. postpuberalen Leydig-Zell-Insuffizienz mit Mesterolon 27-1626.

Analyse, Untersuchungsmethoden: Fluoreszenzfärb. v. Spermienköpfen in Ratten-– mit Oxytetracyclin 2-1896; Best. v. Tocopherol u. seiner Deriv. in tier. – 21-1708; histochem. Nachw. d. Steroid-3β-ol-dehydrogenase-Aktivität im – v. Lacerta vivipara u. d. Mauereidechse 24-1357; –-Vergrößer.-Test auf Follikel stimulierendes Hormon 20-1480.

Bibliographie: Studies on postnatal testicular changes, semen quality, and anomalies of reproductive organs in the mink. A clinical, histological, and histochemical study B 4.

Nebenhoden (Epididymis)

Spermatozoen s. dort.

Bestandteile, Stoffwechsel: Verteil. v. Sialsäure im – d. ausgewachsenen normalen u. kastrierten Wistarratte 8-1426; Geh. an cycl. AMP im –-Fettpolster d. Ratte in vitro (Wrkg. v. Brenzcatechinaminen, adrenerg. Blockersubstanzen, Prostaglandin E_1 u. Insulin) 15-1539; Verteil. v. Tritium in Fettsäuren aus ^{3}H-Glucose u. ^3H_2O im Ratten-–-Fettgewebe 23-1716.

Hexokinasen d. Ratten-– (Reinig. u. Vgl. d. lösl. Formen) 4-1038; Lokalisier. einiger Dehydrogenasen im – v. Bullen 18-1182; oxydative Enzyme im bestrahlten – 21-1760; Lipaseaktivität im –-Fettgewebe nach γ-Bestrahl. 26-1665; Lokalisat. u. Charakterisier. einer Lipase im –-Fettgewebe v. Ratten 28-1399; Eig. d. β-N-Acetyl-D-glucosaminidase aus Schweine-– 28-1428; Phosphoenolpyruvatcarboxykinase u. d. Synth. v. Glycerid-Glycerin aus Pyruvat im Fettgewebe d. Ratten-– 32-1380; Lipaseaktivität in epididymalen Fettkörpern (Wrkg. v. Cycloheximid) 36-1332; Abtrenn. v. Lipase u. Esterase aus d. Fettgewebe d. Ratten-– 41-1278; Adenosintriphosphatase-Aktivität im Fettgewebe v. Ratten-– 46-1253.

Fettsäuremobilisier. v. Fettzellen d. – (Empfindlichk. gegen Ouabain) 3-1673; Glucoseaufnahme durch d. Fettgewebe d. Ratten-– (Wrkg. v. Desferrioxaminmethansulfonat) 3-1699; Stoffwechsel: v. –-Fettgewebe d. Ratte (Wrkg. v. Betamethason) 13-1441; v. L-Lysin, L-Threonin, L-Serin u. Glykokoll im –-Fettgewebe normaler Ratten 16-1634; v. L-Alanin, L-Glutamat, L-Asparagat, CO_2 u. d. Glucose im –-Fettgewebe normaler Ratten 16-1635; Wrkg. v. H *56/28* auf d. Lipidmobilisier. im –-Fettgewebe d. Ratte 23-1816.

Beeinflussung: Veränder. d. – d. weißen Ratte bei A-Avitaminose 26-1612.

Untersuchungsmethoden: Best. d. Insulinähnl. Aktivität im Serum mit d. Ratten-–-Fettgewebs-Meth. (Normalpersonen) 9-1440; (bei Patienten mit Diabetes mellitus) 9-1441; (bei Patienten mit Diabetes mellitus nicht pankreat. Ursprungs) 9-1442.

Ovarien (Eierstöcke)

Reif. d. – u. Pubertätshäut. bei Weibchen v. Idotea balthica basteri (Wrkg. d. neurosekretor. Hirnkomplexes) 8-1592; Ausbldg. d. – bei Jungratten (Einfl. v. Testosteronpropionat nach d. Empfängnis) 16-1521.

Bestandteile: Cholesteringeh. d. für d. Bell-Mukerji-Loraine-Test präparierten Ratten-– (Wrkg. v. Extrakten laterodorsaler Hypothalamuskerne) 4-1155; freie u. konjugierte Östrogene in Fl. aus menschl. – 9-1406; Lipoidgeh. d. menschl. – 11-1379; RNS-Aktivität in d. Eifollikeln v. Diptera 14-1176; Histochemie d. Proteine im bestrahlten – d. Kaninchens 41-1603; Isolier. u. Reinig. eines –-Polypeptids mit Uterinrelaxationsaktivität 46-1384.

Hydroxysteroiddehydrogenase-Aktivität in Interstitialzellen d. – u. Theca interna 1-1187; Aktivität: v. Glucose-6-phosphat- u. 20α-Hydroxysteroiddehydrogenase in überreifen – d. Ratte (Einfl. v. Luteinisier.-Hormon) 14-1436; d. Phenol- u. Steroidsulfokinase in Erwachsenen-– 28-1472; Wrkg. v. 17β-Östradiol u. L-Thyroxin auf d. Aktivität d. v. NADP abhäng. Dehydrogenasen d. – bei d. laktierenden Ratte 29-1609; intrazelluläre Lokalisat. d. 16α-Hydroxylase u. ihre Substratspezifität in Schweine-– 32-1361; Esterase-akt. Frakt. d. – 35-1292; Arylesterase-, Lipase-, Phosphatase- u. β-Glucuronidaseaktivität in – reifer Ratten (Behandl. mit Äthinylöstradiol u. Lynöstrenol) 36-1329; L-Leucyl- u. L-Alanyl-β-naphthylamid-hydrolysierende –-Enzyme 36-1384; Verteil.: d. Δ^5-3β- u. 17β-Hydroxysteroiddehydrogenase-Aktivität im – d. Schweins 37-1360; v. 17β-Östradioldehydrogenase u. NADH-Cytochrom-c-Reduktase 37-1617; enzymat. Aktivität d. – im Verhältnis zum Ascorbinsäuregeh. u. zu d. Gonadotropinen d. Hypophyse bei d. Ratte 41-1492; Kathepsine in Extrakten aus Brissopsis-– 44-1258; Δ^5-3β-Hydroxysteroiddehydrogenase in – d. Rhesusaffen 46-1199; Dehydrogenasen d. – d. Ratte (Wrkg. einer Steroidbehandl.) 49/50-1448.

Funktion, Stoffwechsel: Wrkg. v. Follikulin auf d. Ovarialfunkt. (Abhängigk. v. Alter) 4-1167.

Verwert. v. $^{14}C_{(1)}$-Acetat bei d. Acetylier. aromat. Amine durch – d. Meerschweinchens 12-1431; Bind.-Orte v. ^{14}C-Actinomycin in Ovozyten v. Amphibien 17-1392; Einbau v. markierten Aminsäuren in – bei allatektomierten Weibchen v. Periplaneta americana 17-1522; Cholesterinstoffwechsel im luteinisierten Ratten-– (Anreg. durch Luteinisier.-Hormon) 19-1555; Translat.-Kontrolle d. Proteinsynth. u. Kontrolle d. Steroidgenese in Kaninchen-– 20-1194; Östrogenbldg. durch inkubierte Ratten-– (Reaktivität auf gonadotrope Stimulier.) 21-1613; Resorpt. v. markierten karzinogenen KW-Stoffen durch d. – v. Ratten 24-1317; Synth. v. Progestat.-Steroiden durch – v. Kaninchen in vitro (Einfl. v. 3′.5′-AMP) 28-1571; chem. Eig. d. Follikelfl. d. Rinder-– 29-1604; Pyruvatstoffwechsel in – d. Kabeljaus 30-1515; Synth. v. Progesteron u. Δ^4-20α-Hydroxypregnen-3-on in – d. pseudoträcht. Ratte (Wrkg. v. Ergocornin) 32-1567; Steroidhormonbldg. durch d. Ratten-– (Östrogenbiosynth. aus $^{14}C_{(1)}$-Acetat) 35-1496; (Bldg. v. Steroiden aus $^{14}C_{(1)}$-Acetat durch neoplast. –-Gewebe) 48-1309.

Ovulation – Beziehung zu anderen Körperfunktionen: Ovulat.-Hemm. bei Ratten durch Implantat. v. Chlormadinonacetat in d. Hypothalamus u. in d. Hypophyse 5-1377; Einfl. v. 5-Hydroxytryptamin u. Antagonisten auf d. Ovulat. bei Mäusen 11-1485; Steroide u. Hemm. d. Ovulat. (Übersicht) 11-1486; antiovulator. Wrkg. v. 6.6-Difluorprogesteron beim Kaninchen 18-1077; Wrkg. einer Einzelinjekt. v. Progesteron auf d. Ovulat. bei d. Ratte 22-1532; Wrkg. v. 17α-Methyl-B-nortestosteron auf d. Ovulat. u. d. –-Gew. weibl. Ratten 27-1632; Ovulat.-Hemm. bei peroraler Empfängnisverhüt. 28-1573; Ovulat.-hemmende Steroide (Einfl. auf d. Androgenstoffwechsel) 28-1578; antiovulator. Wrkg. v. Äthinylöstradiol u. Mestranol, allein oder in Kombinat. mit Chlormadinon bei Kaninchen u. Ratte 40-1445; Wrkg. Ovulat.-hemmender Steroide auf d. Androgenstoffwechsel 4-1175.

Darst. v. Ovulat.-Hemmern (3-Ketale v. 17α-Alkanoyloxy-Δ^4-3.20-diketonen d. Pregnanreihe) 2-1627*; ($\Delta^{5(10)}$-Steroide) 2-1648*; (in 4-Stell. alkylierte Steroide) 6-1708*; (17-Tetrahydropyranyläther v. 3-Desoxy-Δ^2-androstenverb. u. v. deren 19-Noranalogen) 6-1729*; (4.4.6.16-Tetraalkylsteroide d. Pregnanreihe) 7-1732*; (1.2β-Methylen-3-desoxy-17α-alkyl- oder -alkylen- oder -alkinyl-5α-androstanverb.) 9-1726*; (10-Hydroperoxy-13-alkylgonanverb.) 17-1844*; (α.β-Methylenketosteroide) 23-1892*; (16-Carbamyl- u. 16-Carboxyverb. d. Pregnanreihe) 23-1894*; (16-Alkylprogesterone) 31-1852*; (3.6-Dioxo-A-nor-B-homosteroide) 38-1888*; (6.16α-Dimethyl-Δ^6-dehydroprogesteron) 39-1734*; (7-Alkyl-19-norsteroide) 39-1738*; (6-Methyl-, 6-Hydroxymethyl- u. 6-Methylenverb. d. Pregnanreihe) 42-1619*; (17-Alkyläther d. 6-Chlor-$\Delta^{4.6}$-pregnadien-17α-ol-3.20-dions) 44-1572*; (3-Keto-Δ^5-steroide d. Androstan- oder Pregnanreihe) 45-1864*; (6-Halogen-1α.2α-methylensteroide d. Pregnanreihe) 45-1869*.

Ektomie – Beziehung zu anderen Körperfunktionen: Wechselwrkg. v. Genistein mit Östradiol in Fortpflanz.-Organen d. ovarektomierten Maus 9-1405; Einfl.: v. Kastrat. u. Östrogeninjekt. auf d. zykl. Entw. d. Eileiters v. Lebistes reticulatus 12-1425; d. Ovarektomie auf d. durch 3-Methylcholanthren induzierte Mammakarzinom in Ratten (Wrkg. v. Chemotherapie u. Futtereinschränk.) 13-1159; Zellstruktur d. Vaginalepithels d. ovarektomierten Maus (Einfl. d. intravaginalen Applikat. v. 17β-Östradiol) 13-1408; Paar.-Verh. v. kastrierten weibl. Ratten (Wrkg. v. 20α-Hydroxy-Δ^4-pregnen-3-on) 13-1418; oophorektomierte Frauen (Ausscheid. v. Hypophysengonadotropinen u. Einfl.) 16-1506; Uterusgew. ovarektomierter Ratten (Einfl. v. Östrogenen) 16-1511; Einfl. v. Östrogen auf d. Lsg. d. Zona pellucida bei d. ovarektomierten Ratte 16-1513; Zellzus. d. Hypophysenvorderlappens nach Kastrat. v. weibl. Ratten 18-1431; Stoffwechselclearancegeschw. v. Progesteron bei ovarektomierten Frauen 18-1440; kein Einfl. d. Kastrat. auf d. Aortengewebe weibl. Kaninchen 20-1477; Einfl. v. Ovarektomie auf d. alkal. Phosphatase in subkutanen Fibroblasten d. Maus 21-1614; Trächtigk. in kastrierten weibl. Ratten (Wrkg. d. Gestagene v. 6-Dehydro-16-methylen-17α-acetoxyprogesterontyp) 28-1575; Wrkg. v. Östrogen: u. Thyroxin sowie ihrer Kombinat. auf Zahnkaries u. Speicheldrüsen bei ovarektomierten u. intakten weibl. Ratten 30-1404; u. Progesteron auf d. Aktivität d. sauren u. alkal. Phosphatase u. d. β-Glucuronidase d. Uterus v. nach d. Paar. ovarektomierten Ratten 31-1598; Brustdrüsenwachstum v. ovarektomierten Ratten (Einfl. v. Hormonen) 31-1749; Umwandl. v. Δ^4-Androstendion d. Plasmas zu Östron bei kastrierten Frauen 39-1436; Biosynth. v. Geschlechtshormonen durch hyperplast. Nebennieren kastrierter weibl. C_3H/Ep-Mäuse 39-1440; Entw. d. traumat. Deziduoms bei ovarektomierten u. einer Substitut.-Behandl. mit Hormonen unterzogenen Ratten (Einw. v. Arzneimitteln) 49/50-1455.

Beeinflussung: Wrkg.: langdauernder, zykl. oraler Verabreich. v. Enovid auf d. – v. präpuberalen Rhesusaffen 7-1417; v. Enovid auf d. Rk. d. – v. präpuberalen Rhesusaffen auf exogenes PMS-Gonadotropin 7-1418; Veränder. an d. – d. Menschen bei E *605*-Vergift. 7-1668; durch Östrogen induziertes –-Wachstum (Einfl. v. Progesteron u. synthet. Progestogenen) 26-1545; – v. weißen Ratten nach chron. Chloroprenintoxikat. 26-1735; Einfl.: v. Cortisonacetat auf d. – v. Mäusen 30-1428; v. Medroxyprogesteron auf d. – bei d. Ratte 32-1569; v. Melatonin auf d. – v. Küken 30-1444; d. Photoperiodizität u. verschiedener Substanzen auf d. Ansprechen d. – auf Leuteotropes Hypophysenhormon 36-1516; d. Verfütter. v. Triton X-*100* auf d. – v. Mäusen 42-1486.

Pathologie, Theapie: Stein-Leventhal-Syndrom (Androgenstoffwechsel) 4-1175; Blutgruppensubstanzen aus menschl. –-Zystenfl. 14-1482; Blutgruppenmucopolysaccharide aus menschl. –-Zystenfl. 14-1483; Eig. u. Struktur v. gruppenakt. Mucopolysacchariden aus pseudomukösen –-Fl. v. Gruppe-AB-Ausscheidern 22-1593; Stoffwechsel v. 5-Pregnenolon, Progesteron, Testosteron, 4-Androstendion u. Östron durch gesundes u. polyzyst. degeneriertes –-Gewebe 28-1576; Einfl. v. exogenem Progesteron auf Follikularzysten bei Milchvieh 47-1576; Steroidbiosynth. d. – bei Stein-Leventhal-Syndrom 49/50-1447.

Ovarialtumoren u. andere ovariale Veränder. durch zwei 19-nor-Kontrazeptiva bei Mäusen 9-1415; 9.10-Dimethyl-1.2-benzanthracen-induzierte Ovarialtumoren in Mäusen 27-1397; Indukt. v. Ovarialtumoren d. Maus durch 7.12-Dimethylbenz-[a]-anthracen (Einfl. v. Steroidhormonen u. Karzinogenkonz. in vivo) 45-1295; (in Organkultur) 45-1296.

Intrakavitäre Radioisotopenbehandl. v. Ovarialtumoren 6-1234; Wrkg. v. $AgNO_3$ auf d. –-Atresie d. Dachses 12-1565.

Analyse, Untersuchungsmethoden: Histochem. Nachw. d. Glykosidasen aus – v. Ratten 13-1952; Mikrobest. v. Progesteron- u. Δ^4-20α-Hydroxypregnen-3-on während d. Proöstrus, Östrus u. d. Pseudoschwangerschaft in Ratten-– 32-1566; ovarialer Ascorbinsäure-Deplet.-Faktor in Stärkegelpräp. nach Elektrophorese 8-1566; –-Ascorbinsäure-Deplet.-Test für d. Luteinisier.-Hormon (Vgl. v. menschl. u. Schafs-LH-Präp.) 28-1566.

Bibliographie: On the morphology and endocrine function of granulosa cells in ovarian follicles and corpora lutea. Biochemical, histochemical, and ultrastructural studies on the porcine ovary with special reference to steroid hormone synthesis B 75.

Präputialdrüse

Vork. phenol. Komponenten in d. – d. Ebers (mögl. Beitrag zum Ebergeruch) 22-1511.

Prostata (Vorsteherdrüse)

Bestandteile: D-Glucosegeh. in d. – einiger Nager 3-1383; Wrkg. v. Reserpin auf d. Fructose d. – 24-1733; Gewinn. v. 7-[3α.5β-Dehydroxy-2-(3-hydroxyoctanyl)-cyclopentyl]-heptansäureverb. aus – -Gewebe (Heilmittel) 37-1853*.

Lysosomale u. enzymat. Aktivität d. ventralen – 4-1166; Kreatinphosphokinase- u. 5'-Nucleotidase-Aktivität im – -Exkret d. Hundes 11-1240; Phospomonoesterasepräp. aus d. – 19-1399; Dithizon-induzierte Änder. d. Kohlensäureanhydrase u. alkal. Phosphatase dorsolateraler Ratten- – 19-1433; kinet. Eig. d. sauren Phosphatase d. – im Kaninchen u. Affen 21-1425; saure Phosphomonoesterase d. menschl. – (immunchem. Eig.) 29-1449; Hydrolase- u. Transferaseaktivität d. sauren Phosphatase d. – (Einfl. d. Weinsäure) 34-1291; Isoenzyme d. sauren – -Phosphatase (Trenn.) 37-1409.

Eigenschaften: Gew. nach Testosteronimplantat. 6-1427.

Funktion, Stoffwechsel: Wrkg. eines neuen Diphenyläthylenderiv. auf d. – -Funkt. d. Hundes 17-1523; differentielle Synth. d. RNS in – -Kernen (Beweis für selektive Gen-Transkript., induziert durch Androgene) 6-1200; Stoffwechsel d. Ratten- – (Einfl. v. Diäthylstilböstrol) 8-1453; Abbau v. $^{14}C_{(4)}$-Testosteron durch subzelluläre Frakt. d. menschl. – 8-1467; Einbau v. ^{14}C-markierten Aminosäuren in saure Phosphomonoesterase in Schnitten d. menschl. – 10-1236; Stimulier. d. – -Sekret. d. Hundes durch sympathomimet. Amine 14-1598; Fructosebldg. in d. – (Einfl. v. Östrogenen) 16-1508; Zus. v. – -Kernchromatin (Wrkg. v. Testosteron auf d. Synth. an Cytidyl-3'.5'-guanosin-reicher RNS) 22-1280; Nucleinsäure- u. Proteinstoffwechsel d. Ratten- – (Einfl. v. Diäthylstilböstrol u. Kastrat.) 24-1285; in vitro-Inkorporat. v. ^{14}C-Natriumformiat in d. – d. kastrierten Ratte (Wrkg. v. Testosteronphenylpropionat) 28-1586; Stoffwechsel v. 19-Nortestosteron durch menschl. – 35-1507; Citronensäuresynth. in d. – d. Ratte (Testosteronaktivier.) 38-1617.

Beeinflussung, Pathologie, Therapie: Aktivität einer Reihe v. Androstanen gegenüber d. – (Wrkg. d. 1-Alkylsubstitut.) 7-1426; Wrkg.: v. Androgenen auf d. – kastrierter Ratten 15-1514; v. Schizandra chinensis auf d. – bei intakten u. kastrierten Ratten 17-1679; saure Phosphatase- u. 5-Nucleotidase-Aktivität d. menschl. nodularen – -Hyperplasie (elektronenmkr. Unters.) 24-1380; maligne in vitro-Transformat. in d. – durch karzinogene KW-Stoffe 36-1245; durch Testosteron verstärkte ^{32}P-Therapie bei – -Karzinom 6-1233.

Analyse, Untersuchungsmethoden: Nachw. v. Vitamin A u./oder seinen Stoffwechselprod. in Organkulturen d. Ratten- – 27-1695; Best. d. sauren Phosphatase in d. – 34-1294; Ventral- – -Test nach Paesi u. De Jongh 16-1501; Dosenwrkg.-Kurven bei d. Ventral- – -Verf. für d. Luteinisier.-Hormon 28-1565.

Samenblasen (Vesikulardrüsen)

Bestandteile, Stoffwechsel: D-Glucosegeh. in d. – einiger Nager 3-1383; hormonabhäng. Inhibitor für proteolyt. Enzyme in – 4-1067.

Stimulier. d. RNS-Synth. durch Steroidhormone in d. – 24-1292; (Einfl. v. Actinomycin D) 24-1293; in vitro-Inkorporat. v. ^{14}C-Natriumformiat in d. – d. kastrierten Ratte (Wrkg. v. Testosteronphenylpropionat) 28-1586; DNS-Stoffwechsel in – unreifer Ratten (Einfl. v. Testosteron) 39-1427; enzymat. Mechanismus d. Biosynth. v. Prostaglandin E_1 u. $F_1\alpha$ durch ein Enzymsyst. aus d. – v. Schafen 48-1580; Ox. ungesätt. Fettsäuren durch d. – v. Schafen 48-1581.

Beeinflussung: Veränder. d. – v. Meerschweinchen bei Verfütter. einer Vitamin-A-freien, aber Methylretinoat-halt. Kost 5-1463; Aktivität einer Reihe v. Androstanen gegenüber d. – (Wrkg. d. 1-Alkylsubstitut.) 7-1426; Wrkg.: v. Androgenen auf d. – kastrierter Ratten 15-1514; v. Schizandra chinensis auf d. – bei intakten u. kastrierten Ratten 17-1679; v. 3-Allylhydroxyöstriol auf d. – 27-1624; Rk. d. – auf Sexualhormone (Einfl. v. Metaxylhydrochinon) 27-1631; Hemm durch eine Substanz aus Luzerne 37-1742.

Testes

s. *Hoden*.

Testikel

s. *Hoden*.

Vesikulardrüsen

s. *Samenblasen*.

Vorsteherdrüse

s. *Prostata*.

Hardersche Drüse

s. unter *Tränendrüsen*.

Hypophyse

Zytolog. Ultrastruktur-Evolut. d. Enten- – in organtyp. Kultur (autonome Prolactinentw. durch d. Explantate) 32-1555.

Bestandteile: Einfl. d. Dehydrat. u. Rehydrat. auf d. vasopressor. Aktivität u. auf d. histochem. Bild d. Neuro- – v. normalen u. bestrahlten Ratten 6-1564; freisetzende Faktoren in menschl. Hypothalamus- u. Neuro- – -Extrakten 10-1399; Zellzus. d. – -Vorderlappens bei erhöhtem u. vermindertem Östrogengeh. im Organismus 18-1431.

Vork. v. 20-Methylcholanthren in d. – nach oraler Verabreich. 1-1159; wasserlösl. Eiweiße d. Neuro- – 6-1414; Lipoidgeh. d. menschl. – 11-1379; RNS d. Adeno- – d. Stiers 11-1396; säurelösl. Nucleotide d. – 18-1430; Intermedin in d. – bei d. Embryogenese d. Menschen (biolog. Best.) 18-1500; diabetogenes Polypeptid d. Rinder-Adeno- – 19-1582; Isolier. d. Exophthalmusfaktors d. – u. seine biolog. Aktivität 21-1611; Gewinn. eines Hypophysenwachstumsaktivators aus Säugetier-Hypothalamus oder – -Gewebe 21-1914*; Änder. d. Glykogengeh. u. d. Phosphorylase u. Glucose-6-phosphatase-Aktivitäten im Lobus nervosus d. – (Übersicht) 28-1413; DNS-Konz. in d. – d. Menschen 38-1607; RNS aus d. Vorder- u. Hinterlappen d. Rinder- – (Isolier., Fraktionier. u. Charakterisier.) 39-1136; Veränder. d. Zytologie u. im Nucleinsäuregeh. d. Adeno- – d. Ratte *32* Tage nach beidseit. Adrenalektomie u. Dauerinjekt. v. Cortisol 43-1384; Monoamine im neurointermediären Lappen d. – d. argentin. Aals 45-1530.

– -Arylaminasen u. -peptidasen 16-1385; Eig. d. Dipeptidylarylamidase I d. – 20-1359; oxydative Enzyme in d. Adeno- – d. Schweines 46-1261.

Intranukleare Lokalisier. v. $^{3}H_{(6.7)}$-17β-Östradiol im – -Vorderlappen d. Ratte 5-1186; Vork. v. α-MSH in menschl. – (radioimmunolog. Beweis) 5-1370; ACTH-Geh. d. – v. humanen Feten 5-1474; Hormongeh. d. Hypothalamus- – -Hinterlappensyst. d. Wirbeltiere (Übersicht) 7-1413; Konz. v. Luteinisier.-Hormon u. Follikelhormon in d. männl. Ratten- – (Wrkg. v. Androgenen) 13-1422; Geh. an hypophysärem Prolactin bei d. Pekingente 16-1497; Prolactingeh. d. – -Vorderlappens (Wrkg. d. Androgenisier.) 16-1498; Gewinn. v. Corticotropin aus d. – v. Tieren 17-1845*; Wachstumshormon u. Prolactin in d. menschl. – 27-1620; LH-Konz. in Plasma u. – v. kastrierten, mit Testosteron vorbehandelten Ratten (Wrkg. v. gereinigtem Luteinisierungshormon freisetzendem Faktor) 39-1424; Heptapeptide d. – (Synth.) 42-1382.

Ascorbinsäuregeh. d. – einiger Süßwasserfische d. Bhavanisagar-Reservoirs 11-1497.

Eigenschaften: Histolog. Bild d. – d. neonatal mit Steroidhormonen behandelten Ratte 16-1519; Vol.-Änder. d. – beim männl. Frosch unter Vers.-Beding. 28-1561.

Funktion, Stoffwechsel: Neurosekret. d. Hypothalamus- – -Syst. (Einw. v. Phenamin u. Aminazin) 5-1369; Hypothalamus-Freisetz.-Faktoren u. d. Kontrolle d. – -Vorderlappenfunkt. (Übersicht) 7-1412; Beeinfluss. d. Regelmechanismen d. – -Zwischenhirnsyst. v. Ratten durch Cyproteron 10-1407; Wrkg. einiger Anästhetika auf d. Hypothalamus- – -Neurosekret. bei d. Ratte 17-1718; Sekret. d. hypothalam. hypophysären Syst. (Hemm. durch A.) 19-1548; zelluläre Lokalisier. u. Aktivität d. Esterasen in Bezieh. zu sekretor. Funkt. d. – -Vorderlappens 19-1557; Funkt.-Zustand d. Hypothalamus-Neuro- – -Syst. v. Ratten unter Einfl. v. A. nach Applikat. v. Adrenalin u. Insulin 25-1551; Stoffwechsel d. Ratten- – (Wrkg. v. Monoaminoxydasehemmstoffen) 29-1776; Einfl.: v. 5-Fluoruracil auf d. – -Funkt. bei disseminierter Karzinomerkrank. d. Verdauungstraktes 33-1432; v. Thioridazin auf d. neurosezernierende Syst. Hypothalamus- – 37-1758; v. Aminazin u. d. Sympathektomie auf d. biolog. Aktivität, Histostruktur u. Neurosekret. d. Hypothalamus u. d. – -Hinterlappens d. Ratte 41-1704; Neurosekret. im Hypothalamus-Neuro- – -Komplex d. Säugers (Zusammenfass.) 42-1381; Wrkg. v. Tetrodotoxin auf d. Ca-abhäng. Bindeglied in d. Koppl. zwischen Reiz u. Sekret. in d. Neuro- – 46-1382.

Einbau v. DL-Methionin in d. – -Zwischenlappen 4-1156; Ox. v. $^{14}C_{(1)}$- u. $^{14}C_{(6)}$-Glucose in vitro durch d. – junger u. erwachsener Tiere 18-1250; Biosynth. v. Adrenocorticotropin u. Protein durch Schnitte v. Rinder- – -Vorderlappen 2-1340; in vitro-ACTH-Ausschütt. aus d. – -Vorderlappen (Hemm. durch Cortisol) 6-1416; in vitro-Aufnahme v. markiertem Thyroxin u. Trijodthyronin in Ggw. v. Rattenplasma (Wrkg. verschiedener Medikamente) 6-1457; Bezieh. zwischen d. Erzeug. v. troph. Hormon u. d. ^{32}P-Stoffwechsel d. – -Vorderlappens 7-1414; zellulärer Ort d. Corticotropinprodukt. in d. – 8-1438; Wachstumshormonabgabe durch Ochsen- – -Vorderlappenschnitte in vitro 16-1495; melanostimulierender Faktor d. Harns im Verlauf d. – -Freisetz. v. ACTH beim Hund 28-1644; Synth. v. Adrenocorticotropin in d. – d. normalen oder bestrahlten Ratte in vitro 46-1487.

Beziehung zu anderen Körperfunktionen: – -Nebennieren-Funkt. (bei d. oralen Empfängnisverhüt.) 8-1462; (Wrkg. v. Pentobarbital- u. Morphin-Vorbehandl. u. A.) 8-1472; Wrkg. d. Abkömmlinge v. Imidazol- u. Pyrazoldicarbonsäuren auf d. – -Adrenal-Syst. 11-1559; – -Nebennieren-Funkt. v. Frauen während d. Anwend. v. Gestagenen 13-1415; Wrkg.: v. pflanzl. Fett auf d. – -Nebennieren-Achse trächt. Albinoratten 15-1521; v. Barbiton-Na auf d. – -Nebennieren-Funkt. d. Ratte bei dauernder Verabreich. 17-1711; zentraler Kontrollmechanismus d. – -Nebennierenrinden-Funkt. 22-1522; adrenocorticotrope Funkt. d. – (blockierende Wrkg. v. Desoxycorticosteronacetat) 25-1566; Einfl. v. Glycodiazin auf d. – -Nebennieren-Achse 25-1588; Test d. schnellen Hemm. d. – -Nebennieren-Achse (Einzeldosis v. Dexamethason) 27-1640; – -Nebennieren-Steuer. v. Coeruloplasmin 28-1562; Wiederherst. d. Hypothalamus- – -Nebennierenfunkt. nach Behandl. mit Corticosteroid 35-1520; Steuer. d. Aldosteronausschütt. durch d. – 44-1409; funktionaler Zustand d. Syst. Hypothalamus- – -Nebenniere bei dienzephal. Neurointoxikat. 46-1513; tox. Wrkg. v. Oxyphenbutazon auf d. – -Nebennierenrinden-Syst. 49/50-1644.

Wrkg. v. Novobiocin auf d. – -Schilddrüsen-Achse d. Ratte 3-1589; Rolle d. – bei d. Einw. v. Hypoxie auf d. Schilddrüsenfunkt. 8-1482.

Ovulat.-Hemm. bei Ratten durch Implantat. v. Chlormadinonacetat in d. – 5-1377.

Lipid-mobilisierende Wrkg. einiger – -Präp. 28-1568; Hemm. d. Kollagenbiosynth. durch – -Hinterlappenextrakt 29-1603.

Ektomie – Beziehung zu anderen Körperfunktionen: Hypophysektomierte Kaulquappen v. Alytes obstetricans (Wrkg. v. Prolactin auf d. Wachstum) 4-1159; Hypophysektomie (Wrkg. v. Aldactone) 4-1182; (alimentäre Rk. d. Citrat spaltenden Enzyms d. Leber) 5-1288; Sekret.-Geschw. für C_{19}- u. C_{21}-Steroide vor u. nach Hypophysektomie beim Schwein u. Hund 5-1386; Wrkg. d. Hypophysektomie auf d. calciphylakt. Rk. Dihydrotachysterin-sensibilisierter Ratten (Rolle d. alkal. Phosphatase) 5-1592; Polyamingeh. v. Rattenleber nach Hypophysektomie (Wrkg. v. Wachstumshormon) 6-1419; Leberkarzinogenese bei hypophysektomierten Ratten (Rolle d. Adenohypophysenhormone u. d. durch sie beeinflußten Drüsen) 9-1196; luteolyt. Wrkg. v. Prolactin bei hypophysektomierten Ratten 9-1400; Eiweißstoffwechsel in d. Linse d. Ratte nach Hypophysektomie (Einfl. d. Wachstumshormons) 10-1403; Einfl. v. Hypophysektomie auf d. Mg-Verteil. bei Ratten 11-1389; Aktivität d. Citrat spaltenden Enzyms bei hypophysektomierten Ratten 12-1300; Einfl.: v. Hypophysektomie auf einige an d. Lipogenese in Fettgewebe, Testis u. Nebenniere beteiligte Enzyme 12-1314; v. Thyroxin auf d. Sympathikusganglien d. Ratte nach Entfern. d. – 12-1449; Veränder. im Enzymmuster d. Milchdrüse d. laktierenden Ratte nach Hypophysektomie u. Entwöhn. 16-1411; Einfl. d. Hypophysektomie: u. Sekt. d. – -Stammes auf d. Progesteronsekret. durch d. Corpus luteum 16-1516; auf d. Einbau v. ^{3}H-Thymidin in Rattengewebe unter bes. Berücksichtig. d. Lymphoidgewebe 16-1525; Succinatoxydase-Aktivität d. nach partieller Hepatektomie u. Hypophysektomie aus d. Leber v. Ratten isolierten Mitochondrien 17-1626; Vork. eines Wachstumshormon-freisetzenden Faktors im Blut v. hypophysektomierten Ratten mit Hypoglykämie 19-1554; Wrkg. d. Gabe v. eiweißaufbauendem Steroid an hypophysektomierten Ratten 19-1556; Adenosintriphosphatase-Aktivität in Herzmuskelfasern bei hypophysektomierten Ratten 19-1576; Wrkg. d. Hypophysektomie: auf Polysomen u. RNS d. Herzens bei Ratten 20-1203; auf d. Phosphofructokinase-Aktivität im Rattenherzen 20-1304; Ernähr.- u. hormonale Enzymregulier. d. Fructosestoffwechsels in d. Leber v. hypophysektomierten Ratten 20-1385; Wrkg. v. Wachstumshormon auf d. Enzymaktivitäten bei d. hypophysektomierten Ratte 20-1472; Testikelvergrößer.-Test auf Follikel stimulierendes Hormon bei hypophysektomierten unreifen Ratten 20-1480; Aktivität d. Glucose-6-phosphatase d. Leber u. Niere d. hypophysektomierten Ratte (Indukt. ihrer Synth. nach Zufuhr v. ACTH u. Hydrocortison) 21-1608; Wrkg. v. Gonadotropinen auf d. Uteruswachstum d. hypophysektomierten Maus 24-1572; Adrenalinsekret. d. Nebenniere bei hypophysektomierten Ratten (Wrkg. v. Corticostimulin u. Hydrocortison) 24-1594; Ausscheid. v. W. u. Elektrolyten durch d. hypophysektomierte Ratte (Wrkg. v. Trijodthyronin u. Aldosteron) 27-1642; Trächtigk. bei d. hypophysektomierten weibl. Ratte nach Gaben v. Luteinisierendem Hormon 28-1567; Wrkg. d. Wachstumshormons bei Hypophysektomie auf d. Stoffwechsel d. Zwerchfells 28-1569; Hypoglykämierk. auf Synacthen bei hypophysektomierten Mäusen 28-1606; Wrkg. v. Östrogen u. Progesteron auf d. DNS d. Brustdrüsen u. d. Futteraufnahme durch hypophysektomierte weibl. Ratten 29-1610; hypoglykäm. Wrkg. v. Vasopressin beim hypophysektomierten Hund (Einfl. v. Actinomycin D) 32-1562; Wrkg.: v. Vasopressin auf Blutkreislauf u. Corticosteroidsekret. d. Hundes vor u. nach akuter Hypophysektomie 34-1445; v. Hypophysektomie auf d. Tagesrhythmus v. Tyrosin–α-Ketoglutarat-Transaminase in d. Rattenleber 35-1283; Rolle d. Ribosomen bei d. Regulier. d. Proteinsynth. bei hypophysektomierten Ratten 36-1212; Einfl.: v. ACTH auf d. Aktivität d. sauren Phosphatase in Lysosomen in d. Zona fasciculata d. Nebenniere bei hypophysektomierten Ratten 37-1408; v. ACTH u. Angiotensin II auf d. Nebennierenrinde v. Hunden nach Hypophysektomie 39-1461; d. Hypophysektomie auf d. Aminosäureeinbau in ein zellfreies Syst. aus Rattenhirn 40-1437; Mikrosomenenzyme d. Testis hypophysektomierter Ratten (Einfl. v. menschl. Choriongonadotropin in vivo) 41-1484; Melaningeh. bei d. hypophysektomierten Kröte (Einfl. v. Psoralen) 43-1553; Methylier. d. RNS u. DNS u. Tumorindukt. in d. Leber hypophysektomierter, mit Dimethylnitrosamin behandelter Ratten 44-1162; Geh. an Ascorbinsäure in d. Nebennieren u. Erzeug. v. Corticosteroiden in vitro bei hypophysektomierten Ratten 45-1556; Erzeug. v. Aldosteron u. Corticosteron durch Nebennieren normaler u. hypophysektomierter Ratten (Wrkg. v. Melatonin u. 5-Hydroxytryptamin) 46-1412; Einfl. v. Hypophysektomie auf d. Nebennierenmark d. Ratte 49/50-1478.

Beeinflussung: Wrkg. v. implantierten ^3H-Östradiol auf d. Ratten-– 3-1394; Stimulier. d. – durch Schafepiphysenextrakte 4-1203; Veränder. d. – bei Ratten nach Verabreich v. Östrogenen 8-1456; Auftreten v. Kastrat.-Zellen im –-Vorderlappen männl. Ratten nach Behandl. mit einem Antiandrogen 8-1469; Wrkg.: bestimmter natürl. vorkommender Östrogene auf d. –-Vorderlappen v. Ratten 16-1511; v. Dicolin auf d. – 21-1789; Chlorpromazin u. d. – (Übersicht) 22-1716; Wrkg.: v. $BeCl_2$ auf d. –-Vorderlappen d. Ratte 23-1735; v. Melatonin auf d. – v. Küken 30-1444; v. Medroxyprogesteron auf d. – bei d. Ratte 32-1569; Darst. v. 19-Nor-9β.10α-steroiden d. Androstan- bzw. Pregnanreihe als –-Inhibitoren 18-1706*.

Pathologie – Beziehung zu anderen Körperfunktionen: 11-Desoxycorticosteroid im Plasma u. Harn bei –-Krankh. (Einfl. v. Metyrapon) 43-1413; Vitamin-B_6-Stoffwechsel bei Patienten mit –-Erkrank. 51/52-1565; Hungerblutzucker u. Serumwachstumshormon bei Diabetes mit –-Unterfunkt. 6-1465; Hemm. d. durch Östrogen ausgelösten –-Hypertrophie durch Thyreoidhormone 24-1604; Wachstumshormon-Plasmaspiegel u. Insulin bei Akromegalie 18-1435; Geh. an Wachstumshormon im Blutserum v. Kranken mit Akromegalie 26-1581; Wrkg. transplantierbarer Wuchshormon ausscheidender –-Tumoren auf d. Leber 1-1151; Erzeug. v. Nekrosen durch Hexadomethrinbromid in –-Adenomen 1-1164; –-Tumoren bei Mäusen nach langer Fütter. mit synthet. Gestagenen 20-1231; thyreotrope Tumoren d. – d. Maus 30-1223.

Analyse, Untersuchungsmethoden: Selektiver elektronenmkr. Nachw. v. –-Zellen mit Glykoproteidsekret. durch Rk. mit Perjodsäure-Silbernitrat 32-1554; immunhistolog. Befunde mit Anti-β^{1-24}-Corticotropin am –-Vorderlappen d. Ratte 1-1368; autoradiograph. Unters. d. Proadeno-– v. Carassius auratus nach Injekt. v. $^3H_{(6)}$-D-Glucose 40-1436; Insulinhypoglykämietest als Funkt.-Prüf. d. Hypothalamus - – - Nebennierenrinden - Syst. (Normalpersonen) 16-1543; (Patienten mit hypophysären Krankh.) 16-1544.

Keimdrüsen

s. *Geschlechtsdrüsen.*

Labialdrüsen

s. unter *Speicheldrüsen.*

Mamma

s. *Brustdrüsen.*

Milchdrüsen

s. *Brustdrüsen.*

Nebennieren

Darst. u. Eig. einer submitochondrialen Teilchenfrakt. aus Rinder-– 43-1398.

Bestandteile: Verh. d. Cholesterinester, Phosphatid- u. Triglyceridfettsäuren in d. – nach Ganzkörperbestrahl. mit letalen Röntgendosen 3-1531; Geh. an sympathikomimet. Aminen in d. – d. weißen Ratte (Einfl. v. Dibazol) 3-1659; spezif. lösl. Protein aus d. Depotbläschen d. –-Marks d. Rindes (Reinig. u. chem. Charakterisier.) 6-1435; Bezieh. zwischen Lysozym u. Cholesterinspiegel d. – d. Ratte 7-1435; Heterogenität d. als Matrize wirkenden RNS in d. – 8-1171; Lokalisier. d. cholinreaktiven Syst. in d. Rindensubstanz d. – d. Ratte 11-1539; Aminspiegel v. –-Mark d. Ratten (Einfl. v. Prenylamin) 13-1629; Verteil. v. Guanisoquin in d. – (fluorometr. Best.) 14-1630; Cholestanol u. Pflanzensterine in d. – d. Ratte 15-1525; Verteil. v. ^3H-Oxypertin im –-Mark v. Mäusen u. Katzen 15-1708; Lipidgeh. u. Lipaseaktivität in d. – bei Alloxandiabetes 18-1459; Gesamtlipidgeh. d. – nach Hypophysektomie 19-1556; S-Adenosylmethioningeh. in Ratten-– 19-1688; Lipide d. chromaffinen Granula d. –-Marks 20-1176; –-Lipide d. Kaninchens (Einfl. d. i.v. Verabreich. v. Adrenocorticotropin) 21-1609; Speicher. v. Cholesterin in d. – durch Aminoglutethimid 22-1541; Geh. an ^3H-Thymidin in d. DNS d. – v. Mäusen zu verschiedenen Zeitpunkten nach d. Einführ. d. markierten Nucleosids 25-1306; Dopamin in d. – d. weißen Ratte nach Schädel- u. Gehirntrauma 26-1644; Bezieh. v. –-Sterinen zu Corticosteron beim Kaninchen 28-1591; Cholesteringeh. d. – d. Kaninchens (Einfl. v. Insulin) 30-1440; Phospholipide d. – v. Ratten (Wrkg. d. Giftes v. Walterinnesia) 41-1668; Pigmente in d. Mitochondrien d. –-Rinde (spektrophotometr. Unters.) 44-1084; Geh. an Spermidin u. Histidin in – v. Meerschweinchen 47-1593; Verteil. u. Konz. v. ^3H-Digoxin in d. – 49/50-1673; Herst. v. 19-Halogenandrostanverb. (–-Cholesterinspiegel senkende Mittel) 45-1887*.

Zuckerreduzierende Enzyme in – v. Kaninchen 1-1181; Isomerasen d. – (Best. d. Substratspezifität) 1-1250; –-Rinden-11β-Hydroxylase 1-1369; Katalaseaktivität d. – in vivo (Einfl. v. ACTH) 3-1229; Δ^5-3β-Hydroxysteroiddehydrogenase d. –-Rinde d. Albinoratte (Aktivität bei Vitamin-A-Mangel) 5-1464; Hexokinase d. –-Marks v. Ochsen (intrazelluläre Verteil.) 6-1261; Komponenten d. Elektronentransportsyst. in –-Steroid-Hydroxylase 12-1180; Isolier. eines Nichthäm-Fe-Proteins u. eines als red. Triphosphopyridinnucleotid–Cytochrom P-*450*-Reduktase fungierenden Flavoproteins aus d. –-Rinde 12-1202; 3β-Hydroxysteroiddehydrogenase u. d. Δ^5-3-Ketosteroidisomerase d. Rinder-– (Gebietsspezifität) 15-1314; 3β-Hydroxysteroiddehydrogenase in d. – (stöchiometr. durch ein Substratanaloges) 15-1316; Eig. einer Mikrosomen–Adenosin-Triphosphatase d. –-Marks 15-1406; protrahierte Hemm. d. 11β-Hydroxylase d. – beim Hund 15-1523; Metopironhemm. einer lösl. –-Steroid-11β-Hydroxylase 15-1524; Aktivität d. Phenäthanolamin-N-methyltransferase in d. – fetaler u. neugeborener Ratten 16-1319; Glucose-6-phosphatdehydrogenase-Aktivität in d. – (Wrkg. v. Na^+ u. Angiotensin) 19-1552; Enzymgeh. d. –-Rinde d. Meerschweinchens (nach Abschluß einer langfrist. Cortisonvorbehandl.) 22-1536; (nach Metopironzufuhr) 22-1537; Cytochrom P-*450*-Konz. in –-Mikrosomen v. Meerschweinchen mit genet. Unterschieden in d. Cortisolhydroxylier.-Aktivität 25-1354; Aktivität: d. Phenol- u. Steroidsulfokinase in Erwachsenen-– 28-1472; v. 21- u. 11β-Hydroxylase in d. – d. Kaninchens nach wiederholter ACTH-Zufuhr 30-1415; Wrkg.-Mechanismus d. Δ^5-3-Ketosteroidisomerase aus kleinen Partikeln d. Ratten-– 32-1476; Bldg. v. Antikörpern gegen Dopamin-β-hydroxylase v. Rinder-–-Mark 33-1741; Histochemie d. Steroid-3β-ol-dehydrogenase in d. –-Rinde ermüdeter Ratten 35-1512; histochem. Enzymveränder. in d. –-Rinde v. mit Hexadimethrinbromid behandelten Ratten 35-1526; Lokalisat. v. Veränder. d. Aktivität d. sauren Phosphatase in Lysosomen in d. Zona fasciculata d. – v. intakten u. hypophysektomierten Ratten nach Gabe v. ACTH 37-1408; Einfl. v. Nicotinamidadenindinucleotid auf mikrosomale Δ^5-3-Ketosteroidisomerase aus – 37-1450; Vork. v. Sulfataseaktivität in d. – 38-1459; Komponenten d. Elektronentransportsyst. d. –-Steroidhydroxylase (Isolier. u. Eig. eines Nichthäm-Fe-Proteins) 40-1208; ACTH-Stimulier. d. Adenylcyclase in –-Homogenaten 42-1241; Renin-ähnl. Enzyme in d. – 44-1260; histolog. Verteil. v. Pyridinnucleotide-oxydierenden Enzymen u. Wrkg. v. ACTH in d. Ratten-– 45-1338; Oxydase mit gemischten Funkt. in d. –-Rinde (Cholesterinseitenketten–Spalt.-Syst.) 45-1373.

Subzelluläre Verteil. d. Brenzcatechinamine in d. – v. Meerschweinchen (nach Vorbehandl. mit *l*-α-Methyl-Dopa) 2-1357; Isolier. u. Charakterisier. lipophiler Steroidkonjugate aus –-Rindengewebe 2-1387; Noradrenalingeh. in – (Inhibitorwrkg. v. Phenyläthyldithiocarbamat) 3-1233; Brenzcatechinamingeh. d. – (Wrkg. v. Metopirone) 4-1188; bisphas. Anstieg d. Corticosteroide in – v. Ratten nach Ganzkörper-Röntgenbestrahl. 4-1283; Geh. an Brenzcatechinaminen in d. – bei Ratten (Einfl. v. Überdosen an NaCl im Futter) 8-1477; Erfass.-Grenze für Brenzcatechinamine im –-Mark 9-1431; Brenzcatechinamine in – bei mit Guanethidin injizierten Ratten (Bezieh. zum Blutdruck) 9-1602; Vork. v. 16α-Hydroxy-Δ^4-pregnen-3.20-dion im venösen Blut d. – v. Ferkeln 22-1524; Brenzcatechinamingeh. v. – in warmer Umgeb. aufgezogener Ratten 24-1595; Geh. v. DOPA u. Brenzcatechinaminen in – d. Ratte (Einfl. d. durch Nicotin hervorgerufenen Krämpfe) 25-1577; Brenzcatechinaminspiegel in –: v. graviden Ratten u. ihrem Nachwuchs (Einfl. v. Reserpin) 25-1786; v. Tieren nach letalem Ausgang d. Bestrahl. 26-1673; Wrkg. v. α-Methyldopa u. Dopa auf d. Brenzcatechinamingeh. d. – 29-1618; Brenzcatechinamingeh. in Feten-– (Abhängigk. v. Alter u. äußeren Faktoren) 45-1562.

Geh. an Ascorbinsäure in d. –: v. humanen Feten 5-1474; d. Ratte (Wrkg. d. Hexadimethrinbromids) 5-1610; (Wrkg. v. Östrogen) 10-1418; nach Gabe v. Thyroidhormon u. elektr. Stimulier. bei chron. Läs. d. Gehirns 18-1437; Vitamingeh. in d. – nach Einw. v. NH_3-Dämpfen 18-1501; Geh. an Ascorbinsäure in d. – u. Erzeug. v. Corticosteroiden in vitro bei bestrahlten, immobilisierten u. hypophysektomierten Ratten 45-1556.

Eigenschaften: Wrkg. d. Gibberellsäure auf d. –-Gew. bei Meerschweinchen nach Röntgenbestrahl. 3-1533; –-Gew. nach Testosteronimplantat. 6-1427.

Funktion, Stoffwechsel: Stimulier. d. –-Aktivität durch Verabreich. v. Corticosteron an chron. mit Amphenone oder Methopyrapone vorbehandelte Ratten 6-1447; Funkt. d. neurosekretor. Zellen d. – bei γ-Bestrahl. u. Hormoneinw. 6-1565; Einfl.: einiger psychopharmakolog. Stoffe auf d. Funkt. d. –-Rinde 6-1622; v. Cholesterinfütter. u. Östrogenverabreich. auf d. –-Funkt. bei Kaninchen 11-1511; Bezieh. zwischen antiphlogist. Wrkg. v. Chloroquindiphosphat u. -diorotat u. Funkt. d. – 15-1675; Funkt.-Zustand d. –-Rinde nach Einw. v. Pb 18-1443; Wrkg. d. exogenen Ascorbinsäure auf d. funktionellen Zustand d. –-Rinde in Verbind. mit Stress infolge ACTH-Behandl. bei Küken 19-1653; Funkt. d. –-Rinde d. an Meerwasser adaptierten Aals 20-1485; basale adrenokortikale Funkt. bei normalen, gesunden Indern (Effekt d. ACTH-Stimulat. u. Metyrapon-Applikat.) 21-1620; Funkt. d. – (Wrkg. v. Testosteron kurz nach d. Geburt) 27-1633; (bei Kranken mit Sekret.-Insuffizienz d. Magens) 30-1409;

Einfl.: v. 5-Fluoruracil auf d. Funkt. d. --Rinde bei disseminierter Karzinomerkrank. d. Verdauungstrakts 33-1432; v. Thiophos auf d. funktionale Aktivität d. --Rinde d. Ratte 34-1675; Jahreszyklus d. --Rindenfunkt. d. männl. Ente 36-1522; Mn-Gewebekonz. u. --Funkt. 36-1524; Funkt.-Veränder. d. --Rinde nach Proserin (Bezieh. zur Cholinesteraseaktivität d. Blutes u. Hirns) 38-1771; Wrkg.: v. AY-*9944* auf d. --Funkt. v. Ratten 39-1446; v. SK F-*12 185* auf d. --Rindenfunkt. beim prim. Aldosteronismus 39-1447; Verh. d. --Rindenfunkt. bei Vergift. mit Zytostatika 46-1178; Wrkg. v. DDD-Isomeren auf d. --Funkt. d. Ratte 51/52-1644.

Sekret. d. --Marks (Protein d. Brenzcatechinamindepotbläschen u. Unters. d. Sekret.-Prozesses) 6-1436; --Rindensekret. beim Hund (Wrkg. v. Tranylcypromin) 11-1620; histochem. Rk. in d. --Rinde d. Ratte (Wrkg. v. Diäthylstilböstrol) 17-1344; Mechanismus d. Sekret. aus d. --Mark 33-1697; oxydativer Stoffwechsel v. Rinde u. Mark d. – d. Meerschweinchens (Wrkg. v. Trijod-L-thyronin) 37-1630.

Resorpt. v. markierten karzinogenen KW-Stoffen durch d. – v. Ratten 24-1317; Verwert. v. $^{14}C_{(1)}$-Acetat bei d. Acetylier. aromat. Amine durch d. – d. Meerschweinchens 12-1431.

Beeinfluss. d. Lipoidstoffwechsels in d. Ratten-– (ACTH-Stimulier.) 3-1405; Synth.-Geschw. v. Cholesterinestern in d. – d. Ratte 9-1538; Einfl. v. Thyroxin u. Luteinisier.-Hormon auf einige an d. Lipogenese in – beteiligte Enzyme 12-1314; Bldg. v. Isocapronaldehyd bei d. enzymat. Abspalt. v. Cholesterinseitenketten durch --Extrakt 15-1425; Verester. v. Cholesterin durch Ratten---Homogenate 23-1610; Seitenkettenspalt. v. Cholesterin: durch --Mitochondrien (Hemm. durch O_2 unter Druck) 43-1266; in Rinder---Rinde 47-1580.

Umwandl. v. ^{3}H-Tyrosin in ^{3}H-DOPA in d. – in vivo 3-1490; Bldg. v. ^{3}H-Dopa aus ^{3}H-Tyrosin u. d. Best. d. Dopa-Neubldg.-Rate in d. – d. Huhns u. d. Katze unter in vivo-Beding. 10-1429; Aminosäureeinbau in Mitochondrien d. --Rinde (Wrkg. v. Chloramphenicol) 21-1328.

Einbau v. Vorstufen in Protein u. RNS in Ratten-– in vitro 11-1408; Aminoacyltransferasestimulier. d. Proteinsynth. durch --Polysomen d. Schweins 12-1212; Wrkg. v. endogenem Pyrogen auf Antikörperbldg. u. Intensität d. Eiweißsynth. in d. – 30-1489; Proteinsynth. in d. – (Hemm. durch Steroide in vitro) 45-1555; *24*-Std.-Rhythmus d. Eiweißumsatzes in d. Zellen d. --Rinde 46-1402.

Freisetz. v. Nucleotiden aus --Mark durch indirekt wirkende sympathomimet. Amine 43-1581.

Steroidhydroxylier.-Aktivität v. Ratten---Mitochondrien u. -Mikrosomen 1-1175; Aldosteronprodukt. in inkubierten – (Wrkg. d. lokalen Aldosteronkonz.) 2-1348; Stoffwechsel v. $^{14}C_{(1)}$-Progesteron in d. – d. mongol. Wüstenmaus (Einfl. v. ACTH u. NADPH) 5-1371; Umwandl. v. 17α-Hydroxypregnenolon in Dehydroepiandrosteron durch --Homogenate v. jungen u. ausgewachsenen Meerschweinchen 6-1445; Wrkg. v. ACTH u. HCG auf d. Produkt. v. Testosteron u. Epitestosteron in d. – 8-1439; 2α- u. 6β-Hydroxylier. v. Cortisol durch --Homogenate 9-1238; Synth.: v. Corticosteron aus endogenen u. zugefügten radioakt. Vorstufen durch --Gewebe d. Ratte in vitro 9-1420; v. 21-Desoxycortisol durch menschl. --Gewebe 9-1421; Umwandl. v. 17-Hydroxyprogesteron durch Rinder-– 10-1414; Steroidsynth. d. – d. Ratte (Wrkg. v. Angiotensin II) 11-1452; Bldg. v. $C_{(21)}$-Steroidsulfaten aus $^{14}C_{(4)}$-Progesteron durch --Schnitte v. menschl. Neugeborenen 13-1446; Wrkg. v. Hexadimethrinbromid auf d. Corticosteronsekret. d. Ratten-– 13-1502; 11β-Hydroxylier. v. 11-Desoxycortisol in d. --Rinde beim Menschen 15-1522; Steroidbiogenese in d. – junger Ratten (Aktivität eines beteiligten Enzyms) 18-1192; Brenzcatechinaminausschütt. isolierter – (Stimulier. durch Tyramin) 18-1453; Freisetz. v. Brenzcatechinaminen aus d. --Mark durch Diazoxid 18-1461; adrenokortikale Sekret. v. Aldosteron u. Glucocorticoiden regulierende Mechanismen sowie fetale Endokrinologie d. – 19-1547; Ersatz v. Testodoxin aus Schweinetestis für adrenales Nichthäm-Fe-Protein bei d. 11β-Steroidhydroxylier. 23-1403; Stoffwechsel v. Androstendion in --Homogenaten beim Schwein 23-1593; Einfl. v. biolog. Substanzen auf d. Corticosteroidgenese u. Elektronentransportabhängigk. in --Mitochondrien d. Ratte 24-1585; Adrenalinsekret. d. – bei hypophysektomierten Ratten (Wrkg. v. Corticostimulin u. Hydrocortison) 24-1594; Steroidhormonsynth. in --Präp. 25-1563; Umwandl.: v. 20α-Hydroxycholesterin in vitro zu Pregnenolonsulfat durch d. menschl. – 25-1564; v. Hydrocortison zu Cortison in vitro in – (Wrkg. v. Adrenosteron) 25-1565; Einbau v. ^{3}H-7α-Pregnenolon u. $^{14}C_{(4)}$-Progesteron in Corticosteroide u. einiger ihrer Schwefelsäureester durch --Schnitte menschl. Neugeborener 26-1370; Biosynth. v. 18-Hydroxycorticosteroiden durch Kaninchen-– in vitro 26-1371; Freisetz. v. Brenzcatechinaminen aus d. --Mark durch Peptide 27-1635; in vitro-Umwandl. v. Transdehydroepiandrosteron in Androstendion durch d. --Rinde d. Albinoratte (Wrkg. v. Retinal) 28-1652; Aktivität d. 3β-Oldehydrogenase u. Steroidsynth. aus Progesteron in d. – d. Kaninchens nach wiederholter ACTH-Zufuhr 30-1416; Umwandl. v. $^{14}C_{(4)}$-Progesteron in Aldosteron u. Corticosteron durch Ratten-– (Einfl. v. Hexadimethrinbromid) 31-1618; Steroid-17α-Hydroxylier. in d. – d. Ratte 32-1362; Umwandl. v. Cholesterin zu Pregnenolon in --Mitochondrien (Hemm. durch hyperbaren O_2) 33-1544; Hemm. d. Abgabe v. Brenzcatechinaminen u. d. Ca-Austausches v. perfundierten Katzen-– durch Tetracain u. Mg 34-1451; Umwandl. v. ^{3}H-Aldosteron in 11-Dehydroaldosteron im --Gewebe d. Kaninchens in vitro 34-1459; 11β-Hydroxylier. in --Homogenaten v. Ratten (Stimulat. durch CN^- nach Hemm. d. Atmungskette) 35-1275; Substrat-unterstützte Hydroxylier. v. DOC bei Ratten---Mitochondrien (Einfl. v. Metopiron) 35-1276; Steroidbldg.: in vitro durch Homogenate v. --Rindengewebe d. europäischen Aals 35-1514; in embryonalen u. fetalen Ratten-– 35-1515; Dehydroepiandrosteron- u. Dehydroepiandrosteronsulfatstoffwechsel in d. – d. menschl. Fetus bei Schwangerschaftsmitte 36-1520; Abbau v. $^{14}C_{(4)}$-Progesteron durch – v. Ratten mit einem transplantierbaren mammotropen Hypophysentumor in vitro 37-1331; Aminoglutethimid als Hemmstoff d. Steroiderzeug. in d. – (Wrkg.-Mechanismus u. therapeut. Prüf.) 39-1445; Abgabe v. Brenzcatechinaminen u. spezif. Protein aus d. – 40-1451; Dicumarol als ein neuer Inhibitor d. Steroid-11β-Hydroxylier. in Rinder-– 41-1261; Behandl. v. --Homogenaten normaler u. kastrierter Meerschweinchen mit 7α-^{3}H-Cholesterin unter d. Einfl. v. Serum-Gonadotropin (Bldg. v. Dehydroepiandrosteron) 41-1485; Steroidbiosynth. in Kaninchen-– 41-1508; Rolle v. ATP u. Adenosintriphosphatase bei d. Freisetz. v. Brenzcatechinaminen aus d. --Mark 42-1090; Stoffwechsel v. $^{14}C_{(4)}$-Progesteron in d. – d. mongol. Gerbil (Wrkg. v. Triparanol) 42-1544; Atmungsaktivität d. Mitochondrien aus d. --Rinde während d. Hydroxylier. v. Steroiden 44-1085; Östrogenbiosynth. in vitro in --Gewebe d. Goldhamsters 44-1410; Biosynth. v. 18-Hydroxy-11-desoxycorticosteron in vitro durch Interrenalgewebe d. Regenbogenforelle 46-1397; in vivo-Steroidgenese durch menschl. – 46-1398; Erzeug. v. Aldosteron u. Corticosteron durch – normaler u. hypophysektomierter Ratten (Wrkg. v. Melatonin u. 5-Hydroxytryptamin) 46-1412; Depolarisat. u. Brenzcatechinaminsekret. an d. chromaffinen --Markzelle durch Acetylcholin (Amethocainwrkg.) 49/50-1661; Umwandl.: v. Hydrocortison in --Schnitten v. Meerschweinchen nach langer Zufuhr v. Hydrocortisonacetat 51/52-1459; v. $^{3}H_{(7\alpha)}$-Pregnenolonsulfat zu Δ^5-3β-Hydroxysteroidsulfaten durch d. menschl. fetale – in vitro 51/52-1465.

Beziehung zu anderen Körperfunktionen: Hypophysen---Funkt. (bei d. oralen Empfängnisverhüt.) 8-1462; (Wrkg. v. Pentobarbital- u. Morphin-Vorbehandl. u. A.) 8-1472; Wrkg. d. Abkömmlinge v. Imidazol- u. Pyrazoldicarbonsäuren auf d. Hypophyse---Syst. 11-1559; Hypophysen---Funkt. v. Frauen während d. Anwend. v. Gestagenen 13-1415; Wrkg.: v. pflanzl. Fett auf d. Hypophysen---Achse trächt. Albinoratten (Wrkg. auf d. Nebenniere) 15-1521; v. Barbiton-Na auf d. Hypophysen---Funkt. d. Ratte bei dauernder Verabreich. 17-1711; zentraler Kontrollmechanismus d. Hypophysen---Rindenfunkt. 22-1522; Einfl. v. Glycodiazin auf d. Hypophysen---Achse 25-1588; Hemm. d. Hypophysen---Achse (Einzeldosis v. Dexamethason) 27-1640; Hypophysen---Steuer. v. Coeruloplasmin 28-1562; Wiederherst. d. Hypothalamus-Hypophysen---Funkt. nach Behandl. mit Corticosteroid 35-1520; funktionaler Zustand d. Syst. Hypothalamus–Hypophyse-– bei dienzephal. Neurointoxikat. 46-1513; tox. Wrkg. v. Oxyphenbutazon auf d. Hypophysen---Syst. 49/50-1644.

Rolle d. – bei d. Einw. v. Hypoxie auf d. Schilddrüsenfunkt. 8-1482.

Wechselwrkg. zwischen Pankreas u. – nach letalen Dosen v. l-Aminocyclopentancarbonsäure 3-1547; Wrkg. d. --Marks bei d. Insulinreaktivität (Stadien d. Phylogenese) 6-1460.

Beteilig. d. – an d. akuten experimentellen Thrombophlebitis 17-1538; Bedeut. d. – bei d. Renin-bedingten Hypertonie 22-1739; mineralotrope Corticoadrenalfunkt. (Bezieh. zur natriuret. Aktivität v. Angiotensin II) 24-1619; in seiner Wrkg. v. d. – abhängiges Diuretikum SU-*15 049* 25-1800; sympathikoadrenale Rk. bei d. Herzsondier. (Hemmwrkg. v. Prenylamin) 27-1827; Medulloadrenalstimulat. nach intraaortaler Zufuhr v. Angiotensin beim Hund 28-1611; Rolle d. – u. α- u. β-Rezeptoren bei d. Bronchialerweiter. v. Meerschweinchenlungen in vivo 46-1563; --abhängige Kreislaufrk. auf Angiotensin bei d. Katze 51/52-1485.

Rolle d. – bei d. Biosynth. v. Haptoglobin 28-1590.

Ektomie – Beziehung zu anderen Körperfunktionen: Wrkg. v. Adrenalektomie auf Stoffwechselprod. u. Glykogensynthetaseaktivität in d. Rattenleber 3-1406; Notwendigk. v. Ca bei d. durch verschiedene Substanzen induzierte --Marksekret. 3-1558; hypnot. Wrkg. v. Medinal u. antihypnot. Wrkg. v. Coffein bei adrenalektomierten Mäusen in Bezieh. zur Jahreszeit 3-1632; --ektomierte Ratten (extrarenale Wrkg. v. Aldosteron auf Skelettmuskelfasern) 4-1178; Einfl. d. --Entfern.: auf d. glykogenet. Wrkg. v. Pentobarbital 4-1326; auf d. Einbau v. Aminosäuren in Protein durch ein zellfreies Präp. aus d. Leber u. Niere v. Ratten zu verschiedenen Zeitpunkten nach d. Operat. 5-1388; Histaminschock bei d. Bordetella pertussis-behandelten, adrenalektomierten Maus (Schutzwrkg. durch Brenzcatechinamine) 6-1469; Einfl. v. Adrenalektomie: auf d. Tag–Nacht-Rhythmus d. Tryptophanpyrrolase-Aktivität u. ihres zirkulierenden Substrats 8-1257; auf d. Aktivität d. anorgan. Pyrophosphatase, Pyrophosphatglucosephosphotransferase u. Glucose-6-phosphatase in Rattenleber- u. -nierenmikrosomen 8-1316; Diurese bei bilateral adrenalektomierten Ratten (Einfl. v. Desoxycorticosteronacetat) 8-1628; Hunger-induzierte Adaptat. v. Rattenleber-Tyrosintransaminase u. Serindehydrase bei adrenalektomierten Tieren 10-1226; Einfl. v. Adrenalektomie: auf d. Mg-Verteil. bei Ratten 11-1389; auf d. Redoxprozesse im Gehirn 11-1406; auf d. Na-Ausscheid. u. Diurese 11-1662; bei d. Implantat.-Hemm. durch I.C.I. *46,474* 13-1431; auf d. RNS-Geh. in d. Nierenkanälchen u. in d. Speicheldrüsen d. Ratte 13-1440; auf d. Cortisolwrkg. an isolierten Rattenleberkernen 13-1444; Wrkg. v. Primycin auf d. Synth. d. Tryptophanpyrrolase bei d. adrenalektomierten Ratte 14-1259; Einfl. v. Adrenalektomie: auf d. Glutamat-induzierte Hyperglykämie 14-1472; auf d. Ganglienblockade 14-1606; auf d. Rk. gegenüber Norepinephrin u. Reiz. d. Nervus accelerans 15-1528; auf d. Einbau v. ^{3}H-Thymidin in Rattengewebe unter bes. Berücksichtig. d. Lymphoidgewebe 16-1525; u. Anwend. v. Desoxycorticosteronacetat auf d. Laichen bei Rana cyanophlyctis 17-1532; Adrenalektomie bei Ratten u. ihr Einfl. auf d. Lokalanästhesie d. peripheren Nerven 17-1721; Leberglykogen u. freie Fettsäuren im Plasma v. Ratten mit entferntem --Mark (Wrkg. v. Reserpin) 18-1613; Einfl. v. Adrenalektomie: auf Histologie u. Esteraseaktivität d. Rattenhypophysenvorderlappen 19-1557; auf d. β-Galaktosidaseaktivität im Dünndarm d. Ratte (postnatale Entw.) 20-1339; Ernähr.- u. hormonale Enzymregulier. d. Fructosestoffwechsels in d. Leber v. adrenalektomierten Ratten 20-1385; Einfl. d. Adrenalektomie auf d. renale Gluconeogenese 20-1483; Verteil. d. Leber-Nucleotide in belasteten u. unbelasteten intakten u. adrenalektomierten Ratten 21-1293; Einfl. d. Adrenalektomie: auf postnatale Änder. d. Aktivität d. nichtspezif. Esterase u. d. alkal. Phosphatase d. Jejunums u. d. Ileums d. Ratte 21-1427; auf d. Inhibier. d. Hexokinase durch d. Blutserum v. Tieren mit Fieber 21-1640; Mg-Stoffwechsel bei Adrenalektomie 24-1615; Einfl. v. --Entmark. u. Adrenalektomie auf d. Toxizität v. Amphetamin bei einzeln u. in Gemeinschaft lebenden Mäusen 25-1764; Einfl. v. Adrenalektomie: auf d. Konz. v. Effektoren gluconeogenet. Schlüsselenzyme in d. Rattenleber 29-1448; auf d. Dehn. d. Lunge bei akuter Anaphylaxie beim Meerschweinchen in vivo

29-1666; auf d. Lebernekrose infolge v. Thioacetamid 29-1741; hypoglykäm. Wrkg. v. Vasopressin beim adrenalektomierten Hund (Einfl. v. Actinomycin D) 32-1562; Indukt. v. Lungenkrebs u. Leukämie durch Injekt. v. 4-Nitrochinolin-1-oxid bei adrenalektomierten Ratten 35-1241; Wrkg. v. Adrenalektomie auf d. Tagesrhythmus v. Tyrosin-α-Ketoglutarat-Transaminase in d. Rattenleber 35-1283; unterschiedl. Rk. d. Serum-Glykoprotein-Fraktionier. auf Gewebeschädig. bei adrenalektomierten Ratten 37-1656; Wrkg. v. Adrenalektomie auf d. Aktivität v. DPN- u. TPN-Diaphorase in d. Frühstadien d. durch 3'-Methyl-4-dimethylaminoazobenzol induzierten Leberkarzinogenese 38-1348; Umwandl. v. Δ^4-Androstendion d. Plasmas zu Östron bei adrenalektomierten Frauen 39-1436; Wrkg. v. Pentamidin auf d. Dextranpfotenödem bei adrenalektomierten Ratten 39-1577; Brenzcatechinaminausscheid. bei d. --entmarkten Ratte bei Kältebehandl. nach chron. Guanethidinbehandl. 42-1545; Freisetz. v. 5-Hydroxytryptamin im Hirnstamm v. adrenalektomierten Ratten nach Röntgenbestrahl. 44-1480; Epinephrektomie u. Hyperfunkt. d. Nebenniere (Wrkg. auf d. saure Phosphatase bei d. Regenerat. d. Rattenhaut) 45-1659; Einfl. d. Adrenalektomie auf d. Ausscheid. v. Thymidin u. Desoxyuridin bei d. bestrahlten Ratte 45-1674; Hemm. d. durch Östrogen induzierten Enzymsynth. im Uterus d. adrenalektomierten Ratte durch Actinomycin D 46-1321; Mitose-stimulierender Faktor in partiell hepatektomierten Ratten nach Adrenalektomie u. nach Dexamethason-Gabe 46-1395.

Transplantation, Regeneration: Einfl. v. --Milz-Transplantat. u. Adrenalektomie auf d. Geh. an 17-Hydroxycorticosteroiden im Plasma u. 17-Ketosteroiden im Blut bei Patienten mit fortgeschrittenem Mammakarzinom (Wrkg. v. ACTH-Perfus.) 8-1190; akuter u. chron. Einfl. v. Diazoxide auf d. bei d. --Regenerat. auftretende Hypertens. 15-1724; Regenerat.-Prozesse in d. --Rinde unter d. Einfl. v. ACTH u. Prednisolon 45-1529; antihypertensive Wrkg. v. Arzneimitteln bei nicht narkotisierten Ratten mit stabilisierter Hypertens. bei --Regenerat. 47-1734.

Beeinflussung: --Rk. auf Eledoisin bei Hypertonikern u. Normalpersonen 2-1368; Beeinfluss. d. --Rinde d. Sherman-Ratte durch d. Lipid- u. Proteingeh. d. Nahr. 4-1258; Veränder. d. -- bei Ratten nach Verabreich. v. Östrogenen 8-1456; durch Glukagon bewirkte Stimulier. d. -- bei d. Ratte 8-1487; Wrkg.: eines sulfatisierten Mucopolysaccharids auf d. Zona glomerulosa d. Ratten-- 11-1407; v. Solasodin auf d. -- 11-1565; v. Ascorbinsäure auf d. Ratten-- unter Stilböstrol-induzierter Belast. 13-1517; v. Schizandra chinensis auf d. -- bei intakten u. kastrierten Ratten 17-1679; v. Dicolin auf d. -- 21-1789; v. Polybren auf d. --Rinde 23-1751; tox. Wrkg. v. 3-Allylhydroxyöstriol auf d. -- 27-1624; Stimulier. d. --Marks d. Ratte durch Histamin freisetzende Verb. 28-1593; Wrkg. v. Melatonin auf d. -- v. Küken 30-1444; Rk. d. --Rinde auf Stress (Einfl. d. Tagesschwank. d. Corticosteron-Konz. im Plasma) 31-1606; Wrkg. v. Renin auf d. Empfindlichk. d. --Rinde gegen ACTH u. Angiotensin II bei Hunden 31-1622; -- stimulierende Eig. v. Histamin 33-1711; Wrkg.: v. ACTH u. Angiotensin II auf d. --Rinde v. Hunden nach Hypophysektomie oder Behandl. mit hohen Dosen v. Glucocorticoiden 39-1461; v. Gonadotropinen auf d. -- 41-1485; amphenonart. Inhibitoren d. Rinde v. Glandula suprarenalis 42-1392; Wrkg.: v. Peptiden auf d. --Mark 42-1423; v. Testosteron u. Progesteron auf d. --Rinde d. Affen Macacus irus 44-1412; Rk. d. -- auf Corticotropes Hormon (Wrkg. v. Actinomycin D) 44-1497; Verh. d. --Rindenfunkt. bei Vergift. mit Zytostatika 46-1178; Einfl. v. Hypophysektomie, Corticotropin u. Cortisol auf d. --Mark d. Ratte 49/50-1478; Hemmwrkg. v. Azachalkonen auf d. --Rinde 51/52-1351; Darst. v. α-Pyridylbenz-[b]-cycloalkan-1-on-deriv. als --Rindenhemmstoffe 8-1669*.

Pathologie -- Beziehung zu anderen Körperfunktionen: Erzeug. v. --Schäden u. Krebs durch Hydroxyalkylderiv. v. 7.12-Dimethylbenz-[a]-anthracen 15-1286; Patienten mit adrenalen Veränder. (Identifikat. u. Best. d. Testosterons in d. Sulfatfrakt. d. Plasmas) 42-1389; Vitamin-B_6-Stoffwechsel bei Patienten mit --Erkrank. 51/52-1565.

Pressoreffekt v. synthet. Angiotensin II bei prim. chron. --Rindeninsuffizienz (Einfl. v. Aldosteron u. Aldosteron-Antagonisten) 23-1605; Wrkg. v. Aldosteron u. Aldosteron-Antagonisten auf W.- u. Elektrolytstoffwechsel bei Morbus Addison 25-1568; Ausscheid. v. Testosteron u. Epitestosteron im Harn bei Hirsutismus 28-1585; Auftrenn. d. 17-Ketosteroidfrakt. im Urin bei adrenalem Hirsutismus 41-1222; Wrkg. v. Thyreoid- u. --Insuffizienz auf d. Rektaltemp. d. entwässerten Ratte 44-1417.

Nekrose d. -- durch Dimethylbenzanthracen (Rolle d. Lysosomen) 4-0998; (Schutz) 16-1258.

Atrophie d. -- durch Cortison u. Insulin bei Ratten 27-1406.

Vork. v. 21-Desoxycortisol im Blut eines Patienten mit erbl. --Hyperplasie 9-1422; klin. u. Steroidstoffwechsel bei vier Geschwistern mit kongenitaler virilisierender --Hyperplasie 20-1484; Ausscheid. v. Tetrahydro-11-desoxycortisol, Tetrahydrocortison u. Tetrahydrocortisol bei Patienten mit kongenitaler --Hyperplasie u. Cushing-Syndrom 22-1539; Wrkg. v. Dehydroepiandrosteron auf d. kompensator. --Hypertrophie 28-1581; adrenale Hypertrophie nach CCl_4 (Verhinder. durch Ascorbinsäure) 31-1684.

Corticosteroidbiosynth. in proliferierenden Ratten-- 8-1471; Biosynth. v. Geschlechtshormonen durch hyperplast. -- kastrierter weibl. C_3H/Ep-Mäuse 39-1440; bleibender Mangel an im Uterus gebildeter 3β-Hydroxysteroiddehydrogenase nach d. Geburt bei tierexperimenteller angeborener Hyperplasie d. --Rinde 51/52-1458.

Decarboxylier. v. 5-Hydroxytryptophan im Gewebe d. --Rinde bei Cushing-Krankh. u. bei adrenokortikalen Geschwülsten 7-1192; Cushing-Syndrom assoziiert mit einem Corticotropin produzierenden Bronchialneoplasma (Corticotropinbest. u. Hypophysen---Funkt.-Prüf.) 24-1315; Cholesterinverester. durch d. Mitochondrien-reiche Frakt. d. Snell---Rinden-Tumor *494*-H u. d. normale -- 25-1321; erhöhte Phosphatausscheid. durch d. Nieren beim Cushing-Syndrom 32-1305; --Rindenfunkt. bei Cushing-Syndrom infolge einer nicht tumorösen --Rindenüberfunkt. (Einfl. v. DL-2-[p-Aminophenyl]-2-phenyläthylamin) 43-1411; Entw. v. --Rindenkarzinomen bei C3H-Mäusen nach Kastrat. u. Zufuhr v. 7.12-Dimethylbenz-[a]-anthracen 51/52-1197.

Analyse, Untersuchungsmethoden: Blokkier. d. Feulgen-, PAS- u. anderer Rk. in d. -- durch $NaClO_2$ 8-1964; Best. v. Vitamin A in d. Ratten-- 2-1403; automatisierte Best. v. Ratten---Ascorbinsäure bei d. biolog. Best. v. Corticotropin 27-1700; elektronenhistochem. Nachw. d. Verteil.-Musters d. sauren Phosphatase-Aktivität im --Mark d. Ratte 36-1345; Bewert. v. Ascorbinsäure als Mittel zur radiolog. Unters. d. -- 43-1479; Insulinhypoglykämietest als Funkt.-Prüf. d. Hypothalamus-Hypophysen---Rinden-Syst. (Normalpersonen) 16-1543; (Patienten mit hypothalam. u. hypophysären Krankh. u. bei Patientinnen mit Anorexia nervosa) 16-1544; --Funkt.-Test (Bldg.-Rate v. Cortisol bei Meerschweinchen) 36-1523.

Bibliographie: The human adrenal cortex; its function troughout life B 44; The investigation of hypothalamic-pituitary-adrenal function (Proceedings of a symposium sponsored jointly by Ciba Horsham, the Society for Endocrinology and the Endocrine Section of the Royal Society of Medicine, London *1967*) B 68.

Nebenschilddrüsen (Parathyreoideae)

Bestandteile, Stoffwechsel: Alkal. Phosphataseaktivität in d. -- rachit. Küken nach Vitaminbehandl. 26-1621; Isolier. u. Charakterisier. v. Polypeptiden d. -- 43-1419; Aufnahme v. α-Aminoisobuttersäure durch d. -- d. Ratte in vivo (Wrkg. v. Metallionen) 19-1579.

Beziehung zu anderen Körperfunktionen: Wrkg. v. --Extrakt: auf d. Mg-Ausscheid. beim Menschen 9-1436; auf d. Konz. v. Nicotinamidadenindinucleotid-Cofaktor in Nierenmitochondrien in vivo 11-1433; Bezieh. zwischen d. --Funkt. u. d. Serumaminopeptidase A-Aktivität 12-1273; --Funkt. u. d. renale Ausscheid. v. 3'.5'-Adenylsäure 34-1503.

Ektomie -- Beziehung zu anderen Körperfunktionen: Einfl.: v. Parathyreoidektomie auf d. Mg-Verteil. bei Ratten 11-1389; v. Actinomycin D auf d. Ca-Spiegel im Serum bei parathyreoidektomierten Ratten 12-1580; Ca-Stoffwechsel d. normalen u. parathyreoidektomierten Ratte (Wrkg. v. Thyrocalcitonin) 12-1440.

Pathologie: Vitamin-D-Vergift. bei einem Patienten mit --Insuffizienz (akute Pankreatitis) 5-1479; Ca-Bind. durch Plasma-Proteine bei Hyperparathyreoidismus 9-1437; Änder. d. P-Clearance bei Erkrank. d. -- durch Glucoseverabreich. 16-1534; Reabsorpt. d. anorgan. P in d. Nieren bei renalem prim. Hyperparathyreodismus 26-1557.

Ohrspeicheldrüse

s. unter *Speicheldrüsen.*

Pankreas (Bauchspeicheldrüse

Diabetes (mellitus) s. dort.

Organkultur v. fetalem Ratten-- 30-1437; Bezieh. zwischen d. Aktivität d. Desoxyribonuclease I d. Hühnerembryos während d. Ontogenese u. d. Entw. d. -- 32-1405.

Bestandteile: Histochem. Unters. d. -- bei künstl. erhaltener Hyperglykämie bei einer Krankh. mit Geschlechtschromosomanomalien 32-1586.

Verteil. v. Se in humanem -- 17-1509; ^{65}Zn-Geh. in -- u. Ausscheid. aus d. Organismus bei Diabetes 26-1560; Hg-Geh. d. -- 34-1428.

Zytoplasmat. RNS-Frakt. d. -- 8-1165; Polyprenole aus Schweine-- 9-1149; Nucleinsäuregeh. d. Frosch-- (Einfl. v. Ultraschallwellen) 11-1502; Lipide d. Säuger-- 12-1444; Protoplastenberst.-Faktor aus Schweine-- (Isolier.) 13-1259; Wrkg. v. 2-Mercaptoäthanol auf Kaninchen---Isoantikörper 13-1504; Proteinhemmstoffe aus d. -- 14-1296; Anhäuf. v. ^{3}H-4-Aminoprolin im -- v. Mäusen 14-1560; Indolnatur d. Enterochromaffinsubstanz aus --Präp. 16-1204; Pyridinnucleotide in d. Langerhansschen Inseln d. Knochenfische 26-1538; RNS-Struktur u. biolog. Aktivität v. Ribosomen d. -- 29-1339; RNS-Nucleotide d. Langerhansschen Inseln v. Säugetieren 33-1396; Geh.: an Sialsäuren im -- v. Wirbeltieren 37-1599; an Spermidin u. Histidin im -- v. Meerschweinchen 47-1593.

Trypsininhibitor d. -- 5-1266; bas. Trypsininhibitor im Rinder-- 5-1267, 13-1228; Primärstruktur eines --eigenen Trypsininhibitors 25-1371; --Trypsininhibitor (Fluoreszenz u. Struktur) 26-1339; kovalente Peptidstruktur eines Trypsininhibitors d. -- 28-1440; Disulfidbrücken d. bas. Trypsininhibitors d. Rinder-- 30-1436; Aminosäuresequenz eines pankreat. Inhibitorpolypeptids v. Trypsin 32-1436; Inaktivier. u. Reaktivier. eines Inhibitors d. Trypsins aus d. -- durch reversible Red. d. Disulfidbrücken 32-1437; Isolier. u. Charakterisier. d. Trypsininhibitors aus --: u. --Sekret v. Hund 32-1438; verschiedener Wirbeltiere u. d. Menschen 32-1439; spezif. Trypsininhibitor aus Schweine-- 33-1513; bas. Trypsininhibitor aus Rinder-- (Sequenzunters. u. Disulfidbrücken) 34-1301; Trypsininhibitor aus d. Rinder---Saft 36-1374; akt. Zentrum d. bas. Trypsininhibitors d. -- (Rolle v. Lysin-*15*) 40-1274; Chemie u. Physiologie d. spezif. Trypsininhibitoren aus d. -- v. Rind, Hund, Schwein u. Mensch 46-1243.

--Enzyme d. gemeinen Dornhais (Procarboxypeptidase B u. Carboxypeptidase B) 5-1263; Aktivität nichtlipolyt. Verdauungsenzyme d. -- (Einfl. v. Salzen konjugierter Gallensäuren) 5-1494; Verdauungsfermente d. -- d. Feten einiger Säugetiere 14-1317; Wrkg. v. DL-Äthionin mit oder ohne ATP auf d. Ratten---Enzyme 19-1581; Enzympräp. d. Schweine-- (Rk. mit Muskelalbumin) 23-1435; adaptive Veränder. d. Fermentausscheid.-Funkt. d. Hühner-- in Abhängigk. v. d. Art d. Ernähr. 34-1465; Enzymaktivitäten im --Saft u. --Gewebe d. Katze nach Stimulier. mit Gewebshormonen u. nach ischäm. Belast. 43-1422.

Hypoxanthindehydrogenase im -- d. erwachsenen u. embryonalen Huhns 1-1195; GSH-Insulintranshydrogenase aus -- (Reinig. u. Eig.) 6-1254; Aktivität u. Heterogenität v. Milchsäuredehydrogenase in isolierten --Inseln bei fettsücht.-hyperglykäm. Mäusen 49/50-1500.

Desoxyribosidase-Aktivität im Hepato-- v. Octopus vulgaris 10-1238; Transaminase (GOT u. GPT)- u. Leucinaminopeptidase-Aktivität im -- v. Vipera aspis 28-1377; Thiaminpyrophosphokinase im --Saft d. Ratte 35-1287.

Walfisch---Ribonucleasen 1-1211; Amylase u. Lipase d. Ratten-- 2-1187; krist. Trypsine aus Rinder-, Schafs- u. Schweine-- 2-1363; --Lipase-Aktivität in D_2O 3-1244; Reinig. u. Eig. einer sauren Desoxyribonuclease aus d. -- d. Weinbergschnecke 4-1059; Proteasen, Amylasen u. Lipase d. -- u. d. Darminhalts v. keimfreien u. konventionellen

Ratten 5-1495; menschl. --Lipase 6-1268; systemat. Fraktionier. v. Schweine---Hydrolasen 10-1233; Tertiärstruktur d. Ribonuclease d. – 12-1225; Wrkg. v. atomarem H auf d. --Ribonuclease in wss. Lsg. 12-1228; Vgl. d. Anfangswrkg. v. Milz- u. --Desoxyribonuclease 12-1257; Tertiärstruktur v. Ribonuclease aus Rinder-- 17-1304; Reinig. v. Ratten---Ribonuclease 18-1204; Isolier. zweier Amylasen aus Schweine-- 18-1221; Trypsin, Chymotrypsin u. proteolyt. Gesamtaktivität v. – u. --Saft d. Rindes 18-1231; Reaktivität d. Histidinreste d. --Ribonuclease gegenüber Diazonium-1-H-tetrazol in Ggw. v. Cytidin- u. Uridin-3′-phosphat 20-1316; Verschiedenh. d. Ribonucleasen F u. A aus – 21-1422; Ribonuclease d. – (Spalt. v. Serin-tRNS) 22-1243; Carbohydrasen d. Stylums u. d. Hepato-- v. Strombus gigas Linné 22-1322; Heterogenität v. Rinder---Ribonuclease S 22-1346; Herst. eines Gemisches v. proteolyt. Enzymen aus --Abfällen nach d. Erzeug. v. Insulin 22-1854*; Carboxylesterhydrolasen d. Ratten---Saftes 23-1411; Wrkg. v. Elektrolyten u. Nichtelektrolyten auf d. thermalen Übergang v. Rinder---Ribonuclease 24-1371; Elastase im normalen Hunde-- (Überblick) 25-1373; Strukturunters. v. Carboxypeptidase A u. Elastase aus Rinder-- 26-1255; Destabilisier. d. Rinder---Ribonuclease durch Metallionen 28-1392; Lipase d. Schweine-- (Einfl. v. W.-Bindemitteln auf Aktivität u. Wärmeinaktivier.) 29-1439; --Lipase 29-1440; --Ribonuclease 31-1415; --Elastase (Hemm. u. Steiger. durch Serumfrakt. schwangerer u. nichtschwangerer Frauen) 31-1445; Schutz v. Rinder---Ribonuclease v. Zerstör. durch UV-Strahl. mit Hilfe v. Substratanalogen 32-1387; Aktivität: d. alkal. Phosphatase in --Inseln v. Ratten (Einfl. v. Glukagon) 32-1403; d. --Carboxypeptidase bei d. Ratte (Einfl. v. Zn-Mangel) 32-1648; Ribonuclease A aus Rinder-- (Heterogenität) 33-1481; Wrkg. d. Verdauungstrakts u. d. Leber auf Kallikrein d. – 33-1716; Passage v. ^{131}J-Kallikrein aus Schweine-- durch d. Rattendarm 33-1717; --Lipase 34-1286; Esterase-akt. Frakt. d. – 35-1292; Charakterisier. v. Hydrolasen im menschl. – 36-1379; kollagenolyt. Aktivität d. Säuger-- 37-1637; lipotroper --Faktor 37-1639; Vork. v. Sulfataseaktivität in – 38-1459; Strukturunters. d. --Ribonuclease 42-1197; unterschiedl. Verh. v. Lipase, Amylase u. d. proteolyt. Enzymen aus d. menschl. – nach verschiedenen Reizverf. 44-1231; chromatograph. Verh. d. --Amylase 44-1244; krist. Amylase aus Schweine-- (Wrkg. v. Harnstoff u. v. bestimmten anderen Amidreagenzien) 44-1245; Gewinn. v. Kollagenase aus Schweine-- (Heilmittel bei Entzünd. u. zur Wundbehandl.) 46-1690*; Isolier. u. Charakterisier. v. Sialinsäure-halt. u. -freiem Kallikrein aus Schweine-- 47-1587; Cholesterin-halt. Nahr. u. Aktivität v. Cholesterinester hydrolysierenden u. synthetisierenden Enzymen im --Saft v. Ratten 47-1649; Vork. zweier Kallikreinogene im Schweine-- u. Automat. d. Kallikrein- u. Kallikreinogenbest. 51/52-1476.

Funktion, Stoffwechsel: Wrkg.: v. Morphin allein u. in Ggw. v. $NaHCO_3$–W. auf d. --Sekret. d. Ratte 7-1444; v. Codein allein u. in Ggw. v. Bicarbonat–W. auf d. --Sekret. d. Ratte 7-1445; Sekret. d. – (Einw. v. Coffein) 7-1601; (d. Ratte, Wrkg. v. Gastrin) 14-1475; --Ausscheid. u. Atmung beeinflussende Stoffe 17-1743; Wrkg.: v. Morphin, Codein u. Nicocodin auf d. exokrine – -u. Gallensekret. d. Ratte (Vgl.) 22-1730; v. Trasylol auf d. --Sekret. 23-1617; Substanz P u. exokrine Aktivität d. Frosch-- 43-1426; Sekret. d. exokrinen – (Einfl. v. Physalaemin) 43-1554.

Stoffwechsel beim isolierten – 5-1410; Metabolitstatus, RNS-Geh. u. Ausscheid.-Funkt. d. Katzen-- unter Infus. v. Gewebehormonen u. ischäm. Belast. 43-1421; O-Verbrauch isolierter --Inseln v. Mäusen (Einfl. v. Kohlenhydraten) 49/50-1499.

Aufnahme v. Pu durch d. Hepato-- d. Hummers 12-1557; Ca-Ausscheid. durch d. – 26-1558; Inkorporat. v. ^{35}S in d. Langerhansschen Zellen 36-1596.

Verwert. v. $^{14}C_{(1)}$-Acetat bei d. Acetylier. aromat. Amine durch – d. Meerschweinchens 12-1431; Glucosestoffwechselwege in isolierten Langerhansschen Inseln v. Lophius piscatorius in vitro 43-1420; Einw. v. Pankreozymin u. Methacholin in vivo auf d. Lipidstoffwechsel d. – 31-1620.

Stoffwechsel d. γ-Guanidinobuttersäure im Hepato-- v. Mytilus edulis 4-1074; Desamidier. v. γ-Guanidinobuttersäure u. Arginin durch d. Hepato-- verschiedener Invertebraten (Vgl.) 12-1287; Verfolg. frisch gebildeter Proteine im Meerschweinchen-- mit Cycloheximide 27-1329; zelluläre RNS- u. Proteinsynth. im atropinisierten exokrinen – d. Maus 29-1631; Proteinsynth. im – (Wrkg. einer Ae.-Anästhesie) 29-1786; Einbau v. $^{14}C_{(1)}$-Glycin in --Proteine v. jungen u. ausgewachsenen Ratten nach Proteinmangel u. -wiederauffüll. 34-1523; biolog. Abbau v. Strukturkollagen durch – 39-1256; Synth. v. Eiweiß u. RNS in d. sich teilenden azinösen Zellen d. – 45-1576.

RNS-Synth. in Langerhansschen Inseln v. Säugetieren (Einfl. v. Glucose) 16-1235; Stoffwechsel d. RNS durch – (Wrkg. v. Pankreozymin, Urecholin u. Actinomycin D) 28-1280; nucleare DNS-Synth. im Funkt.-Formwechsel d. exokrinen – d. Maus (autoradiograph. Unters. mit ^{3}H-Thymidin) 47-1586.

Biosynth.: d. pankreat. Amylase u. v. Chymotrypsin A (Anpass. an eine stärke- u. eiweißreiche Diät) 18-1458; v. α-Amylase im – d. Ratte (Vgl. d. Regulat.) 31-1434; Trypsin- u. Chymotrypsinsekret. aus d. Kaninchen-- in vitro 43-1427.

Unterdrück. d. Insulinsekret. d. β-Zellen d. – durch Diazoxid 18-1461; Insulinsekret. d. Inselzellen d. – (Wrkg. v. Glybenzcyclamid) 24-1610; Einbau v. [^{3}H]-Leucin in Insulin v. isolierten Langerhansschen Inseln v. Säugetieren (Wrkg. d. Glucosekonz.) 42-1412; Wrkg. v. Diazoxide auf d. Insulinsekret. d. – (Unters. durch biolog. u. immunolog. Best.-Meth.) 44-1424.

Spezif. Aufnahme v. markiertem Alloxan in --Inselgewebe 40-1459.

Beziehung zu anderen Körperfunktionen: Wechselwrkg. zwischen – u. Nebenniere nach letalen Dosen v. 1-Aminocyclopentancarbonsäure 3-1547; Einfl. d. Acetonpulvers v. Hühner-- auf d. Folatgeh. d. Hefe 18-1506; Einfl. v. --Saft: auf d. Dünndarmlipide d. Schafes 36-1572; auf d. Phosphorylier. u. Resorpt. v. Vitamin B_1 47-1630; Wrkg. d. Unterbind. d. --Wege auf d. Thiamin-Resorpt. u. -Phosphorylier. im Darmlumen 51/52-1542.

Ektomie – Beziehung zu anderen Körperfunktionen: Rk. d. anorgan. P d. Serums v. pankreatektomierten Hunden auf Insulin 7-1446; Glykogengeh. d. Leukozyten d. peripheren Blutes v. depankreatisierten Hunden 26-1579.

Regeneration: Neogene Aktivität v. Benzolsulfamido-tert.-butylthiodiazol auf d. Langerhansschen Inseln 4-1201 stimulierender Einfl. v. Serotonin auf d. Mitoseaktivität d. – v. Ratten während physiolog. u. reparativer Regenerier. 17-1553.

Beeinflussung: Beeinfluss. d. Langerhansschen Inseln d. Sherman-Ratte durch d. Lipid- u. Proteingeh. d. Nahr. 4-1258; Hydrocortisonwrkg. auf d. exokrinen Teil d. – bei Ratten (histochem. Unters.) 7-1428; Wrkg.: v. Adrenalin auf d. Langerhansschen Inseln (Schutzwrkg. v. Dihydroergotamin) 20-1489; v. Glycodiazin auf d. Langerhansschen Inseln 27-1644; v. D-Mannoheptulose auf in vitro gezüchtete Langerhanssche Inseln 27-1645; Potenzier. d. Sekretin-Reiz. d. – 34-1466.

Pathologie – Beziehung zu anderen Körperfunktionen: Stör. d. inkretor. Funkt. d. – (Rolle d. Chelatbldg.) 21-1648; Induzier. eines --Tumors bei d. Ratte durch Streptozotocin 28-1333; akute --Nekrose infolge v. Puromycin 46-1528.

Serumenzymveränder. bei d. Pankreatitis d. Hundes 3-1424; akute Pankreatitis (Vitamin-D-Vergift. bei einem Patienten mit Nebenschilddrüseninsuffizienz) 5-1479; Trypsinhemm.-Kapazität d. menschl. Serums bei Pankreatitis 6-1281; Langlebigk. v. Serumlipasewerten bei Pankreatitis (Übersicht) 7-1447; α_2-Makroglobulingeh. d. menschl. Serums bei Patienten mit Pankreatitis 36-1552; Isoamylasen aus Urin bei Pankreatitis (Trenn. an Celluloseacetat) 36-1353.

Analyse, Untersuchungsmethoden: Elektronenmkr. Unters. d. Langerhansschen Inseln aus in vitro inkubierten Kaninchen---Schnitten 16-1535; Mikrometh. zur Best. d. --Lipase im Serum 12-1235; kolorimetr. Best. d. Elastaseaktivität in --Extrakten 21-1459; Tryptophanbest. in --Saft 21-2223.

Bibliographie: Les pancréatites; étude clinique, expérimentale et thérapeutique B 76.

Parathyreoideae

s. *Nebenschilddrüsen.*

Parotis

s. unter *Speicheldrüsen.*

Pinealdrüse

s. *Epiphyse.*

Schilddrüse (Thyreoidea)

Polysomen aus Schafs-- (Darst. u. Eig.) 22-1228.

Bestandteile: J-Mangel d. – 3-1417; Au-Geh. in d. – nach Verabreich. v. $AuCl_3$ an Ratten 3-1540; äquivalente Dosis in d. – nach Inhalat. einer Einzeldosis ^{132}Te 7-1438; Jodidkonz. in d. – (Einfl. v. Amphotericin B) 35-1537.

Geh. an Glykogen in d. – während d. postnatalen Wachstums 4-1190; J-halt. Proteine u. Aminosäuren d. – (Wrkg. v. Trypsin- u. Pankreatinverdauung) 5-1408; --Proteine 7-1439; Jodproteine v. Partikeln d. – (Proteinbiosynth. u. Jodier.) 7-1440; --Proteine 37-1632; Struktur v. *27*S---Jodprotein 42-1401.

m-RNS d. Schafs-- (Reinig., Eig.) 23-1272; Rk. v. Hunde---Pyridinnucleotiden auf hormonale Kontrolle 26-1204; hochmol. DNS-art. RNS in d. Ratten-- 39-1138; prim. lokale Schädig. d. DNS aus d. – d. bestrahlten Ratte 46-1481; Pyridinnucleotide in d. – 47-1583.

Gereinigte Peroxydase aus Rinder-- 1-1190; Verteil. proteolyt. Enzyme in d. – 5-1273; Stimulier. u. Inhibier. d. jodierenden Enzymsyst. d. – 15-1544; Kreatinphosphokinase in d. – (Zus. d. Isozyms im Vgl. zu anderen Geweben) 16-1335; Adenosindesaminase aus – v. Rindern (Reinig.) 17-1333; Hämoproteine u. Peroxydaseaktivität d. --Mikrosomen 19-1575; teilweise Reinig. u. Eig. einer Peptidase aus – 20-1343; spezif. Histidindecarboxylase in d. – (Inkubat.-Beding.) 21-1471; alkal. Phosphatase-Aktivität in d. – rachit. Küken nach Vitaminbehandl. 26-1621; Proteinase aus d. Schweine-- (Reinig., Eig. u. Spezifität) 27-1465; Reinig. u. Eig. einer Mastzellen-Protease aus Ratten-- 28-1435; Isolier. u. Reinig. v. --Peroxydase 32-1354; Esterase-akt. Frakt. d. – 35-1292; proteolyt. Aktivität in menschl. --Extrakten 35-1321; Stimulat. d. Kreatinphosphokinase u. Milchsäuredehydrogenase d. – v. Ratten durch Thyrotropin u. Propylthiouracil 35-1535; kein Vork. v. Sulfataseaktivität in d. – 38-1459; Adenosindesaminase aus Rinder-- 41-1287; Spezifität d. Jodtyrosindesjodase v. --Mikrosomen 44-1089; Aktivität d. Jodidperoxydase in subzellulären Frakt. d. – d. Menschen 45-1564.

Calcitonin d. – 15-1548.

Eigenschaften: Einfl. v. 2-Thio-6-azathymin auf d. Struktur d. Ratten-- 13-1457; subzelluläre Struktur d. Rinder-- 38-1427; Wrkg. d. äußeren K^+-Konz. auf Transmembranpotentiale v. Kaninchen-- 43-1415.

Funktion, Stoffwechsel: Funkt. d. neurosekretor. Zellen d. – bei γ-Bestrahl. u. Hormoneinw. 6-1565; Rolle d. Nebennieren u. d. Hypophyse bei d. Einw. v. Hypoxie auf d. --Funkt. 8-1482; --Aktivität bei Mäusen mit Hypothalamusschädig. durch Goldthioglucose 10-1400; Wrkg. v. Cholesterinfütter. u. Östrogenverabreich. auf d. --Funkt. bei Kaninchen 11-1511; funktioneller Zustand d. – nach Streptomycin u. Penicillin 13-1458; --Aktivität bei übersommernden männl. Wassermolch Triturus cristatus carnifex (Steiger. durch Prolactin) 15-1547; Wrkg.: einer Einzelinjekt. v. Progesteron auf d. Aktivität d. – bei d. Ratte 22-1532; v. Serotonin auf d. --Aktivität bei Albinoratten 23-1611; Veränder. d. --Aktivität durch γ-Amino-β-hydroxybuttersäure 23-1614; Wrkg. v. Morphin auf d. --Aktivität v. Ratten mit Hypothalamusläs. 27-1809; --Funkt. d. Ratte nach Verfüttern einer Tocopherol- u. Ubichinon-Mangeldiät 33-1688; Wrkg. v. Nebennierenrindensteroiden u. ACTH auf d. --Funkt. v. Ratten 33-1706; --Funkt. bei Neugeborenen (Korrelat. zwischen Proteingebundem J, Thyroxin-bindendem Globulin, Knochenalter u. Wachstum) 36-1527; Wrkg.: progestativer Steroide auf d. --Funkt. bei Rhesusaffen 37-1614; v. 5-Fluoruracil auf d. --Funkt. 39-1449; v. DDD-Isomeren auf d. --Funkt. d. Ratte 51/52-1644.

Energiestoffwechsel d. – (Wrkg. v. Thyreotropem Hypophysenhormon) 4-1194; Einfl.: d. Röntgen-Ganzkörperbestrahl. auf d. --Stoffwechsel d. Albinoratte 28-1677; v. Thyreotropem Hormon auf d. Energiestoffwechsel d. – 44-1408.

^{131}J-Stoffwechsel in d. – (Einfl. v. p-Aminosalicylsäure) 1-1516; J-Aufnahme durch d. – bei Psoriasiskranken 3-1368; Ra-Isotopen-Akkumulat. in tier. – 4-1291; Aufnahme v. ^{131}J durch d. – (Einfl. auf d. Biosynth. v. ^{131}J-Thyroxin) 5-1405; Intensität

d. Erneuer. d. energiereichen P-Verb. bei verschiedenen funktionalen Zuständen d. —. 5-1407; Jodidtransport in d. — (Rolle Jodidbindender Phospholipide) 7-1441; J-Stoffwechsel: in organotyp. Kulturen menschl. — 8-1481; in d. Ratten-— (Wrkg. v. NaBr) 9-1432; ^{99m}Tc-Pertechnetatspeicher. in d. — 9-1435; pharmakolog. Wrkg. auf d. J-Stoffwechsel in d. — 10-1436; Jodidaufnahme durch d. — bei Frauen aus Ontario 16-1530; J-Aufnahme u. -Umsetz. durch d. — (Wrkg. chron. Pb-Vergift.) 21-1816; J-Einbau durch d. — d. Hühnerembryos (Wrkg. v. Insulin) 24-1607; Radio-J-Aufnahme d. Ratten-— in vivo u. in vitro (Einfl. v. Methylparathion) 25-1581; Einschluß v. ^{131}J in d. isolierte — in vitro unter d. Einfl. v. Neurohypophysenhormonen 30-1435; Minimaldosis v. KJ zur Hemm. d. Aufnahme v. Radio-J durch d. — 34-1460; ^{131}J-Stoffwechsel in — u. —-Schnitten v. Ratten 51/52-1471.

Einbau: v. $^{14}C_{(1)}$-D-Glucosamin in Makromol. durch isolierte —-Zellen 41-1514; v. ^{32}P in Phospholipide v. —-Schnitten (Stimulier. durch TSH u. Wrkg. v. Ionen) 15-1510; Aufnahme v. 5-Hydroxytryptophan durch „C"-Zellen d. Hunde-— 8-1484; Aminosäureverwert. durch —-Schnitte v. Kälbern (Wrkg. v. Methimazol) 39-1450; Übertrag. d. J d. Jodchloroxychinolinmol. auf d. Jodaminosäuren d. — 39-1451; Aufnahme v. Aminoisobuttersäure durch —-Schnitte v. Rindern (Wrkg. v. Hormonen) 42-1399; Biosynth. v. Glykoprotein d. — 5-1406; Einbau v. Valin in —-Protein (Einfl. v. Thyroxin u. Jodid) 13-1452; Proteinsynth. durch Extrakte subzellulärer Teilchen aus d. — v. Schafen 28-1256; Biosynth. v. —-Glykoproteinen 41-1514; Bldg.: v. RNS, Phospholipid u. Jodprotein in d. — (simultane Beschleunig. durch d. Thyreoid-stimulierende Hormon in vivo) 42-1402; v. Protein u. RNS in fetalen —-Organkulturen (Einfl. v. Insulin u. Actinomycin D) 49/50-1633; DNS-Synth. in d. bestrahlten u. stimulierten — 49/50-1489.

Stoffwechsel v. ^{14}C-L-Tyrosin, ^{131}J-Natriumjodid sowie ^{14}C-^{131}J-L-Mono- u. -Dijodtyrosin in d. — 6-1453; Hydrolyse v. Thyreoglobulin u. β-Glycerophosphat durch Partikelfrakt. aus Meerschweinchen-— 8-1485; Biosynth. in vitro v. doppelt markierten Hormonen in —-Schnitten 9-1434; Hormonologie u. Regulier. d. — (Übersicht) 13-1448; thyreostat. Effekt d. Thioäther v. 2-Mercaptoimidazol auf d. Hormonsynth. d. — 27-1402; Aufnahme v. ^{131}J-Trijodthyronin durch d. — nach Verabreich. v. J durch Ionenaustauscher 36-1529.

Beziehung zu anderen Körperfunktionen: Wrkg.: v. Novobiocin auf d. Hypophysen-—-Achse d. Ratte 3-1589; v. —-Verfütter. auf d. experimentelle aplast. Anämie d. Ratte 5-1425; d. —-Status auf Wrkg. u. Stoffwechsel v. Pentobarbital u. Thiopental 17-1541; Wechselbezieh. zwischen d. — u. Androgenen bei Ratten mit Ernähr.-bedingter Hypercholesterinämie 11-1402; Einfl.: v. — im Futter auf d. Kohlenhydratstoffwechsel in d. Niere u. im Skelettmuskel bei Ratten 11-1429; v. —-Extrakt bei d. Postembryonalentw. d. Kaulquappen v. Rana dalmatine u. Alytes obstetricans 16-1531; v. Prolactin auf d. Hypothalamus-Hypophysen-—-Syst. d. Kammolches 33-1687; Rolle d. — beim Grundstoffwechsel u. d. Herzschlag d. weibl. Albinoratte 44-1418.

Ektomie — Beziehung zu anderen Körperfunktionen: Synth. v. α-Glycerophosphatdehydrogenasen in d. Lebermitochondrien thyreoidektomierter Ratten 2-1141; Wrkg. v. Thyreoidektomie auf d. ^{32}P-Stoffwechsel u. d. O_2-Verbrauch 7-1414; Cystathionase- u. Cysteinsulfindecarboxylase-Aktivität in d. Leber d. thyreoidektomierten Ratte (Wrkg. v. Puromycin u. Actinomycin D) 12-1303; Calciumstoffwechsel d. thyreoidektomierten Ratte (Wrkg. v. Thyrocalcitonin) 12-1440; Wrkg.: v. Actinomycin D auf d. Ca-Spiegel im Serum bei thyreoidektomierten Ratten 12-1580; v. Strahlenthyreoidektomie auf d. α-Glycerophosphatoxydase-Aktivität d. Rattenleber während d. Entw. 15-1313; hormonale Hyperexkret. v. —-Regeneraten nach chirurg. Thyreoidektomie bei Meerschweinchen 16-1527; Einfl. d. Thyreoidektomie auf d. Muster d. durch d. Milchdrüse laktierender Ratten synthetisierten Fettsäuren 16-1528; Leberglykogen u. freie Fettsäuren im Plasma v. thyreoidektomierten Ratten (Wrkg. v. Reserpin) 18-1613; Adenosintriphosphatase-Aktivität in Herzmuskelfasern bei thyreoidektomierten Ratten 19-1576; Wrkg. v. Thyreoidektomie auf d. Tagesrhythmus v. Tyrosin-α-Ketoglutarattransaminase in d. Rattenleber 35-1283; Rolle d. Ribosomen bei d. Regulier. d. Proteinsynth. bei thyreoidektomierten Ratten 36-1212; Einfl. d. Thyreoidektomie auf d. Glucosestoffwechsel in d. laktierenden Rattenmilchdrüse 36-1528; Lactatausscheid. u. Ox. bei thyreoidektomierten Kaninchen 45-1567; Einfl. d. Exstirpat. d. — auf d. cholinerg. Rk. u. d. Blutgeh. an Lipoproteiden u. Cholesterin bei Hunden 51/52-1474.

Beeinflussung: Wrkg. v. Schilddrüsenstimulierendem Hormon auf —-Schnitte 2-1337; antithyreoidale Wirksamk. d. Thioxoanaloga v. 6-Azauracil 3-1422; Beeinfluss. d. — d. Sherman-Ratte durch d. Lipid- u. Proteingeh. d. Nahr. 4-1258; Veränder. d. — bei Ratten nach Verabreich. v. Östrogenen 8-1456; Einfl.: v. Vitamin B_{12} allein oder in Kombinat. mit Thyreoidin auf d. — d. Ratte während d. reparativen Regenerat. nach chirurg. Trauma 13-1449; v. β-Aminoäthylisothiuronium u. Mercaptoäthylguanidin auf d. — v. Heteropneustes fossilis 17-1643; v. Dicolin auf d. — 21-1789; v. Melatonin auf d. — v. Küken 30-1444; antithyreoidale Wrkg. eines Oxazolidinäthion-Kontrazeptivums 33-1695; Wrkg.: v. Dibutyryl-3'.5'-AMP auf d. — 43-1414; v. Hydrocortison auf d. — bei deren Intensivier. 45-1548; v. Goitrin-Analogen u. verwandten Verb. auf d. Ratten-— 49/50-1490.

Pathologie — Beziehung zu anderen Körperfunktionen: Gleichzeit. Aufnahme v. ^{131}J-Thyroxin u. ^{131}J-Trijodthyronin durch Harz bei —-Krankh. 3-1416; Ausscheid. v. Tetrahydro-11-desoxycortisol, Tetrahydrocortison u. Tetrahydrocortisol bei Patienten mit —-Krankh. 22-1540; Veränder. d. Geh. an Cholesterin im Blut bei verschiedenen Funkt.-Zuständen d. — (Einfl. v. ACTH u. Adrenalin) 26-1555; Cholesterinumsatz bei —-Erkrank. u. bei mit ^{131}J behandelten Kranken 30-1431; Wrkg. v. —-Insuffizienz auf d. Rektaltemp. d. entwässerten Ratte 44-1417; Veränder. d. funktionellen Zustandes d. — nach akuter Vergift. mit Zineb u. Maneb 46-1533.

Mucopolysaccharidgeh. d. Aortenwand in experimenteller Hyper- u. Hypothyreose 2-1361; Antikörperbldg. bei hyper- u. hypothyreoten Kaninchen (Wrkg. v. 4-Chlortestosteron) 29-1663; Wrkg. v. Amphetamin bei hyper- u. hypothyreoiden Ratten 43-1584; Antigranulom- u. Antiödemeig. v. Corticosteron bei Ratten mit —-Unter- u. -Überfunkt. 49/50-1645.

Intrarenaler Harnstoffkonz.-Gradient bei Hypothyreoidie 4-1196; Kohlenhydratumsatz bei Hypothyreose 6-1451; Entw.-Hemm. d. mit Tetramethylthioharnstoff behandelten Hühnerembryonen bei mangelnder —-Funkt. 12-1437; FAD-Geh. d. Rattenleber bei Hypothyreose u. in d. Leber hypothyreoter Tiere nach in vivo-Thyroxinbehandl. 29-1620; Glykolyse u. Gluconeogenese in d. Leber v. hypothyreot. Ratten 32-1582; Einfl. v. —-Unterfunkt. v. Neugeborenen: u. v. L-Thyroxin auf d. RNS- u. DNS-Konz. d. Ratten-Großhirnrinde 37-1627; auf d. ^{14}C-L-Leucineinbau in Protein in vivo u. d. Bezieh. zu Ionenkonz. im sich entwickelnden Hirn d. Ratte 37-1628; O_2-Verbrauch v. Ratten mit —-Unterfunkt. bei Behandl. mit Thyroxin oder Trijodthyronin (Wrkg. v. Propylthiouracil u. Methimazol) 39-1448; durch Nicotin u. Pentetrazol ausgelöste EEG-Veränder. an normalen u. hypothyreot. Kaninchen 46-1586.

Tubuläre Nierenrückresorpt. v. Phosphat bei Thyreotoxikose 1-1360; Konz. v. anorgan. J im Plasma bei Thyreotoxikose 3-1418; Gewinn. d. langwirkenden Schilddrüsenstimulators aus d. Serum v. Patienten mit Thyreotoxikose durch Konz. v. Immunglobulin G 5-1409; Serotoninumsatz bei experimenteller Thyreotoxikose 6-1471; Einfl. v. Humisol auf d. Thyreotoxikose bei Vers.-Tieren 15-1642; Plasmatestosteronspiegel bei Thyreotoxikose 20-1481; Ascorbinsäuregeh. im Blut u. im Harn bei thyreotox. Kropf. 25-1638; Lipidstoffwechsel bei Thyreotoxikose u. Hypothyreose 26-1556; Stör. d. Elektrolytumsatzes bei Thyreotoxikose d. Kaninchens 51/52-1472; Temp. u. Gasumsatz bei Tieren mit experimenteller Thyreotoxikose (Einfl. v. Pyramidon u. Aminazin) 51/52-1475.

Einfl. d. —-Überfunkt. auf d. Insulinähnl. Aktivität im Serum 9-1442; Thyreotropes Hormon u. langwirkender Schilddrüsenaktivator d. Serums bei —-Überfunkt. 13-1459; Stoffwechsel v. Vioform beim Menschen mit Euthyreose oder Hyperthyreose 14-1468; elektrokortikale Wrkg. v. Acetylcholin u. Adrenalin bei experimenteller Hyperthyreose d. Kaninchens 15-1537; autoregulative Wrkg. v. Jodid bei d. Hyperthyreose 16-1529; J-Stoffwechsel bei Hyperthyreose 18-1454; Geh. an Pyridincofermenten im Rattengewebe bei Hyperthyreose 18-1457; Kininase-Aktivität d. Humanblutes bei Patienten mit Hyperthyreoidismus 21-1449; Altersmerkmale d. oxydierenden Phosphorylier. im Herzmuskel u. in d. Leber bei experimenteller Hyperthyreose 21-1719; Pool d. freien Aminosäuren in Rattengeweben während d. experimentellen Hyperthyreoidismus 24-1602; freie Aminosäuren im Gehirn bei experimenteller Hyperthyreose 24-1684; Dehydrogenasen d. Pentosephosphatzyklus im Rattenherz bei Hyperthyreose 26-1265.

Kropf verursachende Aktivität v. flücht. Stoffen d. Zwiebel 8-1486; Abbau v. Zuckern im Kropf d. Hahns (Einfl. d. Glucosegeh. d. Futters auf d. Verwert. v. Stärke) 12-1528; Indukt. v. kropf. Hypothyreoidie durch Aminoglutäthimid (Antikrampfdroge) 13-1460; Geh. an Thiolgruppen in d. durch Kropf veränderten — (histochem. u. biochem. Best.) 14-1465; Citronensäuregeh. in Strumen u. seine Abhängigk. v. Morphologie u. Funkt. d. Organs 17-1539; Biosynth. v. Jodaminosäuren in Knotengeweben u. paranodulärem Gewebe d. — bei nicht tox. Knotenkropf 19-1578; endem. Kropf in Pedregosa 20-1491, 20-1492; Radiojodaufnahme bei Fällen mit subkutaner Thyreoiditis einer Gegend mit endem. auftretendem Kropf 28-1596; Prolactin als kropferzeugendes Mittel bei Amphibien 35-1489.

Jodspeicher. durch d. hyperplast. — 22-1547; Aktivität d. Phenol- u. Steroidsulfokinase in Erwachsenen-—-Adenom 28-1472; γ-Adenome in Ratten-— bei kanzerogener oder nicht kanzerogener Behandl. 32-1312; spontane —-Tumoren in d. Vers.-Ratte 45-1302.

Therapie: Antistrumigene Eig. v. Rutabaga-Saft 22-1550; Wrkg. v. Xanthin, Xanthat oder Guanin bei Behandl. v. —-Überfunkt. 27-1922*; Antithyreoidalia (Übersicht über Konstit., Wrkg., Handelsformen u. Dosier.) 28-1741; frakt. Therapie mit ^{131}J bei großen tox. Kröpfen 36-1531.

Analyse, Untersuchungsmethoden: Best.: v. Biothyronin u. Thyroxin in —-Präp. 6-1456; v. radioakt. J in — 33-2290; Vgl. v. UV-Absorpt.-Spektren d. —-Koll. normaler u. Vitamin-E-verarmter Ratten 40-1888; Best.: d. effektiven Periode d. Halbzerfalls v. ^{131}J in d. — 41-1513; v. Protein-gebundenem ^{131}J in —-Homogenaten 47-2064; in vitro-Test für d. —-Funkt. (Adsorpt. v. ^{131}J-Trijodthyronin aus Serum durch Kohle) 2-1362; Diagnostik maligner Tumoren in d. — (Anwend. radioakt. Isotope) 5-1175; Prüf. d. physiolog. Status d. — im i.v. Gaben v. Na^{99m}TcO$_4$ 7-1437; Anwend. v. Thyreoglobulin beim Nachw. d. antithyreoglobulinantikörper bei Erkrank. d. — 21-1634; Unters. d. —-Funkt. mit radioakt. J 24-1601; Test für Thyreotoxikose (Wrkg. v. Methylthiouracil auf d. Aufnahme v. ^{131}J-Trijodthyronin durch d. Erythrozyten) 32-1581.

Bibliographie: Das Testosteron. Die Struma (*13.* Symposium der Deutschen Gesellschaft für Endokrinologie, Würzburg *1967*) B 84; Treatment of hyperthyroidism with radioactive iodine (a twenty-year review) B 4; Thyrotoxicosis (Proceedings of an international symposium, Edinburgh *1967*) B 36; Ultrastructure of the thyroid gland B 52; The regulation of thyroid function in iodine deficiency B 92; Hypertension expérimentale et hypothyroïdie B 36; Hypothalamus et thyroïde B 75.

Schleimdrüsen

Alkal. anorgan. Pyrophosphatase in — 20-1362.

Schweißdrüsen

Schweiß s. dort.

Wrkg. v. Bretylium, Guanethidin u. Bethanidin auf d. — d. Katzenpfote 34-1650; Auftreten v. Adenokarzinomen d. — bei Hautpinsel. v. Nagetieren mit N-Methyl-N-nitrosoharnstoff 32-1309; Mikrobest. v. Enzymen in d. — 23-1393.

Seidendrüsen

s. *Spinndrüsen*.

Speicheldrüsen

Speichel s. dort; s. auch *Drüsen, Pankreas*.

Bestandteile: Isolier. u. Charakterisier. eines Trisaccharids aus Schweinesubmaxillarisglykoproteinen 2-1332; Vork. v. Sialsäure u. Sulfatgruppen in d. Submaxillardrüse d. Ratte 2-1333; „freie" Sialinsäure in d. Submaxillardrüse v. Schafen 5-1366; Verteil. v. Atropin in d. — 5-1636; Oligosaccharide aus Schweine-Submaxillarismucin 8-1424; RNS-Geh. in d. — d. Ratte (Einfl. d. mineral.

Corticosteroide) 13-1440; Glykoprotein aus d. Schweinesubmaxillardrüse 16-1488; Histongeh. v. Chromosomenreg. in — v. Drosophila virilis (akt. u. inakt. Bezug zur RNS-Synth.) 17-1197; Protein aus d. Submaxillardrüse v. Mäusen als Nervenwachstumsfaktor 22-1664; Glykoprotein aus d. Submaxillaris v. Schafen (enzymat. Spalt.) 25-1368; Geh. an Sialsäuren in — v. Wirbeltieren 37-1599; Kohlenhydratgehalt. Komponenten d. Parotis d. Ratte 37-1601; Mucoprotein d. Schaf-Submaxillardrüse 44-1394; multiple Mol.-Formen d. Nervenwachstumsfaktors aus d. Mäusesubmaxillardrüse 46-1420.

Amylase- u. Zymogengranula d. — 3-1380; chymotrypsinart. Protease d. Unterkiefer- — d. Ratte (Reinig., Eig. u. Rk.) 5-1271; Aktivität v. Tyrosinhydroxylase in d. Submaxillardrüse d. Ratte (Einfl. v. Sympathikusdenervier.) 5-1215; Reinig. u. physikal. Eig. einer trypsinähnl. Protease aus Ratten-Unterkiefer- — 7-1238; Substratspezifität u. weitere Charakterisier. einer alkal. Protease aus Ratten-Unterkiefer- — 7-1239; Isoreninspiegel d. Submandibulardrüse d. weißen Maus (Lokalisier. d. Enzyms) 7-1408; Testosteron-empfindl. Proteaseaktivität in d. submaxillaren u. retrolingualen Drüsen d. Maus (histochem. Nachw.) 12-1270; Androgenabhäng. Esteraseaktivität in d. Unterkiefer- — d. Maus 15-1362; Enzym d. Unterkiefer- — (Austausch v. ^{131}J gegen J v. Monojodtyrosin) 15-1543; Reinig. u. Charakterisier. einer alkal. Protease aus d. Rattensubmandibulardrüse 16-1363; Glucose-6-phosphatdehydrogenase-Aktivität in d. — (Wrkg. v. Na$^+$ u. Angiotensin) 19-1552; Trehalase in d. Labialdrüsen v. Formica polyctena 42-1215; Mikrosomenenzym aus d. Ziegensubmaxillardrüse 49/50-1485.

Brenzcatechinamingeh. in innervierten u. denervierten Submaxillardrüse v. Ratten (Verringer. durch Reserpin) 15-1692; Brenzcatechinaminspiegel in d. Unterkiefer- — v. graviden Ratten u. ihrem Nachwuchs (Einfl. v. Reserpin) 25-1786; zytolog. Lokalisier. v. Noradrenalin, Monoaminoxydase u. Acetylcholinesterase in — d. Hundes 28-1557.

Eigenschaften: Ultrastrukturveränder. in d. — nach D_2O-Vergift. 5-1560; Testosteronwrkg. auf d. Struktur d. Submaxillardrüse d. Maus (zeitl. Verlauf) 8-1465; paradoxe Wrkg. v. Injekt. einer antiandrogenen Substanz auf d. Struktur d. Submaxillardrüse bei d. männl. kastrierten Ratte 16-1522.

Funktion, Stoffwechsel: Hemm. d. Sekret. u. d. sekretor. Potentiale durch Acetazolamid in d. Submandibulardrüse d. Katze 22-1512; Wrkg. v. Atropin, Methylatropin, Methylscopolamin u. Pilocarpin auf d. menschl. — -Sekret. 23-1802; sekretor. Rk. u. Cholinacetylase d. Submaxillardrüse v. Ratten nach Abbinden d. Ausführ.-Ganges 35-1479; Sekret.-Potential d. — d. Hundes 44-1400; Sekret. d. Ohr- — (antidiuret. Hormonwrkg.) 45-1531; Einfl. v. Angiotensin auf d. Parotissekret. 49/50-1506.

Fixier. v. Cr in d. — (Bezieh. zur Wertigk.) 3-1486; Aufnahme v. ^{35}S durch d. Unterkiefer- — d. Ratte (Einfl. v. Cortison) 6-1443; Na- u. K-Ionenausscheid. in d. Ohr- — v. Ratten 7-1405; Sekret. v. Ca durch d. — d. Hundes 30-1407.

Biosynth. v. Schafsubmaxillardrüsenmucoprotein in überlebenden Submaxillardrüsenschnitten in Ggw. verschiedener Substrate u. Inhibitoren 25-1393; Akkumulier. v. Glykoprotein in d. Submaxillardrüse durch Reserpin 37-1790; Stoffwechsel v. ^{3}H-Metaraminol in d. — d. Ratte 38-1767; Sekret. v. Sialoproteinen aus d. — d. Ratte (Einfl. v. Isoprenalin) 38-1768; Stimulat. d. DNS-Synth. in d. — durch Isoproterenol (Einfl. d. Geschlechtes) 46-1562; Synth. eines Pflanzenhormons durch d. — Pflanzen-saugender Hemipteren 48-1567.

Stimulier. d. Amylasesekret. in d. Submaxillar- u. retrolingualen Drüsen d. Maus durch Testosteron 12-1430; Auslsg. esteroproteolyt. Aktivität in d. Mäusesubmaxillardrüse durch Testosteron 29-1613; Biosynth. v. α-Amylase in d. Ohr- — d. Ratte (Vgl. d. Regulat.) 31-1434; Sekret. u. Synth. v. Amylase in Rattenohr- — nach Isoprenalin 32-1410.

Einbau v. DL-^{3}H$_{(?)}$-Noradrenalin in d. — bei Katzen 9-1429; ^{131}J-Dijodtyrosin-Umsatzrate in d. — v. Kaninchen 11-1431; extraneuronale Bind. v. Brenzcatechinaminen u. Dopa in — 15-1540; Verwert. v. 11β-Hydroxysteroiden durch d. — 31-1468.

Beeinflussung, Pathologie: Einfl.: eines chem. Karzinogens auf d. Submaxillardrüse v. mit Isoproterenol behandelten Albinoratten 21-1368; v. Steroidhormonen auf d. — bei weibl. Ratten 25-1557; v. Tocopherol-Mangelfutter auf d. — d. Ratte 25-1641; v. Östrogen, Thyroxin u. ihrer Kombinat. auf — bei ovarektomierten u. intakten weibl. Ratten 30-1404; v. DL-Äthionin auf d. — 45-1694; „direkte" Wrkg. v. Physalaemin auf d. — 47-1703; Wrkg. neuer β-Rezeptorenblocker auf d. Submaxillardrüse d. Ratte 49/50-1436; Zus. d. sauren Mucopolysaccharide gemischter — -Tumoren 9-1207.

Analyse: Histochem. Identifizier. v. sauren Mucopolysacchariden in d. Zungendrüse d. Katze 49/50-2011.

Spinndrüsen (Seidendrüsen

Polyribosomen in d. hinteren — d. Seidenraupe 5-1153; Vork. v. RNS in d. — d. Seidenraupe 1-1100; Aminosäurezus. u. Heterogenität d. Histone d. hinteren — 5-1154; Verteil. v. Fibroin in d. subzellulären Frakt. d. hinteren — v. Bombyx mori 13-1400; freie Aminosäuren d. Fibroin- u. Sericinbereichs d. — d. Maulbeerspinners 23-1582; faserförm. DNS–RNS-Komplex aus — v. Seidenraupen 29-1315; Templateaktivität v. RNS-Frakt. aus d. hinteren — d. Seidenraupe 47-1340; Einbau v. ^{14}C-Glycin in Fibroin d. subzellulären Frakt. d. hinteren — v. Bombyx mori 14-1429; Fibroinsynth. in d. hinteren — 22-1261; Einbau v. ^{3}H-Uridin in d. Zellstrukturen d. — (Beeinfluss. durch Actinomycin D) 34-1527.

Submandibulardrüse

s. unter *Speicheldrüsen.*

Submaxillardrüse

s. unter *Speicheldrüsen.*

Talgdrüsen

Neutrale Lipidplasmalogene u. andere Lipide spezieller — 47-1566; Sekret. d. — bei mit Testosteron behandelten Ratten (Wrkg. v. 17α-Methyl-B-Nortestosteron) 13-1426; Wrkg. v. Colchicin u. einiger verwandter Verb. auf — d. Mäusehaut 4-1311; Steroid mit atrophierender Wrkg. auf d. — (tox. Nebennierenwrkg.) 27-1624; antiseborrh. Wrkg. v. Zinkpyrithion in einer Salbenzubereit. (Prüf. d. Sicherh.) 47-1739.

Thymus

Bestandteile: Hg-Geh. im — 34-1428.

Vork.: v. 20-Methylcholanthren im — nach oraler Verabreich. 1-1159; v. Glykogen im — während d. postnatalen Wachstums 4-1190; Thymosin d. — (Gewinn., Best. u. Reinig.) 7-1451.

Nucleinsäuren u. Proteine aus d. — (Wrkg. v. Sexualhormonen) 1-1373; Struktur u. Eig. v. Ratten- — -Desoxyribonucleoprotein 6-1215; Desoxyribonucleoproteinkomplex d. — (Einfl. v. alkylierenden Zytostatika) 15-1292; Extrakt. v. Histonen aus Kälber- — -(Einfl. d. Isolier.-pH auf Menge u. Eig.) 16-1209; Kälber- — -Chromatin (spezif. Hemm. d. Matrizenwrkg. v. DNS) 16-1246; Wechselwrkg. zwischen Schilddrüsenhormon u. Histon aus Kalbs- — -Kernen 16-1533; organspezif. antigenes Protein im Ratten- — 19-1585; Wechselwrkg. v. Kalbs- — -Histonen mit Steroiden (Strukturspezifität) 27-1636; Kalbs- — -Nucleoprotein (Chromatographie an Hydroxylapatit) 29-1356; Heterogenität d. Histonfrakt. aus d. — d. Kalbes 30-1445; Kalbs- — -Histone (Fraktionier. u. Charakterisier.) 32-1253; Primärstruktur einiger Kalbs- — -Histone 32-1254; Fraktionier. v. Chromatin aus Kalbs- — durch Saccharose-Gradientenzentrifugat. 33-1382; Struktur u. Eig. v. Desoxyribonucleoprotein aus Ratten- — (Löslichk.-Eig. u. Einfl. d. Ausfällens) 36-1218; Vgl. v. Histonfrakt. aus einem „osteogenen" Rattentumor u. Kalbs- — 36-1240; Auflsg. v. *4* Lysin-reichen Histonen aus Kälber- — 36-1540; Komplexe v. Nichthiston-Protein im Kalbs- — -Chromatin 42-1094; Desoxyribonucleoprotein d. Kalbs- — 43-1210; β-Histon aus d. Ochsen- — u. aus Erythrozyten, Leber u. Milz d. Huhnes (Vgl.) 43-1371; nichthistonart. Proteine d. Chromatins v. Kälber- — (Bedeut. bei d. DNS-Biosynth.) 44-1147; Darst. v. Thymostatin aus Kalbs- — 47-1590; Konz. v. Kernhistonen im Ratten- — (Einfl. v. γ-Bestrahl.) 49/50-1582; Proteinfrakt. aus d. Zellkernen v. Kälber- — 51/52-1482; Desoxyribonucleoproteide aus d. — (fermentativer Abbau in d. Norm u. nach γ-Bestrahl.) 51/52-1619.

DNS aus Kalbs- — 3-1188, 3-1189, 3-1198; Erhol.-Effekt heterologer DNS im — bei bestrahlten Mäusen 8-1598; — -DNS 9-1209; Molgew. u. Form v. Kalbs- — -DNS-Teilchen (Änder. infolge Hitzedenaturier.) 15-1268; niedermol. Kalbs- — -DNS (physikal. Eig.) 15-1270; DNS aus — 16-1264; Unters. d. Inhaltsstoffe d. Desoxyribonucleinsäuren d. Kälber- — 21-1219; Nucleinsäuren in isolierten Zellkernen d. — (Best.) 21-1649; — -DNS 23-1373; Satelliten-DNS v. Kalbs- — 29-1361; Aminosäurenzus. d. mit Kalbs- — -DNS nach d. Extrakt. verknüpften Kernproteine 40-1143; DNS aus Kalbs- — (Bind. an Acridinorange) 42-1134; (Wechselwrkg. mit bas. Proteinen) 47-1349.

Gewinn. hochgereinigter Dihydrofolatreduktase aus Kalbs- — 2-1145; Entw. d. ATPase u. Glucose-6-phosphatdehydrogenase im Mäuse- — während d. Wachstums 4-1076; Enzymaktivitätsänder. im Mäuse- — nach subletaler Röntgenbestrahl. 12-1559; Vork. v. Cytochromen in d. isolierten — -Kernen d. Ratte 23-1397; Desoxyribonucleaseaktivität in — -Zellkernen u. -Zytoplasma nach Bestrahl. 26-1663; Desoxynucleotid-polymerisierende Enzyme d. Kalbs- — 32-1384; Möglichk. d. Vork. v. Cytochromen in isolierten — -Kernen 33-1385; Einfl. einer Ganzkörper-γ-Bestrahl. auf d. subzelluläre Verteil. d. Proteinasen im Ratten- — 41-1600; RNS-Polymerasesyst. v. Ratten- — (Einfl. v. Cortison) 45-1550; Isoenzyme v. Milchsäuredehydrogenase, Äpfelsäuredehydrogenase u. Glutamin–Oxalessigsäure-Transaminase in d. Lymphozyten d. Kalbs- — 47-1589.

Isolier. eines — -Hormons 15-1557.

Eigenschaften: Nukleare Struktur v. Rattenthymozyten 32-1377.

Stoffwechsel: Oxydative Phosphorylier. in isolierten Ratten- — -Kernen 18-1253; Aufnahme v. Glucose durch Suspens. v. — -Zellen d. Ratte (Einfl. v. Glucocorticoiden u. verwandten Steroiden) 5-1390; Kohlenhydratabbau in Kalbs- — -Kernen 10-1445.

Erhöhte Ausschütt. v. Aminosäuren durch d. — d. Ratte nach Cortisolverabfolg. 11-1415; Aminosäureeinbau: in Kernprotein v. Rattenleber u. — in zellfreien Syst. 14-1162; in — -Präp. (Wrkg. v. Cortisol) 20-1487; Einbau v. $^{14}C_{(1)}$-Leucin in Kernfrakt. d. — (Einfl. v. Röntgenbestrahl.) 24-1252; Rk. d. Proteinsynth. in Thymozyten gegenüber 2.4-Dinitrophenol u. Oligomycin 24-1310; Proteinabbau in — -Kernen 34-1200, 47-1398.

Bldg. freier Polydesoxyribonucleotide im — nach Röntgenbestrahl. 5-1538; Veränder. d. DNS-Stoffwechsels im — d. Ratte als Frühzeit. Rk. auf Cortisol 11-1414; Inkorporat. v. Thymidin in d. Nucleinsäure d. — v. Mäusen (Wrkg. v. Cortisolbehandl.) 14-1448; Einbau v. ^{3}H-Thymidin in Ratten- — (Wrkg. d. Hypophysektomie, Adrenalektomie u. d. Cortisonverabreich.) 16-1525; Nucleinsäurestoffwechsel im — bei Mäusen (Einfl. v. Östradiol u. Bestrahl.) 22-1526; Verhinder. d. durch Thymidin ausgelösten Hemm. d. DNS-Synth. im Ratten- — durch hohe Cytidinkonz. 23-1315; Biosynth.: v. Nucleinsäuren u. deren Vorstufen im Ratten- — (Wrkg. v. Vinblastin) 25-1335; v. Adenosintriphosphat in — -Zellen 32-1276; in vitro-Inkorporat. v. DNS- u. RNS-Vorstufen durch d. — d. Ratte (Einfl. v. in vitro verabreichtem Cortisol) 33-1703.

Beziehung zu anderen Körperfunktionen: Veränder. in d. — -abhäng. Bereichen v. Lymphknoten nach immunolog. Stimulier. 32-1590; Wrkg. d. — auf d. Auslsg. v. Lungentumoren durch 9.10-Dimethyl-1.2-benzanthracen bei neugeborenen Mäusen 49/50-1245.

Ektomie — Beziehung zu anderen Körperfunktionen: Einfl.: v. neonataler Thymektomie auf d. 11β-Hydroxysteroiddehydrogenase bei Mäusen 7-1207; kombinierter Thymektomie u. Splenektomie auf Haut-Homotransplantat. 13-1423; Protein- u. Nucleinsäuresynth. in d. Lymphknoten thymektomierter Ratten zum Zeitpunkt d. Primärimmunitätsrk. 16-1227; Einfl. v. Thymektomie u. nachfolgender Thymusimplantat. auf d. Indukt. v. Leukämie durch Strahl. u. Urethan bei ausgewachsenen C *57* BL-Mäusen 23-1325; Curaresensibilität bei nach d. Geburt thymektomierten Mäusen 32-1591.

Involution: — -Involut. durch Cortison (Einfl. v. Glycyrrhizin) 13-1443.

Beeinflussung: Thymolyt. Aktivität: v. 2α-Methylmercaptocortison 8-1064; v. parenteral verabfolgten Corticoiden (Best.) 9-1593; v. 11β-Hydroxy-$\Delta^{1.4.8}$-pregnatrienen 15-1519; Mitose im — d. normalen u. bestrahlten Ratte (Wrkg. v. Ca) 16-1223; Interphasentod in Bezieh. zu Strahl.-Effekten bei — -Zellen 28-1337; Wrkg.: v. Melatonin auf d. — v. Küken 30-1444; v. hochpolymeren Nucleinsäuren u. ihren Basen auf d. Überleben v. in vitro bestrahlten Rattenthymozyten 40-1140; v. Glucocorticoiden auf d. — 43-1412.

Pathologie: – -Lymphome d. Maus nach Applikat. v. Urethan (elektronenmkr. Unters.) 20-1232; Atrophie d. – durch Cortison u. Insulin bei Ratten 27-1406; erhöhte alkal. Phosphataseaktivität bei Virus-induziertem – -Lymphom 47-1356.

Analyse, Untersuchungsmethoden: Blokkier. d. Feulgen-, PAS- u. anderer Rk. im – durch $NaClO_2$ 8-1964; Best. v. DNS, Gesamtprotein u. Histonprotein an – -Lymphozytenausstrichen 1-1126; zytophotometr. Best. d. Desoxyribonucleinsäure in d. Lymphozytkernen d. Rinden- u. Marksubstanz d. – 26-1561; Best. d. DNS-Konz. in Kalbs- – 38-2143.

Thyreoidea

s. *Schilddrüse.*

Tonsillen

Phospholipide d. menschl. – 39-1403; Einfl.: v. Novocain u. seiner Zerfallsprod. auf einige Strukturen d. – 3-1628; v. Novoimanin auf d. Mikroflora d. – bei Tonsillitis v. Kindern 34-1581.

Tränendrüsen

Enzymhistochem. Unters. an d. Harderschen Drüse d. Kaninchens 16-1284; Sekret. d. – (Einfl. v. Physalaemin) 43-1554; Aufnahme v. ^{35}S in d. – d. Meerschweinchens (radiometr. Best. d. Aktivität d. exophthalm. Faktors) 14-1464; Histotopik v. Aldolase u. Alkoholdehydrogenase in d. Harderschen Drüse d. Kaninchens 16-1285.

Unterkieferspeicheldrüse

s. unter *Speicheldrüsen.*

Zirbeldrüse

s. Epiphyse.

Zungendrüse

s. unter *Speicheldrüsen.*

DSMA s. unter CH_5AsO.
D 16 T s. unter *Aluminiumlegierungen (Sondermarken).*
Dt-21 s. unter $C_{29}H_{44}O_7$.
D 16 T 1 s. unter *Aluminiumlegierungen (Sondermarken).*
DT 327 s. unter $C_{14}H_{20}ClN_3O_3S$.
DTA [Differentialthermoanalyse] s. unter *Phasengleichgewichte.*
D.T.D 5044 s. unter *Aluminiumlegierungen (Sondermarken).*
DTHP s. unter $C_4H_8Cl_2O_4P$.
DTPA s. unter $C_{14}H_{23}N_3O_{10}$.
DTT s. unter $C_4H_{10}O_2S_2$.
DTTP s. unter $C_{10}H_{17}N_2O_{14}P_3$.
Duartin s. unter $C_{18}H_{18}O_6$.
Duazomycin A s. unter $C_8H_{11}N_3O_4$.
Dubamin s. unter $C_{16}H_{11}NO_2$.
Dubimidin s. unter $C_{15}H_{17}NO_4$.
Dubirhein s. unter $C_{22}H_{23}NO_6$.

Düngemittel

Entw. v. Komplex- u. Misch- – (Übersicht) 13-3021; Bericht 42-1936.

Darstellung

Einkapsel. v. – durch Koazervier. 10-2093*; Herst. v. –: mit Zusatz v. schäumenden Stoffen, die im Kontakt mit W. CO_2 freisetzen 12-3053*; mit langsamer Wrkg. durch Umhüllen d. Granulats mit öl. Substanzen 13-3029*; durch Umhüllen d. Granulats mit polymeren Polyenen in Ggw. v. Trockenmitteln 13-3030*; Herst.: v. freifließenden, granulierten – durch Überziehen mit $CO(NH_2)_2$–CH_2O-Harz 17-3377*; v. – mit Überzügen aus feinzerkleinerten Inertmaterialien u. Petroleum-, Paraffin- oder anderen mikrokrist. Wachsen 17-3378*; v. – -Emuls. durch Emulgieren v. Düngesalzen in fl. KW-Stoffen mit Zusatz v. mikrokrist. Wachsen 17-3379*; v. – mit langsamer Wrkg. durch Überziehen d. – -Granulats mit Paraffin u. Polyäthylen 19-3153*; umhüllte – 21-3326; Umhüll. v. gekörnten – mit feinvermahlenem Kiesertit 21-3360*; Herst.: v. – mit langsamer Wrkg. durch Überziehen d. Granulats mit einem Gemisch aus Polyenpolymeren u. einem trocknenden Öl 25-3308*; langsam wirkender – (durch Überziehen mit Polyenpolymerisaten) 27-3452*; (durch Zusatz v. Wachsen, Holzölharzen u. Harnstoff) 29-3292*; v. fl. – mit Zusatz v. Dialkyldimethylammoniumchlorid u. einem Harzaminderiv. als Korros.-Verhüt.-Mittel 32-2978*; v. – -Granalien (mit Zusatz v. Kaolin-Ton, überzogen mit Na-Alkylarylsulfonat, zur Verhinder. d. Zusammenbackens) 33-3387*; (mit einer Mehrzahl an Überzügen aus einem Copolymeren d. Dicyclopentadiens u. einem Glycerinester einer ungesätt. Fettsäure) 33-3388*; v. – mit NH_4NO_3–$Mg(NO_3)_2$-Überzug zur Verhinder. d. Zusammenbackens 33-3393*; v. – -Pellets überzogen mit festen, wasserunlösl. KW-Stoffen 33-3397*; v. fl. – mit Zusatz eines Zuckers zur Verhinder. d. Aussalzens 33-3398*; langsam wirkender – durch Überziehen mit einem härtbaren Gemisch aus einer Aminoplastvorkondensat- u. einer Polyesterkomponente 37-3283*; Einkapsel. v. langsam wirkenden – durch Koazervier. 40-2823*; Überziehen v. – durch Koazervier. mit Polymerisaten 40-2824*; Verbesser. d. Schülpenausb. bei d. Druckverpress. v. Düngesalzen 44-2010*; Verhinder. d. Zusammenbackens: v. hygroskop. Salzen v. – durch Umhüllen mit feinteil. Illit 46-2723*; v. – durch Zusatz eines Gemisches aus Fettsäuren u. Fettaminen 48-2864*.

Kaliumnitrat als Hilfsmittel bei d. – -Granulier. 2-2828; Verw. v. glasfaserverstärkten Polyesterkunststoffen in d. – -Industrie 12-3041; Herst. v. Gellsg. als Zusatz zu – (Vermeid. v. Verdunst.-Verlusten) 30-2975*; Gewinn. v. Mikrozusätzen zu – aus Pyritabbränden 37-3275.

Regenerier. v. Abwasser d. – -Herst. unter Gewinn. v. NH_3 u. CO_2 10-3016*; Reinig. d. Abgase aus d. – -Herst. mit H_2SiF_6 u. Carbonatlsg. 19-3151*; ind. Norm. v. Abfällen u. Abwasser unter bes. Berücksichtig. d. – -Fabrik in Trombay 20-2135; Art u. Aufbereit. d. Abwasser d. – -Fabrik Sindri 20-2151; N-Entfern. aus Abwasser d. – -Fabriken durch Denitrifizier. u. Nitrifizier. 22-2292; Wiedergewinn. v. F bei d. – -Herst. 36-2212, 39-3070.

Stickstoffhaltige Düngemittel: Herst.: v. NH_4NO_3 mit einem Zusatz v. Mineralstoffen 1-2922*; v. Alkylammoniumnitraten 11-2593*; Rk.-Kinetik v. NH_4NO_3-Schmelze mit $CaCO_3$ zu – [$Ca(NO_3)_2$ u. NH_3] 15-2238; Herst.: fl. N- – 21-3343; v. N- – mit Zusatz v. Pyrimidinderiv. zur Verhinder. v. N-Verlusten im Boden 27-3453*; v. – mit hohem N-Geh. aus NH_3 u. P_2O_5 30-2978*; v. granulierten – mit hohem N-Geh. u. v. Misch- – 32-2981*; v. $(NH_4)_2SO_4$- – durch Absorpt. v. NH_3 aus Koksofengas 34-2969*; Herst. eines fl. –: aus NH_3, NH_4NO_3 u. W. 35-3067*; durch Ammonisier. einer wss. H_3PO_4- u./oder HNO_3-Lsg. 35-3069*; Herst. v. quatern. Alkylammoniumnitraten 44-2399*; Granulier. v. Ammonsulfatsalpeter 46-2727*; Herst.-Verf. für Ammon- u. Kalkammonsalpeter mit Dolomit 48-2111; Verbesser. v. N- – durch Zusatz v. Trichlormethylpyridinen oder deren Salze 25-3311*; Korros.-Beständigk. Ni-freier Stähle v. Stählen mit geringem Ni-Geh. bei d. Herst. v. Misch.- – u. Ammonsalpeter 26-2493.

Phosphorhaltige Düngemittel: Herst. fester u. zerfallsbeständ. Granalien aus Thomasmehl unter Zusatz v. Gips 1-2921*; Herst. v. Phosphat- –: aus Tripelsuperphosphaten durch Behandl. mit Naßverf.-H_3PO_4 8-3047*; aus Rohphosphaten unter Zusatz v. fl. Petroleum-KW-Stoffen u. Aufschluß d. Gemisches mit Naßverf.-H_3PO_4 8-3048*; durch Salpetersäureaufschluß v. Rohphosphat u. Zusatz v. K_2SO_4 10-3019* – aus Thomasschlacke u. K-enthaltenden Abgasen u. Stäuben d. Zementherst. 10-3018*; Herst. v. –: durch Aufschluß v. Karatau-Phosphoriten durch ein Gemisch v. H_2SO_4 u. $(NH_4)_2SO_4$ 12-3042; aus bas. Schlacke, HCl u. Gesteinsphosphat 14-2998; NH_4-Phosphatprod. aus NH_3 u. Naßverf.-H_3PO_4 als fl. oder festes – 16-3138*; Herst.: v. NH_4-Phosphat- – aus Rohphosphaten (Fäll. d. Ca-Ionen mit $(NH_4)_2 \cdot SO_4$) 16-3139*; v. Superphosphaten durch Aufschluß d. Rohphosphate in Ggw. v. Harnstoff oder Amidoschwefelsäure 17-3380*; granulierter, langsam wirkender Rohphosphat-S- – 17-3381*; Bldg. u. Beständigk. v. NH_4-Pyrophosphaten als – 19-3142*; Herst.: v. Ca-Phosphaten als – aus Naturphosphaten u. HNO_3 19-3152*; v. – aus KCl u. H_3PO_4 in Ggw. v. H_2SO_4 19-3154*; Zers. d. Guliob-Phosphorits durch Superphosphorsäure zur Herst. fl. u. fester – 20-3003; Einfl. v. F bei Herst. konz. P- – 21-3335; Verw. Mn-halt. Schlacke bei d. Herst. v. granuliertem Superphosphat 21-3337; Herst. v. P- –: mit niedr. N-Geh. durch Aufschluß v. Naturphosphaten mit HNO_3 u. Abscheid. v. $Ca(NO_3)_2 \cdot 4\,H_2O$ 22-3115*; durch NH_3-Behandl. v. Superphosphat u. Granulier. 22-3120*; kontinuierl. Superphosphatherst. 23-3362; Herst. d. sauren u. ammonisierten angereicherten Superphosphate u. Doppelsuperphosphate aus flotiertem Karatau-Konzentrat 23-3371; Gewinn. v. Apatitkonzentrat aus Fe-Erz-Abgängen zur Herst. v. konz. Phosphat- – 24-2919; Herst.: v. Spurenelemente enthaltenden Superphosphaten 25-3309*; v. wasserfreiem Mg-Phosphat als – 25-3310*; v. wasserfreier fl. Phosphorsäure u. festem NH_4-Phosphat aus Naßverf.-Säure als – 25-3312*; v. Feststoffpartikeln aus NH_4-Phosphat als – -Bestandteil 25-3313*; v. P- – durch kontinuierl. Phosphorsäureammonisier. 26-3095; Rk. d. F im Apatit bei d. Herst. v. Phosphaten für – 27-3438; Herst.: v. Ammoniumpolyphosphat- – mit hohem Geh. an Pflanzennährstoffen 30-2976*; v. granulierten, nicht hygroskop., vielschicht. Phosphat- – mit hohem Geh. an Pflanzennährstoffen 32-2976*; v. Calciumpolyphosphat aus konz. Superphosphat als Phosphat- – 32-2977*; v. Superphosphat mit hochkonz. Schwefelsäure 33-3390*; eines komplexen Phosphat- – durch Zusammenschmelzen v. Apatitkonzentrat mit mineral. Zuschlägen 33-3391*; v. H_3PO_4 aus H_2SO_4 u. Rohphosphat zur Herst. fl. – 36-3057; abriebfester, unter Einw. v. Feuchtigk. rasch zerfallender Granulate aus Phosphat- oder Phosphat-Kali- – 36-3063*; Verw. v. elementarem P in d. – -Produkt. 39-3067; Eign. v. Florida-Rohphosphat zur Herst. v. – 39-3068; Herst.: u. Struktur v. kalziniertem „Superthomassin“ 40-2049; v. citratlösl. Ca-Phosphat als – 44-2086*; v. stabilisierter H_3PO_4 zur Verw. für fl. – durch Zusatz v. Zuckern 46-2726*; v. granulierten, abriebfesten, Thomasphosphat enthaltenden – 48-2861*; Beurteil. v. Asphaltüberzügen bei P- – 47-3058.

Erhöh. d. F-Ausb. bei d. Superphosphat-Herst. 11-2193*, 18-2170; Abwasserbeseitig. einer Phosphat- – -Fabrik (F-Gewinn.) 20-2140; Verunreinig. in – aus im Naßprozeß hergestellter Phosphorsäure 20-3002; Eig. d. Aufarbeit. v. H_2SiF_6 d. Superphosphatherst. anfallenden SiO_2 26-2274; F-Gewinn. bei d. Herst. v. Superphosphat 32-2231; Steiger. d. F-Freisetz. bei d. Superphosphaterzeug. 37-3269, 38-2309; (Ausb.) 46-2075.

Kalidüngemittel: Gewinn. v. K-Salzen zur Herst. v. – aus Abfällen d. Gär. u. Dest. v. Wein 10-3017*; – mit Geh. an K-Silicaten als langsam u. stetig fließende K_2O-Quelle 38-3124*; Kristallisat. v. Kalidüngesalzen aus Lsg. eines Hartsalzbetriebes 45-3237; Herst.: v. K_2SO_4 durch Umsetz. v. Kalimagnesia mit KCl in Methanol zur Verw. als – 47-3061; rieselfäh. Kalidüngesalze 47-3062; Granulier. v. Kalidüngesalzen 48-2862*; Herst. v. Kalidüngesalzen 48-2863*.

Sonstige anorganische Düngemittel: Herst.: v. Mo-halt. Mikro- u. Makronährstoff- – aus Mo-halt. Abfallsäuren aus d. Herst. v. Glühlampenfäden 5-3094*; v. Mn-Borotartraten oder Mn-Borotrihydroxyglutaraten als Mikro- – 5-3095*; v. mechan. widerstandsfäh. – -Granulat unter Zusatz v. $MgSO_4$- u./oder $MgCl_2$-Lsg. 12-3055*; v. frei fließenden – mit Geh. an Spurenelementen 13-3028*; v. Spurenelementpoly- – aus Industrieabgängen 17-3370; – aus fein verteiltem Dolomit mit Zusatz v. Spurenelementen 19-3156*; Herst. v. reinem krist. Kupferammoniumphosphatmonohydrat zum Einbringen v. Spurenelementen in – 25-3315*.

Mischdüngemittel: Herst. granulierter Mehrnährstoff- – aus Thomasphosphatmehl u. Harnstoff (als Schmelze) 1-2923*; synthet. Glasmassen als –, Düngemittelkomponente oder Trägerstoffe für Mikronährstoffe 1-2925*; Herst.: v. Komplex- – aus $CaMg(NO_3)_4$, $(NH_4)_2SO_4$, $Ca(H_2PO_4)_2$, $CaSO_4$ bzw. $(NH_4)_2 \cdot HPO_4$ 1-2924*; v. hochkonz. Mehrnährstoff- – aus H_3PO_4-Lsg. u. NH_3-Gas mit $(NH_4)_2HPO_4$ als Hauptbestandteil 8-3049*; v. – durch Behandl. v. unlösl. KPO_3 mit HNO_3 10-3020*; v. – für Zimmerpflanzen aus N-Verb., P-Verb. Spurenelementen, Insektiziden u./oder Mikroorganismen 10-3021*; v. Komplex- – aus Harnstoff, KCl, Thomasschlacke u. Mineralsäure (HNO_3) 12-3054*; v. – durch Granulieren eines Gemisches v. Thomasschlacke mit NH_4-Salzen in einer N- u. P-Deriv. enthaltenden Fl. 13-3031*; Behandl. ausströmender NH_3-halt. Gase mit H_3PO_4-Lsg. u. Verarbeit. zu Mehrnährstoff- – -Granalien 16-3137*; Gewinn. chloridfreier Sulfat-halt. – durch Umsetzen v. KCl u. NH_4Cl mit $MgSO_4$ bzw. NH_4-Schönit mit KCl 16-3140*; Herst. v. Misch- – aus Karatau-Phosphoriten, HNO_3, H_2SO_4 u. NH_3 17-3361; Dispergier. v. Harnstoff u. ggf. Tripelsuperphosphat, KCl oder K_2SO_4 in Paraffinwachs unter Zusatz eines polyalkylaromat. KW-Stoffs zur Herst. adduktfreier, langsam wirkender – 17-3384*; Herst.: v. langsam wirkenden NPK-– durch Zugabe v. Cu- u. Co-Sulfat zu H_3PO_4 u. $(NH_4)_2SO_4$ enthaltenden Lsg. u. Fäll. mit $CaCO_3$ 17-3385*; v. – aus $(NH_4)_2SO_4$, S, CaO, $CuSO_4$, KNO_3 u. organ. Verb. 19-3155*; Probleme bei d. Herst. v. Phosphatmisch-– (Nitrophosphate) 21-3346; Herst.: v. körn. Misch-– aus Kalisalzen u. Thomasphosphatschlackenmehl 21-3361*; v. NPK-Dünger durch Granulieren eines Gemisches aus Nitrat, Sulfat u. Tripelsuperphosphat 22-3116*; v. Misch-– aus KCl u. $NH_4H_2PO_4$, mit einer Salzschmelze aus NH_4NO_3 u. $Mg(NO_3)_2$ überzogen 22-3117*; v. granuliertem Misch-– aus Thomasschlacke, Harnstoff u. K-Salzen 22-3118*; v. – aus einem Gemisch v. $MgNH_4 \cdot PO_4$ u. $MgKPO_4$ u. anderen Metall–NH_4-(K)-Phosphaten 22-3119*; v. mineral. Misch-– aus Karatau-Phosphoriten (Sedimentat. d. Zers.-Prod.) 23-3369; v. hochkonz. Misch-– 23-3370; v. – durch Ammonisier. v. HNO_3, H_3PO_4 oder H_2SO_4 25-3314*; v. Mg-Nitrat aus $MgCl_2$ enthaltenden Abwässern d. Kalidüngesalzfabriken zur Verw. in Misch-– 27-3455*; v. – aus einem Gemisch v. Lignocellulosematerial u. Düngesalzlsg. 30-2974*; Herst. v. Misch-–: mit Geh. an Crotylidendiharnstoff (teils langsam u. teils schnell wirkender N) 30-2977*; in leichtlösl. Tablettenform 30-2980*; Herst. langsam wirkender, N-halt. Misch-– mit Geh. an Crotylidendiharnstoff 32-2980*; Herst. v. Misch-–: mit überschüss. Geh. an Harnstoff als N-Quelle 32-2982*; mit Geh. an Kondens.-Prod. aus Harnstoff u. Aldehyden 32-2983*; mit Geh. an Harnstoff–Formaldehyd-Polymeren 32-2984*; Herst.: v. Suspens.-Volldüngern aus Nephelin-Schlamm (agrochem. Bewert.) 33-3378, 33-3379; v. Mikronährstoffe enthaltenden Makronährstoff-– 33-3389*; Herst. v. Mehrnährstoff-–: mit teilweiser W.-Löslichk. durch Aufschluß d. Rohphosphate mit HNO_3 u. Zusatz wasserlösl. Sulfate 33-3392*; durch Neutralisat. v. H_3PO_4–H_2SO_4-Gemischen mit wasserfreiem NH_3 u. Zusatz v. feinkrist. KCl 33-3395*; Herst.: v. Misch-– 33-3396*; v. N-Phosphat-– aus Ammoniumbisulfat u. Rohphosphat 33-3399*; v. NP-– aus Superphosphat u. $(NH_4)_2SO_4$ 33-3400*; durch Neutralisat. v. Zementlaugen mit salpetersauren Phosphatextrakten 33-3401*; v. KP-– durch Erhitzen v. Phosphoriten mit K-Salzen (K-Krist.-Hydratsalze) u. Kieselerde 33-3402*; Gewinn. v. N-Phosphat-– (Nitrophosphate) mit HNO_3 an Stelle v. H_2SO_4 u. H_3PO_4 35-3058; Herst.: v. gekörnten Misch-– aus Thomasmehl u. Kalisalzen 36-3064*; v. granulierten Misch-– (Stoffaustausch) 37-3272; v. fl. Misch-– durch Zers. v. Apatit mit HNO_3 37-3273; v. – mit einem Geh. an K–Mg-Phosphat als rasch u. langsam zugleich wirkende Pflanzennährstoffe 37-3285*; granulierter Misch-– aus $CaCN_2$ u. K-Düngesalz mit Harnstoff oder dessen Nitrat als Bindemittel 37-3288*; v. komplexen N-Phosphat-– aus Harnstoff u. Phosphorsäure 38-3125*; v. frei fließenden – aus NH_4NO_3, KCl u./oder Harnstoff unter Zusatz v. aliphat. Aminen u. Porzellanerde 46-2728*; aus Lederabfällen mit Zusatz v. $CaSO_4$ 46-2729*; v. granulierten Harnstoff–Ammoniumphosphat-– (Übersicht) 49/50-3039.

Verf. zur Granulier. v. PCP–Harnstoff-–-Gemisch (Abkühl.-Kurve) 14-3001; (Oberflächenspann.) 14-3002; (Erstarr.-Wärme) 14-3003; Granulieren u. Überziehen v. gemischten – zur Verhinder. d. Zusammenbackens 27-3454*; Überziehen v. Mehrnährstoff-– mit aliphat. Aminen u. Trimethylendiaminen zur Verhinder. d. Zusammenbackens 33-3394*.

Organische Düngemittel: Polymere v. HCHO als – 3-2614*; Formamid als Bestandteil v. fl. – 9-3022; Herst. v. langsam wirkenden Harnstoff-–: durch Überziehen mit Paraffinwachs unter Zusatz einer Naphthensäure als Addukt-Inhibitor 17-3382*; durch Zusatz v. Fettsäuretriglyceriden zur Vermeid. d. Bldg. v. $CO(NH_2)_2$–Paraffinwachs-Addukten 17-3383*; Herst. eines langsam wirkenden –: aus einer Dispers. v. Harnstoff in festem Paraffin mit einem Anteil an Kolophonium 22-3122*; aus einer festen Dispers. v. Harnstoff in Paraffin 22-3123*; Kondens.-Prod. aus Harnstoff, Isobutyraldehyd: u. einer quellfäh. Substanz als granuliertes – 22-3124*; u. HCHO oder Paraformaldehyd als – 22-3125*; – für Pflanzen aus fl. Polybuten, einem Alginate enthaltenden Algenextrakt, Spurenelementen, Hormonen, Enzymen, Vitaminen u. oberflächenakt. Stoffen 34-3009*; Kondens. v. Harnstoff oder Thioharnstoff mit Aldehyden u. Verw. d. erhaltenen Prod. als – 35-3068*; –-Misch. aus Crotonylidendiharnstoff u. Harnstoff–Acetaldehyd-Kondens.-Prod. 36-3065*; Verw. v. Harnstoff–Crotonaldehyd-Kondensat als Grundlage für granulierte komplexe – 37-3271; – u. gleichzeit. insektizides Mittel aus fl. Polybuten, eine Alginatkomponente enthaltendem Tangextrakt, einem oberflächenakt. Mittel u. einer Base 43-3072*.

Herst.: v. Kohle–Humin-– auf Basis v. Roh- u. ox. Braunkohle d. Surab-Vork. 7-3061; aus Kohle (Unters. d. Rk.-Beding.) 8-3041; Kompostier. v. W.-Hyazinthen in Ggw. v. Algen zu – 9-3023; Herst. poröser, granulierter – aus Pflanzennährstoffen u. oberflächenakt. Bindemitteln durch Einrühren v. Luft u. Verpressen zu Salzsträngen 16-3136*; Gasreinig. v. N-Oxiden unter Gewinn. v. azotiertem Torf als – 17-3352; Herst.: v. Huminsäure enthaltenden – durch Rk. v. Huminsäure-Verb. mit HNO_3 u. Mg-Verb. 17-3386*; v. N-halt. Huminsäuresalzen zur Verw. als – aus Torf oder Lignit durch Aufschließen mit HNO_3 17-3387*; aus Abwässern 22-3126*; v. Humus-– 30-2981*; v. Nitrolignin als – 38-3126*; Fermentat. v. Dung unter anaeroben Beding. (geringste Verluste bei d. Lager.) 25-3297.

Eigenschaften

Einfl. d. Zusatzes v. Polyspurenelementen auf physikal.-chem. Eig. v. NH_4NO_3-– 15-3171; Eig.-Verbesser. v. P-– 21-3336; Verbesser. d. physikal.-chem. Eig. v. NH_4NO_3 bei d. Verw. als – (Einfl. wasserlösl. Spurenelemente) 33-3376; Abhängigk. d. Eig. fl. Harnstoff–Kohleammiakat-Dünger v. Beimeng. an Spurenelementdünger 37-3270; Radioaktivität in Phosphat-– 31-2242; pseudobin. Schnitt $Ca_3(PO_4)_2/Mg_3(PO_4)_2$ im Syst. $CaO/MgO/P_2O_5$ d. Ca-Magnesiumphosphat-– 9-0549; Einw. v. CaO in Thomasschlacken auf d. Geh. an Fe- u. Al-Phosphaten 22-3108; Fe- u. Al-Verb. in handelsübl. Superphosphaten 35-3053; Verbesser. d. Kornhärte v. granulierten Mehrnährstoff-– durch Geh. an Kondens.-Prod. aus Harnstoff u. Aldehyden 48-2865*; Auswasch. u. Düngewrkg. v. langsam lösl. – bei in Gefäßen aufgezogenen Pflanzen 17-3344; Löslichk. d. Super- u. Ammonphosphate sowie d. Phosphatkomponente d. NPK-– 19-3144; Auswaschbark. v. umhüllten u. nichtumhüllten NH_4NO_3–Phosphat-– 21-3326; Löslichk. u. Lsg.-Geschw. v. Thomas- u. Rhenaniaphosphat-– 21-3338; Verbesser. d. Lsg.-Geschw. v. gekörnten –: durch Zusatz v. Perverb. 21-3359*; durch Zusatz v. in wss., saurer Lsg. CO_2 abspaltenden Salzen 37-3284*; Einfl. d. Verhältnisses $Na_2O:P_2O_5$ auf d. Löslichk. v. „Superthomassin" 40-2049; Auflsg. v. granuliertem Superphosphat bei verschiedenen Umweltbeding. (Einfl. d. Teilchengröße) 40-2857; Einfl. v. Temp. u. Manteldicke auf d. Freisetz. v. Harnstoff aus mit Kunststoff umhüllten –-Granalien 17-3356; therm. Zers. v. konz. Komplex-– (Einfl. d. Zus.) 34-2970; Vermeid. d. Bldg. v. Monocalciumphosphat-Harnstoff $[Ca(H_2PO_4)_2 \cdot 4\,CO(NH_2)_2]$ in Misch-– 35-3057.

Anwendung, Wirkung

Wechselwrkg. zwischen Düngung u. Bewässer. 7-3048; Herkunft u. Wrkg. v. – auf stehenden W.-Oberflächen 12-2090; Saxmundham-Fruchtfolgevers. 16-3123; (*1899* bis *1952*) 16-3124; Schiefergesteine d. Donez-Beckens als wicht. –-Reserven 17-3362; Auswasch. u. Düngewrkg. v. langsam lösl. – bei in Gefäßen aufgezogenen Pflanzen 17-3344; Einbring. v. mineral. u. organ. – in d. Boden mit Beregnungswasser 18-3001; Wirksamk. fl. Misch-– 27-3447; Verw. v. Siemens-Martin-Ofenschlacken zur Düngung (Einfl. d. Mahlfeinh. auf deren Wirksamk.) 29-3274; kombinierte Anwend. v. Propazin u. Nitrophoska als – 35-3085; Erhöh. d. Wirksamk. d. organ.-mineral. – durch Bakterisier. 37-3258.

Bedarf an N-– in Westaustralien 2-2825; Verw. d. N-halt. Abwässer v. Dynamitfabriken als fl. – 8-3039; Düngungsvers. auf Acker- u. Grünland mit fl. NH_3 9-3020; Wirksamk. v. wasserfreiem NH_3 als – 15-3162; Misch-– mit langsam wirkendem N 20-3007; Einfl. v. Mg-Form, Mg-Geh. u. Korngröße auf d. Mg-Wrkg. v. Ammonsalpeter-– 21-3353; agronom. Wirksamk. v. wasserfreien Ammoniak–S-Lsg. 21-3355; Anwend.: v. Nitrophosphat-– 39-3071; v. wasserfreiem NH_3 als N-– 45-3235; langsam verfügbare N-– (Übersicht) 46-2721; N-Verfügbark. verschiedener Frakt. v. Harnstoff–Formaldehyd-– 47-3060.

Einfl. d. Inkubat. v. Pflanzenrückständen mit Superphosphat auf d. Düngerwrkg. 8-3043; Wirksamk. period. verschieden hochbemessener P-Düngergaben in d. Fruchtfolge 16-3126; Anwend. verschiedener P-Quellen (Superphosphat, Ca-Metaphosphat u. kalziniertes Tri-Ca-Phosphat) in einer Fruchtfolge auf Schluffiehm 17-3350; Bewert. d. Phosphorsäure im Thomasphosphat 22-3106; wirksames CaO im Thomasphosphat 22-3107; Bewert. v. K-Metaphosphat als – 27-3439; Wirksamk. v. NH_4-Phosphaten in Abhängigk. v. d. Korngröße d. – 31-3404; Wrkg. d. Phosphatdüngung (Einfl. d. Standorts) 32-2972; halbzersetztes Phosphat (Superphosphat II, Superphosphat Refos) u. seine Bedeut. für d. Landwirtschaft d. ČSSR 38-3120; P-Verfügbark. in Rohphosphat-– (Wrkg. teilweiser Säuer. bzw. Einpudern mit elementarem S) 39-3069; kondensierte Phosphat-– 43-3061.

Bewert. v. glas. Fritten als Mikronährstoff-– (Cu- u. Mo-Fritten) 18-3008; (Mn-Fritten) 23-3376; Sorpt. v. Mikronährstoffen an fossilen Kohlen zur Verw. als Spurenelement-– 23-3377; Verw.: v. Zementstaub zur Kalk. d. Bodens 29-3277; v. Serpentin u. Dunit als Mg-– 35-3061; Anwend. v. Spurenelemente enthaltenden Mikro-– 35-3063; Wirksamk. v. Vermiculit als Mg-– 37-3274; kombinierte Verw. v. Polymikro-– u. Saatgutbeizmitteln 37-3290; Anwend. v. Pottasche als – nach Behandl. mit Perlit bei *850°* 47-3063.

Anwend. v. Polyacrylamidpräp. als Mehrnährstoff-– u. künstl. Strukturbildner in Böden 3-3146; Wirksamk. v. Dünger-Harnstoff (Einfl. v. Ausbring.-Art, Bodenfeuchte u. Kalk) 17-3357; Verw.: v. Harnstoff–Formaldehyd-Harz zur Wrkg.-Steiger. v. Nitrophoska 17-3363; v. Harnstoff als – auf leichten Podsolböden 29-3275.

Nährstoffgeh. u. Zers. v. grünen Düngerpflanzen 3-3149; Behandl. v. Torf mit Biokatalysatoren in Verbind. mit stark fermentierenden Stoffen zur Verw. in d. Landwirtschaft 19-3157*; Gründüngung als Pflanzenschutzmaßnahme 21-3356; Verw. v. Braunkohle als – (Einfl. v. Humus–N-Komplexverb. auf d. Ertrag an Hafer) 25-3296; CO_2-Düngung (Anwend. in d. Landwirtschaft) 30-2970; Anreicher. v. Kompost mit Azotobacter (Nährstoff-Quellen) 33-3372; Wrkg. d. Gründüngung in subtrop. Ländern 45-3239; landwirtschaftl. u. gärtner. Verwert. v. Abwasserschlamm 49/50-3040; Verw. v. Benedyne zur Förder. d. Pflanzenwachstums 51/52-2877.

Verhalten im Boden: Düngungsvers. zur Wiedergewinn. d. Fruchtbark. eines Bodens d. Hochfläche v. Madagaskar 2-2823; Auslaug.-Verluste an Sulfat bei Anwend. v. Superphosphat u. Gips auf einen Boden aus rhyolit. Bimsstein 3-3133; Einfl.: d. Dauerdüngung auf d. Entw. d. Mikroflora d. Bodens 3-3135; v. Phosphorsäure u. Thomasphosphat auf Aggregatstabilität u. krit. W.-Geh. eines Lößbodens aus d. Pfalz 4-2572; dauerhafter –-Anwend. auf d. Phosphatformen in dunkelgrauen podsolierten Böden 5-3069; v. Telodrin auf d. Nitrifikat. v. NH_4 im Boden u. sein Einfl. auf d. N-Versorg. d. Zuckerrohres 6-2983; mikrobielle Zerstör. verschiedener Harnstoff–Formaldehyd-Frakt. im Boden 8-1366; Anwend. v. 2-Chlor-6-[trichlormethyl]-pyridin zur Verminder. v. N-Verlusten aus Hochland-Reisböden 9-3021; N-Anreicher. in Reisböden durch Grünalgen (Einfl. auf d. Reisertrag) 10-3014; Einfl. d. Kalkens auf d. natürl. N-, P-, K-, Mn- u. B-Geh. d. Bodens 11-3029; Beeinfluss. d. Eig. v. Boden u. Luzernepflanzen durch *10*jähr. Düngung 12-3040; Phosphat–NH_4–Feuchtigk.-Bezieh. in Böden (Ionenkonz. in stat. Düngerzonen u. Wrkg. auf Pflanzen) 13-3009; (Ionenkonz. in ausgelaugten Düngerzonen u. Wrkg. auf Pflanzen) 13-3010; Einfl. v. Form- u. Anwend.-Art d. N-Düngung auf d. Verfügbark. v. Boden- u. –-K 13-3018; Langzeit-Wrkg. v. organ. u. Mineral-– im Mittelmeerklima (Einfl. auf d. Gesamt-N-Bilanz d. Bodens) 14-2986; Verh. kondensierter Phosphat-– im Boden 15-3135; Einfl. d. systemat. Düngung in d. Fruchtfolge auf d. Phosphatverhältnisse d. Bodens 15-3153; Ausbreit. u. Retent. v. wasserfreiem NH_3 im Boden 15-3161; Mn-Verfügbark. in Böden unterschiedl. Glaukonitgeh. 15-3167; Wrkg.: d. NO_3- u. NH_3-Formen d. N-– auf mächt. Schwarzerde 17-3354; v. Stroh u. Torf auf ertragsbestimmende Faktoren d. Bodens 18-3007; Phosphatzustand d. Bodens u. Düngewrkg. v. Rohphosphaten 19-3145; Wirksamk. d. P-Düngung auf heller Grauerde d. Golodnaja Steppe in Abhängigk. v. d. Sättig. d. Bodens mit Phosphaten 20-3005; Umwandl. u. Wirksamk. v. Phosphat-– in niedr. Bodenhorizonten 21-3339; Feldvers. zur Nachprüf. d. Grenzwerte d. chem. Bodenunters. 21-3351; Düngevers. mit gesteigerten Gaben an Phosphorsäure u. K zur Nachprüf. d. Grenzwerte bei d. chem. Bodenunters. 21-3352; Wrkg.: langjähr. Phosphatdüngung auf Acker- u. Grünland 22-3109; v. K-– auf d.

Pflanzenverfügbark. v. fixiertem NH_4 22-3113; verschiedener Kalk-- auf d. Fruchtbark. d. Böden d. Ukraine 23-3367; Nachwrkg. d. Gründüngung auf ausgelaugter Schwarzerde 23-3375; Ergebnisse v. Düngevers. mit hohen Thomasphosphatgaben 24-2920; Mindestgeh. v. Baumschulenböden an Spurenelementen 24-2923; Rk. d. P-- mit d. Boden 25-3272; Cu-Behandl. v. Böden u. Wurzeln 25-3299; Einfl.: d. Düngung auf d. K-Bilanz im Boden 25-3293; v. Gips in Kombinat. mit mineral.-organ. – auf Ammonifizier. u. Nitrifizier. im versalzenen Boden 27-3427; v. organ. – auf Eig. u. Bodenergiebigk. d. Kompost-Podsole 29-3273; v. Phosphat-- auf d. Ox. v. elementarem S im Boden 30-2959; Wechselwrkg. v. NH_4- u. K-- in einem K-fixierenden Boden 31-3400; Erhalt.-Kalk. d. Böden 31-3402; optimale Kalkdüngung eines Bodens (Abhängigk. v. pH-Wert u. mechan. Zus.) 31-3403; Mineralisat. d. N d. Harnstoff–Formaldehyd-- in Bodenarten bei verschiedenen pH-Werten 38-3110; Nachwrkg. auf d. Ertrag beim Einsatz beträchtl. P-Mengen auf stark P-fixierenden Böden 43-3062.

Wirkung auf Pflanzen: Einfl.: einiger Elemente d. Mineral-- auf d. Umsatz v. RNS u. Eiweiß in d. zytoplasmat. Strukturen d. Pflanzenzelle 1-1103; v. Meliorat.-Kalk. auf d. Qualität d. Erntegutes 1-2913; d. Saatgutvorquellens mit Spurenelementen 1-2915; v. Bodenfeuchtigk. u. Kalk. auf d. B-Aufnahme durch Pflanzen 5-3087; v. J-halt. Polyspuren-- auf d. Zuckerdynamik in Pflanzen 5-3089; v. Makro- u. Spurenelementen auf d. Pflanzenertrag u. d. Qualität landwirtschaftl. Prod. 7-3049; d. N-- auf Wachstum, P- u. Proteinaustausch in d. Pflanze 7-3055; d. Fruchtwechsels auf d. Erträge in Abhängigk. v. d. Höhe d. Mineraldüngung 12-3047; v. S-halt. – auf Ertrag an Ernteprod. u. ihre chem. Zus. 12-3049; d. – auf Ionengleichgew. u. Wachstum v. Pflanzen 15-3157; v. Harnstoff in Feldvers. auf Ertrag u. Qualität v. Kulturpflanzen 15-3164; d. P-Düngung auf d. Mo-Aufnahme durch Pflanzen 16-3127; d. Kalk. auf d. Pflanzenbedarf an Mo-- 16-3132; Bezieh. zwischen Boden-P u. Düngewrkg. bei Futterpflanzen 17-3349; Einfl. steigender Phosphatgaben auf Boden u. Pflanze 18-3004; fl. u. feste N-- zu. Behandl. v. E.nterückständen 19-3147; Einfl.: d. N-- auf Rohproteingeh. u. andere Qualitätseig. d. Ernteprod. 22-3110; d. organ. u. mineral. – sowie d. Kalkes auf d. Ertrag v. Kulturpflanzen 23-3366; Umwandl. v. N-- im Boden u. ihre Aufnahme durch Pflanzen 27-3443, 27-3444; S-Bedarf v. Pflanzen (Bezieh. zum S/N-Verhältnis in d. organ. Substanz) 30-2969; Einfl.: d. Kultivier. d. Bodens u. d. Düngergaben auf d. chem. Zus. d. Futterkulturen 31-3398; v. granuliertem Harnstoff mit verschiedenem Biuretgeh. auf d. Ertrag landwirtschaftl. Kulturen 35-3055; Bedeut. d. Spurenelemente für d. Pflanzenprodukt. 39-3072.

Einfl. v. NO_3- u. NH_4-N auf d. Wachstum v. Heidelbeerpflanzen 2-2827; Anwend. v. – für d. Kaffeebaum Robusta in d. Zentralafrikan. Republik 2-2829; Einfl.: d. Blattdüngung mit Spurenelementen auf d. Phosphoraufnahme durch Bäume 3-1363; v. übermäß. Mo-Gaben auf Trifolium alexandrinum 3-3155; unterschiedl. N:K-Relat. in d. Nährlsg. auf Petunien, Chrysanthemen u. Begonien 4-2578; d. Düngung auf d. Geh. an Catechinen in Teeblättern 5-3084; d. K-Düngung bei Teepflanzen in d. Lenkoranzone Aserbaidshans 7-3059; B-Mangel bei Sämlingen v. weißem Klee 9-3028; mehr Schlitze u. Löcher beim Monstera-Blatt durch erhöhte Mineralsalzgaben in Form v. Polycrescal 10-1380; Ansprechen v. Pinus elliottii auf P in Sandböden 10-3010; Einfl. v. N-Düngung u. Ernteart auf Ertrag u. chem. Zus. v. Spartina pectinata auf Marschland 10-3011; Weißklee-Ertrag u. P-Aufnahme aus rotem P u. $Ca(H_2PO_4)_2$ 13-3015; Einfl. d. Erntesyst. u. d. K-Düngung auf d. Wrkg. einer Kältebehandl. bei Luzerne 13-3020; Nährstoffbedürfnisse d. Essigbaums in d. ersten Anbaujahren 15-3155; Blattdüngung bei Tabaksämlingen 15-3165; Einfl.: d. Mineraldüngung auf N-Austausch, Ertrag u. Qualität d. Teeblattes 16-3125; v. – auf d. N_2-Stoffwechsel bei Leguminosen 18-1383; v. K- u. Cl^--Anwend. auf d. Brand v. heißluftgetrocknetem Tabak 19-3137; S-Bedarf v. Getreide, Obstbäumen, Gemüse u. anderen Nutzpflanzen 19-3141; Mineralstoffernähr. d. schott. Kiefer auf Rendsinaböden (Einfl. v. Ca-, Mg- u. HCO_3^--Konz.) 20-3001; P-Aufnahme aus d. Phosphaten d. Bodens u. d. – durch Lupine 20-3004; Haupt- u. Wechselwrkg. v. Nährstoffen auf d. Wachstum bewässerter Luzerne 21-3327; Einfl. v. Nitragin auf d. Ertrag v. Leguminosen im Polargebiet 21-3329; S-Bedarf v. Zucker-, Faser- u. Ölpflanzen 21-3332; Wrkg.-Dauer v. K-- auf d. Teeplantagen Aserbaidshans 22-3112; Einfl.: v. Mn, Fe, Ca, P u. Cl auf Entsteh. u. chem. Zus. v. grauem Tabak 23-3361; verschiedener Ca-Gaben auf Wachstum, Ertrag u. Rohstoffqualität v. Baldrian 23-3368; v. austauschbarem Na auf Carthamus tinctorius (Wachstum, chem. Zus. u. Ertrag) 26-3094; Verh. v. Medicago sativa u. M. falcata gegenüber K-Düngung in d. Subarktis 26-3098; Einfl.: v. Mo-halt. Superphosphat auf Wachstum u. chem. Zus. v. Stylosanthes humilis 27-3435; v. Zn auf Ertrag u. Qualität d. Buchweizens 29-3284; v. B auf d. Samenbildg. v. weißem Klee 29-3287; v. S-halt. – auf d. N-Ansamml. durch Leguminosen 31-3405; v. Mo- u. B-- auf d. Körnerertrag d. Luzerne 31-3408; v. Mo auf d. Entw. d. Leguminosen 35-3064; v. – auf Wachstum, Ertrag u. Alkaloidprodukt. v. Datura stramonium var. inermis bei Anbau in d. VAR 38-1570; v. 2.3.5-Trijodbenzoesäure u. Mikronährstoffen auf d. Blüten- u. Fruchtstand v. Piment 45-3240.

Faserpflanzen: Einfl. v. $(NH_4)_2SO_4$ auf d. Ertrag an Cumbu X *3* u. Baumwolle K *6* bei Regenfall 2-2826; Einfl. v. Spurenelementen auf Ertrag u. Qualität: v. Baumwolle MCU *3* 2-2830; v. Faserlein 3-3154; Einfl. v. Gibberellin auf Wachstum u. Ertrag d. Baumwolle in Abhängigk. v. d. Düngung 5-3090; Ca-Mangel als Ursache für Schädig. v. Baumwollsämlingen durch Ammoniumphosphat 6-2986; Wirksamk. d. P-Düngung in Fruchtfolgen mit Baumwolle–Luzerne 7-3054; K-Ernähr. d. Baumwollpflanze unter d. Verhältnissen d. Mugano-Saljanskaja Steppe v. Aserbaidshan 7-3057; Wrkg. verschiedener KCl-Gaben auf Ertrag u. Ölgeh. v. Hanfsamen 7-3058; Vgl. d. Aufnahme verschiedener Phosphate durch d. Baumwollpflanze 15-3159; Zus. v. --Granulaten u. aus d. Boden zurückgewonnenen Rückständen zur Düngung v. Kartoffeln, Tomaten u. Baumwolle 23-3373; Einfl. d. Gründüngung auf d. Auftreten d. Fusariumwelke an Baumwolle 29-3281; Mikrodüng. (Glasfritte) für Hanf auf Torf-Kompostböden 29-3282; Einfl. v. Spurenelementen auf d. Anfälligk. d. Baumwolle für Verticillium-Welke 29-3286; Mineraldüngung d. Baumwollpflanze auf gipshalt. Böden 35-3052.

Früchte und Obstkulturen: Vers. zur Gründüngung im Weinbau 1-2914; Ursachen d. schädl. Wrkg. d. bei Anpflanz. eingebrachten N-Düngung auf d. Weinrebe 3-3142; Einfl. d. Bind.-Form d. – auf d. Ertrag an Erdnüssen 5-3085; Unters. über d. K-Bedarf v. Ananaspflanzen 6-2988; Bekämpf. v. Zn-Mangel bei Guavabäumen in Rajasthan 9-3029; Einfl.: v. Phosphatdünger auf Ertrag u. Qualität v. „Valencia"-Orangen 12-3043; d. Düngung bei Äpfeln auf Mg-Mangel, Blatt- u. Fruchtzus. u. Lagerqualität 13-3023; v. Cu auf Ertrag u. Aufnahme v. P u. Fe durch Citrussämlinge 13-3026; v. N-Quelle u. -Menge auf Ertrag u. Qualität v. „Valencia"-Apfelsinen 16-3128; d. Mineraldüngung auf Weinrebe-Ertrag u. Weinqualität 17-3348; faktorieller NPK-Feldvers. mit Erdbeeren 17-3366; Entw. u. Mineralstoffversorg. v. Obstunterlagen unter d. Einfl. v. Hydrogencarbonaten, Carbonaten u. CO_2 im Substrat (Wrkg. v. Hydrogencarbonaten) 18-3003; Dynamik d. Aufnahme v. ^{32}P-Phosphaten bei d. Düngung v. Quittenbäumen 28-3130; Ansprechen v. Citruspflanzen auf Mg-Gaben zum Boden u. auf Blätter 28-3134; Blattabsorpt. v. N bei Weinreben (Blattdüngungsvers. mit ^{15}N-markierten N-Düngern) 31-3401.

Gemüsepflanzen: Einfl. v. starker Düngung u. Dauer d. Vegetat.-Periode auf Ertrag an Zuckerrüben 2-2824; Einfl. d. Düngung: auf d. Eig. d. Tomatenfrüchte im Zusammenhang mit mechanisierter Ernte 3-3139; auf d. Dynamik d. Nährstoffe im Boden u. ihre Entnahme durch Tomaten u. Blumenkohl in feuchter subtrop. Zone 3-3144; Einfl.: v. Stalldung auf d. Mikronährstoffgeh. v. jungen Gemüsepflanzen 3-3148; v. Nährionenkombinat. bei verschiedener Temp. d. Nährlsg. auf Tomaten 4-2571; d. N-Düngung auf d. Aminosäuregeh. v. Spinatblättern 4-2574; Blattdüngevers. in Zuckerrüben 4-2577; Mineraldüngung bei Erbsen auf dunkler Grauerde d. mittleren Urals 7-3050; Einfl.: d. N-Ernähr. auf d. Geh. an organ. Säuren in d. Blättern d. Gurkenpflanzen 7-3056; v. chem. – auf d. Zuckerrübenertrag 7-3060; verschiedener --Arten auf Ertrag u. mineral. Zus. v. Mohrrüben 8-3040; d. Stallmistdüngung auf Ertrag u. Qualität v. Mohrrübensamen 8-3042; v. Sprays v. Na_2Mn-EDTA, Ultra-S u. W. auf chlorot. Zuckerrohrschößlinge 8-3044; v. Mn auf d. Zurückdräng. v. Kartoffelschorf 8-3045; v. Höhe u. Form d. K-Versorg. auf d. P-Absorpt. v. Kartoffelpflanzen 9-1355; v. Ernähr.-Faktoren auf d. Rk. v. Erbsen auf Gibberellsäure 9-1367; Bedarf v. Zuckerrohr an Phosphat u. Pottasche in Abhängigk. v. d. chem. Bodenanalyse u. d. Bodenart 10-3008; Einfl. v. drei N-Quellen u. v. Biuret auf Ertrag u. spezif. Gew. v. Katahdin-Kartoffeln 10-3012; Anwend. d. drei Hauptdüngerelemente für d. Schößlinge v. Zuckerrohr 10-3013; Einfl. d. Bodendüngung mit K-Salzen, $MgSO_4$ u. $MgSO_4$-Spray auf Kartoffelausb., -zus. u. Nährstoffaufnahme 12-3046; Ca-Silicatschlacke als Wachstumsförderer für Zuckerrohr auf Silicat-armen Böden 12-3048; Verlauf d. Wachstums u. d. N-Verteil. in Bohnenpflanzen bei NH_4-Ernähr. (Wrkg. v. Carbonaten u. einer Aciditätskontrolle) 13-3007; Wrkg. v. Chlorid u. Kalk auf d. Mn-Aufnahme bei Buschbohnen u. Süßmais 13-3012; Ansprechen v. Sojabohnen-Zuchtlinien auf hohe P- u. K-Versorg. 13-3025; Einfl. d. Düngersorten auf d. Aminosäurenzus. d. Proteins bei Weizenkörnern u. Mohrrüben 14-2997; Wirksamk. verschiedener Phosphatformen zur Nutzpflanzenernähr. (Ansprechen v. Kartoffeln) 14-2999; Veränder. d. Chlorophosresistenz d. Raupen v. Pieris brassicae u. Mamestra brassicae bei Einbring. v. Mineral-- vor d. Kohlanpflanz. 15-1501; Wrkg. v. Salz auf Knöllchenbldg., N-Bind. u. Wachstum v. Sojabohne u. Luzerne 15-3158; Verlauf d. Wachstums, d. Entw. u. d. Ertrags v. abessin. Meerkohl bei verschiedenem Anbau, verschiedener Düngung u. Feuchtigk. 15-3156; Wrkg.: v. Kalk u. Mo für Futterbohnen (Einfl. auf Ertrag u. Qualität) 15-3166; d. B-Düngung auf Wachstum, Entw., Ertrag u. chem. Zus. v. Topinambur 15-3169; v. K u. Na auf Wachstum, mineral. Zus. u. W.-Geh. bei jungen Zuckerrübenpflanzen auf Grasnarbe-Podsolboden 16-3131; d. Mineraldüngung auf Zuckerrüben auf ausgelaugter Schwarzerde 16-3133; Ansprechen v. Karotten u. Zwiebeln auf Mikronährstoffe (Cu) auf Torfboden 16-3135; Bodendüngung u. NO_3-Anreicher. bei Gemüse 17-3351; Ansprechen v. Kartoffelpflanzen auf Düngung u. Bodenwasserspann. unter induzierter Bodenverdicht. 17-3353; Einfl. d. Düngung auf Ertrag u. Qualität d. früh- u. spätreifenden Kartoffelsorten 17-3364; Feld- u. Labor.-Vers. mit Zn-- an Bohnen u. Mais (*1965*) 17-3372; Wrkg. v. Co auf Ertrag u. biochem. Indizes bei Zuckerrübe u. Mais 17-3374; Nachwrkg. v. Spurenelementen bei d. Behandl. v. Zuckerrübensamen vor d. Aussaat 17-3375; Bedarf d. Kartoffel an Nahr.-Stoffen während d. Wachstumsphase 18-3002; Wrkg.: d. Düngung auf d. Ertrag v. Mais u. Zuckerrübe auf ausgelaugter Schwarzerde 18-3006; unterschiedl. Düngung auf Ertrag u. mineral. Zus. v. Frühkartoffeln 19-3136; v. N- u. K-- auf Ertrag, C.C.S., Bestandsdichte u. Nährstoffaufnahme v. Zuckerrohr 19-3148; Düngung im Tomatenbau 21-3347; Mg-Düngung v. Kartoffeln 21-3354; Düngung, Überdüngung u. Qualität d. Zuckerrübe 22-3105; Einfl.: v. P-, Ca- u. K-- auf d. Knöllchenbldg. v. Sojabohnen 23-3360; v. Superphosphat u. NH_4NO_3 auf Ertrag u. Ölgeh. d. Sonnenblumensaaten auf versalzten Böden 23-3374; v. B, Cu, Mn u. Co auf Ertrag u. Qualität d. Zuckerrüben 23-3378; Anwend. v. Mo-- zu Sojabohnen (Einfl. auf Ertrag u. Qualität) 23-3379; Wrkg. verschiedener --Behandl. auf Ertrag u. mineral. Zus. v. Roten Rüben 24-2921; Wirksamk. d. Boden- u. Blattdüngung mit N u. P bez. Knollenbldg. u. Nährstoffaufnahme bei Kartoffeln 24-2922; Einfl. v. Trijodbenzoesäure auf Wachstum, Knöllchenbldg. u. Ertrag v. mit Nitragin geimpften Sojabohnen 24-2924; optimaler Anteil an wasserlösl. P_2O_5 in kombinierten – im Kartoffel- u. Zuckerrübenanbau 25-3292; Zn-Düngung v. Bohnen u. Mais im Jahre *1966* 25-3300; Einfl. d. Düngung auf d. Rhizosphäre d. Sojabohne 27-3428; Mg-Bedarf v. Getreide, Kartoffeln u. Zuckerrüben in Abhängigk. v. d. N- u. K-Düngung 27-3437; Einfl.: v. Na auf Wachstum, Ertrag u. Zuckergeh. d. Zuckerrübe auf Kompost-Podsolboden 27-3448; v. Kalk auf Kartoffelertrag u. d. Eig. v. Torfböden 29-3276; v. $MgSO_4$ auf d. Ertrag an Zuckerrüben (Wechselwrkg. mit anderen –) 29-3279; v. Spurenelementen auf Ertrag u. Qualität v. Hülsenfrüchten 29-3283; Wirksamk. v. B u. Cu auf Kartoffel (Sandböden) 29-3285; Beseitig. v. Mn-Mangel bei Blumenkohl u. Spargelkohl 31-3409; Einfl. d. NPK-Düngung u. d. Bodenfeuchtigk. auf d. Zuckergeh. v. Kartoffelknollen 34-2971; Wirksamk. verschiedener P-- auf Gemüsekulturen 35-3054; Einfl.: d. N-Düngung auf d. Ansamml. v. Carotin im Salatkohl 35-3056; verschiedener Düngearten auf Ertrag u. mineral. Zus. v. Winter-Kopfsalat 35-3059; v. Spurenelementen auf d. Ertrag u. d. Qualität d. Kartoffeln 35-3066;

Vers. mit Mineral- u. Stall-- zu Zuckerrohr in Indien 45-3238; Einfl.: d. Mo-Spiegels auf d. Fe-Ernähr. d. Tomate 45-3241; v. Co auf Wachstum u. Kornertrag v. Sojabohnen 49/50-3042; Mn-Ernähr. v. Süßkartoffeln bei optimalem Wachstum 51/52-2873.

Gräser: Einfl.: d. Düngung auf Ertrag u. Radioaktivität bei d. Pflanzen d. alpinen Wiesen 3-3140; v. Phosphorsäuregaben auf Pflanzenbestand, Ertrag u. Futterqualität v. Nieder.-Moorwiesen 4-2573; Rolle d. Düngung bei Verbesser. d. Grünlandes im Hohen Vogelsberg 4-2575; Düngevers. auf Wiesenflächen in Slowenien 4-2576; Aufnahme v. natürl. u. zugesetztem Se durch Weidegrasarten 5-3088; Ansprechen v. Coastal-Bermudagras auf Anwend. v. P u. K in Abhängigk. v. P- u. K-Spiegel im Boden 6-2990; Gips u. elementarer S als — für einjährige Weiden 6-2991; Düngevers.: auf Gras-Klee-Rasen mit fl., ausgefaultem Abwasserschlamm 9-3024; an Raygras mit fl., ausgefaultem Abwasserschlamm 9-3025; Einfl. v. Spurenelementen auf d. Leist. v. Milchviehweiden 9-3027; Wrkg. v. N-Düngung: u. Schnitthäufigk. auf Ertrag u. Zus. v. Guineagras 12-3044; auf d. Kohlenhydratgeh. v. Küsten-Bermudagras 12-3045; auf Erträge u. Qualität v. Heu 13-3016; fl. Stalldung als Weidedünger (Einfl. auf Mineralstoffgeh. v. Gras u. Klee) 14-3005; (Ansprechen auf Gemische v. fl. Stalldung u. Mist) 14-3006; Düngung mehrjähr. Gräser auf Aueböden 15-3154; Einfl.: d. Zeitpunkts d. N-Düngung u. d. Schnitts auf d. Ertrag einer Weidegras-Weißklee-Narbe 16-3129; d. vorausgegangenen N-Düngung auf d. Nachwuchspotential v. Küsten-Bermudagras 17-3355; Verw. v. Harnstoff-Formaldehyd als langsamfließende N-Form für Kentucky-Rispengras 17-3358; Wrkg. v. Düngung mit N, P u. K auf d. Ertrag einer Rohrschwingel-Weißklee-Narbe 17-3367; S-Bedarf u. -Düngung v. Weide- u. Futterpflanzen 21-3331; Wrkg.: d. Phosphatdüngung auf Ertrag, Phosphorsäure- u. Eiweißgeh. d. Wiesenfutters 21-3341; v. N-, P- u. K-- auf Ertrag u. N-, P- u. K-Geh. v. beweidetem Gras 21-3349; v. N, P u. K auf Ertrag, Ausdauer u. Nährstoffgeh. v. Lieschgras 21-3350; Unters. mit CCC im Grassamenanbau 25-3306; Einfl.: v. verschiedenen N-- auf Ertrag u. Zus. v. Gras 28-3131; d. N-Düngung gegenüber Bromegras auf Solonetzböden 28-3132; Dispers. zur Düngung v. Rasenflächen 30-2979*; Verw. v. ummanteltem Harnstoff, Thioharnstoff, Harnstoff-Formaldehyd, Hexamin, Oxamid, Glykoluril u. ox. mit N-angereicherter Kohle als langsam fließende N-Quelle für Knaulgras 32-2973; Einfl.: v. Kalkform u. -menge auf d. Ertrag v. Bermudagras 33-3377; verschiedener Phosphatformen auf Dauerwiesen 43-3063; v. Floranid auf Grünland u. Futtergräser 43-3064; Wert v. Harnstoffnitrat u. Harnstoffphosphat als N-Dünger für Gras u. Gerste 44-2893; Einfl. v. Kalk. u. N-Düngung auf Boden-pH u. Ertrag v. Küsten-Bermudagras 49/50-3027.

Getreide: N-Ernähr. bei Futtergersten (Gefäßvers. mit Sommergersten) 1-2911; Einfl.: d. N-Düngung auf d. Eiweißzus. u. d. Aminosäuregeh. d. Weizenkorns 1-2912; v. CCC auf Roggen 1-2918; Kalkstickstoffdüngung im Getreidebau bei gleichzeit. Anwend. v. Herbiziden 1-2938; Einfl. v. Saatzeit u. N-Gabe auf Qualität u. Ertrag v. Braugerste 3-3141; Bedarf an N, P u. K beim Mais in Zonen mit nichtausreichenden Nd. 3-3143; Wrkg.: d. Düngung auf Aufnahme d. Nährstoffe, Wachstum u. Ertrag v. Mais 3-3145; v. Mineraldüngung u. W.-Geh. im Boden auf d. Maisertrag 5-3082; Veränder. d. P-Geh. in Winterweizen- u. Roggenpflanzen unter d. Einfl. d. Düngung 5-3083; P-Aufnahme während verschiedener Wachstumsstadien v. Sommerweizen u. graugrüner Quecke 6-2985; Wrkg. v. Harnstoffspritz. auf Winterweizen 6-2987; Unters. d. Maisdüngung auf rotem Lehmboden 6-2989; Einfl. v. — u. Sortenwahl auf d. Fußkrankh. v. bewässertem Weizen 7-3051; Wirksamk. verschiedener Formen v. P-- bei Winterweizen, Mais u. Erbse in d. Steppe d. Ukrain. SSR (Vgl.) 7-3053; Einfl. v. N-Düngung auf Haferkörner (Fettbldg. u. Fettsäurezus.) 9-1320; kumulative Wrkg. v. Mineraldüngern, Stallmist u. ihrer Kombinat. auf Ertrag u. chem. Zus. v. Weizen 9-3019; Düngevers. an Gerste mit fl., ausgefaultem Abwasserschlamm 9-3026; Verbesser. d. Wachstums v. Reispflanzen auf sauren Sulfatböden 10-3007; Düngung v. Mais auf kalkhalt. Boden 10-3009; Wrkg.: v. Harnstoff, Biuret u. NH_3 auf Keim. u. Frühwachstum v. Mais 13-3006; v. N- u. Phosphat- — auf d. Ansprechen v. Mais auf Zn 13-3008; Form u. Plazier. v. Zn u. P bei Mais 13-3011; Einfl. v. N-, P- u. K-- auf d. Katalaseaktivität v. Blatthomogenaten v. Triticum vulgare 13-3013; Aufnahme d. Boden- bzw. Dünger-P durch Reis bei verschiedenen N-Gaben 13-3014; Auswrkg. d. Zeitpunkts d. N-Düngung auf d. Maisertrag in d. Tropen 13-3019; relative Wirksamk. v. Nitrophosphat u. anderen N- u. Phosphat--Kombinat. (Ansprechen v. Aman-Reis) 13-3022; Wrkg. v. N- u. K-Salzen mit Phosphaten auf Ertrag u. Geh. an P, N, K u. Mn v. Hafer 13-3024; Rolle v. anorgan. Bodenphosphaten bei Liefer. v. P an d. Weizenpflanze 14-3000; Zn-Verfügbark. für Mais in Bezieh. zum Ursprung u. d. Konz. im Makronährstoffträger 14-3008; Einfl. verschiedener N-Formen auf Frakt. u. Aminosäurezus. d. Proteine d. Maiskorns 15-3163; Ansprechen: v. Mais auf Zn (Einfl. d. N-Quelle) 15-3168; v. Getreide auf Mo 15-3170; Einfl.: d. K-Düngung auf d. Ertrag v. Sorghum cernuum auf versalzten Böden 16-3130; v. S-Gaben auf d. Verfügbark. d. Bodennährstoffe für Mais 16-3134; verschiedener — auf Anatomie u. Wachstum v. Mais-Primärwurzeln 17-3343; d. Mineraldüngung auf Maisertrag u. -qualität 17-3347; relative Wirksamk. v. Kalkammonsalpeter auf Sumpfreis 17-3359; Düngerwrkg. bei Sumpfreis in Nord-Nigeria 17-3360; Düngung v. Sommer- u. Winterweizen im Trockengebiet d. Braunerdezone 17-3365; Düngerbedarf beim Anbau v. Mais in Nyassaland 17-3368; Einfl. v. N- u. Mg-- u. $CaCO_3$ auf d. Aufnahme v. Mg durch Hafer 17-3369; B-Düngung v. Mais in Minnesota 17-3373; Beeinfluss. d. Eiweißgeh. v. Weizen durch N-Düngung u. W.-Mangel 18-3005; Prinzipien d. Nährstoffaufnahme aus Düngerbändern (^{32}P-Aufnahmen durch Stützwurzeln v. Mais u. seine Verteil. in d. Blättern) 19-3139; relative Wirksamk. v. breitwürf. Phosphatdüngung gegenüber Banddüngung zu Mais 19-3146; Dünger für Mais in Zonen ungenügender Feuchtigk. 20-3008; Einfl.: v. Standort u. Düngung auf Ertrag u. Qualität v. Hafer 21-3328; v. $CaCO_3$, MnO_2, $Fe(OH)_3$ u. verlängerter Überflut. auf d. Wachstum v. Reis 21-3330; hoher Gaben v. P-- auf Kornertrag u. Qualität landwirtschaftl. Kulturen 21-3342; d. Zeitpunkts u. d. Verf. d. Einbring. d. Harnstoffs u. d. NH_4NO_3 auf Ertrag u. Qualität d. Weizenkorns 21-3344; v. Feuchtigk., Temp. u. N-Düngung auf Ertrag u. Proteinqualität v. Thatcher-Weizen 21-3345; v. Kalk-, N-, K- u. Mg-- auf d. Mg-Aufnahme durch Hafer u. Gerste 21-3348; v. Zinksulfat auf Ertrag u. Nährstoffzus. v. Crotalaria u. Süßmais 21-3357; v. fl. N-- auf in Monokultur angebauten Winterweizen u. auf d. Bodenrk. 22-3111; v. körn. u. pulvr. Superphosphat auf Weizen u. Unters. d. Rückstandseffekts auf d. Wicke 23-3363; d. K-Düngung auf d. Reisertrag 23-3365; v. Stroh- u. N-Dünger auf d. Respirat. d. Bodens u. auf d. Maisertrag 25-3298; v. ZnO in fl. u. granulierten — auf Getreide 25-3301; v. Mikroelementen, bes. Zn, mit Bentonit auf d. Wachstum d. Gerste 25-3302; v. 2-Chloräthyltrimethylammoniumchlorid (auf Weizen) 25-3304; (auf Körner- u. Strohertrag v. Winterweizen) 25-3305; Beeinfluss. d. Ertrags v. Sorghum vulgare durch P-, Zn- u. Fe-Düngung 26-3096; Bezieh. zwischen N, Cu u. Kornertrag v. Gerste 26-3097; Ansprechen v. Mais auf P in untersäuerten Rohphosphat-u. Rohphosphat-Superphosphat-- 27-3440; Wrkg.: unterschiedl. N-Gaben auf d. Aminosäuregeh. im Weizenkorn 27-3445; v. anhaltender K-Düngung auf d. K-Aufnahme durch Gerste u. Buchweizen 27-3446; v. organ. — auf d. Ertrag v. Mais u. d. Nitrifizier.-Prozesse in ausgelaugten Schwarzerden 27-3449; Ansprechen v. Getreide auf — in Nord-Nigeria (Hirse) 28-3133; relative Wirksamk. verschiedener Zn-Quellen für Mais 28-3136; Einfl.: v. organ. Substanz (Grünmasse) auf d. Bodenfruchtbark. beim Reisanbau 29-3280; einer N-Düngung auf d. N-Aufnahme durch Hafer aus Böden mit verschiedenem N-Status 31-3387; d. Mineraldüngung auf d. chem. Zus. u. d. Ertrag v. auf Torfböden angebautem Mais 33-3380; v. Standort u. Düngung auf d. Mn-Geh. in Silomais 34-2972; v. Nitrophoska auf d. Hirseertrag 35-3060; N-Formen u. Meth. ihrer Anwend. bei überflutetem Reis 44-2894; Wrkg. v. Na_2EDTA auf Wachstum u. Spurenelementaufnahme v. Roggenkeimpflanzen 44-2895; Ausnutz. v. P-Dünger mit unterschiedl. P-Verfügbark. durch Mais mit u. ohne Mycorrhiza 47-3059; Wrkg.: v. S u. Spurenelementen auf Ertrag u. mineral. Zus. v. Futterhirse 49/50-3041; d. Zn-Düngung auf biochem. Besonderh. v. Mais bei verschiedener Zn-Versorg. 51/52-1417; d. Ammonium- u. Nitrat-- auf Frühlingsgerste mit u. ohne Na u. K 51/52-1422.

Analyse, Prüfverfahren

Analyse (Übersicht *1964—1967*) 14-2043; (durch Röntgenbeug.) 19-2259; Labor.-Abweich. bei d. --Analyse 31-2241; Analyse v. Mineral-- in fester Phase (Ammophos, Superphosphat, Thomasmehl) 37-2264; neuere Aspekte in d. --Analyse (Übersicht) 39-2127; Erfahr. bei d. analyt. Unters. v. *34%* N enthaltenden Ammoniumnitrat-- 41-2166; Probenahme bei Massen-- 42-1937.

Röntgenbeug.-Meth. zur direkten Beobacht. d. Oberflächenzus. v. --Granalien 5-3081; Aciditätsbest. auf Torf u. Torf-Ammon--Gemischen 31-2244; röntgenograph. Phasenanalyse v. -- 42-1938.

Best. v. Fe in — durch Titrat. mit Dichromat 1-1907; amperometr. Best. v. $Ca(NO_3)_2$ in Nitrophosphat- u. Calciumammoniumnitrat-- 2-1926; Best. v. Mg u. Ca in Misch-- mit einer Kationenaustauschermeth. 3-2121; Analysenmeth. für wasserunlösl. u. langsam wirkenden N in — 10-2015; kolorimetr. Best. v. Phosphat in Komposten mit d. Vanadat-Molybdat-Meth. 10-2016; Trenn. wasser- u. citratlösl. Phosphate in Phosphat-- durch Papierchromatographie 13-1989; elektrometr. Titrat.-Meth. bei d. volumetr. NH_4-Molybdatmeth. für P in — 13-1990; automat. flammenphotometr. K-Best. in — 13-1991; Best. v. Spurenelementen in — durch Atomabsorpt.-Spektrophotometrie 13-1992; Dichromatmeth. zur Fe-Best. in — 13-1993; UV-spektrophotometr. Best. v. Biuret in Harnstoff für — 14-2044; spektrophotometr. Best. d. verfügbaren P in — 16-2046; Automatisier. d. flammenphotometr. Best. v. K in K-Salzen zur Düngung 16-2047; Spurenelement-Analyse v. — mit bes. Berücksichtig. v. gesinterten Stoffen 18-2062; Best. d. Nährstoffgeh. v. — mit d. Autoanalyzer 19-2260; Charakterisier. d. organ. Substanz in — 19-2261, 19-2262; Best. d. S-Bedarfs in — durch d. Meth. d. systemat. Variat. 21-3333; automat. Best. d. Gesamt-N in mineral. — 22-2210; Best. v. Nitraten in chloridhalt. Mineral-- 24-2152; verbesserte Meth. zur Best. v. verfügbarem P in — 29-2230; Best. v. P_2O_5 im komplexen Fl.-Dünger ZSU-U-Z durch amperometr. Titrat. 29-2233; wechselstrompolarograph. Best. v. Cu in Spurenelement-halt. Superphosphat 30-2080; differential-photokolorimetr. Best. v. P in Prod. d. Doppelsuperphosphatindustrie 31-2243; atomabsorptionsspektrometr. Best. v. Mo in — 36-2062; Best.: v. P in Superphosphaten (Vgl. verschiedener Verf.) 39-2128; v. B in — 40-1927; gravimetr. Phosphatbest. nach d. Chinolinmeth. u. ihre Anwend. bei — 40-1928; Best. sek. u. geringwert. Pflanzennährstoffe in — durch Atomabsorpt.-Spektrometrie 42-1939; Anwendbark. verschiedener Meth. d. P_2O_5-Best. bei Phosphat- — 46-1975; Phosphatbest. in — in Ggw. lösl. Kieselsäure mit Ionenaustauschern 47-2109.

Bewert. v. Harnstoff-Formaldehyd-- unter Verw. v. ^{15}N-markierten Materialien 13-3017; Ermittl. d. Grenzwerte für d. P-Versorg. d. Bodens 21-3340; N-Bilanzrechn. mittels ^{15}N im N-Düngeverf. 23-3364; Bodenunters. im Bundesgebiet (*1955—1965*) u. ihre Auswrkg. auf d. --Anwend. 24-2918; Ermittl.: d. P-Düngerbedarfs aus d. P-Fixier.-Vermögen d. Bodens 25-3273; d. optimalen Düngergaben für jede Bodenart bei Kartoffeln 25-3294; d. optimalen Düngergaben im Feldvers. 27-3430; Best. d. P-Versorg. v. Sorghum aus d. mineral. Zus. d. Blätter 27-3441; Unters. d. --Wrkg. mit ^{15}N 28-3129; Bodenprüf. zur Ermittl. d. Bedarfs an P-- 36-3049.

Bibliographie

Die Rhenania-Dünger (Monographie über Herstellung, Eigenschaften und Wirkung der Rhenania-Dünger) B 8; Mehrnährstoff- oder Einzeldünger B 64.

Russ.: Phosphordünger und ihre Anwendung B 24; Magnesiumdünger B 55; Mineral- und Organo-Mineraldünger, Strukturbildner des Bodens und Herbizide (Mitteilungssammlung) B 64; Mikrobiologische Prozesse und ihre Rolle bei der Steigerung der Bodenfruchtbarkeit und der Düngewirkung B 87.

Statistics of crop responses to fertilizers B 31; Chemical fertilizers (Proceedings of the XVII International Congress „Chemistry Days *1966*", Milan *1966*) B 64; Fertility without fertilizers B 64; Fertilizer developments and trends B 79.

La fumure des pépinières (Journée d'études organisée sous l'égide du Cercle national des jeunes horticulteurs par le Service technique de la F.N.P.H.P., Paris *1967*) B 40.

Dufrenit, Identifizier. d. PO_4^{3-}-Gruppe in — mit Strychninmolybdat-Reagenz 27-2216.

Dufrenoysit, – aus d. Lengenbach (Binnatal) 42-0672; Krist.-Struktur 35-0189.
Dukten 350 s. unter *Eisen, Schmiedeeisen und Stahl (Sondermarken).*
Dukten 900 s. unter *Eisen, Schmiedeeisen und Stahl (Sondermarken).*
Duktilität
Druckabhängigk. d. Überganges spröde-duktil 5-0309; Einfl. v. dreiachs. Spann.-Zuständen auf d. Übergang spröde–duktil 15-0257; duktile u. spröde Krist. 29-0277; Unters. verformter duktiler Krist. mit d. Meth. d. anomalen Röntgendurchlässigk. 29-0278; Wrkg. d. Hohlraumbldg. an Korngrenzen auf d. – 30-0232; Bedeut. d. Zwillingsbldg. für d. – hexagonal dichtgepackter Polykrist. 34-0285.
– v. Be-Blech bei Übergangstemp. 35-2441; Einfl. d. Korngröße auf d. Hochtemp.-– einer Al–Al_2O_3-Leg. 41-0137; hochduktiler Zustand v. Leg. auf Al–Zn-Basis 43-0179; Einfl. v. H u. d. Dehn.-Geschw. auf d. duktil–spröd-Übergang v. Zircaloy-*2* 36-2378; Tieftemp.-– einer Cr-Leg. mit Co 44-0107; – v. elektronenstrahlgeschmolzenen Mo-Stäben (Wrkg. v. Zusatzelementen) 21-2557; Meth. zur Verbesser. d. – v. Mo-Pulver 22-2482; Meth. (Zusätze v. Al, Mg oder Y) zur Verbesser. d. – von Mo 32-0276; – v. elektronenstrahlgeschmolzenem Mo 42-2192; –-Sprödigk.-Übergang in einer W-Scheibe 32-0278; – v. W–Ni–Fe-Verbundmetallen mit *95* W 38-2473; Einfl. v. B, Cu u. Sn auf d. Tors.-– einer Fe–Ni-Leg. in d. Wärme 31-0260; – v. Fe mit *3,1–5,1* Si 32-2392; Kriech-– v. Ni 17-2410; – v. verformten Mg–MgO-Sinter 15-2462; Herst. v. duktilen MgO-Whiskern 40-0109.
Dulcin s. unter $C_9H_{12}N_2O_2$.
Dulcit s. unter $C_6H_{14}O_6$.
Dulcolax s. unter $C_{22}H_{19}NO_4$.
Dumortierit, Vork. v. – in vulkanogenen Gesteinen West-Tjan'-Sans 31-0877.
Dunit, Häufigk.: v. Na, Mn, Cr, Sc u. Co in – 3-0780; v. Hg in – 16-0767; v. K in – 16-0820; Serpentinisier. v. – im Burro Mountain, Californien 32-0850; Vgl. v. Mondmaterial mit – 35-0831; Geochemie d. Elemente d. Pt-Gruppe in – 47-0690.
Eig. v. –-Steinen 21-2473; IR-Spektrum v. – 5-0776; spektrales Reflex.-Vermögen v. – 40-0679; mechan. Verh. v. serpentinisiertem – bei Normaldrücken bis *50* kbar, Temp. bis *900°* 36-0783; Hugoniot-Zustandsgleich. für – 43-0738.
Hochdruckrk. u. Scherfestigk. v. serpentinisiertem – 7-0809; Verw. v. – als Katalysator zur Red. v. N-Oxiden 5-2158*.
Verw. v. – als Mg-Düngemittel 35-3061.
Vork. u. Best. v. – (chem. Analysenexperiment für Surveyors Mondaufgabe) 5-0777; Analyse v. – DTS-*1* 16-0801; Ergebnisse d. Analyse v. DTS-*1* (Haupt- u. Spurenelemente) 32-0836; analyt. Daten v. U.S.G.S. Standard-Gestein – DTS-*1* 47-0681; U.S.G.S.-Standards v. – 49/50-0639; Genauigk. d. chem. Best. d. Gesamt-Fe- u. Al-Geh. in – 5-1949; U-Geh. im Standard – DTS-*1* 8-0745; Best. v. U, Th u. K in – 28-2045; Ce- u. Er-Geh. in – DTS-*1* 38-0793; Best. v. V, Mo u. W in d. v. U.S.G.S. analysierten – DTS-*1* 49/50-0640.
Dupont-328 s. unter $C_{12}H_{22}N_4S_4$.
Dupont-634 s. *Lenacil.*
Dupont 1179 s. unter $C_5H_{10}N_2O_2S$.
Duracron 200 s. unter *Plaste, C-Copolymerisate (Weitere C-Copolymerisate).*
Dural s. unter *Aluminiumlegierungen (Sondermarken: Duralumin).*
Duralumin s. unter *Aluminiumlegierungen (Sondermarken).*
Duraluminium s. unter *Aluminiumlegierungen (Sondermarken: Duralumin).*
Durazol paper blue, Unters. durch Agargel-Elektrophorese 22-2200.
Durchschlag, elektrischer s. unter *Entladung, elektrische.*
Durenat s. unter $C_{11}H_{12}N_4O_3S$.
Durit s. unter *Kohlen.*
Durochinon s. unter $C_{10}H_{12}O_2$.
Durol s. unter $C_{10}H_{14}$.
Durosemichinon s. unter $C_{10}H_{12}O_2$.
Duroxal s. unter *Aluminiumlegierungen (Sondermarken).*
Dursban s. unter $C_9H_{11}Cl_3NO_3PS$.
Durvillidiol s. unter $C_{30}H_{52}O_2$.
Durvillonol s. unter $C_{30}H_{50}O_2$.
Dutral s. unter *Kautschuk, Andere Elastomere (Elastomere aus Olefinen, Olefinmischpolymerisaten und dergleichen).*
Dutral 33 s. unter *Kautschuk, Andere Elastomere (Elastomere aus Olefinen, Olefinmischpolymerisaten und dergleichen).*
Dutral 100 s. unter *Kautschuk, Andere Elastomere (Elastomere aus Olefinen, Olefinmischpolymerisaten und dergleichen).*
DW-75 s. unter $C_{142}H_{222}N_{42}O_{31}$.
DWChB s. unter *Kautschuk, Andere Elastomere (Elastomere aus Olefinen, Olefinmischpolymerisaten und dergleichen).*
D-Win 5094 s. unter $C_{12}H_{15}Cl_2NO_3S$.
Dyflos s. unter $C_6H_{14}FO_3P$.
Dymid s. unter $C_{16}H_{17}NO$.
Dynamit s. unter *Sprengstoffe.*
Dypnon s. unter $C_{15}H_{14}O$.
Dyren(e) s. unter $C_9H_5Cl_3N_4$.

Dysprosium

– in Meteoriten u. Tektiten (Zeitschriftenref.) 16-0764; Häufigk. v. – in Ap-Sternen 20-0782; –- u. Ba-Häufigk. im Howarditen Bununu 29-0864; akzessor. Xenotime aus Pegmatitgängen v. Čupa u. d. Verteil.-Besonderh. v. – 38-0877; Diffus. v. – in d. Sonne 40-0672; –-Geh. in Stromsedimenten d. Paparoa-Bereichs, New Zealand 49/50-0658; Unters. v. – in Epidot u. Orthit 49/50-0681; Linien v. – in C-Sternen 51/52-0623.

Hochtemp.-Zelle zur elektrolyt. Gewinn. 10-2349; verteilungschromatograph. Abtrenn. v. anderen Seltenerdmetallen mit Di-(2-äthylhexyl)-phosphorsäure 5-1921; metallograph. Präparat. 20-0155.

Zerfall v. ^{162}Tb u. d. angeregten Zustände v. ^{162}Dy 1-0075; durch energiereiche Protonen in Au erzeugte α-strahlende ^{150}Dy-Kerne 3-0092; Koinzidenz- u. Richt.-Korrelat.-Mess. über d. Zerfall ^{160}Tb→^{160}Dy 14-0067; Zerfall ^{162}Ho→^{162}Dy 26-0003; Unters. v. ^{144}Nd(^{12}C, x n)Dy u. ^{140}Ce(^{16}O, x n)Dy; Rückstoß-Reichweite-Verteil. als Unters.-Meth. d. Compoundkernrk. ^{144}Nd(^{12}C, 7n)^{149}Dy 35-0011.

Populat. v. Rotat.- u. Isomerenzuständen in – 1-0048; ^{164}Dy→^{164}Ho→^{164}Er (β-Prozesse) 2-0057; Mössbauer-Effekt an ^{161}Dy-Beimeng.-Kernen in metall. Gd 3-0077; Berechn. d. Nichtadiabatizitätskoeff. d. Rotat. im Rahmen d. Suprafluiditätsmodells für ^{160}Dy 4-0012; beim Strahl.-Einfang v. Neutronen angeregte Niveaus v. ^{165}Dy 4-0035; rotationslose Zustände in ^{163,165}Dy 4-0036; Hyperfeinstrukturmess. an ^{161}Dy u. ^{163}Dy 4-0110; S-Wellen-Neutronen-Stärkefunkt., Niveauabstände u. Potentialstreuung-Radiusparameter für –-Isotope 7-0057; Meth. zur Best. d. d-Neutron-Stärkefunkt. für ^{162}Dy 9-0075; g-Faktoren für d. tiefsten *2*⁺-Zustände v. –-Isotopen 10-0053; Koeff. d. inneren Konvers. d. M-Schale d. Übergänge E*2*(*2*⁺→*0*⁺) v. ^{160}Dy 11-0063; niederenerget. Anreg. v. ^{165}Dy 12-0020; Populat. v. Rotat.-Niveaus durch unelast. Streuung v. Deuteronen an –-Isotopen 12-0045; L-Unterschalenverhältnisse in E*2*-Übergängen v. ^{160}Dy 14-0031; innere Konvers.-Koeff. mit relativist. Hartree-Fock-Modell für ^{160}Dy 14-0034; relative Intensitäten d. inneren Konvers.-Linien d. L-Schale reiner E*2*(*2*⁺→*0*⁺)-Übergänge in ^{160}Dy 14-0039; Berechn. v. Kerndeformat. aus Isotopieverschieb. in Atomspektren für ^{156}Dy u. ^{158}Dy 17-0041; Zerfall v. ^{155}Dy(*10,2* h) zu ^{155}Tb u. ^{157}Dy(*8,06* h) zu ^{157}Tb 17-0071; ^{156}Dy*-Compoundkern bei ^{140}Ce + ^{16}O bei *90* MeV 21-0040; Kernniveaus v. ^{162}Dy 22-0023; Coriolis-Wechselwrkg. in ^{163}Dy 24-0030; Deformat. d. –-Kernes 24-0090; Misch. aus verschiedenen Hauptschalen d. harmon. Oszillators in –-Kernen 26-0004; phänomenolog. Analyse v. Rotat.-Zuständen in ^{158,162}Dy 26-0013; neue Mössbauer-Niveaus in ^{164}Dy nach Coulomb-Anreg. 26-0025; M/L- u. (N + O)/M-Verhältnisse d. inneren Konvers. für E*2*-Übergänge in ^{160}Dy 27-0008; α-Zerfall v. –-Isotopen; *2*⁺-Zustände in ^{158,160,162,164}Dy 27-0010; behinderte E*1*-Übergänge in ^{159}Dy 29-0012; Mess. d. nuklearen g-Faktoren d. *2*⁺-Rotat.-Zustände in ^{162}Dy u. ^{164}Dy 31-0019; Lebensdauermess. v. Rotat.-Niveaus in ^{161,162}Dy mit einer neuen Rückstoßmeth. 31-0028; Trägh.-Momente, Deformat. u. Lebensdauer in ^{156}Dy u. ^{158}Dy 33-0021; Mössbauer-Effekt u. Kernmomente d. *75*-keV-Zustandes v. ^{161}Dy u. d. *81*-keV-Zustandes v. ^{162}Dy 33-0033; Konvers.-Elektronen u. Multipolordn. v. Übergängen in ^{165}Dy 33-0034; magnet. Momente d. tiefsten *2*⁺-Zustände für –-Isotope (Mössbauer-Verf.) 38-0022; γ-Strahl-Winkelverteil. v. rückstoßimplantierten –-Kernen in ferromagnet. Umgeb. 38-0526; Grundzustands-Hyperfeinstruktur v. ^{165}Dy 39-0016; Best. d. gyromagnet. Verhältnisse v. ^{161}Dy aus Verzweig.-Verhältnismess. 42-0003; kollektive gyromagnet. Verhältnisse für ^{161,163}Dy; kollektive Vibrat.-Zustände in geraden –-Kernen 44-0003; Mössbauer-Effekt-Unters. d. *74,5*-keV-Niveaus v. ^{161}Dy 46-0002; Niveaus v. ^{158}Dy 49/50-0012; $t_{1/2}$ d. angeregten Zustände v. ^{162}Dy 49/50-0012; Niveaudichte deformierter –-Kerne 51/52-0011.

Drehimpulsverlust durch Verdampf. v. Neutronen u. Photonen in d. (α, 3n)-Rk. an ^{161}Dy 17-0058; elast. Streuung v. *55*-MeV-Protonen an – 22-0004; ^{164}Dy(n, γ)^{165}Dy 33-0076; totaler Querschnitt v. – für Neutronen zwischen *0,01* u. *10* eV 37-0013; Strahl.-Einfang-Querschnitte für schnelle Neutronen 44-0020.

Emiss.- u. Anreg.-Spektren v. ThO_2, aktiviert mit Dy^{3+} 3-0352; Feinstruktur d. Röntgenabsorpt.-Spektren im Bereich d. $N_{IV,V}$-Absorpt.-Kante v. ^{66}Dy 10-0317; Röntgenabsorpt.-Spektren v. ^{66}Dy 12-0108; Einfl. d. endl. Kerngröße auf d. Abstand d. Röntgen–L_I-L_{II}-Niveaus in – 18-0090; Spektralbesonderh. v. mit – aktivierten Fluoroberyllatgläsern 24-0353; Emiss.- u. Absorpt.-Spektren v. Gläsern d. Syst. Na_2O/B_2O_3 mit Sm^{3+}, Tb^{3+} u. Dy^{3+} 25-0362; neue Diagrammlinien im L-Emiss.-Spektrum v. ^{66}Dy 31-0068; $L\beta_{14}$-Satellit 34-0407; Selbstabsorpt.-Effekte in d. weichen Mα- u. Mβ-Röntgenemiss.-Spektren 34-0408; M_{IV}- u. M_V-Absorpt.-Linien u. -Kanten 36-0048; Modell für magnet. Sterne (Radialgeschw. u. Linienintensitäten v. –) 51/52-0612.

Lumineszenz v. mit – aktiviertem CdS 1-0374; Lumineszenzlinienbreite u. Temp.-Verschieb. d. kontinuierl. Laserfrequenz für Dy^{2+} in CaF_2 6-0387; Lumineszenzmess. an Lsg. v. Dy^{3+} in H_2O/D_2O-Gemischen (Bldg. heißer OH-Bind.) 13-0147; Riesenimpulse in $CaF_2:Dy^{2+}$-Krist.-Lasern 13-0374; Radiolumineszenz v. mit – aktivierten Zirkonosilicaten 21-0408; Absorpt. u. Lumineszenz v. Gd^{3+} in Berylliumfluoridglas 22-0365; magnetoopt. Rotat. in mit – aktivierten Krist. 23-0378; Multiphononrelaxat. v. angeregten Zuständen v. $LaCl_3:Dy^{3+}$ im nahen IR 28-0333; Einfl. v. Beimeng. auf d. opt. Eig. v. $CaF_2:Dy^{2+}$-Laserkrist. 30-0358; quasikontinuierl. Laser auf d. Basis v. $CaF_2:Dy^{2}$ mit pyrotechn. Anreg. 30-0359; Einfl. d. –-Konz. auf d. Mechanismus d. in Dy^{3+} u. Tb^{3+} stattfindenden Energieübertrag. bei Wolframatkrist. d. Serie $Na_{0,5}(Y, Tb, Dy)_{0,5}WO_4$ 36-0330; anorgan. Phosphor $YVO_4:Dy$ mit konst. Quantenausb. 37-0367; Mikrowellenabsorpt. 40-0277; Thermolumineszenz u. Absorpt.-Spektren v. –-Ionen in CaF_2 44-0295; elektrolyt. Färb. v. $NaCl:Dy^{3+}$ 47-0293; Einfl. d. Lad.-Kompensat. auf d. UV-Anreg.-Spektren d. –-Fluoreszenz 49/50-0235; Lumineszenz v. –-Ionen in Alkalimetallhalogenidkrist. 49/50-0236.

Krist.-Struktur, negative λ-Anomalie d. therm. Ausdehn.-Koeff. u. Phasenübergang (helikoidal antiferromagnet. → paramagnet.) 4-0266; Krist.-Feld am Ort d. Seltenerdmetallions in d. –- u. Sm-Gallaten mit Granatstruktur 8-0276; Atomstreufaktoren 11-0191; Einfl. v. Dy^{3+} auf d. opt. Zentren v. Nd^{3+} in CaF_2-Krist. 13-0318; Berechn. d. Krist.-Feldpotentials in einem Ionenkrist. unter Berücksichtig. d. Elektronenstruktur d. Liganden ($CaF_2:Dy^{2+}$) 20-0205; Verh. v. F^--Zwischengitterionen während d. Red. v. Dy^{3+}-Ionen in CaF_2 27-0212; molare Absorpt.-Koeff. u. Oszillatorenstärke v. Übergängen in gemischten (f–d)-Konfig. v. Dy^{2+} in Krist. d. Fluoridtyps 28-0315; Hyperfeinstruktur v. ^{161}Dy in –-Salzen 34-0492; Diffus. v. nach ^{142}Nd(^{12}C, 4n)^{150}Dy erhaltenem – in Folien 40-0198; Berechn. für d. Grundzustände d. neutralen –-Atoms 45-0036; Rekristallisat. 47-2320.

Besonderh. d. Stoßkompress. 5-0338; Temp.-Abhängigk. d. Elastizitätsmoduls (Bezieh. zwischen elast. Anisotropie u. Phasenumwandl.) 41-0154.

Anisotropie d. Hall-Effekts 2-0423; erstes Ionisat.-Potential 29-0415.

g-Werte v. Dy^{3+} in –-Granaten 2-0294; NMR-Mess. d. inneren Feldes u. d. elektr. Quadrupolwechselwrkg. in ferromagnet. –-Metall (^{161}Dy u. ^{163}Dy) 2-0331; effektive Magnetfelder an –-Kernen in metall. Fe nach Coulomb-Anreg.-Implantat. 2-0460; magnet. Eig. u. paramagnet. Relaxat. v. – in $DyFeO_3$ unterhalb d. Curie-Punktes 4-0400; Unters. d. EPR v. Dy^{2+} in CaF_2 im Hochfrequenzbereich 8-0312; magnet. Anisotropie 10-0467; Spin–Spin- u. Krist.-Feldwechselwrkg. in Seltenerdmetalläthylsulfaten (ESR-Spektrum v. –) 15-0379; Néel- bzw. Curie-Temp. in Abhängigk. v. Druck bis zu *85* kbar 15-0501; EPR an Einkrist. aus $La_2O_3:Dy^{3+}$ 17-0411; Änder. d. magnet. Spiralstrukturwinkels 17-0523; ESR v. Dy^{3+} in $LaCl_3$ 18-0366; Paar-Spektren v. – in Yttriumäthylsulfat 21-0418; Thermokraft u. magnet. Suszeptibilität bei tiefen Temp. v. – (*0,5* Atom-%) in Au u. Ag 22-0503; EPR-Spektren v. CeO_2:Dy^{3+}-Einkrist. 23-0431; Mössbauer-Unters. d. Hyperfeinwechselwrkg. 27-0568; Hyperfeinstruktur d. EPR-Spektren v. –-Ionen in Gläsern 28-0377; EPR v. Dy^{3+} in mit Seltenerdmetallen u. Na-Fluoriden dotiertem CaF_2 30-0338; Einfl. v. Druck auf Curie-Temp. u. magnet. Widerstand 30-0474; Spin-Polarisat. in d. Nähe lokalisierter Momente v. in fl. Al gelöstem – 31-0339; Druckabhängigk. d. magnet. Übergänge in – 31-0520; EPR-Spektren v. Dy^{3+} in $LiNbO_3$-Krist. 36-0338; EPR u. Relaxat. v. Dy^{3+} in $YCl_3 \cdot 6\,H_2O$ 39-0297; einaxiale magnet. Anisotropie v. –-Einkrist. 40-0361; NMR v. – in Gd-Leg. 42-0298; Spinwellen-Approximat. 43-0466; Einfl. d. Druckes auf d. magnet. Phasenumwandl. u. d. Anomalie d. elektr. Widerstands 46-0438; Relaxat. d. ^{161}Dy- u. ^{163}Dy-NMR in –-Metall 48-0334; Neutronendepolarisat. v. – in d. Umgeb. v. magnet. Umwandl.-Punkten 48-0556.

Wärmeleitfähigk. u. elektr. Leitfähigk. 6-0283; Schmelzpunktanomalien 16-0265; therm. Leitfähigk. bei *1–4* °K 19-0309; Grüneisen-Parameter 20-0217; Wärmeleitfähigk. 25-0256; Phasendiagramm d. Syst. Dy/$DyCl_3$ 30-0539; Einfl. d. Elektronenstruktur auf d. Kompressibilität bei hohem Druck 34-0343; Elastizitätsmoduln u. Debye-Temp. v. polykrist. – 39-0167; spezif. Wärme bei *0,02–0,4* °K (Kern–Kern-Wechselwrkg.-Beiträge) 43-0205.

Trenn. d. – v. Seltenerdmetallen durch Anionenaustausch 1-1805; ionenaustauschchromatograph. Verh. in HCNS-Lsg. 17-1985; Adsorpt. an Ionenaustauschpapier SV-*2* 22-0673; pH-Abhängigk. d. Adsorpt.-Stärke v. Dy^{3+} an Versenol 25-2031; Desorpt. v. einer W-Oberfläche 34-0723.

Berechn. d. Solvatat.-Zahlen u. intrinsic-Ionenradien für Dy^{3+} 14-0591; Verteil. v. – im Syst. TBP/HNO_3 27-0650; Extrakt. als Antipyrin–Salicylat-Komplex 28-2024; Verteil.-Koeff. v. – bei d. Extrakt. anorgan. Ionen mit N-(Di-n-butylphosphono)-succinimid 45-0484.

Unters. d. Komplexbldg. v. $DySO_4^+$ aus d. dreiwert. Ion v. Dy mit Hilfe d. Ultraschallabsorpt. (Kinetik) 32-0717; Bldg.-Konst. d. Lactatokomplexe v. – 20-0530; Chemilumineszenz v. Lucigenin bei d. Rk. mit H_2O_2 in Ggw. v. Dy-Ionen 6-0708.

Supraleitende Magnetlinsen mit Polschuhen aus – 48-1799.

Best.: mit Xylenolorange (photo- u. titrimetr.) 1-1807; mit d. Träger-Dest.-Verf. 18-1961; funkenspektrograph. Best. 49/50-1903.

Spektralanalyt. Best. in Stählen u. Leg. 3-2103; Unters. zur Analyse durch Atomabsorpt. 5-1849; Best. v. ^{164}Dy in Kernbrennstoffen durch d. Isotopenverdünn.-Meth. 5-2006; maßanalyt. Best. v. – in Ggw. v. Al 17-2016; spektrofluorimetr. Spurenbest. v. Dy^{3+} in Na-Wolframatlsg. 27-2195; –-Best. in Y_2O_3 u. ferrit. Granaten nach d. Radioaktivier.-Verf. 33-2213; Trenn. v. Tb durch Elektrolyse an einer Hg-Kathode 38-2056; papierelektrophoret. Trenn. d. – /N-2-Hydroxyäthyleniminodiessigsäure-Komplexes v. anderen Seltenerdmetall-Komplexen 40-1816; papierchromatograph. Verh. 46-1809; Papierchromatographie 46-1832; aktivierungsanalyt. Best. in Al 49/50-2033; Best. kleiner Mengen in Y-Oxid mit Hilfe eines Lumineszenzverf. 51/52-1872; dünnschichtchromatograph. Trenn. v. Gemischen d. Seltenerdmetalle 51/52-1874.

Best. v. O u. N in – 14-2019.

Meth. zur Mess. v. Mikrogrammoberflächendichten v. –-Schichten 2-0178.

Mess. d. Neutronendichte u. Temp.-Verteil. mit in Polyäthylen dispergierten –-Oxiden im Brennelement 6-1864; Herst. v. Röntgen-K- u. -L-Kantenfiltern aus – 34-0433.

Dysprosiumlegierungen

Ag: Struktur v. $DyAg_2$ 16-0254; Gitterdaten v. $DyAg_2$ 37-0279; magnet. Struktur v. DyAg 28-0488.

Al: Krist.-Struktur u. Darst. v. DyAl 34-0202; Existenzbereich u. Krist.-Struktur u. Gitterkonst. d. Phasen im Al-reichen Teil d. Syst. Al/Dy 3-0566; Diskuss. bez. d. Verb. in d. Al-reichen Bereichen d. Syst. Al/Sm u. Al/Dy 30-0545; Unters. d. Al-reichen Leg. d. Syst. Al/Dy/U 42-0461, 42-0462.

Au: Struktur v. $DyAu_2$ 16-0254; Gitterdaten v. $DyAu_2$ 37-0279; magnet. Suszeptibilität v. DyAu 2-0476.

Cd: Gitterdaten u. Beschreib. v. CdDy 9-0256; Magnetisier. v. Dy_xCd mit x = *1,2* bis *1,3* 44-0394.

Ce: Streuung d. Leit.-Elektronen an Verunreinig. in – 19-0478.

Co: magnet. u. kristallograph. Eig. v. $DyCo_{5,2}$ 48-0577; Gitterdaten, Isomorphie mit $PuNi_3$ u. Darst. v. $DyCo_3$ 18-0243; Krist.-Struktur u. Darst. v. Dy_2Co_7 46-0224.

Er: Magnetisier. v. $DyEr_3$ u. DyEr 7-0450.

Gd: magnet. Übergänge in – 44-0392.

Ge: Gitterkonst. v. Dy_5Ge_4 30-0181; Krist.-Struktur u. magnet. Eig. v. Dy_5Ge_3 20-0439; Herst., Struktur u. magnet. Eig. v. Dy_5Ge_4 38-0543.

Ir: Magnetfelder am Kern ^{193}Ir in $DyIr_2$ 33-0629.

La: Streuung d. Leit.-Elektronen an Verunreinig. in – 19-0478.

Mn: Struktur v. $DyMn_2$, Dy_6Mn_{23} u. $DyMn_{12}$ sowie Isomorphie mit Th_6Mn_{23} u. $ThMn_{12}$ 6-0239; röntgenograph. Unters. u. Bldg.-Mechanismus v. Leg. in d. Syst. d. Dy mit Mn bei Benutz. d. Amalgamverf. (Darst. durch Wärmebehandl. v. Seltenerdmetall–Mn-Amalgam) 1-0569; Aufbau d. bin. Zustandsbildes v. Dy mit Mn 3-0567.

Nd: Streuung d. Leit.-Elektronen an Verunreinig. in – 19-0478.

Ni: Krist.-Struktur v. Dy_3Ni 37-0270; kristallograph. u. magnet. Eig. v. $DyNi_3$ 11-0542; magnet. Eig. v. Dy_2Ni_{17} 14-0493.

Pb: Darst. u. Struktur v. Dy_5Pb_3 5-0257, 21-0240.

Pr: Streuung d. Leit.-Elektronen an Verunreinig. in – 19-0478.

Pt: Darst. u. Röntgenunters. v. Pt_5Dy 31-0222; magnet. Eig. v. $DyPt_2$ 45-0448.

Re: Struktur u. Darst. v. $DyRe_2$ 26-0264.

Sm: Streuung d. Leit.-Elektronen an Verunreinig. in – 19-0478.

Sn: Darst. u. Struktur v. Dy_5Sn_3 5-0257; Darst., Gitterdaten u. magnet. Suszeptibilität v. Dy_5Sn_3 5-0260; Darst. u. Struktur v. $DySn_2$ 5-0261.

U: Unters. d. Al-reichen Leg. d. Syst. Al/Dy/U 42-0461, 42-0462.

Y: Zustandsdiagramm d. Syst. Y/Dy 7-0553.

Zn: Gitterkonst. u. Darst. v. $DyZn_{12}$ 31-0211.

Dysprosiumverbindungen

Anorganische Dysprosiumverbindungen

Herst. v. – d. Formel $Dy_4(Sb, Bi)_3$ als magnet. Material 41-2340*.

Dysprosiumantimonide: Röntgenograph. u. DTA-Unters. v. Dy_4Sb_3 31-0212.

DySb, Übersicht über magnet. Eig. 7-0455; tetragonale Verform. v. antiferromagnet. – 22-0507.

Dysprosiumarsenid: **DyAs**, Bldg.-Enthalpie 13-0544; Übersicht über magnet. Eig. 7-0455.

Dysprosiumborat: **$DyBO_3$** **(Dysprosiumorthoborat)**, Darst. v. – durch Umsetz. v. Dy_2O_3 mit Natriumboratschmelzen 39-0476.

Dysprosiumboride: Nachw. u. Gitterparameter v. DyB_2C_2 u. Zustandsdiagramm d. Syst. Dy/B/C 3-0565.

DyB_4, magnet. Suszeptibilität 31-0524.

DyB_6, magnet. Suszeptibilität 31-0525.

Dysprosiumbromide, Herst. v. Tetrahydrofuranverb. d. – 11-0757; thermogravimetr. Unters. v. Verb. mit Tetrahydrofuran 41-0646.

Dysprosiumcarbide: Nachw. u. Gitterparameter v. DyB_2C_2 u. Zustandsdiagramm d. Syst. Dy/B/C 3-0565.

DyC_2, Charakter d. Änder. d. effektiven Lad.-Trägerkonz. in – 12-0395; elektrophysikal. Eig. 12-0396.

Dysprosiumcarbonat: **$Dy_2(CO_3)_3$**, Darst. aus einigen Salzen v. organ. Säuren 6-0734; IR-Spektren v. –, $Dy_2(CO_3)_3 \cdot 8\,H_2O$ sowie d. Zers.-Prod. 25-0098.

Dysprosiumchloride bzw. -chlorokomplexe

Bezieh. zwischen Gitterenergie u. Schmelztemp. in – 36-0221; Darst. v. Komplexverb.: mit 2.2′-Bipyridyl 1-0706; mit Pyridin-2-aldoxim 7-0695; Einfl. auf Enzyme 14-1232.

$DyCl_2$, Phasendiagramm d. Syst. Dy/$DyCl_3$ u. d. Darst. v. – 30-0539.

$DyCl_3$, Mössbauer-Unters. d. Hyperfeinstruktur v. ^{161}Dy in $DyCl_3 \cdot 6\,H_2O$ bei *4,2* °K 34-0492; Phasendiagramm d. Syst. Dy/$DyCl_3$ u. d. Darst. v. $DyCl_2$ 30-0539; Löslichk. u. Addit.-Rk. d. wasserfreien – in Äthylenglykoldiäthyläther 49/50-0588; Schmelzdiagramm d. Syst. NaCl/$DyCl_3$ 31-0628; Komplexbldg. v. Chromazurol S mit – 47-0473.

C h l o r o d y s p r o s i u m (III) - s ä u r e n:

$H[DyCl_4]$, Existenz v. $[DyCl_4]^-$ in d. Schmelzen d. Syst. NaCl/$DyCl_3$ 31-0628.

S a l z e s. *Natriumchlorodysprosate(III)*.

$H_2[DyCl_5]$, Existenz v. $[DyCl_5]^{2-}$ in d. Schmelzen d. Syst. NaCl/$DyCl_3$ 31-0628.

$H_3[DyCl_6]$, Absorpt.-Spektren v. oktaedr. $[(C_6H_5)_3PH]_3[DyCl_6]$ 23-0111.

S a l z e s. *Natriumchlorodysprosate(III)*.

Dysprosiumcyanid: **$Dy(CN)_3$**, Herst. v. $Dy(CN)_3 \cdot 2$ THF 21-0824.

Dysprosiumcyanoargentat(I): **$Dy[Ag(CN)_2]_3$**, Herst. 21-0824.

Dysprosiumfluorid: **DyF_3**, Standardbldg.-Enthalpie 13-0549; opt. Daten u. Gitterkonst. d. beiden Hochtemp.-Modifikat. v. – 2-0552; DK bei Raumtemp. 30-0442; Mössbauer-Unters. bei *4,2* °K d. Hyperfeinstrukturen v. ^{161}Dy in $DyF_3 \cdot 5\,H_2O$ 34-0492; NMR v. ^{19}F in – 38-0378; Phasendiagramm u. Gitterkonst. d. Phasen d. Syst. NaF/DyF_3 11-0599; Sublimat.- u. Dampfdrücke sowie d. Verdampf.- u. Subl.-Wärmen v. – 37-0539.

Dysprosiumhalogenide, IR-Spektren v. Komplexen d. 8-Aminochinolins mit – 19-0131.

Dysprosiumhydroxide: Mitfäll. v. Molybdat-, Wolframat- u. Chromationen mit – 44-0449; Sorpt.-Fähigk. gegenüber Selenitionen 25-0703.

DyO(OH), Zusammenhang zwischen Krist.-Struktur u. d. IR-Absorpt.-Spektrum 36-0322.

$Dy(OH)_3$, Zusammenhang zwischen Krist.-Struktur u. d. IR-Absorpt.-Spektrum 36-0322; Löslichk.-Grenzen v. – in verschiedenen konz. Meerwasser 47-0772.

Dysprosiummolybdate(VI), Darst. u. Krist.-Struktur v. $NaDy(MoO_4)_2$ 33-0914; Mössbauer-Unters. bei *4,2* °K d. Hyperfeinstruktur v. ^{161}Dy in $Dy(MoO_4)_3$ 34-0492.

Dysprosiumnitrate: Darst. v. Komplexverb.: mit Triphenylarsinoxid 40-0617; mit Triphenylphosphinoxid 47-0641; Extrakt. v. Nitratkomplexen d. Dy mit Diisoamyl-, Di-n-amyl- bzw. Di-n-octylphosphorsäure in Toluol 51/52-0395.

$Dy(NO_3)_3$, Mössbauer-Unters. bei *4,2* °K d. Hyperfeinstruktur v. ^{161}Dy in $Dy(NO_3)_3 \cdot 6\,H_2O$ 34-0492; IR-Spektren u. therm. Zers. v. $Dy(NO_3)_3 \cdot 4\,H_2O$ 35-0757; Best. in Gemischen v. Seltenerdmetallsalzen in nichtwss. Lsg. durch potentiometr. Titrat. mit $(CH_3)_4 \cdot$ NOH-Lsg. 21-2162.

Dysprosiumnitrid: **DyN**, Darst. v. – durch reakt. Bogenschmelzen 15-0730; Übersicht über magnet. Eig. 7-0455.

Dysprosiumnitrit: **$Dy(NO_2)_3$**, IR-Spektren u. therm. Zers. 35-0757.

Dysprosiumoxide

Faraday-Effekt im nahen Infrarot in Dy-Granaten 5-0380; Bezieh. zwischen Gitterenergie u. Schmelztemp. in – 36-0221.

DyO, Dissoziat.-Energie, Bldg.-Enthalpie u. thermodynam. Funkt. v. gasf. – 17-0609.

Dy_2O_3, Unters. d. diffusen Reflex.-Spektrums (*225–2700* nm) 7-1956; IR-Absorpt.-Spektren 17-0136; Molrefrakt. u. IR-Spektren v. monoklinen – 26-0349; Elektronenspektrum d. –-Einkrist. 43-0284.

Darst., Mikrohärte u. Farbe v. –-Einkrist. 9-0232; Pulverdiagramme u. spektroskop. Unters. d. Mischoxide v. – mit Seltenerdmetalloxiden bzw. TiO_2, Bi_2O_3, ZrO_2 u. ThO_2 10-0209; Krist.-Chemie u. Stabilität v. – u. im Syst. Dy_2O_3/CaO sowie Dy_2O_3/Gd_2O_3 21-0236; Krist.-Struktur-Unters. v. – u. Löslichk. in In_2O_3 30-0191; Zücht. v. –-Krist. nach d. Verneuil-Meth. oberhalb *2200*° 37-0153; kristallchem. Interpretat. einiger intermediärer Phasen in d. Syst. Dy_2O_3/TiO_2(ZrO_2) 44-0197.

Temp.-Abhängigk. d. DK v. Dünnschichtkondensatoren d. Syst. Dy_2O_3/B_2O_3/SiO_2 (*80:10:10* Gew.-%) 1-0485; Einfl. d. Glühtemp. in O_2 auf d. Kontaktpotentialdifferenz v. – gegen eine Au-Elektrode 9-0676.

Magnet. Eig. v. $5\,Ga_2O_3 \cdot 3\,Dy_2O_3$ in hohen Magnetfeldern 28-0492; Mössbauer-Unters. d. Hyperfeinstruktur v. ^{161}Dy in – bei *4,2* °K 34-0492.

Best. d. Erstarr.-Punktes 3-1918; (mit einem Sonnenofen) 10-0532; F. v. – 14-0531; röntgenograph. Analyse d. Phasen u. Mischkrist. nach Umsetz. v. UO_2 mit – im Vakuum bei hohen Temp. 19-0656; Krist.-Struktur u. Erstarr.-Punkt 27-0642; feuerfester Charakter d. v. ZrO_2 u. – gebildeten kub. festen Lsg. 34-0615; Mischkrist.-Bldg. u. Phasen in d. Syst. Dy_2O_3/UO_2/UO_3 bei Rk. mit H_2 45-0511.

Einfl. v. C auf – bei hoher Temp. 38-0662; Umsetz. v. – mit Natriumboratschmelzen 39-0476; Unters. d. Umsetz. v. UO_2 u. UO_3 mit – bei verschiedenen Ox.-Red.- u. Temp.-Beding. 40-0474; Eig. v. – bei d.

heterogenen katalyt. Ox. d. Propens 23-0760.

Röntgenfluoreszenzanalyse v. hochreinem – 23-2143.

Mischoxide

Al: IR-Absorpt.-Spektren v. $DyAlO_3$ 22-0351.

Absorpt.- u. Emiss.-Spektren v. Dy–Al-Granat ($3\,Dy_2O_3 \cdot 5\,Al_2O_3$) u. v. Dy–Ga-Granat ($3\,Dy_2O_3 \cdot 5\,Ga_2O_3$) sowie v. Mischkrist. 18-0354.

Zücht. v. $Dy_3Al_5O_8$ mit Hilfe d. Schwimmzonenverf. 8-0190.

Suszeptibilitätsmess. an $DyAlO_3$ 13-0492; Metamagnetismus eines stark anisotropen Antiferromagnetikums wie Dy–Al-Granat 22-0494; besitzt Dy–Al-Granat einen oder mehrere krit. Punkte? 32-0519; Mössbauer-Unters. bei *4,2* °K d. Hyperfeinstrukturen v. ^{161}Dy in DyAlG 34-0492; magnet. Momente d. tiefsten 2^+-Zustände v. Dy-Isotopen in Dy–Al–Granat 38-0022; Phasenänder. mit Vergrößer. d. Symmetrie in Dy–Al-Granat 43-0504; magnet. Eig. v. Al–Dy-Granat, Theorie bei *0* °K 43-0505; Neutronenbeug.-Unters. d. nuklearen u. magnet. Struktur v. $DyAlO_3$ 48-0548; NMR v. ^{27}Al in Dy–Al-Granat 49/50-0240.

Mess. d. spezif. Wärme v. Dy–Al-Granat bei hoher Auflsg. 17-0300.

Bi: Übersicht über magnet. Eig. v. DyBi 7-0455.

Ca: Krist.-Chemie u. Stabilität v. $CaDy_2O_4$ 21-0236.

Cr: magnet. Struktur v. $DyCrO_3$ 43-0480; Best. d. Erstarr.-Punktes v. $DyCrO_3$ 3-1918.

Eu: ferro- u. paramagnet. Resonanz v. O-Verb. d. zweiwert. Eu:EuO, $Eu_xMe_{1,x}$–Q mit $0 < x \leq 1$ (Me = Ca^{2+}, Sr^{2+}, Ba^{2+}), $EuDy_2O_4$ 26-0380.

Fe:

IR-Faraday-Effekt v. $Dy_3Fe_5O_{12}$ 2-0294; magnetoopt. Eig. dünner Dy–Fe-Granatschichten auf Quarz- oder Glasträgern 31-0297.

Wachstums- u. Auflsg.-Formen v. Dy–Fe-Granatkrist. 47-0176.

Magnet. Eig. u. paramagnet. Relaxat. v. Dy in $DyFeO_3$, unterhalb d. Curie-Punktes 4-0400; Frequenzabhängigk. d. Anfangspermeabilität v. YIG–*5* % Dy 4-0404; Änder. d. Temp. d. Kompensat.-Punktes in Abhängigk. v. hydrostat. Druck bei $3\,Dy_2O_3 \cdot 5\,Fe_2O_3$ 6-0491; Druckabhängigk. d. Ordn.-Temp. u. Temp.-Abhängigk. d. paramagnet. Suszeptibilität v. $3\,Dy_2O_3 \cdot 5\,Fe_2O_3$ 16-0507; Mössbauer-Unters. d. Hyperfeinwechselwrkg. d. Fe-Kerne in – u. Temp.-Abhängigk. d. Untergitter-Magnetisier. 16-0508; magnet. Eig. v. Dy–Fe-Granat nahe d. Curie-Punkt 18-0489; Magnetostrikt.-Konst. v. $Dy_3Fe_5O_{12}$ 18-0490; Magnetismus v. Dy-Orthoferriteinkrist. 30-0481; Temp.-Abhängigk. d. ^{57}Fe-Hyperfeinfelder in $Dy_3Fe_5O_{12}$ (Dy I G) unterhalb d. Néel-Temp. (Unters. mit d. Mössbauer-Meth.) 33-0631; Mössbauer-Unters. bei *4,2* °K d. Hyperfeinstrukturen v. ^{161}Dy in $DyFeO_3$ 34-0492; lineare magnetoakust. Doppelbrechungs- u. transversale ferroakust. Resonanzexperimente an $Dy_3Fe_5O_{12}$ 40-0364; Änder. d. magnet. Suszeptibilität v. $5\,Fe_2O_3 \cdot 3\,Dy_2O_3$ in d. Nähe v. T_c 43-0496; linearer Einfl. d. Magnetfeldes auf d. magnet. Suszeptibilität in antiferromagnet. $DyFeO_3$ 48-0597.

Ga: Krist.-Feld am Ort d. Seltenerdmetallions in $Dy_3Ga_5O_{12}$ mit Granatstruktur 8-0276; Absorpt.- u. Emiss.-Spektren v. Dy–Al-Granat ($3\,Dy_2O_3 \cdot 5\,Al_2O_3$) u. v. Dy–Ga-Granat ($3\,Dy_2O_3 \cdot 5\,Ga_2O_3$) sowie v. Mischkrist. 18-0354; Krist.-Struktur u. Darst. v. $Dy_3Ga_5O_{12}$ 16-0237; Modell d. Krist.-Feldes v. Dy-Gallat 23-0294; mit steigender Temp. stark abnehmende Magnetostrikt. v. $Dy_3Ga_5O_{12}$ 4-0418; kalorimetr. Unters. verschiedener Dy–Ga-Granate 19-0285.

In: Darst. u. Struktur d. Perowskits $DyInO_3$ 46-0249.

Li–Ge: Darst. u. Röntgenunters. v. $LiDyGeO_4$ 49/50-0152.

Mn: Mössbauer-Unters. d. Hyperfeinstruktur v. ^{161}Dy in $DyMn_2O_5$ bei *4,2* °K 34-0492; Krist.-Struktur v. paramagnet. $DyMn_2O_5$ bei *298* °K 28-0489.

Nb: Verteil.-Koeff. bei d. Zücht. v. $CaMoO_4$ mit –-Dotier. 27-0216.

Sb–Cr: magnet. Moment u. Curie-Temp. v. Dy_2CrSbO_7 6-0479.

Sb–Ga: Mess. d. magnet. Suszeptibilität u. d. Entropie v. Dy_2GaSbO_7 3-1901.

Si: Best. d. Struktur u. Darst. v. $Dy_2Si_2O_7$ 21-0237.

Si–Ba–K: Faraday-Effekt in Silicatgläsern d. Zus. $K_2O \cdot BaO \cdot 2\,SiO_2$ + *1* Gew.-% Dy_2O_3 bei tiefen Temp. 9-0339.

Si–Li: Darst. u. Röntgenunters. v. $LiDySiO_4$ 49/50-0152.

Sn: Mess. d. magnet. Suszeptibilität u. d. Entropie v. $Dy_2Sn_2O_7$ 3-1901.

Ti: Krist.-Chemie u. Stabilität v. Dy_2TiO_5 u. $Dy_2Ti_2O_7$ 21-0236; kristallchem. Interpretat. d. intermediären Phase Dy_2TiO_5 im Syst. $Dy_2O_3/TiO_2(ZrO_2)$ 44-0197; Mess. d. magnet. Suszeptibilität u. d. Entropie v. $Dy_2Ti_2O_7$ 3-1901.

Y–Fe: Verh. v. Spinwellenlinienbreite bei im Einbau v. Seltenerdmetallen in Yttrium-Eisengranat $Y_{3-x}DyFe_5O_{12}$ 35-0336.

Y–Ti: Mess. d. magnet. Suszeptibilität u. d. Entropie v. $DyYTi_2O_7$ 3-1901.

Dysprosiumoxidhydrate s. unter *Dysprosiumhydroxide*.

Dysprosiumperchlorat: **$Dy(ClO_4)_3$**, isotrope Protonenverschieb. d. –-wss. Lsg. 43-0322.

Dysprosiumperrhenat(VII): **$Dy(ReO_4)_3$**, Darst., D. u. Krist.-Daten v. $Dy(ReO_4)_3$ mit 2 H_2O bzw. 4 H_2O 38-0711.

Dysprosiumphosphate

Dysprosiumorthophosphat:

$DyPO_4$, Darst. v. hydratisiertem – 31-0813; IR-Spektren v. wasserfreiem – 5-0132; Mössbauer-Unters. bei *4,2* °K d. Hyperfeinstruktur v. ^{161}Dy in $DyPO_4 \cdot 5\,H_2O$ 34-0492.

Dysprosiumdiphosphate, Stabilitätskonst. v. $[Dy_2P_2O_7]^{2+}$ 17-0642.

Dysprosiumphosphid: **DyP**, Übersicht über magnet. Eig. 7-0455.

Dysprosiumselenate(IV), therm. Zers. v. $Dy_2(SeO_3)_3$ 43-0595.

Dysprosiumselenide: Darst. u. Gitterparameter v. Dy_2O_2Se 22-0226.

$DySe_2$, Krist.-Chemie v. – 35-0167.

Dysprosiumsilicide: Krist.-Struktur u. Isotypie v. $DyNi_2Si_2$ 9-0268.

Dy_5Si_4, Gitterkonst. 30-0181; Herst., Struktur u. magnet. Eig. 38-0543.

Dysprosiumsulfate: Krist.-Feldspektren im fernen IR (*10 – 50* cm^{-1}) für d. Äthylsulfate v. Dy 49/50-0214; Strukturunters. v. $Dy_2O_2SO_4$ 44-0191; ESR-Spektren v. Einkrist. v. Dysprosiumäthylsulfat(I) u. I in Yttriumäthylsulfat 15-0379.

$Dy_2(SO_4)_3$, Löslichk. in d. Syst. $Dy_2(SO_4)_3/K_2SO_4/H_2O$ u. Brech.-Index v. $Dy_2(SO_4)_3 \cdot 8\,H_2O$ 29-0617.

Dysprosiumsulfide: Darst. u. Gitterparameter v. MDy_2S_4 (M = Mn u. Mg) 16-0234.

Dy_2S_3, Elektronenstruktur 39-0343.

Dysprosiumtantalat(V): **$DyTa_3O_9$ (Dysprosiummetatantalat(V))**, Gitterkonst. u. Darst. 36-0185.

Dysprosiumtelluride: **$DyTe_2$**, Krist.-Chemie 35-0167.

Dy_2Te_5, Gitterkonst. u. Darst. 16-0235.

Dysprosiumwolframate(VI), Darst. u. Krist.-Struktur v. $NaDy(WO_4)_2$ 33-0914; Mechanismus d. in Dy^{3+} u. Tb^{3+} stattfindenden Energieübertrag. bei Wolframatkrist. d. Serie $Na_{0,5}(Y, Tb, Dy)_{0,5}WO_4$ 36-0330; Charakterisier. d. Energietransportwechselwrkg. zwischen Seltenerdmetallionen in Phosphoren d. Zus. $Na_{0,5}(Y, Dy)_{0,5}WO_4$ 45-0329.

Organische Dysprosiumverbindungen

Darst. v. Komplexverb. v. Dy-Chloriden mit 2.2'-Bipyridyl 1-0706; Herst. v. Tetrahydrofuranverb. d. Dy-Bromide 11-0757; Darst. v. Komplexen d. Halogenacetate d. Dy mit 1.10-Phenanthrolin u. *α.α'*-Bipyridyl 15-0732; Darst. u. Eig. (Löslichk., Spektren) v. Dy-Diphthalocyanin aus Dy-Acetat u. o-Phthalonitril 16-0596; Absorpt.-Spektren d. Addukte v. Dy-Phthalocyanin mit Trifluoressigsäure in o-Dichlorbenzol 22-0100; thermogravimetr. Unters. v. Dy-Bromid-Tetrahydrofuran-Verb. 41-0646.

IR-Spektren v. Komplexen d. 8-Aminochinolins mit Dy-Halogeniden 19-0131.

Löslichk. u. Addit.-Rk. d. wasserfreien $DyCl_3$ in Äthylenglykoldiäthyläther 49/50-0588.

Komplexe d. Dy-Nitrats mit Triphenylarsinoxid 40-0617; Darst. v. Komplexen v. Triphenylphosphinoxid mit Dy-Nitrat 47-0641.

Stabilitätskonst. d. 1:1-, 1:2- u. 1:3-Komplexe v. Dy mit *α*-Carboxy-*β*-methyltropolon 10-0556; Darst. u. chem. Eig. v. Komplexen d. Tropolonatanions mit Dy 13-0749; Mechanismus d. intermol. Energieaustausches in Dy-Chelaten mit Ketonen 21-0115; Beständigk. v. Dy-Komplexen mit Benzoylaceton in W.–Methanol-Lsg. 22-0598; Darst. u. absorptionsspektroskop. Unters. d. Komplexe v. Seltenerdmetallen mit Pongamol 25-0809; neuart. Synth. einiger wasserfreier Dy-Acetylacetonate 36-0690.

Darst. v. Komplexverb. v. Pyridin-2-aldoxim mit Dy-Chloriden 7-0695; Darst. d. Benzil-*α*-monoxim-Komplexes v. Dy 44-0693.

Thermogravimetr. Unters. d. Thermolyse d. Malonate u. Succinate d. Dy 1-0707; Darst. d. Dy-Carbonate aus einigen Salzen v. organ. Säuren 6-0734; Thermogravimetrie d. Oxalathydrate d. Dy 11-0758; Zirkulardichroismus v. Dy(III)-Komplexen mit Carbonsäuren 14-0106; Darst. v. Komplexen d. Halogenacetate d. Dy mit 1.10-Phenanthrolin u. *α.α'*-Bipyridyl 15-0732; therm. Zers. v. Dy–ÄDTE-Komplexen an d. Luft u. in N_2-Atmosphäre 15-0769; IR-Absorpt.-Spektren v. $Dy(HCOO)_3$ 17-0140; Best. d. Stabilität d. 1.3.4.5-Tetrahydroxycyclohexancarbonsäure-Komplexe d. Dy (potentiometr.) 18-1959; zunehmende Stabilität u. vorgeschlagene Modelle v. Chelaten v. Dy mit 1-Hydroxycyclopentancarbonsäure (potentiometr. Unters. d. Bldg.-Konst.) 21-0827; Fluoreszenz v. Dy-Komplexen mit Salicylsäure u. Deriv. in wss. Lsg. 28-0073; Mössbauer-Unters. bei *4,2* °K d. Hyperfeinstrukturen v. ^{161}Dy in Dy-Oxalat u. -Acetat 34-0492; Darst. u. Unters. d. IR-Spektren d. Komplexes $K[Dy(iminodiacetat)_2] \cdot 3\,H_2O$ 35-0694; freie Energie-, Enthalpie- u. Entropieänder. für d. Bldg. v. Dy-Acetatkomplexen in W. (*5* %)-Methanol (*95* %) 37-0567; Beständigk.-Konst. d. *α*-Alaninats v. Dy 40-0502; polarograph. Unters. v. Chelaten d. Äthylendiamin-N.N'-diessigsäure-N.N'-bis-[*α*-propionsäure] mit Dy (Stabilitätskonst.) 41-0556; Kinetik d. Komplexbldg. v. Dy mit Anthranilsäure 42-0571; Komplexbldg. d. 2.3-Dihydroxy-1.4-diaminobutantetraessigsäure mit Dy 44-0480; Stabilitätskonst. d. *α*-Hydroxycyclohexancarboxylat-Komplexe v. Dy 51/52-0396.

Darst. d. Dy-Komplexverb. mit 4'-Sulfophenyl-3-methylpyrazolon-(5) u. deren Eig. (Löslichk., F. usw.) 14-0719.

Darst. u. therm. Zers. d. Dy-Dibutylorthophosphats 37-0825; Extrakt. v. Nitratkomplexen d. Dy mit Diisoamyl-, Di-n-amyl- bzw. Di-n-octylphosphorsäure in Toluol 51/52-0395.

E-10 s. unter *Plaste, Polyäther (Epoxidharze)*.

E 13 s. unter *Eisen, Schmiedeeisen und Stahl (Sondermarken)*.

E 31 s. unter *Eisen, Schmiedeeisen und Stahl (Sondermarken)*.

E-33 s. unter *Plaste, Polyäther (Epoxidharze)*.

E 39 s. unter $C_{16}H_{22}N_2O_4$.

E-40 s. unter *Plaste, Polyäther (Epoxidharze)*.

E 41 s. unter *Eisen, Schmiedeeisen und Stahl (Sondermarken)*.

E-41 [Kunststoff] s. unter *Plaste, Polyäther (Epoxidharze)*.

E 42 s. unter *Eisen, Schmiedeeisen und Stahl (Sondermarken)*.

E 73 s. unter $C_{17}H_{25}NO_6$.

E-110 s. unter *Plaste, Polyäther (Epoxidharze)*.

E -154 s. *Methyldemeton*.

E-181 s. unter *Plaste, Polyäther (Epoxidharze)*.

E 250, Einfl. auf Isoprenalin-induzierte Herzmuskel-Nekrosen 11-1605.

E 310 s. unter *Eisen, Schmiedeeisen und Stahl (Sondermarken)*.

E 605 s. unter $C_{10}H_{14}NO_5PS$.

E 3100 s. unter *Eisen, Schmiedeeisen und Stahl (Sondermarken)*.

EAlMgS s. unter *Aluminiumlegierungen (Sondermarken)*.

Ebullioskopie, ebullioskop. Meth. d. Molgew.-Best. d. Benzolcarbonsäuren 3-2062; Best. d. Durchschnittsmolgew. v. Hochpolymeren in einem Ebulliometer 26-2143; dynam. Ebulliometrie bei tiefen Temp. (Best. d. Fl.–Dampf-Gleichgew. Cl_2/SO_2) 40-0424.

Eburicol s. unter $C_{31}H_{52}O$.

Eburicosäure s. unter $C_{31}H_{50}O_3$.

Eburnamin s. unter $C_{19}H_{24}N_2O$.

Eburnamonin s. unter $C_{19}H_{22}N_2O$.

EC s. unter $C_3H_5Br_2Cl$.

Eccomold L 28 s. unter *Plaste, Polyäther (Epoxidharze)*.

Ecdyson s. unter $C_{27}H_{44}O_6$.

β-Ecdyson s. unter $C_{27}H_{44}O_7$.

Echibolin s. unter $C_{14}H_{18}N_2$.

Echimidin s. unter $C_{20}H_{31}NO_7$.

Echinatin s. unter $C_{15}H_{25}NO_5$.

Echinenon s. unter $C_{40}H_{54}O$.

Echinochrom A s. unter $C_{12}H_{10}O_7$.

Echinocystsäure s. unter $C_{30}H_{48}O_4$.

Echinomycin s. unter $C_{50}H_{60}N_{12}O_{12}S_2$.

Echinulin s. unter $C_{29}H_{39}N_3O_2$.

Echioidinin s. unter $C_{16}H_{12}O_5$.

Echitamin s. unter $C_{22}H_{30}N_2O_5$.

Echothiophat s. unter $C_9H_{24}NO_4PS$.

Echsengifte, Natur d. Proteins u. Enzymeig. d. Giftes d. Krustenechse Heloderma suspectum 25-1546; Vork. v. Zn u. Hautgift v. Salamandra maculosa, Bombinator pachypus u. Triton cristatus 34-1430; Biochemie d.

Giftes d. Krustenechsen Heloderma suspectum u. Heloderma horridum 34-1577; physiolog. Wrkg. d. Giftes v. Heloderma suspectum 29-1755; stimulierende Wrkg. d. Giftes v. Heloderma suspectum auf d. glatten Muskel 29-1756.

Echtblausalz B s. unter $C_{14}H_{16}N_2O_2$.
Echtgrün FCF s. unter $C_{37}H_{36}N_2O_{10}S_3$.
Echtrot E s. unter $C_{20}H_{14}N_2O_7S_2$.
Ecolid s. unter $C_{14}H_{22}Cl_4N_2O_2$.
ECP s. unter $C_{10}H_{13}Cl_2O_3PS$.
Ecralen s. unter *Plaste, Olefinpolymerisate (Polyäthylen)*.
Ecydysteron s. unter $C_{27}H_{44}O_7$.
ED-5 s. unter *Plaste, Polyäther (Epoxidharze)*.
ED-6 s. unter *Plaste, Polyäther (Epoxidharze)*.
Edan s. unter $C_{15}H_{21}NO_4$.
EDB s. unter $C_2H_4Br_2$.
EDE-10 s. unter *Plaste, Aminharze*.
Edecrin s. unter $C_{13}H_{12}Cl_2O_4$.
Edein, über – 18-1318, 49/50-1338, 49/50-1339; chem. Natur v. – 9-1297; Biosynth. 46-1320; Wrkg.-Mechanismus 15-1451.
Edein A, Isolier. 18-1318; (u. Reinig.) 25-1442.
Edein B, Isolier. 18-1318; (u. Reinig.) 25-1442.
Edein C, Isolier. 18-1318.
Edein D, Isolier. 18-1318.

Edelgase

Ur-– in unäquilibrierten gewöhnlichen Chondriten 1-0741; Verteil. d. – in Pyroxen u. Feldspat d. Meteoriten Khor Temiki 2-0732; chem. Unterschied bei uredelgashalt. Steinmeteoriten (chem. Analyse d. – u. Spurenelemente) 4-0619; Berechn. v. thermodynam. Gleichgew. in Planetenatmosphären für – 10-0785; spallogene – im El Taco-Meteoriten 11-0797; –-Mess. an Fe-Meteoriten 11-0804; Ur-– in Meteoriten u. Tektiten (Zeitschriftenref.) 16-0764; Hell–Dunkel-Struktur u. –-Geh. d. kohl. Chondriten Nogoya 28-0798; leichte u. schwere – in vier Fragmenten d. Meteoriten St. Severin 28-0799; Ur-– in d. Howarditen Jodzie u. d. Herkunft d. gasreichen Meteorite 32-0829; Ursprung d. –-Anomalie im Graphit d. Meteoriten Canyon Diablo 36-0753; Isotopenanalyse v. – d. uredelgashalt. Meteorite Fayetteville u. Kapoeta mit einer Laser-Mikrosonde 37-0863; Isotopenanalyse d. – in einem Te-Erz v. Boliden (Schweden) 42-0622; – in unäquilibrierten gewöhnl. Chondriten 45-0719.

Gewinn. d. – in Synth.-Anlagen (Übersicht) 43-2252; Gewinn. v. – (Übersicht) 47-2170; elektromagnet. Trenn. hoch angereicherter –-Isotope in Multimilligramm-Mengen 46-1756.

Energieverlust schneller, durch ein – unter kleinen Winkeln gestreuter Protonen 1-0033; Präzis.-Best. d. spezif. Aktivität v. radioakt. – 24-1994; Verlangsam. v. Fragmenten d. ^{235}U-Spalt. in – als Moderatoren 26-0160.

Matrix-Spektren d. HF-Mol. in –-Wirtsgittern 11-0366; Theorie d. durch Verunreinig. induzierten Einphononen-IR-Absorpt. in festen – 16-0355; –-Stoßverbreiter. im tiefsten $^3P_1$-Niveau v. Cd 19-0159; Ähnlichk. d. opt. Absorpt.-Spektren d. Alkalimetallhalogenide bei *10* °K mit denen d. – 19-0358; Emiss.-Spektren v. durch α-Teilchen in Ggw. eines konst. elektr. Feldes angeregten – 20-0077; Absorpt.-Spektren im fernen UV v. in –-Matrizen bei tiefen Temp. eingeschlossenen Atomen u. Mol. 22-0331; Querschnitte für Übergänge zwischen Feinstrukturkomponenten v. durch Stöße mit –-Atomen angeregten Atomen d. zweiten Gruppe 23-0169; Einfl. d. elektr. Feldes auf d. Intensität d. durch Proton-Lad.-Austausch in – angeregten Lβ-Linie v. atomarem H 32-0122; –-Farbzentren in Ionenkrist. 38-0327; Elektronenemiss.-Spektren d. – im *4*-μ-Bereich 39-0041; selektive Verstärk. in H-ähnl. Mol. mit – (HD u. D_2 mit Ar u. Kr) 40-0047; Emiss.-Kontinua v. therm. –-Plasmen 43-0077; FIR-Spektrum v. HCl-Dimeren in festen –-Lsg. 43-0096; Polarisat. d. Lyman-Alpha-Strahl. aus H^+- u. D^+-Edelgas-Lad.-Übertrag.-Stößen 43-0131.

Theoret. Unters. d. Depolarisat. d. Rayleigh-Streuung eines komprimierten – 25-0089; Mechanismus d. Laserwrkg. in Lasern aus Gemischen v. O mit – 26-0144; –-Szintillat. im elektr. Feld 30-0106; Möglichk. zur Erzeug. v. Vakuum-UV-Strahl bei d. elektron. Anreg. v. –-Atomkrist. 32-0353; kalorimetr. Mess. d. Gesamtstrahl. v. – -Plasmen 33-0174.

Dreikörper-Austauschkräfte in –-Krist. 3-0251; Theorie d. therm. Anreg. u. Lösch. v. Alkalimetallatomen in einem Wärmebad aus Inertgas 4-0141; Verw. d. Gaußschen Transformat.-Meth. zur Ermittl. v. Dreikörper-Wechselwrkg.-Integralen zwischen –-Atomen u. Alkalihalogenidionen 11-0174; Geschw.-Abhängigk. totaler Streuquerschnitte v. Alkalimetallen an – 11-0177; – in Festkörpern (experimentelle Möglichk. bei d. Unters. d. Diffus. v. – in spaltbarem Material) 15-0288; (prakt. Berechn. d. Freisetz. v. Spaltgasen aus U-Dioxid-Brennstäben) 15-0289; Einfl. v. –-Zusätzen auf d. Struktur einfacher Fl. 15-0546; Diffus. in mit – beschossenem Al_2O_3 bei tiefer Temp. 18-0304; –-Diffus. in nichtstöchiometr. ZrC 19-0314; Theorie d. therm. Anreg. u. Desaktivier. v. Alkalimetallatomen in einer Inertgasatmosphäre 23-0168; Anreg. v. – bei Elektron–Atom-Stößen 23-0172; Diffus. v. –-Blasen in Festkörpern 23-0345; Drei-Körperaustauschkräfte in –-Krist. 24-0285; Beweglichk. v. – in reinem u. mit K_2CO_3 bzw. $CaBr_2$ dotiertem KBr 29-0291; –-Diffus. in neutronenbestrahlten K-Halogeniden 29-2424; Streuung v. He-Atomstrahlen in – 32-0114; Stoßquerschnitte v. – für d. Niveaus d. Konfig. *6s6*d d. Hg-Atoms 33-0149; Wrkg.-Querschnitte d. – für d. Zerstör. d. Ausricht. im 6^3P_2-Niveau v. Hg 34-0079; Verbreiter. d. Niveau-Überschneid.-Kurven d. Zustandes 6^3P_1 v. ^{199}Hg durch Stöße mit –-Atomen 37-0060; – in Festkörpern (Diffus. v. Xe in neutronenbestrahlten Cs-Halogeniden) 37-0326; (Diffus. v. – in Ca-Fluorid) 37-0327; (Deut. d. Edelgas- u. Selbstdiffus.-Mechanismen in CaF_2) 37-0328; Anreg. v. – bei Elektron–Atom-Stößen 39-0079; Kollektivanteile d. weitreichenden Dipolwechselwrkg. in –-Krist. 39-0105; Beweglichk. v. – in d. anisotropen keram. Oxiden Al_2O_3, Cr_2O_3, Fe_2O_3, TiO_2 u. U_3O_8 41-0194; stoßinduzierte Absorpt. als Best.-Größe für d. zwischenatomare Potential v. – 42-0046; Alkalimetallatom–Edelgas-Querschnitte 43-0124; Resonanzen in d. totalen Wrkg.-Querschnitten für d. metastabile Anreg. v. – durch Elektronenstoß 48-0098; Dissoziat. v. H_2^+ u. D_2^+ durch Stoß auf – 48-0107; Diffus. in mit – beschossenem KCl, KBr u. KJ 48-0226; Rotat.-Translat.-Koppl.-Effekte in –-Krist. mit Mol.-Verunreinig. 49/50-0209.

Kompressibilität v. – im festen Zustand 38-0249.

Massenspektrometr. Unters. d. – unter Benutz. eines Elektronen-Geschw.-Selektors 3-0175; oberflächeninduzierte Übergänge bei hochangeregten –-Ionen u. quasimetastabile Peaks in d. Massenspektren d. – 3-0176; Wrkg.-Querschnitte für Ionisat. u. Elektroneneinfang beim Auftreffen v. Protonen auf – 4-0148; Ionisat. u. Elektroneneinfang beim Auftreffen v. He-Ionen auf – 4-0149; Berechn. d. Verhältnisses d. Diffus.-Koeff. zur Beweglichk. v. Elektronen für – 5-0151; Streuung v. –-Ionen niedr. Energie an Metalloberflächen 8-0349; Zus. d. durch ein Duoplasmatron erzeugten –-Ionenstrahlen 12-1851; Ionisat.-Raten in inerten Gasen 14-0165; totaler Ionisier.-Querschnitt für Elektronen in – 14-0166; Niveaubesetz. u. unelast. Verluste in einem Zweitemp.-Plasma v. – 16-0148; experimentelle u. theoret. Betracht. zur Ionisat. v. – durch *2,2*-MeV-α-Teilchen u. Elektronen in einem Massenspektrometer 18-0673; Polarisierbark. d. – im metastabilen $^3P_2$-Zustand 19-0116; mehrfache Ionisat. v. – durch aufeinanderfolgende Elektronenstöße (Ionisat.-Potentiale u. Bldg. metastabiler Ionen) 20-0122; Ein- u. Zweielektronenverlust-Querschnitte für H_1-Ionen beim Auftreffen auf – 21-0176; Einzelelektroneneinfang u. Abbremswrkg.-Querschnitte für H-Atome beim Auftreffen auf – 22-0153; dissoziativer Lad.-Austausch v. –-Ionen mit C_2F_6 u. C_3F_8 22-0171; Multiphotonionisat. v. –-Atomen 25-0132; positive Säule in – bei nahezu Maxwellscher Geschw.-Verteil. d. Elektronen 30-0117; Verteil. d. Rekombinat.-Energie in einem abklingenden –-Plasma 31-0117; Durchschlag bei – 31-0135; elektr. Dipolmomente v. zweiatom. –-Mol. 32-0048; eingeschnürte positive Säule einer elektr. Nichtgleichgew.-Entlad. in mit Alkalimetallen geimpften – 32-0137; Aufspalt. v. Mol.-Termen bei Zweielektronenaustausch (Doppelresonanzlad.-Austausch) in – 33-0094; Fortpflanz. v. impulsangeregten Ionenwellen in ionisierten – 33-0171; stationäre Ionenwellen in ionisierten – 33-0172; Ionisier.-Rk. v. –-Atomen im metastabilen Zustand mit mehratom. Mol. 33-1093; Diffus. schneller Protonen unter sehr kleinen Winkeln durch verd. – 45-0098; Driftgeschw. freier Lad.-Träger in Fl. u. Festkörpern d. – 46-0366; Rayleigh-Streuung u. elektromagnet. Suszeptibilität v. – 48-0071; Vielphotonenionisat. v. – 48-0102; Ionisat. v. hochangeregten Atomen u. Ionen d. – im elektr. Feld u. in d. Nähe einer Metalloberfläche 49/50-0099.

Wärmeleitfähigk. vielkomponent. Misch. v. – (einige einfachere Berechn.-Meth.) 2-0493; Theorie d. Schmelzens für d. feste Phase d. – 4-0448; Berechn. d. kinet. Koeff. v. verflüssigten – 6-0533; therm. Ausdehn.-Koeff. d. – im festen Zustand 7-0279; Wärmeausdehn. v. festen – 9-0307; Wärmeleitfähigk. bin., tern. u. quatern. Gemische v. – 37-0477; Scaled-Particle-Theorie für verd. Lsg. v. – in W. u. Bzl. 46-0458.

Transportwärmen v. – in einer Gummimembran 21-0713; Akkommodat. d. – an reinen W- u. Mo-Oberflächen 22-0655; therm. Akkommodat.-Koeff. d. – an W-Oberflächen 23-0707; Wechselwrkg. v. – mit Festkörpern unter Einfl. d. mechan. Bearbeit. 30-0623; Adsorpt. v. – 31-0396; physikal. Adsorpt. v. – an Pyrexglas 36-0577; Transportwärme der – in einer Membran 37-0476; Einfang niederenerget. –-Ionen an einer W-Oberfläche 46-0596; therm. Desorpt. v. –-Ionen aus Glas 47-0543.

Thermodynamik wss. Lsg. v. Edelgasen (Löslichk. v. Ar in Tetralkylammoniumsalzen) 14-0537.

Chemie d. – (Übersicht) 3-0683; Berechn. d. Präexponentialfaktoren u. Geschw.-Konst. v. Rk. d. tern. Rekombinat. v. Halogenatomen an –-Atomen 9-0647; Einfl. v. – auf d. γ-Radiolyse d. Äthans 27-1080.

Wrkg. v. – auf HeLa-Zellen 27-1410.

Atomabsorpt.-Spektren im nahen UV-Bereich u. sichtbaren Gebiet v. – zur Analyse 49/50-1881; analyt. Gesichtspunkte für gasf. O_2, H_2 u. N_2 in – bei Gleichstrombogenanreg. v. *10–300* A 13-1820; Best. sehr geringer Feuchtigk.-Konz. in – 26-2026; Anzeigegerät für N-Verunreinig. in – 29-2067; Massenspektrometer zur Mess. d. Isotopenverhältnisses v. –-Spuren 23-2048.

Edelgasverbindungen

Chemie d. – 16-0738, 18-0519; chem. Verb. v. Edelgasen (Übersicht) 24-0742; Elektronenstruktur u. MO-Behandl. v. Halogen- u. Edelgaskomplexen in positiven, negativen u. undefinierten Ox.-Zuständen (Übersicht), Fluoridchemie v. Edelgasen (Übersicht) 31-0788; Kohäs. v. Ionenkrist. aus Alkalimetall- u. Edelgasatomen 33-0218.

Edelkorund s. unter *Aluminiumoxide*: Al_2O_3.

Edelmetalle

Siehe auch *Platinmetalle* u. unter d. einzelnen Elementen.

Wiedergewinn. v. – aus ihren wss. Salzlsg. mit d. Polymeren v. HOCN 3-2614*; Gewinn. aus Katalysatoren 6-2383*; Verarbeit. zu Schichtwerkstoff mit lamellarem Gefüge 22-2559*; Kinetik d. Zementier.-Prozesses v. – aus Cyanidlsg. 26-0725; Gewinn. aus Fe-Schlacken d. Affinat.-Industrie 28-2526*; –-Extrakt. aus Tonerdematerialien oder -abfällen d. Katalysatortechnik mit Kryolith 33-2397*; galvan. Herst. v. Überzügen aus – für elektr. Kontakte 34-2432; Rückgewinn. v. – aus Abfällen d. Au- u. Ag-Werkstätten 37-2657*; Darst. v. –-Mohr auf Trägern durch Red. wss. Lsg. v. –-Chloriden mit H_2 in Ggw. benetzbarer Träger 41-0613; Anwend. d. Lsgm.-Extrakt. zur Reinig. v. – 43-0682; Gewinn. v. – aus verdampften Katalysatoren 44-2287*; Anwend. d. Lsgm.-Extrakt. zur Raffinat. v. – 45-2522; Eign. v. – u. Leg. für Kontaktwerkstoffe in d. Elektroindustrie 47-2223.

Piezoreflex.-Vermögen 15-0312; Eig. v. –-Schichten auf Glas, d. Sonnenstrahlen reflektieren 42-2148; Einfl. d. Spann. auf d. Fermi-Flächen v. – 13-0261; Aufspalt. v. lokalisierten Verunreinig.-d-Zuständen in – 48-0171; Anisotropie d. Relaxat.-Zeiten u. Phononen-Drag-Anteil d. Thermo-EMK in – 15-0391; Unters. v. für Bandstrukturberechn. in – geeigneten Potentialen 17-0478; kombiniertes Kombinat.-Schema für – 20-0400; Partialsummenregel für – 20-0401; Einfl. eines elektr. Feldes auf d. interkrist. Diffus. in – 25-0275; isochromatenspektroskop. Unters. d. Zustandsdichte d. – 33-0304; neue Meth. zur Berechn. d. Hall-Koeff. bei schwachen Feldern für – 33-0562; Kathodenprozesse an – in geschmolzenem KSCN u. $LiClO_4$ 19-0692; allg. Ausdruck für d. Tafelneig. u. d. Kinetik d. Red. v. O_2 an – 36-0528; Anharmonizität bei – (therm. Eig.) 16-0285; Ultraschalldämpf. in d. – 36-0248; Dispers.-Energien u. Oberflächenspann. d. – 5-0661; Unters.-Extrakt. v. – aus Cyanidlsg mit quart. Ammoniumverb. 26-2446.

Ox. v. — d. VIII. Gruppe d. Periodensyst. aus d. Gewinn. v. Carbonsäurevinylestern 15-2641*; Dehydrier. v. Monochlorparaffinen mit *3* oder *4* C-Atomen in Ggw. eines elementaren — d. VIII. Gruppe 5-2529*; —-Katalysator zur Hydrier. organ. Verb. 9-2481*; Rk. v. organ. Nitroverb. in Ggw. eines —-Katalysators mit CO 9-2566*; Regenerier. eines Edelmetall/Boroxid enthaltenden Trägerkatalysators für KW-Stoff-Umwandl.-Prozesse 10-2494*; —-Katalysatoren in d. Feinchemikalienindustrie (Übersicht) 42-2290.

—-Muster auf hitzebeständ. Trägern (Glas, Keramik) 18-2255*; Herst. v. —-Mustern auf hitzebeständ. Unterlagen 29-2416*.

Neutronenaktivier.- u. Leitisotopenmeth. zur Best. d. — (Übersicht) 14-1933; Schichtdickenbest. an dünnen —-Schichten durch Röntgenfluoreszenzanalyse nach einer eichprobenfreien Emiss.-Meth. 43-1872; Übersicht über titrimetr. Meth. zur Best. v. — 44-1828.

Bibl.: Russ.: Bearbeitungstechnologie und Analysenmethoden der Erze der Edelmetalle, Buntmetalle und seltenen Metalle B 29; Moderne Methoden der Spektralanalyse der Edelmetalle (Mitteilungssammlung) B 69; Untersuchungen auf dem Gebiet der analytischen Chemie der seltenen Metalle und Edelmetalle (Mitteilungssammlung) B 69; Anwendung von Extraktion und Ionenaustausch in der Analyse der Edelmetalle (Mitteilungssammlung) B 77; Grundlagen der Hüttenkunde. Bd. 5. Spuren-, Edel- und radioaktive Metalle, Transuranelemente B 95.

Edelmetallegierungen

— mit elektropositiveren Elementen 7-0520, 28-0220, 37-0279; Einfl. v. Leg.-Bldg., Verform. u. Rekristallisat. sowie Nah- u. Fernordn. auf opt. Konst. v. — 29-0320; Stabilität d. α- u. β-Phasen v. — 43-0167; Anisotropie d. Relaxat.-Zeiten v. Elektronen u. d. Phononen-Drag-Thermospann. in — 12-0373; Analyse d. Hall-Effektes u. d. Widerstandes v. — 19-0483; Interpretat. d. Hall-Koeff. u. d. spez. Widerstandes v. — 51/52-0302; allg. Ausdruck für d. Tafelneig. u. d. Kinetik d. Red. v. O_2 an — 36-0528; Struktur u. Aktivität v. Katalysatoren aus — 14-0688 bis 14-0690, 38-2533, 39-2534.

Bibl.: Edelmetallegierungen. Analysenmethoden [russ.] B 14.

Edelmetallverbindungen

— mit speziellen Anionen s. unter d. betreffenden Säuren, Salze.

Organ. Synth. mittels — 11-1005, 11-1006, 16-2500, 35-1162, 37-1073, 39-0984, 40-0894, 44-0707, 49/50-1025, 49/50/1034; homogene Katalyse durch Edelmetallsalze 30-0953.

Edelopal s. unter *Siliciumoxide*: SiO_2.

Edelsteine, synthet. — in d. Physik (Übersicht) 8-2133; Herst. 9-2222*, 13-2170*, 35-2269.

Edenit, Synth. v. — u. *Ferrodenit* (Bezieh. zwischen chem. Zus. u. Gitterkonst.) 4-0630; Hydrothermalsynth. d. Amphibole d. *Ferroedenit*-Ferrokastingsit-Reihe 8-0798.

EDE-10 P s. unter *Plaste, Aminharze*.

Edestin s. unter *Proteine. Spezielle Proteine*

Edingtonit, Krist.-Habitus 27-0917; ^{1}H-NMR u. Lage d. H-Atome in natürl. — 25-0488.

ED-6 P s. unter *Plaste, Polyäther (Epoxidharze) bzw. Polyamide (Weitere Polyamide)*.

Edpetilidin s. unter $C_{27}H_{45}NO_2$.

Edpetilidinin s. unter $C_{27}H_{45}NO_2$.

Edrophonium s. unter $C_{10}H_{17}NO_2$.

EDTA s. unter $C_{10}H_{16}N_2O_8$.

Eduardin s. unter $C_{27}H_{43}NO_2$.

Edulin s. unter $C_{17}H_{15}NO_2$.

Effortil s. unter $C_{10}H_{15}NO_2$.

Efiran-329 s. unter $C_9H_{12}BrClO$.

Efiran-349 s. unter $C_{13}H_{18}O_4$.

Efiran-583 s. unter $C_{18}H_{38}O_5$.

Efirsulfonat, Einfl. auf d. physiolog. Prozesse d. Rebe 33-3427.

Eg 65 s. unter *Aluminiumlegierungen (Sondermarken)*.

„Egic", Plasma-Clearing-Kinetik v. — bei Mensch u. Tier 28-1629.

Egonol s. unter $C_{19}H_{18}O_5$.

Egonolsäure s. unter $C_{19}H_{16}O_6$.

EGTA s. unter $C_{14}H_{24}N_2O_{10}$.

Ehrlichs Reagenz s. unter $C_9H_{11}NO$.

EI 69 s. unter *Eisen, Schmiedeeisen und Stahl (Sondermarken)*.

EI 268 s. unter *Eisen, Schmiedeeisen und Stahl (Sondermarken)*.

EI 316 s. unter *Eisen, Schmiedeeisen und Stahl (Sondermarken)*.

EI 388 s. unter *Eisen, Schmiedeeisen und Stahl (Sondermarken)*.

EI 417 s. unter *Eisen, Schmiedeeisen und Stahl (Sondermarken)*.

EI 437 s. unter *Eisen, Schmiedeeisen und Stahl (Sondermarken)* u. unter *Nickellegierungen (Sondermarken)*.

EI 439 s. unter *Eisen, Schmiedeeisen und Stahl (Sondermarken)*.

EI 481 s. unter *Eisen, Schmiedeeisen und Stahl (Sondermarken)*.

EI 572 s. unter *Eisen, Schmiedeeisen und Stahl (Sondermarken)*.

EI 579 s. unter *Eisen, Schmiedeeisen und Stahl (Sondermarken)*.

EI 602 s. unter *Nickellegierungen (Sondermarken)*.

EI 612 s. unter *Eisen, Schmiedeeisen und Stahl (Sondermarken)*.

EI 698 s. unter *Eisen, Schmiedeeisen und Stahl (Sondermarken)*.

EI 702 s. unter *Eisen, Schmiedeeisen und Stahl (Sondermarken)*.

EI 736 s. unter *Eisen, Schmiedeeisen und Stahl (Sondermarken)*.

EI 787 s. unter *Eisen, Schmiedeeisen und Stahl (Sondermarken)*.

EI 811 s. unter *Eisen, Schmiedeeisen und Stahl (Sondermarken)*.

EI 826 s. unter *Eisen, Schmiedeeisen und Stahl (Sondermarken)*.

EI 827 s. unter *Eisen, Schmiedeeisen und Stahl (Sondermarken)*.

EI 867 s. unter *Nickellegierungen (Sondermarken)*.

EI 929 s. unter *Eisen, Schmiedeeisen und Stahl (Sondermarken)*.

EI 943 s. unter *Eisen, Schmiedeeisen und Stahl (Sondermarken)*.

EI 955 s. unter *Eisen, Schmiedeeisen und Stahl (Sondermarken)*.

EI 559A s. unter *Nickellegierungen (Sondermarken)*.

Eialbumin s. unter *Proteine, Spezielle Proteine (Ovalbumin)*.

EI 437 B s. unter *Eisen, Schmiedeeisen und Stahl (Sondermarken)* u. unter *Nickellegierungen (Sondermarken)*.

Eidotter s. *Eigelb*.

Eier

Siehe auch *Eigelb*; *Eiweiß*.

Eifehler bei Verfütter. v. Malvengewächsen 2-1499; Konz. v. Hydroxytetracyclin in — nach Verfütter. an Hennen 7-3161; Sulfatester in sich entwickelnden — 9-1492; akute Hypercarbie u. —-Schalenbldg. 12-1506; Einfl.: v. Wärme u. andere Faktoren auf Vollei u. dessen Bestandteile 15-3284; d. Pasteurisier. auf Eiprod. 19-3204; Reaktivität v. mit 2-Thiobarbitursäure reagierenden Substanzen in Volleipulver 19-3205; Konz. v. Hydroxytetracyclin in — nach Verfütter. an Hennen 20-3088; Konservier. v. Schalen-— mit Fluorkieselsäure oder Estern d. Kieselsäure 20-3117*; Einfl. v. Volleidiät mit hoher Methioninzulage auf Ratten 25-1627; Li-Geh. in Hühner-— 26-1607; Urinausscheid. beim Huhn im Moment d. ersten Eiablage 32-1639; Mikrobenzahl u. organ. Säuren in fl. u. gefrorenem Ganzei 35-3172; Rückstände v. an Hühner verfütterten Cl-halt. Insektiziden in — 36-2071; Aminosäurezus. v. Enten-— u. Pidan 40-2938; Anwend. v. Glucoseoxydase zur Verbesser. d. Lager.-Fähigk. v. Eipulver 48-2932; Konz. v. Hydroxytetracyclin in — nach Behandl. v. Hühnern 51/52-2006.

Nachw. bzw. Best.: v. α-Amylase in — 1-1878; v. Salmonellen in rohen — (Fluoreszenz-Antikörper-Meth.) 2-2908; d. Eigeh. v. Teigwaren 5-2044, 9-2050; v. HCN in begastem Eipulver 14-2060; d. Eigeh. in Lebensmitteln 26-2166; d. Färb. v. Trockenvollei mit β-Carotin 30-3048; v. chlorierten organ. Pestiziden in Frisch-— (verbesserte Extrakt.) 33-2332; d. Fettgeh. in Eipulver (refraktometr.) 34-2093; v. Sterinen in Eierteigwaren u. Cholesterin in — u. Eipulver (spektralphotometr.) 41-2173; d. Eigeh. v. Teigwaren 42-1960; v. nach Kjeldahl aufgeschlossenem N in Trockeneipulver (coulometr.) 46-1981; v. Mikromengen Hg in — (Atomabsorpt.-Photometrie) 48-2013.

Eigelb (Eidotter)

Siehe auch *Eier*.

trans-Lipoide d. Hühner-— 1-3044; natürl. β-Carotingeh. in Hühner-— u. dessen Zubereit. 2-2917; Spalt. d. β-Esterbind. v. —-Lecithin durch Alkoxide u. Laurylamin 3-1376; Livetin d. Hühner-— 3-1377; Einbau v. Elaidinsäure in Lipide d. — 8-1554; Zus. d. Lipidextrakte v. Hühner-— 11-1378; karzinogene Wrkg. v. rohem — 19-1332; Ovalbumin u. andere wasserlösl. Proteine in Vogel-— während d. Embryogenese 25-1625; —-Proteine u. ihre Spaltprod. 25-3404; Überleben v. Bakteriengruppen in mit Na-Benzoat konserviertem — 26-1416; Einfl.: v. —-Lipoprotein/Kohlenhydrat-Wechselwrkg. auf d. Backleist. 28-3211; v. Carotinoid-Zusatz im Futter auf d. —-Färb. 32-1650; —-Proteine u. ihre Spaltprod. 35-1475; Dissoziat.-Verh. v. Lipoprotein hoher D. aus — 38-1594.

Nachw. bzw. Best.: d. —-Geh. in Emuls.-Likören (Schnellmeth.) 1-1927; d. Färb. v. Enten-Trocken-— mit β-Carotin 1-3045; v. Folsäure in Trocken-— (mikrobiolog.) 14-2056; d. Roh-—-Geh. v. Eierlikör u. — 14-2068; d. Färb. v. Trocken-— mit β-Carotin 30-3048; Herst. v. Preßlingen aus lyophilisiertem — für d. Kolorimetrie 39-2138; Best. in —: v. Ethoxyquin 46-1933; v. Oxytetracyclin 51/52-2006.

EI 612 K s. unter *Eisen, Schmiedeeisen und Stahl (Sondermarken)*.

Eiklar s. unter *Eiweiß*.

Eikonogen s. unter $C_{10}H_9NO_4S$.

Eikosan s. unter $C_{20}H_{42}$.

Eikosansäure s. unter $C_{20}H_{40}O_2$.

Eikosensäure s. unter $C_{20}H_{38}O_2$.

Einschlußverbindungen s. unter *Komplex- und Molekülverbindungen (und Komplexbildner)*.

Einsteinium

Abtrenn. v. Actiniden u. Lanthaniden durch Schmelzen mit $MgCl_2$ 19-2647*; einige neue Eig. v. ^{254}Es u. ^{255}Es 1-0090; Synth. v. —-Isotopen in Rk. mit N-Ionen 5-0095; Absorpt.-Spektrum v. Es^{3+} in salzsauren Lsg. 22-0098; anomale Tendenz v. — zur Amalgambldg. 29-0833; Ionenaustauschtrennverf. für ^{253}Es 44-1818.

Eis s. unter *Wasser*; *Speiseeis* s. dort.

Eiscreme s. unter *Speiseeis*.

Eisen

	Seite
Allgemeines	417
Vorkommen	418
Eisenerze	419
Reines Eisen	420
Entfernen von Eisen	420
Verwendung	420
Physikalische und physikalisch-chemische Eigenschaften	420
Chemisches Verhalten und technische Reaktionen	424
Katalytisches Verhalten	425
Biochemisches und physiologisches Verhalten	425
Legierungssysteme und Phasen	426
Technisches Eisen	431
Carbonyleisen	432
Elektrolyteisen	432
Roheisen	432
Gußeisen	432
Sondergußeisen	433
Legiertes Gußeisen	433
Schmiedeeisen und Stahl	434
Herstellung	434
Weiterbehandlung und ihre Wirkung auf die Eigenschaften	436
Sonderstähle	438
Eisen und Stahl für Sonderzwecke	445
Metallkeramische Stähle und Eisenlegierungen	446
Ferrolegierungen	447
Fehlererscheinungen	447
Korrosion	448
Oberflächenbehandlung und Korrosionsschutz	449
Verbundmetalle	451
Schweißen, Löten, Brennschneiden	451
Prüfverfahren	452
Analyse	453
Bibliographie	456
Eisenverbindungen	456

Allgemeines

— im Kosmos (Zeitschriftenref.) 15-0775; — in Sternspektren (Zeitschriftenref.) 20-0771; — u. Stahl (Übersicht *1964* u. *1965*) 20-1998; Beiträge zur —-Hüttenchemie 24-2112; Linien v. — im Kosmos (Zeitschriftenref.) 25-0842 bis 25-0845, 25-0847; Schutz gegen Strahlen bei Verw. einiger geschlossener Kernstrahl.-Quellen in d. —-Hüttenkunde 32-2166; — im Kosmos (Zeitschriftenref.) 35-0787; Verf.-Technik im —-Hüttenwesen 40-2145; Geochemie (Zeitschriftenref.) 45-0738; Linien v. — im Kosmos (Zeitschriftenref.) 51/52-0604, 51/52-0606, 51/52-0607, 51/52-0610, 51/52-0615, 51/52-0616, 51/52-0621, 51/52-0626, 51/52-0630.

Vorkommen

Sternspektroskopie im UV durch Gemini *11*, Linien v. Fe I u. Fe II 5-0770; Vork. v. – im Spektrum d. F*8*V-Sterns Beta Virginis 5-0773; FeX-*6374* Å-Linie im Spektrum v. NGC *6960* 10-0745; Vork. v. Emiss.-Linien v. – im Corona Borealis-Haufen u. Coma-Haufen 10-0746; Äquivalentlinienbreiten u. Intensitäten d. Linien v. – in d. Nova Herculis *1960* 10-0763; Linien v. Fe III im Spektrum v. P Cygni 10-0766; Breite d. Null-Linie λ *4065* v. Fe I im Spektrum v. Beta Coronae borealis 10-0769; Emiss.-Linien v. Fe I im Spektrum d. Kometen Ikeya-Seki (*1965*f) 10-0789; Intensitäten u. Profile v. –-Emiss.-Linien d. Kerns d. Seyfert-Galaxie NGC *4151* 15-0792; Analyse d. Spektrums v. HD *30353* Linien v. Fe I u. Fe II 15-0802; Änder. d. Äquivalentlinienbreiten u. Wellenlängen v. Fe I u. Fe II in d. A*2*p-Stern *73* Draconis (HD *196502*) 15-0805; Linien v. Fe II in Coudé-Spektren v. η-Carinae 15-0806; atomare Fluoreszenz u. d. Emiss.-Linien lang-period. veränderl. Sterne, selektive Anreg. d. Fe I-Niveaus in M-Sternen 15-0807; Fe II im Linienspektrum v. *3* C *273* 15-0830; Häufigk. v. – in γ-Ser. 20-0779; Häufigk. v. – in Ap-Sternen 20-0782; Häufigk.-Verhältnis für *18* G-Zwerge 35-0805; Linien v. – in vorausgesagten Emiss.-Spektren quasistellarer Quellen im fernen UV 35-0809; Entsteh. diffuser interstellarer Banden v. Eis- u./oder Graphitteilchen mit –-Verunreinig. 40-0661; – im Spektrum d. Cepheiden RU Camelopardalis 40-0669; Fe II in d. Spektren d. Nova Delphini *1967* 40-0670; Häufigk. in τ Bootis v. Fe I u. Fe II 40-0671; Linien im Spektrum v. Arcturus 51/52-0609; Modell für magnet. Sterne, Radialgeschw. u. Linienintensitäten v. – 51/52-0612; Äquivalentbreiten v. Fe I- u. Fe II-Linien in d. Atmosphäre d. lang-period. Cepheiden Carinae 51/52-0618; Fe/H d. Scheiben-Cepheiden ϰ v. K- u. M-Sternen 51/52-0620; Linien v. – im Spektrum d. Veränderlichen HR *234* 51/52-0622.

Modell d. Sonnenatmosphäre mit lokalem thermodynam. Gleichgew., Vork. v. Fe I u. Fe II 5-0771; Zuordn. d. solaren Emiss.-Linien d. Fe XII u. Fe XIII 10-0768; Anreg. infraroter Fe XIII-Linien in d. Sonnenkorona 10-0782; Klassifikat. d. Linien v. Fe VIII bis XII u. XIV im extremen Solar-UV-Spektrum 10-0783; solare Röntgenemiss. unter *25* Å v. Fe XVII u. Fe XVIII 15-0819; Übergangswahrscheinlichk. bei intermediärer Koppl. in Fe XIII d. Korona 15-0820; Linien im solaren Röntgenspektrum v. *1,9* bis *25* Å 14-0823; Röntgenübergänge v. Kα-Typ in d. Sonnenatmosphäre u. im Laborplasma, Fe XX-Linien 20-0783; –-Linienemiss. in Sonnenflares (Zeitschriftenref.) 30-0774; Fe-XIV-Emiss.-Linie λ *5303* Å in d. Korona 30-0798; Fe–Si-Verhältnis in Sonne, Merkur, Venus, Erde, Mond, Mars, Chondriten 35-0818; Fraktionier. v. – im Sonnensyst. 35-0819; Fe XI- u. Fe XII-Linien im UV-Emiss.-Spektrum d. Sonnenchromosphäre u. d. Korona 35-0822; Diffus. v. – in d Sonne 40-0672; Fraktionier. v. – im Sonnensyst. 40-0675; Vork. in Planeten 40-0678; Häufigk. in d. Sonnenphotosphäre 51/52-0619; Verh. d. Linien v. – auf d. Sonnenscheibe nach Beobacht. bei u. ohne Sonnenfinsternis 51/52-0629; theoret. Energieverteil. im Sonnenspektrum bei Wellenlängen $<$ 25 Å 51/52-0662.

Vork.: u. Best. v. – durch Surveyor auf d. Mond 5-0777; an der Mondoberfläche als Magnetit, meteorit. Ni–Fe u. freies – 35-0829; Vgl. d. Häufigk. v. – im Mondmaterial mit d. v. Peridotit, Plateaubasalt, Granit, Tektit, basalt. Achondrit u. Chondrit 35-0830; Nachw. im Mondmaterial 35-0831; – auf d. Mondoberfläche 51/52-0652; – u. (Fe + Ti + Ni) in lunarem Marmaterial, ozean. Tholeiten u. eukrit. Meteoriten 51/52-0655.

Best. in Meteoriten d. Samml. d. Naturhistor. Museums Wien 11-0810; Nachw. v. –-Spektrallinien v. Meteoren (Zeitschriftenref.) 30-0773; – in Sulfideinschlüssen in Meteorit-Leg. 37-0870; Best. im Steinmeteoriten St. Severin 37-0877; bedeutender Verlust für –-Ionen in d. Ionosphäre 40-0696; Häufigk. v. –-Kernen in d. kosm. Strahl. in geolog. Vergangenh. 51/52-0614.

Mineralogie Ni-führender Verwitter.- u. sedimentärer –-Erze in Lokris, Mittelgriechenland 2-0766; Geologie, Petrographie u. Sedimentologie d. –-Erzlagerstätte v. Achim-Horstedt südöstl. v. Bremen 7-0786; Vork. im Lias d. Grube „Friederike" bei Bad Harzburg 7-0787; –-Erzvork. in Bulgarien 9-0799; gesetzmäß. auftretendes – in Zn- u. Pb-Erzen aus d. Oberschlesisch-Krakauer Gebiet 11-0834; hydrogeochem. Prozesse d. Migrat. v. S u. – v. Sulfiden in heißen Schiefern 13-0782; – im Meerwasser d. Santorin-Vulkangebietes (Agäisches Meer) 24-0807; Verteil. in Feldspaten d. Rosses- u. Ardara-Granitkomplexe, Donegal, Irland 26-0822; Berechn. d. chem. Gleichgew. –-halt. Wässer aus d. Gebiet Krásno 32-0834; mikrograph. Unters. v. Erzproben aus d. Zone v. Galicien u. León 39-0792; Genese d. –-halt. Skarne v. Berggießübel (Osterzgebirge) 39-0716; geolog. u. geochem. Unters. an Fe d. Mn-Erzlagerstätten v. Dadu u. Cosna (Ostkarpaten) 41-0754; lagerstättenkundl. Unters. am –-Erzvork. Jauratsi in Finnland-Lappland 49/50-0684.

Anreicher. in d. Diffus.-Ringen v. Dangago, Äthiopien 13-0805; – in metall. Kügelchen in Kratergläsern v. Bosumtwi 16-0779; HCl-lösl. Fe-, Mn- u. Cu-Geh. v. rezenten Sedimenten d. ind. Ozeans v. d. östl. Küste v. Somalia 26-0824; Mineralogie u. Geochemie einiger –-Erz-Lager in Ägypten 36-0756; einige sedimentolog. u. paläogeograph. an Vork. v. oolith. – in Djebel Ank (Tunesien) u. Lorraine (Frankreich) gebundene Elemente 36-0774.

Bldg. d. pyrometasomat. –-Erzlagerstätten v. Marmoton 7-0788; paläomagnet. Unters. d. –-Bereiche in d. Lake Superior-Region 9-0798; – in Alkalifeldspaten, Quadrilátero Ferrífero, Minas Gerais, Brazil 14-0771; Best. v. Fe^{2+} u. Geamt-Fe in W. aus bituminösen Kohlenminen in Nord-West-Virginia 22-0798; känozoische oolith. –-Erze, Paz de Rio, Boyaca, Colombia 33-0994; – in früh präkambr. Grauwacken v. Wyoming 38-0823; –-halt. Kaolinite d. St.-Austell-Bereichs 38-0853; Fe-Geh. d. Magnetite u. Haematite d. metallogenen –-Provinz v. Südost-Missouri 38-0856; paläomagnet. Unters. v. konz. –-Erzen d. nördl. Michigan 39-0759.

Entsteh. d. –-Erze im Gebiete v. Příbram 2-0764; – in d. Wässern d. oberen Dnepr 14-0759; – in schwarzen Teilchen v. Mount Norikura, Japan 16-0780; Leptite in präkambr. –-Erzformat. d. Imandragebietes (Halbinsel Kola) 17-0836; Best. d. Gesamt-– in d. Amphiboliten u. d. aus ihnen abgetrennten Amphibolen u. Plagioklasen d. Sowie-Gebirges 21-0871; – in d. Grundwässern im Snamjanki-Gebiet (Ukrain. Schild) 29-0869; Kieselsäurebldg. im –-Erzhorizont d. Tula-Gebietes (Unteres Moskauer Bassin) 32-0846; Diadochie v. – u. Mg in koexistenten Fe–Mg-Mineralen bas. Granulite Ost-Sajans 32-0848; metasomat. Mineralisat.- u. Vererz.-Prozesse in –-Lagerstätten d. Turgaisker Senke u. Ilvait aus d. –-Erzlagerstätte Karatas im Vorbalchasch 33-0993; Verteil. v. Elementbeimeng. auf fazielle Profile d. Fe-Kieselsäure–Schiefer-Format. d. Kursker Magnet. Anomalie 36-0794; Veränder. in d. geochem. Besonderh. v. Gesteinen d. Fe-Kieselsäure–Schiefer-Format. d. Kursker Magnet. Anomalie (KMA) 36-0795; –-reicher Basalt aus Bombay, Indien 38-0820; koll.-chem. Bind. zwischen Erz- u. Tonteilchen in d. –-Erzen v. Kertsch 39-0760; Gesetzmäßigk. d. P-Verteil. in d. Fe–Si-Format. d. –-Erzgebietes v. Belozer 42-0643; Bldg.-Etappen u. genet. Typen d. –-Erze d. vulkano-pluton. paläozoischen Andesit-Diorit-Format. v. Turgaj 42-0656; Umlager. d. As bei d. Bldg. v. Fe–Mn-Konkret. in d. Ablager. d. Schwarzen Meeres 42-0666; Rancíéit, Coronadit u. Beidellit, neue Minerale für d. –-Lagerstätte v. Kremikovci 42-0715; – in d. Mn-Knollen aus d. Ind. Ozean 43-0746; Bezieh. zwischen d. Mikrokomponenten d. kohlensauren Wässer u. d. –-Lagerstätten d. Halbinsel Kerčen 45-0777; Talasskit in d. –-Erzen d. Lagerstätte Mariupol (Mittlere Azov-Region) 49/50-0675.

– in Seen d. McMurdo Oase, Antarktis 22-0807, 46-0696.

Beitrag zur Entsteh. sedimentärer –-Erze 2-0765; Isotopenverteil. v. S in sulfid. –-Erzen aus eklogit. Gesteinen 4-0621; Anhäuf. u. Umverteil. d. Seltenerdmetalle während d. Fe–Mn-Konkret.-Bldg. im Ozean 7-0764; Geh. in fossilen Schalen 9-0826; Rolle d. – in d. Struktur d. Huminsubstanzen im Boden 13-2997; – in Meteoriten u. Tektiten (Zeitschriftenref.) 16-0764; Temp. d. Gleichgew.-Einstell. v. – u. Mg in Chondriten 16-0768; geochem. Verh. v. Ca u. – im Syst. „Schlamm/Sediment" am Beispiel eines Sees 16-0796; Bezieh. zwischen Ga u. Fe(III) in verschiedensten Mineralien 16-0822; Notwendigk. u. Grenzen d. –-Entfern. bei d. Kornanalyse v. trop. Böden 17-0810; korrelativer Zusammenhang zwischen –, V u. Ti in Pyroxeniten 18-0786; –-halt. Montmorillonite d. lithomorphen Verstisole 23-0877; Fe/(Fe + Mg)-Verhältnis in Biotit v. Georgia-Graniten 27-0904; Bezieh. zwischen Farbe u. –-Geh. v. Rauchquarz u. Amethyst 27-0914; Verteil. v. – u. Seltenerdmetallen in Mineralkomponenten d. Chondriten Bruderheim 28-0806; – in metall. Kügelchen in Einschlag- u. Tektitengläsern 29-0865; Nachw. durch Elektronenmikrosondenanalyse in durch simulierte Sonnenwindbestrahl. verdunkeltem geschmolzenem u. natürl. Quarz u. Al_2O_3 35-0838; Migrat.-Beding. v. Al, – u. Ti während d. postvulkan. hydrothermalen Prozesse 38-0818; Beschreib. d. bei d. Serpentinisier. auftretenden Minerale mit Angaben über α-Fe 38-0825; –-Geh. v. Staurolith 38-0869; Erklär. für d. Lokalisier. v. Rückstands-Haematiterzen auf einer präkambr. –-Format. 39-0762; chem. Bldg.-Beding. v. Granaten d. Grossular–Andradit-Reihe u. Abhängigk. ihrer –-Führ. v. d. pH-Werten 41-0767; Zuverlässigk. petrolog. Schlußfolger. in Verb. mit d. Fehlern d. chem. –-Best. 42-0626; Mn u. – im Schichtenwasser mariner Sedimente 42-0664; Geochemie v. Sc im Vgl. mit – 45-0761; Akkumulat.-Geschw. v. Fe–Mn-Knollen 45-0771.

–-Geh. in normaler Hefe u. einer Mutante (Hemm. durch o-Phenanthrolin) 36-1437; Bezieh. zwischen –-Mangel, DNS-Geh. u. Ribonucleosidtriphosphat-abhäng. Abbau v. DNS bei Mycobacterium smegmatis 40-1156; Vork. in Elektronentransportteilchen aus Candida utilis 44-1094.

–-Geh. in chlorot. u. nichtchlorot. Tomatenblattgewebe (Fraktionier.) 18-1343; Fe^{3+}-Geh. bei Torfmoosen 24-1484; –-Geh. in Pflanzen 30-1376; Fe–Citrat-Verhältnis im Exsudat v. Sonnenblumenkeimlingen (Einfl. d. – d. Nährlsg.) 35-1425; Vork.: in Semecarpus-anacardium-Extrakten 41-1661; in Adonis aureus u. A. Tjanšaniensis in Kirgisien 42-1353.

–-Geh. in v. Bacterium tumefaciens erzeugten u. mit Antioxydantien behandelten Tumoren 1-1338; –-Konz. d. isolierten Dünndarms normaler u. anäm. Ratten (–-Resorpt.) 2-1416; –-Geh.: in Blut, Haut u. Schuppen bei Psoriasis-Kranken 3-1368; als Beweis für unterschiedl. Bläschenarten in d. Lebermikrosomenfrakt. 5-1155; im Blut v. Spendern nach häuf. Blutabgabe 5-1423; in Geweben u. DNS-Präp. d. weißen Ratte (altersbedingte Unterschiede) 7-1398; Serum-– u. Gesamt-–-Bind.-Vermögen bei gesunden Frauen (Wrkg. v. Antikonzipientien) 13-1432; –-Geh.: im Blut v. Ekzemkranken 14-1487; u. –-Bind.-Kapazität d. Serums (Einfl. d. A. u. eines β-Sympathikolytikums) 14-1553; –-Haushalt bei Patienten mit Gonadendysgenesie u. d. Formen d. Hypogonadismus (Einfl. d. Geschlechtshormone) 17-1525; Wrkg. v. Mitomycin C auf Serum-– u. –-Bind.-Kapazität v. Patienten mit malignen Tumoren (klin. –-Beeinfluss.) 19-1343; (^{59}Fe-Veränder. bei normalen Kaninchen u. Patienten mit Magenkarzinom) 19-1344; –-Retent. bei d. Ratte (Einfl. v. Methioninmangel) 26-1610; –-Geh. in Muskeln, Leber, Milz u. Knochenmark v. Haus- u. Wildtieren 27-1610; Korrelat. d. Menge d. CO-bindenden P-*450* mit d. sog. Mikrosomen-Fe_x in Mikrosomen d. normalen Gewebes u. v. mit Sudan-III vorbehandelten Tieren 32-1266; –-Geh. v. Rinderhirnmitochondrien 37-1280; –-Speicher. in Milzautotransplantaten d. Maus unter Infekteinw. (histochem. u. Indikatorunters. mit ^{59}Fe) 39-1518; ^{55}Fe im Menschen u. in d. Biosphäre (Überblick) 39-1541; –-Geh. im Blutserum d. gesunden Menschen 45-1601; –-Konz. im Schweinemuskel (Wrkg. v. –- u. Cu-Zufuhr) 49/50-1541.

Vork. in Adenosin-5′-phosphosulfatreduktase v. Desulfovibrio desulfuricans u. v. Thiobacillus thioparus 5-1222; –-Geh.: im Hämoglobin v. Tubifex tubifex 6-1477; v. DPNH-Dehydrogenase aus Saccharomyces cerevisiae 7-1209; in einem Cysteamin zu Hypotaurin oxydierenden Enzym d. Niere 8-1215; Form d. – in Xanthinoxydase (Mössbauer-Nachw.) 8-1229; Bind.-Stellen d. – in Rubredoxin v. Micrococcus aerogenes 11-1274; Vork. in Nichthämeisenprotein aus fakultativ photoheterotrophen Rhodopseudomonas palustris 14-1256; –-Geh.: v. Ferritin aus Thunfischmilz 14-1421; im Semi-Hämoglobin 15-1566; Vork. in Adenosin-5′-phosphosulfatreduktase aus Thiobacillus denitificans 16-1280; –-Geh. d. Golfingia gouldii-Hämerythrins 22-1575; Vork.: in d. notwend. Komponente zellfreier Extrakte aus Clostridium pasteurianum für d. ATP-abhäng. H_2-Entw. aus Dithionit u. N_2-Fixier. 25-1390; v. nicht Hämgebundenem – im partikelgebundenen Dihydroorotsäureoxydasesyst. aus Pseudomonas 26-1272; – in Bezieh. zu Sulfhydrylgruppen in Adrenodoxin (Ox.-Red.-Bestandteil d. Steroid(-11β-)hydroxylase d. Nebennierenmitochondrien)31-1395; – -halt. Aktivzentrum v. Pflanzenferredoxin u. Xanthinoxydase (vergleichende ESR-Unters.) 33-1628; – -Geh. v. denaturiertem Pferdeherz-Cytochrom c 36-1258; – -Bind. durch Gewebeproteine 38-1593; Natur d. Nichthäm- – in Ferredoxin u. Rubredoxin 40-1328; Vork. in Metallproteinen d. menschl. Serums 42-1438.

Veränder. im – -Geh. v. Mehl während d. Teigbldg. u. d. Backens 19-3228; – -Geh.: in französ. Kaffee 20-3112; in verschiedenen Margarinezus. 46-2809.

Eisenerze

Bezieh. v. spezif. Oberfläche u. Mahlenergie bei d. Zerkleiner. v. – -Erzen mit Gaudin-Schuhmannscher Teilchengrößenverteil. 4-1926; Spinellbldg. v. Fe-Oxiden in Serpentin–Chromit-Erzen bei d. Erwärm. 17-2411; Anwend. d. modalen Analyse zur Unters. sedimentärer – -Mineralien 25-2078; therm. Zers. v. – -Erzen 32-2368; physikal. Eig. v. Fe-Erz Deccan Trappen 36-0772; S-Geh. d. poln. – -Erze u. Meth. zur Verringer. 37-2513; chem. Meth. zur Abtrenn. v. Fe–Mn- u. Carbonat-Mineralien u. adsorbierten Spurenelementen aus pelag. Sedimenten 38-0793; Oberflächeneig. pulvrig. – -Erze 41-2417; elektr. Eig. – -halt., aus silicat. Gesteinen erschmolzener Gläser 47-2253.

Aufbereitung

Verw. v. Ferro–Si-Leg. mit *7,5 – 15* Si als Suspens. schwerer Teilchen für d. Schwimm-Sink-Verf. 3-2389; Selbstzerkleiner. u. therm. Zerfall v. Bakal-Siderit 5-2324; Stammbaum d. Naßaufbereit. v. Salzgittererz 8-2273; Zers. poln. Siderite in N_2-Atmosphäre 13-2282; komplexe Aufbereit. v. Madneul-Erz mit Pyrit 14-2282; Zus. d. – -Erze d. Kalabagh-Erzfelder (Pakistan) 20-2295; Möglichk. d. Intensivier. d. – -Erzanreicher. 22-2425; komplexe Verarbeit. v. Chvaletice-Erz 22-2426; Ni-Entfern. v. Lateriterzen zur – -Gewinn. 27-2553; Verarbeit. v. Fe–Mn-Rohstoffen 27-2685*; Anreicher. v. Saranov-Chromiten 37-2514; Herst. v. Ni-reichem Konzentrat aus laterit. Erz 44-2255*; Vorbereit. v. Lateriterz zur Verw. als – -Rohstoff 45-2492; Ursachen d. Ferro–Si-Verluste in Schwerttrüben 47-2286; – -Erzaufbereit. 49/50-2247; Behandl. v. Magnetit in d. Wirbelschicht 51/52-2280*.

Extraktion: Extrakt. v. S-halt. Magnetit mit verd. H_2SO_4 3-2391; Kinetik d. Chlorier. v. Co_3O_4, Fe_2O_3 u. $Co \cdot Fe_2O_4$ mit gasf. Cl_2 10-2313; Kinetik d. Markasitlaug. 13-2277; Laugbark. v. Schwefelkiesabbränden 13-2278; Entphosphor. v. – -Erz mit HNO_3 15-2395; Gewinn. v. – durch Sulfidlaug. 15-2513*; Anreicher. – - u. Mn-armer Erze mittels NH_4HSO_4 22-2535*; Rk. v. – -Sulfiden mit H_2SO_4 bei d. Sulfatisier. v. polymetall. Erz 28-2394; chem. Aufbereit. v. Ilmenit zu TiO_2 33-2411.

Magnetische Anreicherung: naßmagnet. Scheid. v. – -Konzentraten aus Olenegorsk-Erz 14-2283; Magnetscheid. Cr-reicher Lateriterze 21-2499; Verarbeit. d. Abgänge d. Magnetscheid. v. Fe–Olivinit-Erzen 21-2508; Magnetisier–Röst-Meth. zur Anreicher. chromitarmer Erze 23-2540; Zerkleiner. u. magnet. Anreicher. v. Fe–Erz-Konzentraten 24-2325.

Flotation: Flotat. v. quarz- oder silcathalt. – -Erzen mit Kokosnußaminsalz 6-2375*; Aktivier. d. Pyrit-Flotat. durch Schwermetallionen 7-2334; Einfl. v. Schlämmen auf d. Schwimmfähigk. sulfid. Mineralien 10-2309; Flotierbark.: v. Hämatit mit Na-Dodecylbenzolsulfonat 15-2401; v. Hämatit u. Ilmenit 18-2292; v. armen erdigen – -Erzen 29-2472; v. oxid. – -Erzen (anion. Verf.) 29-2473; Duplex-Flotat. v. Taconit u. oxid. Fe-Erz nach Entfern. fettsaurer Überzüge 31-2483; Wrkg. d. Xanthogenat- u. Dixanthogenatsorpt. auf d. Pyritflotat. 31-2484; Einfl. d. Trübendichte auf d. Pyritflotat. 32-2363; Hydrophobier. v. Pyrit in Xanthogenatlsg. 32-2364; selektive Flotat. v. Pyrit u. Pyrrhotin 33-2703*; Aktivier. v. Pyrit durch Schwermetallionen (Xanthogenatabscheid. u. Flotierbark.) 35-2370; Schwank. d. Flotat.-Fähigk. v. Pyriten 37-2523; Flotat. silicat. – -Erze 38-2543*; Zusatz zur selektiven Flotat. v. – -Oxiden 42-2167; selektive Flotat. v. Magnetit u. Chromit 48-2214; selektiv wirkende Flocker für – -Oxide 49/50-2322*; Flotierbark. v. Hämatit 51/52-2211, 51/52-2212.

Vorbereitung zur Verhüttung

Unters. über Pellets u. Agglomerate v. – -Mineralien 40-1902; Schrumpf. v. – -Oxidpreßlingen bei *800 – 1200°* 48-2215.

Rösten: Rösten v. Pyritabbrand mit $FeSO_4$ u. Steinsalz 3-2397; LDK-Verf. zur chlorierenden Röst. v. Kiesabbrandpellets 4-1931; Rösten v. Pyritabbrand mit Fe(II)-Sulfat u. Steinsalz 5-2331; chlorierendes Rösten v. Ilmenit 17-2548*; Magnetisier.-Röstaufbereit. v. Kerč-Erz 18-2291; laufende As-Entfern. beim Magnetisierrösten im Wirbelreaktor 22-2543*; Rösten v. Sideriten 35-2385; Verh. v. S beim Waschen u. Rösten poln. – -Erze 37-2513; magnetisierende Röst. v. – -Oxidhydraten 37-2646*; Aufbereit. v. Cr-halt. Lateriten durch alkal. Rösten 39-2376; IRSID-Verf. für magnetisierende Röst. im Wirbelschichtofen 41-2418; Abrösten v. Pyrit u. Pyrrhotin 42-2249*; alkal. Röst. Cr-halt. Laterite 43-2405; Abrösten v. Pyrit u. Pyrrhotin in d. Wirbelschicht mit O_2-halt. Gas 49/50-2331*.

Sintern: Brennstofflose Sinter. unter Verw. v. Stahlspänen zur energieliefernden Ox.-Rk. 3-2396; Unters. d. Red.-Schichten an Fe_2O_3-Sinter 4-1978; Herst. v. vorred. Sinter 5-2438*; Verw. v. Halbkoks als Brennstoff für d. – -Erzsinter. 14-2286; Red.-Rk. u. Gasphasenzus. bei d. Sinter. v. Kriwoirog-Erzen 15-2406; Herst. v. selbstgehenden Hochofensinter 15-2416; Intensivier. d. Sinter. v. Kačkanar-Fe–V-Erz 20-2303; oxydierendes Brennen v. Sinter d. Kurkser Magnetitanomalie 23-2538; Meth. d. Verfestig. v. Sinter durch Zusatz eines Ferritgemisches zur Gattier. 24-2329; Entfern. v. As aus – -Erzen durch Sintern auf einem Wanderrost 24-2425*; Sinter. v. – -Oxiden 37-2525; Herst. v. hochfestem Magnetit–Ferrit-Sinter mit Basizität v. *1,2* bis *1,4* 39-2374; Sintern v. Feinkonzentraten in d. Anlage v. Kačkana 39-2375; Einfl. d. Bakal-Siderite auf d. Qualität v. Sinter 42-2174; selbsttätige Regel. d. Bandgeschw. d. – -Erzsinter. 44-2259*; Mechanismus d. Mineralbldg. beim Sintern selbstgäng. Hämatit–Magnetit-Konzentrate 46-2174.

Agglomerieren: Herst. v. kalkhalt. Agglomerat mit > *61* Fe u. Verarbeit. im Hochofen 3-2395; Agglomerat aus – -Erz u. Red.-Mittel als Einsatz für d. Hochofen 7-2439*; mineralog. Zus. v. Agglomerat d. Karaganda-Hütten 16-2323; Agglomerat. 16-2423*; Gasanalyse im Innern einer Misch. aus – -Erzen u. Koks während d. Agglomerat. 27-2288; mineralog. Zus. u. Struktur selbstgäng. Agglomerate mit hohem – -Geh. 41-2420.

Pelletisieren: Gütemerkmale u. Verhütt.-Eig. v. Pellets 1-2176; Herst. vorred. Erzpellets mit eingebundenem C-halt. Brennstoff 5-2437*; Pelletisier. v. Minette 6-2377*; Klassier. v. – -Erzen für Pelletisier. u. Wanderrost 8-2375*; Pelletisier.: v. Limonit u. Minette 8-2376*; d. Hochofencharge 15-2522*; Brennverf. für ox. Fe_3O_4-Pellets 18-2295; Pelletisier.: v. Mineralienabrieb 18-2296; v. Pyritabbrand 18-2297; v. lothring. Erzen 19-2490; Ox. u. Entschwefel. v. Magnetit beim Brennen v. Pellets 19-2491; Red.-Kinetik v. – -Pellets mit CO u. Gichtgasgemisch 19-2504; Geschw.-Gleich. für d. H_2-Red. v. Fe_2O_3-Pellets 19-2505; Herst. vorred. Erzpellets 19-2615*, 19-2616*; Pelletisieren v. Fe-Erzmisch. 20-2300; Zerfall v. – -Erzpellets während d. Red. 22-2431; Red. beim Brennen v. Erz-Kohle-Pellets 23-2537; Härten v. Erzpellets durch Red. im Drehrohrofen 23-2654*; Eign. v. vorred. Magnetit-Pellets als Hochofenmöller 26-2411; – -Mischerzpelletisier. im Zementwerk (Lepolofen) 27-2551; Unters. v. Pellets u. – -Erzagglomeraten 29-2547; Pelletisier. v. – -Erz 29-2600*; Wrkg. d. Entfern. fettsaurer Überzüge v. oxid. – -Erz u. Taconit auf d. Pelletisier. 31-2483; Hämatit-Bind.-Mechanismus in gebrannten Pellets 32-2368; mineralog. Zus. selbstgäng. Pellets 35-2373; Herst. v. Pellets aus poln. Sideritkonzentraten 35-2374; Pelletisier.: v. Pyritabbrand durch Chlorier. 36-2321; v. Hämatit–Magnetit-Erzkonzentraten 38-2441; Herst. v. hohlen selbstgehenden – -Erzpellets 38-2546*; Pelletisier.: v. – -Erzen 41-2421; v. – -Erz mit vorgebranntem Gut 42-2173; Herst. vorred. Pellets mittels Sägespäne 44-2257*.

Brikettieren: Herst. v. Briketts aus – -Pulver aus oxid. Erz 8-2379; Brikettier. v. Eisenglanz 15-2516*; Herst. v. Briketts aus Guß–Fe-Teilchen zur Wiedereinschmelz. mit Portlandzement 19-2617*; Ox.-Schutz v. – -Konzentraten durch Brikettier. 19-2618*; Brikettier. v. Eisenglanz 49/50-2327*.

Allgemeine Reduktionsarbeiten

H_2-Red. v. TiO_2 u. Fe_2O_3 in ägypt. Ilmenit 4-1927; Zementit-Bldg. bei d. Red. v. – -Erzen durch Erdgas 10-2312; Red. v. – -Oxidbett durch Gas 11-2325; – -Gewinn. aus tschech. Kraftwerkflugasche 13-2292; Gewinn. aus Kupferstein 13-2297; Magnetmeth. zur Unters. d. Fe_2O_3-Red. 16-2325; pyrometallurg. Gewinn. v. – aus komplexen Konzentraten 18-2300; Red.-Geschw. v. Ferrimonticellit ($CaFeSiO_4$) 19-2502; Verhütt. v. TiO_2-Magnetit-Erzen 19-2503; Red.: eines Fe-Oxidbetts durch Gas im Schachtofen mit Gegenstrom 22-2439; v. Katschkanarkonzentrat mit Torfkoks 25-2473; H_2-Red. v. Daskesanskij-Erz 25-2474; Red.: v. – -Oxiden mit CH_4 26-2415; v. Daschkesan-Erz durch H_2 u. CO v. konvertiertem Erdgas 27-2558; Tiegel aus Borcarbonitrid zur Red. v. Fe–Ti-Konzentraten bei *1700°* 28-2442; Gasred. v. Ti-halt. – -Sandpellets 31-2499; Größenverteil. d. Poren in mit H_2 red. – -Erz 32-2368; Red. v. Wüstit mit H_2-, W.-Dampf- u. CO/CO_2-Gemischen 33-2591; H_2-Red. v. ägypt., festem Schwarzsand-Ilmenit 34-2358; Vorgänge bei d. Red. v. – -Oxidkörpern 36-2331; Einfl. v. Erhitz.-Geschw. u. Wärmetön. auf d. Red.-Verlauf 41-2422; Halbred. v. Wabana-Erz 42-2164; Reduzierbark.-Prüf. v. – -Erzen 43-2402; kinet. Unters. d. – -Erzred. durch Gase 45-2509; Einfl. verd. Gase auf d. Red. v. – -Oxidpellets mit H_2 bei niedrigen Temp. 48-2217; (Kinetik) 49/50-2252.

Gewinn. v. metall. – in d. Schleudertrommel 5-2443*; zylindr. Behälter zur Red. v. oxid. Erzen im Rund- oder Tunnelofen 8-2380*; – -Erzred. mittels Naturgas 15-2523*; Herst. v. metall. – unter Druck u. *800°* 18-2401*; – -Erzred. unter Verw. v. im Atomreaktor erzeugter Wärme 20-2397*; Herst. v. C-halt. – aus Erz mit anschließender Aufkohl. durch C 27-2681*; Gasred.-Mittel für d. – -Herst. im Röhrenofen 33-2704*; direkte Red. v. – -Erzen 38-2549*; Gewinn. v. – aus Silicaten, metallurg. Abfällen u. komplexen Erzen 44-2262*; Red. silicatreicher – -Erze, Konzentrate u. Schlacken 44-2266*; direkte – -Erzred. im Plasma 44-2267*; CH_4-Red. 45-2602*; Red. v. nichtmagnet. – -Erz zu Magnetit 47-2399*; direkte Red. v. – -Erz 47-2404*, 48-2293*; Red. v. – -Erzen durch Eindüsen einer pumpfähig. Misch. u. Einblasen v. Luft 51/52-2281*; Einblasen v. KW-Stoffen unter d. Schlackendecke 51/52-2282*.

Eisenschwammverfahren: Einschmelzen v. Rennluppen mittels O_2-Strahl 1-2284*; Herst. v. – -Schwamm aus Bauxitrotschlamm im Fließbett 3-2502*; direkte – -Schwamm-Erzeug. 9-2333; Herst. v. Leichtbaustoffen aus Krupp-Renn-Schlacke 10-2290; Herst. v. – -Schwamm mit anschließender Magnet- oder Schwerkraftscheid. 15-2525*; Gewinn. v. Schwamm- – : aus $Fe(CO)_5$ in d. Wirbelschicht 26-2449; aus – -Oxiden 36-2441*; aus Zn-halt. Pyriten 38-2544*; im Phosphor-Laugeverf. v. Grängesberg 39-2367; durch direkte Red. v. – -Erz im Drehrohrofen 40-2216*, 44-2269*; durch Red. v. Pellets im Schachtofen 44-2270*; durch Red. v. braunem Konverterrauch 47-2321.

Drehrohrofenverfahren: Red.-Verh. v. – -Erzpellets im Drehrohrofen 5-2330; Red. v. – -Erz im Drehrohrofen unter Verw. d. Rollfließbettverf. 5-2442*; Herst. v. Roh- – im Drehofen aus – -Schwamm 13-2405*; Wärmebilanz d. Red. v. Eisensand im Drehrohrbrennofen 15-2403; Red.: v. – -Oxiden im Drehofen 21-2628*; v. – -Erzen in einem rohrförm. Schleuderreaktor 24-2426*; pelletisiertes – -Erz zur Red. im Drehrohrofen 39-2481*; Herst. v. – u. Stahl im Drehofen unter Einblasen v. Gasöl 39-2483*; Anwend. einer brennbaren flücht. Frakt. aus d. Kohlebeschick. im Drehofen 47-2403*.

Wirbelschichtverfahren: Red.: v. Hämatit im Wirbelbett 13-2294; v. Ilmenit in d. Wirbelschicht 15-2524*; direkte – -Erzred. mittels CO u. H_2 im Wirbelbett 20-2396*; Red. v. pulverförm. Erz mittels CH_4 in d. Wirbelschicht 24-2427*; direkte Red. v. Erz in d. Wirbelschicht 29-2610*; H_2-Red. v. – -Erz in d. Wirbelschicht 29-2611*, 36-2440*; Red. v. – -Oxid in d. Wirbelschicht 39-2480*; magnet. Red. zur – -Erzanreicher. im Wirbelbett 41-2408; Wirbelschichtbetrieb zur Herst. v. – -Schwamm 46-2240*; Verhütt. v. staubart. Erz in elektr. Schwebe- oder Fließbettöfen 48-2286*.

Reines Eisen

Herst. v. —-Whiskers durch Red. v. $FeCl_2$ mit H_2 4-0248; Darst. v. ^{55}Fe durch Neutronenbestrahl. v. ^{54}Fe 8-0709; Herst. d. Radioisotope $^{55+59}$Fe mit hoher radiochem. Reinh. 11-0770; Erzeug. v. ^{59}Fe hoher spezif. Aktivität für medizin. Anwend. 18-0745; elektrolyt. Herst. magnet. —-Einkrist. 26-2330; Herst. v. —-Isotopentargets für d. Kernforsch. 29-0858; Darst. feiner Teilchen durch Verdampf. in He 33-0949; Zonenschmelzen v. — ohne Aufnahme v. Fremdstoffen 38-2444; Herst. v. — mit hexagonalem Gitter 40-2151; Reinig. durch Zonentransformat. 47-0668; Herst. aus $FeSO_4$ u. rotem Rauch 51/52-2219.

Entfernen von Eisen

Entfern. v. —: aus Grundwasser im Schwebefilterverf. 1-2000; aus Abwasser 2-2043; aus Na-Phosphatlaugen 6-2137; aus W. 12-2093; (im Belüfter ohne Koksbeschick.) 12-2094; aus Ätzlsg. durch Ionenaustausch 20-2147; aus W. in Schnellfiltern 26-2227; aus Ni-Elektrolyten durch Aminextrakt. 27-2644; aus Ni-Elektrolyten 29-2503; aus W. durch Belüft. u. Filter. 30-2153; aus Abwasser d. Metallverarbeit. 30-2164; aus W. durch Koagulat. 34-2185; aus $MgSO_4$ durch Mitfäll. mit $Mg(OH)_2$ 47-0635; aus Diatomeenerde 48-2087; Hochleist.-Anlage zur Enteisen. v. W. 51/52-2089.

Fe-Entfern.: aus W. 1-2006*; (Ionenaustausch) 12-2103*; aus Al-halt. Lsg. 17-2284*; Vermeid. v. —-Nd. in Betriebswasser (Zusatz) 24-2223*; Enteisen.: v. W. mittels MnO_2-imprägnierter Aktivkohle 26-2232*; v. Grundwasser durch Filtrieren über Limonit 26-2233*; v. Grund- u. Oberflächenwasser 28-2226*; Entfern.: aus Hg durch $HgNO_3 \cdot H_2O$ u. Ultraschall 28-2525*; aus Sb durch anod. Auflsg. 29-2349*; v. Ni-, V- u. —-Verunreinig. aus einem SiO_2-halt. Katalysator 35-2245*; Herst. v. halogenierten Naphthoesäuren als Fäll.-Mittel für — 44-2429*.

Verwendung

Verw. für elektr. leitende Überzüge 8-3010*; Herst. v. trägerlosen oder auf Trägermaterial aufgebrachten Ni–Fe-Mischkatalysatoren 20-2094*; Befestigen dünner —-Filme ohne Unterlagen 21-2028; Anreicher. v. Lebensmitteln, bes. v. Speise- u. Diätsalzen, mit — 38-3240*; Verbesser. d. magnet. Eig. einer stabilen Dispers. v. — 42-2128*.

Physikalische und physikalisch-chemische Eigenschaften

Kernstruktur, Kernumwandlung und dergleichen: Analyse v. —-Falloutteilchen durch eine Elektronenmikrosonde 5-0796; Isotopenhäufigk. 14-0767; γ-Strahlen aus ^{55}Mn(p, nγ)^{55}Fe 17-0022; Isobar-Analog-Zustände in ^{56}Fe [Anreg.-Kurven für ^{55}Mn(p, γ)^{56}Fe u. ^{55}Mn(p, n)^{55}Fe] 28-0002; Isobar-Analogresonanzen in ^{55}Mn(p, γ)^{56}Fe u. ^{55}Mn(p, n)^{55}Fe 36-0004; Erzeug. u. Eig. v. ^{53}Fe 47-0026; Analyse d. Rk. ^{54}Fe(^{3}He, α)^{53}Fe 49/50-0009.

Szintillat.-Meth. zur Mess. d. Radioaktivität v. ^{55}Fe, Tracermeth. zur Eich. v. ^{55}Fe 2-1768; Zerfall v. ^{61}Fe 31-0019, 33-0068; (β- u. γ-Strahl.) 42-0002.

Bahnelektroneneinfänge in ^{57}Co u. d. K-Fluoreszenzausb. v. — 1-0062; Hyperfeinspektrum v. ^{57}Fe unter Benutz. v. Ultraschalleich. 2-0030; Mess. d. echten Winkelkorrelat. in ^{57}Fe in einem Einkrist. aus Co-Metall 3-0070; Coriolis-Koppl. zwischen Rotat.-Banden in ^{57}Fe 4-0030; Berechn. d. ΔS/g-Werte als eine Funkt. d. Temp. für ^{58}Fe 6-0015; differentielle photonukleare Streuquerschnitte im Bereich d. Riesenresonanz für ^{56}Fe 11-0053; Existenz v. drei Dubletts in ^{56}Fe 13-0062; Mössbauer-Effekt d. zweiten angeregten Zustandes v. ^{57}Fe 17-0530; Kernenergieniveaus v. ^{56}Fe aus Unters. d. (p, p'γ)-Rk. 19-0049; Zweiteilchen-Transferrk. an ^{54}Fe mit T = *1*-Teilchen-Loch-Zuständen 20-0038; tiefliegende Zustände in ^{54}Fe 23-0042; Temp.-Abhängigk. d. Isomerieverschieb. u. d. Hyperfeinstrukturfeld in d. Nähe d. Curie-Punktes in — 27-0025; Schalenmodellberechn. für ^{56}Fe 29-0033; ^{53}Fe-Niveaus 30-0020; Berechn. d. Kernquadrupolmoments v. ^{57m}Fe 30-0023; Abnahme v. ^{59}Fe u. angeregte Niveaus v. ^{59}Co 37-0029; Eich. d. ^{57}Fe-Isomerieverschieb. 38-0064; Rolle d. realen Kern- u. Coulomb-Phasen bei elast. Beug.-Streuung an ^{58}Fe 40-0001; Atommassen v. ^{56}Fe u. ^{57}Fe 45-0015; experimentelle Ergebnisse d. Winkelkorrelat.-Unters. an ^{58}Fe 45-0021; Schalenmodellberechn. v. ^{58}Fe 46-0004; ^{56}Fe-Niveaus 51/52-0010.

^{57}Fe-Mössbauer-Unters. v. Lad.-Übertrag.-Komplex Ferrocen-Tetracyanoäthylen 1-0165; Mössbauer-Effekt an ^{57}Fe-Störstellenkernen in $MnAu_2$ 2-0031; Bedeut. v. durch Beschuß induzierten Mössbauer-Effekten in — für d. Strahlenschädig.-Theorien 4-0045; ^{57}Fe-Mössbauer-Unters. v. antiferromagnet. $FeCl_3$ 5-0529; Mössbauer-Effekt v. ^{57}Fe in verschiedenen Wirtssubstanzen 7-0057; Wrkg. d. Druckes auf d. Mössbauer-Koeff. v. ^{57}Fe 7-0066; Hyperfeinfelder v. ^{57}Fe an d. A- u. B-Stellen in Kupferferrit ($CuFe_2O_4$) 9-0062; Verh. d. Mössbauerschen f-Faktors u. therm. Verschieb. v. ^{57}Fe in Ni bei d. Curie-Temp. 9-0501; Mössbauer-Resonanz d. ^{57}Fe in Troilit u. Pyrrhotin 10-0477; Isomerieverschieb. d. ^{57}Fe-Mössbauer-Linie: v. α-Fe 11-0527; in Übergangsmetallen unter Druck 11-0528; Mössbauer-Spektren v. ^{57}Fe-Kernen: in Fängerfolien aus Cu, Al, Au u. Fe 12-0052; in Fe(II)-Phthalocyanin · *2* Pyridin 12-0170; in Na-Trisilicatgläsern 16-0266; in Seltenerdorthoferriten 16-0508; Hyperfeinstruktur eines paramagnet. ^{57}Fe-Mössbauer-Absorbers [$1(\gamma\text{-})\cdot Al_2O_3\text{–}0{,}3\ Li_2O_3\text{–}0{,}15\ SiO_2\text{–}0{,}002\ Fe_2O_3$)] bei Zimmer- u. bei höheren Temp. 17-0529; Unters. d. Syst. $Fe_xMn_{1-x}TO_3$ (T = Seltenerdmetall oder Y) ($0 < x \leqq 1$) mit Hilfe d. Mössbauer-Effektes an ^{57}Fe 18-0046; Mössbauer-Effekt v. —: in Ionenaustauscherharzen 21-0155; in Fe-Clusters in unter H_2 erhitztem, ^{57}Fe-dotiertem $SrTiO_3$ 21-0157; in ^{57}Co-Strahl.-Quellen aus $CoCl_2 \cdot nH_2O$, $CoSO_4 \cdot nH_2O$, CoF_2, $Co_2(SO_4)_3 \cdot 18\ H_2O$, CoF_3 21-0551; in Pyriten u. Markasiten verschiedener Genese 22-0834; im Homogenitätsbereich d. ε-Phase d. Syst. Fe/Si mit *33,2 – 34,1*% Si 25-0520; bei Oberflächenunters. an W u. Ag 26-0273; in Tonmineralien 26-0841; Mess. d. Mössbauer-Effekts an ^{57}Fe in einer Streugeometrie mit Aufzeichn. d. *14,4*-keV-Strahl. 27-0024; Mössbauer-Spektrum v. Fe: im Glaukonit 27-0238; in Ni-Metall (Druckeinfl.) 27-0569; in NiO u. MnO 30-0459; in Fe-Alkali-Silicatgläsern 31-2414; in MgO 34-0259; Einfl. v. C-Verunreinig. auf d. Intensitäts-Verhältnisse d. Mössbauer-Spektrums v. metall. — 37-0011; opt. u. Mössbauerspektroskopie v. — in gesteinsbildenden Silicaten 38-0821; Mössbauer-Spektren v. —: in Ferrocen u. Pyrit (Einfl. d. Drucks) 39-0069; in Ag-Halogeniden 41-0017; Isomerieverschieb. im Mössbauer-Spektrum v. ^{57}Fe 41-0080; Mössbauerspektrum v. —: in Olivinkrist. 41-0223; in einem —-Trägerkatalysator 41-0612; in sulfid. Mineralen 41-0716; in einem vulkan. Pigeonit 41-0717; in Kohle 41-0718; Unters. zum zeitlichen Verh. zweier benachbarter zerfallender Zustände mit Hilfe d. Mössbauer-Effekts in ^{57}Fe 44-0018; Mössbauer-Spektrum v. ^{57}Fe mittels eines Ultraschall-Spektrometers variabler Frequenz 44-0019; Mössbauer-Spektren für ^{57}Fe 46-1756; Hyperfein-Magnetfelder an ^{57}Fe-Kernen in $SrFe_{12-x}Ga_xO_{19}$ 47-0024; Mössbauer-Resonanzunters. an Fe(II)-Ionen in Eis 47-0025; Mössbauer-Effekt v. ^{57}Fe: in $Fe(OH)_2$ 47-0087; in Zeolithen 48-0646; in $BaFeSi_4O_{10}$ 51/52-0166.

Myon. K-Übergänge v. ^{54,56,57}Fe 17-0023; Kernstruktureffekte in (π^+, 2p)-Rk. an — 28-0002; pion. 3d–2p-Übergänge in — 47-0014; Erzeug. v. Neutronen in — durch kosm. μ-Mesonen in einer Tiefe v. *150* W.-Äquivalent 51/52-0012.

Resonanzstreuung v. *1 – 2*-MeV-Neutronen 1-0031; unelast. Neutronenstreuung 2-0028; Berechn. d. Neutronenspektrums 7-1906; γ-Strahlen aus Wechselwrkg. mit *14,7*-MeV-Neutronen 13-0075; elast. Streuung v. *3,2*-MeV-Neutronen 15-0029; Mess. d. Energieverteil. d. Protonen aus Fe(n, p)Mn 15-0052; Fluktuat. in totalen Neutronenquerschnitten 16-0010; Durchgang energiereicher Neutronen durch Fe–W.-Misch. 17-0026; abs. Niveaudichten aus unelast. Neutronenstreuung 18-0021; Einfangquerschnittunters. für Neutronen v. *30 – 220* keV unter Verw. einer neuen Technik 23-0053; Berechn. d. unelast. Streuung v. Neutronen, γ-Strahlen aus Streuung schneller Neutronen in ^{54}Fe, Schwellen-Photoneutronenquerschnitt für ^{56}Fe 25-0028; Zirkularpolarisat. v. Neutroneneinfang-γ-Strahlen aus ^{57}Fe 28-0001; Breitenfluktuat.-Effekte in (n, n'γ)-Rk. an ^{56}Fe 28-0007; Anreg. tiefliegender Niveaus v. ^{56}Fe bei d. unelast. Streuung v. Neutronen mit *1 – 4* MeV 35-0022; γ-Spektrum aus ^{57}Fe(n, γ)^{58}Fe 35-0036; unelast. Neutronenstreuung an ^{56}Fe, Unters. d. elast. Streuung v. *1,5 – 4,6*-MeV-Neutronen nach d. opt. Modell 36-0005; totale Neutronen-Wrkg.-Querschnitte: v. ^{56}Fe 36-0006; für ^{57}Fe u. natürl. — 37-0013; Beobacht. d. Mössbauer-Effektes mit ^{57}Fe als Folge d. Neutroneneinfanges in ^{56}Fe 41-0016; M*1*- u. E*1*-Resonanzstreuung v. γ-Strahlen aus Neutroneneinfang in — 44-0004; Winkelverteil. d. γ-Strahlen aus unelast. Neutronenstreuung an ^{56}Fe nahe d. Schwelle 45-0014; elast. Neutronenstreuung 46-0004; Evidenz für d. Fisher-Korrelat.-Funkt. in — aus krit. Neutronenstreuung 48-0007; Wrkg.-Querschnitt d. Rk. ^{54}Fe(n, 2n)^{53}Fe, γ-Winkelverteil. bei d. unelast. Streuung schneller Neutronen 51/52-0012.

(^{4}He, t)-Rk. an ^{54}Fe, ^{56}Fe u. ^{58}Fe 1-0061; Streuung v. ^{3}He-Ionen bei mittleren Energien an ^{56}Fe (elast.) 2-0003; (unelast.) 2-0004; Wechselwrkg. v. *22*-MeV-^{3}He-Teilchen mit ^{56,58}Fe 2-0005; Einfl. d. *l*-Raumlokalisier. d. Rk. ^{57}Fe(p, d)^{56}Fe, ^{58}Fe(p, t)^{56}Fe u. ^{55}Mn(α, p)^{58}Fe auf d. Winkelverteil. 2-0037; differentielle Wrkg.-Querschnitte u. Polarisat. für d. elast. Streuung d. Protonen an ^{54}Fe u. ^{56}Fe 4-0005; (p, n)-Mess. v. Coulomb-Verschieb.-Energien an — u. ^{54}Fe 4-0050; Winkelverteil. v. Protonen aus d. (d, p)-Rk. in ^{56}Fe 6-0068; Analyse v. (d, α)-Rk. an —-Isotopen 6-0071; Bldg. v. ^{7}Be bei Kernrk. mit *85*-MeV-Protonen an — 9-0079; Erzeug. v. Ti aus — durch Protonen v. *130 – 660* MeV 9-0085; Niveau v. ^{56}Fe aus (p, α)-Rk. 10-0035; Proton-Spinflip bei unelast. Streuung an ^{54}Fe 12-0034; niederenerget. (p, n)-Rk. an ^{55}Mn u. d. tiefliegenden angeregten Zustände v. ^{55}Fe 12-0060; Unters. v. ^{56}Fe(t, p)^{58}Fe mit hoher Auflsg. 13-0090; Polarisat. u. differentieller Querschnitt für elast. Streuung v. *40*-MeV-Protonen an ^{54}Fe 14-0006; totale Rk.-Querschnitte v. *14,5*-MeV-Protonen 14-0011; elast. Streuung v. Deuteronen bei *34,4* MeV an ^{54}Fe 14-0013; Polarisat. bei „quasi-elast.“ ^{60}Fe(p, n)-Rk. 15-0028; Protonenstreuung bei *180* MeV an ^{56}Fe 17-0030; Hyperfeinstruktur-Unters. mit d. Mössbauer-Effekt nach d. Rk. ^{56}Fe(d, p)^{57}Fe, elast. u. unelast. Streuung v. *30,4*-MeV-Protonen an ^{54}Fe 19-0022; Berechn. v. Anreg.-Funkt. für d. Rk. ^{56}Fe(α, pxn) 21-0042; J-Abhängigk. bei ^{56}Fe(p, d)^{55}Fe 22-0034; Erzeug. schneller Neutronen mit *54*-MeV-Deuteronen aus d. Bestrahl. v. — 22-0038; Energiespektren d. Protonen aus ^{56}Fe(α, p)^{59}Co, unelast. Streuung v. polarisierten *40*-MeV-Protonen mit 2^+-Anreg. in ^{54}Fe (*1,41* u. *2,97* MeV) 25-0028; unelast. Streuung v. *26*-MeV-Deuteronen an —, totaler Rk.-Querschnitt u. elast. Streuung v. *24,7*-MeV-α-Teilchen an — 27-0008; Streuung v. *13,6*-MeV-Deuteronen an ^{56}Fe 27-0015; Energieniveaus v. ^{59}Fe aus ^{58}Fe(d, p)^{59}Fe 31-0019; Streuung v. α-Teilchen an ^{54}Fe 33-0012; γ-Zerfall v. zwei Resonanzen in ^{54}Fe(p, γ)^{55}Co 33-0063; Anreg.-Funkt. für —-Isotope nach Bldg. durch Protonen unterhalb *60* MeV 35-0011; totale Rk.-Querschnitte für *29*-MeV-^{3}He-Teilchen 37-0012; Ableit. v. Kernradien u. Oberflächendicken aus (α, α)-Rk. an ^{54,56,58}Fe, Streuung v. polarisierten *18,6*-MeV-Protonen an ^{54}Fe, ^{56}Fe 39-0015; *21*-MeV-α-Streuung am ersten 2^+-Niveau für ^{58}Fe 39-0016; unelast. Streuung mit polarisierten Protonen an ^{54}Fe, ^{56}Fe 41-0010; Anreg.-Funkt. für ^{56}Fe(p, p), ^{56}Fe(p, p'), (d, ^{3}He)-Rk. an ^{54}Fe bei *34* MeV 44-0003; j-Abhängigk. für 2p-Neutronentransfer in (d, p)-Rk. an ^{54}Fe 49/50-0013; Polarisat. bei d. elast. Streuung v. *12*-MeV-Deuteronen an ^{56}Fe 51/52-0010.

γ-Strahlenabsorpt. durch kugelförm., zylindr. u. ebene Abschirm. aus — 15-2234; Verh. d. (γ, n)-Querschnitts in — 16-0046; Schwellenwerte d. Wrkg.-Querschnitte v. Photoneutronen für — 18-0056; Berechn. d. Aufbaufaktors für γ-Strahl. mit niedr. Quantenenergien in — 18-1856; Reichweite v. Phototeilchen-Rückstoß-Atomen in — 21-0346; Evidenz für Photospalt. v. — 22-0046; Rückstreuung d. γ-Strahl. isotoper Quellen an zylindr. Oberflächen v. Stahl 23-0031; γ-Strahl. u. Ausb. d. (γ, n)-Rk. mit *20*-MeV-Bremsstrahl. an ^{54}Fe 23-0052; Partialwellenanalyse d. unelast. Elektronenstreuung an ^{58}Fe 45-0015.

Spektren und andere optische Eigenschaften: Integrierte Intensitäten v. Spektrallinien, Beispiel Fe(I)- u. Fe(II)-Linien 6-0102; Tieftemp.-K-Röntgenabsorpt.-Spektren v. —, Fe_2O_3 u. Fe_3O_4 9-1812; MnK-Röntgenemiss.-Spektrum eines ^{55}FeK-Einfangsstrahlers u. v. Metall 10-0310; Spektrallage d. Kα-Satelliten 13-0129; Verdampf. im Bogenplasma u. Intensität d. Spektrallinien 14-1871; Einfl. fortschreitender Schallwellen auf d. Profile stellarer FeI- u. FeII-Spektrallinien 15-0809; Multiplettstruktur d. $K_{\alpha_{1,2}}$- u. $K\beta_{1},\beta'$-Linien d. Röntgenspektren 16-0073; Oszillatorstärken d. UV-Resonanzlinien v. Fe XVII 17-0112; Massenabsorpt.-Koeff. niederenerget. Röntgenstrahlen v. *1,49 – 15,77* keV 17-0347; Best. v. totalen Massenabsorpt.-Koeff. für

γ- u. Röntgenstrahl. im Bereich v. *30 – 200* keV 17-0348; FeKβ-Banden u. Zustandsbesonderh. d. Haematits in Zunder 17-0380; Lα- u. Lβ-Emiss.-Banden u. d. L_{II}- u. L_{III}-Absorpt.-Kanten v. metall. – 17-0387; Feinstruktur d. Röntgenemiss.-Banden v. – 18-0096; Intensitätsverteil. d. – -Linien bei d. Funkenspektralanalyse v. Aerosolen 18-1887; Asymmetrie d. Konturen schwacher Fraunhofer-Linien v. – 25-0863; Resonanzlinien aus d. Selbstionisat. v. Energieniveaus für Fe XVI 26-0100; Elektronenemiss.-Spektren v. hochionisiertem – 28-0066; Emiss.-Spektrum in einer Acetylen/N_2O-Flamme 28-1967; Feinstruktur d. Röntgenemiss.-Banden 34-0412; Elektronenstruktur aus d. Vgl. d. Feinstrukturen d. K-Kanten v. – 34-0416; weiche Röntgenemiss.-Spektren v. Fe–Al-Leg. 34-0417; K-Absorpt.-Kante v. – in Fe–Al-Leg. 34-0419; Röntgen-K-Absorpt.-Kanten v. kub.-raumzentriertem u. kub.-flächenzentriertem – 34-0420; CK- u. Metallemiss.-Banden u. Bind. in – 34-0424; Fe–K-Absorpt.-Kanten 34-0429; Energieniveau-Berechn. für Fe IV-Spektren 38-0040; Klassifizier. u. Oszillatorstärken d. UV-Emiss.-Spektrallinien 38-0080; Profilanalyse d. Röntgen-Spektrallinien K_{α_1} d. – 41-0050; abs. gf-Werte für Fe I aus Linienintensitäten im Spektralbereich v. *4500 – 6000* Å 47-0054; Absorpt.-Spektren v. kleinen, in Gasen dispergierten Fe-Teilchen u. Beobacht. v. Absorpt.-Banden aus hochangeregten Zuständen d. Gasmol. 48-0059; Konst. d. quadrat. Stark-Effekts 49/50-0059; Absorpt.-Koeff. für Ag-Kα-Strahl. 51/52-0103; Berechn. u. Anwend. d. Verhältnisses v. Linie zu Untergrund v. prim. Röntgenstrahlen für C in – 51/52-0202; Röntgen-K-Absorpt.-Spektrum v. – in Ferriten mit Granatstruktur 51/52-0221; K-Absorpt.-Kante u. Kβ_5-Emiss.-Linie v. – in verschiedenen chem. Zuständen 51/52-0222; – -Funkenlinientabelle im Bereich v. *10* bis *18* Å (Vgl. mit Flarespektren) 51/52-0617.

Einfl. eines Magnetfelds auf d. Spin–Bahn-Wechselwrkg.-Effekte in ferromagnet. – 6-0339; opt. u. magnetoopt. Eig. 9-0336; Röntgenschwäch.-Koeff. für – 10-0293; Absorpt. v. Photonen niedr. Energie in – 15-0320; opt. Eig. im sichtbaren u. IR-Bereich d. Spektrums 15-0321; Lichtstreuung durch – -Staub 20-0774; opt. Absorpt.-Verh. v. dünnen – -Schichten auf Quarz u. Fluorit 21-0367; Mess. v. Phasenverzöger. bei d. Reflex. an – -Schichten auf Glas 26-0324; Einfl. d. s–d-Austauschs auf d. Magnonenrelaxat. in – 30-0324; magnet. Eig. v. – im UV, sichtbaren u. IR-Spektralbereich 32-0325; Strahl.-Vermögen v. – beim Erhitzen an d. Luft 40-0241; spektrales Reflex.-Vermögen zwischen *0,4* μ u. *2,0* μ 40-0679; Zweibänder-Kerr-Effekt in – 46-0311; Transmiss.-, Reflex.- u. Absorpt.-Koeff. dünner – -Schichten 48-0468.

IR-Gitterschwing.-Spektren in FeF_2 u. Oszillatorparameter für – 1-0355; IR-Faraday-Effekt u. g-Werte in Seltenerdmetallgranaten mit Fe(III) 2-0294; elektron. Absorpt.-Spektren v. Fe(II) in dihydratisierten Halogenidkrist. 3-0339; Faraday-Effekt im nahen Infrarot in Granaten d. Seltenerdmetalle mit Fe(III) 5-0380; opt. Farbzentrenbanden mit Fe(III) in Amethyst-Quarz 5-0398; Farbzentren in Al-Boratglas mit Fe(III)-Verunreinig. 5-0400; Yb–Fe-Austauschwechselwrkg. in Granaten 9-0342; opt. Phononen bei d. Elektronenspinrelaxat. in MgO:Fe(III) 9-0344; Triplett-Lösch. durch Fe(III) im starren Glas 10-0820; Kovalenzeffekte bei trigonaler Verzerr. durch Fe(III) in Wirtsgittern 12-0307; Löslichk. u. Reflex.-Spektren v. Fe(II) in ZnO 12-0318; durch – -Verunreinig. bestimmte F $\rightarrow$ M-Umwandl. in röntgenbestrahltem NaF 13-0316; spektrophotometr. u. ESR-spektrometr. Unters. an γ-bestrahlten reinen u. Fe(II) enthaltenden Schwefelsäuregläsern 13-0697; Elektrolumineszenz v. Fe-(S)-dotierten GaAs-Übergängen 15-0356; Absorpt.-Spektren für Fe(III) in Demantoid 21-0387; Unters. an – dotiertem Rutil für Mikrowellenmaser 24-0406; Bldg. v. Fe(II) in $Y_3Fe_5O_{12}$ durch Si^{4+}-Zusatz u. opt. Absorpt. 25-0343; opt. Absorpt. im fernen IR v. Fe(II)-Störstellen in ZnS 26-0351; Thermolumineszenzunters. d. Farbzentren in bestrahltem polykrist. MgO:Fe 26-0359; UV-spektrometr. Ermittl. v. OH...O- u. O...H-Abständen in Krist.-Hydraten d. – 27-0380; kinet. Erschein. d. Elektrophotolumineszenz v. ZnS:Fe 27-0403; Krist.-Feldspektren v. – in II – VI- u. III – V-Halbleiterverb. 28-0320; Jahn-Teller-Aufspalt. in d. opt. Absorpt.-Spektren v. Verb. d. Fe(II) 31-0307; Absorpt.-Spektren v. Fe(III) auf Oktaederplätzen in Sphalerit 31-0887; opt. Absorpt.-Spektren für d. $T_{2g} \rightarrow E_g$-Übergang v. Fe(II) in AgCl u. AgBr in Abhängigk. v. d. Temp. (Jahn-Teller-Effekt) 33-0340; photoinduzierte Mikrowellenreflex. in SbSJ:Fe 39-0256; IR-Lumineszenz v. Fe(II) in ZnS 40-0271; spektrometr. Unters. zur Zus. u. Stabilität d. Chelate v. Fe(III) mit Chromotrop *2* R 40-1829; opt. Spektren d. Fe(II) im Sphalerit 41-0259; diffuse Reflex.-Charakteristiken v. monoklinem – -halt. ZrO_2 42-0252; opt. Absorpt.-Spektren v. – in gesteinsbildenden Silicaten 42-0623; opt. Unters. v. stark mit – dotiertem n- u. p-InAs 46-0321; Farbe v. natürl. Korund durch – 49/50-0226.

Struktur

Löslichk. u. Diffus. anderer Elemente in – s. unter *Legierungssysteme und Phasen*, S. 426.

Hyperfeinstrukturkonst. für d. neutrale Atom sowie positive u. negative Ionen v. – 1-0103; Spin–Bahn-Koppl.-Konst. für –, Fe^- u. Fe^+ 1-0104; kohärente u. inkohärente Atomstreufaktoren für – 1-0172; Abhängigk. d. effektiven Feldes am Kern v. Fremdelementen v. Ionenradius in – 1-0279; Einfl. geringer Zusätze auf d. Gitterparameter 2-0198; Bind. in feinkeram. Kaolinen 2-2105; Normalschwing. in α-Fe 5-0297; quantenmechan. Theorie für d. Zustandsgleich. v. – 5-0478; *3* d-Radialwellenfunkt. 6-0089; Isomerenverschieb. d. *14,4*-keV-Gammalinie v. ^{57}Fe im – -Gitter 7-0067; höherdimensionale Krist.-Modelle 7-0624; Bind.-Energien v. Elektronen in positiven – -Ionen 8-0081; Strukturfaktor v. – bei kleinen Winkeln d. Neutronenstreuung 8-0229; Stoßquerschnitt v. Fe XIV 9-0182; Atomformfaktoren für Röntgen-Streuung an – in d. Slater-Näher. 9-0205; Kathodenzerstäub., fokussierende Stoßfolgen u. Kanalleit. in – 10-0286; Atomstreufaktoren für – 11-0191; Oberflächenenergie v. α-Fe 12-0246; Strukturprobleme durch d. Ggw. v. – in d. Diasporen 14-0789; Röntgentopographie v. α-Fe mit d. Lang-Verf. 15-0167; Vgl. d. *4* d- u. *5* d-Radialwellenfunkt. v. – 17-0105; Krist.-Feldunters. an Fe^{2+} in $FeNb_2O_6$ mit d. Mössbauer-Effekt 17-0295; Streufaktor u. inkohärente Intensität d. Röntgen- u. Elektronenstreuung für – 18-0152; Best. d. Gitterparameter v. α-Fe durch Beug. divergenter Strahlen 18-0189; Konfig. v. *2* Fe^{2+}- u. *2* Fe^{3+}-Ionen 21-0268; Kovalenz u. Hyperfeinstruktur 21-0386; Modellwechselwrkg. bei Fe II- u. Fe III-Gruppen 24-0059; Ionenzustände v. – in Ag-Halogeniden 25-0189; Slater-Condon-Parameter für Atome u. Ionen v. – 26-0080; Existenz einer Unendlichk.-Stelle in d. Frequenzverteil. g(ν) v. einatom. kub.-raumzentrierten Krist. v. – 27-0275; d-Band-Struktur v. kub.-raumzentriertem – 27-0521; abs. Atomfaktor 29-0168; tiefliegende – -Beimisch. in Si 32-0421; Einfl. v. Kraftkonst.-Änder. u. lokalisierter Moden auf d. V : ^{57}Fe-Mössbauer-Syst. 33-0236; Hyperfeinaufspalt. d. ^{57}Fe u. d. Mg–Fe-Ordn.-Unordn. in Orthopyroxenen 34-0849; Mol.-Wellenfunkt. für – 36-0043; Ordn.-Grad v. Fe(II) in meteorit. Pyroxenen 36-0749; Korrekturen für anomale Streuung v. Röntgen-Kα-Strahlen v. – 37-0101; Intensität d. Röntgenbeug.-Linien v. – nach plast. Verform. u. Glüh. 37-0107; Gitterschwing. in – bei *296* °K 37-0305; Bahn–Bahn-Wechselwrkg. 41-0033; Energieniveaus v. Fe^{2+} in einem Krist.-Feld d. Symmetrie C_4 41-0101; Pseudo-Kossel-Beug. in Rückwärtsstreuung an – 42-0102; Dispers.-Bezieh. für Phononen u. Magnonen in α-Fe 43-0196; Vgl. d. Atomverteil.-Kurven v. fl. u. festem – 44-0241; Ionisat.-Potentiale v. Atomen u. Ionen v. – 45-0033; Mössbauer-spektroskop. Beweis für – mit niedr. Spin in dehydratisiertem Metmyoglobin 47-1311; Spinpolarisat. v. Fe^{3+} 48-0042; Gefüge v. Rein- – 51/52-2220.

Bedeut. d. Keimbldg. bei d. Red. v. Wüstit zu – 1-0224; Wachstum v. $FeSn_2$-Schichten auf spezif. orientierten – -Einkrist. 2-0186; Best. d. Oberflächenebenen v. – -Whiskern mit d. Goniomikroskop 4-1561; Epitaxie v. – auf Steinsalzsubstraten 11-0250; Vgl. v. hexagonalem ε-Fe u. hexagonalem ε-Martensit in austenit. Stählen 12-2352; Struktur u. Mechanismus d. Oxidfilmbldg. auf – -Einkrist. durch $NaNO_2$ 14-0616; Zücht. v. – -Einkrist. hoher Reinh. 15-0201; Druckeinfl. auf Krist.-Struktur u. Gitterparameter v. – bis zu *300* kbar 16-0291; Zusammenhang zwischen Epitaxie u. physikal. Eig. v. – -Schichten 17-0230; Elektronenbeug. an durch Tieftemp.-Kondensat. hergestellten amorphen – -Schichten 19-0276; Abscheid. v. dünnen – -Schichten unter d. Einfl. einer Bestrahl. mit schnellen Ionen 24-0324; Zücht. v. – -Einkrist.-Filmen 26-0220; amorphe Keimbldg. in – 30-0150; Analyse d. Orientier. mit Hilfe d. genauen Polfigur v. gewalztem – 30-0158; Zücht. v. α-Fe-Einkrist. 31-0170; epitakt. Wachstum v. – auf W-Feldemiss.-Spitzen 37-0130; Krist.-Morphologie u. Wachstumsmechanismen v. α-Fe_2O_3-Whiskern auf – 37-0163; Beobacht. v. Rein- – -Oberflächen im α- u. γ-Gebiet im Emiss.-Elektronenmikroskop 40-2181; Darst. plättchenförm. Einkrist. v. α-Fe durch chem. Transportrk. 45-0162; elektronenmkr. u. Elektronenbeug.-Unters. v. feinen, durch Verdampf. in Ar unter niedrigem Druck dargestellten Rauchteilchen v. – 45-0166; Stabilität v. Whiskern aus Siliciumnitrid in – -Matrizen 46-0211; Rasterelektronenbeug.-Unters. d. diffusen inneren Ringe v. sehr dünnen – -Aufdampfschichten 46-0215.

Wachstum u. Schrumpf. v. vorgebildeten Zwillingen in α-Fe 4-0183; Zwillinge u. Stapelfehler auf {*310*}-Ebenen v. – 17-0239; Temp. d. verschobenen $\gamma \rightarrow \alpha$-Umwandl. im – 24-0240; zur Zwillingsbldg. notwendige Spann. in vorgedehnten – -Einkrist. 26-0217; Zwillingsbldg. in – -Einkrist. bei Druckstößen 38-0207.

Substruktur v. plast. verformtem α-Fe 6-0206; Bezieh. zwischen Richt. d. Wachstums v. Rost u. d. Orientier. d. – 8-0192; metallograph. Unters. an Benetz.-Proben v. – 10-0225; pseudomorphes Wachsen v. – auf Cu 13-0235; therm. Regenerat. v. mit Oxid bedeckten (*100*)- u. (*110*)-Fe-Oberflächen 22-0216; Kristallisat. u. Photoelektronenemiss.-Unters. v. – im unterkühlten Zustand 23-0225; Nachw. d. Polygonisat. u. zweier Rekristallisat.-Vorgänge im Laufe d. Anlassens v. vorher unter Druck kaltverformtem – 34-0129.

Wachstum d. Rekristallisat.-Zentren v. durch Zonenschmelzen gereinigtem – 4-0184; Einfl. d. Mn-O-Wechselwrkg. auf d. Rekristallisat. v. – 17-2410; Einfl. d. Leg. auf d. Rekristallisat.-Temp. v. – bei schneller Erwärm. 31-2550; Rekristallisat.-Verh. v. reinem – nach d. Schnellverform. 36-2365; Erhol., Rekristallisat. durch Korngrenzenwander. u. Rekristallisat. durch Keimbldg. in elektrolyt. – 42-0157; Walztextur v. – bei Erhol. u. Rekristallisat. 42-2226; Anfangsstadium d. Rekristallisat. v. Rein- – 46-0135.

Unstabile Versetz. in – -Krist. 5-0207; feldionenmkr. Unters. v. Korngrenzen in – 5-0221; Zerstör. v. – durch Laserstrahlen 6-0303; Displacement spikes in α-Fe 7-0294; Wechselwrkg. zwischen Versetz. u. H-Atomen in α-Fe 10-0219; Bldg. v. Leerstellen- u. Zwischengitteratomanhäuf. in neutronenbestrahltem α-Fe 12-0288; Versetz. in zugverformtem Fluß- – 13-2351; Versetz. in u. Kalthärt. v. – -Krist. 16-0166; an Ultradünnschnitten beobachtete Versetz. in meteorit. – 16-0778; Versetz. in Korngrenzen u. Korngrenzenabgleiten an – 17-0250; Versetz.-Substrukturen in – durch $\alpha \rightarrow \gamma \rightarrow \alpha$-Umwandl. 17-2410; Temp.-Abhängigk. d. interkrist. Adsorpt. v. C u. P in – 18-0216; Abhängigk. d. Versetz.-D. v. d. Belast.-Geschw. 20-0185; Röntgenunters. d. verformten Struktur v. polykrist. – 20-0186; Versetz. in – (isotrope u. anisotrope Elastizitätstheorie) 21-0211; Versetz.-Struktur v. verformten – -Einkrist. 23-0237; Spann.- u. Dilatat.-Felder d. ⟨*111*⟩-Versetz. in kub. – -Krist. 26-0239; Leerstellen-Cluster in α-Fe 27-0226; Versetz.-Struktur v. plast. verformtem α-Fe 30-0157; Leerstellenrelaxat. u. -Energie in – -Krist. 31-0235; Abschreckgeschw. beim schnellen Abschrecken aus d. fl. Phase v. Fe auf Cu, Ag u. Ni 34-0133; Mechanismus d. Bldg. innerer Makrospann. in – -Vakuumkondensaten 34-0169; Deut. d. Gitterverform. in plast. verformtem α-Fe 34-2380; Gitterstör. während d. Verform. 43-2450; Struktur d. Kerns einer Schraubenversetz. in kub.-raumzentriertem – 46-0178; Versetz.-Beweg. in – -Mikrokrist. 46-0179; Gitterdefekte in zonengereinigtem – nach Verform. bei *–196°* 46-0180; Relaxat.-Vermögen v. Zwischengitter-N in α-Fe 46-0182; Anisotropie d. Defekterzeug. in elektronenbestrahltem – 46-0294; Bedeut. d. elast. anisotropen Krist.-Modells in d. Versetz.-Theorie am Beispiel v. – 51/52-0125.

Einfl. v. Druck auf d. Diffus. v. – in Ti u. Ti + *10* Fe 6-0298; Berechn. d. tiefen Donator- u. Akzeptorniveaus in Ge mit Dotier. 6-0414; Technologie d. GaAs-Epitaxie u. Dotier. mit – 12-0202; Verteil.-Koeff. in GaAs-Krist. 12-0205; Unlöslichk. u. Versetz.-Diffus. v. – in Al bzw. Ag 14-0289; Best. d. Diffus.-Koeff. bei d. Kondensat. an heißen Proben v. – 14-0290; Herring-Nabarro-Kriechunters. d. Selbstdiffus. v. reinem – u. – -Leg. mit N, P oder Si 16-0303; Isotopeneffekt bei d. Thermodiffus. v. – in Festkörpern 25-0259; Diffus. in kub.-raumzentriertem Zr 25-0270; Korngrenzenseiger. v. – in reinem Al 27-2584; Diffus. u. Beweglichk. v. ^{59}Fe in Pd 39-0233; Selbstdiffus. v. – in FeS 40-0183;

S-Aktivität, Leerstellenkonz. u. Selbstdiffus. in einer wachsenden Schicht v. FeS auf – 40-0184; Kationendiffus.-Koeff. v. – in Mn–Zn-Ferriten 40-0186; Verteil. v. – während d. Zonenschmelzens v. Zr 42-0082; Eindringvermögen v. H u. D in α-Fe 45-0296; Aktivier.-Enthalpie d. Selbstdiffus. in γ-Fe 46-0290; Berechn. d. Leerstellenwander.-Energie 48-0182; Temp.-Abhängigk. d. Diffus. in – 49/50-0186. Wrkg. v. – -Verunreinig. v. Diamanten auf d. Eig. (Doppelbrech., Struktur) 8-0769; Einfl. d. hydrostat. Druckes auf d. Versetz.-Beweglichk. in mit – dotiertem LiF 41-0160; Verteil. v. – -Verunreinig. in MgO-Einkrist. u. Einfl. d. Wärmebehandl. auf d. mechan. Eig. 41-0164; Einfl. v. – auf d. Färb. v. Kyanit 41-0727.

Mechanische Eigenschaften: Mechan. Eig. u. Spaltbruch v. – -Einkrist. bei *77* °K 18-0280; Entw. d. mechan. Eig. v. Einkrist. verschiedener Orientier. als Funkt. d. Vers.-Temp. 27-0308; Einfl. eines Zusatzes v. ca. *2* Atom-% – auf d. Temp.-Schwelle v. Cu_3Si 47-0230.

Kamelhöckerförm. Peierls-Maxima bei – 1-0302; isotherm.-adiabat. Druckkoeff. d. Elastizitätskonst. für – 5-0313; Dehn.-Mess. an – -Draht v. *4*–*330* °K 15-0252; elast. Eig. v. elektrolyt. mit H beladenem hochreinem – 23-0322; Kaltverform.-Dämpf.-Max. in α-Fe 24-0312; Bezieh. zwischen d. Elastizitätskonst. v. polykrist. Aggregaten u. v. Einkrist., Integralkurven für α-Fe-Polykrist. 34-0287; Best. d. Elastizitätsgrenze mit Hilfe d. mechan. Barkhausen-Effekts 37-0317; Einfl. d. kathod. Belad. mit H auf d. Knick in d. Elastizitätsgrenze v. reinem – 38-2445; Elastizitätsmodul elektrolyt. – Überzüge 47-0227; Druckabhängigk. d. elast. Konst. v. α-Fe u. Berechn. d. Grüneisen-Konst. 48-0205; Mikroplastizität nach d. martensit. Umwandl. 49/50-2285.

Änder. d. inneren Reib. mit d. Verform.-Amplitude in monokrist. u. polykrist. – 11-0316; Kaltverform.-Max. d. inneren Reib. 14-0270; Wrkg. v. Magnetfeld u. Spann.-Amplitude auf d. innere Reib. in polykrist. – 21-0555; innere Reib. v. reinem – 30-0240; (Einfl. d. Glühens) 34-0316; Anisotropie d. Snoek-Spitze d. inneren Reib. in – im Falle v. Tors.-Schwing. 39-0180; Einfl. v. Spann.-Amplitude u. äußerem Magnetfeld auf d. innere Reib. v. polykrist. – 42-2178; anomale innere Reib. in Reinst-– 49/50-0176; Einfl. v. H auf d. innere Reib. 49/50-0177.

Einfl. v. – -Einschlüssen auf d. Festigk.-Verh. v. *99,7* %igem Al 8-0239; Mikrohärte v. porösem – in spannungsverformtem Zustand 9-2374; Einfl. v. C u. O auf d. Verspröd. v. Rein-– 16-2335; hohe Härte v. elektrolyt. abgeschiedenem – 24-0311, 29-0681; Beweglichk. d. Versetz. u. Bruchfestigk. v. – 34-0318; Einfl. v. Ni auf d. Sprödbruchfestigk. v. – bei tiefen Temp. 36-2369.

Versetz.-Dynamik bei d. Verform. u. Erhol. 3-0267; plast. Verform. v. – -Whiskern 4-0248; Bezieh. zwischen d. ‚Reib.-Spann.‘ nach Petch u. Geschw.-Gleich. d. therm. Aktivier. 6-0268; Diffus.-Relaxat. d. Spann. bei polymorphen Umwandl. 12-0256; Einfl. v. – -Verunreinig. auf d. Erhol. v. kaltbearbeitetem Ni 13-0265; Hall-Petch-Parameter für zonengereinigtes – 14-0269; Gittereigenverform. plast. zugverformter – -Proben 18-0281; Übergang v. Mikroverform. zur Makroverform. in – 27-0311; durch d. divergente Röntgenstrahlmeth. beobachtete Dehn.-Verform. in – -Einkrist. 29-0266; Relaxat. v. plast. verformten – -Whiskern 30-0246; Ermüd.-Eig. v. – -Ein- u. Polykrist. 31-0261; Einfl. v. Oberflächenschichten auf d. plast. Verform. 32-0279; Dehn.-Kurven v. – nach einer Reckalter. 34-0317; Verfestig. krist. – -Körper mittels stufenweiser Belast. bei Niedertemp.-Dauerstandsfestigk. 35-0214; Rückstoßimpulse u. Massenabreib. v. – unter dem Einfl. eines Laser-Riesenimpulses 35-0280; Zugverform. v. – -Einkrist. mit *[100]*- u. *[110]*-Achsen zwischen *–70* u. *+250*° 36-0255; Mechanismus früher Stadien d. plast. Verform. im α-Fe 39-0181; Erhol. v. Punktfehlern in – nach Verform. bei tiefen Temp. 40-0138; Einfl. v. Neutronenbestrahl. auf d. plast. Verform. v. – -Einkrist. 41-0211, 41-0212; Verh. d. Ermüd.-Grenze 42-0082; Bezieh. v. Hall u. Petch bei krist. – 42-2210; Einfl. d. H-Belad. auf d. Petch-Bezieh. für zonengeschmolzenes – 44-0107; Verform. v. passiven Filmen aus – 44-0541; Bezieh. zwischen d. Orientier. v. – -Einkrist., ihren Verform.-Mechanismen beim Walzen u. d. Walztexturen 49/50-0178.

Natur d. scharfen Fließgrenze v. – 9-0289; Einfl. d. C-Konz. auf d. therm. Fließspann. v. hochreinen α-Fe-Einkrist. 11-0315; Komponenten d. Fließspann. 15-0266; Reckspann. u. Fließwiderstand unter dynam. Belast. 21-2569; Fließ- u. Bruchverh. hochreiner – -Einkrist. bei hohen Dehn.-Geschw. 23-0321; Verform. v. polykrist. – in d. Fließebene 26-0289; Wrkg. d. freien Versetz. auf Fließen u. Bruch 27-0306; Einfl. geringer – -Verunreinig. auf d. Hochtemp.-Kriechen v. NaCl-Einkrist. 28-0240; Temp.-Abhängigk. d. unteren Fließspann. v. polykrist. – 32-0280; Kriechgeschw. bei Temp. über *1100*° bis zum F. 32-2368; Mechanismus d. Abgleit. in – durch Strahlenschädig. 34-0292; Abhängigk. d. Fließspann. bei niedriger Temp. v. Verform.-Geschw. u. Temp. 39-2407; Relaxat. vor d. Fließen u. Fließen v. – -Einkrist. 40-0136; Einfl. interstitieller Verunreinig. auf d. Fließeig. v. – 40-2153; Translat.-Gleit. u. Fließoberfläche v. α-Fe 41-0130; Kriechmechanismus in α-Fe 42-0082; Einfl. d. Relaxat. vor d. Fließen auf d. Fließen 42-0230; Einfl. v. Neutronenbestrahl. auf d. Fließspann. am Verform.-Beginn 43-0223; plast. Fließen v. – -Einkrist. 44-0107; Einfl. v. hydrostat. Druck auf d. Knickverh. 45-2531; Fließspann. u. Verform.-Geschw. v. – mit gelösten C-Atomen 46-2200.

Spaltrißfortpflanz. in – -Krist. 18-0265; plast. Relaxat. u. Auftreten v. Rissen durch Spalt. in Verb. mit mechan. Zwillingen in – -Einkrist. 27-0309; Bruchbldg. durch Spalt. in – -Einkrist. 31-0257; Einfl. v. Gleitversetz. auf d. Ausbreit. eines Bruches v. einer Rißspitze bei α-Fe 34-0319; Gesetzmäßigk. d. Bruches v. – 39-0159; Bruchmechanismus durch Spalt. v. reinen – -Einkrist. 39-0177; Spaltbruch v. α-Fe-Einkrist. bei Kombinat. v. Zug u. Tors. 44-0107.

Elektrische Eigenschaften: Eintritt v. – in d. Plasma u. d. Anreg. d. Spektrums unter d. Einfl. v. Laser-Strahl. 4-0165; – -Ionenströme bei Ar- bzw. O-Beschuß 8-0351; Zerstäub.-Rate, Energie u. Winkelverteil. zerstäubter – -Atome 11-0334; Elektronenstöße mit Ionen d. $3p^3$-Konfig., Stoßstärken für Fe XII 13-0195; Ionisat.-Wahrscheinlichk. v. – -Teilchen bei meteorit. Geschw. 16-0769; bei d. Ionen-Anreg. durch Elektronenstoß auftretende Potentiale für d. Übergänge $^3P_0 \rightarrow {}^3P_2$ u. $^3P_2 \rightarrow {}^1D_2$ 21-0172; Dispers.-Bezieh. eines Plasmons im Elektronengas v. – 23-0447; Abscheid. v. – im elektrostat. Feld bei Hochfrequenzionisat. v. Ferrocendämpfen 28-0131; Ionenarten u. Intensitäten d. Feldionenmassenspektrums v. NH_3 u. N_2/H_2-Misch. an einer – -Spitze 28-0703; Kathodenfall v. Vakuumbögen an Aufstäub.-Kathoden aus – auf W 31-0139; Abhängigk. d. Ionisat.-Grades v. – v. d. Bogentemp. 37-2109; Energien v. durch Laserbestrahl. erzeugten – -Ionen 41-0305; Besetz.-D. angeregter Zustände in – -Niederdruckbögen 42-0078; Termbesetz. in Bogenentlad. kleiner Stromstärke 44-0105; Zustandsdichte 48-0464; Ionisat. beim Eindringen v. – -Atomen in verschiedene Gastargets 49/50-0100.

Zusammenhang zwischen DK u. R_F-Wert bei Fe(III) 11-1881; Dipolpolarisierbark. d. Na-Reihe, Na, Mg^+, Al^{2+}, Si^{3+}, Cl^{6+}, Ca^{9+}, V^{2+}, Fe^{15+} 37-0047.

Photoelektr. Ansprechen v. – -Oberflächen in umgebenden Atmosphären 3-0410; Magnonen-Drag-Thermokraft 4-0343; feldionenmikr. Abb. v. – 13-0387; Anreg. einer Exoelektronenemiss. aus – durch Oberflächenbeschuß mit H- u. Ar-Ionen 15-0395; thermostimulierte Lad.-Träger-Nachemiss. v. wasserbehandelten – -Oberflächen 19-0418; Best. d. opt. Zustandsdichte in – (Energieverteil. d. Photoelektronen) 21-0452; photoelektr. Wrkg.-Querschnitt 27-0160; Austrittsarbeit v. – -dotiertem NiO 28-0399; (Änder. bei Chemisorpt. v. O_2) 28-0400; Temp. u. Volt-Ampere-Charakteristiken v. Hohlkathoden mit Proben aus – 29-0148; Ionenemiss. v. – 31-0396; Photoleit. in CdS:Fe bei *4,2* °K 34-0457; Glühemiss. v. – 39-0326; Austrittsarbeit v. mit – -Zusätzen hergestellten W-Drähten 47-0338.

Magnet. u. elektr. Eig. v. – -Filmen 4-0366; Abhängigk. d. Oberflächenimpedanz v. äußeren stat. Feld 7-0419; Einfl. v. – auf Struktur u. physikal. Eig. d. Leg. auf NiMn-Basis 10-0419; Verschieb.-Richt. v. geschmolzenem – auf Ge- u. Si-Oberflächen unter d. Einfl. eines elektr. Stromes 45-0400; Elektrotransport v. – in festem Y 45-0420.

Einfl. v. – -Verunreinig. auf d. Restwiderstand v. Al u. Zn 1-0474; elektr. Widerstand v. – -Pulversäulen in Abhängigk. v. d. Beleg.-D. 1-2241; elektr. u. therm. Widerstand 2-0416; Restwiderstandsverhältnis v. reinem – 10-0423; Einfl. v. Korngrenzen auf d. elektr. Widerstand v. hochreinem – bei *4.2* 17-0481; Änder. d. Leitfähigk. bei – -Verunreinig. v. KCl-Krist. 19-0442; Resonanzstreuung u. elektr. spezif. Widerstand v. Versetz. in – 21-0494; Einfl. d. Adsorpt. v. O_2 u. W.-Dampf auf d. elektr. Leitfähigk. dünner – -Schichten 21-0719; Widerstands-Meßdiagramme 22-1992; auf zwei simultane Leit.-Prozesse zurückzuführende elektr. Leitfähigk. v. – 23-0504; elektr. Leitfähigk. in d. Nähe d. Curie-Punktes 27-0524; Erhol. d. elektr. Widerstandes v. reinem, bei *77* °K deformiertem – 29-0491; Widerstand v. elektronenbestrahltem – 30-0267; Leitfähigk. 30-0420; reproduzierbare Restwiderstandsmess. an hochreinem – 30-0421; elektr. Widerstand v. Gd^{3+}-dotierten $BaTiO_3$-Krist. mit – -Verunreinig. 35-0362; elektr. Widerstand v. Gitterdefekten in zonengeschmolzenem – durch Verform. bei *– 196*° 40-0137; Ursprung d. Halbleitereig. v. mit – dotiertem, polykrist. Ba–Bi-Titanat(IV) 41-0338; Widerstandsverh. v. –, gelöst in d. ε-Cu–Zn-Phase 44-0365.

Einfl. v. – -Dotier. auf d. Sprungtemp. v. supraleitendem Al u. Zn 7-0422; Beobacht. magnet. Strukturen v. Supraleitern zweiter Art bei Aufdampfen kleiner – -Teilchen auf Pb–In-Leg. 11-0491; Korrelat.-Effekte u. Supraleitfähigk. in verd. Leg. aus – 21-0523; Sprungtemp. für – bei Paarbldg. in d. Supraleit. 23-0519; Proximity-Effekte zwischen supraleitenden dünnen Schichten u. – 28-0463; Magnetisier.-Mess. supraleitender Mo–Re-Leg. mit – -Verunreinig. 31-0478.

Galvanomagnet. Eig. v. – -Einkrist.-Schichten u. -Whiskers 11-0479; magnet. Widerstandsänder. in – -Einkrist. 19-0481; transversale magnet. Widerstandsänder. v. dünnen – -Schichten 25-0479; Hall-Effekt in dünnen – -Schichten 25-0480; galvanomagnet. Effekte in – -Whiskern 45-0424.

Magnetische Eigenschaften: Unters. d. magnet. Struktur durch eine magneto-opt. Anordn. mit Mikroauflsg. 3-0500; Herst. u. magnet. Eig. v. kornorientiertem handelsübl. Rein-– 8-0436; Neutronenstreuung an virtuellen Magnon-Zuständen in Fe mit Mn-Verunreinig. 11-0525; strukturelle u. magnet. Eig. epitakt. – -Filme 11-0532; lamellare Struktur, magnet. u. elektrochem. Eig. v. – -Schichten 18-0482; magnet. Unters. an in Na-Silicatglas eindiffundiertem – 18-2251; Keimbldg.-Feldstärke in zylindr. – -Proben 21-0564; quasistat. Ummagnetisier. v. Zweischichtfilmen (Syst. FeNiMo/SiO/Fe) 23-0561; kristallograph. u. magnet. Eig. v. dünnen, epitakt. auf kub.-flächenzentrierten Substraten aufgewachsenen – -Filmen 23-0563; magnet. Verh. einer eutekt. Leg. mit einer ausgerichteten Anordn. v. – -Stäben 24-0517; Einfl. d. Oberfläche auf d. Eig. hochdisperser ferromagnet. Pulver 26-0521; superparamagnet. Ausscheid. v. $Mg_{1,2}Fe_{1,8}O_{3,9}$ aus verd. Lsg. v. – in MgO 30-0478; Charakterisier. d. eutekt. Syst. Fe–Fe_xSb im Hinblick auf Struktur u. ferromagnet. Eig. 31-0536; Berechn. d. spezif. Elektronenwärme für – aus d. Bändermodell 32-0505; Temp.-Abhängigk. d. Gitterparameter im Bereich hoher Temp. 39-0381; Unters. v. durch Ni-Spuren verunreinigtem u. mit Neutronen bestrahltem – durch magnet. Nachwrkg. 42-0386; Ausdehn. einer stat. Spinstör. in Pd beim Einbau v. – 45-0445; Polarisat. v. Co-Kernen in – 46-0433; Koppl. zwischen lokalisierten Momenten v. Anderson-Typ in Relat. zur Theorie d. Ferromagnetismus v. – 51/52-0324.

Hyperfeinfeld bei Xe-Kernen in – 2-0459; effektive Magnetfelder an Sm-, Gd- u. Dy-Kernen in metall. – nach Coulomb-Anreg.-Implantat. 2-0460; innere Magnetfelder v. Seltenerdmetallen in – 2-0461; Kernorientier.: v. ^{54}Mn-Kernen in – 3-0068; v. ^{95}Nb-Kernen in – 3-0069; ferromagnet. u. Spinwellenresonanz in dünnen – -Filmen 3-0497; Reichweite d. ferromagnet. Austauschwechselwrkg. v. – -Atomen in einer Pd-Matrix 6-0476; Hyperfeinfeld am ^{57}Fe-Kern in Martensit als Funkt. d. C-Geh. 7-0463; s-Elektronenlad., Spindichte u. magnet. Moment v. – an verschiedenen Untergitterplätzen in Ferriten u. Granaten 7-0465; Superaustauschwechselwrkg. zwischen Seltenerdmetall u. – in Granaten 7-0471; magnetoelast. innere Dämpf. in – 9-0288; Einfl. d. anomalen Skineffekts auf d. Linienbreite d. ferromagnet. Resonanz v. – 10-0360; inneres Magnetfeld am Pb-Kern in – 11-0526; ferromagnet. Resonanz in einkrist. – -Filmen auf NaCl-Spaltflächen u. auf LiF 12-0366; magnet. induzierter elektr. Feldgradient an Fe(II) auf Tetraederplätzen in $FeCr_2S_4$ 12-0468; ferromagnet. Resonanz: in reinem – bei tiefen Temp. 17-0418; in kleinen – -Teilchen in Paraffinsuspens. 17-0419; überschüss. magnet. Moment eines – -Verunreinig.-Atoms in ferromagnet. Ni 17-0525;

Spinwellen in --Schichten 18-0481; effektives Magnetfeld an ^{57}Fe-Kernen in $Y_{3-x}Ca_xFe_{5-x}\cdot Sn_xO_{12}$-Verb. 19-0525; Hyperfeinfeld am ^{57}Fe-Kern im Ni-Gitter 21-0548; Änder. d. atomaren Schwing.-Amplituden v. – mit d. Temp. 21-0554; Magnetfelder an ^{119}Sn-Verunreinig.-Kernen in – 25-0516; Relaxat.-Erschein. bei ferromagnet. Resonanz u. Magnetfeld-Glüh. v. Ferriten mit Fe(III) 27-0445; Temp.-Abfall u. Schwank. d. magnet. Momentes v. – 27-0566; ferromagnet. Resonanz v. mit ^{3}He bestrahlten dünnen --Schichten 32-0388; magnet. Moment v. in Zn gelöstem – 33-0556; Hyperfein-Magnetfeld v. ^{124}Sb in – 33-0627; inneres Magnetfeld einer Sb-Verunreinig. in – 33-0628; krit. magnet. Kleinwinkelstreuung v. Neutronen in – 34-0495; Austauschbeitrag zu d. D-Parametern v. Fe^{3+} in Eu–Ga-Granat 39-0397; magnet. Riesenmomente in verd. Leg. v. – in Ni_3Ga 48-0545; Theorie magnet. induzierter elektr. Feldgradienten in kub. Fe^{2+} 48-0569; magnet. Ordn. als Funkt. d. Spinkompensat. v. – in Cu–Au-Leg. 48-0574; ferromagnet. Resonanz in --Whiskern 49/50-0240.

Abkühl. v. – mit radioakt. Isotopen auf eine Temp. v. *0,014* °K (adiabat. Entmagnetisier.) 2-0462; Abweich. d. Magnetisier. oligoatomarer --Schichten v. d. Weiß-Kurve 3-0494; Magnetisier.-Kurven einachsiger Filme aus reinem – 11-0530; Konsistenz v. Werten d. spontanen oder Sättig.-Magnetisier. v. polykrist. – 14-0491; anhysteret. Magnetisier.-Prozeß u. Mössbauer-Effekt in --Pulver 19-0526; resonanter Abbau d. Kernorientier. im --Gitter 24-0384; Abweich. v. Blochschen Gesetz d. Temp.-Abhängigk. d. Sättig.-Magnetisier. v. – 24-0519; Magnetisier.-Bänder in dünnen --Filmen 26-0517; Magnetisier.-Verteil. in Zusammenhang mit Nichtübergangsmetall-Verunreinig. 32-0526; Magnetisier.-Änder. bei d. Verdrill. zylindr. --Proben 33-0645; Mössbauer-Spektrum einer transversal magnetisierten --Folie mit polarisierter, monochromat. Strahl. 48-0563; räuml. Verteil. d. spontanen Magnetisier. in dünnen --Filmen 48-0606.

Vorzugsorientier. u. Domänenstruktur v. auf (*100*)-Cu-Substraten abgeschiedenen --Filmen 1-0510; magnetoelast. Wechselwrkg. v. Versetz. u. ferromagnet. Domänenwänden sowie Vers. über d. Mikrokriechen v. --Röhren bei Drehbeanspruch. 3-0289; Wechselwrkg.-Kräfte zwischen Bloch-Wänden u. verschiedenen Versetz.-Konfig. 3-0487; auf magnet. Streufelder in d. Nähe v. Eindomän-Fe-Whiskers zurückzuführender Kontrast im Elektronenmikroskop 10-0466; Wechselwrkg. v. Bloch-Wänden mit Versetz. in schwachen Feldern bei --Whiskern 18-0476; Temp.-Abhängigk. u. krit. Temp. v. magnet. Domänen in dünnen --Schichten 25-0529; Bldg.-Prinzipien d. magnet. Feinstruktur d. Domänen in Filmen 29-0551; Blochwand-Modelle zur Unters. d. Domänenstruktur 35-0389; Resonanz v. Domänenwänden in Haematitkrist. 49/50-0253.

Grenzen d. magnet. Hysterese v. techn. – 5-0507; Rotat.-Hysteresis-Verluste bei --Scheiben in überlagerten Gleich- u. Wechselfeldern 7-0437; Änder. d. Koerzitivkraft in --Filmen beim Übergang in d. „überkrit.“ Zustand 11-0535; Anfangssuszeptibilität oberhalb u. spontane Magnetisier. unterhalb d. Curie-Temp. 11-0543; Einfl. mechan. Spann.: auf Ummagnetisier.-Prozesse v. --Filmen 15-0498; im Bereich d. elast. Deformat. auf d. remanenten Zustand 31-0509; maximale Suszeptibilität v. --Filmen 32-0523; Suszeptibilitäten verschiedener Cu–Zn-Leg.-Phasen mit Geh. v. bis zu *0,15* Atom-% Fe 37-0448; Ummagnetisier. einer --Schicht im Bereich v. *0* bis *–175°* (Koerzitivkraft) 43-0491; Änder. d. magnet. Suszeptibilität v. – in d. Nähe v. T_c 43-0496; magnet. Suszeptibilität v. verd. --Verunreinig. in Rh–Pd-Leg. 45-0446; Suszeptibilität u. spezif. Widerstand für lokalisierte --Momente in Cu 48-0544; Matteucci-Effekt an Drähten 49/50-0338.

Verstärkte Magnetostrikt. bei *4,2* °K 9-0513; Magnetostrikt. polykrist. --Proben unter Spann. 22-0497; magnet. Anisotropie in dünnen --Filmen 26-0514; Magnetostrikt.-Konst. 40-0366; Anisotropie d. Koerzitivkraft v. --Einkrist. 42-0385.

Spin–Gitter-Relaxat.-Mechanismus für $ZnTe:Fe^{3+}$ 2-0322; photoempfindliche Spin-Resonanz v. Fe^{3+} in CdS (ESR) 4-0330; EPR v. Oberflächen-Fehlstellen an $MgO:Fe^{3+}$ 7-0343; ESR-Analyse v. $MgO:Fe^{3+}$ 8-0321; EPR v. Fe^{3+} in Natrolith 8-0333; ESR v. Mn in Cu:Fe 10-0344; Sättig.-Erschein. in d. akust. paramagnet. Resonanz: v. Ni^{2+} u. Fe^{2+} in MgO 10-0358; v. MgO : *0,0001* Fe^{2+} 10-0359; ESR-Linienbreite d. --Ionen in Lsg. 11-0165; Einfl. eines elektr. Feldes auf d. Grundzustand v. Fe^{3+} in α-Al_2O_3 (EPR) 14-0364; ESR v. Fe^{3+} in Y–Ga-Granat 14-0365; EPR v. Fe^{3+} u. Defektzentren in Topas 14-0368; EPR u. opt. Spektren v. Fe^{3+} in SnO_2-Einkrist. 15-0370; ENDOR v. Ag-Kernen in $AgCl:Fe^{3+}$ 17-0410; EPR v. Fe^{3+}: in NaF 18-0364; in natürl. Topas 18-0375; ESR-Spektrum v. $NaF:Fe^{+}$ 24-0392; EPR v. Fe^{3+} in einigen Feldspaten 24-0824; Numer. Daten d. EPR für Fe^{2+} in MgO u. CaO 28-0356; Unters. d. Krist.-Feldverzerr. im Syst. $LiF:Fe^{3+}$ durch magnet. Resonanz (ESR, ^{19}F-NMR u. ^{7}Li-NMR) 32-0381; Zusammenhang zwischen Lumineszenz u. EPR bei ZnS: Ag-Einkrist. mit --Beimisch. 32-0385; ESR-Spektren v. Fe^{3+} in Topas 33-0427; EPR v. --Ionen in CaF_2 37-0375; EPR-Spektrum v. Fe^{3+}: in Natrolith 37-0383; Temp.-Abhängigk. d. Spin-Gitter-Relaxat.-Zeiten v. Fe^{2+} in MgO 38-0364; durch Ultraschall induzierte Änder. in ESR-Spektren v. mit Fe^{3+} dotiertem Saphir 38-0394; EPR v. photoempfindl. Fe^{3+}-Zentren in CdSe 39-0300; Farbzentren v. Fe^{3+} als Ursache d. Farbe v. Amethyst durch ESR-Unters. 39-0305; Spin–Gitter-Relaxat. in $MgO:Fe^{2+}$ 43-0317; magnet. Resonanz-Unters. d. Krist.-Feldverzerr. im Syst. LiF: Fe^{3+} 43-0324; EPR bei Millimeterwellenlängen eines axialen Fe^{3+}-Spektrums in Strontiumtitanat 43-0338; ESR v. Fe^{3+} in $SrTiO_3$ unter bes. Berücksichtig. d. Phasenwechsels bei *110* °K 45-0352; Fe^{3+}-EPR-Unters. über d. Einfl. einer Substratorientier. auf aus d. Dampfphase gezogenes GaP 47-0308; Einfl. d. Struktur d. Lsg. auf d. Relaxat.-Effektivität paramagnet. Ionen im Syst. $Fe^{2+}/HClO_4$ oder HNO_3/H_2O 49/50-0242; ^{19}F-Hfs d. Fe^{3+}-EPR in Topas 51/52-0248; EPR v. Fe^{3+}-Ionen in Periklaseinkrist. 51/52-0258.

Kernmagnet. Relaxat. in – 3-0378; Effekte zweiter Ordn. im Hyperfeinfeld v. ^{57}Fe in Troilit 7-0462; Unters. gestörter Winkelverteil. an ^{19}F in --Gittern 9-0059; Temp.-Abhängigk. d. ^{57}Fe-Hyperfeinstruktur in FeF_2 unterhalb d. Néel-Temp. 9-0500; Verschieb. d. ^{133}Cs-Kernresonanzlinien in wss. Lsg. durch Fe^{3+} 11-0393; Verunreinig.-Einfl. v. – auf d. Knight-Verschieb. v. ^{63}Cu in verd. fl. Leg. d. Cu 11-0398; gepulste NMR in – 11-0402; Einfl. v. – auf d. NMR an ^{55}Mn in γ-Mn u. Mn–Cr-Leg. 13-0359; elektron. u. kernmagnet. Relaxat. v. – in Krist. mit Flußspatstruktur 16-0384; NMR- u. Röntgenunters. d. Verlustes an gelöstem – durch innere Ox. in zerkleinerten u. vakuumgeglühten Cu–Fe-Leg. 16-0388; NMR in polarisierten Kernen v. --Leg. mit ^{60}Co 19-0394; dipolinduzierte Kernspin–Gitter-Relaxat. in Y–Fe-Granat für ^{57}Fe 19-0403; Hyperfeinfelder in ferromagnet. Pd–Fe-Leg. durch NMR-Spin-Echo-Verf. 20-0323; Kation–Kation-Wechselwrkg. zur Hyperfeinwechselwrkg. mit Vgl. v. Fe^{3+}-Salzen 21-0411; Hyperfeinfelder an Co u. Ni in – 25-0380; Temp.-Abhängigk. d. ^{57}Fe-Hyperfeinfelder in $Dy_3\cdot Fe_5O_{12}$ unterhalb d. Néel-Temp. 33-0631; Kernspin–Gitter-Relaxat.-Zeiten v. ^{57}Fe in Y–Fe-Granat 38-0366; Hyperfeinfelder an rückstoßimplantierten Kernen mit $62 \leqq Z \leqq 74$ in polarisierter --Umgeb. 38-0526; Spin–Gitter-Relaxat. v. Kernspinechos in Fe:Mn u. – 42-0268; Einfl. eines magnet. Anlassens bei tiefer Temp. auf d. Linienbreite v. Fe(II) enthaltenden Granaten 42-0306; Hfs-Felder v. Fe^{+} u. Fe^{2+} in MgO u. CaO 42-0381; übertragene Hyperfeinstruktur in Ferromagneten u. d. an F, J u. Xe in – beobachteten großen positiven Felder 42-0383; Hyperfeinfeld am Hg in – 43-0017; Mikrowellen-Resonanz u. magnet. Ausheilen in Ferraten(III) mit Fe^{2+} 49/50-0240; Kernspin–Gitter-Relaxat.-Zeit einer Verunreinig. v. ^{54}V in metall. – in einem äußeren Magnetfeld 49/50-0244.

Elektrochemische Eigenschaften: Bldg. v. Lepidskrokit in Fe-Glasgefäßen mit Aluminatlsg. beim Durchgang v. Wechselstrom 2-0585; potentiodynam. Unters. d. Verh. v. – in Alkalimetallnitratschmelzen 2-0594; elektrochem. Unters. in Li_2CO_3/Na_2CO_3-Schmelzen an --Elektroden 2-0595; Verw. d. Edwards-Gleich. zur Best. d. „Härte“ v. Fe^{3+} 3-0584; Unters. d. elektrochem. Aktivität v. – mittels Elektronenbeug. 29-0689; potentiostat. u. potentiodynam. Unters. d. elektrochem. Vorgänge an --Pulverelektroden 30-0591; Verh. v. --Beimeng. bei d. Schmelzflußelektrolyse v. NaCl mit fl. Pb-Elektrode 34-2303; Kinetik u. Mechanismus d. Elektrodenrk. v. – in NO_3^--Lsg. 37-0618; elektrochem. Verh. v. Ti in Fe(II)- u. Fe(III)-Ionen enthaltenden HCl-Lsg. 39-0560; Beweglichk. v. Fe^{2+} 45-0560; Einfl. d. Oberflächenstruktur auf d. Rk.-Kinetik v. reinstem – 46-0543; Kapazitätskurven v. – in $HClO_4$ in Ggw. v. Anionen 49/50-2317.

Verh. v. Fremdmetallen bei d. elektrolyt. Abscheid. v. reinem – 2-0669; Einfl. d. kontinuierl. Erneuer. d. --Oberfläche auf d. kathod. H_2-Entw. 5-0627; Zusammenhang zwischen H_2-Überspann., elast. Eig. u. d. Härte v. --Kathoden 7-0591; Einfl. v. --Elektroden auf d. elektrochem. Bldg. v. H_2 bei d. Elektrolyse v. geschmolzenem $KHSO_4$ 9-0595; – als Kathodenmaterial für d. elektrolyt. Red. organ. Verb. 13-0630; elektrolyt. Abscheid. tern. Fe/Ni/Cr-Leg. aus einem Cl^--Bad an --Kathoden 14-0603; potentiostat. Abscheid. v. dünnen --Schichten 18-0603; elektrolyt. Abscheid. v. Al aus d. Syst. $AlBr_3/(C_2H_5)_2O$ an --Kathoden 22-0630; Einfl. v. Geometrie u. Zeit auf d. H_2-Absorpt. durch – 24-0642; Elektrolyse v. SeO_2-Lsg. in konz. H_2SO_4 an --Kathoden 27-0694; kathod. Abschirm. bei d. --Abscheid. aus Sulfatlsg. 27-2645; Änder. d. wahren Oberfläche einer --Kathode bei d. Polarisat. in alkal. Lsg. 29-0690; Nachw. v. in – während d. kathod. H_2-Belad. entstehenden Schallwellen 32-0638; Abscheid. u. Auflsg. v. Ni in ClO_4^--Lsg. (Vgl. mit –) 32-0650; Wander. v. in α-Fe gelösten H bzw. D unter d. Einw. eines elektr. Potentials 34-0359; Einfl. einer induzierten Radioaktivität auf d. Lsg. u. d. H_2-Belad. v. Armco-Fe in Mineralsäurelsg. 36-0535; Einfl. v. Cumarin auf d. Metallabscheid.-Potential v. Fe(II) an Festmetallelektroden 36-0539; Einfl. v. CO u. J^- auf d. Kinetik d. kathod. H_2-Entw. an --Elektroden aus sauren Lsg. 47-0513.

Anod. Verh. in verd. H_2SO_4 u. alkal. Lsg. 5-2342; Einfl. d. Zus. d. Elektrolyten auf d. Auflsg.-Geschw. v. – unter d. Einw. v. Wechselstrom verschiedener Frequenz 6-0639; tensiodynam. Verh. v. – in Amidosulfatbädern 6-0642; aufeinanderfolgende Elektrodenrk. bei d. Kinetik d. Auflsg. v. – 15-0623; anod. Abscheid. v. Fe-Oxidschichten auf – 15-0624; anod. Ox. v. Fe(II) auf passivem – 19-0680; Mechanismus d. anod. Auflsg. v. – in sauren Lsg. 19-0682; Bldg. v. Fe(II) bei d. anod. Polarisat. v. --Leg. mit C u. Ni 21-0673; Mechanismus d. akt. Auflsg. v. – in sauren Lsg. 29-0691; Auflsg. v. Ni in H_2SO_4 bei Polarisat. mit Wechselstrom (Vgl. mit –) 29-0693; anod. Polarisat. v. – in Chloridlsg. 36-0536; anod. --Auflsg. in sauren Lsg. (Einfl. v. SO_4^{2-} auf d. Kinetik) 40-2204; (Teilnahme v. Anionen am Elementarakt) 44-0542; Wachstum anod. Oxidfilme auf – über Stunden 44-0543; Einfl. d. Oberflächenaktivität auf d. anod. Auflsg.-Mechanismen v. – in sauren Lsg. 45-0578.

Passivier.-Eig. v. – in Sulfatlsg. 5-0532; Polarisat.-Kurven v. reinem – in gepufferten KH_2PO_4- u. Na_2HPO_4-Lsg. (Passivier.) 8-2289; Adsorpt. v. J^- an polarisiertem – 10-0598; radiochem. Unters. d. Mechanismus d. Passivier. v. – 14-0615; Bedeck. v. --Oberflächen mit organ. Verb. u. Anionen in sauren Lsg. 14-0617; Kinetik d. anod. Passivier. v. – 17-0684; Filmwachstum u. Protonensorpt.-Desorpt. an passivem – in neutraler Lsg. 19-0681; Adsorpt. v. Br^- an polarisiertes – 19-0683; chronopotentiostat. Unters. d. Passivier. v. – 28-0628; stationäres Filmwachstum auf passivem – in neutralen Lsg. 32-0648; Einfl. d. kristallograph. Orientier. auf d. galvanostat. Passivier. v. – in konzentrierter NH_4NO_3-Lsg. 39-0563.

EMK v. fl. – mittels O_2-Konz.-Zellen 9-2329; Potentialabhängigk. d. scheinbaren heterogenen Standardgeschw.-Konst. für Fe(III)/Fe(II)/Oxalsäure/Na-Dodecylsulfat 11-0639; Normalpotentiale v. --Elektroden 14-0592; Berechn. d. Potentialdifferenz zwischen Na u. – 15-0606; Strom- u. Potential-Zeit-diagramme v. (–)Fe/NaCl, N_2/NaCl, Luft/Fe(+) 15-0626; Gleichgew.-Fluktuat. in d elektrochem. Prozeß Fe(II)/Fe(III) 21-0663; Einfl. v. Ni^{2+}, Co^{2+} u. Fe^{3+} auf d. oxydativen Eig. v. PbO_2 26-0662; Verifikat. d. Potential–Zeit-Kurven für d. bimol. Redoxrk. Cr(II)/Fe(III) u. Ti(II)/Fe(III) 27-0707; potentiodynam. Unters. d. Verh. v. – in schwefelsaurer Lsg. v. Pyridinmonocarbonsäuren 29-0701; Registrier. d. Stromdichte bei geringer Überspann. u. konst. Massenüberführ.-Beding. in d. Syst. $Fe^{++}/Fe^{+++}/HClO_4$ 31-0673; S-Potential d. Sulfidbldg. u. -ausscheid. in – 33-2686; Rk. Fe(III)/Fe(II) in H_2SO_4 38-1972; Elektrodenvorgänge am Stoffsyst. Fe/H_2O, Ac^- 47-0508.

Voltammetr. Verh. v. Fe(III) in Essigsäure 1-0623; Einfl. d. zu red. – auf d. katalyt. H_2-Ströme an d. Hg-Tropfelektrode 6-0647; polarograph. Verh. v. Fe^{3+}/H_2O_2 im sauren Medium 14-0630; oszillopolarograph. Unters. v. Fe(III) unter Verw. v. Ag- u. Ag-Amalgam kathoden sowie Mo-Anode 15-0629; Polaro graphie v. Fe(III) in geschmolzenem Na

Disilicat 28-0637; Wechselstrompolarographie v. Fe^{3+} bei niedr. Konz. v. Oxalsäure als Grundelektrolyt 37-0630; Einfl. v. Fe^{2+} u. Fe^{3+} auf d. polarograph. Verh. d. Zr-Komplexes mit Brenzcatechinviolett 39-0578; polarograph. Unters. v. Fe^{2+} in W./N_2H_4-Misch. 47-0528; potentiodynam. Unters. v. – u. Pt in geschmolzenen Alkalimetallnitraten 51/52-0428.

Elektrolyt. Wechselstromkorros.: v. Pt/Fe/Zn in KCl 1-0614; v. – 1-0615; Korros. v. – in stickstoffoxidhalt. H_2SO_4 1-0616; thermodynam.-kinet. Aussagen über d. Geschw. d. Elektrodenrk. am Stoffsyst. Fe/saureLsg. 1-0617; Gegenüberstell. d. Radikaltheorie u. d. elektrochem. Theorie v. Lokalelementen auf d. Oberfläche metall. – u. dessen Korros. 3-0619; Abschätz. d. Korros.-Geschw. mit Hilfe d. Mess. d. Polarisat.-Widerstandes v. – -Elektroden in luftgesätt. H_2SO_4 14-0611; Auflsg. v. – in d. Halogenwasserstoffsäuren 25-0651; Bedeck. mit H_2 während d. Korros. 25-0652; Mechanismus d. – -Korros. in feuchter, HCl-Dämpfe enthaltender Atmosphäre 30-0595; Wechselstromkorros. d. – 35-0542; Einfl. v. Halogenidzusätzen auf d. Auflsg.-Geschw. v. – bei Einw. v. Wechselstrom 46-0550.

Thermische Eigenschaften: Kinetik d. Kieselsäurered. durch C-gesätt. – 1-2195; Aktivität v. Mn u. seine Wechselwrkg. mit – 9-0563; Einfl. v. Co auf d. S-Aktivität in fl. – 13-2296; Positive Aktivier.-Entropie d. Elektronendurchtrittsrk. für Co(III)/Fe(II) 15-0613; Freie Hydratat.-Energie u. Ionenradius v. Fe^{2+} 17-0615; chem. Wechselwrkg. v. – -Schmelzen, D. u. Bldg.-Wärmen 17-2456; quantenstatist. ab-initio-Berechn. d. Kohäs.- u. Volumeneig. für – 22-0245; Einfl. v. Mn, V u. Cr auf d. O-Aktivität in – -Schmelzen 22-2440; Aktivität v. – in Kupferstein 25-2511; Best. d. spannungsabhäng. Geschw.-Konst. für d. Red. v. Fe(II) in ClO_4^--Lsg. 27-0716; Aktivitätskoeff. u. Wrkg.-Parameter v. U in unendl. verd. Lsg. in fl. – 34-0625; Bind.-Energie v. H, C u. O mit – -Katalysatoren 37-0776; Bezieh. zwischen ΔH^0 u. ΔS^0 für vielkern. Hydrolyseprod. v. Fe(III) 39-0521; Stabilitätskonst. v. – -Komplexen mit Nitrilotrimethylenphosphorsäure u. Komplexon I 39-1868; Thermodynamik d. – -Ionenverteil. in einfachen Spinellen 44-0245; Berechn. d. Änder. v. elektron. spezif. Wärme, Restwiderstand u. thermoelektr. Kraft durch Verunreinig. in – mittels einer Stör.-Meth. 47-0382; thermodynam. Größen u. Gleichgew.-Konst. d. Rk. $2\,Fe + O_2 \rightarrow 2\,FeO$ 49/50-0357; Bezieh. zwischen Aktivität u. Zus. in festen Lsg. d. Syst. CaO–„FeO"–SiO_2 in Kontakt mit metall. – bei *1080*° 49/50-0416; Mess. d. O_2-Aktivität in – -Schmelzen in galvan. Zellen mit Festelektrolyten 49/50-0447.

Einfl. v. Fe^{3+} auf d. Viskosität v. λ-Carragheenan 32-3059; Viskosität v. fl. – 36-2339; D. v. fl. – 36-2354; Viskosität 43-2412; partielles Mol-Vol. v. H in α-Fe 44-0107.

Kinetik d. induktiven Erhitz. v. porösem – im Vgl. zu kompaktem – 3-2401; Temp. d. Kontaktschmelzens d. Syst. Fe–SiC–Fe 9-1834; spezif. Wärme u. thermodynam. Funkt. v. – 17-0604; Misch.-Wärme u. Aktivitätskoeff. v. Si-Leg. mit – 25-0561; Lindemannsches Schmelzkriterium für – 28-0231; spezif. Wärme u. thermodynam. Funkt. für α- u. γ-Fe 34-0558; Unterkühlbark. v. reinen – -Schmelzen in Abhängigk. v. O-, C-, Si- u. Al-Geh. 34-2379.

Einfl. v. – auf d. Zustand eines bei großen Abkühl.-Geschw. erhaltenen Mischkrist. im Syst. Al/Cr 28-0579; Verdampf. v. – beim Umschmelzen v. Stahl im Elektronenstrahl-Mehrkammerofen 35-2401; Koexistenz v. metall. – u. Mg-Wüstit 36-0485; Gleichgew. im Syst. Fe/Mn/O unter Einschluß fester Lsg. „(Fe, Mn)O" u. $(Fe, Mn)_3O_4$ 36-0487; Tabelle d. effektiven Ordn.-Zahl als Funkt. d. Druckes für – u. andere Kern- u. Mantel-Mineralien 36-0762; Phasengleichgew. zwischen – -Schmelzen u. Schlacken d. Syst. FeO_n–CaO–P_2O_5–MgO 36-2334; Dampfdruck v. fl. – 45-0477; Synth. v. Grunerit u. anderen Phasen im Syst. SiO_2/NaOH/Fe/H_2O 47-0757; ausgewählte Phasenbezieh. im Syst. Al/Mn/Fe/Si/O/H (Granatgleichgew.) 48-0782.

Diffus.-Geschw. v. Fe^{3+} in Lsg. 5-0601; Diffus. v. – in geschmolzenem Al, Zn, Sn u. Mg u. Löslichk. d. – in geschmolzenem Zn 9-0530; Berechn. d. Diffus.-Koeff. v. Fe^{3+} 21-0669; Diffus. v. – in fl. Ag 35-0435; Aktivier.-Energie d. Selbstdiffus., Rekristallisat.-Temp. u. krit. Fließspann. v. – 39-0198; Selbstdiffus.-Koeff. v. Fe^{3+} in $^{59}FeCl_3$ mit d. Kapillarmeth. 39-0523; Massentransport durch Diffus. v. He/Ar in – -Pulver 42-0512; Diffus. v. H_2/H_2O durch poröses – 44-0107.

Grüneisen-Parameter v. – 20-0217; Mess. d. Wärmeleitfähigk. in sehr dünnen – -Proben mit d. Blitzmeth. 20-0241; Wärmeleitfähigk. 23-0340; Magnetfeldabhängigk. d. therm. Leitfähigk. v. mit – dotiertem MgO 33-0256; Ultraschallextinkt. in mono- u. polykrist. – beim Impuls-Echo-Verf. 34-0274; Ausmaß d. Phononenleitfähigk. in – 35-0245; Phononendispers.-Bezieh. für – 39-0115; Ultraschall-Geschw. u. Kompressibilität v. fl. – 39-0437; Vorläufer-Abklingen v. Stoßwellen in – 41-0118.

Kolloidchemische und Grenzflächenvorgänge: Wrkg. v. – -halt. Schmelzen auf feuerfeste Spinell-Periklas-Materialien 6-2211; Einfl. v. Temp. u. Korngröße auf d. Wirbelverh. (Agglomerat-Punkt) v. – 11-0712; Reib. gegen Cu bei variabler Temp. 20-0236; Oberflächenenergie v. γ-Fe 30-0619; Einw. v. Zusätzen v. CaO–MgO–SiO_2-Gemischen auf d. Sintern v. Al_2O_3–Fe–Fe_2O_3 30-2273; therm. Ätz. v. reinem – im Vakuum 33-0200; Grenzflächenenergie fest–fest bei γ-Fe–Al_2O_3 44-0247; Laser-induzierte Ätz. v. – -Oberflächen 45-0297; Best. v. Oberflächengrößen aus Hg-Porosimeter-Mess. 49/50-0481.

Oberflächenspann. v. fl. – u. – -Leg. 19-2510; Benetz. v. Al_2O_3 u. SiO_2 durch fl. – 48-2218.

Kontaminier. v. – -Oberflächen durch Alkalimetallionen in N_2, Ne, Ar u. NH_3 10-0634; Chemisorpt.: v. CO an promotierten – -Katalysatoren 11-0667; v. H_2 an – auf Trägern 12-0619; IR-Spektren v. auf – adsorbiertem CO 13-0660; Best. d. spezif. Oberflächen v. Fe/Mo-Katalysatoren durch Ar-Adsorpt. 22-0652; Adsorpt. v. N_2O an – 25-0695; Isothermen d. Adsorpt. an – 26-0676; Kinetik d. Adsorpt. u. Desorpt. v. kathod. H_2 in – 29-0737; Abscheid.-Verhältnis d. Langmuir-Blodgett-Monoschicht v. Stearinsäure für – 29-0745; Adsorpt. v. N_2 an d. (*111*)-Fläche d. – 29-0781; Eindringen v. H_2 aus d. Gasphase in – 29-0782; Adsorpt. v. Kr u. NO an – 32-0670; Best. d. reversiblen Adsorpt. v. H_2 an – -Katalysatoren 32-0671; Chemisorpt. im Syst. H/Fe 34-0721; Temp.-Abhängigk. d. Widerstandes dünner – -Filme v. d. O-Adsorpt. 37-0679; Mössbauer-Spektren d. NH_3-Adsorpt. an einem ^{57}Fe-Trägerkatalysator 44-0645.

Fäll.-Wrkg. auf Kieselsäure-Sole 4-0525; Adsorpt. v. Fe^{3+} aus HCl-Lsg. durch Aktivkohle-SKT 4-0551; Aggregat. v. SiO_2-Dispers. durch Fe(III) 5-0653; Ionenaustausch an Serpentinit, Glaukonit u. Bentonit 6-0659; Adsorpt. v. – an Silicagel als Tris-phen-Komplex 9-1929; Adsorpt. an $ThO(OH)_2 \cdot nH_2O$ u. $TiO(OH)_2 \cdot nH_2O$ 20-0617; Na/Fe-Austausch an Faujasit Y u. Mordenit M 22-0665; Adsorpt. an Zirkoniumphthalophosphaten 22-0672; Entfern. v. Fe(III) aus d. Methylisobutylketonphase durch Silicagel 23-2153; Na^+/Fe^{2+}-Ionenaustausch an β-$Na_2O \cdot$ *11* Al_2O_3 25-0710; Sorpt. v. Hydroxy-Komplexen an Silicagel 26-0695; Einfl.: auf d. Absorpt. v. Au an Si-Oberflächen 37-0700; auf d. Adsorpt. v. Hg aus Elektrolyten an Si 37-0701; d. Elemente d. I.–VII. Gruppe auf d. Adsorpt. v. – aus Elektrolyten an Si 37-0702; Fe^{3+}/Ni^{2+}-Trenn. in Polyäthylenkapillaren 44-0594.

Komplexchem. Eig. eines Chelatharzes mit Sarkosin-Ankergruppen gegenüber – 2-0627; Sorpt. v. W. am Fe^{3+}/KU-*2* 5-0681; Quellbark. v. KU-*2* (Fe-Form) 8-0603; Kationenaustausch-Trenn. v. Tl(I) v. Fe an Dowex *50* W-X*8* 9-0643; Polyvinylalkohol als Träger zur Unters. v. Fe/SCN-Komplexverb. nach d. Ionophoresverf. 9-0644; Ionenaustausch an phosphathalt. Ionenaustauschern 11-0674; irreversible Sorpt. v. Fe^{3+} durch d. Anioniten AN-*2*F u. EDE-*10* 13-0668; Adsorpt. v. Fe^{3+} aus HF–$HClO_4$-Gemischen an einigen Ionenaustauscherpapieren 16-1910; ionenaustauschchromatograph. Verh. v. Fe(III) in HCNS-Lsg. 17-1985; Elektrophorese auf Ionenaustauscherpapier 20-0620; pH-Abhängigk. d. Adsorpt.-Stärke v. Fe^{3+} an Versenol 25-2031; Sorpt. an P-halt. Kationenaustauschern auf Cellulosebasis 31-0725; Verteil.-Koeff. an Dowex *1*-X *8* 33-2214; Ionenaustauschsorpt. v. Fe^{3+} aus weinsauren Lsg. in Ggw. v. Sb^{3+}, SO_4^{2-} u. Cl^- 34-0729; Austauscher-Eig. v. N-[*2*-Carboxyphenyl]-aminocellulose für – 36-0592; γ-resonanzspektroskop. Unters. v. KU-*2* u. KB-*4* mit – 42-0553; Verteil. v. Fe-Ionen auf Chelataustauschern auf Oxinbasis 46-0607; Anionenaustauschverh. v. Fe^{3+} in organ.-wss. H_2SO_4-Lsg. 46-1798; Verh. v. – bei d. Phasenumkehrchromatographie mit PBHA 51/52-1834.

Vorgänge in Lösungen: Kinetik d. Auflsg. v. suspendierten Oxidteilchen in fl. – 1-2196; orientierungsabhäng. Auflsg. v. – -Whiskern 3-0662; maskierende Wrkg. v. kondensierten Phosphaten auf Fe^{3+} 5-2147; Hydratat. v. Fe(III) 7-0581; Mechanismus d. Red. v. Oxideinschlüssen durch C in fl. – bei d. Heißextrakt.-Analyse 11-0699; Löslichk. in Acetylaceton 17-2118; Löslichk. v. metall. – in alkohol. Lsg. v. $HgCl_2$ + Na-Salicylat 19-2102; Hydrolyse v. Fe^{2+} u. Löslichk.-Prod. v. $Fe(OH)_{2,70}Cl_{0,30}$ in $(Na^+)Cl^-$-Medium 20-0499; Auflsg. in β-Diketone enthaltenden Lsgm.-Gemischen 26-1943; Löslichk. v. – in Mg bei d. Raffinat. durch Flußmittel 26-2436; Einfl. v. komplexbildenden Agenzien auf d. Herauslsg. v. – aus Mineralien u. Granodiorit 33-1015; Hydrolyse v. – in sauren Lsg. d. Zn-Laug. 47-2285.

Verteil.-Koeff. für Fe^{3+} u. Fe^{2+} bei d. Extrakt. aus wss. Lsg. durch Monocarbonsäuren d. Frakt. $C_7 - C_9$ in Abhängigk. v. pH-Wert 2-0539; Verteil. v. Fe(III): zwischen wss. HCl oder HBr u. benzol. Lsg. v. Nitrobenzol 5-0579; zwischen wss. HCl (oder sauren LiCl-Lsg.) u. Ae./Bzl. 5-0580; bei d. Extrakt. durch Palmitinsäure u. Paraffinschmelzen 13-0567; Verteil.: v. – zwischen Metall u. Schlacke beim Schmelzen v. Sn 15-2443; zwischen organ. Lsgm. u. SCN^--halt. Lsg. 28-1981; Kationenaustauschverh. v. Fe(III) im Syst. wss. HF/organ. Lsgm. (Verteil.-Koeff.) 33-2178; Verteil.-Koeff.: v. Fe(III) zwischen Amberlyt XN-*1001* u. DMSO/CH_3OH/HCl 39-1915; v. ^{59}Fe zwischen einer Tri-n-dodecylaminlsg. in Xylol u. Mineralsäuren 39-1935; v. – -Beimeng. in GaAs beim tiegelfreien Zonenschmelzen 40-0442; v. Fe bei d. Extrakt. anorgan. Ionen mit N-(Di-n-butylphosphono)-succinimid (N-DPBS) 45-0484; Verteil. v. Fe(III) zwischen einer Lsg. v. Trilaurylammoniumchlorid in o-Xylol u. einer wss. (H, Li)Cl-Phase 49/50-0407.

Extrakt.: aus salzsauren Lsg. mit Butylacetat 3-0546; v. ^{106}Ru, ^{51}Cr, ^{95}Nb, ^{89}Sr, ^{144}Ce u. ^{91}Y mit Naphthensäuren in Ggw. v. Fe^{3+} 4-0451; als Nitrosonaphtholat in Ggw. heterocycl. Basen 7-0536; Solventextrakt. v. Fe(III) u. U(VI) mit Misch. v. Tri-n-octylamin u. Thenoyltrifluoraceton in Bzl. u. Nitrobenzol 13-0570; Verh. v. ^{55}Fe u. ^{51}Fe bei d. Extrakt.-Chromatographie 13-1850; Extrakt.: aus Phosphatlsg. durch Amine 16-0561; durch Polylallylchloridphosphonsäuren 20-0505; v. Fe(III) aus wss. Sulfatlsg. durch Bis-[3.5.5-trimethylhexyl-(2)]-amin 22-0566; Chemie d. Lsgm.-Extrakt. v. – 37-0545; Kinetik d. Extrakt. mit Diisopentylorthophosphorsäure 37-0550; Extrakt. v. Fe(III) durch Bis-[2-äthylhexyl]-phosphorsäure 39-0474; Extrakt.-Verh. d. Acetylacetonkomplexes v. Fe 39-1996; Anwend. v. 1-Phenyl-3-methyl-4-caprylpyrazolon-(5) bei Fl./Fl.-Extrakt. v. Fe^{3+} zur Herst. v. trägerfreiem ^{59}Fe 41-0471; Verw. d. radioakt. Indikators $^{55,59}Fe$ zur Unters. d. Extrakt. v. Fe(III) mit Na-Tetradecylsulfat, n-Dodecylaminhydrochlorid, Cetylpyridiniumbromid u. Dodecylthiouroniumchlorid 45-0489; Fe(III)-Extrakt. aus wss. Thiocyanatlsg. durch Tri-n-octylamin 47-0451.

Chemisches Verhalten und technische Reaktionen

Legierungssysteme mit – s. unter diesem Abschnitt, S. 426.

Kinetik d. gleichzeit. Entkohl. u. Entstick. v. – -Schmelzen (Überblick) 1-2197; Nitrieren v. Rein- – in NH_3–H_2-Gemischen 1-2266; Rk. v. Ti u. O in fl. – bei d. Desox. v. Stahl 3-2407; Kinetik d. ZnO-Red. durch metall. – aus Silicatschmelzen 3-2422; Desox. v. fl. – mit Zr 4-1940; Keimbldg.-Prozeß v. ZrO_2 während d. Desox. in fl. – 11-0280; therm. Zers. v. Kohleneisenstein 11-2313; Geschw.-Koeff. d. H-Beseitig. bei d. Vakuumentgas. v. fl. – 12-2291; Umwandl. v. anorgan. N bei Ox. u. Red. v. – 13-2996; Primärstadien v. Wechselwrkg. zwischen – -Oberflächen u. geschmolzenem Glas 20-2253; Red. eines geschmolzenen – -Katalysators in d. Wirbelschicht 23-2373; Kinetik d. N_2-Überganges durch – -Oberflächen 31-0749; Kugelbldg. v. metall. – bei Holzkohlered. v. Ilmenit 31-2498; Red.-Geschw. v. Cr_2O_3 durch im – gelöstes C 32-2368; thermodynam. Daten d. Desox. v. – -Schmelzen 36-2326; Aufkohl. v. – -Schmelzen im Graphittiegel 43-2406; Entkohl. v. fl. – durch Einblasen oxydierender Gase 43-2411.

Kinetik d. Bldg. v. durchgehenden Oxidschichten auf – 8-0624; Mechanismus d. Bldg. v. porösem Oxid auf – 8-2351; Ox.: v. dünnen – -Schichten 23-0747; v. – -Einkrist. bei *350*° 33-0784; Einfl. v. kristallograph. Orientier. u. O_2-Druck auf d. Ox. v. – 34-0145; Kinetik d. O-Übertrag. aus CO_2 an – -Oberflächen 37-0773; Ox.-Stufen v. gebildetem ^{57}Fe bei Mössbauer-Unters. an mit ^{57}Co dotiertem NiO 38-0527; Ox.: beim freien Fall v. Tropfen aus geschmolzenem Fe 41-2426; v. Fe–C-Leg. 44-0637; eines Fe–C-Tröpfchens beim freien Fall durch O_2 44-0638.

Zusammenhang zwischen elektr. Gasentlad. u. tribochem. Rk. bei Bearbeit. v. Al-Oberflächen mit spitzen —-Körnern 1-0675; Rk. mit N_2O_4 3-0735; Korros. v. feuerfesten Stoffen aus Si-Nitrid durch geschmolzenes — 7-2339; Zementat.-Kinetik v. Cu u. Ag durch — in SO_4^{2-}-Lsg. 11-2385; Rk. mit Emailschmelzen 14-2370; Red. d. Komplexverb. v. Alkylhalogenphosphoranen mit $AlCl_3$ durch — 17-0773; Rk.: mit Se bei *400—1400°* 19-2512; d. Ferrite mit sulfid. u. metall. — in Ggw. v. SiO_2 23-2542; v. Cu mit — während d. Lötens 23-2621; v. —-Pulver mit CO u. $CoCl_2$ 26-2312*; Bedeut. einer Zufuhr v. — bei d. Umwandl. v. Olivin in Iddingsit 31-0899; Kinetik d. Cu-Abscheid. aus $CuSO_4$-Lsg. auf — 32-0731; Ox.-Rk. zwischen metall. — u. CoO enthaltendem Na-Disilicatglas 32-0734; Schwefel. v. —-Pulver mit H_2S (Kinetik) 33-0785; Zementier. v. Cu an einer vibrierenden —-Platte 33-0798; Kinetik d. Ox. d. — in sauren $CuSO_4$-Lsg. 34-0752; Charakter d. Wechselwrkg. zwischen Ti(IV) u. Fe(II) in Sulfatlsg. 36-0692; Rk.-Fähigk. v. Fluoroschwefelsäure gegenüber — 37-0808; kinet. Unters. d. Cu-Abscheid. an — 40-0580; Einfl. d. Entlad. v. akt. Stickstoff in wss. Lsg. auf d. Rk. Fe(II) $\rightleftharpoons$ Fe(III) in H_2SO_4 41-0634; Kinetik d. Fluorier. v. — 42-0582; erste Stadien d. Zementat. v. — durch BCl_3 46-0183.

Red. v. Fe^{3+} zu Fe^{2+} mittels Elektronenaustauscher 6-1876; Kinetik d. Ox. v. Fe(II) durch wss. Cl_2-Lsg. 9-0660; Mechanismus d. Ox. v. Fe(II) durch OH-Radikale in Ggw. organ. Verb. 12-0652; N-Isotopen-Effekte bei Red. v. NO_3^-, NO_2^- u. NH_2OH in NaOH-Lsg. mit Fe(II) in Ggw. v. Ag_2SO_4 als Katalysator 15-0689; Red. v. $[Co(C_2O_4)]^{3-}$ u. [Co-(H·AeDTE)Cl]$^-$ durch Fe^{2+} 18-0653; Einfl. v. Fe^{3+} auf d. Ox. v. amorphem B 19-0779; Kinetik d. Ox. v. V(II) durch Fe(III)-Komplexe 22-0687; polarograph. Unters. d. Kinetik d. Red. v. Fe(III) durch Phenylhydrazin 24-0709; Elektronenaustauschwechselwrkg. zwischen 2.2.6.6-Tetramethylpiperidin-1-oxid bzw. d. Bis-[diphenyl]-chrom(III)-Kation u. d. Aquo-Ionen v. Fe^{2+} 39-0602; Redoxsyst. $Fe^{2+}/S_2O_8^{2-}$ 46-1046; Einfl. v. Ag(I) auf d. Ox. v. Fe(II) durch Co(III) (Kinetik) 49/50-0543; Red. v. cis-Chloropyridin-bis-[äthylendiamin]-kobalt(III)-Ionen durch Fe^{2+} 51/52-0484.

Mit — unter Farbbldg. reagierende Substanzen v. Aspergillus-Arten 1-1266, 1-1267; Einfl.: v. Fe(III) auf d. Bldg. v. Mo(VI)-3-Phenyldaphnetin-Komplexen 9-0573; v. Fe^{2+} u. Fe^{3+} auf d. Bldg. v. U(IV)-Pongamol-Komplexen in Lsg. 9-0574; Mechanismus d. Rk. zwischen Fe^{3+} u. Weinsäure unter Komplexbldg. 9-0575; Rk. mit Cellulose 14-1133; Fe-Transferrin-Komplex (Funkt. d. Tyrosylgruppen) 15-1505; Rk. v. Nichthäm-— mit Cholat u. Desoxycholat 16-1273; Einfl. einfacher u. komplexer Halogenidionen auf d. Rk. v. Fe(II) mit H_2O_2 17-0726; Rk. mit Protein im Magensaft (Fe-Chelatisier.) 20-1554; komplexe Bind. v. — in Percholaten eines Rohhumus v. Fichten 20-2997; Kinetik u. Mechanismus d. Hydratat. u. Bldg. d. Monoazidoeisen(III)-ions in saurer Lsg. 26-0718; kinet. Unters. über d. Bldg. d. Fe(II)/NO-Komplexes 28-0696; Wechselwrkg. v. Fe^{3+} mit d. DNS-bindenden Antibiotikum U-*20661* 28-1307; Einlager. v. Fe(II) in Porphyrine 33-1188; Koordinat.-Chemie v. Fe(III) (Übersicht) 35-0783; Syst. Fe^{3+}/Triphenylboran 36-0742; Komplexbldg. im Syst. Fe(III)-N-Benzoylphenylhydroxylamin-W.-Chloroform 45-2092, 45-2093.

Unters. d. Radiolyse wss. Lsg. unter bes. Berücksichtig. d. Syst. Fe(II)/Fe(III) 2-0001; Einfl. d. Konz. an Fe^{3+} auf d. H-Ausb. bei d. UV-Bestrahl. gefrorener Fe^{2+}-halt. wss. Säurelsg. 5-0735; durch Strahl. induzierte Ox.- u. Red.-Rk. v. — in wss. Lsg. 20-0673; Sensibilisier.-Mechanismus bei d. durch Fluorescein photosensibilisierten Red. v. Fe(III) mit EDTA 23-0767; ^{60}Co-γ-Strahlenchemie v. Fe(II) bei Ggw. u. unter Ausschluß v. O_2 28-0716; γ-induzierte Ox. v. Fe(II) in wss. Lsg. mit u. ohne Ggw. v. 4.5-Dihydroxynaphthalin-2.7-disulfonsäure oder 1.3-Dihydroxynaphthalin 31-0775; Wrkg. v. UV-bestrahltem u. unbestrahltem Chloropren auf d. Ox. v. Fe(II) 33-0759; Radiolyse v. W. durch bei stillen Entlad. in He bzw. Ar entstehende langsame Elektronen im Syst. Fe(II)/Cu(II) in angesäuerten Lsg. 33-0833; Kinetik d. γ-Radiolyse v. alkal. Fe(VI)-Lsg. 44-0658.

Katalytisches Verhalten

Einfl. v. Fe^{3+} auf Antioxydantien 3-3249; strahlungsinduzierte Synth. v. NH_3 aus N_2 u. W. bei Ggw. v. HCl u. Fe^{2+} 6-0685; photochem. Entw. v. O_2 aus wss. Lsg. mit Fe^{3+} u. H_2O_2 6-0691; Einfl. v. Fe^{3+} im NaN_3-Gitter auf photochem. Zers. durch UV-Licht 8-0650; Aktivatorwrkg. v. Fe^{2+} bei d. Best. d. Wirksamk. v. Antioxydantien mittels synthet. lipoperoxydativer Syst. 9-1150; Auflsg.-Geschw. v. U_3O_8 in H_2SO_4 bzw. $HClO_4$ in Abhängigk. v. α-Fe^{3+}-Konz. 10-0670; Einfl. v. Fe^{3+}: auf d. Sinterprozeß v. spektralreinem MgO 19-0839; auf spezif. Oberfläche, Gitterparameter u. magnet. Suszeptibilität v. NiO 20-0759; auf d. Polymerisat.-Kinetik v. Acrylonitril in wss. NaSCN-Lsg. 21-1252; Einfl.: v. — in Wasch-Bleichmittelgemischen auf d. Bleichintensität v. H_2O_2 gegenüber Textilien 23-3015; auf Säure–Base-Eig. v. Quarzsuspens. 24-0667; v. Fe^{3+} auf d. Ox. v. $CaSO_3$ in W. u. in NH_4NO_3-Lsg. 25-0731; Elektronen–Donator-Einfl. v. Fe^{2+}-Zusätzen beim Festkörperaustausch in $^{57}Co^{2+}$-dotierten Tris-[dipyridyl]-kobalt(III)-perchlorattrihydrat 25-0766; Einfl. v. Fe^{3+}-Beimeng. zum ZnO auf dessen Sensibilisier.-Aktivität bei d. Photolyse v. wss. $AgNO_3$-Lsg. 28-0713; Kinetik: d. durch Fe(II) katalysierten Dissoziat. d. Monothiocyanatokomplexes v. Fe(III) 30-0660; d. durch Fe(II) katalysierten Hydratat. d. Monochlorokomplexes v. Fe(III) 30-0661; Einfl. v. Fe^{3+} auf d. Autox. v. Fetten 38-3215; durch $Fe^{2+}/S_2O_8^{2-}$-katalysierte Polymerisat. v. Acrylverb. 46-1047; Rk.-Geschw. d. Inhibier. d. Zers. v. H_2O_2 durch Fe(III) in Ggw. v. Aceton 47-0583; Einfl. v. — auf d. Beginn d. Autox. v. Sonnenblumenöl 47-3167.

Kinetik d. Dissoziat. v. H_2S nach Chemisorpt. an —-Schichten 2-0647; katalyt. Zers. v. CO in Ggw. v. — 3-0674; Kinetik d. para-ortho-H_2-Umwandl. an — 4-0576; komplexe Unters. v. —-Katalysatoren zur NH_3-Synth. 8-0639; Synth. v. Butyronitril an gesinterten —-Katalysatoren 8-2457; NH_3-Zers. über Al_2O_3-, K_2O- u. SiO_2-halt. —-Katalysatoren in Abhängigk. v. d. Katalysatorzus. 10-0673; katalyt. Aktivität v. mit Li u. — dotiertem NiO bei d. Ox. v. CO 11-0722; Einfl. v. Zusätzen auf d. Ox.-Kinetik v. —-Katalysatoren bei d. Ox. v. H_2 16-0724; Modifizier. eines —-Katalysators d. NH_3-Synth. durch Zusätze v. Co, Ni u. Cu 22-0714; Unters. d. NH_3-Synth. an — nach d. Meth. d. sek. Ionen–Ionen-Emiss. 23-0763; Einfl. auf d. therm. Stabilität v. Schmiermittel-Hochdruckzusätzen 24-2597; Geschw. d. NH_3-Synth. bei Atmosphärendruck an einfach u. mehrfach dotierten —-Katalysatoren 27-0808; Aktivität v. gefälltem —-Katalysator für d. Synth. v. KW-Stoffen 29-2679; Faktoren bei d. S-Vergift. v. —-Katalysatoren für d. Fischer-Topsch-Synth. 30-0972; Einfl. einer Glimmentlad. auf Aktivität u. Formier.-Prozeß d. —-Katalysators d. NH_3-Synth. 33-0821; Kinetik d. p-H_2-Umwandl. an — 33-0824; Zers. bzw. Dehydrier. an — auf Al_2O_3-Trägern 35-0645; Einfl. v. —-Beimeng. auf d. Aktivität u. Selektivität v. synthet. Al–Si-Katalysatoren 37-2875; Unters. d. Fe–Cr-Katalysators (auf Al–Silicat-Träger) zur CO-Konvertier. in d. Wirbelschicht 38-2732; Bedeut. v. — bei d. Ox. v. Mo-Disilicid 44-0107; Verw. u. Eig. v. —-Katalysatoren für d. NH_3-Synth. 47-2172; Einfl. einer —-Platte auf d. C-Abscheid. bei d. therm. Zers. v. CH_4 51/52-0494; Rk. v. Methylacetylen mit H_2 an —-Katalysatoren 51/52-0847.

Rk. v. Olefinen mit O_2 u. NH_3 mit —-halt. Katalysator 4-2112*; Herst. v. Oligomeren v. 1.3-Dienen mit aktiviertem —-halt. Katalysator 11-2571*; Regenerat. v. Fe–Cu–Pd-Katalysator-Lsg. für d. Fl.-Phasen–Paraffin-Ox. 47-2506*.

Katalyt. Wrkg. v. —-Ionen bei d. Depolymerisat. v. Hyaluronsäure durch Ascorbinsäure 12-1101; Einfl.: v. Fe^{3+} auf d. Geschw. d. Nystatinox. in d. Lsg. 18-1320; v. Fe^{2+} auf d. Stabilisier. v. Vitamin C durch Phytinsäure 22-1625; Wrkg. v. Fe(III) auf d. Bind. v. 3.4-Benzpyren durch Plasmaproteine 23-1344; Beeinfluss. d. —-Katalyse d. Autox. N^2-substituierter Methylhydrazine durch Proteine, Desoxyribonucleinsäure u. EDTA 29-1053; Hemmwrkg. v. Fe^{3+} auf d. DNS-Inaktivier. durch Hydroxylamine 30-1204; Einfl. v. Fe^{2+}: auf d. Dissoziat. v. O-Glucuroniden mit H_2O_2 35-1594; auf d. Bldg. v. L-Glutaminsäure aus KW-Stoffen durch Corynebacterium 47-1450; Einfl. v. Fe^{3+} auf d. Entfärb. v. Indigocarmin durch H_2O_2 in Ggw. v. Sexualhormonen 51/52-1450.

Biochemisches und physiologisches Verhalten

Wrkg. v. Thyroxin u. mikromolaren Konz. v. Fe^{2+} auf d. Lipid-Perox. u. Quell. v. Mitochondrien 8-1152; Hemmwrkg.: v. Fe^{2+} auf d. Hämagglutinine aus Feldbohnen 10-1367; v. Fe^{3+} auf d. Parthenogenese durch 8-Hydroxychinolin 10-1389; mögl. Rolle v. — bei d. Perox. in Mikrosomen 16-1217; —-induzierte Mitochondrienschwell. (Katalaseabhängigk. d. Umkehr.) 24-1260; Rolle d. — bei biolog. N-Fixier. (Anwend. d. Mössbauer-Effekts) 35-1422; „Ghost"-Bldg. bei Mitochondrienmembranen durch Fe^{2+}-induzierte Lipidperox. 40-1105.

Enzymologie: Hyperfeinwechselwrkg. v. ^{57}Fe in Spinat-Ferredoxin (Wrkg. auf d. elektronenparamagnet. Resonanz-Spektrum v. Spinat-Ferredoxin) 25-1523; Kinetik u. Mechanismus d. Fe(III)-Austauschs zwischen Chelaten u. Transferrin (Komplexe v. Citrat u. Nitrilotriessigsäure) 25-1644; (Angebote u. Entfern. durch Äthylendiamintetraacetat) 25-1645; Fe^{2+}-Ox. mit krist., menschl. Coeruloplasmin (kinet. Unters.) 32-1348; Fixier. v. — in d. Saccharase v. Bac. subtilis 36-1303; Beteilig. d. Nichthäm-— in d. Respirat.-Wegen v. Mycobacterium phlei 44-1206.

Hemmwrkg. v. Fe^{2+} auf UDP-Glucuronsäurepyrophosphatase 1-1239; Einfl.: v. Fe^{2+} auf Fructosediphosphataldolasen v. Chlamydomonas *mundana* 1-1245; v. —-Mangel auf d. Humanerythrozyten-Katalase 3-1230; Bedarf eines Nichthäm-— enthaltenden Proteins im Steroid-11β- u. -18-hydroxylasesyst. 3-1231; Einfl.: v. Fe^{2+} auf d. Gelatinase-Aktivität in Seeigeleiern 3-1264; v. Fe^{2+} auf d. Absorpt.-Spektrum d. Lipoamiddehydrogenase d. Bäckerhefe 5-1211; Fe^{2+} als Cofaktor für Homogentisatoxygenase aus Pseudomonas fluorescens 6-1256; Einfl. auf d. Penicillinase-Bldg. bei Staphylococcus aureus in Bezieh. zum pH d. Wachstumsmediums 6-1285; Hemmwrkg.: v. Fe^{3+} auf ATP-Desaminase 6-1290; auf Staphylokokkenhyaluronidase 6-1296; aktivierende Wrkg. v. Fe^{2+} auf Glutaminsynthetase-Aktivität (Metallionenwechselwrkg.) 6-1299; stimulierende Wrkg. v. Fe^{2+} auf d. Aktivität v. Proteinasen aus Gliocladium roseum 14-1294; Inhibier. d. Atmungskette durch Fe^{3+} 15-1324; Einfl.: auf d. Hydrogenaseaktivität v. Scenedesmus obliquus D_3 16-1453; v. Fe^{2+} auf d. Produkt. v. Hyaluronidase bei Clostridium perfringens Typ A 19-1425; hemmende Wrkg. v. Fe^{2+} auf d. Penicillinamidase v. Bacillus megaterium 21-1463; Wrkg. v. Fe^{2+} bei d. radiolyt. Inaktivier. v. α-Amylsae u. Katalase 23-1424; stimulierende Wrkg. v. Fe^{2+} auf lösl. Kollagenprolinhydroxylase in mehreren tier. Geweben 25-1351; Einfl. v. Fe^{2+} auf Aminopeptidase B aus Rattenleber 26-1330; Inaktivier. v. Lipoamiddehydrogenase durch Fe^{2+} in Ggw. v. $NADH_2$ 27-1424; Hemmwrkg. v. Fe^{3+} auf saure Protease v. Rhizopus chinensis 27-1463; Einfl. auf d. enzymat. ATP-Spalt. durch d. Zytoplasmafrakt. v. Plexus chorioideus d. Rindes 28-1462; Notwendigk. v. Fe^{2+} als Cofaktor für d. enzymat. Hydroxylier. v. Prolin u. Lysin in Protokollagen 29-1406; Einfl. v. Fe^{2+} auf Desoxyribonuclease v. Serratia marcescens 30-1260; inaktivierende Wrkg. v. Fe^{2+} auf Papain 31-1447; aktivierende Wrkg. v. Fe^{2+} auf bakterielle Phosphorpyruvat-Hydratase 31-1457; Benötig. v. Fe^{2+} als Cofaktor für d. enzymat. Hydroxylier. v. Lysin in einer Polypeptidvorstufe v. Kollagen 31-1470; Hemmwrkg. v. Fe^{2+} auf d. Fructose-1.6-diphosphat-1-phosphohydrolase in Opuntia ficus indica 32-1404; aktivierende Wrkg. v. Fe^{2+} auf β-Methylaspartase (Bedeut. d. Ionenradius) 33-1528; Wrkg.: v. —-Ionen auf d. L-Äpfelsäurefermentat. mit Hilfe v. Schizophyllum commune 35-1356; auf d. enzymat. u. nichtenzymat. Ox. v. Ascorbinsäure 35-1593; Red. v. Cytochrom c durch —-Ionen (stimulierende Wrkg. d. Nucleinsäuren u. deren Deriv.) 36-1260; Einfl. v. Fe^{2+} auf d. inaktivierte Protease v. Bacillus subtilis var. amylosacchariticus 36-1367; reaktivierende Wrkg. v. Fe^{2+} auf Membranproteinase bei d. Lager. 39-1253; Hemmwrkg. v. Fe^{3+} auf d. enzymat. Entw. v. Äthylen aus Methional durch Erbsensämlingsextrakt 40-1307; Einfl. v. Nichthäm-— auf d. Red. v. Rinderherz-Cytochrom b 45-1341.

Mikrobiologie: —-Bedarf d. grünen u. Purpurbakterien 26-1376; Fe^{2+}-Bedarf v. Calviceps paspali 43-1288.

—-Stoffwechsel in Neurospora crassa (Einfl. v. tox. Co-Mengen) 8-1355; Siderochrome u. —-Stoffwechsel bei Mikroorganismen (Übersicht) 14-1331; Ox. v. Fe^{2+} durch gewaschene Zellsuspens. v. Thiobacillus ferrooxidans 23-1472.

Einfl.: auf d. Rubomycinbldg. durch Actinomyces coeruleorubidus 2-1254; auf d. mikrobielle Albomycin-Synth. 17-1393; v. Fe^{3+} auf d. L-Prolinbldg. bei Brevibacterium flavum 21-1501; v. --Mangel auf d. Ansamml. v. Prophyrinen in d. Kulturfl. d. Aktinomyzeten 25-1430; auf d. wachstumsfördernde Wrkg. v. 2.3-Dihydroxybenzoat auf Mikroben 26-1380; auf d. Flavinbldg. durch Candida 26-1391; auf d. Ribonucleosidtriphosphatabhäng. DNS-Abbau in Mycobacterium smegmatis 28-1305; Hemmwrkg. v. Fe^{3+} auf d. Siomycin-Bldg. durch Streptomyces sioyaensis 29-1532; Einfl. auf d. Aufnahme v. Xanthin durch Candida guilliermondi 30-1300; Toxizität für Bacillus thuringiensis var. thuringiensis Berl 39-1319; Einfl.: v. --Mangel auf d. Biosynth. aromat. Verb. durch Aerobacter aerogenes 47-1443; auf d. Bldg. d. schillernden Substanz durch Pseudomonas aeruginosa 47-1482; auf d. Stickstoff-Fixier. durch Mikroorganismen d. Bodens 51/52-1322.

Pflanzenchemie: --Ernähr. d. Zuckerrübenpflanzen in Bezieh. zu Wachstum, Mineralgleichgew. u. Riboflavinbldg. 7-1373; Verwertbark. v. ^{59}Fe für Pflanzen in reaktoraktivierten Böden (Löslichk.) 18-1401; Ionenaustauscherharz mit --Zusatz als Substrat für Tomaten 19-1515; --Resorpt. durch Blätter 29-1583.

--Translokat. (Citrat/Fe-Quotienten in Pflanzenstengelexsudaten) 10-1369; (Pflanzenkultur, Exsudatentnahme, --Citrat-Analyse) 35-1425.

--Stoffwechsel in Pflanzen (radioakt. – zur Markier.) 20-1433; Austausch v. – u. Fe-Porphyrinen in Erbsen- u. Maiswurzeln (Bezieh. zum energet. Austausch) 25-1524.

Einfl.: v. Fe^{3+} auf d. Auxin-induzierte Pflanzenwachstum 9-1358; v. Fe^{3+} auf d. Wurzelbldg. v. Phaseolus 16-1458; auf d. durch CCC gehemmte Reiswachstum 19-1525; Enzym–Zucker-Geh. im unreifen, mit – behandeltem Zuckerrohr 20-1445; Einfl. auf Citronensäurestoffwechsel u. Aconitasesynth. bei Chlorella 24-1514; Hemmwrkg. v. Fe^{2+} u. Fe^{3+} auf d. Umwandl. v. Isophenoxazin in Brenzcatechin in Tecoma stans 24-1523; Einfl.: auf d. Cl-Aufnahme durch d. Pflanzen 35-1424; auf d. Proteinstoffwechsel v. Hafer (Abhängigk. v. d. Entw.) 46-1365; d. --Versorg. auf d. Wachstum v. Scenedesmus obliquus 51/52-1305.

Tierchemie: Geschw. d. --Freisetz. aus Ferritin in Ggw. v. 1.10-Phenanthrolin in vitro 36-1504.

Bedeut. in d. Ernähr. 3-1469; intestinale Resorpt. v. ^{59}Fe u. Nutz. d. resorbierten Isotops (Wrkg. v. Desferrioxamin u. Wechselwrkg. mit Erythropoietin) 4-1164; Resorpt. v. ^{59}Fe bei d. Verdauung u. --Gewebeverteil. bei d. männl. Ratte (Einfl. v. Nahr.-Eiweißentzug u. Erythropoietininjekt.) 6-1527; Darmresorpt. u. Nutz. v. ^{59}Fe zur Erythrozytenerneuer. bei Ratten mit Proteinmangel (Wrkg. v. Casein u. verschiedenen Aminosäuren) 8-1509; Resorpt. v. – (Wrkg. v. Salzen d. Gallensäuren) 8-1572; Darmresorpt.: v. – (Einfl. v. Desferrioxamin) 11-1458; u. Gewebeverteil. v. mineral. ^{59}Fe (Wrkg. v. oral verabreichtem Desferrioxamin) 14-1494; Resorpt. v. Hämoglobin-- 19-1612; enterale --Resorpt. bei Ratten (Rolle v. Citronensäure u. Ascorbinsäure) 32-1651; physiolog. Verwertbark. v. – in ausgewählten im Mittleren Osten übl. Lebensmitteln 33-3528; --Ausnutz. bei Küken bei unterschiedl. Vitamin-B_6-Zufuhr 35-1589; Resorpt. v. ^{59}Fe durch d. Rattendarm (Einfl. v. Tetracyclin) 35-1700; erbl. Defekt d. --Resorpt. bei d. Maus 36-1188; ^{59}Fe-Aufnahme u. Argyrophilie im retikulo-histiozytären Syst. v. Milzautotransplantaten d. Maus 39-1517; --Bedarf v. NCTC-Klon-*929*-Stamm L-Zellen 46-1164.

Transport v. Farbstoffen u. – (Transportfunkt. d. Serumproteine; Übersicht) 14-1425; Bind. u. Durchtritt v. – durch isolierte Jejunumsegmente normaler u. anäm. Ratten 18-1519; Serum-Fe-Transport im Huhn u. Säugetier 32-1606.

Einbau in Erythrozyten (Hemm. durch Serum uräm., nephrektomierter Kaninchen) 2-1375; Aufnahme v. – durch reife Erythrozyten 3-1448; Einbau v. ^{59}Fe in Häm in vitro durch Hämolysate v. Hühnererythrozyten (Einfl. d. totalen Röntgenbestrahl.) 5-1536; Wrkg. v. Erythropoietin auf d. Einbau v. ^{59}Fe in Erythrozyten (Hemmwrkg. v. Östradiolvalerat u. Schutzwrkg. v. 17α-Hydroxyprogesteroncapronat u. Testosteronpropionat) 10-1420; Einbau v. – in Erythrozyten (Wrkg. v. Angiotensin II) 14-1478; Leberaffinität für – (Frühwrkg. v. Äthionin) 16-1626; Stoffwechsel v. – (Einfl. v. Schlafentzug) 20-1555; ^{59}Fe-Aufnahme d. Erythrozyten (Hemmwrkg. v. Hämin) 21-1663; Veränder. d. --Stoffwechsels während d. Androgentherapie d. fortgeschrittenen Brustkrebses 22-1292; --Aufnahme in Ratteneryhrozyten nach einmal. Dosis v. L-Methioninsulfoximin u. *600* r Röntgenbestrahl. 22-1581; --Umsatz bei Hepatitis (Unters. mit Hilfe v. Radio-- u. Radio-Cr) 29-1718; Wirksamk. v. Chelatbildnern bei d. experimentellen --Speicherkrankh. d. Ratte 30-1466; strahlungsbedingte Beeinträchtig. d. Radio-Fe-Verwert. (Einfl. v. Reserpin, Narkotika u. Körpertemp.) 35-1655.

Einfl.: v. Fe^{2+} auf d. Bldg. v. Lipoperoxiden in Rinderherzmitochondrien 3-1504; auf d. Leucin-Einbau in Ferritin durch Rattenleber 4-1278; v. --Mangel auf d. Zellerneuer.-Geschw. d. Darmschleimhaut 11-1494; v. --Mangel-Anämie auf d. Gastroferringeh. d. Magensaftes 13-1484; v. gleichzeit. Glucose- u. --Verabreich. auf d. Blutzuckergeh. 20-1496; auf d. Harnstoffgeh. im Serum 21-1366; auf d. Plasma-Transferrinspiegel 26-1589; --Überangebot u. D-α-Tocopherol-Stoffwechsel bei d. Ratte 30-1507; Einfl.: auf d. Hydroxylier. v. γ-Butyrobetain zu Carnitin in Rattenleberhomogenaten 47-1409; v. normaler oder --Mangeldiät auf d. Vitamin-C-Synth. bei Ratten 47-1632.

Best. d. --Toxizität bei Mäusen 1-1500; Toxizität für Plodia interpunctella 3-1538; Einfl.: auf d. Toxizität v. Cu bei Schweinen 5-1449; v. Fe^{2+} auf d. Antitumoraktivität v. Brenztraubensäurealdehyd-bis-[thiosemicarbazon] 23-1366; karzinogene Wrkg. v. subkutanen Implantaten v. – bei Nagetieren 29-1186.

Legierungssysteme und Phasen

Physikalische und physikalisch-chemische Eigenschaften von Mehrkomponentensystemen mit Eisen

Spinbest. v. Neutronenresonanzen in Sb, Ta, Re u. Ir mit Targets aus --Leg. 2-0027; hexagonale Krist.-Struktur v. --Leg. mit Übergangsmetallen 3-0247; elektron. spezif. Wärme v. verd. Leg. Fe(Ti), Fe(V), Fe(Cr), Fe(Mn), Fe(Co), Fe(Ni), Fe(Al), Fe(Si), Fe(Mo), Fe(W) 8-0233; Metallionenströme bei Ar-bzw. O-Beschuß v. --Leg. 8-0351; Korrelat. v. elektron. Beitrag zur spezif. Wärme u. Curie-Temp. in verd. --Leg. mit *1* u. *2* Ti, V, Cr, Mn, Co, Ni, Al, Si, Mo u. W 8-0444; gepulste NMR in --Leg. 11-0402; --Leg. als Bestandteil d. normalen Elektrokorunds 12-0590; metallurg. Unters. mit einem *500*-kV-Elektronenmikroskop an Folien v. --Leg. 17-0207; Einfl. v. Nb auf Strukturinhomogenität u. Topographie v. Carbiden in --Leg. v. Sormaittyp 23-0325; Zücht. v. Einkrist.-Filmen aus --Leg. 26-0220; Teil d. Syst. Ti/Al/Cr/Fe/Si/B 26-0606; Systematik d. Krist.-Struktur v. --Leg. 26-2413; Bruch v. --Mischkrist.-Leg. 27-0314; Wrkg. d. gelösten Zusatzelemente auf d. Gleiten u. d. mechan. Zwillingsbldg. in --Leg. 30-0241; Wechselwrkg. in tern. fl. C-gesätt. --Leg. 34-0629; Wechselwrkg.-Parameter in fl. γ-Fe-Leg. 41-0533.

Al: Bldg. d. Phasen Fe_3Al u. FeAl bei d. Diffus. v. Al in Fe 10-0275; Elektronenstruktur aus d. Vgl. d. Feinstrukturen d. K-Kanten 34-0416; weiche Röntgenemiss.-Spektren 34-0417; Einfl. d. Leg.-Bldg. auf d. Al K- u. Fe L-Röntgenemiss.-Spektren im bin. Syst. Al/Fe 34-0418; K-Röntgenabsorpt.-Spektren v. Fe-Al-Leg. 34-0419.

Gitterparameter v. Fe mit *0,03–4,0* Atom-% Al 2-0198; Präzis.-Mess. v. FeAl- u. $FeAl_3$-Gitterparametern 6-0176; magnet. Eig. u. Ordn.-Einstell.: in Fe/Al-Leg. nahe d. Zus. Fe_3Al 6-0210, 6-0211; in FeAl/Fe_3Al/Fe-Leg. mit *16* Al 6-0212; Nahordn. v. Typ Fe_3Al in Fe–Al-Leg. 9-0318; Antiphasenstruktur v. Fe_3Al 10-0220; Nachw. v. $FeAl_3$ u. Fe_2Al_5 in d. Diffus.-Schicht v. Fe–Al-Bimetall 11-2373; Fernorientier. bin. Fe–Al-Leg. bei therm. Behandl. 12-2366; Portevin-Le Chatelier-Effekt in Leg. mit *24,3* Al 13-2343; Morphologie d. dekantierten Grenzfläche bei verd. Al/Fe-Leg. 17-0232; elektr. Widerstand, Wärmeausdehn., K-Zustand u. Fe_3Al-Ordn.-Zustand im Syst. Fe/Al 20-0239; Einfl. d. Charakters d. Versetz.-Struktur u. d. Korngröße auf d. Gültigk. d. Cottrell-Stokes-Gesetzes bei einer Fe–Ni–Cr–Ti–Al-Leg. 23-0328; Darst v. Proben wechselnder Zus. durch Verdünnen d. fl. Zone im Syst. Al/Fe/Si 26-0203; Phasenzus. d. Syst. Fe/Al d. intermetall. Zwischen-Schichten v. Fe–Al-Schweißnähten 26-2476; Whiskerwachstum einer Fe/Al-Leg. mit *4,6* Al 28-0172; Versetz.-Morphologie in durch Stoß verformtem Fe_3Al 28-0197; Entw. d. Antiphasenstruktur d. Fe–Al-Leg. mit *21,2–44* Atom-% Al 32-0194; Quellen v. Versetz. in d. geordneten Leg. 33-0205; Gitterparameter v. Fe/Al-Leg. mit bis *9,45* Al 34-0170; elast. „Steifheitskoeff." v. Fe–Al-Leg. 34-0324, 34-0325; Umwandl. d. ungeordneten Phase in d. FeAl-Phase u. d. Fe_3Al-Phase in d. FeAl-Phase 36-0147; röntgenograph. Phasenanalyse d. Syst. La/Al/Fe 45-0254; Elastizitätsgrenze u. Härte nach Abschrecken für d. Überstruktur v. Typ B_2 31-0259; verfestigende Wrkg. d. Nahordn. in tern. kub. flächenzentrierten Substitut.-Mischkrist. Cu–Al–Fe 39-0195; Streckgrenzeneffekt in Fe–Al mit ca. *25* Atom-% Al bei hohen Temp. 40-0140.

NMR u. Suszeptibilitätsmess. in intermetall. Fe–Al-Leg. 22-0374; elektr. Leitfähigk. v. Fe–Al 23-0504; Elektronenübergang u. magnet. Atommomente in d. geordneten intermetall. Verb. $AlFe_3$ 25-0021; thermomagnet. Effekt v. Fe_3Al 25-0407; Hall-Konst. d. Fe-Leg. mit *22,4* Cr, *4,5* Al u. *0,7* Co bzw. mit *30,3* Cr, *5,6* Al u. *0,3* Mn 37-0242; charakterist. Energieverluste d. Elektronen in Fe–Al-Leg. 40-0232.

Magnet. Struktur v. FeAl 2-0463; magnet. Unters. an kub. raumzentrierten Leg. mit *50* Atom-% Al 2-0475; Magnetostrikt. v. Leg. mit *1,25* Al bei hohen Temp. 8-0463; Mössbauer-Unters. an geordneten u. kaltbearbeiteten Fe–Al-Leg. mit *30–50* Atom-% Al 14-0481; induzierte einachs. magnet. Anisotropie v. Leg. mit *0–15* Al 15-0504; Temp.-Abhängigk. d. magnet. Krist.-Anisotropie nahe d. Konz. Fe_3Al 20-0442; Magnetostrikt.-Konst. v. Leg. mit *4,6* bzw. *8,6* Al 40-0366; Spann.-Felder auf Oberflächen einer ausgewalzten Leg. mit *10* Al 40-0359.

Gitterschwing. v. geordnetem Fe_3Al 3-0256; Einfl. v. Temp. u. Zus. auf d. Geschw. d. Hochtemp.-Ox. 6-2358; γ → α-Umwandl. in Fe–C–Al-Leg. 7-0560; Krist.-Struktur u. Gitterkonst. u. Phasenbereich d. Verb. UAlFe 13-0594; Elastizitätskonst. u. Phasen v. Leg. d. Syst. Ti/Al/Cr/Fe/Si 14-0272; spezif. Wärme bei tiefen Temp. d. kub.-raumzentrierten Leg. $(Fe, Co)_{0,8}Al_{0,2}$ 17-0298; Phasengleichgew. eines Teiles d. Syst. Ti/Al/Cr/Fe/Si/B 18-0547; γ-Schleife im Syst. Fe/Al 18-0548; Umwandl. d. metastabilen Phase FeAl u. Änder. d. magnet. Eig. bei d. Ordn.-Einstell. 18-0549; Phasengleichgew. u. Verteil. d. Elemente im Syst. Fe/O/Al 21-0625; tern. Zustandsdiagramm Al/Fe/C 23-2353; Aktivitätskoeff. u. Wechselwrkg.-Parameter für Al–Fe-Leg. 31-0636; Viskosität v. bin. Leg. 43-2412; Umwandl. v. FeAl mit *20* bis *40* Atom-% Al 47-2299; Ordn.-Unordn. Umwandl. 49/50-2296.

Wrkg. v. Al auf Löslichk. u. Aktivitätskoeff. v. N_2 in Fe-Schmelzen 9-2331; Lsg.-Wärmen v. Al in fl. Fe 49/50-0387.

As: Wrkg. v. As auf Löslichk. u. Aktivitätskoeff. v. N_2 in --Schmelzen 9-2331; Misch.-Lücke in d. fl. Phase d. Syst. Pb/Cu/Fe/As 40-0450; Phasendiagramm d. Syst. Fe/Ni/As bis zu *50* As 49/50-0427.

Au: Änder. d. spezif. elektr. Widerstands verd. magnet. --Leg. mit *0,1* Au bei niedr. Temp. 11-0473; Zustandsdiagramm d. Syst. Au/Cu/Fe 14-0572; Hyperfeinfelder an ^{119}Sn in Fe/Au-Leg. 25-0517; Einfl. v. NH_3 auf d. Zus. u. Geschw. d. kathod. Fe/Au-Abscheid. 34-0655; Kumulier. v. Elektronenzuständen in Fe–Au-Leg. 37-0442; thermodynam. Eig. v. Syst. Au/Fe mit Misch.-Lücke: 42-0082; geordnete G.P.-Zonen in kub.-raumzentrierten Fe/Au/Cu-Leg. 46-0212.

B: Wrkg. v. B auf Löslichk. u. Aktivitätskoeff. v. N_2 in --Schmelzen 9-2331; Unters. d. Phasen in d. Dreistoffen (Mo, W)-(Fe, Co, Ni)-B 11-0613; Oberflächenox. einer --Leg. mit *0,08* B in H_2O–H_2-Gemischen 11-0695; Phasengleichgew. eines Teiles d. Syst. Ti/Al/Cr/Fe/Si/B 18-0547; feste Lsg. v. B in α-Fe 34-0323.

Be: Magnetostrikt.-Konst. v. Leg. mit *0,52* bzw. *1,16* Be 40-0366; Zerfall übersätt. --Leg. mit *27* Atom-% Be 44-0107.

C: Kinetik d. Bldg. v. Graphitkeimen in --Leg. 3-2402; feldionenmkr. Unters. v. Korngrenzen in Fe/C-Leg. 5-0221; Wechselwrkg. v. Versetz. u. Ausscheid. in abgeschreckten u. ausgelagerten Fe–C-Leg. nach cycl. Belast. 5-0223; dynam. Polymorphie v. bin. Fe–C-Leg. 12-0516; Strukturübergänge in Fe/C-Schmelzen 13-0256; gerichtete Verfestig. v. Fe/C- u. Fe/C/Si-Eutektika 17-0231; Clusterbldg. v. C-Atomen in α-Fe 17-0249; Raster-Elektronenmikroskopie d. Wachsens v

Graphit in --Leg. 19-0222; Wachstum d. Fe/C-Eutektikums v. Fe/C- u. Fe/C/Si-Leg. 29-0178; Natur d. Zerfallsprod. u. Mechanismus d. Ausscheid. bei d. Abschreckalter. v. techn. Fe 29-0188; Kristallographie d. druckinduzierten Phasenumwandl. in Fe/C- u. Fe/Ni/C-Leg. 30-0159; Einfl. d. Druckes auf d. Struktur v. Fe/C-Martensiten v. Ferrovac u. hochreinen Fe/C-Leg. 30-0160; Bldg. v. zellenförm. Graphit in synthet. Fe–C- u. Fe–C–Si-Leg. 31-2500; Abschreckgeschw. beim schnellen Abschrecken aus d. fl. Phase v. Fe–C-Leg. auf Cu 34-0133; Mechanismus d. Krist.-Wachstums v. Graphit in einer Fe/C/Si-Schmelze 37-0132; Einfl. v. Beimeng. auf d. Kristallisat. d. Graphits aus Fe/C-Schmelzen 44-0142; Wachstum d. Bereichs fest/fl. während d. eindimensionalen Erstarr. v. Fe/C-Leg. 45-0159.

Innere Reib. in P-halt. Fe–C- u. Fe–C–Mn-Leg. 12-2292; zusätzl. Snoek-Max. infolge C in Fe–V–C-Leg. 28-0250; Entw. d. inneren Reib. beim Snoekpunkt v. C bei einer Fe–C-Leg. in Abhängigk. v. Grad d. Verform. 39-0179.

Mössbauer-Effekt in Fe–C-Leg. 42-0379; amorphe ferromagnet. Phase in Fe–C–P-Leg. d. Zus. *6* P, *1,7* C Rest Fe 44-0399.

Einfl. d. Zus. auf d. anod. Polarisat. v. Fe–C–Ni-Leg. 21-0673; Überführ.-Zahl v. C in – 23-0508; chem. Komponente d. anod. Polarisat. v. mit C gesätt. Fe-Schmelze 23-0694; anod. Ox. v. in – gelöstem C 28-0630.

Bldg. u. Gitterkonst. einer neuen metastabilen, hexagonal dichtestgepackten Phase im Syst. Fe/C 1-0571; Einfl. v. chem. Zus. u. Abkühl.-Geschw. auf d. eutekt. Erstarr. v. Fe–C-Leg. 4-1942; Einfl. v. O auf d. Aktivität v. C in fl. – 9-0562; Berechn. d. Schmelzwärme v. – in d. bin. Syst. Fe/P, Fe/S, Fe/O u. Fe/Nb 10-0525; metastabiles Zustandsdiagramm d. Syst. Fe/C/Si 11-0608; Kalorimetrie d. stabilen Syst. Fe/Si/C 11-0609; Strukturdiagramme d. quatern. Syst. Cr/Fe/C/N 12-0543; Einfl. v. O_2 auf d. Viskosität u. d. viskose Fließen v. Fe–C-Schmelzen 15-0550; Diffus.-Gebiet d. Auflsg. v. Nb in Fe–C-Schmelzen 17-2423; Veränder. im Fe–C-Diagramm durch Cu-Zusatz in Guß-– 20-2319; Erstarr.-Umwandl.-Gleichgew. d. stabilen Syst. Fe/Si/C 21-2527; thermodynam. Variablen auf d. –-Seite d. tern. Syst. Fe/Ni/C 24-0569; umgekehrte C-Diffus. beim Glühen v. --Leg. 27-2614; C-Aktivität im α- u. γ-Mischkrist. v. Fe–C–Si-Leg. 30-2308; Aktivitätskoeff. u. Wechselwrkg.-Parameter für Fe–C-Leg. 31-0636; C-Aktivität im α- u. γ-Bereich v. Fe–C–Si-Leg. 31-2494; Verh. v. C im Syst. Fe/Li (fl.)/C 34-0622; partielles Molvol. im Syst. Fe/C 36-0497; Fe–C-Diagramm u. Einfl. v. Si u. P auf seine Form 39-0500; Mikrosegregat. im Eutektikum v. Fe–C-Leg. 39-0501; eutekt. Erstarr. v. Fe–C-Leg. 40-2152; Einfl. v. Verdräng.-Rk. auf d. elektrochem. Best. d. Aktivität einer Komponente im Syst. Fe/Ni/C 41-0526; Lage d. ledeburit. Talweges im Syst. Fe/C/Si 41-0534; Einfl. v. V auf d. Aktivität v. C im Syst. Fe/C/V bei *1000°* 44-0107; Ausscheid. v. BN aus Fe–C-Schmelzen 45-0530; Entw. d. Matrix einer Fe/C-Leg. nach martensit. Härt. im Verlauf d. Anlassens bei langsam steigender Temp. 46-0184; Gleichgew.-Diagramme Fe/Ni/P, Fe/Ni/S, Fe/Ni/C, Fe/S/P, Fe/S/C 47-0677; Wachstumsgesetz d. Graphitteilchen in einer übereutektoiden Fe–C–Si-Leg. 49/50-0188; Strukturmodell u. thermodynam. Funkt. im Syst. γ-Fe/C u. Berechn. d. Aktivitäten d. gelösten Stoffes 49/50-0355; Diffus. v. N in fl. Fe–C-Leg. 49/50-0378.

Auflsg. v. C im fl. Rein-– durch Eintauchen v. C-Stäben in Tammann-Schmelzen 1-2200; Einfl. v. Mn u. S auf d. Verh. v. C in fl. – 13-2295; O_2-Auflsg. in Fe–C-Schmelzen bei ihrer Entkohl. 14-2299; Red.-Geschw. v. glasförm. SiO_2 durch Fe–C-Schmelze 24-2359; Kinetik d. Gas–Metall-Oberflächenrk. d. Entkohl. v. Fe–C-Schmelzen in CO_2–CO 25-2475; keine Rk. d. festen Lsg. v. C in – 25-2477; Löslichk.-Kurven d. Syst. Fe/C 26-0568; Einfl. v. V in Fe–C-Leg. auf d. Kinetik d. Ox. d. C 33-0793; Ox. v. Fe–C-Leg. 44-0637.

Co: Magnet. Ausricht. interstellarer Teilchen v. FeCo (*40:60*) 15-0775.

Einfl. d. Erhitz.-Geschw. auf d. Verhältnis d. Vol.- u. Korngrenzendiffus. v. Co in – 1-0317; Bandtheorie d. Übergitters CoFe 2-0414; dynam. Polymorphie v. bin. Co–Fe-Leg. 12-0516; innerkrist. Struktur v. Fe/Co-Leg. bei hohen Verform.-Graden 27-0227; Zücht. u. Substruktur v. Einkrist. einer Co/Fe-Leg. 28-0173; Analyse v. Versetz.-Schleifen in Übergittern v. FeCo 30-0173; Elektronenstruktur aus d. Vgl. d. Feinstrukturen d. K-Kanten 34-0416; Gefüge d. Ausscheid.-Härt. tern. Fe–Mn–Co-Leg. 38-2506; Diffus.-Phänomene in d. tern. Syst. Fe/Ni/Co 40-0191; Kornwachstum in FeCo/V 44-0107; Ordn./Unordn.-Umwandl., spezif. Wärmen u. Gitterkonst. v. feinen Partikeln v. Fe/Co-Leg. 46-0194.

Verh. d. Ordn.-Leg. FeCo bei verschiedenen Verform.-Beding. 22-0275; Elastizitätsgrenze u. Härte nach Abschrecken für d. Überstruktur v. Typ B_2 in Fe–Co–V 31-0259; Verw. v. Fe–Co-Leg. zur Druck-Eich. im Bereich v. *130 – 300* kbar 31-1996; innere Reib. v. Fe–Co–N-Leg. 39-2385; Spann.–Dehn.-Diagramm u. Mischkrist.-Härt. d. Mischkrist. d. α-Fe mit Co 40-0139.

Ferromagnetismus u. Supraleitfähigk. in $TiFe_xCo_{1-x}$ 19-0493.

Temp.-Abhängigk. d. Magnetostrikt. v. FeCo 2-0489; Feldabhängigk. d. Magnetisier. bei großen Feldstärken v. kub.-raumzentrierten Fe–Co-Leg. 5-0544; Einfl. d. Ordn. auf d. beim Walzen eingeführte magnet. Anisotropie in FeCo-*2* V 6-0495; Ultrahochfrequenz-Eig. dünner magnet. Fe–Ni–Co-Filme 11-0533; Anisotropie dünner ferromagnet. Fe–Ni–Co-Leg.-Filme verschiedener Zus. 11-0534; magnet. Momente 12-0465; innere Felder am Kernort einiger Verunreinig. in ferromagnet. Fe–Co-Leg. 16-0387; Mössbauer-Spektren d. Leg. $TiFe_xCo_{1-x}$ 17-0531; NMR in polarisierten Kernen v. Fe-Leg. mit ^{60}Co 19-0394; magnet. Anisotropie v. Fe–Co-Leg. 20-0444; Einfl. v. Stapelfehlern u. Zwillingen auf d. Koerzitivkraft dünner magnet. Fe–Co–Ni-Schichten 23-0564; Abweich. v. Blochschen Gesetz d. Temp.-Abhängigk. d. Sättig.-Magnetisier. v. Co–Fe-Leg. 24-0519; nichtmagnetostriktive Zus. v. dünnen Fe–Ni–Co-Schichten 26-0513; Gitterparameter, spezif. Sättig.-Magnetisier., Restmagnetisier. u. Koerzitivkraft v. Pulvern aus Fe–Co- bzw. Fe–Co–V-Leg. 26-0521; Ummagnetisier.-Mechanismen v. Ansamml. längl. Einbereichsteilchen aus nadelförm. Fe–Co-Pulvern 30-0468; Leit.-Elektronenpolarisat. in FeCo 42-0378; krit. Dicke u. Koerzitivkraft v. Co–Ni–Fe-Filmen 43-0495; magnet. Eig.: kleiner Partikel einer Fe–Co-Leg. 44-0398; dünner einkrist. Schichten v. Leg. d. Syst. Fe/Ni/Co 51/52-0333; magnet. Stabilität weichmagnet. Fe–Co-Leg. bei höheren Temp. 51/52-0338.

$\gamma \rightarrow \alpha$-Umwandl. in Fe–C–Co-Leg. 7-0560; Aktivitäten sowie Lsg.- u. Misch.-Enthalpien d. fl. metall. Syst. Fe/Co 13-0596; Einfl. v. Co auf d. S-Aktivität in fl. – 13-2296; spezif. Wärme bei tiefen Temp. d. kub.-raumzentrierten Leg. $(Fe, Co)_{0,8}Al_{0,2}$ 17-0298; Umwandl. in Fe–Co-Leg. 36-2338; Ausscheid.-Härt. v. martensit. Fe–Ni–Co-Leg. 48-2256.

Wrkg. v. Co auf Löslichk. u. Aktivitätskoeff. v. N in Fe-Schmelzen bei *1600°* 9-2331; D. u. Oberflächenspann. v. Fe–Co–Ni-Schmelzen 17-0697; katalyt. Aktivität v. Fe–Co-Leg. bei d. NH_3-Synth. 39-0625.

Cr: Unters. d. chem. Natur d. Oxideinschlüsse v. Ti in Fe–Cr-Leg. mit Hilfe d. Röntgenemiss.-Spektren 17-0369; Röntgenfluoreszenzintensitäten v. tern. Ni–Fe–Cr-Leg. 34-0422; Anreg. d. K_α-Strahl. durch d. Fluoreszenzstrahl. d. Grundmetalls 35-1973.

Zwillingsbldg. im Martensit v. Cr–C–Fe-Leg. 10-0221; Einfl. geringer C-Konz. auf d. Lage d. Martensitpunktes v. --Leg. mit *6* bis *8* Cr, *2 – 3* Ni u. *0 – 1* W 15-0232; Phasenverfestig. bei polymorpher Hochtemp.-Umwandl. einer geglühten C-freien --Leg. mit *8* Cr 23-0239; Einfl. v. Versetz.-Struktur u. Korngröße auf d. Gültigk. d. Cottrell-Stokes-Gesetzes bei einer Fe–Ni–Cr–Ti–Al-Leg. 23-0328; Überführ.-Zahlen d. Komponenten v. Fe–Cr-Leg. 23-0507; Besonderh. d. polymorphen Umwandl. in legiertem – mit *1,45* u. *6 – 7,8* Cr, *2,37 – 4,27* Ni, ohne u. mit *0,46* bzw. *1,15* W; *0,002 – 0,004* C 24-0197; Vol.- u. Korngrenzendiffus.-Koeff. v. radioakt. Cr in α-Fe 25-0269; Morphologie d. Eutektikums v. Fe–C–Cr-Leg. 33-2636; Diffus. v. Cr in – mit niedr. C-Geh. 34-0362; Guinier-Preston-Zonen in Fe/Cr-Leg. 35-0141; Darst. u. Orientier. v. Einkrist. einer Fe/Cr-Leg. durch Zementat. v. --Einkrist. durch Cr 44-0148; Anwend. einer röntgenograph. Glanzwinkel-Meth. zur Unters. d. Tieftemp.-Ox. v. Fe–Cr-Leg. 45-0640; Ordn.-Einfl. in d. tern. Leg. $Ni_3(Fe, Cr)$ mit *0 – 12,5* Atom-% Cr 46-0202; rastelektronenmkr. Beobacht. an d. Metall/Oxid-Grenzfläche einer hochreinen Fe/Cr-Leg. mit *28* Cr 46-0188.

Innere Reib. v. Fe–Cr–N-Leg. 4-1943; Doppelkinkmodell für d. Kaltverform. 5-0315; Verform.-Substruktur v. ausgelagerter --Leg. mit *40* Cr 15-2471; Sprödigk. v. --Leg. mit *25* Cr u. *5* Al 17-2427; Verform. einer bei *475°* gealterten Fe–Cr-Leg. 34-0326; Spann.–Dehn.-Diagramm u. Mischkrist.-Härt. d. Mischkrist. d. α-Fe mit Cr 40-0139; Druck für durch Zwillinge bedingten Bruch an Fe–Cr–Ti-Leg. 42-0231; mechan. Eig. v. Fe/Ni/Cr-Martensiten mit niedr. C-Geh. 44-0107; Verform. v. passiven Filmen an einer --Leg. mit *14* Ni u. *16* Cr 44-0541.

Temp.-Abhängigk. d. Wechselwrkg.-Effekte in Ansamml. feiner Teilchen v. Fe–Ni–Cr 11-0547; magnet. Momente v. Cr in --Leg. 12-0465.

Passivität v. Fe/Cr-Leg. 10-0599; elektrolyt. Abscheid. tern. Fe–Cr–Ni-Leg. aus einem Cl^--Bad 14-0603; EMK d. Kette Pt, O_2/SiO_2 + MgO/Fe(C, Me)/C, O_2 mit Me = *11,6* Cr 32-0636; Probenhalter für genaue elektrochem. Polarisat.-Mess. an Metallplatten u. -folien aus Fe/*18* Cr/*12* Ni/*0,08* C 35-0526.

Schubmechanismus d. polymorphen Umwandl. beim Erhitzen v. Leg. mit *5* Cr u. *0,02* C 12-2351; Elastizitätskonst. u. Phasen v. Leg. d. Syst. Ti/Al/Cr/Fe/Si 14-0272; Lsg.-Wärme v. α- u. γ-Phasen v. Fe–Cr–Ni-Leg. 17-2457; Phasengleichgew. eines Teiles d. Syst. Ti/Al/Cr/Fe/Si/B 18-0547; Austenitstabilität in Fe–Cr–Ni-Leg. während d. Verform. bei Raumtemp. 20-2314; Bldg.-Wärmen u. Wärmekapazitäten im Syst. Fe/Ni/Cr 28-0550; thermodynam. Aktivität v. verd. Lsg. d. Cr in fl. – 40-0449; Wrkg. v. Mn auf d. Gleichgew. zwischen d. Phasen α u. γ im Syst. Fe/Cr/Mn 40-0486; thermodynam. Eig. v. Syst. Fe/Cr mit Misch.-Lücke 42-0082.

Wrkg. v. Cr auf Löslichk. u. Aktivitätskoeff. v. N in --Schmelzen bei *1600°* 9-2331; Adhäs. an weißer Stahlschmelzschlacke 19-2514.

Cu: Substrukturverfestig. in großen plast. Spann. unterworfenen Cu–Fe-Leg. 44-0107; geordnete G.P.-Zonen in kub.-raumzentrierten Fe/Au/Cu-Leg. 46-0212.

Ermüd. v. Cu–Ni–Fe-Leg. 15-0272; Verschleiß v. Cu–Fe-Leg. als ölgeschmierte Gleitkontakte 37-2643; verfestigende Wrkg. d. Nahordn. in Cu–Al–Fe-Substitut.-Mischkrist. 39-0195.

Elektrolyt. Abscheid. dünner magnet. Schichten d. Syst. Ni/Fe/Cu 9-0507; Temp.-Abhängigk. d. Wechselwrkg.-Effekte in Ansamml. v. Cu–Ni–Fe-Teilchen 11-0547; spinkompensierter Zustand in verd. Fe–Cu-Leg. 12-0051; FMR in dünnen magnet. Filmen aus Fe/Ni/Cu 14-0372; Hyperfeinfelder an ^{63}Cu, ^{65}Cu u. ^{56}Fe-Kernen in verd. Fe–Cu-Leg. 25-0380; Anomalie d. Temp.-Abhängigk. d. magnet. Suszeptibilität stark verd. CuFe-Leg. 28-0478; Einfl. d. Übergangselemente d. ersten großen Periode auf d. Leitfähigk.-Eig. v. Cu–Fe 35-0368; Kumulier. v. Elektronenzuständen 37-0442; Hochtemp.-Widerstand 39-0359; magnet. Eig. v. verd. Fe–Cu-Leg. 42-0374.

$\gamma \rightarrow \alpha$-Umwandl. in Fe–C–Cu–Mn-Leg. 7-0560; Wrkg. v. Cu auf Löslichk. u. Aktivitätskoeff. v. N in --Schmelzen bei *1600°* 9-2331; Martensitrk. in eutektoiden Fe–Cu-Leg. 9-2332; Phasengleichgew. d. Syst. Cu/Fe/O 14-0555; Zustandsdiagramm d. Syst. Au/Cu/Fe 14-0572; Benetz. v. Urancarbid 16-0648; Lage d. Solidus-Linie im Zustandsdiagramm d. Syst. Fe/Cu 28-0584; Misch.-Lücke in d. fl. Phase d. Syst. Pb/Cu/Fe/As 40-0450.

Dy: Hyperfeinfelder am Ort v. Gd-Kernen in d. kub. Laves-Phase Fe_2Dy 25-0377.

Er: Hyperfeinfelder am Ort v. Gd-Kernen in d. kub. Laves-Phase Fe_2Er 25-0377.

Ga: Magnet., elektr. u. therm. Eig. v. FeGa 5-0542; Gitterparameter d. Fe/Ga-Leg. mit *34 – 50* Ga 19-0242; Phasenbereichsumwandl., Suszeptibilitätsisothermen u. Gefüge d. Syst. Ga/Fe 29-0645; magnet. Eig. d. Syst. Ga/Fe 44-0396.

Gd: Magnet. u. elektr. Eig. v. Fe–Gd-Filmen 4-0366; stat. Hystereseschleifen v. Fe–Gd-Filmen mit *0 – 48* Gd 21-0569; Hyperfeinfelder am Ort v. Gd-Kernen in d. kub. Laves-Phase Fe_2Gd 25-0377.

Ge: Mössbauer-Effekt in intermetall. $Fe_{2-x}Ge$-Verb. 4-0046; Vgl. v. Fe_3Ge_2 u. Fe_5Sn_3 (Struktur B *8₂*) mittels Mössbauer-Effekt 7-0461; paramagnet. Unters. an Fe–Ge-Leg. (*0 – 50* Atom-%) 11-0546; Enthalpie, Schmelzwärme u. spezif. Wärme d. festen u. fl. Germanide Fe_4Ge_3 u. FeGe 13-0555; therm. u. thermodynam. Eig. d. stöchiometr. Verb. Fe_5Ge_3 u. $FeGe_2$ 16-0542; Mössbauer-Unters. d. intermetall. Fe_5Ge_3-Syst. 30-0457; Röntgenstrukturanalyse tern. Verb. $RX'X_2''$ in d. Syst. R/Fe/Ge mit R = Ti, Zr, Hf, V, Nb, Ta 32-0233; Thermokraft v. Fe–Ge-Leg. 39-2099; Magnetostrikt.-Konst. v. Leg. mit *5,3* Ge 40-0366; magnet. Mess. an hexagonalem FeGe 48-0579.

H: H_2-Löslichk. in – bei *900 – 1680°* 4-1956; Einfl. d. elektr. Beding. auf d. Diffus. v. H_2 in – 5-0633, 5-0634; Kinetik d. Löslichk. v. H_2 in – 9-0319; Diffus. u. Zustand v. H in – 12-0285; Löslichk. v. H_2 in – 24-0560;

H_2-Löslichk. in fl. —-Leg. 31-2536; Diffus. v. H in — nach kathod. Belad. 36-0274; H_2-Löslichk. in fl. bin. —-Leg. 36-2332.

Hf: Röntgenstrukturanalyse tern. Verb. $RX'X_2''$ in d. Syst. Hf/Fe/Ge 32-0233.

In: Nichtmischbark. im fl. Syst. Fe/In 3-0571; Misch.-Lücke im fl. Zustand im Syst. Fe/In 30-0549.

Ir: Magnet. Hyperfeinwechselwrkg. v. ^{193}Ir in einer Fe–Ir-Leg. 32-0003; spezif. Widerstand u. Suszeptibilität verd. Ir–Fe-Leg. 47-0387.

La: Röntgenograph. Phasenanalyse d. Syst. La/Al/Fe 45-0254.

Li: Zustandsdiagramm v. Fe–Si–Li-Leg. 51/52-2218.

Mg: Retrogrades Schmelzen im Syst. Mg/Fe/Si/O 11-0596; Löslichk. v. — in Mg (Auflsg.-Geschw. u. Diffus.-Konst.) 26-0604; thermodynam. Eig. v. Fe–Si–Mg-Schmelzen 32-0576; Röntgenbeug. an vielschicht. Fe/Mg-Dünnfilmstrukturen 51/52-0132.

Mn: Kinetik d. Bainitrk. in Fe–C–Mn-Leg. bei Zwischenstufenbldg. 3-2403; Darst. u. Röntgenunters. an d. Mischkrist.-Reihen Y_6Mn_{23}/Y_6Fe_{23} u. YMn_2/YFe_2 5-0271; Einfl. mehrmal. Erhitz. u. Abkühl. auf d. Änder. d. Phasenzus. v. —-Leg. mit *20* Mn 6-0215; Versetz. in Korngrenzen u. Korngrenzenabgleiten an —-Leg. mit *0,75* Mn bzw. *0,75* Mn u. *0,01* Ni 17-0250; Versetz.-Struktur u. Korngröße bei einer Ni–Mn–Fe-Leg. 23-0328; atomare Ordn.-Effekte in tern. Mischkrist. (Ni_3Fe, Mn) 24-0251; Phasendiagramm d. Syst. Fe/Mn bei hohen allseit. Drücken 36-0499; Gefüge bei Ausscheid.-Härt.: v. martensit. Struktur tern. Fe–Ni–Mn-Leg. 38-2505; v. tern. Fe–Mn–Co-Leg. 38-2506; Einfl. einer plast. Verform. u. Glüh. auf d. Eig. v. —-Leg. mit *0,05* C, *36,5* Mn, *0,40* Si u. *0,08* Ni 39-0228; Oberflächenverarm. während d. Effus. v. Fe mit *5* Mn 42-0082; Kinetik u. Morphologie d. Gitterumwandl. kub.-flächenkonz.-hexagonal einer —-Leg. mit *26,12* Mn 42-0128.

Einfl. v. N auf d. innere Reib. v. Fe–Mn–N-Leg. 43-2437; Versetz.-Mechanismus für d. plast. Fließen einer —-Leg. mit *2* Mn bei tiefen Temp. 44-0107.

Exoemiss. bei $\gamma \rightleftharpoons \varepsilon$-Umwandl. einer —-Leg. mit *19,1* Mn, *0,20* Si, *0,05* C, *0,034* P u. *0.014* S 9-0404; elektr. Leitfähigk. v. Fe–Mn 23-0504.

Hyperfein-Feld-NMR-Spektren in Fe/Mn-Leg. 2-0332; (intermetall. Verb. mit β-Mn-Struktur) 7-0464; magnet. Eig. d. tern. Leg. $Fe_{65}(Ni_{1-x}Mn_x)_{35}$ 11-0549; magnet. Momente v. Mn in — 12-0465; Konz.-Abhängigk. d. mittleren magnet. Moments pro Atom einer tern. Leg. d. Syst. Ni/Mn/Fe 22-0499; magnet. Suszeptibilität d. martensit. ε'- u. ε-Phase in Mn-Stählen mit *20, 25* u. *30* Mn 24-0518; ΔE-Effekt u. Antiferromagnetismus in Fe–Mn-Leg. 26-0290; Kontrakt. d. Hystereseschleifen bei FeNi/NiFeMn 27-0589; abrupte Änder. d. inneren Feldes für $Fe_{65}(Ni_{1-x}Mn_x)_{35}$-Leg. infolge d. ferro-antiferromagnet. Umwandl. 35-0390; Nächste-Nachbarn-Austauschwechselwrkg. v. Mn in verd. Fe–Mn-Leg. 38-0530; ferromagnet. Resonanzabsorpt. v. Fe-Leg. mit *5* Mn 41-0291; Antiferromagnetismus v. γ-FeMn-Leg. 47-0408, 47-0409; Austauschanisotropie v. $Fe_{65}(Ni_{1-x}Mn_x)_{35}$-Leg. 47-0412.

EMK d. Kette Pt, $O_2/SiO_2 + MgO$/Fe(C, Me)/C, O_2 mit Me = *3,67* Mn 32-0636; S-Potential d. Sulfidbldg. in Fe–Mn-Leg. 33-2686.

$\gamma \rightarrow \alpha$-Umwandl. in Fe–C–Cu–Mn-Leg. 7-0560; Polymorphie u. Kompressibilität in stoßbelasteten —-Leg. mit bis *11* Mn 9-0564; D. v. festen u. fl. Fe–C–Mn-Leg. 14-2305; $\alpha \rightleftharpoons \gamma$-Gleichgew. u. Freie Enthalpien in d. Syst. Fe/Mn 18-0546; $\gamma \rightarrow \alpha$-Umwandl. in kaltverformter —-Leg. mit *8,4* Mn 19-2562; Diffus.-Koeff. im Syst. Fe/Mn 29-0289; Aktivitätskoeff. u. Wechselwrkg.-Parameter für —-Leg. mit Mn 31-0636; Parameter d. isothermen Martensitbldg. in Fe–Mn–C-Leg. 36-2337; Wrkg. v. Mn auf d. Gleichgew. zwischen d. Phasen α u. γ im Syst. Fe/Cr/Mn 40-0486; Mess. d. O_2-Aktivität in Fe–Mn-Schmelzen in galvan. Zellen mit Festelektrolyten 49/50-0447.

Wrkg. v. Mn auf Löslichk. u. Aktivitätskoeff. v. N in —-Schmelzen bei *1600°* 9-2331; Löslichk. v. N_2 in Mn–Fe-Leg. 14-0535; D. u. Oberflächenspann. v. Fe–Mn–Si-Schmelzen 31-0700; Bldg. v. Oxidhäutchen in Fe–Mn-Schmelzen 32-2471.

Mo: Dynam. Polymorphie v. —-Leg. mit *0 – 45* Mo 12-0516; Substrukturverfestig. in großen plast. Spann. unterworfenem Fe mit *0,47* Mo u. C 44-0107; Mössbauer-Unters. v. Fe_2Mo, Fe_2Mo_2 u. Leg. mit *2,5* u. *20* Atom-% Mo in fester Lsg. u. als Ausscheid. 46-0190; Stapelfehler u. Krist.-Struktur v. Ausscheid. in —-Leg. mit *7 – 16* Mo 46-0191; Ordn.-Einfl. in d. tern. —-Leg. $Ni_3(Fe, Mo)$ mit *0 – 7,8* Atom-% Mo 46-0202.

Plast. Verform. v. Fe–Mo-Mischkrist. 3-0288; Spann.–Dehn.-Diagramm u. Härt. d. Mischkrist. d. α-Fe mit *1 – 9* Atom-% Mo 40-0139.

Spinänder. im Bereich einer Störstelle in MoFe 17-0527; Analyse d. quasistat. Ummagnetisier. v. Zweischichtfilmen d. Syst. FeNiMo/SiO/Fe 23-0561; Mössbauer-Spektren v. —-Leg. mit *2,1 – 6,0* Atom-% Mo 49/50-0334.

Aktivier.-Mechanismus d. elektrolyt. Abscheid. einer Fe/Ni/Mo-Leg. im Ultraschallfeld 34-0654.

$\gamma \rightarrow \alpha$-Umwandl. in Fe–C–Mo-Leg. 7-0560; Gleichgew.-Diagramm u. strukturelle Charakteristiken d. verschiedenen Phasen d. Syst. Fe/Mo 13-0595; $\alpha \rightleftharpoons \gamma$-Gleichgew. u. Freie Enthalpien im Syst. Fe/Mo 18-0546; Phasendiagramm d. Syst. Fe/Mo 20-2349.

Wrkg. v. Mo auf Löslichk. u. Aktivitätskoeff. v. N in —-Schmelzen bei *1600°* 9-2331; Adhäs. an weißer Elektrostahlschlacke 19-2514; Löslichk. v. N in fl. Mo–Fe-Leg. 44-0107.

N: Kinetik d. Entstick. v. Fe–N-Leg. durch H_2 1-2198; Aushärt. v. Fe-Leg. mit $Fe_{16}N_2$- u. Fe_4N-Phasen 3-2404; Snoek-Maxima in tern. Fe–N-Leg. 5-0326; Wrkg. v. Zusatzelementen auf Löslichk. u. Aktivitätskoeff. v. N_2 in —-Schmelzen bei *1600°* 9-2331, 23-2554; Löslichk. u. Lsg.-Wärme v. N_2 in γ-Fe 25-0565; Gitterparameter v. Martensit in Fe–N-Leg. 25-2549; Aktivitätskoeff. v. N in —-reichen Schmelzen 36-2333; Mössbauer-Effekt in Fe–N-Leg. 42-0379; Phasenumwandl. u. Ausscheid. v. $Fe_{16}N_2$ in Fe/N-Leg. bei therm. Alter. 46-0181; beschleunigte Alter. durch γ–α-Umwandl. in —-Leg. mit *0,025* N 48-2252.

Nb: Wrkg. v. Nb auf Löslichk. u. Aktivitätskoeff. v. N in —-Schmelzen bei *1600°* 9-2331; Schmelzwärme d. Fe im bin. Syst. Fe/Nb 10-0525; Löslichk. d. Nb-Ausscheid. im Austenit in Konstrukt.-Stählen mit niedr. C- u. Nb-Geh. 11-0610; Ausmaß u. Gitterparameter d. Laves-Phasenfeldes im Syst. Fe/Nn/Si 17-0252; Diffus.-Gebiet d. Auflsg. v. Nb in Fe–C-Schmelzen 17-2423; Einfl. v. Nb-Zusätzen auf d. Rekristallisat. v. Austenit nach d. Warmverarbeit. 17-2495; magnet. Anomalie d. Laves-Verb. $(Zr_{0,6}Nb_{0,4})Fe_2$ 20-0447; Ox.-Kinetik v. Nb–Fe-Leg. bei hohen Temp. 29-2573; Röntgenstrukturanalyse tern. Verb. $RX'X_2''$ in d. Syst. Nb/Fe/Ge 32-0233; Löslichk. v. N in fl. Mehrkomponenten Nb–Fe-Leg. 44-0107; Struktur v. $Nb_{19}Fe_{20}$ u. $NbFe_2$ 46-0187.

Ni: Vork. v. — an d. Mondoberfläche als meteorit. Ni–Fe 35-0829.

Faraday-Effekt u. opt. Konst. v. Filmen aus Fe–Ni-Leg. 24-0341; Winkelverteil. d. γ-Strahl. d. Positron-Vernicht. in —-Leg. mit *5* Co u. *31* Ni 27-0573; Röntgen-K-Absorpt.-Kanten v. Ni–Fe-Mischkrist. 34-0421; Röntgenfluoreszenzintensitäten v. tern. Ni–Fe–Cr-Leg. 34-0422; Anreg. d. K_α-Strahl. durch d. Fluoreszenzstrahl. d. Grundmetalls 35-1973.

Bldg. v. Fehlstellen durch Martensit während d. Austenitformhärt.-Prozesses im Syst. Fe/Ni/C 1-2263; Struktur d. Austenits einer —-Leg. mit *28* Ni u. *0,04* C 2-0199; Elektronenstruktur d. Übergitters Ni_3Fe 2-0413; Hydridphasenbldg. in austenit. Ni–Fe-Leg. mit *40,9 – 94,7* Ni bei elektrolyt. H_2-Belad. 3-2426; elektronenmetallograph. Unters. v. weichmagnet. Ni–Fe-Leg. 4-0202; Best. d. Nahordn. in Ni/Fe-Leg. mit Hilfe d. Mössbauer-Effektes 5-0173; sek. Rekristallisat. v. —-Leg. mit *50* Ni 5-2364; Parameter d. austenit. Gitters u. Orientier. in Fe–Ni–Ti-Leg. v. Maraging-Typ 8-2325; Anpass.-Fehler bei d. Martensitumwandl. in —-Leg. mit *30,85* Ni u. *0,003* C 10-0222; Elektronenbeug. bei tiefer Temp. an amorphen Filmen v. —-Leg. mit *50* Ni 10-0256; Struktur v. austenit. —-Leg. mit *14,0* Ni, *9* Mn u. *4,5* Ti 13-2352; Martensitverfeiner. in Fe–Ni–C-Leg. nach d. Restaustenitisier. 15-2438; Feinbereichsbeug. v. Elektronen an —-Leg. mit *33* Ni 16-0172; Diffus. im Syst. Fe/Ni 16-0305; Fehlen v. nach ⟨*110*⟩ gerichteten Versetz. in Ni_3Fe 20-0190; Umkristallisat. in einer heterogener Alter. unterworfenen —-Leg. mit *40* Ni u. *6* Ti 21-0218; Versetz.-Struktur u. Korngröße bei Ni–Mn–Fe-Leg. u. Fe–Ni–Cr–Ti–Al-Leg. 23-0328; polymorphe Umwandl. in —-Leg. mit *1,45* u. *6 – 7,8* Cr, *2,37 – 4,27* Ni, ohne u. mit *0,46* bzw. *1,15* W u. *0,002 – 0,004* C 24-0197; atomare Ordn.-Effekte in tern. Mischkrist. (Ni_3Fe, Mn) 24-0251; Wachstumsgeschw. bainit. Plättchen im Fe–Ni–C-Austenit 24-2351; Gefüge v. —-Leg. mit *11,8* Al, *2,78* Ni u. *0,060* C nach Alter. 24-2399; Selbstdiffus. v. Ni in —-Leg. mit *20 – 35* Atom-% Fe 25-0272; Umwandl. v. plättchenart. Martensit in —-Leg. mit *28 – 35* Ni 26-0200; Diffus. v. H in d. Ni-Leg. mit *10,05 – 59,75* Fe 29-0294; Kristallographie d. druckinduzierten Phasenumwandl. in Fe/Ni/C-Leg. 30-0159; Natur d. Martensit/Austenit-Rückumwandl. in einer —-Leg. mit *32,5* Ni 32-0195; kristallograph. Eig. v. im Martensit rückgebildeten Austenit v. —-Leg. mit *32,5* Ni 33-2635; Stabilität d. phasenverfestigten Zustandes einer —-Leg. mit *28,9* u. *0,06* C 34-0173; Strukturveränder. beim Altern v. Martensit einer —-Leg. mit *16* Ni u. *13* Ti u. Ausscheid. v. Ni_3Ti 34-0174; Charakterisier. v. großen Leg.-Einkrist. v. $Ni_{0,75}Fe_{0,25}$ durch Neutronenbeug. 34-0229; Mössbauer- u. Röntgenunters. einer hochdispersen —-Leg. mit *12* Atom-% Ni 35-0142; Pass.-Fehler bei Fe/Ni-Martensitumwandl. 35-0143, 35-0144; ε-Phasebldg. bei Martensitalter. v. —-Leg. mit *20 – 24* Atom-% Ni u. *9* Cu 35-2386; Wachstum v. Bainit in —-Leg. mit *6* Ni 36-2397, 36-2398; Kinetik d. Martensitbldg. in —-Leg. mit *30* Ni 37-0133; Entsteh. v. Martensit in einer einer explosivart. Umwandl.-Kinetik unterworfenen —-Leg. mit *0,25* bzw. *0,28* Mn, *30,4* bzw. *31,6* Ni, *0,07* bzw. *0,02* Si u. *0,02* C 37-0134; Gefüge d. Ausscheid.-Härt. v. martensit. Struktur tern. Fe–Ni–Mn-Leg. 38-2505; wechselseit. Diffus. im Syst. Fe/Ni 39-0229; Grenzen- u. Vol.-Diffus. v. Ni in — 39-0231; Diffus.-Phänomene in d. tern. Syst. Fe/Ni/Co 40-0191; Selbstdiffus.-Koeff. im Syst. Fe/Ni 41-0200; martensit. Umwandl. in meteorit. Fe–Ni-Leg. 41-0678; Diffus. v. C in γ-Fe/Ni-Leg. 42-0082; Textur v. Blech aus —-Leg. mit *32* Ni 42-2222; Feinstruktur im Martensit v. Leg. mit *33* Ni, Dendritenstruktur u. Korngröße v. unterkühlten Schmelzen v. Fe mit *25* Ni 44-0107; Anfangsstadium d. Alter. v. —-Leg. mit *10* Ni u. *8* Ti sowie mit *16* Ni u. *1* Ti 44-0177; Ordn.-Einfl. in d. tern. Leg. $Ni_3(Fe, Cr)$ mit *0 – 12,5* Atom-% Cr, $Ni_3(Fe, Mo)$ mit *0 – 7,8* Mo u. $Ni_3(Fe, W)$ mit *0 – 5,1* W 46-0202; Herst. kleiner Teilchen v. Fe/Ni durch Verdampf. in Ar bei niedr. Drücken 46-0217; Ausläufer in röntgenograph. Pulveraufnahmen getemperter Fe/Ni-Leg. 47-0146; Ordn.–Unordn.-Übergänge in Fe/Ni-Leg. mit *50* bzw. *60* u. *65* Ni 51/52-0133.

Selbstdiffus. u. elast. Konst. v. Fe–Ni-Leg. 3-0272; Verform.-Härt. u. Temp.-Abhängigk. v. Fließgrenze, Verfestig.-Koeff. u. Elastizitätsmodul geordneter Leg. $Ni_3 \cdot (Fe_{0,97}Al_{0,03})$ u. $Ni_3(Fe_{0,97}Mn_{0,03})$ 16-0282; Deformat.-Verzwilling. in kub.-flächenzentrierten —-Leg. mit über *35* Ni 24-0315; Einfl. einer plast. Verform. auf d. Mössbauer-Effekt in Leg. mit d. Zus. d. Fe–Ni-Invars 30-0024; gleitinduzierte Richt.-Ordn. in —-Leg. mit *4* Mo u. *79* Ni bzw. *2* Mo u. *76* Ni 32-0287; Veränder. d. Feingefüges u. mikroplast. Verform.-Widerstand v. —-Leg. mit *23* Ni 34-0297; Entw. d. Entfestig. im phasenverfestigten Zustand v. Fe–Ni-Leg. 34-0329; Anomalien d. Elastizitätsmoduls v. —-Leg. v. Invar-Typ mit *0,6* u. *2,2* Ti u. *30 – 47* Ni 34-0330; Abhängigk. d. Fließspann. v. d. Verform.-Geschw. v. Leg. mit *2* Ni 36-2366; innere Reib. v. Fe–Ni–N-Leg. 39-2385; Spann.–Dehn.-Diagramm u. Mischkrist.-Härt. d. Mischkrist. d. α-Fe mit *1 – 9* Atom-% Ni 40-0139; Einfl. v. H auf d. Rißbldg. v. martensit. —-Leg. mit *22* Ni in Abhängigk. v. therm. u. thermomechan. Behandl. 41-0146; krit. Dicke u. Koerzitivkraft v. Co–Ni–Fe-Filmen 43-0495; Verfestig. durch Mischkrist.-Bldg. in —-Leg. mit *1 – 6* Ni, Eig. v. Fe/Ni/Cr-Martensiten mit niedr. C-Geh. 44-0107.

Thermo-EMK v. Fe–Ni-Leg. 1-0404; Magnonen-Drag-Thermokraft 4-0343; thermomagnet. Effekt 4-0345; Einfl. eines Magnetfelds u. äußerer Belast. auf d. Thermo-EMK 13 0383; elast. Hysterese d. Thermo-EMK 13-0384; elektr. Leitfähigk. v. Fe–Ni 23-0504; Faktor d. Dehn.-Meßstreifens u. elektr. Widerstand v. kaltbearbeiteten —-Leg. mit *35* Ni u. *0 – 20* Cr 36-2367.

Kryogenes Verh. v. —-Leg. mit *48* Ni 3-0518; Einfl. kleiner Mengen Si auf d. magnet. Eig. v. Ni–Fe-Leg. 7-2380; magnet. Eig.: d. tern. Leg. $Fe_{65}(Ni_{1-x}Mn_x)_{35}$ 11-0549; v. Fe–Ni-Leg. 15-2453; v. Fe–Ni-Schichten für Speicherelemente 17-2335; einer —-Leg. mit *35* Ni u. *0 – 20* Cr 36-2368; durch Diffus. v. C hervorgerufene magnet. u. mechan. Anisotropien bei —-Leg. mit *30 – 40* Ni 41-0370; Einfl. einer n-Bestrahl. auf d. magnet. Eig. d. Ordn.-Leg. Ni_3Fe 47-0415; magnet. Eig.: dünner einkrist. Schichten v. Leg. d. Syst. Fe/Ni/Co 51/52-0333; v. neutronenbestrahlten dünnen Fe–Ni-Schichten 51/52-0334; neuere Ergebnisse an weichmagnet. —-Leg. mit *50 – 60* Ni 51/52-0336.

Domänenwandbeweg. in magnet. gekoppelten, durch SiO-Schichten getrennten Ni–Fe-Schichten 1-0511; opt. Unters. an einem magnet. rotierbaren Beug.-Gitter einer Ni–Fe-Schicht 1-0513; ferromagnet. u. Spinwellenresonanz in dünnen Filmen v. —-Leg. mit *9,7 – 88,6* Ni 3-0497; Mindestfeldstärken für d. kohärente Magnetisier.-Dreh. in dünnen Ni–Fe-Schichten 3-0499; magnet. Anisotropie v. —-Leg. mit *50 – 100* Fe durch magnet. Abkühl. im Temp.-Bereich d. γ–α-Umwandl. 3-0515; Feldabhängigk. d. Magnetisier. bei großen Feldstärken v. kub.-raumzentrierten Fe–Ni-Leg. 5-0544; senkrechte Anisotropie in dünnen, magnet., bei tiefen Trägertemp. aufgedampften Ni–Fe-Schichten 5-0553; —-Leg. mit *50* Ni u. hoher Permeabilität 6-0501; Lorentz-Mikroskopie polykrist. Ni–Fe-Schichten 7-0479; Abhängigk. d. magnet. Anisotropie v. d. Krist.-Struktur v. dünnen Ni–Fe-Schichten 7-0481; hysteresefreie Magnetisier. v. Ni–Fe-Magnetbandkernen 8-0437; Sättig.-Magnetisier. v. Ni–Fe–Al-Mischkrist. 8-0449; magnetoelast. Koeff. u. Temp.-Abhängigk. in dünnen Ni–Fe-Schichten 9-0511; Zus. v. Ni–Fe-Schichten mit d. Magnetostrikt. Null 9-0512; Relaxat.-Prozesse d. ferromagnet. Resonanz in dünnen Ni/Fe-Schichten 10-0361; Magnetisier.-Kurven einachsiger Filme aus —-Leg. mit *35* u. *50* Fe 11-0530; Ultrahochfrequenz-Eig. dünner magnet. Fe–Ni- u. Fe–Ni–Co-Filme 11-0533; Anisotropie dünner ferromagnet. Fe–Ni–Co-Leg.-Filme verschiedener Zus. 11-0534; Temp.-Abhängigk. d. Wechselwrkg.-Effekte in Ansamml. feiner Fe–Ni–Cr- u. Cu–Ni–Fe-Teilchen 11-0547; druckinduzierte magnet. Umwandl. durch Stoßwellen-Kompress. v. —-Leg. mit *30* Ni 11-0553; ballist. u. mechan. Mess. d. Sättig.-Magnetisier. einer Ni-Leg. mit *66* Fe 11-0555; magnet. Momente 12-0465; Richt. leichter Magnetisierbark. v. —-Leg. mit *42* Ni 15-0507; innere Felder am Kernort einiger Verunreinig. in ferromagnet. Fe–Ni-Leg. 16-0387; Suszeptibilität ferromagnet. Filme aus Ni-Leg. mit *10* bzw. *50* Fe im Paraprozeß 21-0570; Magnetostrikt. polykrist. —-Leg. mit *50* Ni unter Spann. 22-0497; Konz.-Abhängigk. d. mittleren magnet. Moments pro Atom einer tern. Leg. d. Syst. Ni/Mn/Fe 22-0499; quasistat. Ummagnetisier. v. Zweischichtfilmen d. Syst. FeNiMo/SiO/Fe 23-0561; Einfl. v. Stapelfehlern u. Zwillingen auf d. Koerzitivkraft dünner magnet. Fe–Co–Ni-Schichten 23-0564; Kinetik d. Impulsmagnetisier. zylindr. polykrist. dünner ferromagnet. Fe–Ni-Filme 23-0566; Ursprung d. period. Komponente d. Anisotropiedispers. in Ni–Fe-Filmen verschiedener Zus. 23-0569; Temp.-Abhängigk. u. krit. Temp. v. magnet. Domänenstruktur in dünnen Schichten v. —-Leg. mit *40 – 90* Ni 25-0529; senkrechte Anisotropie v. aufgedampften magnet. —-Leg. mit *50 – 100* Ni 25-0533; nichtmagnetostriktive Zus. v. dünnen Fe–Ni–Co-Schichten 26-0513; Kontrakt. d. Hystereseschleifen bei NiFe/NiFeMn u. NiFe/Cr_2O_3 27-0589; reversible Magnetisier.-Dreh. in dünnen magnet. Filmen aus Ni–Fe, Ni–Fe–Co u. Ni–Fe–Al 29-0542; Bldg.-Prinzipien d. magnet. Feinstruktur d. Domänen 29-0551; Magnetisier.-Änder. bei d. Verdrill. zylindr. Proben 33-0645; abrupte Änder. d. inneren Feldes für $Fe_{65}(Ni_{1-x}Mn_x)_{35}$ infolge d. ferro-antiferromagnet. Umwandl. 35-0390; Einfl. v. Anisotropien u. Atomanordn. auf d. Gleichfeld-Hystereseschleife v. —-Leg. mit *50 – 60* Ni 35-2446; Kumulier. v. Elektronenzuständen 37-0442; Verh. v. Domänenwänden in gekoppelten dünnen NiFe-Filmen 38-0540; Mess. d. ferromagnet. Resonanzabsorpt. v. — 41-0291; Anfangspermeabilität bei tiefen Temp. 41-0373; Ummagnetisier. dünner Fe–Ni-Filme entlang d. Achse leichter Magnetisier. 41-0375; Änder. d. magnet. Suszeptibilität v. Fe–Ni-Leg. in d. Nähe v. T_c 43-0496; Einfl. v. Anisotropien u. Atomanordn. auf d. Gleichfeld-Hystereseschleifen v. —-Leg. mit *50 – 60* Ni 47-0410; Austauschanisotropie v. $Fe_{65}(Ni_{1-x}Mn_x)_{35}$ 47-0412; Änder. d. Curie-Temp. v. Fe–Ni-Leg. mit d. Druck 48-0596; Einfl. v. C auf d. Curie-Punkt v. Austenit in —-Leg. mit *12 – 35* Ni 51/52-0335.

FMR in dünnen magnet. Filmen aus Fe/Ni u. Fe/Ni/Cu 14-0372; Hyperfeinfelder in verd. Ni–Fe–Cu-Leg. mittels NMR 25-0380; Magnetfelder an ^{119}Sn-Verunreinig.-Kernen in — 25-0516.

Elektrolyt. Abscheid. v. Fe–Ni-Überzügen im Sulfamatbad (Überblick) 2-2240; Abhängigk. d. Zus. v. d. Dicke elektrolyt. abgeschiedener zylindr. Ni–Fe-Schichten 3-0601; elektrolyt. Abscheid. dünner magnet. Schichten d. Syst. Ni/Fe/Cu 9-0507; Absorpt. v. elektrolyt. gebildetem H_2 durch —-Leg. mit *30 – 78* Ni 10-0600; elektrolyt. Abscheid. v. —-Leg. mit *7 – 25* Cr u. *5 – 30* Ni aus einem Cl^--Bad 14-0603; potentiostat. Abscheid. v. Fe–Ni-Leg. in dünnen Schichten 18-0603; galvan. Abscheid. v. Fe–Ni-Überzügen 19-2589; Einfl. d. Zus. auf d. anod. Polarisat. v. —-Leg. mit C u. Ni 21-0673; innere Spann. elektrolyt. abgeschiedener Fe–Ni-Filme 28-0620; Aktivier.-Mechanismus d. elektrolyt. Abscheid. einer Fe–Ni–Mo-Leg. im Ultraschallfeld 34-0654.

Festkörpergleichgew. im Syst. Fe/Ni 3-0572; martensit. Umwandl. v. Mischkrist. mit kohärenten Teilchen in tern. —-Leg. mit *28* (Atom-%) Ni u. *12* Al 3-0573; $\gamma \rightarrow \alpha$-Umwandl. in Fe–C–Ni-Leg. 7-0560; Polymorphie u. Kompressibilität in stoßbelasteten —-Leg. mit *20 – 41* Ni 9-0564; thermodynam. Größen v. verd. Ni-Lsg. in fl. — 12-0544; Best. d. Aktivitäten u. Lsg.- u. Misch-Enthalpien d. fl. Syst. Fe/Ni 13-0596; Abhängigk. d. Lsg.-Wärme zwischen α- u. γ-Phasen v. d. Konz. in Fe–Cr–Ni-Leg. 17-2457; $\alpha \rightleftharpoons \gamma$-Gleichgew. u. Freie Enthalpien in d. Syst. Fe/Ni 18-0546; Austenitstabilität v. Fe–Cr–Ni-Leg. während Verform. bei Raumtemp. 20-2314; Alter. v. Fe–Ni–Ti-Leg. während einer rückläuf. martensit. $\alpha \rightarrow \gamma$-Umwandl. 22-0276; Eindring.-Geschw. v. D u. H in —-Leg. mit *12 – 29* Ni 23-2616; thermodynam. Variablen auf d. —-Seite d. tern. Syst. Fe/Ni/C 24-0569; Festphasengleichgew. in Wüstit–Fe–Ni-Schmelzen 24-2335; Bldg.-Wärmen u. Wärmekapazitäten im Syst. Fe/Ni/Cr 28-0550; Einfl. einer Austenitverform. in —-Leg. mit *26* Ni auf d. Martensittemp. 33-2651; Phasenausscheid. nach Aushärt. v. —-Leg. mit *24,2* Atom-% Ni 35-2387; Fe–Ni-Gleichgew.-Diagramm ($\gamma/\gamma + \alpha$-Grenze) 37-2068; Martensit–Austenit-Rückumwandl. in —-Leg. mit *32,5* Ni bei schnellem Aufheizen 43-2468; Einfl. v. Wärmewechselbehandl. auf d. martensit. Umwandl. v. —-Leg. mit *24,5 – 30,70* Ni 43-2469; therm. Stabilisier. d. athermen Austenit–Martensit-Umwandl. in Fe–Ni–C-Leg. 46-2213; spezif. Wärmen v. —-Leg. mit *45* bis *95,7* Atom-% Ni bei tiefen Temp. 47-0220; Ausscheid.-Härt. v. martensit. —-Leg. mit *30* bzw. *20* Ni u. *10* bzw. *35* Co 48-2256.

Kinetik d. H_2-Desorpt. v. pulverförm. Katalysatorteilchen aus Ni-Leg. mit *10* bis *45* Fe 13-0690; Dichte u. Oberflächenspann. v. Fe–Co–Ni-Schmelzen 17-0697; Haftfestigk. dünner Fe–Ni-Schichten auf Glas 37-0651.

H_2-Löslichk. in Fe–Ni-Leg. bei *900 – 1680°* 4-1956; Wrkg. v. Ni auf Löslichk. u. Aktivitätskoeff. v. N in —-Schmelzen bei *1600°* 9-2331; Löslichk. v. N_2 in fl. Ni–Fe-Leg. 44-0107.

O: O-Löslichk. in unterkühlten —-Schmelzen 1-2199; Wrkg. v. O_2 auf Löslichk. u. Aktivitätskoeff. v. N in —-Schmelzen bei *1600°* 9-2331; Wander.-Energie u. Löslichk. v. O in kub.-raumzentrierten — 14-0293; thermodynam. Eig. v. Mischkrist. auf Hämatitbasis im Syst. Fe/O 23-0659; Grenzlöslichk. v. O_2 in geschmolzenem — 28-0583; thermodynam. Unters. d. Syst. Fe/S/O in d. Metallurgie 36-2324; Permeabilität, Löslichk. u. Diffus. v. O in kub.-raumzentriertem — 44-0107; Löslichk., Durchlässigk. u. Diffus.-Vermögen v. O in — 44-2200.

Os: Elektr. Leitfähigk. v. Fe–OS 23-0504.

P: Wrkg. v. P auf Löslichk. u. Aktivitätskoeff. v. N in —-Schmelzen bei *1600°* 9-2331; P-Eutektikum im Syst. Fe/P u. Fe/Fe_3P/Fe_3C 15-2421; P-Aktivität in schmelzfl. Leg. d. Syst. Fe/P 19-2511; Diffus. v. P in —-Schmelzen 22-2443; D. fl. —-Leg. mit <26 P 23-2553; Aktivitätskoeff. u. d. Wechselwrkg.-Parameter für —-Leg. mit P 31-0636; amorphe ferromagnet. Phase in Fe–C–P-Leg. d. Zus. *6* P, *1,7* C, Rest Fe 44-0399; Wachstum d. Bereichs fest/fl. während d. eindimensionalen Erstarr. v. Fe–P-Leg. 45-0159.

Pb: Misch.-Lücke in d. fl. Phase d. Syst. Pb/Cu/Fe/As 40-0450.

Pd: Magnet. Eig. verd. Pd–Fe-Leg. 5-0550; Hyperfeinstrukturfeld v. Pd in Pd–Fe-Leg. 11-0404; Strikt.-Suszeptibilität v. Fe_3Pd in schwachen Magnetfeldern 11-0548; Hall-Effekt in verd. Fe–Pd-Leg. 13-0438; FMR in FePd-Leg. 14-0375; Hyperfeinfelder in ferromagnet. Pd–Fe-Leg. 20-0323; galvano- u. thermomagnet. Eig. v. Fe_3Pd 32-0458; antiferro–ferromagnet. Umwandl. in einem Syst. geordneter $Fe(Pd_xPt_{1-x})_3$-Leg. 32-0529; magnet. spezif. Wärme verd. Pd–Fe-Leg. 36-0232; magnet. Widerstand d. verd. ferromagnet. Leg. PdFe 44-0363; Mechanismus d. antiferro–ferromagnet. Übergangs im Syst. $Fe(Pd_xPt_{1-x})_3$ 51/52-0340.

Pt: Magnonen-Drag-Thermokraft 4-0343; Isomerieverschieb. für Pt–Fe-Leg. 12-0048; Aktivität v. O im fl. Leg.-Syst. Fe/Pt 17-2410; Winkelverteil. d. γ-Strahl. d. Positron-Vernicht. in Fe_3Pt 27-0573; elektrolyt. Wechselstromkorros. v. Pt/Fe/Zn-Elektrodensyst. 29-0704; Thermodynamik v. Fe–Pt-Leg. 31-0645; antiferro–ferromagnet. Umwandl. im Syst. geordneter $Fe(Pd_xPt_{1-x})_3$-Leg. 32-0529; Kristallographie d. martensit. Übergangs kub.-flächenzentriert $\rightarrow$ kub.-raumzentriert in einer —-Leg. mit *24,5* Atom-% Pt 36-0117; Mechanismus d. antiferro–ferromagnet. Übergangs im Syst. $Fe(Pd_xPt_{1-x})_3$ 51/52-0340.

Pu: Löslichk. v. Pu in — 42-0466.

Re: Elektr. Leitfähigk. v. Fe–Re 23-0504; magnet. Suszeptibilität v. kub.-flächenzentrierten —-Leg. mit *0,6 – 7,2* Atom-% Re 27-0588.

Rh: Gitterparameteränder. v. —-Leg. mit *50,0 – 49,6* Atom-% Rh infolge d. antiferromagnet–ferromagnet. Umwandl. 4-0398; Einfl. mechan. u. therm. Behandl. auf Struktur u. magnet. Umwandl. in FeRh 8-0450; magnet. Hyperfeinfeld an ^{103}Rh-Kernen in d. geordneten $Fe_{0,52}Rh_{0,48}$-Leg. 14-0484; tern. Punkt auf d. P–T-Diagramm d. Leg. FeRh 16-0544; Gitterparameter u. strukturelle Verzerr. in einer Fe/Rh-Leg. bei Phasenübergängen ferromagnet./antiferromagnet. 24-0247; Analyse v. Versetz.-Schleifen im Übergitter v. FeRh 30-0173; spezif. Widerstand u. Suszeptibilität verd. Rh–Fe-Leg. 47-0387.

Ru: Spezif. Elektronenwärme in hexagonal-dichtest gepackten Fe–Ru-Leg. 33-0240.

S: Wrkg. v. S auf Löslichk. u. Aktivitätskoeff. v. N in —-Schmelzen bei *1600°* 9-2331; Verteil.-Koeff. v. S zwischen CaF_2-halt. Schlacken u. C-gesätt. — 17-2428; S-Aktivität in Fe–S-Schmelzen 20-2312; D. fl. —-Leg. mit $\leqq$ *37* S 23-2553; Aktivitätskoeff. u. Wechselwrkg.-Parameter für Fe–S-Leg. 31-0636; Aktivität v. S in fl. — 32-2368; thermodynam. Unters. d. Syst. Fe/S/O in d. Metallurgie 36-2324; Löslichk. v. S u. seine Lsg.-Geschw. in reinem — bei *1410°* 40-0569; Strukturcharakteristik d. Eutektikuums Fe/FeS 42-0082.

Sb: Wrkg. v. Sb auf d. Löslichk. u. d. Aktivitätskoeff. v. N in —-Schmelzen bei *1600°* 9-2331; $\alpha \rightleftharpoons \gamma$-Gleichgew. u. Freie Enthalpien in d. Syst. Fe/Sb 18-0546; Herst. v. Fe: ^{125}Sb 48-0025.

Se: Wrkg. v. Se auf Löslichk. u. Aktivitätskoeff. v. N in —-Schmelzen bei *1600°* 9-2331.

Seltenerdmetalle: Löslichk. in — 14-0571; Atomdurchmesser in (SE)Fe_2 37-0250.

Si: Bldg. v. Kugelgraphit bei Erstarr. v. hypoeutekt. Fe–C–Si-Leg. 2-2175; Wachstum u. Schrumpf v. vorgebildeten Zwillingen in —-Leg. mit *2,8* Si bei Raumtemp. 4-0183; Gitterverform. in Antiphasengrenzen geordneter —-Leg. mit *11,8* u. *14,7* Atom-% Si 5-0224; Antiphasengrenzen in Einkrist. aus — mit bis *12,5* Atom-% Si 6-0207; Bldg. d. Versetz.-Struktur bei d. Verform. v. Einkrist. aus — mit *3,2* Si 7-0224; Kikuchi-Darst. für kub.-raumzentrierte Krist. v. —-Leg. mit *3* Si 13-0224; spontane Keimbldg. bei d. Herst. v. Fe/Si-Einkrist. mit *0,004* Al, *0,015* Cu, *0,002* Mg, *2,89* Si, *0,005* C, *0,027* P u. *0,006* S 15-0190; Sek.-Rekristallisat.-Texturen v. — mit *3* Si nach Kaltverform. 15-2474; Versetz. u. Schubspann. in Fe–Si-Einkrist. 16-0166; Einfl. d. O-Adsorpt. auf d. Oberflächenenergie v. kub.-raumzentriertem — mit *2,48* Si 16-0221; gerichtete Verfestig. v. Fe–C–Si-Eutektika 17-0231; Ausmaß u. Gitterparameter d. Laves-Phasenfeldes im Syst. Fe/Nb/Si 17-0252; Kriechsubstruktur v. — mit *3* Si 17-2410; Antiphasen-Domänen u. Versetz.-Konfig. in d. —-Leg. mit 13 Atom-% Si 19-0240; SiC-Eutektikum in Fe/C/Si-Leg. 19-0241; Besonderh. d. chem. Bind. in d. geordneten Leg. Fe_3Si 21-0265; Bldg. d. Kaltwalztextur in Einkrist. aus — mit *3* Si 21-0294; Verform. bei Wechselwrkg. v. Zwillingen u. martensit. Schichten mit Hindernissen v. —-Leg. mit *0,02* C u. *3,20* Si 21-0295; Röntgenbeug.-Kontrast an ferromagnet. Domänenwänden in Einkrist. mit *3* Si 23-0238; Änder. d. Versetz.-Struktur v. — mit *3* Si beim Kriechen 24-0241; Einfl. d. Art d. plast. Verform. auf d. Sek.-Rekristallisat.-Textur v. — mit *3* Si 24-0242; Bldg. v. Verform.-Textur beim Walzen v. Fe/Si-(*110*)-Einkrist. mit *3* Si in verschiedenen kristallograph. Richt. 24-0243; Einfl. d. Art d. Aufspalt. v. Schraubenversetz. auf d. Geometrie d. Gleitens in —-Leg. mit *3* Si 25-0181; Gleitbandstruktur v. verformten Si-halt. —-Einkrist. 25-0186; Darst. v. Proben wechselnder Zus. durch Verdünnen d. fl. Zone im Syst. Al/Fe/Si 26-0203; Verh. wandernder Versetz. in Übergittern d. Leg. Fe_3Si 26-0235; Wachstum d. Fe/C-Eutektikums v. Fe/C/Si-Leg. 29-0178; Rekristallisat.-Diagramm v. — mit *0,12* Mn; *0,15* Si u. *0,02* C 29-0179; Beurteil. d. Vollkommenh. d. Kantentextur v. Si-halt. — nach d. Streuwinkel 29-0189; Korngrenzenenergie

d. --Leg. mit *3* Si 29-0227; Analyse v. Versetz.-Schleifen im Übergitter v. Fe_2Si 30-0173; Ordn.-Einstell. u. Versetz.-Paare in --Leg. mit *6* Si 31-0196; Oberflächenenergie v. --Leg. mit *3* Si 31-0243; Bldg. v. zellenförm. Graphit in synthet. Fe-C-Si-Leg. 31-2500; Ätzgrübchenbldg. an d. Versetz. v. --Leg. mit *3* Si 34-2411; Veränder. v. physikal. Eig. u. kristallograph. Textur beim Vorrekristallisat.-Glühen v. Si-halt. – 37-0199; Versetz.-Beweg. in Krist. einer Fe/Si-Leg. 37-0200; Zwillingsbldg. in – mit *4,4* Si bei Druckstößen 38-0207; Versetz.-Struktur u. Plastizität v. Einkrist. einer Fe-Si-Leg. 39-0183; Walz- u. Rekristallisat.-Textur v. orientierten Krist. 39-2421; Einfl. v. Si-Geh. auf d. Sek.-Rekristallisat. 41-2429; spontane u. künstl. erzeugte rekristallisierte Texturen in gewalzten Einkrist. aus – mit *3* Si 42-0158; Einfl. d. Verform.-Grades auf d. Texturen 43-2459; Orientier.-Verteil. u. Wachstum v. großen Körnern in d. Nähe d. (*110*)[*001*]-Orientier. in einem Si/Fe-Streifen 44-0107; Struktur einer --Leg. mit *1,8* Si u. *0,02* C bei einer teilweisen $\alpha \rightarrow \gamma$-Umwandl. 44-0178; Form d. verfestigten Stabes u. Verteil. gelöster Stoffe bei Zücht. v. --Leg. mit *3* Si 45-0155; Graphitbldg. bei Martensithärt. v. --Leg. mit *1,9* Si u. *1,18* C durch Bldg. u. Zers. v. Carbiden 45-2549; vollständ. Polfigurenbest. durch zusammengesetzte Probennahmemeth. an Si/Fe-Blech 46-0110; Ausbldg. d. Kaltwalz- u. Rekristallisat.-Textur in Einkrist. v. – mit *3* Si 46-0185, 46-0186; Spann.-Abhängigk. d. Schraubenversetz.-Geschw. in – mit *3,14* Si 48-0213; Röntgeninterferenzstreifen u. Domänenanordn. in --Einkrist. mit *3* Si 48-0571; Bldg. d. Kaltwalz- u. Rekristallisat.-Textur in einkrist. – mit *3* Si 48-2243.

Fortpflanz. v. Rissen durch Krongrenzen in polykrist. --Leg. mit *3* Si 1-0303; Verform.-Verh. isoaxialer Bikrist. aus – mit *3* Si 4-0250; Zener-Dämpf.-Maximum in – mit *4* Si 5-0327; lokale Verform. einer --Leg. mit *0,02* C u. *3,20* Si bei Wechselwrkg. v. Gleitbändern u. Zwillingen mit Hindernissen 6-0208; Bruch v. Einkrist. aus einer --Leg. mit *3* Si u. stabilen Mikrorissen 8-0244; Gleitfortpflanz. in polykrist. – mit *3* Si 12-0261; Keimbldg. mechan. Zwillinge in polykrist. – mit *3* Si 12-0262; Krist.-Orientier.-Abhängigk. d. Snockschen inneren Reib.-Maxima einer Fe-Si-Leg. 12-0263; Bruchverh. v. – mit *2 – 7* Si 14-2345; „sägezahnartiges" Fließen u. negative Abhängigk. d. Verform.-Geschw. an – mit *3* Si 18-0284; Verform.-Verh. nicht isoaxialer Bikrist. aus – mit *3* Si 23-0323; Orientier.-Abhängigk. d. Fließspann. in Einkrist. aus – mit *4,4* Si 23-0324; plast. Deformat. bei d. Bldg. v. Rissen in Si-halt. – 29-0267; Duktilität u. Festigk. v. – mit *3,1 – 5,1* Si 32-2392; Kerbbruchverh. v. grobkörnigem – mit *0,022* C, *3,45* Si, *0,20* Mn, *0,024* S u. *0,011* P bei *77* °K 34-0320; obere Fließgrenze v. polykrist. – mit *3* Si 34-0321; Verform. bei d. Verlangsam. d. Zwillingsbeweg. durch Hindernisse in einer --Leg. mit *0,02* C u. *3,20* Si 34-0322; intergranularer Bruch einer Fe-Si-Leg. 39-0182; Einschnür. u. Bruch in (*110*)-Fe-Si-Krist. 40-0104; kontrollierter Bruch spröder Fe-Si-Leg. 41-0174.

Elektr. Widerstand v. Fe-Si-Leg. im Temp.-Bereich *800 – 1700°* 21-0500; elektr. Leitfähigk. v. Fe-Si 23-0504.

Hystereseeffekt infolge gekoppelter Bloch-Wand-Verschieb. in – mit *3* Si 3-0489; obere Grenzen d. magnet. Hysterese v. – mit *4* Si 3-0507; Magnetostrikt.-Konst. v. – mit *2,5* Si 6-0484; isotherme magnet. Anlaßvers. an --Leg. mit *2,7 – 7,9* Atom-% Si 6-0498; Domänenstruktur u. Verluste in kub. texturiertem Si-Fe 8-0432; Strukturen u. magnet. Eig. v. kornorientiertem – mit *3,2* Si 8-0433; Hyperfeinstrukturfelder 11-0403; mögl. Kriechmechanismus in Memory-Anordn. dünner magnet. Schichten mit *84,9* Fe, *9,6* Si u. *5,5* Al 11-0538; thermomagnet. Behandl. v. Einkrist. aus Si-halt. – 11-0544; Theorie d. Suszeptibilität u. Koerzitivkraft v. Fe-Si 11-0545; paramagnet. Unters. an – mit *0 – 50* Atom-% Si 11-0546; Einfl. d. Versetz.-Struktur auf d. Koerzitivkraft v. – mit *3* Si 12-0474; Frequenzabhängigk. v. Ummagnetisier.-Mechanismus u. Verlusten in Si-Fe 14-0490; Einfl. einer thermomagnet. Behandl. auf magnet. Eig. u. Domänenstruktur v. --Einkrist. mit ca. *3* Si 15-0491; Wechselwrkg. v. Bloch-Wänden mit Versetz. in schwachen Feldern bei – mit *3* Si 18-0476; dynam. Hystereseerschein. in dünnen --Bändern mit *3* Si 21-0562; Abhängigk. d. Anfangspermeabilität kornorientierter Fe-Si-Bleche v. d. Entmagnetisier.-Frequenz 23-0558; Einfl. d. Versetz.-Struktur auf d. Koerzitivkraft v. Si-halt. – 24-0515; Änder. d. Desakkommodat. d. Anfangspermeabilität mit d. Meßfeld bei Fe-Si-Blech 24-0516; Mössbauer-Spektren v. – im Homogenitätsbereich d. ε-Phase d. Syst. Fe/Si 25-0520; Zusammenhang zwischen magnet. Anisotropiekonst. u. Magnetisier.-Energie 25-0524; Einfl. einer plast. Verform. auf d. Temp.-Abhängigk. d. magnet. Eig. einer --Leg. mit *30* Si 30-0469; ferromagnet. Hochtemp.-Nachwrkg. an Fe-Si-Leg. bei gleichzeit. plast. Verform. 32-0527; magnet. Zener-Relaxat. in Fe-Si-Leg. 33-0641; Magnetostrikt.-Konst. v. – mit *3,9* bzw. *5,6* Si 40-0366; angeregter paramagnet. Zustand v. FeSi 44-0397.

Bldg. v. Ätzfiguren auf Fe-Si-Blechen beim elektrolyt. Polieren in Cr-Phosphorsäure-Elektrolyten 8-2328; Elektrolyt zum Polieren einkrist. – mit *2,5 – 12* Si auf d. Fläche (*001*) 19-2561.

$\gamma \rightarrow \alpha$-Umwandl. in Fe-C-Si-Leg. 7-0560; Elastizitätskonst. u. Phasen v. Leg. d. Syst. Ti-Al-Cr-Fe-Si 14-0272; D. v. festen u. fl. Fe-C-Si-Leg. 14-2305; spezif. Wärmen u. Mischordn. aus FeSi- u. Fe_3Si-Ordn. v. --Leg. mit *9 – 14* Atom-% Si 17-0299; Phasengleichgew. eines Teiles d. Syst. Ti/Al/Cr/Fe/Si/B 18-0547; Kinetik d. Indukt.-Erwärm. 19-2573; Erstarr.- u. Umwandl.-Gleichgew. d. stabilen Syst. Fe/Si/C 21-2527; C-Aktivität im α- u. γ-Mischkrist. v. Fe-C-Si-Leg. 30-2308; Aktivitätskoeff. u. Wechselwrkg.-Parameter für Fe-Si-Leg. 31-0636; C-Aktivität im α- u. γ-Bereich v. Fe-C-Si-Leg. 31-2494; thermodynam. Eig. v. Fe-Si-Mg-Schmelzen 32-0576; Aktivität v. Si in fl. – 32-2368; Viskosität 43-2412; anisotrop. Teilchengrößen als Folge v. Verform.- u. Zwillingsfehlern in – mit *5* Si 43-2458; Ausscheid. v. BN aus Fe-Si-Schmelzen 45-0530; Mess. d. O_2-Aktivität in Fe/Si-Schmelzen in galvan. Zellen mit Festelektrolyten 49/50-0447; Zustandsdiagramm v. Fe-Si-Li-Leg. 51/52-2218.

Löslichk. v. S in Si-Fe 3-0569; chem Polieren v. --Leg. mit *2,5 – 12* Si 22-0201; D. u. Oberflächenspann. v. Fe-Mn-Si-Schmelzen 31-0700; Löslichk. v. N in fl. Fe-Si-Leg. 44-0107.

Sn: Wachstum v. $FeSn_2$-Schichten auf spezif. orientierten --Einkrist. 2-0186; Mössbauer-Effekt v. Fe_5Sn_3 u. FeSn 2-0464; Vgl. v. Fe_3Ge_2 u. Fe_5Sn_3 mittels Mössbauer-Effekt 7-0461; Magnetostrikt. v. – mit *3,4* Sn bei hohen Temp. 8-0463; Wrkg. v. Sn auf Löslichk. u. Aktivitätskoeff. v. N in --Schmelzen bei *1600°* 9-2331; Mössbauer-Unters. an FeSn u. Fe_3Sn 10-0052; magnet. Struktur an Pulverproben v. FeSn 10-0473; $\alpha \rightleftharpoons \gamma$-Gleichgew. u. Freie Enthalpien in d. Syst. Fe/Sn 18-0546; Zustandsdiagramm v. Fe-Sn für Weißblech-Leg.-Schicht 23-2627; Liquiduslinien d. Phasendiagramms v. Syst. Sn/Fe 34-0624.

Ta: Emissionselektronenmikr. Unters. v. Oberflächen d. bin. Syst. Ta/Fe 5-0225; Wrkg. v. Ta auf Löslichk. u. Aktivitätskoeff. v. N in --Schmelzen bei *1600°* 9-2331; Röntgenstrukturanalyse tern. Verb. RX'X₂'' in d. Syst. Ta/Fe/Ge 32-0233.

Tb: Hyperfeinfelder am Ort v. Gd-Kernen in kub. Laves-Phase Fe_2Tb 25-0377; Strukturen u. Darst. v. $TbFe_2$ u. $TbFe_3$ 34-0215.

Ti: Röntgen-Emiss.- u. Absorpt.-Spektren v. FeTi u. Fe_2Ti 17-0370.

Parameter d. austenit. Gitters u. Orientier. in Fe-Ni-Ti-Leg. v. Maraging-Typ 8-2325; Versetz.-Struktur u. Korngröße bei einer Fe-Ni-Cr-Ti-Al-Leg. 23-0328; Röntgenstrukturanalyse tern. Verb. RX'X₂'' in d. Syst. Ti/Fe/Ge 32-0233; neutronograph. Best. d. Struktur v. TiFe 34-0171; Atomanordn. im Homogenitätsbereich d. Laves-Phase $TiFe_2$ 35-0140; neutronograph. Unters. v. TiFe 45-0252.

Ferromagnetismus u. Supraleitfähigk. in $TiFe_xCo_{1-x}$ 19-0493; elektr. Leitfähigk. v. Fe-Ti 23-0504; spezif. elektr. Widerstand v. TiFe u. $TiFe_{0,5}Co_{0,5}$ 23-0516; Supraleit.-Eig. v. festen α-Ti-Fe-Lsg. 40-0342.

Magnet. Struktur v. FeTi 2-0463; magnet. Momente v. Ti in Fe-Ti-Leg. 12-0465; NMR u. spezif. Wärme v. Leg. d. Syst. Ti-V-Fe 13-0363; Mössbauer-Spektren d. Leg. $TiFe_xCo_{1-x}$ 17-0531.

Elastizitätskonst. u. Phasen v. Leg. d. Syst. Ti/Al/Cr/Fe/Si 14-0272; Phasengleichgew. eines Teiles d. Syst. Ti/Al/Cr/Fe/Si/B 18-0547; Alter. v. Fe-Ni-Ti-Leg. während d. Ablaufs einer rückläuf. martensit. $\alpha \rightarrow \gamma$-Umwandl. 22-0276; Gleichgew.-Diagramm d. Syst. TiNi/TiFe 29-0647; Bldg. v. $TiFe_2$, TiFe u. Ti_2Fe im Syst. Ti/Fe/B 30-0550.

Tm: Hyperfeinfelder am Ort v. Gd-Kernen in kub. Laves-Phase Fe_2Tm 25-0377.

U: Wechselwrkg. v. Armco-– mit geschmolzenem U u. Bldg. v. UFe_2 18-0299. Unters. d. --Seite d. Syst. Fe/U 9-0561; Krist.-Struktur u. Gitterkonst. sowie Phasenbereich d. Verb. UAlFe im Syst. U/Al/Fe 13-0594; Diffus. v. U in quasiunendl. Verdünn. in – 19-0316; Ox.-Verlauf v. U(Mn, Fe)₂ u. U(Fe, Al)₂ 40-0565.

V: Elektronenstruktur v. Leg. d. Syst. Fe/V 10-0309; Bldg. einer V-halt. Phase in Guß-– 16-2345; Anreg. d. K_α-Strahl. durch d. Fluoreszenzstrahl. d. Grundmetalls 35-1973.

Dynam. Polymorphie v. --Leg. mit *2 – 25* V 12-0516; Röntgenstrukturanalyse tern. Verb. RX'X₂'' in d. Syst. V/Fe/Ge 32-0233.

Elastizitätsgrenze u. Härte nach Abschrecken für d. Überstruktur v. FeCoV 31-0259; Verw. v. Fe-V-Leg. zur Druck-Eich. im Bereich v. *130 – 300* kbar 31-1996; anomales Snoek-Max. in Fe-V-C-Leg. 40-0141.

Hyperfein-Feld-NMR-Spektren in Fe-V-Leg. 2-0332; magnet. Momente v. V in Fe-V-Leg. 12-0465; Kernspin-Gitter-Relaxat. v. ^{51}V in V-Fe-Leg. 22-0373; elektr. Leitfähigk. v. Fe-V 23-0504; magnet. Eig. d. σ-Phase v. --Leg. mit *39,0 – 52,8* Atom-% V 30-0470; Spinstruktur u. Spinwerte v. FeV 48-0554.

Wrkg. v. V auf Löslichk. u. Aktivitätskoeff. v. N in --Schmelzen bei *1600°* 9-2331; NMR u. spezif. Wärme v. Ti-V-Fe-Leg. 13-0363; Einfl. v. V auf d. Aktivität v. C im Syst. Fe/C/V bei *1000°* 44-0107.

W: Gitterparameter v. – mit *0,055* bis *2,07* Atom-% W 2-0198; Wrkg. v. W auf Löslichk. u. Aktivitätskoeff. v. N in --Schmelzen bei *1600°* 9-2331; $\alpha \rightleftharpoons \gamma$-Gleichgew. u. Freie Enthalpien in d. Syst. Fe/W 18-0546; Adhäs. an weißer Elektrostahlschlacke 19-2514; Phasen d. Syst. Fe/W 41-0535; Ordn.-Struktur in verd. Fe-W-Leg. 44-0107; Stapelfehler u. Krist.-Struktur v. Ausscheid. in --Leg. mit *10* W 46-0191; Ordn.-Einfl. in d. tern. Leg. Ni_3(Fe, W) mit *0 – 5,1* Atom-% W 46-0202.

Y: Darst. u. Röntgenunters. an d. Mischkrist.-Reihen Y_6Mn_{23}/Y_6Fe_{23} u. YMn_2/YFe_2 5-0271.

Zn: Elektrolyt. Abscheid. v. --Überzügen im Sulfamatbad (Überblick) 2-2240; Diffus. Fe-Zn im festen Zustand 10-0274; anod. Auflsg. v. Zn-Fe-Leg. in NaCl- u. KCl-Schmelzen 12-2222; Verw. v. Fe_2Zn zur Tieftemp.-Synth. v. Zn_2SiO_4 26-0363; elektrolyt. Wechselstromkorros. v. Pt/Fe/Zn-Elektrodensyst. 29-0704; Diffus. v. Zn-Dampf in – 35-2388; Thermodynamik ferrit. Lsg. d. Syst. Fe/Zn 36-0498; Kumulier. v. Elektronenzuständen 37-0442; Faserstruktur säulenförm. Körner in Fe-Zn-Leg. 38-2474.

Zr: Thermochem. u. Strukturänder. bei d. Rk. v. H_2 mit Fe-Zr-Leg. 8-0623; Wrkg. v. Zr auf Löslichk. u. Aktivitätskoeff. v. N in --Schmelzen bei *1600°* 9-2331; Anisotropie d. Kerbschlagzähigk. 18-2325; magnet. Anomalie d. Laves-Verb. $(Zr_{0,6}Nb_{0,4})Fe_2$ 20-0447; Röntgenstrukturanalyse tern. Verb. RX'X₂'' in d. Syst. Zr/Fe/Ge 32-0233; Atomanordn. im Homogenitätsbereich d. Laves-Phasen $ZrFe_2$ 35-0140.

Phasen

Einfl. v. Al auf d. C-Dämpf. in α-Fe 4-1944; Verfestig. u. Temp.-Stabilität d. durch $\gamma \rightleftharpoons \varepsilon$-Umwandl. in Fe-Mn-Leg. bedingten Strukturänder. 9-0290; K-Zustand u. Ausscheid.-Prozeß in Stahl 12-0264; Aktivitätsmeth. bei metastabilen Phasengleichgew. Austenit/Martensit 29-0634; Gleichgew. v. C u. α-Fe in Methan-H_2-Gemischen 30-2309; Gitterverform. in plast. verformtem α-Fe 34-2380; Wrkg. v. P auf d. N-Löslichk. u. -Diffus. in α-Fe 35-2390; Verteil. d. Teilchen disperser Phasen nach ihren Abmess. in C-Stählen mit *0,4* u. *0,7* C 37-0180.

Austenit

Bldg. v. Oberflächenmartensit auf plast. verformtem Austenit 13-2350; Bldg.-Kinetik in Mg-behandeltem Guß-– 15-2478; Bldg.: in W-Stählen 16-2356; in ferrit. Temperguß 20-2321; bei d. Elektroerhitz. v. übereutektoidem Stahl 31-2555.

‖CK- u. Metallemiss.-Banden u. Bind. in Austenit 34-0424.

Hemm. d. Austenit-Kornwachstums durch AlN 1-2210; Struktur d. Austenits einer Fe/Ni-Leg. 2-0199; Orientier. in Austenit 5-0187; röntgenograph. Unters. d. Rolle d. Austenits bei d. Phasenhärt.- u. Alter.-Prozesses d. Leg. *N27T2* 6-0213; Austenit/Martensit-Grenzflächenversetz. in rostfreiem Stahl 11-0289; Einfl. d. Warmbehandl. auf d. Austenit-Korngröße in Stahl 16-2383; bevorzugte Transformat. in kaltgehärtetem Austenit in Stahl mit *12* Cr, *6* Ni u. *0,3* C 17-0251; Einfl. v. Nb-Zusätzen auf d. Rekristallisat. v. Austenit nach d. Warmverarbeit. 17-2495; Krist.-Strukturbezieh. zwischen Austenit- u. Carbidphasen in gealtertem austenit. Stahl 18-0218; Kristallographie d. Austenit–Zementit-Umwandl. 19-0243; Bldg. v. Versetz.-Schleifen in abgeschrecktem Austenit 22-0215; kohärenter Nd. v. Cu im Austenitgefüge 23-0240; Kornvergröber.-Temp. v. Austenit in Feinkornstählen 23-2573; Änder. d. Feinstruktur v. Austenit bei d. therm. Verfestig. 24-0245; Wachstumsgeschw. bainit. Plättchen im Fe–Ni–C-Austenit 24-2351; Wachsen v. $M_{23}C_6$-Carbid auf inkohärenten Zwillingsgrenzen in Austenit 30-0148; Kristallographie d. Ausscheid. v. Ferrit an Austenitkorngrenzen einer Co-Leg. mit *20* Fe 30-0163; Beobacht. d. Austenit-Korngröße v. Stahl mittels Hochtemp.-Mikroskopie 30-2360; Rekristallisat. v. Austenit hochgekohlter verformter Stähle 30-2372; Austenitkornwachstum bei Zusatz v. Al u. N in Stahl 31-2507; Einfl. d. chem. Zus. auf Kornraffinat. v. Austenit 32-2368; kristallograph. Eig. d. im Martensit rückgebildeten Austenits v. Fe–Ni-Leg. 33-2635; Best. d. Flächen- u. Vol.-Anteile d. Phasenpaares Ferrit–Austenit mit d. Elektronenstrahl-Mikrosonde 35-1983; Einfl. v. AlN-Teilchen auf d. Grenzabmess. v. Austenit-Körnern 38-2494; Zonenbldg. in Austenit mit *4* Ti 39-2395; Kirstallisat.-Diagramm für Graphit, Austenit u. Zementit aus d. Schmelze 40-0485; röntgenograph. Best. d. Vol.-Anteils v. Austenit in nichtrostendem Cr/Ni-Stahl 44-0107; Kaltverfestig. v. metastabilem Austenit bei d. Austenitformhärt. v. Stahl 44-2233; Änder. d. Austenitgeh. d. Stahls R*18* bei Ultraschalleinw. beim Härten 46-0192; Rekristallisat. v. Austenit bei Warmverform. v. schwach untereutektoidem Stahl 48-2244.

Einfl. d. Alter. auf d. Festigk.-Steiger. v. aus verformtem Austenit erhaltenem Martensit v. Ni-Stählen 4-0253; Härt. durch geordnete Ausscheid. v. Austenit d. Zus. *0,04* C, *55,5* Ni, *19* Cr, *14* Co, *7* Mo, *2* Ti u. *2,3* Al 20-0234; Zusammenhang v. Spann. u. Bruchausdehn. mit Änder. d. Restaustenitgeh. v. Cr-Stahl 34-2405.

Verschwinden d. Quadrupolspalt. d. Mössbauer-Resonanz in Austenit bei erhöhten Temp. 48-0178.

Eutektoide Umwandl. v. unterkühltem Austenit in Temper-— 5-2346; Einfl. einer plast. Warmverform. auf d. Kinetik einer isothermen Austenitumwandl. 6-0214; Thermodynamik d. Umwandl. Austenit → proeutektoid. Ferrit 7-0559, 7-0560; Austenit-Umwandl. in Kugelgraphitguß 11-2332; Einfl. v. Vorwarmbehandl. auf d. Austenit-Vergröber. in Al-beruhigtem Stahl 13-2363; Gefügespann. bei d. Martensitumwandl. v. Austenit in Stahl *3*Ch*13* u. *4*Ch*13* 14-2348; Theorie v. Gleichgew. u. Kinetik d. Ausscheid. v. Zementit aus Austenit unter Druck 15-0588; isotherme Austenit-Umwandl. in geglühtem Mg-behandeltem Guß-— 15-2425; Zwischenumwandl. unter Bldg. v. Bainit 16-2342; eutektoide Umwandl. in Guß-— 17-2425; Einfl. d. Leg.-Elemente auf d. Kinetik d. Austenitumwandl. beim Schweißen bainit. Bewehr.-Stähle 18-2356; Austenitstabilität in Fe–Cr–Ni-Leg. während d. Verform. bei Raumtemp. 20-2314; Kinetik d. isothermen Austenit-Umwandl. in Ggw. v. Martensit 27-2615; Thermodynam,k d. Syst. Austenit-(Ferrit)–Zementit im Zweiphasengebiet 31-0641; Natur d. Martensit/Austenit-Rückumwandl. in einer —-Leg. mit *32,5* Ni 32-0195; Einfl.: v. Ultraschall auf d. Zerfall v. Restaustenit im Stahl ChWG 32-2376; einer Austenit-Verform. auf d. Martensittemp. v. Fe–Ni-Leg. 33-2651; Besonderh. d. Kinetik d. Martensitumwandl. bei d. thermomechan. Bearbeit. v. Austenit in Ni-Stählen 36-0116; Austenit–Martensit-Umwandl. in Mn-Stahl 36-2346; Restaustenit-Zers. in Fe–C–Si-Leg. 36-2383; Kinetik d. Austenit-Zers. bei hohem Druck 38-2455; Änder. d. Austenit-Korngröße mit d. Temp. 38-2492; Thermodynamik d. bin. Fe/C-Austenite u. -Zementite 42-0469; Austenit-Zerfall in hoch-Cr-halt. Stahl 42-2236; N-Löslichk. in Austenit 43-2413; Einfl. eines Magnetfeldes auf einige Phasenumwandl. in austenit. Ni-Stählen 46-0195; therm. Stabilisier. d. athermen Austenit–Martensit-Umwandl. in Fe–Ni–C-Leg. 46-2213.

Bainit

Kinetik d. Bainitrk. in Fe–C–Mn-Leg. bei d. Zwischenstufenbldg. 3-2403; Anisotropie d. Geschw. d. Krist.-Wachstums d. α-Phase bei d. Bainitumwandl. 16-0195; Zwischenumwandl. v. Austenit unter Bldg. v. Bainit 16-2342; Bainitumwandl. in Guß-— 16-2343; Kristallographie d. Zementitausscheid. bei Bainitumwandl. 24-0244; Wachstumsgeschw. bainit. Plättchen im Fe–Ni–C-Austenit 24-2351; Einfl. v. unterem Bainit auf d. Festigk. nach d. Anlassen 34-2420; Mechanismus d. Bainitrk. 36-2397, 36-2398.

Carbide

Nachw. v. ε-Carbidausscheid. in Fe–C-Martensiten 2-2207; Krist.-Strukturbezieh. zwischen Austenit- u. Carbidphasen in gealtertem austenit. Stahl 18-0218; metallograph. Unters. d. Carbidausscheid.-Prozesses in Stahl N*36*CH*11* 18-0219; tern. Carbid-Eutektikum in Fe/C/Si-Leg. 26-0605; Fäll. v. Carbiden in einem schwach legierten Ni/Cr/Mo-Stahl 46-0189; Änder. d. Carbidgeh. d. Stahls R*18* bei Ultrascha lleinw. beim Härten 46-0192; Umwandl. d. Carbide während d. Anlassens v. Martensit 51/52-0131.

Ferrit

Beobacht. u. Orientier.-Bezieh. eines epitakt. Oxids d. R_3O_4-Typs mit Ferrit 9-0250; Orientier.-Bezieh. u. Kohärenz zwischen MoC_2 u. d. Ferritmatrix vakuumgeschmolzener Mo-Stähle 11-0290; Bldg. d. Widmanstätten-Struktur d. Ferritlamellen in — 19-0238; Kristallographie d. Ferrits bei Bainitumwandl. 24-0244; Ausscheid. u. Aushärt. im Ferrit 24-2352; Kristallographie d. Ausscheid. v. Ferrit an Austenitkorngrenzen einer Co-Leg. mit *20* Fe 30-0163; Temp.-Abhängigk. d. Gleichgew.-Verteil. v. Leg.-Elementen zwischen Ferrit u. Zementit 30-2332; Einfl. d. Konz.-abhäng. Diffus.-Koeff. auf d. Wander. v. Phasengrenzen bei Ferrit 35-0121; Unters. d. zwischen Ferrit- u. Carbid-Mischkrist. ablaufenden Rk. an reinen Fe–Mn–C-Leg. 37-2238; chem. Zus. v. δ-Ferrit in Cr–Ni-Stählen 41-2459; Wachstum v. N-Austenit in legiertem Ferrit 42-0082; röntgenograph. Best. d. Vol.-Anteils v. Ferrit in nichtrostendem Cr/Ni-Stahl 44-0107.

Martensit

Bldg. v. Oberflächenmartensit auf plast. verformtem Austenit 13-2350; bevorzugte Transformat. zu Martensit in kaltgehärtetem Austenit in Stahl mit *0,3* C, *12* Cr u. *6* Ni 17-0251; Martensitkeimbldg. in einer Cu-Grundmasse 28-0174; Martensittemp. v. Fe–Ni-Leg. nach Austenitverform. 33-2651; Parameter d. isothermen Martensit-Bldg. in Fe–Mn–C-Leg. 36-2337; Kinetik d. Martensitbldg. 37-0133; Entsteh. v. Martensit in einer einer explosivart. Umwandl.-Kinetik unterworfenen Fe/Ni-Leg. 37-0134.

Bldg. v. Fehlstellen durch Martensit während d. Austenitformhärt.-Prozesses in d. austenit. Substruktur im Syst. Fe/Ni/C 1-2263; Struktur v. Martensit 5-0222; Zwillingsbldg. in Martensit 10-0221; Austenit/Martensit-Grenzflächenversetz. in rostfreiem Stahl 11-0289; Vgl. v. hexagonalem ε-Fe u. hexagonalem ε-Martensit in austenit. Stählen 12-2352; Gefüge v. austenitformgehärtetem Martensit 12-2365; Einfl. d. Konz. v. C auf d. Krist.-Struktur v. ϰ-Martensit hochgekohlte Mn-Stähle 14-0233; Gefügespann. v. Stahl bei d. Martensit-Umwandl. v. Austenit 14-2348; Einfl. geringer C-Konz. auf d. Lage d. Martensitpunktes v. —-Leg. mit *6–8* Cr, *2–3* Ni u. *0–1* W 15-0232; Ursachen d. Martensit-Verfeiner. in Fe–Ni–C-Leg. nach d. Restaustenitisier. 15-2438; Nachw. d. Clusterbldg. v. C-Atomen in Fe/C-Martensit während d. Alterns bei Raumtemp. 19-0239; Krist.-Struktur d. α- u. ϰ'-Martensits eines hochgekohlten Stahls 22-0232; Gitterparameter v. Martensit in Fe–N-Leg. 25-2549; stat. atomare Verschieb. in Fe/C-Martensit 29-0164; Kristallographie d. druckinduzierten Phasenumwandl. 30-0159; Einfl. d. Druckes auf d. Struktur v. Fe/C-Martensiten v. Ferrovac E u. hochreinen Fe/C-Leg. 30-0160; atomare Verschieb. in —-Martensit 30-0219; elektronenmkr. Unters. v. Martensit in Ti–Fe-Leg. mit *3* Fe 30-2368; Ursprung d. Martensitfestigk. (Korrektur) 32-0282; Verh. v. C in Martensitkrist. in gehärtetem Stahl 37-0197; Einfl. eines starken magnet. Impulsfeldes auf d. martensit. Umwandl. in feinen Stahlteilchen 37-0201; Ausscheid. v. —-Carbiden in getempertem Martensit 43-0180; Mössbauer-Effekt in d. Fe–C-Martensitstruktur 43-0477; Substrukturverfestig. in großen plast. Spann. unterworfenem Martensit mit geringem C-Geh., Feinstruktur in Martensit v. — mit *33* Ni 44-0107; Entw. d. Matrix einer Fe/C-Leg. mit *2* C nach martensit. Härt. 46-0184; Änder. d. Martensitgeh. d. Stahls R*18* bei Ultraschalleinw. beim Härten 46-0192; Umwandl. d. —-Carbide während d. Anlassens v. Martensit 51/52-0131.

Effekte d. inneren Reib. in angelassenem Martensit 9-0291; Verfestig. v. Stahl durch Verform. im Bereich d. Martensitumwandl. 16-0281; plast. Fließen v. Martensit 24-0313; mikrofraktograph. Unters. d. Anlaßsprödigk. v. Martensit 27-2605; Streckpunkt v. spannungsgehärtetem Martensit in Stahl *434* ⊂ 42-0082; Härteänder. v. Martensit durch Verform. 43-2449; Eig. v. Fe/Ni/C-Martensiten, innere Reib. v. Martensit aus härtenden Stählen mit *18* Ni 44-0107.

Mössbauer-Mess. d. Hyperfeinfeldes am ^{57}Fe-Kern in Martensit als Funkt. d. C-Geh. 7-0463; Mössbauer-Effekt in Fe–C-Martensitstruktur u. seine Änder. nach Temper. 10-0051.

Magnet. Unters. d. martensit. Umwandl. v. nichtrostendem Stahl 1-0522; Struktur d. Austenits einer Fe/Ni-Leg. bei d. direkten u. umgekehrten Martensitumwandl. 2-0199; martensit. Umwandl. v. Mischkrist. mit kohärenten Teilchen 3-0573; Phasenhärt.- u. Alter.-Prozeß d. Martensits in d. Leg. N*27*T*2* 6-0213; Martensitumwandl. in d. Leg. N*18*K*8*MZT 6-0216; Martensitrk. in eutektoiden Fe–Cu-Leg. 9-2332; Martensit-Umkehr. in nichtrostendem Stahl 9-2388; Anpass.-Fehler bei d. Martensitumwandl. in Fe/Ni-Leg. 10-0222; Einfl. v. Vorglüh. u. Fehlstellenmenge auf d. Martensitalter. nach plast. Verform. 11-2328; Zwischenumwandl. v. unterkühltem Austenit 11-2337; Einfl. d. C-Geh. auf d. Kinetik d. ersten Stufe d. Martensitzerfalls nach elektr. Anlassen 17-2433; Einfl. eines magnet. Impulsfelds auf d. Martensitumwandl. in Stählen u. Leg. 19-0244, 22-0214; Martensitumwandl. v. —-Ausscheid. in einer Cu-Matrix 22-0590; zykl. Martensitumwandl. v. Cr–Ni-Stahl 24-2397; Umwandl. v. plättchenart. Martensit in Fe/Ni-Leg. 26-0200; Einfl. einer teilweisen Martensit-Umwandl. auf d. Kinetik d. isothermen Austenitumwandl. 27-2615; Martensit-Umwandl. v. Stahl *18.10* bei kryogenen Temp. während Kaltverform. u. Kriechen 31-2512; Natur d. Martensit/Austenit-Rückumwandl. in einer —-Leg. mit *32,5* Ni 32-0195. Martensit-Alter. v. Ni–Mn-Stählen mit reversibler α – γ-Umwandl. 33-2652; Umwandl. v. Martensit durch thermomechan. Behandl. 35-2458; Kinetik d. Martensitumwandl. bei d. thermomechan. Bearbeit. v. Ni-Stählen 36-0116; Aktivier.-Energie d. Verform. v. nichtangelassenem u. angelassenem Fe–C-Martensit bei C-Verfestig. 36-2336; Austenit–Martensit-Umwandl. in Mn-Stahl 36-2348; Einfl. einer thermomechan. Behandl. auf d. Martensitzerfall in Cr–Ni-Stahl 39-0189.

Perlit

Keimbldg.- u. Wachstumsgeschw. d. Lamellenzwischenräume v. Perlit in eutektoiden Stählen 3-2411; Keimbldg. u. Wachstumsgeschw. d. Perlitknoten in Stahl 23-2574; Kornorientier. in Perlit 37-2581.

Zementit

Zementitbldg. bei d. Red. v. —-Erzen durch Erdgas 10-2312; Umwandl. d. —-Carbide in Zementit während d. Anlassens v. Martensit 51/52-0131.

Einfl. v. Cr auf Zus. u. Struktur d. Zementitphase 11-0288; Ätzfiguren auf d. Zementit v. Guß-— 18-0214; Kristallographie d. Austenit–Zementit-Umwandl. 19-0243; Grenzen zwischen eutekt. u. sek. Zementit in weißem Guß-— 23-0215; Kristallographie d. Zementitausscheid. bei Bainitumwandl. 24-0244; Verteil. d. Teilchen disperser Zementitteilchen nach ihren Abmess. in C-Stählen 37-0180; Kristallisat.-Diagramm für Graphit, Austenit u. Zementit aus d. Schmelze 40-0485; Wachstumskinetik v. Widmanstätten-Zementitkrist. in Stahl 45-0163; Fäll. in einem schwach legierten Ni/Cr/Mo-Stahl 46-0189; Einw. d. Haltezeit auf kugelförm. Zementit im voreutektoiden Ferrit 48-2257; Einfl. v. Temp. u. erzwungenen Spann. bei Wärmewechseln auf kugelförm. Zementit im voreutektoiden Ferrit 48-2258.

Verform. v. Zementit 13-0288.

Mössbauer-Unters. d. ferromagnet. u. paramagnet. Zementitphase an Guß-— u. Stahl 2-0470.

Zerfall in Hartguß 14-2306; P-Eutektikum im Syst. $Fe/Fe_3P/Fe_3C$ 15-2421; Rk. v. Zementit 25-2477; Gleichgew.-Verteil. v. Leg.-Elementen in Ferrit u. Zementit 30-2332; Thermodynamik d. Syst. Austenit (Ferrit)–Zementit im Zweiphasengebiet 31-0641; Zementit-Zerfall in Temperguß bei Graphitisier.-Glühen 40-2156; Thermodynamik d. bin. Fe/C-Austenite u. -Zementite 42-0469; spezif. Wärme v. Zementit mit *2* Cr 42-2217.

Technisches Eisen

Herst.: feuerfester Steine zur Ausmauer. v. Hochöfen u. Stahlkonvertern 2-2131*; v. Zement aus —Hüttenschlacken 5-2280; Einfl. v. Schmelzgut u. Schlacke auf d. Haltbark. d. feuerfesten Auskleid. d. Indukt.-Ofens für —- u. Stahlschmelz. 7-2338; Leichtgew.-

Massen aus —-halt. Flugasche 12-2269*; feuerfeste Werkstoffe für —- u. Stahlanlagen 14-2285; Gewinn. v. techn. reinem — aus Guß-— im Vakuum 19-2516.

Carbonyleisen

Gefügeaufbau v. Carbonyl-—-Pulver 1-2240; Gefügeentw. v. gesintertem Carbonyl-— 14-2335; Wechselbezieh. zwischen elektromagnet. u. physikal.-chem. Eig. v. Carbonyl-—-Pulver 19-2543; D. pulverförm. Preßkörper aus Carbonyl-—-Pulver 23-0334; kontinuierl. Herst. v. Carbonyl-—-Teilchen enger Frakt. im Multizyklon 23-2598; Wrkg. v. W auf d. Sintern v. Carbonyl-—-Pulver 47-2322.

Elektrolyteisen

Herst. v. TiO_2 u. Elektrolyt-— aus Erzen 8-2399*; gemeinsame elektrolyt. Abscheid. mit H_2 13-2213; Bad für galvan. —-Überzüge 15-2543*; elektrolyt. —-Gewinn. aus Krätzen d. Cu-Schmelze 27-2569; elektrolyt. Herst. v. — aus —-Amalgam 44-2268*; Preß- u. Sinterverh. v. Elektrolyt-—-Pulver 46-2193.

Teilchenkoaleszenz bei d. Sinter. v. Elektrolyt-— mit fl. Phase 5-2376; Wachstum großer Einkrist.-Bleche aus Elektrolyt-— mit *(100)*[*011*]-Orientier. 17-2484; Haftvermögen v. elektrolyt. — mit warmbehandeltem C-Stahl 21-2586; natürl. Alter.-Prozesse v. elektrolyt. — 29-0187; Einfl. organ. Zusätze auf d. inneren Spann. v. elektrolyt. abgeschiedenem — 30-2385; Rekristallisat.-Textur v. kaltgewalztem Elektrolyt-— 44-0107; Oberflächentextur v. Elektrolyt-— nach Walzen mit u. ohne Schmiermittel 47-2353.

Roheisen

Verarbeit. v. Atasu-Fe-Mn-Erzen zu Mn-halt. Roh-— 13-2298; N-Geh. v. japan. Roh-— u. Bezieh. zu Si-, Ti- u. V-Geh. 16-2336.

Gewinnung

Herst. v. Roh-—: aus Rotschlamm in Drehöfen 1-2201; im Drehrohr- u. Schachtofen 2-2264*; im Hoch- u. elektr. Niederschachtofen 4-2026*; im Querstromofen 5-2445*; Herst.: v. Stahlroh-— für d. Kokillenguß 16-2334; v. — ohne Hochofen (Übersicht) 29-2487.

Metallurgisches: Optimier. metallurg. Prozesse bei d. Entfern. v. Cr aus C-halt. —-Schmelzen 1-2177; Einfl. d. S-Geh. d. Kokses auf d. Qualität d. Roh-— 3-2734; Kinetik d. Entchrom. v. fl. Roh-— 4-1945; Ursachen d. S-Geh. im Roh-— 15-2418; Kinetik d. Auflsg. v. Cu-Mg-Leg. in fl. Roh-— 34-0626; Einfl. v. Al in fl. Roh-— auf d. S-Austausch mit $CaO-SiO_2-Al_2O_3$-Schlacken 34-2377.

Raffination: Ferro-Ce-Modifizier. v. Roh-— für Kokillen 18-2306; Entschwefel. v. Roh-—: mit Mn bzw. Ca 20-2315; mit Kalk 35-2391; im Mischer 43-2414; kontinuierl. Nachentschwefel. v. Stahlroh-— in einer Siphonpfanne am Hochofen 48-2219.

Behandl. eines Roh-—-Schmelzbades mit O_2 8-2381*; kontinuierl. Raffinieren v. fl. Roh-— 9-2437*; Entschwefel. v. Roh-— im Gießstrahl 11-2414*; CaO/SiO_2-Gew.-Verhältnis beim Entschwefeln 11-2415*; Vorreinig. v. fl. Roh-— v. Si, P u. C im wirbelnden oxydierenden Gas 14-2388*; Modifikator für Roh-— zur Entfern. v. zwischendendrit. Graphit 30-2403*; kontinuierl. Behandl. v. Roh-— im Drehofen 41-2508*; Entschwefeln v. Renn-Luppen 48-2295*; Entphosphor. durch O_2-Frischen 48-2298*.

Niederschachtofen

Erschmelzen v. — mit Nichtkokskohlen im Niederschachtofen 8-2290.

Blashochofen

Vorgänge im Hochofen: Red.-Arbeit d. Gase im Hochofenschacht bei Verw. v. Erdgas 3-2392; Red.-Mechanismus im Hochofen 5-2339; Rk.-Kinetik 9-2328; Stoffaustausch bei d. Roh-—-Entschwefel. im Hochofen 9-2336; Red. u. Schlackenbldg. bei Magnetit-Silicat-Erz-Möller 11-2314; Best. d. Temp. d. beginnenden Schmelzen 11-2323; Red.-Wrkg. v. ausgeschidenem C 11-2324; Koksverbrenn. u. -vergas. im Hochofen 15-2404; Red.-Arbeit d. Gase in erdgasbetriebenen Hochöfen 18-2293; Red. u. Schlackenbldg. im Hochofen bei verschiedener Reduzierbark. d. Möllers 19-2488; N-Verteil. zwischen Metall u. Schlacke im Hochofen 22-2444; Beding. d. Roh-—-Entschwefel. im Hochofen 23-2543; Rk. v. —-Schmelzen u. Hochofenschlacken mit C 23-2556; Verh. v. GeO_2 bei d. Hochofenverhütt. 33-2593; Metallverlust d. Hochofenschmelze v. Titanomagnetiten durch Schlakkeneinschlüsse 37-2531; Einfl. v. W.-Dampf u. CO_2 auf d. Sinterred. durch CO im Hochofen 40-2144; Verarbeit. v. Pellets im Hochofen 41-2421; S-Verteil. in d. Blasformenzone eines Hochofens 42-2171; Einfl. d. Abstichfolge auf d. Entschwefel. im Hochofen 46-2179.

Betrieb des Hochofens: Verarbeit. v. —-Kalksintermöller im Hochofen 3-2395; statist. Bezieh. zwischen Ausbringen u. Koksverbrauch eines Hochofens 7-2337; Entschwefeln im Hochofen mit geringem Schlakkenanfall 11-2329; Hochofeninstrumentier. für d. Prozeßautomat. 24-2339; technolog. Parameter d. —-Erzred. im Vers.-Hochofenschacht 25-2472; Eign. v. vorred. Magnetit-Pellets als Hochofenmöller 26-2411; Verhütt. hochtonerdehalt. —-Erzkonzentrate im Hochofen 28-2393; Einfl. d. Möllerklassier. auf d. Hochofenbetrieb 31-2497; spezif. Koksverbrauch 33-2580; Einblasen v. Kohlenstaub in große Hochöfen als Ersatz für Koks 37-2524; Vgl. d. Ofenbetriebes mit pelletisiertem u. gesintertem Möller 42-2169; Höhe u. Radius eines Hochofens beim Einblasen v. Erdgas 42-2170; Wrkg. v. Möllerbestandteilen auf d. Hochofenauskleid. 45-2499.

Schachtofenbetrieb mit überschüss. C-Zugabe in d. Gestell 5-2444*; Blaswind mit *30–70* Vol.-% O_2 u. CO_2-Zusatz 7-2433*; Betrieb mit unvollständig verbrannten KW-Stoffen 23-2651*; Red. v. vorred. —-Erz mittels Koks 24-2428*; Eindüsen v. Heizöl-Kohle-Misch. in d. Hochofen 29-2594*, 29-2595*; Herst.: v. kontinuierl. verkokter Hochofencharge mit fl. KW-Stoff 29-2598*; verkokter Hochofenagglomerate mit fl. KW-Stoffen 29-2599*; Verw. fl. KW-Stoffe im Hochofen 36-2439*; Kontrolle: v. Red.- u. Schmelzvorgängen im Hochofen 44-2256*; v. Hochöfen an Hand d. Schlackenbasizität 46-2238*; Beschick. im Schacht mit Überschuß v. C 48-2294*.

Hochofenbau: Unters. an feuerfesten Stoffen d. Hochofenrast 5-2328; Bldg. v. Alkali- u. Al-Silicaten in d. Hochofenauskleid. 10-2318; dichte feuerfeste Materialien für Hochofenschächte auf Basis v. Novoselickij-Kaolin 14-2243; feuerfeste Materialien für Hochtemp.-Winderhitzer, beständig gegen Hochofenstaub 19-2489; Stampfgemenge u. Hochofenmassen für Stichloch u. Rinnenbau 35-2372; Verw. v. SiO_2 in Hochtemp.-Zonen v. Winderhitzern 43-2404; halbsaurer feuerfester Beton mit Phosphatbind. für d. Auskleid. d. Winddüsen an d. Hochöfen 48-2186.

Feuerfestes Material aus Al_2O_3 für Hochofenauskleid. 2-2134*; Herst. feuerfester Steine für Auskleid. v. Dreh- u. Hochöfen 2-2138*; Stampfmasse für d. Fugen zwischen Ofenwand u. C-Steinschicht 7-2438*; Agalmatorit u. Liparit für Hochofenausmauer. 48-2283*.

Hochofenschlacke: Enthalpie synthet. Hochofenschlacke zwischen *980* u. *1530°* 5-2340; Hochofenschlacke als Rohstoff für d. Zementherst. 9-2288; Entw. d. Festigk. v. Gemischen v. gelöschtem Kalk/Kieselsäure-Hochofenschlacke durch Behandl. im Autoklaven 10-2286; physikal.-chem. Beding. d. Gewinn. v. säurebeständ., verschleißfestem Guß auf Basis v. Hochofenschlacke 11-2299; Verw. v. Hochofenschlacke als Wachstumsförderer für Zuckerrohr auf silicatarmen Böden 12-3048; physikal. Eig. v. hochtonerdehalt. Hochofenschlacken 20-2313; Schnellmeth. zur Best. d. Basizität v. Hochofenschlacke 22-2173; Einfl. d. W.-Behandl. v. Hochofenschlacken auf d. Kristallisat.-Geschw. 23-2557; Phasenkristallisat. u. Melilithzerstör. v. Hochofenschlacken 26-2414; Einfl. d. Hochofenschlackenanteile bei Hüttenzementen auf d. Korros.-Beständigk. d. Zementsteins in einer Endlauge d. Kaliindustrie 29-2439; Aktivität v. TiO_2 in Hochofenschlacke 32-2368; hydraul. Eig. v. Hochofenschlacken 40-2122.

Herst. v. Schaumschlacke mit geschlossenen Poren aus Hochofenschlacke 1-2155*; Verw. v. Hochofenschlacke zur Herst. v. Asbestzement-Formkörpern 9-2312*; Schnellbest. d. Basizität v. Hochofenschlacken 26-2172*.

Gichtgas: Reinig. v. Gichtgas-Waschwasser durch rückgeführte Feststoffe 2-2038*; Entfern. v. CN^- aus Abwasser d. Hochofengas-Wäschereien 20-2138; kalorimetr. Unters. v. Hochofengas 21-2079; Fehler bei mit d. Orsat-app. durchgeführten Hochofengasanalysen 49/50-2031.

Gichtstaub: Aufarbeit. v. Hochofengichtstaub 6-2376*; Entzink. v. Gichtstaub im Schmelzzyklon 15-2407; Wrkg. d. Flugstaubgeh. v. Gichtgas auf d. Steiger. d. Windtemp. 20-2299.

Elektroofen

Herst. v. Roh-— in elektr. Red.-Schachtöfen 10-2412*; kontinuierl. vorred. Chargier. in d. Elektroofen 47-2402*.

Gußeisen

Verarbeit. v. Guß-— zu techn. reinem — im Vakuum 19-2516; Herkunft v. Pb im Guß-— (Übersicht) 29-2489; Einfl. v. P auf d. Güte v. Guß-— (Übersicht) 31-2502; Erfahr. mit Guß-— in d. chem. Verf.-Technik 49/50-2085; Stand d. Metallurgie d. Guß-— 49/50-2253.

Herstellung

Herst.: v. Grauguß unter Verw. einer Abfall-—-Leg. 17-2549*; v. synthet. Guß-— aus Spänen 18-2313; Erfahr. in Italien über Cu-Zusätze 20-2319; Einblasen pulverförm. Fe-Si-Suspens. zur Herst. v. Guß-— genauer Zus. 42-2251*.

Raffination: Herst. v. Gießerei-— durch Entphosphor. v. Thomasroh-— 7-2355; Pfannenentschwefel. im CTIF-Volianik-Verf. 23-2561; Entschwefel. u. Aufkohl.-Verf. v. Grauguß im Vgl. mit Kalt- u. Heißwind-Herst. 38-2446; Nachentschwefel. in d. Schüttelpfanne mit CaC_2 48-2220; Entschwefeln mit CaC_2 49/50-2254, 49/50-2255.

Masse mit Kalkstein u. Ferro-Si zur Behandl. v. eutekt. — 23-2667*; verstärkte Guß-—-Entschwefel. durch Mg 30-2404*; Entschwefeln v. Guß-— bzw. Gießereiroh-— 32-2437*.

Modifizierung: Modifizier. v. Grauguß mit Ce 3-2501; Einfl. v. Al u. Ca im Impfmittel 11-2331; Mg-Behandl. u. Halten in d. Pfanne v. Guß-— 12-2299; Modifizier. v. Kupolofen-Guß-— durch Ferro-Ce 12-2302; KMK-Modifikator aus *15–20* Ca, *10–15* Fe, *15–20* Mn, *1–1,5* Al u. *45–55* Si für verringerte Restspann. u. Warmrißbldg. 13-2301; Normalisier. v. Mg-halt. Guß-— durch Schnellgraphitisier. in d. Wirbelschicht 16-2337; Wrkg. d. Vermisch. bei Modifizier. v. Mg-behandeltem Guß-— 16-2339; Unters. d. Modifizier.-Vorgänge in Guß-— 16-2340; Einfl. v. BaSi auf d. Wrkg. v. Ferro-Si 25-2481; Einfl. v. Ca u. Al auf d. Impfwrkg. v. Ferro-Si in Grauguß 47-2312.

Zusatzmittel zum Einführen v. Mg in fl. Guß-— 8-2384*; Zusatzmittel mit *0,1* bis *2* B, *10–60* Ce, *20–70* Fe, *1–10* Mg 8-2386*; Si-Impf. zur Erzeug. v. Guß-— hoher Zugfestigk. im Indukt.-Ofen 10-2414*; Oxidgemisch zum Feinen v. legierten u. unlegierten Guß-— 11-2419*; Vorleg. zur Behandl. v. —-Schmelzen 16-2426*, 20-2403, 20-2404*; Impf. einer Guß-—-Schmelze 42-2253*.

Kupolofen

Jahresübersicht Kupolofen 1-2175; Eig. (u. Zus.) v. Kupolofen-— 25-2478.

Metallurgisches: Bldg. v. Schlacken im Kupolofen 6-2282; Mn-Abbrand beim Schmelzen im Kupolofen 7-2342; Verh. v. C u. Si bei bas. Kupolofenschmelze 12-2286; $CaO-Al_2O_3-SiO_2$-Schlacke beim Erschmelzen v. Guß-— im Kupolofen 14-2303; Parameter d. S-Geh. im Kupolofen-— 25-2479.

Kupolofenbetrieb: Schmelzen v. Guß-— im Kupolofen unter Verw. v. Thermoanthrazit-Briketts 3-2405; Zufuhr v. Zusätzen in Kupolofenschmelzen 8-2378*; Kupolofenbetrieb mit niedrigschmelzendem CaC_2 13-2291; C-Geh. d. Kupolofenbeschick. 14-2289; Betrieb v. Gaskupolöfen 18-2310; kontinuierl. Einblasen v. O_2 in d. Kupolofen 20-2310; Aufkohlen v. Guß-— im Kupolofen 20-2316; erhöhter Überhitz.-Grad v. Guß-— u. S-Senk. im Kupolofen mit Thermoanthrazit 20-2317; Betriebskontrolle durch therm. Analyse 21-2529; Verw. v. teilweise red. Erzen als Kupolofencharge 44-2190.

Elektroofen

Feuerfeste Auskleid. v. Elektroöfen für Guß-— 6-2272; Verw. v. —-Spänen im Indukt.-Ofen 18-2311; Herst. v. Guß-— im Indukt.-Ofen unter Verw. verrosteter Graugußspäne 31-2608*.

Gießtechnik

Einfl. v. Ce u. La auf d. Weißerstarr. v. Guß-— 1-2203; Verminder. d. Abschreckwrkg. beim Gießen in Metallformen 5-2336; Struktur v. Kupol-— nach Kokillenguß 5-2343; Indukt.-Innenofen für —-Gießereien im Vgl. zum Tiegelofen 7-2336; Gießprogramm mit langzeit. Speicher. d. Guß-— 9-2326; Erstarr.-Parameter für Guß-— 9-2327; Mechanismus d. inversen Erstarr. in Grauguß

9-2327; Einfl. v. S-Zuschlägen auf d. Charakter d. Guß---Schwind. 9-2338; Ausscheid.-Kinetik v. Mg aus fl. Guß-- 11-2330; Schwind. Erschein. im Guß-- (Überblick) 12-2295; Bezieh. zwischen Ox. u. Entkohl. v. Guß-- 12-2375; verbesserte Herst. v. Guß---Rohren 13-2300; Gleichgew. v. C u. O in C-gesätt. fl. -- 15-2417; Einfl.: d. Oberflächenspann. auf d. Gießbark. v. Guß-- 15-2419; einer Überhitz. auf d. Kennzeichen v. Grauguß 15-2422; Verdampf. v. Mg aus fl. Guß-- 17-2424; Schmelzen u. Gießen unter Vakuum 21-2528; massenspektrometr. Best. d. beim Formmaskenverf. entwickelten Gase 22-2177; Kriterien d. Qualität v. Gußstücken aus Grauguß 24-2340; Einfl. v. Impfzusätzen u. Gießtemp. auf d. Temp. d. eutekt. Kristallisat. v. Grauguß 26-2418; Stranggießen v. Guß---Rohren 26-2419; Abkühl.-Kurve zur Graugußüberwach. 27-2561; Formsandmisch. mit Erdölasphalt für Grauguß 29-2482; Einfl. v. Glanzkohle in Formsand auf d. Qualität v. Grauguß 29-2483; Ursachen für Schwierigk. beim Schweißen v. gebrauchten Kokillen 41-2415; Unters. d. Erstarr. an Hand v. Abkühl.-Kurven 44-2201; Vgl. d. Lebensdauer v. Kokillen aus grauem u. Kugelgraphitguß-- 47-2291.

Zusatzmittel für verminderte Lunkerbldg. 19-2632*; keimbildende Zusatzleg. 19-2633*; Horizontalgießen 21-2626*; exotherme Misch. zum Flüssighalten v. Guß-- in Steigern, Trichtern u. verlorenen Köpfen 40-2213*; Gießen v. Guß---Zylindern in Metall- oder Sandform 41-2509*.

Weiterbehandlung

Merkmale d. strahlungstherm. Behandl. v. weißem Guß-- 9-2341; Hochfrequenzhärten v. ferrit.-perlit. Grauguß 16-2388; Härten v. Grauguß im Luftstrom u. Warmbad 33-2650.

Emaillieren s. im Abschnitt *Oberflächenbehandlung und Korrosionsschutz*, S. 449.

Eigenschaften

Gefüge: Interkrist. Anreicher. v. Spurenelementen im Guß-- 1-2258; Mössbauer-Unters. d. ferromagnet. u. paramagnet. Zementitphase an Guß-- 2-0470; Einfl. v. B auf d. Verteil. v. Leg.-Elementen im Gefüge 6-2283; Einfl. d. Moduls auf d. Gußstruktur v. Grauguß 7-2357; Si-Carbid-Phase in Grauguß 8-2324; eutekt. Erstarr. v. ox. Guß-- 10-2324; Bezieh. zwischen eutekt. Erstarr. u. Mikrogefüge v. Guß-- 10-2325; Vork. v. α-Si_3N_4 in Guß-- 10-2328; Wrkg. v. Modifikatoren auf d. Perlitgefüge 15-2420; Einfl. v. Abkühl.-Geschw. u. chem. Zus. auf d. P-Eutektikum v. Guß-- 15-2421; isotherme Austenitumwandl. in geglühtem Mg-behandeltem Guß-- 15-2425; Extrakt. d. Carbidphase 15-2427; Bldg.-Kinetik v. Austenit in Mg-behandeltem Guß-- 15-2478; VC in Guß-- 16-2345; eutektoide Umwandl. in Guß-- 17-2425; Methodik zur Entw. v. Ätzfiguren auf d. Zementit v. Guß-- 18-0214; Kompensat. d. Cr-Einfl. 18-2316; röntgenograph. Effekt bei Strahl.-Schäden d. Carbidphase 18-2348; Auftreten v. eutekt. Korn in Gießerei-Roh-- 19-2517; Einfl. v. Reib.-Beding. auf d. Krist.-Gitter d. γ-Phase v. Guß-- 19-2612; Einfl. v. Cu: auf d. eutektoide Umwandl. in Grauguß 21-2530; auf d. Prim.-Strukturbldg. v. Guß-- 21-2531; Einfl. v. Ti auf d. Gefüge v. Guß-- 21-2534; Grenzen zwischen eutekt. u. sek. Zementit in weißem Guß-- 23-0215; Gleichgew.-Temp. d. stabilen u. metastabilen Eutektikums 25-2480; Bezieh. v. Gefüge u. Spann.-Dehn.-Kurve v. Grauguß 27-2562; Gefüge v. Grauguß mit Mn- u. S-Geh. 27-2563; Nadelstichporosität in Grauguß durch Ggw. v. Al 30-2314; Gefügestabilität v. austenit. Guß-- bis *800°* 30-2317; isotherme Umwandl. v. untereutekt. Grauguß zwischen krit. Raumtemp. 31-2503; Einfl. d. Herst.-Verf. auf Makrostruktur v. Grauguß 33-2594; Einfl. v. Ti auf Gefüge v. Guß-- 38-2448; Kinetik d. Kristallisat. v. hypereutekt. Guß-- 40-0485; Unterkühl. v. Guß-- während d. eutekt. Erstarr. 44-2202; Einw. d. Modifizier. auf eutekt. Zelle u. Graphit 44-2203; Einfl. wiederholten Glühens auf d. Gefügestabilität v. legiertem Guß-- 46-2181.

Sichtbarmach. d. heterogenen Impfelemente enthaltenden Keime in Guß-- mit Kugelgraphit 8-0198; MnS bei d. eutekt. Graphit–Austenit-Erstarr. v. Grauguß 9-2339; Parameter d. Graphitisier. 13-2305; Aktivier.-Energie u. der d. Graphitisier. v. weißem Guß-- bestimmende Faktor 14-0680; Einfl.: einer Gasspül. auf d. Graphitgefüge 15-2423; v. B u. Al auf d. Graphtisier. 16-2348; Versetz.-Wachstum v. Krist. aus übereutekt. Schuppengraphit in Guß-- 18-0215; Graphitisier. v. Guß-- 18-2314; Wrkg. oberflächenakt. Komplexzusätze auf Graphitzentren-Menge 18-2317; Keimbldg. v. Graphit in Guß-- 22-2445; thermodynam. Grundlage d. Graphitisier. v. Grauguß 23-2559; Einfl.: d. Herst.-Beding. auf d. Graphitmorphologie 23-2562; v. N auf d. Graphitausscheid. beim Erstarren 29-2488; Graphtiformen in Guß-- 33-2595; Bldg. v. Graphiteutektikum bei isothermer Austenitumwandl. v. Grauguß 33-2649; Graphitbldg. in Grauguß 39-2387; Kinetik d. Graphitausscheid. in Guß-- 48-2221; Einfl. v. Überhitz. u. O-Geh. auf d. Graphitkeimbldg. in Grauguß 49/50-2257.

Mechanische Eigenschaften: Mechan. Eig. v. Sb-halt. Guß-- 2-2173; Temp.-Abhängigk. d. inneren Reib. v. Grauguß 4-0249; Zug-Druck-Wechselfestigk. 8-2318; Einfl.: d. Zus. auf d. Warmfestigk. v. aufgeschweißem Guß-- 10-2326; v. Cr auf Festigk. u. Härte v. Grauguß 15-2424; v. B auf d. Festigk. u. Bruchdehn. 16-2349; Entfestig. bei Neutronenbestrahl. 18-2347; Zusammenhang zwischen Ermüd. u. Dämpf.-Vermögen 22-2447; Mechanismus d. Rißbldg. v. Temperguß (Übersicht) 22-2490; Einfl. d. Graphitausbldg. auf d. Druckfestigk. v. Guß-- 25-2540; Bewert. d. Festigk. v. Grauguß an Hand v. Abkühl.-Kurven 26-2456; Einfl. v. Gießtemp. auf d. Warmbruchneig. v. weißem Guß-- 27-2560; innere Reib. v. Grauguß mit *3,2* C, *1,73* Si, *0,9* Mn, *0,11* P, *0,1* S, *0,15* Cr u. *0,12* Ni 28-0251; Biegefestigk. v. Guß-- 31-2531; Gleich. für d. Festigk. v. Guß-- 39-2386; Zusammenhang v. chem. Zus. u. Härte v. Grauguß 47-2300; Einfl.: d. Impfmittel auf d. Härte v. Grauguß 49/50-2258; v. Sb auf d. Festigk. v. perlit. Grauguß 49/50-2259.

Verschleiß-Unters. an Hart- u. Grauguß 3-2137; Gleitverschleiß v. Guß-- 7-2431; Einfl. d. Guß---Überhitz. auf d. Verschleißfestigk. 12-2296; Verschleißfestigk. bei Schmirgelwrkg. 14-2307; Verschleißvers. an Guß-- 16-2421; Einfl. v. S auf d. Verschleißfestigk. v. Grauguß 19-2518; Oxidhäutchen auf d. Antifrikt.-Guß-- für Kolbenringe 20-2370; Einfl. d. MoS_2 enthaltenden Gleitlacke auf Reib.-Zahl u. Verschleiß d. Gleitpaares Guß--/Stahl 23-2920; Vgl. d. Feinstruktur v. ferrit. u. perlit. Guß-- bei Reib. mit Schmier. 28-2403; Abhängigk. d. Reib.-Koeff. u. Verschleißfestigk. v. mit Cu modifizierten Guß-- v. d. mechan. Eig. 28-2487; Einfl. d. Phosphideutektikums auf d. Reib.-Verschleiß v. Grauguß 37-2641.

Technologische Eigenschaften: Einfl. v. Mg auf Gefüge u. Härte v. Guß-- für Walzzylinder 2-2174; Bezieh. v. Schallgeschw. u. Eig. v. Grauguß 2-2195; Beurteil. d. Güte v. Guß-- mit Flockengraphit an Hand mechan. Eig. 3-2406; Einfl.: eines V- u. Ti-halt. Roh-- auf d. Oberflächenhärtbark. v. Guß-- mit Blattgraphit 8-2292; v. O auf d. C-Löslichk. in fl. Guß-- 12-2294; v. Cu auf d. Härtbark. v. Grauguß 13-2299; Wrkg. d. Wärmebehandl. innerhalb d. krit. Temp.-Bereichs auf Verzunder.-Eig. v. Guß-- mit Flockengraphit 13-2302; Eign. für Abschirm. radioakt. Strahl. 13-2358; Bearbeitbark. v. Grauguß 14-2346; Widerstand gegen Wärmebeanspruch. 15-2467; Beständigk. gegen Kavitat.-Eros.-Zerstör. 16-2347; D. v. Grauguß als Funkt. d. Gaslunkerporosität 18-2312; Oberflächenspann. v. Guß-- mit unterschiedl. C-Äquivalent 23-2560; bevorzugte Adsorpt. v. Verb. mit langen Methylenketten an Guß-- 28-2736; Wärmeschockverh. 30-2313; technolog. Eig. v. im Elektroindukt.-Ofen erschmolzenem Grauguß 49/50-2256.

Verwendung

Verw. v. Guß-- erster Schmelz. für d. Kokillenherst. 7-2356.

Sondergußeisen

Temperguß: Jahresübersicht Temperguß 1-2207; Herst. schweißbarer Temperguß-Teile 5-2461*; Herst. v. Schwarzkern-Temper-- mit <1 Mn, $<0,15$ P, $<0,02$ S, *0,5–4,5* Si, *2–3,5* C 8-2387*; Korros.-Beständigk. v. perlit.-ferrit. Temper-- 12-2381; Wärmebehandl. zur Erzeug. v. Temperguß 17-2550*; Austausch v. Gießereiroh-- durch Stahl B2 bei d. Erzeug. v. Temper-- 18-2315; komplexe Modifizier. v. Kupolofen-Temperguß 21-2535; Herst. v. verschleißfestem, weißerstarrtem Guß-- mit plattenförm. Carbiden 44-2271*; Herst. v. schweißbarem Temperguß 47-2406*.

Kinetik d. Graphitisier. v. weißerstarrtem Guß-- 9-2340; Austenitbldg. in ferrit. Temperguß 20-2321; Wrkg. v. N, B u. Bi auf d. Geschw. d. Graphitisier. v. Temperguß 24-2341; Erstarr.- u. Graphitisier.-Verh. v. Temperguß 30-2318; Einfl. v. Strukturunvollkommenh. auf d. Graphitisier. v. weißem Roh-- 33-2633.

Wärmeleitfähigk. u. Festigk. v. Temperguß 37-2567.

Einw. d. Si-Inhomogenität auf d. Austenitumwandl. in Temper-- 5-2346; Einfl. v. Si auf d. isotherme Umwandl. v. Temperguß nach d. Austenitisier.-Glühen 30-2319; Unters. d. in einer Richt. erfolgenden Erstarr. v. weißem Guß-- mit Mn u./oder Cr 35-2382; Zementitzerfall in Temperguß beim Graphitisier.-Glühen 40-2156.

Gußeisen mit Kugelgraphit: Jahresübersicht Guß-- mit Kugelgraphit 34-2383.

Entw. d. Impftechnik zur Herst. v. Guß-- mit Kugelgraphit 1-2206; Herst. in d. Rüttelpfanne 8-2385*; Herst. u. Modifizier. 14-2304; Herst. mit hoher Dehn. im Kaltwindkupolofen 15-2426; Herst. durch Einblasen: v. Mg-Pulver in d. Schmelze 17-2426, 20-2405*; v. dispersem Reagenz 21-2631; Herst.: in d. Handformgießerei 25-2467; v. Sphäroguß in d. ČSSR 29-2485; Herst.-Verf. 30-2315; Herst.: v. Sphäroguß für Rohre 31-2609*; v. Guß-- mit kompakter bis kugelförm. Graphitausscheid. durch Zusatz v. Alkalien 32-2438*; v. Guß-- mit Kugelgraphit mit Ca, Ce-armen Seltenerdmetallen, Y u. Alkalimetallchloriden 35-2393; u. mechan. Eig. v. hämmerbarem Guß-- mit Kugelgraphit 36-2341, 36-2342; Vorleg. zur Herst. 38-2551*; Verf. 45-2510; Verw. v. Hochofensonder-Roh-- für d. Herst. 49/50-2260; Raffinat. 51/52-2284*.

Kernloser Indukt.-Ofen zur Erschmelz. v. Guß-- mit Kugelgraphit 13-2280; Warmbehandl. 17-2488; Herst. v. Gußstücken 26-2421; Warmbehandl. 29-2554; isothermes Härten 33-2648; Graphitisier.-Glühung 34-2418; Verw. zur Herst. v. Stahlwerkskokillen 36-2330; Vgl. d. Lebensdauer v. Kokillen aus grauem u. kugelgraphit. Guß-- 47-2291; Nadelstichporosität 49/50-2250.

Gefüge u. mechan. Eig. 5-2344; Einfl. v. Y auf d. Kugelgraphitform 6-2284; Einfl. v. B auf d. Erzeug. v. meliertem Gefüge in Guß-- mit Flocken- oder Kugelgraphit 9-2342; antisphäroid. Wrkg. v. Sb, Bi u. Sn 13-2304; Verteil. d. Leg.-Elemente im Guß-- mit Kugelgraphit 18-2049, 18-2050; Wrkg. v. Mg, Ca, Seltenerdmetallfluoriden, Y u. Alkalimetallchloriden auf d. Kugelgraphitbldg. 26-2420; Verteil. d. Kugelgraphitbildner im Mikrovol. d. Guß-- 33-2596; Seiger. v. Sphäroguß 33-2597; Einfl.: v. Co, Ni u. Cu auf Gefüge u. mechan. Eig. 33-2598; v. Ce auf d. Kugelgraphit-Bldg. 34-2384.

Anlaßsprödigk. 12-2297; Härtbark. 34-2403; Wärmeleitfähigk. u. Festigk. 37-2567; mechan. Eig. v. dickwand. Proben 40-2155; Bruchverh. 42-2203.

Temp.-Verteil. bei d. Erstarr. 10-2327; Austenitumwandl. 11-2332, 36-2343.

Gußeisen mit Lamellengraphit: Jahresübersicht 34-2381, 34-2382.

Herst. v. Gußstücken 26-2421; Wärmebehandl. 29-2554; Einsatzstoffe u. Leg.-Zusätze für d. Herst. 30-2316.

Zähigk. als Qualitätsmaßstab 2-2172; Eigenspann. durch chem. Zus. 7-2358; Zähigk. 22-2446; Härtbark. 34-2403; Wachstum d. eutekt. Korns in Abhängigk. v. Überhitz.- u. Abkühl.-Geschw. 38-2447; Temp.-Wechselverh. 45-2511.

Legiertes Gußeisen

Jahresübersicht legiertes Guß-- 1-2204; Wrkg. d. vier wicht. Leg.-Elemente d. Guß-- (Überblick) 1-2205.

Al: Einfl. v. Ce-halt. Mischmetall-Leg. MM*5* auf Guß-- mit *0,14–6* Al, *0,35* bis *0,55* Mn, *5–7* Si u. *2,0–3,0* C 12-2303.

Cr: Herst. v. Guß-- mit hohem Cr-Geh. für Brech- u. Mahlanlagen 38-2449; Zwischenumwandl. v. Austenit in Bainit in weißem Cr–Ni-Guß-- 16-2342; Einfl. v. Ni auf d. Eig. v. Guß-- mit *0,5–1,5* Cr 42-2179; Verw. v. Guß-- mit *13,7–17,1* Cr u. *2,45–3,18* C für Walzwerkstraßen 43-2416; Guß-- aus *0,1* Cr, *2,0* Cu, *1,5* Mn, *19* Ni, *0,6* P, *0,06* S u. *2,8* C für Bremsteile 20-2402*; Hartguß mit Kugelgraphit u. bainit. Grundgefüge aus *0,15–0,9* Cr, bis *0,1* Mg, *0,3–0,6* Mn, *0,4* bis *1,0* Mo, *3,5–5,1* Ni, *1,6–2,2* Si u. *3–3,3* C für Walzwerkwalzen 14-2389*; Guß---Leg. mit $<0,04$ Cr, $<0,15$ Mn u. *2,5–3,8* C 18-2403*; Einfl. d. Gefüges auf d. Abriebfestigk. v. Guß-- mit *14,96* Cr, *0,5* Mn, *2,3* Mo u.

0,96 C 19-2613; hartes, verschleißfestes Guß-- mit *24–30* Cr, *0,5–1,25* Mn, *1–2* Mo, *0,25–1,25* Si u. *0,4–1,0* V 46-2241*; Guß-- zur Herst. v. Zylindern aus <*2* Cr, *1* Mn, *2* Mo, *1* V, <*1* W u. *1,7–3,8* C 21-2632*; Herst. v. verschleißfestem Guß-- mit *14–22* Cr, *1,8–3,5* Mn, *1,8–3,5* Ni, ≦*0,1* P, *0,5–0,7* Si u. *2,4–2,8* C 3-2503*; Guß-- erhöhter Verschleißfestigk. u. Härte mit *0,05–0,3* Cr, *2–3,5* Mn, *1,2–2,2* Ni, ≦*0,4* P, *0,3–0,7* Si, ≦*0,3* Ti u. ≦*3,8* C 28-2498*; Eig. v. meliertem Guß-- mit *0,63–1,62* Cr, *0,5–0,7* Mn, *0,10–0,91* Ni, *0,58–1,51* Si u. *2,84–3,35* C 21-2532; Warmbehandl. v. verschleißfestem Guß-- für Maschinenteile aus *14–22* Cr, *1,8–3,5* Mn, *0,8–3,5* Ni, *0,5* bis *0,7* Si u. *1,6–2,8* C 30-2405*; mechan. Eig. v. weißem, durch B u. Si modifiziertem Guß-- mit *0,06* Cr, *0,47–0,53* Mn, ≦*0,1* P, ≦*0,15* S, *1,23–1,42* Si u. *2,41–2,55* C 12-2301; verschleißfestes Guß-- mit *12,5–25,6* Cr, *0,38–2,9* Mo, *0–2,6* Ni u. *2,1–3,4* C 41-2510*.

Cu: weißes Guß-- mit <*2,5* Cu, *1* bis *16* Mn, <*1* Mo u. *2–4* C 23-2668*.

Mg: Guß-- mit geschlängelter Graphitausbldg. mit *0,005–0,006* Mg 40-2217*; isotherme Behandl. v. hochfestem Guß-- mit *0,09* Mg, *4,30* Mn, *0,151* P, *0,025* S, *2,60* Si u. *3,66* Cr u. mit *0,112* Mg, *2,95* Mn, *0,162* P, *0,034* S, *2,63* Si u. *3,55* C 12-2363; Austenitzerfall bei kontinuierl. Abkühl. v. Guß-- mit *0,10* Mg, *3,1* u. *4,3* Mn, *2,6* Si u. *3,5–3,6* C 16-2346.

Mn: Phasenumwandl. v. Mn-Guß-- bei Gleitreib. 25-2482; Verschleißfestigk. v. austenit. Guß-- mit bis *14* Mn 10-2330; verschleißfeste --Leg. hoher Schlagfestigk. mit *10* bis *14* Mn, bis *4* Ni, *2* Si, *0,5–5,0* Ti u. *1–3* C 46-2239*; Guß-- mit *1,50–2,50* Mn, *0,35* bis *0,60* Si u. *4,50–4,80* C für Stahlwerkskokillen 38-2550*; mechan. Eig. v. austenit. Guß-- mit *7,5–12,5* Mn, *2,5–3,5* Si u. *3,5–4,25* C 12-2298.

Si: Tensiodynam. Verh. v. Si-Guß-- in Amidosulfatbädern 6-0642; Herst. v. perlit. Guß-- mit <*0,5* Si 5-2446*; mechan. Eig. v. Grauguß mit *1,5* u. *2* Si 5-2345; Herst. v. Guß-- mit *5* Si durch Vakuumschmelzen 49/50-2262; Schmelz- u. Impftechnik zur Herst. v. Guß-- mit *12–16* Si 4-1946; mechan. Eig. u. Korros.-Beständigk. v. schwach gekohltem Guß-- mit *12–16* Si 8-2291; Herst. v. verschleißfesten, korrosionsbeständ. u. zerspanbaren Gußstücken aus Si–Fe mit *15* Si 1-2285*.

V: Erhol.- u. Verschleißfestigk.-Eig. v. hochvergütetem V-halt. Guß-- 10-2329.

Y: Morphologie v. Kugelgraphit in einem durch Y modifizierten Guß – 29-0191.

Schmiedeeisen und Stahl

Jahresübersicht legierter Stahlguß 4-1934; Norm. nichtrostender Stähle DIN *17440*, Euronorm *88* u. ISO-Empfehl. 22-2464; Spezialstähle u. Leg., Sammelband d. CNIIČM 28-2414; neue Stähle 51/52-2217.

Herstellung

Reinig. v. Kreislaufwasser d. nassen Entstaub. v. Stahlwerksabgasen 15-2405; Erschmelz.-Technologie halbberuhigter Stähle 22-2454; Entw.-Tendenzen neuzeitl. Stahlherst.-Verf. 24-2342; Verf. zur Erzeug. v. halbberuhigtem Stahl 35-2181; Verw. d. bei d. Stahlherst. anfallenden CO 35-2384; Stahlherst. durch Zerstäuben 37-2532; Herst. v. Stahl aus Erzen im Drehofen unter Einblasen v. Gasöl 39-2483; Stahlherst. 49/50-2247.

Herst. v. Stahl: mit bis *0,010* C durch Zusatz v. *0,15* Mn in d. nichtdesox. Schmelze 7-2445*; mit unter *0,012* C durch nachträgl. Cr-Zusatz zur Pfanne 7-2447*; Vorwärmen v. Schrott für Elektroofen bzw. Konverter 7-2465*; kontinuierl. Stahlherst. im langgestreckten Drehherdofen 8-2388*; Stahlerzeug. aus C u. O im Lichtbogen durch Transmutat. geringer Energie mittels Kernfus. nach $2\,^{12}_{6}C + 2\,^{16}_{8}O \rightarrow {}^{56}_{26}Fe$ 13-2408*; direkte kontinuierl. Stahlherst. aus Erz 15-2526*; Vorleg. zur Behandl. v. -- u. Stahlschmelzen 16-2426*; Flußspat-Briketts zur Stahlherst. 19-2619*; Herst. v. Gemischen aus bas. feuerfesten Teilchen mit hinreichender Menge eines sich in d. Wärme zersetzenden C-halt. Materials zur Herst. v. Stahl 21-2479*; direkte Erzeug. aus vorred. --Erz 23-2669*, 23-2670*; Herst. v. Stahl verbesserter Bearbeitbark. durch Zusatz v. Pb, Sb, Te u. Zn 23-2671*; Rückkohl. v. Stahl durch Einblasen v. pulverförm. C in Suspens. in d. Schmelze 32-2440*; direkte Stahlgewinn. aus --Erz 47-2404*; Abstechen d. Schlacke 51/52-2285*.

Verh. v. hochgebrannten bas. Steinen in Stahlschmelzöfen 8-2228; Zukunftsaussichten dolomit. Baustoffe in d. Stahlindustrie 31-2445.

Herst. v. bas. Feuerfeststeinen für Öfen zur Stahlerzeug. 2-2141*; gegossene feuerfeste Steine zur Auskleid. v. Stahlöfen 2-2142*; Herst. v. teergebundenen feuerfesten Materialien für d. Herst. v. Stahl 4-1908*; feuerfeste Steine mit hoher Schlackenbeständigk. zur Herst. v. Stahl 6-2223*; geschmolzene feuerfeste Formkörper mit bes. guter Beständigk. gegen Korros. u. Eros. zum Ausgießen v. Stahlöfen 25-2424*; feuerfeste Formkörper für Stahlschmelzöfen 47-2398*.

Überwach. d. Zus. in d. Stahlerzeug. 29-2491; moderne Analytik bei d. Herst. v. Stahl 30-2059.

Metallurgisches: Kinetik d. gleichzeit. Entkohl. u. Entstick. v. --Schmelzen (Überblick) 1-2197; Erschmelzen v. Stahl mit erhöhtem Reinh.-Grad 2-2177; Grenzflächenspann. v. Oxideinschlüssen zwischen fl. Stahl u. Elektroschlacke 13-2306; Schlacken- u. Ofenführ. bei Herst. v. Stahl 14-2301; MgO-Red. d. Ofenfutters durch fl. Al-halt. Stahl 15-2434; C-Aktivität in fl. Stahl 16-2352; Kalkassimilier.-Geschw. durch Stahlschlacken 19-2513; pyrometallurg. Verf. zur Gewinn. v. Halbstahl u. Cr-reichen Schlacken aus Laterit 21-2500; Bedeut. v. Al für d. Bldg. v. Sulfiden 22-2455; Rk.-Kinetik hochbas. Stahlwerksschlacken 23-2558; Berechn. d. Verteil. v. Mn u. C/Al in Stählen 24-0568; technolog. Faktoren d. O-Geh. im Stahl 24-2348; Probleme d. hohen O-Geh. in Stahlschmelzen 24-2349; Kombinat. v. Konverter u. Indukt.-Ofen für austenit. C-armen Stahl 25-2488; Metallurgie d. O-Aufblasverf. 26-2423; Aufschwimmen nichtmetall. Einschlüsse aus fl. Stahl 28-2406; Verteil. v. Ca zwischen Stahl u. Schlacke 28-2412; Rk. zwischen fl. Stahl u. Feuerfestmaterial im Vakuum 32-2368; Einführ. u. Anwend. d. Aktivitätsprinzips bei d. Verteil. v. Mn zwischen Stahlbad u. bas. Schlacke 36-0414; C-Abbrand beim O_2-Blasen 44-2204.

Raffination: Raffinat.-Meth. für Stahl 8-2279; Oxidgemisch zum Feinen v. Stahl 11-2419*; erhöhte Rißfestigk. durch Abbinden v. N mit Zr, V u. Ti 17-2430; Elektroschlackenraffinat. 22-2453; Fein.-Mittel für Stahlschmelzen 27-2678*; Verw. synthet. Schlacken d. Al-Gewinn. für d. Stahlraffinat. 27-2682*; Minder. d. Flockens v. Stahl durch Einführ. v. Pd in d. Schmelze 30-2406*; Leg. zur Fein. v. Stahl 30-2408*, 30-2409*; Feinen u. Entgasen v. – u. Stahl beim Umschmelzen im Elektronenstrahlofen 40-2147; Modifikator für Schmiede-- 47-2405*.

Schlackenbldg. beim Aufblasen v. O_2 mit Feinkalk auf P-reiches Roh-- 1-2202; Frischen durch rhythm. pulsierendes Aufblasen v. Frischgas 2-2265*; Verw. v. Abhitze d. Frischens für Erwärm. v. vorred. Prod. 8-2383*; Entkohl.-Geschw. v. fl. – mit Ar–O_2-Gemischen 10-2321; O_2-Blasen mit Brennstoffzusatz 11-2327; Entkohl. v. fl. Stahl im Vakuum 11-2416*; O_2-Blasen (Temp. d. Rk.-Zone) 12-2293; (Rauchbldg.) 13-2309; Frischraum zum kontinuierl. Frischen 16-2425*; Einfl.: d. Blasbeding. auf d. Kinetik d. Raffinat. beim O_2-Blasen 17-2414; d. Badzus. auf d. Temp.-Verlauf d. Rk.-Zone beim O_2-Blasen 19-2508; hydrodynam. Faktoren d. Kinetik d. Stahlentkohl. 19-2522; C- u. Si-Ox. beim O_2-Windfrischen 21-2526; O_2-Frischen unter Verw. v. Schrott 21-2629*; Sprüh-Frischverf. 22-2449; Kinetik: d. gemeinsamen C- u. Cr-Ox. beim O_2-Blasen 23-2545; d. C-Ox. beim O_2-Blasen 23-2546, 25-2476; Einsatz v. Weich- u. Hartbranntkalk beim Frischprozeß 28-2405; Entkohl. v. geschmolzenem Stahl durch O_2 32-2368, 32-2375; O_2-Blasen in Ggw. v. bas. Stoffen 32-2439*; Mechanismus d. Entkohl. v. Stahl mit O_2 u. Möglichk. d. Computerüberwach. 37-2537; O_2-Frischen v. P-reichem Roh-- mittels feinstückigem Stahlwerkskalk 41-2428; Frischbehandl. in kaskadenartig angeordneten Wannen 41-2511*; erhöhte Frischwrkg. bei d. Stahlherst. 41-2515*.

Desox. v. fl. Stahl (Rk. v. Ti u. O) 3-2407; (Mechanismus) 5-2352; (Elektroschlackenumschmelzverf.) 8-2295; (Al-Verbrauch) 13-2310; Al-halt. Zuschlagsmittel zur Desox. u. Reinig. v. Stahlschmelzen 14-2392*; Flußmittel für d. Desox. v. Stahl 15-2527*; Desox.-Leg. für Feinkornstähle 18-2405*; Wrkg. v. Cr auf d. Stahldesox. 19-2520; Verh. d. Desox.-Prod. bei Al-Desox. in – u. Stahl 20-2311; Desox. v. unberuhigtem Stahl im O_2-Konverter 21-2537; Desox.-Verf. (Überblick) 22-2451; Desox. v. Stahlschmelze mittels O-Konzentrat-Zelle mit Feststoffelektrolyt 23-2544; Verw. v. SiCa zur Stahldesox. 23-2589; Kinetik d. Desox. v. Stahl mit Al 24-2344, 24-2345; Keimbldg.-Hemm. während d. Desox. mit Si u. Al u. d. Erstarr. v. Stahl 24-2346; Grundlagen d. Feststoffelektrolyt-O_2-Konz.-Kette zur Stahldesox. 25-2464; Herst. v. Al-Oxid-freiem Stahl durch Zusatz v. U 25-2610*; Stahldesox.: in d. Pfanne unter Vakuum 30-2320; mit komplexen Desox.-Mitteln u. mit Si 32-2368; Kinetik d. Al_2O_3-Flotat. während d. Desox. v. Stahl mit wenig C 32-2373; gemeinsame Desox.-Wrkg. v. C u. Mn 32-2374; Mechanismus d. Desox.-Rk. v. geschmolzenem Stahl 37-2536; Zus. v. Desox.-Prod. in C-Stählen 39-2390; Desox. mit Ge 40-2214*.

Verw. v. Feinkalk zur beschleunigten Entphosphor. 40-2218*.

S-Entfern. im bas. O_2-Verf. 2-2178; Entschwefel. in d. Frischperiode 9-2335; CaO/SiO_2-Gew.-Verhältnis beim Entschwefeln 11-2415*; Entschwefel.-Kinetik v. Fe–C–Si-Schmelzen im Vakuum 30-2311; Entschwefel. v. Fe–Ni-Leg. im Niederfrequenzindukt.-Ofen 32-2368; Nachentschwefel. v. Stahlroh-- in d. Schüttelpfanne mit CaC_2 48-2220.

Herstellung in der Birne (Windfrischverfahren)

LD-Kaldo-Verf. (O_2-Aufblasverf.) 17-2415, 17-2416; Guß---Herst. für d. Stahlerzeug. in kleinen Bessemer-Konvertern 18-2310; Herst.: v. Leg.-Stählen nach d. bas. O_2-Aufblasverf. 24-2356; v. Stahl aus --Erz im O_2-Konverter 24-2429*; v. halbberuhigtem Stahl im Thomaskonverter 38-2451; Erschmelzen v. O_2-Konverterstahl für elektrotechn. Zwecke 41-2430; Herst. v. beruhigten Thomasstählen durch Einleiten inerter Gase zur lebhaften Badbeweg. 48-2301*.

Metallurgisches: Theorie d. Abscheid. schädl. Stahlbegleiter beim O_2-Konverterprozeß 3-2408; Unters. d. Schlackenbldg. im O_2-Konverter 10-2319; Entschwefel. im O_2-Konverter 11-2335; Rk. im O_2-Aufblaskonverter bei mechan. Badbeweg. 14-2308; Entschwefel. in O_2-Konvertern 18-2309; Kinetik d. Blasrk. im bas. O_2-Konverter 20-2322; --Abbrand im O_2-Konverter beim Durchblasen mit einer Flamme 21-2538; Phasenzus. d. O_2-Konverter-Phosphat-Schlacken mit niedr. Tonerdegeh. 23-2547; Stoff-Wärmebilanz d. O_2-Konverter-Schmelze 25-2461; Ox.-Kinetik im Konverterschmelzbad 28-2401; Reihenfolge d. S- u. P-Ox. im O_2-Konverter 29-2490; mathemat. Modell d. N-Absorpt. für d. Abstich beim LD-Konverter 32-2368; Einsatz v. Kalk im O_2-Konverter 33-2600; Anwend. exothermer Ferroleg. beim Erschmelzen niedriglegierter Stähle im O_2-Verf. 34-2385; Lsg.-Geschw. v. Kalk in O_2-Konverterschlacken 39-2382; Entschwefel.-Verlauf u. S-Endgeh. v. Stahl u. Thomas-- beim O_2-Frischen 40-2154; Berechn. d. Gleichgew.-Verteil. v. P 40-2157; Mn-Führ. im O_2-Konverterprozeß 43-2417.

Konverterbetrieb: Betrieb d. D.M.-Konverters mit Umrühr. durch O_2-Strahl 4-1929; Einfl. u. Wrkg. d. Schlackenschäumens v. P-armem Roh-- im *40*-t-O_2-Aufblaskonverter 9-2334; O_2 Konverterverf. mit Umschmelz. v. Stahlschrott 13-2285; metallurg. Anwend. d. Schüttelkonverter 10-2322; Festigk. v. Stahl aus seitl. blasendem Bessemer-Kleinkonverter mit Luft u. O_2 16-2350; LD-Verf. unter hohem Druck unter verbesserter Abgasausnutz. 22-2448; Verh. d. Gasstroms um d. Heizöffn. d. LD-Konverters 32-2368; große Raffinat.-Kessel u. Stahlerzeug.-Anlagen für d. LD-Prozeß 32-2373; erhöhtes Ausbringen durch O_2-Blasen mit Mehrlochlanze 37-2533.

Red.-Schmelzen u. O_2-Frischen im horizontal drehenden Konverter 7-2444*; O_2-Frischbehälter v. geringerem Vol. 8-2382*; Konverter-Stell. zum O_2-Blasen v. Schrott 10-2409*; O_2-Aufblasen v. Roh-- mit Zwischenentschlack. 10-2413*; O_2-Gemisch zum Frischen v. Roh-- 11-2413*; O_2-Blasen 14-2391*, 15-2518*; Regel. d. pneumat. Frischens v. Roh-- beim Aufblasen eines Schlackenbildners 21-2630*; Überwach. d. Konverterbetriebs 21-2634*; Lanzenführ. beim Blasen v. P-Roh-- mit im Gas dispergierten Schlackenbildnern 29-2612*, 29-2613*; Verblasen v. P-Roh-- mit Schrottzusatz 29-2614*; Schlackenführ. zum pneumat. Frischen v. Roh-- 40-2219*.

Schlackenbldg. im *100*-t-Konverter 23-2566; Staubbeseitig. beim Windfrischen 26-2270.

Konverterbau: Zusatz v. Mg zur Schlacke eines O_2-blasenden Konverters (Futterhaltbark.) 3-2393; Parameter d. Verschleißgeschw. für Futter d. LD-Tiegel 4-1930;

Einfl. d. Atmosphäre auf d. Rk. d. Konverterschlacken mit feuerfestem Harz–Magnesit-Material 13-2261; Herst. feuerfester ungebrannter Konvertermaterialien aus transkarpat. Dolomit 14-2244; Einfl. technolog. Faktoren d. O_2-Konverter-Schmelze auf d. Verschleiß d. Periklas–Spinellid-Ziegels 14-2245; Umstell. d. LD-Konverter-Ausmauer. v. MgO auf Dolomit 20-2297; Verschleiß: v. feuerfesten Auskleid. v. O_2-Aufblaskonvertern 26-2400; v. feuerfesten Zustell. in O_2-Konvertern mit verschiedenen Lanzen 34-2362; Zerstör. v. feuerfesten Periklas–Spinell- u. Magnesit–Chromit-Materialien im Futter v. O_2-Konvertern 35-2338; Dolomit–Magnesit-Auskleid. mit Teer für O_2-Konverter 46-2173.

Teergebundene feuerfeste Magnesiasteine zum Auskleiden v. LD-Konvertern oder anderen mit O_2 arbeitenden Stahlkonvertern 6-2224*; feuerfeste Schmelzgußmasse mit Al_2O_3 u. MgO für bas. O_2-blasende Öfen 7-2434*; feuerfester Stein mit Dolomit, Kalk u. Magnesit für bas. Konverterauskleid. 7-2435*; feuerfeste Stampfmasse für Konverterauskleid. 7-2436*; bas. Auskleid. mit Trichloräthylen u. Pech für Stahlkonverter 7-2437*; Herst. v. feuerfesten Steinen zur Auskleid. v. Konvertern 9-2278*, 15-2515*; feuerfeste Stampfmasse für O_2-Konverter 23-2653*; bas. feuerfeste Masse zur Auskleid. v. O_2-Konvertern 36-2431*, 41-2371*; feuerfeste Stampfmasse zur Auskleid. v. O_2-Konvertern 46-2158*.

Herstellung auf dem Herd (Herdfrischverfahren)

Herst.: alterungsbeständ. C-Stähle in großen SM-Öfen 9-2343; v. hochwert. Stählen in *120*-t-SM-Öfen mit anschließendem Feinen in d. Gießpfanne mit synthet. Schlacke 12-2304.

Metallurgisches: Frischpotential u. Entkohl.-Geschw. v. —-Oxiden in d. Schlacken bas. SM-Öfen 11-2326; Einfl. d. Temp.-Führ. auf Entschwefel. u. Entphosphor. v. SM-Schmelze 14-2287; Verh. v. H_2 u. O_2 im bas. SM-Verf. 14-2309; Vorausbest. d. Entkohl.-Geschw. im bas. SM-Ofen 19-2509; P- u. C-Ox. in d. SM-Schmelze v. P-halt. Guß-— 20-2318; Einfl.: d. Graphitinjekt. auf d. Stahldesox. im SM-Ofen 24-2347; d. Verbrenn.-Kontrolle auf d. Atmosphäre d. SM-Ofens 32-2368; Phasenzus. v. SM-Schlacken bei Verarbeit. v. Mn-armem Roh-— 39-2384; Best. d. Entkohl.-Geschw. im SM-Ofen 42-2184, 43-2418; N-Beweg. im SM-Ofen 49/50-2263.

Betrieb von Hochöfen: Schlackenfreier Abstich eines feststehenden SM-Ofens 6-2285; Steuer. d. Entschwefel. v. Stahl im SM-Ofen 10-2331; Sintertechnologie für SM-Zuschläge 13-2281; O_2-Blasen im SM-Ofen 15-2429; Einblasen v. Aufkohl.-Mittel in d. Herd mit Druckluft 15-2431; geregelte Magnesia-Herd-Wart. d. O_2-blasenden SM-Ofens 17-2417; Erfahr. mit klassiertem Feinkalk beim bas. SM-Verf. 17-2429; Desox. v. SM-Stahl mit Seltenerdmetallen 17-2431; erhöhte Ofenleist. durch Einblasen v. Preßluft in SM-Schmelze 18-2299; Technologie d. Stahlerschmelz. im Doppelherdofen 19-2519; Brennstoffmisch. aus Erdgas u. Teerrückstand für SM-Öfen 21-2503; Verw. v. SM-Ofenschlacken als Düngemittel 29-3274; Leist. v. SM-Öfen mit *500–900* t Fass.-Vermögen 32-2365; Geräte im SM-Ofen; O_2-Brennstoff-Gewölbebrenner (Arten u. Führ.) 32-2373; Anwend. v. Masut mit hohem S-Geh. für SM-Öfen 32-2658; Schmelzen v. Stahl im Großraum-SM-Ofen mit O_2-Zusatz 37-2534; Einblasen v. O_2 geringer Reinh. in SM-Öfen 37-2535; Einsatz v. hochbas. Agglomerat 44-2199.

Stahlerzeug. im Herd mit O_2-Brennern 5-2447*; zusätzl. Beheiz. d. Regeneratorenkammern 9-2421*; kontinuierl. Umwandl. v. Schrott zu Stahl mit Zufuhr v. CO_2 14-2390*; Verw. v. Erdölbitumen in fl. Brennstoff für SM-Öfen 28-2489*; Erschmelzen v. techn. reinem — in bas. SM-Öfen ohne Roh-— mit Stahlschrott 28-2497*.

Bau von Herdöfen: Verh. v. bas. Steinen in SM-Gewölbe 7-2290, 7-2291; Bewert. v. Gewölbesteinen für SM-Öfen 7-2292; Torkretieren d. feuerfesten Ausmauer. v. SM-Öfen 8-2227; Verh. v. hochgebrannten bas. Ziegeln in Federgewölben v. SM-Öfen 9-2264; Diffus. v. SM-Ofenschlacken in bas. feuerfesten Stoffen 10-2280; Verschleißvorgänge an bas. feuerfesten Steinen in Gewölben v. modernen SM-Öfen 16-2295; Prüf. v. Dinas mit Zusatz v. Ti–Tonerde-Schlacke im Unterbau v. SM-Öfen 37-2473; Einfl. d. Phasenzus. auf d. Futterverschleiß v. SM-Herden 41-2413; Aufspritzen feuerfester Massen zur Ausbesser. einer SM-Rückwand 41-2414.

Hochfeuerfeste, dichte Herdofenböden aus *2–15* Bindemittel u. *85–98* MgO 21-2393*; feuerfeste Misch. für Auskleid. in SM-Öfen mit Zr-Silicat u. Quarzit 26-2498*; feuerfeste Formkörper u. Massen zum Auskleiden v. O_2-Stahlöfen 26-2499*.

Herstellung nach Sauerstoffblasverfahren

Metallurgie d. „LD-Kaldo"-Verf. 1-2208; Automat. d. O_2-Aufblas-Verf. (Lanzenstell.) 9-2344; Intensivier. d. poln. Stahlerzeug. durch O_2-Blasen 15-2428; BISRA-Sprühfrischverf. 22-2450; massenspektrometr. Kontrolle d. O_2-Aufblasverf. in d. Stahlindustrie 27-2296; O_2-Aufblasen mit verminderter Rauchbldg. u. Verlust v. Leg.-Metall 30-2410; Modellunters. d. O_2-Aufblasverf., S-Rückgewinn. im O_2-Aufblasverf. beeinflussende Faktoren 32-2373.

Feuerfeste bas. Ziegelsteine zum Auskleiden v. Gefäßen u. Konvertern für d. Herst. v. Stahl u. Roh-— nach d. O_2-Gebläseverf. 17-2398*; O_2-Aufblasen mit fl. u. gasf. Brennstoffen 48-2300*.

Herstellung im Elektroofen

Verw. v. —-Schwamm für d. Stahlherst. im Lichtbogenofen 2-2176; Betrieb u. Aufbau elektr. Stahlöfen bei ultrahohen Stromstärken 24-2326; Schmelzen v. Stahl in Elektroöfen unter Verw. v. Briketts aus Stahlspänen 3-2409; Stoffbilanz v. Ti bei d. Elektroschmelz. v. Stahl 19-2524; Bedeut. d. Gasphase für d. Ox. v. Ti u. Al beim Elektroschmelzen 19-2527; Desox.-Verf. für Stahl in bas. Lichtbogenöfen (Übersicht) 21-2536; Lichtbogenschmelzofenanlage für Stahl mit SL/RN-—-Schwammzugabe außerhalb d. Elektrodenkreises 24-2338; Schnellfrischen durch Einblasen v. Pulvern in d. Lichtbogenofen 25-2485; Stahlerzeug. im Vakuum-Lichtbogenofen 26-2422; O_2-Umschmelzen im bas. Lichtbogenofen 33-2603; Diffus.-Ox. in Lichtbogenöfen 42-2181.

Schlackenbad mit selbstverzehrender Elektrode zur Elektroschlackenumschmelz. v. Stahl 40-2220*.

Gießtechnik

Erzeug. u. Bedeut. v. Vakuumstahl in d. Gießerei 8-2281; hochfester Stahlguß als Konstrukt.-Werkstoff 10-2317; Herst. v. Stahlguß mit Kugelgraphit 33-2599; Klassifizier. v. niedrig- u. hochlegiertem Stahlguß 33-2604; unlegierter u. legierter Stahlguß (Jahresübersicht) 34-2371.

Metallurgisches: Desox.-Behandl. mit Ferro-Ce zur Erhöh. d. Kältefestigk. v. Gußstahl 5-2351; Desox.-Vorgänge u. Al-Verluste 6-2286; O-Verteil. in unberuhigten Stahlblöcken 12-2305; Leg.-Zusätze in d. Pfanne 13-2313; Beständigk. v. feuerfesten Stoffen bei d. Vakuumdesox. v. Stahl 21-2504; O-Geh. bei Vakuumdesox. v. Fe–C-Leg. mit Mn, Si, Al u. Ce im Indukt.-Ofen 21-2523; Vakuumdesox. v. Fe–Cr-Schmelzen mit Al–Ce 21-2524; Leg. v. Stahl mit exothermen Wolframit-Briketts in d. Pfanne 23-2575; O-Einfl. auf d. Erstarr. v. niedriggekohltem rückgeschwefeltem Stahl 31-2505; Kornfein. durch Schwing.-Behandl. v. Stahlschmelzen bei d. Erstarr. 33-2583; Vorgänge bei d. Gießpfannendesox. v. Stahl 33-2601; Überdruckbehandl. v. Stahl-Bädern mit induktiver Umrühr. 41-2512; Aufkohl. v. Stahlschmelzen durch Einblasen v. festem Kohl.-Mittel mit Druckluft 47-2301.

Gießereibetrieb

Strahlungspyrometr. Mess. d. wahren Temp. u. Best. d. Emiss.-Grades in Stahlschmelzen 1-2209; Best. d. Übergangstemp. in d. Stahlgießerei 12-2332; Bldg. v. mechan. Zubrand auf Gußstücken aus hochlegiertem Stahl 13-2290; Einfl. d. Ox. v. fl. Stahl auf Gießdefekte durch Häutchenbldg. 17-2435; Zusatzmittel für verminderte Lunkerbldg. 19-2632*; Bedeut.: d. O-Rk. für d. Gießtechnologie v. SM-Stahl 24-2350; d. Gießtechnologie für d. Gasporosität v. Stahlguß 25-2470; Temp.-Ausgleich v. Stahl in d. Pfanne vor d. Vergießen 26-2406; Lichtbogen–Blockkopf-Beheiz. beim Stahlgießen 29-2608*; Mechanismus d. Erstarr. beim Gießen v. beruhigtem Stahl 35-2381; Anhängen v. Stahlguß 39-2380; Anwend. synthet. Schlacken zum Gießen v. Stahl 40-2148; exotherme Misch. zum Flüssighalten v. Stahl in verlorenen Köpfen, Steigern u. Trichtern 40-2213*; exotherme Einsätze zur Blockkopfbeheiz. 43-2409; Auskochverh. in d. Kokille u. makroskop. Reinh. 43-2419; Stahlerstarr. beim Umschmelzen im Elektronenstrahlofen 48-2222; Verweilzeit v. Stahlguß in d. Form 49/50-2248.

Herstellung und Behandlung von Schmelzen: Erschmelzen v. Sonderstählen im Mittelfrequenzofen mit Tiegeln aus Schmelzkalk 2-2182; Einfl. v. Schmelzgut u. Schlacke auf d. Haltbark. d. feuerfesten Auskleid. d. Indukt.-Ofens 7-2338; Vakuum-Umschmelzen v. Warmarbeitsstahl 11-2333; Herst. v. Stahlguß in d. Wirbelpfanne mit O_2-Aufblasen 11-2426*; Umschmelzverf. unter elektr. leitender Schlacke 22-2452; Entw. d. Plasmaschmelzverf. 24-2343; Verw. v. Stahlspänen beim Schmelzen 25-2484; Umschmelzen v. Stählen nach Sonderverf. 25-2490; Umschmelzverf. v. Stahl unter Vakuum u. schützenden Medien (Überblick) 30-2321; Einschmelzen v. Kugellagerstahl-Abfällen 30-2407*; Umschmelzen im Lichtbogenvakuumofen mit sich verbrauchenden Elektroden 32-2441*; Verdampf. v. —, Mn u. Cr beim Umschmelzen v. Stahl im Elektronenstrahl-Mehrkammerofen 35-2401; Elektroschlackenumschmelzverf. 40-2158; Ofen zur Vakuumschmelz. hochfester Stähle für d. Raumfahrt 51/52-2213.

Stahl mit erhöhtem N-Geh. durch Erstarr. unter N_2-Druck 8-2389*; Schmelzbehandl.: mit flücht. Behandl.-Material 16-2430*; in plastefolieausgekleideten Gießformen 18-2404*; Vorleg. zur Behandl. v. Stahlschmelzen 20-2403*, 20-2404*; Ca-Behandl. 21-2647*; Gießen unter N_2 zur Herst. v. Stahl mit hohem N-Geh. 29-2615*; Desox.-Mittelzusatz bei d. Vakuumbehandl. 29-2620*; Gußkornfein. v. geschmolzenem Stahl mittels Ti 41-2513*; Reinig. u. Entgas. v. fl. Metallen in d. Überdruckkammer 41-2514*; Aufkohl. v. Stahl in einer Pfanne 41-2541*.

Feuerfeste Auskleid. d. Vakuumbehandl. v. schmelzfl. Stahl 3-2394; Einfl. d. Entgas.-Meth. auf d. H-Geh. v. Stahl 7-2359; Möglichk. d. Vakuumbehandl. (Übersicht) 11-2315; (Geschw.-Koeff. d. H-Beseitig.) 12-2291; Grundlagen u. Vgl. d. Verf. d. Vakuumentgas. 13-2307; Vakuumbehandl. nichtox. Stahlschmelzen 16-2428*; Vakuumentgas. v. geschmolzenem Stahl (Kinetik) 26-2424; (H-Beseitig.) 27-2565; Praxis d. *150*-t-Vakuumentgas.-Anlage v. Lukens, kontinuierl. Umlaufvakuumentgas. 32-2373; Rk. beim Vakuumschmelzen v. Stahl in Tonerde–Silicat-Tiegeln 35-2398; Vakuumentgas. v. fl. Stahl in d. Gießpfanne 35-2399; DH-Vakuumheberverf. 40-2160; Vakuumentgas. v. geschmolzenem — 40-2215*; Vakuumbehandl. v. fl. Elektrostahl 42-2183; DH-Entgas. v. Stahl 45-2503; Vakuumbehandl. v. fl. Stahl in d. Gießpfanne 47-2302.

Gießverfahren: Stranggießen v. Stahl 1-2189; BSR-Verf. als Ergänz. zum Stranggießen v. Stahl 4-1933; steigendes Vergießen v. Stahl unter exothermen Gießpulvern 6-2278; Stranggießen: v. Stahlrohren 9-2384; in vertikalen u. Bogenanlagen 22-2436; beschleunigte Erstarr. v. Schmied- u. Plattenblöcken mittels Druck 25-2468; Aufstreupulver zum steigenden Gießen v. Stahl 25-2603*; asymm. Gießverf. zur Herabsetz. d. Rißbldg. 26-2409; Grundlagen u. Vorr. d. steigenden Druckgießens v. Stahl 30-2305; Verbesser. d. Qualität unberuhigter Stähle beim steigenden Gießen 34-2372; Stranggießen v. Stahl 37-2877; Verw. v. Graphit beim steigenden Guß v. Stahl zur Verbesser. d. Blockoberfläche 42-2176; Gießen v. hochlegiertem Stahl unter synthet. Schlacke 46-2183.

Gießen v. vollberuhigtem Thomasstahl 5-2347; Qualität v. mit Ferro-Si oder Al abgedeckten Blöcken aus unlegiertem Stahl 7-2363; Verbesser. d. Verschließens v. unberuhigtem Stahl durch Al 14-2315; Herst. fehlerfreier Gußblöcke aus beruhigtem Stahl 17-2542*; Vergießen v. mit Seltenerdmetallen modifiziertem Stahl 18-2305; Herst. v. Gußbarren durch beschleunigte Erstarr. 19-2499; Ausschnittausbldg., Schmelzführ. u. Wärmebehandl. beim Gießen v. hochfestem Stahl 21-2510; Gießen v. Flaschenrohblöcken 21-2512; Herst. v. Gußblöcken 25-2604*; Gießen v. LD-Stahl in Ungarn 26-2408; dimensionale Verform. v. Stahlgußstücken 27-2556; Inhomogenitäten in Blöcken mit unberuhigter Randzone u. beruhigtem Kern 44-2205.

Kokillen und Formen: Kieselsäurehalt., feuerfeste Materialien (Dinassteine) in Stahlgießpfannen 14-2246; Vgl. d. Haltbark. v. Ingots aus Kokillen aus Grauguß u. Guß-— mit Kugelgraphit 15-2433; Kokillenschlichte zum Vergießen v. Stahl 23-2665*; Herst. u. Einsatz v. Stahlwerkskokillen aus Guß-— mit Kugelgraphit 36-2330; Guß-— mit Mn für Stahlwerkskokillen 38-2550*; Einfl. d. Eigenspann. auf d. Haltbark. v. Kokillen 40-2150.

Verw. v. Olivinsand für Stahlguß 6-2277; Einfl. d. Gießtemp. bei Wasserglasformen auf d. Oberflächenreinh. 7-2351; Wasserglas-Ton-Misch. für d. Stahlgießerei 14-2293; Mo-Gießformen für Stahldruckguß 14-2295; Misch. zur schmierenden Einpuder. v. Stahlformen 19-2497; Anbrennen beim Stahlguß 21-2511; Formmasse zum Vergießen v. Stahl 25-2585*; Kern für d. Gießen v. Hohlblöcken aus hochlegiertem Stahl 25-2595*; Benetz., Penetrat. u. Anbrennen v. Chromit-, Olivin- u. Zirkonsand 29-2484; Vgl. v. zement- u. selbstabbindenden Sandprozessen einer Stahlgießerei 33-2585.

Weiterbehandlung und ihre Wirkung auf die Eigenschaften

Mechanische Behandlung

Verarbeiten (Verformen)

Verhüt. v. Verschweiß. beim Warm- u. Halbwarmumformen v. rostfreien Stählen 3-2525*; erhöhte Dauerfestigk. v. Stahlproben durch thermomechan. Oberflächenbehandl. 10-2377; plast. Verform.-Behandl. v. unberuhigtem Stahl 11-2418*; Verfestig. bei d. mechan.-therm. Behandl. 14-2359; Einfl. d. thermomechan. Hochtemp.-Behandl. u. Tors.-Verform. auf d. Zerreißfestigk. v. hochgekohlten Stählen 16-2391; Verform. u. Kaltverfestig.-Geschw. 17-2473; Vgl. u. Meth. d. thermomechan. Verfestig. v. Stahl 17-2489; thermomechan. Vorbehandl. v. Stahl 17-2490; thermomechan. Niedertemp.-Behandl. mit zusätzl. Polygonisier. v. verformtem Austenit 17-2491; Vibrat.-Verfestig. v. winkligen Formen 19-2568; kombinierte plast. Verform. u. nachfolgende Schnellhärt. 20-2351; Verbesser. d. Hochtemp.-Bildsamk. nach einer Bestrahl. v. austenit. Stahl 21-2635*; Kaltverform. v. Stangen 21-2659*; thermomechan. Behandl. v. Stahlrohren vor d. Kaltwalzen 26-2474; Rekristallisat.-Verh. u. Formbark. v. Blechen aus C-armen Stählen 32-2368; Warmverform. v. Al-halt. Stählen 32-2442*; thermomechan. Schlagverform.-Verf. durch Explos. 35-2448; thermomechan. Behandl. zur Festigk.-Steiger. 41-2469; thermomechan. Verarbeit. v. Stahl zu Elektroblech 49/50-2193*.

Schmieden und Pressen: Kaltstrangpressen v. Stahl 4-1986; Einfl. d. Textur auf d. Preßform. v. schwachgekohltem unberuhigtem Stahlblech 7-2396; Abkühl.-Geschw. beim Normalisieren u. Abschrecken großer Schmiedestücke 19-2577; Schmiermittel-Plattenvorlage zum Auspressen v. Stahlblöcken aus Strangpressen aus koll. Graphit u. Wasserglas 37-2908*; Fortschritte d. Herst. großer Schmiedestücke 39-2425; Simulat. v. Warmbandstraßen für Stahl durch Counter-blow-Schmieden 42-2224.

Walzen: Walzen v. Stahl-Warmband mit sehr feinem Gefügekorn 9-2438*; Walzbehandl. v. C-armem Stahlband 14-2393*; geregelte Abkühl. warmgewalzter Stahlstangen 16-2432*; Breit. v. mittellegierten Stählen beim Walzen 27-2610; Walzen v. weichem Stahlband 29-2618*; Blech aus C-armem Stahl mit Kornverkleiner. in d. Kernzone 32-2368; Walzen v. Stranggußhalbzeug zu Stab- u. Formstahl 33-2645; Herst. einer kühlenden Schmierfl. zum Feinwalzen v. Stahl 33-2961*; Walzausricht. v. Flußstahl durch Warmbearbeit. 39-2429; Einfl.: v. Kalkzusatz auf d. Wüstitumwandl. d. Walzhaut v. Flußstahl 43-2466; v. Additiven auf d. Schmier. v. Stahl bei höheren Belast. 43-2730; Oberflächentextur v. Stahl nach Walzen mit u. ohne Schmiermittel 47-2353; Entw. Li-bas. EP-Mehrzweckschmierfette für Walzwerkeinricht. 47-2658.

Ziehen: Verform.-Härt. v. austenit. rostfreien Stählen beim Drahtziehen 21-2577.

Bearbeiten

Schleifen vor d. Warmbehandl. zur höheren Kontaktfestigk. v. einsatzgehärtetem Stahl 19-2523; Entfestig. d. Oberflächenschichten beim Zerspanen v. Stählen durch Einbetten in aggressiven Medien 28-2535*; Einfl. v. S, C, Pb u. N auf d. Bearbeitbark. v. Stählen 35-2406.

Wärmebehandlung

Übersicht über Grundlagen u. Verf. für zunderarmes Erwärmen v. Stahl in Kammer- u. Durchlauföfen 1-2261; Hochdruck-Wärmebehandl. gegossener u. warmverformter Stahlkörper 1-2301*; kontinuierl. Verfestig. austenit Bänder durch direkte Widerstandsheiz. 8-2331; Einfl. d. Erwärm.-Geschw. beim Austenitisieren auf d. Eig. v. Vergüt.-Stählen 8-2332; Tempern v. niedriglegierten Stählen 11-2383; kontinuierl. Warmbehandl. v. Stahlstangen in d. Wirbelschicht 11-2420*; Papierzwischenschicht zur Warmbehandl. v. Stahlband 11-2422*; Mechanismus d. Randentkohl. bei d. Ox. v. Stählen 12-2376; Vgl. d. Nieder- u. Hochtemp.-Behandl. v. Stahl 16-2389; Spann.-Beseitig. v. im Walzgegenkontakt miteinander stehenden Stahlteilen 16-2455*; Wärmebehandl.-Verf. v. hochübereutekt. Stählen für Hüttenprofilwalzen 22-2460; Stahlbehandl. mit Laserstrahlen zur örtl. Verfestig. 22-2496; isotherme Wärmebehandl. mit Umwandl. in d. Perlit- u. Zwischenstufe 27-2616; Warmbehandl. v. Stahlwalzen durch induktive Erhitz. 28-2533*; Vermeid. d. Zusammenschweißens v. Stahlblechen während d. Warmbehandl. (Schutzüberzug) 28-2534*; Warmbehandl.: zur Herst. v. weichem, alterungsfreiem Stahlblech 29-2617*; v. härtbarem Stahl für d. Sandstrahlbearbeit. 29-2634*; Wärmebehandl.-Charakteristiken v. großen Schmiedestücken aus Ni-Mo-V- u. Ni-Cr-V-Stahl 32-2368; Erhöh. d. Festigk. v. Stahl durch Auslager. 32-2436*; Wärmebehandl. v. großen Stahlschmiedestücken 36-2396; Homogenisieren v. Stahlblöcken 38-2559*; induktive Erhitz. v. Stahlteilen mit stetig sich ändernden Krümm.-Radien 38-2560*; Flockenfreibehandl. v. Schmiedestücken 41-2474; Warmbehandl.: v. Stahlstangen im Wirbelbett 41-2519*; v. untereutektoiden Stählen 41-2542*; zur Verringer. d. dendrit. Seiger. 42-2261*; v. austenit. Stahldraht u. -blech 42-2275*; zur Herst. v. bainitfreien Stahlstangen 44-2306*; beschleunigte Wärmebehandl. kaltgewalzter Stahlbänder 47-2232*; Kaltspritzen v. Flußstahl im Blausprödigk.-Bereich 48-2246.

Wärmequellen und Öfen: Warmbehandl.-Anlage für abgeschreckte u. angelassene Stahlplatten 1-2262; Anwend. v. Ti-Spänen zum Ox.-Schutz v. — beim Erwärmen 17-2487; Ofenanlage u. Wärmebehandl.-Verf. für Stahlschmiedestücke über *3* t 36-2395; inerte Ofenatmosphäre mit herabgesetztem CO-Geh. 38-2557*; Schutzgase zum Blankglühen v. austenit. Cr-Ni-Stahl 39-2432; Anwend. v. Schutz- u. Rk.-Gasen bei d. Warmbehandl. v. blankem Stahl 42-2230; Innenatmosphäre zur Warmbehandl. 42-2255*.

Glühen

Glühen v. zu Ringen aufgehaspelten kaltgewalzten Stahlband 11-2423*; Weichglühen v. Stahl 11-2424*; Glühbehandl. v. Betonstahl 13-2423*; Rekristallisat.-Glühen zur Kornfein. 16-2440*; Pendelglühen v. Schmiedestücken mit verringerter Flockenbldg. 26-2472; theoret. Grenzen d. Homogenisier.-Glühens 35-2456; Glühen zur Beseitig. v. Oberflächenlängsfehlern auf kaltgewalztem Stahl 40-2224*; Lsg.-Glühen v. legierten Stählen zur VC-Ausscheid. an Stapelfehlern 40-2231*; Weichglühen v. starklegierten Stählen 51/52-2304*.

Härten und Anlassen

Kurzzeittemper. v. elektr. auf Austenitisier.-Temp. erhitztem u. abgeschrecktem C-Stahl 2-2215; Walzhärten v. Stahl 8-2330; Abschrecken v. Stahl mit ungleichmäßiger Krist.-Struktur 11-2421*; Härten u. Anlassen perlit. schmiedebarer Gußstücke 12-2362; Stahlverform. beim Härten 13-2368; Härten v. Stahl im Alkalicyanatbad 13-2411*; Einfl. v. As auf d. Durchhärtbark. v. Stahl 16-2384; Härten v. übereutektoidem Stahl 20-2430*; Härt.-Verh. v. vakuumgeschmolzenem Stahl 25-2490; Zeitgesetz d. Spann.-Ausscheid.-Härt. v. schwachgekohltem Stahl 30-2371; Wärmebehandl. nach d. Warmverform. zur Härtesteiger. 41-2470; Martensitaushärten v. Maragingstählen 43-2424; Härtbark. v. B-behandelten Stählen 48-2261; Stahlhärten durch Zusatz v. Ferro-B 51/52-2223; Härten v. übereutektoiden Stählen 51/52-2305*.

Isosklern. Verf. d. Stahlanlassens 13-2362; Wrkg. d. elektr. Anlassens auf mechan. Eig. 17-2494.

Oberflächenhärten: Oberflächenhärt.: v. induktiv erhitzten Stahlteilen 8-2390*; durch extrem schnelle Erhitz. im Plasmabrenner 9-2450*; Einhärt.-Tiefe bei induktiver Oberflächenhärt. mit Hochfrequenz 16-2387; Oberflächenhärten 18-2423*; Cassel-Noskuff-Verf. zur Herst. harter verschleißfester Oberflächenschichten 37-2594; Härten mit Reservage 38-2561*.

Oberflächenanreicherung

Struktur d. Diffus.-Schicht nach Anreicher. d. Stahloberfläche an C u. Sb 3-2413; Wärmebehandl. v. legierten Einsatzstählen im Gasaufkohl.-Durchlaufofen 9-2449*; Einfl. v. Al-Nitriden auf d. Rißbldg. in d. Einsatzschicht 18-2320; Entkohl. u. Denitrier. v. Stahlblech 29-2633*.

An Kohlenstoff (Zementieren): Briketts zum Aufkohlen v. Stahl 5-2462*; Wiederaufkohlen v. Feinguß im CN-halt. Salzbad 7-2401; Schmelze zur Einsatzhärte v. Gegenständen aus — -Leg. 12-2410*; Entkohl. beim Einsatzhärten v. Stahl 13-2364; Einsatzhärt. v. gesinterten — -Teilen mit endothermem Gas 18-2349; Aufkohlen im Ultraschallfeld 23-2690; Alter.-Beständigmachen v. Stahlblechen durch therm. C- u. N-Entzug u. anschließender sek. Gaszementier. 27-2702*; Härtbark. v. Stahl nach d. Zementier. 28-2451; Aufkohl. u. nachfolgende Chromier. v. Stahlteilen 28-2537*; Einfl. v. Ultraschall auf d. Aufkohl. v. Stahl 40-2188; cyanid. Schmelzbad zum Einsatzhärten v. Stahl 47-2414*.

An Stickstoff (Nitrieren): N-Adsorpt. bei d. Stahlnitrier. in Gasen 2-2222; verschleißfeste Stahlteile mittels Teniferverf. 13-2422*; Nitrierverf. 15-2482; (N_2–NH_3-Gemische) 20-2360; Ultraschalleinfl. auf d. Nitrieren v. Stahl 25-2562; Nitrier. martensit. aushärtbarer Stähle durch Erhitzen in NH_3 27-2623; Nitrieren v. Stahl mittels ionisiertem N 27-2703*; Intensivier. d. Nitrier. v. mittel- u. hoch-Cr-halt. Stählen durch Verw. v. CCl_4 als Depassivator 32-2402; Entschlammen v. cyanathalt. Salzschmelzbädern zum Nitrieren 32-2455*; Verw. N-halt. Mn-Leg. zum Nitrieren v. Stählen 37-2666*; Kinetik d. Nitrierens v. Stählen 43-2471.

An Kohlenstoff und Stickstoff (Carbonitrieren): Zementier. u. Carbonitrier. durch Eintropfen v. Bzl. u. Triäthanolamin 2-2221; Nitrieren u. Carbonitrieren v. Stählen durch O_2-Acetylen-Flamme mit eingeblasenem NH_3 36-2404; cyanfreies Salzbad zum Carbonitrieren 38-2563*.

Eigenschaften

Einfl.: v. Seltenerdmetallen auf d. Stahleig. 5-2348; v. Cu-Zusätzen auf d. Eig. v. Stählen 8-2297; Unters. angelassener Stähle 9-2376; technolog. Parameter d. Maßbeständigk. v. Stählen 11-2382; Einfl. v. Zugspann. auf Absorpt. u. Streuung v. γ-Strahlen in Stahl 12-0008; Kennziffer d. Mikroreinh. v. Stahl 23-2571; Einfl. v. Massenübergang u. Eig.-Änder. auf austenit. Stähle in fließendem Na (Symposium, Vienna *1966*) 25-2310; Hochtemp.-Eig. v. Stählen 25-2505; Vgl. d. Qualität v. geschmiedeten u. gegossenen Blöcken 25-2558; Einfl. v. N in unlegiertem ferrit. Stahl auf d. Struktur (Überblick) 28-2408; Stahleig. 49/50-2247.

Gefüge

Einfl. geringer Zusätze auf d. Gefügeanomalie in Stählen 3-3459; Gefügeänder. durch mechan. Abbau v. Polymeren im Kontakt mit Stahl 6-2281; höherdimensionale Krist.-Modelle für Stahl 7-0624; Veränder. d. Abmess. d. Mosaikblöckchen v. Stahl bei niedr. Temp. 9-0294; Gefüge angelassener Stähle 9-2376; Einfl. d. Verform.-Geschw. auf Gefüge unlegierter Stähle 10-2360; Gefügestör. v. Stahl bei Elektroeros. 14-2377; Einfl. d. Walztemp. auf Feingefüge v. weichem Stahl 17-2485; Ermittl. d. fakt. Korns in Stahl 19-0245; Gefügeauswrkg. bei d. Impulsverform. v. Stahl 25-0237; Gefüge: v. gehärtetem Stahl 27-2606; v. C-armem Stahl bei Abschreckalter. nach Schnellerwärm. 27-2620; Gefügebldg. v. Fe–C–Si-Leg. bei Vakuumbehandl. 30-2312; Gefüge beim Anlassen v. gehärtetem Stahl 31-2544; Einfl.: d. Wanddicke auf Primärgefüge u. mechan. Eig. in unlegiertem Stahlguß 38-2478; d. plast. Verform. auf d. Gefügeausbldg. v. Stahl 40-2179; automat. graph. Darst. v. Pol- u. Achsendichtefiguren v. Stahl mit Hilfe eines Computers 45-0140.

Rekristallisat. v. Al-beruhigtem u. unberuhigtem Stahl bei Kastenglüh. 2-2218; Hochtemp.-Mikrorelief v. Stahl nach Ermüd.-Beanspruch. 6-0209; Kaltwalz- u. Glühtexturen v. weichen Stahlblechen 6-2347; Warmwalztextur v. schwachgekohltem Stahl 7-2397; ferromagnet. Phasen in austenit. Stählen 8-2326; Rekristallisat.-Verh. v. O_2-Aufblasstahl u. bas. SM-Stahl 9-2345; Verform.-Stör. niedriggekohlter Stähle 12-2341; Oberflächen-Mikrorelief v. Stahl mit Widmanstätten-Struktur 18-0217; Einfl. v. Cr u. Co auf d. Walztextur v. — 19-2564; Bezieh. zwischen Gefüge u. Emiss. v. Stählen 22-2181; Kornvergröber.-Temp. v. Austenit in Feinkornstählen 23-2573; Einfl.: d. Walztemp. auf d. Textur v. unberuhigtem Stahl 25-2552; v. Cr u. Co auf d. Walztextur 26-2466; v. Mn auf Struktur v. Austenitstahl 28-2414; Unvollkommenh. d. Krist.-Aufbaus u. Umkehrbark. d. Stahlverspröd. beim Anlassen 29-0270; Einfl. v. Schmelzbadtemp. u. Modifizier. auf d. Versetz.-Struktur v. Guß-Stahl 36-2344; Temp. d. Phasengleichgew. im Stahl 42-0470; TTT-Diagramm v. Stahl 46-2201; Orientier.-Verteil.-Funkt. d. Kristallite in kaltgewalzten u. angelassenen Stahlblechen 48-0160.

Si_3N_4-Ausscheid. in mit Si beruhigten Stählen 1-2268; Graphitbldg. an d. Oberfläche v. übereutektoidem Stahl 3-2412; Einfl. d. Ferritform auf d. Umkristallisat. im Stahlbruch 14-2351; Ausscheid.-Verh. austenit. Stähle 18-2046; Morphologie d. —-Sulfidphase in aufgeschwefeltem Stahl 20-2350; Verh. v. S bei d. Kristallisat. v. Stahl 21-2539; kohärenter Nd. v. Cu in Edelstahl 23-0240; Verteil. v. Korngrenzenausscheid. einer Sek.-Phase 23-2608; Modifikat. v. CrN-Ausscheid. in Stahl 31-2508; Einfl. v. Strukturunvollkommenh. auf d. Graphitisier. v. Stahl 33-2633; γ-Phaseausscheid. in Stählen mit Zusatz v. Al u. Ti 33-2638; Wrkg. v. Co auf d. Phasenzus. nach d. Aushärt. v. Stahl 35-2408; Graphitausscheid. in übereutektoiden Stählen 36-2384, 36-2385; Verh. v. C in Martensitkrist. in gehärtetem Stahl 37-0197; Einfl. v. Zr auf Gefügeinhomogenität in Stahl 40-2161; Nb-Carbonitrid in Austenit v. unlegiertem Stahl 41-2432; komplexe Nitride in Cr–Ni–Nb-Stählen 42-2187; $(Fe, Mo, Cr)_2$-(C, N)-Ausscheid. nach Sek.-Härt. v. austenit.-martensit. Stahl 42-2235; Substrukturverfestig. in großen plast. Spann. unterworfenem eutektoiden C-Stahl 44-0107; Identifizier. eines Mn-Silicidnitrids in nitriertem Stahl 46-0193; Ausscheid. v. intermetall. R-Phase in Stählen 48-2253.

Einfl. d. Krist.-Seiger. legierter Stähle auf deren Umwandl.-Verh. 10-2339; Erniedrig. d. Martensitpunktes nach teilweiser Austenitumwandl. im Zwischenstufenbereich 11-2336; Einfl. eines starken magnet. Impulsfeldes auf d. martensit. Umwandl. in feinen Stahlteilchen 37-0201; Verfestig.-Mechanismus v. Ausforming-Martensit-Stahl 37-2572; dilatometr. Unters. v. Gefügeumwandl. in Stählen bei Wärmebehandl. 48-2255; $\varepsilon - \gamma$-Phasenumwandl. vor d. Rekristallisat. v. austenit. Cr–Mn-Stahl 49/50-2295.

Einfl. d. elektr. Beding. auf d. Diffus. v. H_2 in weichen Stählen 5-0633, 5-0634; As-Verteil. im zwischenkrit. Temp.-Bereich v. C-halt. Stahl 15-2432; Krist.-Seiger. in legierten Werkzeugstählen 17-2119; Temp.-Abhängigk. d. interkrist. Adsorpt. v. C u. P in Stahl 18-0216; Einfl. v. C auf d. Diffus. v. W in Stahl 30-2375; Diffus. v. Cr in Stählen mit niedrigem C-Geh. 34-0362; Verteil. v. C u. Leg.-Elementen im Mischkrist. u. Carbid v. Stahl 37-2543; Einfl. v. Cr auf d. Cu-Löslichk. in weichem Stahl 38-2454; Topographie d. Verteil. d. H- u. O-Beimeng. v. Hochtemp.-Stahl 44-0113.

Mechanische Eigenschaften

„Stoßzone" einer Explos. in — u. Stahl 2-0254; Dämpf. v. Lampschen Ultraschallwellen in Stahl bei hohen Temp. 5-2389; Anisotropieverh. an Hand v. Zugvers. 5-2401; Einfl. d. Blankglühens auf d. Ermüd. 5-2413; mechan. Eig.: v. verschleißfestem Stahlguß 6-2369; v. hochlegiertem, ultrahochfesten Stahlguß 8-2294; Bezieh. zwischen Mikroverform. u. Entw. v. Versetz. in niedrig gekohltem Stahl 9-0292; Stoßkompress. niedrig gekohlter Stähle 9-0293; Relaxat.-Verh. warmfester Stähle 9-2377; krit. zerstörende Spann. bei Explos.-Belast. v. Stahl 10-2362; Vgl. mechan. Eig. v. unlegierten Stählen aus sauren Indukt.- u. bas. Lichtbogenöfen 11-2334; mechan. Eig. v. Freiformschmiedestücken nach Recken u. Stauchen 12-2360; Ermüd.-Kurve für niedriggekohlten Stahl 16-2369; mechan. Eig.: v. kaltverformtem gehärtetem Stahl 22-2468; v. martensitaushärtenden Gußstählen 23-2576; Einfl. d. Anlaßtemp. auf d. mechan. Eig. u. d. Feinstruktur v. Stählen nach thermomechan. Hochtemp.-Behandl. 24-2394; Bauschinger-Effekt beim Biegen eines Federblattes aus Stahl 29-0268; Änder. d. Elastizitätseig. gehärteter C-halt. Stähle im Bereich d. dritten Phasenumwandl. 30-0242; Wrkg.: v. Vorspann. auf d. Elastizitätsgrenze v. austenit. Stahl 31-0258; einer Hochtemp.-Behandl. auf d. mechan. Eig. v. Stahl 31-2552; Eindringgeschw. v. Stahlzylindern in Duraluminium, Al, Mn-Leg., organ. Glas, Polystyrol, W. u. Polyäthylen 32-0267; mechan. Eig.: v. abgeschreckten u. verformten Stählen 33-2653; v. schwachlegierten Stählen mit Ferrit–Perlit-Struktur 35-2430; v. unberuhigtem Stahl nach Kaltverform. 38-2479; v. Flußstahl Laufe d. Erhol. u. Rekristallisat. 39-0186; v. Stählen nach Walzen 41-2462; v. unlegierten im Stählen nach Verform.-Abschreck. 41-2468, 42-2205; v. Blech aus C-armem Stahl nach rascher Wärmebehandl. 42-2232; Einfl. v. Desox.-Zustand u. Blechdicke auf d. mechan. Eig. v. Stahl 43-2443; mechan. Eig. v. Blechen aus niedriglegiertem Stahl 43-2460; Null-Längenänder. beim Härten u. Zwischenstufenvergüten v. Stahl 48-2254; Einfl. d. Walzbeding. auf d. mechan. Eig. warmgewalzter Grobbleche 49/50-2301.

Festigkeit: Warmfestigk. austenit. Heizleiterleg. 4-1975; Bildsamk. u. Festigk. v. Stahlstrangguß 6-2350; Festigk.: gehärteter C-freier —-Leg. nach plast. Kaltverform. 19-2566; v. Gußstahl 25-2499; Stahlfestigk. nach plast. Vorverform. u. Alter. 26-2458; Festigk.-Eig. v. Stählen bei Raumtemp. 26-2460; Festigk.-Grenzen hochfester austenit. Stähle 30-2327; Einfl. v. C-Geh. u. Anlaßverf. auf d. Festigk. v. gehärtetem unlegiertem Stahl 31-2554; Verh. d. Ermüd.-Grenze eines Stahls mit geringem C-Geh. 42-0082; Einfl. v. Nb auf d. Festigk. v. niedriggekohlten Stahl 42-2185.

Einfl. v. Carbidgröße auf d. Verfestig. durch Zwischengitteratome 2-2180; Verfestig.: bei d. Versetz.-Dekorier. durch oberflächenakt. Beimeng. 12-0255; v. Stahl durch Verfeiner. d. Austenitkorns 17-2410; Kaltverfestig.: durch Stoßwellenanhäuf. 23-2613; bei Druckprüf. 29-2537; Verfestig.-Mechanismus v. austenitverfestigtem Stahl 32-2368; Stahlverfestig. (Einw. v. Laserstrahlen) 33-2654; (Mechanismus) 39-2428; Kaltverfestig. v. metastabilem Austenit bei d. Austenitformhärt. v. Stählen 44-2233; elektromechan. Verfestig. v. Stählen 47-2356.

Dauerfestigkeit: Anisotropie d. Dauerfestigk. 14-2312; Einfl. v. Einschlüssen u. Carbidverteil. auf Dauerfestigk. v. vergüteten Stählen 22-2471; Dauerfestigk. v. Stählen in Abhängigk. v. d. Verform.-Geschw. 23-2605; Extrapolat. v. Dauerstandvers. 25-2505; Wrkg. d. Graphitausbldg. auf d. Druckfestigk. v. Stahl 25-2540; Dauerfestigk. v. Stählen 26-2457; Zeitstandfestigk. austenit. Stähle im umgeformtem u. gegossenem Zustand 27-2599; Einfl. d. Schleifens auf d. Dauerfestigk.-Verh. v. hartverchromten Stahlblechen 41-2484; Dauerfestigk. v. Ferri-Perlit-Stahl 42-2218.

Einfl. v. Bestrahl. auf d. Biegewechselfestigk. v. niedriggekohltem Stahl 2-2210; Zug-Druck-Wechselfestigk. v. Stahlguß 8-2318; Einfl. d. Schlagfrequenz auf d. Stahlermüd. 12-2340; Bezieh. zwischen FeO-Einschlüssen u. Stahlermüd. bei Wechselbiegebeanspruch. 12-2345; Einfl.: mehrmaliger Verform. auf d. Wechselfestigk. v. Stahl 19-2553; v. Vorhydrier. u. Korros. v. Stahl auf d. Ermüd. bei kleiner Lastspielzahl 22-2518; Wechselfestigk. v. Stahlguß in einem Korros.-Mittel 24-2355; Dauerfestigk. austenit. Stähle bei hoher Wechselbeanspruch. 25-2502; Weichwerden u. Verfestigen v. geglühtem C-armen Stahl bei Wechselbeanspruch. 42-2204; Dauerschwingverh. inchromierter Schrauben 47-2358; Zeitfestigk.-Verh. niedriglegierter Stähle im Niedrigwechselbereich 51/52-2240.

Verschleißfestigkeit: Verschleißunters. an Stahl 3-2137; Verschleißfestigk., Warmrißbldg. u. Härtbark. v. Walzen für Block- u. Brammenwalzwerke 6-2287; Zug- u. Verschleißfestigk. v. Stahl in Abhängigk. v. d. Abschrecktemp. 21-2578; Verschleißfestigk. v. zementierten Stählen in hydroabrasiven Medien 23-2649; Abriebfestigk. v. Wälzlagerstahl 31-2600; Diffus.-Erschein. an Reib.-Oberflächen u. Zusammenhang mit d. Verschleißfestigk. 32-0283; Strahlmittelzerstör. u. Stahlverschleiß 33-2630; Verschleißwiderstand einiger gehärteter u. getemperter Stähle 44-0107; Ox.-Einfl. auf d. Verschleißverh. v. Stahl 47-2392.

Härte: Härte v. Stählen in Abhängigk. v. d. Verform.-Geschw. 23-2605; Aktivier.-Energie d. Entfestig. beim Anlassen v. Stahl zur Prognose d. Härte 47-2357.

Plastizität: Ungleichmäßigk. d. plast. Verform. in Stahl 2-2209; Formänder.-Festigk. im Bereich d. Blauwärme 6-2330; Hochtemp.-Druckfestigk. v. Flußstahl bei hoher Dehngeschw. 9-2375; plast. Verform. in unbestrahltem u. bestrahltem niedriggekohltem Stahl 12-0290; Veränder. d. Sprödfestigk. v. Stahl bei plast. Wechselverform. 12-2338; Spann.-Riß- u. Dehn.-Verh. v. Schmiede-— bei erhöhter Temp. 14-2347; Superplastizität v. Stählen während d. Ferrit-Austenit-Umwandl. 17-2410; Tors.-Verform. 18-2341; plast. Verform. im Fall d. ebenen Bieg. 22-0270; Übergang v. Mikroverform. zur Makroverform. in weichem Stahl 27-0311; H-Einfl. auf d. Anisotropie d. plast. Eig. v. schweren Schmiedestücken 29-2553; Streckgrenze u. Dauerschwingbruch v. weichem Stahl 31-2532; Verform.-Geschw. v. Stählen hoher Streckspann. nach Bestrahl.-Härt. 31-2533; Verform.-Verh. eigenspann.-behafteter Stähle bei stat. u. dynam. Beanspruch. 35-2429; Einfl. v. H auf d. Zugfestigk. v. kaltverformtem Stahl 36-2370; Spann.- u. Temp.-Abhängigk. d. Verform.-Geschw. 39-2406; Einfl. d. Verform.-Geschw. auf d. Zug-Bruch-Dehnbark. 42-2209; Formänder.-Vermögen v. warmfesten Stählen 43-2441.

Bruchzähigk. v. niedriglegiertem Flußstahl 13-2342; Zähigk.: v. Gußstahl 25-2399; v. NbC-verfestigtem Stahl 41-2433; Einfl.: d. Walztextur auf d. Zähigk.-Anisotropie 42-2225; d. Kaltverform. auf d. Bruchzähigk. 51/52-0171.

Wrkg. d. Korngröße v. Stahl auf d. Übergangstemp. d. Kerbschlagzähigk. 1-2246; Einfl. d. Kerbtiefe auf d. Bruch v. weichem Stahl 1-2250; Verform. u. Bruch v. Charpy-Spitzkerbproben aus weichem Stahl im Langsambiegevers. 3-2442; Kerbschlagvers. an mit Ermüd.-Rissen versehenen Charpy-V-Proben 6-2328; Einfl. einer vorangehenden Verform. auf d. Kerbschlagzähigk. v. Stahl *30* ChGSA 9-0295; Schlagzähigk. austenit. Stähle bei kryogenen Temp. 20-2343; Bruchzähigk. v. Stahl im Langsam- u. Kerbschlag-Biegevers. 33-2626; Einfl. d. Kaltverform. auf d. Kerbsprödigk. v. weichem Stahl 35-2428; Kerbschlagfestigk. v. ferrit-perlit. Gußstahl bei $-30°$ 49/50-2264.

Kriechvorgänge bei Stahl 2-0248; Fließen nach Druckbeanspruch. 5-0325; Einfl. v. Druckspann. auf d. Stör.-Anfälligk. v. Stahl unter Kriechbeding. 12-2312; Reckspann. u. Fließwiderstand v. Stahl unter dynam. Belast. 21-2569; Fließen v. Stahl mit niedrigem C-Geh. bei mittleren Reckgeschw. 27-0310; kurzzeit. Kriechen u. Relaxat. hochfester Stähle d. Turbinenbaus 31-2540; Kriechgeschw. v. Stahl bei hoher Temp. 32-2368; Fließen v. Stahl bei Kaltformpress. zur Herst. v. Muttern 34-2414; dynam. Reckalter. v. Flußstahl (ruckart. Fließen) 39-2388; Abhängigk. d. Fließspann. v. Stahl v. Verform.-Geschw. u. Temp. 39-2407; Einfl. interstitieller Verunreinig. auf d. Fließeig. v. Stahl 40-2153.

Elektrische und magnetische Eigenschaften

Zusammenhang zwischen elektr. Gasentlad. u. tribochem. Rk. bei Bearbeit. v. Al-Oberflächen mit runden Stahlkugeln 1-0675; Elektronen- u. Ionenemiss. v. Stahloberflächen in Cs-Dampf 2-0364; Einfl. v. Einschlüssen u. Oberflächenverunreinig. auf d. Bogenzünd. bei niedrigen Drücken 4-0171; Änder. d. elektr. Widerstands v. Stahl beim Härten 10-0420; Einfl.: einer Belast. in Richt. d. Normalen auf d. elektr. Leitfähigk. v. Stahl–Cu-Kontaktpaaren 22-0466; v. H auf d. Elektronenemiss. aus Stahl bei Ionenanreg. 24-0417; Trägh. d. Exoelektronenemiss. aus nichtrostenden Stählen 27-0466; Exoelektronenemiss. bei Gleitreib. v. Stahl 35-0350; Widerstand v. hypoeutektoid. Stählen nach ihrer Austenitisier. 37-0426; Bogenzünd. an Oberflächen aus Stahl 42-0078.

Mössbauer-Unters. d. ferromagnet. u. paramagnet. Zementitphase an Stahl 20-0470; Einfl. einer therm. Entmagnetisier. auf d. Hystereseschleifen filmförm. Stahlproben 11-0556; magnet. Eig. bei erhöhten Temp. v. hochfesten Stählen 17-2410; Prognose d. magnet. Eig. an Hand d. chem. Zus. 18-2343; Natur d. Veränder. d. Koerzitivkraft bei Verform. u. nachfolgendem Anlassen 23-0575; Einfl. v. Temp. u. Mikrostruktur auf d. Koerzitivkraft v. Stahl 37-0446.

Thermische Eigenschaften

Oberflächenschmelzen u. -erstarren 4-1979; Einfl. auf d. Wärmeübergangszahl bei d. Abkühl. v. Stahl 7-2364; Einfl. v. Druck, Temp. u. Vorbehandl. d. Trennfläche auf d. therm. Kontaktwiderstand zwischen Stahl u. fl. Metall 8-2039; Kältebeständigk. 14-2311; therm. Oberflächenimpedanz für ebene Wärme wellen in Stahl/Quarz- u. Stahl/Teflon-Kombinat. 15-0278; Unters. d. durch pulsierende, hochenerget. Elektronenstrahl. hervorgerufenen Spann.-Wellen in Stahl 15-0309; Wärmeleitfähigk. v. Stahloberflächen im Vakuum 22-2253; Kompressibilität bei *4,2* °K 25-0248; Schallabsorpt. in Fl. durch poröse Metalle 30-0229; Einfl. v. Elementen auf d. C-Aktivität in fl. C-reichem Stahl 35-2396; spezif. Wärme v. C-Stählen 41-0113.

Oberflächeneigenschaften

Integraler Schwärzegrad v. Stahl bei *100* bis *1100*° 5-0360; Vgl. zwischen d. durch Fokussier. eines Laserstrahls auf eine feste

Stahlscheibe u. d. durch Funken erhaltenen Emiss.-Spektren 18-0104; Reflex.-Vermögen für Sonnenlicht an polierten Proben v. schweißbarem Stahl 22-0321; Berechn. d. Emiss.-Vermögens polierter Metalle aus ihrer Wärmeleitfähigk. 27-0352; Unters. d. Oberfläche v. Stahl durch Interferenzmikroskopie 45-0138.

Plast. Verform. v. Stahloberflächen durch ein schleifendes Korn 7-0276; Reib.-Koeff. u. Temp.-Entw. v. Plasten gegen Stahl 12-2744; Einfl. v. Dämpfen organ. Fl. u. v. W.-Dampf auf d. Gleitreib.-Syst. MoS_2–Stahl 13-0284; Reib. v. Stählen verschiedener Rauhigk. gegen Ag bei verschiedenen Temp. 21-0304; Einfl. d. MoS_2 enthaltenden Gleitlacke auf Reib.-Zahl u. Verschleiß d. Gleitpaares Gußeisen/Stahl 23-2920; Antifrikt.-Eig. v. Stahl 31-2601; Tribokeimbldg. v. Gasblasen in einer metastabilen Fl. durch sanftes Reiben v. Stahl an d. Glaswand 51/52-0345.

Tensiodynam. Verh. v. C-Stahl in Amidosulfatbädern 6-0642; kathod. Polarisat. u. Unters. d. Adsorpt.-Mechanismus v. Gasen auf Stahlelektroden 10-0628; Mechanismus d. H_2-Entw. an einer Flußstahlelektrode 14-0610; Oberflächeneig. v. warmfesten Stählen nach elektrochem. Behandl. 16-2407; Permeat. v. H_2 durch Stahl bei elektrochem. Überführ. 18-0297; Diffus. v. H 18-0298; Edelstahl-Kathoden-Vorbehandl. für d. reproduzierbare elektrolyt. Anreicher. v. ^3H 18-0598; Herst. v. dünnen U-Oxidschichten auf Stahl unter Verw. v. NH_4F als Elektrolyt 18-0601; Wrkg. v. substituierten Thioharnstoffen auf d. Kapazität d. elektr. Doppelschicht an d. Phasengrenze zwischen unlegiertem Stahl u. HCl 29-0692; selbständ. Desorpt. v. in Stahl eingedrungenem H_2 40-0194; anod. Auflsg. v. Stahl in H_2SO_4 49/50-0460.

Vol.-Effekte bei d. Ox. u. nachfolgenden Red. eines Stahldrahts 17-0738; Primärstadien v. Wechselwrkg. zwischen Stahloberflächen u. geschmolzenem Glas 20-2253; Verbrenn. v. hitzebeständigen Stählen 33-0750; Einfl. d. mechan. Aktivier. d. Stahlblechoberfläche auf ihre chem. Rk.-Fähigk. 33-2660.

Sonderstähle

Stähle mit Sonderzusätzen

Al: Herst. kornorientierter Fe–Al-Bleche 6-2386*; Impfmittel zur Herst. v. hochwert. Fe–Al-Leg. 21-2646*; Erschmelzen v. Mn–Al-Elektrostahl unter Kalk–Tonerde-Schlacke 23-2565; Herst. v. Fe–Cr–Al-Heizelementen durch d. Elektroschlackenschmelzverf., Einfl. v. Ti auf Ni–Al-Ausscheid.-gehärtete Stähle 32-2368; durch Ausscheid. v. AlN induzierte Sekundärrekristallisat. in Al-stabilisiertem Stahl 34-0130; Ziehbark. v. schwach gekohlten N–Al-Stählen 37-2544; Impfstoffe zur Herst. hochwertiger Fe–Al-Leg. 48-2296*.

Martensitaushärtender Stahl mit bis 1,0 Al u. < 0,1 C 51/52-2293*; Verform.-Beständigk. v. Stahl mit 1,96 Al u. 0,002 C 8-2319; zunderbeständiger Stahl für Ventile mit < 2 Al u. 0,01 – 0,25 C 42-2259*; Herst. v. —-Leg. mit 16 – 31 Al 39-2482*; Herst. v. Al–Fe-Leg. mit > 16 Al u. ggf. < 1 Be, Zr, Ti u./oder Nb 26-2502*.

Strukturänder. beim Kriechen einer austenit. Leg. v. EI 612 K-Typ mit 0,18 Al, 0,012 B, 4,1 Co, 15 Cr, 36,5 Ni, 1,5 Ti, 3,2 W u. 0,09 C 22-0271; hochfester Baustahl mit Zwischenstufengefüge aus 0,01 – 0,40 säurelösl. Al, 0,002 – 0,008 B, 0,6 – 2,0 Cu, 0,4 bis 0,7 Mn, 0,35 – 0,75 Mo, bis 1,0 Ni, 0,1 – 0,3 Si u. 0,15 C 16-2439*; bainit. Stahl aus 0,01 bis 0,40 säurelösl. Al, 0,002 – 0,008 B, 0,60 – 2,00 Cu, 0,33 – 0,75 Mo, < 1,0 Ni u. < 0,15 C 8-2393*; hochfester bainit. Baustahl mit 0,01 bis 0,40 Al, 0,002 – 0,008 B, 0,60 – 2,00 Cu, 0,35 – 0,75 Mo, bis 1,0 Ni u. 0,15 C 40-2221*.

Warmbehandl. v. Stahl mit bis < 0,5 Al, < 0,3 Be, 8 – 12 Co, bis 3,5 Cr, 3,0 Cu, 4 – 5 Mo, bis 0,5 Nb, 14,0 – 17,5 Ni, bis 0,5 Ta, < 0,5 Ti, 0,45 V u. < 0,05 C zur Verbesser. d. Spann.-Rißkorros.-Beständigk. 46-2244*.

Aushärtbarer Stahl mit 0,6 – 1,2 Al, 5 Co, bis 1,5 Cr, 2 Cu, 0,5 Mn, 0,5 – 2,0 Mo u. 0,5 Si, 20-2409*; —-Leg. mit 0,5 – 3 Al, 5 – 25 Co, 0 – 10 Cr, 0,4 – 3 Mn, 32 – 48 Ni, 0,3 – 2 Si u. 1,5 – 3,5 Ti 9-2443*; Warmbehandl. v. Stahl mit hoher Streckgrenze u. 0,5 Al, 10 Co, 0,5 Cr, 0,75 – 1,25 Mo, 0,1 – 0,7 Ni u. 0,2 C 51/52-2288*; Dauermagnetleg. mit 5 – 9 Al, 20 – 40 Co, 0 – 6 Cu, 0 – 4 Nb, 11 bis 22 Ni, 1 – 8 Ti, Rest Fe 18-2402*; hochverschleißfester ausscheidungshärtbarer Sinterstahl mit 0,05 – 0,6 Al, 5 – 11 Co, 3 – 7 Mo, 12 – 26 Ni, 0,15 – 2,4 Ti, 27 – 35 TiC, < 0,1 freiem C u. 0,03 C 32-2450*.

Verw. v. Leg. mit 4 – 6 Al, 7 – 30 Cr, Rest Fe als Heizleiter 1-2102*; Sprödigk. v. —-Leg. mit 25 Cr u. 5 Al 17-2427; feste Stahlplatte mit > 0,015 Al, 0,05 – 0,25 Cr, 0,01 bis 0,47 Cu, 0,70 – 1,35 Mn, 0,01 – 0,15 Mo, 0,05 bis 0,035 Ni u. 0,08 – 0,25 C 41-2518*; hochkorrosionsbeständ. Stahl erhöhter Festigk. mit 0,7 – 1,2 Al, 14 – 17 Cr, 2,7 – 3,3 Cu, 0,8 Mn, 4,5 – 6 Mo, 39 – 42 Ni, 0,035 P, 0,02 S, 0,8 Si, 2,5 – 3,2 Ti u. 0,06 C 9-2358; niedriggekohlter hochfester u. korrosionsbeständ. Stahl mit 0,8 – 1,5 Al, 35 – 45 Cr, 2 – 4 Cu, ≦ 0,8 Mn, 4 – 8 Mo, 14 – 19 Ni, ≦ 0,5 Si, 2 – 4 Ti u. ≦ 0,09 C 28-2496*; austenit. Stahl mit verbessertem Absorpt.-Querschnitt für langsame Neutronen aus 4 Al, 12 – 26 Cr, bis 4 Cu, bis 10 Mn, bis 1,25 Nb, 3,5 – 22 Ni, bis 1,25 Ti, bis 0,7 N, Gd, Eu, Sm u./oder Dy 16-2436*; Stahl mit 1 – 2 Al, ≦ 0,05 Cr, ≦ 0,1 Cu, ≦ 0,05 Mn, ≦ 0,05 Ni u. 0,1 C zur Katalysatorherst. für d. NH_3-Synth. 32-2246*; Stahl als Schrot mit 0 – 0,5 Al, 0 – 5 Cr, 0 – 5 Cu, 0,1 – 2,0 Mn, 0 – 5 Ni, 1,1 – 8 Si u. 0,05 – 1,7 C (Strahlmittel) 27-2684*; Einfl. d. Haltezeit auf d. Gefüge v. austenit. Rohrstahl mit 2,46 Al, 10,85 Cr, 13,58 Mn u. 0,40 C 35-2434; Hochtemp.-Leg. hoher Bruchbildsamk., Zeitstandfestigk. u. feinverteiltem Zwischenstufengefüge mit 0,02 – 0,2 Al, 0,5 – 3,0 Cr, 0,2 – 1,5 Mn, 0,3 – 1,75 Mo, Rest Fe 11-2428*; halbaustenit. ausscheidungshartbärer Stahl mit 0,5 – 2,5 Al, 7 – 18 Cr, bis 1 Mn, bis 8 Mo, 6 – 12 Ni u. bis 1 Si 14-2396*; strukturelle Härt. v. austenit.-martensit. Stahl mit 1,05 Al, 14,9 Cr, 0,71 Mn, 2,14 Mo, 7,00 Ni, 0,74 Si u. 0,082 C 37-0202; Gefügebldg. in Stahl mit 0,3 Al, 16 Cr, 1,0 Mn, 1 Mo, 24 Ni, 0,50 Si, 2,5 Ti u. 0,06 C 4-1949; Graphitisier. v. Stahl mit 0,3 Al, 0,04 Cr, 0,26 Mn, 0,01 Mo, 0,28 Si u. 0,8 C 5-2350; Gesenkstahl mit 0,4 bis 0,6 Al, 2,5 – 3 Cr, 0,5 – 0,7 Mn, 0,9 – 1,2 Mo, 0,4 – 0,6 Si, 0,6 – 0,8 V, 1 – 1,4 W u. 0,37 – 0,45 C 30-2414*; Wärmebehandl. v. austenit. Stahl mit bis 0,1 Al, 17,5 – 19,5 Cr, bis 2,0 Mn, 0,18 – 0,28 Nb, 8 – 12 Ni u. 0,06 bis 0,08 C 16-2437*; martensitaushärtbarer Stahl mit 0,5 – 1,6 Al, 11,5 – 15,5 Cr, 0 – 0,2 Mn, 9 – 12 Ni, 0 – 0,2 Si, 0,05 – 1,0 Nb u./oder 0,1 – 0,5 Ti u. < 0,03 C 1-2289*; Verfestig. v. warmfestem, austenit. Stahl mit 2 Al, 16 Cr, 25 Ni, 1 Ti, 5 W u. 0,1 C durch B 33-2608; austenit. Stahl mit 0 – 0,5 Al, 12 – 30 Cr, 7 – 18 Ni, 0,5 Zr u. bis 0,3 C 40-2229*; Ox.-beständ. —-Leg. für Kernreaktoren mit 0,5 bis 12 Al, bis 20,0 Cr, 0,1 – 3,0 Y, Rest Fe 31-2607*; dispersionsverfesigte —-Leg. mit 0,5 – 12 Al, 25 Cr, 0,01 – 4 Y, Rest Fe 14-2386*.

Aushärtbare —-Leg. mit 0,2 – 1,0 Al, 3 – 8 Cu, bis 1,0 Mn, bis 0,1 C, Rest Fe 11-2432*; Warmbehandl. v. Stahl mit 0,5 – 2,0 Al, 1,0 – 3,0 Cu, 0,25 – 3 Mn, 0,5 – 3,0 Mo, 1,0 – 2,5 Si u. 0,2 – 1,0 V 29-2619*; Herst. v. unmagnet. Guß-— mit 0,15 Al, 0,7 – 1,3 Cu, 9,0 – 11,0 Mn, 2,5 – 3,5 Si u. 3,2 – 3,7 C 21-2533; Wärmebehandl. v. Stahl mit 0,02 – 1,0 Al, 0 – 1,0 Cu, 0,7 – 2,0 Mn, 0,3 – 1,0 Si, 0,04 bis 0,8 Ti oder Be, B, Ca, Mo, Hf, Nb, Ta, Zr, W u. 0,05 – 0,5 C zur Automatenbearbeit. 1-2300*.

Austenit. Stahl geringer D. u. hoher Warmfestigk. mit 4 – 20 Al, 18 – 40 Mn u. 0,15 – 2,0 C 7-2446*; kombinierter Einfl. v. Nb u. Mo auf d. Festigk. v. Stahl mit 0,020 bis 0,041 Al, 1,31 – 1,43 Mn, 0,03 – 0,63 Mo, 0,002 – 0,110 Nb, 0,021 – 0,35 Si u. 0,12 bis 0,14 C 30-2330; Kriechfestigk. bei Einfl. v. Belast.-Änder. v. Stahl mit 0,009 – 0,15 Al, 0,24 – 0,50 Mn u. 0,034 – 0,046 N 23-2606; Herst. v. Stahlrohren mit 0,01 – 0,04 lösl. Al, 1,0 – 1,5 Mn, 0,005 – 0,01 N, < 0,2 Nb, Ta oder V, < 0,5 Si u. < 0,10 C für Tieftemp.-Anwend. 9-2439*; Stahl für Hochtemp.-Zwecke mit 0,005 – 0,040 Al, 0,3 – 1,8 Mn, 0,010 – 0,025 N, < 0,04 Si u. 0,05 – 0,25 C 12-2399*; hochfester Baustahl für geschweißte Gegenstände mit guten Tieftemp.-Eig. aus 2,0 – 5,0 Mn, 0,03 N, Al, Zr, V u. Ti, 0,10 bis 0,15 C u. Rest Fe für Kernenergiegewinn.-Anlagen 1-2292*.

Ausscheidungshärtbarer Stahl mit 2 Al u. 5 Ni (Einfl. d. Wärmebehandl.) 9-2387; (Alter.-Verh.) 33-2605; Verw. v. Fe–Ni-Leg. mit 9 Al, 14 – 18 Ni u. etwas Co u. Cu für Magnete 8-2163; Gefüge v. Stahl mit 0,23 Al, 25 Ni u. 1,7 Ti bei Martensitaushärt. 12-2354; Verw. v. Leg. mit 0,5 – 2,5 Al u./oder 1,5 bis 3,5 Si, Rest Fe, zur Herst. magnetisierbarer Bleche u. Bänder 40-2098*.

B: Oberflächenbehandl. zur Erhöh. d. Ermüd.-Widerstandes v. B-Stahl 4-2034*; mechan. Eig. mit B-legierter Ni-Stähle für Schweißkonstrukt. 14-2317; Nitride in B-halt. Stählen 20-2324.

Verschleißfester Stahl mit 0,5 – 4,0 B u. 15 – 35 Cr 11-2430*; Verw. v. kaltverformbaren austenit. Stahl für Ventile mit 0,05 bis 0,25 B, 16 – 25 Cr, < 3 Cu, < 3 Mn, 0,01 – 0,15 Nb, 8 – 20 Ni, < 0,25 Si u. 0,08 C 21-2641*; verschleißfester aushärtbarer Stahl mit 0,20 bis 4,0 B, 10 – 30 Cr, 0,5 – 10 Cu, 0,25 – 2,50 Mn, 0,5 – 10 Ni, 0,25 – 2,50 Si u. 0,01 – 1,60 C 51/52-2289*; niedriggekohlter hochfester Stahl mit 0,0015 – 0,01 B, 1,0 – 2,5 Cr, 0,20 – 0,70 Mn, 0,40 – 1,00 Mo u. 0,08 – 0,21 C 19-2636*; verschleißfeste —-Leg. mit 3,2 – 3,9 B, 24,0 bis 30,0 Cr, 0,5 – 1,25 Mn, 1,0 – 2,0 Mo, 0,25 bis 1,25 Si u. 2,4 – 2,9 C 16-2427*; gegen PbO-Korros. beständ., warmverformbarer u. zerspanbarer Stahl aus 0,00005 – 0,04 B, 15 – 25 Cr, 3 – 10 Mn, < 0,1 N, < 20 Ni, < 0,3 S, < 0,4 Si u. 0,15 – 0,40 C 32-2445*; Fe–Cr-Leg. aus 0,5 – 2,0 B, 22 – 35 Cr, 0 – 4 Mn, 0 – 8 Ni, 0 – 6 Si, 3,5 – 6 C, Rest Fe zum Flammspritzen dünner Überzüge 37-2681*; Stahl mit 0,002 – 0,005 B, ggf. 0,2 – 0,4 Cu, 0,5 – 1 Mn, 0,06 – 0,15 Nb, ≦ 0,3 Si u. ≦ 0,12 C 9-2441*.

Be: Fe–Be-Leg. mit 20 – 30 Atom-% Be mit quasielast. Eig. 46-2245*; Herst. v. Schwingelementen mit bestimmtem Temp.-Koeff. d. Elastizität aus Leg. mit 0,3 – 1,0 Be, 4 – 10 Mo, 36 – 44 Ni u. Rest Fe 1-2293*.

Ca: Vakuumbehandelter Stahl mit feinem Nadelgraphit u. 0,02 – 0,05 Rest-Ca, 0,65 bis 1,0 Mn, 12 – 15 Si u. 0,3 – 1,5 C 14-2394*.

Co: Struktur v. patentiertem Co-halt. Stahldraht 14-2350; Dekapieren mittels Citronensäure 33-2709*.

Verringer. d. Koerzitivkraft in —-Leg. mit 15 – 60 Co 36-2268*.

Härtbarer, korrosionsbeständiger Stahl großer Duktilität mit 0,95 – 12,00 Co, 24 – 28 Cr, 0 – 0,50 Cu, 0 – 1,50 Mn, 1,75 – 3,00 Mo, 4,0 – 6,5 Ni u. 0,03 – 0,12 C 20-2400*; Kaltwalzenstahl mit 3,5 – 6 Co, 4 – 6 Cr, bis 0,6 Mn, 4 – 6 Mo, 3,5 – 6 V u. 1,3 – 1,6 C 41-2523*; hochfester Stahl mit 0,50 – 2,00 Co, 1,50 – 3,00 Cr, 0,30 bis 2,00 Mn, 0,20 – 2,00 Mo u. 0,30 – 1,50 Ni 20-2406*; zunderbeständ. Stahl mit 7 – 13 Co, 12 – 17 Cr, 0,01 – 1,0 Mn, bis 5 Mo, 3 – 8 Ni u. bis 0,15 Si 6-2379*; Stahl mit 6 – 12 Co, 11 – 13 Cr, 0,4 – 0,7 Mn, 0,6 – 1,2 Mo, 0,3 bis 0,6 Si u. 0,1 – 0,2 C für dünnwand. Guß 26-2501*; Schnelldrehstahl mit 5 – 6 Co, 3 – 3,6 Cr, 0,4 Mn, 3 – 3,6 Mo, 0,4 Si, 2,1 – 2,5 V, 5,5 – 6,5 W u. 0,8 – 0,9 C 30-2417*; Diffus.-Glühen v. martensitaushärtbarem Stahl mit 8 – 12 Co, 0 – 3,5 Cr, 17,5 Mo, 14 – 17,5 Ni u. bis 0,05 C 47-2413*; instabilaustenit. Stahl mit 7 – 9 Co, 21 – 23 Cr, 1 – 2,5 Mo, 3 – 5 Ni, bis 1,0 Si u. 1,25 – 1,75 C für Gesenke u. Schmiedestücke 20-2401*; ausscheidungshärtbarer Stahl mit 2 – 4 Co, 10 – 20 Cr, 2 – 4 Mo, 15 – 25 Ni, 2 – 4 Ti, 2 – 4 Zr, 0,51 – 0,60 C, ggf. bis 0,008 B 41-2524*; Schnellarbeitsstahl mit 3,98 Co, 3,98 Cr, 8,48 Mo, 1,05 V u. 1,76 W 51/52-2287*; Dauermagnetleg. aus 20 – 50 Co, 2 – 8 Cr, 0,01 – 2,0 Mo, 2 – 8 W, 0,6 – 1,2 C, Rest Fe 49/50-2194*; verschleißfester Stahl mit 4,5 Co, 3,8 – 4,2 Cr, 1,1 – 1,3 Nb, 5,5 – 7,5 V, 7,2 – 8,8 W u. 1,5 – 1,8 C 30-2419*.

Martensitaushärtender Stahl hoher Festigk. mit 6 – 9 Co, bis 0,3 Mn, 3,3 – 6,6 Mo, 8 – 12 Ni, 0,10 – 1,0 V u. bis 0,05 C 41-2521*.

Hochfeste martensitaushärtende 18 NiCo·Mo-Stähle (Überblick) 47-2308; Bezieh. zwischen Ausscheid. u. Bruch v. duktilem Aussehen bei einem martensit. aushärtenden Stahl mit 9 Co, 5 Mo, 18,4 Ni, 0,05 Ti u. 0,01 C 39-0187.

Gefüge hochfester 9 Ni–4 Co-Stähle (ZTU-Schaubilder) 41-2436; Leg. mit 11,5 Co, 33 Ni, Rest Fe (Verw. für tiefe Temp.) 14-2385*; (Verw. bei Verarbeit. v. Borosilicat-Glas) 21-2643*; Verw. v. —-Leg. mit 0,1 – 0,5 Co, 20 – 30 Cr u. 1 – 2 Si zur Herst. v. Zündkerzenelektroden 19-2430*.

Cr: Herst. v. Cr-halt. nichtrostendem Stahl mit < 0,10 C 46-2243*; Gasaufkohl. v. Cr-Einsatzstahl 9-2347; Aufkohl. v. Cr-Stahl in Methan 16-2357; Entkohl. einer Fe–Cr-Schmelze beim Frischen 20-2325; Herst. v. Cr-halt. Stahl mit geringem C- u. Si-Geh. 20-2408*; Stahl für Oberflächenverfestig. mit 0,4 – 1,2 C sowie Mn, Si u. Cr 31-2617*; Verw. v. Cr-Erz bei d. Erschmelz. Cr-halt. Elektrostähle 37-2538; Herst. v. ferrit. Stahl mit hohem Cr-Geh. 41-2528*; Flockenfreibehandl. v. Cr-halt. Stranggußstahl 42-2238; Gasborier. 43-2472.

Korros.-Geschw. in luftgesätt. H_2SO_4 14-0611; innere Ox. v. Fe–Cr-Leg. in W.-Dampf bei 600° 17-2517; Natur u. Mechanismus d. Bldg. v. Oxidfilmen auf Cr-halt. Stahl 15-0696; Phasenumwandl. v. Cr-Stählen 20-2355; Alter.-Härt. v. Cr-Stahl durch Ausscheid. v. Nitridphasen 25-2563; Zus. u. Aufbau v. Oxidschichten auf Fe–Cr-Schmelzen 30-2307; Diffus.-Geschw. u. Koagulat. v. Carbiden in Cr-Stählen 30-2374; Diffus., Permeat. u. Absorpt. v. kathod. H in ferrit. Cr-Stahl

31-0273; Alter.-Verh. v. Cr-halt. Maragingstahl 32-2368; Rekristallisat. v. Cr-Stählen unter Beding. d. thermomechan. Behandl. bei hohen Temp. 32-2400; Eig. v. aus unberuhigtem Cr-halt. Stahl kaltgewalzten Feinblechen nach d. Kaltverform. 35-2455; Furch. durch Schubspann. d. Textur mit (011)-Achse in Walzricht. v. Cr-Stahl 36-2393; katalyt. Aktivität bei d. NH_3-Synth. 37-2375; Hochtemp.-Verspröd. durch Neutronenbestrahl. 39-2424; Einfl. d. Gefüges auf d. Warmverformbark. 40-2173; Gefüge schweißbarer Stähle mit erhöhtem Cr-Geh. bei >500° 41-2435; Härteänder. v. Martensit in Cr-Stahl durch Verform. 43-2449.

Beobacht. epitakt. Oxide v. δ-Fe_2O_3 als Ferrit auf Stahlfolien mit 1 Cr sowie Mo u. V 36-0138; Carburier. v. —-Leg. mit 1–20 Cr während d. Ox. in trockenem CO_2 34-0765; martensit. Stahl für tiefe Temp. mit 9–14 Cr 51/52-2292*; schweißbarer Stahlguß mit 11,5 bis 13,5 Cr 42-2258*; Beding. d. Anlassens v. Stählen mit 12 Cr mit optimaler Mikrostruktur 26-2471; Warmfestigk. v. Stahl mit 12 Cr 42-2186; Eig. v. Stahl mit 12 Cr 44-2208; Verform.-Eigenspann. in Stahl mit 12,97 Cr u. 0,096 C nach Oberflächenbehandl. 5-2390.

Tors.- u. Zugkriechfestigk. v. Stahl mit 13 Cr 18-2342; Parameter d. Eig. v. Stahlguß mit 13 Cr 21-2544, 22-2465; Einfl. v. Warmbehandl. u. mechan. Oberflächenbehandl. auf d. Dauerfestigk. v. Stahl mit 13 Cr 23-2630; rostfreier Stahl mit 13 Cr (Schneidfähigk. u. Warmbearbeitbark.) 32-2368.

Anlaßverh. v. Stahlguß mit 14 Cr für Schiffspropeller 24-2396; Herst. v. Stahl mit 16 Cr im O_2-Stoffaufblas-Konverter 24-2357; Einfl. d. chem. Zus. u. Warmwalzbeding. auf d. Zeilenbldg. v. Stahl mit 17 Cr 11-2379; Berechn. d. Verh. eines Stabes aus Ferrit-Stahl mit 17 Cr bei hohen Belast.-Geschw. 19-0304; Einfl. v. kombiniertem Zusatz v. Mo, Nb, Ti, N u. B auf d. Zeitstandfestigk. v. Stahl mit 18 Cr 22-2467; Einfl. v. Seltenerdmetallen auf d. Hochtemp.-Ox. v. Si-halt. Stahl mit 18 Cr 45-2582; Ausscheid.-Vorgänge v. austenit. Stahl mit 21,1 Cr 35-2409; Einfl. d. Auslagerns auf d. Gefüge v. Schleudergußstahl mit 25 Cr 41-2439; Hochtemp.-Ox. v. Stahl mit 25 Cr in O_2 32-2419; (Einfl. v. fl. Li) 37-2614; Hochtemp.-Ox. v. —-Leg. mit 25 bis 95 Cr 21-0751; Ox. v. —-Leg. mit 27,4 bis 59,9 Cr 34-0764; Korros.-Verh. nichtrostender Vergüt.-Stähle mit 13 Cr 33-2688.

Austenit. Stahl für Panzerplatten mit <20 Cr, <5 Cu, 5–25 Mn u. 0–1 C 42-2260*; schweißbarer Baustahl mit 1,3–1,7 Cr, 0,4 bis 0,65 Cu, 0,3–0,55 Mn, 0,2–0,3 Mo, 1,4 bis 1,8 Ni, 0,2–0,45 Si, 0,08–0,15 V u. 0,1 bis 0,18 C 3-2506*; Stahl mit verbessertem Kriechwiderstand mit 15–19 Cr, 2–4 Cu, 1,5–12 Mn, 1,5–4 Mo, 4–16 Ni, 2–5 W u. 0,175 C 41-2525*; Warmbehandl. v. verschleißfestem Stahl mit 18–20 Cr, 1,8–2,2 Cu, 1,6–2,4 Mn, 5–0,8 Ni, ≦0,1 P, ≦0,1 S, 0,5–1 Si u. 1,3–1,9 C 28-2499*; austenit. Automatenstahl mit 10–20 Cr, 0,5–3,0 Cu, 2–10 Mn, 4–13 Ni, 0,10–0,40 S, bis 2 Si u. bis 0,15 C mit bestimmtem δ-Ferritpotential 44-2272*; gutbearbeitbarer austenit. Stahl aus 10–20 Cr, 0,5–3,0 Cu, 2–10 Mn, 4–7 Ni, bis 2,0 Si u. 0,15 C mit Bldg.-Potential v. δ-Ferrit 21-2639*; kaltverarbeitbarer Stahl mit 16–19 Cr, 0,5–3,5 Cu, 0,4–2,00 Mn, 5,5–8,0 Ni, 0,15–1,00 Si u. 0,15 C 51/52-2290*; nichtrostender Stahl aus 16–19 Cr, 1,5–2,9 Cu, 0,5–2,0 Mn, 6,5–7,9 Ni, 0,15 bis 1,00 Si u. bis 0,15 C 20-2407*; Verschleißfestigk. v. Mahlkörpern für Zementmühlen mit 0,1 Cr, 0,1 Cu, 0,5 Mn, 0,14 P, 2,18 Si, 0,12 Ti u. 3,3 C 26-2475.

Herst. v. Stahlguß mit bis 0,05 Cr, bis 0,05 Mg, bis 0,6 Mn, 2,5–4,5 Si u. 0,5–1,15 C, erhöhte magnet. Permeabilität 16-2255*.

Stahl mit 6–7,5 Cr, 0,5–0,8 Nb, 3,5 bis 4,5 V, 5–6,5 W u. 2,7–3 C 31-2606*; Verfestig. v. warmfestem austenit. Stahl mit 16 Cr, 1 Nb, 25 Ni, 6 W u. 0,3 C durch B 33-2608; Einfl. d. Strukturzustandes auf d. Kurzzeitkriechen u. d. Zerstör.-Kinetik v. austenit. Stahl mit 16 Cr, 1,8 Nb, 25 Ni u. 5 W 21-0297; Gasnitrier. zur Oberflächenhärt. v. Stahl mit 3–6 Cr, 0,8–1,5 V, 15–20 W u. 0,5–1 C 20-2431*.

Cr–Mn: Eig. v. Mn–Cr–Ni-modifizierten wärmebeständ. Stählen 32-2368; Kavitat.-Beständigk. v. austenit. Cr–Mn-Stahl 34-2392.

Verform.-Widerstand N-halt. Stähle mit 15 Cr u. 16 Mn 15-2440, 25-2493; aushärtbarer austenit. Stahl mit 18–22 Cr, 10,4 bis 14,0 Mn u. 0,35–0,75 C 51/52-2294*.

Ausscheidungshärtbarer austenit. Stahl hoher Festig., Zähigk. u. Ausdehn.-Koeff. mit <3,5 Cr, 3–7 Mn, <1,5 Mo, 0,03–0,10 N, 10–14 Ni, 0,2–1,0 Nb u./oder Ta, 0,5 Si, 0,5–1,5 V, <1,5 W u. 0,5–0,8 C 9-2440*; martensit. Stahl mit 15–18 Cr, 0–1,5 Mn, 0–0,28 Mo, 0,10–0,70 Nb, 3,0–5,5 Ni u. 0,03–0,10 C 16-2434*; warmfester Gußstahl mit 19–21 Cr, 1,2–1,5 Mn, 0,9–1,1 Mo, 0,9–1,1 Nb, 24–26 Ni, 4,5–5 W u. 0,18 bis 0,22 C 31-2610*; ferrit. Stahl erhöhter Zeitstand- u. Dauerstandfestigk. mit 2–10 Cr, 0,4–1 Mn, 0,5–2 Mo, 0,5–1,5 Nb, 0,4–1 Si, 0,15–0,5 V, 6–10 W u. 0,08–0,15 C 28-2503*; Gußstahl mit 13–15 Cr, bis 0,7 Mn, 0,5–1,0 Mo, 6–8 Ni u. 0,8 C 30-2412*; verschleißfester, zäher, härtebeständ., korrosionsbeständ. schleifbarer Stahl mit 6–10 Cr, 0,10–2,00 Mn, 1,0–3,9 Mo, 0–0,50 Ni, 0–0,7 P, 0–0,7 S, 0,10–2,00 Si, 2,00–2,84 V u. 0,80–1,30 C für Warmarbeitsgesenke 1-2290*, 8-2392*; warmfester Stahl mit 1,20 bis 1,50 Cr, 0,30–0,50 Mn, 0,25–0,50 Mo, 3,40–4,00 Ni, 0,20–0,40 Si u. 0,18–0,35 C 27-2683*; Keimbldg.- u. Wachstumsgeschw. u. Entsteh. d. Lamellenzwischenräume v. Perlit in eutektoidem Stahl mit 2,28 Cr, 0,28 Mn, 0,48 Mo, 2,02 Ni, 0,11 Si u. 0,61 C 3-2411; Stahl für Turbinenschaufeln mit 9,5–14 Cr, 0,03–2 Mn + Si, 0,3–2,5 Mo, 0–1,8 Ni u./oder Cu u. 0,2–0,3 C 16-2438*; warmfester Schmiede- u. Gußstahl mit 14,8 Cr, 9,2 Mn, 0,02 Mo, 33,2 Ni, 0,95 Si u. 0,35 C 40-2228*; warmfester Stahl mit 0,5–3,0 Cr, <1,0 Mn, 0,3–2,0 Mo, 0,5 Ni, <1,0 Si, 0,10–0,40 V u. 0,05–0,5 C 46-2242*; gegen Verschleiß u. Abrieb beständ. Stahl mit 5–30 Cr, bis 1 Mn, 1–10 Mo, bis 1 Ni, 1 Si, 0,5–12,0 V u. 2,0–5,0 C 21-2633*; Einfl. einer Elektronenbestrahl. auf d. mechan. Eig. v. hochfestem Stahl mit 5,12 Cr, 0,66 Mn, 0,75 Mo, 1,3 Ni, 0,79 Si, 0,27 V, 0,99 W u. 0,38 C 35-0266; Stahl hoher Seewasserkorros.-Beständigk. mit 19–21 Cr, bis 2 Mn, 4–6 Mo, 2–8 Ni u. bis 7 W 14-2395*; Gesenkstahl erhöhter Kerbschlagzähigk. mit 2–2,5 Cr, 0,3–0,5 Mn, 0,8–1,5 Mo, ≦0,03 P, ≦0,03 S, 0,2–0,4 Si, 0,6–1,5 V, 1,9–2,3 W u. 0,8–1 C 28-2502*; Einfl. v. Cr u. Mo auf Keimbldg. u. Wachstumsgeschw. d. Perlitknoten v. Stahl mit 1,00–3,00 Cr, 0,66 Mn, 0–0,75 Mo, 0,30 Si u. 0,67 C 23-2574; Gesenkstahl mit 2–2,5 Cr, 0,4–0,6 Mn, 0,8–1,2 Mo, 0,4 bis 0,6 Si, 0,6–0,8 V, 1,8–2,5 W u. 0,4–0,5 C 30-2415*; Schnelldrehstahl mit 3–3,5 Cr, 0,4 Mn, 3,5–4,1 Mo, 0,4 Si, 1,8–2,2 V, 8,5–10 W u. 0,8–0,9 C 30-2418*; Werkzeugstahl aus 4–6 Cr, 0,2–0,8 Mn, 0,8–1,5 Mo, 0–1,2 Si, 0,6–1,2 V, 0,8–1,5 W u. 0,3 bis 0,45 C 22-2444*; Gesenkstahl mit 2–2,6 Cr, 0,5–0,8 Mn, 0,25–0,4 Mo, 0,7–1,1 Si, 0,8–1,1 W u. 0,42–0,55 C 31-2611*.

Ausscheid.-Verh. v. Stahl mit 17,21 bis 22,1 Cr, 13,8–18,45 Mn u. 0,18–0,55 N bei Auslager. u. Kaltverform. 30-2329; nichtrostender austenit. Stahl für Gußstücke mit 16,5–18,5 Cr, ≦2 Mn, ≦0,03 N, ≦8–9,5 Ni, ≦0,05 O, ≦0,05 P, ≦1,5 Si, 0,30–0,65 Ti u. 0,06–0,10 C 17-2552*; Carbidwachstum im Austenit v. Stahl mit 25,5 Cr, 0,018 Mn, 0,027 N, 24,1 Ni, 0,23 Si, 0,27 Ti u. 0,034 C 30-0148; modifizierter Schnelldrehstahl mit 4–5 Cr, 1,2–2 Mn, 0,09–0,13 N, 0,25 bis 0,3 Ti, 2,2–2,4 V, 9,0–10,5 W u. 0,85–1 C 28-2501*.

Stahl für Ventile mit 10–30 Cr, bis 15 Mn u. bis 80 Ni 41-2526*; Verform.-Widerstand v. Stahl mit 20 Cr, 12 Mn u. 3 Ni 25-2491; spannungskorrosions-beständ. Stahl mit 17–19 Cr, 1–2 Mn, 7–14 Ni, bis 1 Si u. 0,075–0,1 C 14-2397*; gegen fl. PbO beständ. Stahl mit 18–23 Cr, 7–12 Mn, 2–5 Ni, 0,45–0,8 Si u. 0,4–0,8 C 21-2640*; Stahl mit 15,5–17,5 Cr, bis 1,0 Mn, 5–8 Ni, bis 0,7 Si u. 0,05–0,09 C 31-2615*; hitzebeständ. Stahl mit 18–25 Cr, 6–8 Mn, 8–18 Ni, 1,3–3,0 Si u. bis 0,3 C 31-2614*; Bldg.-Beding. d. σ-Phase in austenit. Stahl mit 23,9 Cr, 1,40 Mn, 19,8 Ni, 1,83 Si, 0,1 Ti u. 0,083 C 18-2346; Stahl mit 12–16 Cr, 0,5–2,0 Mn, 18–21 Ni, bis 0,6 Si, 1–2 Ti, 2–4 W u. bis 0,1 C 31-2616*; schweißbarer warmfester Stahl mit 14,5–16,5 Cr, 0,5 bis 1,4 Mn, 23–25 Ni, bis 0,5 Si, 1,5–2 Ti, 4–5 W u. bis 0,08 C 31-2613*; Stahl für Geschützrohre mit 2,0–6,0 Cr, 9,0–18,0 Mn, 7,0 bis 11,0 Ni, 0,05–0,80 Si, 0,60–1,0 V u. 0,50 bis 0,80 C 31-2618*, 40-2230*; Stahl mit 0,9 bis 1,2 Cr, 0,3–0,6 Mn, 0,8–1,1 Ni, 0,04–0,08 Ti u. 0,22–0,28 C 30-2411*; Instrumentenstahl erhöhter Verschleißfestigk. mit 5–6 Cr, 0,2–0,4 Mn, 0,9–1,2 Ni, 0,05–0,15 Ti, 0,2–0,5 V u. 0,8–0,9 C 30-2416*.

Bewehr.-Stahl mit 0,6–0,9 Cr, 1,5 bis 1,8 Mn, ≦0,05 P, ≦0,05 S, 0,7–1 Si u. 0,2–0,27 C 32-2444*; Warmbehandl. v. verschleißfestem Stahl verbesserter mechan. Eig. mit 3–5 Cr, 7–8 Mn, ≦0,06 P, ≦0,04 S, 0,6–0,8 Si, 0,1–0,3 Ti u. 0,80–1 C 28-2500*; Stahl mit 1,7–2,8 Cr, 1–1,4 Mn, 0,03 P, 0,02 S, 0,7–1 Si, 0,2–0,3 V, 1,8–2,8 W u. 0,8–1,1 C 9-2442*.

Perlit., verschleißfester Halbstahlguß mit 0–0,2 Cr, 0,4–0,7 Mn, 0–0,03 P, 0–0,02 S, 1,0–2,0 Si u. 1,0–2,0 C für Scheibenbremsen 1-2286*; Stahl mit 0,8–1,8 Cr, ≦0,4 Mn, 0,15–1,5 Si u. 0,8–1,6 C 3-2505*; Leg. mit 34–36 Cr, 29–31 Mn, 10–12 Si u. 0,8–1,2 C zur Fein. v. Stahl 30-2408*; Stahl mit 10 bis 25 Cr, <1,2 Mn, <1,0 Si, 0,01–0,5 Zr u. 0,2 C, bei Verform. furchenfrei 51/52-2291*.

Cr–Mo: Ausscheid. in CrMoV-Stahlguß während d. Zeitstandvers. 2-2198; Umwandl. d. ε-Phase bei d. Nitrier. v. Cr–Mo–V-Stahl 2-2223; Kriechen bei konst. Belast. bei Cr–Mo–V-Stahl 15-0256; Eig. u. Feingefüge warmfester 12 Cr–MoV–Nb-Stähle 51/52-2239.

Zeitstandfestigk. v. Stahl mit 0,9 Cr, 0,4 Mo u. 0,1 C 4-1980; Zementitausscheid. bei Bainitumwandl. in Stählen mit 1 Cr, 0,5 Mo, Spuren B u. 0,1–1,0 C 24-0244; mechan. Eig. v. austenit. Stahl mit 18 Cr u. 8 Mo 22-2462; Langzeitverh. v. Stahl mit 24 Cr u. 1 Mo 25-2505.

Cr–Mo–Ni: Cr–Ni–Mo-Stahl für trockene Reib. 16-2441*; Kriecheig. v. austenit. Cr–Ni–Mo-Stahl in Abhängigk. v. Gefüge 37-2545; Einfl. v. N auf d. mechan. Eig. v. Cr–Ni–Mo-Stählen 41-2437.

Lochfraßkorros. v. Stahl mit 18 Cr, 12 Ni u. 2–3 Mo 15-0627; Korngrenzendiffus. v. — in austenit. Stählen mit 16,5–18,2 Cr, 0–2,3 Mo, 9,6–12,7 Ni, 0–0,54 Ti u. 0,052 bis 0,062 C sowie Zusätzen v. 0–0,025 B 34-0363; Schienenstahl mit 0,50–1,75 Cr, 0,10–0,75 Mo, 0,25–1,50 Ni, 0–0,40 Ti u. 0,05–0,50 V 1-2291*; Stahl hoher Warmfestigk. mit 1,8–2,3 Cr, 1,2–1,5 Mo, 0,9 bis 1,1 Ni, 0,55–0,76 V u. 0,13–0,18 C 31-2612*.

Cr–Ni: Hochtemp.-Verspröd. v. austenit. Cr–Ni-Stählen durch Neutronenbestrahl. 12-2357; Phasenzus. u. Mikrostruktur 19-2528; Red. v. Ca v. bas. Schlacke beim Erschmelzen 21-2543; Austenitstabilität bei niedrigen Temp. 28-2414; Hochtemp.-Kriechen u. Dauerbruch warmfester Cr–Ni-Stähle bei großen Spann. 39-0190; Zeitstand- u. Kriechverh. v. austenit. Cr–Ni-Stählen in Na 39-2408; Austenit- u. Ferritbest. in nichtrostendem Cr–Ni-Stahl 44-0107; Keimbldg. d. σ-Phase in Cr–Ni-Stählen 45-2550; Verminder. d. Flockenrißempfindlichk. v. Ni–Cr-Vergüt.-Stahl 46-2184; Einfl. v. Cr auf d. Rekristallisat.-Kinetik v. austenit. Cr–Ni-Stahl 51/52-2225.

Verform.-Beständigk. v. Stahl mit 0,0 bis 1,5 Cr, 0–0,9 Ni u. 0,02–0,09 C 8-2319; verschleißfeste austenit. —-Leg. mit 0,1–3 Cr, 10–15 Ni u. 2,8–3,5 C 51/52-2283*; Einfl. einer thermomechan. Behandl. auf d. Martensitzerfall beim Anlassen in Stahl mit 0,84 Cr, 3,78 Ni u. 0,44 C 39-0189; bevorzugte Transformat. in kaltgehärtetem Austenit in Stahl mit 12 Cr, 6 Ni u. 0,3 C 17-0251; Warmbehandl. v. aushärtbarem Stahl mit 12–18 Cr, 3,5 bis 7,0 Ni u. 0,03–0,15 C zur Auflsg. d. Carbide 20-2429*; Austenit- u. Carbidphasen in gealtertem austenit. Stahl mit 14 Cr, 14 Ni u. 0,45 C 18-0218; Kriechverh. v. Stahl mit 15 Cr u. 35 Ni 4-1970, 17-2474.

Anpass.-Fehler bei d. Martensitumwandl. in Stählen mit 18 Cr u. 8 Ni 10-0222; Bedeut. d. Fließens bei Spann.–Korros.-Rissen v. Stählen mit 18 Cr u. 8 Ni 27-0315; Martensit-Umwandl. in rostfreiem Stahl mit 18 Cr u. 8–12 Ni 51/52-0337; Lochfraßkorros. v. Stählen mit 18 Cr u. 8–12 Ni 15-0627; Einfl. v. Si auf d. Stapelfehlerenergie in nichtrostenden Stählen mit 18 Cr u. 10 Ni 5-0227; Einfl. v. Ausscheid. an Stapelfehlern auf d. mechan. Eig. v. austenit. Stählen mit 18 Cr u. 10 Ni bzw. 15 Cr u. 35 Ni 17-2437; martensit. Umwandl. v. nichtrostendem Stahl mit 18 Cr u. 12 Ni 1-0522; Einfl. v. Mo, W u. V auf d. Anlaßhärt. v. Stahl mit 18 Cr u. 12 Ni 23-2579; Hochtemp.-Festigk. v. Stahl mit 18 Cr, 12 Ni u. 0,018–0,386 C 23-2607; Rekristallisat.-Diagramm v. schwachverformtem Stahl mit 18 Cr u. 22 Ni 20-2328.

Löslichk. v. NbC in nichtrostendem Stahl mit 20 Cr u. 25 Ni 23-2578; Verspröd. austenit. Stähle mit 20 Cr, 25 Ni u. Nb-Zusatz durch Neutronenbestrahl. 23-2611, 37-2588; Hochtemp.-Festigk. v. rostfreien Stählen mit 25 Cr u. 20 Ni, Zerreißfestigk. v. wärmebeständigem Gußstahl mit 28 Cr u. 15 Ni 32-2368.

Herst. v. Stahl mit 9–25 Cr, <8 Ni, >0,10 Si u. 0,10 C 8-2391*; aushärtbarer austenit. Stahl mit 12–30 Cr, 6–10 Ni, 0,3–2 Si u. Mn 48-2302*; TaC-Ausscheid. in d. Matrix u. an Stapelfehlern v. Stahl mit 12 Cr, 18 Ni, 2 Ta u. 0,1 C 5-0226; Gefüge u. mechan. Eig. v. gehärtetem Stahl mit 14,9–15,1 Cr, 19,9–20,1 Ni u. 2,02–3,82 Ti nach Ausalter. 17-2438.

Cu: Eig. Cu-halt. Stähle nach d. Austenitisieren 51/52-2224; Verfestig. v. Stählen mit 1,5 Cu u. 0,3 C 26-2426; korrosionsbeständiger Stahl mit 0,08–0,60 Cu, 0,20–1,50 Mn u. bis 0,80 C 41-2517*; Stahl hoher Härtbark. mit 0–2,5 Cu, bis 0,80 Mn, 0,30–1,50 Mo, 7–10 Ni, bis 0,35 Si u. 0,05–0,30 C 20-2410*; Stahl mit 0,014–0,060 Cu, 0,15 bis 0,75 Mn, 0,049 Mo, 0,001–0,030 Sn u. bis 0,010 C für Emailglasuren 19-2635*; Herst. schweißfähiger Stahl-Gußstücke für hohe Belast. mit 1,2–1,5 Cu, 1,2–1,5 Mn, 1,8 bis 2,2 Ni, ≦0,03 P, ≦0,03 S, 0,2–0,4 Si, 0,1 bis 0,2 V u. 0,12–0,18 C 3-2504*; Walzstahl mit 0,2–0,5 Cu, 0,60–1,00 Mn, 0,5–0,8 Ni, 0,2–0,5 Si, 0,03–0,06 Ti u. bis 0,15 C 36-2442*; hochfester Stahl mit 0,5–1,5 Cu, bis 1 Mn, 0,5–1,5 Ni, bis 0,1 Nb oder V u. 0,10 C 41-2516*; Stahl für geschweißte Gegenstände mit 0,50–2,00 Cu, 0,50–2,00 Mn, 0,20 bis 0,60 Si u. 0,10–0,40 V 7-2450*; tensiodynam. Verh. v. Stahl mit 0,2–0,3 Cu u. 0,05–0,1 P in Amidosulfatbädern 6-0642.

Hf: C-freie magnet. —-Leg. aus 0,05 bis 0,20 Hf oder Zr u. 2–6 Si 16-2268*.

Mn: Herst. hitzebeständiger Stähle mit hohem Mn-Geh. 3-2418; Phasenzus. v. Mn-Stahl mit 0–0,35 C 6-0215; Schmelztechnologie im bas. Lichtbogenofen 7-2366; Krist.-Struktur v. ϰ'-Martensit hochgekohlter Mn-Stähle mit bis 1,8 C 14-0233; Rekristallisat. bei thermomechan. Hochtemp.-Behandl. 20-2357; Austenit–Martensit-Umwandl. in Mn-Stahl 36-2346; Posit. d. C im Gitter v. austenit. Mn-Stahl 42-0082; Veränder. d. elektr. Widerstandes v. Mn-Stahl während martensit. Umwandl. u. nachfolgender Erwärm. 42-0356; Verh. v. P bei d. Erschmelz. v. Si–Mn-Stahl 42-2180; Laser-induzierte Ätz. v. Oberflächen v. Mn-Stahl 45-0297.

Verfestig. v. Hart-Mn-Stahl 1-2223; Erhöh. d. Kältefestigk. v. niedriggekohltem Mn-Stahl durch zusätzl. Legieren 10-2338; mechan. Eig. 18-2319; Einfl. v. Leg.-Elementen auf d. Abriebverschleiß 19-2526; Einfl.: d. Austenitkorngröße auf d. Beginn u. d. Ausbreit. v. Dauerbrüchen 40-2171; d. Wärmebehandl. auf d. Kaltverfestig. v. Mn-Hartstahl 49/50-2268; Temp.-Abhängigk. d. Verformbark. v. Hart-Mn-Stahl 51/52-2249.

Zeitstandverh. v. Zugproben v. Rohrstahl mit 0,7 Mn u. 0,2 C in H_2S-halt. Lsg. u. Gasen 3-2481; Stahl mit 1,35–1,65 Mn u. 0,25–0,30 C für hochfestes Stahlband 41-2527*; Zähigk. u. Festigk. v. Stahl mit 1,40 Mn 41-2456; Verspröd.-Übergangstemp. v. Baustahl mit 1,50 Mn u. 0,24 C 7-2385; Eig. v. Stahl mit 2,25–31,1 Mn u. 0,035 bis 0,06 C 23-2577; Änder. d. elektr. Widerstandes v. Stahl mit 4,5–7,5 Mn u. 0,6–0,75 C beim Härten 10-0420; Vgl. d. Eig. v. austenit. Stahl mit 7,5–8,0 Mn u. 1,40 C u. Hadfieldstahl 41-2434; Kerbschlagzähigk. v. austenit. Stahlguß mit 12 Mn 32-2393; Superplastizität v. niedriggekohltem Stahl mit 16 Mn 5-2399; Verfestig., Härtesteiger. u. Feingefüge v. Stahl mit 16–20 Mn u. 0,001–0,35 C 29-0269.

Stahl erhöhter Festigk. mit 0,85–2,5 Mn, 0,001–0,03 N, 0,01–0,20 Nb u./oder 0,01 bis 0,30 V u. 0,08 C 16-2435*; Kerbsprödigk. v. weichem Stahl mit 0,33 Mn, 0,021 N, 0,049 P, 0,053 S, 0,005 S u. 0,07 C 1-2249; Konstrukt.-Stähle hoher Festigk. u. Zähigk.-Eig. mit 1,05–1,15 Mn, 0,035 Nb u. ≦0,06 C 28-2409; Stahl mit 0,52–0,63 Mn, 0,15–0,76 Nb, 0,25–0,29 Si u. 0,05–0,41 C zum Beschichten mit Glas 18-2407*; Stahl hoher Festigk. u. geringer magnet. Suszeptibilität mit 12–14 Mn, 0,35–0,45 Nb, 0,3–1 Si u. 1–1,4 C 30-2413*.

Ausscheid.-Verh. v. Stahl mit 1,31–1,42 Mn, 0,55 Mo, 0,029–0,040 Nb, 0,21 0,35 Si u. 0,12–0,14 C 30-2331; hochfester Stahl mit 0,10–0,50 Mn, 0,20–0,50 Mo, 8–10,5 Ni, 0,10–0,50 Si u. 0,05–0,10 C 7-2448*; Koaleszenz v. Sulfiden während d. sek. Wachstums in Stahl mit 0,076 Mn, 0,0044 Ni, 3,24 Si, 0,022 S u. 0,0022 C bzw. 0,087 Mn, 0,0034 Ni, 3,12 Si, 0,026 S u. 0,0013 C 3-0218; Martensitalter. v. Stählen mit 2–5 Mn u. 6–16 Ni 33-2652; kaltgewalztes Tiefziehblech oder -band mit bevorzugter Kornorientier. aus 0,15–0,60 Mn, 0,003–0,050 Bi, Nb, Pb u. Sb einzelnen oder zu mehreren 0,10–0,040 P, <0,0025 N, 0,020 C u. Rest Fe 10-2415*; Walzen v. Stahlband mit 0,3 Mn, 0,25 P, 0,025 S u. 0,02–0,04 C 29-2616*; Richten u. Abschrecken eines gestreckten Stahls mit U-Profil u. 1,00–1,35 Mn, <0,04 P, <0,05 S u. 0,22–0,30 C 12-2400*; Einfl. v. Thioharnstoffen auf d. Korros. v. Flußstahl mit 0,4 Mn, 0,08 P, 0,06 S, 0,1 Si u. 0,2 C 4-0516.

Kaltverfestigtes Stahlblech mit gewelltem Profil mit 0,30–0,40 Mn, 0,06–0,15 Si u. 0,15–0,19 C 11-2425*; Verformbark. v. Bandstahl mti 0,44–0,76 Mn, ca. 0,30 Si u. 0,45 bis 0,85 C 1-2216; mechan. Eig. v. vergüteten Bandstählen mit 0,55–0,75 Mn, 0,3 Si u. 0,55–0,85 C 1-2217; Kaltbrüchigk. v. Stahlguß mit 1,07 Mn, 0,29 Si u. 0,24 C 25-2500; hochfester Stahl mit 0,75–0,95 Mn, 1,90–2,20 Si, 0,10–0,15 V, 0,90–1,10 W u. 0,48–0,52 C 37-2647*; Einfl. v. Al auf Gefüge u. mechan. Eig. v. Stahl mit 1,10–1,40 Mn 0,15–0,25 V u. 0,23 C 5-2400.

Mo: Verteil. d. Teilchen disperser Phasen nach ihren Abmess. in Stählen mit 0,4 u. 1,2 Mo bzw. 0,3 u. 0,36 C 37-0180; mechan. Eig. v. Stahl mit 2 Mo, 3 Ni u. 1,2 C 36-2399; Orientier.-Bezieh. u. Kohärenz zwischen MoC_2 u. d. Ferritmatrix vakuumgeschmolzener Mo-Stähle mit 2,5 Mo u. 0,14 C bzw. 7,3 Mo u. 0,17 C 11-0290.

N: Herst. N-legierter Stähle mittels Plasma 3-2527*.

Nb: Herst. v. Nb-Stahl 14-2387*; Auflsg., Ausscheid. u. aushärtende Wrkg. v. Nb in unlegiertem Stahl 24-2352; Einfl. d. Wärmebehandl. auf d. Festigk. v. mit Nb behandeltem Stahl, Vgl. v. Nb-Carbid mit Ferro-Nb als Leg.-Mittel für Nb-Stahl 32-2368; Nb-Carbonitrid-Ausscheid. in Stahl mit 0,002 C 33-2639; Tieftemp.-Platzen v. Rohren aus Nb-Stahl mit 0,04 Nb u. 0,14–0,20 C 43-2445.

Ni: Galvan. Herst. v. Ni–Fe-Leg.-Schichten 15-2544*; Herst. unter Zusatz v. Ni-halt. —-Erz 20-2398*; raffinierende Wrkg. v. Ge beim Vakuumschmelzen v. Fe–Ni-Leg. 30-2337; Herst. aus oxid. Fe–Ni-Erz 9-2436*; galvan. Abscheid. dünner Überzüge 21-2429*; Herst. einer festhaftenden Verbind. zwischen Fe–Ni-Leg. u. Glas 28-2354*; Dekapieren mittels Citronensäure 33-2709*; galvan. Abscheid. ferromagnet. Schichten 40-2100*; Gasborier. 43-2472.

Kinetik d. Bldg. v. Wüstitschuppen auf Fe–Ni-Leg. 35-0633; Einfl. d. Alter. auf d. Festigk.-Steiger. v. aus verformtem Austenit erhaltenem Martensit v. Ni-Stählen 4-0253; Kerbschlagzähigk. 17-2478; Rekristallisat. bei thermomechan. Hochtemp.-Behandl. 20-2357.

Mechan. Eig. ferrit. Stähle mit 2,5–9 Ni für d. Kryogentechnik 20-2326; Festigk. —-halt. Martensite aus Stählen mit 5–30 Ni 49/50-0179.

Schweißelektrode auf Ni–Fe–Cr-Basis für d. Lichtbogenschweißen v. Fl.-Gasbehältern das Stahl mit 9 Ni 1-2303*; Eign. v. Stahl mit 9 Ni für Druckgefäße u. Lagertanks bei kryogenen Temp. 3-2417, 21-2571; Einfl. v. Co auf d. mechan. Eig. v. Stählen mit 9 Ni 26-2427; Kerbschlagzähigk. v. Stahl mit 9 Ni 27-2600; Verh. v. Stahl mit 9 Ni als Druckkesselstahl im Kernreaktor 41-2457.

Umwandl. u. Ausscheid. in Maragingstahl mit 15 Ni 17-2410; Einfl. d. Kaltverform. vor d. Ausaltern auf d. Eig. v. Stahl mit 15 u. 18 Ni 42-2231; Ermüd.-Verh. v. Maragingstahl mit 18 Ni 17-2410; Einfl. d. Erhitz.-Geschw. auf d. Martensitumwandl. v. Stahl mit 18 Ni 42-2233; Gefügeentw. nach Anlassen v. Stahl mit 18 Ni 42-2234; innere Reib. v. Martensit aus härtenden Stählen mit 18 Ni 44-0107.

Gefüge nach Schnellaustenitisier. v. Stahl mit 24,5 Ni 24-2398; Einfl. v. Ausform. u. Marforming durch Walzen auf d. Eig. v. —-Leg. mit 25 bzw. 30 Ni 38-2507; Kinetik d. Martensitumwandl. bei thermomechan. Bearbeit. v. Stählen mit 31,6 Ni u. 0,02 C 36-0116; weichmagnet. bin. —-Leg. mit 43 bis 55 Ni 42-2250*; Temp.-Behandl. v. —-Leg. mit 45–60 Ni zur Erzeug. einer hohen Anfangspermeabilität 39-2315*; Verarbeit. v. —-Leg. mit 47–79 Ni u. 0,005–0,019 C zu dünnen Blechen 37-2648*; Verbesser. d. magnet. Eig. v. kristallorientierten Leg. mit 50 Ni 3-2400; Verw. v. —-Leg. mit 50–70 Ni zur Herst. v. ferromagnet. Material mit konst. Permeabilität 37-2438*.

Pb: Herst. v. Pb-halt. Automatenstählen 1-2288*.

Pd: Herst. v. Dauermagneten aus —-Leg. mit 25–62 Pd 48-2162*.

Si: Herst. kornorientierter Bleche 6-2386*; β-Ca_2SiO_4-Überzug zur Verbesser. d. magnet. Eig. v. kornorientiertem Si-Stahlblech 14-2219*; Verarbeit. v. Si-Stahl zu Magnetblech 14-2222*; Glühen 16-2257*; Isolierüberzug zum Walzen v. Si-Stahl 19-2637*; Herst. zur Blechverarbeit. 21-2637*; Anwend. v. Al- u. V-Nitrid zur Erzeug. v. kornorientiertem Band 23-2564; Kistenglühen v. Si-Stahlband 39-2493*; Herst. v. Fe–Si-Leg. mit niedrigem O-Geh. für kornorientierte Bleche 41-2530*.

Textur v. warmgewalzten Bändern mit 3,14 u. 3,29 Si 7-2398; Domänenwandbeweg. in kornorientiertem Si-Stahl in cycl. Magnetfeldern 8-0429; Korrelat. zwischen Textur u. elektr. Eig. v. orientiertem Si-Stahl 8-0430; Wrkg. v. Kerben auf Gleiten, Zwillingsbldg. u. Bruch in Si-Stahl 39-0185; Gefüge u. Abmess. magnet. Figuren v. Si-Stahlguß 40-2178; Sichtbarmachen v. Versetz. in Si-Stahl 18-0213.

Verarbeit. zu niedriggekohltem Si-Stahlblech mit 0,50–2,00 Si u. 0,01–0,25 C 11-2427*; Herst. v. nichtorientiertem Blech aus —-Leg. mit 0,5–3,8 Si u. 0,02–0,08 C 49/50-2192*; Verarbeit. zu Si-Stahlband mit 1,5 bis 5 Si u. (110)[001]-Orientier. 14-2225*; Verbesser. d. Eig. v. magnet. Leg. mit 2–4 Si 40-2099*; Verarbeit. zu Bändern mit 2–5 Si 42-2257*; Glühen v. Band mit 2,5–4 Si 21-2644*.

Innere Ox. v. Stahl mit 3 Si bei d. Herst. v. Si-Bandstahl 9-2346; Verformbark. 25-2486; Gewinn. v. orientierten Einkrist. aus Si-Stahl mit 3 Si durch Rekristallisat. 30-2323; Anlassen v. kaltgewalztem Transformatorenstahl mit 3 Si 40-0163.

Einfl. v. S auf d. magnet. Eig. v. orientiertem Stahl mit 3,25 Si 8-0431; Herst.: v. weichmagnet. Kernstahl mit 3,25 Si 23-2549; v. kornorientiertem geschmiedetem Stahl mit >4 Si 21-2642*; v. Stahlblech mit 6,5 Si mit vermindertem Transformatoren-Kerngeräusch 27-2612; v. Elektroblechen mit maximal 7,3 Si 2-2091*.

Sn: C-Stahl mit 0,035 Sn für gut zerspanbare Gegenstände 1-2287*.

Ti: Gießen v. Ti-Stählen 3-2399; mechan. Eig. v. wärmebehandeltem Ti-Stahl für geschweißte Konstrukt. 12-2311; Gefüge ausscheidungshärtbarer austenit. Ti-Stähle 14-2318.

U: Anlaßverh. v. niedrig gekohltem U-halt. Stahl 10-2335.

V: V in Schnelldrehstählen 42-0082.

Kinetik: d. Ox. v. C in —-Leg. mit 0,29 bis 1,89 V u. 0,6–4,4 C 33-0793; d. Ausscheid. v. VC in Stahl mit 1 V u. 0,2 C 32-2398; Ausscheid.-Stufen in Stahl mit 1 V u. 0,2 C 32-2399.

W: Anwend.-Möglichk. v. Einsatzstählen mit W 14-2319; Austenitbldg. in W-Stählen 16-2356; Herst. W-halt. Stähle für hochfeste Rohre 37-2539.

Th-Oxid-Einschlüsse in W-Stählen 47-0185.

Sondermarken

A 37, Warmfestigk.-Eig. nahtloser Rohre 24-2388.

A 42, Warmfestigk.-Eig. nahtloser Rohre 24-2388.

A 48, Warmfestigk.-Eig. nahtloser Rohre 24-2388.

A 52, Schweißbark. u. mechan. Eig. 5-2356.

A 202, Schweißen mit Ni-Stahl 40-2191.

A 242, Schweißen 40-2191.

A 212-B, Strahl.-Schäden 28-0280.

A 302-B. Kerbschlagfestigk. u. Spann.-Eig. als Funkt. d. Neutronenbestrahl. bei einer simulierten Druckkessel-Wand 17-2255; Strahl.-Schäden 28-0280; Fortpflanz. v. Ermüd.-Rissen 48-2237.

A 387-D, Strahl.-Schäden 28-0280.

AF 2, Korros. in Ga-Lsg. 29-2579.

A 517 F, Fortpflanz. v. Ermüd.-Rissen 48-2237.

AFNORZ 6 C 13, Härtbark. v. Stahl mit 0–0,30 Al, 11,5–14,5 Cr u. 0,05–0,06 C 12-2309.

AISI... bzw. *SAE...*

201, Walzverform. 40-2223*.

202, Lochfraßkorr. 18-2388.

300, Cr-Ausbringen beim O_2-Blasen 25-2489.

301, Verformbark. bei tiefen Temp. 31-2510; Walzverform. 40-2223*.

302, tensiodynam. Verh. in Amidosulfatbädern 6-0642; Lochfraßkorros. in O_2-gesätt. Halogenidlsg. 7-2417; Spann.-Korros. in $MgCl_2$ 18-2389; Verformbark. bei tiefen Temp. 31-2510; Einfl. v. Potential u. Zugspann. auf d. Zeit bis zum Bruch 37-2629.

304, Elektronenstrahlschweißen mit Teilvakuum 2-2226; Beweg. fester Teilchen in Stahl mit 18,74 Cr, 1,52 Mn, 9,43 Ni, 0,013 P, 0,017 S, 0,59 Si u. 0,07 C 3-0310; Korros.-Verh. in überhitztem Dampf 3-2475; Korros. durch siedendes Hg 3-2476; tensiodynam. Verh. in Amidosulfatbädern 6-0642; mechan. Eig. dünnwand. Röhren aus Stahl mit 18–20 Cr, <2 Mn, 8–12 Ni, <1 Si u. <0,08 C 12-2343; Einfl. d. Bestrahl.-Temp. auf Festigk. u. Mikrostruktur v. Stahl mit 0,00022 B, 19,0 Cr, 0,76 Mn, 8,92 Ni, 0,020 P, 0,016 S, 0,48 Si u. 0,057 C 16-0319; Passivier. 28-0628; Verformbark. bei tiefen Temp. 31-2510; Korros. in

Hochtemp.-W. u. -Dampf 37-2621; Einfl. v. Potential u. Zugspann. auf d. Zeit bis zum Bruch in $MgCl_2$ 37-2629; Aufkohl. in fl. Na 38-2509; Verform. v. passiven Filmen 44-0541; Tunnelbldg. beim Abstreifen v. Oxidfilmen 46-2231.

305, Biegewechselfestigk. v. Stahl mit *18,43* Cr, *0,08* Cu, *1,67* Mn, *12,00* Ni, *0,30* Si u. *0,088* C 12-2339.

310, Einfl. d. Kerbgeometrie auf d. Zugverh. 6-2329; Verformbark. bei tiefen Temp. 31-2510; Tunnelbldg. beim Abstreifen v. Oxidfilmen 46-2231.

316, Leist.-Fähigk. v. Stahlrohren für hohe Temp. u. Drücke 13-2346; Einleit. eines duktilen Reißens durch Bruchcarbide in austenit. Stahl mit *0,003* B, *16,4* Cr, *1,29* Mn, *2,4* Mo, *0,03* N, *11,1* Ni, *0,014* P, 0,013 S, *0,04* W u. *0,05* C 15-0268; Korros. v. Stahl mit *18* Cr, *1,8*–*1,9* Mn, *8* Ni u. *0,04* C in H_2SO_4 15-2508; Kriech.-Dehn.-Verh. 17-2410; Einfl. auf d. Änder. d. Leitfähigk. v. KCl-Krist. 19-0442; Passivier. 28-0628; Verformbark. bei tiefen Temp. 31-2510; Verw. zu Al-Verbundleg. mit duktilem Bindemetall 42-0081.

321, tensiodynam. Verh. in Amidosulfatbädern 6-0642; Einfl. d. Stabilisier.-Behandl. auf d. Korros.-Verh. 7-2369; Lochfraßkorros. 18-2388; Verformbark. bei tiefen Temp. 31-2510.

323, Diffus.-Schweißen v. Rohren mit Al-Leg. *2219* 35-2471.

347, tensiodynam. Verh. in Amidosulfatbädern 6-0642; Einfl. d. Stabilisier.-Behandl. auf d. Korros.-Verh. 7-2369.

410, Korros. durch siedendes Hg 3-2476.

1010, Elektronenstrahlschweißen mit Teilvakuum 2-2226.

1020, Korros. in H_2S 7-2387; Ultraschallunters. d. Streckgrenze 42-0082; Wrkg. v. Altern u. Substruktur auf d. Zugeig. v. Stahl mit *0,032* Al, *0,40* Mn, *0,0030* N, *0,007* P, *0,0255* S, *0,23* Si u. *0,20* C 45-2533.

1045, Ultraschallunters. d. Streckgrenze 42-0082.

1095, Ultraschallunters. d. Streckgrenze 42-0082.

4130, Spann.-Dehn.-Verh. 24-0301.

4330, Dendritenstruktur u. Korngröße v. unterkühlten Schmelzen 44-0107.

4335, Kornfein. v. Stahlformguß mit Ti 31-2506.

4340, Verspröd. in sd. NaCl-Lsg. 18-2387; kontinuierl. Umwandl.-Diagramm 19-0561; Dauerbruch-Keimbldg. in hochfestem Stahl mit *0,83* Cr, *0,04* Cu, *0,73* Mn, *0,26* Mo, *1,86* Ni, *0,47* Si u. *0,40* C 24-2386; Streckpunkt v. spannungsgehärtetem Martensit in — 42-0082.

17241, Plastizität 21-2542.

17471, mechan. Eig. 37-2571.

Almar 362, martensitaushärtender Stahl mit *14,5* Cr, *6,5* Ni, *0,8* Ti u. *0,03* C für geschweißte Druckkessel 36-2347.

Alni, Struktur v. Leg. mit *14* Al, *23* Ni, Rest Fe 23-0241.

Alni A, Zeit- u. Temp.-Abhängigk. d. Magnetisier.-Koerzitivfeldstärke in d. Leg. mit *24* Atom-% Al, *3* Cu, *23* Ni, Rest Fe 23-0560.

Alnico, Positronenvernicht. 6-0003; Mikrostrukturen u. magnet. Eig. 12-0214; Verw. für Dauermagnete 13-2205*; Änder. d. Domänenstruktur in Einkrist. beim Ummagnetisieren 15-0493; Best. kleiner Pb- u. Bi-Mengen in —- u. ähnl. Leg. 22-2189; Stengelkrist.-Bldg. u. magnet. Eig. v. Dauermagneten mit *32*–*40* Co u. *4,5*–*8,5* Ti 23-0223; Verw. v. Leg. mit *6*–*11* Al, *15*–*42* Co, *0*–*8* Cu, *10*–*20* Ni, *0*–*3* Si, *0*–*10* Ti, Rest Fe, zur Herst. v. Permanentmagneten 25-2386*; magnet. Eig. bei höheren Temp. 27-0591; Einfl. geringer Ti-Zusätze auf d. magnet. Eig. 42-2198.

Alnico 5, Struktur v. dünnen Schichten 7-0226; Wechselwrkg.-Effekte 33-0647; Rekristallisat. hochkoerzitiver Leg. mit *8* Al, *24* Co, *3* Cu, *14* Ni u. Rest Fe 42-0160.

Verw. für Implantate im menschl. Körper 6-2293.

Alnico 8, Unters. v. Leg. mit *33,2* Atom-% Fe, *31,5* Co, *12,6* Ni, *13,8* Al, *3,3* Cu u. *5,6* Ti durch Mössbauer-Spektroskopie 32-0522; Einfl. v. Ti auf α–γ-Umwandl. u. magnet. Eig. 32-2378; Wechselwrkg.-Effekte 33-0647.

AM 350, subkrit. Rißwachstum 7-2386.

AM 355, Strahl.-Schäden 28-0280.

Anko-4, Zustand u. Krist.-Struktur d. sich beim Altern bildenden Phasen 2-0202; magnet. Eig. 25-2514.

Armco, erste Stadien d. Zementat. durch BCl_3 46-0183.

Änder. d. Verteil. u. D. d. Versetz. nach plast. Deformat. 12-2350; Ätzgrübchenbldg. v. angelassenem u. verformtem — 17-2410; Einfl. v. Seltenerdmetallen auf d. Kristallisat. 17-2432; Struktur einer verfestigten Schicht 28-2448; Anwend. d. Ätzgrübchen-Technik zur Unters. v. Fehlstellen 31-0195; Veränder. d. Feingefüges u. mikroplast. Verform.-Widerstand 34-0297; Einfl. d. Verform.-Beding. auf d. Reckalter. 37-0198; Versetz.-Dichteverteil. v. im Ultraschallfeld verformtem — 51/52-0130.

Kavitat. v. — mit *0,035* Mn, *0,015* P, *0,025* S, *0,002* Si u. *0,02* C 3-2495; Einfl.: v. Ultraschall auf d. Restspann. 16-2370; d. Drucks auf durch Verzwilling. erzeugtes Fließen 18-0282; d. Desox. auf d. Haarrißbldg. 19-2521; Versetz. u. Gleitverform. bei Einw. v. Ultraschall 27-2564; Verfestig. durch Explos. 28-2404; Grenzplastizität 30-0244; Mechanismus d. Verfestig. bei mehrmal. Verform.-Alter. 32-0281; Gittereigendehn.-Verteil. 39-0175; Entw. d. Zwillingsbldg.-Prozesses bei Niedertemp.-Verform. 39-0176.

Einfl. einer cycl. thermomagnet. Behandl. im Bereich d. Curie-Punkts auf d. plast. Eig. 4-0252; Herst. u. magnet. Eig. v. kornorientiertem — 8-0436; Mess. d. Mössbauer-Effekts 8-1832; magnetoopt. Kerr-Effekt 18-0498.

Wärmeleitfähigk. bei höherer Temp. 18-0290; Wechselwrkg. mit geschmolzenem U u. Bldg. v. UFe_2 18-0299; Temp.-Leitfähigk. u. spezif. Wärme 22-0288.

Einfl. d. Oberflächenbeschaffenh. auf d. saure Korros. 4-2001; Kinetik d. Bldg. v. durchgehenden Oxidschichten 8-0624; Wrkg. v. Dibenzylsulfoxid als Inhibitor d. sauren Korros. 13-2399; Korros. rotierender Scheiben in luft- oder O_2-gesätt. Na_2SO_4-Lsg. 22-2529.

Verw. für Dauermagnete 20-2232.

Armco 48, vollständ. Polfigurenbest. durch zusammengesetzte Probennahmemeth. 46-0110.

Armco-Fe M6X, Mess. d. ferromagnet. Resonanzabsorpt. 41-0291.

AV 10, Bainitumwandl. v. Austenit in weißem Guß-— mit *3,21* Al u. *3,61* C 16-2343.

AV 12, Bainitumwandl. v. Austenit in weißem Guß-— mit *4,52* Al u. *3,45* C 16-2343.

AV 14, Bainitumwandl. v. Austenit in weißem Guß-— mit *2,93* Al u. *3,68* C 16-2343.

AV 16, Bainitumwandl. v. Austenit in weißem Guß-— mit *4,48* Al u. *3,46* C 16-2343.

B 2, Verw. zur Herst. v. Temper-— 18-2315.

B 18, Modifizier. d. Gußgefüges v. — mit *4* Cr, *18* W u. *1* C 4-1935.

C 15, Einfl. nichtkorrosiver Fl. auf d. mechan. Eig. bei stat. u. dynam. Beanspruch. 3-2444; Verschleißunters. an badnitriertem Einsatzstahl 24-2400.

C 35, Einfl. nichtkorrosiver Fl. auf d. mechan. Eig. bei stat. u. dynam. Beanspruch. 3-2444.

C 45, Streuwertunters. d. Zerspanbark. 9-2383.

C 60, Einfl. nichtkorrosiver Fl. auf d. mechan. Eig. bei stat. u. dynam. Beanspruch. 3-2444.

C 70, Einfl. nichtkorrosiver Fl. auf d. mechan. Eig. bei stat. u. dynam. Beanspruch. 3-2444.

C 90, Einfl. v. Austenitisier. u. Tiefkühl. auf d. mechan. Eig. 23-2617.

C 100, Einfl. nichtkorrosiver Fl. auf d. mechan. Eig. bei stat. u. dynam. Beanspruch. 3-2444.

C 120, Bearbeit. durch elektr. Funken 14-2358.

440 C, Dendritenstruktur u. Korngröße v. unterkühlten Schmelzen 44-0107.

25CD4, Einfl. d. Wärmebehandl. auf d. Ermüd.-Verh. 25-2542.

35CD4, Einfl. d. Warmbehandl. auf d. Ermüd.-Verh. 25-2542.

30CD12, Anlassen v. Vergüt.-Stahl mit *3* Cr, *0,4* Mo u. *0,3* C 33-2629.

15CDV6, Austenitbldg. in Stahl mit *1,30* Cr, *0,86* Mn, *0,85* Mo, *0,18* Si, *0,22* V u. *0,15* C 44-2232.

40CDV20, Herst. für d. Raumfahrt 22-2461.

Ch8, Ultraschallprüf. 18-2340.

9Ch, Feinstruktur d. Oberflächenschicht nach Oberflächenhochtemp.-Behandl. 16-2376.

Ch13, Korros. in Na_2S 18-2386.

Ch17, Korros. in Na_2S 18-2386.

20Ch, Einfl.: d. Gefüges auf d. Abriebfestigk. 19-2613; d. Ni-Geh. auf d. interkrist. Korros. 31-2590; Änder. d. Elastizitätsmoduls beim Tempern 39-0184.

Ch22, Korros. in Ga-Leg. 29-2579.

Ch28, Korros. in Na_2S 18-2386; Guinier Preston-Zonen in Stahl mit *27,3* Cr, *0,01* Mn, *0,001* P, *0,003* S, *0,001* Si u. *0,003* C 35-0141.

40Ch, Biege- u. Verdreh.-Wechselfestigk. im Korros.-Medium 10-2400; Einfl. v. Seltenerdmetallen auf d. Kristallisat. 17-2432; Glühen zur H-Entfern. durch Austenitzerfall 20-2352; Wechselfestigk. 26-2461; Zerstör. v. Röhren durch Einw. v. Explos. 29-2539; Einfl. d. Diamantschleifens auf d. physikal. Eig. 31-2560; erhöhte Festigk. durch Leg. mit V 37-2541; Dauerfestigk. in eutekt. Pb–Sn-Schmelze 38-2481; Änder. d. Elastizitätsmoduls beim Tempern 39-0184.

1Ch13, Unters. d. mehrfachen Nitrier. 16-2393; Kavitat.-Einw. auf d. Oberfläche 21-0223; Phasenzus., Struktur u. Mechanismus d. Bldg. einer cyanierten Schicht 32-2401; Erschmelzen in O_2-Konvertern 40-2162.

3Ch13, Gefügespann. bei d. Martensitumwandl. v. Austenit 14-2348.

4Ch13, Gefügespann. bei d. Martensitumwandl. v. Austenit 14-2348.

Ch17AG14, N-Grenzwerte bei d. Herst. 43-2422.

30Ch2AJu2F, Härten v. Schienenstahl 46-2182.

85ChF, Verschleißfestigk. v. Schneidwerkzeug 20-2393.

Ch14G30, interkrist. Korros. in Chloridlsg. 8-2359.

Ch22G12, Phasenumwandl. unter Mikroschlageinw. 32-2394.

30Ch10G10, Kavitat.-Beständigk. v. Schweißgut 16-2404; Kavitat.-Einw. auf d. Oberfläche 21-0223; Einfl. d. therm. Schweißzyklus auf d. Eig. u. Phasenzus. 21-2583; Verh. bei Wechselbeanspruch. 23-2595.

17ChG9AN, Korros. in Na_2S 18-2386.

Ch12G7AN5, mechan. Eig. bei kryogenen Temp. 18-2321.

Ch17G9AN4, Zähigk. nach d. Anlassen 20-2342.

Ch21G7AN5, Zähigk. nach d. Anlassen 20-2342.

Ch18G14AN4, Bearbeit. d. schwachmagnet. Stahls 28-2414.

35ChGF, Verw. als Ersatz für *40*ChN 44-2206.

45Ch10G14Ju2, Einfl. v. B auf d. mechan. Eig. 35-2410.

45Ch10G15Ju2, Zeitstandfestigk. u. Plastizität bei erhöhter Temp. 35-2435.

35ChGM, mechan. Eig. 18-2324.

35Ch2GM, Einfl. eines Ferrocer- u. Silicocalciums auf d. Schlagzähigk. v. Gußstahl 24-2358.

35Ch2G2M, mechan. Eig. 18-2324.

28Ch10G8M4, Verfestig. bei plast. Kaltverform. 22-2470.

0Ch18G8N2T, Eig. 28-2414.

Ch14G14N3T, mechan. Eig. bei kryogenen Temp. 18-2322; Korros. in Na_2S 18-2386; mechan. Eig. für d. Kryogentechnik 20-2326; Wärmekapazität bei *10*–*300* °K 34-0262.

25Ch2GNTA, Strukturvererblichk. 28-2452.

45ChGR, Festigk.- u. Dauerfestigk.-Eig. nach Hochtemp.-Behandl. v. Stahl mit *0,0037* B, *1,14* Cr, *1,03* Mn, *0,36* Si u. *0,57* C 17-2492.

55ChGR, elektrothermomechan. Hochtemp.-Behandl. v. Federstahl 26-2473; Einfl. v. Seltenerdmetallen auf d. thermomechan. Verfestig. 47-2306.

40ChGRT, induktive Oberflächenhärt. 20-2359.

14ChGS, Herst. für Gasrohrleit. 28-2414; Eig. v. im O_2-Konverter erschmolzenem — für elektr. geschweißte Rohre 44-2231.

30ChGSA, Einfl. einer vorangehenden Verform. auf d. Kerbschlagzähigk. 9-0295; Härten im Strom komprimierter Gase 12-2361; Relaxat.-Beständigk. 27-0313.

35Ch2GSMA, Struktur v. Baustahl 37-2542.

12ChG2SMF, Baustahl für Schweißkonstrukt. 34-2389.

12ChG2SMV, Schweißen 15-2487.

30ChGSNA, interkrist. Korros. in Säure 17-2520; Einfl. d. plast. Verform. auf d. korrosive Rißanfälligk. 19-2597; Kalthärt. zur Steiger. d. Oberflächenhärte 24-2393; Einfl. organ. Inhibitoren auf d. Korros.-Rißbldg. in Säuren 28-2478.

30ChGSNAS, physikal.-mechan. Eig. nach Elektroschlackenumschmelz. 21-2547.

40ChGSTF, mechan. Eig. v. Baustahl mit *1,38* Cr, *1,04* Mn, *1,30* Si, *0,13* Ti u. *0,18* V 4-1950.

18ChGT, Nitrozementier. mittels Triäthanolamin 23-2620.

30ChGVT, Einfl. v. Seltenerdmetallen auf d. Kristallisat. 17-2432.

20ChGWST, Struktur d. zementierten Schicht 19-2575.
20ChGWT, Struktur d. zementierten Schicht 19-2575.
20ChG2Z, Schweißbark. d. hochfesten Armaturenstahls 28-2414.
0Ch23Ju5A, Beständigk. als Heizelement in Elektroöfen 20-2298.
0Ch27Ju5A, Beständigk. als Heizelement in Elektroöfen 20-2298.
2Ch13L, Feingefüge bei gestufter Abschreck. 20-2327.
Ch12M, Diffus.-Erschein. an Reib.-Oberflächen u. Verschleißfestigk. 32-0283.
40ChM, Löslichk. v. Pr, Nd, Ce u. La 14-0571.
25Ch5MA, Intensivier. d. Nitrier. durch Verw. v. CCl_4 als Depassivator 32-2402.
12Ch1MF, Wärmebehandl. v. Kesselrohrstahl 9-2391; Veränder. d. Feinstruktur bei Daueralter. 28-2414; Verspröd. beim Anlassen 29-0270.
15Ch2MF, Eig. d. Schweißnahtmetalls u. Nahtbereichs beim Elektroschlackenschweißen 12-2371.
30Ch3MF, Verw. als Ersatz für *40*ChNMA 44-2206.
12Ch1M1F, Sprödigk. beim Anlassen 27-2622.
15Ch1M1F, Phasen- u. Strukturumwandl. beim Erhitzen 19-2563; Einfl. v. Ce auf d. Eig. v. Stahlguß 21-2545; Sprödigk. beim Anlassen 27-2622.
40Ch5MFA, Warm-Kalt-Verform. 42-2229.
15Ch1M1FL, Kristallisat. unter Druck zur Erhöh. v. D. u. Festigk. 32-2377.
12Ch2MFSR, Carbidphasengleichgew. 25-2495.
38ChMJuA, Ursachen d. Schattenlinien beim Legieren mit Al 9-2354; Nitrier. in N_2–NH_3-Gemischen 20-2360.
Ch17M5N3, Temp.-Abhängigk. d. mechan. Eig. v. Stahl mit *15,95* Cr, *0,18* Cu, *0,20* Mn, *3,08* Mo, *5,33* Ni, *0,24* Si u. *0,08* V 19-2554.
Ch18MTF, Ursachen d. Sprödreißens beim Tiefziehen 40-2172.
40ChN, mechan. Eig. nach Kaltverform. v. Stahl mit *1,02* Cr, *1,29* Ni u. *0,42* C 15-2479; Festigk. nach elektrotherm. Wechselbehandl. 15-2480.
Ch8N2, Einfl. einer plast. Warmverform. auf d. Kinetik einer isothermen Austenitumwandl. 6-0214.
Ch16N6, Einfl. einer plast. Verform. auf d. mechan. Eig. v. Stahl mit *16,38* Cr, *0,50* Mn, *6,35* Ni, *0,36* Si u. *0,06* C 3-2410; Temp.-Abhängigk. d. mechan. Eig. 19-2554.
Ch17N2, Verarbeit. zur Rohrherst. 18-2330; Wrkg. d. Oberflächenverfestig. auf d. Dauerfestigk. 31-2512; Phasenzus., Struktur u. Mechanismus d. Bldg. einer cyanierten Schicht 32-2401.
0Ch17N4, mechan. Eig. 24-0314.
Ch18N9, Sprödbruchneig. v. Schweiß. 8-2337; Temp.-Abhängigk. d. Fließspann. 34-2406.
Ch23N8, Phasenumwandl. unter Mikroschlageinw. 32-2394.
34ChN3, mechan. Eig. 18-2324.
1Ch17N2, Ultraschallprüf. 18-2340; Dauerfestigk. 25-2541; Walzen mit erhöhter Breit. 35-2450.
1Ch18N9, thermomechan. Behandl. zur Erhöh. d. Kriechfestigk. 20-2356.
Ch15N60, Lichtbogenschweiß. 13-2370.
Ch23N18, Verw. für Röhrenöfen zur Pyrolyse v. KW-Stoffen 25-2509; Ox. bei *1050*° 28-2414; Walztechnologie für Rohblöcke 40-2186; Modifizier. mit Ferro-Ce 44-2210.
0Ch23N18, Einfl.: v. B auf d. Eig. 33-2607; v. Ce auf Struktur 41-2438.
Ch25N13, Lichtbogenschweiß. 13-2370.
Ch25N20, Lichtbogenschweiß. 13-2370.
Ch28NA, Korros. in Na_2S 18-2386.
12ChN3A, Einfl. d. thermomechan. Behandl. auf d. Ermüd. bei geringer Lastspielzahl 23-2584.
20ChN3A, Härten im Strom komprimierter Gase 12-2361.
37ChN3A, umkehrbare Anlaßsprödigk. 19-2555.
20Ch2N4A, Einfl. v. Al-Nitriden auf d. Rißbldg. in d. Einsatzschicht 18-2320; Strukturvererblichk. 28-2452.
5Ch20N4AG9, Einfl. v. P auf Struktur u. Eig. 33-2606.
5Ch20N4AG9(M), Stahl für Auslaßventile v. Verbrenn.-Motoren mit *19*–*22* Cr, *8*–*10,0* Mn, *3,5*–*4,5* Ni, $\leqq$*0,7* Si u. *0,50* bis *0,60* C 3-2421.
0Ch21N6B, mechan. u. Korros.-Eig. 28-2414.
Ch15N5D2T, umgekehrte Martensitumwandl. mit Erhöh. d. Zähigk. bei kryogenen Temp. 20-2354.
1Ch18N9G, H-Korros. v. plattiertem Stahl *12*ChM + *1*Ch*18*N9G 23-2602.
Ch17N4G14AB, N_2-Einfl. auf Festigk. u. Verspröd. v. Schweißen an Stahl mit *17,3* Cr, *14,6* Mn, *1,05* Nb, *0,3* Si u. *0,05* C 16-2402.
0Ch18N5G12AB, Einfl. d. Seltenerdmetalle auf d. mechan. Eig. v. Stahl mit *18,60*–*18,90* Cr, *11,99*–*12,48* Mn, *0,78* bis *0,88* Nb, *5,04*–*5,42* Ni, *0,23*–*0,36* Si u. *0,04*–*0,07* C 10-2337; N-Grenzwerte bei d. Herst. 43-2422.
25Ch17N4G15AF2, Phasenverfestig. 31-2543.
25Ch17N44G15AF2, N-Grenzwerte für d. Herst. 43-2422.
Ch25N16G7AR, Festigk. 25-2498; Ox. bei *1050*° 28-2414.
ChN77GJuR, Korros.-Rißbldg. bei dynam. Einw. einer Pb-Schmelze 23-2618.
4Ch12N8G8MFB, Verw. für Sinterpreßformen 20-2344.
40Ch12NG8MW, Hochtemp.-Ermüd.-Bruch 9-0296.
4Ch12N8G8MW, Korros.-Rißbldg. bei dynam. Einw. v. Pb-Schmelze 23-2618.
Ch18N6G9R3, Ultraschallbehandl. 37-2540.
12Ch16N14G2W2B1, Elektrode CT-*23* zum Schweißen v. – 15-2491.
ChNJuR, Verw. für Sinterpreßformen 20-2344.
ChNM, elektr. u. magnet. Eig. 3-0505.
35ChNM, Austenitunterkühl. zur Antiflockenbehandl. 13-2367.
40ChNM, mechan. Eig. nach Kaltverform. 15-2479.
34ChN1M, mechan. Eig. 18-2324.
34ChN3M, Austenitunterkühl. zur Antiflockenbehandl. 13-2367; Einfl. v. Seltenerdmetallen auf d. Kristallisat. 17-2432; mechan. Eig. 18-2324; Glühen zur H-Entfern. durch Austenitzerfall 20-2352.
Ch16N9M2, Sprödbruchneig. v. Schweiß. 8-2337.
0Ch17N4M2, mechan. Eig. 24-0314.
Ch17N5M3, Einfl. einer plast. Verform. auf d. mechan. Eig. v. Stahl mit *15,95* Cr, *0,20* Mn, *3,08* Mo, *5,33* Ni, *0,24* Si u. *0,08* C 3-2410; mechan. Eig. in Abhängigk. v. Warmbehandl.-Verf. 28-2456; Wrkg. d. Oberflächenverfestig. auf d. Dauerfestigk. 31-2512.
15Ch16N2M, in d. Tropen oder im Meeresklima rostbeständ. warmfester Stahl mit *5*–*10* δ-Ferrit u. *16* Cr u. *1,5* Mo 3-2420.
10Ch16N25M6, verbesserte Struktur durch Zusatz v. Ferro-Ce 23-2581.
40ChNMA, Struktur 37-2542.
40Ch2N4MA, Warm-Kalt-Verform. 42-2229.
20Ch15N3MA, optimale Warmverform. ohne Oberflächenrisse 47-2311.
Ch16N15M3B, komplexe Defekte 18-0220; Dauerfestigk. 25-2492.
Ch25N15MDA, Korros.-Eros.-Beständigk. 22-2530.
0ChN28M3D3T, Elektrolichtbogenschweiß. d. Verbundstahls *23,03* Cr, *3,39* Cu, *0,41* Mn, *2,79* Mo, *27,36* Ni, *0,019* P, *0,017* S, *0,55* Si, *0,65* Ti u. *0,17* C mit St. *3* 10-2383.
Ch23N28M2D3T, Korros.-Eros.-Beständigk. 22-2530.
Ch23N28M3D3T, Verarbeit. in Verbundstählen für Behälter 10-2357.
0Ch23N28M3D3T, Elektrolichtbogenschweiß. eines Verdundstahls aus St. *3* u. – 10-2383; Korros.-Beständigk. v. Verbundmetallen mit – in Eisessig 10-2408; mechan. Eig. in Ggw. v. H_2SO_4 20-2376; Schleudergießen v. –-Rohren 25-2483.
34Ch2N2MF, mechan. Eig. 18-2324.
36ChN1MFAR, mechan. Eig. großer Schmiedestücke 18-2323.
0Ch15N7M2Ju, mechan. Eig. 24-0314.
0Ch21N6M2T, Korros. in Na_2S 18-2386; Korros.-Eig. v. Schweißverbind. 22-2531; Verw. als Ersatz für Ch*12*N*10*T u. Ch*17*N*13*·M2T im chem. Kombinat v. Lisitschansk 23-2587; Eig.- u. Strukturänder. d. Zweiphasenstahls nach d. Anlassen 28-2414.
Ch17N13M2T, Verarbeit. v. Verbundmetallblechen aus – mit St. *20*K 10-2355; Korros.-Beständigk. v. Verbundmetallen mit – in Eisessig 10-2408; Korros. in Na_2S 18-2386; Korros.-Eros.-Beständigk. 22-2530; Ersatz durch *0*Ch*21*N5T u. *0*Ch*21*N6M2T im chem. Kombinat Lisitschansk 23-2587.
1Ch12N25MT3JuR, Verw. für Sinterpreßformen 20-2344.
Ch16N25M2W5, Einfl. v. B auf d. Festigk. 15-2437*.
ChN70MWTJuB, mechan.-therm. Behandl. zur Verfestig. 28-2453.
Ch18N10R3, Ultraschallbehandl. 37-2540.
Ch23N7S, mechan. Eig. 25-2494.
41ChN5S, Einfl. einer plast. Warmverform. auf d. Kinetik einer isothermen Austenitumwandl. im Stahl mit *1,62* Cr, *0,55* Mn, *5,02* Ni, *0,004* P, *0,002* S, *1,15* Si u. *0,41* C 6-0214.
Ch18N35S3, Schweißen unter Flußmittel 27-2632.
Ch20N14S2, mechan. Eig. bei Verw. für Röhrenöfen zur Pyrolyse v. KW-Stoffen 25-2509.
Ch25N20S2, Schweißen unter Flußmittel 27-2632.
40Ch5NSMF, Einfl. d. Verform.-Temp. auf mechan. Eig. u. Kaltverspröd.-Schwelle 31-2553.
40Ch5NSVF, Einfl. v. Seltenerdmetallen auf d. thermomechan. Verfestig. 47-2306.
5ChNT, Festigk. 25-2501.
Ch18N9T, anod. Verh. v. Ti-stabilisiertem Stahl mit *17,2* Cr, *8,9* Ni, *0,52* Ti u. *0,08* C 8-2353; Festigk.-Eig. 16-2385; Verschlack. d. Schweißnaht 16-2403; Unters. d. H-Verspröd. 17-2447; Feingefüge nach Indukt.-Erhitz. 22-2499; Schweißen 22-2508; Wärmekapazität bei *10*–*300*°K 34-0262.
Ch21N5T, Eig.- u. Strukturänder. nach d. Anlassen 28-2414; Makrogefüge eines großen Brammenblockes 34-2391.
0Ch21N5T, Korros. in Na_2S 18-2386; Verw. v. Stahl mit *20*–*22* Cr, *0,8* Mn, *4,8* bis *5,8* Ni, *0,2*–*0,5* Ti u. *0,08* C als Ersatz für Ch*12*N*10*T u. Ch*17*N*13*M2T 23-2587; quant. Abtrenn. d. Ferritphase 26-2131; Korros.-Beständigk. bei d. Herst. v. Mischdüngern u. Ammonsalpeter 26-2493; Korros.-Beständigk. in Abgängen d. Erdölverarbeit. 27-2664.
Ch25N4T, Korros. in Na_2S 18-2386.
1Ch18N8T, Wrkg. v. γ-Strahl. auf Ablager. in übersätt. $CaSO_4$-Lsg. 21-2575.
1Ch18N9T, Schweißen mit Al-Leg. 15-2492; Erschmelzen in O_2-Konvertern 40-2162.
Einfl. v. elast. u. plast. Verform. auf d. magnet. Eig. 11-0557; Einfl. v. Vibrat. auf d. Mikrohärte 16-0280; Anfangs-Kavitat.-Einw. auf d. Oberfläche 21-0223; Benetzbark. mit Glasschmelze 23-2628; Dauerfestigk. in Berühr. mit einer Schmelze 27-2566; Einfl.: oberflächenakt. Mittel auf d. Bldg. einer Versetz.-Struktur bei d. Ermüd. 29-0190; einer plast. Verform. auf d. Größe d. Mössbauer-Effekts 29-0225; Gefüge nach Kavitat. 31-2545; Kavitat.-Beständigk. 31-2558.
Korros. durch Wechselstrom 19-2607; Korros.-Hemm. in HCl durch Schäumer 21-2602; Korros. in Li 26-2495; Korros.-Beständigk. in phenolhalt. Prod. 27-2670.
Ch12N10T, Ersatz durch *0*Ch*21*N*6*M*2*T im chem. Kombinat Lisitschansk 23-2587.
1Ch21N5T, anod. Verh. nach Abschrecken u. Anlassen 21-2599; Korros.-Beständigk. bei d. Herst. v. Mischdüngern u. Ammonsalpeter 26-2493.
Ch18N10T, Verarbeit. v. Verbundmetallblechen aus – mit St. *3* 10-2355; Verschweißen v. Stahl St. *3* mit – mit d. Elektroden UONJ-*13/45* 12-2372; Schweißen v. Feinblechverbind. mit Cu 22-2507; Austausch durch Ni-freie oder Ni-arme Stähle 26-2493; Einw. d. Abschreckbeding. auf d. Beizen v. Blech 27-2642; Modifizier. mit Ferro-Ce 44-2210.
Lochfraßpotential in Cl^--Lsg. bei Wärmeübergang 8-2367; Korros.-Beständigk. in Verbundmetallen in Eisessig 10-2408; Abhängigk. d. Plastizität v. hydrostat. Druck 11-2368; Lochfraßkorros. 13-2390; mechan. Eig. für d. Kryogentechnik 20-2326; Korros.-Beständigk. in Abgängen d. Erdölverarbeit. 27-2664; Einfl. einer stabilisierenden Glüh. auf d. Dauerfestigk. 28-2454.
Ch18N12T, Sprödbruchneig. v. Schweiß. 8-2337.
1Ch18N10T, Korros. in Na_2S 18-2386; Rekristallisat. nach Warmbehandl. u. Verform. 28-2414; Wärmeleitfähigk. 49/50-0185.
Ch18N9TL, Primärstruktur v. Gußstahl 15-2436.
Ch12N20T3T, mechan. Eig. für d. Kryogentechnik 20-2326.
35ChNV, mechan. Eig. 18-2324.
34ChN3V, mechan. Eig. 18-2324.
18Ch2N4VA, Strukturvererblichk. 28-2452; Struktur 37-2542.
4Ch14N14V2M, Nitrier. in N_2–NH_3-Gemischen 20-2360.
ChN66VMTJu, Einfl. v. Mo, W auf d. Struktur im Gußzustand 3-2429.
ChN35VTJu, mechan. Eig. für d. Kryogentechnik 20-2326.
18Ch2N4WA, mechan. Eig. in Abhängigk. v. d. Zus. 29-2493.
3Ch19N9WBT, Einfl. d. plast. Verform. bei *1000*° auf d. Warmfestigk. 33-2655.

1Ch14N14W2M, Verspröd. d. Schweißverbind. 27-2638.
1Ch12N2WMF, Relaxat.-Festigk. 25-2496; Dauerfestigk. 25-2541.
ChN70WMTJu, Plastizität 25-2497.
ChN35WTJu, Verfestig. 27-2625.
ChO5, Verschleißfestigk. v. Schneidwerkzeug 20-2393.
9ChS, Härten im Strom komprimierter Gase 12-2361; Änder. d. Elastizitätsmoduls beim Tempern 39-0184.
38ChS, erhöhte Festigk. durch Legieren mit V 37-2541.
40ChSA, Wechselstrom-Austenitprüfer für Gefügebest. 4-1969.
10ChSND, Schweißen v. Konverterstahl 15-2488.
40ChSNMF, Verfestig. durch Verform. im Bereich d. Martensitumwandl. 16-0281.
0Ch17T, Korros.-Beständigk. bei d. Herst. v. Mischdüngern u. Ammonsalpeter 26-2493.
Ch25T, Korros. in Na_2S 18-2386; Korros.-Beständigk.: bei d. Herst. v. Mischdüngern u. Ammonsalpeter 26-2493; in Abgängen d. Erdölverarbeit. 27-2664; interkrist. Korros. in konz. HNO_3 28-2475.
3Ch2V8, Verw. für Sinterpreßformen 20-2344.
9Ch5VF, Verschleißfestigk. v. Schneidwerkzeug 20-2393.
9ChVG, Verschleißfestigk. v. Schneidwerkzeug 20-2393.
1Ch12V2MF, thermomechan. Behandl. zur Erhöh. d. Kriechfestigk. 20-2356.
3Ch2W8, Festigk.-Eig. v. Gesenkstahl mit *2,56* Cr, *0,40* Mn, *0,17* Si, *8,2* W u. *0,37* C 16-2386; Einfl. d. plast. Verfestig. auf d. Hitzebeständigk. 24-2395.
Ch8WF, Schweißen v. —-Rohren mit Fittings aus Ch8WL mit Mantelelektrode 15-2489.
ChWG, Ultraschalleinfl. auf d. Beseitig. v. Restspann. beim Anlassen 25-2561; Einfl. v. Ultraschall auf d. Zerfall v. Restaustenit 32-2376.
Ch8WL, Schweißen v. Ch8WF-Rohren mit —-Fittings mittels Mantelelektrode 15-2489.
Ch4W2M1V, Gesenkstahl mit *4,44* Cr, *0,46* Mn, *0,98* Mo, *0,21* Si, *0,54* V, *2,12* W u. *0,14* C 16-2354.
4Ch5W4VSM, Festigk.-Eig. v. Gesenkstahl mit *4,55* Cr, *0,39* Mn, *0,75* Si, *0,47* V, *3,72* W u. *0,40* C 16-2386.
CI7111, Verw. zur Herst. v. Rohren 43-2463.
Ck45, Passivier. u. Aktivier. bei d. Schwing.-Rißkorros. 3-2477; Oxidbelagbldg. 25-2560.
Ck53, Oxidbelagbldg. 25-2560.
Ck175, Oberflächenschmelzen u. -erstarren 4-1979.
13CN25, Aufkohl. mit Na_2O_2 37-2593.
1CN164BC, Korros.-Verh. in H_3PO_4 34-2440.
Cor-Ten, tensiodynam. Verh. in Amidosulfatbädern 6-0642; schweißbarer Sonderbaustahl mit *1,1* Cr, *0,49* Cu, *0,44* Mn, *0,57* Ni, *0,73* Si u. *0,11* C mit erhöhter Witter.-Beständigk. 22-2457.
13Cr, Schnellkaltspritzen 48-2245.
41Cr4, Einfl. unterschiedl. Bearbeit. auf d. Korros. v. Vergüt.-Stahl mit *1,03* Cr, *0,72* Mn, *0,29* Si u. *0,42* C 30-2355.
100Cr6, Ausbreit. v. Schallwellen in gehärtetem Stahl 2-2196; Festigk.-Prüf. im stat. Biegevers. 2-2197; Zähigk.-Verh., Auflsg. u. Umwandl.-Verh. v. Wälzlagerstahl 25-2490; Abhängigk. d. Wärmeleitfähigk. v. Kugellagerstahl v. d. Wärmebehandl. 39-2409.
145Cr6, Nitrier. v. Kaltarbeitsstahl 1-2267.
210Cr46, Verschleißunters. an badnitriertem Einsatzstahl 24-2400.
100CrMn6, Festigk.-Prüf. im stat. Biegevers. 2-2197; Einfl. v. Austenitisier. u. Tiefkühl. auf d. mechan. Eig. 23-2617.
42CrMo4, Biegewechselfestigk. nach induktiver Oberflächenhärt. 38-2480; Ultraschallschwäch.-Mess. 48-2234; Vgl. d. Festigk.-Eig. v. Vergüt.-Stahl nach normaler u. Zwischenstufenvergüt. 51/52-2242.
100CrMo6, Festigk.-Prüf. im stat. Biegevers. 2-2197.
10CrMo9 10, Ausscheid.-Verh. im Zeitstandvers. 44-2222.
24CrMoV5.5, Zeitstandunters. 49/50-2288.
15CrNi6, Einsatzhärtbark. 5-2414.
Cr18Ni9, Kinetik d. Ausscheid. v. Cr-Carbid $M_{23}C_6$ 12-2310.
Cr18Ni12, Einfl. v. B auf d. Spann.-Korros. in $MgCl_2$ 39-2462.
Cr18Ni13Mo3, Verh. in H_3PO_4 34-2440.
Cr5Ni5MoV, Einfl. d. Wärmebehandl. auf mechan. Eig. 32-2397.
115CrV3, Einfl. v. Austenitisier. u. Tiefkühl. auf d. mechan. Eig. 23-2617.
Cr12W2V, Lavesphase u. Warmfestigk. 33-2609.
ČSN 15 223, Beding. d. flockenart. Rißbldg. unter H_2-Einw. 35-2431.
ČSN 17 241, Rekrist. 37-2592.
ČSN 17 246, Rekrist. 37-2592.
ČSN 17 251, Verspröd. durch $Cr_{23}C_6$-Ausscheid. an d. Korngrenzen 11-2399.
C125W2, Nitrier. v. Kaltarbeitsstahl 1-2267.
C130W2, Gefüge v. angelassenem Stahl mit *0,24* Mn, *0,021* P, *0,06* S, *0,25* Si u. *1,34* C 9-2376.
C85WS, Gefüge v. angelassenem Stahl mit *0,58* Mn, *0,014* P, *0,011* S, *0,31* Si u. *0,83* C 9-2376.
D12, Verteil. v. Korngrenzenausscheid. in d. Sekundärphase 23-2608.
DI-1, Vgl. d. Umschmelzens im ESU-Verf. u. Vakuumlichtbogenofen 40-2163; Erwärm.-Technologie für verbesserte Walzbark. 47-2354.
Dukten 350, Übersicht über Eig., Verarbeit., Verw. v. Stahl mit ca. *0,5* Mn, *3,2* bis *3,7* Ni, $\leq$*0,03* P, $\leq$*0,03* S, ca. *0,25* Si u. $\leq$*0,15* C 2-1946.
Dukten 900, Übersicht über Eig., Verarbeit., Verw. v. Stahl mit ca. *0,6* Mn, *8,5* bis *9,5* Ni, $\leq$*0,03* P, $\leq$*0,03* S, ca. *2,5* Si u. $\leq$*0,1* C 2-1946.
E 13, Temp.-Abhängigk. d. magnet. Eig. 15-0509.
E 31, Temp.-Abhängigk. d. magnet. Eig. 15-0509.
E 41, Temp.-Abhängigk. d. magnet. Eig. 15-0509.
E 42, Temp.-Abhängigk. d. magnet. Eig. 15-0509.
E 310, Temp.-Abhängigk. d. magnet. Eig. 15-0509.
E 3100, Temp.-Abhängigk. d. magnet. Eig. 15-0509.
EI 69, Strukturbezieh. zwischen Austenit- u. Carbidphasen in gealtertem austenit. Stahl mit *14* Cr, *0,45* Mo, *14* Ni, *2,7* W u. *0,45* C 18-0218.
EI 268, Korros. in Ga-Leg. 29-2579.
EI 316, mechan. Eig. 25-2494.
EI 388, Korros. in Ga-Leg. 29-2579.
EI 417, Dauerstandfestigk. 16-2368.
EI 437, Phasenzus. 23-2582.
EI 439, Korros. in Ga-Leg. 29-2579.
EI 481, Dauerstandfestigk. 16-2368; Korros. in Ga-Leg. 29-2579; mechan. Eig. v. warmfestem austenit. Stahl mit *12,4* Cr, *8,9* Mn, *1,23* Mo, *7,5* Ni, *0,25* V, *1,25* W u. *0,36* C 32-2395; Umschmelzen im ESU-Verf. 43-2421.
EI 572, Dauerstandfestigk. 16-2368.
EI 579, Dauerfestigk. v. Stahl mit *2,8*–*3,3* Cr, *0,25*–*0,50* Mn, *0,35*–*0,5* Mo, bis *0,4* Si, *0,6*–*0,85* V u. *0,3*–*0,5* W 25-2504.
EI 612, Alter. nach d. thermomechan. Behandl. 19-2574.
EI 698, Phasenzus. 23-2582.
EI 702, Einfl. v. Verform. u. Abschrecktemp. auf d. Zerfallsmechanismus 30-0161; Verform.-Mechanismus 30-0162; Dispers.-Härt. 38-2510.
EI 736, Dauerfestigk. 25-2541.
EI 787, Dauerstandfestigk. 16-2368.
EI 811, Fehlerbldg. beim Walzen 28-2414.
EI 826, Plastizität 25-2497.
EI 827, mechan. Eig. bei kryogenen Temp. v. Stahl mit *4,35* Al, *9,85* Cr, *0,01* Mn, *5,65* Mo u. *0,03* C 21-2554.
EI 929, Phasenzus. 23-2582.
EI 943, Korros. v. Schweißverbind. in geschmolzenem Al-Phosphat 12-2385.
EI 955, Festigk.-Eig. v. Gesenkstahl mit *2,89* Cr, *0,38* Mn, *0,15* Si, *0,75* V, *1,24* W u. *0,47* C 16-2386.
EI437B, Rekristallisat. 25-2564; Phasenzus. 23-2582; Struktur v. im Vakuum-Indukt.-Ofen geschmolzenem — 28-2414; Kornvergröber. bei Rekristallisat. nach krit. Verform. 34-0128; Einfl. einer Verfestig.-Phase auf d. Primärrekristallisat. 34-0131.
EI612K, Einfl. d. Temp. d. plast. Verform. auf d. mechan. Eig. v. warmfestem austenit. Stahl mit *12,4* Cr, *8,9* Mn, *1,23* Mo, *7,1* Ni, *0,25* V, *1,25* W u. *0,36* C 32-2395.
EJa1T, Korros. in Ga-Leg. 29-2579.
Elinvar, Einfl. v. Cr auf d. magnet. Eig. 23-0574; Hochtemp.-Ox. 41-2497.
En 2, Federstahl, Permeat. v. H durch elektrochem. Überführ. 18-0297.
En 42, Werkzeugstahl, Permeat. v. H durch elektrochem. Überführ. 18-0297.
EN-35A, Einsatzhärtbark. 5-2414.
EOCh, Härten im Strom komprimierter Gase 12-2361.
EP 105, Phasenzus. 23-2582.
EP 222, Wärmekapazität bei *10*–*300* °K 34-0262.
EP 229, Edelstahl mit hohem Einfangsquerschnitt für therm. Neutronen 7-2127.
EP 302, Umschmelztechnologie unter O_2-Verw. im Elektroofen 39-2426.
EP 479, mechan. u. Korros.-Eig. v. Stahl mit *15*–*16,6* Cr, $\leq$*0,6* Mn, *1,2*–*1,5* Mo, *2* bis *2,5* Ni, $\leq$*0,6* Si u. *0,12*–*0,18* C 28-2415.
EP 543, Einfl. v. plast. Vorverform. auf Festigk.-Eig. 23-2619.
EPE 24, metallurg. Eig. für Reformieröfen 22-2459.
EPE 27, metallurg. Eig. für Reformieröfen 22-2459.
Esshete 1250, Einfl. wechselnder Belast. u. Temp. auf d. Kriechfestigk. v. austenit. Stahl mit *15* Cr, *6* Mn, *1* Mo u. *10* Ni 12-2342.
EW9Co10, Modifizier. d. Gußgefüges v. Stahl mit *10* Co, *4* Cr, *10* W, 1 C 4-1935.
EZ 2, Korros. in Ga-Leg. 29-2579.
EZ 3, Korros. in Ga-Leg. 29-2579.
Ferrovac E, Mechanismus d. Kösterschen Relaxat.-Maximums v. kaltbearbeitetem u. H-beladenem — 3-0287; Kinetik d. Snock-Ordn. u. d. Bldg. v. Cottrell-Atmosphären 15-0267; Substrukturverfestig. in großen plast. Spann. unterworfenem — (aus Sammelref.) 44-0107.
08 G, Spann.-Rißkorros.-Beständigk. 28-2477.
19 G, Festigk. nach Wärmebehandl. 27-2621; plast. u. viskose Eig. 28-2414.
24 G, Zähigk. v. Stahl mit *0,98*–*0,88* Mn, *0,32*–*0,24* Si u. *0,26*–*0,23* C bei Schlackenbehandl. 14-2314.
65 G, Härten im Strom komprimierter Gase 12-2361.
09 G 2, reversible Anlaßsprödigk. v. Stahl mit *1,60*–*1,65* Mn, *0,30*–*0,35* Si u. *0,07* bis *0,11* C 16-2358.
14 G 2, Festigk. nach Wärmebehandl. 27-2621.
52 G 2, Einfl. v. Nb auf d. Festigk.-Eig. v. Stahl mit *1,7*–*1,8* Mn u. *0,25*–*0,28* C 22-2469.
60 G 2, Temp.-Intervalle d. Anlaßeffekte bei raschem Erhitzen 7-2402.
18G2A, Schweißen v. Stahl mit *0,006* bis *0,060* Al, *1,26* Mn, *0,33*–*0,59* Si u. *0,16* bis *0,19* C 5-2418; statist. Auswert. d. mechan. Eig. v. Stahl mit *1,00*–*1,50* Mn, *0,40* Si u. *0,14*–*0,20* C 7-2384.
10G2B, Einfl. v. Nb auf mechan. Eig. v. Stahl mit $\leq$*0,20* Cu, *1,20*–*1,60* Mn, $\leq$*0,25* Cr bzw. Ni, *0,033* u. *0,035* Nb, *0,040* P, *0,17*–*0,37* Si u. *0,07*–*0,12* C 10-2334.
15 GF, Hand-Lichtbogenschweiß. v. Stahl mit *0,03* Cr, *0,14* Cu, *1,08* Mn, *0,04* Ni, *0,25* Si, *0,05* V u. *0,16* C 17-2500.
GGL, Vgl.-Verschleißunters. an badnitriertem Einsatzstahl 24-2400.
45G17Ju3, Löslichk. v. Mg aus d. Magnesitauskleid. in — 13-2312.
45G17JuZ, Einfl. d. Schlackenzus. auf Gas- u. Mg-Geh. 9-2349.
G13L, Explos.-Verfestig.-Verf. 12-2313; Rk. mit d. feuerfesten Pfannenauskleid. 14-2298; Verschleißfestigk. 18-2351; Verringer. d. schädl. Einfl. v. P 20-2329; Verschleißfestigk. 25-2506.
35 GL, Einfl. v. Seltenerdmetallen auf d. Eig. 7-2361.
16 GN, Einfl. d. Zus. auf d. Kerbschlagzähigk. v. Blechen 9-2351.
15 GS, Zähigk. v. Stahl mit *1,10*–*1,12* Mn, *0,88*–*0,86* Si u. *0,15*–*0,17* C bei Schlakkenbehandl. 14-2314.
16 GS, Warmverfestig. u. Schweißbark. für erdölchem. App. 28-2461.
17 GS, Einfl. d. Zus. auf d. Kerbschlagzähigk. v. Blechen 9-2351; Restmikrospann. 27-0312.
35 GS, mechan. Eig. nach thermomechan. Behandl. 16-2390; Lichtbogenschweißen 17-2501; Kaltbrüchigk. 21-2579; chem. Heterogenität d. Schweißzone v. stumpfgeschweißtem — 28-2463.
09G2S, Warmverfestig. u. Schweißbark. für erdölchem. App. 28-2461.
15G2S, Festigk.-Eig. nach Wärmebehandl. 27-2621.
36G2S, Wärmebehandl. v. Bohrrohren aus Stahl mit *0,13*–*0,18* Cr, *0,15*–*0,25* Cu, *1,67*–*1,78* Mn, *0,14*–*0,16* Ni u. *0,34*–*0,35* C 35-2464.
10G2S1, Warmverfestig. u. Schweißbark. für erdölchem. App. 28-2461.
12G2SMF, Baustahl für Schweißkonstrukt. 34-2389.
14G2SMFR, Sprödrißbeständigk. 14-2313.
12G2SMV, Schweißen 15-2487.
GS-N15CrNiSi24.12, Festigk. u. plast. Eig. 38-2456.

Hadfield, Deformat.-Bänder im Oberflächenrelief v. kaltverformtem u. angelassenem – 36-2386; Eig. 41-2434.
12H1MF, Ox.-Kinetik in W.-Dampf u. Luft 7-2425.
H25N13, Zunderfestigk. 12-2377.
H25N20S2, Zunderfestigk. 12-2377.
H23N15S2Az, Zunderfestigk. 12-2377.
H18N10T, Gefüge d. Übergangszone im Bimetall –/St3 48-2229.
18H2N4WA, Weichglühen 31-2551.
HP-9-4-20, Gefüge u. ZTU-Schaubild 41-2436.
HP-9-4-30, Gefüge u. ZTU-Schaubild 41-2436.
HSLA, Schweißbark. v. Stahl mit *1,06* Mn, *0,041* Nb u. *0,065* C 16-2401.
HT 10, mechan. Eig. v. – für Schleudergußrohre 6-2333.
H17T, S-Korros. bei hoher Temp. 51/52-2266.
HT 20, mechan. Eig. v. – für Schleudergußrohre 6-2333.
HT 43, mechan. Eig. v. – für Schleudergußrohre 6-2333.
HT 60, Versprödigk. v. Schweißverbind. v. Kernreaktor-Druckkesselstahl mit *0,015* lösl. Al, *0,35* Cr, *0,07* Cu, *1,20* Mn, *0,51* Mo, *0,71* Ni, *0,009* P, *0,01* S, *0,29* Si, *0,001* Ti, *0,01* V u. *0,15* C durch Wärmeeinw. 3-2462.
HT 309, mechan. Eig. v. – für Schleudergußrohre 6-2333.
HT20B, mechan. Eig. v. Schleudergußrohren aus – 6-2333.
HT20C, mechan. Eig. v. Schleudergußrohren aus – 6-2333.
HT20D, mechan. Eig. v. Schleudergußrohren aus – 6-2333.
HT20E, mechan. Eig. v. Schleudergußrohren aus – 6-2333.
HY-80, Rißbildg. in Schweiß. 29-2559.
Incoloy, metallurg. Eig. v. – für Reformieröfen 22-2459.
Invar, Tieftemp.-Eig. 1-2220; Hall-Effekt bei tiefen Temp. 4-0371; Wärmeausdehn. v. – mit *36* Ni, *0,003* S, *0,003* C, *0,002* P, Spuren v. Si u. Al bei tiefen Temp. 23-0337; Stoß-induzierte Phasenänder. *2.* Ordn. 23-0573; Einfl. einer plast. Verform. auf d. Mössbauer-Effekt in Leg. mit d. Zus. d. Fe–Ni-Invars 30-0024; magnet. Eig. v. Invar-Leg. im Zus.-Bereich nahe $Fe_{0,7}Ni_{0,3}$ 32-0528; Verh. d. Anfangssuszeptibilität d. Para-Prozesses im Bereich d. Curie-Temp. 33-0659.
08 Ju, Einfl. v. Al auf d. nichtmetall. Einschlüsse 21-2540; Technologie d. Herst. 35-2395; Rauhtiefe v. kaltgewalztem Feinblech 43-2461.
JuNDK, Ordn.-Struktur d. Leg. mit *7* Al, *34* Co, *4* Cu, *15* Ni u. Rest Fe 37-0271.
JuNDK24, Struktur u. magnet. Eig. d. Leg. mit *8* Al, *24* Co, *3* Cu, *14* Ni, Rest Fe 15-0508; Ordn.-Struktur d. Leg. mit *9* Al, *24* Co, *3* Cu, *50,5* Fe u. *13,5* Ni 37-0271.
JuNDK25B, Struktur u. magnet. Eig. d. Leg. mit *8* Al, *25* Co, *4* Cu, *14* Ni, *5* Ti, Rest Fe 15-0508.
JuNDK30T5, Struktur u. magnet. Eig. d. Leg. mit *7* Al, *30* Co, *4* Cu, *15* Ni, *5* Ti, Rest Fe 15-0508.
JuNDK35T5, Struktur u. magnet. Eig. d. Leg. mit *7* Al, *35* Co, *4* Cu, *15* Ni, *5* Ti, Rest Fe 15-0508; Ordn.-Struktur d. Leg. mit *7* Al, *34* Co, *4* Cu, *15* Ni, *5* Ti, Rest Fe 37-0271.
JuNDK40T7, Struktur u. magnet. Eig. d. Leg. mit *7,5* Al, *40* Co, *4,5* Cu, *14,5* Ni, *7,5* Ti, Rest Fe 15-0508.
JuNDK42T8, Struktur u. magnet. Eig. d. Leg. mit *7,5* Al, *42* Co, *4,5* Cu, *14,5* Ni, *8* Ti, Rest Fe 15-0508.
Kanthal A, Walzen v. wasserzerstäubtem Pulver mit *4,92* Al, *1,99* Co, *24,92* Cr u. Rest Fe 10-2351.
K10G2B, mechan. Eig. v. Stahl mit *1,53* Mn, *0,022–0,040* Nb, *0,3–0,41* Si u. *0,12* C 13-2311.
KO, Laserschweißen 15-2485.
Kovar, Wrkg.-Grad d. Desorpt. v. Gasen v. einer Oberfläche unter Elektronenbeschuß 49/50-0496.
KS-2, Technologie zur Herst. 34-2390.
30 L, metallograph. Unters. Cr-legierter Schichten auf – 19-2565.
35 L, Vgl. d. Gasgeh. bei verschiedener Herst. 13-2308; Wechselfestigk. 13-2344; Einfl. d. Enddesox. auf d. Fließverh. 18-2307.
45 L, Gasgeh. bei verschiedener Herst. 13-2308.
304 L, Elektropolieren 2-2235; tensiodynam. Verh. in Amidosulfatbädern 6-0642; Einfl. d. Stabilisier.-Behandl. auf d. Korros.-Verh. 7-2369; Verformbark. bei tiefen Temp. 31-2510; Korros. in Hochtemp.-W. u. -Dampf 37-2621.
316 L, Tieftemp.-Entspann. für Implantate 6-2288; Einfl. d. Stabilisier.-Behandl. auf d. Korros.-Verh. 7-2369; Einfl. v. W.-Dampf u. N_2 in d. Sinteratmosphäre auf d. Korros.-Beständigk. 37-2560; σ-Phasenausscheid. 38-2493.
LLC 20, Aufkohl. mit Na_2O_2 37-2593.
304 L+N, Anwend. 49/50-2266.
Magnico, Härt. hochkoerzit. Leg. v. – -Typ 17-2496; Ordn.-Struktur d. festen Lsg. in Leg. v. Typ Magnico 37-0271.
16MC10, Aufkohl. mit Na_2O_2 37-2593.
12 MCh, H-Korros. v. plattiertem Stahl 23-2602.
90MnCrWV5, Einfl. v. Austenitisier. u. Tiefkühl. auf d. mechan. Eig. 23-2617.
42MnV7, Biegewechselfestigk. nach induktiver Oberflächenhärt. 38-2480; Vgl. d. Festigk.-Eig. nach normaler u. Zwischenstufenvergüt. 51/52-2242.
90MnV8, Einfl. v. Austenitisier. u. Tiefkühl. auf d. mechan. Eig. 23-2617.
15Mo5, Einfl. v. Langzeitglüh. auf d. Gefügeausbldg. 2-2217.
20MoC12, Aufkohl. mit Na_2O_2 37-2593.
14MoV63, Verw. für d. Metallurgie 3-2453.
MST 3, Produkt.-Technologie u. Unters. d. Makrostruktur v. halbberuhigtem, chem. „verstopftem" Stahlblech 35-2181.
N 155, mechan. Hochtemp.-Eig. v. Stahl mit *18,5–20* Co, *19,5* Cr, *4* Mn, *3* Mo, *1* Nb, *16,5* Ni, *2,5* W u. *0,1* C 15-2469.
60N8, Einfl. eines Magnetfeldes auf Phasenumwandl. in d. austenit. Stahl mit *8* Ni sowie *0,3–1,1* C 46-0195.
13N15, Aufkohl. mit Na_2O_2 37-2593.
50N24, Kinetik d. Martensitumwandl. bei d. thermomechan. Bearbeit. v. Stahl mit *24* Ni u. *0,48* C 36-0116.
100N17, Kinetik d. Martensitumwandl. bei d. thermomechan. Bearbeit. v. Stahl mit *16,7* Ni u. *1,0* C 36-0116.
110N12, Einfl. eines Magnetfeldes auf Phasenumwandl. in austenit. Stahl mit *12* Ni u. *0,3–1,1* C 46-0195.
20.25-Nb, Ox.-Rek. u. Aufkohl. in CO u. CO_2 31-2509.
NC 10, Eig. 29-2494.
NC 11, Eig. 29-2494.
30NC11, Anlassen v. Vergüt.-Stahl mit *0,60* Cr, *2,75* Ni u. *0,3* C 33-2629.
35NCD16, Herst. für d. Raumfahrt 22-2461; Fäll. v. Carbiden in Stahl mit *1,84* Cr, *0,37* Mn, *0,50* Mo, *4,38* Ni, *0,009* P, *0,35* Si, *0,005* S u. *0,396* C 46-0189.
N32Ch6, Einfl. d. Warmbehandl. auf d. magnet. Eig. in starken Magnetfeldern 37-0449.
N32Ch8, Einfl. d. Wärmebehandl. auf d. magnet. Eig. in starken Magnetfeldern 37-0449.
N36Ch11, metallograph. Unters. d. Ausscheid.-Prozesses 18-0219.
36NCh11, K-Zustand u. Ausscheid.-Prozeß 12-0264.
N24Ch2T3, Alter. während d. Ablaufs einer rückläuf. martensit. α → γ-Umwandl. 22-0276.
N25Ch2T2, Alter. während d. Ablaufs einer rückläuf. martensit. α → γ-Umwandl. 22-0276.
36NChTJu, Festigk.-Eig. nach thermomechan. Behandl. 20-2345.
42NChTJu, Festigk.-Eig. nach thermomechan. Behandl. 20-2345.
36NChTJuM8, Festigk.-Eig. nach thermomechan. Behandl. 20-2345.
N23G4, Einfl. eines Magnetfeldes auf d. Martensitumwandl. in Leg. mit *3,3–3,6* Mn, *23,6* Ni u. *0,05* C 22-0214.
Ni, Strukturbezieh. zwischen Austenit- u. Carbidphasen in gealtertem austenit. Stahl mit *14* Cr, *14* Ni u. *0,45* C 18-0218.
14Ni6 (*Friduetil N 2*), Einfl. v. Cr u. Mo auf d. Tieftemp.-Kerbschlagzähigk. 1-2214.
18Ni(250), Unters. d. Bänder. v. Maraging-Stahl beim Walzen 45-2544.
Nihard, Verschleiß-Unters. 3-2137; Einfl. d. Vakuumgießens auf d. Gefüge v. – mit *1,68* Cr, *0,47* Mn, *0,33* Mo, *4,41* Ni, *0,13* P, *0,62* S u. *0,83* Si 31-2504; Verw. für verschleißfeste Teile 38-2450.
N18K8MZT, Martensitumwandl. 6-0216.
50 NP, magnet. Eig. d. kristallorientierten Leg. aus *50* Fe u. *50* Ni 3-2400.
NS 21, chronopotentiostat. Unters. d. Passivier. 28-0628.
N 24, chronopotentiostat. Unters. d. Passivier. 28-0628.
NS 30, chronopotentiostat. Unters. d. Passivier. 28-0628.
N27T2, Phasenhärt.- u. Alter.-Prozesse d. Leg. mit *0,40* Mn, *27,5* Ni, *0,48* Si, *2,68* Ti, *0,0011* S u. *0,06* C 6-0213.
18N10T, integraler Schwärzegrad v. im Temp.-Bereich *100–1100°* 5-0360.
OL 38, Wrkg. v. Zugbelast. auf d. magnet. Hysterese 13-2345.
OL 40, Wrkg. v. Zugbelast. auf d. magnet. Hysterese 13-2345.
ON6A, Einfl. v. Ni auf d. mechan. Eig. v. Stahl mit *0,45–0,60* Mn, *6–7* Ni, *0,17* bis *0,37* Si u. *0,06* C 18-2350.
ON9A, mechan. Eig. v. Stahl mit *0,45* bis *0,60* Mn, *8,5–9,5* Ni, *0,17–0,37* Si u. *0,06* C 18-2350.
OLC 10, Aufkohl. mit Na_2O_2 37-2593.
Perminvar, therm. induzierte parallele magnet. Koppl. in dünnen Sandwichschichten Permalloy/Pd/Perminvar 9-0506.
15-5 PH, Eig. v. Stahl mit *15* Cr, *3,3* Cu, *0,25* Nb, *4,6* Ni u. *0,04* C 30-2328.
17-7 PH, Ausscheid.-Härt. 43-2425 bis 43-2427.
Pyromet X-15, martensitaushärtbarer Stahl mit *20,0* Co, *15* Cr, *2,9* Mo u. *0,03* C für Hochtemp.-Zwecke 22-2463.
QA 18, chronopotentiostat. Unters. d. Passivier. 28-0628.
R 9, Carbidrk. bei d. Warmbehandl. v. aufgeschweißtem Schnelldrehstahl 20-2358.
R 12, Warmbehandl. v. Schnelldrehstahl mit *3,1–3,6* Cr, *<0,5* Mo, *1,5–1,9* V u. *12,0–13,0* W 21-2548.
R 18, Verschleißfestigk. nach Ultraschallbehandl. 15-2512; Reib.-Schweißen v. – mit Stahl *45* 22-2506; Grenzflächendiffus. u. Verschleißfestigk. 32-0283; Änder. d. Phasenzus. bei Ultraschalleinw. beim Härten 46-0192.
R6M3, Warmbehandl. v. Schnelldrehstahl mit *3,0–3,6* Cr, *3,0–3,6* Mo, *2,0–2,5* V, *5,6–6,5* W u. *0,85–0,95* C 21-2548.
45 RP, induktive Oberflächenhärt. 20-2359.
R.S. 140, Permeat. v. H durch elektrochem. Überführ. in d. hochfesten Stahl 18-0297.
RSt 42-1, Übergangstemp. d. Kerbschlagzähigk. 1-2246.
55S2, Zerreißfestigk. u. Streckgrenzen nach thermomechan. Behandl. 17-2493; Härten v. Schienenstahl 46-2182.
60S2, Korros.-Beständigk. metall. Überzüge in dest. W. zum Schutz v. Stahlfedern 28-2467.
S 6-5-2, Umschmelzen v. Schnellarbeitsstahl 25-2490.
60S2A, Härten im Strom komprimierter Gase 12-2361.
S45C, Reib.-Schweißen 4-1989.
SchCh15, Abhängigk. d. Plastizität v. hydrostat. Druck 11-2368; Änder. d. Krist.-Struktur bei zykl. Kontaktbelast. 11-2372; Reib. v. Elektrokorund u. Si-Carbid auf gehärtetem Stahl 12-2391; Empfindlichk. gegen Spann.-Konzentratoren nach Wärmebehandl. 19-2571; Berühr.-Ermüd.-Festigk. beim Schleifen 29-2563; Änder. d. Elastizitätsmoduls beim Tempern 39-0184; Weichglühen 42-2237; Herst. v. kalibriertem Kugellagerstahl ohne Rekristallisat.-Glühen 43-2462.
S15CK, mechan. Eig. nach Tuff-Behandl. u. Temper. 9-2350.
SCM 22, Walzermüd.-Eig. 33-2627.
SCr 22, Walzermüd.-Eig. v. einsatzgehärtetem – mit u. ohne Pb 33-2627.
Sermalloy A_2, magnet. u. physikal. Eig. 31-2386.
Sermalloy A_2GD, magnet. u. physikal. Eig. 31-2386.
Sermalloy A_2GDH, magnet. u. physikal. Eig. 31-2386.
55S2F, Härten v. Schienenstahl 46-2182.
55SG2R, Einfl. v. Seltenerdmetallen auf d. thermomechan. Verfestig. 47-2306.
66SiMn5, ZTU-Schaubild für d. Abkühl. 51/52-2250.
SKD 5, Verschleißbeständigk. u. Ermüd.-Verform. v. Ausforming-Werkzeugstahl mit *2,46* Cr, *0,46* Mn, *0,25* Si, *0,34* V, *9,64* W u. *0,30* C 48-2235.
S4Mn, Einfl. d. plast. Verform. auf d. Austenitgefüge v. Stahl mit *16,10* Cr, *3,9* Mn, *4,9* Ni 33-2643.
S6Mn, Einfl. d. plast. Verform. auf d. Austenitgefüge v. Stahl mit *16,80* Cr, *6,4* Mn, *4,8* Ni 33-2643.
S8Mn, Einfl. d. plast. Verform. auf d. Austenitgefüge v. Stahl mit *17,10* Cr, *8,2* Mn *4,6* Ni 33-2643.
S 3-3-2 (*Mo 325*), Einfl. v. Härtetemp. u. Tauchzeit auf d. Eig. v. Schnellarbeitsstahl 8-2333.
SNCM 23, Walzermüd.-Eig. v. einsatzgehärtetem Stahl mit u. ohne Pb 33-2627.
20 sp, Qualitätsverbesser. bei kaltgewalztem Blech durch Desox. mit Ferro-Al 9-2353.
SS-41B-D, Reib.-Schweißen v. Be–Cu-Leg. mit – 4-1990.

St... bzw. *Stahl...*

3, Verarbeit. in Verbundmetallblechen 10-2355, 10-2357; Elektrolichtbogenschweiß. d. Verbundstahls mit *0,59* Mn, *0,03* P, *0,049* S, *0,03* Si u. *0,17* C mit *0*CM*23*N*28*M*3*D*3*T 10-2383; Verschweißen mit Ch*18*N*10*T mit d. Elektroden UONJ-*13/45* 12-2372; thermomechan. Hochtemp.-Behandl. 16-2392; Korros. in Na_2S 18-2386; Verarbeitbark. in Verbundmetall mit Ni-NP-*2* 21-2568; Blockkristallisat. bei Modifizier. mit Seltenerdmetallen 22-2472; Einfl. d. Abkühl.-Geschw. auf d. Gefüge v. Blech 27-2619; Korros.-Beständigk. in Abgängen d. Erdölverarbeit. 27-2664; Gefüge d. Übergangszone im Bimetall –/H *18 N10T* 48-2229.

5, Lichtbogenschweißen 17-2501; Kaltbrüchigk. v. Bewehr.-Stahl 21-2579.

7, Wrkg. v. Zugbelast. auf d. magnet. Hysterese v. Federstahl 13-2345.

10, Verarbeit. in Verbundmetallblechen 10-2355; Festigk.-Eig. bei Raumtemp. 26-2460.

20, Abhängigk. d. Plastizität v. hydrostat. Druck 11-2368; Widerstandsfähigk. gegen Sprödbruch 34-0327; erhöhte Festigk. durch Leg. mit V 37-2541.

30, Wechselfestigk. v. dreischichtigem Stahl *U7/30U7* 20-2339; Amplitudenabhängigk. d. inneren Reib. 22-0269.

35, Hydroeros.-Beständigk. 25-2507.

40, Festigk.-Eig. bei Raumtemp. 26-2460.

45, Temp.-Intervalle d. Anlaßeffekte bei raschem Erhitzen 7-2402; Abhängigk. d. Plastizität v. hydrostat. Druck 11-2368; Verschleißfestigk. 16-2422; Wechsel- u. Korros.-Ermüd.-Festigk. nach d. Nitrier. 22-2504; Reib.-Schweißen mit Schnelldrehstahl *R18* 22-2506; Bldg. weißer Strukturschichten 23-2615; Korros.-Beständigk. nach Diffus.-Borieren, -borosilicieren, -alitieren u. -boroalitiere 28-2481; erhöhte Festigk. durch Leg. mit V 37-2541; Änder. d. Härte in Abhängigk. v. d. Abkühl.-Geschw. 37-2591.

45/60, Herst. 30-2322.

17-4, Ausscheid.-Verh. v. Stahl mit *16,47* Cr u. *4,7* Ni bei Lichtbogenschweiß. 15-2490.

18.8

Schneid- u. Schweißvers. mit Elektronenstrahlen 8-2334; Schnellkaltspritzen 48-2245; elektrolyt. Abscheid. 49/50-2308.

Eig. als korrosionsbeständ. Befestig.-Mittel 2-2260; Einfl. d. C-Abnahme in stabilisierten u. nichtstabilisierten austenit. Stahl auf d. Eig. 9-2352; Tors.- u. Zugkriechfestigk. 18-2342; Bldg. v. transkrist. Spann.-Korros.-Rissen 18-2365; zykl. Martensitumwandl. 24-2397; Einfl.: v. Si auf d. Oberflächenqualität v. Blech 25-2557; v. Kaltbearbeit. u. Wärmebehandl. auf d. mechan. Eig. v. Drähten 32-2368; Verfestig. 33-2644; Stapelfehler, Gleitlinien u. Versetz. in verformten, durch Abrieb erzeugten Oberflächenschichten 37-2642; Substrukturverfestig. bei großen plast. Spann. 44-0107; Zeitstandsfestigk. 47-2309; verbesserte Streckgrenze durch N-Geh. 47-2310.

Krit. Lochfraßpotential 5-2431; Korros. v. Schweißnähten 18-2370; Einfl. d. Verform. auf d. interkrist. Korros. 27-2663; Einfl. v. Kaltverform. u. Lsg.-Glühtemp. auf d. Korros. 41-2500; Korros.-Geschw. in sd. HNO_3 44-2251.

18.9, anod. Schutz 18-2371; Korros. durch fl. Na 28-2484.

25.5, Einfl. v. Abschrecken u. N-Geh. auf d. Kerbschlagzähigk. v. Gußstahl 33-2656.

52.3, Übergangstemp. d. Kerbschlagzähigk. 1-2246.

18.10, Martensitumwandl. bei kryogenen Temp. bei Kaltverform. u. Kriechen 31-2511; Einfl. d. Alter. nach Vorspann. auf d. Akkomodat.-Grenze 36-2371; Bldg. v. α- u. γ-Phasen 38-2458; Carbidausscheid. 43-2452.

18.12, Kriech-Bruch-Eig. bei Lös.-Behandl. 4-1971.

18.13, Stapelfehlertetraeder in ermüdeten Proben 1-2247.

18.4,1, Einfl. d. erhöhten S-Geh. in Schnellarbeitsstahl mit *3,8 – 4,8* Cr, *1,37 – 0,249* Mn, *0,050 – 0,200* S, *0,23* bis *0,56* Si, *1,0 – 1,5* V, *16,5 – 19,5* W u. *0,600* bis *0,800* C auf d. technolog. u. mechan. Eig. 8-2298.

15320, Einfl. d. Abkühl.-Geschw. auf d. Gefüge v. Stahl mit *1,2* Cr, *0,6* Mo, *0,2* V u. *0,25* C 27-2618.

18.10.3, Eig. in korrosionsbeständ. Befestig.-Mittel 2-2260.

StAIII, Widerstandspunktschweißen v. Betonstahl 45-2565.

Staybrite, Verw. als hochfeste Stahlplatte mit hoher Prüfdehngrenze 6-2348.

St38b-2, Schlag-Zerreißvers. an Schweißkonstrukt. 47-2333.

St45/60C, ZTU-Schaubild für kontinuierl. Umwandl. 27-2617; Einfl. d. Wärmebehandl. auf mechan. Eig. 48-2259.

St5GpS, halbberuhigter Stahl mit verbesserter Schweißbark. 39-2391.

St20K, Verarbeit. in Verbundmetallblechen 10-2355.

St3kp, mechan. Eig. nach thermomechan. Behandl. 16-2390.

St08kp, Einfl. v. Al auf d. nichtmetall. Einschlüsse 21-2540.

St3ps, Schweißbark. nach therm. Verfestig. 13-2371; mechan. Eig. v. Stahlknüppeln 14-2310.

St5ps, Einfl. v. Al-Zuschlägen auf d. Eig. v. halbberuhigtem Stahl 7-2362.

65S2WA, Härtbark. 31-2556.

Thermalloy 47, Einfl. d. chem. Zus. d. σ-Phasenbldg. in Stahl mit *24,5 – 26,5* Cr, *19,5 – 21,5* Ni u. *0,35 – 0,45* C 35-2459.

Ticonal, dreidimensional period. modulierte Struktur in – -Leg. 23-0241.

U 7, Entkohl.-Grad in NaCl–KCl-Schmelzen 20-2323; Wechselfestigk. v. dreischicht. Stahl *U 7/30/U 7* 20-2339.

U 8, Temp.-Intervalle d. Anlaßeffekte bei raschem Erhitzen 7-2402; Widerstandsfähigk. gegen Sprödbruch 34-0327; Grenzflächendiffus. u. Verschleißfestigk. 32-0283; Amplitudenabhängigk. d. inneren Reib. 21-0296; Festigk.-Eig. bei Raumtemp. 26-2460.

U 10, Bldg. weißer Strukturschichten 23-2615.

U 12, Grenzflächendiffus. u. Verschleißfestigk. 32-0283; Bldg. v. Austenit bei d. Elektroerhitz. 31-2555.

U 16, Änder. d. elektr. Widerstandes beim Härten 10-0420.

U8A, Laserschweißen 15-2485.

U10A, Korros. in SO_2 17-2529.

U12A, Drahtpatentier. in einer Wirbelschicht mit Schutzatmosphäre 31-2557; Verw. für hochfesten verzinkten Draht 37-2610.

US, Amplitudenabhängigk. d. inneren Reib. 22-0269.

V2A, Energieverteil. d. durch Ionenbeschuß ausgelösten H-Ionen 2-0273; Kontaktwinkel v. W. aus V2A 35-0573.

Vanadinpermendur, Ausscheid. d. γ-Phase in Leg. mit *51,2* Co, *47* Fe u. *1,8* V 10-0223.

VNL-1, Festigk.-Eig. v. Stahl mit *14,07* bis *14,60* Cr, *0,9* Mn, *0,68 – 0,83* Mo, *6,45* bis *7,59* Ni, *0,028 – 0,30* P, *0,016 – 0,018* S, *0,75* Si u. $\leqq$ *0,08* C 7-2367.

VNS 5, Einfl. d. Kaltbehandl. auf Struktur v. Schweißverb. 8-2338.

Xaloy-306, Reib. gegen Polyäthylen 3-2861.

X8CoNiTi18.10, Verw. für Ganzmetall-Höchstvakuumanlage 8-1779.

X7Cr14, Passivier. im Elektrolytsyst. H_2SO_4/NaOH 17-2530; Rekristallisat.-Verh. 29-2536.

X200Cr5, Oberflächenschmelzen u. -erstarren 4-1979.

X20Cr13, Passivier. u. Aktivier. bei d. Schwing.-Rißkorros. 3-2477.

X210Cr12, Nitrier. 1-2267; Einfl. v. Austenitisier. u. Tiefkühl. auf d. mechan. Eig. 23-2617.

X22CrMoV12.1, Dauerschwingvers. bei erhöhter Temp. 22-2492.

X22CrNi17, Passivier. u. Aktivier. bei d. Schwing.-Rißkorros. 3-2477; Modifizier. mit Ce–La 4-1948.

X5CrNi18.9, Korros. in Na_2SO_4 10-2395; Spann.-Rißkorros. in $MgCl_2$-Lsg. 10-2401; Passivier. im Elektrolytsyst. H_2SO_4/NaOH 17-2350; Lochfraßkorros. an Schnitt- u. Walzflächen v. Blech 24-2416; Korros. im Aktiv-Passiv-Übergang 29-2578; elektrochem. Verh. v. vakuumgeschmolzenem – 36-2348.

X12CrNi18.8, Passivier. u. Aktivier. bei d. Schwing.-Rißkorros. 3-2477.

X3CrNi18.12, Lsg.- u. Ausscheid.-Verh. 42-2189.

X10CrNi15.20, Carbidrk. während d. Aufkohl. u. $\gamma \rightarrow \alpha'$-Umwandl. 1-2265.

X8CrNiMo26.5, Passivier. u. Aktivier. bei d. Schwing.-Rißkorros. 3-2477.

X5CrNiMo17.13, Korros. im Aktiv-Passiv-Übergang 29-2578.

X5CrNiMo18.10, Passivier. im Elektrolytsyst. H_2SO_4/NaOH 17-2530; Korros. im Aktiv-Passiv-Übergang 29-2578.

X5CrNiMo18.12, Korros. im Aktiv-Passiv-Übergang 29-2578.

X5CrNiMoCuNb18.18, Korros. in Na_2SO_4 10-2395; elektrochem. Verh. v. vakuumgeschmolzenem – 36-2348.

X8CrNiMoNb16.13, Zeitstand- u. Ausscheid.-Verh. 33-2628.

X8CrNiMoNb16.16, Zeitstand- u. Ausscheid.-Verh. 33-2628.

X10CrNiMoTi18.10, elektrochem. Verh. v. vakuumgeschmolzenem – 36-2348.

X10CrNiMoTi17.12.2, Einw. v. Halogenionen auf d. Korros. 8-2368.

X10CrNiNb18.9, Passivier. u. Aktivier. bei d. Schwing.-Rißkorros. 3-2477.

X15CrNiSi10.12, Carbidrk. während d. Aufkohl. u. $\gamma \rightarrow \alpha'$-Umwandl. 1-2256.

X10CrNiWVTa18.9, Dauerschwingvers. bei erhöhter Temp. 22-2492.

XK 51.50, Änder. d. Austenitkorngröße mit d. Temp. 38-2492.

XK 92.61, Änder. d. Austenitkorngröße mit d. Temp. 38-2492.

X45MnNiCrV13C6, Einfl. d. Cr-Geh. auf mechan. Eig. v. Stahl mit *0,2 – 10,2* Cr, *13* Mn, *6,5* Ni u. *0,02* oder *0,45* C 1-2221.

X5NiCrMoCuNb22.18, Passivier. im Elektrolytsyst. H_2SO_4/NaOH 17-2530.

X10NiCrWTi36.15, Rekristallisat. 1-2222; Vgl. d. Warmverformbark. v. – aus d. bas. Lichtbogenofen u. nach Umschmelzen im Elektronenmehrkammerofen 32-2188; Änder. d. Festigk. beim Umschmelzen im Elektronenstrahl-Mehrkammerofen 44-2209.

X10NiCrWTi36.50, mechan. Eig. 40-2164.

X85WMoCo6.5.5, Einfl. d. Wärmebehand. auf d. Eig. v. Schnellarbeitsstahl 44-2234.

X80WMoVCr18-1254, Oberflächenschmelzen u. -erstarren 4-1979.

Z-9, Gefüge 41-2436.

Z-9-4, Gefüge 41-2436.

ZCh17G15N4AF2, Korros. in Ga-Leg. 29-2579.

ZS 3, Phasenzus. 23-2582.

Eisen und Stahl für Sonderzwecke

Baustähle

Herst. v. schweißbarem korrosionsträgem Baustahl 5-2449*; Entw.-Tendenzen 15-2439; Fertig. v. Stahlblech 25-2554; Herst. v. Baustahl mit bis *0,25* C u. mindestens *0,012* N 42-2254*.

Einfl. v. Nb auf d. Eig. unlegierter schweißbarer Baustähle 1-2215; hitzebeständ. Stähle für direkte Berühr. mit geschmolzenem Glas 5-2354; Warmwalzen v. legierten Feinkorn-Baustählen zu Blech 5-2460*; Bearbeit. zur Fein. v. Stahl für Bauzwecke 7-2464*; Härt. v. Baustählen in NaCl- u. KCl-Schmelzen 13-2366; feuerfeste Stähle für direkte Berühr. mit geschmolzener Glasmasse 16-2353; Verh. v. Al bei d. Elektroschlacken-Umschmelz. 17-2436; Verf. d. Festigk.-Erhöh. v. Baustählen 17-2439; Einfl. v. Seltenerdmetallen auf d. Eig. v. Baustahl 19-2525; Überhitz. v. Baustählen 20-2353; Qualität v. Rohrstahl nach Desox. mit Al-halt. Ferroleg. 35-2397; Einfl. d. Vordesox. auf d. Eig. v. SM-Baustahl nach Behandl. in d. Pfanne mit synthet. Schlacke 42-2182.

Korngröße u. Übergangstemp. v. glühbehandelten Baustählen 5-2353; Einfl. v. Seltenerdmetallen auf Korngröße u. Feinstruktur v. Baustahl 28-2413.

Sprödbruchsicherh. schweißbarer Stähle für Druckleit.-Bau 5-2409; mechan. Eig. v. Konstrukt.-Stählen 7-2365; verringerte Spann.-Risse durch Zusatz v. Seltenerdmetallen in Baustahl 10-2336; mechan. Eig. 14-2320; Sprödbruchneig. nach Warmverfestig. 17-2475; Verfestig. v. vergüteten Baustählen mit N u. nitridbildenden Elementen 18-2352; Einfl. d. Zwischenstufenstruktur auf d. mechan. Eig. 19-2576; Bildsamk. u. Kerbschlagzähigk. 23-2569; Kaltsprödigk.-Schwelle v. Baustahl 28-2414; Kinetik d. Kornstreuung in Baustählen bei Fein. durch induktive Erwärm. 29-2555; Einfl.: d. Vakuumgießens auf d. Festigk. 31-2495; d. Mischgefüges auf d. Zähigk.-Verh. 35-2432; Sprödbruchverh. vergüteter Baustähle 37-2570; mechan. Eig. 40-2174; Streckgrenzenverh. in Abhängigk. v. Korngröße, Temp. u. Alter. 41-2455; Einfl.: v. Nb auf d. technolog. Eig. v. Grobblech 47-2307; v. B auf Baustähle 49/50-2267; Verspröd.-Einfl. elast. Spann.-Wellen geringer Amplitude auf d. Rißzähigk. 49/50-2286.

Auswahl v. Stählen für Formen u. Gesenke 1-2218; Verw. hochfester Stahlbleche im Druckleit.-Bau 1-2219; Baustähle für Sonderzwecke 2-1946; Stähle für Gehäuse v.

Feststoffraketen-Antieben 4-1938; Stahl zur Konstrukt. v. Gießformen für Druck- u. Spritzguß 6-2276; Herst. v. HCHO durch therm. Zers. v. Trioxan in App. aus verglastem Stahl 27-2800*; Verw. v. Stahlwolle als gaschromatograph. Trägermaterial 34-1939.

Armierungsstahl: Vermeid. d. Bldg. v. Rissen bei d. durch Hydratat. v. Zement bewirkten Abbinden durch Einbau v. —-Drähten 6-2260*; Haft. d. Bewehr. im Stahlbeton 9-2299; Zugvers. an Betonstählen mit Dauerlast u. steigender Temp. 9-2300; Austenitbeständigk. C-halt. Bewehr.-Stähle 16-2351; Prüf. v. Betonstählen im Verbund mit Beton unter stat. u. dynam. Beanspruch. 26-2383; mechan. Eig. u. Eigenspann. v. kaltverfestigtem Betonstahl 36-2372; Formgeb. einer vorspannbaren Bewähr.-Stange zur Verw. in Betonbauten 40-2225*; mechan. Eig. v. Bewehr.-Draht nach d. Patentieren 42-2228.

Automatenstahl: Bearbeitbark. v. Automatenstählen 4-2024; Herst.: v. Pb-halt. Automatenstahl 5-2448*; mit S-Geh. 13-2406*; mit S- u. Se-Geh. 13-2407*; Modifizier. mit Co-, Hg-, Cd- oder Sn-Verb. 13-2409*; Zerspanbark. v. C-armen Automatenstählen 48-2247.

Draht- und Drahtseilstahl: Isotherme Behandl. v. legiertem Stahldraht 19-2556; Stahl zur Herst. kaltverformter Drähte 21-2636*; Pfannenbehandl. v. Seilstahl mit Schlackebildner u. Ar 23-2568; Ziehen v. unlegiertem Stahldraht u. Behandl. im Pb-Bad 33-2646; Erschmelzen v. Seilstahl in Großraumöfen 35-2394; austenit. Cr–Ni–Mn-Stahlleg. für Draht 41-2522*; Herst. v. Cr–Ni-Stahldraht ohne Mo-Zusatz 42-2262*; Herst. v. Stahl für kaltgezogene Seildrähte u. Kabel 48-2309*.

Sprödigk. v. Stahldraht nach d. Anlassen unter Zugbeanspruch. 2-2212; Alter. v. abgeschreckten u. angelassenen Stahldrähten 10-2379; Gefüge 17-2410; Ermüd. v. Profildrähten geschlossener Tragseile 17-2479; elast. Spann. an Stahldrähten in Abhängigk. v. Kaltverform.-Grad 24-2387; mechan. Eig. u. Lebensdauer hochfester Drähte 28-2414; Einfl.: d. N-Geh. v. Stählen auf d. Spann.-Relaxat. v. Drähten aus C-reichen Stählen 32-2368; v. Warmbehandl. u. Warmverform. auf d. Bruchfestigk. v. hochgekohltem Draht 32-2396; Sorbitisier. d. Gefüges v. Walzdraht aus d. Walzhitze 35-2454; Einfl. d. Wärmebehandl. auf sternförm. Bruchflächen v. Stahldraht 38-2482.

Emaillierstahl: Eig. u. Anwend. v. Emailstählen 22-2458.

Einsatzstahl s. im Abschnitt *Weiterbehandlung und ihre Wirkung auf die Eigenschaften — Oberflächenanreicherung*, S. 436.

Federstahl: Herst. v. Federdraht aus rostfreiem Stahl (Übersicht) 1-2226; Ausscheid.-Verh. bei d. Härt. v. Federleg. 13-2354; kalt flachgewalzter C-Stahl für Triebwerksfedern 18-2406*; Einfl. v. Si auf d. Elastizität v. Federstahl 22-2502; Verf. zur Erhöh. d. Druckfestigk. v. Federn 25-2508.

Kesselstahl: Kriechbrucheig. v. Druckkesselstählen 9-2378; Glühtemp. u. -dauer bei Spann.-Glühen v. Kesselbaustahl 45-2552.

Korrosionsbeständiger Stahl: Eig. Ni-freie austenit., rostfreier Austauschstähle 1-2224.

Herstellung und Verarbeitung: Galvan. Bad zum Abscheiden rostfreier Stahlüberzüge 5-2468*; Vakuumbehandl. 8-2296; Aufkohl. v. rostfreiem Stahl bei hohen Temp. in Na 25-2310; Flußmittel Stahlguß mit Flußspatzusatz 25-2605*; Schmelzmeth. für Edelstähle 29-2492; Herst. durch elektrolyt. Diffus.-Behandl. 39-2433; Erschmelzen v. Edelstahl mit extrem niedrigem Einschlußgeh. 40-2226*; Herst. hochlegierter Edelstähle im O_2-Konverter 48-2225.

Eigenschaften: Martensitumkehr. 9-2388; Austenit/Martensit-Grenzflächenversetz. 11-0289; Best. d. Stapelfehlerenergie in Edelstahl 26-0188; Entw. d. Versetz.-Strukturen in Oberflächenschichten v. nichtrostendem Stahl bei verschiedener Belast. 37-0179.

Einfl. v. Bestrahl. auf d. Bruch v. rostfreiem Stahl bei hohen Temp. 15-0269; Erzeug. elast. Wellen durch Impulse v. Laser-Strahlen 29-0234; Maxima d. inneren Reib. in einem mit H_2 beladenen, austenit. nichtrostenden Stahl 36-0256; Bestrahl.-Kriechen bei *100*° 40-0233.

Sekundärelektronenemiss. einer Oberfläche aus nichtrostendem Stahl unter d. Einfl. eines Molekularstrahles hoher Energie 34-0438; Verlust v. *60*-keV-D-Ionen in rostfreiem Stahl 36-0290; Einfl. d. Temp. auf durch Elektronenbeschuß verursachte Oberflächenlad. 43-0450; Erzeug. v. Ionen u. Elektronen durch Wechselwrkg. eines kohärenten Lichtstrahls mit rostfreiem Stahl 48-0381.

Abscheid. v. Nb_3Sn-Schichten an Trägern aus nichtrostendem Stahl 25-0485.

Geschw.-Verteil. v. an Edelstahl-Oberflächen gestreuten Ar-Strahlen 4-0274.

Adsorpt. u. Desorpt. v. SO_2 an Rohren aus Edelstahl 22-2304; Randwinkel v. Hg auf rostfreiem Stahl 35-0578.

Verh. in Na bei Temp. v. *600 – 900*° 25-2310; Korros.-Beständigk. beim Einsatz im chem. Betrieb 34-2441.

Verwendung: Verw. v. rost- u. säurebeständ. Spezialstählen in d. Zuckerfabrik 1-2281; Anforder. an Eig. chem. beständiger Stähle für kaltgewalztes Blech oder Band 6-2349; Betriebserfahr. mit Kondensatorrohren aus rostfreiem Stahl 9-2071; Verw.: v. rostfreien Stahlpigmenten in Anstrichen 22-3060; für Erhitzer u. Wärmeaustauscher in Hydrieranlagen 38-2457; eines martensitaushärtenden, gegen Spann.-Korros. beständ. Stahls 48-2303* für d. Maschinen- u. App.-Bau d. Verf.-Technik 49/50-2084.

Lagerstahl: Diffus. kompakter Carbide in Lagerstahl beim Anlassen 2-2216; Einw. v. Seltenerdmetallen auf d. technolog. Eig. v. Radsatzstahl 9-2348; Güte v. Wälzlagerstahl (Einfl. d. Al-Menge bei Enddesox. im Lichtbogen) 15-2430; (Einfl. d. Vakuumbehandl.) 26-2425; Einfl. v. nichtmetall. Einschlüssen auf d. Ermüd. v. Lagerstahl 32-2368; Abstichentgas. v. Kugellagerstahl 35-2400; Stranggießen v. Wälzlagerstahl 40-2185; niedriglegierter Lagerstahl 41-2520*; Einfl. d. Dauer d. Al-Desox. auf d. Qualität v. Lagerstahl 47-2303.

Magnetstahl: Einfl. technolog. Parameter auf d. Eig. v. Trafostahl im Bund 35-2462; Unters. an *11*-t-Block aus SM-Trafostahl 39-2394.

Herstellung und Verarbeitung: Vakuumhochtemp.-Glüh. v. kaltgewalztem Transformatorenstahl 9-2390; Herst. v. magnet. Blech mit Würfeltextur aus Fe–Si-Leg. 14-2218*; Erhöh. d. Permeabilität v. Fe–Ni-Magnetkernen durch immitierenden Elektronenstrahl 14-2221*; Herst. v. Magnetblech: aus Si-Stahl mit Goss-Struktur 14-2222*; aus Stahl mit Vorzugsorientier. 16-2256*; Herst. v. Blech erhöhter Permeabilität u. verringerter Kernverlustziffer 16-2266*; Pfannen-Vakuumbehandl. großer Mengen v. Transformatorenstahl 24-2354; Verh. v. Al bei d. Herst. v. kaltgewalztem Transformatorenstahl 34-2388; Kinetik u. Mechanismus d. Entschwefel. bei d. Hochtemp.-Glüh. 35-2407; Entkohl. v. Trafoband in Durchlauföfen 35-2461; Herst. v. Stahlguß mit hoher Magnetisierbark. 38-2452; Spann.-Freiglühen fertiggewickelter Bandkerne 38-2558*.

Eigenschaften: Strukturinhomogenität v. Transformatorenstahl nach d. Warmwalzen 11-2378; Sekundärrekristallisat. (Bldg. d. „Keime") 16-0196; (Kinetik) 16-0197; (Beweg.-Kräfte) 16-0198; Einfl.: d. Glühatmosphäre auf d. Oberflächenenergie v. Transformatorenstahl 21-0266; v. C auf Korngröße u. Gefüge 23-2586; Polygonisat. u. Primärrekristallisat. in kaltgewalztem Transformatorenstahl 24-0209; Primärrekristallisat.-Textur in gewalzten (*110*)-Einkrist. v. Transformatorenstahl 42-0159; Bldg. v. AlN bei d. Erwärm. v. Trafostahl 43-2470.

Verform.-Vermögen in Ggw. v. Carbidphase im kaltgewalzten Transformatorenstahl 25-2503.

Elektromagnet. Verluste v. Transformatorenstahl 2-2183; Zusammenhang zwischen d. magnet. Anisotropiekonst. u. d. Magnetisier.-Energie 25-0524; Einfl. d. Bandzuges bei d. Wärmebehandl. im Durchlaufofen auf d. magnet. Eig. 34-2421.

Verwendung: Si-Stahlleg. für Magnetkerne 14-2220*; Verw.: v. Fe- u. Fe–Co-Leg. mit eutekt. Zus. als Dauermagnetwerkstoff 19-2434*; kaltgewalzter Stähle für elektrotechn. Zwecke 34-2386.

Reaktorbaustahl: Eign. v. span. Stahl für Druckgefäße v. Kernreaktoren 3-2416; Metallurgie u. Schweißen dicker Stahlbleche für Kernreaktor-Behälter 6-2354; Eign. v. Stahlguß für Abschirm. radioakt. Strahl. 13-2358; Veränder. in Stahl für Reaktordruckgefäße bei Neutronenbestrahl. 28-2410; rostfreie Stahlfilter für kerntechn. Anwend. 30-2138; Einfl. wiederholter Glüh. auf d. mechan. Eig. v. Stahl für Kernreaktor-Druckkessel 33-2657.

Schienenstahl: Warmbehandl. v. Kopf, Steg u. Flanschen aufweisenden Eisenbahnschienen durch induktive Hochfrequenzerhitz. 8-2412*; thermomechan. Behandl. 18-2353; Herst. v. Schienenstahl mit *0,035 – 0,040* P im Bessemer-Konverter 21-2546; Warmbehandl. im Wirbelbett 21-2638*; Ölhärten u. Anlassen 31-2635*; Erstarr.-Verlauf beim Gießen schwerer Blöcke 35-2380; Einfl. d. O-Geh. d. Endschlacken auf d. Qualität 40-2159.

Tiefziehstahl: Ungleichmäßige Verteil. d. Begleitelemente 2-2179; Einfl. v. P u. Cu auf d. Eig. 4-1947; Herst.: v. kaltgewalztem, alterungsfreiem Stahlblech mit hoher Tiefziehfähigk. 8-2411*; eines extra weichen unberuhigten, nicht alternden Stahls für Tiefziehzwecke 17-2551*; Glühen v. zu offenen Bunden aufgehaspelten Tiefziehblechen aus weichem Stahl 19-2652*; Alter. 25-2553; Oberflächendefekte durch Tiefziehen v. mit Al beruhigtem Stahl 25-2556; Denitrier. v. Tiefziehstahl in einer nichtbefeuchteten reaktiven Atmosphäre 28-2457; Einfl. v. S auf d. Eig. 30-2326; Tiefziehfähigk. u. Verfestig. d. Zone d. gefährdeten Querschnitts v. niedriggekohltem Stahl 31-2634*; Verbesser. d. Tiefziehfähigk. v. kaltgewalztem Stahlblech 40-2222*.

Werkzeugstähle

Austenitformhärt. 30-2373; Wärmebehandl. v. Hochgeschw.-Stählen für Preßwerkzeuge 32-2368; Wärmebehandl. v. Band aus Stahl für Sägestahlbänder 35-2463; Kompress.-Abschreck. zur Härtesteiger. v. Werkzeugstahl 45-2551.

Zähigk. v. Werkzeugstählen für d. Kaltbearbeit. 32-2368; Festigk. u. Zähigk. gehärteter Werkzeugstähle 43-2446; Temper.-Verh. v. Warmbearbeit.-Stahl 46-2214; Einfl. v. B auf d. Eig. v. Werkzeugstählen 49/50-2267.

Kennzeichen u. Verw.-Grenzen v. Warmarbeitsstahl für d. Erdölchemie 4-1951; legierter Werkzeugstahl mit *2,5 – 5,0* Cr, bis *1,0* Mn, *2,0 – 5,0* Mo, bis *2,5* Si, bis *0,4* Ti, *0,75 – 1,5* V, *0,015 – 0,5* W u. *0,85 – 1,3* C 7-2449*.

Schnellarbeitsstähle: Warmbehandl. 11-2431*; Phasenumwandl. in Fe–Co–W-Schnelldrehleg. 16-2355; Carbonitrier. bei niedr. Temp. 16-2394; Schnellstahl mit *0,2 – 10* Ti oder Zr, Ni, Ta 18-2408*; zulässige Korngröße v. Schnelldrehstahl an Hand mechan. u. Schneideig. 22-2473; Niedrigtemp.-Cyanier. v. Schnelldrehstahl durch dissoziertes NH_3 27-2624; Verschleißverh. v. Werkzeugen aus Schnellarbeitsstählen 40-2205; V in Schnelldrehstählen 42-0082; Unters. v. Carbiden in Schnellarbeitsstählen 45-2538.

Metallkeramische Stähle und Eisenlegierungen

Werkzeugverschleiß beim Schneiden v. metallkeram. — mittels Monocarbid-Hartleg. 26-2453; Herst. u. Verw. v. *Carbonyleisen*-Pulver s. dort, S. 432.

Pulverherstellung

Einfl. d. Beding. d. kathod. Red. v. Fe_2O_3 auf d. granulometr. Zus. v. —-Pulver 1-2239; Korros.-Schutz v. —-Pulver durch Pb-Azelaat 8-2361; Herst. v. Briketts aus —-Pulver aus oxid. Erz 8-2379; Herst. v. Pulver: durch direkte Red. mit Erdgas 9-2365; für Magnetkerne 14-2226*; mit hohem elektr. Widerstand 16-2259*; Vernickeln v. —-Pulver 17-2507; Schutz v. —-Pulver durch Azelainate schwerer Metalle 19-2544; Herst.: v. —-Teilchen durch Zers. Fe-organ. Verb. mit elektromagnet. Strahl. 19-2650*; v. Pulver aus Cr-Stahl im W.-Strahl 22-2481; v. chromiertem —-Pulver durch Diffus.-Sättig. 24-2376; v. Pulver für Schweißelektroden 37-2668*; sinterfähige Pulvermisch. auf —-Basis 44-2289*; Red. v. braunem Konverterrauch zu —-Pulver 47-2321; Herst. v. Pulver mit ox. Oberfläche 51/52-2301*.

Sintervorgänge und Eigenschaften der Sinterkörper

Kinetik d. induktiven Erhitz. v. porösem — 3-2401; Kornwachstum beim Sintern v. W–Ni–Fe mit fl. Phase 5-2378; Sinter. metallkeram., durch stoßweise Belast. zusammengepreßter Gegenstände 6-2304; Sättig. v. Sinter-— mit Cu u. Messing 8-2312; Einfl.: v. Ni, Co u. Mn auf d. Aktivier. d. Sinter. v. metallkeram. Cermet-— 9-2369; d. Temp. u. d. Korngröße auf d. Wirbelverh. (Agglomerat.-Punkt) v. Stahlpulver 11-0712; Strukturbldg. beim Sintern v. —-Graphit-Preßmassen 12-2323; Einfl. v. Sn-Zusätzen auf d. Sinterverh. v. —-Pulver 14-2334; Schwind. beim Sintern v. —-Pulver mit $\leqq$*12* Glaspulver 17-2460; Einfl. v. Cu-Zusatz auf d. Stahlsinter. 23-2599; Meth. d. dynam. Warmpressens v. —-Pulver für geringe Porosität 24-2377; Einfl. v. Ni, Co u. Mn auf d. Aktivier. d. Sinter. v. metallkeram. — 24-2378; Porenstruktur u.

Verdicht.-Mechanismus beim Pressen v. --Pulver 46-2194; Cu-Vorinfiltrier. in --Sinterlinge 46-2195; Zunahme d. scheinbaren D. v. Frem---Pulver 51/52-2234.

Einfl. nichtkorrosiver Fl. auf d. mechan. Eig. v. Sinter-- bei stat. u. dynam. Beanspruch. 3-2444; Antifrikt.-Eig. v. --Graphit-Sinterlagern (Gefügeeinfl.) 6-2320; (Einfl. d. Sinterdichte) 6-2321; Porosität v. TiC-Stahl-Tränkleg. 6-2344; Zugfestigk. v. Sinter-- bei niedrigen Temp. 11-2360; Einfl.: d. Kalibrierzugabe auf d. Oberfläche v. --Graphit-Buchsen 11-2361; d. Preßtechnologie auf d. ungleichmäßige vertikale D.-Verteil. v. gesinterten Stahlfilterelementen 11-2362; Eign. v. Fe–Cu-Sinterleg. als Dicht.-Werkstoff für Dampfturbinen 12-2330; Biegefestigk. gesinterter Werkstoffe auf -- u. Cu-Basis bei niedrigen Temp. 17-2461; Antifrikt.-Eig. v. --Graphit-Sinterleg. unter Beding. einer trockenen Reib. 24-2381; Einfl. d. Schneidgeschw. beim Fräsen auf Verfestig. u. Verdicht. d. Oberflächenschichten v. porösem Sinter-- u. – + Graphit 32-2391; Zähigk. v. gesinterten --halt. Werkstoffen 35-2420; Einfl. v. H_2O u. N_2 in Sinteratmosphäre auf d. Korros.-Beständigk. 37-2560; Eig. v. Metallpolymeren aus Epoxidharz u. koll. – 38-1291; Einfl. d. Porosität v. --Leg. mit *1,1* Ni bzw. *0,5* Si, *1,0* Mn, *0,5* Cr oder *0,4* Cu auf d. relative Intensität d. Spektrallinien d. Beimeng.-Elemente 40-1738.

Pulvermetallurgie

Pulvermetallurg. Herst. v. mit *1* rotem P u. *10–20* Sn-Bronze legiertem Stahlfilter 6-2305; Tränken v. --Sinterkörper mit Cu 6-2306; wartungsfreies Gleitlager aus Sinter-- u. Polytetrafluoräthylen als Gleitfläche 6-2317; Herst. v. Fe–Cu-Sinterprod. 8-2311; härtbarer Hartstoff aus TiC u. legierter Stahlgrundmasse für Meßzeuge 8-2314; Walzen v. wasserzerstäubten Kanthalpulver 10-2351; Herst. poröser Rohre aus Sinterstahl 18-2330; Herst.-Verf. metallkeram. Konstrukt.-Stähle 23-2600; Herst.: v. Fe–Cr–Bauxit-Cermets 23-2601; poröser Formkörper aus Cr–Fe-Leg. 42-2199; Verf. zum Korros.-Schutz v. Sinter-- u. -Stahl 46-2218.

Herst. v. Stahlpreßhülsen zum Verbinden v. Drahtkabel 3-2526*; pulvermetallurg. Herst. v. Schnellarbeitsstahl 4-2030*; Herst.: gesinterter, aushärtbarer Leg. auf Basis Fe–Ni–Al mit *0,01–1* S 9-2447*; v. korrosionsfestem u. porösem Faserwerkstoff aus Cr-Stahl 9-2557*; Strangpressen v. *10–30* Ni, *3–15* Al, bis *16* Co, bis *6* Cu, Rest Fe für Dauermagnete 13-2209*; Schnellarbeitsstahlpulver mit *0,76* C, bis *4,75* Cr, *1,4–3,75* V, *6–22* W sowie Carbid für Schneidwerkzeuge 13-2417*; kontinuierl. Herst. v. Blechen u. Bändern aus --Partikeln 18-2422*; pulvermetallurg. Herst. v. ultrareinem Stahl im Vakuum-Lichtbogenofen 19-2634*; Werkzeugteile mit *25* bis *80* Vol.-% Metallcarbid in Stahlmatrix 21-2645*; Strangpressen v. --Pulver zu einem Stab 22-2561*; Verw. v. mit Co, Ni, Mo oder W legierten Stählen zur Herst. metallkeram. Formkörper 23-2508*; Sinter. u. Diffus.-Vergüt. v. Stahlgegenständen 23-2684*; Verbesser. d. Korros.-Beständigk. v. Sinterstahl durch Zusatz wss. Sn-, Cu- oder Ni-Salze 24-2454*; pulvermetallurg. Herst. v. porösen Körpern aus Stahl u. Kunstharzpulvern 27-2693*; Sintern v. Nb_2O_5-halt. Ferro-C-Vorleg. 27-2694*; zerkleinerter gesinterter Hartstoff aus *30–40* TiC, *1–15* Cr, *0,5* Mo, *0,8* Ni, *0–2* Cu, *0–0,5* Ti, *0,06–0,8* C, Rest Fe 31-2632*; hochverschleißfester ausscheidungshärtbarer Sinterstahl aus *0,05–0,6* Al, *5–11* Co, *3–7* Mo, *12–26* Ni, *0,15–2,4* Ti, *27–35* TiC, $<$*0,1* freiem C, *0,03* C u. Rest Fe 32-2450*; wärmebehandlungsfäh., härtbarer gesinterter Werkzeugstahl aus *22–90* Carbid in einer Stahlgrundmasse 32-2451*; härtbare Leg. mit TiC u. Rest – 38-2555*; carbidphaseverfestigte Leg. mit --Leg.-Matrix 42-2273*; Cu-halt. Pulvermisch. zum Tränken poröser --Körper 44-2291*; pulvermetallurg. Herst. Cr-halt. Stähle mit hohem N-Geh. 44-2293*; aushärtbare Sinterleg. aus – mit Ni, Co, Ti u. Mo 46-2254*.

Verwendung von Pulvern

Verw. v. --Pulver zur Herst. v. Keramik-Metall-Verlöt. 2-2148*; Alsifer-Pulver mit *7,2* Al, *10,9* Si u. *81,9* Fe für weiche Magnetwerkstoffe 2-2192; Verw.: v. feinverteiltem – zum Metallisieren v. Metalloxidkörpern zur Verlöt. mit Metallkörpern 3-2345*; v. --Pulver mit wss. Lsg. v. Na-, K- oder NH_4-Chlorid u. K-, Na-, NH_4-Dichromat oder Na- oder K-Permanganat als Zement-Härt.-Mittel 44-2178*.

Ferrolegierungen

Herst. v. Ferroleg. in elektr. Red.-Schachtöfen 10-2412; Gewinn. u. Aufbereit. v. Koks zum Erschmelzen v. Ferroleg. 22-2741; Anwend. exothermer Ferroleg. beim Erschmelzen niedriglegierter Stähle im O_2-Konverter 34-2385; Löslichk. v. C in Ferrosilicomangan u. Ferrosilicochrom 44-0462; (Aktivitätskoeff. v. C) 44-0463.

Ferroaluminium: Verw. zur Desox. v. Stahl *20*sp 9-2353.

Ferrobor: Vgl. zwischen d. durch Fokussier. eines Laserstrahls auf eine feste --Scheibe u. d. durch Funken erhaltenen Emiss.-Spektren im fernen UV 18-0104; Verw. zur Borier. v. Stahl 25-2565; Herst. aus B-Erz 30-2420*; Menge u. Verteil. d. Metall-Reguli in --Schlacken 32-2379.

Ferrocer: Verw. zur Modifizier.: v. Kupolofen-Guß-Fe 12-2302; v. Roh-Fe 18-2306; Einfl. eines -- u. Silicocalciums auf d. Schlagzähigk. v. Gußstahl *35*Ch*2*GM 24-2358; Verw. zur Modifizier. v. Stahl 44-2210.

Ferrochrom: Herst. mit niedrigem C-Geh. durch ox. Rösten 3-2508*; Chlorier. in Vertikalchloratoren 18-2409*; Herst. durch Magnetisier-Röst. chromitarmer Erze 23-2540; Sintern v. Nb_2O_5-halt. --Vorleg. 27-2694*; Umschmelzen v. – suraffiné im Elektronenstrahl-Mehrkammerofen 42-2190; Entkohl. v. C-reichem – 43-2429; Entkohl. u. Sinter. v. Briketts d. Erzeug. v. – suraffiné 43-2430.

Nichtmetall. Einschlüsse in – mit mittleren Si- u. C-Geh. 24-2360; Verteil. v. S zwischen d. Phasen v. C-halt. – 28-2416; C-Ox. im Ferro-- beim Verblasen im O_2-Konverter 40-2165.

Schichtdickenbest. v. Cr- u. Cr_2O_3-Filmen auf – mit *14–27,4* Cr durch Elektronenstrahlmikroanalyse 6-1798; spektralphotometr. P-Best. 29-2203.

Ferromangan: Metallotherm. Herst. v. – mit $>$*70* Mn, *1,5–10* Si u. *0,06–1* C 3-2507*; Herst. aus Erzen 5-2358; Viskosität d. Hochofenschlacke bei d. --Herst. 5-2359; Gewinn. aus Atasu-Mn–Fe-Erzen 13-2298; Schmelzen v. – aus bulgar. Konzentrat 19-2529; Technologie d. Erzeug. 37-2546; Herst. v. –: mit $<$*1,5* C 41-2529*; mit geringem C-Geh. 42-2264*; Aufarbeit. v. Urkuter Mn-Erz zu – 44-2186.

Anod. Polarisat. in Chloridlsg. 36-0536.

Brikett mit feinverteiltem – als Zusatzmittel für Stahlschmelzen 16-2433*.

Best. v. Mn 4-1635.

Ferromolybdän: Viskosität v. --Schlacken 10-2340; nichtmetall. Einschlüsse in – 13-2347; Material- u. Wärmebilanz d. aluminotherm. Herst. 17-2440.

Ferronickel: Gewinn. aus laterit. Erzen 23-2672*; selektives oxydierendes Glühen 28-2492*; Raffinat. v. schwarzem – 29-2495; Gewinn. aus oxid.-silicat. Erzen 47-2407*; Herst. aus Lateriterz 48-2304*.

Ferroniob: Aluminotherm. Herst. 31-2619*; Vgl. d. Verf. d. Herst. 37-2548.

Ferrophosphor: Frischen 41-2531*.

Ferroplatin: Vork. in d. „Pt-Nuggets" in Lateritdecken v. ultrabas. Gesteinen u. Birbiriten v. West-Äthiopien 3-0798; Vork. v. Pd in Form v. $Pd_3Ni_4As_3$ in Assoziat mit – in d. Cu–Ni-Erzen v. Talnach 29-0901.

Ferroselen: Herst. in körn. Form 10-2416*.

Ferrosilicium: Passivieren v. – mit *25–80* Si 13-2450*; Erschmelz.: v. *45*%ig. – aus brikettiertem Möller 22-2474; v. *75*%ig. – unter Verw. v. Spezialkoks 26-2428; gemeinsame Herst. v. Ca u. geringhalt. – 28-2523*; Herst. v. – mit Xylitkoks 30-2302; Spezialkoks für d. Erschmelz. v. hoch-Si-halt. – 37-2549; Sphäroidisier. unregelmäßig geformter --Teilchen 42-2103*; Herst. aus Fe-Spänen, Quarz u. Kohle 42-2265*; bes. Koks für d. Erschmelzen v. Si-reichen Elektro-Ferroleg. 43-2428; Austausch v. Fe-Spänen bei d. Herst. v. – 44-2211; Vergießen 49/50-2249.

Polarisat. u. Korros. v. – mit *7,5–15* Si als Suspens. schwerer Teilchen für d. Schwimm-Sink-Verf. 3-2389; Löslichk. v. Ca in Phasenkomponenten v. stark Si-halt. – 7-0561; Best. d. spezif. Oberfläche v. – 13-0650; stimulierender Effekt v. Sr auf --Impfmittel 20-2320; Einfl. v. Verunreinig. auf d. Entw. d. sek. Rekristallisat.-Textur 37-2550; Kinetik d. sek. Rekristallisat. in Al-halt. – 41-2440; Einfl. v. Ca u. Al auf d. Impfwrkg. v. – im Grauguß 47-2312.

Verw.: zum Abdeckeln v. Stahlblöcken 7-2363; zur Herst. keram. Schichtkörper 43-2373*; --Verluste in Schwertrüben 47-2286.

Best. v. Ca in – durch chelatometr. Titrat. 42-1918.

Ferrotitan: Best. v. Mn 4-1635.

Ferrovanadin: Amperometr. V-Best. mit Thiooxin 33-2216.

Ferrowolfram: Erniedrig. d. C-Geh. in – 37-2547.

Fehlererscheinungen

Oberflächenfehler durch Warmwalzen v. Stahldraht 2-2211; Einfl.: v. N auf Pinholes unter d. Oberfläche in Stahlguß 8-2287; d. elektrolyt. H_2-Anreicher. auf d. makroskop. Zerstör. v. – u. Stählen 9-2416; Fehler in d. Oberflächenschicht v. Walzen aus Mg-behandeltem Guß-- 12-2300; Einfl. d. Spann.-Zustandes auf d. Einschmieden innerer Blockfehler 35-2449; Pinholes-Bldg. in Guß-- mit Kugelgraphit 49/50-2261.

Alterung

Einfl. d. Härtetemp. auf d. Altern v. Stahl 13-2365; Reckalter.-Effekte u. Spann.-Relaxat. bei Explosivverform. 14-0271; Einfl. v. Zr auf d. Alter.-Verform. 18-2318.

Einschlüsse und sonstige Verunreinigungen, Gasblasen, Seigerungen

Ursachen v. nichtmetall. Einschlüssen in mit Al legierten Stählen 7-2368; nichtmetall. Einschlüsse in Ferro-Mo 13-2347; Einfl. d. Warmbehandl. auf d. Dispersität d. Einschlüsse in Stahl 16-2383; Phasenaufbau v. Einbrand auf Gußstücken aus C-Stahl 18-2308; Einfl. v. Al auf nichtmetall. Einschlüsse v. unberuhigten Stahlblöcken 21-2540; Herkunft metall. Einschlüsse in Lagerstählen 22-2456; nichtmetall. Einschlüsse: im Syst. Fe–P–O 23-2555; in Ferro-Cr mit mittleren Si- u. C-Geh. 24-2360; Schlackeneinschlüsse in Stahl 28-2407; Auflsg. nichtmetall. Einschlüsse durch Oxid- u. Fluoridschlacken 32-2372; nichtmetall. Einschlüsse: in weichem unberuhigtem Stahl 33-2602; in kaltgewalztem Transformatorenstahl 34-2387; in – u. Stahl (Krist.-Struktur) 37-2580; Schlackeneinschlüsse in Stahl 39-2389; Keimbldg. v. Versetz. um Einschlüsse 39-2419; Bldg.-Mechanismus v. Versetz.-Schleifen um Einschlüsse 39-2420; Schlackeneinschlüsse in Stahl 47-2304; nichtmetall. Einschlüsse v. in d. Pfanne u. im Vakuum entgastem Stahl 47-2305; Schlackeneinschlüsse in Stahl 48-2223, 48-2224.

Bezieh. zwischen FeO-Einschlüssen u. Stahlermüd. bei Wechselbiegebeanspruch. 12-2345; makroskop. durch Luftox. erzeugte Einschlüsse 23-2570; Art u. Verteil. ox. Einschlüsse bei unterschiedl. teilberuhigten Stählen 23-2572; Einschlußbldg. bei Al-Desox. v. fl. – 30-2310; Einfl. v. Ni auf Oxideinschlüsse in Cr–Ni-Stählen 32-2368; Kinetik d. Bldg. v. Tonerdeeinschlüssen bei Desox. mit Al 36-2335; Zus. v. Oxideinschlüssen bei Desox. mit Ti bzw. Al 36-2345; Wachstum u. Verteil. v. schichtähnl. Al_2O_3-Einschlüssen 37-2529; Einschlüsse nach Si-Desox. v. Armco-- 43-2415; Bldg. prim. Desox.-Prod. bei Desox. mit Al 44-2221.

Entsteh.-Beding. v. Sulfideinschlußformen 12-2306; Vork. v. Sulfideinschlüssen bei Verform. 12-2307; Aufbau u. Zus. v. Sulfiden in S-halt. Stählen mit verbesserter Zerspanbark. 12-2308; Einfl. verschiedener Zusatzelemente auf d. Zus. v. Sulfiden in Stählen 22-2466; Parameter d. Sulfid–Selenid-Einschlüsse v. Typ (Mn, Me)(Se, S) 23-2583; Unters. v. AlN-Ausscheid. durch Mikrodiffrakt. d. C-Abdrücke 29-2548; Einfl. v. Al-Nitridausscheid. auf d. Stahleig. 30-2325; S-Potential d. Sulfidbldg. u. -ausscheid. in – u. Fe–Mn-Leg. 33-2686; Bldg.: v. FeS u. MnS im Stahl 35-2404; v. Telluriden in Automatenstahl 35-2405.

Gase in Fe–C-Leg. (Gießfehler) 5-2341; Einfl.: d. Entgas.-Meth. auf d. H-Geh. v. Stahl 7-2359; v. Leg.-Elementen auf d. O- u. N-Geh. v. im Vakuum-Lichtbogenofen umgeschmolzenem Stahl 7-2360; Gasporosität in Stahlguß 25-2470; Einfl. d. Warmbehandl. auf d. H_2-Verteil. in großen Schmiedestücken 39-2431; Blasen in austenit. Mn-Gußstahl 47-2294.

Carbidseiger. u. nichtmetall. Einschlüsse bei Vergüt.-Stählen 8-2293; Bldg.: v. Seiger.-Zonen in eutekt. Strukturen bei kontrollierter Erstarr. 11-2321; v. Seiger.-Streifen in einem beruhigten Stahlblock 25-2548; Diffus.-Ausgleich v. Krist.-Seiger. 34-2422; chem. Zus. v. Seiger. in geformtem Wälzlagerstahl 35-2402; Umwandl.-Seiger. v. P in Stählen 35-2403; Verteil. v. La, Ce u. S im Stahlguß 38-2453; Abhängigk. d. Seiger. v. Absteh- u. Anwärmzeit d. Rohblöcke in Tieföfen 41-

2431; Mikroseiger. in Fe-C-Gußleg. 46-2180; Beobacht. d. Oberflächensegregat. v. S, Cr u. Sb in Stahl durch Auger-Elektronenemiss. 48-0135; Mikroanalyse d. P-Seiger. in d. Austenitkorngrenzen v. Ni-Cr-Stahl 49/50-2293.

Oxydation und Verzunderung

Ox.-Verh. v. reinen Fe-Cr- u. Ni-Cr-Leg. bei *800–1200°* in O_2 3-2470; Ox. d. Oberfläche v. Fe-Cr-Schmelzen 5-2355; Ox.-Kinetik v. Fe-Al-Leg. in CO_2 bei hohen Temp. 16-2414; Ox. v. Si-halt. – in W.-Dampf 21-2594; Bldg. oxid. Beläge auf Hartmetallwerkzeugen 25-2560; Ox. u. Entkohl. v. Stahl beim Glühen unter Schutzgas PSO-*09* 34-2419; Mechanismus d. Stofftransports in fester Phase bei d. Ox. 36-2413; Einfl. v. Cr auf d. Hochtemp.-Ox. v. Fe-Al-Cr-Leg. in CO_2 38-2530; Ox.-Verh. v. – mit *4,78* Al 41-2494; Einfl. d. Kaltverform. auf d. Ox. v. – 42-2246; Ox.-Geschw. v. Fe-Ti-Leg. bei *1000°* an Luft 46-2225; Anfangsstufen d. Oxidwachstums auf einer Cr-Fe-Leg. 48-2275; Ox.-Kinetik in Fe-Ti-Leg. in CO-CO_2-Gemischen 51/52-2260.

Kinetik d. Zunderbldg. v. Stahl in Ölverbrenn.-Gasen 5-2349; Verzunder. v. Stahl mit *6* u. *9* Cr an Luft u. W.-Dampf 5-2357; Bedeut. d. Diffus. für d. Zunderbldg. in saurer u. alkal. Lsg. 5-2423; Mechanismus d. Bldg. v. porösem Oxid auf Stahl 8-2351; Einfl. v. Si, N u. B auf d. Zunderbldg. austenit. Cr-Ni-Stähle 12-2377; Morphologie v. im überhitzten W.-Dampf gebildeten Oxiden auf Cr- u. auf Cr-Ni-Stählen 12-2378; Zunderbldg. auf Fe-Cu- u. Fe-Co-Leg. an d. Luft 15-2499; Abplatzen d. Oxidschicht v. Fe-Cr-Leg. 23-2629; breakaway-Ox. v. Stahl in CO- u. Dampf-halt. CO_2 25-2570; Zunderbldg. beim Anwärmen v. Stahl in Stoßöfen an Fein- u. Drahtstraßen 27-2658; Zundereig. v. austenit. Guß-– bis *800°* 30-2317; lineares Magnetitwachstum auf unlegiertem Stahl in wss. Lsg. bei hohen Temp. 31-2591; Zunderverh. v. austenit. Guß-– 36-2343; Zunderbldg. auf – in d. Gesenkschmiede 41-2495.

Risse und Brüche

Rißausbreit. unter stat. Belast. 2-0249; Bldg. v. intergranularen Hohlräumen u. Rissen in bestrahltem austenit. Stahl bei Zugvers. bei *650–850°* 2-0272; subkrit. Rißwachstum v. Stahl AM *350* 7-2386; Einfl. v. CO_2-gehärteten Wasserglas-Sand-Misch. auf d. Rißbldg. v. Stahlstücken 11-2320; Einfl. plast. Verform. auf d. Rißanfälligk. hochfester Stähle 19-2597; Mechanismus: d. Rißbldg. in Temperguß (Übersicht) 22-2490; d. Warmrißbldg. v. Stahlguß 22-2491; Rißbldg. in Hadfieldstählen nach Wärmebehandl. 22-2498; Keimbldg. u. Wachstum v. Mikrospaltrissen in Fluß-– 25-0235; Rißbldg.-Neig.: v. Stahlblöcken 25-2487; v. flachen Blöcken aus beruhigtem Weichstahl 25-2555; Vork. u. Ursachen v. Rissen an Halbzeug beim kontinuierl. Gießen v. Stählen 26-2409; Ursache v. Rissen beim Stranggießen v. Guß-–-Rohren 26-2419; Mechanismus d. Rißbldg. in Stahlschweißen aus Stahl HY-*80* 29-2559; Rißbldg. v. Guß-– 30-2313; Fortpflanz. v. Ermüd.-Rissen in Stahl A*517*F u. A*302*B 48-2237.

Subkrit. Rißwachstum in hochfestem Stahl durch H_2 u. O_2 12-2346; Rißbldg. in Stahl durch H_2S 20-2374; Einleit. u. Fortpflanz. v. Korros.-Ermüd.-Rissen in hochgekohltem Stahl 25-2574; flockenart. Rißbldg. in Baustählen ČSN *15 223* unter H_2-Einw. 35-2431; Wrkg. v. Feuchtigk. auf Entkohl. u. Rißbldg. v. Stahl durch H_2 bei erhöhten Temp. u. Drücken 38-2531; interkrist. Rißbldg. v. Stahl XC *100* durch fl. Li 42-2239; Einfl. v. H_2 auf d. Rißausbreit.-Geschw. v. schwingbeanspruchten Stahlschweißen 45-2534; Haarrißbldg. in porösem Stahlguß durch H_2 47-2331.

Einfl. einer Zug-Druck-Wechselbeanspruch. bei Raumtemp. auf d. Sprödbruchverh. v. weichem Stahl 3-2443; Hochtemp.-Ermüd.-Bruch d. einer thermochem. Hochtemp.-Behandl. unterworfenen austenit. Stahls *40*Ch*12*NG*8*MW 9-0296; Bruchmechanismus beim Warmverwinden v. austenit. u. ferrit. Stählen 12-2337; Einfl.: d. atmosphär. Korros. auf Sprödbruch v. Stahl 12-2383; v. Ni auf d. Kaltbrüchigk. v. niedriggekohltem Stahl 18-2350; Kaltbrüchigk. v. hochfestem Stahl 20-2341; Bruchenergie v. Stählen bei dynam. Bieg. 25-0236; Einfl. d. Kerbschärfe auf d. Sprödbruchverh. v. weichem Stahl bei *77*°K 26-2459; Verspröd.-Bruch in Stählen durch gelöstes H_2 31-2535; Besonderh. d. Gefüges eines „näpfchenförm." Bruches im Zusammenhang mit Entsteh. u. Entw. v. Rissen bei Stählen 34-0328; Bruchmechanismus bei geringer Beanspruch. v. vorgestauchtem weichem Stahl 35-2427; Dauerbruch mit elektrolyt. hergestellten Überzügen 42-2215; Korngrenzenbruch v. Stählen durch VC- u. MnS-Ausscheid. 42-2219; H_2-Brüchigk. u. verzögerter Bruch bei Stählen (Übersicht) 47-2332.

Spannungen

Restspann. v. Stahl nach Einw. einer Einimpuls-Stoßdruckwelle 1-2212; Eigenspann.-Ausbldg. in Si-legierten Stählen nach elast. u. nach einachsig-plast. Zugverform. 1-2252; Einfl. v. Vorspann. auf d. Reckalter. v. C-armem Stahl bei kryogenen Temp. 3-2415; Eigenspann. in Guß-– mit Lamellengraphit 7-2358; Spann.-Abbau v. Grauguß bei erhöhter Temp. (Spann.-Freiglühen) 11-2381; Restspann. bei Schneidbehandl. v. Stahlproben 15-0172; Einw. v. Ultraschall auf d. Restspann. *2*. Ordn. v. Armco-– 16-2370; Zusammenhang v. Spann. u. Bruchausbldg. mit d. Restaustenitgeh. v. Cr-Stahl 34-2405; Einfl. v. N auf d. Spann.-Relaxat. v. C-reichen Stahldrähten 48-2355.

Sprödigkeit

Einfl. d. Korngröße auf d. Stahlverspröd. durch Neutronenbestrahl. 3-2419; Verspröd. v. Stahl für Kernreaktoren durch bildsame Verform. unter Wechselbeanspruch. 6-2331; Verspröd. v. Stahl ČSN *17251* durch $Cr_{23}C_6$-Ausscheid. an d. Korngrenzen 11-2399; Kaltverspröd. v. warmbehandelten Stählen für Rohrleit. 12-2344; Anlaßsprödigk. v. Stahlguß 14-2316, 15-2435; reversible Anlaßsprödigk. v. Stahl *09G2* 16-2358; Einfl. v. Zus. u. Wärmebehandl. auf d. Verspröd. v. Stahl *17241* 21-2542; Sprödbruch v. Ti-plattiertem Stahl mit V-Zwischenschicht 26-2454; Einfl. v. Ni auf d. Sprödbruchfestigk. v. Stahl bei tiefen Temp. 36-2369; Verspröd. als Kritcrium d. Widerstandsfähigk. gegen Alter. v. desox. Stählen 37-2568; Entsteh. v. Sprödbruch in Flußstahl 38-2477; Einstuf. v. Stählen nach ihrer Sprödbruchübergangstemp. 43-2439; Sprödbruchneig. v. Stahl 44-2218; Übergangstemp. v. Sprödbruch v. C-Stahl an Hand v. Charpy-Kerbschlagvers. 45-2532; Warmverspröd. v. Cr-W-Warmarbeitsstahl 46-2185; Wrkg. v. Einschlüssen auf d. Sprödbruch v. warmgewalztem Stahl 48-2233.

H_2-Korros. unter dynam. Auslager.-Beding. 7-2388; H_2-Verspröd. 17-2447; Verspröd.: v. Stahl AISI *4340* in sd. NaCl-Lsg. 18-2387; bei elektrolyt. Cd-Abscheid. auf Stahl 20-2364; Einfl. v. Mn auf d. H_2-Verspröd. v. Stahl 30-2324; H_2-Verspröd. ultrahochfester Stähle 42-2206; verzögerter Sprödbruch v. cadmiertem Stahl bei Dauerbeanspruch. 42-2216.

Korrosion

Allgemeines

Korros.-Verh. v. Stahl (Schutzmaßnahmen) 3-2474; Korros.-Beständigk. v. Schweiß. an chromiertem Stahl 4-2017; Anisotropie d. Korros. v. legiertem gewalztem Stahl 5-2430; Korros. vorgespannter hochfester Stahldrähte 5-2432; Einw. v. Halogenionen auf d. Korros. v. mit Mo modifiziertem Cr-Ni-Stahl 8-2368; Lochfraßkorros.: v. Ch*18*N*10*T 13-2390; v. phosphatierten Weich-–-Blechen 15-2507; Einfl.: v. Sb auf d. Korros.-Beständigk. v. Grauguß 18-2385; d. Seltenerdmetalle auf d. Korros. austenit. Cr-Ni-Stähle 19-2608; Korros.-Beständigk. v. Stahl *1*Ch*21*N*5*T nach Abschrecken u. Anlassen 21-2599; Korros.-Eros.-Beständigk. legierter Stähle 22-2530; Hochtemp.-Korros. v. Ni-Cr-Mo-Fe-W-Leg. 23-2631; Lochfraßkorros. an Schnitt- u. Walzflächen v. Blech aus Stahl X5CrNi*18. 9* 24-2416; fretting-Korros. bei Verschleißreib. (Heißwalzen) 25-2576; Vgl. d. Korros. v. alitiertem u. verzinktem Stahl 27-2667; Hochtemp.-Korros. v. alitiertem u. verchromtem Stahl 28-2480; Korros. mechan. Verbind. in Al- u. Al/Stahl-Konstrukt. 34-2446; Korros.-Verh. v. genormten legierten Baustählen 35-2489; Einfl.: v. S auf d. Korros. v. austenit. Stahl 35-2496; v. Reaktorbestrahl. auf d. Oberflächenkorros. v. reinem – 41-0210; v. Kaltverform. u. Lsg.-Glühtemp. auf d. Korros. v. Stahl *18. 8* 41-2500; Grübchenkorros. v. austenit. Cr-Ni-Stahl 42-2248; Korros. v. Fe/Ni/Cr-Martensiten mit niedr. C-Geh. 44-0107.

Lochfraßverh. im Syst. Fe/Cr 6-2367; anod. Verh. v. mit Ti stabilisierten Cr-Ni-Stählen 8-2353; Deut. d. Lochfraßkorros. auf Stählen mit elektronenleitenden Passivschichten 10-2392; Vgl. v. Biege- u. Verdreh-Wechselfestigk. v. Stahl *40*Ch im Korros.-Medium 10-2400; Bldg. v. Korros.-Elementen durch Gefügeheterogenität in Cr-Ni-Stählen 10-2402; Unters. v. Hochtemp.-Korros.-Proben mit d. Mikrosonde 10-2407; Ström.-D.-Potential-Kurven d. Passivier. im Elektrolyt-Syst. H_2SO_4/NaOH 17-2530; Korros.-Ströme in Zn-Stahl u. Cd-Stahl-Paaren 18-2376; Korros. durch Wechselstrom 19-2607; Einfl. v. Salzen in Rost auf d. Korros. 20-2373; Filmwachstum auf Flußstahl beim Passivieren 20-2385; Adsorpt. v. Anionen bei anod. Passivier. in neutraler Lsg. 20-2388; Einfl. d. Korros. v. Stahl auf d. Ermüd. bei kleiner Lastspielzahl 22-2518, 22-2519; Passivier. bei Kontaktausscheid. v. Cu an –-Elektroden in Pyrophosphatelektrolyten 26-2478; Korros.-Unters. v. Cr-Ni-Stählen im Aktiv-Passiv-Übergang 29-2578; Unters. d. Korros.-Prod. durch d. Mössbauer-Effekt 31-0839; kinet. Unters. d. elektrochem. Korros. v. Stahl 32-2428; thermodynam.-kinet. Deut. d. Passivier. v. Fe-Cr-Leg. 33-2687; H_2-Durchlässigk v. Stahl *310* bei anod. Polarisat. 37-2622; Veränder. d. Elektrodenpotentiale bei Korros.-Unters. v. Cr-Al-Stahl 37-2630; Verf. für Schnellkorros.-Vers. an galvan. Cr-Überzügen auf Stahl 37-2636; – als mehrfache Mischelektrode 39-2471; Einfl. d. Oberflächenbehandl. auf d. chem. Passivier. v. Cr-Stählen 45-2573; Tunnelbldg. in Fe-Ni-Cr-Leg. beim Abstreifen v. Oxidfilmen 46-2231.

Korngröße u. interkrist. Korros. v. austenit. Stählen 13-2388; saure interkrist. Korros. hochfester Stähle durch kathod. Prozesse 13-2389; Ursachen d. interkrist. Korros. beim Lichtbogenschweißen v. Cr-Stahl 21-2582; Neig. v. Stahl zur interkrist. Korros. 21-2610; Einfl.: d. Verform. auf d. interkrist. Korros. v. St. *18. 8* 27-2663; d. Ni-Geh. auf d. interkrist. Korros. v. *20*Ch 31-2590; Korngrenzenox. u. Cr-Verarm.-Theorie d. interkrist. Korros. austenit. Stähle 34-2448; Neig. zur interkrist. Korros. v. Edelstählen (Hueysche Meth.) 41-2137; Einfl. v. Si-Geh. auf d. interkrist. Korros. u. Korngrenzenenergie v. Cr-Ni-Stahl 47-2388.

Passivier.- u. Aktivier.-Vorgänge bei Schwing.-Rißkorros. rostbeständ. Stähle 3-2477; Wrkg. v. Eigenspann. auf d. Spann.-Korros. 8-2364; Spann.-Rißkorros.: v. hochfesten Stählen im elast. Bereich 11-2400; v. austenit. Stählen (Mechanismus) 11-2401; Bldg.: v. transkrist. Spann.-Korros.-Rissen in St. *18. 8* 18-2365; v. Spann.-Korros.-Rissen in martensit. Stahl 18-2391, 18-2392; Spann.-Rißkorros.: v. austenit. Stahl (Übersicht) 19-2596; v. aluminiertem Stahl 23-2632; v. Ti-legiertem Stahl *08*G 28-2477; Bldg. u. Ausdehn. v. Spann.-Korros.-Rissen in austenit. Stählen 30-2395; Spann.-Rißkorros.: v. Stahl (Gefügeeinfl.) 33-2671; (Einfl. zusätzl. Elemente) 34-2438; (Einfl. v. Sulfiden) 35-2490; v. Schmiede-– (Einfl. d. Struktur) 40-2201; v. austenit. kaltverformtem Stahl in Meeresnähe 36-2418; Auftreten v. Gleitstufen bei Spann.-Rißkorros. in flächenzentrierten Fe-Ni-Cr-Leg. 45-2595; Bldg. v. Spann.-Korros.-Rissen an Stahl in Cl^--Lsg. 45-2596; Mechanismus d. Spann.-Rißbldg. v. ausscheidungsgehärtetem Stahl 49/50-2311.

Korrosion durch verschiedene Mittel und korrosionsverzögernde Zusätze zu diesen Mitteln

Wrkg. v. H_2 auf plattierte Rohre 23-2602; Kinetik d. H_2-Angriffs unlegierter Stähle (CH_4-Bldg.) 31-2534; Wrkg. v. Nb auf d. H_2-Korros. v. Stahl 38-2532.

Schädig. v. Stählen in feuchtem H_2S 3-2480; Zeitstandverh.: v. Zugproben v. Rohrstahl in H_2S-halt. Lsg. u. Gasen 3-2481; v. Stählen hoher Zugfestigk. in H_2S-halt. Gasen u. Lsg. 3-2482; H_2-Durchdring. v. Stahl in H_2S 7-2387; Korros.-Wrkg. v. sd. S, H_2S u. SO_2 auf Fe-Al-Leg. (Einfl. d. Al-Geh.) 8-2357; Stahlkorros. in H_2S-gesätt. W. 10-2399; Ox. v. Cr-Ni-Stahl in SO_2-Atmosphäre 11-2393; Stahlkorros. im H_2S-Syst. 11-2397; Sulfidkorros.-Rißbldg. an hochfesten Stählen in Ölraffinerien durch H_2S 17-2521; thermograph. Meth. zur Korros.-Unters. v. Stählen in Cl_2 u. SO_2 17-2529; Rißbldg. in C- u. legiertem Stahl durch H_2S 20-2374; Korros.-Ermüd. v. C-Stahl mit perlit. Mikrostruktur in H_2S- u. CO_2-halt. Lauge 21-2597; Korros.: v. Stahl im Röstgas d. H_2SO_4-Prod. 23-2642; v. säurebeständ. Stahl in ClO_2 26-2492; Verh. v. C bei d. Korros. v. rostfreiem Stahl in CO_2 46-2230; Hochtemp.-S-Korros.: v. Fe-Cr-Al-Leg. 47-2383; v. Stahl 51/52-2266.

Korros. v. Stahlarmier. im Beton bei Rißbldg. 1-2150; Korros. v. Stahl: in gipshalt. Beton 8-2358; in Beton (Hemm.) 18-2393; Unters. d. Korros. v. in Zementmörteln eingebetteten –-Teilen mit Hilfe d. Polarisat.-Kurven 28-2386; Einfl. v. Verzink. auf d. Spann.-Korros. v. Spannbetondraht 31-2584; Stahlkorros. in Spannbeton 31-2585; Korros.

v. blankem u. verzinktem — in Spannbeton bei alternierender Belast. 31-2586; Ursachen v. Beton- u. Armier.-Korros. 36-2415; Einfl. v. $CaCl_2$ auf d. Korros. in Spannbeton 38-2432; Korros. v. Spannstahl bei Zementmörtelinjekt. 43-2384; Einfl. verschiedener Verdicht.-Meth. d. Betonmasse auf d. Korros.-Prozeß in Stahlbeton 44-2173.

Korros.-Verh.: v. Fe–Ni-Leg. in Kernreaktoren 11-2398; v. ferrit. Stahl mit *12* Cr u. austenit. Stahl mit *16* Cr u. *12* Ni in Alkalimetallsulfaten 12-2384; v. Schweißverbind. in geschmolzenem Al-Phosphat 12-2385; Korros.: v. Guß-—-Behältern bei d. CS_2-Herst. 13-2387; v. Sonderflußstahl durch UF_6 14-0614; v. feuerfesten Stählen mit Glasschmelzen 16-2353; v. Stahl unter Beding. d. Na_2S-Herst. 18-2386; v. Stahl in schmelzfl. Ti u. Ti-Chloriden 21-2600; Korros.-Beständigk.: v. Stählen mit niedrigen Ni-Geh. in aggressiven Medien 22-2520; v. Stahl für Hüttenausrüst. 23-2644; Korros. in Schmelzen d. Chloride u. Phosphate v. Alkalimetallen u. Ca 24-2413; Stahlkorros. durch As-Verb. aus Steinkohlenasche 25-2575; Korros.-Beständigk. Ni-freier Stähle u. v. Stählen mit geringem Ni-Geh. bei d. Herst. v. Mischdüngern u. NH_4NO_3 26-2493; Korros. v. Stählen bei d. Produkt. v. akt. Ruß 27-2432; Korros.-Rißbldg. v. Stahl in Düngemittelfabriken 35-2487; Korros.: v. austenit. Cr–Ni–Fe-Leg. für Kernreaktoren 35-2488; v. Stahlrohren in d. Schmelze eines Kessels 47-2381.

Einfl. d. Geh. v. Terphenyl an organ. gebundenem Cl auf d. Korros. v. — (Foulingbldg.) 9-2412; Korros.-Verh. v. Verbundstahl im erdölverarbeitenden Maschinenbau 10-2358; Stahlkorros.: beim Erdölfördern 18-2382; bei Heißchlorier. v. KW-Stoffen in d. Gasphase 19-2570; im Syst. Bzl.–Buttersäure–W. 23-2640; Korros.-Beständigk. v. Stahl *1*Ch*18*N*9*T in phenolhalt. Prod. 27-2670; Korros. v. —-Ausrüst. bei d. Absorpt. v. CO_2 in Monoäthanolamin 33-2683; Korros. v. Baustählen in Medien d. Polystyrolerzeug. 41-2498; N-Ball. in *30*Cr*20*Ni-Gußrohren in Crackanlagen 47-2382.

Kathod. Depolarisat. bei bakterieller Korros. v. Flußstahl durch Desulfovibrio desulfuricans 11-2396; Korros.-Geschw. v. Flußstahl durch sulfatred. Bakterien 20-2372.

Herst. v. Piperazinoalkylamid mehrbas. Carbonsäuren als Korros.-Schutzmittel 22-2570*; wss. NH_4NO_3-Lsg. zum Korros.-Schutz v. —-Oberflächen 36-2484*.

Korrosionsinhibitoren: Verw. v. Mono- u. Diisoamylester d. Adipinsäure als Korros.-Inhibitor 13-2394; Wrkg. v. 8-Mercaptochinolin u. 8-Oxychinolin als Korros.-Inhibitor für Guß-— u. Stahl 17-2524; Inhibitor: aus Guanidinverb. 19-2668*; für weichen Stahl in Entgas.-Syst. einer NH_3-Anlage 21-2598; Wrkg.: v. anorgan. Inhibitoren auf d. Korros. v. — u. Stahl 21-2608; v. Arylstearinsäuren als kombinierte Ox. u. Restinhibitoren 21-2609; Inhibitorwrkg. v. Benzthiazol 23-2636; Wrkg.: v. Benztriazol u. Anthranilsäure als Korros.-Inhibitor für Stahl u. Guß-— 23-2637; v. Propargylalkohol als Korros.-Inhibitor für Stahl in HCl 25-2577; Polyalkylenpolyamin-Inhibitor 27-2722*; Inhibitor aus Li-Seife v. ox. Petroleum in Na_2SiO_3 28-2547*; Temp.-Koeff. d. Korros.-Inhibier. v. Stahl 31-2592.

Atmosphärische Korrosion: Sulfidmechanismus beim Rosten v. Flußstahlblech 4-2003; Einfl. d. atmosphär. Korros. auf Sprödbruch v. Stahl 12-2383; Schutzwrkg. v. Wasserglas in feuchter SO_2-halt. Luft 13-2393; Phasenumwandl. im Rost 18-2362; Spann.-Korros. v. Stahl in Industrieatmosphäre 18-2390; atmosphär. Korros. v. Sn–Cd- bzw. Sn–Zn-Überzügen auf Stahl 18-2394; atmosphär. Rosten v. — 29-2585; atmosphär. Korros. v. galvan. Fe–Zn-Leg.-Überzügen 31-2598; quant. röntgenograph. Phasenanalyse v. Rost 37-2627; atmosphär. Korros. v. passivierten Zn-Überzügen auf Stahl 37-2637; Schutz gegen atmosphär. u. Kontaktkorros. mittels Turbinenöl mit Inhibitor 48-2277.

Bodenkorrosion: Vorhersage v. Korros.-Gefahr v. Untergrundstahlkonstrukt. 39-2466.

Korrosion durch Wasser: Korros.-Verh. v. Stählen in überhitztem Dampf 3-2475; Einfl.: d. Gaskomponenten v. mineralisiertem W. auf d. Korros.-Geschw. v. C-Stahl 3-2479; d. Oberflächenbehandl. auf d. Korros. rostfreier Stähle in W. u. Dampf 4-2005; Wrkg. v. Mercaptobenzimidazol, -benzthiazol u. -benzoxazol auf Guß-— u. Stahlkorros. in W. 5-2434; Inhibitor für d. Kühlwasserkorros. 5-2435; Korros.-Festigk. v. Stahl in Seewasser bei anod. Polarisat. 10-2406; Korros.-Inhibitor für — in wss. Lsg. 10-2446*; Korros.: v. feuerverzinktem Stahlblech in warmem weichem W. mit CO_2 u./oder O_2-Spül. 13-2392; durch Meerwasser 14-2373; Verh. v. austenit. Fe–Cr–Ni-Leg. in überhitztem Dampf v. Kernreaktoren 14-2376; Inhibitoren für d. Stahlkorros. in W. 15-2504; Korros. unlegierter Stähle in Seewasser 24-2415; Einfl. v. Deemulgatoren auf d. Stahlkorros. durch Erdölabwasser 26-2494; Hydroeros.-Widerstand v. austenit. Cr–Mn-Stählen 32-2422; Wrkg. v. Inhibitoren auf d. Korros. v. Stahl–Cu-Syst. mit zirkulierendem heißem W. 33-2673; Inhibitor für d. Korros. in W. 33-2717*; Korros. in Leitungswasser u. Inhibitorschutz 36-2414; Korros.-Schutz v. stahlarmiertem Beton in Seewasser 36-2416; Wrkg. v. Zn-Überzügen auf d. Korros.-Schutz im Meerwasser 36-2423; Korros.-Verh. v. rostfreien Stählen in Hochtemperaturwasser u. -dampf 37-2621; Rostverhüt. in Kühlsyst. durch Bernsteinsäureamid u. Hydroxyäthylendiamin 38-2585*; Korros. v. Flußstahl in Ebbe- u. Flutwasser d. Themsemünd. 49/50-2310; Stahlkorros. unter Einfl. v. Ferritbakterien in Gruben- u. Weichselwasser 51/52-2267.

Korrosion durch Säuren: Einfl. d. Oberflächenbeschaffenh. auf d. saure Korros. 4-2001; wasserlösl., aus Pechschiefer gewonnene Phenole gegen Säure-Korros. v. C-Stahl 10-2398; Wrkg. v. Dibenzylsulfoxid als Inhibitor d. sauren Korros. v. Armco-— 13-2399; Einfl. aliphat. Amine auf d. Hydrier. v. Stahl während kathod. Polarisat. in Säure 17-2434; interkrist. Korros. in Säure 17-2520; elektrochem. Verh. v. Cr-Stählen in sauren, F^--halt. Lsg. 17-2522; Korros.-Inhibitor für —-Metalle gegen Säuren 17-2582*; Einfl. organ. Stoffe auf d. H-Aufnahme v. Stahl bei Kathodenpolarisat. in Säuren 19-2598; Hemm. d. Säurekorros. durch Pyridinverb. 19-2605; Verw. v. Katapin K als Inhibitor für d. Säurekorros. 23-2635; Best. d. Inhibitorwrkg. d. Säurekorros. v. Stahl 23-2643; Einfl.: organ. Inhibitoren auf d. Korros.-Rißbldg. hochfester Stähle in Säuren 28-2478; v. aromat. Aminen auf d. H-Aufnahme v. Stahl bei kathod. Polarisat. in Säure 30-2391; Inhibit. d. Korros. v. — in sauren Lsg. 33-2696, 39-2461; saure Korros. v. — u. Stahl 51/52-2264.

Einfl. d. Stabilisier.-Behandl. auf d. Korros.-Verh. d. Stähle *316* L, *304* L, *321* u. *347* in sd. HNO_3 7-2369; anod. Auflsg. v. Fe–Cr in sd. HNO_3 8-2365; anod. Schutz nichtrostender Stähle durch Chloride in verd. HNO_3 27-2671; interkrist. Korros.: v. Cr. Stählen in konz. HNO_3 28-2475; v. austenit. Stahl in HNO_3–$K_2Cr_2O_7$-Lsg. 34-2439; Korros.-Verh. v. Stählen in H_3PO_4 34-2440, 41-2499; Einfl. v. Ox.-Mitteln u. SO_4^{2-}-Spuren auf d. Korros. v. Si-halt. austenit. Stahl in HNO_3 42-2247; Korros.-Geschw. v. Stahl *18.8* in sd. HNO_3 44-2251.

H_2SO_3-Korros. v. schwach gekohltem Stahl bei gewöhnl. Temp. 3-2483; Inhibitor für H_2SO_4 6-2412*; interkrist. Korros. v. austenit. Cr–Ni-Stahl in H_2SO_4 11-2408; Korros.-Beständigk. v. perlit.-ferrit. Temper-— in H_2SO_4 12-2381; Wrkg. v. Beizinhibitoren in H_2SO_4 auf zunderbedecktem Stahl 15-2503; Korros. v. Stahl AISI *316* in H_2SO_4 15-2508; Korros.-Schutz v. Ni-Stählen durch chlorierte H_2SO_4 17-2577*; Lochfraßkorros. d. Stähle AISI *321* u. *202* in H_2SO_4 u. NaCl 18-2388; Korros. v. Grauguß in konz. H_2SO_4 unter potentiostat. Beding. 20-2371; inhibitor. Wrkg. v. Halogenidionen auf d. Auflsg. v. — u. Stahl in H_2SO_4 21-2601; Einfl. d. plast. Vorverform. auf d. Korros. v. EP *543* in H_2SO_4 23-2619.

Wrkg. organ. Inhibitoren in HCl u. H_2SO_4 5-2433; Korros.-Schutz v. Stahl in HCl (Inhibitor) 18-2438*; Hemm. d. HCl-Korros. durch ungesätt. organ. Verb. 19-2599; Korros.-Hemm. v. Stahl *1*Ch*18*N*9*T in HCl durch Schäumer 21-2602; Einfl.: organ. P-Verb. auf d. Korros. v. Stahldraht in HCl 45-2586; d. Kaltverform. auf d. HCl-Korros. 51/52-2272.

Zus. d. Korros.-Prod. v. Stahl in Lsg. v. einigen Dicarbonsäuren 3-2487; Korros.: in Sulfaminsäure 5-2436; in organ. Säuren (Einfl. v. NaCl) 16-2419; in Naphthensäuren 23-2638; v. Guß-— in $CH_2ClCOOH$ 23-2641; Einfl. organ. Säuren auf d. anod. Auflsg. v. Stählen 33-2689.

Korrosion durch Salzlösungen: Spann.-Korros.-Rißbldg. austenit. Stähle in wss. Lsg. 3-2478; Korros.-Verh. v. Guß-— mit *24* bis *36* Cr in techn. NaOH 4-2002; Lochfraßkorros. v. ferrit. Cr–Fe-Leg. in Cl^--halt. Na_2SO_4-Lsg. 4-2004; Spann.-Korros. v. Stahldraht in NH_4NO_3-Atmosphäre 4-2006; Korros. v. Guß-— u. Stahl in Na_2S-Lsg. 5-2429; Einfl. v. H_2S oder SO_2 auf Korros. v. Cr–Ni-Stählen in Na_2SO_4-Lsg. 10-2395; Inhibier. d. Korros. v. — in alkal. Lsg. durch anod. Passivier. 20-2384; Korros.: v. Stahl in NaOH-Lsg. 21-3260; rotierender Armco-—-Scheiben in luft- oder O_2-gesätt. Na_2SO_4-Lsg. 22-2529; v. Schmiede-— in kochenden Salzlsg. 33-2669; Spann.-Korros.-Bruch v. vergütetem Stahl in NH_4SCN-Lsg. 33-2670.

Krit. Lochfraßpotential in Cl^- 5-2431; Lochfraßkorros. v. Stahl *302* in O_2-gesätt. Halogenidlsg. 7-2417; interkrist. Korros. v. Cr–Mn-Stahl in Cl^--Lsg. 8-2359; Lochfraßpotential v. rostfreien Stählen in Cl^--Lsg. 8-2366, 8-2367; Spann.-Rißkorros. austenit. Stähle in $MgCl_2$-Lsg. 10-2401; Korros. v. C-Stahl in $CaCl_2$-Lsg. mit Inhibitoren 18-2369; Spann.-Korros.: v. Ni–Cr–Fe-Leg. bei Zugbeanspruch. in NaCl-Lsg. 18-2372; v. Stahl *302* in $MgCl_2$ 18-2389; Rißkorros. u. Lochfraß v. Stahl in Cl^--Lsg. 19-2595; Polarisat. v. Stahl AISI *4340* in O_2-halt. NaCl-Lsg. 20-2389; Spann.-Rißkorros. v. austenit. Stahl in $MgCl_2$-Lsg. 27-2669; Korros.-Prüf. v. Cr-Stahlguß in Cl^--Lsg. 29-2586; elektrochem. Korros.-Unters. an Stahlelektroden in NaCl-Lsg. 37-0605; Lochfraßindikator-Test an Cr- u. Cr–Ni-Stählen in Cl^-- u. Br^--Lsg. 37-2628; Einfl. v. Potential u. Zugspann. auf d. Zeit bis zum Bruch v. Stahl *302* u. *304* in $MgCl_2$ 37-2629; Spann.-Rißkorros. v. Stahl in $MgCl_2$-Lsg. (Einfl. d. Kp.) 38-2537; (Einfl. v. B) 39-2462; Spann.-Korros. in Cl^--Lsg. 49/50-2312.

Korrosion durch Metallschmelzen: Korros.: rostfreier Stähle durch sd. Hg bei *593*–*703*° 3-2476; verschiedener Sonderstähle durch fl. Na unter Kernreaktor-Beding. 7-2124; Verh. v. Stahl ChN*77*GJuR u. *4*Ch*12*N*8*G*8*MW bei dynam. Einw. v. Pb-Schmelze 23-2618; Korros.: v. C-Stählen in Li 24-2414; v. Stahl *1*Ch*18*N*9*T in Li 26-2495; durch fl. Na 28-2484; v. Stahl in Ga-Leg. 29-2579; Einfl. v. fl. Li auf d. Ox. v. Fe–Cr-Leg. bei hohen Temp. 37-2614.

Oberflächenbehandlung und Korrosionsschutz

Qualität d. Korros.-Schutzes v. —- u. Stahlkonstrukt. 2-2793, 18-2920; Vorbehandl. für Überzüge (Diffus.-Nitridier.) 25-2621*; Oberflächenbehandl. v. Stahlrohren 32-2368; Verf. zur chem. Oberflächenbehandl. v. Stahlblech 32-2407; Stabilisier.-Behandl. verrosteter Oberflächen v. —- u. Stahl (Übersicht) 36-3003; Oberflächenbehandl. v. Stahlrohren zur Verhüt. d. Rostbldg. 42-2241; Verf. zum Korros.-Schutz v. Sinter-— u. -Stahl 46-2218; brit. Normen für d. Korros.-Schutz v. Stahlkonstrukt. 46-2232.

Reinigen und Entfetten: Lsg. zur Beseitig. v. Oxid- u. Kohle-Ablager. v. —-Leg. 17-2565*; α-Aminocarbonsäure u. Polyalkohol zum Entrosten v. Stahl 20-2438*; Einfl. v. Sandstrahlen u. elektrolyt. Polieren auf d. Rk.-Fähigk. d. Oberfläche 25-2568; Lsg. zum Reinigen v. — 25-2623*; alkal. Entrost. (Verw. v. cyanid- u. cyanidfreien elektrolyt. Entrost.-Bädern) 32-2411; Entfern. v. Kalkablager. v. —-Oberflächen mittels Mercaptoverb. 33-2708*; Lsg. zur Entfern. v. Oxidschichten v. Stahl 37-2672*; Vorbereit. v. Stahlblech für Tiefabzüge 38-2582*; Rostentfern.-Mittel mit organ. Thiolverb. 39-2501*; Herst. v. Dodekaboranat- u. Dodekaboranthioäthern zur Rostentfern. 40-2413*; Reinig. v. Oberflächen aus nichtrostendem Stahl 40-2563*.

Metall. u. keram. Strahlmittel zur Zunderentfern. v. Stahl 2-2234; verbesserte Strahlbark. v. Stahl durch Wärmebehandl. 13-2410*; Entzundern: v. — u. Stahl 13-2433*; v. —-Knüppeln 16-2463*; elektrolyt. Entzunder. v. nichtrostandem Stahl in KOH 19-2657*; Lsg. zum Entzundern v. nichtrostendem Stahl 25-2625*; Entzunder. v. Walzdraht durch Strahlen 46-2219; elektrolyt. Entfern. v. Zunderschichten auf — u. Stahl 51/52-2307*.

Ätzen und Beizen: Aufarbeiten v. Stahlbeizbädern mit Kokereiabwasser 2-2044*; Oberflächenvorbehandl. d. Stahls durch Säurebeizen 3-2467; Stahlbeizen u. Verschmutz. d. Bäder 4-1993; Wiedergewinn. v. $FeSO_4$ aus Beizlsg. für Si-Stähle 8-2418*; elektrolyt. Beizen v. rostfreiem Stahl 12-2416*; Wrkg. v. Beizinhibitoren in H_2SO_4 auf zunderbedecktem Stahl 15-2503; elektrolyt. Beizen hochlegierter Stähle im Mittelleiterverf. 15-2540*; Beizen v. C-armem Stahl in HCl, H_2SO_4 u. H_3PO_4 16-2408; Analyse v. H_3PO_4–H_2SO_4-Beizbädern für Flußstahl 17-2135; Beizen: v. Stahl mittels Fl.-Strahl v. $FeCl_3$ u. $Fe_2(SO_4)_3$ 21-2587; v. rostfreiem Stahl 21-2661*; u. Dekapieren v. —- u. Stahloberflächen 23-2692*; Beizzeit v. warmgewalztem Stahlband 27-2641; Einw. d. Abschreckbeding. auf d. Beizen v. Stahl Ch*18*N*10*T 27-2642; reaktionsbeschleunigende Wrkg. v. Fluoriden beim Beizen verzunderter — -Teile 28-2465; Beizverh. unlegierter u. nichtrostender Stähle 28-2466; Ätzen v. C-Stählen in HCl (Inhibitor) 28-2536*; Einfl. Salzen auf d. Beizen nichtrostender Stähle in H_2SO_4 35-2478; totale Regenerier. v. — -Chlorid-Beizen 37-2599; Beizzeiten für warmgewalzte Stahlbänder in HCl u. H_2SO_4 38-2520; Herst. gebeizter Stahlplatten mit erhabenem Muster 38-2566*; elektrolyt. Beizen hochlegierter Stähle 51/52-2308*.

Glänzen und Polieren: Erhöh. d. Ermüd.-Festigk. eines aufgekohlten Stahls durch elektrolyt. Polieren 1-2213; Elektropolieren v. Stahl AISI*304*L 2-2235; Bldg. v. Ätzfiguren auf Fe–Si-Blechen beim elektrolyt. Polieren in Cr–H_3PO_4-Elektrolyten 8-2328; Einfl. d. Umschmelzens auf d. Polierfähigk. v. Stählen 9-2382; Elektropolieren v. Edelstählen zum Auftragen v. Kunstharzlacken 12-2993; Bldg. v. Oxidschichten beim chem. Polieren 30-2390; Wrkg. v. O_2 beim Polieren v. Stahl 32-2409.

Schutz- und Farbschichtbildung durch chemische Umwandlung der Oberfläche

Struktur, Phasenzus. u. Mikrohärte v. Borid, Borid–Silicid- u. Alumoborid-Überzügen auf — u. Stahl 10-0275; Rk. bei d. Oberflächenbehandl. v. Stahl u. — mit Tannin 17-2514; Korros.-Schutz durch Aufbringen v. NH_4–HB_4O_7 oder Aminboraten 17-2575*; Schützen v. Behältern aus Guß- — durch Zusatz v. V-Ionen 18-2437*; Korros.-Schutz mit NH_4NO_2-Lsg. mit As-Verb. 25-2632*, Korros.-Beständigk. v. Stahl *45* nach Diffus.-Borieren, -Borosilicieren, -Alitieren u. -Boroalitieren 28-2481; Verhüt. v. Korros. im Innern d. Reaktoren aus rostfreiem Stahl bei d. Harnstoffsynth. durch Metallnitridschichtbldg. mit N_2O 44-2398*.

Korros.-Verhinder. durch Inhibitoren s. im Kapitel *Korrosion*, S. 448.

Oxydieren und Färben: Beständigk. v. Oxidfilmen auf Schmiede- — zur Korros.-Hemm. 7-2424; braungefärbte Oxidschichten durch anod. Behandl. v. Stahl 12-2445*; Herst. schwarzer Oxidüberzüge auf — 37-2688*; Einfl.: d. Oberflächenbehandl. auf d. Kinetik d. Filmwachstums auf Schmiede- — in Chromatlsg. 40-2199; d. Stahlgefüges auf d. chem. Brünieren v. Stahl 46-2224.

Phosphatüberzüge: metallograph. Unters. d. — -Phosphatschutzschicht auf — 18-2364; Lsg. zum Phosphatieren mit 2.4-Dinitrobenzolsulfonsäure 26-2533*; thixotrope phosphatierende wss. Grundier. zum Auftragen auf rostige Oberflächen 32-2421; beschleunigtes Kaltphosphatieren v. C-Stahl in Zn-Phosphatlsg. 34-2437; Lsg. zum Phosphatieren v. — -Leg. 39-2516*; Vorbehandl. vor d. Phosphatier. 42-2283*; Bldg. u. Wachstum v. Zn-Phosphatüberzügen auf Stahlunterschichten 44-2835.

Schutz durch elektrolytische Passivierung: kathod. Schutz v. Stahl: im Meerwasser 3-2484; im Flußwasser 3-2485; Kathodenschutz v. Leit. u. Behältern aus — mit Zn-Anode 6-2361; kathod. Korros.-Schutz v. Stahl (Übersicht) 8-2360; Zn-Anode für d. kathod. Schutz v. — in verschiedener Umgeb. 14-2375; anod. Schutz v. Stahl *18.9* 18-2371; Mechanismus d. anod. Schutzes v. C-Stahl in konz. H_2SO_4 19-2609; anod. Behandl. v. hochfestem Stahl 25-2624*; Bedeut. u. Mess. d. kathod. Potentials beim kathod. Korros.-Schutz 37-2638; anod. Passivier. v. — in Lsg. inhibierender Anionen 37-2639; prim. anod. Passivier. v. Fe-Metallen 39-2470.

Schutzüberzüge auf anorganischer Grundlage

Herst. rauher korrosionsbeständ. $FeCl_3$-Schicht auf Drähten u. Kabeln in Beton 8-2428*; Beschicht. v. Stahl mit Oxiden mittels Flammspritzpistole 12-2438*; Bldg. v. MoS_2-Überzügen auf Stahlkugeln 14-2379; elektr. Beschicht. v. Stahl (Überblick) 20-2956; Herst. v. isolierenden Überzügen auf silizierten Stahlblechen 21-2425*; Grundier.-Mittel zum Korros.-Schutz v. Stahlschweißen mit anorgan. Fluoriden 22-2569*; Verw. v. P_4S_{10} als Korros.-Schutzmittel 22-2598; Verbinden v. Stahlteilen mit B-Silicatglas 27-2700*; Herst. einer festhaftenden Verbind. zwischen Stahl u. Glas 28-2354*; Überzüge aus Al_2O_3 auf Stahl durch chem. Abscheid. aus d. Gasphase 28-2472; Plasmaspritzen wärmedämmender Schutzschichten auf Stahl 30-2389; chem. Aufdampf. v. Titancarbidüberzügen auf — 37-0156; Aufbereit. v. Stahl- u. — -Oberflächen durch eine Mineralschicht 37-2612; Schutzwrkg. v. Mörtelüberzügen auf Stahl in Abhängigk. v. d. Schichtdicke 39-2452; Herst. nichtmetall. u. metall. Korros.-Schutzschichten auf Sinter- — 41-2487; elektr. isolierende Überzüge auf Stahlplättchen 46-2109*; Vor- u. Nachteile d. Zn-Silicat-Überzüge auf Stahl 46-2223; B_2O_3-Schutzfilm zur Verhinder. d. Entkohl. 48-2262; Ox.-Schutzschicht für Stahl durch Auftragen v. TaC, HfC u. ZrC im Plasmabrenner 51/52-2313*.

Emaillieren: Einfl. v. Gasen auf d. Emaillier. v. Guß- — sowie Unters. d. beim Emaillieren entstehenden Gase 3-2325; Fischschuppenbldg. an Emaillierblechen 3-2454; Einfl. d. Ätzverf. auf d. einschicht. Emaillier. v. Stahl 10-2385; niedriglegierte Emaillierstähle mit V oder Nb 21-2593; Weißemaillier. v. Stahlblech 22-2407; Adhäs.-Vermögen v. aus Stahlverfertigtem Email u. niedrigschmelzender Fritte an Stahl 26-2362; Fritte zum Emaillieren v. — -Gegenständen 27-2718*; Einfl. v. Decarbonisier. v. Stahl auf d. Qualität v. Emailüberzügen 28-2366; Entkohl.-Glühen zur Verbesser. d. Emaillierbark. v. Stahl 28-2455; Emaillier. erhöhter chem. Beständigk., Härte u. Haftfestigk. bei *850*° 28-2471; Emaillier. v. Stahl 28-2542*; Herst. v. emaillierfäh. Stahlblech 32-2442*; Einfl. v. Gasen auf d. Emaillier. v. Guß- — 33-2536; Bortenemails für Stahl 33-2537; Haft. v. Email auf Stahlblech 36-2412; Porzellan-Email-Fritte für Trockenemaillier. v. — -Waren 41-2368*; Emaillieren v. — -Blech 42-2156*; Fe–Ni- u. Fe–Ni–Ci-Mischkrist.-Bldg. an d. Phasengrenze Stahl/Email 44-2223.

Metallüberzüge

Aufbau v. Inkromier.- u. Alitier.-Schichten auf legierten Stählen 17-2117; Stahlschutz durch Metallaufspritzen (Übersicht) 18-2358; Haftvermögen v. elektrolyt. — mit warmbehandeltem C-Stahl 21-2586; elektrolyt. — -Überzug auf Stahlerzeugnissen mit Zusatz v. Trilon-B 22-2471*; Herst. v. Schutzüberzügen auf — -Guß durch Tränken in fl. Metall 27-2647; Einfl. v. Passivier.-Schichten elektrolyt. verzinkter Bänder auf ihre Eign. zum Widerstandspunktschweißen 28-2464; gleichmäßiges Aufdampfen v. Überzügen auf — 29-2639*; Erhöh. d. Haftfestigk. metall. Überzüge durch vorhergehende Passivier. 31-2563; metall. Korros.-Schutzüberzüge für Moniierstahl 38-2523; galvan. Behandl. gegen H_2-Sprödigk. 42-2242.

Ag: elektrolyt. Versilbern v. Stahl über Ni-Zwischenschichten 7-2481*.

Al: Korros.-Schutz v. Stahlblech durch Al-Spritzen 6-2365; Struktur u. Phasenzus. d. Diffus.-Schicht v. Fe–Al-Bimetall 11-2373; galvan. Al-Überzüge auf — -Oberflächen 12-2427*; Herst. dichter Al-Schichten auf nichtrostendem Stahl durch Aufsintern v. Al-Pulver 26-2523*; Korros.-Schutz-Überzüge aus Al u. Mn 26-2524*; Aluminieren v. ACSR-Kerndraht durch Tauchen in schmelzfl. Al 29-2567; Einfl. einer Alitier. auf d. Korros.-Dauerfestigk. v. Stahl 31-2582; Flammspritzverf. mit Al zum Schutz gegen Hochtemp.-Ox. v. Stahl 32-2404; aluminierte Stahlbleche u. -drähte 32-2407; Aluminieren v. Stahlbändern mittels Trockenpulver 33-2663; Herst. u. Eig. v. korrosionsfesten Al-Überzügen auf Stahl 36-2409; induktives Weichglühen v. Albeschichtetem Stahl 41-2543.

Au: Zeit–Temp.-Unters. v. Au-plattiertem Stahl 17-2410; galvan. Abscheid. v. Au u. Au-Leg. auf Edelstahl 38-2576*.

B: Plasmaaufsprühen v. Ni–Cr–B–Si-Leg. 18-2359; Einfl. v. Leg.-Elementen auf d. elektrolyt. Borier. v. mittelgekohltem Stahl 19-2594; Diffus.-Sättig. v. Stahl durch B u. Ti 20-2361; Borier. v. Stahl mit Ferro-B 25-2565; Gasborier. schwerzugängiger Stahlteile 31-2648*; Borier. zur Oberflächenhärt. 39-2435; (Verw. v. B_4C–NaOCN) 49/50-2304.

Bi: galvan. Bi-Überzüge auf Stahl 12-2428*.

Cd: elektrolyt. Abscheid. v. Cd-Überzügen im Sulfamatbad (Überblick) 2-2240; Verspröd. bei d. elektrolyt. Cd-Abscheid. 20-2364; Versiegel. v. phosphatiertem Stahl mit Cd 30-2434*; Cadmieren v. Stahl in CN-Lsg. 31-2647*; stabile Bäder zur Elektroplattier. v. Stahl 45-2579.

Co: elektrolyt. Abscheid. v. Co-Überzügen im Sulfamatbad (Überblick) 2-2240; Herst. v. Co–Borid-Schichten 19-2593; Erzeug. einer selbstschmierenden Co-Schicht auf Stahl 20-2444*; verschleißfeste Überzüge auf Stahl durch Aufschmelzen v. Co-Leg. 25-2627*; Herst. v. ^{57}Co-Mössbauer-Quellen durch ^{57}Co-Elektroplattier. auf rostfreiem Stahl 47-1870.

Cr: Korros.-Schutz durch Verchromen 4-2018; Alphatisieren (Inchromier.-Verf.) 12-2368; Zerstör. v. Cr-Überzügen durch Carbidbldg. zwischen Stahl u. Überzug 13-2382; Einfl. d. Ätzbehandl. auf d. Haftfestigk. galvan. Cr-Nd. auf Stahl 15-2497; Plasmaaufsprühen v. Ni–Cr–B–Si-Leg. 18-2359; Verdampf. v. Cr_2O_3 während d. Ox. v. Chromier.-Schichten 19-2578; Hydrier. v. Stahl während d. elektrolyt. Verchrom. 19-2586; Einfl. einer Diffus.-Chromier. auf d. Auflsg. v. — in fl. Zn 20-2367; Anwend. einer Cr-Oxid-Zwischenschicht zum Verchromen v. Stahl 23-2695*; Rk. d. Diffus.-Verchromens v. — 24-2409; Aufkohl. u. nachfolgende Chromier. v. Stahlteilen 28-2537*; Schutz vor Gaskorros. mittels Überzug aus Cr-Carbid 33-2714*; Wrkg. v. Al-Zusätzen auf d. Überzugsgeschw. v. Cr–Fe-Diffus.-Überzügen auf Fluß- — 35-2465; Diffus.-Chromier. durch Tauchen in Cr- u. Li-Schmelzen 39-2494*; Herst. diffusionsverchromter Stahlteile 42-2276*; Stahlbandinchromier.-Verf. 51/52-2251; Cr-überzogener Stahl für Behälterüberzüge 51/52-2256.

Cu: Glanzverkupfer. v. Stahl im Pyrophosphatbad 5-2470*; galvan. Verkupfer. v. Cr- u. Cr–Ni-Stahl 5-2471*; Erzeug. goldbronzeart. Überzüge durch Tauchen in $SnCl_2$- u. $CuSO_4$-Lsg. 6-2404*; galvan. Herst. v. Cu-Überzügen auf Stahl mit $(NH_4)_2SO_4$-halt. Elektrolyten 9-2397; erhöhte Passivität d. Stahloberfläche durch Anreicher. v. Cu 13-2391; Bad für Cu–Sn-Überzüge 16-2466*, 18-2434*; Aufbringen v. Bronzeüberzügen auf Stahl 27-2648.

Mn: Korros.-Schutz-Überzüge auf — aus Al u. Mn 26-2524*.

Mo: Herst. einer Mo-Schutzschicht 42-2277*.

Ni: Elektrolyte für d. Erzeug. v. Zn–Ni-Überzügen auf Stahl 9-2399; galvan. Vernickeln v. Stahlband 13-2445*; Vernickeln v. — -Pulver 17-2507; Plasmaaufsprühen v. Ni–Cr–B–Si-Leg. 18-2359; Herst. v. Ni–Borid-Schichten 19-2593; Bad zur chem. Vernickel. v. Stahl 27-2653, 28-2468.

Pb: Herst. v. Pb-Überzügen auf — in d. Schmelze 17-2570*.

Pt: Pt-Beschicht. im Schmelzbad 15-2559*.

Re: erhöhte Passivität d. Stahloberfläche durch Anreicher. v. Re u. Cu 13-2391.

Si: Herst. v. Diffus.-Si-Schicht auf Stahl 2-2277*; Plasmaaufsprühen v. Ni–Cr–B–Si-Leg. 18-2359.

Sn: Praxis d. Heißverzinn. v. Stahl 4-1997; Verzinnen v. Stahl u. — -Blech für Konserven 4-2049*; Herst. beschichteter Folie 6-2397*; Erzeug. goldbronzeart. Überzüge durch Tauchen in $SnCl_2$- u. $CuSO_4$-Lsg. 6-2404*; kontinuierl. elektrolyt. Verzinn. v. — -Bandstahl in geschmolzenen Salzen 9-2406; Herst. v. Weißblech für Konservendosen 11-2417*; mattiertes galvan. Verzinnen v. Stahl 14-2407*; Erzeug. elektrolyt. verzinnter Stahlbleche 26-2526*; Herst. v. Weißblech 29-2641*.

Rollennahtschweißen v. Weißblech unter Schutzgas 1-2274; Weißblech mit verbesserter Lötbark. 12-2433*; Lötpasten zum Löten v. Weißblech 22-2505; Entfett. v. Stahlbändern bei d. elektrolyt. Verzinn. 29-2564; Entfernen v. Lackschichten v. Weißblech 33-2710*; kathod. Behandl. v. Weißblech in $Na_2Cr_2O_7$-Lsg. 38-2519.

Keimbldg. in galvan. Sn-Überzügen 5-2422; Grundlagen d. — -Blech-Verzinn. 6-2275; Bldg. intermetall. Schichten bei elektrolyt. Herst. v. Weißblech 17-2511; Struktur d. Weißblech-Leg.-Schicht (Zustandsdiagramm) 23-2627; Wrkg.: v. Aufschmelzen u. Verform. auf d. Korros.-Verh. d. Leg.-Schicht v. Weißblech 47-2377; einer Ni-Zwischenschicht auf d. Leg.-Schicht v. Weißblech 47-2378.

Ti: Diffus.-Sättig. v. Stahl durch B u. Ti 20-2361; Gefüge v. TiC-Schichten auf Stahl 37-2586.

Zn: Entw. d. Feuerverzink. v. Stahl 44-2241; Fortschritte d. Zn-Beschicht. v. Stahl 44-2242.

Nachbehandl. v. verzinktem Stahl 4-2047*; Korros.-Schutz v. Stahlblech durch Zn-Spritzen 6-2365; Zn-Überzug auf Stahlblech für erhöhte Wetterbeständigk. 6-2405*; Elektrolyte für d. Erzeug. v. Zn–Ni-Überzügen auf Stahl 9-2399; elektrolyt. Verzink. v. Bändern 12-2432*; Sendzimir-Verzink. v. Stahlblech 29-2569; Herst.: v. Zn-Überzügen 36-2409; v. verzinktem Draht aus Stahl U*12*A 37-2610; Verhinder. d. Verfärb. aufeinandergestapelter feuerverzinkter Stahlbleche in feuchter Umgeb. 38-2575*; galvan. Zn-Überzug auf — 39-2510*; stabile Bäder zur Elektroplattier. v. Stahl 45-2579.

Fernschutzwrkg. v. Zn auf Stahl an d. Luft 7-2416; Korros.-Schutz v. Stahl durch Zn u. verwandte Verf. 32-2407; Wrkg. v. Zn-

Überzügen auf d. Korros.-Schutz in Meerwasser 36-2423; Korros.-Schutz v. Stahl durch Zn-Überzüge 38-2517; Einfl. v. C u. Si u. Al im Stahl auf d. Dicke d. Zn-Auflage v. Walzstahl 40-2197.

Schutzüberzüge auf organischer Grundlage

CN-Schutzüberzug auf Stahl 5-2483*; Konservier. v. – mit Tannin 16-2418; Amin für Schutzschicht auf – 19-2662*; Rostschutzmittel für –-Gegenstände 13-2453*; Herst.: v. Perfluorchloralkancarbylsulfaten als Rostschutzmittel 14-2593*; v. Aminohydroxyaminen als Antikorros.-Mittel 16-2567*; Rostschutzmittel für Stahlgefäße im Salzwasser 20-2983*; Entw. v. Restumwandlern für Überzüge auf korrodierten Oberflächen 23-2624; Herst.: v. partiellen Amiden v. Benzolpolycarbonsäuren zur Verhinder. d. Rostbldg. 24-2541*; v. organ. Al-Verb. als Rostschutzmittel 26-2676*; v. fluorierten organ. Al-Verb. als Rostverhinderer 29-2815*; v. Bernsteinsäurehalbestern v. Alkylenglykolphosphorsäureestern als Rostverhinderer 29-2912*; v. P u. N enthaltenden Mitteln als Rostschutzmittel 35-2636*; v. Heteroaluminoxanen als Bestandteile in Rostverhinderern 35-2669*; v. Mercaptomethylphosphonigsäuren u. deren Salzen als Antirostmittel 41-2702*; Rostschutzbelag aus Mischpolymerisat v. Monoestern 49/50-2365*.

Lack- und Ölfarbenüberzüge: Al-Pigmente mit glimmerhalt. –-Oxid in Schutzanstrichen für Stahl 22-3048; Anstrichstoffe für Anstriche auf Rost (ohne Entrost.) 12-2992; elektrophoret. Lackier. v. – u. –-Leg. mit Kunststoffen 1-2870; Anstrichstoff aus Al-Harz oder Al-Chelaten u. Al-Pigment für Stahl 1-2895*; elektrophoret. Lackier. mit TiO_2-halt. Anstrichen auf verzinktem Stahl 16-3081; Verw. v. Polyurethanfarben u. -lacken für Stahl 20-2945; Dauerhaftigk. v. lackiertem Stahl bei verschiedener relativer Feuchtigk. 26-3023; Verbesser. v. Anstrichfarben durch Al-Oxidacylate 28-3063; Additiv Kodaflex-*2* für Lackanstriche auf Stahl ohne Grundier. 30-2896; Haft. v. Vinylcopolymeranstrichen auf –-Blech 30-2906; Verw. v. Zn- u. ZnO-Anstrichen für galvanisierten Stahl 34-2891; elektr. Aufbringen v. Anstrichen auf Stahl 36-3010; Verw. v. Lacken aus Schellack u. Trockenöl für Flußstahl 38-3054; chem. Rk. in Anstrichfilmen mit Pb-Pigment auf Stahlunterlagen 40-2779; Haftfestigk. v. Überzügen auf –-Blech 40-2789; Gemisch zum Anbringen v. Markier.-Zeichen auf –-Teilen 44-2845*; Verw.: v. Anstrichmitten aus Schellack u. Alkyden 46-2666; v. Lackfilmen auf Basis v. Diepoxiden d. Bis-dicyclopentadienyläther v. Glykolen 48-2772.

Korros.-Schutzanstrichmittel aus Zn-Pigment u. polymeren Silylamin-Metallsalz-Komplexverb. 24-2912*; Korros.-Schutzanstrichmittel aus Braunkohlenteer, Teerprod. u. Epoxyharz 30-2935*; alkalibeständ. Überzüge u. Anstrichmittel für d. Korros.-Schutz v. –- u. Stahlbauwerken durch Zusatz v. Zn-Staub u. Cd-Pulver 36-3029*; Glyptalüberzüge mit Inhibitorwrkg. für d. zeitweil. Korros.-Schutz v. Stahl 32-2425; korrosionsschützende Überzüge auf Basis v. modifiziertem BaB_2O_4 36-2991; Verw. v. Anstrichen zur Korros.-Bekämpf. v. Stahl u. – (Übersicht) 42-2737; Antikorros.-Überzüge auf Basis v. Bzn.-Extrakten aus Prod. d. therm. Zerfalls v. Sapropeliten für –-Beton 46-2674.

Rostschutzmittelanstrich: mit PVA-Dispers.-Bindemitteln 4-2514; mit Zn-Staub u. Al-Pulver 4-2529*; Haltbark. v. Rostschutzanstrich 6-2935; Rostschutzanstriche mit Geh. an Hexacyanoeisen(II)-säure u. Benzidin 10-2950; Rostschutzüberzugsmittel: durch Zusatz v. Fettsäureaminen 36-3028*; auf Basis v. Polystyrollack 40-2829*; Phasenumwandl. u. Rostschutz durch Anstriche 44-2828; Verw. v. Maleinatkautschuk in ölhalt. Anstrichmitteln für d. Rostschutz 46-2663.

Haftfestigk. u. Rostinhibit. v. Grundier. für –-Bleche 1-2861; Werkstattgrundanstrich u. Konservier. v. Walzstahl 8-2985; Adhäs.- u. Rostinhibit. v. modifizierten Eintopf-Washprimern 10-2952, 14-2932; Präparieren v. Stahlblechen vor d. Anstrich 20-2932; rostschützendes Grundanstrichmittel 20-2962*; Korros.-Schutzgrundfarbe für angerosteten Stahluntergrund 22-2568*; Grundier.-Mittel zum Korros.-Schutz v. Stahlschweißen 22-2569*; Grundanstriche auf Basis v. Zn-Pulver 28-3085; Haftgrundier. aus Schellack, Maleinsäure u. Zn-Tetroxychromat 32-2907; Primer für versprühte Al- u. Zn-Überzüge auf Stahl 34-2925; Konvers.-Überzüge zur Vorbehandl. v. verzinktem Stahl vor d. Anstrich 36-3002; Oberflächenbehandl. v. – u. verzinkten Stählen zum Korros.-Schutz u. zur Haftfestigk. v. Anstrichen 38-3062; Vorbehandeln vor d. Lackieren durch Elektrophorese 39-2515*; metallorgan. Grundieranstrichmittel 40-2790; Stahlgrundier. (Überblick) 44-2820; Anstreichen v. rost. Oberflächen mit Rostumwandlern 46-2673; wss. Grundier.-Mittel aus pyridinhalt. Copolymeren u. H_3PO_4 für Rostflächen 48-2766.

Blasenbldg. in Anstrichsyst. mit Znreichen Grundier. auf Stahlplatten bei Einw. v. Meerwasser 2-2789; Verh. v. Anstrichsyst. auf Stahlkonstrukt. bei Streustromkorros. 4-2515; Grund- u. Deckanstriche für Stahlbauteile im Bergbau 5-2419; Innenanstrich v. W.-Behältern aus Stahl 6-2938; Eig. v. Anstrichen auf Baustählen mit aufgespritzten Metallüberzügen 8-2350; Verw. v. vorox. Alkydharzen in Anstrichen für Stahlkonstrukt. 8-2987; Lack aus Polycarbonat- u. Epoxyharz für –-Platten 10-2967*; Schutzanstriche auf stählernen Schiffskonstrukt. (Übersicht) 16-3079; Lacke für kontinuierl. Streichen v. Stahlblechen 20-2948; Korros.-Schutz v. Stahlöltankern mit Lacken 20-2954; Schiffsrumpfanstriche auf Stahlblechen 26-3017; Schutzanstriche für durch Strahlen gereinigte Stahlschiffsplatten 30-2907; Verh. v. Korros.-Schutzüberzügen v. Stahlhochspann.-Masten 36-3004; Anstrich v. Baustahl (Übersicht) 42-2748.

Polymeren- und Bitumenüberzüge: Verh. v. Polymerdickschichtüberzügen verschiedener Unterschichten auf Stahl im Meerwasser 2-2790; Haarrißkorros. v. Polymerüberzügen auf Stahltafeln 4-2513; Korros.-Schutzüberzüge aus Polymeren für Stahlrohre 4-2539*; Beschicht. v. Stahlbändern mit Kunststoffen 6-2932; Abbeizmittel für Harzüberzüge auf –-Platten 6-2947*; Bedeut. d. Wärmeeig. v. Polymerschutzüberzügen für Stähle 8-2994; Herst. v. Schutzschichten aus Polymeren u. Cr(VI)-Verb. auf – u. -Leg. 14-2965*; Beschichten u. Imprägnieren v. Korros.-Schutzpapier für –-Metalle 16-3084; Schutz v. Stahlblech durch elektr. Entlad. v. Polymeren 18-2911; Verw. v. korrosionsschützenden Plastisolüberzugsmitteln auf –-Drähten 18-2954*; Herst. v. kaltgewalzten, mit Polymeren überzogenen –-Platten 20-2982*; elektrochem. Kunststoffabscheid. auf –-Leg. 28-3082; Schutz v. Stahlkaminen gegen Tieftemp.-Korros. durch korrosionsbeständ. organ. Überzüge 38-3065.

Schutzüberzüge aus Polyolefin- u. Epoxyharzen für Stahlbehälterwände 2-2812*; Polyäthylenüberzüge für Rasierklingen 2-2813*; Mechanismus d. Schutzwrkg. v. Polyäthylenüberzügen auf Stahl 10-2391; Überziehen v. Stahl mit Äthylenterpolymerisaten 18-2951*; abziehbare Überzüge aus Äthylencopolymerisaten u. Paraffinwachs 26-3045*; Überziehen v. Stahlbewehr. v. dampfgehärteten Betonteilen mit Polystyrol 26-3054*; Überzüge aus Styrolcopolymeren, Acrylnitril u. Butylacrylkautschuk für –-Betonböden 32-2952*; Aufbringen v. Schichten aus öl. Butadien-Styrol-Polymerisaten auf Stahlstreifen 42-2777*; Überziehen v. –-Metallen mit F-C-Polymerisaten 49/50-2364*.

Haftfestigk. v. Urethanüberzügen auf Stahl 4-2519; Überzugsmittel: aus Acrylcopolymeren u. Polyepoxiden 4-2537*; aus Nylon *11* für Stahl 6-2942; aus Polyvinylplastisolen u. -organosolen 6-2970*; haftfeste Überzüge aus Glycidyl- oder 2-Methoxyäthylmethacrylat oder Äthylhexylacrylat auf Stahl 14-2413*; Rostschutz mit Überzügen aus Copolymeren v. Vinylchlorid u. Allylglycidyläther 16-3078; Härt. v. ungesätt. Polyesterbeschicht. auf Stahl 18-2738; Vinyl- u. Acrylüberzüge auf Stahl 18-2921; Einfl. v. Stabilisatoren auf d. Adhäs. v. Polycapronamid an Stahl 20-2866; Acrylharzüberzüge für Stahl 22-3078*; Korros.-Schutz v. mit Sn oder Al plattierten –-Behältern durch Überzüge aus Poly-N-vinyl-2-pyrrolidon oder Poly-N-vinyl-5-methyl-2-oxazolidinon 22-3090*; korrosionsverhindernde Eig. v. Polyamidharzen auf Stahl 26-3024; Überzüge aus Vinylpfropfmischpolymerisaten, Epoxy- oder Amino-Aldehydkondensaten u. Kautschuk 32-2936*; Spachtelmisch. auf Basis v. Epikote-Harzen für Stahloberflächen 28-3064; Beschicht.-Material aus Polyvinylchlorid für – 34-2720*; Verw. v. Oxazolinpolyestern als Überzugsharze für Stahlplatten 42-2739; Aufbringen v. Polyesterüberzügen auf Stahl 42-2766*.

Bituminöse Paste für hydrophobe Überzüge für Stahlarmier. in Schaumbeton 36-3041*; haftende Masse aus Bitumen u. Kautschuk für Stahlbauten u. Brücken 40-2830*.

Verbundmetalle

Verbundwerkstoff als warmfester Werkstoff mit hoher Widerstandsfähigk. gegen Metallschmelzen 4-1916*; Plattieren v. Bandstahl mit Al oder Ni durch Elektrophorese 5-2421; unmagnet. Fe-Graphit-Verbundwerkstoff mit *10–30* Graphit 5-2458*; Herst. v. Verbundmetallen aus Leichtmetall u. rostfreiem Stahl für Wärmeaustauscherrohre 8-2410*; Verarbeit.: v. Verbundmetallblechen durch Druck 10-2355; v. nach d. Explos.-Meth. erhaltenen Verbundblechen 10-2356; v. Verbundstählen St. *3* u. *0*Ch*23*N*28*M*3*D*3*T für Behälter 10-2357; Elektrolichtbogenschweiß. d. Verbundstahls St. *3* + *0*Ch*23*N*28*M*3*D*3*T 10-2383; Verbinden v. Fe-Oberflächen mit Al 13-2430*; Herst.: v. Bimetallbremssektoren aus an eine Stahlplatte angeschweißtem Grauguß mit bleibender ferrit. Grundmasse 28-2531*; v. Cu/Stahl-Bimetallrohr 29-2631*; (u. mechan. Eig.) v. Verbundstahl mit martensit.-ferrit. Feingefüge 35-2424, 35-2425; Verbundmetall in Bandform aus Stahl mit Cu-Pb-Leg.-Schicht u. Pb-In-Leg.-Überzug für Lager 48-2308*

H_2-Festigk. v. Verbundstählen 7-2381; Korros.-Verh. v. Verbundstahl im erdölverarbeitenden Maschinenbau 10-2358; mechan. Eig. hochfester zwei- u. dreischicht. Verbundstähle als Konstrukt.-Material 10-2359; Korros.-Beständigk. v. Verbundmetallen in Eisessig 10-2408; Dauerfestigk. v. explosionsplattiertem Verbundstahl 13-2337; Einfl. d. Dicke d. Ni-Zwischenschicht auf d. Struktur v. Verbundstahl 16-2365; Schweißen v. Stahl für Bimetall-Werkzeuge 16-2399; mechan. Eig. hochfester Verbundstahlbleche 18-2333; Verarbeitbark. v. Verbundstahl St. *3* u. Ni-Np-*2* unter Druck 21-2568; Stahlplattier. mit Ti unter Anwend. einer V-Zwischenschicht 26-2454; Al-Plattier. v. –-Blech 26-2455; Phasenzus. d. Syst. Fe/Al d. intermetall. Zwischenschichten v. Fe-Al-Schweißnähten 26-2476; Eig. v. Verbundmetallplatten aus weißem martensit. Guß- u. weichem Stahl 35-2423; Walzplattier. v. Edelstahl mit Al 37-2563; Best. d. Ni-Schichtdicke v. Niplattiertem Stahl 37-2608; Bandplattier. v. Stahl mit rostfreiem Stahl u. Ni-Leg. 44-2239; Theorie u. Herst. v. mit rostfreiem Stahl plattiertem Flußstahl 45-2575; Gefüge d. Übergangszone im Bimetall St. *3*/H*18*N*10*T 48-2229.

Einfl. d. Grenzflächen auf d. therm. Zers. v. Polymer–-Klebeverbind. 18-2736; Klebemittel aus 1.2-Epoxyhydroxypolyäther zum Verkleben v. rostfreien Stahlfolien mit C-halt. Stahl 28-2530*; Einfl. d. Oberflächenvorbereit. auf d. Festigk. d. Klebeverbind. v. Stählen 30-2382.

Schweißen, Löten, Brennschneiden

Schweißen

Schweißverfahren: Reib.-Schweißen: v. Stahl S*45*C bzw. Be-Cu-Leg. mit Stahl SS-*41*B-D 4-1989, 4-1990; v. Werkstücken auf Stahl ohne Stauch. 5-2465*; v. Stahl mit Al ohne Deformat. 5-2466*; Kaltschweißen v. Stählen 21-2581; Reib.-Schweißen v. Schnelldrehstahl R *18* mit St. *45* 22-2506.

Diffus.-Schweißen v. Stahl: mit Ti durch Hämmern 4-1991; mit Pt-Folie 22-2509; Diffus.-Schweißen v. Rohren aus Al-Leg. *2219* u. Stahl *323* 35-2471.

Rollennahtschweißen v. Weißblech unter Schutzgas 1-2274; Elektronenstrahlschweißen v. Stahl AISI *304* u. *1010* mit Teilvakuum 2-2226; Schneid- u. Schweißvers. an Stahl *18.8* mit Elektronenstrahlen 8-2334; Laserschweißen 15-2485; Einfl. v. Passivier.-Schichten elektrolyt. verzinkter Bänder auf ihre Eign. zum Widerstandspunktschweißen 28-2464; Schmelzschweißen v. Stahl mit Ag 30-2431*; Plasmaschweißen v. Blechen aus rostfreiem Stahl, Flußstahl u. Ti 35-2469; Explos.-Schweißen v. Pb auf Stahl 47-2365.

Eig. d. Schweißnahtmetalls u. Nahtbereichs beim Elektroschlackenschweißen v. Stahl *15*Ch*2*MF 12-2371; UP-Schweißen: v. *18.8*-Stahl 13-2372; v. tieftemperaturzähen Baustählen mit Lage u. Gegenlage 47-2366; Einfl. v. Ti beim Elektroschlackenschweißen v. Stahl 47-2368.

Abschmelzleist. u. Schweißgeschw. beim G- u. WIG-Schweißen v. Al mit Stahl 39-2438; Übergangszone beim MIG-Schweißen v. Flußstahl unter Ar 49/50-2306.

Lichtbogenschweißung: Umarbeit. v. gegossenen Stahlwerkstücken durch Elektroschweißen 2-2225; Lichtbogenschweißen: v. Stählen ohne Schutzatmosphäre 3-2460; d.

Verbundstahls St. *3* mit *0CM23N28M3D3T* 10-2383; v. austenit. mit nichtaustenit. Stählen 13-2370; Herausbrennen v. B beim Lichtbogenschweißen v. B-legierten Stählen 16-2400; Hand-Lichtbogenschweißen v. Stahl *15* GF 17-2500; Lichtbogenschweißen: v. St *5* u. *35* GS 17-2501; v. Cr-Stahl 21-2582; Schweißbark. v. Stählen im Gas-Metall-Lichtbogenverf. 48-2264.

Auftragsschweißung: UP-Auftragsschweißen: v. rostbeständigen Stählen mit Bandelektroden 1-2273; v. Inconel u. Monel auf Stahl mittels Bandelektrode 2-2232; Herst. einer Hartauftragsschweiß. auf Stahlkörper 12-2414*; Aufschweißen auf Maragingstahl zum Oberflächenschutz 14-2321; Lichtbogenaufschweißen v. Stahl Ch*25*N*20* 15-2486; Elektroschlacke-Auftragsschweißen v. Guß-- 38-2515.

Schweißelektroden und -stäbe: Schweißelektrode auf Ni-Fe-Cr-Basis für d. Lichtbogenschweißen v. Fl.-Gas-Behältern aus Ni-Stahl 1-2303*; Schweißdrähte zum Lichtbogenschweißen: v. hitzebeständigen austenit. Stählen 3-2528*; v. hochkerbfestem Stahl 5-2467*; v. weichem Stahl unter Schutzgas 7-2468*; Verschweißen v. Stahl St *3* mit Ch*18*N*10*T mit d. Elektroden UONJ-*13/45* 12-2372; Schweißstab zum Schweißen v. Grauguß 13-2427*; Elektrode CT-*23* zum Schweißen v. Stählen *12*Ch*16*N*14*W*2*B*1* 15-2491; Schweißelektrode zum Lichtbogenschweißen 38-2564*; stabilaustenit. Schweißelektroden erhöhter Festigk. aus Stahl Thermannit *19/15* bzw. *20/16* 44-2238; Drahtelektrode zum Schweißen 45-2637*.

Feuchtigkeitsbeständig umhüllte Schweißelektrode zum Schweißen v. Flußstahl 12-2413*;; Seelenelektrode zum Schutzgas-Lichtbogenschweißen 31-2637*; umhüllte Schweißelektrode 32-2461*; (Überzug aus TiO_2) 36-2467*; (Hüllzus.) 36-2468*; Verw. ummantelter Elektroden 45-2559; umhüllte Schweißelektrode 49/50-2344*.

Rohrförm. Schweißstab mit Carbidfüll. zum Auftragsschweißen v. verschleißfesten Schichten 7-2469*; pulverhalt. Drähte zum halbautomat. Schweißen v. Mn-reichem Stahl 17-2562*; Pulverdraht PP-AN *4* zum Schweißen niedriggekohlter u. niedriglegierter Stähle in CO_2 21-2584; Pulverdraht mit Innenschutz zum Schweißen v. Stählen mit offenem Lichtbogen 32-2562*; Herst. v. --Pulver für Schweißelektroden 37-2668*; Pulverdraht zum offenen Lichtbogenschweißen v. niedriggekohltem u. niedriglegiertem Stahl 38-2513.

Schweißmittel: Zusatzwerkstoff zum UP-Schweißen v. Feinkornstählen 16-2461*; Schweißzusatzwerkstoff auf --Basis aus *0,01–0,04* Al, $\leqq$*5* Co, *0,4–0,3*Cr, *0,4–1,0*Mn, *0,4–0,7* Mo, $\leqq$*0,15* N, *4–6* Ni, jeweils $\leqq$*0,010* S u. P, *0,16–0,4* Si, $\leqq$*30* Ti, $\leqq$*0,08* V, *0,05–0,12* C, Rest Fe 24-2468*; Flußmittelgemisch aus $CaSiO_3$ u. Flußspat für Elektroschlackeschweißen v. Stahlplatten 24-2469*; Zuschlagstoff zum Verschweißen v. Stahl mit Al ohne bes. Zwischenschicht 36-2471*; keram. Flußmittel zum automat. Schweißen v. Roh-- 36-2472*; Schweißgut auf --Basis 49/50-2345*.

Schweißen besonderer Legierungen bzw. Gegenstände: Schweißen v. Stahl *18*G*2*A 5-2418; Einfl. d. chem. Zus. auf d. Schweißbark. v. Stahlguß 8-2340; Schweißen: v. tieftemperaturbeständigem Stahl für Geräteteile für d. Methanverflüssig. 12-2373; v. Stahl St*3*ps 13-2371; v. Stahl *12*G*2*SMV u. *12*Ch-G*2*SMV 15-2487; v. Konverterstahl *10*ChSND 15-2488; v. Stahlrohren Ch*8*WF mit Fittings aus Ch*8*WL mittels Mantelelektrode 15-2489; v. Plättchen aus Schnellstahl auf d. C-Stahlunterlage für bimetall. Werkzeuge 16-2399; v. Nb-legiertem Stahl 16-2401; Anforder. an warmfeste Kesselbaustähle für Schweißkonstrukt. 23-2622; Schweißen v. austenit. Stahl Ch*25*N*20*S*2* u. Ch*18*N*35*S*3* unter Flußmittel 27-2632; Baustähle *12*G*2*SMF u. *12*ChG*2*SMF für Schweißkonstrukt. 34-2389; Schweißen v. martensitgehärtetem Stahl mit *18* Ni aus Stahl A-*201* u. A-*242* 40-2191; Einfl. v. Nb-Geh. auf d. Schweißbark. v. Grobblech 41-2483; Abschmelzschweißen v. Schienen mit Laschenlöchern 46-2217.

Schweißen: v. Stahl *1*Ch*18*N*9*T mit Al-Leg. 15-2492; v. Feinblechverbind. aus Cu u. Stahl Ch*18*N*10*T 22-2507; v. Stahl mit Nb bzw. Mo 22-2508; v. V mit Cr- u. Cr/Ni-Stählen u. Ni-Leg. 32-2564*; v. Messing mit niedriglegiertem Stahl 45-2567; Einschweißen v. Glasrohren in Stahl 48-2265.

Schweißen: v. Guß-- mit Kugelgraphit 5-2417; v. emaillierbarem Guß-- 45-2563; v. Guß-- mit Kugelgraphit 45-2564.

Eigenschaften: Äquivalenz zwischen Dauer u. Temp. d. Austenitisier. beim Schweißen 8-2335; Einfl.: d. Kaltbehandl. auf Struktur v. Schweißverbind. d. Stahls VNS *5* 8-2338; v. Ni auf d. Feingefüge austenit. Cr-Ni-Schweißnähte 8-2342; Äquivalenz zwischen Zeit u. Austenitisier.-Temp. beim Schweißen 12-2369; Unterdrück. d. Stengelkrist. mittels --Pulvereinführ. in d. Schweißbad 13-2373; Ermittl. d. Ferritgeh. in austenit. Schweißgut 16-2026; Kinetik d. Austenitumwandl. beim Schweißen bainit. Bewehr.-Stähle 18-2356; Strukturbeständigk. d. Schweißen v. Cr-Stahl 18-2357; Vgl. d. Strukturbeständigk. d. Schweißverbind. v. Cr-Stählen mit mittellegiertem Baustahl 28-2462; Bezieh. zwischen Wärmebehandl. u. Gefügeausbldg. beim Schweißen v. Guß-- mit artgleichem Zusatzwerkstoff 37-2597; in situ-Unters. d. Umwandl. v. Stahl während d. Schweißens 46-2216; C-Diffus. in niedriglegiertem Schweißgut 49/50-2294.

Richt.-Abhängigk. v. Festigk.-Eig. an Stahlschweißnähten 2-2228; Ursachen d. Ungleichmäßigk. d. mechan. Eig. v. Schweißverbind. mit großer Dicke 3-2461; Hitzebeständigk. d. Schweißverbind. v. warmfesten perlit. Stählen 8-2336; Einfl. d. Wärmewechselbeanspruch. beim Schweißen v. niedriglegiertem Blechstahl großer Dicke auf d. mechan. Eig. 10-2382; Kerbschlagzähigk. d. Schweißnaht v. Stahl d. Übergangsklasse 15-2470; N_2-Einfl. auf Festigk. u. Verspröd. v. Schweißen an Stahl Ch*17*N*4*G*14*AB 16-2402; Kavitat.-Beständigk. v. Schweißen aus Stahl *30*Ch*10*G*10* 16-2404; Klassifizier. v. Stahlschweißen hoher Streckgrenze 19-2580; Einfl. d. therm. Schweißzyklus auf d. Eig. u. Phasenzus. v. Stahl *30*Ch*10*G*10* 21-2583; mechan. Eig. ultrazäher Stahlschweißen 29-2558; Festigk. v. Schweißen aus Stahl mit *9* Ni bei tiefen Temp. 32-2368; Einfl. v. Nb auf d. mechan. Eig. v. Schweißen v. Konstrukt.-Stahl 39-2392.

Magnet. Best. v. Ferrit in Stahlschweißen 6-2353.

Entweichen v. gelöstem H_2 aus Lichtbogenschweiß. an Schmiede-- 2-2230; Neuverteil.: v. C in Stahlschweißen 14-2363; v. Elementen in d. Schweißzone v. Al u. Stahl 14-2364; Ausscheid.-Verh. v. Stahl *17-4* PH bei Lichtbogenschweiß. 15-2490; Verschlack. d. Schweißnaht v. Stahl Ch*18*N*9*T 16-2403; Carbidrk. bei d. Warmbehandl. v. aufgeschweißtem Ti-halt. Schnelldrehstahl R *9* 20-2358; chem. Heterogenität d. Schweißzone v. stumpfgeschweißtem Stahl *35* GS 28-2463; Leg.-Vorgang beim Schweißen mit hüllenlegierten Stabelektroden 47-2367.

Korros.-Beständigk. v. Schweiß.: an chromiertem Stahl 4-2017; an Stahl 15-2511; Korros. v. Schweißnähten: v. Stahl *18.8* 18-2370; v. Stahl *0*Ch*21*N*6*M*2*T 22-2531; Bereich erhöhter Ätzbark. in d. wärmebeeinflußten Zone 27-2637; Korros.-Probleme beim Schweißen v. Stahl 44-2250; Einfl. v. *δ*-Ferrit auf d. Korros.-Verh. v. Schweiß. aus austenit. Zusatzwerkstoffen 47-2369.

Fehler: Immunisier.-Geschw. d. Rißbldg. unter d. Schweißraupe beim Lichtbogenschweißen 7-2404; Sprödbruchneig. v. Schweiß.: an Ch*18*N*12*T, Ch*18*N*9* u. Ch*16*-N*9*M*2* 8-2337; an niedriggekohltem Stahl 8-2339; Poren- u. Rißbldg. beim Schweißen v. durch Kühl-Fl. geschützten Drehteilen 8-2343; Verspröd. d. Schweißverbind. v. Stahl *1*Ch*14*N*14*W*2*M 27-2638; Umwandl. an d. Schnittfläche beim Schweißen u. beim Schneiden v. Stahl mit d. O_2-Brenner 28-2459; Mechanismus d. Rißbldg. in Stahlschweißen aus HY-*80* 29-2559; Rißbldg. in d. Schweißnaht austenit. Stähle durch spannungsinduzierte NbC-Ausscheid. 38-2516.

Löten

Flußmittel zum Hartlöten v. rostbeständigem Stahl auf K-Fluorborat-Basis 8-2415*; Lötmittel VPr-*4* für nichtrostenden Stahl mit Li_2O, B_2O_3 u. Si 14-2361; Lötpasten zum Löten v. Weißblech 22-2505; Rk. mit Cu während d. Lötens 23-2621; Hartlöten v. Sinter-- mit Stahl 39-2436; metall. Verbundlot für wabenartige Stahlbauteile 44-2307*; Diffus.-Hartlöten bei Brennstoffelementen aus rostfreiem Stahl für Kernreaktoren 45-2554.

Brennschneiden

Vorgang. d. Brennschneidens 47-2359.

Prüfverfahren

Vgl. zweier Alter.-Prüfverf. an Grobblech aus Baustählen 1-2253; automat. zerstörungsfreie Prüfmeth. zur Fehlerermittl. bei d. Herst. v. Stahlrohren 2-2199; Dickebest. v. Zn-Überzügen auf Stahldrähten 3-2468; Entw. mathemat. Modelle zur Vorhersage mechan. Eig. v. hochlegiertem ultrahochfestem Stahlguß 8-2294; Mess. d. Dicke v. Aufdampfschichten auf einem Schwingquarz 10-1851; Meth. zur Beurteil. d. Guß---Qualität 16-2344; Prüf. v. --Gußstücken mit Schall u. Wirbelstrom 18-2335; Graugußprüf. mit Ultraschall 18-2336, 18-2339; Meth. d. Austenit-Best. in mehrphas. Auftragsschweiß. 27-2639; zerstörungsfreie Meth.: zur Mikrostrukturkontrolle v. Stahlproben 42-1775; zur Unters. v. Stahlproben großer Dicke 44-2217.

Strahlungspyrometr. Mess. v. wahrer Temp. u. Best. d. Emiss.-Grades in Stahlschmelzen 1-2209; kontinuierl. Temp.-Mess. in --Schmelzen 4-1941; Strahl.-Pyrometrie für --Schmelzen 10-2320; Restaustenitbest. mittels d. Differentialthermoanalyse 10-2361; Verf. zur Best. d. Liquidustemp. in Guß--- Leg. 16-2341; Best. d. F. eines Nb-halt. Mehrstoffeutektikums in warmfestem Stahl 36-1888.

Metallographie

Selbsttät. Best. nichtmetall. Einschlüsse in Stahl 1-1887; Meth. zur Feststell. feiner Unterschiede zwischen d. Einschlüssen in Stahlproben 3-2414; elektrolyt. Trenn. v. Carbiden u. intermetall. Verb. aus Stählen 10-1984; magnet. Meth. zur Isolier. oxid. Einschlüsse in unberuhigten Stählen 10-2333; Isolier. v. Oxideinschlüssen in chem. beständigen Stählen 17-2120; Elektrolyt zum Polieren v. einkrist. Fe-Si-Leg. auf d. Fläche (*001*) 19-2561; Meth. v. Mikrosonden- u. Tracer-Unters. für d. Prüf. v. Einschlüssen 28-2449; Abtrenn. v. Sulfideinschlüssen aus Stahl durch Elektrolyse 29-2198; potentiostat. Abbau v. Cr-Carbiden bei metallograph. Unters. 35-2444; Fortschritte in d. Metallographie 36-2379; metallograph. Reagenz für Werkzeugstähle u. Fe-C-Leg. 36-2380; Verf. zur Isolier. oxid. Einschlüsse 38-2495; metallograph. Verf. zur Mess. d. Entkohl. v. Stählen 40-2177; Beobacht. v. sich an Stahloberflächen entwickelndem H_2 42-2220; elektrolyt. Identifizier. u. Isolier. durch Röntgenbeug. v. NbC u. NbN 42-2221; metallograph. Verf. zur Best. d. Löslichk. v. Nb-Carbiden in Stahl 43-2453; Isolier. v. Carbiden durch Lösen v. Stahl in HNO_3 43-2454.

Unterscheid. P-armer u. P-reicher Bereiche im -- durch Ätzen 1-2259; elektrolyt. Ätzmeth. zur Beobacht. v. Struktur u. Substruktur d. -- 12-2353; Ätztechnik zur Erkenn. d. Spann. in hochfestem Stahl 17-2410; Verw. v. Netzmitteln in metallograph. Ätzmitteln 36-2381; elektrolyt. Ätz. u. Isolier. v. intermetall. Verbind. in --Leg. 36-2382; Makroätz. u. Ätzmittel für Stahl 37-2579; metallograph. Ätzmittel für Inhomogenitäten v. Stahl 40-2176; elektrolyt. Unterscheid. v. -- u. Cr-Carbiden durch Ätzen 43-2456; Ätzvers. zur Entw. v. Austenitkorngrenzen in Stahl 46-2204.

Röntgenograph. Unters. d. Ermüd.-Bruchs mit d. Röntgen-Mikrosonde an gekerbten Stahlproben 1-2248; röntgenograph. Gitterdehn.-Mess. an Ferrit v. --Werkstoffen 7-2391; röntgenograph. Best. d. Gitterspann. v. Stahlgußproben 16-2375; röntgenograph. Effekt bei Strahl.-Schäden d. Carbidphase in weißem Guß-- 18-2348; röntgenograph. Verf. zur Best. d. Restaustenits 41-2458.

Anwend. d. Phasenintegrators zur Gefügeunters. v. Stahl 10-2371; Beobacht. d. Austenitkorngröße v. Stahl mittels Hochtemp.-Mikroskopie 30-2360; Anwend.: d. Ätzgrübchen-Technik zur Unters. v. Fehlstellen in polykrist. niedriglegiertem Stahl 31-0195; d. Vakuumhochtemp.-Mikroskopie zur Unters. d. Zementitzerfalls in Temperguß 33-2634.

Restaustenitbest. mittels d. Differentialthermoanalyse 10-2361; Zus. u. Verh. sulfid. Einschlüsse in unlegierten Stählen 17-2121; Verf. zur Best. ox. Einschlüsse in *18.8*-Stahl durch Chlorier. d. anod. Rückstandes 23-2580; DTA-EGA-Best. v. chem. aus Stählen isolierten Carbiden 25-2166; Carbidbest. in Werkzeugstahl mittels Fernsehmikroskopie 43-2455.

Härte: Vgl. v. mkr. u. Mikrohärtemess. bei Nitrierstählen 2-2224; verbesserte Mikrohärte-Prüf. nach Vickers u. Anwend. auf d. Erweich. v. einkrist. -- 5-2388.

Festigkeit: Anwend. d. Schlagtors.-Vers. zur Prüf. d. mechan. Eig. oberflächenbehandelter Einsatzstähle 2-2194; Festigk.-Prüf. im stat. Biegevers. 2-2197; überwachte Trockenverschleißprüf. für Werkzeugstähle 6-2370; Best. d. Zähigk. harter Stähle durch stat. Kompress. u. Tors.-Prüf. 11-2366; mikrofraktograph. Meth. zur Best. d. Grenze d. Kaltsprödigk. v. Stahl 12-2335; Beurteil. d.

Kaltbrüchigk. nach d. Bruchaussehen 12-2336; Best. d. Warmbildsamk. v. Stahl bei Schwellfestigk.-Prüf. mit nachfolgender Spann.-Relaxat. 15-2468; Verf. d. Kriechprüf. 25-2505; Extrapolat.-Formel für d. Ergebnisse v. Zeitstandvers. 27-2598; statist. Beurteil. d. Festigk. v. porösem – 33-2622; Einfl. d. Beanspruch.-Art auf d. Ergebnisse d. Dauerschwingprüf. v. Stählen 37-2569; Verf. zur Best. v. H_2-Bruch 43-2444; Vorr. zur Beurteil. d. Sprödbruchneig. v. Stahl 46-2199; Keildruckprobe zur Best. d. Zugfestigk. v. Guß- – mit Lamellengraphit 47-2330; Einfl. d. Geometrie d. Entlast.-Kerben auf d. Bruchfestigk. v. Stahl 49/50-2287.

Kerbzähigkeit: Vgl. v. Kerbschlagprobenformen an Stahl 1-2245; apparative Gestalt. u. Auswert. d. Charpykerbvers. bei Stahl (Übersicht) 3-2441; Schergrenzenbest. bei gekerbten Rundproben 4-1968; Meth. d. Zähigk.-Best. harter Stähle (Übersicht) 11-2367; Ersatz d. Best. d. Kerbschlagzähigk. durch Best. d. stat. Plastizität v. Stahl 21-2570; Einfl. d. Kerbtiefe auf d. Bruchart v. CrMoV-Stahl 35-2433; künstl. Alter. bei d. Kerbschlagzähigk.-Prüf. v. Baustählen 43-2440.

Elektronen- und Emissionsmikroskopie: elektronenmkr. Bilder v. – -Krist. 2-1756; Best. v. analyt. Oberflächenveränder. v. Stählen mit d. Elektronenmikrosonde 3-2451; Schichtdickenbest. v. Cr-Filmen auf reinem – mit d. Elektronenstrahlmikroanalysator 6-1798; Emiss.-Elektronenmikroskopie v. Stahl 16-1881; Elektronenanalyse dünner Sulfidschichten auf – 16-1948; metallurg. Unters. mit einem *500*-kV-Elektronenmikroskop an – -Folien 17-0207; Unters. einer Schweißprobe mit Hilfe d. Elektronenstrahl-Mikroanalyse 18-2055; Anwend. d. Elektronenstrahlmikrosonde bei Guß- – 29-2194; elektronenmkr. Unters. d. Restaustenit-Zers. in Fe–C–Si-Leg. 36-2383; elektronenmkr. Oberflächenunters. an Stählen 39-1896.

Magnetische und elektrische Prüfung: Wechselstrom-Austenitprüfer zur Gefügeunters. an Baustählen 4-1969; magnet. Meth. zur Best. v. Ferrit in Stahlschweißen 6-2353; zerstörungsfreie Prüf.-Verf. zum Nachw. v. magnet. Asymmetrie in Raketenmotorteilen 7-2382; Schnellbest. d. Geh. an metall. – nach einem Magnetisier.-Verf. 11-2001; Wirbelstrom-Meth. zur Unters. d. Oberflächenschichten ferromagnet. metallkeram. Fe–Cu–Mo-Werkstoffe 13-2198; Best. d. Verteil. einiger Elemente in B-halt. Fe–Cr–Ni-Leg. 18-2051, 18-2052.

Prüfung mit Röntgenstrahlen: Hochtemp.-Röntgengerät zur Unters. d. therm. Behandl. legierter Stähle 2-1747; röntgenograph. Best. d. Restaustenits in Stahl 21-2248; Zn-, Fe-, Mn-, S-Best. durch Röntgenfluoreszenzanalyse an dünnen Schichten 23-0872; Meth. zur Unters. d. Seiger. in Stahl mittels Röntgenfluoreszenzanalyse 37-2587; röntgenograph. Best. d. Nachwalzgrades v. Feinblechen 40-2184; Intensitätsmess. nichtkontinuierl. Röntgenbeug.-Linien an Carbiden in Stählen 42-0097; röntgenometr. Mess. v. Spann. u. Eigenspann. an Tors.-Stäben aus Stählen 47-2350.

Prüfung mit Kernstrahlen und radioaktiven Isotopen: Verf. zur Markier. v. – -Leg. mit ^{14}C bei d. Aufkohl. 1-2264; Anwend. d. Meth. d. Kern-γ-Resonanz zur Best. d. Martensitmenge in – -Leg. u. Stählen 18-2047; autoradiograph. Unters. d. Elementverteil. im Stahl nach d. Meth. d. Diffus.-Sättig. 18-2048; autoradiograph. Verf. zur Unters. v. Verteil. v. P u. S im Guß- – 18-2053; Isotope in d. Kontrolle u. Automat. d. – - u. Stahlverf. 19-2567; Autoradiogramm d. Verteil. v. Cr im Stahl *50*-HSA 27-2299; Mess. d. Stabilität v. dünnen organ. Filmen auf mit Tritium markierten Stahloberflächen 42-2720; radioisotop. Dickenmess.-Syst. u. -Verf. 46-2208; autoradiograph. Unters.: d. S-Verteil. in weißem Guß- – 49/50-2299; d. Entkohl. v. schmiedbarem Guß- – 49/50-2302.

Ultraschallprüfung: Ausbreit.-Geschw. v. Schallwellen zur Restaustenitbest. 2-2196; Qualitätsprüf. v. – -Pulverpreßlingen durch Ultraschall 11-2357; Bedeut. d. Ultraschallmeßtechnik für d. Gefügeunters. an Guß- – 13-2341; Ultraschallprüf.: v. Grauguß 18-2336; v. Stahlguß 18-2337; Gußstückprüf. durch Schallschwäch.- u. Geschw.-Mess. 18-2338; Ultraschallprüf.: v. Grauguß 18-2339; v. Stahl *1Ch17N2*, Ch *8* u. ChN*77*TJuR 18-2340; Güteüberwach. v. Stahlguß mittels Impuls-Echo-Verf. 33-2623; Best. d. Zugfestigk. v. Grauguß durch Ultraschall 48-2232; Anwend. v. Ultraschallschwäch.-Mess. für d. Unterscheid. v. Gefüge in Stahl *42*CrMo*4* 48-2234; Korngrößenbest. v. austenit. Stahl durch Ultraschalldämpf. 51/52-2243.

Analyse

Weiterentw. auf d. Gebiet d. Analyse v. – -Metallen (Okt. *1964* bis Dez. *1966*) 14-2015; moderne Analytik bei d. Herst. v. Stahl 30-2059; Analyse v. Nicht- – -Metallen (Literaturübersicht v. *1965* u. *1966*) 37-2235.

Nachweis

Nachw. mit Salicylalimin 15-0019; Nachw. v. O in Stahl durch Aktivier.-Analyse mit *14,5*-MeV-Neutronen 18-2044; Tüpfeltest 24-2039; Komplexbldg. v. Ammonium-bis-[carboxymethyl]-dithiocarbamat als analyt. Reagenz mit Fe(II) u. Fe(III) 25-1968; Rk. mit Erioblauschwarz R 29-1996; Nachw. v. Fe(III) auf Papierchromatogrammen mit Rhodamin B 31-2105; Spurenanalyse durch Atomabsorpt.-Spektroskopie 35-1958; Nachw. unter d. Elektronenmikroskop 35-2117; spektralphotometr. Unters. d. Syst. Fe(III)-(N-BFHA) in W./A. 39-1986; spektroskop. Nachw.-Empfindlichk. für – bei Fackelentlad. 41-1968; Nachw. v. Fe(II) mit Zn(IV)-Molybdataustauschern 43-1982; Rk. v. Fe(III) mit Phenylfluoron 44-1822; atomfluoreszenzspektrophotometr. Nachw.-Grenze 51/52-1822.

Nachw.-Meth. für – -Zufuhr (Bezieh. zu d. Anämieentw. bei Schwangerschaft) 9-1509; Nachw. in Pflanzen durch Röntgenfluoreszenzspektrometrie 16-1995; histochem. Nachw. in d. menschl. Leber unter bes. Berücksichtig. d. AgS-Verf. nach Timm 23-1263; chromatograph. Nachw. v. Spuren v. toxikolog. – 40-1879.

Trennung

Trenn.: v. Fe(III) u. Cr(VI) in chromsauren Lsg. 13-1880; v. ^{241}Am v. – bei Routine-Urinanalysen 14-1992; radiochem. Trenn. d. – - u. anderer Spurenverunreinig. d. Ga 27-2190; Trenn.: v. Ga u. – in Ggw. v. EDTA 37-2125; kleiner Mengen –, Co u. Ni 42-1838; Trenn.-Beding. v. Cr(VI) u. Fe(III) in Chromsäurelsg. durch Mitfäll. 46-0488; Trenn.: großer Mengen – v. wenig Co u. Ni 51/52-1837; geringer U-Mengen v. Fe(III) u. anderen Gesteinsbestandteilen mit Na_2CO_3 51/52-1909.

Abtrenn. v. Te v. – u. Stahl durch Solventextrakt. mit MIBK 4-1685; Verteil.-Gaschromatographie d. Trifluoracetylacetonate v. –, Cu u. Al 21-2250; Verh. v. Mikromengen an Verunreinig. in – bei Extrakt. mit Methylisobutylketon 23-2154; Extrakt. als Dithiocarbamat aus Alkalimetall-Lsg. u. spektrograph. Best. 40-1799; Verteil.-Gaschromatographie 44-1779; Best. v. Fe durch Solventextrakt. u. Gaschromatographie in Ggw. v. Al 47-1969.

Trenn.: v. –, Cr, V, Ti, Ni u. Al durch Ionenaustausch in d. Stahlanalyse 3-2102; v. Mikromengen Ni^{2+}, Mn^{2+} u. Fe^{3+} durch ebene Ionenaustauschelektrochromatographie 4-1605; v. Al durch Ionenaustausch u. Best. mit Komplexon III 7-1950; v. In u. – an Ionenaustauschern 9-1965; Kationenaustauschtrenn. v. Fe(III): v. d. Gruppe Mo–W–Nb–Ta 10-1933; v. Mn^{2+}, Co^{2+}, Ni^{2+}, Cu^{2+} u. Zn^{2+} 10-1941; Ionenaustauschtrenn.: v. Hg(II) 16-1935; v. Mn u. Best. mit Komplexon III 24-2109; v. Metallspuren 25-2162; (Anwend. zur Analyse v. hochreinem – u. Stahl) 25-2163; v. U 33-2218; Abtrenn. v. Spurenelementen aus großen Mengen – durch Anionenaustausch 34-1985; Trenn. v. Fe(III) v. V(IV), Cr(III), Mn(II) u. Co an Dowex *50*-X *4* 38-2029; Best. d. U in Flußwasser nach Abtrenn. v. – durch fl. Ionenaustauscher 39-2014; Trenn. v. Spuren Fe(III) v. Cr^{3+}, Cu^{2+}, Zn^{2+}, Co^{2+}, Ni^{2+} u. Mn^{2+} an Kieselgelsäulen 40-1810; Ionenaustauschtrenn.: v. Sn–Fe 44-1813; v. einigen Elementen in Cr–Fe-Erz 44-1835.

Chromatograph. Abtrenn. aus U 13-1876; Säulenchromatographie an Chelatharzen 14-1902; Trenn. v. anderen Kationen durch d. Ringofenmeth. u. Tüpfelnachw. 18-1940; Abtrenn. v. trägerfreiem ^{54}Mn aus bestrahltem – durch Verteil.-Chromatographie mit umgekehrten Phasen 20-1906; säulenchromatograph. Trenn. v. Fe(III)/La(III)/Zr(IV), Fe(III)/Ni(II)/Co(II) u. Fe(III)/Cu(II)/Cd(II) 25-2027; chromatograph. Abtrenn. v. Fe(III) u. photometr. Best. 29-2112.

Dünnschichtchromatograph. Trenn. u. Nachw. 5-1888; (Verw. v. Oxin) 7-1966; dünnschichtchromatograph. Abtrenn.: v. Fe(II) u. Fe(III) als 1-Nitroso-2-naphtholat 13-1871; v. μg-Mengen – 17-1984; Dünnschichtchromatographie: mit umgekehrten Phasen 27-2151; mit γ-spektrometr. Abtast. (^{59}Fe) 30-1909; zur Trenn. v. Kationen d. H_2S- u. $(NH_4)_2S$-Gruppe 37-2094; v. Nahr.-Mitteln 45-2229; dünnschichtchromatograph. Trenn. v. Hg(II)/Zn/Bi(III)/Fe(III) 48-1815; dünnschichtchromatograph. Verteil. an mikrokrist. Cellulose 51/52-1831; Dünnschichtchromatographie auf mit neutralen Organophosphorverb. imprägniertem Trägermaterial 51/52-1833.

Chromatographie v. Fe(III) auf mit hochmol. Aminen imprägniertem Papier 1-1790, 2-1790; papierchromatograph. Nachw. in Al-Leg. 2-1911; chromatograph. Nachw. auf mit Tl-Hydroxid imprägniertem Papier 5-1890; papierchromatograph. Trenn. v. Cr(III), Mn(II), Co(II), Fe(III) u. Ni(II) 8-1893; Chromatographie mit umgekehrten Phasen v. Al, Ga, In, Tl u. an mit Di-(2-äthylhexyl)-orthophosphorsäure behandeltem Papier 12-1861; Trenn. u. Identifizier. v. –, Al u. Cr mit basenimprägniertem Filtrierpapier 14-1924; Chromatographie v. Fe(III)–Thiocyanat-anion-Komplexen auf mit höheren tert. Aminen imprägniertem Papier 21-2145; R_F-Wert v. Fe(III) auf Sn(IV)-Phosphat-Papier 31-2055; schnelle quant. Trenn. v. Fe(II) u. Fe(III) durch Papierchromatographie 31-2096; Anwend. d. radiometr. Meth. zur quant. Papierchromatographie v. – 34-1987; Papierchromatographie v. Fe(III) in Ggw. v. SCN^- 36-1919; papier- u. dünnschichtchromatograph. Trenn. v. Ag, Ni, Mn(II), Co, Zn, Cu, Pb, Fe(III), Sb(III) u. Bi 37-2097; papierchromatograph. Best. v. Fe(III) 42-1833, 46-1809; papierchromatograph. Trenn. v. Fe(III), Mo(V) u. Mo(VI) 48-1846; Trenn. v. Mn- u. Co-Spuren v. – durch absteigende Papierchromatographie 49/50-1921.

Bestimmungsmethoden für Eisen

Biolog. Best. v. assimilierbarem – 11-1953; gravimetr. Best. v. Fe(II) mit 2-Amino-1.3.4-thiadiazol-5-thiol 25-2071; Verw. v. Pyridinthioamiden für – -Best. 42-1834; Kollektorfäll. u. spektralphotometr. Best. als 8-Hydroxychinolat 47-1968.

Potentiometr. Titrat. v. Mikromengen Fe(II) mit sehr verd. Ce(IV)-Sulfat 1-1824; Best. durch differenzierte Titrat. in nichtwss. Medien 2-1730; Verw. v. Resorufin- u. Resazurin-Deriv. als titanometr. u. stannometr. Indikatoren bei d. Fe(III)-Best. 8-1806; titrimetr. Best. v. Fe(III) in Ggw. v. Al unter Verw. v. Metallochromindikatoren 13-1882; Reagenzien für d. Analyse v. Fe(II)–Fe(III)-Misch. 15-0023; fluorimetr. Titrat. v. – neben Ca u. Mg unter Verw. v. Calceinblau als Indikator 24-2040; selektive Best. mit K-Cyanid/K-Hexacyanoferrat(II)-Reagenz 31-2097; Redoxrk. an Säulen zur Best. v. – 31-2098; oxydimetr. Best. v. Fe(III) u. d. Peroxideffekt 34-1986; Titrat. v. Fe(II) mit Na-Vanadatlsg. 41-1935; titanometr. Titrat. v. Fe(III) 45-2001; Titrat. v. Fe(II) mit $KMnO_4$ 45-2002; Verw. v. Chlorpromazinhydrochlorid als Redoxindikator bei d. Titrat. v. Fe(II) mit Vanadat 48-1776.

Best.: mit HEDTA 4-1624; v. Fe(III) mit Komplexon III (Übersicht) 5-1935; chelatometr. Titrat. kleiner Mengen Fe(III) 7-1962; komplexometr. Best. v. Fe(II) mit Thioglykolsäure als Indikator 17-2033; komplexometr. Ultramikrobest. v. Fe(III) 28-1986; komplexometr. Best. v. Fe(III) in Ggw. großer Mengen Al 30-1961; Komplexometrie u. photometr. Best. v. Fe(III) 32-2001; indirekte – -Best. über d. Verdräng. v. Pb aus d. Pb-EDTA-Komplex 33-2220; Abtrenn. u. Best. mit Hilfe v. Ionenaustauschern u. Komplexon III 35-2130; Titrat.: v. Fe(III) mit Komplexon III 41-2069; v. Fe(III)/Co(II)/Al(III)-Gemischen mit Komplexon III 42-1836; komplexometr. Best. in natürl. Proben mit 3-Hydroxy-1-p-sulfonatophenyl-3-phenyltriazen als Metall-Indikator 43-2106; titrimetr. Best. v. Fe(III) mit EDTA mit biamperometr. Endpunktsanzeige 47-1888.

Potentiometr. Best. v. Fe(II) 16-1942; Best. v. Fe(II) u. Fe(III) u. v. Gemischen v. Fe(II) u. Fe(III) mit $K_3[Fe(CN)_6]$ (potentiometr.) 21-2179; polarograph. Verh. v. Fe(III) 25-2074; chromatometr.-biamperometr. Best. v. Fe(II) 30-1962; simultane polarograph. Best. d. Chelate v. Fe, Pb u. Cd 39-1886; Mechanismen d. katalyt. polarograph. Stufen v. – 40-1719; coulometr. Mikrobest. 40-1720; coulometr. Titrat. v. Fe(III) mit elektrolyt. erzeugten Chlorocuprat(I)-Ionen 41-2068; coulometr. Best. v. Fe(III) 44-1824; Best. in Submikrogrammengen mit Hilfe d. inversen Polarographie 45-2090; polarograph. Best. nach Extrakt. d. Pyridin–Rhodanid-Komplexes in Toluol 49/50-1840; polarograph. Simultanbest. v. – u. Co 49/50-1920; polarograph. Best. v. Fe(III) bei As-Überschuß 51/52-1897.

Lösungsspektrograph. Best. durch Ultraschallzerstäub. u. Anreg. in d. Fackelentlad. 1-1733; Mikrobest. durch Röntgenstrahlfluoreszenz 4-1553; empfindl. Lsg.-Spektralanalyse mit Impulsbogenanreg. d. Trockenrückstandes auf Spektralkohleelektroden 5-1853; Einfl. v. B u. B_4C auf d. Verdampf. v. — aus Graphitelektroden bei d. Spektralanalyse im Lichtbogen 5-1856; Meßempfindlichk. u. Meßgenauigk. quant. Analysen beim β-Rückstreuverf. 5-1881; Einfl. v. Trägersalzzusätzen auf d. Linienintensität v. — bei d. —-Best. 6-1848; spektrograph. Best. 7-1971; Best. d. Bruchteils atomaren — in einer Acetylen-Luft-Flamme 14-0660; Atomabsorpt.-Mess. 20-1841; Meth. zur Mess. v. —-Konz. in Quarz mit Hilfe v. γ- u. Röntgenstrahlen 23-0871; Atomabsorpt.-Spektroskopie 28-1962; Verw. schneller Reaktorneutronen zur zerstörungsfreien Spurenanalyse auf — 31-2042; spektrograph. Best. 31-2178; Hochfrequenz-Emiss.-Spektralanalyse 41-1966.

Best.: mit Pyridin-2.6-diacetoxim 2-1859; v. Fe(II) mit Bathophenanthrolin bei tausendfachem Überschuß an Fe(III) 3-2041; photometr. Best. v. Fe(III) 4-1634; spektrophotometr. Best. durch Bldg. d. Fe(II)–Calcichrom-Komplexes 5-1936; differenzspektrophotometr. Best. mit Pyridin-2.6-dicarbonsäure 5-1938; Mikrobest. v. Fe(III) mit Chromazurol S als chromogenem Reagens 13-1881; spektrometr. Best. d. reaktionsfäh. u. d. Gesamt-— mit 4.7-Diphenyl-1.10-phenanthrolin 17-2110; schrittweise extraktionsphotometr. Best. v. Fe(III), V(V) u. U(VI) als Cinnamoylphenylhydroxylaminate 21-2180; spektralphotometr. Best.: v. Fe(III) durch Solventextrakt. d. Fe(III)–Morin-Chelats 22-2099; v. metall. — in red. —-Erzen 22-2172; v. Fe(III) mit Chromazurol S 23-2155; in verschiedenen Wertigk.-Stufen mit o-Phenanthrolin 27-2210; mit Chinolin-8-carbonsäure 27-2211; mit 2.4-Dihydroxypropiophenonoxim 29-2113; mit Äthyl-4.6-dihydroxy-5-nitrosonicotinat 29-2114; v. Fe(II) mit Diphenylglyoxim 33-2223; Best.: v. Fe(III) neben Ni, Zn, Cd durch photometr. Ermittl. d. differentiellen Rk.-Geschw. v. Substitut.-Rk. mit EGTA u. PAR 33-2231; v. Fe(II) mit o-Phenanthrolin in Ggw. v. Fe(III) 37-2127; photometr. Best.: mit Unithiol 38-2071; mit p-Methoxybenzthiohydroxamsäure in Ggw. v. V(IV) 39-1972; spektralphotometr. Best. v. Fe(III) durch Solventextrakt. mit 3-Hydroxyflavon 39-1987; extraktionsphotometr. Best. mit Kristallviolett 39-1989; Citrat–EDTA-Maskier. zur selektiven Best. mit 1.10-Phenanthrolin 40-1826; photometr. Best.: v. Fe(III) nach papierchromatograph. Trenn. 43-1981; v. Fe(III) mit α-Furoinoxim 47-1966; v. Fe(III) mit 4-Nitro-2-hydroxy-8-naphthoesäure u. 1-Brom-2-hydroxy-3-naphthoesäure 47-1967; selektive photometr. Best. v. —, Co u. Ni nebeneinander mit 1-(2-Pyridylazo)-2-naphthol 48-1850; Verw. v. Anionenaustauschern bei d. photometr. Best. mit KCNS 48-1869; spektralphotometr. Best. v. Fe(III) mit ω-Aminoacetophenon-N.N-diessigsäureoxim 51/52-1891.

Analyse von Erzen, Roheisen, Gußeisen, Stahl und Schlacken

Halbquant. Analyse schwachlegierter Stähle 1-1889; Nachw. einiger Stahlleg.-Metalle mit d. Ringofen zur schnellen Prüf. in Werkhallen oder auf Schrottplätzen 1-2225; komplexometr. Analyse eines Cr–Ni-Stahls 5-2021; polarograph. Analyse v. Spurenelementen in rostfreiem Stahl 12-1951; Analyse dünner ferromagnet. Schichten d. Syst. Fe/Co/Ni 15-2101; atomabsorptionsspektrometr. Best. d. Nebenbestandteile in —-halt. Material 18-2045; automatisierte Verf. zur spektrophotometr. Analyse v. Stählen u. Schlacken 22-2180; Analyse v. in d. — u. Stahlindustrie verwendeten Pyritabbränden 23-2254; Best.: v. Spurenelementen in Roh-— u. Stählen 24-2115; v. Carbiden u. Nitriden in Stahl durch therm. Differentialanalyse u. Analyse d. entweichenden Gases 27-2292; d. Carbids in Schnelldrehstählen ohne elektrolyt. Auflsg. d. Probe 28-2120; d. magnet. — in Erzen 31-2208; Meth. zur quant. Best. v. Stahlverunreinig. 32-2373; spektrometr. u. gasanalyt. Unters. v. Stahl bei Verw. einer zweiteil. Probenahmekokille 34-2058; Ionenaustauschtrenn. bei d. — u. Stahlanalyse 35-2133; Best. u. Identifizier. v. Nitriden in Stahl nach einem Differentialthermoanalysen–Trägergasgaschromatographie-Verf. 35-2136; thermometr. Best. v. — in Martin- u. Hochofenschlacken in Ggw. v. Ba, Ti u. SiO_2 37-2237; Verh. v. Zementit gegenüber — angreifenden Reagenzien bei d. Analyse v. mit CO red. Erzen 48-1862.

Vakuumspektrometr. Analyse nichtmetall. Stoffe im —-Hütten-Labor. 1-1885; Anwend. d. opt. Emiss.-Spektrometrie zur Analyse v. nichtmetall. Proben im —-Hüttenwesen 1-1886; spektralanalyt. Best. v. Sm, Gd, Dy, Er u. Sc in Stählen u. Leg. 3-2103; Verf. zur spektrochem. Qualitätsüberwach. v. Stählen 13-1820; spektrograph. Analyse d. Stähle im Hüttenkombinat Hunedoara 20-1999; Einfl. d. Durchmessers stabförm. Proben auf d. Ergebnisse d. Spektralanalyse v. Stählen 23-2257; registrierendes Verf. d. zeitl. Auflsg. v. Emiss.-Spektren in d. Analyse v. —, Stahl u. —-Erzen 24-2113; spektrochem. Analyse v. Spurenelementen in — u. Stahl mit Hilfe d. Trägerdest.-Verf. 25-2165; Quantovac-Analyse v. Guß-— (Probenahme) 27-2290; emissionsspektrograph. u. Röntgenfluoreszenzanalyse v. Lanthaniden-Elementen in — u. Stahl 27-2293; kontinuierl. Analyse v. Guß-— mit Hilfe d. Quantovac 28-2119; Spektralanalyse: säurefester Stähle 29-2196; v. Stählen (Einfl. d. Korngröße d. Probe) 31-2211; v. aus Stahl abgeschiedenen Oxideinschlüssen 31-2212; v. Spurenelementen in Stahl 31-2213; Abbauvorgänge u. Interelementeffekte bei d. opt. Emiss.-Spektralanalyse v. Stahl 35-2134; Spektralanalyse v. Guß-— unter Verw. v. Lasern 40-1906.

Analyse v. —-Erzen unter Verw. v. Röntgenfluoreszenzspektroskopie mit Radionukliden 12-1834; Röntgenfluoreszenzanalyse v. niedriglegiertem Stahl mit d. Fluroprintspektrometer 32-2368; röntgenspektrograph. Analyse d. leichten Elemente in Ferrotitan-Erzen u. Rückständen stark variierender Zus. 37-2068; Röntgenspektralanalyse v. Hochofenschlacken 51/52-1976.

Best.: einiger Spurenelemente in Stahl durch Neutronenaktivier.-Analyse 22-2182, 23-2259; d. Metallgeh. v. —-Erzen u. -Leg. mit Hilfe d. β-Rückstreuungs-Meth. 47-2074.

Analyse d. leichten Elemente in Stahl mit d. Mikrosonde 10-1982; Anwend. d. Massenspektrometers MN 7 bei d. Analyse v. — u. schwachlegiertem Stahl 23-2256.

Bestimmung von Gasen: Best. v. N_2 u. O_2 in Stahl durch Schmelzextrakt. im Graphittiegel unter Inertgas 2-1906; Vakuumheißextrakt.-Analyse v. Stählen mit einem Massenspektrometer 2-1907; Best. v. O_2 u. N_2 in Stahl 14-2019; (Gaschromatographie nach reduzierendem Schmelzen in Inertgasatmosphäre) 18-2043; Analyse v. Gasen in — u. Stahl durch Vakuum–Schmelz–Massenspektrometrie 31-2209; Best.: d. H- u. O-Geh. v. Ferrochrom 41-2146; v. O_2, N_2 u. H_2 in — 42-1915.

Best. v. H_2 in elektrolyt. —-Überzügen durch anod. Auflsg. 29-2193; Probenahme zur H_2-Best. im Stahl 34-2059; Best. v. H_2 in geschmolzenem Guß-— 35-2392.

O_2-Best. im Stahl 11-2003; Schnellbest. d. in geschmolzenem Stahl gelösten O_2 mit Hilfe d. EMK-Meth. 32-2368; Gerät zur direkten Best. v. O_2 in fl. Stahl 32-2373; Best. v. O_2: in Cr-Stahl durch Chlorier. u. Vakuumsubl. 34-2061; in Stahl durch Neutronenaktivier.-Analyse 34-2062; in Stahl durch Aktivier.-Analyse 40-1908; Nachw. v. O in Stahl durch Aktivier.-Analyse mit *14,5*-MeV-Neutronen 46-1953, 46-1954; Best. d. O_2 in —-Pulver 47-2079.

Meth. zur Best. v. gebundenem u. sich bewegendem N in Stählen 1-2211; Best. v. gelöstem N in Stahl 2-2181; konduktometr. Best. v. N_2 in Stahl 20-2000; N_2-Best. in Stählen u. Guß-— durch reduzierendes Schmelzen 22-2178; Best. v. N in Cr-Stahl 24-2111; Methodik d. chem. Best. v. N_2 in Guß-— 25-2164; Best. v. N_2 in —-Bädern nach d. Heißextrakt.-Verf. 34-2056; spektrophotometr. Best. v. Mikromengen N in — u. Stahl durch organ. Solventextrakt. 38-2153; Best. v. N_2 in Stahl 41-2145; Routinebest. v. N_2 in Guß-— durch chem. Dest. u. nach d. Trägergas-Verf. 46-1955; Best. niedriger N-Geh. in Stahl durch innere Reib. 48-2260.

Al: spektrophotometr. Best. v. Al: in Stahl 1-1891; in Stahl u. —-Erzen 9-1812; komplexometr. Best. v. Al in Stahl 14-2022; mathemat. Beurteil. d. Ergebnisse v. Al-Best. in —-Erzen 19-2105; potentiometr. Best. v. Al in —-Erzen 19-2106; atomabsorptionsspektrometr. Best. v. Al im Stahl 21-2249; quantometr. Al-Gesamtbest. in niedriglegiertem Stahl 28-2122; spektralanalyt. Best. geringer Mengen Al in weißem Guß-— 29-2195; Best. v. Al in —-Leg. durch thermoelektr. Potentialmess. 39-2099; spektrophotometr. Best. v. Al: in Ni–Fe-Leg. 41-2152; in Fe–Cr–Ni-Leg. 45-2198; spektralanalyt. Best. kleiner Mengen Al in Stahl 48-1983.

As: polarograph. Best. v. As in Stahl 17-2123; quantometr. Best. v. As in niedriglegiertem Stahl 27-2291; Best. v. As in Sb–Fe-Matrizen durch Aktivier.-Analyse 40-1914.

B: Best. v. Spuren B in Stahl 1-1890; autoradiograph. B-Best. in Stahl 4-1982; spektrophotometr. Best. v. B in — u. Stahl nach Lsgm.-Extrakt. 17-2122; direkte fluorimetr. Best. v. B-Spuren in Stahl 22-2183; Nachw.-Meth. für geringe B-Geh. v. Stählen mit Hilfe therm. Neutronen 23-2258; spektralanalyt. Best. v. B in weißem Guß-— 29-2195; photometr. Best. v. Spurenmengen B in — u. Stahl 29-2199; Best.: d. B-Geh. v. Stählen durch Mess. d. Flußdepress. therm. Neutronen 30-2060; v. B in Stahl u. Ferrobor 33-2297; spektrograph. Best. v. B in legierten Stählen 37-2239; Best. v. B-Spuren in —-Werkstoffen 41-2147; Spurätzmeth. zum Nachw. v. B in austenit. Stählen 45-2196; Best. v. B in Schmiede-— 46-1956; spektralanalyt. Best. v. B im Stahl 47-2081, 47-2082; Best. geringer B-Geh. in Stahl 48-1981.

Be: spektroskop. Best. v. Be in Stahl u. —-Leg. 10-1985.

Bi: Best. v. Bi in Guß-— u. Stählen 25-2167; spektralanalyt. Best. v. Bi in weißem Guß-— 29-2195; spektrophotometr. Best. v. Bi: in hochlegierten Stählen 31-2215, 33-2298; in Guß-— in Ggw. v. Sb 40-1907.

C: C-Best. in Stählen durch Mess. d. prompten γ-Strahl. 2-1908; Best.: v. gelöstem C in Stahl mittels Dämpf.-Mess. 2-2181; d. Gesamt-C in Grauguß 16-2338; Verw. d. Gaschromatographie zur Best. v. C-Spuren in Elektrolyt-— u. rostfreiem Stahl 19-2227; selbsttätiges Analysengerät zur Best. v. C in Stahl 22-2179; Abwandl. eines titrimetr. Verf. zur Best. v. C in — u. Stahl 24-2116; Emiss.-Spektralanalyse zur Best. d. Entkohl. v. Stahl 25-2547; quant. Best. v. C u. N in fester Lsg. in Stahl durch Mess. d. inneren Reib. 28-2443; thermoelektr. Best. v. C in Stählen 29-2200; kontinuierl. C-Best. für d. SM-Stahlerzeug.-Prozeß 32-2373; spektrometr. Best. v. C in Stahl in Ggw. v. Al 37-2240; hochempfindlicher C-Analysator für — u. Stahl 42-1916; Best. v. C in — durch Bestrahl. mit γ-Photonen 45-2091.

Ca: spektralphotometr. Best. v. Mikromengen Ca in reinem — 22-2175; Simultanbest. v. Mg u. Ca in — u. Stahl durch photometr. Titrat. mit EDTA 39-2098.

Ce: amperometr. Best. v. Ce in Guß-—, Stählen u. Leg. 25-2168; Anwend. v. Tributylphosphat zur Extrakt. v. Mikromengen C bei d. Stahlanalyse 27-2294; Analytik d. C. in Ce-beruhigten Stählen 41-2148; naßchem. Best. v. Ce in Guß-— u. Stählen 42-1917.

Co: Best. in — u. Stahl durch Atomabsorpt.-Spektralphotometrie 9-1811; spektralphotometr. Co-Best. in hochreinem — 30-2058; spektrophotometr. Best. v. Co in — u. Stahl mit 2-Nitroso-1-naphthol 37-2242.

Cr: röntgenfluoreszenzspektrometr. Best. v. Cr in tern. Leg. 2-1910; spektrophotometr. Best. v. Mikromengen Cr in reinem — 10-1987; Best. v. Cr: in Stählen mit Laser-Anreg. 13-1820; in legierten Stählen durch amperometr. Titrat. 24-2117; in niedriglegierten Stählen durch Atomabsorpt.-Spektrometrie 24-2118; Verw. v. Komplexon III bei d. Cr-Best. nach d. Persulfatmeth. in Stählen 40-1910.

Cu: Best.: v. Cu in Stahl u. Guß-— mit Dithizon 1-1892; v. Mikromengen Cu in oxid. —-Erz 2-1860; komplexometr. Analyse einer Zn–Cu–Fe-Leg. 2-1909; polarograph. Best. v. Cu in Stahl 8-1969; Best. v. Cu in Stahl durch Atomabsorpt.-Photometrie 9-1811.

Ga: spektrophotometr. Best. v. Mikromengen Ga in reinem — 23-2260.

K: flammenphotometr. Best. v. K im —-Katalysator d. NH_3-Synth. 33-2203.

Mg: Best. v. Mg in Stahl durch Atomabsorpt.-Photometrie 9-1811; Best. v. Mg-Spuren in Mn–Al-Stählen 29-2201; photometr. Best. kleiner Mg-Mengen in — u. Stahl nach d. Methylthymolblau-Meth. 39-2097; Best. v. Mg in Guß-— durch Atomabsorpt.-Spektrophotometrie 46-1957.

Mn: Best. v. Mn in Stahl durch Atomabsorpt.-Photometrie 9-1811.

Mo: Best. v. Mo im Stahl (photometr.) 14-2021, 43-2109.

Nb: röntgenspektrochem. Best. v. Nb in hochlegiertem u. rostfreiem Stahl 9-1811; photometr. Best. v. Nb: in Stählen 16-2027; in reinem — 17-2125; in niedriglegierten Stählen 19-2229; in legierten Stählen 22-2184; voltammetr. Best. v. kleinen Nb-Geh. in Stahl 29-2202; photometr. Best. v. Nb in legierten Stählen 34-2063, 43-2108.

Ni: röntgenfluoreszenzspektrometr. Best. v. Ni in tern. Leg. 2-1910; Best. v. Ni in Stahl: durch Atomabsorpt.-Photometrie 9-1811; mit Laseranreg. 13-1820; Fehlerquellen bei d. photometr. Best. v. Ni in Stählen 14-2020; röntgenemissionsspektroskop. u. chem. Best. v. Ni in Ni–Fe-Leg. 43-2103.

P: Röntgenfluoreszenzanalyse v. P in — u. Stahl 20-2001; Best. v. P: in hochlegierten Stählen mit Chinoliniummolybdat 29-2197; in warmfesten Stählen 31-2214; photometr. Best. v. Mikromengen P: in reinem — 37-2128; in Nb-Stahl nach d. Molybdänblaumeth. 39-2096; in hochlegierten Stählen 44-1934.

Pb: voltammetr. Best. v. Pb-Spuren in rostfreien Stählen 27-2295; Best. v. Pb-Spuren: in Stahl durch Atomabsorpt.-Spektrometrie 41-2151; in Stahl u. Guß-— mit Dithizon 48-1982.

S: gleichzeit. Best. v. C u. S in Stählen durch Verbrenn. bei niedr. Temp. 1-1888; maßanalyt. Schnellbest. v. S in — u. Stahl 24-2114; Abhängigk. d. spektrometr. S-Best. v. d. Anisotropie d. verformten Sulfide im Stahlgefüge 43-2107.

Sb: spektralphotometr. Best. v. Sb in —-Prod. 40-1909.

Se: Best. geringer Se-Mengen in Stahl mit 1.1'-Diphenylhydrazin 6-1976.

Si: neue Molybdänblau-Meth. zur Si-Best. im Stahl (spektroskop.) 9-1811; Best. v. Si: in Roh-— u. Stählen durch Atomabsorpt.-Spektrometrie 15-2100; in reinem — (spektralphotometr.) 22-2174; thermoelektr. Best. v. Si in Stahl 29-2200; Verw. eines Silicometers zur Best. v. Si in Transformatorenstahl 45-2197.

Sn: Abtrenn. u. Best. sehr kleiner Sn-Geh.: in Roh-— u. Stählen 4-1686; in reinem — mit d. Square-wave-Polarographie 22-2176; voltammetr. Best. v. Sn in nichtrostenden Stählen 27-2295; Best. v. Sn in — u. Stahl 37-2241; spektrophotometr. Best. v. Sn: in Stahl 41-2149; in — mit Phenylfluoron 47-1970.

Ta: röntgenspektrochem. Best. v. Ta in hochlegiertem u. nichtrostendem Stahl 9-1811; photometr. Best. v. Ta in Stählen 16-2027.

Ti: Best. v. Ti-Spuren in Stahl durch Wechselstrompolarographie 3-2101; polarograph. Best. v. Ti in legierten Stählen 6-1977; atomabsorptionsspektrometr. Best. v. Ti in Stahl 23-2052; spektrophotometr. Best. v. Ti in Stahl nach Extrakt. als Ti(II)-Gallat 40-1818.

V: schnelle photometr. Best. v. V in — u. Stahl 10-1986; polarograph. Best. v. V in Stählen 19-2229; differentielle amperometr. Best. v. V in Guß-—, Stählen u. Leg. 25-2168.

W: fluorimetr. Best. v. W im Stahl nach Trenn. mit Ionenaustauschern 5-2020; Best.: d. W-Geh. in Spezialstählen unter Anwend. d. Röntgenfluoreszenzspektroskopie mit Radionukliden 12-1834; v. W in legierten Stählen mit Variaminblau nach Abtrenn. d. Störelemente durch Ionenaustausch 40-1822; spektrophotometr. Best. v. Mikromengen W in reinem — 40-1905.

Y: spektrometr. Best. v. Y: in Stahl 8-1958; in Stahl u. —-Leg. 10-1985, 11-2004.

Zn: komplexometr. Analyse einer Zn-Cu-Fe-Leg. 2-1909; Best. d. Dicken v. Zn-Schichten auf — durch Röntgenfluoreszenz 10-1988.

Bestimmung von Eisen in anderen Stoffen

Best. kleiner Fe-Mengen in Au nach Sorpt. an Kationenaustauschern 2-1862; spektrograph. Best.: in Reinstgraphit 5-2015; in Cu u. Ag durch Träger-Dest. 7-1967; photometr. Best. in Cd u. Cd-Salzen 13-1864 Übersicht über Meth. zur Best. in hochreinem Nb u. Ta sowie in ihren Verbind. 13-1872; photometr. Best.: in Cr 17-2128, 17-2129; in hochreinem Ga 23-2139; in Reinst-Te 24-2019; in Ta 25-2068; spektrograph. Best.: in Graphit 27-2177; in Nb 28-2030; Best.: in Mo durch Ionenaustausch-Röntgenspektrographie 28-2033; in Mo u. W 28-2123; v. Spuren in einer *1*-g-Probe Na 29-2085; in Be durch Röntgenfluoreszenzanalyse 29-2090; in „sechs-neun" Pb durch Neutronenaktivier.-Analyse 29-2102; kolorimetr. Best. in Pu-Metall unter Verw. einer Nitrobenzol-Extrakt.-Meth. 29-2109; spektrophotometr. u. aktivierungsanalyt. Best. in Mo u. W 31-2094; Best. in Cu durch Neutronenaktivier.-Analyse 35-2138; spektrochem. Best. in hochreinem Cd 39-1956; polarograph. Best. in metall. Ta in phosphorsauren Grundlsg. 39-1975; spektrograph. Best. in Reinst-Au 41-2070; Best. v. Spuren in Hg 42-1819; spektrophotometr. Thiocyanatmeth. zur Best. in Metallen, Leg., Säuren u. Salzen 44-1823; Best. in Zn 45-2199; spektrograph. Best. in Pt-Netzen bei d. HCN-Synth. 48-1977.

Aktivierungsanalyt. Best. in hochreinem Al 1-1797; Best. v. Fe(III)-Spuren in Cu, Al, Ni, Cd, Zn, Co, Mn u. Mg am p.a. Sarkosin-Harz 14-1929; Anwend. d. Atomabsorpt. für d. Best. in einer U-Matrix 18-1970; massenspektrometr. Best. in Al 22-2017; Best. in Al 30-2065; Röntgenstrahlfluoreszenzspektrometrie zur Best. in sehr reinem Al 40-1911; aktivierungsanalyt. Best. in Al 44-1806; Unters. d. elektrolyt. Al-Reinig. unter Verw. v. ^{59}Fe 48-0675; aktivierungsanalyt. Best. in Al 49/50-2033.

Röntgenfluoreszenzspektrometr. Best. in Cr-Ni-Fe-Leg. 2-1910; Zusammenhang zwischen Linienintensität u. Stromstärke bei d. spektralanalyt. Best. in Ag-Leg. 6-1847; Analyse dünner ferromagnet. Schichten d. Syst. Fe/Co/Ni 15-2101; polarograph. Best. in Al-Leg. 17-2131; spektralanalyt. Best. in Cu-Ni-Leg. unter Anwend. d. Meth. d. bedingten Integralkurven 25-2170; Best.: in Mg- u. Al-Leg. durch Atomabsorpt.-Spektroskopie 26-2132; in Pu/U/Zr- u. U/Zr-Leg. 39-2081; photometr. Best. in NE-Metallen u. Leg. mit 2.4.6-Tris-[2-pyridyl]-symm.-triazin 39-2100; Röntgenfluoreszenz-Best. d. Zus. v. Ni-Fe-Co-Dünnschichten 43-2102; röntgenemissionsspektroskop. u. chem. Best. in Ni-Fe-Leg. u. -Lsg. 43-2103; Röntgenfluoreszenzbest. in Zircaloy-2 48-2242; spektrophotometr. Best. in Leg. 49/50-2032.

Spektrograph. —-Spurenbest. in Halbleitermaterialien 5-2016; Best. in Ferritspeichern durch Aktivier.-Analyse 8-1966; Anreicher. u. Best. v. Spuren in Alkalihydroxiden 13-1861; Best. in $ZnSO_4$ u. ZnS durch Neutronenaktivier.-Analyse 23-2131; Neutronenaktivier.-Analyse v. luminophorreinen Zn-Verb. 23-2133; Best. v. Mikromengen in Si-Carbid 23-2250; Nachw. v. Spuren in TiO_2 durch Massenspektrometrie 24-2150; spektroskop. Best. in GaAs nach einem leitprobenfreien Verf. 27-2112; Best. v. Spuren in Al-Verb. durch Atomabsorpt.-Spektroskopie 28-2015; Schnellbest. v. Fe(II) u. Fe(III) in Metatitansäurepaste 28-2114; polarograph. Best. in konz. H_3PO_4 35-2052; Best.: in TiO_2, ZrO_2 u. ThO_2 durch Röntgenfluoreszenzanalyse 36-1941; v. Spuren in hochreiner HNO_3 bzw. HF 39-2090; spektroskop. Best. in Rb_3AsO_4 u. Cs_3AsO_4 42-1815; Best. in Cd u. Cd-Tellurid 42-1818; maßanalyt. Best. in Ba-Ferrit 43-1984; thermometr. Best. in Ni-Sinteroxid 43-1986; photometr. Best. v. Fe(III) in analysenreinen Reagenzien 44-1822.

Best.: in W. u. Abwässern 5-2007; im Fluß Seveso (emissionsspektrograph.) 14-1936; v. Fe(II) u. Gesamt-Fe mit 2.2'-Dipyridyl in Mineralwässern [Red. v. Fe(III) mit Ascorbinsäure] 14-1937; in Grundwasser nach einer Ionenaustauschermeth. 16-1959; in Tenifer-bädern 16-2029; v. Fe(II) in Meerwasser u. Al-Leg. 23-2152; v. Spuren in Salzwasser 28-2049; flammenphotometr. Best. in Wässern 29-2137; Best.: in Abwasser mit d. Autoanalyser 30-2051; in W. u. Abwasser 36-2033; kolorimetr. Best. geringer Fe-Mengen mit Rhodanid in stark mineralisierten Wässern 37-2230; Best. in Brunnenwasser, in chem. gereinigtem W., im Dampfkondensat u. im bas. Kondensat d. NH_4NO_3-Produkt. 45-2186; automat. polarograph. Best. in reinstem W. 49/50-2025.

Best. d. —-Geh.: eines Erzes (gaschromatograph.) 8-1894; v. kontinuierl. geförderten —-Erzen (aktivierungsanalyt.) 12-1834; spektralphotometr. Best. v. metall. — in red. —-Erzen 22-2172; Best. geringer Mengen krist. Fe-Oxide in Ggw. hoher Geh. an amorphen Hydroxiden in Fe-halt. Carbonaten u. Leptochloriten 35-2063; titrimetr. Best. im Magnetit 38-2200*; Best.: in Chromeisenerz nach einem Ionenaustauschverf. 44-1835; in —-Erzen 47-2083; Fe(II)-Spurenbest. in Fe_2O_3 (photometr.) 48-1849; radiometr. Best. in —-halt. Kiesen 48-1863; Verw. d. Absorpt. rückgestreuter Strahl. zur Schnellanalyse v. — in —-halt. Kiesen 48-1864.

Best.: in einem fehlgeordneten Kaolinit 2-0773; d. Gesamt-—-Geh. u. Al-Geh. in Silicatgesteinen 5-1949; in Mineralien durch Röntgenemiss.-Spektroskopie 8-1900; Abtrenn. u. Best. d. gesamten — in Böden 13-1889; komplexometr. Best. in Silicaten 15-2098; Halbmikroverf. zur —-Best. in Mineralien 17-2044; Schnellmeth. zur Best. im Boden 19-2107, 19-2108; Best.: in Fe-Mg-halt. Mineralien 23-2062; in Silicatgesteinen (kolorimetr.) 23-2161; (flammenphotometr.) 24-2046; in Böden durch Extrakt. mit Citrat-Dithionit-Lsg. 25-3280; in Gesteinsproben in d. Nachbarschaft v. Erdöllagern 29-2122; spektralanalyt. Best. in Dinassteinen u. Quarziten 31-2111; Mikrosondenanalyse v. — in Plagioklas-Feldspaten 33-1002; Schnellbest. in gepulverten Silicatgesteinen durch Röntgenfluoreszenzanalyse 33-2246; Best. in Erzen u. Gesteinen mit Hilfe eines tragbaren Radioisotopen-Röntgenfluoreszenzanalysators 35-2064; Aktivier.-Best. in Meeorten 36-0744; Best.: in Chrommagnesit u. Chromerz 37-2138; in Silicatgesteinen 39-2003; in Granit u. Diabasgestein (Neutronenaktivier.-Analyse) 39-2006; potentiometr. Titrat. in Gesteinen 41-2073; Best. in Böden 42-1845; (Aufschlußmeth.) 42-1846.

Best.: in Dünger durch Titrat. mit $Cr_2O_7^{2-}$ 1-1907; v. ^{59}Fe im frischen Fallout 6-1994; als Spurenelement in Düngemitteln (spektrophotometr.) 13-1992; (Dichromatmeth.) 13-1993; (atomabsorptionsspektrometr.) 18-2062; in Gläsern durch Röntgenstrahlfluoreszenz 19-2224; komplexometr. Best. in Zement u. Ton 19-2226; Schnellbest. v. Fe-Oxidgeh. in Gießereischlacken 20-2428*; röntgenfluoreszenzanalyt. Best. in SM-Ofenschlacke 21-2247; Best. in Feuerfestmaterialien 30-2260; spektralphotometr. Best. in Zement mit Diantipyrylmethan 39-1988; Verw. v. Hg(I)-Nitrat-Lsg. zur Best. in Gläsern 44-1930; absorptionsphotometr. Best. in Zement 45-2193; Best. in feuerfesten Stoffen mit Komplexon III 49/50-1919.

Gleichzeit. komplexometr. Halbmikrobest. v. Al u. — in Ferrocenderiv. 7-1963; Best. in d. Extrakten pflanzl. Gerbstoffe 7-2070; Best. in standardisiertem Kohlpulver 12-1904; automat. Best. v. Spuren in Futtermitteln 12-1984; spektrophotometr. Best. in Wein mit Hilfe d. Nalidixinsäure 15-2146; polarograph. Best. in synthet. Fettsäuregemischen 21-2254; Schnellbest. v. Spuren durch Röntgenfluoreszenzspektrometrie: in Schmierölen v. Dieselmotoren 21-2261; in Maschinenölen 24-2135; photometr. Best. in Nahr.-Mitteln 30-2091*; Best.: in Weinen 33-2327; in Hämoglobinpräp. 34-1484; photometr. Best. mit o-Phenanthrolin in Blättern v. Citrusfrüchten 34-2026; Best. in Monoäthanolamin-Lsg. 37-2126; aktivierungsanalyt. Best. in Trichlormethylsilan 41-2090; Best. in Getreidemehl 46-1988; neutronenaktivierungsanalyt. Best. in durch Zonenschmelzen gereinigtem Carbazol 48-1905; gleichzeit. Best. v. — u. Al in Pflanzengeweben u. Bodenextrakten 48-1921.

Best. v. Serum-— u. —-Bind.-Kapazität ohne Enteiweiß. 2-1888; Routinebest. v. Serum-— 2-1889; Verw. eines Netzmittels zur Schnellbest. v. Serum-— u. —-Bindevermögen 8-1954; Mess. d. —-Absorpt. im Blutplasma durch d. Doppelisotopenmeth. 12-1912; spektrochem. Best. v. Spuren in Nierensteinen 21-2227; aktivierungsanalyt. Nachw. in Lebergewebe, Blut oder Muskelgewebe 23-2229; automat. Meth. zur Best. im Serum mit Bathophenanthrolin 34-2030; polarograph. Best. d. Gesamtgeh. an — im Blut 35-2108; Best. v. Serum-— mit o-Phenanthrolin 36-2000 bis 36-2002; Mikrobest. in biolog. Material 41-2102; automat. Best. d. Gesamt-— in Blutserum u. Harn 43-2080; Best.: v. in d. Leber gespeichertem — durch in vivo-Mess. d. magnet. Suszeptibilität 44-1911; im menschl. Serumalbumin (neutronenaktivierungsanalyt.) 48-1933; Meth. zur schnellen Best. des d. Transferrinbind.-Kapazität übersteigenden Plasma-— 48-1958.

Analytische Reaktionen in Gegenwart von Eisen

Konduktometr. Best. v. Al in Ggw. v. —, Ca u. Mg 2-1842; Einfl.: v. Fe(III) auf d. Molybdänblau-Best. v. H_3PO_4 7-1940; v. — auf d. Feuchtigk.-Best. nach d. Neutronenmeth. 9-1972; Stör. durch — bei d. Best. v. Mg durch Flammenphotometrie 15-2024; komplexometr. Best. v. Mn in Ggw. großer Mengen — mit Methylthymolblau als Indikator 17-2126; aktivierungsanalyt. Nachw. v. Centigrammengen Co in Ggw. v. Milligrammengen — für biolog. Unters. 19-2176; Einfl. d. — bei d. Best. d. W.-Geh. mit einem Neutronenmeßgerät 21-2185; direkte Titrat. v. V(V) mit EDTA u. Variaminblau B als Indikator in Ggw. v. überschüss. Fe(II) 23-2145; spektrometr. Best. v. Al in Ggw. v. — mit Ferron 24-2026; Best. v. organ. P in Böden mit hohem Geh. an extrahierbarem — 31-2113; voltammetr. F-Best. in Ggw. v. Fe(III) 33-2190; Nachw. v. Mg mit Victoriaviolett in Ggw. v. — 34-1971; jodometr. Best. v. Cer(IV) in Ggw. v. Fe(III) 37-2117; thermometr. Titrat. v. SeO_3^{2-} in Ggw. v. Fe(II) 38-2048; Best. v. V in Erdöl in Ggw. v. — 39-2111; Fäll. v. Al in Ggw. v. Fe(III) 45-2073; Einfl. d. — auf d. Best. v. gebundener Sialsäure u. Desoxyribose 46-1927; Best. v. Mn in Pflanzen- u. Bodenmaterial mit Formaldoxim in Ggw. v. — 47-2108.

Analytische Anwendungen

Titrat. mit Fe(II)-Verb. (Herst. v. Maßlsg.) 8-1805; Verw.: v. Fe(II) zur amperometr. Si-Best. 12-1856; v. ^{59}Fe zur Unters. v. Vorgängen in Graphitelektroden bei Anreg. im

Gleichstrombogen 13-1835; v. Fe^{3+} zum Nachw. v. Presinol 27-1876; oxydimetr. Best. v. Indigo mit Fe(III) u. Hexacyanoferrat(III) 28-2078; bipotentiometr. Titrat. v. U(IV) mit Fe(III) bei konst. Stromstärke 30-1956; Verw. v. Fe^{3+} zur Best. v. Salicylamid 35-1759; Mikrotitrat. mit Fe(II) in alkal. Triäthanolaminlsg. 44-1739, 44-1832; coulometr. Ti-Best. mit Fe(III) 46-1836; Verw. v. Fe(II) als Modifizier. d. Verf. nach Tidy zur Best. d. O_2-Absorpt. in W. 46-1857.

Bibliographie

Kleine Werkstoffkunde. Stahl und Eisengußlegierungen (Bd. *1*: Werkstoffaufbau, Stahl-Standardisierung, Wärmebehandlung, Kaltverformung und Rekristallisation) B 6; (Bd. *2*: Stahlgruppen, Stahlverarbeitung, Oberflächenschutz, Fehler im Stahl und Werkstoffprüfung) B 30; Methoden der chemischen Stahl- und Eisenanalyse B 37; Die Gießerei-Industrie und ihre Helfer. Eisen-, Stahl- und Temperguß, NE- und Edelmetallguß.
Jg. *1967* B 47; Die Stahlerzeugung in Sauerstoffkonvertern B 47; Stahl–Eisen-Liste. Liste der in der Bundesrepublik Deutschland hergestellten Eisenwerkstoffe B 55; Chemische Untersuchungsverfahren für Eisengießerei-Laboratorien B 62; Gießen und Erstarren von Stahl B 63; Korrosionsschutz von Stahlbauwerken durch Anstrichstoffe. Tagung *1967* B 63; Qualitäts- und Edelstähle der Deutschen Demokratischen Republik. Bd. *1*: Eigenschaften, Behandlung, Verwendung. Stahlgruppen *1 – 16* B 78.

Russ.: Physikalisch-chemische und wärmephysikalische Prozesse der Kristallisation von Stahlguß B 7; Eisen-Erze, Konzentrate und Agglomerate. Analysenmethoden B 14; Stähle (legierte und hochlegierte). Methoden der chemischen Analyse B 14; Stahlproduktion in Lichtbogenöfen B 15; Struktur und Eigenschaften von Gußeisen und Stahl B 15; Treiben des Gußeisens und Stahls bei der zyklischen Warmbehandlung B 15; Das Eisen im tierischen Organismus B 21; Stahl mit Vanadin (Übersicht) B 30; Thermodynamik und physikalische Kinetik der Strukturbildung in Stahl und Gußeisen B 30; Herstellung von Stahl- und Stahlguß (Mitteilungssammlung) B 39; Eigenschaften von Schmiedeeisen B 47; Schlackeneinschlüsse im Stahlguß B 47; Verzinken, Verzinnen, Vermessingen von Stahldraht B 55; Warmbehandlung ohne Oxydation und Entkohlung B 55; Anisotropie der Volumenverformung bei der Warmbehandlung des Schnelldrehstahls R *18* B 63; Ferrolegierungen. Ferrosilicium. Analysenmethoden B 69; Ferrolegierungen. Ferrosilicochrom. Analysenmethoden B 69; Ferromolybdän. Analysenmethoden B 69; Niedriglegierter Kohlenstoffstahl üblicher Qualität (Sammlung) B 71; Ferromangan. Analysenmethoden B 77; Materialien im Maschinenbau. Wahl und Anwendung. Handbuch. Bd. *2*: Baustahl B 86; Sonderstähle und Sonderlegierungen B 86; Thermodynamik und physikalische Kinetik der Strukturbildung in Stahl und Gußeisen (Mitteilungssammlung). Lfg. *3* B 90; Ferrolegierungen. Ferrovanadin. Analysenmethoden B 93; Herstellung von Ferrolegierungen B 95.

High-temperature properties of steels: proceedings of the joint conference at Eastbourne, *1966* B 7; Electrode wires and fluxes for the submerged arc welding of mild steel and medium-tensile steel B 7; Coal tar based hot applied coating materials for protecting iron and steel including suitable primers where required B 7; Thermophysical properties of high temperature solid materials. Vol. *2*: Nonferrous alloys. Part *1*: Nonferrous binary alloys. Part *2*: Nonferrous multiple alloys. Vol. *3*: Ferrous alloys B 11; Methods for the analysis of iron and steel. Part *39*: Nitrogen in steel: volumetric. Part *50*: Magnesium in cast iron: volumetric B 14; Encyclopedia of chemical technology. Vol. *12*: Iron to manganese B 15; Industrial furnaces. Vol. *2* B 23; Methods for the analysis of iron and steel. Part *10*: Silicon in iron and steel: gravimetric B 29; Heat exchange in shaft furnaces B 30; Recommended procedure for the non-destructive testing of steel castings by visual examination, acid pickling and etching, pressure testing and penetrant flaw detection B 30; Recommended procedure for the radiographic flaw detection of steel castings B 30; Reinforced concrete detailing B 30; Carbon and low alloy steel containment structures for stationary nuclear power reactors B 37; Chemical analysis for ironfoundries; selected methods, recommended by the B.C.I.R.A. Methods of Analysis Sub-Committee B 37; Methods for the analysis of iron and steel. Part *11*: Carbon in iron, steel and ferrochromium: gravimetric B 37; Steel; from the iron age to the space age B 39; Mould and core material for the steel foundry B 39; Effects of residual elements on properties of austenitic stainless steels B 39; Stainless and heat resisting steels B 39; Studies in innovation in the steel and chemical industries B 47; Methods for the analysis of iron and steel. Part *24*: Chromium in iron and steel: photometric B 53; Optimization of steel product yield: proceedings of the conference *1967* at London B 54; Specification for steel castings for general engineering purposes B 63; Strong tough structural steels: proceedings of the conference Scarborough, April *1967* B 63; Tool steels and thermal treatment of tools B 63; Report on reproducibility of methods of chemical analysis used in the iron and steel industry B 69; Aluminium in iron, steel and low-carbon ferrochromium: volumetric B 69; Handbook of steel drainage and highway construction products B 70; Methods for non-destructive testing of steel forgings. Part *2*: Magnetic particle flaw detection. Part *3*: Penetrant flaw detection B 70; Comparison of British and overseas standards for steels. Part *1*: Chemical compositions of wrought carbon steels B 70; Steel structures B 71; Specification for surface finish of blastcleaned steel for painting B 71; Stress corrosion testing: papers B 71; Thermal and high-strain fatigue: proceedings of an international conference organized by the Institute of Metals in association with the Iron and Steel Institute held at Church House, London, *1967* B 71; Non-destructive examination in the steel industry: papers and discussions from the conference held at the University College of Swansea, January *1967* B 71; Methods for the analysis of iron and steel. Part *38*: Arsenic in iron and steel: volumetric B 77; Specification for steel butt-welding pipe fittings for the petroleum industry. Part *3*: Wrought carbon and ferritic alloy steel fittings. Part *4*: Wrought and cast austenitic chromium-nickel steel fittings B 87; Iron powder metallurgy B 95.

De Ferri metallographia. *3*. Solidification et déformation des aciers B 23; Aciers de construction non alliés et alliés spéciaux, pour traitement thermique B 38; Métallurgie du soudage des aciers inoxydables et résistant à chaud B 54; Les éléments d'addition dans l'acier B 71; Le vieillissement après écrouissage d'alliages fer-carbone B 71; Guide comptable des industries de la fonderie et de la première transformation de l'acier B 78; Atlas mêtallographique. *5* fasc. *1*. Fontes. *2*. Microstructures types des aciers moulés au carbone, aciers non alliés. *3*. Inclusions dans les aciers calmés. *4*. Alliages d'aluminium. *5*. Alliages cuivreux B 94; Les possibilités d'emplois des aciers fins et spéciaux dans la chimie B 95.

Problemi delle costruzioni in acciaio B 30; Nozioni fondamentali sul trattamento termico degli acciai B 30; Il diagramma di stato ferro-carbonio e le curve TTT. Guida elementare teorico pratica ai trattamenti tecnici fondamentali degli acciai B 30; Strutture spaziali in acciaio. Milano: Ufficio italiano sviluppo applicazioni accaio. *1967* B 86.

Eisenverbindungen

Nachw. instabiler Fe-Komplexe bei d. Pulsradiolyse v. wss. $Fe(ClO_4)_2$-Lsg. 26-0737; Entfern. v. –: aus techn. Kaolinen 6-2205; aus bas. Al-Sulfat-Hydrogel durch Schwerkraftwaschen 39-2208; aus $AlCl_3$- u. $Al_2(SO_4)_3$-Lsg. 41-2313*; Abtrenn. v. –: aus Metallsulfatlsg., bes. $ZnSO_4$-Lsg. 44-2102*; durch Pyrolusit bei d. Aufbereit. alunitarmer Gesteine 45-2339.

Unters. d. spektralen Absorpt. angeregter Mol. in Fe-Aerosolen zur Best. interstellarer Absorpt.-Banden 51/52-0639; Orbitalanordn. in Fe(II)-Komplexen großen Spins mit gemischten Liganden 12-0095; Struktur v. zwei siebenfach koordinierten Fe(III)-Komplexen 24-0266; Theorie d. Ligandensubstitut. in Fe^{2+}-Komplexen 45-0051; Überlapp.-Beitrag zur Isomerieverschieb. v. – 49/50-0082; Sorpt. d. Fe-Ionen durch phosphorylierte Cellulose 10-2168; Einfl. unterschiedl. Festionen v. Anionenaustauscherharzen auf d. Fe-Komplexadsorpt. 44-0607; Unters. d. Löslichk. v. – in alkohol. Lsg. v. $AgCl_2$ + Na-Salicylat 19-2102.

Bakteriolog. Ox. v. Ferrosalzen in saurer Lsg. 4-1796*; Ox. v. Fe(II)-Komplexen durch Ce(IV)-Ionen (Kinetik) 12-0663; Herst. v. magnetisierbaren metall. Teilchen für Magnetogrammträger aus Co(II)- u. Fe(III)-Salz-halt. Lsg. durch Zugabe v. Laugen u. Red. d. Nd. 19-2433*; Unters. d. Rk. v. sulfid. Mineralien mit Fe-Salzen bei Temp. zwischen *100* u. *200°* 31-0901; Mischkomplexe d. Fe(III) 35-0505; Chlorier. mit Cl, Chlorwasserstoff u. NH_4Cl v. in keram. Massen enthaltenen melanokrat. – bei hohen Temp. 37-2466; nichtbiolog. Red. v. – im Boden 37-3245; kalorimetr. Best. d. relativen Bind.-Dissoziat.-Energien u. Bldg.-Wärmen v. zwei Reihen fünffach koordinierter Fe-Komplexe v. – 46-0464.

Kinetik d. Abbaus v. Alginaten durch H_2O_2 in Ggw. v. Fe-Salzen 32-1226; Einfl. v. – -Salzen auf d. Ox.-Geschw. v. Sonnenblumenöl 33-3508; nichtenzymat. Transaminier. v. Histidin mit α-Ketosäuren durch Fe-Salze 35-1282; Ox. v. Hydrazinderiv. mit Cu- u. Fe-Salzen: Analogie zu Rk. v. Diazoniumsalzen 36-1014; Herst. v. wasserfreiem Fe(II)-Fumarat durch Isomerisieren v. Maleinsäure(anhydrid) in Ggw. v. Fe(II)-Salzen 36-2552*.

Einfl. auf d. Pigmentbldg. bei Actinomyceten 41-1322; stimulierende Wrkg. v. Fe-Salzen auf d. Antimikrobeneig. d. anaeroben sporentragenden Bakterien 41-1356; Wrkg. d. oralen Zufuhr v. Fe-Salzen auf d. Entw. einer Cu-Toxikose bei Schweinen 5-1448.

Verw.: v. Fe-Chelatverb. zum Entfernen v. H_2S aus Gasen 21-2914* v. – bei d. Reinig. v. Gasen v. H_2S, PH_3 u. AsH_3 26-2207*.

Anorganische Eisenverbindungen

Photolyt. Darst. v. Ge–Fe- u. Sn–Fe-Bind. 32-0794; Darst.: v. $Fe(CO)_4PH_3$ 32-0809; v. Silyleisencarbonyl-Verb. 43-0716.

IR-Spektren u. Reflex.-Spektren v. Diamminkomplexen d. Fe 12-0137; Multiplettstruktur d. $K\alpha_{1,2}$- u. $K\beta_1.\beta'$-Linien d. Röntgenspektren v. $K[Fe_4(NO)_7S_3]$ 16-0073; IR-Spektren v. $Fe(CO)_{5-x}(PF_3)_x$ 39-0056; effektive Atomlad. d. $[Fe(H_2O)_6]^{2+}$, $[Fe(H_2O)_6]^{3+}$, $[Fe(NH_3)_6]^{2+}$ u. $[Fe(NH_3)_6]^{3+}$ 18-0070; Struktur d. Oktacarbonylsulfonyldieisens 51/52-0151; elektronenmkr. Unters. d. Fe(III)-Chlorid–Graphit-Verb. 35-0131; Unters. d. Aquo-Komplexe v. Fe^{2+} nach d. Meth. d. scheinbaren Ionenvol. 28-0603; pK_1-Werte u. Eig. v. Komplexen v. Pseudohalogenen d. VI. Gruppe mit Fe 30-0564; Unters. d. Einw. verschiedener Lsgm. auf d. $FeCl_3$–Graphit-Einschlußverbind. 49/50-0567.

Zers.-Rk. v. Einlager.-Verb. v. $FeCl_3$ mit Graphit 47-0623; Rk. v. K-Carbonylferraten mit Olefinoxiden über Fe–C-Verb. zu Carbonsäureestern 47-0671; Sulfitox. durch $[Fe\cdot(H_2O)_6]^{3+}$ 6-0669.

Anwend. d. modalen Analyse zur Unters. sedimentärer Fe-Mineralien 25-2078.

Eisenamide, Bldg. v. – aus FeOCl mit NH_3 44-0701.

Eisenantimonide, Charakterisier. d. eutekt. Syst. Fe–Fe_xSb im Hinblick auf Struktur u. ferromagnet. Eig. 31-0536.

Eisenarsenat(V): **$FeAsO_4$**, röntgenograph. u. thermoanalyt. Unters. v. $FeAsO_4\cdot aq$ 28-3142.

Eisenarsenide: Anti-$PbCl_2$-Struktur v. NbFeAs u. TaFeAs 34-0221; Neutronenbeug.-Unters. d. magnet. Struktur v. FeMnAs 9-0489; magnet. Übergänge erster Ordn. im Syst. Fe–Mn–As 46-0439.

Fe_2As, magnet. Struktur aus Neutronenbeug.-Mess. 1-0493; magnet. Anisotropie in d. c-Ebene v. – 16-0499.

$FeAs_2$, Nachw. v. *Löllingit*, eingeschlossen in Sc-halt. Columbit u. Haapalouma 45-0738.

Eisenazide bzw. -azidokomplexe, Meth. zur Darst. d. [Diacido-bis-1.10-phenanthrolin]-eisen(II)-komplexe, $[Fe(phen)_2(N_3)_2]$-Komplexe 15-0757.

Azidoeisen(III)-säuren

Kinetik u. Mechanismus d. Hydratat. u. Bldg. d. Monoazidoeisen(III)-ions in saurer Lsg. [Gleichgew.-Eig. v. Monoazidoeisen(III)] 26-0718; Unters. d. Koordinat.-Formen v. Fe(III)-Azidokomplexen in Acetonitril, Propandiol-1.2-carbonat u. Trimethylphosphat 33-0922.

Salze s. *Natriumazidoferrate(III)*.

Eisenborate, Bldg.: u. physikal. Eig. v. $Fe_2^{II}Fe^{III}BO_5$, $Fe_2B_2O_5\cdot H_2O$, $Fe_8B_{14}O_{27}\cdot H_2O$, $FeB_4O_7\cdot 4/5\ H_2O$, FeB_4O_7 bei d. Rk. v. H_3PO_3 mit $FeC_2O_4\cdot 2\ H_2O$ unter hydrothermalen Beding. 1-0723; v. Fe_3BO_6 bei d. hydrothermalen Rk. zwischen γ-Eisenoxidhydrat u. Borsäure 17-0791; im Vakuum abgeschiedene dünne Magnetschichten aus Fe_3O_4–B_2O_3-Misch. mit *0 – 10* % B_2O_3 5-0552; opt. Unters.

d. ferroelektr. rhomb. Phase v. Fe–J-Boracit, $Fe_3B_7O_{13}J$ 48-0517; mit Hilfe d. Mössbauer-Effekts bestimmte Form d. Vork. v. Sn in Mg–Fe-Boraten 39-0735.

Eisenboride: Bldg.: v. $Fe_3(B, C)$ bei d. Zementat. v. Fe bei *850°* durch Borchlorid BCl_3 46-0183; v. kub.-flächenzentriertem $(Fe_xNi_{23-x})B_6$ (x = *2, 3, 4, 4,5, 5*) aus d. Elementen 51/52-0592; Änder. d. Krist.-Parameter d. festen Lsg. $(FeNi)_2B$ u. $(FeNi)_3B$ 30-0551; Krist.-Strukturen d. Verb. NbFeB u. TaFeB 37-0262; Diskuss. d. Ergebnisse magnet. u. elektr. Mess. unter Berücksichtig. d. Elektronenstruktur 2-0454; Temp.-Abhängigk. d. Magnetisier. v. $Co_{20}Al_3B_6$ u. d. substituierten Syst. $(Fe, Co)_{20}Al_3B_6$, $(Co, Ni)_{20}\cdot Al_3B_6$ u. $(Fe, Ni)_{20}Al_3B_6$ 45-0442; Zustandsdiagramme u. Existenzbereiche u. Struktur v. Komplexboriden in d. Dreistoffen: (Mo, W)/(Fe, Co, Ni)/B 11-0613; Unters. d. Verb. im Syst. Ti/Fe/B 30-0550; Mess. d. spezif. Elektronenwärmen v. – 48-0191.

Fe_2B, Bldg.: beim Borieren bzw. bei d. Diffus. v. B in Fe 10-0275; im Syst. Ti/Fe/B (Strukturangaben) 30-0550; Darst., Struktur u. Orientier. v. –-Schichten auf Fe 26-0234; ferromagnet. Resonanz u. g-Faktoren v. – 39-0311; Suche nach Leit.-Elektronenpolarisat. in – (*2* u. *10*% Mn) 42-0378; spezif. Elektronenwärme u. Debye-Temp. 48-0191.

FeB, Bldg.: beim Borieren bzw. bei d. Diffus. v. B in Fe 10-0275; im Syst. Ti/Fe/B (Strukturangaben) 30-0550; Fe–K-Absorpt.-Kanten v. – 34-0429; Darst., Struktur u. Orientier. v. –-Schichten auf Fe 26-0234; ferromagnet. Resonanz u. g-Faktoren v. – 39-0311; spezif. Elektronenwärme u. Debye-Temp. v. – 48-0191.

Eisenbromide bzw. -bromokomplexe, Bldg.: v. $C_5H_5Fe(CO)_2Br$ 11-0771; v. $FeBr^+\cdot aq$ bei d. Rk. v. Fe(II) mit H_2O_2 in Ggw. v. Br^- 17-0726; Darst.: d. Diacido-bis-[1.10-phenanthrolin]-eisen(II)-Komplexe, $[Fe(phen)_2\cdot Br_2]$-Komplexe 15-0757; u. Charakterisier. v. $[FeBr_2(terpy)]$ (terpy = 2.2′.2″-Terpyridyl) 43-0659; IR-Spektren: v. $Fe(CO)_4Br_2$ 19-0128; v. $[(phen)_2FeOH]_2Br_4\cdot 2\,H_2O$ 21-0132; Bldg., IR- u. NMR-Spektren v. $[C_5H_5Fe(CO)_4]Br_3$ 11-0773; Darst. v. fünffach koordinierten Fe(III)-Komplexen d. allg. Formel $[Fe^{III}Br\cdot(S_2(NR_2)_2]$ mit quadrat.-pyramidalen Konfig. u. d. Spin S = *3/2* 35-0729; mittlere magnet. Suszeptibilität v. $[Fe(phen)_2Br_2]$ 39-0071.

$FeBr_2$, Bldg.-Enthalpie u. Standardentropie v. $FeBr_2$ 17-0614; Hfs-Unters. an – mittels Mössbauer-Effekt 38-0030.

$FeBr_3$, Absorpt.-Charakteristiken v. gasf. – im UV u. sichtbaren Bereich 17-0121; Verw. als Katalysator für d. Trioxanpolymerisat. 7-2900*; Halogenier. v. C_{2-10}-Olefinen mit promotiertem – 10-2513*.

Bromoeisen(II)-säure

$H_4[FeBr_6]$, effektive Atomlad. d. $[FeBr_6]^{4-}$ 18-0070.

Bromoeisen(III)-säuren:

$H[FeBr_4]$, Solvatat. v. extrahierten komplexen Metallsäuren *1.* Mitt., Syst. $H[FeBr_4]$–Nitrobenzol [nach Unters. d. Verteil. v. Fe(III) zwischen wss. HBr u. benzol. Lsg. v. Nitrobenzol] 5-0579.

$H_3[FeBr_6]$, effektive Atomlad. d. $[FeBr_6]^{3-}$ 18-0070.

Eisencarbide: Verh. v. C bei d. Carbidbldg. in d. Syst. Fe/Li(fl.)/C 34-0622; Bldg. v. $Fe_3(B, C)$ bei d. Zementat. v. Fe bei *850°* durch Borchlorid BCl_3 46-0183; Krist.-Struktur v. η-W–Fe-Carbiden 40-2183; Präzis.-Mess. d. Gitterkonst. v. Fe_3W_3C mit einem Zählrohrdiffraktometer 42-0100; Ausscheid. in getempertem Martensit 43-0180; Strukturunters. d. Carbide $(Fe, Mn)_3C$ u. $(Fe, Mn)_5C_2$ (Sammelref.) 44-0107; Struktur u. Entw. d. Krist.-Parameter d. $(C, Fe)_7C_3$-Mischkrist. 46-0236; Mössbauer-Unters. d. Fe-Carbide $(Fe_{1-x}Mn_x)_3C$ u. $(Fe_{1,1}Mn_{3,9})C_2$ 27-0570; tetragonale u. hexagonale Eisenmangancarbide im Syst. Fe/Mn/C 42-0471; Entkohl.-Geschw. eines schwebenden Fe-Tropfens mit bis *5,5* (%) C in mit He verd. O_2 41-0597; Ox. eines Fe–C-Tröpfchens beim freien Fall durch O 44-0638; Katalysator d. KW-Stoff-Synth. aus Kohlenoxid u. H 33-2734; DTA-Kurven u. Analyse d. entweichenden Gase v. in Stahl eingeschlossenen Fe-Carbiden 27-2292.

Fe_3C, *Cohenit*; Vork. u. Entsteh. 1-0776; *Cohenit* in Meteoriten u. Tektiten (Zeitschriftenref.) 16-0764; Entsteh. v. *Cohenit* in Meteoriten 27-0874; *Cohenit* in d. Meteorit Goose Lake u. d. Goose Lake Splittern 27-0876; Unters. v. *Cohenit* in Meteoriten (bes. aus New South Wales) 36-0752; Übersicht über d. Vork. v. *Cohenit* in Meteoriten 37-0858; Verteil. v. Ge in *Cohenit* einiger Fe-Meteorite 37-0869; Metallemiss.-Banden u. Bind. in – 34-0424; Fe–K-Absorpt.-Kanten v. – 34-0429; Bittersche Streifen auf *Cohenit* u. Kamazit 6-0779; Röntgenbeug.-Analyse v. *Cohenit* in Fe-Meteoriten 11-0815; Berechn. d. „red. thermodynam. Potentials" v. – 45-0473.

Fe_2C, Berechn. d. „red. thermodynam. Potentials" v. – 45-0473; Einfl. v. paramagnet. Verunreinig. aus – auf d. supraleitende Verh. v. kub. MoC 19-0498.

Eisencarbonate: Mischbark. u. Nomenklatur d. Carbonate im Syst. $CaMg(CO_3)_2/CaFe(CO_3)_2/CaMn(CO_3)_2$ mit Dolomit-Struktur 42-0670; Verw. als Sinterhilfe für Dolomit, Magnesit u. Kalk 44-2161*.

$FeCO_3$, Vork. v. *Siderit* in limonit. Gangausbissen im Raum Niedersfeld (Sauerland) 2-0749; Entsteh. d. Eisenerze in d. Ox.-Zone d. *Siderit*–Oligonit-Gänge im Gebiet v. Příbram 2-0764; Nachw. v. *Siderit* im Raseneisenstein im Emstal bei Neppen (DTA u. Röntgenanalyse) 7-0765; Vork.: v. *Siderit* u. *Eisenspat* in Geoden d. Unterkreide v. Farmsen bei Hildesheim 7-0766; v. *Siderit* in d. Magnet Cove Baryt-Sulfid-Lagerstätte, Walton, N.S. 7-0805; eine *Siderit*–Pyrit-Assoziat. in austral. Kohlen 19-0904; *Siderit* aus d. Fichtenhübel-Erzrevier (Spišsko-gemerské rudohoří) 22-0835; Vork. v. Apatit mit *Siderit* in Erzgängen v. Bohutín 33-0991; Unters. d. *Siderit*-Septarien u. d. Paragenese v. sek. *Siderit* 36-0775; Vork. v. Tetraedrit in Assoziat. mit *Siderit* aus d. VII. bis X. Sohle d. Ader Maria bei Roznava (Süd-Slowakei) 36-0840; Verteil. v. – in d. Carbonatgesteinen d. Oligozäns in d. Südukraine 39-0683; *Sideroplerit* in carbonat. Konkret. d. Smoljaninov-Serie (C_2^3) im zentralen Donezbecken 42-0650.

Experimentelle *Siderit*-Bldg. aus Calcit + $FeCl_2$ (Best. d. Stabilitätsbezieh. v. Calcit u. *Siderit* im Syst. $Ca^{2+}/Fe^{2+}/CO_3^{2-}/Cl_2^{2-}/H_2O$) 41-0686; Herst. v. Pellets aus poln. *Siderit*-Konzentrat 35-2374; Rösten v. *Sideriten* 35-2385.

Opt. Konst. v. *Siderit* im IR-Bereich 21-0359; IR-Spektren v. *Siderit* im fernen IR (*500 – 30* cm^{-1}) 29-0357; Mond- u. Marsoberflächen: Absorpt.-Banden im nahen IR v. *Siderit* 51/52-0648; Verform.-Geschw. v. *Siderit* in einem hochfrequenten elektromagnet. Feld 47-0232; Mössbauer-Analyse d. Fe in Tonmineralien u. *Siderit* 26-0841; Nachw. d. schwingungsanisotropen Ursprungs d. Asymmetrie v. Mössbauer-Quadrupoldubletts in polykrist. *Siderit* 43-0197; Mössbauer-Spektren v. natürl. *Siderit* 46-0701; galvan. Effekt bei *Siderit* 45-0565; Selbstzerkleiner. u. therm. Zerfall v. Bakal-*Siderit* in CO_2 5-2324; Subsolidus-Bezieh. im Syst. $CaCO_3/MgCO_3/FeCO_3$ zwischen *350* u. *550°* u. Bezieh. zu natürl. Carbonaten 41-0784.

Umwandl. v. *Siderit* in Magnetit bei niedrigen Sauerstoff-Fugazitäten (thermochem. Erklär. u. geolog. Folger.) 7-0811; Unters. d. Zers. poln. *Siderite* in N_2-Atmosphäre 13-2282; Kinetik d. isotherm. Dissoziat. v. Bakalsk-*Siderit* in CO_2-Atmosphäre 38-2308.

Potentiometr. Best. v. Fe in *Siderit* 21-2179.

Eisencarbonyle bzw. -carbonylkomplexe, Darst. v. $(CO)_3FeC_6H_5NO_2$ durch Belicht. bzw. ^{60}Co-γ-Bestrahl. v. $Fe_2(CO)_9$ in $C_6H_5NO_2$ 2-0722; Bldg. v. $Fe(NO_3)_3\cdot N_2O_4$ bei d. Rk. v. $Fe(CO)_5$ mit N_2O_4 3-0735; Darst. v. Tricarbonylpolyeneisen-Komplexen u. Fixier. d. Fe-Bind. [polyen = Hexatrien-(1.3.5)] 3-0739; Synth. u. Charakterisier. v. π-Cyclopentadienyleisen-S-sulfinatodicarbonyl-Komplexen 5-0744; Darst.: v. $C_5H_5Fe(CO)_2(-CH{=}CH_2)$ durch Rk. v. $C_5H_5Fe(CO)_2Cl$ mit $CH_2{=}CH-MgCl$ 7-0725; v. Trimethylenmethaneisentricarbonyl aus 3-Chlor-(2-chlormethyl)-propen u. $Fe_2(CO)_9$ 15-0758; Bldg. einer Einschlußverb. zwischen $Fe_3(CO)_{12}$ u. CCl_4 21-0247; Darst.: v. zweikern. Fe-Carbonyl-Komplexen mit Phenylthiodiphenylphosphin 22-0772; v. Cyclopentadienylcarbonyleisenmercaptiden 28-0757; v. Cyclopentadienylcarbonyleisentrithiocarbonatkomplexen 28-0758; neues Metall–Carben-Syst. aus $Cp(CO)_2\cdot Fe-CH_2\cdot O\cdot CH_3$ (Cp = Cyclopentadienyl) 28-0759; Darst.: v. π-Cyclopentadienyleisendicarbonyl-o-cyclopentadien 30-0099; v. $(C_6H_5)_3SnC_5H_5Fe(CO)_2$ 30-0750; v. Chloro-bis-[π-cyclopentadienyldicarbonyleisen]-[π-cyclopentadienyltricarbonylmolybdän]-zinn(IV) (neue Metallclusterverb.) 31-0218; v. $(C_6H_5)_4AsFe(CO)_4GeCl_3$ u. $(C_6H_5)_4AsFe(CO)_4SnCl_3$ 32-0794; v. $Fe(CO)_4\cdot PH_3$ 32-0809; Synth. v. π-(β-Chlorvinylketon)-tetracarbonyleisen-Komplexen 33-0925; Darst.: v. Dicarbonyl-[2.2′.2″-terpyridyl]-eisen(O) 34-0828; v. π-(Pentamethylcyclopentadienyl)-carbonyleisenverb. 34-0832; v. Bis-[π-allyl]-eisendicarbonyl 36-0719; v. Keteniminkomplexen v. Eisencarbonyl 36-0722; Rk. v. $Fe(CO)_3[P(C_6H_5)_2H]_2$ aus $Fe_2(CO)_9$ u. $P(C_6H_5)_2H$ 38-0717; Synth. v. π-Cyclopentadienyldicarbonyleisentrichlorgerman u. Bis-[π-cyclopentadienyldicarbonyleisen]-dichlorgerman 39-0673; Darst.: v. Organozinn-(carbonyl)-eisenkomplexe 42-0599; v. Silyleisencarbonyl-Verb. 43-0716; v. $(CH_2{=}C\cdot(CH_3)-CH{=}C(CH_3)-CH_3)Fe(CO)_3$ u. $LFe\cdot(CO)_4$ aus $Fe_2(CO)_9$ u. Tetramethylallen(L) 47-0672; v. $LFe(CO)_3$, L = Spiro-[4.4]-nonadien-(1.3) 47-0673; v. Eisentricarbonylcyclooctatetraenkomplexen 48-0700; v. p-Toluolsulfonyl-π-cyclopentadienyldicarbonyleisen 49/50-0630; u. Eig. v. Dijodooktacarbonyldieisen(I) 51/52-0574.

Bldg. u. IR-Spektren v. Addukten aus Fe-Carbonylen u. 2.8.9-Trioxa-1-phosphaadamantan 4-0607; IR-Spektren: v. Butadien-$Fe(CO)_3$ u. $Fe(CO)_2(NO)_2$ 6-0127; v. $Fe(CO)_4\cdot Br_2$ u. $Fe(CO)_4J_2$ 19-0128; v. $Fe(CO)_{5-x}(PF_3)_x$ 39-0056; Zusatzbande in d. UV-Spektren v. Carbonylgruppen enthaltenden Ferrocenen 42-0052; IR-Spektren v. $[C_5H_5Fe(CO)_2]_2$ 49/50-0069; Tautomerieerschein. in dimeren Dicarbonyl-π-cyclopentadienyleisen 3-0145; Krist.-Struktur eines Tetrafluoräthyleisen-Komplexes, $(HCF_2\cdot CF_2)_2Fe(CO)_4$ 5-0272; Krist.- u. Molekularstruktur: v. Azulendieisenpentacarbonyl 5-0273; v. $(BrHg)_2Fe\cdot(CO)_4$ u. $(JHg)_2Fe(CO)_4$ 6-0240; Krist.-Struktur v. Mono-[o-bis-(dimethylarsino)-phenylen]-tricarbonyleisen(O) 6-0241; Krist.- u. Molekularstruktur v. Tricarbonyl-tetrakis-[trifluormethyl]-cyclopentadienoneisen 8-0216; Röntgenstrukturunters. v. π-Cyclopentadienyltriphenylphosphinmonocarbonyl-σ-phenyleisen 9-0260; Struktur v. π-Allyltricarbonyleisenjodid 9-0261; Molekular- u. Krist.-Struktur v. Dichloro-bis-[dicarbonyl-π-cyclopentadienyleisen]-zinn(IV) 16-0245; Struktur d. Komplexes aus $Hg[Fe(CO)_3NO]_2$ u. Bis-[trifluormethyl]-dithieten 20-0757; röntgenograph. Unters. v. Verb. d. Reihe $[\pi\text{-}C_5H_5Fe\cdot(CO)_2]_2SnX_2$ [X = CH_3, C_6H_5, NO_2, C_3H_5 (Allyl)] 23-0269; Krist.-Struktur v. Bis-[π-cyclopentadienyldicarbonyleisen]-dinitrito-zinn $[\pi\text{-}C_5H_5Fe(CO)_2]_2Sn(ONO)_2$ 23-0270; Fe-Carbonylkomplexe d. Azomethin-Analogen v. 1.3-Dienen (Darst. u. Natur d. koordinativen Bind.) 23-0823; Schwing.-Spektren v. $Hg\cdot[Fe(CO)_3(C_5H_5)]_2$ 24-0117; Krist.- u. Molekülstruktur v. Tetrakis-[eisentetracarbonyl]-zinn, $Sn[Fe(CO)_4]_4$ 24-0267; Krist.-Struktur: v. Bis-[dicarbonyl-π-cyclopentadienyleisen]-dichlorgerman 25-0193; v. Dicarbonylcyclopentadienyleisentriphenylzinn 27-0256; Struktur d. Cyclooctatetraeneisentricarbonyls in Lsg. 30-0101; Strukturanalyse v. Perfluorbutadieneisentetracarbonyl, $C_4F_6Fe(CO)_4$ 32-0226; Struktur: v. Bis-μ-[4.4′-dimethylbenzophenoniminato]-bis-[tricarbonyleisen] 32-0227; d. N-halt. Organometallkomplexes $C_{20}H_{13}NO_6$, N-(p-Tolyl)-benzaldimin mit Fe-Carbonyl 34-0218; Acrylnitril als harte u. weiche Base in d. Struktur v. Di-μ-acrylnitril-bis-[eisentricarbonyl] 34-0219; Struktur v. Bis-[eisentricarbonyl]-diphenylharnstoff, $Fe_2(CO)_6\cdot(C_6H_5NCONC_6H_5)$ 36-0195; mol. Asymmetrie bei d. Koordinat. d. Carbonsäureeisentetracarbonyle 43-0637; Best. d. CO-Valenzkraftkonst. v. $(C_6H_5)_3PFe(CO)_4$ 44-0050; Synth. u. Struktur v. $(CH_3)_4Sn_3Fe_4(CO)_{16}$ 44-0211; Darst. u. Struktur v. $[CH_3SFe_2(CO)_6]_2S$ (metallorgan. Komplex mit einem tetraederähnl., an vier Metallatome koordinativ gebundenen S-Atom) 45-0253; Struktur: v. $Fe_2(CO)_6\cdot C_6H_5\cdot C_2\cdot C_6H_5$ 51/52-0150; d. Oktacarbonylsulfonyldieisens 51/52-0151; Quadrupolaufspalt., Isomerieverschieb. u. Linienbreiten v. ^{119}Sn u. ^{57}Fe in $(CH_3)_4Sn_3Fe_4(CO)_{16}$ u. $(CH_3)_4Sn_2Fe_2(CO)_8$ 10-0123; Bldg., NMR- u. IR-Spektren: v. $C_8H_8Fe(CO)_3$ (Valenztautomerie) 11-0772; v. $[C_5H_5Fe(CO)]_4$ u. $[C_5H_5FeCO]_4Br_3$ aus $[C_5H_5Fe(CO)_2]_2$ 11-0773; Massenspektrum v. $Fe_3(CO)_9S_2$ 16-0125; integrale Intensitäten d. Carbonylbanden in d. IR-Spektren u. d. KMR-Spektren v. ringsubstituierten Fe-Cyclopentadienyltricarbonylen 23-0135; NMR-Spektren d. Cyclooctatetraeneisentricarbonyls u. einiger Deriv. (Valenztautomerie) 30-0102; P-Spin-Koppl.-Konst. in disubstituierten Fe-Carbonyl-Komplexen mit Phosphinen 47-0084; elektrochem. Unters.: an Organoeisencarbonylkomplexen 7-0609; u. Unters. d. nucleophilen Verh. v. Cyclopentadienyleisencarbonylkomplexen 7-0611; Enthalpie- u. Entropiedifferenz d. verbrückten u. unverbrückten Form d. Cyclopentadienyleisendicarbonyl-Dimeren, $[Fe\cdot C_5H_5(CO)_2]_2$ 49/50-0380; Löslichk., Viskosität u. D. v. Cr-, Mo-, W- u. Mn-Carbonylen in – 29-0619.

Rk.: v. Nitrosylcarbonylcyclopentadienyleisen-Verb. mit Bis-[trifluormethyl]-dithieten 1-0738; v. Äthinyl-Fe-Carbonylkomplexen mit Sulfonamiden oder Isothiuroniumverb. 2-2396; v. $(CO)_3(C_8H_8)Fe$ mit Tolan, Phenylpropiolsäuremethylester bzw. Phenyläthinyltrimethylsilan 3-0738; v. $Fe(CO)_2(NO)_2$ mit Tetrakis-[diphenylphosphinomethyl]-methan 7-0730; v. $C_5H_5Fe\cdot(CO)_2J$ mit $(C_6H_5O)_3P$ unter UV-Bestrahl. 8-0718; v. $[C_5H_5Fe(CO)_2]_2$ mit SnX_4 bzw. $(C_6H_5)_2SnCl_2$ 11-0771; Zers. v. Polyacetylen-(quecksilber)-Fe-carbonylen 12-2484; Spalt. d. Fumarsäure–Eisentetracarbonyl-Komplexes in d. Enantiomeren 13-0727; Rk.: v. 1.2.5-Triphenylphosphol u. seines Oxids mit Eisencarbonylen zu Komplexen 14-0709; v. Azobenzolen u. Schiffschen Basen mit Fe-Carbonylen 17-0795; v. $C_5H_5(CO)_2FeCl$ mit NH_3, N_2H_4, $P(C_2H_5)_3$ in Ggw. v. $[B(C_6H_5)_4]^-$ u. PF_6^- (Anionenaustausch) 19-0875; photochem. Rk. v. zweikern. Fe-Carbonylverb. mit organ. Phosphinen 20-0750; Rk.: v. $[Fe(NO)_2\cdot(CO)_2]$ in NH_3 mit KCN zu $K_2[Fe(NO)_2(CN)_2]$ 20-0753; zwischen Sn(II)-Halogeniden u. d. Verb. $[\pi\text{-}C_5H_5Fe(CO)_2]_2Hg$ 22-0754; therm. Zers. bei d. Oxosynth. 26-0721; photochem. Darst. v. Pentacarbonyleisen(O)-Deriv. mit Py., α-Picolin, γ-Picolin, Piperidin 28-0756; Rk. v. Perfluorbutin-(2) mit $(CH_3)_3SnFe\cdot(\mu\text{-}C_2H_5)(CO)_2$ oder $(CH_3)_3SnMn(CO)_5$ (Aufspalt. d. Metall–Metall-Bind.) 31-0841; Hauptprod. u. Charakter d. Zerfalls v. π-Allylcarbonyleisenkomplexen 33-0924; Rk.-Prod. v. Azobenzol mit Eisencarbonylen 37-0280; Rk.: v. organ. Monohalogeniden mit – in Ggw. v. Olefinen 43-0634; v. Carbonylferraten mit Olefinoxiden über Fe–C-Verb. zu Carbonsäureestern 47-0671.

Herst.: v. Cyclopentadienyleisendicarbonylacrylnitriltetrafluorborat als Katalysator für Carbonylier. u. Cyclisier. acetylen. Verb. 37-2808*; v. $Tl_2Fe_3(CO)_{12}$ u. $Sn_2Fe_5(CO)_{20}$ zur Verw. als Katalysator 46-2045*; Verw. v. Organo-Fe-Carbonyl-Verb. als Fungizide 15-3195*.

$Fe_3(CO)_{12}$, wahrscheinl. Mol.-Konfig. v. – auf Grund d. Struktur v. $Fe_3(CO)_{11}P\cdot(C_6H_5)_3$ 8-0215; Bldg. einer Einschlußverbind. zwischen $Fe_3(CO)_{12}$ u. CCl_4 21-0247; Rk. v. organ. Monohalogeniden mit – in Ggw. v. Olefinen 43-0634; Rk. mit Cl_3SiH bzw. CH_3Cl_2SiH 43-0716.

$Fe_2(CO)_9$, diffuse Reflex.-Spektren 12-0320; Massenspektren 9-0176; elektrochem. Spalt. d. Metall–Metall-Bind. in – 7-0610; Rk.: mit $(C_6H_5)_3P$ zu $(C_6H_5)_3P(CO)_2FeC_6H_5NO$ 2-0722; mit 3-Chlor-(2-Chlormethyl)-propen 15-0758; mit $P(C_6H_5)_2H$ 38-0717; mit organ. Monohalogeniden in Ggw. v. Olefinen 43-0634; mit Tetramethylallen (L) zu $(CH_2=C(CH_3)-CH=C(CH_3)-CH_3)Fe\cdot(CO)_3$ u. $LFe(CO)_4$ 47-0672; mit Spiro[4.4]-nonadien-(1.3) 47-0673.

$Fe(CO)_5$, –-Problem 6-0094; Bldg.-Geschw. im Wirbelbett 19-2506, 19-2507; Bldg.v. – 33-0924; Verarbeit. zu Fe-Schwamm in d. Wirbelschicht 26-2449.

Bind.-Längen in – 6-0093; mittlere Schwing.-Amplituden u. Schrumpf-Effekte im – 26-0093.

Rk.: mit $(C_6H_5)_3P$ 2-0722; mit $(CH_3)_2S_2$ in/ohne Ggw. v. CO 3-0740; Addukte aus – u. 2.8.9 - Trioxa - 1 - phosphaadamantan (Bldg. u. IR-Spektren) 4-0607; Rk. mit Protoprophyrin-IX-dimethylester (H_2B) u. J_2 6-0762; photochem. Bldg. eines Eisenoxid-Aerosols aus – 13-0695; Darst. d. Mono-[fluorolefin]-Komplexe v. – 36-0720; Rk.: mit $P(C_6H_5)_2H$ 38-0717; mit Organozinnhalogeniden 42-0599; mit Lithiumtriphenylsilanid zu Komplexverb. 42-0608; mit Cl_3SiH bzw. CH_3Cl_2SiH 43-0716; mit organ. Monohalogeniden in Ggw. v. Olefinen 43-0634; mit Spiro[4.4]-nonadien-(1.3) 47-0673; Fe-Teilchen durch therm. Zers. v. – 48-0059.

Verw. als Katalysator: bei d. Hydrier. v. Lignin 11-3114; zur Isomerisier. v. Fetten u. Ölen 26-2844; d. Hydrocarboxylier. v. Diolefinen 29-2682.

Carbonyleisensäuren, Darst. v. $H[(CO)_2(C_6H_5)_5C_5Fe]$ 2-0721; Massenspektren u. IR-Spektren v. $HFeCo_3(CO)_{12}$ 37-0067; Rk. v. Diphenylen-3.3'-bis-[diphenylphosphingold(I)-chlorid]-trihydrat mit $H_2Fe(CO)_4$ 13-0748.

Salze, Darst. v. Tetraäthylammoniumjodotetracarbonylferrat 37-0846.

Eisenchloride bzw. -chlorokomplexe

Bldg.: u. Charakterisier. v. $Fe(ox)_nCl_{3-n}$ (Nox = Oxin) 6-0745; v. $C_5H_5Fe(CO)_2SnCl_3$, $C_5H_5Fe(CO)_2Cl$, $[C_5H_5Fe(CO)_2]_2SnCl_2$ u. $C_5H_5\cdot Fe(CO)_2Sn(C_6H_5)Cl_2$ 11-0771; v. π-2-Methylallyltricarbonyleisenchlorid 15-0758; v. $FeCl^+\cdot aq$ bei d. Rk. v. Fe(II) mit H_2O_2 in Ggw. v. Cl^- 17-0726; d. Dithioacetylacetonato–Fe-Komplexes $Fe(C_5H_7S_2)_2Cl_4$ 17-0793; v. Nitromethyleisenchloriden aus CH_3NO_2 u. $FeCl_3$ 44-0703; Darst.: d. Diacido-bis-[1.10-phenanthrolin]-eisen(II)-Komplexes $[Fe(phen)_2Cl_2]$ 15-0757; u. Verw. d. 1-Tri-n-butylphosphin-1.4-diephenyl-[anthron-(9)-yliden-(10)]-buten-(2)-$FeCl_3$-Komplexes 23-3077*; v. fünffach koordinierten Fe(III)-Komplexen d. allg. Formel $[Fe^{III}Cl(S_2(NR_2)_2]$ mit quadrat.-pyramidalen Konfigurat. u. d. Spin $S = 3/2$ 35-0729; v. $FeCl_2$-5-Aminochinoxalin-*1*:*2*-Komplexen 40-0652; u. Charakterisier. v. $[FeCl_2(terpy)]$ (terpy = 2.2'.2''-Terpyridyl) 43-0659; Reinig. durch Schmelzen 9-2216*; Extrakt. v. Chloro-Fe(III)-Komplexen aus saurer Lsg. mit Triphenylarsinoxid 2-1725.

IR-Spektren: v. Komplexverb. v. $FeCl_2$ mit Dimethylsulfoxid 1-0145; v. $[(phen)_2\cdot FeOH]_2Cl_4\cdot 4\,H_2O$ 21-0132; Krist.- u. Mol.-Struktur d. Komplexes Atrovenetintrimethyläther (orange)-– 31-1003; elektronenmkr. Unters. d. Fe(III)-chlorid–Graphit-Verb. 35-0131; Krist.- u. Mol.-Struktur eines Dimethylsulfoxidkomplexes v. Fe(III)-chlorid 35-0183; magnet. Suszeptibilitäten fester Chlorokomplexe d. Fe 8-0139; Darst. u. magnet. Momente v. $FeCl_2\cdot 2$ Alkylamin 18-0749; Mössbauer-Spektren v. interlaminaren $FeCl_3$–Graphit-Verb. 36-0079; mittlere magnet. Suszeptibilität v. $[Fe(phen)_2Cl_2]$ 39-0071; Mössbauer- u. magnet. Eig. v. Bis-[N.N-diäthyldithiocarbamato]-eisen(III)-chlorid 47-0089; konduktometr. Unters. v. $FeCl_3\cdot SCl_2$ in Aceton 12-0577; elektrolyt. Abscheid. tern. Fe/Ni/Cr-Leg. aus einem Cr-, Ni- u. –-Bad 14-0603; Unters. d. Chlorokomplexe v. Fe^{3+} nach d. Meth. d. scheinbaren Ionenvol. 28-0603; Einfl. d. Temp. u. d. Ionenstärke auf d. Bldg.-Wärme d. Komplexes $FeCl^{2+}$ in wss. Lsg. 30-0519; Verw. v. Eisenchloriden zur Zähl. v. Polysacchariden als Chlorokomplexe aus wss. Lsg. 13-1923; Sorpt. v. Chlorokomplexen am stark bas. Anionenaustauscher Anex S*8* TM 20-0616; Verteil. v. Fe^{3+}, $FeCl^{2+}$, $FeCl_2^+$, $FeCl_3$ u. $FeCl_4^-$ bei Extrakt. d. Fe aus salzsauren Lsg. mit Butylacetat 3-0546; Löslichk.-Prod. v. $Fe(OH)_{2,70}Cl_{0,30}$ in *0,5* m $(Na^+)Cl^-$-Medium 20-0499.

Komplexe in wss. Fe(III)–Chlorid-Lsg. mit Cl^-, SCN^- u. SO_4^{2-} 12-0557; gasf. Komplexe zwischen Dichloriden u. Trichloriden v. Al u. Fe 14-0560; Best. d. Zus. v. Rhodaminkomplexen mit – mit Hilfe d. Chloridanalyse 17-0647; Rk. v. $C_5H_5(CO)_2FeCl$ mit NH_3, N_2H_4, $P(C_2H_5)_3$ in Ggw. v. $[B(C_6H_5)_4]^-$ u. PF_6^- (Anionenaustausch) 19-0875; Kinetik d. durch Fe(II) katalysierten Hydratat. d. Monochlorokomplexes v. Fe(III) 30-0661; Rk. d. Triferrocenylchlormethanhydrochlorids 34-0830; Zers.-Rk. v. Einlager.-Verb. v. $FeCl_3$ mit Graphit 47-0623; Unters. d. Einw. verschiedener Lsgm. auf d. $FeCl_3$–Graphit-Einschlußverb. 49/50-0567.

$FeCl_2$, Bldg. v. – bei d. Fe-Korros. in feuchter, HCl-Dämpfe enthaltender Atmosphäre 30-0595; Regenerieren v. Fe-Beizlsg. aus HCl u. $FeCl_2$ 12-2417*.

Elektron. Absorpt.-Spektren v. Mn^{2+}, Fe^{2+} u. Co^{2+} in $FeCl_2\cdot 2\,H_2O$ 3-0339; Multiplettstruktur d. $K\alpha_{1,2}$- u. $K\beta_1,\beta'$-Linien d. Röntgenspektren v. $FeCl_2\cdot 4\,H_2O$ 16-0073; Jahn-Teller-Aufspalt. in d. opt. Absorpt.-Spektren v. – 31-0307; K-Absorpt.-Kante u. $K\beta_5$-Emiss.-Linie v. Fe in – 51/52-0222; derivatograph. Unters. d. Zers. v. $FeCl_2\cdot 4\,H_2O$ 22-2053; Kinetik d. Übergangs v. d. kub. zur hexagonalen Phase in mit Mössbauer-Ionen dotiertem Eis (gefrorene Lsg. v. –, $Fe(NO_3)_2$ in HNO_3, $FeCl_3$ u. $EuCl_3$) 31-0163; Hfs-Unters. an – mittels Mössbauer-Effekt 38-0030; Best. d. Gradienten d. elektr. Feldes am Fe-Kern in $FeCl_2\cdot 4\,H_2O$ mit Hilfe d. Mössbauer-Effekts 2-0466; Mössbauer-Effekt v. antiferromagnet. $FeCl_2\cdot 4\,H_2O$ 8-0452; Starrh. v. Krist.-W.-Mol. bei hohen Frequenzen in $FeCl_2\cdot 4\,H_2O$ 29-0398; Theorie d. Magnetismus in $FeCl_2\cdot 2\,H_2O$ 31-0535; Mössbauer-Spektrum v. antiferromagnet. $FeCl_2\cdot 4\,H_2O$ 35-1976; Mössbauer-Resonanzunters. an gefrorenen wss. Lsg. v. – 47-0025; Resonanz- u. Relaxat.-Unters. v. $FeCl_2\cdot 2\,H_2O$ 49/50-0240; Einfl. v. – + $FeCl_3$-Lsg. auf d. anod. Polarisat. v. Si u. Ge 26-0660; Schmelzdiagramm d. Syst. $FeCl_2/NiCl_2$ 4-0461; Best. d. thermodynam. Eig. v. – durch d. EMK-Meth. mit festen Elektrolyten 13-0554; Phasen d. Syst. $FeCl_2/AlCl_3$, $FeCl_2/NbCl_5$, $FeCl_2/TaCl_5$ u. $FeCl_2/AlCl_3/FeCl_3$ 14-0561; Farberschein. an synthet. Sylvin u. Carnallit (experimentelle Unters. am Syst. $NaCl/KCl/MgCl_2/H_2O$ mit beigemischtem Fe-Oxidhydrat bzw. $FeCl_2/FeCl_3/H_2O$) 26-0848.

Wechselwrkg. zwischen $CuCl_2$ u. – bei d. Extrakt. mit Tributylphosphat 2-0669; Rk. mit N_2O_4 3-0735; photochem. Redoxrk. u. photogalvan. Effekt im Syst. $FeCl_2/HgCl_2$ be UV-Licht (*250 – 280* mm) 6-0688; Isotopenaustausch im Syst. Fe(II)–Fe(III)-chlorid in DMS zwischen Fe(II) u. Fe(III) 9-0661; antioxydative Wrkg. v. – auf d. Ox. v. L-Ascorbinsäure 17-1605; experimentelle Sideritbldg. aus Calcit + $FeCl_2$ (Best. d. Stabilitätsbezieh. v. Calcit u. Siderit im Syst. $Ca^{2+}/Fe^{2+}/CO_3^{2-}/Cl_2^{2-}/H_2O$) 41-0686; Adduktbldg. mit Dimethylglykoläther 43-0663; chem. Wrkg. v. Ultraschallwellen: sonochem. Ox. v. wss. –-Lsg. 44-0672; Rk. mit o-Pyridyl-(2)-phenyllithium 43-0712.

Katalyt. Wrkg. v. –-Zusätzen für d. Fluorier. v. CCl_4 durch NaF 21-0769; mit – imprägnierte Aktivkohlekatalysatoren bei d. Zers. v. 1.1.2.2-Tetrachloräthan (Lebensdauer) 40-2325.

Einfl.: auf d. Bldg. v. Lipidperoxiden in mikrosomalen Suspens. 8-1154; auf d. Pigmentbldg. bei Actinomyceten 41-1322; keine Schutzwrkg. v. – gegenüber d. $CdCl_2$-Wrkg. auf Ratten 14-1547; Verw. zum Färben v. Glasoberflächen 1-2121*.

$FeCl_3$, Multiplettstruktur d. $K\alpha_{1,2}$- u. $K\beta_1,\beta'$-Linien d. Röntgenspektren v. – 16-0073; Absorpt.-Charakteristiken v. gasf. – im UV u. sichtbaren Bereich 17-0121; K-Absorpt.-Kante u. $K\beta_5$-Emiss.-Linie v. Fe in – 51/52-0222; Struktur v. – in wss. Lsg. 10-0255; Kinetik d. Übergangs v. d. kub. zur hexagonalen Phase in mit Mössbauer-Ionen dotiertem Eis (gefrorene Lsg. v. $FeCl_2$, $Fe(NO_3)_2$ in HNO_3, – u. $EuCl_3$) 31-0163; Krist. höher Ordn. u. ihre Bezieh. zu anderen Superphasen am Beispiel v. – 32-0157; selektive Ätz. v. InSb-Einkrist. in salzsauren –-Lsg. 32-0205; Mössbauer-Unters. v. antiferromagnet. – 5-0529; Einfl. v. Anionen u. v. paramagnet. Kationen auf d. ^{133}Cs-Kernresonanzlinie v. wss. –-Lsg. mit CsCl 11-0393; Hfs-Unters. an – mittels Mössbauer-Effekt 38-0030; Cu-Auflsg. in sauren –-Lsg. 21-0669; Einfl. v. – + $FeCl_2$-Lsg. auf d. anod. Polarisat. v. Si u. Ge 26-0660; Phasen im Syst. $FeCl_3/HCl/H_2O/(iso\text{-}C_3H_7)_2O$ 2-0547; Gleichgew.-Unters. am Syst. $Fe_2Cl_6/SiCl_4$ (gasf.–fl.) bei kleinen –-Konz. 2-0669; Gleichgew. fl. Phasen im Syst. $FeCl_3$/W./Isopropyläther 12-0526; Phasen d. Syst. $FeCl_2/AlCl_3/FeCl_3$ 14-0561; Phasendiagramm v. tern. Syst. mit SO_2 u. – 16-0913; experimentelle Unters. am Syst. $NaCl/KCl/MgCl_2/H_2O$ mit beigemischtem $FeCl_2/FeCl_3/H_2O$ 26-0848; Verw. v. radioakt. Isotopen zur Best. d. Selbstdiffus.-Koeff. v. Fe^{3+} in $^{59}FeCl_3$ mit d. Kapillarmeth. 39-0523; Diffus. durch Ionenaustauschmembranen 5-0677; Adsorpt. aus Lsg. in $SnCl_4$ durch Silicagel 26-0696; Physisorpt. an Graphitspaltflächen 31-0706; Adsorpt. an Silicagel aus $SiCl_4$-Lsg. 32-0693; Löslichk. in $SnCl_4$ u. ihre Adsorpt. an Silicagel 32-0694; Sorpt.-Eig. v. Ionenaustauschmembranen in –-Lsg. 36-0587; Unters. d. Koagulat. bei d. W.-Aufbereit. mit – 48-2075; Verteil. v. Fe^{3+}, $FeCl^{2+}$, $FeCl_2^+$, $FeCl_3$ u. $FeCl_4^-$ bei Extrakt. d. Fe aus salzsauren Lsg. mit Butylacetat 3-0546; Kinetik d. Auflsg. v. GaSb u. InSb in salzsauren –-Lsg. 7-0662; Löslichk., Solvat-Bldg. u. solvolyt. Rk. v. – in Dimethylformamid 20-0498; Kinetik d. Auflsg. v. GaAs-Einkrist., d. in d. ⟨*111*⟩-Richt. orientiert sind, in $FeCl_3$–$HClO_4$-Lsg. 36-0645; Extrakt. u. Verteil.-Diagramm in d. quatern. Syst. $FeCl_3$–HCl–H_2O-Lsgm. 49/50-0406.

Rk. mit N_2O_4 3-0735; Oxidmembranen durch Hydrolyse v. – u. $ZrOCl_2$ 5-0683; Isotopenaustausch im Syst. Fe(II)–Fe(III)-chlorid in DMS zwischen Fe(II) u. Fe(III) 9-0661; Bldg. v. koll. β-FeOOH während d. langsamen Hydrolyse einer wss. –-Lsg. 11-0656; Bldg. gasf. Komplexe beim Überleiten v. – über $MeCl_2$ mit Me = Ca, Mg, Mn, Co, Pb bei *600 – 660°* 14-0560; Darst. v. $Fe(OH)_3$-Sol aus – u. $(NH_4)_2CO_3$ 15-0631; Halogenier.-Wrkg. v. Halogenoeisen(III)-Komplexen in d. Syst. $FeCl_3/CH_3CN$ 17-0727; Rk.: mit $LiAlH_4$ bei *–116* bis *–78°* 18-0748; mit RNH_2 unter Redukt. d. Fe^{+++} zu $FeCl_2\cdot 2\,RNH_2$ 18-0749; des Hexahydrates mit $FeSO_4$ u. $K_4Fe(CN)_6$ 19-2423*; Darst. v. Berliner Blau aus – u. $K_4[Fe(CN)_6]$ 20-0578; derivatograph. Unters. d. Zers. v. $FeCl_3\cdot 4\,H_2O$ 22-2053; Korros.-Unters. an Granaten durch Ätzen mit – 24-0851; Chlorier.-Rk. v. GeO_2 mit – 28-0739; Hydrolysevorgänge in konz. wss. –-Lsg. 30-0746; Rk. mit Borazin 31-0794; refraktometr. Unters. einiger Redox-Rk. in d. Syst. $SnCl_2/FeCl_3/HCl/H_2O$ 40-0448; Kinetik d. Komplexbldg. mit 1-Chlor-3-methylbuten(2) mit – 4-0571; Rk. mit Oxin 6-0745; Halogenier. v. C_{2-10}-Olefinen mit promotiertem – 10-2513*; Rk. mit Äthylbenzol 10-2559*; Red. mit Di-p-tolyltellurid 12-0938; Komplexbldg.

in d. Syst. $FeCl_3/NaF/H_2O$, $FeCl_3/(NH_4)_2C_2O_4/H_2O$ u. $FeCl_3/NH_4NCS/H_2O$ 22-0579; Adduktbldg. mit Dimethylglykoläther 43-0663; Rk.: mit o-Pyridyl-(2)-phenyllithium 43-0712; mit HCN 44-0702; mit CH_3NO_2 44-0703.

Schnelle Zers. v. H_2O_2 in Eis mit u. ohne Zusatz v. – als Katalysator als Modell für eine vermutl. frühzeit. Umgeb. 2-0633; Einfl. auf d. Bldg. v. Fe(III)-oxid-Sol. 14-0636; Hydrier. verschiedener Olefine an – –$LiAlH_4$-Katalysatoren 16-0953; Aktivität eines – –$LiAlH_4$-Hydrier.-Katalysators (Einfl. v. Lsgm. u. Addit.) 16-2494; Einfl.: auf d. Ox. v. Vinylchlorid 16-2501; auf Zus. ox. Erdölbitumina 18-2621; – -katalysierte Orthoesterbldg. 31-1099; mit – imprägnierte Aktivkohlekatalysatoren bei d. Zers. v. 1.1.2.2-Tetrachloräthan (Lebensdauer) 40-2325; durch wasserfreies –/HCl katalysierte Polymerisat. v. Octamethylcyclotetrasiloxan (Kinetik) 42-1063; wss. – -Lsg. als Katalysator zur Ox. v. Äthen zu A. (Übersicht) 43-0708.

Einfl.: auf d. Bldg. v. Lipidperoxiden in mikrosomalen Suspens. 8-1154; auf d. Rinderenzymsyst. 12-1438; inhibierende Wrkg. auf Leucinaminotransferase 16-1327; Hemmwrkg. auf Melilotathydroxylase im Cumarinstoffwechsel in einem Mikroorganismus 44-1328; Einfl. auf d. Pigmentbldg. bei Actinomyceten 41-1322.

Verw.: für Überzüge v. Betonarmier. 8-2428*; zur pyrometallurg. Verarbeit. v. komplexen Konzentraten Kasachtstans 18-2300; zum Beizen v. Stahl 21-2587; Härten v. Carbamidharz durch – u. H_2O_2 33-3191*; Verw. v. $FeCl_3 \cdot 6\,H_2O$: bei d. Pfropfpolymerisat. v. Vinylverb. an Fasermaterial 2-2752*; als Sprühhilfsmittel in DDT-Emuls.-Konzentrat 3-3167.

Schnelle spektralphotometr. Cu-Best. in $FeCl_3$-Ätzbädern 14-2012; Verw. zur Best. v. Formaldehyd mit 3-Methyl-2-benzothiazolonhydrazon 12-1873; Auswert. eines kolorimetr. – -Verf. für Dilan 19-2267; Anfärb. v. Calcit mit – - u. Na_2S-Lsg. zur mikroskop. Identifizier. 47-1979.

FeOCl, Rk. v. FeOCl mit Aminen u. NH_3 zu Addit.-Verb. u. Metallamiden 44-0701.

Chloroeisen(II)-säuren, Bldg. u. Krist.-Daten v. $H_{3+x}[Fe(II)_x \cdot Fe(III)_{1-x} \cdot (Cl_3)(CN)_3]$ aus $FeCl_3$ u. HCN 44-0702.

$H_2[FeCl_4]$, Salze s. *Eisen-* u. *Kaliumchloroferrate(II)*.

IR-Spektren (antisymm. Valenzschwing. d. BO_4-Tetraeders) v. $[FCl_4][B(CH_3-CO-CH-CO-CH_3)_2]$ 2-0113; Darst. v. Acetylferriciniumtetrachloroferrat(II) 14-0732.

$H_4[FeCl_6]$, effektive Atomlad. d. $[FeCl_6]^{4-}$ 18-0070.

Chloroeisen(III)-säuren

Bldg. u. Krist.-Daten v. $H_{3+x}[Fe(II)_x \cdot Fe(III)_{1-x}(Cl)_3(CN)_3]$ aus $FeCl_3$ u. HCN 44-0702; UV-, IR-, sichtbare u. Mössbauer-Spektren v. Chloroferrat(III)-Verb. 12-0141.

Salze s. *Blei-* u. *Calciumchloroferrate(III)*.

$H[FeCl_4]$, Darst. u. Charakterisier. 28-0775; Nichtdiagonalmatrixelement bei MO-Berechn. für $[FeCl_4]^-$ 19-0091; Verteil. u. Stabilitätskonst. für $FeCl_4^-$ bei Extrakt. d. Fe aus salzsauren Lsg. mit Butylacetat 3-0546; Solvatat. v. extrahierten komplexen Metallsäuren (Syst. $H[FeCl_4]$-Nitrobenzol) 5-0579; (Syst. $HFeCl_4$/Diäthyläther) 5-0580; Rk. v. $[FeCl_4]^-$ mit Dithioacetylaceton (instatu nascendi) zu $Fe(C_5H_7S_2)_2Cl_4$ 17-0793.

Salze, *Eisen-*, *Germanium- Magnesium-*, *Strontium-*, *Titan-* u. *Zirkoniumchloroferrate(III)* s. dort.

Mössbauer-Spektren v. $[C_5H_5FeC_5H_5] \cdot [FeCl_4]$ 2-0140; Identität v. $[C_5H_5FeCl_2]_2$ mit $[Ferrocen]^+[FeCl_4]^-$ 7-0726; Rk.: v. Ferriciniumtetrachloroferrat(III) mit Fettsäureanhydriden 38-0721; v. Ruthenocen mit $FeCl_3$ zu $[C_{10}H_{10}RuCl]^+[FeCl_4]^-$ u. anschließende Cyanier. 38-0742; Toxizität v. $Fe(OMPA)_3 \cdot (FeCl_4)_3$-Octamethylpyrophosphoramid-Komplexes in W. u. DMSO [OMPA = Octamethylpyrophosphoramid; DMSO = Dimethylsulfoxid] 7-1612.

$H_3[FeCl_6]$, Nichtdiagonalmatrixelement bei MO-Berechn. für $[FeCl_6]^{3-}$ 19-0091; effektive Atomlad. d. $[FeCl_6]^{3-}$ 31-0070.

Salze s. unter *Kobaltchloroferrat(III)*.

Eisenchloroferrate(II), Darst. u. Charakterisier. v. $[FeL][Fe(II)Cl_4]$,; L = 1.5-Bis-[2-(pyridyl-(2)-methylenamino)-phenyl]-1.5-dithapentan 28-0775.

Eisenchloroferrate(III), Darst. u. Charakterisier. v. [FeL]; L = 1.5-Bis-[2-(pyridyl-(2)-methylenamino)-phenyl]-1.5-dithiapentan 28-0775.

Eisenchlorophosphat: $Fe(PO_2Cl_2)_3$, IR-Spektren (Darst., Eig.) 17-0142.

Eisenchloroplatinate, Rk. v. Tetracyanoäthylen mit Fe(II)-Chloroplatinat 40-2090*.

Eisenchromate(VI): $FeCrO_4$, K-Absorpt.-Kante u. $K\beta_5$-Emiss.-Linie v. Fe in – 51/52-0222.

$Fe_2(CrO_4)_3$, K-Absorpt.-Kante u. $K\beta_5$-Emiss.-Linie v. Fe in – 51/52-0222.

Eisencyanate, Meth. zur Darst. d. Diacido-bis-[1.10-phenanthrolin]-eisen(II)-Komplexes: $[Fe(phen)_2(OCN)_2]$ 15-0757; mittlere magnet. Suszeptibilität v. $[Fe(phen)_2(OCN)_2]$ 39-0071; Cyanatokomplexe v. Fe(II) in wss. Lsg.: $Fe(OCN)_2^+$ 8-0527; Stabilitätskonst. d. Komplexe im Syst. $Fe(III)/OCN^-/H_2O$ 7-0573.

Eisencyanide bzw. Cyanokomplexe

Mössbauer-Spektren v. Fe(II)–Isocyanid-Komplexverb. 1-0163; Anlager. v. Halogeniden d. *4*. Hauptgruppe an Dicyano-bis-[1.10-phenanthrolin]-eisen(II) 29-0840; Protonenaustauschmess. an $Fe(CN)_2$-Komplexes mit 1.10-Phenanthrolin-Deriv. 47-0670.

$Fe(CN)_2$, Ox. durch Pilzlaccase 38-1370; Bind. an Methämoglobin (Mechanismen d. Met-Hb-Red. durch NADH) 35-1265; Thiocholin–Pb–Ferrocyanid-Meth. für d. Acetylcholinesterase 47-1386.

$Fe(CN)_3$, Bedeut. als Elektronenakzeptor (Elektronentransport v. d. Protohäm-Komponente v. Hefe-L-(+)-Lactat-Dehydrogenase zu –) 19-1359; enzymat. Red. mit Sulfit 33-1464; Einfl. auf d. Dechlorier. v. DDT durch Aerobacter aerogenes 8-1360; Hill-Rk. mit – in Chloroplastenfragmenten 8-1401; Intensität d. Hill-Rk. mit – während d. Entw. d. Blätter 26-1516; Einfl. auf d. $P/2e^-$-Verhältnis in isolierten Spinatchloroplasten 24-1274; Red. v. durch Succinat in einem Herzmuskelpräp. (potentiometr. Mess.) 6-1546.

Cyanoeisensäuren

Weniger bekannte Hexacyanoferratkomplexe 20-0749; Darst. v. $[(C_6H_5)_4P]_2 \cdot [Fe(CN)_4(C{\equiv}CC_6H_5)NO]$ u. $[(C_6H_5)_4P]_2[Fe \cdot (CN)_2(C{\equiv}CC_6H_5)_3NO]$ 42-0598; Kinetik d. Hydratat. v. $[Fe(CN)_5[CH_3COCHNOH)]^{3-}$ 5-0698; spektrophotometr. Unters. d. Rk. d. Aquopentacyanoferrate 1-1585.

$H_2[Fe(CN)_5NO]$, das Nitroprussid-Ion (Übersicht) 38-0715; Rk. v. – mit Basen (Kinetik d. Rk. alkal. wss. Lsg. v. Propanon, Butanon u. Pentanon-(3) mit –) 5-0698; kinet. Unters. d. Syst. $HS^-/[Fe(CN)_5NO]^{2-}$ in wss. Lsg. 28-0695; indirekte spektrophotometr. Best. v. $[Fe(CN)_5NO]^{2-}$ mit 2-Äthoxyl-6.9-diaminoacridiniumlactat 43-1983; – -Test auf Ketonkörper in Harn, Serum, Plasma u. Milch 20-1964.

Salze

Cadmium-, *Cäsium-*, *Eisen-*, *Kalium-*, *Kobalt-*, *Kupfer-*, *Magnesium-*, *Mangan-*, *Natrium-*, *Nickel-*, *Titan-*, *Vanadin-* u. *Zinkcyanoferrate* s. dort.

IR-Spektren: v. $[(CH_3)_4N]_2[Fe(NO)(CN)_5]$ u. $[C_2H_5)_4N]_2[Fe(NO)(CN)_5] \cdot H_2O$ 10-0106; $[(CH_3)_4N]_2[Fe(NO)(CN)_5]$ 12-0138; Koordinat.-Vermögen v. N-methyl-substituierten Phosphorsäureamiden mit – u. Extrakt.-Verh. d. gebildeten Komplexe 3-0765.

$H_4[Fe(CN)_5NOSO_3]$, kolorimetr. Mess. an Sulfitopentacyanonitrosylferrationen d. Boedeker-Rk. 5-0742.

Salze s. *Cäsium-* u. *Kaliumcyanoferrate.*

Cyanoeisen(II)-säuren

Bldg. u. Krist.-Daten v. $H_{3+x}[Fe(II)_x \cdot Fe(III)_{1-x}(Cl)_3(CN)_3]$ aus $FeCl_3$ u. HCN 44-0702; Bldg. v. „Hohlwhiskern" v. Metallen durch Rk. mit – 37-0166; Mössbauer-Unters. v. Cyanoferrat(II)- u. -ferrat(III)-Übergangskomplexen mit *3*d-Übergangsmetallen 2-0139; Unters. einiger weniger bekannter Metallhexacyanoferrat(II)-Komplexe 42-0505; Best. durch coulometr. Ox. an einer Pt-Elektrode 28-2038; Einfl. d. ζ-Potentials auf d. Ionenaustauscheig. v. Hexacyanoferrat(II)- u. Organo - Hexacyanoferrat(II) - Ionenaustauschern 51/52-0465; Verw. in Rostschutzanstrichmitteln 10-2950.

Salze s. *Molybdän-*, *Natrium-*, *Vanadin-*, *Zinkcyanoferrate(II)*.

$H_4[Fe(CN)_6]$, H-Brücken in – 4-0113; MO-Theorie für Metallkomplexe: Elektronenspektren, Populat., Schwing.-Frequenzen u. ϰ-Bind. v. $[Fe(CN)_6]^{4-}$ 26-0075; Mössbauer-Effekt v. $[Fe(CN)_6]^{4-}$ 21-0155; Einfl. d. Aktivitätskoeff. (maschinelle Ber. IBM *7040*, eigenes Programm) u. d. Assoziat. (Gegenion Na^+ bzw. K^+) auf d. Potential d. Elektrode $Pt/[Fe(CN)_6]^{4-}$, $[Fe(CN)_6]^{3-}$ 2-0578; Metall/$[Fe(CN)_6]^{2-}$-Elektroden 8-0552; Oberflächenzustand u. Potential v. Anthracenmembranen in Lsg. $[Fe(CN)_6]^{3-}/[Fe(CN)_6]^{4-}$-Lsg. 24-0625; amperometr. Unters. d. Rk. v. V(IV) mit $[Fe(CN)_6]^{4-}$ 29-0710; Wrkg. v. gelöstem O_2 auf d. Redoxmeth. zur Mess. d. Massenübergangszahl v. $Fe(CN)_6^{3-}/Fe(CN)_6^{4-}$ 32-0654; Unters. d. reversiblen Lad.-Transports an d. Pt-Röhrenelektrode für d. Syst. $[Fe(CN)_6]^{3-}/[Fe(CN)_6]^{4-}$ 34-1895; Glimmentlad.-Elektrolyse alkal. $[Fe(CN)_6]^{4-}$-Lsg. 45-0568; Polarisat. v. Zellen mit Kalomelelektroden (Vgl. mit einer $[Fe(CN)_6]^{4-}/[Fe(CN)_6]^{3-}$-Elektrode) 46-0537; Diffus.: v. $[Fe(CN)_6]^{4-}$-Ionen in wss. KOH-Lsg. 3-0591; v. $Fe(CN)_6^{4-}$ u. $Fe(CN)_6^{3-}$ in wss. KCl-Lsg. u. in Lsg., d. das Na-Salz d. Carboxymethylcellulose enthalten 31-0656; eine Modifikat. d. Diaphragmazellentechnik zur Mess. d. Diffus.-Koeff. v. $[Fe(CN)_6]^{4-}/[Fe(CN)_6]^{3-}$ in neutraler u. alkal. Lsg. 39-0510; γ-Resonanzspektroskop. Unters. v. AV-*16* u. AV-*17* mit $[Fe(CN)_6]^{4-}$ 42-0553; IR-spektroskop. Unters. d. Ionenassoziat. v. Hexacyanoferrat(II)-Ionen 18-0129; Hydratisier. v. – 28-0605.

Radikal-Rk. im wss. Syst. aus N_2O + $[Fe(CN)_6]^{4-}$ nach ^{60}Co-γ-Bestrahl. 3-0678; Unters. d. Koordinat.-Vermögens v. N-methylsubstituierten Phosphorsäurenamiden mit – (Extrakt.-Verh. d. gebildeten Komplexe) 3-0765; relative Rk.-Geschw. v. $[Fe(CN)_6]^{4-}$ mit OH-Radikalen 4-0582; Rk. d. (+)-Tris-[äthylendiamin]-kobalt(III)-Ions mit d. Hexacyanoferrat(II)-Ion 10-0563; spezif. Kationeneinfl. auf d. Rk.-Geschw. zwischen $S_2O_8^{2-}$ u. $Fe(CN)_6^{4-}$ 16-0703; Ox.-Red.-Chemie d. Syst. Hexacyanoferrat(III)/Hexacyanoferrat(II) 19-0772; Ionenassoziate d. Triphenyltetrazoliums mit $[Fe(CN)_6]^{4-}$ 20-0506; spektrophotometr. Unters. d. Rk. v. Re u. Mo mit Cyanoferrat(II) 25-0601; kinet. Salzeffekte bei Rk. v. photochem. aus Hexacyanoferrat(II)-Ionen erzeugten hydratisierten Elektronen 28-0712; Verw. zur Darst. v. Uranhexacyanoferrat(II) 30-0639; Kinetik d. Sauerstoffaustauschs (^{55}Fe, ^{59}Fe) zwischen $[Fe(CN)_6]^{4-}$ u. $[Fe(CN)_6]^{3-}$ u. d. Einfl. verschiedener Kationen 39-0600; (Photochemie wss. Hexacyanoferrat(II)-Lsg. (Photoaquotisier. bei *3600* Å) 39-0632; (Photo-Ox. bei *2537* Å unter Bldg. v. Hexacyanoferrat(III) in Ggw. v. N_2O u. NO_3^-) 39-0633; (Einfl. v. Aceton auf d. Photo-Ox. bei *2537* Å) 39-0634; Photochemie wss. Hexacyanoferrat(II)-Lsg. 39-0635, 39-0636, 39-0637; Rk. mit MeOH zu d. entsprechenden Salzen (Me = Li, Cs, Rb) 39-0672; Kern-γ-Resonanzunters. d. therm. Zerfalls v. Hexacyanoferrat(II) 41-0598; Kinetik d. Redox-Rk. zwischen MnO_4^- u. $[Fe(CN)_6]^{4-}$ 47-0584; fördernde Wrkg. v. $[Fe(CN)_6]^{4-}$ auf d. Red. v. $CuSO_4$-Lsg. mit $CrSO_4$ 2-072 5.

Verw. d. Hexacyanoferrat(III)/(II)-Syst. in Brennstoffzellen 43-2350.

Dünnschichtelektrophoret. Nachw. 5-1887; chromatograph. Nachw. auf mit Ti-Hydroxidimprägniertem Papier 5-1890; coulometr. Best. bei d. Fl.-Chromatographie 18-1929; Best. durch coulometr. Ox. an einer Pt-Elektrode 28-2038; Zus. d. Nd. bei d. potentiometr. Titrat. v. – mit $VOSO_4$ 33-2215; indirekte spektrophotometr. Best. 43-1983.

Salze s. *Blei-*, *Cadmium-*, *Cäsium-*, *Calcium-*, *Cer-*, *Chrom-*, *Eisen-*, *Hafnium-*, *Indium-*, *Kalium-*, *Kobalt-*, *Kupfer-*, *Magnesium-*, *Mangan-*, *Natrium-*, *Nickel-*, *Rubidium-*, *Scandium-*, *Silber-*, *Thallium-*, *Titan-*, *Uran-*, *Zink-* u. *Zirkoniumcyanoferrate*(II).

$H_6[Fe_2(CN)_{10}]$, Bldg. d. Zweikernkomplexes $[Fe_2(CN)_{10}]^{6-}$ durch Dimerisier. v. $[Fe(CN)_5(H_2O)]^{3-}$ 51/52-0573.

$H_5[Fe(CN)_5SO_3]$, Bind. d. SO_3^{2-}-Gruppe im Komplex $[Fe(CN)_5SO_3]^{5-}$ 6-0669.

Cyanoeisen(III)-säuren:

Bldg.: v. $[Fe(CN)_5(H_2O)]^{2-}$ durch Photolyse v. $[Fe(CN)_6]^{3-}$ 20-0685; u. Krist.-Daten v. $H_{3+x}[Fe(II)_x \cdot Fe(III)_{1-x} \cdot (Cl)_3(CN)_3]$ aus $FeCl_3$ u. HCN 44-0702; Darst. v. Alkylaminpentacyanoferraten(III) 17-0792; Mössbauer-Unters. v. Cyanoferrat(II)- u. –Ferrat(III)-Überkomplexen mit *3*d-Übergangsmetallen 2-0139; Sulfitox. durch $[Fe(CN)_5H_2O]^{2-}$ u. $[Fe(CN)_5 \cdot NH_3]^{2-}$ 6-0669; Ox. d. Hämoglobins durch Pentacyanoaquoferrat(III) 14-1485; Bldg. v. „Hohlwhiskern" v. Metallen durch Rk. mit – 37-0166; amperometr. Titrat. v. submillinormalen Konz. an Hexacyanoferrat(III) mit Hg(I)-Perchlorat 12-1859.

Salze s. *Cäsiumcyanoferrate(III)*.

$H_3[Fe(CN)_6]$, Photo-Ox. wss. Hexacyanoferrat(II)-Lsg. bei *2537* Å unter Bldg. v. Hexacyanoferrat(III) in Ggw. v. N_2O u. NO_3^- 39-0633.

Mössbauer-Effekt v. – 21-0155; Probleme d. LF-Theorie: Kovalenzeffekte am Beispiel d. – 36-0399; Einfl. d. Aktivitätskoeff. (maschinelle Ber. IBM *7040*, eigenes Programm) u. d. Assoziat. (Gegenion Na^+ bzw. K^+) auf d. Potential d. Elektrode $Pt/[Fe(CN)_6]^{4-}$, $[Fe(CN)_6]^{3-}$ 2-0578; Mechanismus d. kathod. Red. v. $[Fe(CN)_6]^{3-}$ am Halbleiter ZnO 22-0638; Oberflächenzustand u. Potential v. Anthracenmembranen in $[Fe(CN)_6]^{3-}/[Fe(CN)_6]^{4-}$-Lsg. 24-0625; Einfl. eines indifferenten Elektrolyten auf d. Red.-

Geschw. v. $[Fe(CN)_6]^{3-}$ 26-0661; dynam. Strom–Spann.-Charakteristiken d. $[Fe(CN)_6^{3-}]$-Entlad. an Pt-Elektroden 27-0706; Verifikat. d. Potential–Zeit-Kurven für d. bimol. Redox-Rk. $VO_2^{2+}/[Fe(CN)_6]^{3-}$ 27-0707; Wrkg. v. gelöstem O_2 aus d. Redoxmeth. zur Mess. d. Massenübergangszahl v. $Fe(CN)_6^{3-}/Fe(CN)_6^{4-}$ 32-0654; Unters. d. reversiblen Lad.-Transports an d. Pt-Röhrenelektrode für d. Syst. $[Fe(CN)_6]^{3-}/[Fe(CN)_6]^{4-}$ 34-1895; Einfl. d. Art d. Elektrode auf d. Rk.-Geschw. d. Red. v. $Fe(CN)_6^{3-}$ 36-0541; Best. d. Dicke d. Diffus.-Schicht an ruhenden u. rotierenden Drahtelektroden durch amperometr. Titrat. v. $[Fe(CN)_6]^{3-}$ 36-0543; Elektrored. v. $[Fe(CN)_6]^{3-}$ an tropfenden Elektroden aus In-Amalgam 39-0558; Bldg. v. $[Fe(CN)_6]^{3-}$ bei d. Glimmentlad.-Elektrolyse alkal. $[Fe(CN)_6]^{4-}$-Lsg. 45-0568; Polarisat. v. Zellen mit Kalomelelektroden (Vgl. mit einer $[Fe(CN)_6]^{4-}/[Fe(CN)_6]^{3-}$-Elektrode) 46-0537; Diffus. v. $[Fe(CN)_6]^{3-}$ in wss. KOH-Lsg. 3-0591; momentane Diffus.-Grenzströme an Spitzkapillaren u. Diffus.-Koeff. v. $[Fe(CN)_6]^{3-}$ in KNO_3-, KCl- u. NaCl-Lsg. 19-0703; Diffus. v. $[Fe(CN)_6]^{4-}$ u. $(Fe(CN)_6]^{3-}$ in wss. KCl-Lsg. u. in Lsg., d. das Na-Salz d. Carboxymethylcellulose enthalten 31-0656; eine Modifikat. d. Diaphragmazellentechnik zur Mess. d. Diffus.-Koeff. v. $[Fe(CN)_6]^{4-}/[Fe(CN)_6]^{3-}$ in neutraler u. alkal. Lsg. 39-0510; γ-Resonanzspektroskop. Unters. v. AV-*16* u. AV-*17* mit $[Fe(CN)_6]^{3-}$ 42-0553; krit. Flock.-Konz. v. $[Fe(CN)_6]^{3-}$ für Eisenoxidhydrat-Sole 45-0589; NMR-Unters. d. Ionen-Assoziat. zwischen quartern. Ammoniumionen u. $[Fe(CN)_6]^{3-}$-Ionen 5-0592; IR-spektroskop. Unters. d. Ionenassoziat. v. Hexacyanoferrat(III)-Ionen 18-0129; Hydratisier. v. Hexacyanoferrat(III) 28-0605.

Radikal- u. Mol.-Ausb. bei d. γ-Radiolyse wss. alkal. Lsg. v. $[Fe(CN)_6]^{3-}$ 2-0661; Rk. mit Mn(II)- bzw. Co(II)-Triäthanolamin-Komplex 4-1635; Sulfitox. durch $[Fe(CN)_6]^{3-}$ 6-0669; Reaktivität d. durch ^{60}Co-γ-Strahlen gebildeten H-Atome mit $[Fe(CN)_6]^{3-}$ in wss. Lsg. 7-0667; Kinetik d. Ox. v. SO_3^{2-} mit $(Fe(CN)_6]^{3-}$ in alkal. Medium 9-0663; —-Photophosphorylier.-Syst. im Blitzlicht (Hemm. durch Phenanthrolin) 10-1378; Ox.-Red.-Chemie d. Syst. Hexacyanoferrat(III)/Hexacyanoferrat(II) 19-0772; Einfl. v. $[Fe(CN)_6]^{3-}$ auf d. Ox. v. amorphem B 19-0779; Ionenassoziate d. Triphenyltetrazoliums mit $[Fe(CN)_6]^{3-}$ 20-0506; Kinetik d. Red. d. Hexacyanoferrat(III) durch Sulfit 20-0634; Photolyse v. $[Fe(CN)_6]^{3-}$ unter Bldg. v. $[Fe(CN)_5(H_2O)]^{2-}$ 20-0685; Kinetik d. Ox. v. Jodidionen durch Hexacyanoferrat(III)-Ionen in saurem Milieu 31-0735; Kinetik d. Bldg. u. Zers. d. intermediären Brückenkomplexe bei d. Redoxrk. v. $[CoEDTA]^{2-}$ mit $[Fe(CN)_6]^{3-}$ 31-0742; Kinetik d. Sauerstoffaustauschs (^{55}Fe, ^{59}Fe) zwischen $[Fe(CN)_6]^{4-}$ u. $[Fe(CN)_6]^{3-}$ u. d. Einfl. verschiedener Kationen 39-0600; Rk. v. e_{aq}^- bei Ggw. v. $[Fe(CN)_6]^{3-}$ 39-0636; Rk. mit MeOH zu d. entsprechenden Salzen (Me = Li, Cs, Rb) 39-0672; Abhängigk. d. Red. v. $[Fe(CN)_6]^{3-}$ in W. v. pH u. d. CN^--Konz. 42-0573; Einfl. v. $[Fe(CN)_6]^{3-}$ auf d. Stabilität v. $Fe(OH)_3$-Sol 49/50-0466.

Rk. v. $Fe(CN)_6^{3+}$ mit NADH-Farbstoffreduktase u. Nichthämeisen-Protein aus fakultativ photoheterotrophen Rhodopseudomonas palustris 14-1256; Photored. in lyophilisierten Zellen d. Blaualge Anacystis 12-1367.

Verw. d. Hexacyanoferrat(III)/(II)-Syst. in Brennstoffzellen 43-2350.

Dünnschichtelektrophoret. Nachw. 5-1887; chromatograph. Nachw. auf mit Ti-Hydroxid imprägniertem Papier 5-1890; Cu(I) als reduzierendes Titrat.-Mittel für $[Fe(CN)_6]^{3-}$ 7-1870; Verw. v. Resorufin- u. Resazurin-Deriv. als titanometr. u. stannometr. Indikatoren bei d. Titrat. v. $[Fe(CN)_6]^{3-}$ 8-1806; coulometr. Best. v. $[Fe(CN)_6]^{3-}$ bei d. Fl.-Chromatographie 18-1929; Papierchromatographie v. $[Fe(CN)_6]^{3-}/SCN^-$ mit Ameisensäure–CH_2O_2-halt. Lsgm.-Syst. 42-1802; indirekte spektrophotometr. Best. v. $[Fe(CN)_6]^{3-}$ 43-1983; titanometr. Titrat. v. $[Fe(CN)_6]^{3-}$ 45-2001; coulometr. Titrat. mit Mo(V) 51/52-1813; oxydimetr. Best. v. Indigo mit Fe(III) u. Hexacyanoferrat(III) 28-2078; amperometr. Titrat. v. Co(II) mit $[Fe(CN)_6]^{3-}$ in NH_4-Nitrat 30-1963; Rk. v. Oligosacchariden (Hexacyanoferrat(III)-Zahlen) 19-2149.

Salze s. *Barium-*, *Cadmium-*, *Cäsium-*, *Calcium-*, *Chrom-*, *Eisen-*, *Kalium-*, *Kobalt-*, *Kupfer-*, *Lithium-*, *Magnesium-*, *Mangan-*, *Natrium-*, *Nickel-*, *Rubidium-*, *Silber-* u. *Zinkcyanoferrate(III)*.

Eisencyanoferrate, Bldg. v. $K_2Fe[Fe(CN)_6]$ in geschmolzenem KSCN 3-0582; Herst.: v. *Berliner Blau* 19-2423*; v. $[Fe\ phen_3][Fe(CN)_4 \cdot phen] \cdot 5\ H_2O$ 49/50-0623; Schaummattentrockn. v. *Preußisch Blau* 3-2189; Einfl. d. Adsorpt.-Modifizier. auf d. Anreiben v. *Berliner Blau* in Perchlorvinylharzlsg. 34-2896.

K-Absorpt.-Kante u. $K\beta_5$-Emiss.-Linie v. Fe in $Fe_4[Fe(CN)_6]_3$ 51/52-0222; Lichtechth. v. Pigmentgemischen aus Pb-Chromat u. *Berliner Blau* 18-2904; Mössbauer-Spektren v. Gemischen aus $K_2[FeFe^{II}(CN)_6]$, $Fe[FeFe^{II} \cdot (CN)_6]$, $K[FeFe^{III}(CN)_6]$ u. $Fe_3[Fe^{III}(CN)_6]_2$ 2-0139; konduktometr. u. thermometr. Unters. v. Fe-nitrosylcyanoferrat 48-0709; schnelle Mess. d. Diffus.-Koeff. v. $Fe_4[Fe(CN)_6]_3$ in Lsg. 21-0581; Synth. anorgan. Ionenaustauscher aus Amberlite IRA-*410*, IR-*45*, Dowex *1* X, IRS-*50* u. AN-*9* u. — 16-0670; Koagulat. u. elektr. Eig. v. Hydrosolen v. *Berliner Blau* 20-0578; Austauscheig. für Cs^+, Rb^+ u. K^+ gegen wss. Lsg. 25-2030; Einfl. einer Adsorpt.-Modifizier. auf d. Verteil. v. *Berliner Blau* in Pflanzenöl 34-2895; Einfl. v. *Berliner Blau* auf d. Verh. v. ^{137}Cs bei graviden u. laktierenden Ratten 13-1553; Wrkg. v. $Fe_4[Fe(CN)_6]_3$ auf d. Ausscheid. v. Radio-Cs bei Ratten u. Ziegen 30-1545.

Modifizier. d. Fe(III)-Hexacyanoferrat(III)-Rk. (Barton) zum Nachw. v. reduzierenden Polyphenolen auf Chromatogrammen 6-1951; Photometrie funktioneller Gruppen in d. organ. Analyse mit Hilfe v. $Fe[Fe(CN)_6]$ 19-2112.

Eisencyanoniccolate(II), Darst., Krist.-Daten u. magnet. Momente v. $Fe(NH_3)_2Ni \cdot (CN)_4 \cdot 2\ L$ (L = Bzl. bzw. Anilin) 34-0835.

Eisenfluoride bzw. -fluorokomplexe

Amperometr. Unters. d. Bldg. v. Fe-Fluoridkomplexen in sauren Lsg. 38-2070.

FeF_2, IR-Gitterschwing.-Spektren in — 1-0355; Raman-Spektren 11-0379; Multiplettstruktur d. $K\alpha_{1,2}$- u. $K\beta_{1},\beta'$-Linien d. Röntgenspektren v. — 16-0073; Absorpt. im fernen IR durch Zweimagnonenanreg. an — 19-0360; Jahn-Teller-Aufspalt. in d. opt. Absorpt.-Spektren v. — 31-0307; Lichtstreuung durch Ein- u. Zwei-Magnonen-Anreg. 38-0291; magnet. Einfl. im nahen IR-Spektrum 38-0339; Darst., Einkrist.-Zücht. u. kristallograph. Eig. v. — 12-0228; Temp.-Abhängigk. d. ^{57}Fe-Hyperfeinstruktur in — unterhalb d. Néel-Temp. 9-0500; NMR- u. Suszeptibilitätsmess. 17-0544; NMR v. polykrist. $FeF_2 \cdot 4\ H_2O$ 31-0354; Temp.-Abhängigk. d. ^{57}Fe-Hyperfeinstruktur in — unterhalb d. Néel-Temp. 34-0493; Wechselwrkg. zwischen Phononen- u. Magnonensyst. am Beispiel d. — 36-0399; aus d. Suszeptibilität abgeleitete Untergitter-Magnetisier. in — 42-0387; Rk. mit Tetracyanoäthylen 40-2090*.

FeF_3, Bldg. v. $FeF_3 \cdot aq$ bei d. Rk. v. Fe(II) mit H_2O_2 in Ggw. v. F^- 17-0726; Zers. v. $(NH_4)_3FeF_6$ zu NH_4FeF_4 u. — 18-0747; Multiplettstruktur d. $K\alpha_{1,2}$- u. $K\beta_1,\beta'$-Linien d. Röntgenspektren v. $FeF_3 \cdot 4{,}5\ H_2O$ u. — 16-0073; Spinwellen-Nebenbanden v. — 19-0359; Einfl. v. —-Beimeng. auf d. Plastizit. v. LiF-Krist. 40-0107; Mössbauer-Effekt in — 19-0524; Untergittermagnetisier. in — in d. Nähe d. Néel-Punktes 46-0440; Deut. d. verbreiterten u. verschobenen Linien in Mössbauer-Spektren am Beispiel v. — 48-0564; antiferromagnet. Resonanz in —-Zwillings-. krist. 49/50-0240; Einfl. d. Struktur d. Lsg. auf d. Relaxat.-Effektivität paramagnet. Ionen im Syst. $FeF_3/NaNO_3$ oder KNO_3/H_2O 49/50-0242; Phasendiagramm d. Syst. MF_2/FeF_3 (M = Ba, Sr, Ca) 13-0585; Subl.-Enthalpien, Subl.-Drücke u. —, Dissoziat.-Energie v. Fe_2F_6 (g) 21-0605.

Krist.-Struktur u. spezif. Widerstand v. — 48-0142; Quadrupolkoppl. u. kristallograph. u. magnet. Strukturen v. — mit Hilfe d. Mössbauer-Effektes (^{57}Fe) 41-0363.

Fluoroeisensäuren

$H[Fe_2F_6]$, Salze s. *Cäsium-* u. *Rubidiumfluoroferrate*.

Fluoroeisen(II)-säuren

$H[FeF_3]$, Salze s. *Cäsium-*, *Kalium-* u. *Rubidiumfluoroferrate(II)*.

$H_4[FeF_6]$, effektive Atomlad. d. $[FeF_6]^{4-}$ 18-0070.

Salze s. *Bariumfluoroferrate(II)*.

Fluoroeisen(III)-säuren

Salze s. *Erdalkalimetalle* u. *Calciumcyanoferrate(III)*.

$H[FeF_4]$

Salze s. *Ammoniumcyanoferrate(III)*.

$H_2[FeF_5]$

Salze s. *Barium-* u. *Kaliumcyanoferrate(III)*.

$H_3[FeF_6]$, effektive Atomlad. d. $[FeF_6]^{3-}$ 18-0070.

Salze s. *Barium-*, *Cäsium-*, *Eisen-*, *Kalium-*, *Kobalt-*, *Kupfer-*, *Lithium-*, *Mangan-*, *Nickel-*, *Rubidium-* u. *Strontiumfluoroferrate(III)*.

Eisenfluoroantimonate(V), Darst. v. $[CH_3SFe(CO)C_5H_5]_2[SbF_6]$ durch Rk. v. $[CH_3SFe(CO)C_5H_5]_2$ u. $AgSbF_6$ 1-0738.

Eisenfluoroborate(III): Herst. v. Cyclopentadienyleisendicarbonylacrylnitriltetrafluorborat (Katalysator für Carbonylier. u. Cyclisier. acetylen. Verb.) 37-2808*; Darst., DTA, GTA u. IR-spektroskop. Unters. v. $Fe(BF_4)_2(H_2O)_6 \cdot 5$ Dioxan 22-0776; IR-Spektren v. $\{[C_5H_5Fe(CO)_2]_2Br\}[BF_4]$ 49/50-0069; Mössbauer-Spektren v. $[C_5H_5FeC_5H_5][BF_4]$ 2-0140; Umsetz. v. Ferriceniumtetrafluoroborat mit NH_4SCN 22-0139; Rk.: d. Ferriciniumtetrafluoroborats mit Phenylazotriphenylmethan 25-0823; v. Ferriciniumtetrafluoroborat mit Fettsäureanhydriden bzw. -estern 38-0721; Ox. d. CH_3-Gruppe im $[(CH_3C_6H_5)_5C_5H_5Fe]BF_4$ u. $[(1.4\text{-}(CH_3)_2C_6H_4) \cdot C_5H_5Fe]BF_4$ mit $H_2O_2/NaOH$ zur $-COOH$-Gruppe 38-0722.

$Fe(BF_4)_2$, Entwässer. v. $Fe(BF_4)_2 \cdot 6\ H_2O$ 31-0850.

Eisenfluorochromate(III), Gitterkonst. v. $CsFeCrF_6$ 44-0219.

Eisenfluorophosphate, Bldg. v. $FePF_6^+ \cdot aq$ bei d. Rk. v. Fe(II) mit H_2O_2 in Ggw. v. PF_6^- 17-0726; Darst.: v. Cyclopentadienyldicarbonyltriäthylphosphineisenhexafluorophosphat 19-0875; v. $[(RCOC_6H_5)C_5H_5Fe]PF_6$ 38-0722; IR-Spektren v. $\{(C_5H_5Fe(CO)_2]_2J\}[PF_6]$ 49/50-0069; magnet. Suszeptibilitäten v. $Fe_2 \cdot (PO_3F)_3 \cdot 12\ H_2O$ 49/50-0084; W.-Abgabe in Abhängigk. v. d. Dampfdruck stabiler Hydrate v. $Fe_2(PO_3F)_3$ 7-0543.

Eisenfluorosilicat: $Fe[SiF_6]$, Jahn-Teller-Aufspalt. in d. opt. Absorpt.-Spektren v. $Fe[SiF_6] \cdot 6\ H_2O$ 31-0307; effektive magnet. Momente v. $Fe[SiF_6] \cdot 6\ H_2O$ 1-0170; magnet. Anisotropie u. magnet. Hauptsuszeptibilität v. — 39-0070.

Eisenfluorostannat(IV): $Fe[SnF_6]$, ^{119}Sn-Kernquadrupolresonanzspektren v. — 37-0069.

Eisenfluorosulfate, Darst. durch Verdräng.-Rk. 30-0688; Reflex.-Spektren 20-0271.

Eisenfluorovanadate(III), Gitterkonst. v. $CsFeVF_6$ 44-0219.

Eisenhalogenide, Darst.: v. Bis-[2-dimethylaminoäthyl]-oxid u. Charakterisier. seiner *1:1*-Komplexe mit Fe(II)-Halogeniden 1-0730; v. Addit.-Verb. v. — mit Triphenylphosphinsulfid 25-0822; Komplexe v. Anthronen mit — 29-0839; Bldg. v. trigonal-bipyramidalen *1:1*-Komplexen aus Fe(II)-Halogeniden u. Tris-[2-dimethylaminoäthyl]-amin 44-0704; Darst. zweikern. Fe(II)-Halogenid-Komplexe mit phen oder bipy 49/50-0623; Einfl. d. Lichtstrahl. auf d. Halogenier.-Wrkg. d. Halogenoeisen(III)-Komplexe 27-0821.

Eisenhydride, Mechanismus d. Eisenhydridbldg. 4-0573; Darst. v. Tris-[trifluorphosphin]-nitrosyleisenhydrid, $HFe(NO)(PF_3)_3$ 5-0745.

Eisenhydridoaluminat: $Fe(AlH_4)_3$, quant. Bldg. bei d. Rk. v. $FeCl_3$ mit $LiAlH_4$ bei *−116* bis *−78°* (keine Bldg. v. $FeAl_2H_6$) 18-0748.

Eisenhydridoborate, direkte Mössbauer-Beobacht. d. $^5T_2$–$^1A_1$-Überkreuz. in einem oktaedr. Fe(II)-Chelat d. Tripyrazolyl-(1)-hydridoborsäuren 16-0118.

Eisenhydroxide: Fe–Mn-Hydroxide u. Jakobsit in Erzen d. Tschaikend-Lagerstätte 17-0849; Ablager. d. unteren u. mittleren Miozäns v. Südostteil d. Dnjepr-Donez-Bassins 29-0893; eiserner Hut d. Pyritlagerstätten d. Süd-Urals u. d. Unterscheid.-Merkmale v. —-Abscheid. infiltrativer u. sedimentärer Herkunft 39-0764.

Verw. v. verseiftem Polyacrylnitril zur Abscheid. v. Rotschlamm 29-2329.

IR-Spektren v. $[(phen)_2FeOH]_2Cl_4 \cdot 4H_2O$, $[(phen)_2FeOH]_2Br_4 \cdot 2\ H_2O$, $[(phen)_2FeOH]_2 \cdot (ClO_4)_4$, $[(phen)_2 \cdot FeOH]_2(ClO_4) \cdot 6\ H_2O$, $[(phen)_2FeOH]_2(SO_4)_4 \cdot 9\ H_2O$ 21-0132; magnet. Suszeptibilit, EPR u. Krist.-Strukturunters. an zweikern. Fe(III)-Komplexen mit 1.10-Phenanthrolin d. Zus. entweder $Fe_2O(phen)_4 \cdot (NO_3)_4 \cdot 2\ H_2O$ oder $Fe_2(OH)_2(phen)_4 \cdot 2\ H_2O$ 5-0425; Kationenaustauschfähigk. d. — u. ihre Rolle in d. Austauschfähigk. d. Böden 5-3072; Viskosität v. $[Fe(OH)_{2,5}(NO_3)_{0,5}]$ in wss. Lsg. 12-0605; Änder. d. Sorpt.-Eig. v. — 21-2143; Oberflächengröße u. Porenstruktur v. gemischten Mg- u. Fe-Hydroxiden 35-0569; Mitfäll. v. Th mit — in NH_4NO_3-Lsg. 49/50-0400; Abhängigk. d. Koordinat.-Zahl v. — v. d. D. d. W. als Lsgm. 8-0546; Löslichk.-Prod. v. $Fe(OH)_{2,70}Cl_{0,30}$ in *0,5*m $(Na^+)Cl^-$-Medium 20-0499.

Rk. v. Tris-[N-(pyridyl-(2)-methylen)-anilin]–Fe(II)-Komplexen mit S_2O_8 u. v. Tris-[α-(pyridyl-(2)-benzylidenanilin)–Fe(II)-Kompl. mit OH^- 47-0586.

Katalyt. Aktivität eines Hydroxogruppen enthaltenden Kompl. v. Fe(III) bei d. Redox-Rk. v. J^- mit H_2O_2 bzw. BrO_3^- 6-0668.

Nachw. v. – in Liastonen aus d. Raum Grimmen 20-2248; – als chromatograph. Adsorpt.-Mittel 43-1928.

$Fe(OH)_2$, Bldg. bei d. potentiostat. u. potentiodynam. Unters. d. elektrochem. Vorgänge an d. Fe-Pulverelektrode 30-0591; Mössbauer-Effekt v. ^{57}Fe in – 47-0087; Abtrenn. v. V aus alkal. Aluminatlsg. mittels Sorpt. durch – 22-0667; einige Beobacht. an ferromagnet. Eisen(III)-oxidmonohydroxid aus in alkal. Lsg. oxydiertem – 8-0710; Unters. d. Abbaus v. – in wss. Suspens. bei *300°* 33-2414; chem. Unters. d. Meeres (Mitfäll. v. U(VI) mit –) 45-2112.

$Fe(OH)_3$, Bldg.: bei d. Korros. v. Flußstahl in wss. Lsg. in Ggw. v. Thioharnstoffen 4-0516; bei d. potentiostat. u. potentiodynam. Unters. d. elektrochem. Vorgänge an d. Fe-Pulverelektrode 30-0591.

Hemm. d. Kristallisat. v. amorphem – durch im Boden enthaltene organ. Stoffe 9-3010; ferromagnet. Eig. d. Produkte d. Kochens v. – 32-2287; Sorpt. v. OP-7 an – -Nd. 4-0550; Ausscheid. koll. – durch Adsorpt. an Graphit 5-0652; Änder. d. pH-Wertes, d. elektr. Leitfähigk. u. d. Chlorid-Ionenkonz. während d. langsamen Koagulat. v. – durch Elektrolyte 15-0631; schnelle Mess. d. Diffus.-Koeff.. v – in Lsg. 21-0581; Abtrenn. v. V aus alkal. Aluminatlsg. mittels Sorpt. durch – 22-0667; Einfl. d. Na-Salze v. organ. Hydroxysäuren auf d. Stabilität v. mit Hilfe v. Ionenaustauschharzen hergestellten – -Solen 24-0662; Mitfäll. mit –: v. Phosphationen 25-0700; v. In 25-0701; Sorpt. v. Selenitionen bei Fäll. v. – 25-0702; Kinetik d. Mn(II)-Sorpt. an – 30-0637; Einfl. v. Elektrolyten auf d. Adsorpt. v. – -Koll. 31-0685; Mitfäll. v. Co(III) mit – in NH_4NO_3- u. KNO_3-Lsg. 41-0489; Suspens.-Fluß durch poröse Medien 45-0606; Stabilität u. elektrokinet. Potential v. – -Sol 49/50-0466; Adsorpt.-Kinetik v. durch Gelatine aktivierten Kolloidteilchen an d. bewegl. Phasengrenzfläche Hydrosol–Gas 49/50-0469; Ionenprod. v. – in Suspens. saurer Böden 51/52-2863.

Verbleib v. i.v. injiziertem – 43-1527.

Abtrenn. v. ^{140}La aus einem ^{140}Ba–^{140}La-Gemisch durch Mitfäll. mit – 8-1887; – als chromatograph. Adsorpt.-Mittel 43-1928; chem. Unters. d. Meeres (Mitfäll. v. Se(IV) mit –) 45-2113.

FeOOH, geochem. Unters. an *limonit.* Gangausbissen im Raum Niedersfeld (Sauerland) 2-0749; Vork. u. Entsteh. v. *Limonit* im Gebiet v. Příbram 2-0764; Entsteh. v. *Raseneisenstein* u. *Goethid* im Emstal bei Meppen 7-0765; Vork.: v. *Limonit* in d. Ni-führenden Verwitter.-Erzen in Lokis, Mittelgriechenland 2-0766; v. Ludwigit u. *Goethit* in d. Geoden d. „schwarzen Puzzolane" v. Corcolle (Tivoli, Albanerberge) 2-0776; mineralog. Zus. v. Mn-halt. *Limonit* aus Kurvishi-City, Aomori-Prefecture 3-0794; paläomagnet. Beweis d. Herkunft d. Hart-Hämatit- u. *-Goethit*-Lagerstätten v. Marquette u. Steep Rock 3-0799; Vork. v. Rozenit in Paragenese mit *Goethit* in d. Schwarzen Schiefern v. Mulo, Ostfinnland 4-0641; Nachw. v. *Goethit* u. amorphem Fe(III)-hydroxid im *Raseneisenstein* im Emstal bei Neppen (DTA u. Röntgenanalyse) 7-0765; Vork.: v. *Goethit* neben authigenen Fe-halt. Aragonit in Grundsedimenten in d. Adria 8-0764; v. Maghämit u. *Goethit* als Zers.-Prod. v. Magnesioferrit in Geoden d. „schwarzen Puzzolanen" 8-0775; *Limonit* in Meteoriten u. Tektiten (Zeitschriftenref.) 16-0764; Vork.: v. Berborit mit *Goethit* in einer Skarnlagerstätte 21-0880; v. gut krist. Gibbsit u. *Goethit* in d. Bauxiten .v Mas Rouge (bei les Baux, Bouches-du Rhone) 22-0831; *Lepidokrokit*-Neubldg. in Carbonatgesteinen d. unteren u. mittleren Karbons d. südl. Neig. d. Woronesh-Massivs 26-0830; kolloidal-chem. Bind. zwischen *Goethit* u. *Hydrogoethit* u. Tonteilchen in d. Fe-Erzen v. Kertsch 39-0760; Bldg. v. sek. *Goethit* durch Verwitter. d. Wolf Creek Meteoriten 41-0683; Vork. v. *Limonit* in d. Bentonit v. Gurasada (Region Hunedoara) 41-0778; Nachw. v. *Limonit* in d. Karst. Ausfüll. d. Causses im Süden d. Tarn 42-0639; *Goethit* in fossilen Mn-Sphärolithen v. Sizilien 42-0641; goldenfarb. sek. *Goethit* aus d. Akkermanov-Lagerstätte im Süd-Ural 42-0695; Vork. v. *Goethit* in d. östl. Werra-Kaligebiet 42-0719; *Goethit* aus Slavkovice bei Nové Městro in Mähren 47-0680; Vork.: v. sek. *Goethit* im Fe-Erzvork. Jauratsi in Finnland-Lappland 49/50-0684; v. *Lipidokrokit* in Zähnen v. Käferschnecken (Polyplacophora) 28-1539.

Bldg. v. koll. β-FeOOH während d. langsamen Hydrolyse einer wss. Fe(III)-chlorid-Lsg. 11-0656; Mechanismus d. Bldg. Ge-halt. *Limonite* 19-0898; Bldg. v. α-, β-FeOOH bei d. Fe-Korros. in feuchter, HCl-Dämpfe enthaltender Atmosphäre 30-0595; Pelletisier.: v. *Minette* 6-2377*; v. *Limonit* u. *Minette* 8-2376*.

Mond- u. Marsoberflächen Absorpt.-Banden im nahen IR v. *Goethit* 51/52-0648; Struktur u. Mechanismus d. FeOOH-Bldg. auf Fe-Einkrist. durch $NaNO_2$ 14-0616; Umwandl. v. γ-FeO(OH) in α-FeO(OH) 28-0754; Gitterkonst. u. therm. Zers. v. nach verschiedenen Meth. dargestelltem α-FeOOH 30-0744; einige Beobacht. an ferromagnet. – aus in alkal. Lsg. oxydiertem Fe(II)-hydroxid 8-0710; inneres Magnetfeld in α-FeOOD 14-0480; Beobacht. v. Superparamagnetismus in submkr. α-FeOOH-Teilchen mit Hilfe d. Mössbauer-Effektes 15-0486; Mössbauer-Analyse d. Fe in Tonmineralien u. *Goethit* 26-0841; Mössbauer-Unters. v. β- u. δ-FeOOH u. ihren Zers.-Produkten 27-0571; Suszeptibilität u. Magnetisier. v. β- u. δ-FeO(OH) 48-0580; stabile magnet. Remanenz in antiferromagnet. *Goethit* 49/50-0337; Adsorpt. potentialbestimmender Ionen an d. Grenzfläche *Goethit*/KCl 1-0610; Instabilität v. γ-FeOOH gegenüber α-FeOOH u. Gleichgew. zwischen α-FeOOH u. α-Fe_2O_3 im Hydrothermalvers. 7-0544; Bldg. eines α-Fe_2O_3-Einkrist. durch hydrothermale Behandl. v. α-FeOOH 8-0711; DTA v. Hämatit u. *Hydrohämatit* sowie Hydratat. v. Hämatit unter hypergenat. Beding. 42-0669; Best. d. Dimens. v. β-FeOOH-Krist. aus d. Lichtstreuung in strömenden Syst. 42-0489; Einfl. v. komplexbildenden Agenzien auf d. Herauslsg. v. Fe aus *Goethit* 33-1015.

Sek. Bldg. v. Chamosit aus *Goethit* 9-0782; hydrothermale Rk. zwischen γ-FeOOH u. Borsäure 17-0791; Bldg. v. $CuFeO_2$ u. $AgFeO_2$ aus α-, β-, γ- u. δ-FeOOH u. Cu_2O bzw. Ag_2O 47-0669; Kinetik u. Mechanismus d. Ferritbldg. im Syst. $Ni(OH)_2$/α-FeOOH beim Altern 35-0639.

Verw. v. *Limonit*: zur Entfern. v. Fe, Mn u. NH_3 aus Grundwasser 26-2233*; aus Shirekoto in Hokkaido 32-2368; H_2S- u. HCN-Entfern. aus Kokereigas mit *Raseneisenerz* unter Druck 41-2802; Best.: v. W. in *Goethit* (spektrograph.) 7-1972; v. Fe in *Limonit* (potentiometr.) 21-2179.

Eisenhypophosphite, spektrophotometr. Unters. d. Komplexbldg. v. Fe(III) mit hypophosphor. Säure 22-0609.

Eisenjodide bzw. -jodokomplexe

Bldg.: v. FeBJ bei d. Rk. v. $Fe(CO)_5$ mit Protoporphyrin-IX-dimethylester (H_2B) u. J_2 6-0762; v. $C_5H_5Fe(CO)_2SnJ_3$ u. $C_5H_5Fe \cdot (CO)_2J$ bei d. Rk. v. $[C_5H_5Fe(CO)_2]_2$ mit SnX_4 bzw. $(C_6H_5)_2SnCl_2$ 11-0771; Darst.: u. Charakterisier. v. $[FeJ_2(terpy)]$ (terpy = 2.2'.2"-Terpyridyl) 43-0659; u. Eig. v. Dijodooktacarbonyldieisen(I) 51/52-0574; IR-Spektren v. $Fe(CO)_4J_2$ 19-0128; opt. Unters. d. ferroelektr. rhomb. Phase v. Fe–J-Boracit, $Fe_3B_7 \cdot O_{13}J$ 48-0517; Struktur v. π-Allyltricarbonyleisenjodid 9-0261; Krist.-Struktur d. Isomeren v. π-Cyclopentadienyl-bis-[triphenylphosphit]-eisenjodid 23-0266; Rk. v. $C_5H_5Fe \cdot (CO)_2J$ mit $(C_6H_5O)_3P$ unter UV-Bestrahl. 8-0718.

FeJ_2, Bldg.-Enthalpie v. – aus d. Metall u. NaJ 27-0636; K-Absorpt.-Kante u. $K\beta_5$-Emiss.-Linie v. Fe in – 51/52-0222; Hfs-Unters. an – mittels Mössbauer-Effekt 38-0030; Zustandsdiagramme d. bin. Syst. v. GaJ_3 mit – 31-0627; thermograph. Unters. v. $FeJ_2 \cdot 4\,H_2O$ in inerter, oxydierender u. reduzierender Atmosphäre 25-0761.

Jodoeisensäuren, Salze, Darst. v. Tetraäthylammoniumjodotetracarbonylferrat 37-0846.

Eisenjodomercurate(II), Übersicht über Löslichk. in W. u. therm. Beständigk. v. $[Fe(II)L_n)[HgJ_4]$ (L = Isonicotinsäurehydrazid u. n = *1 – 2*) 5-0754.

Eisenmolybdate bzw. -molybdatokomplexe

$FeMoO_4$, Hydrothermalsynth. u. Gitterkonst. 49/50-0138.

$Fe_2(MoO_4)_3$, neuer Strukturtyp in – 32-0224; Granatmotiv in d. Struktur v. – 44-0207; Hydrothermalsynth. u. Gitterkonst. 49/50-0138; verschiedene Arten d. O-Bind. auf d. Oberfläche v. – -Katalysatoren 11-0713.

Molybdatoeisensäuren

Best. d. Instabilitätskonst. v. Heteropolymolybdaten durch Papierchromatographie 44-0473.

Eisenniobate(V): $FeNb_2O_6$ (Eisenmetaniobat), Krist.-Feldunters. an Fe^{2+} in $FeNb_2O_6$ mit d. Mössbauer-Effekt 17-0295.

Eisennitrate bzw. -nitratokomplexe

Magnet. Suszeptibilität, EPR u. Krist.-Strukturunters. an zweikern. Fe(III)-Komplexen mit 1.10-Phenanthrolin in d. Zus. entweder $Fe_2O(phen)_4(NO_3)_4 \cdot 2\,H_2O$ oder $Fe_2 \cdot (OH)_2(phen)_4 \cdot 2\,H_2O$ 5-0425; refraktometr. Unters. v. Komplexen in Lsg. v. $Fe(NO_3)_3$–Na_2 EDTA 9-0577; Viskosität v. $[Fe(OH)_{2,5} \cdot (NO_3)_{0,5}]$ in wss. Lsg. 12-0605.

$Fe(NO_3)_2$, Starrh. v. Krist.-W.-Mol. bei hohen Frequenzen in $Fe(NO_3)_2 \cdot 2\,H_2O$ 29-0398; Einfl. v. – + $Fe(NO_3)_3$-Lsg. auf d. anod. Polarisat. v. Si u. Ge 26-0660; thermodynam. Standartfunkt. v. – 41-0423; Unters. d. Rk. v. Äthylentrithiocarbonat mit – zu Äthylendithiocarbonat 17-0761.

$Fe(NO_3)_3$, Multiplettstruktur d. $K\alpha_{1,2}$- u. $K\beta_1.\beta'$-Linien d. Röntgenspektren v. $Fe(NO_3)_3 \cdot 9\,H_2O$ 16-0073; refraktometr. Unters. v. Komplexen in Lsg. v. $Fe(NO_3)_3$–Na_2EDTA 9-0577; Kinetik d. Übergangs v. d. kub. zur hexagonalen Phase in mit Mössbauer-Ionen dotiertem Eis (gefrorene Lsg. v. $FeCl_2$, – in HNO_3, $FeCl_3$ u. $EuCl_3$) 31-0163; Unters. magnet. Relaxat.-Effekte in $Fe(NO_3)_3 \cdot 9\,H_2O$ durch Mössbauer-Spektroskopie 9-0499; EPR v. Ionen d. Fe-Gruppe in Fluoroberyllatgläsern mit Zusätzen v. – 36-0343; Einfl. v. – + $Fe(NO_3)_2$-Lsg. auf d. anod. Polarisat. v. Si u. Ge 26-0660; thermodynam. Standartfunkt. v. – 41-0423; hydrothermale Ausfäll. in – -Lsg. 46-0489; *25°*-Aussalzisotherme bei d. Extrakt. v. $Th(NO_3)_4$ durch Lsg. v. Tri-n-butylphosphat u. Tri-n-octylamin mit – als Aussalzmittel 41-0466; Darst. v. superparamagnet. $ZnFe_2O_4$ mit vermutl. Kationenverteil. v. $Zn^{2+}{}_{1-x}Fe^{3+}{}_x \cdot [Zn_x{}^{2+}Fe^{3+}{}_{2-x}]O_4$ aus –, $Zn(NO_3)_3$ u. O_2 u. NaOH 9-0735; Verw. als Nitrier.-Mittel d. *3*-Stell. in Acetylacetonatometallen 27-0866; Rk. mit N-Vinylcarbazol 31-1142; Darst. v. Fe(III)-oxidhydratgelen aus – u. NH_3 35-0553; Ox. v. Propylen mit – -halt. Katalysator 20-2520*; Verw.: v. $Fe(NO_3)_3 \cdot 9\,H_2O$ bei d. Pfropfpolymerisat. v. Vinylverb. an Fasermaterial 2-2752*; d. gefärbten Lsgm. –/Na-Tartrat zur Molgew.-Best. v. Cellulose durch Lichtstreuungsmess. 9-1143.

Nitratoeisen(III)-säure

Salze, Darst. u. magnet. Momente v. $BH[Fe(NO_3)_4]$; B = $C_2H_5NH_2$, $(C_2H_5)_2NH$, $(C_2H_5)_3N$ u. BH = $(CH_3)_4N^+$ 3-0736.

Eisennitride, Fe-K-Absorpt.-Kanten v. Fe_2N u. Fe_4N 34-0429; Unters. d. Fe_4N- u. Fe_8N-Ausscheid. in Fe–Cr-Leg. 4-1943; Ausscheid. v. $Fe_{16}N_2$ in Fe-Leg. bei therm. Alter. 46-0181; elektr. Leitfähigk. d. Fe_4N 28-0427; mittlere magnet. Suszeptibilität v. $[Fe(phen)_2 \cdot (N_3)_2]$ 39-0071; Berechn. d. „red. thermodynam. Potentials" v. Fe_2 Nu. Fe_4N 45-0473.

Eisennitrite bzw. -nitritokomplexe

$Fe(NO_2)_2$, thermodynam. Standardfunkt. v. – 41-0423.

$Fe(NO_2)_3$, thermodynam. Standardfunkt. v. – 41-0423.

Nitritoeisen(II)-säuren, Salze s. *Calcium-* u. *Kaliumnitritoferrate(II)*.

Nitrosylkomplexe

Bldg.: v. $Fe(NO_3)_3 \cdot N_2O_4$ bei d. Rk. v. $FeCl_3$, $FeCl_2$, Fe oder $Fe(CO)_5$ mit N_2O_4, vorliegend als $[NO]^+[Fe(NO_3)_4]^-$ 3-0735; v. $[Fe(NO)_2PR_2]_n$ (n = *2*) u. Fe-Nitrosylkomplexen mit Triphenylphosphin (PR_3), Tricyclohexylphosphin bzw. Bis-1.2-[diphenylphosphino]-äthan als Liganden 6-0763.

IR-Intensitäten v. Fe-Nitrosylkomplexen mit substituierten Phosphinen u. Stibinen 9-0127; Struktur d. Komplexes aus $Hg \cdot [Fe(CO)_3NO]_2$ u. Bis-[trifluormethyl]-dithieten 20-0757; Darst. u. magnet. Suszeptibilität v. N'-substituierten Fe(III)- bzw. Nitrosyleisen(III)-Dithiocarbazaten 8-0714; Massenspektren v. Nitrosylkomplexen d. Fe mit Brückenbldg. 9-0175.

Rk.: v. Nitrosylcarbonylcyclopentadienyleisen-Verb. mit Bis-[trifluormethyl]-dithieten 1-0738; v. $Fe(CO)_2(NO)_2$ mit Tetrakisdiphenylphosphinomethylmethan (L); Bldg. v. spirocycl. Verb. $(NO)_2FeLFe(NO)_2$ 7-0703; v. $[Fe(NO)_2(CO)_2]$ in NH_3 mit KCN zu $K_2 \cdot [Fe(NO)_2(CN)_2]$ 20-0753; Stabilisier. v. Mononitrosyleisen-Komplexen mit o-Phenylen-bis-[dimethylarsin] 43-0636; Nachw. d. Fe^{2+}–Nitrosyl-Komplexe mit Cystein in biolog. Syst. mit Hilfe d. paramagnet. Elektronenresonanz 18-1143.

Nitrosyleisensäuren

Darst. v. Tris-[trifluorphosphin]-nitrosyleisenhydrid, $HFe(NO)(PF_3)_3$ 5-0745; IR-Spektren v. $[Fe(CO)_3NOJ^-$ 6-0127.

Salze s. *Kaliumnitrosylferrate*.

Darst. v. $[(C_6H_5)_4P]_2[Fe(CN)_4(C{\equiv}CC_6H_5) \cdot NO]$ u. $[(C_6H_5)_4P]_2[Fe(CN)_2(C{\equiv}CC_6H_5)_3NO]$ 42-0598.

$H_2[Fe(CN)_5NO]$, d. Nitroprussid-Ion (Übersicht) 38-0715; kinet. Unters. d. Syst. HS^-/$[Fe(CN)_5NO]^{2-}$ in wss. Lsg. 28-0695; Rk. mit

Basen (Propanon, Butanon u. Pentanon-(3)) 5-0698; Test auf Ketonkörper in Harn, Serum, Plasma u. Milch 20-1964; indirekte spektrophotometr. Best. v. $[Fe(CN)_5NO]^{2-}$ mit 2-Äthoxy-6.8-diaminocridiniumlactat 43-1983.

Salze

Cadmium-, Cäsium-, Eisen-, Kalium-, Kobalt-, Kupfer-, Magnesium-, Mangan-, Natrium-, Nickel-, Titan- u. *Zinknitrosylferrate* s. dort.

IR-Spektren: v. $[(CH_3)_4N]_2[Fe(NO)(CN)_5]$ u. $[(C_2H_5)_4N]_2[Fe(NO)(CN)_5]\cdot H_2O$ 10-0106; v. $[(CH_3)_4N]_2[Fe(NO)(CN)_5]$ 12-0138; Darst. v. $[HPTH]_2[Fe(CN)_5NO]$ mit HPT = Hexamethylphosphorsäuretriamid u. Unters. d. Koordinat.-Vermögens u. d. Extrakt.-Verh. 3-0765.

$H_4[Fe(CN)_5NOSO_3]$, kolorimetr. Mess. an Sulfitopentacyanonitrosylferrationen d. Boedeker-Rk. 5-0742.

Salze s. *Cäsium-* u. *Kaliumnitrosylferrate.*

Eisennitrosylferrate, konduktometr. u. thermometr. Unters. v. $Fe[Fe(CN)_5NO]\cdot 2H_2O$ 48-0709.

Eisenoxide

Vork.: in d. Sn–W-Vererz. d. nördl. Khartoum-Provinz, Sudan 1-0780; in Ablager. d. unteren u. mittleren Miozäns v. Südostteil d. Dnjepr-Donez-Bassins 29-0893; Bezieh. zwischen Mineralform u. Bodenfarbe 4-2568.

Freie Enthalpie d. Bldg. d. Phase FeO_x wechselnder Zus. 4-0445; Kinetik d. Bldg. v. durchgehenden Eisenoxidschichten auf Fe u. Armco-Fe 8-0624; freie Energie d. Fe_xO-Bldg. in schmelzfl. Elektrolyten 9-2329; Bldg. v. – bei d. anod. Ox. v. Fe(II) auf passivem Fe 19-0680; Kinetik d. stationären Wachstums d. Oxidfilms auf passivem Fe in neutralen Lsg. 32-0648; Wachstum anod. Oxidfilme auf Fe 44-0543; Herst.: v. – aus $FeSO_4\cdot 7\,H_2O$ für Magnetogrammträger 11-2222*; eines verschleißfesten Fe-Ox.-Katalysators 18-2127; in Form v. hohlen Schalen 40-2064*; v. magnet. – für Magnetbänder 48-2164*; Flotat. v. koll. – mit anion. Dodecyl-Na-sulfat bzw. kation. Äthylhexadecyldimethylammoniumbromid 27-3125; direkte Red. d. – mit Methan 26-2415; Red. v. braunem Konverterrauch zu Fe-Pulver u. Fe-Schwamm 47-2321.

Einfl.: d. Stoffzus. körn.- u. dispers-zusammengesetzter Magnesitchromit- u. Periklasspinellerzeugnisse auf ihre Eig. u. auf d. Verh. bei Einw. v. – 6-2212; v. – auf d. Herst. v. Keramsit mit gegebenem Raumgew. aus verschiedenen Rohstoffen 38-2434.

$FeK\beta$-Banden u. Zustandsbesonderh. d. Hämatits in *Eisenzunder* 17-0380; Struktur u. katalyt. Aktivität v. – u. Braunoxiden 10-2115; Temp.-Abhängigk. d. Mössbauer-Effektes 19-0511; therm. Regenerat. v. mit Oxid bedeckten *(100)*- u. *(110)*-Fe-Oberflächen 22-0216; physikal.-chem. Zustand v. Hämatit im *Eisenzunder* 34-0620; Defektstruktur v. Fe(II)-Oxid (1,05 ≦ O/Fe ≦ 1,10) bei hoher Temp. 45-0218; rastelektronenmkr. Beobacht. v. – an d. Metall/Oxid-Grenzfläche einer hochreinen Fe/Cr-Leg. 46-0188; Mikrohärte v. – 22-0283; Mössbauer-Frakt. an Fe-Oxid-Pulvern (Teilchen v. *20 – 30* Å) 48-0023; magnet. Eig. v. Fe_xO bezüglich seiner Fehlstruktur 14-0501; EPR v. Cu in Forsteritkeramiken mit – -Zusatz 17-0461; anod. Verh. in verd. H_2SO_4 u. alkal. Lsg. 5-2342; elektrochem. Red. v. – in Elektroden alkal. Akkus 23-2390; Frischpotential (u. Entkohl.-Geschw.) v. – in d. SM-Schlacken 11-2326; Diskuss. über d. Gesetz d. korrespondierenden Zustände an – 36-0781; thermodynam. Unters. d. Syst. Fe/O/S in d. Metallurgie 36-2324; Unters. d. Sinter. v. – (Aktivier.-Energie) 37-2525; Best. d. spezif. Oberfläche v. Eisenoxidschwarz 13-0650; Stabilisier. v. – -Pigmenten in Bzl. 15-0640; Wechselwrkg.: v. anion. Tensid mit wss. – -Sol 25-2992; v. Laurylamin mit Quarz u. wasserfreien – bei d. Flotat. 46-1999; Best. v. Oberflächengrößen aus Quecksilberporosimeter-Mess. 49/50-0481.

Red. v. – -Bett durch Gas (Parameter im Gegenstrom-Schacht u. Wirbelbett) 11-2325; Einw. v. SO_2 auf d. – -Katalysator d. H_2SO_4-Herst. 13-2125; Spinellbldg. v. – in Serpentin-Chromit-Erzen bei d. Erwärm. 17-2411; Red. eines – -Betts durch Gas (Schachtofen im Verharr.-Zustand) 22-2439; Rk.: v. reinen – -Körpern 23-2551; mit $CaCO_3$ bei *900°* (Bldg. v. $CaO\cdot Fe_2O_3$ u. $2\,CaO\cdot Fe_2O_3$) 24-0784; zwischen wasserlösl. Baumblatt-Inhaltsstoffen u. – (Bedeut. für d. Bodenbldg. d. Podsole) 27-3405; Verh. v. Fe-O-Verb. in Ggw. v. Na_2CO_3- u. $Na_2\cdot CrO_4$-Schmelzen 28-0755; Kinetik d. Red. durch C aus geschmolzenen Schlacken 31-0757; Kinetik u. Mechanismus d. kontaktlosen Red. v. – u. ihre Massenübertrag. v. C 31-0758; Kinetik rasch verlaufender Hochtemp.-Prozesse am Beispiel d. alumotherm. Red. v. – 33-0803; Unters. kryometr. Rk. v. Lsg. v. – mit Ti^{4+} oder Si^{4+} in einer KF-Schmelze 36-0686; Ox. v. Magnesiumwüstit-Einkrist. (Mg, Fe)O (Abhängigk. d. Ox.-Kinetik v. d. Temp., d. Sauerstoffdruck u. d. Krist.-Zus.) 45-0641.

Struktur u. katalyt. Aktivität v. – 2-2477; – -halt. Katalysator für d. Ox. v. ungesätt. Aldehyden 10-2524*; Aktivier.- u. Alter.-Prozeß industrieller Cr–Zn–Fe-Oxidkatalysatoren d. Butylendehydrier. 15-0710; Sb-Oxid/Fe-Oxid-Katalysator zur Herst. v. ungesätt. Aldehyden 15-2639*, 21-2746*; photochem. Fixier. v. N in sterilen wss. Gemischen v. Paraformaldehyd u. anorgan. Katalysator (–) 24-1016; Wrkg.-Verlänger. d. Katalysators für d. Acetaldehyd-Darst. aus Hg-Sulfat, – u. H_2SO_4 durch Thioglykol 31-2796*; – -halt. Zweischichtenkatalysator für d. Divinylbenzol-Herst. 31-2828*; – -halt. Katalysator zur Fluorier. v. Halogen-KW-Stoffen 41-2671*; Einfl. v. – auf d. Sulfidier. u. Karburier. beim Porzellanbrennen 46-2144.

Hemmwrkg. auf d. Biosynth. v. Sekasin durch d. Stamm SK-*260* 11-1305.

Herst.: achromat. halbdurchläss. Spiegel u. Strahlenzerleger durch Bedampf. v. Glasplatten mit – -Schichten 16-1862; v. – -halt. gebranntem bas. feuerfestem, mit Teer getränktem Stein 4-1909*; Verw.: in geschmolzenen feuerfesten Formkörpern mit bes. guter Beständigk. gegen Korros. u. Eros. 25-2424*; als Sinterhilfe für Dolomit, Magnesit u. Kalk 44-2161*; zur Anfärb. v. PVC 7-2833; v. glimmerhalt. – als Antikorrosive (Überblick) 12-2983; v. glimmerhalt. – in Schutzanstrichen für Stahl 22-3048.

Best. v. – in Speisewasser 8-2079; Schnellbest. v. – in Gießereischlacken 20-2428*; photometr. Best. v. Co-Spuren in – 1-1826; Schnellbest. d. lösl. Substanzen im roten – d. bei d. Al-Herst. anfallenden Rotschlammes 7-2028; photometr. Best. v. Al-Spuren in – mit Eriochromcyanin R 39-1994; IR-spektroskop. Unters. hinsichtl. Transmiss. u. Reflex. v. – 42-2146.

FeO, *Jozit* aus tert. Sanden d. Ukraine 2-0772; Vork. v. *Wüstit* in schwarzen magnet. Kügelchen aus pleistozänen u. rezenten Strandsanden 16-0764; erzmkr. Beschreib. v. *Wüstit* in Meteoriten 36-0745; Vork. in Planeten 40-0678; röntgenograph. Nachw. v. *Wüstit* in Kohle 48-0764; CaO:MgO:FeO-Verhältnis u. Mineralzus. d. Eklogite 49/50-0648; – in d. Bauxiten v. Mas Rouge (Gebiet v. Baux) 49/50-0666.

Bldg.-Enthalpie v. – aus d. Metall u. Na_2O 27-0636; Kinetik d. Bldg. v. *Wüstit*-Schuppen auf Fe–Ni-Leg. 35-0633; Bldg. bei d. Adsorpt. v. O auf *(011)*-Fe-Oberflächen 37-0678; Berechn. thermodynam. Größen u. Gleichgew.-Konst. d. Rk. 2 Fe + O_2 → 2 FeO 49/50-0357; Hochdruck-Synth. d. stöchiometr. Verb. – u. Elementarzellengröße 38-0208.

Rotat.-Analyse einiger Banden im orangefarbenen Syst. v. – 2-0100; IR-Spektren v. – (Vgl. mit Mineralien v. Mond u. Planeten) 5-0776; Röntgen-K-Absorpt.-Spektrum v. Fe in – 51/52-0221; K-Absorpt.-Kante u. $K\beta_5$-Emiss.-Linie v. Fe in – 51/52-0222; Gang d. frakt. Kristallisat. im Syst. $Mg_2SiO_4/CaAl_2Si_2O_8/FeO/Fe_2O_3/SiO_2$ über d. Sauerstoff-Partialdruckbereich 10^{-11} bis $10^{-0,7}$ atm 4-0655; Gitterenergie v. – 27-0270; epitakt. Zücht. auf MgO 28-0164; Leerstellenkonz. v. *Wüstit* (FeO_x) in d. Nähe d. p–n-Übergangs 32-0584; Modell für d. Defektstruktur v. *Wüstit* 47-0187; plast. Verform. 1-0312; Verform. bei hohen Temp. 11-2151; Einfl. v. – -Beimeng. auf d. Plastizität v. LiF Krist. 40-0107; Beweglichk. v. Lad.-Trägern in Wüstit (FeO_{1+x}) 43-0397; Einfl. d. Korngröße u. d. Dotier. mit Mg auf d. p → n-Übergang in *Wüstit* 46-0396; Temp.-Abhängigk. d. magnet. Anisotropie-Konst. 2-0456; Ein-Ion-Magnetostriktion v. – aus d. Spann.-Abhängigk. d. ESR 16-0516; zusammenfassende Übersicht d. magnet. u. kristallchem. Eig. 24-0509; Einfl. d. hydrostat. Drucks auf d. Néel-Temp. 45-0452; magnet. Eig. natürl. Hämatitkrist. mit – -Verunreinig. 47-0421; chem. Komponente d. anod. Polarisat. v. mit C gesätt. – -Schmelze 23-0694; EMK-Werte d. reversiblen galvan. Zelle FeO/O_2 44-0516; Einfl. d. Kieselsäure u. d. Ox.-Grades auf d. Phasengrenzen, bes. d. Misch.-Lücke im Syst. FeO–SiO_2 bei *1600°* 1-2193; Gleichgew. v. *Wüstit* mit d. Gasphase H_2–H_2O 4-0466; Liquidustemp. d. Syst. $CaO/P_2O_5/SiO_2/FeO$ 5-0587; – -Aktivität in mit Kieselsäure gesätt. Schlacken 7-2354; Festphasengleichgew. in Wüstit–Fe–Ni-Schmelzen 24-2335; Misch.-Lücke im Syst. $FeO/Fe_2O_3/CaO/P_2O_5$ an Luft bei *1625°* 28-0578; direkte Mess. d. partiellen mol. Enthalpien v. *0* in FeO bei *1075°* 30-0511; Unters. d. Syst. $FeO/Fe_2O_3/SiO_2/H_2O$ bei Liquidustemp. u. *2000* bar 34-0853; Best. d. elementaren Hypertetraeder in d. Subsolidusstruktur d. Neunkomponentensyst. $CaO/MgO/FeO/Fe_2O_3/Cr_2O_3/Al_2O_3/ZrO_2/TiO_2/SiO_2$ u. d. Lsg. einiger anderer Probleme mit Hilfe elektron. Rechenanlagen 34-0599; Phasengleichgew. im Syst. $MgO/FeO/Fe_2O_3$ (Isothermer Schnitt bei *1300°* u. Extrapolat. auf andere Temp.) 36-0485; Tabelle d. effektiven Ordn.-Zahl als Funkt. d. Druckes für *Wüstit* u. andere Kern- u. Mantelmineralien 36-0762; experimentelle u. theoret. Unters. über d. Zustandsdiagramm v. festem *Wüstit* oberhalb *910°* 37-0542, 37-0543; thermodynam. Analyse d. Gleichgew. v. Spinellmischkrist. mit *Wüstit* mit verschiedener Fehlstellenanzahl 39-0481; Phasenbezieh. im Syst. FeO–Fe_2O_3–ZrO_2–SiO_2 39-0482; Grunddaten d. Subsolidusbaus d. Neunkomponentensyst. CaO–MgO–FeO–Fe_2O_3–Cr_2O_3–Al_2O_3–ZrO_2–TiO_2–SiO_2 39-0484; Elementverteil. zwischen koexistierenden Phasen Olivin, Pyroxen u. Magnesioferrit im Syst. $MgO/FeO/Fe_2O_3/SiO_2$ als Funkt. d. Temp. u. d. Sauerstoff-Fugazität 41-0785; EMK-Unters. d. thermodynam. Eig. d. Oxidphasen im Syst. $FeO/CaO/SiO_2$ 42-0411; Gleichgew.-Phasenzus. u. thermodynam. Eig. d. Olivine u. Pyroxene im Syst. MgO/„FeO"/SiO_2 47-0762; Aktivitätszus.-Bezieh. in festen Lsg. d. Syst. CaO–„FeO"–SiO_2 in Kontakt mit metall. Fe bei *1080°* 49/50-0416; Adsorpt.-Eig. v. – -Pulvern 37-0664; Löslichk. v. – in ZnO 12-0318; Löslichk.-Isothermen d. Syst. $TiO_2/FeO/SO_3/H_2O$ bei *125°* 41-0488.

Bedeut. d. Keimbldg. bei d. Red. v. *Wüstit* zu Fe 1-0224; Bldg. v. $CeFeO_3$ durch Festkörperrk. im Syst. FeO/CeO_2 2-0220; direkte Red. v. geschmolzenem – im Hochofen 9-2328; erste Stufe d. *Wüstit*-Zerfalls 11-0707; Ox. v. – in Magnetitschmelzen durch Ultraschall 22-2441; Geschw. d. – -Red. aus Silicat- u. Aluminatschlacken durch Fe 24-2337; Kinetik d. Red. v. festem *Wüstit* innerhalb seiner eigenen Domänengrenzen 25-0760; Deut. d. anfängl. Beschleunig. einer hetero genen Rk. durch fortschreitende Vergrößer.- d. Porosität d. reagierenden Festkörpers am Beispiel d. Red. v. *Wüstit* mit H_2 27-0796; thermodynam. Berechn. d. Red.-Wrkg. v. – 33-2505; Red. v. *Wüstit* mit H_2-, W.-Dampf- u. CO/CO_2-Gemischen 33-2591; Rk.-Fähigk. nicht vorbehandelter u. verschieden getemperter Kokssorten mit *Wüstit*-Erz (verschiedene Pellet- u. Sintersorten) 41-2799; Red. v. *Wüstit* in d. Nähe d. Gleichgew. (H_2–H_2O-Red.) 44-0107; Kinetik d. Rk. v. – mit Graphit 44-2193.

Färb. v. Gläsern durch – -Verunreinig. 33-2501; – -halt. wärmeabsorbierendes Glas v. geringer Wärmeausdehn. 39-2335*.

Best.: in Cu-Schlacke 22-2171; in Silicaten u. schwerschmelzbaren Materialien (Überblick) 30-1972; (titrimetr. Halbmikrometh.) 30-1974.

Fe_3O_4, Unters. v. *Magnetit* aus salzigen vulkan. Gesteinen u. d. assoziierten Ferromagnesiumsilicate 1-0758; Vork.: v. martitisiertem *Magnetit* in Ni-führenden Verwitter.-Erzen in Lokis, Mittelgriechenland 2-0766; v. *Magnetit* in d. Au-Erzlagerstätte Kolar (Südindien, Majsur) 2-0793; Unters. v. *Magnetit* aus d. sauren vulkan. Gesteinen d. Taupo Vulkanzone, New-Zealand 4-0628; Vork.: v. *Magnetit* verwachsen mit Ilmenit in einigen silicat. Gängen u. Stöcken 4-0643; v. *Magnetit* in d. monzonit. Hornblendegranit NW v. Tebo, Central Sierra Leone 7-0774; v. – mit TiO_2 in d. Eisensand-Lagerstätte in Kyushu 7-0780; v. hypogenem *Magnetit* in d. Hanawa-Mine, Nordwestjapan 7-0802; petrograph. u. modale Zusammenhänge in d. Ti-halt. *Magnetit*-Lagerstätte Sanford Hill 7-0806; Vork. v. *Magnetit* in d. Dyke einer Charnockit-Schwelle v. Hebbale, Coorg Distrikt, Mysore 12-0761; *Magnetit* in d. rhyolith. Laven d. zentralen Nord-Island (Bezieh. zwischen d. Phenocryst-Vergesellschaft.) 13-0790; Vork. v. koll. Malakon in Rissen feinkörn. Quarzsericite in Assoziat. mit *Magnetit* 14-0794; magnet. Ausricht. interstellarer Teilchen (Unters. an –) 15-0775; Vork. v. *Magnetit* in schwarzen magnet. Kügelchen aus pleistozänen u. rezenten Strandsanden 16-0764; Nachw. v. *Magnetit* neben Pentlandit in d. Zone v. S. Cosmo Albanese (Cosenza) 16-0842; *Magnetit* in subalkal. Effusiva d. mittleren Transurals 17-0837; *Magnetit* u. Jakobsit in Erzen d. Tschaikend-Lagerstätte 17-0849; Vork. v. Berborit mit *Magnetit* in einer Skarnlagerstätte 21-0880; Paragenese v. Ilvait mit *Magnetit* in Italien. Skarnen 23-0872; Pyroxen- u. *Magnetit*-Phenocrysts v. d.

quatern., rhyolith. Taupo-Bimssteinlagerstätten 23-0886; Vork. v. *Magnetit* in ultrabas. u. bas. Gesteinen im Südteil d. Präkambriums Belorußlands 29-0890; Verteil. v. *Magnetit* in Laven Kamtschatkas u. d. Kurilen 31-0873; Geologie einer *Magnetit*-Lagerstätte v. Mg-Skarn-Typ nahe Marbella, Spanien 33-0994; Vork.: v. *Magnetit* neben Moissanit in Pegmatiten v. Čepelare 34-0847; v. Fe an der Mondoberfläche als – 35-0829; erzmkr. Beschreib. v. *Magnetit* in Meteoriten 36-0745; Unters. v. *Magnetit* in Meteoriten (bes. aus New South Wales) 36-0752; *Magnetit* in Eisenerzproben aus d. Zone v. Galicien u. León 36-0792; tafel. *Magnetit* in d. kohl. Chondriten Alais, Iruna u. Orgueil 37-0874; zusammenfassende Beschreib. d. bei d. Serpentinisier. auftretenden Minerale mit Angaben über *Magnetit* 38-0825; geometr. Selekt. in *Magnetit*-Krist.-Aggregaten 38-0855; Eisenmobilisat.-Erschein. bei d. Bldg. endogener *Magnetit*-Lagerstätten im Süden Sibiriens 39-0761; mineralog. Zus. d. *Magnetit*-Erze d. Sokolov-Lagerstätte 39-0763; Vork.: v. *Magnetit* in d. Thanksgiving-Mine, Baguio-Gebiet, Mountain Provinz, Philippinen 39-0765; v. akzessor. *Magnetit* in Pegmatiten v. Visterica, West-Rhodopen 41-0708; Unters. d. chem. Zus. v. *Magnetit*-Einschlüssen in Mineralen mit Hilfe d. Elektronenmikroskop-Mikroanalysators 41-0739; Nachw. v. *Magnetit* in d. Karst. Ausfüll. d. Causses im Süden d. Tarn 42-0639; Bldg.-Etappen u. genet. Typen d. *Magnetit*-Lagerstätte vulkano-pluton. paläozoischen Andesit–Diorit-Format. v. Turgaj 42-0656; Paragenese v. *Magnetit* mit Cummingtonit aus ultrabas. Gesteinen 43-0742; *Magnetit* u. Akmit in eklogit. Ablager. 47-0681; *Magnetit*-Hornfelse als neuer Erztyp aus d. *Magnetit*-Lagerstätten d. Turgaj-Senke 48-0767; Vork. v. *Magnetit* am Fe-Erzvork. Jauratsi in Finnland-Lappland 49/50-0684.

Vork. v. *Magnetit* in Zähnen v. Käferschnecken (Polyplacophora) 28-1539.

O-Isotopenverhältnisse in *Magnetit* regionalmetamorpher Gesteine 1-0752; Änder. d. Goldgeh. v. *Magnetit* d. Marysville-Quarz-Diorit-Stocks, Montana 1-0771; Chlor-Hastingsit d. *Magnetit*-Lagerstätte v. Odinočnoe in Ost-Sajan 8-0776; Ge-Geh. d. *Magnetite* verschiedener Vork. 13-0813; Ta- u. Nb-Verteil. im *Magnetit* d. Apogranite d. Granit–Granodiorit-Massivs v. Man'chambo (Südteil d. Pecora-Urals) 18-0781; Geochemie v. Ge in *Magnetit* 29-0881; Gesetzmäßigk. d. Verteil. v. Elementbeimeng. in *Magnetiten* aus kontaktmetasomat. Lagerstätten 36-0771; Änder. in d. Geh. u. in d. Zus. d. Seltenerdmetalle in d. *Magnetiten* d. Granitoide 38-0811; Spurenelementgeh. d. *Magnetite* u. Hämatite d. metallogenen Eisenprovinz v. Südost-Missouri, USA 38-0856; Verteil. v. Au in *Magnetit*-Vererz. d. Skarnlagerstätten d. Altai-Sajaner-Gebietes 41-0702; Geochemie d. Elemente d. Platin-Gruppe in *Magnetit* 47-0690.

Bldg. bei d. Rk. v. H_3BO_3 mit $FeC_2O_4 \cdot 2\,H_2O$ unter hydrothermalen Beding. 1-0723; Umwandl. v. Siderit in *Magnetit* bei niedrigen Sauerstoff-Fugazitäten (Thermochem. Erklär. u. geolog. Folger.) 7-0811; Nachw. d. Bldg. v. *Magnetit* bei d. Ox. v. Titanomagnetit (magnet. Unters.) 12-0770; Bldg.-Enthalpie v. – aus d. Metall u. Na_2O 27-0636; Bldg. bei d. Fe-Korros. in feuchter, HCl-Dämpfe enthaltender Atmosphäre 30-0595; Wrkg. v. MgO auf d. Bldg. v. *Magnetit* aus wss. Lsg. 31-0840; Bldg.: v. – bei d. Ox. einer hochdispersen Fe-Leg. mit *12* Atom-% Ni 35-0142; v. *Magnetit* bei d. Hochtemp.-Umwandl. v. Olivin in basalt. u. assoziierten Laven 38-0860; Mechanismus d. Red. v. Hämatit Fe_2O_3 zu *Magnetit* 51/52-0492; Herst.: grüner *Magnetit*-Pellets mit Guargummi 21-2506; v. *Magnetit*-Pulver durch Verdüsen d. Schmelze 51/52-2145*; Trenn. v. Rutil bei d. Flotat. v. Ilmenit 1-2052; Extrakt. v. S-halt. *Magnetit* mit verd. H_2SO_4 3-2391; Verw. v. Polymerkomplexen als neue Sammler bei d. Flotat. v. *Magnetit* 8-2132; Extrakt. v. V aus Ti-halt. *Magnetit* 45-2495; selektive Flotat. v. *Magnetit* 48-2214; Behandl. v. *Magnetit* in d. Wirbelschicht 51/52-2280*; Verhütt. v. TiO_2-*Magnetit*-Erzen 19-2503; Mechanismus d. Mineralbldg. beim Sintern v. selbstgängigem Hämatit–*Magnetit*-Konzentrat 46-2174.

Tieftemp.-K-Röntgenabsorpt.-Spektren v. – 9-1812; FeKβ-Banden u. Zustandsbesonderh. d. Hämatits in Eisenzunder u. Vgl. mit – 17-0380; Lα- u. Lβ-Emiss.-Banden u. d. L_{II}- u. L_{III}-Absorpt.-Kanten v. – 17-0387; Röntgen-K-Absorpt.-Spektrum v. Fe in – 51/52-0211; K-Absorpt.-Kante u. Kβ_5-Emiss.-Linie v. Fe in – 51/52-0222; IR-Hauptabsorpt.-Banden v. – 19-0368; IR-Absorpt. Analyse v. *Magnetit* 42-0703; Abhängigk. d. opt. Eig. d. Minerale v. ihrer Zus. in d. isomorphen Reihe *Magnetit*-Jakobsit 47-0724.

Invarianz d. Inversstruktur d. Spinells bei d. topotakt. Umwandl. $Fe_3O_4 \rightarrow \gamma\text{-}Fe_2O_3$ 4-0207; Präziss.-Mess. v. Gitterparametern v. – durch Interferenzen v. Gitterquellen (Kossel-Linien) u. Röntgenbeug. mit divergentem Strahl in Rückreflex. (Pseudo-Kossel-Linien) 6-0176; Strukturpromot. für red. *Magnetit* mit Al_2O_3, TiO_2, MgO u. MnO 8-0638; chem. Züchten v. einkrist. magnet. –-Schichten aus d. Dampfphase 13-0237; Struktur u. Mechanismus d. *Magnetit*-Bldg. auf Fe-Einkrist. durch $NaNO_2$ 14-0616; topotakt. Bezieh. zwischen natürl. Hämatitkrist., Fe_2O_3, u. *Magnetit*, –, d. durch chem. Red. daraus entstanden ist 14-0790; Züchten v. – durch d. Bogenüberführ.-Meth. u. Li-Dotier. 15-0218; Krist.-Morphologie d. *Magnetits* 19-0899; Theorie d. Korrelat. für d. Kationenverteil. im *Magnetit* 21-0268; Darst. v. *Magnetit*-Einkrist. durch Ox. v. polykrist. Fe-Proben 26-0233; Gitterenergie v. – 27-0270; epitakt. Zücht. v. – auf MgO 28-0164; Einfl. d. kristallograph. Orientier. u. d. O-Druckes auf d. Ox. v. Fe zu – 34-0145; Struktur d. durch Vakuumbogenentlad. abgeschiedenen –-Filmen 34-0188; quant. Analyse v. Mischkrist.-Phasen (α-Fe_2O_3, NiO u. –) mit Hilfe d. Röntgenbeug. 34-1913; intrakristalline Elementkorrelat. im *Magnetit* 38-0857; Beug. langsamer Elektronen an Oktaederflächen v. *Magnetit* 45-0219; topotakt. Bezieh. zwischen Krist. v. Hämatit, Fe_2O_3 u. v. *Magnetit*, – 46-0118.

Festigk. v. Hämatit–*Magnetit*-Pellets 38-2441; Verform.-Geschw. v. – in einem hochfrequenten elektromagnet. Feld 47-0232.

Kernmagnet. Relaxat. in *Magnetit* 2-0328; Einfl. örtl. Veränder. auf d. Hyperfeinfeld; Mössbauer-Spektren v. $xFe_2TiO_4(1-x)Fe_3O_4$ $(0{,}7 \leq x \leq 1{,}0)$ 2-0469; Abnahme d. Anzahl u. Größe v. Barkhausen-Sprüngen während Ultraschallbestrahl. bei polykrist. *Magnetit* 3-0491; Theorie d. Greenschen Funkt. d. Ferrimagnetismus mit einer Anwend. auf *Magnetit* 4-0399; ^{57}Fe-Mössbauerspektren in polykrist. – 9-0498; ^{55}Mn-NMR im Syst. $Mn_xFe_{3-x}O_4$, Vgl. mit – 13-0360; Streuung polarisierter Neutronen durch Spinwellen bei *Magnetit* 15-0481; magnet. Relaxat.-Eig. v. *Magnetit*-Pulver bis zu Temp. d. fl. He 19-0527; Neutronenunters. v. Magnonen in *Magnetit* 20-0202; Austauschkoppl. zwischen – u. α-Fe_2O_3 20-0451; Magnonenstreuung polarisierter Neutronen mit d. Beug.-Meth.: Mess. an *Magnetit* 23-0550; Änder. d. magnet. Anisotropiekonst. K_1 v. *Magnetit* unter hydrostat. Druck 25-0525; Einfl. d. Teilchen-Wechselwrkg. auf d. anhysteret. Magnetisier.-Prozeß bei *Magnetit*-Pulver 26-0522; Hochtemp.-Nacheffekt in mit Mg, Ni oder Mn dotiertem *Magnetit* 26-0523; Abhängigk. d. Magnetostrikt. u. d. magnet. Krist.-Anisotropie d. *Magnetits* v. hydrostat. Druck 31-0511; Einfl. v. Kompress. auf d. magnet. Verh. v. *Magnetit* in therm. Kreisprozessen jenseits d. magnetokrist. Isotropiepunktes 36-0408; Nachw. d. magnet. Anisotropie v. – durch Elektronenbeug. 45-0455; Co-Verunreinig., Kationenleerstellen u. magnet. Relaxat. in *Magnetit* 46-0442; magnet. Eig. durch Vakuumbogenentlad. abgeschiedener –-Schichten 46-0443; Spinwellen in *Magnetit* bei einer Temp. unterhalb d. Übergangs zur elektron. Ordn. 48-0540; Bezieh. zwischen d. magnet. Hyperfeinfeldern u. d. Untergittermagnetisier. in – 48-0566.

Anod. Abscheid. v. *Magnetit* auf Fe 15-0624; EMK-Werte d. reversiblen galvan. Zelle Fe_3O_4/O_2 44-0516; galvan. Effekt bei *Magnetit* 45-0565.

Unters. d. Phasenbezieh. zwischen Olivin, Pyroxen, Anorthit, *Magnetit*, Tridymit, Fl. u. Gas im Syst. $Mg_2SiO_4/CaAl_2Si_2O_8/FeO/Fe_2O_3/SiO_2$ über einen O_2-Partialdruckbereich v. 10^{-11} bis $10^{-0{,}7}$ atm 4-0655; Abhängigk. d. Koordinat.-Zahl fl. oder dampfförmiger Lsg. v. – v. d. D. d. W. als Lsgm. 8-0546; Konz.-Abhängigk. d. thermodynam. Funkt. im Mischkrist. $MnFe_2O_4$–$MnCr_2O_4$–Fe_3O_4 9-0558; Eig. d. Syst. $CuFe_2O_4/Fe_3O_4$ 14-0555; magnetoakust. Doppelbrech. in *Magnetit* 17-0307; genaue elektron. Mechanismus d. akust. Verluste in *Magnetit* bei tiefen Temp. 22-2065; Einfl. v. *Magnetit* auf d. Wärmeinhalt v. Konverterschlacken d. Ni-Herst. 23-2590; Gleichgew. v. – in geschmolzenen Misch. v. Fe-Oxiden u. SiO_2 im Kontakt mit Misch. v. CO u. CO_2 32-0599; Tabelle d. effektiven Ordn.-Zahl als Funkt. d. Druckes für *Magnetit* u. andere Kern- u. Mantelmineralien 36-0762; Unters. d. Selbstdiffus. v. O in *Magnetit* 47-2073.

Best. spezif. Oberflächen v. –-Pulvern 8-0590; kontaktfreie Mess. d. D. u. Oberflächenspann. fl. – bei hohen Temp. 25-0680; thermophysikal. Eig. v. mit *Magnetit* vermischten Tonsuspens. 49/50-0470; Einfl. v. komplexbildenden Agenzien auf d. Herauslsg. v. Fe aus *Magnetit* 33-1015.

Rk. v. – mit FeS bei *1100–1300°* 3-2398; Mischkrist.-Bldg. bei d. Dissoziat. v. Ferriten in d. Syst. $CuFe_2O_4/Fe_3O_4$ u. $MnFe_2O_4/Fe_3O_4$ 6-0603; Kinetik d. Red. v. *Magnetit* aus Cogne mit H 6-0674; Einw. v. – u. $MgFe_2O_4$-Schmelzen auf Prod. d. Syst. $MgO/Al_2O_3/Cr_2O_3$ 6-2211; Kinetik d. Red. v. – mit H_2 7-0659; Dissoziat. v. – 8-0626; Red. (u. Schlackenbldg.) v. *Magnetit*-Möller im Hochofen 11-2314; tribomechan. erzwungene Rk. zwischen Reinaluminium u. – 17-0750; Ox. u. Entschwefel. beim Brennen v. *Magnetit*-Pellets 19-2491; FeO-Ox. in *Magnetit*-Schmelzen durch Ultraschall 22-2441; Zerfall v. *Magnetit* beim Schmelzen durch Stein (Phaseuzus.) 29-2478; lineares Wachstum v. *Magnetit* auf unleg. Stahl 31-2591; Red.-Mechanismus v. *Magnetit* bei Temp. unter *400°* 32-0728.

Kryogene Unters. (Übergang *2*. Ordn.) v. –-Katalysatoren für NH_3-Synth. 12-2131; Verteil. v. Promotoren in –-Katalysatoren 31-0761; Katalysator bei d. Umlager. v. Kaliumphthalat 31-2765; Kinetik d. p-H_2-Umwandl. an – als Funkt. d. H_2-Verhältnisses 33-0824; SO_2-Ox. an mechan. aktivierten – u. Fe_2O_3-Proben 42-0593; – als Katalysator für d. Konvertier. v. CO 40-2047.

–-halt., elektr. leitfäh. Glas 28-2349*; Eign. v. vorred. *Magnetit*-Pellets als Hochofenmöller 26-2411; Verw. v. *Magnetit* als Beschwer.-Mittel für Bohrspüllsg. 21-2897.

Röntgenograph. Nachw. v. *Magnetit* in feuerfesten Stoffen 22-2410; Genauigk. d. chem. Best. d. Gesamt-Fe-Geh. u. Al-Geh. in *Magnetit* reichen Gabbros 5-1949; Best. v. Fe in *Magnetit* (potentiometr.) 21-2179; (titrimetr.) 38-2200*.

Fe_2O_3

Vorkommen: Vork.: v. *Hämatit* in d. Ni-führenden Verwitter.-Erzen in Iokis, Mittelgriechenland 2-0766; v. Ludwigit u. *Maghemit* in d. Geoden d. „schwarzen Puzzolane" v. Corcolle (Tivoli, Albanerberge) 2-0776; paläomagnet. Beweis d. Herkunft d. Hart-*Hämatit*- u. -Goethit-Lagerstätten v. Marquette u. Steep Rock 3-0799; Vork. v. *Hämatit* in d. Kajlidongri-Mine, Indien 4-0653; Unters. d. Syst. $Fe_2TiO_4/Fe_3O_4/\gamma\text{-}Fe_2O_3$ in Eisensand-Vork. 7-0789; Vork.: v. – in d. Baryt d. Meggener Lagers 7-0797; v. hypogenem *Hämatit* in d. Hanawa-Mine, Nordwestjapan 7-0802; v. *Hämatit* in d. Magnet Cove Baryt, Sulfid-Lagerstätte, Walton, N.S. 7-0805; v. *Maghämit* u. Goethit als Zers.-Prod. v. Magnesioferrit in Geoden d. „schwarzen Puzzolanen" 8-0775; v. koll. Malakon in Rissen feinkörn. Quarzsericite in Assoziat. mit *Hämatit* 14-0794; magnet. Ausricht. interstellarer Teilchen (Unters. an –) 15-0775; Vork. v. *Hämatit* in schwarzen magnet. Kügelchen aus pleistozänen u. rezenten Strandsanden 16-0764; *Hämatit* in Gesteinen subalkal. Effusiva d. mittleren Transurals 17-0837; α-Fe_2O_3 u. β-Fe_2O_3 in Einschlüssen v. Aventurin-Oligoklasen 19-0913; Vork.: v. *Hämatit* im Pb–Zn-Erzlager v. Lázně Kynzart bei Mariánské Lázne 22-0797; v. gut krist. Gibbsit u. *Hämatit* in d. Bauxiten v. Mas Rouge (bei les Baux, Bouches-du Rhone) 22-0831; Vorzugsorientier. d. *Hämatits*, Ilmenits u. Pyrrhotins in metamorphen Gesteinen 24-0834; *Hämatit* in Mn-Lagerstätten, Olymp. Halbinsel, Washington 28-0836; Korrelat. Unters. v. – u. d. kennzeichnenden Spurenelemente d. ungar. Bauxite 29-0895; Verbreit. v. *Hämatit* in Laven Kamtschatkas u. d. Kurilen 31-0873; auf d. Bruchebenen d. trachyt. Doms v. Menoyre (Cantal) entwickelte Krist. v. Andradit u. *Hämatit* 32-0854; Unters. v. *Hämatit* aus Pegmatiten aus Westböhmen 33-0991; erzmkr. Beschreib. v. *Maghämit* in Meteoriten 36-0745; Vork. v. *Hämatit* in einer Erzlinse v. Quarzkeratophyr v. Pikovice 36-0793; Elementausgleich u. Veränder. d. Beweglichk. v. – in alten Verwitter.-Krusten präkambr. Phyllite d. Kursker Magnet. Anomalie 36-0796; Vork. v. krist. Lindokit verwachsen mit *Hämatit* in Alkalimetasomatiten d. Urals 36-0820; paläomagnet. Beweis d. Genese v. *Hämatit*-Erzen d. Vermilion-Gebietes, Minnesota 38-0847; Vork. v. *Hämatit* in einer calcit. Matrix d. Pinon-Peak-Breccien-Pipes 39-0686; feindisperser *Hämatit* in d. Sn-Erzlagerstätte Altenberg 39-0756; Erklär. für d. Lokalisier. v. Rückstands-*Hämatit*-Erzen auf einer präkambr. Fe-Format. 39-0762; Nachw. v. *Hämatit* in d.

Sokolov-Lagerstätte 39-0763; Vork. v. *Hämatit* in d. Thanksgiving-Mine, Baguio-Gebiet, Mountain Provinz, Philippinen 39-0765; Bldg. v. sek. Ni-halt. *Maghemit* durch Verwitter. d. Wolf Creck Meteoriten 41-0683; Vork. v. *Hämatit* in d. Bauxit d. Lagerstätte Madra II 41-0756; *Hämatit* in fossilen Mn-Sphärolithen v. Sizilien 42-0641; Vork. v. *Hämatit* in d. östl. Werra-Kaligebiet 42-0719; v. *Hämatit* in d. „Flintton" u. d. Bezieh. zur Bauxitformat. in d. Pilisbergen 43-0743; *Hämatit* d. Bauxite v. Mas Rouge (Gebiet v. Baux) 49/50-0666; Vork. v. *Hämatit* im Fe-Erzvork. Jauratsi in Finnland-Lappland 49/50-0684.

—-Geh. in Torfasche 5-2686; — in Glasperlen, ausgegraben an d. archäolog. Fundplätzen v. Aricame du, Indien, u. d. Alten Gräbern v. Minimizuka, Osaka, u. Monotani, Kyoto 26-0851.

Spurenelementgeh. d. Magnetite u. *Hämatite* d. metallogenen Eisenprovinz v. Südost-Missouri, USA 39-0856; IR-Absorpt.-Analyse v. Silicatverunreinig. in *Hämatit* 42-0703.

Bildung, Herstellung, Weiterverarbeitung: Bldg. v. — bei d. potentiodynam. Unters. d. Verh. v. Fe in Alkalimetallnitratschmelzen 2-0594; Umwandl. v. Siderit in — bei niedrigen Sauerstoff-Fugazitäten (Thermochem. Erklär. u. geolog. Folger.) 7-0811; Bldg. eines α-Fe_2O_3-Einkrist. durch hydrothermale Behandl. v. α-FeOOH 8-0711; Bldg.: v. — bei d. Red. v. Schwarzsand-Ilmenit 34-2358; bei d. Ox. einer hochdispersen Fe-Leg. mit *12* Atom-% Ni 35-0142; v. *Hämatit* bei d. Hochtemp.-Umwandl. v. Olivin in basalt. u. assoziierten Laven 38-0860.

Herst.: v. Echtbraun- u. Echtschwarz-—-Pigmenten v. *Hämatit*-Struktur 1-2856; v. nadelförm. γ-Fe_2O_3 6-2154*; mit hochakt. Oberfläche 10-2178; v. nadelförm. γ-Fe_2O_3 durch Entwässern 19-2422*; v. —-Teilchen aus $FeCl_3$ u. NH_4-Acetat 31-2364*; v. γ-Fe_2O_3 durch Red. v. α-Fe_2O_3 u. Reox. 37-2404*; naßchem. Herst. v. roten —-Pigmenten 37-2408*; Herst. v. synthet. — aus $FeSO_4 \cdot 7\,H_2O$ 40-2073*.

Vers.-Anlage zur Filtrat. feiner *Hämatit*-Konzentrate für d. Pelletisier. v. Konzentraten 5-2329; Flotierbark. v. *Hämatit* mit Na-Dodecylbenzolsulfonat 15-2401; Flotat.-Eig. v. *Hämatit* 18-2292; Mindestfluidisier.-Geschw. für —-Luft-Syst. 44-1999; Flotierbark. v. *Hämatit* 51/52-2211, 51/52-2212; elektromagnet. Entfern. v. Fe aus flotiertem, getrocknetem Quarzsand v. Valenii de Munte (Fe_2O_3-Restgeh. v. < *0,1*%) 15-2334; Umwandl. v. nicht ferromagnet. — in eine magnet. Form 7-2205*; Unters. d. *Hämatit*-Bind.-Mechanismus in gebrannten Pellets „Monographie" 32-2368; Brikettier. v. *Eisenglanz* 15-2516*; Kinetik d. Sinter. v. — 22-2484; Mechanismus d. Mineralbldg. beim Sintern selbstgängiger *Hämatit*–Magnetit-Konzentrate 46-2174; Stabilisier. v. —-Pigmentdispers. durch Polyester in nichtwss. Medien 36-2994.

Physikalische und physikalisch-chemische Eigenschaften: Reaktorerzeug. v. trägerfreiem ^{54}Mn aus natürl. — 35-1920.

Tieftemp.-K-Röntgenabsorpt.-Spektren v. — 9-1812; Multiplettstruktur d. $K\alpha_{1,2}$- u. $K\beta_1,\beta'$-Linien d. Röntgenspektren v. — 16-0073; FeKβ-Banden u. Zustandsbesonderh. d. *Hämatits* in Eisenzunder (Vgl. mit α-Fe_2O_3) 17-0380; Lα- u. Lβ-Emiss.-Banden u. d. L_{II}- u. L_{III}-Absorpt.-Kanten v. — 17-0387; IR-Gitterpskektren v. Seltenerdmetall–Fe-Granaten (Vgl. mit —) 27-0384; Fe-K-Abosrpt.-Kanten v. — 34-0429; IR-Spektren hoher Auflsg. v. — 40-0263; Einfl. d. Molekularzus. eines S–Fe_2O_3-Gemisches auf d. Intensität d. SII-Linie *5453,9* Å 44-0056; Röntgen-K-Absorpt.-Spektrum v. Fe in — 51/52-0221; K-Absorpt.-Kante u. Kβ_5-Emiss.-Linie v. Fe in — 51/52-0222; Mond- u. Marsoberflächen d. Absorpt.-Banden im nahen IR v. *Hämatit* 51/52-0648; Druckeffekt auf d. Reflex.-Vermögen v. gepreßten — 20-0253; spektrales Reflex.-Vermögen v. *Hämatit* zwischen *0,4* μ u. *2,0* μ 40-0679.

Mechanismus d. Umwandl. v. γ- zu α-Fe-Sesquioxid 1-0223; Invarianz d. Inversstruktur d. Spinells bei d. topotakt. Umwandl. $Fe_3O_4 \rightarrow \gamma$-$Fe_2O_3$ 4-0207; Gang d. fraktionierten Kristallisat. im Syst. $Mg_2SiO_4/CaAl_2Si_2O_8/FeO/Fe_2O_3\ SiO_2$ über d. Sauerstoff-Partialdruckbereich 10^{-11} bis $10^{-0,7}$ atm 4-0655; elektronenopt. Unters. v. isolierten α-Fe_2O_3-Whiskers 6-0213; Einkrist.-Zücht. v. — mit Korundstruktur nach d. Schmelzflußmeth. 11-0269; Temp.-Gradient-Umkehrmeth. zur —-Krist.-Zücht. 11-0276; Krist.-Zücht. v. α-Fe_2O_3 nach d. Schmelzflußmeth. 12-0200; Abscheid. v. amorphen —-Schichten bei tiefen Temp. durch Mikrowellen-Entlad. 14-0244; Struktur u. Mechanismus d. —-Bldg. auf Fe-Einkrist. durch $NaNO_2$ 14-0616; topotakt. Bezieh. zwischen natürl. *Hämatit*-Krist., —, u. Magnetit, Fe_3O_4 14-0790; Züchten v. — durch d. Bogenüberführ.-Meth. u. Li-Dotier. 15-0218; Oberflächenmikrostrukturen v. aus geschmolzenen Salzen gewachsenen *Hämatit*-Krist. 15-0219; Theorie d. Korrelat. für d. Kationenverteil. im *Hämatit* 21-0268; Röntgendaten u. Darst. v. α-Fe_2O_3 23-0249; Wachstumsgefüge in *Hämatit*-Kidney-Erz u. in faser. Calcit 23-0891; Gefügeregel. v. *Hämatit* 26-0838; Krist.-Struktur-Unters. v. — u. Löslichk. in In_2O_3 30-0191; direkte Konvergenzmeth. zur Best. d. Orientier. eines *Hämatit*-Krist. mit durch ein Lauediagramm bekannter Struktur 31-0157; Herst. orientierter Aufwachs. v. SiO_2 auf *Hämatit* durch chem. Transportrk. 34-0136; Einfl. d. kristallograph. Orientier. u. d. O-Druckes auf d. Ox. v. Fe zu — 34-0145; physikal.-chem. Zustand v. *Hämatit* im Eisenzunder 34-0620; quant. Analyse v. Mischkrist.-Phasen (α-Fe_2O_3, NiO u. Fe_3O_4) mit Hilfe d. Röntgenbeug. 34-1913; Hochtemp.-Röntgenunters. v. α-Fe_2O_3 35-0119 Einfl. d. Krist.-Habitus v. — beim Sintern v. MgO 35-2343; Beobacht. epitakt. Oxide v. δ-Fe_2O_3 als Ferrit 36-0138; Krist.-Morphologie u. Wachstumsmechanismen v. α-Fe_2O_3-Whiskern auf Fe 37-0163; Beweglichk. v. Edelgasen in anisotropem keram. — 41-0194; Sintern u. Rekristallisat. v. trigonalem Fe_2O_3 bei tiefen Temp. 44-0169; kristallchem. Unters. d. Syst. $Bi_2O_3/Mn_2O_3/Fe_2O_3$ 44-0208; Verteil. d. Korngröße v. γ-Fe_2O_3 45-2384; topotakt. Bezieh. zwischen Krist. v. *Hämatit*, — u. v. Magnetit, Fe_3O_4 46-0118; Zücht. großer *Hämatit*-(α-Fe_2O_3)-Einkrist. aus d. Lsg. in einer Bi_2O_3/Na_2CO_3-Schmelze (Flußmittel) 49/50-0134.

Einfl. v. —-Zuschlägen auf d. Festigk. v. Gläsern d. Syst. $MgO/CaO/SrO/Al_2O_3/SiO_2$ 5-2253; Festigk. v. *Hämatit*–Magnetit-Pellets 38-2441; Einfl. v. —-Beimeng. auf d. Plastizität v. LiF-Krist. 40-0107.

Bewert. v. Streckmitteln für elektr. abgeschiedene —-Grundier. 1-2858; Einfl. v. Krist.-Strukturänder. auf d. Eig. v. keram. Halbleitern aus α- bzw. γ-Fe_2O_3 6-2184; Theorie d. Überführ.-Erschein. in — 18-0415; Temp.-Abhängigk. d. DK, d. dielektr. Verlustfaktors u. d. elektr. Leitfähigk. v. $SrTiO_3$-Krist. mit —-Dotier. 20-0432; Einfl.: auf d. piezoelektr. Eig. v. $Pb(Mg_{1/3}Nb_{2/3})O_3$–$PbTiO_3$–$PbZrO_3$-Keramik 21-2476; auf d. elektr. Hochtemp.-Leitfähigk. v. Al_2O_3 28-2374; Oberflächen-Akzeptorterme durch —-Zusätze in $BaTiO_3$ 33-0532; Hall-Effekt in α-Fe_2O_3 40-0324.

Unters. d. ferromagnet. Domänenstruktur v. natürl. u. synthet. *Hämatit*-Krist. unter Verw. eines magnet. Kolloids 1-0499; piezomagnet. Effekt in α-Fe_2O_3 1-0500; Leerstellenordnen u. magnet. Eig. in epitakt. gewachsenen γ-Fe_2O_3-Einkrist. 2-0211; Temp.-Abhängigk. d. magnet. Anisotropie-Konst. 2-0456; Koerzitivkraft v. γ-Fe_2O_3-Teilchen 4-0401; Einfl. v. hydrostat. Druck auf d. Morin-Umwandl.-Punkt v. α-*Hämatit* 6-0492; Einfl. d. antisymmetr. Austauschwechselwrkg. auf d. Magnetisier. u. Resonanz in *Hämatit* 12-0473; Druckabhängigk. d. Morin-Übergangs im schwachen Ferromagneten, α-Fe_2O_3 12-0480; magnet. Permeabilität, Koerzitivkraft, elektr. Widerstand, Curie-Temp. u. D. v. Proben d. Syst. MgO/Fe_2O_3 u. MnO/Fe_2O_3 in Abhängigk. v. —-Geh. 12-0483; Spindichteänder. beim Übergang v. paramagnet. in d. antiferromagnet. Zustand 13-0476; magnet. Krist.-Anisotropie v. reinem u. dotiertem *Hämatit* (Ga^{3+}, Al^{3+} u. Ti^{4+}) 13-0493; Ursache für d. triaxiale Basisebenen-Anisotropie in *Hämatit*-Krist. 15-0487; magnet. Eig. v. *Hämatit*-Einkrist. in Feldern bis zu *140* kOe 16-0506; stabile Remanenz u. Speicher. bei α-*Hämatit* 19-0528; Austauschkoppl. zwischen Fe_3O_4 u. α-Fe_2O_3 20-0451; Aufbau u. magnet. Suszeptibilität v. MoO_3–Fe_2O_3-Katalysatoren (> 60% MoO_3) ohne u. mit Dotier. 20-0668; Best. d. Piezomagnetismus v. α-Fe_2O_3 aus Vers. zur paramagnet. Elektronenresonanz unter Druck 22-0513; Austauschanisotropie in d. gemischten Phase v. γ-Fe_2O_3 u. α-Fe_2O_3 22-0514; Mössbauer-Unters. an superpara-, ferro- u. antiferromagnet. — 33-0630; geometr. u. gruppentheoret. Charakteristiken d. Šubnikov-Gruppen d. prinzipiell mögl. Typen, d. die magnet. Struktur v. α-Fe_2O_3 beschreiben 34-0488; Mössbauer-Unters. d. Magnetfeldabhängigk. d. Spin-Flops in α-Fe_2O_3 nahe d. Morin-Übergangs 34-0494; superparamagnet. Verh. v. aus Silicatschmelzen ausgeschiedenem α-Fe_2O_3 34-0499; Superparamagnetismus im *Hämatit* 38-0846; Druckabhängigk. d. Tief-Temp.-Übergangs in *Hämatit* 40-0363; Abhängigk. d. Spinfliptemp. v. d. Teilchengröße bei α-Fe_2O_3 43-0487; Morin-Übergang in α-Fe_2O_3-Mikrokrist. 45-0453; Umwandl. v. γ-Fe_2O_3 in α-Fe_2O_3 45-0454; Mössbauer-Unters. an ultrakleinen Teilchen v. α-Fe_2O_3 46-0435; magnet. Eig. natürl. *Hämatit*-Krist. mit Verunreinig. v. FeO, SiO_2, TiO_2, MgO, Al_2O_3, S u. H_2O 47-0421; ferri- u. antiferromagnet. Resonanz in reinem u. Ti-dotiertem *Hämatit* 49/50-0240; Resonanz v. Domänenwänden in *Hämatit*-Krist. 49/50-0253; Magnetisier.- u. Mössbauer-Unters. d. Feldabhängigk. d. Morin-Übergangs in *Hämatit* 49/50-0335; Piezomagnetismus v. α-Fe_2O_3 49/50-0343; strukturelle u. chem. Änder. v. δ-Fe_2O_3 u. ihr Einfl. auf d. magnet. Eig. 49/50-0344.

Adsorpt. potentialbestimmender Ionen an d. Grenzfläche *Hämatit*/KCl 1-0610; polarograph. Unters. v. — in einem geschmolzenen äquimol. $NaPO_3$/KCl-Gemisch als Leitelektrolyt 5-0640; anod. Abscheid.: v. — auf Fe 15-0624; v. α-$Fe_2\,O_3$ auf Pt 15-0625; Polarographie v. — in d. eutekt. Schmelze NaF/Na_3AlF_6 25-0659; Einfl. d. —-Geh. in Lithiumeisensilicatgläsern auf d. elektr. Leitfähigk. 26-0635; Entsteh. einer EMK bei d. kontaktlosen Red. v. — mit C 34-0652; EMK-Werte d. reversiblen galvan. Zelle Fe_2O_3/O_2 44-0516; galvan. Effekt bei *Hämatit* 45-0565.

Existenzbereich, Krist.-Struktur u. Gitterkonst. einiger neuer nichtstöchiometr. Phasen in d. Syst. $V_2O_5/VO_2/Fe_2O_3$ 1-0562; Einfl. d. Kieselsäure u. d. Ox.-Grades auf d. Phasengrenzen, bes. d. Misch.-Lücke im Syst. Fe_2O_3–SiO_2 bei *1600*° 1-2193; experimentelle Beobacht. v. viertem Schall in ^{3}He–^{4}He-Lsg. mit einem Filter v. feinen —-Teilchen 6-0544; Syst. Fe_2O_3/H_2O (Gleichgew. zwischen α-FeOOH u. α-Fe_2O_3 im Hydrothermalvers.) 7-0544; Schmelzdiagramm $MgO/Fe_2O_3/Cr_2O_3$ 7-2280; Umsetz. u. Phasen im Syst. Li_2O/Fe_2O_3/CaO bei Sintertemp. 11-0595; Zustandsschaubild CaO–P_2O_5–Fe_2O_3 12-0540; Suprafluid-Dauerstrom in einem geschlossenen Kreis, d. mit Polierrot gefüllt ist 13-0524; DTA-Unters. d. Syst. Al_2O_3/Fe_2O_3 (Bldg. v. Bayerit u. Böhmit) 16-0576; Zustandsdiagramm d. Syst. $Fe_2O_3/NaPO_3$ 23-0660; D. d. Supraflüssigk. (fl. He) in d. engen Poren v. pulverförm. Fe_2O_3 (red. rouge) aus Mess. d. *4*. Schalles 25-0548; Misch.-Lücke im Syst. $FeO/Fe_2O_3/CaO/P_2O_5$ an Luft bei *1625*° 28-0578; näherungsweise Berechn. v. Zustandsdiagrammen d. Fünfkomponentensyst. $2\,CaO \cdot SiO_2/Na_2O \cdot Al_2O_3/Na_2O \cdot Fe_2O_3$ 29-0620; Anomale therm. Ausdehn. v. α-Fe_2O_3 32-0298; Best. d. elementaren Hypertetraeder in d. Subsolidusstruktur d. Neunkomponentensyst. $CaO/MgO/FeO/Fe_2O_3/Cr_2O_3/Al_2O_3/ZrO_2/TiO_2/SiO_2$ u. d. Lsg. einiger anderer Probleme mit Hilfe elektron. Rechenanlagen 34-0599; Unters. d. Syst. $FeO/Fe_2O_3/SiO_2/H_2O$ bei Liquidustemp. u. *2000* bar 34-0853; Phasengleichgew. im Syst. $MgO/FeO/Fe_2O_3$ (Isothermer Schnitt bei *1300*° u. Extrapolat. auf andere Temp.) 36-0485; Tabelle d. effektiven Ordn.-Zahl als Funkt. d. Druckes für *Hämatit* u. andere Kern- u. Mantelmineralien 36-0762; Phasendiagramm im Syst. Mn/Zn/Ferrit/*Hämatit*/Sauerstoff 38-0603; Umwandl. zweiter Ordn. in — bei *685*° 39-0124; Phasenbezieh. im Syst. FeO–Fe_2O_3–ZrO_2–SiO_2 39-0482; Grunddaten d. Subsolidusbaus d. Neunkomponentensyst. CaO–MgO–FeO–Fe_2O_3–Cr_2O_3–Al_2O_3–ZrO_2–TiO_2–SiO_2 39-0484; Zustandsdiagramme d. Syst. Fe_2O_3/Cr_2O_3 41-0513; Elementverteil. zwischen koexistierenden Phasen Olivin, Pyroxen u. Magnesioferrit im Syst. $MgO/FeO/Fe_2O_3/SiO_2$ als Funkt. d. Temp. u. d. Sauerstoff-Fugazität 41-0785; DTA v. *Hämatit* u. Hydrohämatit sowie Hydratat. v. *Hämatit* unter hypergenet. Beding. 42-0669; Unters. v. *Hämatit* im tern. Syst. $PbO/Fe_2O_3/SiO_2$ 42-0738; Zone d. tern. Syst. SrO–Al_2O_3–Fe_2O_3 45-0512; Enthalpie d. Umwandl. v. γ- in α-Eisenoxid 46-0465; tern. Syst. $SrO/Al_2O_3/Fe_2O_3$ (Isotherme d. Schnittes Fe/Sr = *1* bei *1150*°) 46-0508; Hydrothermalsynth. v. Diaspor bei *425*° u. *2500* bar im Syst. $Al_2O_3/Fe_2O_3/H_2O$ 47-0637; Phasenbezieh. im Syst. $Al_2O_3/Fe_2O_3/H_2O$ (Bauxitaufschluß) 51/52-2231.

Lumineszenz bei d. Adsorpt. v. O_2 u. CO an — 4-0545; isoelektr. Punkte v. — 12-0598; photochem. Bldg. eines Eisenoxid-Aerosols aus $Fe(CO)_5$ 13-0695; Mechanismus d. Bldg. v. —-Sol 14-0635; Einfl. v. Polyalkoholen auf d. Bldg. v. —-Sol. 14-0636; Änder. d. Sorpt.-Eig. v. — 21-2143; Einfl. v. — auf therm.-viskose Eig. niedrigschmelzender aufblähender Tone 26-2339; Mess. d. Oberfläche v. —-Pulver nach einem kalorimetr. Verf. 29-1986; pH-Abhängigk. d. Adsorpt. metall. Oxoanionen durch —-Pulver 36-0584; Verdicht-

bark. u. Stabilität d. Struktur v. Fe_2O_3/$CaCO_3$-Suspens. in p-Xylol 42-0503; Bind.-Energie v. O_2 an d. Oberfläche v. – 47-0603.

Löslichk. im Syst. $TiO_2/Fe_2O_3/SO_3/H_2O$ (Spektrophotometrie) 25-0583; Einfl. v. komplexbildenden Agenzien auf d. Herauslsg. v. Fe aus *Hämatit* 33-1015; Löslichk.-Isotherme im Syst. $Fe_2O_3/SO_3/H_2O$ bei *150°* 35-0489.

Reaktionen: Einfl. d. Beding. d. kathod. Red. v. – auf d. granulometr. Zus. v. Fe-Pulver 1-2239; Kinetik d. Festkörperrk. zwischen MgO u. – unter Bldg. v. $MgFe_2O_4$ 8-0630; Red. mit H im Wirbelschichtreaktor 8-2127; Kinetik d. Chlorier. v. – 10-2313; kinet. Parameter bei Festkröperrk. am Beispiel d. Rk. v. α-Fe_2O_3 mit ZnO 11-0702; Red. v. *Hämatit* im Wirbelbett (u. Feststoffbett) 13-2294; Dissoziat. im Syst. CuO/Fe_2O_3 14-0555; Gleichgew. zwischen – u. HBr u. Bldg.-Enthalpie u. Standardentropie v. $FeBr_2$ 17-0614; tribomechan. erzwungene Rk. zwischen Reinaluminium u. – 17-0750; Geschw.-Gleich. für d. H_2-Red. v. –-Pellets 19-2505; Kinetik u. Mechanismus d. Bldg. v. Zinkferrit aus ZnO u. – 21-0756; Kinetik d. Rk. im Syst. Nd_2O_3/Fe_2O_3 im Bereich *800–1200°* 22-0707; IR-spektroskop. Unters. d. Rk. v. Seltenerdmetalloxiden mit – 22-0766; Schrumpf. in – mit gleichzeit. Red. 23-0338; Festkörperrk.: zwischen Oxidpaar $MgO–Fe_2O_3$ 25-0271; zwischen SiO_2, Al_2O_3, MgO, CaO, – u. ZrO_2 (Conference on the Silicate Industry, Budapest *1965*) 30-2260; Einfl. v. Na_2CO_3- u. K_2CO_3-Beimeng. auf d. Geschw. d. kontaktfreien Red. v. – durch Graphit 31-0759; thermodynam. Daten für d. Rk. $CaO + Fe_2O_3 \rightarrow CaFe_2O_4$ u. $2\,CaO + Fe_2O_3 \rightarrow Ca_2 \cdot Fe_2O_5$ 32-0580; Red.-Mechanismus v. *Hämatit* u. Maghämit bei Temp. unter *400°* 32-0728; Bldg. stöchiometr. Spinelle im Syst. $MgO/Cr_2O_3/Fe_2O_3$ 33-0921; Unters. d. Verb. aus d. Zweikomponentengemischen $Fe_2O_3 + Nb_2O_5$, $Fe_2O_3 + Ta_2O_5$ 35-0728; Rk. u. Verdampf.-Mechanismus in –-halt. Graphitelektroden bei Lichtbogenanreg. 38-0583; Chlorier. v. reinem – bei hoher Temp. mit HCl u. NH_4Cl 38-2315; Red. v. dichten *Hämatiten* durch H (aus Sammelref.) 42-0082; verallgemeinertes Modell für d. topochem. Red. v. porösen *Hämatit*-Kugeln durch Gase (aus Sammelref.) 44-0107; Mechanismus d. Red. v. *Hämatit*, Fe_2O_3 zu Magnetit, Fe_3O_4 51/52-0492.

Kinetik d. Red.: v. – mit CO u. Erdgas 7-0659; v. *Hämatit* durch teilweise reformiertes Erdgas 8-0625; Tieftemp.-Red. mit CH_4 31-0748.

Katalyt. Aktivität v. reinem u. dotiertem – bei d. Rekombinat. v. Sauerstoffatomen 1-0662; verschiedene Arten d. O-Bind. auf d. Oberfläche v. –-Katalysatoren 11-0713; Wrkg. als Katalysator d. NH_3-Verbrenn. 16-2192; Hoch- u. Tieftemp.-Mechanismus katalyt. Ox.-Rk. an Halbleiteroxiden am Beispiel d. Ox. v. SO_2 an – 20-0667; chem. Strukturunters. d. Dehydrier.-Katalysators β-Eisenoxid-Chromoxid mit Hilfe d. Differentialthermoanalyse 21-0766; Kinetik d. ^{18}O-Austausches zwischen O_2 u. – bzw. zwischen O_2 u. CO_2 an – 27-0811; katalyt. Aktivität v. – beim $^{16}O-^{18}O$-Isotopenaustausch zwischen CO_2-Mol. 31-0767; Gitterstruktur einiger Dehydrier.-Katalysatoren auf Fe_2O_3-Basis 32-2539; Beitrag einer exothermen Rk. in d. kondensierten Phase zur Entzünd. u. Verbrenn. v. NH_4ClO_4 in Ggw. v. – als Katalysator 41-0574; SO_2-Ox. an mechan. aktivierten –-Proben 42-0593.

Katalyt. Eig. bei d. Ox. v. KW-Stoffen 1-0664; –-Katalysator für d. Ketonsynth. aus Carbonsäuren 1-2406; MoO_3-–-Katalysator zur Ox. v. Methylalkohol (Aktivität) 3-2582; Einfl. v. Struktur u. Oberfläche auf d. Aktivität u. Selektivität d. Fe–Cr-Katalysatoren $FeCr_2O_4 \cdot Fe_2O_3 + ZnO$, $FeCr_2O_4 \cdot Fe_2O_3$ u. $Fe_2O_3 \cdot Cr_2O_3$ bei d. Dehydrier. v. n-Hexan 10-0679; Dehydrieren v. Monoolefinen in d. Dampfphase mit –-halt. Katalysator 11-2528*; Dampfphasenox. v. Monomethylpyridinen mit V_2O_5-–-Katalysator 18-2474; Rk. organ. S-Verb. mit Rh-Katalysatoren auf – 20-2501; –-Katalysator für d. Dehydrier. v. Äthylbenzol (Vgl. mit ZnO) 25-2666; Aktivität bei d. Äthylenox. 29-1006; katalyt. Aktivität bei d. Hydrier. v. Äthylen 31-0768; Reinig. v. benzol. KW-Stoffen mit –-halt. Katalysator (Herst.) 35-2645*; oxydative Dehydrier. v. Butylenen an –-halt. Katalysator 38-2616; Austausch v. gasf. Deuterium mit d. Prod. d. Methanol-Adsorpt. an –-Katalysatoren 49/50-0556.

Biochemisches und physiologisches Verhalten: Adsorpt. v. Myxoviren 17-1410.

Technische Verwendung: Verw.: für magnet. Werkstoffe 2-2090*; für permanentmagnet. Material 4-1825*; für Magnetkerne 4-1827*; Herst. v. magnet. u. antistat. Substanzen aus γ-Fe_2O_3 7-2204*; Verw.: zur Herst. v. Permanentmagneten 8-2178*; in Misch. zum Verlöten v. Keramik u. Metall 1-2138*; in Gemischen anorgan. Glasurfarben 11-2278*; –-halt. elektr. isolierendes Glas 29-2420*; –-halt. Glas für Glasfasern 29-2421*; Färb. v. Gläsern durch –-Verunreinig. 33-2501; –-halt. gegen W. u. Chemikalien wiederstandsfäh. Glas 39-2336*; –-halt. Borosilikatglas zur Faserherst. 45-2438*; Zusatz zu PVC 27-3173*; Verw. in Signierfarbstoff für Textilien 5-3189*; Herst. v. Pigmenten aus Polyamiden u. – 8-2995*; Verw. v. –-Pigmenten in Polyvinylüberzügen 22-3092*; Einfl. d. Form u. Größe v. –-Pigmenten auf d. Seiger. in Anstrichen 36-2992; Verw.: für Kennzeichn.-Farben für Metalle 48-2805*; in Schreibminen zur Erzeug. magnet. abtastbarer Abstriche 23-3440*.

Analyse, Prüfverfahren: Röntgenograph. Nachw. v. *Maghemit* in feuerfesten Stoffen 22-2410; alkal. Aufschluß v. – zur qual. Analyse 33-2187.

Emissionsspektroskop. Best. 20-1845.

Best.: in Ton durch Röntgenspektralanalyse 10-1955; in Ludwigit 11-1917; in Cu-Schlacke 22-2171; in Farbgläsern durch Anwend. d. Farbmetrik 27-2496; in Ton, Schamotte u. daraus hergestellten feuerfesten Erzeugnissen (photometr.) 35-2131; quant. röntgendiffraktometr. Analyse d. Syst. $BaFe_{12}O_{19}–Fe_2O_3$ 38-2072; Best.: in Bauxit, Kalkstein u. Dolomit (Schnellmeth.) 47-1980; in Schleifmitteln (spektrochem.) 48-2035.

Best. v. Tricalciumsilicat in Hämatit mit d. Elektronenmikrosonde 40-1902; Fe(II)-Spurenbest. in – (photometr. Meth.) 48-1849; spektralanalyt. Best. v. Verunreinig. in – 51/52-1817.

– als chromatograph. Adsorpt.-Mittel 43-1928.

Magnetmeth. zur Unters. d. –-Red. 16-2325; Kornanalyse u. Problem d. Best. d. mineralog. Grundzus. einiger trop. –-reicher Böden (Notwendigk. u. Grenzen d. Fe-Entfern.) 17-0810; Unters. v. abgeschreckten –-Schmelzen 33-2499; Mess. d. Adsorpt. v. Polydimethylsiloxanen an – mit d. radioakt. Tracermeth. 44-2815.

Mischoxide, Ferrate

Ferroelektrika u. Ferrite, krist. aus Glas (Übersicht) 31-2415; Herst.: v. Ferrit mit rechteck. Hysteresis 4-1823*; magnet. Ferrite unter Zusatz v. SiO_2, SnO_2, TiO_2 u. ZrO_2 8-2179*; v. $AFeO_2$, $A'(FeO_2)_2$ u. AFe_5O_8 ($A = Li, Na$; $A' = Mg, Be, Mn, Co$) 10-2194; v. Ferrit-Pulvern durch Warmbehandl. v. Salzgemischen 15-2295; F-halt. Ferrite (Zus.) 16-2260*; Anwend. d. Thermogravimetrie zur Darst. v. Ferriten unterschiedl. Stöchiometrie 18-0746; Herst.: v. Ferritpulvern 19-2432*; v. Ferrit-Pulvern durch gemeinsame Fäll. 34-2286; Kinetik u. Mechanismus d. Ferritbldg. im Syst. $Ni(OH)_2/\alpha$-FeOOH beim Altern 35-0639; Herst.: v. Rohstoffen für Ferrite 45-2360*; v. Miniatur–Ferrit-Kernen 45-2385; Unters. d. Beding. d. hydrothermalen Synth. v. Ferrit–Granat-Krist. durch selektive Ermittl. v. Strukturdefekten 49/50-0136; Darst. v. Ferriten bei tiefer Temp. 51/52-0116, 51/52-0117; Weiterentw. d. Sinteröfen für weiche Ferrite 31-2301; Schutzgas für d. Sinter. v. Ferriten 48-2163*.

Nichtstationäre verzögerte Reemiss. elektromagnet. Signale durch *Ferrite* während d. parametr. Regenerat. 5-0429; röntgenspektroskop. Unters. v. Ferriten v. Spinell- u. Granattyp verschiedener Zus. u. verschiedenen Zustands 17-0381; opt. Absorpt. v. Co^{3+} u. Co^{2+} auf Tetraederplätzen in *Granaten* 25-0343; Röntgen-K-Absorpt.-Spektrum v. Fe in Ferriten mit Granatstruktur 51/52-0221.

Herst. v. einkrist. Ferrit-Schichten 3-0213; nichtzentrosymmetr. Strukturen in einer Reihe hexagonaler M_4Y_n-Ferrite 6-0232; Einschluß polykrist. Leiter in einkrist. Ferrit 11-0265; Zücht. v. hexagonalen Ferritkrist. durch ein modifiziertes Ziehverf. 15-0214; epitakt. Bldg. v. Ferriten bei chem. Transportrk. 37-0164; morpholog. Besonderh. v. hexagonalen Ferriten 37-0237; Einfl. d. Sauerstoff-Gleichgew.-Druckes auf d. Kationenverteil. in Spinell-Mischkrist. 38-0714; elektronenmkr. Beobacht. v. Subelementarzellen als Stapelelemente in Mischschichtstrukturen v. – (Ferrite u. ihre Polytypen) 46-0119; Wachstums- u. Auflsg.-Formen v. Ferritgranatkrist. 47-0176; Unters. d. Beding. d. hydrothermalen Synth. v. Ferrit–Granat-Krist. durch selektive Ermittl. v. Strukturdefekten 49/50-0136.

Meßplatz zur Best. d. komplexen Dielektrizitätskonst. v. Dielektrika u. d. tensoriellen Permeabilität v. Ferriten im K-Band 4-1524; elektr. Eig. polykrist. Ferrite im Bereich v. Schall- u. ultraniedr. Frequenzen 13-0466; Seebeck-Koeff. v. halbleitenden Oxidgläsern auf –-Basis 31-0395; Einfl. d. Temp. auf d. dielektr. Relaxat. in polykrist. Ferriten 48-0434.

Temp.-Abhängigk. d. magnet. Anisotropiekonst. v. Ferriten 2-0456; magnet. Anfangspermeabilität in Ferritgranaten mit Perowskitstruktur 4-0405; gekoppelte Magnetisier.-Oszillat. in Ferriteinkrist. mit Bereichsstruktur 4-0408; Einfl. d. Polarisat. d. magnet. Ultrahochfrequenzfelds auf d. Instabilitätsschwelle v. Spinschwing. in homogenen isotropen Ferritellipsoiden 4-0412; Hochfrequenz-Permeabilität v. Ferriten bei dynam. Vormagnetisier. 4-0416; Rotat.-Hysteresis-Verluste bei Ferrit *3B3*-Scheiben in überlagerten Gleich- u. Wechselfeldern 7-0437; s-Elektronenlad., Spindichte u. magnet. Moment v. Fe an verschiedenen Untergitterplätzen in Ferriten u. Granaten aus Mössbauer-Unters. 7-0465; Änder. magnet. Figuren (u. Ox.-Geschw.) v. Ferrit bei plast. Verform. 11-2214; Berechn. d. Drehmomentkurve u. d. Einmünd.-Gesetzes für polykrist. ferromagnet. Proben (Ferrite) hexagonaler Anisotropie mit Krist.-Orientier. 20-0452; Anreg. u. Dämpf. d. ferrimagnet. Resonanz im Übergangsgebiet 21-0435; Einfl. d. Synth.-Beding. v. Ferriten mit Spinellstruktur auf d. γ-Kernresonanzspektren 22-0381; elektromagnet. Wellen in longitudinal magnetisierten Ferrit-Stäben 22-0518; Resonanzerschein. in Ferrit-Einkrist. mit einer Domänenstruktur 23-0438; hochfrequente Schwing. in polykrist. Ferriten bei d. nichtlinearen ferromagnet. Resonanz 23-0439; Magnetisier.-Umkehr in Ferriten mit quadrat. Hystereseschleife 26-0530; phänomenolog. Korrelat. d. Relaxat.-Erschein. bei d. ferromagnet. Resonanz u. bei d. Magnetfeld-Glüh. v. Ferriten mit Fe^{2+} u. Fe^{3+} 27-0445; therm. Gorter-Effekt bei d. EPR für – 28-0357; Theorie d. Sättig. d. parametr. Resonanz d. Spinwellen in Ferriten 28-0365; Temp.-Abhängigk. d. Magnetisier. v. Ferriten (Übersicht) 29-0558; Sättig.-Magnetisier. u. Néel-Temp. v. verd. festen Lsg. v. Ferriten 30-0483; Herst. kugelförm. Proben für magnet. Mess. an Ferriten u. Metalleg. 31-2207; Mess. d. neunkomponent. Tensors d. magnet. Permeabilität v. Ferriten 32-0509; Keimbldg. magnet. Domänenwände in Einkrist.-Ferriten 32-0510; Orient.-Überstrukturen u. ihre Einw. bei Spinellferriten 33-0657; Resonanzfrequenzen in einem einachsigen Ferrit mit zwei Subgittern in d. nicht kollinearen Phase 39-0396; Kernresonanz u. Kernrelaxat. in Ferriten 42-0304; Wellenfortpflanz. in einem mit einem Ferrit gefüllten Wellenleiter 48-0603; kristallchem. Ursachen d. Regel. d. magnet. Indukt. v. Ferriten 49/50-2181; Entsteh. d. Honigwaben-Domänstrukt. bei Dauermagnetferritplättchen 51/52-0329.

Thermodynam. Analyse d. Gleichgew. bei d. Dissoziat. v. Ferriten 6-0603; Gleichgew. v. Ferriten mit d. $H_2–H_2O$-Gasphase 8-0493.

Ferrit für Speicherkerne 46-2113*; –-halt. Glas zum Einschmelzen radioakt. Abfalloxide 13-2245*.

Analysenmeth. für metall. Ferrite 29-2115.

Bibl.: Thermodynamik der Ferrite [russ.] B 18; Impulsschemata für Ferrite und Halbleiter [russ.] B 50; Ferrite. Struktur, Eigenschaften, Technologie der Herstellung [russ.] B 94.

Al: Vork. v. Spinell ($MgAl_2O_4$)-*Hercynit* ($FeAl_2O_4$)-Verb. als feste Lsg. in Titanomagnetit-Phenocrysts v. Trachyandesiten 14-0785; Darst. u. Krist.-Chemie v. Fe-Sesquioxiden aus $Fe_2O_3–Al_2O_3$, 24-0786; IR-Hauptabsorpt.-Banden v. Al_2FeO_4 19-0368; Unters. v. rhomb. u. rhomboedr. $Al_{2-x}Fe_xO_3$-Verb. in starken Magnetfeldern 8-0453; magnet. Suszeptibilität v. $Fe_2O_3–Al_2O_3$-Mischkrist. 41-0371; röntgenograph. u. petrograph. Analyse d. Sinterprod. v. $FeAl_2O_4$ u. α-Al_2O_3 im Syst. Fe/O/Al 21-0625; Löslichk. v. $2\,CaO \cdot SiO_2$ mit Zusatz v. Alumoferrit in *5*%ig. Borsäure 6-2238; Zusammenhang zwischen d. Struktur u. d. katalyt. Aktivität eines Fe–Aluminat-Katalysators bei d. Polymerisat. in Abhängigk. v. seiner Darst. 51/52-0493.

Ag: Bldg. v. $AgFeO_2$ aus α-, β-, γ- u. δ-FeOOH u. Ag_2O 47-0669.

Ba: Zücht. komplexer hexagonaler Ferriteinkrist. M_nY_s mit $M = BaFe_{12}O_{19}$, $Y = Ba_2Fe_2Fe_{12}O_{22}$ 32-0173; Best. großer Krist.-Strukturen d. allg. Zus. $Ba_wMe_xFe_yO_z$ durch kombinierte Röntgenbeug. u. Elektronenmikroskopie ($M = BaFe_{12}O_{19}$) 31-0153; gerichtete Erstarr. d. $BaFe_{12}O_{19}/BaFe_2O_4$-Eutektikums 32-0174.

Ba–Al: Veränder. d. magnet. Sättig. v. Strukturen d. Typs $BaFe_{(12-x)}Al_xO_{19}$ 13-0497.
Bi: röntgenograph. u. elektr. Unters. d. Syst. $Bi_4Ti_3O_{12}/BiFeO_3$ 45-0251; magnet. Eig. v. Ferritgranaten mit hoher Cursk-Temp. d. Zus. $Ca_3Fe_{3,5}V_{1,5}O_{12}$–$Y_3Fe_5O_{12}$–$Bi_3Fe_5O_{12}$ 20-0460; DK u. Verlustfaktor v. Bi-Ferraten(III) bei sehr hohen Frequenzen 40-0345; dielektr. Eig. v. Mischkrist. aus $BiFeO_3$ u. $Pb(Ti, Zr)O_3$ bei hoher Temp. u. hoher Frequenz 43-0460.

$BiFeO_3$ s. unter *Wismutoxide, Mischoxide: Fe(BiFeO₃)*.

Ca: Möglichk. kub. tern. $3\,CaO \cdot Fe_2O_3 \cdot 6\,H_2O$ darzustellen 23-0779; Bldg. v. $CaO \cdot Fe_2O_3$ u. $2\,CaO \cdot Fe_2O_3$ bei d. Rk. v. Fe-Oxid mit $CaCO_3$ bei *900°* 24-0784; spektrales Reflex.-Vermögen v. $CaO \cdot Fe_2O_3$ 47-0264; Röntgendaten u. Darst. einiger Ca/Fe/O-Verb. ($CaFe_4{}^{3+}O_7$, $Ca_{7,2}Fe_{0,8}{}^{2+}Fe_{30}{}^{3+}O_{53}$) 23-0249; Gitterparameter u. Abstände Anion-Kation in $CaFeO_3$ 28-0146; Struktur v. Calciumindat als Isotypes v. $CaFe_2O_4$ 36-0193; elektr. Leitfähigk. v. FeO/CaO-Schlacken (aus Sammelref.) 44-0107; magnet. u. kristallograph. Eig. v. $CaFe_4O_7$ mit geringen Geh. v. Me^{3+} = As, Sb, In, Bi, Y, La, Gd u. anderen Seltenerdionen 1-0501; Mössbauer-Unters. v. $CaO \cdot 2\,Fe_2O_3$ 2-0467; Quadrupolaufspalt. aus Mössbauer-Unters. an $CaFe_2O_4$ u. $Ca_2Fe_2O_5$ 7-0466; Antiferromagnetismus innerhalb d. Untergitters in $Ca_2[Fe](Fe)O_5$ 8-0421; Quadrupolaufspalt. in $2\,CaO \cdot Fe_2O_3$ 9-0376; magnet. Eig. v. substituiertem $Ca_2Fe_2O_5$ aus Mössbauer-Unters. 9-0495; Temp.-Abhängigk. d. ferromagnet. Struktur v. $CaFe_2O_4$ 29-0530; magnet. Phasengleichgew. in Cr-substituiertem Ca-Ferrit 32-0511; Mössbauer-Effekt im Syst. $Ca_2Fe_2O_5/Ca_2FeAlO_5$ 34-0187; Resonanzabsorpt. v. γ-Quanten mit *23,8* keV durch Beimeng. an ^{119}Sn-Kernen in Ca-Ferriten im Temp.-Bereich oberhalb d. Curie-Temp. 39-0391; Quadrupolkoppl. u. kristallograph. u. magnet. Strukturen v. – mit Hilfe d. Mössbauer-Effektes (^{57}Fe) 41-0363; magnet. Struktur v. $Ca_2Fe_2O_5$ 43-0481; Nèel-Temp. v. $Ca_2Fe_2O_5$ 47-0420; Ermittl. d. thermodynam. Eig. v. $CaFe_2O_4$ u. $Ca_2Fe_2O_5$ aus Mess. an galvan. Zellen mit festem Elektrolyten bei Temp. oberhalb *1000* °K 32-0580; Unters. d. Rk. v. – mit Cr_2O_3 48-0688; manganometr. Fe-Best. u. d. Trenn. u. Best. d. anderen Metalle im Ferrit $CaO \cdot 6\,Fe_2O_3$ 29-2115; spektrochem. Verf. zur Best. v. $FeO \cdot CaO$ in Schlacken 27-2559.

Ca–Al: IR-Spektren v. $2\,CaO \cdot (Al_{0,02} \cdot Fe_{0,98})_2O_3$ 31-0312; Quadrupolaufspalt.: aus Mössbauer-Unters. an Ca_2FeAlO_5 (Braunmillerit) u. $Ca_2Fe_{1,5}Al_{0,5}O_5$ 7-0466; in Calciumaluminatferriten $4\,CaO \cdot Al_2O_3 \cdot Fe_2O_3$ 9-0376; Mess. an d. Syst. $2\,CaO \cdot (Al_2O_3)_x \cdot (Fe_2O_3)_{1-x}$ mit Hilfe d. Mössbauer-Effekts 32-2357; Mössbauer-Effekt im Syst. $Ca_2Fe_2O_5/Ca_2FeAlO_5$ 34-0187; Einfl. d. Red.-Mittels auf d. Beständigk. u. Hydratisier.-Aktivität v. Ca–Al-Ferriten 34-2334; Wechselwrkg. zwischen Tricalciumaluminat u. Dicalciumaluminatferrit 16-2300; Brennfarben im Dreistoffdiagramm Kalk/Tonerde/Eisenoxide 31-2467.

Cd: Hyperfeinwechselwrkg. d. Fe^{3+}-Ionen auf Oktaederplätzen v. $CdFe_2O_4$ 16-0509; Magnetisierbark. v. Cd-Ferriten 16-2223; Herst. Cd-halt. Ferrite für Magnetkerne für Speicherelemente 12-2202*.

Ce: Krist.-Struktur v. durch Festkörperrk. im Syst. FeO/CeO_2 gebildetem $CeFeO_3$ 2-0220.

Co: Darst. v. $Co_xFe^{2+}{}_{1-x}Fe_2O_4$ mit *0,02* $\leq$ x $\leq$ *0,20* (Anwend. d. Thermogravimetrie) 18-0746; nichtzentrosymmetr. Strukturen in hexagonalem Co-Ferrit 6-0232; Temp.-Abhängigk.: d. Elastizitätsmoduls v. Co-Ferriten 40-0108; d. magnet. Anisotropie-Konst. in Co-Ferrit 2-0456; Einfl. einer thermomagnet. Behandl. auf Magnetisier.-Prozesse in $Co_{0,7} \cdot Fe_{2,3}O_3$-Pulvern 4-0410; Domänenstruktur v. Co-Ferrit im restmagnetisierten u. entmagnetisierten Zustand 13-0500; Magnetisier.-Umkehr u. Koerzitivkraft v. $Co_{0,7}Fe_{2,3}O_4$-Pulver 18-0492; Temp.-Abhängigk. d. ersten magnet. Anisotropiekonst. v. Co-Ferriteinkrist. als Funkt. d. magnet. Sättig. 39-0390.

$CoFe_2O_4$, epitakt. Bldg. bei chem. Transportrk. 37-0164; Herst. v. einkrist. –-Schichten 3-0213; Herst. u. Eig. v. – 33-2468; Darst. bei tiefer Temp. 51/52-0116; IR-Hauptabsorpt.-Banden 19-0368; Morpholog. Besonderh. v. hexagonalem $BaZn_2Fe_{12}O_{22}$ mit –-Einschluß 37-0237; Spiralwachstum d. häutchenart. –-Einkrist. 42-0194; Curie-Temp. 41-0516; Wärmeleitfähigk.-Koeff., therm. Ausdehn., Wärmeleitfähigk. u. elektr. Leitfähigk. v. – 7-0286; Phasen d. Syst. $3\,Bi_2O_3 \cdot 2\,CaO/CoFe_2O_4$ 41-0515; Aktivität, Aktivitätskoeff. u. Änder. d. Freien Bldg.-Enthalpie in Abhängigk. v. Molenbruch d. Lsgm. im Syst. $PbO/CoFe_2O_4$ 41-0517; Verteil. d. Teilchengröße v. durch gemeinsame Ausfäll. dargestelltem – 45-0178; Rk. mit FeS bei *1100–1300°* 3-2398; Redox.-Rk. $N_2O + CO \rightarrow N_2 + CO_2$ am – 17-0737.

Co–Ba: Zücht. komplexer hexagonaler Ferrit-Einkrist. M_nY_g mit M = $BaFe_{12}O_{19}$, Y = $Ba_2Co_2Fe_{12}O_{22}$ 32-0173; Lage d. Co-Ionen in d. Struktur hexagonaler Ferrite d. Syst. $BaCo^{2+}Fe_{2-x}Fe^{3+}{}_{16}O_{27}$ 44-0209; hexagonale Ferrite mit Stapelstruktur d. Typs $Ba_w \cdot Co_x{}^{2+}Fe_yO_z$ 45-0249; Einfl. v. Änder. d. magnet. Krist.-Anisotropie auf d. elektr. Widerstand v. $Ba_3CO_2Fe_{24}O_{41}$ 11-0458; Permeabilität v. Co-substituiertem $BaFe_{12}O_{19}$ mit magnet. Verlusten im Bereich d. Zentimeter- u. Millimeterwellen 20-0456.

Cr: Einfl. v. Struktur u. Oberfläche auf d. Aktivität u. Selektivität v. Fe-Cr-Katalysatoren $FeCr_2O_4 \cdot Fe_2O_3$ + ZnO u. $FeCr_2O_4 \cdot Fe_2O_3$ bei d. Dehydrier. v. n-Hexan 10-0679.

$FeCr_2O_4$, Vork.: v. *Chromit*-führenden Detritus im ostalpinen Sedimentat.-Becken d. Kreisdezeit 1-0764; v. Rutil mit *Chromit*, in d. Meteoriten Allegan, Bondoc, Estherville, Farmigton u. Vaca Muerta 2-0729; v. *Chromit* in Ni-führenden Verwitter.-Erzen in Lokis, Mittelgriechenland 2-0766; metamorphe *Chromit*-Lagerstätte d. Mont Ahito in Togo 9-0795; *Chromit*-Geh. ultrabas. Massive d. Ophiolit-Format. Azerbajdžans 13-0799; *Chromit* in Meteoriten u. Tektiten (Zeitschriftenref.) 16-0764; Form u. Zus. v. *Chromit* aus Lateriterzen 21-2501; erzmkr. Beschreib. v. *Chromit* in Meteoriten 36-0745; Unters. v. *Chromit* in Meteoriten (bes. aus New South Wales) 36-0752; *Chromit* aus „äquilibrierten" Chondriten 37-0871; Zus. d. Chromspinellide u. d. genet. Typen d. *Chromit*-Vererz. d. Kempirsaj-Plutons 42-0654; *Chromit* in d. Meteoriten Assisi 45-0727; Zn u. V führende *Chromite* v. Outokumpu/Finnland 32-0855.

Bedeut. d. fl. Entmisch. bei d. Bldg. v. *Chromit*-Adern (Diskuss.-Beitrag) 7-0775; *Chromit*-Korn mit Mg-Fe-Silicat u. Ca-Al-Silicat in reduzierend gebrannten Proben 7-2276; Anreicher. v Saranov-*Chromiten* 36-2514; selektive Flotat. v. *Chromit* 48-2214; Verarbeit. zu Alkali- oder Erdalkalibichromaten 13-2166*.

Strahlenfestigk. v. *Chromit*-Beton aus Portlandzement 4-1923; IR-Hauptabsorpt.-Banden v. – 19-0368; Vgl. d. IR-Reflex.-Spektren v. gepreßten Mineralpulvern v. – mit denen d. entsprechenden Einkrist. 31-0315; Eig. feuerfester Magnesit-*Chromit*-Materialien mit erhöhtem CaO-Geh. 38-2415; Einfl. d. Krist.-Deformat. auf d. Gitterschwing. v. $FeCr_2O_4$ 45-0311; Wechselwrkg. zwischen Polarisat.-Wellen u. Spinwellen in – 31-0487.

Fe_2O_3-Einfl. auf d. Ox.-Geschw. d. Cr bei d. Kalzinier. v. *Chromit*-Chargen 3-2388; Unters. v. Magnesit-*Chromit*-Steinen nach Einsatz im Gewölbe v. Tunnelöfen 8-2226; Zerstör. v. feuerfesten Magnesit-*Chromit*-Materialien im Futter v. O-Konvertern 35-2338.

Verw.: zur Herst. feuerfester Steine u. Massen 5-2267*; v. *Chromit* in Gießereisand 20-2307; zur Herst. feuerfester Gewölbematerialien 45-2448; Analyse v. Chromerz, $FeCr_2O_4$ 37-2138.

Cr–Al: Gitterkonst. im Syst. α-(Al, Fe, Cr)$_2$O$_3$ u. ihr Abweichen v. d. Vegardregel 45-0143.

Cr–Ca: magnet. Phasengleichgew. in Cr-substituiertem Ca-Ferrit 32-0511.

Cr–Co: Gleichgew.-Beding. bei d. Red. v. $CoFe_x \cdot Cr_{2-x}O_4$-Mischkrist. Abhängigk. v. O_2-Partialdruck 41-0514.

Cu: Orientier.-Überstrukturen in Cu-Ferraten(III) 33-0657; Temp.-Abhängigk. d. spontanen Magnetisier. v. $(Cu_xFe_{1-x})[Cu_{1-x}]Fe_{1+x}O_4$ bei verschiedener Kationenverteil. 1-0506; Kernresonanz u. Kernrelaxat. in Ferriten v. Cu 42-0304; Rk. v. Kupferstein mit $CuO \cdot Fe_2O_3$ u. $Cu_2O \cdot Fe_2O_3$ 28-2420.

$CuFeO_2$, Bldg. aus α-, β-, γ- u. δ-FeOOH u. Cu_2O 47-0669; Darst. u. Strukturbesonderh. 8-0220; zusammenfassende Übersicht d. magnet. u. kristallchem. Eig. 24-0509.

$CuFe_2O_4$, Bldg. v. $CuFe_2O_4 \cdot 0{,}9\,H_2O$ im Syst. $Cu(OH)_2$–α-FeOOH beim Altern 30-0670; Darst. bei tiefer Temp. 51/52-0116; Hyperfeinfelder v. ^{57}Fe an d. A- u. B-Stellen in – 9-0062; thermodyn. Daten d. Mischkrist.-Bldg. bei d. Dissoziat. v. Ferriten im Syst. $CuFe_2O_4/Fe_3O_4$ 6-0603; Dissoziat. im Syst. CuO/Cu/Ferrit ($CuFe_2O_4$) sowie Eig. d. Syst. $CuFe_2O_4/Fe_3O_4$ 14-0555.

Cu–Ba: Zücht. komplexer hexagonaler Ferriteinkrist. M_nY_g mit M = $BaFe_{12}O_{19}$ u. Y = $Ba_2Cu_2Fe_{12}O_{22}$ 32-0173.

Cu–Cr: magnet. Suszeptibilität d. Syst. $CuCr_{2-x}Fe_xO_4$ 10-0491.

Dy: IR-Faraday-Effekt v. $Dy_3Fe_5O_{12}$ 2-0294; magnet. Eig. u. paramagnet. Relaxat. v. Dy in $DyFeO_3$, unterhalb d. Curie-Punktes 4-0400; Frequenzabhängigk. d. Anfangspermeabilität v. YIG–*5* % Dy-Ferrit 4-0404; Änder. d. Temp. d. Kompensat.-Punktes in Abhängigk. v. hydrostat. Druck v. $5\,Fe_2O_3 \cdot 3\,Dy_2O_3$ 6-0491; Druckabhängigk. d. Ordn.-Temp. u. Temp.-Abhängigk. d. paramagnet. Suszeptibilität v. $3\,Dy_2O_3 \cdot 5\,Fe_2O_3$ 16-0507; magnet. Eig. v. Dy-Ferraten(III) nahe d. Curie-Punktes 18-0489; Magnetostrikt.-Konst. v. $Dy_3Fe_5O_{12}$ 18-0490; Magnetismus v. Dy-Orthoferriteinkrist. 30-0481; magnetoopt. Eig. dünner Dy–Fe-Granatschichten auf Quarz oder Glasträgern 31-0297; Temp.-Abhängigk. d. ^{57}Fe-Hyperfeinfelder in $Dy_3Fe_5O_{12}$ (Dy I G) unterhalb d. Néel-Temp. (Unters. mit d. Mössbauer-Meth.) 33-0631; Mössbauer-Unters. bei *4,2* °K d. Hyperfeinstrukturen v. ^{161}Dy in $DyFeO_3$ 34-0492; lineare magnetoakust. Doppelbrech.- u. transversale ferroakust. Resonanzexperimente am $Dy_3Fe_5O_{12}$ 40-0364; Änder. d. magnet. Suszeptibilität v. $5\,Fe_2O_3$–$3\,Dy_2O_3$ in d. Nähe v. Tc 43-0496.

Dy–Al: Mössbauer-Unters. an Dy–Al-Granat 38-0022.

Er: opt. Unters. v. $ErFeO_3$ 24-0357; Untergittermagnetisier. u. Austauschfeld d. Er in Er–Fe-Perowskit bei tiefen Temp. untersucht mit d. Mössbauer-Effekt 5-0533; Druckabhängigk. d. Ordn.-Temp. u. Temp.-Abhängigk. d. paramagnet. Suszeptibilität v. $3\,Er_2O_3 \cdot 5\,Fe_2O_3$ 16-0507; Mössbauer-Unters. an ^{57}Fe in $ErFeO_3$ 16-0508; magnet. Eig. v. Er-Ferraten(III) nahe d. Curie-Punkt 18-0489; Magnetostrikt.-Konst. v. $Er_3Fe_5O_{12}$ 18-0490; Dichroismus u. magnet. Anisotropie v. Er–Fe-Granaten 37-0359; lineare magnetoakust. Doppelbrechungs- u. transversale ferroakust. Resonanzexperimente am $Er_3Fe_5O_{12}$ 40-0364.

Eu: F-freie Schmelze für d. Züchten d. Granats $Eu_3Fe_5O_{12}$ 10-0193; Charakter d. Magnetisier.-Kurven eines Orthoferriteinkrist. in d. Nähe d. Reorientier.-Temp. 4-0411; magnet. Beitrag zur spezif. Wärme v. Eu-Ferraten(III) 10-0481; Magnetostrikt.-Konst. v. $Eu_3Fe_5O_{12}$ 18-0490; Mössbauer-Unters. d. Hyperfeinwechselwrkg. d. Fe-Kerne in Eu-Ferraten(III) u. Temp.-Abhängigk. d. Untergitter-Magnetisier. 16-0508; lineare magnetoakust. Doppelbrechungs- u. transversale ferroakust. Resonanzexperimente an $Eu_3Fe_5O_{12}$ 40-0364.

Ga: neue Hochdruckphase v. $GaFeO_3$ mit Korundstruktur 2-0180; Bind.-Längen u. Hochdruckphase v. $Ga_{2-x}Fe_xO_3$ 10-0246; Krist.-Zücht. v. $GaFeO_3$ nach d. Schmelzflußmeth. u. Entmisch.-Unters. v. Fe^{3+} in $Ga_{2-x} \cdot Fe_xO_3$-Krist. 12-0200; kristallograph. Unters. d. Verb. $Ga_{2-x}Fe_xO_3$ mit polarisierten Neutronen 25-0514; Unters. v. $Ga_{0,85}Fe_{1,15}O_3$ mit Hilfe v. Mössbauer-Effekt, Röntgenstrahlen, Neutronenbeug. u. magnet. Mess. 2-0468; Mössbauer-Absorpt. in $FeGa_2O_4$ 12-0219; Mössbauer-Effekt in $Ga_{2-x}Fe_xO_3$, β-Ga_2O_3:Fe^{3+} 33-0632; Mess. d. magneto-elektr. Effektes zwischen *1,8* u. *33* °K an $Fe_{1,15}Ga_{0,85}O_3$ 47-0422; Elektronenresonanzspektrum d. magnet. geordneten Krist. $GaFEO_3$ in d. Ggw. eines äußeren elektr. Feldes 48-0356.

Ga–Eu: Austauschwechselwrkg. d. Seltenerdmetallionen in $Eu_3Ga_xFe_{5-x}O_{12}$ 7-0473.

Gd: Chem. Aufdampfen v. epitakt. Gd/Fe-Granat auf Y/Al-Granat 42-0186; IR-Faraday-Effekt v. $Gd_3Fe_5O_{12}$, 2-0294; IR-Gitterspektren v. $Gd_3Fe_5O_{12}$ 27-0384; Krist. Struktur d. $GdFeO_3$-Typs 43-0181; Photoleit. in $Gd_3Fe_5O_{12}$ 41-0337; Spinwellenspektrum v. Gd–Fe-Granat 1-0507; Änder. d. Temp. d. Kompensat.-Punktes in Abhängigk. v. hydrostat. Druck bei Gd-Ferraten(III) 6-0491; Druckabhängigk. d. Ordn.-Temp. u. Temp.-Abhängigk. d. paramagnet. Suszeptibilität v. $3\,Gd_2O_3 \cdot 5\,Fe_2O_3$ 16-0507; Mössbauer-Unters. d. Hyperfeinwechselwrkg. d. Fe-Kerne in Gd-Ferraten(III) u. Temp.-Abhängigk. d. Untergitter-Magnetisier. 16-0508; magnet. Eig. v. Gd-Ferraten(III) nahe d. Curie-Punkt 18-0489; Magnetostrikt.-Konst. v. $Gd_3Fe_5O_{12}$ 18-0490; mkr. u. makroskop. magnetoelast. Tensoren in GdFe-Granat aus d. paramagnet. Elektronenresonanz unter Druck 30-0343; lineare magnetoakust. Doppelbrech.- u. transversale ferroakust. Resoanzexperimente an $Gd_3Fe_5O_{12}$ 40-0364; Änder. d. magnet. Suszeptibilität v. $5\,Fe_2O_3$–$3\,Gd_2O_3$ in d. Nähe v. Tc 43-0496; Mess. d. magnetoopt. Eig. in Gd–Fe-Granat 46-0312.

Ge: Vers. d. Bldg. v. $Fe_2O_3 \cdot GeO_2 \cdot nH_2O$, $Fe_2O_3 \cdot 2\,GeO_2 \cdot nH_2O$ u. $Fe_2O_3 \cdot 3\,GeO_2 \cdot nH_2O$ bei d. gemeinsamen Absetz. v. Ge mit Fe-

Hydroxiden 19-0898; Neutronenbeug.-Unters. d. antiferromagnet. Spinells $GeFe_2O_4$ 2-0472; IR-Hauptabsorpt.-Banden v. Fe_2GeO_4 19-0368; Mössbauer-Absorpt. in Fe_2GeO_4 12-0219.

Ho: IR-Gitterspektren v. $Ho_3Fe_5O_{12}$ 27-0384; Änder. d. Temp. d. Kompensat.-Punktes in Abhängigk. v. hydrostat. Druck v. $5\,Fe_2O_3 \cdot 3\,Ho_2O_3$ 6-0491; Suszeptibilitätsmess. an $HoFeO_3$ 13-0492; Mössbauer-Unters. d. Hyperfeinwechselwrkg. d. Fe-Kerne in Ho-Ferraten(III) u. Temp.-Abhängigk. d. Untergitter-Magnetisier. 16-0508; magnet. Eig. v. Ho-Ferraten(III) 18-0489; Magnetostrikt.-Konst. v. $Ho_3Fe_5O_{12}$ 18-0490; Magnetostrikt. v. $Ho_3Fe_5O_{12}$-Einkrist. zwischen *4,2* u. *80* °K 18-0491; lineare magnetoakust. Doppelbrech.- u. transversale ferroakust. Resonanzexperimente an $Ho_3Fe_5O_{12}$ 40-0364.

Ho–Eu: kristallograph. Unters. u. magnet. Eig. v. $5\,Fe_2O_3 \cdot xEu_2O_3 \cdot (3-x)Ho_2O_3$ 36-0155.

In: Herst. v. Ferriten aus *52,5 – 70* $MnFe_2O_4$ u. *20 – 42,5* $InFe_2O_4$ 46-2112.

K–Ba: Herst. v. K-Ba-Ferrit mit asymm. Hystereses 44-2131*.

La: Mössbauer-Unters. d. Hyperfeinwechselwrkg. d. Fe-Kerne in – u. Temp.-Abhängigk. d. Untergitter-Magnetisier. 16-0508.

La–Ho: kristallograph. Unters. u. magnet. Eig. v. $5\,Fe_2O_3 \cdot xLa_2O_3 \cdot (3-x)Ho_2O_3$ 36-0155.

Li: Bldg.-Kinetik v. Li-Ferriten aus $LiCO_3$ u. Fe_2O_3 30-0669; epitakt. Bldg. v. $Li_2Fe_2O_4$ bei chem. Transportrk. 37-0164; Herst. v. einkrist. $Li_{0,5}Fe_{2,5}O_4$-Schichten 3-0213; Darst. v. $LiFe_5O_8$-Einkrist. 46-0144.

Nahordn. in Li-Ferrit-Spinell Fe_5LiO_8 22-0231; Streuung v. Phononen an Gitterverzerr. $Li_{0,5}Fe_{2,5}O_{4-\delta}$ 27-0326; Theorie d. diffusen Röntgenstreuung in $LiFe_5O_4$ 44-0124; Röntgentopographie v. $Li_{0,5}Fe_{2,5}O_4$ 45-0220; Struktur d. Phase Q_{II} (oder B) d. Ferrits $LiFeO_2$ (Beispiel einer period. Antiphase) 48-0164; Temp.-Abhängigk. d. Elastizitätsmoduls v. Li-Ferriten 40-0108.

Temp.-Abhängigk. d. magnet. Anisotropie-Konst. v. Li-Ferraten 2-0456; Hall-Effekt u. Hall-Beweglichk. in Li-Ferrit-Einkrist. $Li_{0,5} \cdot Fe_{2,5}O_4$ 9-0427; Berechn. v. Mol.-Feldkoeff. Li-Ferrit 10-0487; Abhängigk. d. ferromagnet. Resonanzlinienbreite v. Strukturfehlern in Li-Ferrit-Krist. 18-0380; Magnetostrikt.-Konst. v. Li-Ferraten aus d. ferromagnet. Resonanz 18-0488; Resonanzerschein. in Li-Ferrit-Einkrist. mit einer Domänenstruktur 23-0483; zusammenfassende Übersicht d. magnet. u. kristallchem. Eig. v. $LiFeO_2$ 24-0509; Orientier.-Abhängigk. d. Spinwellendämpf. in ferromagnet. Isolatoren d. Zus. $Li_{0,5}Fe_{2,5}O_4$ 29-0559; Einfl. d. Ionenordn. auf d. Magnetostrikt. v. Li-Ferrit 33-0661; Temp.-Abhängigk. d. ersten magnet. Anisotropiekonst. v. Li-Ferriteinkrist. mit Spinellstruktur als Funkt. d. magnet. Sättig. 39-0390; magnetoakust. Anreg. v. Hochfrequenzresonanzen u. Echos in Li-Ferrit 43-0507; Zücht.-Verf. u. magnet. Eig. großer $Li_{0,45} \cdot Fe_{2,52}O_4$-Einkrist. 49/50-0135.

Verw. v. Li-Ferraten für Speicherkerne 4-1829.

Flammenphotometr. Best. v. Li in Ferriten 31-2079.

Li–Al: Temp.-Abhängigk. d. Magnetisier. zwischen *77* °K u. d. Curie-Temp. v. Ferriten d. Zus. $Li_{0,5}Fe_{2,5-a}Al_aO_4$ 12-0481; magnet. Momente u. Mol.-Feldkoeff. v. $Li_{0,5}Fe_{2,5-x} \cdot Al_xO_4$ 20-0457.

Li–Co: Herst. v. temperaturunabhäng. Ferriten mit *81 – 83* Fe_2O_3, *16 – 17* Li_2O in *1 – 1,75* CoO 42-2127*; Temp.-Abhängigk.: d. Elastizitätsmoduls v. $Li_{0,5-0,5x}Fe_{2,5-0,5x}Co_xO_4$ 40-0108; d. ersten magnetokristallograph. Anisotropiekonst. in $Li_{0,5-0,5x}Fe_{2,5-0,5x}Co_xO_4$ mit $0 \leqq x \leqq 0{,}035$ 10-0493.

Lu: frequenzabhängig. Anisotropie in Si- u. Ca-dotiertem LuIG 7-0339; Mössbauer-Unters. d. Hyperfeinwechselwrkg. d. Fe-Kerne in $LuFeO_3$ u. Temp.-Abhängigk. d. Untergitter-Magnetisier. 16-0508; Untergittermagnetisier. in Lu I G 16-0513; lineare magnetoakust. Doppelbrech.- u. transversale ferroakust. Resonanzexperimente an $LuFe_5O_{12}$ 40-0364; Resonanz- u. Relaxat.-Unters. v. Lu–Fe-Granat 49/50-0240.

Mg: Bldg.: v. feuerfestem Mg-Ferrit beim Brennen v. Misch. aus Magnesia u. Chromerz 2-2132*; v. Mg-Ferrit in feuerfesten Magnesia–Chrom-Steinen 7-2306*.

Diffus. v. Mn in MgO–FeO-Paaren bei veränderl. Konz. u. Stabilität d. Mischkrist. 12-0280; Streuung v. Phononen an Gitterverzerr. v. Ionenkrist. (teilweise red. $MgFe_2 \cdot O_{4-\delta}$), d. nichtstöchiometr. Leerstellen enthalten 27-0326; Unters. d. Substitut. d. Fe(III)-Ionen in Mg-Ferrit durch Sn^{4+}-Ionen mit röntgenograph. u. thermomagnet. Meth. 30-0480; Orientier.-Überstrukturen in Magnesiumferraten(III) 33-0657; Unters. d. Koexistenz v. *Mg-Ferrit* Mischkrist. u. Mg-Wüstit Mischkrist. im Syst. $MgO/FeO/Fe_2O_3$ 36-0485; Substitut. d. Fe(III)-Ionen durch dreiwert., vierwert. u. fünfwert. Ionen in Mg-Ferrit 36-0486.

Temp.-Abhängigk. d. magnet. Anisotropie-Konst. 2-0456; magnet. Permeabilität, Koerzitivkraft, elektr. Widerstand, Curie-Temp. u. D. v. Proben d. Syst. MgO/Fe_2O_3 in Abhängigk. v. Fe_2O_3-Geh. 12-0483; magnet. Ausricht. interstellarer Teilchen Unters. an $(MgO)_{0,97}(FeO)_{0,03}Fe_2O_3$ 15-0775; ^{119}Sn-NMR-Spektren v. $Mg_{0,293}Mn_{0,937}Fe_{1,77}O_4$ mit beigemengtem SnO_2 22-0381; magnet. Diffus.-Nachwrkg. in $Mg_3Fe_{3-x}O_{4+\delta}$ 26-0532; Orientier.-Anhängigk. d. Spinwellendämpf. in ferromagnet. Isolatoren mit Spinellstruktur, $(MgO)_{0,35} \cdot (MnO)_{0,25}(Fe_2O_3)_{0,40}$ 29-0559; superparamagnet. Ausscheid. v. $Mg_{1,2}Fe_{1,8}O_{3,9}$ aus verd. Lsg. v. Fe in MgO 30-0478; Temp.-Abhängigk. d. ersten magnet. Anisotropiekonst. v. Ferriteinkrist. mit Spinellstruktur als Funkt. d. magnet. Sättig. 39-0390; Resonanzabsorpt. v. γ-Quanten mit *23,8* keV durch Beimeng. an ^{119}Sn-Kernen in Mg-Ferriten im Temp.-Bereich oberhalb d. Curie-Temp. 39-0391; Kernresonanz u. Kernrelaxat. in Ferriten v. Mg 42-0304; Mössbauer-Unters. v. Mg-, u. Mg–Mn-Ferriten in äußeren magnet. Feldern 48-0567; magnet. induzierte Ordn. in Mg–Fe(II)-Ferraten 48-0573; Resonanz-Unters. v. $Mg_{0,994}Fe^{3+}{}_{1,986}Fe^{2+}{}_{0,028}O_4$ u. $Mg_{0,803} \cdot Fe^{3+}{}_{2,049}Fe^{2+}{}_{0,123}O_4$ 49/50-0240.

Thermodynam. Eig.: v. Mg-Ferrit nach d. EMK-Meth. mit festen Elektrolyten 18-0503; v. Mg-Ferritchromit aus EMK-Mess. 18-0504; Einfl. v. Anionenleerstellen auf d. Gitter-Wärmeleitfähigk. koordinierter Krist. Mg-Ferrite bei tiefer Temp. 40-0174.

Best. v. Mg in Ferrit 4-1687; manganometr. Fe-Best. u. d. Trenn. u. Best. d. anderen Metalle in Ferriten $Mg_xFe_{3-x}O_4$ 29-2115.

$MgFe_2O_4$ s. unter *Magnesiumoxide, Mischoxide*.

Mg–Al: Linienbreite d. ferromagnet. Resonanz in Mg–Al-Ferriten 2-0344; magnet. (u. elektr.) Eig. v. Zentimeterbereichsferriten $MgAl_{0,3}Fe_{1,7}O_4$ (Temp.-Abhängigk.) 13-2199; Temp.-Abhängigk. d. magnet. u. elektr. Eig. v. $MgAl_{0,3}Fe_{1,7}O_4$ 13-2199.

Mg–Al–Cr: Phasengleichgew. u. Red.-Mechanismus v. Mischkrist. im Spinellbereich d. Syst. Mg/Al/Cr/Fe/O 34-0826.

Mg–Ba: Zücht. komplexer hexagonaler Ferriteinkrist. M_nY_g mit $M = BaFe_{12}O_{19}$ u. $Y = Ba_2Mg_2Fe_{12}O_{22}$ 32-0173; Kationenverteil. in hexagonalem $Ba_2Mg_2Fe_{12}O_{22}$ aus magnet. Unters. 18-0485.

Mg–Ba–Co: magnet. Struktur v. $Ba_3Co_{2-x} \cdot Mg_xFe_{24}O_{41}$ 39-0389.

Mg–Ca: Unters. d. Mikrostruktur u. d. Kornwachstums d. Syst. $CaO/MgO/Fe_2O_3$ 20-2260; Röntgendaten u. Darst. v. $[Ca, Fe^{2+}, Mg]Fe_{14}{}^{3+}O_5$ 23-0249.

Mg–Cr: Bldg. stöchiometr. Spinelle im Syst. $MgO/Cr_2O_3/Fe_2O_3$ 33-0921; Unters. d. thermodynam. Eig. v. Mg-Ferritchromiten mit Hilfe d. EMK-Meth. mit festem Elektrolyten 41-0433; thermodynam. Eig. v. Mg-Ferritchromit aus EMK-Mess. 18-0504; Rk. v. Cr_2O_3 mit Mg–Cr-Ferriten (Kinetik) 27-0805.

Mg–Cu: Barkhausen-Sprünge in $Mg_{0,49} \cdot Cu_{0,51}Fe_2O_4$ 29-0554; O-Geh. u. thermomagnet. Eig. in $Cu_{1-x}Mg_xFe_2O_4$ 34-0498; Einfl. d. Invers.-Stufe d. **Mg**-Cu-Ferrite auf d. Magnetostrikt. u. Sättig.-Magnetisier. 39-0394; O-Geh. u. thermomagnet. Eig. in $Cu_{1-x}Mg_xFe_2O_4$ 34-0498; Gleichgew.-Beding. d. Dissoziat. v. Mg Cu-Ferriten 39-0485.

Mn: thermodynam. Charakteristiken d. Bldg.-Rk. v. Manganferrit: $MnFe_{1,932}O_x$ für $x = 3{,}60 - 3{,}897$ 8-0493; Darst. u. Unters. v. $(Fe, Mn)_xO$-Mischkrist. 40-0477; Herst. v. Ferriten aus *52,5 – 70* $MnFe_2O_4$ u. *20 – 42,5* $InFe_2O_4$ 46-2112*.

Neutronenbeug. an aus wss. Lsg. erhaltenem Mn-Ferrit $Mn_{0,33}Fe_{0,67}(Mn_{0,67}Fe_{1,33}) \cdot O_4$ 47-0188; nichtzentrosymmetr. Strukturen in Mn-Ferraten(III) 6-0232; chem. Züchten v. einkrist. magnet. $(Ni, Mn)Fe_2O_4$-Schichten aus d. Dampfphase u. Diffus. v. Co in diesen Schichten 13-0237; Orientier.-Überstrukturen in – 33-0657; Einfl. niedr. Temp. auf d. Struktur v. $Mn_{1,66}Fe_{1,34}O_4$ u. $Mn_{1,88}Fe_{1,12}O_4$ 48-0162; Einfl. einer Mn^{3+}-Ionenanhäuf. auf d. Temp.-Abhängigk. d. elektr. Leitfähigk. u. d. Thermokraft v. Mn-Ferriten 33-0534; Temp.-Abhängigk. d. Leitfähigk. u. DK v. polykrist. Mn enthaltenden Ferriten 48-0434.

Zus.-Abhängigk. v. Curie-Temp., Seebeck-Koeff. u. Aktivier.-Energie d. elektr. Leitfähigk. v. einkrist. Mn-Ferriten d. Syst. $Mn_x \cdot Fe_{3-x}O_{4+\delta}$ 1-0503; Temp.-Abhängigk. d. magnet. Anisotropie v. Mn-Ferraten(III) 2-0456; Einfl. v. Mn^{3+}-Ionen auf Relaxat.-Prozesse in Ferriten d. Zus. $xMnO \cdot (1-x) \cdot Fe_2O_3$ 4-0413; magnet. Verh. d. Syst. Mn_2O_3/Fe_2O_3 aus Mössbauer-Unters. 9-0496; Unters. d. Syst. $Mn_{2-x}Fe_xO_3$ mit d. Mössbauer-Effekt 9-0497; Anisotropierelaxat. in Mn-Ferrate(III) 10-0486; magnet. Permeabilität, Koerzitivkraft, elektr. Widerstand, Curie-Temp. u. D. v. Proben d. Syst. MnO/Fe_2O_3 in Abhängigk. v. Fe_2O_3-Geh. 12-0483; ^{55}Mn-NMR im Syst. $Mn_xFe_{3-x}O_4$ 13-0360; Mössbauer-Unters. d. Jahn-Teller-Effekts in $Fe_{0,3}Mn_{2,7}O_4$ 14-0252; magnet. Anfangspermeabilität in Abhängigk. v. d. Frequenz v. $Mg_{0,4}Mn_{0,7}Fe_{1,9}O_4$ 16-0510; Magnetostrikt.-Konst. v. Mn-Ferrate(III) aus d. ferromagnet. Resonanz 18-0488; NMR-Unters. d. Kationenverteil. in aus wss. Lsg. erhaltenem *Mn-Ferrit* 22-0380; dielektr. Verluste an Mn-Ferriten $Mn_xFe_{3-x}O_4$ (x = *0,9*, *1,0*, *1,1*, *1,4* u. *2,0*; Einkrist. u. Polykrist.) 25-0504; Barkhausen-Sprünge in Ferriten d. Zus. $Mn_{0,2}Fe_{2,8}O_{4+0,014}$ 29-0554; Orientier.-Abhängigk. d. Spinwellendämpf. in ferromagnet. Isolatoren mit Spinellstruktur ($MnFe_2O_4$ u. $(MgO)_{0,35} \cdot (MnO)_{0,25}(Fe_2O_3)_{0,40}$) 29-0559; Mess. d. Magnetostrikt.-Konst. v. Ferriteinkrist. auf d. Grundlage d. ferromagnet. Resonanz 31-0510; induzierte Anisotropie in Mn-Ferrit d. Zus. $Mn_xFe_{3-x}O_{4-x}$ mit $0 < x < 1{,}77$ u. $0 < \delta < 0{,}017$ 32-0514; Temp.-Abhängigk. d. ersten magnet. Anisotropiekonst. v. Ferriteinkrist. mit Spinellstruktur als Funkt. d. magnet. Sättig. 39-0390; Resonanzabsorpt. v. γ-Quanten mit *23,8* keV durch Beimeng. an ^{119}Sn-Kernen in Ferritspinellen (Mn-Ferrite) im Temp.-Bereich oberhalb d. Curie-Temp. 39-0391; Dämpf. d. Beweg. magnet. Domänengrenzen durch Mn(III)-Ionen in Mn-Ferrit 39-0393; Kernresonanz u. Kernrelaxat. in Ferriten v. Mn 42-0304; magnet. Domänen in Mn-Ferrit 43-0485; Änder. d. magnet. Suszeptibilität v. Fe_2O_3MnO in d. Nähe v. Tc 43-0496; Einfl. d. Clusterbldg. v. Mn^{3+}-Ionen auf d. Linienbreite d. ferromagnet. Resonanz Mn-reicher Mn–Fe-Spinelle ($Mn_xFe_{3-x}O_4$) 48-0357; Mössbauer-Unters. v. Mn-Ferriten in äußeren magnet. Feldern 48-0567; Resonanz- u. Relaxat.-Unters. v. $Mn_xFe_{3-y}O_{4+x}$ 49/50-0240; thermodynam. Daten d. Mischkrist.-Bldg. bei d. Dissoziat. v. Ferriten im Syst. $MnFe_2O_4/Fe_3O_4$ 6-0603; Gleichgew. v. $MnFe_{2,065}O_x$ mit d. Gasphase H_2–H_2O 14-0540; thermodynam. Eig. v. Mn-Ferrit aus EMK-Mess. 16-0541; Gleichgew. im Syst. Fe/Mn/O unter Einschluß fester Lsg. „(Fe, Mn)O" u. $(Fe, Mn)_3O_4$ 36-0487; Best. v. Mn in Ferrit 4-1678.

$MnFe_2O_4$ s. unter *Manganoxide, Mischoxide: Fe*.

Mn–Al–Mg: Linienbreite d. ferromagnet. Resonanz in MnMgAl-Ferriten 2-0344; Einfl. d. Anreg. v. Spinwellen auf d. Halbwertsbreite d. ferrimagnet. Resonanz v. polykrist. kommerziellen Mg–Mn–Al-Ferriten (Siferit-GY *4*, *-300 M 11* u. *-80* K *1*) 30-0356.

Mn–Ba: Zücht. komplexer hexagonaler Ferriteinkrist. M_nY_g mit $M = BaFe_{12}O_{19}$ u. $Y = Ba_2Mn_2Fe_{12}O_{22}$ 32-0173; hexagonale Ferrite mit Stapelstruktur d. Typs $Ba_wMn_x{}^{2+}Fe_yO_z$ 45-0249.

Mn–Bi: kristallchem. Unters. d. Syst. $Bi_2O_3/Mn_2O_3/Fe_2O_3$: Identifizier. v. $Bi(Fe, Mn)O_3$ u. $Bi_2(Fe, Mn)_4O_9$ 44-0208.

Mn–Co: chem. Züchten v. einkrist. magnet. $(Co, Mn)Fe_2O_4$-Schichten aus d. Dampfphase 13-0237.

Mn–Cr–Cu: Einfl. d. Porosität auf d. Tensor d. magnet. Permeabilität polykrist. Mn–Cr–Cu-Ferriten 45-0458.

Mn–Cu: tetragonale Verzerr. v. $CuFe_x \cdot Mn_{2-x}O_4$ 25-0198; Mikrostruktur v. Cu/Mn-Ferriten 36-0157; Ionenkonfig. u. kristallograph. u. elektr. Eig. v. $CuFeMnO_4$ 18-0422; elektr. Widerstand v. $CuFe_xMn_{2-x}O_4$ 27-0513; manganometr. Fe-Best. u. d. Trenn. u. Best. d. anderen Metalle in Ferriten $Cu_xMnFe_{2-x}O_4$ u. $Cu_xMn_{1-x}Fe_2O_4$ 29-2115.

Mn–Ir–Mg: Einfl. d. Krist.-Deformat. auf d. Gitterschwing. v. $MnCr_2O_4$, $FeCr_2O_4$, $CoCr_2O_4$, $NiCr_2O_4$, $CuCr_2O_4$, $ZnCr_2O_4$ 45-0311; Verh. v. Spinwellenlinienbreite bei im Einbau v. Übergangsmetallen in Spinellferrite $Mn_{0,1} \cdot Mg_{1,1}(MgIr)_\delta Fe_{2-2\delta}O_{4+y}$ 35-0336.

Mn–Li: Resonanzerschein. in Li-Manganferriten Ferrit-Einkrist. mit einer Domänenstruktur 23-0438.

Mn–Mg: Herst.: v. **Mn–Mg-Ferriten** [*25 – 50* Fe_2O_3, *8 – 50* MgO, *5 – 60* MnO, $Ca \cdot (OCOCH_3)_2$] 4-1824*; v. Mg–Mn-Ferrit mit Fe-Überschuß (für Magnetkerne) 8-2180*; v. Mg–Mn-Ferrit unter Zusatz v. Cr_2O_3 u. Sc_2O_3 36-2266*.

Keimbldg. u. Wachstum v. „Spike" = Domänen einer Ummagnetisier. an Korngrenzen v. Mg–Mn-Ferriten 7-0448; Fe u. Mn K-Kanten in $Mg_{1-x}Mn_xFe_2O_4$ 17-0381; Kinetik d. Änder. d. Kationenverteil. in Mg–Mn-Ferriten d. Zus. $Mg_{1,093}Mn_{0,123}Fe_{1,784}O_{3,953}$ 32-0513; Hochfrequenzschwing. in MgMn-Ferrit 4-0414.

Linienbreite d. ferromagnet. Resonanz in MnMg-Ferriten 2-0344; experimentelle Unters. d. Anfangspermeabilität v. Mn–Mg-Ferriten bei sehr hohen Frequenzen 4-0403; Frequenzabhängigk. d. Anfangspermeabilität v. Mg–Mn-Ferrit 4-0404; gekoppelte Magnetisier.-Oszillat. an Einkrist.-Kugeln aus Mg–Mn-Ferrit mit Bereichsstrukturen 4-0408; Magnetisier., Koerzitivkraft, Curie-Temp. v. $Mn_xMg_{1-x}Fe_2O_4$ mit x = *0* bis *0,8* 12-0482; magnet. Anfangspermeabilität in Abhängigk. v. d. Frequenz v. $Mg_{0,4}Mn_{0,7}Fe_{1,9}O_4$ 16-0510; ^{119}Sn-NMR-Spektren v. $Mg_{0,293}Mn_{0,937}Fe_{1,77}O_4$ mit beigemengtem SnO_2 22-0381; Resonanzerschein. in Mg-Manganferriten (Ferrit-Einkrist. mit einer Domänenstruktur) 23-0438; nichtferromagnet. Resonanz v. Mn–Mg-Ferrit 23-0439; Mechanismus und Anfangspermeabilität v. Mg–Mn-Ferriten bei sehr hohen Frequenzen 26-0531; Magnetostrikt.- u. magnet. Anisotropiekonst. v. Mg–Mn-Ferriten mit jeweils *43* Mol-% Fe_2O_3 u. verschiedenen MnO- u. MgO-Geh. zwischen *0* u. *57* Mol-% 29-0555; Orientier.-Abhängigk. d. Spinwellendämpf. in ferromagnet. Isolatoren mit Spinellstruktur, $(MgO)_{0,35}(MnO)_{0,25}\cdot(Fe_2O_3)_{0,40}$ 29-0559; Resonanzabsorpt. v. γ-Quanten mit *23,8* keV durch Beimeng. an ^{119}Sn-Kernen in Mg–Mn-Ferriten im Temp.-Bereich oberhalb d. Curie-Temp. 39-0391; Einfl. d. Invers.-Stufe d. Mg–Mn-Ferrite auf d. Magnetostrikt. u. Sättig.-Magnetisier. 39-0394; Besonderh. d. parametr. Anreg. v. Spinwellen in Ferrit-Einkrist. d. Zus. *25*(%) MgO/*35* MnO/*40* Fe_2O_3 bzw. *10* MgO/*45* MnO/*45* Fe_2O_3 47-0314; Mössbauer-Unters. v. Mg–Mn-Ferriten in äußeren magnet. Feldern 48-0567.

Kristallchem. Umwandl. bei Dissoziat. v. Magnesiummanganferriten 23-0821.

Best. d. Feuchtigk.-Geh. v. Mn/Mg/Ferriten 46-1946.

Na: zusammenfassende Übersicht d. magnet. u. kristallchem. Eigenschaften v. Na/FeO_2 24-0509; Darst., Krist.-Struktur u. magnet. Eig. v. $Na_3Fe_5O_9$ 32-0225; Verh. v. Na-Ferrat(IV) in Ggw. v. Na_2CO_3- u. Na_2CrO_4-Schmelzen 28-0755.

Nb–Ba–Bi: röntgenograph. Unters. d. Kationenverteil. in d. Struktur d. Seignetteelektrikums v. $Ba_4Bi_2Fe_3Nb_8O_{20}$ 23-0265.

Nd: Mössbauer-Unters. d. Hyperfeinwechselwrkg. d. Fe-Kerne in $NdFeO_3$ u. Temp.-Abhängigk. d. Untergitter-Magnetisier. 16-0508; lineare magnetoakust. Doppelbrech.- u. transversale ferroakust. Resonanzexperimente am $Nd_3Fe_5O_{12}$ 40-0364.

Nd–Ho: kristallograph. Unters. u. magnet. Eig. v. Mischgranaten d. Holmiums u. d. Cererden d. allg. Formel $5\,Fe_2O_3\cdot xNd_2O_3\cdot(3-x)Ho_2O_3$ 36-0155.

Ni: Bldg. u. Eig. v. Ni-Ferrat 33-2468; Herst.: v. Ni-Ferrit durch Schmelzen im Ultraschallfeld 20-2233; v. Nickeleisenferrit-Krist. unter Verw. v. Lichtbogenofen-Verf. 36-0140.

Struktur d. durch Vakuumbogenentlad. abgeschiedenen Ferritfilms $Ni_{0,8}Fe_{2,2}O_4$ 34-0188. Gefüge d. Ausscheid.-Phase in Ni-Ferriten 36-2391; Texturerschein. in – -Oxidschichten aus reaktiver Kathodenzerstäub. 24-0262; Temp.-Abhängigk.: d. Leitfähigk. u. DK v. polykrist. Ni enthaltenen Ferriten 48-0434; d. magnet. Anisotropiekonst. 2-0456; Verring. d. Temp.-Koeff. d. Resonanzfrequenz v. Ni-Ferriten mit Cu- u. Co-Zusätzen 5-2217*; Eigenfelder in Nickelferrit 10-0489; magnet. Ausricht. interstellarer Teilchen (Unters. an $Ni_{0,85}Fe_{0,15}Fe_2O_4$ u. $Ni_{0,75}Fe_{0,25}Fe_2O_4$) 15-0775; Bldg. u. magnet. Eig. v. Ni-Ferrit 16-0511; thermomagnet. Unters. an Ni–Fe-Ferriten d. Zus. $Ni_wFe_x^{2+}Fe_y^{3+}D_zO_4$ 16-0512; Temp.-Abhängigk. einiger magnet. Eig. 20-0459; Mess. d. Magnetostrikt.-Konst. v. Ferriteinkrist. auf d. Grundlage d. ferromagnet. Resonanz 31-0510; Mikrostrukturen u. magnet. Eig. dünner Ni-Ferritfilme 39-0395; magnet. Eig. durch Vakuumbogenentlad. abgeschiedener Ni-Ferritschichten 46-0443; magnet. induzierte Ordn. in Ni–Fe(II)-Ferraten 48-0573; Instabilität nichtlinearer ferromagnet. Resonanz in Ni-Ferrit 49/50-0240; Unters. d. Elektronenrelaxat. in Ni-Ferrit-Pulvern durch Mess. d. Spin–Gitter-Relaxat.-Zeit in Abhängigk. v. d. Zeeman-Frequenz 51/52-0253; Erwider. zur Diskuss. über „O-Geh. v. Ni-Ferrit bei *1300°*" 6-0604, 27-0656; Wärmeleitfähigk.-Koeff., therm. Ausdehn., Wärmeleitfähigk. u. elektr, Leitfähigk. polykrist. Ni–Fe-Spinelle 7-0286; thermogravimetr. Best. d. Kristallisat.-Temp. v. Ni-Ferrit in Schmelzen mit Flußmittel 49/50-0137; Adsorpt. an Ni-Ferrit 37-0664.

Verw. v. Ni-Ferrit zur Herst. v. Speicherkernen 21-2441*.

Best. v. Ni in Ferritspeichern durch Aktivier.-Analyse 8-1966.

Fe_2NiO_4, Bldg. v. $NiFe_2O_4\cdot 19\,H_2O$ im Syst. $Ni(OH)_2$/α-FeOOH beim Altern (Kinetik u. Mechanismus) 35-0639; epitakt. Bldg. bei chem. Transportrk. 37-0164; Herst. v. einkrist. Schichten 3-0213; Verf. zur Darst. v. Einkrist. 46-0144; Darst. bei tiefer Temp. 51/52-0116.

IR-Hauptabsorpt.-Banden 19-0368; chem. Züchten v. einkrist. magnet. Schichten aus d. Dampfphase 13-0237; Struktur d. durch Vakuumbogenentlad. abgeschiedenen – -Films 34-0188; Spiralwachstum d. häutchenart. Einkrist. 42-0194; Qualität v. mit chem. Transportrk. im Konvekt.-Gebiet hergestellten Einkrist. 42-0195; spontane Magnetisier. d. Fe-Untergitter in – mit Hilfe d. Mössbauer-Effekts 4-0409; magnet. Ausricht. interstellarer Teilchen am Beispiel – 15-0775; nichtferromagnet. Resonanz 23-0439; Messung d. Resonanzabsorpt. 41-0291; Änder. d. magnet. Suszeptibilität in d. Nähe v. T_c 43-0496; Spinwellenresonanzen bei Mess. d. ferromagnet. Resonanz an dünnen Schichten 48-0604; Wärmeleitfähigk.-Koeff., therm. Ausdehn., Wärmeleitfähigk. und elektr. Leitfähigk. 7-0286; Zücht. v. Ni–Zn-Ferrit-Mischkrist. u. d. Löslichk.-Kurven für d. Syst. $NiFe_2O_4$/PbO 10-0195; Aktivität, Aktivitätskoeff. u. Änder. d. Freien Bldg.-Enthalpie in Abhängigk. v. Molenbruch d. Lsgm. PbO bzw. PbF_2 in Syst. mit – 41-0517.

Rk. mit FeS bei *1100–1300°* 3-2398; Darst. v. red. $NiFe_2O_4$-Proben mit bis zu *1,0* Fe^{2+} (Anwend. d. Thermogravimetrie) 18-0746; Phasenbezieh. bei d. Red. v. $NiCr_2O_4$–$NiFe_2O_4$-Mischkrist. 33-0940.

Ni–Al: Diffus.-Erschein. in ferrimagnet. Spinellen d. Zus. $NiO\cdot(1-x)\,Fe_2O_3\cdot x\,Al_2O_3$ $(0 < x < 1)$ 10-0495.

Ni–Al–Mn: magnet. Unters. an interstellaren Teilchen d. Zus. $NiMn_{0,02}Al_{0,65}\cdot Fe_{1,35}O_4$ 15-0775.

Ni–Ba: Zücht. komplexer hexagonaler Ferriteinkrist. Mn Y_g mit M = $BaFe_{12}O_{19}$, Y = $Ba_2Ni_2Fe_{12}O_{22}$ 32-0173; Kationenverteil. in $Ba_2Ni_2Fe_{12}O_{22}$ aus magnet. Unters. 18-0485.

Ni–Co: Frequenzabhängigk. d. Anfangspermeabilität v. Ni–Co-Ferrit 4-0404; Koppl. zwischen Bloch-Wand-Syst. u. Rayleigh-Potential in $Co_{0,1}Ni_{0,5}Fe_{2,4}O_4$ 6-0489; dielektr. Verluste v. Mikrowellenferrit $Ni_{1-x}Co_xFe_2O_4$ 13-0467; magnet. Krist.-Anisotropie v. Ni–Co-Ferriten 13-0499; Konz.-Abhängigk. d. magnet. Sättig. d. Mischkrist.-Reihe d. Ferrite $(Me_I^{2+})_c\cdot(Me_{II}^{2+})_{1-c}Fe_2O_4$ (Me_I, Me_{II} = Fe^{2+}, Ni^{2+}, Co^{2+}) 30-0476; Ursprung v. kπ-Wänden u. bewegl. Wänden in einem Ni–Co-Ferrit mit induzierter Anisotropie 33-0660; Temp.-Abhängigk. d. ersten magnet. Anisotropiekonst. v. Ni–Co-Ferriteinkrist. als Funkt. d. magnet. Sättig. 39-0390.

Ni–Co–Mn: magnet. Ausricht. interstellarer Teilchen (Unters. an $Ni_{0,99}Co_{0,01}Mn_{0,02}\cdot Fe_{1,9}O_4$) 15-0775.

Ni–Cr: Fe u. Mn K-Kanten in $NiCr_{2-x}\cdot Fe_2O_4$ (x = *0–2*) 17-0381; magnet. Suszeptibilität d. Syst. $NiCr_{2-x}Fe_xO_4$ 10-0491; Phasenbezieh. bei d. Red. v. $NiCr_2O_4/NiFe_2O_4$-Mischkrist. 33-0940.

Ni–Cu: Einfl. d. Invers.-Stufe d. Ni–Cu-Ferrite auf d. Magnetostrikt. u. Sättig. u. Magnetisier. 39-0394.

Ni–Li: Herst. v. Li–Ni-Ferrit (*14* bis *15* Mol-% Li_2O, *5–7* NiO, *70–80* Fe_2O_3) 4-1822.

Ni–Mg: Einfl. d. Substitut. d. Ni- durch Mg-Atome auf d. Desakkomodat. d. Anfangspermeabilität v. $Ni_{0,8-x}Mg_xFe_{2,2}O_{4+8}$ $(0 \leqq x \leqq 0{,}8)$ 29-0557.

Ni–Mg–Mn: Kinetik d. Änder. d. Kationenverteil. in Mg–Mn-Ferriten d. Zus. $Mg_{0,812}\cdot Mn_{0,289}Ni_{0,062}Fe_{1,837}O_{3,998}$ 32-0513; Einfl. d. Substitut. d. Ni- durch Mg-Atome auf d, Desakkomodat. d. Anfangspermeabilität bei ca. *0°* v. Ferriten d. Zus. $Ni_{0,8-x}Mg_xFe_{2,2}O_{4+8}$ $(0 \leqq x = 0{,}8)$ 29-0557; Wärmeleitfähigk.-Koeff., therm. Ausdehn., Wärmeleitfähigk. u. elektr. Leitfähigk. v. $Ni_yMg_{1-y}Fe_2O_4$ 7-0286.

Ni–Mn: Herst. v. Mn–Ni-Ferrit 28-2318*; Züchten v. einkrist. magnet. (Ni, Mn)Fe_2O_4-Schichten aus d. Dampfphase u. Diffus. v. Co in diesen Schichten 13-0237; dielektr. Verluste v. Mikrowellenferrit $Ni_{0,973}Mn_{0,027}Fe_2O_4$ 13-0467; magnet. Ausricht. interstellarer Teilchen (Unters. an $NiMn_{0,02}Fe_{1,9}O_4$) 15-0775; lokalisierte Dotier. epitakt. $Ni_{0,6}Mn_{0,4}Fe_2O_4$-Schichten mit Co u. Dreh. d. Magnetisier.-Richt. 41-0376; Wärmeleitfähigk.-Koeff., therm. Ausdehn., Wärmeleitfähigk. u. elektr. Leitfähigk. v. $Ni_yMn_{1-y}Fe_2O_4$ 7-0286.

P–Ca–Mg: Phasengleichgew. zwischen Fe-Schmelzen u. Schlacken d. Syst. CaO–FeO_n–P_2O_5–MgO 36-2334.

Pb: Verf. zur Darst. v. $6\,Fe_2O_3$–PbO-Einkrist. 46-0144; Magnetismus v. Pb-Orthoferriteinkrist. 30-0481; Verw. v. Pb-Ferrit zur Herst. elast. ferromagnet. Körper 40-2101*.

Pb–Al: Dimens. d. Elementarzelle im Syst. $PbAl_{(12-x)}Fe_xO_{19}$ 31-0217.

Pb–Cu–Ni: Herst. v. Ni–Pb–Cu-Ferrit-Pulvern 44-2129*.

Pb–Nb: mikroelektronograph. Unters. d. Atomstruktur $Pb(Fe_{0,5}Nb_{0,5})O_3$ 23-0273; Mössbauer-Unters. d. Perowskits $Pb(NbFe)_{1/2}O_3$ 48-0179; Struktur u. dielektr. Eig. v. Mischkrist. im Syst. $PbTiO_3/PbFe_{1/2}Nb_{1/2}O_3$ 19-0509; seignette- u. antiseignetteelektr. Eig. v. $Pb(Nb_{0,5}Fe_{0,5})O_3$ 23-0542.

Pm: lineare magnetoakust. Doppelbrech.- u. transversale ferroakust. Resonanz-Experimente an $Pm_3Fe_5O_{12}$ 40-0364.

Pr: Mössbauer-Unters. d. Hyperfeinwechselwrkg. d. Fe-Kerne in $PrFeO_3$ u. Temp.-Abhängigk. d. Untergitter-Magnetisier. 16-0508; lineare magnetoakust. Doppelbrech.- u. transversale ferroakust. Resonanz-Experimente an $Pr_3Fe_5O_{12}$ 40-0364.

Pr–Bi: Temp.-Abhängigk. d. Mössbauer-Effekts v. $(Bi_{0,875}Pr_{0,125})FeO_3$ 16-0511.

Pr–Ho: kristallograph. Unters. u. magnet. Eig. v. Mischgranaten d. Holmiums u. d. Cer-Erden d. allg. Formel $5\,Fe_2O_3\cdot x\,Pr_2O_3\cdot(3-x)\,Ho_2O_3$ 36-0155.

Pt: katalyt. Aktivität v. red. Mischoxiden aus Pt mit Fe bei d. Hydrier. v. Nitrobenzol, 2-Methylbutin-(3)-ol-(2) u. Cyclohexen 34-0788.

Rh: Mössbauer-Effekt d. Syst. $x\,Rh_2O_3\cdot(1-x)\,Fe_2O_3$ 21-0547.

Sc–Cu–Mn: Einfl. v. Sc_2O_3 auf d. magnet. Eig. d. Ferrite *22–32* $Fe_2O_3\cdot$*64* MnO·*4* CuO·*0–10* Sc_2O_3 30-0486.

Seltenerdmetalle: Seltenerdmetall-Fe-Austauschwechselwrkg. in Granaten (Austauschpotential für Yb) 9-0342; App. zur Zücht. großer Seltenerdmetall-Fe-Granate 9-0235; Verf. zur Darst. v. $5\,Fe_2O_3\cdot 3\,M_2O_3$ (M = Seltenerdmetall)-Einkrist. 46-0144; Berechn. d. Superaustauschwechselwrkg. zwischen Seltenerdmetall u. Fe in Granaten 7-0471; Mössbauer-Unters. d. Hyperfeinwechselwrkg. d. Fe-Kerne in Orthoferriten $RFeO_3$ (R = Seltenerden) u. Temp.-Abhängigk. d. Untergitter-Magnetisier. 16-0508.

Seltenerdmetall–Mn: Unters. d. Syst. $Fe_xMn_{1-x}TO_3$ (T = Seltenerdenmetall) $(0 \leqq x \leqq 1)$ mit Hilfe d. Mössbauer-Effektes an ^{57}Fe 18-0046.

Si: Olivin–Spinell-Umwandl. im Syst. Mg_2SiO_4/Fe_2SiO_4 bei *800°* 11-0858; Synth. v. Spinellmischkrist. im Syst. Mg_2SiO_4/Fe_2SiO_4 11-0859; Gleichgew. in geschmolzenen Misch. v. Fe-Oxide u. SiO_2 im Kontakt mit Misch. v. CO u. CO_2 32-0599.

Si–Al: Einw. v. Zusätzen v. CaO–MgO–SiO_2-Gemischen auf d. Sintern v. Al_2O_3–Fe_2O_3 30-2273.

Si–Al–Ba–Mg: Osumilithbldg. in d. Syst. $BaO/MgO/Fe_2O_3/Al_2O_3/SiO_2$ 9-0813.

Si–Al–Ca–Mg: durch TiO_2 stimulierte Kristallisat. v. Gläsern d. Zus. $SiO_2/Al_2O_3/Fe_2O_3/CaO/MgO$ 16-0258.

Si–Al–Ca–Mg–Na: Best. d. Glasbldg.-Gebiets, d. stimulierten Kristallisat.-Fähigk. u. anderer Eig. d. Gläser in einem Teil d. Syst. $Na_2O/CaO/MgO/Al_2O_3/Fe_2O_3/SiO_2$ 31-0612.

Si–Ba: Elektronenspektren v. Fe^{2+} in $BaFeSi_4O_{10}$ in quadrat. planarer Koordinat. mit O 28-0324; Mössbauer-Spektrum v. Fe^{2+} in einer quadrat. planaren Umgeb. ($BaFeSi_4\cdot O_{10}$) 51/52-0166.

Si–Ca: Ionen- u. Elektronenleit. in $CaO/FeO/Fe_2O_3/SiO_2$-Schmelzen 45-0560; Phasen d. Syst. $Zn_2SiO_4/CaFeSiO_4$ (Zustandsdiagramm) 29-0633; Viskosität v. Schmelzen d. Syst. $CaO/SiO_2/Fe_2O_3$ 36-0434.

Si–Ca–P: Zustandsschaubild d. Syst. CaO–FeO_n–P_2O_5–SiO_2 bei *1600°* 1-2194.

Si–Li: elektr. Leitfähigk. v. Lithiumeisensilicatgläsern 26-0635.

Si–Li–Mn: superparamagnet. Verh. v. aus Silicatschmelzen (Zus.: *0,05* Li_2O–*0,15* MnO–*0,15* Fe_2O_3–*0,65* SiO_2) ausgeschiedenem Mn·Fe_2O_4 u. α-Fe_2O_3 34-0499.

Si–Mg: Eisentitanoxide vulkan. Gesteine u. d. assoziierten Ferromagnesiumsilicate 1-0758.

Si–Na: IR-Reflex.-Spektren u. Raman-Spektren v. Na–Silicat-Gläsern mit Fe-Oxiden 32-0348; superparamagnet. Verh. v. aus Silicatschmelzen (*0,37* Na^2O–*0,27* Fe_2O_3–*0,37* SiO_2)

ausgeschiedenem $MnFe_2O_3$ u. α-Fe_2O_3 34-0499; Kinetik d. Grenzflächenrk. u. Diffus.-Prozesse im Syst. Fe–Na-Disilicatglas 18-2250; Unters. d. Liquidusoberfläche d. pseudotern. Syst. $NaAlSi_3O_8/KAlSi_3O_8/SiO_2$ + 5% $NaFeSi_3O_6$ 33-1013.

Sm: Bldg. v. $SmFeO_3$ bzw. $Sm_3Fe_5O_{12}$ bei d. Rk. v. Y_2O_3 mit Fe_2O_3 22-0766; Charakter d. Magnetisier.-Kurven eines Sm-Orthoferriteinkrist. in d. Nähe d. Reorientier.-Temp. 4-0411; Mössbauer-Unters. d. Hyperfeinwechselwrkg. d. Fe-Kerne in Sm-Ferraten(III) u. Temp.-Abhängigk. d. Untergitter-Magnetisier. 16-0508; Magnetostrikt.-Konst. v. $Sm_3 \cdot Fe_5O_{12}$ 18-0490; lineare magnetoakust. Doppelbrech.- u. transversale ferroakust. Resonanz-Experimente an $Sm_3Fe_5O_{12}$ 40-0364.

Sm–Ba–Nb: röntgenograph. Unters. d. Kationenverteil. in d. Struktur d. Seignetteelektrikums v. $Ba_4Nb_2Fe_3Nb_8O_{30}$ 23-0265.

Sm–Ho: kristallograph. Unters. u. magnet. Eig. v. Mischgranaten d. Holmiums u. d. Cer-Erden d. allg. Formel 5 $Fe_2O_3 \cdot x\,Sm_2O_3 \cdot (3-x)\,Ho_2O_3$ 36-0155.

Sn: Einfl. örtl. Veränder. auf d. Hyperfeinfeld; Mössbauer-Spektren v. Fe_2SnO_4 2-0469; kristallograph. u. kinet. Unters. d. Verb. $Fe_2O_3 \cdot SnO_2$ 44-0205.

Sn–Ca–Gd: Mössbauer-Effekt v. ^{113}Sn in $Ca_2GdSn_2Fe_3O_{12}$ 39-0024.

Sn–La: kristallograph. u. kinet. Unters. d. Verb. $Fe_2O_3 \cdot 3\,La_2O_3 \cdot SnO_x$ 44-0205.

Sn–Mn: magnet. Felder an Sn-Atomen in $Mn_{1,1}Fe_{1,8}Sn_{0,1}O_4$ aus Mössbauer-Spektren 39-0392.

Sr–Al: Einfl. d. Magnetfeldes auf d. Domänenstruktur ferrimagnet. Oxide [$SrO \cdot (6-x)\,Fe_2O_3 \cdot x\,Al_2O_3$-Einkrist.] mit hohem Anisotropiefeld 13-0495; Koordinat.-Zustände v. Sr-Hexaferrit-Pulver u. festen Lsg. d. allg. Zus. $SrFe_{(12-x)}Al_xO_{19}$ 13-0496; Veränder. d. magnet. Sättig. v. Strukturen d. Typs $SrFe_{(12-x)}Al_xO_{19}$ 13-0497.

Sr–Ca: Synth. v. $(Ca_xSr_{1-x})FeO_{3-\delta}$ mit Perowskitstruktur bei hohen Sauerstoffdrücken u. deren physikal.-chem. Eig. 29-0838.

Sr–Co: Kationenverteil. in $Sr_3Co_2Fe_{16}O_{27}$ (magnet. Unters.) 18-0485.

Sr–Ga: Hyperfein-Magnetfelder an d. ^{57}Fe-Kernen in $SrFe_{12-x}Ga_xO_{19}$ 47-0024.

Sr–Mo: Neutronenbeug. an $Sr_2(FeMo)O_6$ 43-0482.

Sr–Pb: Verw. v. $Sr_{0,75}Pb_{0,25}O \cdot 6\,Fe_2O_3$ als magnet. hartes Material 5-2218*.

Ta: Bldg. eines Tapiolitfilms $(Fe, Ta)O_2$ auf Ta in hocherhitztem W. 30-0590.

Ta–Sr: Atomanordn. im Syst. $Sr(FeTa)_{0,5} \cdot O_3/Sr(CrTa)_{0,5}O_3$ 2-0210.

Tb: Änder. d. Temp. d. Kompensat.-Punktes in Abhängigk. v. hydrostat. Druck v. 5 $Fe_2O_3 \cdot 3\,Tb_2O_3$ 6-0491; Austauschwechselwrkg. u. Temp.-Abhängigk. d. Faraday-Effektes in $Tb_3Fe_5O_{12}$ 5-0381; magnetoopt. Eig. dünner Tb–Fe-Granatschichten auf Quarz- oder Glasträgern 31-0297; Druckabhängigk. d. Ordn,-Temp. u. Temp.-Abhängigk. d. paramagnet. Suszeptibilität v. 3 $Tb_2O_3 \cdot 5\,Fe_2O_3$ 16-0507; Mössbauer-Unters. d. Hyperfeinwechselwrkg. d. Fe-Kerne in $TbFeO_3$ u. Temp.-Abhängigk. d. Untergitter-Magnetisier. 16-0508; magnet. Eig. v. Tb-Ferraten(III) nahe d. Curie-Punkt 18-0489; Magnetostrikt.-Konst. v. $Tb_3Fe_5O_{12}$ 18-0490; Magnetostrikt. v. $Tb_3Fe_5O_{12}$-Einkrist. zwischen *4,2* u. *80* °K 18-0491; Unters. d. Konfigurat. magnet. Elementarbereiche im $Tb_3 \cdot Fe_5O_{12}$ durch Röntgenbeug.-Topographie 32-0516; magnet. Struktur v. $TbFeO_3$ 39-0386; lineare magnetoakust. Doppelbrech.- u. transversale ferroakust. Resonanz-Experimente an $Tb_3Fe_5O_{12}$ 40-0364; magnet. Struktur v. $TbFeO_3$ 41-0360.

Ti: Eisentitanoxide vulkan. Gesteine u. d. assoziierten Ferromagnesiumsilicate 1-0758; Titaneisenoxide in einigen silicat. Gängen u. Stöcken 4-0643; Ursprung v. gewissen Eisentitanoxidgesteinen 26-0819; Fe-Titanoxide einiger Dunedin (New Zealand)-Laven in Bezieh. zu ihrem paläomagnet. u. thermomagnet. Charakter 38-0819; Fe–Ti-Oxide u. d. Sauerstoff-Fugazitäten in vulkan. Gesteinen 39-0731; H_2-Red. v. TiO_2–Fe_2O_3-Misch. in ägypt. Ilmeniterzen 4-1927; röntgenograph. Unters. über einige gemischte Oxidsyst. d. Zus. $Fe_{3-x}Ti_xO_5$ mit $1 \leqq x \leqq 3$ mit Pseudobrookit-Struktur 37-0236; Mössbauer-Spektren v. $x\,Fe_2TiO_4 \cdot (1-x)\,Fe_3O_4$ $(0,7 \leqq x \leqq 1,0)$ 2-0469; temperaturunabhäng. statist. Änder. d. lokalen Symmetrie an Fe-Lagen u. Elektronensprung zwischen Fe(II) u. Fe(III) in Oktaederlagen v. $Fe_{2,4}Ti_{0,6}O_4$ 9-0498; Einfl. d. Krist.-Struktur auf d. magnet. Eig. v. Fe–Ti-Spinellen 26-0524; Bezieh. zwischen d. magnet. Eig. v. Ti-Magnetit im Verlauf seiner Ox. 36-0407.

$FeTiO_3$, O-Isotopenverhältnisse in *Ilmentit* regionalmetamorpher Gesteine 1-0752; Unters. v. *Ilmenit* sal. vulkan. Gesteine u. d. assoziierten Ferromagnesiumsilicate 1-0758; Vork.: v. Rutil mit *Ilmenit* in d. Meteoriten Allegan, Bondoc, Estherville, Farmigton u. Vaca Muerta 2-0729; v. *Ilmenit* in d. Au-Erzlagerstätte Kolar (Südindien, Majsur) 2-0793; v. *Ilmenit* in einigen silicat. Gängen u. Stöcken 4-0643; v. *Ilmenit* in d. monzonit. Hornblendegranit NW v. Tebo, Central Sierra Leone 7-0774; v. Elpidit in Assoziat. mit *Ilmenit* in d. UdSSR 7-0777; petrograph. u. modale Zusammenhänge in d. *Ilmenit*-halt. Magnetitlagerstätte Sanford Hill 7-0806; Vork. v. *Ilmenit* in d. Basalten im Gebiet d. Ätna (Sizilien) 12-0758; *Ilmenit* in Meteoriten u. Tektiten (Zeitschriftenref.) 16-0764; Nachw. v. *Ilmenit* neben Pentlandit in d. Zone v. S. Cosmo Albanese (Cosenza) 16-0842; *Ilmenit*-Quelle d. Ti-Zirkon-Sande d. Ukraine 19-0896; Vork. v. gut kristallisiertem Gibbsit u. – in d. Bauxiten v. Mas Rouge (bei les Baux, Bouches-du-Rhone) 22-0831; Vorzugsorientier. d. Hämatits, *Ilmenits* u. Pyrrhotins in metamorphen Gesteinen 24-0824; Vork. v. *Ilmenit* in ultrabas. u. bas. Gesteinen im Südteil d. Präkambriums Belorußlands 29-0890; Verbreit. v. *Ilmenit* in Laven Kamtschatkas u. d. Kurilen 31-0873; Zus. u. Kristallisat. v. *Ilmenit* d. magmat. Komplexes v. Guadalupe, California 31-0879; Vork. v. *Ilmenit* neben Pyroxenolitgranaten in Einschlüssen d. Basaltes v. Hoggar (Zentralsahara) 32-0843; erzmkr. Beschreib. v. *Ilmenit* in Meteoriten 36-0745; Unters. v. *Ilmenit* in Meteoriten (bes. aus New South Wales) 36-0752; Verteil v. akzessor. *Ilmenit* in Pegmatiten v. Visterica, West-Rhodopen 41-0708; Mikrosondenanalyse v. opt. homogenen Titanomagnetiten u. Fe-halt. *Ilmeniten* in Basalten v. paläomagnet. Bedeut. 43-0739.

Ta- u. Nb-Verteil. in *Ilmenit* d. Apogranite d. Granit-Granodiorit-Massivs v. Manúchambo (Südteil d. Pecora-Urals) 18-0781; Geh. an Geikielith d. *Ilmenite* d. kimberlit. Gesteine 36-0784; Änder. in d. Geh. u. in d. Zus. d. Seltenerdmetalle in d. Magnetiten u. *Ilmeniten* d. Granitoide 38-0811; IR-Absorpt.-Analyse v. Silicatverunreinig. in *Ilmenit* 42-0703.

Ilmenit bei d. Einw. v. Stoßwellen auf gesteinsbildende Mineralien 6-0813; Flotat.-Eig. v. Ilmenit 1-2052; Trenn. v. Zirkon, *Ilmenit* u. Monazit 6-2140; Red. v. *Ilmenit* in d. Wirbelschicht 15-2524*; chlorierendes Rösten v. *Ilmenit* 17-2548*; Flotat.-Eig. v. *Ilmenit* 18-2292.

IR-Spektren bei Ordn.-Unordn.-Übergängen in Korund–*Ilmenit* 29-0341; Beobacht. an *Ilmenit*-Feingefügen 38-0850; Unters. d. *Ilmenits* mit Hilfe d. Kern-γ-Resonanzmeth. 17-0848; Best. d. Curie-Punkts in natürl. *Ilmeniten* 47-0713; Schmelzverlauf v. modifiziertem *Ilmenit* (Phasenzus.) 49/50-2146; H_2-Red. v. TiO_2 u. Fe_2O_3 in ägypt. *Ilmenit* 4-1927; Umwandl. v. *Ilmenit* in natürl. Lagerstätten durch Ox. u. Fe-Entzug in Rutil 7-0781; Holzkohlered. v. Ilmenit zu metall. Fe 31-2498; H_2-Red. v. festem Schwarzsand-*Ilmenit* 34-2358; Granat-*Ilmenit*-Tranformat. in festen Lsg. v. Ge–Si-Pyrop 36-0853; Pyrolyse v. *Ilmenit* im Stickstoffplasmastrahl 40-0635; Vers. zur Zers. v. Sphen u. *Ilmenit* unter fast hydrothermalen Beding. (Vers.-Daten) 43-0722.

Herst. v. hochqualitativem TiO_2: aus Cr-halt. *Ilmenit* durch Alkalizers. 27-2442; aus Cr-halt. *Ilmeniten* 37-2383; Zugabe v. *Ilmenit* zur mechan. Aktivier. v. MgO für d. Sinter. 24-2310.

Spektralphotometr. Best. v. Cr in *Ilmenit* 18-1981; Siebanalysen v. *Ilmenit*-Erzen 24-2045; Phasenanalyse v. *Ilmenit* 32-2003; Best. v. Sn in *Ilmenit* durch Röntgenfluoreszenzanalyse 35-2061.

Bibl.: Technischen Titandioxid und seine Gewinnung aus modifiziertem Ilmenit nach der Schwefelsäure-Methode [russ.] B 86.

Fe_2TiO_4, Vork. v. Magnetit verwachsen mit *Ulvit* in einigen silicat. Gängen u. Stöcken 4-0643; Unters. d. Syst. $Fe_2TiO_4/Fe_3O_4/\gamma$-Fe_2O_3 in Eisensand-Vork. 7-0789; Unters. d. chem. Zus. v. *Ulvöspinell*-Einschlüssen in Mineralen mit Hilfe d. Elektronenmikroskop-Mikroanalysators 41-0739; temperaturunabhäng. statist. Änder. d. lokalen Symmetrie an Fe-Lagen u. Elektronensprung zwischen Fe(II) u. Fe(III) in Oktaederlagen 9-0498; Magnetisier. v. relativ reinen –-Einkrist. in Magnetfeldern v. ≈ 30 kOe 26-0525; Deut. d. magnet. Eig. 47-0419.

Fe_2TiO_5, Vork. v. *Pseudobrookit* in Eisensanden v. Neuseeland 24-0808; Erschein. v. *Pseudobrookit* bei d. Einw. v. Stoßwellen auf gesteinsbildende Mineralien 6-0813; Gitterkonst. u. Darst. 17-0274.

Ti–Ba: Temp.-Abhängigk. v. DK, dielektr. Verlustfaktor u. elektr. Leitfähigk. v. $BaTiO_3$-Krist. mit *0,48 – 6,0* (Atom-%) Fe (als Fe_2O_3) 42-0366.

Ti–Bi: Hochtemp.-Röntgenunters. d. schichtart., ferroelektr. $BiBi_4Ti_3FeO_{15}$ 42-0130.

Tm: IR-Faraday-Effekt v. $Tm_3Fe_5O_{12}$ 2-0294; Strukturunters. an $TmFeO_3$ 36-0194; Magnetostrikt. v. $TmFeO_3$ im Temp.-Bereich d. Umorientier. d. schwachen ferromagnet. Momente 6-0486; magnet. Beitrag zur spezif. Wärme v. Tm-Ferraten(III) 10-0481; Mössbauer-Unters. d. Hyperfeinwechselwrkg. d. Fe-Kerne in $TmFeO_3$ u. Temp.-Abhängigk. d. Untergitter-Magnetisier. 16-0508; Magnetostrikt.-Konst. v. $Tm_3Fe_5O_{12}$ 18-0490; lineare magnetoakust. Doppelbrech.- u. transversale ferroakust. Resonanz-Experimente am $Tm_3 \cdot Fe_5O_{12}$ 40-0364; Mikrowellenabsorpt. in $Tm \cdot FeO_3$ 49/50-0240.

U: Darst., Krist.-Struktur u. Gitterparameter v. FeU_3O_{10} 11-0779; Gitterdaten, Darst. u. Reflex.-Spektrum v. $Fe^{III}UO_4$ 28-0210; Struktur d. neuen Verb. $UFe^{III}O_4$ sowie Isomorphie mit $UCrO_4$ 34-0216.

U–Ba: kristallograph. Unters. u. Darst. v. $Ba_3UFe_2O_9$ 2-0221.

U–Sr: kristallograph. Unters. u. Darst. v. $Sr_3UFe_2O_9$ 2-0221; Verteil. d. U- u. Fe-Kationen u. magnet. Eig. d. Mischoxids $Sr_3UFe_2O_9$ 12-0229.

V: neues Vork. u. Daten v. *Nolanit* 33-0999; Herst.: reaktionsfreud. Fe-Oxide durch Zusatz v. *0,2 – 0,8* Gew.-% V_2O_5 21-2389*; ferromagnet. V-halt. Fe-Granate 44-2130*; Einfl. d. Sauerstoff-Gleichgew.-Druckes auf d. Kationenverteil. in Spinell-Mischkrist. [Fe-Vanadate(III)] 38-0714; Existenzbereich, Krist.-Struktur u. Gitterkonst. einiger neuer nichtstöchiometr. Phasen in d. Syst. $V_2O_5/VO_2/Fe_2O_3$ 1-0562; Ox.-Zustände d. Mischkrist.-Oxide mit d. Spinellstruktur Fe_2VO_4 51/52-0572.

V–Al–Bi–Ca: magnet. u. Mikrowelleneig. v. $Bi_{0,4}Ca_{2,6}[Fe_3](V_{1,3}Fe_{1,7-w}Al_w)O_{12}$ mit $w = 0 - 0,5$ 7-0472.

V–Bi–Ca: Mechanismus d. Faraday-Effektes in Ferrimagnetika d. Zus. $Bi_{0,24} \cdot Ca_{2,76}Fe_{3,62}V_{1,38}O_{12}$ 45-0315; Zücht., Gitterkonst., Habitus u. magnet. Eig. ferromagnet. Einkrist. d. Granate $Bi_{3-2x}Ca_{2x}Fe_{5-x}V_xO_{12}$ 9-0239; ferromagnet. Resonanz in Einkrist. v. Bi–Ca–Fe–V-Granat d. Zus. $Bi_{3-2x}Ca_{2x} \cdot Fe_{5-x}V_xO_{12}$ 10-0363; parametr. magnetoakust. Resonanz in $Ca_{2,7}Bi_{0,3}Fe_{3,65}V_{1,35}O_{12}$-Einkrist.-Granaten 19-0410; magnetoelast. Wechselwrkg. in BVC-Granat ($Bi_{0,5}Ca_{2,5}Fe_{3,75} \cdot V_{1,25}O_{12}$) 48-0584; nichtlineare Effekte oberhalb d. Schwelle d. Spinwellenstabilität an Bi/Ca/V/Fe-Granat 49/50-0240.

V–Bi–Ca–Ga: magnet. Resonanzeig. v. Einkrist. d. Zus. $Bi_{0,4}Ca_{2,6}Fe_{3,2}Ga_{0,5}V_{1,3}O_{12}$ 47-0315.

V–Ca: magnet. Eig. v. Ferritgranaten mit hoher Curie-Temp. d. Zus. $Ca_3Fe_{3,5}V_{1,5}O_{12}$–$^1/_3$ Fe_5O_{12}–$Bi_3Fe_5O_{12}$ 20-0460.

V–Li: Darst. d. Li–Fe–V-Spinells $Li^+_{1,375} \cdot Fe^{3+}_{0,750}V^{5+}_{0,875}O_{4,000}$ u. Zers. in $V^{5+}_{0,878} \cdot Fe^{3+}_{0,122}[Li^+_{1,377}Fe^{3+}_{0,623}]O_4$ $> 500°$ 49/50-0621.

V–Mn: Bldg. u. Gitterparameter d. Mischkrist. $MnFe_{2-x} \cdot V_xO_4$ $(0 \leqq x \leqq 2)$ aus Fe_2O_3, MnO u. V_2O_3 24-0785.

V–Na: Granatstruktur v. $\{Na_3\}[Fe_2](V_3)O_{12}$ 37-0255.

W: Herst. v. Fe_2WO_6 für Emaillen u. Glasuren v. Keramiken u. als Pigmente 17-2393*.

W–Pb: ESR im Phasenübergangsbereich einiger ferroelektr. Mischkrist. d. Syst. $PbFe_{2/3}W_{1/3}O_3/Pb_2YNbO_6$ 26-0382.

W–Sr: Gitterparameter u. Abstände Anion – Kation in Verbind. mit Perowskitstruktur: $Sr_2(Fe, W)O_6$ 28-0146.

Y: Bldg. v. $YFeO_3$ bzw. $Y_3Fe_5O_{12}$ bei d. Rk. v. Y_2O_3 mit Fe_2O_3 22-0766; IR-Faraday-Effekt v. $Y_3Fe_5O_{12}$ 2-0294; Einfl. v. Beimisch. auf d. opt. Eig. v. *Y–Fe-Granat* 9-0349; Lichtbeug. durch elast. Wellen in Y–Fe-Granat 11-0348; Aufspalt. d. Linie v. Ce(*1*%) in *Y–Fe-Granat* 18-0344; Reflex.-Spektren v. $Y_3Fe_5O_{12}$(YIG) 31-0305; Bragg-Streuung v. IR-Strahl. durch kohärente Spinwellen in Yttriumeisengranat 36-0305; Mikrowellenmisch. in Y–Fe-Granat 43-0508.

Einfl. v. NiO auf d. Ausb. v. aus d. Schmelzfluß gezüchteten Y/Fe-Granat-Krist. 1-0225; App. zur Zücht. großer Y–Fe-Granate 9-0235; Strukturtyp $Th_3P_4/La_{3-x}S_4$ in $Y_3Fe_5O_{12}$ 9-0257; neue Technik zur Herst. einkrist. ferrimagnet. Y/Fe-Garanate 11-0277; chem. Züchten v. einkrist. magnet. Y/Fe-Granat-Schichten aus d. Dampfphase 13-0237; Oberflächenmikrostrukturen v. aus geschmolzenen

Salzen gewachsenen $Y_3Fe_5O_{12}$-Krist. 15-0219; Streuung polarisierter Neutronen durch Spinwellen bei Y–Fe-Granat 15-0481; Fe u. Mn K-Kanten in $3^1/_2$ $O_3 \cdot 5$ Fe_2O_3 17-0381; biquadrat. indirekter Austausch in Y-Granat 20-0461; Streuung polarisierter Neutronen durch Spinwellen in YIG 22-0515; Zücht. v. Yttriumeisengranat-Einkrist. aus einer Y_2O_3–Fe_2O_3–PbO–PbF_2-Schmelze 31-0304; Einkrist.-Zücht. eines Y–Fe-Granats durch Verw. d. Czochralski-Meth. mit geschmolzenem Salz als Lsgm. 37-0165; chem. Aufdampfen v. epitakt. Y/Fe-Granat auf Y/Al-Granat 42-0186; Verf. zur Darst. v. 5 $Fe_2O_3 \cdot 3$ Y_2O_3-Einkrist. 46-0144.

Linienbreite d. ferromagnet. Resonanz in Y–Fe-Granat 2-0344; Verzöger.-Zeit d. Aufeinanderfolge magnetoelast. Impulse in Y-Granat-Einkrist. 2-0488; Temp.-Abhängigk. d. magnet. Anisotropie-Konst. 2-0456; Frequenzabhängigk. d. Anfangspermeabilität v. YIG–*5* % Dy 4-0404; gekoppelte Magnetisier.-Oszilat. an Einkrist.-Kugeln aus Y–Fe-Granat mit Bereichsstrukturen 4-0408; Domänenwandbeweg. in Y–Fe-Granaten d. Zus. $Y_3Fe_{5-\delta}Si_\delta O_{12}$ 4-0417; nichtstationäre verzögerte Reemiss. elektromagnet. Signale durch *Y–Fe-Granate* während d. parametr. Regenerat. 5-0429; Einfl. geringer Tb-Beimeng. auf d. Magnetostrikt. v. $Y_3Fe_5O_{12}$ 6-0487; frequenzabhäng. Anisotropie in Si- u. Ca-dotiertem *YIG* (Y–Fe-Granat) 7-0339; Magnetisier.-Kurve v. porösen polykrist. Y-Ferrate(III) bei hohen Feldern 7-0474; Fortpflanz. magnetostat. Oberflächenwellen in YIG-Stäben 7-0476; Änder. d. Schallgeschw. in Mn-dotiertem YIG mit d. Magnetfeld 8-0439; Berechn. d. Phasenverschieb.-Verh. magnetostat. Spinwellen für Y–Fe-Granat 8-0440; aus d. Erzeug. v. Oberschwing. in YIG abgeleitete Magnon–Magnon-Wechselwrkg. 8-0441; schnelle Amplitudenschwank. magnetoelast. Wellen in axial magnetisierten, [*110*]-orientierten YIG-Stäben 8-0442; Einfl. v. Beimisch. auf d. Mikrowelleneig. v. *Y–Fe-Granat* 10-0364; geringe ferromagnet. Linienbreite u. hohe IR-Durchlässigk. v. hydrothermal gezüchtetem *Y–Fe-Granat* 10-0365; magnet. Beitrag zur spezif. Wärme 10-0481; Spinwelleninstabilität bei parallelem Pumpen mit Impulsen langer Dauer u. im Gleichgew. 10-0482; Frequenzumwandl. v. Spinwellen in pulsierenden Magnetfeldern 10-0483; magnetostat. Wellen in axial magnetisierten Zylindern 10-0484; Theorie d. magnet. Nacheffekts d. Rotat.-Hysterese u. Experimente an Si-dotiertem YIG 10-0485; Unbestimmh. d. analyt. Meth. zur Berechn. v. Mol.-Feldkoeff. in ferrimagnet. Y-Ferrate(III) 10-0487; Untergittermagnetisier. bei niedrigen Temp. 10-0488; Rotat.-Hystereseverluste u. magnet. Krist.-Anisotropie in $Y_3Fe_5O_{12}$-Einkrist. 13-0498; Ionenumverteil. u. Anisotropie in wärmebehandelten, mit NiO dotierten *Yttriumeisengranat*(YIG)-Einkrist. mit Hilfe d. ferromagnet. Resonanz 15-0384; magnet. Ausricht. interstellarer Teilchen Unters. an 3 $(Y_2O_3) \cdot 5$ (Fe_2O_3) 15-0775; Druckabhängigk. d. Ordn.-Temp. u. Temp.-Abhängigk. d. paramagnet. Suszeptibilität v. 3 $Y_2O_3 \cdot 5$ Fe_2O_3 16-0507; Mössbauer-Unters. d. Hyperfeinwechselwrkg. d. Fe-Kerne in Y-Ferrate(III) u. Temp.-Abhängigk. d. Untergitter-Magnetisier. 16-0508; Untergittermagnetisier. in Y-Ferrate(III) 16-0513; Schwelle für d. magnetoelast. Instabilität im Gebiet d. Nebenabsorpt. v. YIG 16-0514; Amplituden- u. Zeitoszillat. magnet. Impulse in Y-Ferrate(III) 18-0487; Magnetostrikt.-Konst. v. Y-Ferrate(III) aus d. ferromagnet. Resonanz 18-0488; Magnetostrikt.-Konst. v. $Y_3Fe_5O_{12}$ 18-0490; dipolinduzierte Kernspin-Gitter-Relaxat. in Y–Fe-Granat für ^{57}Fe 19-0403; longitudinale Resonanz in Y–Fe-Granat im Bereich v. Radiofrequenzen 19-0529; Spinwellen-Wechselwrkg. mit einem Laserbündel in Y–Fe-Granat 20-0329; magnet. Eig. v. Ferritgranaten mit hoher Curie-Temp. d. Zus. $Ca_3Fe_{3,5}V_{1,5}O_{12}$–$Y_3Fe_5O_{12}$–$Bi_3Fe_5O_{12}$ 20-0460; Einfl. d. thermodynam. Magnetisier.-Fluktuat. auf d. ferromagnet. Resonanzlinienbreite v. Y-Ferrate(III)-Kugeln 21-0434; parametr. Anreg. u. Verstärk. magnetoelast. Wellen in Y–Fe-Granat 22-0266; nichtferromagnet. Resonanz v. Y–Fe-Granat 23-0439; dielektr. Verluste an Y–Fe-Granat 25-0504; Einfl. schnell relaxierender paramagnet. Verunreinig. auf d. ferrimagnet. Resonanz u. Relaxat. in Y-Ferrate(III) 26-0526; Einfl. d. Einw.-Dauer eines Mikrowellensignals auf d. Anreg. instabiler Spinwellen bei Y–Fe-Granat-Einkrist.-Kugeln 27-0440; Einfl. einer γ- u. Neutronenbestrahl. auf d. ferromagnet. Resonanz in Y–Fe-Granat-Einkrist. 27-0441; Einfl. d. Domänenstrukturen auf d. ferromagnet. Resonanz in einkrist. $Y_3Fe_5O_{12}$ 27-0442; anomale Eig. d. ferrimagnet. Resonanz v. Yb-dotiertem Y–Fe-Granat 27-0443; Lichtbeug. durch magnetoelast. Wellen in Y–Fe-Granat 28-0291; Begrenz. d. Beweglichk. magnet. Domänengrenzen durch anisotrope Störstellenionen in YIG 30-0482; adiabat. Zeitbereichsumwandl. hybrider, magnetoelast. Wellen in YIG 30-0484; Magnetostrikt. v. Yb^{3+} u. Ce^{3+} in Y–Fe-Granat 30-0485; Aufspalt. parametr. Magnonen in YIG 31-0505; Mess. d. Magnetostrikt.-Konst. v. Ferriteinkrist. auf d. Grundlage d. ferromagnet. Resonanz 31-0510; kohärente Emiss. v. Ho^{3+}-Ionen in Yttrium-Eisengranat 32-0389; Faraday-Effekt v. Ferrit-Granat $Y_3Fe_5O_{12}$:Ho^{3+} 32-0517; Spin- u. akust. Bragg-Beug. v. longitudinalen magnetoelast. Wellen am Y–Fe-Granat (mit u. ohne Ga-Dotier.) 33-0624; Schwing.-Filter.-Effekte bei ferromagnet. Resonanzanreg. in Y–Fe-Granat 35-0337; Echoimpulse in Yttriumeisengranat 35-0338; Kernspin-Gitter-Relaxat.-Zeiten v. ^{57}Fe in Yttriumeisengranat 38-0366; Magnon-Phonon-Relaxat. in $Y_3Fe_2(FeO_4)_2$ 38-0382; opt. Unters. d. Dispers. magnet. induzierter elast. Wellen in YIG 39-0399; Dreh. d. Polarisat.-Ebene einer Ultraschallwelle in einer YIG-Probe 39-0401; Wrkg. eines gepulsten magnet. Feldes auf Spinwellen u. elast. Wellen in Y-Ferrate(III) 39-0498; Quadrupolkoppl. u. kristallograph. u. magnet. Strukturen v. Y-Ferrate(III) mit Hilfe d. Mössbauer-Effektes (^{57}Fe) 41-0363; Anfangspermeabilität bei tiefen Temp. 41-0373; Unters. d. Domänenwandbeweg. in verkanteten Antiferromagnetika 43-0484; Änder. d. magnet. Suszeptibilität v. 5 Fe_2O_3–3 Y_2O_3 in d. Nähe v. T_c 43-0496; Eindeutigk. einer Molekularfeldlsg. für *2* magnet. Untergitter angewandt auf Y–Fe-Granat 43-0503; Verzöger. v. Mikrowellensignalen in einkrist. Y–Fe-Granat 44-0316; Tieftemp.-Anomalie bei d. ferrimagnet. Resonanz v. mit Yb dotiertem Y–Fe 44-0317; Flaschenhals im Energiefluß bei d. ferromganet. Resonanz im mit Yb dotierten Y–Fe-Granaten 44-0318; Meth. zur Best. d. Brech.-Indexen eines magneto-opt. akt. Mediums kub. Symmetrie ($Y_3Fe_5O_{12}$) 45-0313; anomale Dispers. d. Faraday-Effekts im Ferromagnetikum $RbNiF_3$ im Gegensatz zu $Y_3Fe_5O_{12}$ 45-0314; Permeabilitätsmess. an $Y_3Fe_5O_{12}$ bei tiefen Temp. 45-0456; Umkippen d. magnet. Untergitter in $YFeO_3$ 45-0457; neuere Mess. d. magnetoopt. Eig. in Y–Fe-Granat u. in Ga-dotiertem Y–Fe-Granat 46-0312; induzierter magnetoelektr. Effekt in Y–Fe-Granat 46-0444; Verh. d. Yb^{3+}-Ions auf anomalen Plätzen in mit Yb dotiertem Yttriumeisengranat 48-0358; Darst. u. Resonanzeig. v. mit CuO dotierten YIG-Einkrist. 48-0359; transversale magnetoelast. Wellen in Y–Fe-Granat (Lichtbeug.-Unters.) 48-0582; neuart., nichtlineare Photon–Magnon-Wechselwrkg. bei parallelem Pumpen in YIG (Y–Fe-Granat) 48-0598; Wechselwrkg. v. Mikrowellenphononen mit Domänenwänden in Y–Fe-Granat 48-0599; optimale Beding. d. Reemiss. v. Mikrowellen eines durch Magnetfeldimpulse angeregten Fe–Y-Granaten 48-0600; Anreg. magnetoelast. Wellen in Y–Fe-Granat-Verzöger.-Leit. 48-0601; Ausbreit. magnetoelast. Wellen bei Mikrowellenfrequenzen in Y–Fe-Granat-Einkrist. 48-0602; nichtlineare Effekte oberhalb d. Schwelle d. Spinwellenstabilität an Y–Fe-Granat 49/50-0240; Wärmeleitfähigk. u. spezif. Wärme v. Yttriumcalciumgranaten $[(1-x)\ Y_3Fe_5O_{12} \cdot x\ Ca_3Fe_2Si_3O_{12}]$ 6-0287; magnet. erzeugte akust. Wellen in Y–Fe-Granat 24-0296.

Y–Al: hochwirksame Polarisat.-Umkehr magnetoelast. Wellen in YIG durch opt. Kontaktbind. an Y–Al-Granat-Scheiben 1-0508; magnet. Eig. v. mit Al substituierten Y-Orthoferrit, $YFe_{0,9}Al_{0,1}O_3$ 43-0506.

Y–Al–Gd–In: magnet. Eig. v. Y–Gd–Fe–Al–In-Granaten d. Allg. Zus. $Y_{3-x}Gd_xFe_{5-y-z} \cdot Al_yIn_zO_{12}$ 32-0518.

Y–Bi–Ca–V: magnet. Anfangspermeabilität in $Y_{3-x-y}Ca_xBi_{y+}Fe_{5-z}V_zO_{12}$ 4-0405.

Y–Ca–Gd–V: magnet. u. Mikrowelleneig. v. $(Y_{0,5}Gd_{0,5})_{3-2x}Ca_{2x}[Fe_2] \cdot (F_{3-x}V_x)O_{12}$ mit $x = 0,6-1,2$ 7-0472.

Y–Ca–Si: Wärmeleitfähigk. u. spezif. Wärme v. Yttriumcalciumgranaten $[(1-x)$ $Y_3Fe_5O_{12} \cdot x\ Ca_3Fe_2Si_3O_{12}]$ 6-0287.

Y–Ca–Sn: Vorzeichen d. Magnetfeldes an Sn-Kernen einer ferrodielektr. Matrix v. $Y_{3-x}Ca_x[Sn_xFe_{2-x}](Fe_3)O_{12}$ 5-0532; effektives Magnetfeld an ^{57}Fe-Kernen in $Y_{3-x}Ca_xFe_{5-x} \cdot Sn_xO_{12}$-Verb. aus Mössbauer-Unters. 19-0525; Mössbauer-Effekt v. ^{119}Sn in $Ca_2YSn_2Fe_3O_{12}$ 39-0024.

Y–Ca–V: Statistik d. indirekten Wechselwrkg. in Ca–V-Granaten $Y_{3-2x}Ca_{2x}Fe_{5-x}V_xO_{12}$ $(0 < x < 1,5)$ 39-0400; magnet. Anfangspermeabilität in $Y_{3-x}Ca_xFe_{5-y}V_yO_{12}$ 4-0405; Neutronenbeug.-Unters. d. atomaren u. magnet. Struktur v. $Y_{1,26}Ca_{1,74}Fe_{4,13}V_{0,87}O_{12}$ 25-0515.

Y–Ce: Linienbreitencharakteristik v. Ce(III)-dotiertem YIG (Y–Fe-Granat) 51/52-0254.

Y–Cr: Fe u. Mn K-Kanten in 3 $Y_2O_3 \cdot (5-x)$ $Fe_2O_3 \cdot x$ Cr_2O_3 $(x = 0-4)$ 17-0381.

Y–Eu–Ga: magneto-elast. Verh. v. Eu(III) in $Eu_{3-x}Y_xFe_{5-y}Ga_yO_{12}$ 6-0484.

Y–Ga: Relaxat.-Verh. v. ^{71}Ga u. ^{69}Ga in $Y_3Fe_{5-x}Ga_xO_{12}$-Proben $(x = 0,05-1,0)$ mit Einzeldomänen 8-0454; Faraday-Effekt im Granat $Y_3Fe_{5-x}Ga_xO_{12}$ 9-0338; Einfl. d. Zus. auf d. Verteil. v. Ga zwischen auskrist. $Y_3Fe_{5-x}Ga_xO_{12}$ u. $PbO/PbF_2/Fe_2O_3/Ga_2O_3/Y_2O_3$-Schmelzen 11-0278; Mess. d. Magnetostrikt.-Konst. v. $Y_3Ga_xFe_{5-x}O_{12}$-Einkrist. mit Hilfe einer Mikrowellenmeth. 26-0533.

Y–Ga–Pb: Einfl. d. Zus. auf d. Verteil. v. Ga zwischen auskrist. $Y_3Fe_{5-x}Ga_xO_{12}$ u. $PbO/PbF_2/Fe_2O_3/Ga_2O_3/Y_2O_3$-Schmelzen 11-0278.

Y–In: magnet. Krist.-Anisotropie v. $Y_3Fe_{5-x}In_xO_{12}$ 26-0529.

Y–Ir–Mg: Verh. d. Spinwellenlinienbreite bei $Y_3(MgI^{IV})_\delta Fe_{5-\delta}O_{12}$ 35-0336.

Y–Mg–Re: Verh. d. Spinwellenlinienbreite in $Y_3(MgRe^{IV})_\delta Fe_{5-2\delta}O_{12}$ 35-0336.

Y–Mg–Ru: Verh. d. Spinwellenlinienbreite bei $Y_3(MgRu^{IV})_\delta Fe_{5-2\delta}O_{12}$ 35-0336.

Y–Mn: Unters. d. Syst. $Fe_xMn_{1-x}YO_3$ $(0 < x \leqq 1)$ mit Hilfe d, Mössbauer-Effektes an ^{57}Fe 18-0046.

Y–Pb: Zücht. v. Yttriumeisengranat-Einkrist. aus einer Y_2O_3–Fe_2O_3–PbO–PbF_2-Schmelze 31-0304.

Y–Seltenerdmetall: Verh. d. Spinwellenlinienbreite bei $Y_{3-\delta}M\delta Fe_5O_{12}$ (M = Seltenerdmetall) 35-0336.

Y–Si: magnet. Wärmebehandl.-Effekte in $Y_3Fe_{5-x}Si_xO_{12}$ mit $0 < x < 0,18$ 22-0517.

Yb: Bldg. v. $YbFeO_2$ bzw. $Yb_3Fe_5O_{12}$ bei d. Rk. v. Sm_2O_3 mit Fe_2O_3 22-0766; Charakter d. Magnetisier.-Kurven eines Orthoferriteinkrist. in d. Nähe d. Reorientier.-Temp. 4-0411; Mössbauer-Unters. d. ferromagnet. Relaxat. in Yb–Fe-Granat 5-0530; Druckabhängigk. d. Ordn.-Temp. u. Temp.-Abhängigk. d. paramagnet. Suszeptibilität v. 3 $Yb_2O_3 \cdot 5$ Fe_2O_3 16-0507; Mössbauer-Unters. d. Hyperfeinwechselwrkg. d. Fe-Kerne in – u. Temp.-Abhängigk. d. Untergitter-Magnetisier. 16-0508; Magnetostrikt.-Konst. v. $Yb_3 \cdot Fe_5O_{12}$ 18-0490; Begrenz. d. Beweglichk. magnet. Domänengrenzen durch anisotrope Störstellenionen in Yb-Ferrat(III) 30-0482; Magnetostrikt. v. Yb^{3+} in Y–Fe-Granat 30-0485; lineare magnetoakust. Doppelbrech.- u. transversale ferroakust. Resonanz-Experimente an $Yb_3Fe_5O_{12}$ 40-0364.

Yb–Ga: F-freie Schmelze für d. Züchten d. Granats $Yb_3Fe_2Ga_3O_{12}$ 10-0193.

Yb–Y: Magnetostrikt.-Konst. v. $Yb_{0,1}Y_{0,9}$-Fe-Granat 22-0516.

Zn: Vork. u. *Zn–Fe-Spinell* in d. metallogenen Fe-Provinz v. Südost-Missouri 38-0856; Reflex.-Spektren v. FeO-Mischkrist. mit ZnO 12-0318; nichtzentrosymmetr. Strukturen in Zn-Ferraten 6-0232.

Fe–K-Kanten in $Zn_{1-x}Fe_x^{2+}Fe_2^{3+}O_4$ $(x = 0-1)$ 17-0381; Streuung v. Phononen an Gitterverzerr. v. teilweise red. $ZnFe_2O_{4-\delta}$ 27-0326; Struktur v. durch Vakuumbogenentlad. abgeschiedenen Ferritfilme, $Zn_{0,8} \cdot Fe_{2,2}O_4$ 34-0188; hexagonale Zn-halt. Ferrite mit Stapelstruktur 45-0249; Temp.-Abhängigk. v. Leitfähigk. u. DK u. polykrist. Zn-halt. Ferriten 48-0434; magnet. Eig. v. Zn–Ferrit-Einkrist. 7-0469; magnetodynam. Eigenschwing. in anisotropen Zn–Ferrit-Einkrist. 20-0453; Konz.-Abhängigk. d. magnet. Sättig. v. Zn-halt. Ferrat–Spinell-Michkrist. 30-0476; Resonanzabsorpt. v. γ-Quanten mit *23,8* keV durch Beimeng. an ^{119}Sn-Kernen in Ferritspinellen (Zn-Ferrite) im Temp.-Bereich oberhalb der Curie-Temp. 39-0391; magnet. Eig. v. durch Vakuumbogenentlad. abgeschiedenen Zn–Ferrit-Schichten 46-0443; Einfl. v. Anionenleerstellen auf d. Gitterwärmeleitfähigk. koordinierter krist. Zn-Ferrite bei tiefer Temp. 40-0174; Best. v. Zn in Ferrit 4-1687.

$ZnFe_2O_4$ s. unter *Zinkoxide, Mischoxide: Fe($ZnFe_2O_4$)*.

Zn–Am–Ni: Einfl. d. Anreg. v. Spinwellen auf d. Halbwertsbreite d. FMR v. Ni–Am–Zn-Ferrit 30-0356.

Zn–Ba: Zücht. komplexer hexagonaler Ferriteinkrist. M_nY_g mit $M = BaFe_{12}O_{19}$, $Y = Ba_2Zn_2Fe_{12}O_{22}$ 32-0173; morpholog. Besonderh. v. hexagonalem $BaZn_2Fe_{12}O_{22}$ mit $CoFe_2O_4$-Einschluß 37-0237; hexagonale Ferrite mit Stapelstruktur d. Typs $Ba_wZn_x^{2+} \cdot Fe_xO_x$ 45-0249.

Zn–Ba–Co: Magnet. Eig. v. $Zn_{0,97}Co_{0,03}\cdot BaFe_6O_{11}$ u. $Zn_{0,95}Co_{0,05}BaFe_6O_{11}$ 7-0469; magnet. Krist.-Anisotropie in hexagonalen $Ba_2Co_xZn_{2-x}Fe_{12}O_{22}$-Einkrist. 26-0528; magnet. Struktur d. Hexaferrits $Ba_3Co_{2-x}Zn_x\cdot Fe_{24}O_{41}$ 39-0389.

Zn–Ba–Cu: Hexagonale Ferrite mit Stapelstruktur d. Typs $Ba_wMe_x^{2+}Fe_yO_z$ (Me = Cu + Zn) 45-0249.

Zn–Ba–Mn: Hexagonale Ferrite mit Stapelstruktur d. Typs $Ba_wMe_x^{2+}Fe_yO_z$ (Me = Mn + Zn) 45-0249.

Zn–Ba–Ni: magnet. Eig. v. $Zn_xNi_{1-x}\cdot BaFe_6O_{11}$ 7-0469.

Zn–Ca–Mg–Mn: Resonanzabsorpt. v. γ-Quanten mit *23,8* keV durch Beimeng. an ^{119}Sn-Kernen in Mg–Mn–Zn–Ca-Ferriten oberhalb d. Curie-Temp. 39-0391.

Zn–Co: magnet. Permeabilität, Sättig.-Magnetisier., Curie-Temp. u. Krist.-Anisotropiekonst. für Co–Zn-Ferrit 4-0402; magnet. Anfangspermeabilität d. Syst. $Co_{1-x}Zn_xFe_2O_4$ 10-0492.

Zn–Co–Ni: chem. Zus. u. Hochfrequenzeig. v. Ni–Zn–Co-Ferriten 4-0415; Barkhausen-Sprünge in Ferriten d. Zus. $Zn_{0,4}\cdot Ni_{0,34}Co_{0,03}O_{4+\gamma}$ 29-0554; Orientier.-Überstrukturen in $Fe_{1,95}Ni_{0,95}Co_xZn_{0,1-\gamma}O_4$ 33-0657; H-, O-Chemisorption an Ferriten $[(Ni, Zn)]_{<1-x}Co_xFe_{<2}O_{4x_8}$ 42-0534.

Zn–Cr: Eig. v. Zinkchromatkatalysatoren d. Zus. $ZnCr_2O_4\cdot ZnO\cdot Fe_2O_3$ bei d. Hydrier. v. n-Hexan 34-0785.

Zn–Cr–Ni: Mess. d. komplexen DK, d. komplexen magnet. Suszeptibilität u. d. nichtreziproken Dämpf.-Effektes v. Ferriten d. Zus. *44* Fe_2O_3 + 5 Cr_2O_3 + *18* NiO + *33* ZnO 14-0467.

Zn–Cu: magnet. Ausricht. interstellarer Teilchen, Unters. an $Cu_{0,5}Zn_{0,5}Fe_2O_4$ 15-0775.

Zn–Li: nichtlineare Tieftemp.-Effekte bei d. Magnetisier. v. $Li_{0,35}Fe_{2,35}Zn_{0,5}O_4$ 4-0407; magnet. Eig. v. Li–Zn-Ferriten 44-2123.

Zn–Mg–Mn: elast. Flußschalteig. eines dünnen Ferritkerns d. Zus. $[Mg_{0,32}Zn_{0,10}\cdot Mn_{0,53}]^{2+}\cdot[Mn_{0,52}Fe_{1,48}]^{3+}O_4$ 7-0475; Frequenzabhängigk. d. Anfangspermeabilität v. Mg–Zn–Mn-Ferrit 4-0404; Einfl. einer Alter. in Luft (*400* Std., *250* °C) auf Struktur, elektr. Widerstand, Koerzitivkraft u. Curie-Temp. eines Ferrits d. Zus. $Mg_{0,406}Mn_{0,633}Zn_{0,272}\cdot Fe_{1,689}O_{3,984}$ 20-0458.

Zn–Mn: Herst. mondisperser Frakt. v. Mn–Zn-Ferrit 5-0646; Bldg. v. inhomogenen Schichten in Mn–Zn-Ferriten 10-2232; pulvermetallurg. Herst. v. Mn–Zn-Ferraten 13-2206*; elektrolyt. Herst. d. Oxide für Mn–Zn-Ferrit 14-2206; Herst.: v. Zn–Mn-Ferrit 16-2262*; dotierter Mn–Zn-Ferrate hoher Permeabilität 16-2263*; Darst. v. $Mn_xZn_yFe^{2+}_z Fe_2^{3+}O_4$ mit x:y = konst. u. $0,11 \leqq z \leqq 0,56$ (Anwend. d. Thermogravimetrie) 18-0746; Herst. eines Ferritkerns aus *50 – 56* (Mol-%) Fe_2O_3, *25 – 40* MnO u. *10 – 25* ZnO 34-2291*.

Fe u. Mn K-Kanten in $Zn_{1-x}Fe^{2+}_x\cdot Fe_2^{3+}O_4$ (x = *0 – 1*) 17-0381; Diffus. v. ^{59}Fe in Mn–Zn-Ferrit-Einkrist. u. -Polykrist. 38-0603; Kationendiffus.-Koeff. v. Mn, Co, Zn, Fe u. Ca u. Leerstellen-D. in Mn–Zn-Ferriten 40-0186; Einfl. kleiner Mengen Zusatzstoffe auf d. spezif. Widerstand v. Mn–Zn-Ferriten 30-2209; magnet. Widerstandsänder. d. Mn–Zn-Ferrite im Bereich d. Curie-Temp. 1-0453; Mn–Zn-Ferrite d. Grund.-Zus. *57* (Mol.-%) Fe_2O_3, *29,5* MnO u. *13,5* ZnO mit hoher Anfangspermeabilität u. geringem Verlustfaktor 1-0504; Kationenverteil. u. magnet. Momente d. Ionen d. Tetraeder- u. Oktaederplätze d. Mn–Zn-Ferrites $Mn_{0,55}Zn_{0,37}Fe_{2,08}O_4$ aus Neutronenbeug.-Unters. 2-0473; Fe u. Mn K-Kanten in $Mg_{1-x}Mn_xFe_2O_4$, $Mn_{1-x}\cdot Zn_xFe_2O_4$ (x = *0/ – 1*) 17-0381; Einfl. d. Mahlens auf d. magnet. Eig. v. Mn–Zn-Ferriten 21-2416; Procopin-Effekt bei Ferriten d Zus. *24,5* (%) MnO, *24,5* ZnO, *51* Fe_2O_3 29-0553; Änder. d. magnet. Anisotropiekonst. v. $MnFe_2O_4$ u. $Mn_{0,8}Zn_{0,2}Fe_2O_4$ unter hydrostat. Druck 32-0515.

Ox.-Geschw. u. Phasendiagramm v. Mn–Zn-Ferrit 38-0603; metallograph. Unters. v. Mn-Zinkferrit 7-0240.

Zn–Mn–Ni: Herst. v. Mn–Ni–Zn-Ferrit 28-2318*; magnet. Ausricht. interstellarer Teilchen Unters. an $Ni_{0,9}Zn_{0,1}Mn_{0,02}Fe_{1,9}O_4$ 15-0775; Einfl. d. Anreg. v. Spinwellen auf d. Halbwertsbreite d. ferrimagnet. Resonanz v. polykrist. kommerziellen Ni–Mn–Zn-Ferriten (Siferit-G 4 *4. -300* M *11* u. *-80* K *1*) 30-0356.

Zn–Ni: Herst.: v. $Ni_{0,5}Zn_{0,5}Fe_2O_4$-Einkrist.-Schichten 3-0213; v. Ni–Zn-Ferrit mit *15 – 35* Ni 13-2207*; Ni–Zn-Ferriten durch Schmelzen d. Oxide 28-2308.

Zücht. v. Ni–Zn-Ferrit-Einkrist. 10-0195; K-Kanten in $Ni_{1-x}Zn_xFe_2O_4$ 17-0381; Struktur v. durch Vakuumbogenentlad. abgeschiedenen Ferritfilmen d. Zus. $Ni_{0,3}\cdot Zn_{0,5}Fe_{2,2}O_4$, $Ni_{0,3}Zn_{0,7}Fe_2O_1$ u. $Ni_{0,5}Zn_{0,5}\cdot Fe_2O_4$ 34-0188; Frequenzabhängigk. d. Anfangspermeabilität v. $Ni_{0,9}$–$Zn_{0,1}$- u. $Ni_{0,7}$–$Zn_{0,3}$-Ferrit 4-0404; magnet. Anisotropie v. $Ni_{1-p}Zn_pFe_2O_4$ 4-0406; nichtlineare Tieftemp.-Effekte bei d. Magnetisier. v. $Ni_{0,5}\cdot Zn_{0,5}Fe_2O_4$ 4-0407; magnet. Nachwrkg. u. dynam. Hochfrequenzabsorpt. in mit CuO, CoO, MoO_3, V_2O_5, PbO, SiO_2, BaO, TiO, MnO (*10* Mol-%) dotierten Ni–Zn-Ferriten 10-0490; magnet. Ausricht. interstellarer Teilchen, Unters. an $Ni_{0,5}Zn_{0,48}Fe_{0,02}Fe_2O_4$ 15-0775; magnet. Eig. v. $Ni_{1-x}Zn_xFe_2O_4$ mit $0 \leqq x \leqq 0,817$ 18-0486; magnet. Umwandl. in Ni–Zn-Ferriten mit großem Zn-Geh. 29-0556; Orientier.-Abhängigk. d. Spinwellendämpf. in ferromagnet. Isolatoren wie $Ni_{0,68}\cdot Zn_{0,32}Fe_2O_4$ 29-0559; Einfl. d. Anreg. v. Spinwellen auf d. Halbwertsbreite d. ferrimagnet. Resonanz v. polykrist. komerziellen Ni–Zn-Ferriten (Siferit-*GY 4, -300 M 11* u. *-80 K 1*) 30-0356; ferromagnet. Resonanz in Ni–Zn–Fe-Ferriten 33-0417; Anfangssuszeptibilität d. Para-Prozesse in $Ni_xZn_{1-x}\cdot Fe_2O_4$ im Bereich d. Curie-Temp. 33-0659; Mess. d. ferromagnet. Resonanzabsorpt. v. *3,5* ZnO·*1,5* NiO·*5* Fe_2O_3 41-0291; Anfangspermeabilität bei tiefen Temp. v. $Ni_{0,5}\cdot Zn_{0,5}Fe_2O_4$ u. $Ni_{0,64}Zn_{0,36}Fe_2O_4$ 41-0373; Erweiter. d. Frequenzbereiches für Koinzidenzbegrenz. bei Verw. v. Ni–Zn-Ferrit 44-0319; magnet. Eig. durch Vakuumbogenentlad. abgeschiedener Ni–Zn-Ferritschichten 46-0443; einige therm. u. magnet. Eig. v. Ferriten d. Syst. $NiFe_2O_4/ZnFe_2O_4$ 45-0459.

Zn–Y: Magnoanalyse d. ferromagnet. Resonanz in einem planaren Zn_2Y-Ferrit 18-0379.

Mehrkomponentige Oxide: Herst. ferromagnet. Fe-Granate mit verringerter Koerzitivkraft 12-2204*; Thermolumineszenz γ-bestrahlter Alumosilicatgläser: $Li_2O/Na_2O/K_2O/MgO/CaO/Fe_2O/Al_2O_3/SiO_2$ 14-0350; durch TiO_2 stimulierte Kristallisat. v. Gläsern d. Zus. $SiO_2/Al_2O_3/Fe_2O_3/CaO/MgO$ 16-0258;. Einfl. geringer Cr_2O_3-Zusätze auf d. Kristallisat. eines Mehrstoffglases d. Zus. *61,5* bis *64,62* SiO_2, *10,1 – 11,5* Al_2O_3, *0,8* Fe_2O_3, *6,6 – 7,8* MgO, *10,3 – 12,3* CaO u. *6,7* R_2O 24-0276; Keimbldg.-Wrkg. v. Cr_2O_3 bei d. heterogenen Kristallisat. v. Gläsern d. Syst. $SiO_2/Al_2O_3/Fe_2O_3/MgO/CaO/Er_2O$ 25-0206; Best. d. Glasbldg.-Gebiets, d. stimulierten Kristallisat.-Fähigk. u. anderer Eig. d. Gläser in einem Teil d. Syst. $Na_2O/CaO/MgO/Al_2O_3/Fe_2O_3/SiO_2$ 31-0612; Best. v. Beimeng. in Ferritgranaten u. Y_2O_3 durch Aktivier.-Analyse 42-1835.

Eisenoxidhydrate, Vork. in Hohlräumen v. Quarz in Borovec bei Stépánov 47-0680.

Herst. v. hochakt. – als Gasreinig.-Mittel 37-2403*.

Bezieh. zwischen d. Richt. d. Wachstums v. Rost auf d. Oberfläche v. Fe u. d. Orientier. d. Metalls 8-0192; mineralog. Konstit. v. koll. wasserhalt. Fe(III)-Oxiden ($Fe_5HO_8\cdot 4\,H_2O$) 27-0265; magnet. Eig. ultrafeiner Fe(III)-Oxidhydratteilchen, d. aus Fe(III)-Oxidhydratgelen hergestellt wurden 2-0481; magnet. Suszeptibilität, EPR u. Krist.-Strukturunters. an zweikern. Fe(III)-Komplexen mit 1.10-Phenanthrolin d. Zus. entweder $Fe_2O(phen)_4(NO_3)_4\cdot 2\,H_2O$ oder $Fe_2\cdot(OH)_2(phen)_4\cdot 2\,H_2O$ 5-0425; chem. Reaktivität u. elektr. Leitfähigk. v. hydratisiertem Fe(III)-Oxid 26-0665; Struktur v. – -Gelen 35-0553; Fäll. v. – -Sol mit $Al(NO_3)_3$ + NaOH 3-2227; Mitfäll.: v. Zn mit – 44-0446; v. kleinen In-Mengen mit – 44-0447.

Verw. v. Membranelektroden aus $Fe_2O_3\cdot$aq/Polyäthylen als Indikatorelektrode bei potentiometr. Titrat. 38-1986.

Bibl.: Chemical and physical properties of iron(III)-oxide hydrate B 91.

Eisenperchlorate: Darst.: v. Perchloratkomplexen v. Fe mit N-[Pyridyl-(1)-on-(2)]-pyridin-2-aldimin u. N-[Pyridyl-(1)-on-(2)]-methylpyridinketimin 10-0739; u. Charakterisier. v. $[FeL]\cdot(ClO_4)_2$ (L = 1.5-Bis-2-(pyridyl-(2)-methylamino)-phenyl]-1.5-dithiapentan), vorliegend als Solvate 28-0775; u. Charakterisier. v. $[Fe(tpt)_2](ClO_4)_2\cdot 4\,H_2O$ bzw. $[Fe(TptH)_2](ClO_4)_4\cdot 4\,H_2O$ (tpt = 2.4.6-Tris-[pyridyl-(2)]-1.3.5-triazin) 39-0681; v. $[Fe(HL)_2](ClO_4)_2\cdot H_2O$ u. FeL_2 (HL = 1.3-Bis-[2-pyridylimino]-isoindolin) aus $Fe(ClO_4)_2$ u. HL 38-0737; v. $Fe(C_2H_5OH)_6(ClO_4)_2$ 40-0655.

IR-Spektren: v. $[(phen)_2FeOH]_2(ClO_4)_4$ u. $[(phen)_2FeOH]_2(ClO_4)_4\cdot 6\,H_2O$ 21-0132; v. $[Fe(DMSO)_6](ClO_4)_2$, Metall–O-Valenzschwing. u. d. Punktgruppe d. Kations 41-0068; Darst. u. Krist.-Struktur v. $[FeL_6](ClO_4)_3$ u. $[FeL_6](ClO_4)_2$ (L = Diphenylsulfoxid) 28-0777; magnet. Momente, Absorpt.-Spektren im sichtbaren Bereich v. Fe(III)-Perchlorat-Komplexen mit *4* substituierten Pyridin-N-oxiden 39-0073; elektrochem. Ox. v. Tris-4.7-dimethyl-1.10-phenanthrolineisen(II)-perchlorat u. Ferrocen in verschiedenen Lsgm. 13-0604; Darst., D. u. Zustandsdiagramm v. $Fe(ClO_4)_3$ -Komplexen mit Py. 31-0852.

Kinetik d. Ox. v. $Fe(phen)_3(ClO_4)_2$ mit $Li_4P_2O_8$; $P_2O_7^{4-}$, Cu(II), Ni(II), uEDTA 2-0635; Best. d. Kinetik d. Rk. v. $K_4[Fe(CN)_6]$ mit $[Fe(phen)_3](ClO_4)_3$ mittels einer Ström.-Meth. mit integrierender Anzeige 36-0616.

Toxizität d. $Fe(ClO_4)_3$-Octamethylpyrophosphoramid-Komplexes in W. u. DMSO 7-1612.

$Fe(ClO_4)_2$, Nachw. instabiler Fe-Komplexe bei d. Pulsradiolyse v. wss. – -Lsg. 26-0737.

$Fe(ClO_4)_3$, Polarographie v. – in 1.2-Propandiolcarbonat 37-0635; Best. d. Viskosität v. – -W.-Lsg. 32-0631; spektrophotometr. Unters. d. Syst. $Fe(ClO_4)_3$–NaBr–$Na_2\cdot SO_4$–H_2O 35-0505; Bldg. v. Fe(III)-Komplexen in Lsg. v. – u. Alkalimetalldicyanamid u. Alkalimetalltricyanmethanid 41-0552; Toxizität in W. u. DMSO 7-1612.

Eisenperoxosulfate, Rk. v. Tris-[N-(pyridyl-(2)-methylen)-anilin]-Fe-(II)-Komplexen mit $S_2O_8^{2-}$ u. v. Tris-[α-(pyridyl-(2)-benzylidenanilin]-Fe(II)-Komplexen mit $S_2O_8^{2-}$ 47-0586.

Eisenphosphate bzw. -phosphatokomplexe

Fe–Mn-Phosphate u. andere Mineralien in Pegmatiten v. Rhodesien u. Uganda 16-0843; Bldg. v. Na–Fe-Phosphaten durch Umsetz. v. Fe_2O_3 mit $NaPO_3$ 23-0660; Gleichgew. d. Dissoziat.- u. Red.-Rk. v. Fe(III)- u. Fe(III)-phosphaten 41-0512; metallograph. Unters. d. – -Schutzschicht auf Fe 18-2364.

Eisenorthophosphate, Bldg. v. $Ca\cdot(AlFe)\cdot H(PO_4)_2\cdot 4\,H_2O$ bei d. Herst. v. Superphosphaten 35-3053; Darst. v. $NH_4FePO_4\cdot H_2O$ 49/50-0571; Antiferromagnetismus v. $LiFePO_4$ 2-0482.

$Fe_3(PO_4)_2$, Nachw. v. *Vivianit* im Raseneisenstein im Emstal bei Neppen (DTA u. Röntgenanalyse) 7-0765; Best. d. Spinricht. u. Achsen d. elektr. Feldgradienten in *Vivianit* durch polarisierte rückstoßfreie γ-Strahlen 14-0483; Nachw. v. zwei inneren Magnetfeldern in $Fe_3(PO_4)_2\cdot 4\,H_2O$ 21-0549; magnet. Struktur v. *Vivianit* $[Fe_3PO_4)_2\cdot 8\,H_2O]$ 21-0567; magnet. Verh. v. *Vivianit* $Fe_3(PO_4)_2\cdot 8\,H_2O$ 28-0502; Mössbauer-Spektren v. natürl. *Vivianit* 46-0701; Identifizier. d. PO_4^{3-}-Gruppe in Ludlamit u. *Vivianit* mit Strychninmolybdatreagenz 27-2216.

$FePO_4$, K-Absorpt.-Kante u. $K\beta_5$-Emiss.-Linie v. Fe in – 51/52-0222; Krist.-Struktur v. *Metastrengit* 5-0270, 10-0254; Mössbauer-Effekt in calciniertem – unterhalb *26* °K 33-0042; Gleichgew.-Partialdruck d. O über $FePO_4$ 41-0512; Bldg. v. Nucleinsäurekoazervaten bei Trockn. u. Wiederbefeucht. mit – 12-1146; Identifizier. d. PO_4^{3-}-Gruppe in Strengit u. Metastrengit mit Strychninmolybdatreagenz 27-2216.

Eisendiphosphate

Unters. v. Diphosphateisen(III)-Komplexen u. Best. d. Gleichgew.-Konst. d. Bldg.-Rk., d. $[FeH_3P_2O_7]^{2+}$, $[FeH_2P_2O_7]^+$ u. $[Fe_2P_2\cdot O_7]^{2+}$ nach d. kinet. Meth. 17-0646; Ag-/Cu-/Fe-Pyrophosphat-Katalysator zur Herst. v. Acrolein oder Methacrolein aus Propylen oder Isobutylen u. O_2 40-2364*.

$Fe_2P_2O_7$, Bldg.: aus $FePO_4$ 41-0512; bei d. Thermolyse v. NH_4FePO_4 49/50-0571.

$Fe_4(P_2O_7)_3$, IR-Absorpt.-Spektrum v. H_2O-freiem – 43-0294.

Phosphatoeisensäuren

Extrakt. v. Phosphatoeisenkomplexen durch Amine 16-0561.

Phosphatoeisen(III)-säuren

$H_3[Fe(PO_4)_2]$-Salze, Extrakt. v. Fe aus Phosphatlsg. durch n-Dodecylamin als $(C_{12}\cdot H_{25}NH_3)_3Fe(PO_4)_2$ 16-0561.

$H_3[Fe(H_2P_2O_7)_3]$, Sulfitox. durch $[Fe\cdot(H_2P_2O_7)_3]^{3-}$ 6-0669.

$H[Fe_2(PO_4)_2(OH)]$, Salze s. *Kaliumphosphatoferrate(III)*.

Eisenphosphide: Übersicht über d. Vork. v. $(FeNi)_2P$ in Meteoriten 37-0858; Rückgewinn. v. P aus – 12-2150*; P-Aktivität in schmelzfl. Syst. d. Fe–P 19-2511; Verw. v. – zur Herst. v. Alkalimetallphosphaten 20-2197*.

Fe_3P, Struktur d. Eutektikums im Syst. Fe–Fe_3C 15-2421; Temp.-Abhängigk. d. magnet. Moments v. Cr_3P, Mn_3P, – u. Ni_2P sowie ihrer Mischkrist. 9-0481; ^{57}Fe-Mössbauer-Spektren v. – 25-0381; therm. Ausdehn. 40-0159.

Fe_2P, ^{57}Fe-Mössbauer-Spektren v. – u. ^{31}P-NMR-Spektren v. – 25-0381.

FeP, ^{57}Fe-Mössbauer-Spektren v. – u. ^{31}P-NMR-Spektren v. – 25-0381; magnet. Unters. d. festen Lsg. MnP–FeP 46-0428.

Eisen(VI)-säure: $H_2[FeO_4]$, Elektronenstruktur u. -spektren v. $[FeO_4]^{2-}$ 26-0079; Kinetik d. Red. v. Ferraten(VI) durch Bestrahl. v. ^{60}Co-γ-Strahlen 28-0718.

Eisenselenide: Herst. v. Ferro-Se in körn. Form 10-2416*; einige strukturelle, elektr. u. therm. Parameter d. tern. Verb. $FeCr_2Se_4$ 29-0480; Neutronenbeug.-Unters. v. antiferromagnet. $FeCr_2Se_4$ 37-0264.

FeSe, Löslichk. bei verschiedenem pH-Wert 41-0473.

Fe_7Se_8, anomaler elektr. Widerstand 24-0461; magnet. Krist.-Anisotropie 20-0443; Neutronenbeug.-Unters. d. Magnetisier.-Prozesses in Fe_7Se_8–*3c*- u. *4c*-Krist. 21-0550.

Eisenselenocyanate bzw. -selenocyanatokomplexe

Meth. zur Darst. d. Diacido-bis-[1.10-phenanthrolin]-eisen(II)-Komplexe$[Fe(phen)_2 \cdot (SeCN)_2]$-Komplexe 15-0757; IR-Spektren v. $[Fe(phen)_2(NCS)_2$ u. $[Fe(phen)_2 \cdot (NCSe)_2]$ im $^5T_2$- u. im $^1A_1$-Zustand 20-0292.

Selenocyanatoeisen(II)-säure **$H_2[Fe(NCSe)_4]$**-Salze, Absorpt.- u. Reflex.-Spektren im sichtbaren u. nahen UV-Bereich v. $[(C_4H_9)_4N]_2[Fe(NCSe)_4]$ 35-0065.

Eisenselenothiocyanate bzw. -selenothiocyanatokomplexe

Selenothiocyanatoeisen(II)-säure **$H_4[Fe(NCSe)_6]$**-Salze, Absorpt.- u. Reflex.-Spektren im sichtbaren u. nahen UV-Bereich v. $[(CH_3)_4[Fe(NCSe)_6]$ 35-0065.

Selenothiocyanatoeisen(III)-säure **$H_3[Fe(NCSe)_6]$**-Salze, Absorpt.- u. Reflex.-Spektren im sichtbaren u. nahen UV-Bereich v. $[(C_4H_9)_4N]_3[Fe(NCSe)_6]$ 35-0065.

Eisensilicate: Eisentitanoxide sal. vulkan. Gesteine u. d. assoziierten Ferromagnesiumsilicate 1-0758; Chromitkorn mit Mg–Fe-Silicat in reduzierend gebrannten Proben 7-2276; Bedeut. u. d. experimentelle Beherrsch. d. Sauerstoffpartialdruckes bei d. Synth. u. Unters. Fe^{2+}-halt. Silicate 32-0866; Einfl. v. Na_2O auf d. physikal.-chem. Eig. v. Fe–Mg-Silicatschmelzen 25-0684; opt. Absorpt.-Spektren v. Fe in d. gesteinsbildenden Silicaten: Erwider. 46-0331; Mössbauer-Spektrum v. ^{57}Fe-Kernen in einer $(Mg, Fe)_2SiO_4$-Folie 12-0052; opt. u. Mössbauer-Spektroskopie d. Fe in gesteinsbildenden Mg–Fe-Silicaten 38-0821; Anwend. d. Mössbauer-Effektes bei d. Unters. v. – bekannter Krist.-Struktur 42-0671; Phasen d. Syst. $Zn_2SiO_4/CaFeSiO_4$ (Zustandsdiagramm) 29-0633; Hochdruckumwandl. in $(Mg, Fe)SiO_3$-Pyroxenen (Stabilitätsunters.) 9-0817; Verw.: in Misch. zur Metallisier. v. Keramik 27-2524*; als Sinterhilfe für Dolomit, Magnesit u. Kalk 44-2161*.

$FeSiO_3$, Darst. d. Orthopyroxene – u. $CoSiO_3$ 18-0792; *Ferrosilit III*: Trikline polymorphe Verb. d. Fe-Metasilicats v. Pyroxenoidtyp 5-0269; Hyperfeinaufspalt. d. ^{57}Fe u. d. Mg–Fe-Ordn.-Unordn. in Orthopyroxenen (feste Lsg. v. $MgSiO_3$–$FeSiO_3$) 34-0849; Hochdruckumwandl. v. –-Pyroxen in Spinell u. Stishovit 11-0860.

Fe_2SiO_4, Vork. v. *Fayalit*: in d. Rapakivi-Granit d. Salminski-Massivs (Fennoskandia) 12-0754; in Vergesellschaft. mit Dalyit in ausgeworfenen Syenit-Blöcken v. São Higuel, Azoren 22-0827; Hochdruckumwandl. v. $FeSiO_3$-Pyroxen in Spinell (Fe_2SiO_4) u. Stishovit 11-0860; Hydrothermalsynth. v. *Fayalit*-Fe-Cordierit bei Synth.-Vers. v. Ferrohastingsit 17-0863; Hochdrucktransformat. d. $FeSiO_3$ Orhtopyroxens in Fe_2SiO_4-Spinell + Stiskovit 18-0792; IR-Spektren v. *Fayalit* (Vgl. mit Mineralien v. Mond u. Planeten) 5-0776; strukturelle u. chem. Effekte auf d. SiKβ-Röntgenlinien v. – (*Fayalit*) 51/52-0206; Mond- u. Marsoberflächen: Absorpt.-Banden im nahen IR v. *Fayalit* 51/52-0648; magnet. Suszeptibilität 1-0509; magnet. Eig. v. – bei *4–300* °K aus Mössbauer-Spektren 17-0532; Mössbauer-Unters. v. Fe^{2+} in paramagnet. *Fayalit* (–) 41-0362; Mössbauer-Spektren v. natürl. *Fayalit* 46-0701; Thermodynamik d. Gleichgew. v. *Fayalit*, –, mit H 4-0467; Olivin-Spinell-Umwandl. im Syst. Mg_2SiO_4/Fe_2SiO_4 bei *800*° 11-0858; Synth. v. Spinellmischkrist. im Syst. Mg_2SiO_4/Fe_2SiO_4 11-0859; Unters, d. Syst. Mg_2SiO_4/Fe_2SiO_4 bei Drücken über *62* kbar im Temp.-Bereich v. *700–1700*° 26-0847; Gleichgew. v. – in geschmolzenen Misch. v. Fe-Oxiden u. SiO_2 im Kontakt mit Misch. v. CO u. CO_2 32-0599; Phasengleichgew. d. festen Lsg. d. pseudobin. Syst. –/Zn_2SiO_4 32-2234; Tabelle d. effektiven Ordn.-Zahl als Funkt. d. Druckes für *Fayalit* u. andere Kern- u. Mantelmineralien 36-0762; Phasenumwandl. im Syst. Mg_2SiO_4/Fe_2SiO_4 (chem. Modell für d. Erdmantel) 38-0758; thermodynam. Eig. v. *Fayalit* Fe_2SiO_4 (EMK) 42-0411; Schmelzen v. *Fayalit* bis zu *40* Kilobar 42-0418; Zus. u. Freie Standardbldg.-Enthalpie v. *Fayalit* 51/52-0354.

Eisensilicide, Krist.-Struktur u. Isotypie v. $CeFe_2Si_2$ 9-0268; Röntgenstrukturanalyse tern. Verb. $RFeSi_2$ mit R = Ti, Zr, Hf, V, Nb, Ta sowie v. VFeSi u. TiFeSi 32-0233; Struktur v. U Fe_2Si_2 34-0211; Strukturdaten v. La_2FeSi_3 37-0251; Tabelle d. effektiven Ordn.-Zahl als Funkt. d. Druckes für $Fe_{2,1}Si$ u. $Fe_{1,6}Si$ u. andere Kern- u. Mantelmineralien 36-0762; Dichte u. Oberflächenspann. v. $Fe_{12}Si_{11}Mn_5$-Schmelzen 31-0700.

FeSi, Bldg. d. Phasen $FeSi_2$ u. – d. Diffus. v. B in Fe 10-0275; Fe–K-Absorpt.-Kanten v. – 34-0429; Symmetrie d. atomaren Umgeb. u. magnet. Eig. 15-0500; Verw. zur Herst. v. feuerfestem Material 2-2137*.

$FeSi_2$, Bldg. d. Phasen FeSi u. – bei d. Diffus. v. B in Fe 10-0275; Strukturdaten d. β-Phase v. – 37-0263.

Fe_3Si, Identifizier. v. –-Krist. (Zementier. v. Fe durch Si aus d. Gasphase) 37-0131; Hyperfeinstrukturfelder in – mit Hilfe d. NMR-Spinechoverf. 11-0403.

Eisensulfate bzw. -sulfatokomplexe

Neue hypergene Eisensulfate (*Römerit*) d. Nikitovsker Quecksilber-Lagerstätte 47-0749; Bldg. v. $FeTi(SO_4)_3$ im Syst. $TiO_2/FeO/SO_3/W.$ 41-0488; Extrakt.-Vers. an wss. –-Lsg. mit Versatic *9* 8-2128; IR-Spektren v. $[(phen)_2 \cdot FeOH]_2 \cdot (SO_4)_2 \cdot 9\,H_2O$ 21-0132; Mössbauer-Spektren v. $[Fe(CNCH_3)_6](HSO_4)_2$ 45-0093; Komplexe in wss. Fe(III)-Chlorid-Lsg. mit SO_4^{2-} 12-0557; Rk. mit Cytochrom C_{552} 5-1303; Verw. zum Entfernen v. H_2S aus Gasen 21-2914*.

$FeSO_4$, *Rozenit*, ein Eisensulfattetrahydrat, als Kluftfüll. in d. Schwarzen Schiefen v. Mulo, Pyhäselkä, Ostfinnland 4-0641; *Siderotil* u. *Szomolnokit* aus d. Nikitovsker Quecksilber-Lagerstätte 47-0749.

Gewinn. v. $FeSO_4 \cdot 7\,H_2O$ bei d. hydrometallurg. Verarbeit. v. Sublimaten d. Ti–Mg-Herst. 2-2063*; Kristallisier.-Prozeß v. –-Hepta-Hydrat 3-2229; Herst.: d. Monohydrates aus d. Heptahydrat 5-2190*, 24-2291*, 26-2311*; aus gebrauchter Beizsäure nach d. Acetonverf. 44-2007; Aufarbeit. v. – als Nebenprod. d. Gewinn. v. Cu 9-2446* Wiedergewinn. v. – aus Beizlsg. für Si-Stähle 8-2418*; physikal.-chem. Unters. d. Syst. ––Na_2SO_3–H_2SO_4–H_2O für die Trenn. v. Pb–Cu-Konzentraten 26-2396; Rösten v. Pyritabbrand mit – 5-2331.

IR-Spektren v. $FeSO_4 \cdot 7\,H_2O$ 5-0132; Multiplettstruktur d. $K\alpha_{1,2}$- u. $K\beta_1$, β'-Linien d. Röntgenspektren v. $FeSO_4 \cdot 7\,H_2O$ 16-0073; Einfl. d. Molekularzus. v. $FeSO_4 \cdot 7\,H_2O$ auf d. Intensität d. S II-Linie *5453,9* Å 44-0056; K-Absorpt.-Kante u. $K\beta_5$-Emiss.-Linie v. Fe in $FeSO_4 \cdot 7\,H_2O$ 51/52-0222; Kristallisat. u. Einfl. d. Anwesenh. fester Phase auf d. Breite d. metastabilen Zone v. $FeSO_4 \cdot 7\,H_2O$ 47-0158; Impulsentlad. in wss. Lsg. v. $FeSO_4$ + H_2SO_4 mit verschiedener Leitfähigk. 7-0169; effektive magnet. Momente v. $FeSO_4 \cdot 7\,H_2O$ 1-0170; magnet. Eig. elektrolyt. abgeschiedener Filme (Elektrolytzusätze: $FeSO_4 \cdot 7\,H_2O$) 11-0529; NMR-Unters. d. Kationenverteil. in aus wss. –- u. $MnSO_4$-halt. Lsg. erhaltenem Mn-Ferrit 22-0380; Starrh. v. Krist.-Wassermol. bei hohen Frequenzen in $FeSO_4 \cdot 7\,H_2O$ 29-0398; Mössbauer-Resonanzunters. an gefrorenen wss. Lsg. v. – 47-0025; Einfl. v. – + $Fe_2(SO_4)_3$-Lsg. auf d. anod. Polarisat. v. Si u. Ge 26-0660; Isothermen d. Syst. $Al_2(SO_4)_3/FeSO_4/(NH_4)_2SO_4/H_2SO_4/H_2O$ 6-0592; Unters. d. Diffus. in $FeSO_4$/Glycerin mittels Mössbauer-Absorpt. u. Rayleigh-Streuung 6-0620; Sublsg. im Syst. H_2SO_4/W./– 20-0497; Darst. v. FeO durch therm. Zers. v. –-Lsg. 2-0603; Rösten v. Pyritabbrand mit – u. Steinsalz (Verw. im Hochofen) 3-2397; Darst. v. superparamagnet. $ZnFe_2O_4$ mit vermutl. Kationenverteil. v. $Zn_{1-x}^{2+}Fe_x^{3+}[Zn_x^{2+}Fe_{2-x}^{3+}]O_4$ aus –, $ZnSO_4$ u. O_2 u. NaOH 9-0735; Red. v. wasserfreiem – mit H_2 u. Folgerk. 10-0671; Ox. d. Monohydrates zu SO_2 10-2190*; Ox. v. –-Lsg. durch atomares in einer Hochfrequenz-Entlad. gebildetes O (Einfl. v. H_2O-Dampf-Zusätzen auf d. Ox.-Grad) 11-0727; antioxydative Wrkg. v. – auf d. Ox. v. L-Ascorbinsäure 17-1605; Rk. d. Heptahydrates mit $FeCl_3$ u. $K_4Fe \cdot (CN)_6$ 19-2423*; Unters. d. Rk. v. sulfid. Mineralien mit – bei Temp. zwischen *100* u. *200*° 31-0901; Einfl. v. Äthylen auf d. radiolyt. Ox. v. – 35-0658; γ-Radiolyse v. lufthalt. u. luftfreien sauren –-Lsg. bei 20° im Druckbereich *0–6,34* kbar 41-0623.

Einfl. auf d. Bldg. v. NO-Myoglobin aus Myoglobin 35-3169; durch – in wss. Lsg. katalysierte Autox. v. Toluol 46-2284.

Einfl. auf d. Rinderenzymsyst. 12-1438; aktivierende Wrkg. auf Erythrozyten-Proteinasen v. Bos indicus u. Bos bubalis 18-1240; Einfl. auf d. Aktivität d. Acylträgerproteinhydrolase 20-1321; Wrkg.: auf staphylolyt. Enzyme aus Pseudomonas aeruginosa 29-1489; auf d. Aktivität d. Blutkatalase 31-1394; Hemmwrkg. auf Melilotathydroxylase im Cumarinstoffwechsel in einem Mikroorganismus 44-1328; Einfl. auf d. Uricasebldg. in Bakterien 8-1246; Hemmwrkg. auf d. Weizenstengelrost 21-1590; Einfl.: auf d. Pigmentbldg. bei Actinomyceten 41-1322; auf d. Bldg. v. 2-Methyl-6-methoxy-1.2.3.4-tetrahydro-β-carbolin in Pflanzen 14-1337; durch – reversibel beeinflußte Wachstumshemm. durch Cu bei Leptosphaeria michotii (West) Sacc. 28-1536; Verw. statt Bestrahl. bei phytochromgesteuerter Photomorphogenese bei Bohnen 34-1404; Best. d. Toxizität bei Mäusen 1-1500; Einfl. v. $FeSO_4 \cdot 7\,H_2O$ auf d. tox. Wrkg. v. Gossypol 8-3171.

Verw.: zur Abwasserreinig. 16-2176; zur Herst. v. Bauplatten 6-2264*; zur Herst. v. Fe 51/52-2219; – als Entfärb.-Mittel für Zuckerprod. 37-3386.

Maßanalyt. Routine-Schnellbest. v. Sulfat in – u. seinen therm. Zers.-Prod. 6-1908; Best. hygroskop. Feuchtigk. in – 30-1960; γ-Dosimetrie mit luftfreier –-Lsg. bei *150* bis *250*° 49/50-1861.

$Fe(HSO_4)_2$, *Rhomboklas* aus d. Nikitovsker Quecksilber-Lagerstätte 47-0749.

$Fe_2(SO_4)_3$, bakterielle Regenier. v. –-Lsg. für d. Auslaug. v. Sulfiden 24-2331.

Multiplettstruktur d. $K\alpha_{1,2}$- u. $K\beta_1,\beta'$-Linien d. Röntgenspektren v. $Fe_2(SO_4)_3 \cdot 9\,H_2O$ 16-0073; K-Absorpt.-Kante u. $K\beta_5$-Emiss.-Linie v. Fe in – 51/52-0222; charakterist. Diagramm d. Faraday-Anomalie bei d. paramagnet. Elektronenresonanz am Beispiel – 5-0417; Einfl. v. – + $FeSO_4$-Lsg. auf d. anod. Polarisat. v. Si u. Ge 26-0660; Unters. d. Diffus. in $Fe_2(SO_4)_3$/Glycerin mittels Mössbauer-Absorpt. u. Rayleigh-Sreuung 6-0620; W.-Abgabe in Abhängigk. v. d. Dampfdruck stabiler Hydrate v. – 7-0543; Phasenunters. am Syst. $Fe_2(SO_4)_3/Na_2SO_4/NaCl$ 8-0516; Zus. d. Komplexsyst. $Fe_2(SO_4)_3$–KCNS unter Bldg. v. $Fe(CNS)_6^{3-}$ u. $Fe(CNS)_3$ durch Hochfrequenzmess. 8-0536; Ultraschallunters. in wss. Lsg. v. –/$(NH_4)_2SO_4$ 38-0577; Einfl. auf wss. Suspens. v. Kaolinit u. Aktivkohle 23-0699.

Quantenausb. d. Chemilumineszenz bei d. Ox. v. Luminol mit Gemischen aus H_2O_2, – u. Acetylaceton 37-0801; Rk. v. N-Acyl-d-glucosaminen in Ggw. v. – 13-1052; –-halt. Katalysator zur Herst. v. Acetaldehyd 14-2539*; durch – in wss. Lsg. katalysierte Autox. v. Toluol 46-2284.

Einfl.: auf d. Hydroxylier. v. Tryptophan durch Chromobacterium violaceum 19-1435; auf d. Pigmentbldg. bei Actinomyceten 41-1322; Verw. statt Bestrahl. bei phytochromgesteuerter Photomorphogenese bei Bohnen 34-1404.

Verw.: zum Beizen v. Stahl 21-2587; zum papierchromatograph. Nachw. v. Antioxydantien 4-1706.

$Fe_3(SO_4)_4$, *Bilinit* u. *Römerit* aus d. Nikitovsker Quecksilber-Lagerstätte 47-0749.

$Fe(NH_4)_2(SO_4)_2$, Isomorphie u. Struktur v. $(NH_4)_2Fe(SO_4)_2 \cdot 6\,H_2O$ 32-0229; Kristallisat. v. $Fe(NH_4)_2(SO_4)_2 \cdot 6\,H_2O$ auf einem Keim in Magnetfeldern bis zu *140* kOE 34-0146; Einfl. starker magnet. Felder auf d. isothermen Lsg.- u. Wachstumsgeschw. v. $(NH_4)_2Fe \cdot (SO_4)_2 \cdot 6\,H_2O$-Krist.-Keimen 36-0139; Mössbauer-Spektren v. $[Fe(H_2O)_6](NH_4SO_4)_2$ 45-0093; Mess. d. magnet. Suszeptibilität v. $(NH_4)_2Fe(SO_4)_2 \cdot 6\,H_2O$ 47-0423; photochem. Redoxrk. im Syst. $(NH_4)_2Fe(SO_4)_2/H_2SO_4$/organ. Substanz/$H_2O/O_2$ (Wrkg. v. Aldehyden, Ketonen, Glykolen u. Äthern) 20-0673; refraktometr. Unters. einiger Redoxrk. in d. Syst. $(NH_4)_2Fe(SO_4)_2/K_2Cr_2O_7/H_2SO_4/H_2O$ 40-0448; Rk. mit Protoporphyrin unter physiolog. Beding. in Ggw. v. Na-Dithionit (Bldg. v. Protohäm) 51/52-1499; inhibierende Wrkg. auf Leucinaminotransferase 16-1327; intestinale Resorpt. v. ^{59}Fe aus –-Lsg. 4-1164.

$Fe(NH_4)(SO_4)_2$, dielektr. Verh. v. an teilweise dehydratisierten – adsorbiertem W. 32-0686; Unters. magnet. Relaxat.-Effekte in $NH_4Fe(SO_4)_2 \cdot 12\,H_2O$ durch Mössbauer-Spektroskopie 9-0499; Best. d. Atomspinkorrelat.-Zeiten d. Fe^{3+}-Ionen in $FeNH_4 \cdot (SO_4)_2 \cdot 12\,H_2O$ mit Hilfe d. Mössbauer-Effekts 10-0479; Mössbauer-Spektrum d. $FeNH_4(SO_4)_2 \cdot 12\,H_2O$ 48-0024; Mössbauer-

Unters. d. Elektronenrelaxat. in d. paramagnet. Verb. $NH_4Fe(SO_4)_2 \cdot 12\,H_2O$ 48-0568; Verw. zur ferrometr. Best. v. JO_3^- 21-2153.

Sulfatoeisen(III)-säure **$H_2[FeOH(SO_4)_2]$**, IR-Spektren v. $[(3.5.5.\text{Trimethylhexyl})_2NH_2] \cdot [FeOH(SO_4)_2]$ 21-0138.

Eisensulfide: Vork. eines nicht bekannten Minerals d. Syst. Cu/Fe/S in d. Hanawa-Mine, Nordwestjapan 7-0802; hydrogeochem. Prozesse d. Migrat. v. – in heißen Schiefern 13-0782.

Bldg.-Enthalpie v. Fe-Sulfiden FeS_{1+x} 29-0597; Synth. v. $Cu_2S \cdot Fe_2S_3$ u. $6\,Cu_2S \cdot Fe_2S_3$ 25-0821; Darst. v. Cyclopentadienylcarbonyleisenmercaptiden 28-0757; Herst. dünner Schichten v. $FeCr_2S_4$ 45-0179; *Pyrit*-Gruppe: Unters. v. einem ungewöhnl. Glied: $Cu_{0,60}Ni_{0,14}Co_{0,03}Fe_{0,23}S_2$ 48-0757; Drucklaug. v. – (Kinetik) 13-2277; Unters. d. Flotat. v. – -Mineralien 37-2523.

K-Absorpt.-Kante u. $K\beta_5$-Emiss.-Linie v. Fe in $KFeS_2$ 51/52-0222; Zücht., Farbe, Form u. Gittertyp v. Fe_2GeS_4-Krist. 9-0240; Krist.-Wachstum u. Gitterdaten v. Cu_2FeBS_4 mit B = Sn, Ge, Si 15-0216; Darst. u. Gitterparameter v. $FeYb_2S_4$ 16-0234; Synth. u. Berthierit-Struktur v.: $FeNb_2S_4$ 30-0197; Phasenumwandl. d. Spinellstruktur v. $Fe_2 \cdot Cr_2S_4$ in eine NiAs-Defektstruktur 31-0166; Unters. d. Phasenumwandl. v. Fe_xS (x = *0,90* bis *1,00*) mit Neutronenbeug. 42-0129; Umerkenn. u. Krist.-Struktur eines neuen Cu–Fe-Sulfids d. wahrscheinl. Zus. $Cu_{18} \cdot (FeNi)_{18}S_{32}$ v. Noril'sk 48-0765; magnet. Eig. u. Anlaßverh. v. dünnen, elektrolyt. abgeschiedenen NiFeS-Schichten 9-0508; magnet. induzierter elektr. Feldgradient an zweiwert. Fe auf Tetraederplätzen aus Mössbauer-Unters. an ^{57}Fe in $FeCr_2S_4$ 12-0468; Massenspektrum v. $Fe_3(CO)_9S_2$ 16-0125; Mössbauer-Absorpt.-Spektrum d. ^{57}Fe-*14,4*-keV-γ-Strahl. v. $CuFeS_2$ 25-0519; magnet. Eig. d. Spinellsyst. $Fe_{1-x}Cu_xCr_2S_4$ 28-0503; Best. d. Kationenwertigk. in $^{57}Cu_2 \cdot {}^{119}FeSnS_4$ durch Mess. v. Mössbauer-Effekt u. magnet. Suszeptibilität 30-0458; effektive Feldparameter in d. Mössbauer-Spektroskopie v. Fe für $FeCr_2S_4$-Pulver 41-0361; Mössbauer-Spektren v. $Fe \cdot Cr_2S_4$ u. $FeIn_2S_4$ 43-0478; magnet. Suszeptibilitäts- u. Mössbauer-Effekt-Mess. in $FeIn_2S_4$ 46-0436; Thermochemie v. Eisensulfiden wechselnder Zus. 8-0492; Phasenbezieh.: im tern. Syst. Fe/Pb/S 17-0866; d. – bei hydrothermalen Beding. bei *400°* u. *1000* atm im Syst. $Fe/S/NH_4Cl/H_2O$ 30-0532; thermodynam. Stabilität, Freie Bldg.-Energien u. Freie Rk.-Energien v. sedimentären – 36-0451; thermodynam. Unters. d. Syst. Fe/O/S in d. Metallurgie 36-2324; Gleichgew. in Syst. aus U u. Fe-Sulfid bei *200 – 360°* 38-0881; Unters. d. Flotat. v. – -Mineralien (Pyrrhotin) 44-2188.

Unters. d. Rk. v. $Fe_{0,93}S$ bei Temp. zwischen *100* u. *200°* 31-0901.

Verw. v. – in Schleifkörpern 30-2280*.

Elektronenanalyse dünner Sulfidschichten auf Fe u. Cu 16-1948.

FeS, tabellar. Vgl. d. kristallograph. Daten v. „Kansit" u. *Mackinawit* (Unters. d. Identität) 9-0787.

Vork. v. Niningerit verwachsen mit *Troilit* in Enstalitchondriten v. Typ I 1-0745; gangförm. Vork. v. gediegenem Sb mit *Pyrrholin* bei Seinäjoki, Finnland 2-0758; Mineralogie u. Geochemie d. Cu–W-Lagerstätte v. Ylojärvi, SW-Finnland: *Mackinawit-Pyrrhotin–Troilit*-Vergesellschaft. 4-0654; Vork.: v. hypogenem *Pyrrhotin* in d. Hanawa-Mine, Nordwestjapan 7-0802; v. *Pyrrhotin* in d. teleskopart. Lagerstätte v. Fournial (Cantal) 8-0792; u. Ursprung v. *Troilit*-Lamellen in Eisenmeteoriten 11-0818; *Magnetkies*–Kupferkies-Vererz. am Kontakt d. Zentralen Aaregranites im westl. Aarmassiv nördl. Brig 11-0846; *Troilit* in Meteoriten u. Tektiten (Zeitschriftenref.) 16-0764; metall. *Pyrrhotin*-Kügelchen in Kratergläsern v. Bosumtwi 16-0779; Nachw. v. *Pyrrhotin* neben Pentlandit in d. Zone v. S Cosmo Albanese (Cosenza) 16-0842; *Pyrrhotin* in d. Erzlagerstätte „Stastie" (Kreis Widin) 17-0857; Assoziat. v. *Pyrrholin* mit d. geothermalen Salton Sea-Sole 17-0858; Paragenese v. Ilvait mit *Pyrrhotin* in italien. Skarnen 23-0872; Vorzugsorientier. d. Naematits, Ilmenits u. *Pyrrhotins* in metamorphen Gesteinen 24-0834; Meteorite v. Trenton (Unters. eines *Troilit*-halt. Oktaedriten) 27-0877; Vork. v. *Pyrrhotin*: neben Pyroxenolitgranaten in Einschlüssen d. Basaltes v. Hoggar (Zentralsahara) 32-0843; neben Moissanit in Pegmatiten v. Čepelare 34-0847; erzmkr. Beschrieb. v. *Troilit* in Meteoriten 36-0745; Übersicht über d. Vork. v. *Troilit* in Meteoriten 37-0858; *Troilit*-Einschlüsse in Meteorit-Leg. 37-0870; zusammenfassende Beschreib. d. bei d. Serpentinisier. auftretenden Minerale mit Angaben über *Pyrrhotin* 38-0825; Nachw. v. *Pyrrhotin* in d. Sokolov-Lagerstätte 39-0763; *Pyrrhotin* in d. Sulfidmineralisat. in einem vulkano-sedimentären Komplex (Kambrium d. Sierra Morena, Spanien) 39-0771; Bldg. v. *Troilit* in d. Chondriten Nio, Okabe u. Tane 41-0682; *Mackinawit* v. Lizard, Cornwall 41-0728; Unters. d. Differentiat. v. Sulfiden an *Pyrrhotin* in geschlossenen Syst. in Olivin-Diabas, Missouri 42-0660; *Mackinawit* v. Südafrika 42-0702; Valleriit u. *Mackinawit* u. ihre Genese in d. Erzen 42-0720; Zus. v. Sphalerit in Assoziat. mit *Pyrrhiton* u. Pyrit bei Temp. v. *350 – 500°* 47-0752; Vork. v. Magnetkies u. *Mackinawit* in d. Pb–Ag-Erzlagerstätten d. Rio Ribeira de Iguapé-Bezirkes (Südbrasilien) 48-0769; Verteil. v. Au in *Pyrrhotin* v. Salsigne 12-0768; Verteil. v. Ge in *Troilit* einiger Fe-Meteorite 37-0869; Anwend. u. Bedeut. d. Au–Ag-Verhätlnisse in *Pyrrhotin* Erz v. Val D'Or Quebec 39-0767; Geochemie d. Elemente d. Platingruppe in *Pyrrhotin* 47-0690.

Gleichgew.-Temp. p_{S_2} u. p_{O_2} bei d. Bldg. d. *Pyrrhotine* pyrometasomat. Eisenerzlagerstätten v. Marmoton (Diskuss.-Bemerk.) 7-0788; Bldg.-Enthalpie v. $FeS_{1,008}$–$FeS_{1,13}$ 8-0492; Möglichk. d. – -Bldg. in Stahl 35-2404; Entsteh. d. Gefügebestandteile Nickeleisen u. *Troilit* in Chondriten 36-0750; selektive Flotat. v. *Pyrrhotin* 33-2703*; Aktivier. v. *Pyrit* durch Schwermetallionen (Xanthogenatabscheid. u. Flotierbark.) 35-2370; Gewinn. v. Cu, Zn u. Co aus *Pyrit*-Abbrand 37-2526; Abrösten v. *Pyrrhotin* 42-2249*; Aktivier. d. *Pyrrhotin*-Flotat. durch Schwermetallionen 44-2189; Brikettier. v. *Fe-Glanz* 49/50-2327*.

IR-Spektren v. *Troilit* (Vgl. mit Mineralien v. Mond u. Planeten) 5-0776; Veschieb. d. S-K_α-Dubletts gegen S_{rhomb} als Standard für – 11-0132; Multiplettstruktur d. $K_{\alpha_{1,2}}$- u. $K\beta_1,\beta'$-Linien d. Röntgenspektren v. – 16-0073; Einfl. d. Molekularzus. v. – auf d. Intensität d. S II-Linie *5453,9* Å 44-0056; Struktur v. synthet. Fe_3S_4 u. d. Natur d. Umwandl. in – 10-0245; Zus. d. festen Lsg. v. sublimiertem SnS–FeS (Zustandsdiagramm) 31-2513; Bereiche v. Zus. u. Struktur v. *82* natürl. terrestr. *Pyrrhotinen* 36-0830; Fehlstellenstruktur in – 40-0182; Selbstdiffus. v. Fe in – 40-0183; S-Aktivität, Leerstellenkonz. u. Selbstdiffus. in einer wachsenden Schicht v. – auf Fe 40-0184; Strukturcharakteristik d. Eutektikums Fe/FeS (aus Sammelref.) 42-0082; Mössbauer-Mess. an – -Einkrist. 2-0465; Effekte zweiter Ordn. im Hyperfeinfeld v. ^{57}Fe in *Troilit* 7-0462; Mössbauer-Resonanz d. ^{57}Fe in *Troilit* u. *Pyrrhotin* ($Fe_{0,88} \cdot S$) 10-0477; Abhängigk. d. magnet. Eig. v. d. therm. Geschichte v. natürl. polykrist. *Pyrrhotin*, $Fe_{0,89}S$ 42-0713; elektrochem. Unters. d. Au-Ablager. auf *Pyrrhotin* 49/50-0686; elektr. Leitfähigk., Wärmeleitfähigk., Thermo-EMK, Hall-Konst., Mikrohärte, Wärmeausdehn.-Koeff. sowie Bandbreite 2-0398; Stabilitätsfeld v. monoklinem *Pyrrhotin* 11-0857; Aspekte hydrothermaler Experimente im Hinblick auf d. Zustandsdiagramm (Prüf. d. Übertragbark. d. Phasenbezieh. in d. trockenen Syst. FeS/ZnS auf hydrothermale Beding.) 29 0904; Phasenbezieh. v. – u. FeS_2 bei hydrothermalen Beding. bei *400°* u. *1000* atm im Syst. $Fe/S/NH_4Cl/H_2O$ 30-0532; thermodynam. Stabilität, Freie Bldg.-Energien u. Freie Rk.-Energien v. sedimentärem *Mackinawit* 36-0451; Tabelle d. effektiven Ordn.-Zahl als Funkt. d. Druckes für *Troilit* u. andere Kern- u. Mantelmineralien 36-0763; Subsolidus-Unters. im Syst. $ZnS/FeS/FeS_2$ 42-0739; Zustandsdiagramme d. Syst. PbS–FeS–Na_2S 45-0525; Mitfäll. v. Ge mit – 1-0558; Benetzbark. durch Pb unter einer Schicht v. geschmolzenem NaCl/KCl bei d. Kathodenpolarisat. 6-0650; Schwank. d. Flotat.-Fähigk. v. *Pyrrhotin* 44-2188; Löslichk.: v. Au u. Ag in – -Schmelzen 40-0452; v. – bei verschiedenem pH-Wert 41-0473.

Rk. v. $CoO \cdot Fe_2O_3$ u. $NiO \cdot Fe_2O_3$ u. Fe_3O_4 mit – bei *1100 – 1300°* 3-2398; durch HNO_3 katalysierte feuchte Ox. v. Fe-Sulfidkonzentraten (Unters. an *Pyrrhotinen*) 11-0701; Rk. v. *Pyrrhotin* mit konz. H_2SO_4 (Aufbereit.) 28-2394; hydrothermale Umwandl. v. *Pyrrhotin* 31-0901; Ox.-Geschw. v. *Pyrrhotit* bei Ox. in wss. Lsg. bei höheren Temp. (aus Sammelref.) 44-0107.

Herst. u. Eig. v. Gläsern d. Syst. GeS_2/–, GeS_2/Na_2S/– 9-2253.

Best.: v. – in Cu-Schlacke 22-2171; v. S in – durch Verbrenn. im O-gefüllten Kolben 29-2075.

Fe_3S_4, Synth. v. *Smythit*-rhomboedr. Fe_3S_4 48-0783; Struktur v. synthet. – u. d. Natur d. Umwandl. in FeS 10-0245; thermodynam. Stabilität, Freie Bldg.-Energien u. Freie Rk.-Energien v. sedimentärem *Greigit* 36-0451.

Fe_7S_8, Magnetisier.-Prozeß v. Pyrrhotin-Krist. in hohen Magnetfeldern 42-0388.

Fe_2S_3, Synth. v. – 25-0821.

FeS_2, Vork.: v. *Pyrit* in d. Pb–Zn-Mineralisat. im westl. Vorbaikal 1-0779; v. *Pyrit* in limonat. Gangausbissen im Raum Niedersfeld (Sauerland) 2-0749; v. *Pyrit* in sulfid. Mineralzonen in basalen Nonesuchschiefern, Nord Michigan 2-0755; v. *Markasit* in d. sedimentären Fe-Erzen in Lokis, Mittelgriechenland 2-0766; v. *Pyrit* neben Loughlinit (Na-Sepiolith) u. Analcim in neogenen Sedimenten Anatoliens 3-0795; Orientier. v. framboidalem *Pyrit* in Schiefer 3-0796; Sulfidparagenese mit Cu-halt. Zonar-*Pyrit* v. Nukuundamu/Fiji 3-0797; Vork. v. *Pyrit* in Geoden d. Unterkreide v. Farmsen bei Hildesheim 7-0766; Unters. d. in Flußspatgängen vorkommenden *Pyrits* 7-0778; vulkan. *Pyrit*-Lagerstätten u. mögl. Arten d. Ablager. 7-0794; Vork.: v. *Pyrit* in d. „Kurokô"-Erzlagern 7-0795; v. *Pyrit* in d. „Schwarzerzlager" d. Kosaka- u. Hanaokagruben 7-0796; v. *Pyrit* in d. Uchinotai-Erzlager, Mine Kosaka 7-0798; v. *Pyrit* in d. westl. Teil d. Uchinotai-Erzvork., Mine Kosaka 7-0799; v. *Pyrit* in d. Daiichi-Erzlagern d. Shakanai-Mine 7-0801; v. hypogenem *Markasit* u. v. *Pyrit* in d. Hanawa-Mine, Nordwestjapan 7-0802; v. *Pyrit* u. *Markasit* in d. Magnet Cove Baryt-Sulfid-Lagerstätte, Walton, N.S. 7-0805; v. *Pyrit* neben authigenem Fe-halt. Aragonit in Grundsedimenten in d. Adria 8-0764; v. Meneghinit neben *Pyrit* im östl. Transbaikal 8-0777; *Pyrit* in d. Effusivgesteinen d. mittleren Bug-Region 8-0785; Bldg.-Beding. v. *Pyrit* in d. Nikitov-Sb-Hg-Lagerstätte im Donezbecken 8-0787; Überkrust. d. Kohlesubstanz durch *Pyrit* im Kupfererzlager v. Lublin 8-0791; Vork. v. *Pyrit* u. *Markasit* in d. teleskopart. Lagerstätte v. Fournial (Cantal) 8-0792; Paragenese v. Quarz-*Pyrrhotin*-Assoziat. in d. Lena-Au-Provinz 8-0793; Ätzstrukturen v. *Pyrit* u. *Markasit* d. östl. Teils d. Schlesisch-Karakauer Erzbeckens u. deren genet. Bedeut. 9-0796; Geochemie v. *Pyrit* in d. Litschkwasker Au-Erzlagerstätte 13-0816; Vork. v. *Pyrit* in einer Cu–As-Lagerstätte 13-0817; Adularisier. propylit. Gesteine d. Chelopech-Au-Cu-*Pyrit*-Lagerstätte, Pirdop-Gebiet 14-0781; Vork.: v. koll. Malakon in Rissen feinkörn. Quarzsericite in Assoziat. mit *Pyrit* 14-0794; v. *Pyrit* neben Heteromorphiten in brecciösen Bldg. 17-0846; *Pyrit* in d. Erzlagerstätte „Stastie" (Kreis Wibin) 17-0857; Assoziat. v. *Pyrit* mit d. geothermalen Salton Sea-Sole 17-0858; eine Siderit-*Pyrit*-Assoziat. in austral. Kohlen 19-0904; Vork. v. *Pyrit* im Pb-Zn-Erzlager v. Lázně Kynžart bei Mariánské Lázne 22-0797; Zusammenhang v. lokalen Fluoritfärb. u. *Pyrit* Einschlüssen 23-0870; Paragenese v. Ilvait mit *Pyrit* in italien. Skarnen 23-0872; Assoziat. v. *Pyrit* mit Stibnit in d. Sb-Lagerstätte v. Turhal, Türkei 24-0841; *Pyrit*- u. *Markasit*-Neubldg. in Carbonatgesteinen d. unteren u. mittleren Karbons d. südl. Neig. d. Woronesh-Massivs 26-0830; Ursprung diagenet. *Pyrite* in d. Quilon-Kalken, Kerala, Indien 28-0834; Variat. d. Isotopenzus. *Pyrit* u. *Melnikovit-Pyrit* v. Kratersee-S-Lagerstätten in Telaga Bodas (Indonesien) 29-0897; massive *pyrit*. Lagerstätten in Bezieh. zum Vulkanismus u. mögl. Formen d. Ablager. 29-0899; Vork. v. Bournonit mit *Pyrit* in d. Baryt-polymetall. Lagerstätte v. Kairakty (Zentralkasachstan) 31-0883; Chemie einiger New-Brunswick-*Pyrite* 31-0886; Migrat.-Besonderh. d. Ge in Untergrundwässern v. *Pyrit*-Lagerstätten 31-0895; Vork. v. *Pyrit* neben Moissanit in Pegmatiten v. Čepelare 34-0847; Unters. zweier Vork. v. *Pyrit* (Zeitschriftenref.) 36-0756; Unters. d. Siderit-Septarien u. d. Paragenese v. Pyrit u. *Markasit* 36-0775; *Pyrit* v. Madoc, Ontario 36-0809; sternähnl. Krist.-Einschlüsse in *Pyrit* u. Chalkopyrit aus d. Lagerstätte v. Quadrate-Trentino 36-0829; Vork.: v. Tetraedrit in Assoziat. mit *Pyrit* aus d. VII. bis X. Sohle d. Ader Maria bei Roznava (Süd-Slowakei) 36-0840; Vork. v. Chalkostibit in Assoziat. mit *Pyrit* in Hg-Erzen d. Altaigebirges 38-0838; v. *Pyrit* in d. metallogenen Fe-Provinz v. Südost-Missouri 38-0856; Unters. d. Paragenese v. Sphalerit mit *Pyrit* in verschiedenen Mineralisat.-Etappen 38-0868; neues Vork. v. *Pyrit* in Cu-As-Erzen 38-0879; *Pyrit* in Pyrop-Peridotiten aus Kimberliten Jakutiens 39-0711; mkr. *Pyrit* v. devon. Shattanooga-Shale u. d. Rammelsberg-Banderz (Diskuss. v. Pyritsphäroiden „Himbeerpyrit" ·. Typen, G nese, Eig.) 39-0746; Nachw. v. *Pyrit* u. *Markasit* in d. Sokolov-Lagerstätte 39-0763; eiserner Hut d. *Pyrit*-Lagerstätten d. Südurals u. d. Unterscheid.-Merkmale v. Eisenhydroxid-Abscheid. infiltrativer u. sedimentärer Herkunft 39-0764; Vork. v. *Pyrit* in d. Thanksgiving-Mine, Baguio-Gebiet, Mountain Provinz, Philippinen 39-0765; *Pyrit* in d. Sulfidmineralisat. in einem vulkano-sedimentären Komplex (Kambrium d. Sierra Morena, Spanien) 39-0771; *Pyrit* u. *Markasit* in d. Gruben v. Laurium (Attika) 39-0774; *Pyrit* in sulfid. Konkret. d. Smoljaninov-Serie (C_2^3) im zentralen Donezbecken 42-0650; zwei *Pyrit*-Varietäten v. Basisriff d. Witwatersrand-Syst. 42-0712; Vork. v. *Pyrit* in d. östl. Werra-Kaligebiet 42-0719; Eig. v. – in d. Kohle d. Donezbeckens 45-2851; Paragenese v. Freibergit mit *Pyrit* u. *Markasit* 47-0710; Zus. v. Sphalerit in Assoziat. mit Pyrrhotin u. *Pyrit* bei Temp. v. *350 – 500°* 47-0752; Vork.: v. Phenakit u. Paragenese mit *Pyrit* in Timan 48-0755; v. *Pyrit* u. d. Pb-Ag-Erzlagerstätten d. Rio Ribeira de Iguapé-Bezirkes (Südbrasilien) 48-0769; synsedimentäre Mineralparagenese v. *Pyrit*, *Markasit* u. Melnikovit-*Pyrit* im oberen Wettersteinkalk d. Pb-Zn-Lagerstätte Bleiberg-Kteuth (Kärnten) 48-0773; Vork. v. *Pyrit* in Paragenese v. Iowait aus d. Präkambrium v. Iowa 49/50-0669; *Pyrit* u. Krokoit v. Nontron (Dordogne) 49/50-0671.

Bind. d. Au v. Stockwerk in Bohuliby bei Jilové an *Pyrit* 2-0768; S-Isotopenzus. v. ZnS-, –– u. PbS-Erzen 2-0785; Verteil. v. Au in *Pyrit* v. Salsigne 12-0768; Hg-Verteil. in *Pyrit* u. *Markasit* aus Kohleschichten d. Zentraldonbass 18-0776; Ta- u. Nb-Verteil. in *Pyrit* d. Apograniten d. Granit-Granodiorit-Massivs v. Man'chambo (Südteil d. Pecora-Urals) 18-0781; Vork. u. Unters. v. Co- u. Ni-halt. *Markasit* 19-0900; Zn-Verteil. in endogenen Aureolen d. *Pyrit*-Lagerstätten 24-0844; Verteil. v. Au in *Pyriten* d. Skarnlagerstätten d. Altai-Sajaner-Gebietes 41-0702; Co, Ni, Se in *Pyrit* als Indikatoren d. Erzgenese 45-0739; Geochemie d. Re in *Pyriten* 45-0770; Interpretat. d. Pb-Isotopenzus. d. *Pyrit*-Lagerstätten d. Urals 45-0778; Charakter v. Au in d. ––Lagerstätten 48-0770.

Unters. d. Freisetz. v. *Pyrit* aus „Gelbem Erz" 7-0815; Bldg.-Enthalpie v. – 8-0492; gegenwärt. Bldg. v. *Pyrit* in heißen Quellen Islands 24-0833; Bldg. v. – bei d. hydrothermalen Umwandl. v. sulfid. Mineralien 31-0901; Synth. v. *Pyrit* aus chloridhalt. Lsg. 33-1014.

Aktivier. d. *Pyrit*-Flotat. durch Schwermetallionen 7-2334; Drucklaug. v. *Markasit* (Kinetik) 13-2277; komplexe Aufbereit. v. Madneul-Erz mit *Pyrit* 14-2282; Bezieh. zwischen Flotierbark. u. *Pyrit*-Typus 17-2173; Flotat. v. Dipoldiswalder *Pyrit* 18-2183; selektive Flotat. v. *Pyrit* 33-2703*; Schwank. d. Flotat.-Fähigk. v. *Pyriten* 37-2523; getrennte Gewinn. v. Zn u. Pb aus *Pyrit*-Erzen durch saure Drucklaug. 1-2178; Rösten v. *Pyrit*-Abbrand mit $FeSO_4$ u. Steinsalz (Verw. im Hochofen) 3-2397; Rösten v. *Pyrit*-Abbrand mit Fe(II)-Sulfat u. Steinsalz 5-2331; Herst. v. Pellets aus *Pyrit*-Abbrand 18-2297; Verarbeit. Zn-halt. *Pyrite* zu Schwamm-Fe 38-2544*; Druckhydrometallurgie d. Verarbeit. v. *Pyrit*–Mn-Erzen 41-2409; Abrösten v. *Pyrit* 42-2249*.

Multiplettstruktur d. $K_{\alpha_{1,2}}$- u. $K_{\beta_1,\beta'}$-Linien d. Röntgenspektren v. – 16-0073; Mess. d. Reflex.-Vermögens v. *Pyrit* 36-0822; opt. Anisotropie in *Pyrit* 36-0828; Strukturtyp $Th_3P_4/La_{3-x}S_4$ in – 9-0257; Kristallisat. u. Habitus v. *Pyrit* aus Schmelzlsg. 16-0210; Unters. d. inneren Baus v. *Pyrit*-Metakrist. in orientierten Schnitten 17-0855; Spaltbark. in *Pyrit* 42-0711; Mössbauer-Spektrum d. Fe in *Pyriten* u. *Markasiten* verschiedener Genese 22-0834; Einfl. d. Drucks auf d. Mössbauer-Spektren v. Fe in *Pyrit* 39-0069; experimentelle Unters. d. Elektrodenimpedanz v. *Pyrit* 9-0815; Einfl. d. pH-Wertes d. Mediums auf d. erzwungene Polarisat. v. *Pyrit* 9-0816; galvan. Effekt bei *Pyrit* 45-0565; Auflsg. v. *Pyrit* durch galvan. Wechselwrkg. mit Zn-Staub in wss. Suspens. 45-2493; Elektrokapillarerschein. an d. Grenze *Pyrit*/Xanthogenatlsg. 49/50-0455; elektrochem. Unters. d. Au-Ablager. auf *Pyrit* 49/50-0686; Phasenbezieh. v. FeS u. – bei hydrothermalen Beding. bei *400°* u. *1000* atm im Syst. Fe/S/NH_4Cl/H_2O 30-0532; thermodynam. Stabilität, Freie Bldg.-Energien u. freie Rk.-Energien v. sedimentärem – 36-0451; Tabelle d. effektiven Ordn.-Zahl als Funkt. d. Druckes für *Pyrit* u. andere Kern- u. Mantelmineralien 36-0762; Subsolidus-Unters. im Syst. ZnS/FeS/FeS_2 42-0739; Wrkg. d. Xanthogenat- u. Dixanthogenat-Sorpt. auf d. *Pyrit*-Flotat. 31-2484; Einfl. d. Trübendichte auf d. *Pyrit*-Flotat. 32-2363; Hydrophobier. v. *Pyrit* in Xanthogenatlsg. 32-2364.

Abscheid.-Beding. d. U aus hydrothermalen Lsg. v. *Pyrit* nach experimentellen Werten 9-0824; durch HNO_3 katalysierte feuchte Ox. v. Fe-Sulfidkonzentraten (Unters. an *Pyriten* nach d. therm. Zers.) 11-0701; Rk. v. Na_2SO_4 u. $NaHSO_4$ mit *Schwefelkies*-Abbränden u. *Pyrit* (Sulfatbldg.) 13-2278; Chlorier. v. *Pyrit* in Schwefelchlorid-Medium bei UV-Strahl. 27-0820; Rk. v. *Pyrit* mit konz. H_2SO_4 (Aufbereit.) 28-2394; Ox.-Geschw. v. *Pyrit* bei Ox. in wss. Lsg. bei höheren Temp. (aus Sammelref.) 44-0107; Verw. v. *Pyrit* in Form natürl. Krist. zur Erhöh. d. Keramsitfestigk. mit Hilfe d. katalyt. Schmelzkristallisat. 41-2403.

Ox. v. *Pyrit* durch gewaschene Zellsuspens. v. Thiobacillus ferrooxidans 23-1472; Mechanismus d. bakteriellen *Pyrit*-Ox. 46-1286.

Gewinn. v. elementarem S aus *Pyrit*-Konzentraten 29-2323; Verw. v. *Pyrit*-Abbränden zur Gewinn. v. Mikrozusätzen zu Düngern 37-3275.

Best. v. *Pyrit*-S in Kohle 26-2134; v. Mikromengen Cu in *Pyrit* 2-1860; v. Ag u. Au in *Schwefelkies*-Abbränden u. ähnl. Prod. durch Atomabsorpt.-Analyse 20-1995; v. Fe in *Pyrit* (potentiometr.) 21-2179; Analyse v. in d. Fe- u. Stahlindustrie verwendeten *Pyrit*-Abbränden 23-2254.

Bibl.: Geochemie der *Pyrite* einiger Lagerstätten der Tschechoslowakei B 58.

Eisensulfite bzw. -sulfitokomplexe

Sulfitoeisensäuren

$H_4[Fe(CN)_5NOSO_3]$, kolorimetr. Mess. an Sulfitopentacyanonitrosylferrationen d. Boedeker-Rk. 5-0742.

$H_5[Fe(CN)_5SO_3]$, Einäquivalent-Ox. d. $[Fe(CN)_5SO_3]^{5-}$ 6-0669.

Salze s. *Cäsium-* u. *Kaliumsulfitoferrate*.

Eisensulfoxylat: $FeSO_2$, Kinetik d. Peroxydisulfat/Eisensulfoxylat-Polymerisat.-Startersyst. 22-1148.

Eisentantalat(V): $FeTaO_4$ (Eisenorthotantalat), magnet. Eig. 18-0484.

Eisentelluride: Dissoziat.-Entropie bin. krist. Phasen (Verb.) d. Strukturtyps NiAs am Beispiel v. $Fe_{0,43}Te_{0,57}$ 37-0529.

FeTe, Löslichk. bei verschiedenem pH-Wert 41-0473.

Eisenthiocyanate bzw. -thiocyanatokomplexe, Extrakt. v. Thiocyanato–Fe(III)-Komplexe aus saurer Lsg. mit Triphenylarsinoxid 2-1725; Meth. zur Darst. d. Diacido-bis-[1.10-phenanthrolin]-eisen(II)-Komplexe $[Fe(phen)_2 \cdot (SCN)_2]$-Komplexe 15-0757; Darst.: v. $[Fe^{(II)} \cdot (NCS)_2(phen)_2]$ 21-0855; v. $[Fe(py)_4(NCS)_2]$ u. $[Fe(py)_3(NCS)_3]$ (Unters. d. sog. cis–trans-Isomerie) 22-0767; Darst. u. Eig. v. p-Ferrocenylphenylisothiocyanat (FPITC) 43-0639; Darst. u. Charakterisier. v. $[Fe(SCN)_2(terpy)]$ (terpy = 2.2'-Terpyridyl) 43-0659; IR-Spektren v. $[Fe(phen)_2(NCS)_2]$ im $^5T_2$- u. $^1A_1$-Zustand 20-0292; IR-spektroskop. Unters. v. cis–trans-Isomeren v. $[Fe(py)_4(SCN)_2]$ 17-0138; IR-Spektrum u. Struktur d. Komplexverb. d. Antipyrins mit Fe^{3+} u. NCS^- 22-0118; Krist.-Struktur u. angebl. Isomerie v. Dithiocyanatotetrapyridineisen(II) $[Fe(Py)_4(NCS)_4]$ 34-0217; Mössbauer-Spektren v. Dithiocyanatotetrakis-[pyridin]-eisen 19-0152; Bemerk. über d. anomalen Paramagnetismus v. $[Fe(NCS)_2phen_2]$ 49/50-0085; Polyvinylalkohol (PVA) als Träger zur Unters. v. Fe/SCN-Komplexverb. nach d. Ionophoreseverf. 9-0644; Ox. v. Cr^{2+} mit $FeNCS^{2+}$ (Darst. u. Isomerisier. d. schwefelgebundenen Monothiocyanat-Komplexe v. Cr(III)] 3-0718; Komplexe in wss. Fe(III)-Chlorid-Lsg. mit SCN^- 12-0557; Photolyse d. $[Fe(SCN)]^{2+}$-Komplexions in wss. Lsg. 13-0698; Kinetik d. durch Fe(II) katalysierte Dissoziat. d. Monothiocyanatokomplexes v. Fe(III) 30-0660; Stabilitätsunters. an d. zur Best. kleiner Chloridmengen verwendeten Fe(III)–Thiocyanat-Komplex 26-2030; Einfl. v. Verdünn.-Mitteln auf d. Eig. d. in TBP gelösten Fe–SCN-Komplexes 39-1981.

$Fe(SCN)_2$, Verw. zur kinet. Kolorimetrie v. Peroxiden 37-2147.

$Fe(CNS)_3$, Zus. d. Komplexsyst. $Fe_2(SO_4)_3$–KCNS unter Bldg. v. – durch Hochfrequenzmess. 8-0536.

Thiocyanatoeisen(II)-säure

$H_2[Fe(NCS)_4]$-Salze, Absorpt.- u. Reflex.-Spektren im sichtbaren u. nahen UV-Bereich v. $[(CH_3)_4N]_2[Fe(NCS)_4]$ 35-0065.

$H_4[Fe(SCN)_6]$, Salze s. *Kaliumthiocyanatoferrat(II)*.

Thiocyanatoeisen(III)-säure

$H_3[Fe(SCN)_6]$-Salze

Eisenthiocyanatoferrat s. dort.

Absorpt.- u. Reflex.-Spektren im sichtbaren u. nahen UV-Bereich v. $[(CH_3)_4N]_3 \cdot [Fe(NCS)_6]$ 35-0065; Färbemeth. für Polyanionen in Gewebeschnitten mit Hilfe v. $[Fe(SCN)_6]$-Komplexen quatern. Amine 46-1902.

Eisenthiocyanatobismutat: $Fe[Bi(SCN)_6]$, UV-spektrophotometr. Unters. 31-0076.

Eisenthiocyanatochromate(III), Darst.: v. [Benzol-(pentaphenylcyclopentadienyl)-eisen]-reineckat 2-0721; v. Acetylferriciniumreineckat 14-0732; Übersicht über Löslichk. in W. u. therm. Beständigk. v. $[Fe(II)L_n]A_m$ (L = Isonicotinsäurehydrazid; A = $[Cr(SCN)_4 \cdot (NH_3)_2]^-$ (n u. m = *1 – 2*) 5-0754.

Eisenthiocyanatoferrate(III), γ-resonanzspektroskop. Unters. d. Struktur v. $[(C_5H_5)_2 \cdot Fe]_3[Fe(SCN)_6]$ aus Umsetz. v. Ferrocen mit Dirhodan u. v. Ferriceniumtetrafluoroborat mit NH_4SCN 22-0139.

Eisenthiocyanatomercurate(II), strukturelle u. spektrale Bezieh. v. $HgFe(NCS)_4$ sowie v. festen Lsg. v. Fe^{2+} in $HgZn(CNS)_4$ 27-0243; Löslichk. in W. u. therm. Beständigk. v. $Fe(II)L_n[Hg(SCN)_4]$ (L = Isonicotinsäurehydrazid; n = *1 – 2*) 5-0754.

Eisenwolframate(IV) bzw. -wolframatokomplexe

$FeWO_4$, Darst. v. – in geschmolzenem $Na_2W_2O_7$ in Form v. Einkrist. 13-0584; Krist.-Struktur u. magnet. Struktur d. *Ferberits* 19-0268.

Wolframatoeisen(III)-säure

Salze s. *Ammonium-*, *Kalium-* u. *Natriumwolframatoferrate(III)*.

Organische Eisenverbindungen

Mössbauer-Unters. v. organometall. Fe-Komplexen (stabiler Lad.-Übertrag.-Komplex Ferrocen–Tetracyanoäthylen) 1-0615; Verw. v. metallorgan. Fe-Verb. als Härt.-Beschleuniger für Polyvinylacetalgemische 5-2523*; Sulfitox. durch Komplexionen d. Fe mit verschiedenen organ. Liganden 6-0669; elektrochem. Unters. an Organoeisencarbonylkomplexen 7-0609; Elektrochemie v. Organoeisenverb. 7-0610; Wrkg. d. Belast. mit komplexen Fe-Präp. auf Morphologie u. Funkt. d. Rattenniere 10-1528; Verw.: organ. Fe-Verb. in Polymerisat.-Katalysatorgemisch 15-2970*; v. Organo-Fe-Carbonyl-Verb. als Fungizide 15-3195*; Bldg. v. C–Fe-Komplexen bei d. Rk. v. Azobenzolen u. Schiffschen Basen mit Fe-Carbonylen 17-0795; dünnschichtchromatograph. Unters. d. Komplexbldg. organ. Reagenzien mit N – N- u. S – S-Koordinat.-Stellen mit Fe(II) u. Fe(III) 18-1861; Verw. Fe-organ. Verb. zur Fe-Pulverherst. 19-2650*; IR-spektroskop. u. polarograph. Unters. v. Fe-Komplexen mit Metall-Kohlenstoff-σ-Bind. (Elektroneneffekte d. Substituenten) 27-0136; Unters. d. Fe-organ. Verb. d. Bodens mittels Isotopenaustausches 27-3419; Zus. u. Eig. d. Fe-organ. Verb. d. Bodens (ihre Rolle in d. Ernähr. d. Pflanze) 27-3420; Spalt. d. Metall-Ring-Bind. in Fe-Verb. durch H_2O-aktiviertes $ZnCl_2$ (Bldg. v. Polymeren) 30-0749; Rk. v. Carbonylferraten mit Olefinoxiden über Fe–C-Verb. zu Carbonsäureestern 47-0671.

Aliphatische Verbindungen

Rk. v. Äthinyl-Fe-Carbonylkomplexen mit Sulfonamiden oder Isothiuroniumverb. 2-2396*; Darst. v. Tricarbonylpolyeneisen-Komplexen u. Fixier. d. Fe-Bind. [polyen = Hexatrien-(1.3.5)] 3-0739; IR-Spektren v. Butadien-$Fe(CO)_3$ 6-0127; Struktur v. π-Allyltricarbonyleisenjodid 9-0216; Bldg. v. Trimethylenmethaneisentricarbonyl bei d. Rk. v. 3-Chlor-(2-chlormethyl)-propen mit $Fe_2(CO)_9$ 15-0758; durch Divinyl-Fe katalysierte Polymerisat. v. Butadien-(1.3) 18-1097; Hauptprod. u. Charakter d. Zerfalls v. π-Allylcarbonyleisenkomplexen 33-0924; Darst. v. Bis-[π-allyl]-eisendicarbonyl 36-0719; Rk. v. $Fe_2(CO)_9$ mit Tetramethylallen(L) zu $(CH_2{=}C(CH_3){-}CH{=}C(CH_3){-}CH_3)Fe(CO)_3$ u. $LFe \cdot (CO)_4$ 47-0672; Beweis für einen Fe–Carben-Komplex 48-0699; Komplexe d. Fe-Carbonyls mit C_2H_2 u. seinen Deriv. (Struktur v. $Fe(CO)_6 \cdot C_6H_5 \cdot C_2C_6H_5$] 51/52-0150.

Carbocyclische Verbindungen

Rk. v. Nitrosylcarbonylcyclopentadienyleisen-Verb. mit Bis-[trifluormethyl]-dithieten 1-0738; Unters. v. Ferrocenderiv. durch Kern-γ-Resonanz 2-0140; Synth. v. Polyferrocenylen $H{-}({-}C_5H_4FeC_5H_4{-})_n{-}H$ aus lithiiertem Ferrocen u. $CoCl_2$ oder $C_6H_5CH_2Cl$ unter radikal. Zwischenstufen 2-0718; Bldg. v. Biferrocenyl u. Polyferrocenylen aus Ferrocenyllithium 2-0720; Polyarylcyclopentadienyleisenverb. 2-0721; Tautomerieerschein. in dimerem Dicarbonyl-π-cyclopentadienyleisen 3-0145;

Ferrocenderiv. (Ferrocenacetylene) 4-0603; paramagnet. Resonanz einiger Carboran-Analoga d. Ferricenium-Kations 6-0146; Ferrocenophan-Syst. (Übersichten über d. Organometallchemie) 6-0769; elektrochem. Unters. u. Unters. d. nucleophilen Verh. v. Cyclopentadienyleisencarbonylkomplex 7-0611; Darst. v. $C_5H_5Fe(CO)_2(-CH=CH_2)$ durch Rk. v. $C_5H_5Fe(CO)_2Cl$ mit $CH_2=CH-MgCl$ 7-0725; Identität v. $[C_5H_5FeCl_2]$ mit $[Ferrocen]^+ \cdot [FeCl_4]^-$ 7-0726; Ferrocenderiv. 7-0727; Elektroneneffekte d. Substituenten in Ferrocen u. seinen Deriv. 8-0715; Phosphorylier. v. Ferrocenderiv. 8-0716; Rk. v. $C_5H_5Fe(CO)_2J$ mit $(C_6H_5O)_3P$ unter UV-Bestrahl. 8-0718; Radikalrk. v. Ferrocen mit Maleinsäureanhydrid in THF in Ggw. v. etwas H_2O_2 8-0720; ^1H-NMR-Mess. an substituierten Ferricinium-Kationen 9-0159; Kinetik d. hydrolyt. Zers. d. Ferriceniumkations $[Fe(C_5H_5)_2]^+$ 9-0664; Rk. v. $[C_5H_5Fe(CO)_2]_2$ mit SnX_4 bzw. $(C_6H_5)_2SnCl_2$ X = Cl, Br, J 11-0771; Bldg., IR- u. NMR-Spektren v. $[C_5H_5Fe(CO)]_4$ u. $[C_5H_5Fe(CO)_4]$ Br_3 11-0773; paramagnet. Addukte zwischen Ferrocen u. Säuren 12-0653; Syst. [1.1]-Ferrocenophan 12-0715; elektrochem. Ox. v. Ferrocen in verschiedenen Lsgm. 13-0604; Ferrocenderiv. (Rk. v. (Hydroxylalkyl)-ferrocenen mit Isocyansäureestern] 14-0156; elektr. Eig. v. Ferrocenen 15-0430; Multiplettstruktur d. $K\alpha_{1,2}$- u. $K\beta_1,\beta'$-Linien d. Röntgenspektren v. Ferrocen 16-0073; Molekular- u. Krist.-Struktur v. Dichloro-bis-[dicarbonyl-π-cyclopentadienyleisen]-zinn(IV) 16-0245; Bldg.-Wärme u. Bind.-Energie v. $Fe(C_5H_5)_2$ 16-0536; Ferrocenderiv. (Ferrocenacetylene) 17-0797; Massenspektren u. Stereochemie v. Ferrocenen 18-0163; Beweglichk. d. H-Atome in d. Methylgruppe einiger Methylferrocene 18-0652; Rk. v. $C_5H_5(CO)_2FeCl$ mit NH_3, N_2H_4, $P(C_2H_5)_3$ in Ggw. v. $[B(C_6H_5)_4]^-$ u. PF_6^- (Anionenaustausch) 19-0875; Metallier. v. Methyl-, Äthyl- u. Propylferrocen u. Ferrocen mit Butyllithium 20-0751; Darst. v. α-Ferrocenylcarboniumsalzen 20-0752; Photoleitfähigk. v. Ferrocenen 20-0892; chronopotentiometr. Viertelwellenpotentiale v. substituierten Phenylferrocenen 20-0893, 20-0894; Deriv. d. Ferrocens (Diels-Alder-Rk. auf d. Basis d. Acryloylferrocens als Philodien) 21-0846; Ferrocenderiv. (Red.-Prod. v. Ferrocenobenzochinonen) 21-0847; γ-resonanzspektroskop. Unters. d. Struktur v. $[(C_5H_5)_2 \cdot Fe]_3[Fe(SCN)_6]$ 22-0139; Rk. zwischen Sn(II)-Halogeniden u. d. Verb. $[\pi\text{-}C_5H_5Fe(CO)_2]_2Hg$ 22-0754; Addit. v. Dichlorcarben an Ferrocenyläthylene 22-0773; integrale Intensitäten d. Carbonylbanden in d. IR-Spektren u. d. KMR-Spektren v. ringsubstituierten Fe-Cyclopentadienyltricarbonylen 23-0135; Krist. Struktur v. Bis-[π-cyclopentadienyldicarbonyleisen]-dinitritozinn $[\pi\text{-}C_5H_5Fe(CO)_2]_2Sn \cdot (ONO)_2$ 23-0270; Darst. v. Ferrocen 23-0856; Schwing.-Spektren v. $Hg[Fe(CO)_3(C_5H_5)]_2$ 24-0117; Komplexbldg. d. Ferriciniumkations in wss. Lsg. mit Cl^--, CNS^-- u. ClO_4^--Anionen 24-0600; Krist.-Struktur v. Bis-[dicarbonyl-π-cyclopentadienyleisen]-dichlorgerman 25-0193; Einfl. d. Substituenten X in $C_5H_5FeC_5 \cdot H_4X$ auf d. reversible Ox. d. Fe im Komplex zum Ferriceniumkation an Hand v. Literaturdaten 25-0741; Rk. v. Ferriciniumtetrafluoroborat mit Phenylazotriphenylmethan 25-0823; Bezieh. zwischen Konfig. u. Vorzeichen d. Dreh. opt. akt. Ferrocene 27-0858; Darst. v. Cyclopentadienylcarbonyleisentrithiocarbonat-Komplexen 28-0758; ferrocenhalt. Polymere (Polyrekombinat. d. Ferrocens) 28-0761; magnet. Eig. u. Absorpt.-Spektren v. Ferrocen u. $[Fe(C_5H_5)_2]^+$ 29-0067; massenspektroskop. Unters. v. Benzolcyclopentadienylmangan, Vgl. mit Ferrocen 29-0127; π-Cyclopentadienyleisendicarbonyl-o-cyclopentadien 30-0099; Chloro-bis-[π-cyclopentadienyldicarbonyleisen]-[π-cyclopentadienyltricarbonylmolybdän]-zinn(IV), eine neue Metallclusterverb. 31-0218; IR-Spektren v. Ferrocenium- u. Benzolcyclopentadienyleisen(II)-Ionen aus zwei Fundamentalrk. d. Ferrocens 32-0089; Isomerie v. Fe-Komplexen mit Cyclopentadienyl-Liganden 32-0808; Darst. v. Diferrocenylmethanderiv. 33-0926; Rk. d. Triferrocenylchlormethanhydrochlorids 34-0830; Darst. v. π-(Pentamethylcyclopentadienyl)-carbonyleisenverb. 34-0832; durch Ferrocen u. seine Substitut.-Prod. aktivierte peroxid. Polymerisat. ungesätt. Verb. 34-1135; Hydratat.-Wärme d. Ferriciniumkations 35-0451; Polykondens. v. Ferrocen mit Furfurol 35-1177; Kinetik d. therm. Zers. v. Tri-tert.-butyl- u. Tetra-tert.-butylferrocen 36-0641; Darst.: v. Polyferrocenylen, Biferrocenyl u. 1.1'-Terferrocenyl aus Poly-[mercuriferrocenylen] u. Ferrocen 36-0726; v. Ferrocen aus C_5H_6, $FeCl_2$ u. $(C_2H_5)_2NH$ in einer Vers.-Anlage 38-0718; Isomerenverhältnis bei d. Cyanier. v. Methyl-, Äthyl- u. Phenylferrocen 38-0719; Rk.: v. Diazomethan mit Triferrocenyl- u. Diferrocenyl-(phenyl)-carboniumsalzen 38-0720; v. Ferriciniumsalzen mit Fettsäureanhydriden 38-0721; Ox. d. CH_3-Gruppe im $[(CH_3C_6H_5) \cdot C_5H_5Fe]BF_4$ mit H_2O_2/NaOH zur $-COOH$-Gruppe 38-0722; Darst. v. Eisencyclopentadienylkomplexen mit Triphenylphosphitliganden 38-0723; Synth. v. π-Cyclopentadienyldicarbonyleisentrichlorgerman u. Bis-[π-cyclopentadienyldicarbonyleisen]-dichlorgerman 39-0673; Elektronen-Absorpt.-Spektrum v. Ferrocen 40-0049; Subl.-Entropie v. Bis-[cyclopentadienyl]-Fe 40-0417; intermol. H-Bind. u. Gleichgew.-Konst. d. Komplexes v. Ferrocen mit Phenol 40-0840; Darst.: v. Ferrocen 40-2414*; u. therm. Stabilität v. $Fe(C_5H_5)_2$ 41-0436; Zusatzbande in d. UV-Spektren v. Carbonylgruppen enthaltenden Ferrocenen 42-0052; H–D-Austausch zwischen C_2D_2 oder D_2 u. d. Komplexen aus Ferrocen u. Elektronenakzeptoren 42-0585; Carboniumionen-Stabilisier. durch d. Ferrocenyl-Gruppe 43-0638; Darst. u. Eig. v. p-Ferrocenylphenylisothiocyanat (FPITC) 43-0639; Substituenten-Effekte bei d. chronopotentiometr. Ox. v. Ferrocenderiv., innere Solvatat. v. bestimmten substituierten Ferricinium-Ionen 47-0516; Reformatzky-Rk. in d. Ferrocenreihe 48-0696; Synth. einiger heteroannular disubstituierter Ferrocenderiv. 48-0697; IR-Spektren v. $[C_5H_5 \cdot Fe(CO)_2]_2$ 49/50-0069; Struktur v. Diphenylylferrocen 49/50-0159; Mol.-Struktur eines [1.1]-Ferrocenophans (1.12-Dimethyl-[1.1]-ferrocenophan) 49/50-0160; Enthalpie- u. Entropiedifferenz d. verbrückten u. unverbrückten Form d. Cyclopentadienyleisendicarbonyl-Dimeren $[FeC_5H_5(CO)_2]_2$ 49/50-0380.

Darst. v. [Benzol-(pentaphenylcyclopentadienyl)-eisen]-reineckat 2-0721; Rk.: v. $(CO)_3(C_8H_8)Fe$ mit Tolan, Phenylpropiolsäuremethylester bzw. Phenyläthinyltrimethylsilan 3-0738; v. Ferrocen u. Bis-[tetrahydroindenyl]-eisen mit Elektronenakzeptoren (Bldg. u. IR-Spektren v. *1:1*-Komplexen) 10-0728; Bldg., NMR- u. IR-Spektren v. $C_8H_8Fe(CO)_3$ (Valenztautomerie) 11-0772; Struktur d. Cyclooctatetraeneisentricarbonyls in Lsg. 30-0101; NMR-Spektren d. Cyclooctatetraeneisentricarbonyls u. einiger Deriv. (Valenztautomerie) 30-0102; Darst., Krist.-Daten u. magnet. Momente v. $Fe(NH_3)_2Ni(CN)_4 \cdot 2\,L$ (L = Bzl.) 34-0835; einige Cyclohexa- u. Cycloheptadienyleisenverb. 43-0633; Darst.: v. $LFe(CO)_3$ (L = Spiro-[4.4]-nonadien-(1.3)) 47-0673; v. Eisentricarbonylcyclooctatetraenkomplexen 48-0700.

Heterocyclische Verbindungen

Darst.: u. DTA, GTA u. IR-spektroskop. Unters. v. $Fe(BF_4)_2(H_2O)_6 \cdot 5$ Dioxan 22-0776; *5*fach koordinierter Fe(III)-Komplexe mit Dioxan 38-0713.

IR-Spektren v. Fe-Komplexen mit Pentamethylentetrazol 22-0119.

Direkte Mössbauer-Beobacht. d. $^5T_2$ $^1A_1$-Überkreuz. in einem oktaedr. Fe(II)-Chelat d. Tripyrazolyl-(1)-hydridoborsäure 16-0118; Darst. v. Pyrrolylkomplexen v. Fe 36-0723.

Effektive magnet. Momente v. Fe(II)-Komplexen mit Pyridin u. Pyrazin 1-0170; Darst. v. $(C_2H_5)_2Fe(bipy)_2$ als Katalysator für d. Butadien-Polymerisat. 3-0751; Polarogramme d. Tris-[2.2'-Bipyridyl]-ferrat-Anions in Acetonitril 9-0617; IR-Spektren v. 2.2'-Bipyridyl-Komplexen d. Fe 11-0151; Mössbauer- u. Elektronenspektren v. „high-spin"-Fe(II)-Komplexen mit Pyridinen 16-0119; IR-spektroskop. Unters. v. cis-trans-Isomeren v. $[Fe(py)_4(SCN)_2]$ 17-0138; Mössbauer-Spektren v. Dithiocyanato-tetrakis-[pyridin]-eisen 19-0152; polarograph. Verh. v. Fe/2.2'-Bipyridylkomplexen an einer Pt-Mikroelektrode mit period. Erneuer. d. Diffus.-Schicht 20-0569; Darst. v. $[Fe(py)_4(NCS)_2]$ u. $[Fe(py)_3(NCS)_3]$ (Unters. d. sog. cis-trans-Isomerie) 22-0767; einfache Molekularorbitalunters. d. UV-Spektren d. Komplexe v. 2.2'-Dipyridyl mit Fe(II) 28-0072; photochem. Darst. v. Pentacarbonyleisen(0)-Deriv. mit Py., α-Picolin, γ-Picolin, Piperidin 28-0756; Darst.: v. Natrium-tris-[2.2'-bipyridyl]-ferrat(-I) 31-0842; u. D. u. Zustandsdiagramm v. $Fe(ClO_4)_3$-Komplexen mit Py. 31-0852; Krist.-Struktur u. angebl. Isomerie v. Dithiocyanatotetrapyridineisen(II) $[Fe(py)_4(NSC)_4]$ 34-0217; Darst.: *5*fach koordinierter Fe(III)-Komplexe mit Pyridin 38-0713; u. Charakterisier. v. $[Fe(tpt)_2]X_2 \cdot 4\,H_2O$ bzw. $[Fe(tptH)_2X_4 \cdot 4\,H_2O$ (X = ClO_4; tpt = 2.4.6-Tris-[pyridyl-(2)]-1.3.5-triazin) 39-0681; Mössbauer-Spektren v. Fe(II)-Komplexen einiger Pyridinderiv. 42-0076.

Fe-Komplexe mit neuen synthet. makrocycl. N-Heterocyclen (Übersicht) 17-0807; Unters. v. siebenfach koordiniertem Fe(III)-Komplexen mit 2.13-Dimethyl-3.6.9.12.18-pentaazabicyclo-[12.3.1]-octadeca-1(18).2.12-14.16-pentaen 22-0768; neuer Typ eines Eisencarbonylkomplexes, d. 1-Aza-2-ferracyclohexadien-Ring 36-0721; Bldg.-Konst. für d. Fe-Komplexe v. 4-[Pyridyl-(2')]-imidazol 42-0482; Darst. u. Charakterisier. v. $[FeX_2 \cdot (terpy)]$ (X = Cl, Br, J, SCN; terpy = 2.2'.2''-Terpyridyl) 43-0659; Komplexbldg. v. Fe mit 2-Pyridyl-(2)-imidazol 51/52-0411.

Kinetik d. Ox. v. $[Fe(phen)_3](ClO_4)_2$ mit $Li_4P_2O_8$, $P_2O_7^{4-}$, Cu(II), Ni(II) u. EDTA 2-0635; PMR-Spektren v. Tris-[o-phenanthrolin]-Komplex d. Fe(II) 3-0166; Einfl. d. Substituenten auf d. alkal. Spalt. v. Ferroinen (Tris-[1.10-phenanthrolin]-Komplexe d. Fe(II)) 3-0648; magnet. Suszeptibilität, EPR u. Krist.-Strukturunters. an zweikern. Fe(III)-Komplexen mit 1.10-Phenanthrolin d. Zus. entweder $Fe_2O(phen)_4(NO_3)_4 \cdot 2\,H_2O$ oder $Fe_2 \cdot (OH)_2(phen)_4 \cdot 2\,H_2O$ 5-0425; Einfl. d. Chelatisier. v. Fe(II)-Ionen mit $\alpha.\alpha'$-Bipyridyl, o-Phenanthrolin auf d. Geschw. ihrer Rk. mit $K_2S_2O_8$ u. auf d. Polymerisat. v. Acrylsäureamid u. Acrylsäurenitril 6-0671; Adsorpt. v. Fe an Silicagel als Tris-phen-Komplex 9-1929; Orbitalanordn. in Fe(II)-Komplexen großen Spins mit phen oder biby 12-0095; Ox. v. Tris-[4.7-dimethyl-1.10-phenanthrolin]-eisen-(II)-perchlorat in verschiedenen Lsgm. 13-0604; Anwend. d. Fe(III)-1.10-phenanthrolin-Komplexes in Ggw. v. Licht als Ox.-Mittel in d. organ. Analyse 13-1997; Meth. zur Darst. d. Diacido-bis-[1.10-phenanthrolin]-eisen(II)-Komplexe $[Fe(phen)_2X_2]$-Komplexe (X = Br, Cl, SCN, SeCN, OCN, N_3, HCOO, CH_3COO) 15-0757; Sorpt. v. tris-[Phenanthrolin]-Komplexen $\{[Fe(phen)_3]^{2+}\}$ an Silicagel 17-0712; Ox. v. Fe(II)-Tris-Komplexen substituierter 1.10-Phenanthroline u. 2.2'-Dipyridyle durch Peroxodisulfate (Kinetik) 18-0651; IR-Spektren v. $[Fe(phen)_2(NCS)_2]$ u. $[Fe(phen)_2(NCSe)_2]$ im $^5T_2$- u. im $^1A_1$-Zustand 20-0292; IR-Spektren v. $[(phen)_2FeOH]_2Cl_4 \cdot 4\,H_2O$, $[(phen)_2FeOH]_2Br_4 \cdot 2\,H_2O$, $[(phen)_2 \cdot FeOH]_2(ClO_4)_4$, $[(phen)_2FeOH]_2(ClO_4)_4 \cdot 6\,H_2O$, $[(phen)_2FeOH]_2(SO_4)_2 \cdot 9\,H_2O$, $[(bipy)_2\ Fe \cdot OH]_2 \cdot (SO_4)_2 \cdot 7\,H_2O$ 21-0132; Darst. v. $[Fe(NCS)_2(phen)_2]$ 21-0855; Korrelat. empir. u. nichtempir. Meth. zur Best. d. abs. Konfig. $(-)$-$[Fe(phen)_3]^{2+}$ 23-0104; Anlager. v. Halogeniden d. *4.* Hauptgruppe an Dicyano-bis-[1.10-phenanthrolin]-eisen(II) 29-0840; 1.10-Phenanthrolin/Fe(II)-Lsg. (*3:1*), Reagenz zur spektrophotometr. Best. v. Trichloressigsäure 33-2262; Zus. u. magnet. Eig. einiger Komplexe v. Fe(III) mit 1.10-Phenanthrolin u. Bipyridyl 34-0829; Best. d. Kinetik d. Rk. v. $K_4[Fe(CN)_6]$ mit $[Fe(phen)_3](ClO_4)_3$ mittels einer Ström.-Meth. mit integrierender Anzeige 36-0616; mittlere magnet. Suszeptibilität v. Phenanthrolin–Fe(II)-Komplexen 39-0071; Mössbauer-Effekt-Unters. an Fe(II)-bis-[phen] u. -bis-[bipy]-Komplexen mit Pyridin u. 4.7-Dimethyl-1.10-phenanthrolin 45-0092; Aquotisier. v. Tris-[1.10-phenanthrolin]-eisen(II)-Komplexen in tert.-Butanol–W.-Misch. (Kinetik) 47-0587; Protonenaustauschmess. an $Fe(CN)_2$-Komplexen mit 1.10-Phenanthrolin-Deriv. 47-0670; Bemerk. über d. anomalen Paramagnetismus v. $[Fe(NCS)_2phen_2]$ 49/50-0085; Darst. zweikern. Fe(II)–Halogenid-Komplexe mit phen oder bipy 49/50-0623.

Red. v. $Li_2[FePc] \cdot 5{,}5$ THF (H_2Pc = Phthalocyanin) in THF mit Dilithiumbenzophenon bzw. Dilithiumstilben 1-0724; Elementarzellkonst., Darst., Isomorphie u. Polymorphie metastabiler Formen v. Fe-Phthalocyanin 6-0185; ^{57}Fe-Mössbauer-Spektrum v. Fe(II)-Phthalocyanin·2 Pyridin 12-0170; IR-Absorpt.-Spektren v. α- u. β-Phthalocyaninkomplexen d. Fe 17-0151; Mössbauer-Effekt-Unters. einiger Fe-Phthalocyanin-Deriv. 17-0170; Darst.: v. Phthalocyanin-Fe-Verb. (gegen Blutkrankh.) 27-1924*; v. Fe-Phthalocyanin 36-0708; DTA-Unters. v. Fe-Phthalocyaninen 45-0704.

Bldg. u. IR-Spektren v. Addukten aus Fe-Carbonylen u. 2.8.9-Trioxa-1-phosphaadamantan 4-0607; Rk. v. 1.2.5-Triphenylphosphol u. seines Oxides mit Eisencarbonylen zu Komplexen 14-0709.

Halogenverbindungen

Krist.-Struktur eines Tetrafluoräthyleisen-Komplexes, $(HCF_2 \cdot CF_2)_2Fe(CO)_4$ 5-0272; Rk. d. Chlorferrocens mit Organolithiumverb. 14-0731; Bldg. einer Einschlußverb. zwischen $Fe_3(CO)_{12}$ u. CCl_4 21-0247; Mol.- u. Krist.-Struktur v. Bis-[1-(2'-chlorferrocenyl)] 22-0233; Darst. d. Komplexe v. Fe mit Perfluorpyridin u. Perfluorpyridazin 22-0769; Bldg. v. Carbonyl-Fe-Komplexen mit Dekafluortolan als Ligand 23-0832; Mechanismus d. nukleophilen Substitut. in Ferrocenylmethylchlorid

27-0787; Strukturanalyse v. Perfluorbutadien-eisentetracarbonyl $C_4F_6Fe(CO)_4$ 32-0226; Darst.: v. 3.3.3-Trifluorpropinkomplexen v. Fe 33-0934; v. Fluoralkinkomplexen v. Fe 33-0935; d. Mono-[fluorolefin]-Komplexe v. $Fe(CO)_5$ 36-0720; Demercurier. v. heteroannular halogensubstituierten Chlormercuriferrocenen (Kinetik) 40-0547; Aquotisier. d. Tris-[5-chlor-1.10-phenanthrolin]-eisen(II)-Komplexes in tert.-Butanol–W.-Misch. (Kinetik) 47-0587.

Verbindungen mit N-Funktionen

Effektive magnet. Momente v. Fe(II)-Komplexen mit Äthylendiamin 1-0170; elektrochem. Verh. v. wss. Lsg. d. Syst. Methylenblau/Fe(II) u. Thionin/Fe(II) unter d. Einfl. v. Licht 6-0623; Darst. u. Unters. v. fünffach koordinierten Komplexen v. zweiwert. Fe mit Polyaminen 13-0739; Ferrocen-Analoges d. Malachitgrüns 14-0733; Darst. v. Alkylaminpentacyanoferraten(III) 17-0792; Fe-Komplex mit neuen synthet. makrocycl. Aminen (Übersicht) 17-0807; Darst. u. magnet. Momente v. $FeCl_2 \cdot 2$ Alkylamin 18-0749; Ligandenfeldstärke für Äthylendiamin in Komplexen v. Fe(III) 21-0097; magnet. Momente u. Reflex.-Spektren v. Fe(III)-Komplexen mit Äthylendiamin 24-0135; Darst. v. Di-[pyridyl-(2)]-aminkomplexen v. Fe(II) 31-0843; Synth. di- u. trisubstituierter Ferrocene aus Mono- u. Bis-[N.N-dimethylaminomethyl]-äthylferrocenen 32-0806; Darst. v. Mono- u. Bis-[N.N-dimethylaminomethyl]-methylferrocenen 32-0807; magnet. Eig. u. Struktur einiger Aminkomplexe v. Fe(II) 34-0827; Darst., Krist.-Daten u. magnet. Momente v. $Fe(NH_3)_2 \cdot Ni(CN)_4 \cdot 2$ L (L = Anilin) 34-0835; keine Ausbldg. d. Elektronenreihe d. Typs $[Fe(N_2)_2]^z$ (N_2 = o-Phenylendiamin; z = *−2*; *−1*; *0*; *+1*; *+2*) 37-0856; Darst. v. $FeCl_2$–5-Aminochinoxalin-*1:2*-Komplexen 40-0652; Rk. v. FeOCl mit Aminen u. NH_3 zu Addit.-Verb. u. Fe-Amiden 44-0701; Bldg. v. trigonal-bipyramidalen *1:1*-Komplexen aus Fe(II)-Halogeniden u. Tris-[2-dimethylaminoäthyl]-amin 44-0704; Aquotisier. d. Tris-[5-amino-1.10-phenanthrolin]-eisen(II)-Komplexes in tert.-Butanol–W.-Misch. (Kinetik) 47-0587.

Darst. *5*fach koordinierter Fe(III)-Komplexe mit Nitrobenzol 38-0713; Bldg. v. Nitromethyleisenchloriden aus CH_3NO_2 u. $FeCl_3$ 44-0703; K-Absorpt.-Kante u. $K\beta_5$-Emiss.-Linie v. Fe in $Fe(C_9H_7ON)_3$ u. $Fe(C_9H_7ON)_2$ 51/52-0222.

Rk. d. Ferriciniumions mit Phenylazotriphenylmethan 25-0823; Struktur d. N-halt. Organometallkomplexes $C_{18}H_{10}Fe_2N_2O_6$ [Azobenzol mit Fe-Carbonyl] 34-0218; Rk.-Prod. v. Azobenzol mit Eisencarbonylen, Struktur v. N.N′-Dehydrosemidinato-bis-[tricarbonyleisen] 37-0280; Darst. Fe-halt. Azofarbstoffe 1-2594*, 4-2263*, 5-2773*, 6-2688*, 14-2708*, 23-2998*, 24-2666*, 43-2822*.

Verbindungen mit O-Funktionen

Eisen(III)-Phenolkomplexe (Bldg.-Enthalpien u. -Entropien d. Eisen(III)-Phenolat-Assoziationen) 1-0582; Synth. v. Glycidylferrocenen u. verwandten Verb. aus mono- u. dilithisiertem Ferrocen u. Epichlorhydrin, anschließende Hydrolyse 2-0719; Rk. v. $FeCl_3$ mit Oxin (Hox) (Bldg. u. Charakterisier. v. Addukten bzw. $Fe(ox)_nCl_{3-n}$) 6-0745; reduktive Dimerisier. v. diferrocenyl-substituiertem Methanol 7-0728; dünnschichtchromatograph. Trenn. d. 1-Nitroso-2-naphthol-Metallchelate v. Fe(II) u. Fe(III) 8-1892; mögl. Ligandenfeldeffekte in Metall–O-Schwing. v. Methanolat d. Fe 13-0160; Synth.: v. $[(n\text{-}C_3H_7)_4N]_3[FeX_3]$ (H_2X = Tetrachlorbrenzcatechin) 17-0801; v. Fe(II)-Alkanolaten 22-0770; Herst.: v. Alkylaluminiumverb. in Ggw. eines Katalysators aus Fe-Phenolaten oder -Chelaten 24-2510*; u. Rk. v. Ferrocenyltrichlormethylcarbinol 26-0788; Fe(III)-Oxidalkanolat-Polymere (Übersicht) 28-0783; spektrophotometr. Unters. d. Komplexe d. Fe mit Methylthymolblau 28-1965; Polarographie d. Fe(III)-Oxinat in DMF 33-2221, 33-2222; Mössbauer-Spektren v. Fe-Chelaten mit α-Nitroso-β-naphthol 36-0080; oszillograph. Unters. d. Eig. v. Fe(III)-Komplexen mit Polyphenolen 36-0554; Darst. u. Charakterisier. v. Tris-[o-aminophenolato]-eisen 37-0851; färber. Verw. Fe-halt. Oxynitrosoverb. 39-2800*; Mitfäll.-Verh. d. Oxinate v. Fe(III) in Ggw. v. organ. Mitfäll.-Mitteln 40-0446; Darst. v. $[Fe(C_2H_5OH)_6]X$ (X = ClO_4, BF_4, NO_3) 40-0655; durch Al-Oxid katalysierte W.-Abspalt. aus 1-Ferrocenyläthanol zu 1.3-Diferrocenylbuten-(1) 44-0705; Synth. einiger Alkohole d. Ferrocenreihe u. ihre Red. mit $LiAlH_4$ 48-0698.

Darst. v. Bis-[2-dimethylaminoäthyl]-oxid u. Charakterisier. seiner *1:1*-Komplexe mit Fe(II)-Halogeniden 1-0730; Spalt.: d. cycl. Äther v. 1.1′-Bis-[α-hydroxyäthyl]- u. 1.1′-Bis-[α-hydroxybenzyl]-ferrocen durch Li in THF 16-0758; d. cycl. Äthers v. 1.1′-Bis-[hydroxymethyl]-ferrocen 16-0759; Beweis für ein neues Metall–Carben-Syst. aus $Cp(CO)_2 \cdot Fe{-}CH_2 \cdot O \cdot CH_3$ (Cp = Cyclopentadienyl) 28-0759; Krist.- u. Molstruktur d. Komplexes Atrovenetintrimethyläther (orange)·$FeCl_3$ 31-1003; zu Ferocenyläthyläther führende Rk. v. Ferrocenverb. 36-0725; Adduktbldg. v. $FeCl_3$ u. $FeCl_2$ mit Dimethylglykoläther 43-0663.

Verbindungen mit S- u. Se-Funktionen

Darst. v. $[CH_3SFe(CO)C_5H_5]_2[SbF_6]$durch Rk. v. $[CH_3SFe(CO)C_5H_5]_2$ u. $AgSbF_6$ 1-0738; Rk. v. $Fe(CO)_5$ mit $(CH_3)_2S_2$ in/ohne Ggw. v. CO (Bldg. u. Rk. v. $[CH_3SFe(CO)_3]_2$ bzw. $[(CH_3)_2S_2Fe(CO)_2]_n$) 3-0740; massenspektrograph. Unters. an Cyclopentadienyl-μ-mercaptid-, -μ-alkoxo- u. -μ-dialkylamidoderiv. v. Fe 11-0172; Struktur d. Komplexes aus $Hg[Fe(CO)_3NO]_2$ u. Bis-[trifluormethyl]-dithieten 20-0757; Darst. d. (Ferrocenylmethyl)-alkylsulfide aus Alkylferrocenthiocarboxylaten 22-0774; Krist.-Struktur v. μ.μ-(cis-Stilben-α.β-dithiolate)-bis-[tricarbonyleisen] 27-0255; Darst.: v. Cyclopentadienylcarbonyleisenmercaptiden 28-0757; u. Charakterisier. v. $[FeL][FeCl_4]$, $[FeL](ClO_4)_2$; L = 1.5-Bis-[2-(pyridyl)-(2)-methylenamino)-phenyl]-1.5-dithiapentan 28-0775; Extrakt. u. Reextrakt. d. 8-Mercaptochinolinats v. — 34-0604; Wrkg. d. W. u. d. Säureeig. d. Mercaptogruppe auf d. Löslichk. v. Fe-Chelaten d. Halogenderiv. d. 8-Mercaptochinolins in organ. Lsgm. 34-0605; Mössbauer-Spektren v. Fe-Chelaten mit 2.3-Dimercapto-6-methylnaphthalin 36-0080; Löslichk.-Prod. v. Fe-8-Mercaptochinolinat in W. 39-1992; Innerkomplexsalze v. 4-Methyl-8-mercaptochinolin v. Fe(II) 40-0520 Verteil.-Koeff. d. 8-Mercaptochinolinate (Thiooxinate) v. ^{59}Fe im Syst. Chloroform–wss. Phase 41-0470; Instabilitätskonst. innerkomplexer Salze v. 5-Fluor-8-mercaptochinolin mit Fe 44-0486; Darst. u. Struktur v. $[CH_3SFe_2(CO)_6]_2S$ 45-0253; Aquotisier. d. Tris-[3-Sulfo-1.10-phenanthrolin]-eisen(II)-Komplexes in tert.-Butanol–W.-Misch. (Kinetik) 47-0587; Instabilitätskonst. d. Innerkomplexsalze v. 5-Brom-8-mercaptochinolin mit Fe 51/52-0404; Bldg.-Konst. d. *1:1*-Komplexe v. Fe mit 8-Mercaptochinolin bzw. 2-Methyl-8-mercaptochinolin 51/52-1809.

IR-Spektren v. Komplexverb.: v. $FeCl_2$ mit Dimethylsulfoxid 1-0145; d. Fe(III) u. Fe(II) mit Diphenylsulfoxid 1-0146; Strukturen v. Dimethylsulfoxid-Komplexen d. Fe 8-0223; Darst.: u. IR v. $[FeL_6](ClO_4)_2$ (L = Sulfoxide) 21-0853; u. Krist.-Struktur v. $[FeL_6](ClO_4)_3$ u. $[FeL_6](ClO_4)_2$ (L = Diphenylsulfoxid) 28-0777; physikal. Eig. v. DMSO u. Komplexbldg. mit Fe(III) (*6:1*) 28-0785; Krist.- u. Mol.-Struktur eines Dimethylsulfoxidkomplexes v. Fe(III)-chlorid 35-0183; Darst. v. Koordinat.-Komplexen v. Fe mit organ. Sulfoxiden 40-0647; IR-Spektren v. $[Fe(DMSO)_6](ClO_4)_2$, Metall–O-Valenzschwing. u. d. Punktgruppe d. Kations 41-0068.

IR-Spektren v. $[Fe(NO)_2SC_2H_5]_2$, $[Fe \cdot (NO)_2 \cdot SeC_2H_5]_2$ 6-0127.

Verbindungen mit As-, B-, P- und Sb-Funktionen

Krist.-Struktur v. Mono-[o-bis-(dimethylarsino)-phenylen]-tricarbonyleisen(0) 6-0241; Darst.: d. Fe-Komplexe v. 1.2-Bis-[dimethylarsino]-3.4.5.6-tetrafluorbenzol 9-0755; oktaedr. Fe(IV)-Komplexe mit o-Phenylen-bis-[dimethylarsin] 22-0771; Stabilisier. v. Mononitrosyleisenkomplexen mit o-Phenylen-bis-[dimethylarsin] 43-0636.

Darst. v. Bis-[2.5-diphenyl-3.4-dimethyl-cyclo-1.3.4-triaza-2.5-diborinyl-(1)]-eisen(II) 35-0732; Unters. d. Syst. Fe^{3+}/Triphenylboran 36-0742; Darst. d. Metallothiaborane $[(CH_3)_4N]_2(B_{10}H_{10}S)_2Fe^{II}$, $[(CH_3)_4N]_2(C_6H_5 \cdot B_{10}H_9S)_2Fe$ mit Sandwich-Struktur 46-0671.

Darst.: v. $[(CO)_3FC_6H_5NO]_2$ u. Rk. mit $(C_6H_5)_3P$ zu $(C_6H_5)_3P(CO)_2FeC_6H_5NO$ 2-0722; v. Tris-[trifluorphosphin]-nitrosyleisenhydrid, $HFe(NO)(PF_3)_3$ 5-0745; Bldg. v. $[Fe(NO)_2 \cdot PR_2]_n$ (n = *2*) u. Fe-Nitrosylkomplexen mit Triphenylphosphin (PR_3), Tricyclohexylphosphin bzw. Bis-1.2-[diphenylphosphino]-äthan als Liganden 6-0763; Rk. v. $Fe(CO)_2(NO)_2$ mit Tetrakisdiphenylphosphinomethylmethan (L), Bldg. v. spriocycl. Verb. $(NO)_2FeLFe(NO)_2$ 7-0730; wahrscheinl. Mol.-Konfig. v. $Fe_3 \cdot (CO)_{12}$ auf Grund d. Struktur v. $Fe_3(CO)_{11}P \cdot (C_6H_5)_3$ 8-0215; Röntgenstrukturunters. v. π-Cyclopentadienyltriphenylphosphinmonocarbonyl-σ-phenyleisen 9-0260; wahrscheinl. Bldg. v. $\{C_5H_5Fe[P(OC_6H_5)_3]_2\}_2$ (F. *132* bis *133°*), bei d. photochem. Rk. v. $(C_5H_5)Fe \cdot (CO)[P(OC_6H_5)_3]C_6H_5$ mit $P(OC_6H_5)_3$ 16-0734; Darst. v. Cyclopentadienyldicarbonyltriäthylphosphineisenhexafluorophosphat19-0875;photochem. Rk. v. zweikern. Fe-Carbonylverb. mit organ. Phosphinen 20-0750; Darst.: v. zweikern. Fe–Carbonyl-Komplexen mit Phenylthiodiphenylphosphin 22-0772; v. Addit.-Verb. v. Fe-Halogeniden mit Triphenylphosphinsulfid 25-0822; sichtbare u. UV-Spektren v. Phosphino- u. Arsinokomplexen d. Fe 26-0106; Spektren im sichtbaren u. UV-Bereich v. Fe(II)-Komplexen mit Tris-[o-diphenylphosphinophenyl]-phosphin 27-0106; Darst. v. $Fe(CO)_4PH_3$ 32-0809; Rk. v. $Fe(CO)_5$ bzw. $Fe_2(CO)_9$ mit $P(C_6H_5)_2H$ zu $Fe(CO)_4P(C_6H_5)_2H$ bzw. $Fe(CO)_3[P(C_6H_5)_2H]_2$ 38-0717; Darst. einiger fünf- u. sechsfach koordinierter Fe(II)-Komplexe mit einem tetratert. Phosphin 43-0635; Best. d. CO-Valenzkraftkonst. v. $(C_6H_5)_3PFe(CO)_4$ 44-0050; Darst. u. Charakterisier. v. $[Fe(A)_2L]$ (L = $(C_6H_5)_3P$; H_2A = cis-Äthylendithiol) 45-0714; ^{31}P-Spin-Koppl.-Konst. in disubstituierten Fe–Carbonyl-Komplexen mit Phosphinen 47-0084.

IR-Intensitäten v. Fe–Carbonyl- u. Fe–Nitrosyl-Komplexen mit substituierten Phosphinen u. Stibinen 6-0127; Mössbauer-Spektren v. $Na_3[Fe(CN)_5X(C_6H_5)_3]$ u. $Na_2 \cdot [Fe(CN)_5X(C_6H_5)_3]$ (X = P, As, Sb) 45-0093.

Verbindungen mit Si-Funktionen

Herst.: v. Si-organ. Ferrocen-Deriv. 3-2687* v. Silylorganoeisencarbonyl-Verb. 43-0716.

Organometallverbindungen

Quadrupolaufspalt., Isomerieverschieb. u. Linienbreiten v. ^{119}Sn u. ^{57}Fe in $(CH_3)_4Sn_3Fe_4 \cdot (CO)_{16}$ u. $(CH_3)_4Sn_2Fe_2(CO)_8$ 10-0123; Zers. v. Polyacetylen(quecksilber)-Fe-carbonylen 12-2484*; Darst.v. Diphenylen-3.3′-bis-[diphenylphosphingold(I)-chlorid]-trihydrat u. Unters. d. Rk. mit $H_2Fe(CO)_4$ zu [Diphenylen-3.3′-bis-(diphenylphosphin)-digold(I)]-eisentetracarbonyl 13-0748; Unters. metallorgan. Verb. mit Fe–Sn-Bind. durch Kern-γ-Resonanz 23-0156; röntgenograph. Unters. v. Verb. d. Reihe $[\pi\text{-}C_5H_5Fe(CO)_2]_2SnX_2$ (X = CH, C_6H_5, NO_2, C_3H_5(Allyl)) 23-0269; Krist.-Struktur v. Dicarbonylcyclopentadienyleisentriphenylzinn 27-0256; Darst. v. $R_3SnC_5H_5Fe(CO)_2$(R = C_6H_5) 30-0750; Rk. v. Perfluorbutin-(2) mit $(CH_3)_3Sn \cdot Fe(n\text{-}C_5H_5)(CO)_2$ 31-0841; Organozinn(carbonyl)-eisenkomplexe 42-0599; Synth. u. Struktur v. $(CH_3)_4Sn_3Fe_4(CO)_{16}$ 44-0211.

Kohlensäurederivate

NMR-Unters. v. Fe(III)-dithiocarbamatkomplexen 3-0167; Darst.: v. Kalium-bis-[1-o-phenolatomethylenamino)-guanidino-(2)-ferrat(III)-monohydrat 6-0766; u. magnet. Suszeptibilität v. N′-substituierten Fe(III)- bzw. Nitrosyleisen(III)-Dithiocarbazaten 8-0714; Absorpt.-Spektren einiger Fe-Komplexe d. Thioharntoffs u. d. Äthylenthioharnstoffs [Imidazolidinthion-(2)] im fernen IR 14-0135; Grundterm-Krist.-Feldparameter u. paramagnet. Mössbauer-Hyperfeinstruktur in einem N.N-Diisopropyldithiocarbaminsäure–Eisen(III)-Komplex mit Spin *3/2* 16-0120; Ligandenfeldstärke für Harnstoff in Komplexen v. Fe(III) 21-0097; Darst. u. IR-Spektren v. $Me(OOCNH{-}NH_2)_2$ u. $N_2H_5 \cdot [Me(OOCNH{-}NH_2)_3]$ (Me = Fe) 27-0868; Darst. v. Cyclopentadienylcarbonyleisen trithiocarbonatkomplexen 28-0758; theoret. Unters. d. Temp.-Abhängigk. d. magnet. Momentes in d. Nähe d. $^6A_1{-}^2T_2$-Schnittpunktes v. Fe^{3+}-Komplexen mit N.N-Dialkyldithiocarbamaten 31-0109; Darst. v. Polyurethanen aus 1.1′-Diisocyanatoferrocen 33-0928; Wirksamk. v. Ferbam bei Hypoxie 34-1565; Darst. v. fünffach koordinierten Fe(III)-Komplexen d. allg. Formel $[Fe^{III}X(S_2CNR_2)_2]$ mit quadrat.-pyramidalen Konfigurat. u. d. Spin S = *3/2* (X = Cl, Br) 35-0729; Struktur v. Bis-[eisentricarbonyl]-diphenylharnstoff, $Fe_2(CO)_6(C_6H_5NCONC_6H_5)$ 36-0195; Darst.: v. $[(C_6H_5)_4P]_3[FeL_3]$ (H_2L = N-Cyanodithiocarbiminsäure) 38-0749; v. Komplexen v. Fe(II) mit Thioharnstoffliganden 40-0636; Bldg. v. Fe(III)-Komplexen in Lsg. v. $Fe(ClO_4)_3$ u. Alkalimetalldicyanamid u.Alkalimetalltricyanmethanid 41-0552; Darst. IR- u. Elektronenspektren v. Fe(II)–Salz-Komplexen mit Thiocarbhydrazid 43-0691; magnet. Eig. v. Chelatkomplexen d. Fe(III) mit Butylxanthogenat 45-0089; Verw. v. Fe-Dialkyldithiocarbamaten als Vulkanisat.-Beschleuniger 45-3053*; Darst. d. Metallothiaborane $[(CH_3)_4N]_2(B_{10}H_{10}S)_2Fe^{II}$, $CS_2 \cdot (B_{10}H_{10}S)_2Fe^{II}$, $[(CH_3)_4N]_2(C_6H_5 \cdot B_{10}H_9S)_2Fe$ mit Sandwich-Struktur 46-0671; Mössbauer-

Spektrum v. Fe in Komplexen mit Xanthogenaten u. Dithiocarbamaten 47-0088; Mössbauer- u. magnet. Eig. v. Bis-[N.N-diäthyldithiocarbamato]-eisen(III)-chlorid 47-0089.

Carbonylverbindungen

Kernmagnet. Resonanz d. Acetylacetonate v. Fe(II) u. Fe(III) 1-0161; Ox. v. Diisopropenylbenzolen in Ggw. v. Fe-Acetylacetonat 1-2451*; Darst.: v. Tricarbonylpolyeneisenkomplexen u. Fixier. d. Fe-Bind. (polyen = substituiertes Pentadien-(2.4)-al] 3-0739; v. $(C_2H_5)_2Fe(bipy)_2$ (Katalysator für d. Butadienpolymerisat.) aus $Fe(acac)_3$, bipy u. $(C_2H_5)_2AlOC_2H_5$ oder $(C_2H_5)_3Al$; Hacac = Acetylaceton 3-0751; v. Fe^{3+}-Acetylacetonaten durch Rk. v. Acetylaceton mit d. Salzen d. 2-Äthylcapronsäure 3-0756; Zusammenhang zwischen d. Beständigk. u. d. IR-Absorpt.-Spektren (v. Komplexverb. d. mit β-Diketonen (Acetylaceton) 5-0598; Kinetik d. Hydratat. v. $[Fe(CN)_5\{CH_3COCHNOH\}]^{3-}$ u. seine Bldg. bei d. Rk. v. $[Fe(CN)_5NO]^{2-}$ mit Propanon 5-0698; Elektronenspektren d. 3-Phenyl- u. 3-Benzylpentandion-(2.4)-Komplexe v. Fe(III) 6-0113; Polymerisieren v. Äthylen oder Propylen mittels Katalysatoren aus VCl_4, Fe-Acetylacetonat u. organ. Verb. eines Metalls 6-2761*; Krist.- u. Mol.-Struktur v. Tricarbonyltetrakis-[trifluormethyl]-cyclopentadienoneisen 8-0216; Zus. u. Stabilität v. Fe(III) Komplexen mit Tropolonen 8-0529; Synth. u. Eig. v. Ferrocendialdehyden 8-0719; Darst. u. gaschromatograph. Unters. d. Fe(III)-Chelats mit 1.1.1.2.2.3.3-Heptafluor-7.7-dimethyloctandion-(4.6) 8-1894; Donator–Akzeptor-Komplexe aus Lewis-Säuren u. 1.1'-Diacetylferrocen 9-0737; Darst.: v. Fe-Chelaten d. Acetylacetons 9-0745; u. therapeut. Verw. v. 1-Diphenylmethyl-4-[ferrocenylmethylenamino]-piperazin aus Ferrocenylaldehyd 9-1692*; Massenspektrometrie u. Strukturen v. Dämpfen v. $Fe(acac)_3$ 12-0174; konduktometr. Unters. v. $FeCl_3 \cdot SCl_2$ in Aceton 12-0577; Extrus.-Säulenchromatographie v. Komplexen v. Fe(II)-Salzen mit o-Aminobenzaldehyd 12-1837; Darst. v. Acetylferriciniumsalzen 14-0732; Multiplettstruktur d. $K\alpha_{1,2}$- u. $K\beta_1,\beta'$-Linien d. Röntgenspektren v. $Fe(acac)_3$ 16-0073; ^{17}O-NMR v. mit ^{17}O angereichertem $Fe(acac)_3$ 16-0116; Bldg. d. Dithioacetylacetonato–Fe-Komplexes $Fe \cdot (C_5H_7S_2)_2Cl_4$ 17-0793; IR-Spektren v. Fe(II)-Chelaten mit Thenoyltrifluoraceton 19-0129; Kinetik d. Bldg. d. Monoacetylacetonatoeisen(III)-Komplexes 20-0633; Hydrier. substituierter Olefine mit Fe-Acetylacetonat als Katalysator 20-2489; Synth. einiger 2-substituierter Ferrocenylcarbinole u. -carbaldehyde durch Metallier. mit Li 21-0848; Diels-Alder-Rk. auf d. Basis d. Acryloylferrocens als Philodien 21-0846; Red.-Prod. v. Ferrocenobenzochinonen 21-0847; IR-Spektrum u. Struktur d. Komplexverb. d. Antipyrins mit Fe^{3+} u. NCS^- 22-0118; spektralphotometr. Best. v. Fe(III) durch Solventextrakt. d. Fe(III)-Morin-Chelats 22-2099; Darst. u. polymere Natur v. Bis-[acetylacetonato]-, Bis-[trifluoracetylacetonato]-, Bis-[hexafluoracetylacetonato]- u. Bis-[2.2.6.6-tetramethylheptan-3.5-dionato]-eisen(III) 23-0822; gaschromatograph. Analyse d. hexafluoracetylacetonats v. Fe 23-2104; Darst., Verw. v. 1-Tri-n-butylphosphin-1.4-diphenyl-[anthron-(9)-yliden-(10)]-buten-(2)-$FeCl_3$-Komplex 23-3077*; Dissoziat. v. Diketocyclobutendiol u. seinen Fe-Komplexen 24-0605; Bis-[dithiodiketon]-Komplexe v. Fe 24-0789; Darst., D., Gitterparameter u. magnet. Suszeptibilitäten v. FeA_2 (HA = ω-Nitroacetophenon) 24-0791; Verfeiner. d. Krist.-Struktur v. Fe(III)-Acetylacetonat 25-0196; Darst., IR- u. UV-Spektren v. Fe(III)-tris-[halogenacetylacetonat] 26-0799; Verw. v. Fe(III)-Acetylacetonat als Katalysator zur homogenen Hydrier. ungesätt. Fette 26-2842; Darst. v. Tris-[3-nitropentandion-(2.4)-ato]-Fe durch Nitrier. d. Diketonatoverb. 27-0866; O-Valenzfrequenzen d. Acetylacetonatokomplexe v. Fe (aus FIR-Spektren 28-0094; thermodynam. Eig. u. Schwing.-Frequenzen v. Dibenzoylmethanatokomplexen d. Fe 28-0095; Rk. v. Fe(III) mit Phenylfluoron 28-0594; Synth. einiger heteroannular disubstituierter Diketone d. Ferrocens u. einiger Deriv. 28-0760; Komplexe v. Anthronen mit Halogeniden v. Fe 29-0839; massenspektrometr. Unters. v. ^{56}Fe-Acetylacetonaten 31-0115; Darst. v. —-Carbonylderiv. v. Tetrafluorbenzobicyclo-[2.2.2]-octatrien 32-0805; Verw. v. Fe(III)-Tris-acetylacetonat in Motortreibstoff als Antiklopfmittel 30-2638*; Synth. v. π-(β-Chlorvinylketon)-tetracarbonyleisen-Komplexen 33-0925; Darst. v. Dicarbonyl-[2.2'.2''-terpyridyl]-eisen(0) 34-0828; Donator–Akzeptor-Komplexe d. Acetyl- u. 1.1'-Diacetylferrocens mit $TiBr_4$ 35-0733; Mössbauer-Spektren v. Fe-Chelaten mit Salicylaldehyd 36-0080; Darst.: v. π-(3-Acetyl-2.4-dimethylpyrrolyl)-π-cyclopentadienyleisen 36-0724; v. $[(RCOC_6H_5)(C_5H_5Fe] \cdot RF_6$ 38-0722; Bldg.-Konst. d. Freien Bldg.-Energien, d. Bldg.-Enthalpien u. -Entropien d. Chloranilatkomplexe v. Fe(II) 40-0512; Komplexbldg. bei d. Umsetz. d. Ionen v. Fe mit 4-Methylphenylamino-3-methyl-3-hydroxybutanon-(2) 44-0478; Unters. d. Komplexe v. Fe(II) mit d. Kondensat.-Prod. v. Diacetyl u. Hydrazin 44-1825; Komplexbldg. im Syst. Fe(III)-N-Benzoylphenylhydroxylamin–W.–Chloroform 45-2092, 45-2093; thermodynam. Effekte d. Aufspalt. d. inneren Orbitale in Dibenzoylmethankomplexen v. Fe^{3+} 47-0438; aktivitätssteigernder Einfl. v. Zusätzen d. Chelate aus Fe u. Acetylaceton bzw. Äthylacetoacetat zum Ziegler-Katalysator 47-0608; Verw. v. Tris-[1.10-phenanthrolin]-eisen(II)-chloranilat zur indirekten photometr. Best. v. SO_4^{2-} durch Solventextrakt. 47-1944; photometr. Best. v. komplexgebundenen Dibenzoylmethan in Komplex mit Fe(III) 48-1900; Clemmensen-Red. v. Benzoylferrocen 49/50-0626.

N-haltige Derivate von Carbonylverbindungen

Isomerieverschieb. in d. Mössbauer-Spektren v. Fe-Komplexen mit Oximen u. d. Paulingsche Neutralitätsprinzip 1-0164; Unters. d. Elektronenstruktur v. Fe-Komplexen d. Typs $[Fe(DH)_2A_2]$ durch Kern-γ-Resonanz (DH_2 = Dimethylglyoxim, A = Pyridin) 3-0168; Rk. v. Fe(II) mit 1.2-Bis-[chinolyl-(8)-methylenamino]-äthan bzw. -benzol (Bldg. v. *1:1*-Komplexen) 5-0752; Darst.: einer cycl. Schiffschen Base u. ihrer *1:1*-Komplexe mit $Fe(II)(ClO_4)_2$ 10-0736; v. Perchloratkomplexen v. Fe mit N-[Pyridyl-(1)-on-(2)]-pyridin-2-aldimin u. N-[Pyridyl-(1)-on-(2)]-methylpyridinketimin 10-0739; Einfl. v. Fe(II)- u. Fe(III)-Chelaten v. Schiffschen Basen mit Salicylaldehyd auf d. Autox. v. Fetten 17-3481; Kondens. v. $(NH_2CH_2)_3C{-}CH_3$ mit α-$C_5H_4N{-}CHO$ in Ggw. v. Fe^{2+} zu 1.1.1-Tris-[α-pyridinaldiminomethyl] als *1:1*-Komplex 21-0845; Fe-Carbonylkomplexe d. Azomethin-Analogen v. 1.3-Dienen (Darst. u. Natur d. koordinativen Bind. 23-0823; Darst. u. Charakterisier. v. $[FeL][FeCl_4]$ u. $[FeL]X_2$ (X = ClO_4, $FeCl_4^-$, L = 1.5-Bis-[2-(pyridyl-(2)-methylenamino)-phenyl]-1.5-dithiapentan), vorliegend als Solvate 28-0775; Struktur: v. Bis-μ-[4.4'-dimethylbenzophenoniminato]-bis-[tricarbonyl-eisen] 32-0227; d. N-halt. Organometallkomplexes $C_{20}H_{13}Fe_2NO_6$ [N-(p-tolyl)-benzaldimin mit Fe-Carbonyl] 34-0218; Herst. v. Fe-Arylen-bis-pyrazylmethyldiketoxim-Polymeren 34-2778*; Mössbauer-Spektren v. Fe-Chelaten mit Salicylidenaminen 36-0080; Darst.: v. Keteniminkomplexen v. Eisencarbonyl 36-0722; v. Fe(II)-Komplexen mit 1.8-Bis-[chinolyl-(8)-methylenamino]-3.6-diazaoctan 36-0732; Komplexe v. Fe(II) mit α-Diiminen u. verwandten zweizähn. Liganden (Übersicht) 38-0735; Darst. v. $[Fe(HL)_2](ClO_4)_2 \cdot H_2O$ u. FeL_2 (HL = 1.3-Bis-[2-pyridylimino]-isoindolin) aus $Fe(ClO_4)_2$ u. HL 38-0737; Einfl. d. Koordinat. v. einzähn. Liganden auf d. Bind.-Verhältnisse d. Fe-Dioximkomplexe 40-0511; Zus. u. Stabilität d. α-Furildioximkomplexe mit Fe^{II} 40-0517; Darst.: u. Charakterisier. v. *1:1*- u. *1:2*-Fe(II)-Komplexen mit N-substituierten Hydrazonen v. 2.6-Diacetylpyridin 40-0649; v. Fe-Chelaten mit Schiffschen Basen aus en u. Pyridincarbaldehyden 45-0713; Einfl. d. Koordinat. gemischter Liganden auf d. Bind.-Verhältnisse in -- Dioxim-Chelaten 46-0523; Fe(III)-Komplexe mit Salicylaldoxim (Stabilitätskonst.) 47-0484; Kinetik d. Rk. v. Fe(II)-Komplexen Schiffscher Basen (Rk. substituierter Tris-[N-pyridyl-(2)-methylen)-anilin]-Fe(II)-Komplexe mit Basen u. mit H_2O_2) 47-0585; (Rk. v. Tris-[N-(Pyridyl-(2)-methylen)-anilin]-Fe(II)-Komplexen mit $S_2O_8^{2-}$ u. v. Tris-[α-(pyridyl-(2)-benzylidenanilin]–Fe(II)-Komplexen mit H^+, OH^- u. mit $S_2O_8^{2-}$) 47-0586; Darst. v. $[(Fe(III)L)_2O]$(HL = substituiertes N.N'-Äthylen-bis-[salicylidenaldimin]) 49/50-0624.

Oniumverbindungen

Effektive magnet. Momente v. Fe(II)-Komplex mit α-Picolinsäure-N-oxid 1-0170; Koordinative Verb. v. Aminoxiden mit Fe 6-0095; Darst.: v. N-Alkyltriäthylenaminammoniumsalzen u. ihre Komplexbldg. mit Fe(II) (Alkyl = CH_3, n-, iso- u. tert.-C_4H_9, Methylchinuclidin) 14-0753; u. Strukturunters. u. physikal. Eig. d. quatern. As- bzw. N-Salze v. Bis-[toluol-3.4-dithiolato]-ferraten(III) 25-0840; Darst. v. $(C_6H_5)_4AsFe(CO)_4 \cdot GeCl_3$ u. $(C_6H_5)_4AsFe(CO)_4SnCl_3$ 32-0794; Photolyse v. Trialkylferrocenylammoniumkationen u. anderer Ferrocenderiv. (Bldg. v. Ammoniumcyclopentadienyliden) 33-0927; thermodynam. Standardwerte für d. Red.-Rk. d. Ferricenylmethyltrimethylammonium-Kations zum Ferrocenylmethyltrimethylammonium-Kation in wss. Lsg. 36-0452; magnet. Momente, Absorpt.-Spektren im sichtbaren Bereich v. Fe(III)-Perchlorat-Komplexen mit 4-substituierten Pyridin-N-oxiden 39-0073; Darst. u. Charakterisier. v. Tetraphenylarsonium- bzw. Tetraäthylammoniumdithiolenatoferraten mit Py. als Neutralliganden 45-0714; Färbemeth. für Polyanionen in Gewebeschnitten mit Hilfe v. $Fe(SCN)_3$-Komplexen quatern. Amine 46-1902; Komplexbldg. d. (Ferricenylmethyl)-trimethylammoniumkations mit Cl^-- u. ClO_4^--Ionen 51/52-0401.

Nitrile

Stabiler Lad.-Übertrag.-Komplex Ferrocen–Tetracyanoäthylen 1-0165; Darst. d. Komplexe d. 1.1-Dithiolato-Anions $[S_2CC \cdot (CN)_2]^{2-}$ 7-0745; IR-Intensität d. C≡N-Gruppe in β-Cyanopyridin-Komplexen v. Fe(II) 14-0134; Darst.: neuer Tris-[maleonitrildithiolato]-Komplexe v. Fe u. Unters. d. mögl. Struktur 17-0794; u. Strukturunters. u. physikal. Eig. d. quartern. As- bzw. N-Salze v. Bis-[maleinsäuredinitrildithiolato]-ferraten-(III) 25-0840; therm. u. photochem. Zers.-Kinetik: v. $[Fe(phen)(CN-CH_3)_4]^{2+}$ u. $[Fe \cdot (dipy)(CN-CH_3)_4]^{2+}$ in wss. Lsg. 31-0776; v. $[Fe(phen)_2 \cdot (CN-CH_3)_2]^{2+}$ u. $[Fe(dipy)_2 \cdot (CN-CH_3)_2]^{2+}$ in wss. Lsg. 31-0777; Herst. u. Spektren d. Methylisonitril-Komplexe d. Fe(II) mit gemischten Liganden 31-0845; Acrylnitril als harte u. weiche Base in d. Struktur v. Di-μ-acrylnitril-bis-(eisentricarbonyl] 34-0219; Herst. v. Cyclopentadienyleisendicarbonylacrylnitriltetrafluorborat (Katalysator für Carbonylier. u. Cyclisier. acetylen. Verb.) 37-2808*; Rk. v. Tetracyanoäthylen mit Fe(II)-Chloroplatinat 40-2090*; Mössbauer-Spektren v. $[(Fe(CNCH_3)_6](HSO_4)_2$ 45-0093; Struktur d. Ferrocen-Tetracyanmethylen-Komplexes 47-0199.

Carbonsäure und deren Derivate

Darst. v. wasserlösl. Fe–Me-Komplexverb. mit aliphat. Oxycarbonsäuren (Antazida) 21-1851*; Thiohydroxamsäure u. ihre Fe-Chelate 26-0136; Darst., IR- u. UV-Spektren v. Fe(III)-Thiohydroxamsäure-Chelaten 26-0807; Verw. v. Fe-Carbonsäuresalzen als Katalysatoren für Polysiloxanelastomere 36-2857*; mol. Asymmetrie bei d. Koordinat. d. Carbonsäureeisentetracarbonyle 43-0637; Auslsg. d. Zellteil. v. Bacillus megatherium durch Fe-Chelat-bildende Hydroxamsäure (Schizokinin) 49/50-1285.

Rk. d. Fe^3-Salze d. 2-Äthylcapronsäure mit Acetylaceton 3-0756; magnet. Ordn. v. $Fe(HCOO)_2 \cdot 2\,H_2O$ 10-0469; IR-spektroskop. Unters. v. Fe-Chelaten v. hydratisierter Glyoxylsäure 11-0785; Vgl. d. Aktivität v. Fe-Acetat mit der von anderen Metallkomplexen am Beispiel d. H_2O_2-Zers. 12-0661; Meth. zur Darst. d. Diacido-bis-[1.10-phenanthrolin]-eisen(II)-Komplexe $[Fe(phen)_2X_2]$-Komplexe (X = HCOO, CH_3COO) 15-0757; oszillopolarograph. Unters. v. Nitrido-tris-[acetat]-Komplexen v. Fe(III) unter Einschluß d. Kinetik d. Elektrodenprozesse 20-0568; Bldg. eines Acylhydroxamat–Fe^{3+}-Komplexes bei d. Best. v. Acetat u. Propionat unter Verw. v. Propionat-(Acetat-)kinase aus Propionibacterium shermanii 27-1444; Gleichgew.-Konst. d. Komplexbldg.-Rk. v. Fe(III)-Glykolaten 30-0560; Verw. v. Fe-Tristearat in thermosensiblem Kopierblatt 32-3155* Entfern. v. H_2S mittels eines Fe-Komplexes v. Tris-[carboxymethyl]amin 33-2944*; Unters. d. Selbstentzündlichk. v. Fe-Resinat, Fe-Oleat, Fe-Rizinoleat, Fe-Stearat 38-2840; mittlere magnet. Suszeptibilität v. $[Fe(phen)_2(HCOO)_2]$ 39-0071; Solvatbldg. u. Unters. d. Natur d. Lsg. v. $FeCl_3$ in Acetamid 41-0668; Bldg. v. Fe/Ac-Komplexen bei d. Unters. d. Elektrodenvorgänge am Stoffsyst. Fe/H_2O, Ac 47-0508.

Übersicht über Löslichk. in W. u. therm. Beständigk. v. $[Fe(II)L_n]A_m$; L = Isonicotinsäurehydrazid; A = SCN^-, $SeCN^-$, $C_6H_5COO^-$, $C_4H_2O_4^{2-}$, $[HgJ_4]^{2-}$, $[Hg(SCN)_4]^{2-}$, $[Cr(SCN)_4 \cdot (NH_3)_2]^-$; n u. m = *1*–*2*) 5-0754; Einfl. d. Komplexes $FeSO_4$ u. Nicotinsäureamid (Feramid II) auf d. Einbau v. ^{14}C-Glycin in γ-Globulin u. Antikörper v. bestrahlten u. nicht bestrahlten Ratten 5-1531; spektrophotometr. Unters. d. Fe(III)-β-Resorcylamid-Komplexes 8-0528; Synth. v. Phenylferrocencarbonsäureamiden 8-0717; spektrophotometr. u. konduktometr. Unters. d. Komplexes d. Fe(III)-Ions mit 2-Hydroxy-3-naphthoesäure in wss. Medium 11-0615; direkte komplexometr. Titrat. v. Tl(III) unter Verw. d. Fe(III)-

Sulfosalicylatkomplexes als Metallindikator 15-2000; Darst., therapeut. Verw. v. Ferroglucoheptonat 16-1754*; Best. d. Zus. v. $FeCl_3$-Rhodamin-B-Komplexen mit Hilfe d. Chloridanalyse 17-0647; physiko-chem. Unters. d. Fe(III)-3-Nitrosalicylsäure-Chelates (Bldg.-Konst.) 23-0670; Komplexbldg. zwischen Fe(III) u. einigen substituierten Salicylsäuren 23-0671; Komplexbldg. v. Fe^{3+} in Lsg. einiger Azoderiv. v. α-Hydroxynaphthoesäure 26-0622; Stabilität d. Komplexe v. zweiwert. Fe mit N-[Pyridyl]-acetoacetamid 26-0624; Synth. u. Racematspalt. v. α-Methylferrocencarbonsäure 27-0859; Koordinat.-chem. Unters. d. Thionalidkomplexe v. – (Stabilitätskonst.) 30-0561; Darst. u. magnet. Momente v. Fe–Salz-Hydraten v. 2-Carboxy-1.10-phenanthrolin 31-0860; Fe-Salz d. Diphenylglykolsäure in lichtempfindlicher Schicht v. photograph. Material 46-2907*; Verw. v. organ. Fe-Salzen v. Fett- u. Benzoesäuren für Lüsterfarben 48-2806*; DTA u. TGA v. Fe(III)-Benzhydroxamaten 51/52-0600.

Effektive magnet. Momente v. Fe(II)-Komplexen mit Pyrazin-α.α'-dicarbonsäure u. Pyrazin-α-carbonsäure 1-0170; kolorimetr. Best. v. Mikromengen isomerer Weinsäuren als Fe(II)-Komplex 1-1841; Unters. d. therm. Zers. v. $FeC_2O_4 \cdot 2\,H_2O$, $Fe_2(C_2O_4)_3 \cdot 5{,}3\,H_2O$, $(NH_4)_3Fe(C_2O_4)_3 \cdot 3\,H_2O$, $K_3Fe(C_2O_4)_3 \cdot 3\,H_2O$, $2\,Na_3Fe(C_2O_4)_3 \cdot 9\,H_2O$ 3-0737; spektralphotometr. Nachw. eines tern. Tartratkomplexes v. Fe u. Al 6-0611; durch Kern-γ-Resonanz u. Derivatographie untersuchte therm. Zers. v. $FeC_2O_4 \cdot 2\,H_2O$ u. $Fe_2(C_2O_4)_3 \cdot 5\,H_2O$ 8-0712; Mechanismus d. Rk. zwischen d. Fe^{3+}-Ion u. d. Weinsäureanion unter Komplexbldg. 9-0575; IR-Absorpt.-Spektren v. Komplexverb. v. Tris-[phthalimidato]-eisen(III) mit o-Phenanthrolin u. 2.2'-Bipyridyl 9-0576; Geschw. u. Gleichgew.-Konst. d. Bldg. v. $Fe(C_2O_4)]^+$ 9-0662; Ox.-Kinetik v. Rückstoß-Fe(II)-Ionen zu Fe(III) in $K_3[Fe(C_2O_4)_3] \cdot 3\,H_2O$- u. $K_3[Fe[C_2O_4)_3]$-Krist. nach Reaktorbestrahl. 10-0684; Rückstoßatom-Chemie in Fe(III)-cupferronat u. $K_3[Fe(C_2O_4)_3]$ nach Bestrahl. mit Neutronen 11-0737; Unters. d. therm. Zers. v. Fe-Oxalat 13-0726; Spalt. d. Fumarsäure-Eisentetracarbonyl-Komplexes in d. Enantiomeren 13-0727; Meth. zur Darst. d. Diacido-bis-[1.10-phenanthrolin]-eisen(II)-Komplexe $[Fe(phen)_2X_2]$-Komplexe (X = HCOO, CH_3COO) 15-0757; Multiplettstruktur d. $K\alpha_{1,2}$- u. $K\beta_{1}, \beta'$-Linien d. Röntgenspektren v. FeC_2O_4 u. $K_3[Fe(C_2O_4)_3] \cdot 3\,H_2O$ 16-0073; Ligandenfeldstärke für Oxalat in Komplexen v. Fe(III) 21-0097; Herst. v. kristallwasserfreiem Ferrofumarat aus d. Trihydrat 21-2754*; Anwend. d. Kompensat.-Gesetzes auf d. therm. Zerfall v. Fe-Oxalat 22-0700; Einfl. d. koordinierten Metallions in $K_3 \cdot [Fe(C_2O_4)_3] \cdot 3\,H_2O$ auf d. Radiolyse d. Komplexes 23-0770; magnet. Momente u. Reflex.-Spektren v. Fe(III)-Komplexen mit Oxalsäure 24-0135; Verw. v. Fe(II)-Sulfosuccinat zur Behandl. v. Anämien 27-1888*; spektrophotometr. Unters. d. Fe(III)-Tartrate (Gleichgew.-Konst. d. Komplexbldg.) 28-0593; Mechanismus d. Zers. d. Fe(II)-Oxalats 29-0773; Zus. d. Fe-Tartrat–NaOH-Syst. u. dessen Komplexbldg. mit celluloseähnl. Polyhydroxyverb. 29-1268; Einfl. d. Atmosphäre (Luft, N_2 u. CO_2) auf d. therm. Zers. v. Fe(II)-Oxalatdihydrat 31-0844; Bldg. v. Fe(II)- u. Fe(III)-Salzen bei Umsetz. v. Mono-n-butylmaleinat mit metall. Fe 33-0923; Unters. d. Zers. v. Fe-Oxalaten durch Derivatographie u. d. Mössbauer-Effekt 34-0770; Best. d. Molgew. v. Cellulose durch d. Lichtstreuungsmeth. in d. farb. Lsgm. Fe-Na-Tartrat 34-1181; Darst. v. Fe(II)-Oxalatdihydraten u. ihre Dehydratat. 35-0730; Abschätz. d. kinet. Parameter v. $Fe(C_2O_4)_3]^{3-}$ über d. Durchtrittscharakteristik einer linearen R–L–C-Schalt. 37-0620; Absorpt. an Fe-Ni-Oxalat 37-0664; therm. u. photochem. Aktivier. d. innermolekularen Redoxrk. d. Trioxalatokomplexionen v. Fe^{3+} 37-0765; Ox. von $[(1.4\text{-}(CH_3)_2C_6H_4)C_5H_5Fe] \cdot BF_4$ zu $[(HOOC-C_6H_4-CH_3)C_5H_5Fe]BF_4$ u. $[(HOOC-C_6H_4COOH) \cdot (C_5H_5Fe]BF_4$ 38-0722; therm. Zers. v. Fe(II)-Oxalatdihydrat 40-0557; Mössbauer-Effekt-Unters. an Fe(II)-bis-[phen]- u. -bis-[bipy]-Komplexen mit Ameisen-, Essig-, Oxal- u. Malonsäure 45-0092; zur OD-Struktur v. $FeC_2O_4 \cdot 2\,H_2O$ 45-0257; Kinetik d. Dehydratisier. v. $Fe(C_2O_4) \cdot 2\,H_2O$ u. $Fe_2(C_2O_4)_3 \cdot 5\,H_2O$ 45-0642; therm. Zers. d. Trioxalatokomplexe d. Fe(III) 46-0650; Darst. Fe(III)–Oxalat–Phenanthrolin-Komplexen 49/50-0623; Verw. alkal. Fe(III)-Tartratlsg. zur Mess. d. Polymerisat.-Grades v. Cellulose (Vgl. mit anderen Reagenzien) 49/50-1199; K-Absorpt.-Kante u. $K\beta_5$-Emiss.-Linie v. Fe in $Fe_2 \cdot (C_4H_4O_6)_3$, $Fe(C_4H_4O_6)$, FeC_2O_4 u. $Fe(C_{18}H_{35} \cdot O_2)_2$ 51/52-0222.

Herst. v. Ferro–Erdalkali-Citraten (Chemotherapeutika u. Zusätze zu Nahr.-Mitteln) 1-1597*; Verw. v. Fe-Citrat bei d. Pfropfpolymerisat. v. Vinylverb. an Fasermaterial 2-2752*; Mössbauer-Unters. v. Fe(III)-Citrat, Fe(III)-Benzoat u. Fe(II)-Malat 21-0156; hemmende Wrkg. v. Fe(III)-Citrat auf d. δ-Aminolävulinsäuresynthetase, δ-Aminolävulinsäuredehydratase u. Bakteriochlorophyll bei Rhodopseudomonas spheroides 21-1483; Vgl. d. Stabilität v. Trihydroxyglutarat-, Malat-, Citrat- u. anderen Komplexverb. v. Fe(III) 27-0667; Unters. über d. Fe-Umsatz bei Hepatitis mit Hilfe v. ^{59}Ferrocitrat u. Radio-Cr 29-1718; Polymerisat. d. Lävansaccharase aus B. subtilis unter d. Einfl. v. Ammonium-Fe^{III}-Citrat 36-1304; Chemie d. Polymeren v. Fe(III)-Citrat 41-0553; hydrolyt. Polymerisat. v. Fe(III)-Citrat (Einfl. v. überschüss. Citrat auf d. Komplexbldg.) 41-0554; Einfl. v. Fe-Citrat auf d. Pigmentbldg. bei Actinomyceten 41-1322; Best. d. Faradayschen Impedanz im Syst. Fe(II)/Fe(III)–Citrat 46-0557.

Best. d. Dissoziat.-Konst. v. Fe^{2+}/1.2.3-Triaminopropan u. Fe^{3+}/EDTA durch potentiometr. pH-Titrat. 3-0586; Best. d. Art d. acidobas. Isomeren d. Komplexe v. Fe mit EDTA 3-0587; Einfl. d. Chelatisier. v. Fe(II)-Ionen mit Nitrilotriessigsäure auf d. Geschw. ihrer Rk. mit $K_2S_2O_8$ u. auf d. Polymerisat. v. Acrylsäureamid u. Acrylsäurenitril 6-0671; Struktur d. 7fach koordinierten trans-1.2-Diaminocyclohexan-N.N'-tetraacetatoaquoferrat(III)-Ions in Krist. d. Ca-Salzes 8-0214; refraktometr. Unters. v. Komplexen in Lsg. v. $Fe(NO_3)_3$–Na_2EDTA 9-0577; spektrophotometr. Unters. d. Komplexbldg. v. Fe(III): mit Äthylendiamintetraessigsäure u. Diäthylentriaminpentaessigsäure 25-0602; mit Hydroxyäthyläthylendiamintriessigsäure in wss. Lsg. 25-0603; Wirksamk. v. Fe-Diäthylentriaminpentaessigsäure-Chelaten gegen Chlorose 27-3450;; Komplexbldg. u. Bldg.-Konst. v. Chelaten d. Triäthylentetraminhexaessigsäure mit Cu(II) u. Fe(II) mit gemischten Liganden 28-0595; kinet. Unters. d. Bldg. d. Hydrogenperoxyäthylendiamintetraacetatoferrat(III)-Komplexes 33-0760; Verw. eines Fe(III)-Äthylendiamintetraessigsäure-Komplexes zur Abtrenn. v. H_2S aus Gasen 33-2942*; Komplexbldg. im tern. Syst. Fe^{3+}/ÄDTA/SCN^- 36-0517; Herst. u. spektrophotometr. Unters. v. Komplexen mit 1.3-Diaminopropanol-(2)-N.N.N'.N'-tetraessigsäure u. Fe-Salzen 41-0555; Verbleib von i.v. injiziertem Eisen-EDTA 43-1527; Krist.-Struktur v. Hydrogenäthylendiamintetraacetatoaquoferrat(III) 44-0210; Komplexbldg. d. 2.3-Dihydroxy-1.4-diaminobutantetraessigsäure mit Fe 44-0480; IR-Spektren d. Äthylendiamintetraacetate v. Fe^{3+} 46-0074; Darst. u. Struktur v. $[LFe-O-FeL]^{2-}$ bzw. $[L'Fe-O-FeL']^{4-}$ (H_3L = N-β-Hydroxyäthyläthylendiamintriessigsäure; H_4L' = EDTA) u. Fäll. als Ca-, Ba-, $(n\text{-}C_4H_9)_4N^+$- u. enH_2^{2+}- bzw. Na- u. K-Salz 49/50-0622; isotherme Löslichk. u. Polymerisat.-Wechselwrkg. im Syst. Natriumäthylendiamintetraacetatoferrat(III)/Äthylendiamintetraessigsäure/NaOH/H_2O 51/52-0375; Gläser u. krist. Phasen im Syst. Na[FeY]/Na_4Y/H_2O (H_4Y = AeDTE) 51/52-0376; Chelatbldg. v. Fe mit N.N'-Bis-[2-hydroxybenzyl]-äthylendiamin-N.N'-diessigsäure 51/52-0413; Hydroxylier. v. aromat. Verb. durch Ox. in Ggw. v. Fe-Äthylendiamintetraessigsäurekomplexverb. 51/52-2433*.

Thermodynam. Stabilitätskonst. v. Fe-Chelaten v. Fe(III)-p-Aminosalicylat 2-0566; Stabilitätskonst. d. Komplexe v. C-Allylglycin mit Fe 12-0566; Verhältnisse d. stufenweisen Stabilitätskonst. v. Fe-Komplexen mit Glycin, Alanin, Leucin, β-Alanin, α-Aminobuttersäure, Norvalin u. Valin u. Bind.-Eig. dieser Komplexe 12-0558; Stabilitätskonst. d. Glycinkomplexe mit Fe 14-0585; Nachw. d. Fe^{2+}-Nitrosyl-Komplexe mit Cystein in biolog. Syst. mit Hilfe d. paramagnet. Elektronresonanz 18-1143; Darst.: u. IR- u. UV-Spektren v. $K[Fe(IDE)_2] \cdot 3\,H_2O$ (H_2IDE = Iminodiessigsäure) 21-0844; u. Eig. d. Komplexe aus DL-Methionin u. Fe(III) 23-0847; Komplexbldg. in d. Syst. Fe(III)/Anthranilsäure/H_2O_2 u. Fe(III)/Phenylglycin-o-carbonsäure/H_2O_2 26-0621; Entfern. v. H_2S aus Gasen mittels eines Fe-Komplexes: v. Aminosäuren 33-2943*; mit Tris-[carboxymethyl]-amin u. Aminocarbonsäuren 33-2945*; Fe(II)-Komplexe v. α-Iminocarbonsäuren 35-0731; indirekte spektrophotometr. Best. v. $[Fe \cdot (CN)_6]^{4-}$, $[Fe(CN)_6]^{3-}$ u. $[Fe(CN)_5NO]^{2-}$ mit 2-Äthoxy-6.9-diaminoacridiniumlactat 43-1983; voltammetr. Unters. d. Fe–Alanin-Komplexes (Stabilitätskonst.) 47-0485; Löslichk.-Verh. v. N-Salicylidenaminosäurekomplexen mit Fe in anorgan. Lsgm. 49/50-0401; opt. Rotat.-Dispers. d. Syst. Fe^{2+}/Cystein u. Rk. mit CO bzw. NO zu Bis-[cysteinato]-dicarbonyl- bzw. Cystinatodinitrosyl-eisen(II) 49/50-0625.

IR-Spektren u. magnet. Momente v. Fe(II)-Komplexverb. d. Carbazinsäure 11-0149; Struktur, Darst. u. Piezoelektrizität v. $K[Fe(H_2NNHCOO^-)_3]$ 11-0296.

Sulfonsäuren, Phosphonsäuren und dergleichen

Synth. v. Charakterisier. v. π-Cyclopentadienyleisen-S-sulfinatodicarbonyl-Komplexen 5-0744; Darst. d. Fe-Salze d. Tetraphenyldithioimidodiphosphinsäure, $S{=}P \cdot (C_6H_5)_2-NH-P(C_6H_5)_2{=}S$ 10-0707; Bldg. v. Fe(II)-Diphenyldithiophosphinat u. Rk. mit $(C_6H_5)_2P(S)SS(S)P(C_6H_5)_2$ zu *2:1*-Addukten 12-0727; IR-Spektren v. Fe^{3+}-Salzen d. Polystyrolsulfon-, -selenon-, -selenin- u. -phosphinsäure (Valenzschwing. freier OH-Gruppen u. Hydratat.) 13-0164; Darst. u. Thermolyse v. Pentakis-[1-oxo-1-äthoxy]-phospholin-Eisenkomplex 19-1153; Darst. v. Methansulfinamidkomplexen v. Fe 35-0755; 2-(Dimethylaminomethyl)-ferrocenylboronsäure als Zwischenverb. bei d. Synth. 1.2-disubstituierter Ferrocene 44-0706; Jodier.-Geschw. v. 8-Hydroxychinolin-5-sulfonsäure u. ihren Fe(III)-Komplexen 45-0635; Mössbauer-Spektrum v. Fe in Komplexen mit Dithiophosphinaten 47-0088; Darst. v. p-Toluolsulfonyl-π-cyclopentadienyldicarbonyleisen 49/50-0630.

Ester anorganischer Säuren

Toxizität d. $Fe(ClO_4)_3$-Octamethylpyrophosphoramid-Komplexes in W. u. DMSO 7-1612; IR-Spektren v. Dialkylphosphatkomplexen d. Fe(III) 10-0111; Krist.-Struktur d. Isomeren v. π-Cyclopentadienyl-bis-[triphenylphosphit]-eisenjodid 23-0266; magnet. Eig. v. Chelatkomplexen d. Fe(III) mit Diäthyldithiophosphat, -dithiocarbonat u. -phosphat 45-0089; Bldg. fünffach koordinierter Fe-Komplexe mit 1.2-Bis-[trifluormethyl]-äthylendithiol u. Triphenylphosphin, -arsin, -stibin u. -phosphit 51/52-0584.

Kohlenhydrate, Terpene und Steroide

Konstit. eines krist., blauen Kornblumenpigments (Fe-Komplex aus Cyanidin-3.5-diglucosid) 7-1353; Fällung. v. Polysacchariden als $FeCl_3$-Komplexe aus wss. Lsg. 13-1923; Darst. v. makromol. Eisen(III)-hydroxid-Komplexen mit Polyol- u. Kohlenhydrat-Liganden 30-0745; therapeut. Anwend. v. Fe-Chondroitinsulfat-Kolloid für i.v. Injekt. 35-1579; Verbleib v. i.v. injiziertem ^{59}Fe-Eisen(III)-Fructose-Komplex 43-1527.

Krist.- u. Molekularstruktur v. Azulendieisenpentacarbonyl 5-0273; Fe-π-Komplexe v. β-Jonon u. andere Modellverb. für Vitamin A 14-0730; Darst. v. Eisencarbonylkomplexen v. β-Carotin u. Lycopin 33-0929.

Darst. v. Fe-Komplex-Verb. v. 4-Hydroxy-3.6-diketosteroiden 45-1874*.

Alkaloide und Vitamine

Synth. u. physikal.-chem. Charakteristiken v. *1:1*-Komplexen v. $FeCl_2$ u. Berberin 21-0858; mol. Absorpt. d. Fe(II)-Äthyl-4.6-dihydroxy-5-nitrosonicotinats 29-2114.

Darst. v. Vitamin-A-aldehydeisentricarbonyl 23-0824.

Proteine und Enzyme

Fe-Proteine hohen Potentials aus Chromatium u. Rhodopseudomonas gelatinosa 23-1466; Fe(III)-Austausch zwischen Fe(III)-Chelaten v. Nitrilotriessigsäure, Citrat u. EDTA u. Transferrin (Kinetik u. Mechanismus) 25-1644; Kinetik u. Mechanismus d. Fe(III)-Austauschs zwischen Fe^{III}-EDTA u. Transferrin 25-1645; Fe-Protein als Komponente d. Steroid-11β-Hydroxylase-Komplexes 30-1245; Bind. v. Fe an Transferrin u. Bicarbonat (Komplexbldg.) 37-1646; Verbleib von i.v. injizierten Eisenalbumin 43-1527; elektrophoret. Auftrenn. u. densitometr. Best. v. Apo-Transferrin u. Fe-gebundenem Transferrin 46-1424.

Fe(III)-Chelate v. Antimycin A_3 u. Analogen (log K u. Struktur) 28-0944; Thiocholin-Pb-Ferrocyanid-Meth. für d. Acetylcholinesterase 47-1386.

Andere Naturstoffe

Rk. v. $Fe(CO)_5$ mit Protoporphyrin-IX-dimethylester (H_2B) u. J_2; Bldg. v. FeBJ 6-0762; elektrochem. Unters. v. Fe/Protoporphyrin-Komplexen 20-0570; cycl. Voltammetrie einiger Fe–Porphyrin-Komplexe 27-

2253; Wrkg. v. Fe-Porphyrin-Verb. auf d. Autox. v. Polyenen II 29-1280; Hückel-Berechn. v. Fe-Porphyrinen 35-0897; Zerleg. v. H_2O_2 an Eisenporphyrin 41-0614; Mössbauer-Spektren einiger Fe-Porphyrin-Komplexe mit Py., Piperidin u. Imidazol 49/50-0083; Mössbauer-Spektroskopie v. Fe-Porphyrinen 51/52-0712.

Thermogravimetr. Analyse d. Fe-Salze u. Fe-Komplexe einer Boden-Fulvosäure 3-0805; Übersicht über Löslichk. in W. u. therm. Beständigk. v. $[Fe(II)L_n]A_m$; L = Isonicotinsäurehydrazid; A = $[Hg(SCN)_4]^{2-}$, n u. m = *1–2* 5-0754; Komplexbldg. v. FMN mit Fe(III) in neutraler oxalathalt. Lsg. (FMN = Flavinmononucleotid) 19-2060; Stabilitätskonst. v. Fe^{3+}-Fulvosäuren-Komplexen 27-3421; Unters. d. elektrophoret. Beweglichk., d. Infrarot-Absorpt.-Spektrums u. d. Löslichk. v. Fe-Huminsäure-Komplexverb. 32-2966; Rk. v. Humin- u. Fulvosäuren mit Fe 35-3038.

Eisenalabandin, erzmkr. Beschreib. v. – in Meteoriten 36-0745.

Eisencordierit s. unter *Cordierit.*

Eisenglanz s. unter *Eisenoxide*: Fe_2O_3.

Eisenquarzit s. unter *Quarzit.*

Eisensand, –-Lagerstätten in Kyushu 7-0789; – aus Neuseeland 24-0808.

Eisenspat s. unter *Eisencarbonate*: $FeCO_3$.

Eisenstein, Geochemie u. Sulfidvererz. d. Ton–-Septarien aus d. Lebacher Schichten d. Saarländ. Unterrotliegenden 36-0775.

Eiter, i.v. Anwend. v. Glykocyclin in d. –-Chirurgie 51/52-1673.

Eiweiß (Eiereiweiß, Eiklar)

Siehe auch *Eier.*

Eig. v. Lysozym aus Hühner-, Enten- u. Gänse-– 2-1189; Isolier. v. Lysozym aus Hühner-– durch Ionenaustausch 2-1190; immunolog. Kreuzrk. zeigendes Makroglobulin aus Vogel-– 2-1390; Rosafärb. d. Hühner-– bei Verfütter. v. Malvengewächsen 2-1499; Cholelithiasis bei Kaninchen nach Verfütter. v. – 5-1458; Extrakt.-Meth. für Glykopeptide aus – 7-1396- Inhomogenität v. krist. – Lysozym 8-1297; Verbesser. d. Schlageig. v. getrocknetem – 8-3175*; chem. Struktur u. biolog. Aktivität v. Hühner-–-Lysozym u. Lysozymen verschiedener Spezies 9-1259; Aktivität v. Hühner-–-Lysozym 9-1260; Konformat. d. Hühner-–-Lysozym-Mol. 9-1261; synthet. Substrat für –-Lysozym 9-1263; Eig. v. Gänse-–-Lysozym 15-1375; chem. Struktur v. Enten- u. Hühner-–-Lysozym 15-1376; Isolier. v. Ovotransferrin aus Hühner-– 16-1465; Einw. v. Lysozym d. Hühnereis auf Disaccharide 19-1410; Fluoreszenz v. mit Acridinorange behandelten Präp. v. frischem – 30-1147; enzymat. Entfern. v. Glucose aus rohem – 36-3140; Antigendeterminanten v. Hühner-–-Lysozym 39-1486.

Nachw. v. Triäthylcitrat u. Triacetin in fl. u. getrocknetem – 51/52-2005; Best. v. Oxytetracyclin in – 51/52-2006.

Eiweißkörper s. *Proteine.*

Eiweiß 11S s. unter *Proteine, Spezielle Proteine.*

Eiweißstoffe s. *Proteine.*

EJa1T s. unter *Eisen, Schmiedeeisen und Stahl (Sondermarken).*

Ekapterin s. unter $C_9H_9N_5O_5$.

Ekatin s. unter $C_6H_{15}O_2PS_3$.

Ekerit, Differentiat. v. Quarz führendem Syenit (Nordmarkit) u. – d. Oslo-Serie 1-0760.

Eklogit, K/Rb-Verhältnisse in – 11-0827; – v. Bellinzona, Schweiz, 11-0839; Ursprung d. – v. Salt Lake-Krater, Hawaii 13-0808; Häufigk.: v. Hg in – 16-0767; v. K in – 16-0820; Umwandl. Gabbro zu – u. seine petrolog. Bedeut. 17-0861; Mineralogie v. – aus d. Fichtelgebirge (mineralog. Merkmale in Bezieh. zu anderen –-Vork.) 18-0770; Omphacit in kaliforn. – 34-0848; Gleichgew. Pyroxen–Granat u. Tiefenfazies v. – 36-0769; – aus d. Motagua-Falt.-Zone, Guatemala 38-0851; Barroisit führender – v. Nausdal, Sogn og Fjordane, Norwegen 39-0691; South Harris –-Facies 39-0714; Bedeut. v. Magnetit u. Akmit in eklogit. Ablager. 47-0681; CaO/MgO/FeO-Verhältnis u. Mineralzus. v. – 49/50-0648.

Wärmeleitfähigk. v. – bei hohen Temp. 39-0690; Hugoniot-Zustandsgleich. für – 43-0738; experimentelle Unters. d. sich bei hohen Drücken bildenden Subliquidusparagenesen aus Al-reichen basalt., kyanit.-eklogit. u. großpydit. Zus. 49/50-0688.

Ekmolin, Oxacillin mit prolongierter Wrkg. durch Rk. mit – 25-1729; Anwend. bei resistenten Stämmen 31-1746.

Elaeostearinsäure s. unter $C_{18}H_{30}O_2$.

Elaidinsäure s. unter $C_{18}H_{34}O_2$.

Elaidylalkohol s. unter $C_{18}H_{36}O$.

Elastin s. unter *Proteine, Spezielle Proteine.*

Elastizität

– v. Fl. s. unter *Rheologie.*

Elast. Verform. s. unter *Deformation*; elast. Wellen s. unter *Schallwellen*; elast. Dämpfungserschein. s. unter *Reibung, innere*; elast. Spannung s. unter *Spannung, mechanische.*

Photoelast. Erschein. u. Verf. s. unter *Spannungsoptik*; *Magnetoelastische Erscheinungen* s. dort.

Paraelastizität s. dort; Viskoelastizität s. unter *Rheologie.*

–-Konst. dritter Ordn. v. polykrist. Medien 43-0217; Berechn. d. vielkrist. –-Konst. aus d. Werten d. Einkrist. 1-0293; interessierende Richt. in Krist. v. Gesichtspunkt d. Theorie d. elast. Eig. in Krist. v. Voigt u. Laval-Raman 1-0292; –-Moduln einfacher u. polymerisierter Krist. u. Mol.-Struktur 3-0264; elast. Verh. nichtkrist. Festkörper (Gläser, Hochpolymere, Gummi) 4-0175; adiabat., isotherme u. gemischte Druckkoeff. d. –-Konst. für kub. Symmetrie (Grundgleich.) 5-0312; (numer. Ergebnisse für *25* Stoffe) 5-0313; elast. Anisotropie in gewalztem Blech 6-2332; elast. u. plast. Kontakt nominell ebener Oberflächen 11-0309; Bezieh. zwischen isothermen u. gemischten elast. Konst. *3.* Ordn. 13-0258; Symmetrie gemischter elast. Konst. 13-0257; Bezieh. zwischen –-Konst. u. zwischenatomaren Kräften 15-0254; Unters. d. elast. Eig. d. Teilchennetzwerkes in gelierten Lsg. v. Hydrokoll. 15-1211; Theorie d. Mess. d. –-Konst. dritter Ordn. für kub. Krist. mit Ultraschallimpulsen 17-0310; –-Konst. v. Mischkrist. 27-0271; thermodynam. Potentiale in isotropen elast. Medien mit Anwend. auf einige grundlegende thermoelast. Probleme 30-0208; Bezieh. zwischen therm. Ultraschalldämpf. u. –-Moduln *3.* Ordn. für Wellen entlang d. *[110]*-Achse eines Krist. 31-0251; –-Moduln vollständig fehlgeordneter zusammengesetzter Materialien 32-0264; –-Konst. in d. kub. Phase v. Verb. d. V_3Si-Typs 33-0245; Bezieh. zwischen d. –-Konst. v. polykrist. Aggregaten u. v. Einkrist. 34-0287; Berechn. v. Änder. d. Gitterparameter mit d. hydrostat. Druck aus –-Konst. dritter Ordn. 34-0286; –-Konst. quasiisotroper polykrist. Materialien 35-0213; Best. d. –-Grenze in Ferromagnetika mit Hilfe d. mechan. Barkhausen-Effekts 37-0317; –-Konst. höherer Ordn. für kub. Krist. 39-0146; energet. Kriterium d. –-Grenze 39-0132; Unterschied zwischen adiabat. u. isothermem –-Modul 40-0099; elast. Konst. einiger glas.-krist. Materialien auf d. Basis v. Seignetteelektriken 40-0349; elast. Anisotropie v. Krist. 41-0125; Zerleg. eines anisotropen –-Tensors 41-0126; Einfl. d. –-Moduls bei d. Wechselwrkg. v. Punktdefekten mit Versetz.-Bändern 43-0201; –-Konst. *3.* Ordn. v. Polykrist. 43-0218; Bezieh. zwischen d. nichtlinearen, elast. Konst. in monokrist. u. polykrist. Festkörpern kub. Symmetrie 46-0267; – v. Adsorpt.-Schichten 46-0593; räuml. u. lokale –-Konst. v. realen Krist. 48-0202; Einfl. v. mäß. hohem hydrostat. Druck auf d. elast. Konst. eines kub. Krist. 48-0203; Kapillarwellen auf Monoschichten mittlerer – 49/50-0488; Bedeut. d. elast. anisotropen Krist.-Modells in d. Versetz.-Theorie 51/52-0125; Best. d. elast. Konst. aus Schallgeschw.-Mess. in Krist. v. allg. Symmetrie 51/52-0169.

Anorganische Stoffe

Nichtmetallische Elemente

–-Charakteristiken v. normalem polykrist. D 36-0236; elast. Konst. v. trigonalem Se u. Vgl. mit Te 27-0295; –-Grenze v. „amorphem" Bor 35-0215; elast. Eig. v. pyrolyt. hergestellten B-Fasern 44-0107; Einfl. v. Verunreinig. auf d. Un-– v. Br- u. B-dotiertem Graphit 23-0311; –-Konst. einiger Reaktorgraphit-Arten 31-0255; –-Moduln v. C- u. Graphit-Erzeugnissen 39-0137; Einfl. d. Porosität u. Krist.-Orientier. auf d. Young-Modul v. künstl. Graphit 39-0138; Einfl. d. Zwischengitteratom-Versetz.-Schleifen in Graphit auf d. –-Modul 39-0139; Einfl. freier Träger auf d. elast. Konst. v. Si 26-0287; Gittertheorie d. –-Konst. *3.* Ordn. v. Si 33-0244; elektron. Effekte in d. –-Konst. v. n-Si 37-0406; Best. d. elast. Konst. v. Si-Einkrist. zwischen *25* u. *300°* nach d. Impulsmeth. 40-0105.

Metalle und Legierungen

Abhängigk. d. ber. –-Konst. v. C/a-Verhältnis hexagonal dichtgepackter Metalle 1-0296; elast. Konst. v. anomalen kub.-raumzentrierten Metallen 3-0272; elast. Scherkonst. dritter Ordn. für kub.-flächenzentrierte u. kub.-raumzentrierte Metalle 9-0304; Berechn. d. –-Konst. einiger Metalle 12-0254; –-Konst. höherer Ordn. kub.-flächenzentrierter Metalle 14-0251; Temp.-Abhängigk. d. –-Moduls geordneter Leg. 16-0282; –-Grenze v. kub.-raumzentrierten Metallen bei niedr. Temp. 20-0224; Anwend. d. anisotropen elast. Theorie auf d. Wahl d. prim. Gleitsyst. in hexagonalen dichtgepackten Metallkrist. 20-0226; –-Modul kub.-flächenzentrierter Metalle 23-0289; Konz.-Abhängigk. v. elast. Konst. bin. Leg. 23-0308; –-Grenze v. kub.-raumzentrierten Metallen bei niedr. Temp. 23-0309; –-Moduln v. Metallen 26-0183; Morse-Potential-Berechn. d. –-Konst. zweiter u. dritter Ordn. einiger kub. Metalle 29-0281; elast. Verh. intermetall. Verb. 30-0121; elast. Konst. d. anomalen kub.-raumzentrierten Metalle 34-0357; –-Modul v. Metallen bei Zug-Druck-Beanspruch. 41-2449.

Berechn. d. –-Moduln u. ihre Druckabhängigk. für Alkalimetalle 48-0204; therm. Beiträge zu d. elast. Konst. v. Na 3-0277; Temp.-Abhängigk. d. –-Konst. v. Rb 17-0314; –-Moduln v. K, Rb u. Cs 36-0220; elast. Anisotropie v. gewalztem Be 46-0272; elast. Konst.: v. Mg u. verd. Leg. v. Mg mit Li 10-0263; v. Mg-reichen Mg-Cd-Leg. 29-0259; –-Moduln v. polykrist. Seltenerdmetallen 39-0167; – u. Schubmodul v. Eu 5-0318; –-Moduln v. polykrist. Eu v. *4,2–300* °K 38-0253; elast. Eig.: v. kaltverformtem Ti 27-2630; v. kaltverformtem Zr 27-2630; Temp.-Abhängigk. d. –-Moduls einer Zweiphasen-Zr-H-Leg. 42-0228.

–-Konst. *3.* Ordn. v. dotiertem n-leitendem Ge 3-0284; Einfl. freier Träger auf d. elast. Konst. v. Ge 26-0287; Einfl. freier Lad.-Träger auf d. Schermodul v. Ge 27-0303; Berechn. d. elast. Eig. v. Ge 33-0243; Gittertheorie d. –-Konst. dritter Ordn. v. Ge 33-0244; elast. Konst. v. Mg_2Sn 3-0262; superelast. Verh. eines Mischkrist. aus einer Sn-Leg. mit *1* Bi 44-0107; elast. Konst. einkrist. Pb-Tl-Leg. 1-0301; Einfl. einiger gelöster Stoffe (Ta, V u. Zr) auf d. –-Modul v. Nb 5-0321; Veränder. d. –-Moduls im supraleitenden Mischzustand v. Nb 20-0233; hohe Temp.-Beständigk. d. –-Moduls v. Nb-Ti-Leg. 20-2346; Temp.-Abhängigk. d. –-Konst. v. Nb_3Sn, V_3Si u. V_3Ge 24-0476; Anomalie d. Temp.-Abhängigk. d. –-Moduls nach starker Kaltverform. v. Nb-Zr-Leg. u. reinem Nb 35-2442; elast. Eig. bin. Nb-Leg. mit W, Fe u. Ni 39-2416; Temp.-Abhängigk. d. Koeff. d. elast. Steifh. v. Nb (–- u. Schermodul) 44-0107; –-Moduländer. im supraleitenden, gemischten u. normalen Zustand v. Nb 51/52-0176; –-Eig. v. Ti-Leg. d. tern. Syst. Ti/Zr/Cr 25-0234; –-Grenze v. Mo beim Anlassen 21-0293; Temp.-Abhängigk. d. elast. Konst. v. Mo 27-0307; elast. Eig.: v. W-Mo- u. W-Mo-Re-Leg. 1-2234; v. W-Einkrist. v. *24–1800°* 31-0256; – v. W, Mo, Nb u. ihren Leg. 39-0173; Änder. d. Schermoduls v. W bei hohen Temp. in einem großen Frequenzbereich 47-0226; –-Modul v. W-Fasern 49/50-2149; elast. Moduln v. polykrist. α-Mn v. *4,2–300* °K 41-0116.

Best. d. elast. Anisotropie am Ferrit v. Fe-Werkstoffen durch röntgenograph. Gitterdehn.-Mess. 7-2391; –-Konst. v. Leg. d. Syst. Ti-Al-Cr-Fe-Si 14-0272; dynam. –-Modul d. Federleg. *36*NChTJu, *36*NChTJuM*8* u. *42*NChTJu 20-2345; Einfl. v. Si auf d. – v. Federstahl 22-2502; elast. Eig. v. elektrolyt. mit H beladenem hochreinem Fe 23-0322; Young-Modul in tern. Mischkrist. (Ni_3Fe, Mn) 24-0251; –-Modul d. Stähle *0*Ch*15*N*7*M*2*Ju, *0*Ch*17*N*4*M*2* u. *0*Ch*17*N*4* 24-0314; ΔE-Effekt in Fe-Mn-Leg. 26-0290; Änder. d. –-Eig. gehärteter C-halt. Stähle im Bereich d. dritten Phasenumwandl. 30-0242; Wrkg. v. Vorspann. auf d. –-Grenze (Austenitischer Stahl) 31-0258; elast. „Steifheitskoeff." v. Fe-Al-Leg. (experimentelle Ergebnisse u. thermodynam. Analyse) 34-0324; (Fernordn.-Effekt) 34-0325; Anomalien d. –-Moduls v. Fe-Ni-Ti-Leg. v. Invar-Typ 34-0330; Einfl. d. kathod. Belad. mit H auf d. Knick in d. –-Grenze v. reinem Fe 38-2445; Änder. d. –-Moduls d. gehärteten Stähle *20*Ch, *40*Ch, *9*ChS u. SCh*15* beim Tempern (niedriglegierte Stähle) 39-0184; Druckabhängigk. d. elast. Konst. v. α-Fe bis zu *10* Kbs 48-0205; – v. elektrolyt. abgeschiedenem Co 2-0587; –-Konst. d. intermetall. Phase UCo_2 18-0285; elast. Eig. v. Ni-Cu-Leg. 17-2410; elast. Anisotropie v. Permalloyblech (Rekrist.-Textur) 29-0273; Einfl. d. Temp. auf d. –-Grenze v. durch kohärente u. geordnete Phasen gehärteten Leg. $Ni_3(TiAl)$ 32-0286; –-Modul d. Ordn.-Leg. Ni_3Fe-Ni_3Mn bei hohen Temp. 34-0331; –-Modul v. Ni_3Al-Ni_3Nb-Leg. 40-0146; elast. Anisotropien u. Temp.-Änder. in Einkrist. einer hochelast.

„Dia-flex"-Leg. im Syst. Co–Fe–Ni–Cr–W–Mo 51/52-0182.

Elast. Anisotropie v. Krist. in polykrist. kondensierten Filmen v. Cu u. Ni 5-0330; --Modul v. Cu-Whiskern 8-0245; Deut. v. Abweich. v. d. Vegardschen Regel auf d. Basis eines elast. Modells am Beispiel v. Cu/Zn-, Cu/Ag- u. Cu/Au-Leg. 17-0202; Fourier-Analyse d. elast. Anisotropie v. kaltverformtem Cu 23-0224; Einfl. quasielast. Verform. auf d. Moduleffekt v. kaltbearbeitetem Cu 27-0317; elast. Eig. d. α-Messings 29-0279; Einfl. d. Wiederordn. v. Versetz. auf d. Relaxat. d. --Moduls v. verformtem Cu 30-2356; --Grenze nach Abschrecken für d. Überstruktur v. Typ B_2: Fe–Al *40*, Fe–Co–V u. β-Messing 31-0259; Variat.-Breite d. Young-Moduls u. Schubmodul v. Cu u. α-Messing als Funkt. d. verschiedenen Zustände d. Materials 32-0288; elast. Konst.: v. polykrist. Cu nach plast. Verform. bei *77* °K 34-0337; v. Cu 38-0245; Temp.- u. Zus.-Abhängigk. d. --Konst. v. β-Messing 43-0219; elast. Konst. *3.* Ordn. v. Cu bei niedr. Temp. 44-0250; Young-Modul verd. Cu–Li-, Cu–Ge- u. Cu–Sn-Leg. 48-0194; Einfl. d. Leit.-Elektronen auf d. --Modul v. Edelmetalleg. mit α-Phasen-Struktur 13-0271; elast. Konst. v. MgAg- u. $MgCu_2$-Einkrist. 3-0292; Zusammenhang zwischen d. H_2-Überspann. u. d. elast. Eig. u. d. Härte v. Pb-, Ag- u. Al-Kathoden 7-0591; elast. Konst. v. *77–750* °K an Einkrist. v. β'-AgMg 13-0281; --Modul dünner Ag-Filme 24-0319; --Konst. d. intermetall. Verb. Ag_2Al zwischen *77* u. *700* °K 38-0254; --Konst. dritter Ordn. u. Temp.-Abhängigk. d. isotherm. elast. Konst. zweiter Ordn. u. d. elast. Konst. vierter Ordn. für Cu, Ag u. Au 16-0285; Temp.-Abhängigk. d. --Moduln v. Ru, Re, Co, Dy u. Er (Bezieh. zwischen elast. Anisotropie u. Phasenumwandl.) 41-0154; --Modul d. Leg. Pd/Ag in Abhängigk. v. ihrer H-Konz. 6-0270.

Verbindungen

Einfl. geringer Porosität auf d. elast. Eig. v. Borcarbid 41-0157; Druckableit. d. --Moduln v. amorphem Quarz bis zu *10* kbar 3-0294; Änder. d. --Konst. v. Quarzglas in Abhängigk. v. d. Temp. 9-0278; – v. mit schnellen Neutronen bestrahltem Quarz 13-0296.

Youngscher --Modul d. Carbide d. Übergangsmetalle 24-2383.

Temp.-Abhängigk. d. elast. Konst. v. Alkalimetallhalogeniden (NaCl, KCl u. KBr) 5-0333; (feste Lsg. KCl–KBr) 5-0334; (CsCl, CsBr u. CsJ) 5-0335; --Konst. v. Alkalimetallhalogeniden 11-0306; elast. Konst. v. Alkalimetallhalogeniden 35-0228; Bezieh. zwischen d. Reststrahlenfrequenz, d. Kompressibilität u. d. elast. Konst. für Alkalimetallhalogenide 38-0251; Temp.-Abhängigk. d. --Grenze in bestrahlten LiF-Krist. 16-0311; opt. --Grenze v. LiF-Einkrist. bei *300–1,4* °K 28-0238; elast. Konst. v. LiF 28-0239; Temp.-Abhängigk. d. --Konst. v. NaJ 1-0309; --Konst.: dritter Ordn. in NaCl u. KCl 16-0287; v. $NaNO_3$ 18-0266; Best. d. --Moduln v. NaCl-Whiskern durch Bieg.-Schwing. 19-0295; opt. bestimmte --Grenze v. NaCl-Einkrist. bei Temp. d. fl. He 26-0295; elast. Konst. zweiter u. dritter Ordn. v. NaCl 29-0244; elast. Konst.: v. NaF 33-0247; v. NaCl 33-0250; --Moduln v. NaCl-Krist. unter Dehn. ihrer Raum- u. Flächendiagonalen 33-0251; elast. Anharmonizität in Na–Cl 35-0229; Best. d. Gradienten d. --Tensors in NaJ durch kernmagnet. Resonanz 35-0230; Druckableit. d. --Konst. v. NaBr u. KF 22-0281; Best. d. Temp.-Abhängigk. d. --Konst. v. KBr durch Neutronenstreuung u. Ultraschall 33-0242; elast. Konst. *3.* Ordn. v. KCl, NaCl u. LiF 39-0145; --Konst.: v. KF v. *300–4,2* °K 41-0461; eines RbCl-Einkrist. unter Druck 4-0262; Temp.-Abhängigk. d. --Konst. v. RbJ-Krist. 6-0276; --Konst. v. LiCl u. RbCl zwischen *300* u. *4,2* °K 11-0320; Druckabhängigk. d. --Konst. v. Cs-Halogeniden 35-0233; nichtlineare Druckabhängigk. d. --Konst. u. --Konst. *4.* Ordn. d. Cs-Halogenide CsCl, CsBr u. CsJ 41-0162; Temp.- u. Druckabhängigk. d. --Konst. v. Ammoniumbromid 4-0263.

Druckquotienten d. --Konst. v. MgO-Einkrist. bei *23* u. *–195,8°* 9-0281; elast. Konst.: v. K–Mg-Fluorid 20-0222; v. MgO 33-0248; Druckableit. d. --Konst. v. CaF_2 26-0296; Druckabhängigk. d. elast. Konst. für CaF_2 35-0234; --Moduln v. Calcit zwischen *90* u. *273* °K 38-0252; elast. Koeff. v. $Ba(NO_2)_2 \cdot H_2O$ 30-0447.

Elast. Konst. v. hexagonalem ZnS 22-0202; elast. Eig. v. hexagonalem ZnS im Temp.-Bereich v. *1,5–300* °K 26-0298; --Konst. v. α-ZnS 35-0235; Verzerr. akust. Wellenform infolge nichtlinearen elast. Verh. in CdS 5-0305; elast. Konst. v. hexagonalem BeO, ZnS u. CdSe 23-0333; Voigt-Reuss-Hill-Näher. u. --Moduln v. polykrist. MgO, CaF_2, β-ZnS, ZnSe u. CdTe 25-0243; Druckeinfl. auf d. elast. Parameter v. CdS 29-0247; --Konst.: v. CdS zwischen *4,2* u. *300* °K 33-0246; v. HgTe 35-0236; v. Korund-Einkrist. unter Raumtemp. 3-0295; v. synthet. Korund-Einkrist. 9-0282; --Moduln v. Spinell-Einkrist. ($MgO \cdot 2{,}6\,Al_2O_3$) bei Drücken bis zu *2* kbar) 22-0282; --Moduli dritter Ordn. v. Ga-Arsenid 25-0245; Einfl. d. Konz. freier Lad.-Träger auf d. --Konst. v. GaAs 27-0322; --Moduln v. GaAs bei mittleren Drücken 41-0169; --Konst. *3.* Ordn. v. InSb 28-0241; elast. Parameter eines TlSe-Einkrist. 5-0306; Temp.- u. Druckabhängigk. d. --Konst. v. TlBr 17-0319; --Konst. v. TlBr 29-0282.

--Modul v. TiB_2 8-0372; elast. Konst. d. TiC 20-0218; Temp.-Abhängigk. d. --Konst. v. $BaTiO_3$ 21-0532; --Modul v. TiC, TiB_2, TiN, $TiSi_2$ 22-2486; elast. Eig. v. $SrTiO_3$ bei niedr. Temp. 38-0244; --Modul: v. stabilisiertem Zr-Oxid 5-2265; v. ZrC, ZrB_2, ZrN, $ZrSi_2$ 22-2486; v. HfC, HfB_2, HfN, $HfSi_2$ 22-2486; v. Dispers. v. ThO_2 in BeO 28-0243.

--Konst. v. Ammoniumchlorostannat(IV) 28-0242; --Modul: v. VC, VB_2, VN, VSi_2 22-2486; v. NbC, NbB_2, NbN, $NbSi_2$ 22-2486; v. TaC, TaB_2, TaN u. $TiSi_2$ 22-2486; --Konst. v. $LiNbO_3$ u. $LiTaO_3$-Einkrist. 30-0446; elast. Eig. v. Li-Tantalat 39-0149; elast. Konst.: für Krist. d. Klasse (3 m): ($LiTaO_3$ u. $LiNbO_3$) 42-0226; v. $TaC_{0,90}$ 51/52-0180; --Modul: v. $Cr_{23}C_6$, Cr_7C_3, Cr_3C_2, CrB_2, CrN, $CrSi_3$ 22-2486; v. MoC, MoB_2, MoN, $MoSi_2$ 22-2486; --Konst. v. Ca-Molybdat 35-0238; – u. Un-- v. U-Oxiden bei Zimmertemp. (stöchiometr. Oxid) 32-0297; temperaturabhäng. Schermodul v. UO_2 39-0150; Temp.-Abhängigk. d. --Konst. v. UO_2 48-0570; Temp.-Abhängigk. d. --Moduls v. Li-Ferriten 40-0108; --Moduln v. Whiskern aus NiO, WO_2, $W_{20}O_{58}$, $W_{18}O_{49}$ u. WO_3 7-0219; Berechn. d. Debye-Temp. aus d. --Konst. für Cu(I)-Oxid 21-0271; elast. Eig. v. $K_3[Cu(CN)_4]$ 41-0172; Vgl. zwischen d. elast. Verh. v. AgCl u. dem d. Alkalimetallhalogenide 31-0264; elast. Konst. v. AgCl 33-0249.

Mineralien, Gläser und andere technische Produkte

--Moduln im Syst. Benton–organ. Medium 9-0627; Beeinfluss. d. --Moduls v. Beton durch Zemente mit unterschiedl. mineral. Aufbau u. durch natürl. u. künstl. Zuschlagstoffe 15-2358; Änder. d. --Moduls v. durch pulvermetallurg. Verf. hergestellten Kontaktwerkstoffen in Abhängigk. v. d. Komponentenmenge 17-2462; mit Hilfe d. Resonanzkugeltechnik gemessene elast. Eig. v. Tektiten 22-0793; Temp.-Abhängigk. d. --Konst. v. Y–Al-Granat 25-0246; Beeinfluss. d. --Moduls v. Beton durch Zemente mit unterschiedl. mineral. Aufbau u. durch natürl. u. künstl. Zuschlagstoffe 27-2534; Hochtemp.-- v. Forsterit u. Steatit 29-0283; --Modul d. Keramiken d. Syst. ZnO/TiO_2 30-0540; Festigk. u. – v. weißem Tongut (Bezieh. zwischen Biegefestigk. u. –) 36-2293; Temp.-Abhängigk. d. --Moduls v. Glas d. Syst. $SiO_2/Al_2O_3/MgO/CaO/TiO_2$ u. Sitall 37-0320; --Eig. wss. Bentonitsuspens. 37-0648; dynam. Unters. d. Temp.-Abhängigk. d. --Moduln d. Sitalls u. Ausgangsglases d. Syst. $SiO_2/Al_2O_3/MgO/CaO/TiO_2$ 39-0142; --Konst. v. Granat (Almandin–Pyrop-Typ) unter Druck u. Temp. 41-0168; --Modul v. Beton 41-2398; Konvers.-Bezieh. für d. --Formeln v. isotropen u. ferroelektr. Keramiken 42-0227; elast. Eig. v. NbC–Graphit-Verbundwerkstoffen 47-2328.

Organische Stoffe

--Konst. v. Anthracen 30-0878; elast. Eig. v. Acenaphthen-Einkrist. 49/50-0819; elast. u. thermoelast. Konst.: v. Benzil (Schaefer-Bergmann-Verf.) 38-0983; v. Taurin 19-1007; elast. Eig. v. Cellulose-Mikrokrist. 15-1211; Einfl. v. – u. Oberflächenenergie auf d. Reib. v. geschmierten Cellulosefolien 44-1031; elast. Konst. v. polykrist. dl-Camphen u. Cyclohexan 38-0994; Einfl. v. Salzlsg. auf d. – v. Kollagen-Sehnen 34-1184.

Berechn. d. elast. Konst. d. Polyäthylen-Krist. 1-1032; Thermo-- gequollener Styrol–Divinylbenzol-Copolymerer 7-1123; elast. Modul v. Mylarfolie 12-1089; elast. Verh. v. füllstoffverstärktem vulkanisiertem Kautschuk 15-1206; Bezieh. zwischen d. elast. Verh. u. d. Gleichgew.-Quellvol. v. Peroxidvulkanisaten d. Naturkautschuks u. d. cis-1.4-Polyisoprens 19-1279; Gesetzmäßigk. d. elast. Eig. orientierter faserbildender Polymerer u. v. Fasern 20-2908; Unterschied d. Moduln v. Capron bei verschiedenen Deformat.-Arten 28-1173; --Eig. v. cis-Polybutadien-Vulkanisaten (Bezieh. zur Polymer–Ruß-Wechselwrkg.) 29-1236; verschiedene dynam. --Moduln v. Bisphenol-A-Polycarbonat im Glaszustand in Abhängigk. v. d. Temp. 35-1165; Hoch--räuml. Copolymerer v. Methylmethacrylat bzw. Styrol mit Diacrylol-Monomeren 42-1043; Wechselbezieh. d. elast. Eig. v. Polymerlsg. bei Gleichgew.-Fließen u. Schwing.-Vers. 41-1146; elast. Konst. v. Bändern aus Glasfasern u. Polymeren 45-1162.

Untersuchungsmethoden

--Mess. d. Adsorpt.-Schichten an fl. Oberflächen 10-0627; Bedeut. d. Mess. v. elast. Eig. durch Indirektmess. 15-2208; Tors.-Pendel zur Best. d. Schermoduls u. d. Dämpf. um *1* Hz bei festen Polymeren 18-1857; Betriebsmeßgerät zur Best. d. --Moduls v. Email 18-2279; Sward-Wippe für d. Mess. d. --Moduls v. Anstrichfilmen 22-3063; Meth. zur Best. v. Änder. elast. Konst. 29-0243; Ultraschallsyst. zur Mess. v. --Moduln in dünnen Schichten 36-0233; Besonderh. d. Methodik u. App. zur Mess. d. --Konst. v. Graphit nach d. Resonanzmeth. bei *20–3000°* 47-0224.

Bibliographie

Magnetische und elastische Erscheinungen in ferro- u. ferrimagnetischen Materialien (Mitteilungssammlung) [russ.] B 82; Anelastic and dielectric effects in polymeric solids B 51; Elements of elasticity B 85.

Elastomere s. unter *Kautschuk*.
Elastonon s. unter $C_9H_{13}N$.
Elatericin A s. unter $C_{30}H_{44}O_7$.
Elatericin B s. unter $C_{30}H_{42}O_7$.
Elatin s. unter $C_{38}H_{50}N_2O_{10}$.
Elavil s. unter $C_{20}H_{23}N$.
Elbanil, Abbau d. Wirkstoffs CIPC d. Herbizids – im Boden 24-2156.
Eledoisin s. unter $C_{54}H_{85}N_{13}O_{15}S$.
Elegas s. unter *Schwefelfluoride*: SF_6.
Elektrete, --Verh. v. anod. Tantaloxidschichten 4-0518; --Bereiche in einzelnen Trioxan-polykrist. 6-0891; phänomenolog. Theorie d. dielektr. Empfindlichk. (--Effekt) 14-0464; Änder. in d. Polarität v. – organ. Stoffe 14-1103; therm. Leitfähigk. v. – aus Carnauba-Wachs 18-0469; Radioelektret-Effekt in Paraffinwachs 18-0470; Thermo-- auf Asphaltbasis 25-1257; Einfl. d. Dicke auf d. --Verh. 26-0495; Thermo-- (Eis, Tetradecanol, Phenol, Paraffinwachs) 31-0488; Einfl. d. nichtlinearen Besetz. v. Haftstellenniveaus auf d. Bldg.-Kinetik d. Photoelektretzustandes in ZnS-Einkrist. 35-0380; --Verh. v. Tetradecanol-(1) 41-0813.

Elektrizität

Spezielle elektr. Erschein. s. unter d. betreffenden Stichwörtern. Elektrostat. Aufbereit. s. unter *Aufbereitung*. Elektrostat. Gasreinig. s. unter *Gasreinigung*. Elektr. Verf. zur *Heizung* s. dort. *Lumineszenz* unter d. Einfl. elektr. Felder s. dort. Elektrotherapie s. unter *Therapie*.

Siehe auch *Elektronik*; *Elektrotechnik*; *Strahlung, elektromagnetische.*

Elektromagnet. Verh. v. Dünnschichtstrukturen 4-0341; elektr. Explos. v. mit einem Elektrolyten getränkten Papierstreifen 4-0517; Berechn. v. Kapazitäten u. Feldern zwischen Leitern mit geschichtetem Dielektrikum nach d. Teilflächenmeth. 7-0427; Teilflächenmeth. zur Best. d. Kapazität belieb. Leiter 7-0428; Theorie d. nichtlinearen elektr. Eig. v. Ionenkrist. 8-0346; neue Wege d. Energiedirektumwandl. (Übersicht) 8-2188; Stromverteil. im verschmierten Übergangsgebiet zwischen elektr. leitenden Phasen (Ursachen für Instabilitäten) 25-0664; paraelektr. Relaxat. in d. Nähe d. Curie-Punktes 28-0475; Mechanismus d. Entlad. v. Isolatoren durch ionisierte Luft 31-0488; Einfl. d. Oberflächenstruktur auf d. elektrostat. Bildkraft 32-0404; Grundlagen d. direkten Wärmeumwandl. in Elektrizität im magnetohydrodynam. Konverter mit fl. Metallen als Konvertier.-Mittel 33-2479; elektromagnet. Kräfte in Leitern 41-0298; durch Detonat. erzeugte elektromagnet. Effekte 48-2999.

Elektrische Eigenschaften spezieller Stoffe

Lad.-Transport in festem u. fl. Ar 14-0461; paraelektr. Indukt. u. Echo für OH^--Dipole im KCl-Gitter 28-0476; während d. Gefrierens v. W. entstandene elektr. Ströme (*Costa-Ribeiro-Effekt*) 14-0463; elektr. Eig.: v. Ein- u. Polykrist. aus hexagonalem Se 1-0421; v. glasf. Se 1-0424; v. Se (Einfl. v. Cd-Zusätzen) 6-0419; v. B (Druckeinfl.)

31-0417; elektr. u. photoelektr. Eig. v. mit schnellen Neutronen bestrahlten p-Si-Einkrist. 13-0399; elektr. Eig.: v. epitakt. auf Sapphir gewachsenen Si-Schichten 31-0442; v. mit Au dotiertem n-Si 43-0377; Einfl. d. Adsorpt. v. Au, Sb u. O_2 auf d. elektr. Eig. einer atomar sauberen Si-Oberfläche 45-0388; elektr. Eig.: v. Si-Epitaxie-Schichten auf α-Al 49/50-0292; v. aus d. Dampfphase gezüchteten SiAs-Krist. 16-0435; Lichteinfl. auf d. paraelektr.-ferroelektr. Phasengrenze v. SbSJ 36-0396.

Elektr. Eig. v. Alkalimetallhalogeniden mit Alkalimetallüberschuß 30-0295; paraelektr. Resonanz in einem mit Mol.-Ionen dotierten Alkalimetallhalogenidkrist. 47-0395.

Elektr. Eig. v. Si:Mg 28-0311.

Elektr. Eig.: v. p-leitendem ZnTe, d. Injekt.-Elektrolumineszenz zeigt 12-0413; v. dotierten ZnSb-Einkrist. 35-0359; v. dotierten Zn_4Sb_3-Einkrist. 35-0360; v. ZnSb u. seinen Mischkrist. mit CdSb 2-0387; v. Cu-dotierten CdSe-Aufdampf-Schichten 5-0476; Lad.-Bldg. in CdS-Krist. unter d. Einw. einer angelegten Spann. 8-0382; elektr. Eig.: v. CdSe-Aufdampfsinterschichten mit Zusätzen v. Tl 10-0405; v. CdSe-Filmen 18-0427; v. CdS-Einkrist. (Spann.-Einfl.) 19-0461; d. Syst. $Cd_xSr_{1-x}O$ 20-0387; v. p-Sb_2Te_3- bzw. n-CdS-Schichten 20-0391; kristallograph. Anisotropie elektr. Eig. v. CdS-Filmen 22-0444; elektr. Eig.: v. CdO 29-0463; v. chem. aufgesprühten dünnen CdS-Schichten (Einfl. v. chemisorbiertem O) 30-0404; v. dünnen im Vakuum aufgedampften Cd_3As_2-Schichten 40-0309; v. mit Au dotiertem CdSb bei tiefen Temp. 49/50-0297; v. HgSe u. seiner Leg. mit CdTe (Deut.) 30-0410; d. Syst. HgTe/ZnTe im Zus.-Bereich d. maximalen Beweglichk. 45-0416.

Elektr. Eig.: v. dünnen halbleitenden AlSb-Schichten 12-0397; v. künstl. Sapphiren bei hohen Temp. 31-0439; elektr. Domänen in Korundfilmen u. mit d. Bldg. filmförm. Whisker zusammenhängende elektr. Effekte 34-0139; elektr. Eig.: d. Halbleiters β-Ga_2O_3 10-0399; v. mit Zn dotierten polykrist. GaAs-Filmen 22-0425; v. mit Te dotierten tern. Verb. d. Typs $GaAs_{1-x}P_x$ 22-0429; v. stark dotiertem n-GaAs (Einfl. v. Temper.) 31-0426; v. mit Elementen d. La-Gruppe aktiviertem Ga-Phosphid 31-0430; v. GaP, GaP:Si, GaP:S u. GaP:Zn 38-0442; v. mit S dotiertem Ga-Phosphid 43-0392; v. mit Zn dotierten Ga-Phosphid-Einkrist. 43-0393; v. undotiertem GaSb (Einfl. einer Elektronenbestrahl. bei tiefen Temp.) 47-0364; Widerstand u. Kapazität in n-GaAs bei Druckbelast. 48-0421; elektr. Eig.: v. mit Sn dotiertem InSb 11-0449; v. n-InP (Einfl. v. As) 14-0415; v. plast. verformtem n-InSb 19-0457; v. n-InP bei niedr. Temp. 20-0385; elektrophysikal. Eig. v. mit Cd dotiertem kompensiertem n-InAs 22-0428; elektr. Eig.: v. kompensiertem p-InSb 22-0434; v. InAs (Einfl. einer Neutronenbestrahl.) 24-0446.

Elektrophysikal. Eig. d. Dicarbide v. Gd, Tb, Dy, Er u. Tm 12-0396.

Einfl. d. Elektroden auf d. Raumlad.-Fluß in $BaTiO_3$-Polykrist. 45-0431; anomale elektr. Eig. im Korn u. an d. Korngrenze v. mit Bi dotierter Ba-Titanat-Keramik 49/50-0303; niederfrequente elektr. Schwing. in $BaTiO_3$ 51/52-0318; elektr. Eig.: v. HfO_2 29-0464; v. ThN u. Th_3N_4 11-0452; d. Halbleiterverb. $ZnGeAs_2$ 2-0381; v. plast. verformten, schwach p-dotierten Ge-Einkrist. 15-0419; v. nichtkompensiertem Be-dotiertem Ge 16-0427; v. Ge auf Spinelleinkrist. 16-0429; magnet. Kapazitätsänder. eines durch Aufdampfen eines TiO_2-Films auf eine Ge-Platte hergestellten Kondensators 22-0452; elektr. Eig.: v. amorphem Ge 23-0478; v. Ge (Einfl. d. Versetz.) 27-0495; d. Mischkrist. Mg_2Si–Mg_2Sn 16-0449; v. $ZnSnP_2$-Krist. 31-0433; v. Einkrist. d. festen Lsg. *0,85* PbTe + *0,15* PbS (Einfl. hydrostat. Drucks) 8-0385; v. festem u. fl. GeS, SnS u. PbS 16-0447; Polarisat.-Kapazitanz in mit Sr, Ba, Pb, Ca, Cd u. CO_3 dotierten KBr-Krist. 20-0377; elektr. Eig. v. epitakt. PbS-Aufdampffilmen auf NaCl 22-0439; elektr. Verh. v. PbO-Aufdampfschichten 24-0450; Abhängigk. d. elektr. Eig. einkrist. fester Lsg. d. Zus. *0,85* PbTe, *0,15* PbS v. einem allseit. Druck 24-0464; Temp.- u. Druckabhängigk. d. elektr. Eig. v. n-leitenden Einkrist. d. festen Lsg. *0,85* PbTe, *0,15* PbS 42-0351.

Elektr. Eig.: v. V/O-Bronzen $M_xV_2O_5$ (M = Na, K) 29-0465; v. ZrC–NbC-Mischkrist. 37-0414; v. Mischkrist. v. Carbiden d. Syst. Zr/Nb/C u. Zr/Ta/C 11-0443; elektrophysikal. Eig. v. InBi 28-0444.

Elektr. Eig.: v. Mischkrist. aus $CrSi_2$ u. VSi_2 oder $TiSi_2$ 16-0448; v. Tungstenit (WS_2)-Einkrist. 20-0388.

Elektr. Eig. v. PuC, PuP u. PuS 15-0429.

Elektr. Eig. d. antiferromagnet. Halbleiters MnTe 8-0388; elektr. Verh. v. Spinellen d. Syst. $Mn(Mn_xV_{2-x})O_4$ 9-0428; elektr. Eig.: v. MnO bei hohen Temp. 47-0371; v. Zn–Li-Manganiten 49/50-0304.

Elektr. Eig.: v. NiO-Einkrist. (Einfl. schneller Neutronen) 24-0453; v. nichtstöchiometr. Ni-Oxid (Einfl. v. Kernstrahl.) 41-0336.

Elektr. Eig.: d. Leg. im Syst. $CuGaSe_2$–Ga_2Se_3 2-0403; v. Cu_2Se-Einkrist. 19-0463; v. übereinanderliegenden Pb–Cu-Schichten bei tiefen Temp. 24-1943; v. Cu in InAs 40-0311; v. isolierenden Cu-Diffus.-Schichten auf CdS-Krist. 43-0404; v. β-Ag_2Te u. β-Ag_2Se v. $4{,}2-300$ °K 10-0408.

Elektr. Eig. v. dünnen PdO-Filmen 34-0455; durch O_2 in Pt/NaCl-Krist.-Zellen erzeugte Spann. 18-0594.

Elektr. Eig. v. Spinellen 18-0422.

Elektr. Eig.: v. Metallocenen u. ihren Deriv. 15-0430; einiger polykrist. Komplexe d. Phthalocyanins mit drei- u. vierwert. Metallen (Al, In, Sn bzw. V) 10-0410; v. Cu-Phthalocyanineinkrist. 10-0412; durch d. Umgeb. beeinflußte elektr. Eig. dünner Cu-Phthalocyaninfilme 30-0416.

Chem. Reinh. v. in elektr. Unters. verwendeten fl. Hexanen 14-0906; Entlad.-Geschw. v. elektr. geladenen fl. KW-Stoffen 16-0938; elektr. Effekte bei d. Adsorpt. v. Laurylammoniumchlorid an d. Quarzoberfläche 15-0632.

Elektr. Entlad. v. einer Kraftstoff-Oberfläche 31-0488; elektr. u. photoelektr. Eig. v. polymeren organ. Halbleitern 48-1244.

Elektrische Felder

Ion. Polymerisat. unter d. Einfl. eines elektr. Feldes (kation. Polymerisat. v. p-Methoxystyrol) 2-1058; Trenn. eines bin. Isotopengemisches in einer Ionenaustauschkolonne mit angelegtem elektr. Gleichfeld 5-0680; Beweg. v. Versetz. unter d. Einw. eines elektr. Feldes in Alkalimetallhalogenideinkrist. 6-0223; Einfl. eines elektrostat. Feldes auf d. Temp.-Abhängigk. d. inneren Reib. in Alkalimetallhalogenidkrist. 6-0272; Selbstdiffus. v. Ge entlang eingewachsener Versetz. im äußeren elektr. Feld 6-0296; Einfl. eines elektr. Feldes auf Überführ.-Erschein. in polaren Gasen mit nichtsphär. Mol. 6-0519; Periodizität d. Ruß–Aerosol-Bldg. über einem erhitzten Draht in Ggw. eines – 10-0620; katalyt. Aktivität d. Pt bei d. CO-Ox. (Einfl. starker elektr. Felder) 10-0680; Elektroneneinfang durch Protonen in H u. Einfl. eines elektr. Feldes 11-0204; Diffus.-Ströme in hohen elektr. Feldern für diskrete Gitter 11-0428; Einfl. elektr. Felder auf d. induzierten Photoeffekt bei Ionenkrist. 11-0432; Einfl. eines elektr. Feldes: auf d. Chemisorpt. v. Mol. auf einer Ge-Oberfläche 11-0666; auf d. Intensität d. Verbrenn. v. feinsten Kohle- oder Graphit-Partikeln in Sauerstoff hinter reflektierten Stoßwellen 12-0637; auf d. Rußbldg. (C_2H_2–O_2-Flammen) 12-0638; auf d. Keimbldg. v. C in Flammen 14-0657; auf d. therm. Zers. v. $Ag_2C_2O_4$, AgN_3 u. BaN_6 14-0675; Beweg.-Effekt dielektr. Fl. im inhomogenen elektr. Feld 15-0962; Einfl. elektr. Felder: auf d. Koaleszenzstabilität v. W/O-Emuls. 17-0690; auf d. Adsorpt. v. O_2 an ZnO bzw. Cu_2O 17-0706; auf d. plast. Verform. v. Ge 19-0300; auf d. Geschw. v. Brandwellen 19-0750; Ionisat. nichtpolarer Fl. durch Strahl. in Abwesenh. eines äußeren elektr. Feldes 19-0795; Theorie d. Absorpt. v. *1.* u. *2.* Schall im elektr. Feld 21-0247; gekoppelte mol. Ström. u. Oberflächendiffus. bei Cs-Transport durch eine zylindr. W-Röhre unter d. Einfl. elektr. Felder 22-0411; elektr. u. akust. Modulat. v. Flammen 22-0681; therm. u. opt. Eig. u. Verh. d. Li^+-Verunreinig. in Li–KCl- u. Li–KBr-Syst. bei angelegten mechan. Spann. u. elektr. Feldern 23-0290; Einfl. eines elektr. Wechselfeldes auf d. Ionenaustausch in Abhängigk. v. d. Frequenz 23-0720; Einfl. v. elektr. Feldern auf d. Wachstum u. d. elektr. Widerstand dünner Metallfilme 24-0207; Einfl. d. Peltier-Effekts auf d. Verschieb. d. Korngrenzen in einem Metall unter Einw. eines elektr. Feldes 24-0228; Wrkg. elektr. Felder: auf d. Energieniveaus, d. spezif. Wärme, d. Absorpt.-Spektren u. d. induzierten Dipolmoment d. Verunreinig. 25-0157; auf d. interkrist. Diffus. in Edelmetallen d. *1.* Gruppe (Ag in Cu, Ag u. Au) 25-0275; auf d. Strahlenschädig. in Si 25-0286; auf Gleichgew.-Prozesse in Ionenaustausch-Kolonnen 25-0708; auf d. Teilchenbeweg. v. Eu in wss. Lsg. 26-0669; auf d. Amplitudenabhängigk. d. inneren Reib. in LiF 27-0321; auf d. Mechanismus d. heterogenen Rk. v. CO_2 mit C 28-0697; auf polare Makromol. in Lsg. 31-1248; auf Grund v. Konz.-Gradienten auf d. Diffus. 33-0484; Auslösch. d. Propan-Flamme unter Wrkg. eines elektr. Feldes 33-0746; Einfl. eines elektr. Feldes auf d. Ox.-Geschw. v. Si 33-0772; Wrkg.: v. elektr. Gleichstromfeldern auf fl.–fl.-Abscheider 35-2190; eines angelegten Gleichspann.-Feldes auf d. Orientier. dünner, auf Quarz–Glas aufgedampfter NaCl-Schichten 36-0131; Problem d. stationären Stroms in starken elektr. Feldern 36-0348; Wrkg. äußerer u. innerer elektr. Felder auf d. B-Akzeptor-Zustände in Si 36-0361; Einfl. eines elektr. Feldes: auf d. Geschw. d. Ox. v. Zn u. W (Anlaufrk.) 36-0632; auf d. strahleninitiierte Blockpolymerisat. v. Vinylchlorid 36-1167; Mess. d. Streulichtes in einem elektr. Feld 36-1850; Einfl. d. elektr. Feldes: auf d. Wärmeübertrag. beim Sieden organ. Fl. 36-2094; auf d. Wärmeleitfähigk. polarer Gase 37-0472; Wrkg. v. elektromagnet. Feldern auf d. Verdampfen v. Metallen 37-0533; Beweg. organ. Fl. im nichthomogenen Wechselfeld 39-0871; Bldg. v. Brennstoffzellen an Kohlekörnern in NaCl- u. NaOH-Lsg. in einem äußeren elektr. Feld 39-2320; gebundene Zustände eines Elektrons in einem punktförm. elektr. Dipolfeld (Quantisier. d. klass. Lsg.) 40-0034; experimentelle obere Grenze für Unterschiede zwischen durch Gravitat. induzierten elektr. Feldern in d. Nähe verschiedener Metalle 41-0297; Spektrum u. Wellenfunkt. v. Elektronen im unendl. eindimensionalen Krist. in Ggw. eines homogenen elektr. Feldes 45-0124; Beweg. v. Versetz. in einem elektr. Feld in NaCl 45-0197; Einfl. eines elektrostat. Feldes auf d. Kristallisat. v. amorphem Se 47-0162; Verform.-Geschw. v. Mineralien in einem hochfrequenten elektromagnet. Feld 47-0232; Einfl. eines elektr. Wechselfeldes auf d. Wärmeleit.-Koeff. v. NF_3 47-0431; anomale Streuung v. Röntgenstrahlen bei d. Krist.-Strukturbest. v. ferroelektr. $BaTiO_3$ unter d. Einfl. elektr. Felder 48-0515; Verh. v. Gelatine/ bzw. Hämoglobin/ Gummi-arabikum-Koazervaten im elektr. Wechselfeld 48-1289; viskoelektr. Effekt in polaren mehratom. Gasen 49/50-0896; ion. Polymerisat. im elektr. Feld (kation. Polymerisat. v. Isobutylvinyläther) 49/50-1184.

Statische Elektrizität und Aufladung

Grenzbeding. für d. elektrostat. Auflad. sich bewegender Fl. 7-0613; Kornauflad., wirksame Kräfte u. Korndynamik bei d. Sortier. in elektr. Feldern 7-2074; Lad. u. Kapazität d. elektr. Doppelschicht auf AgJ 9-0622; elektr. Auflad. v. Gläsern für Schutzfenster gegen γ-Strahl. 9-2255; Entlad. d. Faser in d. Klebeschicht bei elektrostat. Beflock. 12-2929; elektrostat. Erschein. in d. Wirbelschicht 15-2200; elektr. Auflad. d. Oberfläche v. SnO_2- u. SnO_2–Sb_2O_3-Katalysatoren bei d. Adsorpt. v. O_2–Propylen-Misch. 16-0722; elektrostat. Probleme in d. Textilindustrie 17-3292; Auflad. v. Oberflächen oxid. Katalysatoren zur Ox. v. KW-Stoffen bei Adsorpt. v. Propylen–Sauerstoff-Gemischen 23-0761; elektrostat. Effekt im Korund während seines Schleifens u. Polierens 26-2366; Lad. d. Mizellen v. Na-Dodecylsulfat u. Dodecylammoniumchlorid 27-0732; elektr. Auflad. v. Fl. bei eingeschnürter Ström. 27-1019; Theorie d. Auflad. v. Aerosolteilchen durch unipolare Ionen in Abwesenh. eines angelegten elektr. Feldes 29-0717; stat. Elektrisier. 31-0488; Einfl. v. elektr. Lad. auf d. Geschw. d. Koagulat. v. Aerosolen 31-0694; elektrostat. Abscheid. v. Aerosolteilchen 36-0562; elektr. Auflad.: v. Aerosolen 36-2111; v. Mineralien 37-0433, 37-2296; Einfl. d. Struktur v. Textilien auf deren elektrostat. Eig. 40-2745; elektr. Auflad. v. Ge-Staub 41-0323, 41-0324; Auflad. v. Eis bei Reib. u. Änder. seiner Berühr.-Fläche 42-0081; Verhältnis Lad. zu Masse für elektrohydrodynam. versprühte Fl.-Tropfen 42-0492; Gesamtleitfähigk. in ionogenen Syst. mit fixierter Lad. 42-0493; Übergangsprozesse bei d. Entsteh. v. Oberflächenlad. in Vakuumsyst. 48-0124; Lad.-Übertrag. durch Reib. zwischen Alkalimetallhalogeniden u. organ. Isolatoren 48-0508; Theorie d. Auflad. v. Aerosol-Teilchen in einem elektr. Feld 48-0640; Bldg. elektrostat. Lad. an Kunststoffen durch Indukt. 48-1243; Einfl. v. Raumlad. auf d. Durchlässigk. dünner, nichtleitender As_2S_3-Filme für Kathodenstrahlen 51/52-0312; Temp.-Abhängigk. d. Polarität elektr. Lad. in Eiskrist. 51/52-0313.

Technische Anwendung

Techn. u. wirtschaftl. Möglichk. d. unmittelbaren Anwend. v. – u. damit zusammenhängenden Energieformen in d. Verf.-Technik u. bei chem. Prozessen (Übersicht) 3-2139; Trenn. durch dielektr. Verteil. 14-1977, 14-1978; Analysieren u. Trennen v.

geladenen Teilchen auf Grund ihrer spezif. Lad. 17-1990*; geheizte Glaskathoden in elektrostat. Strahlseparatoren 20-1788; Wrkg. v. elektr. Gleichstromfeldern auf fl.–fl.-Abscheider 35-2190.

Antistatischmachen und Antistatika

Thermoplast. Massen aus Polyolefinen zur Herst. v. antielektrostat. Formkörpern 1-2686*; antistat. Behandl. v. Textilien mit Rk.-Prod. eines Polyalkylenpolyamids mit Alkylenoxid u. mit einem Halogenid eines Äthylenoxid-Kondens.-Prod. 2-2723*; Prüf. d. Rk. v. Wolle mit kationenakt. Antistatikum 4-2452; dauerhafte antistat. Ausrüst. v. Textilfasern mit Triazinderiv. u. a. 5-3024; Analyse v. antistat. Stoffen in Kunststoff-Folien 6-2720; Herst.: v. aliphat. γ- oder δ-Sultonen als Antistatika 7-2574*; v. asymm. Formalen als Antistatika 7-2575*; Antistatikum: aus Metallsalzen v. Diaminoverb. für plast. Massen 7-2850*; aus Polyoxyalkylenglykol–Itaconsäure-Estern für Hochmolekulare 7-2851*; Antistatischmachen v. Polyolefinfilmen 7-2864*; antistat. Polypropylenfilm 7-2875*; Antistatischmachen v. Methacrylatharzen 7-2894*; Kondens.-Prod. aus Polyaminen zum Antistatischmachen v. Fasern 7-2998*; Herst. v. Vinylphosphonaten als Antistatika 8-2517*; Antistatika (Präparat. amphoterer, grenzflächenakt. Hilfsmittel mit Metallsalzen d. Alanin-, Amidoamin- u. Diamintyps) 8-2921; permanent antistat. Ausrüst. v. Acrylfasergarnen auf Kreuzspulen 8-2939; Antistatika (Eign. v. Metallsalzen v. amphoteren Alanin-, Amidoamin- u. Diamin-Netzmitteln als innere, antistat. Kunststoffzusätze) 9-2778; (antistat. Behandl. v. Drucktinten für Plaste) 9-2780; Verw. v. Salzen v. oberflächenakt. Verb. als Antistatika für Polymere u. Polykondens.-Prod. 9-2815*; Antistatika (Behandl. v. Propylenfasern) 9-2966; antistat. Appretur für Fasern, Fäden, Filme, Platten, gewebte u. ungewebte Textilien aus Polyalkylenglykolderiv. 9-2971*; antistat. Weichmacher für Plaste 10-2782*; antistat. Kunstmassen 10-2796*; Antistatika für Synth.-Fäden aus organ. Phosphorsäureestern u. einem mehrwert. Alkohol 10-2905*; antistat. Behandl. v. Acrylharzanstrichen 10-2955; Herst. u. Verw. v. oberflächenakt. Phosphatestern als antistat. Mittel 11-2550*; Antistatika für Hochmolekulare 12-2775*; Antistatika (antistat. Behandl. v. synthet. Harzanstrichen) 12-2982; Antistatikum aus Aminoäther u. Ester d. phosphor. Säure für Fäden 14-2890*; Antistatika (Metallsalze amphoterer Tenside als innere Antistatika für fl. KW-Stoffe) 15-2580; Wrkg. v. Antistatika auf Lavsan- u. Nitronfasern 15-3105; Herst.: v. hochmol. Monohydraziniumhydroxyalkoxyalkylalkylendiaminen als antistat. Mittel 16-2925*; v. quart. Ammoniumsalzen mit antistat. Eig. 18-2719*; antistat. Misch. für lineare synthet. Fasern 18-2874*; Herst.: v. Isobiuretderiv. zur antistat. Ausrüst. v. Textilien 18-2876*; v. 4-Hydroxy-2-sulfolen als Antistatika 19-2782*; Antistatischmachen v. Kunstharzformkörpern u. -filmen durch Überziehen mit Polycarbonat, Polysulfonat u. Polysulfonamid 19-2943*; Herst. v. Silyl- u. Siloxanylalkylsulfonsäuren u./oder deren Salzen als Antistatika 20-2533*; Antistatischmachen v. Polypropylen durch Polyoxyalkylenäther 21-3089*; Herst.: v. Zwitterionen v. 1-[2-Aminoäthyl]-imidazolinen als antistat. wirkende Mittel für Gewebe 22-2603*; v. polymeren sek. Aminen u. Nitrilen als Antistatika 22-2877*; v. Ätheraminsalzen v. 5wert. Organophosphorsäuren als Antistatika 24-2531*; antistat. Behandl. v. Textilien mit oberflächenakt. Polyalkylenoxy-Verb. 27-3364*; durch Behandl. mit organ. Ammoniumverb. 27-3368*; Antistatischmachen v. Gewebe: durch substituiertes Morpholin 27-3365*; antistat. Behandl. v. Textilien 29-3242*; Antistatika (innere antistat. Behandl. v. Polyäthylen mit Metallsalzen v. amphoteren oberflächenakt. Stoffen) 30-2734; Verw.: v. Tetraalkylderiv. v. dimeren Fettsäuren entsprechenden Aminen als antistat. Zusätze zu Harzen 30-2755*; v. Phosphorverb. als antistat. Zusätze zu Polyolefinen 30-2762*; Herst.: v. antistat. Verb. für Polyolefine aus Olefinoxid u. Alkanolamin 30-2764*; v. antistat. wirkenden Textilhilfsmitteln 30-2850*; antistat. Thermoplaste durch Zugabe v. Carbonsäureestern oder -amiden 31-3151*; antistat. Appretur für thermoplast. Massen (prim. Amine) 31-3153*; Verhinder. d. elektrostat. Auflad. v. Textilien 31-3352*; Sulfonsäuregruppen enthaltende Silane u. Siloxane (Antistatika für Kunstfasern) 33-2788*; Antistatischmachen v. synthet. Geweben 33-3326*; Herst. v. antistat. Formmassen aus Pfropfcopolymeren v. Styrol u. Acrylnitril auf Polydien u. Copolymeren aus Dien- u. Acrylverb. 35-2870*; Verw. v. Polyamidkondens.-Prod. als Antistatika für Polymere 36-2797*; Herst.: v. antielektrostat. Formkörpern aus krist. Polyäthylen durch Zusatz v. organ. Ammoniumsalzen 36-2804*, 36-2805*; v. antistat. u. leicht verklebbaren Folien aus Hart-PVC 36-2853*; v. gefärbten festen Copolymeren aus *20–80%* Cyclopentadien u. *80–20%* Indol u./oder Pyrrol für Antistatikum 43-2956*; v. Oxalkylier.-Prod. durch Einw. v. Alkylenoxiden auf Polyäthyleniminen als Antistatika 45-3171*; v. antistat. Präp. für Fasern 47-2994*; Verw. v. Polymersalzen zur Herst. v. antistat. Überzügen für Kinofilme 51/52-2810.

Meß- und Prüfverfahren

Siehe auch *Elektrotechnik.*

Nadel–Faden-Tors.-Quadranten-Elektrometer 5-1827; Nadel–Faden-Quadranten-Elektrometer 5-1828; Induktanzänder.-Meth. zur Mess. d. charakterist. Merkmale elektromagnet. Levitat.-Syst. 12-0372; Meth. zur Best. d. elektr. Charakteristika v. Sulfidmineraloberflächen 13-0770; abs. Fl.-Elektrometer 13-1813; Anwend. d. Diffus. im elektr. Feld zwischen *900* u. *1100°* zur Best. d. Diffus.-Koeff. v. O in UO_2 22-0303; elektr. Unters.-Meth. als analyt. Hilfsmittel 27-2095; Mess. d. mittleren elektr. Lad. eines monodispersen Aerosols 35-0555; App. zur Unters. d. elektr. Eig. v. Stoffen bei hohen Temp. im Vakuum u. in bestimmten Gasatmosphären 39-1861; Nachw. v. Stoffen durch Messen d. charakterist. Absorpt.-Frequenz für Hochspann.-Impulse 45-2049.

Bibliographie

Ströme, Felder, Elektronen. Eine anschauliche Elektrizitätslehre B 33.

Elektrische Felder und Elektrolyte (Mitteilungssammlung) [russ.] B 18.

Electric and magnetic fields B 1; Understanding physics. Vol. *1*: Motion, sound, and heat. Vol. *2*: Light, magnetism, and electricity. Vol. *3*: The electron, proton and neutron B 9; Electronic and magnetic behavior of materials B 18; Technical dictionary: electricity, mechanics, mining, metallurgy, sciences. English-French, French-English B 70.

Electriciteit en magnetisme B 49.

Elektrochemie

Spezielle elektrochem. Eig. u. Verf. s. dort. *Elektroden* s. dort.

Festkörperelektrochemie (Sammelref.) 5-0163; Bedeut. d. Metallurgie in d. – 15-0593; Fortschritte auf d. Gebiet d. – u. d. techn. – 35-0507, 35-0508.

Elektrochem. Relaxat.-Verf. 9-1865; Elektroanalyse u. andere elektrochem. Meth. (Überblick UdSSR) 22-2010; elektrochem. Unters. poröser Medien (Theorie d. potentiostat. Meth.) 27-0738; elektrochem. Verf. zur Isotopenanreicher. (Übersicht) 30-0684; Anwend. elektrochem. Meth. bei Jodatometr. Titrat. 35-2040; holograph. Interferometrie bei elektrochem. Unters. 39-0509; elektrochem. Meth. zur quant. Analyse 42-1733.

Elektrochem. Meßwerterfass. u. Analysensyst. auf d. Basis eines Digitalrechners 14-1845; Salzbrücke 17-1994*; Impulsgeräte für galvanostat. elektrochem. Mess. 23-2108; schnell ansprechende Hochleist.-Potentiostaten für d. organ. – 27-2096; Ausnutz. nichtlinearer Schalt. zur Erlang. elektrochem. Daten 31-0652.

Chem. u. elektrochem. Eig. gelöster Stoffe in geschmolzenem KSCN 3-0582; elektrochem. Mess. in Methanol–Bzl.–W.-Gemischen 17-0981; chem. u. elektrochem. Eig.: v. Lsg. in Alkalimetallhydroxidschmelzen (elektrochem. Verh. v. als Indikatorelektrodenwerkstoff benutzten Metallen) 21-0670; v. Lsg. in Alkalimetallhydroxidschmelzen (Oxidkomplexe u. Acidität einiger Metallkationen) 28-0606; –: in Dimethylsulfoxid (Bezugselektrode u. Elektroaktivitätsbereich) 33-0711; in DMSO 35-0509; in Tetrahydrofuranlsg. 44-0511; in Tetrahydrofuranlsg. 44-0512.

Elektrochemische Eigenschaften spezieller Systeme: Übersicht über Unters. im Bereich d. – geschmolzener Salze im Jahre *1965* 2-0570; elektrochem. Grundbegriffe d. Membranforsch. 25-0661; elektrochem. Verh. v. anorgan. Austauschermembranen (Membranen aus neopolitan. gelben Tuff) 26-0704; Unters. im Bereich d. – geschmolzener Salze im Jahre *1966* 32-0619; elektrochem. Aspekte einiger biochem. Syst. 41-1299; – schwacher Säuren in Dimethylformamid 44-0797; elektrochem. Aspekte einiger biochem. Syst. 47-1458; elektrochem. Verh. v. anorgan. Austauschermembranen 51/52-0461.

Elektrochem. u. photoelektrochem. Eig. d. Halbleiterelemente d. IV. Gruppe (einige physikal.-chem. Eig. d. Ge) 10-0391; (Einfl. d. chem. Zus. d. Elektrolyten auf d. anod. Polarisat. v. Si u. Ge) 26-0660; Einfl. v. Verunreinig. auf d. elektrochem. Verh., bes. d. Korros. d. Metalle 2-0669; Metalloxide in d. – (Übersicht) 36-2269; anod. Metallauflsg. u. elektrochem. Unters. in d. Syst. Erdalkalimetall/Erdalkalimetallhalogenid 17-0628; elektrochem. Eig. v. Tonmineralien 28-0672; – v. U im geschmolzenen LiCl/KCl-Eutektikum 13-0620, 13-0621, 13-0638, 13-0639; – v. Au-Salzen 4-0504; elektrochem. Unters. d. Au-Ablager. auf Sulfiden 49/50-0686.

– v. Organometallverb. 7-0609 bis 7-0611; Organometall- – 30-0601, 30-0750, 30-0751.

Organ. elektrochem. Mechanismen 18-0902, 32-0981; U.S.-Patente d. elektro-organ. Chemie bis *1960* 28-2304; elektroorgan. Prozesse 36-2509; elektrochem. Verh.: d. Chinon/Hydrochinon-Syst. in Pyridin 8-0907; v. 1-Phenylpyrazolidon-(3) (Phenidon) 21-1001; – v. bimol. Phospholipidmembranen 46-1146.

Bibliographie: Fortschritte der chemischen Forschung. Bd. *8*, Tl. *2*: Elektrochemie. Tl. *3*: Anorganische Chemie B 17; Die Begründung der Elektrochemie und Entdeckung der ultravioletten Strahlen B 73.

Russisch: Untersuchungen auf dem Gebiet der physikalischen Chemie, Elektrochemie und analytischen Chemie (Mitteilungssammlung) B 17; Elektrochemische und optische Methoden der Analyse von Abwässern und Elektrolyten (Mitteilungssammlung) B 29; Elektrochemie der geschmolzenen Salze und festen Elektrolyte. Physikalisch-chemische Eigenschaften der Elektrolyte (Mitteilungssammlung) B 34; Angewandte Elektrochemie B 46; Elektrochemie fester und flüssiger Systeme (Mitteilungssammlung) B 58; Elektrochemie. *1965* (Mitteilungssammlung) B 65; Angewandte Elektrochemie B 70; Untersuchungen auf dem Gebiet der chemischen Elektrothermie (Mitteilungssammlung) B 77; Elektrochemische Untersuchungen von Silicatsystemen (Mitteilungssammlung) B 86; Elektrochemie geschmolzener Salze und fester Elektrolyte. Mechanismus und Kinetik von Elektrodenprozessen B 90; Fragen der Elektrochemie (Mitteilungssammlung) B 90; Chemische Stromquellen B 94; Sammlung von Arbeiten über chemische Stromquellen. Lfg. *3* B 94.

Technische Elektrochemie I [tschech.] B 30.

Electroanalytical chemistry; a series of advances. Vol. *2* B 5; Advances in electrochemistry and electrochemical engineering. Vol. *6*. Electrochemistry B 18; Electrochemistry of molten and solid electrolytes. Vol. *4*: Thermodynamics and kinetics of electrode processes B 18; Electrochemistry of molten and solid electrolytes. Vol. *5*: Physicochemical properties of electrolytes and electrode processes B 34; Electrochemistry B 34; Electrosorption B 34; Introduction to electrochemistry B 34; The principles of current methods for the study of electrochemical reactions B 58; Electrochemical kinetics; theoretical and experimental aspects B 58; Electrochemistry B 65; Electrochemical kinetics: theoretical aspects: sections *1*, *2* and *3* of „Electrochemical kinetics: theoretical and experimental aspects" B 65; Electroorganic chemical processing B 91.

L'Électrochimie B 18; Cours d'éléments de chimie physique. Tome I: Electrochimie B 65.

Lezioni di chimica (Complementi di chimica ed elettrochimica) B 81.

Elektrochromatographie s. unter *Elektrophorese.*

Elektroden

– für spezielle Zwecke s. unter d. entsprechenden Stichwörtern. –-Potentiale s. unter *Potentiale.* –-Kinetik s. unter *Polarisation, elektrolytische. Glühkathoden* s. dort.

Platinierte Ti- – (elektrochem. Unters. d. Pt-Oxid-Schichtbldg. u. d. Auflsg. d. Schicht in Alkalimetallchloridlsg.) 14-0619; Ringscheiben- – (Übergangsströme u. Kinetik erster Ordn.) 10-0607; glasumhüllte W-Mikroelektroden 5-2004.

Herst.: v. – für elektrolyt. Verf. 5-2233*; v. porösen metall. Gas-Diffus.- – 6-2196*; v. porösen Ni- – 6-2310; Befestig. v. metall. Leitern an porösen – 8-2168*; Formieren v. Ni- – 8-2169*; Gasdiffus.- – 8-2170*; chem. Vorbehandl. v. Träger- – aus Fe 10-2234*; Herst. einer H- – durch Sintern v. Al- u. Ni-Pulver (Eig.) 11-2209; Anoden aus *0–0,1* Fe, *0–0,5* Si, *0,04–0,5* Sn, Rest Al 11-2438*; Al–Zn-Leg. für lösl. Anoden

11-2441*; Herst. v. Cd- – 12-2191*; Gasdiffus.- – aus mehreren Schichten 16-2237*; Meth. zur Herst. v. Mikroelektroden für elektrochem. Unters. 18-0588; Elektrodenmaterial aus gesintertem Al, Ag, Cu oder Ni u. feinteil. Cr_2O_3, TiO_2 oder ZrO_2 25-2385*; Herst. v. Zwillingsmikropipetten- – 27-2081; Entfern. d. Glasisolat. v. Metall-Mikro- – mit Sandstrahlgebläsen 39-1938; Verw. v. Al-beschichteten Kohlekörpern als – 45-2394*; Herst. v. mehrschichtigen Gasdiffus.- – 46-2107*.

Wechselwrkg. zwischen Dielektrikum u. – bei hoher Temp. 3-2300; Polarisat.-Effekt d. Oxidschicht einer sehr positiven, in eine KW-Stoff–Luft-Flamme getauchten – 11-0212; Unters. d. Porosität gesinterter Ni- – 14-2204; Unters. v. als – dienenden Halbleiterkatalysatoren 27-0812, 27-0813; elektron. Eig., kristallograph. Orientier. u. – -Verh. (Fortschritte in d. Festkörperchemie) 34-0090; – -Eig. v. Sr–Nb-Bronzen 34-2283; elektrochem. Rk. an PbO_2-Elektroden (Austauschrk. an β-PbO_2-Elektroden) 30-0588; Einfl. d. – auf d. Raumlad.-Fluß in $BaTiO_3$-Polykrist. 45-0431.

Gravimetr. Meth. zur Best. d. Gassättig. poröser – 29-2183; Best. d. O-Geh. v. Kathoden-Ni nach d. Vakuumheißextrakt.-Verf. 42-1919.

Kohlenelektroden: Schützen v. Graphit-Elektroden 2-2086*; Graphit für elektrolyt. Anoden (Übersicht) 7-2189; Herst. v. Al-Überzügen auf Graphit- – 8-2424*; Benetzbark. techn. Kohle- – zur Imprägnier. mit Steinkohlepech 13-2193; Verw. v. Erdölextrakten für – -Koks 13-2194; Herst.: v. – -Kohle durch Entasch. v. Braunkohlenkoks 15-2290; Aktivkohle- – für O_2 im alkal. Elektrolyten 18-0596; Herst. v. – aus Bitumen, Teeren, Asphalten, Pechen 21-2905; v. – aus Teer in Ggw. v. m-Dinitrobenzol 25-2379; Qualitätsverbesser. v. – -Graphit durch Imprägnier. mit Furfurolharzen 25-2381; verbesserte Qualität v. Graphit- – durch Zusatz v. Hochtemp.-Teer 31-2383; Herst. v. Graphit- – aus Pech 32-2290*; Reinig. v. Graphit- – durch Elektronenstrahlheiz. 33-2145; Einfl. d. Temp.-Beding. auf d. Qualität v. Graphit- – 40-2085; Herst.: v. Kohle- – aus Elektrographit u. Steinkohlenteerpech 44-2126*; v. mit katalysatorhalt. teerart. KW-Stoffen imprägnierten Kohle- – 45-2393*; v. Kohle- – unter Zusatz v. H_3BO_3 45-2395*; Erhöh. d. Geh. hochmol. Teerharze in – -Pech 49/50-2186*.

Potentialverteil. im Innern einer dipolaren Kohle- – 19-2426; Einfl. d. Hochtemp.-Pechs auf d. Mikrostruktur graphitierter – 25-2380; Einfl. d. Brenntemp. auf d. Ox.-Fähigk. v. gebrannter techn. Kohle als Elektrodenmaterial 48-2147.

Zerstörungsfreie Wirbelstrom-Meßmeth. zur Beurteil. v. Kohlen- u. Graphitelektrodenwerkstoffen d. Al-Metallurgie 44-2220.

Zündkerzen: Herst. v. Zündstiften (B, Graphit, BeO) 5-2232*; Verw. v. Fe–Cr–Si-Leg. zur Herst. v. Zündkerzenelektroden 19-2430*.

Bibliographie: Elektroden und Elektrolyte. Physikalisch-chemische Untersuchung (Mitteilungssammlung) [russ.] B 6.

Elektrodialyse, Umsalzen v. niedermol. quart. Phosphoniumsalzen in Elektrolysebädern mit selektiver Ionenaustauschmembran 3-2639*; – (Meerwasser-Entsalz.) 4-1761; verbesserter elektrolyt. Entsalzer 8-1783; Verw. anorgan. Ionenaustauschermembranen in d. – (W.-Entsalz.) 10-2125; Diffus.-Effekt während d. – mit Ionenaustauschermembranen 12-1770; – v. ^{106}Ru, $^{56,57,58}Co$ u. ^{65}Zn in Seewasser durch Ionenaustauschmembranen 15-0674; – -Meth. zur Unters. d. Lad. d. Komplexe v. Nb(V) in Lsg. v. Oxalsäure, Weinsäure, HF u. H_2O_2 16-0755; effektiver Wrkg.-Grad d. – bez. d. stat. Membranparameter v. Ionenaustauschermembranen 18-2234; – v. polaren Lsgm. 19-1032; Diaphragmaverf. zur Regenerier. v. Cr-Säure 20-2447*; Deionisier. v. Nitrobenzol durch – 22-0955; – v. Na_2SO_4, $NaClO_4$ u. $LiClO_4$ 22-2317; neuere Meth. zur Trenn. v. biolog. Material (–) 23-2206; – (Grundbegriffe) 25-0661; – mit Ionenaustauschmembranen zur Reinig. d. Melasse 28-3218; Herst. v. Ionenaustauschermembranen für d. – 32-2125; Durchbruch vergiftender mehrwert. Ionen durch eine permselektive Membran bei d. – 34-0732; Einfl. v. Temp. u. Stromdichte auf d. elektrodialyt. Konz. v. NaCl-Lsg. 37-0724; elektrodialyt. Konzentrier. v. NaCl- u. $CaCl_2$-Lsg. durch Anwend. v. Ionenaustausch-Membranen 37-0725; Kennzeichn. v. Ionenaustauschermembranen zur Ermittl. d. Arbeitsbeding. v. Elektrodialysatoren 40-2103; – v. polaren Lsgm. (theoret. u. experimentelle Unters. d. Ionenreinig. durch –) 44-0614; (Ionenreinig. aprot. Fl.) 44-0615; elektrodialyt. Abscheid. radioakt. Seltenerdmetallhydroxide auf Anionenaustauschermembranen 44-0616; elektrodialyt. Unters. d. Desorpt. v. Ionen aus Ionenaustauschern 51/52-0468.

Elektrokapillareffekt s. unter *Oberflächenspannung.*

Elektrokinetische Erscheinungen

Elektrokinet. Potentiale (ζ-Potential), Ström.-Potential u. Sedimentat.-Potential s. unter *Potentiale*. *Elektroosmose* u. *Elektrophorese* s. dort. Elektrokapillareffekt s. unter *Oberflächenspannung.*

Thermodynam. Unters. elektrokinet. Effekte unter Nichtgleichgew.-Beding. 17-0965; Aufstell. eines allg., d. elektrokinet. Erschein. beschreibenden Syst. v. Differentialgleich. 25-0605; Besonderh. d. elektrokinet. Erschein. in nichtwss. dispergierten Syst. 34-0673.

Elektrokinet. Eig. v. SiO_2-Suspens. 4-0524; elektrokinet. Erklär. d. Flotat. v. Flußspat mit n-Natriumdodecylsulfonat 15-0634; elektrokinet. Eig. v. Metall-Organosolen 15-0641; elektrokinet. Unters. v. Tondispers. in hydrolysierten Al-Lsg. 21-0688; elektrokinet. Phänomene in sd. „Freon *113*“ 25-1024.

Elektrolyse

Galvanotechnik; *Polarisation, elektrolytische*; *Polarographie* s. dort. Ionenbeweglichkeit; Überführungszahlen u. dgl. s. unter *Überführung, elektrolytische (und Ionenbeweglichkeit)*. *Elektrodialyse*; *Elektrokinetische Erscheinungen*; *Elektrophorese*; *Gegenstromelektrolyse* s. dort.

Allgemeines

Terminologie v. Elektrolyten u. elektrolyt. Abscheid. (Arten, Eig. u. Konst.) 2-2238; anod. Ox. (d. elektrochem. Ox. v. Essig- u. Ameisensäure in Ggw. v. Amiden) 9-0908; thermodynam. Berechn. d. Bläschenradius bei wss. – 13-2212; kontrollierte Potential- – [Red. v. Äthyl-α-nitroisobutyrat u. Bldg. v. N.N.O-Tris-2-äthoxycarbonylpropyl-(2)-hydroxylamin] 16-0941; Struktur, EMK, Elektrodenkinetik, physikochem. Eig. u. – geschmolzener Salze 17-0669; Wrkg. d. – auf einen stromführenden Leiter 17-0670; Stereochemie v. elektrolyt. Rk. 18-0867; Ablauf d. – -Prozesses v. wss. Salzlsg. 21-0654; Vorzeichen v. Zellspann., chem. Spann. oder EMK-Werten u. Elektrodenspann. oder Elektrodenpotentialen (Best. d. Nomenklaturkommiss.) 22-0001; Meth. zur Unters. d. – bei hohen Stromdichten 24-0627; Unters. d. hydroelektr. Flock. (Wrkg. v. Al- u. Fe-Elektroden) 24-2324; Temp.-Beding. d. Arbeit einer Ionitmembran bei d. – 25-0625; Ähnlichk.-Kriterien v. Elektrolyseprozessen v. Salzen in wss. Lsg. 28-0618; Möglichk. einer realen Abweich. v. Faradayschen – -Gesetz 30-0565; elektrolyt. Industrie d. Jahres *1966* 31-2394; Mechanismus d. – 31-2561; Einfl. d. Stofftransports auf d. Struktur elektrolyt. Nd. 32-2407; kontrollierte Potential- – 40-0772; Nomogramm für d. Produkt.-Geschw. v. Chemikalien durch – 43-2351; Abweich. v. Faradayschen Gesetz bei d. – v. W. 49/50-0449; – bei konst. Potential in d. organ. Chemie (Übersicht) 49/50-0938.

Best. v. Mikromengen Cu in Anodenschlamm 2-1860; Analyse d. Arbeitsweise poröser Elektroden mit Hilfe elektron. Rechenmaschinen (poröse Fl.-Elektrode mit rückwärt. Probenzufuhr durch Diffus.) 22-0634; spektrophotometr. Best. v. Cr in Anodenrückständen 24-2119; Analyse d. Arbeitsweise poröser Elektroden mit Hilfe v. Elektronenrechnern (poröse Fl.-Elektrode mit erzwungener rückseit. Zuführ. d. Rk.-Komponenten) 31-0681; Spektrochemie d. – -Schlämme (spektrograph. Best. v. In) 43-2101; Meth. elektrochem. Mess. bei d. – geschmolzener Medien 44-0521; kontinuierl. Best. v. Elektrolytkonz. 45-2046.

Verfahren und Apparate

Neue Meth. zur elektrochem. Abtrenn. v. Metallspuren aus wss. Salzlsg. 2-0669; Koppl. v. – -Prozessen mit bilateralen Pulverelektroden 4-1845; elektrolyt. Entfern. v. Metallspuren aus wss. Lsg. 13-2439*; Modifizier. d. Hull-Zelle 16-2409; elektrolyt. Amalgam-Raffinat.-Verf. 17-2418; Koppl. zweier – -Prozesse (dipolare Kohleelektrode) 19-2426; Betrieb einer Schmelzfluß- – -Zelle mit pulsierender Spann. 21-2651*; anod. Zerleg. v. Schlicker (*10,98* Cu, *60,84* Pb, *2,4* Sb, *4,94* Sn) 23-2456; Amalgamier. v. Kathoden in Hg-Wannen 34-2307*; App. zur Red. organ. u. anorgan. Verb. in Form einer Elektrolytzelle 34-2504*; Herst. v. schwachen Säuren durch – d. Salze 35-2321*; Red. v. anorgan. O-Verb. in Acetonitril 47-0518.

Elektrode für Elektrolyseure (Raney-Katalysator) 2-2084*; Durchflußelektrolyseure (Stromdichteverteil. u. Endspann.) 4-1844; Verh. v. ZrO_2 im M.H.D.-Generator bei Verw. als Elektrode 5-2210; Elektrode: zur Abscheid. gasf. Stoffe u. zur elektrochem. Energiegewinn. 5-2229*; für elektrolyt. Verf. 5-2233*; Anodenanordn. für elektrolyt. Zellen 15-2321*; elektr. Leiter für Elektrolysezellen (korrosionsfest) 15-2322*; Elektrolyseur zur Herst. v. O-freiem H_2 17-2357; Elektrolysezelle zur Gewinn. v. Stoffen aus verd. Lsg. 17-2362*; Lsg.-Austausch in Elektrolysegefäßen bei Temp. bis *250°* (App.) 22-0631; Anoden aus Al (– v. künstl. Meerwasser, Korros.-Verh.) 27-2590, 27-2591; Abschmelzverh. v. legierten umhüllten Elektroden mit hohem metall. Ausbringen 27-2631; Verw. v. feuerfesten Körpern aus Al-Oxid zur Auskleid. v. – -Zellen 29-2427*; Herst. v. feuerfestem Material aus SiC zur Auskleid. v. Al- – -Zellen 29-2429*; Tauchzelle für d. Dünnschicht- – 30-1850; Elektrode für d. – Cl^--halt. Elektrolyte 31-2405*; App. für Ström.- – (Berechn d. Stromdichteverteil. u. d. Grenzspann.) 32-2311; Vgl. großer Hg-Zellen 32-2312; graphitierte Elektrode für wss. – ohne ungleichmäßige Abnutz. 33-2463; opt. durchsicht.-elektrochem. Dünnschichtzelle 39-1887; in situ-spektrophotometr. Meth. zur Beobacht. v. IR-Spektren v. Teilchen an d. Elektroden, oberfläche während d. – 40-1742; Herst. v. Anoden für elektrolyt. Verf. 41-2350*; selektive – in fl. NH_3 durch eine elektrochem. Meth. 44-0866; – -Zelle zur Verw. als räuml. Realzeit-Filter 44-1781; Schmelzfluß- – mit Hochspann.-Impulsen 44-2280*; Ag-Elektrode für elektrolyt. Zwecke 46-2251*.

Elektrolyse spezieller Systeme

Anorganische Systeme

Elektrolyt. Abtrenn. v. H aus Gasen 23-2397*; elektrochem. Ox. v. H_2 an Pt 37-0608; Elektroox. v. Wasserstoff an Ni–Pd-Skelettleg. 45-0650; Einfl. d. Kohleverunreinig. auf d. elektrochem. Red. v. O 6-2185; O_2-Darst. durch eine neue elektrochem. Meth. 7-0588; durch Luft depolarisierter elektrolyt. Sauerstoffgenerator 10-0689; elektrolyt. Erzeug. v. H_2 u. O_2 18-2184*; elektrolyt. Reinig. v. O_2 26-2289*; elektrolyt. Herst. v. H_2 u. O_2 43-2267*; Elektroox. v. H an Ni–Cr-Skelettleg. 5-0718; elektrochem. – v. H_2O_2, katalysiert durch Hf-Verb. 51/52-1876; HNO_3-Zers. durch – 19-2397*; anod. Rk. d. Halogenidionen in Dimethylsulfoxid an d. pyrolyt. Graphitelektrode 2-1826; Fortschritte in d. Fluorherst. u. elektrochem. Fluorier. anorgan. Verb. (Übersicht) 10-0692; Stromdichte u. Potential in Zellen mit Halogenfluorid-Elektrolyt 12-2216; Anode aus platiniertem Ti zur Erzeug. v. Cl (Amalgamverf.) 1-2056*; titrimetr. Best. v. Hg u. Hg-Verb. in Salzlsg., Laugen u. Schlämmen bei d. elektrolyt. Cl-Produkt. 3-2095; Best. d. Hg-Menge in techn. Chlorzelle mittels radioakt. Hg-Tracers 3-2192; – v. HCl mit einer Pulverkathode 6-2132; Cl-Erzeug. an Graphitanoden 7-2137; neue Cl-Zelle für das Hg-Verf. 7-2216; Ström. d. Hg in d. Kureha-Zelle mit hoher Stromdichte 7-2217; Unfallgefahren in elektrolyt. Cl-Anlagen (Übersicht) 7-2222; elektrochem. Fluorier. anorgan. Verb. (Übersicht) 10-0692; Entfern. v. korrosivem Cl_2 aus über *500°* heißen Zellen 13-2145*; Einfl. d. Imprägnier. auf d. mechan. Abnutz. d. Graphitanode d. Cl- – 13-2192; kinematograph. Unters. d. anod. Cl-Entw. (Verdampf.) in Salzschmelzen. u. wss. Lsg. 17-2263; – v. wss. HCl-Lsg. in Ggw. v. Pt- oder Pd-Chlorid 18-2188*; elektrolyt. Zers. v. HCl in einer Zelle mit filterpresseähnl. Bauweise 20-2186*; – v. HCl-Lsg. in DMSO 21-0655; elektrochem. Ox. v. Perchlorat- u. Nitrat-Ionen in Nitromethan 21-0780; Herst. v. Cl u. H in einer – -Zelle aus HCl 26-2295*; Eign. v. Graphit für d. Verw. in Diaphragma-Cl-Zellen 30-2236; photochem. Rk. v. H u. Cl im – -Gas 32-2310; Zers. v. Pt- u. Rh-überzogenen Ti-Anoden d. Chlorid. u. Chlorid/Chlorat- – 32-2313; Alkaliüberführ u. Stromausb. bei d. – v. Chloridlsg. mit Diaphragma 36-2272; – v. $HClO_4$-Lsg. zur Synth. v. Cl_2O_7 37-0805; Unters. am Chloratzellenprozeß (Verbesser. bei d. Imprägnier. v. Graphitanoden für d. – v. Alkalichloriden) 49/50-2170; platinierte Ti-Anoden für d. Cl_2-Alkali-Elektrolyse 51/52-0421; Anodenmaterial für d. elektrolyt. Herst. v. Bromaten 49/50-2171; Elektrosynth. v. Jodaten an d. PbO_2-Anode 18-2172; Fe(II)-Zusatz zur elektrolyt. J-Gewinn. 33-2427*; Perjodat-Elektrosynth. auf d. PbO_2-Anode 41-2347; – v. fl. HF u. SO_2 (SO_2F_2-Herst.) 9-2179*; elektrolyt.

Herst. v. SF_6 aus H_2S u. HF 11-2166*; Tauglichk. v. Bezugselektroden für H_2SO_4 14-2201; Red. v. Se(IV) mit Zn-Amalgam 31-0666; elektrochem. Verh. v. Te bei d. Gewinn. aus Na-Tellurit-Lsg. 13-2126; Ox. v. $B_{12}H_{12}^{2-}$ an d. rotierenden Pt-Elektrode 44-0548; — v. synthet. Quarz, d. nichtstrukturierte Beimeng. enthält 14-0602; elektrolyt. CO_2-Gewinn. aus d. Luft 14-2165; elektrolyt. Ox. v. Cyanidrückständen 21-2759*; anod. Ox. v. Si: für Halbleiter 16-2234*; in KNO_3-N-Methylacetamid-Lsg.: Grenzflächeneig. 17-0474; anod. Ox. v. Si mit Ta als Kathode 45-2353*; Einfl. v. N auf d. — SiO_2-reichen Glases 12-2240; Herst. v. Si aus Kryolith u. SiO_2 mittels Schmelzfluß-— 39-2489*; anod. Ox. v. Si mit Ta als Kathode 45-2353*; elektrolyt. Phosphin-Herst. (aus weißem P) 5-2171*; elektrolyt. Herst. v. PH_3 41-2303*; elektrochem. Abscheiden v. As: aus Elektrolyten auf As_2O_3-Basis 29-2348*; aus As-halt. H_2SO_4 46-2085*.

Verzwilling.-Prozeß bei d. Elektrokristallisat. v. kub.-flächenzentrierten Metallen 1-0209; neue Meth. zur elektrochem. Abtrenn. v. Metallspuren aus wss. Salzlsg. 2-0669; elektrolyt. Herst. v. dispersionsgehärtetem Metallpulver 5-2454*; komplexe Addit.-Verb. mit NH_4, Hydrazin, Hydroxylamin oder organ. Amin für Metallgewinn. durch Schmelzfluß-— 12-2395*; Schmelzfluß-— v. Metallen d. IV., V. u. VI. Nebengruppe aus d. Chloriden 10-2423*; Schmelzfluß-— v. Metallen durch Metall–Halogenid–NH_3-Anlager.-Verb. 20-2395*; Gewinn. v. Leichtmetallpulver durch Schmelzfluß-— 21-2658*; Keimbldg. bei d. elektrolyt. Metallabscheid. 27-2646; gemeinsame Ionenentlad. bei d. elektrolyt. Metallabscheid. durch Anlegen v. Wechselstrom 27-2649; elektrolyt. Herst. v. Metallboriden aus B-halt. Schmelze 28-2529*; anod. Auflsg. v. Metallen bei d. — in wss. Lsg. 39-2472; Kationenaustauschermembranen als Diaphragmen für Cl-Alkali-Zellen 1-2051; kontinuierl. — v. Alkalichlorid 1-2067*; Alkalimetallchlorid-— (Chlorat-Herst.) 3-2264*; Vers. an einer Amalgam-O-Brennstoffzelle zur Energieeinspar. bei d. Cl-Alkali-Elektrolyse 6-2204; neue Entw. d. Chloralkali-— (Fortschrittsbericht) 7-2218; Elektrolyseur zur gleichzeit. Herst. v. Cl_2 u. Alkalicarbonat mit vertikalem Diaphragma 11-2160*; Elektrode für d. Cl-Alkali-— aus platiniertem Ti 13-2219*; Anode für d. Cl-Alkali-— mit Ti-Kern 15-2261*; Gewinn. v. Alkalimetall: aus d. Amalgam in fl. NH_3 15-2532*; durch Amalgam-— 19-2639*; — v. Alkalimetallsalzlsg. mittels Pt-plattierter Ti-Anode u. Hg-Kathode 21-2650*; Erzeug. v. Kationenleerstellen bei d. — v. Alkalimetallhalogenidkrist. mit Beimeng. 22-0421; Herst. dampfförm. Alkalimetalle durch Schmelzfluß-— (Pb-Kathode) 25-2613*; 3-Raum-Zelle für d. — v. Alkalichlorid-Lsg. 28-2335*; Haltbark. d. Graphitanoden bei d. wss. Alkalichlorid-— 30-2249; elektrolyt. Herst. v. Alkalichloraten mittels Verdünn.-Gas 31-2353*; Flotat. mit gelöster Luft zur Solereinig. beim Amgalgamverf. d. Cl-Alkali-— 31-2397; — v. wss. Alkalimetallchloridlsg. in einer Alkali-Chlor-Zelle mit Anodenoberflächen aus Pt 37-2451*; Herst. v. Ionenaustauschermembranen für d. Alkalisalz-— 39-2322; Graphitelektrode für d. Chloralkali-— 45-2612*; Alkalimetalldotier. v. Halbleitern durch kontrollierte — d. Salzschmelze 47-0339; Unters. d. Selbstentlad. v. Li u. Cl im geschmolzenen Salzelektrolyten 12-2221; — v. Li_2CO_3/Na_2CO_3-Schmelzen 2-0595; Nachw. u. Best. d. Hg-Verluste bei d. — v. NaCl 3-2094; — v. NaCl (ClO_2-Herst.) 3-2246*; (Cl_2-Herst.) 3-2249*; (mit einer Pulverkathode) 6-2132; Amalgam-Kathoden in NaCl-Lsg. (Einfl. d. NaCl-Verunreinig.) 7-2219; Energieverbrauch d. NaCl-— 17-2268; polarograph. Unters. v. geschmolzenen Chlorid-Elektrolyten für d. Herst. v. Na 20-2171; Beschleunig. d. Zers. v. Na-Amalgam durch Mo-halt. Graphit 24-2293; Acidität d. kathodennahen Schicht bei d. Elektrolyse v. NaCl-Lsg. an d. Hg-Kathode 25-0620; gleichzeit. Herst. v. F u. Na-Pb-Leg. durch — v. $NaBF_4$ an einer fl. Pb-Kathode 26-2294*; Vorunters. zur — v. Na_2SO_4 mit Pulverelektroden 26-2326; — v Na_2SO_4 mit einer lockeren Pulverelektrode 26-2327; Verw.-Möglichk. d. Steinsalzes v. Kłodawa für d. — nach d. Amalgamverf. 30-2250; Einfl. v. Sulfaten auf d. elektrolyt. Na-Gewinn. aus NaCl an d. Pb-Kathode 33-2480; Ca-Geh. v. Na aus d. Schmelzfluß-— v. NaCl–$CaCl_2$ (Prozeßparameter) 34-2237; Verh.: v. Fe-Beimeng. bei d. Schmelzfluß-— v. NaCl mit fl. Pb-Elektrode 34-2303; v. Graphitanoden in $NaClO_3$-—-Anlagen (verschiedene Stromdichten, Einfl. v. Na_2CrO_4) 35-2317, 35-2318; elektrochem. Herst. v. $NaClO_3$ an Graphit- oder Pt-Anoden 36-2230*; Elektrolyt zur Herst. v. — mit *0,20* Ca 36-2459*; Schaumbldg. bei d. elektrolyt. Gewinn. v. Na u. Cl 37-2446; Herst. v. Anoden für d. — v. NaCl-Lsg. 41-2350*; Vgl. v. Elektrolytschmelzen d. Herst. v. Na 44-2214; — v. KCl ($KClO_3$-Herst.) 3-2224; Aufarbeit. v. Schlamm d. K-— 19-2640*; elektrolyt. Zers. v. W. in *45–50*% NaOH- oder KOH-Lsg. 21-2446*; Bldg. v. reaktionsfäh. u. instabilem, rotem NiF_6 bei d. Schmelzfluß-— v. KF·3 HF an d. Ni-Anode 28-0764; Änder. d. Leerstellenkonz. in KBr-Krist. bei elektrolyt. Färb. 35-0241; Einfl. d. Konz. auf d. — v. K_2CO_3-Lsg. 35-2314; Herst. v. kugelförm. Be-Pulver durch Schmelzfluß-— 5-2455*; elektrolyt. Be-Gewinn. aus Be-organ. Verb. 19-2541*; Abscheid. v. Be aus Cl^-–F^--Schmelzen (Löslichk. v. BeO) 23-2593; kontinuierl. elektrolyt. Herst. v. reinem Be 23-2681*; elektrolyt. Herst. v. Be 45-2613*; Raffinat. v. Be durch Schmelzfluß-— 46-2190; Einfl.: v. Ti auf d. Stromausb. d. Mg-— 34-2396; v. Ti-Verb. auf d. elektrolyt. Mg-Herst. 35-2316; v. NaCl-, KCl- u. $CaCl_2$-Zusätzen auf d. D. u. elektr. Leitfähigk. v. Mg-Elektrolyten 37-2447; — d. eutekt. Gemisches NaCl–$CaSO_4$ zur Darst. v. SO_2 40-0595; elektrolyt. Gewinn. v. Zn-Pulver 3-2521*; elektrochem. Verf. zur Sättig. v. Zincat-Lsg. 3-2535*; Unters. d. anod. Auflsg. v. Zn–Fe-Leg. in NaCl- u. KCl-Schmelzen 12 2222; Herst. v. Elektrolyt-Zn mit hohem Reinh.-Grad 14-2322; Abscheid. v. Sn–Zn-Leg. aus reinem Pyrophosphatelektrolyten 21-2588; Herst. v. Zn-Pulver durch — d. alkal. Trübe v. $Zn(OH)_2$ 25-2319; elektrotherm. Red. v. oxid. Zn-Material 29-2621*; korrosionsfeste Pb-Leg. für Anoden d. elektrolyt. Zn-Gewinn. 36-2351; Abscheid. v. Zn durch — v. Konverterstaub 41-2424; Intensivier. d. Cd-— mit nicht kompakter Abscheid. 17-2269; elektrolyt. Darst. v. sehr reinem Cd 24-2292; Beding. d. elektrolyt. Fäll. einer Co–Cd-Leg. (Ultraschalleinfl.) 24-2407; elektrolyt. Abscheid. v. Cd aus S-sauren Lsg. (Einfl. organ. Zusätze) 26-2483; Cadmieren mit Stromumkehr. 31-2646*; elektrolyt. Abscheid. v. Cd aus alkal. EDTA-Elektrolyten 25-2320; elektrolyt. Amalgam-Raffinat.-Verf. 17-2418; Eindring.-Effekt an d. Grenzfläche Amalgam/Elektrolytlsg. 20-0561; Kathoden für elektrolyt. Zellen d. Al-Gewinn. 7-2215; Verhüt. d. Einfrierens d. Eingangsöffn. automat. mit Al_2O_3 gespeister Bäder 7-2457*; Herst. v. NaOH u. $Al(OH)_3$ durch — 9-2206*; Rolle d. Kohlenanode in d. Tonerde-— 11-2344; Ursachen d. Schwank. d. Betriebsspann. v. Al-Bädern 13-2132; Phasenzus. v. Schmelzen d. Al-— mit NaF, AlF_3 u. Al_2O_3 15-2242; Rk. v. Al mit NaCl- u. MgF_2-halt. Elektrolyten (Al-Verlust) 15-2447; Abhängigk. d. Stromausb. v. d. Temp. bei d. Al-— 18-2235; Herst. v. Al durch — im organ. Medium 21-0809; elektrochem. Verh. d. Kohlenanode bei d. Al-— 21-2407; F^--halt. Alkali- u. Al-Chloridschmelze zur Gewinn. v. Al 21-2652*; Alkali–Al-Halogenid-Schmelze zur Gewinn. v. Al 21-2653*; Fluoridelektrolyt zur Al-— 22-2555*; Kryolith–Chiolith-Elektrolyt zur Al-Gewinn. 22-2556*; krit. Stromdichten in Kryolith/Al_2O_3-Schmelzen (App.) 24-0628; Raffinat. v. Al-Leg. durch Seiger.-— 24-2370; Verbrauch d. Anodenmasse bei d. — v. Al 26-2437; radiograph. Unters. d. Elektroraffinat. v. Al 27-2581; Ionenschmelzfluß-— v. Al_2O_3 mit unverbrauchbarer Anode 31-2396; Mess. d. Elektrolytschichthöhe in Al-Zellen 31-2406*; Entw. d. Schmelzfluß-— v. Al 31-2517; Unters. d. Zerstör. d. Kathodenkohle bei d. Al-— 33-2464; Wärmeleitfähigk. v. Anoden- u. Kathodenkohle v. elektrolyt. Zellen zur Al-Gewinn. 33-2465; Berechn.-Meth. zur Best. d. F (Gleichgew. d. Al-— 33-2481; Elektrodenprozesse bei d. Al-Raffinat. (Einfl. v. LiF) 35-2315; Senk. d. Mol-Verhältnisses $Na_2O:Al_2O_3$ in Aluminatlaugen durch — 36-2236*; Aufrechterhalt. d. Tonerdegeh. mit Voranzeige d. Anodeneffekts 36-2451*; radiograph. Unters. d. elektrolyt. Reinig. v. Al 38-2463; verminderte Stromausb. bei techn. Al-— 39-2400; Einfl. v. Inhibitoren d. C-Ox. auf d. Verh. d. Kohleanode bei Al-— 40-2105; Na–F-Aluminate zur elektrolyt. Herst. v. Al 40-2235*; anod. Ox. v. Al in Sulfaminlsg. 41-2346; elektrolyt. Gewinn. v. Al 43-2285*; Kollektorstabkontakte für Graphitkathoden in Al-Zellen 45-2407; Schäden an Auskleid. v. Al-—-Zellen 45-2500; Technologie d. elektrolyt. Red. v. Al_2O_3 im Hall-Heroult-Verf. (Anodenrk., chem. Vorgänge) 46-2122, 46-2123; Schmelzfluß-— v. Al (Elektrolyt) 47-2408*; Herst. v. Kohleelektroden zur Al-Gewinn. 48-2159*; elektrolyt. Al-Herst.: aus F-halt. Al_2O_3-Schmelzen 48-2306*; aus Doppelsalz 48-2307*; elektrolyt. Herst. v. hochreinem Ga aus HCl-saurer $GaCl_3$-Lsg. 1-2298*; elektrolyt. Herst. v. Ga aus $GaCl_3$ 30-2348; verbesserter Ga-Auszug aus Aluminat–Gallat-Umlauflsg. 31-2624*; elektrolyt. Gewinn. v. metall. Ga aus d. rückgeführten Aluminatlsg. 32-2390; elektrolyt. Abscheid. v. Ga an d. Ga-Kathode aus alkal. Lsg. d. Bayer-Zyklus 51/52-2233; elektrochem. Unters. d. Ox.-Kinetik v. In(I) 24-0706; elektrolyt. Raffinat. v. In 26-2512*; Elektrodenprozesse (u. elektr. Leitfähigk.) in fl. u. festen Tl-Sulfiden u. -Seleniden 13-2195; Unters. d. — im Syst. Tl–S u. Tl–Se 31-2395; Hochtemp.-Zelle zur elektrolyt. Gewinn. v. Y 10-2349; Trenn. v. Seltenerdelementen d. Y-Untergruppe durch — an einer Hg-Kathode 38-2056; Amalgam-Meth. zur Reinig.: v. Ce 13-2133; v. Sm 13-2133; Hochtemp.-Zelle zur elektrolyt. Gewinn. v. Gd u. Dy 10-2349; Beding. zur Amalgambldg. v. Er u. Tm bei d. — wss. Acetat/Citrat-— 25-0621.

Elektroraffinat.: v. Abfällen aus Ti 4-1958; (Unters. d. Schlamms) 13-2135; v. Ti–Al- u. Ti–Al–V-Leg. 18-2180; elektrolyt. Herst. v. Ti aus $TiCl_4$ 19-2643*; Unters. d. Elektrored. v. $Ti(SO_4)_2$ (bei d. Gewinn. v. Cu-Pulver) 25-2532; Gewinn. v. metall. Ti durch — v. $TiCl_4$–Alkalisalz-Schmelzen (Rk. v. $TiCl_4$ mit RbCl-Schmelzen u. eutekt. Misch. v. LiCl u. KCl) 28-2435; elektrolyt. Raffinat. v. Ti (Kristallisat. an d. Kathode) 29-2515; Zerbröckeln d. Kathoden- u. Anodenmaterialien bei d. elektrolyt. Raffinat. v. Ti-Leg. 37-2445; elektrolyt. Gewinn. v. hochreinem Ti durch — v. $TiCl_4$ 45-2517; elektrochem. Raffinat.: v. $ZrCl_4$-halt. Schmelzen 28-2266; v. Zr mit $ZrCl_4$ 28-2521*; Durchdring. v. isolierten anod. ZrO-Schichten durch KNO_3 42-0239; Elektrotransport v. C, N u. O in Th (aus Sammelref.) 44-0107; Reinig. v. Sn-Anoden 2-2085*; Abscheid.: v. Sn–Zn-Leg. aus reinen Pyrophosphatelektrolyten 21-2588; v. Sn–Ni-Leg. (Anodenprozeß) 21-2589; Mechanismus d. gemeinsamen Abscheid. v. Ni u. Sn aus Fluorid–Chlorid-Elektrolyten 26-2480; Verlauf d. Sn-— aus Na-Stannatlsg. 29-2498; Elektroraffinat. v. Pb: im Sulfamatbad zur Wiedergewinn. aus Altmetall 6-2290; in Sulfamat- u. Fluorkieselsäure-Elektrolyten 6-2291; Reinh. (u. Polarisat.-Verh.) v. Pb-Nd. an d. Amalgamelektrode aus d. $Pb(NO_3)_2$-Elektrolyten 13-2137; anod. Herauslösen v. Pb u. Sn aus Schlick in Ggw. v. Sulfaminsäure 23-2456; Elektrolyt zur Herst. v. Pb-Leg. mit *12* Sb 30-2438*; innere Spann. in elektrolyt. abgeschiedenem PbO_2 40-2104; Abscheid. v. Pb durch — v. Konverterstaub 41-2424; kathod. Verh. v. PbO_2 in galvan. Elementen mit H_2SiF_6 51/52-2161; elektrolyt. Herst. v. $V(CO)_6$ 12-2155*; kathod. Verh. v. V_2O_5 in chem. Stromquellen (in Salzelektrolyten) 13-2138; verbesserte elektrolyt. V-Extrakt. aus wss. Lsg. 28-2512*; Wertigk. v. V in einigen Prod. d. — v. Kaliumvanadaten 38-0686; Schmelzfluß-— v. Nb 20-2423*; elektrolyt. Gewinn. v. Nb 25-2616*; Schmelzfluß-— v. Ta 20-2423*; elektrolyt. Gewinn. v. Ta 25-2616*; elektrolyt. Abscheid. lötfäh. Bi-Schichten auf einem Halbleiterkörper 40-2092*; — v. Alkalichromaten u. -bichromaten (H_2CoO_4-Herst.) 4-1795*; mathemat. Modell d. elektrolyt. Fäll. v. Cr mit Ultraschall 14-2169; Wrkg. v. Katalysatoren auf d. elektrolyt. Cr-Abscheid. 19-2584; optimale Beding. d. elektrolyt. Cr-Abscheid. 27-2574; Cr-Gewinn. durch *1*stuf. — v. Chloridlsg. unter Verw. v. PVC-Diaphragma 29-2624*; Darst. v. Cr durch — v. $CrCl_3$ in einem geschmolzenen Eutektikum v. LiCl u. KCl (Elektroraffinier.) 32-2386; Herst. v. plast. Cr durch Schmelz-— v. Chloriden mit auflösbarer Elektrode 36-2222; Verteil. d. Stroms bei d. Elektrolyse v. Cr-Sulfaten 39-0546; elektrolyt. Herst. v. Mo: aus d. Oxid 44-2278*; aus Scheelit 45-2605*; elektrolyt. Raffinat. v. Mo mit Cl_2 45-2606*; hohe Red.-Zustände d. 12-Wolframatokieselsäure durch elektrolyt. Red. 20-0741; — v. Mo- u. W-Lsg. (Übersicht) 22-0616; Meth. zur Best. d. Stromausb. beim Anodisieren d. Leg. VK-*8* 25-0650; elektrolyt. Abscheid. v. W–Re-Leg. 31-2645*; elektrolyt. Herst. v. W: aus d. Oxidschmelze 44-2278*; aus Scheelit 45-2605*; elektrolyt. Raffinat. v. W mit Cl_2 45-2606*; Herst. wss. U(III)-Lsg. durch Red. v. U(IV) an einer Hg-Kathode 8-0700; — v. polykrist. UO_2 18-0602; Auflösen v. U-Brennelementen durch — 21-2362*; elektrolyt. Auflösen eines verbrauchten U-Brennstoffelements 28-2206*; Verh. d. Kontaktzone Kernbrennstoff-Hülle (U-Al) bei elektrolyt. Auflsg. mit HNO_3 29-2319; Darst. v. Schichten v. U-Verb. durch innere — 32-0796; — v. $UO_2(NO_3)_2$-Lsg. zur Herst. v. UF_4 45-2359*; Kathode zur elektrolyt. Herst. v. hochreinem Pu 20-2424*; elektrolyt. Raffinat. v. Pu: mit $MgCl_2$, NaCl

u. KCl 20-2425*; im Schmelzfluß 51/52-2299*; Einfl. d. Zus. d. Elektrolyten auf d. elektrochem. Ox. v. K_2MnO_4 6-2203; Stromdichteeinfl. auf d. Stromausb. bei d. elektrochem. K_2MnO_4-Ox. 8-2192; Anwend. v. Ultraschall zur elektrolyt. Ox. v. K_2MnO_4 zu $KMnO_4$ 12-2141; elektrolyt. Mn-Gewinn., Strom–Potential-Effekte v. Spurenverunreinig. 14-2325; elektrolyt. Darst. v. MnP, TiP u. CrP 15-0609; elektrolyt. Raffinat. v. Mn 16-2444*; elektrochem. Red. v. MnO_2 20-2178; elektrochem. Ox. v. K_2MnO_4 zu $KMnO_4$ unter Ultraschall 23-0686; potentiograph. Kontrolle d. elektrolyt. Ox. v. K_2MnO_4 26-0663; Einfl. v. Sulfit- u. Selenit-Ionen auf d. elektrolyt. Fäll. v. Mn 29-2396; Herst. v. Mn aus Carbonaterz 33-2615; anomale Refrakt. bei d. Elektrolyse einer gesätt. wss. $CuSO_4$-Lsg. 35-0522; elektrochem. u. katalyt. Rk.-Fähigk. v. MnO_2 37-0844; elektrolyt. Gewinn. v. $KMnO_4$ aus einer alkal. K_2MnO_4-Lsg. 37-2402*; elektrolyt. Mn-Gewinn. im Diaphragma verf. 37-2553; elektrochem. Ox. v. $MnCl_2$–HCl-Lsg. 38-2369; elektrochem. Ox. v. K_2MnO_4 unter Anwend. v. Ultraschall 40-2055; verbesserte Meth. zur Herst. v. Ausgangsblechen für d. elektrolyt. Cu-Raffinat. 44-0107; Entfern. v. Mn aus Lsg. durch – an einer Hg-Kathode 44-1820; Rolle d. Mn^{3+}-Ions bei d. elektrolyt. Herst. v. MnO_2 44-2079; kathod. Red. v. β-MnO_2 u. γ-MnO_2 45-2404; elektrolyt. Mn-Gewinn. (Anode mit Schutzüberzug) 45-2604*; elektrolyt. Herst. v. Braunstein 51/52-2144*; elektrochem. Red. v. γ-MnO_2 51/52-2164; elektrolyt. Gewinn. v. Re 12-2407*; elektrochem. Ox. eines Re(V)-Chlorokomplexes an einer rotierenden Glas–Kohle-Elektrode 23-2389; Mechanismus d. elektrolyt. Ausfäll. v. Re 24-2408; elektrolyt. Fäll. v. Re 26-2444; elektrolyt. Herst. hitzebeständ. Re-Leg. mit *1–8* W 30-2437*; elektrolyt. Abscheid. v. W–Re-Leg. 31-2645*; Verh. v. Fremdmetallen bei d. elektrolyt. Abscheid. v. reinem Fe 2-0669; Herst. v. Ferroleg. in elektr. Red.-Schachtöfen 10-2412*; gemeinsame elektrolyt. Abscheid. v. Fe u. H_2 13-2213; Abscheid. v. Fe-Schichten 18-0482; Stahldesox. mittels O-Konz.-Zelle mit Feststoffelektrolyt 23-2544; Mechanismus d. hohen Härte v. elektrolyt. abgeschiedenem Fe 24-0311; elektrolyt. Desox. v. Fe-Schmelzen 25-2464; elektrolyt. Herst. magnet. Fe-Einkrist. 26-2330; elektrolyt. Fe-Gewinn. aus Krätzen d. Cu-Schmelze 27-2569; kathod. Abschirm. bei d. Fe-Abscheid. aus Sulfatlsg. 27-2645; Entfern. v. Fe aus Sb durch anod. Fe-Auflsg. in Chloridschmelzen 29-2349*; elektrolyt. Herst. v. Fe aus Amalgam 44-2268*; Glimmentlad.- – alkal. $[Fe(CN)_6]^{4-}$-Lsg. 45-0568; Best. d. Elastizitätsmoduls elektrolyt. Fe-Überzüge 47-0227; elektrolyt. Abscheid. v. rostfreiem Stahl *18.8* 49/50-2208; Lsg. zum elektrolyt. Abscheiden v. weichmagnet., hochpermeablen Co–P-Leg. mit einachs. Anisotropie 9-2455*; Einfl. v. NH_3 auf d. chem. Abscheid. v. Co aus alkal. Lsg. 10-0729; Zus. elektrolyt. gefällter Co–Sn-Leg. 10-2179; Einfl. d. pH auf d. gleichzeit. elektrolyt. Ausscheid. v. Co u. W 10-2386; Abscheid. v. Co-Schichten 18-0482; Kinetik d. kathod. Zers. v. Thioharnstoff bei d. elektrolyt. Abscheid. v. Co 21-2590; Beding. d. elektrolyt. Fäll. einer Co–Cd-Leg. (Ultraschalleinfl.) 24-2407; Kathodenprozeß bei d. elektrolyt. Abscheid. v. Co–Ti-Leg. aus fluorborsäurehalt. Elektrolyten 25-2322; elektrolyt. Extrakt. v. Co aus Sulfatlsg. 26-2431; Unters. d. Polarisat. bei gemeinsamer elektrolyt. Co–Ni-Abscheid. aus Sulfatelektrolyten 26-2481; Einfl. v. J auf d. anod. Verh. v. Co in SO_4^{2-}-Lsg. 35-2313; elektrolyt. Ni-Raffinat. mit einebnendem Stoff 8-2397*; magnet. Eig. u. Anlaßverh. v. dünnen, elektrolyt. abgeschiedenen NiFeS-Schichten 9-0508; – v. Ni-Erzen 9-2217*; Einfl.: v. NH_3 auf d. chem. Abscheid. v. Ni u. Co aus alkal. Lsg. 10-0729; v. Zwillingsebenen beim Wachstum v. dicken, elektrolyt. Ni-Abscheid. mit d. Faserachse [*211*] 11-0251; mit Urotropin aktivierter Elektrolyt für d. – v. $NiSO_4 \cdot 7\,H_2O$ 11-2230*; Zusammenhang zwischen Gitterdeformat. u. Krist.-Orientier. in elektrolyt. abgeschiedenen polykrist. Ni-Nd. [Einfl. v. 2-Butindiol-(1.4) als Badzusatz] 13-0629; Strom–Spann.-Kurven d. gemeinsamen u. einzelnen Abscheid. v. H_2 u. Ni-Pulver 14-2172; Herst. v. Ni durch wss. –, glättende Mittel 15-2530*; elektrolyt. Herst. v. Ni-Pulver großer Oberfläche 15-2534*; elektrolyt. Erzeug. v. Au–Ni-Leg. 16-2413; elektrolyt. Abscheid. d. Leg. Sn–Ni (Anodenprozeß) 21-2589; Technologie d. Herst. elektrolyt. Ni-Pulvers 23-2457; elektrolyt. Abtrenn. v. Ni_3Nb in Leg. auf Ni-Basis 24-2120; Herst. v. Ni-Pulver durch – im Sulfat–Chlorid-Elektrolyten 26-2451; Mechanismus d. gemeinsamen Abscheid. v. Ni u. Sn aus Fluorid–Chlorid-Elektrolyten 26-2480; Unters. d. Polarisat. bei gemeinsamer elektrolyt. Co–Ni-Abscheid. aus Sulfatelektrolyten 26-2481; elektrochem. Verf. zur Herst. v. Ni-Elektroden für Akkus 29-2393; wss. Elektrolyt mit Nivelliermittel zur elektrolyt. Raffinat. v. Ni 29-2622*; elektrolyt. Ni-Raffinat. mit $NiCl_2$ 30-2423*; gemeinsame elektrolyt. Fäll. v. Co u. Ni 34-2304; Verf. zur Best. d. Reflex.-Vermögens v. elektrolyt. Ni-Abscheid. während d. – 34-2430; Darst. v. Ni_3Nb durch anod. Auflsg. v. Al- u. Ti-halt. Ni–Nb-Leg. 38-0732; innere Spann. in auf Cu-Unterlage elektrolyt. abgeschiedenen Ni/Fe-Filmen 41-0145; Kinetik d. Verbrauchs v. Einebn.-Mitteln (Thioharnstoff) bei d. elektrolyt. Ni-Abscheid. 51/52-2257.

Einfl. eines O-Geh. im Anoden-Cu u. Elektrolyten auf d. Cu-Raffinat.- – 1-2229; Strukturunters. an galvan. Abscheid. v. Cu in Abhängigk. v. d. Thioharnstoffkonz. 3-0673; elektrolyt. Aufarbeit. v. Cu-Leg. 5-2450*; Diffus. v. Cu in elektrolyt. abgeschiedenen Permalloyschichten 6-0300; Struktur einer elektrolyt. gefällten Cu–Sn-Leg. 10-2181; Anwend. d. Dünnschichtchromatographie zur halbquant. Best. v. Se in Cu-Anodenschlamm 12-1855; Unters. d. anod. Auflsg. v. Zn–Cu-Leg. in NaCl- u. KCl-Schmelzen 12-2222; elektrolyt. Herst. v. Cu-Pulver aus schwefelsaurer Lsg. 12-2408*; Gewinn. v. Elektrolyt-Cu aus Beizlsg. 16-2199; Energiebedarf bei d. elektrolyt. Cu-Abscheid. 19-2582; elektrolyt. Herst. v. Cu–W-Leg. (Elektrolyt) 22-2554*; Desox. v. Cu-Schmelze mittels O-Konz.-Zelle mit Feststoffelektrolyt 23-2544; Einfl. v. Benzotriazol auf d. elektrolyt. Cu-Abscheid. (Abscheid.-Potential) 23-2625; Kathoden-Polarisat. in Pyrophosphat-Elektrolyten für d. Abscheid. v. Cu–Pb-Leg. 24-2406; elektrolyt. Desox. v. Cu-Schmelzen 25-2464; Herst. v. hyperfeinem Cu-Pulver durch Red. d. Sulfats mit Ti(III)-Sulfat (Diaphragma- –) 26-2450; Elektrodenpotential (u. Geschw.) d. Kontaktausscheid. v. Cu an Fe-Elektroden in Pyrophosphatelektrolyten 26-2478; elektrolyt. Abscheid. v. Cu durch pulsierenden Gleichstrom 27-2650; Elektroschmelzen v. Cu-Schlickern unter Zusatz sulfid. Pb-Konzentrate u. Soda 28-2421; elektrolyt. Cu-Abscheid. bei hohen Stromdichten 34-2427; Einfl. v. Ultraschall auf d. Abscheid. v. Cu aus NH_3-alkal. Bädern 36-2407; elektrolyt. Cu-Raffinat. 39-2485*; Mechanismus d. gemeinsamen Abscheid. v. Al-Oxiden u. Elektrolytkupfer (bei d. Cu-Plattier.) (aus Sammelref.) 42-0082; gemeinsame elektrolyt. Abscheid. v. Se u. Cu 42-2122; verbesserte Meth. zur Herst. v. Ausgangsblechen für d. elektrolyt. Cu-Raffinat. (aus Sammelref.) 44-0107; elektrolyt. Herst. v. Cu-Bändern 44-2277*; Unters. d. anod. Auflsg. v. Chalkopyritkonzentrat 45-2494; Einfl. d. Zusatzes v. Rochellesalz auf d. – v. Cu(I)–Thiocyanat-Komplexlsg. 45-2577; elektronenmkr. Oberflächenunters. an elektrolyt. gewachsenen Ag-Einkrist. 7-0231; Abscheid. v. Ag aus CN^--Bädern hoher Stromdichte 19-2691; anod. Auflsg. v. Ag in einem Alkalicyanid-Elektrolyten 23-2454; elektrolyt. Verf. zur Herst. versetzungsfreier (*100*)-Flächen monokrist. Ag-Elektroden 24-0630; Abhängigk. d. Konz.-Änder. wss. $AgNO_3$-Lsg. v. d. Temp. bei d. – 25-0624; Kristallisat. v. Ag-Dendriten bei d. elektrolyt. Abscheid. v. Ag aus $AgNO_3$-Lsg. 31-2345; Potentialabhängigk. d. Abscheid. u. Desorpt. v. ^{111}Ag an Pt-Oberflächen in Ggw. reversibler Redoxsyst. 43-0557; elektrolyt. Erzeug. v. Au–Ni-Leg. 16-2413; Abscheid.-Beding. für Au–Sb-Leg. 26-2489; Technologie d. elektrolyt. Herst. v. Au–Sb-Leg. mit *1,5–2* Sb 49/50-2169; elektrolyt. Fäll.: v. Ir–Rh-Leg. aus HCl-sauren Elektrolyten 22-2480; v. Ir aus HCl-sauren Elektrolyten 22-2480; Ox. d. Tetramminplatin(II)-Kations u. Red. v. trans-Dihalogenotetramminplatin(IV)-Kationen an einer Pt-Elektrode 21-0677.

Organische Systeme

Elektrolyt. Red. Hg-organ. Acetats in Ggw. v. CCl_4 21-0656.

Unters. d. Entsteh. v. Ionen bei elektrolyt. Red. mit Hilfe d. ESR 6-0916; Verw. amalgamierter Elektroden bei elektrolyt. Red. organ. Verb. 6-2454; Wirkungsweise v. Inhibitoren bei elektrochem. Red. organ. Verb. (quant. Behandl. d. Adsorpt.-Verdräng.) 7-0922; elektrochem. Herst. v. Olefinoxiden mit Diaphragma aus Polyacrylnitrilfasergewebe 8-2550*; elektrolyt. reduktive Kuppl. (Kuppl. mit bekannten Michael-Akzeptoren) 12-0919; organ. elektrochem. Rk. in fl. Phase (Übersicht) 16-0940; Elektroox. organ. Stoffe an d. Pt-Elektrode 22-0952; (Kinetik d. Ox. v. Alkoholen, Aldehyden u. Carbonsäuren) 22-0953; anod. Ox. u. Mol.-Struktur (Einfl. auf d. Aktivität gesätt. normaler KW-Stoffe in Brennstoffzellen) 26-0645; elektrochem. Synth. organ. Verb. 27-2767; ster. Verlauf v. elektrocycl. Rk. (Übersicht) 29-0988; elektroorgan. Darst. 33-1269; elektroorgan. Prozesse 36-2509; Elektrochemie – Entw. in d. organ. Synth. 37-2734; elektrochem. Synth. 38-1136; brit. Patente d. elektroorgan. Chemie bis *1960* 43-2565; – bei konst. Potential in d. organ. Chemie 45-0945; Unters. elektrolyt. Substitut.-Rk. 49/50-0941; anod. Ox. 40-0856; selektive Red. organ. Verb. in fl. NH_3 durch eine elektrochem. Meth. 44-0866; Ox. fl. Paraffine in d. Wrkg.-Zone negativ geladener Al-Streifen 1-2398*; elektrolyt. Herst. v. Alkanepoxiden aus Olefinen (Fließschemata) 15-2691*; Herst. v. Sulfonsäuren aus kondensierten aromat. KW-Stoffen durch – unter gleichzeit. SO_3-Einleiten 21-2815*; Thermodynamik d. anod. Ox. v. Methan in Hochtemp.-Brennstoffelementen mit festem Elektrolyten 22-0623; anod. Ox. v. ungesätt. KW-Stoffen an platinierten Elektroden 22-0954; elektrolyt. Hydrodimerisier. v. *2* verschiedenen $\alpha.\beta$-Olefinverb. 25-2640*; Chemiesorpt. u. elektrolyt. Ox. d. KW-Stoffe an d. Pt-Elektrode 27-1033; elektrochem. Herst. v. Olefinoxiden aus Olefinen 38-2672*; elektrochem. Ox. v. Olefinen zu Olefinoxiden 39-2603*; elektrolyt. Hydrodimerisier. v. olefin. Verb. 41-2682*; anod. Ox. v. CH_4/O_2-Gemisch unter Verw. v. NaCl-Lsg. als Anoden- u. Kathoden-Fl. zu Methylchlorid 46-2288*; anod. Ox.: v. Buten-(1) zu Methyläthylketon (unter Verbrauch v. elektr. Energie) 46-2308*; v. n-Butenen zu Methyläthylketon 46-2309*; Mechanismus d. Elektroox. v. Acetylen an Au 51/52-0836; Voltolyse v. Cyclohexan u. Cyclohexan–Cyclohexen-Misch. in fl. Phase 1-0854; Carbanion-Zwischenverb. bei d. Elektrored. v. polycycl. aromat. KW-Stoffen 24-0969; elektrochem. Triplett-Erzeug. bei Phenanthren 30-0915; elektrochem. Ox. aromat. KW-Stoffe in Methylenchlorid 37-0996; Red. v. Naphthalin durch direkte – 49/50-0939; Elektronenspinresonanz v. durch elektrochem. Ox. oder Red. einiger in Acetonitril gelöster Phenothiazinderiv. erhaltenen Radikalen (Einführ. u. Vers.-Ergebnisse) 3-0854; (theoret. Deut. d. Spektren d. Kationenradikale v. Phenothiazin u. N-Methylphenothiazin) 3-0855; elektrolyt. Hydrodimerisier. v. 2- oder 4-Alk-1-enylpyridinen durch kathod. Red. 16-2585*; anod. Ox. v. 5.10-Dihydro-5.10-dimethylphenazin 20-0895; Elektroox. in Py. an einer pyrolyt. Graphitelektrode 24-0970; anod. Ox. v. Pyrrol in Anwesenh. v. Aldehyden 47-1044; elektrochem. Fluorier. v. symm.-Dichloräthan 5-0871; Chlorier. v. hydrophoben, ungesätt. Verb. an Adsorpt.-Granulatelektroden 12-0916; Elektrosynth. v. Jodoform an einer Bleidioxidanode 12-2486; elektrochem. Fluorier. verschiedener Vinylverb. 19-1103; elektrolyt. Halogenier. v. organ. Verb. 24-2480; Stereochemie d. Elektrored. d. C–Cl-Bind. 40-0853; elektrolyt. Herst. v. Hexafluoräthan u. Fluor-KW-Stoffen durch – eines Fluoridschmelzelektrolyten unter Verw. v. C-halt. Material als Anode 40-2350*; selektive elektrochem. Red. einiger Dinitrohalogenbenzole 5-0986; anod. Ox.-Mechanismen aromat. Amine (elektrochem. u. EPR-Studien) 7-0920; selektive Red. v. substituierten 3.5-Dinitrobenzolen bei kontrolliertem Potential 7-0921; Elektrored. v. Nitroharnstoff an Amalgamelektrode 8-2461; elektrochem. Red.: in Äthylendiamin 12-2503; v. Äthyl-α-nitroisobutyrat u. Bldg. v. N.N.O-Tris-2-äthoxycarbonylpropyl-(2)-hydroxylamin 16-0941; einiger disubstituierter Nitrobenzole bei kontrolliertem Potential 16-0944; v. Nitromethan an einigen pulverförm. Pt-Metallen u. ihren Gemischen 17-0984; v. Nitrocyclohexan an d. Pt-Kathode 25-1026; kathod. Red. v. Nitrobenzol zu p-Aminophenol 43-2629*; elektrochem. Ox. prim. aliphat. Amine 51/52-0839; elektroorgan. Darst. u. polarograph. Best. einiger N-Alkylhydroxylamine 51/52-1019; anomale Gasevolut. bei d. Elektroox. v. abs. Methanol 2-0857; elektrolyt. Red. v. p-Nitrophenol zu p-Aminophenol 7-0924; elektrolyt. Ox.: v. Methanol an d. Pt-Elektrode 18-0901; v. Äthylenglykol im schwefelsauren Elektrolyt bei geringer anod. Polarisat. 20-2467; anod. Ox. v. Aminophenolen 29-0994; Einfl. oberflächenakt. Stoffe auf d. Elektroox. v. Benzylalkohol an d. Pt-Elektrode 30-0917; chronopotentiometr. Studium d. Folgerk. bei d. Ox. d. Pyrogallols 40-0854; Ox. v. Resorcin an d. Pt-Drehscheibenanode 41-0971; Potential-kontrollierte coulometr. Ox. v. Brenzcatechin (Kinetik, Mechanismus) 44-0804; Herst. v. Perfluoralkylsulfonylfluoriden durch — einer Lsg. v. cycl. Sulfonen u. H_2F_2 47-2526*; elektrochem. Austausch d. Anionen v. niedermol. tert. Arsoniumverb. 13-2554*; Elektrochemie v. Organophosphorverb. 35-0937; Red.-Mechanismus ungesätt. Syst. 1-0873; elektrochem. Red. v. Benzaldehydderiv. (Stereochemie d. entstandenen Hydrobenzoine) 4-0823; elektrochem. Red.: v. Bis-[thenoyl-(2)]-methan in einem W.-Tetrahydrofuran-Gemisch mit *30%* THF 7-0923; v. Glycerinaldehyd 28-2579*, 28-2580*; Kinetik d. elektrochem. Ox. v. α-Naphthol, Anthrachinon u. d. elektrochem. Red. v. α-Nitronaphthalin bei hohen Temp. in wasserfreier Essigsäure 42-0846; elektrochem. Red. v. 1.3-Diphenylpropandion-(1.3) 45-0948; Katalyse d. elektrochem. Ox. v. Formaldehyd u. Methanol durch Perrhenat 49/50-0943; Kinetik v. Elektrodenprozessen mit vorgelagerter Rk. in gemischten Lsgm. v. Benzaldoximen 27-1032; reduzierende Dimerisat. v. Acrylnitril zu Adiponitril in einer Elektrolytzelle 34-2505*; — d. Alkalisalze v. Carbonsäuren in W. 5-0965; elektrochem. Verh. d. Ameisensäure an Pt-Elektroden in sauren Lsg. 7-0927; elektrolyt. Red. v. Malein- u. Fumarsäure 7-0928; elektrochem. Fluorier. v. Bis-[2-carboxyäthyl]-äther 8-0958; anod. Ox.: v. Na-Acetat u. aliphat. Äthylen-KW-Stoffen 8-0962; v. Essig- u. Ameisensäure in Ggw. v. Amiden 9-0908; elektrochem. Mess. in wss. Lsg. v. Oxalsäure mit Hg-Tropf- u. Pt-Elektroden bei γ-Bestrahl. 9-0974; anod. Ox. wss. Lsg. v. Acetat-Ionen an glatten Pt-Elektroden 13-0916; elektrolyt. Decarboxylier. v. cis- u. trans-Bicyclo-[3.1.0]-hexan-carbonsäure-(3) 14-0947; elektrolyt. Dimerisier. α.β-monoolefin. ungesätt. Mono- oder Dicarbonsäurenitrile, -alkyl-, -arylester oder -amide 14-2543*; Wechselstrom-— v. Lsg. v. Na-Salzen aliphat. Säuren 17-0982; elektrochem. Red. v. Acrylamid 17-0988; Unters. d. während d. stationären Ox. v. Methanol, Ameisensäure u. Formaldehyd an platiniertem Pt adsorbierten Zwischenprod. 17-0989; potentiostat. u. potentiodynam. Unters. d. Elektrosynth. nach Kolbe (Kinetik) 20-0896; (Pt in wss. Acetatlsg.) 20-0897; Kinetik d. Ox. v. Alkoholen, Aldehyden u. Carbonsäuren unter Berücksichtig. d. Ungleichmäßigk. d. Oberfläche d. Pt-Elektrode 22-0953; Rk.-Wege in d. Kolbe-Synth. 23-1104; elektrolyt. Herst. v. Wein- oder Citronensäure aus ihren Alkalisalzen (kontinuierl. Verf.) 23-2791*; Ox. v. sauren Verb., wie Mercaptanen, Mercaptiden, H_2S, durch Gleichstromelektrolyse in Ggw. v. Phthalocyaninen 24-2477*; elektrolyt. Herst.: v. Hydrodimeren v. α.β-Monoolefinnitrilen mit *3–8* C-Atomen u. α.β-Monoolefincarbonsäurealkylestern 26-2647*; v. Hydrodimeren v. N.N-Dialkylamiden v. α.β-Monoolefincarbonsäuren 26-2648*; Elektrosynth. nach Kolbe mit Au-Elektroden in Acetatlsg. 29-0992; elektrolyt. Kolbe-Koppl. v. ungesätt. Carbonsäuren 29-0993; gekreuzte Kolbe-Rk. bei α.β-ungesätt. Carbonsäuren 30-0998; — v. α-Bromcarbonsäuren 30-0914; Mechanismus d. Kolbeschen Elektrosynth. 32-0976; katalyt. Wrkg. v. N.N-Dimethyl-p-phenylendiamin auf d. H-Abscheid. aus organ. Säuren 32-0978; Entfern. d. Nitrogruppe v. Nitroarginin u. Nitroarginin enthaltenden Peptiden durch elektrolyt. Red. 32-1051; elektrolyt. Hydrodimerisier. v. Alkyl- oder Arylestern α.β-monoungesätt. olefin. Carbonsäuren, deren Nitrilen oder Amiden 34-2502*; elektrochem. Synth. v. ungesätt. Dicarbonsäuredimethylestern 36-1028; elektrolyt. Darst. v. Bernsteinsäure aus Maleinsäure 37-0997; elektrolyt. Red. v. D-Ribonolacton zu D-Ribose bei konst. Strömen (Ammoniumsalze als Elektrolyt) 37-2750; Red. v. aromat. Carbonsäuren an amalgamierten Elektroden 40-0855; Rk.-Mechanismus bei d. elektrochem. Acetoxylier. u. Alkoxylier. v. N.N-Dimethylamiden 40-0856; anod. Ox. v. Maleinsäure an platiniertem Platin 45-0949; — v. Carbonsäuremisch. 51/52-0837; Elektrored. v. Tris-[p-nitrophenyl] phosphat 35-0937; anod. Ox.: v. Carbanionen in Äthanol 27-1031; v. Glucose mit einem Hypochlorit–Hypobromit-Gemisch 1-0855; v. Cholesterylacetatdibromid 21-2715; schnelle nachgelagerte chem. Rk. bei d. elektrolyt. Ox. v. Ascorbinsäure (Kinetik, Anwend. potentiostat. Meth.) 15-0963; elektrolyt. Red. v. Proteinen 24-1222; elektrolyt. Reinig. v. wss. Proteinhydrolysaten 24-2578*; elektrochem. Red.: v. NADP 36-1257; an Porphyrinen u. Chlorinen 51/52-1095; Adsorpt. v. Diphosphopyridinnucleotid u. einiger Modellverb. an einer Hg/Elektrolyt-Grenzfläche 45-0950; elektrochem. Red. an Porphyrinen u. Chlorinen 51/52-1095.

Elektrochem. Unters. d. Chlorophylle (a, b) u. Phäophytine (a, b) 24-0971.

Anwendung

EMK v. fl. Fe mittels O_2-Konz.-Zellen 9-2329; — als H- u. O-Quelle (Übersicht) 23-2455; Unters. d. hydroelektr. Flock. (Wrkg. v. Al- u. Fe-Elektroden) 24-2324; Abtrenn. v. Sulfideinschlüssen aus Stahl durch — 29-2198; elektrochem. Zelle zur mkr. Beobacht. einer polarisierten Elektrode 34-2302; Zerstör. d. Abfallcyanide v. Abwasser durch — 38-2275; elektrolyt. Signalgeber 51/52-2174*.

Analytische Anwendung

Coulometr. Verf. in d. *Maßanalyse* s. dort. Best. v. speziellen Stoffen s. auch unter d. betreffenden Stichwörtern.

Innere — zur Trenn. v. Ionen (Trenn. u. Best. v. Ag, Bi, Cu u. Cd) 1-1830; Anwend. v. elektrolyt. Meth. in d. Radioaktivier.-Analyse v. Zr 2-1848; selektive anod. Isolier. u. Unters. d. Intermetall- u. Carbidphasen einer Ni–Cr–Al–C-Leg. 4-1689; elektrolyt. Trenn. v. Carbiden u. intermetall. Verb. aus Stählen u. Leg. 10-1984; Best. v. Mikromengen Cd(II), Pb(II) u. Mn(II) nach d. Meth. d. umgekehrten Stromstoßes 17-2029; innere — zur Trenn. v. Ionen (Best. v. Sb u. Pb in Ggw. v. anderen Ionen) 24-2032; elektrolyt. Best. v. As-Spuren in metall. Si u. SiO_2 hoher Reinh. 25-2053; Überwach. d. O-Sättig. mit einem Pb–Ag-Elektrodensyst. 28-1994; innere — zur Trenn. v. Ionen (Trenn. u. Best. v. Se u. Te) 31-2070; Mikrobest. u. Trenn. v. Ni u. Co durch innere — 33-2226; Best. v. Rh in Lsg. durch eine kombinierte elektrolyt.-spektrochem. Meth. 33-2234; Verf. zur elektrochem. Unters. metallurg. Rk. 43-2407; galvan. Gerät zur Unters. v. Gasen 44-1927; neutronenaktivierungsanalyt. Cu-Best. in Kartoffelgewebe u. elektrolyt. Abscheid. d. Cu 45-2144; Unters. d. elektrolyt. Al-Reinig. unter Verw. radioakt. Leitisotope 48-0675; Elektrodenpotentialgradienten u. Zellkonstrukt. bei potentialkontrollierten —-Unters. 48-1780.

Bibl.: Elektrolyse in der Metallurgie der Buntmetalle [russ.] B 23; Gewinnung von Chlor und kaustischer Soda durch Elektrolyse mit Quecksilberkathode [russ.] B 86; Symposium on anodizing aluminium, convend by the Aluminium Federation with the collaboration of the University of Aston in Birmingham, *1967* B 86.

Elektrolyte

Spezielle — u. — für spezielle Zwecke s. unter d. entsprechenden Stichwörtern.

Ampholyte s. unter *Amphotere Verbindungen*. *Carbanionen und Carbkationen* s. dort. Metallionen s. unter *Metalle*.

Aktivitätskoeffizient; *Dissoziation, elektrolytische*; *Elektrodialyse*; *Elektrokinetische Erscheinungen*; *Elektrolyse*; *Ionenaustausch*; *Leitfähigkeit, elektrische*; *Osmose (und osmotischer Druck)*; *Polarisation, elektrolytische*; *Polarographie*; *Potentiale*; *Pufferung*; *Überführung, elektrische* s. dort.

Einfl., v. — auf Koll. s. unter *Kolloidchemie*. Neutralsalzwrkg. s. unter *Salze*.

Ionenpaare 3-0578; Parameter in d. Theorie starker —-Lsg. 21-0638; wss. Lsg. starker — 22-0618; experimentelle Unters. v. wss. Lsg. starker — 28-0604; starke — 32-0631; Unters. starker — 37-0510.

Vorkommen, Gehalt, Zusammensetzung

— im Magensaft d. Menschen 9-1391, 9-1392; intrazellulare Ionenkonz. in einzelnen Nervenneuriten 12-1552; — d. Magensaftes 13-1403; Kationenzus. v. Rattenhirnschnitten 18-1249; —-Spiegel in Beuteltiererythrozyten 19-1416; Ionenanreicher. in bakteriellen Syst. 20-1396 bis 20-1398; —-Geh. v. Blut 26-1659; Konz. v. anorgan. Ionen in Ehrlich-Ascites-karzinomzellen u. -Fl. 38-1337; — in Froschhautausscheid. 43-1382; —-Geh. v. grauer u. weißer Hirnsubstanz 43-1516.

Bildung, Darstellung

Herst. wasserlösl. Hochmolekularer als hochmol. — 15-2991*; Bldg. v. elektrolyt. Verb. aus Nicht-— 21-1045.

Gleichgew. bei d. stat. Reinig. v. Fl. v. —-Beimeng. 4-0554.

Physikalisches und physikalisch-chemisches Verhalten

Einfl. einfacher — auf d. Absorpt.-Spektren v. Acridinorange in wss. Lsg. 15-0853.

Elektroreflex. an einer Halbleiter/Elektrolyt-Grenzfläche 26-0344; Elektrolumineszenz v. In-Oxid-Schichten in Kontakt mit — 26-0361; Einfl. v. — auf d. Brech.-Index v. Saccharoselsg. 35-3191.

Neue allg. Strukturkategorie v. Heteropoly-— 9-0514; Struktur v. —-Lsg. 9-0587; statist. Theorie v. —-Lsg. mittlerer Konz. 10-0565; Nahordn.-Modell für starke — 10-0566; gepaarte Leerstellen in —-Schmelzen 10-0572; statist. Mechanik v. —-Lsg. 13-0507; Radien solvatisierter Ionen 13-0606; Theorie d. signifikanten Strukturen v. bin. fl. Ionenmisch. 14-0517; adiabat. Invarianz u. adiabat. Invarianten in d. Theorie d. — 15-0513; Struktur v. Bolaform-— 17-0978; interion. Wechselwrkg.-Potential in — 18-0565; Modelldarst. d. Vol.-Bezieh. in verd. Lsg. durch ein Schnittmodell aus Kugeln verschiedener Durchmesser (Anwend. auf Ionenlsg.) 21-0580; Modellberechn. d. Interionenpotentials in Ionenpaaren 23-0675; radiale Verteil. v. Ionen für einfaches Modell v. —-Lsg. 27-0679; Wrkg. divalenter Kationen bei d. Bldg. v. Tropomyosin-Parakrist. 28-1550; reale nächste Annäher.-Abstände v. Ionen in wss. Lsg. 29-0669; Kleinwinkelmaxima auf d. Röntgen-Streuintensitätskurven v. Elektrolyten 31-0227; mikrodynam. Modell v. —-Lsg. 32-0628.

Gesamt-DK v. *1:1*-Elektrolyt-Lsg. in Methylalkohol 7-0579; DK wss. —-Lsg. 24-0613; thermoelektr. Erschein. in *1-1*wert. festen — 25-0404; dielektr. Mess. v. —-Lsg. in 1.2-Dichloräthan 40-0726; dielektr. Verh. v. —-Lsg. in A. u. W./Dioxan 49/50-0438.

NMR-Unters. v. wss. —-Lsg. 3-0371; Verschieb. d. ^{133}Cs-Kernresonanzlinien in wss. —-Lsg. 11-0393; NMR-Unters. an — in bin. Lsgm.-Gemischen 12-0574; kernmagnet. Relaxat.: in Ionenlsg. 16-0382; in wss. Lsg. v. *2-1*-— 16-0383; magnetohydrodynam. Effekt in starken — 16-0609; Einfl. d. magnet. Feldes auf d. Rayleigh-Taylor-Instabilität v. —-Lsg. 16-0611; protonenmagnet. Resonanz nichtwss. —-Lsg. 25-0111; intermol. Protonen-relaxat.-Rate in diamagnet. —-Lsg. 32-0627; ^{17}O-NMR-Unters. v. wss. —-Lsg. 32-0629; Spin–Gitter-Relaxat. in —-Lsg. 35-0328.

Theoret. Unters. d. polarograph. Kurven in Fest-— 11-0646; Konz. v. immobilen bin. — mit Ionen gleicher Lad. beim Durchgang v. Gleichstrom 13-0626; Einfl. d. Ionenstärke auf d. Säure–Basen-Eig. v. Pyrimidinbasen, Nucleosiden u. Nucleotiden 18-1156; Ableit. d. Nahbereichs-Ionenwechselwrkg. aus thermodynam. u. elektrokinet. Daten 25-0609; Verh. schwacher — in fl. Medien niedr. DK im Sättig.-Strombereich 25-1020; Entmisch.-Vorgang bei d. Elektrolyse v. —-Misch. 27-0678; Einfl. magnet. Gleichfelder auf d. kinet. Beweglichk. v. Ionen in wss. Lsg. starker — 27-0680; Temp.-Abhängigk. d. Nahwechselwrkg.-Parameter v. Ionen in wss. Lsg. starker — 32-0625; Lad.- u. Potentialverteil. an d. Phasengrenze Halbleiter/Elektrolyt 32-0641; elektr. Grenzflächenpotential zwischen —-Lsg. u. organ. Phase 32-0659; O-Ionen-leitende Fest-— 34-0668, 38-1983; Diffus.-Potential zwischen —-Lsg. mit verschiedenen Lsgm. 44-0509; elektrochem. Unters. d. W.-Effekts in nichtwss. — 49/50-0439.

Einfl. v. —-Zusätzen auf d. Viskosität v. W. unter Druck 1-0536; Thermodynamik wss. Misch. v. — u. Nicht-— 1-0541, 1-0542; Anwend. d. Thermodynamik irreversibler Prozesse auf —-Lsg. 1-0587; Thermodiffus. v. — in gewöhnl. u. schwerem W. 1-0589; thermodynam. Eig. gemischter —-Lsg. 5-0582; Misch.-Wärmen v. wss. — 10-0522, 10-0523; Struktur u. Viskosität v. —-Lsg. 12-0572; konvektionsfreie Ström. v. Ionen in Syst. fixierter Lad. 14-0590; Viskosität v. Fl. mit kugelförm. Mol. oder Ionen 15-0549; Viskosität u. Struktur gemischter —-Lsg. 15-0601; Tracerdiffus. in wss. —-Lsg. 15-0603; Berechn. d. thermodynam. Eig. v. Lsg. starker — (Modell v. geladenen festen Kugeln) 16-0608; Verallgemeiner. d. Nernst-Planckschen-Beweg.-Gleich. für Mehrkomponenten-Elektrolyt-Syst. 16-0610; Lsg.-Wärmen v. — in N.N-Dimethylformamid 17-0616; Transporteig. geschmolzener — 17-0659; Anwend. d. irreversiblen Thermodynamik auf —-Lsg. 19-0660; Minima in d. Oberflächenviskosität/Konz.-Kurven v. —-Lsg. 20-0542; komplexe Konz.-Grenzen in — 21-0640; thermodynam. Behandl. v. —-Lsg. im elektrostat. Feld 23-0674; Berechn. d. Verdünn.-Wärme für starke — 24-0522; Theorie d. Viskosität starker — 24-0615; statist. Thermodynamik elektrolyt. Lsg. mit großem Bjerrum-Parameter 24-0616; Einfl. d. Konz. d. Gelösten auf Fluidität u. Struktur v. wss. — 25-0611; Diffus. v. Gasen in elektrolyt. Lsg. 26-2187; D., scheinbare Vol. u. partielle mol. Vol. v. wss. Lsg. starker — 28-0604; Thermodynamik u. Struktur nichtwss. —-Lsg. 30-0514; Misch.-Wärmen v. —-Lsg. 30-0515; scheinbare u. partielle Mol-Vol. v. wss. Lsg. starker — 32-0567; rotator. u. translator. Diffus. u. Dipol–Spin-Relaxat.

in diamagnet. --Lsg. 32-0626; Konz.-Zoneneffekt in Diffus.-Strecken starker u. sehr schwacher – 33-0704; Anwend. d. irreversiblen Thermodynamik auf --Lsg. 34-0639; nicht additive Eig. v. --Lsg. 35-0471; thermodynam. Eig. v. Misch. v. *1.1*-– 35-0511; kryoskop. Mess. an Lsg. starker – 38-1971; thermodynam. Eig. v. --Gemischen 39-0440; radiometr. Unters. d. Diffus.-Kinetik v. – 39-0513; therm. Selbstdiffus. in --Lsg. 39-0514; Thermodynamik u. Struktur nichtwss. --Lsg. 39-0515; Aktivier.-Energie d. Viskosität v. --Lsg. 39-0519; scheinbare Mol-Vol. u. Ausdehn. v. – in verd. wss. Lsg. 39-0520; phänomenolog. Koeff. für Elektrizitäts-Leit. u. Diffus. in konz. --Lsg. 39-0538; statist. Thermodynamik elektrolyt. Lsg. mit großem Bjerrum-Parameter 43-0552; Fl.–Dampf-Gleichgew. in --Syst. 44-0430; Polarisat.-Beiträge zu d. thermodynam. Funkt. v. Lsg. starker – 45-0554; Massentransport in konz. bin. – 45-0555; Diffus.-Koeff. v. – in Hochdruckpolyäthylen 45-1168; Transporttheorie konz. --Lsg. 51/52-0158; Überschußfunkt. wss. --Lsg. 51/52-0366; thermodynam. Eig. wss. --Lsg. 51/52-0367; Stoffübertrag. im festen – 51/52-0419.

Doppelschichtstruktur v. koll. – 1-0625; Einfl. d. --Geh. auf d. Fließverh. v. synthet. Latices 2-1046; Bezieh. zwischen durch – verursachten Oberflächeneffekten u. Emuls.-Stabilität 3-2825; Koeff. d. --Transports durch Membranen 5-0651; Berechn. d. Spann. u. d. Gleichgew. freier Filme v. --Lsg. 6-0651; Oberflächenaktivität v. Anionen an d. Grenzflächen Hg/Dimethylformamid 7-0623; ionenbindende Charakteristika v. rekonstitutiertem Kollagen 8-1420; Einfl. v. – auf d. Adsorpt. v. Alkylsulfaten u. Bldg. v. Mizellen 9-0625; Wrkg. v. --Lsg. auf d. Reib.-Koeff. semipermeabler Makromol. 11-1167; Wrkg. hoher Ionenstärke auf d. Sedimentat.-Eig. d. biolog. akt. Komponente v. bakterieller RNS 12-1140; aus wss. --Lsg. hergestellte einphas. Gele 13-0649; R_M- u. R_F-Koeff. mehrbas. – bei d. Chromatographie auf gepuffertem Papier 14-1900; --Aufnahme v. Ionenaustauschern 16-0669; Beeinfluss. d. Koaleszenzstabilität v. W/O-Emuls. durch – 17-0690; Mechanismus d. Solubilisier. v. wss. --Lsg. in nichtpolaren Lsg. öllösl. Tenside 17-0700; Aktivitätskoeff. u. osmot. Koeff. v. *1–1*-– in W. 20-0541; Einfl. d. Ionenstärke auf d. kinet. Flexibilität v. Na-Polymethacrylat 20-1118; Kontaktwechselwrkg. an d. Grenze konz. --Lsg. 21-0681; Abhängigk. d. Max.-Potentials d. Elektrokapillarkurve v. d. --Konz. 22-0644; Adsorpt. positiver u. negativer Ionen in verd. wss. Lsg. an metall. Oxiden u. Hydroxiden 23-0718; Selektivität d. Austausches einwert. Anionen in wss.-methanol. Lsg. am Anionit Dowex *1*-X *4* (OH) 23-0721; Wrkg. v. Kationen auf d. Bind. v. 3.4-Benzpyren durch Plasmaproteine 23-1344; elektrochem. Meth. zur Best. d. Ohmschen Widerstandes u. d. Stärke v. --Filmen 24-0621; Ionensorpt. aus Lsg. an heteropolaren Nd. 25-0699; chromatograph. Verh. organ. – 25-0999; Einfl. v. – auf d. Adsorpt. v. anorgan. Koll. an d. Phasengrenzfläche Fl.–Festkörper 31-0685; Traubesche Regel für lösl. Monoschichten homologer starker – 32-0965; Einfl. d. --Ionen auf d. Kinetik d. Koagulat. v. synthet. Latices 32-1193; Beschreib. d. Adsorpt. aus – 35-0531; Gibbsche Gleich. für d. Adsorpt. v. organ. Ionen in Ggw. u. Abwesenh. v. Neutralsalzen 35-0592; Einfl. v. Anionen auf d. Ultrazentrifugenverh. v. Transferrin 35-1561; Parameter bei d. Verteil.-Chromatographie lipophiler organ. – 39-2043; Einfl. lyotroper – auf d. Gelatine-Struktur 40-1058; Bezieh. zwischen R_F- u. pH-Wert für lipophile organ. – bei d. Chromatographie mit umgekehrten Phasen 40-1781; ζ-Potential in --Lsg. 42-0491; – in Syst. mit großer Oberfläche 42-0507, 42-0508; Bind. großer organ. Anionen u. neutraler Mol. an natürl. Rinderserumalbumin 42-1440; Einfl. v. – auf d. hydraul. Permeabilität v. Krist.-Pfropfen 44-0554; Koagulat.-Zeit als Funkt. d. --Konz. 46-0569; Einfl. v. – auf d. Stabilität schwarzer Filme 46-0573; elektrophoret. Beweglichk. v. Teilchen in Suspens. im Vgl. zu großen Ionen 46-0613; Erzeug. v. Aerosolen aus --Lsg. 49/50-0476.

Solvatat. v. – u. Lsg.-Gleichgew. 2-0668; Einfl. d. Ionenhydratat. auf Gleichgew. u. Geschw. in konz. --Lsg. 4-0496, 4-0497; Elektrolyt/Lsg.-Wechselwrkg. 5-0867; Ionenassoziat. in Thioninlsg. 6-0900; Ionensolvatat. in nichtwss. Lsgm. u. ihren wss. Misch. 8-0487; Thermodynamik d. Solvatat. v. – in Formamid u. N-Methylformamid 8-0488; Abhängigk. d. Koordinat.-Zahl schwacher – v. d. D. d. W. als Lsgm. 8-0546; thermodynam. Daten d. Ionenhydratat. 17-0615; Ionenassoziat. in geschmolzenen – 18-0658; Wrkg. d. Ionenstärke auf d. reversible Aggregat. v. Acetylcholinesterase 23-1417; Verw. anorgan. Anionen zur Extrakt. v. Aminen 28-0937; Löslichk. v. – in Lsgm.-Gemischen 39-0512; Wrkg. d. Ionenstärke auf d. Autoassoziat. d. Rinderinsulins 42-1408; Modell d. Hydratat. d. Ionen u. ihre Anwend. in d. Theorie d. Leitfähigk. v. konz. – 44-0499; Einfl. d. Lsgm.-Struktur auf d. Ionenpaarassoziat. 48-1052; Einfl. d. Ionenstärke auf d. Bind. zwischen H-Meromyosin u. F-Actin 49/50-1571.

Reaktionen

Rk. resonanzstabilisierter Anionen 6-0902; Rolle v. zweiwert. Ionen bei d. Phenylalaninpolymerisat. 10-1172; Einfl. d. Ionenpaarbldg. auf d. Verlauf d. Zers. eines Diazoniumsalzes 11-1020; Einfl. d. Ionenstärke auf d. Kondens.-Gleichgew. v. Molybdaten 13-0600, 13-0601; Chemie hochkonz. wss. --Lsg. 15-0590; spezif. Kationeneinfl. auf d. Rk.-Geschw. zwischen $S_2O_8^{2-}$ u. $Fe(CN)_6^{4-}$ 16-0703; Einfl. v. – auf d. Hitzestabilitätskurven d. Milch 16-3226; Reaktionsweise ambidenter Kationen (Übersicht) 20-0900; Unters. d. Polymerisat. u. Komplexbldg. v. Ionen in wss. Lsg. 23-0609; Rk. d. Kationen u. d. Adenosintriphosphats mit Monoschichten v. Myosin u. Actomyosin 26-1629; Einfl. v. – auf d. Stabilität v. Ausgangs- u. Übergangszuständen in S_N *1*-Rk. 28-0971; Wechselwrkg. di- u. trivalenter Kationen mit d. DNS-bindenden Antibiotikum U-*20 661* 28-1307; Einfl. d. Temp. u. d. Ionenstärke auf d. Bldg.-Wärme d. Komplexes $FeCl^{2+}$ in wss. Lsg. 30-0519; Wrkg. chaotroper Ionen auf d. Dissoziat. v. Antigen–Antikörper-Komplexen 31-1651; katalyt. Einfl. v. Mizellen auf Rk. zwischen ähnl. geladenen Ionen 33-1157; Thermochemie v. --Lsg. 41-0438; Chemie hochkonz. Ionenlsg. 44-0490, 44-0499, 44-0500, 44-0618; Einfl.: v. Kationen auf d. Wechselwrkg. zwischen Proteinen u. Nucleinsäuren 45-1272; d. Ionenstärke d. Lsg. auf d. Wärmedenaturier. d. DNS 47-1314; katalyt. Zers. v. H_2O_2 durch Bi-Oxidhydrat in Ggw. v. – 51/52-0488.

Biochemisches und physiologisches Verhalten

Ionenwrkg. auf d. Ausbldg. v. Membranen (künstl. Zellen als Modell) 7-1170; Ionenbeweg. u. Stoffwechselkontrolle (Übersicht) 8-1203; Mitochondrien–Ionen-Transport (Einfl. v. Histonen) 14-1159; Ionenbind.-Unters. v. RNS u. E.-coli-Ribosomen 15-1242; Kationenaustausch in Mitochondrien (Einfl. entkoppelnder Faktoren) 16-1328; Durchlässigk. d. künstl. Membran für neutrale u. ionisierte Stoffe in Abhängigk. v. d. Membranstruktur 18-1139; Ionenwrkg. auf Mikrosomensuspens. (Strukturänder.) 20-1182; anhaltende Oszillat. ionischer Bestandteile d. Mitochondrien 24-1256; ionenspezif. elektrochem. Verh. v. Makrotetroliden in Membranen 28-1227; Ionenaufnahme v. Mitochondrien 31-1278; Wrkg.: v. organ. Kationen auf Wände gramnegativer Zellen u. ihre bakterizide Aktivität 38-1514; v. Kationen auf d. Eindringen v. Oxalacetat in Mitochondrien (scheinbarer Energieverbrauch) 40-1101.

Einfl.: v. Ionen auf Phosphofructokinase aus Ascitestumorzellen 1-1203; v. Makroanionen auf subzelluläre Enzyme 1-1253; Wrkg. ion. Verb. auf d. Stabilität d. Glutamatdehydrogenase 2-1143; Einfl. d. Ionenstärke auf d. katalyt. Wrkg. d. alkal. intestinalen Phosphatase d. Kalks 4-1052; Kationenbedarf für d. Umwandl. v. Prothrombin in Thrombin 11-1474; Einfl.: d. Ionenstärke auf d. ATPase-Aktivität d. Myosine in roten u. weißen Taubenmuskeln 12-1399; v. anorgan. Kationen auf d. Aktivitäten v. Cholinacetyltransferase, Phosphatacetyltransferase u. Acetylphosphatase 14-1263; Kationenakkumulier. durch mikrosomale ATPase 14-1307; Einfl.: v. aktivierenden Kationen auf d. Fluoreszenz v. Pyruvatkinase 15-1353; v. Anionen u. Kationen auf d. Freisetz. v. Dehydrogenasen aus Gehirnmitochondrien 17-1277; v. zweiwert. Kationen auf d. enzymat. oxydative Decarboxylier. v. α-Ketosäuren 19-1360; v. zweiwert. Kationen auf d. Produkt. v. Hyaluronidase bei Clostridium perfringens Typ A 19-1425; Aktivier. d. Glyoxalase I durch Kationen 19-1427; Einfl. d. Ionenstärke auf d. Verteil. v. Milchsäuredehydrogenase zwischen d. Partikel- u. Nichtpartikelfrakt. v. homogenisiertem Skelettmuskel 20-1258; monovalente Kationen als alloster. Aktivatoren d. Muskeladenosin-5′-phosphatdesaminase 20-1361; Wechselwrkg. v. Makroionen u. Dioxan mit alloster. Phosphoenolbrenztraubensäurecarboxylase 20-1368; Inhibier. d. NAD-abhäng. Isocitratdehydrogenase aus Bäckerhefe durch Anionen 21-1383; Wrkg. v. – auf d. thermalen Übergang v. Rinderpankreas-Ribonuclease 24-1371; Einfl. v. Kationen auf d. enzymat. ATP-Spalt. durch Zytoplasmafrakt. 28-1462; Wrkg. d. --Konz. auf d. alkohol. Vergär. d. Melasse 31-3529; Wechselwrkg. v. Substrat u. Kationen mit Pyruvatkinase 32-1379; Kationenbedarf für d. Aktivität d. Acetyl–CoA-Synthetase 32-1482; Einfl. v. Kationen auf d. Dehydrogenaseaktivität v. Proteus vulgaris OX *19* 33-1468 bis 33-1470; Ionenbind. durch Adenosintriphosphat–Kreatinphospho-Transferase 36-1320; Hemmwrkg. v. *1*wert. Anionen auf d. menschl. Kohlensäureanhydrase-B u. -C 36-1396; Einfl. v. Ionen auf Äpfelsäuredehydrogenase aus Überstand u. Mitochondrien 37-1356; Wrkg. zweiwert. Kationen auf Pankreas-Ribonuclease v. Rindern 38-1399; Einfl. d. Ionenmilieus auf d. enzymat. Proteolyse v. Myosin 38-1709; Wrkg. d. Ionenstärke auf d. ATPase-Aktivität v. Insekten-Actomyosin 40-1289; Wechselwrkg. v. Anionen mit Co(II)-Kohlensäureanhydrase 41-1289; Einfl.: v. Kationen auf d. alkal. Ribonuclease aus Ribosomen v. Kaninchenreticulozyten 42-1196; v. --Konz. auf d. alkohol. Vergär. v. Melasse 42-2892; v. divalenten Kationen auf d. enzymat. Abbau v. DNS 43-1224.

Einfl. v. Kationen auf d. Thioglykolat-Wrkg. bei Bacillus megatherium 14-1351; Stoffwechsel u. Kationentransport in Streptococcus faecalis 25-1413; Einfl. austauschbarer Ionen auf d. Keim. v. Bakteriensporen 45-1392; Inaktivier. v. Maul- u. Klauenseuchevirus bei v. d. Ionenstärke abhäng. isoelektr. Punkten 46-1343; Kationen-Permeabilität v. Streptococcus faecalis (Einfl. v. Gramicidin, Valinomycin) 49/50-1344.

Ionengleichgew. d. Zuckerrübe 7-1373; Aufnahme u. Transport v. mineral. Ionen in Pflanzen 8-1397; Einfl. v. Kationen auf d. ATPase-Aktivität in pflanzl. Zellwänden 12-1294; Antagonismus v. Kationen in mineral. Nährlsg. beim Mais u. d. Tomate (Vgl.) 23-1564; Konkurrenz zwischen P_i u. H^+ bei Phosphorylier. u. Kationenaustausch in Chloroplasten 24-1276; Bezieh. zwischen Ionenresorpt. u. Proteinsynth. in Scheiben v. roter Rübe 35-1436; Einfl. v. Kationen auf d. Cs-Aufnahme junger Weizensämlinge 38-1571; Rolle d. Hauptkationen auf d. Auslös. d. NH_4-Intoxikationsphänomens bei Zea mays 44-1377; Wechselwrkg. zwischen anorgan. Ionen u. organ. Verb. in Pflanzen (Übersicht) 46-1356; Regel. d. Aufnahme v. Ionen bei d. höheren Pflanze 46-1364; Transport v. Kationen in isolierten Gerstenwurzeln 51/52-1418.

Ionentransport in Nerven (Wrkg.-Mechanismus v. DDT) 1-1511; Wrkg. v. Kationen auf d. Transport v. Sulfonamiden durch d. Dünndarm d. Ratte 1-1518; Ionentransport in Human-Erythrozyten (Mechanismus) 2-1373; Einfl.: d. Noradrenalins auf d. --Zus. d. Wände d. Arteriengefäße 3-1408; v. Aldosteron auf --Umsatz u. Nierenfunkt. 5-1397; v. Wy-*5256* auf d. --Geh. d. Urins 5-1662; akute Wrkg. v. A. auf d. --Geh. im Gewebe v. Ratten 7-1587; Verteil. v. – zwischen Serum u. Erythrozyten nach Injekt. v. 2-Benzolsulfonylamino-5-methoxyäthoxypyrimidin-Na 7-1599; Einfl.: v. endogener Glucose auf d. Verteil. d. alkal. – d. isolierten Hirngewebes d. Säugetiere 8-1590; v. anion. u. kation. nervenblockierenden Agenzien 8-1623; v. Salz u. spezif. divalenten Kationen auf d. RNS-Synth. in isolierten Kernen aus normaler u. regenerierender Leber 10-1169; v. *2*wert. Kationen auf d. ATPase-Aktivität d. Myosine in roten u. weißen Taubenmuskeln 12-1399; v. Vasopressin auf d. --Ausscheid. bei Schafen, Rindern u. Kamelen 12-1421; Harneliminier. v. Ionen beim Goldhamster 12-1529; Verschieb. d. Ionen- u. W.-Geh. durch NH_4Cl in roten Blutkörperchen 13-1485; Intramitochondrien-pH-Änder. bei Kationen-Akkumulat. 14-1158; Ionentransport im Epithel d. Krötenblase 16-1431; --Verteil. in d. Rattenniere unter Einfl. v. Diuretika 16-1672; Wrkg.: v. Acetylstrophanthidin auf d. --Ausscheid. bei Hunden 19-1831; v. Diuretika auf d. Serum- u. Gewebe-– d. Ratte 19-1833; v. N-[4-Chlor-3-sulfamoylbenzolsulfonyl]-N-methyl-2-aminomethyl-2-methyltetrahydrofuran auf --Ausscheid. 19-1836; Ionengradienten als kontrollierender Faktor d. Akkumulat. v. Glycin durch Ascitestumorzellen 20-1221; Rolle v. Ionen bei d. Bldg. v. Erythropoietin 20-1474; Wrkg. v. Aldosteron u. Aldosteron-Antagonisten auf --Stoffwechsel 25-1568; --Ausscheid. mit d. Harn nach geringer ^{24}Na-Zufuhr 26-1659; --Austausch bei akuter Schädig. durch Po 26-1660; Einfl. v. Arginin-Vasopressin u. Lysin-Vasopressin auf d. —-Ausscheid. bei Mutterschafen 27-1621; Wrkg. v. Trijodthyronin u. Aldosteron auf d. Ausscheid. v. — durch d. hypophysektomierte Ratte 27-1642; Kationengeh., Erregbark. u. Stoffwechsel isolierter Hirngewebe v. Säugetieren 27-1766; Wrkg. v. zweiwert. Kationen auf d. Magensekret. d. Ratte 27-1833; Ionentransport v. Herzmitochondrien 28-1234; kationenaktivierte Phosphatübertrag. v. Adenosintriphosphat auf Membrankomponenten 28-1242; Einfl. pharmakodynam. Substanzen auf d. Ionen-Zus. d. glatten Muskelfaser d. Ratten-Aorta 29-1715; Dynamik d. Elektrolyt-Geh. bei d. Fibrillier. bei akuter Ischäm. Koronarinsuffizienz (pharmakolog. Beeinfluss.) 30-1625; Einfl. v. — auf d. Glucoseresorpt. in d. proximalen Tubuli d. Necturus-Niere 31-1704; Ionentranslokalisier. u. Konform.-Änder. in Glutaraldehydfixierten Mitochondrien 32-1258; Verteil.-Bild d. —-Ausscheid. im Harn nach Diuretika 35-1726; Säure-Basen-Austausch zwischen Mitochondrien u. d. Suspens.-Medium bei d. atmungsgebundenen Akkumulat. v. zweiwert. Kationen 36-1197; Freisetz. v. mRNS aus Polyribosomen v. Kaninchenreticulozyten bei niedr. Konz. divalenter Kationen 37-1288; Einfl.: d. Ionenkonz. auf d. ^{14}C-L-Leucin-Einbau in Protein im Hirn d. Ratte 37-1628; v. Adrenocorticohormonen, antidiuret. Hormon u. Nicotin auf d. —-Stoffwechsel 39-1422; v. Aldosteron auf d. —-Zus. inkubierter Rattenzwerchfelle 39-1430; v. Ionenveränder. auf sympath. Nerven-Glattmuskel-Präp. 43-1498; anaerober Kationentransport in Rattenleberschnitten 43-1503; Einfl. zentral wirksamer Arzneimittel auf d. Serum-— bei Ratten 43-1563; Ionen-Permeabilität v. Schweine-Erythrozyten 44-1061; induzierte Ionenaufnahme u. Phosphatschwell. v. Rattenlebermitochondrien 44-1082; Kationen- u. Anionentransport in Mitochondrien 45-1243; Stör. d. —-Gleichgew. in Plasma u. Erythrozyten bei Pathogenese u. Therapie d. Koronarinsuffizienz 45-1648; Einfl. neurotroper Mittel auf d. —-Ausscheid. 45-1762; —-Beweg. am Dünn- u. Dickdarm unter d. Einfl. v. Laxantien 45-1800; Einfl. v. Arginin-Vasopressin auf d. Ausscheid. v. — beim Schaf 47-1573; Wrkg. v. Anionen auf d. Thyroxin-Stoffwechsel bei Ratten 47-1585; Stör. d. —-Umsatzes bei Thyreoidintoxikose d. Kaninchens 51/52-1472; Einfl. v. Diuretika auf d. —-Geh. menschl. Erythrozyten 51/52-1702.

Analyse, Prüfungsverfahren

Meth.: zur Best. d. —-Konz. in porösen Elektroden 6-0626; zum Beschränken d. elektrolyt. Einw. auf bestimmte Oberflächen 18-1828; analyt. Anwend. v. Fest-— zur O-Best. 41-2032.

Bibliographie

Transport und Funktion intrazellulärer Elektrolyte. Symposion in Schüren, Juni *1967* B 21.

Russ.: Elektroden und Elektrolyte. Physikalisch-chemische Untersuchung (Mitteilungssammlung) B 6; Elektrische Felder und Elektrolyte (Mitteilungssammlung) B 18; Elektrochemische und optische Methoden der Analyse von Abwässern und Elektrolyten (Mitteilungssammlung) B 29; Elektrochemie der geschmolzenen Salze und festen Elektrolyte. Physikalisch-chemische Eigenschaften der Elektrolyte (Mitteilungssammlung) B 34; Elektrochemie geschmolzener Salze und fester Elektrolyte. Mechanismus und Kinetik von Elektrodenprozessen B 90; Fragen der physikalischen Chemie von Elektrolytlösungen (Mitteilungssammlung) B 90.

Electrochemistry of molten and solid electrolytes. Vol. *4*: Thermodynamics and kinetics of electrode processes B 18; Electrochemistry of molten and solid electrolytes. Vol. *5*: Physicochemical properties of electrolytes and electrode processes B 34; Homeostasis in man; fluids, electrolytes, proteins, vitamins, and minerals in clinical care B 52; Electrolyte theory; an elementary introduction to a microscopic approach B 65.

Polyelektrolyte

Diffus. v. Poly-— in wss. Lsg. bei Abwesenh. v. Salz 1-0834; Poly-— auf d. Basis v. Copolymeren d. α-Phenylvinylphosphinsäure 2-2632; Einfl.: v. Kern-Polyanionen auf d. RNS-Synth. 4-0985; v. Polyionen auf d. durch Polynucleotidphosphorylase katalysierten Umsatz d. endständ. Phosphats d. Ribonucleosiddiphosphate 7-1397; Polykation-Polyanion-Rk. in verd. wss. Lsg. 8-1075; dielektr. Eig. v. Polyanion–Polykation-Komplexen 8-1076; Ionisat. v. Poly-— in d. Luft-W.-Grenzfläche 11-1164; Wrkg. v. Polykationen auf d. zellulare Energetik 12-1125, 12-1126; Näher. für d. Ionenaustauschchromatographie v. Poly-— 12-1841; Nachw. d. „zweiten" Hydrathülle v. Poly-— 13-0163; freie OH-Gruppen in konz. wss. —-Lsg. an Poly-— 13-0164; Vol.-Änder. als Kriterium für Punktbind. v. Gegenionen durch Poly-— 14-1127; Unters. v. Polyanionen u. Polykationen durch Glaubersalz-Kryoskopie 15-0750; spezif. u. unspezif. Hemm. d. zellfreien Proteinsynth. mit Polyanionen 15-1418; Entfern. v. Viren aus d. W. durch Poly-— 16-1432; Dissoziat., Ionenpaarbldg. u. Leitfähigk. v. Poly-— 18-0576; Bind. d. Phenothiazinderiv. an biogene Poly-— (Modell für ihre Pharmakodynamik) 18-1591; Stimulier. d. Proteinaufnahme isolierter Tumorzellen durch Polykationen 19-1318; Gibbssche Gleich. für d. Adsorpt. v. Poly-— 20-0590; —-Komplexe (Überblick) 20-1091; Ionenbind. in Polyelektrolytsyst. mit u. ohne Salzzusatz 20-1092; unlösl. Poly-— mit bewegl. funktionellen Gruppen 20-1130; Stabilisier.- u. Aggregat.-Effekte v. Poly-— auf Suspens. 23-0699; Poly-— auf Basis v. vinylaliphat. Polymeren 24-1210, 24-1211; Polyanionen u. deren Komplexe 26-1593; Deut. d. Schutzwrkg. d. Polyanionen bei d. Radiolyse 26-1676; Lokalisier. u. Einbau v. Joddesoxyuridin in Tumor-DNS bei Koppl. an Polykationen 28-1327; Bind. v. Farbstoffen an Polykationen 29-1276; Einfl. v. Polyanionen auf d. Vermehr. nicht identifizierter u. umgewandelter Zellen bei d. Karzinogenese durch Vogel-Sarkomviren 30-1228; Verdünn.-Wärmen v. Polyelektrolyt-Lsg. 31-0582, 31-0583; Reib.-Koeff. u. Eig. v. Polyelektrolytmembranen 34-0674; Einfl. v. NaCl auf d. Viskosität wss. Lsg. d. Poly-— K-*4* u. K-*6* 35-0437; Assoziat. d. Gegenionen in salzfreien Polyelektrolytlsg. 35-0510; Berechn. d. elektr. Freien Energie v. Polyionen u. ihren Gegenionen 43-0551; Theorie d. Schlangenkäfig-Poly-— 44-0595; Wechselwrkg. v. Poly-— mit einfachen — 45-0487; Lad.-Anteil in salzfreien wss. Lsg. v. Poly-— 49/50-1169; quant. Unters. d. Ultraschallschwing.-Potentials in Polyelektrolytlsg. 51/52-0415.

Bibl.: Polyelektrolyte. Allgemeine Einführung B 10.

Elektrometrische Analyse s. unter *Maßanalyse, Elektrochemische Verfahren.*
Elektronegativität s. *Valenz.*

Elektronen

Betastrahlen s. dort. — in Höhenstrahlen s. unter *Kosmische Strahlung.* Paarbldg., Kaskaden, Positronium, u. Vernicht.-Strahl. s. unter *Positronen.* — bei Mesonenzerfällen s. unter *Mesonen und Hyperonen.* Konversions-— s. unter *Gammastrahlen.* Bremsstrahl. s. unter *Röntgenstrahlen.*

Verh. v. —: in Gasentlad. s. unter *Entladung, elektrische*; in *Plasmen* s. dort. *Elektronen, solvatisierte* s. dort.

Atomstruktur; *Auger-Effekt*; *Compton-Effekt*; *Elektronenaustausch- bzw. -übertragungsreaktionen*; *Elektronenemission*; *Elektronenröhren*; *Elektronenstruktur (von Festkörpern)*; *Elektronentransport (biologischer)*; *Elektronik*; *Ladungsträger in Festkörpern*; *Molekularstruktur*; *Photoelektrizität*; *Teilchenbeschleuniger*; *Valenz* s. dort.

—-Strahlen in Wissenschaft u. Technologie 2-0669; Stand u. Entw.-Tendenzen d. —-Strahltechnologie 46-1752.

Frei-frei-Elektronenübergänge im Feld eines H-Atoms im IR-Frequenzbereich 2-0072; relativist. Beweg.-Gleich. ohne Selbstbeschleunig.-Lsg. für d. strahlende — 7-0095; Suche nach einer Verschieb. in d. transversalen elektromagnet. Masse d. — 14-0118; klass. — u. relativist. Thermodynamik 21-0572; Eig. eines Überschuß-— in fl. He (Druckeinfl. auf d. Eig. d. negativen Ions) 22-0481; Quantenstatistik d. Einteilchenzustände eines Elektronen-Ionen-Gases in d. Näher. willkürl. Phasen 22-0529; Theorie heißer — in Gasen, Fl. u. Festkörpern 23-0446; Beweglichk. v. — in dichtem fluiden ^{4}He 32-0558; Superphasengeschw.-Effekte durch ein — 38-0001; Verhältnis d. Spinresonanzfrequenz v. Protonen zur Zyklotronfrequenz freier — (μ_p/μ_B) 38-0139; —-Beweglichk. in fl. ^{3}He am krit. Punkt 39-0427; Driftgeschw. freier Lad.-Träger in Fl. u. Festkörpern d. Edelgase 46-0366.

Vorkommen, Entstehung

Verwirklich. einer Quelle polarisierter — durch Ionisat. eines Strahls polarisierter K-Atome 2-0149; Herst. u. Eig. einer Th-Vorratskathode für —-Strahlerzeuger 12-0382; Quelle polarisierter — unter Verw. d. Meth. d. Ionisat. eines Strahls polarisierter Alkalimetallatome 14-0184; Eigenmodell-Divergenz eines Elektronen-Ionen-Strahls 14-0185; Einfl. d. Anfangsgeschw. auf d. Strahlstrom-Charakteristik v. —-Strahlerzeugern 15-0149; Richtstrahlwertmess. mit d. Zwei-Blendenverf. an —-Strahlern mit Kugelkathoden v. *250 — 1,5* μm Durchmesser 17-0432; Abfall d. —-D. nach erfolgter Gleichstromentlad.-Ionisat. in NO u. NO-Ne-Gemischen 31-0134; Intensität v. —-Strahlen 37-2069; Berechn. d. Energie u. Winkelverteil. d. durch Protonen aus He ausgelösten — 44-0091.

Wechselwirkung von Elektronen

IR-Absorpt. v. freien — im Felde eines H-Atoms 2-0072; Berechn. d. magnet. Driftgeschw. v. — in H_2, N_2, O_2, Luft u. C_2H_6 bei $10 \leq E/p \leq 10^4$ V/m·Torr 4-0159; Berechn. d. Verhältnisses d. Diffus.-Koeff. zur Beweglichk. v. — für Edelgase 5-0151; Einfl. d. Strahl.-Rk. auf d. nichtlineare Streuung elektromagnet. Wellen durch freie — 5-0358; Pulse-sampling-Meth. zur Unters. v. —-Anlager.-Phänomenen 7-0164; Reflex.: v. — durch stehende Lichtwellen (theoret. Behandl.) 10-0079; v. langsamen — an H-bedeckten W-Einkrist. 10-0630; Driftgeschw. v. — in N u. H 11-0205; Flugzeitbest. d. —-Diffus.-Koeff. u. —-Driftgeschw. in Äthylen, W.-Dampf u. in H 15-0137; individuelle Wechselwrkg. eines einfallenden — u. eines Leit.-— während d. —-Beschusses u. d. Sekundärelektronenemiss. v. Metallen 15-0397; Zerfall v. Triplettexzitonen in Anthracen durch injizierte — 18-0806; Energieverluste bei d. Reflex. v. langsamen — an K-Oberflächen 20-0243; Unters. v. Strahl-Plasma-Wechselwrkg. mittels eines —-Strahls 21-0193; Wechselwrkg. v. *25*-keV-— mit Gitterschwing. in LiF (experimenteller Beweis für Oberflächen-Gitterschwing.) 21-0329; Anlager.-Koeff. u. Driftgeschw. v. — in Luft 24-0145; Wechselwrkg. v. — mit Materie 24-0187; magnet. Beeinfluss. d. v. Radioisotopen emittierten β-Strahl. 25-2019; —-Transportkoeff. in gasf. para-H_2 26-0164; Möglichk. d. Beobacht. charakterist. Energiegewinne schneller — in Festkörpern 26-0402; nichtlineare therm. Diffus. u. therm. Diffus. zweiter Ordn. v. — in ionisierten Gasen 27-0171; Beweglichk. v. — in He-Gas bei tiefer Temp. 27-0172; Driftgeschw. v. — in H u. N bei hohem Druck 27-0174; Abhängigk. d. Intensität d. reflektierten β-Teilchen v. d. Ordn.-Zahl d. Targets bei Filtrat. d. reflektierten Strahl. 30-0010; Vgl. v. e^--Reflex. mit Positronenreflex. an Elementen u. Leg. 33-0005; Elektronenreflex.-Koeff. bei Energie Null (Experimente) 44-0328; (Computerexperimente über d. Reflex.-Vermögen langsamer — im elektrostat. Feld v. Oberflächenstrukturen) 44-0329.

Elektronenstreuung und -stöße

Einfl. d. Drucks bei d. Herst. v. [durch Press. v. Pulvern erhaltenen Proben auf d. Rückstreuungskoeff. d. β-Strahl. 1-1745; Intensitätsverschieb. bei multipler Kleinwinkelstreuung transversal polarisierter — 3-0029; Mehrfachstreuung v. — 4-0004; Einfl. d. Bragg-Streuung auf d. unelast. u. auf andere Formen d. diffusen —-Streuung 4-0139; Optimalisier. v. —-Kleinwinkelstreuvers. mit Spaltgeometrie 5-0168; Beiträge v. Einzelstreuung u. Diffus. zur Rückstreuung monoenerget. — 6-0316; Einfl. d. Braggschen Streuung auf d. unelast. u. andere Formen d. diffusen Streuung v. — (Berichtig.) 7-0184; diffuse therm. Streuung langsamer — 13-0220; Energiedarst. d. Differenz d. Mehrfachstreuung langsamer — u. Positronen 14-0160; Streuung relativist. — im Coulomb-Feld 15-0127; Coulomb-Korrekturen an unelast. —-Streuung 16-0005; Erhalt. d. Kontrastes bei elast. u. quasielast. Streuung v. schnellen — nahezu in Bragg-Richt. 16-0175; Einfl. d. Streukörperdichte auf d. Rückstreurate d. β-Strahl. 17-1977; Vielfachstreuung geladener Teilchen (2. Vorwärtsstreunäher.) 18-0156; Best. d. totalen β-Rückstreukoeff. (Extrapolat. d. mit Geiger- u. Szintillat.-Zähler ermittelten Werte) 18-1905; höhere Näher. d. Molière-Theorie d. —-Vielfachstreuung 20-0146; schnelle Berechn. v. —-Streufaktoren 22-0140; —-Stoßunters. 24-0917, 24-0918; Best. d. kohärenten Intensität u. d. Intensität d. Untergrunds aus d. experimentellen —-Streukurve 25-0160; Analyse d. unelast. Streuung v. — mittlerer Energie in d. Näher. kontinuierl. Energieverluste 25-0280; Winkelverteil. bei d. β-Rückstreuung 25-2018; Einfl. v. Wärmeschwing. auf d. —-Streuung in d. Näher. d. dynam. Theorie 26-0184; Theorie

d. e-Atom-Stöße 29-0135; Korrespondenzprinzip d. unelast. Streuung 29-0137; Abhängigk. d. differentiellen Querschnitts d. elast. Streuung v. – bei großen Winkeln v. d. Ordn.-Zahl d. streuenden Substanz 30-0009; modifizierte Verteil.-Funkt. in d. Theorie d. – -Vielfachstreuung 31-0023; theoret. Gleich. u. d. mol. Komponente d. – -Streuintensität u. ihre Fourier-Transformierte in d. Näher. harmon. Kernschwing. 31-0150; Reflex., Brech. u. Streuung für – -Wellen 32-0309; komplex-Streuamplituden bei elast. – -Streuung 34-0011; Gültigk. d. Debye-Streuformel bei elast. – -Streuung 35-0100; Mehrfachstreuung v. – im Energiebereich v. *0,52 – 2,0* MeV 38-0267; Dispers.-Effekte bei – -Streuung (Korrekturen an unelast. DWBA-Wrkg.-Querschnitten) 41-0009; – -Longitudinalpolarisat. mit großem Energieverlust 41-0010; Einfl. d. Mehrfachstreuung auf Polarisat. u. Winkelverteil. langsamer – 43-0126; Kohärenzgrad d. – -Streuung durch Elektron/Phonon-Wechselwrkg. 45-0129; Verw. d. Daten inelast. – -Streuung zur Best. exakter Bornscher Streuquerschnitte für Atom-Atom- u. schwere Teilchenstreuung 47-0098; Magnetspektrometer für Streuexperimente mit hochenerget. – 47-1869; – -Stoßunters. 49/50-0772.

Streuung an Elementarteilchen und Kernen

Mess. v. G_{En} aus elast. e – d-Streuung (relativist. Korrekturen u. Modellabhängigk.) 6-0007; Struktur d. α-Teilchens aus d. elast. – -Streuung 7-0044; Mess. d. elast. – -Proton-Streuung bei hoher Impulsübertrag. nach einem Koinzidenz-Verf. 9-0034; Vgl. v. elast. – -Proton-Streuquerschnitten mit theoret. Voraussagen 9-0035.

Quasifreie Streuung v. – u. Kernschalenstruktur 8-0045; Streuung hochenerget. – als Test für d. Clustermodell d. Kerns 10-0014; unelast. – -Streuung an Kernen 12-0022; Einfl. d. radialen Wellenfunkt. auf d. Problem d. hochenerget. – -Streuung an Kernen 18-0007; Querschnitte unelast. – -Streuung unter Verw. eines endl. Kernwalls 25-0027; Quersummenregeln: hoher Auflös. für unelast. an leichten Atomkernen gestreute – 34-0012; für unelast. mit großen Impulsübertrag. an leichten Kernen gestreute – 34-0013; Einfl. d. Strahl.-Background auf – -Streuung an Kernen 37-0012; nucleare Lochzustände bei quasifreier Streuung 42-0001; Partialwellenanalyse d. unelast. – -Streuung an d. kollektiven Riesenresonanzen mittlerer u. schwerer sphär. gerade-Kerne 45-0015; Einfl. v. Nucleonenkontinua auf Formfaktoren d. unelast. – -Streuung 47-0014; Born-Approximat. u. DWBA für unelast. – -Streuung an Kernen bis zu Z = *26* 48-0013.

Elast. – -Streuung an ^{4}He zwischen *30* u. *59* MeV 38-0008; Dispers.-Korrekturen an d. – -Streuung in ^{12}C u. ^{16}O 15-0042; Formfaktor d. unelast. – -Streuung am *4,43*-MeV-Niveau in ^{12}C 15-0043; Mess. d. quadrat. Mittelwerts d. Radius v. ^{12}C durch elast. – -Streuung bei *53* MeV 22-0141; – -Streuung an ^{9}Be 10-0015; elast. Streuung v. *225*-MeV- – am ^{130}La-Kern 18-0008; Streuung schneller – durch orientierte ^{165}Ho-Kerne 15-0046; Mess. d. Kernradiusdifferenzen v. ^{46}Ti, ^{48}Ti u. ^{50}Ti durch elast. – -Streuung 15-0044; elast. – -Streuung an ^{208}Pb bei *175* u. *250* MeV 16-0006; Streuung v. *225*-MeV- – an ^{89}Y- u. ^{93}Nb-Kernen 15-0045; unelast. – -Streuung an ^{58}Ni, ^{60}Ni u. ^{62}Ni im ersten angeregten Zustand 7-0159.

Streuung an Atomen, Ionen und Molekülen

Bezieh. zwischen d. Bind.-Energie u. d. Streuintensität v. – an Gasmol. 8-0141; Atomformfaktoren für – -Streuung in d. Slater-Näher. 9-0205; Atomstreufaktoren für – aus d. Partialwellenmeth. 11-0191; Streuung langsamer – an neutralen Hartree-Fock-Atomen 13-0183; Atomstrukturen u. – -Streuung in d. relativist. Hartree-Näher. 13-0184; – -Stöße mit Ionen d. $3p^3$-Konfig. 13-0195; Wrkg.-Querschnitt für elast. – -Streuung an nichtmetall. Atomen 14-0176; Streuung langsamer – : an atomaren Potentialen mit einem Fernbereichs-r^4-Schweif 15-0129; durch stark polare Mol. 19-0169; elast. Elektron-Atom u. Elektron-Mol.-Resonanzen 21-0169; Austauschbeitrag in d. Streuung v. – an Atomen u. positiven Ionen 21-0171; Anwend. d. Bornschen Näher. auf d. Problem d. Stöße zwischen – u. angeregten Atomen 23-0177; Streuung v. – niedr. Energie an Thomas-Fermi-Atomen 24-0136; Mehrfachstreuung langsamer – in Gasen 24-0138; Berechn. d. Streuung v. – durch atomare Syst. mit Konfigurat. $2p^q$ 24-0139; Best. v. atomaren Stoßquerschnitten unter Benutz. gekreuzter – - u. Ionenstrahlen 25-0123; Theorie d. Elektron-Atom-Stöße 29-0135; – -Stoßquerschnitte für atmosphär. Spezies (He) 30-0804; (mol. N) 30-0805; (mol. O) 30-0806; Polarisat. v. elast. an schweren Atomen gestreuten langsamen – 33-0145; opt. Potential u. unelast. Streuung v. – durch Atome 33-0146; krit. Streuung v. – durch polare Mol. 35-0010; Berechn. d. Querschnitte für d. – -Streuung an Atomen (Einfl. d. Fernkräfte) 38-0153, 38-0154; Verw. d. opt. Potentials in d. elast. Streuung v. – durch Atome 39-0076; Orthogonalität in d. Approximat. d. adiabat. Austausches für Elektron-Atom-Streuung 43-0127; Streuung langsamer – durch polare Mol. 43-0128, 45-0101; – -Streuquerschnitte für Atome u. nichtpolare Mol. 45-0103; Berechn. d. Transportwrkg.-Querschnitte für Stöße zwischen langsamen – u. Atomen aus Mess. d. totalen Wrkg.-Querschnittes 48-0094; magnet. Einfl. d. Spins auf d. Polarisat. d. Strahl. bei Elektron-Atom-Stößen 48-0096.

Unelast. – -Streuung an ^{3}He 3-0055; nucleare Korrelat. u. unelast. – -Streuung an ^{3}He 7-0045; Vielkanalresonanzen in d. unelast. Streuung v. – durch He 11-0192; Resonanz bei d. unelast. e–He-Streuung 13-0192; Einfl. d. Polarisat. auf d. elast. Streuung v. – am He-Atom 14-0162; elast. Streuung v. – am He-Atom in d. Näher. nach Ochkur 14-0163; generalisierte Oszillatorstärken für d. $1^1S - 2^1S$-Übergang in He mit Hilfe d. – -Stoßmeth. 19-0160; Variat.-Behandl. d. Streuung langsamer – durch ein He-Atom 20-0117; Streuung langsamer – an He-Atomen 20-0118; Winkelabhängigk. d. unelast. Resonanzstreuung niederenerget. – an He 21-0180; halbempir. Querschnitte für – -Stöße, Streuung v. – durch He im Hinblick auf astrophys. u. atmosphär. Vorgänge 30-0778; Streuspektrum niederenerget. – an He in großen Winkeln 32-0116; elast. Streuung langsamer – durch metastabiles He in der PCDW-Näher. 39-0078; – -Stöße mit angeregten Ne-Atomen 9-0186; Spinpolarisat. durch – -Resonanzstreuung an Ne 45-0100; Winkelverteil. v. elast. an Edelgas-Atomstrahl. gestreuten – u. Spinpolarisat. eines an Ar gestreuten *40*-eV-Elektronenstrahls 11-0190; Streuung langsamer – durch He, Ne u. Ar 48-0093; Resonanzen bei Positron-H-Streuung 1-0173; elast. – -Streuung durch H-Atome 2-0072; Resonanzen bei d. unelast. – -Streuung durch H_2 4-0140; Wechselwrkg. großer Reichweite zulassende Modifizier. d. Näher. dichter Koppl. für e-H-Streuung 11-0189; Resonanzstreuformalismus u. seine Anwend. auf d. e-H-Streuung 14-0161; elast. u. unelast. – -Streuung am H-Atom in d. Näher. v. Ochkur 14-0164; Anwend. d. Dreiteilchentheorie auf d. Streuung v. – durch ein H-Atom 19-0166; Struktur v. Resonanzen in d. – -Streuung durch H-Atome 19-0167; niedrigste ^{1}S- u. ^{3}P-Streuresonanzen im e–H-Syst. 19-0168; elast. Streuung v. – durch H-Atome 21-0170; asymptot. Form d. vorwärtsgerichteten elast. Streuamplitude für d. Streuung v. – an H-Atomen 21-0173; variable untere Grenze d. Phasenverschieb. v. S-Wellen bei d. Streuung v. – durch H 21-0178; Streuung: d. – durch H^- 22-0146; langsamer – an H_2-Mol. 24-0137; stat. Green-Funkt. für elast. Elektron-H-Streuung u. -Resonanzen 39-0077; Streuung energiearmer Positronen u. – durch H u. He 48-0090; Streuung niederenerget. – an atomarem H 51/52-0083 bis 51/52-0087; massenspektrometr. Unters. v. Stößen zwischen – u. O_2-Mol. u. -Ionen 14-0168; elast. – -Streuung durch atomares O 14-0177; Absolutmess. v. Gesamtstreuquerschnitten energiearmer – an atomarem u. mol. O 21-0175; Winkelabhängigk. d. Resonanzstreuung niederenerget. – an N_2 29-0136; Absolutmess. d. elast. Wrkg.-Querschnitte für d. Kleinwinkelstreuung v. – durch N_2 u. O_2 45-0102; unelast. – -Streuung in ^{32}S 12-0031; Impulsübertrag. u. unelast. Stoßquerschnitte für – in O_2, CO u. CO_2 24-0142; Vgl. v. Ionisat.- u. – -Anlager.-Koeff. mit – -Stoß-Wrkg.-Querschnitten in O_2, CO u. CO_2 31-0117; Resonanzen bei d. – -Streuung an Mol. bei d. Durchstrahl. v. N_2, NO, CO, O_2 u. CO_2 32-0117; – -Stoßquerschnitte für dipolare Gase u. CO_2 45-0104.

– -Streuung durch d. Alkalimetallatome bei d. ersten Anreg.-Schwelle 33-0148; Polarisat.-Potentiale für d. Streuung bei niedr. Energie e^+-H u. e^--Li 13-0185; stimulierte – -Raman-Streuung an K-Atomen 20-0098; Wrkg.-Querschnitt: d. elast. Streuung langsamer – durch Cs-Atome 20-0123; d. Impulsübertrag. bei Elektron-Atom-Stößen in Cs-Dampf aus Mess. d. Driftgeschw. 48-0095; unelast. Stöße zweiter Art zwischen – u. angeregten Hg-Atomen 24-0141; große Polarisat.-Effekte bei d. Streuung niederenerget. – an Hg 30-0103; Polarisat. langsamer – durch Hg u. Anwend.-Bereich d. relativist. Hartree-Potentials 34-0080.

Polarisat. v. *300*-eV- – bei d. elast. Streuung an C_2H_5J u. J_2 23-0165.

Streuung an Festkörpern und Flüssigkeiten

Theorie d. Oberflächeneffekte bei d. therm. diffusen Streuung v. – an Krist.-Gittern 9-0204; Streuung heißer – durch metall. Schichten in Halbleiter/Metall/Halbleiter-Syst. 23-0497; – -Streuung durch ionisierte Störstellen 26-0460; dynam. – -Strahl-Streuungstheorie für Krist. mit Punktdefekten 27-0199; Vielfachstreuung v. – in dünnen Folien 29-0157; Theorie d. s-d-Streuung in verd. magnet. Leg. (Stör.-Theorie u. Ableit. d. Low-Gleich.) 29-0407; (Ableit. u. Lsg. linearer Vertexgleich.) 29-0408; Beobacht. über kohärente Streuung v. – an Dünnfilm-Kaltkathoden 29-0417; unelast. – -Streuung in dünnen Filmen bei schrägen Einfall 33-0450; unelast. Streuung v. kV- – durch Festkörper u. Fl. (Best. v. Energieverlusten, Wrkg.-Querschnitten u. Korrelat. mit opt. Daten) 34-0014; magnet. Streuung niederenerget. – an d. Oberfläche eines ferromagnet. Krist. 38-0534; Streuung v. – an unpolarisierten Fl. 44-0373; dielektr. Theorie d. unelast. Streuung v. – in Krist.-Gitterreflexe 48-0126.

– -Streuung an nächsten Nachbarn in Si 4-0176; anisotrope Streuung v. – in Si 39-0331.

– -Kleinwinkelstreuung v. im Vakuum kondensierten Metallfilmen (Theorie) 5-0170; (experimentelle Ergebnisse) 5-0171; Spinpolarisat. v. *900*-eV- – nach elast. Streuung an Schwermetallfolien in Abhängigk. v. d. Targettemp. 11-0036; – -Streuung in Verunreinig. enthaltenden Metallen bei endl. Temp. 28-0447; Energieverteil. v. an *(100)*-Flächen v. NaCl u. KCl gestreuten langsamen – 3-0203; Vielfachstreuung energiereicher – durch Be-Folien 48-0233; dynam. diffuse Streuung v. – -Strahlen an verunreinigten u. verformten MgO-Krist. 26-0255; Spinpolarisat. langsamer – nach elast. Streuung an festen Hg-Targets 11-0035; unelast. Streuung v. – in Be u. Pb bei großen Einfallswinkeln d. Primärstrahls 5-0172; – -Streuung in Ni bei tiefen Temp. 25-0473; unelast. Streuung: langsamer – an Oberflächen v. W, Graphit u. Cu 35-0262; v. Elektronen gegebener Energie in dünnen Au-Filmen 1-0408; Dickeneffekte d. – -Streuung an Au-Film-Oberflächen 25-0476; – -Streuung in dicken Proben v. C, Al, Cu, Ag u. Au 27-0348; differentielle Dickekurven d. unelast. – -Streuung an einem Zweischichten-Target/Be/Au 31-0149; Temp.-Abhängigk. d. Weitwinkelelektronenstreuung an polykrist. Au-Folien 47-0122; Rückstreuung v. *3,2 – 14*-MeV- – an Cu, Ag u. Au 49/50-0192.

Energieverluste und Absorption von Elektronen

Empir. Bezieh. für Absorpt. v. – in Festkörpern 1-0029; Einfl. d. Oberflächenbehandl. auf d. Menge d. v. d. Probe absorbierten – 4-1977; Bezieh. zwischen d. Energieverlustspektrum inkohärent gestreuter – u. d. Phononenzustandsdichte in Krist. 6-0317; – -Reflex. u. -Absorpt. in Abhängigk. v. d. Krist.-Dicke 8-0171; Abhängigk. d. über d. – -Spektrum gemittelten Energieverlusts v. Endpunkt d. Betaspektrums, d. Atomnummer d. Betastrahlers u. d. Typ d. Übergangs 9-1908; Einfl.: d. Krist.-Anisotropie auf d. Energieverluste v. – beim Durchgang durch Krist. 16-0309; d. diffusen Streuung auf d. Interpretat. d. Mess. d. Absorpt. schneller – 19-0199; direkter Vgl. d. Eindringens v. Positronen u. – in Festkörper u. Fl. 21-0331; Energiestruktur einer – -Stoßkaskade in einem bremsenden Medium 22-0304; Energieverluste v. – bei Wechselwrkg. mit Materie 24-0187; Linienform d. Energieverlustcharakteristiken v. – in Festkörpern 25-0281; Best. v. Absorpt.-Koeff. schneller – aus gefilterten u. ungefilterten elektronenmkr. Bildern 26-0187; direkter Vgl. d. Durchlässigk. v. Fl. für Positronen u. – 28-0006; Unters. v. Nebenanreg. u. ihrer Einfl. auf d. Durchdring.-Fähigk. v. – zwischen *100* u. *1200* kV Energie 28-0139; charakterist. Energieverlustspektren: v. – u. $-\mathrm{Im}(1/\varepsilon)$ 33-0454; in Ionenfestkörpern v. NaCl-Typ 33-0455; Eindringen v. – mittlerer Energien in einen Festkörper 35-0264; Best. d. – -Extinkt.-Länge durch d. dynam. Mehrstrahltheorie (Vgl. mit experimentellen Daten bei Beschleunig.-Spann. v. *100 – 1200* keV) 37-0100; Energiespektrum bei d. Streuung v. keV- – mit kleinen Energieverlusten 40-0120; Energieverlustverteil. v. –

in dicken Targets 48-0234; Abhängigk. d. mittleren Absorpt.-Koeff. für schnelle – v. Anreg.-Fehler 51/52-0100.

Hochaufgelöstes – -Energieverlustspektrum v. He 21-0174; Absorpt. d. β-Strahl. in H_2O u. D_2O 11-0037; Energieverlustspektren v. *60*-keV- – u. anisotropes Plasmonverh. in Graphit 51/52-0188.

Energiespektren v. *25*-keV- – nach Wechselwrkg. mit Alkalimetallhalogenid-Mol. 38-0165; – -Energieverluste: in Rb 20-0244; in Cs 49/50-0191; Energieverluste eines einen CaF_2-Film durchsetzenden – -Strahls u. Vgl. mit d. komplexen DK 29-0448; Absorpt. schneller – in dünnen einkrist. Al-Schichten 19-0198; Mess. d. Energieverlustes v. *50*-keV- – zur Unters. d. Dämpf. d. Vol.-Plasmaschwing. in Al 33-0452; Vgl. d. Energieverlustspektren v. – in Al u. K mit d. dielektr. Theorie 48-0235; Energieverlustverteil. v. durch *210–575* Å dicke Proben v. Al u. Al_2O_3 transmittierten *20*-keV- – 48-0286; Retardat.-Effekte für d. Energieverlust-Wahrscheinlichk. v. – in GaP u. Si 48-0236; Winkelabhängigk. d. charakterist. Energieverluste v. *28,35*-keV- – in In 19-0318; Energieverluste v. *50*-keV- – an Ge u. Si 8-0371; Temp.-Abhängigk. d. charakterist. – -Energieverluste in Nb, Mo, Ta u. W 23-0351; charakterist. Energieverluste d. – in Fe/Al-Leg. 40-0232; Transmiss. u. Reichweite schneller Elektronen im Energiebereich *4–30* MeV in C, Al, Cu, Cd u. Pb 25-0282; – -Energieverlustmess. an Ag mit hoher Energieauflsg. 29-0306; Energiespektrum v. – nach Streuung an Oxidfilmen auf Mg u. Al, Mg-Filmen auf Al u. C-Filmen auf Ag 35-0261; charakterist. Energieverluste v. – in polykrist. Au u. d. Einfl. verschiedener Verunreinig. 8-0262; Temp.-Abhängigk. d. Absorpt.-Koeff. für mittelschnelle – in polykrist. Al-, Ag- u. Au-Schichten 21-0329; charakterist. Energieverluste langsamer – bei d. Reflex. an Al, Ge, Cu u. Au 29-0307; Schwäch. langsamer – -Strahlen durch Au-Schichten 29-0416; Energieverluste v. – mit einer Ausgangsenergie v. *6* keV an einem zweischichtigen Be–Au-Target 35-0263; elast. Energieverluste krist.-gestreuter – an Pt, Ag, Ni, Al_2O_3 u. C 40-0236; Unters. d. – -Durchdring.-Vermögens in Festkörpern unter Verw. kathodolumineszenter dünner Filme aus Minosilicatglas mit Tb 37-0329.

Affinität v. organ. Verb. für freie – mit therm. Energie (– -Absorpt.-Koeff.) 3-0811; Energieverlustspektrum d. – in Äthylen 23-0904.

Elektronenabsorpt. in biolog. Syst. 3-0811.

Elektronenbeugung

Ergebnisse v. – -Beug.-Unters. s. unter d. entsprechenden Stichwörtern.

Geneigter Probenhalter für d. – -Mikroskopie u. -beug. 2-1753; – -Beug.-App. 3-1954; Simultanbeug. mit d. Dreikreisgoniometer 5-0184; Verw. dünner Einkrist. als Bezugsnormal für Präzis.-Elektronenbeug.-Mess. 7-0185; modifizierte Detektoranordn. für ein – -Beug.-Meßinstrument 11-1858; Picen als Einkrist.-Eichsubstanz für Feinstrahl- oder Feinbereichselektronenbeug. 16-0180; App. zur Unters. d. – -Beug. bei niedr. u. mittlerer Energie 17-1964; Aufbau u. Arbeitsweise v. – -Beug.-Kamera zur Unters. kleiner krist. Bereiche 18-1897; Tieftemp.-Spaltmanipulator für LEED-App. 21-2122; Anwend. eines Sägezahngenerators zur Intensitätsmess. v. Beug.-Reflexen bei – 24-1985; quant. Reflex.-Elektronenbeug. in einer Ultrahochvakuum-Kamera 34-0094; kombinierter App. zur – -Beug. niedr. Energie u. hoher Reflex.-Energie zur Unters. reiner Oberflächenstrukturen 34-1912; Ultrahochvakuumprobenhalter zur Verw. bei d. – -Beug. 35-1981; Goniometerkopf für – -Interferenzapp. 37-2072; Mess. v. – -Beug.-Intensitäten mit einem digitalen Voltmeter 40-1751; ^{15}N-Target zur – -Beug. 41-1983; einfache Konstrukt. zur Indizier. v. Bragg-Konturen u. Kikuchi-Linien 42-0103; Vierachs. hexagonales reziprokes Gitter u. seine Verw. bei d. Indizier. v. – -Beug.-Aufnahmen in Transmiss. 43-0163.

Herst. v. amorphen Al_2O_3-Trägerfolien großer Abmess. für – -Beug. 10-1876; Verf. zur Herst. dünner ebener Einkrist.-Schichten für Durchstrahl.-Unters. mit – 23-0210; techn. u. präparative Probleme bei d. Unters. d. Phasenumwandl. d. CsCl mittels – -Beug. 40-1752.

– -Beug. an einem magnet. Phasengitter 5-0228; Einfl. d. – -Korrelat. auf Röntgenstrahl- u. – -Beug. (Näher.-Behandl. für Mehrelektronenatome) 8-0142; Versagen d. ersten Bornschen Näher. bei d. – -Beug. (OsO_4) 8-0143; erweiterte Intensitätsfunkt. für – -Beug. an Gasen u. ihre Interpretat. durch kinemat. Asymmetrien 10-0126; Abtrenn. d. mol. Komponente d. Streuungsintensität in d. Gas-Elektronographie (Verw. zweidimensional modifizierter Funkt. in d. Radialverteil.-Meth.) 10-0127; – -Beug. bei tiefer Temp. (amorphe Filme v. Übergangsmetallen u. Leg.) 10-0256; Unters. über d. Versagen d. ersten Bornschen-Näher. in d. – -Beug. 13-0188, 13-0189; Versagen d. ersten Bornschen-Näher. bei d. – -Beug. (Monographie) 15-0078; Berechn. v. Erwart.-Werten für anharmon. Vibrat.-Rotat. unter Verw. v. Hellmann-Feyman-Bezieh. u. eines Hypervirial-Theorems u. ihre Anwend. auf Gasbeug. 15-0133; Höhen v. Barrieren u. Trenn. d. Tors.-Beweg. v. Bezugssyst.-Schwing. in d. – -Beug. 15-0134; kinemat. Zweistrahltheorie für d. – -Beug. durch Krist. mit Stapelfehlern 15-0155; – -Beug. bei tiefen Temp. (Radialverteil.-Analyse einer aus sehr kleinen Kristalliten bestehenden Schicht) 15-0158; Änder. d. – -Beug.-Intensitäten v. lamellenförm. BiOCl-Polykrist. mit Wellenlänge, Krist.-Größe u. Filter 15-0159; – -Beug. durch period. magnet. Felder 16-0171; Einfl. auf d. – -Beug.-Kontrast bei planaren Krist.-Fehlern 16-0173; elektronenopt. Transparenzstreif. eines Krist.-Plättchens im Zweistrahlfall d. Beug. an einer Netzebenenschar 16-0176; Einfl. systemat. Reflex. auf d. (*110*)-Extinkt.-Abstand für d. – -Beug. an Mo 16-0178; – -Beug. bei tiefen Temp. (App. u. vorläuf. Ergebnisse) 17-1963; Beug. v. Röntgenstrahlen u. – durch Mol. (Berechn. d. Streufaktors u. d. inkohärenten Intensität d. ersten sechsunddreißig Atome) 18-0152; (Bemerk. zu d. Berechn. d. Intensitäten v. Atomen) 18-0153; Intensität im gefilterten u. ungefilterten – -Beug.-Bild dünner Filme 18-0181; Einfl. v. Gitterschwing. auf d. dynam. Beug. v. – 18-0185; Vielstrahl-Näher. in d. dynam. Theorie d. – -Beug. 19-0196; Temp.-Abhängigk. d. Extinkt.-Länge bei d. – -Beug. 19-0200; – -Beug.-Kontrast v. elast. Schubverform. durch kohärente Phasen 19-0201; – -Beug. bei tiefer Temp. (durch Tieftemp.-Kondensat. hergestellte amorphe Schichten v. Fe u. Cr) 19-0276; vergleichende Unters. v. dynam. Theorien d. – -Beug. 20-0145; Kriterium d. Anwendbark. d. Bornschen Näher. in d. Struktur-Elektronographie 25-0159; Breite v. Kikuchi-Linien bei d. – -Beug. an Ge 25-0162; Natur d. Fernbereichs-Versetz.-Kontrasts in – -Transmiss.-Mikrographien 26-0185; unelast. – -Beug. an einkrist. LiF-Schichten 26-0189; – -Beug. mit Filter. an dicken polykrist. Metallfolien 27-0198; anomale Reflexe in – -Beug.-Aufnahmen v. lamellaren Gemischen zweier dicht gepackter Phasen 33-0189; Temp.-Verh. v. gefilterten Intensitäten bei d. dynam. – -Beug. 33-0191; Feinstruktur v. schwachen kinemat. – -Beug.-Strahlen für eine Stapelfehler oder Antiphasengrenzen enthaltende Folie (Zweistrahlfall) 35-0101; Beug.-Kontraste d. in d. Umgeb. v. Bragg-Reflexen gestreuten Strahl. 36-0095; A-priori-Abschätz. v. R-Faktoren für Beug.-Vers. mit konst. Zählrate pro Reflex 36-0096; neue Bezieh. zwischen Mol.-Eig. u. – u. Röntgenstrahlbeug.-Intensitäten 37-0081; gefilterte Kleinwinkel-Elektronenbeug. an dünnen Schichten während d. Wachstums 42-0141; anomaler Absorpt.-Koeff. für d. relativist. – -Beug. an Krist. (Theorie) 43-0160; Theorie d. normalen u. anomalen Absorpt. bei d. – -Beug. 43-0161; verbotene Reflexe bei – -Beug. an vakuumaufgedampften Te-Schichten 43-0162; diffuse Streuung bei – -Beug.-Diagrammen (allg. Theorie u. Berechn.-Meth.) 45-0128; verbotene – -Beug.-Reflexe v. bei niedr. Drücken in Luft oder O kondensiertem Sn 45-0132; normale u. anomale Absorpt.-Koeff. bei d. – -Beug. 46-0105; Unters. d. Fehlers d. ersten Bornschen Näher. bei d. – -Beug. 47-0091; Debye-Waller-Faktor für – -Interferenzen an Alkalihalogenidkrist. 48-0177; statist. Deut.-Probleme in d. Gas-Elektronographie 49/50-0086; Effekt v. Mol.-Schwing. auf d. – -Beug. an Gasen (Wahrscheinlichk.-Verteil.-Funkt. u. mol. Intensität für zweiatom. Mol.) 49/50-0087; (Wahrscheinlichk.-Verteil.-Funkt. u. Phasenparameter für mehratom. Mol.) 49/50-0088; Gleich. für Kikuchi-Linien auf d. Basis d. geometr. Kikuchi-Modells 51/52-0101.

Abs. Präzis.-Best. v. Gitterkonst.: an Si-Einkrist. mit – -Interferenzen 1-0205; an Ge- u. Al-Einkrist. mit – -Interferenzen 1-0206; Deut. d. – -Beug.-Abb. v. amorphem B 1-0272; diffuse Streifendiagramme verschiedener Krist. bei d. – -Beug. 7-0186; Beug. langsamer – als eine neue Meth. für Oberflächenunters. 10-0152; Überblick über d. französ. Arbeiten d. – -Mikrofraktographie 10-2368; – -Mikrosonden- u. – -Beug.-Analyse v. Oberflächenreplicaextrakt. 12-1823; Eindeutigk. d. Orientier.-Best. bei d. Feinbereichsbeug. v. – 16-0172; Unters. d. systemat. MgO-(*h00*)-Nebenanreg. mittels – -Beug. 16-0177; zur schnellen graph. Auswert. v. – -Beug.-Aufnahmen 18-0182; kristallograph. Verf. zur Deut. d. Durchstrahl.-Elektronenbilder v. hexagonalen Metallen 18-0183; Anwend. v. – -Beug.-Erschein. auf d. Unters. d. Elektronenstruktur v. Mol. 31-0111; Meth. zur Erklär. v. – -Beug.-Bildern dünner Leg.-Schichten 32-0142; Anwend. d. – -Beug. auf d. Studium mikrokrist. Mineralien 32-1916; Rekonstrukt. v. Metalloberflächen unter d. Einfl. v. Gasadsorpt. bei deren Unters. mittels – -Beug. 33-0733; quant. Reflex.-Elektronenbeug. in einer Ultrahochvakuum-Kamera zur Best. v. Oberflächenstrukturen 34-0094; Beug. hochenerget. – u. Röntgenemiss.-Spektralanalyse v. Oberflächen u. ihren Rk.-Prod. 34-0401; Anwend. d. – -Beug. bei d. Unters. v. Oberflächenphänomenen 34-0669; – -Beug. als Kontrolle histochem. Enzymrk. im Ultrastrukturbereich 35-1259; – -Beug. an Gasen (Länge d. peri-Bind. in Perylen) 41-0908; Verfolgen d. Wachstums einer Pb-Aufdampfschicht auf Stahl durch ein – -Beug.-Verf. 41-1982; Best. d. Typs eines Defektes aus d. Beug.-Kontrast 43-0243; Rasterelektronenbeug.-Unters. d. diffusen inneren Ringe v. sehr dünnen Aufdampfschichten 46-0215; elektronograph. Unters. d. Struktur v. Mol. in d. Gasphase (Übersicht) 47-0090; Unters. d. Struktur fl. Lsg. durch Meth. mit mehreren Beug.-Diagrammen 48-0165.

Beug. v. – mittlerer Energie unter streifender Inzidenz 1-1735; Kikuchi-Linien bei d. Beug. langsamer – 3-0202; Kikuchi-Banden bei d. Beug. niederenerget. – 6-0171; Beug. langsamer –: als eine neue Meth. für Oberflächenunters. 10-0152; an NaCl 10-0153; an PbS 10-0154; Theorie d. Beug. niederenerget. – (Anwend. d. Zellularmeth. auf monoatomare Schichten) 16-0170; Beug. niederenerget. – 16-1877; Intensitätsberechn. für d. Beug. langsamer – unter Berücksichtig. d. Mehrfachstreuung 19-0197; Beug.: v. – niedr. Energie 21-2119; v. langsamen – an einem Phlogopit-Glimmerkrist. 22-0191; v. – mittlerer Energie an LiF-, NaCl- u. PbS-Krist. unter flachem Einfallswinkel 24-0190; verbotene Reflexe bei d. Beug. v. niederenerget. – 25-0161; Beug. langsamer –: an facettierten Oberflächen 25-0163; an kugelförm. Cu-Einkrist. 27-0230; an α-Al_2O_3 27-0235; an einem Muskovit-Krist. 27-0239; Kohärenzbereich bei d. Beug. langsamer – 28-0138; LEED-Unters. d. Physisorpt. 31-0706; Mechanismus mit unsymm. Oberfläche zur Erklär. v. Intensitätsmaxima mit gebrochener Ordn. bei LEED-Unters. an Metallen 32-0141; Laser-Simulier. v. LEED-Diagrammen 33-0190; Self-consistent-Näher.-Meth. unter Einschluß v. Mehrfachstreuung zur Interpretat. d. Beug. langsamer – 34-0093; Beug. langsamer – an kugelförm. Cu-Krist. 34-0176; kombinierter App. zur – -Beug. niedr. Energie u. hoher Reflex.-Energie zur Unters. reiner Oberflächenstrukturen 34-1912; Beug. langsamer – an kugelförm. oxydierten Cu-Einkrist. 35-0584; Unters. v. Oberflächenrk. an Cu mittels Beug. langsamer – (LEED) 36-0580; Einfl. d. – -Strahls bei LEED-Experimenten auf d. Struktur d. (*010*)-Oberflächen v. V_2O_5 37-0229; LEED-Unters. d. Adsorpt.-Syst. W (*100*) + N_2 u. W (*100*) + N_2 + CO 37-0675; Konfig. d. Adsorbats in d. W (*100*)(1 × *4*)–(N + CO)-Struktur bei LEED-Unters. (Koinzidenzgitter) 37-0676; Beug. v. langsamen – (Meth. zur Unters. d. Atomstruktur v. Oberflächen) 42-0092; Empfindlichk. d. LEED-Meth. bez. d. Perfekt. einer Oberfläche 42-0093; Unters. v. Oberflächenrk. mittels Beug. langsamer – (LEED) 42-0542; dynam. Theorie d. Beug. niederenerget. – 44-0110; Probleme d. Geometrie d. Beug.-Abb. langsamer – 44-0111; Mehrfachbeug. oder Überstrukturen bei Beug.-Unters. mit langsamen – 45-0130; Beobacht. v. elektr. Dipolen durch niederenerget. – -Beug. auf Glimmeroberflächen 45-0224; Bandstrukturbehandl. d. Intensitäten v. LEED-Reflexen 46-0106; Unters. d. (*111*)-Ag-Oberfläche mittels Beug. langsamer – (Bedeut. d. Richt. d. einfallenden Strahls für d. Sekundäremiss., bes. für d. Kikuchi-Streuung) 46-0107; Nachw. u. Identifizier. v. Oberflächenvergift. mit LEED-App. 46-0592; Beobacht. v. Resonanzeffekten durch Vielfachstreuung bei LEED-Unters. an LiF, NaF u. Graphit 47-0121.

Elektronenoptik

Einfache elektronenopt. Sampling-Anordn. für d. Subnanosek.-Gebiet 9-1948; Filterlinse als Monochromator für schnelle – 11-1862; Fortschritte auf d. Gebiet d. – -opt. Abb.-Geräte 18-1899; Meth. zur Erzeug. v. —-Bildern bei d. Rückstreuung v. — im Energiebereich v. *3—30* keV 27-2117; —-Monochromator 47-1914; supraleitende Magnetlinsen mit Polschuhen aus Seltenerdmetallen 48-1799; Formkörper zum Ausnutzen d. Faraday-Effekts in magnetoopt. Geräten 51/52-2158*.

Elektronenmikroskopie

Ergebnisse v. — mkr. Unters. s. unter d. entsprechenden Stichwörtern.

Feldelektronenmikroskopie s. unter *Elektronenemission.*

Konstrukt.: eines *300*-kV-Elektronenmikroskops 2-1754; eines *500*-kV-Elektronenmikroskops 2-1755; dreidimensionale Rekonstrukt. u. —-Mikroskopie 2-1757; Abschätz. d. Verteil. d. — im Philips EM *200*-Elektronenmikroskop in d. Probenebene 2-1762; —-Spiegel-Oberflächenmikroskopie mit fokussierter Abb. 4-1563; neues thermion. Emiss.-Mikroskop 7-1900; —-Mikroskopie 9-1904; magnet. Filtern v. Geschw. in d. —-Mikroskopie 11-1861; Photoelektronen-Emiss.-Mikroskop für d. 10^{-8}-Torr-Bereich 14-1882; Anomalität d. absorbierten Probenstromes am Ag/Cd- u. Cu/Zn-Diffus.-Paar im —-Abtastmikroskop 15-0162; Emiss.-Elektronenmikroskopie mit durch Ionenbeschuß ausgelösten Sek.-— (Bildkontrast) 16-1880, 16-1881; neuere Entw. in d. —-Mikroskopie 21-2124; neues —-Mikroskop 22-2040; —-mkr. Dunkelfeldabb. bei 10^6 Volt 24-1987; Thermoelektronenemiss.-Mikroskop u. seine Anwend. bei metallograph. Unters. 27-2124; Funkt.-Merkmale eines *500*-kV-Elektronenmikroskops 27-2127; Kondensatorobjektiv für Hochspann.-Mikroskope 29-2039; supraleitende Linse für d. —-Mikroskopie 30-1877; —-Mikroskopie mit langsamen — mittels Zwischenverzögerer 34-1918; hoher magnet. Feldgradient für d. —-Mikroskopie 35-1990; neuere Entw. in d. —-Mikroskopie 35-1991; Gültigk. d. Reihennäher. in d. —-Mikroskopie 37-0099; elektronenopt. Anlage EF in d. Ausrüst. für Emiss.-Mikroskopie 39-1896; Zweistrahlnäher. bei d. Beobacht. v. Streifen gleicher Dicke v. keilförm. Proben im —-Mikroskop 44-0112; Berechn. d. Temp.-Verteil. in für —-mkr. Unters. verwendeten Proben 47-1915.

Zusatzgeräte und Hilfsverfahren

Goniometerprobenhalter u. Vorricht. zur Verschmutz.-Verhinder. für d. Siemens-Elmiskop I 2-1752; geneigter Probenhalter für d. —-Mikroskopie u. -beug. 2-1753; maschinelles Mikroherst.-Verf. für —-opt. Blenden 2-1758; Eig. photograph. Emuls. für —-Mikroskopie 2-1763; verbesserte Valdre-Kippvorricht. für ein Siemens-Elektronenmikroskop 3-1960; mit fl. He gekühlte Anordn. für —-Mikroskope 3-1961; Probenhalter für d. —-Mikroskop zum gleichzeit. Spannen, Kippen u. Drehen dünner Folien 3-1962; Herst. dünnwand. Objektivaperturblenden für d. —-Mikroskopie 3-1963; opt. Diffraktometer zur Erzeug. v. Fourier-Transformierten v. —-Mikrographien 4-1568; App. zur Verminder. d. Geschw. d. Objektverschmutz. in —-Mikroskopen 5-1863; Kryostat für elektronograph. Unters. im Bereich *300—4,2* °K 9-1901; Manipulator aus Kunststoff für Präp.-Halter d. —-Mikroskops RCA EM U-*3* 14-1884; App. zur automat. Dehydrier. u. Infiltrier. kleiner Gewebestücke 20-1854; Debye-Scherrer-Kammer zur Unters. d. Röntgenbeug. v. in d. —-Mikroskopie verwendeten Präp. u. anderer Proben in geringer Menge 22-2037; Mikroanalyse im —-Mikroskop mit einem Röntgenspektrometerzusatz 27-2125; Probenkühlstufe für d. Oberflächenrasterelektronenmikroskop 27-2129; Eich. .v Kippstufen im —-Mikroskop 28-1968; Objektträger zur —-mkr. Beobacht. v. Objekten in kontrollierter Atmosphäre 28-1969; Ultra-Mikromanipulator als neues Zusatzgerät für d. —-Mikroskopie 30-1878; Probenkammer mit Vakuumschleuse für d. Siemens-Elmiskop I 34-1919; elektrostat. Aerosol-Probennehmer für d. —-Mikroskopie 35-1988; Hilfsapp. zur Probenauswechsel. ohne Zerstör. d. Vakuums im —-Mikroskop 37-2076.

Auflösung, Vergrößerung und Kontrast

Auflsg. u. Kontrast im —-mkr. Bild 3-1958; Bildaufzeichn. im —-Mikroskop 3-1959; Erhöh. v. Auflsg. u. Kontrast im —-Mikroskop mit Zonenkorrekturplatten (Einfl. v. Strahlspann. u. v. sek. Abb.-Fehlern) 4-1564; Kontrastier. v. dünnen hydrophoben Schichten v. Polymeren zur —-mkr. Unters. 4-1565; —-Eindring. in d. Hochspann.-Mikroskopie (Objektdicke u. Auflsg.) 4-1566; Abb. einzelner Atome mit d. —-Mikroskop durch Phasenkontrast 4-1567; Bildkontrast u. Auflsg.-Vermögen d. —-Mikroskops 8-1840; chromat. Aberrat. u. axialer Astigmatismus unter d. Beding. d. Grenzauflsg. eines —-Mikroskops 8-1841; auf magnet. Streufelder in d. Nähe v. Eindomän-Fe-Whiskers zurückzuführender Kontrast im —-Mikroskop 10-0466; Erhöh. v. Auflsg. u. Kontrast im —-Mikroskop mit Zonenkorrekturplatten (Abb. v. Atomen bei nahezu inkohärenter Beleucht.) 14-1880; Verbesser. d. Kontrastes d. Aufnahmen v. dünnen amorphen Objekten in d. —-Mikroskopie 14-1881; Kontrastentsteh. im Photoelektronen-Emiss.-Mikroskop 14-1883; Einfl. auf d. —-Beug.-Kontrast bei —-mkr. Abb. v. planaren Krist.-Fehlern 16-0173; Intensitätsprofile v. —-mkr. Abb. planarer Krist.-Fehler 16-0174; Verbesser. d. Kontrastes in —-mkr. Bildern 17-1965; Eich. eines —-Mikroskops bei hoher Vergrößer. 22-2002; Kontrastbldg. im —-Mikroskop durch Wechselwrkg. v. — mit Materie 24-0187; Deut. d. Kontrastunterschiede v. amorphen u. krist. Objekten in d. —-Mikroskopie 24-1986; Kontrast v. nahe benachbarten Stufenversetz.-Multipolen bei d. —-mkr. Abb. 26-0186; Interpretat. d. —-mkr. Beug.-Kontrastes v. Einschlüssen nahe einer kräftefreien Folienoberfläche 28-0140; —-mkr. Kontrasteffekte an d. Grenzfläche zwischen zwei verschiedenen Polytypen (Grenzfläche kub./hexagonal) 29-0158; hohe Auflsg. bei Raster-Elektronenmikroskopen 30-1873; —-mkr. Oberflächenabdrücke u. ihr Auflsg.-Vermögen 30-1874; Verstärk. d. Probenkontrasts durch Injekt. v. Cs bei d. —-Mikroskopie 30-1876; Auflsg.-Grenze d. Emiss.-Elektronenmikroskopie 32-1915; neue Art d. diffusen —-Streuung u. entsprechende Dehn.-Kontraste auf elektronenmkr. Abb. 35-0102; Einfl. d. unelast. Streuung auf d. Beug.-Kontrast im —-Mikroskop 36-0094; Zonenblende zur Erhöh. d. Auflös.-Vermögens d. Phasenkontrast-Elektronenmikroskopie 36-1889; —-Beug.-Kontrast durch nichtsphär. Stör. (würfelförm. Einschluß) 37-0098; Auflsg.-Vermögen u. Kontrast v. Oberflächenstufen bei d. Abb. mit einem Raster-Elektronenmikroskop (Stereoscan) 37-2075; Kontrastier. v. Gewebeschnitten für d. —-Mikroskopie 43-2045.

Präparationstechnik

Kohlefilme für d. —-Mikroskopie (Meth. zur Ablös. v. Glasfilmen) 2-1759; Panorama-Abdruckverf. zur Darst. v. Feinstrukturen im —-mkr. Bild 2-1760; Gefriertrockn.-Einh. für d. —-Mikroskopie 2-1764; Glasträgerschichten für d. —-Mikroskopie 3-1964; Präparieren hochdisperser Materialien für —-mkr. Unters. 3-1965; Anwend. v. Ultradünnschnitten für d. —-mkr. Unters. v. Mineralien 3-1966; Herst. dünner Metallfolien für d. Durchstrahl.-Elektronenmikroskopie 3-1967; Dickenmess. während d. Herst. v. scheibenförm. Proben für d. Durchstrahl.-Elektronenmikroskopie 3-1968; Einbett.-Medien für d. —-Mikroskopie 3-1969; Herst. v. Dünnschnitten für d. Transmiss.-Elektronenmikroskopie durch Ionenbeschuß 4-1569; Hg-Markier. v. thiolierten Antikörpern für d. —-Mikroskopie 5-1438; neues mit W. mischbares Einbett.-Material für d. —-Mikroskopie (Hydroxypropylmethacrylat) 5-1864; Herst. v. Kohlefilmen für Substrate u. Repliken durch therm. Verdampf. v. C in d. Gasentlad. bei niedr. Vakuum 5-1865; Haltevorr. zur gleichzeit. Kohlebedampf. v. *33* Glasobjektträgern in einem Evakuier.-Zyklus 6-1861; Verf. zur Herst. kleiner Proben für d. Transmiss.-Elektronenmikroskopie 6-2343; Ablös. v. C-Abdrücken v. Metalloberflächen mit Chlorwasser 8-1842; Abdruckverf. zus —-mkr. Abb. v. rauhen Keramikoberflächen 9-1906; Vorbereit. v. mineralog. Material für d. —-Mikroskopie 9-1969; —-opt. Brennfleck zur therm. Bearbeit. v. Aufdampfschichten 11-1863; Präparat.-Meth. zur —-mkr. Unters. v. Au-Filmen auf dünnen NaCl-Schichten 13-0222; Schnittfärb. für d. —-Mikroskopie (Unverträglichk. v. Methyl-Nadic-Anhydrid mit Permanganaten) 13-1928; Darst. v. nahezu stöchiometr. Rutil (TiO_2) für d. Transmiss.-Elektronenmikroskopie durch Ionenbeschuß 14-0201; Ag-Imprägnat. v. Epon-Schnitten für d. —-Mikroskopie 15-1956; selektive Färb. für d. —-Mikroskopie (Zellchemie d. Synapsis) 16-1994; Elektropolieren v. Pt-Folien bei *—35°* für —-mkr. Unters. bei Durchstrahl. 17-0209; Herst. dünner Filme aus schwerschmelzbaren Metallen für d. Transmiss.-Elektronenmikroskopie 17-2410; Erhöh. d. —-mkr. Erkennbark. v. eingebettetem Antigen durch Überbrück. v. Os- u. U-Antikörpern mit Thiokohlensäurehydrazid 18-2032; Anfärben v. Gewebe für —-Mikroskopie durch brückenbildende Metalle mit mehrzähn. Liganden 18-2033; Präparat.-Meth. für kombinierte licht- u. —-mkr. Unters. v. Blut- oder Knochenmarkausstrich 21-2214; allg. Brechmeth. zur Herst. v. dünnen Blättchen für d. Transmiss.-Elektronenmikroskopie 21-2126; Herst. dünner Folien für d. —-Mikroskopie mit Hilfe eines rotierenden PTFE-Trägers 22-2002; Präparat. [*100*]-orientierter Folien v. GaAs für Durchstrahl.-Elektronenmikroskopie 24-0191; einfache App. für d. Herst. v. kohlebedeckten Gittern 24-1988; Erzeug. scheibenförm. Proben verschiedener kristallograph. Orientier. für d. Transmiss.-Elektronenmikroskopie 27-2131; Metallbedampf. im Vakuum für d. Schrägbedampf. 29-2038; Objektdünn. durch Ionenbeschuß während d. direkten Beobacht. im —-Mikroskop bei *1* Million Volt 30-1875; Probleme bei d. Präparat. v. V/H-Leg. für d. Durchstrahl.-Elektronenmikroskopie 31-2034; Repliken für d. —-Mikroskopie v. CaO-Oberflächen 33-2162; Herst. v. Ultradünnschnitten hochdisperser Materialien für d. —-Mikroskopie 33-2163; Dekorat. v. Ionenkrist. u. —-Durchstrahl.-Unters. an GaSb 35-0118; Immers.-Doppelstrahlmeth. zur elektrolyt. Abtrag. v. W für d. Durchlichtelektronenmikroskopie 35-1992; Abtrag. v. polykrist. MgO für d. Durchstrahl.-Elektronenmikroskopie 35-1993; App. zur Anwend. v. Gasentlad. in d. —-mkr. Präparat.-Technik 35-1994; Präparat.: v. pyrolyt. Graphit für d. Durchstrahl.-Elektronenmikroskopie 35-1995; v. Metallfolien aus einer kleinen Probe zur Verw. in d. Durchstrahl.-Elektronenmikroskopie 35-1996; kontrolliertes Stahlpolieren v. Proben für d. Durchstrahl.-Elektronenmikroskopie 35-1997; ultradünne Al_2O_3-Träger für d. —-Mikroskopie 35-1998; Änder. d. Versetz.-Struktur bei d. Herst. v. Folien zur transmissionselektronenmkr. Unters. 37-0186; Herst. v. —-mkr. Proben aus Folien durch zweiseit. Elektropolieren 40-1758; Bedampf. v. Ionenkrist. für d. —-Mikroskopie u. Unters. v. GaSb durch Durchstrahl.-Elektronenmikroskopie 42-0203; Präparat. v. Ti für d. Transmiss.-Elektronenmikroskopie 44-0107; Verw. v. Dimethylsulfoxid in d. —-Mikroskopie 44-1890; Mol.-Strahlquellen zur Dampfabscheid. auf Feldemitter-Unterschichten 46-1792; örtl. elektrolyt. Polieren für d. direkte —-Mikroskopie 47-2338; —-mkr. Präparat.-Meth. bei Unters. an Hochpolymeren 48-1241; Anwend. v. Pb als Tracer bei d. —-mkr. Unters. d. Feinstruktur v. Leberzellen 48-1959.

Anwendung der Elektronenmikroskopie

—-Mikroskopie u. -beug. v. synthet. Korundkrist. 2-0206; Best. kristallograph-Strukturen auf —-mkr. Durchstrahl.-Aufnahmen 3-0204; Eich. u. Verw. eines —-Mikroskops für Präzis.-Mikromess. an Dünnschichtmaterialien 5-0169; Anwend.: d. —-Mikroskopie in d. Metallurgie (Übersicht-5-2405; d. Mikroskopie mit sek. —-Emiss. in d. Metallurgie 5-2406; metallograph) Unters. mit d. —-Emiss.-Mikroskop 6-2338; —-mkr. Unters. v. Polyacrylamid (Verf.; Molgew.-Best.) 7-1143; Best. spezif. Oberflächen v. Pulvern 8-0590; Fourier-Bilder eines Au-Krist.-Gitters 9-0203; Verwendbark. eines Niederspann.-Rastermikroskops zur Beobacht. d. Änder. d. Potentialreliefs v. p–n-Übergängen bei Lichteinw. 9-0418; —-mkr. Unters. an Oberflächen v. Membranfiltern 9-2074; Charakterisier. v. Druckpapieren durch opt. u. —-opt. Mikroskopie 9-3119; Vgl. d. Unters. ident. Flächen mit d. —-Mikrosonde u. d. —-Mikroskop 11-1860; Transmiss.-Elektronenmikroskopie dünner Glasproben 11-2245; anomale Bilder v. kugelförm. Einschlüssen u. prismat. Versetz.-Schleifen in d. —-Mikroskopie 12-0190; —-mkr. Beobacht. eines Kreuzgitters im Krist. (schräges Beleucht.-Verf.) 13-0221; systemat. Fehler bei d. Best. v. Versetz.-D. durch —-Mikroskopie an dünnen Al-Filmen 15-0160; Anwend. d. —-Rastermikroskops zur Unters. v. Realstruktur u. Eig. v. Reinststoffen (Reinststoffprobleme Bd. *3*) 16-0166; gleichzeit. Beobacht. v. Oberflächendetails u. Kathodenlumineszenz an einem GaAs-Krist. in einem Rasterelektronenmikroskop 17-0206; Kennzeichn. d. Oberflächentopographie mit d. Abtast-Elektronenmikroskop 17-2378; Raster-Elektronenmikroskopie d. Wachsens v. Graphit in Fe- u. Ni-Leg. 19-0222; Analyse durch —-Mikroskopie 20-1853; —-mkr. Best. d. Abplatt.-Faktors u. d. Größe v. Öltröpfchen 20-1987; Meth. zur Beobacht. eines Supraleiters im Zwischenzustand mit d. —-Spiegelmikroskop 22-0475; Trockengew.-Best. mit d. —-Mikroskop (photometr. Meth.) v. amorphen Partikeln 22-2041; —-mkr. Unters. an Solen ohne strukturellen Wechsel 23-0695; Best. d. Stapelfehlerenergie in kub.-flächenzentrierten Leg. nach d. Meth. aufgespaltener Versetz.-Knoten in d. —-Mikroskopie 26-0188; Mess. d. Diffus.-Spann. in Halbleitern mit Hilfe einer —-Strahlmeth. (Anwend. in d. Raster-Elektronenmikroskopie) 27-0482; Berechn. v. mit einem Computer simulierten willkürl. Flock. aus —-mkr. Aufnahmen 27-0723; —-mkr. Unters. erhärteten Zementbreis mit einer Abdruckmeth. 28-2381; Rasterelektronenmikroskopie eines P-*16*-Phosphors mit Hilfe d. Kathodolumineszenz u. d. Sekundärelektronenemiss. 29-0372; Beobacht. v. Ummagnetisier.-Prozessen dünner Filme mit Hilfe eines stroboskop. Transmiss.-Elektronenmikroskops 29-0537; Massendickenänder. bei Kunststoffen im —-Mikroskop bei erhöhter Temp. 31-2036; —-mkr. Analyse d. Teilchengrößenverteil. in koll. Dispers. 32-1179; Anwend. d. Transmiss.-Elektronenmikroskopie auf Dünnschnitte v. Polymeren 32-1208; selektiver —-mkr. Nachw. v. Hypophysenzellen mit Glykoproteidsekret. durch Rk. mit Perjodsäure-Silbernitrat 32-1554; Anwend. d. —-Mikroskopie auf d. Studium mikrokrist. Mineralien 32-1916; Bedeut. d. Osmiophilie für d. Bldg. stabiler Azoindoxyl-Komplexe v. hohem Kontrast für d. kombinierte Enzymcytochemie u. —-Mikroskopie 32-2060; Anwend. d. —-Mikroskopie in d. Technologie d. ZrO_2-Gewinn. 33-2413; Verw. d. Elektronenmikroskops zur Erzeug. v. Pseudo-Kossel-Figuren u. Anwend. auf d. Best. d. Gitterparameter einer Be/Cu-Leg. 34-0095; neue Art diffusen Röntgen- u. —-Streuung u. entsprechende Dehn.-Kontraste auf —-mkr. Abb. 35-0102; Best. d. mittleren Porengröße an d. Oberfläche v. Ultrafiltern mit Hilfe d. —-Mikroskops 35-1914; zerstörungsfreies Verf. zum Vgl. v. licht- u. elektronenmkr. Aufnahmen einer Oberfläche 35-1989; Nachw. v. Cu unter d. —-Mikroskop 35-2117; Auflsg.-Vermögen u. Kontrast v. Oberflächenstufen bei d. Abb. mit einem Raster-Elektronenmikroskop (Stereoscan) 37-2075; Anwend. d. —-Mikroskops zur Best. d. Dispers.-Grads v. Fettsäurenebeln 42-1773; Unters. relativ dicker Mo-Filme mit einem Hochspann.-Elektronenmikroskop 42-1774; Durchstrahl.-Elektronenmikroskopie v. dünnen Glasproben 43-2356; Kikuchi-ähnl. Bilder v. GaAs-, Ge- u. Si-Einkrist. mit d. Rasterelektronenmikroskop 44-0175, 44-0176; —-mkr. Unters. temperaturempfindl. Kolloide 44-0551; Best. d. Dicke einer dünnen aufgedampften Ni-Schicht mit d. —-Mikroskop 44-1767; Nachw. v. Polysacchariden in dünnen Schnitten bei d. —-Mikroskopie 44-1884; direkte Beobacht. v. Stufenversetz. im —-Mikroskop 45-2025; —-Mikroskopie an geätztem Plagioklas-Feldspat 49/50-0665; direkte Transmiss.-Elektronenmikroskopie dünner Filme v. Gläsern mit Phasentrenn. u. v. Glaskeramiken 49/50-2197.

Wirkungen

Einfl. v. —-Strahl. auf d. physikal.-chem. Eig. v. Triglyceriden 8-2710; Wrkg. einer —-Bestrahl. auf d. Salze u. Hydroxide v. Metallen während ihrer Herst. ($BaSO_4$) 34-0800.

Physikalische Wirkungen

Sekundäre *Elektronenemission* s. dort. Ionisat. v. Gasen durch —-Stoß s. unter Ionen; —-Stoß-Unters. in d. *Massenspektroskopie* s. dort.

Einfl.: einer —-Bestrahl. bei *77* °K auf d. physikal. Eig. von Graphit 46-0293; einer *35*-MeV-Elektronenbestrahl. auf d. physikal. Eig. v. Ge 49/50-0293.

Anreg.: eines *19*-MeV-Niveaus in ^{12}C durch unelast. —-Streuung 4-0016; v. Kollektivzuständen in ^{208}Pb durch unelast. —-Streuung 7-0064; Photoneutronen-Erzeug. durch — v. *34* u. *100* MeV in dicken U-Targets 18-0057.

Anreg.: v. CH_4, Äthan, Äthylen, Propylen, Acetylen, Propin u. Butin-(1) durch —-Strahlen niedr. Energie 9-0828; d. metastabilen Zustände v. He durch —-Stoß 11-0193; —-Stoß-Anreg.-Querschnitte v. Laserzuständen d. Ar(II) 11-0194; abs. Anreg.-Querschnitte d. Niveaus v. Alkalimetallatomen für — geringer Energie 11-0195; Anreg.: v. He-ähnl. Ionen durch —-Stoß 13-0193; v. N(V) durch —-Stoß 13-0194; Anreg.-Querschnitt Q (4s→3d) in Ca II durch — 13-0196; durch monoenerget. — in gekreuzten Strahlen angeregte effektive Rotat.-Temp. v. N_2^+ (*3914* Å) 16-0137; Polarisat. v. Licht durch e^--He-Stöße (Anreg. v. He) 16-0138; Gesamtwrkg.-Querschnitt zur Abtrenn. eines — durch —-Stoß aus H^- in seinem Grundzustand 19-0172; direkte u. Resonanzanreg. v. Mol.-Rotat. durch langsame — 20-0119; Wrkg.-Querschnitte für d. Anreg. d. 2p-Niveaus d. Ne mit — 20-0120; bei d. Anreg. v. ionisierten Ionen durch —-Stoß auftretende Potentiale 21-0172; analyt. Formeln für d. Streuamplitude für Ionisat. u. Anreg. durch —-Stoß 21-0177; Anreg. d. H-Atoms durch schnelle — in d. Ochkur-Näher. 21-0179; Schwellenverh. d. —-Anreg.- u. Polarisat.-Funkt. in He 21-0181; Anreg.: v. Triplettzuständen in He durch —-Stoß 23-0171; v. Edelgasen bei —-Atom-Stößen (Ar) 23-0172; Anreg.-Querschnitte nahe d. Schwelle bei —-Atom-Stößen 23-0173; —-Anreg.-Funkt. v. Hg 23-0174; Anwend. d. Vainshtein-Meth. auf Anreg. u. Ionisat. v. Atomen durch —-Stoß 23-0178; Anreg. d. H-Mol. durch —-Stoß (Singulett–Triplett-Anreg.) 23-0183; Rotat.- u. Schwing.-Energieniveau-Verteil. v. durch Stöße zwischen — u. N-Mol. erzeugten N_2^+-Ionen 23-0184; —-Stoß-Polarisat. v. opt. He-*4922* Å-Strahl. mit gekreuzten Strahlen 24-0140; Näher.-Berechn. d. Anreg.-Geschw. einiger Mol. durch — in einer stillen Entlad. in O_2, N_2, CO u. CO_2 26-0155; Singulett–Triplett-Übergänge im —-Stoßspektrum: v. N_2 30-0107; 30-0108; Partialwrkg.-Querschnitte für d. durch —-Stoß angeregten Zustände *1s*–*2s* eines H-Atoms durch eine bessere Näher. als d. der verzerrten ebenen Wellen 32-0118; Verzweig.-Verhältnis v. p- u. o-He bei d. —-Stoß-Anreg. 33-0147; effektive Wrkg.-Querschnitte für d. —-Stoß-Anreg. u. -Ionisat. v. Cs-, Rb- u. K-Atomen im Bereich vor d. Schwelle 33-0153; Anreg. d. He-Grundzustands: zum 2^1P-Zustand durch schnelle — (Berechn. d. Wrkg.-Querschnitte) 38-0157; zu n^1P- ($n = 2$ bis 6) u. n^1D- ($n = 3 - 6$)Zuständen durch schnelle — (Berechn. d. Wrkg.-Querschnitte) 38-0158; Anreg. v. He zu angeregten Ionenzuständen durch —-Stoß 38-0161; Struktur der *2*-eV-N_2^--Resonanz aus Unters. d. Schwing.-Anreg. durch —-Stoß 39-0080; opt. Ionisat.-Anreg.-Funkt. v. He für —-Stoß 39-0082; Austauscheffekte bei d. Rotat.-Anreg. v. mol. H_2 durch langsame — (Theorie) 43-0129; Ausricht. bei durch —-Stoß angeregten Ba-Niveaus 43-0133; halbklass. Berechn. d. —-Stoßverbreiter. in positiven Ionenstrahlen 44-0088; Anreg. u. Ionisier. in He durch Ein-Elektron-Stoß (Erratum) 44-0090; —-Stoßanreg. d. diskreten, gegenüber Selbstionisier. u. Strahl.-Zerfall metastabilen Zustände v. Alkalimetallatomen 45-0105; theoret. Anreg.-Raten in O VII durch —-Stöße 48-0100; Mol.-Schwing. v. N_2 bei Anreg. durch einen —-Strahl im Energiebereich v. *1* bis *12* eV 48-0101; Erzeug. eines Strahls metastabiler Atome v. therm. Energie in einem mit — bombardierten Gas 48-0110; Rotat.-Spektrum v. durch —-Strahl. angeregtem N 49/50-0046; Anreg.-Querschnitte einiger Edelgase durch —-Stoß nahe d. Schwelle 49/50-0092.

Theorie d. Plasmonenanreg. in dünnen dielektr. Filmen durch — bei nicht normalem Einfall 28-0268; Abhängigk. d. Energie u. Intensität d. ω_+- u. ω_--Oberflächenplasmonen in dünnen Al-Folien v. Einfallswinkel d. Elektronen 33-0451; Anreg.: d. *15*-eV-Plasmaverlustes in Al durch unelast. —-Streuung 33-0453; v. Plasmaschwing. durch — in dünnen Al-Folien auf Al_2O_3-Unterlage 38-0406; v. Plasmonen u. Zwischenbandübergängen in MgF durch —-Beschuß 41-0224.

Übergangsstrahl. nichtrelativist. — in dünnen Al-Filmen 3-0333; opt. Strahl. durch nichtrelativist. — in dünnen metall. Filmen 3-0334; Rekombinat.-Strahl. v. GaAs bei Anreg. mit einem —-Strahl 10-0330; strahlungsinduzierte opt. Emiss. aus GaAs bei hohen —-Dosisraten 10-0333; Strahl.-Rekombinat. in angelassenem, —-bestrahltem GaAs 12-0339; Übergangsstrahl. dünner Folien infolge nichtsenkrechten —-Beschusses 13-0298; Einfl. adsorbierter Gase auf d. Photonenerzeug. durch Beschuß mit niederenerget. — 13-0299; kohärente Strahl. v. CdS-Einkrist. bei —-Strahlanreg. 15-0358; Analyse v. n-leitendem GaAs aus d. Strahl.-Rekombinat. bei —-Strahlanreg. 16-0366; Unters. v. Inhomogenitäten in GaAs durch —-Strahlanreg. u. Rekombinat.-Strahl. 16-0367; Intensitätsänder. mit d. Streuwinkel bei durch —-Beschuß verursachten —-Übergängen in H_2O-Dampf 21-0182; Strahl.-Rekombinat. in mit schnellen — bestrahltem Ge bei *77* °K 21-0481; Mechanismus d. Strahl.-Erzeug. in CdS bei —-Anreg. 22-0358; Anreg. u. Polarisat. d. Atomlinienstrahl. durch —-Stoß 23-0175; opt. Anreg. u. ihre Bezieh. zur —-Stoßanreg. 23-0176; Verh. d. F-Bande in CaF_2 bei —-Bestrahl. 23-0401; Glimmanalyse eines —-Strahls in einem Restgas (Anreg. v. Spektren) 25-0134; durch —-Stöße verursachte Stark-Verbreiter. d. nα-H-Linien mit hoher Hauptquantenzahl 26-0153; UV-Emiss. v. ZnS bei —-Anreg. 27-0405; Photonenemiss. v. mit nicht-normal auftreffenden — beschossenen Al-Folien 28-0299; stimulierte Strahl. v. durch schnelle — angeregten ZnTe-Einkrist. 29-0369; Anreg. d. He_{II}-λ *4686* Å-Linie durch —-Stoß 30-0105; Übergangsstrahl. relativist. — beim Durchqueren v. Grenzflächen dielektr. Stoffe 30-0286; experimentelle Unters. d. Strahl. bei opt. Übergängen, entstanden bei senkrechtem Eintritt v. *6*–*23*-keV-— in Metalloberflächen 30-0287; Strahl.-Einfangkoeff. für — an $^2S_{1/2}$-Atomen (theoret. Unters.) 31-0117; Möglichk. zur Erzeug. v. Vakuum-UV-Strahl. bei d. elektron. Anreg. v. Edelgasatomkrist. 32-0353; Bremsstrahl. u. Übergangsstrahl. v. Ag-Folien bei streifendem —-Beschuß 34-0415; opt. Unters. v. —-bestrahlten NaF- u. RbF-Einkrist. mit Ofen-Kryostat (Farbzentren) 38-0332; Absorp.-Kante v. mit schnellen — bestrahltem Ge 39-0266; strahlende p–n-Übergänge in GaAs bei —-Strahlanreg. 41-0261; Polarisat. v. Elektronenstoß-Licht aus He 43-0130; Erzeug. v. Lyman-α-Strahl. bei Stößen v. — auf molekularen H 46-0091; Anreg. extremer UV-Strahl. in O_2 durch —-Stoß 49/50-0093; durch —-Stoß angeregte Sr I-, Sr II- u. Sr III-Linien im Bereich *2000*–*6000* Å 51/52-0050; Übergangsstrahl. beim schrägen Durchgang v. — durch einen Al-Film 51/52-0197; sichtbare Strahl. beim Beschuß v. Metallfolien mit schnellen — 51/52-0198.

Einfl. d. —-Beschusses auf CdSe-Einkrist. bei *77* °K u. eine Fluoreszenz-Emiss.-Bande 1-0375; Abhängigk. d. Lichtausb. v. plast. Szintillatoren v. d. Energie d. anregenden — 2-0803; Kathodolumineszenz: v. ZnSe bei —-Beschuß 3-0360; v. Krist. verschiedener SiC-Modifikat. mit Strahl.-Defekten nach —-Bestrahl. 6-0560; Lumineszenz v. durch — verschiedener Energie angeregtem CdS 7-0334; Relaxat.-Prozesse d. Eu^{3+} in Y_2O_3 u. YVO_4 bei Anreg. mit pulsierenden Kathodenstrahlen (zeitl. aufgelöste Fluoreszenzspektren) 9-0363; Abhängigk. d. Wrkg.-Grades d. Kathodolumineszenz v. Rubin v. Anreg.-Winkel d. —-Strahls 10-0339; Lumineszenz einiger Mol.-Gase bei Anreg. durch schnelle — 13-0197; Kathodolumineszenzanreg. in direct-gap-Halbleitern u. Mess. d. Diffus.-Längen 16-0419; durch schnelle — angeregte prim. u. Nachleuchtemiss. v. gasf. N bei niedr. Temp. 20-0121; Einfl. einer —-Bestrahl auf d. Lumineszenzeig. v. $CaWO_4$ 21-0409; V_k-Zentren u. Rekombinat.-Lumineszenz in RbJ u. NaJ durch Bestrahl. mit *1,7*-MeV-— bei tiefen Temp. 24-0375; Thermolumineszenz u. F-Zentrenbleich. in stark —-bestrahltem KCl 27-0394; Einfl. einer Wärmebehandl. u. Bestrahl. mit — auf d. Lumineszenz natürl. Diamanten 32-0367; Kathodolumineszenz v. mit — bestrahltem ZnSe 33-0370; durch Injekt. v. — ausgelöste Fluoreszenz v. Anthracenkrist. (Rekombinat.-Strahl.) 33-1027; Wrkg. v. — auf d. opt. Eig. v. LiH (Lumineszenzspektren) 40-0265; Lumineszenz v. Alkalimetallhalogenidkrist. nach —-Bestrahl. 42-0279; Lumineszenzanreg.-Mechanismen in N_2 durch schnelle — 49/50-0047; Stoßrohrunters. d. Struktur einer Stoßwelle mittels d. Fluoreszenz d. durch einen —-Strahl hoher Energie angeregten Gases 51/52-0088.

—-Strahlpumpen v. Lasermaterialien 4-0333; UV-Laser-Emiss. hohen Wrkg.-Grades in ZnS nach —-Strahlanreg. 6-0389; Laseremiss. in mit einem —-Strahl angeregtem ZnSe 9-0393; Temp.-Abhängigk. d. stimulierten Laserstrahl. v. CdTe bei elektron. Anreg. 9-0394; Anreg. v. Halbleiterlasern mit einem Strahl schneller — 10-0368; Laserwrkg. durch —-Bestrahl. 10-0369; im sichtbarem Bereich arbeitende Laser mit hohem Wrkg.-Grad aus CdS_xSe_{1-x} durch —-Strahlanreg. 11-0427; —-Strahl-gepumpte CdS-Laser mit hoher Leist. u. Ausb. 14-0378; Einfl. einer Anreg.-Inhomogenität bei Halbleiterlasern mit Pumpelektronenstrahl 26-0389; Laserwrkg. bei Raumtemp. v. CdS bei pulsierendem —-Beschuß 26-0394; inhomogene Minositätslad.-Trägerverteil. in mit —-Strahlen gepumpten n-GaAs:Te-Lasern 43-0348; endgepumpte Laseremiss. v. einem Cd-Sulfidselenid durch —-Strahlbeschuß 45-0366.

—-induzierte Atomverschieb. in d. Nähe d. Schwellenwertes in dünnen Einkrist.-Schichten 2-0277; Längenänder. in mit — bestrahltem hochreinem Ge 5-0354; Entsteh. v. Alkalimetallen bei d. —-Bestrahl. v. Alkalimetallhalogeniden aus Plasmaverlusten u. —-Interferenzen 5-0355; Einw. beschleunigter — auf d. Struktur v. polykrist. Ba-Titanat 11-0338; Möglichk. einer anisotropen Unordn. für kub.-flächenzentrierte A_3B-Leg. durch Bestrahl. mit schnellen — 13-0297; —-mkr

Beobacht. d. Einfl. v. --Bestrahl. u. Ausdruckeffekt an AgBr-Krist. 19-0324; Atomverschieb. durch eine Kaskade schneller – bei Ge 29-0303; Orientier.-Substrukturen in Ni/Co-Leg. durch Bestrahl. mit – im Magnetfeld 37-0204; Krist. v. InSb-Filmen durch Zonenschmelzen im --Strahl 38-0211; Längenänder. v. Cu nach Bestrahl. mit – 38-0271; durch --Schauer bewirkte Spuren in Glimmer 40-0217; Anreg. v. Tors.-Schwing. im Äthan-Mol. durch unelast. Kleinwinkelstreuung langsamer – 41-0902; Einfl. v. --Bestrahl. auf d. Verzwillig. u. d. Phasenumwandl. in In-Sulfid-Krist. 43-0169; Gefügeänder. in Cu nach Bearbeit. mit pulsierenden --Strahlen 47-2351.

--Bestrahl. dünner Schichten v. LaF_3 1-0340; Einfl. v. bei Zimmertemp. herbeigeführten --Strahl.-Schäden auf d. Thermolumineszenz-Kennlinie v. ZnS-Einkrist. 1-0368; Ausheil.-Unters. in --bestrahltem n-leitenden Si 3-0420; Beobacht. d. Doppelbrech. v. IR-Strahl. an --bombardiertem Si 8-0258; orientierte Schäden auf AgBr-Krist. durch --Strahl. 9-0323; Mess. d. Verteil. d. Defekterzeug.-Rate als Funkt. d. Tiefe in mit *600*-keV-– bestrahltem Si 10-0276; Defekterzeug. u. Ausheilen in --bestrahltem Si (*1.8*-, *3.3*- u. *3.9*-μm-Banden) 12-0323; durch *1*- bis *3*-MeV-– erzeugte Strahl.-Schäden in Pt 14-0440; Bldg. v. fehlgeordneten Bereichen in Ge durch --Bestrahl. 16-0312; ionisationsinduzierten --Strahlenschädig. in MgO 19-0331; Fehlstellenerzeug. in n-leitendem Si durch --Bestrahl. 20-0282; Energieabhängigk. d. Anisotropie bei d. Erzeug. v. Defekten in mit – bestrahlten Krist. v. Diamanttyp (Mess. an n- u. p-dotiertem Si) 21-0332; (theoret. Modell) 21-0333; Punkt-Defekte in Pt durch --Bestrahl. bei niedr. Temp. (Erzeug. d. Defekte) 21-0498; (Erhol. d. spezif. Widerstandes) 21-0499; Temp.-Abhängigk. d. Bldg.-Schwelle v. Strahl.-Defekten in mit – bestrahltem Si 22-0307; Defektcluster in mit – bestrahltem LiF 23-0354; Eig. v. durch ionisierende --Strahl. in KCl erzeugten Defekten 26-0313; --Bestrahl.-Schaden in CdSe-Krist. bei d. Temp. d. fl. He 27-0407; Einfl. einer --Einfangbeimeng. auf d. Defektbldg. u. d. Ausbleichen v. bei *78* °K bestrahltem KCl 28-0276; Einfl. v. Leerstellen u. Verunreinig. auf d. Schadenerzeug. in bei 90 °K mit – bestrahltem Pt 29-0310; Erhol. v. --bestrahltem Al u. Al-Leg. (Stufe II) 29-0489; (Stufe III) 29-0490; Erhol.-Stufe III v. mit – bestrahltem Al 31-0277; spontane Rekombinat. v. Frenkel-Paaren zur Berechn. d. Schädig.-Rate bei --Bestrahl. 35-0267; Widerstandsmess. d. Ausheil.-Spektrums v. --bestrahltem Nb u. Ta 36-0289; Wechselwrkg. v. Li mit O u. Fehlstellen in Si nach Bestrahl. mit – 38-0269; Erhol. d. Stadiums I v. Be nach --Bestrahl. 38-0270; Erhol. v. --bestrahltem Al u. v. Al-Leg. mit *1*% Cu oder Zn 44-0256; Anisotropie d. Defekterzeug. in --bestrahltem Fe 46-0294; Einfl. v. Tempern u. --Bestrahl. auf d. Stapelfehlerenergie v. Cu/Al-Mischkrist. 48-0186; Berechn. d. --Schädig.-Rate in Abhängigk. v. d. Tiefe in Si 48-0237; --Schädig. unterhalb d. Schwelle in n-Ge 48-0238; Erhol. v. --bestrahltem Zr bei tiefen Temp. 48-0239; Tieftemp.-Erhol.-Spektrum v. Mg nach --Bestrahl. 48-0240; --Beschuß v. Co bei *20* °K (Funkdefekte, Ausheil.) 48-0241; durch --Beschuß bei tiefen Temp. erzeugte Defekte in p-Ge 48-0408.

Zusammenwirken v. (α,β- u. γ-) Bestrahl. u. grenzflächenakt. Bedeck. auf d. mechan. Eig. metall. Einkrist. 11-0342; Einfl. d. --Bestrahl. auf d. Ermüd.-Eig. v. Cu-Einkrist. 17-0337; Best. d. Elastizitätskonst. v. Polymeren nach d. dynam. Meth. im Wrkg.-Feld v. schnellen – 20-1134; durch --Strahlimpulse erzeugte thermoelast. Spann.-Impulse in Quarz, Sapphir, Si u. Al-Leg. 28-0269; innere Reib. bei niedr. Frequenzen in --bestrahltem Cu 34-0336; Einfl. v. --Bestrahl.: auf d. mechan. Eig. v. Stahl 35-0266; auf d. Mikrohärte v. Ge 39-0245; Härten v. Al-*1* Atom-% Zn-Einkrist. durch --Bestrahl. 40-0221; Tieftemp.-Verform. v. --bestrahltem Al 41-0208.

Durch *45*-, *130*-, *230*- u. *330*-MeV-– ausgelöste Kaskaden im Pb 3-0030; Erhol. d. Widerstandes v. mit – bei *20* °K bestrahltem Nb 5-0485; Anreg. elektronenmagnet. Wellen in Ionenhalbleitern durch einen --Strahl 10-0379; Einfl. v. --Bestrahl. auf Dünnschichtsonnenzellen 12-0407; Unters. d. durch pulsierende, hochenerget. --Strahl. hervorgerufenen Spann.-Wellen 15-0309; Energiespektrum v. Kaskade-– in Pb 17-0328; Einfl. einer Bestrahl. v. n-Si mit – einer Energie unterhalb *300* keV auf d. Strom–Spann.-Kurven 17-0448; spezif. Widerstand u. Hall-Konst. v. mit *1*-MeV-– bestrahlten n-Si-Sonden 21-0474; Zerstör. metastabiler supraleitender Zustände durch β-Strahl. 23-0533; Einfl. d. Zus. v. in Sonnenzellen verwendeten Si-Krist. gegenüber --Strahl. 26-0433; Wrkg. v. *4*-MeV-– auf d. Transporteig. v. n-Ga-Arsenid- u. p-Ga-Antimonid-Einkrist. 26-0440; Widerstandsunters. v. --bestrahltem Fe 30-0267; Ejekt. v. ^{35}Cl u. ^{37}Cl aus NaCl beim Beschuß mit – (Oberflächenpotential) 33-0461; --induzierte elektromagnet. Kaskadenschauer in Cu, Sn u. Pb 34-0375; Absorpt.-Vermögen v. TiO_2–MgO- u. TiO_2–BeO-Proben für Mikrowellen bei gleichzeit. --Bestrahl. 35-0330; durch --Bestrahl. induzierte Elektroleitfähigk. in gefrorenem Heptan 38-1021; Anstieg d. elektr. Widerstandes bei --Bestrahl. v. reinem u. legiertem Al oberhalb d. Zustandes I 40-0220; gerichteter Durchschlag in mit – beschossenen NaCl-Krist. 43-0242; Einfl. d. Temp. auf durch --Beschuß verursachte Oberflächenlad. bei Al u. rostfreiem Stahl 43-0450; Verh. v. Metallen bei --Beschuß während d. Schweißens 44-2237; Einfl. einer --Bestrahl. bei tiefen Temp. auf d. elektr. Eig. v. undotiertem GaSb 47-0364; Einfl. v. --Bestrahl. auf DK, dielektr. Verlustfaktor u. dielektr. Hysterese v. $BaTiO_3$-Ein- u. Polykrist. 51/52-0319.

EPR v. --bestrahltem $Li_2SO_4 \cdot H_2O$ bei d. Temp. d. fl. N_2 12-0361; paramagnet. Resonanz --bestrahlter lumineszierender LiH-Krist. 15-0365; opt. u. ESR-Tieftemp.-Unters. v. mit *2*-MeV-– bestrahltem ThO_2 30-0304; EPR-Spektren v. mit – bestrahlten Alkalimetallchloraten, -bromaten u. -jodaten 33-0836; EPR in --bestrahltem Ge 39-0295.

Schichtdickenabhängigk. d. Wärmeerzeug. durch --Bestrahl. 33-0264; Durchschmelzmechanismus krist. fester Stoffe durch --Strahl. 35-0265; Einfl. einer --Bestrahl. auf d. Wärmeleitfähigk. v. n- u. p-leitendem Ge 39-0210.

Stimulierte Emiss. v. Phononen durch Überschall-– in Ge 49/50-0172.

Desorpt.: v. Ionen aus einer an d. Cu-Oberfläche adsorbierten Schicht durch langsame – 23-0708; v. Oberflächenatomen durch austretende hochenerget. – 26-0678; Entgas. v. Glas durch --Beschuß bei *100*–*1000* Volt 28-0403; Strahl.-Stabilität d. Kationits KU-*4* 30-0638; Mechanismus d. durch – stimulierten Desorpt. v. O_2 v. einer W-Oberfläche 31-0712; Einfl. d. Stoßeffekte v. – auf an einer (*100*)-Fläche v. W adsorbiertes NH_3 35-0583; Blasenbldg. in Glas bei --Bestrahl. 45-2421; Wrkg.-Grad d. Desorpt. v. Gasen v. einer Oberfläche unter --Beschuß 49/50-0496.

Chemische Wirkungen

Photograph. Wrkg. u. deren Anwend. s. unter *Photographie*.

Rk. v. – in niedr. LET-Bahnen u. deren Struktur 5-0727; Beschreib. einer Bestrahl.-Technik v. Gasen mit – d. Energie *10* bis *100* keV in d. Strahlenchemie 11-0726; Erfahr. am *2*-MeV-Van-de-Graaff-Generator bei strahlenchem. Arbeiten 26-2216.

Entsteh. v. Alkalimetallen bei d. --Bestrahl. v. Alkalimetallhalogeniden 5-0355; anomaler Effekt bei d. H-Peroxidausb. bei d. Radiolyse belüfteter schwefelsaurer Lsg. v. KBr mit – 6-0692; Ox. v. N_2/O_2- u. N_2/CO_2-Gemischen unter Bldg. v. NO durch --Beschuß 8-0651; Bldg.: d. NO_3-Radikals bei d. --Pulsradiolyse wss. $NaNO_3$-Lsg. 8-0653; v. Mo-Carbidfilmen aus $Mo(CO)_6$ unter Einw. eines --Strahls 15-0213; Bedeut. angeregter Zustände bei d. Bldg. v. H_3O^+ durch --Beschuß v. W.-Dampf 16-0681; Zerfall d. NH_3 durch Bestrahl. mit *100*-eV-– 17-0747; Kinetik d. Rk. zwischen H_3O^+ u. OH^- (Protonentransportrk.) mittels Leitfähigk.-Mess. u. Pulsradiolyse (*4*-MeV-Elektronen, *2,5*-μs-Puls) 20-0678; Einfl. d. pH-Wertes auf d. Red. v. $HgCl_2$ durch --Bestrahl. 20-0682; Zerfall mol. H-Ionen durch Stöße mit therm. – 21-0188; Rk. hydratisierter – mit CO durch Pulsradiolyse unter Bldg. eines hydratisierten Formylradikals in ionisierter ($H\dot{C}(OH)O^-$) oder neutraler ($H\dot{C}(OH)_2$) Form 21-0778; Absorpt.-Spektren v. krist. Eis u. gefrorenen krist. wss. Lsg. bei Impulsradiolyse 25-0322; Strahlenchemie v. gasf. NH_3 (Einfl. d. Temp. u. verschiedener Zusätze bei d. Radiolyse v. NH_3 (g) mit *1,0*-MeV-–) 25-0774; (Bldg. v. Hydrazin bei d. Radiolyse v. NH_3 (g) mit *1,0*-MeV-–) 25-0775; Wrkg.-Querschnitte u. Geschw.-Konst. d. Bldg. v. H_3S^+ aus H_2S mittels gepulster --Strahlen 27-0775; Bldg. d. NO_3-Radikals bei d. HNO_3-Radiolyse mit gepulsten – u. seine Abbaukinetik 30-0676; Technologie d. Darst. v. La-, Gd- u. Y-Hexaborid unter Erhitzen durch --Bestrahl. 38-0650; prim. Mechanismen d. Radiolyse v. gasf. CO durch Bestrahl. mit – geringer Energie 40-0588; Bldg. v. Radikalen bei d. Bestrahl. v. Alkalichloraten bzw. -bromaten mit *1,6*-MeV-– 45-0658; EPR-Unters. d. therm. Abklingens v. OH-Radikalen in --bestrahltem Li_2SO_4 bei 77 °K 48-0352.

Unters. v. wss. Lsg. d. Nucleinsäure u. verwandte Verb. mit Hilfe d. Pulsradiolyse 1-0865; --Puls-Radiolyse: v. wss. Kohlehydratlsg. 1-0867; v. CCl_4–Bzl.-Gemischen 1-0922; Zers. v. Äthanmol. unter --Stoß 2-0926; β-Radiolyse v. fl. Bzl. 3-0953; Grenzkonz. v. Radikalen einfacher aromat. Verb., entstanden durch --Beschuß v. Benzolderiv. 3-0954; Pulsradiolyse u. Matrixisolier. v. Methanol u. 2-Methyltetrahydrofuran (MTHF) 3-0957; Abscheid. v. Sn- u. Si-Filmen aus gasf. Triäthylvinylsilan, Tetraäthylzinn u. Tetrapropylzinn auf Glas-, NaCl- oder Glassubstraten mit Al-Überzug bei Einw. v. --Strahlen 6-0705; Lumineszenzzerfall v. Pyren-, Dibenzyl- u. Dibenzyl-Tetracen-Krist. bei Anreg. mit – 8-0813; durch Bestrahl. mit – an Polyäthylen gebundene Organo-Tone 11-0861; Veränder. an organ. Polymeren bei --Bestrahl. unter verschiedenen Beschleunig.-Spann. 11-1165; --Bestrahl. v. KW-Stoffen (Radikalrk. u. Diffus. während d. Radiolyse) 15-1002; (Modellsyst. für Radikalrk. u. Diffus. bei d. Radiolyse) 16-1000; Umwandl. v. leichten Paraffinen in höhersd. Prod. mit β-Strahlen 17-2951*; Carboxylier. organ. Stoffe unter d. Einfl. v. β-Strahlen 18-0947; keine Bldg. v. Acetylen bei d. β-Radiolyse d. Methans 18-0948; β-Strahlenchemie cycl. Fluorkohlenwasserstoffe 18-0952; β-Radiolyse v. Äthylenglykoldiacetat 18-0957; Vernetz. v. Harzen mit --Strahlen 21-3031; Polymerisat. v. Vinylverb. durch --Strahlen 22-3333*; Herst. v. dielektr. Epoxidschichten durch --Beschuß 23-1212; Olefine als Triplettfänger in mit – bestrahlten Syst. 27-1082; --Impulsradiolyse v. wss. Eosin 27-1106; --Brenzen v. Menthol 27-2254.

Physiologische Wirkungen

Wrkg. v. β-Strahl. auf Säugetierzellen (^3H- bzw. ^{14}C-Thymidin) 1-1087; Frühwrkg. einer β-Bestrahl. auf d. Hautgefäßpermeabilität für Plasmaproteine 3-1530; Beteilig. v. Kininen an d. Pathogenese v. Frühstör. d. Hautkapillarpermeabilität bei lokaler β-Bestrahl. 46-1608.

Anwendungen

Siehe auch d. vorstehenden Absätze.

--Strahlschmelzen v. hitzebeständ. Metallen (Schwimmzonenschmelzen) 2-2167; (Eig. v. Mo, W u. Ta) 2-2168; (W) 2-2187; rotierende Vielfach-Elektronenkanone zur Verw. bei d. Beschicht. mit dünnen Polymerfilmen 6-1797; Schneid- u. Schweißvers. an Stahl *18/8* mit --Strahlen 8-2334; Probleme d. großtechn. Verdampf. mit --Strahlen 9-2084; Schmelzen v. Leg. mittels --Strahl 11-2429*; modulierte --Strahlquelle für Dünnschichtabscheid. 16-1835; Anwend. d. --Beschieß. zum Zonenschmelzen v. W u. Mo 26-2434; tiegelloses Zonenschmelzen hochschmelzender Metalle mit Hilfe v. punktfokussierten --Strahlen 36-0122; Anwend. v. --Strahlen zur Metallbearbeit. 40-2189; --Strahlschweißen v. Werkstoffkombinat. (Diagramme d. Strahlstromstärke) 45-2566; --Strahlschmelzen v. Metallen 46-2176; --Kanonen mit Leist. v. *5*–*1200* kW u. ihre techn. Anwend. 49/50-2134.

Untersuchungsmethoden

Elektronensonden-Mikroanalyse s. unter *Spektroskopie-Röntgenspektroskopie*.

Siehe auch *Photographie* bzw. *Strahlungsmeßgeräte*. Anwend.: v. β-Strahlenmess. s. unter *Betastrahlen*; v. --Streuungs- u. Beug.-Unters. s. d. Abschnitte *Elektronenstreuung und -stöße* u. *Elektronenbeugung*.

--Strahlabtast. v. Injekt.-Lasern 6-0386; Meth. zur Mess. d. Stromdichte bei Strahlen geladener Teilchen 7-1863; ESCA-Meth. unter Verw. v. monochromat. Röntgenstrahlen u. eines Permanentmagnetspektrographen 9-1899; Dosis-Bewert. eines --Strahles nach d. Glasmeth. 10-1881; Anwend. v. p–n-Übergängen zum Nachw. beschleunigter – mit einer Energie v. *1*–*5* MeV 14-1885; Widerstandsmess. eines Halbleiters mit Hilfe eines --Strahls 15-0409; Geh.-Best. an Dreistoffsyst. durch Rückstreumess. v. γ-Sek.-– u. β-Teilchen 16-1893; D.-Mess. mit --Strahlen beim Durchtritt v. *10*–*20*-keV-– durch einen Luft- oder N_2-Strom 17-0191; Mess. d. Potentialverteil. in einem Halbleiterkrist. mit einem

—-Strahl 17-0434; Herst. v. Organopolysiloxanen als deformierbare Medien mit hoher Empfindlichk. für geschwindigkeitsmodulierte —-Strahlen 19-2772*; dl-Alanin als Dosimeter für —-Bestrahl. 22-1014; Singulett-Triplett-Anreg.-Spektren hoher Auflös. aus d. —-Stoßspektroskopie bei niedr. Energie 26-0156; Meth. zur Mess. d. Rückstreukoeff. v. — (Entsteh. v. —-Bildern) 27-2117; programmierte Analyse mit Hilfe eines Elektronenstrahlmikroanalysators u. eines Vielkanalanalysators 27-2121; Nachw. v. — v. *2–40* keV mit Szintillat.-Krist. 27-2139; Dosisleist. u. Toleranzflußdichte hochenerget. —- u. Gammastrahlen 32-1877; —-Strahlheiz. zur Reinig. v. Graphitelektroden für d. Spektroskopie 33-2145; Auflsg.-Grenze d. elektrostat. Energie-Analysators u. hochauflösende —-Spektrometrie 34-1914; Verw. v. Si-Solarzellen als Detektoren energet. — aus Plasmen 36-1894; Energiemonitor für —-Strahlen 36-1895; Biprismainterferenzen mit langsamen — 38-2009; Brennebenendetektoren aus Li-kompensiertem Si für —-Streuungs-Spektrometer 41-2008; Biprisma-Interferometer für *100*-keV-— u. seine Anwend. 42-1767; Elektron-γ- u. Elektron - Elektron - Koinzidenzspektrometer mit Halbleiterzählern 47-1868; kompakter Čerenkov-Zähler zum —-Nachw. 47-1869; in d. hochauflösenden —-Spektrometrie verwendete Oberflächen 48-1797; —-Strahlmeth. zur Mess. d. Widerstandsverteil. in Halbleitern 51/52-0279; Verw. v. AgBr-Aufdampfschichten zur Registrier. v. —-Strahlen 51/52-2981.

Bibliographie

Elektronische Vorgänge in Gasen und Festkörpern B 41; Elektronen und Festkörper, Anregungen, Energieverluste, dielektr. Theorie B 82; Elektronenprozesse auf Oberflächen und in monokristallinen Schichten der Halbleiter [russ.] B 1; Electrons, ions, and waves; selected works B 1; Understanding physics. Vol. *1*: Motion, sound, and heat. Vol. *2*: Light, magnetism, and electricity. Vol. *3*: The electron, proton and neutron B 9; Advances in electronics and electron physics B 26; Advances in electronics and electron physics. Vol. *23* B 41; Atlas of electron microscopy of clay minerals and their admixtures B 53; Atomic and electron physics. Part A: Atomic sources and detectors (= Methods of experimental physics, *4*.) B 58; Electron microscopy of cells and tissues. Vol. *1*: Instrumentation and techniques B 61; Many-electron systems: properties and interactions B 81; Advances in optical and electron microscopy. Vol. *2* B 85; Crystal structure determination by electron diffraction B 90; Symposium international sur les anneaux de collisions à électrons et positrons tenu à l'Institut national des sciences et techniques nucléaires, Saclay, *1966* B 10; Symposium international sur les anneaux de collisions à électrons et positrons, Saclay, *1966*. Exposés B 33; Les pertes d'énergie caractéristiques des électrons dans les solides B 74.

Elektronenaustauscher s. unter *Ionenaustausch.*

Elektronenaustausch- bzw. -übertragungsreaktionen

Siehe auch *Oxydoreduktion.*

Elektronenübergang v. V(II) zu Co(III) (Kinetik) 2-0641; Elektronenübertrag.-Gleichgew. 9-0925; Elektronenübertrag.-Rk. zwischen Co(II)- u. Co(III)-Ionen 27-0788; Elektronenübertrag.-Kette v. Mitochondrien mit neuem Proteinbestandteil in Komplex III 44-1175; Elektronenübertrag. in d. Flavin-Cytochrom b-Reg. d. Atmungskette 44-1205; Elektronenaustausch zwischen $[Cr(OH_2)_5 \cdot (H_2PO_2)]^{2+}$ u. Cr^{2+} (Kinetik, Mechanismus) 49/50-0532.

Elektronenemission

Photo-— s. unter *Photoelektrizität.* Ionenemiss. s. unter *Ionen. Auger-Effekt*; *Glühkathoden* s. dort.

— v. K-Filmen auf einem W-Einkrist. 1-0643; Elektronennachemiss. 4-0174; Elektrolumineszenz v. ZnS-Krist. u. d. damit verbundene — im Vakuum 6-0366; Emiss. heißer Elektronen aus polaren Halbleitern mit nichtparabol. Dispers.-Gesetz 8-0356; tangentialer Strom an d. Oberfläche eines Elektronen emittierenden Metalls 14-0388; — v. Cu-Oberflächen in Ggw. v. O_2, Cs u. O_2 + Cs 20-0353; Emiss. heißer Elektronen aus bes. Si-p–n-Übergängen 23-0459; Injekt. u. Emiss. heißer Elektronen in Dünnschicht-Tunnelemittern 29-0419; Interpretat. d. Emiss. v. Sandwichkathoden 30-0376; — v. Cs-Filmen auf Ir 34-0725; Korrelat. zwischen Elektrolumineszenz u. — dünner Metall–Oxid-Metallschichten 40-0300; Elektronik d. Emiss. angeregter Elektronen u. Löcher aus einer Metallschicht in einen Halbleiter 41-0312; — aus Bereichen hohen Widerstandes in SnO-Filmen 48-0386.

Austrittsarbeit: v. Katalysatoren (Syst. ZnO/O_2) 3-0664; bei verschiedenen Arten d. — v. Metallen 5-0440; für W-Einkrist.-Flächen in Abhängigk. v. d. Konz. adsorbierter Cs-Atome 5-0443; Kontaktpotential v. ZnO-, ZnS-, ZnSe-, ZnTe-, CdS-, CdSe- u. CdTe-Einkrist. 6-0405; Emiss.-Parameter d. Flächen v. W-, Mo- u. Ta-Einkrist. (rein u. verunreinigt) 7-0370; Austrittsarbeit einer bedeckten Oberfläche 7-0371; Änder. d. Austrittsarbeit bei Reflex. langsamer Elektronen an H-bedeckten W-Einkrist. 10-0630; Austrittsarbeit: v. W-Einkrist. 11-0431; v. CaF_2 u. $CaSO_4$ (Einfl. elektr. Felder) 11-0432; v. PbS-Einkrist. 12-0376; verbesserte Oberflächenionisier. durch schwerschmelzbare Metalle u. Leg. mit hoher Austrittsarbeit 12-0377; Austrittsarbeit: v. reinem YB_6 15-0398; u. Oberflächenspann. in verd. Alkalimetallamalgamen im fl. u. festen Zustand 16-0413; v. Au für verschiedene Krist.-Flächen 17-0429; bei Glüh-— v. polykrist. Ru im Hochvakuum u. in Cs-Dampf 17-0430; v. mit Ba beschichteten p- u. n-Ge-Emittern (Änder. mit d. Bedeck.-Grad) 17-0431; v. hochdispersem Graphit (Einfl. d. Oberflächenzustands) 17-0702; v. polykrist. ZnO-Filmen in Ggw. v. Alkylradikalen 18-0620; v. Glühkathoden mit Emittern aus ThO_2 u. Y_2O_3 auf einem Kern aus d. Leg. WR-*20* (*21* Re u. *79* W) 19-0423; v. Halbleiteroberflächen 19-0425; bei Vakuum-Glühemiss. v. TaB_2, ZrC, Mo_2C, $MoSi_2$, $TaSi_2$ u. WSi_2 22-0416; v. schwer schmelzenden Carbidleg. (Änder. mit d. Zus.) 23-0204; im Adsorpt.-Syst. Sc/W 23-0454; an Re-Einkrist.-Flächen im Vakuum u. unter Einw. eines Cs-Atomstrahls 23-0455; v. Cs–Sb-Schichten 25-0418; eines Metalls (Einfl. v. dünnen Halbleiter- oder dielektr. Schichten) 26-0414; v. fl. K, Rb u. Hg 27-0467; Theorie d. Oberflächenenergie u. Austrittsarbeit d. Elektrons aus einem Metall 28-0395; Abschätz. d. Austrittsarbeit aus einer einzigen Ausb.-Mess. 28-0396; Austrittsarbeitsunters. (Chemisorpt. zweiatom. Mol. an W-Einkrist.) 28-0397; Austrittsarbeit: v. polykrist. NiO (Einfl. d. Chemisorpt. v. O) 28-0398; v. reinem u. dotiertem NiO 28-0399; v. reinem u. dotiertem NiO (Änder. bei Chemisorpt. v. O) 28-0400; v. W (Änder. durch O_2-Adsorpt.) 28-0401; v. Al 29-0414; Einfl. d. Restgasatmosphäre in Raumkammern auf d. Austrittsarbeit u. d. krit. Temp. v. W-Ionisatoren 30-0372; Berechn. d. Einfl. d. Substratrauheit auf d. Austrittsarbeit aufgestäubter Filme 30-0373; Austrittsarbeit: einer W-Feldemitters 31-0402; v. Metallen 32-0403; v. aufgedampftem U auf polykrist. W-Folie 35-0347; Änder. v. Si-Einkrist. (Änder. bei Belicht. u. H_2O_2-Zerfall) 35-0659; Minimum d. Elektronenaustrittsarbeit bei Adsorpt. eines elektropositiven Films auf einem Metall 36-0574; Austrittsarbeit v. mit einer dünnen Schicht Phthalocyanin bedeckten Metallen 39-0319; Unterschied im Austrittspotential v. (*111*)- u. ($\bar{1}\bar{1}\bar{1}$)-Oberflächen v. InSb 39-0320; Abhängigk. d. Austrittsarbeit u. katalyt. Aktivität polykrist. Ni-Oxids v. dessen innerer Defektstruktur 39-0321; Austrittsarbeit eines sehr reinen Pt-Fadens 39-0324; Definit. elektrochem. Potentiale u. ihre Bezieh. zur Elektronenaustrittsarbeit 39-0508; Austrittsarbeit: zweier sich berührender sphär. Teilchen gleicher Dimens. 40-0296; v. Metallen in bezug auf $SrTiO_3$ 40-0326; v. Al-Schichten 42-0320; v. Al (Änder. bei u. nach Ox.) 42-0321; Austrittsarbeitsverteil. gepreßter Matrixkathoden 42-0322; Injekt. heißer Elektronen in He u. andere isolierende Fl. aus einer Tunnelverb. (Best. d. Austrittsarbeit aus d. Kathode) 42-0323; Einfl. mechan. Spann. auf d. Austrittsarbeit 43-0360; Austrittsarbeit: d. (*100*)-Fläche v. W–Re-Leg. 43-0362; v. mit Zusätzen hergestellten W-Drähten 47-0338; v. InAs 49/50-0272.

Einfl. v. Oberflächenfleckenfeldern auf d. Austrittsarbeitsbest. aus d. Feldemiss. 5-0441; Mess. d. Austrittsarbeit: an Halbleiterkatalysatoren nach einer autokompensierenden Schwingkondensator-Meth. 9-0408; v. B u. Si nach d. Meth. d. Eigenthermometers 22-0414.

Exoelektronen, Chemoemission u. dgl.: Photostimulierte Exo-—: während d. Gefrierens v. wss. NH_4OH-Lsg. niedr. Konz. 4-0346; aus plast. deformierten NaCl-Einkrist. mit F-Zentren 4-0347; Einfl. d. Ag-Geh. in ZnS: Ag-Krist.-Phosphoren auf d. Exo-— durch Röntgenstrahl. 8-0635; Exo-—: bei $\gamma \rightleftharpoons \varepsilon$-Umwandl. einer Fe-Leg. 9-0404; v. verformtem Al u. d. Leg. D *16* 9-0405; beim Erstarren v. Metallschmelzen 9-0406; aus metall. Materialien 15-0394; durch Oberflächenbeschuß mit positiven Ionen 15-0395; während d. Chemisorpt. v. O_2 an reinen Ni-Oberflächen bzw. an V u. W 15-0396; thermostimulierte Lad.-Träger-Nachemiss. v. wasserbehandelten Metall- (Al, Cu, Fe) u. Ge-Oberflächen 19-0418; Exo-—: aus abgeschliffenen Metalloberflächen im Hoch- u. Ultrahochvakuum 19-0419; bei Phasenumwandl. in Ferroelektrika 23-0458; Trägh. d. Exo-— aus verformten Metallen 27-0466; Exo-—: u. katalyt. Aktivität v. Ag-Katalysatoren für d. Äthylenox. 29-0786; v. dünnen NaCl-Schichten u. v. mit Ag beschichteten NaCl nach Röntgen-Bestrahl. 33-0469; bei Gleitreib. 35-0350; — v. in Luft-, O_2-, N_2- u. W.-Dampfatmosphäre geschliffenem Al 37-0396; Einfl.: v. Calcinier. u. Röntgenstrahldosis auf d. Exo-— bei CaF_2 37-0397; v. Cr-Ionen auf d. therm. angeregte Exo-— v. Al_2O_3-Krist. 37-0398; therm. stimulierte Exo-— v. ZnO 37-0692; Exo-—: mechan. bearbeiteter Si-Oberflächen 40-0298; im Geigerzähler 51/52-0267.

Unters. v. Auftrag.-Katalysatoren durch Exo-— 5-0724, 6-0679, 6-0680; Meth. zur Unters. v. Sinteroberflächen mit Exo-— 6-2346; Anwend. d. Exo-— zur Gefügeunters. v. Metall-Oberflächenschichten 9-2381; Nachw. geringer Substanzmengen mit Exoelektronen 24-1980; Unters. v. Trägerkatalysatoren mit Hilfe d. Exo-— 25-0770.

Sekundäremission: Abhängigk. d. sek. u. Photoelektronen-Stroms v. d. Schichtdicke v. Au 1-0408; Bezieh. d. Weglängen v. Röntgenelektronen u. langsamen sek. Elektronen v. Alkalimetallhalogenid-Verb. 1-0409; sek. — v. Al u. Ni bei schrägem Einfall d. prim. Elektronen 2-0365; Temp.-Abhängigk. d. Ionen-— v. Alkalimetallhalogenid-Einkrist. 2-0366; sek. —: v. porösen KCl-Schichten 2-0367; v. einkrist. Cu-Scheiben bei Ionenbeschuß 5-0444; Kinetik d. — aus einem Cu-Einkrist. durch Ar-Ionen 6-0407; Winkelabhängigk. d. Zerstäub. u. — v. Einkrist. 7-0376; anomale sek. — v. Alkalimetallhalogeniden im Ultraschallfeld 7-0377; feldverstärkte sek. — aus porösen Emittern 7-0378; Energiespektrum v. aus Mo unter Beschuß mit He- u. Ar-Atomen u. -Ionen emittierten Elektronen 8-0352; Besonderh. d. sek. — v. BeO-Schichten auf einer selektiver Ox. unterworfenen Leg. 8-0353; sek. Emiss.-Koeff. v. Schichten aus BeO in einem Elektronenstrahl 8-0354; Plasmaverluste d. Elektronenenergie u. Sekundärelektronen mit diskreten Energien in Al 10-0377; sek. — v. dünnen, selbsttragenden Ag-Schichten 10-0378; Ausb. d. sek. — v. Keramiken 13-0389; Probleme d. sek. — 14-0394; individuelle Wechselwrkg. eines einfallenden Elektrons u. eines Leit.-Elektrons während d. Elektronenbeschusses u. sek. — v. Metallen (Li) 15-0397; sek. — v. Festkörpern bei großem Einfallswinkel d. prim. Strahls 21-0448; Energiespektrum d. —: v. Mo bei Beschuß mit Edelgasionen u. -atomen 21-0449; aus einem KCl-Einkrist. bei Beschuß mit He-Ionen 21-0450; Sek.-Emiss.-Unters. an Ge u. Na-bedecktem Ge 21-0451; Einfallwinkelabhängigk. u. Temp.-Abhängigk. d. Anisotropie d. Koeff. d. — v. Ge- u. Si-Targets unter Ne-, Ar- u. ^{84}Kr-Ionenbeschuß 23-0457; sek.-— aus GaAs-Einkrist. 24-0416; Einfl. v. H auf d. — aus Metallen nach Ionenbeschuß 24-0417; theoret. Rechtfertig. d. allg., red., aus d. Quantentheorie v. Van Der Ziel abgeleiteten Kurve d. sek. — 25-0414; sek. — u. Verunreinig. d. Metalloberfläche 25-0415; Verw. v. Polya-Statistiken bei Unters. d. Sekundärelektronenausb. v. Targetoberflächen 27-2073; sek.-— bei Beschuß v. Mo-Targets mit Mol.-Strahlen 28-0402; Rasterelektronenmikroskopie eines ^{16}P-Phosphors mit Hilfe d. Kathodolumineszenz u. d. sek. — 29-0372; sek. — v. Metallen bei Beschuß mit langsamen Ionen 31-0396; Temp.-Abhängigk. d. sek. — v. polykrist. Ni 33-0470; — v. intermetall. Verb. bei Ionenbeschuß (CuBe) 34-0436; (Cs–Sb-Schichten) 34-0437; sek. — einer metall. Oberfläche unter d. Einfl. eines Mol.-Strahls hoher Energie 34-0438; — v. einer (*100*)-W-Fläche bei Protonenbeschuß 38-0411; sek. — dünner freitragender Au-Folien 39-0322; Unters. d. sek. — d. (*001*)-Fläche v. Al in Zusammenhang mit d. Beug. niederenerget. Elektronen 41-0309; Energieverteil. transmittierter sek. Elektronen aus dünnen porösen KCl-Schichten 41-0310; sek. — v. glycerinüberzogenen Cu-Oberflächen 46-0368.

CsJ als Sekundäremiss.-Material hoher Ergiebigk. 5-0445; Unters.: d. Elektronenzustände v. Atomen, Mol. u. Festkörpern mit Hilfe d. quasielast. Herausschlagens eines Elektrons mit schnellen Elektronen 6-0406; v. elektron. Mikrokreisen durch sek. — 26-0425; Mess. d. Koeff. d. unelast. Reflex. d. Elektronen u. d. sek. — bei großen Einfallswinkeln d. Primärstrahls 34-0439; Meth. zur schnellen Mess. d. sek. – bei Energien v. *200–2000* eV 40-1703; Vielfachemiss. v. Elektronen in einem Sekundärelektronen-Teilchenzähler 41-0311; Anordn. für d. Mess. d. Winkelverteil. d. aus Cs-Sb-Schichten emittierten Photo- u. sek.-Elektronen 43-1870; Intensitätsbest. eines Mol.-Strahls mit hoher Energie mit Hilfe d. sek. – aus geheizten W-Bändern 44-0330; Sekundäremiss.-Monitor für Elektronenbündel hoher Energie u. Intensität 47-1871

Thermische Elektronenemission: v. polykrist. Oberflächen v. Be, Ti, Cr, Ni, Cu, Pt u. Edelstahl Typ *304* in Cs-Dampf 2-0364; v. Hf- u. Zr-Carbid 8-0355; vereinigte Theorie d. therm. u. Feld - – aus Halbleitern 9-0407; thermion. – v. W u. W-*25* Re im Vakuum u. im Cs-Dampf 12-0379; Thermo-– : v. ZrC-Pulver im Vakuum bzw. in Cs-Dampf 12-0380; u. Aktivier. v. Oxidkathoden mit Ba-Dampf 12-0381; tangentialer Strom an d. Oberfläche eines Elektronen emittierenden Metalls bei d. Feld-, Thermo- u. gemischten Thermo-Feldemiss. 14-0388; Thermo-– v. YB_6 15-0398; Elektronenrekombinat. u. thermion. Emiss. in negativ geladenen festen Teilchen 22-0413; Thermoelektronenemiss.-Eig. v. pulverförm. LaB_6 in Abhängigk. v. Zus. u. Reinh. 22-0415; – eines Glühemiss.-Emitters aus in einer W-Matrix dispergiertem $BaO-UO_2$ 22-0417; Thermo-–: v. W-LaB_6-Leg. 30-0374; v. Auripigment 31-0434; v. Metall-BaO-Syst. 32-0407; v. Mo-Filmen auf einem W-Einkrist. 34-0724; Einfl. verschiedener Oberflächenbarrieren-Modelle auf d. Nottingham-Austauschprozeß (–-Stromdichte für gleichzeit. Glüh- u. Feldemiss.) 36-0357; Berechn. d. kinet. Reflex.-Koeff. in d. Gleich. für d. Strom d. Thermo-– aus Plasma u. Halbleiter 39-0323; therm. –: v. Pt im Ultrahochvakuum u. in Ggw. v. O 39-0324; v. Leg. d. Syst. W/La_2O_3 39-0325; Abhängigk. d. Glühemiss. v. mechan. Spann. 43-0360; therm. – v. Oxidschichten auf Metallkrist. 46-0143.

Eig. u. Arbeitsparameter eines für P selektiv empfindl. Glühelektronenemiss.-Detektors 29-2062; Unters. d. Ionisat. v. Cs auf d. Oberfläche poröser, schwerschmelzender Metalle mittels therm. Emiss.-Mikroskopie 36-0353; Mess. d. Glühemiss. mit Geiger-Müller-Zählern 39-0326; neue Meth. zur Mess. d. Temp.-Änder. in Glühkathoden während d. Impulsemiss. 51/52-0268.

Feldemission: Tunnel-Emiss. aus Al-Al_2O_3-Metall-Strukturen 1-0461; Feldemiss. v. Cr, Co u. Hf 5-0442; durch IR-Strahl. gesteuerte Feld-– aus Ge 7-0374; Feldemiss. v. Minoritätsträgern in Photoleitern 7-0382; vereinigte Theorie d. therm. u. Feldemiss. aus Halbleitern 9-0407; Elektronenspinpolarisat. bei d. Feldemiss. aus Gd 11-0429; Theorie d. Feld-– v. Supraleitern 11-0430; Rolle d. Kathoden-Feldemiss. beim Übergang v. Leuchtfaden zum Funken 13-0212; tangentialer Strom an d. Oberfläche eines Elektronen emittierenden Metalls bei Feld-, Thermo- u. gemischter Thermo-Feldemiss. 14-0388; Theorie d. Feldemiss. v. Metallen 14-0389; Feld-–: aus p-Ge u. aus mit Ba oder Au beschichteten p-Ge-Emittern 14-0390; v. Ge 14-0391; aus In_2S_3 14-0392; aus dünnen halbleitenden Si-Schichten auf Metallen 14-0393; Vakuumdurchschlag infolge v. Feldemiss. 20-0135; Feldemiss.: durch an einer Metalloberfläche adsorbierte Atome 20-0342; v. durch Felddesorpt. gereinigtem p-Si 20-0343; Adsorpt. u. Feld-– v. Na-Filmen auf W- u. Re-Einkrist. 23-0456; Feldemiss. (Jahresübersicht) 26-0001; Keimbldg.: v. Krist. in Multischichten metall. Adsorbate auf sauberen W-Spitzen im Feldelektronenmikroskop 26-0205; v. Zn-Krist. bei d. Mehrschichtadsorpt. an sauberen W-Feldemiss.-Spitzen 26-0210; experimenteller Nachw. für Tunnelresonanzeffekte bei d. Feld-– 26-0407; Fowler-Nordheim-Diagramme v. Ge-Feldemittern 26-0408; Vollkommenh. u. Feldemiss. einer W-(*110*)-Fläche 26-0409; Schottkysche Feldemiss. durch Al-Al_2O_3-Al-Strukturen 29-0418; Einfl.: d. Gasdruckes auf d. elektr. Durchschlag u. d. Feldemiss. 30-0119; einer Raumlad. auf d. Potentialbarriere bei Feldemiss. 32-0405; Oberflächenpotentialschwelle bei d. Feldemiss.-Theorie 36-0356.

Feldemiss.-Mikroskopie: v. Ge 1-0640; d. Adsorpt. v. Gasen auf einem Re-Katalysator 2-0654; Einfl. v. Oberflächenfleckenfeldern auf d. Austrittsarbeitsbest. aus d. Feldemiss. 5-0441; Verw. eines Feldelektronenprojektors zur Unters. einer Ge-Oberfläche 7-0372; Unters. d. Adsorpt. v. Au auf W im Feldelektronenmikroskop 8-0600; Art d. krit. Keimes bei d. heterogenen Keimbldg. aus d. Dampf auf fester Unterlage (Beobacht. im Feldemiss.-Mikroskop) 11-0229, 11-0230; Beobacht. d. Veränder. an reinen Pt-Oberflächen durch gelöste Fremdstoffe mit d. Feldelektronenmikroskop 14-0224; Gleichgew.-Form eines Krist. bei d. Feldemiss.-Mikroskopie 15-0152; Feldemiss.-Mikroskopie: d. Keimbldg. v. Hg auf W 17-0229; d. Adsorpt. v. Ba auf Ge 17-0431; d. Hg-Keimbldg. 20-0160; d. durch Wärmebehandl. verursachten Kornwachstums v. Mo u. Ta 20-0164; neue Meth. zur Präparat. v. FEM-Spitzenkathoden ungewöhnl. Orientier. 24-0189; Feldemiss.-Mikroskopie: v. W-Spitzen mit (*112*)- u. (*100*)-Orientier. 26-0410; v. an W adsorbierten Restgasen 26-0411; v. Alkalimetallhalogeniden auf W (Einfl. d. Oberflächendiffus. entlang d. Spitzenschaftes auf d. Felddesorpt.) 26-0412; Desorpt. v. K v. d. Emitter eines Feldemiss.-Mikroskops durch d. Emiss.-Strom 26-0413; durch Feldemiss.-Mikroskopie beobachtete Einfl. akt. Gase auf eine heiße W-Oberfläche 31-0403; Feldemiss.-Mikroskopie: v. Alkalimetallhalogeniden auf W (Felddesorpt. v. CsCl) 31-0404; d. Adsorpt. v. O_2 auf atomar sauberen Ge-Oberflächen 31-0707; d. Koadsorpt. v. Cs u. O an W 32-0406; d. Zerfalls v. N_2H_4 an Re 32-0742; Einfl. verschiedener Oberflächenbarrieren-Modelle auf d. Nottingham-Austauschprozeß (–-Stromdichte für gleichzeit. Glüh- u. Feldemiss.) 36-0357; Mess. d. Polarisat. feldemittierter Elektronen v. polykrist. Gd 36-0358; Feldemiss.-Mikroskopie: d. Adsorpt. v. N auf Re 37-0677; v. Nb-Oberflächen 43-0363; Herst. dünner Feldelektronenemitter 44-0331.

Elektronenmikroskopie s. unter *Elektronen, Elektronenoptik*.

Elektronenröhren

Röntgenröhren s. unter *Röntgenstrahlen*. Anwend. für spezielle Zwecke s. unter d. entsprechenden Stichwörtern.

Siehe auch *Entladungsröhren; Glühkathoden*.

Anwend. d. Omegatrons zur Verbesser. d. Technik beim Auspumpen v. – 25-2159; Restgasanalyse in abgeschmolzenen – unter Betriebsbeding. 25-2160; einfache Begrenz.-Kreise für d. Fadenschutz in experimentellen –-Schalt. 32-1889; Übergangsprozesse bei d. Entsteh. v. Oberflächenlad. in Vakuumsyst. 48-0124.

Thermionische Konverter: Niederspann.-Bogen-Form in thermion. Konvertern 1-0197; thermion. Wandler mit Cs-Dampf (Einfl. v. Elektrodeninhomogenitäten) 4-0173; Raumlad.-Neutralisat. in einem thermion. Konverter 7-0182; Einfl. v. Edelgaszusätzen auf d. analyt. Bezieh. d. Parameter thermion. Cs-Dampf-Dioden 13-0215; Unters. an einem therm. Vers.-Konverter mit ebener Geometrie im Niederdruckbereich 13-0216; Überblick über thermoelektr. Wandl. 16-0001; Schwing. in einer therm. Cs-Plasmadiode 16-0152; Theorie d. thermion., nach d. Löschmeth. arbeitenden Konverters mit Anwend. auf d. Konverterdiagnostik 17-0200; Niederspann.-Bogen in Cs-Dampf (thermion. Konverter) 19-0192; Transporteffekte beim elektronenreichen, ungezündeten Betrieb v. Cs-Dioden 19-0193; Anwend. d. Monte-Carlo-Meth. zur Berechn. d. Thermoelektronen-Umwandl. 22-0187; Zustand v. Beimeng. in Cs, d. im Thermoemiss.-Energiewandler verwendet wird 27-0195; thermion. Generator mit Ar-Füll. 32-0139; Konvers.-Wirksamk. v. Cs(Tl)-Einkrist. 36-1896; optimale Beding. für Thermoemiss.-Wandler bei belieb. Stoßzahl 39-0088, 39-0089; Betrieb eines Cs-Thermoemiss.-Wandlers mit Mo-Kathode 39-0090; Einfl. eines Xe-Zusatzes auf d. Betrieb eines Cs-Thermoemiss.-Wandlers 39-0091; Druckoptimum für zugesetztes Edelgas bei thermion. Cs-Dioden (Berechn.) 48-0118; Plasmaphysik thermion. Konverter 51/52-0096.

Multiplier: SEV als Quantenzähler 6-1869; neue SEV für Photometrie u. nukleare Meßtechnik 8-1820; Best. v. kleinen α-Zerfallsgeschw. mit einem Fl.-Szintillat.-Spektrometer unter Verw. eines SEV 11-1869; Anwend. v. SEV bei d. Registrier. weicher Röntgenstrahl. 14-0395; Kompensat. v. Schwank. d. Lichtquelle eines Raman-Spektrometers mit SEV 14-1875; Fl.-Szintillat.-Detektor zur Prüf. v. SEV u. zur Best. d. Gammastrahlenaktivität 14-1888; Detektoren für d. extreme UV (SEV mit Ausgangs-Gleichstrom) 15-1943; Prüf. d. Linearität eines SEV 18-1901; Kühlapp. für SEV 18-1902; Effekt d. Hochfrequenzstrahl. auf Rauschpulse v. SEV 22-2002; Modifikat. bei SEV mit durch innere Totalreflex. erhöhter Empfindlichk. 22-2031; Wrkg.-Grad v. SEV im Wellenlängenbereich *75–300* Å 24-0418; Meth. zur Verbesser. d. Signal-Rausch-Verhältnisses v. SEV in Massenspektrometern 24-1968; Reinig. v. SEV in Massenspektrometern 24-1972; stabiler Al-SEV 26-2001; unerwünschte Effekte beim Kühlen v. SEV 27-2145; Schaltkreis für SEV 30-1884; spektroskop. Anwend. v. SEV u. Bildröhren 31-2019; Test. d. RCA *8575*-SEV u. Unters. v. NaJ(Tl) auf eine schnell abklingende Komponente 32-1942; stabilisierte Hochspann.-Quelle für SEV 32-1943; Ansprechen d. RCA-*7265*-SEV auf einzelne Elektronen 34-1924; Änder. d. spektralen Empfindlichk. v. SEV auf Grund v. Temp.-Änder. 35-1951; Zelle mit fl. Leuchtstoff zur Erweiter. d. Empfindlichk. eines SEV in d. UV-Bereich 38-2020; relative natürl. Radioaktivität d. SEV FEU-*49* 41-2011; mit Hilfe eines Halbleitervervielfachers arbeitender SEV hoher Auflsg. 41-2012; Leist.-Fähigk. v. Offenstruktur-SEV im Wellenlängenbereich v. *1100–250* Å 42-1760; Verstärk.-Grad-Änder. bei einem offenen kontinuierl. SEV 42-1786; Verbesser. d. Signal-Rausch-Verhältnisses einer blauempfindl. SEV-Röhre durch Kühlen 45-1982; SEV mit Quarzfenster für d. Best. d. Nullrate bei Fl.-Szintillat.-Mess. 45-2027; Zeitdiskriminator für schnelle SEV-Impulse 46-1756; „elektron. Spektralmess." mit steuerbaren SEV 46-1776; Zeitauflös.-Unters. an großen Photomultipliern 49/50-1819; Prüf. d. Linearität eines Photomultiplers für Reflex.-Mess. 49/50-1855.

Kathodenstrahlröhren: Kathodenstrahl-Filmscanner 22-2002; Massenspektrometer für d. Gasanalyse in Farbfernsehröhren 23-2049; spektroskop. Anwend. v. SEV u. Bildröhren 31-2019; Feldemiss.-Halbleiterkathode für hohe Emiss.-D. in Kathodenstrahlröhren 33-0464; Vidicon-Syst. für automat. Aufzeichn. v. Funkenkammerereignissen 48-1762.

Herstellung: Thermion. Konverter (Emitter aus W- oder Ta-Einkrist.) 8-2216*; Kathodenröhre aus Silicatglas mit *0,01–0,2* MnO u. ggf. bis *0,5* TiO_2 13-2215*; sensibilisierendes Bindemittel für Kathodenstrahlenröhren aus Mischpolymerisat v. Vinylmethyläther u. Maleinsäure sowie PVA 13-2216*; Leuchtstoff für Kathodenstrahlröhren 15-2317*; Herst.: gasdichter Verb. für – 15-2318*; v. implosionsbeständ. Kathodenröhren durch Erziel. eines festhaftenden Überzuges 23-2462*; Überzüge aus Copolyestern für Schirme u. Fernsehröhren 28-3117*; Paste für Wendeln zur Nachbeschleunig. in Kathodenstrahlröhren 32-2316*; Anwendbark. v. Carbiden zum Bau v. Hochleist.-– 41-2345; Feldemiss.-Kathode für – aus gereinigtem LaB_6 41-2349*; Verw. Ir-beschichteter W- oder Mo-Drähte bei d. Herst. v. – 44-2101*; keram. Formkörper schwarzer Farbe mit erhöhtem Strahl.-Vermögen für – 47-2267*; thermion. Energieumwandler 48-2174*.

Elektronen, solvatisierte, Rk. v. –: mit Aminosäuren u. Peptiden 1-0864; mit Aminosäuren, Peptiden u. Proteinen 1-0866; – in organ. Fl. 11-0947; opt. Erzeug. v. – aus aromat. Verb. 11-0989; – (Übersicht) 13-0696; Bldg. v. – bei γ-Bestrahl. v. N_2O-Lsg. mit Hexachloroiridat- u. -platinat-Anionen 16-0735; Theorie d. Elektronenübergangsgeschw. an – 20-0621; bimol. Geschw.-Konst. für Rk. v.; – mit anorgan. u. organ. Verb. 20-0626 Bldg. v. – bei d. Rk. v. Fluoridionen mit H-Atomen in wss. Lsg. (Kinetik) 20-0679; Druckabhängigk. d. Gleichgew. zwischen H_2 u. – in Kaliumamid-NH_3-Lsg. (Raumbedarf d. –) 21-0613; Rk. v. – mit CO durch Puls-Radiolyse 21-0778; H-Isotopieeffekte bei d. Rk. v. – 22-0725; Einfl. d. Nitratkonz. auf d. Absorpt.-Spektren v. e^-_{Hydr} bei ihren Umsetz. in neutralen u. alkal. Medium nach ihrer impulsradiolyt. Bldg. 24-0738; Temp.-Einfl. auf d. Absorpt.-Spektrum d. v. – u. auf d. bimol. Rekombinat.-Rk. 25-0320; Reaktivität v. Amminkobalt(III)-perchlorat-Komplexen gegenüber – in wss. J^--Lsg. 25-0781; spektroskop. Beweis für d. Auftreten v. – bei d. W.-Elektrolyse 26-0650; kinet. Salzeffekte bei Rk. v. photochem. aus Hexacyanoferrat(II)-Ionen erzeugten – 28-0712; Aktivier.-Energie d. Rk. d. – mit W. u. UV-Absorpt.-Spektrum 28-0714; Rk. v. – bei d. Photochemie v. Sulfat- u. Hydrogensulfat-Ionen in wss. Lsg. 30-0677; eingefangene Elektronen in d. Strahlenchemie polarer Syst. (Übersicht) 33-0828; Rk. v. – (Temp.-Abhängigk.) 35-0618; Mechanismus d. Photoelektronen-Loslös. u. d. photochem. Ausb. v. – in wss. Hexacyanoferrat(II)-Lsg. 39-0635; Rk. v. e^-_{aq} bei Ggw. v. $H_2PO_4^-$, NO_3^-, H_2O_2, CO_2, $[Fe(CN)_6]^{3-}$ u. H_3BO_3 39-0636; kinet. Salzeffekte bei Rk. v. – bei d. γ-Radiolyse v. Methanol 40-0589; Beweglichk. v. – in 2-Methyltetrahydrofuran 40-0848; Rk. d. – mit W. bei d. γ-Radiolyse v. Fl. bei hohen Drücken 43-0573; photolyt. Produkt. v. –

aus wss. Kaliumoctacyanomolybdat(IV) u. Kaliumoctacyanowolframat(IV) 44-0657; pulsradiolyt. Unters. d. Rk' v. – mit Pyridin (Kinetik) 45-0957.

ESR-Unters. v. bei *77,5* °K durch γ-Bestrahl. eines organ. Glases gebildeten, eingefangenen Elektronen 2-0930; G-Werte v. – nach γ-Bestrahl. eingefrorener Lsg. 7-0668; Bldg. stabilisierter Elektronen in H_2O-Perchlorat-Matrizen durch Röntgenbestrahl. 34-0799; Nachw. photochem. gebildeter in Eis eingefangener Dielektronen 44-0660; Darst. v. – in gefrorenen wss. NaOH-Lsg. 44-0661; Vgl. d. RGK v. – in W. u. Eis in Ggw. verschiedener Anionen oder Kationen 51/52-0504.

Elektronenspinresonanz

– unter d. Einfl. v. Schall s. unter *Magnetoakustische Erscheinungen.* Spin-Relaxationen s. unter *Magnetische Resonanz. Elektron-Kern-Doppelresonanz (ENDOR)* s. dort.

Siehe auch *Kernpolarisation.*

Allgemeines

Atomarer Parameter zur Erklär. v. --Daten (*66* Atome) 2-0129; Spin-Gitterrelaxat. einer schwach inhomogenen Verteil. v. Leit.-Elektronen im starken Magnetfeld 3-0400; anisotrope Rotat.-Diffus. u. Linienbreiten d. – 3-0852; Linienform d. – 5-0416; charakterist. Diagramm d. Faraday-Anomalie bei d. – 5-0417; Dispers. in – 5-0418; Anwend. v. Rechenprogrammen bei d. Interpretat. d. --Spektren v. in amorphen Festkörpern verteilten Radikalen (Null-Feld-Behandl. für einige Kerne mit d. Spin *1/2*) 5-0836; Bezieh. zwischen --Hyperfeinaufspalt. u. π-Elektronenspindichten (Überschußlad.-Effekt erster Ordn.) 5-0837; Theorie: d. – in Nullfeldern 6-0143; d. durch Spinaustausch-Wechselwrkg. verursachten Linienbreiten u. Verschieb. (--Spektren freier Radikale in Lsg.) 6-0144; Einfl. v. Austauschwechselwrkg. auf d. Spin–Gitter-Relaxat. paramagnet. Ionenkrist. 8-0304; Theorie d. Sättig.- u. d. Doppelresonanzeffekte in --Spektren (Austausch gegen Dipolmechanismen) 8-0305; Isotopeneffekte auf d. – v. Triplettexzitonen 8-0868; Anwend. d. NMR u. – in d. analyt. Chemie 8-1812; opt. Phononen bei d. Elektronenspinrelaxat. 9-0344; Theorie nichtlinearer Effekte in d. paramagnet. Spinabsorpt. eines Festkörpers 9-0371; Triplett-Triplett-Absorpt. bei sensibilisierter Lsgm.-Zers. (--Unters.) 9-0865; – 9-1867; Einfl. d. Spin-Relaxat. auf d. --Spektrum gasf. Atome im S-Zustand 11-0160; Näher.-Verf. zur Auswert. v. --Spektren 11-0166; diskrete Sättig. v. --Linien 12-0350; Triplettzustand u. Form v. --Linien (Einfl. intermol. Exzitonenübertrag.) 12-0824; Relaxat.-Unters. (Spin-Rotat.-Wechselwrkg. in anisotropen Mol.) 14-0149; schwach erlaubte Übergänge in d. Spin–Gitter-Relaxat. v. antiferromagnet., gekoppelten Spinpaaren 14-0354; Diffus.-Einfl. im inhomogenen verbreiterten Fall (Hochtemp.-Sättig. d. F-Zentren--) 14-0356; diskrete Sättig. v. nicht einheitl. verbreiterten --Linien 15-0363; Elektronenspinrelaxat. durch Phononenmodulat. d. Hyperfeinwechselwrkg.-Tensors in Lsg. u. isotropen Krist. 18-0358; – v. Exzitonen (Druckeinfl.) 19-0977; inhomogene Verbreiter. d. --Linien 20-0108; numer. Analyse d. --Spektren mit Hyperfeinstruktur 20-0109; Temp.-Abhängigk. d. --Linienmomente 21-0412; Bedeut. d. endl. spezif. Wärme d. Gitters u. d. therm. Kapitza-Widerstandes bei paramagnet, Relaxat. im Zustand überhitzter Phononen 22-0383; lineare diamagnet. u. paramagnet. Resonanz 25-0021; Einfl. d. Adsorpt. nicht paramagnet. Verb. an ox. u. graphitisiertem Ruß auf d. --Spektren 25-0707; --Linienform d. anisotropen α-Fluorkoppl. im polykrist. Zustand 25-0936; – (Jahresübersicht) 26-0001; Theorie: d. elektron. Spin–Gitter-Relaxat. v. Verunreinig.-Zentren 26-0367; d. paramagnet. Absorpt. in isolierten Spinsyst. 26-0373; Temp.-Abhängigk. v. --Linienbreiten v. paramagnet. Verunreinig. in Metallen 26-0375; --Spektrum unter Berücksichtig. d. Elektronenschwing.-Wechselwrkg. im Falle starker Koppl. 27-0415; Jahn-Teller-Effekt v. Ionen mit Spin *1* (--Absorpt.) 27-0416; Spin–Gitter-Relaxat. lokalisierter Elektronenzentren mit Hyperfeinwechselwrkg. 28-0350; paramagnet. Spin–Gitter-Relaxat. in polykrist. Pulvern 28-0351; Relaxat.-Prozesse mit mehreren opt. Phononen in paramagnet. Krist. 28-0352; Spin-Rotat.-Relaxat. bei – in Lsg. 28-0354; Best. d. Vorzeichens d. Spin–Hamilton–Operator-Parameter aus --Mess. in Fl. 28-0355; --Spektren unter Berücksichtig. d. Elektron-Schwing.-Wechselwrkg. für d. Fall schwacher Koppl. 28-0356; therm. Gorter-Effekt bei d. – 28-0357; Temp.-Anomalie d. --Spektren paramagnet. Ionen in Ferroelektrika 28-0359; Aufspalt. d. --Linie durch Spin–Phonon-Wechselwrkg. an Ionen mit Spin *1* 28-0360; Anwend. d. --Spektroskopie auf Struktur- u. Konform.-Probleme 29-0937 bis 29-0939; Transmiss.-– v. gekoppelten örtl. Moment- u. Leit.-Elektronensyst. 30-0327; – d. Leit.-Elektronen in Festkörpern 30-0328; Theorie d. --Linienform v. Verunreinig.-Zentren in nichtmetall. Krist. 30-0335; Elektronenstruktur v. $(nd)^1$-Ionen in Krist. v. Rutil-Typ aus --Mess. 30-0342; therm. Gorter-Effekt in d. – v. Substanzen mit breiten Absorpt.-Linien 30-0349; --Linienformen v. Syst. mit zwischenmol. Austausch 31-0104; Unters. durch Ox. erzeugter magnet. Zentren mit – 32-0386; --Unters. v. durch Anreg. mit polarisiertem Licht orientierten Triplett-Mol. 33-1086; – u. katalyt. Aktivität v. Halbleitern 34-0782; Unters. d. Triplett-Triplett-Übergangs mittels Magnetophotoselekt. (Konz.-Depolarisat. aus --Übergängen) 36-0910; --Linienmomente in Syst. mit vorherrschender Austauschwechselwrkg. 37-0370; Theorie d. Linienform d. – in äußeren elektr. Gleich- u. Wechselfeldern 37-0371; Helicon-Relaxat. v. Elektronenspins 38-0361; Vielquantenübergänge in einem rotierenden Bezugssyst. 38-0386; Einfl. d. linearen Jahn-Teller-Koppl. auf d. – in einem ^2E-Zustand 38-0387; Wrkg. eines Magnetfeldes schwacher Intensität auf d. Elektronenspinechos 38-0392; Einfl. d. Schwank. um d. chem. Gleichgew. auf d. Breite v. --Linien 40-0066; unterdrückte u. beschleunigte Elektronenspin–Gitter-Relaxat. in einer paramagnet. Substanz 41-0272; Theorie d. Spin–Gitter-Relaxat. v. Leit.-Elektronen in Halbleitern mit magnet. Verunreinig. in Ggw. eines quantisierenden Magnetfeldes 41-0273; Relaxat.-Unters. (– in Ggw. allg. Stör.) 41-0275; Jahn-Teller-Effekt eines d-*1*-Ions in kub. Achterkoordinat. (paramagnet. Resonanzspektren) 41-0278; Abhängigk. d. Breite d. Signals d. – v. äußeren konst. elektr. Feld 41-0284; Schwing.-Effekte bei --Spektren 42-0763; Elektronenspin–Gitter-Relaxat. eines paramagnet. Gitterdefektes 43-0316; opt. Best. d. – in Phosphoreszenz-Triplettzuständen 44-0710; – (Überblick) 45-0084; --Unters. d. Austauschwechselwrkg. in polyradikal. Syst. (Übersicht) 45-0085; Elektronenspin–Gitter-Relaxat. d. paramagnet. Massendefekts 45-0340; Vers. zur – bei kleinen Feldern mit Drehimpuls-Nachw. 45-0342; feldinduzierte Übergänge bei d. – v. Nicht-Kramers-Dubletts 45-0355; schwache Feinstrukturkomponenten in d. --Spektren nicht orientierter Festkörper 47-0321; nichtisotherme --Relaxat. u. Löcherrekombinat.-Lumineszenz in einigen Ionenkrist. 47-0302; Niveau eines Quantenoszillators im Randbereich (Anwend. auf d. –) 48-0086; --Unters. d. Triplettzustandes 48-0888; Stark-Effekt bei d. – in d. Gasphase 51/52-0061; Doppelresonanz-Effekte in --Spektren (HF-Kohärenz u. Linienform) 51/52-0242; --Unters. v. Strahl.-Schäden 51/52-0742; --Unters. 51/52-0746.

Elektronenspinresonanz spezieller Stoffe

Elemente und anorganische Verbindungen

--Spektren v. F-Zentren in zweiwert. Verb. 45-0347.

--Unters. d. D-Isotopieeffekte 4-0690; paramagnet. Relaxat. eingefangener H-Atome in γ-Bestrahlten, gefrorenen Lsg. 18-0360; – v. H_2^+-Ionen (*75* MHz) 43-0104; paramagnet. Relaxat. fixierter H-Atome in bestrahlten gefrorenen wss. Lsg. (--Unters.) 43-0331; bei d. Adsorpt. v. O_2 auf Rutil entstehendes --Spektrum 7-0347; --spektroskop. Identifizier. d. bei d. Rk. v. KO_3 mit H_2O gebildeten Radikale O_3^- u. OH 16-0690; --Spektren v. durch H-Brücken gebundenen HO-Radikalen in Lsg. v. 1.3.5-Trioxan 18-0851; --Intensitätsbezieh. u. chem. Kinetik d. OD-Radikale in d. Gasphase 21-0735; --Spektren: v. durch Adsorpt. v. O_2 an red. TiO_2 entstehenden Radikalen 32-0684; v. $^{16}O-^{17}O$, $^{17}O-^{18}O$ u. $^{18}O-^{16}O$ 34-0070; --Unters. d. Rk. $2\ O_2(^1\Delta_g) \rightarrow 2\ O_2(^3\Sigma_g^-) + h\nu$ (*6340* Å) 38-0136; Kommentar zu – v. $^{16}O-^{17}O$, $^{17}O-^{18}O$ u. $^{18}O-^{16}O$ v. L. K. Keys 42-0069; Antwort auf Kommentar zu – v. $^{16}O-^{17}O$, $^{17}O-^{18}O$ u. $^{18}O-^{16}O$ v. Carrington, Levy u. Miller 42-0070; – Spektrum: d. O_2 45-0086; d. radikal. Formen v. adsorbierten O auf red. TiO_2 49/50-0502; d. Hydroxylradikals in mit γ-Strahlen bestrahltem Eis 27-0413; v. bei *77* °K-bestrahltem, an synthet. Zeolithen NaA, CaA, NaX u. CaX adsorbiertem W. 30-0354; v. γ-bestrahltem Eis u. v. γ-bestrahlten wss. H_2O_2-Lsg. bei *280* MHz 38-0385; v. H_2O in Ar bei *4,2* °K 43-0330; d. Photolyseprod. v. HN_3 in einer Edelgasmatrix (mögl. rotierendes Triplett) 5-0137; d. Mechanismus d. Radiolyse v. an Zeolithen adsorbiertem NH_3 6-0694; --Hyperfeinspaltkonst. v. NO_2 in organ. Lsg. 14-0847; --Spektrum v. NO_2 in d. Gasphase 18-0143; Einfl. eines elektr. Feldes auf d. --Spektrum d. NO 24-0128; --Unters. v. an MgO adsorbiertem NO 29-0733; Spinrelaxat.-Effekte im --Spektrum v. N-Atomen in d. Gasphase 38-0138; --Spektrum v. metastabilem (^2D) atomarem N 48-0087.

--Spektrum: u. Struktur von O_2F 11-0161; – d. $(^{17}OF)^{2-}$ 33-0401; v. F- u. Cl-Atomen in d. Gasphase in ihrem elektron. Grund ($^2P_{3/2}$)- u. angeregten ($^2P_{1/2}$)-Zuständen 20-0132; paramagnet. Relaxat. v. ClO_2 in Lsg. 5-0420; Unters. d. γ-Radiolyse v. $HClO_4$-Lsg. durch – 17-0745; --Unters.: v. an einer Silicageloberfläche adsorbiertem Cl 23-0437; v. V_k-Zentren, Radikalpaaren u. NO-Radikalen in mit Röntgenstrahlen bestrahlten NH_3OHCl-Einkrist. 43-0340; Gasphasen---Spektrum v. ClO 47-0080.

--Spektren v. S- u. Schwefelnitrid-Radikalen in stark sauren Medien 11-0162; – v. $SO(^3\Sigma)$ in d. Gasphase 17-0162; --Unters. d. sich bei d. Adsorpt. v. SO_2 an partiell red. TiO_2 u. ZnO bildenden Radikale 23-0717; Hyperfeinwechselwrkg. im --Spektrum v. $^{35}S^{16}O$ in d. Gasphase 42-0071; – d. Sulfide v. Kationen d. IV. Gruppe 48-1826; – in Se 1-0384; MO-Theorie v. S- u. Se-Radikalen 15-0376; Berechn. d. g-Werte paramagnet. Zentren aus --Mess. an amorphem Se 15-0377; --Spektren v. SF, SeF, SeO (*3*Σ u. $^1\Delta$) u. JO in d. Gasphase 17-0163; – d. Kettenenden im amorphen Se 26-0374; --Spektren v. bestrahlten polykrist. O-Verb. d. Tellurs 18-0373.

Zusammenhänge zwischen –, elektr. Leitfähigk. u. Photoleit. bei reinem u. dotiertem B 17-0446; --Spektrum: v. BH_3^- 20-0110; v. hexagonalem BN 23-0429; v. γ-bestrahltem BN 27-0429; v. B mit *1–10* C 48-0586.

Unters. v. akt. oxydiertem C durch – 10-0356; – in halbleitenden Diamanten 14-0367; nichtempir. Berechn. d, isotropen Hyperfein-Aufspalt.-Konst. v. ^{13}C, ^{14}N u. ^{17}O in einfachen Radikalen 20-0111; --Unters. v. CO-Radikalen an MgO 20-0606; --Eig. v. wärmebehandeltem synthet. Diamant 21-0428; – v. Ni in synthet. Diamanten 21-0429; --Linie durch Austausch v. N-Paaren als Verunreinig.-Atome in Diamant 26-0385; dynam. Jahn-Teller-Effekt u. andere Effekte im --Spektrum bei hoher Temp. v. N in Diamant 27-0417; – in nahezu amorphem C 30-0352; --Unters. v. aufgedampften C-Filmen auf pulverförm. Pyrex-, SiO_2- u. Al_2O_3-Substraten 30-0353; – freier Lad.-Träger (therm. Veränder. d. Anisotropie d. Linienbreite in einem Graphit-Einkrist.) 39-0306; – in neutronenbestrahltem Graphit 41-0288; --Unters. d. Temperns v. Strahlenschäden in Graphit 43-0246.

--Unters. d. opt. Umlad. in *6* H–SiC 1-0391; Modulat. d. Photoleitfähigk. in Si durch – v. flachen Verunreinig. bei tiefer Temp. 1-0425; --Unters. eines paramagnet. Zentrums in amorphem SiO 4-0175; Best. d. Eig. reiner Si-Oberflächen durch – 4-0323; --Beobacht. einer Li-Fehlstellen-Wechselwrkg. in Si 4-0324; –: v, Farbzentren in röntgenbestrahltem, Ge enthaltendem α-Quarz 15-0382; v. synthet. Quarzkrist. mit Rauchfärb. 18-0325; – u. ENDOR d. Al-Leerstelle-Paars in bestrahltem Si 18-0362; Parameter d. – eines mit B dotierten *6* H–SiC-Krist. 18-0368; Temp.- u. Konz.-Abhängigk. d. --Hyperfeinstruktur v. SiC 23-0428; Orbach–Spin–Gitter-Relaxat. v. flachen Donatoren in Si 24-0382; – d. Diamantoberfläche 27-0418; Spin–Gitter-Relaxat. v. Elektronen d. A-Zentren in Si 32-0375; Farbzentren v. Fe^{3+} als Ursache d. Farbe v. Amethyst (--Unters.) 39-0305; Spin–Gitter-Relaxat. v. P-Elektronen in Si bei Kompensat. durch A-Zentren 41-0274; Nachw. paramagnet. Zentren in protonenbestrahltem Si 47-0300; Ausheileffekte oberflächennaher paramagnet. Defekte in Si (--Unters.) 47-0301; --Spektrum d. paramagnet. Zentren in SiO_2 47-0309.

--Spektren d. bei d. Bestrahl. v. gefrorenen wss. Lsg. v. $HClO_4$, H_2SO_4 u. H_3PO_4 durch ^{60}Co-γ-Strahl. gebildeten Radikale

8-0648; Dichtematrixtheorie für Syst. mit Hyperfeineffekten zweiter Ordn. (innere Beweg. in PF_4) 35-0087.

Isotrope Hyperfeinwechselwrkg. v. Ionen d. Übergangselemente d. *1.*, *2.* u. *3.* Gruppe in verschiedenen Krist.-Verbänden durch Auswert. d. —-Daten 8-0307; —-Linienbreite d. Ionen d. Fe-Gruppe in Lsg. 11-0165; — v. Nicht-S-Zuständen in verd. Leg. 14-0355; —-Verh. v. Metallen mit hoher paramagnet. Suszeptibilität 20-0437; —-Unters. an Übergangsmetall-Komplexen 24-0130; Linienform d. — in sphär. Metallteilchen 26-0372; Temp.-Abhängigk. v. —-Linienbreiten v. paramagnet. Verunreinig. in Metallen 26-0375; paramagnet. Relaxat. in anorgan. Komplexen (inhomogene Hyperfein-Verbreiter.) 27-0412; — v. Ionen in Metallen 27-0414; —-Anomalien in verd. Leg. bei niedr. Temp. 30-0336; Änder. d. Linienbreiten in d. —-Spektren v. Übergangsmetallionen durch Ligandenaustausch 31-0105; — fl. Metalle 31-0145; —-Transmiss. in paramagnet. Metallen 32-0376; Anreg. v. Spinwellen in nicht ferromagnet. Metallen (—) 35-0334; dynam. Eig. v. magnet. Verunreinig. in Übergangsmetallen 40-0275; selbstkonsistente Näher. für d. Resonanzempfindlichk. v. magnet. Ionen in Metallen 40-0276; —-Linienbreite in verd. magnet. Leg. 48-0332.

Durch — nachgewiesene Akzeptorwrkg. v. Alkalimetallen in II–VI-Verb. 7-0349; — d. Ag^{2+}-Ions in bestrahlten Alkalimetallchloriden 8-0309; Temp.-Abhängigk. d. Hyperfeinstrukturtensoren zweiatom. Halogenzentren in Alkalimetallhalogenidkrist. (—-Spektren) 15-0366; theoret. Unters. d. Resonanzfluoreszenz v. Alkalimetalldämpfen, d. opt. unter d. Beding. d. magnet. Resonanz im Grundzustand gepumpt werden 17-0130; Farbzentren d. Chalkogene in Alkalimetallhalogenidkrist. (—-Übersicht) 21-0373; — v. U_2-Folgezentren in Alkalimetallhalogenidkrist. 27-0422; —-Spektren v. S_2^- in Alkalimetallhalogeniden 32-0380; —-Linienbreiten u. g-Faktoren für O_2^--Farbzentren in Alkalimetallhalogeniden 33-0404; mol. Vibrat.-Frequenzen v. zweiatom. Halogenzentren in Alkalimetallhalogenidkrist. durch — 33-0405; —-Spektren v. mit Elektronen bestrahlten Alkalimetallchloraten, -bromaten u. jodaten 33-0836; Relaxat. v. ^7Li u. ^{23}Na in wss. Lsg. mit Alkalimetallhalogeniden 35-0328; paramagnet. Relaxat. eingefangener Elektronen in bestrahltem Alkalimetallhydroxideis 47-0319; —-Spektren v. röntgenbestrahlten Alkalimetallsilicat-Gläsern mit eingefangenen Lochzentren 47-0323; — v. in Alkalimetallhalogenidkrist. stabilisierten Cu-Atomen 48-0338.

—-Unters. v. mit Mn^{2+} dotierten LiF-Einkrist. 8-0310; Spin–Transmiss.-Resonanz (Theorie u. experimentelle Ergebnisse in Li-Metall) 12-0352; —: v. elektronenbestrahltem $Li_2SO_4 \cdot H_2O$ bei d. Temp. d. fl. N_2 12-0361; v. Li-Atomen in LiF bei *4,2* °K 14-0357; v. bestrahlten lumineszierenden LiH-Krist. 15-0365; starker Festkörpereffekt in einem inhomogenen Elektronenspinsyst. (dynam. Polarisat. v. Fluorkernen in bestrahltem LiF) 18-0363; Größenabhängigk. d. Elektronenspin-Relaxat. in metall. Li 23-0423; —: d. Leit.-Elektronen in Li–Mg–Li–Zn- u. Li–Ag-Leg. 30-0329; v. Li mit Beimeng. v. Metallen d. Gruppe IIb 32-0377; Unters. d. Krist.-Feldverzerr. im Syst. LiF:Fe^{3+} durch — 32-0381; —-Unters. eines neuen Punktdefektes in LiF 33-0400; — v. koll. Li in neutronenbestrahlten LiF-Krist. 37-0374; atomares ^3H-Zentrum in neutronenbestrahltem LiF (—-Spektren) 48-0339; —-Unters. d. therm. Abklingens v. OH-Radikalen in Elektronenbestrahltem Li_2SO_4 bei *77°* K 48-0352.

Einfl.: v. Temp. u. Zeit auf d. — v. Mn^{2+} in NaCl-Einkrist. 1-0389; d. Temp. auf d. — v. Na-Dithionit in Lsg. 6-0145; Spin–flip-Streuung v. Leit.-Elektronen durch Verunreinig. 10-0343; —-Spektrum v. Mn-Verunreinig. in NaCl-Einkrist. 12-0356; Theorie d. g-Verschieb. v. Cr^+ in NaCl-Krist. 12-0357; Relaxat. v. paramagnet. Mn-Zentren in NaCl (—-Spektren v. NaCl:Mn-Krist.) 14-0361; Temp.-Abhängigk. d. —-Hyperfeinkoppl. v. Mn^{2+} in NaCl 15-0369; —: v. Fe^{3+} in NaF 18-0364; an Na-Hexafluoroantimonat nach Röntgenbestrahl. 21-0422; an NaF:Fe^+ 24-0392; v. Mn^{2+}–S_2^{2-}-Komplexen in NaCl-Krist. 27-0421; Interpretat. d. —-Spektren d. Radikals NO_2 v. angeregten $NaNO_3$-Einkrist. 28-0363; —-Spektren bestrahlter Gläser d. Syst. Na_2O/TeO_2 28-0375; —-Unters. v. Farbzentren in $NaClO_3$ 33-0416; Einfl.: v. Gitterdefekten auf d. Hyperfeinwechselwrkg. v. Mn^{2+} in NaCl 38-0389; des Abschreckens auf lokale Felder um Mn-Leerstellen-Paare in NaCl-Krist. (—-Mess.) 41-0280; — u. opt. Spektren (*250–2000* nm) v. NiO-dotierten Na_2O–B_2O_3-Gläsern 45-0356.

—-Unters.: v. Rk.-Zwischenprod. in vakuum-sublimiertem NaCl u. KCl 1-0388; d. Grundzustandes in KCl 1-0390; v. Tl^{2+}-Zentren in KCl-Krist. 8-0314; v. S_2^- u. O_2^- in KBr u. Identifizier. einiger S enthaltender Radikale in Einkrist. v. $Na_2S_2O_3 \cdot 5\,H_2O$ u. K_2SO_4 8-0318; v. N^{2-} in KCl 10-0347; v. KCl-Krist. mit SH^-, SeH^- u. S^{2-}-Ionen 10-0348; Korrelat. d. opt. u. —-Absorpt. d. H-Zentrums in KCl 10-0346; —-Spektroskopie v. Fehlstellen in KF:Mn^{2+} 12-0354; Hyperfeinstruktur d. — v. K in bestrahltem $K[AsF_6]$ 14-0358; —-Spektren : v. paramagnet. Zentren in bestrahltem $KClO_4$ 15-0372; zwischen d. Zeeman-Unterniveaus (F, mg) d. Grundzustands v. K 18-0115; bevorzugte therm. Reorientier. v. V_k-Zentren in KCl durch — 18-0336; —-Spektren d. Lsg. v. K in $C_2H_5NH_2$, n-$C_3H_7 \cdot NH_2$, iso-$C_3H_7NH_2$ u. n-$C_4H_9NH_2$ 18-0361; —: v. F_2^--Ionen in elektronenbestrahltem KHF_2 18-0365; v. γ-bestrahltem K_2SO_4 21-0419; Protonenaustausch zwischen Slater-Konfig. in d. Nähe eines paramagnet. Zentrums in KH_2AsO_4 (—-Mess.) 21-0420; —-Spektren: v. Se_2^- u. SSe^+ in NaJ u. KJ 23-0427; v. Mn^{2+} in d. paraelektr. Phase v. KH_2PO_4 24-0395; v. paramagnet. Zentren in bestrahltem $KClO_4$ 30-0346; Beobacht. v. Spinwellen in Na u. K (ESR) 35-0335; —-Spektren v. $(R_2O)_x(B_2O_3)_{(100-x)}$ (R = Li, Na, K) 45-0357; X-Band-ESR-Spektrum v. γ-bestrahltem K_2SO_4 47-0318; —-Mess. an röntgenbestrahlten $KClO_3$-Krist. 48-0307; —: v. Leit.-Elektronen in mit schweren Metallen dotiertem KCl 48-0344; v. Eu^{2+} in KCl-Einkrist. 51/52-0244.

Hyperfeinstrukturen d. — u. Besetz.-Verteil. in opt. ausgerichtetem Rb-Dampf 4-0109; Resonanz gleichförm. Wellen u. Spinwelleninstabilität in $RbMnF_3$ 21-0410; Absorpt.- u. —-Spektrum v. Rb in Ar-Matrix 38-0384.

— v. Mn^{2+} in CsBr-Einkrist. 47-0305.

V_K-Zentrum in NH_4Br- u. NH_4Cl-Einkrist. durch d. —-Spektrum v. Br_2^- in NH_4Br-Einkrist. 5-0423; —-Unters. v. Cu^{2+} in NH_4Cl-Einkrist. zwischen *4,2* u. *453* °K 8-0315, 8-0316; — d. Cu^{2+}-Ions in NH_4Br 8-0317; Farbzentren in NH_4-Halogeniden durch Best. d. — 13-0312; —: u. paramagnet. Zentren in γ-bestrahltem polykrist. $(NH_4)_2SeO_4$ 24-0396; v. VO^{2+} in NH_4Cl-Einkrist. 32-0379; v. Mn in CsCl u. NH_4Cl 33-0403; neues paramagnet. Defektzentrum in NH_4-Halogeniden (Beweg.-Effekte) 37-0378; — v. Cu^{2+}-dotiertem NH_4Br 45-0344.

F-Zentren in Erdalkalimetallfluoriden (—-Mess.) 8-0289.

—-Unters. d. Fluor-Donators in BeO 32-0383.

Mikrowellenempfindliche Faraday-Dreh. d. F-Bande v. MgO, Doppelresonanzmeth. in Kombinat. mit — 4-0327; Dosisabhängigk. d. F-Zentren-Erzeug. u. — in MgO durch schnelle Neutronen 5-0397; — v. Oberflächen-Fehlstellen an MgO-Pulver (*0,0015* % Fe) 7-0343; —-Analyse v. MgO mit Dotier. v. Fe^{3+} u. Mn^{2+} 8-0321; Sättig.-Erschein. in d. — v. Ni^{2+}- u. Fe^{2+}-Ionen in MgO 10-0358; —-Best. d. Kovalenzparameter u. g-Faktor für $KMgF_3$: Ni^{2+} 12-0355; — v. Mn^{2+} in α- u. β-$Mg_2P_2O_7$ 15-0375; Struktur d. selbsthaftenden Lochs in $KMgF_3$ mit Hilfe v. —-Meth. 17-0409; Spin–Bahn-Aufspalt. d. Γ-Exzitons in MgO 20-0252; —: v. assoziierten Kationen–Leerstelle-Zentren in MgO 27-0433; v. Ni^{2+} in $KMgF_3$ 28-0362; verbotene Hyperfeinübergänge in d. — v. V^{2+} in MgO 32-0384; Temp.-Abhängigk. d. Spin–Gitter-Relaxat.-Zeiten v. Fe^{2+} u. Ni^{2+} in MgO 38-0364; Winkelabhängigk. d. Intensitäten d. verbotenen Übergänge v. Mn^{2+} in MgO 38-0390; — v. Mn^{2+}-Ionen in $KMgCl_3$-Krist. mit Perowskitstruktur 41-0281; Temp.-Abhängigk. d. —-Übergangswahrscheinlichk. v. Mn^{2+} in MgO 43-0335; —: v. Er in einem Mg-Einkrist. 51/52-0245; v. Mn^{2+}-, V^{2+}-, Cr^{2+}- u. Fe^{3+}-Ionen in Periklaseinkrist. 51/52-0258.

Vorläufige Resultate über ein $(OF)^{2-}$-Zentrum in CaF_2-Krist. 4-0325; —-Absorpt.-Spektren v. zwei P-Defektzentren in bestrahlten Kalkspat-Einkrist. 4-0328; —: v. Dy^{2+} in CaF_2 im Hochfrequenzbereich 8-0312; v. V u. Cr in CaF_2 8-0313; Einfl. eines einachs. Drucks auf d. —-Spektrum d. Mn^{2+}-Ions in Calcit 8-0327; — im dotierten CaF_2-Einkrist. 10-0345; —-Absorpt.-Spektren v. CO_3^-- u. CO_3^{3-}-Mol.-Ionen in bestrahlten Calciteinkrist. 12-0363; dynam. Kernpolarisat. v. ^{19}F durch Festkörpereffekte in CaF_2 mit Zentren v. atomarem H (—-Spektrum) 14-0359; — v. Nd^{3+}-Ionen in Fluorit 18-0374; Bezieh. zwischen d. — u. d. Absorpt.-Spektren v. CaF_2:Yb^{3+} 23-0424; Nachw. v. Ti^{2+}-Ionen in CaF_2 durch — 23-0425; Superhyperfeinwechselwrkg. im —-Spektrum v. Gd^{3+}-Verunreinig. an Gitterplätzen in CaF_2-Einkrist. unter äußerem Druck 24-0390; —-Unters. über d. dynam. Jahn-Teller-Effekt in CaF_2: Sc^{2+} u. SrF_2:Sc^{2+} 24-0391; —: v. V u. Cr in CaF_2 26-0377; v. CaF_2:U^{2+} 27-0424; paramagnet. Zentren in Phosphoren auf $CaSO_4$-Basis 27-0437; Druckeinfl. auf d. — v. H-Atomen in CaF_2 30-0337; — v. Ionenpaaren aus dreiwert. Seltenerdmetallen u. einwert. Erdalkalimetallen in CaF_2 30-0338; —-Absorpt.-Spektrum rhomb. CO_3^--Mol.-Ionen in bestrahlten Calcit-Einkrist. 30-0347; —: v. Ni- u. Fe-Ionen in CaF_2 37-0375; v. Cu- u. Ti-Ionen in CaF_2 37-0377; u. Relaxat. in Mn^{2+}, OH^- u. O enthaltenden CaF_2-Krist. 41-0279; — v. F-Zentren in bestrahltem ^{43}CaO u. anderen Erdalkalimetalloxiden 45-0348; paramagnet. Zentrum in Calcit 47-0316; erlaubte u. verbotene Übergänge bei d. — v. Mn^{2+} in $CaSO_4$ 51/52-0246.

—-Spektrum v. $SrCl_2$-Krist. u. V_k-Zentrum 4-0326; Temp.-Abhängigk. d. —-Hyperfeinkoppl. v. Mn^{2+} in CaO u. SrO 15-0368; F-Zentren in SrF_2 (—-Unters.) 18-0328; rhomb. —-Spektrum v. wechselwirkenden Nd^{3+}-Ionenpaaren in SrF_2 27-0425; Einfl. d. Temp. auf Gd^{3+}-Beimeng.-Zentren in SrF_2 (— u. opt. Absorpt.) 27-0426; —-Unters.: an SrF_2:V^{2+} 37-0376; v. Gd^{3+}-Ionen in $SrCl_2$-Einkrist. 39-0298.

—: v. opt. induziertem Tm^{2+}-Ionen auf trigonalen Plätzen in BaF_2 27-0427; v. Mn^{2+} in $BaCl_2 \cdot 2\,H_2O$ 30-0339; Relaxat.-Prozesse in d. — v. U^{3+} in CaF_2, SrF_2 u. BaF_2 45-0343; Einw. v. UV-Licht auf d. — v. röntgenbestrahlten Einkrist. aus $Ba(ClO_3)_2$ 45-0349.

—-Unters. am ZnS:Ge u. ZnS: Si 1-0393; Zweiquantenabsorpt. in d. — d. Mn^{2+}-Ions im Phosphor ZnS:Mn 1-0394; IR-Stimulat. u. — an Pb-dotierten Zn(S, Se)-Leuchtstoffen 2-0318; photoempfindl. — v. Sn^{3+} in ZnS 8-0319; —-Spektrum d. Mn^{2+} in Zinkblende 8-0320; photoinduzierte — v. Cr^+ in ZnTe 15-0367; —: eines photosensitiven Ga-Zentrums im $^2S_{1/2}$-Zustand in ZnS 17-0412; v. Mn^{2+}-dotiertem α-Zn_2SiO_4 18-0372; photoinduzierte — v. ZnTe:Pb 21-0414; —-Spektren v. Er^{3+} an *2* kub. Plätzen in ZnSe:Er (Cu) u. Fluoreszenz 23-0433; Einfl. v. Neutronenbestrahl. auf d. —-Spektrum v. ZnS:Ag-Einkrist. 27-0430; —-Spektren v. Gd^{3+} u. Eu^{2+} in $ZnO \cdot P_2O_5$-Glas 28-0378; — photoempfindl. Donatoren in ZnO 30-0341; Unters. d. Lad.-Überganges bei d. roten Cu-Lumineszenz in ZnS-Phosphoren durch — 32-0360; Zusammenhang zwischen Lumineszenz u. — bei ZnS:Ag-Einkrist. 32-0385; —-Unters. d. Jahn-Teller-Verzerr. d. V^{2+}-Ions in kub. ZnS 38-0391; photoinduzierte — v. Cr^+ in ZnSe 39-0301; Abklingkonst. d. photoinduzierten — v. Cr^+ in ZnS 45-0346; opt. Verh. d. charakterist. —-Signals v. verfärbten ZnS-Krist. 48-0305; —: d. F-Zentrums in ZnS 48-0306; v. ZnS/Mn (verbotene Linien $\Delta M = 2$; $\Delta m = 0, \pm 1$) 48-0345; Beobacht. v. Fehlstellen in kub. ZnS/ZnSe-Mischkrist. durch — 48-0346; —-Mess. an ZnO 51/52-2986.

Photoempfindl. — v. Fe^{3+} in CdS 4-0330; —-Unters. d. Einfl. v. einachs. Druck auf d. Bandstruktur v. CdS:J 12-0360; — in CdO 14-0363; Superhyperfeinstruktur v. Yb^{3+} d. —-Spektren d. Syst. CdTe:Yb^{3+} (Cu^+), CdTe:Yb^{3+}(Ag^+) u. CdTe:Yb^{3+}(Au) 18-0369; Konz.-Abhängigk. d. — v. Mn^{2+} in CdTe-Einkrist. 21-0415; Beobacht. d. —-Spektrums v. in Otavitkrist. eingeführten Co^{2+}-Ionen 21-0430; —: an γ-bestrahltem $CdCl_2$:Ag u. $MgCl_2$:Ag 23-0426; d. Oberfläche v. CdSe 27-0431; v. photoempfindl. Zentren in Ag-dotiertem CdS 30-0348; v. photoempfindl. Fe^{3+}-Zentren in CdSe 39-0300; zur Unters. v. CdS-Oberflächen 41-0282; v. CdTe:Mn^{2+} 41-0283; v. Ni^{2+} in $CdCl_2$-Einkrist. 43-0332; v. CdS-Einkrist. bei Bestrahl. mit sichtbarem Licht 43-0334; — u. IR-Unters. d. halbleitenden, mit Seltenerdmetallen dotierten CdF_2 48-0342; —-Unters. v. Mn^{2+} in $CdCl_2$ 48-0343; — v. Ti^{2+}-Ionen in CdS-Einkrist. 48-0347.

Einfl. eines äußeren elektr. Felds auf d. —-Signale eines Paars austauschgekoppelter Cr-Ionen in Rubin 7-0344; — an einfachen Elektronenniveaus v. V^{3+}-Ionen in Korund 8-0322; gruppentheoret. Berechn. d. Einfl. eines elektr. Feldes auf d. —-Spektrum in Rubin 10-0351; Konz.-Best. d. Cr^{3+}-Ionen in Rubin mittels — 10-0352; Einfl. eines elektr. Feldes auf d. Grundzustand v. $3d^3$-, $3d^5$- u. $3d^8$-Ionen in α-Al_2O_3 (—-Unters.) 14-0364; —-Spektren an γ-bestrahltem Rubin 14-

0369; Analyse d. --Spektrums v. Rubin mit Varianztechniken 23-0436; Nachw. v. Cr^{3+}- in Viererkoordinat. (-- u. opt. Unters. v. Cr-dotierten $AlPO_4$-Krist.) 27-0436; therm. Gorter-Effekt bei d. – v. Al-Verb. 28-0357; Bereich d. g-Faktoren u. d. Abbruch d. Beweg.-Vereng. bei d. Spinresonanz d. Leit.-Elektronen aus --Mess. an Al 28-0358; – v. Mn^{2+} in Al_2O_3 u. Eu^{2+} in KJ 28-0364; --Austauschwechselwrkg. d. Cr^{3+}-Ionen in Rubin 28-0379; longitudinale Relaxat. einfacher Elektronenniveaus v. V^{3+}-Ionen in Korund 30-0330; --Spektren v. VO^{2+} in Einkrist. v. $RbAl(SO_4)_2 \cdot 12\ H_2O$ u. $CsAl(SO_4)_2 \cdot 12\ H_2O$ 30-0345; – v. V^{2+} u. Mn^{4+} in Al_2O_3 36-0335; Resonanzabsorpt. d. Ions V^{3+} in Korund bei d. Wellenlänge $\lambda = 1{,}21$ mm 37-0372; durch Ultraschall induzierte Änder. in --Spektren v. mit Fe^{3+} dotiertem Sapphir 38-0394; --Experimente mit Ti^{3+}-Ionen in $CsAl(SO_4)_2 \cdot 12\ H_2O$ 43-0339; Elektronenspinechos in Rubin 43-0343; – in Rubin im elektr. Gleichfeld ohne Magnetfeld 47-0310; Einfl. sehr hohen Drucks auf d. EPR-Spektrum v. Rubin 51/52-0255; --Unter. d. Spin–Gitter-Relaxat.-Zeit. bei Normaltemp. v. Rubin 51/52-0256.

– v. S-, Se- u. Te-Donatorverunreinig. in GaP 10-0349; – flacher Akzeptoren in GaAs:Cd 37-0379; --Unters. über d. Einfl. einer Substratorientier. auf aus d. Dampfphase gezogenes GaP 47-0308.

– d. Leit.-Elektronen in InAs 33-0411.

–: in Y–Ga-Granat ($Y_3Ga_5O_{12}$:Co^{2+} u.: Mn^{2+}) 4-0329; v. Ce^{3+} in Y–Ga-Granat 14-0365; v. Cr^{3+} in $YAl_3(BO_3)_4$-Krist. 37-0381; v. Ru^{3+} in Y–Ga-Granat u. Y–Al-Granat 38-0393; u. Relaxat. v. Seltenerdmetallionen in $YCl_3 \cdot 6\ H_2O$ 39-0297.

Wrkg. d. Feldmodulat. auf d. dynam. Kernpolarisat. (– v. Mg/La-Nitrat) 4-0322; –: v. Dy^{3+} in $LaCl_3$ 18-0366; v. ScO, YO u. LaO in Ne- u. Ar-Matrizen (Best. ihres elektron. Grundzustandes) 23-0430; dynam. Wechselwrkg. zwischen paramagnet. Ionen u. resonanten Phononen in einem Flaschenhals-Gitter (Cl-dotiertes La–Mg-Nitrat) 24-0387; opt. Unters. v. Hyperfeinwechselwrkg. in $LaCl_3$:Ho u. CaF_2:Eu 35-0305; –: v. $LaCl_3$ (Eu^{2+} u. damit verbundenen Farbzentren) 36-0337; v. Cr^{3+} in $LaAlO_3$-Einkrist. 39-0302; Temp.-Änder. u. Abstandsabhängigk. d. Austauschwechselwrkg. v. Gd^{3+}-Paaren in $LaCl_3$ 41-0277.

Paramagnet. Relaxat. v. Seltenerdmetallionen in diamagnet. Krist. 2-0326; Besonderh. d. magnet. Eig. trigonaler u. tetragonaler Seltenerdmetallzentren in Krist. v. CaF_2-Typ an Hand v. --Daten 8-0311; – an Einkrist. einiger Seltenerdmetalloxide 17-0411; Spin–Gitter-Relaxat. in Seltenerdmetallsalzen (Winkelabhängigk., Hyperfeineffekte u. Kreuzrelaxat.) 19-0401; --Spektren v. Paaren wechselwirkender Seltenerdmetallionen 21-0418; Möglichk. zur Beobacht. asymmetr. --Linien durch d. Wrkg. punktförm. Fehlstellen für Seltenerdmetallionen 26-0379; mkr. u. makroskop. magnetoelast. Tensoren in Seltenerdmetallgranaten aus d. – unter Druck 30-0343; Spin-Polarisat. in d. Nähe lokalisierter Momente v. in fl. Al gelösten Seltenerdmetallionen 31-0339; opt. Phononen bei d. Elektronenspin-Relaxat. (Feldabhängigk. für mit Seltenerdmetallionen dotierte Salze) 32-0374; direkte, Orbach- u. Raman-Relaxat. in verd. Mg/Ce-Nitrat in $Mg_3La_2(NO_3)_{12} \cdot 24\ H_2O$ (EPR) 5-0422; --Spektren: v. CeO_2-Einkrist. mit Er^{3+} oder Yb^{3+} 8-0323; v. CeO_2:Dy^{3+}-Einkrist. 23-0431; paramagnet. Relaxat. v. $CeCl_3$ 29-0378; –: v. ^{141}Pr-Kernen in einem $Pr_2 \cdot (SO_4)_3 \cdot 8\ H_2O$-Einkrist. 31-0364; v. Gd^{3+} in Einkrist. v. $Pr(NO_3)_3 \cdot 6\ H_2O$ 36-0339; v. Pr^{3+} in $Zn_3La_{1,98}Pr_{0,02}(NO_3)_8 \cdot 24\ H_2O$ 45-0355; v. Gd^{3+}-dotiertem $NdCl_3 \cdot 6\ H_2O$ u. $PrCl_3 \cdot 7\ H_2O$ 26-0378; v. Gd^{3+}-dotierten $La(NO_3)_3 \cdot 6\ H_2O$ u. $Nd(NO_3)_3 \cdot 6\ H_2O$-Einkrist. 27-0435; Einfl. v. paramagnet. Verunreinig. auf d. dynam. Polarisat. v. Protonen in $Mg_3(La, Nd)_2 \cdot (NO_3)_{12} \cdot 24\ H_2O$ 38-0369; Temp.-Abhängigk. d. Sm^{3+}-Spins in intermetall. Verb. 11-0410; –: v. Gd^{3+} in $SmCl_3 \cdot 6\ H_2O$-Einkrist. 47-0304; v. Gd^{3+} in Einkrist. v. $Sm(NO_3)_3 \cdot 6\ H_2O$ 47-0320; Einfl. d. Cr^{3+}–Eu^{3+}-Wechselwrkg. auf d. – d. Cr^{3+} in Eu–Ga-Granaten 8-0326; Temp.-Abhängigk. d. kub. Aufspalt. im --Spektrum v. Eu^{2+} in Krist. v. CaF_2-Typ 28-0361; --Übertrag. in Gd 24-0389; – in einem angeregten Zustand d. TmN (Krist.-Feld- u. Austauscheffekte) 32-0382.

– v. Al_2O_3, SiO_2 u. TiO_2 sowie v. adsorbierten Substanzen 3-0633; Theorie d. --Spektrums d. d^1-Konfig. in Rutil 7-0345; --Unters. d. Oberflächenchemie v. Rutil 7-0346; Einfl. d. elektr. Feldes auf d. – v. Gd^{3+} in $SrTiO_3$ 7-0348; – v. Co^{2+} in $BaTiO_3$-Einkrist. 8-0325; --Signale d. Rk. zwischen Ti^{3+} u. H_2O_2 11-0164; Temp.-Abhängigk. d. Hyperfeinkoppl. d. --Spektrums v. Mn^{2+} in kub. $BaTiO_3$ 18-0371; –: v. red. $BaTiO_3$-Krist. 24-0394, 24-0455; v. partiell in H_2 red. Rutilproben 37-0380; v. Ti_2O_3 43-0336; v. Gd^{3+} u. Eu^{2+} in $BaTiO_3$ 43-0337; bei Millimeterwellenlängen eines axialen Fe^{3+}-Spektrums in $SrTiO_3$ 43-0338; v. Fe^{3+} in $SrTiO_3$ unter bes. Berücksichtig. d. Phasenwechsels bei *110* °K 45-0352; v. Co^{2+}-Ionen in Verb. mit Fehlstellen in Rutil 47-0311; v. Mn^{2+} in red. $BaTiO_3$-Einkrist. 47-0317; mehrfache Elektronenspinechos in TiO_2:V^{4+} 48-0350; –: v. $SrTiO_3$ 51/52-0247; v. V in ZrO_2 12-0308; v. Zirkonen 22-0838; v. Mn in Ca-Zirkonat 45-0351; Isotopieverschieb. im --Absorpt.-Spektrum v. Gd^{3+} in ThO_2 27-0434; --Spektrum v. ThO_2 30-0304; – v. Ce^{3+} in $LaCl_3$, Yb^{3+} in ThO_2, Ho^{3+} in CaF_2 u. Cr-Ionen in Rubin 49/50-0240.

Temperaturabhäng. Austauschverschmäler. d. Linienbreite d. – v. wechselwirkenden Donatoren in Ge u. Si 1-0385; --Experimente an Sb-dotiertem Ge 1-0386; –: d. Leit.-Elektronen in Si–Ge-Leg. 27-0420; in elektronenbestrahltem Ge 39-0295; ^{73}Ge-ESR-Hyperfeinstruktur d. Radikals GeH_3 47-0081; v. Mo^{5+} in K_2SnCl_6-Einkrist. u. Hyperfeinstruktur u. Austauschpolarisat. d. Mo^{5+}-($4d^1$)-Ions 12-0358; – u. opt. Spektren v. Cr^{3+} in SnO_2-Einkrist. 15-0370; –: v. γ-bestrahltem $Sr(NO_3)_2$, $Ba(NO_3)_2$ u. $Pb(NO_3)_2$ 18-0370; v. Mn^{2+} in PbS, PbSe u. PbTe 23-0432; v. UV-bestrahlten Pb-Halogeniden bei *80* °K 27-0428; d. Tieftemp.-Bestrahl.-Einfl. in Pb-Halogenidkrist. 29-2424.

--Unters. d. Zus. v. V-Katalysatoren 5-0712; --Spektrum: v. V_2O_5:Cr^{3+} 21-0417; d. höheren V-Oxide 24-0393; Unters. d. Hyperfeinstrukturfeldes v. V_2O_3 in fl. Zustand 29-0383; --Spektren: einiger Innerkomplexverb. v. VO^{2+} 42-0072; v. Nd^{3+}-, Dy^{3+}-, Er^{3+}- u. Cr^{3+}-Verunreinig. in $LiNbO_3$-Krist. 36-0338; v. Yb^{3+}, Nd^{3+} u. Cr^{3+} in $LiNbO_3$ u. $LiTaO_3$ 48-0353.

Unters. d. Struktur d. Adsorpt.-Zentren v. Al_2O_3–Cr_2O_3-Katalysatoren zur Paraffindehydrier. mittels opt. u. --Spektren 4-0577; Kreuzrelaxat. zwischen Cr^{3+}-Ionen in verd. Kaliumcyanochromat(III) 10-0353; --Unters. an Einkrist. d. Syst. α-Al_2O_3–Cr_2O_3 12-0359; --Spektren v. Cr-Ionen im Syst. MgO/CrO_3 15-0371; --Linienbreite v. mit schnellen Neutronen bestrahltem $(Al_2O_3)_{1-x}(Cr_2O_3)_x$ 21-0416; --Unters. einiger bestrahlter Cr(VI)-Verb. 45-0354; – v. Mn^{2+} in $SrMoO_4$ 1-0395; --Spektren v. Mo(V)-Komplexen 2-0133; --Linienbreite v. tetragonalen Nd^{3+}-Zentren in $CaMoO_4$-Einkrist. mit Scheelitstruktur 8-0328; --Unters. d. Syst. $NaLa(MoO_4)_2$:Nd 21-0423; Krist.-Feldaufspalt. d. Energieniveaus d. Er^{3+}-Ionen in $SrMoO_4$ durch opt. u. d. --Spektren 27-0438; --Spektren dünner Schichten v. MoO_3 28-0304; Vgl. d. X- u. O-Band-ESR-Spektren d. Ionen CrO_5^{2-} u. $MoOF_5^{2-}$ in gefrorenen HF-Lsg. 32-0378; –: in Lsg. reduzierter Molybdatokieselsäuren 37-0836; v. Mo(V)-halogenkomplexen 40-0067; Hyperfeinstruktur d. --Spektren v. $MoO \cdot (H_2AsO_4)_4$, $MoO(H_2AsO_4)_3Cl$, $MoO(H_2AsO_4)_2 \cdot Cl_2$, $MoO(H_2AsO_4)Cl_3$ 40-0068; --Unters. d. Komplexbldg. v. Mo-oxidtrichlorid u. -pentachlorid 40-0509; --Spektren v. Mo(V) in $[MoO(HSO_4)_4]^-$ bzw. $[MoO(H_2PO_4)_4]^-$ 45-0088; – d. Grund- u. angeregten Zustands v. Er^{3+} in $CaMoO_4$ 45-0353; X-Band-ESR-Spektren v. $K_{0,33}Mo_{1,04}O_3$, $K_{0,28}Mo_{1,01}O_3$, $Na_{0,16} \cdot Mo_{1,08}O_3$, MoO_3 u. MoO_{3-x} (Mo-Bronzen) 47-0313; Einfl. einer einachs. Kompress. auf d. – v. Nd^{3+} in $CaWO_4$ 5-0424; --Spektrum: v. $MgWO_4$:Co^{2+} 8-0329; v. Mn^{2+} in $ZnWO_4$ 8-0330; v. Cu^{2+} in $ZnWO_4$ 8-0331; Pseudo-Stark-Aufspalt. d. Cr^{3+}-EPR-Linie in $CdWO_4$ 10-0354; – v. Mn^{2+} in $SrWO_4$ 10-0355; Verschieb. durch elektr. Felder in d. – v. Mn^{2+} in $CaWO_4$ 15-0373; – v. Nb in $CaWO_4$ 15-0374; isotop. Hyperfeinstruktur d. --Spektren v. Cu^{2+} in $ZnWO_4$ 17-0414; – v. Mn^{2+} in $SrWO_4$ 21-0421; --Spektren: v. Ce^{3+} in $CaWO_4$, $SrWO_3$, $PbMoO_4$ 21-0426; v. Gd^{3+} in $CaWO_4$, $SrWO_4$, $PbWO_4$, $BaWO_4$, $CdMoO_4$, $CaMoO_4$, $SrMoO_4$, $PbMoO_4$ u. $Ba \cdot MoO_4$ 21-0427; v. Mn^{2+} in $ZnWO_4$-Krist. u. magnet. Ordn.-Einstell. 27-0439; Einfl. v. einaxialem Druck auf d. – v. Nd^{3+}-Ionen in $CaWO_4$ u. Größe d. Spin–Phonon-Wechselwrkg. im $CaWO_4$:Nd-Syst. 30-0344; --Unters. v. Dithiophosphat-, Dithiocarbonat, u. Xanthogenatkomplexen v. Cr(V), Mo(V) u. W(V) 34-0106; --Spektrum v. Y in $CaWO_4$ 48-0355.

– in d. Fluoro–Uran(V)-Komplexen v. MUF_6-Typ 33-0426.

Intensitäten u. Dublett-Abstände verbotener Übergänge bei d. – v. Mn^{2+} in II bis VI-Verb. 4-0331; – v. Komplexen zwischen Mn(II) u. Dithionit-Ionen in wss. Lsg. 5-0139; paramagnet. Defektzentren in $(1 - x) \cdot BaSO_4 \cdot xKMnO_4$-Mischkrist. 12-0362; elektron. u. kernmagnet. Relaxat. v. Eu^{2+} oder Mn^{2+} im Krist. mit Flußspatstruktur 16-0384; --Unters. d. Kinetik d. Ionenaustausches am Kationit KU-*2* unter Beteilig. d. Mn^{2+}-Ions 16-0673; – u. Struktur wss. $MnCl_2$-Lsg. 24-0129; Transmiss. v. --Signalen in Cu-dotierten Mn-Leg. 26-0376; Best. v. Mn(II) in Mn-Salzen höherer Ox.-Stufe durch – 26-2055; temperaturabhäng. Hyperfein-Koppl.-Konst. v. Mn^{2+} in Fluoriden 38-0388; paramagnet. Relaxat. u. Komplexbldg. in Mn(II)-Salzlsg. 42-0074; Spin–Gitter-Relaxat. u. Temp.-Abhängigk. d. Linienbreite d. – v. $Mn(Mg) \cdot SO_4 \cdot 4\ H_2O$ 49/50-0247.

Einfl. v. Beimisch. auf d. Mikrowelleneig. v. Y–Fe-Granat 10-0364; --Druck-Unters. an Seltenerdmetallen in diamagnet. Granaten u. d. Einzelionenmagnetostrikt. v. Seltenerdmetall–Fe-Granaten 17-0413; – in $Ca_{2,7} \cdot Bi_{0,3}Fe_{3,65}V_{1,35}O_{12}$-Einkrist.-Granaten 19-0410; --Hyperfeinwechselwrkg. v. ^{13}C im $[Fe(CN)_5 \cdot NO]^{3-}$-Ion in Einkrist. v. $Na_2[Fe(CN)_5NO] \cdot 2\ H_2O$ 21-0424; – in Phasenübergangsbereich einiger ferroelektr. Mischkrist. d. Syst. $PbFe_{2/3} \cdot W_{1/3}O_3/Pb_2YNbO_6$ u. $PbTiO_3/Sr_{0,3}La_{0,7}MnO_3$ 26-0382; Theorie d. Sättig. d. – d. Spinwellen in Ferriten 28-0365; durch Ultraschall induzierte Änder. in --Spektren v. mit Fe^{3+} dotiertem Sapphir 38-0394; --Unters. v. mikrosomalem Fe_x 44-1088; --Spektrum d. magnet. geordneten Krist. $GaFeO_3$ in d. Ggw. eines äußeren elektr. Feldes 48-0356; dynam. Orientier. v. Co-*60*-Kernen durch verbotene --Übergänge an Einkrist. v. $La_2(Mg, CO)_3 \cdot (NO_3)_{12} \cdot 24\ H_2O$ 1-0396; --Spektren: v. magnet. anomalen Co(II)-Komplexen 2-0134; v. Co- u. K-Cobaltaten (III, IV) mit Peroxo- u. Amidobrücken 10-0722; v. Co in intermetall. Verb. 12-0353; v. trigonalen Co(II)-Chelaten 18-0147; v. in Otavitkrist. eingeführten Co^{2+}-Ionen 21-0430; v. $[(NH_3)_4Co(NH_2)(O_2) \cdot Co(NH_3)_4](NO_3)_4$ 26-0383; v. Cr^{3+}: $K_2NaCo \cdot (CN)_6$ 28-0366; v. $Mo(CN)_5NO^{3-}$ in $K_3Co(CN)_6$- u. KBr-Einkrist. (magnet. Parameter u. Analyse d. Liganden-Hyperfeinstruktur v. ^{14}NO u. $C^{14}N$) 51/52-0249; Ein-Ion-Magnetostrikt. v. NiO, MnO, FeO u. CoO aus d. Spann.-Abhängigk. d. – 16-0516.

Spin–Gitter-Relaxat.-Zeit v. Cu^{2+}-Ionen in einem tetraedr. Krist.-Feld 2-0327; Temp.-Abhängigk. d. Cu(II)---Linienbreiten v. $[Cu(H_2O)_6]^{2+}$ 5-0138; --Spektren gefrorener Cu-Ionen-Lsg. 5-0421; – u. magnet. Ordn. in Cu/Mn-Leg. 8-0308; paramagnet. Relaxat. v. Mn in Cu 10-0344; – eines $Cu[ZrF_6] \cdot 4\ H_2O$-Einkrist. im Bereich *4–300* °K 14-0360; – verd. Cu–Mn-Leg. 15-0364; --Spektren v. Imidodiphosphinatokupfer(II)-Chelaten 18-0145; – v. Mn^{2+} in Einkrist. v. CuCl 18-0367; anomales --Spektrum v. Cu^{2+} in $MgAl_2O_4$ 23-0434; anomale Temp.-Abhängigk. d. --Linienbreite in $Cu(NH_3)_4SO_4 \cdot H_2O$ 23-0435; Elektronenaustausch in d. – v. im Mol.-Raum eingebautem Cu^{2+} 24-0133; --Unters. d. Sorpt. v. Cu-Verb. an Ionenaustauschern 24-0690; --Spektrum d. quadrat.-planaren $[CuCl_4]^{2-}$-Ions 31-0078; verallgemeinerte Wolfsberg-Helmholz-Berechn. an $[CuF_6]^{4-}$ 32-0053; – in $Cu(NH_4)_2Br_4 \cdot 2\ H_2O$ 33-0424; Winkelvariat. d. --Spektren v. rhomb. Cu^{2+} 38-0383; –: v. Mn in Cu–Ni- u. Cu–Al-Leg. 39-0296; v. Cu in BeO 41-0285; v. Cu-Komplexverb. (Übersicht) 42-0073; des quadrat.-planaren Komplexes $[Cu(CN)_4]^{2-}$ 45-0090; u. Bind. in $K[CuCl_3]$ 45-0345; CuO auf Al_2O_3-Trägern (--Unters. d. hoch dispersen Phasen) 47-0312; –: in Einkrist. v. wasserfreiem $CuSO_4$ 51/52-0250; v. Ag-Komplexen 2-0137; --Unters. verschiedener Se_2^{3-}-Zentren in Ag–Halogenid–Se-Krist. 33-0410; – v. γ-bestrahltem $AgNO_3$ 36-0334; Nachw. v. Ag^{2+} in dotierten AgCl-Krist. durch – 43-0333; Te_2^{3-}- u. Se_2^{3-}-Zentren in AgBr (D., g-, Superhyperfein- u. Hyperfeintensoren) 47-0306; – d. Leit.-Elektronen in kleinen Goldteilchen 33-0396.

--Spektrum v. $GdPt_2$ 38-0374,

--Spektren: v. durch γ-Bestrahl. erzeugten atomaren Ag in Pyrex- u. Natriumtetraborat-Gläsern 1-0398; v. Farbzentren in Borat-, Phosphat- u. Borphosphatgläsern 5-0399; v. Kohlen u. Halbkoksen 5-0426; v. Lampenruß 5-0427; Sättig.-Effekt d. --Signals oxydierter Kanalruße 5-0428; – v. Kohle 5-2689; --Unters. d. Brennprozesses beim Ultramarin 7-0351; –: v. Fe^{3+}-Ionen in Natrolith 8-0333; v. Mn in Boratgläsern 12-0364; in mit Neutronen bestrahltem graphitisiertem Ruß 12-0365; v. Metallionen u. Defektzentren in Topas 14-0368; Unters. d. – u. opt. Absorpt. v. Cr^{3+} in einem Phosphatglas 14-0371; --Druck-Unters. an Seltenerdmetallen in diamagnet. Granaten 17-0413; –: v.

Cu in Forsteritkeramiken 17-0416; v. γ-bestrahlten Phosphatgläsern 17-0417; v. Fe^{3+} in natürl. Topas 18-0375; in Gläsern 18-0376; v. akt. Ruß 18-0377; v. Elektronen-Loch-Zentren in Mineralen 21-0425; Parameter d. —-Spektren strukturell nicht äquivalenter Mn-Ionen im Zeolithgitter 21-0431; —-Spektren: u. Struktur d. paramagnet. Zentren in bestrahlten Lithiumalumosilicatgläsern d. Syst. $Li_2O/Al_2O_3/SiO_2$ 21-0432; in wärmebehandelten Rußarten 21-0433; v. mit V_2O_4 dotiertem Na_2O/B_2O_3-Glas 24-0397; v. Fe^{3+} in einigen Feldspaten 24-0824; v. Kohle u. d. Einfl. v. O 25-2181; des Ti^{3+}-Ions in synthet. Fluor-Phlogopit 26-0386; —-Unters. v. Ga-Gläsern 26-0387; — v. Fluoroberyllat-Gläsern mit Co u. Ni 26-0388; Unters. d. freien Radikale in Kohlen u. Halbkoksen durch — 27-2995; — bestrahlter Silicatgläser 28-0372; Änder. in d. Art d. chem. Bind. v. Mn^{2+}-dotierten Gläsern verschiedener Zus. aus Spektren d. Absorpt., — u. Lumineszenz 28-0374; Hyperfeinstruktur d. —-Spektren d. Vanadylions in vanadinhalt. Gläsern 28-0376; Hyperfeinstruktur d. —-Spektren v. Seltenerdmetallionen in Gläsern 28-0377; Reduzier. d. paramagnet. Absorpt. v. Anthracit 30-0351; —-Unters. d. chem. Verh. v. Mn^{2+} während d. Bldg. v. Fluorapatit 30-0701; —-Spektren v. Fe^{3+} in Topas (Feinstruktur) 33-0427; Eu^{3+}-Ionen als Elektronenhaftstellen in Glas aus $LiPO_3$ u. $Al(PO_3)_3$ (—-Spektrum) 36-0342; —: v. Ionen d. Fe-Gruppe in Fluoroberyllatgläsern 36-0343; v. bestrahlten Alumosilicaten 37-0382; v. Fe^{3+} in Natrolith 37-0383; v. Mn^{2+} in Borat- u. Silicatgläsern 37-0384; Hyperfeinstruktur d. —-Linie v. Mn^{2+} mit d. g-Faktor v. *4,3* in Chalkogenidgläsern 37-0385; — v. Tremolit 38-0395; —-Unters. v. Gitterdefekten in einigen Boratgläsern 38-0396; —: in Kohlen 41-0289; v. Natriumcalciumsilicatgläsern 41-0290; Unters. einer Reihe v. Halbkoksen durch Relaxat. d. Elektronenzentren 42-0311; —-Signalintensität u. Hydratat. bzw. NH_3-Adsorpt. bei synthet. Cu-ausgetauschten Zeolithen 43-0342; —-Spektren: bestrahlter Dreistoffgläser 45-0358; v. Farbzentren in Gläsern mit Nd 47-0322; v. röntgenbestrahlten Alkalimetallsilicat-Gläsern mit eingefangenen Lochzentren 47-0323; v. UV-bestrahlten Na-Boratgläser 47-0324; ^{19}F-Hfs d. Fe^{3+}-— in Topas 51/52-0248; Unters. d. Elektronenrelaxat. in Ferrit- u. Granatpulvern durch Mess. d. Spin–Gitter-Relaxat.-Zeit in Abhängigk. v. d. Zeeman-Frequenz 51/52-0253.

Metallhaltige organische Verbindungen

—-Unters.: lösl. metallorgan. Katalysatoren 12-0165; v. Ionenpaaren (Metallketyle) 26-0146; —-Spektren: negativer Metallphthalocyanin-Ionen 36-0078; v. *6*-fach koordinierten Me(II)-Komplexen mit Essigsäure u. Py. 43-0673; d. Alkalimetall-Dinitrobenzolsalze in Dimethoxyäthan 18-0144; Unters. d. Assoziat. v. Li-Arylen mit Hilfe d. —-Spektren 23-0134; —-Unters. d. Elementarprozesse in d. Radio- u. Photochemie (γ-bestrahlte Kaliumalkylsulfate zwischen *77* u. *300* °K) 15-0378; — v. γ-bestrahlten Rochellesalz-Einkrist. (Analyse d. zweiten Zentrums) 41-0286; Beeinfluss. d. —-Spektren v. Cu^{2+}-dotierten Seignettesalz-Einkrist. durch ein äußeres elektr. Feld 43-0341; —-Absorpt. v. Biphenyl-K-, Rb- u. Cs 45-0087; —-Unters. d. Ionenpaarkomplexe v. m-Jodnitrobenzol mit Alkali- u. Erdalkalimetallen 36-0077; —-Spektrum v. Cu^{2+} in Triglycinfluoroberyllat 33-0418; — v. Cu^{2+} in Einkrist. u. Pulver v. $SrC_4H_4O_6 \cdot 4\,H_2O$ 15-0381; Hyperfeinaufspalt. d. — v. Zn u. Cd in Flavin-Radikalchelaten 11-0163; — v. Phthalocyaninen d. Seltenerdmetalle mit d. Formel $LnHPc_2 \cdot J_2$ 28-0371; Einfl. d. — auf d. stat. Suszeptibilität (Gitter–Bad-Relaxat.-Zeit v. $Nd(C_2H_5SO_4)_3 \cdot 9\,H_2O$) 14-0366; Gittererwärm. infolge paramagnet. Relaxat. in Hexakis-[antipyrin]-gadoliniumtrijodid 29-0379; paramagnet. Relaxat. in Terbiumäthylsulfat 36-0336; —-Spektren: v. Einkrist. v. Dysprosiumäthylsulfat u. seinen Lsg. in Yttriumäthylsulfat 15-0379; v. Vanadocen in einer glasart. Lsg. v. 2-Methyltetrahydrofuran 15-0380; —-Unters. d. sechsten Koordinat.-Stell. v. Oxo-bis-[acetylacetonato]-vanadin(IV) u. einigen Amin-Addukten 19-0769; —-Spektren: v. Bis-[aromaten]-Komplexe v. V(O) u. Cr(I) 24-0130; v. Mo-$\alpha.\alpha'$-dipyridylkomplexen 26-0147; —-Unters.: an Ferredoxin aus Clostridium pasteurianum 2-1224; v. low-spin-Co(II)-Komplexen mit Isonitrilen 17-0165; d. durch elektrochem. Red. v. Ni-, Zn- u. Cd-Komplexen d. N.N'-Bis-[2-mercaptophenyl]-glyoxaldiimins erhaltenen freien Radikale 31-0107; v. antiferromagnet. Wechselwrkg. innerhalb v. Cu(II)-Ionenpaaren in Cu-Monochloracetat-2,5-Hydrat 1-0397; am Bis-[N-isopropylsalicylaldiminato]-kupfer(II) 2-0136; — d. Komplexes v. Cu(II) mit 1-[1'-Methylbenzimidazolyl-(2')]-5-p-tolyl-3-methylformazan 6-0147; v. Chelatverb. d. Cu mit Salicylidenazomethinen 6-0148; d. Koordinat.-Verb. v. Cu(II) mit Benzidin 17-0166; v. zwei mit Zn u. Ni dotierten Kupferchlorid–Pyridin-N-oxid-Komplexen 17-0168; v. $[CuNH_3 \cdot (p\text{-}Cl \cdot C_6H_4 \cdot SO_2NH_2)]$ 17-0415; Analyse d. Bezieh. zwischen d. Intensitäten u. Breiten d. Hyperfeinstrukturkomponenten d. —-Spektren v. Cu(II)-Komplexen mit N- u. O-halt. Liganden 18-0146; Cu(II)-EPR-Spektren v. $[Cu(en)(H_2O)_4]^{2+}$ u. $[Cu(en)_2(H_2O)_2]^{2+}$ 21-0153; —: v. Cu(II)-Xanthogenaten 22-0136; v. Cu–Porphin-Komplexen 22-0137; Einfl. v. Substituenten auf d. anisotropen —-Parameter v. Cu-Acetylacetonaten 24-0131; —-Spektren v. Bis-[dipivaloylmethanato]-kupfer(II) 24-0132; Änder. d. —-Spektren v. Cu-Diphenylenderiv. bei d. therm. Behandl. 26-0148; —-Nachw. v. austauschgekoppelten Ionenpaaren u. v. isolierten Ionen in chlorsubstituierten Cu-Acetaten 26-0384; —: v. Monoäthylendiaminkupfer(II)-sulfat-Einkrist. 28-0367; v. $(CH_3 \cdot NH_3)_2[CuCl_4]$ 33-0425; v. Cu-Chelaten auf d. Basis v. α-Thiopicolinsäureaniliden 35-0088; v. Cu(II)-N-alkyldithiocarbamaten 35-0089; v. Dibariumkupferformiattetrahydrat (Opt. Absorpt. u. Temp.-Abhängigk. d. Parameter d. Spin-Hamilton-Operators) 36-0340; d. Cu(II)-Salze v. Malein-, Bernstein-, Ortho- u. Terephthalsäure 36-0406; Temp.-Abhängigk. d. —-Linienbreite v. Kupferacetatmonohydrat 39-0304; Hyperfeinaufspalt. v. ^{31}P Kernen im —-Spektrum v. Cu-Komplexen mit Phosphorsäureestern u. ihre Bezieh. zur Elektronegativität 40-0069; —: v. Cu(II)-Peptidkomplexen im fl. Zustand 47-0082; v. $Ba_2Cu(HCOO)_6 \cdot 4\,H_2O$ 51/52-0251; in verd. Kupferphthalocyanin 51/52-0252; v. Bis-[hexamethylendithiocarbamato]-kupfer, -silber u. -oxovanadin 2-0135; v. $[Ag(C_5H_5N)_4]S_2O_8$ 8-0332; paramagnet. Zentren bei d. — v. Silberoxalat im Anfangsstadium d. Photolyse u. Radiolyse 28-0370; EPR-Unters. d. Ox. v. Di-μ-benzildioximatometallen(II) zu -Metall(III)-bromiden (Me = Pd, Ni) 35-0771; EPR-Spektren v. $(C_2H_5)_2Rh$ u. $(C_2H_5)_2Ir$ 20-0112.

Organische Verbindungen

Mittels —-Spektren beobachtete Lad.-Neutralisier.-Rk. in einem γ-bestrahlten organ. Glas 4-0697; Anwend. d. — zur Unters. d. Bldg. u. d. Verh. v. Ionen bei d. elektrochem. Red. v. organ. Verb. 6-0916; —-Unters. d. Stabilität eingefangener Elektronen in photoionisierten u. γ-bestrahlten organ. Gläsern 47-0869.

—-Spektren einiger röntgenbestrahlter konjugierter Ringsyst. bei *77* °K 2-0831; — v. Propargylen u. Homologen 4-0688; Änder. d. Linienbreite in d. —-Spektren d. Anionenradikale v. Hydropyrenen 4-0689; Anwend. v. Rechenprogrammen bei d. Interpretat. d. —-Spektren v. in amorphen Festkörpern verteilten Radikalen (Behandl. im starken Feld; X-Band-Spektren v. π-Elektronradikalen nichtkonjugierter KW-Stoffe) 5-0835; systemat. Stör. d. —-Spektren v. Anthracen- u. Azulenanionen in Lsg. 5-0838; Berechn. d. —-Spektren v. substituierten Benzolanionen 6-0882; —-Absorpt. v. Hexan–Kieselgel-Syst. nach γ-Bestrahl. bei tiefen Temp. 9-0864; —-Spektren: v. Methylradikalen auf Oberflächen aus porösem Glas 10-0848; v. an SiO_2–Al_2O_3 adsorbierten aromat. KW-Stoffen 10-0849; d. Triplett-Grundzustände v. Diphenylmethylen- u. Fluorenylidenmol. in Einkrist. 11-0898; —-Nullfeldaufspalt. v. aromat. Triplettzuständen (Naphthalin, Pyren u. 1.12-Benzperylen) 15-0903; —-Unters. monomerer u. dimerer Kationen v. aromat. KW-Stoffen 15-0905; Einfl. v. O_2 auf d. —-Spektren v. adsorbiertem Perylen auf einem SiO_2–Al_2O_3-Katalysator 15-0906; — d. Tropenylradikals 15-0907; —-Spektrum v. Hexamethylbenzyl-Radikalkation 17-0925; —-Nachw. v. Di-Na-Cycloheptatrienid 18-0848; — v. substituierten Perinaphthenyl-Radikalanionen 19-0979; —-Spektren v. an sauren Festkörperkatalysatoren adsorbiertem Triphenylmethan 20-0663; Möglichk. zur Unters. d. Konform. freier Radikale in einigen alicycl. Verb. mit Hilfe v. — 20-0863; —-Spektren d. freien Radikalionen v. 9.10-Diphenylanthracen 21-0943; — in phosphoreszierenden aromat. Verb. 25-0934; —-Spektrum d. Triplettzustands v. 1.1-Dinaphthyl in 3-Methylpentan 25-0935; — v. phosphoreszierendem Mesitylen 27-0957; Vibroneneffekte auf d. —-Spektren v. Alkylcyclooctatetraen-Anionen 27-0958; — adsorbierter Olefine u. Bzl. an synthet. Zeolithen (Radikalbldg.) 29-0940; Bezieh. zwischen —-Hyperfeinaufspalt. u. Spindichten in einfach substituierten Alkylradikalen 30-0855; —-Unters. d. Anionen aromat. KW-Stoffe 30-0856, 30-0857; Hyperfein-Koppl.-Konst. d. Radikalanionen v. Cyclooctatetrean-Deriv. 31-0965; —-Spektren d. Radikal-Anionen 1.6-überbrückter Cyclodecapentaene 31-0966; Käfigeffekte u. d. Frage d. Spinkoppl. in Cumyl-Radikalpaaren 32-1011; —-Spektren d. Radikalanionen einiger 1.3-Diene 33-1087; Best. d. Kinetik d. Rk. zwischen $O + H_2$, $O + CH_4$ u. $O + C_2H_6$ bei hohen Temp. mittels — 36-0609; — d. Perinaphthenylradikals in einem fl. Krist. 39-0819; —-Unters. v. Triplettzuständen d. Phenanthren 41-0805; —-Spektren d. Austauschsyst. Biphenyl-biphenylid-Radikalion 41-0874; Berechn. d. Protonenhyperfeinkoppl.-Konst. d. Allylradikals 41-0875; —-Spektren: d. Mol.-Ionen konjugierter Diene u. Allyl-Radikale 42-0750; v. bei *77°* K UV-bestrahltem Bzl. u. C_6D_6 42-0764; v. Triplettexzitonen in Anthracen 44-0734; Deuterium-Isotopeneffekte in d. —-Spektren negativer Naphthalin-Ionen 45-0823; —-Unters.: v. Alkalimetall–Acenaphthen-Ionenpaaren 45-0824; freier alicycl. Radikale 47-0870; —-Spektrum d. Phenylcyclooctatetraen-Anions 47-0872; Theorie d. D-Effektes auf d. —-Spektren v. cycl. Polyen-Radikalen (semiempir. Näher.) 47-0874; —-Spektren v. 5.6.11.12-Tetraphenylnaphthacen-Anion- u. Kationradikalen 47-0876; —-Unters.: v. Naphthalin-Alkalimetall-Ionenpaaren 48-0889; an gelösten Radikalionen nicht alternierender KW-Stoffe 49/50-0758; —-Spektren: d. Bzl.-Radikal-Anions bei aufgehobener Entart. d. Grundzustandes 49/50-0760; d. Anionenradikale in Pyracyclensyst. (Elektronenstruktur) 49/50-0786; —-Unters. v. bestrahlten cycl. KW-Stoffen 51/52-0737.

—-Unters.: v. bei *77,5* °K durch γ-Bestrahl. v. Methyltetrahydrofuran gebildeten, eingefangenen Elektronen, freien Radikalen bzw. Radikalanionen 2-0930; v. durch elektrochem. Ox. oder Red. einiger in Acetonitril gelöster Phenothiazinderiv. erhaltenen Radikalen (Einführ. u. Vers.-Ergebnisse) 3-0854; (Theoret. Deut. d. Spektren d. Kationenradikale v. Phenothiazin u. N-Methylphenothiazin) 3-0855; —-Spektren d. 2.1.3-Benzoxadiazol-, -Benzothiadiazol- u. -Benzoselenadiazolradikalanions 4-0692; —-Unters. d. Ionenassoziat. d. negativen Pyrazinions mit Alkalimetallkationen 24-0904; —-Spektren: freier Flavin-Radikale u. Zuordn. d. Hyperfeinaufspalt. zur Bzl.-Komponente 27-0959; substituierter Pyridinradikale 31-0967; d. Kationenradikals u. neutralen Radikals v. Phenothiazin 33-1088; v. D_6-Chinoxalin 35-0878; —-Unters. an Pyrrolderiv. 41-0287; — d. angeregten Triplett-Zustände v. Pyrimidinen u. Purinen 41-0876; —-Unters. d. bestrahlten Py. 41-0877.

— u. Geometrie v. Perfluoralkylmethylenen 18-0849; —-Unters. v. F-Hyperfeinwechselwrkg. bei Fluorbenzolen 21-0944; —-Spektrenanalyse v. Fluorkohlenwasserstoffradikalen in bestrahltem Tetrafluoräthylen 37-0934; —-Spektrum: d. CF_3-Radikals 46-0754; v. Cl-substituierten Triphenylmethylradikalen 47-0877; v. fluorierten aromat. Radikalen 49/50-0759; v. γ-bestrahlten Alkylhalogeniden bei *77* °K 51/52-0738.

—-Spektren d. 4.4'-Dinitroderiv. v. Diphenylamin, Dibenzyl u. Stilben 5-0839; Änder. d. Linienbreite in d. —-Spektren v. p-Dinitrobenzolanionen in verschiedenen gemischten Lsgm. 7-0866; —-Unters. elektrochem. erzeugter Radikale einiger Hydrazine 7-0867; —-Spektren d. Anionen v. Nitroverb. in gemischten Lsgm. 10-0851; —-Signale bei Wechselwrkg. v. Tetranitromethan mit Olefinen 11-0987; — d. Radikalkationen v. Benzidin u. Tetramethylbenzidin 12-0825; —-Spektren: v. p-Dinitrobenzolanionen 12-0826; v. Nitro-Radikalanionen in fl. u. starren Medien 17-0926; v. Radikalen aromat. Nitroverb. (σ–π-Parameter für N–O-Bind.) 17-0927; —-Unters. d. Rk. v. Triphenylamin mit Alkalimetallen 18-0850; —-Absorpt. v. festen 1.1-Diphenyl-2-pikrylhydrazyl-Gemischen (Oberflächen- u. Alter.-Effekte) 29-0944; —-Spektren: v. DPPH in organ. Fl. 30-0858; v. Anion-Radikalen v. Dinitro- u. Nitronitrosoverb. 31-0968; d. Anionradikale v. Nitro- u. Nitrosobenzol in fl. NH_3 32-0925; Beobacht. v. Konform.-Isomeren d. Tetraisopropylnitrobenzolanionradikals mittels — 32-0926; Hyperfeinkoppl.-Konst. v. 2.2-Bis-[p-nitrophenyl]-1-pikrylhydrazyl 32-0932; —: in mit Neutronen bestrahltem DPPH 38-0936; v. freien Radikalen aus Polynitroalkanen 40-0772; Hyperfeinstruktur d. --Spektren v. heterocycl. Analoga d. DPPH 40-0774; – d. Trifluormethylnitrobenzol-Radikalanions 41-0878; --Spektren v. Nitrobiphenyl-Radikalanionen 41-0879; dynam. Frequenzverschieb. u. Einfl. d. Molekülbeweg. auf d. --Spektren v. Dinitrobenzolanionradikalen 47-0878; ^{14}N-Hyperfeinstruktur v. Triphenylaminium-Radikalionen 47-0916; --Unters.: an Trifluornitrobenzolanionradikalen 48-0890; einiger N-Radikale in photolyt. u. radiolyt. Syst. 48-0891; --Spektren v. Radikalionen, d. bei d. elektrochem. Red. einiger geminaler Dinitroalkane u. ihrer Salze entstehen 49/50-0761; – v. Dianionradikalen, d. bei d. elektrochem. Red. einiger Polynitroverb. entstehen 49/50-0763; --Spektrum d. Triphenylamminium-Radikals 51/52-0740.

--Nachw. v. Phenoxyradikalen 4-0693; – u. Zerfall d. Triplettzustandes v. A.-Gläsern 8-0866; Peroxidradikale u. – (Übersicht) 8-0867; Absorpt. u. --Charakteristiken in festen Äthanol–2-Methyltetrahydrofuran-Gemischen 9-0866; Abschätz. d. Relaxat.-Zeit u. d. Breite d. Verteil.-Funkt. inhomogen verbreiteter --Linien mittels d. Meth. d. kontinuierl. Sättig. v. Phenoxyl-Radikalen in Polyphenylenoxid 10-0357; Spinrelaxat. in tert.-Peroxy-Radikalen 13-0875; --Spektren v. Radikalen aus einigen substituierten Resorcinen 20-0847; Mess. d. --Spektren v. kurzleb. substituierten Phenoxy-Radikalen in benzol. Lsg. 23-0942; ^{17}O-Hyperfeinstruktur im --Spektrum d. [^{17}O]-2.4.6-Triphenylphenoxyls 24-0908; --Spektren: u. Verh. v. substituierten Indophenoxyl-Radikalen 24-0974; d. sek. Radikale, d. während d. heterogenen Ox. v. substituierten Phenolen entstehen 27-0988; – v. γ-bestrahlten Fluoralkoholen 28-0886; isotropes --Spektrum d. 1-Hydroxy-2.2.2-trifluoräthylradikals 32-0927; --Unters. d. 4.4′-Dimethoxyazobenzol-Radikalanions 34-0923; Einfl. d. Solvatat. auf d. --Koppl.-Parameter d. 4-Amino-2.6-di-tert.-butylphenoxyls 34-0927; --Spektren: v. Anionradikalen einiger Alkoxyderiv. d. Bzl. 36-0911; v. oxydierten 2.6-dialkylsubstituierten Hydrochinonen 36-0964; Vorzeichen d. Konst. d. Hyperfeinwechselwrkg. u. Spindichten in Phenoxylradikalen 45-0826; --Spektren d. Radikalkationen v. p-Dialkoxybenzolen 51/52-0741.

--Spektren: UV-bestrahlter Disulfide 31-0969; d. Anionradikals v. Dimethylphenylphosphin 30-0859; --Unters. an 1.4-Bis-[trimethylsilyl]- u. 1.4-Dialkylbenzolen 48-0908.

--Spektrum: d. Radikal-CS_2^--Ions bei 77 °K 2-0131; v. γ-bestrahltem Barbitursäuredihydrat 4-0696; --Unters.: v. UV-photolysiertem festem Carbonylsulfid 5-0840; eines γ-bestrahlten Einkrist. v. Barbitursäuredihydrat 33-1089; v. bestrahlten Einkrist. d. Alloxanmonohydrats 34-0925; eines Einkrist. d. Addit.-Verbind. v. H-Peroxid mit Harnstoff nach γ-Bestrahl. 36-0341; d. Carbamoylradikals 48-0895; --Spektren v. ionisierten Thioharnstoff-Deriv. 51/52-0745.

--Spektren v. Semichinonen (Koppl.-Konst. d. β-Kerne) 4-0694; – v. aliphat. Semichinonen 4-0695; Lsgm.-Einfl. auf d. --Spektrum v. $^{13}C_{(1)}$-p-Benzosemichinon 12-0827; --Spektrum d. Durosemichinons 16-0890; 16-0891; --Spektren v. Aryl- u. Benzylmercapto-1.4-benzosemichinonen 19-0978; --Unters.: d. Ionenassoziat. u. spezif. Solvatat. v. Semichinonen 19-1028; d. Anionenradikals v. Benzocyclobutadienchinon 20-0848; --Spektren: v. Prod. d. Rk. v. 4.4′-Dinitrobenzophenon mit einer Base 21-1059; acycl. Semidionradikalionen u. -kationen mit einem einzigen Arylsubstituenten 32-0957; d. Radikalanionen v. 2.2′-Furil, 2.2′-Thenil u. 3.3′-Thenil 32-0958; d. v. Ninhydrin u. Alloxan abgeleiteten Radikalionen 32-0959; v. ^{17}O-p-Benzosemichinon 33-1091; v. methylierten Anthrasemichinonen (Beweis für gehinderte Rotat.) 34-0924; v. o-Semichinonsalzen 36-0965; v. 1-Amino-4-hydroxyanthrasemichinon 37-0935; v. 1.4.5.8-Tetrahydroxyanthrasemichinon (Temp.-Einfl.) 37-0936; --Unters. über photolyt. erzeugte aromat. Ketyle 41-0880; --Spektrum: eines neuen radikal. Ox.-Prod. d. Anthrahydrochinons 41-0881; v. p-Benzosemichinonen 45-0827; Hyperfeinaufspalt. durch O- u. C-Atome in Semidionen 45-0828; Linienbreitenänder. im --Spektrum d. 1.4-Benzosemichinonanionenradikals in äther. Lsg. 47-0880; --Spektren: u. Reaktivität aliphat. Ketylradikalanionen bei 77 °K 48-0894; v. Cyclopropylsemidionen 49/50-0764; Einfl. v. Ionenassoziat. auf d. --Spektrum v. 2.6-Dimethyl-p-benzosemichinon 49/50-0765; --Unters. am Na-Salz v. 2.6-Dimethyl-p-benzosemichinon 49/50-0766; --Spektrum v. γ-bestrahltem Aceton (alternierender Linienbreiteneffekt d. $(CH_3)_2$–COH-Radikals) 51/52-0742.

– d. mit Röntgenstrahlen bestrahlten Glyoximeinkrist. 24-0905; --Spektren d. Einkrist. v. syn- u. anti-p-Chlorbenzaldoxim 40-0773; Spindichte-Verteil. in Aminotroponimin-Deriv. u. deren Ni-Chelaten 49/50-0784.

--Spektren v. Dialkylnitroxiden 3-0858; Hyperfeintensor v. N u. d. g-Tensor v. N-Oxid-Radikalen 6-0871; --Unters. d. freien Radikals Hexafluordimethylstickoxid 7-0868; Zusammenhang d. Änder. d. Parameter d. Hyperfeinaufspalt. in d. --Spektren v. 2.2.6.6-Tetramethylpiperidin-N-oxid mit den d. Molekularbeweg. 11-0899; Hyperfeinstruktur d. --Spektren v. aromat. Aminoxiden bzw. Acridan-N-oxiden 11-900; --Spektren v. Tetrazoliumverb. 18-0852; – v. in p-Stell. substituierten tert.-Butylphenylnitroxiden 28-0929; --Spektrum: v. Monophenylnitroxid 28-0930; v. stabilen freien Piperidin- u. Pyrrolidin-1-oxyl-Radikalen 28-0931; d. stabilen Diradikale v. Nitroxidtyp 28-0933; v. freien Iminoxylbiradikalen d. Biphenylreihe 29-0943; zeitabhängig. Wechselwrkg. in Di-tert.-butylnitroxid durch -- u. NMR-Relaxat. 34-0940; Lsgm.-Einfl. auf d. --Spektren v. Phenoxyl-, Nitroxid- u. Anilino-Radikalen 45-0825; Vorzeichen d. Konst. d. Hyperfeinwechselwrkg. u. Spindichten in N-Oxid-Radikalen 45-0829; --Spektrum v. Bis-[trichlormethyl]-nitroxid 47-0879; Spinaustausch in Lsg. v. Di-tert.-butylnitroxid 48-0892; --spektroskop. Nachw. v. Vinylarylnitroxiden 48-0893; --Unters. an 4-Nitrochinolin-1-oxid u. verwandten Verb. 48-1047; – v. Dialkylnitroxiden 51/52-0739.

--Spektrum d. Monoanions v. Tricyan-symm.-triazin 4-0691; --Unters. d. Radikale $N_2H_4^+$, $C_2(CN)_4^-$ u. 1.1-Diphenyl-2-pikrylhydrazyl 15-0908; --Spektrum: d. Ionenradikale aus d. Einw. v. Tetracyanäthylen auf Py. (u. Deriv.) 24-0903; d. Radikalanionen einiger Dinitro- u. Dicyannaphthaline in verschiedenen Lsgm. 24-0906; --Unters. v. Radikalpaaren beim Photozerfall v. Azo-bis-isobutyronitril 26-0998; – d. festen Ionen-Radikalsalzes v. N.N.N′.N′-Tetramethyl-p-phenylendiamin u. 7.7.8.8-Tetracyan-p-chinodimethan 29-0941.

--Spektren freier Radikale in bestrahlter gefrorener Ameisensäure 3-0859; --Spektroskopie v. bestrahltem Acrylamid 4-0698; --Spektrum v. $N(CH_3)_3$ in γ-bestrahltem Betain 5-0842; --Unters.: d. durch Strahl. induzierten Radikale in aromat. u. aliphat. Aminosäuren u. Peptiden 7-0869; d. aus aliphat. Carbonsäureestern u. verwandter Verb. gebildeten Radikale 12-0828; --Spektren v. γ-bestrahlten Einkrist. v. Na-Succinat 13-0876; Triplett-- in L-Tyrosin 16-0893; -- u. Phosphoreszenzunters. d. Triplettzustandes v. Orotsäure u. verwandten Pyrimidinen 17-0930; --Unters.: einer Rk. freier Radikale in Na-Formiat-Krist. 21-0970; v. in bestrahlten Amiden erzeugten Radikalen 22-0895; --Spektroskopie v. aus Acetamid u. Formamid gebildeten Radikalen 22-0896; Hyperfeinstruktur in --Spektren einiger Deriv. d. freien Benzoylhydrazyl-Radikale 22-0897; –: v. UV-bestrahlten Aminosäuren 25-0937; v. röntgenbestrahltem Glycin bei 77 °K 25-0938; --Beobacht. v. Acylradikalen in wss. Lsg. 28-0888; anisotrope Hyperfeinstruktur in --Spektren v. Malonamid u. Glycin 29-0942; --spektrometr. Unters. d. photolyt. Zerfalls v. Diacylperoxiden 29-1068; --Unters. an Cu-dotierten Triglycinsulfat- u. Glycin-Einkrist. 30-0350; --Spektren: v. γ-bestrahlten Cyanessigsäureeinkrist. 30-0860; v. elektronenbestrahlten Einkrist. v. L-Histidinhydrochlorid 32-0929; --Unters. eines elektronenbestrahlten Einkrist. v. N-Amidinoalanin 32-0930; eingeschränkte Beweglichk. d. β-Protonen d. in Harnstoffkrist. eingeschlossenen HOOC–CH_2–CH–COOH-Radikals 33-1090; –: v. bestrahlten Einkrist. v. Succinamid 33-1092; d. N.N′-Biradikale v. Glutarsäure-bis- u. Terephthalsäure-bis-[N-oxido-2.2.6.6-tetramethylpiperidinyl-(4)-ester] in fl. Krist. (Grundzustand-Tripletts) 34-0921; --Spektren v. γ-bestrahlter Fumarsäure 34-0926; –: v. bestrahlten Dichloracetamid-Einkrist. 41-0882; eines bestrahlten Guaninhydrochlorid-dihydrat-Einkrist. 42-0765; d. Anionradikale v. Diestern d. o-, m- u. p-Phthalsäure 46-0755; v. Anionenradikalen v .N-Alkylphthalimiden u. aromat. Säureanhydriden 47-0881; --Spektren einiger freier durch Ox. v. Hydroxamsäuren in alkal. Lsg. gebildeter Radikale 49/50-0762; – eines bestrahlten Einkrist. v. Ammoniumtrifluoracetat 51/52-0743; --Spektren v. Radikalen aus Formamid, Hydroxyharnstoff u. Malonamid 51/52-0744.

– in Lsg. einiger freier Radikale d. Thiophosphonhydrazylreihe 21-0945; --Spektren v. freien Arylsulfonylradikalen 37-0937.

–: freier Radikale in d. Gasphase 2-0130; v. freien organ. Radikalen 3-0853; --Spektren v. Yangs Biradikal in Lsg. u. in starrem Medium 5-0841; theoret. Unters. für --Spektren freier Radikale 6-0144; Mess. d. g-Werts aus d. --Spektrum freier Radikale 6-0870; --Spektren v. Biradikalen mit schwacher Austauschwechselwrkg. 9-0862; Analyse d. --Spektren einiger Polyradikale mit Austausch d. ungepaarten Elektronen 9-0863; Best. d. Elektronenüberführ. zwischen Anionradikalen u. neutralen Mol. aus d. --Spektren 24-0901; --Kriterium zur Unterscheid. zweier oder mehrerer freier Radikale 24-0902; Spin-Polarisat. in Atomen u. π-Radikalen 29-0057; Hyperfeinstruktur v. --Spektren d. Lsg. organ. freier Radikale in schwachen intermediären Magnetfeldern 32-0931; – v. Biradikalen (alternierende Linienbreiten) 33-1085; --Spektrum eines Triradikals 48-0897; Unters. d. Spin-Echos freier Radikale in festen Matrizen (--Spektren) 49/50-0767.

– im Lad.-Übertrag.-Komplex p-Phenylendiamin: p-Chloranil 3-0857; Zusammenhang zwischen photoinduzierter – u. Photoleitfähigk. in einem Lad.-Übertrag.-Lsg.-Komplex zwischen TCNÄ-THF 18-0956; --Spektren einiger biolog. wicht. Lad.-Übertrag.-Komplexe 22-0894; --spektrometr. Unters. d. Singulett-Übergänge in Lad.-Übertrag.-Komplexen 31-0964; --Spektren einiger anomal zusammengesetzter Komplexe v. 2.3-Dibrom- bzw. 2.3-Dichlor-5.6-dicyan-p-benzochinon mit Dibenzo[c.d]-phenothiazin 36-0950.

--Unters. an verkohlter Saccharose 7-0870; quant. --Mess. d. durch Strahl. induzierten Radikale: in Nucleosiden 7-0871, 7-0872; in Nucleinsäurebasen u. Pentosen 7-0873; --Spektren v. γ-bestrahlten Baumwollcellulosen 10-2920; --Unters. d. Strahlenempfindlichk. v. Zellen u. Basenzus. v. DNS 17-1231; Unters. d. mechan. Abbaus v. Polysacchariden nach d. --Meth. 28-1196; Unters. d. Anreicher. v. paramagnet. Teilchen bei d. Polykondens. v. Kohlenhydraten mit – 37-1259; --spektrometr. Mikrobest. v. Carboxylgruppen in Cellulosematerialien 45-2226.

--Mess. d. Substratwechselwrkg. mit Cytochrom P-*450* 3-1235; – d. freien Porphyrinradikals 4-0699; --Spektren: v. mit *2537* Å bestrahltem Kollagen 6-1556; v. Stellacyanin aus d. japan. Lackbaum Rhus vernicifera 20-1424; v. eingefrorenen Lsg. d. Porphins u. seiner Deriv. 23-0917; --Unters. an Häminverb. 24-0907; – v. UV-bestrahltem Keratin u. verwandten Proteinen 25-0937; – -Spektrum v. Spinat-Ferredoxin (Wrkg. d. ^{57}Fe-Hyperfeinwechselwrkg.) 25-1523; – v. Hämoglobin M_{Iwate} u. M_{Osaka} 29-1273; --Spektren v. Spinat-Ferredoxin 30-0854; --Unters. an bestrahlten Misch. v. Ribonuclease u. Glycyl–Glycin 31-1271; – v. Mikrosomencytochromen 32-1266; vergleichende --Unters. am Fe-halt. Aktivzentrum v. Pflanzenferredoxin u. Xanthinoxydase 33-1628; – v. Triplettzuständen u. freien Radikalen, d. in Porphyrinen, aromat. Aminosäuren u. Proteinen unter Lichteinw. entstehen 39-0821; --Spektren v. Tabakrauchkondensaten 39-1170; --Unters. v. Vitamin-K- u. Vitamin-E-Chinonen 44-0735; – u. Kristallisat.-Unters. an Fe-freier Xanthinoxydase 44-1191; --Unters. einer Huminsäure u. ihrer Addit.-Verb. mit Harnstoff 47-1316; Hyperfein- u. Superhyperfeinstruktur d. – u. d. chem. Bind. in Cu(II)-Na-Chlorophyllin 48-0896; Hyperfeinstruktur d. --Spektren red. Porphyrine 48-0898; – d. Häms bei Zwischenox.-Zuständen d. Cytochrom-c-Oxydase 49/50-1515; Änder. in d. --Spektren abnormer Hämoglobine v. M-Typ durch Desoxygenier. u. ihre Bedeut. für d. Häm–Häm-Wechselwrkg. 51/52-1490.

Langleb., strahlungsinduzierte – in einem wss. biolog. Syst. 2-1371; Spintransfer in mol. Komplexen v. Biomol. mit Strahlensensibilisatoren (--Mess.) 11-1187; Unters. organ. Redoxsyst. mit Hilfe d. – (Anwend. für biochem. wicht. Syst.) 36-1184.

Anwend. d. --Meth. bei d. Best. d. Geschw.-Konst. d. Polymerisat. v. Polyesteracrylaten 3-1123; Ursachen d. Verlöschens d. --Signale u. d. Lumineszenz photoangeregter Naphthalin-Mol. in Polymethylmethacrylat 3-1125; – d. Polymethylmethacrylatradikals (theoret. Behandl. d. Linienbreite) 10-1107; Halbleitereig. u. --Mess. an Mol.-Komplexen v. Polydiphenylamin mit verschiedenen Elektronenakzeptoren 13-1112; —-Spektren: v. mit ionisierender Strahl. bestrahlten Polyamiden 36-1162; u. andere physikal. Eig. d. Mol.-Komplexe v. N-halt. polymeren polykonjugierten Syst. 36-1166; Spin–Gitter-Relaxat. einiger polymerer Radikale d. Peroxidtyps v. F-halt. olefin. Polymeren bei niedr. Temp. 46-1096; Anwend. d. — in d. Polymeren-Chemie u. bei d. Polymerisat. 49/50-1165.

Methodik und Anwendung

Anwend. zur Mess. v. Feldern s. unter *Magnetisches Feld.*

Bei *9* GHz mit einem Klystron betriebenes —-Spektrometer mit Superheterodyndemodulat. 1-1723; Bewert. d. Empfindlichk. einer —-Appl. u. Auswahl d. optimalen Beding. zur Registrier. d. Signals in d. Gasphase 2-1733; Spektrometer für Unters. d. — 3-1939; Digital-Integrator zur automat. Best. d. Spinzahl während d. Registrier. d. —-Spektren 4-1539; verstellbarer Sek.-Standard aus Rubin für —-Intensitätsmess. mit einem Rechteckhohlraumresonator H_{102} 4-1540; —-Spektrometer für Unters. kurzleb. Teilchen 6-1822; verlängerter H_{102}-Hohlraumresonator für —-Unters. wss. Proben 6-1825; Unters. d. Kinetik d. Ionenaustauschs mit — 7-0633; Hohlraumresonatoren für —-Spektroskopie (rechteck. H_{102}-Resonator) 9-1868; —-Resonator für Krist.-Unters. bei tiefer Temp. 11-1838; Probenhalter für —-Unters. an röntgenbestrahlten Fasern 11-1839; Feldmodulat.-Meth. für bessere Auflsg. bei d. —-Spektroskopie 14-1854; Kryostat zur Unters. bestrahlter Proben bei tiefer Temp. durch — 14-1855; — als analyt. Hilfsmittel 15-1933; Herst. v. gefrorenen Proben für γ-Bestrahl., —-Unters. u. ähnl. Vers. bei tiefen Temp. 17-0744; App. für —-Unters. bei tiefen Temp. 17-1950; Kombinat. eines —-Spektrometers mit einem Vielkanalanalysator 21-2072, 21-0273; einfache Meth. zur Mess. d. Dispers. einer paramagnet. Probe 21-2074; Unters.-Meth. für Temp.-Effekte bei d. — freier Atome in verschiedenen Medien 25-1973; SrO(Mn) als —-Markierer u. Intensitätsstandard 26-1950; Eig. v. Spulen zur Erzeug. fortschreitender Wellen in —-Spektrometern 26-1951; Empfindlichk. eines —-Spektrographen mit schneller Amplitudenmodulat. im Vgl. zu klass. Spektrographen 27-0956; Anwend. d. — in d. organ. Chemie 28-0887; —-Spektrometer mit Wanderfeldspule für d. *2*-GHz-Bereich 31-2009; automat. Frequenzkontrolle d. Lokaloszillators in Superheterodyn-ESR-Spektrometer 33-2111; Hohlraumresonatoren für d. —-Spektroskopie (Abhängigk. d. Spektrometerempfindlichk. v. d. Resonatorgeometrie) 33-2112; Chinhydron als quant. Standard für d. —-Spektrometrie biolog. Syst. 33-2115; Verbesser. an einem —-Spektrometer mit NH_3-Maser 34-1896; Aufbau einer App. zur Empfindlichk.-Verbesser. v. —-Spektrometern mittels Spektrenakkumulier. 36-1871; Analyse durch NMR u. — (Literaturübersicht) 37-2043; Meth. zur Beobacht. v. — bei Temp. d. fl. He 38-1990; Anwend. d. —-Meth. bei Halbleiter-Unters. 42-0334; Einklystron-Superheterodyn-Empfänger für Wellenlängen im Millimetergebiet 43-1890, 43-1891; einfaches empfindl. X-Band-Superheterodynspektrometer für —-Mess. 43-1892; verlängerter H_{102}-Hohlraumresonator für —-Unters. wss. Proben 43-1893; —-Spektrometer mit kontinuierl. variabler Frequenz u. hoher Empfindlichk. 44-1746; Anwend. eines phasengetreuen Mikrowellen-Frequenzstabilisators für —-Spektrometer 44-1747; automat. Frequenzkontrolle eines gepulsten Klystrons in einem Elektronenspin-Relaxat.-Resonanzspektrometer 44-1748; neues K-Band-Superheterodyn-—-Spektrometer 44-1749; —-Unters. d. Ox. 45-0830; —-Spektrometer zur Unters. v. Stoffen bei hydrostat. Drücken bis *10000* kg/cm² 45-2006; Absolutbest. v. Radikalmengen zur Eich. v. —-Mess. bei elektrochem. erzeugbaren Radikalen 45-2010; X-Band-ESR-Hohlleiter für Unters. paramagnet. Gase 46-1773*; Genauigk. v. g-Faktor-Mess. in d. —-Spektroskopie 47-0079; Verw. v. — zur Mess. v. Rk.-Geschw. (Rk. d. durch Elektronenaddit. gebildete Radikalionen) 47-0868; Herst. u. Eig. v. Resonatoren für —-Mess. im X-Band 47-1891; Hochtemp.-ESR-Sonde 47-1892; X-Band-EPR-Resonator für Experimente bei schnellem Magnetfelddurchlauf 49/50-1845; stark modulierter Gasphasen-—-Resonator 49/50-1847; Kryostat für kombinierte — u. opt. Mess. 51/52-1814.

Bibliographie

Hochauflösende ESR-Spektroskopie. Dargestellt an Hand aromatischer Radial-Ionen (Chemische Taschenbücher. *1.*) B 59.

Die paramagnetische Elektronenresonanz und ihre Anwendung in der Chemie [tschech.] B 25.

Atlas of electron spin resonance spectra B 33; Electron spin resonance in chemistry B 41; Electron spin resonance spectrometers B 61.

Elektronenstruktur

— v. Atomen s. unter *Atomstruktur*; v. Mol. s. unter *Molekularstruktur*; v. Fl. s. unter *Flüssigkeitsstruktur.*

Bindung, Felder und Kräfte in Festkörpern; *Jahn-Teller-Effekt* s. dort.

Verw. d. APW-Meth. für d. Lsg. einer zweikomponent. Wellengleich. für ein Gitterelektron 6-0395; adiabat. Theorie d. fastkleinen Polaronen 6-0398; Theorie schwach gebundener Bloch-Elektronen in einem Magnetfeld (quasifreie Näher.) 13-0381; Elektronen in Festkörpern 13-0507; Austauschpotential für nahezu freie Elektronen 16-0406; Partialsummenregel für Übergangs- u. Edelmetalle 20-0401; dynam. Abschirm. u. magnet. Phasen für Elektronen in Festkörpern 24-0483; Engel-Brewer-Theorie d. Valenzelektronenkonz. 25-0201, 25-0202; Elektronenverteil. um eine Kantenversetz. in einem Metall 27-0461; Problem kleiner Polaronen mit einer Anwend. auf opt. u. Gleichstromdaten v. red. $BaTiO_3$ 29-0324; Konz. ungepaarter Elektronen in bestrahltem LiF 33-0269; Elektronenkorrelat. in Festkörpern 33-0441; itinerante Elektronenkorrelat. u. d. ideale Lorenz-Zahl v. Übergangsmetallen 33-0545; Charakterisier. v. d-Elektronen in Festkörpern durch d. Struktur (spontane kristallograph. Formänder.) 37-0093; Approximat. d. Wellenfunkt. d. ungepaarten Elektronen in Isolatoren 38-0535; Nachw. für d. Fehlen v. Elektronen im Leit.-Band v. n-InSb bei tiefen Temp. 41-0331; neuer Variat.-Ansatz in d. Polaronentheorie 43-0365; rudimentäres Vielelektronenmodell 48-0372; Austausch- u. Korrelat.-Instabilitäten einfacher Metalle 48-0528; Elektronenkorrelat. bei metall. D. 49/50-0261; Elektronenabschirm. in n-InSb 49/50-0296.

Heißes-Elektron/Phonon-Wechselwrkg. in Metallen 2-0411; numer. Berechn. d. Elektronen–Phononen-Syst. in Na 10-0416; Elektron–Phonon-Wechselwrkg.: bei tiefen Temp. in in-InSb 11-0448; in organ. Mol.-Krist. 11-0907; Theorie d. kinet. Erschein. in einem Elektronen-Phononen-Syst. 15-0276; Interferenzeffekt in d. Theorie d. Transportphänomene beim Elektronen–Störstellen- u. Elektronen–Phononen-Syst. im Magnetfeld 15-0386; Wechselwrkg. zwischen Elektronen u. Störstellen (Gleich. d. Einteilchenentw.) 15-0387; (Mastergleich.) 15-0388; (elektr. Leitfähigk. bei hohen Frequenzen) 15-0389; Elektron–Phonon-Wechselwrkg. über d. APW-Meth. 17-0425; Nachw. für Elektron–TO-Phonon-Wechselwrkg. in InSb 43-0288.

Elektronengas'

Virialtheorem für d. homogene Elektronengas 2-0355; Oberflächeneffekte in einem Elektronengas 2-0356; Thermodynamik im Bereich endlicher Temp. für d. modifizierte Hartree-Fock-Elektronengas 3-0396; Modifizierte Hartree-Fock-Näher. für d. Null-Temp.-Elektronengas 3-0397; Oberflächeneffekte in d. Thermodynamik d. Leit.-Elektronen 3-0398; Abweich. d. Formel für d. natürl. Frequenz eines quasigebundenen Elektronengases v. Experiment 10-0138; Paarverteil.-Funkt. d. Elektronengases eines Metalls in d. RPA- u. in d. Hubbardnäher. 10-0370; Berechn. d. Quasiteilchen-Dämpf. in einem freien Elektronengas 13-0510; Elektrodynamik eines halbklass. freien Elektronengases 14-0381; Einteilchenspektrum d. entarteten Elektronengases (Struktur d. Spektralgew.-Funkt.) 14-0382, 14-0383; kollektive Elektronenbeweg. (Berechn. d. virtuellen Schwing.-Zustände eines freien Elektronenmodells) in einer metall. Platte 14-0434; thermodynam. Eig. d. Quantenelektronengases 16-0407; Einfl. v. Stößen auf d. magnet. Suszeptibilität eines Elektronengases 18-0466; Elektron-Loch-Gas hoher D. in Halbleitern 19-0424; dielektr. Funkt. eines entarteten Elektronengases in Ggw. eines stationären Magnetfeldes 20-0425; Neuformulier. d. Nagaoka-Gleich. (zur Greenschen Funkt. eines Elektronengases in Ggw. einer magnet. Störstelle) 21-0441; Dispers.-Bezieh. eines Plasmons in einem Elektronengas 23-0447; Bezieh. zwischen d. Leitfähigk.-Tensor u. d. Thermokraft eines entarteten Elektronengases 24-0408; Ferromagnetismus eines Elektronengases 24-0492; numer. Berechn. d. Relaxat. eines Elektronengases 25-0133; lineare Nachwrkg. eines nahezu freien Elektronengases 26-0404; Polarisierbark. eines zweidimens. Elektronengases 30-0365; Paarverteil.-Funkt. eines wechselwirkenden Elektronengases 33-0442; Einfl. d. Austauschs auf d. stat. Polarisat. eines Elektronengases 33-0443; neue Struktur im Ein-Teilchen-Spektrum eines Elektronengases 34-0434; Coulomb-Loch um eine leichte Testlad. in einem Elektronengas bei metall. D. 34-0435; durch interelektron. Wechselwrkg. bewirkter Wärmewiderstand entarteter Elektronengase 36-0268; Existenz eines thermodynam. Zustandes mit einer gebrochenen geometr. Symmetrie in einem Elektronengas 38-0404; Elektronengasmodell einer metall. Grenzfläche (Einfl. v. Austausch-korrelat. u. Gitterpotentialen) 41-0106; einfacher Beweis d. Virialtheorems für ein Elektronengas 47-0335; Verh. d. Elektronengases eines Festkörpers 48-0373; Abschirm. einer Punktfehlstelle im Oberflächenbereich eines Elektronengases 48-0374.

Elektronendichte

Elektronendichte im Flußspat (Analyse einiger Röntgenbeug.-Daten) 2-0213; Näher.-Meth. für d. Berechn. d. Dichtematrix v. Gitterelektronen 4-0233; zwei Meth. zur Darst. v. Elektronendichtediagrammen unter Verw. eines Computers mit geringem Speichervermögen 10-0164; Berechn. komplexer Verteil. u. bewichteter Elektronendichteprojekt. 15-0156; Temp.-Abhängigk. d. Oszillat. in d. Elektronendichte sehr verd. Leg. 23-0505; rationelle Meth. zur Berechn. d. Radialverteil.-Kurven d. Elektronendichte an einem Elektronenrechner 31-0156; neue Programm für d. Aufzeichn. v. Niveaukurven mit Hilfe d. Digitalzeichners Calcomp (Elektronendichteprojekt. entlang d. C-Achse v. $C_{18}H_{30}$) 36-0098; Elektronendichte in einem Metall in d. Nähe eines chemisorbierten Atoms oder Mol. 37-0669; s-Elektronendichte am Fe-Kern in $KFeF_3$ 38-0064; Elektronendichteverteil. in Mn_5Si_3 44-0203; Elektronendichte in einem idealen oder einem fehlgeordneten Gitter 45-0145.

Elektronenkonfiguration

Bedeut. d. Bldg. stabiler Elektronenkonfig. für d. Eig. d. chem. Elemente u. Verb. 5-0164; stabile Elektronenkonfig. v. Atomen u. nicht aufgefüllten d- u. f-Schalen u. d. physikal. Eig. d. Übergangsmetalle 10-0150; Stabilität v. Elektronenkonfig. 10-0151; Bedeut. d. Bild. stabiler Elektronenkonfig. bei d. Entw. d. Halbleitereig. v. chem. Elementen u. Verb. 13-0394; Konfig. v. 2 Fe^{2+} u. 2 Fe^{3+}-Ionen 21-0268; Theorie d. gemischten $f^{n-1}d$-Konfig. v. Seltenerdmetallen in kub. Krist.-Feldern 27-0350; Elektronenkonfig. v. Ionen v. TlJ u. PbJ_2 in reinen Salzen 28-0301; Ionenkonfig. d. Li^+: KCl-Syst. 29-0220; Ligandenfeldtheorie für d^3- u. d^7-Elektronenkonfig. in nichtkub. Feldern (Wellenfunkt. u. Energiematrizen) 29-0331; (Anwend. auf quadrat. Cr(III)-Komplexe mit NH_3, Cl, Br, Äthylendiamin, F, NSC u. CN) 29-0332; Valenzelektronenkonfig. d. Metalls 34-0428; Stabilität d. Elektronenkonfig. u. Kompressibilität d. Elektronenbahnen in Metallen bei Stoßwellenkompress. 49/50-0264.

Energiezustände

Elektron. Energiezustände in eindimensionalen Krist. 2-0235; Schwing.-Koppl. fast entarteter Elektronenzustände 3-0343; Theorie d. Energiespektrums v. Schichtstrukturen 6-0318; Polaronenenergiespektrum 6-0397; Unters. d. Elektronenzustände v. Festkörpern mit Hilfe d. quasielast. Herausschlagens eines Elektrons mit schnellen Elektronen 6-0406; Elektronen-Energiespektrum in einem „gestörten" eindimensionalen Gitter 7-0253; quasihomöopolare Elektronenniveaus in Krist. 7-0255; Elektronenzustände reiner Krist. 7-0367; Quantenzustände v. Krist.-Elektronen in einem einheitl. Magnetfeld 7-0444; Grundzustand mit random phase approximation in Übereinstimm. mit d. Erhalt.-Sätzen 13-0380; Korrelat.-Aufspalt. d. Elektronenenergieniveaus im Krist. 15-0150; Davydov-Aufspalt. in Mol.-Krist. (Übersicht) 17-0888; Elektronenzustände v. Mol.-Mischkrist. 17-0934; Elektronenenergiespektrum im Krist. (Klassifikat. v. Raumzeit-Gruppen) 21-0257; Verallgemeiner. d. Korringa-Kohn-Rostocker-Meth. zur Berechn. v. Einelektronzuständen in Krist. 25-0209; Verschieb. d. Elektronenenergieterme in Halbleitern infolge Wechselwrkg. 25-0420; Energie d. Grundzustandes d. gebundenen Polaronen

27-0269; Verschieb. d. Grundzustandsenergie in Supraleitern infolge s–d-Wechselwrkg. 28-0453; Elektronenzustände bei opt. Interbandübergängen in Halbleitern in Ggw. starker elektr. Felder 29-0337; elektron. Zustände eindimensionaler bin. Krist. 29-0420; Bind.-Niveaus eines Teilchens in einem symm. Potential 33-0188; Elektronenzustände in Mischkrist. 33-0360; Form. d. Elektronenenergie-Spektrums für ein eindimensionales statist. Gitter 33-0444; hochakt. Festkörperzustände durch tribomechan. Bearbeit. 33-0839; Grundzustand eines Heisenberg-Ferromagneten mit antiferromagnet. gekoppelten Störstellen 35-0385; Landau-Niveaus an Sattelpunkten 37-0347; Elektronenzustände in d. Nähe v. Grenzen 39-0317; „lösbarer" Fall gebundener Zustände v. Leitfähigk.-Elektronen u. magnet. Verunreinig.-Atomen 39-0379; Spektrum u. Wellenfunkt. v. Elektronen im unendl. eindimensionalen Krist. bei Ggw. eines homogenen elektr. Felds 45-0124; Nullfeldaufspalt. d. kub. t_2^3-Terme 49/50-0210.

Nichtmetallische Elemente

Einfl. d. Weitbereichs-Dreikörperkräfte auf d. Nullpunktsenergie fester Edelgase 41-0105; Kritik d. Saunders-Theorie d. Grundzustandes v. festem ^{3}He bis *0* °K 33-0217; tiefliegende angeregte Rotat.-Zustände in festem ortho-H 2-0297; Differenz d. Grundzustandsenergie v. hexagonal dichtest gepacktem u. kub.-flächenzentriertem ortho-H 19-0278; Krist.-Feldaufspalt. v. Ortho-H in festem Para-H aus NMR-Mess. 46-0349; Änder. d. elektron. Zustände v. glasart. Se bei Lichteinstrahl. u. plast. Verform. 28-0413; exponentielle Verteil. d. Zustände in d. verbotenen Zone bei amorphem Se 28-0415; Einfl. v. einachs. u. hydrostat. Druck auf d. Abstände d. Energieniveaus in Diamant 11-0376; opt. Unters. d. — v. Diamant 32-0318; eingefrorene Niveaus in p-Si 25-0434; Unters. d. energet. Struktur d. roten P mit Hilfe d. ultraweichen Röntgenspektren 34-0399.

Metalle und Legierungen

Winkelkorrelat. d. Vernicht.-Quanten bei d. Unters. d. — d. d-Übergangsmetalle 6-0393; Einfl. v. Krist.-Gitterdefekten auf d. Energiespektren d. Elektronen in Metallen 7-0254; Röntgenspektralunters. d. — v. Elementen d. Mo-Gruppe 10-0308; — bin., sich ordnenden Übergangsmetalleg. 11-0352; Landau-Niveaus in Metallen 12-0418; angenäherte Quantenzahlen für d-Band-Zustände in Übergangsmetallen 13-0428; Beobacht. v. Nagaoka-Bind.-Zuständen d. Leit.-Elektronen in verd. magnet. Leg. 13-0432; gebundener Zustand für Leitfähigk.-Elektronen in verd. magnet. Leg. 13-0433; Energieverschieb. d. Grundzustandes eines normalen Metalls auf Grund v. s–d-Wechselwrkg. 17-0424; Theorie d. Energiespektrums u. d. Eig. v. Metallen mit Beimeng. (Modell u. allg. mathemat. App.) 17-0476; (Metall mit kub.-primitivem Gitter) 19-0283; —: d. Metalle 24-0469; v. IB/IIB-β-Phasen-Leg. 41-0343; v. Übergangsmetalleg. 47-0382; Austausch- u. Korrelat.-Beitrag zur Plasma-Nullpunktsenergie in Metallen 48-0371.

—: v. Mg 30-0275; v. Ca, Sr u. Ba unter Druck 12-0420; röntgenspektroskop. Unters. d. Verteil. v. Elektronenniveaus d. Al im Metall 10-0306; Effekte d. — u. interatomaren Bind. auf d. AlK-Emiss.-Spektren bin. Al-Syst. nach Bestrahl. mit weichen Röntgenstrahlen 37-2068; Mössbauer-Effekt-Best. d. elektr. Krist.-Feldaufspalt. in verschiedenen intermetall. Tm-Verb. 38-0525; röntgenspektroskop. Unters. d. — v. Ti–Fe-Leg. 17-0370; —: v. Zr 27-0520; d. pseudobin. Syst. Nb_3Al/Nb_3Sn u. Nb_3Sn/Nb_3Sb 13-0457; v. Leg. d. Syst. Nb/Zr 51/52-0226; Verschieb. d. Grenzenergie d. Elektronen v. Bi im Magnetfeld 18-0405; Elektronenenergiespektrum v. Bi–Sb Leg. 21-0491; Hyperfeinstruktur in d. Grundzustandskonfig. v. Bi 23-0107; Änder. in Parameter d. Elektronenenergiespektrums d. Bi unter Druckeinw. 32-0436; Energieniveaus d. Elektronen v. metall. Cr 17-0477; Photoemiss.-Unters. d. — v. Cr 38-0413; Energieniveaus d. K-Absorpt.-Kante v. reinem Mn 10-0322; Röntgenspektralunters. d. — v. Leg. d. Syst. Fe/V 10-0309; Photoemiss.-Unters. d. — v. Co 48-0384; — d. Übergitter Ni_3Fe u. Ni_3Mn 2-0413; Änder. d. — v. Ni u. seinen Leg. mit Ga u. Ge bei Verform. 36-0259; — v. α-Messing 12-0422; Elektronenspektrum v. krist. Cu 26-0333; Elektronenzustände v. Leg. d. Syst. $MgCu_2$–$MgZn_2$ 27-0284; — v. Cu 32-0320; Energiespektrum v. metall. Ag 17-0479; Elektronen-Energieniveaus in Cu_3Au 34-0464.

Anorganische Verbindungen

Verunreinigungsempfindl. Elektronenzustände in α-SiC v. n-Typ 2-0304; Elektronenzustände v. β-SiC 14-0336.

Besonderh. d. — v. einigen metallkeram. erhaltenen Klassen schwer schmelzender Verb. 1-0311; — einiger Boride d. Übergangselemente 2-0454; — in Fluoriden mit Perowskit-Struktur 11-0408; Zusammenhang d. Phasen- u. Struktureig. kub. Oxide u. Carbide d. Übergangsmetalle d. *4.* u. *5.* Gruppe mit d. — 20-0143; —: v. Krist. v. $A^{II}O^{IV}$-Verb. mit Wurtzitstruktur 30-0379; v. $A^{II}B^{VI}$-Verb. mit NaCl-Struktur 51/52-0165.

Energieniveaus eines kub. Krist.-Feldes v. Tb^{3+}:CaF_2(I) 18-0346; Niveaus aufgedampfter u. rekrist. CdS-Schichten 14-0424; Unters. d. — v. CdTe mit Photoemiss.-Mess. 36-0374; Energieniveaus im tetragonalen Krist.-Feld CaF_2:Sm^{3+} u. CdF_2:Sm^{3+} 49/50-0211; röntgenspektroskop. Unters. d. Verteil. v. Elektronenniveaus d. Al in Al_2O_3 10-0306; Energiespektrum v. stark dotiertem GaAs 10-0332; Thermschemata v. AlAs–GaAs-Heteroübergängen 44-0358; Landau-Niveaus in InSb 1-0435; Termschema v. $SrF_2 \cdot LaF_3$-Krist. mit Nd 7-0325; therm. Verschieb. in d. Energiezuständen v. LaF_3:Nd^{3+} 28-0316; Energieniveaus u. Krist.-Feld v. $LaCl_3$:Cd^{3+} 43-0278; Fluktuat.-Niveaus im glasförm. Halbleiter Tl_2Se–As_2Te_3 9-0430; Energieterme v. Y_2O_3:Er^{3+} 18-0357; therm. Verschieb. in d. Energiezuständen v. LaF_3:Nd^{3+} 28-0316; Koppl. zwischen lokalisierten H^--Moden u. Elektronenzuständen v. Seltenerdmetallionen in Seltenerdmetalltrifluoriden 3-0342; Krist.-Feld-Aufspalt. v. nichtstöchiometr. Seltenerdmetall–Al-Boraten 37-0358; — v. Seltenerdmetall–Sesquisulfid-Krist. 39-0343; NMR an einfachen Elektronenniveaus v. Seltenerdmetallionen 42-0307; — d. Ti-Phosphide 51/52-0219; Analyse d. — v. SnTe mit Hilfe d. empir. Pseudopotentialmeth. 43-0410; Einfl. v. Druck auf d. Energiestruktur photoempfindl. PbS-Schichten 32-0440; ungewöhnl. Krist.-Feld-Energieniveaus v. YVO_4:Nd 21-0392; Energieniveauschema v. MoO_3 37-0338; Normalkoordinatenanalyse u. — v. $MoOS_3^{2-}$ u. WOS_3^{2-}-Ionen in Krist. aus IR-Spektren 42-0041; Kovalenzeffekte in U(IV)-Halogenokomplexen durch Rot-Verschieb. d. Elektronenenergieniveaus beim Austausch v. Cl durch Br 11-0374; Energieniveaus: v. Komplexen d. zweiwert. Mn, mit kub. u. niedr. Symmetrie 2-0307; d. K-Absorpt.-Kante v. reinem MnSe 10-0322; Hyperfeinstruktur-Unters. an wasserfreien Fe-Halogeniden mit Hilfe d. Mössbauer-Effektes 38-0030; Krist.-Feldaufspalt. in Fe^{2+}-Tuttonsalzen 43-0476; Feinstruktur d. Grundzustandes d. Ions Co^{2+} bei $Na[CoFe_3]$, $K[CoF_3]$ u. $Rb[CoF_3]$ 8-0278; Elektronenzustände: v. $Cs_3[CoCl_5]$ 12-0311; d. $CuCl_5^{3-}$-Ions in einer Anzahl v. Krist.-Gittern 3-0329; — v. CuCl 33-0507; Energiezustände d. Ag- u. d. Halogenionen in Ag-Halogenidkrist. u. Lsg.-Phase 13-0662; Polaronenzustände in d. Absorpt.-Kante v. AgCl 38-0320; Nachw. innerer Polaronenzustände beim AgBr-Krist. durch piezoopt. Transmiss. 43-0255.

Metallhaltige organische Stoffe

Besonderh. d. Struktur d. Energieniveaus v. Seltenerdmetallchelaten als Laser 9-0386; — v. $K[Pt(C_2H_4)Cl_3] \cdot H_2O$ 12-0310; Hyperfeinstruktur v. $Ho(C_2H_5SO_4)_3 \cdot 9\,H_2O$ u. v. Mischkrist., in denen Ho durch Y ersetzt ist 21-0394; ^{17}O-Hyperfeinaufspalt. in einem μ-Amido-γ-peroxodi-Co-Komplex 26-0383; Grundzustand v. Bis-[acetylacetonato]-Cu(II) 31-0300.

Organische Stoffe

Zustände mit Lad.-Übertrag. in organ. Syst. 42-0835; Triplett-Faktorengruppenzustände in Krist. aromat. KW-Stoffe 51/52-0697.

Zustandsdichte

Opt. Zustandsdichten v. Ni, Co u. Pd 3-0409; Schwank. d. elektron. thermodynam. Charakteristik eines Metallfilms bei hohen Drücken 4-0363; Unters. d. Zustandsdichte u. d. charakterist. Energieverluste v. Ir, Rh, Pt u. Pd mit Isochromatenmess. 10-0320; Berechn. d. Zustandsdichte für LiF u. NaCl 14-0254; Näher.-Kurve d. Zustandsdichte u. ihre Bezieh. zum gemessenen elektr. Widerstand v. Au–Pd-Leg. 15-0437; elektron. Zustandsdichte v. Sb 16-0268; Zustandsdichte v. mit B dotiertem Graphit 18-0254; opt. Zustandsdichte in Fe 21-0452; Zustandsdichte v. Cu-Phthalocyanin-Filmen 30-0415; isochromatenspektroskop. Unters. d. Zustandsdichte d. Edelmetalle 33-0304; Best. d. D. v. Zuständen in Pd durch Spektroskopie weicher Röntgenstrahlen 38-0314; Zustandsdichte in Fe 48-0464.

Brillouin-Zone

Punkte d. Brillouin-Zone mit d. Anstieg Null 25-0212; Wellenfunkt. für d. Brillouin-Zone (Si) 38-0426; Symmetrieelemente d. Si-Brillouin-Zone 49/50-0266.

Energie-, Fermifläche

Einfache Ableit. d. Hall-Anisotropiefaktors für kub. u. oktaedr. Flächen konstanter Energie 20-0338; Einfl. d. Verschieb. d. Fermi-Niveaus auf d. Eig. v. Supraleitern v. β-W-Typ im Normalzustand 24-0476; Abweich. d. Flächen konst. Energie v. d. Ellipsenform 26-0462; Quasi-Fermi-Niveau d. Lad.-Träger an Halbleiteroberflächen 31-0407; Fermi-Niveau-Änder. bei Tunneldioden 31-0454; Fermi-Fläche in antiferromagnet. Metallen 31-0466; Abhängigk. d. „Schärfe" d. Fermi-Fläche v. Teilchenzahl oder Größe d. Syst. 35-0341; s–d-Modell mit nichtsphär. Fermi-Fläche 38-0402; Einfl. mechan. Spann. auf d. Fermi-Niveau 43-0360; neue Informat. über Eig. d. Fermi-Flächen 44-0326; Stabilisier. d. Fermi-Niveaus auf Cs-bedeckten Halbleiteroberflächen 44-0333.

Nichtmetallische Elemente

Oberflächen-Fermi-Kante v. Si 37-0400; Fermi-Fläche: v. Sb-Einkrist. zwischen *77* °K u. *273* °K 16-0426; v. Sb (Pseudopotential-Meth.) 27-0490; Temp.-Abhängigk. d. Fermi-Energien v. Sb-Einkrist. 48-0378.

Metalle und Legierungen

Durch d. schwache Anisotropie d. Fermi-Fläche v. einwert. kub. Metallen mit verschiedenart. Punktfehlstellen verursachte Abweich. v. d. Matthiessen-Regel 15-0435; Absorpt. v. longitudinalem langwelligem Ultraschall in supraleitenden Leg. mit einer vielzonigen anisotropen Fermi-Fläche 30-0228; empir. Zusammenhang zwischen Fermi-Niveau u. Elektronenaffinität in Metallen 33-0447; Zusammenhang zwischen d. Energiehöhe d. Fermi-Potentials eines Metalles u. der Supraleitfähigk. 46-0408.

Fermi-Fläche: in Na 49/50-0267; v. Na u. K 16-0455; v. K 38-0541; nichtlokales Pseudopotential-Modell für d. Fermi-Fläche v. Be 33-0542; Fermi-Fläche v. Sr 7-0414; Einfl. v. Druck u. Magnetfeld auf d. Zusammenhalt d. Fermi-Fläche v. Zn 1-0467; Fermi-Fläche v. Cd 11-0466; Änder. d. Topologie d. Fermi-Fläche v. Cd unter Druck 12-0419; Fermi-Fläche v. Zn u. Cd 45-0419; Topologie d. Fermi-Fläche v. krist. Hg 38-0474; Unters. d. Fermi-Oberfläche v. Al bei niedr. Feldern mit Hilfe d. de-Haas-van-Alphen-Effektes 22-0458; Best. d. Fermi-Flächen in Ga aus d. Hochfrequenz-Größeneffekt 18-0402; Unters. d. Fermi-Fläche v. Ga mit Hilfe geometr. Ultraschallresonanz 45-0418; Krümm. d. Fermi-Fläche d. In nahe d. [*111*]-Richt. 2-0412; Einfl. einer Beimeng. auf d. Topologie d. Fermi-Fläche v. In 7-0413; Änder. d. Fermi-Flächen v. In unter Einwrkg. v. hydrostat. Druck 40-0334; Fermi-Fläche: v. In-Metall 48-0462; in Y 22-0459; in Eu-Metall 48-0536.

Neig.-Winkel d. Fermi-Ellipsoids in Sb–Sn-Leg. 44-0340; Fermi-Fläche: v. Pb unter hydrostat. Druck 12-0421; v. Nb-Einkrist. 39-0363; Quantenoszillat. in d. Fermi-Energie v. Bi 2-0362; positive Fermi-Energien Sn-dotierter Bi-Einkrist. 16-0430; Deformat. d. Fermi-Fläche v. Bi durch Drücke bis zu *8* kbar 32-0437; Feststell. d. Variat. d. Fermi-Niveaus in Bi 35-0371; Quantenvariat. d. Fermi-Niveaus in Bi bei hohem Magnetfeld 38-0430; Fermi-Fläche in Bi 46-0404; Unters. d. Fermi-Fläche d. Mo durch Zyklotronresonanzmess. 43-0420; Fermifläche v. W u. Mo 48-0463; Änder. d. Fermi-Fläche v. Ni durch ein Feld 40-0335; Einfl. d. Spann. auf d. Fermi-Flächen v. Edelmetallen 13-0261; Fermi-Fläche v. β-Messing 31-0468; Berechn. d. Flächen konst. Energie für Cu nach d. Korringa-Kohn-Rostoker-Meth. 34-0463; Best. d. Fermi-Flächen v. Cu–Al-Leg. durch Posittronenvernicht. 43-0421; Fermi-Fläche v. Ag 1-0468; Berechn. d. Fermi-Fläche dünner Ag-Schichten 32-0448; Fermi-Flächen: d. Leg.-Syst. Ag/Au 1-0348; v. ungeordnetem Cu_3Au 30-0417; Topologie d. Fermi-Fläche v. $AuAl_2$ 47-0381; Fermi-Fläche: in Rh 33-0650; v. Pd 14-0303.

Anorganische Verbindungen

Fermi-Energie v. aus d. Dampfphase gezüchteten SiAs-Krist. 16-0435; Fermi-Niveau v. Zn–Selenid–Tellurid-Mischkrist. 25-0460; Fermi-Niveau-Spektroskopie in mit langsamen

Neutronen bestrahltem ZnO 49/50-0301; Fermi-Niveaus v. HgSe 37-0401; Einfl. d. Vol.-Dotier. auf d. Lage d. Fermi-Niveaus an d. Oberfläche v. GaAs 23-0479; Abhängigk. d. Diffus.-Koeff. v. Fermi-Niveau (Zn in GaAs) 39-0223; Fermi-Niveau: v. n-InP 20-0385; v. InAs 49/50-0272; Fermi-Energie d. ThN u. Th_3N_4 11-0452; Kugelsymmetrie d. Fläche isoenerget. Elektronen im Leit.-Band v. $CdSnAs_2$ 41-0330.

Organische Stoffe

Fermi-Niveau u. Flachbandpotential v. Mol.-Krist. aromat. KW-Stoffe 44-0801.

Bänderstruktur

Meth. d. Greenschen Funkt. beim Energiebandproblem 1-0400; relativist. Theorie für d. Energie–Band-Berechn. 1-0401; „Muffin-tin"-Potential bei Bandberechn. 1-0402; Analyse d. Bandstruktur aus Elektroreflex.-Unters. 3-0416; Nichtparabolizität v. Energiebändern 6-0408; Spin–Bahn-Aufspalt. d. Valenzbands v. Krist. d. Wurtzittyps 6-0410; analyt. Eig. v. Modellen endl. Bänder in Festkörpern 7-0368; verbotene Energiebänder in Abhängigk. v. d. Krist.-Dicke 8-0171; Elektronenkorrelat. in engen Energiebändern (Stör.-Rechn. über d. atomaren Grenzwert) 9-0401; (Zusammenhang mit d. Viel-Teilchen-Stör.-Theorie) 9-0402; Berechn. d. Bänderstruktur linearer Ketten in d. halbempir. SCF–LCAO-Krist.-Orbital-Approximat. 15-0151; verbotene Energiebänder in Abhängigk. v. d. Krist.-Dicke 17-0352; Störbandausläufer für d. Grenzfall hoher Dichte (Korrekturen höherer Ordn.) 20-0354; Bandschema einiger Heteroübergänge 20-0394; Adsorpt. v. Ultraschall in einem Supraleiter unter Berücksichtig. d. Überlapp. d. Energiebänder 21-0281; halbempir. Beschreib. d. Valenzbandes d. Elemente d. IV. Gruppe durch d. Meth. d. äquivalenten Orbitale 21-0455; Bandstruktur einiger Ferroelektrika v. Perowskit-Typ 22-0325; Einfl. d. Bandstruktur auf Tunnelströme 22-0460; experimentelle Reprodukt. v. Bänderstrukturen unter hydrothermalen Beding. 22-0852; Bandabstände in ungeordneten Syst. (Leg.) 24-0471; Grenzen d. Bändermodelle u. Übergänge zum metall. Zustand, Energiebänder in period. u. aperiod. Feldern 25-0021; Energiebänder in Krist. mit verringerter Punktsymmetrie 25-0221; auf Grund d. Bandstruktur ber. Röntgenformfaktoren 26-0191; Nichtparabolizität d. Bänder 26-0462; Bandauffüll.-Modell für d. Injekt.-Lumineszenz bei höheren Temp. 27-0397; Best. d. Breite d. verbotenen Zone aus d. Modell d. δ-förm. Potentials 30-0378; Energiebändermodelle für Festkörper 31-0405; symmetrisierte Kombinat. ebener Wellen für d. Wurtzitstruktur zur Bandstrukturberechn. 33-0219; Transformat.-Eig. d. zu einem nichtdegenerierten Band gehörenden Bloch-Funkt. 33-0440; Berechn. d. Struktur d. Bänder u. d. Begriff d. Pseudopotentials 33-0445; Bänderstruktur v. nichtleitenden Festkörpern 33-0446; Bandstruktur-Best. durch d. Meth. d. Green-Funkt. 33-0471; vereinfachte Bezieh. für d. Berechn. d. Banden-Struktur 37-0390; Modellberechn. d. magnet. Bandstruktur 38-0515; Temp.-Abhängigk. d. Bandstruktur 43-0355; Bandtheorie, K-Matrix u. Überlapp.-Potentiale 44-0324; LCAO-Meth. für ungeordnete Stoffe (Elektronenbandstruktur) 47-0336; Näher.-Berechn. d. Elektronenbänderstruktur 47-0337; systemat. numer. Fehler bei APW-Bandstruktur-Berechn. 48-0460; Stör.-Berechn. d. Bandstruktureffekte bei d. Helikon-Fortpflanz. bei kleinen Feldern 51/52-0298.

Krist.-Potential u. eine Bezieh. für d. Energiebänder in Valenzhalbleitern 4-0349; Einfl. nicht parabol. Energiebänder auf d. kinet. Eig. v. Halbleitern 6-0409; Monte-Carlo-Berechn. v. Störband-Zuständen in einem entarteten Halbleiter 7-0379; Abnahme d. Breite d. verbotenen Zone eines Halbleiters bei starker Dotier. 8-0357; Modell d. Bandstruktur d. Überganges Metall–Halbisolator–Halbleiter 12-0413; Unters. über Elektronenzustände, Energiebänder u. Bind.-Verhältnisse in Halbleitern (Berichte d. Internationalen Konferenz über d. Physik d. Halbleiter, Kyoto *1966*) 15-0400; Bandstruktur d. Halbleiter v. Spinell-Typ 26-0416; Temp.-Abhängigk. d. Bandabstandes in Halbleitern 27-0472; Elektronenenergiebänder in Halbleiterfilmen 29-0421; Bandabstände bei Halbleiter–Metall-Übergängen 29-0483; Änder. d. Bandstruktur v. Halbleitern bei Einw. äußerer Drücke durch Nadelübertrag. 32-0409; Best. d. Bandabstandes v. Halbleitern aus den Charakteristiken v. p–n-Übergängen 44-0348; Bandabstand glasförm. Halbleiter 48-0456; Bandstrukturberechn. in Halbleitern 49/50-0275.

Nichtmetallische Elemente

Bandstruktur: in festem Xe 31-0298; v. trigonalem Se 28-0309; v. trigonalem Se bei 20 °K 37-0355; v. Te (Pseudopotentialnäher.) 27-0483; Elektronenbandstruktur v. Te 41-0320; relativist. KKR-Berechn. d. Bandstruktur v. Se u. Te 48-0401; Unters. d. Bandstruktur v. B durch Ultralangwellen-Röntgenspektren 17-0360; Breite d. Valenzbandes in Diamant 24-0466; zweidimensionales Modell mit *3* Bändern für d. elektron. Eig. v. C 28-0412; Korrelat.-Effekte in d. Bandstruktur v. Graphit 34-0460; Bandstruktur v. Graphit 39-0342; Energiebandstruktur v. Si 2-0378; Fourier-Entw. für d. Elektronenenergiebänder in Si 29-0433; röntgenspektroskop. Unters. d. Struktur d. Valenzbandes v. Si 33-0305; Druckabhängigk. d. Bandabstandes v. Si 37-0408; komplexe Bandstruktur v. Si 42-0337; Einfl. d. Energiebandstruktur auf Photoeffekte in Si 43-0373; galvanomagnet. Unters. d. Energiebänder in As 38-0429; Bandstruktur v. Sb (Pseudopotentialmeth.) 27-0490; Bänderstruktur in Sb 38-0287.

Metalle und Legierungen

Struktur d. Leit.-Bänder d. kub.-raumzentrierten Übergangsmetalle 13-0429; kombiniertes Kombinat.-Schema für d-Bänder v. Übergangs- u. Edelmetallen 20-0400; Bandstruktur v. Übergangsmetallen (Green-Funkt.) 25-0021; Diskuss. über monomol. Halbleiterschichten mit d. Energielücke gegenüber d. Leit.-Band d. Metallunterlage 26-0414; Bandstruktur v. Intermetallverb. d. A_3B-Typs mit β-W-Struktur 31-0481; Bezieh. v. Röntgen-K-Absorpt.-Kanten v. Leg. zu Bändermodellen 34-0420; Bandstruktur: v. Nichtübergangsmetallen 38-0477; v. Metallen mit hexagonal dichtester Kugelpack. (Sc, Ti, Y, u. Zr) 42-0353; Modell starrer Bänder für Leg. 42-0354; Breite d. Leit.-Bandes in Übergangsmetallen 43-0267; elektron. Instabilität v. Jahn-Teller-Typ für ein Metall mit d. Struktur eines schmalen Bandes in drei Dimens. 48-0375; Bandstruktur v. Übergangsmetallen aus Daten verschiedener Unters.-Meth. 51/52-0297.

Berechn. d. Bandstruktur v. Be nach d. APW-Meth. 7-0412; Bandstruktur v. Zn u. Cd 45-0419; Self-consistent-Bandstruktur v. Al nach einer APW-Meth. 26-0468; Bandabstand v. In–Sb-Leg. 28-0446; Bandstruktur v. In-Metall 48-0462; Elektronenbandstruktur v. Eu u. Ba 21-0355; ein Maschinenprogramm zur Unters. d. Besetz. v. Krist.-Bänderstrukturen mit Anwend. auf α-Zr 21-0443; Energiebandstruktur v. Ge (k·p-Meth.) 2-0378; Energiebändermodell v. entartetem Ge 13-0401; Best. d. Valenzbandstruktur v. Ge durch Lichtabsorpt. 21-0475; Temp.-Abhängigk. d. Breite d. verbotenen Zone in stark dotiertem n-Ge 21-0476; Einfl. einer einseit. Kompress. auf d. Bandabstand v. mit Sb stark dotiertem Ge 21-0482; Bandstruktur v. Ge 25-0441; Fourier-Entw. für d. Elektronenenergiebänder in Ge 29-0433; Einfl. v. einachs. Druck auf d. (*000*)-Tal v. As-dotiertem Ge 30-0391; Bandstruktur v. Ge 33-0296; Druckabhängigk. d. Bandabstandes v. Ge 37-0408; Nichtparabolizität d. L_1-Leit.-Bandes in Ge (Magnetopiezotransmiss.-Vers.) 38-0294; komplexe Bandstruktur v. Ge 42-0337; Druckabhängigk. d. Bandabstandes in SnMg 21-0493; Bandstruktur v. grauem Sn unter einachs. Druck 44-0341; Quantenoszillat. in Folge höherliegender Elektronenbänder in Bi 3-0453; Bi-Bandstruktur in Bi-Leg. mit Se, Te u. Zn 9-0435; Valenzbandstruktur v. Sn-dotierten Bi-Krist. 18-0407; relativist. Berechn. d. Bandstruktur v. Bi 32-0434; Bandstruktur v. dotiertem Bi 36-0364; Bänderstruktur in Bi 38-0287; Bandstruktur v. Bi (Pseudopotential-Meth.) 38-0431; Lage d. Valenzbandmaximums in Bi 43-0417; Bandstrukturberechn. v. Bi 48-0412; Bandkanten-Energien v. Bi aus Tunnel.-Spekroskopie 48-0454.

Suche nach einer Energielücke in Cr unter Verw. v. IR-Reflex. u. -Transmiss. 45-0307; Abhängigk. d. Elektronenbänder v. K, Al u. Fe v. d. D. 5-0478; d-Band-Struktur v. kub.-raumzentriertem Fe 27-0521; Photoemiss.-Unters. d. Bandstruktur v. ferromagnet. Ni–Al-Leg. 27-0468; Bandstruktur in Ni 29-0319; Bänderstruktur d. β-Phase v. Ni–Al 35-0293; Änder. d. Bandstruktur v. Ni durch ein Feld 40-0335; Unters. v. Potentialen, d. für Bandstruktur-Berechn. in Edelmetallen geeignet sind (Cu) 17-0478; Bänderschema v. γ-Messing 16-0461; Self-consistent-Energiebänder v. metall. Cu aus d. APW-Meth. 18-0430; Energiebänder in geordnetem β-Messing 18-0432; Bandstruktur v. Cu 20-0402; Überlapp. als Kriterium für d. elektr. Leitfähigk.-Verh. v. kub. W-Bronzen 26-0476; Energiebandstruktur v. Cu u. Ni 40-0297; Berechn. d. Bandstruktur für Cu in Abhängigk. v. Gitterabstand 48-0465; theoret. Energiebänderstruktur d. Ag (Variat.-Meth. mit zusammengesetzten Wellen) 22-0457; Energieband v. Au 18-0431; Bandstruktur v. Rh u. Pd aus Röntgen-L-Emiss.- u. -Absorpt. 17-0394.

Anorganische Verbindungen

Unters. d. Bandstruktur v. BN durch Ultralangwellen-Röntgenspektren 17-0360; Symmetrieeig. d. Energiebänder v. α- u. β-Quarz (Darst. d. Raumgruppen D_3^4 u. D_3^6 (α-Quarz) sowie D_6^4 u. D_6^5 (β-Quarz) 8-0377; Leit.-Bänder in *6* H- u. *15* R-Si-Carbid (Hall-Effekt u. IR-Faraday-Rotat.-Unters.) 17-0459; (Absorpt.-Mess.) 17-0460; Symmetrie-Eig. d. Energiebänder v. α- u. β-Quarz (Bandspektren v. α- u. β-Quarz u. ihre gegenseit. Bezieh.) 31-0410; röntgenspektroskop. Unters. d. Struktur d. Valenzbandes v. SiC u. SiO_2 33-0305; Änder. d. Bandbreite v. As-Chalkogeniden beim Übergang v. glas. in d. krist. Zustand 46-0392; Valenzbandstruktur v. Sb_2Te_3 43-0497.

Bandbreite d. Sulfide, Selenide u. Telluride d. Übergangsmetalle d. IV. – VI. Gruppe 2-0398; Bandstruktur d. halbleitende $A^{II}B^{IV}C_2^{V}$-Verb. 14-0398; halbempir. Auswahl v. Parametern zur Beschreib. d. Struktur d. Valenzbandes einiger $A^{III}B$-Verb. 16-0418; Elektronen d. schmalen Bänder in Übergangsmetalloxiden 17-0472; Spin–Bahn-Aufspalt. d. Valenzbandes in IV – IV u. III – IV-Halbleitern 18-0393; Änder. d. Bandabstandes in III – V-Mischkrist. 26-0417; auf Gitterpolarisat. zurückführende Änder. d. Energiebandstruktur v. Perowskiten 29-0467; Bandabstände in Verb. d. Übergangsmetalle 29-0485; Bandstruktur v. II – VI-Verb. 33-0472; Temp.-Abhängigk. d. Breite d. verbotenen Zone einiger Krist. v. Typ $A^{V}B_3^{VII}$ 37-0413; Elektronenstruktur v. $A^{II}B^{VI}$-Verb. mit NaCl-Struktur 51/52-0165.

Berechn. d. Spin–Bahn-Parameter für d. Valenzbänder v. kub.-flächenzentrierten Alkalimetallchloriden, -bromiden u. -jodiden 27-0497; Berechn. d. Valenz- u. Leit.-Bänder v. NaCl 37-0410; Self-Consistent-Energiebänder u. Kohäs.-Energie v. KCl 14-0407; Bandabstände v. KCl u. NaCl 38-0326; Elektronenbandstruktur v. MgO 16-0352; Druckkoeff. d. Bandlücke in Mg_2Si, Mg_2Ge u. Mg_2Sn 28-0442; Self-consistent-Berechn. d. Energiebänderstruktur v. Mg_2Si 28-0443; Bandabstand v. Ba-Tellurid 49/50-0273.

Opt. Bandabstand v. ZnS-Polytypen 1-0346; Valenzbanddeformat. bis zum Fermi-Niveau in ZnS mit fl. Elektroden 2-0316; Bandabstand v. ZnO-Einkrist. 18-0421; Bandstruktur: v. kub. ZnS (Korringa-Kohn-Rostoker-Meth.) 36-0369; einiger Verb. d. Syst. Zn–Sb u. Cd–Sb 2-0386; Bandverbieg. v. ZnO-, ZnS-, ZnSe-, ZnTe-, CdS-, CdSe- u. CdTe-Einkrist. 6-0405; Breite d. verbotenen Bandes v. eigenleitendem CdSe 7-0397; ESR-Unters. d. Einfl. v. einachs. Druck auf d. Bandstruktur v. CdS:J 12-0360; Bandabstand in CdTe-Photozellen 12-0403; Bandstruktur v. CdSe 13-0393; Valenzbandstruktur v. Krist. d. Wurtzittyps am Beispiel v. CdS u. CdSe 14-0397; Bandstruktur v. kub. ZnS, ZnSe, ZnTe u. CdTe (Korringa-Kohn-Rostoker-Meth.) 25-0452; Bandabstand v. kub. CdS 27-0360; Energiebänder v. CdTe 37-0402; Leit.-Bandstruktur v. $Cd_{0,1}Hg_{0,9}Te$ 7-0400; Best. d. Leit.-Bandstruktur v. HgTe aus thermomagnet. Mess. 26-0460; Bandabstand in HgTe 28-0439; Bandstrukturmodell für HgTe 30-0411; Best. d. verbotenen Bandes in $Cd_{0,11}Hg_{0,89}Te$ unter hydrostat. Druck 48-0447.

Bandabstand v. dünnen halbleitenden AlSb-Schichten 12-0397; elektron. Energiebänder in GaAs für imaginären Krist.-Impuls 1-0433; Bandabstand: d. Halbleiters β-Ga_2O_3 10-0399; in $CdGa_2Se_4$-Einkrist. 23-0491; Bandstruktur v. n-GaAs–n-Ge-Heteroübergängen 23-0495; Bandabstände epitakt. GaAs-Schichten 24-0443; experimenteller Nachw. einer opt. Besetz. d. X-Leit.-Band-Minima in GaAs 26-0436; Valenzband v. GaSb bei niedr. Temp. 33-0519; Bandstruktur d. Schichtverb. GaS u. GaSe 39-0342; Einfl. d. Bandabstandsenergie auf d. opt. Eig. v. N-dotiertem GaP 40-0258; Dilatat.-Deformat.-Potential für d. Leit.-Band v. GaAs 48-0455; Nachw. d. Spinentart.-Aufspalt. d. Valenzbandes v. InSb mittels Zyklotronresonanzmess. 5-0466; Bandabstand v. In_2O_3 20-0275; Bandstruktur v. In_2O_3 28-0317; Variat. d. opt. Bandabstandes in $Ga_xIn_{1-x}As$-Leg. 38-0297; Breite d. verbotenen Zone v. TlSe 39-0347; Bandstruktur

v. dotiertem $LaInO_3$ 28-0428; spinpolarisierte elektron. Energiebandstruktur in EuS 31-0409; Bandstruktur d. Gd^{3+}-Ions v. Gd_2O_3- u. GdF_3-Pulvern 22-0334; Zusammenhang zwischen d. Breite d. verbotenen Zonen v. La_2O_3, Nd_2O_3, Sm_2O_3, Ho_2O_3 u. Er_2O_3 u. ihrer katalyt. Aktivität bei d. Methanolzers. 24-0731; Bandstruktur v. TiC 3-0330.

Bandabstand d. neuen, nichtstöchiometr. Verb. $GeSe_{0,75} \cdot Te_{0,25}$ 14-0430; opt. Breite d. verbotenen Zone v. Sn-Halogeniden u. -chalkogeniden aus Mess. d. diffusen Reflex. 1-0345; Bandbreite v. $CdSnAs_2$ 2-0382; Bandabstand v. Einkrist. u. mit Te oder Se dotierten Krist. d. Halbleiters $ZnSnAs_2$ 10-0395; Parameter eines Modells zweier Valenzzonen für SnTe 13-0421; Bandstruktur d. Mischkrist. Mg_2Si–Mg_2Sn 16-0449; Struktur d. Leit.-Bandes v. $CdSnAs_2$ 45-0401; Temp.-Abhängigk. d. Bandabstandes v. photoleitenden PbSe-Schichten 3-0448; therm. u. opt. Bandabstände in PbTe 3-0450; Bandabstand bei p–n-Übergängen in PbTe 12-0412; Bandstruktur v. Mischkrist. im tern. Syst. PbTe/PbSe/PbS nach Dotier. mit PbJ_2 13-0423; zweites Valenzband in PbTe 14-0429; doppeltes Valenzband v. PbTe–SnTe-Mischkrist. 18-0387; Ermittl. d. Bandstruktur v. PbTe aus d. Mess. d. Hall-Effekts u. d. elektr. Leitfähigk. bei hohen Temp. 20-0392; Abhängigk. d. Bandabstandes einkrist. fester Lsg. PbTe·PbS v. einem allseit. Druck 24-0464; Einfl. d. Nichtparabolität d. Leit.-Bandes auf d. Lorenz-Zahl in n-PbTe 26-0304; opt. Bandabstände bei d. Syst. PbSe–SnTe, PbSe-SnSe, PbTe–SnTe u. PbTe–SnSe 26-0457; Breite d. verbotenen Zone v. PbSe bei hohen Temp. 26-0458; Einfl. d. Nichtparabolizität d. Leit.-Bandes auf d. kinet. Koeff. v. PbTe bei *100 – 1000* °K 31-0438; Valenzband v. PbTe 32-0441; Invers. d. Leit.- u. Valenzbänder in $Pb_{1-x}Sn_x$–Se-Leg. 37-0339; therm. u. opt. Bandabstände in $Pb_{0,93}Sn_{0,07}Te$ u. $Pb_{0,85}Sn_{0,15}Te$ 39-0349; opt. Bandabstand in festen Lsg. d. Syst. PbTe/PbS 47-0287; Breite d. verbotenen Bandes v. gelbem PbO, aus Mess. d. opt. Absorpt.-Koeff. bei *4,77* u. *300* °K 48-0431; Bänderstrukturen v. PbS u. PbSe 48-0444; Bandparameter v. n-leitendem Bi_2Te_3 28-0440; Breite d. verbotenen Bandes v. Bi-Sulfidjodid-Krist. 32-0439; Bandstruktur v. ZrC–NbC-Mischkrist. 37-0414.

Bandbreite d. antiferromagnet. Halbleiters MnTe 8-0388; Bandabstand v. Schichten d. Syst. PbS/MnS u. PbSe/MnSe bei geringer Verdünn. 20-0390; Bänderdiagramme v. α-MnS 44-0287; Bandlücke d. tern. Verb. VCr_2Se_4, $FeCr_2Se_4$ u. $NiCr_2Se_4$ 29-0480; Bandbreite d. Leg. im Syst. $CuGaSe_2$–Ga_2Se_3 2-0403; Bandstruktur: v. Cu-Chlorid 26-0435; v. CuCl, CuBr u. CuJ 31-0408; Bandbreiten im Syst. Cu-Selenid/Cu-Tellurid 32-0443; Bandstruktur: v. Cu_2O 33-0317; d. p-Cu_2S–n-CdS-Heteroübergänge aus Mess. d. Phtostroms 33-0525; v. Cu_2O in d. Nähe d. fundamentalen Absorpt.-Kante 38-0321; Bandabstand in β-Ag_2Se 28-0438; Leit.-Band v. α-Ag_2Se 34-0459; Bandabstand v. PdO 34-0455.

Organische Stoffe

Bänderstruktur v. Tetramethylammoniumpentajodid 17-0980.

Metallhaltige organische Stoffe

Bandabstände v. Polyferrocenylen 15-0430.

Oberflächenzustände

Zustände v. an Oberflächenlad. lokalisierten Elektronen 1-0199; Theorie u. Nachw. d. Eigen-Oberflächenzustände an Ionenkrist. 1-0411; Oberflächenzustände an d. durch Gasphasenabscheid. hergestellten Si–SiO_2-Grenzfläche 2-0408; Unters. über Oberflächenzustände bei CdS-Einkrist. mit Feldeffekten 3-0442; Einfl. v. Cu-Ionen auf schnelle Oberflächenzustände v. Ge 5-0457; Feldeffektmess. an A- u. B-{*111*}-Flächen v. InSb (Oberflächenzustände) 5-0467; EPR v. Oberflächen-Zentren an MgO 7-0343; Oberflächenzustände eines deformierten eindimensionalen Krist. 9-0271; Modelle für Oberflächenzustände für reine u. O-bedeckte Ge-Oberflächen 11-0439; Unters. d. Oberflächenzustände eines Si-Krist. durch pulsierenden Feldeffekt 15-0412; Dichte v. SiO_2–Si-Grenzflächenzuständen 16-0450; Oberflächenzustandsdichten d. Grenzfläche Si–SiO_2 bei d. anod. Ox. v. Si in KNO_3-N-Methylacetamid-Lsg. 17-0474; Kinetik d. Feldeffekte mit schwachen Signalen in Si 19-0437; Deut. d. Feldeffektes in Ge u. Si 23-0474; Bezieh. zwischen Oberflächenzuständen u. – -Radikalen an d. Grenzfläche Ge–wss. H_2SO_4 33-0497; Oberflächenterme in $BaTiO_3$-Kaltleitern 33-0532; Natur d. Grenzflächenzustände im Syst. SiO_2–Si 36-0375; Oberflächenzustände im Si auf Grund v. Lad. im SiO_2 beim Schichtsyst. Si/SiO_2 38-0427; Oberflächenzustände in einer linearen Kette mit Wechselwrkg. nächster Nachbarn 41-0109; zu Oberflächen-(End)-Zuständen führende Hartree-Fock-Berechn. an Modellen linearer Atomketten 43-0159; Oberflächenzustände v. deformierten linearen gemischten Krist. 43-0188; Oberflächen-Termanalyse bei MIS-Transistoren 43-0413; flache Oberflächenverunreinig.-Niveaus in Si 46-0372; Oberflächenzustände in einem einfachen Krist.-Modell 49/50-0263; elektron. Zustände auf atomar reinen Si-Oberflächen 49/50-0289; Oberflächenzustände v. GaP 51/52-0286.

Störstellen

Opt. Banden in paramagnet. Krist. mit entarteten Störstellentermen 2-0299; magnet. Störstellenniveaus in antiferromagnet. Stoffen 2-0452; lokale Zustände in Halbleitern mit schmalem verbotenen Band 4-0350; Theorie d. Oberflächen-Chemisorpt.-Zustände u. Störstellenzustände 5-0280; lokalisierte d-Elektronenniveaus v. Spinellen d. Syst. $Mn(Mn_x \cdot V_{2-x})O_4$ 9-0428; Berechn. d. Lumineszenzzentrums in LiH:Mg-Krist. 11-0381; Elektronendoppelresonanz ionisierter Störstellenpaare in Si 12-0351; paramagnet. Defektzentren in $(1 - x)BaSO_4 \cdot xKMnO_4$-Mischkrist. 12-0362; EPR v. Metallionen u. Defektzentren in Topas 14-0368; Variat.-Ansatz zur Unters. fest gebundener Störstellenzustände in Krist. 15-0402; lokalisierte Zustände in fehlgeordneten Gittern 15-0403; Elektronenzustände ionisierter Störstellenpaare in Si 16-0423; Struktur d. selbsthaftenden Lochs in $KMgF_3$ 17-0409; Energie d. Grundzustands eines Paares v. Störatomen mit magnet. Wechselwrkg. in einem normalen Metall 17-0524; quantenkinet. Gleich. für Elektronen in belieb. Störstellen 18-0394; lokalisierte Niveaus in hexagonalen Se-Einkrist. 18-0400; Theorie d. sek. Resonanzstrahl.-Spektrums durch Störstellenzentren in Krist. 20-0300; Lichtabsorpt. u. -dispers. durch Störstellenzentren bei hohen Konz. 21-0370; ESR v. Elektronen–Loch-Zentren in Mineralen 21-0425; Phosphoreszenz-Zentren in dotierten u. „reinen" KCl-Krist. bei angenähert 200 °K 24-0370; Probleme d. Theorie d. Sekundärstrahl. v. Störstellenzentren in Krist. 25-0345; Schwing.-Instabilität v. Störstellenzentren u. asymmetr. Gitterverzerr. für Krist. v. NaCl-Typ 26-0271; Wahrscheinlichk. v. Tunnelübergängen über Störstellenniveaus 26-0423; ESR v. assozierten Kationen-Leerstellen-Zentren in MgO 27-0433; einige paramagnet. Zentren in Phosphoren auf $CaSO_4$-Basis 27-0437; Landau-Niveaus v. Löchern in d. Wurtzit-Struktur 28-0404; Lichtabsorpt. an geladenen Störstellen v. in Halbleitern lokalisierten Elektron–Defektelektron-Komplexen 29-0317; chem. Symbolik zur Beschreib. v. Fehlordn.-Zuständen in d. Festkörperchemie 30-0123; Energiespektrum v. Defekten in Cu_2O-Krist. 30-0317; Theorie d. Störstellenzustände in Halbleitern mit Bandabstand Null 31-0406; nichtkub. Zentren in kub. Krist. u. ihre Spektren in äußeren Feldern (Überblick) 33-0324; Zentren in mit Röntgenstrahlen bestrahltem $KClO_3$ (Absorpt.-Banden) 33-0348; lokalisierte Elektronenzustände v. Störstellen-Aggregaten in neutronenbestrahltem MgO 33-0414; anomale Breite einiger Photoanreg.-Linien v. Störstellen in Si 41-0245; Kapazität eines p–n-Überganges mit tiefen Störstellen 44-0345; Einfl. tiefer Störstellenniveaus auf d. Indukt.-Eig. v. Se-p–n-Übergängen 44-0350; Zustand d. Leerstellen–Störstellen-Komplexes in ferroelektr. $BaTiO_3$ 45-0429; Bldg. v. Elektronenzentren in polykrist. NaCl u. $SrCl_2$ durch ^{60}Co-γ-Strahlen 47-0254; EPR-Spektren v. röntgenbestrahlten Alkalimetallsilicat-Gläsern mit eingefangenen Lochzentren 47-0323; lokalisierte Elektronenzustände in AuPd u. Ag–Pd-Leg. 48-0262; durch Röntgenbestrahl. erzeugte lokale Niveaus in polykrist., hexagonalem Se 49/50-0287; Parameter lokaler Niveaus in Einkrist. v. Mo-Trioxid 51/52-0289.

Mit Leit.-Band-Extrema hoher Energie assoziierte Verunreinig.-Zustände in n-CdTe 1-0448; ESR-Absorpt.-Spektren v. zwei P-Defektzentren in bestrahlten Kalkspat-Einkrist. 4-0328; d-Elektronenzustände d. Beimeng.-Atome aus d. Fe-Gruppe in Si 6-0420; Korrelat. d. opt. u. ESR-Absorpt. d. H-Zentrums in KCl 10-0346; Energieniveau: v. elektr. akt. Ni in Si 10-0388; d. Mn in ZnS:Mn-Krist. 14-0323; Elektronenspektren v. Verunreinig. in Krist. v. Naphthalin u. Bzl. 19-0933; Änder. v. Beimeng.-Zentren unter d. Einw. ionisierter Strahl. in mit Eu aktivierten Alkalimetallhalogenidphosphoren 24-0368; Verw. d. Phasenverschieb. zur Unters. d. Verunreinig.-Effekte in tiefen Banden 25-0021; Wrkg. äußerer elektr. Felder auf d. Energieniveaus d. Verunreinig. 25-0157; Kohärenzeffekte in Krist. mit elektron. Verunreinig.-Zentren 25-0210; Theorie d. Spin–Gitter-Relaxat. v. Verunreinig.-Zentren 26-0367; Beitrag zur Best. v. Querschnitten v. Au-Zentren in einkrist. Ge durch Doppelinjekt.-Vers. 27-0492; Rotat.-Barriere für zweiatom. Störstellen in d. Alkalimetallhalogeniden 29-0348; Nachw. eines Singulett-Grundzustandes für d. Problem einer magnet. Verunreinig. durch NMR an schwach Fe-dotierten Cu-Leg. 29-0384; durch Cu-Diffus. in Te-dotierten GaAs Krist. erzeugte Hall-Effekt-Niveaus 29-0452; Theorie d. EPR-Linienform v. Verunreinig.-Zentren in nichtmetall. Krist. 30-0335; Energieniveaus d. Hg–Li-Paares in Ge 37-0349; Beobacht. einer hohen Kondo-Temp. für d. spinkompensierenden quasigebundenen Zustand d. verd. Co im Übergangsmetall Mo 43-0498; Grundzustand paramagnet. Verunreinig. in Metallen 47-0403; Aufspalt. v. lokalisierten Verunreinig.-d-Zuständen in Edelmetallen 48-0171; Verunreinig.-Niveaus in Cd-Tellurid nach Tempern unter verschiedenem Cd-Dampfdruck 48-0446.

Fremdionen

Druckabhängigk. d. Ligandenfeldaufspalt. d. $3d^n$-Ionen in kub. Krist.-Feld 2-0295; elektrostat. Wechselwrkg. v. d^n-Syst. in tetragonalen Feldern (Energieterme) 6-0341; Einfl. eines elektr. Feldes auf d. Grundzustand v. $3d^3$-, $3d^5$- u. $3d^8$-Ionen in α-Al_2O_3 14-0364; Nullfeld-Aufspalt. v. Ionen im S-Zustand (Überlapp.- u. Kovalenzmodell) 21-0385; Kovalenz u. Hyperfeinstruktur v. $(3d)^5$-Ionen in Krist.-Feldern 21-0386; Bahn–Gitter-Wechselwrkg. als mögl. Mechanismus für d. Aufspalt. d. Grundzustandes v. Ionen mit S-Zuständen 26-0332; spannungsinduzierte Nullfeld-Aufspalt. v. d^3- u. d^8-Ionen in kub. Krist. 29-0333; gruppentheoret. Klassifizier. v. aus Paaren u. Komplexen gebundener Fremdionen in Krist. zusammengeseetzten Elektronenzuständen 30-0209; – v. $(nd)^1$-Ionen in Krist. v. Rutil-Typ 30-0342; Energieniveaus: v. $3d^n$-Ionen in Krist.-Feldern d. Symmetrie C_{4v} u. C 41-0100; v. $3d^n$-Ionen in einem Krist.-Feld d. Symmetrie C_4 41-0101; Hyperfeinstruktur in d. effektiven Spin-Formalismus für Ionen d. ^6S-Zustandes in Krist. 51/52-0248.

Reorientier. v. O_2^- in **KJ** bei tiefen Temp. 33-0406; OH^--Dipolzentren in Alkalimetallhalogeniden 33-0346; Tunnelzustände v. OH^- in KCl-Krist. 49/50-0216; Energiezustände v. NO_2^- in KCl 8-0291; Temp.-Abhängigk. d. Hyperfeinstrukturtensoren zweiatom. Halogenzentren in Alkalimetallhalogenid-Krist. 15-0366; vorläufige Resultate über ein $(OF)^{2-}$-Zentrum in CaF_2-Krist. 4-0325; opt. Absorpt. u. Lumineszenzemiss. d. J^--Zentrums in AgCl 36-0325; Te_2^{3-}- u. Se_2^{3-}-Zentren in AgBr (g-, Superhyperfein- u. Hyperfeintensoren) 47-0306; (Elektronenstruktur) 47-0307.

Energieniveaus v. Tl^{2+}-Zentren in KCl-Krist. 8-0314; opt. Eig. d. Tl-Ion-Zentrums in NaJ-Krist. 28-0336; Kovalenzeinfl. auf d. Ligandenfeldaufspalt. d. Seltenerdmetalle 3-0393; Matrixelemente zwischen d. Mannigfaltigk. d. Zustände mit unterschiedl. J für Seltenerdmetallionen in einem Krist.-Feld tetragonaler Symmetrie 12-0463; kovalente Effekte bei d. Krist.-Feldaufspalt. d. Seltenerdmetalle 15-0330; Energieniveaus u. Auswahlregeln für Seltenerdmetallionen in Ca-Wolframat 45-0288; Krist.-Feldaufspalt. v. Ce^{3+} in Seltenerdmetalläthylsulfaten 39-0267; Berechn. d. Krist.-Feldaufspalt. v. Nd^{3+} in tetragonalem $CaWO_4$ 2-0237; Krist.-Feldaufspalt. d. Niveaus v. Nd^{3+} in $CaWO_4$, $CaMoO_4$, $Y_3Al_5O_{12}$, $Ca(NbO_3)_2$ u. LaF_3 2-0296; Lebensdauer d. $^4F_{3/2}$-Niveaus v. Nd^{3+} in LaF_3 5-0389; Energieniveaus: v. Sm^{3+} in LaF_3 7-0324; v. Sm^{2+} in SrF_2 28-0332; Berechn. d. Wellenfunkt. d. Fremdionen Ce^{3+} u. Eu^{3+} in CaF_2 31-0522; phänomenolog. Parameter d. Hamilton-Operators d. Krist.-Feldes in Hinsicht auf d. Niveau v. Eu^{3+} in $GdVO_4$ 48-0313; Besonderh. d. Bldg. v. Gd^{3+}-Störstellenzentren in CdF_2 7-0314; Einfl. d. Temp. auf Gd^{3+}-Beimeng.-Zentren in SrF_2 27-0426; Aufspalt. v. Gd^{3+}-Termen im Krist.-Feld d. CaF_2 33-0306; Elektronenzustände v. Gd^{3+} in $SmCl_3 \cdot 6\,H_2O$-Einkrist. 47-0304; Energieniveaus: v. Ho^{2+} in CaF_2, SrF_2, BaF_2 u. $SrCl_2$ 26-0335; v. Ho^{3+} in $LaCl_3$ 29-0336; Spin–Gitter-Relaxat. trigonaler Er^{3+}-Zentren in BaF_2- u. SrF_2-Einkrist. 11-0416; Krist.-Feldaufspalt. d. Er^{3+}-Ions in YPO_4 u. YVO_4 15-0329; Energie-Niveaus v. Er^{2+} in

Sc_2O_3 18-0342; Nd^{3+}-Zentren in $CaWO_4$-, $CdMoO_4$-, $CaMoO_4$-, $PbMoO_4$- u. $BaMoO_4$ 11-0417; fd- u. f^{13}d-Konfig. in einem Krist.-Feld u. d. Spektrum v. Yb^{3+} in kub. Krist. 8-0275; Energieniveaus v. Yb^{3+} in Ga u. Al-Granaten 35-0307;(Krist.-Feld-Berechn.)35-0308;Krist.-Feldaufspalt.: v. Yb^{3+} in kub. Plätzen in CaF_2 48-0341; für Yb^{3+} in $LiNbO_3$ u. $LiTaO_3$ 48-0353; Verh. d. Yb^{3+}-Ions auf anomalen Plätzen in Y-Fe-Granat 48-0358; Energieniveaus d. Ti^{3+}-Ions in einem Krist.-Feld d. Symmetrie C_{4v} 41-0102; — eines Ti^{3+}-Zentrums in $SrTiO_3$ 51/52-0247.

Tetragonale Symmetrie d. Pb^{2+}-Zentrums in KCl:Pb-Phosphoren 38-0351; magnet. Resonanz an einfachen Elektronenniveaus v. V^{3+}-Ionen in Korund 8-0322; longitudinale Relaxat. einfacher Elektronenniveaus v. V^{3+}-Ionen in Korund 30-0330; Verschieb. d. Cr-Niveaus in Al_2O_3 mit d. Druck 8-0277; Krist.-Feldaufspalt. mit hoher Auflsg. v. Lsg. zwei-, drei- u. vierwert. U-Ionen in Fluoridkrist. 22-0335; Energie-Niveaus: v. Np^{4+} in $LaBr_3$ 15-0327; v. Pu^{3+} in $LaCl_3$ 21-0389; Hyperfeinstruktur: v. zweiwert. Mn in einem MgO-Gitter 33-0415; im angeregten Zustand v. V^{3+} u. Mn^{4+} in Al_2O_3 36-0335; relativist. Krist.-Feldaufspalt. v. Mn^{2+} 37-0350; Unters. d. Ionenzustände v. Fe in Ag-Halogeniden mit d. Mössbauer-Meth. 25-0189; Energieniveau-Diagramme v. Fe^{2+} in Sphalerit 41-0259; Energieniveaus v. Co^{2+} in angenähert tetraedr. Kristallagen 37-0351; Ni-Ionen-Störzentren in verschiedenen Festkörpern 27-0409; elektron. Zustände v. Ni^{2+} in $RbNiF_3$ u. $KNiF_3$ 48-0297; Krist.-Feldaufspalt. v. Cu^{2+} in NH_4Cl-Einkrist. zwischen *4,2* u. *453* °K 8-0316; Energie d. Elektronenzustände v. Cu^{2+} u. Fe^{2+} in $BaXSi_4O_{10}$ in quadrat. planarer Koordinat. mit O 28-0324.

Akzeptor- und Donatorniveaus

Mit d. (*100*)-Leit.-Band v. GaSb verknüpftes S-Donatorniveau 1-0434; therm. Erzeug. v. Akzeptoren in InSb 5-0469; Donatorzentren in *33* R-SiC 7-0327; tiefe Akzeptoren in mit Fe dotiertem GaAs 14-0411; Energie d. Donatorgrundzustands in CdS, CdSe u. ZnO 15-0424; flache Donatorniveaus in epitakt. GaAs 16-0436; Einfl. v. W.-Dampf auf d. Donatorüberschußkonz. in aus d. Dampfphase in SiO_2-Rohren gezüchtetem GaP 16-0442; Eigenwerte v. Oberflächen- u. Volumenstörstellen in d. Störstellentheorie flacher Donatoren 19-0433; Raman-Streuung durch Donator- u. Akzeptor-Störstellen im Si 20-0295; Einfl. d. Elektronenakzeptoren H_2O_2, H_3O^+, NO_3^- u. NO_2^- auf d. Bldg. stabilisierter Elektronen bei d. Röntgenbestrahl. v. gefrorenen *7,5 m* wss. $NaClO_4$-Lsg. 23-0769; Photolumineszenz v. Akzeptorzentren in GaAs 27-0399; isoelektron. Donatoren u. Akzeptoren 27-0475; Aufspalt. d. Grundzustandes v. Doppelakzeptoren in Halbleitern 27-0476; Mg als Donator-Störstelle in Si 28-0311; Temp.-Abhängigk. d. Energieniveaus flacher Donatorstörstellen in Si 29-0434; chem. Aufspalt. d. Grundzustands d. Li-Donators in Si 29-0435; EPR-Unters. d. F-Donators in BeO 32-0383; Akzeptorverh. v. Ge in GaAs 33-0509; Natur d. Thermoakzeptoren in InSb 34-0451; Wrkg. äußerer u. innerer elektr. Felder auf d. B-Akzeptor-Zustände in Si 36-0361; Akzeptorniveaus in p-α-SiC-Krist. 42-0282; Rekombinat.-Eig. v. Au-Akzeptorniveaus in Si 42-0336; zum Problem d. therm. Akzeptoren in Ge 45-0396; energet. Lage d. Te-Donatorniveaus in CdSb 45-0406; flache Donatorenniveaus v. InSb in einem Magnetfeld 48-0423.

Haftstellen, Rekombinationszentren

Rekombinat.-Zentren in γ-bestrahltem Si 2-0377; Parameter v. Elektronen-Haftstellen 2-0390; Elektronenhaftstellen in deformierten Alkalimetallhalogeniden 4-0298; Charakteristik v. strahlungsinduzierten Locheinfangstellen in Anthracen-Krist. 5-0869; Elektronenfallen in γ-bestrahlten eingefrorenen Lsg. v. Alkalimetallhydroxiden 7-0668; Einfangniveaus in Krist. v. Cu-Phthalocyanin 10-0411; Einfl.: flacher Einfangniveaus auf d. Röntgenlumineszenzeig. v. NaJ u. NaJ:Tl 11-0386; d. Herst.-Beding. auf d. Bldg. v. Elektronenfallen in lumineszierendem ZnO 11-0388; numer. Analyse v. Lad.-Verteil.-Prozessen unter Berücksichtig. v. Haftstellen-Zentren 15-0352; Verunreinig. u. Haftstellen in $CaWO_4$ 16-0373; Energieniveaus v. Rekombinat.-Zentren in InSb 16-0434; Haftstellendichte in epitakt. gewachsenem GaAs 18-0411; Haftstellenkonz. in CdTe-Aufdampfschichten 19-0464; Haftstellenniveaus in GaAs 26-0437; Einfl. verschiedener opt. Strahl. u. v. W.-Dampf auf d. Haftstellenspektrum v. CdS 26-0448; Einfangniveau v. hexagonalem Se 28-0414; Parameter v. Rekombinat.- u. Haftzentren in Sb-Sulfid 29-0473; Berechn. eines Haftstellenniveaus unterhalb d. Leit.-Bandes v. CdTe 30-0409; totale Haftstellendichte, Haftstellenverteil. in d. Nähe d. Fermi-Niveaus bei Cu-Phthalocyaninfilmen 30-0415; Loch- u. Elektronenfallen in orthorhomb. S 33-0486; Eu^{3+}-Ionen als Elektronenhaftstellen in Glas aus $LiPO_3$ u. $Al(PO_3)_3$ 36-0342; Haftstellen in amorphem Se 46-0371; Haftstellendichte in aus d. Schmelzfluß gezüchteten SnO_2-Krist. 46-0384; Fallenverteil. in dünnen Filmen v. Cu-Phthalocyanin 48-0450; langsame, v. d. Atmosphäre unabhäng. Haftstellen in mit Li dotiertem ZnO 51/52-0287.

Angeregte Zustände

ESR in einem angeregten Zustand d. TmN 32-0382; angeregte Elektronenzustände v. in einer Matrix eingefangenem NO bei tiefer Temp. 33-0312; niedr. liegende Anreg.-Zustände eines Heisenberg-Ferromagneten mit antiferromagnet. gekoppelten Störstellen 35-0385; Anreg.-Zustände d. Mol. organ. Halbleiter 42-0835; Modellpotential für Syst. mit zwei Valenzelektronen (Energie d. angeregten Zustands v. Störstellen) 48-0316.

Anregung, Energietransport, Übergänge

Mechanismus d. Summier. elektron. Anreg. in aktivierten Krist. 5-0402; Selbstanreg. einer akt. einachs. planparallelen Krist.-Schicht mit Metallgittern 8-0264; Bind.-Effekte in elektron. Anreg. durch geladene schwere Teilchen 17-0357; elektron. Anreg. v. Ionenkrist. 25-0329; Photoanreg. neutraler Mn-Akzeptoren in GaAs 27-0373; Elektronenanreg.-Prozesse u. d. Bind.-Verhältnisse: v. Monoacidopentammin–Co(III)-Komplexen 30-0064; v. Transdiacidotetrammin–Co(III)-Komplexen 30-0065; Einzelteilchenanreg. in schmalen Energiebändern 30-0453; Theorie d. Rotat.-Anreg. in festem Ortho-H 44-0242; gleichzeit. Elektronenanreg. v. austauschgekoppelten Mn- u. Ni-Ionenpaaren v. $KZn_{1-x-y}Mn_xNi_yF_3$- u. $KMn_xNi_{1-x}F_3$-Krist. 45-0318; Übergangswahrscheinlichk. eines Krist.-Elektrons im festgebundenen Zustand zu einem angeregten Zustand durch Elektronenbombardement 51/52-0261.

Energietransportmechanismus unter Einschluß v. Tb(III) u. Eu(III) in $Na_{0,5}Tb_{0,5-x}\cdot Eu_xWO_4$, $Na_{0,5}Tb_{0,01}Y_{0,49-x}Eu_xWO_4$ u. $Na_{0,5}\cdot Eu_{0,5-x}Nd_xWO_4$ 1-0363; strahlungslose Anreg.-Energieübertrag. zwischen Yb^{3+}-, Nd^{3+}- u. Pr^{3+}-Ionen in Silicatgläsern 2-0320; Übertrag. v. Triplettzustands-Energie in organ. Einkrist. durch magnet. Resonanzmeth. 6-0845; Resonanzenergieübertrag. zwischen angeregten F-Zentren in KJ 15-0342; auf d. Wander. d. Anreg.-Energie zurückzuführende Besonderh. d. Abklingkinetik v. $Rb\cdot[MnF_3]Nd^{3+}$-Krist. 18-0347; Energieübertrag. in Einkrist. d. CaF_2:(Ce + Mn)-Syst. 19-0372; Triplett–Triplett-Energieübertrag in festen Gläsern 20-0811; Energieübertrag. in MnS/ZnS-Mischkrist. 21-0407; Anti-Stokessche Energieübertrag. zwischen Cu- u. Mn-Zentren bei d. Elektrolumineszenz v. ZnS:Cu, Mn-Einkrist. 25-0356; Mechanismus d. Energieübergangs v. aromat. Verb. auf Ionen d. Seltenerdmetalle 35-0314; Mechanismus d. in Dy^{3+} u. Tb^{3+} stattfindenden Energieübertrag. bei Wolframatkrist. u. Serie $Na_{0,5}(Y, Tb, Dy)_{0,5}WO_4$ 36-0330; direkte Beobacht. v. Triplettenergieübertrag. v. Gast zu Wirt in organ. Mischkrist. 44-0712; schnelle Energieübertrag. in KCl:Tl-Krist. 46-0336; Energieübertrag.-Prozesse in organ. Krist. über Photolumineszenz 47-0793.

Theorie d. Interferenzeffekte bei Quantenübergängen in einem Elektronen–Schwing.-Syst. 3-0312; Photoübergänge in Störstellenzentren in Gegenwart einer schwachen Elektron–Phonon-Koppl. 3-0338; indirekte opt. Übergänge im Zentrum d. Brillouin-Zone 6-0319; $^2P_{1/2} \rightarrow {}^2P_{3/2}$-Übergänge v. Tl^0 in Alkalimetallhalogenidkrist. 13-0329; Interbandübergänge v. SiC 14-0409; opt. Interbandübergänge in extrem anisotropen Halbleitern (Koexistenz v. Exziton- u. Landau-Niveaus) 18-0322; freigebunden- u. gebunden–gebunden-Übergänge in CdS 18-0350; verbotene Übergänge in Mol.-Krist. (Cameron-Syst. v. festem α-CO) 19-0356; Relaxat.-Prozeß ionisierter Störstellenpaare in Si 19-0436; Interbandübergänge in Mo 21-0356; Energie u. Intensität v. Elektronenübergängen in $Rb[CoF_3]$ 23-0386; Einfl. d. D-Substitut. auf d. strahlungslosen Zerfall v. Anthracen-Tripletts 25-0895; Pseudopotentialunters. d. Druckkoeff. opt. Übergänge in Halbleitern 26-0334; Zwischenband-Übergänge niedr. Energie in Ni 29-0319; Wahrscheinlichk. für strahlendes u. strahlungsloses Abklingen v. Er^{3+} in LaF_3 29-0365; Zwischenband-Übergänge in CaF_2 29-0448; Lösch.-Raten angeregter Elektronenzustände in Festkörpern 31-0282; opt. Zwischenbandübergänge in Na 31-0461; Zwischenband-Übergänge in sehr dünnen Cu-Schichten 32-0316; Temp.-Effekt auf d. Triplett–Triplett-Vernicht. in Anthracen-Krist. 32-0874; Elektronenübergänge in stark anisotropen Krist. 33-0297; Auswahlregeln für indirekte Übergänge in Krist. mit Zinkblendestruktur 40-0253; Zwischenband-Übergänge in MgF durch Elektronenbeschuß 41-0224; mit Bragg-Elektronenreflex. verbundene Zwischenzonen-Übergänge in Metallen 41-0300; Interbandübergänge d. Lad.-Träger in GaAs bei hohen Drücken 41-0328; Einfl. elektr. Felder auf Zwischenband-Übergänge 42-0246; Interbandübergänge v. Löchern in Fe 43-0372; Auswahlregeln für direkte u. indirekte Übergänge v. Mg_2Si, Mg_2Ge u. Mg_2Sn 48-0417; Triplett–Triplett-Lösch. in Anthracen bei niedr. Anreg.-Intensitäten 48-0801; Elektronenübergänge in Krist. 49/50-0196.

Exzitonen

Übergänge aus d. Exzitonenzustand in Eigenhalbleitern u. Dielektrika 1-0362; gruppentheoret. Betracht. v. Mol.-Exzitonen u. Lad.-Resonanzzuständen 3-0815; Theorie d. stimulierten Raman-Streuung an Exzitonen 4-0289; Störstellenexzitonenzustände in Mol.-Krist. 4-0295; Exzitonenabsorpt. in Anwesenh. v. angeregten F-Zentren 4-0296; Operator d. Exziton–Phonon-Wechselwrkg. 5-0290; Absorpt. u. Dispers. v. Licht bei d. Bldg. mol. Exzitonen 5-0383; Exzitonenproblem in fehlgeordneten Strukturen 5-0384; Übergänge v. Selbstionisat.-Typ unter Beteilig. v. Exzitonen 7-0308; Theorie d. an ionisierte Verunreinig. in Halbleitern gebundenen Exzitonen 11-0433; Nichtexistenz hyperchol. Exzitonen 12-0313; gleichzeit. Bestehen v. Exzitonen- u. Landau-Niveaus 14-0312; Faraday-Effekt u. Spin-Bahn-Wechselwrkg. d. niedrigsten Exzitonenzustände in Mol.-Krist. 14-0814; Greensche Funkt. für d. Exziton 15-0310; Eigentümlichk. d. Exziton-Magnon-Wechselwrkg. in antiferromagnet. Krist. mit Perowskitstruktur 15-0333; Schwing.-Eig. d. Exzitonen in Mol.-Krist. 16-0324; Exzitonen in entarteten Halbleitern 19-0426; kollektive Eig. v. Frenkel-Exzitonen 21-0258; Einfl. intermediärer Exzitonen u. Austauschkräfte auf d. Wechselwrkg. in Mol.-Krist. 21-0263; Exziton–Phonon-Wechselwrkg. in eindimensionalen Mol.-Krist. 22-0318; Cotton-Effekt für Zirkular-Exzitonen 22-0330; Beitrag d. Exzitonenzustände zur nichtlinearen Polarisierbark. v. Halbleiterkrist. bei verschiedenen Frequenzen 23-0460; Berechn. d. Energie d. Mol.-Exzitonen 24-0281; nahe einem geladenen Zentrum lokalisiertes Vanier-Mott-Exziton 24-0282; Existenz v. hyperbol. Exzitonen 25-0323; Strahl.-Dämpf. v. Exzitonzuständen in Mol.-Krist. 27-0351; Exziton–Photon-Koppl. in Mol.-Krist. 28-0899; Beweg. v. schwach gekoppelten Exzitonen-Wellenpaketen in eindimensionalen Krist. 29-0311; Form d. Lichtabsorpt.- u. Reflex.-Banden mol. Exzitonen 29-0312; intermediäre Exzitonen in Mol.-Krist. 30-0289; Mehrelektronentheorie nicht polarisierender Exzitonen 31-0232; Exzitonen beim Röntgenabsorpt.-Prozess 33-0105; Exzitonenresonanzen in Isolatoren 33-0313; Exzitonenlumineszenz u. Komplexe gebundener Exzitonen 33-0361; Energiespektrum v. Exzitonen in Krist. mit komplexer Bandstruktur 36-0222; Mott- u. Wigner-Übergänge bei Exzitonen-Phasen 37-0332; Einfl. d. Coulombschen Fernwrkg. auf d. linearen Zeeman-Effekt bei dipolakt. Exzitonen in kub. Krist. 37-0334; exziton. Phasen 41-0226; delokalisierte Exzitonen in dünnen anisotropen Krist. 43-0269; Wander. u. Fixier. v. Exzitonen durch Löschzentren 44-0293; Beweg. eines schwingungsgekoppelten Exziton-Wellenpakets in einem eindimensionalen Krist. unendl. Ausdehn. 44-0799; induzierte Strahl. über freie Exzitonen mit Emiss. akust. Phononen 46-0314; Selbstlokalisier. v. Exzitonen in Ionenkrist. 46-0332.

Elemente

Γ-Punkt-Exzitonen in festem Ar 33-0263; Wannier-Exzitonen in festem Xe 30-0288; Exzitonenzustände in festem Xe 31-0298; Exzitonenstruktur im Reflex.-Spektrum v. trigonalen Se-Einkrist. 12-0314; Auger-Rekombinat. v. an neutrale Donatoren gebundenen Exzitonen in Si 16-0362; Exzitonen in Metallen 18-0306; Beitrag zur Theorie d. Faraday-Effektes d. Exzitonen in Krist. d.

Seltenerdmetalle 31-0294; Exzitonen-Feinstruktur bei d. Zwischenband-Magnetabsorpt. v. Ge 51/52-0284.

Anorganische Verbindungen

Bedeut. d. Exzitonenanreg. bei d. Zerstör. v. Verb. mit ion. Bind.-Typ 22-0305; Exzitonenkomplexe in *33* R-SiC als Zwischenglied zwischen d. Polytypen *6*H u. *15*R 7-0327; Exzitonen in Alkalimetallhalogeniden 25-0324; Verschieb. d. Exzitonenabsorpt. durch ein starkes elektr. Feld in Alkalimetallhalogeniden 25-0326; Nachw. eines Triplett-Zustandes d. „self-trapped"-Exzitons in Alkalimetallhalogenidkrist. 42-0279; opt. Konst. u. Exzitonzustände in KCl-Einkrist. (Tieftemp.-Eig.) 7-0303; Exzitonenstruktur in d. UV-Spektren v. KJ u. RbJ 25-0325; Energieübertrag. v. Wirtskrist. auf d. Aktivator bei d. Exzitonenanreg. in KJ:Tl-Krist. 46-0337; Erzeug. v. Exzitonen durch Elektronen in mit Tl dotierten RbJ-Einkrist. 25-0352; Spin–Bahn-Aufspalt. d. Γ-Exzitons in MgO-Einkrist. 20-0252; Exzitonstruktur in ZnS 14-0322; Exzitonen in ZnSe 26-0336; Exzitonenstruktur in hexagonalem ZnSe 36-0312; Verschieb. d. Exzitonenemiss.-Peaks v. CdS mit d. Temp. 13-0336; Änder. d. Intensität d. Emiss.-Linien gebundener Exzitonen in CdS bei *4,2* °K in Abhängigk. v. d. Anreg.-Intensität 43-0308; Fluoreszenzabklingzeiten v. Exzitonen an isoelektron. Haftstellen in GaP u. ZnTe 13-0342; Auger-Rekombinat. v. an neutrale Donatoren gebundenen Exzitonen in GaP 16-0362; Exzitonen in GaSe-Polytypen 18-0324; gebundene Exzitonen in mit Cu dotierten GaAs-Krist. 20-0305; an geladene Donatoren gebundene Exzitonen in InSb, CdS I, CdS II, ZnSe, ZnO u. CdSe 14-0396; Beobacht. einer Exzitonen-Feinstruktur bei d. Zwischenband-Magnetoabsorpt. v. InSb 51/52-0284; Exzitonen in PbJ 7-0309; Exzitonenbeweg. in Uranylsalzen 23-0417; Zeeman-Effekt d. Exziton–Magnon-Banden im antiferromagnet. MnF_2-Krist. 6-0346; opt. Exziton–Magnon-Absorpt. in MnF_3 30-0302; in einem magnet. Feld in CuCl angeregte Exzitonenlinien bei *4,2* °K 2-0302; Exzitonenzustände v. CuCl-Einkrist. 12-0317; Energiespektrum v. Frenkel-Exzitonen im Cu_2O-Krist. 15-0334; Diffus.-Länge d. Exzitonen in Cu_2O-Krist. 30-0317; Cu(I)-halogenid-Einkrist. u. deren Exzitonenemiss. 39-0271; Exzitonen in Ag_2O-Krist. 5-0385.

Organische Stoffe

Exzitonen in organ. Mol.-Krist. 5-0868; Lad.-Übertrag.-Exzitonen- u. ionische Energieniveaus in organ. Krist. 27-1027; Exzitonen in organ. Mol.-Krist. 33-1016; gegenseit. Wechselwrkg. u. Ionisat. d. Exzitonen in aromat. Mol.-Krist. 38-0956; Diffus. v. Triplett-Exzitonen in Anthracen-Krist. 4-0717, 15-0844; Zerfall v. Triplettexzitonen in Anthracen durch injizierte Elektronen 18-0806; Diffus. v. Triplett-Exzitonen in Anthracen-Krist. 25-1021- Einfang v. Triplett-Exzitonen in Anthracenkrist. 28-0849; Exzitonendiffus. in Naphthalin- u. Anthracen-Krist. 38-1023; Exzitonenwander.-Mechanismus im Anthracen-Krist. 47-0291; Wannier-Exzitonen in Anthracen 47-0810 bis 47-0812; Dynamik v. Triplett-Exzitonen in Anthracen 51/52-0714.

Untersuchungsmethoden

Verw. therm. stimulierter Ströme unter d. Beding. einer andauernden inneren Polarisat. als neue Meth. zur Best. d. Niveaus v. Hafttermen 15-0406; radiospektroskop. Meth. zum Nachw. freier Exzitonen im Krist.-Gitter 22-0319; Meth. zur getrennten Best. d. Konz. v. Donatoren u. Akzeptoren in n-Ge 31-0419.

Bibliographie

Elektronische Vorgänge in Gasen und Festkörpern B 41; Tabelle der trigonometrischen Funktionen zur Berechnung der Verteilung der Elektronendichte in Kristallen [russ.] B 50; An introduction to the electron theory of solids B 1.

Elektronentransport (biologischer), Wrkg. v. Phlorrhizin auf d. mit d. Photophosphorylier. gekoppelten Elektronentransport in Chloroplasten 1-1335; Elektronentransportsyst. v. Hydrogenomonas eutropha 12-1197; Hemmwrkg. niedermol. aliphat. Alkohole auf Elektronentransport 14-1268; Elektronentransport in Chloroplasten 21-1574; Best. v. Ubichinon in elektronentransportierenden Partikeln aus Rinderherz 24-1332; Ubichinonred. durch Succinat in elektronentransportierenden Partikeln aus Rinderherz 24-1333; Eelektronentransportabhängigk. in Nebennierenmitochondrien d. Ratte 24-1585; Änder. an einigen Enzymen d. bakteriellen Elektronentransports bei Entw. einer Resistenz gegen Oxytetracyclin 29-1528; Wrkg. v. Östrogenen auf d. Elektronentransport 29-1606; Wrkg. v. Lysozym auf d. bakteriellen Elektronentransportsyst. 32-1414; photosynthet. Elektronentransportkette v. Chlamydomonas reinhardi 34-1408; Veränder. d. Elektronentransportsyst. während d. Lactatgähr. bei Rhizopus oryzae 47-1440.

— : v. Atm.-Partikeln (Wrkg. substituierter Thiophene) 6-1292; v. Pseudomonas putida (zur Katalyse d. Ox. v. Pipecolat) 6-1338; in Riboflavinmangelmutanten v. Aspergillus nidulans 6-1340; d. Forelle u. d. Ratte bei d. Cyclodienepox. (Wechselwrkg.) 6-1588; durch Lebermikrosomen 7-1202; d. Hefe 7-1209; in Nebennieren–Steroid-Hydroxylase 12-1180; Bezieh. v. — zu Konform.-Änder. in Chloroplasten 15-1492; mitochondriale Elektronentransportkette (Struktur- u. Enzymprotein) 16-1273; Elektronentransportkette d. Photosynth. bei Chlamydomonas reinhardi 17-1483 bis 17-1485; Mikrosomen-Elektronentransportsyst. unter Einschluß v. P-*450* 18-1248; Elektronentransport: in isolierten Mitochondrien 19-1375; in isolierten Rattenleber-Mitochondrien 19-1439; bei Thiobacillus novellus 22-1330; in Rattenlebermitochondrien 23-1266; bei monoprotonierten p-Phenylendiaminen 23-1401; durch Entkoppler 23-1405; d. Photosynth. (Wrkg. v. Salicylaldoxim) 23-1562; in Mitochondrien (Azidinhibier.) 31-1280, 31-1281; in Mitochondrien 38-1352; in biolog. Syst. im festen Zustand (Mechanismus) 39-1124; in d. Atmungs-Kette 40-1100; in Chloroplasten (Beteilig. v. Plastochinon C) 40-1113; d. Nebennieren-Steroidhydroxylase 40-1208; bei d. Photosynth. 40-1396; in Algen 40-1398; bei d. Photosynth. mit Cytochrom-b-*563* als Überträger 40-1399; in Mitochondrien (inhibiert durch Piericidin A) 43-1186; in Bezieh. zur Steroidbiosynth. 43-1266; in Rattenleberschnitten (Wrkg. v. Metaboliten u. Hemmstoffen) 43-1503; in Mitochondrien 44-1077; durch Candida utilis 44-1094; bei Chloroplasten 44-1362, 44-1363.

Elektronik

Elektron. Geräte für spezielle Zwecke s. unter d. entsprechenden Stichwörtern. Mikrowellentechnik s. unter *Spektroskopie*; *Strahlung, elektromagnetische. Halbleitertechnologie und -bauelemente* s. dort.

— in d. Kernmeßtechnik 8-1843; elektron. Füllstandmeßgeräte nach d. kapazitiven Meßmeth. 9-2113; Ultrahochvakuumkammer zur Herst. v. ultradünnen Schichten für mikromol. elektron. Elemente 16-2092; verbesserte elektron. Halbschattenmeth. zur Mess. v. Doppelbrech. u. Dichroismus 41-1949.

Verw. hochreiner B-Stäbe für elektron. Zwecke 1-2060*; Glas–Glimmer-Halbleiter für d. — 8-2159; keram. Stoffe in d. — (Übersicht) 18-2223; Masken zum gezielten Aufdampfen v. Metallen u. Halbleitern zur Herst. v. elektr. Vorr. 27-2483*; Keramikmaterialien für d. — 30-2260; Herst. v. in einer Richt. erstarrter Eutektika für elektron. Zwecke 35-2290; Verw. v. Sonderkeramiken in d. — 38-2419; Herst.: v. Dünnfilm-Elementen für Mikrostromkreise aus Ti, TiO_2 oder TiN 39-2310; v. extrem ebenen Cu-Substraten für d. Mikroelektronik 41-2332; neue Anwend.-Gebiete für reines Al_2O_3 in d. — (Übersicht) 43-2326; — u. Sonderkeramiken (Übersicht) 43-2365.

Gedruckte Schaltungen: mehrmals benutzbare Matritze zur Herst. gedruckter Schalt. 4-1832*; Einfl. d. Verhältnisses Dicke/Lochdurchmesser auf d. elektrolyt. Herst. v. gedruckten Schalt. 9-2396; Herst. mehrschicht. gedruckter Schalt. 12-2228*; Verkupfer. v. Isolierstoffen durch Tauchen zur Herst. v. gedruckten Schalt. 12-2423*; Ablösen v. Cu v. Cu-kaschierten Platten zur Herst. v. gedruckten Schalt. 13-2437*; Verw. v. geschichteten Harzmaterialien aus Glasfasergewebe u. Polyglycidyläther zur Herst. v. gedruckten Schalt. 13-2865*; Herst. gedruckter Schalt. aus C-Pulver auf Al_2O_3 14-2214*; Rückgewinn. v. Persulfat beim Ätzen gedruckter Schalt. 22-2313; Verw. v. Fluoralkylenen in gedruckten Schalt. 22-2373*; Herst.: v. tauchlötbaren konservierenden Lackschichten für elektr. Leiterplatten gedruckter Schalt. 24-2886*; einer Korros.-Schutzschicht auf Cu-Platten für gedruckte Schalt. 32-2482*; galvan. Abscheid. v. Cu für gedruckte Schalt. 34-2428; galvanoplast. Herst. v. gedruckten Schalt. 35-2295*; chem. Ätzen v. Bohr. in Schalttafeln 38-2569*; Verkupfer. d. Wand. v. Löchern in fläch. Isoliermaterial zur Herst. v. gedruckten Schalt. 40-2253*; Verw. eines Verbundelementes aus Metall u. Glas beim Drucken v. Stromkreisen 41-2336*; Herst. gedruckter Schalt. aus Cu 43-2331*; Pulvermisch. auf Pd-Basis für gedruckte Schalt. 45-2618*; Herst. v. elektr. Leitbahnen zur Kontaktier. v. Halbleiteranordn. 51/52-2154*.

Bibliographie: Dictionary of electronics B 17; Advances in electronics and electron physics B 26; Advances in electronics and electron physics. Vol. *23* B 41; Microelectronic technology; selected articles from semiconductor products and solid state technology B 62; Optical lasers in electronics B 81.

Semiconductors. Theorie et pratique des circuits à semiconducteurs. Vol. *3*: Non-linear electronics B 50.

Elektron-Kern-Doppelresonanz (ENDOR)

Siehe auch *Magnetische Resonanz.*

— mit einem inkohärenten Radiofrequenzfeld 4-0131; Theorie d. Sättig.- u. —-Effekte in ESR-Spektren (Austausch gegen Dipolmechanismen) 8-0305; — (Übertrag. d. Modulat.-Informat. durch Kern–Spin–Spin-Koppl.) 11-0885; — in Fl. 12-0813; gekoppelte Elektron–Kern-magnetostat. Moden in magnet. Materialien 20-0318; Wrkg. d. — auf d. vielfachen Festkörperechos 20-0319; —-Spektrum eines stark gekoppelten Zweispinsyst. 23-0939; — gekoppelter Spins 30-0332; magnetoakust. — in lokalen Elektronenzentren 30-0333; — (Übersicht) 32-0102; Analyse durch NMR u. — (Literaturübersicht) 37-2043; Theorie d. — v. F-Zentren in Krist. mit NaCl-Struktur 42-0287.

^{53}Cr-NMR in $LaCrO_3$ u. — v. Cr^{3+} u. Al^{3+} in $LaAlO_3$:Cr 2-0330; — v. F-Zentren in KCl 3-0388; NMR- u. —-Spektren v. D-Difluoräthylenen 5-0827; —-Mess. an röntgenbestrahltem Na-Formiat 8-0306; — v. F-Zentren in MgO 10-0350; relative Vorzeichen v. H–H-, H–F- u. F–F-Koppl.-Konst. durch — 10-0846; — ionisierter Störstellenpaare in Si 12-0351; —-Mess. d. ^{39}K-NMR in KH_2PO_4 16-0395; Mess. d. Kernquadrupol-Spektren v. Br^- enthaltenden NaCl-Krist. durch — 17-0406; — v. Ag-Kernen in AgCl:Fe^{3+} 17-0410; relative Vorzeichen d. ^{15}N-H-Koppl.-Konst. bei markiertem N.N-Dimethylformamid aus d. — 19-0974; — v. F-Zentren in CaF_2 21-0413; —-Mess.: an Cr^{3+} in MgO 22-0379; an einem H-Zentrum in LiF 25-0378; Elektronen–Kern-Relaxat. in Metallen bei niedr. Temp. in starken Magnetfeldern 26-0369; Einfl. zufäll. Krist.-Felder auf d. —-Spektrum v. Co-dotiertem ZnSe 30-0334; —-Mess. in bin. Syst. mit Äther u. Diäthoxyäthan zur Unters. d. Mol.-Beweg. 31-1013; Unters. skalarer Wechselwrkg in ^{31}P-Syst. durch d. Kern–Elektron-Overhauser-Effekt bei d. ^{31}P-Resonanz 32-0106; Elektron–Kern-Wechselwrkg. in Sb-Metallen 32-0372; —-Unters. v. H-Atomen in KCl-Krist. 33-0402; Hyperfeinstruktur v. zweiwert. Mn in einem MgO-Gitter (—-Verf.) 33-0415; —Dipol–Dipol-Hyperfeinkonst. u. Gitterverzerr. d. V_K-Zentrums in LiF 36-0332; — : v. F-Zentren in LiF 36-0333; v. γ-bestrahltem $AgNO_3$ 36-0334; —-Mess. v. Tm^{2+} u. Yb^{3+} in CaF_2 38-0315; —-Unters. v. Ag^+-Substitut.-Störstellen in NaCl 38-0376; — : bei freien Radikalen in Lsg. 38-0934; v. $^{55}Mn^{2+}$ in MgO 39-0299; v. ionisierten Verunreinig.-Paaren in Si 41-0276; — in organ. Verb. 43-0783; Möglichk. zur Mess. d. dritten Krist.-Feld-Konst. d. Cr^{3+}-Ions in Krist. v. $ZnWO_4$-Typ 46-0363; NMR-Linienform u. —-Unters. d. Ringinvers. in D_{11}-Cyclohexan (Kinetik) 46-0868; —-Unters. am metastabilen Triplett-Zustand d. Naphthalin-Mol. 47-0873; —-Mess. d. ^{19}F-Kerne in CaF_2 mit Ce^{3+}- u. Yb^{3+}-Geh. 48-0340; Krist.-Feldaufspalt. v. Yb^{3+} in kub. Plätzen in CaF_2 (—-Mess.) 48-0341; Liganden-— v. Mn^{2+} in $La_2Mg_3(NO_3)_{12} \cdot 24\,H_2O$ 48-0360.

Doppelbestrahl.-Meth. für d. Zuordn. hochaufgelöster NMR-Spektren mit wiederholten Abständen 11-0886; App. für — bei *3300* Gauß mit mäß. hoher Auflsg. 12-1801; Meth. zur Best. d. Struktur d. Leit.-Bandes u. d. effektiven Elektronenmasse in Krist. aus Daten d. — 37-0373; hochempfindl. kernmagnet. gepulste Doppelresonanztechnik 38-0377; Spektrometer für heteronukleare — 44-1745; Abtastmeth. in d. —-Technik 47-1889.

Elektrooptische Effekte

Kerr-Effekt, elektrooptischer; *Stark-Effek* s. dort.

Elektromagnetoopt. Erschein. freier Träger in Halbleitern 2-0291; Einfl. v. Stößen auf d. *Franz-Keldysh-Effekt* 3-0319; Auslösch. v. Schwing.-Formen eines mit Nd^{3+} dotierten Glaslasers durch Phasenmodulat. im Resonanzraum eines elektroopt. Krist. 3-0394; Analyse d. Bandstruktur aus Elektroreflex.-Unters. 3-0416; struktureller Mechanismus d. elektroopt. u. thermoopt. Effekt in seignetteelektr. Krist. v. Typ d. Triglycinsulfats bzw. -selenats 5-0374; Theorie d. Elektroabsorpt. u. d.

Elektroreflex. in Halbleitern 6-0336; Einfl. opt. Strahl. auf d. elektr. Quadrupolwechselwrkg. d. Kerns eines paramagnet. Ions 6-0342; zeitabhäng. elektr. Doppelbrech. bei einer Suspens. v. Ellipsoiden 8-0581; elektroopt. Eig. einachs. Krist. 9-0333; elektroopt. Tensor d. nicht linearen Polarisierbark. v. Krist. 9-0334; physikal. Modell d. elektroopt. Effekts 12-0306; dielektr. Eig. elektroopt. Materialien bei modulierender Mikrowellenfrequenz 14-0466; elektroopt. Erschein. koll. Teilchen im rotierenden elektr. Feld 19-0928; Streuungskoeff. v. festen stabförm. Teilchen im elektr. Feld 21-0684; elektroopt. Erschein. v. Ferroelektrika v. Perowskit-Typ 22-0325; phänomenolog. Beschreib. d. elektroopt. u. elastoopt. Eig. v. Seignetteelektrika 22-0328; nichtlinearer opt. Effekt d. Misch. v. Lichtfrequenzen in A^{III}–B^{V}-Verb. 23-0373; Theorie nichtlinearer opt. Effekte vierter Ordn. im Bereich d. Anreg.-Spektrums 24-0338; Elektroreflex. an einer Halbleiter–Elektrolyt-Grenzfläche 26-0344; linear-elektroopt. Verzöger.-Schemata für d. *20* Klassen d. linear-elektroopt. Krist. u. ihre Anwend. 28-0292; elektr. Übergangslichtstreuung (Meth. zur Best. d. Rotat.-Diffus.-Konst.) 29-0713; *Franz-Keldysh-Effekt* d. Brech.-Index bei opt. Frequenzen 31-0284; Darst. d. *Franz-Keldysh-Effekts* durch spektrale Verbreiter. (experimentelle Prüf. für GaAs) 32-0327; elektroopt. Effekt in Krist. v. Zinkblendetyp 32-0349; Elektroreflex. 33-0295; Elektronenübergänge u. – in stark anisotropen Krist. 33-0297; Einfl. elektr. Felder auf d. Eigenabsorpt.-Kante fester Körper 33-0310; Ionenmodell für d. linearen – 35-0299; Bezieh. zwischen linearen u. quadrat. elektroopt. Koeff. in Ferroelektrika mit O-Oktaedern 43-0458; auf freie Träger in Halbleitern zurückzuführende Elektroreflex.-Spektren v. Halbleiter–Elektrolyt-Grenzflächen 44-0282; elektroopt. Eig. lyophiler Koll. (π_2-Feldmeth.) 46-0562; transversales Elektroreflex.-Vermögen 47-0266; Elektroreflex.-Vermögen in d. Nähe anisotroper Interbandkanten (Theorie) 48-0275; Einfl. elektr. Felder auf d. Absorpt.-Kanten v. Isolatoren (Theorie) 48-0284.

Elektroopt. Eig. v. krist. Ar 30-0273; Elektroreflex.-Spektrum an polykrist. Se 11-0367.

Elektroreflex. in Metallen 30-0284.

Elektroopt. Eig.: d. Alkalimetalldihydrogenarsenate 20-0259; v. ferroelektr. $NaH_3 \cdot (SeO_3)_2$-Krist. 15-0468; Mess. u. Unters. v. Verteil. v. Photonenzähl. für Lichtquellen wie therm. Quellen (W-Lampe), Laser, elektroopt. KDP-Modulatoren 14-0301; Mess. d. *Pockels-Effekts* in KDP bei *9* GHz 20-0328; elektroopt. Verh. v. RbH_2PO_4-Krist. 18-0319; elektroopt. Koeff. in $NH_4H_2PO_4$, KH_2PO_4 u. Quarz 13-0308; elektroopt. Koeff. v. $ND_4D_2PO_4$-Krist. 18-0316; Temp.- u. Dispers.-Abhängigk. d. elektroopt. Koeff. r_{63} in $NH_4H_2PO_4$-Krist. 18-0317; Mess. d. elektromechan. u. elektroopt. Koeff. eines $NH_4H_2PO_4$-Einkrist. mit einem Interferometer 18-0318; quadrat. – in ADP-Einkrist. 22-0327.

„Elektroreflex." durch Gasadsorpt. an ZnO 33-0294; Elektroabsorpt. in dünnen CdSe-Schichten 16-0341; Reflex.-Vermögen v. CdS- u. CdSe-Einkrist. an d. Hauptabsorpt.-Kante im elektr. Feld 24-0336; Schwing. d. Absorpt. in CdTe im elektr. Feld 24-0349; elektroopt. Konst. v. CdTe 28-0293; Exzitoneffekte bei d. Elektroabsorpt. v. CdS 48-0278.

Elektroreflex.-Unters. in GaAs 3-0331; – bei GaAs 5-0373; Elektroreflex. v. GaAs 8-0270; durch elektr. Felder verursachte IR-Absorpt. in GaAs-p–n-Übergängen 9-0351; elektroopt. Effekt v. GaAs-Krist. 31-0292; Beding. d. Modulat. v. Licht d. Wellenlänge *10,6* μm mit Hilfe d. – in GaAs-Krist. 39-0261; elektroopt. Koeff. v. GaAs 47-0259; Elektroreflex.-Vermögen bei magnetoopt. Interbandübergängen in InAs u. InSb bei *1,5* °K 38-0312.

Elektroreflex. v. $BaTiO_3$-Einkrist. 6-0338; Elektroabsorpt. in Rutil 20-0258; spontaner elektroopt. Effekt in tetragonalem $BaTiO_3$ 22-0326; opt. Eig. v. $SrTiO_3$ unter angelegtem Druck u. elektr. Feld 23-0388; Einfl. d. elektr. Feldes auf d. fundamentale Absorpt.-Kante v. $BaTiO_3$ 26-0340; anomale Verschieb. d. Absorpt.-Kante in ferroelektr. $BaTiO_3$ durch ein elektr. Feld 41-0238; Elektromodulat. d. opt. Konst. v. Rutil im UV 47-0272; Effekt d. Modulat. d. Absorpt.-Koeff. v. stark dotiertem Ge im elektr. Feld 20-0257; Elektroreflex.-Spektren u. Bandstruktur v. Ge 33-0296; Berechn. d. elektroopt. Parameter v. deuteriumsubstituiertem Monogerman 34-0055; Linienform d. Elektroreflex.-Spektren in Ge 46-0318; elektroopt. Zwischenbandeig. v. Ge (Elektroabsorpt.) 48-0276; (Elektroreflex.-Vermögen) 48-0277; spontaner – in $BaTiO_3$- u. $PbTiO_2$-Einkrist. (Modell d. Punktdipole) 47-0267.

Elektroopt. Koeff.: in ferroelektr. $LiNbO_3$ 3-0472; v. $LiNbO_3$-Einkrist. im niedr. Frequenzbereich 4-0386; linearer – in ferroelektr. $KTaNb_{1-x}O_3$ 23-0374; Modulat. d. Erzeug. d. *2.* Harmonischen in $LiNbO_3$ durch elektroopt. Kontrolle d. Phasenanpass.-Bezieh. 28-0294; elektroopt. Koeff. v. ferroelektr. $(Sr, Ba)Nb_2O_6$-Krist. 28-0295; elektroopt. Eig. v. $Pb_3MgNb_2O_9$ 29-0519; Koeff. d. nichtlinearen – v. $K_{0,6}Li_{0,4}NbO_3$ 30-0282; Temp.-Abhängigk. u. Modell d. – in $LiNbO_3$ 30-0285; spontaner – in $LiNbO_3$-Krist. 32-0329; nichtlinearer elektroopt. Koeff. v. $NaBa_2 \cdot Nb_5O_{15}$ 32-0330; elektroopt. Konst. r_{22}^T d. $LiNbO_3$ im Gleichfeld (Temp.- u. Frequenzabhängigk.) 38-0311; elektroopt. Koeff. v. $LiNbO_3$-Einkrist. 47-0269; $LiTaO_3$-Lichtmodulatoren 13-0307; elektroopt. Effekt in $LiNbO_3$ u. $KTa_{0,65}Nb_{0,35}F$ 15-0323; Überblick über bekannte elektroopt. Eig. v. $KTa_xNb_{1-x}O_3$-Mischkrist. mit Perowskitstruktur 20-0261; linearer elektroopt. Effekt in Kaliumtantalatniobat-Krist. 39-0262; Charakterisier. v. $K(Ta_{0,65}, Nb_{0,35})O_3$ durch elektroopt. Mess. 44-0280; quant. Best. d. Quellen d. – in $LiNbO_3$ u. $LiTaO_3$ 47-0268; – in $Bi_{12}GeO_{20}$ 32-0328.

– v. Cu_3TaSe_4 51/52-0118; nichtlineare Elektroreflex.-Vermögen v. Si u. Ag 31-0293.

– in transparenten Niobatglas–Keramik-Syst. 47-0271.

Elektroopt. Eig. v. Seignettesalz 18-0320; spontaner – in Seignettesalzkrist. 20-0260.

Pariser-Parr-Berechn. d. elektroopt. Effekt in Bzl. 3-0866; elektroopt. Eig. v. Triglycinsulfat 5-0375; – in Triglycinsulfatkrist. 5-0376; elektroopt. Eig. v. Triglycinsulfat 15-0324, 23-0375; elektroopt. Unters. an Polypeptidlsg. (mol. Assoziat. v. Poly-L-glutaminsäure-γ-benzylester in verschiedenen Lsgm. u. Lsgm.-Gemischen) 16-1174.

Meth. zur Unters. d. Elektroabsorpt. mit Hilfe d. differentiellen Photostromempfindlichk. 24-0432; Best. d. red. effektiven Masse v. ZnSe durch d. *Franz-Keldysh-Effekt* 26-0337; Nd-Glaslaser mit elektroopt. Gütemodulator 32-0395; Zücht. v. CuCl-Einkrist. für opt. Modulatoren 42-0197; App. zur Unters. d. elektroopt. Eig. v. Krist. bei niedr. Temp. 44-0281.

Elektroosmose

– ungesätt. poröser Medien 10-0622; Korrelat. v. Mess. d. – u. d. Ström.-Potentiale in Ionenaustauschermembranen 27-0763; – an feinpor. Kapillarsyst. hoher Festionenkonz. 28-0685; – im Syst. mit fixierter Lad. 31-0682; Empfindlichk. u. Anwend.-Grenzen d. thermoelektr. Osmometrie bei d. Best. d. Molgew. v. Polymeren 31-1221; Ermittl. d. wahren ζ-Potentials aus elektroosmot. Daten feiner Festkörperteilchen mit als Halbleiter wirkender Oberfläche 34-0672; Bezieh. zwischen Gleich. für – u. Elektrophorese 35-0601; elektroendoosmot. Überführ. v. W. durch Ionenaustauschmembranen 36-0593; Anteil d. elektroosmot. Flusses am elektr. Gesamtstrom in ionogenen Syst. mit fixierter Lad. 42-0493; elektroosmot. Übertrag. eines Lsgm. durch eine Ionenaustauschmembran 51/52-0476; Abhängigk. d. – v. d. Beding. d. Anlegens eines äußeren elektr. Feldes 51/52-0475.

Ionenwander. in Membran- u. membranlosen osmot. Zellen mit Überführ. bei d. W.-Entsalz. 26-2228; Kationen-Bindevermögen d. *1–5*-Elektrolyten $Na_5P_3O_{10}$ in verd. wss. Lsg. bei Anwend. osmot. u. konduktometr. Mess. 27-0687; Einfl. oberflächenakt. Substanzen auf d. elektroosmot. Eig. v. Suspens. v. Kaolinitton 51/52-0437; elektroosmot. Eig. v. Kupferhexacyanoferrat(II), Nickelhexacyanoferrat(III) u. Cer(IV)-oxid 20-0579; – u. elektroosmot. Druck mit Methanol an einer Glasfrittenmembran 17-0965; Senk. d. Feuchtigk.-Geh. d. Terephthalsäure durch – 4-2092.

Elektrophorese

Grundlage u. Anwend. d. – (reproduzierbare Mess. v. Wander.-Geschw.) 1-1778; – (*1963–1965*) 9-1938; Verdräng.- – 9-1939; Kriterien für d. erfolgreiche Trenn. durch kontinuierl. – u. Elektrochromatographie in Blöcken u. Säulen 9-1940.

Mikrometh. für Zell- – 1-1860; Eindringen elektrophoret. Nd. in zylindr. Röhren 2-0590; Gegenstromionophorese zur Trenn. sehr ähnl. Ionen 5-1886; Schraubenbahn- – in vertikalen Fl.-Schichten 6-1879; Kriterien für d. erfolgreiche Trenn. durch kontinuierl. – u. Elektrochromatographie in Blöcken u. Säulen 9-1940; Gegenstromionophorese (neue apparative Anordn. zur kontinuierl. Trenn. nach d. Gegenstromprinzip) 10-1914; Wesen u. techn. Anwend. d. – (Übersicht) 14-2923; – v. Suspens. u. Solen in verschiedenen Gelen im Zusammenhang mit ihren strukturmechan. Eig. 15-1168; Dünnschicht- – (Gefriertrockn. v. Elektropherogrammen) 18-1938; Elektrochromatographie mit Umpolen d. elektr. Feldes 21-2149; Definit. d. Zonen-(oder Grenzflächen-)Auflsg. bei d. – 25-2025; verbesserte Meth. zur Disc- – 25-2041; durch Ammoniumpersulfat bei d. Scheibchen- – gebildetes Artefakt 27-1472; irreversible Thermodynamik d. elektrophoret. Fließens in Röhren 29-0754; Gegenstromionophorese (Prinzip u. theoret. Grundlagen) 29-1980; (experimentelle Unters.) 29-1981; irreversible Thermodynamik d. elektrophoret. Fließens in Röhren 29-0754; Leist.-Fähigk. d. – im Routinebetrieb 30-2037; freie Zonen- – 31-2060; – u. Sedimentat.-Potential (phänomenolog. Kreuzkoeff.) 34-0733; Dünnschichtelektrochemie mit einer Zwillingselektrode (Best. v. chem. Rk.-Geschw. durch Abfall d. Gleichgew.-Stroms) 34-1927; Dünnschicht- – (Unters. über d. Wärmeabführ.) 35-2027; Bezieh. zwischen Gleich. für Elektroosmose u. – 35-0601; Best.-Gleich. für d. Ausb. eines elektrophoret. Nd. 38-2368; Einfl. v. plast. Verform. v. elektrophoret. Nd. auf d. Charakter ihrer Porenstruktur 44-0564; – mit hohen Feldern in Fl. mit niedr. Leitfähigk. 46-0614; Ultramikro- – 47-1937; Konz. v. Teilchen im Vorelektrodenraum im Anfangsstadium d. elektrophoret. Fäll. 51/52-0470.

Elektrophorese mit speziellen Materialien: Trenn. v. Mikromengen v. Kationen durch ebene Ionenaustauschelektrochromatographie an einem Tuch aus Oxycellulose 4-1605; Interpretat. d. Gel- – mit Polyacrylamidgel 8-1869; – an Polyacrylamidgel (einfaches Syst. unter Verw. v. Gelsäulen) 8-1870; in Szintillat.-Fl. lösl. Acrylamidgel (Anwend. in d. – bei neutralem u. niedr. pH) 8-1871; Best. d. Beweglichk. bei d. – in Agargelen 9-1999; Meth. zur präparativen Stärkegel- – 10-1431; Acrylamidgel- – in Kapillarsäulen 14-1904; Herst. eines Polyvinylalkoholfilms als Trägersubstanz für d. – 15-1982; Transparentmach. u. Konservier. v. mit Ponceau S gefärbten Celluloseacetat-Elektropherogrammen 15-1983; – auf Ionenaustauscherpapier (Phosphat- u. Carboxylatpapiere) 20-0620; – an Polyacrylamid 21-2233; Dünnschichtchromatographie u. -chromatoelektrophorese wasserlösl. Substanzen auf Cellulosepulver 22-2058; verbesserte Meth. zum Formen v. Stärkegel für d. Zonen- – 22-2082; –: mit Acrylamid–Agarose-Gelen 22-2162; in Polyvinylalkohol-Gel 23-2105; in Polyacrylamidgel 25-2042; – auf Acetylcellulose 25-2129 bis 25-2131; Verbesser. d. Acrylamid- – 25-2132; Acrylamidgel–Saccharose-Gradienten- – 26-2123; präparative – an Acrylamidgel 28-1990; kombinierte Cellulose-Dünnschichtchromatographie u. -elektrophorese (Trenn. d. Aminosäuren mit geringer Beweglichk.) 30-2006 bis 30-2008; Zers.-Temp. während d. Ionophorese in feuchter Kammer auf Polyvinylalkohol als Träger 31-2061; Temp.-Einfl. auf d. bei – verwendeten Barbiturat-Puffer 33-2184; – in horizontalem Polyacrylamidgel 41-1180; quant. Agargel- – im Mikromaßstab 42-1805.

Herst. v. Polyacrylamidgelen für d. – 37-2103; Standardisier. d. Beding. zur Herst. v. Stärkegel zur halbautomat. Auswert. d. Gel-Elektrophorese 38-2042.

Apparate: Säule für d. Gel- – 2-1818; Mehrschichthalter zur Anfärb. v. – -Diagrammen 7-1930; Sicherh.-Maßnahmen an Hochspann.- – -Anlagen 9-1813; Elektrophorese-App. zur diskontinuierl. Trenn. v. Stoffgemischen, bes. Serumeiweiß 9-1941; ökonom. analyt. Papierelektrophorese-Zelle 13-1849; kontinuierl. Mikrofraktionier. v. Partikelmisch. durch – (App.) 16-1920; Mikro-Agar- – (verbesserte Kühl. d. Agargel-Platten) 16-1921; Vorr. zur automat. Spül. v. immunoelektrophoret. Platten 19-2220; App. für vertikale – an Stärke u. Agargel 21-1668; einfache Kammer für d. – in festen Stärke- u. Acrylamidgelen 23-2106; modifizierte Zelle für d. freie – 24-2013; Elut.-App. für d. Papierionophorese 29-2054; App. zur Zonen- – an vertikalen Säulen 30-1921; Entfärb.-App. für Scheiben- – mit Spann. im rechten Winkel zur Gelachse 31-2062; modifiziertes – -Gerät 32-1973; Doppelkammerapp. zur vertikalen Gel- – 32-1974; Zusatzapp. zum App. EFPB-*1* für d. kontinuierl. präparative – 34-1959; Zonenelektrophorese in einem schwimmenden Trog 35-2113; kontinuierl. Teilchen- – 37-2102; Hochspann.-Papierelektrophorese-App. für zweidimensionale Trenn. 38-2040; Acrylamidgel-Elektropherogramme durch mechan. Fraktionier. (Gerät) 38-2041; Elektrophorese-

App. für viele Proben unter Verw. vertikaler Polyacrylamidgelplatten 42-1806; App. zur Hochspann.-Dünnschicht-– (Anwend. auf d. Aminosäureanalyse) 43-2021; Vertikalelektrophorese in Acrylamidgel (App. u. Meth.) 46-1915; flache Zweirohr-Elektrophoresezelle 47-1936; App. zur Unters. v. Komplexverb. nach d. Ionophoreseverf. 49/50-1877; Probenauftrag. bei d. Disc-Elektrophorese 49/50-1878; elektrophoret. Beweglichk. v. koll. Teilchen bei Gleichstrombeding. (neue App. zur Potentialmess.) 51/52-0471.

Anwendung: Ionophorese v. Komplexverb. [Polyvinylalkohol (PVA) als Träger zur Unters. v. Komplexverb. nach d. Ionophoreseverf.] 9-0644; Mikrobest. d. Säure- u. Basendissoziat.-Konst. mit Hilfe d. Papier-– 29-0986; Mess. v. Diffus.-Koeff. mittels – 38-0180; Anwend. d. – in d. Radiochemie 39-1934; Best. d. Transportgrößen in Salzschmelzen mittels Dünnschicht-– 44-0617; Best. d. Beweglichk. im freien Puffer mittels Papier-– 48-1818; Ionophorese v. Komplexverb. 49/50-1877.

Elektrophorese anorganischer Stoffe

Anwend. d. Hochspann.-– zur Trenn. v. Radionukliden 1-1779; Trenn. v. Spaltprod. durch elektrophoret. Fokussier. v. Ionen 1-1780; Dünnschicht-– anorgan. Ionen 4-1600; Dünnschicht-– anorgan. Anionen 5-1887; elektrophoret. Trenn. anorgan. Kationen an Celluloseacetat 9-1959; – v. Radionukliden auf Cellogel 24-1998; – v. Radionukliden 32-1972; Unters. d. chem. Eig. v. At mit Papier-– 38-0610; Best. d. Thiocyanate auf Papierchromatogrammen oder Ionoferogrammen (indirekte Meth.) 3-2026; (direkte Meth.) 3-2027; Einfl. d. Struktur kationogener Polymere auf d. elektrophoret. Beweglichk. krist. Kieselsäure 25-0719; – in d. Syst. Pyrex/Aceton u. Quarz/W. 45-0616; elektrophoret. Beweglichk. v. SiO_2-Teilchen in Suspens. im Vgl. zu großen Ionen 46-0613; Trenn. einiger anorgan. Phosphorverb. durch Papier-– 16-1981; Trenn. v. Phosphaten durch Dünnschicht-– 35-2033, 47-2096; elektrophoret. Identifizier. v. radioakt. anorgan. As-Verb. 15-2055; – einiger Metallkomplexe der III. Gruppe 28-0686; Dünnschicht-– v. Alkalimetallionen an Salzen v. Heteropolysäuren 28-2009; Abstandshalter für elektrophoret. Trenn. v. radioakt. Na- u. K-Ionen 51/52-1806; elektrophoret. Beweglichk. v. koll. Al_2O_3-Dispers. 15-0639; elektrophoret. Abscheid. v. Al aus nichtwss. Bad 30-0640; elektrophoret. Fäll. v. Y_2O_3-, Sc_2O_3- u. La_2O_3-Gemischen 36-2273; – d. Seltenerdmetalle auf Acetylcellulose (Streifen v. gelähnl. Konsistenz als Trägermaterial) 46-1833; elektrophoret. Beweglichk. v. Rutil in Heptanol 3-0628; – v. TiO_2-Teilchen in Lsg. 10-0617; – v. Rutil in Aerosol OT + p-Xylol-Lsg. 19-0710; elektrophoret. Unters. d. Hydrolyseprod. v. $Ti(ClO_4)_4$ 39-1967; elektr. Beweglichk. v. WO_4^{2-} in mit HNO_3 angesäuerten Lsg. auf Filterpapier 23-0723; Papier-– v. Wolframatlsg. bei verschiedenem pH-Wert 46-0615; elektrophoret. Trenn. v. einigen Actiniden u. Lanthaniden 11-1910; Trenn. d. Actinide durch Hochspann.-– 51/52-1888; – v. Pu(III)-Thiocyanat-Komplexen 11-0679; Trenn. v. ^{152}Eu, ^{147}Pm, ^{241}Am u. ^{246}Cm durch elektrophoret. Fokussieren mit Na-Polyphosphat als Komplexbildner 15-2013; Oberflächenleitfähigk. v. Zinkcyanoferrat(II)-Solen bei d. – 12-0622; Unters. d. Heteropolyverb. d. W mit Co, $[Co_2^{2+}W_{12}O_{42}]^{8-}$ u. $[Co^{2+}W_{12}O_{40}]^{6-}$ durch Radio-– u. Radiochromatographie 35-0734; elektrophoret. Eig. v. AgBr-Dispers. 1-0646; elektrokinet. Beweglichk. v. AgBr- u. AgJ-Solen 21-0700; Einfl. v. Röntgenstrahl. auf d. Beweglichk. v. AgJ-Solen 32-0661; Mikrotrenn. d. Pt-Metalle durch – 2-1863.

Elektrophorese metallhaltiger organischer Verbindungen

Papier-– v. Organo-Tl(III)-Chlorid-Komplexverb. 51/52-0473; elektrophoret. Beweglichk. d. Cu(II)-Chelate einiger Aminosäuren in Abhängigk. v. pH-Wert 30-2009; Papier-– v. Komplexen d. Seltenerdmetalle mit Hydroxyaminosäuren 40-1816; elektrophoret. Verh. v. Cu(II)-Histidinat in Ggw. anderer Cu(II)-Aminosäurechelate 45-2097.

Elektrophorese organischer Verbindungen

Berechn. d. relativen Zonenbeweglichk. bei d. Papier-– organ. Verb. 22-0947.

Kohlenwasserstoffe: papierelektrophoret. Identifizier. v. Stilbenderiv. 8-1926; Papier-– saurer Triphenylmethanfarbstoffe 11-2016.

Amine: Chromatographie u. – v. Histamin (o-Phthalaldehyd-Fluorogramm) 44-1871; Papierionophorese v. Aminoverb. (Bldg. v. Carbamaten u. verwandte Rk.) 15-1037.

Verbindungen mit As- und P-Funktionen: elektrophoret. Identifizier. v. radioakt. organ. As-Verb. 15-2055; Trenn. einiger Phenylphosphorverb. durch Papier-– 16-1981.

Kohlensäurederivate: Trenn. v. Guanidinverb. im Harn durch Kombinat. v. – u. Gelfiltrat. 24-2094.

Oniumverbindungen: Elektrophorese v. Cholin u. verwandten Verb. 43-1431.

Carbonsäuren und deren Derivate: Best. v. Aminosäuren in Kulturfl. durch Papier-– 1-1877; Kombinat. v. – u. Chromatographie für d. Unters. v. Aminosäuren in Hydrolysaten 9-2003; quant. Best. d. einzelnen freien Aminosäuren im Harn mit Hochspann.-Papier-– 11-1483; Einfl. d. Elektrolytumgeb. auf d. Beweglichk. d. divalenten Tartrations bei d. – 13-0913; Trenn. d. in wss. Säure lösl. DNP-Aminosäuren durch Chromato-– auf Cellulosedünnschichtplatten 15-2054; Ionophorese v. Aminosäuren bei mittlerer Spann. 17-2076; elektrophoret. Best. bas. Aminosäuren 19-2131; Beweglichk. v. Aminosäuren bei d. Papier-– 27-2237; kombinierte Cellulose-Dünnschichtchromatographie u. -elektrophorese: zur Trenn. d. Aminosäuren mit geringer Beweglichk. 30-2006; zur Trenn. d. bas. Amino- u. d. Aminodicarbonsäuren 30-2007; zur Trenn. d. Aminosäuren mit großer Beweglichk. 30-2008; papierelektrophoret. Trenn. einiger Säuren d. Citronensäurezyklus in biolog. Fl. 36-2014; elektrophoret. Trenn. u. Best. v. L-Citrullin, L-Ornithin u. L-Arginin 39-2032; – v. Acetylcholin u. verwandten Verb. 43-1431; Trenn. u. Best. v. Aminosäuren in Pflanzenrohextrakten mit Hilfe d. Dünnschicht-– 43-2020; quant. Indikator für d. elektrophoret. Best. v. Polyaminocarbonsäuren in Bodenproben 45-2109; gleichzeit. Best. v. 3-Methoxy-4-hydroxymandelsäure u. 3-Methoxy-4-hydroxyphenylglykol im Harn durch – auf Celluloseacetatstreifen 45-2157; Best. v. Dicarbonsäuren u. ihren Amiden in Prod. d. Rübenzuckerherst. durch Elektropherographie 45-2250; Chromato-– v. W./säurelösl. Dinitrophenylaminosäuren auf Cellulose-Dünnschichten 47-2006; Aminosäureanalyse durch Hochspann.-– 48-1887; papierelektrophoret. Best. u. Mess. d. Radioaktivitäten markierter S-Aminosäuren als Ox.-Deriv. 49/50-2017; reversible Aufsplitter. d. elektrophoret. Grenze in Lsg. polydisperser Polymethacrylsäure 51/52-0472; chromatograph.-elektrophoret. Unters. d. Aminosäuren v. Solanaceen u. ihren Extrakten 51/52-1720.

Sulfonsäuren: elektrophoret. Trenn. v. mit ^{131}J oder ^{35}S markierter p-Jodbenzolsulfonsäure, Benzolsulfon- u. p-Toluolsulfonsäure 47-2017.

Kohlenhydrate: Trenn. v. Polysaccharidsäuren durch Stärkegel-– 8-1932; Färbeverh. v. sulfonierten Polysacchariden bei d. Stärkegel-– 11-1981; Agarosegel-– zur Auftrenn. v. sauren Mucopolysacchariden 21-1593; elektrophoret. Eig. enzymat. synthetisierter DNS 42-1135; Acrylamidgelelektrophorese v. nukleolarer RNS aus HeLa-Zellen 43-1127; gaschromatograph. Charakterisier. elektrophoret. aufgetrennter Frakt. saurer Mucopolysaccharide 47-2027.

Steroide: Papier-– v. Steroiden (vergleichende Unters. unter Anwend. radioakt. u. spektrophotometr. Meth.) 17-2086; (in Boratpufferlsg.) 20-1932; Trenn. d. Aldosterons v. Corticosteroiden mittels Hochspann.-– auf Papier 42-1575; elektrophoret. Best. v. Cholesterin im Serum 47-2056.

Alkaloide: vergleichende Unters. über d. Strychninnachw. auf chem. u. elektrophoret. Wege in d. gerichtsmedizin. Toxikologie 51/52-1962.

Proteine und Proteide: Polyacrylamidgel-– v. β-Casein bei saurem pH (Nachw. neuer Typen) 1-1350; Darst. d. Haptoglobintypen durch – in Polyacrylamidgel 1-1426; elektrophoret. Meth. zur Darst. v. ε-Hordein 2-1277; Fixier. v. Proteinen nach Agargel-– 3-2077; Fraktionier. v. Zellmembran-Proteinen durch Scheiben-– 5-1151; Acrylamidgel-– v. bei pH *8,7* aufbewahrten Lsg. v. β-Lactoglobulinen 5-2003; – v. Hämoglobin einzelner Erythrozyten 6-1966; elektrophoret. Trenn. v. Serum-Mucoproteiden in Frakt. 6-1967; Reinig. v. γ-Globulin durch Elektroosmophorese 8-1951; Unters. d. strukturellen Untereinh. v. Proteinen durch zweidimensionale Stärkegel-– 9-1385; Zonen-– d. Eiweiße aus Vogelmyeloblastosisvirus 10-1319; durch Protein-Puffer-Wechselwrkg. entstehende mehrfache elektrophoret. Zonen 10-1467; Trenn. v. Rückgewinn. v. Proteinen durch hoch auflösende Gel-– 10-1974; Analyse v. ^{14}C-markierten Proteinen durch Disc-– 11-1181; gleichzeit. Charakterisier. d. Haptoglobine u. Transferrine durch Stärkegel-– 11-1462; Nachw. d. Zell- u. Gewebekomponenten mit analyt. Immunelektrophorese-Meth. 11-1477; Polyacrylamidgel-– v. „Sojabohnenmolke"-Proteinen u. Trypsininhibitoren 12-1281; Trenn. v. Nucleotiden aus Mikrogrammengen RNS durch – auf Celluloseacetatmembranen 12-1937; Extrakt. u. – v. Proteinen aus Früchten 12-1991; elektrophoret. Identifizier. u. Best. d. Proteinfrakt. aus Milchserum v. Kühen, Schafen u. Ziegen 13-2021; Disc-– v. Weizenmehl-Proteinen mit modifizierten App. unter Verw. v. Gelen mit rechtwinkl. Querschnitt 14-2052; Reinig. synthet. Peptide mit d. trägerfreien präparativen Durchfluß-– 15-2066; Methylenblau als Reagenz zum Färben v. Sialomucoproteinen auf Papier nach – 15-2091; densitometr. Auswert. d. Elektropherogramme v. Blutserumproteinen auf Stärkegel 16-2001; Auflsg. multipler RNS-Arten durch Polyacrylamidgel-– 17-1212; elektrophoret. Trenn. v. Virusnucleinsäuren auf Polyacrylamid-Gelen 17-1224; Hochspann.-– d. Kohlenhydrate, Glykoproteine u. Glykopeptide 18-2009; Best. v. Proteiden u. Lipoproteiden d. Blutserums durch – an Agar 18-2025; Einfl. verschiedener Faktoren auf d. Ergebnisse d. elektrophoret. Best. v. Serum-Lipoproteiden 18-2026; Meth. zur Eineng. d. Cerebrospinalfl. zur Eiweiß-– 18-2027; Immuno-– auf Celluloseacetat-Membranen mit kontrollierter Aufbring. v. Antiserum 19-2219; Best. v. A_2-Hämoglobin durch – auf Celluloseacetat 20-1955; elektrophoret. Unters. d. Proteine d. Speicheldrüsensekrete 20-1961; densitometr. Meth. zur Best. v. Proteinfrakt. nach d. Agargel-– 21-2221; Polyacrylamidgel-– v. Liquor-Proteinen 21-2225; Aminosäureanalyse v. Proteinen u. Peptiden durch kombinierte Dünnschicht-– u. Dünnschichtchromatographie 22-2142; Kombinat. v. Hochspann.-– u. Rundfilterchromatographie zur Fraktionier. komplizierter Aminosäure-Peptid-Gemische 23-2198; Bedeut. d. Konz. d. Bromphenolblaulsg. beim Anfärben v. Proteinogrammen nach – 23-2200; Trenn. v. Nucleotiden u. ihren Deriv. durch kontinuierl. – 23-2201; Aktivier.-Analyse v. Mono- u. Oligonucleotiden nach Papier-– 23-2202; Verw. v. Metallelektroden bei d. – v. Serumproteiden im Blut 23-2216; Best. v. Proteinen durch Immun-– 23-2224; Einfl. v. Tween *60* auf d. mikroelektrophoret. Verh. v. Humanserum an Nitrocellulose- u. Acetylcellulosemembranen 23-2225; Anfärb. v. β- u. γ-Globulin in menschl. Serum mit Ponceau *3* R nach – auf Acetylcellulose 25-2129; Konz. v. Trichloressigsäure in d. Anfärbelsg. u. v. Essigsäure in d. Waschlsg. bei d. Unters. v. Globulinen im Serum durch – auf Acetylcellulose 25-2130; Einfl. d. Stromdichte bei d. elektrophoret. Trenn. d. Globuline im menschl. Serum 25-2131; Differential-Scheiben-– v. Serumprotein 26-1585; quant. Best. v. Fibrinogen im Blutplasma durch – in Agargel 27-2266; vereinfachte Meth. zur Gewinn. lösl. Gehirnproteine für d. – 27-2271; carrierfreie Zonenelektrophorese infektiöser, durch Phenol- oder Natriumdodecylsulfatextrakt. isolierter RNS aus Maul- u. Klauenseuche-Virus 28-1262; Best. v. Proteinen durch – in antikörperhalt. Agarosegel 29-2163; Meth. d. zonalen u. präparativen Hämoglobinelektrophorese 30-1457; Isolier. v. nativem Tabakmosaikvirusprotein durch kontinuierl. Freifluß-– 32-1516; elektrochromatograph. Analyse in Mikrovol. (*10⁻⁶* ml) roher biolog. Fl. (z. B. Serumproteine) 32-2046; Mikro-– u. Charakterisier. v. Coeruloplasmin in Immunpräzipitaten 32-2047; Zonen-– v. β-Lactoglobulinen 32-2100; Agarplatten-– v. wss. Eiweißlsg. 33-1680; Gewinn. v. Immunglobulin G durch kontinuierl. Ablenk.-– (immunelektrophoret. Reinh.-Prüf.) 33-1729; Anwend. d. Kombinat. eines Temp.-Gradienten mit d. Gel-– auf d. Analyse d. Kollagen-Gelatine-Übergangs 34-2044; elektrophoret. Unters. d. reversibel in Wechselwrkg. tretenden Syst. Dextransulfat-Carboxyhämoglobin (Verw. kombinierter Schlieren- u. Absorpt.-Optik) 35-1185; Best. d. Anordn. lysinhalt. trypt. Peptide v. Proteinen durch diagonale Papier-– 35-1544; Einfl. v. Harnstoff auf Histone bei d. Polyacrylamid-– 36-1986; – v. Hämoglobinen an Agargel 36-1994; Bedeut. d. Rheophorese für d. – v. Hämoglobin 36-1995; elektrophoret. Trenn. v. Peptiden an Stärkegel 36-2024; quant. Immuno-– 36-2030; Acrylamidgel-– v. Adenovirusproteinen 38-2041; Mikro-– d. Serumglykoproteide auf gelatinösem Celluloseacetat u. auf Cellulosepolyacetat 38-2132; elektrophoret. Analyse d. Proteine v. Gryllus campestris L. (Orthopteren, Grylliden) unter

Verw. v. Acrylamidgel 38-2133; Nachw. einer Präalbuminfrakt. im Blutserum mittels Papier- — u. Färb. mit Pikrinsäurelsg. 39-1482; Lumineszenz d. Proteinfrakt. d. Blutserums zur Kontrolle d. Papierelektrophorogramms 39-2058; Platten- — v. Proteinen d. Mohrenhirseendospermmehls in Polyacrylamid-Gel 40-1866; Acrylamidgel- — in einer einfachen Glaszelle zur verbesserten Auflsg. u. zum Vgl. v. Serumproteinen 40-1871; Auftrenn. v. Humanserum durch — in horizontalem Polyacrylamid 41-1180; automat. — d. Serumproteine im Saccharosegradienten (Vgl. mit d. — auf gelatiniertem Celluloseacetat) 41-1527; vergleichende Mikro- — verschiedener Seren auf mit Tween *60* imprägnierten Nitrocellulose-Membranen 42-1441; Auftrenn. v. Serumproteinen in verschiedenen Amphibien-Arten durch Polyacrylamidgel- — 42-1442; Charakterisier. u. Best. v. Proteinkomponenten mit Hilfe d. Dünnschicht-Stärkegel- — 42-1888; verbesserte App. zur vertikalen Polyacrylamidgel- — (Typisier. u. Subtypisier. v. Haptoglobinen) 42-1907; Scheiben- — -Meth. zur Identifizier. v. Fischsorten (Protein- —) 42-1955; Reinig. v. Proteinen im Großmaßstab durch elektrophoret. Verteil. 43-1100; elektrophoret. Best. d. Haptoglobinmenge im Blutserum 43-2068; Best. v. Serumhaptoglobin durch Papier- — 43-2069; Disc- — (Entfärben, Anfärben, Proteinrückgewinn.) 43-2097; Best. v. Hämoglobin A_2 durch Disc- — 44-1897; Nachw. proteingebundener Sulfhydrylgruppen nach Agargel- — 46-1913; papierelektrophoret. Trenn. d. Mucoide d. Perchlorsäurefiltrats 46-1917; hochspannungselektrophoret. Trenn. v. Aminosäuren u. Peptiden 47-2054; elektrophoret. Fraktionier. hitzedenaturierten Eukollagens 48-1294; Anwend. d. Hochspann.-Dünnschicht- — zur Trenn. v. Peptiden, Nucleotiden u. Proteinen 48-1917; Diagonal- — zur selektiven Reinig. v. Methionin-Peptiden 48-1928; Mikro- — v. Serumproteinen auf Nitrocellulose-Membranen 48-1937; Trenn. d. α-Ketten v. Kollagen durch „Freifluß"- — 48-1954; Nachw. v. Änder. v. Kuhmilcheiweiß beim Erhitzen durch Polyacrylamidgel- — 48-2934; Wechselwrkg. v. Proteinen während d. Gel- — 49/50-1980; hochauflösende Disc- — v. Histonen (verbesserte Meth.) 51/52-1965; (Anwend. auf frakt. u. unfrakt. Aufbereit. aus verschiedenen Labor.) 51/52-1966; Identifizier. v. Fischarten durch Agargel- — d. Proteine 51/52-2003.

Enzyme: Tiselius- — -Muster v. Cytochrom c 7-1199; Nachw. v. Enzymen nach elektrophoret. Trenn. an Polyacrylamidsäulchen 16-1413; Enzymtrenn. in d. vertikalen Stärkegel- — 20-1238; Reinig. u. elektrophoret. Verh. d. Zuckerrohr-Invertasen 20-1341; elektrophoret. Differenzen v. Galaktose-1-phosphat-Uridylyl-Transferase 24-1370; elektrophoret. Heterogenität d. Galaktosedehydrogenase aus Säugern 32-1338; — : d. Säugetier-Aldehyddehydrogenase 36-1276; v. Clostridiopeptidase B (Quelle v. Artefakten in Polyacrylamidgaben) 42-1224; Ribonucleinsäure-Fraktionier. durch D.-Gradientenzentrifugier. u. durch Agargel- — (ein Vgl.) 42-1873; Anwend. d. — u. Immun- — zur Unters. einiger Enzyme v. therapeut. Nutzen 44-1538.

Hormone: Trenn. v. Follikel-stimulierendem Hormon (FSH) u. Luteinisierendem Hormon (LH) aus menschl. Gonadotropin (HMG) nach d. Wechseljahren durch Elektrophorese 8-1440; Darst. v. jodiertem Insulin u. seine Auftrenn. durch D.-Gradienten- — 24-1227.

Lipoide: — d. Lipoid-Frakt. d. Humanserums auf Membranfolien 13-1944.

Andere biologische Systeme: elektrophoret. Beweglichk. menschl. Blutplättchen (Wrkg. v. Glaskontakt) 1-1428; elektrochem. Unters. einiger mittels Iontophorese verabreichten Arzneimittel 37-1831; neuere Meth. zur Trenn. v. biolog. Material (Elektrophorese) 23-2206.

Elektrophorese technischer Produkte

Elektrophoret. Emailauftragen 27-2513, 27-2514; Trenn. synthet. Farbstoffe in Futtermitteln durch zirkulare Papierchromatographie u. — 10-2055; Agargel- — zur Unters. biolog. Färb.-Mittel 22-2200; — als Auftragsverf. für Anstrichstoffe 6-2937; elektrophoret. Abscheid. v. Kautschuküberzügen auf Metall 14-2923; elektrophoret. Abscheid. v. Farben 32-2407; anod. Verh. bei d. elektrophoret. Abscheid. v. wasserlösl. Alkyl-Überzügen auf Al-Leg. 46-2675; Beseitig. v. Bakterien aus Lebensmittelrohstoffen durch — (elektrophoret. Beweglichk. gewisser Bakterienarten beeinflussende Faktoren) 16-3222; elektrophoret. Beweglichk. d. Milchfettkügelchen (Einfl. v. Verdünn.-Mitteln auf d. Beweglichk. u. d. Membranen d. Fettkügelchen) 19-3210; (Beobacht. in d. Zellenmitte u. Einfl. v. Viskosität, Feldstärke, Verdünn.-Mitteln u. pH-Wert) 34-3074; — bei d. Unters. synthet. Gerbstoffe 28-2159.

Bibliographie

Elektrophorese Lacke B 55; Papierelektrophorese [ungar.] B 53; Paper chromatography and electrophoresis. Vol. *1*: Electrophoresis in stabilizing media B 20; Electrophoresis: theory, methods, and applications. Vol. *2* B 58.

Elektrostriktion s. unter *Piezoelektrizität.*

Elektrotechnik

Elektronenröhren; *Elektronik*; *Elemente, galvanische*; *Entladungsröhren*; *Gleichrichter*; *Heizung*; *Kondensatoren*; *Rechenmaschinen (und Speicherelemente)*; *Sammler*; *Thermistoren*; *Widerstände* s. dort.

Siehe auch *Elektrizität*; *Leitfähigkeit, elektrische*; *Strahlung, elektromagnetische.*

Krist.-Chemie u. -Physik im Dienst d. — (Übersicht) 1-2096; Übersicht über d. Anwend. v. Radionukliden in d. — 10-2228.

Erzeugung, Regelung und Verstärkung elektrischer Spannungen und Ströme

Thermion. Konverter s. unter *Elektronenröhren.* Sonnenzellen s. unter *Sonnenenergie.*

Festkörperpotentiostat u. -amperostat 3-1921; Hochspann.-Impulsgenerator für negative Impulse v. kurzer Anstiegszeit u. hoher Folgefrequenz 6-1831; App. für potentiostat. Unters. 8-1793; Hochspann.-Quelle mit elektron. Trigger 13-1820; konst. Wechselstromquellen (Übersicht) 17-1989; direkte Energieumwandler zur Gewinn. elektr. Energie 18-2233; Anwend. d. Elemente d. Actinidenreihe in Leist.-Isotopengeneratoren zum Raketenantrieb u. Erzeug. v. elektr. Strom 21-2357; Herst.-Möglichk. für d. als Wärmequelle bei Leist.-Isotopengeneratoren Verw. findenden Elemente d. Actinidenreihe 21-2358; phasengesperrter Frequenzmultiplier 22-2002; Präzis.-Potentiostat für hohe Ströme 25-2043; Möglichk. d. Anwend. d. homogenen Durchschlags zur Spann.-Stabilisier. 26-0427; supraleitender parametr. Verstärker zur Mess. kleiner Gleichspann. 26-1941; schnell ansprechende Hochleist.-Potentiostaten für d. organ. Elektrochemie 27-2096; modifizierter Potentiostat für Analysen bei kontrolliertem Potential 28-1993; konst. Gleichstromquellen (Geräte mit selbststabilisierenden Bauelementen; elektron. geregelte Gleichstromspann.-Geräte; Konstanthalt. v. Gleichstromspann. mit Zenerdioden u. Transistoren) 31-2065; konst. Wechselstromquelle 31-2066; Wandumlenk.-Ström.-Verstärker mit verbesserter Empfindlichk. 35-1936; direkte Umwandl. v. γ-Strahl. in elektr. Energie 38-2367; Umwandl. therm. in elektr. Energie 39-2323*; Herst. v. Carbonylverb. unter gleichzeit. Erzeug. v. elektr. Energie durch Ox. (O_2) v. Olefinen in elektrochem. Reaktor 46-2302*; anod. Ox. v. Buten-(1) zu Methyläthylketon unter Erzeug. v. elektr. Energie 46-2308*.

Elektrotechnische Werkstoffe

Dielektrika; *Elektroden*; *Glühkathoden*; *Kabel* s. dort.

Ferroelektr., magnet., piezoelektr. u. thermoelektr. Werkstoffe s. unter *Ferroelektrizität*; *Magnetische Werkstoffe*; *Piezoelektrizität*; *Thermoelektrizität. Herstellung von Leitern, leitenden Überzügen und Verbindungen und dgl.* s. d. entsprechendenAbsatz unter *Leitfähigkeit, elektrische.*

Novomikaband-*200* (Kunstharzisolier. für Hochspann.-Maschinen) 1-2100; Keramiken für d. — (Übersicht) 2-2066; Gießharze für d. — (Übersicht) 2-2067; Verw. v. Epoxidharzen zur Isolier. v. Elektromotoren 2-2071; hochwert. Motorentränk. u. Lacküberzüge (Übersicht) 2-2073; Polyvinylcarbazol für Elektroformartikel 4-1810*; härtbare Epoxidharzgemische für den Einbau elektr. Bauteile 4-1819*; Perlit für d. Herst. v. Niederspann.-Elektroporzellanen 4-1896; Qualitätsprüf.-Meth. v. Hochspann.-Porzellanen 4-1897; Verw. v. Poly-n-butylmethacrylat für passive Nachrichtensatelliten 4-2308; harzart. Polyesterüberzugsmittel für elektr. Maschinen 4-2532*; hochreine Werkstoffe für d. moderne — (Übersicht) 6-2182; Kohle u. Graphit als Werkstoff für Lager u. Schleifbürsten (Übersicht) 7-2140; orientierend polarisiertes plast. Material für Potentiometer u. Gleichstromhochspann.-Quellen 7-2241*; Enstatitprod. (Elektrokeramik) auf d. Basis v. bulgar. Rohstoffen (Magnesit u. Quarzsand) 8-2229; Qualität d. Sulfatzellstoffs für elektrotechn. Papiere 9-3101; Klebstoffe für Fe-Kerne in d. — 10-2753*; wärmehärtbares Überzugsmittel aus Ca-Sulfat u. Epoxyharzen für elektr. App. 10-2971*; elektrophoret. Glimmerisolier. v. elektr. Leitern 14-2923; Anwend. v. Aminoplast-Preßmassen für Elektroapp. 17-2320; niederschles. Serpentin für d. Elektrokeramik 17-2383; dielektr. Eig. keram. elektrotechn. Erzeugnisse aus Korund 17-2387; Verw.: v. Epoxidharzen aus Dian in d. — 17-3148*; v. hitzehärtbaren Kunstmassen zur Herst. v. Batteriekästen 19-2972*; neue Isolier. für d. Ständerwickl. großer Hochspann.-Maschinen 21-2414; Erzeug. v. Al-Oxidschichten auf Bauelementen d. — 21-2420*; Eig. v. Glasfasern u. -geweben für d. Herst. v. Glasfaserschichten für d. — 25-2378; Einfl. d. Glasurdicke auf d. Festigk. v. Elektroporzellan 30-2260; Graphitier. v. Kohlefäden 34-2288*; Verw. kaltgewalzter Stähle für d. — 34-2386; Entw. auf d. Gebiet d. Elektroprozellans 35-2334; Verw.: v. Sonderkeramiken in d. — 38-2419; v. Metalloxiden in Form hohler Schalen in d. — 40-2064*; duroplast. Formstoffe als Isolierstoffe in d. — (Überblick) 40-2087; hochtemperaturfeste Werkstoffe für elektr. Maschinen 40-2088; neue Anwend.-Gebiete für reines Al_2O_3 in d. — 43-2326; neue Güteziffer für keram. Permanentwerkstoffe zur Anwend. in Gleichstrommotoren 43-2328; Verw. v. flammwidr. Polypropylen in d. — 43-2917*; Vernickel. v. Elektroporzellan mit Hydrazinsulfat 44-2120; Überblick über d. Verw. v. SiC in d. — 45-2459; Verw. d. keram. Stoffe in d. — (Fortschrittsbericht) 45-2461.

Kontakte, Schalter und dgl.

Gedruckte Schalt. s. unter *Elektronik.*

Herst. einer elektr. Verb. zwischen Kohle u. Metall 2-2080*; Leg. für elektr. Kontakte 2-2081*; Verbinden v. Ag-Hartlotblech u. Blech eines Kontaktwerkstoffs (Ag-CdO, Ag-SnO_2) 2-2082*; pulvermetallurg. Leg. für elektr. Kontakte (Au-Re) 2-2083*; innere Ox. v. Ag-Cd-Leg. für elektr. Kontakte 3-2302; Befestig.: v. metall. Leitern an porösen Anoden 8-2168*; v. elektr. Kontakten auf thermoelektr. Materialien 8-2215*; Einfl. v. Sulfidfilmen auf d. Oberflächeneig. v. elektron. Kontakten 10-2231; Herst.: v. stromdurchläss. Schichten auf Al (bei geringem Kontaktdruck) 10-2233*; v. rhodinierten Kontakten mit vermindertem Widerstand für Nachrichtengeräte 11-2210; eines elektr. Kontakts zwischen keram. u. metall. Bauteilen 11-2217*; Hg-resistente Pb-Glasrohre für Hg-Schalter 11-2228*; schweißsicherer Vakuumschalter zur Wechselstromunterbrech. 15-2320*; pulvermetallurg. Herst. v. elektr. Schleifkontakten aus schwerschmelzenden Metallsulfiden oder -seleniden 16-2236*; pulvermetallurg. Herst. v. metall. Schichtstoff für elektr. Kontakte 16-2238*; Herst. elektr. Kontakte an festen nichtmetall. Leitern 18-1829; Einfl. d. Wärmebehandl. auf d. elektr. Eig. d. elektrochem. erhaltenen Kontakte 19-2424; Verbesser. d. Sinterfähigk. d. Kontaktmaterials W, Mo oder W-Carbid 23-2444*; Beobacht. v. Metall–Halbleiter- u. Metall – Dielektrikum - Dünnschichtkontakten im Elektronenspiegel 25-0462; Anwend. v. Ga-Leg. in Fl.-Gleitkontakten 26-2329; Parameter d. Au-Verteil. bei d. Trommelvergold. v. elektr. Kontakten 26-2488; Anwend. v. Verbundwerkstoffen für elektr. Kontakte 29-2529; galvan. Überzüge aus Edelmetallen für elektr. Kontakte 34-2432; Verw. v. Ag-Cu-Au-Leg. für Kontakte 37-2434*; Herst. v. Werkstoffen aus Ag, Au u. Cu für elektr. Kontakte 37-2435*; Versagen d. elektr. Kontakts infolge Unvollständigk. d. Polymerisat. v. Epoxyharzen 38-2349; digitaler Vielzweck-Verzöger.-Zeitschalter 40-1700; Ag-Metalloxid-Verbundwerkstoffe für elektr. Kontakte 41-2446; Herst. oxiddisperser Ag-Cd-Körper für elektr. Kontakte 45-2633*; Eig. v. Edelmetallen u. Leg. für Kontakte in d. — 47-2223; Kontaktwerkstoff ohne Schweißneig. 49/50-2251; dispersionsgehärtete Ag-Leg. für elektr. Kontakte 51/52-2149.

Meßgeräte und -anordnungen

Anwend. für spezielle Zwecke s. unter d. entsprechenden Stichwörtern.

Siehe auch *Meß- und Regeltechnik.*

Festkörpermeßgerät für Ströme im Nanoampère-Bereich mit niedr. Eingangswiderstand 7-1868; Elektrometertechnik 9-1835; Effekt d. „Grundlinien-Wiedereinstell." auf d. Signal/Rausch-Verhältnis bei Impulsamplitudenmess. 22-2002; Umbau eines Vielkanalpotentiometerdruckers zu einem Einkanalschreiber 33-2091.

Bibliographie

Engineering manual; a practical reference of data and methods in architectural, chemical, civil, electrical, mechanical and nuclear engineering B 5.

β-Elemen s. unter $C_{15}H_{24}$.

Element 104, Chem. Eig. d. – 36-0714.

Element 114, Stabilität v. $^{298}114$ gegen Spalt. 21-0073.

Elementaranalyse

Best. v. einzelnen Elementen s. unter d. betreffenden Stoffen.

Kontinuierl. – d. Komponenten v. aus Chromatographiesäulen eluierten Gemischen 2-1812; Meth. d. modernen organ.-chem. Analytik 8-1907; Mikro-Carius-Bombenrohr-Meth. 11-1924; vereinfachte App. zur Verasch. biolog. Materials mit HNO_3-Dämpfen 11-1952; Warnsignal u. andere Verbesser. für automat. Elementaranalysatoren 14-1947; Unters. einiger grundlegender Rk. in d. organ. – 15-2032; organ. – (Schöniger-Meth.) 15-2040; jodgravimetr. Meth. in d. organ. – (Identifikat. d. Halogene bei ihrer quant. Best.) 16-1965; Automat. d. organ. Mikro-– 17-2058; Unters. zur Ultramikro- u. Spurenanalyse organ. Substanzen 17-2059; Submikrometh. für d. Analyse organ. Verb. (Malaprade-Rk.) 18-1990; Automat. in d. organ. Mikro-– 22-2112; zum Problem d. Automat. in d. Mikro-– 22-2113; quant. Mikroanalyse d. organogenen Hauptelemente 25-2086; Erfahr. auf d. Gebiet d. organ. Mikro-– 30-1985; organ. – im Mikrogrammbereich 30-1986; Ultramikro- u. Spurenanalyse organ. Stoffe 32-2008; Verbrenn. im geschlossenen Gefäß 35-2073; Vorr. zur Herst. v. Al-Schiffchen für d. Mikro-– 39-2019; – v. Haushaltsdetergentien 39-2119; automat. Mikroanalysator zur organ. – 51/52-1912.

C/H-Mikrobest. 7-1978; Entw. automat. Analysengeräte für C, H u. N 9-1840; weitere Meth. für d. Submikro-C–H–N-Analyse (Erhöh. d. Probenmenge, Verbrenn. v. Fl. u. hygroskop. Verb.) 14-1940; simultane Mikrobest. v. C, H u. S 14-1941; verbesserte Füll. für d. Coleman-C/H-Analysator 14-1942; Best. v. ^{14}C, Tritium oder ^{35}S nach Verbrenn. d. organ. Probe an einem Düsensyst. 15-2033; verbesserte Genauigk. d. Mikro-C/H-Meth. durch ein modifiziertes Verbrenn.- u. Absorpt.-Verf. 15-2035; automat. Meth. zur gleichzeit. Best. v. C, H u. N 15-2036; Anwend.-Bereich einer Schnellverbrenn.-App. mit elektr. Anzeige zur Best. v. C u. H 15-2037; C/H-Best. unter Verw. v. therm. zersetztem $KMnO_4$ als Verbrenn.-Katalysator u. Absorpt.-Mittel 17-2060; neue Variante zur Mikrobest. v. C u. H in fluororgan. Verb. 17-2061; gemeinsame Best. v. C, H u. F in organ. Verb. 17-2062; Mikrobest. v. C u. H in organ. Verb. durch konduktometr. Best. d. Verbrenn.-Prod. 18-1984; In-Hülsen für d. C- u. H-Mikrobest. 18-1985; gleichzeit. Mikrobest. v. C u. J in organ. Substanzen (neue Meth.) 18-1986; automat. Doppelrohrapp. zur Best. v. C, H, N, O u. Gerät zur selbsttät. volumetr. Mess. v. Gasen 21-2190; Schnellmeth. zur gleichzeit. Best. v. Gesamt-C u. d. ^{14}C in kleinen Probenmengen 23-2173; Verbrenn.-App. zur Mikrobest. v. C u. H in organ. Verb. 23-2175; Mikrometh. zur C- u. H-Best. in fluorierten organ. Substanzen 24-2057; Simultanbest. v. C, H u. N unter Verw. eines Analog-Digital-Umsetzers bei Wäg. u. Nachw. 25-2087; Vers. zur Automatisier. d. gravimetr. C/H-Best. 26-2073; Mikro- u. Ultramikrobest. v. C, H u. N in organ. Verb. über d. Wärmeleitfähigk. 26-2074; Mikrobest. v. C u. H in hochchlorierten u. -bromierten organ. Verb. 31-2126; C/H-Best. in Hochpolymeren u. organ. Verb. mit Heteroatomen 31-2127; Best. v. organ. H als H_2SO_4 32-2005; Schnellverf. zur jodometr. Best. d. H-Geh. organ. Verb. 32-2006; Verf. zur Best. kleiner Mengen CO_2 34-1993; ^{14}C-Best. in organ. Verb. bei trockener Verbrenn. 37-2146; neuer Verbrenn.-Kolben zur ^3H- u. ^{14}C-Best. 43-2006; Best. d. C-, H-, S- u. P-Geh. organ. Verb. aus einer Einwaage 43-2010; neues Verf. zur Mikrobest. v. C u. H in organ. Substanzen 48-1872; modifizierte Mikroverbrenn.-Meth. zur Best. v. T in organ. Material 48-1873; maßanalyt. Mikrobest. d. C in organ. Verb. nach Verbrenn. im sauerstoffgefüllten Kolben 49/50-1938; Mikro- u. Ultramikroanalysen v. Elementen (C, H, N), Spurenmetallen, Kohlehydraten u. Aminosäuren 49/50-1939; analyt. Meth. zur „Simultan"-Best. v. D u. T 51/52-1853; Mikrobest. v. C u. H unter Verw. v. N_2 als Transportgas 51/52-1914; Best. v. C u. H in organ. Substanzen 51/52-1915; Verw. v. Ar als Trägergas bei d. Mikrobest. v. O in organ. Verb. 17-2064; Mikrobest. v. organ. O durch opt. Integrat. d. freigesetzten J in d. Gas-Phase 18-1988; Mikro- u. Ultramikrobest. v. O in organ. Verb. mit Hilfe eines Wärmeleitfähigk.-Detektors 26-2075; Beobacht. zur Mikrobest. v. O in organ. Materialien 30-1987; Best. d. gesamten organ. N in verd. wss. Lsg. 5-1956; Schnellbest. v. N nach d. Dumas-Meth. 14-1943; Auswert. einer Mikrometh. zur N-Best. nach Dumas 14-1944; Best. v. N in organ. Verb. durch Verbrenn. in O (Beseitig. d. durch Absorpt. v. N-Oxiden in CuO verursachten Fehler) 14-1945; verbesserte Verbrenn.-Meth. zur Mikrobest. v. N in organ. Verb. mit einem Analysenautomaten 15-2038; Mikroanalyse v. N in Explosivstoffen 15-2153; N-Analyse mit einem kontinuierl. Zers.-Syst. 16-1962; N-Best. nach Zers. organ. Substanzen durch metall. K 17-2063; Dezimilligrammbest. v. organ. N durch Verbrenn. in verschlossenen Rohren 23-2177; Best. v. N nach Kjeldahl ohne NH_3-Dest. mit Hilfe v. Na-Tetraphenylborat 38-2096; Bldg. v. N-Oxiden bei d. Verbrenn. organ. Substanzen 38-2097; N-Best. nach Kjeldahl in Benzhydroxamsäure 39-2037; Best.: v. μg-Mengen N in Pflanzen durch Verw. v. Ionenaustauschpapier 39-2046; v. Dezimilligrammen organ. N durch Verbrenn. im abgeschmolzenen Rohr 43-2007; v. organ. gebundenem N u. P mit einfachem $HClO_4$-Aufschluß 43-2008; Autored. v. N-Oxiden bei d. organ. Mikro-– 47-1995; Modifikat. d. Mikrobest. v. N nach Unterzaucher 47-1997.

Modifizierte Mikrobest. v. SO_4^{2-} (Anwend. auf d. Verbrenn. v. organ. S im Kolben) 4-1649; Mikrobest. v. S in organ. Verb. 14-1946; Gesamt-S-Best. in biolog. Material durch Sulfatfäll. mit $^{139}Ba^{2+}$ 16-1964; Mikrobest. v. S u. Halogenen in nichtflücht. Substanzen in Lsg. nach d. Schöniger-Meth. 30-1988; Ultramikrobest. v. S in organ. Substanzen 32-2010; S-Mikrobest. nach Schöniger mit verkleinerter Einwaage 32-2011; Best. v. ^{35}S in organ. Verb. durch Aktivitätsmess. in d. Gasphase als H_2S 32-2012; titrimetr. Best. v. S u. Halogen in organ. Verb. 33-2254; Meth. zur Mikrobest. v. S in organ. Verb. 41-2084; S-Best. mit d. O-Kolben (Submikrometh.) 44-1847; Modifikat. d. Mikrobest. v. S nach Schöniger 47-1998; S-Best. nach Schöniger im Dezimilligrammbereich 47-1999; Leist.-Fähigk. d. Meth. d. Verbrenn. im O-gefüllten Kolben bei d. Halogenbest. in organ. Substanzen 6-1929; verbesserte C- u. F-Best. in hochfluorierten Substanzen 8-1908; Anwend. d. Mikrobombe nach Parr zur gleichzeit. Best. v. organ. Br u. J 10-1959; Bi als Absorpt.-Mittel für Halogene bei d. gemeinsamen Mikrobest. v. C, H u. Halogenen 15-2039; Best. v. F in organ. Substanzen im Mikro- u. Halbmikromaßstab 15-2041; Wickbold-Verbrenn. u. spektrophotometr. Analyse für Spurenmengen organ. Chloride in viskosen Polybuten-Polymeren 15-2117; Cl-Best. nach Verbrenn. in heißen Kolben 18-1987; Mikroschnellbest. v. J in organ. Substanzen 22-2114; Best. v. Cl in organ. Verb. 26-2076; Anwend. d. Verbrenn.-Meth. im O-Kolben auf d. Best. v. Cl u. S in Spurenmengen in organ. Verb. 30-1989; Verw. d. O-Kolbens bei d. Mikrobest. v. Cl u. Br in hochhalogenierten organ. Verb. 32-2007; quant. Best. v. S, Halogenen u. N in organ. Stoffen in Ggw. akt. Metalle (Ti-Pulver) 35-2104; spektralphotometr. Best. v. organ. gebundenem J unter Verw. v. Cu(II) 36-1961; Tüpfelprobe zum Nachw. v. J in organ. Verb. 43-2009; Elementaranalyse instabiler organ. P(III)-, As(III)-, Sb(III)-Verb. 6-1930; Best. v. P u. Ti in elementorgan. Verb. 22-2115; quant. Ox. organ. B-Verb. bei d. – 23-2176; Best. v. P in organ. Verb. (Titrat. mit Pb-Nitrat) 48-1874.

Bibl.: Chemische Elementaranalyse mit kleinsten Proben B 61; Rechentafeln zur chemischen Elementaranalyse B 93.

Elementarteilchen

Spezielle – s. unter d. entsprechenden Stichwörtern.

Meth. zur Mess. d. Stromdichte bei Strahlen geladener – 7-1863; unelast. Streuung v. Spin-*1/2*-Teilchen in d. Austern-Blair-Theorie 26-0003.

Bibl.: Elementarteilchen und Beschleuniger B 18; Abriß einer Theorie der Atomkerne, Elemente und Elementarteilchen. Teil *2*: Strukturtheorie der Elementarteilchen B 26.

Russ.: Elementarteilchen und kosmische Strahlen. (Mitteilungssammlung) B 49; Lehrbuch zur Theorie der unitaren Symmetrie der Elementarteilchen B 49.

Progress in elementary particle and cosmic ray physics. Vol. *9* B 18; Symmetry principles and fundamental particles B 26; High energy collisions of elementary particles B 33; Elementary particle physics B 42; Proceedings of the Heidelberg international conference on elementary particles, held at Heidelberg, *1967* B 73; Symmetry principles and fundamental particles B 73; Particle interactions at high energies B 74; Nuclear physics and the fundamental particles B 74.

Particules fondamentales. Colloque de la Société française de physique, Dijon, *1966* B 9.

Elemente, chemische

Häufigkeit v. –: in Sternmaterialien s. unter *Astrophysik*; auf d. Erde s. unter *Geologie*. – in Bezieh. zu ihrer Stell. im *Periodensystem* s. dort. Radioakt. – s. unter *Radioaktivität*; *Strahlung*.

Chemie d. selteneren Elemente 4-0507, 4-0598, 14-0717, 17-0136, 19-0848, 21-0822, 26-0762; typ. Elemente (Übersicht) 36-0663; Chemie d. selteneren Elemente 40-0616, 43-0594, 44-0435, 45-0684.

Isotopieeffekte in d. Spektren schwerer – (Übersicht) 28-0063; Meth. d. Impulsanalyse bei leichten – 21-0102; H-ähnl. Wellenfunkt. für schwere Atome u. Ionen Z = *10 – 102* 5-0098; Bedeut. d. Bldg. stabiler Elektronenkonfig. für d. Eig. d. – u. Verb. 5-0164; asymptot. Oszillatorstärken für Atome mit großem Z (Oszillatorstärken v. Linien d. isoelektron. He- u. Li-Reihen) 13-0100; Thermochemie u. Struktur d. inneren Elektronenschalen d. – 27-0592; Polymorphie d. – 29-0155.

Wechselwrkg. d. Elemente d. Periodensyst. 7-0497; Verh. schwerer – bei d. Amalgambldg. 29-0833.

Chem. Analysenexperiment für Surveyors Mondaufgabe –-Best. aus d. Energiespektrum elast. gestreuter α-Teilchen 5-0777; Meth. zur Fl.-Analyse mit erhöhter Empfindlichk. für leichte – 37-2068; röntgenspektrograph. Analyse d. leichten – in Ferrotitan-Erzen u. Rückständen stark variierender Zus. 37-2068.

Bibl.: Radiochemisches Lexikon der Elemente und ihrer Isotope. Wichtige Eigenschaften und Anwendungen B 89; Seltene alkalische Elemente (Mitteilungssammlung) [russ.] B 82; Atoms and elements: a study of theories of matter in England in the nineteenth century B 9; Thermophysical properties of high temperature solid materials. Vol. *1*: Elements B 10; The chemical elements B 10; Handbook of the elements B 33; Elements, compounds and mixtures B 73; Handbook of the physico-chemical properties of the elements B 73.

Elemente, galvanische

Lokalelemente bei d. *Korrosion* s. dort; *Sammler* s. dort; s. auch *Potentiale*.

EMK v. – mit lose geschütteten u. heterogenen Sulfo-Kationenaustauschermembranen u. Lsg. v. $CaCl_2$ u. $MgCl_2$ 2-0583; elektrochem. Kinetik fester Elektrolyte 7-0603; Entw. an – 8-2189; experimentelle – aus einem Metall (Pb oder Ag) u. einem Nichtmetall (Jod) 12-0582; – mit festen Elektrolyten zum Studium d. Thermodynamik v. Oxidsyst. 14-0507; Tieftemp.-Batteriesyst. mit einem HF/N_2O_4-Gemisch 14-0599; Einfl.: konst. Magnetfelder auf d. Strom-Spann.-Verh. elektrochem. Zellen 16-0621; eines Diaphragmas auf d. EMK galvan. Hochtemp.-Konz.-Elemente 16-2276; Bibl. über d. Verw. v. Propylencarbonat in Hochleist.-Batterien 25-0617; galvan. Br-Elemente 26-0640; experimentelle Unters. d. Gleichricht. v. elektr. Strom durch ein fl. elektrochem. Syst. mit Trenn. durch eine poröse Membran 26-0642; auf Lad.-Übertrag.-Komplexen basierende elektrochem. Feststoffzellen 26-0644; Begrenz. d. Arbeitstemp. v. galvan. O_2-Meßzellen mit ThO_2- u. ZrO_2-Festelektrolyten 26-0647; Herst. sek. u. prim. Batterien erhöhter Energiedichte 32-2308; EMK thermogalvan. –: mit geschmolzenem $CdCl_2$ u. $SnCl_2$ 35-0519; mit einer Ionenaustauschmembran, d. ein- u. zweifach geladene Gegenionen enthält 37-0599; Umwandl. v. Gammastrahl. in elektr. Energie mittels eines – 38-2367; Berechn. d. EMK-Werte d. reversiblen galvan. Zelle PoO_2/O_2 44-0516; Analyse v. Entladekurven v. LeClanché-Trocken-– 44-2141; Trockenbatterie-Syst. (Übersicht) 47-2242; Bezieh. zwischen Le-Clanche-Trocken-– u. d. Zus. u. Geometrie d. Kathode 47-2243; Erzeug. u. Beseitig. v. H_2 in gasdichten Primärbatterien 49/50-0446; Stoffübertrag. im festen Elektrolyten v. bei thermodynam. Unters. benutzten – 51/52-0419; elektrochem. Energiequelle in nichtwss. Lsg. 51/52-2165.

Trocken-–: mit Cu bzw. Bronze als Bodenendkontakt 2-2093*; mit $ZnCl_2$-Elektrolyten 2-2094*; Batterie aus galvan. Primär elementen 4-1847*; —: mit Mg-Anode 7-2233*; mit Mg-Anode u. Fluoriden im Elektrolyten 7-2234*; — mit Anode aus Mg-Leg. (Leg.-Zusätze: Al, Cd, Hg, Mn, Pb, Zn) 7-2236*; mit einer Anode aus Metall u. einer Kathode aus Glas 22-2394*; aufladbares — mit z. T. fl. Zn–Hg-Elektrode 22-2395*; Seewasser-— mit einer Lsg.-Elektrode aus Al-Leg. 23-2459*; einige Zellsyst. für mit H-aktivierte Batterien (mit Al) 28-0612; Herst. v. Primär-— mit MnO_2-Depolarisator 28-2331*; Primär-— mit Lsg.-Elektrode aus Mg 28-2332*; Herst. eines — mit Ag_2O-Kathode u. Zn-Anode 45-2409*; Al-Trockenzelle (Le-Clanche) 51/52-2162.

Struktur u. Stöchiometrie v. Nickelhydroxiden in positiven Nickelsinterelektroden 5-0615; Hochleist.-Batterieelektroden 5-0616; Ruß als Bestandteil d. Depolarisat.-Gemisches v. Le-Clanche-Trockenzellen 6-0628; Herst. v. Edelmetallüberzügen auf AgCl-Elektroden für prim. — 15-2306*; Verh. v. Mg-— in H_2SiF_6 16-2278; Gewinn. v. MnO_2 für Trockenbatterien 17-2354; chronopotentiometr. Unters. v. Depolarisatoren in Nitratschmelze 25-0633; mechan. aktiviertes β-MnO_2 als Depolarisator 26-0648; Abschmelzverh. v. legierungsumhüllten Elektroden mit hohem metall. Ausbringen 27-2631; wasserfreier Elektrolyt für Primär-— 31-2398*; Herst. v. 5.5′-Sulfonyl-bis-[benzofurazan] für Trockenbatterien 35-2319*; poröser Scheider aus Kunststoff für — 37-2448*; schützen d. positiven Elektrode im Hg-Oxid-— mit Copolymeren 38-2370*; Verw. eines stabilen NH_3-Komplexes als Depolarisator 42-2129*; Verw. v. $Th_{0,6}Y_{0,2}O_{1,9}$ als Festelektrolyt in galvan. O_2-Meßzellen 45-0562; Feststoffbatterie mit Ca-stabilisiertem Zr-Elektrolyten für Hochtemp.-Zwecke 48-2167; Metalloxide in Batterien 51/52-0418; kathod. Verh. v. PbO_2 in — mit H_2SiF_6 51/52-2161.

Entw.-Stand d. Brennstoff-— (Übersicht) 1-2106; Leitfähigk. v. Brennstoff-—-Elektrolytlsg. mit Cs_2CO_3 u. CsF 1-2107; Unters. v. KW-Stoff/Brennstoff-—-Anoden mit d. potentiodynam. multipulse-Meth. (Verh. v. gesätt. KW-Stoffen an leitenden porösen Teflonelektroden in Phosphorsäureelektrolyten) 4-0505; elektrochem. Energieumwandl. in Brennstoff-— 4-1840; experimentelle Meth. d. Brennstoff-—-Forsch. (metallograph. Querschnitte für mkr. Unters. v. Ionenaustauschermembranen) 4-1841; H_2/O_2-Brennstoffzellen mit kryogener Versorg. 4-1843; pulvermetallurg. Erkenntnisse bei d. Herst. v. Brennstoff-—-Elektroden 6-2186; Brennstoff-— (Übersicht) 6-2199; Übersicht über ausgegebene US-Patente über Brennstoff-— (v. *1860* bis *1947*) 6-2200; (v. *1947*–*1962*) 6-2201; (v. *1963*–*1964*) 6-2202; Vers. an einer Amalgam-O-Brennstoffzelle zur Energieeinspar. bei d. Cl-Alkali-Elektrolyse 6-2204; Kinetik u. irreversible Thermodynamik v. Batterien u. Brennstoffzellen 8-0555; Leist. überfluteter poröser Brennstoff-—-Elektroden 10-0577; elektrochem. Brennstoffzellen 16-0622; opt. u. elektronenmkr. Unters. über d. Struktur dünner Brennstoffzellen-Elektroden 16-0623; Unters. v. KW-Stoff-Brennstoffelementanoden mit d. potentiodynam. Vielfachimpulsmeth. (Verh. v. Äthan an leitenden porösen Teflonelektroden) 16-0942; Unters. v. Brennstoff-—-Syst. $NaHg_x$–O_2 16-2277; Betrieb v. Brennstoffzellen mit Düsentreibstoff 17-2355; experimentelle Meth. d. Brennstoff-—-Forsch. (Kapazitätsmess.) 18-0597; innerer Widerstand v. Ionenaustauschermembran-Brennstoffzellen 18-2232; Wrkg. d. Entlad. mit großen Impulsen auf Brennstoff-—-Elektroden 21-2438; Technologie v. Brennstoffzellen bei Anwend. fl. Brennstoffe 21-2440; H_2/O_2- u. CO/O_2-Brennstoffzellen (Übersicht) 22-0622; Thermodynamik d. anod. Ox. v. Methan in Hochtemp.-Brennstoff-— mit festem Elektrolyten 22-0623; Leist. v. Brennstoff-— als Funkt. d. Katalysatoroberfläche 23-0682; elektrochem. Energieumwandl. in Brennstoffzellen (Überblick) 23-2453; Einfl. v. anod. Ox. u. Molekularstruktur auf d. Aktivität gesätt. normaler KW-Stoffe in Brennstoffzellen 26-0645; Mechanismus u. Kinetik d. strombildenden Prozesse d. elektrochem. Verbrenn. v. Gasen (diffusionselektrochem. Kinetik) 26-0656; Ox. v. H an Pd-Folie in Brennstoffzellen 26-2325; Einfl. d. Druckes auf d. Leist. v. H_2/O_2-Brennstoffzellen 27-0692; Wrkg.-Grad v. Festelektrolyt-Brennstoffzellen 27-0693; Mechanismus d. Strombldg. in d. Einzelpore eines elektrochem. Brennstoff-— 28-0615; Entsteh. v. Ox.-— auf Kohlekörnchen in Elektrolytlsg. im äußeren elektr. Feld (Anwend. v. KOH- u. H_2SO_4-Lsg.) 30-2248; Hochtemp.-Brennstoffzellen 33-2478; Brennstoffzelle mit Anwend. d. Mn-Redox-Rk. 36-2270; Brennstoff-— auf d. Grundlage d. elektrochem. H-Verbrenn. 38-2366; an Kohlekörnern in Elektrolytlsg. in einem äußeren elektr. Feld gebildete Brennstoffzellen 39-2320, 39-2321; Aufbau eines Brennstoff-— zur Verw. v. CO 40-2102; Hochtemp.-Brennstoffzellen für d. Verw. bill. konventioneller Brennstoffe 42-2135; Einfl. v. heißen Cs_2CO_3-Lsg. auf d. Bestandteile einer Brennstoffzelle 44-2143; mit wasserlösl. organ. Brennstoffen betriebene Tieftemp.-Brennstoffzelle 44-2144; luftbetriebene Brennstoffzelle mit H_3PO_4 als Elektrolyt 45-2408; Verw. v. CO in Brennstoff-— (Leist. in Abhängigk. v, Temp. u. Elektrolyt) 46-2121.

Verminder. d. Polarisat. an einer Gasdiffus.-Elektrode in einem Brennstoff-— 1-2109*; Brennstoff-— (Katalysator im Elektrolyten dispergiert) 4-1851*; (*1* Elektrode aus Si-Verb.) 4-1852*; (geschmolzene Karbonate als Elektrolyt) 4-1853*; (Hydrazin) 7-2231*; (KW-Stoffe an Ni gekrackt) 7-2232*; (mit Au-bedampfte Kunststoff-Folien als Elektroden) 8-2198*; (mit ZrO_2 als Elektrolyt) 8-2199*; (mit Graphitelektrode) 8-2200*; (Ta–Ru-Katalysator auf A-Kohle) 8-2203*; (H aus katalyt. zersetzten organ. Verb.) 8-2204*; (O-Elektrode aus Ni–Li-Oxid) 8-2205*; (Chloride, Carbonate, Oxide oder Hydroxide als Elektrolyt) 8-2206*; (Elektrode aus Pd-Leg.) 8-2207*; Mehrzellenbrennstoff-— mit Festelektrolyt u. Bipolarelektroden 8-2208*; Herst. v. Methanol–Luft-Brennstoffzellen 12-2219; Brennstoff-— mit Membran aus anorgan. Ionenaustauscher 12-2225*; Unters. d. Mitteltemp.-Brennstoff-— mit H_2 bzw. C_3H_8–O_2 u. Zr-Phosphat-Elektrolytscheiben 13-2210; Brennstoff-—: mit O_2-Elektrode aus porösem Ag u. Brennstoffelektrode aus Ni 31-2402*; mit Anwend. d. Syst. $Fe(CN)_6^{4-}$–$Fe(CN)_6^{3-}$ 43-2350; mit H_2-Elektrode 46-2126*; mit Feststoffelektrolyten 46-2127*; Betrieb eines Brennstoff-— mit O-Elektrode 48-2172*; Versorg. eines Brennstoff-— mit H_2 durch NH_3-Spalt. 48-2173*; Brennstoff-— mit Rk. außerhalb d. Elektrolytraumes 51/52-2172*.

Neue Luftelektrode für Brennstoffzellen 1-0597; Elektrode für Brennstoff-— (Raney-Katalysator) 2-2084*; (aus Polytetrafluoräthylen) 4-1854*; Herst. einer porösen Elektrode für Brennstoff-— 5-2230*; poröse Stoffe als Elektroden in Brennstoffzellen 6-2198; Herst.: v. porösen Elektroden für Brennstoff-— 7-2223*, 7-2227*; v. Brennstoff-—-Elektroden 7-2228*; (Koks) 7-2229*; v. Brennstoff-—-Elektroden 7-2230*; Kohleelektroden für Brennstoffzellen (aus Cellulosepulver) 8-2190; poröse gesinterte Ag-Elektroden für O-depolarisierte Brennstoffzellen 8-2191; Herst. v. Brennstoff-—-Elektroden (Pd auf MgO, Al_2O_3 oder ZrO_2) 8-2201*; Katalysator für Brennstoff-—-Elektroden 8-2202*; Brennstoff-—-Elektroden (Edelmetalloxide u. feuerfeste Stoffe) 8-2209*; Herst. v. porösen Brennstoff-—-Elektroden (Oberfläche weniger porös) 8-2210*; Brennstoff-—-Elektrode aus C 8-2211*; Herst.: v. Brennstoff-—-Elektroden (mit *2* Schichten verschiedener Porosität, C-Träger) 8-2212*; v. Brennstoff-—-Elektroden (Ni, V oder Mo auf Pt) 8-2213*; (Katalysatoren auf A-Kohle) 8-2214*; (O/Ag-Pulver-Elektrode) 12-2183; Gasdiffus.-Elektrode für Brennstoffzellen aus hochschmelzenden Oxiden u. Metallüberzug 12-2192*; Membran für Brennstoff-— 12-2226*; gesinterte Brennstoffelektrode mit Ni-Skelett 15-2312*; mit Schwermetalloxid getränkte Elektrode für Brennstoff-— 15-2313*; Elektrolyt für Brennstoff-— 15-2314*; platinierte Ni-Elektrode für Brennstoff-— 15-2315*; Katalysator für Brennstoffzellen-Elektroden 16-2246*; Stahl-Kathode für Brennstoffzellen 17-2359*; Katalysatoren für Brennstoff-—-Elektroden (Aktivkohleelektroden für O_2 im alkal. Elektrolyten) 18-0596; (Einfl. d. Korngröße d. Ni-Katalysators auf seine Oberfläche u. auf d. elektrochem. Aktivität d. H_2-Elektroden) 19-0664; Herst.: v. Elektroden für Brennzellen 21-2421*; v. Brennstoff-—-Elektroden (Wasserstoff-Pulverelektrode) 21-2439; feuerfestes Material für gasundurchläss. Körper für Brennstoffelemente 24-2316*; Festigk. u. Porosität v. Ni-Sinterpreßlingen für Brennzellen-Elektroden 25-2533; Pufferelektrolyte für Brennstoff-— 26-0646; Anodencharakteristiken v. doppelt aktivierten Ni-Plattenelektroden in Methanol-Brennstoffzellen 29-0694; feste Elektrolytschicht für Brennstoff-— auf NaCl-Trägerschicht 31-2403*; fl. Elektrolyt für Brennstoff-— mit CH_3OH 31-2404*; Elektrode für Brennstoff-— 32-2315*; Verh. verschiedener Werkstoffe für H- u. O-Elektroden v. Brennstoffzellen 39-2321; O-Diffus.-Elektrode für Brennstoff-— aus Polyäthylen u. Aktivkohle 39-2324*; Katalysatoren für Brennstoffzellenelektroden (Best. d. Grenzgeschw. d. H_2-Adsorpt. an Pt-Katalysatoren mit Hilfe d. Syst. zweier Suspens.-Elektroden) 44-0519; katalyt. Membran für Brennstoff-— mit H-liefernden Verb. 46-2124*; mit Elektrolyt getränkte Elektrode für Brennstoff-— 46-2125*; Elektrolytkatalysatoren für H/CO-Brennstoffelement-Anoden (Pt–Rh- u. Pt–Ir-Syst.) 48-2168; Herst. einer oxydationsunempfindl. Katalysatorelektrode für Brennstoff-— 48-2175*; Verw. v. Raney-Ni in galvan. Brennstoffzellen 51/52-2168; Herst. v. Elektroden für — mit alkal. Elektrolyten 51/52-2171*.

H aus fl. KW-Stoffen für Brennstoff-— 8-2121.

Entfern. d. Rk.-W. aus Brennstoff-— 22-2392*, 22-2393*.

Best. v. Tl in Batteriepulvern (photometr.) 1-1816; Gerät zur kontinuierl. Mess. d. inneren Widerstandes v. Voltazellen während d. Entlad. 12-1793; Identifizier. d. Red.-Prod. v. MnO_2 in d. galvan. Zelle durch Best. d. magnet. Suszeptibilität 19-2390; Best. einiger Depolarisatoren in HNO_3 45-2004; Mess. d. O_2-Aktivität in Fe-, Fe/Si-, Mn- u. Fe/Mn-Schmelzen in galvan. Zellen mit Festelektrolyten 49/50-0447.

Bibl.: Fuel cells: theory and application B 34.

Elemicin s. unter $C_{12}H_{16}O_3$.
Elemol s. unter $C_{15}H_{26}O$.
Elenin s. unter *Proteine, Spezielle Proteine.*
Eleosaccharum anaestheticum, Best. d. Phenacetin- u. Norcaingeh. in — 8-1656.
Eleparon, Wrkg. in Kombinat. mit β-Pyridincarbonsäure-2-diäthylaminoäthylesterhydrogentartrat auf d. Fibrinolyse 51/52-1510.
Eleutherin s. unter $C_{16}H_{16}O_4$.
Eleutherosid A, Isolier. aus d. Wurzeln v. Eleutherococcus senticoccus 37-1195.
Eleutherosid B (F. 182°), Isolier. aus d. Wurzeln v. Eleutherococcus senticoccus 37-1195.
Eleutherosid D, Isolier. aus d. Wurzeln v. Eleutherococcus senticoccus 37-1195.
Eleutherosid E (F. 235°), Isolier. aus d. Wurzeln v. Eleutherococcus senticoccus 37-1195.
Eleutherosid G, Isolier. aus d. Wurzeln v. Eleutherococcus senticoccus 37-1195.
Eleutherosid V, Isolier. aus d. Wurzeln v. Eleutherococcus senticoccus 37-1195.
ELF-O s. unter *Ruß*.
ELF 8 s. unter *Ruß*.
Elgilloy s. unter *Kobaltlegierungen* (*Sondermarken*).
Eliminierung s. unter *Eliminierungsreaktionen*.
Eliminierungsreaktionen

Decarbonylierung u. Decarboxylierung s. unter *Dissoziationsreaktionen*; Entalkylierung s. *Desalkylierung*; Entzug von H-Atomen durch Radikale s. unter *Radikale*.

Kontakt-— (Mechanismus) 2-0903; —-Addit. 2-0906 bis 2-0909; Blockier. d. β-— durch Fluorsubstitut. 2-0921; neue Dehydrazinier.-Rk. 3-0972, 3-0973; Diaryltelluride als Dehalogenier.-Agentien 12-0938; nukleophile — (elektrophile Katalyse) 15-0979 bis 15-0981; olefinbildende — (Taft-Bezieh.) 15-0984; — durch Trimethylammoniummethylid 15-1040; — 18-0993; —-Addit. 23-1023, 23-1024; — 25-1049, 25-1050; β-— (Carbanionenmechanismus) 25-1052; Methylier.-Abbau nach Hofmann (Übersicht) 28-0960; — (Aktivier.-Vol.) 28-0980; Edman-Abbau (Kinetik u. Mechanismus) 28-0981; Kontakt-— (Mechanismus) 30-0948; Elektroneneffekte bei — 31-1050; — (Isotopeneffekte) 32-1002; trans-— bei d. Tschugajeff-Rk. 32-1039; N_2-— unter d. Einfl. v. Lewis-Säuren 33-1216; — 36-1026; (σ–π-Wechselwrkg. mit nachfolgender Stereoselekt.) 43-0815; — u. nucleophiler Austausch an einem tert. C-Atom (Einfl. anchimerer Effekte) 43-0940; durch Radikale induzierte ε-— 47-1035; Kontakt-— (Mechanismus) 48-1105; basenkatalysierte β-— in wss. Lsg. 51/52-0904.

Katalyt. Wrkg.: v. Al-Oxiden als Dehydratisier.-Katalysatoren 3-0665; v. SiO_2, γ-Al_2O_3, ThO_2 u. SiO_2 mit Al_2O_3 auf d. Dehydratisier. 3-0666; v. Li_2SO_4 auf d. Kontakt-— 5-0959; v. radioakt. Katalysatoren bei d. Dehydratat. 6-0682; v. Al_2O_3-Modifikat. bei d. Dehydratat. 8-0636; v. γ-Al_2O_3 auf d. Dehydratisier. (Einfl. v. Na-Ionen-Verunreinig.) 19-1070; v. Al_2O_3-Katalysatoren auf d. Dehydratisier. 19-1072; (Oberflächenacidität u. dehydratisierende Eig.) 21-0763; v. Metalloxiden u. Aktivkohle auf d. Dehydrohalogenier. 21-1041; v. Oxidkatalysatoren auf d. Dehydratisier. (Bezieh. zwischen Acidität u. Aktivität) 33-0814; v. Y_2O_3 bei d. Dehydratisier. (Einfl. v. Bestrahl. mit langsamen Neutronen auf d. Selektivität) 33-0815; v. Mo-Erz bei d. Dehydratisier. 33-0817; v. Nd_2O_3–TiO_2-Katalysatoren bei d. Dehydratisier. 34-0784; v. Al_2O_3-Modifikat. auf d. Dehydratisier. 36-0649; v. Ho_2O_3 bei d. Dehydrier. 36-0651; v. festen

Säuren u. Basen auf d. HCl-Abspalt. in chloriertem Äthan 37-1032; v. Al_2O_3-Katalysatoren auf d. Dehydratisier. 37-1033; v. stark sauren Kationenaustauscherharzen als Dehydratisier.-Katalysatoren 38-2600; v. reinem u. dotiertem Silberchlorid auf d. Dehydrochlorier. 39-0935; v. Al_2O_3 auf d. Dehydratisier. (Thermodesorpt. v. Oberflächenverb.) 40-0837; v. ThO_2-, SiO_2–Al_2O_3- u. SiO_2–H_3PO_3-Katalysatoren auf d. Dehydratisier. 41-0988; v. Kieselsäure-Hydrogel auf d. Dehydratisier. 45-0643; einer ionenaustauschenden Erionit-Form bei Dehydratat.-Rk. 46-2036; v. γ-Al_2O_3 bei d. Dehydratisier. 47-0605.

Dehalogenier.: v. 2-Halogenphenylanionen 8-0930; Dechlorier. v. DDT durch Aerobacter aerogenes 8-1360; Dejodier. ^{131}J-markierter Substanzen d. Blutserums 23-1612, 23-1613; Enthalogenier. organ. Verb. mit Na-Tellurid 24-1109; Dechlorier. v. substituierten 2- u. 4-Chlorchinolinen (Kinetik) 25-1051; – v. Br u. HBr aus 1.2-Dibromcycloalkanen 29-1016; reduktive Defluorier. v. Perfluoraminen u. -iminen 40-0904; Debromier. v. α-Bromacylureiden in vivo 43-1598, 43-1599; Dehalogenier. unter Einw. v. sauren Katalysatoren 47-1236; radikalinduzierte Dejodier. v. Aryljodiden 48-1104.

Dehydrohalogenier.: katalyt. Dehydrochlorier. v. 1.2-Dichloräthan auf akt. C 5-0922; –: v. Halogenwasserstoff aus sek. u. tert. Bromalkanen durch 1.8-Diazabicyclo-[5.4.0]-undecen-(7) 6-0981; v. HBr in 5-Brom-β-jonon-Deriv. (in alkal. Lsg.) 6-1030; Dehydrochlorier. v. Dichloräthan u. Vinylchlorid an γ-Al_2O_3 (Kinetik) 8-0927; Dehydrohalogenier. v. Phenyläthylchlorid u. exo-Norbornylchlorid (Übergangszustände) 10-0936; Dehydrochlorier.-Rk. in Ggw. v. Trifluormethan 12-0894; HCl-–: aus gasf. 2.3-Dichlorbutan an $CaCl_2$, CaO u. Al_2O_3 12-0917; aus N-[β-Halogenalkyl]-benzolsulfonamiden (Kinetik) 16-0996; Kontakt-– v. HCl aus gasf. Chlor-KW-Stoffen (Mechanismus) 19-1068; katalyt. Dehydrohalogenier. v. 1.1.1-Trihalogenäthanen 21-1041; Dehydrohalogenier. v. S.S'-Bis-[β-chloräthyl]-dithiocarbonat 21-1099; Dehydrochlorier. v. β-Benzolhexachlorid (Mechanismus) 25-1052; selektive HCl-– aus Trichlorheptan u. Trichlornonan 27-1114; Dehydrofluorier. v. 2.3-Bis-[N.N-difluoramino]-butan (Kinetik) 28-0963; HCl-–: aus 2.3-Dichlorbutan an $CaCl_2$, CaO u. Al_2O_3 30-0948; aus Polyvinylchlorid (Mechanismus) 32-1216; in chloriertem Äthan durch feste Säuren u. Basen 37-1032; Dehydrochlorier. v. tert.-Butylchlorid (an reinem u. dotiertem Silberchlorid) 39-0935; (D-Isotopeneffekt) 48-1102; – v. HF aus chem. aktivierten 1.1.2-Tetrafluoräthan (Kinetik) 51/52-0900.

Dehydratisier.: v. Alkoholen mit Kationenaustauschern 1-2419*; v. 4-Aryl-3-methylpiperidinolen-(4) 2-0904; v. Isopropanol (an Al-Oxiden) 3-0665; (an Oxidkatalysatoren; Kinetik) 3-0666; v. Alkoholen über radioakt. Magnesiumsulfat 5-0915; v. Carbonsäureamiden mit Thionylchlorid u. Dimethylformamid 5-0954; v. Alkoholen (an radioakt. Katalysatoren) 6-0682; (an Thuliumoxid) 7-0938; anomale Dehydratisier. v. Triterpenoiden 7-1076; Dehydratisier.: v. Alkoholen (Mechanismus) 10-0938; v. n-Butanol an Al_2O_3 10-0939; v. 3H-1.2.3-Benzodithiazol-2-oxiden 17-1083; v. A. in d. Gasphase an γ-Al_2O_3 19-1070; v. tert.-Butanol an Metallkatalysatoren (Kinetik) 19-1071; v. cis- u. trans-Cyclohexandiol-(1.4) an Al_2O_3-Katalysatoren 19-1072; v. Pentosehydrolysaten bei hohen Temp. (Kinetik) 19-2692; v. Carbonsäuren u. Alkoholen an feinverteiltem α-Bor 20-0662; v. tert. Diacetylenglykolen 20-0954; v. Terpinhydrat in Ggw. v. Ionenaustauschharzen 22-0985; v. diastereomeren 2.3-Diphenyl-3-hydroxypropionsäuren (Kinetik) 24-0996; v. tert.-Vinyläthinylcarbinolen in Ggw. v. Kationenaustauschern 25-1080; v. Cyclohexanol u. Methylcyclohexanolen 30-0951; Dehydratisier. (Übersicht) 31-1080; Dehydratisier.: v. prim. Amiden mit Na-Borhydrid 32-1029; v. aromat. Carbinolen durch Säuren (Mechanismus) 34-0995; katalyt. Dehydratisier. v. höhermol. Alkoholen (Bind.-Isomerisier.) 35-0983; Dehydratisier.: v. bicycl. Alkanolen (Abhängigk. v. Katalysator) 35-0984; v. β-Hydroxy-β-phenylbuttersäure (Kinetik; Säurekatalyse) 35-0986; v. Acetylenglykolen in Ggw. v. Espatit KU-*1* 35-1056; v. A. an Al_2O_3 (chem. Adsorpt. auf d. Katalysator) 37-1033, 40-0837; v. stereoisomeren 1-Decalolen 41-0988; katalyt. Dehydratisier. v. cis- u. trans-Buten-(2)-diol-(1.4) 41-0989; Dehydratisier.: v. Amiden durch $LiAlH_4$ 44-0906; v. Milchsäure mit Kieselsäure-Hydrogel 45-0643; v. Ameisensäure an Al_2O_3 u. SiO_2 (Mechanismus) 47-0606; v. [2-D]-Butanol-(2) an $CaSO_4$ 48-1105.

Desaminier.: einiger Allylamine 1-1021; v. Aminosäuren 4-0801; eines axialen Amins mit HNO_2 (Mechanismus) 6-0950; v. alicycl. prim. Aminen, 3α- u. 3β-Aminocholestan mit HNO_2 6-0978; v. epimeren 4-tert.-Butyl-2-aminocyclohexanolen 9-0944; d. [2.6-$^3H_2$]-Cyclohexylkations unter Isomerisier. 10-0951; v. Norbornylaminen mit HNO_2 19-1141; v. 2-[p-(2-Hydroxyäthoxy)-phenyl]-äthylamin mit HNO_2 (Zwischenprod.) 23-1025; v. Isobutylamin mit HNO_2 (Mechanismus) 26-0968; v. isotopenmarkierten Butyl-(1)-aminen 26-0969; d. Guanidinogruppe mit N-Bromsuccinimid 30-1006; Denitrier. v. Nitroguanidinen in konz. Säuren (Mechanismus) 35-0962; Desaminier.: v. n-Propylamin durch HNO_2 35-0982; v. sek. Carbinylaminen (gleichzeit. Fragmentier.) 36-0980; v. L-Aminosäuren in Säugetiergeweben 39-1266; d. Amidogruppe unter Bldg. v. Olefin 41-1009; v. Cytosinarabinosid in wss. Pufferlsg. (Mechanismus) 43-1125; v. Transfer-RNS (Einfl. auf d. Aminosäureakzeptoraktivität) 43-1133; N_2-– v. Triazatrimethincyaninen zu Azamethincyaninen (Kinetik u. Chemismus) 44-0839; Desaminier. v. Methylencyclopropylcarbinylamin 46-0882; N_2-– aus Δ^2-Pyrazolinen (Kinetik) 47-1105.

Desulfurier.: S-–: v. Alkylisothiocyanaten mit Anthrabilsäure 33-1225; v. Bis-[N-arylimidoyl]-disulfiden 34-1028; Desulfurier. v. Thiazolidinen 49/50-1145.

–: aus Enolsulfonaten 1-0926; aus 4-Aryl-3-methylpiperidinolen-(4) 2-0904; α-– an verzweigten Halogen- u. Dihalogenalkanen 2-0941; Hofmann-– quart. Pyrrolidiniumsalze (Konkurrenzrk. zur Fragmentier.-Rk.) 8-0931; Deborier. v. exo-Norbornen-(5)-borsäure (mit Hg; Isotopeneffekte) 9-0945, 9-0946; – v. 4- u. 6-Sulfonyloxy-Gruppen aus Methyl-2.3-didehydro-didesoxyhexopyranosiden 9-1058; 1.2-– in β-substituierten Organoborverb. 12-0956; KW-Stoff-– aus Dihydrochinolinen 13-1033; – aus m- u. p-substituierten Benzaldoximarensulfonaten (Kinetik) 14-0942; baseninduzierte – aus ω-Benzoylalkyltriphenylphosphoniumsalzen 15-1086; Joddemercurier. v. Phenylquecksilberverb. 19-0764; Jod-Entmetallier. v. Tetraalyklzinn- u. -bleiverb. (Kinetik) 19-0767; – bei β-substituierten Organoboranen (Stereochemie) 19-1074; α-– bei alkalimetallorgan. Verb. 21-1087; – v. Benzylcyclopropyldimethylammoniumbromid 25-1049; Wohl-Rk. mit Octa-O-acetylcellobionsäurenitril 27-1220; intramol. nucleophile Verdräng. d. Mesyloxygruppe aus Methyl-2-O-mesyl-3.4-di-O-methyl-α-D-glucosid unter Invers. 28-1096; –: aus 1.2-Dihalogenverb. 29-1016; v. 2-Brombutan (Lsgm.-Einfl.; Mechanismus) 30-0949; bimol. cis-– aus 2-Arylcyclopentyltosylate (Elektroneneffekte) 31-1050; –: d. Carbobenzoxygruppe aus Carbobenzoxyaminosäuren u. -peptiden 32-1050; d. 4-Hydfoxygruppe aus d. mit Morphin verwandten Alkaloiden 33-1289, 36-1103, 40-0993; v. Prolin aus N-Prolin-Peptiden mit Na in fl. NH_3 33-1341; v. Cyclooctan- u. Cyclodecanderiv. 34-0965; vinyloge – in d. Acenaphthenreihe 36-1063; alkal. – in β-substituierten Nitroverb. 38-1068; durch tert.-Butylat induzierte – aus 2-Methyl-3-pentylarylsulfonaten (Kinetik) 39-0918; monomol. – v. Äthylen aus Halogenalkylsilanen (Kinetik) 41-0987; – d. N-schützenden Substituenten aus Dimedonderiv. v. Aminosäuren u. Peptiden 45-1144; basenkatalysierte – v. substituierten $\alpha.\alpha$-Dimethylphenäthylchloriden (Kinetik) 51/52-0869.

Elinvar s. unter *Eisen, Schmiedeeisen und Stahl* (*Sondermarken*).

Elipten s. unter $C_{13}H_{16}N_2O_2$.

Ellagsäure s. unter $C_{14}H_6O_8$.

Elliotin s. unter $C_{18}H_{24}$.

Elliotinol s. unter $C_{20}H_{32}O$.

Elliotinsäure s. unter $C_{20}H_{30}O_2$.

Ellipsometer s. unter *Polarisation, optische.*

Ellipticin s. unter $C_{17}H_{14}N_2$.

Elliptinsäure s. unter $C_{20}H_{18}O_8$.

Ellipton s. unter $C_{20}H_{16}O_6$.

Eloxanthin s. unter $C_{40}H_{56}O_3$.

Elpidit, neuer –-Fund in d. UdSSR 7-0777.

Elsan, gaschromatograph. Rückstandsbest. in landwirtschaftl. Prod. 47-2112.

Elsholtziaketon s. unter $C_{10}H_{14}O_2$.

Elsinochrom A s. unter $C_{30}H_{24}O_{10}$.

Elvanol s. unter *Plaste, Vinylpolymerisate* (*Polyvinylalkohol*).

Elymoclavin s. unter $C_{16}H_{18}N_2O$.

Email

Emaillacke s. unter *Anstrichmittel* (*und Anstriche*).

Emails (Überblick) 21-2412; Roh- u. Hilfsstoffe 27-2508; Reinig. d. Abgase d. –-Industrie 51/52-2116.

– aus SiO_2, MgO u. Al_2O_3 4-1903*; Herst. v. –-Überzügen: auf Thermoelektroden 5-2231*; auf Metallen (Oxidfritten) 22-2566*; (Mischglasfritte, Metalloxid u. Al-Pulver) 23-2506*; (Glasfritte) 27-2717*; Fritte zum Emaillieren v. Fe-Gegenständen 27-2718*.

– mit feinverteiltem SiO_2 11-2279*; B-halt. Silicatemaillen 17-2392*; Herst. v. Fe_2WO_6 für – 17-2393*; TiO_2-getrübtes – 23-2505*; Grundier.- u. Deckemaillen (Zusatz v. „Danburit") 27-2521*; chemostabile – 33-2548*; –-Fritte aus TiO_2-getrübtem Borosilicatglas 37-2477*; zirkonhalt. –-Fritte 37-2478*; säurefeste –-Fritte 37-2479*; Herst. einer –-Fritte 39-2352*; Porzellan-–-Fritte für Trockenemaillier. v. Eisenwaren 41-2368*.

Dispers. zum Flammspritzen v. – 3-2340*; Zirkonvanadinblaufarbkörper für – 4-1902*; Mattier.-Mittel aus SiO_2-halt. Aerogel 6-2144*; finn. Flotat.-Feldspat für d. –-Industrie 7-2275; Zn-Weiß-Granulat für – 27-2512; Aufhell. durch Zusatz v. Gläsern 47-2262*.

Behandl. v. Metalloberflächen vor d. Emaillieren 3-2339*, 3-2549*, 11-2454*.

Emaillier.: v. Gußeisen (Einfl. v. Gasen u. Unters. d. beim Emaillieren entstehenden Gase) 3-2325; v. Metallteilen (Polyesterfolie) 5-2482*; Porzellanemail auf Al 9-2260; Emaillier.: v. Stahl (Einfl. d. Ätzverf.) 10-2385; v. Al für d. Bau 13-2254; v. Stahlblech 22-2407; Benetzbark. v. Ti, Zr, Cr u. Stahl *1*Ch*18*N*9*T durch Silicatschmelzen 23-2628; elektrophoret. –-Auftragen 27-2513; (Problematik) 27-2514; Verbesser. d. Emaillierbark. v. Stahl 28-2455; Emaillier.: mit erhöhter chem. Beständigk. 28-2471; (Verhinder. d. H-Einwander.) 28-2542*; v. Gußeisen (Einfl. v. Gasen u. beim Emaillieren entstehende Gase) 33-2536; Haft. v. – auf Stahlblech 36-2412; Emaillieren v. Eisenblech 42-2156*; Entfern. v. organ. Verunreinig. aus d. aus Emaillier.-Öfen abziehenden Gasen 44-2162*; Emaillieren am offenen Feuer 20-2252.

Stahl für –-Glasuren 19-2635*; Emaillierstähle (mit Nb oder V) 21-2593; (Eig. u. Anwend.) 22-2458; Herst. v. emaillierfähigem Stahlblech (Warmbehandl.) 32-2442*.

Fischschuppenbldg. an Emaillierblechen 3-2454; Verhinder. v. „Fischschuppen"-Defekten in – 14-2239; Emaillierfehler 25-2417; Einfl. d. Decarbonisier. v. Stahl auf d. Qualität v. –-Überzügen 28-2366.

Schmelzbark. v. – 4-1893; Kinetik d. Trüb. v. durch TiO_2 getrübtem Deckemail 5-2255; krist. Phasen v. undurchsicht. Porzellanemail d. Syst. $PbO/SiO_2/V_2O_5$ für Al-Leg. 5-2256; Schlagfestigk. v. –-Überzügen 9-2262; Eig. v. Ti-Emails u. v. durch SnO_2 getrübten – 10-2274; Einfl. d. Auftrag.-Prozesses v. – auf d. Kristallisat.-Verlauf glasig-krist. Überzüge 10-2275; Glanz 20-2251; Adhäs.-Vermögen v. aus Stahl verfertigtem – u. niedr.-schmelzender Fritte u. d. Bind.-Mechanismus 26-2362; rheolog. Eig. v. –-Schlicker 28-2364; Schlagfestigk. v. –-Überzügen 28-2365; Ausschmelz.-Grad v. Zr-Emaillen 31-2436; Fe–Ni- u. Fe–Ni–Co-Mischkrist.-Bldg. an d. Phasengrenze Stahl/– 44-2223.

Wrkg. v. Säure u. Base auf chem. beständ. – 5-2257; Rk. v. Fe mit –-Schmelzen 14-2370; Wechselwrkg. zwischen Metalloberflächen u. geschmolzenem – 20-2253; Laugenbeständigk. v. Grundemaille 22-2408*; chem. Resistenzen v. – 22-2409.

Entw. v. – für App. d. chem. Industrie 15-2344; Bortenemails für Stahl 33-2537; – für d. chem. Industrie 44-2156.

Prüf. v. –-Schlickern 1-2127; –-Eig. u. –-Prüfverf. 3-2326; Unters. v. Emailproblemen mit d. Elektronenstrahlmikrosonde 3-2327; Röntgenanalyse d. Trüb. v. – 8-2221; Best. d. Elastizitätsmoduls u. d. Biege-Bruchspann. v. – 18-2279; spektrochem. Analyse v. glasierten – 42-1914.

Bibl.: Emaillen mit geringem Borgehalt. (Mitteilungssammlung) [russ.] B 86; Concise encyclopaedic dictionary of ceramics. Pottery, glass, vitreous enamels, refractories, clay building materials, cement and concrete, electroceramics, special ceramics B 70.

Emaniermethode

Bezieh. zwischen Emanat.-Vermögen u. spezif. Oberfläche v. feinteil. Festkörpern u. ihre Anwendbark. auf d. Unters. d. Sinter.-Kinetik 15-0648; emanat.-therm. Unters. v. Th-Formiat, -Acetat, -Propionat u. -Butyrat 15-0736; Unters. d. Darst. einiger Oxidkatalysatoren mit Hilfe d. – 22-0718; emanat.-therm. Analyse v. Sylvin bei Aktivier. mit ^{228}Th durch Tränken 22-2102; Anwend. v. inerten radioakt. Gasen zur Unters. v. Festkörpern (Übersicht über Anwend. d. –) 30-0122; Verw. einer komplexen amanat.-therm. Meth. zur Unters. v. Gips 51/52-0532.

Embichin s. unter $C_5H_{11}Cl_2N$.
Embitol s. unter $C_{15}H_{22}Cl_2N_2O_2$.
Emcol E-607, Verw. als Sprühhilfsmittel in DDT-Emuls. 3-3167.
Emeraldin s. unter $C_{48}H_{38}N_8$.
Emetika s. unter *Arzneimittel.*
Emetin s. unter $C_{29}H_{40}N_2O_4$.
Emodin s. unter $C_{15}H_{10}O_5$.
Emodinbianthron s. unter $C_{30}H_{22}O_8$.
Emplektit, Vork. u. Unters. v. – 23-0890.
EMQ s. unter $C_{14}H_{19}NO$.
Emtryl s. unter $C_5H_7N_3O_2$.
Emulgatoren s. unter *Emulsionen, Emulgiermittel.*
Emulsin s. unter *Enzyme, Spezielle Enzyme.*

Emulsionen

–-Polymerisat. s. unter *Kautschuk*; *Plaste*; *Polymerisation.*

Siehe auch *Dispersionen*; *Kolloidchemie.*

Neue Meth. zur Dehydratat. v. – 1-1963; Herst. v. Katalysator-– 3-2200*; Stabilisier. v. Fl.-Syst. mittels oberflächenakt. Substanzen 5-1685; Emulgier. öl. Flotat.-Mittel mittels Ultraschallwellen 8-2013; Umhüllen v. –-Teilchen durch Koazervier. 10-2093*; Überziehen v. Partikeln einer „Öl-in-hydrophiler-Fl.-Emuls." mittels Koazervier. 10-2094*; Einschließ. v. – durch fl.–fl.-Phasentrenn. 10-2095*; Zus. v. – (Adjuvantien für immunolog. Mittel) 14-1671*; –-Technologie u. „HLB"-Wert 18-2711; Verbesser. d. physikal. Eig. v. Koazervatmembranen für d. Einkapseln v. – 22-2261*; Wrkg. d. Prozeßvariablen auf d. Stabilität einiger spezieller – 33-3039; fl. – 39-1660; Einkapsel. v. Teilchen einer – durch Koazervier. mit Polymeren 40-2823*; Beständigk u. Dispersität v. durch feste Emulgatoren stabilisierten – 47-2151; Herst.: v. stabilen – 48-1641*; v. – 49/50-2099*.

Beeinfluss. d. Koaleszenzstabilität v. W/O-– durch wasserlösl. Tenside, äußere elektr. Felder u. Temp.-Erhöh. 17-0690; hochviskose –-Pasten v. W/O-Typ aus N-Alkoxymethylpolyamiden zur Herst. v. Filmen u. Überzügen 18-2103*; Rheologie v. durch kondensierte Komplexfilme stabilisierten O/W-– 41-1771; Arzneimittelfreisetz. aus W/O-–-Syst. [Kavernenfüllmassen] (Vers. zur Aufklär. d. Bezieh. v. HLB-Wert, Oberflächenspann., Mizell-Bldg. u. Solubilisier.) 45-1820; chem. u. elektr. Deemulgier. v. W/O-– 47-2150; Herst. v. O/W-– unter Anwend. v. Gemischen oberflächenakt. Stoffe 51/52-1726; Brechen v. – aus KW-Stoffen u. korrosiver wss. H_2SO_4 mittels fester Polypropylenteilchen 10-2671*; Herst. v. filmbildenden – aus Mischpolymerisaten v. Fettsäurederiv. u. Vinylmonomeren 10-2965*; Vermeid. d. Bldg. stabiler – bei Säurebehandl. v. KW-Stoffen 13-2517*; Mikro-–-Prozeß zur Darst. v. Saccharoseestern 24-2680; Herst. v. – mittels Si-Plaste auf d. Basis Epoxidgruppen enthaltendem Siloxan u. Polyamin 27-2403*; Darst. wss. – v. aliphat. oder aromat. KW-Stoffen, Fetten oder Siliconen mit Hilfe v. Fettsäuren u. Säureamiden 42-2008*; Herst. v. stabilen Öl-in-W.-– 4-2525*, 4-2526*; Stabilisier. v. W.-in-Öl-– unter Verw. öllösl. Emulgatoren 9-0620; schnelle Meth. zur Erlang. eines klaren wss. Filtrates aus einer Öl/W.-– 12-1610; Zus. einer Öl-in-W.-– für Reinig.- u. Überzugszwecke 23-3019*; Brechen v. Öl-in-W.-– durch Einw. eines hochmol. oxyalkylierten Prod. 27-3013*; Einfl. d. Darst.-Parameter auf d. Anfangsgrößenverteil. v. Öl-in-W.-– 30-0602; Stabilität v. O/W-– 46-0573; Herst. v. O/W-– unter Anwend. v. Gemischen oberflächenakt. Stoffe 51/52-1726.

Theorie v. wss. – (negative Grenzflächenspann. an d. Grenzfläche Öl/W.) 7-0622; Charakterisier. d. mittleren Teilchendurchmessers in – 32-0663; Unters. an – 35-2816, 37-2976; Best. d. Kügelchen-Größenverteil. in – durch DK-Mess. 41-1772; Teilchenabstand in synthet. Polymer-– 46-1053; Beständigk. u. Dispersität v. durch feste Emulgatoren stabilisierten – 47-2151; Verw. v. Perfluorcarbon- u. -sulfonsäuren in Selbstglanz-– 8-2456; kation. – auf Basis Vinyl–Acryl-Mischpolymerisate zur Verw. in d. Textil- u. Papierindustrie 9-2116*; Unters. über d. Emulgier. chlororgan. u. phosphororgan. Insektizide 9-3038; Verw. einer Öl-in-W.-– zum Trocknen u. Reinigen v. Oberflächen 11-2747*; Herst. v. – u. Dispers. für kosmet. u. pharmazeut. Zwecke durch Emulgier. v. Cetylalkohol u. anderen Wachsalkoholen 26-2202*; Zus. einer Öl-in-W.-– unter Druck für kosmet. Zwecke 28-2819*; NMR-Spektren v. Bzl./W.-– 40-0765; Temp. d. Phasenumwandl. im mit nichtion. oberflächenakt. Stoffen emulgierten Syst. 40-1559, 40-1560; Bezieh. zwischen durch Elektrolyte verursachten Oberflächeneffekten u. –-Stabilität 3-2825; Einfl. v. Alter. u. Emulgatorkonz. auf Rheologie u. Teilchengrößeverteil. v. nicht-wss. – 13-1643; Geometrie v. – mit hohem Vol.-Anteil an innerer Phase 15-0644; Bezieh. zwischen Phaseninvers.-Temp. u. Trüb.-Punkt oder HLB-Wert in – mit nichtionogenem Emulgator 21-0692; Einfl. v. Emulgierzeit auf Partikelgröße u. -verteil. v. Bzl.-in-W.-– 27-0724; Koagulat. 27-0730; Änder. d. rheolog. Eig. v. – beim Altern 34-0689, 34-0690; Verteil. in d. turbulenten fl.–fl.-– auftretenden Tropfengrößen 41-2181; Phaseninvers.-Temp. v. Öl-– 42-0504; physikal.-chem. Eig. v. Polyäthylacrylat-– mit Carboxylgruppen 44-1016; Einfl. d. Phasenvol. auf d. Phaseninvers.-Temp. v. durch nichtionogene Tenside stabilisierten – 45-0593; Gleich. für d. Adsorpt. ionogener Tenside zur Charakterisier. v. – 46-0566; Dickenabnahme dünner W.-Filme zwischen Öltröpfchen 46-0573; Eig. v. Fl.-Filmen zwischen –-Tröpfchen 46-0587; Einfl. v. Tensiden auf d. Verdick. v. Polyacryl-– durch Alkalien 46-1078; thermodynam. Gleichgew. 49/50-0462.

Meth. zur adsorptiven Fraktionier. v. Baumwollsaatöl für experimentell intravenöse Fett-– 19-1645; Plasma-Clearing-Kinetik v. zwei injizierbaren Fett-– bei Mensch u. Tier 28-1629.

W./Öl-Emulgator-Diagramme zur Ermittl. d. Mengenverhältnisse v. *3* Bestandteilen für micellare Lsg., Emulsoide u. stabile – 28-2813; Best. v. O_2 u. N_2 sowie Erfass. prim. Ox.-Prod. in – auf physikal. chem. Wege 38-2162, 40-1918; mathemat. Abschätz. d. mittleren Teilchengrößen v. O/W-– 44-2818; Probennahme u. Größenbest. v. Spraytropfen v. W.-in-Öl-– 48-1770.

Herst.: pastenförm. bituminöser – in Ggw. v. Bentonit u. Emulgatorhilfsstoffgemisch 5-2717*; v. kationakt. stabilen Bitumen-– 8-2650*; v. wss. Bitumen-– mit Na-Oleat als Emulgator (Korros.-Schutz) 25-2881; schnellbrechende Asphalt-– aus Asphalt, W. u. LiOH 48-2435*; Sekundärentöl. v. Erdöllagerstätten unter Verw. einer micellaren W.-in-Öl-– 24-2612*; Mechanismus d. Koaleszenz u. Deemulgier. v. Erdöl 34-0681.

Emulgiermittel

Siehe auch *Oberflächenaktive Verbindungen*; *Wasch- und Reinigungsmittel.*

Emulgiervermögen v. oberflächenakt. Stoffen 5-1684; Best. d. Einfl. v. – auf d. Filmbldg. aus Latices 7-2836; Trenn. u. Identifizier. einiger Alkanolamine in Demulgatoren durch Dünnschichtchromatographie 23-2263; Wrkg.-Mechanismus v. Demulgatoren auf Basis v. Sulfonaten in Erdölemuls. 27-2999; Einfl. nichtionogener – auf d. Abgabegeschw. v. Arzneistoffen aus Suppositorien 29-1813; – 38-2193, 38-2194; Eig., Theorie u. Zus. v. Komplex-– für d. Pharmazie 41-1766; Emulgiereig. v. – (Emulgiereig. v. nichtionogenen – gegenüber Mineralölen verschiedener Zus.) 41-2905; Zerleg. v. Emuls. durch Koaleszenz mit Polyolefinfasern 45-2884*; Best. v. BHT in weinsäureglyceridhalt. – 49/50-2064.

Herst., Verw. v. Mono- u. Diglyceridgemischen natürl. Fettsäuren als – 1-2620; Geh. d. Emulgators C an 1- u. 2-Monoglyceriden 3-2111; nichtion. – mit Hydroxyäthylgruppen 4-1717; Synth. v. komplex wirkenden Demulgatoren auf Basis v. gesätt. u. ungesätt. Fettsäuren 4-2207; Verw. v. reinen Polyäthern mit bestimmten Molgew. als – 5-2892*; Herst. als –: v. Polyglykoläthern 7-2567*; v. asymm. Formalen 7-2575*; v. Tris-[carboxyalkylpolysiloxy]-alkylsilanen 7-2612*; d. Salze v. substituierten Diaminen u. 2-Oxohexahydropyrimidinen 7-2791*; v. Sulfatsalzen v. amphoteren Sulfonaten 8-2720*; Synth. eines Demulgators auf Basis v. sulfonierten Polyalkylbenzolen 9-2652; Herst.: v. N-hydroxyalkylierten u. N-polyoxyalkylierten Polyhexamethylpolyaminen als Vernetz.-Mittel für – 10-2538*; v. 3-α-Aminoalkyl-1.3.4.5-tetrahydrobenz-[c.d]-indolderiv. als – 10-2568*; eines – aus einem oxyäthylierten Zuckerglycerid 10-2741*; v. Tris-(Carboxyalkylpolysiloxy)-silanen als – 11-2549*; v. Alkylhalogennaphthalinsulfonaten als – 12-2566*; v. cycl. Aminen als – 12-2570*; v. kation. – aus mit NH_3 oder prim. Aminen modifizierten Acrolein-Mono- oder Copolymeren 12-2718*; Verw. v. Telomeren v. Äthylen als – 12-2841*; Herst.: v. Alkylphenoxybenzoesäuren als – 14-2578*; v. Perfluorchloralkancarbylsulfaten als – 14-2593*; N-halt. Polyvinylalkoholderiv. für – 15-3004*; Bind. d. Alkalikatalysators in kapillarakt. äther- oder esterart. Alkylenoxidaddukt-– 16-2773*; Herst. v. Organoalkoxysiloxanen als – 17-2761*; Brechen v. Erdölemuls. mit einem Alkylphenol–CH_2O-Kondens.-Prod. als Demulgiermittel 17-2935*; – für Fettprod. aus Phosphorsäureestern v. Mono- oder Diglyceriden, Glycerinestern höherer Fettsäuren u. Teilestern d. Glycerins mit höheren Fettsäuren 19-3273*; Herst. als –: v. Carbonsäuremonoglyceriden 19-3278*; v. wasserlösl. Salzen v. Butadien–Harnstoff-Polymerisaten 20-2806*; Wechselwrkg. zwischen Na- u. Ca-Salicylat mit – v. quatern. Ammoniumtyp 24-1742; – in Pulverform aus Alkyl- oder Cycloalkylsulfonaten 27-2404*; Herst. v. Addit.-Verb. d. allg. Formel $(R^1)(R^2)(R^3)N[R(R^4)SO_3H]\cdots OSO_2OR^5$ zur Verw. als – 27-2405*; Unters. d. Emulgiervermögens v. α-Alkyl-α'-hydroxyäthyl- u. -hydroxypropylglycerindiäthern 27-3124; Herst.: v. Sulfonier.-Prod. durch Rk. v. schwach ungesätt. Fettsäureestern mit SO_3 für – 31-2309*; hochviskoser Lsg. oder Gele v. Polyacrolein als – 31-3228*; Eign. d. durch selektive Hydrier. v. Rüböl erhaltenen Alkoholgemisches für d. Herst. v. – 32-2730; Verw. v. Alkylphenolpolyglykoläther als – in klopffestem Bzn. 33-2955*; Charakterisier. wasserlösl. Tenside als – durch d. Konz. d. Bldg. koaleszenzstabiler „schwarzer Filme" 35-2817; – aus oxyäthylierten Sucroglyceriden u. Phosphaten 35-2829*; Herst.: v. Gold(I)-halogenidkomplexen mit cycl. Mono-, Di- u. Triolefinen zum Stabilisieren v. Emuls. 37-2809*; amphoterer Phenolverb. (–) 39-1748*; Verw.: v. polymeren Fettalkoholen als – für wss. Emuls. v. Ölen, Fetten u. Wachsen für Oberflächenschutz u. Anstriche 42-2007*; d. Na-Salzes v. 2-Sulfoäthylmethacrylat als comonomerer Emulgator u. Emuls.-Stabilisator 42-2730; Xanthamgummi (emulgierende Eig.) 43-1654; Herst. als –: v. Sulfobetain–Schwefelsäurehalbester-Addukten 46-2502*; v. wasserlösl. Kondens.-Prod. aus aromat. Verb. oder deren wasserlösl. Anlager.-Prod. mit Äthylenoxid u./oder Propylenoxid 47-2163*; Verw. v. substituierten α-Hydroxy-β-alkoxypropylaminen als – 47-2768*; – aus gereinigten Tallseifen 47-2845*; Verw. v. Polyvinylalkoholderiv. als – 48-2551*.

Stabile W.-in-Öl-Emuls. mit einem Deriv. einer KW-Stoff-substituierten Bernsteinsäure 8-2648*; – zur Gewinn. v. emulgierten „W.-in-Öl"-Pasten 13-2046; Verw. v. Polyäthern als Emuls.-Spalter für Öl-W.-Emuls. 23-3119*; Organopolysiloxan–Oxyalkylen-Blockmischpolymere als – für wss. KW-Stofföl-Emuls. 39-2754*; Beurteil. d. Emulgiervermögens v. – für O/W-Emuls. 44-1978; Demulgier. v. W.-in-Öl-Emuls. unter Zusatz v. festem CO_2 45-2885*; Verw. v. Imidazolin- u. 3.4.5.6-Tetrahydropyrimidinderiv. als Emuls.-Inhibitoren in Brenn- u. Kraftstoffen 5-2709*; – aus Citronensäureestern zur Verw. als Kunststoffweichmacher u. in d. Textil- u. Papierveredel. 9-2115*; Bedeut. v. – in Backwaren 15-3293; optimale Mengen verschiedener – in Fetten für Kuchenmisch. 24-3021; thixotropes wss. – aus Polymeren u. Zr-Verb. für Pigmentfarben u. Klebstoffe 38-3069*; Herst. v. – als Backhilfsmittel aus Na-Lactatlsg. u. Stearoylchlorid 42-2895*; – aus acylierter Milchsäure u. Mono- oder Difettsäureester v. aliphat. Polyalkoholen für Nahr.-, kosmet. u. pharmazeut. Mittel 44-2992*; oxyalkylsubstituierte höhere Fettsäurederiv. als – für Schmierstoffe 45-2904*; Erkenn. v. H_3PO_4–Ester-– in eihalt. Kopfwaschmitteln 46-1962.

Vgl. d. Demulgatoren Proksanol *186* u. *385* mit Disolvan *4611* bei d. Entwässer. u. Entsalz. v. Erdöl 3-2742*; oberflächenakt. Stoffe zur Erdölemulgier. (Überblick) 6-2626; Verw. eines Gemisches aus fettsaurem Salz eines Teilamids eines Polyalkylenpolyamins, Ester, quatern. Salz eines N.N-dihydroxyalkylierten aliphat. Monoamins u. polyoxäthylierter Verb. in Emuls. zum Lockern unterird. Format. (Erdölgewinn.) 12-2645*; Brechen v. Erdöl-Emuls. mit Demulgiermittel aus organ. Dicarbonsäuremischester eines oxyäthylierten Monoalkylphenol–CH_2O-Kondens.-Prod. 17-2936*; Herst.: eines oxalkylierten Xylol–Kohlehydrat-Kondensats als Emuls.-Brecher für Erdöl 19-2833*; wirkungsvoller Demulgatoren für d. Erdölaufbereit. (EAKOE-*30*, DKTOE-*40*) 23-2912; Verw.: oxalkylierter Glycerindiester oder Pentaerythritdi- oder -triester, zusammen mit Dest.-Rückständen synthet. Fettsäuren im Gemisch mit Fettsäuren hoher C-Zahl als oberflächenakt. Stoffe zum Demulgieren v. Erdöl 33-2947*; d. kationenakt., antikorrosiven, oberflächenakt. Stoffs ANP-*2* zur Demulgier. v. Erdöl 35-2721; Mineralöl-– aus Petrolsulfonat u. Rk.-Prod. aus Alkylenoxid u. Fettalkoholen bzw. Alkylphenolen

37-2897*; Kondens. v. Dialkylbenzolen mit CH_2O u. einwert. Phenolen oder Naphtholen zur Herst. v. Erdölemuls.-Spaltern 38-2755*; Einfl. v. Emulgator-Naphthenat auf d. Haftvermögen v. Bitumenbindemitteln an Kalkstein u. Halbkoks 47-2659; — für Bohrfl. aus Heteropolysaccharid u. in W. lösl. Metall-Ionen 48-2402*; Nachw. v. — in Erdölen u. Ölfeldwässern (Erdöl-Migrat.) 49/50-2675.

Bibliographie

Erdöl-Wasser-Emulsionen und Methoden ihrer Zerstörung [russ.] B 47; Zur Frage der Zerstörung von Erdölemulsionen [russ.] B 55; Emulsifiers and emulsions in food industry B 80.

En 2 s. unter *Eisen, Schmiedeeisen und Stahl (Sondermarken).*

En 42 s. unter *Eisen, Schmiedeeisen und Stahl (Sondermarken).*

EN 82 s. unter *Eisen, Schmiedeeisen und Stahl (Sondermarken)* u. unter *Nickellegierungen (Sondermarken).*

EN-35A s. unter *Eisen, Schmiedeeisen und Stahl (Sondermarken).*

Enamine s. unter *Amine.*

Enargit, Vork.: v. Mineralen d. —-Luzonit-Gruppe in d. „Kurokô"-Erzlagern 7-0795; v. — in einer Cu-As-Lagerstätte 13-0817; v. Chalkostibit in Assoziat. mit — in Hg-Erzen d. Altaigebirges 38-0838; in Cu-As-Erzen 38-0879; — aus d. Lengenbach (Binnatal) 42-0672.
Synth. v. Cu-halt. — 47-0770.

Encephabol s. unter $C_{18}H_{20}N_2O_4S_2$.

Endiopsid, — v. Kondapallibereich 36-0798.

Endocrocin s. unter $C_{16}H_{10}O_7$.

Endopancrin s. unter $C_{13}H_{10}HgO_3$.

Endosulfan s. unter $C_9H_6Cl_6O_3S$.

Endothal s. unter $C_8H_{10}O_5$.

Endothion s. unter $C_9H_{13}O_6PS$.

Endotoxine s. unter *Toxine.*

Endoxan s. unter $C_7H_{15}Cl_2N_2O_2P$.

Endrin s. unter $C_{12}H_8Cl_6O$.

Enduron s. unter $C_9H_{11}Cl_2N_3O_4S_2$.

Engel-Salz s. unter *Kaliumcarbonate.*

Enibomal s. unter $C_{11}H_{15}BrN_2O_3$.

„En-In-Dicycloäther", Best. in Kamillenpräp. 42-1562.

Enmein s. unter $C_{20}H_{26}O_6$.

Enniatin A s. unter $C_{36}H_{63}N_3O_9$.

Enniatin B s. unter $C_{33}H_{57}N_3O_9$.

Enocyanin, Nachw. in Fleisch- u. Wurstwaren 10-2026.

Enoläther s. unter *Enole.*

Enole

Siehe auch *Reduktone*; *Tautomerie.*

Chemie konjugierter — 29-1040, 36-0974; Enoläther 47-1205, 47-1206; Vork. v. Enolätherpolyinen in Anaphalis- u. Gnaphalium-Arten 35-1392; Darst.: v. O-silylsubstituierten — 12-0932; v. Enoläthern v. 2-Arylperinaphthindandionen-(1.3) 27-1163; Protonier. 4-0725; spektroskop. Unters. an — 20-0844; UV-Spektren d. Alkalisalze v. — 23-0926; Bezieh. d. Hammett-Gleich. zu d. pK-Werten v. cis-substituierten — 31-1024; ^{1}H-NMR-Verschieb. in β-Diketonenoläthern 48-0881; Eliminier. bei Rk. mit Enolsulfonaten 1-0926; Nucleophilizität v. Enolat-Anionen in protonenhalt. Lsgm. 5-0905; Red. (Mechanismus) 11-0953; Protonier. konjugierter Enoläther 19-1094; Cycloaddit. v. Sulfonylisocyanaten u. N-Sulfinylsulfonamiden an Enoläther (Stereochemie) 22-1067; basenkatalysierte Cyclisier. hoch enolisierbarer Syst. 42-0900; Einfl. v. Enoläthern auf Biologie u. Stoffwechsel v. Steroiden 11-1374; Spezifität v. 2.6-Dichlorphenolindophenol u. KJO_3 als Reagenzien auf Substanzen mit Enolgruppen 25-2118.

Enolisierung s. unter *Umlagerungen.*

Enomycin, Wirkungsweise v. Enomycin (Hemm. d. Proteinsynth.) 33-1581; (Bind. an d. Ribosomen v. Säugetieren) 33-1582.

Enovid (Mestranol), Einfl.: auf Leberenzyme d. Ratte u. Maus 37-1809; auf Hyperplasie u. Karzinome d. Endometriums 5-1192; auf d. Genitalorgane v. präpuberalen weibl. Rhesusaffen 7-1417, 7-1418; auf d. Plasmaproteinbldg. v. Hormonen 9-1408; Auftreten v. Thromboembolien nach —-Behandl. 9-1409; Wrkg.: auf Blutgerinn.-Faktoren 9-1410; auf durch α-Naphthylisothiocyanat induzierte Hyperbilirubinämie u. Cholestasis 17-1663; auf Zahnkaries u. Speicheldrüsen bei weibl. Ratten 25-1557.

Enstatit s. unter *Magnesiumsilicate.*

Ent-18133 s. unter $C_8H_{13}N_2O_3PS$.

Entalkylieren s. *Desalkylierung.*

Entamid s. unter $C_9H_9Cl_2NO_2$.

Enteramin s. unter $C_{10}H_{12}N_2O$.

Enterocin E_1, Einfl. auf d. Wrkg. d. Lysins v. Str. faecalis 21-1510.

Enterogastron, Hemm. d. Nahr.-Aufnahme hungernder Mäuse durch — 24-1617.

Enteromycincarbonamid s. unter $C_6H_9N_3O_4$.

Enterostaphylokokkentoxin s. unter *Toxine, Spezielle Toxine.*

Enterotoxine s. unter *Toxine, Staphylokokkentoxine.*

Enthalogenierung s. unter *Eliminierungsreaktionen.*

Enthalpie, —: v. Stoffen s. unter *Thermodynamik*; v. Prozessen s. unter d. entsprechenden Stichwörtern.

Entladung, elektrische

Entladungsröhren; *Plasmen* ...; *Strahlungsquellen, optische* s. dort. — nach stat. Auflad. v. Dielektrika s. unter *Elektrizität.*

Spektroskop. u. Sondenunters. einer kontrahierten —-Säule 1-0190; Bedeut. d. Erhitzens d. Entlad.-Röhre vor d. Alter. beim *Joshi-Effekt* 1-0194; Elektronentemp. in heißen Ar-K-— 2-0160; Unters. d. Resonanzübergangs v. Energie in einer He-Ne-— 2-0161; Hg-Hochdruck-Entlad.-Lampen 2-0167; Berechn. d. magnet. Driftgeschw. v. Elektronen in H_2, N_2, O_2, Luft u. C_2H_6 bei *10* ≦ E/p ≦ *10*^{4} V/m·Torr 4-0159; *Joshi-Effekt* an Na enthaltenden elektr. Glühlampen 4-0169; fortschreitende Wellen in d. Hg-Glühkathoden-— 4-0172; stat. Theorie einer —-Säule bei mittleren Drücken 5-0159; Unters. d. Gas-— in frisch, durch Verdampfen einer Lsg. auf einer Metallplatte, bereiteten Einkrist. 7-0172; Eig. einer — im Luftstrom 7-0176; Gleichrichterwrkg. einer Gas-— u. ihre Abhängigk. v. V-I-Charakteristiken in Vorwärts- u. umgekehrter Richt. 7-0177; Moden einer PIG-Entlad. 7-0179; Charakteristika d. Ionen-Quelle v. Typ PIG 7-0180; Konz. d. angeregten Ne-Atome in He-Ne-Misch. bei d. Hohlkathoden-— 9-0193; dynam. Stabilisier. einer Gleichstrom-— im Magnetfeld 9-0199; Nachliefer. v. Elektronen beim —-Aufbau in H u. O für E/p v. *60*—*3000* Volt/cm·Torr 11-0213; Einfl. d. Abkühl. d. Neutralgases auf d. longitudinale elektr. Feld in Ne- u. He-— 11-0216; elektr. verstärkte Flammentemp. eines Propan-Luft-Gemisches durch Gleichstrom-— 12-0636; Neutronenemiss. durch nicht zylindr. rotierende — 13-0204; Veränder. d. Abstandes d. störenden Teilchens v. Emitter in einer zeitl. veränderl. — mit d. Temp. 13-1820; Einfl. v. Laseranreg. auf d. Elektronengas u. d. Besetz. angeregter Zustände in Xe-— 15-0118; Stromverbrauch v. Hilfselektroden in — 15-0148; Emiss. gasionisierender Strahl. aus Elektronenlawinen 16-0076, 16-0077; Berechn. d. Besetz.-Invers. d. Niveaus bei d. — in einem He-Ne-Gemisch 16-0107; Stoßfrequenz in — in Luft mit gekreuzten elektr. u. magnet. Feldern 17-0193; zeitaufgelöste Strahl.-Intensitätsverteil. in einer FXR-— 17-0199; Mechanismus d. elektr. Entlad. v. Isopren u. D_4-Isopren 18-0900; Maxwell-Verteil. d. Elektronen in einer Niedervolt-Gas-— 19-0186; —-Formen in einer Glühkathodenentlad.-Röhre mit Ar v. *500* Torr 25-0147; Gleichstrom-— infolge kathod. Elektronen 26-0177; Ionisat.-Wellen in einer CO_2-— 27-0180; Dispers.-Bezieh. für sich bewegende Schichten in — 27-0183; Mechanismus d. Hohlkathoden-Effekts 27-0185; axiale u. radiale Heterogenitäten bei d. Hohlkathoden-— in He 27-0186; Energieverteil. d. Elektronen bei einer Hohlkathoden-— in einer Ne-H-Misch. 27-0187; Resonanzschwing. in einer PIG-— 27-0194; Anreg. einer He-Kr-Misch.: bei d. Gleichstrom-— 28-0127; in einer —-Röhre 28-0128; — in He bei mittleren Drücken 29-0145; Temp.-Verh. heißer Hohlkathoden 29-0148; Rolle d. spezif. Energie in d. Rk.-Kinetik bei — 29-2872; Mess. d. Elektronendriftgeschw. u. d. Stoßzahl in einer Ar-— 30-0104; —-Kernpolarisat. in ^{3}He-Gas 30-0116; Anreg. v. He in d. — mit einer Hohlkathode 31-0137; massenspektroskop. Beobacht. v. Ionen in strömenden — 32-0135; elektr. Leitfähigk. v. Propan-Luft-Flammen mit überlagerter Gleichstrom-— 32-0710; Fortpflanz. v. impulsangeregten Ionenwellen in ionisierten Edelgasen 33-0171; axiale Gas-Transporte in Gleichstrom-— in Misch. v. Gasen 33-0185; Kataphorese u. Stoßprozesse in Niederdruck-— 33-0186; quant. Unters. d. Anreg.-Prozesses v. mol. N in einer — bei mittleren Drücken 34-0084; Gültigk. d. Paschen-Gesetzes für pd-Werte nahe u. unterhalb d. Paschen-Minimums 34-0088; akust. „Kink"-Instabilitäten in einer Ar-— 35-0094; Energieverlustvorgänge bei Gas-— durch Lichteinstrahl. 35-0095; Leitfähigk. im Faraday-Raum einer Gleichstrom-— in O_2 38-0181; — u. Plasmen 42-0078; Anreg. v. He in einer Hohlkathoden-— 46-0101; Abhängigk. d. elektr. spektralen Eig. einer Gas-— v. d. Frequenz d. anregenden Feldes 46-0102; Elektronenenergieverteil. in einer Cs-— 48-0095; Erzeug. v. Licht bei durch d. relative Beweg. benachbarter Oberflächen v. Hg u. Glas 49/50-0104; Gesetzmäßigk. d. Besetz. naheliegender Atomniveaus in Gas-— 49/50-0113.

Zündvorgänge und Durchschlag

Negative Sekundärionen in Mikroüberschlägen 2-0165; notwend. Beding. für — u. dielektr. Durchschlag 7-0166; elektr. Durchschlag: in n-Hexan 1-0851; v. Isolatoren 28-0403.

Gase: Präionisat. u. Kaskade im Durchschlag v. Gasen durch Laser-Strahl. 1-0188; elektr. Durchschlag im Ultrahochvakuum 4-0170; Einfl. v. Einschlüssen u. Oberflächenverunreinig. auf d. Bogenzünd. bei niedr. Drücken 4-0171; Phänomene vor d. Durchschlag u. d. Einfl. v. Feuchtigk. auf d. Durchschlag in Luft 7-0173; charakterist. Eig. d. mit Laser-Strahl. in Luft induzierten Funken 7-0174; Rolle d. Photonenstatistik bei Laser-Funken 7-0175; Berechn. d. Durchschlagsspann. für Luft in gleichförm. Feldern 9-0195; Mechanismus d. Lichtdurchschlags in einem Gas 11-0217; theoret. Unters. d. durch Feldemiss. verursachten Vakuum-Durchschlags 11-0218; Einfl. d. Elektrodenkrümm. auf d. elektr. Vakuumdurchschlag 12-0188; Zweiwellenlängeninterferometrie eines laserinduzierten Funkens in Luft 15-0145; Hochfrequenzdurchbruch in Penning-Anordn. mit nichtlinearem Feld 15-0146; Gase hoher Durchschlagsfestigk. (SF_6 u. fluorierte KW-Stoffe) 15-2293; Ströme vor d. elektr. Durchschlag in Gasgemischen 19-0183; Durchschlagsfeldstärke komprimierter Luft in einem homogenem elektr. Feld 19-0184; elektr. Durchschlag zwischen planparallelen Cu-Elektroden im Vakuum 19-0185; durch einen Laser induzierte Vordurchschlags- u. Durchschlagserschein. in einer Nebelkammer 20-0134; Vakuumdurchschlag infolge v. Feldemiss. 20-0135; Funkenbldg. beim stat. Durchbruch in N_2 u. Ar in Zeitbereichen v. Nanosek. 23-0198; Bogenzünd. an Metalloberflächen in einer H-Penningentlad. 25-0148; elektr. Durchschlag zwischen Metallelektroden im Hochvakuum (Theorie) 26-0174; (Experimente) 26-0175; Theorie d. Durchschlags in Ar unter d. Einfl. einer Laserbestrahl. 27-0178; Unters. eines durch fokussierte Laserstrahl. erzeugten Funkens in Luft 27-0179; Zünd. einer Hochfrequenz-— in einem überlagerten Gleichfeld 27-0188; Einfl.: eines Elektronenakzeptorgases auf d. opt. Durchschlag v. Ar 29-0144; d. Gasdrucks auf d. elektr. Durchschlag u. d. Feldemiss. 30-0119; Durchschlag bei Edelgasen 31-0135; Explos.-Welle v. einem lasererzeugten Gasdurchschlag 38-0185; Elektronenlawine in Luft bei großen Elektrodenabständen 38-0192; Mechanismus d. elektr. Durchschlags für Luft in homogenen Feldern bis zu Spann. v. *400* kV 40-0075; Durchbruch in mol. Gasen 46-0099; durch einen Laser induzierter Durchschlag v. Metalldämpfen 46-0100; Mikrowellendurchschlag in Luft bei hoher Temp. 48-0119; Temp.-Mess. eines Laser-Funkens aus d. Emiss. weicher Röntgenstrahl. 49/50-0110; Möglichk. d. Photoablös. beim Impulsdurchschlag zwischen einer positiven Spitzenelektrode u. einer Platte in Luft 49/50-0114.

Flüssigkeiten: Elektr. Durchbruch in fl. He 7-0167; Vordurchschlagphänomen in fl. dielektr. Hexan 14-0908; Durchschlag: bei einfachen fl. KW-Stoffen unter stiller — 21-0998; in dielektr. Fl. 24-0964; in fl. Dielektrika im Nanosek.-Bereich 25-1018.

Festkörper: Durchbruchsspann. v. durch therm. Ox. v. Si hergestellten SiO_2-Schichten 2-0407; Lawinendurchschlagsspann. v. abrupten u. linearen p-n-Übergängen in Ge, Si, GaAs u. GaP 3-0424; Durchschlagserschein. in Si-Dioden mit negativem Widerstand 3-0425; Durchbruchsfeldstärke v. SiO_2-Schichten beim Beschuß mit O-Ionen 5-0456; dielektr. Durchschlag in mit Elektronen beschossenen LiF-Krist. 5-0458; Lawinendurchbruch in GaAs-p-π-p-Strukturen 6-0432; Ionenwander. als Durchschlagsmechanismus dünner Al_2O_3-Schichten 6-0438; Einfl. v. metall. Beimisch. auf d. Durchbruchsverh. v. n$^+$p-Si-Hochspann.-Übergängen 8-0389; anod. Al-Oxid-Schicht hoher dielektr. Festigk. 8-0413; elektr. Durchschlagsfestigk. v. Oxidfilmen auf Ventilmetallen (Oxidfilme auf Ta u. Zr bei Gleichspann.) 8-0414; (—-Verzöger.-Zeit in dünnen Oxidfilmen auf Al u. Ta) 8-0415; dielektr. Durchbruchserschein. in aufgedampften dünnen SiO-Schichten 12-0414; — in organ. Glas im homogenen Feld 15-0958; kurzzeit. Spann.-Zusammenbruch infolge Lawinendurchschlags in einem Metall-Isolator-Halbleiter-Kondensator 16-0451; Lawinendurchschlagsspann. selektiver Diffus.-p–n-Übergänge 17-0442; Durchschlagscharakteristiken metallisierter Ge-Dioden u. deren Mikrowellenschwing. 17-0454; Temp.-Abhängigk. d. Durchschlagsfestigk. v. Polyäthylen 19-1245; Einfl.: mechan. Spann. auf d. Durchschlagsspann. v. p–n-Übergängen 20-0358, 20-0359; einer Kompensat. auf d. Durchschlagsfelder in homogenen Halbleitern 23-0465; Formen d. elektr. Durchschlags in Ge 23-0477; Durchschlag in Zener-Dioden bei tiefen Temp. 24-0435; Durchschlagsspann. in Ge 25-0442; Potentialverteil. während d. Durchschlags eines Halbleiter-Übergangs 26-0425; Theorie d. Lawinendurchbruchs fester Dielektrika 26-0426; Lawinendurchbruch in Ge bei opt. Band–Band-Anreg. 26-0434; Zusammenhang zwischen Versetz. u. Mikroplasma beim Lawinendurchschlag eines p–n-Übergangs in Si 27-0489; Verzöger.-Zeit einer Lawinen-— in Si 28-0417; Rauschen einer selbständ. Lawinen-— in Si (niederfrequentes Rauschen) 29-0437; Durchbruch v. Si-Kleinflächendioden bei Sperrbelast. 29-0440; Theorie d. stat. Sperrcharakteristik einer Ge-Diode im Vordurchschlagsbereich 29-0446; elektr. Durchschlagsfestigk. v. Al_2O_3-Filmen 29-0461; therm. Lawinendurchschlag in p–n-Übergängen 31-0416; Durchschlagseig. v. Biphotoelementen 31-0458; Ursache d. Erniedrig. d. Durchschlagsspann. an ebenen Si-p–n-Übergängen 32-0427; Mechanismus d. Impulsdurchschlags über d. Oberfläche eines Dielektrikums (Forsteritkeramik) im Vakuum 32-0484, 32-0485; dielektr. Durchschlag in SiO_2-Schichten auf Si 38-0461; elektr. Festigk. v. Polymeren 40-1012; gerichteter Durchschlag in mit Elektronen beschossenen NaCl-Krist. 43-0242; Einfl. v. Au-Spuren auf d. Durchschlagsspann. v. p–n-Übergängen beim Si 43-0376; Durchschlag für elektr. Wechselfelder in dünnen SiO-Schichten 47-0373; Durchschlags-Leit. in Al–SiO–Al-Kondensatoren 47-0376; Effekte einer einaxialen Spann. auf d. krit. Feld beim elektr. Tieftemp.-Durchschlag in n-Ge 48-0409; Theorie d. Lawinendurchschlags in InSb u. InAs 48-0424; Berechn. d. Leitfähigk. v. p–n-Übergängen für schwache Wechselfeldsignale im Bereich d. Lawinendurchschlags 49/50-0280; Theorie d. elektr. Effekte d. Lawinenmultiplikat. bei in Sperricht. vorgespannten p–n-Übergängen 49/50-0281; Strom–Spann.-Charakteristiken realer p–n-Übergänge im Bereich d. Lawinendurchschlags 49/50-0282; Rauschen im MHz- u. Mikrowellengebiet v. Halbleiterübergängen beim Lawinendurchbruch 49/50-0284.

Niederdruckentladung

Anreg. eines UHF-Schwing.-Spektrums durch schnelle Primärelektronen vor d. Kathode einer Hg-Niederdruck-— 9-0191; Dämpf. einer akust. Welle in d. positiven Säule einer Niederdruck-— 9-0192; Arbeitsweisen einer — v. Penning-Typ bei sehr niedr. Drücken 14-0191; Reflex-— bei niedr. Druck 19-0190; Geschw.-Verteil. d. Elektronen in d. positiven Säule einer eingeschnürten Niederdruck-— 20-0137; Typenbldg. einer Niederdruck-— 20-0138; Einfl. v. O_2, N_2 u. W. in Niederdruck-H_2-— 22-0183; Mechanismus d. positiven Niederdrucksäule im Grenzfall kleiner Elektronendichten (Diffus.-Theorie d. homogenen positiven Säule) 25-0145; — im Vakuum 26-0173; Konz. d. angeregten Atome in Hg-— bei niedr. Druck 28-0130; Mechanismus v. Ionisat. u. Atomenergieniveau-Besetz. in Cs- u. Na-Plasma-— bei niedr. Drücken 31-0117; seitl. Extrakt. negativer Ionen aus einer geschichteten Niederdruck-— in O_2 32-1866; stationäre Ionenwellen in ionisierten Edelgasen (Niederdruck-—) 33-0172; Elektronennachliefer. in Niederdruck-— durch metastabile N-Mol. u. deren Stoßlösch. durch Fremdgase 33-0182; Niederdruck-Penning-— 33-0183; Mechanismus d. positiven Niederdrucksäule im Grenzfall kleiner Elektronendichten (Übersicht) 41-0093; (Energieverteil. d. Elektronen) 41-0094; Stoß-Depolarisat. angeregter Ne-Atome in He–Ne-Niederdruck-— 43-0132; Unters. d. Zeitabhängigk. d. emittierten Lichtes u. d. Elektronendichte in einem He-Niederdrucknachleuchten 43-0149; Mikrowellenaufheiz. durch eine stehende Welle im He-Nachleuchten 44-0104; Bedeut. d. Hilfselektroden bei Wechselstrom-— (Niederdruck-Hg–Ar-— 47-0115.

Hochdruckentladung

Vorwärts- u. Rückwärtsbeweg. v. Schichten in einer eingeschnürten Hochdruck-— 2-0162; Theorie d. Hochdruck-Wirbel-— in Luft u. Ar 31-0136.

Townsend-Entladung (stille Entladung, Dunkelentladung)

Elektr. Theorie v. Ozonisatoren (Zündspann. in Sauerstoff–Ozon-Gemischen) 1-0193; (Abhängigk. d. elektr. Charakteristik v. d. Gaszus.) 2-0164; Mess. d. Balmer-Linien-Strahl. v. sich selbst erhaltenden Townsend- — in H_2 12-0184; Bldg. v. O_3 bei d. Synth. u. Dissoziat. v. CO_2 in d. stillen — 16-0683; Townsend-Energiekoeff. für Elektronenschwärme in mehratom. Gasen 17-0194; Umlad. im *Joshi-Effekt* unter monochromat. Röntgen- u. γ-Strahlen in einer Ozonisator- — 17-0195; Mechanismus d. Umverteil. v. Isotopen bei d. Dissoziat. v. CO_2 in d. stillen — 21-0736; Schwank. d. O_3-Bldg. im Entlad.-Bereich d. Ozonisators 24-0745; Näher.-Berechn. d. Anreg.-Geschw. v. Mol. durch Elektronen in einer stillen — in O_2, N_2, CO u. CO_2 26-0155; Verf. gekoppelter Ozonisatoren 26-0742; Nichtgleichgew.-Effekte in einer Townsend-— (Ne) 31-0117; Unters. d. Stromimpulse in durch Wechselspann. angeregten Ozonisator-— 34-0087; Entw. einer Townsend-— in N_2 bis zum Durchschlag 38-0193; stille — in wss. Lsg. 44-0673; photograph. u. oszillograph. Unters. v. Dunkel-— in H 45-0118; Umverteil. d. Isotopen bei d. Wechselwrkg. v. Sauerstoff mit Wasserstoff in stillen — 45-0621.

Koronaentladung

Frequenz d. Trichel-Pulse einer Korona- — in Luftström. 15-0143.

Glimmentladung

Stat. Strom–Spann.-Charakteristik einer Gleichstrom-Glimm-— 1-0191; räuml. Inhomogenitäten in d. gepulsten Glimm-— 1-0192; Strom–Spann.-Charakteristik für d. Glimm-— mit einer ebenen kalten Kathode 2-0163; Empfindlichk. einer katalyt. Sonde gegenüber hohem Atomfluß in einem Stoßrohr mit Glimm-— 3-0196; Einw. d. Hilfselektroden auf d. Kathode u. d. Kathodendunkelräume bei Gleich- u. Wechselstrom-Hg–Ar-— 4-0167; dynam. Charakteristiken d. Wechselstrom-Glimm-— 4-0168; stoßfreie Diffus. beim Nachleuchten in einer — 5-0157; spektroskop. Unters. d. Glimm-— in Luft 6-0165; inverse Bürstenkathode als Plasmaquelle für negatives Glimmlicht 10-0148; wandernde Schichten in d. positiven Säule einer Ar-— (Theorie) 12-0185; (Experimente) 12-0186; Ausbreit. einer Glimm-— in d. ringförm. Öffn. zwischen d. Wand d. —-Röhre u. d. Kathode 12-0187; Temp.-Mess. im negativen Glimmlicht d. Hohlkathode zur Klär. d. Rotat.-Translat.-Gleichgew. 14-0192; Anreg. u. Besetz. d. Niveaus $2s_2$ u. $2p_4$ v. Ne in d. positiven Säule 14-0193; Schicht. d. positiven Säule in einem Magnetfeld 15-0144; He-Mol.-Strahl. in d. positiven Säule einer Gleichstrom-— 16-0157; Rekombinat. v. He^+ u. He^{2+} im Nachleuchten d. He-— 18-0175; Feststell. d. krit. Magnetfeldes durch Mess. d. Leuchtdichte einer positiven Säule 18-0176; Massenspektrometrie d. Ionen in Glimm-— (Anwend. auf H_2–D_2-Austauschrk.) 19-0187; elektronegative positive Säulen 22-0184; ionisierende Raumlad.-Wellen in Gasen (— d. positiven Säule einer Glimm-— in N_2) 22-0185; vergleichende Unters. d. wandernden Streifen in d. positiven Säule in Ne u. d. Leuchtschicht v. Holst u. Oosterhuis 23-0196; Mess. v. Ionisat. u. Anreg. v. Verunreinig.-Gasen im Nachleuchten v. He 25-0125; Mechanismus d. Besetz.-Invers. v. Xe-Niveaus in d. positiven Säule d. He–Xe-Misch. 25-0142; Theorie d. negativen Glimmlichts 25-0146; Massenanalyse schneller Kanalionen einer Glimm-— in bin. Gemischen 27-0181; Elektronen hoher Geschw. in d. positiven Säule einer Gleichstromgas-— 27-0182; zeitl. Anstieg d. Stromes in d. anomalen Glimm-— 27-0184; Best. d. Paramater d. Löschprozesse u. d. Querschnitte d. stufenweisen Anreg. für Ne-Atome (Konfig. $2p^5ns$) 28-0126; sichtbare Kontinua in positiven Säulen in Xe, Kr u. Ne 29-0146; Längsverteil. v. Gasmisch. in einer Glimm-— 29-0147; positive Säule bei nahezu Maxwellscher Geschw.-Verteil. d. Elektronen 30-0117; Massenzus. d. energiereichen Ionen, d. in d. anomalen Glimm- — d. Kathode bombardieren 30-0118; Vgl. v. Drift- u. Nachleuchtunters. aeronom. Ion–Atom-Austauschprozesse; Zerfall metastabiler He-Atome im Nachleuchten; He-Rekombinat. im Nachleuchten einer positiven Säule 31-0117; eingeschnürte positive Säule einer elektr. Nichtgleichgew.-— in mit Alkalimetallen geimpften Edelgasen 32-0137; Einfl. einer Glimm-— auf d. Aktivität u. d. Formier.-Prozeß d. Fe-Katalysators d. NH_3-Synth. 33-0821; qual. Theorie d. Hohlkathoden-Effekt bei mittlerem Druck in einer Glimm-— 38-0189; Theorie d. subnormalen Säule einer Niederdruckglimm-— 41-0095; Einfl. d. Resonanz- u. Nichtresonanzumlad. auf d. Energieverteil. positiver Ionen an d. Kathode einer Glimm-— 41-0097; Elektronenablsg. während d. Gleichstromentlad.-Nachleuchtens v. CO 43-0151; normaler Kathodenfall d. Glimm-— in Ne 44-0103; Mess. d. Wahrscheinlichk. spontaner $3s_2$–$2p$-Übergänge in Ne in d. positiven Säule einer Glimm-— 47-0109; Kontrakt. d. therm. inhomogenen positiven Säule mit Vol.-Rekombinat. 47-0110; — in Cd + Kr- u. Cd + Xe-Misch. 49/50-0111.

Hochfrequenz-, elektrodenlose, Mikrowellen-, Impulsentladung

Zeitverh. d. Linien *3889* u. *5016* Å v. He in einer Impuls-HF-— 1-0195; Einfl. d. Wechselwrkg. v. Fackeln auf d. strukturellen u. spektroskop. Eig. einer Impuls-— 1-0196; Lichtimpulse v. Hg-Kontaktrelaisröhren im Nanosek.-Bereich u. ihre spektroskop. Mess. 4-1550; Best. d. Gastemp. im Nachleuchten einer Impuls-— durch Mikrowellen-Sondenmess. an stehenden akust. Wellen 5-0158; Ionisat. einer Beimeng. in einer gepulsten H-— 5-0160; Impuls-— in wss. Lsg. verschiedener Leitfähigk. 7-0169; dosimetr. Best. d. Effekts einer elektr. Impuls-— im wss. Medium 7-0170; Möglichk. d. Dissipat. v. hohen Energien durch Impuls-Xe-Lampen 7-0178; spektrale Charakteristiken d. elektrodenlosen Ring-— 9-0194; Mess. d. Elektronenkonz. in einer Impuls-— in Xe mit einem Gaslaser 9-0198; OH-Radikale in Hochfrequenz-— 11-0214; Ursprung d. Lumineszenzschwing. bei hochfrequenter Ring-— 11-0215; stromstarke Impuls-— 13-0214; Anreg. eines nichtachsensymm. Typs stehender Wellen in einer Hochfrequenz-— 14-0194; Elektronenverteil. in Fackel-— 16-0158; Physik d. elektrodenlosen Hochfrequenz-— in Ar 16-0159; Konz. angeregter Atome in d. Impuls-— in Hg-Dampf 17-0197; Kathodenflecken in Impuls-— 18-0177; He-Rekombinat. in einer Hochfrequenz- — 23-0194; Blitzlampe mit toroidförm. —-Anreg. 25-0153; Plasmawellenanreg. u. Thermalisier. in einer elektrodenlosen Indukt.-— 26-0170; Ionisat. durch Hochfrequenzindukt. v. Ultraschallström. u. Änder. ihrer dynam. Eig. 27-0189; Einfl. v. Verunreinig. auf d. Bldg. v. O-Atomen in einer Mikrowellen-— 27-0190; Schwing.-Desaktivier. v. angeregten Zuständen d. N_2, hervorgerufen in einer Mikrowellen-— 28-0129; Hochfrequenz-— in Gasen 29-0149; Absorpt. im Kanal einer Hochdruck-Impuls-— 29-0150; Nachleuchten d. Impuls- — in Hg-Dämpfen 31-0138; Beschleunig.-Spann. u. Elektronentemp. in einer Röntgenblitz-— 33-0181; K-Resonanzstrahl.-Hochfrequenzentlad.-Lampe zum Gebrauch in Kilogauß-Magnetfeldern 37-2019; Mikrowellen-Entlad.-Lampe 37-2058; kalorimetr. Unters. einer Hochfrequenz-— in Ar 38-0190; Dissoziat. v. H_2-Mol. in d. HF-— einer Quelle für polarisierte Atome 38-0191; Mess. d. Konz. geladener Teilchen in einer Fackel- — 39-0085; Verlustrate d. Elektronen u. Ionen im Nachleuchten v. Mikrowellen-— in Ne 43-0154; Eros. d. Kathodenmaterials bei Impuls- — zwischen parallelen Elektroden 45-0121; Selbstabsorpt.-Resonanzen bei d. Elektronen-Zyklotron-Harmonischen (Mikrowellenemiss. einer He-—) 46-0098; Vgl. d. Mikrowellen-— v. He, Ne, Ar u. Luft mit d. — im elektr. Feld im Frequenzbereich v. *0* bis *7* MHz 46-0103; Impuls-— in Zn-Dämpfen in Ggw. v. Xe 47-0111; Stör. v. Mikrowellenhohlraumfeldern durch zeitabhäng. Xe-Laser-— 48-0116; Best. d. Anreg.-Querschnitte u. Zerstör. d. hohen Niveaus, v. He, Ne u. Ar in d. Hochfrequenz-— 49/50-0112; schnelle Impuls-— in H 49/50-0115; Best. d. Temp.-Profils eines achsensymm. Kanals d. Impuls-— mit einem Temp.-Maximum $\leqq 10^5$ °K 49/50-0116; stationäre elektrodenlose — bei hohen Drücken 51/52-0097.

Bogenentladung

Niederspann.-Bogen-Form in thermion. Konvertern 1-0197; Niederspann.-Lichtbogen in Cs-Dampf 2-0166; Phänomenologie v. Plasmatriebwerks-Kathoden im Druckbereich zwischen *15* u. *100* Torr 3-0200; Unters. an Kathoden v. Lichtbogentriebwerken 3-0201; spektralphotometr. Eig. d. Niederstrom-Kohlebogens 5-0162; Einfl. d. Porosität v. Elektroden in M.H.D.-Generatoren auf ihre elektrolyt. Zerstör. 5-2210; Kaskadenbrenner als Strahldichtenormal hoher Strahldichte 9-0201; Anreg. u. Ionisat. im spektrograph. Bogen 10-1866; Phänomene bei d. Verdampf. im Kohlebogen 11-0220; Rückströme im unipolaren Bogen 11-0221; abmontierbare Hochleist.-Xe-Bogenlampe 11-1822; Elektronen- u. Ionentransport quer zu einem Magnetfeld in einem Bogen-Diffus.-Experiment 12-0178; Unters. d. Teilchenverteil. in Gleichstromkohlebögen mit bes. Berücksichtig. d. Transportphänomene 13-1820; Impulsbogen hohen Drucks in He u. H 14-0196; spektroskop. Mess. in fluktuierenden Bögen 14-0197; Kathodenbereich eines Dampflichbogens 14-0198; Theorie d. Gasaufheiz. in axialsymm. wandstabilisierten Lichtbögen 14-0199; gemeinsame Anoden-Kathodenbeschick. eines Hohlkathodenbogens 15-0147; Niederspann.-Knudsen-— mit heißer Kathode 16-0161; Impulsbogen in Ar bei Drücken bis 10^8 N/m^2 16-0162; Näher. zur elektr. Leitfähigk. eines magnet. abgeglichenen Bogens in einer transversalen Ar-Ström. 16-0163; Theorie d. Wärmestrompotentials in angeströmten Lichtbögen 16-0164; wechselseit. Beeinfluss. v. Gasström. u. Bogen in Gasström.-Schaltern 16-0165; Charakteristik eines Wechselstrombogens in kontrollierter Atmosphäre 17-2100; einstrahl. Mess. v. Bose-Einstein-Schwank. in einem natürl. Gauß-Strahl.-Feld d. Anode eines Kohlebogens 19-0191; Niederspann.-Bogen in Cs-Dampf 19-0192; Staupunktmess. mit einer Langmuir-Sonde in einem Ar-Bogenstrahl 19-0195; Best. d. Wärmeleitfähigk. u. d. elektr. Leitfähigk. v. H u. SF_6 im Lichtbogen 20-0142; spektrograph. Mess. an einer Bogen-— 21-0205; spektrale Strahldichte eines Niederstrom-Graphitbogens 21-0206; Erzeug. eines stillen Bogenplasmas mit variablen Parametern 23-0199; Einfl. einer radialen Masseneinström. auf Lichtbögen 23-0200; Auflös. d. Elektrodenfallräume in Bogen-— 23-0201; Schwing. u. Rauschen im Anodenraum v. Hg-Bogengleichrichtern aus Glas 23-0202; inverses Problem in d. Bogenphysik 24-0184; kontinuierl. Spektrum d. *1*-atm-Ar-Bogens im Spektralbereich *2700* bis *5000* Å 25-0150; Mess. d. Abnahme d. Bogensäulentemp. als Folge einer Unterbrech. 25-0151; Abnahme d. elektr. Leitfähigk. unterbrochener Bogensäulen 25-0152; elektr. Bogen mit überlagerter Ström. 26-0180; experimentelle u. theoret. Unters. d. Leitwertabklingens in N-Kaskadenbögen 27-0191; Spektren d. niederfrequenten Schwing. v. Vakuum-Bögen 27-0192; Kathodenfall eines Bogens an reinen Metallen 27-0193; Sättig.-Helligk. v. Mikrosek.-Bogenkanälen hoher D. 28-0132; Einfl. d. Trägersubstanz auf d. räuml. Verteil. d. Probenatome im Wechselstrombogen 28-0133; Mess. d. Temp. d. Atome u. d. Elektronenkonz. über d. Voigt-Konturen d. Spektrallinien unter d. Beding. einer Bogen-— 29-0152; Sondenunters. eines Cs-Niedervoltbogens zwischen zwei emittierenden Elektroden 29-0154; Anwend. einer Stallwood-Düse u. d. Gleichstrombogens zur Analyse v. Luftverunreinig. in Inertgasen 29-2003; Einfl. eines Magnetfeldes auf d. emissionsanalyt. Charakteristika eines Wechselstrombogens 29-2023; Besonderh. d. Kathodenabbaus im unipolaren Wechselstrombogen 29-2207; Unters.laminarer Dampfströme in Bogen-— u. ihre Anwend. in d. Spektralanalyse 30-1864; Kathodenfall v. Vakuumbögen an Aufstäub.-Kathoden 31-0139; akust. Resonanzen in modulierten kompakten Xe- u. Kr-Bogenlampen 31-0141; elektr. Parameter d. Gleichstrombogens als spektralanalyt. Lichtquelle 31-2021; neue Klasse v. Niederdruck-Bogensäulen mit positiven V–I-Charakteristiken 32-0138; Einfl. d. Wärmeleit. zur Kathode im elektr. Feldbogen 33-0178; Temp.-Mess. am Ar-Hochleist.-Bogen 33-0184; Unterdrück. v. Schwing. in Niederdruck-Bogen-— mit Glühfadenkathode 34-0089; Elektronendichtemess. während einer Stromstör. eines wandstabilisierten Ar-Bogens 38-0195; Übergangswahrscheinlichk. für drei SI-Multipletts u. Wobbeln d. Bogensäule 39-0087; Mess. d. elektr. Feldstärke für wandstabilisierte Bögen in SF_6 u. N_2 40-0076; wassergekühlter Hg-Lichtbogen für kontinuierl. Wellen-Laserpumpen 41-1916; Besetz. d. Anreg.-Zustände in Bogen-— geringer Elektronendichte 44-0105; Einfl. v. Tl-Jodid auf d. Bogentemp. v. Hg-— 47-0114; spektrograph. Mess. an einem gepulsten Bogen 48-0121; Bogen-— in Hg-Dämpfen mit Cs-Zuatz 49/50-0108; Bogencharakteristik d. elektr. Gradienten v. Ar u. He im Temp.-Bereich *7500*–*13750* °K 49/50-0361; Geschw. d. Teilchenübergangs aus Elektroden eines spektrograph. Kohlebogens 51/52-0098.

Funkenentladung

Einfl. d. —-Energie auf d. Graphitisier. v. C durch Funken-— 1-0226; helle Hochdrucklichtfunken-— v. Submikrosekundenlänge 6-0168; Mechanismus d. Eintritts einer Substanz in d. Plasma einer Funken-— 10-0149; Anreg. u. Ionisat. im spektrograph. Funken 10-1866; Rolle d. Kathoden-Feldemiss. beim Übergang v. Leuchtfaden zum Funken 13-0212; Funken-— 13-0213; durch innere Spann. stabilisierte Funkenquelle; Blattanalyse durch Wechselstromfunkenanreg.: Eig. v. verdampfenden u. nicht verdampfenden Entlad.-Formen bei Funkenanreg. in Edelgasen 13-1820; Ablauf einer Blechverform. bei Unterwasser-— 13-2359; Ausbreit.-Geschw. eines Funkenkanals in Abhängigk. v. Stromanstieg u. d. Anfangsdichte 14-0195; Einfl. d. Elektroden-Wärmetransports bei d. Funken-Erhol. 17-0196; Anfangsphase d. Funkens u. d. Entsteh. einer Stoßwelle 21-0202; Temp. u. Elektronendichte langer Funken in Luft 21-0203; Mess. d. Tangentialkräfte an d. Elektroden bei einem Funken in einem transversalen Magnetfeld 21-0204; Vakuum-UV-Funkenquelle 22-2002; Eros. v. Metallelektroden durch Funken-— 22-2033; radiale u. axiale Entw. d. Leuchtens im Funkenkanal 23-0197; statist. Verzöger. bei d. Bestrahl. v. Gasentlad.-Funkenstrecken mit radioakt. Material 26-0178; spektroskop. Mess. d. zeitl. Verlaufs d. radialen D.- u. Temp.-Verteil. in einem H-Funken 26-0179; Zusammenhang d. Stofftransports in d. —-Zone mit d. dendrit. Ätz. bei d. Spektralanalyse v. Cu–Ag-Leg. 26-1967; mkr. Unters. d. Krater v. Hochspann.-Funken-— 26-1968; therm. Leitfähigk. aus d. elektr. Energie u. d. Zentrumsenergie eines Funkens 28-0134; Parameter d. Funkenkanals bei niedr. Ionisat. d. Gases 28-0135; Vorstadium d. Funkens, untersucht mit d. Bildverstärker 29-0151; Eros. v. Stahlelektroden bei d. Funken-— in Ar-Atmosphäre 31-2022; Funken-— an d. Oberfläche v. Filmen aus TiO_2 auf verschiedenen Unterlagen 32-0483; Funkenstrecke für Subnanosek.-Impulse 34-1878; Einfl. v. Funken-— auf d. Realstruktur v. W-Krist. 35-0283; pulsierender Funkenüberschlag im Vakuum an Urethanepoxid-Harz u. Pyrex-Glas 36-0394; Funken-— zur Erzeug. kurzzeit. Licht- u. Stromimpulse 37-2017; spektroskop. Unters. d. Kanalzünd. in H-Funken 45-0119; Einfl. d. Wärmeübergangs an d. Elektroden auf d. Wärmebilanz u. d. Abkühlgeschw. d. Funkenentlad.-Kanals 45-0120; Blitzröntgenstrahlen-Entlad.-Kontinuum 48-0123.

Chemische Wirkungen und deren Anwendungen

Unterschiede im Charakter d. C_6–C_9-KW-Stoffe, d. aus gasförm. CH_4 bei niederfrequenten — gebildet wurden 1-0908; Abscheid. v. amorphen SiO_2-Schichten durch ein Gasentlad.-Verf. 2-0233; Bedeut. metall. Katalysatoren bei d. Synth. v. N_2H_4 aus NH_3 in d. stillen — 5-0725; chem. Rk. in — (Struktur d. positiven Säule in Glimm-— durch schnell strömende Gase) 6-0166; (positive Säule in Gleichstrom-Glimm-— in O_2) 6-0167; Wasserstoff–Sauerstoff-Syst. in d. — 7-0673; Isotopentrenn. v. Sauerstoff bei d. Synth. v. CO_2 in d. Bogen-— 8-0610; Einfl. d. Partialdruckes d. Komponenten N_2 u. O_2 auf d. Synth. v. NO in Glimm-— 9-0648; Kinetik d. Assoziat.-Rk. negativer Ionen unter Elektronenabgabe bei — 10-0637; chem. Rk. in elektr. Bögen bei d. Spektrographie 10-1867; Ox. v. $FeSO_4$- bzw. $K_4[Fe(CN)_6]$-Lsg. durch atomares, in einer Hochfrequenz-— gebildetes O 11-0727; Bldg. v. HCN durch Dezimeterwellen in einer Hochfrequenz-— aus Ar NH_3–CH_4-Misch. 13-0692; Unters. physikal.-chem. Rk. in metalloxidhalt. Graphitelektroden bei Bogenanreg. mit Hilfe radioakt. Isotope u. d. Röntgenbeug. 13-1820; Ox. v. Si mittels Glimm-— 14-2417*; Atomrk. in Ström.-Rohren nach — 15-0682; — einer Lsg. v. B_2H_6 u. O_2 zur Darst. v. Boroxin 15-0720; Darst.: v. Nitriden d. Seltenerdmetalle durch reakt. Bogenschmelzen 15-0730; v. Hydraziniumhalogenid u. NH_4Cl durch Glimm-— 15-2251*; Tieftemp.-Bldg. v. O_3 in d. Glimm-— 16-0739; Sauerstoff-Isotopeneffekt bei d. H_2O_2*-Synth. aus H_2O*-Dampf in d. Glimm-— 16-0740; Rk. v. KW-Stoffen in Schaumform unter d. Einfl. v. Gas-— (Polymerisat. v. Isobuten) 16-1156; (Polymerisat.) 16-1157; Herst. dünnster Filme durch Zers. v. Verb. mittels — 16-2247*; Bldg. v. aromat. u. pseudoaromat. Verb. bei — im HF-Bereich 17-1028; Vers. zur Anwend. v. a priori-Rangordn. zur Ermittl. v.Synth.-Beding. sauerstoffhalt. Verb. in — 27-0773; Carborane aus B_2H_6 u. Acetylen in einer — 29-0802; Dissoziat. v. Cyclohexan in Gleichstrom-, *50*-Hz- u. *535*-Hz-— 29-0989; Übergänge v. Atom- zu Mol.-Ionen in — 33-0163; Rk. durch stille — in wss. Lsg. 33-0833; Zers. v. $NbCl_5$-Dämpfen in d. Glimm-— 35-0605; Darst. v. hochdispersem C durch Elektrocarbonisier. v. Bzl. in d. Funken-— 35-0674; kinet. Isotopeneffekte v. O_2 u. C in d. bei — vor sich gehenden Dissoziat. v. CO_2 u. O_3 36-0608; gemeinsame Zers. gasförm. u. fl. KW-Stoffe in — 37-2866; Umwandl. einfacherer KW-Stoffe in einer Glimm-— bei niedr. Druck (Kinetik u. Mechanismus) 38-1090; N-Dissoziat. in — v. *2450* MHz 39-0086; Umwandl. v. CO_2 u. seinen Gemischen mit H_2 in d. Barrieren- (stillen)— 39-0593; Verteil. v. N-Isotopen bei d. Synth. v. NO in d. elektrodenlosen Hochfrequenz-— 41-0568; Dissoziat. v. CO_2 in d. Glimm-— 42-0562; NH_3-Zers. in einer Glimm-— 43-0152; Ox. v. Si in einer O-Glimm-— 43-0153; Red. alkal. wss. Kaliumhexacyanoferrat(III)-Lsg. in He- u. Ar-Atmoshpähre durch stille — 44-0673; Rk. bei stiller — in wss. Lsg. (Fixier. v. N_2 in einem heterogenen Syst. aus N_2 u. W.) 45-0660; gesteuerte Ox. v. Ta u. Al in einer hochfrequenzangeregten Glimm-— 46-0641; Einfl. d. Kapazität v. Glimm-— auf d. Ausb. an N-Oxiden (Stromstärke u. Druck) 46-2074; Herst.: v. Difluormethylenradikalen aus Perfluorcyclobutan unter Einw. radiofrequenter — 46-2292*; v. Trifluormethylradikalen aus Perfluoräthan unter Einw. v. radiofrequenter — 46-2293*.

Oberflächeneffekte

Zusammenhang zwischen Gas-— u. tribochem. Rk. am Beispiel d. Bearbeit. v. Al-Oberflächen mit runden Stahlkugeln u. spitzen Fe-Körnern 1-0675; Oberflächeneffekt bei d. Synth. v. NO in Glüh-— (Einfl. d. Metallfilme an d. Wand) 14-0656; Unters. d. Ar-Adsorpt. durch d. Glasoberfläche v. —-Lampen 17-2356; negative Suche nach einer Wand Leitfähigk. in —-Röhren 21-0207; Einfl. einer Gas-— auf d. Bldg. monokrist. Überzüge (PbS auf (*001*)-Fläche v. NaCl) 22-2512; Oberflächenrunzel.-Zeiten v. fl. Dielektrika in d. Glimm-— 25-0497; Erzeug. zündender Büschel-— durch aufgeladene Schichten auf geerdeten Leitern 31-0488; Besonderh. d. bei d. elektr. Eros. v. Halbleitereinkrist. entstehenden plast. Verform. 39-0246; Best. d. Dicke u. d. Faktors d. Zulässigk. einer veränderten Schicht einer Polyäthylenfolie unter d. Einw. partieller — 43-1058.

Methodik und Anwendungen

Ionenpumpen s. unter *Vakuumtechnik*. Ionisat.-Manometer s. unter *Druck*. Anwend.: in d. *Spektroskopie*; beim *Schweißen, Löten und Brennschneiden* s. dort; bei d. elektroerosiven Metallbearbeit. s. unter *Metalle*. *Strahlungsmeßgeräte* s. dort bzw. unter d. betreffenden Strahlungen.

Siehe auch d. vorst. Absatz *Chemische Wirkungen ...*

Best. d. Verteil.-Funkt. v. Elektronen in Niederstrom-— mittels Mikrowellen 2-0159; photograph. Meth. zur Unters. v. Gleit-— in Fl. 11-2211; Herst. v. polymeren Überzügen auf Metallen durch elektr. Glimm-— 13-2386; Mess. d. D. v. Hg-Dampf bei nichtstationären —-Beding.16-0155; Best. v. Elektronendichten in Gleichstrom-— mit Hilfe v. Sonden 20-0136; Anwend. d. Glimm-— zur Red. v. metallhalt. Ausgangsmaterial 20-2394*; Gas-— als eine Quelle inkohärenter Strahl. im Millimeter- u. Submillimeter-Wellenlängenbereich 22-0186; KCl–NaCl-Trenn. in Sylvinit mittels Koronascheid. 23-2297; optimale Verf. zur Elektrofunkenbehandl. v. Leg. auf Al-Basis 23-2614; Wärmebehandl. v. Metallen durch Gas-— 25-2619*; Möglichk. d. Anwend. d. homogenen Durchschlags zur Spann.-Stabilisier. 26-0427; Arbeitsweise eines —-Detektors 27-2158; Best.: d. Homogenität d. spezif. Widerstandes v. Ge- u. Si-Einkrist. u. Epitaxieschichten nach d. Durchbruchverf. 29-0441; v. Wrkg.-Querschnitten aus Mess. an zylindr. Kaskadenbögen 33-0168; elektrostat. Behandl. v. vulkanisierten Überzügen aus Polydimethylsiloxan durch Korona-— 34-2938*; Theorie d. Ar- u. He-Detektoren 35-1945; App. zur Anwend. v. Hochfrequenz- u. Gleichspann.-Gas-— 35-1994; Verw. v. Korona-— zur Unters. v. Ionen-Mol.-Rk. 38-0177; Kreisbogenkamera zur Aufnahme v. Bögen, Funken u. anderen selbstleuchtenden Erschein. 41-1969; spektroskop. Unters. v. —-Drähten in kontrollierten Atmosphären mit zeitl. Auflsg. 46-1782.

Bibliographie

The influence of gas streams and magnetic fields on electric discharges. Part *3*: Arcs in transverse magnetic fields at atmospheric pressure B 33.

Entladungsröhren

Anwend. v. — in d. *Spektroskopie* s. dort. *Elektronenröhren*; *Entladung, elektrische* s. dort. *Strahlungsmeßgeräte* s. dort bzw. unter d. entsprechenden Strahlungen.

Siehe auch *Strahlungsquellen, optische.*

Intensitätsanstieg u. -abfall in Hg-Entlad.-Lampen 3-0199; Anpass. v. Xe-Entlad.-Lampen an Festkörper-Laser 3-0395; vergleichende Unters. d. Licht- u. elektr. Charakteristiken in Impulsröhrenlampen mit Ne- u. Xe-Füll. 17-0198; kalorimetr. Best. d. Ausb. v. – 23-0203; Blitzlampe mit toroidförm. Entlad.-Anreg. 25-0153; Hochfrequenz-Massenspektrometer zur Kontrolle d. Herst. v. Hochspann.-Röhren unter Hochspann.-Gleichstrombelast. 30-0120; Herst. eines La-Überzuges auf Elektroden für Glimmlampen 40-2095*.

Entmagnetisierung s. unter *Magnetismus, Magnetisierung; Magnetokalorischer Effekt.*

Entothein, Isolier. aus Parmelia entotheiochroa 23-1538.

Entsalzen s. unter *Salze.*

Entwässerung s. unter *Trocknen und Entwässern* bzw. unter d. speziellen Stoffen; s. auch *Hydrate.*

Entzündungshemmende Mittel s. unter *Arzneimittel, Antiphlogistika.*

Envacar s. unter $C_{10}H_{13}N_3O_2$.

Enzyme (Fermente)

(einbegriffen Antifermente, Profermente und Aktivatoren

Enzympräparate s. dort; s. auch *Gärung; Glykolyse; Phosphorylierung; Stoffwechsel; Verdauung.*

Allgemeines

Meth. in d. Enzymologie 6-1236; Fortschritte: d. Enzymologie u. verwandter Gebiete d. Molekularbiologie 27-1414; in d. Tumorenzymologie 27-1414; über –-Syst. u. ihre Spezifität in Bezieh. zur systemat. Ordn. d. Tier- u. Pflanzenreiches (*10.* Mitt.) 28-1395; Ox. u. Phosphorylier. (Meth. d. Enzymologie) 29-1398; Prüf.-Ergebnisse aus ausgewählten in vitro-–-Syst. (*1.* Mitt.) 43-1175; (*2.* Mitt.) 43-1176.

Enzymmodelle

Gemischte Metall-Komplexe als –-Modelle 5-0902; allostere –-Modelle (Analyse durch d. Theorie mit Diagrammen) 10-1225; –-Modelle (Vortrag) 13-1170; synthet. Peptidmodelle mit –-aktiver Gruppier. 15-1149; Meth. u. Probleme d. Konstrukt. v. Computermodellen biochem. Syst. einschließl. wirkl. – (Übersicht) 19-1352; Mo–Thiol-Komplexe als Modell für an – gebundenes Mo 20-1269; Katalyse d. Decarboxylier. durch Cyclodextrine als eine Modellrk. für d. Wirkungsweise v. – 29-1110.

Vorkommen, Aktivität

–-Aktivität u. -Struktur (Einfl. v. neutralen Salzen) 11-1218; Beteilig. v. Oxalaten an d. Aktivier. v. – 15-1373; Bedeut. v. SH-Gruppen für d. –-Aktivität 20-1271; Modifikat. d. –-Aktivität 32-1355; Rolle d. SH-Gruppen bei d. Aktivier. v. – 32-1481; therm. bedingte Aktivitätsänder. d. – 33-1536; Bedeut. d. SH-Gruppen für d. Aktivität d. – 36-1267; Aktivität (Einfl. d. A-Konz. bei d. Fäll. aus wss. Lsg.) 37-1349.

Zellen, Zellbestandteile: Genetik d. Lokat.-Spezifität v. – 11-1217; – d. Nucleinsäurestoffwechsels in Polyomavirus-infizierten Zellen 19-1464; Korrelat. zwischen d. –- u. d. Proteinverlust bei Infekt. v. Zellen mit Pseudorabies-Virus 22-1440; – d. äußeren Membran v. Mitochondrien 32-1257; –-Aktivität in Glutaraldehyd-fixierten Mitochondrien 32-1258; zeitl. Änder. d. –-Aktivität während d. Ausbldg. d. Inositmangels in KB-Zellen 32-1300; –-Aktivität in Mitochondrien (Einfl. v. Thyreoidhormonen) 36-1200; – d. externen Mitochondrienmembran 37-1462; enzymat. Aktivität d. „Ghosts" aus Mitochondrienmembranen durch Fe^{2+}-induzierte Lipidperox. 40-1105.

Mikroorganismen: – : v. Koji-Schimmelpilzstämmen 4-2640; in Antigenextrakten aus Aspergillus fumigatus nach Elektrophorese u. Immunelektrophorese auf Agarose 5-1293; extrazelluläre – v. Sorangiumstämmen 7-1281; – aus Myxobacterium (Wrkg. auf Zellwandpeptide v. Micrococcus lysodeikticus) 9-1158; Enzymologie d. Virus-infizierten Bakterien 12-1289; Aktivität d. – d. Ornithin-Zyklus bei Endomycopsis vernalis u. Torulopsis utilis in Abhängigk. v. d. N-Quelle 13-1234; – : v. Bacillus subtilis (Einfl. d. Bakteriophagen Φ-Infekt.) 14-1343; aus Bacterium mesentericus 17-1325; in grünen Einzellern in Abhängigk. v. d. C-Versorg. 17-1453; d. Glyoxylatzyklus in Rhizobia u. d. Knoten d. Leguminosen 20-1370; bei mit Interferon behandelter Brucella suis 23-1531; –-Histochemie v. Cryptococcus neoformans 24-1429; –-Ausstatt. v. in einem D-Weinsäure als einz. C-Quelle enthaltendem Medium kultiviertem Aspergillus niger 25-1401; Vgl. d. –-Ausstatt. v. wilden, Citrat- u. Tartrat-adaptierten Stämmen v. Aspergillus niger 25-1402; gleichzeit. Abnahme v. an d. Synth. v. Coenzym B_{12} u. Propionsäure beteiligten – bei Propionibakterien 28-1343; Änder. an einigen – d. bakteriellen Elektronentransports bei Entw. einer Resistenz gegen Oxytetracyclin 29-1528; Vork. d. – d. Tricarbonsäurezyklus in zellfreien Extrakten d. Sporen v. Penicillium chrysogenum 31-1490; Regulier: d. – d. β-Ketoadipat-Hauptweges in Moraxella calcoacetica 31-1498; d. Krebszyklus-– in E. coli 32-1332; – in Basidiomycetes 33-1537; photoreaktivierendes – in Hefezellen d. logarithm. u. d. stationären Phase 33-1540; Verteil. in Pilzgewebe v. Fusarium moniliforme 33-1620; Lokalisier. in L-Formen v. Proteusbakterien u. in d. Elternbakterien 37-1479; Verlust während d. Gewinn. v. Protoplasten aus Bäckerhefezellen 40-1091; Regulier.: anaplerot. – in E. coli (Überblick) 40-1175; v. –-Profilen in E. coli durch Einw. v. O_2, Nitrat oder Nitrit 44-1289; –-Aktivität: v. Pilzsporen u. Myzel 46-1266; d. intakten Konidien d. Actinomyceten 46-1330; photoreaktivierendes – aus Neurospora crassa 47-1412; rohe –-Syst. aus früh u. spät produzierenden Stämmen v. Penicillium patulum 48-1367.

Pflanzen: Aktivität v. Krebszyklus-– in Kaktusgeweben (tägl. Schwank.) 12-1302; –-Syst. d. Erdartischockenknolle u. d. Zichorienwurzel (Wrkg. v. 2.4-Dichlorphenoxyessigsäure) 12-1378; Entw. u. Abnahme d. – d. Glyoxylatzyklus in Wassermelonensämlingen (Wrgk. v. Dactinomycin u. Cycloheximid) 13-1270; Wrkg. d. Lichtintensität auf d. – d. photosynthet. Carboxylier.-Phase u. Chlorophyllsynth. in ergrünenden Blättern v. Hordeum vulgare 14-1400; –-Aktivität: bei verschiedener Behandl. d. Sorghumhirsesaatgutes bei tiefer Temp. 18-1402; während d. Weichens v. Gerste 19-3244; – d. C-Zyklus d. Photosynth. 20-1369; Geh. im unreifen, mit Ascorbinsäure, Cystein, Hydroxylamin, Cyanid, Si u. Fe behandeltem Zuckerrohr 20-1445; – d. Photosynth. in Chloroplasten 21-1572; multiple – in d. frühen Entw. d. Weizens 22-1453; –-Aktivität: v. Ribosomen aus Sojabohnenkeimlingen 23-1544; in Bezieh. zur Backqualität v. Roggen 27-3551; intrazelluläre Verteil. in d. Blattzelle 28-1527, 28-1528; – d. Vakuolen aus Wurzelzellen v. Maiskeimlingen 32-1250; extrazelluläre – v. Coniophora cerebella 32-1409; – aus Trauben (Wrkg. v. Anthocyanin-Pigmenten) 37-1461; Spiegel d. phenol. – mit d. Entfern. v. Ort d. Schädig. d. Kartoffelknollen verbindende Exponentialgleich. 41-1448; Assoziat. d. – d. Glyoxylsäurezyklus in einem neuen subzellulären Partikel aus Rizinussamenendosperm 47-1413.

Tierische Organismen: Photoreaktivierendes – in Seeigeleiern 1-1257; – bei Ratten unter Kälteeinw. u. Hypothermie infolge Dimethylsulfoxid 6-1582; Enzymologie d. Würmer 9-1270; an d. Bldg. ungesätt. Fettsäuren beteil. –-Syst. unter d. Einfl. v. Insulin bei diabet. Ratten 11-1438; –-Syst. d. Planorbisschnecke 12-1232; –-Anpass. als Mechanismus d. Drogentoleranz 16-1643; Veränder. einiger Glyko-–-Aktivitäten bei d. Albinoratte als Funkt. d. Alters u. d. Leberregenerat. 17-1628; mit geschlechtsgebundener, neurolog. Stör. u. überschüss. Purinsynth. verbundener –-Defekt bei Menschen 20-1155; Insulineinfl. auf enzymat. Adaptat. an spezif. Diäten u. Hormone 20-1246; – d. Ornithin–Harnstoff-Zyklus bei Neoceratodus forsteri 20-1247; –-Aktivitäten bei d. hypophysektomierten Ratte (Wrkg. v. Wachstumshormon) 20-1472; – d. Pentosephosphatbahn u. Glucoseox. bei Ratten (Einfl. v. Fluorid) 22-1362; –-Mangel bei Niemann-Pickscher Krankh. 25-1668; – d. Kohlenhydratstoffwechsels bei Thalassämie 27-1658; (u. anderen Krankh.) 27-1659; –-Aktivitäten d. Transkript.- u. Replikat.-Typs im Lauf einer viralen Erkrank. beim Rind 28-1508; Energie-erzeugende intrazelluläre – bei d. experimentellen chron. Hepatitis 34-1542; Aktivität d. – d. DNS-Synth. nach einseit. Nephrektomie 38-1482; „Invas."-–-Syst. in Zerkarien v. Schistosoma mansoni 40-1305; Stimulat. v. –-Aktivitäten d. Pentosephosphatweges bei d. Äthionin-behandelten Maus 46-1169.

Elektronen-übertragende –-Syst. in Gehirnmikrosomen (Verteil., Rk.) 1-1176; lysosomale – im Rinderaugenlinsenepithel 5-1294; Lysosomen-– u. Vitamin-E-Mangel 5-1484 bis 5-1486; –-Aktivität d. intrazellulären „Katalysomen" im Fettkörper v. Rhodnius 8-1157; – d. Lebermitochondrien nach Einw. v. A. 17-1651; – d. Pyruvat-Stoffwechsels in isolierten Rattenlebermitochondrien (direkte ADP-Wrkg.) 19-1439; Lysosomen-– im Rattenplasma (Einw. v. Heparin) 21-1683; Arzneimittel abbauende –-Syst. d. Mikrosomen d. Rattenleber (Einfl. v. Phenobarbital, Methylcholanthren u. männl. Geschlechtshormon) 21-1775; mikrosomale – in Bezieh. zur Lebervergrößer. 24-1433; – : u. Differenzier. v. Tierzellen 25-1622; in Kulturen menschl. Fibroblasten v. Patienten mit Down-Syndrom 28-1223; Drogen-metabolisierende –-Syst. d. Lebermikrosomen (Einfl. v. Noräthynodrel u. Progesteron) 28-1574; Lokalisier. aromatisierender – in d. Mikrosomen u. Mitochondrienfrakt. d. Gelbkörpers 28-1577; Folatabhäng. – in Rattenlebermitochondrien 32-1259; – : d. S-Frakt. d. äußeren Membran v. Rinderherzmitochondrien 36-1192; d. K-Frakt. d. äußeren Membran v. Rinderherzmitochondrien 36-1193; d. äußeren Membran v. Rinderherzmitochondrien 36-1194; Aktivität d. mikrosomalen, Arzneimittel abbauenden –-Syst. d. Rattenleber (Einfl. v. 3-Aminotriazol) 38-1580; – d. Testismikrosomen nichtgeschlechtsreifer Ratten (Einfl. v. menschl. Choriongonadotropin) 38-1603; Veränder. d. –-Aktivität v. Lebermikrosomen d. Hühnerembryos während d. Entw. 40-1502; Mikrosomen-– d. Testis hypophysektomierter Ratten (Einfl. v. menschl. Choriongonadotropin in vivo) 41-1484; Aktivität Arzneimittel abbauender – d. Rattenmikrosomen (Einfl. v. Äthionin u. CCl_4) 43-1259; lysosomale – u. Scrapie 44-1091.

– d. Hexosemonophosphatnebenweges im Rattenfettgewebe (Wrkg. v. Hunger u. Wiederfütter.) 2-1140; –-histochem. Befunde an in vivo erzeugten Deckglaskulturen 5-1292; Konz. in d. Schleimhaut d. Rattenjejunums (Wrkg. v. Proteinmangelfutter) 5-1452; –-Muster in menschl. Geweben 6-1302; – d. Hexosemonophosphatnebenweges in d. Darmschleimhaut d. Ratte (Einfl. v. Glucocorticoiden) 14-1444; Rattengewebe-– (Einfl. fettarmer Nahr.) 16-1588; – : d. Rattenhaut (Wrkg. Entzünd.-hemmender Pharmaka) 24-1711; d. Periosts bei experimentellem Lathyrismus 43-1495.

Lysosomale – v. Yoshida-Sarkomzellen (Einfl. v. Antitumormitteln) 9-1211; –-Histochemie v. experimentell erzeugten Tumoren in d. submaxillaren u. sublingualen Drüsen v. Mäusen während d. Karzinogenese 19-1325; – : d. Zellmembran v. Ehrlich-Aszitestumorzellen 33-1418; d. Nicotinamidadenindinucleotid-Biosynth. bei Hepatomen u. bei d. Azofarbstoff-Karzinogenese 35-1232; d. Glucosestoffwechsels im Yoshida-Sarkom u. einer Variante mit langsamem Wachstum 41-1214; –-Spiegel u. Karzinombehandl. 46-1171.

Rattenleber-– (Wrkg. v. Bestrahl. u. Hunger auf d. Regulier.) 1-1498; – d. Gehirns (Beeinfluss. durch Hydroxyzine) 1-1535; intrazelluläre Verteil. in normalem Skelettmuskel 3-1284; –-Aktivität: d. Leberlappens während chron. Schädig. mit Äthionin 3-1510; in vor u. nach d. Rigor gewonnenem sarkoplasmat. Extrakten d. Hühnerbrustmuskels 6-1241; d. Leber, d. Fettgewebes u. d. Brustdrüse virgineller, trächt. u. laktierender Mäuse 6-1510; Charakterisier. eines Cysteinsulfinat-bildenden –-Syst. aus Ratten-leber 7-1211; Veränder. d. vaskulären –-Aktivität bei d. Erzeug. einer experimentellen Atherosklerose 7-1507; Glykogengeh. u. –-Anomalitäten d. Leber bei Mäusen mit spontaner Fettsucht 7-1528; histoenzymolog. Unters. d. Hypothalamus d. Meerschweinchens 8-1239; –-Aktivitäten: d. Harnstoffzyklus in der Leber d. afrikan. Löwen 8-1342; u. maximale Glykolysegeschw. im anaeroben Herzmuskel 11-1520; d. Blutserums u. d. Herzmuskels in d. Norm u. bei Myokardschäden neurogener Natur 11-1521; elektrophoret. Charakteristika u. deren Zusammenhang mit d. –-Aktivitäten in d. Amphibien-Muskelfaser 12-1178; – d. Epithelzellen d. Gallenblase d. Schafes (Vgl. mit Lebergewebe) 12-1315; Umkehr. d. –-Profils v. Muskelfasern in schnellen u. langsamen Muskeln durch kreuzweise Innervat. 12-1535; –-Aktivität d. Muskelgewebes d. normalen Kindes u. v. Kindern mit progressiver Muskeldystrophie in verschiedenen Krankh.-Stadien 13-1529; Verdauungs-– v. Plazenta u. Verdauungsorganen d. Feten einiger Säugetiere 14-1317; –-Histochemie d. sich entwickelnden menschl. Muskels 16-1586; postmortale

Veränder. d. —-Aktivität im Rinder- u. Schweinemuskel 17-1636; Aktivität einiger — d. Harnstoffzyklus in d. Rattenleber (Wrkg. d. Zusatzes v. Aminosäuren u. Proteinen) 19-1437; Rattenleber-— im Geburtsstadium nach Bestrahl. in utero 19-1699; Wechselwrkg. zwischen Ernähr. u. Cortison bei d. Regulier. adaptiver — d. Rattenleber 20-1386; Aktivität d. — d. Hexosemonophosphatabbauweges in d. Niere (Einfl. metabol. Azidose) 20-1556; — d. Harnstoffzyklus (Änder. in d. Rattenleber mit d. Alter) 21-1405; SH-gruppenhalt. — in d. Leber weißer Mäuse nach einmal. A.-Gabe 22-1655; histochem. Beobacht. über d. —-Aktivitäten im menschl. Myokard 24-1338; histoenzymat. Reif. d. Kleinhirnrinde u. d. Ammonshorns beim Kind 24-1430; —: d. durch Tris zerstörten Bürstensaumes d. Darmepithelzellen 29-1369; in einer prim., mit Parainfluenza 3-Virus infizierten Kultur v. Affennierenzellen 31-1535; in Leber u. Fettgewebe d. Menschen 32-1339; —-Aktivitäten d. Fructosestoffwechsels in d. Rattenniere 33-1790; Erhöh. d. Aktivität v. Arzneimittelabbauenden Leber-— durch Nicotin u. einige Karzinogene 35-1236; Lokalisat. v. Nieren-— (Wrkg. v. Neomycinorotat) 35-1701; —: d. zentralen Nervensyst. 37-1455; d. verbleibenden Rattenniere nach einseit. Nephrektomie (Einfl. v. 19-Nortestosteron-17β-decanoat) 39-1425; Geh. v. Hühnerembryoleber (Synth. v. Phosphoenolpyruvat in d. Gluconeogenese) 40-1301; Stör. d. —-Syst. d. Gehirns durch Lärmeinw. 41-1595; —: d. Fructosestoffwechsels in d. Rattenleber 43-1262; d. Leber bei akuter A.-Verabreich. 43-1502; d. Rattenniere (Wrkg. v. Phloridzin) 44-1170; fermenthistochem. Verh. d. Rattenmilz nach Vergift. mit CCl_4 u. deren Behandl. mit einem Blutextrakt 46-1510; —-Aktivität d. Rinderpansens (Einfl. v. Insulin) 51/52-1480.

Pankreas-— d. gemeinen Dornhais 5-1263; Aktivität nicht-lipolyt. Verdauungs-— d. Pankreas (Einfl. v. Salzen konjugierter Gallensäuren) 5-1494; —-Histochemie d. menschl. Epiphyse 15-1421; jodierendes —-Syst. d. Schilddrüse (Stimulier. u. Inhibier.) 15-1544; —-histochem. Unters. an d. Harderschen Drüse d. Kaninchens 16-1284; —-Muster d. Milchdrüse d. laktierenden Ratte nach Hypophysektomie u. Entwöhn. 16-1411; —-Spiegel im Kuheuter (Wrkg. ionisierender Strahl.) 19-1710; —-Aktivität in reifen Rattenhoden (Wrkg. v. Zytostatika) 22-1318; histochem. Veränder. d. —-Aktivität in d. Nebennierenrinde v. mit Hexadimethrinbromid behandelten Ratten 35-1526; Aktivität d. an d. Steroidgenese beteiligten Testis-— (Einfl. verschiedener Faktoren) 37-1362; Vork. v. in Bezieh. zur Steroidgenese stehenden — in Testisgewebe v. Meerschweinchen 38-1477; —-Aktivität: d. Ovars im Verhältnis zu seinem Ascorbinsäuregeh. u. zu d. Gonadotropinen d. Hypophyse bei d. Ratte 41-1492; im Pankreassaft u. Pankreasgewebe d. Katze nach Stimulier. mit Gewebshormonen u. nach ischäm. Belast. 43-1422.

Serum-— als Parameter d. Leberfunkt. (Einfl. v. Testosteronpropionat u. 1-Methyl-1-androstenolon) 3-1512; (Einfl. v. 1α.7α-Bis-[acetylmercapto]-17α-methyltestosteron u. 1α.-17α-Dimethyltestosteron) 3-1513; —: d. menschl. Blutes 6-1274; im Plasma bei toxikolog. Prüf. 12-1309; d. normalen menschl. Erythrozyten nach Behandl. mit Sulfhydrylverb. 16-1301; Aktivität v. Serum-— bei verschiedenen Tierarten (Einfl. v. Epinephrin) 18-1254; — d. Nucleotidstoffwechsels in normalen u. in leukäm. Leukozyten 22-1584; —-Aktivität im Serum (Haltbark.) 23-1646; —: d. menschl. Blutes 23-1695; v. menschl. Blutplättchen 24-1257; —-Organisat. in menschl. Erythrozytenmembranen 25-1603; —: d. menschl. Blutes 31-1641; d. menschl. roten Blutkörperchen (Trenn. u. Charakterisier.) 32-1603; in menschl. Erythrozyten unter verschiedenen physiolog. u. patholog. Zuständen 35-1558; d. menschl. Blutes 37-1661; Blutplättchen als eine Quelle v. — in Suspens. gewaschener Trypanosomen 40-1308; — im Plasma d. Ratte nach Injekt. einer Strahlenschutzdosis v. Cysteamin 47-1682.

Milch-— (Übersicht) 29-1484; Aktivität v. Urin-— (Einfl. d. Urin-pH) 37-1670.

Naturstoffe: —-Aktivität v. Crotalus atrox-Gift (Wrkg. v. pH, Temp., Antivenin u. anderer Verb.) 3-1577; Bedeut. d. Tyrosinreste für d. —-Aktivität v. Proteinen 17-1329; —: d. Stärkekörner aus Maniok 18-1252; d. Schlangengifte (Übersicht) 23-1448; —-Natur: v. F-Actin bei hoher Temp. 25-1380; d. Toxine v. Clostridium perfringens u. C. oedematiens 25-1461; d. Giftes v. Heloderma suspectum suspectum 25-1546; —-Aktivität: v. Actomyosin (Einfl. v. γ-Strahl.) 26-1351; v. Pyridoxinanaloga 31-1159.

Lebensmittel: — d. Enzyme in submersen Pilzkulturfl. zur Sakeherst. 39-3185.

Bildung

Biosynth. (Spekulat. über d. Evolut. d. Kontrollmechanismus, Überblick) 40-1174.

Ausbrüche d. Synth. während d. bakteriellen Wachstums 1-1261; Synth.: in E. coli (Koordinier. mit d. Argininbiosynth.) 2-1131; in d. durch Actinomycin D gehemmten Zelle nach Zugabe v. DNS 2-1246; in E. coli (Anwend. automatisierter Verf.) 3-1286; Steroid-abhäng. Indukt. bei Mikroorganismen (Hemm. durch Steroide u. Alkaloide) 7-1205; Regulier. d. Synth. d. — d. Brenzcatechin-u. Protocatechuatweges in Pseudomonas putida 8-1364; Bldg. durch d. Myzel v. Aspergillus sojae in Abhängigk. v. W.-Geh. d. Kulturmediums 10-1291; Indukt.: in Pseudomonas aeruginosa (Hemmwrkg. v. Cystamin u. Umkehr. durch hohe Salzkonz.) 16-1421; bei Argininmangelmutanten v. Vibrio cholerae 21-1502; Hemmwrkg. v. Interferon auf d. Synth. d. für d. Virusreplikat. notwendigen — 21-1522; Bldg. v. Phagen-induzierten — in Bakterien 25-1300; Indukt. bei E. coli (Wrkg. v. Miracil D) 26-1419; Rileyscher —-steigernder Virus 28-1340; Bldg. beim Hydrogenomonas-Stamm N *16* G+ (Repress. durch mol. H u. Fructose) 37-1359; Fortsetz. d. Grund-—-Synth. nach Aufhören d. DNS-Synth. bei E. coli 43-1269; genet. Derepress. d. Bldg. bei d. Purinnucleotidbiosynth. in Bacillus subtilis 47-1461; Indukt. v. adaptiven — in E. coli (Wrkg. v. Distamycin A) 49/50-1337; Nichtidentität v. Affenvirus-*40*-induzierten — mit Tumorantigen 51/52-1225; —-freisetzender Virus 32-1313.

—-Synth.: im Zuckerrohrstammgewebe (Einfl. v. Glucose) 28-1426; in Aleuronschichten v. Gerste (Regulier. durch Gibberellsäure u. Abscisin) 37-1585.

Synth. v. gluconeogenen Leber-— (Wrkg. v. Pentobarbiton u. Corticoiden) 1-1547; Wrkg. v. Hemm. u. Indukt. d. Lebermikrosomen-—-Syst. auf d. narkot. Aktivität v. A. in Mäusen 3-1620; hormonelle Indukt. u. Hemm. d. Leber-—-Biosynth. 7-1430; Indukt. u. Repress. v. — in d. Rattenleber (Wrkg. v. Cortison u. Phenobarbital) 12-1312; Veränder. d. durch einige psychotrope Arzneimittel induzierten — im Mäusehirn 14-1453; Indukt.: bei Ratten (metabol. Integrität v. Desoxyribonucleohistonen) 18-1160; mikrosomaler — d. Rattenleber durch verschiedene DDT- u. Toxaphendiäten 19-1739; bei Arzneimitteltoxizitätsunters. 35-1646; Synth. im Säugetiersyst. (Abbau, genet. Regulat. d. Aktivität durch Änder. d. Geschw. d. Abbaus) 38-1371; Induzierbark. mikrosomaler — am Beispiel d. Cumarinhydroxylier. in d. Kaninchenleber 44-1090; Indukt. in Nierenkulturen grüner Affen bei Infekt. mit Affen-Adenovirus 49/50-1367.

Freisetz. aus Lebermitochondrien beim Gefrieren 6-1185; renale —-Ausscheid. im anaphylaktoiden Schock (Einfl. v. ε-Aminocapronsäure) 12-1248; —-Ausschütt. aus d. Leber 12-1311; Freisetz. bei langfrist. Perfus. autolysierender Rattenleber 22-1658; —-Sekret. d. Magens (Einfl. d. Dünndarmresekt.) 30-1509; durch Bestrahl. aus Lysosomen freigesetzte — u. ihre Bezieh. zur Bldg. v. Lipidperoxiden 32-1269; adaptive Veränder. d. —-Ausscheid.-Funkt. d. Hühnerpankreas in Abhängigk. v. d. Art d. Ernähr. 34-1465.

Gewinnung

Gewinn. aus Pestalotiopsis westerdykii (Verw. zur Extrakt. v. Eiweiß aus Sojabohnen) 1-3052; Isolier. einer Substanz mit enzymat. Wrkg. aus Streptomyces griseus (Rolle bei d. Biosynth. v. Streptomycin) 2-1256; mikrobiolog. Umwandl., Synth. u. Isolier. v. — 6-2483; Rückgewinn. Saccharose-bildender — bei d. Herst. v. Citronensäure nach d. Koji-Verf. 14-2515; Herst. eines Milchgerinn.-— durch Zücht. v. Mucor miehei 24-3038; Gewinn. aus d. Myzel v. Actinomyces tradial nach verschiedenen Meth. 30-1277; Isolier.: d. krist. pH 6-Acetolactatbildenden — aus Aerobacter aerogenes 36-1414; aus menschl. Retroplazentaserum (Eig.) 37-1460; d. blutdrucksenkenden Kreislauf-— aus d. Bauchspeicheldrüse 36-1722*, 43-1739*.

Partielle Trenn. der d. Photophosphorylier. katalysierenden — 4-1079; Trenn.: u. Reinig. v. — durch Schaumbldg. 11-1219; in d. vertikalen Stärkegelelektrophorese 20-1238; Abtrenn. d. d. Biosynth. d. Peptidoglykans katalysierenden — v. Protein u. Lipidkomponenten in Micrococcus lysodeikticus 32-1511; partielle Trenn. v. — d. oxydativen Phosphorylier. 40-1097, 40-1098; Konzentrier.-Technik für — 37-1350; Reinig. v. — aus Chlorella 17-1282; Stabilität d. Plasma-— während d. Lager. 31-1467.

Eigenschaften

Wrkg. v. — auf d. elektr. Doppelbrech.-Vermögen v. Rattenthymus-Desoxyribonucleoprotein 6-1215; Verhältnis v. Struktur-u. —-Protein in d. mitochondrialen Elektronentransportkette 16-1273; Struktur in vitro 26-1255; Stahlenempfindlichk. d. alloster. Zentrums d. — 45-1348; oszillator. Rk. katalysierender —-Syst. (Übersicht) 17-1265; Sedimentat.-Eig. d. — d. Histidin-B-Gens 1-1258; Sedimentat.- u. Diffus.-Koeff. v. — 3-1218; Polyacrylamidgel fixierte — 20-1253; Koppl. an Cellulose unter Verw. v. Chlor-s-triazinen 36-1253; Assoziat. mit durch „rate-zonal“-Zentrifugat. dargestelltem Rattenleberglykogen 40-1216.

Reaktionen, Wirkungen

Bldg. v. —-Substrat-Komplexen (Unters. mit Gelfiltrat.) 1-1174; Kinetik (Bericht) 2-1128; dielektr. Effekte u. Kinetik 2-1197; —-Amplifikator-Kinetik 4-1004; Bedeut. v. Metallen bei enzymat. Rk. 5-0695; Mechanismus d. —-Einw. (Hypothese) 9-1233; —-Rk. (Best. d. Anfangsgeschw.) 15-1303; bestimmendes Glied in d. Kette d. enzymat. Rk. 17-1266; Ursprung u. Funkt. 18-1245; Kinetik gemischter —-Rk. in offenen Syst. 20-1241; Beschleunig. v. —-Rk. in Eis 20-1349; Rolle v. Metallionen bei —-Rk. (Übersicht) 21-1378; mol. Gleichartigk. bei biolog. Katalysen (Übersicht) 24-1329; enzymat. Rk. in Tritium-Wasser 24-1363; Wechselwrkg. zwischen Regulat.-— u. Effektoren 24-1424; funktionelle Eig. d. — (Wrkg. ionisierender Strahlen) 27-1412; akt. Orte u. akt. Fragmente v. — 28-1438; —-Substrat-Verb. 29-1465; Aufklär. d. an d. Substraterkenn. beteiligten —-Region 31-1377; Bedeut. d. SH-Gruppen für d. —-Aktivität 31-1383; Systematik v. —-Funkt. 36-1399, 36-1400; Umform. d. Ingraham-Makower-Gleich. einer Zweisubstrat-—-Rk. für d. prakt. Anwend. 39-1214; Struktur u. Funkt. v. — 42-1197; —-Substrat-Wechselbezieh. durch Kernmagnetische Resonanz 42-1222; enzymat. Katalyse u. Mineralstoffwrkg. (Übersicht) 43-1341; Ausbeute v. —-Rk. bei begrenzten W.-Aktivitäten 44-1266; Bedeut. kleiner Konformat.-Änder. für d. —-Funkt. (hochempfindl. Polarimetrieunters.) 44-1381; Mechanismus d. Einführ. v. Doppelbind. bei enzymat. Rk. 48-1334; Temp.-Abhängigk. enzymat. Rk. 49/50-1259.

Enzymat. veränderl. Alkylier.-Mittel 25-1330.

Prod. d. enzymat. Spalt. v. Äthylendibromid 3-1543; Präparat. u. Eig. eines —-Syst. zur Äthylensynth. 24-1428; Rolle d. mikrosomalen — bei d. Aktivier. u. Inaktivier. v. Modalinsulfat 32-1264; enzymat. Ätzen v. Naphthalineinkrist. 43-0845; enzymat. Synth. v. Äthylen aus Methional 48-1502.

Enzymat. Umwandl. v. Sulfoxid in Sulfon 43-1197.

Alternariol synthetisierendes — 3-1285; mögl. Rk. v. — mit zytostat. mit Dibrommannit verwandten Verb. 10-1201; Einbau v. ^{18}O bei d. enzymat. Bldg. v. 1.2-Dihydronaphthalindiol-(1.2) 36-1261.

— d. Kohlenhydratstoffwechsel 28-1383, 32-1412, 37-1395; Regulat. d. Hexoseabbaus über d. Entner-Doudoroff-Weg durch —-Hemm. 39-1297; enzymat. Einführ. d. Methylestergruppen in Pektin 44-1290.

Enzymat. Halogenier. v. Steroiden 11-1265; enzymat. Umwandl.: v. Squalen-2.3-oxid in Lanosterin u. Cholesterin 24-1436; v. Δ^7-Cholesten-3β-ol in 7-Dehydrocholesterin 38-1476.

Enzymat. Herst. aromat. α-Ketosäuren geringer Stabilität 25-1338; fermentativer Zerfall v. Isonicotinsäurehydrazid (Einfl. v. Aldehyden u. Ketonen) 30-1573; Spezifität bei d. enzymat. Umwandl. mehrfach ungesätt. Fettsäuren in Prostaglandine (Spezifität) 34-1311.

Enzymat. Synth. v. Homocystein oder Methionin direkt aus O-Succinylhomocerin 15-1409; Struktur d. Prod. d. enzymat. Rk. zwischen Maleinimid u. substituierten C_4-Aminosäuren (spektroskop. Eig. d. Hydrazonderiv.) 20-1374; fermentative Bldg. v. L-Prolin 21-1501; mit einer Michael-Addit. eines β-KW-Stoffatoms an eine elektrophile Doppelbind. gekoppelte enzymat. Eliminier. aus einer substituierten Vier-KW-Stoff-Aminosäure 37-1396; enzymat. Bldg. v. L-Asparaginsäure aus Maleinsäure 46-1262, 46-1263; fermentative Lysinbldg. 47-1454.

Enzymat. Modifizier. v. Myosin durch Disulfidaustausch 7-1221; enzymat. Solubilisier. unlösl. Proteine bei neutralem pH 20-1350; Mechanismus d. enzymat. Katalyse d. Disulfidaustausches in Proteinen 40-1109.

Enzymat. Synth. eines Dreisekt.-Block-Copolymeren aus Thymidylat, Deoxyguanylat u. Deoxyadenylat 1-1251; enzymat. Abbau v. Cytidin-5'-monophosphat-N-acetylneuraminsäure 24-1374; stöchiometr. Verwert. v. ATP bei d. enzymat. Synth. v. Nicotinsäureribonucleotid aus Nicotinsäure u. 5-Phosphoribosyl-1-pyrophosphat 31-1312; enzymat. Synth. v. Desoxyribonucleotiden 31-1472, 32-1279; Wechselwrkg. zwischen Adenosindiphosphat u. Myosin u. dessen enzymat. akt. Fragmenten (Hinweise auf drei ident. katalyt. Orte pro Myosinmol.) 32-1655; enzymat. Umwandl. v. D-Oxypantethein-4'-phosphat zu Oxycoenzym A 35-1335; enzymat. Synth. v. α-Nicotinamidadenindinucleotidphosphat (natürl. Vork.) 48-1399.

Enzymat. Mechanismus d. Replikat. v. MS2-RNS 9-1179; fermentative Regulier. d. DNS-Biosynth. im Organismus (Übersicht) 11-1200; Rolle bei d. Isolier. v. DNS mit Natriumdodecylsulfat 12-1149; enzymat. Spalt. u. Vereinig. d. DNS 15-1264; katalyt. Wrkg. einer Enzymfrakt. aus E. coli auf d. Rk. v. Puromycin mit tRNS 22-1275; enzymat. Einbau v. Ribonucleotiden u. Aminosäuren in transfer-RNS 25-1291; enzymat. Synth. v. DNS 30-1216, 42-1135; enzymat. Regenerier. d. DNS 43-1265; enzymat. Synth. d. DNS 44-1146; enzymat. Spalt. u. Wiederverknüpf. v. DNS 46-1160; enzymat. Verknüpf. v. DNS-Strängen (stimulierende Wrkg. v. DPN) 47-1352.

Enzymat. Bldg. eines phosphorylierten Deriv. v. Vitamin K_1 40-1238.

—-Inaktivier. eines aspermatogenen Antigens 36-1560.

Einbau v. Isopentenylpyrophosphat in gereinigte Gummiteilchen durch ein lösl. Latexserum-— 12-1368; Gleichgew.-Kinetik d. enzymat. katalysierten Mischpolymerisat. an Primerverb. 31-1268; Wechselwrkg. v. Amyloplasten mit — 32-1376; Kinetik d. Verlaufs d. v. einem Exo-— katalysierten Abbaus eines linearen polymeren Substrats 39-1215.

Boden: Rolle d. — bei d. Sodabldg. im Boden 35-3045.

Mikroorganismen: Bakteriolyt. — 8-1280; Rk. d. — aus Zellextrakten v. Brevibacterium liquefaciens 13-1207; enzymat. Synth. v. Analogen d. Zellwandvorstufe 15-1417.

Rk. v. — d. Mycobacterium-lysodeikticus-Extraktes mit UV-bestrahlter DNS in vitro 1-1132; enzymat. Synth. v. O-L-Lysylphosphatidylglycerin in Staphylococcus aureus (Mitwrkg. d. lösl. RNS) 6-1203; enzymat. in vitro Thiolier. d. Transfer-RNS in E. coli (Notwendigk. v. β-Mercaptopyruvat) 9-1245; Synth. v. Chitin durch Partikel-— v. Allomyces macrogynus 10-1260; — zur Biosynth. d. aromat. Aminosäuren in Claviceps paspali 10-1268; enzymat. Ölsäuresynth. durch Euglena gracilis 12-1369; an d. Proteinsynth. beteiligte — in einem zellfreien Syst. v. E. coli (Wechselwrkg. mit N-Lost) 15-1243; enzymat. Bldg. v. Prodigiosinderiv. in zellfreien Präp. v. Serratia marcescens 15-1438; enzymat. Kontrolle d. Nucleinsäuresynth. während d. synchronen Wachstums v. Chlorella pyrenoidosa 18-1203; regulierende — d. aromat. Aminosäurebiosynth. in Bacillus subtillis 20-1380; enzymat. Thiolier. v. E. coli-sRNS 22-1245; enzymat. Stoffwechsel v. Spermidin durch E. coli-Extrakte 25-1391; enzymat. Synth. d. Hydroxamsäuren aus Aminodicarbonsäuren u. ihren Amiden bei Saccharomyces cerevisiae 26-1406; sequentielle Repress. u. Derepress. d. an d. Histidinbiosynth. beteiligten — bei Salmonella typhimurium 27-1353; enzymat. Fettsäurehydroxamatbldg. in Mycobakterien 30-1273; KW-Stoff-Fermentat.: bei verschiedenen Hefearten (Funkt. v. Vitaminen) 35-1361; durch Candida albicans (Funkt. d. Vitamine) 35-1362; enzymat. Bind. v. Aminoacyl-RNS an E. coli-Ribosomen (Abhängigk. v. GTP) 39-1134; enzymat. Kontrolle d. Nucleinsäuresynth. während d. Synchronkultur v. Chlorella pyrenoidosa 40-1152; alloster. Kinetik d. Hemm. d. ersten — d. Biosynth. v. Histidin bei Schizosaccharomyces pombe 40-1306: Kinetik d. enzymat. Bldg. v. Estern aus Alkoholen durch Hefe 40-1333; enzymat. Kohlenhydratsynth. in Clostridium kluyveri 40-1338; Präparat. v. 5'-Mononucleotiden aus RNS durch Mikroben-— 41-1349; Beweis für einen Guaninnucleotid-Aminoacyl-RNS-Komplex als Zwischenstufe bei d. enzymat. Übertrag. v. Aminoacyl-RNS auf Ribosomen v. E. coli 46-1135; enzymat. Synth. eines Diaminozuckernucleotids durch Extrakte aus Diplococcus pneumoniae, Typ XIV 48-1341.

Durch Enzyme aus „relaxed"- u. „stringent"-Bakterien katalysierte RNS-Polymerase-Rk. 7-1223; enzymat. Synth. v. $^{32}P_{(3)}$-Coenzym A aus 3'-Dephosphocoenzym A 47-1376.

Enzymat. Abbau v. DDT durch Schimmelpilze 33-1816; enzymat. Umwandl. v. Chorismat in Bakterien 26-1380.

Abbau v. Filterpapier u. einigen pflanzl. Nahr.-Mitteln durch d. — v. Pestalotiopsis westerdijkii 38-1429.

Pflanzen: — u. ihre Rk. in Ölsaat 8-3149; Rolle d. enzymat. Wanderweich. in d. Pflanzenmorphogenese (hormonelle Auslsg. bei Achyla) 28-1419; Wrkg. auf d. Schleim v. Dioscorea batas 35-1397.

Enzymat. Umwandl. d. Glyceride u. Phospholipide im Apfelparenchym 15-1489; Solubilisier. v. Säure-gequollener Cellulose durch ein —-Syst. aus einer Alternaria-Art 16-1345; Biosynth. v. Inosit durch ein —-Syst. d. Reises 27-1477; gegenseit. Umwandl. v. Shikimi- u. Chinasäure durch — aus Pflanzenzellkulturen 35-1334; Eig. eines Polygalakturonsäure synthetisierenden —-Syst. aus Phaseolus aureus-Sämlingen 36-1413; enzymat. Spalt. v. Phloridzin im Extrakt. v. Apfelbaumblättern 36-1417; enzymat. Synth. v. Sterylglucosid durch ein Teilchenpräp. aus unreifen Sojabohnensamen 42-1188; Bind. d. —-Proteine an d. Stärkekörner im Reis 43-1203; in vitro-Rk. v. an d. Salzaufnahme durch Gerstenwurzeln beteiligten — 47-1550; Bldg. v. Äthylen aus Methional durch ein zellfreies —-Syst. aus Blumenkohlblumen 48-1503; enzymat. Synth. d. Ricinolsäure durch eine Mikrosomenpräparat. aus keimenden Ricinus communis-Samen 48-1504; Biosynth. v. Phytoen aus Isopentenyl- u. Farnesylpyrophosphat durch ein teilweise gereinigtes —-Syst. d. Tomate 48-1513.

Tierische Organismen: —-Rk. in Rattenhirnpräp. 6-1237; Biochemie u. Biologie d. Plasma-— 12-1308; Feststellen v. —-Rk. innerhalb d. einzelnen Zelle u. in Geweben v. lebenden Tieren 20-1240; — u. Stoffwechselbefunde in isolierten Neuronen 28-1220; Rolle v. lösl. Transfer-— bei d. Rk. d. Retikulozyten-Transfer-Syst. 38-1324; —-Kinetik in Säugetierzellen 46-1115.

Enzymat. Synth. d. β-Glucosids d. Protocatechusäure bei Periplaneta americana 2-1157; enzymat. Wrkg. d. Milz d. Ratte auf Phosphatidylglycerin 4-1093; enzymat. Synth. v. Cytidindiphosphatdiglycerid 13-1269; enzymat. Abspalt. v. Cholesterinseitenketten durch Nebennierenextrakt (Bldg. v. Isocapronaldehyd) 15-1425; Dopaminbldg. in Hirnkapillaren als enzymat. Blut-Gehirn-Schranken-Mechanismus 15-1629; Hydrolyse u. Synth. v. Ceramiden durch ein aus Rattengehirn aufgearbeitetes — 16-1383; —-Defekt bei d. angeborenen Leucin-Stoffwechselstör. auf d. Stufe d. Umwandl. v. Isovaleryl-CoA zu β-Methylcrotonyl-CoA 20-1537; enzymat. Synth. v. Galaktogen in Helix pomatia 27-1478; Schlüssel-— d. Gluconeogenese in d. Rattenleber (Konz.-Änder. v. Effektoren unter gluconeogenet. Beding.) 29-1448; —-induzierte Veränder. d. Lewis-Spezifität bei Blutgruppensubstanzen v. Erythrozyten 33-1748; enzymat. Synth. v. RNS in tier. Gewebe 34-1282; enzymat. Abbau v. Bernsteinsäuredicholinester in d. menschl. Lunge 35-1297; enzymat. Einbau v. Fucose in d. Blutgruppensubstanz H 37-1647; Blutgruppensubstanz zersetzende — 38-1647; enzymat. Umwandl. v. nativer DNS in Matrizen-DNS in regenerierendem Lebergewebe 42-1130; Spalt. v. Saccharose-Fettsäureestern durch — d. Darmtrakts 47-1389.

Enzymat. Synth. v. Jodthyroninen bei Rindern 12-1438; enzymat. Austausch v. ^{131}J gegen J v. Monojodtyrosin (Unterkieferspeicheldrüse) 15-1543; enzymat. Inaktivier. v. Noradrenalin durch menschl. Plazenta 34-1452; enzymat. Bldg. v. Östradiol-(17β)-glucuroniden in d. Mikrosomenfrakt. d. Kaninchenleber 40-1443; enzymat. Mechanismus d. Biosynth. v. Prostaglandin E_1 u. $F_1\alpha$ durch ein Enzymsyst. aus d. Vesikulardrüse v. Schafen 48-1580; Bldg. v. Dijodtyrosin aus Monojodtyrosin durch ein Mikrosomen-— aus Ziegensubmaxillarisdrüsen 49/50-1485; Änder. d. —-Rk. in d. mit Östrogenen durchströmten Plazenta in Abhängigk. v. d. Schwangerschaftsdauer 51/52-1451.

Umwandl. v. Arzneimitteln u. Karzinogen durch menschl. Leber-— 3-1520; Aktivität d. Leber-— mit Wrkg. auf d. Sulfobromphthalein-Glutathion-Konjugat. (Wrkg. v. Steroiden) 6-1307; Einfl. v. p,p'-DDD auf d. Hexobarbital abbauende —-Syst. in d. Leber 9-1567; enzymat. Syst. für d. Bldg. v. Carbarylstoffwechselprod. in Säugetieren 14-1570; enzymat. Umwandl. einiger N-Loste in Ggw. v. CO_2 (Auswrkg. bei d. Atmung) 25-1330; Rolle v. Arzneimittel-abbauenden — bei d. Verkürz. d. narkot. Urethanwrkg. bei d. Ratte 27-1805; Rk. v. — d. lösl. u. mikrosomalen Frakt. aus Lebern mit Acetanilid 29-1474; enzymat. Ox. v. therapeut. wirksamen Pflanzenstoffen 30-1363; enzymat. Stoffwechsel v. Medikamenten in Subfrakt. v. Lebermikrosomen 43-1521; Arzneimittel-metabolisierende — v. Ratten u. Hunden (Einfl. v. Ehtchlorvynol) 43-1596; Stoffwechsel v. Chlorpromazin durch ein Lebermikrosomen-—-Syst. 47-1714.

Lebensmittel: Enzymat. Aminosäureneinbau in d. Eiweißkomplex bei frisch ausgeschiedener Milch 51/52-2929.

Beeinflussung, Inhibitoren

Änder. d. — im Mäusethymus nach subletaler Röntgenbestrahl. 12-1559; Wrkg. einer Ganzkörperbestrahl. auf — d. Serums, d. Leber u. d. Milz v. Ratten 23-1732; Identifizier. d. bei Röntgeninaktivier. v. — in Lsg. beteiligten W.-Radikale (Best. d. Geschw. ihrer Wechselwrkg. mit d. —) 39-1216; Einfl. d. γ-Strahlen auf — d. DNS-Synth. 47-1679.

Inaktivier. eines — während eines Vers. (Test zum Nachw.) 2-1129; —-Inhibitoren 2-1199, 6-1288, 6-1289; Aspekte d. —-Hemm. 8-1204; Inhibitorempfindlichk. d. — d. Cholin-Ox.-Syst. 8-1216; Hemm. u. Enthemm. d. Biotin synthetisierenden —-Syst. 16-1427; —-Gifte (Erhöh. d. Strahlenempfindlichk. d. Nervensyst.) 18-1548; —-Inhibitoren 23-1438; Liberator als Substanz, d. ein — v. d. Wrkg. eines Inhibitors befreit ohne d. —-Aktivität zu beeinflussen 25-1339; natürl. vorkommende Anti-— in Lebensmitteln 32-3066; irreversible —-Inhibitoren 33-1461, 37-1370; —-Inhibitoren 39-1030; irreversible —-Inhibitoren 39-1225; Erweiter. v. Rk.-Gleich. für d. —-Inhibit. 47-1362; irreversible —-Inhibitoren 48-1320 bis 48-1329.

Bezieh. zwischen subzellulären —, Detergentien, Makroanionen u. nichtwss. Lsgm. 1-1253, 32-1260; partielle Auflsg. d. an d. oxydativen Phosphorylier. beteiligten — 44-1205.

—-Veränder. nach Einw. v. NO_2 17-1648.

Wrkg. polyphenol. Substanzen auf — 4-1027; Hemm. v. — durch Blattannine v. Quercus sessilis 4-1124; Mercaptane u. Thioäther als —-Hemmer (Herst.) 12-2520* Bezieh. zwischen Arzneimitteln u. — in d. lebenden Materie 15-1636; Wrkg. v. DL-Äthionin mit oder ohne ATP auf d. Rattenpankreas-— 19-1581; Schäden an — durch peroxydierende Lipide 20-1451; Inhibitorwrkg. N-alkylierter Toxopyrimidinphosphate auf — 28-1242; FAD-benötigende — u. Phenothiazine (Inhibier.-Kinetik) 31-1390; Wrkg.-Mechanismus d. Hypothalamusfaktors LRF auf d. —-Syst. in vitro 32-1553; —-Hemm. durch eine antipsoriat. wirksame Substanz 33-1885; Einfl. eines oralen Konzept.-Verhüt.-Mittels auf Leber-— d. Ratte u. Maus 37-1809; in vitro- u. in vivo-Wrkg.-Mechanismen v. Isonicotinsäurehydrazid u. Thioamiden d. 2-Alkylisonicotinsäure auf —-Syst. d. Mäuseleber 39-1265; Einfl. d. Thionophosphatinsektizide u. ihrer aktivierten Prod. auf — 42-1202; Hemmwrkg. v. Allophan u. Montmorillonit auf — 46-2714; Toxizität u. —-Wirksamk. als Ergebnis d. Wechselwrkg. zwischen chlorierten KW-Stoff- u. Carbamat-Insektiziden 51/52-1647.

Einfl. v. —-Inhibitoren auf d. ^{32}P-Einbau im endogenen Stoffwechsel v. Mycobakterien 44-1336.

Mikrobiolog. Unters.-Meth. für Anti-— in Wein 1-1926; Anwend. d. Papier- u. Dünnschichtchromatographie bei d. Unters. v. Anti-— in Lebensmitteln 38-2182.

Verwendung

— u. ihre Anwend. (Überblick) 5-1199; Verw. d. durch Actinomyceten produzierten — 39-1243; vereinfachtes enzymat. Verf. zur Herst. v. Nucleosiddi- u. -triphosphaten 22-1323; enzymat. Waschmittel (Übersicht) 8-2714; fermentative Verarbeit. v. Leder- u. Rohlederabfällen 1-2634* enzymat. Enthaar. 1-3079*, 4-2704; Verw. in d. Nahr.-Mittelindustrie (Übersicht) 2-2907; Gewinn. v. Süßkartoffelstärke unter Verw. v. — 24-3016; Einfl. v. Zusätzen verschiedener Pilz-— auf d. Mehlzubereit. 27-3558; enzymat. Meth. zur Stärkeverflüss. (Übersicht) 37-3388; Verw. bei d. Herst. v. Glucose u. Stärkesirup 42-2889.

Analyse, Untersuchungsmethoden

--Best. u. Autoanalyzer 4-1674; Best. v. pharmazeut. verwendeten — in internationalen Einh. 10-1247; Nachw. nach elektrophoret. Trenn. an Polyacrylamidsäulchen 16-1413; Best. mit d. Autoanalyzer 20-1319; kontinuierl. polarograph. Best. v. Acylcoenzym A spaltenden — 32-1318; Verlust kathod. Isoenzyme bei d. --Elektrophorese an Celluloseacetat 37-1355; Lokalisier. nach d. Wachstein-Meisel-Verf. 38-1351; Trenn. u. Charakterisier. v. — durch isoelektr. Fokussier. 41-1314; Best. wss. Substrate v. Estern langkett. Fettsäuren u. ihre Verw. in d. enzymat. Analyse 51/52-1851.

Fixier. v. — in synthet. vernetzten Polymeren u. Anwend. im Säulenverf. 2-1130; spektrophotometr. Best. d. Leber-— mit katalyt. Wrkg. auf d. Sulfobromphthalein-Glutathion-Konjugat. 6-1306; Substrate zum zytochem. Nachw. v. — 10-1024; Mikrobest. in d. Schweißdrüse 23-1393; Schnelltechnik zur Unterscheid. enzymat. akt. Proteine d. Zellhülle v. E. coli B 26-1195; Best. v. bakteriolyt. — 26-1317; Bedeut. d. Osmiophilie für d. Bldg. stabiler Azoindoxyl-Komplexe v. hohem Kontrast für d. kombinierte --Zytochemie u. Elektronenmikroskopie 32-2060; elektrophoret. Best. in Blut u. Seren sowie im Gehirn höherer Tiere 34-1272; Nachw. im zellulären Ultrastrukturbereich (Anwend. d. Elektronenbeug.) 35-1259; Best. v. Serum-— (Einfl. d. chem. Zus. v. Puffern) 37-1661; elektrophoret. Best. in Leptospiren 38-1487; Best. in Bakterien 40-1221; Anwend. d. Ionenaustauschchromatographie zur Unters. v. — in Lebensmitteln 42-1944.

Mess. d. Dissoziat.-Konst. v. --Aktivatoren nach einer „Alles- oder Nichts"-Meth. 40-1237.

Unters. v. --Syst. mittels automatisierter Verf. 4-1214; neue Meth. zur Ableit. d. Geschw.-Gleich. in d. --Kinetik durch Verw. d. Maximalgeschw. d. Prod.-Bldg. 9-1232; Anpass. eines preiswerten Spektralphotometers für d. ultravioletten u. sichtbaren Bereich an kinet. Unters. mit — 9-1811; ein Computerverf. zur Parameterbest. bei bestimmten nichtlinearen Modellen d. --Kinetik 24-1330; Meth. zur Best. v. Geschw.-Konst. bei --Rk. 26-1256; Analyse eines akt. Substrat---Komplexes mit d. Zentrifuge 28-1341; Verw. v. Substituentenkonst. u. Regress.-Analyse zur Unters. enzymat. Rk.-Mechanismen 32-1317; Ausdehn. d. NH_3-Best. auf d. Mess. d. --Rk. 35-1318; polarograph. O_2-Best. bei Fermentier.-Prozessen 39-2149; Mess. d. Rk.-Geschw. v. multiplen — durch kontinuierl. Durchflußanalyse 42-1170; Fermodiagnostika (Überblick v. Diagnostika zur Aktivitätsbest. v. — oder zur Best. v. Substanzen mit Hilfe v. —) 44-1528; Meth. für d. Best. v. K_I/K_m 45-1383.

Verw. in d. analyt. Chemie 9-1945; lyophilisierte Polyacrylamid---Gele für d. chem. Analyse 32-1975; enzymat. Best.: v. L(+)-Milchsäure in Saccharose-halt. Fl. 7-1985; d. Zucker in Nahr.-Mitteln 18-1326, 18-1327; v. anorgan. Phosphat in Gewebe u. Serum 25-2143; v. Hydroxyprolin 26-2116; Anwend. d. enzymat. Analyse bei d. Beurteil. v. Kunststoffen 31-2231; enzymat. Triglyceridbest. bei Kindern 37-1659; enzymat. Best. v. ^{14}C-Oxalsäure in Spinat 37-2188; enzymat., fluorimetr. Mikrobest. v. Glycerin in Blut oder Serum 40-1869; enzymat. Stärkebest. in diätet. Lebensmitteln 40-1936; enzymat. fluorometr. NH_3-Best. im Blut 44-1904; enzymat. Nachw. phosphororgan. Insektizide nach dünnschichtchromat. Trenn. 45-2220; enzymat. Best. v. denaturierter DNS in Ggw. v. nativer DNS 47-1345; Mißlingen d. Glucosenachw. mit --Papierstreifen bei gewissen anomalen Urinen 47-1617; enzymat. Best. v. Sevinrestmengen in Nahr.-Mittelprod. 47-2116.

Gliom u. seine Differentialdiagnose im enzymhistotopochem. Bild 19-1316; kinet. Meth. zur Best. d. Zahlenmittel-Mol.-Gew. linearer Hochpolymerer mit Exo-— 25-1367; enzymat.-fluorometr. Best. d. Cortisolbind.-Kapazität d. Plasmas 32-1575; Erfahr. mit d. --Best. bei Toxizitätsunters. 16-1414; enzymat. Meth. zur Best. v. Schädig. in menschl. Blutplättchen 30-1460.

Bibliographie

Russ.: Hormone und Fermente in der Kardiologie B 36; Einführung in die Enzymologie B 51; Fermente in der experimentellen und klinischen Onkologie und Radiobiologie (Mitteilungssammlung) B 51; Herstellung von Trinkalkohol, Wodka und Fermenten (Mitteilungssammlung) B 64.

Blood clotting enzymology B 4; Encyclopedia of polymer science and technology; plastics, resins, rubbers, fibers. Vol. *6*: Enzymes to finishing B 7 ; Advances in enzyme regulation. Vol. *5* (Proceedings of the fifth Symposium on Regulation of Enzyme Activity and Synthesis in Normal and Neoplastic Tissues, Indiana, *1966*) B 20; Advances in enzymology and related areas of molecular biology B 20; Methods in enzymology (Vol. *9*: Carbohydrate metabolism. Vol. *10*: Oxidation and phosphorylation) B 20; (Vol. *11*: Enzyme structure) B 67; Design of active-sitedirected irreversible enzyme inhibitors; the organic chemistry of the enzymic active-site B 51; Enzymes B 67; Interpretive enzymology B 67; The structure and function of enzymes B 92.

Coenzyme (Cofaktoren, Cofermente)

— (*4.* Mitt.) 25-1630; (*5.* Mitt.) 25-1631; (*6.* Mitt.) 25-1632; (*8.* Mitt.) 26-1136; (*6.* Mitt.) 35-1112; (*7.* Mitt.) 35-1113; Verlust während d. Gewinn. v. Protoplasten aus Bäckerhefezellen 40-1091; Geh. d. Brenztraubensäuredecarboxylase aus Brauhefe 13-1245; --Aktivität v. Homologen d. Pyridoxalphosphats 47-1377; Synth.: v. Thiamin u. Liposäure enthaltenden — 25-1628, 49/50-1102; eines Phenylalaninhydroxylase-— in zellfreien Extrakten einer Pseudomonas-Spezies 40-1209; Wrkg. auf Froschleberglutamatdehydrogenase 8-1232; Natur d. Enzym---Wechselwrkg. bei d. Leber-Alkoholdehydrogenase 19-1354; Abtrenn. u. Best. einiger — durch Dünnschichtchromatographie 26-1368; Schnellbest. v. — u. Substraten 44-1064.

Corrinoid-Coenzyme: Chemie (Übersicht) 35-1591; Biosynth.-Wege in Propionibacterium arabinosum 29-1512; Rolle bei d. Dioldehydraserk. 5-1205.

Folsäure-Coenzyme: Muster in Rattenlebermitochondrien 32-1259; — u. Ein-C-Stoffwechsel 43-1196.

Nucleotid-Coenzyme: Geh. im tier. Organismus nach Einw. v. NH_3-Dämpfen 18-1501; Synth. 23-2855*; Wechselwrkg. v. mitochondrialem Strukturprotein aus Neurospora mit — 11-1223.

Flavin-Coenzyme (Flavinnucleotide): Anomale opt. Rotat.-Dispers. v. Flavinnucleotiden 16-0858; opt. Rotat.-Dispers. v. Flavinnucleotiden 21-1294; Photored. d. Flavinnucleotide u. ihrer Analogen (Hemm. durch Elektronendonatoren) 9-1353.

Pyridin-Coenzyme (Pyridinnucleotide): — (*3.* Mitt.) 26-1204; *2* neue — aus Azotobacter vinelandii (Isolier. u. Identifizier.) 14-1178; Geh.: an Ox. u. red. — im perfundierten Rattenherz (Einfl. v. Adrenalin) 2-1355; im tier. Gewebe bei Hypoxie (Einfl. wasserlösl. Vitamine) 2-1415; Bilanz im Fettgewebe 11-1268; --Spiegel in Lebermitochondrien (Wrkg. v. NH_4^+) 17-1341; Geh.: im Gewebe d. Rattenleber (Einfl. v. Orotsäure) 21-1715; experimenteller Glioblastome (histochem. Unters.) 22-1288; Hundeschilddrüsen-— (Rk. auf hormonale Kontrolle) 26-1204; —: in d. Langerhanschen Inseln d. Knochenfische 26-1538; nach längerer Reiz. eines isolierten Crustaceenneurons 34-1552; Konz. u. Biosynth. in d. Leber v. Ratten (Einfl. v. Karzinogenen) 36-1249; Geh.: v. Rinderhirnmitochondrien 37-1280; in Synaptosomen 43-1511 —: in d. Schilddrüse 47-1583; bei akuter Leberstör. Wrkg. v. Azaserin u. Puromycin bei d. Ratte) 47-1658.

Mechanismus d. --Synth. im Ehrlich-Asziteskarzinom u. d. Leber d. Wirtsorganismus 5-1183; Biosynth. (Übersicht) 10-1209; Synth.: durch Rattenfettgewebe in vitro 10-1264; in Tumorgewebe u. in d. Wirtsleber (Beteilig. v. Nicotinamidmononucleotid) 13-1143; abnorm strukturierte — in Tumoren 45-1307; ^{24}Na$^+$- u. --Sekret. in Rattenleberschnitten (Vgl.) 19-1676; Sekret. aus Rattenleberschnitten (Wrkg. v. K, Ouabain u. Valinomycin) 19-1677.

Enzym---Komplexe v. Dehydrogenasen 8-1208; Red. v. — u. einiger Modellsubstanzen durch UV-Bestrahl. in Anwesenh. v. Elektronendonatoren 21-1377; photosynthet. Rk. mit --Analogen 21-1572; Mechanismus d. H-Übertrag. mit — 22-1083, 28-1077; photosynthet. Rk. mit --Analogen 31-1566; — als Elektronenfänger in bestrahlten trockenen Proteinen 43-1184.

Oszillator. Ox. v. red. — durch Peroxydase 17-1291; enzymat. u. nichtenzymat. Ox. v. red. — (Wrkg. v. Primaquine u. Acetylphenylhydrazin) 25-1347; energiegebundene Red. d. — durch Succinat in Thiobacillus novellus 18-1272, 30-1301; photosynthet. --Red.: in Chromatophoren aus Rhodospirillum rubrum (p-Phenylendiamine als Elektronendonatoren) 31-1567; durch subzelluläre Präp. aus Rhodopseudomonas spheroides 34-1409; energieabhäng. Red. d. — in chemoautotrophen Nitrosomonas europaea 38-1380; --Red.: u. O_2-Verwert. während d. Alkoholox. durch Bäkkerhefe 40-1330; durch Chromatophoren aus Rhodopseudomonas capsulata mit mol. H_2 47-1462; — beim Erythrozytenstoffwechsel 10-1461; Wrkg. v. — im Cholesterinstoffwechsel luteinisierter Rattenovarien 19-1555; --Stoffwechsel (Verhinder. d. Einw. v. Reserpin durch antidepressive Arzneimittel) 19-1796; red. — als H-Donatoren bei d. Beseitig. v. Strahlenschäden 22-1216.

Best. d. red. — in einem einzelnen Neuron 35-1637; fluorimetr. Best. ox. u. red. — 36-2025.

Isoenzyme

Überblick 2-1132; durch Epinephrin bewirkte Erhöh. d. --Aktivität d. Serums bei verschiedenen Tierarten 18-1254; automatisierte Differentialanalyse 35-1303; Verlust kathod. — bei d. Enzymelektrophorese an Celluloseacetat 37-1355.

Spezielle Enzyme

(einbegriffen spezielle Cofermente)*)

*) Hinweise mit *) beziehen sich auf Stichwörter außerhalb des Kapitels Enzyme.

Acetaldehyd-Dehydrogenase

— aus keimenden Samen 21-1389; Hemm. d. — in d. Leber durch Diäthyldithiocarbamat 22-1655.

Acetat-CoA-Ligase

s. *Acetyl-CoA-Synthetase.*

Acetat-Kinase

(Acetokinase, ATP-Acetat-Phosphotransferase)

Vork. in Desulfovibrio (Bestandteil d. phosphoroklast. Syst.) 40-1354; Verw. bei d. enzymat. Glucosebest. mit Acylphosphat: D-Glucose-6-phosphotransferase 6-1263; Best. v. Acetat u. Propionat unter Verw. v. — aus Propionibacterium shermanii 27-1444; enzymat. Best. v. Acetat mit — 51/52-1958.

Acetat-Thiokinase

s. *Acetyl-CoA-Synthetase.*

***O*-Acetoglykoloyl-*S*-furoylthiamin-Esterase**

Rk. mit O-Acetoglykoloyl-S-furoylthiamin in Erythrozyten 9-1500.

Acetohydroxysäure-Synthetase

--Aktivität in einer Streptomycin-abhäng. Mutante v. E. coli *K-12* 3-1276, 10-1257, 10-1258.

Acetokinase

s. *Acetat-Kinase.*

Acetomilchsäure-Synthetase

Vork. v. zwei verschiedenen — in Aerobacter aerogenes 26-1365.

β-Acetylaminodesoxyglucosidase

--Aktivität in Puppen v. Diptera Calliphora erythrocephala 16-1344.

2-Acetylaminofluoren-Hydroxylase

Erhöh. d. Aktivität d. Leber-— durch 2-Acetylaminofluoren 35-1236.

***N*-Acetyl-L-asparagat-Acylase**

Abbau v. N-Acetyl-L-asparagat im Gehirn durch — 25-1677.

Acetylbuttersäure-Thiophorase

Auftreten v. — im Cyclus d. Buttersäure-Ox. bei Mycoplasma hominis 31-1491.

Acetylcarboxypeptidase A

Kinetik 32-1424.

Acetylcarnityl-CoA

s. unter $C_{30}H_{53}N_8O_{20}P_3S$*).

Acetylcholin-(Acetyl)-Hydrolase

s. *Acetylcholin-Esterase.*

Acetylcholin-Acylhydrolase

s. *Cholin-Esterase.*

Acetylcholin-Esterase

(Acetylcholin-(Acetyl)-Hydrolase)

— (*5.* Mitt.) 14-1275; (*1.* Mitt.) 21-1431; (*7.* Mitt.) 21-1433; (Übersicht) 37-1402.

Geh. in isolierten Membranen d. Kortex v. Rattenhirn 1-1492; --Aktivität: in aus

Herzmuskel isolierten Mikrosomen 2-1097; im Hirngewebe d. niederen Wirbeltiere 6-1558; isolierter synapt. Membranen d. Gehirnrinde 6-1634; d. Erythrozyten u. d. Hirns (Einfl. v. Parathion bei d. Albinoratte) 9-1571; Verteil. in Retinakulturen 10-1539; — in Helix pomatia 12-1238; —-Aktivität d. normalen menschl. Erythrozyten nach Behandl. mit Sulfhydrylverb. 16-1301; Plasma-— bei Verfütter. v. Nährstoffmangeldiäten an Ratten (Einfl. v. Parathion) 17-1670; —-Aktivität: in nodalen u. internodalen Bereichen v. myelinierten Nervenfasern v. Frosch 19-1396; d. Hypothalamus d. männl. Meerschweinchens nach Kastrier. oder Verabfolg. v. Androgenen 24-1376; — in gemischten, motor. u. sensor. Nerven 24-1377; Vork. in subzellulären Frakt. d. Gehirnrinde d. Rindes 24-1410; —-Aktivität in Gehirn u. Spinalmark sich entwickelnder Ratten nach pränataler Röntgenbestrahl. 25-1692; zytolog. Lokalisier. in Speicheldrüsen d. Hundes 28-1557; —-Aktivität in Gehrinbereichen (Bezieh. zu d. Anfallsäquivalenten im EEG nach Injekt. v. Hemicholinium 3) 29-1794; Geh. in Synapsen d. Ganglion stellatum d. Tintenfisches 31 1709; — im elektr. Gewebe v. Electrophorus (Stärkegelelektrophorese) 33-1494; —-Aktivität: im Hirn u. Blut (Wrkg. v. Triäthylbleichlorid) 34-1662; d. Kaninchenblutes (Einfl. chron. geringer Dosen v. Toluol) 34-1673; Lokalisier. im zentralen Nervensyst. 35-1300; —-Aktivität in menschl. Erythrozyten (patholog. u. physiolog. Einfl.) 35-1558; Verteil. im Rattenhirn (Unters. mit Hilfe d. Karnovsky-Meth.) 36-1333; —-Aktivität: d. Rattenmyokards (Wrkg. d. Desacetyllanatosids C) 37-1794; d. Aorta bei experimenteller Atherosklerose 38-1717; Lokalisier. in getrennten, d. Samenleiter v. Meerschweinchen versorgenden Neuronen 38-1727; —-Aktivität: d. Blutes u. Hirns (Bezieh. zu Funkt.-Veränder. d. Nebennierenrinde) 38-1771; unter d. Einfl. geringer Dosen v. radioakt. J 39-1530; — d. Säugetiergehirns (Reinig. u. Eig.) 40-1249; (Wrkg. v. oberflächenakt. Agenzien) 40-1250; —-Aktivität d. Katzenbandwurmes (Wrkg. gewisser Wurmmittel) 42-1551; — in okularen u. orbitalen Geweben einiger Säugetiere 44-1236; —-Aktivität bei Lymphogranulomatose v. Kindern 45-1586; Geh. im Fischgehirn (Überwach. d. Verunreinig. mit phosphororgan. Schädlingsbekämpf.-Mitteln) 45-1711; Vork. u. Eig. v. — u. einwert. Monoester hydrolysierender — im Rattenblut 46-1216; Normalwerte u. individuelle Schwank.-Breite d. — d. Blutes 46-1223; Veränder. d. — im Blut u. in d. Geweben d. Kaninchens bei chron. Einw. geringer Konz. v. CS_2 46-1511; —-Aktivität im Serum d. Zitteraals 47-1384.

Bldg. einer nichtreaktivierbaren — durch Hemm. mit Sarin 33-1495; Isolier. aus d. Blut d. Weinbergschnecke 14-1275; Octanolverf. d. Gewinn. v. — aus Erythrozyten v. Warmblütern u. ihre katalyt. Eig. 19-1393; Reinig. v. — aus d. Gehirn 21-1430; Stabilität v. — im Gesamtblut, Serum u. Plasma während d. Lager. 31-1467.

Art eines „Anionen"-Ortes bei — (Vgl. mit einem entsprechenden Ort bei d. Butyrylcholinesterase) 42-1201; umkehrbare Aggregat. v. — 23-1417.

Verh. gegenüber Diisopropylfluorphosphat (Best. d. Affinitätskonst.) 4-1050; Zwischenprod. bei d. Acetylier. durch — 13-1208; Acetylier.- u. Entacetylier.-Stufen d. —-Rk. (Beteilig. ident. katalyt. Gruppen) 17-1312; Hydrolyse neutraler Substrate durch — 27-1451; Struktur u. Funkt. d. akt. Zentrums v. — 27-1452; Rk. mit Substraten (strukturelle Spezifität) 29-1444; chem. Unterscheid. zwischen — u. d. Acetylcholinrezeptor 31-1424; Wechselwrkg. eines Amitonanalogen mit — 37-1404; Ähnlichk. zwischen akt. Orten v. — u. Acetylcholinrezeptor beim Test mit Chinoliniumionen 40-1461; Esteraseaktivität d. — (Änder. durch Alkylier. mit d. 1.1-Dimethyl-2-phenylaziridiniumion) 43-1215; durch — katalysierte Hydrolyse v. 1-Methylacetoxychinoliniumjodiden (spektrophotometr. Unters.) 44-1234; Unterscheid. d. alt. Rk.-Orte d. — u. d. Acetylcholinrezeptors 47-1385; Rk.: mit phosphylierten Oximen 51/52-1278; mit Diäthylphosphorylester quatern. u. tert. Aminophenole 51/52-1279; Bezieh. zwischen — u. Acetylcholin im Gehirn unter Einw. eines Organophosphorcholinesterasehemmers 6-1592; Beteilig. d. —-Syst. an d. Mechanismus d. retikulokortikalen Aktivier. 14-1534; Affinität v. Arecaidinderiv. zur — d. Meerschweinchenerythrozyten 21-1432.

Hemm. d. Gehirn-— durch O_2-Überdruck 45-1380; Beeinfluss. v. — aus Torpedo masmorata durch Salze u. curarisierende Pharmaka 1-1214; Hemm. durch Carbamate (Substrat- u. Verdünn.-Effekte) 4-1048; Hemmwrkg. v. Bernsteinsäuredicholinester u. Bernsteinsäuremonocholinester auf — d. menschl. Blutes 6-1274; Hemm. v. — in Erythrozyten v. Ratten nach Verfütter. niedr. Konz. v. Banol 6-1583; Inaktivier. d. Erythrozyten-— durch Penicillin 12-1239; Hemm. d. — d. Erythrozyten durch Peroxide 14-1274; Desalkylier. u. Verlust d. Fähigk. zur Reaktivier. v. durch Sarin gehemmter — 16-1350; Hemmwrkg. v. Tris auf d. — 19-1395; Alter.-Mechanismus v. phosphonylierten — 19-1737; Hemm. durch Fluorid 22-1349; Beeinfluss. durch Tiguvon bei künstl. mit Trichinen infizierten Mäusen 23-1831; Elektronenstruktur v. Carbamatderiv. als —-Inhibitoren 25-1363; Unterdrück. d. Protektionswrkg. quatern. Ammoniumsalze gegenüber d. Hemmwrkg. v. Prostigmin auf — durch Mg^{2+} 28-1400; hemmende Wrkg. psychotroper Arzneimittel auf — v. Hirngeweben d. Maus 29-1771; Einfl. v. bis-quatern. NH_4-Salze d. N.N'-Bis-[aminoacyl]-piperazinderiv. auf d. — d. Rattengehirns 30-1622; Carbamylier. u. Stabilitätskonst. für d. Hemm. d. — durch Physostigmin 32-1392; Anti-—-Aktivität v. S-[N-(N-Phenylcarbamoyl)-carbamoylmethyl]-dithiophosphorsäure-O.O-diäthylester 32-1393; —-Hemm. durch Staub v. organ. Phosphat 33-1813; hemmende Wrkg. v. Benzoquinonium- u. Ambenoniumderiv. auf — 34-1288; in vitro-Hemm. durch Botulinumtoxin Typ A 39-1238; Einfl. psychotroper Pharmaka auf d. — d. Gehirns 40-1545; Hemm.: durch Organophosphatvergift. (Schutzwrkg. v. Hexan-1.6-bis-[dimethylalkylammonium]-Verb.) 43-1642; d. — d. Gehirns durch Sevin 45-1705; neuer irreversibler Inhibitor d. — mit spezif. Wrkg. auf d. anion. Bind.-Stelle 46-1222; Reaktivatoren für gehemmte — 23-1416; Reaktivier. v. phosphorylierter — im Zentralnervensyst. durch Pyridiniumaldoxime 23-1721.

Unters. über — unter Benutz. einer automatisierten Methodologie 11-1237; radiometr. Mikrobest. 34-1287; Reproduzierbark. d. Best. d. — nach d. Hydroxamsäuremeth. 36-1334; Thiocholin-Pb-Ferrocyanid-Meth. für — 47-1386; automat. Best. 47-1387; Best. im Vollblut d. Schafes 5-1245; elektronenmkr. Lokalisat. d. — an d. neuromuskulären Verb. durch d. Gold-Thiocholin- u. Gold-Thiolessigsäuremeth. 17-1313; Best. d. Erythrozyten-— in auf Filterpapier getrockneten Blutproben 22-1350; Mikrobest. d. — in Erythrozyten u. Plasma v. Mensch u. Tier 26-1307; Vgl. d. Au-Thiocholin- u. d. Au-Thiolessigsäure-Meth. bei d. histochem. Lokalisier. v. — 32-1390; Nachw.: in d. amakrinen Zellen d. Kaninchenretina 32-1391; in adrenerg. Nerven durch Elektronenmikroskopzytochemie 35-1295; Schlußwort zur Entgegn. v. W. Pilz auf d. Arbeit „Mikrobest. d. — in Erythrozyten u. Plasma v. Mensch u. Tier" 36-1335; Best. v. Serum-— (Einfl. d. Pufferzus.) 37-1661; ultrastruktureller Nachw. v. — d. motor. Endplatten mit osmiophilen Diazothioäthern 39-1237; Best. im Myokard beim pH-Wert d. Gewebes durch potentiometr. Titrat. 45-1353.

Acetylcholin-Esterase IIμ

Best. v. Serum-— (Einfl. d. Pufferzus.) 37-1661.

Acetyl-α-chymotrypsin

Rk.-Fähigk. v. Tryptophan in — gegen N-Bromsuccinimid 14-1297; Spezifität bei d. Desacylier. v. — 21-1455.

Acetyl-CoA

s. unter $C_{23}H_{38}N_7O_{17}P_3S^*$).

Acetyl-CoA-Acetyltransferase (Thiolase)

Auftreten v. — im Cyclus d. Buttersäure-Ox. bei Mycoplasma hominis 31-1491; Induzier. d. Bldg. in E. coli durch Oleat 42-1247.

Acetyl-CoA-Acylträgerprotein-Transacylase

Darst. u. Eig. v. E. coli-— 32-1363.

Acetyl-CoA-Carboxylase [Acetylcoenzym A-Carboxylase, Acetyl-CoA: CO_2-Ligase (ADP)]

Kontrolle d. pflanzl. —-Aktivität 32-1532; — d. Leber (Dissoziat.-Reassoziat.-Prozeß u. Bezieh. zur katalyt. Aktivität) 5-1290; —-Aktivität: d. Mäuseleber (Einfl. v. Bestrahl.) 5-1532; d. Milchdrüse d. Ratte nach Hypophysektomie u. Entwöhn. 16-1411; d. Leber (Einfl. v. Palmitylcarnitin) 18-1528; Vork. in laktierenden Kaninchenmilchdrüsen 29-1483; relative Aktivität v. — im normalen Zustand u. bei erbl. Fettleibigk. 38-1472; Citrataktivier. d. — (Aufheb. durch Kälte) 8-1337; Wrkg. v. Mg^{2+} u. ATP auf — 16-1409; Aktivier.: d. Rattenleber-— durch Trypsin 43-1243; v. — d. Leber durch Tricarbonsäure u. Acetylcoenzym A (Mechanismus) 38-1462; mol. Charakteristika d. — d. Leber 25-1386; Assoziat. d. — an d. Mikrosomenfrakt. aus Taubenleber 28-1475; Einfl.: auf d. Muster d. durch zellfreie Präparat. aus laktierender Rattenmilchdrüse synthetisierten Fettsäuren 27-1476; v. Citrat auf d. Substrataffinität v. — 32-1459; katalysierende Wrkg. bei d. Fettsäuresynth. in d. Dünndarmmukosa d. Meerschweinchens 36-1408.

Acetyl-CoA: Carnitin-O-Acetyltransferase

s. *Carnitin-Acyltransferase.*

Acetyl-CoA: Cholin-O-Acetyltransferase

s. *Cholin-Acetyltransferase.*

Acetyl-CoA: CO_2-Ligase (ADP)

s. *Acetyl-CoA-Carboxylase.*

Acetyl-CoA-Enolase

—-Wrkg. d. Malatsynthase 31-1455.

Acetyl-CoA-Kinase

Verteil. v. Hefe-— in d. Zelle u. ihre Indukt. durch Glucose 42-1233.

Acetyl-CoA-Synthetase (Acetat-CoA-Ligase, Acetat-Thiokinase, Acetylcoenzym A-Synthetase)

— (*4.* Mitt.) 32-1482; —-Aktivität: beim Wachstum v. Saccharomyces cerevisiae 47-1420; d. Mäuseleber (Einfl. v. Bestrahl.) 5-1532; Vork. in laktierenden Kaninchenmilchdrüsen 29-1483; —-Aktivität in d. Leber v. Wiederkäuern u. Ratten 36-1589; subzelluläre Verteil. im Säugetierhirngewebe 40-1299; katalysierende Wrkg. bei d. Fettsäuresynth. in d. Dünndarmmukosa d. Meerschweinchens 36-1408; Doppelstrahl-spektrophotometr. Best. v. — in intakten Rattenlebermitochondrien 44-1286.

Acetylcoenzym A-Carboxylase

s. *Acetyl-CoA-Carboxylase.*

Acetylcoenzym A-Synthetase

s. *Acetyl-CoA-Synthetase.*

Acetylesterase

Vork. in intakten Sporen v. Bacillus coagulans 6-1267; —: v. Sclerotinia fungus (Substratspezifität, Rk.-Weise, Inhibit. durch organ. Säuren) 18-1210; in d. Sporen v. Bacillus cereus 23-1414; Vork. im Darmsaft v. Helix pomatia 12-1238; —-Aktivität: in d. Leber großer Haustiere 43-1212; v. Getreideprod. (Hitzeempfindlichk.) 33-1536; Hemm. d. Citrus-— durch Organophosphorverb. 37-1401.

***N*-Acetyl-α-galaktosaminidase**

Wrkg. v. — aus Helix pomatia auf lösl. Blutgruppe A-Substanzen 13-1212.

***N*-Acetyl-β-galaktosaminidase**

Isolier. aus Kalbshirn 34-1298; Trenn v. — u. N-Acetyl-β-glucosaminidase aus Kalbshirnzytoplasma 11-1246.

β-Acetylglucosaminase

—-Aktivität bei Küken mit Vitamin-E-Mangel 5-1484; Serum-—-Aktivität (Einfl. d. Blutzuckerspiegels) 35-1316; Anreicher. im Widderhoden 36-1360.

α-Acetylglucosaminidase

Säugetier-— (Eig., Gewebeverteil. u. intrazelluläre Lokalisier.) 5-1256.

***N*-Acetyl-β-glucosaminidase**

s. *Chitobiase.*

***N*-Acetylglucosamin-6-phosphat-Desacetylase**

Indukt. in E. coli durch N-Acetylglucosamin 44-1321.

β-*N*-Acetylglucosaminyltransferase

— in Säugetier-Magenschleimhäuten 42-1189.

***N*-Acetyl-L-glutamat-Desacetylase**

Desacetylier. v. N-Acetyl-*l*-glutaminsäure durch — v. Neurospora crassa 51/52-1265.

***N*-Acetylglutamat-Phosphokinase**

s. {*ATP*:}*N-Acetyl-L-glutamat-5-Phosphotransferase.*

{ATP:}N-Acetyl-L-glutamat-5-Phosphotransferase (N-Acetylglutamat-Phosphokinase)

Vork. in blaugrünen Algen u. photosynthetisierenden Bakterien 4-1091; Reinig. u Eig. d. alloster. – d. Argininweges aus Chlamydomonas reinhardti 29-1430.

α-N-Acetyl-L-glutamat-γ-semialdehyd: NADP-Oxydoreduktase

Biosynth. durch E. coli (Koordinier. mit d. Argininbiosynth.) 2-1131.

N-Acetylglycylchymotrypsin

Spezifität bei d. Desacylier. v. – 21-1455.

N-Acetyl-β-D-hexosaminidase

–: aus Ochsenmilz mit Wrkg. auf N-Acetyl-β-D-glucosaminid 25-1368; aus Streptomyces griseus 44-1288; chromatograph. Trenn. v. – u. einer anderen Glykosidase aus d. Verdauungssaft v. Helix pomatia 1-1229; Isolier. aus Kalbshirn 34-1298.

α-N-Acetyl-L-histidin-Amidohydrolase

–-Aktivität aus d. Hirn d. Blaufisches Katsuwonus pelamis 41-1286.

N-Acetylleucylchymotrypsin

Spezifität bei d. Desacylier. v. – 21-1455.

Acetyl-β-methylcholinesterase

Veränder. d. –-Aktivität unter d. Einfl. geringer Dosen v. radioakt. J 39-1530.

N-Acetylmuramidase

Vork. in Zellwänden v. Streptococcus faecalis (Rk., Einfl.) 29-1456; Wrkg. auf Zellwände v. Bakterien (Bdlg. v. Peptiden) 9-1157.

N-Acetylmuramid-Glucanohydrolase

s. *Mucopeptid-Glucohydrolase.*

N-Acetylmuramid-Glycan(o)hydrolase

s. *Mucopeptid-Glucohydrolase.*

Acetylmuramyl-L-alanin-Amidase

Wrkg. auf Bakterienzellwände (Bldg. v. Peptiden) 9-1157.

N-Acetylneuraminat-Glykohydrolase

s. *Neuraminidase.*

N-Acetylneuraminsäure-Aldolase

Best. v. Neuraminidase neben – 6-1277.

α-N-Acetyl-D-ornithin: L-Glutamat-N-Acetyltransferase

– aus Chlamydomonas reinhardti (Reinig. u. Eig.) 18-1195.

α-N-Acetyl-L-ornithin: 2-Ketoglutarat-Aminotransferase (Acetylornithin-δ-Transaminase)

–-Aktivität in Geweben v. Rosen 18-1199; Wrkg. bei d. Argininbldg. aus Glutamat durch Bacillus subtilis 1-1199.

Acetylornithin-δ-Transaminase

s. *α-N-Acetyl-L-ornithin: 2-Ketoglutarat-Aminotransferase.*

N-Acetyl-D-phenylalanylchymotrypsin

Spezifität bei d. Desacylier. v. – 21-1455.

N-Acetyl-L-phenylalanylchymotrypsin

Spezifität bei d. Desacylier. v. – 21-1455.

N-Acetyl-L-phenylalanyl-L-tyrosin-Hydrolase

Verteil. in d. Schilddrüse 5-1273.

Acetylphosphatase

–-Aktivität in Hirnextrakten (Einfl. v. anorgan. Kationen) 14-1263; – in Hirnmikrosomen 24-1412; Eig. mikrosomaler – aus Rinderhirn (Vgl. mit ATPase) 38-1452.

O-Acetylserin-Sulfhydrolase

Katalysier. d. Synth. v. L-Cystein in E. coli u. Salmonella typhimurium durch – 36-1453.

Acetyltransferasen

s. *Acyltransferasen.*

{cis}-Aconitase

s. *Aconitat-Hydratase.*

Aconitat-Hydratase ({cis}-Aconitase, Citrat(Isocitrat)-Hydrolase)

–-Aktivität: in E. coli K_{12} (Wrkg. v. Nitrat) 16-1412; in Clostridium kluyveri 26-1401; Vork.: während d. Gär. bei Aspergillus niger 29-1487; d. – d. Tricarbonsäurezyklus in zellfreien Extrakten d. Sporen v. Penicillium chrysogenum 31-1490; –-Aktivität: während d. Wachstums v. E. coli 32-1332; in E. coli (Einfl. v. Nitrat im Medium) 39-1285; (Regulier. durch Einw. v. O_2, Nitrat oder Nitrit) 44-1289; beim Wachstum v. Saccharomyces cerevisiae 47-1420; in Kaktusgeweben (tägl. Schwank.) 12-1302; in subzellulären Partikeln aus Rizinussamenendosperm 47-1413; bei Skorbut (Einfl. v. Coenzym Q_7) 11-1499; bei d. hypophysektomierten Ratte (Wrkg. v. Wachstumshormon) 20-1472; d. S-Frakt. d. äußeren Membran v. Rinderherzmitochondrien 36-1192; Synth. bei Chlorella (Einfl. v. Fe u. Mn) 24-1514; Röntgen-Krist.-Analyse d. Substrate v. – 4-0210; Mechanismus d. –-Wrkg. 20-1371; α-Methylcis-aconitsäure als –-Substrat 25-1383; Wrkg. bei d. enzymat. Glutamatsynth. durch zellfreie Extrakte anaerober Bakterien 14-1315; – u. Isocitronensäuredehydrogenasen v. Aspergillus niger in Zusammenhang mit d. Citronensäurebldg. 32-1466; Inaktivier. in Nocardia erythropolis durch 2-Fluor-p-nitrobenzoesäure 20-1402; Inhibier. v. – in tier. Geweben durch Glyoxylsäure 40-1198.

Acryloylcoenzym A

s. unter $C_{24}H_{38}N_7O_{17}P_3S$*).

Acylamid-Amidohydrolase

s. *Amidase.*

Acylamidase

s. *Amidase.*

N-Acyl-DL-aminosäuren-Acylase

Behandeln v. N-Acyl-DL-aminosäuren mit in W. unlösl. – unter asymm. Hydrolyse 15-2650*.

Acylase I

Isolier. einer neuen Dipeptidnaphtylamidase, d. Glycylprolyl-β-naphthylamid hydrolysiert, aus – 16-1364; Spalt. v. N-Acetyl-S-benzyl-DL-selenocystein mit Schweine-– 45-1143.

Acylasen

Spezielle – s. dort.
Aktivität u. Struktur (Einfl. v. neutralen Salzen) 11-1218; –-Aktivität: v. E. coli (Einfl. d. Kulturbeding. v. E. coli) 17-1294; v. Mikroorganismen 42-1228, 42-1229; – tier. u. menschl. Organe u. Zellen 12-1272; enzymat. Desacetylier. v. Vi-Polysaccharid durch Vi-Phagen II mit – 27-1549; Best. d. – v. Bakterienkulturen 46-1202.

Acylchymotrypsin

Hydrolyse (Einfl. d. pH-Wertes) 3-1261.

Acyl-α-Chymotrypsin

Eig. 28-1446; N→O-Transfer bei d. Desacylier. v. – 37-1431.

Acyl-CoA

– in alternden Populat. v. Tetrahymena 15-1465; Reinig. v. – mittlerer Kettenlänge 18-1174.

Acyl-CoA-Dehydrogenasen

Spezielle – s. dort.
–-Aktivität in Leber-, Milz- u. Thymusmitochondrien (Einfl. v. Bestrahl.) 7-1208; Überführ. durch anaerobe Belicht. in blaue u. rote Semichinone 43-1182.

Acyl-CoA-Synthetase (Acylcoenzym A-Synthetase)

Langkett. – in Rattenleber (intrazelluläre Verteil.) 19-1430; –-Aktivität für Fettsäuren mittlerer Kettenlänge 5-1232; katalyt. Wrkg. auf d. Rk. v. Na-Octanoat mit CoA 18-1174; Rk. d. Guanosintriphosphat-abhäng. – aus Rattenlebermitochondrien 36-1409.

Acylcoenzym A-Synthetase

s. *Acyl-CoA-Synthetase.*

Acylglycerylphosphorylcholin-Acyltransferase

–-Aktivität in Plazentagewebe 34-1279.

N-Acylmuramyl-L-alanin-Amidase

Vork. in d. Zellwänden v. Bacillus subtilis 4-1099.

Acylphosphatase

Aromat. Acylphosphate als Substrate d. – 16-1355.

Acylphosphat: D-Glucose-6-Phosphotransferase

Glucosebest. mit – 6-1263.

Acyltransferasen (Acetyltransferasen, Transacetylasen)

Spezielle – s. dort.
Vork. in blaugrünen Algen u. photosynthetsierenden Bakterien 4-1091; Isolier. u. Eig. v. N-– aus Kaninchenleber 51/52-1264; Acylier.: v. Lysophosphatidsäure, gesätt. u. ungesätt. Lysolecithin mit – 39-1267: v. Lysophosphoglyceriden durch E. coli mit – 42-1203.

Addase

s. *Desoxyribonucleotidyltranferase.*

Adenin-Phoshoribosyltransferase (Adenylat-Pyrophosphorylase, AMP: Pyrophosphat-Phosphoribosyltransferase, AMP-Pyrophosphorylase)

–-Aktivität: in d. sich entwickelnden Mäuseleber (kinet. Eig.) 16-1323; während d. Ausbldg. d. Inositmangels in KB-Zellen 32-1300; v. L-Zellen (Rk.-Kinetik) 51/52-1267; Rolle bei d. Anreicher. v. Purinvorstufenderiv. bei E. coli 10-1171; kinet. Unters. 40-1218; Hemm. durch Formycin-5'-phosphat 21-1292.

Adenosin-Aminohydrolase

s. *Adenosin-Desaminase.*

Adenosin-Desaminase (Adenosin-Aminohydrolase)

Kälberserum-– (multiple Formen) 8-1315; –-Aktivität: d. Herzmuskels 10-1259; im Serum bei Leberkrankh. (vergleichende enzymolog. Best.) 19-1683; –: aus Kalbsmilz (chem. u. enzymolog. Eig.) 40-1284; aus d. Rinderschilddrüse 41-1287; –-Aktivität bei malignen u. nichtmalignen Erkrank. d. weibl. Brust 49/50-1233; unspezif. – aus Takadiastase 2-1200, 5-1278, 12-1291, 46-1248.

Entw.-Trends bei Vertebraten 42-1231; Reinig. d. – aus Schilddrüsen v. Rindern 17-1333.

Sulfhydrylgruppen: in nativer u. denaturierter – (Best.) 28-1455; d. – (Funkt.) 35-1325.

–-Substrate (Konstit.) 2-1200; Art d. Bind. v. – an d. Hydroxylgruppe v. 9-[Hydroxyalkyl]-adeninen 6-1288; Desaminier. v. 3-[β-D-Ribofuranosyl]-adenin durch – 12-1290; Hydrolyse v. Adenosin zu Inosin u. NH_3 durch – 48-1340; Rolle bei d. Synth. v. Inosin bei E. coli 10-1171; Bldg. u. Desaminier. v. Adenosin durch Herzmuskel-– 10-1259.

Hemmer für – (9-[m-substituierte Benzyl]-6-substituierte Purine) 2-1199; Einfl. v. pH, Harnstoff u. Guanidin auf – aus Rindermukosa 15-1403; kompetitive Hemm. v. – durch Harnstoff, Guanidin, Biuret u. Guanylharnstoff 15-1404; Inaktivier. durch Fluordinitrobenzol 19-1417; reversible Inhibitoren d. – (Synth.) 23-1438; Hemm.: d. – aus d. intestinalen Kälbermukosa durch aliphat. Alkohole 28-1456; durch ein Stoffwechselprod. d. Aminonucleosids v. Puromycin 32-1449; 6-substituierte 9-[5-Desoxy-β-D-xylofuranosyl]-purine u. deren Einschätz. als Inhibitoren für – 39-1030; Hemm. durch Coformycin 43-1250; Photoinaktivier. v. – in Sarcina lutea 47-1419.

Kolorimetr. Best. 5-1279; (im Serum) 5-1280.

Adenosindiphosphatase

Vork. einer Mg^{2+}-stimulierten – in Zellfrakt. v. Vitreoscilla (Rk., Eig.) 21-1468.

Adenosindiphosphatglucose-Pyrophosphorylase

s. *ADP-Glucose-Pyrophosphorylase.*

Adenosin-5'-diphosphatribose: Orthophosphat-Adenyltransferase

– aus Euglena gracilis (Isolier., Eig.) 4-1044; Wechselwrkg. mit Leber-Alkoholdehydrogenase 19-1354.

Adenosin-Kinase

Eig. teilweise gereinigter Säugetier-– 12-1218; Wrkg. im Nucleotidstoffwechsel v. Corylus avellana-Samen 24-1291; Hemm. durch Tubercidin 14-1199.

Adenosin-{5'}-monophosphat-Desaminase

s. *AMP-Desaminase.*

Adenosin-5'-phosphosulfat-Reduktase

–: v. Desulfovibrio desulfuricans u. v. Thiobacillus thioparus 5-1222; aus Thiobacillus denitrificans (Reinig. u. Eig.) 16-1280; –-Aktivität in Thiobacillus denitrificans 16-1341.

Adenosintriphosphatase (ATPase, ATP-Phosphohydrolase)

Vorkommen, Aktivität: --Aktivität: d. Mitochondrien (Wrkg. v. Histonen u. anderen Polykationen) 12-1126; (Hemmwrkg. v. Oligomycin) 20-1300; vorbehandelter Mitochondrien (Thyroxinwrkg.) 22-1548; (in Ggw. v. Thyroxin u. ATP) 22-1549; Charakteristik einer „solubilisierten", mit einer Cellulosematrize verbundenen – in Membranpartikeln 37-1437; Bezieh. zwischen --Aktivität u. Kontrakt. v. Mitochondrien 39-1259.

Vork.: in Membranen v. Streptococcus faecalis (Isolier. u. Untereinh.-Struktur) 5-1281; in Micrococcus lysodeikticus (Identität mit einem Koppl.-Faktor) 5-1284; zelluläre Lokalisier. in E. coli 21-1397; – d. BAI-Stamm A-Virus (Aktivier. u. Hemm. u. Vgl. mit – d. Strukturbestandteile leukäm. Myeloblasten) 27-1469; (Bind.-Eig. d. ATPase an Zellstrukturen u. ihre Substratspezifität) 27-1470; --Aktivität v. Zellfrakt. d. Lactobacillus fermenti in Thiamin-reichem bzw. -armem Milieu 29-1510; – in Chloroplasten v. Euglena gracilis (Eig., Rk.) 32-1529; --Aktivität in E. coli B *163* u. seiner K-Mangelmutante B *525* 36-1387; – d. BAI-Stamm-A-Virus 38-1454; Red.-Mittel-abhäng. – aus N_2 fixierenden Extrakten v. Azotobacter vinelandii 43-1253; Membran-gebundene – v. normalen u. Niacinmangelzellen v. Streptococcus faecalis 47-1474.

Bezieh. zwischen Struktur u. --Aktivität d. photosynthet. App. während d. Ontogenese d. Kartoffel 18-1370; --Aktivität: in Erbsenwurzeln 25-1524; in d. Wurzeln v. Kornsämlingen 28-1458; v. normalen u. unter B-Mangel leidenden Bohnenwurzeln 33-1646; in Weizenwurzeln 38-1450.

Verteil. in d. Magendarmschleimhaut d. Frosches (Eig.) 1-1237; – in d. subzellulären Teilchen d. Mäuse-Melanoms 1-1238; --Aktivität in aus Herzmuskel isolierten Mikrosomen 2-1097; Histochemie d. – im Juxtaglomeruluskomplex d. Niere v. Ratten 2-1175; --Aktivität: v. Myofibrillen (Rolle v. Ca^{2+}) 2-1204; v. Erythrozyten, Stroma u. Blutplasma bei Veränder. d. osmot. Resistenz d. Erythrozyten bei Ratten mit Hypoxietraining 2-1374; – d. Kornea (histochem. Unters.) 3-1268; --Aktivität d. Myofibrillen (Abhängigk. v. Sarkoplasma) 3-1270; Geh. als Beweis für unterschiedl. Bläschenarten in d. Lebermikrosomenfrakt. 5-1155; – in Rattenhirnfrakt. (Verh. unter Einfl. v. mono- u. bivalenten Kationen) 5-1283; Geh. in Entzünd.-Zellen d. Bauchhöhle 5-1292; --Aktivität: in regenerierenden u. degenerierenden Nerven 5-1522; v. Atmungspartikeln (Wrkg. substituierter Thiophene) 6-1292; – d. menschl. Erythrozytenmembran (reversible Wrkg. v. Na-Dodecylsulfat) 6-1293; --Aktivität: in d. Rattenleber (Einfl. v. Äthionin) 6-1576; in geschwollenen Rattenlebermitochondrien (Einfl. v. ATP) 7-1443; d. Magenmitochondrien (Phospholipoidbeteilig.) 8-1321; in Gewebekulturen d. Retina 10-1539; in d. Niere v. Ratte u. Maus bei experimenteller Uranylnitratvergift. (biochem. u. histochem. Unters.) 11-1253; Mikrosomen-- d. Nebennierenmarks 15-1406; Aktivität d. leichtlösl. – d. Muskelgewebes (Einfl. v. Humisol) 15-1643; --Aktivität v. Erythrozyten (Einfl. v. Humisol) 15-1645; – in d. Harderschen Drüse v. Kaninchen 16-1284; an Myofibrillen gebundene – (Nachw. v. intrafusalen Muskelfasern) 16-1312; zwei – im Sarkoplasmaretikulum d. Skelettmuskelfaser 16-1394; – v. Mikrosomen aus Skelettmuskel (Wrkg. monovalenter Kationen) 17-1335; --Aktivität: in Myokard, Leber u. Nieren (Einfl. v. phys. Belast.) 17-1342; d. Nebennierenrinde (Wrkg. v. Diäthylstilböstrol) 17-1344; – d. zerebralen Mikrosomen 18-1209; --Aktivität v. Hirnrindenschnitten in vitro (Einw. v. zwei Blutplasmaproteinfrakt.) 18-1242; – d. Mitochondrien v. Rattenleber (Wrkg. aromat. Amine) 19-1295; Vork. in menschl. Glioblastomen 19-1316; Membran-- in Beuteltiererythrozyten 19-1416; --Aktivität: in Herzmuskelfasern bei hypophysektomierten oder thyreoidektomierten Ratten 19-1576; v. Lebermitochondrien (Einfl. v. Laurylamin) 21-1285; in isolierten Herzmitochondrien (Einfl. v. Zn^{2+} u. p-Chlormercuribenzolsulfonat) 21-1379; Geh. d. Nebennierenrinde d. Meerschweinchens nach Metopironzufuhr 22-1537; Herz-- (Wrkg. v. Azasteroiden) 23-1440; histochem. Lokalisier. (Einfl. d. Adenosintriphosphathydrolyse durch Pb-Ionen) 24-1421; --Aktivität: d. Kaninchenerythrozyten (Wrkg. einiger Phenothiazinderiv.) 25-1758; d. Lebermitochondrien (Bezieh. zur Permeabilität) 26-1352; Erythrozyten-„ghosts"--Syst. 27-1466; --Aktivität: v. Erythrozytenschatten (Wrkg. organ. Lsg.-Mittel) 28-1463; d. durch Tris zerstörten Bürstensaumes d. Darmepithelzellen 29-1369; Lokalisier. in Segmenten d. poximalen Tubuli d. Rattenniere 29-1470; mikrosomale – v. Taubenhirngewebe (Wrkg. v. Cu u. anderen Metallen) 29-1472; --Aktivität: d. Lebermitochondrien (Einfl. v. Disulfiram) 29-1802; in menschl. Blutplättchen (Einfl. d. Koagulat.) 30-1460; in d. Ziliarwurzeln d. Stäbchen d. menschl. Retina 30-1530; d. sarkoplasmat. Retikulums (regulierender Faktor) 31-1450; in einer prim., mit Parainfluenza *3*-Virus infizierten Kultur v. Affennierenzellen 31-1535; im Ascaridenmuskel 31-1699; d. Auges bei d. Photorezept. 31-1710; Vork. in Zellenmembranen v. Ehrlich-Aszitestumorzellen 33-1418; --Aktivität: d. Erythrozytenmembran (Einfl. v. Zuckern) 33-1523; d. Myokards bei experimentellem Myokardinfarkt d. Hundes 34-1536; Vork. im humanen Gingiva-Epithel 35-1326; Lokalisat. im quergestreiften Muskel (mögl. Ursachen für Artefaktbldg.) 35-1328; --Aktivität: v. Mukosahomogenaten aus Rattenjejunum u. -ileum (Einfl. v. Gallensalzen) 35-1609; d. inneren Membran v. Rinderherzmitochondrien 36-1192; K-stimulierte p-Nitrophenylphosphatase-Aktiviät aus einem hochspezif. --Präp. aus Kaninchenhirn 36-1389; Phosphatbind. durch Gehirnmikrosomen in Bezieh. zur --Aktivität 36-1391; Vork. in durch schwere Vergift. mit $BeCl_2$ angegriffenen Leberzellen 37-1699; Aktivität d. Membran-- v. Erythrozyten u. Muskel bei Entenmyopathie (Glykosid-Wrkg.) 38-1393; --Aktivität d. Myofibrillen v. Limulus pylophemus 38-1449; mikrosomale – aus Rinderhirn (Vgl. mit Acetylphophatase) 38-1452; --Aktivität d. Rattenhirns nach Antideprinbehandl. 38-1456; –: aus menschl. Blutplättchen (Charakterisier.) 40-1287; d. Mikrosomen d. Hirns u. d. Nieren beim Rind (Effekt einiger Arzneimittel) 40-1288; --Aktivität: v. Lebermikrosomen d. Hühnerembryos während d. Entw. 40-1502; Trypsinbehandelter Myofibrillen u. v. Myosin B bei niederer Ionenstärke 43-1251; d. somat. Muskelfasern bei Peripatus acaioi 44-1069; – v. fragmentiertem sarkoplasmat Retikulum d. Kaninchenskelettmuskels (Einfl. v. Diäthyläther) 44-1273; --Aktivität v. isolierten Muskelmitochondrien 45-1241; Lokalisier. d. sarkotubulären --Aktivität im Skelettmuskel v. Säugetieren 45-1372; --Aktivität isolierter menschl. Skelettmyofibrillen (Änder. mit Alter u. in Myasthenia gravis) 45-1651; lösl. – mit hoher Koppl.-Aktivität aus Rinderleber-Mitochondrien 46-1252; --Aktivität: in Nebenhodenfettgewebe v. Ratten 46-1253; in Mitochondrien aus Hirn u. Leber (Wrkg. d. Proteinbind.) 46-1254; Geh. d. Rattenmilz nach Vergift. mit CCl_4 u. deren Behandl. mit einem Blutextrakt 46-1510; --Aktivität: in Herzhomogenaten d. Schildkröte 47-1402; in intakten Muskeln d. Katze u. d. Faultieres 47-1655; – d. Mikrosomen d. Kaninchenhirns (Einfl. allg. Anästhetika) 51/52-1294.

--Aktivität: kommerzieller ATP-Präp. 5-1285; v. monophenol. Metaboliten d. Herbizids 2.6-Dichlorbenzonitril auf Lebermitochondrien 8-1608.

Bildung, Gewinnung: Entw. im Mäusethymus während d. Wachstums 4-1076; Freisetz. v. gebundener – aus isolierten Bakterienmembranen (Eig.) 12-1293; Struktur u. Funkt. v. submitochondrialen Partikeln nach Abtrenn. v. – 40-1097; mit Butanol extrahierte u. durch Detergentien solubilisierte Membran-– (Eig.) 40-1286.

Reaktionen, Wirkungen: Einfl. v. Mitochondrien-- auf d. Glutaminsynthetase 21-1486; Rk. mit ATP unter Bldg. v. IMP (Vork. an d. Muskeloberfläche) 26-1369; Rolle bei d. Regulier. d. lichtinduzierten Anschwellens v. isolierten Chloroplasten 44-1095; – als Inhibitor d. Lysokinase- u. Plasminoplastinaktivatoren d. Fibrinolyse in vitro 2-1208; Wechselwrkg. d. Mikrosomenfrakt. mit – in Ehrlich-Aszitestumorzellen 3-1202; mögl. Beteilig. einer – bei d. Aufnahme v. Meerrettichperoxydase durch Rattennierenschnitte 12-1209; – aus Flagellaten in Berich. zur Anreg. d. Geißeln d. Spermatozoen v. Seeigeln 28-1218; Eig. v. an Hirnmikrosomen durch – gebundenem Phosphat 36-1392; kein Zusammenhang d. – mit d. akt. Transport v. Na- u. K-Ionen 38-1454; Tag-Nacht-Variat. d. Dephosphorylier. v. ATP in Frakt. d. Hamsterleber durch – 38-1457; Wechselwrkg. zwischen gereinigter Mitochondrien-- aus Bäckerhefe mit submitochondrialen Partikeln aus Rinderherz 40-1098; Rolle bei d. Freisetz. v. Brenzcatechinaminen aus d. Nebennierenmark 42-1090, 42-1394; Verh. d. mikrosomalen – aus Rattenhirn 51/52-1293.

Beeinflussung: Hemmwrkg. v. Na-Ethacrynat auf – 6-1645; Hemm. durch Luteoskyrin 9-1244; Wrkg. Digitalis-art. Verb. durch Hemmwrkg. auf d. Transport-- d. Herzmuskels 10-1630; Hemm. d. – v. Herzsarkosomen durch Palmitoylcarnitin 13-1134; Einfl. v. Serotonin auf d. – in Rattenlebermitochondrien 15-1238; Hemm.: d. Leber-– durch Thioacetamid-Vergift. 17-1343; d. lösl. mitochondrialen – durch Aurovertin 20-1365; durch Vitamin D_2 24-1419; hemmender Einfl. v. Palmitoylcarnitin auf d. – v. Mitochondrien 29-1469; Wrkg. v. Phlorobutyrophenonderiv. auf – v. Herz- u. Lebermitochondrien (Vgl.) 33-1880; Hemm.: d. – in Mitochondrien d. Rattenleber durch Papaverin 37-1436; d. – v. Myofibrillen durch Halothan 41-1715; Inaktivier. d. – d. roten Blutkörperchen durch Trypsin (schützende Wrkg. v. Adenosintriphosphat) 43-1252; Einfl.: v. Dihydroxythymochinon auf – in Lebermitochondrien 45-1349; ionisierender Strahl. auf – in Kartoffelknollen 47-1523.

Analyse, Untersuchungsmethoden: Unters. v. --Syst. durch automatisierte Verf. 3-1214; elektronenmkr. Darst. d. – im Flimmerepithel 16-1392.

Actomeromyosin-Adenosintriphosphatase, Aktivität (Einfl.) 49/50-1571.

Actomyosin-Adenosintriphosphatase, Superpräzipitat. u. Aktivität (Beeinfluss. durch d. Art d. Polymerisat. u. d. Nucleotid v. Actin) 13-1239; Aktivität: in desensibilisierten Actomyosin 24-1414; bei niedr. Ionenstärke (Wrkg. v. Actininen) 25-1381; d. – (Wrkg. v. Ryanodin) 25-1719; – in Membranpräp. v. Nervenstrang d. Panzerkrebses 5-1282; Aktivität: bei Insekten (Einfl. v. Mg- u. Ca-Ionen) 6-1291; (alloster. Natur d. Substrathemm. in Ggw. v. Mg) 6-1295; v. fibrillären Insektenflugmuskeln (alloster. Effekt v. ADP) 17-1622; – aus Kaninchenskelettmuskel (Wrkg. v. Zn) 20-1366; Hemm. u. Aktivier. v. – aus Insektenflugmuskel 20-1561; Aktivität bei niedr. Ionenkonz. (Wrkg. v. ADP) 40-1289; Empfindlichk. v. – gegen Äthylendioxy-bis-[äthylenamino]-tetraessigsäure (Einfl. v. Tropomyosin u. eines Proteinfaktors aus Muskel) 4-1078; Hemm. durch Colchicin 42-1208.

F-Actin-Adenosintriphosphatase, Mechanismus v. therm. aktivierter – 25-1380.

H-Meromyosin-Adenosintriphophatase, Aktivität 49/50-1572; Inaktivier. durch Harnstoff 38-1455.

Meromyosin-Adenosintriphosphatase, Aktivität 12-1295, 26-1350.

Myosin-Adenosintriphosphatase, Aktivität 12-1295; (Einfl. v. pH u. Temp.) 24-1670; (Einfl. d. natürl. Imidazolverb.) 30-1266; (bei d. therm. Denaturier., Einfl. v. Imidazolverb. in Anwesenh. einiger Reagenzien) 30-1517; (aus rotem u. weißem Skelettmuskel d. Kaninchens) 4-1077; (d. Herzmuskels nach Infus. v. Histamin in d. Coronararterien beim Hund) 9-1446; (in roten u. weißen Taubenmuskeln) 12-1399; – im sich entwickelnden menschl. Muskel 16-1586; Aktivität: in d. Magenschleimhaut 38-1688; in Insekten (Kontrolle durch d. Bind. d. Substrats an einen alloster. Ort) 43-1254; Modifizier. (durch Disulfidaustausch) 7-1221; (begleitende Konformat.-Änder.) 18-1243; (durch Trinitrobenzolsulfonat) 42-1232; Hemm. durch Actin 8-1323; keine Wrkg. v. Herzglykosiden auf – d. Herzens 14-1638.

Myosin A-Adenosintriphosphatase, Aktivität 8-1324; Hemm. d. Denaturier. v. – durch gelöste neutrale organ. Verb. 2-1206.

Myosin B-Adenosintriphosphatase, Aktivität in Myofibrillen 25-1718; (v. Limulus polyphemus) 38-1449.

NAD-Adenosintriphosphatase (*DPN-ATPase*), Hemm. durch Luteoskyrin 9-1244; Einfl. v. Dihydroxythymochinon auf – in Lebermitochondrien 45-1349.

Thrombosthenin - Adenosintriphosphatase, Trenn. d. Superpräzipitat. u. d. – aus gefrorenen u. lyophilisierten menschl. Blutplättchen 36-1549.

Kationen-aktivierte Adenosintriphosphatase: --Aktivität in pflanzl. Zellwänden 12-1294; lösl. – aus Bohnenwurzeln (Eig.) 37-1435; Verteil. in subzellulären Frakt. d. Gehirnrinde d. Rindes 24-1410; --Ssyt. aus Rattenhirn (Wechselwrkg. v. Na u. K) 27-1467.

K^+-aktivierte Adenosintriphosphatase: Empfindlichk. gegenüber Inhibitoren 8-1322.

Na^+-aktivierte Adenosintriphosphatase: Zerebrale mikrosomale – (Temp.-Abhängigk.) 44-1271; histochem. Nachw. 14-1306.

Na^+- und K^+-aktivierte Adenosintriphosphatase: – (*16.* Mitt.) 6-1294; (*3.* Mitt.) 16-1393; (Wrkg. v. Anionen) 17-1334; (*17.* Mitt.)

34-1305; Fehlen im Kationtransportsyst. v. Ulva lactuca 6-1294; – in Wurzelspitzen d. Weihrauchkiefersamen 47-1401; Aktivität in Meerschweinchengehirn-Mitochondrienfrakt. 2-1168; – d. menschl. Gehirns 2-1205; Aktivität in Rattenhirnpräp. (Einfl. v. Perathiepin u. Chlorpromazin) 6-1237; – d. elektr. Organs v. Electrophorus 8-1317, 8-1318; hochspezif. – aus verschiedenen Geweben d. Kaninchens 8-1319; – im Rattengehirn (Einfl. v. Diphenylhydantoin) 15-1407; (Wrkg. v. Cardiazol) 16-1396; Aktivität v. G-Strophantin-empfindl. – neben einer „basalen" ATPase in isoliertem Skelettmuskelsarkolemа 18-1219; Gewebe- – (Stimulier. durch Ouabain) 20-1364; –: aus Niere u. Gehirn d. Ratte (Phosphatidylserinbedarf) 21-1469; aus d. Rückenmark normaler u. geschädigter Ratten 22-1663; in d. Kochlearmembranen 24-1413; aus d. Rattenniere (Wrkg. v. Nebennierensteroiden) 28-1461; in Mikrosomen v. sich entwickelndem Rattengehirn 36-1211; aus Rattenhirn (Temp.-Abhängigk. v. Aktivier. u. Hemm.) 36-1388; in Rattenhirn-Mikrosomen (Einfl. v. Buttersäurederiv., Glutaminsäure u. Isonicotinsäurehydrazid) 38-1458; d. elektr. Organs v. Elektrophorus (Modifizier. d. Verh. gegenüber Na durch Arsenit u. 2.3-Dimercaptopropanol) 44-1272.

Trenn. v. einer Na- oder K-gehemmten Adenosintriphosphatase aus d. Herzmuskel 20-1363; Schutz u. Anreicher. v. Harnstoff u. ATP benötigender – aus Zerebralmikrosomen 40-1108; Reinig.: u. Charakterisier. v. – aus d. Rattenherzmuskel 32-1452; d. – aus Rinderhirn 38-1451; Löslichmach., Stabilisier. u. Best. d. Molgew. d. – 28-1459.

Bldg. phosphorylierter Zwischenprod. im – -Syst. 1-1241; Acylphosphat-ähnl. Eig. d. ^{32}P-markierten – 8-1320; Kationenakkumulier. durch mikrosomale – 14-1307; Rk.-Mechanismus (Bedeut. d. phosphorylierten Zwischenstufe) 23-1439; phosphorylierte Zwischenstufe d. – (Charakterisier.) 25-1379; ^{14}C-ADP-ATP-Austauschaktivität u. d. – -Syst. 40-1253; – in d. Ontogenese (embryonale Entw. d. Telenzephalons v. Hühnern, morpholog. u. elektroenzephalograph. Korrelat.) 1-1240; Dephosphorylier. eines phosphorylierten Zwischenprod. d. Nieren- – (Einfl. v. K) 3-1269; Identität d. in d. Katalyse d. – aus Meerschweinchenhirn intermediären Acylphosphats mit L-Glutamyl-γ-phosphat 24-1416; Adenosintriphosphatabhäng. Retent. v. Na-Ionen einer aus Erythrozytenmembranen hergestellten – -Aufbereit. 24-1417; Mechanismus d. Hydrolyse v. Adenosintriphosphat durch Rinderhirn- – 38-1451; Bldg. v. phosphoryliertem Protein als Rk.-Zwischenprod. v. – aus Kaninchenhirnmikrosomen 38-1453.

Hemmwrkg. v. Prednisolonbisguanylhydrazon auf – d. Herz- u. Skelettmuskels 13-1626; Wrkg. v. γ-Strahlen auf – 16-1397; keine Hemmwrkg. v. Angiotensin auf d. – 19-1586; Verhinder. d. Verb. d. – -Syst. mit Ouabain durch Ca^{2+} u. saure Gruppen d. Zellmembran 23-1807; Temp.-Abhängigk. d. Erythrozyten- – 27-1468; Inaktivier. d. – d. zerebralen Mikrosomenfrakt. 36-1204; Ca^{2+}-abhäng. Hemm. v. – durch Hydroxylamin 46-1251; Hemm. d. zerebralen – durch Aldehyd-Fixier.-Mittel 51/52-1295.

Histochem. Nachw. 14-1306.

Ca^{2+}-aktivierte Adenosintriphosphatase: – aus Hirnmikrosomen (Eig.) 24-1411; – -Aktivität v. Hühnermagenmyosin 24-1415; proportionale Aktivier. durch Ca-Ionen in isolierten kontraktilen Strukturen verschiedener Muskelarten 24-1418; Veränder. d. Aktivität d. – im Rattenmuskel während d. Proteinerschöpf. 29-1712; Umwandl. v. – in Mg-aktivierte Actomyosin-ATPase durch Actin-ähnl. Proteine aus d. Plasmodium v. Physarum polycephalum 25-1657; Isolier. aus Chloroplasten (Stimulier. d. Photophosphorylier.) 4-1079; Einfl. v. Prednisolon auf d. – im Muskel 6-1438.

Mg^{2+}-aktivierte Adenosintriphosphatase: – submitochondrieller Teilchen 28-1233; – -Aktivität d. „ghosts" aus Mitochondrien nach Fe^{2+}-induzierter Lipidperox. 40-1105; Vork. in Zellfrakt. v. Vitreoscilla (Rk., Eig.) 21-1468; –: aus Chloroplasten v. Euglena gracilis (Reinig. u. Eig.) 29-1471; in Rattenhirnpräp. (Einfl. v. Perathiepin u. Chlorpromazin) 6-1237; in Lebermitochondrien (stimulierende Wrkg. v. Aminophenolen) 6-1303; im Rattengehirn (Einfl. v. Diphenylhydantoin) 15-1407; d. Nierenmitochondrien (Einfl. d. Anoxie) 16-1329; aus Hirnmikrosomen (Eig.) 24-1411; Bldg. aus Ca-aktivierter Myosin-A-ATPase durch Actin-ähnl. Proteine aus d. Plasmodium v. Physarum polycephalum 25-1657; Empfindlichk. d. – gegenüber Ca 16-1395; Wrkg. v. Cardiazol auf d. – d. Rattenhirns in vivo 16-1396; Hemm. d. zerebralen – durch Aldehyd-Fixier.-Mittel 51/52-1295.

2.4-Dinitrophenol-aktivierte Adenosintriphosphatase: –: in Rattenhirnpräp. (Einfl. v. Perathiepin u. Chlorpromazin) 6-1237; d. Mitochondrien d. Nieren (Einfl. d. Anoxie) 16-1329; aus Erythrozytenmembranen 35-1327; Hemm.: durch Dicyclohexylcarbodiimid 17-1305; d. – aus Lebermitochondrien 32-1453.

Adenosin-5'-triphosphorsäure: L-Arginin-Phosphotransferase

s. *Arginin-Kinase.*

S-Adenosylmethionin: N-Acetylserotonin-O-Methyltransferase

s. *Hydroxyindol-O-Methyltransferase.*

S-Adenosylmethionin: 2-Aminopurin-N-Methyltransferase

Ribonucleotide u. Ribonucleoside als Methylakzeptoren für – 25-1355.

S-Adenosylmethionin: Mercaptopurin-S-Methyltransferase

Ribonucleotide u. Ribonucleoside als Methylakzeptoren für – 25-1355.

S-Adenosylmethionin: Methionin-N-Methyltransferase

Vork. im Weizenkeim (Eig., Rk.) 36-1293.

S-Adenosyl-L-methionin: Mg-Protoporphyrin-O-Methyltransferase

– in Chloroplasten aus Mais 26-1287.

S-Adenosylmethionin spaltendes Enzym

Synth. in mit T *3* infizierten E. coli (Stör. durch Coinfekt. mit einem enzymat. inkompetenten Phagen) 49/50-1368.

S-Adenosyltransferase

Hemmwrkg. v. 17β-Östradiol auf d. – -Aktivität in kastrierten weibl. Mäusen 25-1357.

Adenylat-Kinase (ATP:AMP-Phosphotransferase, Myokinase)

– d. Backhefe 7-1222; – -Aktivität in Thiobacillus denitrificans 16-1341; – d. Backhefe 35-1286; Vork. in zellfreien Extrakten v. Thiobacillus ferrooxydans 39-1308; – im Skelettmuskel (intrazelluläre Verteil.) 3-1284; – -Aktivität: u. frühe Netto-ATP-Bldg. in normalen u. Aminonucleosid-nephrot. Rattennierenmitochondrien 8-1275; d. S-Frakt. d. äußeren Membran v. Rinderherzmitochondrien 36-1192; Bevölker.- u. Familien- – -Polymorphismus beim Mensch 20-1156; Rk. mit ATP unter Bldg. v. IMP (Vork. an d. Muskeloberfläche) 26-1369; Wrkg. beim Abbau v. RNS in Alcaligenes faecalis 6-1198; Rk. in E. coli 36-1410; Wrkg. im Nucleotidstoffwechsel v. Corylus avellana-Samen 24-1291; Steuer. d. Glykolyse in Gehirnrindenschnitten durch – 24-1431; Hemmwrkg. v. Hg-Verb. auf Sulfhydrylgruppen v. – im Kaninchenmuskel 12-1223; Inaktivier. d. Kaninchenmuskel- – durch Alkylier. v. Methioninresten 20-1310.

Adenylat-Pyrophosphorylase

s. *Adenin-Phosphoribosyltransferase.*

Adenylcyclase

– v. Brevibacterium liquefaciens 51/52-1303; – -Aktivität d. Fettgewebes (Wrkg. v. Norepinephrin) 3-1494; – in d. Zellmembran v. Vogelerythrozyten (Wrkg. v. Epinephrin u. anderen Mitteln) 13-1262; subzelluläre Verteil. in d. Gehirnrinde d. Ratte 36-1349; – -Aktivität in d. Plasmamembran v. Fettzellen (stimulierende Wrkg. v. katabolen Hormonen) 36-1537; in Nebennierenhomogenaten (Stimulier. durch ACTH) 42-1241; Aktivier. v. – in d. Niere durch Vasopressin (Bezieh. zum renalen Geh. an cycl. 3'.5'-Adenosinmonophosphat) 49/50-1573; Wrkg. als adrenerg. Rezeptor bei d. Fettlipolyse im epididymalen Fettpolster 15-1539; Hemm.: d. – d. Fettgewebes durch Insulin 19-1580; durch Ouabain 43-1620.

Adenylosuccinat-Lyase

Bldg. bei d. Purinnucleotid-Biosynth. in Bacillus subtilis 47-1461.

Adenyl(o)succinat-Synthetase [IMP-L-Aspartat-Ligase(GDP)]

Bldg. bei d. Purinnucleotid-Biosynth. in Bacillus subtilis 47-1461; Phosphatbind.-Orte 13-1179; Hemm. d. pflanzl. – durch Hadacidin 38-1574.

ADP-Glucose: α-1.4-Glucan-4-Glucosyltransferase

Solubilisier. u. partielle Reinig. v. – aus E. coli (Rk., Eig.) 2-1159; Reinig. u. Eig. d. – aus Chlorella (Biosynth. v. Stärke) 40-1217.

ADP Glucose-Pyrophosphatase

– -Aktivität aus beschallten E. coli (Eig.) 19-1402.

ADP-Glucose-Pyrophosphorylase (Adenosindiphosphatglucose-Pyrophosphorylase, ADPG-Pyrophosphorylase)

– -Aktivität d. Stärkekörner aus Manjok 18-1252; Rolle bei d. Biosynth. d. Stärke in Chloroplasten 18-1379; Aktivier. u. Hemm. d. – v. E. coli B 15-1342; Aktivator-Inhibitor-Wechselbezieh. bei – v. E. coli 38-1402.

ADPG-Pyrophosphorylase

s. *ADPGlucose-Pyrophosphorylase.*

ADP: -D-Hexose-6-Phosphotransferase

Charakterisier. d. Isoenzyme d. – d. Rattenleber 15-1350.

ADPRibose-Polymerase

Solubilisier. v. – aus Rattenleber 42-1248.

Adrenodoxin-Reduktase

Vork. im Elektronentransportsyst. d. Nebennieren-Steroid-11β-hydroxylier. 12-1180, 40-1208.

Äpfelsäure-Dehydrogenase ({L}-Malat-Dehydrogenase, L-Malat: NAD-Oxydoreduktase, MDH)

Vorkommen, Aktivität: Genetik d. Lokat.-Spezifität v. – 11-1217; – -Aktivität d. „ghosts" aus Mitochondrien nach Fe^{2+} induzierter Lipidperox. 40-1105.

Vork. in Polyporus brumalis-Extrakten 25-1389; – d. bakteriellen Elektronentranportes bei Entw. einer Resistenz gegen Oxytetracyclin 29-1528; Vork. in zellfreien Extrakten d. Sporen v. Penicillium chrysogenum 31-1490; – -Aktivität: v. E. coli 32-1332; (Einfl. v. Nitrat im Medium) 39-1285; d. Staphylokokken 46-1268.

– -Aktivität: in Gerstenblättern bei Infekt. mit staubigem Mehltau 1-1340; d. Zellen v. Kohlpflanzen in d. Norm u. nach Infekt. durch Botrytis cinerea 2-1315; während d. frühen Entw. d. Weizens 22-1453; Aktivität lösl. – in Erbsen (Einfl. v. NaCl) 32-1336; interzelluläre Verteil. in Maiswurzeln 33-1643; – -Aktivität: v. Trauben (Einfl. v. Anthocyanpigmenten) 37-1461; in Bezieh. zum neuen Rk.-Weg d. photosynthet. CO_2-Fixier. in trop. Gräsern 40-1392; in subzellulären Partikeln aus Rizinussamenendosperm 47-1413; d. Leber v. Ratten mit transplantierbaren Wuchshormon ausscheidenden Hypophysentumoren 1-1151; v. KB- u. Ehrlich-Aszitestumorzellen (Einfl. v. Nucleinsäuren) 1-1165; – im Skelettmuskel (intrazelluläre Verteil.) 3-1284; – -Aktivität: in Thrombozyten aus Neugeborenen- u. Erwachsenenblut (Vgl.) 5-1431; in vor u. nach d. Rigor gewonnenen sarkoplasmat. Extrakten d. Hühnerbrustmuskels 6-1241; in d. Rattenleber (Einfl. v. Äthionin) 6-1576; bei Ratten unter Kälteeinw. u. Hypothermie infolge Dimethylsulfoxid 6-1582; v. Lungenschnitten 8-1144; d. intrazellulären „Katalysomen" im Fettkörper v. Rhodnius 8-1157; in Fibroblasten während d. Viruskanzerogenese 11-1319; im Skelettmuskel v. mit Propylthiouracil gefütterten Ratten 11-1429; in Knochenmarkszellen v. Gesunden bei klin. Gewebskulturverf. 13-1176; in R*3230* AC-Mammatumor u. Mammagewebe (Einfl. v. Östrogen) 14-1225; Taubenleber- – 14-1244; – -Aktivität im Überstand v. zerstörten Aszitestumorzellen 15-1282; – im Nervus ischiadicus v. Ratten nach Injekt. v. Diisopropylfluorphosphat 16-1282; Vork.: in d. Harderschen Drüse d. Kaninchens 16-1284; in Larven v. Ascaris lumbricoides 17-1340; – -Aktivität im Rinder- u. Schweinemuskel (postmortale Veränder.) 17-1636; – aus d. Überstand u. d. Mitochondrien d. Herzens: v. Neothumus macropterus (Reinig. u. Eig.) 18-1176; v. Strauß (Reinig. u. Eig.) 18-1177; histochem. Lokalisier. in Testis u. Epididymis v. Bullen 18-1182; – -Aktivität v. experimentell erzeugten Tumoren in d. submaxillaren u. sublingualen Drüsen v. Mäusen während d. Karzinogenese 19-1325; – -Adaptat. an spezif. Diäten u. Hormone (Insulineinfl.) 20-1246; – -Aktivität d. Niere (keine Wrkg. eines Kohlenhydrat-armen Futters) 21-1491; Vork. im dermato-motor. Analysator d. Nervensyst. d. Ratte 21-1729; – -Aktivität: in d.

Leber u. in d. epididymalen Fettgewebe bei d. Ratte mit Ernähr.-bedingter Fettleibigk. 24-1434; d. Rattenuterus (Einfl. v. Zyklus u. exogener Hormonzufuhr) 24-1577; in Zellen v. Tieren 25-1622; – d. Mitochondrien (Einfl. v. Lipidmizellen) 26-1262; kein Vork. bei Siboglinum atlanticum 27-1653; genet. Variante d. menschl. Erythrozyten-– 28-1210; –-Aktivität: im Serum (Einfl. d. gestörten Energiestoffwechsels) 29-1740; v. Lebermitochondrien (Einfl. v. Disulfiram) 29-1802; während d. postembryonalen Entw. v. Tribolium confusum 31-1384; in d. Speicheldrüsen 31-1468; Geh. im Herzen (Einfl. v. Procainamid) 31-1762; Histochemie d. – im Verlauf d. Hühnchennierenhistogenese 32-1329; Rinderherz-– (pH-abhäng. Übergang in Ggw. v. red. Diphosphopyridinnucleotid) 32-1335; –-Aktivität: im präimplantierten Mäuseembryo 32-1647; im Fettgewebe v. normalen u. tuberkulösen Meerschweinchen 33-1452; – v. Strongylocentrotus purpuratus 33-1454; –-Aktivität: d. S-Frakt. d. äußeren Membran v. Rinderherzmitochondrien 36-1192; aus d. Überstand u. Schweineherzmitochondrien (Einfl. v. Ionen sowie Gefrieren/Tauen) 37-1356; v. Taubenleberschnitten (Einfl. v. Prolactin) 38-1605; d. verbliebenen Rattenniere nach einseit. Nephrektomie (Einfl. v. 19-Nortestosteron-17β-decanoat) 39-1425; in Milchdrüsen 42-1378; Verteil. im Rattenherzrohextrakt 43-2097; –-Aktivität d. Nephronbereiche 45-1655; – im Plasma d. Ratte nach Injekt. einer Strahlenschutzdosis v. Cysteamin 47-1682; Geh. in Mitochondrien u. lösl. Frakt. d. Leber d. Embryos v. Gallus domesticus während d. Entw. 49/50-1538; direkte Stimulier. d. –-Aktivität durch Augenstielextrakt v. Crustaceen 15-1420.

Bildung, Gewinnung: Rekonstit. d. Neurospora-– aus Aminosäure u. Harnstoff 7-1203; Evolut. in Vögeln 28-1354; Indukt. durch 17β-Östradiol im menschl. Endometrium 28-1355; Ausschütt. aus d. Leber 12-1311; Freisetz. in isolierten Fettzellen (Steuer. durch lipolyt. Hormone u. Insulin) 44-1102; Trenn. u. Reinig. v. – aus Herz durch Schaumbldg. 11-1219; Reinig.: v. – aus d. Membran v. Micrococcus lysodeikticus 19-1365; u. Eig. v. mitochondrialer u. Überstands-– aus d. Hühnerherz 41-1255.

Eigenschaften, Reduktionen, Wirkungen: Mol.-Größe (Best. durch Gelfiltrat.) 15-1312; opt. Rotat.-Dispers. (durch Verdünn.-Inaktivier. induzierte Änder.) 31-1379; Struktur d. Neurospora-– 7-1203; Konform.-Änder. d. Mitochondrien-– in Harnstoff-Phosphatlsg. 26-1259; Vitamin-K_2-Deriv. als Elektronenakzeptor für – 5-1206; Wechselwrkg. v. mitochondrialem Strukturprotein aus Neurospora mit – 11-1223.

Beeinflussung: Reversible Inaktivier. 12-1190; Einfl. v. Lanthanidchloriden auf – 14-1232; therm. Inaktivier. v. – verschiedener Ökotypen v. Typha latifolia 17-1347; Hemm.: v. bakterieller – durch Oxytetracyclin 27-1532; durch Malvidin-3-monoglucosid 30-1276; gehemmte –-Aktivität in d. Leber v. hypothyreot. Ratten 32-1582; Einfl. d. zytostat. Podophyllumderiv. auf – (zytostat. Wrkg.-Mechanismus) 37-1346; Hemm.: durch Salicylat (Mechanismus) 37-1353; durch mögl. Krebschemotherapeutika 43-1176; Wrkg. v. Phloridzin auf – in d. Rattenniere 44-1170; Hemm. d. – in Mitochondrien durch Citonensäure 46-1187.

Verwendung: Eign. zur Auffind. potentieller Krebschemotherapeutika 43-1175.

Analyse, Untersuchungsmethoden: Nachw. nach elektrophoret. Trenn. an Polyacrylamidsäulchen 16-1413; fluorimetr. Verf. zur Mess. d. Aktivität 20-1935; zytochem. Nachw. bei Pilzen 37-1352; histochem. Best.: im reifen Knochen- u. Knorpelgewebe 39-1217; in d. Adenohypophyse d. Schweines, bes. in d. Pars intermedia 46-1261; Verw. zur photometr. Best. v. L-Asparaginsäure 5-1962.

Iso(en)zyme: – u. ihre Regulat. in Saccharomyces cerevisiae 14-1242; Verteil. während d. Entw. v. Nukleat- u. Anukleathälften v. Seeigeleiern 12-1191; Gewebspezifität 19-1356; – in verschiedenen Organen 20-1262; Aktivität in Zellen v. Tieren 25-1622; elektrophoret. Charakteriser. in d. Lymphozyten d. Kalbsthymus 47-1589.

D-Äpfelsäure-Dehydrogenase (D-Malat-Dehydrogenase, D-Malat: NAD-Oxydoreduktase)

Ggw. in Serratia marcescens 39-1220.

Äpfelsäureenzym [Malat-Dehydrogenase (decarboxylierend), Malicodehydrogenase, „Malic"-Enzym, L-Malat: NAD(P)-Oxydoreduktase (decarboxylierend)]

Existenz zweier – in E. coli 30-1238; Regulier. in Neurospora crassa 46-1188; – in Weizen 13-1177; –-Aktivität in Sonnenblumen (stimulierende Wrkg. v. Heteroauxin) 30-1384; interzelluläre Verteil. in Maiswurzeln 33-1643; –-Aktivität: in Bezieh. zum neuen Rk.-Weg d. photosynthet. CO_2-Fixier. in trop. Gräsern 40-1932; d. Leber v. Ratten mit transplantierbaren Wuchshormon ausscheidenden Hypophysentumoren 1-1151; bei Hautretikulosarkomatose 3-1201; d. Brustdrüse virgineller, trächt. u. laktierender Mäuse 6-1510; d. Leber nach Einw. v. Halothan 9-1624; in d. Niere v. mit Propylthiouracil gefütterten Ratten 11-1429; Taubenleber-– (Fluoreszenzunters. d. Coenzymbind.) 12-1193; (Isolier., Kristallisat. u, Eig.) 12-1192; –-Aktivität in Fettgewebe, Testis u. Nebenniere (Einfl. v. Thyroxin u. Luteinisierungshormon) 12-1314; – im Nervus ischiadieus v. Ratten nach Injekt. v. Diisopropylfluorphosphat 16-1282; –-Aktivität in d. Leber bei an Kälte akklimatisierten Ratten 16-1608; –-Adaptat. an spezif. Diäten u. Hormone (Insulineinfl.) 20-1246; Vork. im dermato-motor. Analysator d. Nervensyst. d. Ratte 21-1729; –-Aktivität: in Mammatumoren, Uteri u. Brustdrüsen (Einfl. v. Östradiolvalerat) 27-1408; in d. Leber nach Stimulat. durch Wirkstoffe 27-1744; d. Ovars bei d. laktierenden Ratte (Wrkg. v. 17β-Östradiol u. L-Thyroxin) 29-1609; während d. postembryonalen Entw. v. Tribolium confusum 31-1384; –-Aktivität in d. Leber: u. im Fettgewebe d. Menschen 32-1339; v. Wiederkäuern u. Ratten 36-1589; –-Aktivität: v. Taubenleberschnitten (Einfl. v. Prolactin) 38-1605; in d. Leber nach Eiweißreichem Futter 51/52-1536; – in Fischfleisch (Stabilität bei 3°) 22-3198; –-Rk. aus Gerstenwurzeln 47-1550; Unterdrück. d. – durch Acetat in Pseudomonas 32-1337; gehemmte –-Aktivität in d. Leber v. hypothyreot. Ratten 32-1582.

Äpfelsäure-Oxydase (Malat-Oxydase)

–-Aktivität in Pseudomonas aeruginosa in Kulturen auf Glucose, α-Ketoglutarat oder Acetat 25-1417.

Äpfelsäure-Synthase (Malat-Synth{et}ase)

–-Aktivität in Pseudomonas aeruginosa in Kulturen auf Glucose, α-Ketoglutarat oder Acetat 25-1417; – v. Aspergillus oryzae (Stimulier. durch Essig- u. Glykolsäure) 33-1529; –-Aktivität: in Rhizobia u. in d. Knoten d. Leguminosen 20-1370; in subzellulären Partikeln aus Ricinussamenendosperm 47-1413; v. Chlorella pyrenoidosa (Einfl. v. N'-[3.4-Dichlorphenyl]-N.N-dimethylharnstoff) 51/52-1406; Vork. bei Nematoden 13-1255; Entw. u. Abnahme v. – in Wassermelonensämlingen (Wrkg. v. Dactinomycin u. Cycloheximid) 13-1270; Repress. d. –-Bldg. beim Hydrogenomonas-Stamm H *16* G^+ durch mol. H u. Fructose 37-1359; Katalyseprinzip d. – 31-1455.

A-Esterase

Einfl. v. Aldrin auf d. –-Aktivität d. Leber 51/52-1646.

Äthanol-Oxydase

–-Aktivität v. Staphylococcus aureus *209*-P (Einfl. v. Penicillin u. halbsynthet. Penicillinen) 30-1320.

Ätiocholan-3α-ol-17-on-Sulfokinase

Verteil. in Erwachsenengeweben 28-1472.

„Aggregat-Enzym"

Verh. in d. Rattenleber während d. Karzinogenese mit N-Nitrosomorpholin 13-1157; –-Aktivität in normaler u. regenerierender Rattenleber (Regulier. d. RNS-Synth.) 33-1393.

Alanin-Amidohydrolase (Alanylamidase)

Eig. v. bakterieller – 37-1439; –-Aktivitätszunahme im Mäusethymus nach subletaler Röntgenbestrahl. 12-1559.

Alanin-Aminopeptidase

Immunolog. Charakterisier. d. Isoenzyme 42-1218.

Alanin-Aminopherase

s. *Alanin-Aminotransferase.*

Alanin-Aminotransferase (Alanin-Aminopherase, Alanin-Glutamat-Transaminase, L-Alanin: 2(α)-Ketoglutarat-Aminotransferase [Transaminase], L-Alanin: 2-Oxoglutarat-Aminotransferase, Alanin-Transaminase, Glutaminsäure-Alanin-Aminotransferase [Transaminase], Glutaminsäure [Glutamat]-Brenztraubensäure-Transaminase, Glutaminsäure [Glutamat]-Pyruvat-Aminotransferase [Transaminase], GPT, GTP)

Enzymkinetik u. Verteil. d. –-Aktivität 13-1200; –-Aktivität: v. Lens culinaris-Wurzeln 24-1362; bei jungen Suaeda macrocarpa-Pflanzen 24-1517; –: in Vakuolen aus Wurzelzellen v. Maiskeimlingen 32-1250; verschiedener Organe u. Spezies (Immunologie u. Kinetik) 1-1200; Spiegel im Serum beim CCl_4-vergifteten Kaninchen 1-1487; –-Aktivität: im Serum (Veränder. nach Narkose mit Halothan, Methoxyfluran u. anderen Mitteln zur Inhalat.-Narkose) 1-1542; bei Hautretikulosarkomatose 3-1201; im Serum bei Pankreatitis d. Hundes 3-1424; d. Leberlappens (bei Äthioninschädig.) 3-1510; in Blutproben d. Mutter u. aus d. Nabelschnur 5-1230; d. Blutserums bei anaphylakt. Schock 5-1436; bei Ratten unter Kälteeinw. u. Hypothermie infolge Dimethylsulfoxid 6-1582; Vork. in Gehirngewebe 7-1259; –-Aktivität: in d. Rattenleber (Wrkg. v. Prednisolon) 7-1420; im Blut bei Vitamin B_6-Mangel (Wrkg. d. Entzugs u. d. Übersättig.) 7-1502; Geh. an Serum-– (Änder. beim durch Trichloräthylen vergifteten Tier) 8-1266; Konz. im Plasma (Einfl. v. D-Aldosteron) 13-1447; Verteil.-Muster in menschl. Normalseren 13-1494; –-Aktivität: d. Leber (Einfl. v. Chlortetracyclin) 13-1574; im Mäusehirn (Einfl. v. Reserpin u. DL-Dopa) 14-1453; Serum-–-Aktivität im Verlaufe einer hämolyt. Anämie infolge v. Immunserum [Wrkg. v. Co(II)-Chlorid] 15-1343; –-Aktivität: in menschl. Blutzellen u. Plasma (Abhängigk. v. d. Pyridoxalphosphatkonz.) 16-1324; bei im W. lebenden Invertebraten 16-1485; in d. Leber bei an Kälte akklimatisierten Ratten 16-1608; in d. Rattenneugeborenenleber 16-1624; Zunahme d. – im Blutserum bei Kindern mit akuten Durchfallserkrank. 17-1568; –-Aktivität in d. sich entwickelnden Leber d. Meerschweinchens 17-1592; – aus Pferdeerythrozyten 18-1197; –-Aktivität im Serum: bei verschiedenen Tierarten (Erhöh. durch Epinephrin) 18-1254; nach Dieldrin 18-1567; –-Aktivität: in durch 3'-Methyl-4-dimethylaminoazobenzol erzeugtem Hepatom u. präkanzeröser Leber v. Ratten (Einfl. v. Corticoid-Behandl.) 19-1314; im Rattenserum nach interner Kontaminat. mit ^{137}Cs u. ^{90}Sr 19-1713; –-Adaptat. an spezif. Diäten u. Hormone (Insulineinfl.) 20-1246; Verteil. in d. Zellstrukturen d. Rattenleber 21-1407; –-Aktivität: d. Zentralnervensyst. u. d. Skelettmuskeln nach Röntgenbestrahl. 21-1413; in d. Kultur d. Hühnerfibroblasten während d. Wachstums u. nach Infekt. durch Vakzineviren 21-1414; in d. Leber d. Riboflavinarmen Ratte 22-1342; – in d. Leber weißer Mäuse nach einmal. A.-Gabe 22-1655; –-Aktivität im Serum (Haltbark.) 23-1646; Geh. im Serum nach Vitamin-B_6-Verarm. im Menschen 23-1677; –-Aktivität: d. Serums (Einfl. v. halogenierten KW-Stoffen) 23-1738; in d. subzellulären Frakt. d. Hirngewebes (Einfl. v. D- u. DL-Cycloserin) 26-1697; d. verschiedenen Organe u. Körperfl. v. Vipera aspis 28-1377; Geh. in Seren bei Leberkranken in Bezieh. zum Leberantigen 28-1638; –-Aktivität: im Serum (Einfl. d. gestörten Energiestoffwechsels) 29-1740; im Plasma unter Wrkg. v. Röntgenstrahlen (Einfl. v. Dimethylsulfoxid) 31-1713; d. Leber bei chron. Vergift. durch CCl_4 (Einfl. d. Orotsäure, ihres Morpholinsalzes u. d. Purinors) 34-1654; d. Leber bei partieller Hepatektomie u. Gravidität 35-1233; in Kaninchen bei kombinierter Wrkg. v. Röntgenstrahlen u. Embitol 35-1650; d. Leber v. Ratte u. Maus (Einfl. v. Enovid) 37-1809; in Säugeerythrozyten 38-1652; Standardwert d. Blutes d. Maus 38-1646; –-Aktivität: bei Vitamin-B_6-Mangelratten 39-1500, 41-1270; isolierter menschl. Leukozyten (Einfl. d. androgen-anabolen Steroidhormone) 43-1393; v. Blutserum u. Leber bei parenchymatöser Leberschädig. u. verschiedenem Eiweißgeh. d. Nahr. 43-1474; im Blut d. Kaninchens (Einfl. v. ^{90}Sr) 43-1523; in transplantablen Gewebskulturen 45-1346; bei Lymphogranulomatose v. Kindern 45-1586; im Rattenharn 49/50-1533; d. Rinderpansens (Einfl. v. Insulin) 51/52-1480; in d. Leber nach Eiweiß-reichem Futter 51/52-1536; im Serum nach Anwend. hoher Dosen verschiedener Salze d. Röntgenkontrastmittels 5-Acetylamino-2.4.6-trijodisophthalsäuremethylamid-

(3) 51/52-1624; bei Allylalkohol-Vergift. v. Ratten 51/52-1636.

Synth. in d. Rattenleber (Einfl. v. Hydrocortison u. Insulin) 21-1621; Ausschütt. aus d. Leber 12-1311; Stabilität im Gesamtblut, Serum u. Plasma während d. Lager. 31-1467. —-Rk. in Tritium-W. 24-1363; Beteilig. an d. Äthylenbldg. durch eine subzelluläre Frakt. v. reifenden Tomaten (Wrkg. einiger Inhibitoren) 23-1558; Wrkg. auf d. Alanin-Akkumulat. in d. Rattenleber (Einfl. v. L-Cycloserin) 20-1569; Bedeut. intrazellulärer — für d. Stoffwechsel v. Alanin in Rattenleberschnitten 40-1224.

Bezieh. zwischen —-Hemm. u. fibrinolyt. Aktivität organ. Verb. 23-1654; Hemm. durch L-Cycloserin 24-1678; Einfl. d. Narkose mit Halothan u. Ae. auf — 37-1766; kein Einfl. v. Aminazin auf — 41-1705.

Best. 42-1898; Erfahr. mit Best. v. — bei Toxizitätsunters. 16-1414; kolorimetr. Best. d. Serum-— unter Anwend. v. Diazonium-Zn-Salz 28-1378; Mikrobest. in Blut u. Harn 30-1252; Best. in Bakterien 40-1221; Empfindlichk. d. Serum-— beim Auffinden v. Leberschäden 16-1627.

β-Alanin-Aminotransferase (β-Alanin-L-Glutaminsäure-Transaminase, β-Alanin-α-Ketoglutarsäure-Transaminase)

—-Aktivität d. Leber (Einfl. v. Lysin- oder Threonin-freier Diät) 8-1587; Vork. in Rapssämlingen 22-1485.

D-Alanin-Carboxypeptidase

—-Rk. bei Bakterien (Einfl. v. Penicillin) 30-1321.

Alanin-Dehydrogenase

—: aus Lactobacillus plantarum (Isolier., Rk.) 3-1221; v. Bacillus subtilis (Trenn., Eig.) 4-1022; v. Aspergillus niger 5-1209; —-Aktivität bei Clostridium butyricum 25-1422; Leber-— (Wrkg. v. Rotenon) 14-1248; opt. Rotat.-Dispers. (durch Verdünn.-Inaktivier. induzierte Änder.) 31-1379; Denaturier.-Geschw. (Wrkg. v. alloster. Modifikatoren) 8-1233; Rk. bei Bacillus subtilis 17-1281; Katalyse d. Biosynth. v. Alanin durch Pediococcus cerevisiae durch — 49/50-1308; Einfl. v. N^1-Alkylnicotinsäureamidchloriden auf — 8-1235; Hemm. durch Pyridoxal-5'-phosphat 37-1367.

Alanin-Glutamat-Transaminase

s. *Alanin-Aminotransferase.*

β-Alanin-L-Glutaminsäure-Transaminase

s. *β-Alanin-Aminotransferase.*

L-Alanin: Glyoxalat-Aminotransferase

s. *Alanin-Glyoxylsäure-Transaminase.*

Alanin-Glyoxylsäure-Transaminase (L-Alanin: Glyoxalat-Aminotransferase)

—-Aktivität: beim wilden u. mutanten Stamm v. Neurospora crassa (Rk.) 3-1306; in Säugetierleber 40-1512.

L-Alanin: 2(α)-Ketoglutarat-Aminotransferase

s. *Alanin-Aminotransferase.*

Alanin: α-Ketoglutarat-Transaminase

s. *Alanin-Aminotransferase.*

β-Alanin: α-Ketoglutarsäure-Transaminase

s. *β-Alanin-Aminotransferase.*

L-Alanin: 2-Oxoglutarat-Aminotransferase

s. *Alanin-Aminotransferase.*

Alanin-Transaminase

s. *Alanin-Aminotransferase.*

Alanylamidase

s. *Alanin-Amidohydrolase.*

Alanylglycin-Dipeptidase

— aus Neisseria catarrhalis (Eig.) 37-1439; —-Aktivität im Gehirn 25-1674; hormonale Regulat. d. —-Aktivität d. Eileiters v. Rana esculenta 33-1691.

L-Alanyl-β-naphthylamid-Hydrolase

— d. Ovariums 36-1384.

Albumin-Esterase

— aus Mäuseserum (Eig.) 27-1666; —-Aktivität d. Blut.-Saftes d. Weinrebe 35-1418.

Aldehyd-Dehydrogenase

—-Aktivität: in d. Rattenniere (Vgl.) 33-1790; u. Verteil. in Rattenleber 43-1262; Beteilig. beim Indolyl-(3)-acetaldehyd-Abbau in Mikroorganismen 32-1341; Ox. v. Gentisinaldehyd durch — aus Kaninchenleber 21-1404; Elektrophorese d. Säugetier-— 36-1276; histochem. Nachw. 3-1219; zytochem. Nachw. in d. Zellen v. Saccharomyces cerevisiae 42-1177.

Aldehyd-Dehydrogenase [NAD(P)] [Aldehyd: NAD(P)-Oxydoreduktase]

Zytochem. Nachw. in d. Zellen v. Saccharomyces cerevisiae 42-1177.

Aldehyd-Dehydrogenase (NADP) [Aldehyd: NADP-Oxydoreduktase]

Zytochem. Nachw. in d. Zellen v. Saccharomyces cerevisiae 42-1177.

Aldehyd: NAD(P)-Oxydoreduktase

s. *Aldehyd-Dehydrogenase [NAD(P)].*

Aldehyd: NADP-Oxydoreduktase

s. *Aldehyd-Dehydrogenase (NADP).*

Aldehyd-Oxydase

Ox. v. Aldehyden mit — (Mechanismus) 4-1020; Ox.-Wrkg. auf Methotrexat u. Aminopterin in Bezieh. zu deren Toxizität 18-1172; Hydroxylier. v. 6-Methylthiopurin durch — d. Leber 15-1333; Wrkg. auf Methotrexate in Kaninchenleber 27-1399.

Aldehyd-Reduktase

s. *Alkohol-Dehydrogenase.*

26-Aldehydsteroid-Dehydrogenase

Wrkg. v. — aus Rattenleber bei d. Ox. v. Cholan-3α.7α.12α.24-tetraol u. 5β-Cholestan-3α.7α.12α.26-tetraol 11-1264.

Aldolase

s. *Ketose-1-phosphat-Aldolase.*

Aldolase-T

Hydrodynam. Verh. u. Molgew. 13-1251.

Aldose-1-Epimerase (Mutarotase)

Über — (*1.* Mitt.) 40-1297.

Aldose-Reduktase

Vork. in Augenlinsen u. anderen Geweben 1-1181.

Aliesterase

s. *Carboxylesterase.*

Alkaliphosphatase

s. *Phosphatase, alkalische.*

Alkohol-Dehydrogenase (Alkohol: NAD-Oxydoreduktase, Aldehyd-Reduktase)

—-Aktivität d. N.C.I.B. *8250*-Bakteriums 12-1183; Vork. in Polyporus brumalis-Extrakten 25-1389; —-Aktivität: in Hefezellen d. logarithm. u. d. stationären Phase 33-1540; v. E. coli (Einfl. v. 4-Hydroxybenzoesäure) 40-1313; — aus Pseudomonas M *27* (Reinig. u. Eig.) 44-1181; —-Aktivität: d. intakten Konidien d. Actinomyceten 46-1330; in Erbsenwurzeln 10-1215; während d. frühen Entw. d. Weizens 22-1453; in Retina u. Leber 11-1225; im Rinder- u. Schweinemuskel (postmortale Veränder.) 17-1636; d. Leber A.-vorbehandelter u. unbehandelter Mäuse 19-1721; in d. Rattenniere (Vgl.) 33-1790; d. Leber (Wrkg. chron. Äthanolaufnahme) 37-1722; u. Verteil. in Rattenleber 43-1262; d. Nephronbereiche 45-1655.

Einbau v. Tritium in Hefe-— aus ^{3}H-Äthanol oder ^{3}H-NADH 26-1257; Ausschütt. aus d. Leber 12-1311; Trenn. u. Reinig. v. Leber-— durch Schaumbldg. 11-1219; Krist. v. — aus menschl. Leber 28-1348.

Opt. Rotat.-Dispers. (Einfl. anorgan. Detergentien) 25-1262; Struktur d. Pferdeleber-— 4-1012; Substratspezifität u. Stereospezifität 12-1184; prosthet. Gruppe d. — aus Pseudomonas M *27* 20-1256; strukturelles u. funktionelles Zn in — d. Pferdeleber 38-1356; prosthet. Gruppe d. — aus Pseudomonas M *27* 44-1182; therm. Denaturier. d. Hefe-— (polarograph. Unters.) 26-1258.

Gekoppelte Ox.-Red.-Aktivität 2-1135; Kinetik d. Leber-— 2-1136; —-DPNH-Komplex 8-1208; Wrkg. auf Vitamin K_5 (SH-Gruppenabspalt.) 13-1172; Substratspezifität v. Pferdeleber-— (stereochem. Betracht.) 15-1306; Steroidaktivität u. Multiplizität krist. Pferdeleber-— 16-1286; chem. Modellier. d. Wrkg. 17-1272; Natur d. Enzym-Coenzym-Wechselwrkg. bei d. Leber-— 19-1354; Bezieh. zwischen Galaktosedehydrogenase, „Nothing-Dehydrogenase" u. — d. Leber 24-1345 bis 24-1347; Rk. d. Leber-— mit NADH 31-1382, 36-1264; „Isomerase"-Aktivität v. Pferdeleber-— 43-1187; Prod.-Spezifität bei d. Red. v. Carbonylverb. mit — u. NADH (Kontrollfaktoren) 44-1180; Ox. v. Hefe-— durch Tyrosinase (Reaktivität d. Tyrosinreste v. —) 2-1150; Beteilig. beim Indolyl-(3)-acetaldehyd-Abbau in Mikroorganismen 32-1341; Umwandl. linearer Alkohole verschiedener Kettenlängen durch — einer Pseudomonas-Spezies 37-1482; Substratspezifität d. — d. Erbse 21-1380; Wrkg.: bei d. hepatotox. Wrkg. v. Allylformiat 24-1698; Substrathemm. in d. Leber-—-Rk. 28-1349.

Wrkg. v. Flagyl auf — 13-1180; Hemmwrkg. v. Metronidazol auf menschl. — 16-1287; keine Hemmwrkg. v. 3-Acetylpyridinadenindinucleotid u. Bisulfit auf — 16-1292; Hemm.: durch Chloroquine 28-1350; durch Salicylat (Mechanismus) 37-1353; durch mögl. Krebschemotherapeutika 43-1176; Strahlensensibilisier. v. — durch J-Verb. im mol. Bereich 49/50-1583; Hemm. durch DFP 49/50-1624; Inaktivier. durch Röntgenstrahlen u. Dosis-modifizierender Einfl. einiger Substanzen 51/52-1246; strahleninduzierte Inaktivier. v. Hefe-— 51/52-1247; Hemmwrkg. v. Metronidazol auf atyp. menschl. — 51/52-1248.

Fluorimetr. Verf. zur Mess. d. Aktivität 20-1935; Best. d. Dimens. d. Substratbind.-Gebietes v. — mit Hilfe v. Adamantanon als Sonde 38-1357; Unterscheid. d. — v. α,β-ungesätt. Ketonreduktase 51/52-1252; Histotopik in d. Harderschen Drüse d. Kaninchens 16-1285; Polyacrylamidgel fixierte Hefe-— 20-1253; zytochem. Nachw. bei Pilzen 37-1352; Best.: im Läppchen normaler Lebern 46-1184; v. Tyrosylresten in Leber-— 15-2090.

Alkohol: NAD-Oxydoreduktase

s. *Alkohol-Dehydrogenase.*

Alkohol-Oxydase

Isolier. aus einem Basidiomyceten 27-1419.

Alkylmethylphosphonylacetylcholin-Esterase

„Alter."-Geschw. (beeinflussende Faktoren) 36-1336.

Allantoat-Amidinohydrolase

s. *Allantoicase.*

Allantoicase (Allantoat-Amidinohydrolase)

Vork. in Pseudomonas- u. Penicilliumarten 16-1390; — in d. Leber d. Protopterus aethiopicus 8-1314; Aktivier. u. Inaktivier. 40-1282.

Allantoinase

— in d. Leber d. Protopterus aethiopicus 8-1314.

D-Allose-6-phosphat-Ketoisomerase

Reinig. u. Eig. d. — aus Aerobacter aerogenes 10-1256.

Altes gelbes Ferment

s. *$NADPH_{(2)}$-Dehydrogenase.*

Ameisensäure-Dehydrogenase

s. *Formiat-Dehydrogenase.*

Amidase (Acylamidase, Acylamid-Amidohydrolase)

—: aus Patienten mit nichttuberkulöser Adenitis isolierter Mycobakterienstämme 3-1341; v. Mycobacterium smegmatis (induzierbarer Charakter u. Bezieh. zur Acylübertrag. auf Hydroxylamin) 13-1271; —-Aktivität d. Trypsins 3-1252; Regulat. d. Synth. durch Pseudomonas aeruginosa *8**6**P**2* in kontinuierl. Kultur 25-1377; eine d. Herbizid 3.4-Dichlorpropionanilid hydrolysierende — in Säugetierleber 34-1541; Best. in Mycobakterien in festem Kulturmedium 20-1360.

Amidasen

s. *Amidohydrolasen.*

Amidinase

Vork. in Panus tigrinus 5-1276.

Amidinotransferasen (Transamidinasen)

Spezielle — s. dort.

Vork. in Panus tigrinus 5-1276; —-Aktivität in d. Niere in Bezieh. zum Nährwert d. Nahr.-Proteins 5-1450; — aus Schweineniere (Beeinfluss. d. katalyt. Aktivität durch Veränder. d. Cysteinreste) 18-1200; Nieren-—-Aktivität bei d. hypophysektomierten Ratte (Wrkg. v. Wachstumshormon) 20-1472; — d. Schweineniere (Einfl. d. Dinitrophenylier.) 27-1441; Leber-— (Einw. v. Lysin) 41-1568.

Amidohydrolasen (Amidasen)

Spezielle — s. dort.

—-Aktivität in E. coli-Extrakt mit formylierten Aminosäuren u. Dipeptiden als Substrat 51/52-1292; Hydrolyse v. Aminosäure-4-(phenylazo)-phenylamiden mit — (Hemm. durch strukturanaloge Verb.) 2-1203.

Amidophosphoribosyltransferase (5-Phosphoribosylpyrophosphat-Amidotransferase)

--Aktivität in Ehrlich-Ascitestumorzellen in vitro 20-1225; Regulier. d. Aktivität v. — bei Virus-induzierter Murin-Leukämie durch Purinnucleotide 44-1159; Bldg. bei d. Purinnucleotidbiosynth. in Bacillus subtilis 47-1461; Hemm. durch 6-Thioguanosin-5'-phosphat 37-1334.

Aminoacetylase

s. *Arylamine-Acetyltransferase.*

Aminoacylase

Spezif. Indukt. in Pilzen 36-1383; Bezieh. zum Methioninstoffwechselkreislauf während d. Proteinbiosynth. 47-1399.

Aminoacyl-RNS-Synthetase

Mitochondr. u. zytoplasmat. --Aktivität 47-1406; --Aktivität v. Azotobacter vinelandii 26-1366; Spezifität d. — u. Übertrag. d. genet. Code 23-1288; selektive Hemm. durch Aminoalkyladenylate 31-1464; spezif. Inaktivier. durch photochem. Ox. 38-1469; Hemm. durch perox. u. mit Hydroxylamin modifizierte tRNS 46-1259.

Aminoacyl-sRNS-Polymerase

Regulat. d. Bldg. in E. coli 15-1414.

Aminoacyl-sRNS-Synthetase

Vork. in d. lösl. Aminosäure-einbauenden Syst. aus E. coli 20-1191; --Aktivität einer mitochondrienreichen Frakt. aus d. Schilddrüse v. Schafen 28-1256.

Aminoacyltransferasen

Spezielle — s. dort.

--Stimulier. d. Proteinsynth. durch Nebennierenpolysomen d. Schweines 12-1212.

Aminoacyl-tRNS-Ligase

s. *Aminoacyl-tRNS-Synthetase.*

Aminoacyl-tRNS-Synthetase (Aminoacyl-tRNS-Ligase)

— bei E. coli 31-1323; Herst. teilweise gereinigter Präp. v. — aus Bäckerhefe 19-1429; Molgew.-Verteil. d. — aus E. coli nach Gelfiltrat. 45-1379; Rk.: mit tRNS (Speziesspezifität d. funktionellen Stellen) 8-1172; v. heterologen — mit tRNS (Verester. an Leucin) 22-1250; Akzeptorfunkt. v. — aus Kalbsleber u. -milz 35-1331; Anreicher. v. tRNS durch Komplex-Bldg. mit — 46-1120; Hemm.: durch Polynucleotide 25-1385; durch modifizierte Transferribonucleinsäuren 43-1257.

***S*-β-Aminoäthylcysteinyl-DIP-α-Chymotrypsin**

Peptide aus d. B- u. C-Kette v. — 29-1463.

Aminoazofarbstoff-*N*-Demethylase

--Aktivität bei d. sich regenerierenden Rattenleber (Wrkg. v. Nebennierenhormonen, Methylcholanthren u. Ionisier.-Bestrahl.) 1-1402.

Aminoazofarbstoff-Hydrolase

--Aktivität bei d. sich regenerierenden Rattenleber (Einfl. v. Nebennierenhormonen, Methylcholanthren u. Ionisier.-Bestrahl.) 1-1402.

β-Aminobuttersäure-α-Ketoglutarsäure-Transaminase

--Aktivität d. Leber (Einfl. v. Lysin- oder Threonin-freier Diät) 8-1587.

γ-Aminobuttersäure-Glutamat-Transaminase

s. *γ-Aminobutyrat-Aminotransferase.*

γ-Aminobuttersäure-Transaminase

s. *γ-Aminobutyrat-Aminotransferase.*

γ-Aminobutyrat-Aminotransferase (γ-Aminobutyrat: α-Oxoglutarat-Transaminase, γ-Aminobuttersäure-Glutamat-Transaminase, γ-Aminobuttersäure [γ-Aminobutyrat]-Transaminase)

--Aktivität im Gehirn v. Mäusen während Arzneimittel-induzierter Konvuls. 5-1633; Vork. in Gehirngewebe 7-1259; — aus d. Zentralnervensyst. d. Hummers (Eig.) 12-1214; --Aktivität im Rattenhirn in d. Ontogenese 13-1247; Rückkehr d. --Aktivität im Mäusehirn nach Hemm. durch Aminooxyessigsäure (chem. u. histochem. Beobacht.) 29-1424; --Aktivität in *24* Bereichen d. menschl. Gehirns 40-1229; Beteilig. an d. Äthylenbldg. durch eine subzelluläre Frakt. v. reifenden Tomaten (Wrkg. einiger Inhibitoren) 23-1558.

γ-Aminobutyrat: α-Oxoglutarat-Transaminase

s. *γ-Aminobutyrat-Aminotransferase.*

γ-Aminobutyrat-Pyruvat-Transaminase

— in Pflanzen 51/52-1269.

γ-Aminobutyrat-Transaminase

s. *γ-Aminobutyrat-Aminotransferase.*

2-Amino-2-desoxy-D-glucose-6-phosphat-Ketolisomerase

s. *Glucosamin-6-phosphat-Isomerase.*

Aminohydrolasen (Desaminasen)

Spezielle — s. dort.

Verteil. in Gewebe v. Fusarium moniliforme 33-1620; --Aktivität in d. subzellulären Elementen d. Herzmuskels (Desaminier. v. Adenosin) 18-1532; Verteil. in d. Subzellularelementen d. Herzmuskels 35-1624; Desaminier.: v. Aminosäuren durch — in Azotobacter chroococcum 17-1295; mit — in einem künstl. Pansen (Einfl. eines Extrakts aus Johannisbrotfrüchten) 27-1763; Wrkg. v. Analogen v. 1β-Arabinofuranosylcytosin als --Inhibitoren (Vgl.) 34-1257; Inhibier. d. — menschl. Leber durch Tetrahydrouridin 51/52-1184; kolorimetr. Schnellbest. 5-1279.

δ-Aminolävulinat-Dehydratase

s. *δ-Aminolävulinsäure-Dehydratase.*

5-Aminolävulinat-Hydrolyase

s. *δ-Aminolävulinsäure-Dehydratase.*

α-Aminolävulinsäure-Dehydrase

Abnahme v. an d. Synth. v. Coenzym B_{12} u. Propionsäure beteiligter — bei Propionibakterien 28-1343.

δ-Aminolävulinsäure-Dehydratase (δ-Aminolävulinat-Dehydratase, 5-Aminolävulinat-Hydrolyase)

Vork. in Weizenblättern (Eig.) 7-1250; --Aktivität: in normaler u. porphyr. menschl. Leber 16-1407; im Blut bei Intoxikat. durch Pb 43-1641; in Blut u. Leber nach Behandl. mit N-Äthylmaleimid 45-1691; Synth. in im Dunkeln aerob gezüchteter Rhodopseudomonas spheroides (Einfl.) 21-1483; Hemmwrkg. v. Glucose auf d. Indukt. d. — d. Leber 32-1477; Reinig. u. Eig. v. —: aus menschl. Erythrozyten 11-1258; aus Hefe 26-1360; aus Geweben zweier Mäusestämme 32-1469; Hämsynth.-Kontrolle durch Feedback-Inhibier. v. menschl. Erythrozyten-— 24-1425; — d. Erythrozyten als diagnost. Mittel bei d. berufl. Pb-Vergift. 43-1643.

δ-Aminolävulinsäure-Synthetase

Abnahme d. an d. Synth. v. Coenzym B_{12} u. Propionsäure beteiligter — bei Propionibakterien 28-1343; --Aktivität: in normaler u. porphyr. menschl. Leber 16-1407; d. Leber (Einfl. v. Stilböstrol-induzierter Porphyrie) 19-1561; in menschl. Erythrozyten 46-1256; Bldg. (Rolle bei d. Hämoglobinsynth.) 20-1506; Synth. in im Dunkeln aerob gezüchteter Rhodopseudomonas spheroides (Einfl.) 21-1483; Indukt. in Rattenleber 32-1477; koordinierte Synth. v. — u. Tryptophanpyrrolase 40-1205.

Aminooxydase

s. *Monoamin-Oxydase.*

Aminopeptidase

--Aktivität: d. menschl. Epiphyse (histochem. Nachw.) 15-1421; v. experimentell erzeugten Tumoren in d. submaxillaren u. sublingualen Drüsen v. Mäusen während d. Karzinogenese 19-1325; — d. Schweineniere 19-1419; --Aktivität: im Gehirn v. Ratten nach Infekt. mit Crytococcus neoformans 24-1429; bei d. frühen Wundheil. (Wrkg. v. Hydrocortison) 31-1609; im Jejunum u. Ileum d. Ratte während d. postnatalen Entw. 36-1364; d. Periosts bei experimentellem Lathyrismus 43-1495; im Serum u. Periost bei normalen, chirurg. behandelten u. lathyr. Ratten 43-1496; Vgl. d. Partikel-— aus Schweinenieren mit d. Leucinaminopeptidase aus Schweinenieren u. Rinderaugenlinsen 46-1242; --Eig. einer neuen Dipeptidnaphthylamidase aus Schweinenieren 16-1364; Herst., physikal. u. enzymat. Eig. v. — d. Schweineniere 19-1418; Reinig. u. allg. Eig. v. Aeromonas-— 28-1433; Struktur d. — aus Schweinenieren 36-1362; aktivierende Wrkg. v. Ca^{2+} auf synthet., mit Angiotensin strukturanaloge Substrate d. — 13-1225; Wirkungsweise v. — aus verschiedenen Organen 32-1422; Rk.: essentieller Tyrosine d. — aus Partikeln v. Schweinenieren 36-1361; mit Human-Fibrinopeptiden im Serum 51/52-1509; histochem Nachw. im Nervengewebe (Meth.) 30-1263.

ε-Aminopeptidase

Wrkg. v. — aus Hunde- u. Rattennieren u. Achromobacter pestifer 13-1224.

Aminopeptidase A

Bezieh. zwischen d. Nebenschilddrüsenfunkt. u. d. Serum-—-Aktivität 12-1273.

Aminopeptidase B

Anreicher.-Meth. für Rattenleber-— 20-1344; Reinig. einer für N-terminale Arginin- u. Lysinreste spezif. Säugetier-— 28-1434; akt. Zentrum d. — (Wrkg. chem. Reagenzien) 26-1330; (kinet. Unters.) 26-1331; Wrkg. bei d. Bradykininbldg. aus Kallidin-*10* 20-1501.

Aminopeptidasen

Differenzier. v. — tier. u. menschl. Organe u. Zellen 12-1272; thermophile u. mesophile — aus Bacillus stearothermophilus (Isolier., Eig.) 16-1366; teilweise Reinig. u Charakterisier. v. — aus Cucurbita maxima-Kotyledonen 28-1432; Darst. v. α-Aminosäure-p-nitroaniliden als Substrate für — 18-1710*.

Aminopolypeptidase

--Aktivität im Hypophysenvorderlappen 16-1385.

DL-1-Aminopropan-2-ol-Dehydrogenase

--Aktivität v. E. coli (Rk.) 36-1263.

Aminopurin-Demethylase

Mikrosomale --Aktivität in Bezieh. zur Lebervergrößer. 24-1433.

Aminosäure-Arylamidase

Spalt. v. D-Alanin-4-(phenylazo)-phenylamid durch — in Maiswurzelhomogenaten (Aktivitätsbest.) 38-1442; histochem. Nachw. 46-1241.

Isoenzyme: Verh. bei d. Immundiffus. 41-1284.

L-Aminosäure-Decarboxylase

Katalysier. d. Tryptophanhydroxylier. in Zirbeldrüse, Hirnstamm u. Karzinoidtumor durch — 36-1243; Hemm. v. — aus Nebennierenmark d. Rinden durch Entzünd.-hemmende Säuren (Reinig., Eig.) 4-1209.

α-Aminosäure-Dehydrase

Darst. v. Fluoranthenchinonen-(2.3) als Dehydrasemodelle gegen α-Aminosäuren 8-1000.

L-Aminosäure-Dehydrogenase

Reinig. v. Chlorella-— 17-1282; zytochem. Nachw. bei Pilzen 37-1352.

Aminosäure-Esterase

Wrkg. d. exokrinen Teils d. Bauchspeicheldrüse v. Ratten auf — nach Hydrocortisonbehandl. 7-1428.

L-Aminosäure-2-Glyoxylat-Aminotransferase

Vork. in niedr. Pflanzen 51/52-1270.

Aminosäure-β-naphthylamidohydrolase

Hydrolyse d. Aminosäure-β-naphthylamide mit — 24-1375.

***aromatische* Aminosäuren-Decarboxylase**

Best. 37-1447.

***cyclische* Aminosäuren-Decarboxylase**

Pluralität 4-1080.

Aminosäuren-Decarboxylasen

Spezielle — s. dort.

— v. Bordetella 13-1244; Hemm. durch Phenylalkylaminooxycarbonsäuren 19-1871*; unterschiedl. Wrkg. v. 2.3.4-Trihydroxybenzylhydrazin auf — 35-1329; radiometr. Mikrobest. 8-1327; Verw. eines modifizierten --Tests zur biochem. Enterobacteriaceen-Diagnostik 43-1319.

Aminosäuren-Synthetase

Vork. in Lactobacillus arabinosus 7-1256; regulierende — d. aromat. Aminosäurebiosynth. in Bacillus subtilis 20-1381; spezif. Wechselwrkg. v. — mit lösl. RNS (Bezieh. zur opt. Rotat.-Dispers. d. RNS) 30-1166.

L-Aminosäure: O_2-Oxydoreduktase (desaminierend)

s. *D-Aminosäure-Oxydase.*

D-Aminosäure-Oxydase [D-Aminosäure : O_2-Oxydoreduktase (desaminierend)]

Krist. – (*5.* Mitt.) 8-1237; (*3.* Mitt.) 34-1265; – -Aktivität in Leber-, Milz- u. Thymusmitochondrien (Einfl. v. Bestrahl.) 7-1208; Verteil.: im Gehirn verschiedener Spezies (Hemm. durch Pentobarbiton) 16-1311; in Rinder- u. menschl. Nervengeweben 18-1186.

Bldg. über ein purpurfarbenes Zwischenprod. 29-1402; Trenn. u. Reinig. v. – aus Schweineniere durch Schaumbldg. 11-1219; Isolier. einer vollständig red. – durch Kristallisat. 30-1240.

Physikochem. Eig.: d. Apoenzyms d. – 4-1023; d. lichtinduzierten Semichinons v. – (Einfl. v. Pyruvat u. Phenylpyruvat auf dessen Bldg.) 29-1403; spektroskop. Unters. d. – bei niedr. Temp. 20-1274; opt. Rotat.-Dispers. u. Zirkulardichroismus 34-1264; Umkehr. u. Vergrößer. d. Zirkulardichroismusspektrums v. Flavinadenindinucleotid durch d. Kombinat. mit – 31-1372; – -Apoprotein u. Konformat.-Änder. nach Kombinat. mit FAD 20-1275; Struktur u. Funkt. (hydrodyanam. u. opt. Rotat.-Eig.) 38-1364; Terminalstruktur u. Aminosäurezus. v. – aus Schweineniere 38-1365.

Bind. an Benzoat 3-1223; oxydierende Wrkg. v. – aus Neurospora crassa auf Aminosäuren (Beeinfluss. durch Milieufaktoren) 6-1245; Komplexbldg. v. Carbonsäuren mit – (Interpretat. d. Absorpt.-Spektren) 6-1246; Rk.: v. $NaBH_4$-red. – mit $^{14}C_{(1)}$-D-Alanin (Identifizier. d. Zwischenprod. als ε-N-[1-Carboxyäthyl]-L-lysin) 8-1237; d. Sulfhydrylgruppen v. – mit Tetraäthylthiuramdisulfid 8-1238; Trinitrophenylier. 37-1369; Rk. mit D-Lysin 41-1257; Überführ. durch anaerobe Belicht. in blaue u. rote Semichinone 43-1182.

Hemm. durch α-Methylaminosäuren 2-1429; Inaktivier. durch Glyoxal (Schutzwrkg. v. Benzoat) 3-1224; Inhibier.-Kinetik hochgereneigter – (Phenothiazinderiv.) 31-1390.

Fluorimetr. Best. 20-1273; einfaches Analyseverf. für – durch NH_3-Mess. 42-1182; Best. d. Konfig. d. Aminosäurebestandteile v. Tetain mit – 48-1230.

L-Aminosäure-Oxydase

– -Aktivität: in Leber-, Milz- u. Thymusmitochondrien (Einfl. v. Bestrahl.) 7-1208; in Nierenkörperchen u. tubularen Epithelzellen 14-1250; krist. – in d. lösl. Frakt. d. Rattennierenzellen 18-1185; natürl. auftretende Hemm. u. Aktivier. d. Geflügelleber- – 20-1272; – aus Gift d. Vipera ammodytes 8-1236; Hemmwrkg. v. EDTA auf d. – -Indukt. in Neurospora crassa 20-1283; Stabilität v. – d. Schlangengiftes 21-1394; Konform.-Änder. bei – in Verbind. mit reversibler Inaktivier. 14-1249; oxydierende Wrkg. v. – aus Neurospora crassa auf Aminosäuren (Beeinfluss. durch Milieufaktoren) 6-1245; Verw. zur Herst. aromat. α-Ketosäuren geringer Stabilität aus Aminosäuren 25-1338; – -Inaktivier. eines aspermatogenen Antigens 36-1560; Überführ. durch anaerobe Belicht. in blaue u. rote Semichinone 43-1182; Rk.-Mechanismus v. – aus Crotalus adamanteus 44-1193; reversible Inaktivier. d. – bei niedr. pH-Wert (Wrkg. v. Cl^- bei pH *6,25*) 17-1283; Hemmbark. d. Ophio- – durch Antiserum 27-1422.

Aminosäure-Permeasen

Multiplizität bei Saccharomyces cerevisiae, 27-1323, 27-1324, 37-1459.

Aminosäuretransfer-Enzyme

Zwei – aus Hefe (Isolier., Verh. u. Vgl. mit hererologen Transferfaktoren) 10-1227.

Aminotransferasen (Transaminasen)

Spezielle – s. dort.

– aus Hefe (Eig.) 21-1411; – -Aktivität: in Papaver somniferum 1-1201; während d. Entw. d. Mohnpflanze (Bezieh. zur Opiumalkaloidbiosynth.) 17-1476; – verschiedener Organe u. Spezies (Immunologie u. Kinetik) 1-1200; – -Aktivität: als Parameter d. Leberfunkt. (Einfl. v. 1α.7α-Bis-[acetylmercapto]-17α-methyltestosteron u. 1α.17α-Dimethyltestosteron) 3-1513; bei Ratten unter Kälteeinw. u. Hypothermie infolge Dimethylsulfoxid 6-1582; d. Muskelgewebes d. normalen Kindes u. v. Kindern mit progressiver Muskeldystrophie in verschiedenen Krankh.-Stadien 13-1529; im Blutserum (v. Krankh.-Geschehen unabhäng. Einfl.-Möglichk.) 14-1488; in menschl. Blutzellen (Einfl. auf d. Pyridoxalphosphat-Konz.) 16-1324; im Rattenserum nach interner Kontaminat. mit ^{137}Cs u. ^{90}Sr 19-1713; vermutl. Vork. im Fischsperma 22-1603; Serum- – bei d. akuten experimentellen CS_2-Vergift. 22-1688; – -Aktivität: d. Rattenleber u. -niere 32-1365; im Serum bestrahlter Kaninchen 36-1607; Geh. d. Blutes während d. Vergift. v. Ratten mit Ricin 36-1621; – -Aktivität: d. Blutes nach Eintritt v. Dichloräthandämpfen durch d. Haut 37-1815; isolierter menschl. Leukozyten (Einfl. d. androgen-anabolen Steroidhormone) 43-1393; v. Polyanhydro-α-aminosäuren (Proteinoiden) 31-1401.

Komplex d. Apoenzyms mit Pyridoxalphosphat (Eig.) 31-1678; Rk. bei Bakterien 23-1455; Bezieh. zu Dihydroxysäuredehydratase aus Neurospora crassa 44-1282; Biosynth. flücht. Amine durch – in Blütenfplanzen 29-1578; Bedeut. intrazellulärer – für d. Stoffwechsel v. Tyrosin u. Alanin in Rattenleberschnitten 40-1224.

Best. 13-1199; Ultramikroverf. zur Best. v. Serum- – als Modifikat. d. Meth. v. Mizobe 7-1217; Wrkg. v. Pyridoxalphosphat auf d. – -Test im Blut 23-1679; Mikrobest. in Blut u. Harn 30-1252.

Isoenzyme: – im menschl. Serum 13-1494.

Aminotripeptidase

– -Aktivität in menschl. Blutplättchen 32-1429; – d. Leukozyten d. Menschen (Eig.) 33-1728; – -Aktivität in d. Synovialfl. (Berechn.) 16-1367; Best. mit einer spektrophotometr. Schnellmeth. 37-1422.

Amin-Oxydase

s. *Monoamin-Oxydase.*

AMP-Aminohydrolase

s. *AMP-Desaminase.*

AMPase

– -Aktivität im Gehirn v. Ratten nach Infekt. mit Crytococcus neoformans 24-1429.

AMP-Desaminase (Adenosin-{5'}-monophosphat-Desaminase, AMP-Aminohydrolase)

– im Skelettmuskel (intrazelluläre Verteil.) 3-1284; monovalente Kationen als alloster. Aktivatoren d. Muskel- – 20-1361; – -Aktivität d. Rattenleber (Steiger. durch Thioacetamid) 21-1363; Rk. mit ATP unter Bldg. v. IMP (Vork. an d. Muskeloberfläche) 26-1369; kolorimetr. Best. 5-1279; (im Serum) 5-1280.

AMP-Nucleosidase

Regulier. in Azotobacter vinelandii 51/52-1289; Spalt. v. cycl. 3'.5'-Adenosinmonophosphat in einem zellfreien Syst. v. E. coli durch – 12-1292.

3'.5'-AMP-Phosphodiesterase

– -Aktivität v. Leber u. Muskel (Einfl. sulfonamidierter Diuretika) 10-1646.

AMP : Pyrophosphat-Phosphoribosyltransferase

s. *Adenin-Phosphoribosyltransferase.*

AMP-Pyrophosphorylase

s. *Adenin-Phosphoribosyltransferase.*

α-Amylase (α-1.4-Glucan-Hydrolase, α-1.4-Glucan-4-Glucanohydrolase, Taka-Amylase A)

– -Aktivität im Myzel v. Aspergillus sojae in Abhängigk. v. W.-Geh. d. Kulturmediums 10-1291; immunchem. Verwandtschaft zwischen – v. verschiedenen Mikroorganismen 14-1284; endozelluläre – v. E. coli (Reinig. u. Eig.) 24-1385; – d. thermophilen Bakterien (Zus.) 25-1420; Verteil. bei Aspergillus in Abhängigk. v. W.-Geh. 34-1327; neue charakterist. – in Bataten 14-1285; – -Aktivität im Reisendosperm bei Zufuhr v. Gibberellin A_3 (Wrkg. verschiedener Faktoren) 19-1521; (Wrkg. v. Pflanzenextrakten) 19-1522; Bezieh. zwischen – -Aktivität u. Nucleinsäuregeh. d. Gerstenkorns 19-3243; – -Aktivität während d. frühen Entw. d. Weizens 22-1453; – in Gerste u. Malz 25-3393; Verteil. u. Aktivität in keimendem Sorghum 25-3449; – -Aktivität: v. γ-bestrahlter Malzgerste (Einfl. v. Gibberellinsäure) 41-3271; in keimenden Erbsensämlingen 45-1483; in Ggw. v. Salzen konjugierter Gallensäuren 5-1494; Vork. im Hundeharn 31-1441; Acetylcholinregulier. d. – -Aktivität in d. isolierten perfundierten Rattenleber 34-1297; – im menschl. Pankreas 36-1379; – -Aktivität: d. Pankreas (Einfl. d. A.-Konz. bei d. Fäll. aus wss. Lsg.) 37-1349; in gesalzenem u. ungesalzenem Koji beim Lagern 14-3094; in Gerstenmalzextrakten 17-3506; v. Brennerei-Darrmalzen 20-3108; im Tabakblatt während u. nach d. Trocknen an d. Luft 22-3220; Dosier. v. – aus Schimmelpilzen unter Berücksichtig. d. Anteils d. im Mehl anwesenden beschädigten Stärkekörner 44-2969.

Bldg.: in Gerstenkeimen (Indukt.-Wrkg. v. Gibberellsäure u. Hemm. v. Abscisin II) 4-1061; in mit hohen Temp. vorbehandelten Weizensamen (Wrkg. v. Gibberellsäurebehandl.) 9-1255; Aktivier.: d. durch Gibberellsäure induzierten – durch einen Faktor im Gerstenembryo 9-1256; d. – -Prod. im Gerstenendosperm (Einw. v. Helminthosporol u. Helminthosporsäure) 9-1257; durch Gibberellsäure beschleunigte Synth. u. Freisetz. v. – durch isolierte Gerstenaleuronschichten 18-1404; Indukt. d. Bldg. in Gerste durch Vorstufen v. Gibberellsäure 19-1520; Verringer. d. Bldg. in d. Gerste durch einen Inhibitor aus d. Johannisbrot 20-1332; Biosynth. in d. Bauchspeichel- u. Ohrspeicheldrüse d. Ratte (Vgl. d. Regulat.) 31-1434; Bldg.: u. Ca-Stoffwechsel in Bacillus subtilis 37-1414; in Aleuronschichten v. Gerste (Regulier. durch Gibberellsäure u. Abscisin) 37-1585; Gewinn. aus Pilzen 18-1220; Reinig. u. Eig.: d. – d. Skelettmuskels d. Kaninchens 33-1505; v. Sorghummalz- – 45-3342.

Struktur d. Glykopeptide aus – 34-1296; Beteilig. einer Sulfhydrylgruppe an d. Aktivität d. – 43-1227; Assoziat. u. Dissoziat. d. – -Mol. v. Bacillus subtilis 5-1250; elektrophoret. Unters. v. – in Weizen 36-3153.

Abbau: v. – durch Taka-Proteinase 13-1215; v. Glykogen durch – 10-1155; Wrkg. u. Unterscheid. v. – 20-1331; Einfl. auf d. ADP-Glucose: α-1.4-Glucan-4-glucosyltransferase aus E. coli 2-1159; Bind. v. Ca durch bakterielle – 5-1251; Spalt. v. Maltooligosacchariden u. Stärke durch – 15-1383; Hydrolyse v. Phenyl-α-maltosid durch – 15-1385; – -Inaktivier. eines aspermatogenen Antigens 36-1560; Rk. mit einem zweiwert. *4.5*-S-Fragment v. Kaninchen-γ-Immunglobulinantikörpern 9-1474; Unterschiede d. immunolog. Verh. v. mikrobieller – 15-1456; Rk. mit Kohlenhydraten d. Rattenerythrozytenoberfläche (mikroelektrophoret. u. enzymat. Unters.) 20-1515; Glykogen-spaltende Wrkg. v. Speichel- – 35-1310.

Inhibier. d. durch Riboflavin sensibilisierten Photoinaktivier. v. – 2-1185; Inaktivier. v. – durch γ-Strahlen (Einfl. v. Cu^{2+}) 23-1424; Photo- u. Hitzeinaktivier. d. – u. Substrateinfl. 28-1418; Wrkg. v. ^2H_2O auf – 33-1504; Hitze- u. photochem. Inaktivier. d. – (Mechanismus d. Schutzwrkg. d. Substrates) 35-1311; Substratwrkg. auf – -Hitzeinaktivier. 36-1352; Hemm. durch Anti- – -Antikörper 38-1422; Abscisin II als Inhibtor v. – 46-1232; Reversibilität d. Hitzeinaktivier. v. – aus Bacillus subtilis 1-1223; Ausmaß d. Renaturier. v. – vor d. Neubldg. d. Disulfidbind. 2-1184; Renaturier. v. hitzeinaktivierter – v. Bacillus subtilis (immunolog. Unters.) 20-1333; Reaktivier. hitzeinaktivierter – (Wrkg. d. anfängl. Enzymkonz.) 29-1454; Reversibilität d. Säureinaktivier. v. – v. Bacillus subtilis 33-1503.

Beeinfluss. d. Maltosezahl v. Mehl durch Zusätze v. Malz- u. Pilz- – 33-3517; Verzucker. v. Stärke mit – aus Bacillus subtilis-Kulturen 42-2896*; hydrolyt. Stärkeabbau mit – 47-3181.

Kinet. Mess. d. – -Aktivität durch amyloklast. Endpunktbest. auf Papier 14-1286; Best. mit d. Autoanalyzer 20-1319; kolorimetr. Best. 23-2288; Nanogramm-Nachw. bei d. Polyacrylamid-Elektrophorese 31-1373; Best. sehr geringer – -Aktivität (amyloskop. Meth.) 38-1430; Nachw.: in lösl. Rinderpankreasextrakt nach immunoelektrophoret. Analyse 1-1212; in Eiern 1-1878; Best.: im Getreide durch papierkapillarograph. Viskositätsmess. (PcV-Meth.) 38-1431; d. intestinalen – 13-1214; d. Stärkeabbaues in Weizenmehlen mit Hilfe bakterieller – 36-3155; Verw. zur verbesserten Darst. v. Substraten für d. Best. d. Amylo-1.6-glucosidase-Aktivität 40-1259; Best. mechan. beschädigter Stärke in Weizenmehl durch – bakteriolog. Herkunft (Anwend. zur Betriebskontrolle) 43-2148; s. auch *Enzympräparate, Takadiastase**).

β-Amylase

Aktivität d. Süßkartoffel- – (Einfl. d. Sulfhydrylgruppen) 4-1062; Lokalisier. in Bataten 14-1285; – -Aktivität während d. frühen Entw. d. Weizens 22-1453; – v. Gerste (Zusammenfass.) 23-1423; (u. Malz) 25-3393; Veteil.: u. Aktivität in keimendem Sorghum 24-3449; v. freier u. gebundener – in Getreidearten 29-3388; – -Aktivität: in keimenden Erbsensämlingen 45-1483; in gesalzenem u. ungesalzenem Koji beim Lagern 14-3094; freie u. gebundene – in Getreidemehlen 29-3387.

Isolier. aus Sojabohnen (Reinig., Eig.) 17-1321; Reinig. u. Eig. v. Sorghummalz- – 38-3204.

Einfl. auf d. ADP-Glucose: α-1.4-Glucan-4-glucosyltransferase aus E. coli 2-1159; Abbau v. Amylose durch – (Abhängigk. d. Rk.-Geschw. v. d. Kettenlänge) 10-1125.

Einfl.: v. neutralen Salzen auf – 11-1218; d. Zugabe v. Allylisothiocyanat aus d. japan. Meerrettich auf – 12-1259; kein Einfl. v. Aminazin auf – 41-1705.

Nanogramm-Nachw. bei d. Polyacrylamid-Elektrophorese 31-1373; Best. in Gerste 43-1229; Verw. zur verbesserten Darst. v. Substraten für d. Best. d. Amylo-1.6-glucosidase-Aktivität 40-1259; Mikrobest. v. Glykogen, Amylopektin u. d. Kettenlängen ihrer Einh. mit – 49/50-1979.

γ-Amylase (Gluc(o)amylase)

– d. Aspergillusarten 5-1252; –-Aktivität d. extrazellulären – v. Coniophora cerebella 32-1409; Vork. im Hundeharn 31-1441; Synth. in Verbind. mit einer kontinuierl. Mehrstufenkultur 17-1364, 17-1365; Bldg. in Submerskultur v. Aspergillus awamori 46-1233; kinet. Unters. an – 7-1234; Revers.-Prod. aus D-Glucose durch rohe – 13-1216; Spalt. v. Maltooligosacchariden u. Stärke durch – 15-1383; Hydrolyse v. Isomaltose durch – 15-1384; kinet. Unters. an – 34-1306; unterschiedl. –-Abbau v. synthet. Dextran u. einem natürl. Prod. 42-1262; Best.: d. intestinalen – 13-1214; d. Zahlenmittel-Mol.-Gew. verschiedener Frakt. v. Amylose mit – aus Rhizopus delemar 25-1367; d. Stärkeverkleister. mit – 25-3426.

Amylasen
(Amylolytische Enzyme, Diastasen)

–-Aktivität v. Koji-Schimmelpilzen 4-2640; –: aus Fusarium vasinfectum 8-1295; v. Aspergillus awamori 18-1280; Lokalisier. in Aspergillus oryzae (Einfl. d. Nährmediums) 21-1500; –-Aktivität in Candida brumptii aus d. Myzetom eines holzfressenden Insekts 23-1400; – v. Aspergillus awamori 25-1368; lysosomale Lokalisat. in Tetrahymena pyriformis 28-1245; –-Aktivität v. Actinomyces aureofaciens LSB-*2201* (Einfl. d. N-Quelle) 30-1299; (Einfl. einiger C-Verb.) 30-1307; Verteil. in Gewebe v. Fusarium moniliforme 33-1620; –-Aktivität in Gerstenkeimlingen (Einfl. v. Gibberellin A_3) 18-1406; Geh. im unreifen, mit Ascorbinsäure, Cystein, Hydroxylamin, Cyanid, Si u. Fe behandeltem Zuckerrohr 20-1445; –-Aktivität d. Blut.-Saftes d. Weinrebe 35-1418; –: d. Rattenpankreas (Reinig. Eig.) 2-1187; d. Speicheldrüse 3-1380; d. Pankreas u. d. Darminhaltes v. keimfreien u. konventionellen Ratten 5-1495; Geh. d. Rattenpankreas (Einfl. v. Morphin) 7-1444; (Einfl. v. Codein) 7-1445; Langlebigk. v. Serum-–-Werten bei Pankreatitis (Übersicht) 7-1447; normaler Geh. im Blut (statist. Analyse) 15-1563; –-Aktivität bei d. Albinoratte als Funkt. d. Alters u. d. Leberregenerat. 17-1628; – d. Stylums v. Strombus gigas 22-1322; Bezieh. zwischen –-Konz. in Leber u. Serum bei Hunden (Einfl. einer Blockade d. retikulo-endothelialen Syst.) 22-1586; –-Aktivität: v. Varicorhinus aus d. Sewan-See (Einfl.) 26-1313; d. Blutes bei Kaninchen (Einfl. v. Mo in d. Nahr.) 30-1501; – im Hundeharn 31-1441; –-Aktivität: d. Hühnerpankreas in Abhängigk. v. d. Art d. Ernähr. 34-1465; in Leberplasmamembranen 36-1328; im Pankreassaft u. Pankreasgewebe d. Katze nach Stimulier. mit Gewebshormonen u. nach ischäm. Belast. 43-1422; kein Vork. v. – in d. Hämolymphe v. Ascaris lumbricoides 43-1467; unterschiedl. Verh. v. Lipase, – u. d. proteolyt. Enzymen aus d. menschl. Pankreas nach verschiedenen Reizverf. 44-1231; krist. – aus Schweinepankreas (Wrkg. v. Harnstoff u. v. bestimmten anderen Amidreagenzien) 44-1245; Identifizier. v. Kreutzer's Harnprotein als – 46-1441; –-Aktivität in windgesichteten Mehlen 8-3152; Malz- – 9-1255; Weizenkleie-–-Aktivität (Regulator) 26-3176.

Bldg.: in d. durch Actinomycin D gehemmten Zelle nach Zugabe v. DNS 2-1246; in Gerstensamen (Einfl. v. Phenylurethan-Herbiziden) 15-1496; d. pankreat. – (Anpass. an eine Stärke- u. Eiweiß-reiche Diät) 18-1458; im Gerstenendosperm (Wrkg. eines Morphaktins) 29-1591; Hemm. d. induzierten –-Synth. durch Glucose bei Aspergillus oryzae (Mechanismus) 30-1304; Sekret. u. Synth. v. – in Rattenohrspeicheldrüse nach Isoprenalin 32-1410; Produkt. durch Mikroben 41-1360; (Aspergillus awamori) 43-1228; Kälte-induzierter Austritt v. – aus Zymogenkörnchen (Abdicht. d. Körnchenmembran durch spezif. Lipide) 2-1186; Sekret. in d. submaxillaren u. retrolingualen Drüsen d. Maus (Stimulier. durch Testosteron) 12-1430; Gewinn. mit Hilfe v. Aspergillus 1-1653*; industrielle Erzeug. auf Schimmelpilzbasis (Übersicht) 3-3245; Rückgewinn. Saccharose-bildender – bei d. Herst. v. Citronensäure nach d. Koji-Verf. 14-2515; Isolier. aus Schweinepankreas 18-1221; Gewinn. durch Zücht. v. Endomycopsis 30-3078*; Trenn. u. Reinig. v. – durch Schaumbldg. 11-1219; Reinig. u. teilweise Charakterisier. v. Thermoactinomyces vulgaris- – 46-1231; Stabilität im Gesamtblut, Serum u. Plasma während d. Lager. 31-1467.

Chromatograph. Verh. d. Pankreas- – 44-1244.

Bldg. v. Zucker durch – (Best. d. anomeren Formen) 15-1384, 15-1385; Rk. mit 6-O-Methylamylose 33-1510; autolyt. Abbau v. Cerealienstärken durch arteigene – 37-3379; Rk. mit Stärke (Zersetzbark.) 45-1362; Assoziat. v. –-Varianten mit Faktoren d. I-Blutgruppensyst. in Schweinen 8-1139.

Hemmwrkg. auf d. – d. Speichels 3-1624; Vers. zur OsO_4-bedingten –-Resistenz v. glykogenhalt. Gewebe 12-1935; Hemm. d. säureastabilen u. säurelabilen saccharogenen – aus Aspergillus awamori 25-1369; Einfl. v. Hamycin auf d. – v. Capnodis uriliaris 39-1332; saure Inaktivier. v. Malz- u. Schimmel- – 47-3199.

Verw. in Zahnpflegemittel 42-1642*; Glucosegewinn. nach d. –-Verf. (Übersicht) 8-3162; – aus Schimmelpilzen für d. Spritindustrie 17-3509; Verw. v. Schimmelpilz- – bei d. Bierherst. 19-3251.

Schnellbest. im Blut 16-1999; Best. in anaerobem Faulschlamm 28-2248; Verw. zur Stärkebest. 8-2000; s. auch *Enzympräparate, Rheozym J-25**).

Amylo-⟨1 → 6⟩-Glucosidase

s. *Dextrin-1.6-Glucosidase.*

Amylolytische Enzyme

s. *Amylasen.*

Amylopektin-1.6-Glucosidase (R-Enzym)

– in Gerste u. Malz 25-3393; Spezifität v. – aus gemälzter Gerste 32-1412; Best. 43-1234; Mikrobest. v. Glykogen u. Amylopektin u. d. Kettenlängen ihrer Einh. mit Hilfe v. – 49/50-1979.

Amylose-Isomerase

Teilnahme d. RNS an d. Bldg. d. Komplexes Ferment/Substrat nach Einw. v. – 19-1428; Komplexbldg. d. – mit RNS u. Polysaccharid 26-1363.

Amylosynthetase

Bind. an d. Stärkekörner im Reis 43-1203.

Amylo-1.4 → 1.6-Transglucosidase

s. *α-1.4-Glucan : α-1.4-Glucan-6-Glykosyltransferase.*

Androstenolon-Sulfotransferase

– d. Meerschweinchenleber (Eig.) 11-1236; Bldg. v. Cholesterylsulfat durch – 15-1360.

Androsteron-Sulfokinase

Verteil. in Erwachsenengeweben 28-1472.

Angiotensinase

–-Aktivität: im Plasma (stimulierender Einfl. v. CCl_4) 3-1439; (d. Menschen, Übersicht) 17-1331; d. Serums bei Hypertens. 43-1458; Trenn. v. Plasma- – durch Chromatographie an DEAE-Sephadex-A-*50*-Säulen 7-1468; Best. im Serum (mit einem NADH-abhäng. opt. Test) 31-1442; (u. Plasma) 41-1283.

Anilin-Hydroxylase

Geh. als Beweis für unterschiedl. Bläschenarten in d. Lebermikrosomenfrakt. 5-1155.

Anthranilat-Oxydase

Indukt. eines –-Syst. während d. Abbaus v. o-Nitrobenzoat durch Bakterien 11-1288.

Anthranilat-Synthetase

–-Aktivität in Bacillus subtilis (Einfl. v. Aminosäuren) 3-1172; Vork. in Claviceps paspali 10-1268; Repress. v. – durch L-Tryptophan 31-1500; Rolle bei d. Regel. d. Biosynth. aromat. Aminosäuren in Salmonella typhimurium 51/52-1332.

Anticholinesterase

s. unter *Cholinesterase.*

Antifibrinolysin

s. unter *Plasmin.*

Antihyaluronidase

s. unter *Hyaluronidase.*

Antikollagenase

s. unter *Clostridiopeptidase A.*

Antineuraminidase

s. *Neuraminidase.*

Antithrombin

s. unter *Thrombin.*

Antitrypsin

s. unter *Trypsin.*

Apyrase

s. *ATP-Diphosphohydrolase.*

Arabanase

Reinig. u. Eig. d. v. Aspergillus niger gebildeten – 43-1239; Verwert. d. säurestabilen, durch Corticium rolfsii gebildeten – 36-1354.

D-Arabinose-Dehydrogenase

Partielle Reinig. d. Rattenleber- – 28-1356.

Arabinose-Isomerase

–-Aktivität in Aerobacter aerogenes 3-1291; Induzier. durch L-Arabinose bei Bacillus substilis 48-1377.

L-Arabinose-Permease

–-Syst. in E. coli B/r 32-1486.

D-Arabit-Dehydrogenase

Bldg. in Schizophyllum commune 21-1381; Austausch einer Phosphoenolpyruvat-abhäng. Phosphotransferase gegen eine NAD-abhäng. – beim Abbau v. Mannit bei Aerobacter aerogenes 26-1396.

L-Arabit-Dehydrogenase

Bldg. in Schizophyllum commune 21-1381.

Arginase
(L-Arginin-Amidinohydrolase)

–-Aktivität: bei Endomycopsis vernalis u. Torulopsis utilis (Abhängigk. v. d. N-Quelle) 13-1234; v. Micrococcus denitrificans 22-1390; Verteil. in Zwiebelpflanzen 16-1388; Vork. in Lilium candidum u. L. tigrinum (Wrkg. d. Knospens) 24-1409; Auftreten im Harnstoffzyklus v. Lumbricus terrestris 1-1476; –-Aktivität: in d. Leber (in Bezieh. zum Nährwert d. Nahr.-Proteins) 5-1450; (d. afrikan. Löwen) 8-1342; (Einfl. v. Chlortetracyclin) 13-1574; im Leber-, Nieren- u. Magengewebe d. Nagelrochens 16-1389; Wrkg. d. Zusatzes v. Aminosäuren u. Proteinen im Futter auf d. –-Aktivität in d. Rattenleber 19-1437; –-Aktivität: im Gehirn v. Tieren 19-1667; im Lungenfisch Neoceratodus forsteri 20-1247; in d. Rattenleber mit d. Alter 21-1405; d. Leber bei d. trächt. Ratte 21-1490; – d. Shope-Papilloms (Eig.) 22-1285; Aktivität d. – d. Ornithin-Harnstoffzyklus im afrikan. Lungenfisch 24-1435; Leber-–-Aktivität v. Ratten (Qualität d. Nahr.-Eiweißes) 25-1378; Regulier. d. –-Aktivität in Chang-Leberzellen bei nicht vorhandener Netto-Protein-Synth. 38-1445; –-Aktivität d. Leber in Mäusen mit Ehrlich-Asziteskarzinom 41-1219; Nieren- – (Einfl. v. Lysin) 41-1568.

Unterdrück. d. –-Synth. in Chang-Leberzellen 39-1258; Indukt. u. Unterdrück. v. – in Bäckerhefe 44-1268.

Struktur 38-1446; Desamidier. v. Arginin mit – durch Hepatopankreas oder d. Leber v. Invertebraten 12-1287.

Hemm. d. mykobakteriellen – durch Streptomycin u. verwandte Tuberkulostatika 13-1323; –-Repress. während d. Wachstums v. Bacillus licheniformis durch Stoffwechselprod. 22-1398.

Spektrophotometr. Best. 14-1305.

L-Arginin-Amidinohydrolase

s. *Arginase.*

Arginin-Decarboxylase

Bezieh. zwischen Mineralmangel u. –-Aktivität bei d. Gerste 12-1372; Bedeut. bei d. Putrescinbiosynth. bei E. coli 48-1389.

Arginin-Desiminase

– im Arginindihydrolaseweg in Mycoplasma hominis *07* 44-1218; Vork. bei Halobacterium salinarium 5-1313.

Arginin-Dihydrolase

Auftreten d. –-Rk.-Weges in Mycoplasma 16-1382; Energieentw. über d. –-Weg in Mycoplasma hominis *07* 44-1218.

Arginin-Glycin-Transamidinase

Bind. v. L-Arginin an — in Mitochondrien v. Tumoren u. Normalgeweben 13-1152.

Arginin-Kinase (Adenosin-5'-triphosphorsäure: L-Arginin-Phosphotransferase, ATP: L-Arginin-Phosphotransferase)

— in Seeigel u. Würmern 2-1167; Reinig. d. — d. Hummers (Faktoren mit Einfl. auf d. Reaktivier.) 31-1416; Heteroenzyme d. — 2-1167; Aminosäurezus. d. krist. — aus Hummermuskel 2-1169; Best. d. reaktionsfäh. SH-Gruppen v. — 17-1299.

Arginin(o)succinase

s. *Arginin(o)succinat-Lyase.*

Arginin(o)succinat-Lyase (Arginin(o)succinase, L-Argininsuccinat-Arginin-Lyase)

Vork. in Halobacterium salinarium 5-1313; —-Aktivität bei Endomycopsis vernalis u. Torulopsis utilis (Abhänhigk. v. d. N-Quelle) 13-1234; Auftreten im Harnstoffzyklus v. Lumbricus terrestris 1-1476; —-Aktivität: in d. Leber d. afrikan. Löwen 8-1342; im Gehirn v. Tieren 19-1687; im Lungenfisch Neoceratodus forsteri 20-1247; in d. Rattenleber (Änder. mit d. Alter) 21-1405; d. Leber bei d. trächt. Ratte 21-1490; Biosynth. durch E. coli (Koordinier. mit d. Argininbiosynth.) 2-1131.

Arginin(o)succinat-Synthetase

—-Aktivität bei Endomycopsis vernalis u. Torulopsis utilis (Abhängigk. v. d. N-Quelle) 13-1234; Auftreten im Harnstoffzyklus v. Lumbricus terrestris 1-1476; —-Aktivität in d. Leber d. afrikan. Löwen 8-1342; Wrkg. d. Zusatzes v. Aminosäuren u. Proteinen im Futter auf d. —-Aktivität in d. Rattenleber 19-1437; —-Aktivität: im Gehirn v. Tieren 19-1687; im Lungenfisch Neoceratodus forsteri 20-1247; in d. Rattenleber (Änder. mit d. Alter) 21-1405; d. Leber bei d. trächt. Ratte 21-1490; in Zellkulturen einer citrullinäm. Person 22-1225; d. Ornithin-Harnstoffzyklus im afrikan. Lungenfisch Protopterus aethiopicus 24-1435; Einfl. v. Äthionin auf — in d. Rattenleber 35-1324.

Arginin-Permease

Wrkg. bei d. L-Lysinaufnahme durch Saccharomyces cerevisiae 27-1324.

L-Arginin-*O*-phosphoryl-*N*-amidinostreptamin-Amidinotransferase

Katalyt. Wrkg. auf d. Streptomycinbiosynth. 31-1516.

L-Argininsuccinat-Arginin-Lyase

s. *Arginin(o)succinat-Lyase.*

Arginin-synthetisierendes Enzym

—-Aktivität in Micrococcus denitrificans 22-1390.

Arginylarylamidase

—-Aktivität im Hypophysenvorderlappen 16-1385.

Arginyl-tRNS-Synthetase

Bedeut. v. transfer-RNS für d. Pyrophosphataustauschrk. d. — 28-1283; Hemm. durch Argininosuccinat 31-1493.

Arotidin-5'-monophosphat-Decarboxylase

Geh. in menschl. diploiden Zellstämmen 15-1247.

Arotidin-5'-monophosphat-Pyrophosphorylase

Geh. in menschl. diploiden Zellstämmen 15-1247.

Arylamidasen

Spezielle — s. dort.
— aus Neisseria catarrhalis (Eig., Rk.) 28-1451; (Eig.) 37-1439; Hypophysen-— (Eig.) 16-1385.

Arylamine-Acetyltransferase (Aminoacetylase)

Mikrobiolog. Acetylier. v. Aminen durch — v. Cordyceps militaris 28-1454.

Arylamino-Peptidasen

Rk. tier. — mit Glycin-, Alanin- u. Leucin-p-nitroanilid 21-1447.

Arylesterase

Vork. in intakten Sporen v. Bacillus coagulans 6-1267; —-Aktivität während d. frühen Entw. d. Weizens 22-1453; Vork. im Rattenplasma 3-1242; —-Aktivität: im Blut d. Hamsters 12-1233; bei Krebs 14-1224; in Ovarien reifer Ratten (Wrkg. v. Äthinylöstradiol u. Lynöstrenol) 36-1329; in d. Leber großer Haustiere 43-1212; titrimetr. Best. in Milch 5-2038.

Arylesterase I

Best. v. Serum-— (Einfl. d. Pufferzus.) 37-1661.

Arylesterasen

Rolle d. — aus Leber im menschl. Fettstoffwechsel 23-1695; Hemmwrkg. v. Bernsteinsäuredicholinester u. Bernsteinsäuremonocholinester auf — d. menschl. Serums 6-1274.

Aryl-β-glucosidase

—-Aktivität in Cellvibrio gilvus (Lokalisat.) 40-1258; Indukt. bei E. coli 49/50-1304; Reinig. u. Eig. einer induzierbaren — d. Backhefe 21-1444.

Arylpyruvat-Keto-Enol-Tautomerase

Trenn. u. Reinig. v. — aus Candida durch Schaumbldg. 11-1219.

Arylsulfatase

Klin. Aspekte d. —-Aktivität (Überblick) 2-1183; —-Aktivität: in Proteus rettgeri 3-1249; (Wrkg. einiger Kultivier.-Beding.) 23-1422; d. Prostata (Wrkg. v. Steroidhormonen) 4-1166; Geh. als Beweis für unterschiedl. Bläschenarten in d. Lebermikrosomenfrakt. 5-1155; Vork. in Lysosomen d. Rinderaugenlinsenepithels 5-1294; —-Aktivität d. Muskelgewebes d. normalen Kindes u. v. Kindern mit progressiver Muskeldystrophie in verschiedenen Krankh.-Stadien 13-1529; Lokalisier.: am Rand eines malignen Rattentumors 28-1318; in renalen kortikalen Tubuli 28-1417; —-Aktivität in Lysosomen d. absorbierenden Zellen d. Duodenalmukosa d. Maus 33-1525; lysosomale — in d. Leber 42-1212; Auftreten v. —-reichen Granula in Humanlymphozyten nach Induzier. durch Phytohämagglutinin u. Antigene 47-1606; Synth. in Aspergillus nidulans (Regulat.) 44-1242; Harnausscheid. lysosomaler — bei Kwashiorkor 41-1551; Freisetz. aus Lysosomen durch Polyenantibiotika 43-1108; Reinig. u. Auftrenn. d. — aus Ochsenhirn 38-1719; histochem. Nachw. lysosomaler — im Nierengewebe 28-1416; Nachw. in Zytosomen (Beispiel zur Anwend. d. Elektronenbeug.-Diagramms eines Rk.-Prod.) 35-1259; lichtmkr. Nachw. mit 8-Oxychinolinsulfat 39-1246.

Arylsulfatase A

In menschl. Plazenta lösl. — (Eig.) 11-1243; Abtrenn. aus menschl. Plazenta (Reinig.) 39-1245; Gelfiltrat. aus Rattenleberlysosomen 40-1111; ^{35}S-Dikalium-2-hydroxy-5-nitrophenylsulfat als Substrat für — (Stoffwechsel) 8-1294.

Arylsulfatase B (Arylsulfohydrolase B)

In menschl. Plazenta lösl. — (Eig.) 11-1243; Aktivier. in Gewebehomogenaten (Einfl. v. Oxalaten) 15-1373; Abtrenn. aus menschl. Plazenta (Reinig.) 39-1245; Gelfiltrat. aus Rattenleberlysosomen 40-1111; ^{35}S-Dikalium-2-hydroxy-5-nitrophenylsulfat als Substrat für — (Stoffwechsel) 8-1294.

Arylsulfohydrolase B

s. *Arylsulfatase B.*

Arylsulfotransferase (Sulfokinase)

—-Aktivität d. menschl. Haut (Umwandl. u. Konjugat. v. Dehydroepiandrosteron) 39-1432.

Ascorbase

Best. v. Isoascorbinsäure in Ggw. v. Ascorbinsäure mit — aus Myrothecium verrucaria 20-1933.

Ascorbinsäure-Oxydase

Ox. v. Ascorbinsäure durch — (Wrkg. v. Mn, Ni, Cu u. Fe) 35-1593; Rk.-Eig. d. — v. Myrothecium verrucaria 17-1289; Einfl. auf d. Vitamin-C-Geh. in Erbsenkeimlingen nach UV-Bestrahl. 35-1419.

Asparagat-Aminotransferase

s. *Asparaginsäure-Aminotransferase.*

Asparagat-Decarboxylase

s. *Asparaginsäure(-β)-Decarboxylase.*

Asparagat-Glutamat-Transaminase

s. *Asparaginsäure-Aminotransferase.*

L-Asparagat: 2-Ketoglutarat-Aminotransferase

s. *Asparaginsäure-Aminotransierase.*

L-Asparagat: 2-Oxoglutarat-Aminotransferase

s. *Asparaginsäure-Aminotransferase.*

D-Asparagat-Oxydase

s. *D-Asparaginsäure-Oxydase.*

Asparagat-Transaminase

s. *Asparaginsäure-Aminotransferase.*

Asparagat-Transcarbamylase

s. *Asparaginsäure-Carbamoyltransferase.*

L-Asparagin-Amidohydrolase

s. *Asparaginase.*

Asparagin-Aminopherase

s. *Asparagin-Aminotransferase.*

Asparagin-Aminotransferase (Asparagin-Aminopherase, Asparagin-Transaminase, Glutamin-Oxalessigsäure-Transaminase)

—-Aktivität: bei Cortison-behandelten Ratten mit Pyridoxin-Mangel 3-1474; bei Küken (Einfl. v. Pyridoxinmangel u. Cholesterinfütter.) 11-1495; in d. Rattenneugeborenenleber 16-1624; im Serum (Zunahme nach Dieldrin) 18-1567; (bei Leberkrankh., Best.) 19-1683; Transaminier. v. Glutaminsäure durch — bei Euglena gracilis 2-1237; Mikrobest. in Blut u. Harn 30-1252; Best. in Körperfl. 45-2172; Verw. zur photometr. Best. v. L-Asparaginsäure 5-1962; Best. als Leberfunkt.-Test beim Hund (Beeinfluss. durch Behandl. mit Imuran u. Azaserin) 31-1366.

Isoenzyme: Elektrophoret. Charakterisier. in d. Lymphozyten d. Kalbsthymus 47-1589.

Asparaginase (L-Asparagin-Amidohydrolase)

— v. E. coli B (Trenn., Reinig. u. Antitumoraktivität) 26-1347; Lokalisier. in anaerob gewachsenem E. coli 44-1265; —-Aktivität in normalen Geweben u. bösart. Geschwülsten 2-1114; Aktivität d. Serum-—: d. Leber (nach CCl_4) 2-1442; d. Leberparenchyms (nach CCl_4) 2-1443; —-Aktivität u. Hemmfaktor im Meerschweinchenserum 33-1421; Reinig. u. Eig. v. Meerschweinchenserum-— 11-1252; Rk. bei Bakterien 23-1455; Wrkg. v. Meerschweinchenserum- u. E. coli-— auf Leukämien 1-1172; Antitumoraktivität v. E. coli-— 14-1229; Hemmwrkg. v. —-halt. Meerschweinchenserum auf d. Einbau v. ^{14}C-L-Asparagin durph Lymphom-*6C3*HED-Zellen 17-1248; Wrkg. d. —-Frakt. v. Meerschweinchenserum auf d. *6C3*HED-Aszites-Lymphosarkom in vivo u. in vitro 25-1332; Differenzen in d. Produkt. v. L-Asparagin in —-sensitiven u. resistenten Lymphomazellen 31-1356; tox. u. antineoplast. Wrkg. v. — an Mäuselymphomen, normalen Affen u. einem Kind mit Leukämie 35-1248; Antilymphomaktivität d. Serratia marcescens-— 38-1443; Wrkg. v. Meerschweinchen- u. E. coli-— auf intrazerebrale Gardner-Lymphoma 43-1177; Behandl. v. Lymphosarkomen im Hund mit — 23-1381.

Asparaginat-Aminotransferase

s. *Asparaginsäure-Aminotransferase.*

Asparaginat-Carbamoyltransferase

s. *Asparaginsäure-Carbamoyltransferase.*

Asparag(in)at-Kinase (Aspartat-Kinase, Aspartokinase, ATP-L-Asparag(in)at-4-Phosphotransferase)

Threonin-empfindl. — u. Homoserindehydrogenase in E. coli (Nachw. beider in einem Protein) 2-1164; (Einfl. v. p-Mercuribenzoesäure) 2-1165; (Inaktivier. bei pH 9) 2-1166; —: v. Mycobacterium album (Eig.) 11-1233; während d. Entw. v. Bacillus licheniformis 33-1476; aus Rhodopseudomonas spheroides (Regulier. durch Asparagat-β-semialdehyd) 44-1219; Kontrolle d. Lysin-empfindl. —-Bldg. in E. coli 28-1386; Lysin-gesteuerte Bldg. v. Threonin-sensitiver — 39-1232; Parallelmodifikat. durch Mutat. v. an d. Threoninbiosynth. bei E. coli beteiligter — 17-1196; Strahlenempfindlichk. d. alloster. Zentrums v. — 45-1348; Rückkoppl.-Hemm. d. — in Ggw. v. Threonin bei Micrococcus glutamicus 47-1454.

Asparaginat-Transaminase

s. *Asparaginsäure-Aminotransferase.*

Asparaginat-Transcarbamylase

s. *Asparaginsäure-Carbamoyltransferase.*

Asparagin-RNS-Synthetase

—-Aktivität v. Azotobacter vinelandii 26-1366.

Asparaginsäure-Aminotransferase (Asparag(in)at-Aminotransferase [Transaminase], Aspartat-Aminotransferasse, Asparaginsäure-Transaminase, Asparagat-Glutamat-Transaminase, L-Asparagat : 2-Ketoglutarat-Aminotransferase, Aspartat : α-Ketoglutarat-Transaminase, L-Aspartat[Asparagat] : 2-Oxoglutarat-Aminotransferase, Glutaminsäure [Glutamat]-Asparaginsäure [Asparag(in)at]-Transaminase [Aminoferase], Glutaminsäure [Glutamat]-Oxalessigsäure[Oxalacetat]-Aminotransferase [Transaminase], GOT)

– (*9.* Mitt.) 20-1295; über – (*11.* Mitt.) 30-1251; Modell für – 31-1678.

Vorkommen, Aktivität: Mitochondrien-– 26-1292; –-Aktivität: v. Lens culinaris-Wurzeln 24-1362; bei jungen Suaeda macrocarpa-Pflanzen 24-1517; – in Vakuolen aus Wurzelzellen v. Maiskeimlingen 32-1250; –-Aktivität in Bezieh. zum neuen Rk.-Weg d. photosynthet. CO_2-Fixier. in trop. Gräsern 40-1392; – im unreifen, festen Endosperm d. Kokosnuß 42-1190.

Multiple Formen v. – aus d. Überstand v. Schweineherz 1-1198; – verschiedener Organe u. Spezies (Immunologie u. Kinetik) 1-1200; –-Aktivität im Serum: beim CCl_4-vergifteten Kaninchen 1-1487; d. Leber (nach CCl_4) 2-1442; d. Leberparenchyms (nach CCl_4) 2-1443; –-Aktivität bei Hautretikulosarkomatose 3-1201; –-Aktivität im Serum: v. normalen u. dystroph. Lämmern 3-1216; bei Pankreatitis d. Hundes 3-1424; –-Aktivität: in Blutproben d. Mutter u. aus d. Nabelschnur 5-1230; d. Blutserums bei anaphylakt. Schock 5-1436; erhöhte –-Aktivität im Serum v. Schweinen bei Cu-Toxikose (Wrkg. einer oralen Zufuhr v. Zn- u. Fe-Salzen) 5-1448; –-Aktivität bei Ratten unter Kälteeinw. u. Hypothermie infolge Dimethylsulfoxid 6-1582; Vork. in Gehirngewebe 7-1259; –-Aktivität: in d. Rattenleber (Wrkg. v. Prednisolon) 7-1420; im Blut bei Vitamin-B_6-Mangel (Wrkg. d. Entzuges u. d. Übersättig.) 7-1502; Geh. an Serum-– (Änder. beim durch Trichloräthylen vergifteten Tier) 8-1266; histochem. Lokalisier. im normalen u. beschädigten Rattengehirn 9-1551; –-Aktivität d. Blutserums u. d. Herzmuskels in d. Norm u. bei Myokardschäden neurogener Natur 11-1521; Konz. im Plasma (Einfl. v. D-Aldosteron) 13-1447; Verteil.-Muster v. – in menschl. Normalseren 13-1494; –-Aktivität: d. Muskelgewebes d. normalen Kindes u. v. Kindern mit progressiver Muskeldystrophie in verschiedenen Krankh.-Stadien 13-1529; d. Leber (Einfl. v. Chlortetracyclin) 13-1574; im Mäusehirn (Einfl. v. Reserpin u. DL-Dopa) 14-1453; bei Kaninchen mit künstl. Leberschädig. (Einfl. d. Vitamine A, E, C) 14-1498; Serum-–-Aktivität im Verlaufe einer hämolyt. Anämie infolge v. Immunserum [Wrkg. v. Co(II)-chlorid] 15-1343; –-Aktivität: in menschl. Blutzellen u. Plasma (Abhängigk. v. d. Pyridoxalphosphatkonz.) 16-1324; bei im W. lebenden Invertebraten 16-1485; d. Skelettmuskels beim Turner-Syndrom 16-1622; Zunahme d. – im Blutserum bei Kindern mit akuten Durchfallserkrank. 17-1568; –-Aktivität d. Leber (Einfl. v. Chlf.-, Trichloräthylen- u. Fluothannarkose) 17-1716; Erhöh. d. –-Aktivität im Serum bei verschiedenen Tierarten durch Epinephrin 18-1254; –-Aktivität im Rattenserum nach interner Kontaminat. mit ^{137}Cs u. ^{90}Sr 19-1713; myokardiale –-Aktivität (Einfl. v. Adrenolytika auf d. Verminder. durch Sympathomimetika) 19-1789; –-Adaptat. an spezif. Diäten u. Hormone (Insulineinfl.) 20-1246; Verteil. in d. Zellstrukturen d. Rattenleber 21-1407; Aktivitätsänder. d. – d. Zentralnervensyst. u. d. Skelettmuskeln nach Röntgenbestrahl. 21-1413; –-Aktivität: in Kultur d. Hühnerfibroblasten während d. Wachstums u. nach Infekt. durch Vakzineviren 21-1414; in d. Mäuseleber nach einmal. A.-Gabe 22-1655; Geh. im Serum nach Vitamin-B_6-Verarm. im Menschen 23-1677; –-Aktivität: d. Serums (Einfl. v. halogenierten KW-Stoffen) 23-1738; in Bezieh. zu Trächtigk., postpartaler Involut. u. Kollagenabbau 24-1373; in d. subzellulären Frakt. d. Hirngewebes (Einfl. v. D- u. DL-Cycloserin) 26-1697; d. verschiedenen Organe u. Körperfl. v. Vipera aspis 28-1377; Geh. in Seren bei Leberkranken in Bezieh. zum Leberantigen 28-1638; –-Aktivität: im Rattenmuskel während d. Proteinerschöpf. 29-1712; im Serum (Einfl. d. gestörten Energiestoffwechsels) 29-1740; v. Lebermitochondrien (Einfl. v. Disulfiram) 29-1802; im Plasma unter Wrkg. v. Röntgenstrahlen (Einfl. v. Dimethylsulfoxid) 31-1713; in Seren u. in Lebern v. Tumor tragenden Hamstern 34-1240; im Schweineserum (Einfl. v. Ca u. Gossypol) 34-1508; d. Leber bei chron. Vergift. durch CCl_4 (Einfl. d. Orotsäure, ihres Morpholinsalzes u. d. Purinors) 34-1654; in Kaninchen bei kombinierter Wrkg. v. Röntgenstrahlen u. Embitol 35-1650; erhöhte –-Aktivität im Serum bei Verfütter. v. Brachyglottis repanda an Meerschweinchen 36-1622; –-Standardwert d. Blutes d. Maus 38-1646; –-Aktivität: in Säugeerythrozyten 38-1652; bei Vitamin-B_6-Mangelratten 39-1500; zytoplasmat. – in Mitochondrienpräp. aus Rattengehirn 41-1269; –-Aktivität: bei Ratten mit Vitamin-B_6-Mangel 41-1270; in Milchdrüsen 42-1378; isolierter menschl. Leukozyten (Einfl. d. androgen-anabolen Steroidhormone) 43-1393; im Blut d. Kaninchens (Einfl. v. ^{90}Sr) 43-1523; in d. Leber (Einfl. v. Amytal-Na) 43-1580; in transplantablen Gewebskulturen 45-1346; bei Lymphogranulomatose v. Kindern 45-1586; im Blutserum d. weißen Maus (Einfl. v. D-Cycloserin u. Florimycin) 45-1739; – im Plasma d. Ratte nach Injekt. einer Strahlenschutzdosis v. Cysteamin 47-1682; –-Aktivität im Rattenharn 49/50-1533; Geh. in Mitochondrien u. lösl. Frakt. d. Leber d. Embryos v. Gallus domesticus während d. Entw. 49/50-1538; –-Aktivität: d. Rinderpansens (Einfl. d. Insulins) 51/52-1480; d. Erythrozyten in Bezieh. zum Alter (Bezugsstandard) 51/52-1502; in d. Leber nach Eiweiß-reichem Futter 51/52-1536; im Serum nach Anwend. hoher Dosen verschiedener Salze d. Röntgenkontrastmittels 5-Acetylamino-2.4.6-trijodisophthalsäuremethylamid-(3) 51/52-1624; bei Allylalkohol-Vergift. v. Ratten 51/52-1636.

Aktivier. v. – durch 2.3.4-Trihydroxybenzylhydrazin 35-1329.

Bildung, Gewinnung: Ausschütt. aus d. Leber 12-1311; Synth. in d. Rattenleber (Einfl. v. Hydrocortison u. Insulin) 21-1621; Herst. d. Phosphopyridoxaminform d. – 19-1380; Abtrenn. aus höheren Pflanzen 21-1412; Haltbark. im Serum 23-1646; Stabilität im Gesamtblut, Serum u. Plasma während d. Lager. 31-1467.

Eigenschaften, Reaktionen, Wirkungen: Peptidzus. v. – verschiedener Herkunft 34-1276; Coenzymaktivität v. Pyridoxalphosphatderiv. auf d. – 44-1200; Kinetik u. Verteil. d. Aktivität v. – 13-1200; Temp.-Sprung-Unters. 26-1293; Bind. v. Pyridoxalphosphatderiv. an – 32-1372; Mechanismus u. Reihenfolge d. Bldg. d. –-Substrat-Carboxylatbind. 36-1306; Wechselwrkg. v. Cycloserin mit – (Mess. durch Fluoreszenzspektroskopie) 40-1222; Rolle d. – d. Zytoplasmas bei d. Gluconeogenese 9-1247; Rk. unter verschiedenen Stoffwechselbeding. 24-1678; Wrkg. bei d. Ornithinsynth. aus Prolin in tier. Geweben 48-1336.

Beeinflussung: Therm. Inaktivier. v. – verschiedener Ökotypen v. Typha latifolia 17-1347; Inhibitorwrkg. N-alkylierter Toxopyrimidinphosphate auf Pyridoxalphosphat-abhäng. – 28-1242; Hemm. durch 6-Hydroxy-1.3-benzoxathiol-2-on 33-1885; Hemmwrkg. v. Thyreoidhormonen in vivo auf d. – in Mitochondrien 36-1200; Einfl. d. Narkose mit Halothan u. Ae. auf – 37-1766; hemmende Wrkg. v. Enovid auf d. – d. Leber d. Maus 37-1809; kein Einfl. v. Aminazin auf – 41-1705; Reaktivier. 40-1203.

Analyse, Untersuchungsmethoden: Best.: durch Kuppl. v. Oxalacetat mit Diazoniumsalzen 15-1344; im Serum 29-1426; automatisierte Best. im Serum (Verf. für d. „Robot Chemist") 38-1386; Best. in Bakterien 40-1221; automat. Best. d. Serum-– 44-1201; Best. v. Erythrozyten-– u. Stimulier. in vitro mit Pyridoxal-5'-phosphat (Diagnostik d. Vitamin-B_6-Mangels) 45-1630; Mess. d. Rk.-Geschw. v. –-Proben durch kontinuierl. Durchflußanalyse 42-1170; Erfahr. mit Best. v. – bei Toxizitätsunters. 16-1414.

Iso(en)zyme: Struktur im Überstand v. Schweineherz 26-1292; Wrkg. d. Ionenkonz. auf d. kinet. Konst. 44-1202.

Asparaginsäure-Carbamoyltransferase (Asparaginat-Carbamoyltransferase, Asparaginsäure [Asparag(in)at]-Transcarbamylase, Aspartat-Transcarbamylase, Carbamoylphosphat–Asparaginat-Transcarbamylase, Carbamoylphosphat: L-Asparagat-Carbamoyltransferase, Carbamoylphosphat: L-Aspartat-Carbamoyltransferase)

Allosteres –-Modell (Analyse durch d. Theorie mit Diagrammen) 10-1225; in vitro-Zunahme d. –-Aktivität in einem zellfreien Syst. v. E. coli 19-1378; – : aus E. coli (Einfl. v. Metallionen auf Substrate, Inhibitoren u. Aktivatoren) 34-1278; aus normaler Leber, Hepatomen u. Walker-Karzinomen (Feedback-Regulat.) 5-1225; Vork. im Hepatopankreassyst. v. Schnecken 6-1534; –-Aktivität: in d. Brustdrüse d. Ratte (Wrkg. v. Trächtigk. u. Hormonen) 11-1488; in durch 7.12-Dimethylbenzanthracen-induzierten Mammatumoren bei Ratten 12-1170; latente Aktivität d. – 15-1337; –-Aktivität: in d. Rattenleber (Änder. mit d. Alter) 21-1405; d. Leber bei d. trächt. Ratte 21-1490; in Rattengeweben (Vgl.) 26-1288; in Organen v. Mäusen verschiedenen Alters (Einfl. v. Urethan) 33-1429; – im normalen u. neoplast. menschl. Kolon 34-1277; –-Aktivität in d. fetalen Rattenleber 44-1220; Geh. in d. Rattenleber (Wrkg. v. β-Methylasparaginsäure) 46-1132.

Synth. während d. bakteriellen Wachstums 1-1261.

Hemm. durch anorgan. Pyrophosphat 15-1338; alloster. Hemm. v. – in normalen u. in leukäm. Leukozyten 22-1584; bevorzugte Inaktivier. d. alloster. Funkt. d. – durch Röntgenstrahlen 42-1186.

Anwend. d. –-Rk. auf d. gleichzeit. Best. v. Orthophosphat u. Carbamoylphosphat 15-1339.

Asparaginsäure-(β)-Decarboxylase (Asparagat-Decarboxylase, L-Aspartat-β-Decarboxylase)

Krist. – aus Pseudomonas dacunhae 28-1466; opt. Rotat.-Dispers. v. – u. Deriv. 47-1309; Rk. bei Bakterien 23-1455; Decarboxylier. v. Asparaginsäure bei Hummer u. Krebs mit – 32-1454.

D-Asparaginsäure-Oxydase (D-Asparagat-Oxydase)

– d. Niere d. Schweines 10-1218; Isolier. aus Schweineniere 37-1368; Hemmwrkg. v. Äpfelsäure u. Weinsäure auf d. – d. Niere d. Schweines 10-1218.

Asparaginsäure-β-semialdehyd-Dehydrogenase (L-Asparaginsäure-β-semialdehyd: NADP-Oxydoreduktase)

Vork. einer veränderten – in d. Homoserin-freien bradytrophen Neurospora 37-1363; v. Saccharomyces cerevisiae (Eig.) 38-1363; –-Aktivität v. Mycobacterium album, Stamm *13* 41-1266.

L-Asparaginsäure-β-semialdehyd: NADP-Oxydoreduktase

s. *Asparaginsäure-β-semialdehyd-Dehydrogenase.*

Asparaginsäure–RNS-Synthetase

s. *Asparagyl–RNS-Synthetase.*

Asparaginsäure-Transaminase

s. *Asparaginsäure-Aminotransferase.*

Asparaginsäure-Transcarbamylase

s. *Asparaginsäure-Carbamoyltransferase.*

Asparagin-Transaminase

s. *Asparagin-Aminotransferase.*

Asparagyl–RNS-Synthetase (Asparaginsäure–RNS-Synthetase)

Vgl. d. mitochondr. u. zytoplasmat. –-Aktivität 47-1406; –-Aktivität v. Azotobacter vinelandii 26-1366.

Aspartase

– v. Pseudomonas fluorescens 32-1471; Rk. bei Bakterien 23-1455; Rolle bei d. enzymat. Bldg. v. L-Asparaginsäure durch Pseudomonas 43-1290.

Aspartat-Aminotransferase

s. *Asparaginsäure-Aminotransferase.*

L-Aspartat-β-Decarboxylase

s. *Asparaginsäure(-β)-Decarboxylase.*

Aspartat: α-Ketoglutarat-Transaminase

s. *Asparaginsäure-Aminotransferase.*

Aspartat-Kinase

s. *Asparag(in)at-Kinase.*

L-Aspartat: 2-Oxoglutarat-Aminotransferase

s. *Asparaginsäure-Aminotransferase.*

Aspartat-Transcarbamylase

s. *Asparaginsäure-Carbamoyltransferase.*

Aspartokinase

s. *Asparag(in)at-Kinase.*

Aspergillopeptidase A

Rotat.-Dispers. im UV-Gebiet 26-1345; Konform. in wss. Lsg. 38-1440, 39-1255.

Aspirin-Esterase

—-Aktivität im Blut d. Hamsters 12-1233; elektrophoret. Lokalisier. d. Acetylsalicylsäure hydrolysierenden — in d. Leber 32-1389.

Atmungsenzyme

s. *Atmungsfermente.*

Atmungsfermente (Atmungsenzyme, Respirationsenzyme)

Spezielle — s. dort.

Entw. eines —-Modells durch Multienzymanalyse d. zytoplasmat. „petite"-Stämme v. Saccharomyces cerevisiae 20-1251; —: d. Paraffine abbauenden Organismen (Einfl. d. Adapt. an KW-Stoffe) 2-1235; farbloser Algen 25-1525; u. oxydative Phosphorylier. in Hefemitochondrien 29-1397; v. Staphylococcus aureus *209*-P (Einfl. v. Penicillin u. halbsynthet. Penicillinen) 30-1320; v. Rhodotorula glutinis (Inhibitor-Toleranz u. Cytochrom-Komponenten) 34-1330; (inhibitor-tolerante Respirat.) 34-1331; v. Pseudomonas fluorescens in Abhängigk. v. Kulturmilieu 40-1310; —-Aktivität bei Ratten (Einfl. v. Bioflavonoiden) 17-1270.

O_2-induzierte Biosynth. d. — d. Hefe (Hemmwrkg. v. Zn^{2+}) 18-1275; Bldg. bei Saccharomyces cerevisiae (Inhibier. durch Licht) 18-1284.

NADH–Cytochrom-b-Segment d. — v. Backhefe 19-1366.

— als Kontrollfaktor biolog. Ox. 1-1179; Theorie d. oxydativen Phosphorylier. mit — 36-1307; Art d. Elektronen- u. Energietransports in Mitochondrien mit — 38-1352; Entkoppl. d. —-Kettenphosphorylier. durch Aresnat 38-1403; Mechanismus d. Energiekoppl. in d. Atmungskette u. — (Unters. mit Hefemitochondrien) 40-1100; —-Substrate für Stachybotrys atra (Anwendbark. verschiedener Substrate) 7-1265.

Inhibier. durch Zn-Ionen 15-1324; neuer Wrkg.-Ort v. einigen Narkotika, Carbamat u. A. auf — 26-1274; störende Wrkg. v. Disulfiram auf — v. Lebermitochondrien 29-1802; Hemm. v. — in Nebennierenhomogenaten v. Ratten durch Cyanid (Stimulat. d. 11β-Hydroxylier.) 35-1275; Reaktivier. 30-1239.

ATP–Acetat-Phosphotransferase

s. *Acetat-Kinase.*

ATP: α-N-Acetyl-L-glutamat-5-Phosphotransferase

Biosynth. durch E. coli (Koordinier. mit d. Argininsynth.) 2-1131.

ATP–Adenylylsulfat-3'-Phosphotransferase

Hemmwrkg. v. Cystin auf — in Bakterien 12-1336.

ATP–ADP-Transphosphorylasen

s. *Phosphotransferasen.*

ATP-Aminohydrolase

s. *ATP-Desaminase.*

ATP: AMP-Phosphotransferase

s. *Adenylat-Kinase.*

ATP: L-Arginin-Phosphotransferase

s. *Arginin-Kinase.*

ATPase

s. *Adenosintriphosphatase.*

ATP–L-Asparag(in)at-4-Phosphotransferase

s. *Asparag(in)at-Kinase.*

ATP: Carbamat-Phosphotransferase

s. *Carbamat-Kinase.*

ATP: Citrat-Lyase (ATP: Citrat–Oxalacetat-Lyase, Citrat-Cleavage-Enzym, Citrat spaltendes Enzym)

Vork. in d. Leber (alimentäre Rk. bei hypophysektomierten Ratten) 5-1288; —-Aktivität: d. Brustdrüse virgineller, trächt. u. laktierender Mäuse 6-1510; in Leber u. Fettgewebe (Wrkg. v. Hypophysenhormonen u. v. Thyroxin) 12-1300; in Fettgewebe, Testis u. Nebenniere (Einfl. v. Thyroxin u. Luteinisierungshormon) 12-1314; d. Milchdrüse d. Ratte nach Hypophysektomie u. Entwöhn. 16-1411; — in Rattengewebe (Einfl. fettarmer Nahr.) 16-1588; —-Aktivität: d. Rattenleber 24-1422; in Leber u. Fettgewebe d. Menschen 32-1339; Gewebegeh. während Hunger- u. Wiederfütter.-Perioden) 32-1459; — d. Rattenleber (Reinig. u. Eig.) 34-1308; —-Aktivität: in d. Leber v. Wiederkäuern u. Ratten 36-1589; v. Taubenleberschnitten (Einfl. v. Prolactin) 38-1605; subzelluläre Verteil. im Säugetierhirngewebe 40-1299; —-Aktivität in Milchdrüsen 42-1378; — aus Rattenleber (Kristallisat. u. Eig.) 27-1449; Beteilig. an neuem Ferredoxin-abhäng. Red.-Zyklus d. C in einem Photosynth.-Bakterium 19-1450; Bezieh. zur Fettsäuresynth. beim Fasten 38-1700.

ATP: Citrat–Oxalacetat-Lyase

s. *ATP: Citrat-Lyase.*

ATP: Cobamid–5'-Desoxyadenosyl-Transferase

ATP-Bldg. während d. Zers. v. Coenzym B_{12} mit — 46-1451.

ATP-Desaminase (ATP-Aminohydrolase)

— aus Microsporum audouini (Reinig. u. Eig.) 6-1290.

ATP-Diphosphohydrolase (Apyrase)

Aktivier.-Energie d. —-katalysierten Rk. in Tabakblättern bei Befall mit Tabakmosaikvirus oder mit Erysiphe cichoracearum 37-1590; Einfl.: auf d. Aktivität d. Citratsynthase d. Leber 17-1336; ionisierender Strahl. auf — in Kartoffelknollen 47-1523.

ATP: D-Fructose-6-phosphat-1-Phosphotransferase

s. *Phosphofructokinase.*

ATP: D-Galaktose-1-Phosphotransferase

s. *Galaktokinase.*

ATP: D-Glyceraldehyd-3-Phosphotransferase

s. *Triokinase.*

ATP–Glycerin-Phosphotransferase

s. *Glycerin-Kinase.*

ATP: GMP-Phosphotransferase

s. *Guanylat-Kinase.*

ATP: Guanidinoacetat-Phosphotransferase

Best. d. reaktionsfäh. SH-Gruppen v. — 17-1299.

ATP: Guanidin-Phosphotransferase

s. *Guanidin-Kinase.*

ATP: Kreatin-Phosphotransferase

s. *Kreatin-Kinase.*

ATP: Lombricin-Phosphotransferase

s. *Lombricin-Kinase.*

ATP: Mevalonat-5-Phosphotransferase

s. *Mevalonsäure-Kinase.*

ATP: 3-Phospho-D-glycerat-1-Phosphotransferase

s. *Phosphoglycerat-Kinase.*

ATP-Phosphohydrolase

s. *Adenosintriphosphatase.*

ATP: 5-Phosphomevalonat-Phosphotransferase

s. *Phosphomevalonat-Kinase.*

ATP: Protein-Phosphotransferase

s. *Protein(phospho)kinase.*

ATP: 5-Pyrophosphomevalonat-Carboxylyase

s. *Pyrophosphomevalonat-Decarboxylase.*

ATP: Pyruvat-Phosphotransferase

s. *Brenztraubensäure-Kinase.*

ATP: Sulfat-Adenylyltransferase

s. *Sulfat-Adenyltransferase.*

ATP: Taurocyanin-Phosphotransferase

s. *Taurocyanin-Kinase.*

Atropin-Esterase

Beweis für d. Ggw. v. — im Ziegenserum 12-1310.

Autolysin

Charakterisier. v. — aus Streptococcus faecalis 29-1456.

Autolytische Enzyme

—-Aktivität d. Skelettmuskels beim Turner-Syndrom 16-1622; — v. Streptococcus faecalis 29-1456.

Autoprothrombin III

Isolier. u. Eig. 28-1632.

Autoprothrombin C

Aktivierende Wrkg. auf Prāthrombin 40-1279.

Auxin-Oxydase

Nachw. u. Verteil. in reifen Tabakpflanzen 20-1255; —-Aktivität in Pflanzen in vivo u. in vitro (Wrkg. v. α-Naphthylphthalamat) 36-1498; —-Rückkoppl. (Feedback) 24-1529.

Avicelase

—-Aktivität v. Cellulase aus Irpex lacteus 43-1231.

Azocarboxypeptidase

Rk. (funktionelle Folgen d. Modifikat. d. Tyrosyl- u. d. Histidylgruppen) 26-1332.

Azoreduktase

Mechanismus d. Wrkg. v. — d. Säugetierleber 51/52-1256, 51/52-1257.

Bacillus subtilis-Protease

s. *Subtilopeptidase A.*

Barbiturat-Oxydase

Abbau v. — d. Rattenleber (Best. d. Halbwertszeit) 38-1384.

Benzoat-1.2-Hydroxylase

Indukt. d. mikrobiellen —-Aktivität durch Benzoat 20-1400.

Benzoylarginin-Esterase

—-Aktivität im menschl. Serum 6-1281.

Benzoylcholin-Esterase (Benzoylcholin-Hydrolase)

In vitro-Aktivität v. — frisch entnommenen Spenderblutes (Einfl. v. Hydroxylamin) 34-1289; Veränder. d. —-Aktivität unter d. Einfl. geringer Dosen v. radioakt. J 39-1530.

Benzoylcholin-Hydrolase

s. *Benzoylcholin-Esterase.*

Benzoyl-CoA

s. unter $C_{28}H_{40}N_7O_{17}P_3S$*).

O-Benzoylthiamin-Esterase

—-Aktivität im Blut v. Leberpatienten 51/52-1549.

3.4-Benzpyren-Hydroxylase

Erhöh. d. —-Aktivität d. Leber durch Nicotin u. einige Karzinogene 35-1236; Indukt. durch polycycl. KW-Stoffe in embryonalen Hamsterzellen in vitro 20-1228; Hemm. d. Indukt. durch Ni-Carbonyl 22-1301; Hydroxylier. v. 3.4-Benzpyren mit — 46-1177.

Benzylalkohol-Dehydrogenase

— aus Pseudomonas (Isolier. u. Reinig.) 18-1175.

Benzylamin-Oxydase

—-Aktivität v. Kükengewebe (Wrkg. v. Cu-Mangel u. Inhibitoren) 15-1320.

B_{12}-Enzym

Propylier. u. Reinig. eines an d. Methanbldg. beteiligten — 32-1319.

Bernsteinsäure–CoA-Dehydrogenase

—-Aktivität in Milchdrüsen 42-1378.

Bernsteinsäure-Dehydrogenase (Succinat-Dehydrogenase, Succin(o)-Dehydrogenase [Dehydrase], Succinat: Akzeptor-Oxydoreduktase)

— (*14.* Mitt.) 40-1199.

Vorkommen, Aktivität: —-Aktivität: in Detroit-*6*(VA)-Zellen nach Infekt. mit Hepatitis-Virus 5-1332; in Zellen v. Gewebekulturen (Aktivier. durch Coxsackieviren) 11-1323; d. „ghosts" aus Mitochondrien nach Fe^{2+}-induzierter Lipidperox. 40-1105; — in d. Elektronentransportkette in Mitochondrien 44-1077; —-Aktivität in Zellen (Einfl. v. Penicillin) 45-1732.

—-Aktivität: in „petite"-Populat. bei Saccharomyces cerevisiae 3-1170; v. Corynebacterium diphtheriae (Toxinogenese während Submerskultur) 4-1021; Geh. in nach Behandl. mit Triton-X-*100* erhaltenen Subchromatophorenteilchen v. Rhodospirillum rubrum 10-1276; —-Aktivität: in Derxia gummosa (Eig., Rk.) 12-1199; v. Brucella abortus *19*-BA (physikal.-chem. Eig.) 26-1270; Vork. d. — d. Tricarbonsäurezyklus in zellfreien Extrakten d. Sporen v. Penicillium chrysogenum 31-1490; an Plasmamembranen gebundene — in Salmonella typhosa 37-1365; Verteil.: in Proteusbakterien 37-1479; in Membranorganzellen v. Bacillus megatherium bei d. Dichtegradientzentrifugier. 39-1284; —-Aktivität: bei Staphylokokken 46-1268; d. intakten Konidien d. Actinomyceten 46-1330; beim Wachstum v. Saccharomyces cerevisiae 47-1420.

—-Aktivität: in Pilzen (Hemm. durch Diphenyl u. Na-o-Phenylphenolat) 1-1285; im Wein bei Reblausinfekt. 7-1394; im Wurzelgewebe d. Süßkartoffel nach Verletz. 8-1150;

in Kaktusgeweben (tägl. Schwank.) 12-1302; in Sonnenblumen (stimulierende Wrkg. v. Heteroauxin) 30-1384; im Kotyledon v. keimenden Erdnüssen 43-1357; in subzellulären Partikeln aus Rizinussamenendosperm 47-1413.

—-Aktivität: v. KB- u. Ehrlich-Ascitestumorzellen (Einfl. v. Nucleinsäuren) 1-1165; in Plattenepithelkarzinomen (Wrkg. v. DL-Glycerinaldehyd) 1-1173; v. Intercostalmuskelfasern 1-1480; d. Schneidezahnpulpe d. Ratte (Einfl. v. Actinomycin D) 2-1217; bei Ratten (Einfl. v. O_2 mit Überdruck) 2-1426; d. Leber u. d. Gastroknemiusmuskels v. Ratten (Kälteeinw.) 3-1166; — d. Kiemenfußkrebses Branchinella 5-1208; Geh. in d. Meerschweinchenhoden bei Vitamin-C-Mangel 5-1475; —-Aktivität: v. Lungenschnitten 8-1144; d. intrazellulären „Katalysomen" im Fettkörper v. Rhodnius 8-1157; d. Herzmuskels nach Infus. v. Histamin in d. Koronararterien beim Hund 9-1446; in Fibroblasten während d. Viruskanzerogenese 11-1319; d. Mitochondrien d. Rattenhirns (Einfl. v. Antikörpern in Immunseren u. Seren v. Kranken mit neuropsych. Schäden) 11-1479; v. Herz, Niere u. Gehirn bei experimenteller Myokarditis (chromatograph. Unters.) 11-1518; am Nidationsort beim Kaninchen (Wrkg. v. Östradiol u. Histamin) 12-1427; —: in Muskelfasern in schnellen u. langsamen Muskeln bei kreuzweiser Innervat. 12-1535; in Zellen d. peripheren Blutes u. d. Knochenmarks 13-1194; Bezieh. zwischen O-Verbrauch u. d. —-Aktivität bei Amphiuma means 15-1603; Vork.: u. Lokalisat. in Fasciola hepatica u. Dendrocoelum lacteum 16-1283; in d. Harderschen Drüse d. Kaninchens 16-1284; Verteil.-Muster bei experimentell induzierten Hauttumoren 17-1240; —-Aktivität: bei Ratten (Einfl. v. Bioflavonoiden) 17-1270; in Lebermikrosomen 17-1280; Vork. in Larven v. Ascaris lumbricoides 17-1340; —-Aktivität: in Myokard, Leber u. Nieren (Einfl. v. phys. Belast.) 17-1342; im Rinder- u. Schweinemuskel (postmortale Veränder.) 17-1636; Lokalisier. in Testis u. Epididymis v. Bullen 18-1182; Vork. in menschl. Glioblastomen 19-1316; —-Aktivität: v. experimentell erzeugten Tumoren in d. submaxillaren u. sublingualen Drüsen v. Mäusen während d. Karzinogenese 19-1325; in Rattenleber nach chron. Alkoholvergift. 20-1254; bei Lungen- u. Lebermitochondrien tuberkulöser Mäuse 20-1270; v. Lebermitochondrien (Einfl. v. fettfreier Diät) 21-1704; im Dünndarm v. Tieren nach d. Einw. v. durchdringenden Strahlen 21-1733; in d. Gewebezellen v. Säugetieren bei Fern- u. mutagener Wrkg. d. ionisierenden Strahlen 21-1757; in bestrahlten Tests u. Epididymis 21-1760; in reifen Rattenhoden (Wrkg. v. Zytostatika) 22-1318; Geh. d. Nebennierenrinde d. Meerschweinchens nach Metopironzufuhr 22-1537; — bei Zystofibrosis 23-1393; —-Aktivität: u. Stoffwechselbefunde in isolierten Neuronen 28-1220; in d. Speicheldrüsen 31-1468; Histochemie im Verlauf d. Hühnchennierenhistogenese 32-1329; Änder. im zellularen Verteil.-Muster in d. Ovariolen v. Galleria mellonella während d. Entw. 33-1450; —-Aktivität: bei d. experimentellen chron. Hepatitis 34-1542; im oberen sympath. Halsknoten d. Katze im Ruhezustand u. nach Reizen 34-1555; d. Nebennierenrinde (Einfl. v. Hexadimethrinbromid) 35-1526; in zweischal. Weichtieren u. Brachiopoden 42-1175; v. Broilerküken (Einfl. v. Acetylsalicylsäure) 43-1475; d. Periosts bei experimentellem Lathyrismus 43-1495; v. Sarkosomen d. Rattenherzens (Einfl. v. o-β-Diäthylaminoäthoxyphenylpropiophenonhydrochlorid) 43-1504; d. Nephronbereiche 45-1655; nach Nierentransplantat. 47-1602; Verteil. u. Aktivität im Rattenlungenkarzinom (Einfl. v. Röntgenbestrahl.) 51/52-1228.

Aktivier. durch Pyridyläthylamine u. -hydrazine 39-1547.

Bildung, Gewinnung: Gewinn. aus d. Myzel v. Actinomyces tradial nach verschiedenen Meth. 30-1277; Anreicher. d. Flavins in Mitochondrien-— durch Cholat u. Desoxycholat 16-1273; Reinig., Eig. u. Bind. zwischen d. Apoenzym u. d. prosthet. Gruppe 21-1392.

Reaktionen, Wirkungen: Kinet. Verh. v. lösl. u. partikulärer — (Vgl.) 13-1183; Bldg. v. Radikalen mit — bei Raumtemp. (kein Einfl. v. Malat) 15-1335; Rk. mit Deuterium-Isomeren v. Succinat 31-1386; —-katalysierte Ox. v. L-Chlorosuccinat (Isotopeneffekte auf d. Kinetik) 43-1194; Einfl. v. Cumarinen auf d. Succinatox. durch nichtphosphorylierende —-Präp. 46-1324; Stereochemie d. durch — katalysierten Succinat–D_2O-Austausches 49/50-1260; Beteilig. am Herzmitochondrienstoffwechsel 24-1261; Bind. v. O u. CO durch — aus Rinderherz 26-1271; pH-Einfl. auf d. scheinbare Redoxpotential d. — d. Herzmuskels 36-1280; Aktivität bei d. Glykolyse in subzellulären Präparat. v. Dünndarmmukosa aus Katzen u. Ratten 40-1232; durch Herzmuskel-— katalysierter H-Austausch zwischen Succinat u. W. 43-1193.

Beeinflussung: Rolle v. Phospholipiden bei d. — 13-1181; Wrkg. v. Fluorid auf — d. Tricarbonsäurezyklus in Polargonium zonale 13-1185; Hemm. durch Oxalacetat 13-1186; Inhibier. in Mitochondrien durch Zn-Ionen 15-1324; Hemm. v. — aus Süßkartoffeln durch Gossypol 26-1286; Hemmwrkg. v. Thyreoidhormonen in vivo auf d. — in Mitochondrien 36-1200; Einfl. v. Enovid auf d. — d. Leber v. Ratte u. Maus 37-1809; Hemm.: d. — d. Herzmuskels durch Co^{2+} 38-1706; durch 5-Arylcytosin- bzw. -pyrimidinderiv. 41-1647; Wrkg. v. Phloridzin auf — in d. Rattenniere 44-1170; Hemm. v. — in d. Niere durch Co 49/50-1597.

Analyse, Untersuchungsmethoden: Stärkegelelektrophorese (Einfl. v. Phenazinmethosulfat) 2-1134; elektronenmkr. Nachw. mit TC-NBT u. OsO_4-Dampf 10-1211; histochem. Nachw. 16-2011; (Einfl. v. Ubichinon u. Phospholipiden) 31-1387; Ultradünnschnitte v. nach d. Fixier. an Luft getrockneten u. nicht eingebetteten Geweben zum Nachw. v. — 12-1901; Beding. d. spektrophotometr. Best. in d. Mitochondrien d. Gehirns 19-1362; histochem. Best. im reifen Knochen- u. Knorpelgewebe 39-1217; histochem. Nachw.: in d. Adenohypophyse d. Schweines, bes. in d. Pars intermedia 46-1261; in Kryostatschnitten v. frischgefrorenen Pflanzengeweben 51/52-1253.

Bernsteinsäure–2.6-Dichlorphenolindophenol-Reduktase

Hemmwrkg. v. Fluorid auf — 13-1182.

Bernsteinsäure–Ferricyanid-Reduktase (Succinat–Ferricyanid-Reduktase)

—-Aktivität in zytoplasmat. „petite"-Stämmen v. Saccharomyces cerevisiae 20-1251; Hemm. durch Piericidin A 43-1186.

Bernsteinsäure-Oxydase (Succinat-Oxydase, Succin-Oxydase)

—-Syst. in Rhodospirillum rubrum (stimulierender Einfl. v. Ubichinon Q_2-2-Homologen) 18-1276; —: in zwei Frakt. aus zellfreien Extrakten v. Proteus mirabilis 20-1396; v. Penicillium oxalicum (Hemmwrkg. v. Flavensomycin) 41-1387; —-Aktivität: im Membransyst. v. E. coli 47-1417; im Kotyledon v. keimenden Erdnüssen 43-1357; in Lebermikrosomen 17-1280; d. nach partieller Hepatektomie u. Hypophysektomie aus d. Leber v. Ratten isolierten Mitochondrien 17-1626; d. Mitochondrien v. Rattenleber (Wrkg. aromat. Amine) 19-1295; Erhöh. d. —-Aktivität bei Lungen- u. Lebermitochondrien tuberkulöser Mäuse 20-1270; —-Aktivität: d. inneren bzw. äußeren Mitochondrienmembranen 24-1258; in zwei Arten v. Bracon 29-1400; d. Lebermitochondrien (Einfl. v. Disulfiram) 29-1802; —-Syst. v. Monieza expansa 51/52-1245; direkte Stimulier. d. —-Aktivität durch Augenstielextrakt v. Crustaceen 15-1420.

Geschw.-Steuer. d. Propionatstoffwechsels durch Schafslebermitochondrien durch eine spezielle — 24-1267; Coenzym Q im Elektronentransfer d. — 44-1167.

Hemmwrkg. v. Tetrachlorsalicylanilid auf d. — in Staphylococcus aureus 3-1325; Rolle v. Phospholipiden bei d. — 13-1181; Inhibier. in Mitochondrien durch Zn-Ionen 15-1324; Hemm.: in E. coli 17-1370; v. — aus Süßkartoffeln durch Gossypol 26-1286; Wrkg. v. Alkali auf — (Einfl. v. Succinat) 30-1239; Konstitut. u. biolog. Aktivität v. Coenzym Q u. verwandten Verb. gegenüber — 31-1376; Hemm. d. —: d. Herzsarkome durch Antimycin A 31-1388; d. Mitochondrien durch Hydroperoxide 33-1534; Reaktivier. d. —-Syst. v. Mitochondrien d. Rinderherzens 34-1048.

Bernsteinsäure–Tetrazolium-Reduktase (Succinat–Tetrazolium-Reduktase)

—-Aktivität in Meerschweinchengehirn-Mitochondrienfrakt. 2-1168; Wrkg. v. Coenzym Q auf d. histochem. —-Rk. (histochem. Unters.) 13-1184; histochem. Unters. d. —-Syst. 15-1336.

Bernsteinsäure-Thiokinase

Darst. v. markierten Substraten, deren Bind. an d. — u. Isotopenaustauschunters. 20-1383; Nachw. eines gebundenen ^{32}P-3'-Dephosphocoenzyms A in — 21-1415.

B-Esterase

Einfl. v. Aldrin auf d. —-Aktivität d. Plasmas 51/52-1646.

Bilirubin–UDP-Glucuronyltransferase

Rk., Einfl. 26-1290.

Biotinidase

Abbau v. Biotin bei Pseudomonas mit — 17-1385.

Biotinyl-CoA

s. $C_{31}H_{50}N_9O_{18}P_3S_2$*).

Biphenyl-4-Hydroxylase

Wrkg. v. Butylhydroxytoluol, Butylhydroxyanisol u. Octylgallat auf d. —-Aktivität bei d. Ratte 13-1558.

Bis-[2-chloräthyl]-phosphorylcholin-Esterase

Bldg. v. stabilen —-Deriv. durch Einw. v. Haloxon auf Gänse 27-1834.

B_c-Konjugase

Einfl. auf d. Folatgeh. in d. Hefe 18-1506.

Bradykininase

—-Aktivität im Gehirn 10-1450; Einfl. v. ε-Aminocapronsäure u. ε-Benzoylaminocapronsäure auf — 23-1449.

Branching-Enzym

s. *α-1.4-Glucan : α-1.4-Glucan–6-Glykosyl-Transferase.*

Brenzcatechinase

s. *Brenzcatechin-Oxygenase.*

Brenzcatechin-O-Methyltransferase (Catechol-O-Methyltransferase)

Vgl. v. Eig. d. — mit denen v. adrenerg. β-Rezeptoren 15-1348; Inaktivier. v. Noradrenalin durch — d. menschl. Plazenta 34-1452; Hemm.: durch Tropolon- u. Cycloheptimidazolderiv. 2-1155; durch Carbonsäureamide (Herst.) 22-1819*, 22-1820*; durch Triterpene 36-1294; Wrkg.: d. Bioflavonoide u. v. Strophanthin auf d. — 37-1381; v. Tropolonanalogen auf d. — 39-1228.

Brenzcatechin-Oxydase

s. *o-Diphenol-Oxydase.*

Brenzcatechin-Oxygenase (Brenzcatechinase, Catecholase, Catechol-Oxygenase)

—-Aktivität: v. Nectria galligena in Kultur mit u. ohne Biotin 40-1183; in Spinatchloroplasten 28-1370; in Tribolium confusum 16-1315; Regulier. d. Synth. in Pseudomonas putida 8-1364; Indukt.: d. mikrobiellen — durch cis.cis-Muconat 20-1400; bei d. Umwandl. v. Brenzcatechin in β-Ketoadipyl-CoA in Moraxella calcoacetica 31-1498; Art d. Angriffs v. mol. O_2 auf d. —-Rk. 13-1195.

Brenztraubensäure-Carboxylase (Pyruvat-Carboxylase)

— (8. Mitt.) 26-1367; — aus Schafsniere (Reinig. u. Eig.) 3-1278; —-Aktivität: in d. Schafsleber 8-1338; im Pyrivatstoffwechsel (Wrkg. v. Biotinmangel) 10-1503; Geh.: v. Hühnerembryoleber (Synth. v. Phosphoenolpyruvat in d. Gluconeogenese) 40-1301; in Mitochondrien u. lösl. Frakt. d. Leber d. Embryos v. Gallus domesticus während d. Entw. 49/50-1538; Biosynth. in d. Leber (hormonelle Indukt. u. Hemm.) 7-1430; elektronenmkr. Unters. d. Struktur d. Untereinh. 26-1367; Eig. u. Funkt. d. — aus Hefe 4-1088.

Brenztraubensäure-Decarboxylase (2-Oxosäure-Carboxylase, Pyruvat-Decarboxylase)

— aus Brauhefe (Molgew. u. Coenzymgeh.) 13-1245; Verteil. v. Hefe-— in d. Zelle u. ihre Indukt. durch Glucose 42-1233; —-Aktivität: in Säugetiergewebe (Bezieh. zur A.-Bldg.) 8-1228; v. Gehirnrinden- bzw. Leberhomogenaten (Einfl. v. α-Ketoisocapronsäure) 16-1617; d. K-Frakt. d. äußeren Membran v. Rinderherzmitochondrien 36-1193; Rekombinat.- u. Wrkg.-Mechanismus d. Hefe-— 11-1254; Substratbind. bei Hefe-— (Thiaminpyrophosphatwrkg.) 28-1464; Rk.-Mechanismus (Ableit. u. Begründ. eines Zweizentrenmechanismus d. Thiaminpyrophosphatwrkg. aus Modellvers. u. enzymat. Mess.) 40-1290; Wrkg. v. Hefe-— auf Ehrlich-Asciteskarzinom in vivo 20-1233; Hemm. d. Hefe-— durch Antibiotika 1-1243; keine Wrkg. v. Desoxythiamin auf — aus Bäckerhefe 2-1209.

Brenztraubensäure-Dehydrogenase (Pyruvat-Dehydrogenase)

Vgl. d. Dihydrolipoyldehydrogenase aus —-Komplexen aus E. coli 43-1192; —-Aktivität: d. intakten Konidien d. Actinomyceten 46-1330; in Sonnenblumen (stimulierende Wrkg. v. Heteroauxin) 30-1384; --Komplex d. Schweineherzmuskels 14-1246; --Aktivität in d. Speicheldrüsen 31-1468; --Komplexe aus Schweineherzmuskel (Isolier., Reinig., Eig.) 40-1197; --Aktivität: im Gewebe nach Zufuhr v. überschüss. Thiamin 45-1627; krist. Taubenleber-Malatdehydrogenase 14-1244; Wrkg. v. S-Adenosyl-L-methionin auf d. Abbau v. Pyruvat in E. coli mit – 14-1338; oxydative Decarboxylier. v. α-Ketosäuren durch – (Einfl. v. zweiwert. Kationen u. Chelatbildner) 19-1360; Rk. in Säugetiergewebe (Bezieh. zur A.-Bldg.) 8-1228; Funkt. in d. Melanophoren 12-1182; Inhibier. in tier. Geweben durch Glyoxylsäure 40-1198.

Brenztraubensäure-Kinase (Pyruvat-Kinase, ATP: Pyruvat-Phosphotransferase)

Vork. in Polyporus brumalis-Extrakten 25-1389; Geh. v. in einem D-Weinsäure als einzige C-Quelle enthaltendem Medium kultiviertem Aspergillus niger 25-1401; --Aktivität in Clostridium kluyveri 40-1338; Regulier. d. Konz. oder d. Aktivität d. – in Hefen (Zusammenhang mit d. Gluconeogenese) 44-1215; Aktivier. v. Hefe-– durch Fructosediphosphat 7-1219; erhöhte --Aktivität in d. Blättern v. Weizenpflanzen mit K-Mangel 7-1362; – aus menschl. Erythrozyten (Reinig., Eig.) 1-1205; --Aktivität: bei Hautretikulosarkomatose 3-1201; in Thrombozyten aus Neugeborenen- u. Erwachsenenblut (Vgl.) 5-1431; in d. Rattenleber (Einfl. v. Äthionin) 6-1576; d. Leber nach Einw. v. Halothan 9-1624; im Skelettmuskel v. mit Propylthiouracil gefütterten Ratten 11-1429; im anaeroben Herzmuskel 11-1520; d. Epithelzellen d. Gallenblase d. Schafes (Vgl. mit d. v. Lebergewebe) 12-1315; --Adaptat. an spezif. Diäten u. Hormone (Insulineinfl.) 20-1246; --Aktivität: in menschl. Erythrozyten (Kontrolle d. Glykolyse) 20-1516; in d. Leber reifer Ratten, Schafe u. Hühner sowie deren Feten 24-1383; d. Erythrozyten bei Thalassämie, Leukämie u. Anämie 27-1659; in menschl. Blutplättchen (Einfl. d. Koagulat.) 30-1460; (patholog. u. physiolog. Einfl.) 35-1558; in d. Mäuseleber nach Ganzkörperbestrahl. (Stör. d. Kohlenhydratstoffwechsels) 35-1654; – d. linken Herzkammer (transmuraler Gradient) 38-1707; anomale Michaelis-Konst. gegenüber Phosphoenolpyruvat bei einem --Mangel d. Erythrozyten 41-1525; --Mangel bei Erythrozyten (Einfl. auf d. ATP-Stoffwechsel) 49/50-1522; --Aktivität in d. Leber nach Eiweiß-reichem Futter 51/52-1536.

Ausschütt. aus d. Leber 12-1311; Isolier. u. Charakterisier. d. – d. menschl. roten Blutkörperchen 32-1603; Reinig. d. – v. Humanerythrozyten 15-1352.

Fluoreszenz (Einfl. v. Temp. u. aktivierenden Kationen) 15-1353; Strukturunters. v. – aus Kaninchenskelettmuskeln 26-1255.

Kinet. u. magnet. Resonanzunters. d. --Rk. 8-1274; Rolle im C_4-Dicarbonsäureweg d. Photosynth. 28-1470; Wechselwrkg. v. Substrat u. einwert. u. zweiwert. Kationen mit – 32-1379; Austausch v. – gegen eine NAD-abhäng. Dehydrogenase beim Abbau v. Mannit bei Aerobacter aerogenes 26-1396; Einfl. auf ADP in Blutplättchen 4-1217; Kinetik d. – in roten Blutzellen v. normalen Personen u. einem Patienten mit --Mangel 12-1219; kinet. Unterschiede zwischen d. – aus menschl. Erythrozyten u. Leukozyten 16-1332; Beweis für d. Wechselwrkg. zwischen Nierenzellenmembranen u. – 19-1386; Steuer. d. Glykolyse in Gehirnrindenschnitten durch – 24-1431.

Hemm. durch 2.4-Dinitrophenol 1-1202; Feedback-Hemm. v. – d. Leber (Wrkg. ihrer freien Fettsäure) 24-1432; Einfl. fettarmer Nahr. auf – in Rattengewebe 16-1588; Hemm. durch DFP 49/50-1624; Fructose-1.6-diphosphat, ein Reaktivator d. Cu^{2+}-gehemmten – aus d. Leber 28-1385.

Spektrophotometr. Best. 29-1429; Best. im Gewebe 37-1457.

Brenztraubensäure-Oxydase (Pyruvat-Oxydase)

--Aktivität: v. wilden, Citrat- u. Tartrat-adaptierten Stämmen v. Aspergillus niger (Vgl.) 25-1402; in Pseudomonas aeruginosa in Kulturen auf Glucose, α-Ketoglutarat oder Acetat 25-1417; bei Tieren mit Pestempfindlichk. (Einfl. d. Pesttoxins) 21-1520; im Gehirn d. weißen Ratte in d. Norm u. bei experimenteller Phenylketonurie 26-1645; Darst. v. „Thiaminpyrophosphat-aktivierter Glykolaldehyd" mit – aus Schweineherz 31-1471; Red. v. Dehydroascorbinsäure durch ein --Syst. 51/52-1578, 51/52-1579.

Bromelain (Bromelin)

Stabilisieren v. – enthaltenden Enzympräp. durch Benzoationen 46-2826*; Aminosäuresequenz in d. Nachbarschaft d. reaktiven Thiolgruppe v. Stengel-– 32-1448; Struktur v. Ananasstengel-– (Aktivität) 35-1323; phenol. Hydroxylionisat. in Stengel-– 42-1227; elastolyt. Eig. v. – mikrobiellen Ursprungs 40-1270; Wrkg.: auf durch CCl_4 induzierte Granulomtaschen 35-1704; v. Chymotrypsinhemmstoff I aus Kartoffeln auf – 14-1299.

Bromelain A

Hauptkomponente v. – in Ananas (Vgl. mit Bromelain B) 4-1071.

Bromelain B

Nebenkomponente d. – v. Ananas (Vgl. mit Bromelain A) 4-1071.

Bromelin

s. *Bromelain.*

Butyramidase

--Aktivität v. Mycobacterium smegmatis 13-1271.

Butyrocholinesterase

s. *Butyrylcholinesterase.*

Butyrylcholinesterase (Butyrocholinesterase)

--Aktivität: d. Aorta bei experimenteller Atherosklerose 38-1717; bei Lymphogranulomatose v. Kindern 45-1586; im Blut u. in d. Geweben d. Kaninchens bei chron. Einw. geringer Konz. v. CS_2 46-1511; Alter.-Mechanismus v. phosphonylierten – 19-1737; Art eines „Anionen"-Ortes bei d. – (Vgl. mit einem entsprechenden Ort bei d. Acetylcholinesterase) 42-1201; Löslichmach. einer Butyrylcholin spaltenden – aus Schollenmuskel durch Bakterien 27-1450; Best. d. Plasma-– in auf Filterpapier getrockneten Blutproben 22-1350.

Butyryl–CoA-Dehydrogenase

Auftreten im Cyclus d. Buttersäure-Ox. bei Mycoplasma hominis 31-1491; --Aktivität: in Leber-, Milz- u. Thymusmitochondrien (Einfl. v. Bestrahl.) 7-1208; in Milchdrüsen 42-1378.

Butyrylcoenzym A

s. unter $C_{25}H_{42}N_7O_{17}P_3S$*).

Butyrylthiamin-Esterase

--Aktivität im Blut v. Leberpatienten 51/52-1549.

Carbamat-Kinase (ATP: Carbamat-Phosphotransferase)

--Aktivität: in Neurospora crassa (Beeinfluss.) 27-1442; in d. Leber d. afrikan. Löwen 8-1342; Isolier. d. Pyrimidin-spezif. – aus Neurospora 37-1392; kinet. Unters. d. Rk.-Mechanismus d. krist. – aus Streptococcus faecalis 12-1220; – im Arginindihydrolase-Weg in Mycoplasma hominis *07* 44-1218.

***N*-Carbamoyl-β-alanin-Decarbamylase**

s. *β-Ureidopropionase.*

Carbamoylphosphat : L-Asparagat-Carbamoyltransferase

s. *Asparaginsäure-Carbamoyltransferase.*

Carbamoylphosphat-Asparaginat-Transcarbamylase

s. *Asparaginsäure-Carbamoyltransferase.*

Carbamoylphosphat : L-Aspartat-Carbamoyltransferase

s. *Asparaginsäure-Carbamoyltransferase.*

Carbamoylphosphat : L-Ornithin-Carbamoyltransferase

s. *Ornithin-Carbamoyltransferase.*

Carbam(o)ylphosphat-Synthetase

--Aktivität: in Hefen in Abhängigk. v. d. N_2-Quelle 13-1234; v. E. coli (Beeinfluss. durch alloster. Antagonisten) 22-1360; in Micrococcus denitrificans 22-1390; E. coli-– (Kontrolle durch Purin- u. Pyrimidin-Nucleotide) 31-1508; Auftreten im Harnstoffzyklus v. Lumbricus terrestris 1-1476; --Aktivität d. Kaulquappenleber bei d. Thyroxin-induzierten Metamorphose 4-0983; – aus hämatopoet. Mäusemilz u. d. Kontrolle d. Pyrimidin-Biosynth. 11-1262; --Aktivität: im Lungenfisch Neoceratodus forsteri 20-1247; in d. Rattenleber mit d. Alter 21-1405; d. Leber bei d. trächt. Ratte 21-1490; im afrikan. Lungenfisch Protopterus aethiopicus 24-1435; in Rattenleber (Einfl. v. Äthionin) 35-1324; Synth. v. Carbamylphosphat durch eine lösl. Glutamin-abhäng. – 48-1311; Spalt. v. ATP durch E. coli-– katalysierte Rk. (Einfl. v. Bicarbonat) 38-1474; Glutamin-abhäng. – für d. Synth. v. Carbamylphosphat für d. Pyrimidinbiosynth. in fetaler Rattenleber 44-1220; selektive Inaktivier. d. Glutaminbind.-Stelle d. E. coli-– durch 2-Amino-4-oxo-5-chlorpentansäure 36-1318.

***N*-Carbamyl-β-aminoisobuttersäure-Decarbamylase**

--Aktivität d. Leber (Einfl. v. Lysin- oder Threonin-freier Diät) 8-1587.

***N*-Carbamylputrescin-Amidohydrolase**

Bezieh. zwischen Mineralmangel u. --Synth. bei d. Gerste 12-1372.

Carboanhydrase (Carboanhydratase, Carbonat-Anhydrase, CO_2-Hydratase, Kohlensäure-Anhydra{ta}se)

--Aktivität im Blut bei Psoriasis-Kranken (Bezieh. zum Zn-Geh.) 3-1368; – d. menschl. Erythrozyten 4-1084, 4-1085; Verteil. im Rattenauge 8-1331; --Aktivität im akzessor. Perforat.-Organ v. Purpura lapillus 12-1301; --Mangel, verbunden mit Beibehalt. fetalen Hämoglobins 16-1399; Vork. in einigen Wirbellosen 17-1337; –: dorsolateraler Rattenprostata (Dithizon-induzierte Änder.) 19-1433; aus Erythrozyten (Wrkg. d. Histamins) 24-1423; Verteil. in d. Karotisdrüse d. Kaninchens 28-1369; –: aus menschl. Erythrozyten 28-1468, 28-1469; aus Hundeniere u. -erythrozyten (Isolier. u. Eig.) 29-1478; Wrkg. v. Vitamin B_1, B_2 u. C auf d. Konz. v. – im Blut (klin. Beobacht.) 39-1502; – in menschl. Erythrozyten 40-1292; --Aktivität d. Carboanhydrase Ic_{Guam} einer menschl. Erythrozyten-Mutante 32-1238.

Opt. Rotat.-Dispers. u. Zirkulardichroismus v. --Azosulfonamid-Komplexen 44-1279; Carboxyl-endständ. Aminosäuresequenzen v. Human- u. Rindererythrozyten-– 1-1247; Struktur d. akt. Zentrums d. – 8-1332; Diffus. v. CO_2 durch dünne Lsg.-Schichten v. – 23-2240.

Katalyt. Beweglichk. v. Erythrozyten-– 14-1312, 23-1441; durch – u. Metallionen katalysierte Hydratat. v. Pyridinaldehyden (Vgl.) 40-1293; Wechselwrkg. v. Co(II)-– mit Anionen 41-1289; Hemm. d. durch Rinder-– katalysierten Hydrogencarbonatentwässer. durch Acetazolamid u. Sulfanilamid 43-1255; Rk.-Mechanismus 44-1277; Erhöh. d. Bldg. v. HCl durch Hefezellen in Ggw. v. – 16-1418.

Hemm. d. renalen – mit 2-Benzolsulfonamido-1.3.4-thiadiazol-5-sulfonamid 1-1563; Wrkg. d. Antihistaminika auf d. – d. Rattenmagens in vitro 4-1086; Inhibier. d. – aus Hirnhomogenat u. Erythrozytenhämolysat durch Prethcamid in vitro 11-1257; in vitro-Einfl. v. Adrenalin u. Noradrenalin auf d. – 29-1617; Hemmwrkg. substituierter Hydrazide auf Erythrozyten-– 35-1723; Physiologie u. Hemm. v. – (Übersicht) 42-1239; Einfl. v. Arzneimitteln auf d. – (physiopatholog. u. pharmakolog. Folgen) 46-1529; antikonvulsive Wrkg. v. Inhibitoren d. – (Wrkg.-Ort u. -Art bei Ratten u. Mäusen) 14-1624; (Bezieh. zum endogenen Amingeh. im Gehirn) 15-1718; in vitro-Aktivität v. --Hemmern gegen Neisseria meningitidis 29-1521.

Sichtbarmachen d. --Aktivität in Polyacrylamidgelen 32-1460; Best. 32-1461; histochem. Demonstrat. 45-1376.

Isoenzyme: Nichterythrozyt. – d. Menschenblutes 10-1254; Best. 10-1255.

Carboanhydrase A

Anreicher. u. Eig. menschl. Erythrozyten-– 32-1462.

Carboanhydrase B (Kohlensäure-Anhydra{ta}se B)

Anreicher. u. Eig. menschl. Erythrozyten-– 32-1462; opt. Rotat.-Dispers. u. Zirkulardichroismus menschl. – 32-1463; (im ultravioletten Bereich) 32-1464; Carboxyl-endständ. Aminosäuresequenz v. – aus Human- u. Rindererythrozyten 1-1247; Verkett. am endständ. C v. – in menschl. Erythrozyten 40-1292; H^+-Gleichgew. u. chem. Modifikat. d. Lysin- u. Tyrosinreste v. Rinder-– 51/52-1298; Metallionen-abhäng. Bind. v. Sulfonamid an – 16-1400; Esteraseaktivität d. menschl. – 36-1396; Kombinat. v. Rinder-– mit einem fluoreszierenden Sulfonamid 44-1278; Hemm.: d. – d. menschl. Erythrozyten durch Chloracetylsulfonamide (Markier. d. Wrkg.-Ortes) 36-1397; u. chem. Modifizier. d. – d. menschl. Erythrozyten 36-1398.

Carboanhydrase C (Kohlensäure-Anhydrase C)

Anreicher. u. Eig. menschl. Erythrozyten-– 32-1462; opt. Rotat.-Dispers. u. Zirkulardichroismus menschl. – 32-1463, 32-1464; Carboxyl-endständ. Aminosäuresequenz v. – aus Humanerythrozyten 1-1247; Krist.-Struktur d. – aus menschl. Erythrozyten 31-1456; Esteraseaktivität d. menschl. – 36-1396.

Carboanhydratase

s. *Carboanhydrase.*

Carbohydrase

– in Gerste u. Malz 25-3393; – -Aktivität in keimenden Erbsensämlingen 45-1483; – d. Stylums u. d. Hepatopankreas v. Strombus gigas 22-1322; Synth. einiger O-D-Glucosylpentosedisaccharide durch – enthaltende Extrakte v. Tetrahymena pyriformis 37-1395; therapeut. Verw. 7-1687*; Verw. zur Best. v. Glucose, Saccharose u. Lactose in gemischten Zuckern 18-1326.

Carbonat-Anhydrase

s. *Carboanhydrase.*

Carbonsäure-Anhydrase Ic_{Guam}

Charakterisier. d. – einer menschl. Erythrozyten-Mutante (Aminosäuresubstitut., Carboxylesterase- u. Hydrataseaktivität) 32-1238.

Carbonsäure-Esterasen

s. *Carboxylester-Hydrolasen.*

Carboxydismutase

s. *Ribulose-1.5-diphosphat-Carboxylase.*

Carboxylasen

s. *Decarboxylasen.*

Carboxylesterase (Aliesterase, Carboxylester-Hydrolase)

Vork. in intakten Sporen v. Bacillus coagulans 6-1267; Leber- u. Nieren- – bei Ratten (Einfl. v. Parathion) 1-1510; Vork.: im Rattenplasma 3-1242; in Leber u. Nieren v. Ratten 6-1266; –: d. Ratten-Pankreassaftes 23-1411; im elektr. Gewebe v. Electrophorus (Stärkegelelektrophorese) 33-1494; Veränder.: d. Aktivitätsmuster v. – im Kaninchen-Rückenmark nach Entfern. d. Plexus brachialis 37-1705; d. Aktivität v. – d. Aorta bei experimenteller Atherosklerose 38-1717; – -Aktivität d. Carboanhydrase Ic_{Guam} einer menschl. Erythrozyten-Mutante 32-1238; Reinig. v. krist. Schweineleber- – im Großen 31-1421; Best. d. Normalität v. Schweineleber- – -Lsg. 31-1422; Acylier. durch Oxazolinone 43-1180; Rk. einer mikrosomalen – aus Schweineleber mit Diäthyl-p-nitrophenylphosphat 19-1391; Abbau v. Carbalkoxyhomologen d. Malathions durch – (Bezieh. zur akuten Toxizität) 25-1715; Hemmwrkg. v. Bernsteinsäuredicholinester u. Bernsteinsäuremonocholinester auf – d. menschl. Serums 6-1274; Hemm. v. mikrosomaler – durch Phosphorsäure-bis-[p-nitrophenylester] 15-1654; Inhibier. v. – durch Malaoxon (Kinetik) 26-1304; Licht- u. elektronenmkr. Nachw. (Bldg. v. osmiophilen Diazothioäthern) 34-1284; Zymogramme v. – aus lösl. Proteinen aus Kaninchen-Rückenmark 37-1403.

Carboxy(l)esterasen

s. *Carboxylester-Hydrolasen.*

Carboxylester-Hydrolase

s. *Carboxylesterase.*

Carboxylester-Hydrolasen (Carboxy(l)esterasen, Carbonsäure-Esterasen)

Spezielle – s. dort.

Vork. in Leber u. Nieren v. Ratten 6-1266; – d. Leber u. Nieren bei Verfütter. v. Nährstoffmangeldiäten an Ratten (Einfl. v. Parathion) 17-1670; zelluläre Lokalisier. u. Aktivität in Bezieh. zu sekretor. Funkt. d. Hypophysenvorderlappens 19-1557; – -Aktivität: d. Ziliarganglions d. Ratte (Wrkg. prä- u. postganglionärer Nerventeil.) 27-1731; in d. Leber großer Haustiere 43-1212; Vork. u. Eig. v. – im Rattenblut 46-1216; Homologie d. Peptide d. akt. Gebiets d. Leber- – 37-1399.

Carboxymethylcellulase

– -Aktivität v. Cellulase aus Irpex lacteus 43-1231.

Carboxymethyl-DIP-α-Chymotrypsin

Peptide aus d. B- u. C-Kette v. – (Isolier.) 9-1265.

ε-Carboxymethyllysin-(41)-Ribonuclease

Verdauung v. RNS durch – 9-1175.

Carboxymuconat-Lactonase

Synth. in Moraxella calcoacetica (Indukt. durch Protocatechuat) 31-1498.

β-Carboxy-*cis.cis*-Muconat-lactonisierendes Enzym

Isolier.: aus Pseudomonas putida als Enzym d. Brenzcatechinweges 8-1363; v. – als Enzym d. Protocatechuat-Weges in Pseudomonas putida (Reinig.-Meth.) 8-1362; Regulier. d. Synth. in Pseudomonas putida 8-1364; Indukt. d. mikrobiellen Aktivität v. – durch Ketoadipat, β-Ketoadipyl-CoA u. cis.cis-Muconat 20-1400.

γ-Carboxymuconolacton-Decarboxylase

Indukt. d. mikrobiellen – -Aktivität durch Ketoadipat, β-Ketoadipyl-CoA u. cis.cis-Muconat 20-1400; Synth. in Moraxella calcoacetica (Indukt. durch Protocatechuat) 31-1498; Isolier. v. – als Enzym d. Protocatechuat-Weges in Pseudomonas putida (Reinig.-Meth.) 8-1362; Regulier. d. Synth. in Pseudomonas putida 8-1364.

Carboxypeptidase A

Kathept. – tier. u. menschl. Organe u. Zellen 12-1272; – im menschl. Pankreas (Charakterisier.) 36-1379.

Aktivier. v. Procarboxypeptidase A aus d. gemeinen pazif. Dornhai zu – 27-1459; Fraktionier. aus Schweinepankreas 10-1233.

Physikochem. Unters. v. – -Deriv. 24-1392; Abtrenn. u. Austausch v. Metallionen in Krist. v. vernetzter – 5-1260; Wechselbezieh. zwischen Procarboxypeptidase A u. – (Metall- u. Substratbind.) 5-1261; mediumsensitive Tyrosylreste v. – (akt. u. nitrierte –) 5-1262; Strukturunters. v. – aus Rinderpankreas 26-1255; Struktur 26-1333; akt. Zentrum d. – (kernmagnet. Resonanzunters.) 37-1425; dielektr. Dispers. v. – -Lsg. in Ggw. kleiner Zwitterionen 13-1121.

Polymerisat.: in NaCl enthaltenden Lsg. 6-1279; in Lsg. d. Rinderpankreas (Indukt. durch aromat. Verb.) 6-1280; Vereinig. v. Haptoglobin 2-2 mit d. – -behandelten Oxy- u. Desoxyform v. Humanhämoglobin 1-1424; enzymat. Verh. v. krist. – (nach Vernetz. mit Glutaraldehyd) 5-1259; Löslichk. d. durch d. Wrkg. v. – aus β-Lactoglobulin A oder B entstandenen Deriv. 16-1368; Eig. v. Caseinen nach Behandl. mit – 18-1429; katalyt. Wrkg. auf d. isotopen O_2-Umsatz u. d. Transpeptidat. 19-1411; Rk.: mit chromophoren Substraten 21-1448; mit 5-Diazonium-1H-tetrazol 26-1332; Kinetik – -katalysierter Hydrolysen 32-1424; Wrkg. auf aus menschl. Harn isolierte Peptidfrakt. 9-1528; Spalt. pept. Kininliefernder Fragmente sowie v. Rinderserum Kininogen durch – 21-1655; serolog. Rk. v. Rinder- – 26-1601; Wrkg. auf Muskelruhepotentiale 27-1712.

Quantenausb. d. UV-Bestrahl. (Inaktivier.) 26-1334.

Nachw. in lösl. Rinderpankreasextrakt nach immunoelektrophoret. Analyse 1-1212.

Carboxypeptidase A_γ

Polymerbldg. in Lsg. d. Rinderpankreas- – (Indukt. durch aromat. Verb.) 6-1280.

Carboxypeptidase A_δ

Polymerbldg. in Lsg. d. Rinderpankreas- – (Indukt. durch aromat. Verb.) 6-1280.

Carboxypeptidase B

Vork. im Pankreas d. Dornhais (Isolier.) 5-1263; – im menschl. Pankreas (Charakterisier.) 36-1379; Fraktionier. aus Schweinepankreas 10-1233; Primärstruktur v. Rinder- – 48-1339; Freisetz. v. Lysin aus β-Galaktosidase v. E. coli durch – 10-1251; Einw. auf Kinin-liefernde Peptide aus Pepsin-verdauten Rinderplasmaproteinen 21-1677; Wrkg. v. Chymotrypsinhemmstoff I aus Kartoffeln auf – 14-1299; Nachw. in lösl. Rinderpankreasextrakt nach immunoelektrophoret. Analyse 1-1212; – zur Strukturunters. v. Rinderserum-Kininogen 29-1642.

Carboxypeptidasen

– aus Streptomyces fradiae (Bldg., Isolier. u. Charakterisier.) 26-1328; Verteil. in d. Schilddrüse 5-1273; – d. Aorta d. Rindes (Reinig. u. Eig.) 24-1391; kathept. – -Aktivität in menschl. Blutplättchen (Einfl. v. Cystein) 32-1429; – -Aktivität im Pankreassaft u. Pankreasgewebe d. Katze nach Stimulier. mit Gewebshormonen u. nach ischäm. Belast. 43-1422; – im Blut u. anderen Körperfl. 51/52-1290; Reinig. u. Eig. d. Fungus- – 36-1363; Freisetz. v. Aminosäuren d. Ovomucoide durch – nach Trypsin-Behandl. 15-1394; Rk.: mit d. $^{14}CO_2$-Ribulosediphosphat-carboxylase-Komplex 21-1476; mit Fructosediphosphataldolase aus Pisum sativum 26-1358; Esteraseaktivität d. Fungus- – 36-1363; Einw. auf d. Aldolaserk. mit Zuckerdiphosphaten 40-1291; Freisetz. v. Brenzcatechinoxydase aus Zuckerrübenchloroplasten durch – 3-1228; Einfl. auf d. hypotensive Wrkg. v. Lys[9]-Bradykinin bei Meerschweinchen 17-1551; Rk. mit Human-Fibrinopeptiden im Serum 51/52-1509; hemmende Wrkg. v. Zn-Mangel auf d. Pankreas- – bei d. Ratte 32-1648; Best. v. Tyrosylresten in – 15-2090.

Carboxypeptidase N

s. *Kininase.*

Carboxypeptidase Q

Eig. in Lsg. u. bei vernetzten Krist. (Einfl. v. Veränder. v. Lsgm.-Parametern) 15-1386.

Carnitin-Acyltransferase (Acetyl-CoA : Carnitin-*O*-Acetyltransferase)

Lokalisier.: in Rattenleberzellen 8-1261; u. Funkt. d. – in d. Flugmuskeln d. Heuschecke 31-1396; Bedeut. bei d. biolog. Acetylier. u. Fettsäuresynth. in Taubenleber 24-1359.

Carnitin-Palmit(o)yltransferase

– -Aktivität in Lebermitochondrien v. mit thrombogenem Futter gefütterten Ratten 51/52-1537; regulator. Funkt. bei d. Fettsäureox. u. Gluconeogenese d. Leber 49/50-1574.

***all-trans*-β-Carotin-Oxydase**

Umwandl. v. all-trans-β-Carotin in Retinal mit – 36-1419.

Caseinase

– -Aktivität v. Plasminpräp. 1-1441; Bldg. durch aerobe Bakterien 2-1228.

Catecholase

s. *Brenzcatechin-Oxygenase.*

Catechol-*O*-Methyltransferase

s. *Brenzcatechin-O-Methyltransferase.*

Catechol-Oxydase

s. *o-Diphenol-Oxydase.*

Catechol-Oxygenase

s. *Brenzcatechin-Oxygenase.*

Cathepsin

s. *Kathepsin.*

Cathepsin D

s. *Kathepsin D.*

Cathepsin E

s. *Kathepsin E.*

C_{17-20}-Desmolase

– -Aktivität v. Testes u. einem virilisierenden Interstitialzellentumor 28-1322.

CDP-Reduktase

– -Aktivier. in Kontakt-gehemmten Mäusenvirenzellen durch Polyomavirus 14-1156; Red. v. CDP zu Desoxycytidindiphosphat durch – v. E. coli 32-1279.

CdR-Kinase

s. *Cytidin-Kinase.*

Cellobiase

s. *β-Glucosidase.*

Cellobiose-Phosphorylase

Synth. verschiedener Disaccharide durch – aus Clostridium thermocellum 48-1378.

Cellulase [β-(1 → 4)-D-Glucanase]

– -Aktivität in Cellvibrio gilvus (Lokalisat.) 40-1258; Altern, Blattabtrenn. u. – -Aktivität bei Phaseolus vulgaris 20-1334; –: in Gerste u. Malz 25-3393; in mit Fusarium moniliforme infizierten Kornhalmen (Zusammenhang mit d. Halmrotte) 43-1232; – -Aktivität im Darm d. Seeigels 2-1188; Verteil. bei auf Waldbäumen schmarotzenden xylophagen Insekten 12-1261; – d. Stylums v. Strombus gigas 22-1322.

Bldg. durch 3 Pilze 27-1494; Trenn. u. Reinig. v. – durch Schaumbldg. 11-1219; Reinig. 30-3079*; (u. Eig. v. Aspergillus niger) 45-1357.

Komponenten d. Trichoderma viride- – 12-1262; (Reinig., Eig.) 13-1217; (Synergismus) 35-1313; zwei – -Komponenten (Abtrenn. aus einem Kulturfiltrat v. Irpex lacteus u. Eig.) 43-1231; Unters. d. Quellens v. Baumwolle durch – 5-3045.

Abbau v. Isosclerotan durch – 6-1318; – -Inaktivier. eines aspermatogenen Antigens 36-1560; Wrkg. auf d. Cellulose d. Rotalgen

37-1413; zersetzende Wrkg. v. — aus Trichoderma viride auf Pflanzenzellmembrane 8-1296; Wrkg. handslübl. — auf d. Alkaloide im Tabak 20-3115; Rolle d. Wanderweich. durch — in d. Pflanzenmorphogenese (hormonelle Auslsg. bei Achyla) 28-1419; Wrkg. auf d. Viskosität d. Schleimes v. Dioscorea batas 35-1397.

Hemm. einer — v. Fusarium oxysporum f. lycopersici 22-1353.

Therapeut. Verw. (Gewinn. aus Rhizopus) 15-1818*; Hydrolyse v. Zellstoff durch — 18-3044; Verw. zur Herst. v. Süßkartoffelstärke 18-3095, 24-3016.

Kulturtest zur Best. d. relativen —-Aktivität v. Pilzen 25-1458; viskosimetr. Best. (in abs. Werten) 38-1424; (unter Verw. eines Na-Carboxymethylcellulose-Substrates) 43-1233.

Cellulasen

s. *Cellulolytische Enzyme.*

Cellulolytische Enzyme (Cellulasen)

Bldg.: durch Choanephora cucurbitarum 5-1257; bei thermophilen Bakterien 5-1328; in Trichoderma viride 35-1312; Wiederauflsg. d. — v. Trichoderma viride 35-1313; Zerkleiner. v. Baumwollfasern während d. frühen Stadien d. enzymat. Cellulolyse mit — 9-1258; Cellulolyse mit — in einem künstl. Pansen (Einfl. eines Extraktes aus Johannisbrotfrüchten) 27-1763; Best. in pharmazeut. Präp. 21-1847.

Cephalosporinase

— aus Bacillus cereus *569* (Zn als Cofaktor) 8-1279.

Cerebellinase

Rk. mit Cerebellin d. Kleinhirns (Einfl.) 45-1787.

Cerebrosid-Galaktosidase

— d. Gehirns 18-1225.

Cerebrosid-Sulfotransferase

Synth. v. Cerebrosidsulfat aus 4'-Phosphoadenosin-5'-phosphosulfat mit — v. Organen 17-1408.

Ceruloplasmin

s. *Coeruloplasmin.*

C'1-Esterase

Seruminhibitor d. — bei gesunden u. kranken Personen 19-1636.

Chalaropsis B-Enzym

Best. 26-1317.

Chalkon-Flavanon-Isomerase

Vork. in Soja hispida (Katalysier. d. Umwandl. v. Isoliquiritigenin in Liquiritigenin, Anreicher.) 1-1249; Reinig. u. Eig. d. — aus Sojabohnensamen 32-1474.

Chinasäure-Dehydrogenase (Chinasäure : NAD-Oxydoreduktase)

Vork. in Pflanzen 35-1334; Isolier. aus Suspens.-Kulturen v. Phaseolus aureus (Eig.) 11-1220.

Chinasäure : NAD-Oxydoreduktase

s. *Chinasäure-Dehydrogenase.*

Chinolinat-Phosphoribosyltransferase

Krist. — (Eig.) 36-1305.

Chinon-Reduktase

—-Aktivität in Rattennebennieren (Bezieh. zur ACTH-Injekt.) 45-1338; Red. v. Thiodion durch — aus zellfreien Extrakten v. Bäckerhefe 51/52-1255.

Chitinase

—-Aktivität: v. Papaya-Lysozym 44-1246; d. lyt. Glykosidhydrolasen aus d. Verdauungssaft v. Helix pomatia 8-1280; Herst. eines proteolyt. wirksamen — enthaltenden Enzymsyst. 46-2824*; pH-Optima v. — in Trichoderma viride 35-1312; Pilz-Lysis durch — in Bezieh. zum Melanin-Vork. 6-1326; Wrkg. auf Muskelruhepotentiale 27-1712.

Chitin-Synthetase

— v. Prodenia eridania (Fraktionier. u. Solubilisier.) 25-1388; Biosynth. v. Chitin in Sporen u. wachsenden Zellen v. Blastocladiella emersonii durch — 48-1381.

Chitobiase (*N*-Acetyl-β-glucosaminidase)

—-Aktivität d. Rattenleber (Variat. mit d. Alter) 8-1300; —: in menschl. Milz 12-1266; aus Schweineepididymis (Eig.) 28-1428; —-Aktivität in epithelialen u. mesenchymalen menschl. Geweben 51/52-1286; — d. Rinderuterus (Reinig. u. Eig.) 51/52-1288; —-Aktivität: v. β-Glucuronidase aus d. Aorta d. Rindes 24-1390; in Eialbumin v. Huhn u. Wachtel 35-1315; Trenn. v. — u. N-Acetyl-β-galaktosaminidase aus Kalbshirnzytoplasma 11-1246; Isolier. aus Kalbshirn 34-1298; pH-abhäng. Aktivier. v. β-D-Glucuronidase durch — 13-1222; Hemm. durch Aldolactone 36-1350; Best. d. —-Gleichgew.-Charakteristiken (Anwend. d. kontinuierl. fluorometr. Meth.) 44-1251.

Chlorogenase

Rk., Eig. 9-1343.

Chlorophyllase

—-Aktivität v. Chelidonium majus (Bezieh. zu d. Alkaloiden aus Ch. majus) 5-1357; Bezieh. zwischen d. Pigmentgeh. u. d. Aktivität d. — in d. Innenhäuten d. Gurkensamens während d. Entw. 11-1356; —-Aktivität bei Äpfeln u. Bananen während d. Reif.-Stadiums 44-1238; Aktivität gegenüber Protochlorophyll 34-1413.

Chlorperoxydase

Über — (*1.* Mitt.) 8-1252; (*2.* Mitt.) 8-1253; (*4.* Mitt.) 28-1373; Isolier. u. Eig. d. krist. — 8-1252; Verwert. v. Halogenanionen durch — 8-1253; mit — Hemm. d. enzymat. Halogenier. durch antithyreoide Mittel 8-1254.

5α-Cholestan-3-on-Reduktase

Biosynth. v. Cholestanol durch — aus Rattenleber 18-1181.

Cholesterinase

s. *Cholesterin-Esterase.*

Cholesterin-Esterase (Cholesterinase, Cholesterinester-Hydrolase, Sterinester-Hydrolase)

—-Aktivität bei d. Entsteh. u. Auflsg. d. Somiten d. Hühnchens 2-1173; Vork. im Ratten-Pankreassaft 23-1411; — aus d. Aortawand (Eig.) 33-1487; —-Aktivität in Rattenleber-Lysosomen 42-1204; Isolier. aus Rattenserum durch Flotat. in d. Ultrazentrifuge 13-1209; Rk. d. — d. Pankreassaftes d. Ratte 33-1489; Umkehr. eines durch Soman induzierten, sich auf d. neuromuskuläre Funkt. auswirkenden Effekts ohne Reaktivier. d. — 3-1565.

Cholesterinester-Hydrolase

s. *Cholesterin-Esterase.*

Cholin-Acetylase

s. *Cholin-Acetyltransferase.*

Cholin-Acetyltransferase (Colin-Acetylase, Acetyl-CoA:Cholin-*O*-Acetyltransferase)

—-Aktivität in Hirnextrakten (Einfl. v. anorgan. Kationen) 14-1263; —: in subzellulären Gehirnfrakt. (Hyposmose- u. Ae.-Aktivier.) 18-1194; aus Kopffüßlerganglien (Eig.) 21-1408; —-Aktivität v. isolierten Riesensynapsen 28-1401; Geh. in Synapsen d. Ganglion stellatum d. Tintenfisches 31-1709; —-Aktivität d. Submaxillarisdrüse v. Ratten nach Abbinden d. Ausführ.-Ganges 35-1479; subzelluläre Lokalisier. u. Bind. v. — in d. cholinerg. Nervenenden d. Hirn 36-1297; Lokalisier. v. — in synapt. Vesiculae 36-1298; Bind. an Partikel v. Nervenendig. d. Gehirns 36-1299; subzelluläre Verteil. im Hirngewebe v. Säugetieren 40-1215, 40-1299; —-Aktivität d. Hippokampus d. Ratte (cholinerg. Innervier.) 41-1591; Reinig., Einfl. v. Salzen auf Rk. v. — 23-1406; Isolier., partielle Reinig. u. Eig. 30-1249; Einfl. cholesterinhalt. Nahr. auf d. — im Pankreassaft v. Ratten 47-1649.

Cholin-Esterase (Pseudocholin-Esterase, Acetylcholin-Acylhydrolase)

Vorkommen, Aktivität: —-Aktivität im Primitivknoten, in d. Schwanzknospe u. bei d. Chordaentw. d. Hühnchens 2-1174; Vork. im Rattenplasma 3-1242; —-Aktivität: im Blut v. Glaukom-Patienten nach Behandl. mit Phospholinjodid 3-1689; in Spinnentieren 4-1045; — im ekkrinen Schweiß d. Hundes 4-1049; Veränder. d. —-Aktivität im Herzmuskel v. Kaninchen infolge v. Kältestress (Wrkg. v. Chlorpromazin, Mecamylamin u. Guanethidin) 6-1547; —: d. Hirns (Einfl. verschiedenart. Einw.) 8-1240; u. Procainesterase aus Humanserum (offensichtl. Identität) 9-1249; —-Aktivität: in menschl. Zähnen 10-1235; d. Rattenmuskels während d. Wachstums u. bei Hypertrophie 11-1238; im Eierstock d. Ratte (Einfl. d. Geschlechtshormone u. d. Choriongonadotropins) 11-1397; — im Mäuseserum (genet. u. physiolog. Unters.) 12-1118; im Blut d. Hamsters 12-1233; bei Krebs 14-1224; d. motor. Endplatten nach U-Vergift. 14-1277; Zusammenhang zwischen d. —-Aktivität u. Sulfonamid-Resorpt. bei Ratten 14-1583; —-Aktivität: in d. Hirnrinde bei Hyperthyreose 15-1537; in d. vaskulären Wänden bei d. Kuh 16-1349; im Schwellkörpergewebe d. Penis 17-1548; d. Leber (Einfl. v. Chlf.-, Trichloräthylen- u. Fluothannarkose) 17-1716; d. Gehirns (Einfl. einiger Antikonvuls.-Mittel u. d. Corazolkrämpfe) 17-1726; im Blutserum (Ursachen d. pH-Einfl.) 18-1211; d. Serum (Einfl. d. Salze) 18-1212; im Herzen im akuten Stadium d. Herzinfarktes 18-1533; zelluläre Lokalisier. u. Aktivität in Bezieh. zu sekretor. Funkt. d. Hypophysenvorderlappens 19-1557; —: d. bukkalen u. gingivalen Mukosa v. Affe u. Mensch (histochem. Darst. u. Wrkg. d. Lokalanästhetika) 20-1606; im peripheren Nervensyst. (gemischte, motor. u. sensor. Nerven) 24-1377; Vork. in Membranfrakt. aus marklosen Nerven 26-1308; Geh. im Serum bei perniziöser Anämie (Beeinfluss. durch Vitamin B_{12}) 26-1309; —-Aktivität d. Blutserums: in Bezieh. zum retikuloendothelialen Syst. 26-1582; nach Zufuhr. v. Muskelrelaxantien 26-1716; —-Aktivität: im Blut v. Ratten bei experimenteller Intoxikat. durch d. Komplex $H_2S{-}SO_2$ 26-1731; v. isolierten Riesensynapsen 28-1401; verschiedener Hirnbereiche (Einfl. v. Galanthamin) 30-1569; d. Kaninchendarms (Einfl. d. organ. P-Verb.) 30-1620; — d. menschl. Serums 31-1641; —-Aktivität im ultrastrukturellen Bereich d. retrozerebralen Komplexes v. Rhodnius prolixus 32-1394; — im elektr. Gewebe v. Electrophorus (Stärkegelelektrophorese) 33-1494; —-Aktivität in d. Geschmacksregion d. Rattenzunge u. ihre Hemm. durch bitterschmeckende Substanzen 34-1554; im Gehirn bei Elektroschock (Einfl. d. Phenacons) 34-1624; Lokalisier. im zentralen Nervensyst. 35-1300; — in einer Vaskulärstruktur am Boden d. *4.* Hirnkammer bei d. Katze 36-1338; Leber- u. Muskel-— in gefütterten u. hungernden Ratten (Einfl. v. Carbaryl) 36-1628; Veränder. d. Aktivitätsmuster v. — im Kaninchen-Rückenmark nach Entfern. d. Plexus brachialis 37-1705; —-Aktivität: d. Blutes nach Eintritt v. Dichloräthandämpfen durch d. Haut 37-1815; bei intakten u. sensibilisierten Meerschweinchen (Einfl. v. Amizil u. Diaminophen) 41-1642; Suxamethonium u. Plasma-— (Übersicht) 41-1734; —-Aktivität: d. Katzenbandwurmes (Wrkg. gewisser Wurmmittel) 42-1551; v. Kaninchengeweben (Wrkg. einer Instillat. v. Echothiophatejodid u. Isofluorphate ins Auge) 43-1542; — in okularen u. orbitalen Geweben einiger Säugetiere 44-1236; hämatoenzephal. Schranke u. vaskuläre — (Unters. an ventrikulären Organen) 44-1237; Serum-— 46-1224; — d. Fischhirns (Hemm. durch Carbamate u. automat. Best.) 47-1387; —-Aktivität im Blut bei Hunden (Einfl. d. Exstirpat. d. Schilddrüse u. d. Verfütter. v. 6-Methylthiouracil) 51/52-1474; Aktivier. d. Honigbienenkopf-— durch mit W. mischbare, organ. Lsgm. 12-1243; therapeut. Wirksamk. v. —-Aktivatoren bei d. Vergift. mit Dimethoat 18-1625; aktivierender Einfl. v. Tetramethylammoniumionen u. Acetylcholin auf d. — d. Pferdeserums 30-1256; —-Aktivität d. leichten Meromyosins 23-1576.

Bildung, Gewinnung: Erythrozyten-—-Regenerier.-Kurven als ein Index einer effektiven Erythropoese in Mensch u. Hund 12-1471; Stabilität: im gefrorenen Plasma 12-1240; im Gesamtblut, Serum u. Plasma während d. Lager. 31-1467.

Eigenschaften, Reaktionen, Wirkungen: Anion. Zentren d. — (mögl. Cholinrezeptoren) 12-1241.

Hydrolysewrkg. v. Serum-— v. Mensch oder Pferd auf Procain 9-1248; Verw. für d. Hydrolyse v. Steroidacetaten 12-1242; Hydrolyse einiger Cholinester durch — (Wrkg. v. Aneurin) 36-1337; Rk.: mit Urethanen 38-1407; mit Armin u. Phosphacol 45-1708; Wrkg. auf d. Acetylcholin-art. Wrkg. v. Euphorbia drancunculoides 13-1567; Aktivität in Bezieh. zur Gehirndurchlässigk. für Barbiton 2-1495; Indoxylacetatspalt. durch Serum-— im sichtbaren Bereich (kolorimetr. Mess.) 3-1250; Einfl. auf d. Adapt. d. neuromuskulären Verknüpf. an eine konstante Acetylcholinkonz. 13-1539.

Beeinflussung, Inhibitoren und deren Verhalten: Einfl. v. γ-Strahl. auf —-Präparat. 12-1245; Verh. gegenüber Diisopropylfluorphosphat (Best. d. Inhibitorkonst.) 4-1050; Einfl.: v. Securinin u. Galanthamin auf — 7-1604; v. Diisopropylphosphorfluoridat auf d.— d. Riesenneuriten d. Tintenfisches 8-1596; Anti-—-Aktivität einer Kombinat. organ.

Phosphorsäurederiv. (Orthophosphor- u. Phosphonsäurederiv.) 8-1606; kinet. Konst. für --Mischinhibitoren (Best.) 11-1239; Blut---Hemm. durch Carbamate (Verdünn.-Effekt bei d. Mess.) 12-1244; in vitro-Anti---Aktivität gewisser N-Methylcarbamat-Insektizide im Vgl. mit deren N-Acyl-Deriv. 12-1574; Hemm.: d. – im Hirn bei Thymet-vergifteten Fasanen 14-1278; durch Diazinon 14-1571; Hemmwrkg. einer chron. Verfütter. v. phosphororgan. Verb. auf d. Gewebe-- bei Ratten 14-1573; Einfl. v. Vitamin K_3 auf d. Wirksamk. v. --Hemmern 17-1608; Reaktivität v. Organophosphor---Hemmern 17-1669; Wrkg. geringer Konz. v. Bzl., Toluol u. Xylol auf – (Vgl.) 18-1628; Hemmwrkg. v. Tris auf d. – 19-1395; --Hemmwrkg. v. Dimethylsulfoxid 20-1322; Hemm. durch Thiophosphat-Insektizide bei Säugetier-, Vogel- u. Fischarten 21-1778; blutdrucksteigernde u. Anti---Wrkg. v. Neostigmin (Vgl.) 22-1696; Hemm. d. – in Niere, Leber, Blutzellen u. -plasma durch Sumithion 23-1758; hemmende Wrkg. v. Carbaryl u. Boots R.D. *12473* auf d. Gehirn-- d. Bienen 23-1765; Wrkg. v. Mezcalin auf d. – im Blut 23-1772; Beeinfluss. durch Tiguvon bei künstl. mit Trichinen infizierten Mäusen 23-1831; Anti---Wirksamk. eines phosphonylierten Pyridiniumaldoxims (Verlust bei Zers. in wss. Lsg.) 25-1362; Elektronenstruktur v. Carbamatderiv. als --Inhibitoren 25-1363; Anti---Wrkg. v. Organophosphorinsektiziden in Menschenblut u. Rattenleber 26-1691; Einfl. bisquart. NH_4-Salze d. N.N'-Bis-[aminoacyl]-piperazinderiv. auf d. – im menschl. Plasma 30-1622; Anti---Aktivität v. Methylparathion u. Sumithion sowie Deriv. 31-1736; Hemm. durch Vinylphosphat-Insektizide 31-1739; Anti---Aktivität v. Nitro-substituierten Phenylcarbamaten 31-1740; Hemm. durch Sarin (Einfl. v. MBM-*3*) 31-1780; Anti---Aktivität d. α-Toxins v. Naja nigricollis 32-1670; natürl. --Inhibitoren in Lebensmitteln 32-3066; Bezieh. zwischen Struktur u. Anti---Aktivität bei einer Gruppe v. einfachen Alkylphenyl-N-methylcarbamaten 33-1812; Hemm. durch Staub v. organ. Phosphat 33-1813; Konstit.-Aktivität-Bezieh. bei --Inhibitoren (Verw. v. Substituentenkonst. bei d. Unters.) 35-1296; Hemm. d. Serum-- durch Tacrin 37-1783; Einfl.: v. Di-Syston u. Carbachol auf – bei Ratten 41-1644; d. Essenabgase v. Fabriken für aliphat. Amine auf d. – d. Blutes v. Kindern 41-1749; Hemm. durch Thionophosphatinsektizide u. ihre aktivierten Prod. 42-1202; Inhibitorwrkg. v. Aneurin 44-1235; Anti---Aktivität v. Ciguatoxin 44-1496; Wrkg. v. Rohopium auf – 45-1810; --Hemmwrkg. v. Ciodrin u. Dichlorvos bei örtl. Anwend. an Pferden 46-1536; Phenylcyclohexylglykolsäurealkylester als Zwischenprod. für d. Herst. v. Anti---Mitteln 46-1650*; Hemm. durch Temik: u. 2-Methyl-2-[methylsulfinyl]-propionaldehyd-O-[N-methylcarbamoyl]-oxim 49/50-1609; u. Stoffwechselprod. 49/50-1610; Hemm.: d. Serum-- durch Parathion 49/50-1625; d. – in Gehirn u. Serum durch Paraoxon (Einfl. v. Aldrin) 51/52-1646; Hemmwrkg. v. Carbamatinsektiziden auf – (Einfl. v. chlorierten KW-Stoffen) 51/52-1647.

Toxizität v. Organophosphat-Anti-- (Schutzwrkg. v. Aldrin) 7-1613; Steiger. d. Penetrat. einer P-organ. Anti-- durch d. Meerschweinchenhaut durch Dimethylsulfoxid 13-1563; Gedächtnisverbesser. durch Anti-- als Funkt. d. anfängl. Lernens 16-1655; Bezieh. zwischen --Hemm. u. insektizider bzw. akarizider Wrkg. v. substituierten Phenyl-N-methylcarbamaten 25-3333; Toxizität v. --Inhibitoren (Einfl. d. Verabreich.-Weges auf d. Toxizität) 31-1729; (Verhinder. durch Antihistaminpräp.) 34-1596; Anti-- (Steiger. d. Toxizität durch zentral depressiv wirkende Arzneimittel bei Ratten) 41-1660; Eindringen d. Anti---Verb. in d. Nervensyst. d. Heuschrecke 46-1535; antiparasympathomimet. Wrkg. d. --Hemmer 47-1692; Anti---Vergift. 51/52-1709.

Fluorimetr. Syst. mit fixierter – zum Nachw. v. Anti---Verb. 20-1958; Best. v. techn. Parathion in W.-Pflanzen durch eine automat. Anti---Meth. 45-2221.

Reaktivier.: d. – in Fetus u. Gehirn durch 2-Hydroxyiminomethyl-N-methylpyridiniummethansulfonat 1-1568; durch Pyridiniumaldoximmethochlorid bei Hunden nach Vergift. durch Soman 14-1276; v. Paraoxon-inaktivierter – in Rattenhirnrinde mit Pralidoximchlorid 32-1396; v. Erythrozyten-- durch 1.3-Bis-[4-hydroxyiminomethylpyridino]-acetondibromid bei Paraoxonvergift. 33-1894; --Reaktivatoren (Verteil.) 45-1352.

Analyse, Untersuchungsmethoden: Automat. Best. mit Acetylthiocholin u. 5.5'-Dithiobis-2-nitrobenzoesäure im „Technicon Autoanalyser" 1-1215; Best.: durch eine Szintillat.-Zähl. in fl. Phase 17-1314; nach Stärkegelelektrophorese 17-1315; elektrometr. Best. unter Anwend. d. automat. Registrier. 19-1394; Verw. v. ^{14}C-Na-Bicarbonat zur Best. 38-1408; automatisierte Best. 46-1225; Best. im Serum (Ultramikrometh.) 8-1284; elektronenmkr. Lokalisat. d. – an d. neuromuskulären Verb. durch d. Gold-Thiocholin- u. Gold-Thiolessigsäuremeth. 17-1313; Schnelltest für Serum-- 21-1434; Best. in auf Filterpapier getrockneten Blutproben u. ihre prakt. Anwend. 22-1350; Vgl. d. Au-Thiocholin- u. d. Au-Thiolessigsäure-Meth. bei d. histochem. Lokalisier. 32-1390; Best. d. Plasma-- durch eine automat. pH-Titrat.-Meth. 35-1299; Zymogramme v. – aus lösl. Proteinen d. Kaninchenrückenmarks 37-1403; spektrophotometr. Best. d. Serum-- (gleichzeit. Best. v. „Fluoridzahl" u. „Dibucain-Zahl") 41-1279; Best. im Blut 45-2171; Nachw. d. – v. peripheren motor. Endungen v. Säugern in Zupfpräp. 49/50-1576.

Polarograph. Meth. zur Verfolg. d. Geschw. d. durch – katalysierten Hydrolyse v. Acetylthiocholin 15-2093; fluorimetr. Mess. d. Kinetik 28-1402.

Verw. zum Nachw. v. Phosphorthionoinsektiziden 12-1977; Darst. v. fixierter – zur Verw. in d. analyt. Chemie 20-1813.

Cholin-Phosphokinase

--Aktivität im Hirngewebe (Rk.) 24-1360.

Cholin-Sulfatase

Synth. u. Aktivität d. – in Aspergillus nidulans (Regulat.) 40-1256.

Cholin-Sulfotransferase

Regulier. in Aspergillus nidulans 36-1327.

Chondrosulfatase

Bakterielle – 44-1243; Hydrolyse d. Chondroitinschwefelsäureeinh. durch – 41-1282.

Chorismat-Mutase

--Aktivität in Bacillus subtilis (Einfl. v. Aminosäuren) 3-1172; Vork. in Claviceps paspali 10-1268; multiple Mol.-Formen in Bacillus subtilis 31-1461; Vork. in einem an d. Biosynth. v. Aminosäuren in Bacillus subtilis beteiligten Enzymaggregat 31-1462; Lokalisier. d. Strukturgens d. – für d. Aromatensynth. bei E. coli 6-1168; Rolle bei d. Regel. d. Biosynth. aromat. Aminosäuren in Salmonella typhimurium 51/52-1332; reine Repress. v. – durch L-Phenylalanin oder L-Tyrosin 31-1500; Tryptophan als Rückkoppl.-Aktivator für – aus Neurospora 41-1290.

Chorismat-Mutase T

Beteilig. an d. Tyrosinbiosynth. bei Aerobacter aerogenes (Vork. d. --Aktivität im T-Protein) 51/52-1304.

Chorismat-Synthetase

Lokalisier. d. Strukturgens d. – für d. Aromatensynth. bei E. coli 6-1168.

Chymopapain

– (*4.* Mitt.) 38-1439; Vork. in Papaya-Latex 26-1335; Änder. in d. Konform. während d. Aktivier.-Prozesses 44-1259.

Chymopapain B

Chromatograph. Anreicher. (Eig.) 38-1439; Aminosäuresequenz um d. reaktive Thiolgruppe v. – 8-1312.

Chymosin

s. *Rennin.*

Chymotrypsin

--Aktivität in Ggw. v. Salzen konjugierter Gallensäuren 5-1494; Einfl. v. neutralen Salzen auf Aktivität u. Struktur v. – 11-1218; – v. Pankreas, Pankreassaft u. Darminhalt d. Rindes 18-1231; --Aktivität im Pankreassaft u. Pankreasgewebe d. Katze nach Stimulier. mit Gewebshormonen u. nach ischäm. Belast. 43-1422; unterschiedl. Verh. v. Lipase, – u. Amylase aus d. menschl. Pankreas nach verschiedenen Reizverf. 44-1231.

Bldg.: in Ggw. v. N-Acetyl-L-3.5-dibromtyrosin 14-1300; aus mit Chlorambucil vorbehandeltem Chymotrypsinogen durch trypt. Hydrolyse 25-1372; neue stufenweise Synth. eines d. Sequenz um d. „reaktive" Serin d. Chymotrypsins entsprechenden Oktapeptids 45-1149; Synth. einer Nonapeptidfrequenz v. Chymotrypsin 45-1150; Sekret. aus Kaninchenpankreas in vitro 43-1427; Überdrucksterilisat. v. krist. – (Einfl. v. Äthylenoxid) 34-1683; Sterilisat. mit β-Propiolacton 46-1264.

Strukturunters. 9-1265; Polarität d. akt. Gebietes v. – 14-1298; Ähnlichk. in d. Struktur v. Rindertrypsin u. Rinder-- 41-1176; pH-abhäng. Protonenaufnahme (Nachw. einer pH-abhäng. Konform.-Änder.) 20-1352; Gelelektrophorese mit in Szintillat.-Fl. lösl. Acrylamidgel 8-1871.

Modifizier. einer Methioningruppe in d. Nähe d. akt. Zentrums v. – durch N-Bromacetyl-α-aminoisobuttersäure-p-nitrophenylester 9-1266; Protonengleichgew. d. Acylier. v. – 9-1267; Bldg. v. Anhydro-- durch H_2O-Abspalt. aus d. Serin d. akt. Zentrums v. – 24-1398; Herst. v. Acyl-L-valyl, -D-valyl- u. D-Phenylalanylderiv. v. – 29-1465; --katalysierte Rk. (Intermediärprod.) 17-1330; Verb. v. – mit fluoreszierenden Substraten u. Hemmstoffen für – 21-1452; Rk. mit synthet. Substraten 24-1399; Wrkg. auf zwei neue chromogene Substrate 28-1445; Spezifität 32-1442; --katalysierte Hydrolyse v. spezif. Substraten 38-1435, 40-1277; Wrkg.: auf Hennen-Eiweiß-Lysozym (Best. d. Disulfidbrücken) 1-1224; auf Brenzcatechinoxydase aus Zuckerrübenchloroplasten 3-1228; chymotrypt. Abbau v. Neurospora crassa-Cytochrom c 4-1010; aus einer chymotrypt. Digest. v. S-Sulfo-DIP-Trypsin isolierte Peptide 9-1268; Rk. mit Aminopeptidase B aus Rattenleber 26-1330; --Hydrolyse v. Cytochrom c aus Bäckerhefe (Fraktionier. d. erhaltenen Peptide) 40-1181; Einw. auf d. Aldolaserk. mit Zuckerdiphosphaten 40-1291; – zur Abspalt. d. α-Aminogruppe v. Cysteinresten in Polypeptiden (spektrophotochem. Best.) 7-1161; Wrkg.: auf Tropokollagen u. unlösl. Kollagen 13-1537; auf Insulin, Glucagon u. andere Peptiden 16-1318; Abbau v. Subtilisin BPN' durch – 16-1379; Spalt.: v. Orn^1-Kallidin u. Kallidin mit – 17-1139; v. Bradykinin sowie Gly^6- u. Ala^5-Bradykinin mit – 17-1140; Hydrolyse v. Lys^1-, Lys^9-Lys^1-Lys^9- u. Lys^1-$[N^\epsilon$-tert.-Butoxycarbonyl-$Lys]^9$-Bradykinin mit – 17-1143; Wrkg. auf Spinatferredoxin 17-1436; biolog. Aktivität d. Wuchshormons nach --Behandl. 18-1432; chymotrypt. Digest. d. genet. Varianten v. α_{s1}-Casein 20-1157; Solubilisier. unlösl. Proteine bei neutralem pH mit – 20-1350; inaktivierende Wrkg. auf Oxytocin u. Vasopressin 21-1607; Wechselwrkg. v. inakt. --Deriv. mit Proteininhibitoren 28-1441; Rk. mit Phenoxymethylchlormethylketon 29-1464; selektiver Abbau ribosomaler Proteine durch – 31-1288; --Inaktivier. eines aspermatogenen Antigens 36-1560; Wechselwrkg. mit N-Acetyl-DL-p(- bzw. m)-fluorphenylalanin 42-1222; Cycloamylose-katalysierte Hydrolyse v. Phenylestern (Modell für --Katalysen) 43-0910; Abbau v. Bombyx mori-Seidenfibroin mit – (Fraktionier. d. Nd.) 44-1387; Hydrolyse d. Leucinbind. durch – 46-1246; Bedeut. d. SH-Gruppen d. Viren bei ihrer Rk. mit – 51/52-1380; Wrkg. auf d. leichte Protein-Polysaccharidfrakt. d. Rinder-Nasalseptums 20-1387; durch – stimulierte Vitamin-B_{12}-Aufnahme aus d. Rattendarm in Abwesenh. v. Intrinsicfaktor 21-1706; Wrkg.-Mechanismus v. – auf d. glatten Muskel 23-1431; Einfl.: auf d. Aktivität d. Lipoproteinlipase im Plasma 26-1306; auf d. alkal. Phosphatase d. Synovialfl. 32-1400; auf durch CCl_4 induzierte Granulomtaschen 35-1704; auf d. Atmung u. Kontrakt. d. Gefäßwand 41-1693; auf d. Resorpt. v. Tetracyclin bei Tieren 47-1511.

--Inhibitor I: in d. Blättern junger Kartoffelpflanzen 12-1285; aus Kartoffeln (Rk.-Fähigk. mit Säugetier-, Pflanzen-, Bakterien- u. Pilzproteinasen) 14-1299; Isolier. v. --Inhibitoren mit Hilfe wasserunlösl. Enzym-Harze 15-1389; Modifikat. d. Aminogruppe v. --Inhibitoren 15-1391; Struktur-Wrkg.-Bezieh. für d. Hemm. v. – durch N-substituierte Anthranilate u. verwandte Verb. 19-1434; Wrkg. d. Plasmin-Inhibitors auf – 28-1448; Isolier. eines --Inhibitors aus d. Bauchspeicheldrüsen verschiedener Wirbeltiere u. d. Menschen 32-1439; Annahme einer pH-abhäng., intramol., konkurrierenden Hemm. 36-1378; Reaktivität d. akt. Zentren v. in organ. Medium suspendiertem – 36-1376.

Klin. Anwend. (Zus.) 6-1569.

Mol.-Sieb-Chromatographie 11-1982; Best. im Serum 5-1265; Mikrobest. im Blutserum nach d. Xanthoproteinrk. 12-1914; Best.: in Pankreas, Pankreassaft u. Darminhalt d. Rindes 18-1231; in Gemischen 33-1518; analyt. Charakterisier. in pharmazeut. Präp. (Übersicht) 39-1676; s. auch *Enzympräparate, Chymopsin**).

α-Chymotrypsin

s. *Chymotrypsin A.*

δ-Chymotrypsin

Akt. Konformat. (Kontrolle bei alkal. pH) 42-1223.

Chymotrypsin A (α-Chymotrypsin)

– im menschl. Pankreas (Charakterisier.) 36-1379; Aktivier. durch Thrombinpräp. 32-1441.

Aktivier. v. Chymotrypsinogen zu – (Konform.-Umwandl.) 31-1443; Biosynth. (Anpass. an eine Stärke- u. Eiweiß-reiche Diät) 18-1458.

B- u. C-Kette aus S-sulfiniertem – (Isolier.) 13-1230; Bezieh. zwischen akt. Zentren u. Polymerisat.-Zentren im – 15-1395; Konform.-Änder. in Ggw. v. Caprinat 21-1453; strukturelle Spezifität (Polypeptidsubstrate) 32-1443; Bind.-Zustand v. Aminosäuren in – 33-1370; Modifikat. u. Molgew.-Vergrößer. 36-1400; Aminosäuresequenz v. trypt. gespaltenen Peptiden d. C-Kette v. – 41-1175; Sedimentat.-Gleichgew. in reagierenden Syst. v. – (Anwend. v. $\Sigma c_i M_i^2$ zur Analyse) 15-1396; Denaturier. durch Harnstoff, Guanidiniumchlorid u. 2-Chloräthanol (Absorpt.-Spektren u. d. opt. Rotat.-Dispers.) 29-1462.

Rk.-Fähigk. d. Tyrosinreste v. – gegen Jodier. 8-1311; Acylier. durch Oxazolinone 43-1180; spektrale Veränder. bei Rk. v. – 16-1370; Kinetik d. –-Wrkg. 20-1353, 20-1354; hydrolyt. Wrkg. auf Substrate mit gleichart. Konform. 24-1397; Assoziat. v. Substraten mit – 28-1443; prim. Spezifität 31-1444; kinet. Gleichwertigk. v. reaktiviertem Phenylmethansulfonyl-α-chymotrypsin u. – 33-1517; Wrkg. v. niedermol. Verunreinig. auf d. kinet. Verh. v. – 36-1375; –-Abbau d. Intrinsic factor-Vitamin-B_{12}-Komplexes in vitro u. Freisetz. v. Vitamin B_{12} 4-1260; Verdauung v. Fibrinogen durch – (Kinetik) 5-1270; Wechselwrkg. mit Inhibitoren (elektrophoret. Unters.) 8-1309; Rk. v. – u. L-1-Chlor-3-tosylamido-4-phenyl-2-butanon 8-1310; Esterasewrkg. (Hemm. durch entzündungshemmende Stoffe) 9-1594; ausbleibende Rk. v. Sarin mit durch Tosylphenylalaninchlormethylketon inaktiviertem – 12-1283; Bind. v. Inhibitoren an – 12-1284; Rk.-Fähigk. v. Tryptophan in – gegen N-Bromsuccinimid 14-1297; Bind. v. N-Acylderiv. v. α-Aminoamiden durch – 18-1229; relative Rk.-Fähigk. v. chem. modifizierten Truthahn-Ovomucoiden mit – 20-1351; Rk. mit 1.4-Dibrom-2-phenylacetoin (Isolier. eines Histidin-40-peptides) 21-1451; akt. Zentrum v. – (Rk. mit Methyl-3.4-dihydroisocumarin-3-carbonsäuremethylester) 21-1454; Bind. v. 2-p-Toluidinylnaphthalin-6-sulfonat an – (Fluoreszenzproben für Konform.-Zustände) 22-1353; Rk.: mit Naphthochinonsulfonsäure (Zustände d. Aminogruppen) 23-1445; mit Monochlortrifluor-p-benzochinon (Reaktivitätsgrad d. Amino-Gruppen) 23-1446; Wrkg. auf Glycylaminoacyl-L-tyrosinäthylester 24-1399; Bind. v. Hemmstoffen an – bei alkal. pH 24-1400; Wrkg. auf d. Diäthylester d. Fumarsäure, Maleinsäure u. Acetylendicarboxylsäure 28-1442; Stereospezifität bei d. Hydrolyse v. Estern v. α,α-disubstituierten Essigsäuren u. β,β-disubstituierten Propionsäuren durch – 28-1444; Kinetik d. –-katalysierten p-Nitrophenylacetathydrolyse in Gemischen organ. Lsgm. mit W. 32-1444; Rk. mit Proflavin (Einfl. v. Vogel-Ovomucoiden) 33-1516; –-Inhibitor-Komplexbldg. (KW-Stoff–W.-Modell) 43-1246; Rk. v. Formaldehyd mit d. Histidinresten v. – (spektrophotometr. Nachw.) 44-1257; Hydrolyse d. Leucinbind. durch Rinder- u. Schweine-– 46-1246; – zur selektiven Inaktivier. d. verunreinigenden Luteinisier.-Hormons in Präp. d. Follikelstimulier.-Hormons aus d. menschl. Hypophyse 51/52-1445; Rk. mit Rhodospirillumrubrum-Chromatophoren (Abspalt. v. Pigment–Protein-Komplexen) 23-1465; Wrkg. auf aus menschl. Harn isolierte Peptidfrakt. 9-1528; Modifizier. d. Wrkg. v. Arzneimitteln durch – 15-1648; Einfl. auf d. Histaminfreisetz. bei peritonealen Mastzellen v. Ratten 37-1764; Vgl. d. Wrkg. v. – u. Insulin auf isolierte Fettzellen 44-1062.

Wrkg. v. Dinitrophenol auf – 10-1248; Hemm.: durch β-Lipoprotein 11-1470; v. Rinder-– durch Ovomucoid 18-1230; Schäden an – durch peroxydierende Lipide 20-1451; –-Inhibitor aus Vigna senensis 46-1353.

Elektrophorese 44-1538; Nachw. in lösl. Rinderpankreasextrakt nach immunoelektrophoret. Analyse 1-1212; Best. v. Tyrosylresten in – 15-2090.

Chymotrypsin B

Hydrolyse d. Leucinbind. durch Rinder-– 46-1246; Wrkg. auf Muskelruhepotentiale 27-1712; Nachw. in lösl. Rinderpankreasextrakt nach immunoelektrophoret. Analyse 1-1212.

Chymotrypsin C

– (Aminosäuresequenz um einen essentiellen Histidinrest) 46-1244.

Chymotrypsinogen

– (5. Mitt.) 36-1375; Isolier. u. Eig. d. – d. Schweines 34-1303; Fluoreszenzdauer v. –-Lsg. 49/50-1206; Struktur d. Peptide aus d. säurelösl. Anteil d. trypt. Hydrolysats v. S-Sulfo-– 41-1177; Beweis für d. Reststruktur v. Säure- u. Hitze-denaturiertem – 44-1168; spektrale Veränder. bei Rk. v. α-Chymotrypsin mit – 16-1370; Umwandl. v. – in Chymotrypsin mit 2-p-Toluidinylnaphthalin-5-sulfonat als Fluorophor 22-1354; Aktivier. v. – zu Chymotrypsin (Konform.-Umwandl.) 31-1443; Wechselwrkg. v. bestrahltem – mit Mono- u. Polyribonucleotiden 5-1239; Verb. v. – mit fluoreszierenden Substraten u. Hemmstoffen für Chymotrypsin 21-1452; Bind. v. 2-p-Toluidinylnaphthalin-6-sulfonat an – 22-1353; Rk.: mit Naphthochinonsulfonsäure (Zustände d. Aminogruppen) 23-1445; mit Monochlortrifluor-p-benzochinon (Reaktivitätsgrad d. Aminogruppen) 23-1446; doppelte Wrkg. eines bifunktionellen Alkylier.-Mittels auf – 25-1371; Hemm. d. Trypsin-katalysierten Aktivier. v. – durch N-Acetyl-L-3.5-dibromtyrosin 14-1300; Gelpermeat.-Chromatographie (Verw. v. Hexafluoraceton als Lsgm.) 43-1247.

Chymotrypsinogen A

Reinig. u. Eig. v. – v. Schwein 46-1245; kovalente Struktur d. Rinder-– 5-1269; Konform.-Änder. in Ggw. v. Caprinat 21-1453; Korrekturen d. Aminosäuresequenz v. Rinder-– 32-1440; dielektr. Dispers. v. –-Lsg. in Ggw. kleiner Zwitterionen 13-1121; Rk.-Fähigk. v. Tryptophan in – gegen N-Bromsuccinimid 14-1297; Lokalisier. v. Disulfidbrücken v. Rinder-– durch Diagonal-Papierelektrophorese 24-1396.

Chymotrypsinogen B

Aktivier. 23-1430; Disulfidbrücken 15-1397.

Cinchophen-Hydroxylase

Hydroxylier. v. Cinchophen durch Mikrosomen-– 15-1331.

Cinnabarinsäure-Synthase

Umwandl. v. 3-Hydroxyanthranilsäure in Cinnabarinsäure durch – in Blätter v. Tecoma stans 28-1471.

Cinnamoyl-α-chymotrypsin

Basenkatalysierte Hydrolyse (Kinetik) 45-0975.

Citraconat-Hydratase

Stereochemie d. Hydratat. v. Citraconat u. Mesaconat mit – 15-1411.

Citramalase

s. *Citramalat-Lyase.*

Citramalat-Lyase (Citramalase)

– aus Clostridium tetanomorphum (Eig.) 42-1238.

Citrat-Cleavage-Enzym

s. *ATP: Citrat-Lyase.*

Citrat-Dehydrogenase

–-Aktivität d. intakten Konidien d. Actinomyceten 46-1330.

Citrat(Isocitrat)-Hydrolase

s. *Aconitat-Hydrolase.*

Citrat kondensierendes Enzym

s. *Citrat-Synthase.*

Citrat-Oxaloacetat-Lyase

s. *Citrat-Synthase.*

Citrat spaltendes Enzym

s. *ATP: Citrat-Lyase.*

Citrat-Synthase (Citrat kondensierendes Enzym, Condensing-Enzym, Citrat-Oxaloacetat-Lyase)

Bezieh. zur Dihydroxysäuredehydratase aus Neurospora crassa 44-1282; Regulier. d. –-Aktivität in E. coli 11-1256; Anwesenh. u. Stereospezifität in anaeroben Bakterien 14-1315; –-Aktivität: v. wilden, Citrat- u. Tartrat-adaptierten Stämmen v. Aspergillus niger (Vgl.) 25-1402; in Clostridium kluyveri 26-1401; in subzellulären Partikeln aus Rizinussamenendosperm 47-1413; Vork. im Herzmuskel d. Schweines (Isolier.) 5-1287; subzelluläre Verteil. im Säugetierhirngewebe 40-1299; – aus Katzenhirn-Acetontrockenpulver 44-1276; –-Wechselwrkg. mit Polyphosphatderiv. 18-1246; kinet. Eig. v. – aus Hefe u. Schweineherz (Steuer. durch ATP) 21-1481; Weg. d. W. bei d. –-katalysierten Rk. (^{18}O-Unters.) 37-1445; Rk. in Nocardia erythropolis 20-1402; Bezieh. zur Ketosis beim Fasten 38-1700; Wrkg. v. Indolyl-(3)-essigsäure auf d. – aus Phaseolus vulgaris 9-1360; Hemmeffekt v. ATP auf d. Leber-– 17-1336; Hemm. in E. coli durch α-Ketoglutarat 42-1234.

Citritase

Spalt. v. Citrat durch – aus Streptococcus diacetilactis 14-1315.

Clearing-Faktor-Lipase (Klärungsfaktor-Lipase)

– (3. Mitt.) 43-1445; – d. Plasmas (Substrate) 7-1469; Anstieg d. –-Aktivität als Folge endogener Heparinmobilisier. durch physikal.-therapeut. Agenzien 22-1587; –-Aktivität bei Fettsüchtigen 34-1285; – in Fettgewebe (Unters. mit Puromycin u. Actinomycin) 44-1232; Bedeut. d. Änder. d. –-Aktivität d. Gewebe in Bezug auf d. Trächtigk.-Lipämie 44-1233; Rk. auf sulfonierte Polysaccharide bei d. Ratte 6-1495; Verh. bei jungen Arbeitern unter Einw. v. CS_2 34-1499; Hemmwrkg. v. Cycloheximid auf – 36-1332.

Clostridiopeptidase A (Kollagenase, Kollagenolytisches Enzym, Kollagen hydrolysierendes Enzym)

– aus Pseudomonas aeruginosa 7-1240; –-Aktivität: unreifer Fasciola hepatica 4-1070; in Rattenhaut (Wrkg. entzündungshemmender Pharmaka) 24-1711; Identifizier., Verteil. u. Bedeut. in Humangewebe 14-1303; Kaulquappen-– (Darst. u. Reinig.) 26-1346; Identifizier. u. Charakterisier. menschl. – aus in Kultur gehaltenem rheumatoiden Synovialgewebe 28-1449; –: in Geweben d. Mundhöhle 37-1594; d. Säugerpankreas 37-1637; in Säugetierzellen 46-1247; Bldg. durch aerobe Bakterien 2-1228; Isolier. aus Mycobacterium tuberculosis 21-1458; Gewinn.: durch Zücht. v. Clostridium histolyticum-Kulturen 28-1797*; v. pankreat. – (Heilmittel bei Entzünd. u. zur Wundbehandl.) 46-1690*; Reinig. 20-1355; Rk. v. – d. Kaulquappe mit Kollagen (Eig. d. Rk.-Prod.) 15-1401; Einw. auf natives Kollagen (elektronenmkr. Unters.) 20-1356; –-Behandl. v. Kollagen zur Klär. d. Natur d. N- u. C-endständ. Aminosäuren 26-1532; Wrkg. auf aus menschl. Harn isolierte Peptidfrakt. 9-1528; Rk. d. – aus Clostridium histolyticum mit braunen Fettzellen 16-1206; beschleunigende Wrkg. auf d. Tumorbldg. infolge Zers. v. Kollagen 18-1166; Wrkg. auf Muskelruhepotentiale 27-1712; Akkumulier. eines durch – abbaubaren Proteins mit geringem Hydroxyprolingeh. während d. Kollagenbiosynth. in vitro 36-1579; Vgl. d. Spezifität v. – v. Clostridium mit – in Säugetierzellen 46-1247; Inaktivier. durch Antikollagenase im Antihistolytikumserum 41-1540.

Clostridiopeptidase B

Elektrophorese (Quelle v. Artefakten in Polyacrylamidgaben) 42-1224.

CoA

s. unter $C_{21}H_{36}N_7O_{16}P_3S$*).

Cobinamid-Coenzym

s. *Faktor B-Coenzym.*

Cobinamidphosphat-Coenzym

s. *Faktor B-Phosphat-Coenzym.*

Cobyrsäure-Coenzym

Isolier. aus Clostridium thermoaceticum 23-1468.

Cocarboxylase

s. unter $C_{12}H_{18}N_4O_7P_2S$*).

Coenzym A

s. unter $C_{21}H_{36}N_7O_{16}P_3S$*).

Coenzym A-Synthetasen

Spezielle – s. dort.

Aktivität im Hepatom d. weißen Ratte 20-1243.

Coenzym B_{12}

s. unter $C_{72}H_{100}CoN_{18}O_{17}P$*).

Coenzyme Q

s. *Ubichinone**).

Coenzym Q_6

s. unter $C_{39}H_{58}O_4$*).

Coenzym Q_7

s. unter $C_{44}H_{66}O_4$*).

Coenzym Q_9

s. unter $C_{54}H_{82}O_4$*).

Coenzym Q_{10}

s. unter $C_{59}H_{90}O_4$*).

red. **Coenzym Q-Cytochrom c-Reduktase**

Beteilig. v. W. am Elektronentransport in – d. mitochondrialen Elektronentransportkette 32-1261.

Coenzym Q-Reduktasen

Spezielle – s. dort.
– -Aktivität d. $NADH_2$-Cytochrom-c-Reduktase 38-1366.

Coeruloplasmin (Ceruloplasmin)

Übersicht 2-1152; – -Aktivität im tier. Organismus (Einfl. d. Mn-Geh. d. Futters) 3-1481; Bezieh. zwischen d. Geh. an – u. Orosomucoid im Serum (immunchem. Unters.) 12-1483; Konz. im Serum bei Patienten mit Gonadendysgenesie u. d. Formen d. Hypogonadismus (Einfl. d. Geschlechtshormone) 17-1525; – in biolog. Fl. (Eig.) 22-1497; – -Aktivität: bei Leukose d. Kindes 26-1572; im Blut (Wrkg. v. Pflanzenpolyphenolen) 27-1761; Vork. im Plasma (Hypophysennebennierensteuer.) 28-1562; – im menschl. Sperma 32-1346; Vork. in d. Milch u. im Blutserum v. Kühen 38-1657; – bei Mensch u. Tier (immunchem. Unters.) 45-1609.

Schnellmeth. zur Isolier. v. – aus menschl. Serum u. Plasma 5-1214; Isolier. u. physikochem. Charakterisier. 35-1184.

Physikal. u. chem. Unters. 12-1205; Kohlenhydratanteil v. menschl. – 32-1347; Mol.-Struktur v. Human- – (Nachw. v. Untereinh.) 2-1151; polarograph. Verh. 37-1655; Verh. bei Stärkegelelektrophorese 9-1385.

Trypsin-katalysierte Hydroylse v. krist. – 47-1395; Wechselwrkg. v. Dimethyl-p-phenylendiamin mit – 28-1372; kinet. Unters. d. Fe^{2+}-Ox. mit krist. menschl. – 32-1348; Antikomplementaktivität 4-1028; keine physiolog. Wechselwrkg. zwischen – u. Serotonin 13-1475; physio-biochem. Eig. v. – v. Schizophrenen u. Normalen 16-1316; Umsatz v. ^{131}J- – bei Wilsonscher Krankh. 19-1728; inhibierende Wrkg. v. – auf d. Komplement in d. Perinatalperiode (Antagonismus v. α_2-Lipoproteinen) 24-1647; Einfl. auf d. Pseudoagglutinat. bei d. Blutgruppenbest. u. bei Kreuzvers. durch „Geldröllchen"-Bldg. (klin. u. immunelektrophoret. Unters.) 40-1473.

Mikrobest. in menschl. Sera 26-1583; Mikroelektrophorese u. Charakterisier. in Immunpräzipitaten 32-2047.

CO_2-Hydratase

s. *Carboanhydrase.*

Colistinase

Inaktivier.-Wrkg. v. – aus Bacillus colistinus auf Peptide (Eig., Identität mit Nargase aus Bacillus subtilis) 1-1242.

Condensing-Enzym

s. *Citrat-Synthase.*

Cortisol-2α-Hydroxylase

2α- u. 6β-Hydroxylier. v. Cortisol durch – in Nebennierenhomogenaten 9-1238.

Cortisol-6β-Hydroxylase

6β-Hydroxylier. v. Cortisol in Nierenhomogenaten mit – 9-1238.

Crocan-Oxydase

Crocinox. durch – in Triton-Extrakten v. Mitochondrien aus Zuckerrübenblättern 23-1402.

Crocin-Peroxydase

Einfl. auf d. Crocin-Ox. in Triton-Extrakten v. Mitochondrien aus Zuckerrübenblättern 23-1402.

Crotonase

Auftreten v. – im Cyclus d. Buttersäure-Ox. bei Mycoplasma hominis 31-1491; Induzier. d. Bldg. in E. coli durch Oleat 42-1247.

Crotonoylcoenzym A

s. unter $C_{25}H_{40}N_7O_{17}P_3S$*).

Cumarin-Hydroxylase

Hydroxylier. v. Cumarin mit – (in Lebermikrosomen v. Kaninchen) 22-1331; (Nachw. d. Rk.-Prod. u. Rk.-Wege) 24-1354; (mikrosomale Rk.-Prod. bei verschiedenen Tierarten) 24-1355.

***p*-Cumarsäure-Hydroxylase**

Elektronendonator für d. Hydroxylier. v. p-Cumarsäure mit – 28-1370.

Cx-Enzym

Prüf. d. 1.4-β-glucosid. Bind. in – (Viscosimeter-Meth.) 3-1256.

Cyclodextrin-Transglucosidase

Prüfmeth. auf – 8-1265.

Cyclohexancarboxyl-CoA

s. unter $C_{28}H_{46}N_7O_{17}P_3S$*).

Cyclohexen-1-carboxyl-CoA

s. unter $C_{28}H_{44}N_7O_{17}P_3S$*).

Cyclopenase

– -Aktivität u. Rk. bei Mikroorganismen 25-1427; Rk. bei d. Umwandl. d. Penicillium-Alkaloide Cyclopenin u. Cyclopenol in Viridicatin u. Viridicatol 33-1565.

Cyclopropan-Synthetase

Strukturelle u. stereochem. Anforder. an d. – -Substrat 36-1406.

Cystathionase (L-Homoserin-Hydrolase)

– -Aktivität: in d. Leber d. thyreoidektomierten Ratte (Wrkg. v. Puromycin u. Actinomycin D) 12-1303; in d. Mäuseleber nach Bestrahl. in vivo 26-1650; Mikrobest. in Säugetiergeweben 16-1342.

Cystathionin-β-Synthase

Depress. u. Funkt. v. – in Neurospora 20-1375.

Cystathionin-γ-Synthase

Synth. v. Homocystein oder Methionin direkt aus O-Succinylhomoserin durch – 15-1409; strukturelle Eig. v. – aus Salmonalla in d. bakteriellen Methioninbiosynth. 44-1283; Depress. u. Funkt. v. – in Neurospora 20-1375.

Cystathionin-Synthetase

s. L-*Serin-Dehydra{ta}se.*

Cysteamin-Oxygenase

Thiolgruppen 19-1374; Ox. v. Cysteamin durch – (Wrkg. v. Methylenblau) 3-1226; (Reinig. u. Eig. d. –) 8-1215.

Cystein-Desulfhydrase (Cystein-Desulfurase, Cystein-Lyase)

– d. Dottersackes d. Hühnerembryos (Reinig. u. katalyt. Eig.) 26-1362; – -Aktivität in d. Mäuseleber nach Bestrahl. in vivo 26-1650; vereinfachte Herst. aus d. Dottersack bebrüteter Eier 37-1446; Mess. d. – -Aktivität in Mäuseleber durch enzymat. Best. d. Brenztraubensäure 32-1473.

Cystein-Desulfurase

s. *Cystein-Desulfhydrase.*

Cystein-Lyase

s. *Cystein-Desulfhydrase.*

L-Cysteinsäure-Decarboxylase

Verteil. in d. Zellstrukturen d. Rattenleber 21-1407.

L-Cysteinsulfinat-Carboxylase

s. *Cysteinsulfinsäure-Decarboxylase.*

Cysteinsulfinsäure-Decarboxylase (L-Cysteinsulfinat-Carboxylase)

– -Aktivität in d. Leber d. thyreoidektomierten Ratte (Wrkg. v. Puromycin u. Actinomycin D) 12-1303.

Cystein-Synthase (Serin-Sulfhydrase)

– -Aktivität in d. Mäuseleber nach Bestrahl. in vivo 26-1650.

Cysteinyltyrosin-Hydrolase

Verteil. in d. Schilddrüse 5-1273.

Cystin-Desulfurase

Abbau v. L-Cystin durch – in aus Kohlblättern aufbereiteten Zytoplasmateilchen 8-1344.

Cytidin-Desaminase

Vork. in Rapssämlingen 22-1485; kolormetr. Best. 5-1279.

Cytidindiphosphatglucose-Phosphotransferase

Katalyse d. – -Rk. durch Nieren-Glucose-6-phosphatase 8-1290.

Cytidin-Kinase (CdR-Kinase)

– d. Rattenleber (Einfl. v. partieller Hepatektomie, Ganzkörperröntgenbestrahl. u. S - 2 - Aminoäthylisothiuroniumbromidhydrobromid) 22-1475; Aktivier. in Kontaktgehemmten Mäusenvirenzellen durch Polyomavirus 14-1156.

Cytidintriphosphatglucose-Phosphotransferase

Katalyse d. – -Rk. durch Nieren-Glucose-6-phosphatase 8-1290.

Cytidylat-Kinase (Cytidylsäure-Kinase)

– -Aktivität bei Pneumococcus Typ III (Einfl. d. DNS-Abbauprod. u. Orthophosphat) 30-1217; Wrkg. beim Abbau v. RNS in Alcaligenes faecalis 6-1198.

Cytidylat-Reduktase

Hemm. durch 9-β-D-Arabinofuranosyl-9-H-purin-6-thiol in Tumorzellen 13-1166.

Cytidylsäure-Kinase

s. *Cytidylat-Kinase.*

Cytidyltransferasen

Spezielle – s. dort.
Kapazität d. – aus Hirn u. Leber zur Bldg. v. Cytidindiphosphatestern 24-1682.

Cytochrom 550

– im Cytochromsyst. in dunkel-aerob gewachsenen Rhodopseudomonas spheroides 27-1429.

Cytochrom 552

– v. Rhodopseudomonas palustris (elektrophoret. u. andere Unters.) 16-1277.

Cytochrom 553

– : aus Chlamydomonas reinhardi (Reinig u. Eig.) 17-1484; im Cytochromsyst. in dunkelaerob gewachsenen Rhodopseudomonas spheroides 27-1429; Elektronentransport in Mutantenstämmen mit fehlendem – v. Chlamydomonas reinhardi 17-1485.

Cytochrom 554

Red. v. NADPH- – durch NADP-Reduktase u. Ferredoxin (aus d. Diatomee Navicula pelliculosa) 8-1213.

Cytochrom a

s. unter *Cytochrom a-Gruppe.*

Cytochrom a_1

s. unter *Cytochrom a-Gruppe.*

Cytochrom a_2

s. unter *Cytochrom a-Gruppe.*

Cytochrom a_3

s. *Cytochrom-Oxydase.*

Cytochrom a_{595}

s. unter *Cytochrom a-Gruppe.*

Cytochrom a_{596}

s. unter *Cytochrom a-Gruppe.*

Cytochrom a_{630}

s. unter *Cytochrom a-Gruppe.*

Cytochrom aa_3

s. unter *Cytochrom a-Gruppe.*

Cytochrom a-Gruppe

Cytochrom a: Unters. (*13.* Mitt.) 22-1324; (*16.* Mitt.) 23-1396; (*17.* Mitt.) 41-1259; (*18.* Mitt.) 51/52-1243; Häm a-Verb. als spektrale Modelle für – 7-1212; neues Modell für – 40-1177.

Geh. in Hefe (Veränder. durch Glucose) 7-1269; Vork.: in Mitochondrien u. Sarkosomen v. Drosophila 8-1210; im Lactat-oxydierenden Syst. v. Acetobacter suboxydans 15-1307; – im Cytochromsyst. in dunkel-aerob gewachsenen Rhodopseudomonas spheroides 27-1429; Verteil. in Membranorganzellen v. Bacillus megatherium bei d. Dichtegradientzentrifugier. 39-1284; Vork. in Elektronentransportteilchen aus Candida utilis 44-1094; – -Aktivität beim Wachstum v. Saccharomyces cerevisiae 47-1420; Vork. in d. isolierten Thymuskernen d. Ratte 23-1397.

Differenzier. d. Synth. in Zytoplasma u. Mitochondrien v. Hefe durch Antibiotika 31-1283; Deut. d. anomalen spektralen Eig. v. – 22-1324; durch Azid induzierte Veränder. d. Spektrums v. – in Mitochondrien 31-1281.

– u. d. CO-Bind.-Kapazität d. Cytochrom-c-Oxydase 25-1348; Rolle bei d. Azidinhibier. d. Elektronentransports in Mitochondrien 31-1280; Hemmwrkg. v. Thyreoidhormonen in vivo auf d. – in Mitochondrien 36-1200; Best. in chemosynthetisierenden u. heterotrophen Mikroorganismen 10-1212.

Cytochrom a_1: Bestandteil d. Cytochromsyst. v. Azotobacter vinelandii 46-1200.

Cytochrom a_2 (Cytochrom d): Vork. im partikelgebundenen Dihydroorotsäureoxydase-Syst. aus Pseudomonas 26-1272; – -Aktivität in E. coli (Regulier. durch Einw. v. O_2, Nitrat oder Nitrit) 44-1289; Bestandteil d. Cytochromsyst. v. Azotobacter vinelandii 46-1200.

Cytochrom a_{595}: Wrkg. v. Nitrat auf d. Geh. in E. coli K_{12} 16-1412.

Cytochrom a_{596}: Rolle bei d. Azidinhibier. d. Elektronentransports in Mitochondrien 31-1280.

Cytochrom a_{630}: Wrkg. v. Nitrat auf d. Geh. in E. coli K_{12} 16-1412.

Cytochrom aa_3: Anreicher. in Mitochondrien durch Cholat u. Desoxycholat 16-1273; Geh. u. Red.-Zustand in Hefemitochondrien (Substrateinfl.) 29-1397; – -Aktivität im Kotyledon v. keimenden Erdnüssen 43-1357.

Cytochrom b

s. unter *Cytochrom b-Gruppe.*

Cytochrom b_1

s. unter *Cytochrom b-Gruppe.*

Cytochrom b_2

s. unter *Cytochrom b-Gruppe.*

Cytochrom b_5

s. unter *Cytochrom b-Gruppe.*

Cytochrom b_{559}

s. unter *Cytochrom b-Gruppe.*

Cytochrom b_{562}

s. unter *Cytochrom b-Gruppe.*

Cytochrom b-Gruppe

Cytochrom b: Anreicher. in Mitochondrien durch Cholat u. Desoxycholat 16-1273; – in d. Elektronentransportkette in d. Mitochondrien 44-1077; Geh.: in Hefe (Veränder. durch Glucose) 7-1269; in Candida-Kulturen (Substrateinfl.) 7-1284; Vork. im Lactat-oxydierenden Syst. v. Acetobacter suboxydans 15-1307; NADH- – -Segment d. Atmungskette v. Backhefe 19-1366; – im Cytochromsyst. in dunkel-aerob gewachsenen Rhodopseudomonas spheroides 27-1429; Geh. u. Red.-Zustand in Hefemitochondrien (Substrateinfl.) 29-1397; Vork. im respirator. Syst. v. Rhodotorula glutinis 34-1330; Verteil. in Membranorganzellen v. Bacillus megatherium bei d. Dichtegradientzentrifugier. 39-1284; Vork. in Elektronentransportteilchen aus Candida utilis 44-1094; – -Aktivität beim Wachstum v. Saccharomyces cerevisiae 47-1420; Vork.: in Mitochondrien u. Sarkosomen v. Drosophila 8-1210; in d. isolierten Thymuskernen (d. Ratte) 23-1397; (Möglichk.) 33-1395; in neutrophilen Granula v. Kaninchenleukozyten 43-1183.

Ox. in Mitochondrien (Einfl. v. Progesteron u. einem Azasteroid) 24-1263; Oxydored. (Wrkg. d. 3.5.3'-Trijodthyroessigsäure) 24-1335; Red. v. Rinderherz- – (Abhängigk. v. Nichthäm-Fe) 45-1341; Hemm. d. Ox. v. – d. Hefe durch d. Photosynth. inhibierende Herbizide 47-1556; Rk. in E. coli 17-1370; Wrkg. beim Elektronentransport bei Thiobacillus ferrooxidans 51/52-1320; Umkehr. d. Elektronenübertrag. in d. Flavin- – -Reg. d. Atmungskette v. submitochondrialen Teilchen aus Rinderherz 44-1205.

Hemmwrkg. v. Thyreoidhormonen in vivo auf d. – in Mitochondrien 36-1200.

Cytochrom b_1: – in E. coli-Partikeln 36-1255; – -Aktivität in E. coli (Einfl. v. Nitrat im Medium) 39-1285; (Regulier. durch Einw. v. O_2, Nitrat oder Nitrit) 44-1289; Bestandteil d. Cytochromsyst. v. Azotobacter vinelandii 46-1200; Red. durch $NADH_2$ in einem gerein. lösl. Syst. v. E. coli (Chinon-unabhäng.) 1-1194.

Cytochrom b_2 (L-Lactat-Dehydrogenase, L-Milchsäure-Dehydrogenase, L-Lactat:{Ferri}-cytochrom c-Oxydoreduktase): – d. Hefen (Elektrophorese auf Polyacrylamidgel) 16-1303; Struktur u. Funkt. (Übersicht) 2-1142; Eig. v. krist. – aus Hefe während d. Herst. (Änder.) 3-1215; prosthet. Gruppen d. – d. Hefe 8-1222, 12-1189; DNS-Komponente v. – 27-1420; trypt. Spalt. v. Hefe- – 37-1361; – ist kein photoreaktivierendes Enzym 22-1325; Rk.-Geschw. v. Hefe- – (pH-Wrkg.) 45-1333; kinet. Unters. zur Ox. u. Red. d. Protohäm-Komponente v. Hefe- – 19-1359; Chlorpromazin als Inhibitor d. Wrkg. v. – aus Hefe 23-1389.

Cytochrom b_5: Geh. als Beweis für unterschiedl. Bläschenarten in d. Lebermikrosomenfrakt. 5-1155; Konz. in Schilddrüsenmikrosomen 19-1575; – u. verwandte oxydative Aktivitäten in Hirnmikrosomen v. Hühnern, Kröten u. Karpfen 23-1399; Reinig. aus Leber durch Sephadexfiltrat. 32-1323; Struktur u. Eig. (Vgl. mit Hämoglobin u. Myoglobin) 51/52-1498; eingeschränkte trypt. – -Spalt. 8-1211; Rk.-Fähigk. d. Lysylreste v. – 8-1212; Elektronenakzeptor d. Antimycin-A- u. Alkan-empfindl. lösl. $NADH_2$-Dehydrogenase aus Rattenleber 29-1412.

Cytochrom b_{559}: Wrkg. v. Nitrat auf d. Geh. in E. coli K_{12} 16-1412.

Cytochrom b_{562}: Vork. in E. coli (Isolier., Eig., Rk.) 5-1303; (Reinig. u. Kristallisat.) 8-1214; (Rekonstitut. aus Apoprotein u. Hämin) 40-1178; – als natürl. Elektronenüberträger in einem zykl. Elektronentransport d. Photosynth. 40-1399.

Cytochrom b_5-Reduktase

Konform.-Änder. am Apoenzym d. – bei reversibler Denaturier. 44-1196.

Cytochrom c

s. unter *Cytochrom c-Gruppe.*

Cytochrom c_1

s. unter *Cytochrom c-Gruppe.*

Cytochrom c_2

s. unter *Cytochrom c-Gruppe.*

Cytochrom c_4

s. unter *Cytochrom c-Gruppe.*

Cytochrom c_5

s. unter *Cytochrom c-Gruppe.*

Cytochrom c_{550}

s. unter *Cytochrom c-Gruppe.*

Cytochrom c_{552}

s. unter *Cytochrom c-Gruppe.*

Cytochrom c_6

s. unter *Cytochrom c-Gruppe.*

Cytochrom c'

s. unter *Cytochrom c-Gruppe.*

Cytochrom cc'

s. unter *Cytochrom c-Gruppe.*

Cytochrom c-Gruppe

Cytochrom c: Übersicht 40-1179.

Vorkommen, Aktivität: – in d. Elektronentransportkette in Mitochondrien 44-1077; Neurospora crassa- – 4-1009, 4-1010; Geh.: in Hefe (Veränder. durch Glucose) 7-1269; in Candida-Kulturen (Substrateinfl.) 7-1284; Vork. in Mutantenstämmen mit fehlendem Cytochrom *553* oder fehlendem Plastocyanin v. Chlamydomonas reinhardi 17-1485; – im Cytochromsyst. in dunkel-aerob gewachsenen Rhodopseudomonas spheroides 27-1429; Geh. u. Red.-Zustand in Hefemitochondrien (Substrateinfl.) 29-1397; Vork. im respirator. Syst. v. Rhodotorula glutinis 34-1330; Geh.: in Rhizopus oryzae (Einfl. d. Kulturbeding.) 41-1265; bei Propionsäurebakterien (Einfl. v. Licht) 41-1325; Vork. in Elektronentransportteilchen aus Candida utilis 44-1094; Aktivität beim Wachstum v. Saccharomyces cerevisiae 47-1420.

–: in Gehirnmikrosomen (Verteil., Rk.) 1-1176; aus Rattenmitochondrien (Einw. letaler Röntgenstrahlendosen) 7-1562; Vork. in Mitochondrien u. Sarkosomen v. Drosophila 8-1210; – -Aktivität in Rattenweibchen (Bezieh. zur Kondensat.-Rk. Cholsäure – Taurin u. ATP-Synth. durch Rattenleberhomogenat) 8-1585; Vork.: in d. isolierten Thymuskernen d. Ratte 23-1397; im partikelgebundenen Dihydroorotsäureoxydase-Syst. aus Pseudomonas 26-1272; Geh. in d. Niere bei normalen u. Aminonucleosid-nephrot. Ratten 31-1380; Möglichk. d. Vork. v. – in isolierten Thymuskernen 33-1385; – -Typen einiger Säuger (elektrophoret. Verh.) 40-1180; Verteil. in subzellulären Frakt. v. Rattenleber 44-1171.

Bildung, Gewinnung: Durch Zn induzierte Bldg. in Ustilago (Hemm. durch Actinomycin D) 1-1274; Anreicher., physikal. Eig., Aminosäurezus. v. – aus Neurospora crassa-Mutanten 4-1009; Synth. in d. Mitochondrien 31-1378; mögl. Synth. durch isolierte subzelluläre Frakt. d. Rattenleber 44-1173; Freisetz. aus Lebermitochondrien durch Tris-Puffer 16-1212; Nierenclearance v. – bei d. Ratte 21-1726; Einbau v. ^{14}C-Lysin in – subszellulärer Rattenleberfrakt. 44-1172; Isolier. u. Eig. v. – v. Nitrosomonas europea 11-1272; Synth. v. – verwandten Strukturen 16-1138; Abspalt. aus Mitochondrien durch Cholat u. Desoxycholat 16-1273; Extrakt. aus Gewebe durch schonende Autolyse 19-1367; Isolier., Reinig. u. Eig. v. – aus Pichia polymorpha 46-1333; Reinig. v. – aus Lactatbildendem Rhizopus oryzae 41-1264.

Eigenschaften: Opt. Rotat.-Dispers. v. carboxymethyliertem – 15-1326; opt. Rotat.-Dispers.-Spektrum 17-1269; Fluoreszenzdauer v. – -Lsg. 49/50-1206; Absorpt.-Änder. d. – in Zusammenhang mit d. Respirat. d. Hefezellen 36-1436; Aminosäuresequenzen v. Peptiden aus – d. Hefe (Chymotrypsinabbau) 5-1213; Aminosäurezus. d. – aus wilden Hefen u. Respirat.-Mangel-Mutanten 5-1221; Wechselbezieh. zwischen Primärstruktur u. Funkt.v Säugetier- – (Übersicht) 13-1191; Tyrosin u. Tryptophan in – 14-1233; prim. Struktur v. – aus d. Schnappschildkröte Chelydra serpentina 16-1274; Bezieh. zwischen Struktur u. Funkt. bei – 19-1372; Tunneln d. Elektronen in – 20-1248; Strukturunters. v. – aus Pferdeherz 26-1255; Polymorphie v. – aus Pferdeherz (Isolier., Charakterisier. u. Aktivität d. verschiedenen Formen) 32-1324; Aminosäuresequenz d. Weizenkeim- – 32-1325; dielektr. Dispers. v. ox. u. red. – -Lsg. in Ggw. kleiner Zwitterionen 13-1121; magnet. Suszeptibilitätsmess. an – 18-1469; Polarographie 1-1069; Tiselius-Elektrophoresemuster 7-1199; denaturiertes Pferdeherz- – 36-1258.

Reaktionen, Wirkungen: Chem. Eig. (Wrkg. v. Zytostatika) 1-1169; Red. v. – d. Gehirnmikrosomen 1-1176; Ionisier. 1-1177; Carboxymethylier. d. Histidylreste v. Pferdeherz- – 3-1446; Red.: durch Mikrosomen v. Ratte u. Forelle 6-1588; v. Hefe- – durch NADP-Reduktase u. Ferredoxin 8-1213; enzymat. Red. in d. Leber (Ox. v. α-NADH) 16-1267; katalysierende Wrkg. auf d. Umwandl. d. oxygenierten in d. ox. Form v. – 22-1324; Red.: durch Tocopherole in Ggw. ungesätt. Fettsäuren 22-1326; durch NADP-Methämoglobinreduktase (Einfl. v. Primaquine) 25-1347; durch Xanthinoxydase (Nachw. aerober u. anaerober Mechanismen) 27-1421; durch d. photochem. Syst. *1* induzierte Redox-rk. v. – in Ultraschallpräp. aus Anabaena cylindrica 32-1326; – -Ox. in Bakterien (Einfl. v. Lysozym in Ggw. v. Sorbit) 32-1414; enzymat. Red. mit Sulfit 33-1464; Red.: durch Ferrihämoglobinreduktase aus menschl. Erythrozyten 35-1264; durch Xanthinoxydase (Mechanismus) 35-1273; durch synthet. Polysaccharide 36-1259; durch Fe-Ionen (stimulierende Wrkg. v. Nucleinsäuren u. deren Deriv.) 36-1260; Chymotrypsin-Hydrolyse v. – aus Bäckerhefe (Fraktionier. d. erhaltenen Peptide) 40-1181; Red. durch Xanthinoxydase 45-1334, 45-1335; Hemm. d. Red. v. – durch d. Photosynth. inhibierende Herbizide 47-1556.

Peroxydase-Aktivität v. – (Inhibitorwrkg. v. Aminazin) 7-1643; Wiederherst. d. NADH-Oxydase-Aktivität durch Coenzym *Q* u. – in Mitochondrien 20-1245; Rk. v. – d. Bäckerhefe mit alkal. Proteinase aus Streptomyces griseus 21-1461; keine Aktivität v. – als Elektronenakzeptor bei d. Rk. v. lösl. Diaphorase aus Rattenleber u. Embryos v. Vicia faba 22-1336; inhibierende Wrkg. v. – -Peptidfragmenten auf Cytochromoxydase 26-1276; Einfl. auf NADH- bzw. NADPH-Oxydase v. Mitochondrien aus neoplast. Gewebe 25-1340; Elektronenakzeptor d. Antimycin-A- u. Alkan-empfindl. lösl. $NADH_2$-Dehydrogenase aus Rattenleber 29-1412.

Katalyt. Wrkg. v. – bei d. Autox. v. Linolsäure 6-3087; reversible Rk. zwischen ε-Aminogruppen v. – u. Salicylaldehyd 11-1231; Rk. mit Brenzcatechinaminen 16-1275, 16-1276; Bind. an Thyroxin 16-1533; Rk. mit Ergocalciferol 18-1516; Bedeut. als Elektronenakzeptor 19-1359; Linolsäurehydroperoxid-Abbau durch – 24-1353; Wrkg.: auf d. Autox. v. Polyenen II 29-1280; auf energiegebundene Vorgänge bei d. oxydativen Phosphorylier. 44-1203; (in Submitochondrienteilchen) 44-1204; katalysierende Wrkg. auf d. Umwandl. v. Acetoacetat in Pyruvaldehyd 44-1469.

Rk. in E. coli 17-1370; katalyt. Wrkg. auf d. energiegebundene Red. d. Pyridinnucleotide durch Succinat in Thiobacillus novellus 18-1272; Formiat-Ox.- u. – -Red.-Aktivität v. Thiobacillus novellus 22-1330; Wrkg. als Elektronenüberträger für d. phosphoroklast. Rk. v. Desulfovibrio desulfuricans 40-1341; Wrkg. beim Elektronentransport bei Thiobacillus ferrooxidans 51/52-1320.

Einfl.: auf d. Crocinox. in Triton-Extrakten v. Mitochondrien aus Zuckerrübenblättern 23-1402; auf d. Umwandl. v. 3-Hydroxyanthranilsäure in Cinnabarinsäure durch Blätter v. Tecoma stans 28-1471.

Teilnahme an d. Ox. d. Serotonins in d. Mitochondrien d. Kaninchenherzens 7-1448; Aktivier. d. Succinatox. in Rattenlebermitochondrien u. mitochondr. Fragmenten durch – 21-1393; Hemmwrkg. einiger Narkotika, Carbamat u. A. auf d. –-Rk. bei d. Atmung 26-1274; Rolle bei bioenerget. Prozessen in Lebern weißer Ratten 32-1350; Einfl. auf d. Prolinhydroxylier. u. Synth. v. Kollagen- u. Nichtkollagenproteinen in Hautschnitten v. Hühnerembryonen 43-1264.

Beeinflussung: Einw. v. Pyridoxal-5'-phosphat auf – 29-1414; Hemm. durch Hydroperoxide 33-1534; Hemmwrkg. v. Thyreoidhormonen auf – in Mitochondrien 36-1200; Bldg. v. Antikörpern gegen Kaninchen-– in Kaninchen 44-1451.

Verwendung: Behandl.-Erfolge mit – bei peripheren arteriellen Durchblut.-Stör. 51/52-1676; Verw. in kosmet. Prod. 28-2828*.

Analyse: Mol.-Sieb-Chromatographie 11-1982; Best. in chemosynthetisierenden u. heterotrophen Mikroorganismen 10-1212; spektrophotometr. Titrat. d. Tyrosylgruppen v. – aus Rinderherz, Candida krusei u. Saccharomyse orivormis 51/52-1244.

Cytochrom c_1: – in d. Elektronentransportkette v. Mitochondrien 44-1077; Geh. u. Red.-Zustand in Hefemitochondrien (Substrateinfl.) 29-1397; Vork.: in Elektronentransportteilchen aus Candida utilis 44-1094; in Mitochondrien u. Sarkosomen v. Drosophila 8-1210; Anreicher. in Mitochondrien durch Cholat u. Desoxycholat 16-1273; Wrkg. beim Elektronentransport bei Thiobacillus ferrooxidans 51/52-1320.

Cytochrom c_2: – im Cytochromsyst. in dunkel-aerob gewachsenen Rhodopseudomonas spheroides 27-1429; Rk. in E. coli 17-1370.

Cytochrom c_4: Bestandteil d. Cytochromsyst. v. Azotobacter vinelandii 46-1200.

Cytochrom c_5: Bestandteil d. Cytochromsyst. v. Azotobacter vinelandii 46-1200.

Cytochrom c_{550}: Vork. in E. coli (Isolier., Eig., Rk.) 5-1303.

Cytochrom c_{552}: Wrkg. v. Nitrat auf d. Geh. in E. coli K_{12} 16-1412; – in anaerob wachsenden Zellen (Best., Reinig. u. Eig.) 30-1237; Lokalisier. in Enterobacteriaceae 33-1466; –-Aktivität in E. coli (Einfl. v. Nitrat im Medium) 39-1285; Bezieh. zwischen – v. niedrigem Redoxpotential u. Hydrogenase bei fakultativ anaeroben Bakterien 43-1200; –-Aktivität in E. coli (Regulier. durch Einw. v. O_2, Nitrat oder Nitrit) 44-1289; Rk. mit Nichthämeisen-Protein u. NADH-Farbstoffreduktase aus fakultativ photoheterotrophen Rhodopseudomonas palustris 14-1256; Einfl. auf d. Nitrit-abhäng. Gasentw. in Zellen v. E. coli 49/50-1302.

Cytochrom c_6 (Cytochrom f): Ferredoxin-Fe/–-Verhältnis in Euglena gracilis 35-1385; Isolier. einer Frakt. mit –-unabhäng. NADP⁺-photoreduzierender Aktivität aus Spinatchloroplasten 31-1564; Reinig. u. Eig. v. – aus Petersilienblättern 2-1153; Verh. bei d. Photosynth. bei Bestrahl. mit Licht verschiedener Wellenlängen 1-1334.

Cytochrom c' Monohämnatur v. – aus Rhodopseudomonas palustris 17-1267.

Cytochrom cc': Kinet. Analyse d. Rk. v. – mit CO 32-1328.

Ferricytochrom c (Fe(III)-Cytochrom c): Opt. Rotat.-Dispers.-Spektrum 17-1269; Zirkulardichroismus 1-1068; Protein-Häm-Wechselwrkg. in – 36-1180; Red. u. Modifikat. v. Pferdeherz-– durch Malonaldehyd 1-1178; Rk. d. Tyrosyl- u. Tryptophanreste v. – 14-1233; Wechselwrkg. zwischen – u. Kaliumhexacyanoferrat (kinet. Unters.) 15-1328; Wrkg.: v. N-Bromsuccinimid auf – 28-1345; v. H- oder Lipidperoxid auf – 32-1327; ORD-Hemm. v. – (Einfl. v. Cyaniden u. Imidazol) 40-1182.

Ferrocytochrom c (Fe(II)-Cytochrom c): Bldg. (bei d. Red. v. Pferdeherzferricytochrom c durch Malonaldehyd u. Ribose) 1-1178; opt. Rotat.-Dispers.-Spektrum 17-1269; Protein-Häm-Wechselwrkg. in – 36-1180; Rk. mit Bromacetat 15-1327; Quantenausb. d. –-Photoox. in Chloroplastenpartikeln 40-1115.

Cytochrom c-Peroxydase (Ferrocytochrom c-Peroxydase)

Veränder. v. – in d. Atmungskette v. Pseudomonas fluorescens in Abhängigk. v. Kulturmilieu 40-1310; Darst. v. krist. – aus Bäckerhefe 21-1401; Krist.-Spektrum 19-1611; Rk. mit H_2O_2 (in Ggw. v. Na-Dithionat) 30-1242; (gebildete Verb. u. deren Rk.) 47-1370.

Cytochrom d

s. unter *Cytochrom a-Gruppe, Cytochrom a_2*.

Cytochrome

Lösl. – in Enterobacteriaceae 5-1303; – in zwei Frakt. aus zellfreien Extrakten v. Proteus mirabilis 20-1396; – v. Bacillus megatherium (Vork. u. Eig. v. zwei CO-bindenden –) 23-1398; Lokalisier. in d. Mesosomenstrukturen v. Bacillus subtilis 24-1452; lösl. – in Enterobakterien 30-1237, 33-1466; –-Aktivität in Oudemansiella mucida 33-1537; Vork. im respirator. Syst. v. Rhodotorula glutinis 34-1330; – v. Azotobacter vinelandii 46-1200; Atmungsmangelmutante v. Saccharomyces cerevisiae, d. Porphyrine speichert u. frei v. – ist 46-1285; lösl. – in Enterobacteriaceae 49/50-1302; – v. Pseudomonas syringae 51/52-1371; Änder. d. –-Aktivität u. d. mitochondriellen DNS in keimenden Erdnüssen 43-1357; – : d. Knollen u. Mitochondrien d. Kartoffel 44-1174; in Lebermikrosomen 17-1280; Vork. in d. isolierten Thymuskernen d. Ratte 23-1397; Geh.: v. Rinderhirnmitochondrien 37-1280; d. „ghosts" aus Mitochondrien nach Fe^{2+}-induzierter Lipidperox. 40-1105.

Niedertemp.-Spektren d. – v. Drosophila melanogaster 8-1210; Austauschhäufigk. d. Aminosäuren bei – 10-1140; Computer-Unters. d. Aminosäuresequenzen v. – verschiedener Herkunft 29-1271; Elektronenspinresonanz v. Mikrosomen-– 32-1266.

Oxydored. d. – d. L-Milchsäuredehydrogenase (spektrophotometr. Unters.) 12-1189; Wrkg. beim Einbau v. Prolin in Kollagen 31-1696; Wechselwrkg. zwischen Makroionen u. Komponenten d. – 36-1259; Kontrolle u. Erhalt. d. Energie d. –-Kette (Übersicht) 45-1340; Einfl. d. Inhibitoren d. –-Kette d. Elektronenüberführ. auf d. N_2-Bind. durch Chromatium minutissimum 11-1276; Red. d. mol. N_2 mit –-Extrakten v. Azotobacter vinelandii 41-1320; Wrkg. beim Elektronentransport bei Thiobacillus ferrooxidans 51/52-1320; Teilnahme an d. Ox. v. Serotonin in d. Mitochondrien d. Kaninchenherzens 7-1448.

Einfl. d. Röntgenstrahlen auf d. – d. Hefeorganismen 46-1334.

Best. d. – v. chemosynthetisierenden u. heterotrophen Mikroorganismen 10-1212; spektrophotometr. Titrat. d. Tyrosylgruppen d. – aus Rinderherz, Candida krusei u. Saccharomyse orivormis 51/52-1244.

Cytochrom f

s. unter *Cytochrom c-Gruppe, Cytochrom c_6*.

Cytochrom Fe_x

Kein Vork. in Schilddrüsenmikrosomen 19-1575.

Cytochrom o

Anreicher. u. Eig. v. – v. Vitreoscilla 20-1249; Vork. in Bacillus megatherium KM (Eig., CO-Bind.) 23-1398; Bestandteil d. Cytochromsyst. v. Azotobacter vinelandii 46-1200.

Cytochrom-Oxydase ((Ferro)cytochrom c-Oxydase, Cytochrom a_3)

– u. Deriv. (6. Mitt.) 25-1348; (5. Mitt.) 30-1242; Übersicht 40-1179; Analogie u. Unterschied zwischen d. Cyanid-Komplex u. d. sog. „Cytochrom a" frei v. – 41-1259; – u. Deriv. (7. Mitt.) 47-1370.

Vorkommen, Aktivität: Bedeut. d. Mol.-Zustandes v. Cytochrom a für d. –-Aktivität 23-1396; durch Azid induzierte Veränder. d. Spektrums v. – in Mitochondrien 31-1281; – bei Paraffine abbauenden Organismen (Einfl. d. Adapt. an KW-Stoffe) 2-1235; –-Aktivität in „petite"-Populat. bei Saccharomyces cerevisiae 3-1170; Geh. in Candida-Kulturen (Substrateinfl.) 7-1284; –-Aktivität in Derxia gummosa (Eig., Rk.) 12-1199; Vork.: in Bacillus megatherium KM (Eig., CO-Bind.) 23-1398; im partikelgebundenen Dihydroorotsäureoxydase-Syst. aus Pseudomonas 26-1272; – im Cytochromsyst. in dunkel-aerob gewachsenen Rhodopseudomonas spheroides 27-1429; Anwesenh. v. –-positiven Pseudomonas bei Aedes 40-1204; –-Mangel in Hefezellen bei Pantothenat-Mangeldefizienz 43-1281; Vork. in Elektronentransportteilchen aus Candida utilis 44-1094; –-Aktivität: beim Wachstum v. Saccharomyces cerevisiae 47-1420; in Rhizopus oryzae 47-1440.

–-Aktivität: im Wein bei Reblausinfekt. 7-1394; im Wurzelgewebe d. Süßkartoffel nach Verletz. 8-1150; v. Kartoffeln (Wrkg. v. Pentachlornitrobenzol) 25-1541; Verteil. in vorreifen u. vollreifen Birnen 45-1458.

–-Aktivität d. Schneidezahnpulpe d. Ratte (Einfl. v. Actinomycin D) 2-1217; Vork.: in Gehirngewebe 7-1259; in Mitochondrien u. Sarkosomen v. Drosophila 8-1210; –-Aktivität: d. Herzmuskels nach Infus. v. Histamin in d. Coronararterien beim Hund 9-1446; d. Mitochondrien d. Rattenhirns (Einfl. v. Antikörpern in Immunseren u. Seren v. Kranken mit neuro-psych. Schäden) 11-1479; – in Muskelfasern in schnellen u. langsamen Muskeln bei kreuzweiser Innervat. 12-1535; Bezieh. zwischen O_2-Verbrauch u. d. –-Aktivität bei Amphiuma means 15-1603; Vork.: u. Lokalisat. in Fasciola hepatica u. Dendrocoelum lacteum 16-1283; in d. Harderschen Drüse v. Kaninchen 16-1284; in Mitochondrien d. Froscheies 17-1226; Verteil.-Muster bei experimentell induzierten Hauttumoren 17-1240; –-Aktivität: bei Ratten (Einfl. v. Bioflavonoiden) 17-1270; in Lebermikrosomen 17-1280; in frühen Entw.-Phasen d. Schlammbeißers (Rolle d. Zellkerne) 17-1594; postmortale Veränder. d. –-Aktivität im Rinder- u. Schweinemuskel 17-1636; –-Aktivität: im Muskel nach experimentellem Training u. Pangamsäure 18-1521; v. Zellkernen aus Herz u. Uterus v. Ratten 19-1291; Geh. v. Geweben (Einfl. v. Ethambutol) 19-1747; Vork. in d. isolierten Thymuskernen d. Ratte 23-1397; –-Aktivität: in Bezieh. zu Trächtigk., postpartaler Involut. u. Kollagenabbau 24-1373; im Blut (Wrkg. v. Pflanzenpolyphenolen) 27-1761; Verteil. in d. Karotisdrüse d. Kaninchens 28-1369; –-Aktivität: d. Leber u. Mitochondrien bei Ratten mit Proteinmangel (Rolle d. Phospholipidkonz.) 29-1413; bei Entenmuscheln verschiedener Niveaus d. Zwischengezeitenzone 30-1513; Geh. in d. Niere bei normalen u. Aminonucleosidnephrot. Ratten 31-1380; –-Aktivität: bei d. experimentellen chron. Hepatitis 34-1542; während d. Entw. d. Rattengehirns 36-1272; d. Leber (Einfl. v. Dextran) 41-1640; (Einfl. v. Dextran u. Chlorpromazin) 41-1641; v. Broilerküken (Einfl. v. Acetylsalicylsäure) 43-1475; d. Periosts bei experimentellem Lathyrismus 43-1495; in d. subzellulären Frakt. d. Rattenhirns (Wrkg. v. Desoxycholat, Gefrieren sowie Auftauen u. W.) 46-1270; nach Zufuhr v. Isopropylnitrit 46-1516; –-Syst. v. Monieza expansa 51/52-1245; direkte Stimulier. d. –-Aktivität durch Augenstielextrakt v. Crustaceen 15-1420; Aktivier. v. – d. Rattenhirns durch Komplexone 43-1532.

Bildung, Darstellung: Rekonstit. v. – aus Cu-freiem Enzym u. Cu 8-1249; Differenzier. d. Synth. in Zytoplasma u. Mitochondrien v. Hefe durch Antibiotika 31-1283; Bldg. in d. Leydigzellen d. reifenden Rattenhodens 35-1333; Ablös. v. – v. Mitochondrien durch NaOH u. KOH 34-1270.

Eigenschaften, Reaktionen, Wirkungen: Hämin a als spektrales Modell für ox. – 7-1212; spektrale Eig. d. Säugetier-– bei niedr. Temp. 47-1371.

Freisetz. v. Sulfhydrylgruppen in – durch Äthylendiamintetraessigsäure 21-1399; Zwischenox.-Zustände v. – (elektronenparamagnet. Resonanz d. Häms) 49/50-1515; Rk.: d. Mitochondrien-– mit Cholat u. Desoxycholat (Abspalt. d. Gerüstproteins) 16-1273; v. Brenzcatechinaminen mit – 16-1276; Co-Bind.-Kapazität d. – 25-1348; Rk. mit O_2 in Ggw. v. Na-Dithionit 30-1242; Rolle bei d. Azidinhibier. d. Elektronentransports in Mitochondrien 31-1280; Beteilig. v. W. am Elektronentransport in – d. mitochondrialen Elektronentransportkette 32-1261; Rk. bei d. Ox. v. Tetramethyl-p-phenylendiamin u. p-Phenylendiamin durch Azotobacter vinelandii 34-1315; katalyt. Wrkg. bei d. Thiosulfatox. durch Thiobacillus novellus 43-1198; Rk. mit O_2 (gebildete Verb. u. deren Rk.) 47-1370.

Beeinflussung: Inhibier. in Mitochondrien durch Zn-Ionen 15-1324; Hemm. v. – in E. coli 17-1370; Inhibier. durch Cytochrom c-Peptidfragmente 26-1276; Hemm.: v. – aus Süßkartoffeln durch Gossypol 26-1286; durch Piericidin A 43-1186; v. – in d. Niere durch Co 49/50-1597.

Analyse, Untersuchungsmethoden: Ultrastrukturelle Darst. d. –-Aktivität durch d. Nadi-Rk. mit osmiophilen Reagentien 37-1374; spektrophotometr. Best. in d. Mitochondrien d. Gehirns 19-1362; Meth. zur elektronenmkr. Darst. d. – in frischen u. Formalin-vorfixierten Geweben 37-1375; Best. in Leukozyten d. peripheren menschl. Bluts 44-1899.

Cytochrom P-420

Kein Vork. in Schilddrüsenmikrosomen 19-1575; Umwandl. v. Detergentien- u. Sulfhydrylreagenzien-behandeltem – in Cytochrom P-450 durch Polyole u. Glutathion 17-1268.

Cytochrom P-450

— (*1.* Mitt.) 43-1398; Vork. im Elektronentransportsyst. d. Nebennieren-Steroid-11β-hydroxylier. 12-1180; kein Vork. in Schilddrüsenmikrosomen 19-1575; zwei Formen v. — in mikrosomalen Membranen (Kaninchen) 19-1604; Konz. in Nebennieren- u. Lebermikrosomen v. Meerschweinchen mit genet. Unterschieden in d. Cortisolhydroxylier.-Aktivität 25-1354; Korrelat. d. Menge d. CO-bindenden — mit d. sog. Mikrosomen-Fe_x in Mikrosomen d. normalen Gewebes u. v. mit Sudan-III vorbehandelten Tieren 32-1266; — als Komponente d. Elektronentransportsyst. d. Nebennieren-Steroidhydroxylier. 40-1208; Geh. in d. Mitochondrien d. Nebennierenrinde (spektrophotometr. Unters.) 44-1084; Bestandteil d. Steroidhydroxylase aus Schweinetestis 23-1403; Bldg. aus Cytochrom P-*420* durch Polyole u. Glutathion nach Vorbehandl. mit Detergentien u. SH-Reagenzien 17-1268; Induzierbark. v. mikrosomalem — am Beispiel d. Cumarinhydroxylier. in d. Kaninchenleber 44-1090; Absorpt.-Spektrum in Kaninchenleber-Mikrosomen 13-1190; Differenz d. red. u. d. ox. Spektrums v. — in Leber-Mikrosomen 23-1635; magnet. u. spektrophotometr. Eig. 40-1110; mikrosomales Fe_x als Bestandteil v. — 44-1088; ESR-Mess. d. Substratwechselwrkg. mit — 3-1235; Rolle bei d. NADP-Ox. durch d. Mikrosomen-Elektronentransport-Syst. 18-1248; Rk. v. Anilin mit — in Lebermikrosomen 1-1092; mögl. Rolle bei d. Ox. v. Arzneistoffen in Lebermikrosomen 5-1527; Bind. v. Äthylisocyanid durch — v. Lebermikrosomen 18-1145; Beteilig. an d. Aldosteronsynth. durch Nebennierenmitochondrien 28-1236; Substratwechselwrkg. mit — bei d. Pharmakahydroxylier. durch Lebermikrosomen 38-1729; Wrkg.: halogenierter KW-Stoffe auf mikrosomales — 20-1250; v. Phenobarbital u. 3-Methylcholanthren auf — 51/52-1257.

Cytochrom P-700

Bezieh. zwischen —, Elektronenspinresonanzsignal u. photochem. Aktivität eines kleinen, durch Triton *X-100*-Einw. erhaltenen Chloroplastenpartikels 31-1565.

Cytosinarabinosid-Amidohydrolase

Desaminier. v. Cytosinarabinosid mit — 46-1249, 46-1250.

dCDP-Kinase

—-Aktivier. in Kontakt-gehemmten Mäusenvirenzellen durch Polyomavirus 14-1156.

dCMP-Desaminase

s. *Desoxycytidylat-Aminohydrolase.*

dCMP-Kinase

s. *Desoxycytidylat-Kinase.*

Decanoyl-CoA

s. unter $C_{31}H_{54}N_7O_{17}P_3S$*).

Decarboxylasen (Carboxylasen)

Spezielle — s. dort.

—-Aktivität: in d. Bakterien d. Darmgruppe (Best.) 34-1307; in Papaver somniferum (Biochemie d. Mohnalkaloidsynth.) 1-1201; im Fettgewebe 42-1396; Decarboxylier. durch —-Frakt. aus N fixierenden Blaugrünalgen 25-1526; Einfl. auf d. krist. pH 6-Acetolactat-bildende Enzym aus Aerobacter aerogenes 36-1414; Kondens.-Prod. v. Hydroxyäthylthiamin mit α-Liposäure als Acetatdonator im —-Syst. v. E. coli u. Schweineherzmuskel 8-1325; Inhibitorwrkg. v. β-[Indolyl-(3)]-α-hydrazinopropionsäuren auf — 28-1061; Hemmwrkg. v. hohen Elektrolytkonz. auf d. Hefe-— bei d. alkohol. Vergär. d. Melasse 31-3529; Mikrobest. bas. Aminosäuren mit Hilfe d. —-Meth. 48-1888.

Decatetraenoyl-CoA-Synthetase

Doppelstrahl-spektrophotometr. Best. in intakten Rattenlebermitochondrien 44-1286.

Dechloronase

—-Aktivität d. nichtspezif. Adenosindesaminase aus Takadiastase 46-1248.

Dehydroascorbatase

—-Aktivität v. Ratten (Einfl. v. Nahr.-Protein) 44-1462.

Dehydroascorbinsäure-Reduktase

— im Meerschweinchengewebe 31-1392.

5-Dehydrochinasäure-Dehydratase

s. *5-Dehydrochinat-Hydrolyase.*

5-Dehydrochinat-Hydrolyase (5-Dehydrochinasäure-Dehydratase)

Aktivitätsänder. d. — in Kartoffelschnitten 16-1401; Vork. in Pflanzen 35-1334; Aktivität im Bambus in Bezieh. zur Lignifizier. 45-1377.

Dehydrochinonase

Lokalisier. d. Strukturgens d. — für d. Aromatensynth. bei E. coli 6-1168.

Dehydrochinon-Synthetase

Lokalisier. d. Strukturgens d. — für d. Aromatensynth. bei E. coli 6-1168.

7-Dehydrocholesterin-Δ^7-Reduktase

Umwandl. v. 7-Dehydrocholesterin in Cholesterin durch — (Diskuss. d. Red. d. Doppelbind.) 48-1333; Inhibit. 44-1514.

Dehydroepiandrosteron-Sulfokinase

Verteil. in Erwachsenengeweben 28-1472.

Dehydrofolsäure-Reduktase

Irreversible Inhibitoren v. — 37-1370.

Dehydrogenasen

Spezielle — s. dort; s. auch *Oxydoreduktasen*; *Reduktasen.*

—-Aktivität: v. Corynebacterium diphtheriae (Toxinogenese während Submerskultur) 4-1021; in Bakterien u. Coenzymspezifität 16-1281; v. Hefe (Einfl. d. Extrakte v. Plasten) 31-2231; v. Proteus vulgaris OX *19* (Einfl. v. Kationen) 33-1468 bis 33-1470; v. Pseudomonas-Spezies 38-1362; v. Milchsäure-Streptokokken 38-1489; v. Tuberkulose-Mykobakterien (Einfl. v. 5-Nitrofuranderiv.) 43-1300; in Weizenaleuron 24-1336; am Nidationsort beim Kaninchen (Wrkg. v. Östradiol u. Histamin) 12-1427; — in Zellen d. peripheren Blutes u. d. Knochenmarks 13-1194; —-Aktivität d. menschl. Epiphyse (histochem. Nachw.) 15-1421; NAD- u. NADP-gebundene — im Nervus ischiadicus v. Ratten nach Injekt. v. Diisopropylfluorphosphat 16-1282; Vork. u. Lokalisat. v. NADP spezif. — in Fasciola hepatica u. Dendrocoelum lacteum 16-1283; histochem. Lokalisier. in Testis u. Epididymis v. Bullen 18-1182; —-Aktivität: während d. Reif. d. Kleinhirnrinde u. d. Ammonshorns beim Kind 24-1430; in d. Leber u. in d. epididymalen Fettgewebe bei d. Ratte mit Ernähr.-bedingter Fettleibigk. 24-1434; d. — d. Pentosephosphatzyklus (im Blutserum bei Pathologien) 26-1264; (im Rattenherz bei Hyperthyreose) 26-1265; d. NADP abhäng. — d. Ovars bei d. laktierenden Ratte (Wrkg. v. 17β-Östradiol u. L-Thyroxin) 29-1609; — während d. postembryonalen Entw. v. Tribolium confusum 31-1384; Histochemie d. — im Verlauf d. Hühnchennierenhistogenese 32-1329; zelluläre Verteil.-Muster v. — in d. Ovariolen v. Galleria mellonella während d. Entw. 33-1450; Pyridinnucleotid spezif. — im Fettgewebe (Bezieh. zur Lipogenese) 33-1452; —-Aktivität bei d. experimentellen chron. Hepatitis 34-1542; — in Weizenmehl 30-3061.

Quartärstruktur (Theorie) 10-1210; Tryptophan als Zwischenprod. bei —-Rk. 20-1259; Vgl. d. durch — u. mit Metallionen katalysierten Hydratat. v. Pyridinaldehyden 40-1293; Bldg. v. Formazan durch —-Aktivität (experimentelle Beding. für verschiedene Typen v. Zellen) 41-1185.

Bezieh. zwischen subzellulären —, Detergentien, Makroanionen u. nichtwss. Lsgm. 1-1253; Hemm. d. Leber-— durch Thioacetamid-Vergift. 17-1343; Bezieh. zwischen — auf subzellulärer Stufe u. Detergentien u. nichtwss. Lsgm. 32-1260; Hemm.: durch Salicylat 37-1353; durch 2-Alkylthioisonicotinsäureamid 39-1265.

Stärkegelelektrophorese (Einfl. v. Phenazinmethosulfat) 2-1134; elektronenmkr. Nachw. mit TC-NBT u. OsO_4-Dampf 10-1211; histochem. Nachw. für Pyridinnucleotidgebundene — 16-2011; fluorimetr. Mess. 20-1935; Verw. v. Thiazolylblau zum Nachw. v. — auf Stärkegel 37-1351; histochem. Best. in d. gestreiften Muskulatur (Rolle v. Phenazinmethosulfat) 5-1220; Möglichk. d. differentiellen histochem. Nachw. bei d. Lokalisier. v. NAD- u. NADP-— 12-1203; rasche Best.-Meth. für lösl. u. partikuläre bakterielle — 20-1252; zytochem. Nachw. bei Pilzen 29-1391, 37-1352; Best.: in Böden u. Flußablager. 47-1990; d. Kapazität d. biolog. Ox. d. Abwassers an Hand d. Verminder. d. Aktivität v. — 46-1943.

Dehydroshikimat-Reduktase

Lokalisier. d. Strukturgens d. — für d. Aromatensynth. bei E. coli 6-1168.

Depolymerase A

Abbau v. β-Hydroxybuttersäurelipid durch — aus Bacillus megatherium 36-1446.

Depolymerase B

Abbau v. β-Hydroxybuttersäurelipid durch — aus Bacillus megatherium 36-1446.

Depolymerasen

Spezielle — s. dort.

Abbau: v. Mischpolymerisatsyst. mit — (Kinetik) 15-1304; v. Polymeren mit — 38-1423, 38-1424; viskosimetr. Meth. für d. Best. d. —-Aktivität gegenüber Polymeren 38-1423.

Desamido-DPN-Pyrophosphorylase

s. *Nicotinatmononucleotid-Adenylltransferase.*

Desamido-NAD:L-Glutamin-Amidoligase (AMP)

s. *NAD-Synthetase.*

Desaminasen

s. *Aminohydrolasen.*

Deslysylvalylphenylalanin-Lysozym

Isolier. u. Reinig. d. biolog. akt. — Isoenzyms 39-1247.

De(s)methylasen

s. *Methyltransferasen.*

Desmolasen

Spezielle — s. dort.

Einfl. v. menschl. Choriongonadotropin auf d. —-Aktivität d. Testismikrosomen nichtgeschlechtsreifer Ratten 38-1603; —-Aktivität d. Testis hypophysektomierter Ratten (Einfl. v. menschl. Choriongonadotropin in vivo) 41-1484.

Desoxyadenylsäure-Kinase

Aktivität bei Pneumococcus Typ III (Einfl. d. DNS-Abbauprod. u. Orthophosphat) 30-1217.

Desoxy-ADPase

— v. Myosin (Rolle v. F-Actin-ADP) 14-1321.

3-Desoxy-D-arabinoheptulosonat-7-phosphat-Synth{et}ase

s. *Phospho-2-keto-3-desoxyheptonat-Aldolase.*

3-Desoxy-D-arabinoheptulosonsäure-7-phosphat-Synth{et}ase

s. *Phospho-2-keto-3-desoxyheptonat-Aldolase.*

Desoxycorticosteron-Hydroxylase

Hemm. d. —-unterstützten Hydroxylier. v. DOC bei Rattennebennieren-Mitochondrien durch Metopiron 35-1276.

11-Desoxycorticosteron-Sulfokinase

Verteil. in Erwachsenengeweben 28-1472.

Desoxycytidin-Desaminase

Kolorimetr. Best. 5-1279.

Desoxycytidindiphosphatase

Amber-Mutanten v. Bakteriophagen T*4* ohne —-Aktivität 44-1054.

Desoxycytidin-{5'}-monophosphat-Desaminase

s. *Desoxycytidylat-Desaminase.*

Desoxycytidin-5'-monophosphat-Kinase

s. *Desoxycytidylat-Kinase.*

Desoxycytidintriphosphatase

Amber-Mutanten v. Bakteriophagen T*4* ohne —-Aktivität 44-1054.

Desoxycytidylat-Aminohydrolase (Desoxycytidin-{5'}-monophosphat-Desaminase, dCMP-Desaminase)

Über — (*1.* Mitt.) 2-1201; (*2.* Mitt.) 2-1202; —-Aktivität während d. Synchronkultur v. Chlorella pyrenoidosa 40-1152; —: aus Phage SP*8*-infiziertem Bacillus subtilis 47-1400; in Kontakt-gehemmten Mäusenvirenzellen (Aktivier. durch Polyomavirus) 14-1156; —-Aktivität: in d. Rattenniere nach einseit. Nephrektomie 38-1482; in Säugetierzellen (stimulierende Wrkg. v. Arabinofuranosylcytosin) 45-1314; T*4*-Mutanten ohne Induktionsfähigk. für — 17-1195; Endprod.-Steuer. d. durch d. Bakteriophagen-T2-r^+ induzierten —

36-1386; Synth. v. – u. ihre Regel. in mit Bakteriophagen *T4* sowie *T4* Amber-Mutanten infizierten E. coli 43-1324; Indukt. in Nierenkulturen grüner Affen bei Infekt. mit Affen-Adenovirus 49/50-1367; Darst., Eig. 2-1201; Reinig. u. Eig. d. – v. *T6*-infizierten E. coli 12-1289; Aktivier.-Effekt v. dCTP u. Hemm.-Effekt v. dTTP (kinet. Eig.) 2-1202; Einfl. v. Nucleotiden auf – v. Bacillus subtilis 14-1343; alloster. Hemm. in normalen u. in leukäm. Leukozyten 22-1584; Feedback-Mechanismus d. – in Leukozyten 23-1442; Einfl. d. γ-Strahlen auf – 47-1679.

Desoxycytidylat-Kinase (Desoxycytidin-5′-monophosphat-Kinase, dCMP-Kinase)

– in Kontakt-gehemmten Mäusenvirenzellen (Aktivier. durch Polyomavirus) 14-1156; –-Aktivität in d. Rattenniere nach einseit. Nephrektomie 38-1482; Phosphorylier. v. Desoxycytidylsäure in normaler Rattenleber u. Ratten-Asziteshepatomzellen mit – 23-1330.

Desoxyguanylsäure-Kinase

–-Aktivität bei Pneumococcus Typ III (Einfl. d. DNS-Abbauprod. u. Orthophosphat) 30-1217.

Desoxynucleosid-Phosphorylase

Rolle bei d. Nutz. v. exogenem Thymin durch E. coli 40-1315.

Desoxynucleotid-Kinase

–-Aktivität bei Pneumococcus Typ III (Einfl. v. DNS-Abbauprod. u. Orthophosphat) 30-1217.

Desoxynucleotidyltransferase

Eig. d. terminalen – aus Kalbsthymus 32-1384.

Desoxyribonuclease (DNase, Streptodornase)

–-Aktivität: in Zellkernen u. im Zytoplasma nach Bestrahl. 26-1663; v. Serratia marcescens 7-1231; v. pathogenen Clostridiumarten 7-1232; d. Myzels v. Penicillium chrysogenum 14-1273; in synchron wachsenden u. sich teilenden Massenkulturen v. Tetrahymena pyriformis (Veränder.) 18-1217; in verschieden transformierbaren Bakterienstämmen 19-1404; lysosomale Lokalisat. in Tetrahymena pyriformis (Eig.) 28-1245; –-Aktivität: in Anacystis nidulans u. a. Algen 33-1483; bei gramnegativen Bakterien 37-1521; –: d. hämolyt. Streptokokken 46-1230; in Vakuolen aus Wurzelzellen v. Maiskeimlingen 32-1250; –-Aktivität: nach Ganzkörperbestrahl. d. Ratte (Wrkg. v. Cystein) 3-1525; in Blutabstrichen u. Knochenmark 5-1241; Vork. in Lysosomen d. Rinderaugenlinsenepithels 5-1294; –-Aktivität d. Meerschweinchenhirns in d. Norm u. nach Strahlenschäden (Einfl. d. Folsäure) 23-1674; Geh. d. Hypophyse (Wrkg. v. $BeCl_2$) 23-1735; –-Aktivität: d. Rückenmarks 26-1316; in mononuklearen Leukozyten v. immunisierten Ratten 26-1595; in Gryphaca angulata 32-1406; Vork. in durch schwere Vergift. mit $BeCl_2$ angegriffenen Leberzellen 37-1699; –-Infekt. in Kulturen v. Hühnerfibroblasten bei Infekt. mit d. Kuhpockenvirus (Wrkg. v. Interferon) 41-1423; –-Aktivität einer gereinigten Rattenlebernuclease 8-1288.

Biosynth. durch Actinomyces levoris *2789* 41-1340; Isolier. u. Charakterisier. v. – aus E. coli B 8-1293; Gewinn. 25-1877*; Trenn. aus Staphylococcus aureus durch isoelektr. Fokussier. (Reinig. u. Eig.) 42-1211; Reinig. aus d. Darmschleimhaut d. Ratte 3-1258.

Opt. Rotat.-Dispers. (Einfl. anorgan. Detergentien) 25-1262; opt. Dreh. d. β-Konfig. v. – 18-1129.

Spalt.: v. PypPu- u. PupPy-Bind. in DNS durch – 14-1179; d. DNS durch Pankreas-– (Wrkg. d. Spaltprod. auf d. Rk. d. Walker *256*-Karzinosarkom-DNS-Polymerase) 25-1326; Wrkg. d. gereinigten – v. Serratia marcescens auf d. DNS 30-1260; Empfindlichk. v. an Nucleohistonprimern synthetisierter DNS gegen – 37-1324; Abbau v. DNS durch – (Einfl. divalenter Kationen) 43-1224; spektrophotometr. Unters. d. Wechselwrkg. zwischen RNS u. – auf Filterpapier 49/50-1225; Rolle bei d. genet. Transformat. 19-1404, 19-1405; –-Rk. bei Actinomyces 13-1210; Rk. mit DNS aus Bacillus subtilis nach Einfl. v. Methansulfonsäuremethylester 14-1216; Wrkg. auf d. Synth. d. Doppelstrang-RNS d. Gelbrübenmosaik-Virus in zellfreien Extrakten 14-1220; Rk. mit einer DNS-Komponente aus Bacillus cereus 16-1240; stimulierende Wrkg. v. DNS u. – auf d. Aminosäureeinbau in vitro in zellfreien Syst. aus Chlorella pyrenoidosa 20-1212; Zerstör. d. Infektiosität d. DNS d. Phagen *P2* durch – 25-1468; Einfl. auf d. Virus v. Herpes simplex 41-1674; Hemmwrkg.: auf d. Phenylalanineinbau in Protein bei Bacillus cereus-Extrakten 47-1455; auf d. Einbau v. Aminosäuren in Protein durch asept. zellfreie Syst. d. Tomate 24-1284; auf d. RNS synthetisierende Aktivität in Chloroplasten u. Zellkernen v. Spinat 28-1268; Einfl. auf DNS-ähnl. Fibrillen in Chloroplasten u. Mitochondrien 29-1311; –-resistentes Polynucleotid aus Mais 42-1106; Wrkg.: auf d. elektr. Doppelbrech.-Vermögen v. Rattenthymus-Desoxyribonucleoprotein 6-1215; auf d. Einbau v. ^{3}H-Thymidin in Zellen mit Infekt. durch Pockenvakzinevirus 11-1329; Vgl. d. Anfangswrkg. v. Milz- u. Pankreas-– 12-1257; Einfl.: auf d. in vitro-Einbau v. Aminosäuren in eine strukturierte Kernfrakt. 12-1158; auf d. Verlauf d. lymphat. Leukämie bei AKR-Mäusen 12-1174; Bezieh. d. – zur Plasmakoagulat. u. Hyaluronidaseaktivität 13-1211; Wrkg.: auf Muskelruhepotentiale 27-1712; auf d. DNS-Synth. in verletzten Neuronen erwachsener Mäuse 27-1732; auf d. ^{14}C-Einbau in d. säureunlösl. Frakt. v. Leberkernen 28-1278; auf d. Folsäure-induzierten Letalfaktor v. Insekten 40-1529; Hydrolyse v. Desoxyribonucleoprotein aus Kalbsthymus durch – v. Staphylococcus aureus 43-1210; Hemmwrkg. auf d. Synth. v. RNS durch Östrogenfrühwrkg. 44-1126.

Bezieh. zwischen subzellulären –, Detergentien, Makroanionen u. nichtwss. Lsgm. 1-1253; Hemm. durch Actinomycin D u. Äthidiumbromid 6-1273; aus Rattenserumextrakt gewonnener Inhibitor d. pankreat. – (Reinig. u. Eig.) 18-1218; RNS als Inhibitor d. – in Pneumokokken-Stämmen 19-1405; Wrkg. v. Karzinogenen u. andere Verb. auf d. – 22-1299; Hemm. d. – aus Ehrlich-Aszitestumorzellen durch Sarkomycin 31-1370.

Anwend. bei experimenteller Tollwut 41-1675.

Mess. mit einer tritiummarkierten DNS 34-1295; Abtrenn. u. Charakterisier. v. – durch isoelektr. Fokussier. 41-1314; Wrkg. auf d. Gallocyaninchromalaunfärb. für pflanzl. Nucleinsäuren 1-1099; Anwend. d. –-Tests bei d. Unterscheid. v. Paracolobactrum v. Serratia 16-1430; Verw. bei Unters. d. Primärstruktur v. Nucleinsäuren 27-1414.

Desoxyribonuclease I (DNase I)

–: im prä- u. postnatalen Leben d. normalen u. d. Folsäuremangelratte 19-1309; in tier. Geweben 27-1445; –-Aktivität: d. Hühnerembryos während d. Ontogenese 32-1405; bei malignen u. nichtmalignen Erkrank. d. weibl. Brust 49/50-1233; u. Fraktionier. v. – aus d. Blutserum verschiedener höherer Säugetiere (Vgl.) 32-1408; Molgew. u. Aminosäurezus. 29-1452; Spezifität 32-1407; Empfindlichk. v. DNS-Nucleotidyltransferase gegenüber – 44-1154; Wrkg. auf d. Bldg. freier Polydesoxyribonucleotide in lymphoiden Geweben nach Röntgenbestrahl. 5-1538; Komplexbldg. zwischen – u. Inhibitor II d. Milz 29-1453; relative Empfindlichk. v. Isotopenmarkierten u. unmarkierten Zellkernen gegen – 24-1305; Inhibitoren d. – aus Kälbermilz (Reinig. u. Eig.) 29-1451.

Desoxyribonuclease II (Desoxyribonucleat-3′-Nucleotidhydrolase, Desoxyribonuclease, saure, DNase II)

–-Aktivität in normalen u. Leukosezellen d. Blutes (zytochem. Unters.) 7-1452; – im prä- u. postnatalen Leben d. normalen u. d. Folsäuremangelratte 19-1309; –-Aktivität: in d. Rattenleber (Wrkg. v. Ganzkörper-Röntgenbestrahl. u. 2.4.6-Triäthylenimino-s-triazin) 19-1711; bei d. Ratte (Einfl. v. Tris-[β-Chloräthyl]-amin, 2.4.6-Triäthylenimino-1.3.5-triazin u. Röntgenstrahlen) 19-1712; in Bezieh. zu Trächtigk., postpartaler Involut. u. Kollagenabbau 24-1373; – in tier. Geweben 27-1445; –-Aktivität: im Harn v. weißen Ratten nach Neutronenbestrahl. 30-1544; d. Hühnerembryos während d. Ontogenese 32-1405; im Rinderherzmuskel (Lysosomen) 34-1310; Verteil. in d. Niere (zelluläre Bezieh.) 37-1697; –-Aktivität: in HeLa-Zellen (Einfl. v. Inhibitoren d. DNS-Synth.) 42-1131; im Blutserum u. in einigen Geweben v. Ratten nach Schädig. durch Sr-90 46-1494; bei malignen u. nichtmalignen Erkrank. d. weibl. Brust 49/50-1233; Verf. zur Herst. v. – 27-1446; Reinig. u. Eig. einer – aus Leber u. Pankreas d. Weinbergschnecke 4-1059; Dimerenstruktur u. alloster. Eig. v. – aus d. Milz 30-1259; Teilnahme an d. biochem. Anfangsmechanismen d. Wrkg. d. ionisierenden Strahlen 21-1735; Empfindlichk. v. DNS-Nucleotidyltransferase gegenüber – 44-1154; Spezifität d. Bind.-Spalt. einer – aus d. Mammakarzinom d. Maus 38-1418; Einfl. v. Antitumormitteln auf – v. Yoshida-Sarkomzellen 9-1211; Kontrolle durch Ascorbinsäure 47-1391.

Desoxyribonuclease A

Eig. v. Streptokokken-– 35-1307.

Desoxyribonuclease, alkalische

–-Aktivität: in HeLa-Zellen (Einfl. v. Inhibitoren d. DNS-Synth.) 42-1131; in d. Zellfrakt. d. Leber v. Geschwulstratten 51/52-1214; exonukleolyt. Natur einer – aus Mammatumor v. *C3H*-Mäusen 11-1207.

Desoxyribonuclease B

Eig. v. Streptokokken-– 35-1307.

Desoxyribonuclease C

Eig. v. Streptokokken-– 35-1307.

Desoxyribonuclease D

Eig. v. Streptokokken-– 35-1307.

Desoxyribonuclease, neutrale

–-Aktivität im Harn v. weißen Ratten nach Neutronenbestrahl. 30-1544.

Desoxyribonuclease, saure

s. *Desoxyribonuclease II.*

Desoxyribonucleat-3′-Nucleotidhydrolase

s. *Desoxyribonuclease II.*

Desoxyribonucleinsäure-Nucleotidyltransferase (DNS-Nucleotidyltransferase, DNS-Polymerase)

Mutagene – 1-1084; Vork. in Bakterien mit fehlender DNS-Synth. 24-1234; zwei Arten v. – aus E. coli 25-1359; Strukturgen für – bei Bakteriophagen *T4* u. *T5* 30-1270; – in isolierten Hefemitochondrien 31-1410; Vork. einer neuen – in Zellen bei Infekt. mit Vaccine-Virus (immunolog. Beweis) 1-1300; –-Aktivität in d. regenerierenden Rattenleber (Einfl. einer Bestrahl.) 7-1572; –: d. Rattenleber 10-1229; in Kontakt-gehemmten Mäusevirenzellen (Aktivier. durch Polyomavirus) 14-1156; in Kernen v. Seeigel-Embryonen (Matrizenwrkg. d. nativen DNS) 15-1263; –-Aktivität: d. Nierenzelle (Einfl. v. Phleomycin) 16-1245; in vitro bei sensitiven u. resistenten Plasmozytomen (Einfl. d. Cyclophosphamid-Behandl.) 23-1363; in zellfreien Extrakten v. Hepatomen 26-1301; d. Kalbsthymus 32-1384; –: aus embryonalen Mäusezellen 44-1221; in d. Epithelzellen v. Milchdrüsen in vitro (Insulin-abhäng.) 46-1156; –-Aktivität nichthistonart. Proteine d. Chromatins v. Kälberthymus u. ihre Bedeut. bei d. DNS-Biosynth. 44-1147.

Indukt. durch d. Sophe Fibrom-Virus 27-1550; Virus-–-Synth. bei mit Vakzinevirus infizierten Hühner-Embryofibroblasten (Einfl. v. Interferon) 38-1535; Indukt. in Nierenkulturen grüner Affen bei Infekt. mit Affen-Adenovirus 49/50-1367; Reinig. u. Eig. d. durch Phagen-*T4*-Infekt. induzierten – 44-1146.

– beim Einbau v. Nucleotiden in d. Kerne fixierter Zellen 6-1300; Spezifität 10-1186; minimale Mol.-Größe d. für – v. Alcaligenes faecalis erforderl. Starters 13-1150; synthet. Desoxyribopolynucleotide als Templates für d. – aus E. coli 17-1237; Rolle: bei d. Infektiosität u. Terminalstruktur d. Lambda-DNS 23-1304; bei d. Basen-Selekt. d. DNS-Replikat. 29-1300; durch – aus E. coli gesteuerte Rk. 30-1175; Replikat. eines ringförm. Einstrang-DNS-Templates durch – v. E. coli 30-1216; Komplexbldg. zwischen „Hemmerprotein“ u. RNS in Leberzellen nach Zusatz v. – 20-1205; Rk. v. Walker *256*-Karzinosarkom-– (Wrkg. v. Oligonucleotiden) 25-1326.

Desoxyribonucleoproteinase

Hydrolyse d. Desoxyribonucleoproteins v. Kalbsthymus durch – 43-1210; Abbau d. Desoxyribonucleoproteide aus Geweben in d. Norm u. nach γ-Bestrahl. mit – 51/52-1619.

Desoxyribonucleotid-Kinase

Keine Wrkg. v. – auf d. Stoffwechsel 26-1301.

Desoxyribonucleotidyltransferase (Addase)

Wrkg. auf d. Bldg. v. einsträng. Polydesoxyribonucleotid aus Desoxyribonucleosid-5′-triphosphaten (induzierende Wrkg. v. Oligodesoxyribo-5′-nucleotiden) 6-1220; Rk. v. terminaler – aus Kalbsthymus bei d. Synth. v. Heteropolynucleotiden 14-1270; begrenzte Addit. v. Desoxyribonucleotideinh. an chem.

synthetisierte Oligodesoxyribo-5'-nucleotide durch — 46-1209.

Desoxyribose-Aldolase (Desoxyribosephosphat-Aldolase)

Synth. v. Desoxyribonucleotiden durch — (Unters. über d. H-Übertrag. mit tritiiertem W.) 32-1279; Eign. zur Auffind. potentieller Krebschemotherapeutika 43-1175.

Desoxyribosephosphat-Aldolase

s. *Desoxyribose-Aldolase.*

Desoxyribosidase

—-Aktivität im Hepatopankreas v. Octopus vulgaris 10-1238.

Desoxythymidin-Kinase (Desoxythymidin-Phosphotransferase)

—-Aktivität: bei E. coli (Wrkg. d. Temp.) 37-1389; d. Überstandes v. leukäm. Myeloblasten v. Hühnern 23-1332, 23-1333; in d. Rattenniere nach einseit. Nephrektomie 38-1482; Aggregat.-Zustand v. — v. E. coli (Einf. regulierender Desoxynucleotide) 37-1388; Wrkg. v. 5-Trifluormethyldesoxyuridin auf — 38-1394.

5'-Desoxythymidinmonophosphatase (Desoxythymidylat-5'-Nucleotidase, 2'-Desoxythymidin-5'-monophosphat-Phosphatase)

—-Aktivität: d. Überstandes v. leukäm. Myeloblasten v. Hühnern 23-1332; in d. Rattenniere nach einseit. Nephrektomie 38-1482; Reinig. u. Eig. d. — in Bacillus subtilis nach Infekt. mit Phagen SP5C 36-1347.

Desoxythymidinmonophosphat-Kinase

—-Aktivität: u. DNS-Synth. in Chlorella pyrenoidosa 18-1203; in d. Rattenniere nach einseit. Nephrektomie 38-1482.

2'-Desoxythymidin-5'-monophosphat-Phosphatase

s. *5'-Desoxythymidinmonophosphatase.*

Desoxythymidinmonophosphat-Synthetase (dTMP-Synthetase)

—-Aktivier. in Kontakt-gehemmten Mäusevirenzellen durch Polyomavirus 14-1156; Bldg. in Phagen (Bezieh. zur mRNS) 14-1189.

Desoxythymidin-Phosphotransferase

s. *Desoxythymidin-Kinase.*

Desoxythymidylat-5'-Nucleotidase

s. *5'-Desoxythymidinmonophosphatase.*

Desoxyuridylat-Hydroxymethylase (dUMP-Hydroxymethylase)

—-Aktivität in mit Bakteriophagen *Φe* infizierten Bacillus subtilis 14-1343; Bldg. bei d. Hemm. v. Thymidylatsynthetase in Bakteriophagen-infiziertem Bacillus subtilis 22-1368.

Dextranase

— (*5.* Mitt.) 39-1036; statist. Berechn. d. Genauigk. d. Michaelis-Konst. aus viskosimetr. Best. d. —-Aktivität 37-1438.

Dextransaccharase

— (*7.* Mitt.) 9-1286; (*8.* Mitt.) 9-1287; (*6.* Mitt.) 22-1379; Rk. v. Leuconostoc mesenteroides-— bei d. Dextranbldg. (Ursprung d. Verzweig.) 23-1481.

Dextrin-1.6-Glucosidase (Amylo-⟨1 → 6⟩-Glucosidase)

Glykogen spaltendes —-Syst. in Hefe 28-1375; —-Aktivität: in Blutkörperchen v. Familien mit Glykogenspeicherkrankh.Typ III (Meth. zur Ermittl. v. Heterozygoten) 29-1702; u. Glykogengeh. d. Erythrozyten d. gesunden Menschen, v. Patienten mit Glykogen-Speicher-Erkrank. u. v. Heterozygoten 46-1474; keine —-Aktivität bei Untergruppen d. Typ III-Glykogenesis 46-1473; Best. 20-1319, 40-1259.

Diäthylphosphorylacetylcholin-Esterase

Aktivitäts-Konstit.-Bezieh. bei d. Reaktivier. v. — durch Phenyl-1-methylpyridiniumketoxime 23-1415; Reaktivier. v. — durch N.N'-Trimethylen-bis-[pyridinium-4-aldoxim] u. N.N'-Oxydimethylen-bis-[pyridinium-4-aldoxim] 27-1846.

Diäthylphosphorylcholin-Esterase

Oximreaktivier. v. Humanserum-— 32-1395.

α-Dialkylaminosäure-Transaminase

Reinig. aus einer Mikrobe (Eig.) 14-1266.

Diaminooxydase (Histaminase, Diamin:O_2-Oxydoreduktase-[desaminierend])

— in Mycobakterien (Nachw. zur Differenzier. v. Mycobakterien) 27-1534; —-Aktivität: v. Mikroorganismen auf Putrescin-enthaltenden Medien 18-1288; eine FAD-abhäng. — aus Micrococcus rubens (Anreicher. u. Eig.) 30-1241; im Schwellkörpergewebe d. Penis 17-1548; — aus Schweinenieren (Pyridoxalphosphat als prosthet. Gruppe) 40-1203; —-Aktivität bei intakten u. sensibilisierten Meerschweinchen (Einfl. v. Amizil u. Diaminophen) 41-1642; — aus Schweinenieren (Reinig. u. Eig.) 44-1194; Geh. d. Rattenleber nach akuter Vergift. durch Epichlorhydrin 46-1512.

Freisetz. v. — nach Verb. *48/80* u. Polymyxin B in sensibilisierten u. unsensibilisierten Ratten 18-1597; Hemm. d. anaphylakt. Freisetz. durch Protamin beim Meerschweinchen 33-1743; Reinig., Eig., Rk. (Übersicht) 3-1227; Herst. hochgereinigter Präp. v. — aus d. Schweineniere 18-1189; Reinig. u. Eig. plazentarer — 20-1278.

Oxydierende Wrkg. auf 2-Hydroxyputrescin bzw. -cadaverin (Bezieh. zur Biogenese einiger Hydroxylgruppen-tragender Alkaloide) 5-1355; (in Erbsensämlingen u. Schweinenieren) 22-1333; Entfärb.-Mechanismus v. Indigocarmin im —-Syst. 29-1408; Ox. v. aliphat. Diaminen mit — (Best.) 44-1860.

Inaktivier. durch H_2O_2 6-1247; Substanzen mit —-liberierender Wrkg. beim Meerschweinchen 10-1605; Wrkg. v. Histamin u. Homoveratrylamin auf d. Hundenieren-— 11-1621; Hemmwrkg. d. Überstandes v. Bordetella pertussis-Kulturen u. v. Röntgenstrahlen auf d. — d. Lunge 20-1279; Inaktivier. v. Erbsensamen-— durch Peroxydase u. 1.5-Diaminopentan 20-1280; 1.4-Diaminobutanon-(2) als stark u. kurz wirkender kompetitiver Hemmstoff d. — 22-1334.

Best.: in histolog. Proben (Verteil. in d. intakten Plazenta u. im Uterus) 29-1405; durch o-Dianisidinperoxydase-Koppl. 29-1407.

Diamin:O_2-Oxydoreduktase (desaminierend)

s. *Diaminooxydase.*

2.6-Diaminopurinribonucleosid-5'-monophosphat-Pyrophosphorylase

—-Aktivität v. L-Zellen (Rk.-Kinetik) 51/52-1267.

Diaminosäure:α-Ketoglutarat-Transaminase

—-Aktivität v. Mikroorganismen auf Putrescin-enthaltenden Medien 18-1288.

o-Dianisidin-Peroxydase

Best. d. Diaminoxydaseaktivität durch — 29-1407.

Diaphorase

s. *Lipoamid-Dehydrogenase.*

Diastasen

s. *Amylasen.*

Dichlorphenolindophenol-Reduktase (NAD(P)H:2.6-Dichlorphenolindophenol-Oxydoreduktase, NADPH-Dichlorphenolindophenol-Diaphorase)

—-Aktivität: in Rattenlebermikrosomen (Einfl. v. Phenobarbital, Methylcholanthren u. männl.Geschlechtshormon) 21-1775; in Rattennebennieren (Bezieh. zur ACTH-Injekt.) 45-1338; stimulierende Wrkg. v. Cu^{2+} auf — 28-1367; Isolier. u. Eig. d. — aus Mycobacterium phlei 33-1463; Isolier. eines d. Red. v. Sulfit durch red. Viologene katalysierenden Proteins aus Aspergillus nidulans mit —-Aktivität 41-1258.

Diglycerid-Acyltransferase (Triglycerid-Synthetase)

Reinig. u. Eig. v. — aus Darmschleimhaut 41-1268.

Diglycerid-Kinase

Katalysier. d. Synth. d. Glycerophosphatide in E. coli durch — 12-1333.

Dihydrobiopterin-Reduktase

Rk. mit Sepiapterin aus Rattenleber 11-1269.

Dihydrofolat-Reduktase

s. *Dihydrofolsäure-Reduktase.*

Dihydrofolsäure-Reduktase (Dihydrofolat-Reduktase)

Artunterschiede zwischen — 25-1345; —: aus Lactobacillus leichmanii (Reinig. u. Charakterisier.) 4-1025; v. Streptococcus faecalis 8-1241; aus einer Mutanten u. einem Wildtyp v. Diplococcus pneumoniae (Gelfiltrat.-Eig.) 8-1242; aus Trypanosoma equiperdum (Isolier., teilweise Reinig. u. Eig.) 17-1284; —-Aktivität: im megaloblastären Knochenmark unter Einw. v. Vitamin B_{12} 5-1472, 5-1473; in d. Mäusemilz (Wrkg. v. Zytostatika) 14-1252; in menschl. Leukozyten 22-1287; Amethopterinresistenz u. —-Aktivität bei Clonlinien d. Mäuseleukämie L *1210* 23-1329; —-Aktivität in d. DNS menschl. Leukozyten (Verhältnis zum Methotrexat-Zusatz) 38-1345; Aktivier. d. — durch 5.5'-Dithio-bis-(2-nitrobenzoesäure) 43-1196.

Synth. u. Regel. in mit Bakteriophagen *T4* sowie *T4*Amber-Mutanten infizierten E. coli 43-1324; Indukt. durch SV *40* u. Polyoma-Virus 13-1188; Reinig., Eig. v. —: d. Kalbsthymus 2-1145; v. wilden Stämmen u. v. Stamm A v. Streptococcus faccalis 8-1241.

Hydrophobe Bind. an — 10-1219; Art d. Pyrimidinbind. an — (pH-Profil-Unters.) 23-1395; hydrophobe Bind. an — 25-1346, 28-1365, 34-1267, 34-1268, 39-1225; metabol. Rolle v. *T6*-Phagen-induzierter — 36-1282.

Hemm. durch an Benzoesäure gebundene Pyrimidine 10-1219; Bezieh. zwischen d. Hemm. d. — u. d. pharmakolog. Wrkg. v. Homofolsäurederiv. bei d. Amethopterinresistenten Mäuseleukämie 23-1676; irreversible Inhibitoren d. — 33-1461; aktivseitendirigierter Inhibitor v. — 48-1325; Inhibitoren 48-1326; chromatograph. Reaktivier. v. durch Aufbewahr. inaktivierter — aus Diplococcus pneumoniae 28-1366; Resistenz v. Stämmen v. Lactobacillus casei u. Proteus vulgaris gegen Inhibitoren d. — 4-1026.

Automat. Küvettenwechsler für fluorimetr. Best. d. — 19-2164; Isotopenbest.-Meth. für — 32-1344.

Dihydroliposäure-Dehydrogenase (Dihydrolipoyldehydrogenase)

Vgl. d. — aus Pyruvat- u. α-Ketoglutarat-dehydrogenase-Komplexen v. E. coli 43-1192; zytochem. Nachw. in d. Zellen v. Saccharomyces cerevisiae 42-1177.

Dihydrolipoyldehydrogenase

s. *Dihydroliposäure-Dehydrogenase.*

Dihydroorotase (L-4.5-Dihydroorotat-Amidohydrolase)

Synth. während d. bakteriellen Wachstums 1-1261; therm. Trenn. v. — u. Dihydropyrimidinase aus einer rohen Pflanzenenzympräparat. 40-1283.

L-4.5-Dihydroorotat-Amidohydrolase

s. *Dihydroorotase.*

Dihydroorotat-Dehydrogenase

s. *Dihydroorotsäure-Dehydrogenase.*

Dihydroorotat-Oxydase

Partikelgebundenes —-Syst. aus Pseudomonas (Verknüpf. mit d. Atmungskette) 26-1272.

Dihydroorotsäure-Dehydrogenase (Dihydroorotat-Dehydrogenase)

— (*1.* Mitt.) 36-1279; lösl. NADP-abhäng. — aus Pseudomonas 26-1269; Hemm. durch Barbiturate 21-1795.

Dihydrophenylalanin-Oxydase

—-Aktivität in Tribolium confusum 16-1315.

Dihydropteridin-Reduktase

Wrkg. im hepat. Phenylalaninhydroxylasesyst. 8-1260.

4.5-Dihydropyrimidin-Amidohydrolase

s. *Dihydropyrimidinase.*

Dihydropyrimidinase (4.5-Dihydropyrimidin-Amidohydrolase)

—-Aktivität in Erbsenpflanzen 6-1287; therm. Trenn. v. Dihydroorotase u. — aus einer rohen Pflanzenenzympräparat. 40-1283.

Dihydrothyminase

—-Aktivität d. Leber (Einfl. v. Lysin- oder Threonin-freier Diät) 8-1587.

Dihydrothymin-Dehydrogenase

—-Aktivität d. Leber (Einfl. v. Lysin- oder Threonin-freier Diät) 8-1587.

Dihydrouracilase

—-Aktivität d. Leber (Einfl. v. Lysin- oder Threonin-freier Diät) 8-1587.

Dihydrouracil-Dehydrogenase

—-Aktivität d. Leber (Einfl. v. Lysin- oder Threonin-freier Diät) 8-1587.

Dihydroxyfumarsäure-Decarboxylase

Umwandl. v. Meso-Tartrat u. Dihydroxyfumarat in Glycerat durch – 31-1475.

Dihydroxyfumarsäure-Oxydase

– -Peroxydase-Rk. (Hemm. durch Citrat) 6-1257.

Dihydroxyfumarsäure-Peroxydase

Dihydroxyfumarsäureoxydase- – -Rk. (Hemm. durch Citrat) 6-1257.

3.4-Dihydroxyphenylalanin-Decarboxylase (DOPA-Decarboxylase)

– -Aktivität: im Schwellkörpergewebe d. Penis 17-1548; in einem malignen Hamstermelanom 19-1315; bei Tenebrio molitor u. Drosophila melanogaster 26-1628; Dopaminbldg. in Hirnkapillaren durch – 15-1629; Kinetik d. – d. Rattengehirns (Wrkg. v. Phenylalanin- u. Tryptophanderiv.) 27-1471; Hemm. durch NSD-*1034* 10-1429; Wrkg. einer Phenylalaninverabfolg. auf d. – bei d. ausgewachsenen Ratte 30-1553; Hemm. durch 2.3.4-Trihydroxybenzylhydrazin 35-1329; Wrkg. v. verschiedenen Jodphenolen auf – in Schweinenieren 44-1274.

Dihydroxysäure-Dehydratase

– -Aktivität in Mutanten v. Aerobacter aerogenes 26-1365; – aus Neurospora crassa 44-1282.

Diisopropyl-α-chymotrypsin

Verb. v. – mit fluoreszierenden Substraten u. Hemmstoffen für Chymotrypsin 21-1452.

Diisopropylphosphorylacetylcholinesterase

Reaktivier. durch N.N'-Trimethylen-bis-[pyridinium-4-aldoxim] u. N.N'-Oxydimethylen-bis-[pyridinium-4-aldoxim] 27-1846.

Diisopropylphosphoryl{-α-}chymotrypsin

Denaturier. durch Harnstoff, Guanidiniumchlorid u. 2-Chloräthanol (Absorpt.-Spektren u. opt. Rotat.-Dispers.) 29-1462; Rk.-Fähigk. v. Tryptophan in – gegen N-Bromsuccinimid 14-1297; Rk.: mit Naphthochinonsulfonsäure (Zustände d. Amino-Gruppen) 23-1445; mit Monochlortrifluor-p-benzochinon (Reaktivitätsgrad d. Aminogruppen) 23-1446.

Dimethylaminoazobenzol-Reduktase

– -Aktivität in d. normalen Leberzelle u. zu Beginn d. Krebsbldg. (Wrkg. d. Hydrocortisons) 4-0999.

5.6-Dimethylbenzimidazolylcobamid-Coenzym

s. unter $C_{72}H_{100}CoN_{18}O_{17}P$*).

ε-Dinitrophenyllysin-41-Ribonuclease

– u. Oligonucleotidsynth. mit 5'-substituierten cycl. Uridin-2'.3'-phosphaten 40-1243.

Dinucleotidasen

Spezielle – s. dort.
– -Aktivität in Gewebekulturen d. Retina 10-1539.

Diol-Dehydrase

s. *Diol-Dehydratase.*

Diol-Dehydratase (Diol-Dehydrase)

Aktivität einer Cobamid-Coenzym-abhäng. – (Verstärk. durch anaerobe Lichtbestrahl. u. kompetitive Hemm. durch Adenosin) 15-1330; Bldg. d. Cobamidcoenzym-abhäng. – in Aerobacter aerogenes ATCC *8772* (beeinflussende Faktoren) 9-1289; – -Rk. (Rolle v. B_{12}-Coenzymen) 5-1205; Rk. d. – -Dimethylbenzimidazolylcobamid-Coenzym-Komplexes 8-1209; Rk.-Mechanismus (Ähnlichk. mit Methylmalonyl-CoA-Mutase) 33-1530.

Dioxygenase

Rk. bei d. Vitamin A-Biosynth. aus β-Carotin 20-1551.

Dipeptidasen

Spezielle – s. dort.
– in Sphäroblasten u. Zellen aus E. coli K-*12* nach osmot. Schock 8-1306; – -Aktivität v. E. coli K-*12* (Rolle v. Metallionen) 40-1266; – aus Nierenpartikel (Reinig. u. Eig.) 13-1226; – -Aktivität im Hypophysenvorderlappen 16-1385; Reinig. u. Charakterisier. d. – aus Cucurbita maxima-Kotyledonen 15-1388; Best. im Darm 17-1327.

Dipeptidylarylamidase I

Eig. d. – d. Hypophyse 20-1359.

Dipeptidylnaphthylamidase

– d. Glycylprolyl-β-naphthylamid hydrolysiert 16-1364.

Dipeptidyltransferase

Reinig. u. Eig. 14-1301.

o-Diphenol-Oxydase (Brenzcatechin-Oxydase, Catechol-Oxydase, Phenolase, Polyphenol-Oxydase, Tyrosinase)

– -Aktivität: v. Oudemansiella mucida 33-1537; bei Fusarium vasinfectum (Eig.) 37-1376; v. Nectria galligena bei Kultur mit u. ohne Biotin 40-1183; in d. Chloroplasten (Einfl. v. γ-Strahlen) 5-1341; in d. interkalaren Wachstumszonen im Maisstengel 5-1356; d. Tabakblätter während d. Vegetat. u. d. Welkens 6-1371; im Wein bei Reblausinfekt. 7-1394; während d. Inkubat. v. Gewebeschnitten d. Süßkartoffel (Hemmeffekt einiger Antibiotika) 10-1220; multiple Formen d. – in reinen Linien v. Petunia hybrida 10-1368; akt. u. latent gebundene – u. ihre Ablsg. v. pflanzl. Zellstrukturen 13-1189; – d. Teeblätter 14-1257; – -Aktivität: während d. Knospenruhe in Knöterich 15-1486; während d. Entw. d. Mohnpflanze (Bezieh. zur Opiumalkaloidbiosynth.) 17-1476; d. Sorghumhirsesaatgutes bei tiefer Temp. (Einfl. d. verschiedenen Behandl.) 18-1402; v. Kartoffelpflanzen (Einfl. d. physiolog. Alters v. Keimknollen) 20-1284; Geh. im unreifen, mit Ascorbinsäure, Cystein, Hydroxylamin, Cyanid, Si u. Fe behandeltem Zuckerrohr 20-1445; – im Phenolasenkomplex in Papaver somniferum (Biochemie d. Mohnalkaloidsynth.) 23-1552; – -Aktivität: v. Kartoffeln (Wrkg. v. Pentachlornitrobenzol) 25-1541; in wachsenden Äpfeln 25-3437; in weißfleisch. Pfirsichen (Einfl. d. Kaltlager.) 27-3562; in d. oberird. Organen v. Consolida arvensis 34-1273; Teeblatt- – (Lokalisier.) 36-1284; – -Aktivität: bei d. Chromatographie d. Gesamtproteins d. Kartoffelpflanze 37-1567; im Mohn (Wrkg. v. Amitrol) 51/52-1429; in Tribolium confusum 16-1315.

Freisetz. aus Zuckerrübenchloroplasten 3-1228; Bldg. in Teeblättern (Einfl. v. Antibiotika) 14-1257; Indukt. in Neurospora crassa (Hemmwrkg. v. EDTA) 20-1283; Trenn. d. – für d. Anthocyanabbau in d. Eierfrucht 25-1349; Reinig. u. Eig.: d. – aus Avaramrinde 12-1204; v. latenter – aus Tenebrio molitor 17-1288.

Oxydierende Wrkg. auf Tyrosin-*26* d. oxydierten B-Kette v. Insulin 2-1149; Wrkg.: auf Proteine 2-1150; v. γ-Bestrahl. auf d. Geschw. d. Ox. v. Tyrosin durch – 14-1538; inter- u. intramol. Vernetz. in – -behandeltem Tropokollagen 24-1553; bei d. Ligninbiosynth. 47-1374; auf d. Vitamin C-Geh. in Erbsenkeimlingen nach UV-Bestrahl. 35-1419; auf d. Membran d. Erythrozyten 21-1756.

Wrkg. polyphenol. Substanzen auf – 4-1027; Hemm. d. Bananen- – durch 2-Mercaptobenzthiazol 24-1351; – -Hemm. (Bedeut. für Sonnenbräune u. Albinismus) 36-1285.

Best. (Verf. mit Besthorn-Hydrazon) 35-1274, 47-2142; empfindl. fluorimetr. Best. d. Säugetier- – 15-1322; – -Best. zur Unterscheid. holzzerstörender Pilze 39-1336; Best. v. Tyrosin mit – 49/50-1960.

p-Diphenol: O_2-Oxydoreduktase

s. *p-Diphenol-Oxydase.*

p-Diphenol-Oxydase (Laccase, p-Diphenol:O_2-Oxydoreduktase)

Verteil. in Gewebe v. Fusarium moniliforme 33-1620; – aus Lactarius piperatur 38-1370; – -Aktivität v. Nectria galligena bei Kultur mit u. ohne Biotin 40-1183; Bldg. u. Aktivität d. – in Pilzen 28-1371; Teilnahme d. – an d. Biosynth. v. Aurantin 18-1321; Rolle im Mechanismus d. Biosynth. d. Phenoxazinteils v. Aurantin 41-1573; Widerleg. d. katalyt. Aktivität v. – bei d. Ox. v. Coniferylalkohol 47-1374; Ox. v. Psilocin durch – 47-1551.

1.6-Diphosphofructaldolase

– -Aktivität d. verbliebenen Rattenniere nach einseit. Nephrektomie (Einfl. v. 19-Nortestosteron-17-β-decanoat) 39-1425.

2.3-Diphospho-D-glycerat-Phosphotransferase

s. *Phosphoglyceromutase.*

2.3-Diphosphoglycerinsäure-Phosphatase

Anstieg d. – u. d. begleitende Abnahme d. Mutaseaktivität d. tier. Phosphoglycerinsäuremutasen (Einfl. v. Hg) 46-1207.

Diphosphoglyceromutase (Glycerat-Phosphomutase)

Hemm. durch DFP 49/50-1624.

Diphosphoinositid-Kinase

– im Rattengehirn 40-1230, 44-1211.

Diphosphorpyridin-Nucleosidase

s. *NAD-Nucleosidase.*

Diphosphorpyridinnucleotid-Pyrophosphorylase

s. *NMN-Adenyltransferase.*

Disaccharidase

Lokalisier. im Hamsterdarmbürstensäumen 20-1166; – -Aktivität im Darm v. jungen keimfreien u. gewöhnl. Ratten 20-1342; histochem. Lokalisat. im Darm (Anwend. auf perorale Biopsieproben) 28-1425; – d. Dünndarms 33-1509.

DNase

s. *Desoxyribonuclease.*

DNase I

s. *Desoxyribonuclease I.*

DNase II

s. *Desoxyribonuclease II.*

DNP-Diaphorase

Bldg. in d. Leydigzellen d. reifenden Rattenhodens 35-1333.

DNS-Desoxycytidylat-Methylase

Sequenzspezifität 17-1232.

DNS-Diesterase

Einw. v. – aus E. coli auf renaturierte DNS 7-1187.

DNS-Methylase

Natur (biolog. Beweis für d. multiple Natur) 30-1246; – -Aktivität: in bakteriophageninfizierten E. coli 12-1148; in T-Phagen 16-1238; Phagen-induzierte – in E. coli 46-1201.

DNS-Nucleotidyltransferase

s. *Desoxyribonucleinsäure-Nucleotidyltransferase.*

DNS-Polymerase

s. *Desoxyribonucleinsäure-Nucleotidyltransferase.*

Dolantin-Esterase

Vork. in Säugetierleber 14-1279.

DOPA-Decarboxylase

s. *3.4-Dihydroxyphenylalanin-Decarboxylase.*

Dopamin-β-Hydroxylase (Dopamin-β-Oxydase)

Vork.: in Depotbläschen d. Rindernebennierenmarks 6-1435, 6-1436; im Vas deferens v. Ratten 9-1548; – -Aktivität in Tumoren sympath. Ursprungs 22-1286; Rolle im Mechanismus d. falschen neurochem. Transmitter 10-1532; Inhibitorwrkg. v. Phenyläthyldithiocarbamat auf – 3-1233; Hemm. durch Disulfiram 14-1533; Einfl. d. – -Hemm. auf d. Deplet. v. Noradrenalin durch Tyramin aus d. Herzen 19-1600; Bldg. v. Antikörpern gegen – v. Rindernebennierenmark 33-1741; Einfl. v. red. u. ox. Pteridin auf d. – 34-1275; Darst. v. Di-{N-amino-N-[2-(2.6-dichlorphenoxy)-äthyl]-guanidin}-sulfat als Hemmstoff für – 51/52-1758*.

Dopamin-β-Oxydase

s. *Dopamin-β-Hydroxylase.*

DOPA-Oxydase

– -Aktivität d. Pigmentzellen im Auge (Bldg. bei d. Differenzier.) 24-1691; Vork. im humanen Gingiva-Epithel 35-1326.

Dorsinase

Rk. mit Cerebellin d. Kleinhirns (Einfl.) 45-1787.

DPNase

s. *NAD-Nucleosidase.*

DPN-Diaphorase

s. *NAD-Cytochrom c-Reduktase.*

DPNH-Dehydrogenase

s. *$NADH_2$-Dehydrogenase.*

DPNH-Ferricyanid-Reduktase

s. *NADH-Ferricyanid-Reduktase.*

DPNH-Rubredoxin-Reduktase

s. *NADPH-Rubredoxin-Reduktase.*

DT-Diaphorase

s. *NAD(P)H-Dehydrogenase.*

dTMP-Synthetase

s. *Desoxythymidinmonophosphat-Synthetase.*

dUMP-Hydroxymethylase

s. *Desoxyuridylat-Hydroxymethylase.*

EDTA-Lysozym

Wrkg. auf d. Ribonuclease d. unlösl. Partikelfrakt. aus Azotobacter agilis 1-1206.

Elastase

—-Aktivität in Pankreasgewebeextrakten (kolorimetr. Best.) 21-1459; Vork. in menschl. Erythrozyten 24-1401; —: im normalen Hundepankreas (Überblick) 25-1373; im menschl. Pankreas (Charakterisier.) 36-1379; —-Aktivität extrazellulärer Protease v. Pseudomonas aeruginosa 23-1433; Bldg. durch Ringelflechte-Fungi 40-1278; Strukturunters. v. — aus Pankreas 26-1255; Wrkg. auf Tropokollagen u. unlösl. Kollagen 13-1537; Substratspezifität einer bakteriellen — (Vgl. mit thermostabiler bakterieller Proteinase) 14-1304; elastolyt. Eig. v. — mikrobiellen Ursprungs 40-1270; Wrkg. auf d. Blutgerinn. 16-1373; Hemm. u. Steiger. d. Pankreas-— durch Serumfrakt. schwangerer u. nicht schwangerer Frauen 31-1445; Nachw. in lösl. Rinderpankreasextrakt nach immunoelektrophoret. Analyse 1-1212.

Elastase 1

Fraktionier. aus Schweinepankreas 10-1233.

Elastase 2

Fraktionier. aus Schweinepankreas 10-1233.

Elastoproteinase

Einfl. auf d. Aktivität d. Lipoproteinlipase im Plasma 26-1306.

Elaterase

— aus Cucumis myriocarpus (physikal.-chem. Unters.) 26-1318.

Eliminase

—-Aktivität v. induzierbaren S8-Depolymerasen aus Bacillus palustris 27-1473; enzymat. Abbau v. ω-Heparin durch — 49/50-1527.

Emulsin

Emulgator zur Herst. v. — 34-1764*; Hydrolyse v. 2- u. 4-Hydroxybenzamidglykosiden durch — 2-1193; Darst. u. Eig. spezif. Inaktivatoren 11-1244.

Endocarboxymethylcellulase

—-Aktivität v. Pilzen 27-1494.

Endo-β-glucanase

—-Aktivität: v. Pilzen 27-1494; in Schizophyllum commune 42-1244; in Gerste u. Malz 25-3393.

Endo-β-1.3-Glucanase

Abbau v. Isosclerotan durch — 6-1318; Empfindlichk. isolierter Zellwände u. Askuswände verschiedener Hefen gegenüber d. Einw. bakterieller — 46-1284.

Endo-β-1.6-glucanase

Empfindlichk. isolierter Zellwände u. Askuswände verschiedener Hefen gegenüber d. Einw. bakterieller — 46-1284.

Endonuclease

Spezif. — aus Neurospora crassa (Reinig. u. Eig.) 12-1230; (Spezifität) 12-1231; Vork. in Bakterien mit fehlender DNS-Synth. 24-1234; —: aus d. Seidenraupe (Reinig. u. Wirkungsweise) 8-1286; aus Schafnieren (Hydrolyse v. tRNS) 21-1420; —-Aktivität einer gereinigten Rattenlebernuclease 8-1288; —-Wrkg. v. Ribonuclease aus Säugetierzellen 33-1482; Wrkg. d. Seidenraupen-— auf Oligoribonucleotide mit einer 3'-Phosphatendgruppe 21-1417; Hemm. durch Actinomycin D 6-1273.

Endonuclease I

Keine Verwert. v. Desoxyribonucleosiden für d. DNS-Synth. durch E. coli-—-Mangelmutanten in Tris-EDTA 20-1210.

Endopeptidase

s. *Proteinase.*

Endopeptidasen

s. *Proteinasen.*

Endopolygalakturonase

— aus Aspergillus saitoi 10-1239; Auslsg. u. Hemm. d. Synth. v. — in Pyrenochaeta terrestis 25-1406; Bldg. durch Botrytis cinerea u. Verfolg. d. Mazerat. pflanzl. Gewebe 43-1240; Prod. bei Aspergillus saitoi 51/52-1287; Krist. v. — aus Acrocylindium 15-1380; Wrkg. bei d. Klär. v. Apfelsaft 33-1496; Verwert. v. säurestabilen, durch Corticium rolfsii gebildeten — 36-1354.

Endopolyglucosidase

Hydrolyse d. Glucomannane durch eine — aus Aspergillus oryzae 19-1441.

Enolase

s. *Phosphopyruvat-Hydratase.*

3-Enoylpyruvylshikimat-5-phosphat-Synthetase

Lokalisier. d. Strukturgens d. — für d. Aromatensynth. bei E. coli 6-1168.

Enterokinase

s. *Enteropeptidase.*

Enteropeptidase (Enterokinase)

Geh.: im Darm (Einfl. d. Oleandomycinphosphats) 45-1738; d. Hundedarms (Einfl. d. tox. u. höchstzuläss. Konz. v. Sevin) 51/52-1712; —-Aktivier. v. Trypsin u. Chymotrypsin 18-1231; p-Amidinophenylbrenztraubensäure als ein hochwirksamer Inhibitor v. — 16-1372.

Enzym A

— bei d. Red. eines eine lichtreduzierbare Disulfidbind. enthaltenden Chloroplastenproteins 1-1322.

Enzym ALE

Lysis v. Pediokokken u. Brevibakterien durch d. Zellwand-lysierendes — 30-1279.

Epimerasen

Spezielle — s. dort.

Histochemie 42-1242; Induzier. d. Bldg. in E. coli durch Oleat 42-1247; erhöhte Fluoreszenz durch 5'-Uridinnucleotide 12-1305.

Epoxydase

—-Aktivität d. Lebermikrosomen v. Forelle u. Ratte (Wechselwrkg.) 6-1588; Wechselwrkg. d. mikrosomalen —-Syst. mit DDT-Analogen 49/50-1613; Indukt. durch einen Nicht-KW-Stoff bei Pseudomonas 49/50-1295.

Erythrit-Dehydrogenase

Kontrolle in Schizophyllum commune 21-1381.

Esterase-5

Reinig. d. — v. Drosophila pseudoobscura 39-1239.

Esterasen (Esterhydrolasen)

Spezielle — s. dort.

L-Threonyl-L-alanyl-L-seryl-L-histidyl-L-asparaginsäure, ein akt. —-Modell 15-1149.

Vorkommen, Aktivität: Vork. in Antigenextrakten aus Aspergillus fumigatus 5-1293; — d. Sporen v. Bacillus subtilis (Trenn.) 23-1437.

— in Vakuolen aus Wurzelzellen v. Maiskeimlingen 32-1250.

—-Aktivität: in aus Herz isolierten Mikrosomen 2-1097; in Spinnentieren 4-1045; Geflügelserum-— (immunelektrophoret. Unters.) 4-1046; nichtspezif. — d. Dünndarms d. Ratte (histochem. u. biochem. Analyse) 4-1047; Geh. als Beweis für unterschiedl. Bläschenarten in d. Lebermikrosomenfrakt. 5-1155; —: d. Mäuseserums 5-1246; aus Rattenleber u. -niere (Charakterisier.) 6-1266; vaskuläre —-Aktivität bei Ratten (Wrkg. v. Vitamin D-Überschuß) 7-1507; —-Aktivität d. intrazellulären „Katalysomen" im Fettkörper v. Rhodnius 8-1157; Mastzell-— (Aktivier. durch Rk. v. Antigen mit homozytotropem Antikörper, Eig.) 9-1486; Phosphonat-resistente u. -sensible Mastzellen-— 9-1487; —-Aktivität in Gewebekulturen d. Retina 10-1539; genet. u. physiolog. Variat. d. — im Mäuseserum 12-1118; —-Aktivität in Planorbisschnecken (Eig.) 12-1232; — im Blut d. Hamsters 12-1233; Froschleber-—-Aktivität (Wrkg. v. Metallionen) 12-1234; nichtspezif. — im Dickdarm d. Ratte (postnatale Veränder.) 12-1249; — tier. u. menschl. Zellen 12-1272; —-Aktivität: an Nidat.-Ort beim Kaninchen (Wrkg. v. Östradiol u. Histamin) 12-1427; in Muskelfasern in schnellen u. langsamen Muskeln bei kreuzweise Innervat. 12-1535; nichtspezif. — in normalen u. neoplast. Geweben d. syr. Hamsters (Zymogramm-Unters.) 13-1242; —-Aktivität in d. v. Äthionin hervorgerufenen akuten Fettleber (Einfl. v. Vitamin B_{12} u. Folsäure) 13-1513; (Einfl. v. Thioctsäure u. Orotsäure) 13-1514; — normaler Rattenleber u. v. Morris-Hepatom *5123* t.c. (Zus. u. Freisetz.) 15-1279; Androgen-abhäng. — in d. Unterkieferspeicheldrüse d. Maus 15-1362; —-Aktivität: im Fettgewebe u. in d. Leber 15-1365; d. menschl. Epiphyse (histochem. Nachw.) 15-1421; in Rinderplasma u. -milch 16-1347; — d. Leber (Wrkg. v. Thioacetamid-Vergift.) 17-1343; —-Aktivität d. Nebennierenrinde (Wrkg. v. Diäthylstilböstrol) 17-1344; Aktivität unspezif. — bei Alloxandiabetes 18-1459; —-Aktivität v. experimentell erzeugten Tumoren in d. submaxillaren u. sublingualen Drüsen v. Mäusen während d. Karzinogenese 19-1325; zelluläre Lokalisier. u. Aktivität in Bezieh. zu sekretor. Funkt. d. Hypophysenvorderlappens 19-1557; nichtspezif. — d. Jejunums u. d. Ileums d. Ratte (postnatale Änder. d. Aktivität u. d. Elektrophoresemusters) 21-1427; —-Aktivität im Plasma (Einfl. v. Heparin) 21-1683; Geh. d. Nebennierenrinde d. Meerschweinchens nach Metopironzufuhr 22-1537; unspezif. — im Melanoblastom d. Chorioidea 23-1320; Geh. d. Hypophyse (Wrkg. v. $BeCl_2$) 23-1735; —-Aktivität: während d. Reif. d. Kleinhirnrinde u. d. Ammonshorns beim Kind 24-1430; während d. Aktivier. d. Puppenhirns v. Hyalophora cecropia 24-1656; subzelluläre Lokalisier. d. Rattenhirn-— 28-1230; Gehirn-— während d. Entw. 28-1394; Verteil.-Muster d. —-Typen v. Leber, Lunge u. Niere bei Pongiden u. Mensch 28-1395; Aktivität unspezif. — im Primordium d. subkommissuralen Organs im Gehirn menschl. Feten 29-1445; —-Aktivität: in einer prim., mit Parainfluenza *3*-Virus infizierten Kultur v. Affennierenzellen 31-1535; d. Monozyten 32-1353; in Lysosomen d. absorbierenden Zellen d. Duodenalmukosa d. Maus 33-1525; in verschiedenen menschl. Organextrakten 35-1292; d. Milch (Wrkg. d. ionisierenden Strahl.) 35-1648; in d. Rattenniere (Einfl. v. Neomycinorotat) 35-1701; in Leberplasmamembranen 36-1328; Verteil. in d. myoneuralen Verb. d. gestreiften Muskels d. Ratte 37-1397; Vork. in durch schwere Vergift. mit $BeCl_2$ angegriffenen Leberzellen 37-1699; — d. Leber großen Haustiere (Charakterisier.) 43-1212; extrazelluläre saure — in Makrophagenkulturen 44-1230; histochem. Lokalisier. in d. Antennendrüse v. Pacifastacus leniusculus 46-1260; —-Aktivität d. Rattenmilz nach Vergift. mit CCl_4 u. deren Behandl. mit einem Blutextrakt 46-1510; Verteil. im Fischhirn 47-1387; —-Aktivatoren bei d. Vergift. mit Dimethoat (therapeut. Wirksamk.) 18-1625.

Bildung, Gewinnung: Bldg. v. unspezif. — in d. Leydig-Zellen d. reifenden Rattenhodens 35-1333; Freisetz. aus d. Leber nach Injekt. v. Heparin 11-1475; Isolier. aus d. epididymalen Fettgewebe d. Ratte 41-1278; elektrophoret. Trenn. v. unspezif. — aus menschl. Blutzellen 23-1388; Reinig. u. physikal. Eig. v. Ziegendarm-— 51/52-1280.

Eigenschaften: Stereospezifität v. — in bestimmten Insekten u. d. Leber d. Meerschweinchens 6-1275; Polymorphismus in natürl. Populat. v. Colias eurytheme 20-1152.

Reaktionen, Wirkungen: —-Rk. (Katalysier. durch Subtilisin) 24-1403; Hydrolyse d. Esterbind. zwischen transfer-RNS u. N-substituierten Aminosäuren mit — 40-1135; biochem. Charakterisier. d. bei d. Komplement-abhäng. Chemotaxis v. Kaninchen-polymorphkernigen Leukozyten erforderl. — 17-1310; Rolle bei d. Hemm. d. Leukozyten-Chemotaxis durch Phosphonatester 17-1578; Esterspalt. durch — d. menschl. Lunge 35-1298; Hydrolyse Fluoreszenz-auslösender Ester durch lebende Säugetierzellen-— 38-1316.

Beeinflussung, Inhibitoren: Hemmwrkg. v. Bernsteinsäuredicholinester u. Bernsteinsäuremonocholinester auf — d. menschl. Blutes 6-1274; Wrkg. v. Chymotrypsinhemmstoff I aus Kartoffeln auf — 14-1299; Malathionhemm. v. — als entscheidender Faktor bei d. Malathion-Toxizität 14-1572; Wrkg.: v. Carbamat-Insektiziden auf — d. Säuger in vivo 19-1738; d. Röntgenbestrahl. auf d. — d. Blutserums weißer Ratten 41-1602.

Analyse, Untersuchungsmethoden: Best. durch vertikale Stärkegelelektrophorese 20-1238; Agargel-Elektrophorese im Mikromaßstab 42-1805; photometr. Best. im Blut 5-1247; histochem. Nachw. unspezif. — 35-1291; potentiometr. Best. d. Serum-— 35-2112; elektrophoret. Best. in Leptospiren 38-1487; routinemäß. Best. in Vers.-Tieren 46-1216; kolorimetr. Best. v. Lokalanästhetika mit Esterbind. u. deren Anwend. bei d. Best. v. — 46-1571; —-Zymogramm-Meth. zur Klassifizier. v. Mycobakterien 8-1379.

Isoenzyme: —: v. Rhizobien u. rhizobialen Bacterioden (Bezieh. zu Stammwirksamk. u. Geh. an Knötchengeweben in Lotus) 43-1292; aus Solanumknollen 31-1432.

Esterhydrolasen
s. *Esterasen.*

Exoglucanase
Anomere Form d. während d. Enzymolyse mit – gebildeten D-Glucose 40-1257.

Exo-β-glucanase
– in Gerste u. Malz 25-3393.

Exo-β-1.3-glucanase
Abbau v. Isosclerotan durch – 6-1318.

Exonuclease
Thermostabile – bei einem nicht DNS-synthetisierenden Mutanten v. E. coli 36-1323; Hydrolyse v. 3'-monoverestertes Phosphat enthaltenden Desoxyribooligonucleotiden durch d. – d. Brustdrüsentumors d. Maus 32-1304; hydrolyt. Wrkg. v. – aus d. Gift v. Crotalus adamateus auf Arabinose enthaltende Dinucleosidmonophosphate 33-1538; Hemm. durch Actinomycin D 6-1273.

λ-Exonuclease
Strukturgen für – 14-1148; Regulier. 36-1325.

Exonuclease I
–-Aktivität einer alkal. Desoxyribonuclease aus Mammatumor v. C3H-Mäusen 11-1207.

Exonuclease IV-A
Chromatograph. Trenn. u. Eig. v. – aus E. coli B 8-1293.

Exonuclease IV-B
Chromatograph. Trenn. u. Eig. v. – aus E. coli B 8-1293.

Exopeptidasen
–-Aktivität in menschl. Blutplättchen 32-1429; Rolle beim Endabbau menschl. Erythrozyten 23-1436.

Exopolygalakturonase
Bldg. durch Botrytis cinerea u. Verfolg. d. Mazerat. pflanzl. Gewebe 43-1240; Wrkg. d. – v. Karotten auf d. bei d. Alkaliverseif. v. Pektin mit Pektinesterase gebildeten Pektinsäuren 33-1506; Eig. einer nuklearen – aus Ehrlich-Aszitestumorzellen (Isolier.) 38-1339.

FAD-Pyrophosphorylase
s. *FMN-Adenyltransferase.*

Faktor II
s. *Prothrombin.*

Faktor B-Coenzym (Cobinamid-Coenzym)
Isolier. aus Clostridium thermoaceticum 23-1468.

Faktor B-Phosphat-Coenzym (Cobinamidphosphat-Coenzym)
Isolier. aus Clostridium thermoaceticum 23-1468.

Farnesylpyrophosphat-Synthetase
–-Aktivität v. Schweineleber-Geranylphosphatsynthetase 36-1407.

Fe(II)-Cytochrom c
s. unter *Cytochrom c-Gruppe, Ferrocytochrom c.*

Fe(III)-Cytochrom c
s. unter *Cytochrom c-Gruppe, Ferricytochrom c.*

Fe-Cytochrom c-Reduktase
Hitze-stabile – aus Ferrobacillus ferrooxidans (Eig.) 36-1260; (Reinig. u. Eig.) 36-1283.

F_1-Endo-*N*-acetylmuramidase
Wrkg. v. – v. Streptomyces auf Peptidoglykan d. bakteriellen Zellwand 51/52-1315.

Ferredoxin-NADP-Reduktase
Vork. in Chloroplasten v. Spinat 16-1314; Isolier. aus Anabaena variabilis (Eig.) 6-1251.

Ferredoxin-Nitrit-Reduktase
Vork. in Chloroplasten v. Spinat 16-1314.

Ferricytochrom c
s. unter *Cytochrom c-Gruppe.*

Ferrihämoglobin-Reduktase
Reinig. einer – aus menschl. Erythrozyten (Eig.) 35-1264; Red. v. Ferrihämoglobin durch – 35-1264, 35-1265.

Ferriperoxydase
Bldg. aus Peroxydase durch NADH 17-1292; Fluoridbind. durch Meerettich-– 13-1196.

Ferrochelatase
–-Aktivität in Leber u. Milz d. Ratte nach Ganzkörperröntgenbestrahl. 26-1667.

Ferrocytochrom c
s. unter *Cytochrom c-Gruppe.*

(Ferro)cytochrom c-Oxydase
s. *Cytochrom-Oxydase.*

Ferrocytochrom c-Peroxydase
s. *Cytochrom c-Peroxydase.*

Ferroperoxydase
Umwandl. in Verb. III in Ggw. v. NADH 17-1292; Gleichgew. u. Kinetik d. Rk. v. – mit O_2 20-1287.

Fett-Acyltransferase
s. *Glycerinphosphat-Acyltransferase.*

Fettsäure(CoA)-Synthetase
Verteil. in Saccharomyces cerevisiae 38-1473; Vork. in laktierenden Kaninchenmilchdrüsen 29-1483; – d. Taubenleber (Eig.) 36-1404; stimulierender Einfl. v. Glukagon auf d. Geh. d. Leber 36-1539; relative Aktivität v. – im normalen Zustand u. bei erbl. Fettleibigk. 38-1472; –-Aktivität: in Milchdrüsen 42-1378; in subzellulären Rattenleberpräp. 44-1075; teilweise Reinig. u. Charakterisier. einer bakteriellen – 7-1251; physikochem. Unters. d. Taubenleber-– 2-1212; Verlänger. v. Acylträgerproteinderiv. durch d. –-Syst. v. Pflanzenextrakten 12-1306; Einfl. auf d. Muster d. durch zellfreie Präparat. aus laktierender Rattenmilchdrüse synthetisierten Fettsäuren 27-1476; teilweise Dissoziat. u. Wiederassoziat. d. –-Komplexes d. Taubenleber 36-1405; katalysierende Wrkg. bei d. Fettsäuresynth. in d. Dünndarmmukosa d. Meerschweinchens 36-1408; Nachw. in menschl. Blutzellen 44-1285; Unterscheid. v. α,β-ungesätt. Ketonreduktase 51/52-1252.

Fettsäure-Decarboxylase
Induzier. in E. coli 42-1247.

Fettsäure-Desaturase
Inhibier. durch Cyclopropenfettsäuren 8-1340.

Fettsäure-Oxydase
Funkt. v. Carnitin im Insektenflugmuskel bei Mangel an – 36-1582.

Fibrinase
s. *Plasmin.*

Fibrinolysin
s. *Plasmin.*

Fibrinolytische Enzyme
Chemie u. Biochemie 29-1659; –: nichtpathogener Pilzextrakte d. Luft 26-1730; im Blut bei Diabetes mellitus 5-1500; d. menschl. Samenfl. 10-1476; d. Blutes bei nichtvorbehandelten Diabetikern (Einfl. v. Sulfonylharnstoff) 15-1555; –-Aktivität: v. menschl. Leukozyten 19-1621; menschl. Venen 22-1592; d. Blutes 26-1592; Geh. d. Follikelfl. d. Rinderovars 29-1604; –-Aktivität: v. Blut aus Nierenvenen u. Arterien 38-1662; d. Gewebe (histochem. Unters.) 45-1594; Verhältnis v. –- u. caseinolyt. Aktivität v. Plasminpräp. 1-1441; –-Aktivität v. Pesticin I 25-1462.

Fibrinolyse mit –: während d. Schwangerschaft unter u. d. Geburt 1-1440; bei d. Schlangenbiß-Defibrinier. (Wrkg. v. ε-Aminocapronsäure) 13-1568; Ascorbinsäure u. Fibrinolyse mit – bei Atherosklerose 17-1606; Fibrinolyse: u. Fibrinogenolyse mit – bei Hypertonie 21-1685; mit – (Wrkg. v. Heparin- u. Heparitinsulfatpräp.) 24-1639; Bezieh. zwischen β-Lipoproteinen u. d. Plasma-Euglobulin-Fibrinolyse durch – 29-1658; Steiger. d. Fibrinolyse mit – durch Polysorbat *80* 35-1567; funktionelle Bedeut. d. – 45-1595; prolongierte Aktivität d. Fibrinolyse mit – 51/52-1510.

Hemmwrkg. v. Arachisextrakt auf d. – d. Bluts 3-1461; Wrkg. eines neuen synthet. Inhibitors d. – 19-1631; p-Aminomethylcyclohexancarbonsäure als ein neuer synthet. –-Inhibitor 23-1656; Anti-–-Aktivität v. ε-Amino-4-thiacapronsäure 25-1193; ε-Aminocapronsäure als Inhibitor d. – 30-1477; Hemmwrkg.: d. Rinderlungen-Trypsininhibitor „Pulmin" auf d. – 37-1663; v. Protoporphyrin auf d. – 40-1482; Inhibitoren d. – (pharmakolog. Eig.) 45-1599; Darst. v. p-[α-Aminoalkyl]-benzoesäureestern mit Anti-–-Wrkg. 48-1673*; Einfl. v. Zytostatika auf – v. Meerschweinchen 51/52-1239.

Best.: in Gewebeschnitten 18-1241; im menschl. Plasma durch eine immunchem. Meth. 30-1473; durch Trüb.-Mess. mit Hilfe v. Polystyrolpartikeln 32-2044.

Fibrin-vernetzendes Enzym
Reinig. u. Eig. v. – aus Rattenleber 36-1411; Lysin als Amindonator bei d. Quervernetz. v. Fibrin mit – 1-1443.

Ficin
Unters. über – (*2.* Mitt.) 19-1285; Vork. in d. Feige (Rk.) 26-1329; Aktivier. durch Monothiophosphat 38-1438; Darst. u. Eig. v. an Carboxymethylcellulose chem. gebundenem – 36-1381; Struktur 26-1255; Struktur (Verwandtschaft zwischen Proteasen) 32-1425; Kinetik d. Carboxymethylcellulose-– in Säulenpack. 28-1447; Wirksamk. auf Kollagen 32-1430; –-Inaktivier. eines aspermatogenen Antigens 36-1560; Einfl. auf d. Milchgerinn. 27-1461; Rk. mit d. „Dehydrogensäurereduktase"-Faktor im Meerschweinchengewebe 31-1392; Freisetz. v. Sialsäure aus Ehrlich-Aszitеskarzinomzellmembran durch – 40-1161; Wrkg. v. Chymotrypsinhemmstoff I aus Kartoffeln auf – 14-1299; Inhibier. v. – durch Chlormethylketonderiv. v. N-Tosyl-L-lysin u. N-Tosyl-L-phenylalanin 26-1344; Verw. in d. Immunhämatologie 28-1662.

Flavanol-Oxydase
Ox. v. Flavanolen aus Tee mit – 15-1472; (Wrkg. v. Aminosäuren u. anderen Substanzen) 39-1377.

Flavin-Diaphorase
–-Aktivität v. Oudemansiella mucida 33-1537.

Flavinfermente (Flavoproteine)
Chemie d. Flavine u. – (*2.* Mitt.) 9-1353; (*3.* Mitt.) 15-1305; Modell für d. –-Katalyse 16-1272; Existenz spektral verschiedener Klassen v. –-Semichinonen (Meth. d. Bldg.) 43-1182; Vork. im respirator. Syst. v. Rhodotorula glutinis 34-1330; Interpretat. d. Absorpt.-Spektren 6-1246; Oxydored. (Wrkg. d. 3.5.3'-Trijodthyroessigsäure) 24-1335; Überführ. durch anaerobe Belicht. in blaue u. rote Semichinone 43-1182.

Flavonactat-Oxydase
–-Aktivität d. Brucellastämme verschiedener Virulenz 41-1405.

Flavoproteine
s. *Flavinfermente.*

Fluoracetanilidase
Hydrolyse v. Monofluoracetaniliden in Insekten durch – 28-1393.

FMN-Adenyltransferase (FAD-Pyrophosphorylase)
Riboflavinkinase u. – (*1.* Mitt.) 22-1344; (*2.* Mitt.) 22-1345; Verteil. in tier. Geweben 22-1344; – aus d. Herzen v. Rinderfeten (Trenn., Reinig. u. Eig.) 22-1345.

Folat-Reduktase
s. *Tetrahydrofolsäure* [*Tetrahydrofolat*]*-Dehydrogenase.*

Folsäure-Konjugase
– in normalem menschl. Plasma u. bei chron. Sprue 5-1434.

Folsäure-Reduktase
s. *Tetrahydrofolsäure* [*Tetrahydrofolat*]*-Dehydrogenase.*

Formamidase (Formylkynurenin-Formamidase, Formylase)
–-Aktivität v. Mycobacterium smegmatis 13-1271; – in Pseudomonas (Wrkg. v. L-Tryptophan u. α-Methyl-DL-tryptophan) 29-1486; Lokalisier. in Rattenlebermitochondrien 32-1259; Katalysier. d. Nicotinsäurebiosynth. in Prototrophen u. Tryptophan-Auxotrophen v. Saccharomyces cerevisiae durch – 36-1455.

Formiat-Dehydrogenase (Ameisensäure-Dehydrogenase)
NADP-abhäng. – aus Clostridium thermoaceticum (Eig.) 8-1227; –-Aktivität: in E. coli K_{12} (Wrkg. v. Nitrat) 16-1412; in E. coli (Einfl. v. Nitrat im Medium) 39-1285.

Formiminotransferasen
Spezielle – s. dort.
Lokalisier. in Rattenlebermitochondrien 32-1259.

Formylase
s. *Formamidase.*

Formylkynurenin-Formamidase
s. *Formamidase.*

Formyltetrahydrofolat-Synthetase
s. *Formyltetrahydrofolsäure-Synthetase.*

N^{10}-Formyltetrahydrofolsäure-Desacylase

Einfl. v. Formiat oder Histidin auf — 39-1264.

Formyltetrahydrofolsäure-Synthetase (Formyltetrahydrofolat-Synthetase)

Vork. in Pflanzen (Reinig. aus Erbsenkeimlingen, Eig.) 38-1471; Synth. v. N-Formylmethionyl-sRNS durch Extrakte v. Bacillus subtilis in Ggw. v. — 44-1129.

Formyltransferasen

Spezielle — s. dort.
Lokalisier. in Rattenlebermitochondrien 32-1259.

β-2.6-Fructan : D-Glucose-1-Fructosyltransferase

s. *Saccharose-6-Fructosyltransferase.*

Fructanohydrolase

s. *Inulase.*

β-Fructofuranosidase (β-h-Fructosidase, Invertase, Saccharase, β-D-Fructofuranosid-Fructohydrolase)

Hefe-— (Gelfiltrat. durch Sephadex u. Best. d. Mol.-Dimens.) 5-1255; —: in d. Zellwänden d. Askosporen v. Aspergillus amstelodami (Bind.) 5-1296; d. Hefe (partielle Reinig.) 15-1381; —-Aktivität in Hefezellen d. logarithm. u. d. stationären Phase 33-1540; Verteil. in Gewebe v. Fusarium moniliforme 33-1620; —-Aktivität d. Hefe (Einfl. d. A.-Konz. bei d. Fäll. aus wss. Lsg.) 37-1349; Hefe-— 38-1425; —-Aktivität bei akt. Hefensatz 38-3235; Verlust während d. Gewinn. v. Protoplasten aus Bäckerhefezellen 40-1091; Hefe-— (Reinig.) 40-1261; —-Aktivität: d. Zellwände v. Saccharomyces cerevisiae (Einfl. v. Wachstum u. Substrat) 40-1323; v. Acinetobacter lwoffii u. A. anitratus 43-1318; Aktivier. einer Pflanzen-— durch anorgan. Phosphat 1-1231; —-Aktivität d. Erdartischocke u. Zichorienwurzel (Wrkg. v. 2.4-Dichlorphenoxyessigsäure) 12-1378; Geh. im unreifen, mit Ascorbinsäure, Cystein, Hydroxylamin, Cyanid, Si u. Fe behandeltem Zuckerrohr 20-1445; — aus Weintrauben (Solubilisier. einer gebundenen Frakt.) 27-1457; (Identität d. lösl. u. gebundenen Frakt.) 27-1458; —-Aktivität: in Kartoffeln (Einfl. d. γ-Bestrahl.) 27-1555; (bei d. Zuckerumwandl.) 42-1320; im Darm d. sich entwickelnden Küken 1-1230; Konz. in d. Schleimhaut d. Rattenjejunums (Wrkg. v. Proteinmangelfutter) 1-1452; Lokalisat.: in d. Dünndarmzellen v. weißen Ratten 17-1322; in Hamsterdarmbürstensäumen 20-1166; —-Aktivität im Darm v. jungen keimfreien u. gewöhnl. Ratten 20-1342; — d. Stylums u. d. Hepatopankreas v. Strombus gigas 22-1322; —-Aktivität: im Dünndarm d. Lamms 28-1404; d. durch Tris zerstörten Bürstensaumes d. Darmepithelzellen 29-1369; bei Präp. krist. Hexokinase aus Hefen 35-3192.

Indukt. in Duodenumkulturen v. Hühnerembryonen durch Hydrocortison 6-1444; Synth. im Zuckerrohr-Stammgewebe (Hemmwrkg. v. Zuckern) 28-1426; Vermehr. in d. Staubfäden v. Zea mays zur Zeit d. Anthese (wahrscheinl. Beteilig. d. Gibberellsäure) 32-1417; Einfl. v. Antibiotika auf d. Entw. in Scheiben v. roten Rüben 35-1436; Freisetz. bei Saccharomyces fragilis u. anderer Hefen (Wrkg. v. Mercaptoäthanol) 46-1310; Isolier. u. Eig. v. — aus Kaninchendünndarm 34-1299; Reinig.: u. Eig. d. Hefe-— 15-1382; u. elektrophoret. Verh. d. Zuckerrohr-— 20-1341.

Transferaktivität (Bldg. v. zwei Disacchariden aus Fructose) 38-1426; Hydrolyse v. Saccharose durch unlösl. Hefe-— 46-1237; Spalt.: v. Saccharose-Fettsäureestern durch — 47-1389; d. Saccharose bei ihrem Transport aus d. Mesophyll in d. feinen Bündel d. Zuckerrübenblattes durch — 35-1429; Einfl. auf d. Geh. an Indolyl-(3)-essigsäure-Oxydase v. Gurkenhypokotylschnitten u. Wachstum 35-1457; Freisetz. v. α-Glucose durch — aus d. Glykonhälfte d. Substrate 47-1407; synthetisierende Eig. d. — im Sekt 11-1245.

Wrkg. d. Temp. auf —, —-Inhibitor u. Zucker in Kartoffelknollen 17-1454.

Isoelektr. Fokussier. v. — im pH-Gradienten 38-1425; kolorimetr. Best. v. Böden 12-1869; verbesserte polarimetr. Meth. zur —-Zahlbest. in Honig 32-2108; Verw. zur Best. v. Glucose, Saccharose u. Lactose in gemischten Zuckern 18-1326.

β-D-Fructofuranosid-Fructohydrolase

s. *β-Fructofuranosidase.*

Fructokinase

— aus Mycobacterium phlei (Eig.) 10-1230; —-Aktivität in Skelettmuskeln u. Leber d. Ratte bei Hypoxie 17-1307.

Fructose-1.6-diphosphat-Aldolase (Fructose-1.6-diphosphat-D-Glyceraldehyd-3-Phosphatlyase)

— v. Chlamydomonas mundana (partielle Reinig. u. Charakterisier.) 1-1245; Temp.-empfindl. — in einer Mutante v. E. coli 8-1329, 8-1330; aus Fusarium oxysporum f. lycopersici (Reinig. u. Eig.) 26-1357; —-Aktivität in Clostridium kluyveri 40-1338; aus Pisum sativum (Isolier. u. Charakterisier.) 26-1358; multiple Formen d. — in Säugetiergeweben 1-1244; —-Aktivität in d. Niere v. mit Propylthiouracil gefütterten Ratten 11-1429; Muskel-— während d. experimentellen Atrophie 12-1299; —-Aktivität d. Epithelzellen d. Gallenblase d. Schafes (Vgl. mit d. v. Lebergewebe) 12-1315; Stimulier. d. Geh. an — im Plasma d. Ratte bei Hypoxie-Hyperkapnie 24-1358; —-Aktivität: d. Rattenuterus (Einfl. v. Zyklus u. exogener Hormonzufuhr) 24-1577; v. Kaninchenmuskel (Einfl. d. Acetylier.) 26-1356; in d. Leber v. hypothyreot. Ratten (Hemm.) 32-1582; in menschl. Erythrozyten (patholog. u. physiolog. Einfl.) 35-1558; in d. Leber d. Eltern v. Patienten mit erbl. Fructoseintoleranz 37-1442; — d. linken Herzkammer (transmuraler Gradient) 38-1707; —-Aktivität: bei Hypoglykämie nach Fructosediät 42-1245; in Milchdrüsen 42-1378.

Ausschütt. aus d. Leber 12-1311; Reinig. u. Eig. d. — d. Boa constrictor 8-1328.

Aminosäurezus. u. Untereinh.-Struktur d. — aus Kaninchenmuskel 21-1478; Untereinh. d. Säugetier-— (Struktur) 33-1526.

Hemm. durph DFP 49/50-1624.

Best. in Erythrozyten 27-1658.

Fructose{-1.6}-diphosphatase

s. *Hexosediphosphatase.*

Fructose-1.6-diphosphat-D-Glyceraldehyd-3-Phosphatlyase

s. *Fructose-1.6-diphosphat-Aldolase.*

D-Fructose-1.6-diphosphat-1-Phosphohydrolase

s. *Hexosediphosphatase.*

Fructose-1-phosphat-Aldolase

Muskel-— während d. experimentellen Atrophie 12-1299; —-Aktivität in d. Leber d. Eltern v. Patienten mit erbl. Fructoseintoleranz 37-1442; Ausschütt. aus d. Leber 12-1311.

Fructose-6-phosphat-Kinase

—-Aktivität: bei Hautretikulosarkomatose 3-1201; bei Hypoglykämie nach Fructosediät 42-1245.

β-h-Fructosidase

s. *β-Fructofuranosidase.*

Fucose-Isomerase

—-Aktivität in Aerobacter aerogenes 3-1291.

α-L-Fucosidase

— aus Schweineniere (Reinig. u. Eig.) 30-1261.

β-D-Fucosidase

Hemm. durch Aldolactone 36-1350; histochem. Nachw. intestinaler — mit 5-Brom-4-chlorindolyl-(3)-β-D-fucopyranosid 29-1458.

Fumarase

s. *Fumarase-Hydratase.*

Fumarat-Dehydrogenase

s. *Fumarat-Reduktase.*

Fumarat-Hydratase (Fumarase, L-Malat-Hydrolyase)

— v. Saccharomyces cerevisiae (Eig.) 7-1248; —-Aktivität in E. coli K_{12} (Wrkg. v. Nitrat) 16-1412; — aus Backhefe (Reinig., Eig.) 21-1482; —-Aktivität in Pseudomonas aeruginosa in Kulturen auf Glucose, α-Ketoglutarat oder Acetat 25-1417; Vork. d. — d. Tricarbonsäurezyklus in zellfreien Extrakten d. Sporen v. Penicillium chrysogenum 31-1490; —-Aktivität während d. Wachstums v. E. coli 32-1332; Verteil. in Proteusbakterien 37-1479; —-Aktivität: in E. coli (Einfl. v. Nitrat im Medium) 39-1285; (Regulier. durch Einw. v. O_2, Nitrat oder Nitrit) 44-1289; beim Wachstum v. Saccharomyces cerevisiae 47-1420; in Kaktusgeweben (tägl. Schwank.) 12-1302; in subzellulären Partikeln aus Rizinussamenendosperm 47-1413; d. S-Frakt. d. äußeren Membran v. Rinderherzmitochondrien 36-1192; subzelluläre Verteil. im Säugetierhirngewebe 40-1299; Aktivität v. 2 Säugetier-— (Vgl.) 49/50-1273; Geh. in Mitochondrien u. lösl. Frakt. d. Leber d. Embryos v. Gallus domesticus während d. Entw. 49/50-1538.

Reinig. d. — v. Saccharomyces cerevisiae 7-1247.

Thiolgruppen 32-1465.

Kinetik d. durch — v. Saccharomyces cerevisiae katalysierten Rk. (Einw. v. pH u. Phosphat) 7-1249; Fluorfumarsäure, ein Substrat für — 44-1281; Feedback-Hemm. v. — d. Leber (Wrkg. ihrer freien Fettsäure) 24-1432; Temp.-Anomalie d. — 36-1399.

Fumarat-Reduktase (Fumarat-Dehydrogenase)

—-Aktivität in E. coli K_{12} (Wrkg. v. Nitrat) 16-1412; (Einfl. v. Nitrat im Medium) 39-1285; — in Hefe (intrazelluläre Verteil., katalyt. Eig. u. Regulier.) 40-1199; —-Aktivität v. E. coli (Einfl. v. 4-Hydroxybenzoesäure) 40-1313; Vork. in Larven v. Ascaris lumbricoides 17-1340; —-Aktivität in zweischal. Weichtieren u. Brachiopoden 42-1175; Beteilig. am Ferredoxin-abhäng. Red.-Zyklus d. C in einem Photosynth.-Bakterium 19-1450.

Furfurylalkohol-Dehydrogenase

—-Aktivität in d. Speicheldrüsen 31-1468.

Galaktocerebrosidsulfokinase

— bei d. Synth. v. Sulfatiden in Ggw. v. Galaktocerebrosiden 22-1339.

Galaktokinase (ATP : D-Galaktose-1-Phosphotransferase)

Einw. v. Galaktose auf d. Wachstum v. —-freien E. coli-Mutanten 40-1081; Vork. in Augenlinsen u. anderen Geweben 1-1181; Bldg. durch eine 0^c-Mutante d. Galaktoseoperons v. E. coli 10-1144; Isolier., Rk. 17-1111; Reinig. u. Eig. v. — aus Schweineleber 36-1317; kinet. Unters. mit Leber-— 12-1216; Rk.-Geschw.-Konst. für — in Erythrozyten v. normalen, galaktosäm. u. heterozygoten Personen 46-1115.

Galaktolipase

Wrkg. auf photosynthet. Wirksamk. u. Morphologie d. Chloroplasten 38-1564; Hydrolyse v. Galaktolipiden durch — in Spinatblättern 46-1255.

L-Galaktono-γ-lacton-Oxydase

Isolier. aus Hefe-Mitochondrien 21-1391.

Galaktose-Dehydrogenase (D-Galaktose : NAD-Oxydoreduktase)

Säugetier-— (Identifizier. u. Reinig. aus Rattenleber) 12-1194; (Eig., Substratspezifität u. Veränder. während d. Entw.) 12-1195; Bezieh. zwischen —, „Nothing-Dehydrogenase" u. Alkohol-Dehydrogenase d. Leber 24-1345 bis 24-1347; —-Aktivität in Lebergewebe (histochem. Unters.) 39-1222; elektrophoret. Heterogenität d. — aus Säugern 32-1338; Umwandl. v. Galaktose in D-Xylulose durch Leber-— 28-1360.

D-Galaktose : NAD-Oxydoreduktase

s. *Galaktose-Dehydrogenase.*

Galaktose-Oxydase

Wrkg. auf d. leichte Protein-Polysaccharid-Frakt. d. Rinder-Nasalseptums 20-1387; automat. Best. v. Galaktose mit — 25-2103; Best. v. Galaktose: u. Glucose im Harn mit — 25-2137; mit — 37-1660; Entw. eines —-Reagens als kommerzielle Prod. 43-1190.

Galaktose-6-Phosphatase

Lokalisier. im Ziliumepithel 3-1255.

Galaktose-6-phosphat-Dehydrogenase

—-Aktivität menschl. Fibroblasten v. Patienten mit Down-Syndrom (Mongolismus) 28-1223.

Galaktose-1-phosphat-Uridylyltransferase

Entw. u. Charakteristika d. Säugetier-— 24-1369; —-Aktivität menschl. Fibroblasten v. Patienten mit Down-Syndrom Mongolismus 29-1223; Rk.-Geschw.-Konst. für — in Erythrozyten v. normalen, galaktosäm. u. heterozygoten Personen 46-1115; Best. im Hämolysat mit ^{14}C-Galaktosephosphat 5-1236.

Galaktosid-Acetyltransferase (Thiogalaktosid-Transacetylase)

Physikal. u. chem. Unters. d. Untereinh.-Struktur 36-1301; N- u. C-terminale Aminosäuren d. — 36-1302; Rolle im Lactosestoffwechsel v. E. coli 45-1344; radiochem. Mikrobest. 31-1397.

α-Galaktosidase

—: aus Actinomyceten (Isolier., Eig. u. Verw. zum Nachw. v. Raffinose) 1-1227; in Extrakten v. E. coli 4-1063; Vork. in Pilzen 13-1213; —-Aktivität in zellfreien Extrakten v. E. coli 44-1249; — aus Süßmandel (Eig.) 24-1386; Vork. in Megakaryozyten u. Blutplättchen 37-1652; Wrkg. v. — d. Kaffees auf einige Galaktomannane 38-1545.

β-Galaktosidase (Lactase, β-D-Galaktosid-Galaktohydrolase)

Zwei — v. Neurospora crassa 1-1228; Bezieh. zwischen — u. Dipeptidase-Aktivität in Sphäroblasten u. osmot. geschockten Zellen v. E. coli K-*12* 8-1306; — in Shigella dysenteriae u. in Hybriden zwischen Shigella dysenteriae u. E. coli (Eig. u. Regulier.) 10-1145; Verb. zwischen —-Aktivität, katabol. Repress. u. Pasteur-Effekt bei E. coli 24-1456; —: aus Streptococcus lactis (Reinig., Eig.) 26-1324; in einer Lactose-negativen Komplementier.-Mutante v. E. coli K_{12} 31-1438; — bei Citrobacter Unterscheid. zwischen Citrobacter u. Salmonella) 38-1523; —-Aktivität v. E. coli bei Lyse durch EDTA u. Phospholipasen 43-1297; Rolle d. Galaktose bei d. Regulier. v. — in E. coli 36-1358; synergist. Aktivier. d. — durch Na^+ u. Cs^+ in E. coli 36-1359; Vork. v. — kleiner Mol.-Größe in d. Duodenal- u. Jejunalmukosa d. austral. Eingeborenenkinder (Überblick) 3-1259; Konz. in d. Schleimhaut d. Rattenjejunums (Wrkg. v. Proteinmangelfutter) 5-1452; —-Aktivität: bei Küken mit Vitamin E-Mangel 5-1484; bei trächt. Ratten mit Vitamin-E-Mangel 5-1485; bei Lebernekrose u. Hodendegenerat. d. Ratte mit Vitamin E-Mangel 5-1486; Säugetier-— 8-1298; —-Aktivität: im Gehäuseteil geschlüpfter Weinbergschnecken (Galaktogenstoffwechsel) 10-1517; in Puppen v. Diptera Calliphora erythrocephala 16-1344; postnatale Entw. d. —-Aktivität im Dünndarm d. Ratte (Beeinfluss. durch Adrenalektomie u. Diät) 20-1339; —-Aktivität: im Darm v. jungen keimfreien u. gewöhnl. Ratten 20-1342; in Bezieh. zu Trächtigk., postpartaler Involut. u. Kollagenabbau 24-1373; im Dünndarm d. Lamms 28-1404; histochem. Lokalisat. d. — d. Darmes (Anwend. auf perorale Biopsieproben) 28-1425; —-Aktivität: d. durch Tris zerstörten Bürstensaumes d. Darmepithelzellen 29-1369; in tier. Geweben 29-1458; intestinale —-Aktivität bei Ratten (Erhöh. nach Lactosefütter.) 33-1508; — d. Affendünndarms (Spezifität) 33-1509; —-Aktivität im Rinderherzmuskel (Lysosomen) 34-1310; Vork. in Megakaryozyten u. Blutplättchen 37-1652; Konz. in Rattengalle während Anästhesie 44-1229.

Indukt. u. Freisetz. bei E. coli 1-1233; Synth. in E. coli (Einfl. v. Tyrosin-Analoge) 1-1254; (Anwend. automatisierter Verh.) 3-1286; (Hemm. durch 2-Nitrophenyl-β-D-fucosid) 4-1064; Indukt. bei Glucose nicht verwertenden E. coli-Zellen 6-1278; Bldg. bei d. Glucose–Lactose-Diauxie bei E. coli 6-1312; Synth. in E. coli (Einfl. v. Phenäthylalkohol) 6-1337; (Einw. v. *3000–4000* A Licht) 7-1262; Bldg. u. Wachstum v. Peptidketten bei d. induzierten Synth. v. — in E. coli 13-1221; Entw. im Darm Neugeborener 14-1287; Indukt. in einem Präp. aus zerkleinerten Sphäroplasten v. E. coli 14-1288; gedämpfte Oszillat. in d. Synth.-Geschw. v. — 15-1378; Galaktose-Stimulier. d. —-Indukt. in Galaktokinase-freien Mutanten v. E. coli (Indukt. einer Thiomethylgalaktosidpermease) 20-1338; Bldg. bei Säugetieren u. Vögeln (Indukt. nach oraler u. parenteraler Zufuhr v. Lactose) 26-1325; Indukt. bei E. coli (Wrkg. v. Miracil D) 26-1419; (Einfl. v. Mitomycin-C) 26-1438; Kinetik d. —-Indukt. 31-1437; konstitutive Synth. in E. coli (Einfl. d. Infekt. mit geraden T-Phagen) 31-1536; induzierbare Synth. in E. coli (Wrkg. d. Infekt. v. geraden T-Phagen) 31-1537; Mechanismus d. Indukt. in E. coli 31-1538; Bldg.: einer akt. — durch mit 5-Fluoruracil behandelten E. coli 37-1420; d. α-Bruchstückes v. — (DNS-Steuer.) 37-1421; in E. coli 38-1499; (Wrkg. v. Actinomycin) 38-1520; Bedeut. d. Regulator-Gen-Prod. für d. Katabolitenhemm. d. —-Synth. in E. coli 40-1074; Bldg. durch E. coli (Deuteriumisotopenwrkg.) 40-1260; (Einfl. v. hydrostat. Drucks) 42-1250; Fortsetz. d. —-Synth. nach Aufhören d. DNS-Synth. bei E. coli 43-1269; Glucoserepress. d. Synth. in E. coli (Zusammenhang mit d. Poolgröße d. Stoffwechselzwischenprod.) 44-1250; induzierte Synth. (Koppl. d. Transkript. an d. Translat.) 45-1360; Repress. d. Synth. im Paar.-Syst. v. E. coli K *12* 46-1279; Inhibier. d. Repressorbldg. d. Synth. bei E. coli durch Inhibitoren d. Proteinsynth. 46-1298; durch ein episomales Gen kontrollierte Bldg. während d. Zellzyklus v. E. coli 47-1416; Einfl. v. Äthionin auf d. Synth. bei E. coli 47-1483; Synth. bei E. coli in Ggw. v. Phenylalaninanalogen 47-1494; Indukt. bei E. coli (Wrkg. v. Distamycin A) 49/50-1337; freigesetzte —-Aktivität in Bezieh. zur Peptidaseaktivität bei d. Sphäroblastenbldg. v. E. coli K *12* 8-1305; Isolier. v. Se- u. S-— aus in Na-Selenatlsg. gezüchteten E. coli (Eig.) 47-1393.

Beweis d. Co-Linearität d. — mit ihrem Gen durch immunolog. Nachw. unvollständ. Polypeptidketten 28-1424; Wechselbezieh. d. Untereinh. d. — v. E. coli K_{12} (Einfl. v. Harnstoff) 31-1439; Orientier. u. Carboxylendständ. Code-Stelle im Gen für — 43-1237.

Freisetz. v. Lysin aus — v. E. coli durch Carboxypeptidase B 10-1251; Abbaurepress. d. — in E. coli (Einfl. d. Nitrat- u. Nitritred.) 17-1351; Wrkg. bei d. Phenäthyl-β-D-galaktopyranosidhemm. v. Mikroben 41-1366; Aktivität bei d. Glykolyse in subzellulären Präparat. v. Dünndarmmukosa aus Katzen u. Ratten 40-1232.

Einfl. v. neutralen Salzen auf — 11-1218; Darst. u. Eig. spezif. Inaktivatoren v. Helix pomatia-— 11-1244; durch Metaboliten geförderte Hitzeempfindlichk. d. — (Bezieh. zur Katabolitenrepress.) 12-1265; Hitzedenaturier. v. — (mögl. Annäher. an d. Problem d. Katabolitunterdrück. u. ihres Wrkg.-Ortes) 20-1340; Inaktivier. durch N-Methyl-N′-nitro-N′-nitrosoguanidin 26-1415; Hemm.⁹ d. — in E. coli durch Galaktose nach Indukt. durch Isopropyl-β-D-thiogalaktopyranosid 33-1549; durch Aldolactone 36-1350; Temp. u. katabol. Unterdrück. d. — in E. coli 46-1236.

Analyse v. ^{14}C-markierter — durch Elektrophorese 11-1181; histochem. Nachw.: in Ovarien u. d. Plazenta v. Ratten 13-1952; im Knochenmark u. Blutzellen (Meth.) 18-1226; Verw. zur Best. v. Glucose, Saccharose u. Lactose in gemischten Zuckern 18-1326.

Galaktosidasen (Lac-Enzyme)

— d. Stylums u. d. Hepatopankreas v. Strombus gigas 22-1322; Anreicher. im Widderhoden 36-1360; Indukt. (Wrkg. u. Permeat.) 31-1437; Wrkg. auf d. photosynthet. Leist.-Fähigk. u. d. Morphologie d. Chloroplasten 17-1486, 38-1564.

β-D-Galaktosid-Galaktohydrolase

s. *β-Galaktosidase.*

Galaktosid-Oxydase

Uronsäurebldg. bei d. Ox. v. Galaktosiden mit — 20-1267.

Galaktosyltransferasen (Transgalaktosylasen)

Spezielle — s. dort.

— in Säugetier-Magenschleimhäuten 42-1189; Rolle bei d. Milchsäurefermentat. unter d. Einfl. v. Streptococcus lactis 26-1398; Bind. an einen Lipopolysaccharid–Lipid-Komplex bei d. Synth. v. bakteriellem Lipopolysaccharid 27-1474.

Galakturonat-Ketolisomerase

Vork. in Arthrobacter ureafaciens K-*1* 31-1463.

Gastricsin

Reinig. u. Eig. v. Schweine-— 20-1358; Sekret. im Verlauf d. Verdauung bei pept. Ulcer u. bei gesunden Personen 29-1699; Molgew. u. Aminosäurezus. v. menschl. — 20-1357.

GDP–L-Fucose-Synthetase

Geh. in E. coli (Indukt. durch p-Fluorphenylalanin) 6-1227.

GDP–Glucose Pyrophosphorylase

Vork. in Mastzellentumoren (Reinig. u. Rk.) 26-1300.

GDP–Hexose-Pyrophosphorylase

— aus Säugetiergeweben (Reinig. u. Eig.) 40-1241.

Gelatinase

Charakteristik 26-1336; —-Aktivität in unbefruchteten u. befruchteten Seeigeleiern (Best. durch Gelfiltrat.) 3-1264; Bldg. durch aerobe Bakterien 2-1228.

Geranylpyrophosphat-Synthetase

Anreicher. u. Eig. v. Schweineleber-— 36-1407.

Glandulain

Substratspezifität u. Charakterisier. v. — aus Ratten-Unterkieferdrüse 7-1239; blutdrucksenkende — aus d. Submandibulardrüse d. Ratte 33-1834.

β-Glucanase (β-Glucan-Hydrolase)

Intrazelluläre — (Übersicht) 35-1309; — d. Hefe (Isolier., Eig.) 4-1060; Rk. d. Streptomyces-— mit Hefezellwänden (Lysis 45-1361.

β-1.3-Glucanase

s. *Laminarinase.*

β-(1 → 4)-D-Glucanase

s. *Cellulase.*

α-1.4-Glucan: α-1.4-Glucan-6-Glykosyltransferase (Amylo-1.4 → 1.6-Transglucosidase, Branching-Enzym, Glucanverzweigung-Glykosyltransferase)

Identifizier. in Arpergillus niger u. Rhizopus delemar 20-1331; — aus E. coli (Charakterisier. u. partielle Reinig.) 30-1250; Wrkg.: auf d. Aktivität d. auf Amyloplasten adsorbierten Phosphorylase bei Vicia faba 32-1376; v. — aus Muskeln auf durch Übertrag. v. UDP-Glucose vergrößerte Polysaccharide 2-1158.

α-1.4-Glucan-4-glucanohydrolase

s. *α-Amylase.*

α-1.4-Glucan-Hydrolase

s. *α-Amylase.*

β-Glucan-Hydrolase

s. *β-Glucanase.*

α-1.4-Glucan: Orthophosphat-Glucosyltransferase

s. *α-Glucan-Phosphorylase.*

α-Glucan-Phosphorylase (Glykogenphosphorylase, Phosphorylase a, α-1.4-Glucan:Orthophosphat-Glucosyltransferase)

—-Aktivität aus Trauben (Wrkg. v. Anthocyanin-Pigmenten) 37-1461; Spiegel im Rattenherzen (Wrkg. v. Antihistaminika, Cocain u. Reserpin auf d. durch Amine induzierte Aktivier.) 1-1538; —-Aktivität in d. Leber 4-1034; — d. Herzens u. d. Hirns bei Mäusen (Wrkg. v. Pyridoxinmangel) 5-1468; Geh. in d. Leber v. Küken mit Zucker-reichem Futter 5-1499; —-Aktivität: d. Froschherzens (Wrkg. v. herzwirksamen Mitteln) 5-1640; in d. Rattenleber (Einfl. v. Äthionin) 6-1576; —: während d. Muskelkontrakt. 7-1537; in roten u. weißen Muskeln v. Ratten u. Rhesusaffen 8-1262; Verhältnis v. — u. Gesamtphosphorylase im Hirn bei akut morphinisierten Mäusen u. Ratten 9-1626; —-Aktivität: im Rattenuterus (Einfl. v. Östradioldipropionat) 10-1419; d. Leber (Einfl. sulfonamidierter Diuretika) 10-1646; — in Muskelfasern in schnellen u. langsamen Muskeln bei kreuzweiser Innervat. 12-1535; Glykogensynth. aus Pyruvat im Muskel bei Patienten mit —-Mangel 12-1537; — im sich entwickelnden menschl. Muskel 16-1586; —-Aktivität in d. Leber bei an Kälte akklimatisierten Ratten 16-1608; postmortale Veränder. d. —-Aktivität im Rinder- u. Schweinemuskel 17-1636; —-Adaptat. an spezif. Diäten u. Hormone (Insulineinfl.) 20-1246; —-Aktivität: d. menschl. Myometriums 28-1376; d. Leber (Wrkg. v. Puromycin) 31-1400; in gestreiften Mundmuskeln 33-1535; d. menschl. Plazenta (anaerobe Glykogenolyse) 37-1456; im Rattenpfotenmuskel in d. perinatalen Periode 40-1239; in Rattenzwerchfell- u. -herzschnitten (Wrkg. autonomer Arzneimittel) 41-1696; d. Herzens (Einfl. v. Reserpin u. Acetylcholin) 45-1788; (in Bezieh. zur funktionellen Noradrenalinwrkg.) 49/50-1482; im akut anox. Hundeherzen 4-1033; Bezieh. zwischen d. Kontrakt. d. glatten Muskels u. d. —-Aktivier. 15-1368; Ca-induzierte Aktivier. v. — im Rattenherzen 28-1381; Mechanismus d. Aktivier. d. Skelettmuskel-— durch Glykogen 29-1427; Bezieh. zwischen —-Aktivier. u. Zunahme d. Herzfunkt. 46-1471.

Opt. Dispers.–Rotat.-Unters. 32-1367; Zusammenhang zwischen Struktur u. Funkt. d. Muskel-— 20-1299; Glykogenspalt. durch — in Hefe 28-1375; Assoziat. v. — mit durch „rate-zonal"-Zentrifugat. dargestelltem Rattenleber-Glykogen 40-1216.

Einfl. v. Salzlsg. auf — 2-1162; Inaktivier. d. — d. Fettgewebes durch Insulin 19-1580; Einfl. v. Pyridoxin auf d. — bei d. Aufheb. d. SH-Gruppenblockade im Myocard 30-1522; Inaktivier. durch Cyanat 42-1193.

Histochem. Darst. in Respirat.-Muskelfasern 28-1666.

Glucanverzweigung-Glykosyltransferase

s. *α-1.4-Glucan: α-1.4-Glucan-6-Glykosyltransferase.*

Gluc(o)amylase

s. *γ-Amylase.*

Glucocerebrosidase

Rk. v. – in Milz u. Leber auf gesteigerte Erythrozytenzerreiß. 10-1231.

Glucokinase

Vork. in einer E. coli-Mutante mit fehlender Phosphoglucoseisomerase (Glucose- u. Gluconsäurestoffwechsel) 17-1376; –: v. Entamoeba histolytica u. verwandter Organismen 26-1294; d. Rattengewebes (Reinig. u. Vgl. d. lösl. Formen) 4-1038; – -Aktivität d. Euters bei normalen Kühen u. solchen mit spontaner Ketose 6-1262; Anreicher. u. Eig. d. – d. Rattenleber 7-1218; – -Aktivität im anaeroben Herzmuskel 11-1520; Wechselwrkg. zwischen Ernähr. u. Cortison bei d. Regulier. v. – d. Rattenleber 20-1386; Leber- – in d. neugeborenen Ratte 24-1365; Erhalt. d. – -Aktivität in d. isolierten durchströmten Rattenleber durch Insulin 30-1438; – - Aktivität: d. Rattenleber 36-1315; u. Verteil. in Rattenleber 43-1262; Feedback-Hemm. v. – d. Leber durch Caprylsäure 24-1432; gehemmte – -Aktivität in d. Leber v. hypothyreot. Ratten 32-1582; Best. im Gewebe 37-1457; histochem. Nachw. 46-1208.

Glucokinase I

– -Aktivität in d. Zytostrukturen d. Fettgewebes (Regulier. durch Glucocorticosteroide u. Insulin) 30-1441.

Glucokinase II

– -Aktivität in d. Zytostrukturen d. Fettgewebes (Regulier. durch Glucocorticosteroide u. Insulin) 30-1441.

Glucomannase

Hydrolyse d. Glucomannane durch – aus Aspergillus oryzae 19-1441.

Gluconat-Dehydrogenase

– -Aktivität bei Actinomyces fradiae während d. Wachstums auf Stärke- u. Glucose-halt. Nährböden 18-1279.

Gluconokinase

– -Aktivität bei Actinomyces fradiae während d. Wachstums auf stärke- u. glucose-halt. Nährböden 18-1279.

Gluconolacton-Oxydase

Keine – -Aktivität in d. Leber d. menschl. Feten u. Frühgeborenen 5-1445.

Gluconsäure-6-phosphat-Dehydrogenase [Dehydrase]

Vork. in einer E. coli-Mutante mit fehlender Phosphoglucoseisomerase (Glucose- u. Gluconsäurestoffwechsel) 17-1376; Fehlen bei E. coli K *10* (Glucose- u. Gluconatstoffwechsel) 23-1477.

β-D-Glucopyranosidase

s. *β-Glucosidase.*

Glucosaminidase

– -Aktivität im Arion subfuscus (Rk.) 3-1266.

Glucosamin-6-phosphat-Isomerase [2-Amino-2-desoxy-D-glucose-6-phosphat-Ketolisomerase (desaminierend)]

Indukt. in E. coli durch Glucosamin 44-1321.

β-(1 → 4)-Glucosanase

Verteil. bei auf Waldbäumen schmarotzenden xylophagen Insekten 12-1261; – - Aktivität in Candida brumptii aus d. Myzetom eines holzfressenden Insekts 23-1400; Einfl. v. Hamycin auf d. – v. Capnodis uriliaris 39-1332.

Glucosan-Phosphorylase

Verteil. im Riechnerv d. Ratte 35-1306.

Glucose-ATP-Phosphotransferase

– -Aktivität: d. Fettgewebes (u. d. Brustdrüse virgineller, trächt. u. laktierender Mäuse) 6-1510; (bei Alloxan-Diabetes) 11-1435; bei hypophysektomierten Ratten (Einfl. v. Thyroxin) 12-1300; multiple Formen d. – aus menschl. Zellkulturen u. Rattenleber (kinet. u. elektrophoret. Nachw.) 30-1253; Aktivität d. Rattenleber- – (Rk.) 36-1315.

Glucose-Dehydrogenase

– -Syst. aus Pediococcus pentosaceus (Eig.) 7-1204; – -Aktivität: bei Actinomyces fradiae während d. Wachstums auf Stärke- u. Glucose-halt. Nährböden 18-1279; v. Erysipelothrix rhusiopathiae 33-1456; – aus Aspergillus oryzae 33-1457, 33-1458; – - Aktivität d. intakten Konidien d. Actinomyceten 46-1330; Bldg. in Schizophyllum commune 21-1381; Wärmestabilität (Wrkg. v. Dipicolinsäure u. seinen chem. Analogen) 27-1415.

Glucose-1.6-diphosphatase

Vork. in Meerschweinchenleberfrakt. (Eig.) 1-1219.

α-D-Glucose-1.6-diphosphat-Phosphomutase

s. *Phosphoglucomutase.*

Glucose-Isomerase (D-Glucose isomerisierendes Enzym)

– -Aktivität v. in D-Xylose gewachsenen Zellen v. Bacillus coagulans, Stamm HN-*68* 37-1449; – v. Paracolobacterum aerogenoides 42-1240; Bldg. aus Streptomyces (Verw.) 37-1451; Reinig. u. Eig. v. –: aus Entamöba intermedia, Stamm HN-*500* 36-1402; aus Bacillus coagulans 37-1449; Umwandl. v. D-Glucose in D-Fructose mit – 43-1256, 45-1398, 45-1399; (aus Streptomyces) 38-1466; (aus Streptomyces phaeochromogenus) 43-1256.

D-Glucose isomerisierendes Enzym

s. *Glucose-Isomerase.*

β-D-Glucose: O_2-Oxydoreduktase

s. *Glucose-Oxydase.*

Glucose-Oxydase (β-D-Glucose: O_2-Oxydoreduktase)

← (*8.* Mitt.) 7-1291; (*7.* Mitt.) 17-1275; – -Aktivität bei Actinomyces fradiae während d. Wachstums auf Stärke- u. Glucose-halt. Nährböden 18-1279; –: in Aspergillus niger 20-1265; in Pseudomonas aeruginosa 25-1417; aus Aspergillus niger (Einfl. v. H_2O_2) 42-1174; Lokalisat. im Darm (Anwend. auf perorale Biopsieproben) 28-1425.

Biosynth. durch Penicillium vitale (Einfl. v. Kohlenhydraten im Nährboden) 7-1290; Bldg. in Aspergillus niger (Einfl. v. Zuckern u. N-Verb.) 7-1291; (Einfl. quant. Variat. eines Grundmediums) 17-1275; Reinig.: durch Zusatz einer wasserlösl. Ca-Verb. 44-2994*; durch Ausfällen mit $(NH_4)_2SO_4$ 44-2995*.

Spintransfer in mol. Komplexen v. – mit Strahlensensibilisatoren (ESR-Mess.) 11-1187; Sedimentat.- u. Diffus.-Koeff. aus d. Aktivitätstransport d. – aus Penicillium u. Aspergillus 3-1218.

Rk.: v. – aus Aspergillus niger mit Hydrogensulfit 20-1266; mit Glucose in biolog. behandeltem Abwasserschlamm 21-1495; nichtspezif. Rk. v. – mit Glykogen (Anwend. zur Best. v. Glykogen im Gewebe) 38-1361; Überführ. durch anaerobe Belicht. in blaue u. rote Semichinone 43-1182; Redoxpotential d. – aus Aspergillus niger in Abhängigk. v. pH 43-1191; $^3H_{(1)}$-Glucoseox. durch – 44-1189; Wrkg. auf d. Jodidperoxydase in subzellulären Frakt. d. Schilddrüse d. Menschen 45-1564; Verh. im Wein u. Traubensaft 46-2823.

Verw.: als Antioxydans in d. Obst- u. Gemüsetechnologie 31-3517; zur Verbesser. d. Lager.-Fähigk. v. Eipulver 48-2932.

Zytochem. Nachw. in Aspergillus niger 16-1304; Best.: v. Glucose u. – in Verbind. mit d. peroxydat. Rk. v. Cu(II)-Histamin 31-2158; im Blut 35-1270; d. Blutzuckerwerte mit d. – - u. o-Toluidinmeth. (statist. Analyse d. erhaltenen Werte) 10-1455; Verw.: zur Best. v. Glucose, Saccharose u. Lactose in gemischten Zuckern 18-1326; zur Mikrobest. v. Fructose in gemischten Zuckern 18-1327; chromatograph. Identifizier. v. Glucose u. 2-Desoxyglucose mit – 23-2195; Fermentelektrode (auf einem Gel fixierte –) zur Glucosebest. 43-2089; Best. v. durch Glucosidasen freigesetztem β-Anomeren d. Glucose unter Verw. v. – 48-1912; verbesserte Meth. zur Best. d. Glucose im Blut mit – 51/52-1947.

Glucose-Peroxydase

Rk. mit Glucose in biolog. behandeltem Abwasserschlamm 21-1495.

Glucose-1-phosphatase

Lokalisier. im Ziliumepithel 3-1255.

Glucose-6-phosphatase (D-Glucose-6-phosphat-Phosphohydrolase)

– -Aktivität: in Opuntia ficus indica 37-1412; d. Leber (Ratten mit transplantierbaren Wuchshormon ausscheidenden Hypophysentumoren) 1-1151; Vork. in Meerschweinchenleberfrakt. (Eig.) 1-1219; Histochemie im Juxtaglomeruluskomplex d. Niere v. Ratten 2-1175; Lokalisier. im Ziliumepithel 3-1255; Bezieh. zwischen d. Aktivität v. Leber- – u. Ontogenese (bei Diabetes u. anderen physiolog. Zuständen) 3-1257; – - Aktivität: in d. Nieren v. Ratten u. Mäusen (bei experimenteller Vergift. mit Uranylnitrat) 4-1055; in Rattenhirnpräp. (Einfl. v. Perathiepin u. Chlorpromazin) 6-1237; in d. Rattenleber (Einfl. v. Äthionin) 6-1576; d. Nieren 8-1290; in Rattenleber u. -niere (Einfl. v. endokrinen Veränder. u. Fasten) 8-1316; in d. Schafsleber 8-1338; in d. Niere (v. mit Propylthiouracil gefütterten Ratten) 11-1429; (neurale u. hormonale Regulier.) 11-1531; d. Epithelzellen d. Gallenblase d. Schafes (Vgl. mit d. v. Lebergewebe) 12-1315; Glykogensynth. aus Pyruvat im Muskel bei Patienten mit – -Mangel 12-1537; – -Aktivität: d. Mäuseleber 15-1367; in d. Leber (bei an Kälte akklimatisierten Ratten) 16-1608; (bei Ratten im Geburtsstadium nach Bestrahl. in utero) 19-1699; – -Adaptat. an spezif. Diäten u. Hormone (Insulineinfl.) 20-1246; – -Aktivität bei d. hypophysektomierten Ratte (Wrkg. d. Wachstumshormons) 20-1472; intrarenale Verteil. 21-1435; – -Aktivität: d. Niere (Wrkg. eines Kohlenhydrat-armen Futters) 21-1491; (Einfl. v. Kohlenhydratmangelfutter u. Äthionin) 21-1492; d. Leber u. Niere d. hypophysektomierten Ratte (Indukt. ihrer Synth. nach Zufuhr v. ACTH u. Hydrocortison) 21-1608; in d. Leber reifer Ratten, Schafe u. Hühner sowie deren Feten 24-1383; Aktivität mikrosomaler – in Bezieh. zur Lebervergrößer. 24-1433; – -Aktivität: in d. Leber u. in d. epididymalen Fettgewebe bei d. Ratte mit ernährungsbedingter Fettleibigk. 24-1434; in Humanleberpräp. 27-1481; im Dünndarm d. Lamms 28-1404; im menschl. Serum 28-1412; im Lobus nervosus d. Hypophyse (Übersicht) 28-1413; bei experimenteller Tuberkulose mit anschließender Isoniazid-Behandl. 28-1694; Lokalisier. in Segmenten d. poximalen Tubuli d. Rattenniere 29-1470; – -Aktivität in d. Leber v. hypothyreot. Ratten 32-1582; histochem. Verteil. im Riechnerv d. Ratte 35-1306; – -Aktivität: im aktivierten supraopt. Kern d. Hypothalamus d. Ratte 37-1558; v. Lebermikrosomen d. Hühnerembryos während d. Entw. 40-1502; d. Leber (Einfl. v. Dextran) 41-1640; (Einfl. v. Dextran u. Chlorpromazin) 41-1641; (bei akuter Alkohol-Verabreich.) 43-1502; in d. Rattenniere (Wrkg. v. Phloridzin) 44-1170; – -Aktivität: in einem Proliferat.-Frühstadium d. Leberkarzinogenese 45-1303; in d. Leber (in vitro-Wrkg. v. Detergentien) 46-1213; (nach Eiweiß-reichem Futter) 51/52-1536.

Synth. v. Leber- – (Wrkg. v. Pentobarbiton u. Corticoid) 1-1547; (hormonelle Indukt. u. Hemm.) 7-1430; Auslös. d. pränatalen Synth. in fetaler Rattenleber durch Glukagon 32-1374; Gewinn. u. Charakterisier. lösl. – aus Schweineleber 51/52-1282.

Phosphotransferase-Aktivität d. Nieren- – 8-1290; Rk. in Lebermitochondrien bei Glykogenolyse u. Gluconeogenese 27-1716; Cholesterinsynth. durch – im endoplasmat. Retikulum d. Rattenleber 31-1476; Wrkg. v. Palmityl-Coenzym A auf d. anorgan. Pyrophosphatglucose-Phosphotransferase u. – d. Lebermikrosomen (Vgl.) 40-1254.

Hemm. d. Leber- – durch Thioacetamid-Vergift. 17-1343; Wrkg. v. Glycodiazin u. Tolbutamid auf d. – d. Leber 18-1463; Hemm.: durch Citrat 40-1255; v. – in d. Niere durch Co 49/50-1597.

Best. in Mikrogrammengen v. Lebergewebe 38-1419.

Glucose-6-phosphat-Cyclase

NAD-abhäng. – aus Rattentestes 8-1285; Rolle bei d. Cyclisier. v. Glucose-6-phosphat zu D-Inosit-1-phosphat 43-1181; Trenn. v. Hefe-Inosit-1-phosphatase u. – 32-1399.

Glucose-6-phosphat-Dehydrogenase (D-Glucose-6-phosphat: NADP-Oxydoreduktase, „Zwischenferment")

– (*2.* Mitt.) 21-1384.

Vorkommen, Aktivität: – v. Pseudomonas aeruginosa (Reinig., Eig., Hemm.) 6-1244; – -Aktivität u. Coenzym-Spezifität v. bakterieller – 16-1281; Vork. in einer E. coli-Mutante mit fehlender Phosphoglucoseisomerase (Glucose- u. Gluconsäure-Stoffwechsel) 17-1376; – in grünen Einzellern in Abhängigk. v. d. C-Versorg. 17-1453; – - Aktivität bei Actinomyces fradiae während d. Wachstums auf Stärke- u. Glucose-halt. Nährböden 18-1279; Vork. in Polyporus brumalis-Extrakten 25-1389; Verteil. in Proteusbakterien 37-1479; Vork. in zellfreien Extrakten v. Thiobacillus ferrooxydans 39-1308; – -Aktivität im Membransyst. v. E. coli 47-1417.

– -Aktivität: in Gerstenblättern bei Infekt. mit staubigem Mehltau 1-1340; während d. frühen Entw. d. Weizens 22-1453; in d. Kotyledonen keimender Erbsensamen

24-1515; Lokalisier. in Chloroplasten v. Blattzellen 28-1528; --Aktivität in d. Kartoffelknolle bei d. Zuckerumwandl. 42-1320.

Verteil. in d. Zellen d. Eierschlauches v. Galleria mellonella 1-1096; --Aktivität v. KB- u. Ehrlich-Ascitestumorzellen (Einfl. v. Nucleinsäuren) 1-1165; Vork. in Augenlinsen u. anderen Geweben 1-1181; – aus Leukozyten v. Personen mit normaler u. abart. Blutzus. 1-1186; --Aktivität: im Rattenfettgewebe (Wrkg. v. Hunger u. Wiederfütter.) 2-1140; v. Rattenleber (nach Transplantat. v. Guerin-Epitheliomen) 3-1199; bei Hautretikulosarkomatose 3-1201; d. Hämolysate (Einfl. d. Stromas) 4-1017; –: d. Erythrozyten u. Leukozyten (elektrophoret. Heterogenität bei Italienern verschiedener ethn. Gruppen) 4-1018; d. Leber (Aktivität während d. Geburtsperiode bei d. Ratte) 4-1019; Vork. in Lysosomen d. Rinderaugenlinsenepithels 5-1294; --Aktivität: in Thrombozyten aus Neugeborenen- u. Erwachsenenblut (Vgl.) 5-1431; d. Euters bei normalen Kühen u. solchen mit spontaner Ketose 6-1262; d. Leber, d. Fettgewebes u. d. Brustdrüse virgineller, trächt. u. laktierender Mäuse 6-1510; v. Lungenschnitten 8-1144; – aus menschl. Erythrozyten mit normalen u. anormalen Enzymspiegeln 8-1224; --Aktivität: in Erythrozyten (Verh. bei d. in vitro-Konservier.) 10-1461; im Fettgewebe zweier Arten adipöser Mäuse bei Hungerbehandl. 11-1224; in Fibroblasten während d. Viruskanzerogenese 11-1316; in d. Niere (v. mit Propylthiouracil gefütterten Ratten) 11-1429; (neurale u. hormonale Regulier.) 11-1531; d. Epithelzelle d. Gallenblase d. Schafes (Vgl. mit d. v. Lebergewebe) 12-1315; in d. Mukosa d. Dünndarms 12-1527; –: in Muskelfasern in schnellen u. langsamen Muskeln bei kreuzweise Innervat. 12-1535; in Zellen d. peripheren Blutes u. d. Knochenmarks 13-1194; --Aktivität in R*3230*-AC-Mammatumor u. Mammagewebe (Einfl. v. Östrogen) 14-1225; Negervariante d. menschl. – (Austausch v. Asparagin gegen Asparaginsäure) 14-1243; --Aktivität: in überreifen Ovarien d. Ratte (Einfl. d. Luteinisier.-Hormone) 14-1436; in d. Darmschleimhaut d. Ratte (Einfl. v. Glucocorticoiden) 14-1444; in d. Erythrozyten bei Hämoglobin-E-Thalassämie 14-1486; – im Nervus ischiadicus v. Ratten nach Injekt. v. Diisopropylfluorphosphat 16-1282; Vork.: u. Lokalisat. in Fasciola hepatica u. Dendrocoelum lacteum 16-1283; in d. Harderschen Drüse d. Kaninchens 16-1284; –: in Rattenlebermitochondrien 16-1298; v. Erythrozyten (Hybridisier.-Unters. zur weiteren Charakterisier.) 16-1299; --Aktivität: d. normalen menschl. Erythrozyten nach Behandl. mit Sulfhydrylverb. 16-1301; d. Milchdrüse d. Ratte nach Hypophysektomie u. Entwöhn. 16-1411; in d. Leber bei an Kälte akklimatisierten Ratten 16-1608; im normalen u. denervierten Muskel 16-1621; Verteil.-Muster bei experimentell induzierten Hauttumoren 17-1240; – aus bovinen Corpora lutea (Einfl. v. Hormonen) 17-1276; --Aktivität d. Thrombozyten bei Blutspendern u. Kranken mit chron. Myelose u. Polyzytämie 17-1345; postmortale Veränder. d. --Aktivität im Rinder- u. Schweinemuskel 17-1636; histochem. Lokalisier. in Testis u. Epididymis v. Bullen 18-1182; --Aktivität in Erythrozyten (Einfl. v. Corticoiden) 18-1444; Vork. in menschl. Glioblastomen 19-1316; --Aktivität: v. experimentell erzeugten Tumoren in d. submaxillaren u. sublingualen Drüsen v. Mäusen während d. Karzinogenese 19-1325; d. Erythrozyten bei Myelofibrosis-Patienten 19-1357; in Niere, Nebenniere u. Speicheldrüse (Wrkg. v. Na^+ u. Angiotensin) 19-1552; --Adaptat. an spezif. Diäten u. Hormone (Insulineinfl.) 20-1246; --Aktivität: in Geweben d. Weddel-Robbe 20-1257; v. Erythrozyten bei Hämoglobin H-Erkrank. 20-1264; Wechselwrkg. zwischen Ernähr. u. Cortison bei d. Regulier. v. – d. Rattenleber 20-1386; --Aktivität bei d. hypophysektomierten Ratte (Wrkg. v. Wachstumshormon) 20-1472; – d. Rattenleber (Kristallisat. u. Eig.) 21-1385; (Einfl. d. Diät auf d. Enzymaktivität in vivo u. Hemm. durch langkett. Fettsäuren in vitro) 21-1386; --Aktivität: in bestrahlten Testes u. Epididymis 21-1760; in reifen Rattenhoden (Wrkg. v. Zytostatika) 22-1318; d. Leber nach Verfütter. v. Fluorid 22-1362; Geh. d. Nebennierenrinde d. Meerschweinchens (nach Abschluß einer langfrist. Cortisonvorbehandl.) 22-1536; (nach Metopironzufuhr) 22-1537; --Aktivität: in d. Leber u. in d. epididymalen Fettgewebe bei d. Ratte mit ernährungsbedingter Fettleibigk. 24-1434; d. Rattenuterus (Einfl. v. Zyklus u. exogener Hormonzufuhr) 24-1577; – in roten Zellen (Best.) 25-1341; --Aktivität: d. Pentosephosphatzyklus (im Blutserum bei Pathologien) 26-1264; (im Rattenherz bei Hyperthyreose) 26-1265; in Mammatumoren, Uteri u. Brustdrüsen (Einfl. v. Östradiolvalerat) 27-1408; kein Vork. bei Siboglinum atlanticum 27-1653; --Aktivität in d. Leber nach Stimulat. durch Wirkstoffe 27-1744; – aus Erythrozyten d. Menschen 28-1357; --Aktivität: im Truthahnhoden (Wrkg. v. Reserpin) 28-1705; in Erythrozyten nach in vivo-Vergift. mit Schwermetallen u. As 28-1710; anomere Spezifität v. – aus menschl. Erythrozyten 29-1396; Aktivität d. NADP-abhäng. – d. Ovars bei d. laktierenden Ratte (Wrkg. v. 17β-Östradiol u. L-Thyroxin) 29-1609; --Aktivität: in menschl. Blutplättchen (Einfl. d. Koagulat.) 30-1460; in Leber u. Fettgewebe d. Menschen 32-1339; –: in d. Rattenniere in d. perinatalen Periode 32-1340; im zellulären Verteil.-Muster in d. Ovariolen v. Galleria mellonella während d. Entw. 33-1450; histochem. Verteil. im Riechnerv d. Ratte 35-1306; --Aktivität: in menschl. Erythrozyten (patholog. u. physiolog. Einfl.) 35-1558; in d. laktierenden Rattenmilchdrüse (Einfl. d. Thyreoidektomie) 36-1528; – d. linken Herzkammer (transmuraler Gradient) 38-1707; --Aktivität: in d. Leber bei Mäusen (Einfl. v. Actinomycin D) 40-1535; in Milchdrüsen 42-1378; in Metverdoglobin-halt. Erythrozyten 43-1452; d. Periosts bei experimentellem Lathyrismus 43-1495; bei d. Äthionin-behandelten Maus 44-1169; d. Nephronbereiche 45-1655; d. mit ACTH stimulierten Ratte 49/50-1470, 49/50-1471; d. Ovars d. Ratte (Wrkg. einer Steroidbehandl.) 49/50-1448; in Leber u. Muskel bei Parathionvergift. 49/50-1625; – aus Erythrozyten d. Menschen u. verschiedener Huftiere (Vgl.) 51/52-1249; Geschlechtsunterschied d. --Aktivität in d. Leber d. Ratte 51/52-1455; --Aktivität in d. Leber nach Eiweiß-reichem Futter 51/52-1536.

Mangel: – aus --Mangel-Erythrozyten bei Chinesen 6-1243; --Mangel bei Erythrozyten (Regenerier. v. red. Glutathion) 9-1460; Hemm. d. Hexokinase in --defizienten Erythrozyten durch Acetylphenylhydrazin 12-1215; --Mangel in Nordost-Thailand 12-1468; Sulfhydrylgruppen in d. roten Blutkörperchen v. --defizienten Individuen 12-1474; Lipidgeh. d. --defizienten roten Blutkörperchen 12-1475; --Mangel in Erythrozyten (histochem. Unters. d. Schleimhaut d. Duodenums) 16-1300; saure Phosphomonoesteraseaktivität in d. Erythrozyten neugeborener Chinesenkinder bei bestehendem --Mangel 16-1358; mögl. Rolle v. 3.4-Dihydroxyphenylalanin bei Favismus (hämolyt. Anämie mit --Mangel) 32-1617; hämolyt. Rk. infolge v. Primaquine bei Personen mit --Mangel 46-1609; Pentosephosphatstoffwechsel --defekter, menschl. Erythrozytenhämolysate 47-1603.

Bildung, Gewinnung: Bldg.: im Mäusethymus während d. Wachstums 4-1076; im Uterus (Cofaktorindukt.) 35-1269; Nitrobenzimidazole als Induktoren d. – bei E. coli 47-1459; Freisetz. in isolierten Fettzellen (Steuer. durch lipolyt. Hormone u. Insulin) 44-1102; Darst. u. Eig. krist. – aus Leuconostoc mesenterioides 26-1263; Isolier. u. Charakterisier. d. – d. menschl. roten Blutkörperchen 32-1603.

Reaktionen, Wirkungen: Struktur u. Funkt. d. Säugetier-– 8-1223; – bei d. Synth. v. 6-Phospho-2-desoxy-2-aminogluconsäure 28-1358; Regulat. d. Hexose-Abbaus über d. Entner-Doudoroff-Weg durch --Hemm. 39-1297; Rk. v. Säugetier-– mit o-Phenanthrolin u. seinen Analogen 44-1188; Aktivität bei d. Glykolyse in subzellulären Präparat. v. Dünndarmmukosa aus Katzen u. Ratten 40-1232; – in Bezieh. zur RNS- u. Proteinsynth. in trisomat. Leukozyten 44-1187.

Beeinflussung:; Wrkg.: synthet. Östrogene auf mikrobielle – 8-1225; v. Lanthanidchloriden auf – 14-1232; Fett-armer Nahr. auf – in Rattengewebe 16-1588; v. Mg-Ionen auf d. Hemm. v. Hefe-– durch Coenzym A u. Pyrophosphatderiv. 21-1387; Feedback-Hemm. v. – d. Leber 24-1432; Hemm. d. – d. Hypophyse durch Monoaminoxydasehemmstoffe 29-1776; gehemmte --Aktivität in d. Leber v. hypothyreot. Ratten 32-1582; Hemm.: durch eine antopsoriat. wirksame Substanz (6-Hydroxy-1.3-benzoxathiol-2-on) 33-1885; durch Adeninnucleotide 47-1365; alloster. Hemm. v. Hefe-– durch ATP 47-1366; Hemm. durch DFP 49/50-1624.

Analyse, Untersuchungsmethoden: Fluorimetr. Mess. 20-1935; histochem. Nachw. 16-2011; Best. v. Erythrozyten-– 23-1390; Nachw. v. --Armut mit Methylenblau (Schnellmeth.) 25-1342; histochem. Nachw. mit NBT (Verstärk. d. Färb. durch UV-Licht) 27-1416; zytochem. Nachw. bei Pilzen 37-1352; elektrophoret. Trenn. d. Mg-abhäng. – in Rattengeweben 37-1357; Best. im Gewebe 37-1457; histochem. Nachw. in d. Adenohypophyse d. Schweines, bes. in d. Pars intermedia 46-1261; gekoppelte Hexokinase--Rk. bei d. Best. d. Isozyme d. ATP–Kreatin-Phosphotransferase d. Serums durch gekoppelte Enzymrk. in Polyacrylamidgelen 14-1269; fluorimetr. Meth. zur Best. normaler Konz. v. Harnglucose mit – 44-1907.

Bibliographie: Standardization of procedures for the study of glucose-6-phosphate dehydrogenase (report) B 20.

Isoenzyme: Differenzier. u. Morphogenese in Blastocladiella emersonii 1-1185.

α-Glucose-1-phosphat-Dismutase

Hypothese über d. Art d. Beteilig. v. – an d. Umwandl. v. Glucose in α-Glucose-1-phosphat 16-1333.

Glucosephosphat-Isomerase Phosphogluco(se)-Isomerase, Phosphohexo(se)- Isomerase)

E. coli-Mutante mit fehlender – (Glucose- u. Gluconsäure-Stoffwechsel) 17-1376; Vork. in Polyporus brumalis-Extrakten 25-1389; --Aktivität in E. coli (Genanordn. beeinflussende Faktoren) 38-1311; Vork. in zellfreien Extrakten v. Thiobacillus ferrooxydans 39-1308; --Aktivität in Clostridium kluyveri 40-1338; Vork. in d. Wurzeln d. Zuckerrübenpflanzen 35-1431; – v. Erbsen (Krist. u. Eig.) 39-1262; --Aktivität: in d. Kartoffelknolle bei d. Zuckerumwandl. 42-1320; in Thrombozyten aus Neugeborenen- u. Erwachsenenblut (Vgl.) 5-1431; im Skelettmuskel v. mit Propylthiouracil gefütterten Ratten 11-1429; im anaeroben Herzmuskel 11-1520; im Rattenuterus (Zunahme infolge v. Östrogen) 13-1256; in R*3230*-AC-Mammatumor u. Mammagewebe (Einfl. v. Östrogen) 14-1225; in Schweineherzextrakt 16-1330; in d. Leber bei an Kälte akklimatisierten Ratten 16-1608; d. Niere (keine Wrkg. eines Kohlenhydrat-armen Futters) 21-1491; d. Serums bei Leukosen 26-1571; in Mammatumoren, Uteri u. Brustdrüsen (Einfl. v. Östradiolvalerat) 27-1408; in Seren u. in Lebern v. Tumor tragenden Hamstern 34-1240; in Milchdrüsen 42-1378; Hemm. d. durch Östrogen induzierten Synth. im Uterus d. adrenalektomierten Ratte durch Actinomycin D 46-1321; Isolier. u. Charakterisier. d. – d. menschl. roten Blutkörperchen 32-1603; Steuer. d. Glykolyse in Gehirnrindenschnitten durch – 24-1431; Hemm. durch DFP 49/50-1624; Best. im Gewebe 37-1457.

Isoenzyme: Vork. bei d. Maus 36-1403.

α-Glucose-1-phosphat-Kinase

Hypothese über d. Art d. Beteilig. v. – an d. Umwandl. v. Glucose in α-Glucose-1-phosphat 16-1333.

Glucose-6-phosphat-Mutase (Phosphohexose-Mutase)

--Aktivität in Milchdrüsen 42-1378; Best. im Gewebe 37-1457.

D-Glucose-6-phosphat: NADP Oxydoreduktase

s. *Glucose-6-phosphat-Dehydrogenase.*

D-Glucose-6-phosphat-Phosphohydrolase

s. *Glucose-6-phosphatase.*

Glucose-1-phosphat-Uridyltransferase (UDP–Glucose-Pyrophosphorylase, UDPG-Pyrophosphorylase, Uridindiphosphat–Glucose-Pyrophosphorylase)

--Aktivität: in Phytophthora cinnamomi 1-1278; in Knochenmarkzellen (Einfl. d. totalen Röntgenbestrahl.) 5-1537; in d. Niere v. mit Propylthiouracil gefütterten Ratten 11-1429; d. Milchdrüse d. Ratte nach Hypophysektomie u. Entwöhn. 16-1411; d. Thrombozyten bei Blutspendern u. Kranken mit chron. Myelose u. Polyzytämie 17-1345; Vork. in Mastzellentumoren (Reinig. u. Rk.) 26-1300; --Aktivität: d. Rattenleber (Einfl. d. Röntgenbestrahl.) 26-1662; in Novikoff-Asciteshepatomzellen 32-1301; in d. Leber bei Mäusen (Einfl. v. Actinomycin D) 40-1535; in Milchdrüsen 42-1378; im Bindegewebe (Einfl. d. Nebennierenrindenhormone) 43-1401; Aktivier. d. – aus Sorghum durch andere Ribonucleosid-5'-diphosphatverb. 17-1300; Isolier. aus einem zellulären Schleimpilz 15-1435; Bind. an d. Stärkekörner im Reis 43-1203; gehemmte --Aktivität in d. Leber v. hypothyreot. Ratten 32-1582.

Glucose-Phosphomutase

s. *Phosphoglucomutase.*

Glucose–2.3.5-Triphenyltetrazoliumchlorid-Reduktase

– -Meth. zur Anwend. in Zellkultur 32-1244.

α-Glucosidase (Maltase, Maltohydrolase, α-D-Glucosid-Glucohydrolase)

– -Aktivität in Candida brumptii aus d. Myzetom eines holzfressenden Insekts 23-1400; Verteil. in Gewebe v. Fusarium moniliforme 33-1620; – -Aktivität: in Saccharomyces oviformis 38-1428; beim Wachstum v. Saccharomyces cerevisiae 47-1420; – aus Süßkartoffeln 20-1331; Gerstenmalz- – (Lokalisier. u. Entw. während d. Gerstenkeim.) 23-1426; – -Aktivität in keimenden Erbsensämlingen 45-1483; Konz. in d. Schleimhaut d. Rattenjejunums (Wrkg. v. Proteinmangelfutter) 5-1452; – -Aktivität: in Rattendünndarmmukose (Eig.) 16-1343; in Puppen v. Calliphora erythrocephala 16-1344; Lokalisier. in Hamsterdarmbürstensäumen 20-1166; – -Aktivität im Darm v. jungen keimfreien u. gewöhnl. Ratten 20-1342; – d. Stylums u. d. Hepatopankreas v. Strombus gigas 22-1322; – -Aktivität d. durch Tris zerstörten Bürstensaumes d. Darmepithalzellen 29-1369; Vork. im Hundeharn 31-1441; – -Aktivität v. Maltotriase d. menschl. Dünndarms 5-1491.

Regulat. d. – -Synth. durch Protoplasten v. Saccharomyces carlsbergensis 27-1455, 27-1456; Synth. in einem subzellulären Syst. aus Protoplasten v. Saccharomyces carlsbergensis 46-1234; Dextrangelfiltrat. v. – d. Rattenleber 37-1419.

Anomere Form d. während d. Enzymolyse mit – gebildeten D-Glucose 40-1257; Spalt. v. Saccharosefettsäureestern durch – 47-1389.

Hemm. d. Gerstenmalz- – durch Tris-[hydroxymethyl]-aminomethan u. Erythrit 34-1300.

Stärkegelelektrophorese 45-1359; Analyse v. Hefe- – 49/50-1269.

α-1.4-Glucosidase

– -Aktivität d. Gewebes bei Patienten mit generalisierter Glykogenspeicherkrankh. 29-1701.

α-1.6-Glucosidase

Abtrenn. d. Streptococcus mitis- – v. d. Transglucosylase u. Wrkg. auf verzweigte Oligosaccharide 36-1357.

β-Glucosidase (Cellobiase, β-D-Glucopyranosidase, β-D-Glucosid-Glucohydrolase)

Vork. in Pilzen 13-1213; – d. Hefezellenoberfläche 46-1235; – -Aktivität v. Ribosomen aus Sojabohnenkeimlingen 23-1544; Bezieh. zwischen – u. Pilzinfekt. beim Mais 24-1542; Regulier. d. – in Schizophyllum commune 42-1214; – -Aktivität: in d. Schweineniere 5-1254; im Darm v. jungen keimfreien u. gewöhnl. Ratten 20-1342; – d. Stylums u. d. Hepatopankreas v. Strombus gigas 22-1322; – -Aktivität im Dünndarm 33-1509; Vork. in Megakaryozyten u. Blutplättchen 37-1652; – -Aktivität v. Säugetier-β-galaktosidasen 8-1298; Reinig. u. Charakterisier. v. – : d. Hefe 21-1445; v. Sorghum-Geweben 31-1440; – -Inaktivier. eines aspermatogenen Antigens 36-1560; anomere Form d. während d. Enzymolyse mit – gebildeten D-Glucose 40-1257; Darst. u. Eig. spezif. Inaktivatoren 11-1244; Best. in anaerobem Faulschlamm 28-2248; Fluorescein-markierte – als bakterielles Färbemittel 38-1483.

Glucosidasen

– -Aktivität einiger Samen 12-1264; hormonale Kontrolle d. Kittdrüsensekret. v. – 18-1425; Bedeut. bei d. Zerleg. v. Maltooligosacchariden u. Stärke im Dünndarm 15-1383; Best. v. durch – freigesetzten Anomeren d. Glucose 48-1912.

D-Glucosid-3-Dehydrogenase

3-Oxosaccharose-bildende – aus d. Zellen v. Agrobacterium tumefaciens (Reinig. u. Eig.) 44-1176.

α-D-Glucosid-Glucohydrolase

s. *α-Glucosidase.*

β-D-Glucosid-Glucohydrolase

s. *β-Glucosidase.*

β-Glucosid-Permease

Indukt. bei E. coli 49/50-1304.

Glucosylfluorid-Hydrolase

Aktivität u. Eig. v. – aus Rattendünndarmmukose 16-1343.

Glucosyltransferasen (Transglucosylasen)

Spezielle – s. dort.

– -Aktivität in Streptococcus mitis (Rk.) 24-1361; – in Gerste u. Malz 25-3393; Abtrenn. d. α-(1 → 6)-Glucosidase v. – v. Streptococcus mitis u. Wrkg. auf verzweigte Oligosaccharide 36-1357; Rolle bei d. Biosynth. d. Stärke in Chloroplasten 18-1379.

β-Glucuronidase (β-Glucuronid-Glucuronhydrolase)

– : v. polymorphonuklearen Leukozyten d. Ratte 1-1217; aus verschiedenen Organen u. Tieren (Vgl. durch Stärkegelelektrophorese) 2-1180; – -Aktivität v. Leber, Milz u. Nieren (Wrkg. v. Glukagon) 3-1429; Vork. in Lysosomen d. Rinderaugenlinsenepithels 5-1294; – -Aktivität: bei Küken mit Vitamin-E-Mangel 5-1484; bei trächt. Ratten mit Vitamin-E-Mangel 5-1485; bei Lebernekrose u. Hodendegenerat. d. Ratte mit Vitamin-E-Mangel 5-1486; lysosomale – -Aktivität bei mit BCG infizierten Mäusen 7-1236; erhöhte Aorten- – -Aktivität mit zunehmender Arteriosklerose bei weibl. Zuchtratten 8-1301; – -Aktivitätszunahme im Mäusethymus nach subletaler Röntgenbestrahl. 12-1559; – -Aktivität: in Puppen v. Calliphora erythrocephala 16-1344; verschiedener Organe u. Körperfl. v. Vipera aspis 16-1354; subzelluläre Verteil. in menschl. Leukozyten 17-1552; – : Aktivität: bei d. Albinoratte als Funkt. d. Alters u. d. Leberregenerat. 17-1628; v. experimentell erzeugten Tumoren in d. submaxillaren u. sublingualen Drüsen v. Mäusen während d. Karzinogenese 19-1325; im Plasma (Einfl. v. Heparin) 21-1683; in Bezieh. zu Trächtigk., postpartaler Involut. u. Kollagenabbau 24-1373; – aus d. Aorta d. Rindes (Reinig. u. Eig.) 24-1390; – -Aktivität: in d. Rattenhaut nach Wrkg. entzündungshemmender Pharmaka 24-1711; in mononuklearen Leukozyten v. immunisierten Ratten 26-1595; Lokalisier. am Rand eines malignen Rattentumors 28-1318; Aktivitätsanstieg d. Serum- – bei Arteriosklerose d. Koronararterien 28-1429; – -Aktivität d. – d. Uterus v. nach d. Paar. ovarektomierten Ratten 31-1598; Anreicher. u. Charakterisier. v. Rinderleber- – 32-1419; – -Aktivität im Rinderherzmuskel (Lysosomen) 34-1310; histochem. Verteil. im Riechnerv d. Ratte 35-1306; – -Aktivität: d. Serums (Einfl. d. Blutzuckerspiegels) 35-1316; in Leberplasmamembranen 36-1328; in Ovarien reifer Ratten (Wrkg. v. Äthinylöstradiol u. Lynöstrenol) 36-1329; Vork. in Megakaryozyten u. Blutplättchen 37-1652; intrazelluläre Lokalisier. d. Leber- – (Best. durch getrennte Gene) 38-1312; Bind. an Lysosomenpartikel d. Rinderschilddrüse (Markier.-Enzym) 38-1427; histochem. Korrelat. v. – u. Natriumionentransport bei Tiergeweben 39-1248; – bei akuter Tetrachlorkohlenstoffschädig. d. Rattenleber 39-1250; – -Aktivität: d. Leber (Verh. während d. Perfus.) 41-1585; (Einfl. v. Dextran) 41-1640; (Einfl. v. Dextran u. Chlorpromazin) 41-1641; im Bindegewebe (Einfl. d. Nebennierenrindenhormone) 43-1401; Konz. in Rattengalle während Anästhesie 44-1229; – -Aktivität: im Serum bei Patientinnen mit bösart. Genitalerkrank. vor, während u. nach d. klin. Behandl. 46-1171; in Granula v. Humanlymphozyten nach Induzier. durch Phytohämagglutinin u. Antigene 47-1606; – im Plasma d. Ratte nach Injekt. einer Strahlenschutzdosis v. Cysteamin 47-1682; – -Aktivität in Serum u. Leber v. Mäusen im Verlaufe v. experimentell durch Diäthylnitrosamin induzierter Leberkanzerogenese 51/52-1199; Verteil. u. Aktivität v. – im Rattenlebenkarzinom (Einfl. v. Röntgenbestrahl.) 51/52-1228; – -Aktivität in epithelialen u. mesenchymalen menschl. Geweben 51/52-1286; pH-abhäng. Aktivier. v. – durch N-Acetyl-β-D-glucosaminidase 13-1222.

Entw. im Darm Neugeborener 14-1287; Indukt. in Endotoxin-behandelten Mäusen 40-1370; Sekret. v. – durch Streptolysin O-behandelte polymorphkern. Leukozyten 7-1465; durch Bestrahl. aus Lysosomen freigesetzte – (Bezieh. zur Bldg. v. Lipidperoxiden) 32-1269; Freisetz.: aus Lysosomen durch Polyenantibiotika 43-1108; aus lysosomaler Rattenleberfrakt. durch CCl_4 47-1661; Gelfiltrat. v. – aus Rattenleberlysosomen 40-1111.

Wrkg. auf p-Nitrophenylglucuronid 39-1548; hydrolyt. Wrkg. auf stets wiederkehrende Hyaluronsäure- u. Chondroitinschwefelsäureeinh. 41-1282; Wrkg. auf d. Stoffwechselprod. v. $^{14}C_{(4)}$-Androst-4-en-3.17-dion im Kaninchenurin 5-1381; Aktivität v. – d. Rinderleber gegenüber Phenolphthaleinglucuronid 24-1388.

Hemm. v. – aus Mäuseleber u. -niere durch 2.5-Di-O-acetyl-D-glucosaccharo-(1 → 4)-(6 → 3)-dilacton 1-1232; Einfl. v. Antitumormitteln auf – v. Yoshida-Sarkomzellen 9-1211; – -Genexpress. in somat. Hybriden 24-1244; Einfl. d. aus d. Lakritzensaft hergestellten Verb. auf d. – d. Körperfl. v. Helix pomatia 24-1389; Hemm.: durch Aldolactone 36-1350; v. – in d. Niere durch Co 49/50-1597.

Best. u. Eig. v. – d. menschl. Serums 2-1192; histochem. Darst. 7-1235; histochem. Nachw.: in Ovarien u. d. Plazenta v. Ratten 13-1952; im Knochenmark u. Blutzellen (Meth.) 18-1226; Best. im Serum 18-1227; schnelle Lokalisier.-Meth. für – in menschl. Leukozyten- u. Ehrlich-Mäusekarzinomzellen-Populat. 24-1387; histochem. Verteil. im Säugetiergewebe beim Nachw. mit 5-Brom-4-chlorindolyl-(3)-β-D-glucopyruronisid 39-1249; zytochem. Nachw. im Blut u. in Knochenmarkzellen 43-1238; Vgl. v. p-Nitrophenylglucuronid mit Phenolphthaleinglucuronid als Substrate bei d. Best. v. – 51/52-1285.

β-Glucuronid-Glucuronhydrolase

s. *β-Glucuronidase.*

D-Glucuronolacton-Dehydrogenase [Reduktase]

Differenzier. d. Barbituratstimuller. d. – -Aktivität v. d. de novo-Enzymsynth. 22-1726; – -Aktivität v. Ratten (Einfl. v. Nahr.-Protein) 44-1462.

α-D-Glucuronsäure-1-phosphat-Phosphatase

Aktivität in Organen v. Tieren (Wrkg., Eig.) 1-1216.

Glucuronyltransferase

– -Aktivität in d. Leber d. menschl. Feten u. Frühgeborenen 5-1446; – -Mangel mit Hyperbilirubinämie (Wrkg. v. Phenobarbital) 49/50-1655; – -Aktivität im Bindegewebe (Einfl. d. Nebennierenrindenhormone) 43-1401; Best. d. Leber- – unter Verw. v. ^{14}C-Bilirubin als Substrat 16-1321.

L-Glutamat-Ammoniak-Ligase [ADP]

s. *Glutamin-Synthetase.*

Glutamat-Asparagat-Transaminase

s. *Asparaginsäure-Aminotransferase.*

Glutamat-Asparaginat-Transaminase

s. *Asparaginsäure-Aminotransferase.*

Glutamat-Brenztraubensäure-Transaminase

s. *Alanin-Aminotransferase.*

Glutamat-Decarboxylase

s. *Glutaminsäure-Decarboxylase.*

Glutamat-Dehydrogenase

s. *Glutaminsäure-Dehydrogenase.*

Glutamat-Dehydrogenase [NAD(P)]

s. *Glutaminsäure-Dehydrogenase [NAD(P)].*

Glutamat-Dehydrogenase (NADP)

s. *Glutaminsäure-Dehydrogenase (NADP).*

Glutamat-Formiminotransferase

– -Aktivität in d. Rattenleber (kein Einfl. v. Vitamin B_{12} u. Methionin) 10-1493.

Glutamat-Glycin-Transaminase

Isolier. u. Charakterisier. einer – aus menschl. Leber 12-1213.

L-Glutamat-Glyoxylat-Aminotransferase [Transaminase]

– -Aktivität: bei jungen Suaeda macrocarpa-Pflanzen 24-1517; in Säugetierlebern 40-1512.

Glutamat-Mutase

s. *threo-3-Methyl-L-asparagat-Carboxyaminomethylmutase.*

L-Glutamat : NAD-Oxydoreduktase (desaminierend)

s. *Glutaminsäure-Dehydrogenase.*

L-Glutamat : NAD(P)-Oxydoreduktase (desaminierend)

s. *Glutaminsäure-Dehydrogenase [NAD(P)].*

Glutamat-Oxalacetat-Aminotransferase

s. *Asparaginsäure-Aminotransferase.*

Glutamat-Oxalacetat-Transaminase

s. *Asparaginsäure-Aminotransferase.*

Glutamat-Oxalessigsäure-Transaminase

s. *Asparaginsäure-Aminotransferase.*

Glutamat-Oxydase

--Aktivität d. Brucellastämme verschiedener Virulenz 41-1405.

Glutamat-Pyruvat-Aminotransferase

s. *Alanin-Aminotransferase.*

Glutamat-Pyruvat-Transaminase

s. *Alanin-Aminotransferase.*

Glutaminase

--Aktivität: v. Saccharomyces cerevisiae 19-1414, 26-1406; in normalen Geweben u. bösart. Geschwülsten 2-1114; – in d. verschiedenen Zellelementen d. Magenmuskels 5-1508; --Aktivität: im Rattenhirn nach Röntgenbestrahl. 11-1543; in d. Niere (Einfl. metabol. Azidose) 20-1556; d. Magenmuskeln 26-1348; in normalen u. neoplast. Geweben d. Ratte 34-1304; Rk. bei Bakterien 23-1455.

Glutaminase I

--Aktivität d. Retina u. d. Körperfl. v. Rindern 40-1281.

Glutamin-Brenztraubensäure-Transaminase (Glutamin-Pyruvat-Aminopherase [Transaminase])

Serum--Spiegel (Wrkg. v. Noräthandrolon, Acetohexamid u. Enoxid) 17-1663; --Aktivität im Serum (bei Leberkrankh.) 19-1683; (bei chron. Berufsintoxikat.) 45-1809; Wrkg. v. homologen Knochenmarkzellen auf – bei röntgenbestrahlten Affen 19-1697; --Best. als Leberfunkt.-Test beim Hund (Beeinfluss. durch Behandl. mit Imuran u. Azaserin) 31-1366.

Glutamin-Decarboxylase

Geh. im Kleinhirn 2-1464.

Glutamin-Dehydrogenase

--DPNH-Komplex 8-1208.

Glutamin-Desaminase

--Aktivität d. intakten Konidien d. Actinomyceten 46-1330.

L-Glutamin-D-fructose-6-phosphat-Aminotransferase

--Aktivität: im Verlauf einer durch Carragheenin induzierten Entzünd. u. ihre Hemmbark. durch Phenylbutazon 13-1202; in Rattenleberhomogenat (Einfl.) 14-1262; Rücklaufhemm. durch Uridindiphosphat-N-acetylglucosamin 20-1298; Unterdrück. in E. coli durch Glucosamin 44-1321.

Glutamin-Ketosäure-Transaminase (Transglutaminase)

Identifizier. eines für d. Aktivität d. Meerschweinchenleber-- unentbehrl. funktionellen Cysteins 32-1366; Markier. durch – v. Actin u. Tropomyosin mit ^{14}C-Putrescin 2-1156; Spezifität d. – aus Meerschweinchenleber für Substratstrukturen 16-1318; Wrkg.-Mechanismus d. Meerschweinchenleber-- 20-1320, 36-1295, 36-1296; Best. in Blutserum 16-2002.

Isozyme: Reinig. u. Eig. d. lösl. u. mitochondrialen – 9-1246.

Glutamin-Oxalat-Aminopherase

--Aktivität im Serum bei chron. Berufsintoxikat. 45-1809.

Glutamin-Oxalessigsäure-Transaminase

s. *Asparagin-Aminotransferase.*

Glutamin-Pyruvat-Aminopherase

s. *Glutamin-Brenztraubensäure-Transaminase.*

Glutamin-Pyruvat-Transaminase

s. *Glutamin-Brenztraubensäure-Transaminase.*

Glutaminsäure-Alanin-Aminotransferase

s. *Alanin-Aminotransferase.*

Glutaminsäure-Alanin-Transaminase

s. *Alanin-Aminotransferase.*

L-Glutaminsäure-Ammoniak-Ligase [ADP]

s. *Glutamin-Synthetase.*

Glutaminsäure-Asparaginsäure-Aminoferase

s. *Asparaginsäure-Aminotransferase.*

Glutaminsäure-Asparaginsäure-Transaminase

s. *Asparaginsäure-Aminotransferase.*

Glutaminsäure-Brenztraubensäure-Transaminase

s. *Alanin-Aminotransferase.*

L-Glutaminsäure-1-Carboxylase

s. *Glutaminsäure-Decarboxylase.*

Glutaminsäure-Decarboxylase (Glutamat-Decarboxylase, L-Glutaminsäure-1-Carboxylyase)

– in Papaver somniferum 1-1201; --Aktivität: v. Trauben (Wrkg. v. Anthocyanin-Pigmenten) 37-1461; im Gehirn v. Mäusen während Arzneimittel-induzierter Konvuls. 5-1633; Vork. in Gehirngewebe 7-1259; --Aktivität: im Rattenhirn in d. Ontogenese 13-1247; v. Gehirnrinden- bzw. Leberhomogenaten (Einfl. v. α-Ketoisocapronsäure) 16-1617; in Bezieh. zur Backqualität v. Roggen 27-3551; Aktivier. durch 2.3.4-Trihydroxybenzylhydrazin 35-1329; Reinig.: u. Eig. d. – aus Mäusehirn 32-1455; pflanzl. – 45-1378; Rk. bei Bakterien 23-1455; Bezieh. zwischen --Hemm. u. fibrinolyt. Aktivität organ. Verb. 23-1654; Inhibitorwrkg. N-alkylierter Toxopyrimidinphosphate auf Pyridoxalphosphat 28-1242; Hemm.: durch Malvidin-3-monoglucosid 30-1276; d. Gehirn-- durch O_2-Überdruck 45-1380.

Glutaminsäure-Dehydrogenase [Glutamat-Dehydrogenase, L-Glutaminsäure-[Glutamat] : NAD-Oxydoreduktase (desaminierend)]

Aktivität 25-1344; – aus Lactobacillus plantarum (Isolier., Rk.) 3-1221; --Aktivität: bei Clostridium butyricum 25-1422; u. physikal.-chem. Eig. v. Brucella abortus *19*-BA 26-1270; in Clostridium kluyveri 26-1401; –: in Neurospora (Regulier., Reinig. u. Eig.) 33-1460; aus reprimierter u. dereprimierter Bäckerhefe 45-1336; --Aktivität: innerhalb d. Zellen v. Kohlpflanzen in d. Norm u. nach Infekt. durch Botrytis cinerea 2-1315; während d. frühen Entw. d. Weizens 22-1453; bei Hautretikulosarkomatose 3-1201; d. Leberlappens (bei Äthioninschädig.) 3-1510; in Rattenlebern (Veränder. bei Guerin-Epitheliom u. nach Röntgenbestrahl.) 5-1210; d. intrazellulären „Katalysomen" im Fettkörper v. Rhodnius 8-1157; in d. Überstandsfrakt. embryonaler Hühnerleber 8-1230; – aus Froschleber (Kristallisat. u. kinet. Eig.) 8-1231; (Wrkg. v. Nucleotiden u. Coenzymen) 8-1232; --Aktivität: in Fibroblasten während d. Viruskanzerogenese 11-1319; in Lebermitochondrien v. erwachsenen u. fetalen Ratten 12-1200; d. Leber (Einfl. v. Chlortetracyclin) 13-1574; (bei an Kälte akklimatisierten Ratten) 16-1608; postmortale Veränder. d. --Aktivität im Rinder- u. Schweinemuskel 17-1636; histochem. Lokalisier. in Testis u. Epididymis v. Bullen 18-1182; --Aktivität: nativer Rinderleber (Bedeut. d. Cysteinreste) 20-1271; bei d. hypophysektomierten Ratte (Wrkg. d. Wachstumshormons) 20-1472; in bestrahlten Testes u. Epididymis 21-1760; u. d. Osmoregulat. bei Insekten u. Crustaceen 23-1579; in Mammatumoren, Uteri u. Brustdrüsen (Einfl. v. Östradiolvalerat) 27-1408; kein Vork. bei Siboglinum atlanticum 27-1653; --Aktivität: im Serum (Einfl. d. gestörten Energiestoffwechsels) 29-1740; aus Rattenleber (Aufheb. durch Methoxyäthylquecksilberintoxikat.) 43-1195; u. Verteil. in Rattenleber 43-1262; –: aus Rinder- u. Froschleber (immunochem. Unters.) 44-1192; im Plasma d. Ratte nach Injekt. einer Strahlenschutzdosis v. Cysteamin 47-1682.

Synth. während d. Morphogenese v. Schizophyllum commune 15-1319; Freisetz. aus Lebermitochondrien beim Gefrieren 6-1185; Ausschütt. aus d. Leber 12-1311; Freisetz. aus Gehirnmitochondrien durch ein nichtion. Detergens (Einfl. v. Anionen u. Kationen) 17-1277.

Opt. Rotat.-Dispers. (Einfl. anorgan. Detergentien) 25-1262; Quartärstruktur (Theorie) 10-1210; Rolle d. Aminogruppen bei Struktur u. Funkt. d. – 16-1309, 16-1310; Strukturunters. v. – aus Rinderleber 26-1255; Denaturier.-Geschw. (Wrkg. v. alloster. Modifikatoren) 8-1233; elektrophoret. Verh. d. – aus Rattenorganen 16-1308; Wrkg. v. Inhibitoren u. Acetylier. auf d. elektrophoret. Verteil.-Bild d. – 42-1176.

Ox. durch Tyrosinase (Reaktivität d. Tyrosinreste v. –) 2-1150; Fixier. v. Nicotinamidadenindinucleotid an – 3-1222; Beteilig. eines Tryptophanrestes d. – an d. Bind. v. L-Glutamat 11-1226; Wrkg.-Mechanismus (Rolle d. Effektoren ADP u. GTP) 12-1201; Bind. v. NADH durch – (Mess. mittels Fluoreszenzpolarisat.) 34-1262; Wechselwrkg. zwischen – u. Farbstoffen 37-1366; spektrophotometr. bestimmte Bind. v. ADP, NADH u. NaDPH an – 39-1224; interallele Komplementat. d. – aus E. coli 10-1148; Wrkg. bei d. enzymat. Glutamatsynth. durch zellfreie Extrakte anaerober Bakterien 14-1315; reduktiver NH_3-Einbau durch – in Rattenlebermitochondrien 4-0967; NH_3-Einbau in Aminosäuren durch – in Mitochondrien 4-0968; limitierende Wrkg. beim Glutamatstoffwechsel in Nieren- u. Leberenzymsyst. 13-1187; katalyt. Aktivität d. – aus Schweineherzen 20-1186; oxydative Desaminier. v. L-Homocysteinsulfinsäure durch – d. Rinderleber 34-1263; Wrkg. bei d. Ornithinsynth. aus Prolin in tier. Geweben 48-1336.

Einfl.: v. Lanthanidchloriden auf – 14-1232; v. Rotenon auf Rinderleber-- 14-1248; v. 3-Acetylpyridinadenindinucleotid u. Bisulfit auf – 16-1292; v. Methoxyäthylmercuriacetat auf – d. Rattenleber (Enzymmodell) 31-1389.

Fluorimetr. Mess. d. Aktivität 20-1935; zytochem. Nachw. bei Pilzen 37-1352; immunchem. Unters. an – u. an zwei Mutantenformen d. Proteins 42-1080; histochem. Nachw. in d. Adenohypophyse d. Schweines, bes. in d. Pars intermedia 46-1261; fluorometr. NH_3-Best. im Blut mit – 44-1904.

Glutaminsäure-Dehydrogenase [NAD(P)] [Glutamat-Dehydrogenase [NAD(P)], L-Glutamat : NAD(P)-Oxydoreduktase (desaminierend)]

Stabilität (Wrkg. ion. Verb.) 2-1143; Molgew. d. Untereinh., oligomeren u. assoziierten Formen d. Rinderleber-- 45-1337; Viskosität u. Sedimentat. 8-1234; Hemm.: durch N^1-Alkylnicotinsäureamidchloride 8-1235; durch Pyridoxal-5'-phosphat 37-1367.

Glutaminsäure-Dehydrogenase (NADP) [Glutamat-Dehydrogenase (NADP), L-Glutaminsäure : NADP-Oxydoreduktase (desaminierend)]

--Aktivität in ruhenden u. keimenden Konidien v. Neurospora crassa 24-1348; Vork. in Polyporus brumalis-Extrakten 25-1389; – aus Neurospora (alloster. Wrkg.) 40-1201; zytochem. Nachw. bei Pilzen 37-1352.

L-Glutaminsäure : NAD-Oxydoreduktase (desaminierend)

s. *Glutaminsäure-Dehydrogenase.*

L-Glutaminsäure : NADP-Oxydoreduktase (desaminierend)

s. *Glutaminsäure-Dehydrogenase (NADP)*

Glutaminsäure-Oxalacetat-Transaminase

s. *Asparaginsäure-Aminotransferase.*

Glutaminsäure-Oxalessigsäure-Aminotransferas

s. *Asparaginsäure-Aminotransferase.*

Glutaminsäure-Oxalessigsäure-Transaminase

s. *Asparaginsäure-Aminotransferase.*

Glutaminsäure-Pyruvat-Transaminase

s. *Alanin-Aminotransferase.*

Glutaminsäure-RNS-Synthetase

--Aktivität v. Azotobacter vinelandii 26-1366; Mechanismus d. Inaktivier. d. – aus E. coli 38-1470.

Glutamin-Synthetase (L-Glutaminsäure [Glutamat]-Ammoniak-Ligase [ADP])

--Aktivität in Puccinia helianthi 3-1305; Inaktivier. u. Aktivier. d. – v. E. coli durch einen Metaboliten 40-1300; --Aktivität in d. embryonalen Retina (Einfl. v. Hydrocortison) 2-1350; Verteil. im Gehirn während d. Entw. 51/52-1302; frühzeit. Indukt. v. Netzhaut-- durch Hydrocortison im Embryo u. in vitro, alterabhäng. Unterschiede in d. Gewebeempfänglichk. 47-1408; Reinig. u. Eig. d. – aus Schweinehirn 28-1474; Aktivität: gegen Threo-γ-methyl-L-glutaminsäure u. d. Isomeren v. γ-Hydroxyglutaminsäure 19-1431; d. Hirn-- gegenüber d. opt. Isomeren d. α-Aminoadipinsäure 32-1483; 1-Methylhydrazin als Ersatz für Ammoniak im Hirn--Syst. 32-1484; Metallionenwechselwrkg. u. --Aktivität 6-1299; hemmender Einfl. v. Entkopplern auf d. – in Ggw. v. Mitochondrien 21-1486; mögl. Hemmwrkg. v. MSO auf d. – d. Nervenenden 32-1677; Repress. u. Inaktivier. v. – in E. coli durch NH_4^+ 37-1453.

Glutaminyl-RNS-Synthetase

--Aktivität v. Azotobacter vinelandii 26-1366.

γ-Glutamyllactamase

– in Säugetiergeweben (Reinig., Rk.) 20-1384; Eig. v. menschl. – 41-1291.

Glutamyltransferase

--Aktivität in Puccinia helianthi 3-1305; Aktivier. durch Mg^{2+} u. Mn^{2+} 6-1299; Verteil. im Gehirn während d. Entw. 51/52-1302.

γ-Glutamyltranspeptidase

– aus weißen Bohnen (Reinig. u. Wrkg.-Mechanismus) 5-1226; (Aktivier.-Wrkg. v. Na-Citrat) 5-1227; Vork. in Grünspargel 29-1422; --Aktivität: in keimenden Sojabohnen 45-1484; in d. Mukosa d. menschl. Jejunums (Best.) 16-1320; lösl. Form v. – in menschl. Geweben 25-1356; --Aktivität in einer prim., mit Parainfluenza *3*-Virus infizierten Kultur v. Affennierenzellen 31-1535; Vgl. v. vier Meth. zur Best. in biolog. Fl. 37-1382.

Glutathionase

Spiegel bei d. Ratte (Einfl. v. Mercaptursäuren 42-1187; Rolle bei d. Umwandl. v. Glutathionderiv. in Cysteinderiv. 26-1289.

Glutathion-Insulin-Transhydrogenase (Proteindisulfid-Reduktase, Thiol: Proteindisulfid-Oxydoreduktase)

--Aktivität in Hefe 8-1244; Reinig. u. Eig. einer Pankreas-- 6-1254; beschleunigte Regenerat. d. Aktivität d. Insulins aus seinen inakt. red. A- u. B-Ketten durch – 5-1411; Spezifität u. Wrkg.-Mechanismus d. Leber-– 8-1243; Wrkg.-Mechanismus 17-1287; Rk. v. Rinderleber-– (Isolier.) 38-1368.

Glutathion-konjugierendes Enzym

Unters. mit Hilfe d. Dünnschicht-Chromatographie 49/50-1274.

Glutathion-Peroxydase

--Aktivität in Erythrozyten (v. Neugeborenen) 11-1455; (quant. u. qual. Charakterisier.) 26-1280.

Glutathion-Reduktase

--Aktivität in Thrombozyten aus Neugeborenen- u. Erwachsenenblut (Vgl.) 5-1431; --Mangel in Erythrozyten (Best.-Test) 9-1460; --Aktivität: in Erythrozyten (Verh. bei d. in vitro-Konservier.) 10-1461; d. Epithelzellen d. Gallenblase d. Schafes (Vgl. mit d. v. Lebergewebe) 12-1315; in d. Erythrozyten (bei Hämoglobin-E-Thalassämie) 14-1486; (Einfl. v. Methämoglobin) 19-1368; in d. Leber nach Stimulat. durch Wirkstoffe 27-1744; in menschl. Blutplättchen (Einfl. d. Koagulat.) 30-1460; in menschl. Erythrozyten (patholog. u. physiolog. Einfl.) 35-1558; Reinig. d. Erythrozyten-– v. Gesunden u. Patienten mit --Mangel 24-1349; Rk. mit Coenzym A-Glutathion 3-1234; Überführ. durch anaerobe Belicht. in blaue u. rote Semichinone 43-1182; Red. v. S-Sulfoglutathion in Rattenleber mit – 27-1425; Reparatur d. Strahlenschadens an Membransulfhydrylgruppen menschl. Erythrozyten durch – 33-1726; Bezieh. zwischen Red. v. Thiamin-8-[methyl-6-acetyldihydrothioctat]-disulfid u. d. --Syst. in Erythrozyten 39-1497; Inhibier. v. – durch α-Methyl-$DL_{(Glu)}$-Glutathion in Ggw. v. Glutathion 37-1215; Unterscheid. d. – v. α.β-ungesätt. Ketonreduktase 51/52-1252; zytochem. Nachw. in Saccharomyces cerevisiae 38-1367.

D-Glyceraldehyd-3-phosphat: NAD[P]-Oxydoreduktase

s. *Glycer{in}aldehyd-3-phosphat-Dehydrogenase.*

D-Glycerat-Dehydrogenase

Einfl. auf d. Serinbiosynth. in Leberzellen 21-1493; Hemm. durch Cortison 45-1551.

Glycerat-Kinase

--Aktivität: in d. Rattenniere (Vgl.) 33-1790; u. Verteil. in Rattenleber 43-1262.

Glycerat-Phosphomutase

s. *Diphosphoglyceromutase.*

Glycer{in}aldehyd-Dehydrogenase

--Aktivität in Erythrozyten (Kontrolle d. Glykolyse) 20-1516; (nach in vivo Vergift. mit Schwermetallen u. As) 28-1710; Kompensat.-Phänomen d. – v. Pette u. Bücher in Skelett- u. Herzmuskeln verschiedener Tierklassen (Ratte u. Taube) 49/50-1258.

Glycerinaldehyd-3-phosphat-Aldolase

--Aktivität in Milchdrüsen 42-1378.

Glycer{in}aldehyd-3-phosphat-Dehydrogenase (D-Glycer{in}aldehyd-3-phosphat: NAD[P]-Oxydoreduktase, Triosephosphat-Dehydrogenase)

– (*22.* Mtit.) 23-1391; --Aktivität im zellfreien Extrakt v. Nitrosomonas europaea 3-1300; NAD- u. NADP-spezif. – in grünen Einzellern in Abhängigk. v. d. C-Versorg. 17-1453; thermostabile – v. Bacillus stearothermophilus (chem. u. physikal. Eig.) 18-1184; Vork. in zellfreien Extrakten v. Thiobacillus ferrooxydans 39-1308; --Aktivität: in Clostridium kluyveri 40-1338; d. Sonnenblumenblätter (Einfl. v. Heteroauxin) 35-1456; in Bezieh. zum neuen Rk.-Weg d. photosynthet. CO_2-Fixier. in trop. Gräsern 40-1392; in Plattenepithelkarzinomen (Wrkg. v. DL-Glycerinaldehyd) 1-1173; bei Hautretikulosarkomatose 3-1201; in Taubenleberhomogenaten (Wrkg. v. Adeninnucleotiden) 4-1092; in Thrombozyten aus Neugeborenen- u. Erwachsenenblut (Vgl.) 5-1431; in chirurg. Biopsie- u. Autopsieproben 6-1302; im Skelettmuskel v. mit Propylthiouracil gefütterten Ratten 11-1429; im anaeroben Herzmuskel 11-1520; in d. Leber bei an Kälte akklimatisierten Ratten 16-1608; Verteil.-Muster bei experimentell induzierten Hauttumoren 17-1240; --Aktivität: d. Niere (keine Wrkg. eines Kohlenhydrat-armen Futters) 21-1491; in d. Mäuseleber nach einmal. A.-Gabe 22-1655; erniedrigte Aktivität in menschl. Erythrozytenmembranen nach Zerstör. durch Schallvibrat. oder Lipid-akt. Stoffe 25-1603; Nebenaktivität d. phosphorylierenden – aus Kaninchenmuskel (NADH-X-Bldg.) 26-1266; Bind. an aus Rattenleber u. Hepatomen isolierten Plasmamembranen (Unterschied zu Hexokinase) 35-1634; – d. linken Herzkammer (transmuraler Gradient) 38-1707; Licht-induzierte Aktivitätsteiger. d. NADP- u. NAD-spezif. – (Einfl. d. Zellkerns auf d. Effekt) 39-1353; --Aktivität u. Verteill in Rattenleber 43-1262.

Ausschütt. aus d. Leber 12-1311; Isolier.: krist. – aus menschl. Erythrozyten 3-1220; u. Charakterisier. d. – d. menschl. roten Blutkörperchen 32-1603; Krist. d. thermostabilen – v. Bacillus stearothermophilus 39-1223.

Konform. 15-1332; Aminosäuresequenz eines Paares analoger Peptide v. – aus Rinder- u. Schweinemuskel 21-1390; Struktur u. deren Änder. durch d. Coenzymbind. 40-1195; Wärmedenaturier. v. – aus Kaninchenmuskeln 15-1310.

Ox. durch Tyrosinase (Reaktivität d. Tyrosinreste v. –) 2-1150; Bind. v. NAD an – d. Hefe (Temp.-Sprung-Relaxat.-Unters.) 5-1207; Rk. zwischen – u. NAD 13-1178; Bldg. eines neuen NADH-Deriv. aus d. --NADH-Komplex unter *366* mμ UV-Bestrahl. 23-1392; Einführ. einer „Reporter"-Gruppe am akt. Rk.-Ort v. – 25-1343; Wrkg.-Mechanismus (Absorpt.- u. Fluoreszenzeig. d. NADH--Komplexes) 26-1267; Kinetik d. durch – katalysierten Rk. 35-1272; in d. pflanzl. u. mikrobiellen Photosynth. 21-1572; Steuer. d. Glykolyse in Gehirnrindenschnitten durch – 24-1431; Zunahme d. Aldolaseaktivität durch – 30-1268; Wrkg. bei d. ATP-Synth. in Human-Erythrozytenmembranen 47-1601.

Inaktivier. durch Linolensäurehydroperoxid 12-1198; Hemm. d. NADP-abhäng. – durch Germaniumsäure bei Cyclotella cryptica 14-1245; gehemmte --Aktivität in d. Leber v. hypothyreot. Ratten 32-1582; Hemm. durch DFP 49/50-1624.

Best. im Gewebe 37-1457; kinet. Nucleotidbest. mit – 20-1944.

D-Glycerinaldehyd-3-phosphat: NAD[P]-Oxydoreduktase

s. *Glycer{in}-aldehyd-3-phosphat-Dehydrogenase.*

Glycerin-Dehydratase

Bldg. d. Cobamidcoenzym-abhäng. – in Aerobacter aerogenes ATCC *8772* (beeinflussende Faktoren) 9-1289; Verw. zur Best. v. Vitamin B_{12}, Coenzym B_{12} u. andere Cobamidderiv. in Pisomolmengen 21-1707.

Glycerin-Dehydrogenase (Glycerodehydrogenase)

--Aktivität: v. Trauben (Einfl. v. Anthocyanpigmenten) 37-1461; in Fibroblasten während d. Viruskanzerogenese 11-1319; Hemm. durch Malvidin-3-monoglucosid 30-1276; fluorimetr. Verf. zur Mess. d. Aktivität 20-1935; automat. spektrophotometr. Best. v. Glycerin mit – 42-1886.

Glycerinester-Hydrolase

s. *Lipase.*

Glycerin-Kinase (ATP-Glycerin-Phosphotransferase)

--Aktivität: in d. Rattenniere (Vgl.) 33-1790; u. Verteil. in d. Rattenleber 43-1262; – aus Säugetierleber u. Candida mycoderma (Kinetik) 40-1236; Hemm. d. Leber-– durch Adenosinmonophosphat u. L-α-Glycerophosphat 28-1384; kolorimetr. Best. d. – v. Mycobacterium *607* 18-1201; radiochem. Best. 20-1306, 44-1214.

Glycerinphosphat-Acyltransferase (Fett-Acyltransferase)

Biosynth. v. Phosphatidsäure, Lysophosphatidsäure, Diglycerid u. Triglycerid durch d. --Weg bei E. coli 36-1300.

L-Glycerin-3-phosphat-CMP-Phosphatidyltransferase

Katalysierende Wrkg. bei d. Biosynth. v. Phosphitdylglycerophosphat in E. coli (Isolier. u. Reinig.) 39-1304.

{α-}Glycerinphosphat-Dehydrogenase

s. *Glycerin-3-phosphat-Dehydrogenase.*

Glycerin-1-phosphat-Dehydrogenase

--Aktivität: bei Hautretikulosarkomatose 3-1201; in d. Leber nach Stimulat. durch Wirkstoffe 27-1744; Hemmwrkg. v. Thyreoidhormonen in vivo auf d. – in Mitochondrien 36-1200.

Glycerin-3-phosphat-Dehydrogenase ({α-}Glycerinphosphat-Dehydrogenase, {α(2)-}Glycerophosphat-Dehydrogenase, L-Glycerin-3-phosphat: {NAD}-Oxydoreduktase, L-Glycero-3-phosphat: NAD-Oxydoreduktase)

--Aktivität: v. Lungenschnitten 8-1144; am Nidationsort beim Kaninchen (Wrkg. v. Östradiol u. Histamin) 12-1427; – in Muskelfasern in schnellen u. langsamen Muskeln bei kreuzweise Innervat. 12-1535; Vork. in d. Harderschen Drüse d. Kaninchens 16-1284; postmortale Veränder. d. --Aktivität im Rinder- u. Schweinemuskel 17-1636; --Aktivität: in Lebermitochondrien nach Einw. v. A. 17-1651; v. experimentell erzeugten Tumoren in d. submaxillaren u. sublingualen Drüsen v. Mäusen während d. Karzinogenese 19-1325; in d. Leber bei Ratten im Geburtsstadium nach Bestrahl. in utero 19-1699; in Geweben d. Weddel-Robbe 20-1257; in bestrahlten Testes u. Epididymis 21-1760; in Mammatumoren, Uteri u. Brustdrüsen (Einfl. v. Östradiolvalerat) 27-1408; in d. Leber nach Stimulat. durch Wirkstoffe 27-1744; Histochemie im Verlauf d. Hühnchennierenhistogenese 32-1329; zellulares Verteil.-Muster d. – in d. Ovariolen v. Galleria mellonella während d. Entw. 33-1450; --Aktivität im Rattenhoden in Laufe d. Differenzier. 38-1668; Geschlechtsunterschiede d. – in Mäusenieren 39-1218; Blutplättchen als eine Quelle v. --Aktivität in Suspens. gewaschener Trypanosomen 40-1308; Aktivität v. mitochondrialer – in Leber, Herz u. Skelettmuskel einiger Säugetierarten (Einfl. v. Thyroxinbehandl.) 40-1457; --Aktivität: in Milchdrüsen 42-1378; d. Nephronbereiche 45-1655; in d. Leber nach Eiweiß-reichem Futter 51/52-1536.

Trijodthyronin-induzierte Synth. in d. Lebermitochondrien thyreoidektomierter Ratten 2-1141; Indukt. d. Mitochondrien-– durch d. Schilddrüsenhormon (Wrkg. v. Fasten u. Wiederfütter.) 45-1566; Ausschütt. aus d. Leber 12-1311.

Strukturunters. v. – aus Muskeln 26-1255.

Aktivität bei d. Glykolyse u. Atmung in Ehrlich-Aszites-Tumorzellen 9-1208; Mechanismus d. Zytoplasma-– aus Kaninchenskelettmuskel (Kinetik) 14-1234.

Hemm. d. – in R*3230*-AC-Mammatumor u. Mammagewebe durch Östrogen 14-1225; Hemmwrkg.: v. 3-Acetylpyridinadenin-dinucleotid u. Bisulfit auf – 16-1292; d. Nicht-Protein-Komponente d. – auf d. Aktivität 20-1268; Hemm. d. – in Mitochondrien durch Disulfiram 29-1802; Wrkg. v. Thiouracil auf d. Rk. d. – in d. Leber auf L-Thyroxin 30-1433; Hemm.: durch mögl. Krebschemotherapeutika 43-1176; durch Cortison 45-1551; durch DFP 49/50-1624.

Eign. zur Auffind. potentieller Krebschemotherapeutika 43-1175.

Fluorimetr. Verf. zur Mess. d. Aktivität 20-1935; zytochem. Nachw. bei Pilzen 37-1352; histochem. Best.: im reifen Knochen- u. Knorpelgewebe 39-1217; in d. Adenohypophyse d. Schweines, bes. in d. Pars intermedia 46-1261.

L-Glycerin-3-phosphat: {NAD}-Oxydoreduktase

s. *Glycerin-3-phosphat-Dehydrogenase.*

L-Glycerin-3-phosphat : O_2-Oxydoreduktase

s. *Glycerin-3-phosphat-Oxydase.*

{α-}Glycerinphosphat-Oxydase

s. *Glycerin-3-phosphat-Oxydase.*

Glycerin-1-phosphat-Oxydase

—-Aktivität d. Leber nach Einw. v. Halothan 9-1624; Kompensat.-Phänomen d. — v. Pette u. Bücher in Skelett- u. Herzmuskeln verschiedener Tierklassen (Ratte u. Taube) 49/50-1258.

Glycerin-3-phosphat-Oxydase ({α-}Glycerinphosphat-Oxydase, α-Glycerophosphat-Oxydase, L-Glycerin-3-phosphat : O_2-Oxydoreduktase)

—-Aktivität: d. Rattenleber während d. Entw. 15-1313; d. Lebermitochondrien (Einfl. v. Disulfiram) 29-1802; —-Syst. v. Monieza expansa 51/52-1245; Aktivität bei d. Glykolyse u. Atmung in Ehrlich-Aszites-Tumorzellen 9-1208.

Glycerodehydrogenase

s. *Glycerin-Dehydrogenase.*

β-Glycerophosphatase

—-Aktivität d. Weizenblattes 7-1244; Lokalisier. im Ziliumepithel 3-1255; —-Aktivität: im menschl. Sperma 9-1252; in Puppen v. Calliphora erythrocephala 16-1344; aktivierende Wrkg. v. Hormoestrol auf d. Aktivität d. alkal. — d. Brustwarze d. männl. Meerschweinchens 17-1526; Aktivität v. saurer — im Plasma (Einfl. v. Heparin) 21-1683; Wrkg. v. Phloridzin auf — in d. Rattenniere 44-1170.

{α(2)-}Glycerophosphat-Dehydrogenase

s. *Glycerin-3-phosphat-Dehydrogenase.*

Glycerophosphat-Mutase

s. *Phosphoglyceromutase.*

L-Glycero-3-phosphat : NAD-Oxydoreduktase

s. *Glycerin-3-phosphat-Dehydrogenase.*

α-Glycerophosphat-Oxydase

s. *Glycerin-3-phosphat-Oxydase.*

Glycin-Desaminase

—-Aktivität d. Rinderpansens (Einfl. v. Insulin) 51/52-1480.

Glycin-Oxydase

—-Aktivität in Säugetierleber 40-1512.

Glycin-Transamidinase

—-Aktivität im Harn d. Ratte bei Aminonucleosidnephrose 21-1424.

Glycylglycin-Dipeptidase

Konz. in d. Schleimhaut d. Rattenjejunums (Wrkg. v. Proteinmangelfutter) 5-1452; —-Aktivität im Gehirn 25-1674.

Glycylleucin-Dipeptidase

Konz. in d. Schleimhaut d. Rattenjejunums (Wrkg. v. Proteinmangelfutter) 5-1452.

Glycyl-RNS-Synthetase

Lokalisat. d. Strukturgens für — in E. coli KB 14-1149; spezif. Inaktivier. d. — durch photochem. Ox. 38-1469.

Glycyl-sRNS-Synthetase

Verw. v. — aus E. coli KB zur Best. d. Lage d. Strukturgens 14-1149.

Glycyl-tRNS-Synthetase

Eig. d. — aus Staphylococcus aureus (Reinig.) 48-1385.

Glykogenphosphorylase

s. *α-Glucan-Phosphorylase.*

Glykogen-Synthetase

s. *UDPGlucose-Glykogen-Glucosyltransferase.*

Glykolat-Oxydase

Hemm. durch α-Hydroxy-2-pyridinmethansulfonsäure (Einfl. auf d. photosynthet. CO_2-Aufnahme durch Pflanzenblattstücke) 17-1487.

Glykolytische Enzyme

Spezielle — s. dort.

—-Aktivität: einer reinen Streptokokkenkultur (Wrkg. v. Speichelüberstand) 19-1545; v. in vitro u. in vivo gewachsenem Streptococcus mitis 38-1501; — in chirurg. Biopsieu. Autopsieproben 6-1302; —-Aktivität bei Herzinsuffizienz (Wrkg. v. Digitalis) 23-1709; — im Muskel d. linken Herzkammer (transmurale Gradienten) 38-1707; Wechselwrkg. d. Mikrosomenfrakt. mit — in Ehrlich-Ascitestumorzellen 3-1202; Best. im Gewebe 37-1457.

Glykosidasen (Glykosid-Hydrolasen)

Spezielle — s. dort.

Vork.: in Antigenextrakten aus Aspergillus fumigatus 5-1293; in nichtproliferierenden Mikroorganismen 47-1415; in Megakaryozyten u. Blutplättchen (vergleichende Unters.) 37-1652; in Eialbumin v. Huhn, Truthahn u. japan. Wachtel 35-1315; Hydrolyse v. 2- u. 4-Hydroxybenzamidglykosiden mit — 2-1193; Wrkg.-Mechanismus 11-1244; Mechanismus d. Hydrolyse v. Glykosiden u. seine Bedeut. für d. v. — katalysierten Rk. (Überblick) 21-1436; lyt. Aktivität v. — aus d. Verdauungssaft v. Helix pomatia gegenüber Micrococcus lysodeikticus 8-1280; Hemm. durch Aldolactone korrespondierender Konfig. 36-1350; Einfl. v. Formiat oder Histidin auf — 39-1264.

Glykosid-Hydrolasen

s. *Glykosidasen.*

Glykosulfatase

— v. Pseudomonas carrageenovora (Desulfatier. v. Neocarrabiosesulfat) 1-1222.

Glykosyltransferasen (Transglykosylasen)

Spezielle — s. dort.

—-Aktivität v. α-Galaktosidase aus Streptomyces olivaceus 1-1227; Bldg. einer neuen Adenylverb. durch Leberzellkernextrakte in Ggw. v. — 25-1395.

Glyoxalase I

s. *Lactoylglutathion-Lyase.*

Glyoxalat-Decarboxylase

Decarboxylier. v. Glyoxalat durch — aus Schweinelebermitochondrien 36-1412.

Glyoxylat-Reduktase

Vork. v. NADH-spezif. — in Algen 33-1619; intrazelluläre Lokalisat. in Chloroplasten v. Spinat 51/52-1283; Einfl. auf d. Photored. v. Glyoxylat durch Spinatchloroplasten 6-1398.

GMP-Pyrophosphorylase (Guanylpyrophosphorylase)

—-Aktivität: bei Inositmangel-KB-Zellen 32-1299; während d. Ausbldg. d. Inositmangels in KB-Zellen 32-1300; Hemm. durch 6-Thioguanin (Hypothese über d. Wrkg.-Mechanismus v. 6-Thioguanin) 37-1334.

GOT

s. *Asparaginsäure-Aminotransferase.*

GPT

s. *Alanin-Aminotransferase.*

Grenzdextrinase

— in Gerste u. Malz 25-3393.

GTP

s. *Alanin-Aminotransferase.*

Guanase

s. *Guanin-Desaminase.*

Guanidin-Kinase (ATP: Guanidin-Phosphotransferase)

Vgl. d. reaktionsfäh. SH-Gruppen d. — 17-1299.

γ-Guanidinobuttersäure-Amidinohydrolase

s. *γ-Guanidinobutyrase.*

γ-Guanidinobuttersäure-Ureohydrolase

s. *γ-Guanidinobutyrase.*

γ-Guanidinobutyrase (Heteroarginase, γ-Guanidinobuttersäure-Amidinohydrolase, γ-Guanidinobuttersäure-Ureohydrolase)

Vork.: in Panus tigrinus 5-1276; bei einigen Vertebraten u. Invertebraten 4-1074; Isolier. u. Reinig. d. — in Leber- u. Nierenzellen d. Rochen 44-1267; Desamidier. v. γ-Guanidinobuttersäure mit — d. Hepatopankreas oder d. Leber v. Invertebraten 12-1287.

Guanin-Desaminase (Guanase)

Partikel-— d. Rattenhirns (Solubilisier. u. partielle Reinig.) 5-1277; —-Aktivität: d. menschl. Serums bei Virus-Hepatatis u. anderen Leberkrankh. 13-1533; in Serum u. Geweben v. normalen u. mit CCl_4 vergifteten Ratten 16-1391; —: d. Lengfischmuskels 21-1464; u. —-Inhibitoren in Rattengewebe 44-1269; K_M-Werte d. — aus Dorschmuskel (Mechanismus u. Spezifität) 21-1465; Art d. Phenylbind. v. 9-Phenylguanin an — bei d. —-Hemm. 48-1327; Best.: in Serum u. Plasma (verbesserte Meth.) 4-1075; d. — als Leberfunkt.-Test 7-1216.

Guanosindiphosphat-D-Mannose-Dehydrogenase

—-Aktivität v. Fucus gardneri 44-1370.

Guanosindiphosphat-D-Mannose-Pyrophosphorylase

— aus Gleditschia macracantha 21-1419.

Guanosinmonophosphat-Synthetase

Einfl. einiger Metabolite d. Glutamins auf d. — v. E. coli 21-1488.

Guanosintriphosphatase

Succinat-abhäng. —-Aktivität v. Bernsteinsäurethiokinase 20-1382; Rk. d. Leber-— (Wrkg. v. Alkaliionen) 23-1444.

Guanylat-Kinase (ATP: GMP Phosphotransferase)

Reinig. u. Eig. d. — aus E. coli 20-1312; Hemm. durch 6-Thioguanosin-5'-phosphat 37-1334.

Guanylpyrophosphorylase

s. *GMP-Pyrophosphorylase.*

Guanylribonuclease [Ribonuclease T_1, Ribonucleat-Guaninnucleotid-2'-transferase (cyclisierend)]

—: v. Neurospora crassa (Kulturbeding.) 45-1406; als extrazelluläre Ribonuclease v. Ustilago sphaerogena 44-1223; Herst. u. Eig. v. wasserunlösl. — 9-1242; Reinig. u. Eig. aus Neurospora crassa 21-1421; Struktur u. Funkt. 27-1440, 43-1211; depolymerisatierende Wrkg. v. — auf synthet. Polynucleotide 1-1207; Rk. mit Serin-tRNS 22-1243; partielle Spalt. v. Alanin- u. Valin-spezif. lösl. RNS aus Hefe mit — 2-1106; Rk. mit N-Carboxyglutaminsäure bzw. N-Carboxyalaninanhydrid 2-1171; Wrkg. auf bestrahlte synthet. Polynucleotide 27-1354; spezif. Spalt. v. tRNS an Inosin- u. 2-Dimethylamino-6-oxopurinresten durch — 31-1327; pH-Profil d. kinet. Parameter v. — 29-1437; Bldg. v. Oligonucleotiden durch Verdauung v. Bäckerhefe-Serin-tRNS mit — 36-1224, 44-1117; partielle Verdauung v. Leber-Ribosomen-RNS mit — 25-1282.

L-Gulonat-Decarboxylase

—-Aktivität v. Ratten (Einfl. v. Nahr.-Protein) 44-1462; (Wrkg. v. Mo) 44-1463.

L-Gulonat-Dehydrogenase (L-Gulonsäure-NADP-Oxydoreduktase)

Vork. in Augenlinsen u. anderen Geweben 1-1181; —-Aktivität v. Ratten (Einfl. v. Nahr.-Protein) 44-1462.

Gulonolacton-Oxydase

— hemmende Phospholipide aus Mikrosomen 36-1275; —-Aktivität v. Ratten (Einfl. v. Nahr.-Protein) 44-1462.

L-Gulonsäure: NADP-Oxydoreduktase

s. *L-Gulonat-Dehydrogenase.*

Häm-α-methenyloxygenase

Abbau v. Pyridinhämochromogen zu Formylbiliverdin durch — 12-1211.

Häm-Synthetase

—-Aktivität in menschl. Blut 16-1406.

Haloacetathalidohydrolase

Mechanismus d. Defluorier. v. Fluoracetat durch — 36-1330.

Haloperoxydase

Halogenier. v. Steroiden durch — aus Caldariomyces fumago 11-1265.

Harnsäureribonucleosid-Phosphorylase

Klassifizier. u. Bezieh. d. Pyrimidinnucleosidasen zu — 12-1229.

Harnstoff-Amidohydrolase

s. *Urease.*

Hemicellulase

Verteil. bei auf Waldbäumen schmarotzenden xylophagen Insekten 12-1261; Einfl. v. Hamycin auf d. — v. Capnodis urlliaris 39-1332; Best. in pharmazeut. Präp. 21-1847.

ω-Heparinase

Abbau v. ω-Heparin mit — 49/50-1527.

Heteroarginase

s. *γ-Guanidinobutyrase.*

Hexobarbiton-Oxydase

Mikrosomale —-Aktivität in Bezieh. zur Leververgrößer. 24-1433.

Hexokinase (ATP: D-Hexose-6-Phosphotransferase)

— in grünen Einzellern in Abhängigk. v. d. C-Versorg. 17-1453; —-Aktivität bei Actinomyces fradiae während d. Wachstums auf Stärke- u. Glucose-halt. Nährböden 18-1279; Vork. in Polyporus brumalis-Extrakten 25-1389; —-Aktivität in d. Kotyledonen keimender Erbsensamen 24-1515; Lokalisier. in d. Chloroplasten v. Blattzellen 28-1528; —-Aktivität: v. Trauben (Einfl. v. Anthocyanpigmenten) 37-1461; v. Fucus gardneri 44-1370; in intakten menschl. Erythrozyten 2-1161; — d. Rattengewebes (Reinig. u. Vgl. d. lösl. Formen) 4-1038; —-Aktivität: in Taubenleberhomogenaten (Wrkg. v. Adeninnucleotiden) 4-1092; in Thrombozyten aus Neugeborenen- u. Erwachsenenblut (Vgl.) 5-1431; — d. Nebennierenmarks v. Ochsen (intrazelluläre Verteil. u. Eig.) 6-1261; —-Aktivität: d. Euters bei normalen Kühen u. solchen mit spontaner Ketose 6-1262; in d. Rattenleber (Einfl. v. Äthionin) 6-1576; Rattenskelettmuskel-— (kinet. Beweis für eine zweite Hexokinase im Muskelgewebe) 8-1269; —-Mangel in Erythrozyten (Best.-Test) 9-1460; —-Aktivität: im Skelettmuskel v. mit Propylthiouracil gefütterten Ratten 11-1429; im anaeroben Herzmuskel 11-1520; in d. Niere (neurale u. hormonale Regulier.) 11-1531; in Fettgewebe, Testis u. Nebenniere (Einfl. v. Thyroxin u. Luteinisierungshormon) 12-1314; — d. Hühnermuskels in d. Ontogenese (Eig.) 13-1204; subzelluläre Verteil. d. Herzmuskel-— (Hemm. durch Glucose-6-phosphat) 15-1349; —-Aktivität v. Blutzellen (Einfl. v. Humisol) 15-1644; Bind. d. — d. Herzens an subzelluläre Strukturen 16-1330; —-Aktivität in d. Leber bei an Kälte akklimatisierten Ratten 16-1608; Testis-spezif. u. geschlechtsgebundene — in Drosophila melanogaster 20-1150; —-Aktivität: in d. Mäuseleber nach einmal. A.-Gabe 22-1655; in d. Leber reifer Ratten, Schafe u. Hühner sowie deren Feten 24-1383; d. Gehirns (Einfl. v. Iprazid u. Transamin) 26-1706; im Truthahnhoden (Wrkg. v. Reserpin) 28-1705; in d. Leber u. in d. Zytostrukturen d. Fettgewebes (Regulier. durch Glucocorticosteroide u. Insulin) 30-1441; in menschl. Blutplättchen (Einfl. d. Koagulat.) 30-1460; — aus Rinderhirn (Isolier. u. Reinig.) 31-1402; —-Aktivität: in Novikoff-Asciteshepatomzellen 32-1301; in d. Rattenniere (Vgl.) 33-1790; Bind. an aus Rattenleber u. Hepatomen isolierten Plasmamembranen (Unterschied zu Triosephosphatdehydrogenase) 35-1634; — d. Großhirnrinde 36-1310; lösl. u. Teilchen-— d. Froschskelettmuskels (Verteil., Eig. u. Kinetik) 36-1311; —-Aktivität: d. Rattenleber 36-1315; menschl. Erythrozyten (kein Einfl. v. anorgan. Phosphat) 42-1191; bei Hypoglykämie nach Fructosediät 42-1245; in Milchdrüsen 42-1378; u. Verteil. in Rattenleber 43-1262; im Bindegewebe (Einfl. d. Nebennierenrindenhormone) 43-1401; in Metverdoglobin-halt. Erythrozyten 43-1452; Bezieh. zwischen —-Aktivität roter Blutzellen u. extrazellulärem pH 47-1378.

Entw. d. Leber-— in d. neugeborenen Ratte 24-1365; Freisetz. in isolierten Fettzellen (Steuer. durch lipolyt. Hormone u. Insulin) 44-1102; Isolier. u. Charakterisier. d. — d. menschl. roten Blutkörperchen 32-1603.

Durch endogene — katalysierte Übertrag. d. endständ. Phosphats v. ATP an 2-Desoxyglucose 2-1213; Rk. v. Insulin, Oxytocin u. Vasopressin mit Hefe-— 19-1381; Einfl. v. — mit Glucose auf d. Bldg. v. Vorstufen d. Phosphoenolpyruvats in Mitochondrien 20-1178; Saccharase-Aktivität bei Präp. krist. — aus Hefen 35-3192; Einfl. auf d. Hemm. d. induzierten Amylasesynth. durch Glucose bei Aspergillus oryzae (Mechanismus) 30-1304; Aktivität bei d. Glykolyse u. Atmung in Ehrlich-Ascites-Tumorzellen 9-1208; aktivierende Wrkg. auf d. Glykolyse in d. zellfreien Überstandsfrakt. aus d. Mukosa d. Dünndarms d. Schafes 20-1553; Wrkg. bei d. Glykolyse in vivo im Zerebralgewebe 20-1575; Aktivier. d. Succinatox. in Rattenlebermitochondrien u. mitochondr. Fragmente durch — 21-1393; Steuer. d. Glykolyse in Gehirnrindenschnitten durch — 24-1431; Effektoren d. Rattenherz-— u. Geschw.-Kontrolle d. Glucose-Phosphorylier. 36-1313; Aktivität bei d. Glykolyse in subzellulären Präparat. v. Dünndarmmukosa aus Katzen u. Ratten 40-1232.

Hemm. durch 2.4-Dinitrophenol 1-1202; Einfl.: v. Perathiepin u. Chlorpromazin auf d. — in Rattenhirnpräp. 6-1237; v. Strophanthin auf d. — im Myokard 11-1656; Hemm.: in Glucose-6-phosphatdehydrogenase-defizienten Erythrozyten durch Acetylphenylhydrazin 12-1215; d. Gehirn-— durch Glucose-6-phosphat 20-1302; Inhibier. d. — durch Blutserum v. Tieren mit Fieber (Einfl. v. Insulin u. Adrenalektomie) 21-1640; Feedback-Hemm. v. Leber-— durch Caprylsäure 24-1432; Hemm.: durch Malvidin-3-monoglucosid 30-1276; v. — in d. laktierenden Rattenmilchdrüse durch Thyreoidektomie 36-1528; Einfl. v. Aminazin auf d. — 41-1705; Hemm. durch DFP 49/50-1624.

Radiochem. Best. 20-1306; Best. im Gewebe 37-1457; histochem. Nachw. 46-1208; gekoppelte —-Glucose-6-phosphatdehydrogenase-Rk. bei d. Best. d. Isozyme d. ATP-Kreatinphosphotransferase d. Serums 14-1269.

Iso(en)zyme: —: aus Leber u. Fettgewebe v. Menschen u. Hunden 36-1312; in menschl. Erythrozyten 44-1212.

Hexokinase II

Vork. im Rattenskelettmuskelgewebe (kinet. Beweis) 8-1269.

Hexosediphosphatase (Fructose(-1.6-)diphosphatase, D-Fructose-1.6-diphosphat-1-Phosphohydrolase)

—-Aktivität in Candida utilis (Eig.) 1-1220; — bei E. coli-Mutanten 2-1181; Geh. an AMP-empfindl. — d. Hefe (Wrkg. v. C-Quellen) 2-1182; —-Aktivität in E. coli (Genanordn. beeinflussende Faktoren) 38-1311; Vork. in zellfreien Extrakten v. Thiobacillus ferrooxydans 39-1308; —-Aktivität in Clostridium kluyveri 40-1338; AMP-empfindl. — in höheren Pflanzen (Einfl. d. Kohlenstoffquellen auf d. Enzymspiegel) 29-1450; — in Opuntia ficus indica 32-1404; —-Aktivität in Bezieh. zum neuen Rk.-Weg d. photosynthet. CO_2-Fixier. in trop. Gräsern 40-1392; Ferredoxin-aktivierte — in isolierten Chloroplasten 42-1207; —-Aktivität d. Leber (Ratten mit transplantierbaren Wuchshormon ausscheidenden Hypophysentumoren) 1-1151; — aus Kaninchenleber (Reinig. u. Eig.) 4-1056; (Änder. d. katalyt. Eig. mit Dinitrofluorbenzol) 4-1057; (Natur d. mit Dinitrofluorbenzol reagierenden Gruppen) 4-1058; —-Aktivität: in Taubenleberhomogenaten (Wrkg. v. Adeninnucleotiden) 4-1092; in d. Rattenleber (Einfl. v. Äthionin) 6-1576; in d. Schafleber 8-1338; — d. Leber (Eig. u. Regulat.-Mechanismus) 9-1253; —-Aktivität im Muskel bei Patienten mit Glucose-6-phosphatasemangel 12-1537; — in laktierenden Rinderbrustdrüsen 16-1359; —-Aktivität: in d. Leber bei an Kälte akklimatisierten Ratten 16-1608; in Misgurnus in d. frühen Embryogenese 18-1499; —-Adaptat. an spezif. Diäten u. Hormone (Insulineinfl.) 20-1246; —-Aktivität: d. Niere (Wrkg. eines Kohlenhydrat-armen Futters) 21-1491; (Einfl. v. Kohlenhydratmangelfutter u. Äthionin) 21-1492; (reifer Ratten, Schafe u. Hühner sowie deren Feten) 24-1383; im weißen u. roten Muskel 24-1384; — aus Kaninchenleber (Tyrosinreste u. Adenosinmonophosphat-Hemm.) 28-1414; (funktionelle Tyrosylreste im akt. Zentrum) 33-1500; in d. Rattenniere (Vgl.) 33-1790; Aktivität v. nichtspezif. menschl. — unter normalen u. patholog. Beding. 37-1407; —-Aktivität: in d. Muskeln d. ausgewachsenen Ascaris lumbricoides u. in d. Larven 38-1479; im Yoshida-Sarkom u. einer Variante mit langsamem Wachstum 41-1214; u. Verteil. in Rattenleber 43-1262; in d. Leber nach Eiweiß-reichem Futter 51/52-1536.

Synth.: v. Leber-— (Wrkg. v. Pentobarbiton u. Corticoid) 1-1547; (hormonelle Indukt. u. Hemm.) 7-1430; in Hefe (metabol. Repremier.) 38-1420.

Struktur v. —-Untereinh. 11-1242; chem. Modifikat. d. alloster. u. katalyt. Rk.-Orte 19-1401; Struktur u. Funkt. 20-1330; pH-Optimum v. alkal. — aus Spinatblättern (Einfl. d. Mg^{2+}-Konz.) 24-1382.

— bei d. Gluconeogenese in Hefen (Zusammenhang mit d. Pyruvatkinase) 44-1215.

Einfl. fettarme Nahr. auf — in Rattengewebe 16-1588.

Hexose-Isomerase

—-Aktivität: bei Hautretikulosarkomatose 3-1201; in menschl. Blutplättchen (Einfl. d. Koagulat.) 30-1460.

Hexosemonophosphat-Dehydrogenase

—-Aktivität im Fettgewebe in normalen u. tuberkulösen Meerschweinchen 33-1452.

Hexose-Phosphatase

— bei E. coli-Mutanten 2-1181.

Histaminase

s. *Diaminooxydase.*

Histamin-Decarboxylase

Histaminbldg. durch Substrat-spezif. Säugetier-— (Hemm. durch entzündungswidrige Arzneimittel) 33-1838.

Histamin-Methyltransferase

—-Aktivität eines ektop. Pinealoms 28-1320.

Histidase

s. *Histidin-Ammoniak-Lyase.*

Histidin-Ammoniak-Lyase (Histidase)

—-Aktivität bei mit Threonin- oder Histidinmangeldiät gefütterten Ratten 15-1412; Leber-— als Funkt. d. Alters bei normalen u. bestrahlten Syrischen Hamstern 19-1698; Wrkg. v. L-Histidin auf d. —-Spiegel d. Leber 51/52-1299; Synth. während d. bakteriellen Wachstums 1-1261; Indukt. bei Argininmangelmutanten v. Vibrio cholerae 21-1502.

Histidin-Brenztraubensäure-Aminotransferase

Wrkg. v. L-Histidin auf d. —-Spiegel bei Ratten 51/52-1299.

Histidin-Decarboxylase

— d. Mikroben (Tryptophan- u. Cystingeh.) 21-1473; Geh. in d. Magenschleimhaut (Bezieh. zur Verdauungsphase) 4-1081; —: in experimentellen Tumoren 19-1315; im Rattenmagen 21-1474; im oberen Verdauungstrakt v. Mensch, Hund, Meerschweinchen u. Ratte 21-1652; —-Aktivität: beim anaphylakt. Schock d. Ratte 29-1476; in d. Rattenlunge nach Endotoxinschock 40-1534; Aktivier. d. — durch d. Qualität d. Nahr. 12-1509; Beeinfluss. d. „induzierbaren" — durch Glucocorticoide nach Endotoxingabe 46-1401; Abbau v. Histidin bei Ochromonas malhamensis mit — 29-1468; Histaminbldg. durch Substrat-spezif. Säugetier-— (Hemm. durch entzündungswidrige Arzneimittel) 33-1838; Hemm. durch 1-Amino-2-[imidazolyl-(4)]-cyclopropancarbonsäure 4-0852; Unterschiede im Histamin-Geh. d. Magens u. in d. Wrkg. d. —-Hemm. bei Ratten aus verschiedenen Quellen 17-1709; Inhibitoren d. mikrobiellen — 21-1472; Hemm. durch Norepinephrin u. verwandte Verb. 37-1441; empfindl. u. spezif. Nachw. für — 14-1308.

Histidin-Isomerase

Isolier. aus Salmonella typhimurium 20-1377.

L-Histidinol-Dehydrogenase (L-Histidinol: NAD-Oxydoreduktase)

— aus Neurospora crassa (Aminosäuresubstitut. in Mutantenformen) 40-1189; Synth. während d. bakteriellen Wachstums 1-1261.

L-Histidinol: NAD-Oxydoreduktase

s. L-*Histidinol-Dehydrogenase.*

Histidinolphosphat-Aminotransferase (Imidazolacetolphosphat-L-Glutamat-Aminotransferase)

Reinig. u. physikal. Eig. 40-1219; Zus. u. Substruktur 40-1220.

Histidinolphosphat-Phosphatase

Sedimentat.-Eig. v. — aus Salmonella typhimurium 1-1258.

Histidyl-tRNS-Synthetase

Histidinregulat.-Mutanten v. Salmonella typhimurium mit geänderter — 31-1520.

Histon-Acetyltransferase

Acetylier. v. Histonen durch Taubenleber-— 35-1279.

H_2O_2 : H_2O_2-Oxydoreduktase

s. *Katalase.*

Holocarboxylase-Synthetase

Einbau v. Biotin in β-Methylcrotonyl-CoA-carboxylase durch — 4-1089.

Homoaconitase

Vork. in Lysin-bedürft. Hefemutanten 48-1302; Verh. gegenüber cis-Homoaconitsäure in Hefe (Rk.) 20-1372.

Homocitrat-Synthetase

Vork. in Lysin-bedürft. Hefemutanten 48-1302.

Homocystein-Synthetase

– bei d. Homocysteinsynth. in Neurospora crassa, Hefe u. E. coli (Acylderiv. d. Homoserins als Substrate) 44-1325.

Homogentisat-Oxygenase [Oxydase]

– aus Pseudomonas fluorescens (Reinig. u. Eig.) 6-1256; – -Aktivität d. Leber bei Ratten nach Dauerverabreich. v. Tyrosin im Futter 29-1709.

Homoserin-Dehydrogenase

Threonin-empfindl. – in E. coli (Nachw. in einem Protein) 2-1164; (Einfl. v. p-Mercuribenzoesäure) 2-1165; (Inaktivier. bei pH *9*) 2-1166; – aus Rhodospirillum rubrum (Reinig., Eig. u. Rückkoppel.-Kontrolle d. Aktivität) 4-1013; Parallelmodifikat. durch Mutat. v. an d. Threoninbiosynth. bei E. coli beteiligter – 17-1196; Hemm. durch L-Cystein 34-1334.

L-Homoserin-Hydrolase

s. *Cystathionase.*

Homoserin-*O*-Transsuccinylase

s. *O-Succinylhomoserin-Synthetase.*

Hyaluronat-Glykanhydrolase

s. *Hyaluronidase.*

Hyaluronat-Lyase

Vork. im Blutserum d. Menschen 5-1289; – -Aktivität bei intakten u. sensibilisierten Meerschweinchen (Einfl. v. Amizil u. Diaminophen) 41-1642.

Hyaluronat-Sulfatase

Hydrolyse d. Hyaluronsäureschwefelsäureeinh. mit – 41-1282.

Hyaluronidase (Hyaluronat-Glykanhydrolase)

Staphylokokken- – (*7.* Mitt.) 6-1296; (Bezieh. zur Nucleaseaktivität) 13-1211; (tierexperimentelle Unters.) 14-1313; – v. Streptokokken (Rolle bei d. Resorpt. d. Korpuskularantigens u. dessen Eintritt durch d. Schleimhautbarriere d. Atmungswege) 18-1489; – -Aktivität: nichtpathogener Pilzextrakte d. Luft 26-1730; d. pathogenen Pilze 30-1358; lysosomale – aus Rattenleber 8-1302, 8-1303; – aus d. Aorta d. Rindes (Nachw., Reinig. u. Eig.) 12-1267; Serum- u. Hoden- – (Vgl.) 32-1420; lysosomale – u. Scrapie 44-1091; – -Aktivität in epithelialen u. mesenchymalen menschl. Geweben 51/52-1286; Vork. in d. Giftdrüse v. Heloderma horridum 51/52-1657; – u. Schlangengifte (Übersicht) 2-1210; Vork. im Gift einer austral. „Bulldoggen"-Ameise (Myrmecia pyriformis) 22-1699.

Einfl. v. zweiwert. Kationen auf d. Produkt. bei Clostridium perfringens Typ A 19-1425; Serologie v. – produzierenden Streptococcus faecalis-Stämmen 40-1497; Trenn. u. Isolier. d. – -Komponente d. Bienengiftes (Wechselwrkg. zwischen Bienengift u. menschl. Serum) 6-1297.

Rk. mit Chondromucoprotein (Analyse d. Abbauprod.) 16-1477; Rk. v. Testis- – mit Glucosaminglucanen (Depolymerisat.) 26-1361; Einfl.: auf d. Entw. einiger Dermatomyceten in vitro 1-1248; auf d. Serumgeh. an Glykoprotein in Maus u. Ratte 13-1488; biochem. Eig. d. – aus tier. Geweben 19-1424; Wrkg.: auf d. leichte Protein–Polysaccharid-Frakt. d. Rinder-Nasalseptums 20-1387; auf Muskelruhepotentiale 27-1712; Spalt. v. Dermatansulfat durch Hoden- – 36-1507; Charakterisier. d. nach – -Verdauung v. Dermatansulfat anfallenden Prod. 36-1508; Einfl. auf d. Mitoserate v. Ehrlich-Asciteskarzinom 37-1330.

Chem. definierte Hemmstoffe u. spezif. Inhibitoren d. Staphylokokken- – 6-1296; inhibierende Wrkg. d. Bioflavonoide u. d. Ascorbinsäure auf – 21-1484; Spezifität d. Anti- –, d. sich in Imkern gegen Bienengift- – gebildet hat 33-1752.

Elektrophorese 44-1538; Best. d. Aktivität unter Verw. v. Hyaluronsäure als Standard 14-2004; Lokalisier. u. Sichtbarmach. v. – durch Agargelelektrophorese 29-1479.

Hyaluronsäure-Synthetase

Rk. in d. Streptokokkengruppe A (Bldg. v. UDP) 33-1542.

Hydrogenase

Verteil. auf zwei Zellfrakt. bei Hydrogenomonas H *16* 14-1260; Aktivitätsveränder. während d. synchronen Wachstums v. Scenedesmus obliquus D_3 16-1453; – in Ankistrodesmus u. Scenedesmus 22-1365; multiple Formen v. bakterieller – 29-1417; Bezieh. zwischen Cytochrom c_{552} v. niedr. Redoxpotential u. – bei fakultativ anaeroben Bakterien 43-1200; – -Aktivität in E. coli (Regulier. durch Einw. v. O_2, Nitrat oder Nitrit) 44-1289; Aktivier. d. – v. Proteus vulgaris durch sichtbares Licht 38-1375; Ferredoxin-abhäng. NAD-Red. durch Chlorobium nach – -Zusatz 3-1313; Wrkg. bei d. Nitritred. v. Chlorella 8-1217; Lsg. u. Wiederherst. einer an Zellpartikel gebundenen – aus Vibrio succinogenes 24-1339.

Hydrolasen (Hydrolytische Enzyme)

Spezielle – s. dort.

Über saure – (*1.* Mitt.) 27-1446; – (*2.* Mitt.) 27-1447; (*3.* Mitt.) 27-1448; lysosomale Lokalisat. in Tetrahymena pyriformis (Eig.) 28-1245; – -Aktivität: v. Actinomyces aureofaciens LSB-*2201* (Einfl. d. N-Quelle) 30-1299; (Einfl. einiger C-Verb.) 30-1307; d. Erdartischockenknolle u. Zichorienwurzel (Wrkg. v. 2.4-Dichlorphenoxyessigsäure) 12-1378; – in Suspens.-Kulturen v. Pflanzenzellen (lokale u. zeitl. Bezieh.) 30-1275; lysosomale saure – bei mit BCG infizierten Mäusen 7-1236; Verteil. in Retinakulturen 10-1539; – -Aktivität d. menschl. Epiphyse (histochem. Nachw.) 15-1421; saure lysosomale – d. Puppen v. Calliphora erythrocephala 16-1344; saure – im Rattenuterus in Bezieh. zu Trächtigk., postpartaler Involut. u. Kollagenabbau 24-1373; – -Aktivität in mononukleären Leukozyten d. Ratte in Bezieh. zur Immunrk. 26-1595; Lokalisier. am Rand eines malignen Rattentumors 28-1318; – im menschl. Pankreas (Charakterisier.) 36-1379; saure – in d. isolierten u. perfundierten Rattenleber 41-1585; Konz.-Änder. d. sauren – in Rattengalle während Anästhesie 44-1229; Auftreten v. – -reichen Granula in Humanlymphozyten nach Induzier. durch Phytohämagglutinin u. Antigene 47-1606; – v. Säugetiereingeweiden 51/52-1280; – -Aktivität d. sauren Phosphatase d. Prostata (Einfl. d. Weinsäure) 34-1291.

Bldg. in d. Leydigzellen d. reifenden Rattenhodens 35-1333; Indukt. durch flücht. Anästhetika 43-1589; systemat. Fraktionier. v. Schweinepankreas- – 10-1233; Isolier. v. zwei Oligomeren d. 6-Aminocapronsäure hydrolysierenden bakteriellen – 37-1426.

Rk. v. Organophosphorverb. mit – 37-1401; Le^a-Substanz zersetzende – 10-1242, 10-1243; Hydrolyse d. Hefezellwände mit – 46-1284; Wrkg. auf d. photosynthet. Leist.-Fähigk. u. d. Morphologie d. Chloroplasten 17-1486, 38-1564; Modifizier. d. Wrkg. v. Arzneimitteln durch – 15-1648; Hydrolyse v. Eiweißfutterstoffen mit – 16-3245.

Hemm. (Grundschema) 17-1308; (erweiterte Rk.-Folge) 31-1451; (Auswert. experimenteller Daten) 31-1452.

Hydrolytische Enzyme

s. *Hydrolasen.*

***N*-Hydroxy-2-acetylaminofluoren-Esterase**

Entacylier. v. N-Hydroxy-2-acetylaminofluoren durch Lebermikrosomen- – 23-1326.

3-Hydroxyacyl-CoA-Dehydrogenase

Induzier. d. Bldg. in E. coli durch Oleat 42-1247.

3-Hydroxyanthranilsäure-Oxygenase

Vork. bei Saccharomyces cerevisiae 29-1419; Katalysier. d. Nicotinsäurebiosynth. in Prototrophen u. Tryptophan-Auxotrophen v. Saccharomyces cerevisiae durch – 36-1455.

***m*-Hydroxybenzoesäure-Hydroxylase**

Spezifität bei Pseudomonas 47-1442.

***p*-Hydroxybenzoesäure-Hydroxylase**

Indukt. d. mikrobiellen – -Aktivität durch p-Hydroxybenzoat 20-1400.

α-Hydroxybuttersäure-Dehydrogenase

– d. linken Herzkammer (transmuraler Gradient) 38-1707; – -Aktivität d. Retina u. d. Körperfl. v. Rindern 40-1281.

{D-}β-Hydroxybuttersäure-Dehydrogenase ({D}β(3)-Hydroxybutyrat-Dehydrogenase)

– -Aktivität d. „ghosts" aus Mitochondrien nach Fe^{2+}-induzierter Lipidperox. 40-1105; Auftreten im Cyclus d. Buttersäure-Ox. bei Mycoplasma hominis 31-1491; – -Aktivität d. intrazellulären „Katalysomen" im Fettkörper v. Rhodnius 8-1157; – in Muskelfasern in schnellen u. langsamen Muskeln bei kreuzweise Innervat. 12-1535; Vork.: u. Lokalisat. in Fasciola hepatica u. Dendrocoelum lacteum 16-1283; in d. Harderschen Drüse d. Kaninchens 16-1284; postmortale Veränder. d. – -Aktivität im Rinder- u. Schweinemuskel 17-1636; histochem. Lokalisier. in Testis u. Epididymis v. Bullen 18-1182; – -Aktivität: v. experimentell erzeugten Tumoren in d. submaxillaren u. sublingualen Drüsen v. Mäusen während d. Karzinogenese 19-1325; in bestrahlten Testes u. Epididymis 21-1760; Rattenleber- – (Reinig. u. Eig.) 24-1342; (Lipidbedarf) 24-1343; – -Aktivität in d. Leber u. in Lebertumoren 27-1379; zelluläres Verteil.-Muster in d. Ovariolen v. Galleria mellonella während d. Entw. 33-1450; – -Aktivität: d. K-Frakt. d. äußeren Membran v. Rinderherzmitochondrien 36-1193; während d. Entw. d. Rattengehirns 36-1272; Freisetz. v. – aus Lebermitochondrien beim Gefrieren 6-1185; Reinig. u. Eig. v. – aus Rhodospirillum rubrum 32-1388; Hemmwrkg. v. Thyreoidhormonen in vivo auf – in Mitochondrien 36-1200.

β-Hydroxybutyraldehy-1-Dehydrogenase

Histochem. Nachw. 16-2011.

{D-}β-Hydroxybutyrat-Dehydrogenase

s. *{D-}β-Hydroxybuttersäure-Dehydrogenase.*

3-Hydroxybutyrat-Dehydrogenase

s. *{D-}β-Hydroxybuttersäure-Dehydrogenase.*

β-Hydroxybutyrat-Oxydase

– -Aktivität d. inneren bzw. äußeren Mitochondrienmembranen 24-1258.

β-Hydroxybutyryl-CoA-Dehydrogenase

– -Aktivität in d. Leber bei an Kälte akklimatisierten Ratten 16-1608; Auftreten im Cyclus d. Buttersäure-Ox. bei Mycoplasma hominis 31-1491.

Hydroxychinon: NADH-Oxydoreduktase

– aus Aspergillus fumigatus (Isolier. u. Eig.) 35-1271; (kinet. Unters.) 41-1253.

β-Hydroxydecanoylthioester-Dehydrase

– -Aktivität in E. coli 43-1261; Reinig. u. Eig. 40-1185; Wirkungsweise 40-1186.

α-Hydroxyglutarat-Synthetase

– bei E. coli 47-1457.

Hydroxyindol-*O*-Methyltransferase (*S*-Adenosylmethionin: *N*-Acetylserotonin-*O*-Methyltransferase)

Virale neoplast. Umwandl. d. Zirbeldrüsengewebe d. Hamsters u. – -Aktivität 12-1171; Dunkelh. u. Monoaminoxydase bei d. nächtl. Änder. d. – -Aktivität d. Epiphyse cerebri d. Makak 28-1362; Verw. bei d. Best. v. S-Adenosylmethionin im Gehirn u. anderen Geweben 19-1688.

4-Hydroxy-2-ketoglutarat-Aldolase

Substratbind. an – 25-1382.

Hydroxylamin-Reduktase

– -Aktivität: in Aspergillus nidulans (genet. u. biochem. Unters.) 40-1076; in Pflanzen (Isolier., Elektronendonatorspezifität) 5-1212.

Hydroxylasen

Spezielle – s. dort.

– -Aktivität in subzellulären Frakt. d. menschl. Prostata 8-1467; – d. Leber (Stimulier. durch Cumarinderiv.) 24-1356; Beteilig. v. β- – am Stoffwechsel v. cis- u. trans-Dekalin 16-1653; Elektronencarrier bei d. Fettsäure- u. KW-Stoff-Hydroxylier. mit ω- – 28-1346; Wechselwrkg. zwischen d. – -Syst. u. d. Substrat in Lebermikrosomen 1-1092; Pharmakahydroxylier. mit – durch Lebermikrosomen (Substratwechselwrkg. mit P-*450*) 38-1729; Hydroxybenzyloxamine als Inhibitor d. β- – (Darst.) 9-2590*; – hemmende Carbonsäureamide (Darst.) 36-1673*; Aktivier. u. Hemm. d. mikrosomalen Hydroxylier. mit – durch Äthylisocyanid 43-1185.

Hydroxymethylcytosin-α-Glucosyltransferase

Spezifität d. durch Bakteriophagen T *4* induzierten – 51/52-1266.

Hydroxymethylcytosin-β-Glucosyltransferase

Spezifität d. durch Bakteriophagen T *4* induzierten – 51/52-1266.

β-Hydroxy-β-methylglutaryl-CoA-Reduktase [Mevalonsäure: NADP-Oxydoreduktase (CoA acylierend)]

– in Rattenlebermikrosomen (Nachw. u. Solubilisat.) 44-1185; (Wrkg. v. Cholesterinfütter. u. Hunger) 44-1186; Eig. u. Wrkg.-Mechanismus d. – d. Hefe 5-1204.

β-Hydroxy-β-methylglutaryl-Coenzym A

s. unter $C_{27}H_{44}N_7O_{20}P_3S^*$).

p-Hydroxyphenylbrenztraubensäure-Oxydase

Hemm. durch α-Methylaminosäuren 2-1429.

17α-Hydroxypregnen-C_{17}–C_{20}-Lyase

Vork. im Testisgewebe 38-1477; Rk. bei d. Seitenkettenspalt. d. Steroidhormonsynth. 25-1563.

Hydroxyprolin-2-Epimerase

Lokalisier. in Organen u. Geweben verschiedener Tierarten 42-1242.

β-Hydroxypropionat-Dehydrogenase

–-Aktivität in Prototheca zopfii in Ggw. v. Propionat u. Acetat 24-1337.

3α-Hydroxysteroid-Dehydrogenase (3α-Hydroxysteroid: NAD(P)-Oxydoreduktase)

–-Aktivität in subzellulären Frakt. d. menschl. Prostata 8-1467; histochem. Lokalisat.: in d. Lebern verschiedener Spezies 16-1302; in d. menschl. fetalen Membranen bei d. Geburt 36-1273; Hemm. durch Substratanaloge 51/52-1250; Analyse d. – aus Rattenleber mit Hilfe d. Scheibenelektrophorese 21-1388.

β-Hydroxysteroid-Dehydrogenase ({Δ^5-} 3-oder 17β-Hydroxysteriod-Dehydrogenase, 3 oder 17β-Hydroxysteroid: NAD(P)-Oxydoreduktase)

–-Aktivität: in Säugetierkeimgeweben (histochem. Unters.) 1-1187; d. Nebennierenrinde d. Albinoratte (bei Vitamin-A-Mangel) 5-1464; Vork. in Spermatozoiden v. Scyliorhinus canicula 8-1226; –-Aktivität in subzellulären Frakt. d. menschl. Prostata 8-1467; – d. Rindernebenniere (Gebietspezifität) 15-1314; histochem. Lokalisat. in d. Leber verschiedener Spezies 16-1302; Geh. d. Nebennierenrinde d. Meerschweinchens (nach Abschluß einer langfrist. Cortisonvorbehandl.) 22-1536; (nach Metopironzufuhr) 22-1537; –-Aktivität: v. Testes u. einem virilisierenden Interstitialzellentumor bei d. Inkubat. mit Δ^4-Androsten-3.17-dion 28-1322; d. Nebennierenrinde (Einfl. v. Hexadimethrinbromid) 35-1526; im menschl. Hoden 36-1237; histochem. Verteil. in d. menschl. fetalen Membranen bei d. Geburt 36-1273; –-Aktivität: im Ovar d. Schweins 37-1360; im ovariellen Zyklus d. Ratte 37-1617; Vork. im Testisgewebe 38-1477; –-Aktivität d. Testismikrosomen nicht geschlechtsreifer Ratten (Einfl. v. menschl. Choriongonadotropin) 38-1603; chromatograph. Auftrenn. d. 17-Ketosteroidfrakt. im Urin bei –-Mangel 41-1222; –-Aktivität d. Ovars im Verhältnis zum Ascorbinsäuregeh. u. zu d. Gonadotropinen d. Hypophyse bei d. Ratte 41-1492; – im Ovar d. Rhesusaffen 46-1199; –-Aktivität d. Ovars d. Ratte (Wrkg. einer Steroidbehandl.) 49/50-1448; bleibender Mangel an im Uterus gebildeter – nach d. Geburt bei tierexperimenteller angeborener Hyperplasie d. Nebennierenrinde 51/52-1458.

Durch Östrogene induzierbare – aus d. Myometrium v. Kaninchen (Reinig. u. Charakterisier.) 33-1459; Reinig. u. Eig. v. – aus Rinder-Corpora lutea 3-1232.

Aktivitätszentrum d. – aus Pseudomonas testosteroni (Best.) 28-1359; Aufklär. d. an d. Substraterkenn. beteiligten Region d. – 31-1377; Biosynth. v. Cholestanol durch – aus Rattenleber 18-1181; Wrkg. bei d. Östrogensynth. in d. Schwangerschaft (räuml. Verwandtschaft mit Sulfatase) 14-1283; akt. Zentren u. Mechanismus d. humanen Plazenta-– 36-1274; Änder. d. –-Rk. in d. mit Östrogenen durchströmten Plazenta in Abhängigk. v. d. Schwangerschaftsdauer 51/52-1451.

Hemm. d. – v. Pseudomonas testosteroni durch Östrogen- u. Progestinsteroide 15-1315; stöchiometr. Hemm. durch ein Substratanaloges 15-1316; Hemm.: d. – in d. Plazenta durch Steroidmetabolite u. Rückkoppl.-Kontrolle 46-1388; durch Substratanaloge 51/52-1250.

Analyse d. – aus Rattenleber mit Hilfe d. Scheibenelektrophorese 21-1388.

3β-Hydroxy-C_{27}-Steroid-Dehydrogenase

–-Aktivität in Mäuselebermikrosomen 34-1274.

Δ^5-3β-Hydroxysteroid-Dehydrogenase

Vork. in Spermatozoiden v. Scyliorhinus canicula 8-1226.

{Δ^5-}-3 oder 17β-Hydroxysteroid-Dehydrogenase

s. *β-Hydroxysteroid-Dehydrogenase.*

3α.17β-Hydroxysteroid-Dehydrogenase

Steroid-abhäng. –-Indukt. bei Mikroorganismen (Hemm. durch Steroide u. Alkaloide) 7-1205.

3β.17β-Hydroxysteroid-Dehydrogenase

Steroid-–abhäng. –-Indukt. bei Mikroorganismen (Hemm. durch Steroide u. Alkaloide) 7-1205.

11β-Hydroxysteroid-Dehydrogenase

– bei Mäusen (Einfl. v. neonataler Thymektomie) 7-1207; histochem. Verteil. in d. menschl. fetalen Membranen bei d. Geburt 36-1273; biochem. Charakterisier. in Milzhomogenat 7-1206; Substratspezifität v. – d. Speicheldrüsen gegenüber 11β-Hydroxyandrostendion u. Cortisol 31-1468; Hemm. durch synthet. Östrogene 28-1578.

16β-Hydroxysteroid-Dehydrogenase

Histochem. Verteil. in d. menschl. fetalen Membranen bei d. Geburt 36-1273.

20α-Hydroxysteroid-Dehydrogenase

–-Aktivität in überreifen Ovarien d. Ratte (Einfl. d. Luteinisier.-Hormone) 14-1436; – im Rattenhoden 33-1451; Aktivität d. an d. Androgensynth. beteiligten Testis-– (Einfl. verschiedener Faktoren) 37-1362; Vork. im Testisgewebe 38-1477; –-Aktivität: d. Testismikrosomen nicht geschlechtsreifer Ratten (Einfl. v. menschl. Choriongonadotropin) 38-1603; d. Ovars d. Ratte (Wrkg. einer Steroidbehandl.) 49/50-1448.

20β-Hydroxysteroid-Dehydrogenase

Steroid-abhäng. –-Indukt. bei Mikroorganismen (Hemm. durch Steroide u. Alkaloide) 7-1205.

26-Hydroxysteroid-Dehydrogenase

Wrkg. v. – aus Rattenleber bei d. Ox. v. Cholan-3α.7α.12α.24-tetraol u. 5β-Cholestan-3α.7α.12α.26-tetraol 11-1264.

3α-Hydroxysteroid: NAD(P)-Oxydoreduktase

3α-*Hydroxysteroid-Dehydrogenase.*

3 oder 17β-Hydroxysteroid: NAD(P-)Oxydoreduktase

s. *β-Hydroxysteroid-Dehydrogenase.*

5-Hydroxytryptamin-Decarpoxylase

–-Aktivität im Gewebe d. Nebennierenrinde bei Cushing-Krankh. u. bei adrenokortikalen Geschwülsten 7-1192.

5-Hydroxytryptophan-Decarboxylase

–-Aktivität: während d. Entw. v. Calliphora erythrocephala in Bezieh. zum Ecdyson-Titer 1-1246; in verschiedenen Organen d. Ratten bei experimenteller Infekt. mit Pneumokokken 1-1259; in unreifen Tieren 3-1273; im Dünndarm v. Affe u. Ratte 13-1249; im Schwellkörpergewebe d. Penis 17-1548; Entzünd.-übertragende Wrkg. v. – infolge v. Serotoninbldg. (Hemmstoffe) 9-1594; Wrkg. bei d. Synth. v. Serotonin durch d. Zirbeldrüse d. Ratte in Organkultur 16-1551; Hemmwrkg. v. Phenylalaninmetaboliten auf d. Hirn-– 20-1367; Hemm. durch 2.3.4-Trihydroxybenzylhydrazin 35-1329.

Hyoscyamin-Acylhydrolase

s. *Hyoscyamin-Esterase.*

Hyoscyamin-Esterase (Hyoscyamin-Acylhydrolase)

Vork. in Datura 25-1534; stereospezif. Wrkg., Spalt. v. (–)-Hyoscyamin u. (–)-Tropasäure 39-1572.

Hypoxanthin-Dehydrogenase

– in d. Organen d. erwachsenen u. embryonalen Huhns 1-1195; Ox. v. NADH durch – d. Vogelniere 46-1190.

Hypoxanthin-Guanin-Phosphoribosyltransferase

–, Enzymdefekt bei Menschen mit geschlechtsgebunder, neurolog. Stör. u. überschüss. Purinsynth. 20-1155; Verh. in Erythrozyten (Bezieh. zur Xanthin-Phosphoribosyltransferase) 45-1347.

Hypoxanthin-Phosphoribosyltransferase

–-Aktivität in d. sich es wickelnden Mäuseleber (kinet. Eig.) 16-1323.

Idaeinase

– in Äpfeln 51/52-2935.

L-Idit-Dehydrogenase (L-Idit: NAD-Oxydoreduktase, Sorbit-Dehydrogenase)

Histochem. Lokalisier. (Verbesser. durch Phenazinmethosulfat) 13-1173; –-Aktivität im Serum (Einfl. d. gestörten Energiestoffwechsels 29-1740; in d. Rattenniere (Vgl.) 33-1790; u. Verteil. in Rattenleber 43-1262; v. Blutsreum u. Leber bei parenchymatöser Leberschädig. u. verschiedenem Eiweißgeh. d. Nahr. 43-1474; bei Ratten 1-1598*; Bldg. in Schizophyllum commune 21-1381; Ausschütt. aus d. Leber 12-1311; oxydierende Wrkg. auf 3-Desoxyxylit 2-1138; Wrkg. beim Abbau v. Sorbit durch Bakterien d. Rattenfaeces 39-1306; histochem. Nachw. 13-1174.

L-Idit: NAD-Oxydoreduktase

s. L-*Idit-Dehydrogenase.*

Imidazolacetolphosphat-L-Glutamat Aminotransferase

s. *Histidinolphosphat-Aminotransferase.*

Imdazolylglycerinphoshphat-Dehydrase

Sedimentat.-Eig. v. – aus Salmonella typhimurium 1-1258; Hemm. d. – v. Algen durch 3-Amino-1.2.4-triazol 7-1390.

IMP-L-Aspartat-Ligase (GDP)

s. *Adenyl(o)succinat-Synthetase.*

IMP-Dehydrogenase (Inosin-5'-phosphat Dehydrogenase, IMP: NAD-Oxydoreduktase)

Bldg. bei d. Purinnucleotidbiosynth. in Bacillus subtilis (genet. Derepress.) 47-1461; Reinig. v. – u. Inhibier. durch Guanosin-5'-phosphat u. Inaktivier. durch 6-Chlor- u. 6-Mercaptopurinribonucleosid-5'-phosphate 26-1268- Phosphatbind.-Orte 13-1179; Hemm. durch 6-Thioguanosin-5'-phosphat 37-1334.

IMP: NAD-Oxydoreduktase

s. *IMP-Dehydrogenase.*

Indolessigsäure-Oxydase

s. *β-Indolylessigsäure-Oxydase.*

Indol-3-glycerinphosphat-Synthetase

– v. E. coli (Tryptophan-Operon-Enzym) 16-1405.

Indolyl-(3)-acetyldehyd-Mutase

Rk. in Mikroorganismen 32-1341.

Indolyl-(3)-essigsäure-Oxydase

s. *β-Indolylessigsäure-Oxydase.*

β-Indolylessigsäure-Oxydase (Indolyl-(3)-essigsäure-Oxydase, Indolessigsäure-Oxydase)

– aus Tabakwurzeln (Reinig, u. Kinetik) 1-1189; Vork. in d. Wurzeln v. Lens culinaris 17-1450; Geh. v. Gurkenhypokotylschnitten (Einfl. v. Wachstumshormonen) 35-1457; –-Aktivität in Gurkenhypokotylen (Wrkg. v. Helminthosporol) 39-1395; stimulierende Wrkg. v. β-Indolylessigsäure auf d. – v. Lactobacillus bulgaricus 36-1462.

Indophenol-Oxydase

Vork. in Sphärosomen d. fettspreichernden Holzstrahlzellen v. Populus 13-1193.

Inosinguanosin-5'-phosphat-Pyrophosphorylase

Wrkg. in E. coli-Zellen 41-1347.

Inosin-Kinase

Inosinbldg. in menschl. Erythrozyten durch – 38-1650.

Inosinmonophosphat-Transformylase

Bldg. bei d. Purinnucleotidbiosynth. in Bacillus subtilis (genet. Derepress.) 47-1461.

Inosin-5'-phosphat-Dehydrogenase

s. *IMP-Dehydrogenase.*

Inosit-1-Phosphatase

Teilweise Anreicher. v. Hefe-– u. Trenn. v. Glucose-6-phosphat-Cyclase 32-1399.

Inulase (Fructanohydrolase)

–-Aktivität aus Arthrobacter (Einfl. d. A.-Konz. bei d. Fäll. aus wss. Lsg.) 37-1349.

Invertase

s. *β-Fructofuranosidase.*

Isoamylasen

– d. menschl. Parotisspeichels 12-1260; Bldg. durch E. intermedia 46-1332; Abtrenn. aus Urin an Celluloseacetat 36-1353.

Isocitratase

s. *Isocitrat-Lyase.*

Isocitrat-CoA-Dehydrogenase

–-Aktivität in Milchdrüsen 42-1378.

Isocitrat-Dehydrogenase

s. *Isocitronensäure-Dehydrogenase.*

Isocitrat-Dehydrogenase (NADP)

s. *Isocitronensäure-Dehydrogenase (NADP).*

L_s-Isocitrat-Dehydrogenase

Bldg. v. enzymgebundenem CO_2 bei d. reduktiven Carboxylier. v. α-Ketoglutarat durch – 39-1221.

***threo*-D_s-Isocitrat-Glyoxalatlyase**

s. *Isocitrat-Lyase.*

L_s-Isocitrat-Glyoxalatlyase

Keine gleichzeit. Indukt. u. Repress. v. – u. Nitratreduktase u. TPNH-Cyctochrom c-Reduktase in Neurospora crassa 17-1286.

Isocitrat-Lyase (Isocitratase, *threo*-D_s-Isocitrat-Glyoxalatlyase)

–-Aktivität: in Neurospora crassa (während Myzelwachstum u. Konidienbldg.) 4-1094; in Pseudomonas aeruginosa in Kulturen auf Glucose, α-Ketoglutarat oder Acetat 25-1417; Vork.: in einer thermophilen Bacillus-Spezies 26-1359; multipler Formen d. – in Neurospora crassa 38-1461; –-Aktivität: beim Wachstum v. Saccharomyces cerevisiae 47-1420; v. Chlorella pyrenoidosa (Einfl. v. N'-[3.4-dichlorphenyl]-N.N-di-methylharnstoff) 51/52-1406; Entw. u. Abnahme v. – in Wassermelonensämlingen (Wrkg. v. Dactinomycin u. Cycloheximid) 13-1270; –-Aktivität in Rhizobia u. d. Knoten d. Leguminosen 20-1370; – aus d. Endosperm keimernder Rizinusbohnen (mögl. Stoffwechselregulier.) 39-1260; Assoziat. in einem neuen subzellulären Partikel aus Rizinussamenendosperm 47-1413; Vork. bei Nematoden 13-1255; Bldg.: bei Chlorella (Wrkg. v. Cycloheximid) 1-1333; in Mima polymorpha (Einfl. v. Succinat) 33-1527; Temp.-empfindl. Synth. bei E. coli 21-1480; Repress. d. –-Bldg. bei Hydrogenomonas H *16* G^+ durch mol. H u. Fructose 37-1359; Kinetik d. Bldg. in Chlorella (Förder. durch Photophosphorylier.) 51/52-1297.

***threo*-D_s-Isocitrat: NAD-Oxydoreduktase (dexarboxylierend)**

s. *Isocitronensäure-Dehydrogenase.*

***threo*-D_s-Isocitrat: NADP-Oxydoreduktase (decarboxylierend)**

s. *Isocitronensäure-Dehydrogenase (NADP).*

Isocitronensäure-Dehydrogenase [Isocitrat-Dehydrogenase, *threo*-D_s-Isocitrat: NAD-Oxydoreduktase (decarboxylierend)]

–-Aktivität in Pilzen (Hemm. durch Diphenyl u. Na-o-Phenylphenolat) 1-1285; Geh. in Bacillus cereus (Bezieh. zur NAD-Konz.) 5-1315; Aktivität u. Coenzym-Spezifität v. bakterieller – 16-1281; –-Aktivität in Clostridium kluyveri 26-1401; Vork. d. – d. Tricarbonsäurezyklus in zellfreien Extrakten d. Sporen v. Penicillium chrysogenum 31-1490; –-Aktivität während d. Wachstums v. E. coli 32-1332; – v. Aspergillus niger in Zusammenhang mit d. Citronensäurebldg. 32-1466; Vork. in Algen 33-1619; Verteil. in Proteusbakterien 37-1479; –-Aktivität: in E. coli (Einfl. v. Nitrat im Medium) 39-1285; bei drei halophilen Bakterienstämmen (Wrkg. v. NaCl) 40-1194; d. intakten Konidien d. Actinomyceten 46-1330; beim Wachstum v. Saccharomyces cerevisiae 47-1420; in subzellulären Partikeln aus Rizinussamenendosperm 47-1413; – im Skelettmuskel (intrazelluläre Verteil.) 3-1284; –-Aktivität: d. Leberlappens (bei Äthioninschädig.) 3-1510; in Thrombozyten aus Neugeborenen- u. Erwachsenenblut (Vgl.) 5-1431; d. Mäuseleber (Einfl. v. Bestrahl.) 5-1532; in vor u. nach d. Rigor gewonnenem sarkoplasmat. Extrakten d. Hühnerbrustmuskels 6-1241; v. Lungenchnitten 8-1144; d. intrazellulären „Katalysomen" im Fettkörper v. Rhodnius 8-1157; in Fibroblasten während d. Viruskanzerogenese 11-1319; – in Muskelfasern in schnellen u. langamen Muskeln bei kreuzweise Innervat. 12-1535; –-Aktivität in R*3230*-AC-Mammatumor u. Mammagewebe (Einf. v. Östrogen) 14-1225; – im Nervus ischiadicus v. Ratten nach Injekt. v. Diisopropylfluorphosphat 16-1282; Vork. in d. Harderschen Drüse d. Kaninchens 16-1284; –-Aktivität im Epithelium d. Zotten d. Duodenums bei Glucosephosphat-Dehydrogenasemangel in Erythrozyten 16-1300; Verteil.-Muster bei experimentell induzierten Hauttumoren 17-1240; postmortale Veränder. d. –-Aktivität im Rinder- u. Schweinemuskel 17-1636; –-Aktivität in Lebermitochondrien nach Einw. v. A. 17-1651; Vork. in menschl. Glioblastomen 19-1316; –-Aktivität: v. experimentell erzeugten Tumoren in d. submaxillaren u. sublingualen Drüsen v. Mäusen während d. Karzinogenese 19-1325; im Serum bei Leberkrankh. (vergleichende enzymolog. Best.) 19-1683; bei d. hypophysektomierten Ratte (Wrkg. d. Wachstumshormons) 20-1472; in bestrahlten Testes u. Epididymis 21-1760; d. Serums (Einfl. v. halogenierten KW-Stoffen) 23-1738; d. Rattenuterus (Einfl. v. Zyklus u. exogener Hormonzufuhr) 24-1577; – aus Säugetiermitochondrien 25-1340; –-Aktivität: in d. Speicheldrüsen 31-1468; im Fettgewebe in normalen u. tuberkulösen Meerschweinchen 33-1452; in Seren u. in Lebern v. Tumor tragenden Hamstern 34-1240; d. S-Frakt. d. äußeren Membran v. Rinderherzmitochonrdien 36-1192; in d. laktierenden Rattenmilchdrüse nach Thyreoidektomie 36-1528; – d. linken Herzkammer (transmuraler Gradienten) 38-1707; –-Aktivität: d. „ghosts" aus Mitochondrien nach Fe^{2+}-induzierter Lipidperox. 40-1105; v. Broilerküken (Einfl. v. Acetylsalicylsäure) 43-1475; nach Nierentransplantat. 47-1602; bei malignen u. nichtmalignen Erkrank. d. weibl. Brust 49/50-1233.

Ausschütt. aus d. Leber 12-1311; Freisetz. aus Gehirnmitochondrien durch ein nichtion. Detergens (Einfl. v. Anionen u. Kationen) 17-1277.

–-DPNH-Komplex 8-1208; Kinetik d. – d. Hefe in Ggw. v. Zn 10-1216; Wrkg. bei d. enzymat. Glutamatsynth. durch zellfreie Extrakte anaerober Bakterien 14-1315; Bedeut. bei d. Atmung d. Mitochondrien v. normalen u. neoplast. Geweben 25-1340.

Einfl. v. Lanthanidchloriden auf – 14-1232; Inhibier. durch Anionen u. Substrat u. kinet. Verh. v. – aus Bäckerhefe 21-1383; Feedback-Hemm. v. – d. Leber durch Caprylsäure 24-1432; Hemmwrkg. v. Thyreoidhormonen in vivo auf d. – in Mitochondrien 36-1200; Hemm. durch Salicylat (Mechanismus) 37-1353; Inhibier. in tier. Geweben durch Glyoxylsäure 40-1198; Wrkg. d. pH auf d. Hemm. d. – d. Hefe durch Anionen 41-1256; Hemm. d. – d. Hefe durch d. Substrat in Ggw. v. Metallionen 46-1189.

Zytochem. Nachw. bei Pilzen 37-1352; histochem. Nachw. in d. Adenohypophyse d. Schweines, bes. in d. Pars intermedia 46-1261.

Isocitronensäure-Dehydrogenase (NADP) [Isocitrat-Dehydrogenase (NADP), *threo*-D_s-Isocitronensäure [Isocitrat]: NADP-Oxydoreduktase (decarboxylierend)]

Vork. während d. Gär. bei Aspergillus niger 29-1487; –-Aktivität: in E. coli (Regulier. durch Einw. v. O_2, Nitrat oder Nitrit) 44-1289; während d. frühen Entw. d. Weizens 22-1453; – d. keimenden Rizinusendosperms (Reinig. u. Eig.) 31-1385 (mögl. Stoffwechselregulier.) 39-1260; –-Aktivität: bei Hautretikulosarkomatose 3-1201; in Fettgewebe, Testis u. Nebenniere (Einfl. v. Thyroxin u. Luteinisier.-Hormon) 12-1314; – im Nervus ischiadicus v. Ratten nach Injekt. v. Diisopropylfluorphosphat 16-1282; Vork. in Larven v. Ascaris lumbricoides 17-1340; –-Aktivität: in Mammatumoren, Uteri u. Brustdrüsen (Einfl. v. Östradiolvalerat) 27-1408; in d. Leber nach Stimulat. durch Wirkstoffe 27-1744; Freisetz. aus Gehirnmitochondrien durch ein nichtion. Detergens (Einfl. v. Anionen u. Kationen) 17-1277; zytochem. Nachw. bei Pilzen 37-1352; histochem. Nachw. in d. Adenohypophyse d. Schweines, bes. in d. Pars intermedia 46-1261.

***threo*-D_s-Isocitronensäure: NADP-Oxydoreduktase (decarboxylierend)**

s. *Isocitronensäure-Dehydrogenase (NADP).*

Isoglutaminase

–-Aktivität v. Saccharomyces cerevisiae KMY *381* 19-1414.

L-Isoleucin-α-Oxoglutarsäure-Aminotransferase

Kolorimetr. Best. in Schweineherzmuskelhomogenaten 16-1325.

Isoleucyl-RNS-Synthetase

Spezifität d. – u. Übertrag. d. genet. Kode 23-1288; Trenn. d. beiden Enzymaktivitäten v. – v. Bacillus stearothermophilus 31-1465; Spezifität d. – v. Bacillus stearothermophilus in Abhängigk. v. d. Temp. 29-1480; therm. Inaktivier. 17-1338.

Isoleucyl-sRNS-Synthetase [Polymerase]

Hemmwrkg. v. Proflavin auf d. Synth. v. Isoleucylribonucleinsäure bei E. coli durch – 3-1277; Regulat. d. Bldg. v. – in E. coli 15-1414.

Isoleucyl-tRNS-Synthetase

Stimulierende Wrkg. v. Ammonium- oder K-Ionen auf d. –-Aktivität aus E. coli 39-1263.

Isomaltase

–-Aktivität d. durch Tris zerstörten Bürstensaumes d. Darmepithelzellen 29-1369 – aus Kaninchendünndarm (Isolier. u. Eig.) 34-1299; –-Aktivität v. Maltotriose d. menschl. Dünndarms 5-1491; Freisetz. v. α-Glucose durch – aus d. Glykonhälfte d. Substrate 47-1407.

Isomerasen

Spezielle – s. dort.

Induzier. d. –-Bldg. in E. coli durch Oleat 42-1247.

Isonicotinsäurehydrazid-Acetyltransferase

Acetylier. v. Isonicotinsäurehydrazid mit – v. Leberhomogenaten 11-1572.

Isopentenylpyrophosphat-Δ^3-Δ^2-Isomerase

Vork. in Mycoplasma-Stämmen (Umwandl. v. Mevalonsäure in γ.γ-Dimethylallylpyrophosphat) 23-1454; Existenz einer an d. Bldg. v. Squalen in Hevea brasiliensis-Latex beteiligten – 24-1426.

Isoperoxydasen

Biosynth. v. deuterierten – in D_2O gewachsenen Roggenpflanzen 8-1256.

β-Isopropylmalat-Dehydrogenase

Beteilig. an d. Leucinsynth. in Salmonella typhi-murium (Bezieh. zum Leucin-Operon) 3-1169.

α-Isopropylmalat-Isomerase

Beteilig. an d. Leucinsynth. in Salmonella typhi-murium (Bezieh. zum Leucin-Operon) 3-1169.

α-Isopropylmalat-Synthetase

– aus Neurospora 14-1310, 29-1477; Kinetik u. Endprod.-Regulier. d. –-Funkt. 29-1477; Beteilig. an d. Leucinsynth. in Salmonella typhi -murium (Bezieh. zum Leucin-Operon) 3-1169.

Isorenin

Spiegel d. Submandibularisdrüse d. weißen Maus (Lokalisier. d. Enzyms in d. Drüse) 7-1408.

Isovaleryl-CoA

s. unter $C_{26}H_{44}N_7O_{17}P_3S^*$).

ITPase

–-Aktivität bei d. Inaktivier. v. Myosin A durch niedere Konz. an Harnstoff 8-1324.

Jodcarboxypeptidase A

Darst. u. Eig. 11-1247.

Jodid-Peroxydase

–-Aktivität in subzellulären Frakt. d. Schilddrüse d. Menschen 45-1564.

Jodthyronin-Desjodinase

– aus Rattengewebe (Eig. u. natürl. Inhibitor) 15-1323.

Jodtyrosin-Dejodase

– v. Leber u. Skelettmuskulatur unter verschiedenen Beding. d. Jodstoffwechsels 28-1478; Spezifität d. – v. thyreoiden Mikrosomen 44-1089.

Kallikrein

– (Wrkg. d. Verdauungstraktes u. d. Leber auf – d. Pankreas) 33-1716; (Passage v. ^{131}J-– aus Schweinepankreas durch d. Rattendarm) 33-1717; Karzinoid u. –-Kininsyst. 23-1318; – im menschl. Bronchialschleim 8-1437; (Isolier. u. immunolog. Charakterisier.) 44-1264.

Reinig. u. Eig. v. – aus Schweineserum 24-1406; Isolier. u. Charakterisier. v. Sialinsäure-halt. u. Sialinsäure-freiem — aus Schweinepankreas 47-1587.

Rk. mit Kininogen (Bldg. v. Bradykinin) 18-1490; Freisetz. v. Kininen in menschl. Plasmasubstraten mit — 2-1386; Spezifität v. — im Harn 2-1392; Wrkg.: auf d. O_2-Spann. v. Tumoren u. d. Tumordurchblut. 9-1222; auf Plasmakininogene 16-1554; durch Pankreas- — im Plasma gebildete Kinine 16-1555; Spalt. pept. Kinin-liefernder Fragmente sowie v. Rinderserum-Kininogen durch — 21-1655; Einfl. auf d. „spontane" Bldg. v. Bradykinin durch d. Globulinfrakt. d. Blutserums d. Kaninchens 21-1678; Mechanismus d. Rattenharn- — -Katalyse u. d. Bezieh. zur Katalyse durch Trypsin 32-1447; Kininbldg. durch Pankreas- — aus Rinder-Kininogen (Bezieh. zur Tertiärstruktur) 35-1551; Kininfreisetz. durch — (keine Beeinfluss. durch Entzünd.-hemmende Pharmaka) 37-1752; Freisetz. v. gefäßakt. Kininen durch — 45-1596.

Trasylol als — -Trypsin-Inhibitor 5-1422; Hemmstoffe v. — (Einfl. auf d. Mortalität infolge v. Verbrüh. bei Mäusen) 11-1557; — -Inhibitoren (Isolier. mit Hilfe wasserunlösl. Enzymharze) 15-1389; — -Trypsin-Inhibitoren (Kristallisat.) 29-1461; — -Inaktivator (Kinetik d. Rk. mit Trypsin) 33-1514; (Wechselwrkg. mit Trypsin) 33-1515; (Rk. mit Elastin) 36-1382; (Gewinn. in krist. Form) 36-1723*; (Herst. v. reinen Präp.) 37-1882*; Hemm. durch Trasylol (Einfl. auf d. Phänomenologie nach intracranialer, experimenteller Hämorrhagie) 43-1547.

Automat. Best. 51/52-1476.

Kallikreinogen

Vork. im Schweinepankreas u. Automat. d. Kalligrein-Bu. — -Best. 51/52-1476.

Katalase (H_2O_2:H_2O_2-Oxydoreduktase)

Vorkommen, Aktivität: — v. Tuberkulosemycobakterien mit Resistenz gegenüber Isoniazid u. anderen Präp. 7-1213; — -Aktivität v. Mycobakterien 8-1251; Geh. nach Neuherst. einer verd. Kultur v. Chlorella vulgaris 17-1479; — -Aktivität: v. Mikroorganismen (stimulierende Wrkg. proteolyt. Enzyme) 20-1286; d. Mykobakterien 26-1278; im Verlaufe d. Absterbens v. Saccharomyces cerevisiae 32-1351; v. Oudemansiella mucida 33-1537; bei atyp. u. anderen Mykobakterien 33-1557; Verteil.: in Gewebe v. Fusarium moniliforme 33-1620; in Proteusbakterien 37-1479; — -Aktivität v. Nectria galligena bei Kultur mit u. ohne Biotin 40-1183.

— -Aktivität: d. Tabakblätter während d. Vegetat. u. d. Welkens 6-1371; v. Herbstgetreide während d. Winters 7-1334; in Lemonen-Bäumen (Wrkg. v. B-nine, Cyclocel) 7-1385; v. Blatthomogenaten v. Triticum vulgare (Einfl. d. Düngerelemente N, P u. K) 13-3013; Vork. in d. Wurzeln v. Lens culinaris 17-1450; — -Aktivität d. Sorghumhirsesaatgutes bei tiefer Temp. (Einfl. d. verschiedenen Behandl.) 18-1402; Aktivität u. Qualität d. — in d. Familien d. Ranunculaceae 30-1243; — -Aktivität in Bezieh. zum Verbrauch v. O_2 bei isolierten Chloroplasten 42-1181; Verteil. in vorreifen u. vollreifen Birnen 45-1458; — -Aktivität: v. Bormangelkambium 51/52-1259; in Mohn (Wrkg. v. Amitrol) 51/52-1429.

— -Aktivität: d. Nebenniere (Einfl. v. ACTH) 3-1229; d. Leber bei Mäusen nach Talk-Injekt. 3-1511; d. Blutes (Wrkg. v. Histamin, Adrenalin u. ACTH) 7-1433; d. Leber (Einw. v. DNS aus normalen u. bestrahlten Geweben) 7-1573; Geh. v. hypo- u. akatalasäm. Blut 9-1459; Rattenleber- — (Heterogenität d. Mitochondrien- u. Überstand- —) 12-1206; — -Aktivität: d. Epithelzellen d. Gallenblase d. Schafes (Vgl. mit d. v. Lebergewebe) 12-1315; im menschl. Blut (Veränder. nach d. Genuß v. Alkohol) 17-1650; Mutat.-Änder. d. — in Blut u. festen Geweben 20-1159; Regulier. d. — -Aktivität in Zellkulturen v. Säugetieren 20-1285; — : in biolog. Fl. (Eig.) 22-1497; d. Blutes bei d. akuten experimentellen CS_2-Vergift. 22-1688; — -Aktivität d. Leber v. Mäusen (Einfl. v. Toxohormon) 25-1322; Geh. in menschl. Erythrozyten 25-1605; — -Aktivität: in absterbendem Lebergewebe 32-1352; in polymorphkern. Leukozyten (Einfl.) 33-1467; in menschl. Erythrozyten (patholog. u. physiolog. Einfl.) 35-1558; bei Ratten (Einfl. v. Komplexonen) 43-1532; d. Serums (Einfl. d. Ultrabeschall. d. Kaninchenleber) 45-1612; Geh. im Blut nach Zufuhr v. Isopropylnitrit 46-1516.

— -Aktivität: v. Cytochrom f aus Petersilienblättern 2-1153; in Adsorpt.-Schichten verschiedenen Typs 18-1244.

Bildung, Gewinnung: Biosynth.: durch Penicillium vitale (Einfl. v. Kohlenhydraten im Nährboden) 7-1290; durch Propionsäurebakterien (Bezieh. zu Vitamin B_{12}) 17-1358; in d. Leber (Lokalisier.) 21-1402; im Säugetiersyst. 38-1371; Entsteh. d. — -Aktivität (Rolle in biolog. Syst.) 38-1372; Indukt. in Staphylococcus aureus-Kulturen (Einfl. d. Phageninfekt.) 42-1315; Gewinn. aus Pferdeleber 28-1795*; Trenn. u. Reinig. v. — durch Schaumbldg. 11-1219; Reinig.: v. — im Großmaßstab durch elektrophoret. Verteil. 43-1100; u. Eig. v. — aus Rattenerythrozyten (Vgl. mit — aus Rattenleber) 46-1197; Stabilisier. v. — für d. Humantherapeutik 23-1910*.

Eigenschaften: Spinzustandsabhäng. UV-Absorpt.Banden v. — 7-1454; Bezieh. zwischen Struktur u. Funkt. bei — 19-1372; Strukturunters. v. — aus Rinderherz 26-1255; Heterogenität d. — im Blut v. heterozygoten Fällen v. Akatalasie 32-1349; Kristallisat. v. — in Form v. Röhren mit monomol. Wänden 37-1377; Dissoziat. d. Rinderleber- — in ihre Untereinh. 31-1393.

Reaktionen, Wirkungen: Mechanismus d. — -H_2O_2-Rk. 5-1216, 5-1217; Ox. v. Östron mit — 5-1374; Hemmwrkg. auf d. Rk. v. Hydroxylamin mit Nucleotiden u. DNS 6-1218; katalysierende u. hemmende Wrkg. auf d. oxdativen Abbau v. DNS (Maximum d. katalyt. Wrkg. bei picomolaren Konz.) 6-1221; Einfl.: auf d. O_2-Aufnahme durch Diaminoxydase 6-1247; einiger Ox.-Mittel- — -Syst. auf $^{14}C_{(4)}$-Östron 7-1252; (Eingriff v. o- u. p-Diphenol 7-1253; — -Ammoniak-Komplex (Stabilisier. in gefrorener Lsg.) 8-1250; Einfl. auf d. enzymat. Jodthyroninsynth. 12-1438; Mechanismus d. — -Prozesse 26-1277; Verminder. d. Inaktivier. v. Lipoxygenase durch Cystein mit — 29-1416; Hemmwrkg. auf d. DNS-Inaktivier. durch Hydroxylamine 30-1204; Rk. mit zytotox. Purinderiv. 45-1313; Hemmwrkg. auf d. Peroxydase–Thiocyanat–H_2O_2-antimikrobielle Syst. 32-1358; Wrkg. v. — d. Knöllchenbakterien v. Erbse u. Klee im Zusammenhang mit ihrer N-fixierenden Aktivität 41-1338; Hemmwrkg. auf d. enzymat. Entw. v. Äthylen aus Methional durch Erbsensämlingsextrakt 40-1307; CO_2-Bldg. aus Formiat über — in roten Blutzellen 9-1236; — -Abhängigk. d. Umkehr. d. durch red. Glutathion u. Spurenelemente induzierten Mitochondrienschwell. 24-1260; Rolle bei bioenerget. Prozessen in Lebern weißer Ratten 32-1350; — als Schutz gegen induzierte Atherosklerose 44-1502.

Beeinflussung, Inhibitoren: Hemm. durch Arylmercaptoacethydroxamsäuren 1-1188; Einfl. v. Fe-Mangel u. Erythrozytenalter auf d. Humanerythrozyten- — 3-1230; Hemm. durch 2-Äthylisonicotinsäurethioamid 9-1587; kinet. Unters. über d. Leber- — -Senk. in vivo unter Verw. v. 3.5-Dicarbäthoxy-1.4-dihydrocollidin 12-1207; Hemm. v. Kuhleber- — durch 3-Nitropropionat 17-1290; Schäden an — durch peroxydierende Lipide 20-1451; Strahl.-Wrkg. auf — (Modifikat. durch Se) 22-1337; Inaktivier. v. — durch γ-Strahlen (Einfl. v. Cu^{2+}) 23-1424; Anti- — -Aktivität v. Phenylendiaminen in vitro u. vivo 29-1415; hemmende Wrkg. v. Fe(II)-Sulfat auf d. Blut- — 31-1394; Inhibier. v. Leber- — durch Pestizide u. ihren Kombinat. 37-1379; Bezieh. zwischen — -Inaktivier. u. fungizider Wrkg. v. oberflächenakt. Substanzen 41-1358; Hemm. durch Ascorbinsäure bei verschiedenen Substratkonz. 51/52-1260.

Analyse, Untersuchungsmethoden: Polyacrylamidgel fixierte — 20-1253; Best. mit d. Clark-O_2-Elektrode 37-1378; Mikrobest. im Blutserum nach d. Xanthoproteinrk. 12-1914; Scheiben-Flotat.-Test zur Mess. in Milch 13-2022; — -Test (Wrkg. v. Natriumhypochlorit) 6-1255 ; (für anormale Milch) 15-2136; Best. d. Kapazität d. biolog. Ox. d. Abwassers an Hand d. Verminder. d. Aktivität v. — 46-1943.

Kathepsin (Cathepsin)

— -Aktivität: in Lysosomen d. Niere 1-1074; bei Ratten (Einfl. v. O_2 mit Überdruck) 2-1426; bei Küken mit Vitamin-E-Mangel 5-1484; bei trächt. Ratten mit Vitamin E-Mangel 5-1485; bei Lebernekrose u. Hodendegenerat. d. Ratte mit Vitamin-E-Mangel 5-1486; Modifizier. d. Enzymogramms v. Gewebe- — nach Hybridiser. 11-1249; — tier. u. menschl. Organe u. Zellen 12-1272; — -Aktivität: in Puppen v. Calliphora erythrocephala 16-1344; im Plasma (Einfl. v. Heparin) 21-1683; in mononukelaren Leukozyten v. immunisierten Ratten 26-1595; Lokalisier. am Rand eines malignen Rattentumors 28-1318; — -Aktivität: im Rinderherzmuskel (Lysosomen) 34-1310; d. Leber (Verh. während d. Perfus.) 41-1585; (Einfl. v. Dextran) 41-1640; (Einfl. v. Dextran u. Chlorpromazin) 41-1641.

Freisetz. aus Lysosomen durch Bestrahl. (Bezieh. zur Bldg. v. Lipidperoxiden) 32-1269; Reinig. u. Eig. v. — 14-1301; (aus d. Dünndarm-Mukosa d. Schweins) 35-1320.

Physikochem. Eig. v. — aus Rindermuskelpartikeln 38-1436.

Rolle bei d. Isolier. v. DNS mit Natriumdodecylsulfat 12-1149; Wrkg.: auf Kollagen u. Casein im graviden u. nichtgraviden Uterus d. Ratte 25-1374; v. — aus Entzünd.-Herden auf normale oder entzündete Gewebe in vitro u. in vivo 29-1710.

Mikrobest. unter Verw. d. Papierchromatographie 37-1432.

Kathepsin A

Verteil. in d. Schilddrüse 5-1273; — -Aktivität in menschl. Blutplättchen 32-1429; Trenn. v. Kathepsin B d. Skelettmuskels 16-1380.

Kathepsin, alkalisches

— -Aktivität d. Skelettmuskels beim Turner-Syndrom 16-1622.

Kathepsin B

— -Aktivität in unbefruchteten u. befruchteten Seeigeleiern (Best. durch Gelfiltrat.) 3-1264; — in Extrakten aus Brissopsis-Ovarien 44-1258; Trenn. v. Kathepsin A d. Skelettmuskels 16-1380.

Kathepsin C

Vork. in Lysosomen d. Rinderaugenlinsenepithels 5-1294.

Kathepsin D (Cathepsin D)

Vork. in menschl. Schilddrüsen 35-1321; lysosomales — u. Scrapie 44-1091; — in Extrakten aus Brissopsis-Ovarien 44-1258; Spezifität d. — d. Kaninchens gegenüber d. B-Kette v. Insulin 23-1432.

Kathepsin E (Cathepsin E)

Spezifität d. — d. Kaninchens gegenüber d. B-Kette v. Insulin 23-1432.

Kathepsin, saures

— -Aktivität: d. Skelettmuskels beim Turner-Syndrom 16-1622; in Bezieh. zu Trächtigk., postpartaler Involut. u. kollagenabbau 24-1373.

Keratinase

Identität mit Proteinase (aus Streptomyces fradiae) 26-1328.

β-Ketoadipat-Enol-Lacton-Hydrolase

Indukt. durch Ketoadipat, β-Ketoadipyl-CoA u. cis.cis-Muconat 20-1400; Synth. in Moraxella calcoacetica (Indukt. durch Protocatechuat) 31-1498; Isolier. v. — als Enzym d. Protocatechuatweges in Pseudomonas putida (Reinig.-Methode) 8-1362.

β-Ketoadipat-Succinyl-CoA-Transferase

Indukt. d. mikrobiellen — durch cis.cis-Muconat 20-1400; Synth. in Moraxella calcoacetica (Indukt. durch Protocatechuat) 31-1498.

β-Ketoadipyl-CoA

s. unter $C_{27}H_{42}N_7O_{20}P_3S$*).

2-Keto-3-desoxy-L-arabinoat-Dehydrase

Katalyt. Wrkg. auf d. Bldg. v. α-Ketoglutarathalbaldehyd durch intramol. Dismutat. 17-1271.

2-Keto-3-desoxy-D-arabinoheptonsäure-7-phosphat-D-Erythrose-4-phosphat-Lyase (Pyruvat phosphorylierend)

s. *Phospho-2-keto-3-desoxyheptonat-Aldolase.*

2-Keto-3-desoxy-6-phosphogalaktonat-Aldolase

Reinig. v. — v. Pseudomonas saccharophila 30-1267.

2-Keto-3-deosxy-6-phosphogluconat-Aldolase

Reinig. v. — v. Pseudomonas saccharophila 30-1267; Substratbind. an Hydroxyketoglutarataldolase 25-1382.

5-Ketofructose-Reduktase

— aus Gluconobacter albidus (Reinig., Eig.) 38-1360.

α(2) Ketoglurarat-Decarboxylase

— -Aktivität in d. Schafleber 8-1338; synergist. Decarboxylier. v. 2-Oxoglutarat durch — aus Schweinelebermitochondrien 36-1412.

α-Ketoglutarat-Dehydrogenase

s. *α-Ketoglutarsäure-Dehydrogenase.*

α-Ketoglutarat-Oxydase

s. *α-Ketoglutarsäure-Oxydase.*

α-Ketoglutarat-Synthetase

Beteilig. an neuem Ferrodoxin-abhäng. Red.-Zyklus d. C in einem Photosynth.-Bakterium 19-1450.

α-Ketoglutarsäure-Dehydrogenase (α-Ketoglutarat Dehydrogenase)

Vgl. d. Dihydrolipoyldehydrogenase aus Pyruvat- u. --Komplexen aus E. coli 43-1192; --Aktivität: d. intakten Konidien d. Actinomyceten 46-1330; d. intrazellulären „Katalysomen" im Fettkörper v. Rhodnius 8-1157; Vork. in Larven v. Ascaris lumbricoides 17-1340; aus d. Brustmuskel d. Taube (Einfl. d. Imidazolverb.) 19-1361; --Aktivität: in Rattenleber nach chron. Alkoholvergift. 20-1254; d. K-Frakt. d. äußeren Membran v. Rinderherzmitochondrien 36-1193; nach Nierentransplantat. 47-1602; Inhibier. in tier. Geweben durch Glyoxylsäure 40-1198.

α-Ketoglutarsäure-Oxydase (α-Ketoglutarat-Oxydase)

--Aktivität in d. Speicheldrüsen 31-1468; Quartärstruktur (Theorie) 10-1210.

Ketohexokinase

Ernähr.- u. hormonale Regulier. 20-1385; --Aktivität: in d. Rattenniere (Vgl.) 33-1790; u. Verteil. in Rattenleber 43-1262; bei d. Glykolyse in subzellulären Präparat. v. Dünndarmmukosa aus Katzen u. Ratten 40-1232.

Ketolactonase

Katalysier. d. Campherlactonisier. in Pseudomonas putida durch – 32-1499.

Ketoreduktasen

Vork. bei Mikroorganismen 22-1327.

3-Ketosäure-CoA-Transferase (Succinyl-CoA: 3-Oxosäure-CoA-Transferase)

Über – (Kinetik u. Austauschrk.) 40-1246; (Darst. u. Eig. einer --Coenzym A-Zwischenstufe) 40-1247.

α-Ketosäure-Dehydrogenase [Reduktase]

--Komplexe v. Säugetieren 40-1197, 43-1192; Unterscheid. d. aromat. – v. α,β-ungesätt. Ketonreduktase 51/52-1252.

Ketose-1-phosphat-Aldehydylase

s. *Ketose-1-phosphat-Aldolase.*

Ketose-1-phosphat-Aldolase (Aldolase, Ketose-1-phosphat-Aldehydlyase)

– (2. Mitt.) 21-1478; (8. Mitt.) 32-1458.

Zunahme d. --Aktivität durch Glyceraldehyd-3-phosphatdehydrogenase 30-1268; konstitutive – für 4-Hydroxy-2-oxoglutarat in Bodenbakterien 13-1253; – in grünen Einzellern in Abhängigk. v. d. C-Versorg. 17-1453; Vork.: in Polyporus brumalis-Extrakten 25-1389; in zellfreien Extrakten v. Thiobacillus ferrooxydans 39-1308; in Meeresalgen 1-1192; --Aktivität: in Gerstenblättern bei Infekt. mit staubigem Mehltau 1-1340; bei Rotalgen 12-1298; in d. Kotyledonen keimender Erbsensamen 24-1515; in Chloroplasten v. Spinacia oleracea 38-1460; in d. Kartoffelknolle bei d. Zuckerumwandl. 42-1320; bei Hautretikulosarkomatose 3-1201; in Thrombozyten aus Neugeborenen- u. Erwachsenenblut (Vgl.) 5-1431; d. Blutserums bei anaphylakt. Schock 5-1436; Konz. in d. Schleimhaut d. Rattenjejunums (Wrkg. v. Proteinmangelfutter) 5-1452; --Aktivität im Muskel (Einfl. v. Prednisolon) 6-1438; – während d. Muskelkontrakt. 7-1537; zerebrale --Aktivität bei d. experimentellen allerg. Enzephalomyelitis 9-1552; Änder. d. Spezifität d. Muskel-– während d. experimentellen Atrophie 12-1299; --Aktivität: im Mehlkäfer 13-1252; d. Muskelgewebes d. normalen Kindes u. v. Kindern mit progressiver Muskeldystrophie in verschiedenen Krankh.-Stadien 13-1529; bei d. Albinoratte als Funkt. d. Alters u. d. Leberregenerat. 17-1628; in Lebermitochondrien nach Einw. v. A. 17-1651; im Serum bei verschiedenen Tierarten (Erhöh. durch Epinephrin) 18-1254; v. experimentell erzeugten Tumoren in d. submaxillaren u. sublingualen Drüsen v. Mäusen während d. Karzinogenese 19-1325; gegenüber Fructosediphosphat u. Fructosemonophosphat in d. Organen u. Geweben d. Ratte 19-1422; Ernähr.- u. hormonale --Regulier. in d. Leber 20-1385; --Aktivität: d. Niere (Wrkg. eines Kohlenhydrat-armen Futters) 21-1491; (Einfl. v. Kohlenhydratmangelfutter u. Äthionin) 21-1492; in d. Mäuseleber nach einmal. A.-Gabe 22-1655; im Gehirn v. Ratten nach Infekt. mit Crytococcus neoformans 24-1429; – in Muskeln u. Muskelextrakten v. Rana temporaria (Wärmebeständigk.) 26-1354; --Aktivität: im Plasma unter Wrkg. v. Röntgenstrahlen (Einfl. v. Dimethylsulfoxid) 31-1713; in d. Rattenniere (Vgl.) 33-1790; in d. Leber d. Eltern v. Patienten mit erbl. Fructoseintoleranz 37-1442; d. Blutes nach Eintritt v. Dichloräthandämpfen durch d. Haut 37-1815; u. Verteil. in Rattenleber 43-1262.

Sekret. durch Streptolysin O-behandelte polymorphkern. Leukozyten 7-1465; Isolier. u. Eig. v. –: aus Spinatchloroplasten 3-1272, 20-1369; d. menschl. roten Blutkörperchen 32-1603.

Opt. Rotat.-Dispers. (Einfl. anorgan. Detergentien) 25-1262; Bind.-Stellen v. Kaninchenmuskel-– 11-1255; Zahl. d. Peptidketten in Kaninchenmuskel-– 14-1309; Zirkulardichroismus u. Cotton-Effekte v. – im nahen UV-Gebiet 21-1479; Histidinreste in d. – d. Kaninchenmuskels 26-1355; organ. Phoshpahatgruppen in nativer u. mit Borhydrid reduzierter – 36-1394; akt. Stellen v. Kaninchenmuskel-– 36-1395; Nichtidentität d. Untereinh. d. Kaninchenmuskel-– 41-1288; Denaturier. v. Rindermuskel-– durch Harnstoff 47-1404; hydrodynam. Verh. u. Mol.-Gew. 13-1251.

Wrkg.-Mechanismus 10-1253; Gewebespezifität u. biolog. Bedeut. v. – d. Hühnchens 15-1410; Wrkg.-Mechanismus 18-1245; Wechselwrkg. zwischen Azlactonen u. – 37-1443; --Rk. mit Zuckerdiphosphaten 40-1291; Ox. v. Kaninchenmuskel-– durch Tyrosinase (Reaktivität d. Tyrosinreste v. –) 2-1150; Steuer. d. Glykolyse in Gehirnrindenschnitten durch – 24-1431.

Einfl. v. Lanthanidchloriden auf – 14-1232; therm. Inaktivier. v. – verschiedener Ökotypen v. Typha latifolia 17-1347; Veränder. d. Aktivität nach Einw. v. NO_2 17-1648; Hemmwrkg. v. ATP auf d. – im Hepatom beim Menschen 32-1296.

Nachw. v. multiplen Formen d. – (Färbeverf.) 5-1286; Histotopik in d. Harderschen Drüse d. Kaninchens 16-1285; Best. v. Tyrosylresten in – 15-2090; Nachw. d. Komplexe d. zweiwert. Fe mit Cystein in – mit Hilfe d. paramagnet. Elektronresonanz 18-1143; Best. d. Aktivität für d. frühe Diagnostik d. Botkinschen Krankh. 30-1527.

Isozyme: Veränder. d. Muskel-– infolge Atrophie 12-1222; Best. 28-1467.

Ketose-Reduktase

Histochem. Lokalisier. (Verbesser. durch Verw. v. Phenazinmethosulfat) 13-1173.

Δ^5-3-Ketosteroid-Isomerase

– d. Rindernebenniere (Gebietspezifität) 15-1314; mikrosomale --Aktivität aus verschiedenen Steroid-bildenden Geweben (Einfl. v. Nicotinamidadenindinucleotid) 37-1450; Steroid-abhäng. --Indukt. bei Mikroorganismen (Hemm. durch Steroide u. Alkaloide) 7-1205; Reinig. u. Eig. v. – aus Rinder-Corpora lutea 3-1232; Wrkg.-Mechanismus d. – aus kleinen Partikeln d. Rattennebenniere 32-1476.

Δ^4-3-Ketosteroid-5β-Reduktase

Rk. bei d. Umwandl. v. Cholesterin in 5β-Cholestan-3α,7α-diol in Meerschweinchen-Leberhomogenaten 49/50-1568.

Kinasen

Spezielle – s. dort.

Rk. bei d. Synth. v. Streptidinphosphat (Streptomycinbiosynth.) 29-1490.

Kininase (Carboxypeptidase N)

--Aktivität: d. polymorphkern. Leukozyten v. Kaninchen 6-1489; im menschl. Blut 15-1387; (unter normalen u. patholog. Beding.) 21-1449; – aus d. Blutserum d. Kaninchens 21-1456; Produkt. durch einige Mikroben 25-1387; Bldg. d. Plasmakinin inaktivierenden – in Pseudomonas aeruginosa (Eig.) 38-1488; Reinig. v. – aus Kulturen v. Pseudomonas aeruginosa 29-1488; Einfl. auf d. „spontane" Bldg. v. Bradykinin durch d. Globulinfrakt. d. Blutserums d. Kaninchens 21-1678.

Esteraseaktivität d. – aus Blut 51/52-1290.

Kinin-freisetzende Enzyme

Vork. in d. Giftdrüse v. Heloderma horridum 51/52-1657.

Kininogenase 2

Wrkg. auf Plasmakininogene 16-1554.

Klärungsfaktor-Lipase

s. *Clearing-Faktor-Lipase.*

Koagulase

--positive Staphylokokken (Resistenzänder. gegen H_2O_2) 18-1291; (Wrkg. v. $HgCl_2$) 3-1321; --negative Staphylokokken u. Micrococcen (Bldg. v. Phosphatase) 33-1497; --Aktivität d. Zellextrakte v. Hefen 30-1325; --negative Staphylokokken u. Mikrokokken 42-1301; --Aktivität v. Pesticin I 25-1462; Stimulier. d. --Biosynth. durch Glucose u. Hydrogencarbonat 24-1405; Wrkg.-Mechanismus d. – einiger Mikroorganismen 7-1241.

Kohlensäure-Anhydrase C

s. *Carboanhydrase C.*

Kohlensäure-Anhydra(ta)se

s. *Carboanhydrase.*

Kohlensäure-Anhydra(ta)se B

s. *Carboanhydrase B.*

Kollagenase

s. *Clostridiopeptidase A.*

Kollagen hydrolysierendes Enzym

s. *Clostridiopeptidase A.*

Kollagenmucoproteinase

Abbau v. Strukturkollagen durch – 39-1256.

Kollagenolytisches Enzym

s. *Clostridiopeptidase A.*

Kollagen-Prolin-Hydroxylase

--Aktivität in heilenden Wunden, bei Granulombldg. u. Skorbut u. im Wachstumsstadium 24-1404; Umwandl. d. Protein-Aminosäuresequenz Gly–Pro–Pro in Gly–Pro–Hyp durch – 28-1374; Schnellbest. 14-1261.

Kondensierendes Enzym

--Aktivität d. S-Frakt. d. äußeren Membran v. Rinderherzmitochondrien 36-1192.

Kreatin-Kinase (Kreatin-Phosphokinase, Phosphokreatin-Transferase, ATP: Kreatin-Phosphotransferase)

--Aktivität d. Serums v. Katzen (Wrkg. einiger Narkosemittel auf d. Zunahme infolge depolarisierender Mittel) 1-1540; – in Seeigel u. Würmern 2-1167; partikelgebundene – d. Gehirns (Verteil. in subzellulären Frakt. u. Eig.) 2-1168; –: im Skelettmuskel (intrazelluläre Verteil.) 3-1284; d. Blutserums bei E-Avitaminose d. Kaninchens 5-1487; – Aktivität: im Muskel (Einfl. v. Prednisolon) 6-1438; im Prostata-Exkret d. Hundes 11-1240; d. Blutserums u. d. Herzmuskels in d. Norm u. bei Myokardschäden neurogener Natur 11-1521; d. Muskelgewebes d. normalen Kindes u. v. Kindern mit progressiver Muskeldystrophie in verschiedenen Krankh.-Stadien 13-1529; – in d. Schilddrüse (Zus. d. Isozyms im Vgl. zu anderen Geweben) 16-1335; --Aktivität d. Muskeln bei Muskelschwund durch Johne's Krankh. bei Rindern 20-1563; – im Serum v. Patienten mit progressiver Muskeldystrophie oder mit Herzinfarkt 22-1510; --Aktivität im Serum bei Myoglobinurie nach intermittierender Verabreich. v. Succinylcholin während d. Halothannarkose 23-1801; Aktivier. u. Alter. d. Serum-– 31-1417; Zunahme d. --Aktivität: d. Serums infolge intermittierender Anwend. v. Suxamethonium bei Halothannarkose (Hemmwrkg. v. d-Tubocurarin) 34-1627; d. Schilddrüse v. Ratten durch Thyrotropin u. Propylthiouracil 35-1535; – im Liquor cerebrospinalis 51/52-1271.

Evolut. 12-1221.

Aminosäuresequenz um d. reakt. Sulfhydrylgruppen d. – 4-1037; Thiolgruppen u. Struktur d. --Untereinh. 20-1309; Nucleotidspezifität u. Konformat. d. akt. Zentrums v. – (magnet. Resonanz u. Sulfhydrylreaktivität) 36-1319; Ionenbind. durch – 36-1320; gemeinsame Wrkg. v. Substraten u. Substratanalogen auf d. Konformat. v. – 36-1321.

Strahl.-Abbau 20-1148; Rk. mit Phosphagenen 7-1220; durch – katalysierte Rk. (Einfl. bivalenter Metallionen) 17-1298; Unters. d. bei d. Mn^{2+}-aktivierten --Rk. gebildeten Metallkomplexe durch magnet. Resonanzmess. 24-1366; Rk. d. Nucleotidsubstratanalogen mit – 32-1381; Rk.-Fähigk. d. essentiellen Sulfhydrylgruppen in --Substrat-Komplexen (Einfl. v. Mg) 42-1195; – mit Kreatinphosphat als Cofaktor beim Aminosäureeinbau in Protein unter Verw. eines zellfreien Syst. v. Paramecium 13-1268; mögl. Rolle d. mitochondr. gebundenen – bei d. Regel. d. mitochondr. Atmung 19-1383;

Einfl. v. — mit Kreatin auf d. Bldg. v. Vorstufen d. Phosphoenolpyruvats in Mitochondrien 20-1178; Steuer. d. Glykolyse in Gehirnrindenschnitten durch — 24-1431.

Wrkg. v. Insulin auf d. — in Muskel u. Gehirn v. Kaninchen 16-1540.

Differentielle therm. Analyse (Anhaltspunkte für d. Funkt. d. essentiellen Thiolgruppen) 16-1334; Verlust kathod. Isoenzyme bei d. —-Elektrophorese an Celluloseacetat 37-1355; opt. Test zur Best. 46-1205; histochem. Nachw. im Rattenskelettmuskel 3-1241; automat. Aktivitätsbest. v. Serum-— 5-1234; Best. v. Serum-— 25-1296; kolorimetr. Mikroreihenbest. d. Serum-— (klin. u. biolog. Bedeut.) 31-1407; Tetrazoliumtechnik für d. histochem. Lokalisat. v. — 37-1393; Best.: d. aktivierten Serum-— 43-1205; d. Rk.-fähigen SH-Gruppen v. — 17-1299.

Isoenzyme: Veränder. d. Muskel-— infolge Atrophie 12-1222; Best. d. — d. Serums durch gekoppelte Enzymrk. in Polyacrylamidgelen 14-1269; Fluoreszenznachw. 38-1392.

Kreatin-Phosphokinase

s. *Kreatin-Kinase.*

Kynurenin-Aminotransferase [Transaminase]

—-Aktivität: v. Lebergewebe (Einfl. d. 5-Hydroxytryptamins auf strahlenbedingte Veränder.) 29-1733; bei Ratten mit Vitamin-B_6-Mangel 49/50-1550; Rk. mit 5-Hydroxy-L-kynurenin 27-1710; Hemmwrkg. v. Brechweinstein auf d. — in d. normalen Mäuseleber 15-1346; Hemm. in Leberhomogenaten durch Schistosoma 24-1679; Best. 15-1345.

Kynureninase

—-Aktivität d. Leber (Einfl. v. Hypophysenhinterlappenhormonen) 13-1405; (Einfl. d. 5-Hydroxytryptamins auf strahlenbedingte Veränder.) 29-1733; (beim Tryptophan-Stoffwechsel während d. mittleren Periode d. embryonalen Entw.) 47-1621; Hemmwrkg. v. Brechweinstein auf d. — in d. normalen Mäuseleber 15-1346.

Kynurenin-3-Hydroxylase

Aktivität d. Insekten-— (in vitro-Unters.) 10-1222; submitochondriale Lokalisier. v. L-— in d. Leber 26-1282; Lipoidabhängigk. d. L-— d. Leber 32-1360; Hemm. d. — in d. Leber durch Röntgenstrahl. in vivo (Beeinfluss. durch d. 5-Hydroxytryptamin) 29-1732.

Kynurensäure-Hydroxylase

— in Pseudomonas (Wrkg. v. L-Tryptophan u. α-Mtehyl-DL-tryptophan) 29-1486.

Kynurensäure-Transaminase

— in Pseudomonas (Wrkg. v. L-Tryptophan u. α-Methyl-DL-tryptophan) 29-1486.

Lab

s. *Rennin.*

Laccase

s. *p-Diphenol-Oxydase.*

Lac-Enzyme

s. *Galaktosidasen.*

β-Lactamase

— in Enterobacter 43-1249; natürl. Synth. bei Staphylococcus aureus 16-1386; Hemm. d. durch — hervorgerufenen Zers. v. Cephaloridin u. Cephalothin durch andere Cephalosporine 25-1455; Wrkg. v. Cephaloridin mit Cloxacillin oder Methicillin auf — v. gramnegativen Bakterien 47-1499.

Lactase

s. *β-Galaktosidase.*

D-Lactat-Dehydrogenase

s. *D-Milchsäure-Dehydrogenase.*

L-Lactat-Dehydrogenase

s. *Milchsäure-Dehydrogenase.*

D(—)-Lactat-Ferricyanid-Reduktase

—-Aktivität in zytoplasmat. „petite"-Stämmen v. Saccharomyces cerevisiae 20-1251.

L(+)-Lactat-Ferricyanid-Reduktase

—-Aktivität in zyptoplasmat „petite"-Stämmen v. Saccharomyces cerevisiae 20-1251.

L-Lactat: (Ferri)cytochrom c-Oxydoreduktase

s. *Cytochrom b-Gruppe, Cytochrom b_2.*

L-Lactat: NAD-Oxydoreduktase

s. *Milchsäure-Dehydrogenase.*

(L)-Lactat-Oxydase

—-Aktivität bei atyp. u. anderen Mykobakterien 33-1557; Ox. d. L-α-Hydroxysäuren durch — aus Tetrahymena pyriformis 18-1336.

Lacticodehydrogenase

s. *Milchsäure-Dehydrogenase.*

Lactodehydrogenase

s. *Milchsäure-Dehydrogenase.*

Lactonase

Abhängigk. d. — d. Rattenserums v. Ca 15-1361.

Lactoperoxydase

Über — (*6.* Mitt.) 8-1255; krist. — aus Kuhmilch 17-1301; —-Aktivität d. Milch (Wrkg. d. ionisierenden Strahl.) 35-1648; Entsteh. einer modifizierten — 4-2638; isoelektr. Frakt. u. Trenn. d. Subkomponenten v. — aus Kuhmilch 21-1403; offensichtl. Homogenität d. — in Gelelektropherogrammen 36-1287; Unterschiede in d. Eig. d. natürl. u. d. modifizierten — 51/52-2926; —Thiocyanat–H_2O_2-antimikrobielle Syst. 32-1358; Hemm. v. Streptokokken durch —, Thiocyanat u. H_2O_2 (sensible u. resistente Stämme d. Gruppe N) 40-1359; (Ox. v. Thiocyanat u. Natur d. hemmenden Komponente) 40-1360; immunochem. Unters. d. — aus d. Milch verschiedener Spezies 8-1255.

Lactose-Synthetase

Subzelluläre Verteil. d. A- u. B-Proteine d. — im Rinder- u. Rattenmilchdrüsengewebe 36-1203; — in d. Milchdrüse während d. Lactogenese d. Ratte 44-1403.

Lactoylglutathion-Lyase (Glyoxalase I)

Aktivier. durch Kationen 19-1427.

Lävansaccharase

s. *Saccharose-6-Fructosyltransferase.*

Laminaribose: Orthophosphat-Glucosyltranferase

s. *Laminaribose-Phosphorylase.*

Laminaribose-Phosphorylase (Laminaribose: Orthophosphat-Glucosyltransferase)

Spezifität d. — aus Astasia ocellata 28-1383; Isolier. — aus Euglena gracilis-Extrakten 35-1280; Eig. v. — u. β-1.3-Oligoglucanphosphorylase aus Euglena gracilis (Vgl.) 35-1281.

Laminarinase (β-1.3-Glucanase)

—-Aktivität v. Pilzen 27-1494; —: in Gerste u. Malz 25-3393; aus Pflanzenkalluskulturen 26-1320; aus Schizophyllum commune 42-1244; Bldg. durch Pilze 27-1494; Herst. eines proteolyt. wirksamen — enthaltenden Enzymsyst. 46-2824*; pH-Optima v. — in Trichoderma viride 35-1312; Rk. v. Polysacchariden mit — 24-2577*; Pilzlysis durch — in Bezieh. zum Melaninvork. 6-1326; lyt. Wrkg. v. — auf Hefezellen 26-1319; Wrkg. v. — aus Bacillus circulans auf F-1-β-Glucan aus Nacktgerste 17-1431.

LDH

s. *Milchsäure-Dehydrogenase.*

D-LDH

s. *D-Milchsäure-Dehydrogenase.*

LDH I

s. *Milchsäure-Dehydrogenase.*

LDH V

Kreuzreagierende antigene Determinaten auf — durch Acetylier. 27-1418.

Lecithinase (A)

s. *Phospholipase A.*

Lecithinase C

s. *Phospholipase C.*

Lecithinase D

s. *Phospholipase D.*

Lecithin: Cholesterin-Acetyltransferase

Rolle d. — d. Plasmas beim Stoffwechsel d. Lipoproteine hoher Dichte 9-1239; Verester. v. Cholesterin durch Leberzellsaft mit — 19-1397.

L_3-Enzym

Lysis v. Pediokokken- u. Brevibakterienzellen durch — 30-1279.

L_{11}-Enzym

Lysis v. Pediokokken- u. Brevibakterienzellen durch — 30-1279.

Leucin-Aminopeptidase

— aus Streptomyces fradiae (Bldg., Isolier. u. Charakterisier.) 26-1328; —-Aktivität im Serum bei Pankreatitis d. Hundes 3-1424; Verteil. in d. Schilddrüse 5-1273; — tier. u. menschl. Organe u. Zellen 12-1272; Bezieh. zwischen d. Nebenschilddrüsenfunkt. u. d. Serum-—-Aktivität 12-1273; —-Aktivität: an Nidationsort beim Kaninchen (Wrkg. v. Östradiol u. Histamin) 12-1427; in Primaten (Wrkg. v. *2* MeV-Ganzkörperröntgenbestrahl.) 12-1558; Geh. im Rattenserum (Einfl. v. bindegewebewirksamen Substanzen) 14-1561; —-Aktivität in d. Mukosa d. menschl. Jejunums 16-1320; postmortale Veränder. d. —-Aktivität im Rinder- u. Schweinemuskel 17-1636; —-Aktivität: d. Rattenuterus (Einfl. v. Zyklus u. exogener Hormonzufuhr) 24-1577; d. verschiedenen Organe u. Körperfl. v. Vipera aspis 28-1377; — in Extrakten v. Schweinemuskel (Eig., Rk.) 32-1423; —-Aktivität im Blutsyst. d. Schnurwürmer 33-1511; — im menschl. Pankreas (Charakterisier.) 36-1379; —-Aktivität d. verbliebenen Rattenniere nach einseit. Nephrektomie (Einfl. v. 19-Nor-testosteron-17β-decanoat) 39-1425.

Aktivier. d. renalen —-Ausscheid. im anaphylaktoiden Schock durch ε-Aminocapronsäure 12-1248; Darst. aus Schweinenieren 28-1430.

Unterscheid. v. — u. ε-Peptidase 13-1224.

Spalt. v. Om^1-Kallidin u. Kallidin mit — 17-1139; Hydrolyse v. Hexa- u. Heptapeptiden mit — 21-1208; —-Inaktivier. eines aspermatogenen Antigens 36-1560; Bezieh. zwischen — u. d. destruierenden Tumorwachstum 1-1150; Wrkg. auf aus menschl. Harn isolierte Peptidfrakt. 9-1528; Wrkg.-Weise v. — aus verschiedenen Organen 32-1422; Wrkg. i.v. injizierter krist. — aus Rinderaugenlinsen bei Rindern 42-1216; enzymat. Transamidier.-Rk. mit krist. Rinderaugenlinsen-— 42-1217; Struktur- u. Wrkg.-Identität d. — aus Schweinenieren u. Rinderaugenlinsen (Vgl. mit d. Partikelaminopeptidase aus Schweinenieren) 46-1242.

Hemm. durch 6-Hydroxy-1.3-benzoxathiol-2-on 33-1885; EDTA-Inaktivier. v. — (Stabilisier. durch Barbital) 43-1242; Hemm. v. — in d. Niere durch Co 49/50-1597.

Histochem. Nachw. in d. Harderschen Drüse v. Kaninchen 16-1284; Best. im Serum unter Verw. v. Leucin-p-nitroanilid als Substrat 28-1431; histochem. Nachw. 46-1241.

Leucin-Aminotransferase (L-Leucin: 2-Oxoglutarsäure-Aminotransferase)

— (Anreicher. u. Charakterisier.) 16-1326 (Aktivier. durch β-Mercaptoäthanol) 16-1327; kolorimetr. Best. in Schweineherzmuskelhomogenaten 16-1325.

Leucin-Arylamidase

Vork. in Oxytocinase aus Retroplazentaserum 37-1460.

Leucin-Dehydrogenase

— v. Bacillus subtilis (Trenn., Eig.) 4-1022.

L-Leucin: 2-Oxoglutarsäure-Aminotransferase

s. *Leucin-Aminotransferase.*

Leucylamidase

Aktivitätszunahme im Mäusethymus nach subletaler Röntgenbestrahl. 12-1559.

Leucyldipeptidase

Hydrolyse v. Leucyldipeptiden durch — aus menschl. Blut 12-1275.

Leucylglycylglycin-Tripeptidase

—-Aktivität im Gehirn 25-1674.

L-Leucyl-3-naphthylamidase

s. *Leucyl-β-naphthylamid-Hydrolase.*

Leucyl-β-naphthylamid-Hydrolase (L-Leucyl-3-naphthylamidase)

—-Aktivität: in Zusammenhang mit d. Sporenbldg. bei Bacillus megatherium 28-1450; in Gewebekulturen d. Retina 10-1539; — d. Ovariums 36-1384; —-Aktivität in Schlangengiften 42-1219; Trenn. v. Plasma-Angiotensinasen u. — durch Chromatographie an DEAE-Sephadex-A-*50*-Säulen 7-1468; Aufspalt. v. L-Leucyl-β-naphthylamidhydrochlo-

rid durch — v. isolierten menschl. Leukozyten 10-1244.
Isoenzyme: — im normalen menschl. Serum 20-1318.

Leucyl-RNS-Synthetase

Vgl. d. mitochondr. u. zytoplasmat. — - Aktivität 47-1406; spezif. Inaktivier. durch photochem. Ox. 38-1469.

Leucyl-sRNS-Synthetase

— aus Rattenleber (Isolier. u. Eig.) 2-1211; selektive Erkenn. d. nativen Konformat. v. Transfer-RNS durch — 23-1278.

Leucyl-tRNS-Synthetase

— in Mitochondrien v. Tetrahymena pyriformis 45-1253; stimulierende Wrkg. v. Ammonium- oder K-Ionen auf d. — aus E. coli 39-1263.

Linamarase

Vork. in Cassava 21-1545.

α-Linolensäure-Desaturase

Hemmwrkg. v. Dokosa-4.7.10.13.16.19-hexaensäure bei d. oxydativen Desaturier. v. α-Linolensäure mit — 22-1320.

Linolsäure-Desaturase

Hemmwrkg. v. Dokosa-4.7.10.13.16.19-hexaensäure bei d. oxydativen Desaturier. v. Linolsäure mit — 22-1320.

Lipase
(Glycerinester-Hydrolase, Steapsin)

Vork. in intakten Sporen v. Bacillus coagulans 6-1267; —: v. Candida cylindracea (Aminosäurezus., Kohlenhydratkomponenten u. physikal. Eig.) 10-1234; v. Rhizopus arrhizus (Stell.-Spezifität) 28-1398; aus Candida paralipolytica (Aktivier. durch Gallen- u. Ca-Salze) 29-1441; (Erdalkaliionen als Cofaktor) 33-1488; Vork. in Staphylococcus (Nachw. durch Dünnschichtchromatographie) 33-1502; —-Aktivität bei Hefen u. Hefe-ähnl. Pilzen 33-1548; Verteil. in Gewebe v. Fusarium moniliforme 33-1620; Charakterisier. gereinigter — d. Staphylokokken 46-1219; —: aus Candida paralipolytica (anion. Netzmittel als essentielle Aktivatoren in d. mit Polyvinylalkohol emulgierten Syst.) 46-1221; v. Geotrichum candidum (Einfl. v. Tweens) 47-1422; im Baumwollsamen (Wrkg. v. Gibberellsäure oder Aflatoxin) 16-1456; aus Ölsamen v. Sesamum indicum 39-1244; —-Aktivität d. Sonnenblume (Einfl. verschiedener Puffersyst.) 41-1277; — d. Rattenpankreas (Reinig., Eig.) 2-1187; Pankreas-—-Aktivität in Deuteriumoxid 3-1244; — d. Pankreas u. d. Darminhaltes v. keimfreien u. konventionellen Ratten 5-1495; menschl. Pankreas-— 6-1268; Langlebigk. v. Serum-—-Werten bei Pankreatits (Übersicht) 7-1447; —-Aktivität in Verdauungsorganen u. Plazenta d. Feten verschiedener Säugetiere 14-1317; Leber-— 15-1363; —-Aktivität im Fettgewebe u. in d. Leber 15-1365; Vork. im Ratten-Pankreassaft 23-1411; — im Nebenhodenfettgewebe d. Ratte (Aktivier. durch Noradrenalin 23-1412; Vork. in d. Gorillamilch 26-1305; —-Aktivität im Fettgewebe u. in d. Leber nach γ-Bestrahl. 26-1665; Lokalisat. u. Charakterisier. in Rattenfettgewebe 28-1399; Rizinusöl-— (Rolle d. Lipoidfaktors) 31-1423; scheinbare —-Aktivität d. menschl. Saliva 33-1486; — aus d. Aortawand 33-1487 —-Aktivität: d. Milch (Wrkg. d. ionisierenden Strahl.) 35-1648; in Ovarien reifer Ratten (Wrkg. v. Äthinylöstradiol u. Lynöstrenol 36-1329; — im menschl. Pankreas 36-1379; —-Aktivität: in Rattenleber-Lysosomen 42-1204; im Pankreassaft u. Pankreasgewebe d. Katze nach Stimulier. mit Gewebshormonen u. nach ischäm. Belast. 43-1422; Geh.: im Darm (Einfl. d. Oleandomycinphosphats) 45-1738; d. Hundedarms (Einfl. d. tox. u. höchstzuläss. Konz. v. Sevin) 51/52-1712; Verteil. in Milchproteinen 43-1213; —-Aktivität v. Getreideprod. (Hitzeempfindlichk.) 33-1536.

Produkt. u. Eig. d. extrazellulären — v. Achromobacter lipolyticum 5-1243; Synth. durch Aspergillusarten 44-1537; induzierte Freisetz. durch Verb. *48/80* in Ratten u. perfundierten Rattenherzen 51/52-1686; Reinig. u. Eig.: einer aus Rattenfettgewebe aufbereiteten — 8-1282; einer — aus Tirulopsis 36-1331; Isolier.: u. Reinig. v. Staphylokokken-— 37-1400; aus d. epididymalen Fettgewebe d. Ratte 41-1278.

Substratspezifität u. pH-Optimum d. — aus d. Fettgewebe d. Ratte (Einfl. v. oberflächenakt. Stoffen mit u. ohne Lad.) 3-1243; Einfl. v. neutralen Salzen auf Aktivität u. Struktur v. — 11-1218; Isolier. d. Protoplastenberst.-Faktors aus Schweinepankreas-— 13-1259; Stell.-Spezifität d. Pankreas-— 38-1406.

Wrkg. auf Epoxydase 6-1588; Substrate d. Pankreas-— 7-1469; —-Inaktivier. eines aspermatogenen Antigens 36-1560; Spalt. v. Saccharose-Fettsäureestern durch — 47-1389; Abbau v. Tetain durch — 49/50-1359; Einfl.: auf CO-empfindl. u. unempfindl. Azoreduktaseaktivität 51/52-1257; auf bakterielle Zellumhüll. (elektronenmikroskop. Unters.) 22-1367; auf d. photosynthet. Leist.-Fähigk. u. d. Morphologie d. Chloroplasten aus Spinat 17-1486; Substrat für postheparine Plasma-— 3-1245; Rk.: d. — d. Pankreassaftes d. Ratte 33-1489; v. Pankreas-— mit Butyratglyceriden 34-1286; Hydrolyse v. Chylomikronentriglyceriden durch Rattenherz-— (Stimulier. durch Heparin) 35-1625; unterschiedl. Verh. v. —, Amylase u. d. proteolyt. Enzymen aus d. menschl. Pankreas nach verschiedenen Reizverf. 44-1231; Spalt. v. Triglyceriden durch — im Zitteraal 47-1384; Hydrolyse: v. Milchfett durch Pankreas-— 7-3172; v. frischem u. erhitztem Saflor-Öl durch Pankreas-— 29-1440; Lipolyse d. Milchfetts durch Pankreas-— (Wrkg. v. Hexan u. Dimethylformamid) 45-1351.

Einfl.: v. Adrenalin auf — (Mechanismus) 5-1402; d. exokrinen Teils d. Bauchspeicheldrüse v. Ratten auf — nach Hydrocortisonbehandl. 7-1428; Aktivität u. Wärmeinaktivier. v. — (Einfl. v. Wasserbindemitteln) 29-1439; Invitro-Hemm. d. — im epididymalen Fettpolster d. Ratte 51/52-1277.

Verw. in Zahnpflegemittel 42-1642*.

Mikrobest. d. Pankreas-— im Serum 12-1235; schnelle u. empfindl. Prüf. auf Milch-— (Silicagelmeth. u. pH-Konstanzmeth.) 25-3410; Best.: d. mikrobiellen — bei konst. pH 28-1397; d. Verteil. d. Fettsäuren in d. Triglyceridfrakt. mit Pankreas-— 19-2217; Strukturanalyse ungesätt. Glyceride durch Gegenstromverteil. u. —-Hydrolyse 25-2187.

Lipase 448

Wrkg. auf Muskelruhepotentiale 27-1712.

Lipasen
(Lipolytische Enzyme [Fermente])

Spezielle — s. dort.

—-Aktivität: einiger gramnegativer u. nicht sporenbildender Bakterien aus d. Meer 17-1371; v. oralen Pleuropneumonia-Organismen 23-1510; v. Mikroorganismen (Nachw. u. Substratabhängigk.) 33-1570; Vork. in nichtproliferierenden Mikroorganismen 47-1415; —: aus Ölsamen 39-1244; d. Fettgewebes (potentiometr. Mess. in einem Rohextrakt aus Rattengewebe) 7-1230; d. Rattenleber; 15-1364; —-Aktivität: bei Alloxandiabetes 18-1459; d. Hühnerpankreas in Abhängigk. v. d. Art d. Ernähr. 34-1465; in Rattenleber-Lysosomen 42-1204; Milch-— u. ihre Rolle in d. Technologie (Übersicht) 48-2928.

Mechanismus d. Lipolyse v. Erdnuß- u. Baumwollsaatöl mit — 2-1302; Wrkg. auf photosynthet. Wirksamk. u. Morphologie d. Chloroplasten 38-1564; Lipolyse mit —: im Fettgewebe (Einfl. d. Adenosin-3′.5′-monophosphates) 25-1705; — u. Glykogenolyse in vivo (Einfl. v. Theophyllin u. Brenzcatechinaminen) 25-1792; in Rattenfettgewebe (Einfl. v. Adrenalin Corticotropin u. Thyreotropin) 26-1551; in menschl. Fettgewebe (Wrkg. v. Coffein, Nicotin u. Äthanol) 27-1799; Rk. d. — d. Pankreassaftes d. Ratte 33-1489; Abbau v. Nahr.-Fetten bei niedr. Wasserdampfpartialdrücken durch — 2-2922.

5-[Pyridyl-(3)]-tetrazol, ein wirksamer u. langwirkender —-Inhibitor 9-1640.

Verw. in Mund- u. Zahnpflegemittel 41-1844*.

Best. v. mikrobiellen — 28-1396.

Bibl.: Histochemie der lipolytischen Fermente im normalen und pathologischen Lipoidstoffwechsel [russ.] B 52.

Lipoamid-Dehydrogenase
(Diaphorase, Lipoyldehydrogenase [Reduktase], NADH: Lipoamid-Oxydoreduktase)

— aus Saccharomyces cerevisiae (kinet. u. Inhibier Unters.) 2-1147; (Sulfhydrylgruppen d. Syst.) 2-1148; (Einfl. v. Metallionen u. Sulfhydrylreagenzien auf d. Absorpt.-Spektrum) 5-1211; (Inaktivier. durch Metallionen in Ggw. v. $NADH_2$) 27-1424; in Vakuolen aus Wurzelzellen v. Maiskeimlingen 32-1250; —-Aktivität in Säugetiergewebe (Bezieh. zur A.-Bldg.) 8-1228; Vork. in Zellen d. peripheren Blutes u. d. Knochenmarks 13-1194; — aus menschl. Leber 14-1254; —-Aktivität: d. menschl. Epiphyse (histochem. Nachw.) 15-1421; d. Herzmuskels (Ox. v. α-NADH) 16-1267; aus d. Brustmuskel d. Taube (Einfl. d. Imidazolverb.) 19-1361; d. lateralen knot. Nukleus in Affen nach Entfern. d. Empfind.-Nerven 22-1667; regionale u. subzelluläre Verteil. v. — in sich entwickelnden u. reifen Gehirnen verschiedener Spezies 37-1373; —-Aktivität v. Lebermikrosomen d. Hühnerembryos während d. Entw. 40-1502; Freisetz. aus Gehirnmitochondrien durch ein nichtion. Detergens (Einfl. v. Anionen u. Kationen) 17-1277; opt. Rotat.-Dispers. 21-1294; Ähnlichk. mit Menadionreduktase aus Saccharomyces oviformis 6-1249; reversible Umwandl. v. — in ein Elektronenakzeptorenzym durch Ox. d. Sulfhydrylgruppen 28-1367; Überführ. durch anaerobe Belicht. in blaue u. rote Semichinone 43-1182; Wrkg. einer Hg-Verb. auf — 28-1368.

Lipolytische Enzyme [Fermente]

s. *Lipasen*.

Liponsäure aktivierendes Enzym

Aktivier. v. Liponsäure durch d. — u. ihre Überführ. aus d. freien „pool" in d. Protein-gebundenen Zustand 8-1341.

Liponsäure-Dehydrogenase

— aus Chloroplasten (Isolier. u. Eig.) 51/52-1254.

Lipoproteid-Lipase
(Lipoprotein-Lipase)

—-Aktivität: im menschl. Fettgewebe (Freisetz. u. Bezieh. zu Triglyceriden im Serum) 3-1248; im Fettgewebe bei Ratten mit A.-induzierter Lebersteastose (Wrkg. v. α-[p-Chlorphenoxy]-isobuttersäureäthylester) 6-1573; —: in Herz, Lunge u. Fettgewebe d. Ratte (Eig.) 15-1366; in d. Rattenleber 16-1348; —-Aktivität im Plasma (Einfl. proteolyt. Enzyme) 26-1306; Vork. in menschl. Lunge 35-1298; lösl. — d. Herzens (Heparin-Aktivier.) 40-1248; — d. Herzens (Einfl. v. Prostaglandin E_1) 49/50-1464; Reinig. d. v. Pseudomonas M-*12-33* gebildeten — 46-1218; Lipidhydrolyse mit — (Auftrenn. d. Hydrolyseprod.) 43-1445; — u. Blutgerinn.-Fähigk. bei Atherosklerotikern 21-1686; Bezieh. zur Triglyceridaufnahme in d. Fettgewebe 35-1618; Hemmwrkg.: v. Bernsteinsäuredicholinester u. Bernsteinsäuremonocholinester auf — d. menschl. Serums 6-1274; v. Tolbutamid u. Insulin auf d. — 29-1633; Best.: im Plasma (verbesserte enzymat. Meth.) 22-1348; im Serum (Einfl. d. Pufferzus.) 37-1661; im Plasma nach Heparinverabreich. mit Hilfe d. Bromsulphthaleinmeth. 46-1220.

Lipoprotein-Lipase

s. *Lipoproteid-Lipase*.

Lipoxydase

s. *Lipoxygenase*.

Lipoxygenase (Lipoxydase)

Sojabohnen-— 45-1339; 48-1335; —-Aktivität: in am Baum befindl. u. in geernteten Äpfeln 49/50-1408; v. Getreideprod. (Hitzeempfindlichk.) 33-1536; Verteil. in grünen Erbsen 51/52-2934; Reinig. v. Sojabohnen-— (Wrkg. organ. Lsgm. auf d. Rk.-Kinetik) 48-1335; durch — katalysierte Ox. v. ungesätt. Fettsäuren (Spezifität) 8-1258; Lipidperoxid in einer —-Rk. 24-1353; —-Rk. 26-1283, 26-1284; (Mechanismus) 35-1278; Hemm. v. Soja-— 10-1223; inhibierende Wrkg. v. Antioxydantien auf d. — in Modellsyst. u. Aufschlämm. v. Erbsen 10-3098; Hemmwrkg. v. Röntgenbestrahl. auf d. — v. Samen (Bezieh. zum Wachstum) 12-1345; Inaktivier. durch H_2O_2, Cystein u. a. Agenzien 29-1416; Best. u. pH-Abhängigk. d. — 41-1263.

Lipoyldehydrogenase

s. *Lipoamid-Dehydrogenase*.

Lipoylreduktase

s. *Lipoamid-Dehydrogenase*.

Lombricin-Kinase
(ATP: Lombricin-Phosphotransferase)

Best. d. Rk.-fähigen SH-Gruppen v. — 17-1299.

Luciferase

—-Aktivität bei Renilla reniformis (Einfl. v. Licht) 37-1380; Abtrenn. u. Sequenz eines essentiellen Sulfhydrylpeptids d. akt. Zentrums d. Leuchtkäfer-— 17-1293; Reversibilität d. Denaturier. d. bakteriellen — 33-1462; Verhüt. v. Denaturier. während d. Einw. v. Sterilisat.-Temp. 44-1047; Wrkg. v. — aus Photinus plagiophthalamus auf 6-Aminoluciferin 21-1602; Schnellbest. v. ATP-Mikromengen mit d. —-Rk. u. Fl.-Szintillat.-Zähler 35-1261.

Lupanin-Hydroxylase

Vork. in Pseudomonas lupanini (Anreicher.) 35-1277.

Lyasen

Spezielle – s. dort.
Einw. v. C-S-– aus Albizzia lophanta auf cis-S-[Δ^1-Propenyl]-L-cystein-S-oxide 28-1027; Abtrenn. u. Charakterisier. v. – durch isoelektr. Fokussier. 41-1314.

Lysin-Decarboxylase

Rk. bei Bakterien 23-1455.

L-Lysin-Dehydrogenase

Vork. im menschl. Serum bei Normalpersonen u. bei patholog. Zuständen 43-1459.

Lysin-Hydroxylase

Cofaktorbedarf für d. – zur Hydroxylier. v. Lysin in einer Polypeptidvorstufe v. Kollagen 31-1470.

L-Lysin-α-Oxoglutarsäure-Transaminase

Identifizier. d. durch Rk. v. – mit L-Lysin erhaltenen Prod. 32-1371.

Lysin-Permease

Wrkg. bei d. L-Lysinaufnahme durch Saccharomyces cerevisiae 27-1324.

Lysokinase

–- u. Plasminoplastinaktivatoren d. Fibrinolyse in vitro (Adenosintriphosphatase als Inhibitor) 2-1208.

Lysolecithin-Acylhydrolase

s. *Phospholipase B.*

Lysolecithin-Acyltransferase

–-Aktivität v. Erythrozyten 8-1283.

Lypolecithinase

s. *Phospholipase B.*

Lysophospholipase

s. *Phospholipase B.*

Lysozym

s. *Mucopeptid-Glucohydrolase.*

Lysylarylamidase

–-Aktivität im Hypophysenvorderlappen 16-1385.

O-L-Lysylphosphatidylglycerin-Synthetase

Substratspezifität d. – (Unters. d. Struktur v. O-L-Lysylphosphatidylglycerin) 38-1509.

Lysyl-RNS-Synthetase

Spezif. Inaktivier. d. – durch photochem. Ox. 38-1469.

Lysyl-tRNS-Synthetase

Aktivier. v. E. coli-– (Rolle d. SH-Gruppen) 32-1481.

D-Malat-Dehydrogenase

s. D-*Äpfelsäure-Dehydrogenase.*

{L}-Malat-Dehydrogenase

s. *Äpfelsäure-Dehydrogenase.*

Malat-Dehydrogenase (decarboxylierend)

s. *Äpfelsäureenzym.*

Malathion-Esterase

Malathionhemm. v. – als entscheidender Faktor bei d. Malathion-Toxizität 14-1572.

L-Malat-Hydrolyase

s. *Fumarat-Hydratase.*

D-Malat: NAD-Oxydoreduktase

s. D-*Äpfelsäure-Dehydrogenase.*

L-Malat: NAD-Oxydoreduktase

s. *Äpfelsäure-Dehydrogenase.*

L-Malat: NAD(P)-Oxydoreduktase (decarboxylierend)

s. *Äpfelsäureenzym.*

Malat-Oxydase

s. *Äpfelsäure-Oxydase.*

Malat-Synth(et)ase

s. *Äpfelsäure-Synthase.*

Maleat-*cis-trans*-Isomerase

Malonat-induzierte Synth. 14-1314.

Maleinsäure-Dehydrogenase

–-Aktivität: d. Muskelgewebes d. normalen Kindes u. v. Kindern mit progressiver Muskeldystrophie in verschiedenen Krankh.-Stadien 13-1529; in bestrahlten Testes u. Epididymis 21-1760; Hemmwrkg. v. 3-Acetylpyridinadenindinucleotid u. Bisulfit auf – 16-1292.

„Malic"-Enzym

s. *Äpfelsäureenzym.*

Malicodehydrogenase

s. *Äpfelsäureenzym.*

Malonsäuresemialdehyd-Dehydrogenase

–-Aktivität in Prototheca zopfii in Ggw. v. Propionat u. Acetat 24-1337.

Malonyl-CoA

s. unter $C_{24}H_{38}N_7O_{17}P_3S^*$).

Malonylcoenzym A

s. unter $C_{24}H_{38}N_7O_{19}P_3S^*$).

MalonylcoenzymA-Acylträgerprotein-Transacylase (Malonyltransacylase)

Darst. u. Eig. v. E. coli-– 32-1363.

Malonyltransacylase

s. *Malonylcoenzym A-Acylträgerprotein-Transacylase.*

Maltase

s. *α-Glucosidase.*

Maltodextrin-Phosphorylase

– aus E. coli 33-1471.

Maltohydrolase

s. *α-Glucosidase.*

Maltotriase

–-Aktivität d. Dünndarms beim Menschen 5-1491.

Malyl-CoA

s. unter $C_{25}H_{38}N_7O_{19}P_3S^*$).

Malyl-CoA-Hydrolase

–-Wrkg. d. Malatsynthase 31-1455.

β-1.4-Mannanase

– in Pilzen 13-1213.

β-Mannase

– in Pilzen 13-1213.

D-Mannit-Dehydrogenase

Bldg. in Schizophyllum commune 21-1381.

Mannit-Kinase

– in zellfreien Extrakten v. E. coli 35-1285.

Mannit-1-phosphat-Dehydrogenase

Reinig. v. – aus E. coli 14-1235; Bind. v. Adeninnucleotiden an – v. E. coli 34-1261.

Mannokinase

Vork. in E. coli 42-1192.

Mannose-Isomerase

NAD-abhäng. D-Mannose isomerisierende – v. Paracolobactrum aerogenoides 42-1240; D-Mannose-Isomerisier. zu D-Fructose durch – aus Streptomyces aerocolorigenes (kinet. u. Gleichgew.-Unters.) 38-1467.

Mannose-6-phosphatglucose-Phosphotransferase

Katalyse d. –-Rk. durch Nieren-Glucose-6-phosphatase 8-1290.

α-D-Mannose-1-phosphat-Guanylyltransferase

–-Aktivität v. Fucus gardneri 44-1370.

Mannosephosphat-Isomerase (Phosphomannose-Isomerase)

Geh. in E. coli (Indukt. durch p-Fluorphenylalanin) 6-1227; Charakterisier. eines Zellwandlipopolysaccharids einer –-Mangelmutante v. Salmonella typhimurium 24-1446.

α-Mannosidase

Vork. v. –-Aktivität in Eialbumin d. Huhns 35-1315; Reinig. v. D-– aus Meeresschnecken 8-1299; Hemm. durch Aldolactone 36-1350.

β-Mannosidase

Vork. in Pilzen 13-1213; Reinig. v. D-– aus Meeresschnecken 8-1299.

Mannosidasen

–-Aktivität einiger Samen 12-1264.

Mannuronsäure-Transferase

–-Aktivität v. Fucus gardneri 44-1370.

MAO

s. *Monoamin-Oxydase.*

Margaryl-CoA

s. unter $C_{38}H_{68}N_7O_{17}P_3S^*$).

MDH

s. *Äpfelsäure-Dehydrogenase.*

Melilotat-Hydroxylase

Reinig. u. Natur d. prosthet. Gruppe d. – 20-1290; – im Cumarinstoffwechsel in einem Mikroorganismus 44-1328.

Menadion-Reduktase

s. *NAD(P)H-Dehydrogenase.*

Mesoinosit-Oxygenase

– aus Schwanniomyces occidentalis (Reinig. u. Eig.) 16-1317.

Meso-Weinsäure-Dehydrogenase

Umwandl. v. Mesotartrat u. Dihydroxyfumarat in Glycerat durch – 31-1475.

Methämoglobin-Reduktase

Artunterschiede d. –-Aktivität 19-1376; Unterscheid. d. – v. α.β-ungesätt. Ketonreduktase 51/52-1252.

Methionin-aktivierendes Enzym

Mikrobest. in Säugetiergeweben 16-1342.

Methionin-Synthetase

– bei d. Biosynth. v. Methionin (Bezieh. zwischen Adenosylmethionin u. Methyl-Vitamin-B_{12}) 44-1287.

Methionyl-RNS-Synthetase

Spezif. Inaktivier. durch photochem. Ox. 38-1469.

Methionyl-sRNS-Transformylase

Formylier. v. Aminosäure-Analogen d. Methionin-sRNS durch – 15-1257.

Methionyl-tRNS-Synthetase

Isolier. v. zwei – aus E. coli 38-1468.

***threo*-3-Methyl-L-asparagat-Carboxyaminomethylmutase (Glutamatmutase)**

Reinig. u. Charakterisier. d. Komponente S d. – 20-1379.

β-Methylasparaginase

s. L-*threo-3-Methylasparaginat-Ammoniak-Lyase.*

L-*threo*-3-Methylasparaginat-Ammoniak-Lyase (β-Methylasparaginase, β-Methylaspartase)

Aktivier. d. – aus Clostridium durch zweiwert. Metalle (Bedeut. d. Ionenradius) 33-1528; physikal. u. chem. Eig. 20-1376; Beteilig. einer Sulfhydrylgruppe an d. – 6-1298.

β-Methylaspartase

s. L-*threo-3-Methylasparaginat-Ammoniak-Lyase.*

Methyl-B_{12}-Enzym

Bldg. bei d. Rk. v. Vitamin B_{12s} mit N^5-Methylfolat-H_4 19-1652.

β-Methylcrotonyl-CoA

s. unter $C_{26}H_{42}N_7O_{17}P_3S^*$).

β-Methylcrotonyl-CoA-Carboxylase

Einbau v. Biotin in – durch Holocarboxylase-Synthetase 4-1089.

Methylenblau-Dehydrogenase

Rk. v. Blut-– mit Methylenblau 28-1615.

Methylen-Hydroxylase

Ferroproteinkomponente einer – 38-1355.

$N^5.N^{10}$-Methylentetrahydrofolat-Reduktase

– in einer Methionin-Vitamin-B_{12}-auxotrophen Mutante v. E. coli (Kontrolle d. Einkohlenstofffragmentstoffwechsels) 44-1335; –-Aktivität in d. Rattenleber (kein Einfl. v. Vitamin B_{12} u. Methionin) 10-1493; Lokalisier. in Rattenlebermitochondrien 32-1259.

$N^5.N^{10}$-Methylentetrahydrofolsäure [Folat]-Dehydrogenase

–: aus Salmonella typhimurium (Reinig. u. Hemm. durch Purinnucleotide) 44-1195; in einer Methionin Vitamin-B_{12}-auxotrophen Mutante v. E. coli (Kontrolle d. Einkohlenstofffragmentstoffwechsels) 44-1335; Vork. u. Eig. v. – in Pflanzen 29-1410; Lokalisier. in Rattenlebermitochondrien 32-1259; Einfl. v. Formiat oder Histidin auf 39-1264.

α-Methylglucosidase

--Aktivität in Saccharomyces oviformis 38-1428; Aktivität v. D-- im Dünndarm d. Lamms 28-1404.

Methylmalonyl-CoA

s. unter $C_{25}H_{40}N_7O_{19}P_3S^*$).

Methylmalonyl-CoA-Mutase

Abnahme v. an d. Synth. v. Coenzym B_{12} u. Propionsäure beteiligten – bei Propionibakterien 28-1343; Rk. (Rolle v. Coenzym B_{12}) 16-1270; Rk.-Mechanismus (Ähnlichk. mit Diolhydrase) 33-1530.

5-*O*-Methylmesoinosose-(3)-Reduktase

Red. v. 5-O-Methyl-meso-inosose-(3) durch – aus Trifolium incarnatum 40-1401.

***N*¹-Methylnicotinamid-Oxydase**

--Aktivität in Mäusen (genet. u. androgene Kontrolle) 40-1077; genet. Variat. d. – in Säugetieren 40-1078.

6-Methylsalicylat-Synthetase

– bei d. Regulier. d. phenol. Biosynth. in Penicillium urticae 44-1314.

***N*⁵-Methyltetrahydrofolat-Homocystein-Methyltransferase [Transmethylase]**

s. *Vitamin-B_{12}-Transmethylase.*

Methyltetrahydropteroyltriglutamat-Methyltransferase

Lokalisier. d. Folat-abhäng. – in Rattenlebermitochondrien 32-1259.

Methyltransferasen (De(s)methylasen, Transmethylasen)

Spezielle – s. dort.

Aktivität (Wrkg. v. Vitamin B_{12}) 17-1602; --Aktivität im Organismus d. Ratte 23-1343; Indukt. mikrosomaler – d. Rattenleber durch verschiedene DDT- u. Toxaphendiäten 19-1739; Methylier. d. DNS mit – 16-1238; mit – Demethylier.: v. o-Nitroanisol (Einfl. d. Deuterier. d. O-CH_3-Gruppe) 31-1469; v. p-Chlor-N-methylanilin mit – (Best. v. Anilin u. p-Chloranilin) 32-1322; Methylier. bei Streptomyces rishiriensis mit – (Einfl. v. Co) 37-1512; Transmethylier. v. S-Adenosyl-L-methionin in Maiskolben mit – 36-1487; Methylier.: v. Desmethylimipramin durch N-- aus Kaninchenlunge 19-1389; d. tRNS mit – (Wrkg. v. Vitamin-B_{12}-Mangel bei Ratten) 38-1385; Verwert. v. L-Methionin u. S-Adenosyl-L-methion zur Methylier. v. lösl. RNS durch Mäuseleber- u. Hepatomextrakte mit – 35-1234; vermutl. oxydative N-Demethylier. v. N-Monomethyl-p-nitranilin durch – in Lebermikrosomen 43-1538; Wrkg. d. --Syst. d. Lebermikrosomen auf Sterine 45-1342; Methylier. v. Proteinfrakt. aus d. Zellkernen v. Kälberthymus mit – 51/52-1482; --Inhibitoren (7.8-Dihydroxy-2-oxo-2H-1.4-benzoxazinderiv.) 15-1788*; (Einfl. auf Ausbldg. u. Auslösch. bedingter Reflexe bei Ratten) 17-1699.

Mevaldat-Reduktase

Stereospezifität d. – (Biosynth. v. asymm. markiertem Farnesylpyrophosphat) 35-1267.

Mevalonat-aktivierende Enzyme

Intrazelluläre Lokalisier. in Chloroplasten 21-1572; Bedeut. bei d. Regulier. d. Terpenoidbiosynth. 21-1572.

Mevalonat-Kinase

s. *Mevalonsäure-Kinase.*

Mevalonsäure-Kinase (Mevalonat-Kinase, ATP: Mevalonat-5-Phosphotransferase)

– in Euglena gracilis 21-1416; Vork. in Mycoplasma-Stämmen (Umwandl. v. Mevalonsäure in γ.γ-Dimethylallylpyrophosphat) 23-1454; – aus Pinus radiata 14-1384; Umwandl. v. Mevalonsäure im Stoffwechsel durch – aus Erbsen 35-1336.

Isoenzyme: – in Pflanzenzellen (Rk.) 20-1308.

Mevalonsäure: NADP-Oxydoreduktase (CoA acylierend)

s. *β-Hydroxy-β-methylglutaryl-CoA-Reduktase.*

Mexicain

Hydrodynam. Eig. 17-1323.

Micrococcus-Nuclease (Ribonucleat [Desoxyribonucleat]-3′-Nucleotidohydrolase)

Für UV-bestrahlte DNS spezif. – v. Micrococcus lysodeikticus 21-1344; Fehlen d. – bei einer Mutante v. Micrococcus lysodeikticus 21-1345; – aus Staphylococcus aureus (Reinig., Eig.) 23-1421; Rk. v. Mikrokokken-- mit Serin-tRNS 22-1242; Spalt. d. DNS durch Micrococcus-- (Wrkg. d. Spaltprod. auf d. Rk. d. Walker *256*-Karzinosarkom-DNS-Polymerase) 25-1326; Empfindlichk. v. DNS-Nucleotidyltransferase gegenüber – 44-1154.

D-Milchsäure: Cytochrom c-Oxydoreduktase (D-Lactat: Cytochrom c-Reduktase)

– d. Hefen (Elektrophorese auf Polyacrylamidgel) 16-1303; Zytochem. Nachw. bei Pilzen 37-1352.

Milchsäure-Dehydrogenase (L-Lactat-Dehydrogenase, Lacticodehydrogenase, Lactodehydrogenase, LDH, LDH I, L-Lactat: NAD-Oxydoreduktase)

Vorkommen, Aktivität: Konz. in E. coli (Eig.) 1-1182; --Aktivität bei atyp. u. a. Mykobakterien 33-1557; Vork. in Anaplasma marginale 37-1354; --Aktivität: v. E. coli (Einfl. v. 4-Hydroxybenzoesäure) 40-1313; bei Staphylokokken 46-1268; in Rhizopus oryzae 47-1440.

--Aktivität v. KB- u. Ehrlich-Aszitestumorzellen (Einfl. v. Nucleinsäuren) 1-1165; Spiegel im Serum beim CCl_4-vergifteten Kaninchen 1-1487; --Aktivität: in Meerschweinchengehirn-Mitochondrienfrakt. 2-1168; d. Schneidezahnpulpe d. Ratte (Einfl. v. Actinomycin D) 2-1217; d. Rattenleber (nach Transplantat. v. Guerin-Epitheliomen) 3-1199; bei Hautretikulosarkomatose 3-1201; – im Skelettmuskel (intrazelluläre Verteil.) 3-1284; --Aktivität im Serum bei Pankreatitis d. Hundes 3-1424; Verteil. in Katzen- u. Meerschweinchengeweben 5-1202; Geh. in Entzünd.-Zellen d. Bauchhöhle 5-1292; --Aktiväit in Thrombozyten aus Neugeborenen- u. Erwachsenenblut (Vgl.) 5-1431; – v. hämatopiet. Zellen 6-1240; --Aktivität: in vor u. nach d. Rigor gewonnenem sarkoplasmat. Extrakten d. Hühnerbrustmuskels 6-1241; in Herz- u. Skelettmuskeln v. Hunden (Einfl. v. Lactat- u. Pyruvat) 6-1242; bei Ratten unter Kälteeinw. u. Hypothermie infolge Dimethylsulfoxid 6-1582; Vork. in Gehirngewebe 7-1259; --Aktivität: v. Lungenschnitten 8-1144; d. intrazellulären „Katalysomen" im Fettkörper v. Rhodnius 8-1157; in Erythrozyten (Verh. bei d. in vitro-Konservier.) 10-1461; in Fibroblasten während d. Viruskanzerogenese 11-1319; im Skelettmuskel v. mit Propylthiouracil gefütterten Ratten 11-1429; im anaeroben Herzmuskel 11-1520; d. Blutserums u. d. Herzmuskels in d. Norm u. bei Myokardschäden neurogener Natur 11-1521; in d. Niere (neurale u. hormonale Regulier.) 11-1531; im Blut v. Patienten mit essentieller Hypertens. 12-1185; – d. Symbionten u. d. Fettkörper einer Küchenschabe 12-1186; --Aktivität: d. Epithelzellen d. Gallenblase d. Schafes (Vgl. mit d. v. Lebergewebe) 12-1315; am Nidationsort beim Kaninchen (Wrkg. v. Östradiol u. Histamin) 12-1427; in Primaten (Wrkg. v. *2* MeV-Ganzkörperröntgenbestrahl.) 12-1558; in Knochenmarkzellen bei klin. Gewebskulturverf. 13-1176; Vork. in Zellen d. peripheren Blutes u. d. Knochenmarks 13-1194; Konz. im Plasma (Einfl. v. D-Aldosteron) 13-1447; --Aktivität: d. Muskelgewebes d. normalen Kindes u. v. Kindern mit progressiver Muskeldystrophie in verschiedenen Krankh.-Stadien 13-1529; d. Hühnchens (Einfl. v. Temp. u. Substratkonz.) 14-1237; d. Plasmas (Einfl. d. Leukozyten) 14-1241; im Mäuschirn (Einfl. v. Reserpin u. DL-Dopa) 14-1453; –: v. menschl. Magensaft (Kältestabilität) 15-1309; aus Muskel u. Herz (Hemm. durch Chlorpropmazin) 15-1311; im Nervus ischiadicus v. Ratten nach Injekt. v. Diisopropylfluorphosphat 16-1282; Vork. in d. Harderschen Drüse d. Kaninchens 16-1284; zytochem. Lokalisier. in muskeldystroph. Mäusen 16-1288; --Aktivität in d. Leber bei an Kälte akklimatisierten Ratten 16-1608; Verteil.-Muster v. – bei experimentell induzierten Hauttumoren 17-1240; Vork. in Larven v. Ascarias lumbricoides 17-1340; --Aktivität bei d. Albinoratte als Funkt. d. Alters u. d. Leberregenerat. 17-1628; postmortale Veränder. d. --Aktivität im Rinder- u. Schweinemuskel 17-1636; --Aktivität in Lebermitochondrien nach Einw. v. A. 17-1651; histochem. Lokalisier. in Testis u. Epididymis v. Bullen 18-1182; --Aktivität im Serum bei verschiedenen Tierarten (Erhöh. durch Epinephrin) 18-1254; Vork. in menschl. Glioblastomen 19-1316; --Aktivität: v. experimentell erzeugten Tumoren in d. submaxillaren u. sublingualen Drüsen v. Mäusen während d. Karzinogenese 19-1325; in d. Leber bei Ratten im Geburtsstadium nach Bestrahl. in utero 19-1699; Insulineinfl. auf --Adaptat. an spezif. Diäten u. Hormone 20-1246; Verteil. zwischen d. Partikel- u. Nichtpartikelfrakt. v. homogenisiertem Skelettmuskel (beeinflussende Faktoren) 20-1258; --Aktivität: bei d. hypophysektomierten Ratte (Wrkg. d. Wachstumshormons) 20-1472; --Aktivität: in Oozyten 21-1382; bei Tieren mit Pestempfindlichk. (Einfl. d. Pesttoxins) 21-1520; in bestrahlen Testes u. Epididymis 21-1760; in reifen Rattenhoden (Wrkg. v. Zytostatika) 22-1318; in d. Mäuseleber nach einmal. A.-Gabe 22-1655; im Serum (Haltbark.) 23-1646; (u. Gewebe u. d. Isoenzyme während d. Metastasier. v. T *8*- u. T *58*-Guérin-Tumoren) 24-1314; während d. Entw. d. Milchzähne d. Maus 24-1341; im Gehirn v. Ratten nach Infekt. mit Crytococcus neoformans 24-1429; in d. Leber u. in d. epididymalen Fettgewebe bei d. Ratte mit Ernähr.-bedingter Fettleibigk. 24-1434; kein Vork. bei Siboglinum atlanticum 27-1653; --Aktivität: in d. Leber nach Stimulat. 27-1744; in isolierten Neuronen 28-1220; multimol. Formen d. – bei d. T *8*- u. T *58*-Guierin-Tumor-tragenden Albinoratte (Unters. auf Polyacrylamidgel) 28-1319; --Aktivität bei Mäusen mit Tumoren nach Infekt. mit Riley-Virus 28-1340; – d. Pfaus (Probleme d. Isoenzymidentifizier.) 28-1351; Verteil. in d. regenerierenden Leberlappen d. Ratte 28-1352; --Aktivität: im Truthahnhoden (Wrkg. v. Reserpin) 28-1705; in Erythrozyten nach in vivo Vergift. mit Schwermetallen u. As 28-1710; im Serum (Einfl. d. gestörten Energiestoffwechsels) 29-1740; in menschl. Blutplättchen (Einfl. d. Koagulat.) 30-1460; bei Entenmuscheln verschiedener Niveaus d. Zwischengezeitenzone 30-1513; Geh. im Herzen (Einfl. v. Procainamid) 31-1762; Histochemie d. – im Verlauf d. Hühnchennierenhistogenese 32-1329; – in d. Rattenniere in d. perinatalen Periode 32-1340; Zusammenhang zwischen --Aktivität auf subzellulärer Stufe u. Detergentien, Makroanionen u. nichtwss. Lsg.-Mitteln 32-1260; elektrophoret. u. thermostabile Unterschiede d. Muskel-- verschiedener Fischsorten 32-3039; --Aktivität im Fettgewebe v. normalen u. tuberkulösen Meerschweinchen 33-1452; – im Präimplantat.-Kaninchenembryo 33-1453; Lipoid-Zirrhose mit Serum-- d. an ein γA-Immunglobulin gebunden ist 33-1744; --Aktivität: in Serum u. Leber v. Tumor tragenden Hamstern 34-1240; d. verbliebenen Rattenniere nach einseit. Nephrektomie (Einfl. v. 19-Nor-testosteron-17-β-decanoat) 39-1425; im Rattenpfotenmuskel in d. perinatalen Periode 40-1239; subzelluläre Verteil. im Säugetiergehirngewebe 40-1299; Blutplättchen als eine Quelle v. --Aktivität in Suspens. gewaschener Trypanosomen 40-1308; --Aktivität: d. Schilddrüse v. Ratten durch Thyrotropin u. Propylthiouracil 35-1535; in menschl. Erythrozyten (patholog. u. physiolog. Einfl.) 35-1558; im Rattenembryo vor d. Implantat. 36-1265; in d. myoneuralen Verb. 36-1266; in d. cholinerg. Nervenenden d. Hirn 36-1297; im Serum bestrahlter Kaninchen 36-1607; Geh. d. Blutes während d. Vergift. v. Ratten mit Ricin 36-1621; --Aktivität: im aktivierten supraopt. Kern d. Hypothalamus d. Ratte 37-1358; v. Urin (Einfl. d. Urin-pH) 37-1670; d. Leber (keine Wrkg. chron. A.-Aufnahme) 37-1722; – d. linken Herzkammer (transmuraler Gradient 38-1707; Histochemie 43-1188; --Aktivität: in Metverdoglobinhalt. Erythrozyten 43-1452; v. Blutserum u. Leber bei parenchymatöser Leberschädig. u. verschiedenem Eiweißgeh. d. Nahr. 43-1474; d. Periosts bei experimentellen Lathyrismus 43-1495; Verteil. im Rattenherzrohextrakt 43-2097; – v. normalem menschl. Uterus u. Uterusneoplasmengewebe 45-1305; --Aktivität d. Nephronbereiche 45-1655; histochem. „Mapping" v. – im Pons u. Mesenzephalon d. Eichhörnchenaffen 46-1194; – im Plasma d. Ratte nach Injekt. einer Strahlenschutzdosis v. Cysteamin 47-1682; --Aktivität: bei malignen u. nichtmalignen Erkrank. d. weibl. Brust 49/50-1233; u. Heterogenität in isolierten Pankreasinseln bei fettsücht.-hyperglykäm. Mäusen 49/50-1500; Aktivier. v. – im Blutserum bei akuter Koronarinsuffizienz 51/52-1604.

Bildung, Darstellung: Bezieh. zwischen dem d. – erhöhenden Virus u. transplantablen Mäusetumoren 17-1242; genet. Kontrolle d. Bldg. in Eptatretus stoutii 20-1153; Bldg.

in d. Leydigzellen d. reifenden Rattenhodens 35-1333; Ausschütt. aus d. Leber 12-1311; Dissoziat. aus d. Kaninchenmuskel 19-1355; Freisetz. in isolierten Fettzellen (Steuer. durch lipolyt. Hormone u. Insulin) 44-1102; Isolier. u. Charakterisier. d. – d. menschl. roten Blutkörperchen 32-1603; Reinig. v. – aus Lactat-bildendem Rhizopus oryzae 41-1264; Stabilität v. – im Gesamtblut, Serum u. Plasma während d. Lager. 31-1467.

Eigenschaften: Opt. Rotat.-Dispers. (durch Verdünn.-Inaktivier. induzierte Änder.) 31-1379; Eiweißkomponenten d. – v. normalem u. patholog. Serum (Trenn. an DEAE-Sephadex) 7-1475; Krist.-Struktur 14-1240; Konformat. u. katalyt. Aktivität 15-1308; terminale Aminogruppen u. Acetylier.-Zustand v. Rattenleber-– 16-1290; Strukturunters. v. – aus Rattenskelettmuskeln bzw. Rinderherz 26-1255; Gewebe-spezif. Verschieb. im Unterbandenmuster d. – d. Hausmaus 26-1261; Wärmedenaturier. v. – aus Kaninchenmuskeln 15-1310; Denaturier. u. klin. Anwend. 32-1334; elektrophoret. Verh. d. – aus Rattenorganen 16-1308.

Reaktionen, Wirkungen: Ox. durch Tyrosinase (Reaktivität d. Tyrosinreste v. –) 2-1150; –-DPNH-Komplex 8-1208; in vitro-Hybridisier. v. – in Ggw. v. Arsenat- u. Nitrationen 12-1188; chem. Differenzier. d. Gewebe-– 16-1289; Glyoxalat als Substrat für – 16-1291; Einfl. d. Acetylier. auf d. Rk.-Eig. d. – 27-1418; Harnstoff-stimulierte Hybridisier. durch Gefrieren u. Auftauen v. – 46-1186; O_2-Aufnahme v. – in Acetobacter suboxydans (Einfl. v. Hämoprotein *558*) 15-1307; Rk. in Bacillus subtilis 17-1273; Aktivität bei d. Glykolyse u. Atmung in Ehrlich-Aszitestumorzellen 9-1208; Zurückhalt. d. –-Cortisol-Bind. in Rattenzellsuspens. 20-1164; vollständ. H-Transferzyklus zwischen Substrat u. Tryptophanresten in Kaninchenmuskel-– 20-1259; unterschiedl. kinet. Eig. v. aus normalen u. neoplast. Lungengeweben d. Menschen isolierten – 26-1260.

Beeinflussung, Inhibitoren: Wrkg. v. γ- u. Protonenbestrahl. auf – 11-1222; Bestrahl.-Empfindlichk. d. – (Einfl. v. Serotonin) 12-1187; (v. einem in vitro kultivierten Hühnerembryoorgan) 16-1293; Inaktivier. durch γ-Strahlen als Modell d. Bezieh. zwischen Antiradikalaktivität u. Strahlenschutzwrkg. 21-1751; Mechanismus d. Strahlenschutzes v. – durch Substrate 17-1642; Strahlenschutzwrkg. v. Dimethylsulfoxid auf – 19-1702.

Hemm. durch 2.4-Dinitrophenol 1-1202; Wrkg. v. Homologen d. Fluorbrenztraubensäure auf – 8-1188; reversible Inaktivier. 12-1190; Einfl. v. Lanthanidchloriden auf – 14-1232; Antikörper gegen – 15-1299, 15-1300; Hemm. durch 3-Acetylpyridinadenindinucleotid u. Bisulfit 16-1292; Einw. v. NO_2 auf – 17-1648; Hemm. v. bakterieller – durch Oxytetracyclin 27-1532; Wrkg. v. Bestandteilen d. Nicotinsäureamidadenindinucleotids als Inhibitoren d. – 29-1395; Änder. an – d. bakteriellen Elektronentransports bei Entw. einer Resistenz gegen Oxytetracyclin 29-1528; Peptidinhibitoren d. – 30-1493; Hemm. in menschl. Gewebeextrakten durch Pyruvat 36-1271; Einfl. d. zytostat. Podophyllumderiv. auf d. – (zytostat. Wrkg.-Mechanismus) 37-1346; Hemm.: durch Salicylat (Mechanismus) 37-1353; d. – aus Menschenlunge durch wasserlösl. ziliastat. Komponenten d. Tabakrauches 39-1219; ATP als alloster. Hemmstoff d. – im Latex v. Hevea brasiliensis 40-1192; in vitro-Effekte verschiedener Pestizide auf d. – 40-1193; Hemm. durch mögl. Krebschemotherapeutika 43-1176; Wrkg. v. Phloridzin auf – in d. Rattenniere 44-1170; Kinetik d. reversiblen Hemm. d. Herz-– (Bldg. v. enzymox. Nicotinamidadenindinucleotid–Pyruvat-Verb.) 44-1183; L-Alanin als alloster. Inhibitor d. – d. Latex v. Hevea brasiliensis 44-1184; Hemm.: durch Cortison 45-1551; druch DFP 49/50-1624.

Verwendung: Eign. zur Auffind. potentieller Krebschemotherapeutika 43-1175.

Analyse, Untersuchungsmethoden: Stärkegelelektrophorese (Einfl. v. Phenazinmethosulfat) 2-1134; kolorimetr. Best. 12-1674* histochem. Nachw. 16-2011; Nachw. nach elektrophoret. Trenn. 16-1413; Polyacrylamidgel fixierte – 20-1253; fluorimetr. Mess. d. Aktivität 20-1935; Verw. v. Thiazolylblau zum Nachw. auf Stärkegel 37-1351; Agargelelektrophorese d. – im Mikromaßstab 42-1805; Best. 42-1898; Unterscheid. d. – v. α.β-ungesätt. Ketonreduktase 51/52-1252.

Histochem. Nachw. d. Muskel- u. Herz-– v. Muskel u. Niere d. Ratte 10-1217; kolorimetr. Best. d. Serum-– unter Anwend. v. Diazonium-Zn-Salz 28-1378; Best. im Gewebe 37-1457; histochem. Best. im reifen Knochen- u. Knorpelgewebe 39-1217; histochem. Nachw. in d. Adenohypophyse d. Schweines, bes. in d. Pars intermedia 46-1261.

Spektrophotometr. Best. v. –-Untereinh. 11-1221.

Verw. zur Best. v. L(+)-Milchsäure in Saccharose-halt. Fl. 13-2027; klin. Anwendbark. d. Harnstoff-–-Tests bei verschiedenen Pyruvatkonz. 29-1394; Best. als Leberfunkt.-Test beim Hund (Beeinfluss. durch Behandl. mit Imuran u. Azaserin) 31-1366.

Iso{en}zyme: Überblick 2-1132; – im Stichling 1-1183; Differenzier. während d. menschl. Fetalentw. 1-1184; – in Geweben u. Serum v. normalen u. dystroph. Lämmern 3-1216; Natur in menschl. Plazenta u. ähnl. Geweben 3-1217; –: in Hühnergeweben 4-1015; im Urin v. Patienten mit Geschwüren d. Harnblase 7-1190; –-Muster bei d. Kern-RNS-Synth. in d. Rattenleber während d. Frühstadien d. chem. Karzinogenese 9-1187; Muskel-– bei Atropie 12-1222; Histochemie 13-1175; –-Muster d. kutanen u. muskularen Nerven 16-1294; –-Aktivität bei hohen, durch Harnstoff modifizierten Pyruvatkonz. 18-1179; –: in verschiedenen Organen d. Kaninchens bei Anämie, Hypoxie u. nach Co-Anwend. 20-1260; in Kaninchen (Einfl. d. pH-Wertes) 20-1261; in neoplast. Gewebe 23-1327; im Enzymmuster präimplantierter Mäuseembryonalstadien 24-1340; in d. Aortawand 27-1417; Verteil. im Gehirn im Sehtrakt 35-1266; drei – in d. Schweinespermatozoen u. Polymorphismus d. durch einen dritten Locus C gesteuerten Untereinh. 36-1268; Verteil. in verschiedenen Geweben 38-1358; –-Muster: bei induzierter Muskelerkrank. (Coxsackie-Virus Typ A-Infekt.) 38-1359; d. Rinderaugenlinsen in Abhängigk. v. Wachstum u. Alter 40-1191; Verteil. in Schweine-, Human- u. Rindermilch während d. Laktat. 42-1172; Verteil.-Bild im tier. Organismus (beeinflussende Faktoren) 42-1173; Aktivität u. Lactat-Optima d. – d. Organe (Einw. d. Temp.) 43-1189; *5* – während d. Dedifferenzier. in Säugetiersekret.-Zellkulturen 44-1057; –-Muster menschl. Leukozyten bei lymphat. u. myeloider Leukämie 46-1185.

Entw. während d. Tubulusbldg. in vitro (Einfl. v. Actinomycin D) 38-1761; Geschw. d. Verschwindens v. – aus d. Plasma 36-1270; Isolier. (Einfl. v. Zellextrakten u. Temp.) 29-1393; Abtrenn. aus verschiedenen Geweben d. Maus 41-1254; Trenn. (Vgl. einer elektrophoret. u. einer schnellen chromatograph. Meth.) 23-1387; elektrophoret. Abtrenn. aus menschl. Blutzellen 23-1388.

Mol.-Transformat. in d. – (Nachw. durch Stärkegelelektrophorese) 18-1178; Aminosäuresequenz um d. essentielle SH-Gruppe d. Schweineherz-– I 31-1383; Darst. v. essentiellen Cysteinresten d. – I u. V enthaltenden trypt. Peptiden 36-1267; Enzym- u. Mol.-Natur d. X_4-– 36-1269; –-Unterbande (neue aus isolierten Unterbanden gebildete Unterbande) 47-1367.

Verh. bei Pyruvat-zu-Lactat- u. Lactat-zu-Pyruvat-Vers. 5-1201; Bezieh. zur Zelldifferenzier. d. Linse 4-1014.

Veränder. nach Einw. ionisierender Strahlen 12-1177; Hemm. durch Harnstoff (Wrkg. v. Pyruvat) 14-1238; Substrat- u. Endprod.-Hemm. v. – aus Kaninchenherz- u. -skelettmuskulatur 16-1295; Einw. v. NO_2 auf – beim Meerschweinchen 30-1548; Wrkg. v. Ae. in vitro auf d. – v. Menschen u. Hunden 39-1599.

Verlust kathod. – bei d. Enzymelektrophorese an Celluloseacetat 37-1355; Best. 42-1171; Unterscheid. d. – 45-2173; Best. im menschl. Serum (standardisierte Meth.) 5-1203; elektrophoret. Trenn. u. Best. v. Serum-– bei normalen u. patholog. Zuständen (Verw. v. Celluloseacetat) 14-1239; histochem. Best. im spinalen Ganglion 40-1190; elektrophoret. Charakterisier. in d. Lymphozyten d. Kalbsthymus 47-1589; – bei d. Diagnose gutart. u. bösart. menschl. Hirntumoren 21-1351.

D-Milchsäure-Dehydrogenase (D-Lactat-Dehydrogenase, D-LDH, D-Milchsäure: NAD-Oxydoreduktase)

Konz. in E. coli (Eig.) 1-1182; – aus Hefen (Übersicht) 2-1137; Modifizier. d. – v. anaerob gewachsenen Hefen 6-1239; Synth. in aerob gezüchteter Hefe 4-1016; Salz-induzierte Änder. v. Rk. d. – aus Polysphondylium pallidum 28-1353; Chlorpromazin als Inhibitor d. – d. Hefe 23-1389; zytochem. Nachw. bei Pilzen 37-1352; Best. v. D-(–)-Milchsäure mit – 26-2080.

L-Milchsäure-Dehydrogenase

s. unter *Cytochrom b-Gruppe, Cytochrom b_2*.

D-Milchsäure: NAD-Oxydoreduktase

s. D-*Milchsäure-Dehydrogenase*.

Monoamin-Oxydase (Amin{o}oxydase, MAO)

Vorkommen, Aktivität: Bakterielle – 46-1191, 46-1192; – aus Pflanzenblättern (Charakterisier.) 2-1133; –-Aktivität: in verschiedenen Organen d. Ratten bei experimenteller Infekt. mit Pneumokokken 1-1259; im Myelin peripherer Nerven 4-1024; im Ratten-, Meerschweinchen- u. Katzengehirn (Einfl. v. Digitalis) 5-1654; –: im Hypothalamus d. Meerschweinchens während d. östr. Zyklus 8-1239; d. Hirns (Einfl. verschiedenart. Einw.) 8-1240; –-Aktivität: in Schafsplasma (Einfl. v. normalem u. niedr. Cu-Geh.) 11-1227; bei d. Ratte (Hormonwrkg.) 13-1451; in d. vaskulären Wänden bei d. Kuh 16-1349; im Schwellkörpergewebe d. Penis 17-1548; im Gehirn v. Hund u. Kaninchen (Einfl. v. Iprazid u. Transamin) 18-1555; submitochondrielle Lokalisier. (enzymat. Marker für d. äußere Membran v. Rattenlebermitochondrien) 19-1293; –-Aktivität: v. experimentell erzeugten Tumoren in d. submaxillaren u. sublingunalen Drüsen v. Mäusen während d. Karzinogenese 19-1325; d. Mitochondrien (Mechanismus d. Wrkg. einiger höherer Fettsäuren) 19-1363; Gehirn-– v. Mäusen bei Angriff u. Verteidig. 20-1277; – in Tribolium confusum (Eig.) 21-1395; –-Aktivität d. Kükenaorta bei Pyridoxinmangel 23-1678; intrazelluläre Verteil. in Blutplättchen v. Kaninchen 25-1609; – bei d. nächtl. Änder. v. 5-Hydroxytryptamin u. Hydroxyindol-O-methyltransferase-Aktivität d. Epiphyse cerebri d. Makak 28-1362; Verteil. in d. Carotisdrüse d. Kaninchens 28-1369; zytolog. Lokalisier. in Speicheldrüsen d. Hundes 28-1557; –-Aktivität im menschl. Plasma (Wrkg. v. *3* –-Hemmern) 33-1840; Lokalisier. im Zentralnervensyst. 35-1300; Mitochondrien-– 36-1281; –-Aktivität: in verschiedenen Rattenhirnregionen während d. Östrus 40-1202; im Fettgewebe 42-1396; Anomalitäten d. Serum-– bei chron. Leberkrankh. 46-1193; histochem. „Mapping" v. – im Pons u. Mesenzephalon d. Eichhörnchenaffen 46-1194; Kinetik, intrazelluläre Lokalisat. u. Induzierbark. 46-1195; –-Aktivität im Gehirn v. Meerschweinchen (Wrkg. v. L-Thyroxin) 51/52-1473.

Bildung, Darstellung: –-Bldg. in d. Nieren weißer Mäuse (Einfl. v. 1-Methylandrostenolonönanthat u. Actinomycin C) 41-1497; Isolier. u. Eig. d. – aus Gehirnmitochondrien 3-1225; Reinig., Eig., Rk. (Übersicht) 3-1227; gereinigte lösl. – (Eig.) 29-1404.

Eigenschaften: Kristallisat. u. Kennzeichn. (Übersicht) 23-1394; Solubilisier. v. Mitochondrien-– mit Ultraschall 1-1196.

Reaktionen, Wirkungen: Mögl. Modellrk. mit mol. O_2 11-1228; Ox. v. Spermin, Spermidin u. Diaminodipropylamin durch – (zytotox. Wrkg. d. Ox.-Prod.) 14-1230; – im Äthanolaminstoffwechsel in Pflanzengeweben 14-1402; desaminierende Wrkg. v. – aus Rattenlebermitochondrien auf biogene Monamine (Wrkg. v. –-Hemmstoffen) 2-1144; Rolle: im Mechanismus d. falschen neurochem. Transmitter 10-1532; beim in vitro-Stoffwechsel einiger biogener Amine 18-1255; Inaktivier. v. Noradrenalin durch – d. menschl. Plazenta 34-1452; Rolle bei d. Akkumulat. v. Noradrenalin im Herzen 34-1453.

Beeinflussung, Inhibitoren sowie deren Verhalten: Hemm.: durch Styrylchinoliniumverb. 5-1601; d. – im adrenerg. Neuron durch Bretylium, Debrisochin u. a. d. adrenerg. Neuronen blockierende Wirkstoffe 6-1619; über –-Hemmer 13-1591; Nitroglycerin als –-Hemmer 18-1187; Hemm.: d. – einer Suspens. v. Schafhirnmitochondrien durch Tetrazoliumsalze 18-1188; durch 2-Acetylaminocyclohexenon-(3) u. verwandte Verb. 21-1396; durch β-Phenylisopropylhydrazin bei d. Ratte in vivo u. in vitro 24-1718; Hemmwrkg. v. Hydrazinderiv. auf – v. Mycobakterien 26-1273; Verminder. d. Aktivität durch Verb. d. Hydrazingruppe 26-1690; Inhibitorwrkg. v. substituierten Indolylalkylaminen u. β-Carbolinen auf – 26-1708; Wrkg. einiger Hydrazin- u. Nichthydrazinderiv. auf d. mitochondriale – 27-1423; Bldg. eines –-Inhibitors bei d. Inkubat. v. Modalinsulfat mit NADPH in Mitochondrien 32-1264; Hemm. durch β-Aminopropionsäurenitril 33-1788; Inaktivier. durch Propinylaminderiv. 34-

1646; Einfl. psychotroper Pharmaka auf d. — d. Gehirns 40-1545; Indolhydrazide als potentielle —-Inhibitoren 44-1494; Regenerat. nach β-Phenylisopropylhydrazinhemm. in Nerven 19-1691.

Darst. v. —-Hemmstoffen, Inhibitoren (Salze d. 1-[3'.4'-Methylendioxyphenyl]-3-hydrazinobutans) 1-1599*; (Cyclohexyloxycyclopropylamine) 2-1599*; (N.N-disubstituierte N'-Phenylalkylhydrazine) 3-1728*; (1-[Indolyl-nieder-alkyl-, -alkenyl-, -alkenyl- u. -alkinyl]-piperidine) 8-1672*; (Chinazolonhydrazide) 23-1143; (Indolderiv.) 33-1923*; (Amine) 34-1724*; (Dihalogenaminobenzylamine) 35-1771*; (Isopropyliden- u. Isopropylderiv. v. Aryl- u. Arylalkylsäurehydraziden) 40-0948; (N-2-Alkinylaminobenzocycloalkane) 46-1652*; (4-Alkyl-5-oxazolcarbaminsäureester) 48-1681*.

Wrkg.: v. —-Hemmer auf d. Noradrenalinwrkg. beim Menschen 2-1525; d. —-Inhibier. auf d. Aufnahme u. subzelluläre Verteil. v. ^{3}H-Noradrenalin 3-1411; Einfl. d. —-Inhibitoren auf d. M-Serotonin-reakt. Strukturen d. oberen Halsganglions d. Katze 3-1608; selektive Unterdrück. d. Paradoxschlafes bei d. Katze durch —-Hemmer 4-1322; Wrkg. v. —-Hemmern: auf d. Serotonin-, Dopamin- u. Noradrenalingeh. d. Rattenhirns 5-1602; auf d. Lungenödem nach O_3-Inhalier. 8-1605; Hypertens. infolge v. Wechselwrkg. zwischen —-Hemmern u. Nahr.-Mitteln 10-1603; Einfl. einiger —-Hemmstoffe auf d. Blutdruckwrkg. v. Angiotensin 11-1450; klin. Unters. eines neuen —-Hemmstoffes mit Antidepress.-Wrkg. 11-1606; Wechselwrkg. einiger —-Inhibitoren mit D-Cycloserin 13-1572; Serotoningeh. d. Rattenhirns nach Vorbehandl. mit —-Hemmstoffen (Einfl. v. Dihydroxyphenylalanin) 13-1590; Autopotenzier. u. Potenzier. d. sympathikomimet. Wrkg. v. Phenelzin u. Pheniprazin durch Hemm. d. — 15-1693; Einfl. v. —-Inhibitoren auf d. 5-Hydroxytryptamingeh. in Bezirken d. Hundehirns 18-1540; —-Hemmer u. ihr Einfl. auf d. Wrkg. v. Dopa 18-1594; Einfl.: d. —-Inhibitoren: verschiedener chem. Zus. auf d. Kohlenhydratumsatz im Kaninchenhirn 18-1595; auf d. Deplet. v. Noradrenalin durch Tyramin aus d. Herzen 19-1600; —-Hemmer-DL-Dopa-Toxizität bei Gruppenmäusen 19-1778; Einfl. v. —-Hemmstoffen: auf d. Wrkg. v. Reserpin auf Monoamine d. Hirns bei isolierten u. zusammengepferchten Mäusen 19-1797; auf d. urinären Amine bei chron. Schizophrenie 20-1559; auf d. Herzwrkg. v. g-Strophanthin 28-1706; auf d. Tryptamingeh. d. Rattenhirns u. d. „Tryptaminkrampf" 29-1775; auf d. Stoffwechsel d. Hypophyse d. Ratte 29-1776; auf d. γ-Aminobuttersäuregeh. d. Gehirns 31-1751; Hemm. d. — u. Modifizier. d. Zellpermeabilität d. Ratte 32-1343; Wrkg. v. —-Hemmstoffen: u. Reserpin auf d. γ-Aminobuttersäuregeh. d. Rattenhirns 33-1844; auf d. reflektor. Blutdruck- u. Nickhautrk. 34-1266; auf d. Geh. an Brenzcatechinaminen in d. Hirnbereichen d. Katze 37-1757; Einfl.: d. Vorbehandl. mit —-Hemmern auf d. hyperthermisierende Wrkg. v. Tryptamin, Serotonin u. ihren N- u. O-methylierten Deriv. beim Kaninchen 40-1538; v. —-Inhibitoren auf d. Konz. v. Dopamin u. Serotonin im Corpus striatum d. Katze mit u. ohne einseit. Hirnstammverletz. 41-1697; —-Hemm. u. essentielle, arterielle Hypertens. 43-1579; —-Inhibitoren als Agenzien zur Verhinder. v. Kammerflimmern 44-1504; kontrastierende lokomotor. Wrkg. v. Brenzcatechinaminfreisetzern u. Tyrosinhydroxylasehemmern bei Mäusen mit —-Hemm. 46-1557; Antagonismus zwischen —-Hemmern u. d. durch α-Methyltyrosin hervorgerufenen Brenzcatechinaminverlust u. Depress.-Verh. 51/52-1679.

Analyse: Nachw. mit verschiedenen Substraten (Einfl. v. Phenazinmethosulfat) 22-1332; Analyseverf. für — durch NH_3-Mess. 42-1182.

Monofluoracetatanilidase

Hydrolyse v. Monofluoracetaniliden in Insekten mit — 28-1393.

Monophenol-Oxydase

— im Phenolasenkomplex in Papaver somniferum (Biochemie d. Mohnalkaloidsynth.) 23-1552.

Mucoamylase

Spalt. v. Maltooligosacchariden u. Stärke durch — 15-1383.

Muconat-Cycloisomerase (Muconat-Lactonase, *cis.cis*-Muconat-lactonisierendes Enzym, Muconatlacton-Isomerase, Muconolacton-Isomerase)

Regulier. d. Synth. in Pseudomonas putida 8-1364; Indukt.: d. mikrobiellen — durch cis.cis-Muconat 20-1400; bei d. Umwandl. v. Brenzcatechin in β-Ketoadipyl-CoA in Moraxella calcoacetica 31-1498; Isolier. v. — aus Pseudomonas putida als Enzym d. Brenzcatechinweges 8-1363.

Muconat-Lactonase

s. *Muconat-Cycloisomerase.*

cis.cis-Muconat-lactonisierendes Enzym

s. *Muconat-Cycloisomerase.*

Muconatlacton-Isomerase

s. *Muconat-Cycloisomerase.*

Muconolacton-Isomerase

s. *Muconat-Cycloisomerase.*

Mucopeptid-*N*-Acetylmuramyl-Hydrolase

s. *Mucopeptid-Glucohydrolase.*

Mucopeptid-Glucohydrolase (*N*-Acetylmuramid-Glucanohydrolase, *N*-Acetylmuramid-Glycanohydrolase, Lysozym, Muramidase, Mucopeptid-*N*-Acetylmuramylhydrolase)

Vorkommen, Aktivität: Geh. d. Phagen T *4* (Rahmenverschieb.-Mutat. mit Addit. v. zwei Basenpaaren) 11-1315; —-Sphäroplasten (Beding. d. Infizier. durch d. isolierte DNS d. Bakteriophagen T *7*) 11-1316; Vork. v. Staphylokokken-— im Vgl. mit anderen Staphylokokkenfaktoren 19-1409; — aus Streptomyces griseus 44-1288.

— in d. Tränenfl. u. d. Milch d. Menschen 15-1374; Veränder. v. — d. Nieren als Funkt. d. Alters bei normalen u. bestrahlten Syr. Hamstern 19-1698; —-Aktivität d. Makrophagen (physiolog. u. patholog. Bedeut.) 23-1419; genet. Bezieh. zwischen Avidinen u. — 36-1189; Lokalisier. in einer Paneth-Körnerzellenfrakt. 37-1416; Einfl. d. Vakzinier. u. d. Infekt. bei Brucellose auf d. —-Geh. d. tier. Organismus 37-1668; menschl. Tränen-— (Reinig. physikochem. u. immunchem. Charakterisier.) 47-1392.

—-Aktivität: d. lyt. Glykosidhydrolasen aus d. Verdauungssaft v. Helix pomatia 8-1280; in Hühnereiweiß (kristallograph. Best.) 9-1260; aus Enteneiweiß (Isolier.) 28-1421.

Bildung, Darstellung: Bldg. durch d. Kultur v. Histiozyten-Makrophagen 21-1438; Deut. d. Ergebnisse bei stufenweisen Markier. d. wachsenden —-Kette 23-1696; Bldg. bei Bakteriophagen T *4* (Einfl. v. Polyaminen) 41-1420; —-Urie bei d. Ratte (Indukt. durch nephrotox. Mittel) 26-1322; Gewinn. aus Hühnereiweiß durch Ionenaustausch 2-1190; Kristallisat. v. menschl. — aus Serum u. Harn v. Patienten mit monozyt. Leukämie 20-1337; Konz. in Zentrifugaten (Berechn.) 15-2089; Thermostabilität: v. ungelöster krist. — 32-1413; v. — in Lsg. 43-1235.

Eigenschaften: Physikochem. u. enzymat. Eig. v. Papaya-— 44-1246; Abnahme d. Fluoreszenz v. —-1-dimethylaminonaphthalin-5-sulfonyl 9-1262; UV- u. Fluoreszenzspektrum (pH-Einfl.) 34-0880; Fluoreszenz v. — u. —-Substrat-Komplexen 48-1338; opt. Rotat.-Dispers. (Einfl. anorgan. Detergentien) 25-1262; Disulfidbrücken v. Hennen-Eiweiß-— 1-1224; Sek.- u. Tertiärstruktur 1-1225; Cystin- u. Tryptophangeh. (Bezieh. zur Wärmestabilität u. spez. Aktivität) 2-1189; Struktur (spektrophotometr. Titrat. d. Tyrosylgruppen) 6-1276; Inhomogenität v. krist. Eiweiß-— 8-1297; Bezieh. zwischen chem. Struktur u. biolog. Aktivität v. Hühnereiweiß-— u. — verschiedener Spezies 9-1259; Konformat. v. Hühnereiweiß-— 9-1261; Lage d. akt. Tryptophanrestes in — 10-1240; Zusammenhänge zwischen Struktur u. Funkt. d. — durch Zirkulardichroismus 12-1263; Unters. einer Cystin- u. Tryptophanarmen — 15-1375; Unterschiede zwischen d. chem. Struktur v. Enten- u. Hühnereiweiß-— 15-1376; Struktur (Einfl. d. pH-Wertes auf d. Stabilität) 21-1437; Vork. v. nicht essentiellen Tryptophanresten in — (Lokalisier.) 31-1436; Skelettkonfig. d. krist. Hühnereiweiß-— 35-1314; Zuckerbind. an krist. u. lösl. — (Mess. durch direkte u. Löslichk.-Unters.) 36-1355; Antigendeterminanten v. Hühnereiklar-— 39-1486; Eig. d. Unterzentren E u. F d. akt. Zentrums v. — 43-1236; Mess. d. Zugänglichk. v. Chromophoren an — durch Stör. ihrer UV-Spektren durch Lsgm. 44-1038; chem. Struktur u. Konform. v. Hühnereiweiß-— 44-1041; Beweis für d. Reststruktur v. Säure- u. Hitze-denaturiertem — 44-1168; Struktur u. Funkt. v. — (Überblick) 45-1358; Aminosäuresequenz v. Bakteriophagen T *4*-— 45-1441; Bezieh. zwischen Aminosäuresequenz u. Konformat. 51/52-1431; β-Asparagylpeptide in enzymat. Hydrolysaten v. — 51/52-1432; Sedimentat.-Gleichgew. 12-0601, 15-1396; gespreitete —-Monoschichten 27-0750; Aggregat.-Vermögen d. γ-bestrahlten — (Unters. nach d. Meth. d. Löslichk. u. Gelfiltrat.) 30-1262; Sedimentat.-Gleichgew. v. Conalbumin-— (Computerprogramme) 33-2071; Wechselwrkg. v. Proteinen während d. Gelelektrophorese (Syst. Ovalbumin/Lysozym) 49/50-1980.

Reaktionen, Wirkungen: Bldg. freier Radikale in — nach Exposit. mit verschiedenen ionisierenden Strahl. (Temp.-Einfl.) 3-1528; Ox. durch J (kristallograph. Unters.) 13-1220; —-Verdauung 21-1440; elektrolyt. Red. 24-1222; Röntgenbestrahl. (Radikalausb. in Abhängigk. v. d. Krist.-Dimens.) 27-1079; Spalt. durch Aminopeptidase 39-1247; selektive chem. Modifikat. d. Arginyl-Reste v. — 42-1075.

Charge-Transfer-Komplex v. — 2-1191; Wrkg. auf Lipopolysaccharide aus Pseudomonas aeruginosa 2-1221; Abbau d. Intrinsic factor-Vitamin-B_{12}-Komplexes in vitro u. Freisetz. v. Vitamin B_{12} mit — 4-1260; Phenyl-6-O-[2-acetamido-2-desoxy-β-D-glucopyranosyl]-2-acetamido-3-O-[D-1'-carboxyäthyl]-2-desoxy-β-D-glucopyranosid als synthet. Substrat für Eiweiß- 9-1263; Rk. mit Gangliosiden 13-1218; Isolier. u. Zus. d. —-Substrats v. Micrococcus lysodeikticus 13-1219; nichtspezif. Rk. zwischen N-Äthylmaleimid u. — 15-1419; Bind. an Thyroxin 16-1533; Wechselwrkg.: v. Dextransulfat mit — 18-1223; zwischen — u. Penicillin 18-1224; Wrkg. v. Hühnerei-— auf Disaccharide 19-1410; chem. Struktur v. —-Substraten u. deren Spalt. durch d. Enzym (Überblick) 21-1439; mögl. Mechanismus d. —-Wrkg. 21-1440; Bind. u. Spalt. v. N-Acetylglucosaminoligosacchariden durch — (Überblick) 21-1441; Wechselwrkg. zwischen — u. Penicillin (Überblick) 21-1443; enzymat. Aktivität 23-1425; Rk.: mit Naphthochinonsulfonsäure (Zustände d. Aminogruppen) 23-1445; mit Monochlortrifluor-p-benzochinon (Reaktivitätsgrad d. Aminogruppen) 23-1446; d. Arg im — mit Glyoxal 23-1447; enzymat. Aktivität (Bind. v. Sacchariden) 29-1455; Rk. mit d. Ribonuclease aus Zellbruchstücken u. Ribosomen v. E. coli 31-1412; Bind. v. Chitinoligosacchariden an — 37-1415; —-Substrate p-Nitrophenyl-O-[2-acetamido-2-desoxy-β-D-glucopyranosyl]-1→4 O-[2-acetamido-2-desoxy-β-D-glucopyranosyl]-1 → 4-2-acetamido-2-desoxy-β-D-glucopyranosid u. Rk.) 41-1281; Rk. v. N-Bromsuccinimid mit — 42-1213; durch — katalysierte Glykosylübertrag. auf Akzeptorsaccharide 44-1247.

Einfl. auf d. Sphäroblastenbldg. bei E. coli u. Ribonucleasefreisetz. 1-1233; —-Empfindlichk. d. Zellwand v. Pseudomonas aeruginosa (Rolle d. Nicht-Peptidglykan-Komponenten bei d. Starrh. d. Zellwand) 1-1264; Einfl. auf d. Ox. einiger Substrate durch d. Zellen u. zellfreien Syst. v. Bacillus idosus 11-1298; Lysis d. Zellwände u. intakten Zellen v. Pseudomonas aeruginosa durch — u. EDTA 13-1313; Wrkg. auf Sporen v. Bacillus megatherium (Einfl. v. Thioglykolat) 14-1351; hohe —-Konz. u. d. Lysis v. Micrococcus lysodeikticus 14-1352; Isolier. u. Charakterisier. v. zwei Disaccharidpeptiden aus Zellwänden v. mit — behandeltem Micrococcus lysodeikticus 15-1429; Differenzier. v. — u. β-Lysin (bakterizide Wrkg.) 18-1222; Wrkg. auf d. Katalaseaktivität v. Mikroorganismen 20-1286; Gewinn. v. Fermentpräp. aus d. Myzel v. Actinomyces tradial durch Lysis mit Hilfe v. — 30-1277; Lysis v. Pediokokken- u. Brevibakterienzellen durch — 30-1279; Indukt. eines Typ-L-Wachstums in Mycobacterium tuberculosis durch — 30-1283; Anwend. v. — mit Ekmolin bei resistenten Stämmen 31-1746; Wrkg. auf d. bakteriellen Elektronentransportsyst. 32-1414; —-Lysis in Mikroben (Rolle v. Tris) 33-1571; Resistenz eines Streptomycin-resistenten Stammes v. Brevibacterium lactofermentum gegenüber — 42-1286; Lyse v. Vibrio succinogenes durch — 43-1296; Chromosomenmutat. durch Delet. zweier Basenpaare in — d. Bakteriophagen T *4* 43-1331; Einfl. v. Nafcillin auf d. Lyse v. Staphylococcus aureus durch — 46-1327.

Unspezif. Schutzwrkg. 2-1506; Bezieh. zwischen — u. Cholesterinspiegel d. Nebenniere d. Ratte 7-1435; bevorzugte Wechselwrkg. zwischen – u. neusynthetisierter DNS in Ehrlich-Asziteszellen 40-1154; Erhöh. d. lokalanästhet. Aktivität durch – 40-1536.

Beeinflussung: – beeinflussende Faktoren (Wrkg. auf Bakterienzellwände) 21-1442; Hemm. durch Imidazol- u. Indolderiv. 32-1415.

Verwendung: Verw. zur Abtrenn. d. pyrogenen Prinzips v. Myxoviren 16-1433; therapeut. Verw. 41-1840*.

Analyse, Untersuchungsmethoden: Mol.-Sieb-Chromatographie 11-1982; chromatograph. Verh. v. – in d. Chitinsäule 26-1321; Aktivitätsbest. (Vgl. d. Meth.) 5-1253; Best. 26-1317; spektrometr. Best. v. Arginin in – 24-2084; Einfl. auf d. Isotopenverdünn.-Analyse v. Zuckern in Proteinen 45-2137.

Mucopolysaccharidase M X

Elektrophorese 44-1538.

Muramidase

s. *Mucopeptid-Glucohydrolase.*

Muramylendopeptidase

Rolle bei d. Biosynth. d. formgebenden Elements d. Bakterienzellwand 40-1351.

Mutarotase

s. *Aldose-1-Epimerase.*

Mycodextranase

Substratspezifität 36-1351.

Myeloperoxydase (Verdoperoxydase)

– v. experimentellem Chlorom 15-1329; – -Aktivität in polymorphkern. Leukozyten (Einfl.) 33-1467; – -Thiocyanat-H_2O_2-antimikrobielle Syst. 32-1358.

Mykolytische Enzyme

Bldg. in Trichoderma viride 35-1312.

Myoinosit-Dehydrogenase

Wrkg. v. – aus E. coli auf DL-epi-Inosose-2 14-1335.

Myoinosit-Kinase

Phosphorylier. v. Myoinosit mit – 4-1036.

Myoinosit: O_2-Oxydoreduktase

s. *Myoinosit-Oxygenase.*

Myoinosit-Oxygenase (Myoinosit: O_2-Oxydoreduktase)

Pflanzl. – 20-1288.

Myokinase

s. *Adenylat-Kinase.*

Myrestyl-CoA

s. unter $C_{35}H_{62}N_7O_{17}P_3S$*).

Myrosinase

s. *Thioglucosidase.*

Myxobacter AL-1-Enzym

Best. 26-1317.

NAD

s. unter $C_{21}H_{27}N_7O_{14}P_2$*).

NADase

s. *NAD-Nucleosidase.*

NAD-Cytochrom c-Reduktase (DPN-Diaphorase, NAD-Diaphorase)

– -Aktivität: v. Lungenschnitten 8-1144; d. intrazellulären „Katalysomen" im Fettkörper v. Rhodinus 8-1157; in Fibroblasten während d. Viruskanzerogenese 11-1316; am Nidationsort beim Kaninchen (Wrkg. v. Östradiol u. Histamin) 12-1427; postmortale Veränder. d. – -Aktivität im Rinder- u. Schweinemuskel 17-1636; Vork. in menschl. Glioblastomen 19-1316; – -Aktivität in reifen Rattenhoden (Wrkg. v. Zystostatika) 22-1318; Geh. d. Nebennierenrinde d. Meerschweinchens: nach Abschluß einer langfrist. Cortisonvorbehandl. 22-1536; nach Metopironzufuhr 22-1537; – -Aktivität: in d. Frühstadien d. durch 3'-Methyl-4-dimethylaminoazobenzol induzierten Leberkarzinogenese 38-1348; d. Nephronbereiche 45-1655; histochem. Nachw. im Ovar d. Schweins 37-1360.

NAD-Dehydrogenasen

Spezielle – s. dort.

Vork. u. Lokalisat. in Fasciola hepatica u. Dendrocoelum lacteum 16-1283; Verteil. u. Aktivität im Rattenlungenkarzinom (Einfl. v. Röntgenbestrahl.) 51/52-1228; histochem. Nachw. 12-1203.

NAD-Diaphorase

s. *NAD-Cytochrom c-Reduktase.*

NAD-Glykohydrolase

s. *NAD-Nucleosidase.*

NADH($_2$)

s. unter $C_{21}H_{29}N_7O_{14}P_2$*).

NADH: (Akzeptor)-Oxydoreduktase

s. *NADH$_{(2)}$-Dehydrogenase.*

NADH–Cytochrom b_1-Reduktase

– -Aktivität u. Ubichinonmangel bei einer auxotrophen 4-Hydroxybenzoesäure-bedürft. Mutante v. E. coli 40-1314.

NADH$_{(2)}$–Cytochrom c-Reduktase [NADH$_{(2)}$-Diaphorase]

Vork. d. – d. Tricarbonsäurezyklus in zellfreien Extrakten d. Sporen v. Penicillium chrysogenum 31-1490; – v. Penicillium oxalicum (Hemmwrkg. v. Flavensomycin) 41-1387; – -Aktivität: in Rhizopus oryzae 47-1440; innerhalb d. Zellen v. Kohlpflanzen in d. Norm u. nach Infekt. durch Botrytis cinerea 2-1315; – in Vakuolen aus Wurzelzellen v. Maiskeimlingen 32-1250; – -Aktivität in aus Herzmuskel isolierten Mikrosomen 2-1097; Geh.: als Beweis für unterschiedl. Bläschenarten in d. Lebermikrosomenfrakt. 5-1155; in Entzünd.-Zellen d. Bauchhöhle 5-1292; Vork. in Lysosomen d. Rinderaugenlinsenepithels 5-1294; – -Aktivität in Rattenweibchen (Bezieh. zur Kondens.-Rk. Cholsäure–Taurin u. ATP-Synth. durch Rattenleberhomogenat) 8-1585; mitochondriale – d. Rattenhirns (Einfl. v. Corticosteroiden) 11-1409; zeitweises Auftreten v. – -Aktivität im Mitosezyklus v. Ehrlich-Aszitestumorzellen 15-1280; – im sich entwickelnden menschl. Muskel 16-1586; Vork. in Larven v. Ascaris lumbricoides 17-1340; – -Aktivität: v. Zellkernen aus Herz u. Uterus v. Ratten 19-1291; in Hirnmikrosomen v. Hühnern, Kröten u. Karpfen 23-1399; Identifizier. in d. äußeren Membran v. Mitochondrien 32-1257; Verteil. im Rattenovar 37-1617; – -Aktivität d. „ghosts" aus Mitochondrien nach Fe^{2+}-induzierter Lipidperox. 40-1105; Veränder. d. – -Aktivität v. Lebermikrosomen d. Hühnerembryos während d. Entw. 40-1502; – -Aktivität: in d. subzellulären Frakt. d. Rattenhirns (Wrkg. v. Desoxycholat, Gefrieren sowie Auftauen u. W.) 46-1270; in Mitochondrien (Vgl. d. Wrkg. v. Disulfiram u. Dimercaptopropanol–Arsenit) 51/52-1638.

O_2-induzierte Biosynth. v. – d. Hefe (Hemmwrkg. v. Zn^{2+}) 18-1275.

Coenzym-Q-Reduktase-Aktivität d. – 38-1366

Elektronenmkr. Nachw. mit TC-NBT u. OsO_4-Dampf 10-1211; histochem. Nachw. 12-1203; zytochem. Nachw. bei Pilzen 37-1352.

NADH$_{(2)}$–Cytochrom d-Dehydrogenase

– -Aktivität in d. Leber (Einfl. v. Atromid S) 32-1679.

NADH$_{(2)}$-Dehydrogenase (DPNH-Dehydrogenase, NADH-Reduktase, NADH: (Akzeptor)-Oxydoreduktase)

– in d. Elektronentransportkette in d. Mitochondrien 44-1077; – -Aktivität in zytoplasmat. „petite"-Stämmen v. Saccharomyces cerevisiae 20-1251; Verteil. in Membranorganzellen v. Bacillus megatherium bei d. Dichtegradientzentrifugier. 39-1284; – -Aktivität beim Wachstum v. Saccharomyces cerevisiae 47-1420; – in Säugetierhirn (Tetrazoliumreduktase-Aktivität) 6-1252; Antimycin-A- u. Alkan-empfindl. lösl. – aus Rattenleber (Reinig. u. Charakterisier.) 29-1412; Vork. in Zellmembranen v. Ehrlich-Aszitestumorzellen 33-1418; – -Aktivität in Zellen unter Einfl. v. Penicillin 45-1732; Reinig.: u. Eig. v. – aus Saccharomyces cerevisiae 7-1209; aus d. Membran v. Micrococcus lysodeikticus 19-1365; Existenz u. Funkt. einer okkulten reaktionsfäh. Sulfhydrylgruppe d. – d. Atmungskette 15-1325; Rk. v. Mitochondrien-– mit Cholat u. Desoxycholat (Abspalt. v. Flavin) 16-1273; Stereospezifität d. alloster. – aus Mycobacterium tuberculosis 8-1245; Red. d. Flavinhälften v. – durch NADH 19-1366; Stereochemie d. H-Transports in Atmungsketten gebundener – 32-1345; histochem. Nachw. in d. Adenohypophyse d. Schweines, bes. in d. Pars intermedia 46-1261.

NADH$_{(2)}$-Diaphorase

s. *NADH$_{(2)}$-Cytochrom c-Reduktase.*

NADH–Farbstoff-Reduktase

– aus fakultativ photoheterotrophen Rhodopseudomonas palustris (Eig. u. Rk.) 14-1256.

NADH–Ferricyanid-Reduktase (DPNH–Ferricyanid-Reduktase)

– -Aktivität in Herzmuskelpräp. bei d. DPNH-Ox. (Nachw. v. Existenz u. Funkt. einer okkulten, sehr reaktionsfäh. Sulfhydrylgruppe) 15-1325.

NADH: Lipoamid-Oxydoreduktase

s. *Lipoamid-Dehydrogenase.*

NADH$_2$–MetHb-Reduktase

– -Aktivität in menschl. Erwachsenen- u. Nabelschnur-Erythrozyten nach Inkubat. mit Glucose oder Inosin 11-1461.

NADH$_2$: 2-Methyl-1.4-naphthochinon-Oxydoreduktase

Einfl. auf d. Red. v. Cytochrom b_1 durch $NADH_2$ in einem gereinigten lösl. Syst. v. E. coli 1-1194.

NADH:NAD-Oxydoreduktasen

Spezielle – s. dort.

Einw. verschiedener Detergentien auf Rinderherzmitochondrien zur Solubilisier. d. – 28-1239.

NADH$_{(2)}$-Oxydase

– -Syst. v. Agrobacterium tumefaciens 20-1276; – in zwei Frakt. aus zellfreien Extrakten v. Proteus mirabilis 20-1396; – -Aktivität: in Pseudomonas aeruginosa in Kulturen auf Glucose, α-Ketoglutarat oder Acetat 25-1417; Blaugrüner Algen 25-1525; v. Staphylococcus aureus *209-P* (Einfl. v. Penicillin u. halbsynthet. Penicillinen) 30-1320; – in E. coli-Partikeln 36-1255; Verteil. in Proteusbakterien 37-1479; – -Aktivität u. Ubichinonmangel bei einer auxotrophen 4-Hydroxybenzoesäure-bedürft. Mutante v. E. coli 40-1314; – v. Penicillium oxalicum (Hemmwrkg. v. Flavensomycin) 41-1387; – -Aktivität: in Mycoplasma laidlawii (Hemmwrkg. v. ADP) 42-1179; in E. coli (Regulier. durch Einw. v. O_2, Nitrat oder Nitrit) 44-1289; in subzellulären Partikeln aus Rizinussamenendosperm 47-1413; in d. Mitochondrien v. Hirn u. Herz d. Ratte (Einfl. v. Corticosteroidhormonen) 5-1391; mitochondriale – d. Rattenhirns (Einfl. v. Corticosteroiden) 11-1409; – -Aktivität: in Hirnmikrosomen v. Hühnern, Kröten u. Karpfen 23-1399; d. inneren bzw. äußeren Mitochondrienmembranen 24-1258; v. Mitochondrien aus neoplast. Gewebe 25-1340; in Rattennebennieren (Bezieh. zur ACTH-Injekt.) 45-1338; – -Syst. v. Monieza expansa 51/52-1245; Vork. im partikelgebundenen Dihydroorotsäureoxydase-Syst. aus Pseudomonas 26-1272.

Wiederherst. d. – -Aktivität in Mitochondrien durch Coenzym Q 20-1245; Isolier.: aus Schweinelebermitochondrien 17-1341; aus E. coli (Rk.) 36-1256.

Hemm. in E. coli 17-1370; Hemmwrkg.: v. Mersalyl auf – 19-1366; v. Narkotika, Carbamat u. A. auf d. – 26-1274; Konstit. u. biolog. Aktivität v. Coenzym Q u. verwandten Verb. gegenüber – 31-1376; Hemm. durch Piericidin A 43-1186; Photoinaktivier. in Sarcina lutea 47-1419.

NADH$_2$-Pyrophosphatase

Isozyme (Reinig., Wrkg.) 2-1195.

NADH-Reduktase

s. *NADH$_{(2)}$-Dehydrogenase.*

NADH: Semidehydroascorbat-Oxydoreduktase

Kinetik d. mikrosomalen – 21-1398.

NADH–Tetrazolium-Reduktase

Vork.: in d. Harderschen Drüse d. Kaninchens 16-1284; in Muskelfasern 16-1312; – -Aktivität im Gehirn v. Ratten nach Infekt. mit Crytococcus neoformans 24-1429; Histochemie im Verlauf d. Hühnchennierenhistogenese 32-1329.

NADH–Ubichinon-Reduktase

Best. in submitochondrialen Teilchen u. Extrakten 16-1313.

NAD-Kinase (Nicotinamidadenindinucleotid-Kinase)

– aus Azotobacter vinelandii (Reinig. u. Eig.) 40-1235; – in höheren Pflanzen 8-1272; – -Aktivität in d. Leber v. Ratten (Einfl. v. Karzinogenen) 36-1249; Indukt. durch DDT bei Triatoma infestans 37-1391.

NAD-Nucleosidase (Diphosphorpyridin-Nucleosidase, DPNase, NADase, NAD-Glykohydrolase, Nicotinamid-adenindinucleotidase)

– in normalen u. Tumorgeweben v. Mäusen u. Ratten (Wrkg. v. 1.3-Bis-[2-chloräthyl]-1-nitrosoharnstoff) 25-1328; --Aktivität bei experimenteller Tuberkulose 32-1421; -: aus d. menschl. Milz 39-1251; aus Schweinegehirn (Reinig. u. Charakterisier.) 40-1263; --Aktivität in Tumorzellen (Einfl. v. zytostat. Agenzien) 45-1328; Regulat. (Bedeut. d. intrazellulären Nicotinsäureamids) 18-1171; Löslichmach. u. Vgl. d. Eig. einiger - 40-1264; Einfl. auf d. EPR-Spektrum v. Ferredoxin aus Clostridium pasteurianum 2-1224; keine Beteilig. an d. Synth. d. NAD in Ehrlich-Aszitestumorzellen aus Nicotinsäureamid 19-1317; Rk. mit NAD im Skelettmuskel 21-1467; Einfl. v. Antitumormitteln auf - v. Yoshida-Sarkomzellen 9-1211; intrazellulärer Hemmer d. Streptokokken-- in β-hämolyt. Streptokokken 19-1459; Verw. v. Bisulfit bei d. Streptokokken-Anti--Probe 14-1363.

NADP-Cytochrom f-Reduktase (Nicotinamidadenindinucleotidphosphat-Cytochrom f-Reduktase)

- aus Chloroplasten 21-1572.

NADP-Diaphorase (TPN-Diaphorase)

--Aktivität: v. Lungenschnitten 8-1144; in Fibroblasten während d. Viruskanzerogenese 11-1316; postmortale Veränder. d. --Aktivität im Rinder- u. Schweinemuskel 17-1636; --Aktivität: in d. Frühstadien d. durch 3'-Methyl-4-dimethylaminoazobenzol induzierten Leberkarzinogenese 38-1348; d. Nephronbereiche 45-1655; histochem. Nachw. im Ovar d. Schweines 37-1360.

NAD-Peroxydase

Umwandl. in Ggw. v. NADH 17-1292; Ox. v. $NADH_2$ durch subzelluläre Frakt. unter Beteilig. v. - 19-1377.

NADP-Ferredoxin-Reduktase

Überführ. durch anaerobe Belicht. in blaue u. rote Semichinone 43-1182.

NAD(P)-Glykohydrolase

s. *NAD(P)-Nucleosidase.*

NADPH(2)

s. unter $C_{21}H_{30}N_7O_{17}P^3$*).

NADPH : (Akzeptor)-Oxydoreduktase

s. *NADPH(2)-Dehydrogenase.*

NADPH(2)-Cytochrom c-Dehydrogenase

s. *NADPH(2)-Cytochrom c-Reduktase.*

NADPH(2)-Cytochrom c-Oxydoreduktase

s. *NADPH(2)-Cytochrom c-Reduktase.*

NADPH(2)-Cytochrom c-Reduktase [NADPH(2)-Cytochrom c-Dehydrogenase, NADPH(2)-Diaphorase, NADPH(2) : Cytochrom c-Oxydoreduktase]

Coenzymat. Aktivität d. 2-Anilino- u. 2-Morpholinoderiv. v. FMN bei Hefe-- 11-1229; Vork. d. - d. Tricarbonsäurezyklus in zellfreien Extrakten d. Sporen v. Penicillium chrysogenum 31-1490; --Aktivität in Gerstenblättern bei Infekt. mit staubigem Mehltau 1-1340; Geh. als Beweis für unterschiedl. Bläschenarten in d. Lebermikrosomenfrakt. 5-1155; --Aktivität: in Rattenlebermikrosomen (Einfl. v. Phenobarbital, Methylcholanthren u. männl. Geschlechtshormon) 21-1775; in Hirnmikrosomen v. Hühnern, Kröten u. Karpfen 23-1399; in d. Leber (Einfl. v. Atromid S) 32-1679; in d. subzellulären Frakt. d. Rattenhirns (Wrkg. v. Desoxycholat, Gefrieren sowie Auftauen u. W.) 46-1270; in d. Magenmukosa 47-1372; v. Säugetierleber 51/52-1256; Red. v. Sulfit durch red. Viologene katalysierendes Protein aus Aspergillus nidulans mit --Aktivität 41-1258; gleichzeit. Indukt. u. Repress. v. Nitratreduktase u. - in Neurospora crassa 17-1286; Umsatz in Lebermikrosomen Phenobarbital-behandelter Mäuse 20-1609; Überführ. durch anaerobe Belicht. in blaue u. rote Semichinone 43-1182; durch Primaquin katalysierte Red. v. Cytochrom c durch NADPH in Kombinat. mit - 25-1347; Einfl. v. Phenobarbital u. 3-Methylcholanthren auf CO-empfindl. u. unempfindl. - d. Säugetierleber 51/52-1257; histochem. Nachw. 12-1203; zytochem. Nachw. bei Pilzen 37-1352; Unterscheid. d. - v. $\alpha.\beta$-ungesätt. Ketonreduktase 51/52-1252.

NADPH-Cytochrom f-Reduktase

Vork. in grünen Pflanzen (mit Ferredoxin) 8-1213.

NADPH-Cytochrom P-450-Reduktase

Isolier. aus d. Nebennierenrinde 12-1202.

NADPH : DCPIP-Oxydoreduktase

--Synth. in Rattentestes (Einfl. v. Choriongonadotropin) 38-1604.

NADPH(2)-Dehydrogenase [Altes gelbes Ferment, NADPH : (Akzeptor)-Oxydoreduktase]

--Aktivität in Zellen unter Einfl. v. Penicillin 45-1732; - in Säugetierhirn (Tetrazoliumreduktase-Aktivität) 6-1252; unbekannte Substanz aus - d. Rindergehirns (Isolier. u. Analyse) 25-1684; Trenn. in verschiedene Komponenten 25-1685; Überführ. durch anaerobe Belicht. in blaue u. rote Semichinone 43-1182; Katalysier. d. Campherlactonisier. in Pseudomonas putida durch - 32-1499; histochem. Nachw. in d. Adenohypophyse d. Schweines, bes. in d. Pars intermedia 46-1261.

NAD(P)H-Dehydrogenase [DT-Diaphorase, Menadion-Reduktase, $NAD(P)H_2$: Menadion-Oxydoreduktase]

- d. Bäckerhefe (teilweise Identität mit Lipoamiddehydrogenase) 6-1249; zelluläre Lokalisat. in E. coli 21-1397; --Aktivität in E. coli-Partikeln 36-1255; - in Hydrogenomonas eutropha (Eig., Rk.) 12-1197; Red. v. Sulfit durch red. Viologene katalysierendes Protein aus Aspergillus nidulans mit --Aktivität (Isolier.) 41-1258; Isolier. aus E. coli (Rk.) 36-1256; Reinig. u. Eig. d. - v. E. coli 17-1285; --Aktivität v. Lipoamiddehydrogenase (Einfl. d. SH-Gruppenblockier.) 2-1148; Stereospezifität v. - aus Mycobacterium tuberculosis 8-1245; Stereochemie d. H-Transports bei --katalysierten Rk. 32-1345; Umwandl. v. 4-Nitrochinolin-1-oxid in 4-Hydroxyaminochinolin-1-oxid in Rattenleber u. -hepatomen durch - 42-1140; Inaktivier. durch Metallionen in Ggw. v. $NADH_2$ 27-1424; Hemm. durch Piericidin A 43-1186.

NADPH(2)-Diaphorase

s. *NADPH(2)-Cytochrom c-Reduktase.*

NADPH-Dichlorphenolindophenol-Diaphorase

s. *Dichlorphenolindophenol-Reduktase.*

NAD(P)H : 2.6-Dichlorphenolindophenol-Oxydoreduktase

s. *Dichlorphenolindophenol-Reduktase.*

NADPH : Ferredoxin-Reduktase (TPNH : Ferredoxin-Reduktase)

Einfl. auf d. EPR-Spektrum v. Ferredoxin aus Clostridium pasteurianum 2-1224.

NADPH-Ferricyanid-Reduktase

--Aktivität in Rattenlebermikrosomen (Einfl. v. Phenobarbital, Methylcholanthren u. männl. Geschlechtshormon) 21-1775.

$NAD(P)H_2$: Menadion-Oxydoreduktase

s. *NAD(P)H-Dehydrogenase.*

NADPH-Methämoglobin-Reduktase

--Aktivität in Erythrozyten (Verh. bei d. in vitro-Konservier.) 10-1461.

$NADPH_2$: 3-Methylenoxindol-Reduktase

Vork. in Erbsen 22-1328.

NADPH : NAD-Oxydoreduktase

s. *NAD(P)-Transhydrogenase.*

NADPH(2) : NAD-Transhydrogenase

s. *NAD(P)-Transhydrogenase.*

NADPH-Neotetrazolium-Diaphorase

--Aktivität in Rattenlebermikrosomen (Einfl. v. Phenobarbital, Methylcholanthren u. männl. Geschlechtshormon) 21-1775.

NAD(P)H-Neotetrazolium-Reduktase

- neben lösl. Diaphorase in Rattenleber u. Embryonen v. Vicia faba 22-1336.

$NADPH_2$: Nitrat-Oxydoreduktase

s. *Nitrat-Reduktase ($NADPH_2$).*

NADPH-Oxydase (*red.* Triphosphorpyridinnucleotid-Oxydase)

--Aktivität in Pseudomonas aeruginosa in Kulturen auf Glucose, α-Ketoglutarat oder Acetat 25-1417; vermutl. Vork. v. Naphthochinon-abhäng. - in Gehirnmikrosomen 1-1176; --Aktivität: in Rattenlebermikrosomen (Einfl. v. Phenobarbital, Methylcholanthren u. männl. Geschlechtshormon) 21-1775; v. Mitochondrien aus neoplast. Gewebe 25-1340; in Lebermikrosomen (Stimulier. durch Vitamin K_3) 26-1275; in d. Leber nach Stimulat. durch Wirkstoffe 27-1744; in Rattennebennieren (Bezieh. zur ACTH-Injekt.) 45-1338; Umwandl. d. Stearylacylträgerproteins durch - 12-1313.

$NADPH_2$-Pyrophosphatase

Isozyme (Reinig., Wrkg.) 2-1195.

NADPH-Rubredoxin-Reduktase (DPNH-Rubredoxin-Reduktase)

- bei d. Fettsäure- u. KW-Stoff-Hydroxylier. 28-1346.

NADPH : SF-Oxydoreduktase

Isolier. aus Mitochondrien (Eig.) 3-1231.

NADPH-Tetrazolium-Reduktase

--Aktivität bei Hautretikulosarkomatose 3-1201; Vork. in d. Harderschen Drüse d. Kaninchens 16-1284.

NADPH-Thioredoxin-Reduktase

Überführ. durch anaerobe Belicht. in blaue u. rote Semichinone 43-1182.

NADP-Methämoglobin-Reduktase

Red. v. Cytochrom c durch - (Einfl. v. Primaquine) 25-1347.

NAD(P)-Nucleosidase [NAD(P)-Glykohydrolase]

-: aus Rindermilz (Löslichmachen u. Anreicher.) 12-1268; d. lymphat. Gewebes 12-1269; --Aktivität: in menschl. Hirntumoren 45-1304; in normalem u. Tumorgewebe 45-1307.

NADP-Reduktase

- isolierter Chloroplasten (Hemm. durch Chloroplasten-Antikörper) 44-1364; Isolier. aus fakultativ photoheterotrophen Rhodopseudomonas palustris (Eig. u. Rk.) 14-1256; Red. v. NADPH-Cytochrom$_{554}$ durch - u. Ferredoxin aus Navicula pelliculosa 8-1213.

NAD(P)-Transhydrogenase [NADPH : NAD-Oxydoreduktase, NADPH(2) : NAD-Transhydrogenase, Pyridinnucleotid-Transhydrogenase, Transhydrogenase]

Aktivität u. Coenzymspezifität v. bakterieller - 16-1281; --Aktivität in Pseudomonas aeruginosa in Kulturen auf Glucose, α-Ketoglutarat oder Acetat 25-1417; Vork. in Larven v. Ascaris lumbricoides 17-1340; --Aktivität: in Rattennebennieren (Bezieh. zur ACTH-Injekt.) 45-1338; d. Lipoamiddehydrogenase aus menschl. Leber 14-1254; d. NADP-Reduktase aus fakultativ photoheterotrophen Rhodopseudomonas palustris 14-1256; Einw. verschiedener Detergentien auf Rinderherzmitochondrien zur Solubilisier. d. - 28-1239; mögl. Rolle bei d. Corticosteroidgenese 24-1586; Bedeut. bei d. Atmung d. Mitochondrien v. normalen u. neoplast. Geweben 25-1340.

NAD-Pyrophosphorylase

s. *NMN-Adenyltransferase.*

NAD-Synthetase [Desamido-NAD : L-Glutamin-Amidoligase (AMP)]

Reinig. u. Eig. d. - aus E. coli B 12-1307

Nagarse

s. *Subtilopeptidase A.*

Naphthol-AS-Esterase

Lokalisat. in d. Leber (Veränder. nach Anwend. v. Orotsäure u. Vitamin B_{12}) 1-1462.

Naphthol-Phosphatase, saure

Geh. in Entzünd.-Zellen d. Bauchhöhle 5-1292.

α-Naphthylacetat-Esterase

Vork. bei Siboglinum atlanticum 27-1653.

Naphthylamidase (Naphthylamid-Hydrolase)

--Aktivität d. durch Tris zerstörten Bürstensaumes d. Darmepithelzellen 29-1369; histochem. Nachw. v. Leukozyten-- unter Anwend. v. Alanyl- u. Methionyl-4-methoxy-2-naphthylamid 8-1313; elektrophoret. Best. in Leptospiren 38-1487.

Naphthylamid-Hydrolase

s. *Naphthylamidase.*

Naphthylesterase

Geh. in Entzünd.-Zellen d. Bauchhöhle 5-1292; Vork.: in menschl. Glioblastomen 19-1316.

Naringinase

Produkt. durch Aspergillus niger 17-1319. Hemmwrkg. v. Zuckern auf d. - 14-1290.

Neuraminidase (Sialidase, *N*-Acetylneuraminat-Glykohydrolase)

— aus Myxoviren (Charakterisier.) 1-1226; —-Aktivität: in Diplococcus pneumoniae (Best.) 6-1277; v. Sendaivirus (Spezifität) 26-1323; in klin. Isolaten v. Diplococcus pneumoniae 33-1507; Verteil. d. — unter d. Nahr.-Mittel vergiftenden Stämmen v. Clostridium perfringens 49/50-1360; — aus Rattenleber u. -niere (Eig., Rk.) 36-1356; intrazelluläre Lokalisier. d. zerebralen — 43-1241; partikelgebundene Sialyllactosidoceramid-spaltende Säugetier-— 47-1403.

Reinig. aus Kaninchenniere (Eig.) 37-1418.

Einfl. auf d. elektrophoret. Verh. d. Esterasen d. Mäuseserums 5-1246; elektrophoret. Beweglichk. d. alkal. Phosphatase d. Synovialfl. bei Behandl. mit — 32-1400.

Wrkg. v. — aus Vibrio cholerae auf α- u. β-N-Acetylneuraminsäurebenzylglykosid 6-1559; Darst. einer Reihe durch — spaltbarer Ketoside 35-1121; intrazelluläre Aufnahme v. — 32-1416; Unterschiede im Spaltvermögen v. Virus u. Vibrio cholerae-— auf Sialsäureähnl. Substrate 28-1423; Funkt. d. — für d. Initialphase d. Influenzavirusinfekt. 44-1248; Wrkg.: auf d. menschl. Harnglykoprotein v. Tamm u. Herzfall 15-1377; auf Fibrinogen d. Menschen u. d. Rindes (Gewinn. v. Sialsäuren) 19-1629; auf d. leichte Protein-Polysaccharid-Frakt. d. Rinder-Nasalseptums 20-1387; auf d. phagozyt. Prozeß in menschl. Monozyten 28-1422; auf d. Aggregat. v. Blutplättchen 28-1626; Abspalt. v. Sialsäure aus d. alkal. Phosphatase d. menschl. Plazenta durch — 35-1302; Wrkg. auf alkal. Phosphatase aus menschl. Niere 36-1343; Freisetz. v. Sialsäure aus Ehrlich-Asziteskarzinomzellmembran durch — 40-1161; Beeinfluss. d. Erythrozyten-Sedimentat.-Rate u. d. Neuraminsäure-Abspalt. durch — durch ein kleinmol. Glykoproteid 46-1426.

Best. 37-1417.

N_2-fixierende Enzyme

ATP-abhäng. Red. v. Azid u. HCN durch — v. Azotobacter vinelandii u. Clostridium pasteurianum 41-1293.

Nicotinamidadenindinucleotidase

s. *NAD-Nucleosidase.*

Nicotinamidadenindinucleotid-Cytochrom f-Reduktase

s. *NADP-Cytochrom f-Reduktase.*

Nicotinamidadenindinucleotid-Kinase

s. *NAD-Kinase.*

Nicotinamid-N-oxid-Reduktase

Red. v. Nicotinamid-N-oxid mit — 40-1184.

Nicotinatmononucleotid-Adenyltransferase (Desamido-DPN-Pyrophosphorylase)

— aus E. coli u. Hefe 40-1240.

Nicotin-Oxydase

Erhöh. d. —-Aktivität d. Leber durch Nicotin u. einige Karzinogene 35-1236.

Nicotinsäuremononucleotid-Pyrophosphorylase

s. *NMN-Adenyltransferase.*

Nitrat-Reduktase

—-Aktivität: in E. coli K_{12} (Wrkg. v. Nitrat) 16-1412; in Tuberkulosemykobakterien 34-1269; in E. coli (Einfl. v. Nitrat im Medium) 39-1285; in Aspergillus nidulans (genet. u. biochem. Unters.) 40-1076; in Sojapflanzen (Einfl. d. exogenen RNS u. ihrer N-Basen) 2-1307; als Anzeichen d. Mo-Spiegels bzw. d. Mo-Bedürfnisses v. Citruspflanzen 9-1234; d. Embryonen ruhender u. nachgereifter Agrostemma-Samen 9-1235; im Gewebe grüner Blätter (Wrkg. v. Chloramphenicol) 14-1255; Verteil. in d. Gerste 20-1281; Anstieg d. —-Aktivität v. mit Simazin-behandelten Pflanzen 47-1555; — in Zuckerrohrgeweben 49/50-1262.

Spezifität d. —-Indukt. bei Bacillus cereus 6-1250; Indukt. mikrosomaler — d. Rattenleber durch verschiedene DDT- u. Toxaphendiäten 19-1739; Stimulier. d. Bldg. v. — bei Staphylococcus durch Chloramphenicol 29-1411.

— gebundene Phosphorylier. bei Micrococcus denitrificans 15-1318; Rolle d. — u. Glucose bei d. Ox. v. β-Nitropropionsäure durch Aspergillus flavus 25-1419; Substrate d. assimilator. u. dissimilator. — aus Aerobacter aerogenes (kompetitive Inhibitoren) 38-1369; — bei d. Nitratred. in Aspergillus nidulans (Regulier.) 44-1051; Red. d. Nitrate durch Maiswurzeln bei Anaerobiose d. Wurzeln durch — 35-1427.

Änder. an — d. bakteriellen Elektronentransports bei Entw. einer Resistenz gegen Oxytetracyclin 29-1528; kompetitive Hemmer d. — aus Bacillus cereus u. Pseudomonas aeruginosa 39-1318; Hemm. d. — in Pflanzen durch L-Azetidin-2-carbonsäure u. seine Aufheb. durch L-Prolin 49/50-1261.

Best. im Boden 17-3340; Nachw. zur Differenzier. d. Mycobakterien 21-1518.

Nitrat-Reduktase (NADPH) [$NADPH_2$: Nitrat-Oxydoreduktase]

— in kultivierten Tabakzellen (Regel.) 22-1335; gleichzeit. Indukt. u. Repress. v. — u. TPNH-Cytochrom c-Reduktase in Neurospora crassa 17-1286.

Nitrilase

Rk. v. — mit Glucobrassicin (Wirsing) 19-1530.

Nitrit-Reduktase

—-Aktivität: in Tuberkulosemykobakterien 34-1269; in Aspergillus nidulans (genet. u. biochem. Unters.) 40-1076; aus Pflanzen (Isolier., Elektronendonatorspezifität) 5-1212; im Gewebe grüner Blätter (Wrkg. v. Chloramphenicol) 14-1255; photosynthet. — aus Spinat (Reinig., Eig.) 16-1314; Verteil. in d. Gerste 20-1281; an — gebundene Phosphorylier. bei Micrococcus denitrificans 15-1318; Red. v. Nitritionen durch Lactobacillus-— 32-1500; — bei d. Nitratred. in Aspergillus nidulans (Regulier.) 44-1051.

***p*-Nitrobenzoyl-α-chymotrypsin**

Basen-katalysierte Hydrolyse (Kinetik) 45-0975.

Nitrobrenzcatechin-Sulfatase

—-Aktivität in d. menschl. Thrombozyten 16-1360.

Nitrogenase

—-Syst. v. Azotobacter (Zwei-Enzymbedarf für N_2-Red., ATP-abhäng. H_2-Entw. u. ATP-Hydrolyse) 40-1302; Red. v. Cyanid u. Isocyanid durch — v. Azotobacter chroococcum 28-1479.

***p*-Nitrophenyl-β-D-glucosidase**

Regulier. in Schizophyllum commune 42-1214.

***p*-Nitrophenylphosphatase**

s. *p-Nitrophenylphosphat-Phospohydrolase.*

***p*-Nitrophenylphosphat-Phosphatase**

s. *p-Nitrophenylphosphat-Phosphohydrolase.*

***p*-Nitrophenylphosphat-Phosphohydrolase (*p*-Nitrophenylphosphatase, *p*-Nitrophenylphosphat-Phosphatase)**

—-Aktivität d. Prostata (Wrkg. v. Steroidhormonen) 4-1166; Vork. einer K^+-stimulierten — in Mikrosomen d. Magenmukosa 35-1304; K^+-abhäng. —-Aktivität: v. aus Rattenleber isolierten Plasmamembranen 45-1355; aus einem hochspezif. Adenosintriphosphatasepräp. aus Kaninchenhirn 36-1389; Temp.-Abhängigk. d. —-Aktivität d. Na u. K aktivierten Adenosintriphosphatase aus Rattenhirn 36-1388; Hydrolyse v. p-Nitrophenylphosphat mit — bei normalen u. mit Cortison behandelten Ratten 5-1410.

NMN-Adenyltransferase (Diphosphorpyridinnucleotid-Pyrophosphorylase, NAD-Pyrophosphorylase, Nicotinsäuremononucleotid-Pyrophosphorylase)

— aus E. coli u. Hefe 40-1240; —-Aktivität: v. Zellkernen aus Herz u. Uterus v. Ratten 19-1291; in d. Leber v. Ratten (Einfl. v. Karzinogenen) 36-1249; Aktivitätsabnahme in Tumoren 35-1232.

„Nothing"-Dehydrogenase

Bezieh. zwischen Galaktosedehydrogenase, — u. Alkoholdehydrogenase 24-1345 bis 24-1347.

N-Oxid-Desalkylase

— d. Schweinelebermikrosomen (Rk.) 32-1330; (Eig.) 32-1331.

N-Oxid-Synthetase

— d. Schweinelebermikrosomen (Rk.) 32-1330.

Nuclease I

Spezifität v. — aus Kartoffelknollen 43-1225.

Nuclease II

Spezifität v. — aus Kartoffelknollen 43-1225.

Nucleasen

Spezielle — s. dort.

— einer Mutante v. Aspergillus var. fumeus 7-1224, 7-1225; Streptokokken-— 35-1307, 35-1308; extrazelluläre — bei Micrococcus sodonensis (Isolier. u. Reinig.) 41-1275; (Charakterisier. u. Wirkungsweise) 41-1276; —: d. Mikroorganismen 47-1390; v. Champignons 18-3098; Verteil. d. — d. mikrosomalen Frakt. v. Rattenleber zwischen Ribosomen u. endoplasm. Membranen 19-1387; synthet. mit d. N-terminalen Sequenz v. Rinderpankreas-— verwandte Peptide 30-1138 bis 30-1140; gereinigte Rattenleber-— (Eig.) 8-1288; multiple Molgew.-Formen v. Staphylococcus-— 25-1358; Wrkg. auf Pferdeencephalitis-Virus-RNS (Einfl. v. methyliertem Albumin) 5-1333; Empfindlichk. v. HeLa-Zellen-Ribosomen gegenüber Pankreas-— 35-1195.

Nuclease-T

— ein akt. Deriv. d. Staphylococcus-Nuclease (Eig.) 43-1226.

Nucleodepolymerasen

Reinig. d. extrazellulären — v. Serratia marcescens 7-1231.

Nucleosidase

— v. Octopus vulgaris 10-1241.

Nucleosid-Desoxyribosyltransferase (Trans-*N*-Desoxyribosylase)

—-Aktivität in Nährkulturen v. Lactobacillus helveticus 26-1291.

Nucleosiddiphosphatglucose-Pyrophosphorylase

— in Mastzellentumoren 26-1300.

Nucleosiddiphosphathexose-Pyrophosphatase

—-Aktivität aus beschallten E. coli (Eig.) 19-1402.

Nucleosiddiphosphat-Kinase (Nucleosiddiphosphokinase, Nucleosidtriphosphat-Nucleosiddiphosphat-Transphosphorylase)

— (2. Mitt.) 33-1477; —-Aktivität: d. Stärkekörner aus Maniok 18-1252; d. Vesikel d. sarkoplasmat. Retikulums 12-1224; Erythrozyten-— (Unters.) 16-1337; —-Aktivität: in normaler Rattenleber u. Ratten-Asziteshepatomzellen 23-1330; in menschl. Blutplättchen (Einfl. d. Koagulat.) 30-1460; Bldg. v. phosphorylierter — bei d. ADP-ATP-Austauschrk. in Rinderherzmitochondrien 16-1336; Auffinden v. Phosphohistidin in — aus Jerusalem-Artischocken-Mitochondrien 8-1276; Beweis für d. phosphorylierte — als Zwischenprod. 11-1234; Rk. mit Insulin (Regulier. d. Intermediärstoffwechsels) 23-1453; Kinetik u. Hemm. d. durch eine gereinigte mitochondriale — katalysierten ADP-ATP-Austausches 20-1311.

Nucleosiddiphosphat-Phosphohydrolase

Hydrolyse v. Nucleosiddiphosphaten mit — bei normalen u. mit Cortison behandelten Ratten 5-1410.

Nucleosiddiphosphat-Polynucleotid-Nucleotidyltransferase

s. *Polynucleotid-Phosphorylase.*

Nucleosiddiphosphokinase

s. *Nucleosiddiphosphat-Kinase.*

Nucleosidmonophosphokinase

—-Aktivität: in normaler Rattenleber u. Ratten-Asziteshepatomzellen 23-1330; in Rinderherzmitochondrien (Hemm. durch Atractylosid) 44-1078.

Nucleosid-Phosphorylasen

Spezielle — s. dort.

Zusammenhang zwischen —-Aktivität u. Desoxyribose-Austausch in Präp. v. Ehrlich-Asziteszellen u. Kalbsmilz 1-1197; Hydrolyse v. 6-Benzylamino-9B-D-ribofuranosylpurin u. 6-Hexylamino-9B-D-ribofuranosylpurin durch — 28-1387; Rolle bei d. Anreicher. v. Purinvorstufenderiv. bei E. coli 10-1171; Konfig.-Best. v. Nucleosiden mit — 40-1125.

Nucleosid-Phosphotransferasen

Spezielle — s. dort.

—-Aktivität d. Weizenblattes 7-1244; Wrkg. v. bakteriellen — auf 5-Amino-4-imidazolcarboxamid-β-D-ribosid 30-1194.

Nucleosid-Ribosyltransferase

Nucleosid-N-ribosylgruppen-Transferrk. in Bakterien mit — 29-1425.

Nucleosidtriphosphatase

--Aktivität: v. Ribosomen aus Sojabohnenkeimlingen 23-1544; d. myofibrillären — d. Rindermuskels 35-3165; --Modifizier. v. Myosin durch Disulfidaustausch 7-1221.

Nucleosidtriphosphat-Nucleosiddiphosphat-Transphosphorylase

s. *Nucleosiddiphosphat-Kinase.*

Nucleosidtriphosphat-Pyrophosphohydrolase

— d. Plasmamembran d. Leberzelle 20-1170.

Nucleosidtriphosphat : RNS-Nucleotidyltransferase

s. *RNS-Nucleotidyltransferase.*

3′-Nucleotidase

Rk. in E. coli 36-1410; Spalt. v. Cytidin-2′.(3′).5′-diphosphat bzw. Cytidin-2′.3′-phosphat-5′-diphosphat mit Raigras-— 12-1042.

5′-Nucleotidase (5′-Ribonucleotid-Phosphohydrolase)

—: aus Saccharomyces obiformis (Eig.) 9-1250; aus Streptomyces (Reinig. u. Eig.) 39-1243; d. Aktinomyceten 46-1265; --Aktivität v. Ribosomen aus Sojabohnenkeimlingen 23-1544; vaskuläre --Aktivität bei Ratten (Wrkg. v. Vitamin D-Überschuß) 7-1507; --Aktivität: in Leukozyten v. Kaninchen bei experimentellen Infekt. 8-1289; d. Herzens 10-1259; im Prostataexkret d. Hundes 11-1240; subzelluläre Lokalisat. u. Eig. d. — in Rattenleber 20-1180; --Aktivität: bei d. hypophysektomierten Ratte (Wrkg. d. Wachstumshormons) 20-1472; d. menschl. nodularen Prostatahyperplasie (elektronenmkr. Unters.) 24-1380; in einer prim., mit Parainfluenza *3*-Virus infizierten Kultur v. Affennierenzellen 31-1535; elektrophoret. Heterogenität d. Rindersamenplasma-— 20-1329; Ribonucleosid-5′-triphosphat spaltende — in leukäm. Geflügel-Myeloblasten 21-1350; Abbau v. Adenosin-5′-phosphat durch — in Ziliarfortsätzen d. Schweineauges 42-1206; Hemm. v. Schafshirn-— durch Nucleosidtriphosphate 37-1410; automat. Best. v. Serum-— 10-1237; Trenn. d. — v. unspezif. alkal. Phosphatasen im Serum 36-1348; gekoppelte opt. Best.-Meth. 49/50-1268.

Nucleotidasen

Spezielle — s. dort.

Bldg. bei d. Erzeug. v. Ribonuclease durch d. Festnährboden-Kultur einer Mutante v. Aspergillus awamori var. fumeus 7-1225; — aus Kreuzottergift zur Unters. d. Aktivität d. sauren Nucleasen in normalen u. Leukosezellen d. Blutes 7-1452.

3′.5′-Nucleotid-Phosphodiesterase

Lokalisier. u. latente Aktivität — im Rattenhirn 12-1296; cycl. — d. Rattengehirns (Eig.) 21-1428; subzelluläre Verteil. d. cycl. — in d. Gehirnrinde d. Ratte 36-1349.

Nucleotid-Phosphorylasen

Spezielle — s. dort.

Subzelluläre — in Rindergehirnrinde (Eig.) 14-1281.

Nucleotid-Phosphotransferasen (Nucleotid-Transphosphorylasen)

Spezielle — s. dort.

Regulierende Wrkg. auf d. Intermediärstoffwechsel (Wrkg. v. Peptidhormonen) 23-1453.

Nucleotid-Pyrophosphatase

--Aktivität: im Pasteurella pseudotuberculosis-Extrakt (reversible *2*-Epimerisier. v. CDP-Paratose u. CDP-Tyvelose) 22-1358; während d. Ausbldg. d. Inositmangels in KB-Zellen 32-1300.

Nucleotid-Pyrophosphorylasen

Spezielle — s. dort.

Aktivitätsbest.-Meth. 13-1241.

Nucleotid-Transhydrogenase

Stereochemie d. H-Transports in energiegebundener — 32-1345.

Nucleotid-Transphosphorylasen

s. *Nucleotid-Phosphotransferasen.*

Octanoyl-CoA

s. unter $C_{29}H_{50}N_7O_{17}P_3S^*$).

Octansäure-Oxydase

Aktivier. d. — in Rattenleber nach chron. Alkoholvergift. 20-1254.

Octopin-Synthetase

Mögl. Vork. im Gewebe d. Kronengalle 32-1541.

Ocytocinase

s. *Oxytocinase.*

Ölsäure-Desaturase

— bei d. Ölsäuresynth. durch Euglena gracilis 12-1369.

Ölsäure-Hydroxylase

Stereospezifität d. — bei d. Umwandl. v. Ölsäure in 10-Hydroxystearinsäure 12-1181.

Östradiol-17β-Dehydrogenase

Einfl. v. neutralen Salzen auf Aktivität u. Struktur v. — 11-1218; Verteil. im Rattenovar 37-1617; Rk. im menschl. Organismus 25-1555.

Östron-Sulfokinase

s. *Östron-Sulfotransferase.*

Östron-Sulfotransferase (Östron-Sulfokinase)

— d. Meerschweinchenleber (Eig.) 11-1236; Verteil. in Erwachsenengeweben 28-1472.

Oleyl-CoA

s. unter $C_{39}H_{68}N_7O_{17}P_3S^*$).

β-1.3-Oligoglucanorthophosphat-Glucosyltransferase

— aus Euglena gracilis 35-1280, 35-1281.

β-1.3-Oligoglucan-Phosphorylase

Vork. in Euglena gracilis (Isolier., Eig.) 35-1280; Vgl. d. Eig. v. Laminaribosephosphorylase u. — aus Euglena gracilis 35-1281.

OMP-Decarboxylase

s. *Orotidin-5′-{mono}phosphat-Decarboxylase.*

L-Ornithin-α-N-Acetylornithin-Lyase

Biosynth. durch E. coli (Koordinier. mit d. Argininbiosynth.) 2-1131.

δ-Ornithin-Acylase

Bldg. durch Bakterien 42-1228; Reinig. 42-1229.

Ornithin-Carbamoyltransferase (Ornithin-Transcarbamoylase, Carbamoylphosphat : L-Ornithin-Carbamoyltransferase)

--Aktivität in Vibrio cholerae (Einfl. v. Arginin) 2-1219; Vork. bei Halobacterium salinarium 5-1313; spezif. Aktivität: bei Endomycopsis vernalis u. Torulopsis utilis (Abhängigk. v. d. N-Quelle) 13-1234; in Micrococcus denitrificans 22-1390; --Aktivität: in Rhodospirillium rubrum (Verminder. durch Arginin) 29-1561; bei d. Akkumulat. v. Argininosuccinat in Neurospora crassa 31-1492; Auftreten im Harnstoffzyklus v. Lumbricus terrestris 1-1476; --Aktivität: in d. Leber d. afrikan. Löwen 8-1342; im Serum nach Proteinmangeldiät (Einfl. v. AICA) 15-1741; in d. Rattenleber (Wrkg. d. Zusatzes v. Aminosäuren u. Proteinen im Futter) 19-1437; im Serum bei Leberkrankh. (vergleichende enzymolog. Best.) 19-1683; im Lungenfisch Neoceratodus forsteri 20-1247; in d. Rattenleber (Änder. mit d. Alter) 21-1405; (bei Trächtigk.) 21-1490; Geh. im Plasma d. Ratte bei Hypoxie-Hyperkapnie 24-1358; Aktivität d. — d. Ornithin-Harnstoffzyklus im afrikan. Lungenfisch Protopterus aethiopicus 24-1435; --Aktivität: in Organen v. Mäusen verschiedenen Alters (Einfl. v. Urethan) 33-1429; in d. Rattenleber (Einfl. v. Äthionin) 35-1324; v. Blutserum u. Leber bei parenchymatöser Leberschädig. u. verschiedenem Eiweißgeh. d. Nahr. 43-1474; in fetaler Rattenleber 44-1220.

Synth. in E. coli (Einfl. v. Tyrosin-Analoge) 1-1254; (Koordinier. mit d. Argininbiosynth.) 2-1131; Mutationsort für d. Synth. bei Saccharomyces cerevisiae 3-1171; Fortsetz. d. --Synth. nach Aufhören d. DNS-Synth. bei E. coli 43-1269; Serumclearance v. — beim Menschen in Abhängigk. v. Leberzustand 3-1236.

Alloster. Ursache d. funktionellen Irreversibilität d. — 49/50-1264; — im Arginindihydrolaseweg in Mycoplasma hominis *07* 44-1218.

Wrkg. v. exogenem Arginin auf — v. Saccharomyces cerevisiae 27-1323; Hemm. v. — in Neurospora crassa (Pyrimidinvorläuferrolle v. L-α-Aminobutrat u. Propionat) 27-1442; Einfl. d. Narkose mit Halothan u. Ae. auf d. — 37-1766; Hemm. durch L-2.4-Diaminobuttersäure 44-1491.

Best. im Serum 6-1259; beschleunigte Mikro- u. Ultramikrobest. 29-1421.

Ornithin-Decarboxylase

Biosynth. — in E. coli 30-1269.

Ornithin-Ketosäure-Transaminase (Ornithin-Transaminase)

Wechselwrkg. zwischen Ernähr. u. Cortison bei d. Regulier. v. — d. Rattenleber 20-1386; Indukt. u. Repress. v. —: in d. Rattenleber (Wrkg. v. Cortison u. Phenobarbital) 12-1312; in Bäckerhefe 44-1268; Wrkg. bei d. Ornithinsynth. aus Prolin in tier. Geweben 48-1336; --Repress. während d. Wachstums v. Bacillus licheniformis durch Stoffwechselprod. 22-1398.

Ornithin-Transaminase

s. *Ornithin-Ketosäure-Transaminase.*

Ornithin-Transcarbamoylase

s. *Ornithin-Carbamoyltransferase.*

Orotidin-5′-{mono}phosphat-Decarboxylase (OMP-Decarboxylase)

— in Neurospora crassa (Eig.) 12-1297; --Aktivität d. Bohnenblätter 21-1409; — in höheren Pflanzen 29-1475; Aktivität bei d. Pyrimidinbiosynth. in menschl. diploiden Zellstämmen 47-1321; Hemm.: durch 5-Aminouridin-5′-monophosphat 2-1126; durch Barbiturate 21-1795; durch 5-Azaorotsäure 45-1375: Verw. bei d. Aktivitätsbest.-Meth. für Nucleotidpyrophosphorylasen 13-1241.

Orotidin-5′-{mono}phosphat-Pyrophosphorylase

— aus Micrococcus glutamicus (Reinig. u. Eig.) 33-1473; --Aktivität d. Bohnenblätter 21-1409; Aktivität bei d. Pyrimidinbiosynth. in menschl. diploiden Zellstämmen 47-1321; Hemm. durch Barbiturate 21-1795; Verw. bei d. Aktivitätsbest.-Meth. für Nucleotidpyrophosphorylasen 13-1241.

Orsellinsäure-Decarboxylase

Fixier. in synthet. vernetzten Polymeren u. Anwend. in Säulenverf. 2-1130.

Orthophosphat-Monoester-Phosphohydrolase

s. *Phosphatase, alkalische.*

Orthophosphat : Oxalacetat-Carboxylyase

s. *Phosphopyruvat-Carboxylase.*

Orthophosphit : NAD-Oxidoreduktase

Vork. in Pseudomonas fluorescens 38-1377.

Orthophosphodiester-Phosphohydrolase

s. *Phosphodiesterase.*

Orthophosphorsäuremonoester-Phosphohydrolase (alkalische)

s. *Phosphatase, alkalische.*

Orthophosphorsäuremonoester-Phosphohydrolase (saure)

s. *Phosphatase, saure.*

Osidasen

Verteil. bei auf Waldbäumen schmarotzenden xylophagen Insekten (Vgl.) 12-1261.

Ovalbumin-Methylase

Methylier.: krist. Ovalbuminpräp. mit — 34-1312; v. Ovalbumin u. menschl. Serumalbumin durch gereinigte — aus Kalbsmilz 47-1375.

Oxalacetat-4-Carboxylyase

s. *Oxalacetat-Decarboxylase.*

Oxalacetat-Decarboxylase (Oxalacetat-4-Carboxylyase)

Vork. d. — d. Tricarbonsäurezyklus in zellfreien Extrakten d. Sporen v. Penicillium chrysogenum 31-1490; — aus Dorschmuskulatur (Eig.) 28-1465; Synth. in Salmonella typhimurium (Depress.) 13-1246; Decarboxylier. v. Oxalessigsäure bei Hummer u. Krebs mit — 32-1454; gehemmte --Aktivität in d. Leber v. hypothyreot. Ratten 32-1582.

2.3-Oxidosqualen-Nuclease

Rk. mit 2.3-Oxidosqualen (Bldg. v. Lanosterin) 26-1281.

Oximasen

Vork. in Blättern v. höheren Pflanzen 7-1210.

L-2-Oxo-3-desoxyarabonat-Dehydratase

Isolier. aus Pseudomonas saccharophila (Bldg. v. α-Oxoglutarsemialdehyd aus L-2-Oxo-3-desoxyarabonsäure) 44-1179.

α(2)-Oxoglutarat-Dehydrogenase

--Aktivität v. E. coli (Einfl. v. 4-Hydroxybenzoesäure) 40-1313; Decarboxylier. v. α-Ketosäuren durch – (Einfl. v. zweiwert. Kationen u. Chelatbildner) 19-1360.

α(2)-Oxoglutarat-Glyoxylat-Carboligase

--Aktivität in Mitochondrien u. Zytoplasmapräp. aus menschl. Organen bei Hyperoxalurie 14-1311; Bldg. v. 5-Hydroxy-4-oxovaleriansäure durch – aus Rinderherz 48-1342.

α-Oxoisocapronsäure-Oxydase

Biochem. Unters. 19-1358.

2-Oxosäure-Carboxylase

s. *Brenztraubensäure-Decarboxylase.*

Oxosäure-Oxydasen

Spezielle – s. dort.

Biochem. Unters. d. – mit verzweigter Kette 19-1358.

Δ^4-3-Oxosteroid-5α-Reduktase

--Aktivität in subzellulären Frakt. d. menschl. Prostata 8-1467.

Δ^4-3-Oxosteroid-5β-Reduktase

--Aktivität in subzellulären Frakt. d. menschl. Prostata 8-1467.

α-Oxovaleriansäure-Oxydase

Biochem. Unters. 19-1358.

Oxydasen

Spezielle – s. dort; s. auch *Oxydoreduktasen.*

--Syst. v. heterotroph gewachsenen Rhodospirillum rubrum 17-1370; --Aktivität: in Candida brumptii aus d. Myzetom eines holzfressenden Insekts 23-1400; in Nectria galligena bei Kultur mit u. ohne Biotin 40-1183; v. Chelidonium majus (Bezieh. zu d. Alkaloiden aus Ch. majus) 5-1357; in Erbsenkeimlingen (Einfl. v. Vitamin C-Geh. nach UV-Bestrahl.) 35-1419; in Fasciola hepatica u. Dendrocoelum lacteum 16-1283; Verteil.-Muster bei experimentell induzierten Tumoren 17-1240; --Aktivität im Herzen im akuten Stadium d. Herzinfarktes 18-1533; – in bestrahlten Testes u. Epididymis 21-1760; --Aktivität: im menschl. Myokard (histochem. Beobacht.) 24-1338; d. Ziliarganglions d. Ratte (Wrkg. prä- u. postganglionärer Nerventeil.) 27-1731; – d. Mikrosomen 32-1330, 32-1331; Unterschiede in d. Mikrosomen--Aktivität bei männl. Ratten (Best. mittels Stoffwechselgeschw. v. Dimethylnitrosamin) 38-1378; – mit gemischten Funkt. in d. Nebennierenrinde (Cholesterinseitenketten-Spalt.-Syst.) 45-1373; --Aktivitäten in d. subzellulären Frakt. d. Rattenhirns (Wrkg. v. Desoxycholat, Gefrieren sowie Auftauen u. W.) 46-1270; --Syst. v. Monieza expansa 51/52-1245; --Aktivität in Mitochondrien (Vgl. d. Wrkg. v. Disulfiram u. Dimercaptopropanol-Arsenit) 51/52-1638; --Eig. d. Peroxydase in Kohl- u. Gurkenpflanzen 5-1218; --Aktivität v. Cu-Ionen (Umgeb. Einfl. d. Polyelektrolyten) 26-1285; Zustand d. Cu u. seine Mitwrkg. an d. --Aktivität 51/52-1243.

Ox. v. therapeut. wirksamen Pflanzenstoffen mit – 2-1561; „in vitro“-Ox. einiger Barbiturate mit – 14-1615; ω-Ox. mit – 28-1346; Ox.: v. Zucker u. Zuckeralkohol mit – 38-1360; v. Pyrethrin I, Allethrin, Dimethrin u. Phthalthrin durch Stuben-– (Bldg. v. O-Desmethylpyrethrin-II-Analoge) 39-1568; v. Methyltetrahydrofurfurylsulfoxid zum entsprechenden Sulfon durch Rattenleber-Mikrosomen-– 43-1197; Rk. mit 2-Chlor-4.5-dimethylphenyl-N-methylcarbamat im Fettkörper v. Blaberus giganteus 49/50-1619.

Hemm. mit Gossypol 26-1286; Einfl.: v. Hamycin auf d. – d. holzfressenden Larven v. Capnodis uriliaris 39-1332; v. Komplexonen auf d. – bei Ratten 43-1532.

Titrimetr. Best. d. „Startpunkt“-Aktivität 20-1934; histochem. Darst. in Respirat.-Muskelfasern 28-1666; Verw. v. Nicotinamid zur Wirksamk.-Best. d. mikrosomalen, verschiedenart. Funkt. ausübenden – 33-1455; histochem. Nachw. in d. Adenohypophyse d. Schweines, bes. in d. Pars intermedia 46-1261.

Oxydoreduktasen

Spezielle – s. dort; s. auch *Dehydrogenasen*; *Oxydasen*; *Reduktasen.*

Vork. in Antigenextrakten aus Aspergillus fumigatus 5-1293; –: in Suspens.-Kulturen v. Pflanzenzellen (lokale u. zeitl. Bezieh.) 30-1275; d. Weizens 30-3061; --Aktivität während d. Viruskanzerogenese (histochem. Unters.) 11-1319; NAD-spezif. u. NADP-spezif. – in verschiedenen Organen (Rk.) 20-1262; --Aktivität d. NAD-Coenzyme u. d. Aktivität d. – in d. Leber (Einfl. v. Atromid S) 32-1679; Bldg. in d. Leydigzellen d. reifenden Rattenhodens 35-1333.

Bibl.: Oxydations-Reduktions-Fermente in Geschwülsten [russ.] B 52.

Oxyferroperoxydase

Reaktivität 32-1357.

Oxynitrilase

Überführ. durch anaerobe Belicht. in blaue u. rote Semichinone 43-1182.

Oxytocinase (Ocytocinase)

Biochem. Unters. (Übersicht) 39-1423; – tier. u. menschl. Organe u. Zellen 12-1272; Vork. im Schwangerschaftsserum (Identität mit Vasopressinase) 16-1504; Plasma--Aktivität während d. Eierlegens in d. Henne 40-1267; Isolier. aus menschl. Retroplazentaserum (Eig.) 37-1460; Inaktivier. v. Oxytocin mit – 37-1460; Einfl. d. Humanserum-– auf d. antidiuret. Wrkg. v. Lysin-Vasopressin u. Oxytocin in d. Ratte 42-1385; Best. in Schwangerenseren 16-1365.

Palatinase

Konz. in d. Schleimhaut d. Rattenjejunums Wrkg. v. Proteinmangelfutter) 5-1452.

Plamitoleyl-CoA

s. unter $C_{37}H_{64}N_7O_{17}P_3S$*).

Palmitoyl-CoA

s. unter $C_{37}H_{66}N_7O_{17}P_3S$*).

Palmitoyl-CoA-Carnitin-Acyltransferase

--Aktivität im Herzen (Einfl. v. Thyroxin) 35-1529; Wrkg. v. Hypoglycin auf d. --Aktivität 47-1699.

Palmitoyl-CoA : Carnitin-Palmityltransferase

Lokalisier. in Rattenleberzellen 8-1261; subzelluläre Verteil. in Organen beim Menschen 45-1343; --Katalyse bei d. mitochondrialen Ox. v. Palmityl-CoA 35-1284; Detergentienwrkg. auf – 44-1197.

Palmitoyl-CoA-Synthetase

--Aktivität in Rattenlebermitochondrien 36-1201.

Pantothenat-Kinase

Substratspezifität 37-1685.

Panthothensäure-Synthetase

D- u. L-Isoserin als Substrate d. mikrobiellen – 32-1485.

Papain

Vork. in Papaya-Latex 26-1335; Aktivier. v. – durch Monothiophosphat 38-1438; Herst. lagerfäh. stabiler --Deriv. durch Bldg. v. Zn-– 42-2893*; Strukturunters. v. – aus Pferdeherz 26-1255; Krist.-Struktur 30-1265; Struktur (Verwandtschaft zwischen Proteasen) 32-1425; Größe d. akt. Gebietes v. – 38-1437.

Acylier. durch Oxazolinone 43-1180; Fragmentier. v. Humanglobulin mit – 1-1448; Rk. mit einem Immunglobulin G mit langwirkender Thyreoid-stimulierender Aktivität 4-1191; Abbau d. Intrinsic factor-Vitamin B_{12}-Komplexes in vitro u. Freisetz. v. Vitamin B_{12} durch – 4-1260; Colisitinase-Wrkg. v. – 1-1242; durch – katalysierte Hydrolyse v. α-N-Benzoyl-L-argininäthylester u. α-N-Benzoyl-L-argininamid 5-0901; --Spalt. d. γ-Globuline u. d. fluorescierenden Antikörper v. Kaninchen 7-1489; Rk. mit Kaninchen-γ-Globulin 9-1471; neues Modell d. akt. Rk.-Ortes v. – 13-1231; --katalysierte Hydrolyse v. α-N-Benzoyl-L-citrullinmethylester 15-1398; durch – katalysierte Umester.-Rk. 16-1374; Rk.: mit Chondromucoprotein (Analyse d. Abbauprod.) 16-1477; mit menschl. Immunglobulin M (immunchem. Unters. d. Hydrolyseprod.) 20-1530; Einfl. auf normales Kaninchen-Immunoglobulin 21-1690; Hemmwrkg. auf d. säurestabile u. säurelabile saccharogene Amylase aus Aspergillus awamori 25-1369; Spalt. v. Benzoylargininäthylester durch – 31-1798; Verh. v. γ-G-Klasse v. Immunoglobulinen gegenüber – 32-1621; Abbau d. Fc-Fragments v. Kaninchen-Immunoglobulin IgG mit – 32-1623; Fragmentier. v. Human-IgG-Globulin mit – 35-1560; --Inaktivier. eines aspermatogenen Antigens 36-1560; elastolyt. Eig. v. – mikrobiellen Ursprungs 40-1270; Einfl. auf d. roten Blutkörperchen 1-1447; Knochen- u. Knorpeldystrophie u. Zwergwuchs infolge v. – beim Kaninchen 7-1633; Wrkg. auf d. Proteinpolysaccharidstoffwechsel u. ^{35}S-Einbau in vitro u. in vivo im Epiphysenknorpel d. Ratte 10-1266; Ganglienwrkg. 13-1229; Einfl.: auf d. Serumgeh. an Glykoprotein in Maus u. Ratte 13-1488; auf d. Vitamin B_{12}-Aufnahme durch Erythrozyten 14-1509; Rk. mit d. Protein-Polysaccharid-Komplex d. Rippenknorpels d. Schweines 16-1480; Wrkg. auf d. leichte Protein-Polysaccharid-Frakt. d. Rinder-Nasalseptums 20-1387; durch – stimulierte Vitamin B_{12}-Aufnahme aus d. Rattendarm in Abwesenh. v. Intrinsic factor 21-1706; aktivierende Wrkg. auf pH *5,5*-Kollagenase d. Rattenhaut 24-1711; Wrkg. auf Muskelruhepotentiale 27-1712; Sedimentat.-Analyse eines durch – abgebauten menschl. γ-G-Globulins bei multiplem Myelom 28-1316; Wrkg.: auf durch CCl_4 induzierte Granulomtaschen 35-1704; v. Roh-– auf d. Wundheil. 41-1665; Ähnlichk. d. biochem. Änder. im Knorpel während d. Altersinvolut. u. unter d. Einfl. einer längeren --Behandl. 44-1503; anabol. Wrkg. v. mit – verdautem Wuchshormon v. Rind auf d. Menschen 51/52-1446; Zers. v. Wolle u. Menschenhaar durch – 20-2922; Wrkg.: auf d. Eig. v. Rindfleisch 25-3400; auf d. Milchgerinn. 27-1461; auf d. Metmyoglobin reduzierende Aktivität v. rohem Rindfleisch 31-3507; auf d. Brotgeschmack 40-2953.

Hemm. durch cycl. Dione 9-1595; Wrkg. v. Chymotrypsinhemmstoff I aus Kartoffeln auf – 14-1299; Röntgenstrahleninaktivier. v. mit einem synthet. Polypeptid gekuppelten – 14-1302; --Antikörper-Wechselwrkg. v. Präcipitin-u. neutralisierenden Aktivitäten 21-1697; Hemm. durch Methanol, Harnstoff u. a. Lsgm. 31-1446; Inaktivier. u. Aktivier. v. – 31-1447; reversible Inaktivier. v. – durch Cyanat 31-1448; Antikörper gegen – (Trenn. an DEAE-Sephadex in Frakt. mit unterschiedl. Präzipitat.-Vermögen) 31-1653; Mechanismus d. --Hemm. durch spezif. Antikörper 49/50-1270.

Verw.: bei d. Extrakt.-Meth. für Glykopeptide aus biolog. Material (Eiereiweiß, menschl. Serum) 7-1396; zur Best. d. gesamten β-Amylase in Gerste 43-1229.

Paraperoxydase

s. *Peroxydase I.*

Pektat-Lyase (Pektinsäure [Pektat]-Transeliminase)

Überblick 16-1403; intrazelluläre Verteil. bei Aspergillus niger 27-1453; keine --Aktivität in phytopathogenen Xanthomonas-Arten 29-1457; exozelluläre Synth. durch einen Bazillus 14-1289; Abbau: v. Zellwänden durch – 8-1334; d. Pektinsäure mit – 20-1335, 20-1336, 31-1435, 33-1506.

Pektat-Transeliminase

s. *Pektat-Lyase.*

Pektinase

s. *Polygalukturonase.*

Pektinasen (Pektinenzyme, Pekt{in}olytische Enzyme, Pektische Enzyme)

Spezielle – s. dort.

– (*22.* Mitt.) 7-1258; (*23.* Mitt.) 36-1354; (*24.* Mitt.) 43-1240; (v. Mikroorganismen) 10-1239; –: d. Aeromonas-Spezies aus d. Sisalröste 23-1456; v. Aspergillus niger 27-1453; in phytopathogenen Xanthomonas-Arten 29-1457; v. Aspergillus niger 45-1401; v. Mikroorganismen 51/52-1287; u. Entw. d. Birne 32-1397.

Synth.: bei Submerskultur v. Aspergillus niger (Wrkg. d. C-Quelle) 17-1354; durch Botrytis cinerea u. Verfolg. d. Mazerat. pflanzl. Gewebe 43-1240; Ausscheid. durch Botryodiplodia theobromae 5-1248; Herst. durch submerse Zücht. 48-2926.

Einfl. auf d. Hydrolyse d. Pektins d. Weintraube 47-3204; Beteilig. d. – v. Penicillium frequentans an d. Juteröste 17-1320; bei d. Klär. v. Apfelsaft 33-1496.

Inhibitoren d. – in d. Blättern poln. Pflanzen 27-1454; Einfl. v. Hamycin auf d. – v. Capnodis uriliaris 39-1332.

Verw. v. gereinigten – zur Herst. v. Saftextrakten 11-1266.

Best. 15-3274.

Pektin-Depolymerase

s. *Polygalakturonase.*

Pektinenzyme

s. *Pektinasen.*

Pektin-Esterase (Pektin-Pektylhydrolase)

--Aktivität: in Erwinia carotovora 20-1290; in phytopathogenen Xanthomonas-Arten 29-1457; in Beeren höherer Pflanzen u. pektolyt. Präp. v. Aspergillus niger 27-3575; u. Entw. d. Birne 32-1397; Bldg. durch Botrytis cinerea u. Verfolg. d. Mazerat.

pflanzl. Gewebe 43-1240; Verseif. v. Pektin mit Alkali u. – (Bldg. v. Pektinsäuren) 20-1335; Verwert. v. säurestabilen, durch Corticium rolfsii gebildeten – 36-1354; manometr. Best. in Citrussäften 31-2258; Best. in Fruchtsaft, Konzentraten u. Futtermitteln aus Citrusfrüchten 40-1945.

Pektin-Methylesterase

Intrazelluläre Verteil. bei Aspergillus niger 27-1453; –: aus Pythium aphanidermatum u. Rhizopus stolonifer 28-1420; d. Banane (Reinig. u. Eig.) 25-1365; Beteilig. v. – aus Penicillium frequentans an d. Juteröste 17-1320.

Pektinolytische Enzyme

s. *Pektinasen.*

Pektin-Pektylhydrolase

s. *Pektin-Esterase*

Pektin-Polygalakturonase

s. *Polygalakturonase.*

Pektinsäure-Transeliminase

s. *Pektat-Lyase.*

Pektische Enzyme

s. *Pektinasen.*

Pektolytische Enzyme

s. *Pektinasen.*

Penicillin-Acylase

s. *Penicillin-Acyltransferase.*

Penicillin-Acyltransferase (Penicillin-Acylase)

Veränder. d. –-Aktivität während d. Submerskultivier. v. E. coli 40-1363; –-Aktivität in Streptomyceten 42-1243; Vork. in Penicillium chrysogenum 49/50-1265; Bldg. in Bacterium faecalis alcaligenes Nr. *415* 30-1284; Rolle bei d. Resistenz v. gramnegativen Bakterien gegen Penicillin 31-1398.

Penicillin-Amidase

– v. Bacillus megaterium (Reinig., Eig.) 21-1463; spezif. Indukt. in Pilzen 36-1383.

Penicillinamido-β-lactam-Hydrolase

s. *Penicillinase.*

Penicillinase (Penicillinamido-β-lactam-Hydrolase, Penicillin β-lactamase)

– imitierende Modellkatalysatoren 49/50-1272; –-Plasmiden bei Staphylococcus aureus 13-1148; –-Aktivität d. gegenüber halbsynthet. Penicillinen resistenten Staphylokokken 13-1236; – verschiedener Mikroorganismen (vergleichende immunolog. Erforsch.) 22-1355; –-Aktivität: v. Staphylokokkenstämmen mit Resistenzentw. gegen Cloxacillin 26-1448; aus Bacillus cereus (Einfl. d. A.-Konz. bei d. Fäll. aus wss. Lsg.) 37-1349; –-negative Varianten bei Methicillinresistenten Staphylococcus aureus-Stämmen 40-1362; Verteil. u. Charakterisier. d. – v. Käse 17-3479.

Synth.: in Mikroben (Stimulier.) 5-1274; bei Staphylococcus aureus (Einfl. v. Fe in Bezieh. zum pH d. Wachstumsmediums) 6-1285; bei Bacillus cereus (Wrkg. v. 8-Azaguanin) 6-1286; basale –-Synth. in Bacillus cereus (beeinflussende Faktoren) 10-1306; Bldg. bei Bacillus anthracis gegen Penicillin 17-1400; zelluläre Lokalisat. der d. –-Produkt. kontrollierenden Gene in einem Staphylococcus aureus-Stamm 24-1245; Bldg. durch Bacterium licheniformis *749/C* (Eig.) 26-1349; therm. –-Derepress. u. Temp.-Abhängigk. d. –-Produkt. v. induzierbaren u. konstitutiven Stämmen v. Bacillus cereus 36-1385; Synth. durch Bacillus cereus (Wrkg. d. Temp.) 37-1434; (Regulier.) 39-1257; Freisetz. d. extrazellulären – während d. Indukt. d. Synth. durch – bildende Kulturen 41-1339; starke Induktorwrkg. v. Homopenicillinen auf – 42-1025; Chromosomenlage der d. –-Produkt. in einem Staphylococcus aureus-Stamm kontrollierenden genet. Einh. 44-1050; Aktivität v. Fusidin gegen – bildende Staphylokokken 46-1281; Synth. v. induzierbarer – durch Bacillus cereus-Sphäroblasten 46-1329; kombinierte Indukt. v. – bei Bacillus cereus durch verschiedene Induktoren (relative Fähigk. v. Penicillinderiv.) 51/52-1356; Thermostabilität v. – aus Bacillus cereus 16-1387.

–-Resistenz d. K- bzw. Na-Salze v. α-[Thienylmercapto]-äthylpenicillinen 29-1219; Rk. zwischen – u. oberflächenakt. Stoffen (Hemm. d. Endo- u. Exo-– durch oberflächenakt. Stoffe) 45-1370; Inaktivier. v. Cloxacillin durch – v. Staphylococcus aureus, Bacterium licheniformis u. Bacillus cereus 26-1449.

Aktivität v. Na-6-[3-Alkyl-5-arylphenylisothiazolyl-(4)]-penicillinaten gegenüber Staphylokokken-– 51/52-1050.

Jodometr. Nachw. v. Staphylokokken-– (klin. Mikrobiologie) 5-1275.

Penicillin-β-lactamase

s. *Penicillinase.*

Pentosephosphatase

–-Aktivität in Milchdrüsen 42-1378.

Pentosephosphat-Isomerase

Vork. in zellfreien Extrakten v. Thiobacillus ferrooxydans 39-1308.

Pepsin

Vorkommen, Aktivität: –-Aktivität in Verdauungsorganen u. Plazenta d. Feten verschiedener Säugetiere 14-1317; Geh.: im Magensaft (Einfl. v. Angiotensin) 15-1561; u. Speichel (Einfl. v. Bradykinin) 15-1562; bei gesunden Kindern 26-1605; –-Aktivität im Magen beim Menschen (Einfl. v. SN-*263*) 26-1681; Geh. d. Magensaftes (Einfl. d. Dünndarmresekt.) 30-1509; –-Aktivität in Brausepulver 51/52-1737.

Bildung, Darstellung: Bldg. im Magen (gleichzeit. Wrkg. v. Acetylcholin u. Histamin) 3-1433; Sekret.: im Magen nach anaphylaktoidem u. anaphylakt. Schock bei d. Ratte 23-1658; im Verlauf d. Verdauung bei pept. Ulcer u. bei gesunden Personen 29-1699; d. Menschen (Einfl. d. Histamins) 38-1689; Darst. u. Eig. v. – aus Pepsinogen 20-1346; Gewinn. aus d. Tiermagenwand. 28-1794*.

Eigenschaften: UV- u. Fluoreszenzspektrum (pH-Einfl.) 34-0880; Phosphoserin enthaltendes Peptidfragment v. Schweine-– 3-1163; Disulfidbind. in Schweine-– 9-1264; Arginin- u. Lysinpeptide aus Schweine-– 10-1246; Charakterisier. v. – mit d. Ultrazentrifuge 20-1347; Molgew. u. Aminosäurezus. v. menschl. – 20-1357; Strukturunters. an – 23-1427; C-endständ. Bruchstück v. Schweine-– (charakterist. Eig.) 23-1428; C-terminale Aminosäuren v. Schweine-– 24-1393; Charakteristik d. C-endständ. Bruchstückes v. – 26-1337; Aminosäuresequenz v. – (Best. durch diagonale Papierelektrophorese) 35-1544; Vork. eines wärmestabilisierenden Faktors für Dehydroascorbat in – 35-1595; stereochem. Unters. d. akt. Zentrums v. – 42-1220; β-Asparagylpeptide in enzymat. Hydrolysaten v. – 51/52-1432; Ionisat.-Konst. d. funktionellen Gruppen d. akt. Zentrums v. – (Best.) 19-1413; H-Ionengleichgew. v. nativem u. denaturiertem – 38-1432; elektrophoret. Unters. v. Polysaccharidsulfat-–-Komplexen 8-1422.

Reaktionen, Wirkungen: Hydrolyse v. denaturiertem Schweine-– mit Trypsin 3-1162; Spreng. d. Peptidbind. im – durch Bromcyan 3-1260; Deuteriumumsatz in – 19-1412; Markier. mit $^{51}CrCl_3$ (Wahl d. techn. Beding. u. d. Kontrolle) 32-1432.

Wrkg. auf Henneneiweiß-Lysozym (Best. v. Disulfidbrücken) 1-1224; Colisitinase-Wrkg. v. – 1-1242; Wrkg. auf Kollagen (elektronenmkr. Unters.) 4-1147; Rk. mit einem Immunglobulin G mit langwirkender Thyreoid-stimulierender Aktivität 4-1191; Proteolyse mit – (elektrophoret. Unters. d. Wrkg. verschiedener Polysaccharidsulfate) 8-1307; Rk. mit Kaninchen-γ-Globulin 9-1471; Abbau v. Protein durch – 12-1271; Kinetik d. –-katalysierten Hydrolyse v. N-Acetyl-L-phenylalanyl-L-tyrosinmethylester 12-1276; Wrkg. auf Tropokollagen u. unlösl. Kollagen 13-1537; inhibierende Wrkg. auf d. Inhibier.-Aktivität d. Chymotrypsinhemmstoff I aus Kartoffeln 14-1299; Einfl. auf d. genet. Varianten v. α_{s1}-Casein 20-1157; Rk.: mit menschl. Immunglobulin M (immunchem. Unters. d. Hydrolyseprod.) 20-1530; mit N-Acetyldipeptiden (Kinetik) 21-1450; mit d. $^{14}CO_2$-Ribulosediphosphatcarboxylase-Komplex 21-1476; mit Kollagen (Stärkegelelektropherogramme) 23-1429; Hemmwrkg. auf d. säurestabile u. säurelabile saccharogene Amylase aus Aspergillus awamori 25-1369; pept. Aktivität v. krist. – u. menschl. Magensaft in Ggw. u. Abwesenh. antipept. wirkender sulfatierter Polysaccharide (Vgl. d. Risa- mit d. Hb-Meth.) 26-1682; inaktivierende Wrkg. auf Ribonuclease T_1 27-1440; Wirksamk. auf Kollagen 32-1430; Abbau d. Fc-Fragments v. Kaninchen-Immunoglobulin IgG mit – 32-1623; Fragmentier. v. Human-IgG-Globulin mit – 35-1560; Spezifität bei Kondens.-Rk. 51/52-1023.

Wrkg. auf d. bakterielle Zellumhüll. (elektronenmkr. Unters.) 22-1367; elastolyt. Eig. v. – mikrobiellen Ursprungs 40-1270.

Wrkg. auf Fett-mobilisierende u. Wachstums-steigernde Aktivität d. Wachstumshormons v. Ochsen u. Schweinen 14-1435; pept. Kinin-liefernde Fragmente sowie „Pepsitocin" aus Rinderserum-Kininogen (Charakterisier. u. Reinig.) 21-1654; Kinin-liefernde Peptide aus –-verdauten Rinderplasmaproteinen 21-1677; durch – stimulierte Vitamin B_{12}-Aufnahme aus d. Rattendarm in Abwesenh. v. Intrinsic factor 21-1706; Einfl. auf d. Milchgerinn. 27-1461.

Beeinflussung, Inhibitoren: Spezif. Inaktivier. durch ein Diazoketon 2-1196; Darst. v. 1.2-Di-[mono- oder -polyhydroxyalkyl]-3-methoxyarylcyclopentanolen als –-Inhibitoren 10-1684*; Veränder. d. Michaelis-Konst. d. – mit verschiedenen bestrahlten Proteinen (chromatograph. u. elektrophoret. Trenn. d. proteolyt. entstandenen Spaltprod.) 12-1277; Inaktivier. durch äquimol. Mengen v. 1-Diazo-4-phenylbutanon-(2) 15-1390; Herst.: v. Indenen als –-Inhibitoren 16-1714*; v. 3-Phenyl-4-aminocinnolinen als –-Inhibitoren 16-1732*; Schäden an – durch peroxydierende Lipide 20-1451; pharmakolog. Eig. v. –-Inhibitoren 26-1680; Einfl. v. Disaccharidsulfaten auf – 39-1640; abgebaute u. nichtabgebaute Carragheenanpräp. u. Aktivität gegen – 42-1506.

Verwendung: Herst. v. Stärke aus Weizenmehl durch –-Behandl. 39-3181.

Analyse, Untersuchungsmethoden: Mol.-Sieb-Chromatographie 11-1982; Konz. in Zentrifugaten (Berechn.) 15-2089; berichtigte Best. d. Aktivität v. Nahr.-– 15-2137; Aktivitätsprüf. 24-1755; Best.: im Magensaft (Modifikat. v. Hunt's Meth.) 25-1376; im menschl. Magensekret (Einfl. auf d. pept. Proteologie) 29-1459; im Magensaft 30-1471; spektrometr. Best. v. Arginin in – 24-2084; Aufschluß mit Säure-– zur Best. d. Faserrückstandes v. Weidefutter 12-2001; Verw. v. –-Trypsin-Bouillon für Sterilitätsprüf. 48-1640.

Pepsin D

Ausschütt. eines –-Inhibitors bei d. Pepsinogen-D-Aktivier. 35-1317.

Pepsinogen

Geh.: in frischer u. gefrorener Schleimhaut d. Mägen v. Schweinen u. in Labmägen v. Rindvieh u. Schaf 13-1395; d. Magensaftes (Einfl. d. Dünndarmresekt.) 30-1509; Verteil. im Magensaft u. Harn (Wrkg. d. inneren Magendrucks) 45-1637; –-Ausscheid. im Rattenharn nach anaphylaktoidem u. anaphylakt. Schock 23-1658; Regel. d. Sekret. 26-1539; Charakterisier. v. – mit d. Ultrazentrifuge 20-1347; Strukturunters. (trypt. Digestate) 23-1427; Deuteriumumsatz 19-1412; Darst. v. Pepsin aus Pepsinogen 20-1346; Umwandl. in Pepsin bei d. Best. d. Geh. an Pepsin im Magensaft 30-1471; Succinylier. 32-1431; Wrkg. v. wasserunlösl. Trypsinderiv. auf – 36-1371; Reaktivier. v. red. – 10-1245; Best. im Serum u. Urin 37-1427.

Pepsinogen D

–-Aktivier. (Ausschütt. eines Pepsin-D-Inhibitors) 35-1317.

Peptidase β

Reinig. u. Eig. d. – v. Brauhefe 3-1265.

ε-Peptidase

Spezifität d. – aus Achromobacter pestifer 40-1265.

Peptidase A

Vork. in Papaya-Latex 26-1335; Reinig. u. Eig. d. – v. Brauhefe 3-1265; Rolle während d. Sporenbldg. v. Penicillium janthinellum 18-1290.

Peptidasen [Peptid(o)hydrolasen]

Spezielle – s. dort.

Vork. in Antigenextrakten aus Aspergillus fumigatus 5-1293; – in Sphäroblasten v. E. coli K *12* 8-1305; –-Aktivität: v. E. coli K *12* (Rolle v. Metallionen) 40-1266; d. KW-Stoffe oxydierenden Candidahefe in Ggw. v. Chloroform 46-1331; v. Tabakblattgewebe in Bezieh. zur Alter. 16-1369; Vork. in Frakt. gekeimter Gerste 33-1519; –-Aktivität: im Tabakblattgewebe nach d. Ernte (Einfl. v. 6-Furfurylaminopurin) 36-1500; in Gewebekulturen d. Retina 10-1539; Differenzier. v. – tier. u. menschl. Organe u. Zellen 12-1272; Hypophysen-– (Eig.) 16-1385; –-Aktivität: im Jejunum u. Ileum d. Ratte während d. postnatalen Entw. 36-1364; in Wuchshormonpräp. v. Rind 9-1398; in Malz (Abhängigk. v. pH-Wert während d. Maischens) 45-3346; durch Bakteriophagen induzierte Zellwand-–

v. Staphylococcus aureus (Reinig. u. Eig.) 26-1327; begrenzte Freisetz. v. ribosomaler – während d. Bldg. v. Sphäroblasten aus E. coli 1-1233; Extrakt. v. lösl. Blatt-– durch Thiole u. andere reduzierende Agenzien 37-1440; teilweise Reinig. u. Eig. einer – aus Schilddrüsen 20-1343; Art d. Wrkg. d. bakteriolyt. – v. Myxobacter auf Bakterienzellwände 35-1341; blutdrucksenkende Aktivität v. – aus d. Submandibulardrüse d. Ratte 33-1834; Best. d. – v. Mycobakterien (Anwend. chromogener Substrate) 33-1520.

Peptidglykan-Transpeptidase

–-Rk. bei Bakterien (Einfl. v. Penicillin) 30-1321.

Peptid(o)hydrolasen

s. *Peptidasen.*

Peptidyltransferase

Katalyse d. Peptidbind.-Bldg. durch – aus E. coli 39-1133.

Pepton-spaltendes Enzym

–-Aktivität d. Blut.-Saftes d. Weinrebe 35-1418.

Permease

–-Syst. v. Pneumokokken Typ III (Stimulat. durch DNS-Abbauprod. u. Orthophosphat) 29-1507; –-Defekt in Bezieh. zur Aufnahme v. Zucker durch Sorbose-resistente Mutanten v. Neurospora crassa 32-1241; – in E. coli (Rk.) 36-1439; Indukt. bei d. „alles-oder-nichts"-Adsorpt. durch lebende Zellen u. Protein–W.-Modellsyst. 15-1236; Kristallisat. d. Sulfat-bindenden – aus Salmonella typhimurium 36-1432; Wrkg. bei d. Verwert. v. Zuckern durch Streptococcus lactis 11-1283; Zerstör. d. Aktivität induzierter – durch Tris-(hydroxymethyl)-aminomethan in Kombinat. mit EDTA 22-1364.

Peroxydase

Ersatz d. Bezeichn. „–" durch „peroxydative Aktivität" bei Mycobakterien (Bezieh. zur Katalase) 8-1251; –-Aktivität: d. Mycobakterien 26-1278; d. Brucellen 26-1279; v. Oudemansiella mucida 33-1537; Vork. in Extrakten aus Tabakwurzeln 1-1189; – in Kohl- u. Gurkenpflanzen (Komponente d. Ox.-Syst.) 5-1218; –-Aktivität: in d. Chloroplasten (Einfl. v. γ-Strahlen) 5-1341; in d. interkalaren Wachstumszonen im Maisstengel 5-1356; d. Tabakblätter während d. Vegetat. u. d. Welkens 6-1371; im Wein bei Reblausinfekt. 7-1394; multiple Formen d. – in reinen Linien v. Petunia hybrida 10-1368; –-Aktivität während d. Knospenruhe in Knöterich 15-1486; Vork. in d. Wurzeln v. Lens culinaris 17-1450; –-Aktivität d. Sorghumhirsesaatgutes bei tiefer Temp. (Einfl.) 18-1402; Geh. im unreifen, mit Ascorbinsäure, Cystein, Hydroxylamin, Cyanid, Si u. Fe behandeltem Zuckerrohr 20-1445; –-Aktivität: während d. frühen Entw. d. Weizens 22-1453; v. Ribosomen aus Sojabohnenkeimlingen 23-1544; Kohl-– (Einfl. v. pH u. d. Temp. auf d. Aktivität) 25-1350; Phyto-– 30-1244; Meerrettich-– (Wrkg. v. Salzen u. organ. Zusatzmitteln) 32-1355; –-Aktivität: in d. oberird. Organen v. Consolida arvensis 34-1273; d. Blut.-Saftes d. Weinrebe 35-1418; – in d. Ribosomen d. Linsenwurzel 36-1286; Vork. u. Lokalisat. in Fasciola hepatica u. Dendrocoelum lacteum 16-1283; –-Aktivität: im Uterus (Bezieh. zur Östrogen- u. Progesteronsekret.) 16-1515; d. Schilddrüsenmikrosomen 19-1575; Eosinophilen-– v. Ratten 22-1338; –-Aktivität: im Blut (Wrkg. v. Pflanzenpolyphenolen) 27-1761; v. Speichel 29-1599; in absterbendem Lebergewebe 32-1352; Herkunft u. zytogenet. Bedeut. d. Monozyten-– 32-1353; –-Aktivität: d. Chromoproteine (Inhibitorwrkg. v. Aminazin) 7-1643; eines Haptoglobin–Hämoglobin-Komplexes 27-1662; d. Hämoglobins u. seiner Untereinh. (Einfl. d. Haptoglobins auf diese Rk.) 35-1557; v. Getreideprod. (Hitzeempfindlichk.) 33-1536.

Bldg. u. Reaktivität v. – 19-1370; Synth. im Zuckerrohr-Stammgewebe (Einfl. v. Fructose u. Actinomycin) 28-1426; Sekret. durch Streptolysin O-behandelte polymorphkern. Leukozyten 7-1465; Darst. u. chemotherapeut. Verw. 26-1804*; gereinigte – aus Rinderschilddrüsengewebe (Bestandteile, Rk., Eig.) 1-1190; Isolier. u. Reinig. v. Schilddrüsen-– 32-1354.

UV-Absorpt.-Banden (Spinzustands-abhäng.) 7-1454; Bezieh. zwischen Struktur u. Funkt. bei – 19-1372.

Rk. mit $NADH_2$ u. $NADPH_2$ 1-1191; –-markierte Antikörper (Anwend. bei d. Lokalisier. v. Antigenen) 3-1463; Hemmwrkg. auf d. Rk. v. Hydroxylamin mit Nucleotiden u. DNS 6-1218; Aktivier. chemilumineszenter, durch – katalysierter Ox. (Differenzier.) 9-1237; Aktivität bei d. Ox. v. β-Indolylessigsäure 12-1210; Hemmwrkg. v. Meerrettich-– auf Erbsensamen-Diaminooxydase 20-1280; Gleichgew. u. Kinetik d. Rk. v. – mit Liganden 20-1287; Entfärb.-Mechanismus v. Indigocarmin im –-Syst. 29-1408; Hemmwrkg. auf d. DNS-Inaktivier. durch Hydroxylamine 30-1204; durch – bewirkte Bldg. v. Pseudomorphin 30-1363; Red. d. Meerrettich-– durch β-Indolylessigsäure 32-1356; Wrkg. v. Thionamid-–-Verb. 36-1532; Rk. mit zytotox. Purinderiv. 45-1313; Wrkg. bei d. Ligninbiosynth. 47-1374; – im autoxydativen Geschehen pflanzl. Samen 12-1208; Aktivier. d. oxydativen Phosphorylier. in pflanzl. Mitochondrien durch – 19-1371; Einfl. auf d. Vitamin C-Geh. in Erbsenkeimlingen nach UV-Bestrahl. 35-1419; Aufnahme v. Pflanzen-– in d. multivesikulären Körperchen beim Häut.–Zwischenhäut.-Zyklus eines Insekts 4-1252; Einfl. v. – in Submaxillardrüsen auf d. Aktivität v. Tyrosinhydroxylase in d. Submaxillardrüse d. Ratte 5-1215; Aufnahme v. Meerrettich-– durch Rattennierenschnitte (histochem. Unters.) 12-1209.

Hemmwrkg. v. Urin auf d. –-Aktivität v. Hämoglobin u. auf Meerrettich-– 15-1570; Änder. d. Strahlenempfindlichk. d. – bei d. Komplexbldg. mit H_2O_2 34-1271.

Nachw. na ch elektrophoret. Trenn. an Polyacrylamidsäulchen 16-1413; Best. durch vertikale Stärkegelelektrophorese 20-1238; –-Schnelltest zur Beurteil. v. Hafernährmitteln 8-1997.

Isozyme: Ursprung d. genet. Variabilität 16-1198; Isolier. u. physikal. Eig. d. – aus Meerrettichwurzeln 24-1352; Änder. in d. – bei Virusinfekt. v. Blättern 38-1528.

Peroxydase I (Paraperoxydase)

Reversible Umwandl. v. Meerrettich-– in normale Peroxydase durch Sulfhydrylreagenzien 18-1190.

Peroxydase II

Reversible Umwandl. v. Meerrettichparaperoxydase in – durch Sulfhydrylreagenzien 18-1190.

Peroxydase c

Chem. Zus. d. Rettich-– 30-1244.

Peroxydasen

Spezielle – s. dort.

– verschiedener Teile d. Kürbispflanze 27-1427; –-akt. Eiweißfrakt. im β-Globulinbereich d. Nabelschnurseren 29-1653; Ox. v. Desoxyvasicinon- u. Berberin-Vorstufen mit – v. Erbsenkeimlingen 25-1540; Best. v. Mikromengen H_2O_2 in wss. Lsg. mit – 23-2112.

Phagen-lytisches Enzym

– aus thermophilen Bakteriophagen (Reinig., Eig.) 41-1292.

Phenolase

s. *o-Diphenol-Oxydase.*

Phenoloxydase

Vork. in d. Wurzeln v. Lens culinaris 17-1450; –-Aktivität: während d. Entw. d. Mohnpflanze (Bezieh. zur Opiumalkaloidbiosynth.) 17-1476; u. Fluttoleranz bei höheren Pflanzen 24-1350; Rassenunterschiede in d. –-Aktivität im Blut v. Bombyx mori 32-1236; Blut-– bei Uca pugnax 45-1658; multiple Formen 43-1199; Rolle beim Ligninabbau durch Weißfäulepilze 49/50-1263; Einfl. v. Sulfit u. Ascorbinsäure auf Champignon-– 21-3465; Verw. bei d. Gerb. 32-3090*.

Phenol-Sulfatase

–-Aktivität in d. Plazenta 25-1558.

Phenol-Sulfotransferase

– d. Meerschweinchenleber (Eig.) 11-1236; Verteil. in Erwachsenengeweben 28-1472.

Phenylacetat-Esterase

Bewert. d. Aktivität v. – als Index v. Leberschäden 46-1217; Best. (Anwend. auf d. Leberfunkt.-Prüf.) 10-1530.

Phenyläthanolamin-*N*-Methyltransferase

–-Aktivität in d. Nebenniere fetaler u. neugeborener Ratten 16-1319; Hemm. durch Dexamethason (Einfl. v. ACTH) 45-1558; Inhibier. durch Amine 51/52-1263; Best. v. Norepinephrin im Gehirngewebe mit – 31-1612.

Phenylalanin-Aminotransferase (L-Phenylalanin: 2-Oxoglutarat-Aminotransferase)

Wrkg. einer Phenylalaninverabfolg. auf d. –-Aktivität bei d. ausgewachsenen Ratte 30-1553; Best.-Meth. d. Hirn-– 37-1386.

Phenylalanin-Ammoniak-Lyase (Phenylalanin-Desaminase)

– v. Rhodotorula (Eig.) 18-1287; –-Aktivität v. Melilotus alba (Bezieh. zum o-Hydroxyzimtsäuregeh.) 13-1254; – in Sämlingen v. Cucumis sativus in Abhängigk. v. Licht (Wrkg. v. Cycloheximid) 13-1376; Halbwertszeit v. Phytochrom-induzierter – in Senfsämlingen 32-1472; – in Colchicum autumnale 45-1371; Indukt. v. –: durch Licht (Bezieh. zur Chlorogensäuresynth. in Kartoffelknollengewebe) 15-1402; in d. Geweben v. Wurzelknollen v. Helianthus tuberosus (Einfl. v. Licht) 24-1408; Phytochrom-induzierte –-Bldg. 42-1237; Photoindukt. v. – bei Gurkensämlingen (Wrkg. v. rotem u. IR-Licht) 49/50-1414.

Phenylalanin-Decarboxylase

– in Papaver somniferum 1-1201.

Phenylalanin-Desaminase

s. *Phenylalanin-Ammoniak-Lyase.*

Phenylalanin-Hydroxylase

Hepat. –-Syst. bei neugeborenen Ratten (Charakterisier.) 8-1260; –-Aktivität in d. Leber beim Hamster nach Verfütter. eines Phenylalanin-Überschusses 22-1607; – beim Menschen (Genetik d. Phenylketonurie) 24-1246; -Aktivität bei d. ausgewachsenen Ratte (Wrkg. einer Phenylalaninverabfolg.) 30-1553; Biosynth. eines –-Cofaktors in zellfreien Extrakten einer Pseudomonas-Spezies 40-1209; Wrkg. bei d. Phenylalaninausscheid. (Phenylketonurie, heterozygote Träger u. normale Erwachsene) 20-1558; –-Syst. d. Vogelleber während d. Embryonalentw. 43-1201; Wrkg. bei d. Toxizität v. m-Fluorphenylalanin 45-1698; Hemm.: d. Leber-–-Syst. in vitro u. in vivo 8-1259; v. – in d. Rattenleber durch p-Chlorphenylalanin 16-1615; durch α-Methyldopa, $\alpha.\beta.\beta$-Trimethyldopa u. andere Verb. 17-1696.

L-Phenylalanin: 2-Oxoglutarat-Aminotransferase

s. *Phenylalanin-Aminotransferase.*

Phenylalanin-Permease

– aus Neurospora crassa (biochem. Eig.) 13-1263.

Phenylalanyl-RNS-Synthetase

– einer E. coli-Mutante 33-1531; Vgl. d. mitochondr. u. zytoplasmat. –-Aktivität 47-1406.

Phenylalanyl-sRNS-Synthetase

Synth. v. kapselförm. Polysacchariden in wilden Arten v. E. coli u. in Stämmen mit veränderter – (Indukt. durch p-Fluorphenylalanin) 6-1227; genet. Aufzeichn. v. – in E. coli 20-1149; Regulat. d. Bldg. in E. coli 15-1414.

Phenylalanyl-tRNS-Synthetase

Stimulierende Wrkg. v. Ammonium- oder K-Ionen auf d. –-Aktivität aus E. coli 39-1263.

Phenylcarbamat-Esterase

Phenylcarbamat hydrolysierende – eines Bodenbakteriums 8-1281.

***p*-Phenylendiamin-Oxydase**

–-Aktivität v. Coeruloplasmin (bei Mensch u. Tier) 45-1609; Ox. v. p-Phenylendiamin mit – v. Azotobacter vinelandii 34-1315.

Phenylessigsäure-Hydroxylase

Hydroxylier. v. Phenylessigsäure in Kulturen v. Penicillium chrysogenum mit – 19-1451.

α-Phenylglucosidase

–-Aktivität einiger Samen 12-1264.

β-Phenylglucosidase

–-Aktivität einiger Samen 12-1264.

α-Phenylmannosidase

–-Aktivität einiger Samen 12-1264.

β-Phenylmannosidase

–-Aktivität einiger Samen 12-1264.

Phenylmethansulfonyl-α-chymotrypsin

Kinet. Gleichwertigk. v. reaktiviertem — u. α-Chymotrypsin 33-1517.

Phenylphosphatase

—-Aktivität in Puppen v. Calliphora erythrocephala 16-1344; hormonale Regulat. d. alkal. u. sauren — d. Eileiters v. Rana esculenta 33-1691.

pH 5-Enzym (pH 5-Ferment)

—-Aktivität in Musca domestica 6-1238; Bldg. v. L-Asparagin mit — (ernährungsbedingte Varianten d. Jensen-Sarkoms) 1-1152; Aktivier. d. Synth. v. β-[4-Hydroxypyrimidyl-(2)]-alanin durch — aus E. coli 18-1251.

pH 5-Ferment

s. *pH 5-Enzym.*

Phosphat-Acetyltransferase (Phosphat-Transacetylase)

—-Aktivität in Hirnextrakten (Einfl. v. anorgan. Kationen) 14-1263; Darst. u. Eig. v. — aus E. coli B (Verw. zur Best. v. CoA) 14-1264.

Phosphatase, alkalische (Alkaliphosphatase, Phosphomonoesterase, alkalische, Phosphomonoesterase I, Orthophosphorsäure [Orthophosphat]-monoester-Phosphohydrolase [alkalische])

Nonsens-Mutanten · für — 30-1179, 30-1180.

Vorkommen, Aktivität: — aus E. coli (Elektronenmikroskopie) 6-1269; —-Aktivität in apathogenen Bodenpilzen 14-1341; reprimierbare — in Staphylococcus aureus 34-1290; Vork. in Salmonella typhimurium (Wrkg. v. P_i) 38-1410; —: d. Actinomyzeten 46-1265; aus Bacillus subtilis (physiko-chem. Eig. u. Aminosäurezus.) 47-1396.

—-Aktivität während d. frühen Entw. d. Weizens 22-1453.

—-Aktivität in Organen v. Tieren 1-1216; — v. polymorphonuklearen Leukozyten d. Ratte 1-1217; Lokalisat. im Hauptstück d. Niere v. Mäusen (krit. elektronenmkr. Studien) 2-1177; —-Aktivität: d. Schneidezahnpulpe d. Ratte (Einfl. v. Actinomycin D) 2-1217; in Geweben hydatidiformer Mola u. normaler Plazenta 2-1395; im Serum (d. Leber nach CCl_4) 2-1442, 2-1443; (bei Pankreatitis d. Hundes) 3-1424; d. Leberlappens (bei Äthioninschädig.) 3-1510; d. Dünndarms (Regulier. durch stammspezif. Faktor aus Mäusemilch) 4-1051; Geh. in Entzünd.-Zellen d. Bauchhöhle 5-1292; —-Aktivität: in Leukozyten (Veränder. bei akuter Leukose) 5-1424; in vor u. nach d. Rigor gewonnenem sarkoplasmat. Extrakten d. Hühnerbrustmuskels 6-1241; bei Ratten unter Kälteeinw. u. Hypothermie infolge Dimethylsulfoxid 6-1582; d. Leukozyten nach d. Zufuhr v. Pyrogenal 7-1626; vaskuläre —-Aktivität bei Ratten (Wrkg. v. Vitamin D-Überschuß) 7-1507; —-Aktivität in Planorbisschnecken (Eig.) 12-1232; — im Schafsgehirn (Heterogenität) 12-1247; Progesteron-vermittelte Zunahme an — in Leukozyten v. Kaninchen 12-1250; „intestinale" Komponente d. — d. Serums bei Menschen verschiedener ABO-Gruppen u. eines verschiedenen Sekretorstatus (Einfl. d. Kost) 12-1251; —-Aktivität: im akzessor. Perforat.-Organ v. Purpura lapillus 12-1301; in Primaten (Wrkg. v. 2-MeV-Ganzkörperröntgenbestrahl.) 12-1558; im Mäusethymus nach subletaler Röntgenbestrahl. 12-1559; im Serum (Bezieh. zur Nebenschilddrüsenfunkt.) 12-1273; — im menschl. Serum 15-1371; normaler Geh. im Blut (statist. Analyse) 15-1563; Vork. in d. Harderschen Drüse v. Kaninchen 16-1284; neutrophile — in d. Blutzellen v. Primaten 16-1351; —-Aktivität: im Intestinum v. Hühnerembryonen (Erhöh. durch Actinomycin D) 16-1352; verschiedener Organe u. Körperfl. v. Vipera aspis 16-1354; Lokalisier. in Lipoproteinpartikeln d. Rindermilch 16-1490; —-Aktivität in Myokard, Leber u. Nieren (Einfl. v. phys. Belast.) 17-1342; postmortale Veränder. d. —-Aktivität im Rinder- u. Schweinemuskel 17-1636; — v. Hühnern (partielle Kennzeichn. d. Gewebeisoenzyme) 18-1213; —-Aktivität im Vaginaepithel v. neonatal androgenisierten erwachsenen Ratten 18-1214; — d. Serums (Phenolphthaleinmonophosphat als Substrat) 18-1215; —-Aktivität im Serum bei verschiedenen Tierarten (Erhöh. durch Epinephrin) 18-1254; Vork. in menschl. Glioblastomen 19-1316; —-Aktivität v. experimentell erzeugten Tumoren in d. submaxillaren u. sublingualen Drüsen v. Mäusen während d. Karzinogenese 19-1325; Vererb. eines Mangels an — in Drosophila melanogaster-Larven 20-1151; signifikante Veränder. d. —-Index während d. menstruellen Zyklus 20-1324; postnatale Änder. d. Aktivität u. d. Elektrophoresemusters d. — d. Jejunums u. d. Ileums d. Ratte (Einfl. d. Adrenalektomie) 21-1427; — in subkutanen Fibroblasten d. Maus (geschlechtsdifferentes Vork. u. Östrogenabhäng. Indukt.) 21-1614; —-Aktivität d. Kiemen v. Rosbora doniconius (Wrkg. v. Thyroxin) 21-1635; Geh.: d. Nebennierenrinde d. Meerschweinchens (nach Abschluß einer langfrist. Cortisonvorbehandl.) 22-1536; (nach Metopironzufuhr) 22-1537; d. Hypophyse (Wrkg. v. $BeCl_2$) 23-1735; —-Aktivität d. Rattenserums nach anaphylaktoidem Schock 26-1311; — d. menschl. Serums (Auftrenn. durch Gelfiltrat.) 26-1312; —-Aktivität: v. Varicorhinus aus d. Sewan-See (Einfl.) 26-1313; in Leukozyten v. Kaninchen (Einfl. v. Hydrocortison u. Actinomycin) 26-1314; — in d. Exsudatleukozyten bei Alloxandiabetes 26-1559; —-Aktivität: in mononuklearen Leukozyten v. immunisierten Ratten 26-1595; in d. Organen rachit. Küken nach Vitaminbehandl. 26-1621; v. HEp-2-Zellen (Wrkg. v. Prednisolon u. Kontaktphänomen) 28-1225; histochem. Verteil. in d. Plazenta 28-1405; inakt. — im Duodenum säugender Mäuse (immunolog. Beweis) 28-1406; —-Aktivität: d. durch Tris zerstörten Bürstensaumes d. Darmepithelzellen 29-1369; im Primordium d. subkommissuralen Organs im Gehirn menschl. Feten 29-1445; Lokalisier. in Segmenten d. poximalen Tubuli d. Rattenniere 29-1470; nukleare Lokalisier. in HeLa-Zellen 30-1257; hitzebeständ. — d. Serums bei normaler u. abnormaler Schwangerschaft 31-1427; — d. Leber (Dephosphorylier. v. Pyrimidinnucleotiden) 31-1431; —-Aktivität: in einer prim., mit Parainfluenza 3-Virus infizierten Kultur v. Affennierenzellen 31-1535; d. Uterus v. nach d. Paar. ovarektomierten Ratten (Einfl. v. Östrogen u. Progesteron) 31-1598; Quelle d. — d. Synovialfl. 32-1400; —-Aktivität in Lysosomen d. absorbierenden Zellen d. Duodenalmukosa d. Maus 33-1525; —: aus einem menschl. Zellstamm u. aus einem klonalen Abkömmling mit geringer Aktivität 35-1301; d. menschl. Plazenta 35-1302; Geh. d. Kallus beim Verknöcher.-Prozeß v. experimentellen Frakturen bei d. Ratte (Einfl. v. 6-Acetylaminohexansäure) 35-1660; —-Aktivität: in d. Rattennieren (Einfl. v. Neomycinorotat) 35-1701; in tier. Gewebe (Wrkg. v. DTPA) 37-1405; Verteil. in HeLa-Zellen 37-1406; Aktivität v. nichtspezif. menschl. — unter normalen u. patholog. Beding. 37-1407; —-Aktivität: v. Urin (Einfl. d. Urin-pH) 37-1670; d. Leber v. Ratte u. Maus (Einfl. v. Enovid) 37-1809; Regulier. d. — in d. Rattenniere durch Phosphat 38-1409; —-Aktivität: d. Aorta bei experimenteller Atherosklerose 38-1717; im sich entwickelnden Süßwasserfisch Ophicephalus punctatus 39-1240; in Milchdrüsenepithel (opt. u. ultrastrukturelle Lokalisier.) 40-1251; Geh. in Säugetierzellen (Einfl. auf d. tox. Wrkg. v. 2-Desoxy-D-glucose) 41-1503; —-Aktivität: d. Gehirns bei experimenteller Pb-Vergift. 43-1217; bei normalen Personen u. Patienten mit chron. Niereninsuffizienz (Einfl. hoher Ca-Aufnahmen) 43-1483; Unterschiede im Zymogramm d. — während d. Entw. v. Drosophila melanogaster u. D. ananassae 44-1240; —-Aktivität: bei Lymphogranulomatose v. Kindern 45-1586; im Blutplasma (Einfl. eines elektromagnet. Feldes) 45-1587; d. Nephronbereiche 45-1655; — im Knorpelgewebe vor d. Knochenbldg. 46-1226; Verteil. im Darm v. Säugetieren u. Verh. gegenüber Pyridoxalphosphat 46-1227; — nach Einw. subletaler Dosen harter u. weicher Röntgenstrahlen auf d. Organismus 46-1493; —-Aktivität: d. Rattenmilz nach Vergift. mit CCl_4 u. deren Behandl. mit einem Blutextrakt 46-1510; bei Virus-induziertem Thymus-Lymphom 47-1356; Vork. in Mammatumoren v. C3H-Mäusen 49/50-1234; —-Aktivität in Leber u. Muskel bei Parathionvergift. 49/50-1625; Geh. d. Hundedarms (Einfl. d. tox. u. höchstzuläss. Konz. v. Sevin) 51/52-1712; Aktivier. einer durch Mutat. veränderten — v. E. coli durch Zn 16-1202; aktivierende Wrkg. v. Glukagon auf d. — in Pankreasinseln v. Ratten 32-1403.

Bildung, Gewinnung: Synth.: während d. bakteriellen Wachstums 1-1261; einer veränderten — durch E. coli 2-1178; interallele Komplementat. d. — aus E. coli 10-1148; Bldg. einer defekten Untereinh. d. alkal. — durch eine Mutante v. E. coli 12-1253; Indukt. v. — durch Östrogen im Uterus-Epithelium v. kastrierten Mäusen (Einfl. v. Actinomycin D) 36-1344; Aktivier. d. renalen Ausscheid. v. — im anaphylaktoiden Schock durch ε-Aminocapronsäure 12-1248; Herst. v. für d. Unters. d. Struktur v. Nucleinsäuren geeigneten — 19-1399; Krist. u. Eig. d. — aus Bacillus subtilis 21-1426; elektrophoret. Trenn. v. — aus menschl. Blutzellen 23-1388; Reinig. v. zwei — aus Aspergillus nidulans 2-1179; gereinigte alkal. — d. Plazenta 36-1342; Stabilität v. — im Gesamtblut, Serum u. Plasma während d. Lager. 31-1467.

Eigenschaften:

Strukturunters. v. — aus Kälberschleimhaut 26-1255; Polymorphismus d. menschl. — im Harn (immunolog. Unters.) 44-1241; SH-Gruppen bei — (Bind. am reaktiven Zentrum) 45-1354; elektrophoret. Heterogenität v. — v. Leukozyten bei gesunden u. bei an Polycythämia vera leidenden Menschen 47-1605; reversible Dissoziat. d. — v. E. coli (Eig. d. gegen d. Untereinh. gerichteten Antikörper) 12-1252.

Reaktionen, Wirkungen: Phosphorylier. v. — aus E. coli durch Substrat 32-1402; Wrkg. d. Neuraminidase auf alkal. — aus menschl. Niere 36-1343; Resistenz v. Di-Na-Thymidin-5′-thiophosphat u. Di-Na-Uridin-5′-thiophosphatmonohydrat gegen — aus Kalbseingeweiden 1-1011; Spalt. v. Cytidin-2′.3′-phosphat-5′-phosphorsäuremorpholid bzw. -p-anisidid bzw. Cytidin-2′.3′-phosphat-5′-diphosphat mit — 12-1042; Wrkg.-Mechanismus 12-1246; Einfl. auf d. latente Aktivität v. Asparaginattranscarbamylase 15-1337; Kinetik d. Hydrolyse v. p-Nitrophenylphosphat durch — 19-1398; Einfl. d. Kombinat. v. — u. Phosphodiesterase auf RNS d. Tabakmosaikvirus 26-1315; Kinetik d. Rk. zwischen — aus E. coli u. Nitrophenylphosphaten 40-1252; kinet. Unters. über d. — in Trifolium confusum 28-1407; katalyt. Wrkg. d. intestinalen — d. Kalbes (Einfl. elektrostat. Effekte) 4-1052; Rolle bei d. calciphylakt. Rk. Dihydrotachysterin-sensibilisierter Ratten 5-1592; Substratspezifität d. — d. Kalbsdarmes 16-1353; Wrkg.: auf Muskelruhepotentiale 27-1712; gereinigter — aus Leber u. Dünndarm d. Menschen auf Nucleotidphosphate 28-1408; bei d. Hautverkalk. (Calciphylaxis) 28-1683; Aktivität: d. katalyt. Zentrums u. kinet. Eig. v. — aus Kuhmilch 32-1401; bei d. Glykolyse in subzellulären Präparat. v. Dünndarmmukosa aus Katzen u. Ratten 40-1232; bei d. RNS- u. Proteinsynth. in trisomat. Leukozyten 44-1187.

Beeinflussung: Einfl. v. Aflatoxin B_1 auf d. — im Serum 8-1612; Inaktivier. d. — nach d. γ-Bestrahl. 17-1316; Hemm. d. — d. Nebennierenrinde durch Diäthylstilböstrol 17-1344; Dithizon-induzierte Änder. d. — d. dorsolateralen Rattenprostata 19-1433; Hemm. durch Phosphatderiv. u. Substratspezifität 20-1323; Wrkg. d. Ganzkörperröntgenbestrahl. auf d. — in Serum, Leber u. Milz 23-1732; Hemm.: durch Cystein u. seine Analogen 24-1379; d. — d. Hypophyse durch Monoaminoxydasehemmstoffe 29-1776; Wrkg. d. ionisierenden Strahl. auf d. — d. Milch 35-1648; Hemm. d. — im Serum bei Verfütter. v. Brachyglottis repanda an Meerschweinchen 36-1622; Einfl. d. P-organ. Komplexone auf d. — nach Be-Intoxikat. 41-1621; Harnstoff als selektiver Inhibitor d. — menschl. Gewebe 43-1218; Inaktivier. d. —-Lsg. durch γ-Strahlen (Eig. d. bestrahlten —) 46-1228; Hemm. v. — in d. Niere durch Co 49/50-1597.

Analyse, Untersuchungsmethoden: Nachw. mit hexazotiertem Triaminotritolylmethanchlorid als Kuppl.-Salz 5-1249; kolorimetr. Best. mit Indoxylphosphat 20-1936; fluorometr. Test 23-1418; Best. 36-1339; automatisierte Best. 38-1411, 38-1412; verbesserte Best. mit p-Nitrophenylphosphat 38-1413; Schwank. d. Werte für — bei Verw. d. Meth. v. Bessey, Lowry u. Brock 41-1280; Analysenstandards u. Substrate für — 41-2110; Mess. d. Rk.-Geschw. v. —-Proben durch kontinuierl. Durchflußanalyse 42-1170; Gelfiltrat. 43-1219.

Erfahr. mit Best. v. — bei Toxizitätsunters. 16-1414; automat. Best. im Serum 17-1317; Best.: v. Serum-— (Vereinfach. v. Kind u. King's Meth.) 25-1364; in anaerobem Faulschlamm 28-2248; histochem. Nachw. mit Naphthol-AS-phosphat 34-1195; Trenn. d. 5′-Nucleotidase v. — im Serum 36-1348; elektrophoret. Best. in Leptospiren 38-1487; Best. unter Verw. v. Phosphaten d. Naphthol-AS-Reihe an Polyacrylamidmembran-Modellsyst. mit Hilfe d. Zytospektrophotometrie 39-1241; Pb-Citrat-Meth. zum ultrazytochem. Nachw. d. — 39-1242; Best.: mit d. Technicon AutoAnalyser im klin. chem. Labor. 39-2052; im Serum (kontinuierl. spektrophotometr. Meth.) 44-1239; indigogene

Rk. für d. histochem. Nachw. 51/52-1281; Best. als Leberfunkt.-Test beim Hund (Beeinfluss. durch Behandl. mit Imuran u. Azaserin) 31-1366.

Iso(en)zyme: Intrazelluläre Verteil. d. – d. Rattenleber (Verh. nach Unterbind. d. Ductus choledochus) 31-1426; – in Gingiva u. Alveolärknochen d. Meerschweinchens 36-1341; Verteil. in einem Präp. aus Kalbsdünndarm 43-1216; Abtrenn.: aus Rattenserum (normal u. nach Unterbind. d. Ductus choledochus) 31-1425; v. E. coli (kinet. u. strukturelle Eig.) 37-1411; Hemm. v. – aus menschl. Serum durch L-Phenylalanin (automatisierte Differentialanalyse) 35-1303; Best. mit Phenolphthaleinmonophosphat nach Elektrophorese auf Celluloseacetat 41-2109; immunochem. Kennzeichn. im Duodenum junger Mäuse 47-1388.

Phosphatasen (Phosphomonoesterasen)

Spezielle – s. dort.

K-abhäng. – (*2.* Mitt.) 7-1243; – (*4.* Mitt.) 31-1425; (*5.* Mitt.) 31-1426; – – Modelle u. ihr Verh. gegenüber Substraten d. intermediären Kohlenhydratstoffwechsels 32-1398.

Lysosomale Lokalisat. in Tetrahymena pyriformis (Eig.) 28-1245; Vork. in Koagulase-negativen Staphylokokken u. Mikrokokken 33-1497; – -Aktivität: in Pasteurella multocida (Differenzier. zwischen var. mammalium u. var. avium) 36-1340; v. Salmonella typhimurium (Wrkg. v. anorgan. Phosphat) 38-1410; extrazelluläre – bei Actinomyceten 41-1342; – -Aktivität: v. Neurospora crassa (Kulturbeding.) 45-1406; d. intakten Konidien d. Actinomyceten 46-1330; Vork. in nichtproliferierenden Mikroorganismen 47-1415; Weizenblatt- – 7-1244; – -Aktivität in d. Keimen v. Hülsenfrüchten bei Vorbehandl. d. Saatguts mit Spurenelementen 29-1582; – in Vakuolen aus Wurzelzellen v. Maiskeimlingen 32-1250; pflanzl. – 36-3132, 36-3133, 48-2927; Histochemie im Juxtaglomeruluskomplex d. Niere v. Ratten 2-1175; – -Aktivität d. Mäuseserums 5-1246; Geh. in d. Meerschweinchenhoden bei Vitamin C-Mangel 5-1475; – aus Rattentestes 8-1285; postnatale Veränder. d. – -Aktivität im Dickdarm d. Ratte 12-1249; – -Aktivität: am Nidationsort beim Kaninchen (Wrkg. v. Östradiol u. Histamin) 12-1427; in d. Leber in Bezieh. zur Hydrolyse v. Cysteamin-S-phosphat 14-1542; d. menschl. Epiphyse (histochem. Nachw.) 15-1421; intrazelluläre Verteil. in Leukozytenhomogenaten 17-1564; – -Aktivität in Harnsteinen 24-1378; Pb-Ionen u. – -Histochemie 24-1420, 24-1421; – -Aktivität während d. Reif. d. Kleinhirnrinde u. d. Ammonshorns beim Kind 24-1430; Aktivität mikrosomaler – in Bezieh. zur Lebervergrößer. 24-1433; – -Aktivität: d. Ziliarganglions d. Ratte u. d. Wrkg. prä- u. postganglionärer Nerventeil. 27-1731; menschl. Fibroblasten v. Patienten mit Down-Syndrom (Mongolismus) 28-1223; Membran-gebundene – in Rattenhirngewebe (Wrkg. v. Chlorpromazin) 28-1403; – -Aktivität: im Dünndarm d. Lamms 28-1404; in Leberplasmamembranen 36-1328; in Ovarien reifer Ratten (Wrkg. v. Äthinylöstradiol u. Lynöstrenol) 36-1329; – d. Serums 37-1407; – -Aktivität: d. Blutes nach Eintritt v. Dichloräthandämpfen durch d. Haut 37-1815; in d. Myelinscheide d. gemischten peripheren Nerven 38-1726; d. Leber (Verh. während d. Perfus.) 41-1585; v. Säugetier-β-galaktosidasen 8-1298; keine – -Aktivität v. Ribonuclease F aus Pankreas 21-1422; – -Aktivität: d. extrazellulären Nuclease bei Micrococcus sodonensis 41-1275, 41-1276; v. hellem, handelsübl. Honig 48-2945.

Synth.: in E. coli (Anwend. automatisierter Verh.) 3-1286; bei d. Erzeug. v. Ribonuclease durch d. Festnährboden-Kultur einer Mutante v. Aspergillus awamori var. fumeus 7-1225; Bezieh. zwischen Pilzwachstum u. – -Bldg. 15-1427; chromatograph. Trenn. v. Hafer- – 36-3132.

Partielle Phosphorylier. v. Phosvitin durch – 35-1475; – -Inaktivier. eines aspermatogenen Antigens 36-1560; Wrkg. v. – aus Neurospora crassa 14-1335; Rk. bei d. Synth. v. Streptidinphosphat (Streptomycinbiosynth.) 29-1490; Assoziier. mit Präp. v. Virus BAI, Stamm A 47-1383; Hydrolyse v. Saccharosephosphat durch – zu Saccharose in Zuckerrohrchloroplasten 30-1379; Rk. d. Hafer- – 36-3133; Aktivier.-Energie d. – -katalysierten Rk. in Tabakblättern bei Befall mit Tabakmosaikvirus oder mit Erysiphe cichoracearum 37-1590; hydrolyt. Wrkg. d. – d. Rattenniere auf Riboflavin-5'-phosphat 2-1176.

Biphas. Wrkg. v. Nucleotiden auf K^+-abhäng. – 1-1218; Wrkg. v. Sn^{2+} auf d. – d. Spermas 9-1251.

Elektronenmkr. Nachw. mit Diazophthalocyaninen v. Cu, Pb oder Mg 13-1929; Agargelelektrophorese v. – im Mikromaßstab 42-1805; Ultradünnschnitte v. nach d. Fixier. an Luft getrockneten u. nicht eingebetteten Geweben zum Nachw. v. – 12-1901; Best. in Molkereiprod. durch Dialyse 19-2291; histochem. Nachw. mit Bleirhodizonat 29-1447; automat. Milch- – -Best. 43-2075; automat. photometr. Best. in Milch 48-2020.

Phosphatase, saure (Phosphomonoesterase II, Phosphomonoesterase, saure, Orthophosphorsäuremonoesterphosphohydrolase [saure])

Vorkommen, Aktivität: Induzierte u. konstitutive – aus Euglena (Eig.) 18-1216; – aus Amöben 20-1325; Teilchenlokalisier. bei Pilzen 28-1409; reprimierbare – in Neurospora crassa 31-1428; Verteil.: in Gewebe v. Fusarium moniliforme 33-1620; in Proteusbakterien 37-1479; Vork. in Salmonella typhimurium (Wrkg. v. P_i) 38-1410; wärmebeständ. – v. Mycobakterien 38-1421; Verlust v. – während d. Gewinn. v. Protoplasten aus Bäckerhefezellen 40-1091; krist. – mit einer Pyridoxin-phosphorylierenden Aktivität aus Escherichia freundii K-*1* 43-1220; – d. Actinomyceten 46-1265.

– -Aktivität in Siebröhrenglieder v. Tilia americana 3-1254; Geh. im unreifen, mit Ascorbinsäure, Cystein, Hydroxylamin, Cyanid, Si u. Fe behandeltem Zuckerrohr 20-1445; – -Aktivität: während d. frühen Entw. d. Weizens 22-1453; v. Ribosomen aus Sojabohnenkeimlingen 23-1544; in d. Keimen v. Hülsenfrüchten bei Vorbehandl. d. Saatguts mit Spurenelementen 29-1582; v. normalen u. unter B-Mangel leidenden Bohnenwurzeln 33-1646; – : v. Dictyostelium discoideum (Eig.) 38-1415; aus Mayorella palestinensis (Eig.) 38-1416; Verteil. in vorreifen u. vollreifen Birnen 45-1458; Glutaraldehydaktivier. v. – aus Pflanzenzellkernen 20-1175.

– v. polymorphonuklearen Leukozyten d. Ratte (Eig.) 1-1217; Lokalisier. in d. Leber (Veränder. nach Anwend. v. Orotsäure u. Vitamin B_{12}) 1-1462; – -Aktivität in aus Herzmuskel isolierten Mikrosomen 2-1097; Histochemie im Juxtaglomeruluskomplex d. Niere v. Ratten 2-1175; – -Aktivität: d. Schneidezahnpulpe d. Ratte (Einfl. v. Actinomycin D) 2-1217; in Geweben hydatidiformer Mola u. normaler Plazenta 2-1395; bei Ratten (Einfl. v. O_2 mit Überdruck) 2-1426; während d. Regenerat. d. Ringelwurms Owenia fusiformis 4-1053; Verteil. in d. Schilddrüse 5-1273; Vork. in Lysosomen d. Rinderaugenlinsenepithels 5-1294; – -Aktivität: d. Rattenbauchspeicheldrüsen 5-1410; bei Küken mit Vitamin E-Mangel 5-1484; bei trächt. Ratten mit Vitamin E-Mangel 5-1485; bei Lebernekrose u. Hodendegenerat. d. Ratte mit Vitamin E-Mangel 5-1486; in vor u. nach d. Rigor gewonnenen sarkoplasmat. Extrakten d. Hühnerbrustmuskels 6-1241; Vork. in Gehirngewebe 7-1259; vaskuläre – -Aktivität bei Ratten (Wrkg. v. Vitamin D-Überschuß) 7-1507; – -Aktivität v. Partikelfrakt. aus Meerschweinchenschilddrüsen 8-1485; – v. menschl. Sperma 9-1251, 9-1252; – -Aktivität: in Gewebekulturen d. Retina 10-1539; in Planorbisschnecken (Eig.) 12-1232; – in verschiedenen Organen u. verschiedenen Tiergatt. (stärkegelelektrophoret. Vgl.) 14-1280; – -Aktivität: d. Mäuseleber 15-1367; verschiedener Organe u. Körperfl. v. Vipera aspis 16-1354; – in d. Mäuseniere (Verw. v. Naphthol AS/BI-phosphat als Substrat) 16-1357; – -Aktivität: in d. Erythrozyten neugeborener Chinesenkinder bei bestehendem Glucose-6-phosphatdehydrogenasemangel 16-1358; d. Skelettmuskels beim Turner-Syndrom 16-1622; – d. Leber (Wrkg. v. Thioacetamid-Vergift.) 17-1343; – -Aktivität d. Nebennierenrinde (Wrkg. v. Diäthylstilböstrol) 17-1344; postmortale Veränder. d. – -Aktivität im Rinder- u. Schweinemuskel 17-1636; Vork. in menschl. Glioblastomen 19-1316; – -Aktivität v. experimentell erzeugten Tumoren in d. submaxillaren u. sublingualen Drüsen v. Mäusen während d. Karzinogenese 19-1325; Vork. v. – v. Prostatatyp im menschl. Kolostrum 19-1400; – -Aktivität im Bindegewebe (Einfl. v. Wachstumshormon, Steroiden u. Relaxin) 19-1559; an d. Golgiapp. gebundene – in menschl. Leberzellen 22-1351; Geh. d. Nebennierenrinde d. Meerschweinchens (nach Abschluß einer langfrist. Cortisonvorbehandl.) 22-1536; (nach Metopironzufuhr) 22-1537; – : im Serum (Wrkg. v. Adrenalin u. Chlorpromazin, v. Vitamin A, Hydrocortison u. Na-Lactat) 22-1543; im Melanoblastom d. Chorioidea 23-1320; v. Makrophagen (Wrkg. v. Diaminodiphenylsulfon v. ICRC-Bazillen) 23-1419; Geh. d. Hypophyse (Wrkg. v. $BeCl_2$) 23-1735; – -Aktivität: in Bezieh. zu Trächtigk., postpartaler Involut. u. Kollagenabbau 24-1373; d. menschl. nodularen Prostatahyperplasie (elektronenmkr. Unters.) 24-1380; im Gehirn v. Ratten nach Infekt. mit Cryptococcus neoformans 24-1429; in mononuklearen Leukozyten v. immunisierten Ratten 26-1595; in Humanleberpräp. 27-1481; Lokalisier. am Rand eines malignen Rattentumors 28-1318; – in gezüchteten Hühnerherzmyoblasten 28-1410; Lokalisier. in renalen kortikalen Tubuli 28-1417; – -Aktivität im Primordium d. subkommissuralen Organs im Gehirn menschl. Feten 29-1445; – d. Rattenleber (lysosomale u. zytoplasmische Form) 29-1446; Lokalisier. in Segmenten d. poximalen Tubuli d. Rattenniere 29-1470; – -Aktivität im Rattenhirn während d. traumat. Schocks 30-1258; in d. Körperchen d. Zytoplasmas d. resorbierbaren Darmzellen d. Ferkels 31-1429; – d. Leber (Dephosphorylier. v. Pyrimidinnucleotiden) 31-1431; – -Aktivität: in einer prim., mit Parainfluenza *3*-Virus infizierten Kultur v. Affennierenzellen 31-1535; d. Uterus v. nach d. Paar. ovarektomierten Ratten (Einfl. v. Östrogen u. Progesteron) 31-1598; kinet. Vgl. genet. verschiedener – aus menschl. Erythrozyten 32-1235; – -Aktivität bei Behandl. v. Mäusen mit lymphozyt. Leukämie mit Cyclophosphamid 33-1440; Geh. in d. menschl. Zahnfleischfl. 33-1498; – -Aktivität: im Hypothalamus (Wrkg. d. H_2O-Entzugs) 33-1499; in Lysosomen d. absorbierenden Zellen d. Duodenalmukosa d. Maus 33-1525; d. Nebennierenrinde (Einfl. v. Hexadimethrinbromid) 35-1526; Verteil.-Muster im Nebennierenmark d. Ratte (elektronenhistochem. Nachw.) 36-1345; Lokalisat. in Lysosomen in d. Zona fasciculata d. Nebenniere v. intakten u. hypophysektomierten Ratten nach Gabe v. ACTH 37-1408; Vork. in durch schwere Vergift. mit $BeCl_2$ angegriffenen Leberzellen 37-1699; – -Aktivität: d. Aorta bei experimenteller Atherosklerose 38-1717; im sich entwickelnden Süßwasserfisch Ophicephalus punctatus 39-1240; d. Leber (Einfl. v. Dextran) 41-1640; (Einfl. v. Dextran u. Chlorpromazin) 41-1641; d. Gehirns bei experimenteller Pb-Vergift. 43-1217; Konz. in Rattengalle während Anästhesie 44-1229; intrazelluläre – in Makrophagenkulturen 44-1230; – -Aktivität: im Blutplasma (Einfl. eines elektromagnet. Feldes) 45-1587; bei d. Regenerat. d. Rattenhaut nach Epinephrektomie u. Hyperfunkt. d. Nebenniere 45-1659; in Zellen unter Einfl. v. Penicillin 45-1732; Geh. im Darm (Einfl. d. Oleandomycinphosphats) 45-1738; – im Knorpelgewebe vor d. Knochenbldg. 46-1226; histochem. Lokalisier. in d. Antennendrüse v. Pacifastacus leniusculus 46-1260; – -Aktivität d. Rattenmilz nach Vergift. mit CCl_4 u. deren Behandl. mit einem Blutextrakt 46-1510; Auftreten v. – -reicher Granula in Humanlymphozyten nach Induzier. durch Phytohämagglutinin u. Antigene 47-1606; Vork. in Mammatumoren v. C*3*H-Mäusen 49/50-1234; – -Aktivität in Leber u. Muskel bei Parathionvergift. 49/50-1625; Verteil. u. Aktivität im Rattenlungenkarzinom (Einfl. v. Röntgenbestrahl.) 51/52-1228.

– -Aktivität d. Fleisches 36-3137.

Bildung, Darstellung: Bldg.: in d. Leydigzellen d. reifenden Rattenhodens 35-1333; in E. coli (Wrkg. v. Actinomycin) 38-1520; durch Phosphatmangelzellen v. Euglena 41-1426; Einbau v. ^{14}C-markierten Aminosäuren in – in Schnitten v. menschl. Prostata 10-1236; Austritt aus Blutplättchen durch Licht u. Hämatoporphyrin 6-1487; Freisetz.: bei d. Einw. v. Quarz auf Lysosomen in vitro 10-1154; durch Bestrahl. aus Lysosomen (Bezieh. zur Bldg. v. Lipidperoxiden) 32-1269; Abspalt. lysosomaler – (Einfl. v. Rutin) 41-1563; Freisetz.: aus Lysosomen durch Polyenantibiotika 43-1108; aus lysosomaler Rattenleberfrakt. durch CCl_4 47-1661; aus isolierten Lysosomen d. Rattenleber (Einfl.) 49/50-1630; Isolier. u. Reinig. d. – aus Bäckerhefe 12-1254; Gewinn. v. für d. Unters. d. Struktur v. Nucleinsäuren geeigneten – 19-1399; Isolier. u. Eig. v. – aus d. Milz 27-1447; Gelfiltrier. d. – d. Rohrzuckers 3-1253; Stabilität im Gesamtblut, Serum u. Plasma während d. Lager. 31-1467.

Eigenschaften: Untereinh. d. – bei Drosophila melanogaster (reversible Dissoziat.) 16-1356; elektrophoret. Komponenten d. – d. roten Blutkörperchen (differentielle Wrkg.

v. ox. Glutathion oder Acetylphenylhydrazin) 28-1411.

Reaktionen, Wirkungen: Einfl. auf d. latente Aktivität v. Asparaginattranscarbamylase 15-1337; Abbau v. Di-Na-Thymidin-5'-thiophosphat bzw. Di-Na-Uridinthiophosphatmonohydrat durch – aus Kartoffeln 1-1011; Energieänder. bei d. Komplexbldg. während d. Hydrolyse einiger Monoalkylphosphate durch – aus Dolichos lablab 12-1255; Wrkg. v. – aus Weizenkeimlingen auf Pyridoxalphosphat u. Pyridoxaminphosphat 24-1381; kinet. Eig. d. – v. Leber u. Prostata im Kaninchen u. Affen 21-1425; Phenylphosphat u. α-Naphthylphosphat als Substrate für Serum– (Vgl. d. Meth.) 23-1328; immunchem. Eig. d. – v. menschl. Vorsteherdrüse 29-1449; Hydrolyse v. Glucose-1.6-diphosphat durch eine – aus Leber (Reinig., Eig.) 38-1414.

Beeinflussung: Wrkg.: v. Heparin u. Nebenschilddrüsenextrakt auf – im Knochen 4-1054; d. exokrinen Teils d. Bauchspeicheldrüse v. Ratten auf – nach Hydrocortisonbehandl. 7-1428; v. Antitumormitteln auf – v. Yoshida-Sarkomzellen 9-1211; Inaktivier. d. – nach d. γ-Bestrahl. 17-1316; Hemm. d. – in Adenohypophysenhomogenaten durch synthet. 3-Valin-Oxytocin 17-1521; Hemmwrkg. v. G *6111* auf d. – d. Prostata v. Hunden 17-1523; Corepressor d. sauren Hefe– 20-1328; Wrkg. v. Triton X-*100* auf – mit unterschiedl. Substratspezifität 33-1485; inhibierender Einfl. d. Weinsäure auf Hydrolase- u. Transferaseaktivität d. – d. Prostata 34-1291; hemmende Wrkg. v. N-2-Fluorenylacetamid auf – v. Rattenlysosomen 34-1292; Hemm. d. – aus Rattenleberlysosomen durch Citrat 42-1205.

Analyse, Untersuchungsmethoden: Aldehydmisch. als Fixiermittel zur Erhalt. d. Feinstruktur u. d. – 20-1326, 20-1327; fluorometr. Test 23-1418; automat. Best. 34-1293, 34-1294; Vgl. d. – aus verschiedenen Organen u. Tieren durch Stärkegelelektrophorese 2-1180; Best.: in Gewebehomogenaten 6-1270; v. Serum– (Vereinfach. v. Kind- u. King's-Meth.) 25-1364; elektrophoret. Best. in Leptospiren 38-1487; Best. in situ unter Verw. v. Phosphaten d. Naphthol AS-Reihe an Polyacrylamidmembran-Modellsyst. mit Hilfe d. Zytospektrophotometrie 39-1241; indigogene Rk. für d. histochem. Nachw. 51/52-1281.

Isoenzyme: – v. Rhizobien u. rhizobialen Bacteroiden u. ihre Bezieh. zu Stammwirksamk. u. Geh. an Knötchengeweben in Lotus 43-1292; diskelektrophoret. Trenn. v. – d. sauren Prostata-Phosphatase 37-1409.

Phosphatid-Acylhydrolase

s. *Phospholipase A.*

Phosphatidat-Phosphohydrolase

s. *Phosphatidsäure-Phosphatase.*

Phosphatidsäure-Phosphatase (Phosphatidat-Phosphohydrolase)

–-Aktivität in Mitochondrien- bzw. Mikrosomenfrakt. 36-1203; Inhibier. durch Palmitoyl-CoA 15-1372.

Phosphatidylcholin-Cholinphosphohydrolase

s. *Phospholipase C.*

Phosphatidylcholin-Phosphatidohydrolase

s. *Phospholipase D.*

Phosphatidylglycerophosphat-Phosphatase

Isolier., Eig., Rk. 31-1430.

Phosphatidylinosit-Kinase

Bldg. v. Triphosphoinosit durch – u. Diphosphoinositidkinase d. Rattenhirns 44-1211.

5'-Phosphat-Pyrophosphorylase

–-Aktivität bei Inositmangel-KB-Zellen 32-1299.

Phosphat-Transacetylase

s. *Phosphat-Acetyltransferase.*

3'-Phosphoadenylsulfat-*N*-desulfoheparin-Sulfotransferase

Assoziat. v. – mit einer postmikrosomalen partikularen Mastozytomfrakt. 40-1245.

Phosphoamidase

Katalyt. Wrkg. auf d. Phosphorylübertrag. in Abhängigk. v. Purinnucleosiden 19-1390.

Phosphocholin-Glyceridtransferase

–-Aktivität im Hirngewebe (Rk.) 24-1360.

Phosphodiesterase (Orthophosphodiester-Phosphohydrolase)

Cycl. – in E. coli 30-1255; –-Aktivität v. Neurospora crassa (Kulturbeding.) 45-1406; – d. Actinomyceten 46-1265; –-Aktivität: v. Ribosomen aus Sojabohnenkeimlingen 23-1544; d. Fettgewebes (Wrkg. v. Theophyllin) 3-1494; Vork. in d. endoplasmat. Membranen d. Rattenleber 19-1387; –-Aktivität in Leberplasmamembranen 36-1328; intrazelluläre Verteil. in Novikoff-Hepatom-Asziteszellen 38-1340; –-Aktivität: in Rindersamenplasma 38-1447; v. Crotalus atrox-Gift (Wrkg. d. Temp.) 3-1577; keine –-Aktivität d. Ribonuclease F aus Pankreas 21-1422; –: d. Giftes v. Vipera lebetina (Eig.) 21-1429; v. Schlangen- u. Arthropodengiften 39-1575; –-Aktivität d. extrazellulären Nuclease bei Micrococcus sodonensis 41-1275, 41-1276.

Bldg. bei d. Erzeug. v. Ribonuclease durch d. Festnährboden-Kultur einer Mutante v. Aspergillus awamori var. fumeus 7-1225; teilweise gereinigte – aus Pellicularia (Eig.) 47-1390.

Einw. auf Adenylyl-(3' $\rightarrow$ 5)-uridin 15-1132; Hydrolyse v. Thymidylyl-(3' $\rightarrow$ 5')-thymidylyl-(3' $\rightarrow$ 5')-thymidin mit Milz- bzw. Schlangengift– 19-1190; Abbau v. Oligodesoxyribonucleotiden mit Schlangengift– 19-1192; Einfl. v. Schlangengift– auf d. Polymere d. Adenosindiphosphatribose 20-1199, 20-1200; Spalt. v. Acylträgerprotein durch – 20-1321; Rk. v. Schlangengift– mit Serin-tRNS 22-1242; Einfl. v. – aus E. coli auf RNS d. Tabakmosaikvirus 26-1315; –-Inaktivier. eines aspermatogenen Antigens 36-1560; Empfindlichk. v. an Nucleohistonprimern synthetisierter DNS gegen Schlangengift– 37-1324; Hydrolyse synthet. Polynucleotide mit Schlangengift– 42-1209; Wechselwrkg. zwischen Schlangengift– u. DNS u. DNS-Fragmenten 42-1210; Empfindlichk. v. DNS-Nucleotidyltransferase gegenüber – 44-1154; unterschiedl. Wrkg. v. – aus Vipera-lebetina-Gift auf native u. denaturierte DNS 47-1345; Assoziier. mit Präp. v. Virus BAI, Stamm A 47-1383; stufenweiser Abbau d. ribosomalen RNS aus Rattenleber durch – aus Schlangengift 42-1121; schrittweise Spalt. v. ^{32}P-markierter ribosomaler Rattenleber-RNS durch Schlangengift– 46-1124.

Best. d. Nucleotidfolge in Oligonucleotiden durch Aufspalt. mit – 26-1206.

Phosphodiesterase I

–-Aktivität v. Pflanzengewebe 6-1272; – in tier. Geweben 27-1445; Reinig. u. Eig. v. – aus Bacillus subtilis 45-1356.

Phosphodiesterase II

– in tier. Geweben 27-1445; Reinig. u. Eig. v. – aus Bacillus subtilis 45-1356; Rk. mit einer DNS-Komponente aus Bacillus cereus, Stamm T 16-1240.

Phosphodiesterase III

–-Aktivität v. Pflanzengewebe 6-1272.

Phosphoenolbrenztraubensäure-Carboxykinase (Phosphoenolpyruvat-Carboxykinase)

– aus Tetrahymena pyriformis 31-1454; –-Aktivität in d. Schafsleber 8-1338; –-Niveau d. Rattenlebermitochondrien (Auswrkg. veränderter Hormonstadien u. d. Fastens) 13-1250; –-Aktivität in d. Mäuseleber nach Ganzkörperbestrahl. (Stör. d. Kohlenhydratstoffwechsels) 35-1654; Geh. v. Hühnerembryoleber (Synth. v. Phosphoenolpyruvat in d. Gluconeogenese) 40-1301; –-Aktivität d. Rattenleber (Kohlenhydratversorg. als Regulator) 44-1217; Geh. d. Leber v. Embryonen u. Neugeborenen d. Säugetiere 45-1621; Biosynth. in d. Leber (hormonelle Indukt. u. Hemm.) 7-1430; katalyt. Eig. d. intra- u. extramitochondriellen – 4-1042; Aktivität im Pyruvatstoffwechsel (Wrkg. v. Biotinmangel) 10-1503; in vitro-Rk. v. – aus Gerstenwurzeln 47-1550; – u. d. Synth. v. Glycerid-Glycerin aus Pyruvat im Fettgewebe 32-1380.

Phosphoenolbrenztraubensäure-Carboxylase

s. *Phosphopyruvat-Carboxylase.*

Phosphoenolbrenztraubensäure-Carboxytransphosphorylase (Pyrophosphorylase: Oxalessigsäure-Carboxylyase [phosphorylierend])

Kristallisat. u. Eig. d. – 36-1393.

Phosphoenolbrenztraubensäure-Synthetase

s. *Phosphopyruvat-Carboxylase.*

Phosphoenolpyruvat-Carboxykinase

s. *Phosphoenolbrenztraubensäure-Carboxykinase.*

Phosphoenolpyruvat-Carboxylase

s. *Phosphopyruvat-Carboxylase.*

Phosphoenolpyruvat-Synthetase

s. *Phosphopyruvat-Carboxylase.*

Phosphoesterasen

s. *Phosphohydrolasen.*

Phosphofructokinase (ATP: D-Fructose-6-phosphat-1-Phosphotransferase)

Geh. d. Hefe (Wrkg. v. C-Quellen) 2-1182; Vork. in Polyporus brumalis-Extrakten 25-1389; – aus E. coli (Reinig.) 31-1403; –-Aktivität in d. Kotyledonen keimender Erbsensamen 24-1515; –-Mangel im Skelettmuskel (neuer Typ d. Glykogenose) 4-1039; –-Aktivität: in Taubenleberhomogenaten (Wrkg. v. Adeninnucleotiden) 4-1092; in Thrombozyten aus Neugeborenen- u. Erwachsenenblut (Vgl.) 5-1431; in chirurg. Biopsie- u. Autopsieproben 6-1302; Schafherz– (Reinig., Krist. u. Eig.) 8-1270; –-Aktivität: in d. Niere v. mit Propylthiouracil gefütterten Ratten 11-1429; im anaeroben Herzmuskel 11-1520; d. Milchdrüse d. Ratte nach Hypophysektomie u. Entwöhn. 16-1411; in d. Leber bei an Kälte akklimatisierten Ratten 16-1608; in Lebermitochondrien nach Einw. v. A. 17-1651; in d. frühen Embryogenese 18-1499; im Rattenherzen (Wrkg. v. Alloxandiabetes, Hunger u. Hypophysektomie) 20-1304; in d. Leber reifer Ratten, Schafe u. Hühner sowie deren Feten 24-1383; im weißen u. roten Muskel 24-1384; in Erythrozyten (Einfl. v. NH_4^+) 31-1404; – d. Leberegels 38-1387, 38-1388; Hemm. u. Aktivier. v. – aus Novikoff-Aszitestumor (Analyse) 36-1239.

Indukt. im Uterus (Einfl. einer chron. Phenobarbitonbehandl.) 13-1599; (Einfl. v. Hormonen) 20-1303; Hemm. d. durch Östrogen induzierten –-Synth. im Uterus d. adrenalektomierten Ratte durch Actinomycin D 46-1321; Kristallisat. u. Eig. d. Kaninchenskelettmuskel– 32-1378; Isolier. u. Charakterisier. d. – d. menschl. roten Blutkörperchen 32-1603.

Wechselbezieh. zwischen physikal. u. enzymat. Eig. 44-1213; kinet. Beweis für multiple Bind.-Stellen an – 8-1271; Konform.-Änder. unter d. Einw. d. alloster. Inhibitors 19-1382; alloster. Übergänge bei d. – v. E. coli 40-1233; Oszillat. v. – in Rinderherzextrakten (Bezieh. zur NADH-Oszillat.) 29-1485.

Wrkg. v. Citrat auf d. Substrataffinität v. – 32-1459; Kinetik d. – aus E. coli 12-1217; Crabtree-Effekt durch Hemm. d. – in auf verschiedenen Glucosekonz. gewachsener Hefe 24-1455; Einfl. d. Metaboliten in Hefezellen u. Extrakten auf d. – 40-1231; – bei d. Gluconeogenese in Hefen (Zusammenhang mit d. Pyruvatkinase) 44-1215; Aktivität bei d. Glykolyse u. Atmung in Ehrlich-Aszitestumorzellen 9-1208; Bind. v. Metaboliten durch d. Skelettmuskel 15-1351; Wrkg. bei d. Glykolyse in vivo im Zerebralgewebe 20-1575; Steuer. d. Glykolyse in Gehirnrindenschnitten durch – 24-1431; Bezieh. d. – aus Nierenrinde zum Glucosestoffwechsel 36-1316; kinet. Eig. d. – d. Leberegels 38-1388; Aktivität bei d. Glykolyse in subzellulären Präparat. v. Dünndarmmukosa aus Katzen u. Ratten 40-1232.

Beeinfluss. d. – aus Aszitestumorzellen durch verschiedene Ionen 1-1203; Hemm. durch DFP 49/50-1624.

Best. im Gewebe 37-1457.

Phosphoglucoisomerase

s. *Glucosephosphat-Isomerase.*

Phosphoglucomutase (Glucose-Phosphomutase, α-D-Glucose-1.6-diphosphat-Phosphomutase)

– (*3.* Mitt.) 32-1382; (*5.* Mitt.) 38-1395.

– in grünen Einzellern in Abhängigk. v. d. C-Versorg. 17-1453; Vork.: in Polyporus brumalis-Extrakten 25-1389; in Meerschweinchenleberfrakt. (Eig.) 1-219; –-Aktivität: bei Hautretikulosarkomatose 3-1201; in Knochenmarkzellen (Einfl. d. totalen Röntgenbestrahl.) 5-1537; in R*3230*-AC-Mammatumor u. Mammagewebe (Einfl. v. Östrogen) 14-1225; d. Milchdrüse d. Ratte nach Hypophysektomie u. Entwöhn. 16-1411; d. Thrombozyten bei Blutspendern u. Kranken mit chron. Myelose u. Polyzytämie 17-1345; d. Rattenleber (Einfl. d. Röntgenbestrahl.) 26-1662; in Leber u. Milz d. Ratte nach Ganzkörperröntgenbestrahl. 26-1667; in Mammatumoren, Uteri u. Brustdrüsen (Einfl. v. Östradiolvalerat) 27-1408; in Novikoff-

Asziteshepatomzellen 32-1301; Häufigk. in Habbaniter Juden u. Isländern 36-1190; —-Aktivität d. menschl. Plazenta-Gewebes (anaerobe Glykogenolyse) 37-1456; hormonale Kontrolle d. —-Aktivität 38-1396; —-Aktivität: im Yoshida-Sarkom u. einer Variante mit langsamem Wachstum 41-1214; im Bindegewebe (Einfl. d. Nebennierenrindenhormone) 43-1401; —-Aktivatoren (Mess. d. Dissoziat.-Konst.) 40-1237.

Reinig. u. Eig. d. — aus Kartoffelknollen 39-1233.

Sulfhydrylgruppen d. — aus Kaninchenmuskel (Reaktivität) 5-1235; Aminosäuresequenz am akt. Ort d. — aus Kaninchenmuskel 16-1338; Polymorphie 27-1326; multiple Formen 38-1395.

Anlager. u. Abgabe v. Mg bei d. —-Rk. (kinet. Steuer. alternativer Wege) 4-1043; katalyt. Eig. d. aktivierten u. nichtaktivierten — 9-1241; —-Rk. (Dephosphorylier. während d. Rk. mit d. Substrat) 46-1206; Wechselwrkg. zwischen Nierenzellenmembran u. — 19-1386.

Inhibier. durch Citrat 26-1298; Einfl. v. Actinomycin D auf d. — in d. Leber bei Mäusen 40-1535; Hemm. durch DFP 49/50-1624.

Histochem. Nachw. 2-1170.

6-Phosphogluconaldehyd-Dehydrogenase

Histochem. Nachw. 16-2011.

Phosphogluconat-Dehydrogenase

s. *Phosphogluconsäure-Dehydrogenase.*

Phosphogluconsäure-Dehydrogenase (Phosphogluconat-Dehydrogenase)

Aktivität u. Coenzymspezifität v. bakterieller — 16-1281; — in grünen Einzellern in Abhängigk. v. d. C-Versorg. 17-1453; zwei Formen d. — aus Candida utilis (Reinig. u. Eig.) 18-1180; —-Aktivität bei Actinomyces fradiae während d. Wachstums auf Stärke- u. Glucose-halt. Nährböden 18-1279; Vork.: in Polyporus brumalis-Extrakten 25-1389; in zellfreien Extrakten v. Thiobacillus ferrooxydans 39-1308; —-Aktivität: in Gerstenblättern bei Infekt. mit staubigem Mehltau 1-1340; während d. frühen Entw. d. Weizens 22-1453; in d. Kotyledonen keimender Erbsensamen 24-1515; Lokalisier. in d. Chloroplasten v. Blattzellen 28-1528; —-Aktivität: im Rattenfettgewebe (Wrkg. v. Hunger u. Wiederfütter.) 2-1140; d. Hämolysats (Einfl. d. Stromas) 4-1017; in Thrombozyten aus Neugeborenen- u. Erwachsenenblut (Vgl.) 5-1431; d. Euters bei normalen Kühen u. solchen mit spontaner Ketose 6-1262; v. Lungenschnitten 8-1144; in Erythrozyten (Verh. bei d. in vitro-Konservier.) 10-1461; in d. Mukosa d. Dünndarms 12-1527; in d. Darmschleimhaut d. Ratte (Einfl. v. Glucocorticoiden) 14-1444; Vork. u. Lokalisat. in Fasciola hepatica u. Dendrocoelum lacteum 16-1283; Formen v. — in Rattenlebermitochondrien 16-1298; —-Aktivität: im Epithelium d. Zotten d. Duodenums bei Glucosephosphatdehydrogenasemangel in Erythrozyten 16-1300; d. Milchdrüse d. Ratte nach Hypophysektomie u. Entwöhn. 16-1411; im normalen u. denervierten Muskel 16-1621; postmortale Veränder. d. —-Aktivität im Rinder- u. Schweinemuskel 17-1636; —-Aktivität: d. Erythrozyten bei Myelofibrosispatienten 19-1357; d. Rattenuterus (Einfl. v. Zyklus u. exogener Hormonzufuhr) 24-1577; — in roten Zellen 25-1341; Aktivität d. — d. Pentosephosphatzyklus (im Blutserum bei Pathologien) 26-1264; (im Rattenherz bei Hyperthyreose) 26-1265; gehemmte —-Aktivität in d. Leber v. hypothyreot. Ratten 32-1582; —-Aktivität: in d. laktierenden Rattenmilchdrüse bei Thyreoidektomie 36-1528; im aktivierten supraopt. Kern d. Hypothalamus d. Ratte 37-1358; in Milchdrüsen 42-1378; bei d. Äthionin-behandelten Maus (Stimulat.) 44-1169; bei malignen u. nichtmalignen Erkrank. d. weibl. Brust 49/50-1233.

Ausschütt. aus d. Leber 12-1311; Nitrobenzimidazole als Induktoren d. — bei E. coli 47-1459.

Mol.-Größenunters. an — 20-1263; autosomaler Polymorphismus d. — d. Katze 24-1344.

Spezif. Wechselwrkg. v. — u. Pyridoxal-5'-phosphat 16-1297; Abbau v. 6-Phospho-2-desoxy-2-aminogluconsäure durch — 28-1358; Aktivität bei d. Glykolyse in subzellulären Präparat. v. Dünndarmmukosa aus Katzen u. Ratten 40-1232.

Feedback-Hemm. v. — d. Leber durch Caprylsäure 24-1432.

Best. in d. Vaginalfl. (beeinflussende Faktoren) 16-1296; zytochem. Nachw. bei Pilzen 37-1352; Best. im Gewebe 37-1457.

Phosphoglucose-Isomerase

s. *Glucosephosphat-Isomerase.*

3-Phospho-D-glycerat-Carboxylyase (dimerisierend)

s. *Ribulose-1,5-phosphat-Carboxylase.*

3-Phosphoglycerat-Dehydrogenase

— aus Hühnerleber (Reinig., Eig.) 51/52-1251; Hemm. durch Cortison 45-1551.

2-Phospho-D-glycerat-Hydrolyase

s. *Phosphopyruvat-Hydratase.*

Phosphoglycerat-Kinase (Phosphoglycerokinase, ATP: 3-Phospho-D-glycerat-1-Phosphotransferase)

Vork. in Polyporus brumalis-Extrakten 25-1389; —-Aktivität bei Saccharomyces cerevisiae (Einfl. v. K^+) 38-1500; Vork. in zellfreien Extrakten v. Thiobacillus ferrooxydans 39-1308; —-Aktivität: in Clostridium kluyveri 40-1338; bei Hautretikulosarkomatose 3-1201; in Thrombozyten aus Neugeborenen- u. Erwachsenenblut (Vgl.) 5-1431; im Skelettmuskel v. mit Propylthiouracil gefütterten Ratten 11-1429; mitochondriale Regulier. d. —-Aktivität in d. Embryogenese d. Fische 11-1487; —-Aktivität: im anaeroben Herzmuskel 11-1520; in menschl. Erythrozyten (Kontrolle d. Glykolyse) 20-1516; d. Niere (keine Wrkg. eines Kohlenhydratarmen Futters) 21-1491; erhöhte Aktivität in menschl. Erythrozytenmembranen nach Zerstör. durch Schallvibrat. oder Lipid-akt. Stoffe 25-1603; —-Aktivität in menschl. Blutplättchen (Einfl. d. Koagulat.) 30-1460.

Ausschütt. aus d. Leber 12-1311; Isolier. u. Charakterisier. d. — d. menschl. roten Blutkörperchen 32-1603.

—-katalysierte Rk. 5-1233; Steuer. d. Glykolyse in Gehirnrindenschnitten durch — 24-1431; Wrkg. bei d. ATP-Synth. in Human-Erythrozytenmembranen 47-1601.

Hemm. durch DFP 49/50-1624; Best. im Gewebe 37-1457; Nucleotidbest. mit — 20-1944.

Phosphoglycerat-Mutase

s. *Phosphoglyceromutase.*

Phosphoglycer(in)aldehyd-Dehydrogenase

—-Aktivität: in Erythrozyten (Verh. bei d. in vitro-Konservier.) 10-1461; im Epithelium d. Zotten d. Duodenums bei Glucosephosphatdehydrogenasemangel in Erythrozyten 16-1300; Wrkg. v. o-Phenanthrolin auf d. —-Aktivität aus d. Skelettmuskeln d. Kaninchens 51/52-1642.

Phosphoglycerinsäure-Mutase

s. *Phosphoglyceromutase.*

Phosphoglycerokinase

s. *Phosphoglycerat-Kinase.*

Phosphoglyceromutase (Phosphoglycerinsäure [Glycerat]-Mutase, Glycerophosphat-Mutase, 2.3-Diphospho-D-glycerat-Phosphotransferase)

Vork. in Polyporus brumalis-Extrakten 25-1389; —-Aktivität: in Clostridium kluyveri 40-1338; bei Hautretikulosarkomatose 3-1201; in Thrombozyten aus Neugeborenen- u. Erwachsenenblut (Vgl.) 5-1431; in d. Niere (v. mit Propylthiouracil gefütterten Ratten) 11-1429; (keine Wrkg. eines Kohlenhydratarmen Futters) 21-1491; Isolier. u. Charakterisier. d. — d. menschl. roten Blutkörperchen 32-1603; Reinig. u. Eig. d. — d. Hühnerbrustmuskels 8-1335; Strukturunters. v. — aus Kaninchenmuskel 26-1255; phosphorylierte Zwischenstufen bei d. — (Rolle u. Labilisier. v. 2.3-Diphosphoglycerat) 8-1277; Rk.-Mechanismus (Einfl. d. Ionenstärke) 26-1297; (Veränder. durch Salze) 26-1299; Steuer. d. Glykolyse in Gehirnrindenschnitten durch — 24-1431; durch Hg induzierter Anstieg d. 2.3-Diphosphoglycerinsäurephosphatase u. d. begleitende Abnahme d. Mutaseaktivität d. tier. — 46-1207; Best. im Gewebe 37-1457.

Phosphoglykolat-Phosphatase

Vork. in Algen 33-1619; intrazelluläre Lokalisat. in Chloroplasten v. Spinat 51/52-1283.

Phosphohexoisomerase

s. *Glucosephosphat-Isomerase.*

Phosphohexose-Isomerase

s. *Glucosephosphat-Isomerase.*

Phosphohexose-Mutase

s. *Glucose-6-phosphat-Mutase.*

Phosphohydrolase A

—-Aktivität d. Nieren-Glucose-6-phosphatase 8-1290.

Phosphohydrolasen (Phosphoesterasen)

Phosphomonoesterasen s. *Phosphatasen*; *Phosphodiesterasen* s. dort.

—: v. Bacillus subtilis 21-1426, 45-1356; d. Aktinomyceten 46-1265; subzelluläre — in Rindergehirnrinde (Eig.) 14-1281.

Phosphoinositid-Inositphosphohydrolase

— in d. Intestinalmukosa d. Meerschweinchens 7-1233.

Phospho-2-keto-3-desoxyheptonat-Aldolase [3-Desoxy-D-arabinoheptulosonsäure(heptulosonat)-7-phosphat-Synth(et)ase, 2-Keto-3-desoxy-D-arabinoheptonsäure-7-phosphat-D-Erythrose-4-phosphat-Lyase (Pyruvatphosphorylierend), 7-Phospho-2-oxo-3-desoxy-D-arabinoheptonat-D-Erythrose-4-phosphat-Lyase (Pyruvatphosphorylierend)]

Vork.: in Claviceps paspali 10-1268; in einem an d. Biosynth. v. Aminosäuren in Bacillus subtilis beteiligten Enzymaggregat 31-1462; — in Wurzeln d. Süßkartoffel 51/52-1296; Reinig. u. Eig. d. — aus Bacillus subtilis 20-1380; Wirkungsweise v. — in E. coli K *12* (Kinetik) 21-1477; Rolle bei d. Regel. d. Biosynth. aromat. Aminosäuren in Salmonella typhimurium 51/52-1332; Tryptophan als Inhibitor d. — 15-1413; Feedback Hemm. d. — 20-1381; Inaktivier. durch Brompyruvat (kinet. Unters.) 46-1257.

Isoenzyme: Repress. d. — v. E. coli W u. abgeleiteten Mutanten durch aromat. Aminosäuren 37-1444.

Phosphoketolase

—-Aktivität in Bifidobacterium 7-1289.

Phosphokinasen

s. *Phosphotransferasen.*

Phosphokreatin-Transferase

s. *Kreatin-Kinase.*

Phospholipase A (Lecithinase {A}, Phosphatid-Acylhydrolase)

Identität mit Megacin A 33-1491; —-Aktivität: im menschl. post Heparin-Serum u. seine Stell.-Spezifität 15-1370; in Rattenlebermikrosomen bei Verw. endogener Substrate 19-1403; — aus d. Aortawand (Eig.) 33-1487; —-Aktivität: in Rattenleber-Lysosomen 42-1204; in Musca domestica 43-1214; Vork. in d. Giftdrüse v. Heloderma horridum 51/52-1657; — aus Schlangengift: Präp. (Eig.) 3-1246; —-Aktivität v. Crotalus atrox-Gift (Wrkg. d. Temp.) 3-1577; — in Skorpiongiften 23-1413; Vork. in Plakin 26-1429.

Chromatograph. Abtrenn. v. — v. einer Histamin freisetzenden Verb. d. Giftes d. Brasilian. Klapperschlange 35-1293.

Hydrolyse: einer Fettsäureester-Bind. v. ^{14}C-Lecithin bzw. -Phosphatidyläthanolamin durch —-ähnl. Enzym 1-1213; v. monomol. Filmen v. ^{32}P-markiertem Lecithin, Phosphatidyläthanolamin u. Phosphatidylinosit mit — 12-1237; Wrkg.: d. — d. Giftes v. Crotalus atrox u. Naja naja auf Phosphatidylcholin u. Phosphatidalcholin 17-1311; auf d. hitzestabilen myolyt. Faktor v. Habu-Schlangengift 25-1723; Inaktivier. d. zellverschmelzenden Eig. d. Virus d. Newcastle-Krankh. durch — 30-1344; Einfl. auf d. Bldg. v. Lipoperoxiden in Rinderherzmitochondrien 3-1504; Rolle d. — d. Kobragiftes bei d. Histaminfreisetz. im Blut, Lungen- u. Mesenterialgewebe 5-1244; Einfl. auf d. Bind. v. Streptolysin S an Ghosts v. Erythrozyten 6-1484; Spezifität bei d. Stimulier. d. Glucosetransports in freien Fettgewebezellen durch — 15-1369; Wrkg.: v. Schlangengift-— auf isolierte Blutplättchenmembranen 19-1392; auf d. ATPase-Aktivität v. Erythrozytenschatten 28-1463; auf d. Glucoseeintritt in freie Adiposezellen 29-1442; auf d. Glucosetransport durch d. Plasmamembran freier Fettgewebszellen 29-1630; auf d. Histaminfreisetz. bei peritonealen Mastzellen v. Ratten 37-1764.

Rolle v. Phospholipiden bei d. — 13-1181.

Phospholipase B (Lysolecithinase, Lysophospholipase, Lysolecithin-Acylhydrolase)

— aus Penicillium notatum (Eig.) 3-1247; Vork. in Hefe 46-1215; —-Aktivität: v. Erythrozyten (Wrkg. v. Dipyramidol u. v. Prednisolon) 8-1283; in Rattenlebermikrosomen bei Verw. endogener Substrate 19-1403;

v. Leberzellen mit Landschütz-Aszitestumor 26-1230; in Leberkernfrakt. 33-1545; in Musca domestica 43-1214; Lecithinhydrolyse durch – aus Penicillium notatum (Aktivier. durch anion. amphipath. Verb.) 25-1361; histochem. Nachw. 35-1294.

Phospholipase C (Lecithinase C, Phosphatidylcholin-Cholinphosphohydrolase)

– in Kulturen v. Clostridium perfringens 23-1420; Vork. in Clostridium (Nachw. durch Dünnschichtchromatographie) 33-1502; –-Aktivität in E. coli 43-1223; Vork. in Hefe 46-1215; –-Aktivität im tier. Organismus u. im Reagenzglas bei kombinierter Anwend. d. Toxine v. Clostridium perfringens, Cl. oedematiens u. Cl. septicum 41-1409; Bldg. in Clostridium perfringens (Toxinwrkg. auf Gewebekulturen) 7-1320; kation. Antibiotika u. – bei d. Unters. d. Phospholipidstruktur u. -funkt. 2-1262; Wrkg. auf Äthanolaminplasmalogen 12-1256; Rk. mit Phosphonolipiden 29-1494; Kombinat.-Wrkg. v. Colistinsulfat u. – auf d. in vitro-Blutgerinn.-Syst. 2-1263; Einfl.: auf d. Bind. v. Streptolysin S an Ghosts v. Erythrozyten 6-1484; auf d. ATPase-Aktivität d. Magenmitochondrien 8-1321; Spezifität bei d. Stimulier. d. Glucosetransports in freien Fettgewebezellen durch – 15-1369; Entfern. v. mit Lanthan darstellbarem Material d. A-Schicht außerhalb d. Zellmembran v. embryonalen Kükenzellen durch – 17-1318; Einfl.: auf einige elektr. Eig. d. Skelettmuskelmembran 22-1711; auf Muskelruhepotentiale 27-1712; auf d. ATPase-Aktivität v. Erythrozytenschatten 28-1463; v. Hämolysin v. Pseudomonas aeruginosa auf d. – 26-1386; (Gewinn. v. Phosphatidsäuren durch enzymat. Abbau v. Lecithin mit – 20-1426; dünnschichtchromatograph. Best. 38-2141; verbesserte Best.-Meth. 46-1229.

Phospholipase D (Lecithinase D, Phosphatidylcholin-Phosphatidohydrolase)

Vork. in Corynebacterium ovis 38-1417; – aus Mitochondrien d. normalen u. tumoralen, in vitro gezüchteten Schwarzwurzel 8-1291; Strukturunters. v. – aus Kohl 26-1255; Transphosphatidylier. durch – 8-1292; Einfl. auf d. Bind. v. Streptolysin S an Ghosts v. Erythrozyten 6-1484.

Phospholipasen

– d. Hefe 46-1215; –-Aktivität in Rattenlebermitochondrien (Unters.) 1-1213; Plasma-– bei d. Ratte nach Heparinzufuhr 42-1200; Produkt. bei Staphylococcus aureus 12-1236; Trenn. u. Isolier. d. –-Komponente d. Bienengiftes (Wechselwrkg. zwischen Bienengift u. menschl. Serum) 6-1297; –-Inaktivier. eines aspermatogenen Antigens 36-1560; Lyse v. E. coli durch Äthylendiamintetraacetat u. – (Mess. an d. β-Galaktosidase-Aktivität) 43-1297; Modifizier. d. Wrkg. v. Arzneimitteln durch – 15-1648; Hydrolyse: v. Phospholipiden durch – aus Lysosomen 33-1493; menschl. Leukozyten-Phospholipide durch Schlangengift-– 37-1398.

Phosphomannomutase

–-Aktivität v. Fucus gardneri 44-1370.

Phosphomannose-Isomerase

s. *Mannosephosphat-Isomerase.*

Phosphomevalonat-Kinase (ATP:5-Phosphomevalonat-Phosphotransferase)

Vork. in Mycoplasma-Stämmen (Umwandl. v. Mevalonsäure in $\gamma.\gamma$-Dimethylallylpyrophosphat) 23-1454; –-Aktivität im Latex v. Hevea brasiliensis (Eig., Rk.) 36-1322.

Phosphomonoesterase I

s. *Phosphatase, alkalische.*

Phosphomonoesterase II

s. *Phosphatase, saure.*

Phosphomonoesterase, alkalische

s. *Phosphatase, alkalische.*

Phosphomonoesterasen

s. *Phosphatasen.*

Phosphomonoesterase, saure

s. *Phosphatase, saure.*

7-Phospho-2-oxo-3-desoxy-D-arabinoheptonat-D-Erythrose-4-phosphat-Lyase (Pyruvat phosphorylierend)

s. *Phospho-2-keto-3-desoxyheptonat-Aldolase.*

Phosphopantothenoylcystein-Decarboxylase

Substratspezifität d. – d. Rattenleber 37-1686.

Phosphopantothenoylcystein-Synthetase

Substratspezifität 37-1685.

Phosphoprotein-Phosphatase

Vork. in roten Blutkörperchen d. Kaninchens 37-1648; –-Aktivität d. funktionell verschiedenen Muskeln zu verschiedenen Zeiten nach d. Denervier. 51/52-1606; Einfl. d. pH auf d. Dephosphorylier. v. Phosphotin durch – 11-1380; Aktivität bei d. Glykolyse in subzellulären Präparat. v. Dünndarmmukosa aus Katzen u. Ratten 40-1232.

Phosphopyruvat-Carboxylase (Phosphoenolbrenztraubensäure-Carboxylase, Phosphoenolpyruvat-Carboxylase, Phosphoenolbrenztraubensäure-Synthetase, Phosphoenolpyruvat-Synthetase, Orthophosphat: Oxalacetat-Carboxylyase)

Regulier. d. Aktivität durch Fructosediphosphat 26-1353; –-Aktivität: im zellfreien Extrakt v. Nitrosomonas europaea 3-1300; bei E. coli 19-1421; Geh. v. in einem D-Weinsäure als einz. C-Quelle enthaltendem Medium kultiviertem Aspergillus niger 25-1401; –-Aktivität v. wilden, Citrat- u. Tartratadaptierten Stämmen v. Aspergillus niger (Vgl.) 25-1402; Aktivier. d. mikrobiellen – durch Nucleotide als mögl. kompensator. Feedback-Effekt 32-1456; interzelluläre Verteil. in Maiswurzeln 33-1643; –-Aktivität in Bezieh. zum neuen Rk.-Weg d. photosynthet. CO_2-Fixier. in trop. Gräsern 40-1392; – d. Zellfrakt. d. Nierenrinde d. Kaninchens (Beeinfluss. durch Hydrocortison) 7-1246; –-Aktivität: d. Niere (keine Wrkg. eines Kohlenhydrat-armen Futters) 21-1491; im weißen u. roten Muskel 24-1384; in d. Muskeln d. ausgewachsenen Ascaris lumbricoides u. in d. Larven 38-1479.

Wechselwrkg. v. Makroionen u. Dioxan mit alloster. – 20-1368; Mechanismus d. Rk. d. – bei E. coli 37-1390; – bei d. Synth. v. Phosphoenolpyruvat aus Pyruvat u. ATP durch Extrakte v. photosynthet. Bakterien 44-1317; Mechanismus d. ATP-Spalt. bei d. Rk. v. – aus E. coli 46-1204; Teilnahme an d. photosynthet. CO_2-Fixier. durch trop. Gräser 44-1216; in vitro-Rk. v. – aus Gerstenwurzeln 47-1550.

Phosphopyruvat-Hydratase (Enolase, 2-Phospho-D-glycerat-Hydrolyase)

Vork. in Polyporus brumalis-Extrakten 25-1389; bakterielle – (Reinig. u. Eig.) 31-1457; –-Aktivität: in Clostridium kluyveri 40-1338; bei Hautretikulosarkomatose 3-1201; in Thrombozyten aus Neugeborenen- u. Erwachsenenblut (Vgl.) 5-1431; in d. Niere (v. mit Propylthiouracil gefütterten Ratten) 11-1429; (keine Wrkg. eines Kohlenhydrat-armen Futters) 21-1491; in menschl. Blutplättchen (Einfl. d. Koagulat.) 30-1460; gehemmte –-Aktivität in d. Leber v. hypothyreot. Ratten 32-1582; –-Aktivität u. Verteil. in Rattenleber 43-1262; Ausschütt. aus d. Leber 12-1311; Isolier.: u. Charakterisier. d. – d. menschl. roten Blutkörperchen 32-1603; v. – d. Regenbogenforelle 38-1463; multiple Formen d. Hefe-– (biochem. u. serolog. Unters.) 20-1373; Relaxat.-Zeit d. stationären Zustands u. d. Prod. im Gleichgew.-Zustand bei – 47-1364; Steuer. d. Glykolyse in Gehirnrindenschnitten durch – 24-1431; Inaktivier.: durch NaF 21-1475; durch Ammoniumpersulfat bei d. Scheibchenelektrophorese 27-1472; Hemm. durch DFP 49/50-1624; Mechanismus d. Strahlenschutzes v. – durch Substrate 17-1642; Best. im Gewebe 37-1457.

Phosphoribolsomerase

s. *Ribose-5-phosphat-Isomerase.*

Phosphoribomutase

Katalyt. Wrkg. auf d. Phosphorylübertrag. in Abhängigk. v. Purinnucleosiden 19-1390.

5-Phosphoribose-Pyrophosphokinase

s. *Ribosephosphat-Pyrophosphokinase.*

Phosphoribosyladenosintriphosphat: Pyrophosphat-Phosphoribosyltransferase

s. *Ribosephosphat-Pyrophosphokinase.*

5-Phosphoribosylpyrophosphat-Amidotransferase

s. *Amidophosphoribosyl-Transferase.*

Phosphoribosylpyrophosphat-Synth(et)ase

Hemmwrkg. auf – v. E. coli (Bezieh. zum ATP-Erhalt.-Syst.) 24-1367; Einfl. v. Mg- u. ATP-Konz. auf d. – v. Ehrlich-Aszitestumorzellen 51/52-1212.

Phosphoribulokinase

Regulat. d. –-Aktivität bei Hydrogenomonas facilis 19-1448; –-Aktivität: in ergründenden Blättern v. Hordeum vulgare Wrkg. d. Lichtintensität) 14-1400; im Bezieh. zum neuen Rk.-Weg d. photosynthet. CO_2-Fixier. in trop. Gräsern 40-1392.

Phosphorylase

–-Aktivität: in Gerstenkeimlingen (Einfl. v. Gibberellin A_3) 18-1406; d. Blutplättchen bei Mensch, Schaf u. Ratte 1-1221; im Mäusehirn (Einfl. v. Reserpin u. DL-Dopa) 14-1453; –-Syst. in Hyalophora cecropia 18-1202; –-Aktivität im Lobus nervosus d. Hypophyse (Übersicht) 28-1413; funktionelle Differenzier. d. Leber beim Rattenfetus in Bezieh. zur –-Aktivität 32-1375; gehemmte –-Aktivität in d. Leber v. hypothyreot. Ratten 32-1582; Verteil. in d. Wangentaschenschleimhaut v. Hamster u. d. Mundschleimhaut v. Totenkopfäffchen 33-1535; –-Aktivität bei Hypoglykämie nach Fructosediät 42-1245; Rattenhirn-– (Einfl. v. Chlorpromazin) 43-1221; –-Aktivität d. Periosts bei experimentellem Lathyrismus 43-1495.

Bldg. aus Dephosphophosphorylase d. Leber (Hemm. durch Borat) 2-1163.

Ggw. v. Maltodextrinen in Kartoffel-– 4-1032; Rolle d. Pyridoxal-5′-phosphats in – 27-1432, 29-1428.

Synth. v. Amylosen durch – (Abhängigk. d. Rk.-Geschw. v. d. Kettenlänge d. Amylosen) 10-1125; Phosphorolyse v. Polysacchariden durch – (Rk.-Kinetik) 37-1385; Amylosesynth. u. Phosphorolyse mit Kartoffel-– (Abhängigk. d. Gleichgew.-Konst. v. pH u. v. d. Temp.) 43-1222; Daten zum Feinmechanismus d. Kartoffel-– bei d. Biosynth. d. Stärke 18-1193; –-Adsorpt. auf Amyloplasten bei Vicia faba 32-1376; Bind. zwischen Kartoffel-– u. ihren Substraten (reaktionskinet. Unters.) 39-1230; Beweis für eine Wechselwrkg. zwischen Nierenzellenmembran u. – 19-1386; Kinetik gereinigter Leber-– 36-1309.

Einfl.: d. Temp. auf d. jahreszeitl. Schwank. d. Kohlenhydratstoffwechsels während d. Ruheperiode d. Rebe in Bezieh. zur –-Hemm. 20-1419; v. Adenosin-3′.5′-phosphat auf d. histochem. –-Syst. bei Pemphigus vulgaris 38-1391; v. Actinomycin D auf d. – in d. Leber bei Mäusen 40-1535; v. Tetrahydropapaverolin u. Isoprenalin auf d. – im Langendorff-Herzen 41-1500.

Nanogramm-Nachw. bei d. Polyacrylamid-Elektrophorese 31-1373; histochem. Nachw. (Einfl. v. EDTA) 28-1382; (in Gewebeschnitten) 29-1443.

Phosphorylase a

s. *α-Glucan-Phosphorylase.*

Phosphorylase b

Aktivität AMP-aktivierter – in Novikoff-Aszitesheрatomzellen 32-1301; –-Aktivität in gestreiften Mundmuskeln 33-1535; Ca-induzierte Aktivier. v. – im Rattenherzen 28-1381; Rekonstit. v. – (Vgl. mit nativer –) 29-1428; Bldg. d. Apo-– bei d. Wiederauflsg. d. Kaninchenmuskel-– 27-1432; Anzahl v. SH-Gruppen in Kaninchen-Muskel-– 37-1383; alloster. Übergänge bei d. – d. Kaninchenmuskels 40-1233; Wiederauflsg. d. Kaninchenmuskel-– (Entfern. v. Pyridoxal-5′-phosphat) 27-1432; Rk.-Fähigk. v. SH-Gruppen in – 3-1237; Dimerisat. 26-1295; Aktivität v. Phosphorylase-Kinase aus menschl. Muskel gegenüber – 27-1433; Einfl. v. Salzlsg. auf – (Kinetik) 2-1162; bevorzugter Schutz d. regulator. Funkt. v. – gegen Röntgenstrahleninaktivier. in Lsg. 23-1407; Röntgenstrahlinhibier. v. – (Rolle d. alloster. Gebiete) 31-1399; Inaktivier. durch Cyanat 42-1193.

Phosphorylase(b)-Kinase

Nichtidentität v. – u. UDPG:α-1.4-glucan-α-4-glucosyltransferase 30-1248; Verb. bei Mäusen 20-1154; – aus menschl. Muskel 27-1433; Muskel-– (stimulierende Wrkg. v. cycl. AMP u. Wrkg. v. Ca^{2+}) 31-1406; –-Aktivität in gestreiften Mundmuskeln 33-1535; Aktivier.: d. Herz-– 4-1040; d. in Hyalophora cecropia 18-1202; v. – bei Pemphigus vulgaris durch Adenosin-3′.5′-phosphat 38-1391; d. – im akut ischäm. Myokard 39-1231; v. Muskel-– durch niedr. Ca-Ionenkonz. 41-1271; Wrkg.: v. Epinephrin auf d. – in perfundierten Rattenherzen 4-1041; v. Ca^{2+} auf Herz-– 8-1273.

Phosphorylasen

Spezielle – s. dort.
Verteil. in Gewebe v. Fusarium moniliforme 33-1620; Verhältnis v. Gesamt-– u. Phosphorylase a im Hirn bei akut morphinisierten Mäusen u. Ratten 9-1626; Ggw. v. Maltodextrinen in Kartoffel-– 4-1032; Phosphorylier. v. Cholin u. Äthanolamin in Ehrlich-Asziteskarzinomzellen mit – 28-1324.

Phosphorylase-Phosphatase

Vork. im Fettkörper v. Hyalophora cecropia 18-1202.

Phosphoserin-Phosphohydrolase

Mäusegehirn-– (Eig., Rk.) 36-1346.

Phosphoserin-Phosphotransferase

Mäusegehirn-– (Eig., Rk.) 36-1346.

Phosphotransferasen (Phosphokinasen, ATP-ADP-Transphosphorylasen)

Spezielle – s. dort.
–-Syst. v. zwei Klassen pleiotroper Mutanten v. Aerobacter aerogenes Fehlen v. Komponenten eines Phosphoenolpyruvat-abhäng. –-Syst.) 15-1227; –-Aktivität: in Mikrosomen d. elektr. Organs v. Electrophorus 8-1317; d. gereinigten alkal. Phosphatase d. Plazenta 36-1342; d. sauren Phosphatase d. Prostata (Einfl. d. Weinsäure) 34-1291; Reinig. u. Eig. aus Schweinenieren 16-1393; Beweis für phosphorylierte Nucleosiddiphosphokinase als reaktionsfäh. Zwischenprod. bei –-Rk. 11-1234; Phosphoryltransfer zwischen Mononucleotiden u. Nucleosiden über eine –-Rk. 30-1195; mikrobielle Phosphorylier. durch eine neue P-Transferrk. (Isolier. d. phosphorylierten Prod.) 42-1194; Rk. in Nitrosomonas europaea 3-1300; Wirkungsweise v. – einiger Pansenbakterienstämme 51/52-1372; Na-aktivierte Transphosphorylier. in Mikrosomen d. elektr. Organs v. Electrophorus 8-1317; Wrkg. im mikrosomalen Amidophosphat-Hexose-Übertrag.-Syst. aus Rattenleber- u. -niere 14-1282; Feedback-Hemm. v. – d. Leber durch Caprylsäure 24-1432.

Phosvitin-Kinase

– d. zerebralen Mikrosomen 18-1209; partielle Phosphorylier. v. Phosvitin durch – (trypt. Spaltprod.) 35-1475.

pH 7,5-Protease

–-Aktivität in d. Rattenhaut (Wrkg. entzündungshemmender Pharmaka) 24-1711.

Phytase

Synth. im keimenden Weizenembryo (Mechanismus d. Unterdrück. durch P_i) 35-1305.

Pikrinsäure-Reduktase

Nachw. zur Differenzier. d. Mycobakterien 21-1518.

Pipecolat-Oxydase

Vork. bei einer Pseudomonas-Spezies (Eig.) 41-1262.

Plasmin (Fibrinase, Fibrinolysin)

–-Aktivität bei Krebs 2-1112; thermolabile – in Erythrozyten 18-1482; –-Aktivität: im menschl. Serum (Einfl. v. α_2-Makroglobulin) 21-1684; bei Entw. v. CS_2 34-1498; bei Ratten nach γ-Bestrahl. 41-1601.
Mechanismus d. Umwandl. v. Human-Plasminogen zu – 36-1380; Gewinn. v. lösl., gereinigten Profibrinolysin u. – 15-1809*; Herst. v. stabilisierten –-Lsg. (Mittel gegen Thrombose) 46-1696*; Veränder. im Trockenplasma während d. Lager. 30-1476.
Einfl. v. Guanidinverb. auf d. Hydrolysengeschw. v. p-Toluolsulfon-L-argininmethylester durch – u. Aktivator 16-1375; Rk. mit Fibrinogen (Bldg. eines Fibrinpolymerisat.-Hemmers) 19-1632; Wechselwrkg. mit α_2-Makroglobulin 39-1478; Konkurrenz zwischen – u. Thrombin um α_2-Makroglobulin 41-1523; Aktivier. v. Trypsinogen durch – 42-1221; Wrkg. auf d. Krebsausbreit. 3-1212; – als Proaktivator im menschl. Plasma (Rk. mit Streptokinase) 4-1232; Schutzwrkg. d. thermostabilen Spaltprod. v. Fibrinogen bei Thrombose nach Einw. v. – 7-1477; Wechselwrkg. zwischen Streptokinase u. menschl. – bei verschiedenen molaren Verhältnissen 12-1286; lyt. Wrkg. auf Fibringerinnsel (Thrombelastogramme) 13-1500; gefäßerweiternde Wrkg. 18-1484; Thrombolyse mit – (experimentelle menschl. Nativblutthromben) 23-1652; –-Wrkg. in d. Wand v. Aorta u. Koronararterien (vergleichende histochem. u. autoradiograph. Unters.) 25-1375; Rolle im fibrinolyt. Syst. 29-1659; caseinolyt. Eig. einer gereinigten, Aktivator-freien Schweine-–-Präparat. 32-1446; Rk. u. regulierende Wrkg. auf d. Blutgerinn. 45-1595; freisetzende Wrkg. auf vasoakt. Kinine 45-1596.
Isolier. v. Antiplasminen im Serum 1-1439; Hormon-abhäng. Inhibitor für – in männl. akzessor. Geschlechtsdrüsen u. im Sperma 4-1067; Hemm. durch α_2-Mikroglobulin 6-1493; Wrkg. v. Enovid auf d. – 9-1410; Hemm. durch β-Lipoprotein 11-1470; Hemmstoffe v. – (Einfl. auf d. Mortalität infolge v. Verbrüh. bei Mäusen) 11-1557; –-Inhibitoren d. menschl. Plasmas (Reinig. u. Teilcharakterisier.) 16-1376; α_1-Antitrypsin, ein Inhibitor für – 18-1234; Einfl. d. Heparin-Anti-–-Komplexes auf – 21-1682; Hemm. durch p-Aminomethylcyclohexancarbonsäure 23-1656; –-Inhibitor d. menschl. Plasmas (Wrkg. auf Plasmin, Trypsin, Chymotrypsin u. Thrombin) 28-1448; Hemmwrkg. d. Rinderlungen-Trypsininhibitors „Pulmin" auf – 37-1663; Gewinn. eines –-Inhibitors (pharmazeut. Verw.) 38-1826*.
Best. (Hinw. u. Wrkg. d. Variabilität) 1-1441; (in internationalen Einh.) 10-1247; Schnellbest. 30-1472; Best.: v. – u. Antifibrinolysin im Blut 2-1385; v. menschl. – mit Azocasein als Substrat 15-2091; v. – u. –-Inhibitoren im Blutserum 19-2203; v. Trypsin in Ggw. v. – u. Trenn. durch Gelfiltrat. 32-2042.

Plasmin I

Bldg. durch Aktivier. v. Rinder- u. Menschenplasminogen 35-1571.

Plasmin II

Bldg. durch Aktivier. v. Rinder- u. Menschenplasminogen 35-1571.

Plasminogen

– (*3.* Mitt.) 35-1568; (*4.* Mitt.) 35-1569; (*5.* Mitt.) 35-1570; (*6.* Mitt.) 35-1571; Spiegel während d. Schwangerschaft u. unter d. Geburt 1-1400; Konz. im menschl. Plasma 4-1232; –-Aktivität: v. Gewebeschnitten 18-1241; bei Einw. v. CS_2 34-1498; Bldg. eines –-Aktivators aus menschl. γ-Globulin-Subfrakt. mit Streptokinase 7-1467; Isolier. u. Charakterisier. v. –-Aktivatoren aus menschl. Urin 14-1495; Einfl. v. Guanidinverb. auf d. Aktivier. v. menschl. – durch Streptokinase 16-1375; –-Aktivatoren 18-1485, 18-1486; Gewebe-Proaktivator für menschl. – (intrazelluläre Lokalisier. u. Reinig.) 24-1402; Aktivier. v. Rinder- u. Menschen-– 35-1571.
Isolier. v. Rinder- u. Menschen-– (Veränder.) 35-1569; Reinig. v. Rinder- u. Menschen-– durch Sephadex-Chromatographie 35-1570; Heißsterilisat. 22-1776*.
Chromatographie, physikal. Charakteristik u. Disulfidbind. bei Euglobulin-– 32-1445.
Wechselwrkg. mit Streptokinase 4-1231, 12-1286; Rolle im fibrinolyt. Syst. 29-1659; Bldg. unlösl. Deriv. (Proaktivator u. Aktivatoraktivität) 35-1568; Mechanismus d. Umwandl. v. Human-– zu Plasmin 36-1380; lyt. Wrkg. auf Fibringerinnsel (Thrombelastogramme) 13-1500; Wrkg. auf durch CCl_4 induzierte Granulomtaschen 35-1704.
Hemm.: durch p-Aminomethylcyclohexancarbonsäure 23-1656; v. Human- u. Rinder-– mit ε-Aminocapronsäure 38-1661; Einfl. v. Zytostatika auf – u. –-Aktivator v. Meerschweinchen 51/52-1239.
Best.: v. – (Hinw. u. Wrkg. d. Variabilität) 1-1441; v. menschl. – mit Azocasein als Substrat 15-2091; im Blutserum 19-2203.

Plasmokoagulase

– d. Hefe-ähnl. Pilze (chem. Natur) 21-1460.

Polyadenylat-Synthetase

s. *Polyadenylsäure-Polymerase.*

Polyadenylsäurepolymerase (Polyadenylat-Synthetase)

Bezieh. zwischen – u. Ribosomen 15-1415; Verteil. in normalen adulten u. embryonalen Geweben u. in Tumorgeweben 12-1156.

Poly-DL-alanylribonuclease T_1

Darst., Aktivität 2-1171.

Poly-A-Polymerase

s. *Polyriboadenylsäure-Polymerase.*

Poly-L-arginylribonuclease

Darst., Eig. 35-1290.

Poly-C-Synthetase

–-Aktivität in d. partikulären Frakt. d. Rattenhirnnuclei 28-1473.

Polygalakturonase (Pektinase, Pektin-Depolymerase, Pektin-Polygalakturonase, Polygalakturonid-Glykanohydrolase)

–-Aktivität in Candida brumptii aus d. Myzetom eines holzfressenden Insekts 23-1400; intrazelluläre Verteil. bei Aspergillus niger 27-1453; – aus Pythium aphanidermatum u. Rhizopus stolonifer 28-1420; keine –-Aktivität in phytopathogenen Xanthomonas-Arten 29-1457; –-Aktivität u. Entw. d. Birne 32-1397; Verteil. bei auf Waldbäumen schmarotzenden xylophagen Insekten 12-1261; Bldg. (Wrkg. v. Pektin u. Pektin-abbauenden Substanzen) 45-1401; Ausscheid. durch Botryodiplodia theobromae 5-1248; Isolier. aus Erwinia carotovora (Eig., Rk.) 20-1290; Strukturunters. v. – aus Pferdeherz 26-1255; Abbau v. Pektinsäure durch verzuckernde – aus Fungus 20-1236; Rk. d. fungalen Exo- u. Endo-– mit Pektinsäure 31-1435; Wrkg. d. Mohrrüben-Exo-– auf d. durch Verseif. v. Pektin mit Alkali u. Pektinesterase erhaltenen Pektinsäuren 20-1335; Verwert. d. säurestabilen, durch Corticium rolfsii gebildeten – 36-1354; Beteilig. v. – aus Penicillium frequentans an d. Juteröste 17-1320; Pektinabbau in Guajavasaft mit Pilz-– 37-3385; Entpektinisier. v. Guavafruchtsaft mit Pilz-– 2-2939; kolorimetr. Best. 11-1352; s. auch *Enzympräparate, Nigrin PK; Repidase C**).

Polygalakturonid-Glykanohydrolase

s. *Polygalakturonase.*

Polygalakturonsäure-Transeliminase

–-Aktivität in phytopathogenen Xanthomonas-Arten 29-1457.

Poly-L-glutamylribonuclease T_1

Darst., Aktivität 2-1171.

Poly-G-Polymerase

Rk. mit einer Komponente d. $Q\beta$-Replikase 34-1280.

Poly-L-histidylribonuclease

Darst., Eig. 35-1290.

Poly-β-hydroxybutyrat-Decarboxylase

Hemmwrkg. v. Polymyxin B, Tyrocidin, Gramicidin D u. andere Antibiotika auf d. Hydrolyse v. Poly-β-hydroxybutyrat mit – 17-1309.

Polymetaphosphatase

Statist. Berechn. d. Genauigk. d. Michaelis-Konst. aus viskosimetr. Best. d. –-Aktivität 37-1438.

Polymethylgalakturonase

Bldg. durch Botrytis cinerea u. Verfolg. d. Mazerat. pflanzl. Gewebe 43-1240.

Polynucleotidasen

– in tier. Geweben 27-1445.

Polynucleotid-Kinase

Nucleinsäuren-Phosphorylier. durch – aus T4-Bakteriophagen-infizierten E. coli 27-1434.

Polynucleotid-Ligase

– aus mit T4-Bakteriophagen infizierten E. coli zur Reparat. v. Einstrang-Brüchen in DNS 15-1264; Strukturgen fürd. –im Bakteriophagen T4 46-1160; biolog. Test für – (Wiedergewinn. d. Markeraktivität in d. DNS-Transformat.) 37-1325.

Polynucleotid-Phosphorylase (Nucleosiddiphosphat-Polynucleotid-Nucleotidyltransferase)

–-Mangel in E. coli (Stoffwechselinaktivier. v. mRNS) 21-1307; –-Aktivität in zellfreien Streptococcus faecalis-Extrakten (Einfl. d. Alters) 24-1283; intrazelluläre Verteil. in E. coli 47-1380; Reinig. 31-1855*; zur Auslöserabhängigk. führende Strukturänder. d. – 36-1326; katalysierende Wrkg. auf d. Umsatz d. endständ. Phosphats d. Ribonucleosiddiphosphate (Einfl. einiger Polyionen) 7-1397; Abbau v. Hefe-RNS durch – aus Azotobacter agilis 21-1418; Phosphorolyse durch – beim Abbau v. mRNS (Wrkg. v. sRNS u. verwandten Verb.) 27-1435; Rk. mit Dinucleosidmonophosphaten u. Ncuelosiddiphosphaten (Bldg. v. Trinucleosiddiphosphaten) 29-1433;

Wrkg. einer E. coli-- bei d. Verknüpf. v. Polynucleotiden (Phosphodiesterbind.) 29-1481; Verh. v. α-Nucleosid-5'-phosphaten gegen – 41-1267; Inaktivier. durch Harnstoff (Schutz durch Substrate) 29-1432.

Bibl.: Methoden und Resultate der Untersuchung von Nucleinsäuren und Fermenten des Nucleinaustauschs (Mitteilungssammlung) [russ.] B 35.

Polyol-NADP-Oxydoreduktase

Vork. in Augenlinsen u. anderen Geweben 1-1181.

Poly-L-ornithylribonuclease

Darst., Rk., Eig. 35-1290.

Polypeptidylribonucleasen

Darst., Eig. 35-1290.

Polyphenolase

--Aktivität in Tribolium confusum 16-1315; – aus Eierfrüchten u. Avocadobirnen (Eig.) 10-1221.

Polyphenol-Oxydase

s. *o-Diphenol-Oxydase.*

Polyphosphatase

Lokalisier. in Hefezellen 40-1092; Hemm. durch Tetrahydrofurfurylalkohol in Mycobacterium smegmatis 28-1481.

Polyphosphat-Kinase, anorganische

– aus Mycobacterium phlei (Eig.) 10-1230; --Aktivität bei atyp. u. a. Mykobakterien 33-1557.

Polyriboadenylsäure-Polymerase (Poly-A-Polymerase)

Polynucleotidprod. d. – aus E. coli 14-1316.

Polysaccharidasen

--Aktivität in Candida brumptii aus d. Myzetom eines holzfressenden Insekts 23-1400.

Porphobilinogen-Synthase

--Aktivität in Leber u. Milz d. Ratte nach Ganzkörperröntgenbestrahl. 26-1667.

Porphyranase

Abbau v. Porphyran durch – aus einer Cytophagiaart 8-1339.

Präalbumin-Esterase

– im Rattenplasma (genet. Kontrolle) 3-1242.

Prathrombin

– als eine neue Untereinh. v. Prothrombin 40-1279; Isolier. u. Eig. 28-1632.

Pregnan-3α-ol-20-on-Sulfokinase

Verteil. in Erwachsenengeweben 28-1472.

Pregnan-3β-ol-20-on-Sulfokinase

Verteil. in Erwachsenengeweben 28-1472.

Prenolpyrophosphat-Pyrophosphohydrolase

Reinig. einer mikrosomalen – 32-1451.

Prephenat-Dehydratase

--Aktivität in Bacillus subtilis (Einfl. v. Aminosäuren) 3-1172; Lokalisier. d. Strukturgens d. – für d. Aromatensynth. bei E. coli 6-1168; Vork. in Claviceps paspali 10-1268; Rolle bei d. Regel. d. Biosynth. aromat. Aminosäuren in Salmonella typhimurium 51/52-1332; Repress. v. – durch L-Phenylalanin 31-1500.

Prephenat-Dehydrogenase (Prephenat:NAD-Oxydoreduktase [decarboxylierend])

Lokalisier. d. Strukturgens d. – für d. Aromatensynth. bei E. coli 6-1168; --Aktivität in Bacillus subtilis (Einfl. v. Aminosäuren) 3-1172; Vork.: in Claviceps paspali 10-1268; im T-Protein u. Beteilig. an d. Tyrosinbiosynth. bei Aerobacter aerogenes 51/52-1304; Rolle bei d. Regel. d. Biosynth. aromat. Aminosäuren in Salmonella typhimurium 51/52-1332.

Prephenat-NAD-Oxydoreduktase (decarboxylierend)

s. *Prephenat-Dehydrogenase.*

Procain-Esterase

Identität v. Cholinesterase u. – aus Humanserum 9-1249.

Procarboxypeptidase A

– aus d. gemeinen pazif. Dornhai 27-1459; Wechselbezieh. zwischen – u. Carboxypeptidase A (Metall- u. Substratbind.) 5-1261.

Procarboxypeptidase A-S$_6$

Serolog. Rk. v. Rinder-- 26-1601.

Procarboxypeptidase B

Vork. im Pankreas d. Dornhais (Isolier.) 5-1263.

Proelastase

--Aktivität in Pankreasgewebeextrakten (kolorimetr. Best.) 21-1459.

Progesteron-17α-Hydroxylase

Rk. bei d. Seitenkettenspalt. bei d. Steroidhormonsynth. 25-1563.

Prolin-Dehydrogenasen

Red.-Wrkg. v. – aus Rattenlebermitochondrien auf Ubichinon 6-1248; zytochem. Nachw. in d. Zellen v. Saccharomyces cerevisiae 42-1177.

Prolin-Hydroxylase

Lösl. Kollagen-- u. deren Substrate in mehreren tier. Geweben 25-1351; Hydroxylier. v. Prolin in Protokollagen mit – 29-1406.

L-Prolin:NAD(P)-2-Oxydoreduktase

Zytochem. Nachw. in d. Zellen v. Saccharomyces cerevisiae 42-1177.

L-Prolin:NAD(P)-5-Oxydoreduktase

Zytochem. Nachw. in d. Zellen v. Saccharomyces cerevisiae 42-1177.

L-Prolin:O$_2$-Oxydoreduktase

s. *Prolin-Oxydase.*

Prolin-Oxydase (L-Prolin:O$_2$-Oxydoreduktase)

Vork. in Rattenlebermitochondrien (Isolier.) 37-1372; Wrkg. bei d. Ornithinsynth. aus Prolin in tier. Geweben 48-1336; Hemm. durch Aminoacetonitril 31-1696.

Prolyl-RNS-Synthetase

Inaktivier. durch photochem. Ox. 38-1469.

Prolyl-tRNS-Synthetase

Isolier. aus Phaseolus aureus 33-1532.

Propandiol-Dehydratase

Rk. (Rolle v. Coenzym B$_{12}$) 16-1270; (Mechanismus) 32-1470; Coenzymaktivität v. 5'-Desoxyadenosyl-10-chlorcobalamin im --Syst. 38-1480.

Propionyl-CoA-Carboxylase (Propionyl-CoA:CO$_2$-Ligase [ADP])

Strukturelle Voraussetz. d. Substratbind. an – 37-1454; Wrkg. bei d. Malonylcoenzym A-Synth. in Kaninchenherzsarkosomen 33-1533.

Propionyl-CoA:CO$_2$-Ligase (ADP)

s. *Propionyl-CoA-Carboxylase.*

Propionyl-CoA-Dehydrogenase

--Aktivität in Prototheca zopfii in Ggw. v. Propionat u. Acetat 24-1337.

Propionylcoenzym A

s. unter $C_{24}H_{40}N_7O_{17}P_3S$*).

Prorennin

Aktivier. u. Freisetz. v. Polypeptiden aus – 36-1370.

Protease 1

Fraktionier. aus Schweinepankreas 10-1233.

α-Protease

– v. Sporangium (Natur) 18-1238; (Aminosäure- u. Metallzus.) 18-1239.

β-Protease

– v. Sporangium (Natur) 18-1238; (Aminosäure- u. Metallzus.) 18-1239; Zweikomponenten-Elektrophoresemuster d. Sorangium-- 26-1326.

Protease A

Aktivität d. Bothrops-- gegenüber d. B-Kette v. ox. Insulin 36-1368.

Protease, alkalische

– v. Bacillus subtilis var. amylosaccharíticus (Reinig., Kristallisat., Eig.) 17-1324; Reinig. u. Charakterisier. einer – aus d. Rattensubmandibularisdrüse 16-1363; Wrkg.: auf hitzeinaktivierte α-Amylase aus Bacillus subtilis 1-1223; v. Zytostatika auf – v. Meerschweinchen 51/52-1239.

Protease B

Sulfhydrylnatur v. Weizenkorn-- 36-1369.

Proteasen (Proteolytische Enzyme [Fermente])

Spezielle – s. dort.

Vorkommen, Aktivität: Ursachen d. unterschiedl. Vork. in Böden 11-3036.

Extrazelluläre – v. Sorangium-Stämmen 7-1281; Bakterien-- 10-1252; --Aktivität im Myzel v. Aspergillus sojae in Abhängigk. v. W.-Geh. d. Kulturmediums 10-1291; – aus Bacterium mesentericus 17-1325; exozelluläre –: v. Bacillus subtilis (Beteilig. an d. Sporulat.) 18-1289; d. Pseudomonas aeruginosa mit Elastase-Aktivität 23-1433; – v. Milchbakterien 23-1434; Bakterien-- 27-1462; Pilz-- 27-1463; – zweier Pseudomonas fluorescens-Stämme (Wrkg. v. Temp. Inkubat.-Zeit u. pH) 27-1464; --Aktivität: v. Actinomyces aureofaciens LSB-*2201* (Einfl. d. N-Quelle) 30-1299; (Einfl. einiger C-Verb.) 30-1307; d. Zellextrakte v. Hefen 30-1325; v. Keratinomyces ajelloi 32-1428; in gemischten Kulturen v. Schimmelpilzen u. Bakterien (Einfl. biolog. Faktoren) 33-1569; Verteil.: in Gewebe v. Fusarium moniliforme 33-1620; bei Aspergillus in Abhängigk. v. W.-Geh. 34-1327; --Aktivität: d. Aspergillusarten 34-1369; v. Bacillus subtilis (Einfl. d. Kulturbeding.) 35-1337; (u. Bacillus mesentericus) 35-1338; bakterielle – 36-1367; --Aktivität d. Rhizosphärenbakterien 41-1315; – v. zwei Stämmen v. Pseudomonas fluorescens 42-1225; thermostabile – aus thermophilen Bakterien 44-1253; – d. Aktinomyceten 46-1265.

--Aktivität: in Pflanzenhomogenaten (Substratspezifität gegenüber Aminosäure-4-[phenylazo]-phenylamiden) 9-1271; v. Maiskeimhomogenaten (Spalt. einer Reihe v. Aminosäure-4-[phenylazo]-phenylamiden) 13-1223; Geh. in Pflanzen (Einfl. v. Mo) 13-1372; --Aktivität v. Maishomogenat (Beeinfluss. durch spezif. Effektoren) 18-1235; –: d. getrockneten Papaya-Latex (Fraktionier.) 26-1335; in Vakuolen aus Wurzelzellen v. Maiskeimlingen 32-1250; --Aktivität d. Keimpflanzen zahlreicher Arten d. Familie Leguminosae 42-1226.

Chymotrypsin-art. – d. Unterkieferspeicheldrüse d. Ratte (Reinig., Eig. u. Rk.) 5-1271; – im Rattenspeichel 5-1272; Verteil. in d. Schilddrüse 5-1273; – d. Pankreas u. d. Darminhaltes v. keimfreien u. konventionellen Ratten 5-1495; --Aktivität d. Rattenleber (Einfl. v. ^{60}Co-Bestrahl. u. jahreszeitl. Veränder.) 5-1529; Differenzier. d. Serum-- v. Tieren mit u. ohne Tumoren durch Serumproteine 7-1191; --Aktivität: in d. Geweben d. intakten u. deafferentierten Lunge 7-1547; in Verdauungsorganen u. Plazenta d. Feten verschiedener Säugetiere 14-1317; v. Citellus citellus u. Spalex leucodon 16-1361; d. Skelettmuskels beim Turner-Syndrom 16-1622; v. Pankreas, Pankreassaft u. Darminhalt. d. Rindes 18-1231; v. menschl. Leukozyten 19-1621; d. Erythrozyten 23-1436; im Gehirn 25-1674; Vork. einer Trypsin-ähnl. – in befruchteten Seeigeleiern (Aktivier. d. Proteinsynth.) 31-1667; –: in menschl. Blutplättchen 32-1429; v. Mol.-Gew. *11000* aus Astacus fluviatilis 33-1512; --Aktivität: d. Hühnerpankreas in Abhängigk. v. d. Art d. Ernähr. 34-1465; in menschl. Schilddrüsen-Extrakten 35-1321; im Jejunum u. Ileum d. Ratte während d. postnatalen Entw. 36-1364; spezif. – aus Mastzellen d. Ratte 40-1275; (intrazelluläre Lokalisier.) 40-1276.

--Aktivität: v. Crotalus atrox-Gift (Hemm.) 3-1577; v. Giften thailänd. Schlangen 33-1822; in Schlangengiften 47-1397.

--Aktivität v. Malz 41-3270; Vork. in Kakao 51/52-2941.

Bildung, Darstellung: Steuer. d. Produkt. an – im Darm d. Küchenschabe 13-1227; Bezieh. zwischen Pilzwachstum u. Bldg. 15-1427; säurestabile, durch Corticium rolfsii gebildete – (Verwert.) 36-1354; Synth. durch Micromonospora (Einfl. d. Zus. d. Nährbodens) 51/52-1309; Herst. aus Pankreas-Abfällen nach d. Erzeug. v. Insulin 22-1854*; Isolier. d. – d. Sojabohne 37-1424; Gewinn. u. Verw. für Mund- u. Zahnpflegemittel 41-1844*; Abtrenn. aus Grünmalz 3-3255; Trenn. v. –, Vitamin-B$_{12}$-bindenden Substanzen u. Intrinsic factor aus d. menschl. Magenschleimhaut an d. DEAE-Cellulosesäule 16-1596; Reinig.: u. physikal. Eig. einer Trypsin-ähnl. – aus Ratten-Unterkieferdrüse 7-1238; u. Eig. einer Mastzellen-- 28-1435; partielle Reinig. v. – aus gekeimter Gerste 33-1519; Reinig. einer hochakt. – aus einer Microsporum-Art 37-1423; Krist. d. – v. Streptomyces griseus 38-1441.

Eigenschaften: Physikochem. Eig. u. Substratspezifität einer neutralen – v. Bacillus subtilis var. amylosacchariticus 10-1252; Wrkg. auf d. elektr. Doppelbrech.-Vermögen v. Rattenthymus-Desoxyribonucleoprotein 6-1215; strukturelle Bezieh. zwischen pflanzl. u. tier. – 32-1425.

Reaktionen, Wirkungen: Einw.: auf natives Kollagen 1-3072; auf Kollagen (elektronenmikroskop. Unters.) 4-1147; Proteolyse v. Immunglobulin G mit langwirkender Thyreoid-stimulierender Aktivität durch – 4-1191; Spalt. d. Proteine mit – (Einfl. v. Kohlenhydraten u. Mineralstoffen pflanzl. u. tier. Stoffe) 6-3074; Abbau v. Protein mit – 12-1271; Wrkg. auf Tropokollagen u. unlösl. Kollagen 13-1537; Darst. v. α-Aminosäure-p-nitroanililden als Substrate für – 18-1710*; Rk. v. – aus Milchsäurebakterien mit Paracasein 23-1434; Einfl.: auf d. Linolsäurehydroperoxidabbau durch Methämoglobin 24-1353; auf Kollagen 32-1430; Katalysenkinetik u. -mechanismus v. – 36-1373.

Abbau ribosomaler Proteine durch – 31-1288; Bind. histonspaltender Kern-– an DNS 34-1200; Proteolyse in Mitochondrien (Einfl. v. entkoppelnden Reagenzien) 44-1081.

Lyt. Aktivität d. – aus Sorangium gegenüber Micrococcus lysodeikticus 8-1280; Rolle während d. Sporenbldg. v. Penicillium janthinellum 18-1290; Wrkg. auf d. Katalaseaktivität v. Mikroorganismen 20-1286; proteolyt. Spezifität d. neutralen – v. Bacillus subtilis var. amylosacchariticus 27-1462; Spezifitätseig. einer – aus Aspergillus oryzae 32-1427; Rk. mit Hefezellwänden (Lysis) 45-1361; Einfl. v. Nafcillin auf d. Lyse v. Staphylococcus aureus durch – 46-1327; Bedeut. d. SH-Gruppen d. Viren bei ihrer Rk. mit – 51/52-1380.

Wrkg. auf d. photosynthet. Leist.-Fähigk. u. d. Morphologie d. Chloroplasten aus Spinat 17-1486; Inhibitoren d. Proteolyse v. Aminosäure-4-[phenylazo]-phenylamiden durch Maishomogenat-– 18-1236; Abbau v. Getreideproteinen mit – 20-3097.

Wrkg.: auf aus menschl. Harn isolierte Peptidfrakt. 9-1528; auf d. Protoplastenbest.-Faktor aus Schweinepankreas 13-1259; Resistenz v. Kollagenfäserchen gegenüber – 16-1471; Einfl. v. Streptomyces-– auf d. Eig. v. Kalbshaut 18-3116; Rk. im Darm mit Hb 19-1612; Einfl. auf d. nichtspezif. Blutkörperchenagglutinat.-Hemmer d. Picornaviren 19-1622; proteolyt. Prozesse bei d. Aktivier. d. Bradykinin-bildenden Syst. im Plasma durch Polysaccharidsulfate 20-1503; durch – stimulierte Vitamin-B_{12}-Aufnahme aus d. Rattendarm in Abwesenh. v. Intrinsic factor 21-1706; Einfl. auf d. Aktivität d. Lipoproteinlipase im Plasma 26-1306; Proteolyse mit – in einem künstl. Pansen (Einfl. eines Extraktes aus Johannisbrotfrüchten) 27-1763; Auslsg. d. –-Aktivität in d. Mäusesubmaxillarisdrüse durch Testosteron 29-1613; Isolier. v. Arabinose enthaltenden Hyaluronatpeptiden u. Xylose enthaltenden Chondroitinsulfatpeptiden aus mit – behandeltem Gehirngewebe 32-1548; Abbau d. Fc-Fragmente v. Kaninchen-Immunoglobulin IgG mit – 32-1623; Wrkg. v. oral verabreichten – auf durch CH_4 induzierte Granulomtaschen 35-1704; durch Proteolyse mit – entstandene Proteine u. Proteinkomplexe d. Muskels 38-1709, 38-1710; –-stimulierte Glucoseausnutz. in isolierten Fettzellen (Hemm. durch Phlorizin) 42-1413; Hydrolyse v. Nucleoproteinen durch – d. Kalbsthymuskerne 47-1398; Einfl.: auf d. Resorpt. v. Tetracyclin bei Tieren 47-1511; beim Abbau verknöchernder Knorpelmatrix u. d. Entfern. saurer Mucopolsaccharide vor d. Knochenbldg. 51/52-1291.

Locker. v. Fleisch mit – mikrobiellen Ursprunges 25-3400; Milchgerinn. u. Proteolyse mit – 27-1460, 27-1461; Veränder. beim Reifen v. Cheddarkäse bei Anwend. v. Bakterien-– als Milchgerinn.-Mittel 46-2803.

Beeinflussung, Inhibitoren: Wechselwrkg. zwischen – u. Inhibitoren (elektrophoret. Unters.) 8-1309; Einfl. v. Progestin-Östrogen-Therapie auf d. – d. Plasmas 9-1412; Hemm. durch β-Lipoprotein 11-1470; –-Inhibitoren 15-1389; (Modifikat. d. Aminogruppe) 15-1391; (Isolier. u. Charakterisier.) 32-1438, 32-1439; Reinig. roher Präp. d. –-Inhibitors aus Rinderlunge 33-1956*; –-Inhibitoren aus Ascaris lumbricoides var. suum. (Reinig., Eig. u. chem. Modifizier. d. Trypsininhibitors) 44-1255; –-Inhibitoren 46-1243; Einfl. v. Zytostatika auf – v. Meerschweinchen 51/52-1239.

Verwendung: Verw. in kosmet. Prod. 30-2724*; in Zahnpflegemittel 42-1642*; bei d. Hartkeksherst. 23-3467; zur Kältestabilisier. v. Bier 28-3230; zum Eiweißabbau im Wein 51/52-2938.

Analyse, Untersuchungsmethoden: Mol gew.-Best. einer – durch d. Ausschluß-Chromatographie-Meth. 37-1533; Best.: bei Verw. v. Azocasein (automatisiertes Syst.) 3-1263; mit d. Auto-Analyzer 20-1319; v. – (automat. Meth.) 40-1168; durch Zonenelektrophorese abgetrennten – 40-1269; Abtrenn. u. Charakterisier. v. – durch isoelektr. Fokussier. 41-1314; Probleme bei d. Best. d. – d. menschl. Magensaftes 41-1480; einfache kolorimetr. Best. (Verw. v. Farbstoff-Protein-Komplexen als Substrat) 44-1252; Best. an 5%ig. wss. Gelatine 46-1239; Mikrochromatographie, Immunochromatographie u. Best. auf mit Proteinen imprägnierten Nitrocellulosemembranen 48-1936; Nachw. in Milch 2-2909; chromatograph. Analyse d. – d. Seeigeleies 3-1264; histochem. Nachw. in d. submaxillaren u. retrolingualen Drüsen d. Maus 12-1270; Best.: in Mikroben durch Farbstoffbind. 19-1438; in anaerobem Faulschlamm 28-2248; Prüf. d. – v. Mehl nach d. Sedimentat.-Meth. 31-3520; Rolle bei d. Isolier. v. DNS mit Natriumdodecylsulfat 12-1149; in vitro-Unters. v. normaler u. arterosklerot. Arterie d. Menschen mit Hilfe v. – 36-1365; s. auch Enzympräparate *Aspergillin*; *Aspergillin O*; *Bioprone SP-2*; *Biotex P-300*; *Flavisin*; *Mesenterin*; *Oryzin*; *Pronase*; *Pronase AS*; *Spitase crude*; *Terresin**).

Protease, neutrale

Verteil. in d. Schilddrüse 5-1273.

Protease, saure

Verteil. in Zellfrakt. v. Chaos chaos 20-1325; – v. Rhizopus chinensis (Reinig., Kristallisat. u. einige enzymat. Eig.) 27-1463; –-Aktivität d. Prostata (Wrkg. v. Steroidhormonen) 4-1166; Verteil. in d. Schilddrüse 5-1273; –-Aktivität: im Gehirn 25-1674; d. Eileiters v. Rana esculenta (hormonale Regulat.) 33-1691; chromatograph. Reinig. u. physikal. Homogenität d. – v. Aspergillus saitoi 17-1326; Reinig. u. Eig. d. krist. – aus Acrocylindrium 29-1467; Spezifität intrazellulärer – für d. Hydrolyse v. Proteinen 39-1252; Einfl. v. Zytostatika auf – v. Meerschweinchen 51/52-1239.

Proteinase (Endopeptidase)

Vork. u. Verteil. in Streptococcus faecalis var. liquefaciens 4-1065; –-Aktivität v. Koji-Schimmelpilzen 4-2640; –: aus Fusarium vasinfectum 6-1283; aus Trichosporon v. Dungeness-Krabbenfleisch (Eig.) 10-1250; d. Salmzökums (chromatograph. Trenn., Eig.) 12-1274; –-Aktivität in gesalzenem u. ungesalzenem Koji beim Lagern 14-3094; –: d. Sporen v. Bacillus subtilis (Trenn.) 23-1437; aus Streptomyces fradiae (Bldg., Isolier. u. Charakterisier.) 26-1328; lysosomale Lokalisat. in Tetrahymena pyriformis (Eig.) 28-1245; Geh. in ungar. Pflanzen 51/52-1396; –-Aktivität in menschl. Blutplättchen 32-1429.

Bldg. in d. durch Actinomycin D gehemmten Zelle nach Zugabe v. DNS 2-1246; Einfl. v. Hordecin auf d. Biosynth. durch Aspergillus terricola 11-1278; Abhängigk. d. Biosynth. v. d. Zellwänden bei Streptococcus faecalis var. liquefaciens 14-1291; Regulat. d. Bldg. bei einer Micrococcusart 14-1295; Reinig., Eig. u. Spezifität: v. – aus d. Schweineschilddrüse 27-1465; v. – d. Larve v. Calliphora erythrocephala 32-1426; Reinig. d. – aus Nepenthes-Kannensaft 35-1322; Stabilität (Einfl. v. Ca^{2+}) 45-1368.

Elektrophoret. Variat. d. – im Verdauungssaft v. Bombyx mori 36-1366; Histidinrest am akt. Zentrum d. Streptokokken-– 40-1272.

Substratspezifität einer thermostabilen bakteriellen – (Vgl. mit d. einer bakteriellen Elastase) 14-1304.

Temperaturabhäng. Assoziat.-Dissoziat. v. interzellulärer – aus Streptococcus lactis 21-1462; Einfl. auf d. Milchgerinn. 27-1461.

Best. in internationalen Einh. 10-1247; Verw. bei d. Thiaminbest. in modifiziertem Milchpulver 29-1676.

Proteinase I

Isolier. aus Gliocladium roseum (Kristallisat. u. Eig.) 14-1294.

Proteinase II

Isolier. aus Gliocladium roseum (Kristallisat. u. Eig.) 14-1294.

Proteinase A

– aus Saccharomyces cerevisiae (Eig.) 14-1292; (Reinig. u. Eig.) 40-1271; Isolier. u. physikochem. Eig. d. Hefe-– 29-1466; Aktivier. d. Σ-Prototoxins v. Clostridium perfringens d. D-Typs durch – 37-1530.

Proteinase, alkalische

–: v. Aspergillus sojae (physikochem. Eig., Aminosäurezus. u. Mol.-Konform.) 18-1237; v. Aspergillus sydowi 45-1367, 45-1368; Isolier. aus Aspergillus sojae in homogener Form 45-1366; Wirkungsweise einer – aus Streptomyces griseus auf Cytochrom c d. Bäckerhefe 21-1461; Spezifität v. – aus Mikroorganismen 28-1436; elastolyt. Eig. v. – mikrobiellen Ursprungs 40-1270.

Proteinase B

– aus Saccharomyces cerevisiae (Eig.) 14-1292; (Reinig. u. Eig.) 40-1271.

Proteinase C

– aus Saccharomyces cerevisiae (Eig.) 14-1292; Reinig. u. Eig. d. Hefe-– 14-1293; Isolier. u. physikochem. Eig. d. Hefe-– 29-1466.

Proteinasen (Endopeptidasen)

Spezielle – s. dort.

–: d. Milchsäure-Streptokokken (Rolle bei d. Zellfunkt.) 39-1253; aus Gliocladium roseum (Kristallisat. u. Eig.) 14-1294; Vork. in Frakt. gekeimter Gerste 33-1519; Erythrozyten-– v. Bos indicus u. Bos bubalis 18-1240; subzelluläre Verteil. im Rattenthymus (Einfl. v. γ-Bestrahl.) 41-1600; Evolut. 33-1512; Reinig.: d. Hefe-– 14-1292, 14-1293; v. – aus d. Zahnplattenmaterial durch Gelfiltrat. an Sephadexsäulen 16-1362; v. Hefe-– 29-1466; v. – aus menschl. Schilddrüsen 35-1321; Größe d. akt. Gebiete in – 38-1437; Rk.-Fähigk. v. Säugetier-, Pflanzen-, Bakterien-u. Pilz-– 14-1299; Theorie d. fermentativen Eiweißhydrolyse durch – 19-1408; Verw. spezif. – aus Streptomyces albus zur Unters. v. Peptidvernetz. in bakteriellen Zellwandpeptidglykanen 15-1430; elastolyt. Eig. v. – mikrobiellen Ursprungs 40-1270; Rolle beim Endabbau menschl. Erythrozyten 23-1436; Prüf. v. pharmazeut. – 49/50-1719.

Proteinase, neutrale

Elastolyt. Eig. v. – mikrobiellen Ursprungs 40-1270.

Proteinase, saure

– in Leberlysosomen 28-1437; Molgew. v. – aus Aspergillus saitoi 20-1345; N- u. C-endständ. Reste in d. – v. Aspergillus saitoi 3-1262.

Proteindisulfid-Reduktase

s. *Glutathion-Insulin-Transhydrogenase.*

Protein(phospho)kinase (ATP: Protein-Phosphotransferase)

Gehirn-– (Rk.) 10-1228; – d. Membranen d. roten Blutkörperchen d. Rindes (Reinig. u. Eig.) 31-1405; Phosphorylier. v. Fisch-Phosvitin durch – u. ATP 16-1469.

Protein-synthetisierendes Enzym

Selektive Erkenn. d. nativen Konform. v. Transer-RNS durch – 23-1278.

Proteolytische Enzyme

s. *Proteasen.*

Proteolytische Fermente

s. *Proteasen.*

Prothrombin (Faktor II)

Serum-– als Parameter d. Leberfunkt. (Einfl. v. Testosteronpropionat u. 1-Methyl-1-androstenolon) 3-1512; Geh. im Blutserum bei Pyridoxin-Mangel-Pavianen 12-1172; –-Zeit: v. weißen Mäusen u. Kaninchen (Einfl. v. Streptomycin, D-Cycloserin, Kanamycin u. Florimycin) 18-1483; d. Rattenblutes (Einfl.) 51/52-1507; Aktivier. d. menschl. – mit menschl. Thrombokinase (chromatograph. Analyse) 34-1497.

Biosynth. bei Ratten (Kontrolle durch Vitamin K) 16-1604; Isolier. u. Reinig. v. Rinder- u. Hunde-– 30-1474; Reinig. u. Krist. v. Pferde-– 47-1612; Veränder. im Trockenplasma während d. Lager. 30-1476.

Prathrombin als eine neue Untereinh. v. – 40-1279; Verh. bei d. Gelfiltrat. (Koagulat.-Faktoren beim Hund) 20-1529.

Kationenbedarf für d. Umwandl. v. – in Thrombin 11-1474; Rk. mit Thrombin 28-1632; Bldg. d. – konvertierenden Komplexes 32-1616; Spalt. durch Thrombin 51/52-1506; Rk. mit Koagulase v. Staphylococcus aureus 7-1241; Wrkg. v. Phenobarbital auf d. –-Zeit während d. Warfarin-Therapie beim Menschen 4-1234.

Wrkg.: v. Enovid auf – 9-1410; eines Progestin-Östrogen-Kontrazept.-Mittels auf – bei Frauen 9-1411; Aktivitätsminder. d.

--Komplexes durch Warfarin 18-1487; Wrkg.: v. Warfarin-Isomeren auf – 29-1746; v. Nafarin auf – 30-1684*; v. Puromycin auf d. --Zeit v. Ratten 37-1749; therapeut. verwendbares Faktor-IV---Konzentrat mit d. Faktoren VII u. X 25-1614.

Protocatechuat-Oxygenase

--Aktivität bei d. Regulier. d. Konvergenzwege für Shikimat durch Moraxella 44-1177; Isolier. v. – als Enzym d. Protocatechuat-Weges in Pseudomonas putida (Reinig.-Meth.) 8-1362; Indukt. d. mikrobiellen – durch Protocatechuat u. cis.cis-Muconat 20-1400; Synth. in Moraxella calcoacetica (Indukt. durch Protocatechuat) 31-1498.

Protokollagen-Hydroxylase

Hydroxylier. v. Prolin bei synthet. Polypeptiden mit gereinigter – 40-1206; Vgl. v. Poly-L-prolin I u. II als Inhibitoren d. – 43-1248.

Protopektinase

Ausscheid. v. – in vivo durch Botryodiplodia theobromae 5-1248; Verw. v. – aus Rhizopus zur Gewinn. v. Süßkartoffelstärke 24-3016.

Pseudocholin-Esterase

s. *Cholin-Esterase.*

Pseudomonas-Cytochrom-Oxydase

Abtrenn. d. N-terminalen Restes aus Pseudomonas-– nach Transaminier. 16-1278.

Pullulanase

Verw. zur verbesserten Darst. v. Substraten für d. Best. d. Amylo-1.6-glucosidase-Aktivität 40-1259.

Purinnucleosid: Orthophosphat-Ribosyltransferase

s. *Purinnucleosid-Phosphorylase.*

Purinnucleosid-Phosphorylase (Purinnucleosid: Orthophosphat-Ribosyltransferase)

--Aktivität v. Serum, Leber- u. Milzgewebe v. Mäusen (bei experimenteller Hepatitis durch d. Virus MHV-*3*) 5-1229; – d. Fischmuskels (Darst., Rk.) 14-1265; katalyt. Wrkg. auf d. Phosphorylübertrag. in Abhängigk. v. Purinnucleosiden 19-1390; Wrkg. im Nucleotidstoffwechsel v. Corylus avellana-Samen 24-1291; Synth. d. Ribonucleoside v. Allopurinol u. Oxoallopurinol durch – aus Erythrozyten 20-1294.

Purin-Pyrophosphorylase

– als selektiver genet. Marker beim Mäuselymphom P *388* in Zellkulturen 22-1284.

Purinribonucleosid-Kinase

--Mangel bei Ehrlich-Aszitestumor-R*2* (Bedeut. bei d. Resistenz gegen Purinribonucleosid-Analoga) 35-1249; --Aktivität u. Resistenz gegenüber Adenosinanaloga 46-1269.

Purinribosid-Phosphorylase

Vork. in Corynebacterium sepedonicum (Transribosidier. v. Uridin auf Hypoxanthin) 14-1271.

Puryloribonuclease

– als extrazelluläre Ribonuclease v. Ustilago sphaerogena 44-1223.

Putrescin-Oxydase

– aus Micrococcus rubens (Anreicher. u. Eig.) 30-1241; (Reinig. u. Eig.) 14-1253.

Pyridinnucleotid-Peroxydase

Oszillator. Ox. v. reduziertem Pyridinnucleotid durch – 17-1291.

Pyridinnucleotid-Reduktase

Einfl. auf d. Photored. v. Glyoxylat durch Spinatchloroplasten 6-1398.

Pyridinnucleotid-Transhydrogenase

s. *NAD(P)-Transhydrogenase.*

Pyridoxal-Kinase

--Aktivität in Blutzellen 20-1307; Substratspezifität d. – d. Mäusehirns 9-1506.

Pyridoxalphosphatenzyme

Spezielle – s. dort.
Konform. u. Rk.-Spezifität 31-1458; Hemm. durch Isonicotinsäurehydrazid 39-1265.

Pyridoxamin-Pyruvat-Transaminase

Rk.: mit Carbonylreagenzderiv. d. Pyridoxals 4-1029; mit Sulfhydrylreagenzien 4-1030.

Pyridoxinphosphat-Oxydase

Katalysier. d. Biosynth. v. Pyridoxalphosphat in E. coli B durch – 36-1456.

Pyridoxol-Dehydrogenase

Zytochem. Lokalisat. bei Saccharomyces cerevisiae 1-1180.

Pyrimidinnucleosidasen

Spezielle – s. dort.
Klassifizier. u. Bezieh. d. – zur Harnsäureribonucleosidphosphorylase 12-1229.

Pyrimidinnucleosid-Desaminase

– d. menschl. Leber (Eig.) 46-1249; Substratanforder. u. Inhibitoren d. – d. menschl. Leber 46-1250.

Pyrimidinnucleosid-Phosphorylase

– d. Fischmuskel (Darst., Rk.) 14-1265.

Pyrimidinribonucleosid-Kinase

Änder. in d. Aktivität d. – in leukäm. Geflügelmyeloblasten 21-1349.

Pyrimidinribosid-Phosphorylase

Vork. in Corynebacterium sepedonicum (Transribosidier. v. Uridin auf Hypoxanthin) 14-1271.

Pyrophosphatase, anorganische (Pyrophosphat-Phosphohydrolase)

– aus Bäckerhefe (Nachw. d. SH-Natur) 13-1238; --Aktivität v. Zellfrakt. v. Lactobacillus fermenti 29-1510; konstitutive – aus E. coli (Reinig. u. katalyt. Eig.) 32-1450; (Art u. Bind. d. akt. Substrats u. d. Rolle v. Mg) 40-1285; --Aktivität v. normalen u. unter B-Mangel leidenden Bohnenwurzeln 33-1646; Bezieh. zwischen d. Aktivität d. Leber-– u. Ontogenese bei Diabetes u. anderen physiolog. Zuständen 3-1257; --Aktivität in Rattenleber- u. -nierenmikrosomen (Einfl. v. endokrinen Veränder. u. Fasten) 8-1316; – im menschl. Sperma 9-1252; --Aktivität in Gewebekulturen d. Retina 10-1539; – in Schleimdrüsenzellen 20-1362; --Aktivität: d. Erythrozyten bei neugeborenen Kindern 25-1604; v. Varicorhinus aus d. Sewan-See (Einfl.) 26-1313; im Kaninchenhirn in d. Norm u. nach Hungern 26-1611; d. Gehirns v. Citellus suslicus während d. Hibernat. u. im wachen Zustand 35-1641; v. Humanerythrozyten (Einfl. v. Wärme u. Nucleotiden) 38-1448; lösl. – aus Rattenleberzellkernen (Eig.) 44-1270; --Aktivität d. Leber (Wrkg. v. Detergentien) 46-1213.
Alloster. Eig. d. Mg^{2+}-abhäng. – im Mäuseleberzytoplasma 33-1522.
Hemmwrkg. auf Adenosindiphosphatglucosepyrophosphorylase v. E. coli B 15-1342; Hydrolyse d. Serylpyrophosphate durch d. – d. Hefe 19-1415; Katalyse d. --Rk. durch Nieren-Glucose-6-phosphatase 8-1290; Rolle bei wachstumsregulierenden Vorgängen 15-1338.
Computerverf. zur Best. d. Kinetik d. – 24-1330.

Pyrophosphatglucose-Phosphotransferase, anorganische

Bezieh. zwischen d. Aktivität v. Leber-– u. Ontogenese bei Diabetes u. anderen physiolog. Zuständen 3-1257; --Aktivität: in Rattenleber u. -nieren (Einfl. v. endokrinen Veränder. u. Fasten) 8-1316; d. Leber (Wrkg. v. Detergentien) 46-1213; Katalyse d. --Rk. durch Nieren-Glucose-6-phosphatase 8-1290; unterschiedl. Wrkg. v. Palmityl-Coenzym A auf – u. Glucose-6-phosphatphosphohydrolase d. Lebermikrosomen 40-1254; Hemm. durch Citrat 40-1255.

Pyrophosphat-Phosphohydrolase

s. *Pyrophosphatase, anorganische.*

Pyrophosphomevalonat-Decarboxylase (ATP: 5-Pyrophosphomevalonat-Carboxylyase)

Vork. in Mycoplasma-Stämmen (Umwandl. v. Mevalonsäure in γ.γ-Dimethylallylpyrophosphat) 23-1454.

Pyrophosphorylasen

Spezielle – s. dort.
Wrkg. in E. coli-Zellen 41-1347.

Pyrophosphorylase: Oxalessigsäure-Carboxylyase (phosphorylierend)

s. *Phosphoenolbrenztraubensäure-Carboxytransphosphorylase.*

Pyrrolase

Hemm. durch Pactamycin 33-1592.

Pyrrolin-5-carboxylat-Dehydrogenase

--Repress. während d. Wachstums v. Bacillus licheniformis durch Stoffwechselprod. 22-1398.

Pyruvat-Carboxylase

s. *Brenztraubensäure-Carboxylase.*

Pyruvat-Decarboxylase

s. *Brenztraubensäure-Decarboxylase.*

Pyruvat-Dehydrogenase

s. *Brenztraubensäure-Dehydrogenase.*

Pyruvat-Kinase

s. *Brenztraubensäure-Kinase.*

Pyruvat-Oxydase

s. *Brenztraubensäure-Oxydase.*

Pyruvat-Synthase

--Aktivität bei Clostridium butyricum 25-1422; Beteilig. an neuern Ferredoxinabhäng. Red.-Zyklus d. C in einem Photosynth.-Bakterium 19-1450.

Qβ-Replicase

--Rk. (Unters. durch Saccharosegradienten u. Gelelektrophorese) 33-1558; Aufspalt. v. – u. Bezieh. einer d. Komponenten zu einer Poly-C-abhäng. Poly-G-Polymerase 34-1280.

Qβ-RNS-Polymerase

s. *Qβ-RNS-Replicase.*

Qβ-RNS-Replicase (Qβ-RNS-Polymerase)

Initiier. d. RNS-Synth. durch – 21-1331; Suche nach einem Zwischenprod., d. ein Komplement während d. gleichzeit. Synth. durch eine gereinigte – in sich schließt 24-1372.

Δ^4-5α-Reduktase

--Aktivität d. Testismikrosomen nicht geschlechtsreifer Ratten (Einfl. v. menschl. Choriongonadotropin) 38-1603; Hemm. durch synthet. Östrogene 28-1578.

Reduktasen

Spezielle – s. dort; s. auch *Deyhdrogenasen; Oxydoreduktasen.*
--Aktivität während d. Reif. d. Kleinhirnrinde u. d. Ammonshorns beim Kind 24-1430; Protein mit --Aktivität aus Aspergillus nidulans (Isolier.) 41-1258; Vitamin-B_{12}-abhäng. Synth. v. Desoxyribonucleotiden durch – aus Lactobacillus leichmannii (Überblick) 14-1344; ster. Verlauf d. Red. v. Methylalkylketonen u. Methylarylketonen durch – 25-1353; Red.: v. $[Pt(p-F-C_6H_4-N{=}NH)(R_3P)_2Cl]^+$ mit H_2 durch – 35-0779; v. O.O-Bis-[4-nitrophenyl]-thiophosphat, O.O-Diäthyl-O-[4-nitrophenyl]-phosphat u. O-Äthyl-O-[4-nitrophenyl]-thionobenzolphosphonat durch Gewebe-– v. Säugetieren, Vögeln u. Fischen 42-1504; einer auf d. arteriellen Druck wirksamen Lipid-Frakt. durch – 43-1442; Zerstör. d. – v. Dermatophyten durch antimykot. Agenzien 49/50-1329; Nachw. d. – zur Differenzier. d. Mycobakterien 21-1518.

Reduktoisomerase

--Aktivität in Mutanten v. Aerobacter aerogenes 26-1365; – v. Phaseolus radiatus 22-1357; Bezieh. zu Dihydroxysäuredehydratase aus Neurospora crassa 44-1282.

Renin

Vork. in d. Niere d. weißen Maus 7-1408; --Aktivität in Niere, Nebenniere u. Speicheldrüse (Wrkg. v. Na^+ u. Angiotensin) 19-1552; Korrelat. zwischen Plasma-–-Spiegel, Hämatokrit u. Na-Ausscheid. 19-1590; --Aktivität d. Plasmas (Einfl. v. Dihydralazin) 33-1859; --ähnl. Enzym in d. Nebenniere 44-1260; --Aktivität gesunder Vers.-Personen nach Fursemidverabreich. 51/52-1703.
Synth. in d. Niere d. Ratte (Wrkg. v. Actinomycin D u. Puromycin) 3-1415; Reinig.: v. Schweine-– durch Säulenchromatographie 11-1250; v. menschl. – 39-1254; v. Schweine-– 40-1280.
Darst. eines Tetradekapeptid-–-Substrats 38-1794; Spezifität v. Mäuse-Angiotensinogen für homologes – 19-1588; Hypertens.-Verlauf bei Dauerbehandl. mit heterologem – 19-1591; --bedingte Hypertonie (Bedeut. d. Nebennieren) 22-1739; Wrkg.: auf d. Empfindlichk. d. Nebennierenrinde gegen ACTH u. Angiotensin II bei Hunden 31-1622; d. i.v. Injekt.v. – auf d. Konz. v. Aldosteron u. Corticosteron im peripheren Plasma v. Ratten 43-1434.
Inhibier. durch Heparin 27-1651.
Best. d. Molgew. v. – durch Sephadex G-*200*-Gelfiltrat. 7-1237; Mikrobest. im Plasma d. Kaninchens 10-1453; Mess. im menschl. Serum 34-1490; Mikroverf. zur Mess. im Plasma u. d. Niere d. Ratte 41-1285; Best. v. Plasma-– in d. Schwangerschaft 44-1261.

Rennin
(Chymosin, Lab)

Mikrobielles – (Produkt. u. Eig.) 45-1363; – -Aktivität in Verdauungsorganen u. Plazenta d. Feten verschiedener Säugetiere 14-1317; Stabilität (beeinflussende Faktoren) 37-3363; Lysinrest v. – (Rk. mit Dansylchlorid) 26-1338; Wrkg. auf Casein 1-1234; unterschiedl. Empfindlichk. v. mizellarem u. saurem Casein gegen – 25-1370; Einfl.: d. Glutaminsäure auf d. Ausfäll. d. Milch durch – 25-3409; auf d. Milchgerinn. 27-1461; – -Koagulat. d. Milch (Einfl. v. Urease) 28-3202; Wrkg.: auf Milchgerinn. u. Caseinabbau 36-3145; auf ϰ-Casein (Heterogenität u. Entsteh. d. lösl. Prod.) 37-1428; v. Chymotrypsinhemmstoff I aus Kartoffeln auf – 14-1299; Inaktivier. durch Dansyl 24-1394; Best. d. Prim.-Struktur v. – 33-2280; Nachw. v. pflanzl. – in Kakao 51/52-2941.

R-Enzym

s. *Amylopektin-1.6-Glucosidase.*

Respirationsenzyme

s. *Atmungsfermente.*

Retinol-Dehydrogenase
(Retinol:NAD-Oxydoreduktase)

– -Aktivität in Retina u. Leber 11-1225.

Retinol:NAD-Oxydoreduktase

s. *Retinol-Dehydrogenase.*

α-L-Rhamnosidase

Partialhydrolyse v. Flavonoidglykosiden durch – 19-1445.

L-Rhamnulose-1-phosphat-Aldolase

Substratspezifität d. – aus E. coli 4-1083.

Rhodanese

s. *Thiosulfat-Schwefeltransferase.*

Ribit-Dehydrogenase

Bldg. in Schizophyllum commune 21-1381.

Riboflavin-Kinase

–: u. FAD-Pyrophosphorylase 22-1344, 22-1345; aus d. Herzen v. Rinderfeten (Trenn., Reinig. u. Eig.) 22-1345.

Riboflavin-Synthetase

– aus Hefe (Eig. d. Komplexe mit Lumazinderiv. u. Riboflavin) 40-1298.

Ribonuclease {I}
(RNase, RNSase)

– -Modell 1-1208.

Vorkommen, Aktivität: – d. unlösl. Partikelfrakt. aus Azotobacter agilis (Reinig., Eig., Rk.) 1-1206; Abwesenh. v. – in Alcaligenes faecalis 6-1198; – -Aktivität: in temperaturempfindl. E. coli 8-1170; d. Staphylokokken (Bezieh. zur Plasmakoagulat. u. Hyaluronidaseaktivität) 13-1211; d. Myzels v. Penicillium chrysogenum, Stamm *194* 14-1273; in Acetabularia 18-1208; Mangel an – in E. coli (Stoffwechselinaktivier. v. mRNS) 21-1307; – -Aktivität v. Tetrahymena pyriformis (Einfl. d. Temp.) 22-1347; lysosomale Lokalisat. in Tetrahymena pyriformis 28-1245; –: in E. coli 30-1255; aus Zellbruchstücken u. Ribosomen v. E. coli 31-1412; v. Neurospora crassa 33-1479; – -Aktivität in Anacystis nidulans u. anderen Algen 33-1483; Verteil. in Gewebe v. Fusarium moniliforme 33-1620; extrazelluläre – v. Ustilago sphaerogena (Reinig. u. Eig.) 44-1222; (Charakterisier. d. Substratspezifität mit bes. Berücksichtig. d. Purin-spezif. –) 44-1223; – -Aktivität v. Neurospora crassa (Kulturbeding.) 45-1406; für doppelsträng. RNS spezif. – in E. coli 46-1210; – d. Aktinomyceten 46-1265; Aktivier. durch γ-Bestrahl. v. *30* S-Ribosomen aus E. coli 35-1288.

– aus d. Mikrosomen v. Weizenkeimen 17-1303; – -Aktivität: während d. vorbereitenden Phase d. keimenden Maissamens 18-1386; in wachsenden Samen v. normalem u. Opak-*2*-Mais 20-1314; im Endosperm v. normalem u. Opak-*2*-Mais 20-1315; v. Ribosomen aus Sojabohnenkeimlingen 23-1544; in Chloroplasten u. Zellkernen v. Spinat 28-1268; Geh. bei Zellschädig. in Tabakblättern 31-1413; – in Vakuolen aus Wurzelzellen v. Maiskeimlingen 32-1250; – -Aktivität u. ihre Best. in Getreide (Übersicht) 32-3054; Bind. u. Lokalisier. v. – bei d. Vernalisat. v. Winterweizen 41-1272; Abnahme d. – -Aktivität in Weizenkoleoptilen durch Indolylessigsäure 49/50-1421.

– -Aktivität in Leberzellkernen während d. Entw. 1-1210; –: aus Wal-Pankreas (Reinig. u. Eig.) 1-1211; in lösl. Rinderpankreasextrakt (immunoelektrophoret. Analyse) 1-1212; Vork. in Lysosomen d. Rinderaugenlinsenepithels 5-1294; – -Aktivität: in Ggw. v. Salzen konjugierter Gallensäuren 5-1494; in Ribosomen u. Polysomen aus Rattenleber u. Leberprimärtumoren 8-1193; – aus menschl. Leukozyten (Eig.) 15-1359; krist. – aus Kuhmilch 17-1301; Vork. in Ribosomen d. Rattenleber 19-1387; – -Aktivität: in d. Zervikalsegmenten d. Kaninchenrückenmarks nach Durchtrenn. d. Plexus brachialis 19-1694; in d. Lunge d. bestrahlten Maus nach Infekt. durch Grippevirus 21-1745; in mononuklearen Leukozyten v. immunisierten Ratten 26-1595; intrazelluläre tier. – u. ihr natürl. Hemmer (Übersicht) 27-1437; – in tier. Geweben 27-1445; – -Aktivität: d. Leber während d. Neonatalperiode 28-1272; im Nervensyst. u. dessen Tumoren 31-1355; Stiersamen- – (chromatograph. Verh.) 31-1411; – -Aktivität im Rattenplasma (Wrkg. einer tox. A.-Dosis) 31-1720; – v. gezüchteten Säugetierzellen 33-1482; intrazelluläre Verteil. v. 5'- – in Novikoff-Hepatom-Asziteszellen 38-1340; 5'- – d. Rattenleber-Mitochondrienfrakt. (teilweise Reinig. u. Eig.) 40-1242; – d. Ratte (Lokalisier. durch Immunofluoreszenz) 41-1273; – -Aktivität: in Tumorzellen (Einfl. v. zytostat. Agenzien) 45-1328; in isolierten Rattenleberzellkernen 47-1381; – d. Rinderaorta 51/52-1275.

– -Spezifität d. Leber-Glutathion-Insulin-Transhydrogenase (Wrkg.-Mechanismus) 8-1243; – -Aktivität einer gereinigten Rattenlebernuclease 8-1288.

Bildung, Darstellung: Bldg.: in d. durch Actinomycin D gehemmten Zelle nach Zugabe v. DNS 2-1246; durch Actinomyces levoris *2789* 11-1277; Bezieh. zwischen Pilzwachstum u. – -Bldg. 15-1427; Synth. v. Polyglutamyl- – 16-1460; Indukt. in Pilzen 18-1205 bis 18-1207; Synth. u. Freisetz. v. – durch isolierte Gerstenaleuronschichten (Einfl. v. Gibberellsäure) 18-1404, 37-1585; Freisetz. v. ribosomaler – während d. Bldg. v. Sphäroblasten aus E. coli 1-1233; Erzeug.: durch eine Schüttelkultur einer Mutante v. Aspergillus awamori var. fumeus 7-1224; durch d. Festnährboden-Kultur einer Mutante v. Aspergillus awamori var. fumeus 7-1225; Präparat. v. – für d. Basenanalyse v. Polyribonucleotiden 29-1434; Gewinn. aus Actinomyces aureoverficillatus-Kultur 38-1892*; Verw. v. Bentonit bei d. Isolier. v. – aus Pflanzen 42-1086; Reinig.: im Großmaßstab durch elektrophoret. Verteil. 43-1100; v. Rattenpankreas- – 18-1204; v. – aus Pleospora 18-1205; einer Rattenleber- – 8-1287; Entsalz. v. Rinderpankreas- – (Vorr.) 8-1783.

Eigenschaften: Physikal., chem. u. enzymat. Eig. v. in Lsg. Röntgen-bestrahltem – -S-Peptid 35-1289; opt. Rotat.-Dispers. v. – u. – -Nucleotid-Komplexen 6-1264; Fluoreszenzlösch. durch β-Mercaptopropionsäurederiv. v. – 31-1263; Unters. d. Tyrosin-zirkularen Dichroismusbanden in – 42-1198; Mess. d. Zugänglichk. v. – -Chromophoren durch Stör. d. UV-Spektrums durch Lsgm. 44-1038; Konformat. u. therm. Stabilität (Einw. v. spezif. Ionen) 7-1228; Tertiärstruktur 12-1225; (v. – aus Rinderpankreas) 17-1304; intramol. Gleichgew. v. SS-Brücken bei – 18-1128; Strukturunters.: d. γ-bestrahlten – (mit Hilfe d. Gelfiltrat.) 19-1385; d. – (Reagens für d. Blockier. d. Aminogruppen d. Lysinreste) 28-1390; (Lokalisier. d. dritten verborgenen Tyrosylrestes) 29-1435; (Verb. d. Tyrosyl- u. Carboxylgruppen) 29-1436; (Rk. mit wasserlösl. Carbodiimid) 32-1386; Seitenketten-Cottoneffekte v. – 41-1274; Strukturunters. d. Pankreas- – 42-1197; Beweis für d. Reststruktur d. Säure- u. Hitze-denaturierten – 44-1168; Wrkg. auf d. elektr. Doppelbrech.-Vermögen v. Rattenthymus-Desoxyribonucleoprotein 6-1215; Elektronenspinresonanz-Unters. an bestrahlten Misch. v. – u. Glycyl-Glycin 31-1271; Wrkg. v. verschiedenen Elektrolyten u. Nichtelektrolyten auf d. thermalen – -Übergang 24-1371; H-Ion-Titrat.-Kurve v. – in *6* m Guanidinhydrochlorid 27-1438; Relaxat.-Spektrums d. – (Wechselwrkg. mit cycl. 2'.3'-Cytidinmonophosphat) 5-1237; (Wechselwrkg. mit Cytidylyl-3'.5'-cytidin) 5-1238; denaturierte – 26-1303.

Reaktionen, Wirkungen: Jodier. in Anwesenh. v. Cytidin-3'-phosphat 1-1209; Abspalt. d. α-Aminogruppe v. Cysteinresten in – (spektrophotochem. Best.) 7-1161; Verteil. freier Radikale bei d. γ-Radiolyse trockener – 10-1545; Kuppl. an Pyridoxal-5'-phosphat (Rk. d. Rk.-Prod. mit Antiserum) 19-1649; Strahl.-Abbau 20-1148; elektrolyt. Red. 24-1222; selektive chem. Modifikat. v. Arginyl-Resten d. – 42-1075; Bind. v. Cu^{2+} an Rinderpankreas-Ribonuclease (Unters. mit Metallionenpuffer) 44-1225; spezif. Alkylier. v. Histidin-*12* im akt. Zentrum d. – durch Jodacetamid 44-1227.

Abbau v. Bakteriophagen-RNS durch – 1-1303; Wechselwrkg. bestrahlter – mit Mono- u. Polyribonucleotiden 5-1239; Funkt. v. intrazellulärer – 8-1192, 8-1193; Mechanismus d. Wrkg. 12-1226; Einw. v. pankreat. – auf Uridylyl-(3'.5')-adenylyl-(3' → 5')-uridin 15-11132; – -resistente Komplexe zwischen Polylysin u. RNS 17-1211; Hemmwrkg. auf d. in-vitro-Zunahme d. Asparaginsäuretranscarbamoylase-Aktivität 19-1378; Rk.: v. Pankreas- – mit Serin-tRNS 22-1243; mit Naphthochinonsulfonsäure (Zustände d. Aminogruppen) 23-1445; mit Monochlortrifluor-p-benzochinon (Reaktivitätsgrad d. Aminogruppen) 23-1446; mit Cyanurfluorid (Best. d. Lage v. Tyrosinresten) 26-1191; mit oxydierenden Lipiden 26-1302; Wrkg. auf bestrahlte synthet. Polynucleotide 27-1354; Spalt. v. Cytidin-(3' → 5')-adenosin u. Cytidylyl-(3' → 5')-uridin mit Pankreas- – 30-1114; Abbau v. Pyrimidinpolynucleotiden durch Pankreas- – (Einfl. v. Spermin) 31-1415; Bind. v. Semidehydroascorbinsäure an – 37-1679; Wechselwrkg. v. S-[1.2-Dichlorvinyl]-L-cystein mit Ribonuclease 40-1056; – u. Oligoribonucleotid-Synth. 40-1243; spezif. Spalt. v. Qβ-RNS durch – (Identifizier. d. *3'*-OH-Ende tragenden Fragmentes) 43-1121; Wechselwrkg. v. – mit Dihydroceramidlactosiden in Monoschichten 44-1048; Depolymerase- u. Hydrolase-Aktivität v. partiell synthet. – 46-1212.

Spalt. v. Alanin-spezif. lösl. RNS d. Hefe mit Pankreas- – 2-1105; Hemmwrkg. auf d. enzymat. Synth. v. O-L-Lysylphosphatidylglycerin in Staphylococcus aureus 6-1203; Wrkg. auf Hefezellen 12-1227; Hemmwrkg. beim Aminosäureeinbau in Protein unter Verw. eines zellfreien Syst. v. Paramäcium 13-1268; Kinetik d. Rk. v. – aus Pleopsora 18-1206; enzymat. Spezifität v. – aus Pleospora 18-1207; stimulierende Wrkg. v. DNS u. – auf d. Aminosäureeinbau in d. zellfreie Syst. aus Chlorella pyrenoidosa 20-1212; Hemm. d. Überführ. v. S aus Cystein in sRNS in E. coli-Extrakten durch – 22-1251; inaktivierende Wrkg. auf d. Gramicidin S-Synth. in Bacillus brevis 25-1279; Vgl. d. nach Verdauung mit pankreat. – erhaltenen Prod. aus R *17*-Viren-RNS u. M *12*-Viren-RNS 25-1281; Hemmwrkg. auf d. Proteinsynth. durch Amöbenribosomen 28-1255; Oligonucleotide entstanden durch Verdauung v. Bäckereihefe-Serin-t-RNS mit – 36-1224; – als antimikrobielles Agens 38-1401; Assoziier. mit Präp. v. Virus BAI, Stamm A 47-1383; Hemmwrkg. auf d. Phenylalanineinbau in Protein bei Bacillus cereus-Extrakten 47-1455.

Wrkg.: auf d. Gallocyaninchromalaunfärb. für pflanzl. Nucleinsäuren 1-1099; auf Maisendosperm 6-1176; auf d. Einbau v. Aminosäuren in Protein durch asept. zellfreie Syst. d. Tomate 24-1284; – im „Starter"-Mechanismus im keimenden Samen (Wrkg. v. Diaminen) 51/52-1415.

Wrkg. auf d. Proteinsynth. in zellfreien Präp. aus Musca domestica 6-1238; Immunisier. mit Poly-DL-peptidyl- – (Bldg. v. gegen D-Aminosäurereste spezif. Antikörper) 9-1478; Wrkg.: auf d. Entw. d. Hühnerembryos 13-1206; auf d. Aminosäureeinbau in Kernprotein v. Rattenleber 14-1162; als prim. Ursache d. therm. Zerfalls v. Ribosomen 20-1184; Hemmwrkg.: auf d. Proteinsynth. in Polyribosomen d. Rattenmilz 20-1188; auf d. in vitro-Synth. v. Gehirnprotein 25-1396; Einfl. auf d. Antitumoraktivität d. RNS-Präp. aus normalen Geweben 26-1251; Hemmwrkg. auf d. Protein synthetisierenden Syst. aus Rattenhirn 26-1373; Wrkg. auf Muskelruhepotentiale 27-1712; Hemmwrkg. auf d. ^{14}C-Einbau in d. säureunlösl. Frakt. v. Leberkernen 28-1278; Charakterisier. d. – -resistenten RNS aus Poliovirus-infizierten HeLa-Zellen 30-1170; Empfindlichk. v. HeLa-Zellen-Ribosomen gegenüber Pankreas- – 35-1195; Wrkg.-Ort d. – bei d. Hemm. d. Eiteil. 40-1499; Rolle bei d. Regress. v. Lymphosarkoma P *1798* 42-1169; Hemmwrkg.: auf d. Einbau v. Nucleotiden in RNS durch Extrakte aus Rattenlebermikrosomen 44-1123; auf d. Synth. v. RNS durch Östrogenfrühwrkg. 44-1126; – -resistenter Einbau v. Phenylalanin in Protein durch ein lösl. Syst. aus Forellenleber 46-1267; Bedeut. v. – u. Ribonuclease-Inhibitor für d. Isolier. v. Polysomen aus Rattenleber 47-1382; Wrkg.: auf Polyribosomen aus Kalbsaugen 47-1410; auf d. Leberribosomen-RNS-Frakt. 49/50-1218.

Beeinflussung, Inhibitoren: Bezieh. zwischen subzellulärer –, Detergentien, Makroanionen u. nichtwss. Lsgm. 1-1253; Hemmwrkg. v. atomarem H auf – in wss. Lsg. 12-

1228; Einfl.: v. Colistin auf d. ribosomale – v. E. coli 14-1357; v. Cortison auf d. – während d. Entw. 21-1314; d. UV-Strahlen auf – bei tiefen Temp. 26-1343; Strahl.-Schaden an d. krist. – (Identifikat. d. physikal. Änder. durch Gelfiltrat. an Sephadex) 27-1436; Destabilisier. d. Rinderpankreas-– durch Metallionen 28-1392; Hemm. d. Milz-– durch einen Leberzellextrakt 31-1284; Inaktivier. trockener – durch ionisierende Strahlen 39-1234, 39-1235; Wrkg. v. Glutathion auf – 44-1224; Strahlenschädig. v. krist. – 51/52-1273, 51/52-1274; Schutz v. Rinderpankreas-– vor Zerstör. durch UV-Strahl. mit Hilfe v. Substratanalogen 32-1387; Reaktivität d. Histidinreste d. – gegenüber Diazonium-1-H-tetrazol in Ggw. v. Cytidin- u. Uridin-3'-phosphat 20-1316.

Stabilisier. v. Rattenleberpolyribosomen durch endogenen –-Inhibitor 2-1098; selektiver Austritt eines –-Inhibitors aus Bacillus subtilis-Zellen nach Kälteschockbehandl. 6-1265; Aktivität eines –-Inhibitors aus Kaninchenretikulozyten in einem zellfreien Proteinsynth.-Syst. aus E. coli 31-1346; –-Hemmstoff aus Schweinehirnrinde (Reinig.) 33-1480; stabilisierende Wrkg. eines –-Inhibitors auf d. Polysomenstruktur u. einige Eig. v. vier Klassen ribosomaler Partikel im Zytoplasma d. Rattenleber 38-1322.

Analyse, Untersuchungsmethoden: Mol.-Sieb-Chromatographie-– 11-1982; Chromatographie einer Misch. v. Tabakmosaikvirus mit – 12-1344; Best. mit d. Sakaguchirk. 5-1988; Mikrobest. nach d. Xanthoproteinrk. 12-1914; zytochem. Lokalisier. mit Uridin-3'-naphthylphosphat durch d. Azofarbstoff-Kuppl.-Technik 6-1180; Ultrazentrifugat.-Analyse d. Sperma-– 23-1408; vereinfachte Best.-Meth. für – in rohen Gewebeextrakten 32-1385; Fluoreszenzmeth. für d. Nachw. v. um Bakterien-Kolonien herum ausgeschiedener – 39-1236; Best. v. Tyrosylresten in – 15-2090.

Ribonuclease III

Existenz in Rattenleberpartikeln 21-1423.

Ribonuclease A

Verschiedenh. d. Ribonucleasen F u. – 21-1422; Synth. v. mit d. N-terminalen Sequenz v. Rinderpankreas-– verwandten Peptiden 26-1178; Homologe u. Hybriddimere d. – u. Carboxymethylhistidinderiv. 27-1439; Heterogenität v. S-Peptid aus Rinder-Pankreas-– 33-1481; Einfl. d. γ-Bestrahl. auf d. Struktur v. – 13-1205; Bezieh. zwischen d. Tyrosinfluoreszenz u. d. Denaturier.-Stufen v. – 7-1227; durch Subtilisin modifizierte Jodier. v. – 7-1226; Einfl. v. Druck auf d. reversible Aufspalt. d. – 16-1195; Überführ. v. – durch Subtilisin BPN' in Ribonuclease S 22-1346; Acetoacetylier. 31-1414; keine Wechselwrkg. exponierter Tyrosinreste d. – mit Nucleotiden 38-1400; Wechselwrkg. v. – u. Metallionen 44-1226; nichtspezif. Rk. zwischen N-Äthylmaleimid u. – 15-1419; enzymat. Aktivität v. partiell synthet. – 46-1212; – nach UV-Bestrahl. (Stabilität im alkal. Bereich) 19-1388; Wrkg. zweiwert. Kationen auf Pankreas-– v. Rindern 38-1399.

Ribonuclease, alkalische (RNase, alkalische)

–: im Rattenserum während d. Verabreich. v. 4-Dimethylaminobenzol u. bas. Cu-Acetat 15-1358; u. –-Hemmstoff in Kern- u. Nukleoluspräp. v. normalen u. neoplast. Geweben 17-1302; –-Aktivität: in d. Zervikalsegmenten d. Kaninchenrückenmarks nach Durchtrenn. d. Plexus brachialis 19-1694; d. Rattenleber (Wrkg. v. Thioacetamid auf – u. d. –-Inhibitor) 34-1283; – aus Ribosomen v. Kaninchenretikulozyten (Einfl. ein- u. zweiwert. Kationen) 42-1196; –-Aktivität: bei malignen u. nichtmalignen Erkrank. d. weibl. Brust 49/50-1233; in d. Zellfrakt. d. Leber v. Geschwulstratten 51/52-1214; fermentative Spalt. d. durch eine Lipidmembran v. d. – getrennten RNS 30-1254; Wrkg. v. – aus Retikulozytenribosomen u. Pankreas auf ribosomale RNS v. Kaninchenretikulozyten (Uridinfreisetz.) 13-1140; Anomalien d. Arterien bei mit – behandelten Hühnerembryonen 44-1456.

Ribonuclease II, alkalische

– in tier. Geweben 27-1445.

Ribonuclease B

Isolier. aus Kuhmilch (Zus.) 28-1389.

Ribonuclease F

Verschiedenh. v. Ribonuclease A 21-1422.

Ribonuclease S

Struktur bei *3,5*-Å-Auflsg. 20-1317; Heterogenität v. Rinderpankreas-– 22-1346; Bezieh. zwischen d. Tyrosinfluoreszenz u. d. Denaturier.-Stufen v. – 7-1227; durch Subtilisin modifizierte Jodier. v. – 7-1226; Photoox. in Lsg. u. Einkrist. (Verh. v. Histidin) 28-1391; Meth. zur Unters. d. Krist.-Chemie v. – (Entw. eines Diffraktometers u. Durchström.-Zellsyst. zur Röntgenanalyse krist. Proteine) 38-1398.

Ribonuclease, saure (RNase, saure)

–-Aktivität: in Blutabstrichen u. Knochenmark 5-1241; in normalen u. Leukosezellen d. Blutes (zytochem. Unters.) 7-1452; in d. Zervikalsegmenten d. Kaninchenrückenmarks nach Durchtrenn. d. Plexus brachialis 19-1694; im Plasma (Einfl. v. Heparin) 21-1683; – in tier. Geweben 27-1445; –-Aktivität im Rinderherzmuskel (Lysosomen) 34-1310; lysosomale – u. Scrapie 44-1091; –-Aktivität: d. Rattenleber bei Lysin- u. Threonin-Mangel oder bei d. Erhol. v. diesem Mangel 44-1459; bei malignen u. nichtmalignen Erkrank. d. weibl. Brust 49/50-1233; Freisetz. aus lysosomaler Rattenleberfrakt. durch CCl_4 47-1661; Isolier. u. Eig. v. – aus d. Milz 27-1448.

Ribonuclease T

Einw. auf Adenosin-2'.3'-phosphat-5'-phosphat 29-1217.

Ribonuclease T_1

s. *Guanylribonuclease.*

Ribonuclease T_2

Reinig. u. Eig. 42-1199; Spezifität 22-1343; Wrkg. auf 2'.3'-Cyclonucleoside u. deren Deriv. 40-1244.

Ribonuclease W

– aus Walpankreas (Reinig. u. Eig.) 1-1211.

Ribonuclease W_1

– aus Walpankreas (Reinig. u. Eig.) 1-1211.

Ribonuclease W_2

– aus Walpankreas (Reinig. u. Eig.) 1-1211.

Ribonucleat-Guaninnucleotid-2'-transferase (cyclisierend)

s. *Guanylribonuclease.*

Ribonucleat(Desoxyribonucleat)-3'-Nucleotidohydrolase

s. *Micrococcus-Nuclease.*

Ribonucleinsäure-Methylasen

s. *RNS-Methylasen.*

Ribonucleinsäure-2'-nucleotid-Hydrolase

– v. Mäuselymphosarkom (Eig.) 51/52-1284.

Ribonucleosiddiphosphat-Reduktase

Untereinh.-Struktur 40-1188; Mechanismus d. H_2O-Transfers im –-Syst. v. E. coli (Unters. durch kernmagnet. Resonanz) 31-1472.

Ribonucleosid-2'.3'-phosphodiesterase

Spalt. v. Cytidin- bzw. $^{14}C_{(2)}$-Cytidin-2'.3'-phosphat-5'-diphosphat bzw. Cytidin-2'-phosphat-5'-diphosphat mit – 12-1042.

Ribonucleosidtriphosphat-Reduktase

Cobamid-abhäng. – v. Lactobacillus leichmannii (beeinflussende Faktoren) 13-1192, 28-1347; H-Donator-Spezifität d. – aus Lactobacillus leichmanii 8-1218.

5'-Ribonucleotid-Phosphohydrolase

s. *5'-Nucleotidase.*

Ribonucleotid-Phosphohydrolasen

Spezielle – s. dort.
– in Meretrix meretrix lusoria 6-1271.

Ribonucleotid-Reduktase

Reinig. u. Eig. d. Cobamid-abhäng. – aus Lactobacillus leichmanii 32-1333; –-Bedürfnis für Cobamid-Coenzym (Prod. ribosomaler Aktivität bei Lactobacillus leichmannii) 27-1428; Wrkg.-Mechanismus d. Cobamid-abhäng. – in Ggw. v. Wasserstoffisotopen 36-1262; Hydrogendonatorspezifität v. Cobamid-abhäng. – u. alloster. Regulat. d. Substratspezifität 40-1187; H-Überführ. bei d. Cobamid-abhäng. –-Rk. 46-1154; Repressorkontrolle d. – bei Thyminmangel 4-1011.

D-Ribose-5-phosphat-Epimerase

–-Aktivität im zellfreien Extrakt v. Nitrosomonas europaea 3-1300.

Ribose-5-phosphat-Isomerase (Phosphoriboisomerase, D-Ribose-5-phosphat-Ketolisomerase)

–-Aktivität: im zellfreien Extrakt v. Nitrosomonas europaea (Rk.) 3-1300; in Clostridium kluyveri 40-1338; in ergrünenden Blättern v. Hordeum vulgare (Wrkg. d. Lichtintensität) 14-1400; in d. Mukosa d. Dünndarms 12-1527; Vork. in Rinderlinsen 31-1460.

D-Ribose-5-phosphat-Ketolisomerase

s. *Ribose-5-phosphat-Isomerase.*

Ribosephosphat-Pyrophosphokinase (5-Phosphoribose-Pyrophosphokinase, Phosphoribosyladenosintriphosphat: Pyrophosphat-Phosphoribosyltransferase)

–-Aktivität während d. Ausbldg. d. Inositmangels in KB-Zellen 32-1300; Reinig. u. Zus. 20-1313.

L-Ribulokinase

Krist. – aus E. coli 40-1234; Induzier. durch L-Arabinose bei Bacillus substilis 48-1377.

Ribulose-1.5-diphosphat-Carboxylase [Carboxydismutase, 3-Phospho-D-glycerat-Carboxylyase (dimerisierend)]

– in grünen Einzellern in Abhängigk. v. d. C-Versorg. 17-1453; Regulat. d. –-Aktivität bei Hydrogenomonas facilis 19-1448; –-Aktivität: in ergrünenden Blättern v. Hordeum vulgare (Wrkg. d. Lichtintensität) 14-1400; in Bezieh. zum neuen Rk.-Weg d. photosynthet. CO_2-Fixier. in trop. Gräsern 40-1392; Reinig. u. Eig. v. Spinat-– 7-1245; Identität mit Frakt.-I-Protein aus Mangoldchloroplasten 27-1565; Wrkg.-Mechanismus 13-1256; akt. Zentrum 21-1476; – u. CO_2-Einbau in Extrakten v. Hydrogenomonas facilis 3-1279.

Ribulosephosphat-3-Epimerase

–-Aktivität in Clostridium kluyveri 40-1338.

L-Ribolose-5-phosphat-Epimerase

Induzier. durch L-Arabinose bei Bacillus subtilis Marburg Ind_{168}^{-} 48-1377.

RNase

s. *Ribonuclease{I}.*

RNase, alkalische

s. *Ribonuclease, alkalische.*

RNase, saure

s. *Ribonuclease, saure.*

RNS-Adenin-Methylase

Methylier. v. ribosomaler RNS durch – 12-1147.

RNSase

s. *Ribonuclease{I}.*

RNS-Cytosin-Methylase

Methylier. v. ribosomaler RNS durch – 12-1147.

RNS-Depolymerase

Mg^{2+}-unabhäng. – in Bakterien 24-1368; Reinig. u. Eig. einer – d. Gehirns 46-1211.

RNS-Guanin-Methylase

Methylier. v. ribosomaler RNS durch – 12-1147.

RNS-Methylasen (Ribonucleinsäure-Methylasen)

–-Aktivität im Hirn 37-1455; enzymat. Methylier. v. RNS mit – 16-1238.

RNS-Nucleotidyltransferase (RNS-Polymerase, RNS-Replicase, Nucleosidtriphosphat: RNS-Nucleotidyltransferase)

Intranukleare Lokalisier. v. zwei DNS-abhäng. – 49/50-1267; Vork. in Bakterien mit fehlender DNS-Synth. 24-1234; Pockenvirus-DNS-abhäng. – 29-1544; DNS-abhäng. – aus Sporen 32-1383; Vork. im Komplex d. Poliovirusreplikat. (Synth. d. Poliovirus-RNS) 37-1294; Geh. an DNS abhäng. – bei d. RNS- u. Proteinsynth. in anaerob wachsender Hefe 47-1464; –-Aktivität: bei mit d. Bakteriophagen T2 infiziertem E. coli 47-1515; in Chloroplasten u. Zellkernen v. Spinat 28-1268; DNS-abhäng. –-Aktivität v. Kernen aus humanen peripheren Blut-Lymphozyten 13-1258; Vork. einer akt. – in Lebermitochondrien 14-1218; – d. Zellkernfrakt. regenerierender Leber 15-1355; –-Aktivität: in Leberkernen v. mit 3-Methylcholanthren vorbehandelten Ratten 15-1356; im Rattenskelettmuskel (Einfl. v. $(NH_4)_2SO_4$, Wachstumshormon u. Testosteronpropionat) 15-1513; Aktivität DNS-abhäng. – in d. Leber (Einfl. v. Thyreoidhormonen) 16-1233; DNS-abhäng. – in Rattenleberkernen (additive Wrkg. v. Thyreoidhormon, Wachstumshormon u. Testosteron) 16-1234; – -Aktivität v. Zellkernen aus Herz u. Uterus v. Ratten 19-1291; – d. Leber bei Hepatitis infolge v. Mäusehepatitisvirus-*3* 22-1654; – -Aktivität: in Alloxan-diabet. Rattenleber (Stimulier. durch Insulin) 23-1621; d. Leber während d. Neonatalperiode 28-1272; – aus Lymphknoten u. Lymphosarkomen (Eig.) 34-1282; in vitro-Regulier. d. – in mit Östrogenen behandelten Uteri 36-1323; lösl. u. aggregierte Formen d. – in Säugetier-Zellkernen 44-1125; v. Rattenthymus (Einfl. v. Cortison) 45-1550; – -Aktivität im unreifen Eileiter d. Huhnes (Stimulier. durch Östrogen) 49/50-1449; Stimulier. d. – : v. Rattenleberkernen durch Cortisol in vitro 6-1440; d. Gehirns durch Mg-Pemoline 8-1278; d. Rattenleber- – durch 3-Methylcholanthren u. Phenobarbital 16-1339; Stimulier. v. DNS-abhäng. – d. isolierten Rattenlebernuklei durch Ammoniumsulfat 23-1409; Vork. in Desoxyribonucleoprotein aus E. coli 25-1288.

Bldg. u. Wrkg. v. Virus- – (Einfl. v. Interferon) 15-1357; Indukt. in Babyhamster-Nierenzellen durch d. Virus d. Maul- u. Klauenseuche 22-1237; Freileg. d. – in unzerstörten Zellen v. E. coli 31-1408; partielle Reinig. u. Eig. d. Mais- – 19-1384; Reinig. 28-1388; modifiziertes Reinig.-Verf. d. – aus E. coli (Eig.) 32-1289.

Molgew. d. *13*S-Untereinh. d. DNS-abhäng. – RNS-Polymerase aus E. coli 29-1431.

Matrizen-induzierte Dissoziat. 43-1209; Abbau v. – aus E. coli 51/52-1272; – -Rk. mit Uracil oder modifiziertes Uracil enthaltenden Polyribonucleotiden 5-1163; Rolle bei d. genet. Informat.-Übertrag. v. DNS auf RNS 14-1196; durch – in Abwesenh. einer Matrize katalysierte Synth. v. Polyadenylat/Polyuridylat 20-1198; Bind.-Stellen für – an DNS 29-1303; Erkenn. v. Größe u. Sequenz v. RNS durch – 30-1192; differentielle Affinität d. – für synthet. Polyribonucleotide 31-1409; Bind. an Polynucleotide 34-1209; Wrkg. bei d. Synth. v. Poly-U mit Octaadenylsäure als Matrize 34-1281; Bind. an DNS (Stabilität d. Komplexes) 38-1397; RNS-Synth. durch d. DNS-abhäng. – 44-1124; Kinetik d. durch DNS-abhäng. – katalysierten RNS-Synth. (Einfl. v. Heparin) 44-1127; Hemmwrkg. v. Guanidin auf d. – bei d. Bldg. v. Virus-RNS 7-1181; durch Enzyme aus „relaxed"- u. „stringent"-Bakterien katalysierte RNS- – Rk. 7-1223; Wrkg. bei d. RNS-Synth. (Starteraktivität d. E. coli-DNS) 14-1212; Rk.: d. DNS-abhäng. – aus E. coli (RNS-Synth.) 14-1272; v. – aus Micrococcus lysodeikticus mit Chromatin in Ggw. v. Nucleotiden (Bldg. v. RNS) 16-1246; selektive Transkript. v. λ-DNS-Segmenten in vivo durch – v. E. coli 17-1236; Bind. v. E. coli-RNS an E. coli- – 21-1318; Polymerisat. v. GTP durch – aus Micrococcus lysodeikticus 30-1198; Bind. durch Polyoma- u. Papilloma-DNS 30-1271; RNS-Synth. auf einer DNS-Matrize unter Verw. einer E. coli- – 32-1288; Rolle v. DNS bei d. mikrobiellen RNS-Synth. durch – (Unters. d. Starts) 32-1290; Wechselwrkg. v. – mit Polyoma-DNS 43-1154; Rk. bei d. Synth. v. RNS an T7-DNS 45-1263; Bind. an T7-DNS (Zurückhalt. d. – -T7-DNS-Komplexes auf Membranfiltern durch eine geringe Anzahl v. – -Mol.) 46-1151; Synth. d. RNS durch partiell gereinigte – aus d. Rattenleber 11-1189; Verh. in d. Rattenleber während d. Karzinogenese mit N-Nitrosomorpholin 13-1157; RNS-Synth. durch d. DNS-abhäng. – aus Rattenlebernuclei in Abhängigk. v. Alter 28-1274; – -Rk. in Warmblüter-Mitochondrien 29-1482.

Einfl. v. α-Amanitin auf – in d. Mäuseleber 16-1236; Hemmwrkg. auf d. Glucocorticoid-induzierte Zunahme d. – in Rattenleberzellkernen 20-1171; Hemm. d. – d. Leber durch Cortisol 20-1487; Wrkg. v. Cortison auf d. – 21-1314; Hemm. durch Antikörper bei d. Virus d. Maul- u. Klauenseuche 22-1238; schnelle u. markante Hemm. d. Rattenleber- – durch Aflatoxin B_1 24-1294; Hemm. d. DNS-abhäng. – : in mit Poliovirus infizierten Zellen 26-1462; durch 4-Nitrochinolin-N-oxid in isolierten Kernen 28-1278; Hemmwrkg.: v. Luteoskyrin auf d. – aus E. coli 36-1230; v. p-Fluorphenylalanin auf d. DNS-abhäng. – in E. coli 47-1354.

RNS-Polymerase

s. *RNS-Nucleotidyltransferase.*

RNS-Replicase

s. *RNS-Nucleotidyltransferase.*

RNS-Synthetase

– in RNS-Bakteriophagen-infizierter E. coli 41-1425; Bldg. durch Bakteriophagen MS2 (Rolle bei d. enzymat. Replikat. v. MS2-RNS) 27-1443.

RNS-Thiolase

– -Aktivität bei d. Überführ. v. S v. Cystein in sRNS in E. coli-Extrakten 22-1251.

Saccharase

s. *β-Fructofuranosidase.*

Saccharose-6-Fructosyltransferase (Lävansaccharase, β-2.6-Fructan: D-Glucose-1-Fructosyltransferase)

Vork. v. zwei Formen d. – in Bacillus subtilis (Nachw. durch Temp.- u. Harnstoffeinw.) 16-1322; Lokalisier.: in Bacillus subtilis 32-1368; in Aerobacter levanicum 32-1369; Reinig. d. – durch Fäll. mit Lävan 15-1340; Jodier. d. – v. Bacillus subtilis 15-1341; Fixier. v. Fe in d. – v. Bacillus subtilis 36-1303; Polymerisat. d. – aus Bacillus subtilis unter d. Einfl. v. Ammonium-Fe(III)-Citrat 36-1304.

Saccharose-Synthetase

s. *UDPGlucose-Fructose-Glucosyltransferase.*

Salicylat-Hydroxylase

Eig. d. chem. oder photochem. reduzierten Flavins v. – 44-1190; Mechanismus d. – -Rk. 36-1291.

Salivain

Vork. im Rattenspeichel 5-1272; blutdrucksenkende Aktivität v. – aus d. Submandibulardrüse d. Ratte 33-1834.

Sarkosin-Dehydrogenase

Red. v. Ubichinon durch d. – -Syst. 37-1371.

Schwefeltransferasen (Transsulfurylasen)

Spezielle – s. dort.

Depress. u. Funkt. v. – in Neurospora 20-1375; Mikrobest. u. Gewebeverteil. in Säugetieren 16-1342.

S8-Depolymerase

Lyaseaktivität v. induzierbarer – aus Bacillus palustris 27-1473.

D-Sedoheptulose-7-phosphat: D-Glycerinaldehyd-3-phosphat-Glykolaldehydtransferase

s. *Transketolase.*

„sek.-Alkohol-Dehydrogenase"

– -Aktivität im ovariellen Zyklus d. Ratte 37-1617.

Sepiapterin-Desaminase

Vork. in Bombyx mori 28-1457.

L-Serin-Dehydra{ta}se. [Cystathionin-Synthetase, L-Serin-Hydrolyase (desaminierend)]

Threonindehydratase-Aktivität im Menschen mit fehlender – 8-1333; hungerinduzierte Adaptat. v. Rattenleber- – 10-1226; Insulineinfl. auf – -Adaptat. an spezif. Diäten u. Hormone 20-1246; Wechselwrkg. zwischen Ernähr. u. Cortison bei d. Regulier. v. – d. Rattenleber 20-1386; – -Aktivität in d. Leber nach Eiweiß-reichem Futter 51/52-1536; Indukt. u. Repress. v. – in d. Rattenleber (Wrkg. v. Cortison u. Phenobarbital) 12-1312; Auslsg. d. pränatalen Synth. v. – in fetaler Rattenleber durch Glukagon 32-1374; Hemmwrkg. v. Tryptophan mit Isoniavid auf d. – -Synth. in Rattenleber 36-1288; Trenn. v. Rattenleber-Serindehydratase u. – 32-1467; Hemm. durch Cortison 45-1551; Mikrobest. in Säugetiergeweben 16-1342.

D-Serin-Dehydratase

Bldg. während d. Zellzyklus v. E. coli (Kontrolle durch ein episomales Gen) 47-1416; Trenn. v. Rattenleber- – u. -Cystathioninsynthetase 32-1467.

L-Serin-Hydrolyase (desaminierend)

s. *L-Serin-Dehydra{ta}se.*

Serin-Hydroxymethylase

s. *Serin-Hydroxymethyltransferase.*

Serin-Hydroxymethyltransferase (Serin-Hydroxymethylase, Serin-Transhydroxymethylase)

Lokalisier. d. Folat-abhäng. – in Rattenlebermitochondrien 32-1259; – in einer Methionin-Vitamin-B_{12}-auxotrophen Mutante v. E. coli (Kontrolle d. Einkohlenstoff-Fragment-Stoffwechsels) 44-1335; Affinität v. Tetrahydrofolatverb. für – 5-1224; Einfl. v. Formiat oder Histidin auf – 39-1264; radioakt. Best. 4-1031.

Serin-Sulfhydrase

s. *Cystein-Synthase.*

Serin-Transacetylase

Katalysier. d. Synth. v. L-Cystein in E. coli u. Salmonella typhimurium durch – 36-1453.

Serin-Transhydroxymethylase

s. *Serin-Hydroxymethyltransferase.*

Serotonin-Sulfokinase

Schnellanalysenverf. für – 29-1438.

O-Seryl-N-acetylgalaktosaminid-Glykosidase

Isolier. u. teilweise Reinig. v. – aus d. Verdauungssaft v. Helix pomatia (chromatograph. Trenn. v. N-Acetyl-β-D-hexosaminidase) 1-1229; – zur Spalt. d. O-glykosid. Bind. zwischen Kohlenhydrat u. Peptid im Glykoprotein aus d. Submaxillaris v. Schafen 25-1368.

Seryl-RNS-Synthetase

Inaktivier. durch photochem. Ox. 38-1469.

Shikimat-Dehydrogenase (Shikimisäure-Dehydrogenase, Shikimat: NADP-Oxydoreduktase)

Aktivitätsänder. d. – in Kartoffelschnitten 16-1401; Vork. in Pflanzen 35-1334; Aktivität bei d. Regulier. d. Konvergenzwege für Shikimat durch Moraxella 44-1177.

Shikimat-Kinase

Lokalisier. d. Strukturgens d. – für d. Aromatensynth. bei E. coli 6-1168; Vork. in einem an d. Biosynth. v. Aminosäuren in Bacillus subtilis beteiligten Enzymaggregat 31-1462.

Shikimat: NADP-Oxydoreduktase

s. *Shikimat-Dehydrogenase.*

Shikimisäure-Dehydrogenase

s. *Shikimat-Dehydrogenase.*

Sialidase

s. *Neuraminidase.*

Sorbit-Dehydrogenase

s. *L-Idit-Dehydrogenase.*

L-Sorbose-Dehydrogenase

Partikel-gebundene – aus Acetobacter suboxydans 18-1183.

Spermidin-Dehydrogenase

Rk. u. Eig. v. gerein. – aus Serratia marcescens 2-1146.

Sphingolipidase

Hydrolyse v. Sphingolipiden mit – 15-1379, 16-1383, 16-1384.

Sphingomyelinase

Rk. v. – in Milz u. Leber auf gesteigerte Erythrozytenzerreiß. 10-1231; – in normaler menschl. Milz u. in Milz v. Patienten mit Niemann-Pick-Krankh. 10-1232; Hydrolyse v. Sphingomyelin durch aus Rattengehirn aufgearbeitete – 16-1384.

Sphingomyelincholin-Phosphohydrolase

Spezifität bei d. Stimulier. d. Glucosetransports in freien Fettgewebezellen durch – 15-1369.

Squalenoxidocyclase-1

Katalysier. d. Umwandl. v. Squalen in Lanosterin u. Cholesterin durch – (Squalen-2.3-dioxid als Zwischenprod.) 36-1420.

sRNS-Methylase

– aus Rattenleber (Eig.) 6-1258.

sRNS-Pyrophosphorylase

Einbau v. 5-Bromcytidylsäure in d. Endsequenz v. sRNS mit – 17-1220.

Stärke-Hydrolase

Abbau v. Stärke mit – 17-1321; Anwend. d. Mathewsschen Formel bei d. Stärkeumwandl. mit – 22-2225; Prüf. d. Abbauprod. d. Stärkezers. mit – nach d. polarograph. O-Max.-Unterdrück. 23-2351.

Stärke-Synthetase

Hemm. d. Reis- – durch Jodacetamid (Wrkg. einer Vorbehandl. mit Adeninnucleotiden) 49/50-1266.

Staphylokinase

Abtrenn. u. Charakterisier. v. – durch isoelektr. Fokussier. 41-1314.

Staphylolytisches Enzym

– aus Pseudomonas aeruginosa (Reinig. u. Charakterisier.) 29-1489; Einfl. v. Nafcillin auf d. Lyse v. Staphylococcus aureus durch – 46-1327.

Steapsin

s. *Lipase.*

Stearoylacetylträgerprotein-Desaturase

Umwandl. v. Stearylacylträgerprotein durch – 12-1313.

Stearoyl-CoA

s. unter $C_{39}H_{70}N_7O_{17}P_3S^*$).

Sterinester-Hydrolase

s. *Cholesterin-Esterase.*

Steroidacetat-Esterase

Rk. v. Bacillus-megatherium-– mit Steroidacetaten 34-1336.

Steroidasen

Steroide u. – 29-1418, 40-1207; gaschromatograph. Best. 29-1418.

Δ^1-Steroid-Dehydrogenase

Gaschromatograph. Best. v. Steroidasen u. Anwend. auf – v. Bacillus sphaericus 29-1418.

Steroid-Dehydrogenasen

Stereospezifität d. H-Transportes durch – (Charakteristik d. Bind.-Stelle v. Steroiden) 31-1381.

Steroid-11β-Hydroxylase

Lokalisier. in d. Zellen (Übersicht) 19-1373; –-Aktivität in d. Nebenniere d. Kaninchens nach wiederholter ACTH-Zufuhr 30-1415; Bedarf eines neuen Flavoproteins u. Nichthäm-Fe enthaltenden Proteins im –-Syst. 3-1231; Fe-Protein als Komponente d. –-Komplexes 30-1245; Ox.-Red.-Bestandteil d. – d. Nebennierenmitochondrien (Sulfhydrylgruppen in Bezieh. zum Fe in Adrenodoxin) 31-1395; Wrkg. bei Nebennierenhyperplasie 9-1422; Stimulat. d. – in Nebennierenhomogenaten v. Ratten nach Hemm. d. Atmungskette mit Cyanid 35-1275; Wirksamk. im gleichzeit. Stoffwechsel v. Cortisol, Cortison, Corticosteron u. deren Tetrahydroderiv. 51/52-1463; Dicumarol ein neuer Inhibitor d. – 41-1261; Hemm. d. Nebennierenrinden-– durch Metopiron 1-1369; protrahierte Hemm. d. – d. Nebenniere beim Hund 15-1523; Metopiron-Hemm. einer lösl. Nebennieren-– 15-1524; Hemm.: durch Metopiron 28-1590; durch 2-[p-Aminophenyl]-2-phenyläthylamin bei beginnendem juvenilen Diabetes mellitus 33-1708.

Steroid-16α-Hydroxylase

Intrazelluläre Lokalisat.: u. Substratspezifität in Schweineovarien 32-1361; u. Eig. in menschl. Hoden 39-1227.

Steroid-17α-Hydroxylase

Lokalisier. in d. Zellen (Übersicht) 19-1373; –-Aktivität d. Testis hypophysektomierter Ratten (Einfl. v. menschl. Choriongonadotropin in vivo) 41-1484; Steroid-17α-Hydroxylier. durch – in d. Nebenniere d. Ratte 32-1362; Wrkg. v. Tranylcypromin auf – in d. Nebenniere beim Hund 11-1620; Hemm. durch 2-[p-Aminophenyl]-2-phenyläthylamin bei beginnendem juvenilen Diabetes mellitus 33-1708.

Steroid-18-Hydroxylase

Bedarf eines neuen Flavoproteins u. Nichthäm-Fe enthaltenden Proteins im –-Syst. 3-1231.

Steroid-21-Hydroxylase

Mangel: beim androgenitalen Syndrom 9-1421; bei Nebennierenhyperplasie 9-1422; Lokalisier. in d. Zellen (Übersicht) 19-1373; –-Aktivität in d. Nebenniere d. Kaninchens nach wiederholter ACTH-Zufuhr 30-1415; Hemm. durch Ascorbat in d. Rindernebennierenrinde 42-1185.

Steroid-Hydroxylasen

Lokalisier. in d. Zellen (Übersicht) 19-1373; Komponenten d. Elektronentransportsyst. in Nebennieren-– (Isolier. u. Eig.) 12-1180; Ersatz v. Testodoxin für Adrenodoxin bei Rk. d. – 23-1403; Komponenten d. Elektronentransportsyst. d. Nebennieren-– (Isolier. u. Eig.) 40-1208; Aktivität bei d. Steroid-Biogenese in d. Nebennieren junger Ratten 18-1192; Hemm. u. Stimulier. d. – d. Rattenleber durch Insektizide 31-1703.

Steroid-Δ-Isomerase

Vork. im Testisgewebe 38-1477; Wrkg. bei d. Östrogensynth. in d. Schwangerschaft (räuml. Verwandtschaft mit Sulfatase) 14-1283; Hemm. durch Substratanaloge 51/52-1250.

Steroid-3β-ol-Dehydrogenase

–-Aktivität: in reifen Rattenhoden (Wrkg. v. Zytostatika) 22-1318; in d. Testes v. Lacerta vivipara u. d. Mauereidechse (histochem. Nachw.) 24-1357; in polyzyst. Eierstocksgewebe 28-1576; in d. Nebenniere d. Kaninchens nach wiederholter ACTH-Zufuhr 30-1416; in d. Nebennierenrinde ermüdeter Ratten 35-1512; d. menschl. Haut (Umwandl. u. Konjugat. v. Dehydroepiandrosteron) 39-1432; Bldg. in d. Leydigzellen d. reifenden Rattenhodens 35-1333.

Steroid-17β-ol-Dehydrogenase

–-Aktivität: d. menschl. Haut (Umwandl. u. Konjugat. v. Dehydroepiandrosteron) 39-1432; d. Testis hypophysektomierter Ratten (Einf v. menschl. Choriongonadotropin) 41-1484.

Steroid-Reduktase

–-Aktivität v. Leberhomogenaten (Wrkg. v. Heparin) 10-1426; Aromatisier. v. C_{19}-Steroiden mit – 35-1506.

Steroid-Sulfatase

Solubilisier. u. Reinig. v. – aus Rattenlebermikrosomen 33-1501; Unterschiede in d. Aktivität d. – d. humanen Plazenta für Steroidestersulfate 28-1415.

Streptase

s. *Streptokinase.*

Streptodornase

s. *Desoxyribonuclease.*

Streptokinase (Streptase)

–-Aktivator (Molgew.) 18-1485; Herst. v. – verminderter Antigenität als Biokatalysator 18-1709*; Gewinn. 25-1877*; Kristallisat. 11-1251; Reinig. an einem Celluloseaminanionenaustauscher 28-1796*; Herst. u. Eig. v. stark gereinigter – (Aminosäuresequenz) 40-1303; Wechselwrkg. mit Humanplasminogen 4-1231; Wrkg. auf Plasmin (Bldg. v. Plasminogenaktivator) 4-1232; Bldg. eines Plasminogenaktivators aus – mit menschl. γ-Globulin-Subfrakt. 7-1467; Wechselwrkg. zwischen – u. menschl. Plasminogen bei verschiedenen molaren Verhältnissen 12-1286; lyt. Wrkg. auf Fibringerinnsel (Thrombelastogramme) 13-1500; Einfl. v. Guanidinverb. auf d. Aktivier. v. menschl. Plasminogen durch – 16-1375; Thrombolyse mit – (experimentelle menschl. Nativblutthromben) 23-1652; (in vitro-Unters. an intravital entstandenen menschl. Thromben) 23-1653; Rolle im fibrinolyt. Syst. 29-1659; Wrkg. auf durch CCl_4 induzierte Granulomtaschen 35-1704; aktivierende Wrkg. auf Human-Plasminogen 36-1380; Hemm. durch Amikapron 19-1631; Hemmwrkg. d. Rinderlungen-Trypsininhibitors „Pulmin" auf d. –-aktivierte Fibrinolyse 37-1663; Best. v. Standard-– (Hinw. u. Wrkg. d. Variabilität) 1-1441.

Subtilisin (BPN')

s. *Subtilopeptidase A.*

Subtilopeptidase A (Bacillus subtilis-Protease, Nagarse, Subtilisin [BPN'])

– (*3.* Mitt.) 16-1377; (*4.* Mitt.) 16-1378; (*5.* Mitt.) 16-1379; Identität v. – aus Bacillus subtilis mit Colistinase aus Bacillus colistinus 1-1242; Isolier. u. Folge: d. *10* Peptide aus d. Trypsinabbauprod. v. – 16-1377; d. zwei Arginin-enthaltenden Peptide v. – 16-1378; chymotrypt. Peptide v. – 16-1379; pept. Peptide v. – 44-1262; Isolier. v. Bromcyanpeptiden u. d. vollständ. Aminosäuresequenz v. – 44-1263.

Wrkg.: v. – aus Bacillus subtilis auf Angiotensine I u. II 4-1066; d. UV-Strahlen auf d. katalyt. Aktivität d. – 5-1258; durch – modifizierte Jodier. v. Ribonuclease 7-1226; Protonengleichgew. d. Acylier. v. – 9-1267; Umwandl. v. Serin an d. akt. Stelle v. – zu Cystein (chem. Mutat.) 21-1457; Überführ. v. Ribonuclease A durch – in Ribonuclease S 22-1346; durch – katalysierte Esteraserk. 24-1403; – zur Aktivier. v. Procarboxypeptidase A aus d. gemeinen pazif. Dornhai 27-1459; Deriv. v. – mit erhöhter proteolyt. Aktivität 37-1433; Einw. auf d. Aldolaserk. mit Zuckerdiphosphaten 40-1291; Hydrolyse v. Gramicidin-S durch bakterielle – 42-1291; –-katalysierte Hydrolyse v. Rinderplasmaalbumin (Isolier. u. Charakterisier. d. Prod.) 42-1439; Rk. mit Aminopeptidase B aus Rattenleber 26-1330; Vgl. d. Wrkg. v. – u. Insulin auf isolierte Fettzellen (Glucose- u. Palmitinsäurestoffwechsel) 44-1062; Wrkg. auf d. Eig. v. Rindfleisch 25-3400.

Succinat: Akzeptor-Oxydoreduktase

s. *Bernsteinsäure-Dehydrogenase.*

Succinat:CoA-Ligase

s. *Succinyl-CoA-Synthetase.*

Succinat-Cytochrom-c-Reduktase

– in Mitochondrien d. Froscheies 17-1226; O_2-induzierte Biosynth. v. – d. Hefe (Hemmwrkg. v. Zn^{2+}) 18-1275; Rolle v. Phospholipiden bei d. – 13-1181; Inhibier. in Mitochondrien durch Zn-Ionen 15-1324.

Succinat-Dehydrogenase

s. *Bernsteinsäure-Dehydrogenase.*

Succinat-Ferricyanid-Reduktase

s. *Bernsteinsäure-Ferricyanid-Reduktase.*

Succinat-Neotetrazolium-Reduktase

Verteil. in subzellulären Frakt. v. Rattenleber 44-1171.

Succinat-Oxydase

s. *Bernsteinsäure-Oxydase.*

Succinat-Phenazinmethosulfat-Reduktase

Hemm. durch Piericidin A 43-1186.

Succinat-Phenazin-Oxydoreduktase

–-Aktivität in Lebermikrosomen 17-1280.

Succinatsemialdehyd-Dehydrogenase

– im Gehirn (Best., Eig., Verteil.) 1-1193; (Änder. im sich entwickelnden Rattenhirn) 40-1196; (Aktivität in *24* Bereichen d. menschl. Gehirns) 40-1200.

Succinat-Tetrazolium-Reduktase

s. *Bernsteinsäure-Tetrazolium-Reduktase.*

Succin{at}-Thiokinase

s. *Succinyl-CoA-Synthetase.*

Succinat-Triphenyltetrazolium-Reduktase

–-Aktivität bei mit Interferon behandelter Brucella suis 23-1531.

Succin-Dehydrogenase

s. *Bernsteinsäure-Dehydrogenase.*

Succinoadenylat-Kinosynthetase

Hemm. durch 6-Mercaptopurinyl-(9)-alkansäurederiv. d. 4- u. 5-Aminosalicylsäure 30-1272; Inhibitorwrkg. v. Analoga v. 6-Mercapto-9H-purinyl-(9)-pentylphosphat gegenüber – (Vgl.) 34-1233.

Succinodehydrase

s. *Bernsteinsäure-Dehydrogenase.*

Succinodehydrogenase

s. *Bernsteinsäure-Dehydrogenase.*

Succin-Oxydase

s. *Bernsteinsäure-Oxydase.*

***N*-Succinylcarboxypeptidase**

Eig. (Vgl. mit Carboxypeptidase-A) 24-1392.

Succinyl-CoA

s. unter $C_{25}H_{40}N_7O_{19}P_3S^*$).

Succinyl-CoA:3-Oxosäure-CoA-Transferase

s. *3-Ketosäure-CoA-Transferase.*

Succinyl-CoA-Synthetase (Succinat: CoA-Ligase, Succin{at}-Thiokinase)

– aus E. coli 36-1410; Isolier. aus Jerusalem-Artischocken-Mitochondrien (Trenn v. Nucleosiddiphosphokinase) 8-1276; Auffinden v. Phosphohistidin in – aus Jerusalem-Artischockenmitochondrien 16-1408; Rk. mit Succinat (Bldg. v. Succinylphosphat) 21-1489.

***O*-Succinylhomoserin-Synthetase (Homoserin-*O*-Transsuccinylase)**

–-Aktivität einer auf DL-Methionin gewachsenen Mangelmutante v. E. coli 24-1427.

Sulfat-Adenyltransferase (ATP:Sulfat-Adenylyltransferase)

Hemmwrkg. v. Cystin auf – in Bakterien 12-1336.

Sulfatase

—: in Senfsamen 19-1406; aus Ochsenleber 9-1254; —-Aktivität in d. Plazenta 14-1283, 25-1558; aus Schweineovarien (Rk. gegenüber Steroiden) 32-1361; Hydrolyse v. Schwefelsäureestern sek. Alkohole durch Bakterien-— 12-1258; Indigo-bildende Rk. zur histochem. Demonstrat. d. — 38-1459.

Sulfatase A

Intermol. Bind. 9-1254.

Sulfat-Reduktase

— d. Hefe 22-1329; Red. v. 3′-Phosphoryl-5′-adenosinphosphosulfat zu Sulfit durch — d. Hefe (Zwischenstufe) 22-1329.

Sulfhydryloxydase

— in d. Milch (Isolier. u. Charakterisier.) 37-1603.

Sulfit:Cytochrom-c-Oxydoreduktase

s. *Sulfit-Oxydase.*

Sulfit-Oxydase (Sulfit:Cytochrom c-Oxydoreduktase)

—: aus Thiobacillus novellus 8-1248; aus Thiobacillus neapolitanus (Reinig. u. Eig.) 47-1369; —-Mangel beim Menschen (Beweis eines enzymat. Defekts) 20-1282; Reinig. u. Eig. v. — v. Thiobacillus novellus 33-1464; katalyt. Wrkg. bei d. Thiosulfatox. durch Thiobacillus novellus 43-1198.

S-Sulfodiisopropylphosphoryltrypsin

Peptide aus einer chymotrypt. Digest. v. — (Isolier.) 9-1268.

Sulfokinase

s. *Arylsulfotransferase.*

Sulfotransferasen

Spezielle — s. dort.
Einfl. v. Vitamin A auf d. — in fetaler Rattenleber 12-1512; Isolier. u. Eig. d. — d. Meerschweinchenleber 11-1236.

Taka-Amylase A

s. *α-Amylase.*

Taka-Diastase

s. *α-Amylase.*

Taka-Proteinase

Abbau v. Taka-Amylase A durch — 13-1215.

Tannin-Acylhydrolase

— v. Mikroorganismen (Best. mit Hilfe d. Veränder. d. UV-Absorpt.) 26-1310; (Isolier. u. Identifizier. v. produzierenden Pilzen u. Unters. d. Kulturbeding.) 27-1493.

Tartrat-Dehydratase (Tartrat-Hydrolase)

Geh.: v. in einem D-Weinsäure als einz. C-Quelle enthaltendem Medium kultiviertem Aspergillus niger 25-1401; v. wilden, Citrat- u. Tartrat-adaptierten Stämmen v. Aspergillus niger (Vgl.) 25-1402.

Tartrat-Hydrolase

s. *Tartrat-Dehydratase.*

Taurocyamin-Kinase (ATP:Taurocyamin-Phosphotransferase)

Best. d. reaktionsfäh. SH-Gruppen v. — 17-1299.

TdR-Kinase

s. *Thymidin-Kinase.*

Tellurit-Reduktase

Änder. an — d. bakteriellen Elektronentransports bei Entw. einer Resistenz gegen Oxytetracyclin 29-1528.

Testosteron-Sulfokinase

Verteil. in Erwachsenengeweben 28-1472.

Tetrahydrofolsäure[Tetrahydrofolat]-Dehydrogenase (Folsäure[Folat]-Reduktase)

—-Aktivität einer Amethopterin-resistenten Mutante v. Streptococcus faecalis 8-1241; — in sensitiven u. Amethopterin-resistenten Sarkom *180*-Zellen (Vgl.) 19-1364; Lokalisier. in Rattenlebermitochondrien 32-1259; —-Aktivität: in Rattenleber während d. Hepatokarzinogenese mit Diäthylnitrosamin 36-1248; bei Ratten (Einfl. v. Triamteren) 43-1632; Isolier. aus Bäckerhefe 29-1409; Reinig. u. Eig. v. — als zellulärer Rezeptor v. Amethopterin 46-1196; Nachw. in Geweben 28-1363.

Tetramethyl-p-phenylendiamin-Oxydase

Ox. v. Tetramethyl-p-phenylendiamin mit — v. Azotobacter vinelandii 34-1315.

Tetrazolium-Reduktase

—-Aktivität d. Enzymsyst. d. NADH- u. NADPH-Ox. 6-1252.

Thermolysin

Spezifität bei d. Insulin- u. Tabakmosaikvirusproteinhydrolyse 8-1304; Wrkg. auf Spinatferredoxin 17-1436; Beobacht. über d. Spezifität v. — auf synthet. Peptide 46-1240.

Thiaminase(I)

Verteil. bei Clostridium-Arten 4-1035; — v. Pilzen 51/52-1268; Unterdrück. v. — in Bacillus thiaminolyticus 21-1410; bakterieller —-Test (Thiaminbest.) 2-1160; (Vereinfach. d. Prozedur) 42-1459.

Thiamin-Kinase

s. *Thiamin-Pyrophosphokinase.*

Thiamin-Phosphatase

Hemm. durch Pyridoxal 37-1675.

Thiamin-Pyrophosphatase

—-Aktivität in Ratten (Einfl. v. Röntgenbestrahl.) 5-1534; Vork. in menschl. Glioblastomen 19-1316; Verteil. in d. subzellulären Teilchen d. Rattenleber (Bedeut. für d. Thiamindiphosphatgeh.) 35-1584; Vork. v. — in durch schwere Vergift. mit $BeCl_2$ angegriffenen Leberzellen 37-1699.

Thiaminpyrophosphat-Kinase

s. *Thiamin-Pyrophosphokinase.*

Thiamin-Pyrophosphokinase (Thiamin-Kinase, Thiaminpyrophosphat-Kinase)

—: aus Bäckerhefe (keine Wrkg. v. Desoxythiamin) 2-1209; in d. Membran-Frakt. v. E. coli 33-1478; —-Aktivität: in Ratten (Einfl. v. Röntgenbestrahl.) 5-1534; im Pankreassaft d. Ratte 35-1287; Verteil. in d. subzellulären Teilchen d. Rattenleber (Bedeut. für d. Thiamindiphosphatgeh.) 35-1584; Wrkg. bei d. Phosphorylier. v. Vitamin B_1 bei d. Ratte 47-1630.

Thiesterase

Hemmwrkg. v. Carbamatinsektiziden auf — (Einfl. v. chlorierten KW-Stoffen) 51/52-1647.

Thiodion-Reduktase

Red. v. Thiodion mit — 51/52-1255.·

Thiogalaktosid-Transacetylase

s. *Galaktosid-Acetyltransferase.*

Thioglucosidase (Myrosinase)

— im Senfsamen 19-1406; Modifizier. d. Abbauprod. d. Hauptthioglykoside in Crambe abyssinica- u. Brassica napus-Samenmehlen durch — 11-1360; Geschw. d. Hydrolyse v. Methyl-6-S-methyl-6-mercaptohexopyranosiden mit — 12-1338; Rk. mit Glucobrassicin 19-1530.

Thiokinase

Wrkg. auf Acetat bei d. Fettsäuresynth. in d. Mitochondrien d. Rattenleber 9-1165.

Thiolase

s. *Acetyl-CoA-Acetyltransferase.*

Thiol-Oxydase

Reinig. u. Eig. d. Sulfhydryl-Disulfid-Austausch in Proteinen katalysierenden — aus Rinderleber 32-1487; Charakterisier. eines d. wesentl. Halb-Cystinrest d. mikrosomalen — enthaltenden Peptidfragments 32-1265.

Thiolphosphat-Hydrolase

—-Aktivität in d. Leber in Bezieh. zur Hydrolyse v. Cysteamin-S-phosphat 14-1542.

Thiol:Proteindisulfid-Oxydoreduktase

s. *Glutathion-Insulin-Transhydrogenase.*

Thiolsubtilisin

Darst., Rk.-Fähigk. 15-1400.

Thiomethylgalaktosid-Permease

Galaktose-Stimulier. d. β-Galaktosidase in E. coli in Bezieh. zur —-Indukt. 20-1338.

Thiomucase

Biochem. u. therapeut. Eig. 19-1426.

Thioredoxin-Reduktase

Thioredoxin/—-Syst. aus Rattentumor 51/52-1213; akt. Zentrum v. — (Charakterisier.) 44-1178; Red. v. Thioredoxin durch — zur Sulfhydrylform (lokalisierte Konform.-Änder.) 15-1321.

Thiosulfat:Cyanid-Schwefeltransferase

s. *Thiosulfat-Schwefeltransferase.*

Thiosulfat-Cytochrom-c-Reduktase

Rolle bei d. Thiosulfatox. u. Elektronentransport bei Thiobacillus novellus 22-1330.

Thiosulfat-Oxydase

Indukt. in Rhodopseudomonas palustris 33-1465; Rolle bei d. Thiosulfatox. u. Elektronentransport bei Thiobacillus novellus 22-1330.

Thiosulfat-Schwefeltransferase (Rhodanese, Thiosulfat:Cyanid-Schwefeltransferase)

Anaerobe Produkt. durch Thiobacillus denitrificans 16-1341; dimere Struktur u. Zn-Geh. v. — aus Rinderleber 44-1228; Mechanismus d. v. — katalysierten Thiosulfat-Lipoat-Rk. (kinet. Analyse) 48-1337; Wrkg. auf d. Thiosulfatstoffwechsel bei Chromatium 42-1271.

L-Threonin-Acetaldehydlyase

s. *Threonin-Aldolase.*

Threonin-Aldolase (L-Threonin-Acetaldehydlyase)

Vork. in Clostridium pasteurianum (Eig.) 4-1082; (Reinig. u. Eig.) 44-1275.

Threonin-Dehydratase [Threonin-Desaminase, L-Threonin-Hydrolase (desaminierend)]

—-Aktivität v. Rhodospirillum rubrum (L-Isoleucin als in vivo-Regulator) 2-1231; — aus Salmonella typhimurium 18-1247; —-Aktivität v. Brevibacterium flavum *2247* Nr. *14*–*5* (Bezieh. zur Bldg. v. L-Prolin) 21-1501; aktivierende Wrkg. v. Adenosin-5′-monophosphat-Analogen auf d. — aus E. coli 24-1424; —-Aktivität v. Streptomycin-abhäng. E. coli K-*12* (Eig.) 32-1468; — aus Clostridium tetanomorphum (Reinig. u. Eig.) 36-1401; (Dissoziat. in Untereinh.) 40-1294; —-Aktivität aus Rhodopseudomonas spheroides (Reinig. u. Feedback-Kontrolle) 44-1284; biosynthet- — aus Spinat 19-1423; —-Aktivität: in Menschen mit fehlender Cystathioninsynthase 8-1333; bei mit Threonin- oder Histidinmangeldiät gefütterten Ratten 15-1412; Wrkg. v. Schafleber-— auf L-Allothreonin u. Cu-Salze v. L-Threonin u. Serin 40-1295; Nachw.-Verf. — zur Differenzier. streng anaerober gramnegativer Bazillen 23-1511.

L-Threonin-Dehydrogenase [Dehydrase]

—-Aktivität v. E. coli (Rk.) 36-1263; Kinetik d. — aus E. coli K-*12* u. einer Streptomycin-abhäng. Mutante 3-1275; Endproduktinhibier. d. — aus d. Streptomycin-abhäng. Mutante v. E. coli K-*12* 3-1276.

Threonin-Desaminase

s. *Threonin-Dehydratase.*

L-Threonin-Hydrolase (desaminierend)

s. *Threonin-Dehydratase.*

Thrombin

Isolier. u. Eig. einer —-ähnl. Aktivität aus d. Gift v. Anoistrodon rhodostoma 23-1650; Kationenbedarf für d. Umwandl. v. Prothrombin in — 11-1474; Freisetz. aus Präthrombin 40-1279; Stabilisier. v. —-Lsg. 18-1717*.

Rk. mit Fibrinogen 5-1270; esterolyt. u. d. Koagulier.-Aktivität v. — (Trenn. durch Trypsin bindendes Makroglobulin) 18-1233; Rk. mit Prothrombin 28-1632; Aktivier. v. Chymotrypsin A durch 32-1441; Kinetik d. Fibrinogenpolymerisat. in Ggw. v. — 32-2043; Konkurrenz zwischen Plasmin u. — um $α_2$-Makroglobulin 41-1523; Hydrolyse v. Phenylalaninmethylester durch — 45-1597; Spalt. v. Prothrombin durch — 51/52-1506; Wrkg. auf Blutplättchen (Veränder. d. elektrophoret. Rk.) 4-1217; stimulierende Wrkg. auf d. Aggregat. d. menschl. Blutplättchen 4-1218; Wrkg. v. — u. anderen proteolyt. Enzymen auf glattmuskuläre Organe 5-1591; aktivierende Wrkg. auf d. Faktor V aus Rinderplasma 14-1490; Stimulier. d. Glucoseox. durch — in menschl. Blutplättchen 15-1399; Einw. v. Rinder-— auf menschl. Fibrinogen (Isolier. v. Fibrinopeptiden) 15-1582; Einfl. auf d. Thrombozytenglykolyse 21-1666; —-Fibrinogen-Rk. als erste Etappe d. Gerinnselbldg. (Übersicht) 23-1655; Einfl.: auf d. Thrombusplättchenbldg. bei d. Mikrozirkulat. in d. Backentaschen d. Hamsters 25-1608; auf d. Aktivität d. Lipoproteinlipase im Plasma 26-1306; auf d. Aggregat. v. Blutplättchen 28-1627; Thrombozytenaggregat. durch — 32-1605; Wrkg.: auf d. Glykolyse frischer u. konservierter Blutplättchen 33-1737; v. Brenzcatechinaminen auf d. Thrombozytenaggregat. durch – 36-1525.

Prophylakt. Wrkg. v. Anti-– VI aus Fibrinogen auf d. Thrombenbldg. 7-1477; Anti-–-Aktivität d. Intimaauszüge 9-1469; wahrscheinl. Identität v. α_1-Anti-– mit α_1-Antitrypsin 18-1234; Ähnlichk. v. Anti-– V mit d. Hemmkörper d. *2.* Gerinn.-Phase bei Morbus haemolyticus neonaterum 21-1680; Einfl. v. α_2-Makroglobulin im menschl. Serum auf – 21-1684; Hemmwrkg. d. Plasmin-Inhibitors auf – 28-1448; Verw. v. Anti-– im Trockenplasma während d. Lager. 30-1476; Inaktivier. v. – durch Walheparin 35-1565; α_2-Makroglobulin als „progressives" Anti-– 36-1553.

Thrombokinase (Thromboplastin)

– im in vitro-Gerinn.-Syst. (Einfl. v. kation. Antibiotika) 2-1262; (Kombinat.-Wrkg. v. Colistinsulfat u. Phospholipase C) 2-1263; –-Aktivität d. Rattenblutes (Einfl.) 51/52-1507; Aktivier. durch Dextran *150* (in vivo-Studien am Kaninchen) 23-1649; –-Aktivität d. Milch 2-1334; Bldg. im Humanplasma durch Dextran *150* 13-1496; Darst. v. Diacylglycerinphosphorsäureserinestern als Hemmstoff d. –-Bldg. 51/52-1763*; chem. Natur d. – d. menschl. Gehirns 16-1410; Schutzwrkg. d. thermostabilen Spaltprod. v. Fibrinogen bei Thrombose nach Einw. v. – 7-1477; Kinetik d. Fibrinogenpolymerisat. in Ggw. v. – 32-2043; partielle Kaolin-–-Zeit 39-1483; Wrkg. v. Warfarin auf d. –-Zeit 18-1487; Hemmwrkg. v. Mitomycin C auf – 19-1342; chromatograph. Analyse v. menschl. Prothrombin mit menschl. – 34-1497.

Thromboplastin

s. *Thrombokinase.*

Thymidindiphosphat-Epimerase

Umwandl. v. Thymidindiphosphat-$^3H_{(C3)}$-glucose in Thymidindiphosphat-4-oxo-6-desoxyglucose mit – 28-1477.

Thymidindiphosphat-D-glucose-Oxydoreduktase

– aus einem Extrakt v. E. coli B (Reinig. u. Eig.) 16-1279.

Thymidindiphosphat-Kinase

–-Aktivität d. Leber (Einfl. v. Lysin- oder Threonin-freier Diät) 8-1587.

Thymidin-Kinase (TdR-Kinase)

–-Aktivität: in Tetrahymena 3-1240; d. Zellteil.-Zyklus v. Physarum polycephalum (Regulat.) 38-1389; in Maissämlingen 9-1240; Virus-spezif. – in mit Herpes simplex-Virus infizierten BHK-*2*-Zellen (Eig.) 1-1204; –-Aktivität: im megaloblastären Knochenmark unter Einw. v. Vitamin B_{12} 5-1472; in Knochenmarkzellen bei megaloblastären Anämien unter Vitamin-B_{12}-Behandl. 5-1473; d. Leber (Einfl. v. Lysin- oder Threonin-freier Diät) 8-1587; –-Aktivier. d. – in Kontakt-gehemmten Mäusenvirenzellen durch Polyomavirus 14-1156; Geh. in menschl. leukäm. Leukozyten 16-1254; –-Aktivität: in Polyomavirus-infizierten Zellkulturen 19-1464; während d. Wachstums v. Zellen in Gewebekultur 20-1162; bei mit Polyomavirus infizierten Mäuseembryozellen 20-1305; während d. Entw. v. Psamechinus miliaris v. d. Befrucht. bis zum Zweizeller 25-1623; Stimulier. d. –-Aktivität in menschl. embryonalen Nierenzellen nach Infekt. mit Adenovirus *2* oder *12* 29-1376; – in Gewebekulturen menschl. Leberzellen 36-1191; –-Aktivität: d. Mäusefibroblasten-Linie LM(TK⁻) 38-1317; in Säugetierzellen (stimulierende Wrkg. v. Arabinofuranosylcytosin) 45-1314.

Indukt. durch SV *40*- u. Polyoma-Virus 13-1188; Synth. v. messenger-RNS für – durch ein eingehülltes Virus-Genom 14-1370; Hemm. d. –-Indukt. in Kükenembryo-Zellen nach Vakzine-Virus-Infekt. 17-1297; –-Indukt. in SV-*40*-infizierten Nierenkulturen d. grünen Meerkatze 27-1551; Indukt. in regenerierender Rattenleber (Einfl. v. Nebennierenhormonen) 37-1618; period. Produkt. in synchronen Plasmodien v. Physarum polycephalum (Hemm. durch Actinomycin u. Actidion) 38-1390; Indukt. in Nierenkulturen grüner Affen bei Infekt. mit Affen-Adenovirus 49/50-1367.

Hemm. d. – aus Tumorzellen durch Azaserin 37-1333; Wrkg.: v. Ganzkörper-Röntgenbestrahl. u. S-[2-Aminoäthyl]-isothiuroniumchloridhydrochlorid auf – d. regenerierenden Leber 41-1617; d. γ-Strahlen auf – 47-1679.

Thymidinmonophosphat-Kinase (Thymidylsäure[Thymidylat]-Kinase, TMP-Kinase)

–-Aktivität: bei Pneumococcus Typ III (Einfl. d. DNS-Abbauprod. u. Orthophosphat) 30-1217; d. Leber (Einfl. v. Lysin- oder Threonin-freier Diät) 8-1587; Geh. in menschl. leukäm. Leukozyten 16-1254; –-Aktivität bei sensitiven u. resistenten Plasmozytomen (Einfl. d. Cyclophosphamid-Behandl.) 23-1363; Indukt.: in SV-*40*-infizierten Nierenkulturen d. grünen Meerkatze 27-1551; in regenerierender Rattenleber (Einfl. v. Nebennierenhormonen) 37-1618; Rk. v. Nieren- u. Leber-– auf Behandl. mit Thymidin (keine Wrkg. v. Röntgenstrahl. u. Actinomycin D) 14-1267; Hemm. d. – aus Tumorzellen durch Azaserin 37-1333.

Thymidinmonophosphat-5-Nucleotidase

–-Aktivität im Organismus d. bestrahlten Ratte 39-1528.

Thymidinmonophosphat-Phosphohydrolase

s. *Thymidylat-Phosphatase.*

Thymidin-Phosphorylase

Spiegel in verschiedenen E. coli-Mutanten 37-1496; –-Aktivität d. Leber (Einfl. v. Lysin- oder Threonin-freier Diät) 8-1587; Bezieh. d. Pyrimidinnucleosidasen zu – 12-1229; Aktivität d. Phosphorylier. v. Thymidin mit – während d. Entw. v. Psamechinus v. d. Befrucht. bis zum Zweizeller 25-1623; Katalyse d. 3-Pentosylpurinbldg. durch – 28-1248; Inhibier. d. – durch 6-Aminothymin u. 6-Aminouracilderiv. 46-1203; Inhibitoren d. – (hydrophobe Bind. durch *3*-substituierte Uracile) 48-1320; (hydrophobe Bind. bei *3*-substituierten Uracilen, d. zusätzl. Substituenten in *4*- u. *5*-Stell. enthalten) 48-1321; (hydrophobe Bind. v. *4*- u. *5*-substituierten Uracilen) 48-1322; (Art d. Pyrimidinbind.) 48-1323; (hydrophobe Bind. mit *4*-Substituenten an d. sauren 5-Nitro- u. 5-Bromuracilen) 48-1324; (hydrophobe Bind. mit *6*-substituierten Uracilen) 48-1329; Eign. zur Auffind. potentieller Krebschemotherapeutika 43-1175.

Thymidylat-Kinase

s. *Thymidinmonophosphat-Kinase.*

Thymidylat-Phosphatase (Thymidinmonophosphat-Phosphohydrolase)

Geh. in menschl. leukäm. Leukozyten 16-1254; Hemm. durch Cu(II)-Kethoxal-bis-[thiosemicarbazon]-Komplex 38-1344.

Thymidylat-Synthetase

Fehlen d. –-Aktivität bei Thymin-freien Mutanten v. E. coli 35-1365; – in einer Methionin-Vitamin-B_{12}-auxotrophen Mutante v. E. coli (Kontrolle d. Einkohlenstoff-Fragment-Stoffwechsels) 44-1335; Lokalisier. d. Folat-abhäng. – in Rattenlebermitochondrien 32-1259; –-Aktivität im Organismus d. bestrahlten Ratte 39-1528; Indukt. in SV-*40*-infizierten Nierenkulturen d. grünen Meerkatze 27-1551; Hemm.: d. Säugetier-– durch fluorierte Nucleotide 14-1223; durch Analoge d. Tetrahydrofolsäure 17-1339; v. – in Bakteriophagen-infiziertem Bacillus subtilis 22-1368; Hemmwrkg. v. Ba-Uracilyl-(1)-pentylphosphat gegenüber – 34-1231; schnelle Best. 32-1478; Isotopenbest.-Meth. für – 32-1479.

Thymidylsäure-Kinase

s. *Thymidinmonophosphat-Kinase.*

Thymindesoxyribonucleotid-Phosphatase

–-Aktivität während d. Wachstums v. Zellen in Gewebekultur 20-1163.

TMP-Kinase

s. *Thymidinmonophosphat-Kinase.*

***N-p*-Toluolsulfonyl-L-argininmethylester-Esterase**

–-Aktivität v. Crotalus atrox-Gift (Wrkg. d. Temp.) 3-1577.

TPN-Diaphorase

s. *NADP-Diaphorase.*

TPNH: Ferredoxin-Reduktase

s. *NADPH: Ferredoxin-Reduktase.*

Transacetylasen

s. *Acyltransferasen.*

Transaldolase

Lokalisier. in d. Chloroplasten v. Blattzellen 28-1528; –-Aktivität in d. Mukosa d. Dünndarms 12-1527; Darst. u. Sequenzanalyse eines Peptids d. Wrkg.-Ortes d. – 32-1364.

Transamidinasen

s. *Amidinotransferasen.*

Transaminase B

–-Aktivität in Mutanten v. Aerobacter aerogenes 26-1365.

Transaminasen

s. *Aminotransferasen.*

Trans-*N*-Desoxyribosylase

s. *Nucleosid-Desoxyribosyltransferase.*

Transferase I

Bind. v. Aminoacyl-sRNS u. GTP an – 43-1202.

Transferase II

– als Rk.-Ort v. Sulfhydrylverb. in d. Aminosäuretransfer-Rk. d. Proteinsynth. 29-1423.

Transferase-I-Kinase

Wrkg. v. Adenosin-3′.5′-cyclophosphat auf – (Mechanismus) 11-1267.

Transferasen

Spezielle – s. dort.

–-Aktivität v. Mycobacterium smegmatis 13-1271; Bldg. durch eine *0*°-Mutante d. Galaktoseoperons v. E. coli 10-1144; Transfer v. Galaktose, Glucose, N-Acetylglucosamin u. Colitose in d. Polymere d. Zellwandlipopolysaccharids in E. coli mit – 44-1320; Wrkg. v. Glykogenaußenstrukturänder. auf d. „debranching"-Aktivität d. –-Syst. 36-1292; – bei d. Synth. d. Protein–Hexosamin-Bind. in submaxillarem Schafsmucin 44-1198; Bind. an einen Lipopolysaccharid–Lipid-Komplex bei d. enzymat. Synth. v. bakteriellem Lipopolysaccharid 27-1474.

Transgalaktosylasen

s. *Galaktosyltransferasen.*

Transglucosylasen

s. *Glucosyltransferasen.*

Transglutaminase

s. *Glutamin–Ketosäure-Transaminase.*

Transglykosylasen

s. *Glykosyltransferasen.*

Transhydrogenase

s. *NAD(P)-Transhydrogenase.*

Transketolase (D-Sedoheptulose-7-phosphat: D-Glycerinaldehyd-3-phosphat-Glykolaldehydtransferase)

Unters. über – (*1.* Mitt.) 10-1491; (*2.* Mitt.) 10-1492; –-Aktivität im zellfreien Extrakt v. Nitrosomonas europaea 3-1300; – in grünen Einzellern in Abhängigk. v. d. C-Versorg. 17-1453; Vork.: in Polyporus brumalis-Extrakten 25-1389; in zellfreien Extrakten v. Thiobacillus ferrooxydans 39-1308; –-Aktivität: in Clostridium kluyveri 40-1338; d. Leber bei experimentellem Leberschaden d. Ratte 10-1492; in d. Mukosa d. Dünndarms 12-1527; bei Hamstern mit experimentellem Sarkom 43-1166; Sulfhydrylgruppen u. d. –-Aktivität d. Backhefen 13-1197; Einfl. d. Temp. auf d. Zahl d. bestimmbaren Sulfhydrylgruppen d. – 21-1406; Darst. v. „Thiaminpyrophosphat-aktiviertem Glykolaldehyd" mit – aus Hefe 31-1471; Thiamin u. –-Aktivität 10-1491; Best. in d. Haut v. Psoriakranken 7-1214.

Transmethylasen

s. *Methyltransferasen.*

Transphosphatidylase

–-Aktivität v. Phospholipase D 8-1292.

Transsulfurylasen

s. *Schwefeltransferasen.*

Trehalase (Trehalose-L-Glucohydrolase)

–-Aktivität im Darm v. jungen keimfreien u. gewöhnl. Ratten 20-1342; –: aus Blaberus discoidalis (Aktivier., Solubilisier. u. Eig. d. Muskelenzyms u. einige Eig. d. Intestinalenzyms) 21-1446; d. Stylums u. d. Hepatopankreas v. Strombus gigas 22-1322; histochem. Lokalisat. d. – d. Darms (Anwend. auf perorale Biopsieproben) 28-1425; –-Aktivität: im Serum v. Menschen u. Kaninchen (Einfl. d. Alters) 28-1427; d. durch Tris zerstörten Bürstensaumes d. Darmepithelzellen 29-1369; Verteil. beim Menschen u. verschiedenen Säugetieren 32-1418; –-Aktivität im menschl. Serum bei Erwachsenen 40-1262; – in d. Labialdrüsen v. Formica polyctena 42-1215.

Trehalose-L-Glucohydrolase

s. *Trehalase.*

Trehalose-Kinase

Synth. v. Trehalosephosphat aus ^{14}C-Guanosindiphosphat–D-Glucose in Streptomyces hygroscopicus mit – 12-1331.

Tributyrinase (Tributyrin-Esterase)

–-Aktivität: im Plasma (Einfl. v. Heparin) 21-1683; im Fettgewebe u. in d. Leber nach γ-Bestrahl. 26-1665.

Tributyrin-Esterase

s. *Tributyrinase.*

Trichodermase

Auftrenn. d. zellolyt. Komplexes v. Trichoderma viride mit – 33-1524.

Trichotecinase

Vork. in verschiedenen Pilzen 35-1358.

Triglycerid-Synthetase

s. *Diglycerid-Acyltransferase.*

Triokinase (ATP: D-Glyceraldehyd-3-Phosphotransferase)

Ernährungs- u. hormonale –-Regulier. 20-1385; –-Aktivität u. Verteil. in Rattenleber 43-1262.

Triosephosphat-Dehydrogenase

s. *Glycer{in}aldehyd-3-phosphat-Dehydrogenase.*

Triosephosphat-Isomerase

Vork. in Polyporus brumalis-Extrakten 25-1389; –-Aktivität: in Clostridium kluyveri 40-1338; im Skelettmuskel v. mit Propylthiouracil gefütterten Ratten 11-1429; Leber- u. Muskel-–-Aktivität (Rk.) 20-1378; –-Aktivität d. Niere (Wrkg. eines Kohlenhydratarmen Futters) 21-1491; (Einfl. v. Kohlenhydratmangelfutter u. Äthionin) 21-1492; keine –-Aktivität v. Pferdeleber-Alkoholdehydrogenase 43-1187; Isolier. u. Charakterisier. d. – d. menschl. roten Blutkörperchen 32-1603; Hemm. durch DFP 49/50-1624.

Tripeptidasen

Spezielle – s. dort.

–-Aktivität: im Hypophysenvorderlappen 16-1385; im Jejunum u. Ileum d. Ratte während d. postnatalen Entw. 36-1364.

Tripeptid-Synthetase

Trenn. u. Reinig. v. – aus Backhefe durch Schaumbldg. 11-1219.

Triphenyltetrazolium–Pyruvat-Reduktase

Red. v. 2.3.5-Triphenyltetrazoliumchlorid in Ggw. v. Pyruvat durch – verschiedener Lactobacillusstämme 24-1465.

Triphosphoinositid-Phosphomonoesterase

Spezifität d. – aus Ochsenhirn 11-1241.

red. **Triphosphorpyridinnucleotid-Oxydase**

s. *NADPH-Oxydase.*

tRNS-Adenyltransferase

Selektive Erkenn. d. nativen Konform. v. Transfer-RNS durch – 23-1278.

tRNS-Ligasen

Spezielle – s. dort.

Akzeptorfunkt. v. – aus Kalbsleber u. -milz 35-1331.

tRNS-Methylase

Änder. bei – nach Bakteriophageninfekt. oder -Indukt. 30-1247; – in Tumoren tier. u. menschl. Ursprungs 36-1238.

Trypsin

Vorkommen, Aktivität: –-Aktivität: in Ggw. v. Salzen konjugierter Gallensäuren 5-1494; im Alkalischen 12-1279; v. Autolyseprod. d. – 28-1439; krist. – aus Rinder-, Schafs- u. Schweinepankreas 2-1363; –: v. Pankreas, Pankreassaft u. Darminhalt d. Rindes 18-1231; im menschl. Pankreas (Charakterisier.) 36-1379; –-Aktivität im Pankreassaft u. Pankreasgewebe d. Katze nach Stimulier. mit Gewebehormonen u. nach ischäm. Belast. 43-1422; unterschiedl. Verh. v. Lipase, – u. Amylase aus d. menschl. Pankreas nach verschiedenen Reizverf. 44-1231; –-ähnl. Eig.: einer alkal. Protease aus d. Rattensubmandibularisdrüse 16-1363; v. modifizierendem α_2-Globulin d. Blutserums 18-1480.

Bildung, Gewinnung, Derivate:

Sekret. d. Pankreas (Einfl. v. Trasylol) 23-1617; (v. Kaninchen) 43-1427; Darst. v. chem. definiertem ε-N-acetyliertem – 30-1264; Heterogenität u. Reinig. handelsübl. –-Präp. 17-1328; Überdrucksterilisat. v. krist. – (Einfl. v. Äthylenoxid) 34-1683; Sterilisat. d. –-Präp. mit β-Propiolacton 46-1264.

Eigenschaften: UV-, Fluoreszenzspektrum (pH-Einfl.) 34-0880; opt. Rotat.-Dispers. (Einfl. anorgan. Detergentien) 25-1262; Fluoreszenzdauer v. –-Lsg. 49/50-1206; akt. Zentrum v. – 1-1235; kovalente Struktur v. Rinder-– 10-1249; Aktivität u. Struktur v. – (Einfl. v. neutralen Salzen) 11-1218; Aminosäuresequenz in d. Nähe d. akt. Serinrestes im Schweine-– 12-1278; Disulfidbrücken v. – 15-1392; akt. Zentrum v. – 15-1393; Bedeut. d. Tyrosinreste für d. enzymat. Aktivität d .– 17-1329; akt. Orte u. akt. Fragmente v. – 28-1438; Struktur (Zustandsdiagramme) 29-1460; (Verwandtschaft zwischen Proteasen) 32-1425; Cottoneffekte bei Rinder-– 32-1434; Aminosäuresequenz: eines pankreat. Inhibitor-Polypeptids v. – (Inhibitor v. Kunitz u. Northrop) 32-1436; d. Histidinreste d. Schweine-– 36-1372; autolysierte u. noch akt. Form v. Rinder-– 38-1434; Ähnlichk. in d. Strukturen v. Rinder-– u. -Chymotrypsin 41-1176; akt. Zentrum v. – (Charakterisier. d. hydrophoben Bind.-Stelle) 44-1254; UV-Photoleitfähigk. v. Häutchen aus – 5-1140; Sedimentat.-Gleichgew. (Computerprogramme) 33-2071; Gelelektrophorese v. – mit in Szintillat.-Fl. lösl. Acrylamidgel 8-1871.

Reaktionen, Wirkungen: Bldg. freier Radikale: durch Bestrahl. v. – mit schweren Ionen 3-1527; nach Exposit. mit verschiedenen ionisierenden Strahl. (Temp.-Einfl.) 3-1528; Rk.-Fähigk.: d. Tyrosin- u. Tryptophangruppen v. – (Änder. nach Kombinat. mit Proteinhemmstoffen) 14-1296; v. Tryptophan in – gegen N-Bromsuccinimid 14-1297; Deut. d. Schutzwrkg. v. Polyanionen u. Cystein bei d. Radiolyse v. – 26-1676; Röntgenbestrahl. (Radikalausb. in Abhängigk. v. d. Krist.-Dimens.) 27-1079; Acylier. durch Oxazolinone 43-1180.

Fermentaktivität d. Komplexes –-Seruminhibitor (Einfl.) 5-1266; Substrataktivier. (Wrkg. d. Acetylier. d. Enzyms) 12-1280; Rolle d. Imidazolringes d. Histidins bei d. katalyt. Wrkg. v. – 15-1393; spektrale Veränder. bei Rk. v. – 16-1370; –-katalysierte Rk. (Intermediärprod.) 17-1330; Beschleunig. v. –-Rk. in Eis 20-1349; Spezifität 32-1442.

–-Eieralbumin-Komplexe (Unters. mit Gelfiltrat.) 1-1174; Colisitinase-Wrkg. v. – 1-1242; Einfl. v. wasserlösl. –-Deriv. auf Fibrinogen 1-1445; Ester-hydrolysierende Aktivität v. – (Einfl. d. Lsgm.) 2-1197; Hydrolyse v. denaturiertem Schweinepepsin mit – 3-1162; Amidaseaktivität d. – 3-1252; trypt. Verdauung v. mit 1-Dimethylaminonaphthalin-5-sulfonylchlorid markiertem Myosin 3-1271; trypt. Abbau v. Neurospora crassa-Cytochrom c 4-1010; Wrkg.: auf Kollagen (elektronenmkr. Unters.) 4-1147; auf d. α-Kette v. Hämoglobin 4-1212; –-Abbau d. Intrinsic factor–Vitamin-B_{12}-Komplexes in vitro u. Freisetz. v. Vitamin B_{12} 4-1260; –-Alkylammoniumion-Komplexe (thermodynam. Eig. u. Strukturmodell d. hydrophoben Bind.-Bereiche v. –) 5-1264; – zur Abspalt. d. α-Aminogruppe v. Cysteinresten in Polypeptiden (spektrophotochem. Best.) 7-1161; Einfl. v. –-Behandl. auf d. Partikellänge v. Myosin B in Lsg. 7-1539; eingeschränkte trypt. Cytochrom-b_5-Spalt. 8-1211; Rk. mit Xylulosereduktase 8-1221; trypt. Hydrolyse: d. ox. B-Kette v. Rinderinsulin (Kinetik) 9-1438; v. Kaninchen-γ-Immunglobulinantikörpern 9-1474; Abbau v. Protein durch – 12-1271; Veränder. d. Michaelis-Konst. d. – mit verschiedenen bestrahlten Proteinen (chromatograph. u. elektrophoret. Trenn. d. proteolyt. entstandenen Spaltprod.) 12-1277; Easteraseaktivität d. – im Alkalischen 12-1279; Wrkg.: auf Tropokollagen u. unlösl. Kollagen 13-1537; v. Chymotrypsinhemmstoff I aus Kartoffeln auf d. Hydrolyse v. Hämoglobin durch – 14-1299; –-katalysierte Aktivier. d. Chymotrypsinogens (Hemm. durch N-Acetyl-L-3.5-dibromtyrosin) 14-1300; trypt. Peptide v. Hämoglobin Knoxville Nr. *1* (Trenn. auf Dowex *1*-X *2* u. Sephadex) 14-1484; proteolyt. Abbau v. Myosin u. d. Meromyosine durch ein wasserunlösl. polyanion. Deriv. d. – 15-1612; Abbau v. Subtilisin BPN′ mit – (Isolier. u. Folge d. *10* Peptide) 16-1377; Wrkg. auf Spinatferredoxin 17-1436; –-bindendes Makroglobulin zur Trenn. d. esterolyt. u. d. Kaogulier.-Aktivität v. Thrombin 18-1233; Rk. mit Kininogen (Bldg. v. Bradykinin) 18-1490; trypt. Digests d. genet. Varianten v. α_{s1}-Casein 20-1157; Solubilisier. unlösl. Proteine bei neutralem pH mit – 20-1350; relative Rk.-Fähigk. v. chem. modifizierten Truthahn-Ovomucoiden mit – 20-1351; Rk. mit d. $^{14}CO_2$–Ribulosediphosphatcarboxylase-Komplex 21-1476; inaktivierende Wrkg. auf Oxytocin u. Vasopressin 21-1607; Spalt. pept. Kinin-liefernder Fragmente sowie v. Rinderserum-Kininogen durch – 21-1655; Einw. auf Kinin-liefernde Peptide aus Pepsinverdauten Rinderplasmaproteinen 21-1677; Wrkg. auf Adenovirus-*12*-Tumor-CF-Antigen durch Zonenzentrifugat. 22-1289; Rk. mit Pepsin u. Pepsinogen 23-1427; aktivierende Wrkg. auf pH *5,5*-Kollagenase u. hemmende Wrkg. v. Sojabohnen-–-Inhibitor auf pH *7,5*-Protease 24-1711; Hydrolyse v. acylierten Argininestern in Ggw. v. – (pH-Abhängigk. d. Kinetik) 25-1043; Wrkg. bei Umester.-Rk. (dielektr. Wrkg.) 26-1340; Wechselwrkg. v. inakt. –-Deriv. mit Proteininhibitoren 28-1441; –-Hydrolyse d. Kohlensäureanhydrase A u. B 28-1468; Mechanismus d. –-katalysierten Esterhydrolyse (Modellvers. an Substraten) 29-1021; trypt. Hydrolyse v. S-β-Aminoäthylcysteinyl-Insulin 29-1627; Wirksamk. auf Kollagen 32-1430; Mechanismus d. Rattenharn–Kallikrein-Katalyse in Bezieh. zur Katalyse durch – 32-1447; trypt. Peptide d. Nicht-α-Ketten d. Hämoglobine A, B, C u. F (Aminosäurezus.) 32-1600; Rk.: mit d. Kallikrein-Inaktivator 33-1514, 33-1515; mit Proflavin (Einfl. v. Vogel-Ovomucoiden) 33-1516; trypt. Spalt. v. partiell dephosphoryliertem Phosvitin 35-1475; Fragmentier. v. Human-IgG-Globulin mit – 35-1560; trypt. Peptide mit essentiellen Cysteinresten d. Isozyme I u. V d. Lactatdehydrogenase 36-1267; Wrkg. v. wasserunlösl. –-Deriv. auf Pepsinogen 36-1371; Hydrolysenkinetik v. Rinder-– für L-Lysin- u. S-[β-Aminoäthyl]-L-cystein-Deriv. 36-1373; –-Inaktivier. eines aspermatogenen Antigens 36-1560; trypt. Spalt. v. Cytochrom C_2 (Eig. d. erhaltenen Cytochrom C_2-Kerns) 37-1361; Wechselwrkg. zwischen – u. Na-Dodecylsulfat 37-1430; trypt. Spalt. v. Clupein 38-1598; Wechselwrkg. mit α_2-Makroglobulin 39-1478; Aktivier. d. Rattenleber-Acetyl–CoA-Carboxylase durch – 43-1243; –-α_2-Makroglobulin-Komplex (Hemm. durch d. Proteaseinhibitor aus d. Rinderlunge) 43-1245; trypt. Hydrolyse v. Tropomyosin 43-1494; Einfl. auf d. Coeruloplasminaktivität 45-1609; Aktivier. v. Chymotrypsinogen A v. Schwein durch – 46-1245; Wrkg. d. pH auf d. Bind. kompetitiver synthet. Hemmstoffe durch – 47-1394; –-katalysierte Hydrolyse v. krist. Ceruloplasmin 47-1395; trypt. Verdauung einer in Harnstoff lösl. Proteinfrakt. aus ox. Wolle (Aminosäuresequenz v. Peptiden) 47-1564; trypt. Spalt. v. aminoäthylierten Proteinen 49/50-1204.

Einfl. auf d. stimulierende Wrkg. v. Histonen auf d. zelluläre Energetik 12-1125; selektiver Abbau ribosomaler Proteine durch – 31-1288; Änder. d. Permeabilität bei durch Trypsinisier. isolierten Zellen 32-1243; –-Proteolyse in Mitochondrien (Einfl. v. entkoppelnden Reagenzien) 44-1081.

Wrkg. auf ATPase v. Micrococcus lysodeikticus 5-1284; –-behandelter Überstand v. Clostridium botulinum (Toxizität) 6-1365; Einfl.: auf d. Aktivität d. Konjugat.-Prozesse bei Shigella (Häufigk. v. Rekombinanten) 18-1138; auf 6-Phosphogluconatdehydrogenase aus Candida utilis 18-1180; auf d. Katalaseaktivität v. Mikroorganismen 20-1286; auf d. Wrkg. d. Lysins v. Streptococcus faecalis 21-1510; auf bakterielle Zellumhüll. (elektronenmkr. Unters.) 22-1367; stimulierende Wrkg. auf d. gelöste Hydrogenase v. Vibrio succinogenes 24-1339; Aufheb. d. Hemm. d. Wachstums v. E. coli K *12*-Kulturen durch Colicin K durch – 27-1527; –-behandelte Amöben (vorübergehende physiolog. Veränder.) 30-1357; Bedeut. d. SH-Gruppen d. Viren bei ihrer Rk. mit – 51/52-1380.

Freisetz. v. Brenzcatechinoxydase aus Zuckerrübenchloroplasten durch – 3-1228.

Bind.-Verhältnis zwischen – u. α_2-Makroglobulin im Serum 2-1384; Freisetz. v. Kininen in menschl. Plasmasubstraten mit – 2-1386; Einfl.: auf d. hämolyt. Aktivität v. Botulinus E-Toxin 3-1344; auf d. Kalbsthymuszellen-Kern-RNS-Synth. 4-0985; auf d. J-halt. Proteine u. Aminosäuren d. Schilddrüse 5-1408; auf glattmuskuläre Organe 5-1591; auf d. lymphozytopoiet. Faktor Thymosin 7-1451; auf aus menschl. Harn isolierte Peptidfrakt. 9-1528; Histaminase-freisetzende Wrkg. v. – bei Meerschweinchen 10-1605; ein durch Behandl. mit – aus menschl. Erythrozyten freigesetztes Sialoglykopeptid 12-1473; Ganglienwrkg. 13-1229;

trypt. Verdauung v. humanem γ-Globulin 14-1492; Einfl.: auf d. Vitamin B_{12}-Aufnahme durch Erythrozyten 14-1509; v. rohem – auf d. Einbau v. ^{3}H-Thymidin u. ^{3}H-Uridin in Ehrlich-Ascitestumorzellen 15-1274; Hemmwrkg. v. CIBA *21 401*-Ba auf d. glattmuskulär erregende Wrkg. v. – 15-1717; zeitl. Verlauf d. Schwell. u. d. Konz. an freien Aminosäuren nach lokaler Injekt. v. – 18-1228; Einfl.: auf d. Proteinaufnahme durch isolierte Tumorzellen 19-1318; auf d. Katalase-Aktivität v. normalen Mäusen u. Mutanten 20-1159; auf d. leichte Protein–Polysaccharid-Frakt. d. Rinder-Nasalseptums 20-1387; durch – stimulierte Vitamin-B_{12}-Aufnahme aus d. Rattendarm in Abwesenh. v. Intrinsic factor 21-1706; Wrkg. auf d. Blockier. durch 2-Halogenalkylamine (Natur d. α-Rezeptoren für Brenzcatechinamine) 21-1786; trypt. Verdauung v. Golfingia gouldii-Hämerythrin 22-1576; durch – freigesetzte Teilchen aus mit Geflügelmyeloblastosis infizierten Hühnerembryonalzellen 23-1526; durch – aus intakten Humanerythrozyten abgespaltene Glykopeptide 23-1641; Thrombolyse mit – (experimentelle menschl. Nativblutthromben) 23-1652; Einfl. auf d. Aktivität d. Lipoproteinlipase im Plasma 26-1306; – zur Aktivier. v. Procarboxypeptidase A aus d. gemeinen pazif. Dornhai 27-1459; Wrkg. auf Muskelruhepotentiale 27-1712; Rk. mit d. „Dehydrogensäurereduktase“-Faktor im Meerschweinchengewebe 31-1392; Wrkg.: auf d. Freisetz. v. RNS aus Seeigeleierpartikeln 31-1666; auf d. alkal. Phosphatase d. Synovialfl. 32-1400; Hydrolyse v. menschl. Serum-β_1-Lipoprotein durch – 32-1610; Wrkg. d. chem. Modifikat. v. Plasmaglykoprotein d. Schafes auf d. Aktivität gegenüber – 32-1613; blutdrucksenkende Aktivität v. – u. –-ähnl. Enzymen aus d. Submandibulardrüse d. Ratte 33-1834; Wrkg. auf durch CCl_4 induzierte Granulomtaschen 35-1704; aktivierende Wrkg. auf Human-Plasminogen 36-1380; Freisetz. v. Sialsäure aus Ehrlich-Asciteskarzinomzellmembran durch – 40-1161; proteolyt. Abbau v. Serumalbumin durch Einw. v. – (Best.) 40-1887; Einfl. auf d. Atmung u. Kontrakt. d. Gefäßwand 41-1693; –-Behandl. v. Myofibrillen u. v. Myosin B bei niederer Ionenstärke (Einfl. auf d. ATPase-Aktivität) 43-1251; Inaktivier. d. ATPase u. Zerreißen d. Zellmembranen d. roten Blutkörperchen durch – 43-1252; Wrkg.: v. – u. Insulin auf isolierte Fettzellen (Vgl.) 44-1062; auf d. Resorpt. v. Tetracyclin bei Tieren 47-1511.

Einfl. auf d. Milchgerinn. 27-1461; Rk. mit α-Lactalbumin d. Kuhmilch (Bldg. v. Peptiden) 28-1544.

Beeinflussung, Inhibitoren sowie deren Verhalten und Beeinflussung: Strahlenschädig. v. – (Schutz durch red. Pyridincoenzyme) 22-1216; (Natur) 26-1341; Inaktivier. v. –-Lsg. durch Röntgen- u. UV-Bestrahl. (therm. Nachwrkg.) 26-1342; Einfl. d. UV-Strahlen auf – bei tiefen Temp. 26-1343; Bestrahl. v. – (Pyridincoenzyme als Elektronenfänger) 43-1184.

Irreversible Hemm. durch N-α-Tosyl-L-lysylchlormethan 1-1235; Hemmwrkg. v. α_1-Glykoprotein aus Rinderplasma auf – 2-1382; Hemm.: durch Deriv. u. Amide v. spezif. Estern 3-1251; durch Phenylmethylsulfonylfluorid 4-1069; allostere Wrkg. v. Dinitrophenol auf – 10-1248; Hemm. durch β-Lipoprotein 11-1470; Zusammenhänge zwischen Konstit. u. Wrkg. prim. Amine u. Aminosäuren bei d. Inhibier. v. – 12-1282; Mechanismus d. Hemm. v. – durch Ovomucoide 15-1394; Hemm. v. Rinder-– durch Ovomucoid 18-1230; Schäden an – durch peroxydierende Lipide 20-1451; Einfl. v. α_2-Makroglobulin im menschl. Serum auf – 21-1684; Hemm. durch p-Aminomethylcyclohexancarbonsäure 23-1656; hemmender Einfl.: v. Fettsäuren u. Harnstoff auf – 34-1302; d. Arabinose auf – 37-1429; Wrkg. d. Plasmin-Inhibitors auf – 28-1448; spezif. Inaktivier. v. – durch Äthyl-p-guanidinobenzoat 44-1256.

Interalpha-–-Inhibitor (α_1-Anti-–) d. menschl. Serums 1-1236; Hormon-abhäng. Inhibitor für – in männl. akzessor. Geschlechtsdrüsen u. im Sperma 4-1067; Anti-–-Aktivität im Serum (Best.) 5-1265; bas. –-Inhibitor in Rinderpankreas (Modifizier. an d. ε-NH_2-Gruppen d. Lysins) 5-1267; Trasylol als Kallikrein-–-Inhibitor 5-1422; Sojabohnen-–-Inhibitor (Zugänglichk. u. Strukturfunkt. v. bestimmten Aminosäureresten) 8-1308; Wechselwrkg. zwischen – u. Inhibitoren (elektrophoret. Unters.) 8-1309; α_2-Anti-–-Aktivität u. verschiedene –-Substrate 9-1269; bas. –-Inhibitor v. Rinderpankreas (Disulfidbind.) 13-1228; Isolier. v. –-Inhibitoren mit Hilfe wasserunlösl. Enzym-Harze 15-1389; Modifikat. d. Aminogruppe v. –-Inhibitoren 15-1391; Vork. eines –-Inhibitors im Gehirn 16-1371; p-Amidinophenylbrenztraubensäure als ein hochwirksamer Inhibitor v. – 16-1372; α_1-Anti-– (wahrscheinl. Identität mit α_1-Antithrombin, Bezeichn. als α_1-Antiproteinase) 18-1234; reaktives Zentrum d. Sojabohnen-–-Inhibitors 24-1395; Primärstruktur eines Pankreaseigenen –-Inhibitors 25-1371; Inaktivier. v. –-Inhibitoren während d. Verarbeit. v. Sojabohnenmehl 25-3424; Pankreas-–-Inhibitor (Fluoreszenz u. Struktur) 26-1339; kovalente Peptidstruktur eines –-Inhibitors 28-1440; Kallikrein-–-Inhibitor (Kristallisat.) 29-1461; Disulfidbrücken d. bas. –-Inhibitors v. Rinderpankreas 30-1436; Reinig. u. teilweise Charakterisier. eines aus d. weißen Bohne dargestellten –-Inhibitors 32-1435; Inaktivier. u. Reaktivier. eines Inhibitors d. – aus d. Pankreas durch reversible Red. d. Disulfidbrücken 32-1437; Isolier. u. Charakterisier. v. –-Inhibitor: aus Pankreasgewebe u. Pankreassekret v. Hund 32-1438; aus d. Bauchspeicheldrüsen verschiedener Wirbeltiere u. d. Menschen 32-1439; spezif. –-Inhibitor aus Schweinepankreas (Modifizier.) 33-1513; bas. –-Inhibitor aus Rinderpankreas (Sequenzunters. u. Disulfidbrücken) 34-1301; (Primärstruktur) 35-1187; (Zus.) 36-1374; gekoppelte Isolier. einer gut wasserlösl. Urease u. eines –-Inhibitors aus Sojabohnen 36-1724*; Vork. v. –-Inhibitor „*Pulmin*“ in Rinderlunge (Einfl. auf d. Fibrinolyse) 37-1663; Gewinn. eines –-Inhibitors (pharmazeut. Verw.) 38-1826*; akt. Zentrum d. bas. –-Inhibitors d. Pankreas (Rolle d. Lysin-*15*) 40-1274; Aufteil. v. – zwischen α_2-Makroglobulin u. d. anderen –-Inhibitoren d. Serums 43-1244; –-Inhibitor: aus Ascaris lumbricoides var. suum. (Reinig., Eig. u. chem-Modifizier.) 44-1255; aus Roggensamen 45-1364; aus Humanplasma (Abtrenn. auf DEAE-Cellulose) 45-1365; aus Vigna senensis (Reinig. u. teilweise Charakterisier.) 46-1353.

Inhibierende Wrkg. v. Sojabohnen-–-Inhibitor auf aktivierten Faktor X 13-1497; Wrkg. v. –-Inhibitor auf d. Methionin-Stoffwechsel 31-1695; Strahlenschutzwrkg. v. –-Inhibitor 37-1715; Einfl. v. Sojabohnen-–-Inhibitor auf d. Permeabilitätsfaktoren im Lymphgewebe d. Menschen 40-1431; Chemie u. Physiologie d. spezif. –-Inhibitoren aus d. Bauchspeicheldrüsen v. Rind, Hund, Schwein u. Mensch 46-1243.

Best.: d. –-Hemm.-Kapazität d. menschl. Serums 6-1281; v. Anti-– im Serum 6-1282; Polyacrylamidgelelektrophorese v. Sojabohnen-–-Inhibitoren 12-1281.

Verwendung: Verw.: in d. Immunhämatologie 29-1662; v. Pepsin-–-Bouillon für Sterilitätsprüf. 48-1640.

Analyse, Untersuchungsmethoden: Fixier. in synthet. vernetzten Polymeren u. Anwend. in Säulenverf. 2-1130; Best. d. Normalität einer –-Lsg. durch eine spezif. Titrat. 4-1068; Best. in internationalen Einh. 10-1247; Polyacrylamidgel fixiertes – 20-1253; Mikrobest. durch seine Esteraseaktivität gegenüber Benzoylargininäthylester 32-1433; Best. durch NH_4^+-Freisetz. 35-1318; automat. Best. 35-1319; Elektrophorese 44-1538; Nachw. in lösl. Rinderpankreasextrakt nach immunoelektrophoret. Analyse 1-1212; Mikrobest. im Blutserum nach d. Xanthoproteinrk. 12-1914; Best.: in Pankreas, Pankreassaft u. Darminhalt d. Rindes 18-1231; v. – u. Chymotrypsin in Gemischen 33-1518; analyt. Charakterisier. in pharmazeut. Präp. (Übersicht) 39-1676; Best.: d. proteolyt. Aktivität –-halt. Arzneispezialitäten 43-1682; –-halt. Arzneimittel 49/50-1718; in Ggw. v. Plasmin u. Trenn. durch Gelfiltrat. 32-2042; v. Tyrosylresten in – 15-2090; Identifizier. d. Histidinrestes im akt. Gebiet v. mit TLCK markiertem – 38-1433; Aktivier. mit – bei d. Best. v. Kallikreinogen 51/52-1476; s. auch Enzympräparate, *Chymopsin**).

Trypsinogen

Konstit. d. während d. Aktivier. v. Schafs-– frei werdenden Peptide 11-1248; Aufheb. d. Erfordernis v. Ca^{2+} zur –-Aktivier. durch Modifikat. v. Carboxylgruppen 20-1348; Aktivier. durch Plasmin 42-1221; kovalente Struktur v. Rinder-– 10-1249; Struktur (Zustandsdiagramme) 29-1460; spektrale Veränder. bei Rk. v. Trypsin mit – 16-1370; p-Amidinophenylbrenztraubensäure als ein hochwirksamer Inhibitor v. – 16-1372; Hemmwrkg. v. p-Aminomethylcyclohexancarbonsäure auf – 23-1656.

Tryptophan-Aminotransferase

Wrkg. einer Phenylalaninverabfolg. auf d. –-Aktivität bei d. ausgewachsenen Ratte 30-1553.

Tryptophanase

Synth. während d. bakteriellen Wachstums 1-1261; Indukt.: bei Argininmangelmutanten v. Vibrio cholerae 21-1502; in E. coli (Mechanismus) 31-1539; (Einfl. v. Pyruvat u. anderen Verb.) 47-1460; Reinig. u. Eig. v. – aus Bacillus alvei 14-1251; physikal. u. katalyt. Eig. v. – aus Bacillus alvei 35-1330.

Tryptophan-Decarboxylase (oxydativ)

Umwandl. v. L-Tryptophan in Indol-3-acetamid durch – aus Pseudomonas savastanoi (Herkunft d. O_2) 22-1356.

Tryptophan-5-Hydroxylase

–-Aktivität in Zirbeldrüse, Hirnstamm u. Karzinoidtumor 36-1243; Darst., Charakterisier. u. Best. im Rattenhirn 42-1183; Umwandl. v. $^3H_{(5)}$-Tryptophan in $^3H_{(4)}$-5-Hydroxytryptophan durch – 51/52-1262; Faktoren mit Einfl. auf d. Hydroxylier. v. Tryptophan durch Chromobacterium violaceum-– 19-1435; Wrkg. bei d. Synth. v. Serotonin durch d. Zirbeldrüse d. Ratte in Organkultur 16-1551; Hemm.: d. Leber-–-Syst. 8-1259; durch α-Methyldopa, α.β.β-Trimethyldopa u. andere Verb. 17-1696; v. – in d. Leber durch Röntgenbestrahl. (Beeinfluss. durch d. 5-Hydroxytryptamin) 29-1732; Inhibier. d. – durch p-Chlorphenylalanin (Mechanismus d. Entzugs v. Serotonin aus d. Rattenhirn) 51/52-1261; empfindl. radiometr. Best. 46-1198.

L-Tryptophan: O_2-Oxydoreduktase

s. *Tryptophan-Oxygenase.*

Tryptophan-Oxydase

s. *Tryptophan-Oxygenase.*

Tryptophan-Oxygenase (Tryptophan-Oxydase, Tryptophan-Pyrrolase, L-Tryptophan: O_2-Oxydoreduktase)

– in Pseudomonas (Wrkg. v. L-Tryptophan u. α-Methyl-DL-tryptophan) 29-1486; Rattenleber-– (Wrkg. v. Bestrahl. u. Hunger auf d. Regulier.) 1-1498; Tag–Nacht-Rhythmus d. –-Aktivität u. ihres zirkulierenden Substrats 8-1257; – d. Rattenleber (Wrkg. d. Nebennierenrindenhormone u. d. Imipramins) 10-1425; Leber-– (Wrkg. v. Cortison u. Einfl. v. Glycyrrhizin) 13-1443; –-Aktivität bei Ratten nach Behandl. mit antidepressiven Pharmaka 13-1582; Leber-– bei Krankh. u. nach Hydrocortisonverabreich. (Bezieh. zur Kynureninausscheid.) 19-1682; –-Aktivität: bei d. hypophysektomierten Ratte (Wrkg. d. Wachstumshormons) 20-1472; v. Lebergewebe (Einfl. d. 5-Hydroxytryptamins auf strahlenbedingte Veränder.) 29-1733; in d. Zellen d. regenerierenden Rattenleber 30-1524; in d. Leber (Einfl. v. Atromid S) 32-1679; in d. isoliert durchströmten Rattenleber 37-1620; Cortison-induzierte –-Aktivität in d. Rattenleberzelle (Einfl. v. Aflatoxin) 44-1066; Vork. während d. mittleren Periode d. embryonalen Entw. 47-1621; –-Aktivität: d. Rattenleber (Wrkg. v. Nicotinamid u. Homologen) 49/50-1548; d. menschl. Leber 51/52-1258.

Hydrocortison-induzierte – (Hemm. durch Actinomycin) 14-1258; Synth. bei d. Ratte (Wrkg. v. Primycin) 14-1259; Indukt. in sich regenerierender Rattenleber (Unterdrück.) 19-1369; induzierte Biosynth. in d. Leber (Einfl. v. Actinomycin D) 20-1289; Indukt. v. Leber-– durch Hydrocortison (Einfl. v. Glukagon u. Hungern) 20-1296; Inhibier. d. hormonalen Indukt. v. – durch 5-Azacytidin 21-1400; adapt. Synth. in d. Rattenleber (Einfl. v. γ-Strahlen) 21-1736; –-Indukt. in Rattenleber (Wrkg. v. Nogalamycin) 25-1452; multiple Wrkg. v. SKF *525*-A auf d. – d. Rattenleber in vivo 26-1683; –-Indukt. in Rattenleber als Funkt. d. Alters 32-1359; Synth. in Rattenleber (regulierender in vivo-Effekt v. Nicotinamid) 36-1288; Hormonindukt. v. Rattenleber-– (Hemm. durch 5-Azacytidin) 38-1373; Indukt. v. – in regenerierender Rattenleber durch Hormon u. Substrat 38-1374; Cortison-induzierte Leber-– (Hemm. durch Nickelcarbonyl) 39-1226; koordinierte Synth. v. Häm u. Apoenzym in d. Bldg. v. – 40-1205; Wrkg.-Dauer geringer Cortisondosen bei d. Substratindukt. v. – 40-1228; schützender Einfl. d. Substrats auf d. Bldg. d. inakt. Form d. Leber-– in Ratten 41-1260.

Einfl. auf d. Bldg. eines gelben Farbstoffs aus Formaldehyd u. Kynurenin bei Hexaminbehandelten Ratten 6-1575.

Einfl. v. Hypophysenhinterlappenhormonen auf – d. Leber 13-1405; Feedback-Kontrolle v. – aus Rattenleber (Endprod.-Hemm.) 36-1289; Hemm. durch Allopurinol 42-1180.

Tryptophan-Pyrrolase

s. *Tryptophan-Oxygenase.*

L-Tryptophan: sRNS-Ligase (AMP)

s. *Tryptophyl-sRNS-Synthetase.*

Tryptophan-Synthetase

– bei Coprinus radiatus (Best. u. Regulat.) 40-1296; Aminosäurefolgen rund um d. Sulfhydrylgruppen d. A-Protein-Untereinh. d. E. coli-– 16-1402; Mißsinn-Suppress. in – 29-1330; Untereinh.-Struktur d. – v. E. coli 46-1258.

Tryptophan-Synthetase A

Vollständ. Aminosäuresequenz v. – -Protein (colineare Bezieh. zur genet. Struktur d. A-Gens) 25-1384.

Tryptophyl-sRNS-Synthetase [L-Tryptophan: sRNS-Ligase (AMP)]

Wechselwrkg. zwischen – u. Tryptophan oder Tryptophananalogen 22-1361.

Tyramin-Oxydase

Krist. – aus Sarcina lutea 27-1426; (Reinig.) 46-1191; Substrat- u. Inhibitorspezifität d. – aus Sarcina lutea 46-1192.

Tyrosin-Aminotransferase (Tyrosin-Transaminase, L-Tyrosin: 2(α)-Ketoglutarsäure [Ketoglutarat]-Aminotransferase [Transaminase], L-Tyrosin 2-Oxoglutarsäure [Oxoglutarat]-Aminotransferase [Transaminase])

Rattenleber-– (Wrkg. v. Bestrahl. u. Hunger auf d. Regulier.) 1-1498; Aktivier. d. – d. Hühnchenleber in vitro 5-1231; – -Aktivität bei d. ausgewachsenen Ratte (Wrkg. einer Phenylalaninverabfolg.) 30-1553; Tagesrhythmus v. – in d. Rattenleber (Einfl. hormonaler Faktoren) 35-1283; – -Aktivität d. Leber in Tumor-tragenden Mäusen (erhöhende Faktoren) 39-1150; Regulier. d. – in Ratten 40-1225; – -Aktivität: d. Rattenleber (Wrkg. v. Nicotinamid u. Homologen) 49/50-1548; in d. Leber nach Eiweiß-reichem Futter 51/52-1536.

Hunger-induzierte Adaptat. v. Rattenleber-– 10-1226; Indukt.: u. Repress. v. – in d. Rattenleber (Wrkg. v. Cortison u. Phenobarbital) 12-1312; v. Leber-– durch Hydrocortison (Einfl. v. Glukagon u. Hungern) 20-1296; keine Indukt. d. – in d. narkotisierten Ratte durch Cycloheximid 20-1297; Indukt. d. Leber-– durch Glukagon u. Hydrocortison 32-1373; Auslsg. d. pränatalen Synth. v. – in fetaler Rattenleber durch Glukagon 32-1374; hormonale Indukt. v. – in Gewebekulturen v. Säugetierzellen 37-1387; Steuer. d. – in Rattenleber (Repress. in mit Wachstumshormon behandelten Ratten) 40-1226; (Indukt. durch Pankreashormone) 40-1227; Wrkg.-Dauer geringer Cortisondosen bei d. Substratindukt. v. – 40-1228; Steroidindukt. d. – in Hepatoma-Zellkulturen (Einfl. v. Inhibitoren d. Nucleinsäuresynthetase) 43-1204; Reinig. u. Charakterisier. 40-1223.

Bedeut. intrazellulärer – für d. Stoffwechsel v. Tyrosin in Rattenleberschnitten 40-1224.

Hemm. durch α-Methylaminosäuren 2-1429; vermutl. Hemm. d. – beim Einfl. v. Flavonoiden auf d. Leberstoffwechsel v. L-Tyrosin 13-1201; Inhibit. d. Aktivität v. – durch niedr. Konz. v. Harnstoff 18-1198.

Best. durch Umwandl. d. p-Hydroxyphenylbrenztraubensäure in p-Hydroxybenzaldehyd 19-1379.

Tyrosin-Ammoniak-Lyase

Rolle d. – bei d. Bldg. d. p-Hydroxyphenylpropan-Bestandteils aus Graslignin 27-1599.

Tyrosinase

s. *o-Diphenol-Oxydase.*

Tyrosin-Brenztraubensäure-Transaminase (Tyrosin-Pyruvat-Transaminase)

– -Aktivität d. Leber (Einfl. v. Chloroform-, Trichloräthylen- u. Fluothannarkose) 17-1716; Best. für d. frühe Diagnostik d. Botkinschen Krankh. 30-1527.

Tyrosin-Decarboxylase

– in Papaver somniferum 1-1201; Hemm. durch 2.3.4-Trihydroxybenzylhydrazin 35-1329.

Tyrosin-3-desoxy-D-arabinoheptulonsäure-, 7-phosphat-Synthetase

Synth. in E. coli (Einfl. v. Tyrosin-Analoge) 1-1254.

Tyrosin-Hydroxylase

– -Aktivität in d. Submaxillardrüse d. Ratte (Einfl. v. Sympaticusdenervier.) 5-1215; Geh. im Gehirn bei m-Fluortyrosin-Krämpfen 11-1432; regionale – -Aktivität: im Zentralnervensyst. v. Affen 22-1545; in d. Albinohaut 29-1420; Rolle d. Pteridine als Cofaktoren d. – 12-1196; Bldg. v. DOPA aus Phenylalanin u. Tyrosin durch – (Wrkg. hoher Phenylalaninkonz.) 25-1352; Inhibitoren v. – d. Rattenhirns (in vitro-Überprüf.) 13-1248; Blockier. d. – durch α-Methyltyrosin (Einfl. auf d. Brenzcatechinaminspiegel in Geweben) 14-1455; neue Klasse v. – -Inhibitoren (Best. d. in vivo-Hemm.) 18-1191; Hemm. durch α-Methyltyrosin 37-1733; kontrastierende lokomotor. Wrkg. v. Brenzcatechinaminfreisetzern u. – -Hemmern bei Mäusen mit Monoaminoxydasehemm. 46-1557.

L-Tyrosin: 2-Ketoglutarat-Aminotransferase

s. *Tyrosin-Aminotransferase.*

L-Tyrosin: 2(α)-Ketoglutarat-Transaminase

s. *Tyrosin-Aminotransferase.*

L-Tyrosin: α-Ketoglutarsäure-Transaminase

s. *Tyrosin-Aminotransferase.*

L-Tyrosin: 2-Oxoglutarat-Aminotransferase

s. *Tyrosin-Aminotransferase.*

L-Tyrosin: 2-Oxoglutarsäure-Aminotransferase

s. *Tyrosin-Aminotransferase.*

L-Tyrosin: 2-Oxoglutarsäure-Transaminase

s. *Tyrosin-Aminotransferase.*

Tyrosin-Pyruvat-Transaminase

s. *Tyrosin-Brenztraubensäure-Transaminase.*

Tyrosin-Transaminase

s. *Tyrosin-Aminotransferase.*

Tyrosyl-RNS-Desacylase

Spalt. v. D-Tyrosyl-RNS durch – 19-1303.

Tyrosyl-RNS-Synthetase

Reinig. u. physikal. Charakterisier. v. – aus E. coli u. Bacillus subtilis 11-1260; Konform.-Änder. v. – durch spezif. tRNS 51/52-1300; katalysierende Wrkg. auf d. Bldg. v. Tyrosyl-RNS aus D- u. L-Tyrosin 19-1303; Einfl. auf d. Biosynth. v. Tyrosinanalogen in E. coli 1-1254; katalyt. Eig. d. aus E. coli u. Bacillus subtilis 11-1261.

Tyrosyl-tRNS-Synthetase

Speziesspezifität einer – aus Kälberleber 47-1405.

UDP-N-Acetylglucosamin-Pyrophosphatase

– -Aktivität aus beschallten E. coli (Eig.) 19-1402.

UDP-Arabinose-4-Epimerase

Katalysier. d. Arabinosebldg. in Algen durch – 3-1274.

UDP-Galaktose: Ceramidglucosid-Galactosyltransferase

Synth. v. Ceramidlactosid aus Ceramidglucosid u. UDP-Galaktose durch – 43-1258.

UDP-D-Galaktose-4-Epimerase (Uridindiphosphat-Galaktose-4-Epimerase)

Geh. in E. coli (Indukt. durch p-Fluorphenylalanin) 6-1227; – -Aktivität bei Hämolysaten d. Neugeborenen u. d. Erwachsenen (Wrkg. v. NAD) 16-1404; Fluoreszenzverstärk. v. – durch spezif. Zucker 32-1475; Assoziier. v. Untereinh. u. katalyt. Aktivität v. – aus Hefe 11-1259; mol. Übergänge in – mit erhöhter Fluoreszenz 12-1304.

UDP-Galaktose-Polysaccharidtransferase

Vork. bei Dictyostelium descoideum (Austritt während d. Zelldifferenzier.) 17-1350.

UDP-Galaktose: Saccharose-Galaktosyltransferase

Biosynth. v. Raffinose aus Uridindiphosphatgalaktose u. Saccharose durch – aus unreifen Sojabohnen 13-1198.

UDPG-Dehydrogenase (Uridindiphosphatglucose-Dehydrogenase, UDP-Glucose: NAD-Oxydoreduktase)

– -Aktivität: in Geweben v. Gallus gallus während d. Entw. (Synth. v. o-Aminophenylglucuronid) 8-1264; bei Ratten (Einw. v. Salicylamid) 19-1770; in einem Granulomgewebe (Wrkg. v. Prednisolon u. Indomethacin) 41-1504; im Bindegewebe (Einfl. d. Nebennierenrindenhormone) 43-1401; keine Barbituratstimulier. d. – 22-1726; Isolier. aus Cryptococcus laurentii (Eig.) 2-1139; Einfl.: d. Sekundärstruktur auf d. biochem. Verh. v. synthet. Analogen d. Uridindiphosphatglucose gegenüber – 34-1226; Entzünd.-hemmender Substanzen auf d. – 5-1594.

UDP-Glucose-4-Epimerase

– -Aktivität in Milchdrüsen 42-1378; Regulier. d. Synth. in kernhalt. u. kernlosen Acetabularien 26-1364; Einfl. d. Sekundärstruktur auf d. biochem. Verh. v. synthet. Analogen d. Uridindiphosphatglucose gegenüber – 34-1226.

UDP-Glucose-Fructose-Glucosyltransferase (Saccharose-Synthetase, UDP-Glucose: D-Fructose-2-Glucosyltransferase)

– -Aktivität: in Kartoffeln (Einfl. d. γ-Bestrahl.) 27-1556; d. Stärkekörner aus Maniok 18-1252; Rückgewinn. Saccharosebildender – bei d. Herst. v. Citronensäure nach d. Koji-Verf. 14-2515; Einfl. d. Sekundärstruktur auf d. biochem. Verh. v. synthet. Analogen d. Uridindiphosphatglucose gegenüber – 34-1226; Hemm. v. – aus Zuckerrohrhalmen durch Prod. d. Phenolox. 3-1239.

UDP-Glucose: D-Fructose-2-Glucosyltransferase

s. *UDP-Glucose-Fructose-Glucosyltransferase.*

UDP-Glucose-Fructosephosphat-Glucosyltransferase

– -Aktivität d. Stärkekörner aus Maniok 18-1252.

UDPGlucose-D-Galaktose-1-phosphat-Uridylyltransferase

Elektrophoret. Differenzen 24-1370.

UDPGlucose: α-1.4-Glucan-α-4-Glucosyltransferase

s. *UDPGlucose-Glykogen-Glucosyltransferase.*

UDPGlucose-D-Glucose-6-phosphat-1-Glucosyltransferase

– -Aktivität in Dictyostelium dicoideum 37-1468.

UDPGlucose-Glykogen-Glucosyltransferase (Glykogen-Synthetase, UDPGlucose: α-1.4-Glucan-α-4-Glucosyltransferase, UDPGlucose: Glykogen-α-4-Glucosyltransferase)

Nichtidentität v. Phosphorylase b-Kinase u. – 30-1248; – d. Hefe (Eig., Hemm., Reaktivier.) 5-1228; während d. Wachstums v. Pflanzen u. unter verschiedenen äußeren Beding. 7-1215; – -Aktivität in d. Leber (Wrkg. v. Adrenalektomie u. Hydrocortison bei Ratten) 3-1406; (Einfl. v. Epinephrin) 4-1034; Geh. in d. Leber v. Küken mit Zucker-reichem Futter 5-1499; – -Aktivität in Knochenmarkzellen (Einfl. d. totalen Röntgenbestrahl.) 5-1537; – menschl. polymorphkern. Leukozyten 6-1260; – -Aktivität in d. Rattenleber (Einfl. v. Äthionin) 6-1576; –: in roten u. weißen Muskeln v. Ratten u. Rhesusaffen 8-1262; in menschl., leukäm. Leukozyten 8-1263; – -Aktivität: im Rattenuterus 10-1419; im Skelettmuskel v. mit Propylthiouracil gefütterten Ratten 11-1429; in d. Leber bei an Kälte akklimatisierten Ratten 16-1608; im Rinder- u. Schweinemuskel (postmortale Veränder.) 17-1636; d. Fettgewebes (Einfl. v. Insulin) 19-1580; d. menschl. Myometriums 28-1376; in Novikoff-Asciteshepatomzellen 32-1301; gehemmte – -Aktivität in d. Leber v. hypothyreot. Ratten 32-1582; Verteil. in d. Wangentaschenschleimhaut v. Hamster u. d. Mundschleimhaut v. Totenkopfäffchen 33-1535; – -Aktivität: in Muskelgewebe (Einfl. v. Puromycin) 37-1384; im Yoshida-Sarkom u. einer Variante mit langsamem Wachstum 41-1214; bei d. Äthionin-behandelten Maus 44-1169; Stimulier. d. – in d. Leber (durch Glucocorticoide) 31-1466; (durch Glucosegaben) 34-1529.

Umwandl. d. Glucose-6-phosphat-unabhäng. in abhäng. – 11-1267.

Synth. v. lösl. Glykogen durch – 23-1443; Assoziat. v. – mit durch „rate-zonal"-Zentrifugat. dargestelltem Rattenleber-Glykogen 40-1216.

Einfl. v. Actinomycin D auf d. – in d. Leber bei Mäusen 40-1535.
Nachw. 22-1341.

UDPGlucose: Glykogen-α-4-Glucosyltransferase

s. *UDPGlucose-Glykogen-Glucosyltransferase.*

UDPGlucose-Hydrochinon-Glucosyltransferase

Einfl. d. Sekundärstruktur auf d. biochem. Verh. v. synthet. Analogen d. Uridindiphosphatglucose gegenüber – 34-1226.

UDPGlucose: NAD-Oxidoreduktase

s. *UDPG-Dehydrogenase.*

UDP-D-Glucose-Pyrophosphatase

–-Aktivität aus beschallten E. coli (Eig.) 19-1402.

UDPGlucose-Pyrophosphorylase

s. *Glucose-1-phosphat-Uridyltransferase.*

UDPGlucose-Transglucosylase

Funktionelle Differenzier. d. Leber beim Rattenfetus in Bezieh. zur –-Aktivität 32-1375.

UDP-D-Glucuronat-Carboxylase (Uridindiphosphat-D-Glucuronsäure-Decarboxylase)

–-Aktivität in Cryptococcus laurentii (Reinig., Rk.) 32-1457; – aus Weizenkeimen (Eig.) 16-1398; Decarboxylier. v. Uridindiphosphat-D-glucuronsäure durch – aus d. Henneneileiter 8-1326.

UDPGlucuronat-Glucosyltransferase

s. *UDP-Glucuronyltransferase.*

UDP-Glucuronat: Testosteron-Glucuronyltransferase

Mikrosomale – beim Menschen (Charakterisier. u. Kinetik) 18-1196.

UDP-Glucuronyltransferase (Uridindiphosphat-Glucuronsäure-Transferase, Uridindiphosphat-Glucuronyltransferase, UDP-Glucuronat-Glucuronyltransferase)

–-Aktivität: in Geweben v. Gallus gallus während d. Entw. (Synth. v. o-Aminophenylglucuronid) 8-1264; bei Ratten (Einw. v. Salicylamid) 19-1770; in Kulturen v. Kükenembryoleber 20-1292; Verh. in Rattenlebermikrosomen unter Nahr.-Entzug u. bei Alloxandiabetes 32-1370; Leber-– beim Kaninchen (submikrosomale Verteil.) 44-1199; –-Aktivier. durch Detergenzien 20-1293; hemmender Einfl. v. Sedormid u. Allylisopropylacetamid auf d. – 23-1794; kompetitive Hemm. durch aliphat. Alkohole 33-1472.

UDPG-Pyrophosphorylase

s. *Glucose-1-phosphat-Uridyltransferase.*

UDPG-Transglucosidasen

–-Aktivität in gestreiften Mundmuskeln 33-1535.

UDP-D-Xylose: Akzeptor-Xylosyltransferase

– aus Cryptococcus laurentii 33-1474.

α,β-ungesättigte Keton-Reduktase

– aus Erythrozyten d. Hundes u. menschl. Leber 51/52-1252.

Urease (Harnstoff-Amidohydrolase)

– (*6.* Mitt.) 28-1452; (*7.* Mitt.) 28-1453; (*8.* Mitt.) 42-1230; –-Aktivität: v. Böden (Beeinfluss.) 29-3261; v. Bakterien (Einw. zweiwert. Kationen) 7-1242; Vork. u. Bldg. in d. Bakterienzelle 31-1449; Verteil. in Gewebe v. Fusarium moniliforme 33-1620; –-Aktivität bei Acinetobacter iwoffii u. A. anitratus 37-1522; intrazelluläre –-Aktivität v. Moraxella iwoffii 38-1444; –-Aktivität: v. Hydrogenomonas H *16* in stat. Kultur (Oszillat.) 46-1307; in Erbsenpflänzchen (nach Entfern. d. Kotyledonen in Ggw. v. Harnstoff) 4-1072; in Rumenwand u. Rumeninhalt 12-1288; d. Leber (Einfl. v. Chlortetracyclin) 13-1574.

Biosynth. in Proteus rettgeri (Regulat.-Mechanismus) 6-1284; adaptive Bldg. bei Micrococcus denitrificans 13-1233; induzierbare Bldg. in Reispflanzen 33-1521; gekoppelte Isolier. einer gut wasserlösl. – u. eines Trypsin-Inhibitors aus Sojabohnen 36-1724*; Reinig.-Arten 49/50-1271.

Aggregat. v. – (Best. d. Molgew. u. Frikt.-Verhältnisse v. Makromol. in unreinen Syst.) 17-1332.

Wrkg. d. – v. Endomycopsis vernalis 13-1232; Kuppl. an Pyridoxal-5'-phosphat (Rk. d. Rk.-Prod. mit Antiserum) 19-1649; –-katalysierte Hydrolyse v. Harnstoff 23-1648; Desaminier. d. Guanidinogruppe im –-Extrakt mit N-Bromsuccinimid 30-1006; Wechselwrkg.: v. S-[1.2-Dichlorvinyl]-L-cystein mit – 40-1056; mit Na-Dodecylsulfat 42-1230; –-Rk. mit Harnstoff (Ausb. bei begrenzten W.-Aktivitäten) 44-1266; Einfl. auf d. Labkoagulat. d. Milch 28-3202.

Hemmwrkg. aliphat. u. aromat. Organomercuriverb. auf – 2-1244; Hemm.: d. – aus Proteus vulgaris durch Harnstoffanaloge 3-1267; durch Patulin, Isopatulin u. Dimethylisopatulin 4-1073; durch Chloramphenicol 13-1235; durch Oxamylhydroxam 23-1490; kein Einfl. v. Aminazin auf d. – 41-1705.

Ultramikrometh. zur Best. v. Harnstoff mit – 6-1943; Anwend. zur Fäll. v. Dimethylglyoximatonickel mit Harnstoff aus homogener Lsg. 29-2117; automat. Analyse v. Harnstoff-N im Serum mit – 30-2039.

Ureat-Oxydase (Uricase)

Bakterielle – 8-1246, 8-1247; Vork. in Lysosomen d. Rinderaugenlinsenepithels 5-1294; – in d. Leber d. Protopterus aethiopicus 8-1314; –-Aktivität bei Leberkrankh. 13-1532; – d. Rattenleberzellenmikrokörper 14-1172; Ochsennieren-– (Wrkg. v. Tensiden auf d. Extrakt. u. Aktivität) 31-1391; genet. Kontrolle d. Synth. in Aspergillus nidulans 40-1075; Kulturbeding. für d. Produkt. d. bakteriellen – 8-1246; Extrakt. v. – aus Bakterienzellen (Eig. d. rohen Enzyme) 8-1247; Strukturunters. v. – aus Schweineleber bzw. Rinderniere 26-1255; Verbesser. d. –-UV-Meth. zur Best. v. Harnsäure im Serum u. Urin 14-1489; Vgl. d. Carbonat- u. d. –-Carbonat-Meth. zur Best. v. Harnsäure im Serum 21-2222.

Ureidoglykolat-Amidinohydrolase

s. *Ureidoglykolatase.*

Ureidoglykolatase (Ureidoglykolat-Amidinohydrolase)

Vork. in Pseudomonas- u. Penicilliumarten 16-1390; Best. d. Hefe-– 32-1480.

β-Ureidopropionase (*N*-Carbamoyl-β-alanin-Decarbamylase)

–-Aktivität d. Leber (Einfl. v. Lysin- oder Threonin-freier Diät) 8-1587.

Uricase

s. *Urat-Oxydase.*

Uridindiphosphat-Galaktose-4-Epimerase

s. *UDP-D-Galaktose-4-Epimerase.*

Uridindiphosphatglucose-Dehydrogenase

s. *UDPG-Dehydrogenase.*

Uridindiphosphat-Glucose-Pyrophosphorylase

s. *Glucose-1-phosphat-Uridyltransferase.*

Uridindiphosphat-D-Glucuronsäure-Decarboxylase

s. *UDP-D-Glucuronat-Carboxylase.*

Uridindiphosphat-Glucuronsäure-Transferase

s. *UDP-Glucuronyltransferase.*

Uridindiphosphat-Glucuronyltransferase

s. *UDP-Glucuronyltransferase.*

Uridin-Kinase

–-Aktivität: in Maissämlingen 9-1240; in leukäm. Geflügel-Myeloblasten 21-1349; in mit Rousvirus infizierten Geweben 31-1534; Indukt. in SV-*40*-infizierten Nierenkulturen d. grünen Meerkatze 27-1551.

Uridin-Nucleosidase

Reinig. u. Eig. d. – aus d. Keimlingen v. Phaseolus radiatus 16-1346.

Uridin-Phosphorylase

–-Aktivität d. Leber (Einfl. v. Lysin- oder Threonin-freier Diät) 8-1587; Katalyse d. 3-Pentosylpurinbldg. durch – 28-1248.

Uridylsäure-Pyrophosphorylase

–-katalysierte Bldg. v. 6-Azauracil-5-phosphat bei Streptococcus faecalis 9-1285.

Urocanase

Einfl. v. Äthionin auf d. –-Aktivität d. Rattenleber (Einfl. d. Geschlechts) 37-1448.

Urokinase

Herkunft 10-1474; Präparat. aus kleinen Harnmengen 18-1486; aktivierende Wrkg. auf Human-Plasminogen 36-1380; lyt. Wrkg. auf Fibringerinnsel (Thrombelastogramme) 13-1500; Aktivier. v. Rinder- u. Menschenplasminogen mit – 35-1571; Hemmwrkg. d. Rinderlungen-Trypsininhibitors „Pulmin" auf d. –-aktivierte Fibrinolyse 37-1663.

Uronolactonase

–-Aktivität v. Ratten (Einfl. v. Nahr.-Protein) 44-1462; (Wrkg. v. Mo) 44-1463.

Uropepsin

Geh. bei gesunden Kindern 26-1605; Modifikat. d. Best.-Meth. 43-2085.

Uropepsinogen

Verteil. im Magensaft u. Harn (Wrkg. d. inneren Magendrucks) 45-1637.

Uroporphyrinogen-III-Decarboxylase

Vork. im Säugergewebe (Rk.) 36-1418.

Uroporphyrinogen-1-Synthetase

Umwandl. v. Porphobilinogen in Uroporphyrinogen durch – d. hämatopoiet. Mäusemilz 36-1418.

Vacsegosidase

Aufspalt. v. Vacsegosid mit – 26-1474.

L-Valin-α-Oxoglutarsäure-Aminotransferase

Kolorimetr. Best. in Schweineherzmuskelhomogenaten 16-1325.

D-Valin : sRNS-Ligase (AMP)

s. *Valyl-sRNS-Synthetase.*

Valyl-RNS-Synthetase

Enzym-Substrat-Komplex mit – aus Hefe 44-1134; spezif. Inaktivier. durch photochem. Ox. 38-1469.

Valyl-sRNS-Synthetase [L-Valin : sRNS-Ligase (AMP)]

Eig. bei thermosensiblen Mutanten v. E. coli 4-1087; Reinig. u. Eig. v. – aus E. coli 15-1416.

Valyl-tRNS-Synthetase

Hemm. durch Polynucleotide 25-1385.

Vasopressinase

Vork. im Schwangerschaftsserum (Identität mit Oxytocinase) 16-1504.

Verdoperoxydase

s. *Myeloperoxydase.*

Virus-Synthetase

Inhibitoren d. Virus-– als Antivirusagenzien 22-1429.

Vitamin B_{12}-Transmethylase (N^5-Methyltetrahydrofolat-Homocystein-Methyltransferase [Transmethylase])

Über – (*1.* Mitt.) 40-1210; (*2.* Mitt.) 40-1211; (*3.* Mitt.) 40-1212; Vitamin-B_{12}-abhäng – aus E. coli (Mechanismus) 19-1652; – in einer Methionin-Vitamin-B_{12}-auxotrophen Mutante v. E. coli (Kontrolle d. Einkohlenstofffragmentstoffwechsels) 44-1335; –-Aktivität in d. Rattenleber (Einfl. v. Vitamin B_{12} u. Methionin) 10-1493; Lokalisier. in Rattenlebermitochondrien 32-1259; Bldg. (Rolle v. Cobamiden) 40-1213; Isolier. v. 5.6-Dimethylbenzimidazolylmethylcobamid aus – v. E. coli B 38-1674.

L(+)-Weinsäure-Dehydrogenase

Bldg. v. Dihydroxyfumarsäure aus L-(+)-Weinsäure durch – 31-1475.

Xanthin-Dehydr(ogen)ase

– v. Micrococcus lactilyticus (Reinig., Eig.) 36-1278; –-Aktivität: d. Leber (Regulier.) 15-1334, 17-1278; d. Milch (Einfl. v. Temp. u. mechan. Behandl.) 19-3214; stimulierender Einfl. v. Tetrachlorkohlenstoff u. Colchicin auf d. Serum-– 28-1361; – d. Hühnerleber (Reinig., Eig.) 36-1277; genet. Kontrolle d. Synth. in Aspergillus nidulans 40-1075; Bldg. v. Harnsäure durch Leber-– 37-1364; Sensibilisier. v. Ox.-Rk. d. – durch Sulfit in Milch 36-3144; Bezieh. zwischen – u. Ox.-Geschmack v. Milch 51/52-2931; Wrkg. v. Flagyl auf – 13-1180; kolorimetr. Best. 14-1247.

Xanthin-Methyltransferase

Transmethylier. v. Xanthin durch – 15-1347.

Xanthin-Oxydase

–-Aktivität bei Leberkrankh. 13-1532; stimulierende Wrkg. v. CCl_4 oder Colchicin auf d. Serum-– 28-1361; Form v. Fe in – (Mössbauer-Nachw.) 8-1229; Strukturunters. v. – aus Kohl 26-1255; ESR: d. Fe-halt.

Aktivzentrums v. – (Vgl. mit Pflanzenferredoxin) 33-1628; u. Kristallisat.-Unters. an Fe-freier – 44-1191.

Ox. v. Acetaldehyd durch – (Mechanismus) 4-1020; Katalyse in organ. Medien mit – 16-1306; Mo-Thiol-Komplexe als Modell für an – gebundenes Mo 20-1269; Red. v. Cytochrom c durch – (Nachw. aerober u. anaerober Mechanismen) 27-1421; Katalyse d. direkten O_2-Übertrag. aus Nicotinamid-N-oxid auf Xanthin durch – 32-1342; MO-Berechn. d. Mechanismus d. v. – katalysierten Ox. v. Purinen 44-0809; Mechanismus d. Cytochrom c-Red. durch – 35-1273; Rk. mit zytotox. Purinderiv. 45-1313; reduzierende Wrkg. auf ein Cytochrom c-Präp. 45-1334, 45-1335; Ox. v. Xanthin u. Aldehyden durch – (Temp.-Abhängigk.) 49/50-1259; Beteilig. an d. N-Methylnicotinamidox. in Schweineleber 16-1307; Bezieh. zwischen d. Aktivität d. – u. d. Entsteh. eines Ox.-Geschmacks v. Milch 39-3174.

Wrkg. v. Flagyl auf – 13-1180; Hemmwrkg. phenol. Benzofurnaderiv. u. einiger Analoger auf d. Leber- – d. Ratte 29-1401; Art d. Phenylbind. v. 9-Phenylguanin an – bei d. Hemm. 48-1327; 9-[p-Bromacetamidophenyl]-guanin als irreversibler Inhibitor d. – 48-1328.

Modifizierte Thunberg-Meth. zur Aktivitätsbest. v. – 16-1305; Empfindlichk. d. Serum- – beim Auffinden v. Leberschäden 16-1627.

Xanthin-Phosphoribosyltransferase

– beim Menschen (Bezieh. zur Hypoxanthin-Guanin-Phosphoribosyltransferase) 45-1347.

Xanthosin-5'-phosphat-Aminase

Bldg. eines Adenylxanthosinmonophosphatzwischenprod. durch – (Hemm. durch Psicofuranin) 40-1304.

Xylanase (β-1.4-Xylan-Xylanohydrolase)

Isolier. aus einem. käufl. Cellulasepräp. 32-1411.

β-1.4-Xylan-Xylanohydrolase

s. *Xylanase.*

Xylit-Dehydrogenase

Bldg. in Schizophyllum commune 21-1381; Einfl. v. NAD-abhäng. – auf d. histochem. Darst. d. Sorbitdehydrogenase 13-1174.

L-Xylose-Isomerase

– -Aktivität in Aerobacter aerogenes 3-1291.

β-Xylosidase

– -Aktivität d. β-D-Glucosid-Glucohydrolase in d. Schweineniere 5-1254; Darst. u. Eig. spezif. Inaktivatoren v. Aspergillus oryzae- – 11-1244.

Xylulose-Reduktase

Celluloseacetatelektrophorese v. – 8-1221.

Z-Enzym

–: aus Sojabohnen (Reinig., Eig.) 17-1321; in Gerste u. Malz 25-3393.

Zoxazolamin-Hydroxylase

Synth. bei d. Ratte (Wrkg. v. Benzo-[a]-pyren u. eines Azulenanalogen) 31-1726.

„Zwischenferment"

s. *Glucose-6-phosphat-Dehydrogenase.*

Zymogen

– -Granula d. Speicheldrüse 3-1380; Freisetz. d. – -Granulaproteins durch OsO_4 u. seine Retent. bei Fixier. mit Glutaraldehyd 34-1197.

Zymogen-β-Amylase

Arten in Gerste 43-1229.

Enzympräparate

Siehe auch *Enzyme.*

– d. Schweinepakreas (Rk. mit Muskelalbumin) 23-1435; Gewinn. 38-1892*; Sterilisat. 46-1264; Standardisier. u. Lager. (Best. d. Aktivität) 48-2929; Synth. v. N-Acetyl-L-Asparagat durch ein wasserunlösl. – aus Katzenhirn-Acetontrockenpulver 44-1276; Eig. v. – aus Aspergillusarten (Einfl. auf d. Eiweißstoffe u. d. Vergär. d. Bieres) 5-3230; – aus Pankreas zur Behandl. v. Fleisch 30-3082*.

Bibl.: Physikalisch-chemische Grundlagen der Herstellung von Fermentpräparaten [russ.] B 24.

Aspergillin, Hydrogenolyse 25-1410.

Aspergillin O, Thrombolyse mit – (experimentelle menschl. Nativblutthromben) 23-1652; (in vitro-Unters. an intravital entstandenen menschl. Thromben) 23-1653.

Aspergol, Verw. zur Behandl. v. Traubensäften 17-3508.

Bioprase SP-2, Verw. zur Enthaar. v. Leder 30-3090.

Biotex P-300, Verw. zur Enthaar. v. Leder 30-3090.

Chymopsin, Sterilisat. 46-1264.

Flavisin, Wrkg. auf d. Eig. v. Rindfleisch 25-3400.

Mesenterin, Wrkg. auf d. Eig. v. Rindfleisch 25-3400.

Nigrin PK, Verw. zur Herst. v. Saftextrakten 11-1266.

Oryzin-1, Wrkg. auf d. Eig. v. Rindfleisch 25-3400.

Oryzin-32, Wrkg. auf d. Eig. v. Rindfleisch 25-3400.

Oryzin-PK, Wrkg. auf d. Eig. v. Rindfleisch 25-3400.

Pankreatin, Gewinn. aus d. Pankreas v. Schlachttieren 31-1854*; Colisitinase-Wrkg. 1-1242; Spalt. v. Saccharose-Fettsäureestern durch – 47-1389; inaktivierende Wrkg. auf Nisin 42-1296; Wrkg. auf bakterielle Zellumhüll. (elektronenmkr. Unters.) 22-1367; Rk. mit Rhodospirillum-rubrum-Chromatophoren (Abspalt. v. Pigment-Protein-Komplexen) 23-1465; Freisetz. v. Brenzcatechinoxydase aus Zuckerrübenchloroplasten durch – 3-1228; Wrkg. auf d. J-halt. Proteine u. Aminosäuren d. Schilddrüse 5-1408; Unters. d. Wirksamk. peroraler – -Präp. 27-1881.

Pronase, – -Abbau d. Intrinsic factor-Vitamin-B_{12}-Komplexes in vitro u. Freisetz. v. Vitamin B_{12} 4-1260; Wrkg. auf Tropokollagen u. unlösl. Kollagen 13-1537; Rk. mit Kollagen (Abspalt. v. Peptiden) 25-1548; Einw. auf Tropokollagen (Natur d. freigesetzten N- u. C-endständ. Aminosäuren) 26-1532; Wirksamk. auf Kollagen 32-1430; – -Inaktivier. eines aspermatogenen Antigens 36-1560; C-terminale Sequenz v. mit – behandeltem Kollagen 47-1666.

Selektiver Abbau ribosomaler Proteine durch – 31-1288; – -Proteolyse in Mitochondrien (Einfl. v. entkoppelnden Reagenzien) 44-1081.

Rk. mit Virus-RNS 16-1231; stimulierende Wrkg. auf d. gelöste Hydrogenase aus Vibrio succinogenes 24-1339; Hemmwrkg. d. säurestabile u. säurelabile saccharogene Amylase aus Aspergillus awamori 25-1369.

Wrkg. auf photosynthet. Wirksamk. u. Morphologie d. Chloroplasten 38-1564.

Einw. auf Menschen- u. Rindererythrozyten 6-1485; Einfl.: auf d. lymphozytopoiet. Faktor Thymosin 7-1451; bei nekrot. Tumoren 9-1226; auf Blutgruppensubstanzen aus menschl. Ovarzystenfl. 14-1482, 14-1483; auf durch menschl. Blutplättchen synthetisiertes Protein 16-1562; Isolier. v. Hyaluronsäure aus menschl. Synovialfl. durch – -Behandl. u. Gelfiltrat. 17-1590; Wrkg. auf d. leichte Protein-Polysaccharid-Frakt. d. Rinder-Nasalseptums 20-1387; durch – stimulierte Vitamin-B_{12}-Aufnahme aus d. Rattendarm in Abwesenh. v. Intrinsic factor 21-1706; Wrkg. auf menschl. Erythrozyten (Freisetz. v. MN-Blutgruppen-akt. Sialoglykopeptiden) 30-1465; Hydrolyse v. menschl. Serum-β_1-Lipoprotein durch – 32-1610; Wrkg. beim Abbau verknöchernder Knorpelmatrix u. d. Entfern. saurer Mucopolsaccharide vor d. Knochenbldg. 51/52-1291.

Wrkg. auf d. Eig. v. Rindfleisch 25-3400.

Pronase AS, Colisitinase-Wrkg. 1-1242.

Repidase C, Verw. zur Herst. v. Saftextrakten 11-1266.

Rhozyme J-25, Einfl. auf d. Brotgeschmack 40-2953.

Spitase crude, Verw. zur Enthaar. v. Leder 30-3090.

Takadiastase, unspezif. Adenosindesaminase aus – 2-1200, 5-1278, 12-1291, 46-1248; Bind. an Chitin 5-1296; Abbau v. Isosclerotan durch – 6-1318; Bldg. v. Oligonucleotiden durch Verdauung v. Bäckereihefe-Serin-tRNS mit – 36-1224; Verw. bei d. Thiaminbest. in modifiziertem Milchpulver 29-1676.

Terrisin, Wrkg. auf d. Eig. v. Rindfleisch 25-3400.

EOCh s. unter *Eisen, Schmiedeeisen und Stahl (Sondermarken).*

Eosin s. unter $C_{20}H_8Br_4O_5$.

Eosin G, s. unter $C_{20}H_8Br_4O_5$.

Eosin Y, s. unter $C_{20}H_8Br_4O_5$.

Eosphorit, Identifizier. d. PO_4^{3-}-Gruppe in – mit Strychninmolybdat-Reagenz 27-2216.

EP 105 s. unter *Eisen, Schmiedeeisen und Stahl (Sondermarken).*

EP-201, Verw. zur Bodendesinfekt. u. Bekämpf. d. Verticillium-Welke d. Eierpflanze 40-2863.

EP 222 s. unter *Eisen, Schmiedeeisen und Stahl (Sondermarken).*

EP + 229 s. unter *Eisen, Schmiedeeisen und Stahl (Sondermarken).*

EP-300, Verw. zur Bodendesinfekt. u. Bekämpf. der Verticillium-Welke d. Eierpflanze 40-2863.

EP 302 s. unter *Eisen, Schmiedeeisen und Stahl (Sondermarken).*

EP 479 s. unter *Eisen, Schmiedeeisen und Stahl (Sondermarken).*

EP 487 s. unter *Nickellegierungen (Sondermarken).*

EP 496 s. unter *Nickellegierungen (Sondermarken).*

EP 543 s. unter *Eisen, Schmiedeeisen und Stahl (Sondermarken).*

EP 567 s. unter *Nickellegierungen (Sondermarken).*

EPDM s. unter *Plaste, C-Copolymerisate (Olefin-Olefin-Copolymerisate).*

EPE 16 s. unter *Nickellegierungen (Sondermarken).*

EPE 24 s. unter *Eisen, Schmiedeeisen und Stahl (Sondermarken).*

EPE 27 s. unter *Eisen, Schmiedeeisen und Stahl (Sondermarken).*

Eperusäure s. unter $C_{20}H_{34}O_2$.

Ephedrin s. unter $C_{10}H_{15}NO$.

Ephesit, – als trioktaedr. Glied d. Margarit-Gruppe u. verwandter Sprödglimmer 47-0707.

Ephorbol s. unter $C_{31}H_{52}O$.

Epiätiocholanolon s. unter $C_{19}H_{30}O_2$.

Epiafzelechin s. unter $C_{15}H_{14}O_5$.

Epiallogibbersäure s. unter $C_{19}H_{20}O_3$.

Epiallospeciocilliatin s. unter $C_{23}H_{30}N_2O_4$.

8-Epiambreinolid s. unter $C_{17}H_{28}O_2$.

Epiandrosteron s. unter $C_{19}H_{30}O_2$.

Epiaphyllin s. unter $C_{15}H_{24}N_2O$.

6-Epiartemisin s. unter $C_{15}H_{18}O_4$.

Epiborneol s. unter $C_{10}H_{18}O$.

Epibromhydrin s. unter C_3H_5BrO.

Epicampher s. unter $C_{10}H_{16}O$.

Epicatechin s. unter $C_{15}H_{14}O_6$.

Epichlorhydrin s. unter C_3H_5ClO.

Epichlortetracyclin s. unter $C_{22}H_{23}ClN_2O_8$.

Epicholestanol s. unter $C_{27}H_{48}O$.

19-Epicompactinervin s. unter $C_{20}H_{24}N_2O_4$.

Epicoprostanol s. unter $C_{27}H_{48}O$.

Epicortisol s. unter $C_{21}H_{30}O_5$.

Epicot 828 s. unter *Plaste, Polyäther (Epoxidharze).*

Epidian-4 s. unter *Plaste, Polyäther (Epoxidharze).*

Epidian-5 s. unter *Plaste, Polyäther (Epoxidharze).*

Epididymis s. unter *Drüsen, Geschlechtsdrüsen (Nebenhoden).*

Epididymit, Unters. d. Charakters d. Hydratat. v. – mit Hilfe d. IR-Absorpt.-Spektren u. d. magnet. Protonenresonanz 31-0373.

Epidot, Mineralien d. – -Gruppe v. Jordanów u. Sabótka (Niederschlesien) 2-0786; Vork.: v. – im monzonit. Hornblendegranit NW v. Tebo, Central Sierra Leone 7-0774; v. Milarit mit – in hydrothermalen Gängen 8-0778; u. Bldg. v. – in d. Chromit-Lagerstätte d. Mont Ahito in Togo 9-0795; Verteil. v. – in Rifflagerstätten d. Olekma-Tokko-Zwischenflußgebietes (Südjakutien) 12-0759; terrigene-vulkanogene – in rezenten Sedimenten d. Nord-Atlantik 14-0774; Vork.: im Pb–Zn-Erzlager v. Lázně Kynžart bei Mariánské Lázně 22-0797; mit Axinit bei London Bridge, nahe Queanbeyan, N.S.W. 22-0818; Paragenese v. Ilvait mit – in italien. Skarnen 23-0872; Vork. v. – in Eisensanden v. Neuseeland 24-0808; – in Augengneisschichten d. Glimmerschieferserie v. Sore'zois (Montagne Noire) 32-0840; Verdunkl. v. – -Pulver durch Protonenbestrahl. (Verunreinig.- u. Temp.-Einfl. u. d. Anwend. auf d. Verdunkl. d. Mondes durch Sonnenwind) 35-0836; – in granit. Gesteinen d. Sierra Nevada als Funkt. d. Ca-Geh. 36-0802; Vork.: neben Bavenit in Skarnen aus Transbaikal 36-0808; in d. metallogenen Fe-Provinz v. Südost-Missouri 38-0856; chem. Unters. v. – d. Moine-Schiefer im Ardnamurchan-Bereich, Argyllshire, Schottland 39-0715; Zus.-Verhältnis in Mineralen d. – -Gruppe 39-0748; Verteil. v. – im westl. Sredna-Gora-Gebirge 41-0707; Geh. d. Selten-erdmetalle in akzessor. – 48-0772; Seltenerd metalle im – 49/50-0681.

Absorpt.-Spektren mit polarisiertem Licht v. Al–Fe–Mn–Cr- – 22-0828; IR-spektroskop. Unters. v. – 40-0218; strukturelle u. chem. Effekte auf d. SiKβ-Röntgenlinie v. – 51/52-0206; Phasenumwandl. Calcit + Wollastonit + Epidot = Grossular-Andradit + CO_2 + H_2O 3-0802; hydrothermale Stabilität v. Epidot/Grossularit/Anorthit 17-0865; Einfl. v.

komplexbildenden Agenzien auf d. Herauslsg. v. Fe aus – 33-1015.
Epierythratin s. unter $C_{18}H_{21}NO_4$.
Epifriedelinol s. unter $C_{30}H_{52}O$.
Epigalanthamin s. unter $C_{17}H_{21}NO_3$.
Epigallocatechin s. unter $C_{15}H_{14}O_7$.
Epigibbersäure s. unter $C_{18}H_{20}O_3$.
Epigriseofulvin s. unter $C_{17}H_{17}ClO_6$.
Epiguajpyridin s. unter $C_{15}H_{21}N$.
D-Epihamamelose s. unter $C_6H_{12}O_6$.
Epihydrocortison s. unter $C_{21}H_{30}O_5$.
Epihydroxylupanin s. unter $C_{15}H_{24}N_2O_2$.
Epiinosit s. unter $C_6H_{12}O_6$.
DL-Epiinosose s. unter $C_6H_{10}O_6$.
Epiisoborneol s. unter $C_{10}H_{18}O$.
Epiisofenchon s. unter $C_{10}H_{16}O$.
Epikhusinol s. unter $C_{15}H_{24}O$.
Epikote s. unter *Plaste, Polyäther (Epoxidharze).*
Epikote 812 s. unter *Plaste, Polyäther (Epoxidharze).*
Epilimonol s. unter $C_{26}H_{32}O_8$.
Epilupinin s. unter $C_{10}H_{19}NO$.
Epimanoyloxid s. unter $C_{19}H_{32}O$.
Epimerisierung s. unter *Stereochemie.*
Epimid s. unter $C_{11}H_{11}NO_2$.
Epinephrin s. unter $C_9H_{13}NO_3$.
Epinin s. unter $C_9H_{13}NO_2$.
Epinoviose s. unter $C_8H_{16}O_5$.
Epiöstriol s. unter $C_{18}H_{24}O_3$.
13-Epiophiocarpin s. unter $C_{20}H_{21}NO_5$.
4-Epioxytetracyclin s. unter $C_{22}H_{24}N_2O_9$.
Epipachysamin E s. unter $C_{28}H_{48}N_2O$.
Epiphyse s. unter *Drüsen; Knochen.*
Epipikropodophyllin s. unter $C_{22}H_{22}O_8$.
Epipinoresinol s. unter $C_{20}H_{22}O_6$.
Epipodophyllotoxin s. unter $C_{22}H_{22}O_8$.
Epiporphyroxin s. unter $C_{20}H_{21}NO_6$.
Epiprogoitrin s. unter $C_{11}H_{19}NO_{10}S_2$.
Epirenamin s. unter $C_9H_{13}NO_3$.
Episantonin s. unter $C_{15}H_{18}O_3$.
Epistilbit, Krist.-Habitus 27-0917; Krist.-Struktur 51/52-0155.
Episulfide s. *Alkylensulfide.*
Epitaxie s. unter *Kristallisation.*
Epitestosteron s. unter $C_{19}H_{28}O_2$.
Epitetracyclin s. unter $C_{22}H_{24}N_2O_8$.
4-Epivaleraniol s. unter $C_{15}H_{28}O$.
EPM s. unter *Plaste, C-Copolymerisate (Olefin-Olefin-Copolymerisate).*
EPN s. unter $C_{14}H_{14}NO_4PS$.
Epon s. unter *Plaste, Polyäther (Epoxidharze).*
Epon 826 s. unter *Plaste, Polyäther (Epoxidharze).*
Epon 828 s. unter *Plaste, Polyäther (Epoxidharze).*
Epontol s. unter $C_{18}H_{27}NO_5$.
Epoxide s. *Alkylenoxide.*
Epoxydation s. unter *Oxydation.*
Epoxydierung s. unter *Oxydation.*
3a.3a-Epoxyfilican s. unter $C_{30}H_{50}$.

Epoxysäuren

Epoxyverb. höherer Fettsäuren 9-1980, 24-1103; – u. epoxydierte Öle 41-1430; Vork. bzw. Geh.: v. Epoxyacylgruppen in natürl. Epoxyölen 1-1317; v. epox. Fettsäuren in Pflanzen (Übersicht) 18-2914; v. Epoxyfettsäuren im Samenöl v. Malvaceen 41-1430; Dünnschichtchromatographie 31-2135.

Ester: Darst.: v. ungesätt. – 8-1013; v. cis- u. trans-Isomeren v. Glycidsäureestern 23-1114; v. epox. Fettsäureestern 26-3056*; v. Allyl- u. Propargylestern v. β-arylsubstituierten Glycidsäuren 31-2772; aus α-Halogencarbonsäureestern 44-2431*; Rk. v. Glycidylestern mit $\alpha.\beta$-ungesätt. Carbonsäuren u. Vinylverb. 1-2876*; säurekatalysierte Umwandl. v. – zu Hydroxyestern 6-0986; Hydrier. 14-0961, 26-2846; Spalt. v. Epoxyfettsäuremethylestern mit HJO_4 28-2571; Kondens. v. β-Furyl-β'-alkylglycidsäuremethyl (bzw. äthyl)ester mit Äthylenimin 28-2916*; homolyt. Ringöffn. v. Glycidaten durch Acetonylradikale 32-1043; Verw. als Weichmacher für PVC (4-Epoxypropoxybenzoesäureester) 18-2798*; (Diepoxyalkansäurexylenolester) 34-2783*.

Dünnschichtchromatographie 26-2079.

EP-Reagens, Farbrk. mit Aucubin 21-1837.
E-Prostensäure, Vork. in verschiedenen Geweben 51/52-1435.
Epsicapron s. unter $C_6H_{13}NO_2$.
Epsomit s. unter *Magnesiumsulfate: $MgSO_4$.*
Eptam s. unter $C_9H_{19}NOS$.
EPTC s. unter $C_9H_{19}NOS$.
Equilenin s. unter $C_{18}H_{18}O_2$.
Equilin s. unter $C_{18}H_{20}O_2$.
Erabutoxin a s. unter *Proteine, Spezielle Proteine.*
Erabutoxin b s. unter *Proteine, Spezielle Proteine.*
Eradex, Verw. zur Bekämpf. v. Kokzidien 7-3080.

Erbium

– in Meteoriten u. Tektiten (Zeitschriftenref.) 16-0764; Verteil. d. – in Mineralkomponenten d. Chondriten Bruderheim 28-0806; –- u. Ba-Häufigk. im Howarditen Bununu 29-0864; Ce- u. –-Geh. in einigen Standardgesteinen 38-0793; Diffus. v. – in d. Sonne 40-0672; –-Geh. in Stromsedimenten d. Paparoa-Bereichs, New Zealand 49/50-0658; – in Epidot u. Orthit 49/50-0681.
Metallograph. Präparat. 20-0155.

Physikalisches und physikalisch-chemisches Verhalten

Isobarenkette $^{164}Dy \rightarrow {}^{164}Ho \rightarrow {}^{164}Er$ (β-Prozesse) 2-0057; Zerfall $^{164}Tm \rightarrow {}^{164}Er$ 26-0003.

Dreiquasiteilchen-Niveaus in ^{163}Er 1-0046; Syst. kollektiver Niveaus v. Typ $I\Pi K = O^+O$ im ^{164}Er-Kern 1-0047; Populat. v. Rotat.- u. Isomerenzuständen in – 1-0048; rotationslose Zustände in $^{163,165,167}Er$ 4-0036; S-Wellen-Neutronen-Stärkefunkt., Niveauabstände u. Potentialstreuung-Radiusparameter für –-Isotope 7-0057; Berechn. zum β-Zerfall v. ^{166}Er 9-0069; Mössbauer-Effekt in ^{164}Er u. g-Faktoren für d. tiefsten 2^+-Zustände v. –-Isotopen 10-0053; Koeff. d. inneren Konvers. d. M-Schale d. Übergänge $E2(2^+ \rightarrow 0^+)$ v. ^{166}Er 11-0063; niederenerget. Anreg. v. ^{167}Er 12-0020; Populat. v. Rotat.-Niveaus durch unelast. Streuung v. Deuteronen an –-Isotopen 12-0045; virtuelle $E1$-Übergänge zweiter Ordn. bei d. Coulomb-Anreg. v. ^{168}Er 14-0028; L-Unterschalenverhältnisse in $E2$-Übergängen v. ^{166}Er 14-0031; innere Konvers.-Koeff. mit relativist. Hartree-Fock-Modell für ^{166}Er 14-0034; relative Intensitäten d. inneren Konvers.-Linien d. L-Schale reiner $E2(2^+ \rightarrow 0^+)$-Übergänge in ^{166}Er 14-0039; Berechn. v. Kerndeformat. aus Isotopieverschieb. in Atomspektren für ^{162}Er 17-0041; β-Übergänge v. ^{163}Er u. ^{165}Er 19-0065; beim Zerfall v. ^{166}Ho u. ^{166m}Ho angeregte Niveaus v. ^{166}Er 24-0031; Niveaus in ^{168}Er 24-0032; Deformat. d. Kerne 24-0090; Misch. aus verschiedenen Hauptschalen d. harmon. Oszillators in –-Kernen 26-0004; phänomenolog. Analyse v. Rotat.-Zuständen in $^{164,170}Er$ 26-0013; angeregte $K = 0^+$-Niveaus in $^{164,170}Er$ u. deren Rotat.-Koppl. 26-0014; neue Mössbauer-Niveaus in ^{168}Er nach Coulomb-Anreg. 26-0025; M/L- u. (N + O)/M-Verhältnisse d. inneren Konvers. für $E2$-Übergänge in ^{166}Er 27-0008; 2^+-Zustände in $^{164,166,168,170}Er$ 27-0010; Korrekturen an d. Reorientier.-Effekt d. Coulomb-Anreg. in ^{166}Er; $t_{1/2}$ v. ^{171}Er 28-0001; kollektive Vibrat.-Zustände in geraden –-Kernen 30-0003; Mess. d. nuklearen g-Faktoren d. 2^+-Rotat.-Zustände in ^{166}Er, ^{168}Er u. ^{170}Er 31-0019; Lebensdauermess. v. Rotat.-Niveaus in $^{166,167}Er$ mit einer neuen Rückstoßmeth. 31-0028; ^{165}Er-Niveaus 34-0005; Spektrum d. Konvers.-Elektronen beim Zerfall v. ^{169}Er zu ^{169}Tm 35-0043; magnet. Momente d. tiefsten 2^+-Zustände für –-Isotope (Mössbauer-Verf.) 38-0022; γ-Strahl-Winkelverteil. v. rückstoßimplantierten –-Kernen in ferromagnet. Umgeb. 38-0526; $t_{1/2}$-Mess. für d. ersten 2^+- u. 4^+-Zustände in ^{166}Er u. ^{168}Er 39-0016; Eig. angeregter Zustände v. ^{165}Er 39-0017; Kernspins v. ^{160}Er 42-0003; kollektive gyromagnet. Verhältnisse für $^{165,167}Er$ 44-0003; γ-Strahlen aus –-Isotopen als Folge v. durch ^{40}Ar induzierten Rk. an Sn-Isotopen 45-0030; ^{168}Er-Niveaus 46-0002; Eigenquadrupolmoment v. ^{162}Er 46-0054; Energieniveaus v. ^{167}Er, ^{169}Er u. ^{171}Er aus (d, p)-Rk. 47-0013; rückstoßfreies γ-Resonanzspektrum d. *80,6*-keV-Übergangs v. ^{166}Er in $ErCo_2$ 48-0560; neues Isotop ^{173}Er; $t_{1/2}$ d. angeregten Zustände v. ^{164}Er 49/50-0012; Mess. d. K-Röntgenstrahlen in Koinzidenz mit Bereichen d. β-Spektrums v. ^{169}Er 51/52-0010; Niveaudichte deformierter –-Kerne 51/52-0011.

Mess. d. Streuquerschnitte für therm. u. epitherm. Neutronen an –-Isotopen 6-0011; photonuklearer Effekt in – 13-0093; Drehimpulsverlust durch Verdampf. v. Neutronen u. Photonen in d. (α, 3n)-Rk. an ^{167}Er 17-0058; Aktivier. v. ^{167m}Er durch ^{116m}In-γ-Strahlen 28-0015; Neutronenresonanz-Parameter d. –-Isotope 35-0011; ^{166}Er (n, γ) 35-0011; Neutronenquerschnitte v. – 37-0013; Unters. v. Deformat.-Parametern durch Analyse d. *50*-MeV-α-Streuung an ^{166}Er 42-0003; Neutronenresonanzen d. –-Isotope 46-0003.

Spektrum v. Er I 3-0127; Emiss.- u. Anreg.-Spektren v. CeO_2, aktiviert mit Er^{3+} sowie ThO_2, aktiviert mit Er^{3+} 3-0352; Feinstruktur d. Röntgenabsorpt.-Spektren im Bereich d. $N_{IV,V}$-Absorpt.-Kante v. ^{168}Er 10-0317; opt. Spektrum d. Er^{3+}-Ions in Y_2O_3 12-0342; opt. Absorpt.-Spektren u. Krist.-Feldaufspalt. d. Er^{3+}-Ions in YPO_4 u. YVO_4 15-0329; Einfl. d. endl. Kerngröße auf d. Abstand d. Röntgen-L_I-L_{II}-Niveaus 18-0090; Absorpt.- u. Emiss.-Spektren v. Er^{2+} in Sc_2O_3 18-0342; Temp.-Abhängigk. d. Emiss.-Linien v. $Y_2O_3:Er^{3+}$ 18-0357; $4f^{12}(^3H_6)6s6p$-Niveaus v. Er I 19-0107; molare Absorpt.-Koeff. u. Oszillatorenstärke v. Übergängen in gemischten (f – d)-Konfig. v. Er^{2+} in Krist. d. Fluoridtyps 28-0315; spektrale Auflsg. für d. Ion Er^{3+} in Lu- u. Y-Gallaten mit Granatstruktur 32-0336; Absorpt.-Spektrum v. $CaF_2/ErF_3:Tm^{3+}$ als Überlager. d. Ionenspektren v. Er^{3+} u. Tm^{3+} 32-0392; Selbstabsorpt.-Effekte in d. weichen $M\alpha$- u. $M\beta$-Röntgenemiss.-Spektren 34-0408; opt. Spektren v. – in ZnSe 39-0269; Zeeman-Effekt im Absorpt.-Spektrum v. Er^{3+} in ZnSe(P, Er) 43-0281.

Lumineszenz v. mit – aktiviertem CdS 1-0374; Quanten-Zähl-Spektroskopie v. Er^{3+} in LaF_3, BaF_2 u. CaF_2 5-0401; Mechanismus d. Summier. elektron. Anreg. in mit Er^{3+} aktivierten Krist. 5-0402; Konz.-Lösch. d. Lumineszenz v. – in Yttriumaluminiumgranat 7-0332; Anreg.-Energieübertrag. in d. Kette $UO_2^{2+} \rightarrow Nd^{3+} \rightarrow Yb^{3+} \rightarrow Er^{3+} \rightarrow Tm^{3+}$ in Glas 7-0336; stufenweise Zweiphotonenabsorpt. in $LaF_3:Er^{3+}$-Krist. u. Fluoreszenz nach He/Ne-Laserstrahlanreg. 10-0341; Einfl. v. Er^{3+} auf d. opt. Zentren v. Nd^{3+} in CaF_2-Krist. (Typ *I*) 13-0318; Elektro- u. Photolumineszenz v. mit – dotiertem ZnS 13-0337; Anreg.-Spektren u. sensibilisierte Lumineszenz v. NaCl-Krist. mit Er^{3+}-Dotier. 16-0365; sensibilisierte Lumineszenz u. stimulierte Strahl. v. Yttrium-Aluminium-Granatkrist. mit –-Dotier. 16-0371; Energieübergänge $Yb^{3+} \rightarrow Tm^{3+}$, $Yb^{3+} \rightarrow Ho^{3+}$ u. $Tm^{3+} \rightarrow Ho^{3+}$ v. Yttriumaluminiumgranat mit inkorporiertem Er^{3+} 18-0353; Absorpt. u. Lumineszenz v. dreiwert. – in Berylliumfluoridglas 22-0365; Lösch. d. Tb^{3+}-Fluoreszenz durch – in wss. Chloridlsg. 28-0329; Wahrscheinlichk. für strahlendes u. strahlungsloses Abklingen v. Er^{3+} in LaF_3 29-0365; selektive Anreg. u. Abklingen d. Er^{3+}-Fluoreszenz in LaF_3 31-0330; Mikrowellenabsorpt. in – 40-0277; Lumineszenz in $BaF_2:Er$ 41-0264; Thermolumineszenz u. Absorpt.-Spektren v. –-Ionen in CaF_2 44-0295; opt. Absorpt.-Intensitäten u. Quantenzählerwrkg. v. Er^{3+} in Y-Ga-Granaten 45-0327; therm. Schalt. d. Laseremiss. v. Er^{3+} bei *2,69* μ u. Tm^{3+} bei *1,86* μ in $CaF_2:ErF_3$ (TmF_3)-Mischkrist. 45-0362; stimulierte Emiss. v. Er^{3+}-Ionen in CaF_2 bei *8456* u. *8548* Å 48-0365; Lumineszenz v. –-Ionen in Alkalimetallhalogenidkrist. 49/50-0236; Mechanismus d. Zweistufen-Anreg. d. Fluoreszenz d. Er^{3+}-Ionen in $CaWO_4$ 49/50-0239.

Atomstreufaktoren 11-0191; Dotier. v. aus d. Schmelzfluß gezüchteten $Y_3Al_5O_{12}$ mit – 11-0279; Bldg. v. Versetz. an Nd. in (Zn, Cd)S:Er-Einkrist. 11-0291; Wrkg. sehr hoher Drücke auf d. Struktur 12-0192; niedr. ungerade Niveaus 20-0082; Energieterme v. Pu^{3+} in $LaCl_3$ u. Vgl. mit Er^{3+} 21-0389; Krist.-Feldparameter trigonaler Er^{3+}-Zentren in CaF_2-Krist. 25-0337; Krist.-Feldaufspalt. d. Energieniveaus d. Er^{3+}-Ionen in $SrMoO_4$ durch opt. u. EPR-Spektren 27-0438; elektrostat. Ligandenfeldparameter für Er(III) in YPO_4 u. YVO_4 nach d. Winkelüberlapp.-Meth. 29-0223; elektronenmkr. Unters. d. Bldg. v. ErO-Krist. bei d. Ox. v. dünnen –-Filmen 30-0154; Temp.-Einfl. auf d. Gleichgew. opt. Zentren in $CaF_2:Er^{3+}$ 44-0284; Berechn. für d. Grundzustand d. neutralen –-Atoms 45-0036; kristallograph. Unters. d. Syst. Er/Se 45-0236; Einfl. v. Beimisch. v. –-Ionen auf d. Struktur u. d. opt. Eig. v. Y–Al-Granat 47-0297.

Besonderh. d. Stoßkompress. 5-0338; Temp.-Abhängigk. d. Elastizitätsmoduls (Bezieh. zwischen elast. Anisotropie u. Phasenumwandl.) 41-0154; Rekristallisat. u. Kalthärt. 47-2320.

Kathodenfall: eines Entlad.-Bogens an – 27-0193; v. Vakuumbögen an Aufstäub.-Kathoden aus – auf W 31-0139.

Inneres Magnetfeld für ^{166}Er in Fe 2-0461; Untergittermagnetisier. u. Austauschfeld v. – in Er–Fe-Perowskit bei tiefen Temp. aus d. Mössbauer-Effekt 5-0533; Besonderh. d. magnet. Eig. v. Er^{3+}-Zentren in Krist. v. CaF_2-Typ an Hand v. EPR-Daten 8-0311; EPR-Spektren v. CeO_2-Einkrist. mit Er^{3+} oder Yb^{3+} 8-0323; Spin-Gitter-Relaxat. trigonaler Er^{3+}-Zentren in BaF_2- u. SrF_2-Einkrist. 11-0416; Néel- bzw. Curie-Temp. in Abhängigk. v. Druck bis zu *85* kbar 15-0501; EPR an $La_2O_3:Er^{3+}$-Einkrist. 17-0411; EPR-Spektren v. Er(III) in Y–Al- u. Y–Ga-Granat 17-0413; EPR v. Er^{3+} in $La(C_2H_5SO_4)_3 \cdot 9\,H_2O$ u. $Y(C_2H_5SO_4)_3 \cdot 9\,H_2O$ 19-0401; Thermokraft u. magnet. Suszeptibilität bei tiefen

Temp. v. — (*0,5* Atom-%) in Au u. Ag 22-0503; EPR-Spektren v. Er^{3+} an *2* kub. Plätzen in ZnSe:Er(Cu) u. Fluoreszenz 23-0433; Spin-Gitter-Relaxat. v. kub. u. trigonalen Er^{3+}-Zentren in Cerdioxideinkrist. 28-0353; mkr. u. makroskop. magnetoelast. Tensoren v. Er^{3+} in —-Granaten aus d. EPR unter Druck 30-0343; Spin-Polarisat. in d. Nähe lokalisierter Momente v. in fl. A. gelöstem — 31-0339; Druckabhängigk. d. magnet. Übergänge in — 31-0520; magnet. u. Magnetostrikt.-Eig. eines —-Einkrist. im paramagnet. Bereich 33-0648; EPR-Spektren v. Er^{3+} in $LiNbO_3$-Krist. 36-0338; EPR u. Relaxat. v. Er^{3+} in $YCl_3 \cdot 6\,H_2O$ 39-0297; NMR v. ^{167}Er in Gd-Leg. 42-0298; EPR d. Grund- u. angeregten Zustands v. Er^{3+} in $CaMoO_4$ 45-0353; Spinwellen in — 46-0432; EPR in — in einem Mg-Einkrist. 51/52-0245.

Unters. d. Red.-Geschw. v. — in wss. Acetat/Citrat-Elektrolyten 25-0621; Red. an d. Hg-Tropfelektrode 28-0634.

Wärmeleitfähigk. u. elektr. Leitfähigk. 6-0283; Schmelzpunktanomalien 16-0265; Grüneisen-Parameter 20-0217; spezif. Wärme u. thermodynam. Funkt. im idealen Gaszustand 29-0589; Phasen d. Syst. $Er/ErCl_3$ u. Er/ErJ_3 30-0538; Einfl. d. Elektronenstruktur auf d. Kompressibilität unter hohem Druck 34-0343; Elastizitätsmoduln u. Debye-Temp. v. polykrist. — 39-0167.

Trenn. d. — v. Seltenerdmetallen durch Anionenaustausch 1-1805; Adsorpt. an Ionenaustauschpapier Sv-*2* 22-0673; pH-Abhängigk. d. Adsorpt.-Stärke v. Er^{3+} an Versenol 25-2031; Desorpt. v. einer W-Oberfläche 34-0723; R_F-Werte in *3* Dünnschichtmedien 35-2020.

Berechn. d. Solvatat.-Zahlen u. intrinsic-Ionenradien für Er^{3+} 14-0591; Extrakt. als Antipyrin-Salicylat-Komplex 28-2024.

Bldg.-Konst. d. Lactatokomplexe v. — 20-0530.

Best. mit Xylenolorange (photo- u. titrimetr.) 1-1807; Unters. zur Analyse durch Atomabsorpt. 5-1849; spektrometr. Best. 13-1867; Absorpt.-Analyse verd. Lsg. an einer photoelektr. App. mit oszillierendem Spalt 41-1953; funkenspektrograph. Best. 49/50-1903.

Best.: in Stählen u. Leg. (spektralanalyt.) 3-2103; v. ^{167}Er in Kernbrennstoffen durch d. Isotopenverdünn.-Meth. 5-2006; Trenn. v. $^{160,161}Er$ u. anderen Nucliden auf Grund d. Transporteig. d. Chloride 22-2095; Röntgenfluoreszenzanalyt. Best. in hochreinem Dy_2O_3 23-2143; Elektrophorese v. $^{169,171}Er$ auf Cellogel 24-1998; Trenn. d. — v. Tb durch Elektrolyse an einer Hg-Kathode 38-2056; papierchromatograph. Verh. 46-1809; Papierchromatographie 46-1832; dünnschichtchromatograph. Trenn. v. Gemischen d. Seltenerdmetalle 51/52-1874.

Best. v. O u. N in — 14-2019.

γ-Dosimetrie für ^{167m}Er 35-2008; Verw. d. γ-Strahl. v. ^{161}Er zu Analyse v. Tm_2O_3/Er_2O_3-Misch. 38-2057.

Erbiumlegierungen

Ag: Struktur v. $ErAg_2$ 16-0254; Gitterdaten v. $ErAg_2$ 37-0279.

Al: Krist.-Chemie in d. Syst. $ErAl_2/ErSn_2$, $ErSi_2$, $ErGe_2$ 47-0195; Anwend. d. Mössbauer-Effektes auf d. Ferromagnetismus u. d. ferromagnet. Relaxat. v. $ErAl_2$ 15-0485.

Au: Struktur v. $ErAu_2$ 16-0254; magnet. Suszeptibilität v. ErAu 2-0476.

Bi: Übersicht über magnet. Eig. 7-0455.

Cd: Gitterdaten u. Beschreib. v. CdEr 9-0256; Magnetisier. v. Er_xCd mit $x = 1{,}2$ bis *1,3* 44-0394.

Ce: Gitterkonst. u. effektive Atomdurchmesser in d. Syst. Th/Ce/Er 36-0146.

Co: Gitterdaten, Isomorphie mit $PuNi_3$ u. Darst. v. $ErCo_3$ 18-0243; Krist.-Struktur u. Darst. v. Er_2CO_7 46-0224; magnet. u. kristallograph. Eig. v. $ErCo_{6,0}$ 48-0577.

Cu: Strukturdaten v. Er_2NiCu 37-0251.

Dy: Magnetisier. v. $DyEr_3$ u. DyEr 7-0450.

Ga: Krist.-chem. Unters. v. ErGa 30-0178.

Gd: Fehlordn.-Widerstand u. Spindepolarisat. in — 2-0417; Néel- bzw. Curie-Temp.-Abhängigk. v. Druck bis zu *85* kbar 15-0501.

Ge: Gitterkonst. v. Er_5Ge_4 30-0181; Krist.-Chemie d. Syst. $ErAl_2/ErGe_2$ 47-0195; Krist.-Struktur u. magnet. Eig. v. Er_5Ge_3 20-0439; Herst., Struktur u. magnet. Eig. v. Er_5Ge_4 38-0543.

Hg s. unter *Quecksilberlegierungen: Er.*

Ir: Magnetfelder am Kern ^{193}Ir in $ErIr_2$ 33-0629.

Mn: Struktur v. $ErMn_2$, Er_6Mn_{23} u. $ErMn_{12}$ sowie Isomorphie mit Th_6Mn_{23} u. $ThMn_{12}$ 6-0239; röntgenograph. Unters. u. Bldg.-Mechanismus v. Leg. in d. Syst. d. Er mit Mn bei Benutz. d. Amalgamverf. 1-0569; Aufbau d. bin. Zustandsbildes v. Er mit Mn 3-0567.

Ni: Strukturdaten v. Er_2NiCu 37-0251; Krist.-Struktur v. Er_3Ni 37-0270; kristallograph. u. magnet. Eig. v. $ErNi_3$ 11-0542; magnet. Eig. v. Er_2Ni_{17} 14-0493.

Pb: Darst. u. Struktur v. Er_5Pb_3 5-0257, 21-0240.

Pt: Darst. u. Röntgenunters. v. Pt_5Er u. Pt_3Er 31-0222; magnet. Eig. v. $ErPt_2$ 45-0448.

Re: Struktur u. Darst. v. $ErRe_2$ 26-0264; Zustandsdiagramm d. Syst. Er/Re, Verb.-Bldg. u. deren Gitterkonst. 18-0543.

Sc: Magnet. Moment u. Temp.-Abhängigk. d. magnet. Suszeptibilität 18-0497.

Sn: Darst. u. Struktur v. Er_5Sn_3 5-0257; Darst., Gitterdaten u. magnet. Suszeptibilität v. Er_5Sn_3 5-0260; Darst. u. Struktur v. $ErSn_2$ 5-0261; Krist.-Chemie d. Syst. $ErAl_2/ErSn_2$ 47-0195.

Th: Gitterabstände d. Th-reichen Mischkrist. mit Er mit *0—100* Seltenerdmetall 19-0233; Gitterkonst. u. effektive Atomdurchmesser in d. Syst. Th/Ce/Er 36-0146; magnet. Eig. v. Th-Leg. mit ca. *80* (Atom-%) Er 7-0454.

Zn: Struktur v. Er_2Zn_{17} 5-0256; Gitterkonst. u. Darst. v. $ErZn_{12}$ 31-0211.

Erbiumverbindungen

Anorganische Erbiumverbindungen

Erbiumantimonid: ErSb, Übersicht über magnet. Eig. 7-0455.

Erbiumarsenid: ErAs, Bldg.-Enthalpie 13-0544; Übersicht über magnet. Eig. 7-0455.

Erbiumborat: $ErBO_3$ (Erbiumorthoborat), Darst. v. — durch Umsetz. v. Er_2O_3 mit Natriumboratschmelzen 39-0476.

Erbiumboride: Nachw. u. Gitterparameter v. ErB_2C_2 u. Zustandsdiagramm d. Syst. Er/B/C 3-0565.

ErB_4, magnet. Suszeptibilität 31-0524.

Erbiumbromide, Herst. v. Verb. mit Tetrahydrofuran 11-0757; (thermogravimetr. Unters.) 41-0646.

Erbiumcarbide: Darst. d. Oxidcarbids d. Er beim Glühen v. Er_2O_3-Kohle-Gemischen 44-0691; Nachw. u. Gitterparameter v. ErB_2C_2 u. Zustandsdiagramm d. Syst. Er/B/C 3-0565.

ErC_2, Charakter d. Änder. d. effektiven Lad.-Trägerkonz. u. Werte für — 12-0395; elektrophysikal. Eig. 12-0396.

Erbiumcarbonat: $Er_2(CO_3)_3$, Darst. d. — aus einigen Salzen v. organ. Säuren 6-0734; IR-Spektren v. —, $Er_2(CO_3)_3 \cdot 8\,H_2O$ sowie d. Zers.-Prod. 25-0098.

Erbiumchloride bzw. -chlorokomplexe

Unters. d. Phasen d. —, Bezieh. d. Red.-Charakteristiken d. Seltenerdmetalle (Vgl. d. Red.-Rk. $SECl_3 \rightarrow SECl_2$ mittels SE) 30-0538; Bezieh. zwischen Gitterenergie u. Schmelztemp. 36-0221; Darst. v. Komplexverb. mit 2.2'-Bipyridyl 1-0706; Unters. d. Rk.-Prod. v. Piperidin u. Py. mit wasserfreien — 47-0643.

$ErCl_3$, Mössbauer-Unters. an $ErCl_3 \cdot 6\,H_2O$ 38-0022; Fortschritte in d. Unters. v. magnetoopt. Rotat.-Spektren v. — 29-0361; opt. Absorpt.-Intensitäten u. Quantenzählerwrkg. v. Er^3; in Y–Ga-Granaten u. Vgl. mit — in H_2O, $HClO_4$, $DClO_4$, $LiNO_3$–KNO_3-Schmelze u. Äthylacetat 45-0327; Phasen d. Syst. $Er/ErCl_3$ 30-0538; Löslichk. u. Addit.-Rk. d. wasserfreien — in Äthylenglykoldiäthyläther 49/50-0588; Rk. mit Alkalimetallfluoriden in wss. Lsg. 23-0640'

Chloroerbium(III)-säure:

$H_3[ErCl_6]$, Absorpt.-Spektren v. oktaedr. $[(C_6H_5)_3PH]_3[ErCl_6]$ 23-0111.

Erbiumcyanid: $Er(CN)_3$, Herst. v. $Er(CN)_3 \cdot$ 2 THF 21-0824.

Erbiumcyanoargentat(I): $Er[Ag(CN)_2]_3$, Herst. 21-0824.

Erbiumfluoride: Absorpt.- u. Lumineszenzspektren v. CaF_2–ErF_3:Ho^{3+} u. CaF_2–ErF_3:Tm^{3+} 22-0390; Sensibilisier. in einem Laser auf d. Basis: CaF_2/ErF_3:Ho^{3+} 32-0391; CaF_2/ErF_3:Tm^{3+} 32-0392; therm. Schalt. d. Laseremiss. v. Er^{3+} bei *2,69* μ u. Tm^{3+} bei *1,86* μ in CaF_3:$ErF_3(TmF_3)$-Mischkrist. 45-0362.

ErF_3, Standardbldg.-Enthalpie 13-0549; opt. Daten u. Gitterkonst. d. beiden Hochtemp.-Modifikat. v. — 2-0552; DK bei Raumtemp. 30-0442; NMR v. ^{19}F in — 38-0378; Phasendiagramm d. Syst. ErF_3/CaF_2 9-0553; Phasendiagramm u. Gitterkonst. d. Phasen d. Syst. ErF_3/NaF 11-0599; Subl.- u. Dampfdrücke sowie d. Verdampf.- u. Subl.-Wärmen v. — 37-0539; Löslichk. v. — in NH_4F-Lsg. 22-0575.

Erbiumhalogenide, IR-Spektren v. Komplexen d. 8-Aminochinoline mit — 19-0131.

Erbiumhydride, Röntgenstrukturanalyse d. Syst. Er/H ($ErHr_x$, ErH_2) 44-0194.

Erbiumhydroxide: Mitfäll. v. Molybdat-, Wolframat- u. Chromationen mit — 44-0449; photokolorimetr. Best. d. pH-Werts d. Auflsg.- u. Fäll.-Beginns v. — 8-0545; Sorpt.-Fähigk. gegenüber Selenitionen 25-0703.

ErO(OH), Zusammenhang zwischen Krist.-Struktur u. d. IR-Absorpt.-Spektrum 36-0322.

$Er(OH)_3$, Zusammenhang zwischen Krist.-Struktur u. d. IR-Absorpt.-Spektrum 36-0322.

Erbiumjodide: EPR v. Er-Phthalocyaninen d. Formel $ErHPc_2 \cdot J_2$ 28-0371; Unters. d. Phasen d. —, Bezieh. d. Red.-Charakteristiken d. Seltenerdmetalle (Vgl. d. Red.-Rk. $SECl_3 \rightarrow SECl_2$ mittels SE) 30-0538.

ErJ_3, Phasen d. Syst. Er/ErJ_3 u. Er_2O_3/ErJ_3 30-0538.

Erbiummolybdate(VI), Darst. u. Krist.-Struktur v. $NaEr(MoO_4)_2$ 33-0914.

Erbiumnitrate: Darst. v. Komplexen: mit Triphenylarsinoxid 40-0617; mit Triphenylphosphinoxid 47-0641; Extrakt. v. Nitratkomplexen d. Er mit Diisoamyl-, Di-n-amyl- bzw. Di-n-octylphosphorsäure in Toluol 51/52-0395; Unters. v. Addit.-Verb. v. $Er(NO_3)_3$ mit Triamylphosphat durch ^{31}P- u. ^1H-NMR- u. opt. Spektroskopie 23-0149.

$Er(NO_3)_3$, Koordinat. in innerer u. äußerer Sphäre in wss. Lsg. am Beispiel v. — 41-0547; Best. in Gemischen v. Seltenerdmetallsalzen in nichtwss. Lsg. durch potentiometr. Titrat. mit $(CH_3)_4NOH$-Lsg. 21-2162.

Erbiumnitrid: ErN, Darst. v. — durch reaktives Bogenschmelzen 15-0730; Übersicht über magnet. Eig. 7-0455.

Erbiumoxide

Darst. d. Oxidcarbids d. Er beim Glühen v. Er_2O_3–Kohle-Gemischen 44-0691; mkr. u. makroskop. magnetoelast. Tensoren in Er^{3+}-Granaten aus d. paramagnet. Elektronenresonanz unter Druck 30-0343; Bezieh. zwischen Gitterenergie u. Schmelztemp. in — 36-0221; Möglichk. d. Färb. u. Entfärb. v. Glas mit — 21-2457.

Er_2O, Keimbldg.-Wrkg. v. Cr_2O_3 bei d. heterogenen Kristallisat. v. Gläsern d. Syst. $SiO_2/Al_2O_3/Fe_2O_3/MgO/CaO/Er_2O$ 25-0206.

ErO, elektronenmkr. Unters. d. Bldg. v. —-Krist. bei d. Ox. v. dünnen Er-Filmen 30-0145; Dissoziat.-Energie, Bldg.-Enthalpie u. thermodynam. Funkt. v. gasf. — 17-0609.

Er_2O_3, Unters. d. diffusen Reflex.-Spektrums (*225—2700* nm) 7-1956; IR-Absorpt.-Spektren 17-0136; Molrefrakt. u. IR-Spektren v. monoklinem — 26-0349.

Anreg.-Energieübertrag. in d. Kette d. Ionen $UO_2^{2+} \rightarrow Nd^{4+} \rightarrow Yb^{3+} \rightarrow Er^{3+} \rightarrow Tm^{3+}$ in Glas d. Zus. *53* (Gew.-%) SiO_2, *24,9* BaO, *21,1* K_2O u. *1,0* Sb_2O_3 mit Zusätzen v. UO_3, Nd_2O_3, Yb_2O_3, — u. Tm_2O_3 7-0336.

Darst., Mikrohärte u. Farbe v. —-Einkrist. 9-0232; Pulverdiagramme u. spektroskop. Unters. d. Mischoxide v. — mit Seltenerdmetalloxiden bzw. TiO_2, Bi_2O_3, ZrO_2 u. ThO_2 10-0209; Krist.-Struktur-Unters. v. — u. Löslichk. in In_2O_3 30-0191; elektronenmkr. Unters. d. Bldg. v. —-Krist. bei d. Ox. v. dünnen Er-Filmen 30-0145; Selbstdiffus. v. O in — 34-0367; Zücht. v. Er_2O_3-Krist. nach d. Verneuil-Meth. oberhalb *2200°* 37-0153; transmissionselektronenmkr. Unters. d. Korngrenzenenergetik in dünnen —-Filmen 48-0148.

Magnet. Eig. v. $5\,Ga_2O_3 \cdot 3\,Er_2O_3$ in hohen Magnetfeldern 28-0492.

Best. d. E. 3-1918; (mit einem Sonnenofen) 10-0532; F. v. — 14-0531; Krist.-Struktur u. E. 27-0642; Phasen d. Syst. Er_2O_3/ErJ_3 30-0538; feuerfester Charakter d. v. ZrO_2 u. — gebildeten kub. festen Lsg. 34-0615.

Einfl. v. C auf — bei hoher Temp. 38-0662; Umsetz. v. — mit Natriumboratschmelzen 39-0476; Eig. v. — bei d. heterogenen katalyt. Ox. d. Propens 23-0760; Zusammenhang zwischen d. Breite d. verbotenen Zonen v. — u. d. katalyt. Aktivität d. Methanolzers. 24-0731; Hydrier.-Eig. 39-0622.

Verw. zur Herst. v. Gläsern mit Rosafärb. 21-2457.

Chromatograph. Analyse v. spektralreinem — 14-1917; Best. v. Tm_2O_3 in Tm_2O_3/—-Misch. (durch Aktivier.-Analyse) 38-2057.

Mischoxide

Cr: Magnet. Strukturen v. $ErCrO_3$ 10-0472; Neutronenbeug.-Unters. d. magnet. Struktur v. $ErCrO_3$ 19-0523; Best. d. E. v. $ErCrO_3$ 3-1918.

Fe: Opt. Unters. v. $ErFeO_3$ 24-0357; Dichroismus u. magnet. Anisotropie v. Erbium–Ferrit-Granaten 37-0359; Untergittermagnetisier. u. Austauschfeld d. Er in Er–Fe-Perowskit bei tiefen Temp. untersucht mit d. Mössbauer-Effekt 5-0533; Druckabhängigk. d. Ordn.-Temp. u. Temp.-Abhängigk. d. paramagnet. Suszeptibilität v. 3 Er_2O_3·5 Fe_2O_3 16-0507; Mössbauer-Unters. d. Hyperfeinwechselwrkg. d. Fe-Kerne in Er-Ferraten(III) u. Temp.-Abhängigk. d. Untergitter-Magnetisier. 16-0508; magnet. Eig. v. Er-Ferraten(III) nahe d. Curie-Punkt 18-0489; Magnetostrikt.-Konst. v. $Er_3Fe_5O_{12}$ 18-0490; lineare magnetoakust. Doppelbrechungs- u. transversale ferroakust. Resonanzexperimente an $Er_3Fe_5O_{12}$ 40-0364.

Ga: Krist.-Struktur u. Darst. v. $Er_3Ga_5O_{12}$ 16-0237; kalorimetr. u. magnet. Unters. v. Er-Gallaten(III) zwischen *0,35* u. *4,2* °K 6-0490; kalorimetr. Unters. verschiedener Er–Ga-Granate 19-0285.

Li–Ge: Darst. u. Röntgenunters. v. $LiErGeO_4$ 49/50-0152.

Mn: Umwandl. u. Gitterdaten d. hexagonalen Form v. $MnErO_3$ in eine Perowskitform unter hohem Druck 44-0138; ferroelektr. Hysterese durch Mess. d. Röntgenstrahlintensitäten v. $ErMnO_3$ 23-0541; magnet. Strukturen v. $ErMnO_3$ 10-0472.

Mn–Fe: Unters. d. Syst. $Fe_xMn_{1-x}ErO_3$ ($0 < x \leq 1$) mit Hilfe d. Mössbauer-Effekts an ^{57}Fe 18-0046.

Nb: Verteil.-Koeff. bei d. Zücht. v. $CaMoO_4$ mit – -Dotier. 27-0216.

Sb–Cr: Magnet. Moment u. Curie-Temp. v. Er_2CrSbO_7 6-0479.

Sb–Ga: Mess. d. magnet. Suszeptibilität u. d. Entropie v. Er_2GaSbO_7 3-1901.

Si–Li: Darst. u. Röntgenunters. v. $LiErSiO_4$ 49/50-0152.

Si–Mg: Darst. u. Gitterkonst. v. Er_6Mg_4·$MgSi_6O_{24}$ 45-0180.

Ti: Mess. d. magnet. Suszeptibilität u. d. Entropie v. $Er_2Ti_2O_7$ 3-1901.

Y–Fe: Verh. v. Spinwellenlinienbreite bei im Einbau v. Seltenerdmetallen in Yttrium-Eisen-Granat $Y_{3-\delta}ErFe_5O_{12}$ u. v. Übergangsmetallen in Spinellferriten u. $Y_3(MgEr)_\delta$·$Fe_{5-2\delta}O_{12}$ 35-0336.

Mehrkomponentige Oxide: Keimbldg.-Wrkg. v. Cr_2O_3 bei d. heterogenen Kristallisat. v. Gläsern d. Syst. $SiO_2/Al_2O_3/Fe_2O_3/MgO/CaO/Er_2O$ 25-0206.

Erbiumoxidydrate s. unter *Erbiumhydroxide*.

Erbiumperchlorat: $Er(ClO_4)_3$, isotropen Protonenverschieb. d. wss. – -Lsg. 43-0322.

Erbiumphosphate

Erbiumorthophosphat:

$ErPO_4$, IR-Spektren v. wasserfreiem – 5-0132.

Erbiumdiphosphate, Stabilitätskonst. v. $[Er_2P_2O_7]^{2+}$ 17-0642.

Erbiumphosphid: ErP, Übersicht über magnet. Eig. 7-0455.

Erbiumselenate(IV), therm. Zers. v. $Er_2(SeO_3)_3$ 43-0595.

Erbiumselenide: Darst. u. Gitterparameter v. Er_2O_2Se 22-0226; kristallograph. Unters. d. Phasen $ErSe_x$ ($x = 0{,}75 - 1{,}1$, $1{,}20 - 1{,}25$, $1{,}29 - 1{,}33$ u. $1{,}45 - 1{,}50$) 45-0236.

$ErSe_2$, Krist.-Chemie v. – 35-0167.

Erbiumsilicide: Krist.-Struktur u. Isotypie v. $ErNi_2Si_2$ 9-0268; Strukturdaten v. Er_2AlSi, Er_4AlSi_3, Er_2CuSi_3, Er_2Cu_2Si u. Er_2Ni_3Si 37-0251; Krist.-Chemie d. tern. Syst. $ErAl_2/ErSi_2$ 47-0195.

ErSi, Krist.-Struktur 16-0236.

Er_5Si_4, Gitterkonst. 30-0181; Herst., Struktur u. magnet. Eig. 38-0543.

Erbiumsulfate: Strukturunters. v. Er_2O_2·SO_4 44-0191.

$Er_2(SO_4)_3$, Löslichk. in d. Syst. Er_2·$(SO_4)_3/K_2SO_4/H_2O$ u. Brech.-Index v. Er_2·$(SO_4)_3$·8 H_2O 29-0617.

Erbiumsulfide, Darst. u. Gitterparameter v. MEr_2S_4 (M = Mn, Mg, Cr) 16-0234.

Erbiumtantalat(V): **$ErTa_3O_9$ [Erbiummetatantalat(V)]**, Gitterkonst. u. Darst. 36-0185.

Erbiumvanadat(V): **$Er_2V_{10}O_{28}$ [Erbiumdekavanadat(V)]**, Bldg.-Beding. u. einige Eig. 3-0712.

Erbiumwolframate(VI), Darst. u. Krist.-Struktur v. $NaEr(WO_4)_2$ 33-0914; Mechanismus d. Energietransports unter Beteilig. v. dreiwert. Er u. Tb oder Tm in Na-Seltenerdmetall-Wolframaten $[Na_{0,5}(Y, Tb, Er)_{0,5}WO_4]$ 39-0278; Charakterisier. d. Energietransportwechselwrkg. zwischen Seltenerdmetallionen in Phosphoren d. Zus. $Na_{0,5}(Y, Er)_{0,5}WO_4$ 45-0329.

Organische Erbiumverbindungen

Darst. v. Komplexverb. v. Er-Chloriden mit 2.2'-Bipyridyl 1-0706; Herst. v. Tetrahydrofuranverb. d. Er-Bromide 11-0757; Darst. v. Komplexen d. Halogenacetate d. Er mit 1.10-Phenanthrolin u. α,α'-Bipyridyl 15-0732; Darst. u. Eig. (Löslichk., Spektren) v. Er-Mono- u. -Diphthalocyanin aus Er-Acetat u. o-Phthalonitril 16-0596; Absorpt.-Spektren d. Addukte v. Er-Phthalocyanin mit Trifluoressigsäure in o-Dichlorbenzol 22-0100; thermogravimetr. Unters. v. Er-Bromid–Tetrahydrofuran-Verb. 41-0646; Unters. d. Rk.-Prod. v. Piperidin u. Py. mit wasserfreien Er-Chloriden 47-0643.

IR-Spektren v. Komplexen d. 8-Aminochinolins mit Er-Halogeniden 19-0131; EPR v. Er-Phthalocyaninen d. Formel $ErHPc_2$·J_2 28-0371.

Unters. d. Verb. d. Er mit Brenzcatechin u. Pyrogallol in schwach alkal. Medium 19-0861; Löslichk. u. Addit.-Rk. d. wasserfreien $ErCl_3$ in Äthylenglykoldiäthyläther 49/50-0588.

Eig. d. Diagramms isomolarer Lsg.-Reihen v. Komplexverb. d. Er mit Methylthymolblau 45-0541.

Komplexe d. Er-Nitrats: mit Triphenylarsinoxid 40-0617; mit Triphenylphosphinoxid 47-0641.

Gitterdaten v. Er-Acetylacetonat mit *2* Mol. H_2O u. *1* Äthanol 3-0238; IR-Spektren v. Er-Komplexen mit β-Diketonen 9-0137; Stabilitätskonst. d. *1:1*-, *1:2*- u. *1:3*-Komplexe v. Er mit α-Carboxy-β-methyltropolon 10-0556; Darst. u. chem. Eig. v. Komplexen d. Tropolonat-Anions mit Er 13-0749; Beständigk. v. Er-Komplexen mit Benzoylaceton in W.–Methanol-Lsg. 22-0598; Synth. einiger wasserfreier Er-Acetylacetonate 36-0690.

Thermogravimetr. Unters. d. Thermolyse d. Malonate u. Succinate d. Er 1-0707; Extinkt.-Koeff. sowie Rotverschieb. in d. UV-Spektren v. Er-Aminopolycarboxylaten 2-0103; Darst. u. Er-Carbonate aus einigen Salzen v. organ. Säuren 6-0734; Thermogravimetrie d. Oxalathydrate d. Er 11-0758; Zirkulardichroismus v. Er(III)-Komplexen mit Carbonsäuren 14-0106; Darst. v. Komplexen d. Halogenacetate d. Er mit 1.10-Phenanthrolin u. α,α'-Bipyridyl 15-0732; IR-Absorpt.-Spektren v. $Er(HCOO)_3$ 17-0140; Best. d. Beständigk.-Konst. u. d. mol. Absorpt.-Koeff. d. Er-Komplexe mit Gluconsäure in wss. u. wss.-alkohol. Lsg. 18-0552; Best. d. Stabilität d. 1.3.4.5-Tetrahydroxycyclohexancarbonsäure-Komplexe d. Er (potentiometr.) 18-1959; Darst. u. Löslichk. v. Er-Lactat 19-0859; zunehmende Stabilität u. vorgeschlagene Modelle v. Chelaten v. Er mit 1-Hydroxycyclopentancarbonsäure (potentiometr. Unters. d. Bldg.-Konst.) 21-0827; IR-spektroskop. Unters. an $Er(NO_3)_3$·3 TBF 28-0088; Darst. u. Unters. d. IR-Spektren d. Komplexes K[Er(iminodiacetat)$_2$]·3 H_2O 35-0694; freie Energie-, Enthalpie- u. Entropieänder. für d. Bldg. v. Er-Acetatkomplexen in W. (*5%*)-Methanol (*95%*) 37-0567; Beständigk.-Konst. d. α-Alaninats v. Er 40-0502; Bldg. v. Komplexverb. d. Er^{3+} mit Methylthymolblau 40-0503; papierelektrophoret. Trenn. d. Er/N-2-Hydroxyäthyliminodiessigsäure-Komplexes v. anderen Seltenerdmetall-Komplexen 40-1816; polarograph. Unters. v. Chelaten d. Äthylendiamin-N.N'-diessigsäure-N.N'-bis-[α-propionsäure] mit Er (Stabilitätskonst.) 41-0556; Stabilitätskonst. d. α-Hydroxycyclohexancarboxylat-Komplexe v. Er 51/52-0396; Stabilitätskonst. d. Komplexe v. Er mit α-Carboxy-β-methyltropolon 51/52-0398.

Darst. d. Er-Komplexverb. mit 4'-Sulfophenyl-3-methylpyrazolon-(5) u. deren Eig. (Löslichk., F. usw.) 14-0719; Einfl. d. Temp. auf d. Lichtabsorpt. d. wss. Lsg. v. Er-Salzen d. 2-(2'-Carboxyphenylazo)-7-(2'-arsonophenylazo)-1.8-dihydroxynaphthalin-3.6-disulfonsäure 34-0634.

Unters. v. Addit.-Verb. v. $Er(NO_3)_3$ mit Triamylphosphat durch ^{31}P- u. ^1H-NMR- u. opt. Spektroskopie 23-0149; Darst. u. therm. Zers. d. Er-Dibutylorthophosphats 37-0825; Extrakt. v. Nitratkomplexen d. Er mit Diisoamyl-, Di-n-amyl- bzw. Di-n-octylphosphorsäure in Toluol 51/52-0395.

Komplexverb. v. Er mit d. Zuckern Arabinose, Galaktose u. Lävulose (scheinbare Bldg.-Konst. d. Komplexe) 16-0595.

Erbsen, Mineraldüng. zu – auf dunkler Grauerde d. mittleren Urals 7-3050; Wirksamk. verschiedener Formen v. P-Düng. in d. Steppe d. Ukrain. SSR 7-3053.

Förder. d. Zellwandsynth. in Zwerg- – -Pflanzen durch Gibberellsäure 9-1365; Einfl. v. Ernähr.-Faktoren auf d. Rk. v. – auf Gibberellsäure 9-1367; Interaktion v. CCC u. exogenem Gibberellin in d. Wachstumskorrelat. bei Pisum sativum-Keimpflanzen 9-1369; Einfl.: v. CCC auf Bldg. u. Abgabe v. Gibberellin-ähnl. Verb. durch d. Wurzelsyst. bei Pisum arvense 9-1374; v. 1-Amino-2-nitropentan-1-carbonsäure auf – -Sämlinge 9-1375; Lipidstoffwechsel u. Atmung u. Wachstum v. – -Stengelabschnitten 18-1385; Einfl.: v. Co auf Wachstum, N- u. Kohlenhydrat-Geh. bei – 18-1399; v. Wachstumshemmstoffen auf Atmung u. gekoppelte Phosphorylier. v. Präp. aus etiolierten – -Keimlingen 19-1524; v. Äthylen-bis-nitrourethanen auf d. Wachstum v. Pisum sativum 19-1526; Fasciat. d. – in Ggw. v. Kinetin 24-1535; Rhizogenese bei Stengelfragmenten d. – bei Kultivier. in Ggw. v. Auxin 36-1495; Einfl.: v. Wachstumsregulatoren auf Entw. d. axillaren Knospen nach Stimulier. mit Corynebacterium fascians 36-1496; v. Benzyladenin auf d. Frosthärte v. Pisum sativum 49/50-1418.

Abhängigk. d. Blühens v. – v. Nucleinsäure- u. Proteinsynth. 2-1110; Aktivität v. Dimethoat u. verwandten Verb. im Pisumtest 2-1122; oxydierende Phosphorylier. bei – nach Bormangel 2-1297; Auxin-gelenkter Transport v. ^{32}P in Pisum sativum-Stengeln 3-1365; Einfl. d. Entfern. d. Kotyledonen u. v. Harnstoff auf d. Ureaseaktivität in – 4-1072; Kinintransport in Pisum sativum 4-1136; Chinonbldg. bei – (Einfl. v. Bestrahl.) 5-1342; α-Ox. in – -Blättern 6-1304; Eintritt u. Verteil. v. Mo in – in Abhängigk. v. d. Feuchtigk. d. Torfbodens 10-1383; Äthylenbldg. in – -Epikotylengeweben nach Bestrahl. 14-1374; Äthanolaminstoffwechsel in – -Gewebe 14-1402; proteinsynthetisierendes Syst. ruhender – -Samen 16-1225; Chlorophyllbldg. in isolierten – -Wurzeln 17-1478; Teilnahme d. Acetylphosphats an d. Photophosphorylier. in d. – -Chloroplasten 18-1375; Abbau v. ^{14}C-Orotsäure, ^{14}C-Uracil u. Uridin in abgeschnittenen – -Pflanzen 19-1440; Isoprenoidbiosynth. in zellfreiem Syst. v. – -Schößlingen 20-1435; Einbau v. (–)-5.7.4'-Trihydroxyflavonen in Flavonoide u. Isoflavone bei Kicher- – 20-1439; photosynthet. Aktivität isolierter – -Chloroplasten 21-1572; quant. Änder. v. RNS, DNS, Protein u. Trockenmasse während d. Keim. u. Zellverlänger. 22-1260; Uracil u. Uridin als Vorläufer d. Pyrimidin-Nucleotide in grünen – 23-1296; Einfl. v. Antibiotika auf Protein- u. RNS-Synth. in – -Schnitten (Unterdrück. d. Bakterienwachstums) 23-1498; Glucoseabbau in d. Kotyledonen keimender – -Samen 24-1515; Einfl. d. Lichtes auf d. dynam. Gleichgew. d. Adenosinphosphate in – -Blättern 25-1484; energet. Austausch in – -Wurzeln u. Fe- u. Fe–Porphyrin-Austausch 25-1524; Intensität d. Hill-Rk. mit verschiedenen Ox.-Mitteln während d. Entw. d. Blätter 26-1516; Bedeut. d. Atrazin-Desalkylier. in Wurzel u. Sproß v. – 26-1527; Bind. v. Chloramphenicol durch Ribosomen aus Chloroplasten u. Zytoplasma v. – 27-1330; Einfl. v. 2-Thiouracil auf d. Nucleinsäurestoffwechsel in d. Wurzeln v. Pisum sativum 27-1362; Photosynth. u. Aktivität d. isolierten – -Chloroplasten bei Ca-Mangel 27-1592; Biosynth. v. Biochanin A in Kichererbsen 28-1531; Translokalisier. v. ^3H-markierter Gibberellsäure in – -Stammteilen 28-1533; Nucleinsäuren u. Zelldifferenzier. in d. Wurzelspitzen v. Pisum sativum 29-1548; Aktivität v. Phosphatasen u. Dynamik d. Spurenelemente in d. Keimen v. Pisum sativum bei Vorbehandl. d. Saatguts mit Spurenelementen 29-1582; relative Geschw. d. Aminosäuresynth. in – -Blättern 30-1377; Bldg. d. Sterine d. Samenkorns v. Pisum sativum im Laufe d. Keim. im Dunkeln 32-1535; photosynthetisierende Blätter u. Wurzelknollen als C-Donatoren für d. Protein d. Keimpflanze d. Feld- – 34-1407; Einfl. v. UV-Strahl. auf d. Geh. an Vitamin C u. Aktivität d. Ox.-Fermente in – -Keimlingen 35-1419; Gär.-Stoffwechsel während d. Keim. v. – -Samen 36-1486; Stereochemie d. α-Ox. d. Fettsäuren in – 36-1490, 36-1491; Kontrolle d. ^{14}C-Saccharose-Einbaus in Knospen isolierter – -Keimpflanzen durch Phytochrom 38-1557; Aufnahme u. zellulare Verteil. v. ^{203}Hg-markiertem Phenylmercuriacetat u. Mercuriacetat 39-1387; Einfl.: v. Fluoressigsäure auf d. O_2-Aufnahme v. – -Wurzeln 39-1397; v. schnellen Neutronen auf d. DNS-Synth. in – -Keimlingen 41-1427; Abnahme d. Heterogenität d. Komplexes DNS–RNS in – -Samen unter d. Einw. v. Strahlen 45-1449; Einfl. d. homologen DNS auf d. DNS aus bestrahlten – -Samen 45-1450; Stärkeabbau in keimenden – -Sämlingen 45-1483; Einfl. v. Licht auf Äthylenbldg. u. Wachstum d. Plumula etiolierter – -Keimlinge 47-1535; Biosynth. v. Aminosäuren aus Brenztraubensäure im Wurzelsyst. v. Pisum sativum 47-1548; Stoffwechsel v. radioakt. Gibberellin A_1 in Zwerg- – 48-1534; Einbau v. methylierten Vorstufen in d. Isoflavone d. Kicher- – 48-1539; aus – -Keimwurzeln in d. Kultur-

medium abgesonderter Aminosäuren 51/52-1408; Veränder. d. Nucleinsäureumsatzes in --Pflanzen bei Bodenversalz. 51/52-1421.
Geh. an ATP in keimenden – 1-1327; flücht. Carbonylverb. in gelagerten, unblanchierten, gefrorenen – 5-3216; Uracil-5-peptid in --Keimlingen (Stoffwechselbezieh. zu Guanosin-5'-monophosphat) 6-1385; Stoffwechsel v. Nucleinsäuren in Pisum sativum-Sämlingen (Inkubieren v. ^{32}P) 8-1175; (+)-Abszisin II (Dormin) im Ätherextrakt v. Pisumsprossen 10-1391; Eig. v. wasserlösl. Proteinen aus --Samen (Veränder. während d. Reif.) 11-1341; Konzentrier. d. flücht. Geschmacksstoffe v. gefrorenen – 15-3294; SS- u. SH-Gruppen in Erbsmehl bei unterschiedl. W.-Geh. 17-1425; Nucleopeptide d. – 17-1444; Uracilaminosäure-Verb. in Pisum sativum 17-1446; Einfl. d. Reifephase u. d. Lsgm. auf d. Samenproteine v. Cicer arietinum 18-1351; Aminosäuren d. Proteine v. Pisum sativum-Samen 21-1534; Flavonoidkomplexe in Pisum sativum 21-1569; Nucleinsäuren in --Epicotylen 23-1300; Sedimentat.-Geschw. d. Ribosomen-RNS aus – 23-1308; RNS aus --Wurzeln 26-1203; natürl. hybride Komplexe DNS–RNS im Embryogewebe v. --Samen 27-1361; lösl. Plasma-Proteine d. --Wurzel (Trenn.) 27-1566; Sterine in --Samen 28-1514; Tocopherole u. Chinone in --Pflanzen 29-1572; DNS-Menge in Zellkernen verschiedener Teile v. --Pflanzen 33-1399; physikochem. u. immunchem. Übereinstimm. zwischen d. Kryoprotein u. Vicilin aus --Samen 33-1635; Vork. v. Indolacetaldehyd u. Tryptophol in d. Extrakten d. etiolierten Schosse v. – 34-1385; Vitamin-C-Geh. v. frischen u. konservierten grünen Garten-– 35-3185; freie Nucleotide in --Blättern 46-1148; Frakt. d. freien Aminosäuren in Pisum sativum 47-1549; Uridindiphosphatrhamnose aus Samen v. Pisum sativum 49/50-1390; freie Aminosäuren im --Wurzelsyst. 51/52-1409.
Ox. v. Äthanolamin durch aufbereitetes --Gewebe 2-1133; Phosphodiesteraseaktivitäten v. --Gewebe 6-1272; Dihydropyrimidinaseaktivität in --Pflanzen 6-1287; Aktivität d. Alkohol-NAD-Oxidoreduktase in --Wurzeln 10-1215; Glucosidasen u. Mannosidasen in Pisum sativum-Samen 12-1264; Adenosintriphosphataseaktivität in Zellwandbruchstücken aus --Wurzelhomogenaten 12-1294; Inaktivier. v. --Samen-Diaminooxydase durch Peroxydase u. 1.5-Diaminopentan 20-1280; Substratspezifität d. Alkoholdehydrogenase d. – 21-1380; Asparagat-Aminotransferase aus Pisum sativum 21-1412; 3-Methylenoxindolreduktase v. – 22-1328; oxydative Desaminier. v. 2-Hydroxyderiv. v. Putrescin u. Cadaverin durch --Sämlingdiaminoxydase 22-1333; Fructosediphosphataldolase aus Pisum sativum 26-1358; $N^5.N^{10}$-Methylentetrahydrofolatdehydrogenase in – 29-1410; Malatdehydrogenase aus – (Einfl. v. NaCl auf d. Aktivität) 32-1336; Umwandl. v. Mevalonsäure durch Enzymsyst. aus – 35-1336; Formyltetrahydrofolatsynthetase in --Keimlingen 38-1471; Kristallisat. u. Eig. d. --Glucosephosphatisomerase 39-1262; Lysincarbamylierende Aktivität in grünen – 40-1214; therm. Trenn. d. Dihydroorotase- u. Dihydropyrimidinaseaktivitäten aus rohem --Enzympräp. 40-1283; enzymat. Entw. v. Äthylen aus Methional durch --Sämlingsextrakt 40-1307; Biosynth. v. (–)-Kauren in zellfreien Extrakten unreifer --Samen 44-1368; zellfreies, Protein synthetisierendes Syst. aus Keimlingen v. Cicer arietinum 46-1354; --Lipoxydase (Verteil. v. Enzym u. Substrat in grünen –) 51/52-2934.
Einfl. v. --Mehl im Nährboden auf d. Synth. v. proteolyt. Fermenten durch Micromonospora 51/52-1309.
Lipidhydrolyse in unblanchierten gefrorenen – 10-3101; Lipidox. in gefrorenen – in Bezieh. zu Geschmacksveränder. 22-3211; Kochfähigk. v. Feld-– 23-3462; chem. Wrkg. v. Äthylen auf Gefrier-– während d. Lager. 39-3182; Anwend. v. Tylosinlactat: bei d. therm. Konservier. 40-2954; zur Herabsetz. d. zur Strahl.-Konservier. nötigen Dosisbedarfs 44-2964.
Best.: v. Purinbasen u. Pyrimidinnucleotiden in --Keimen (chromatograph.) 6-1384; v. Bidrin-Rückständen in – (biolog.) 7-2059; d. Lysin- u. Tryptophangeh. in Kicher-– 22-2223; v. Zucker in getrockneten – 43-2047.

Erdalkalimetalle

– in Meteoriten u. Tektiten 16-0764; --Geh. im Plankton d. Bahamas 17-0813; Bind. v. – an subzelluläre Partikel d. Nierenrinde 11-1529.
Ionenaustauschextrakt. aus wss. Lsg. 17-2283*; Trenn. d. Alkalimetalle v. Erdalkalimetallen durch Kationenaustausch-Chromatographie in HNO_3 33-2205.
Opt. Absorpt. eines Zwischengitter-–-Kations in einem Alkalimetallhalogenidkrist. 27-0371.
Kinetik d. Anhäuf. v. Loch-Farbzentren in mit – dotiertem Alkalimetallhalogenid-Krist. 13-0314.
Theoret. Elektronenaffinitäten einiger Elemente d. Alkali- u. Erdalkalimetalle 33-0091; Best. d. wahrscheinlichsten Atomradien 45-0035.
Einfl. d. Zusatzes v. – auf d. dielektr. Eig. v. Glas u. Papier 10-0452.
EPR v. Ionenpaaren aus dreiwert. Seltenerdmetallen u. einwert. – in CaF_2 30-0338.
Spann.-Rißkorros. v. Ti/Al-Leg. in --Ionen enthaltenen Lsg. 10-0596; Eindring.-Effekt an d. Grenzfläche Amalgam/--Ionen enthaltende Lsg. 20-0561; polarograph. Halbstufenpotentiale u. Solvatat. v. --Ionen in Lsgm. verschiedener Donatorzahl 25-0657; Polarographie v. --Ionen in 1.2-Propandiolcarbonat 37-0634.
Meth. zur Erreich. d. Gleichgew. zwischen fester krist. Phase u. Lsg. u. ihre Anwend. zur Unters. d. Cokristallisat. v. radioakt. – mit d. sek. Phosphaten d. Sr u. Ba 44-0444.
Anwend. d. Hochspann.-Elektrophorese zur Trenn. radioakt. – 1-1779; komplexchem. Eig. eines Chelatharzes mit Sarkosin-Ankergruppen gegenüber – 2-0627; Ionenaustausch an Serpentinit, Glaukonit u. Bentonit 6-0659; thermodynam. Funkt. d. Austausches v. – gegen H an sulfonierten Styrol–Divinylbenzol-Copolymeren 16-0671; Einfl. v. pH-Wert u. Ionenstärke auf d. Verteil.-Koeff. v. – mit Chelat-Ionenaustauschharzen 24-0687; Sorpt. v. --Spuren aus konz. NaOH- u. NH_4Cl-Lsg. an ox. Kohle 24-0689; Ionenaustausch an Titanhexacyanoferrat(II) 29-0750; Unters. d. Austauschverh. d. --Ionen im Boden 33-3360; Eig., Zus. u. Struktur v. Stearinsäure-Stearat-Monoschichten auf --Lsg. 34-0703; Austauschkonst. v. --Ionen gegen H am Carboxylkationiten KB-4P-2 44-0601.
Wechselwrkg. zwischen – u. Polymethacrylsäure in verd. Lsg., viskosimetr. u. konduktometr. Unters. 7-1134; Solventextrakt. mit TTA 10-0550; Auflsg. in ihren geschmolzenen Halogeniden, Übersichtsarbeit 17-0628; Extrakt.: aus $NaNO_3$-Lsg. durch Bis-[2-äthylhexyl]-phosphat in Bzl.; Mechanismen u. Gleichgew. 18-0526; durch Polyallylchloridphosphonsäuren 20-0505; mit Buttersäure, Trenn. d. Seltenerdmetalle v. Ca, Sr, Mg u. Ba 26-0575.
Rk. mit Phthaleinazo-Verb. 43-1949; durch – katalysierte Polymerisat. konjugierter Diene 2-1056; katalyt. therm. Zerfall v. NH_4ClO_4 an – 37-0794.
Unters. zur qual. anorgan. Analyse 33-2186; Rk. d. Gallussäure mit --Ionen 46-1824.
Flammenphotometrie (Stör. durch Begleitstoffe) 13-1862; polarograph. Best. in Äthylendiamin 29-1993.
Best. v. Be, Mg u. Ba nach Auftrenn. aller – (dünnschichtchromatograph.) 2-1839; Spurenabtrenn. aus Cu(II)-Salzen mittels p.a. IDE-Harz 14-1928; Trenn. d. – durch Thermochromatographie auf Papier 16-1932; Best. v. Alkalimetall- u. --Ionen durch Fäll.-Titrat. in nichtwss. Lsg. 18-1954; Trenn. d. – als TTA-Komplexe durch Verteil.-Chromatographie mit umgekehrten Phasen 21-2157; Best. v. Mikromengen – in Si-Carbid 23-2250; Ultramikroanalyse v. – nach d. H-Flammenionisat.-Meth. 24-2024; flammenphotometr. Best. v. – in U v. nuclearem Reinh.-Grad 38-2067; Analyse v. Oxidschmelzen d. Seltenerdmetalle u. – 40-1815; Mechanismus v. Störeinfl. u. ihre Ausschalt. bei d. Best. d. – mit Hilfe d. Flammenphotometrie 43-1948.
Best. v. Cu-Spuren in – mit einem Ionenaustauscherharz 14-1927.

Erdalkalimetall-Legierungen

Einfl. d. abgeschirmten Lad. auf d. spezif. Elektronenwärme verd. – 20-0216.
Ge: Röntgenograph. Unters. u. Darst. mit d. CrB-Strukturtyp 30-0182.
Sn: Röntgenograph. Unters. u. Darst. mit d. CrB-Strukturtyp 30-0182.
Zn: Gitterkonst. u. Darst. Zn-reicher Phasen v. – 31-0211.

Erdalkalimetallverbindungen

Unters. v. Erdalkalimetallkomplexen in verschiedenen Lsg. 12-0547, 13-0597, 46-0520.
Rk. v. – mit Ta- u. Nb-Alkoholaten oder -Phenolaten 21-2385*; Herst. v. Aralkylhydroperoxiden in Ggw. v. – 20-2537*; Verw. zur Herst. v. feuerfesten Körpern aus gebundenem Al_2O_3 2-2136*; --Zusatz in keram. Syst. zur Erniedrig. d. Rk.-Temp. 27-2517; Best. v. Kristallwasser in Erdalkalimetallsalzen (IR-spektroskop.) 2-1822.
ESR-Unters. d. Ionenpaarkomplexe v. m-Jodnitrobenzol mit Erdalkalimetallen 36-0077; Löslichk. v. Erdalkalimetallalkoholaten in Alkoholen 7-0542; zur Kenntnis d. Erdalkalimetallmethylate, IR-spektroskop. u. röntgenograph. Unters. an $Mg(OCH_3)_2$, $Ca(OCH_3)_2$, $Sr(OCH_3)_2$ u. $Ba(OCH_3)_2$ 18-0231; Alkoholate v. Erdalkalimetallen (Übersicht) 30-0993; Herst.: v. Erdalkaliaminophosphiden 19-2743*; v. N-Erdalkalimetall-B-organoborazenen 43-2653*; v. Ferro-Erdalkalimetall-Citraten (Chemotherapeutika u. Zusätze zu Nahr.-Mitteln) 1-1597*; cyclisierende Depolymerisat. v. Polyacrylsäure u. Polymethacrylsäure durch trockene Dest. ihrer Erdalkalimetallsalze (Identifizier. d. Zers.-Prod.) 11-1150; (Meth. d. Trenn. d. Zers.-Prod.) 11-1151; Stabilitäten d. Erdalkalimetall-Komplexe d. meso- u. dl-2.3-Diaminobutan-N.N.N'.N'-tetraessigsäuren 21-0634; Darst. u. einige Eig. v. Erdalkalimetalltartratoboraten 21-0790; katalyt. Hydrier. v. Erdalkalimetall-Salzen d. β-Methyl-β-äthylglycidsäure 25-2703*; IR-Spektren d. Äthylendiamintetraacetate v. Erdalkalimetallen 46-0074.
Erdalkalimetallamide, Rk. v. weißem P mit – 19-2743*.
Erdalkalimetallbromide, Best. d. Soret-Koeff. S_T in wss. --Lsg. 26-0628.
Erdalkalimetallcarbonate, Herst. feinpulvr. – 47-2194*; Auflsg.-Erschein. bei – 5-0583; (pH-Mess.) 21-0645; Zers.-Prod. v. --Lsg. 39-2265; Kondens. v. Hexachlorcyclopentadien mit cis-2-Buten-1.4-diol in Ggw. v. – 1-2469*.
Erdalkalimetallchalkogenide, Berechn. d. Feldstärkekoeff. u. d. Polarisat.-Energie in Ionenkrist. unter bes. Berücksichtig. d. beobachteten Strukturen 3-0253.
Erdalkalimetallchloride, Wrkg. d. Strahlen d. Wellenlänge *1850* u. *2537* Å auf d. Lumineszenz d. Erdalkalimetallchlorophosphate 11-0390; Viskosität v. fl. – 15-0549; Einfl. d. Membranpotential v. Tuffmembranen in --Lsg. 51/52-0461; Oxychlorier. v. CH_4 u. C_2H_6 mit --halt. Katalysatoren 18-2477*; Einfl. auf d. polarograph. Best. v. U(VI) 4-1632.
Erdalkalimetallchromate(VI) [**Erdalkalimetalldichromate(VI)**], Herst. aus Chromit 13-2166*.
Erdalkalimetallcyanocuprate(I), Stabilisieren v. Polyamiden durch $Me_y[Cu(CN)_x]$ (Me = Erdalkalimetalle) 21-3135*.
Erdalkalimetallfluoride, Born-Modell-berechn. d. Bldg.-Energie d. Punktfehlordn. in – 29-2424; UV-Absorpt.-Spektren v. Ce^{3+} in --Krist. 16-0347; UV-Absorpt.-Spektren d. Pr^{3+}-Ions in – 25-0338; IR-Spektren saurer – 32-0078; F-Zentren in – 8-0289; Wrkg. d. Strahlen d. Wellenlänge *1850* u. *2537* Å auf d. Lumineszenz d. Erdalkalimetallfluorophosphate 11-0390; Thermolumineszenzunters. an dotierten – 25-0350; Faraday-Dreh. v. F-Zentren in – 38-0334; Farbzentrenabsorpt. v. röntgenverfärbten --Krist. 43-0275; durch Phononen unterstützte Farbzentrenfluoreszenz v. additiv gefärbten --Krist. 43-0299; IR-spektroskop., röntgenograph., pyknometr. u. kristallopt. Mess. d. Einw. v. Stoßwellen auf – 20-0238; Farbzentren in plast. verformten – 48-0304; Elektronenstruktur, Hyperfeinstruktur (HFS)-Konst. v. F-Zentren in – 27-0422; dynam. ^{19}F-Kernpolarisat. in H-dotierten – 42-0303; Wärmeausdehn. bei tiefen Temp. u. Schwing.-Eig. 16-0289; Phasen d. bin. Syst. aus Alkalimetallfluoriden u. – 29-0624; Krist.-Struktur d. Phasen u. Mischkrist.-Bldg. im Syst. v. – mit Seltenerdmetallfluoriden 41-0500; refraktometr. Unters. saurer – im Syst. W./HF 25-0579.
Erdalkalimetallfluoroferrate(III), Krist.-Struktur u. Gitterkonst. v. Erdalkalimetallfluoroferraten 13-0585.
Erdalkalimetallhalogenide, Geometrie u. Schwing.-Spektren d. – 18-0123; Wrkg. d. Strahlen d. Wellenlänge *1850* u. *2537* Å auf d. Lumineszenz d. Erdalkalimetallhalogenphosphate 11-0390; diffuse Reflex.-Spektren v. einem nicht aktivierten Erdalkalimetallhalogenidphosphat gegen MgO als Standard 12-0319; aus kernmagnet. Relaxat.- u. Selbst-Diffus.-Daten abgeleitetes mikrodynam. Modell v. wss. --Lsg. 32-0628; Auflsg. d. Erdalkalimetalle in ihren geschmolzenen Halogeniden, Übersichtsarbeit 17-0628; Erdalkali-

metall/Erdalkalimetallhalogenid-Syst., elektr. Leitfähigk. geschmolzener Metall–Metallhalogenid-Misch. 31-0657; Thermodynamik d. Auflsg. v. – in W. bei verschiedenen Temp. 42-0412; Misch.-Enthalpien einiger bin. – 37-0522; Herst. eines –-halt. Katalysators für d. Bldg. v. Dicyan 3-2613*.

Erdalkalimetallhydridoaluminate(III), Herst. v. $Me(AlH_4)_2$ (Me = Erdalkalimetall) 3-2276*.

Erdalkalimetallhydroxide, Herst. eines –-halt. Katalysators für d. Bldg. v. Dicyan 3-2613; Verw. v. – als Katalysator bei d. Kondens. v. Aceton u. HCHO 36-2839*.

Erdalkalimetalljodate(V), kalorimetr. Best. d. thermochem. Konst. v. – 28-0541.

Erdalkalimetalljodide, Viskosität v. fl. – 15-0549.

Erdalkalimetallniobate(V), Herst. v. –: durch Rk. eines Nb-Alkoholats oder Phenolats mit Erdalkalimetallverb. 21-2385*, 24-2285*; durch Hydrolyse v. Addit.-Verb. 44-2099*.

Erdalkalimetallnitrate, Gewinn. v. –: bei d. Herst. v. NOCl 26-2291*; aus d. Chloriden 48-2125*; thermochem. Unters. v. – in gemischten W.–Glycerin-Lsg. 13-0550; Viskosität v. fl. – 15-0549; thermochem. Unters. d. – in W.–Äthylenglykol-Gemischen 31-0602; Best. d. elektr. Leitfähigk., D. u. Viskosität 37-0591; Thermodynamik d. Auflsg. v. – in W. bei verschiedenen Temp. 42-0412.

Erdalkalimetallnitrite, Entgift. wss. –-Lsg. 21-2371*; Viskosität v. fl. – 15-0549.

Erdalkalimetalloxide

UV-Absorpt. v. Cr(VI) in einigen bin. u. tern. –-Gläsern 45-2423; Zentren in d. – 33-0414; Bldg. v. F-Zentren in – durch plast. Verform. 48-0200; Abschätz. einer „optimalen" Donatorenzahl mit Hilfe einer Mess. d. Schrotrauschens v. –-Kathoden in Abhängigk. v. H-Druck 24-0419; Natur d. Ionendeformat. in –; Anwend. auf eine Analyse d. magnet. Eig. 49/50-0342; Bind.-Energien v. zweiatom. Oxiden v. Elementen d. Gruppe IIa 29-0591; Chemisorpt. an einigen – 27-0753, 27-0754; Herst. eines –-halt. Katalysators für d. Bldg. v. Dicyan 3-2613*; Verw. als Flußmittel zur Herst. temperaturwechselbeständ. keram. Werkstoffe 3-2344*; Qualitätsverbesser. v. Sand durch Beimischen v. – 8-2260*; Verw. zur Erzeug. kupferroter Glasuren 42-2155*.

Mischoxide

Al: Sensibilisierte Lumineszenz v. mit Mn aktivierten Erdalkalimetallaluminat-Phosphoren 41-0269; Ionenaustauscheig. v. Erdalkalimetallaluminaten 37-0719; Rk. v. Erdalkalimetallaluminaten mit $AgNO_3$ oder $AgClO_3$ 37-2405*; Darst. v. Erdalkalimetalloxid/Al_2O_3-Gemischen als antazide Mittel 21-1849*.

Ce: Vgl. d. Absorpt.-Spektren v. Stannaten mit Perowskit-Struktur mit denjenigen v. – gleicher Struktur im Bereich zwischen *10* u. *40* μ 20-0276.

Fe: Ionenaustauscheig. v. Erdalkalimetallferraten(III) 37-0719.

Gd: Fluoreszenz- u. Kathodolumineszenz d. Eu^{3+} in einigen – als Grundgitter 15-0360.

Seltenerdmetalle: Strukturen neuer Seltenerdmetallerdalkalimetalloxide, vorhergesagte Verbind.-Bldg. u. neu gefundene Familien 42-0113.

Si: Elektr. Leitfähigk. geschmolzener – 34-0645; Ionenaustauscheig. 37-0719.

Ti: Vgl. d. Absorpt.-Spektren v. Stannaten mit Perowskit-Struktur mit denjenigen v. – gleicher Struktur im Bereich zwischen *10* u. *40* μ 20-0276.

Y: Fluoreszenz- u. Kathodolumineszenz d. Eu^{3+} in einigen – als Grundgitter 15-0360.

Zr: Vgl. d. Absorpt.-Spektren v. Stannaten mit Perowskit-Struktur mit denjenigen v. – gleicher Struktur im Bereich zwischen *10* u. *40* μ 20-0276.

Erdalkalimetallperoxide, Darst. u. physikal.-chem. Unters. an – 2-0689; Verw. in antimikrobiellen Mitteln 40-1629*.

Erdalkalimetallphosphate

Wrkg. d. Strahlen d. Wellenlänge *1850* u. *2537* Å auf d. Lumineszenz d. Erdalkalimetallhalogenophosphate 11-0390.

Erdalkalimetallorthophosphate

Reindarst. v. prim. – 23-2408*; Sensibilisier. d. Tb^{3+}-Lumineszenz durch Sn^{2+} u. Cu^{+} in – 27-0408.

Erdalkalimetallpolyphosphate

Reindarst. v. – 23-2408*.

Erdalkalimetallmetaphosphate

Reindarst. v. – 23-2408*.

Erdalkalimetallselenate(IV), Herst. v. – durch therm. Zers. d. Selenate(VI) 5-2165*.

Erdalkalimetallsilicate, Darst. v. Silicat- u. Germanat-Apatiten mit Erdalkalimetallen u. Seltenerdmetallen 38-0834; Verw. bei d. Herst. chromithalt. feuerfester Steine u. Massen 5-2267*.

Erdalkalimetallsilicide, röntgenograph. Unters. u. Darst. v. – mit d. CrB-Strukturtyp 30-0182.

Erdalkalimetallsulfate, Polysulfate d. – 26-0754.

Erdalkalimetallsulfide (Erdalkalimetallpolysulfide), Verw. zur Herst. v. S-Harz-Massen für Beton- u. Fahrstraßendecken 15-2377*.

Erdalkalimetalltantalate(V), Herst. v. –: durch Rk. eines Ta-Alkoholats oder Phenolats mit Erdalkalimetallverb. 21-2385*, 24-2285*; durch Hydrolyse v. Addit.-Verb. 44-2099*.

Erdalkalimetallthiocyanate, Rk. mit Alkylenoxid 20-2566*.

Erdalkalimetallthiocyanatobismutate(III), Darst. u. Eig. d. Doppelsalze d. Thiocyanatobismutate v. Alkali- u. Erdalkalimetallen 36-0705.

Erdbeeren, Frühjahrsbehandl. mit Nematoziden 2-2839; Vork. v. Phytonziden in – d. Karpatengebietes 5-1327; physiolog. Rk. auf DL-Abscisin 9-1379; faktorieller NPK-Feldvers. 17-3366; Verluste an L-Ascorbinsäure während d. Gefriertrockn. 19-3233; Vork. v. Myoinositoxygenase in – 20-1288; Anwachsen d. Befalls mit Erdbeerläusen durch Phorat u. Disulfoton 23-1575; Inositstoffwechsel 24-1516; Stoffwechsel v. ^{14}C-Diphenamid in – 24-1541; L-Ascorbinsäure u. Anthocyanfärb. in gefriergetrockneten u. thermosterilisierten – 30-3064; Aroma v. frischen – 32-1523; Abbau d. Anthocyane in – (Einfl. v. Hydroxymethylfurfurol) 40-2957; Anthocyane v. – 41-3259.

Best. in –: v. Bidrin-Rückständen (biolog.) 7-2059; v. Pestizidrückständen 9-2037; v. Dicloran-Rückständen (gaschromatograph.) 18-2067; v. Organochlorinsektiziden (gaschromatograph.) 35-2168.

Erdgas (Naturgas), –-Technik (Fortschrittsbericht) 2-2480; – v. Groningen 20-2649.

–-Geh. in d. Gesteinen d. Präkambriums v. Tujmazy 6-2631; KW-Stoffzus. d. Kondensats d. Odžak-Gasvork. 8-2619; Herkunft u. Verteil.-Gesetzmäßigk. d. Ar in Untergrundwässern gasführender Bassins 11-0819; C- u. N-Isotope in holländ. – 12-2636; Gashöffigk. d. Nordrandes d. Donec-Beckens 22-2745; chem. Zus. v. – d. Andygenvork. 24-2590; Naphthalin-oxydierende Bakterien in d. Grundwässern v. –-Vork. 26-1395; Anwendbark. d. He–Ar-Verhältnisses zur Best. d. Alters v. natürl. Gasen 27-0881; Zus. d. wss. Kondensate v. Bohr. d. Krasnodarsk-Gaskondensatvork. 27-2997; KW-Stoffzus. d. Kondensats d. Kizylkum-Gasvork. 27-2998; Nomenklatur u. Klassifikat. v. –-Lagerstätten u. -Vork. 29-2874; Wiedergewinn. v. J aus Brunnenwasser d. –-Quellen 30-2217*; chem. Zus. d. Gaskondensate v. Nord-Dagestan-Lagerstätten 36-2655; geochem. Bezieh. d. Ra-Anomalien in d. Grundwässern zu d. –-Lagerstätten 45-0780; Entsteh. d. – u. d. –-Lagerstätten 45-2861.

Bekämpf. v. Paraffinablager. in –-Sonden 39-2743*.

Herst. v. hochakt. Silicagel zur Gewinn. v. Propan u. Butan aus – u. Begleitgasen 8-2616; Abtrenn. v. fl. KW-Stoffen aus – (Verw. v. Expans.-Turbinen) 13-2671; Möglichk. d. Adsorpt. v. Komponenten aus – 19-2826; Entfernen aus –: v. C_3- u. schwereren KW-Stoffen (Ölwäsche bei Überdruck) 20-2667*; v. Mercaptanen (mit Mol.-Sieben) 24-2589; v. He 26-2284*; v. SO_2, H_2S u. CO_2 (Waschen mit tetrasubstituiertem Harnstoff) 36-2666*; Trenn. v. – in Frakt. nach d. Hypersorpt.-Meth. (Adsorpt. auf bewegl. akt. Kohle) 38-2735; Verflüssigen u. Wiederverdampfen v. – bei Lager. oder Transport 42-2012*; Feinentschwefel. mit Aktivkohle 44-2491; automat. gesteuerte Anlage zur S-Gewinn. aus – 45-2860; –-Aufbereit. unter Berücksichtig. d. sicherheitstechn. Erfordernisse 45-2862; Gewinn. v. gereinigtem Gasolin aus saurem – 45-2891*; Bzn.-Extrakt. aus Erdölgasen durch Adsorpt. an Aktivkohle 47-2650.

Katalyt. Ox. zu CH_2O u. Methanol 4-2203; Gewinn. v. Protein aus – (Übersicht) 5-2694; Konvertier.: mit Luft (katalyt.) 5-2705*; mit W.-Dampf u. Luft 10-2661; Einfl. d. Alumosilicatstruktur d. Trägers auf d. katalyt. Aktivität v. Ni während d. –-Konvertier. 14-2664; Herst. v. Formaldehyd durch direkte Ox. v. – (Anlage, chem. Vorgänge) 17-2727; Umstell. v. Druckgaserzeugern in Dorsten v. Kohle auf – 18-2615; Betriebserfahr. bei d. –-Luft-Spalt. 18-2616; Vergüt. v. –-Kondensaten 22-2766*; Herst. v. C_2H_4 aus verflüssigtem – 26-2632*; therm. Zers. in Ggw. v. CO_2 (Herst. v. Ruß) 27-2459*; Verwert. v. – mit hohem N-Geh. 29-2871; Herst. v. Chlormethanen durch Chlorier. v. – 35-2616*; Pyrolyse zu Acetylen 36-2654; Erhöh. d. Ausb. an Krackgas beim elektr. Kracken v. n-Undecan durch Einführ. v. – 37-2866; Konvertier. v. – 41-2423; kontinuierl. Reforming bei hohem Druck v. – v. Alfortville 44-2489; Verarbeit. v. – auf H_2-reiches Gas v. niedr. Heizwert durch kontinuierl. Reforming 47-2643.

Nomogramm für wärmetechn. Berechn. bei d. Verbrenn. v. – 2-2479; Kinetik: d. Hydratbldg. in – 5-2693; d. Red. v. Fe_2O_3 mit – 7-0659; d. Hämatitred. durch teilweise reformiertes – 8-0625; Red.: v. Fe-Erzen durch – (Zementit-Bldg.) 10-2312; v. Agglomerat mit – (Kinetik) 13-2293; 19-2501; Einfl. v. O_2 auf d. Ström. in Flammen v. – 19-2819; Best. d. CO-Geh. u. Wärmeverlustes bei d. chem. unvollständ. Verbrenn. v. – 29-2873; katalyt. Red. v. N-Oxiden mit – 41-2273; Berechn. d. Verbrenn.-Temp. v. – 42-2447; Anwend. d. Benedikt-Webb-Rabinschen Zustandsgleich. auf d. Šebelin-– 44-2490; Bldg. v. Gashydraten bei – 45-2864; Berechn. d. Abdampfgrades einzelner KW-Stoffe v. –-Kondensaten 48-2389.

Direkte Gewinn. v. Schiefer-Schweröl mit heißem – 1-2539; Red.-Arbeit d. Gase im Hochofenschacht bei Verw. v. – 3-2392; Verw.: zum Abtreiben v. Zn aus Schmelzen 9-2355; zur Herst. v. Fe-Pulver 9-2366; für SM-Öfen (Brennstoffmisch. aus – u. Teerrückstand) 21-2503; zur Alunitred. (konvertiertes – aus Karadarskij) 33-2404; zur Red. v. SO_2 38-2307; in Industriebrennern 40-2466; Ausnutz. d. Red.-Vermögens v. – in hoch-P-halt. Stahlroh-Fe 41-2427; Verw. zur Vorbereit. v. Carnallit für d. Elektrolyse 45-2329.

Best.: v. Monoäthanolamindämpfen in gereinigtem – (durch Absorpt. in W.) 10-2660; v. kleinen Mengen Acetylen-KW-Stoffen in d. C_4-Frakt. v. gekrackten – (gaschromatograph.) 19-2237; chromatograph. Analyse v. –-Pyrolyseprod. nach d. Niedrigtemp.-Plasmastrahlverf. 36-2054; Methodik d. $^{13}C/^{12}C$-Isotopenunters. an – 40-2467; Auffinden v. Leckstellen in –-Leit. durch Gaschromatographie v. Bohrproben 47-2093.

Bibl.: Bohren von Erdöl und Erdgas. Bd. *1* B 16; Konferenz über die Chemie und chemische Verarbeitung des Erdöls und Erdgases B 47; Erdöl, Naturgas, Petrochemie in Rumänien B 47; Grundlagen der direkten geochemischen Schürfungsmethoden nach Erdöl- und Erdgasvorkommen [russ.] B 30; Produkte der Verbrennung von Erdgas bei hohen Temperaturen (Zusammensetzung und thermodynamische Eigenschaften) [russ.] B 55; Erdölbitumen und Kohlenwasserstoffgase als Begleiter hydrothermaler Tätigkeit [russ.] B 78; The ‚Gas Journal' directory. *1968* B 71; Gas lift theory and practice, including a review of petroleum engineering fundamentals B 71; Natural gas; a study B 71.

Erdnüsse, flücht. Bestandteile v. gerösteten – 1-3054; Einfl. v. –-Extrakt auf d. Blutgerinn.-Syst. 3-1461; Lipidzus. v. entölten –-Kuchen 3-3251; Einfl.: v. –-Prod. auf d. Aktivität d. Arginase u. Transamidinase in Leber bzw. Niere 5-1450; d. Bind.-Form d. Düngerelemente auf d. Ertrag 5-3085; Haltbark. v. teilweise entfettetem –-Mehl (Einfl. d. Vorkochbeding. v. –) 5-3206; Vorquellen v. –-Samen in Hormonlsg. 9-3030; Einfl. v. Herbiziden auf –-Sämlinge 11-3056; Einleit. d. Ruheperiode durch Anwend. v. Maleinsäurehydrazid vor d. Ernte 14-1411; Geschmackskomponenten v. gerösteten – 16-3229; Acetaldehyddehydrogenase aus keimenden –-Samen 21-1389; Sterine in –-Samen 28-1514; freies Arginin in – (Einfl. d. S-Geh. im Nährboden) 32-1536; Vorläufer d. typ. u. atyp. Aromas v. gerösteten – 41-3254; Biogenese v. Mitochondrien in Kotyledonen v. keimenden – 43-1357; Wrkg. v. –-Schrot mit Aflatoxin bei Cynomolgus-Affen 43-1472; Nucleinsäuren in –-Kotyledonen (Charakterisier.) 45-1281; Verminder. d. Aflatoxingeh. in –-Mehl durch Ozonisier. 45-3334.

Best. v. Aflatoxin in – u. –-Prod. 5-2042; (Extrakt. durch Dialyse) 16-2062; (unter Verw. v. Aceton/Hexan/W. zur Extrakt.) 20-2030; Best. in –: v. Aflatoxin B_1 21-2278; v. Aflatoxinen 51/52-2015.

Erdöl

–-Bitumen s. unter *Bituminöse Stoffe*.

–-Technik (Fortschrittsbericht) 2-2480; kation. Korros.-Inhibitoren in d. –-Industrie 5-2695; Entfern. v. – u. –-Prod. aus W.

14-2130; Wirksamk. v. Repellentien bei --Arbeitern 33-3425; zerstörungsfreie Prüf. in d. --Industrie 36-2363.

Entstehung, Vorkommen

Biochem. Prospektieren zur Auffind. v. --Vork. 3-2756*; Bedeut. d. katalyt. Eig. natürl. mineral. Stoffe bei d. Entsteh. d. — 4-2204; Naphthid-Erschein. an d. Küste d. Beringmeeres (Möglichk. d. Existenz v. --Lagerstätten) 6-0810; Einfl. d. Tonminerale auf d. Bldg. d. — 6-0812; Inkohl., Pyrolyse u. prim. Migrat. d. — 7-2707; Gesetzmäßigk. d. Veränder. d. physikal.-chem. Eig. v. — in d, Auskeilzonen d. PK-Schicht 8-2620; Verdräng. v. Öl durch W. in heterogenen Gesteinen u. Abschätz. d. Heterogenität bei Berechn. d. reservoir engineering 19-0883; Ursprung v. — 21-2895; mkr. Heterogenität im Lagerstättengestein u. Einfl. auf d. Lagerstättenverh. 21-2896; Vorstell. v. d. Genese d. deutschen --Vork.; Geschichte d. — u. d. --Geologie in Deutschland 22-0825; S- u. H-Isotopenzus. d. — als Indikator paläogeochem. Besonderh. d. --Bassins 24-0848; Rolle d. Endpotentials u. natürl. elektr. Ströme bei organ. geochem. Prozessen im Zusammenhang mit — 28-2725; Nomenklatur u. Klassifikat. v. --Lagerstätten u. -Vork. 29-2874; Rolle d. Mikroorganismen bei Umwandl. u. Abbau d. --Lager 35-1350; Möglichk. d. Bldg. v. — in Sedimenten salzhalt. Wasserreservoire 36-2656; nichtbiogener Ursprung v. — 38-0793; Bezieh. d. Zonen erhöhter Radioaktivität zu d. W./--Frakt. --halt. Sandsteine 42-0668; Ingangsetz. d. --Migrat. 43-2720; geochem. Bezieh. d. Ra-Anomalien in d. Grundwässern zu d. -- u. Erdgaslagerstätten 45-0780; Beweis für d. Rolle v. Lipiden bei d. --Bldg. durch C-Isotope 47-2645; --Migrat. (Emulgatoren in — u. Ölfeldwässern) 49/50-2675.

Physikalische, chemische und physiologische Eigenschaften

--Emuls. 6-2626; Einfl. d. Temp. auf d. Abwaschen v. — v. d. Oberfläche v. Mineralien 7-0752; Löslichk. v. S in --Frakt. 9-2654; Korros.: v. Al-Leg. in alkal., --halt. Suspens. 11-2405; in mit S-halt. — gefüllten Tanks 11-2656; physikal.-chem. Kennziffern v. — aus d. Dnepr-Donec-Gebiet 23-2916; Abhängigk. d. Durchschlagsfestigk. u. elektr. Leitfähigk. v. — v. emulgiertem W. 24-2294; Änder. d. physikal.-chem. Eig. v. — unter d. Einfl. v. trockenem Gas 29-2875; Mechanismus d. Koaleszenz u. Demulgier. v. — 34-0681; Erstarr.-Punkte d. Gemische aus Dest.-Frakt. v. Dolni-Dobnik-- 35-2181; Korros.-Unters. an Stahlelektroden in --halt. NaCl-Lsg. 37-0605; Wechselwrkg. d. — mit V in wss. Lsg. 45-0766; Temp.-Abhängigk. d. Wärmeleitfähigk. enger Frakt. v. Ozeksuat-- 46-2394; opt. Dreh. v. --Destillaten 51/52-2458.

Petrolchemie u. Biochemie 11-1373; Einfl.: d. --Wuchsstoffes auf Photosynth. u. Wachstum d. Nebentriebe einiger Baumarten 13-1379; v. --Bestandteilen auf d. Austausch v. Nucleinsäuren u. freien Nucleotiden im tier. Organismus 33-1383.

Zusammensetzung und Bestandteile

Isolier. v. Adamantan aus — d. Balachan- u. Surachan-Region 2-2481; Zus. u. technolog. Eig. d. hellen Teils d. — v. Ost-Kotur-Tepe 4-2205; Struktur d. krist. Frakt. hochschmelzender fester KW-Stoffe d. Tujmazy-- 6-2624; feste KW-Stoffe aus Frakt. v. Pesčany-— 6-2627; Gesamt-N-Geh. in rumän. Rohölen unterschiedl. geolog. Entsteh. 7-2032; Mikroelemente d. Asche bulgar. Rohöle 7-2715; KW-Stoffe v. --Proben unterschiedl. Alters 9-0775; KW-Stoffe enger Frakt. d. — v. Bucșani u. Moreni 11-2010; Alkylthiophene in kaliforn. Rohöl 11-2011; N-halt. Verb. im — d. tadžikistan. Vork. 12-2637; Grenz-KW-Stoffe d. *350–450°*-Frakt. v. maritimem (Čeleken) — 13-2672; cycl. Sulfide in bei *111–150°* sd. Rohöldestillat v. Wasson, Texas 14-2033; Unters. d. venezolan. Bachaquero-Rohöls (chromatograph. u. spektrometr.) 14-2665; --Harze (IR-Spektroskopie) 15-2111; Paraffine u. Aromaten im Kotur-Tepe-- 15-2767; Porphyrine aus rumän. — (polarograph. Unters.) 16-2679; N-Verb. in — u. --Frakt. 22-2198; Bestandteile v. hochsd. --Destillaten (2.2.9-Trimethyl-1.-2.3.4-tetrahydropicen in amerikan. Rohöl) 23-1111; V u. Ni in — 23-2911; Einfl. v. Mikroorganismen auf d. Beträge u. Isotopenzus. d. S in — 24-0852; Spurenelemente in — d. tadžikistan. Vork. 24-2591; Zus. v. Leljakovsk-- 26-2757; Frakt. d. Thermodiffus.-Trenn. d. Paraffin-Naphthen-Anteiles v. Destillaten d. Moldau-- (Eig.) 26-2759; S-Geh. in rumän. Rohölen aus verschiedener geolog. Format. 27-2320; C_9-Aromaten in d. Frakt. *115–267°* aus Romaškino-- 28-2726; Isotopenverhältnis d. H in — d. Sowjetunion 29-2876; polycycl. Triterpene in opt.-akt. Destillaten aus Nigeria-- 29-2878; Zus. d. Gazlinskij---Kondensates 29-2879; Frakt. d. Thermodiffus.-Trenn. d. Paraffin-Naphthen-Anteils v. Destillaten aus Anastas'ev-- (Eig.) 31-2971; (Zus.) 37-2869; Entsteh. u. postgenet. Verh. organ. S-Verb. im — 41-0714; KW-Stoffbestandteile d. — u. mögl. Lipid-Vorläufer 43-2721; Zus. v. --Kondensaten d. Starominsk- u. Sredne-Viljusk-Lagerstätte 45-2866; Aschegeh. v. — d. Gnedincev-Lagerstätte 45-2867; feste KW-Stoffe aus Tujmazy-- (Eig.) 45-2868; Zus. d. bei d. Entparaffinier. v. Romaškino-- erhaltenen Gatsche u. Öle 45-2875; Abtrenn. d. Thiazole aus N-bas. — Südusbekistans 46-2396; N-Verb. in — u. --Frakt. (Romaškino--) 47-2646.

Geh. an Ra d. Gewässer v. Petroleumlagern 7-0761; Zus. d. organ., in d. Schichtwässern v. --Vork. lösl. Stoffe 8-2623; Herkunft u. Verteil.-Gesetzmäßigk. v. Ar in Untergrundwässern gas- u. ölführender Bassins 11-0819; Naphthalin-oxydierende Bakterien in d. Grundwässern v. --Vork. 26-1395; Jodgeh. d. Ölfeldsolen in Oklahoma 38-0772; Verteil. d. Tonminerale u. Spurenelemente in Tonfrakt. d. Gesteine d. Neokoms d. westurgut. --Lagerstätten 39-0732.

Förderung

Verfestig. lockerer Erdschichten bei Bohr. unter Verw. eines Alkylidenbisacrylamids 1-2558*; Verw. v. harzbildenden Gemischen in Bohrlöchern (Vermeid. v. Verstopf. durch einbrechende Bohrlochwände) 1-2559*; therm. Gewinn. v. Rohöl durch Untergrundverbrenn. 2-2493*; Verf. zum Abdichten poröser Erdformat. 3-2757*; selektive Verringer. d. Wasserdurchlässigk. v. --Lagerstätten 6-2637*; Bohrlochbehandl.-Fl. zur Säuer. v. Lagerstätten (Inhibieren v. Fe-Ausfäll.) 7-2722*; Gewinn. v. Rohöl durch Wasserfluten 8-2621; Verschäum.-Verf. zur Entfern. v. Wasseransamml. aus Bohrlöchern 8-2632*; sek. --Förder. (Einpressen v. fl. KW-Stoff u. Lsgm. vor d. Flutwasser) 8-2633*; (Einpressen v. Äthylenglykolmonohexyläther u. eines Alkohols vor d. Flutwasser) 8-2634*; W.-in-Öl-Emuls. zum Lockern u. Ansäuern unterird. Format. 12-2645*; modifizierte Ligninsulfonate für Kalk- u. Gipssuspens. 15-2769; Einfl. d. Ölsättig. auf d. Rk. v. HCl mit Carbonaten 15-2770; Verw. v. Polygorskit- u. Atapulgit-Betoniten für Kolmat.-Lsg. 15-2771; Verfestig. d. Randzone d. Bohr. mit Harnstoffharz 16-2680; Verhinder. d. Aufquellens v. ton. Format. 21-2918*; maximale Ausnutz. d. leichten KW-Stoffkomponenten bei d. Förder. v. — 22-2747; Bohrlochbehandl.-Fl. zur Vermeid. v. Ausbrüchen 24-2607*; Wasserfluten v. --Lagerstätten (Erhöh. d. Durchlässigk. durch Verw. v. NH_3 u. fl. KW-Stoff) 24-2608*; wasserlösl. Gummi u. öllösl. Harz als Zusatz zu Bohrlochbehandl.-Fl. zur Verringer. d. Fl.-Verlustes 24-2611*; Sekundärentöl. unter Verw. einer micellaren W.-in-Öl-Emuls. 24-2612*; Hydroperforat.-Verf. 29-2877; nichtmetall. Bewehr. v. Gesteinen in Bohrlöchern 33-2946*; größere Tiefenwrkg. bei d. sauren Vorbehandl. durch Verschäumen v. mit oberflächenakt. Stoffen versetztem HCl 34-2636; Verfestig. v. Ölbohr.-Sanden (3stuf. Prozeß unter Verw. v. Harzen) 39-2715; Bohrlochbehandl.-Verf. mit HOCl-Lsg. 39-2735*; Verw. v. verzweigten Polyalkylenpolyaminen als Zusatz bei sek. --Gewinn.-Verf. 39-2740*; sek. --Flutverf. (Zusatz v. Hydroxyäthylcellulose zum Flutwasser) 40-2484*; mehrstuf. Bohrlochbehandl.-Verf. zur Abdicht. v. Lagerstättenpartien 41-2813*; Verfestigen v. Lagerstätten durch Einpressen v. Phenolformaldehyd-Harz u. Aminoalkyläthoxysilan 41-2814*; Emuls.-Bekämpf. in Erdölsonden unter Verw. v. Oxyalkylaldehydharz 41-2815*; Zementbrei für Bohrarbeiten 44-2493; Entfern. v. Fl.-Ansamml. aus Bohrlöchern durch Verschäumen 45-2883*; Verhüt. d. Bldg. unlösl. Fe-Verb. in wss. Lsg. bei d. sek. --Gewinn. 48-2403*.

Verzöger. d. Abbaus v. Galaktomannan-Bohrfl. 4-2210*; Verw. v. mit Co-Salzen vorbehandelten Ligniten in Bohrspül. 6-2638*; Kunstharz für d. Konditionier. v. Bohrschlamm 15-2768; Cellulose- oder Stärkeäther als Bohrschlammhilfe 16-2600*; Aufbereit. v. Attapulgit-Ton zur Verw. in Spülfl. 17-2938*; Bohrspül. mit Pb-Methylsulfonat 17-2940*; Einführ. d. Abriebzahl zur Charakteristik beschwerter Bohrspüllsg. 21-2897; Behandl. v. ölhalt. Bohrspül. (Zusatz v. Humat) 21-2917*; Präp. aus Rückständen d. Fettsynth. für Spülfl. 22-2746; wasserbas. Bohrspül. mit v. Bakterien erzeugtem Heteropolysaccharid 24-2609*; Bohrfl. mit sulfurierten Phenolverb. 29-2891*; Verbesser. d. rheolog. Eig. v. wasserbas. Bohrspül. (Zusatz v. Lignit u. Ligno-Sulfonat) 36-2669*; Temp.-feste Bohrlochbehandl.-Fl. mit Chromaten u. $CaCl_2$ 39-2734*; wasserbas. Bohrspül.: mit Nonylphenoloxyäthylenäther 39-2736*; mit Carboxymethylhydroxyäthylcellulose 39-2737*; Bohrspül.: auf Emuls.-Basis mit Polyalkylenpolyamin 39-2738*; mit Metallpetroleumsulfonat 39-2739*; mit Zusatz wasserlösl. Polymerer (hochtemp.-fest) 39-2741*; wss. Tonspül. mit Ligninsulfonat 39-2742*; Bohrspül.: mit Estern aus Petroleumsulfosäuren u. Alkylarylpolyätheralkoholen 40-2481*; mit Schaummittel 40-2482*; Verschäum.-Mittel für Bohrspül. 41-2812*; Bohrspül.: mit aus städt. Abwässern gewonnenem Prod. (Verbess. d. Schmiereig. u. Verringer. d. Fl.-Verlustes) 41-2816*; mit Misch. aus MoS_2, Ca-Stearat u. Glykol 41-2817*; Bohrfl. mit anorgan. Salzen sulfonierter Tallölpeche 41-2833*; Erhöh.: d. therm. Beständigk. v. Bohrspülfl. mit Chromaten 44-2492; d. Fließgrenze v. hydratisierbare Tone enthaltenden Bohrspül. durch oberflächenakt. Stoff 46-2404*; Emulgiermittel für Bohrfl. aus Heteropolysaccharid u. in W. lösl. Metallsalzen 48-2402*; ölbas. Bohrspül. mit nichtionogenem oberflächenakt. Stoff 49/50-2687*.

Entfern. v. Paraffinansamml. in Bohrlöchern 17-2939*; Bekämpf. v. Paraffinablager.: bei d. --Gewinn. durch Ultraschallschwing. u. wechselndes elektromagnet. Feld 25-2873; in --Sonden unter Verw. v. polycycl. Verb. 39-2743*.

Einsatz d. Korros.-Inhibitors Katapin bei --Bohr. 3-2741; Korros. bei d. --Gewinn. 4-2206; Ölschlamm zur Korros.-Bekämpf. v. Ölquellengehäusen 13-2673; Stahlkorros. bei d. Förder. v. — 18-2382; Schutz v. --Förder.-Ausrüst. (Kondens.-Prod. v. Py. mit chlormethylierten Krackprod.) 28-2548*; Kathodenschutz für Anlagen zur --Gewinn. aus d. Meer 36-2422; innere Überzüge für auf Ölfeldern verwendete Rohre 39-2453; Korros.-Bekämpf.: in --Bohrlöchern (Regel. d. Zugabe d. Korros.-Inhibitors) 40-2483*; in --Sonden 49/50-2688*.

Aufbereitung

Demulgatoren: zur Entwässer. u. Entsalz. v. — 3-2742; für Roh-- 4-2207; Entwässern u. Entsalzen mit 1:1-Misch. nichtionogener u. anionogener oberflächenakt. Stoffe 14-2679*; Brechen v. --Emuls.: mit Alkylphenol–CH_2O-Kondens.-Prod. 17-2935*; mit Dicarbonsäuremischester eines oxäthylierten Monoalkylphenol–CH_2O-Kondens.-Prod. 17-2936*; mit oxalkyliertem Xylol-Kohlenhydrat-Kondensat 19-2833*; Verminder. d. Äthylenoxid-Verbrauchs bei d. Herst. v. Demulgatoren für d. --Aufbereit. 23-2912; Wrkg.-Mechanismus v. Demulgatoren in --Emuls. 27-2999; Brechen v. --Emuls. mit hochmol. oxalkyliertem Prod. 27-3013*; Entwässern u. Entsalzen mit Polypropylenglykoläthern 28-2743*; Demulgieren v. —: mit oxalkylierten Estern u. Dest.-Rückständen synthet. Fettsäuren 33-2947*; mit salzsaurem Fettaminsalz 35-2721; Entsalz. v. Arlansk-Rohöl 38-2736; --Emuls.-Spalter 38-2755*; Entsalzen u. Entwässern v. W./--Emuls. 39-2744*; Demulgier. unter Verw. v. festem CO_2 45-2885*; Polyäthylenglykoläther d. Cyclohexanols zur Zerleg. v. --Emuls. 49/50-2676.

Stabilisieren v. Rohöl 1-2560*; Korros.-Schutz v. Tanks zur Lager. S-halt. — 11-2656; Separat. v. — d. Leljakovsk-Vork. mit hohem Geh. an C_3–C_5-KW-Stoffen 15-2772; Itaconsäurehalbamide zur Verbesser. d. Lagerfähigk. u. Korros.-Festigk. d. Behälter 15-2787*; Vermeid. d. Bakterienwachstums in — durch N.N-Dimethyldithiocarbamat 27-3014*; Korros.-Schutz d. inneren Oberfläche v. --Tankern mit neutralisierten Blasenrückständen d. Fettsäure-Synth. 33-2719*; Verhinder. v. Paraffinabscheid. 40-2480*; 42-2478*; Beseitig. d. im — auftretenden V-Prophyrinkomplexverb. 45-2865.

Raffination

Raffinat. v. — s. unter *Mineralöle.*

Chemische Auswertung, Verwendung

Grundlegende Rk. d. Petrochemie im Hinblick auf d. Gewinn. v. Olefinen u. Aromaten 3-2743; Alkohole als Petrochemikalien 5-2513; Katalysatoren für d. --Verarbeit.

5-2696; Schleudergußrohre für hohe Drücke u. Temp. in d. petrochem. Industrie 6-2333; Petrochemikalien 13-2491; – als Basis für Pflanzenschutzmittel 13-3043; mathemat. Modelle bei d. Entw. petrochem. Prozesse 14-2654; Bentonit-Ton v. Donez-Becken als Katalysator u. Adsorbent bei d. – -Verarbeit. 14-2666; Eliminieren v. geradkett. KW-Stoffen aus – durch Behandl. mit Bakterienkulturen 21-2921*; maximale Ausnutz. d. leichten KW-Stoffkomponenten bei d. prim. Aufbereit. v. – 22-2747; Gewinn. v. H_2SO_4 aus d. Abgasen d. – -Verarbeit. 27-2431; Minimisier. d. Steuer.-Logarithmus v. Prozessen d. – -Verarbeit. 30-2607; Gewinn. d. C_4-KW-Stoff-Frakt. als petrochem. Rohmaterial 43-2577; Anwend. v. Mol.-Sieben in d. petrochem. Industrie 49/50-2661; Gewinn. v. aromat. KW-Stoffen auf petrochem. Grundlage 51/52-2462.

Analytisches

Best. v. V in – -Prod. (oszillopolarograph.) 1-1898; Strukturgruppenanalyse v. – -Frakt. mit Hilfe d. UV- u. IR-Spektroskopie 2-1914; Best.: v. Mercaptanen in – -Prod. 3-2108; v. – u. – -Prod. in W. (IR-spektroskop.) 6-1973; d. Gesamt-N-Geh. v. – -Prod. 6-1981; d. aromat. KW-Stoffe in – -Frakt. (Verteil.-chromatograph.) 6-1982; Überwach. d. Qualität v. – -Prod. durch automat. Analysengeräte 7-2031; potentiometrische Best. v. Nicht-Thiophen-S-Funkt. in – -Prod. 7-2033; simulierte Dest. v. hochsd. – -Frakt. 9-2025; Best.: v. Li in Ölfeldwasser (flammenspektrophotometr.) 11-1992; v. N in nitrierten – -Prod. 11-2014; Bewert. sowjet. S-halt. Rohöle mit d. chromatograph. Inhaltsanalyse 11-2666; Mikrobest. v. S in Ox.-Prod. v. Paraffinfrakt. v. S-armem – 12-1957; Analyse v. – u. – -Prod. (Überblick *1964* u. *1965*) 14-2031; Abtrenn. u. Analyse v. neutralen – -Komponenten mit Hilfe d. Gegenstromverteil. 15-2107; Analyse v. Nebenbestandteilen im – 16-2033; Bedeut. d. physikal.-chem. Analysenmeth. für geochem. Unters. in – -Feldern 17-2913; Anwend. d. Gaschromatographie in – u. – -chem. Industrien 19-2827; Best. v. gesamtem u. bas. N im Romaškino- – 22-2198; Anwend. d. Massenspektrometrie in – - u. petrochem. Industrien 24-2133; Best. d. Paraffingeh. in – u. – -Prod. 24-2134; Anwend. d. Atomabsorpt.-Spektroskopie bei d. Spurenanalyse d. Metalle in – 27-2319; direkte Dumas-Best. v. N in Ölen 28-2130; halbquant. Spektralanalyse d. Nachbargesteins v. rumän. – -Lagerstätten 29-2122; Anwend. d. Pyrolyse-Gaschromatographie zur Unters. v. – 34-2068; Best.: v. Ca u. Mg im Bohrlochfiltrat (komplexometr.) 34-2070; v. S in – -Prod. (volumetr. Mikrometh.) 36-2053; v. C_3–C_8-KW-Stoffen in – (Gaschromatographie in Kapillaren) 36-2055; v. V in – u. – -Prod. (mit p-Methoxybenzthiohydroxamsäure) 39-2111; d. leichten KW-Stoffe in Rohölen (Gaschromatographie) 39-2114; d. S-Geh. v. – -Prod. (modifizierte Quarzrohrmeth.) 42-1925; v. H_2S in – (chromatograph. Schnellmeth.) 44-1940; d. opt. Dichte v. – 44-1968*; d. Wassergeh. in – u. – -Prod. 45-2248; v. Disulfid, Mercaptan u. freiem S in – (square ware-Polarographie) 48-1990.

Bibliographie

Bohren von Erdöl und Erdgas. Bd. *1* B 16; Erdöl-Weltatlas B 30; Erdöl, Naturgas, Petrochemie in Rumänien B 47; Konferenz über die Chemie und chemische Verarbeitung des Erdöls und Erdgases B 47; Bitumen (= Kleine Erdöl-Bibliothek) B 47; Jahrbuch der europäischen Erdölindustrie. *1967* B 63; Schwefel im Erdöl B 95.

Russ.: Geochemie diffuser organischer Stoffe und des Erdölmuttergesteins von Devon-Ablagerungen des Wolga-Ural-Erdölgebietes B 11; Mathematische Beschreibung und Optimierung der Prozesse der Erdölverarbeitung und Erdölchemie (Mitteilungssammlung) B 23; Grundlagen der direkten geochemischen Schürfungsmethoden nach Erdöl- und Erdgasvorkommen B 30; Erdölprodukte. Prüfungsmethoden. Teil *1* B 39; Technologische Methoden der erdölchemischen Synthese B 39; Schweflige und hochschweflige Erdöle der Bašk. ASSR B 47; Korrosionsbekämpfung in der chemischen und erdölverarbeitenden Industrie. Lfg. *1*: Metallische Materialien B 47; Monomere und Halbprodukte der erdölchemischen Synthese (Mitteilungssammlung) B 47; Erdölchemie. Vorbereitung und Untersuchung des erdölchemischen Rohstoffs (Mitteilungssammlung) B 47; Erdöl-Wasseremulsionen und Methoden ihrer Zerstörung B 47; Zur Frage der Zerstörung von Erdölemulsionen B 55; Erdöle Sachalins B 55; Erdölprodukte. Prüfungsmethoden (Sammlung). Teil *2* B 63; Monomere und Zwischenprodukte der erdölchemischen Synthese (Mitteilungssammlung) B 63; Erdölverarbeitung und Erdölchemie. (Mitteilungssammlung). Lfg. *2* B 86; Organische Stoffe der unterirdischen Wässer und ihre Bedeutung für die Geologie des Erdöls B 87; Reaktionsgleichungen der erdölchemischen Synthese B 95.

Chemie und Technologie des Erdöls [tschech.] B 55; The storage and handling of petroleum liquids: practice and law B 7; Model code of safe practice in the petroleum industry. Part *6*: Petroleum pipelines safety code. Part *9*: Liquefied petroleum gas safety code. Part *11*: Bitumen safety code B 16; Aqueous wastes from petroleum and petrochemical plants B 39; A glossary of petroleum terms B 39; Plastic films from petroleum raw materials B 48; Petroleum processing handbook B 55; Gas lift theory and practice, including a review of petroleum engineering fundamentals B 71; Encyclopedia of chemical technology. Vol. *14*: Nomenclature to Petroleum resources B 71; Instrumentation in the chemical and petroleum industries, vol. *4* B 77; European petrochemical facts, *1968* B 79; British petroleum equipment and services. *1967/68* B 86; Specification for steel butt-welding pipe fittings for the petroleum industry. Part *3*: Wrought carbon and ferritic alloy steel fittings. Part. *4*: Wrought and cast austenitic chromium-nickel steel fittings B 87; Cours de géochimie du pétrole B 18; Pétrole et électrostatique, analyse des phénomenes, conséquences pratiques pour l' amélioration de la sécurité et de la rentabilité des exploitations B 47; Les produits intermédiaires de la chimie des dérivés du pétrole B 55; Communications du 5e Congrès national du pétrole. *1.* Conférences plénières. 2. Exploration, production. *3.* Raffinage, pétrochimie, matériel, techniques des applications B 71.

Erdwachs (Ozokerit), Ölbindevermögen 14-2737; Verw. in Düngemittel-Emuls. 17-3379*; Gewinn. v. S aus – 23-2403*; Extrakt. v. – mit Äthylen 33-2928; chem. Natur u. Struktur v. Celensk- – 39-2726; syngenet. – in hydrothermalen Gängen d. Kimberlitröhre „Mir" 48-0754.

Massenspektrometr. Unters. v. – 27-2322.

Eremophilan s. unter $C_{15}H_{28}$.
Eremophilen s. unter $C_{15}H_{24}$.
Eremuran, enzymat. Hydrolyse 19-1441.
Ergal 65 s. unter *Aluminiumlegierungen* (*Sondermarken*).
Ergocalciferol s. unter $C_{28}H_{44}O$.
Ergocerebrin s. unter $C_{42}H_{83}NO_4$.
Ergochrysin A s. unter $C_{31}H_{28}O_{14}$.
Ergocornin s. unter $C_{31}H_{39}N_5O_5$.
Ergocristin s. unter $C_{35}H_{39}N_5O_5$.
Ergokryptin s. unter $C_{32}H_{41}N_5O_5$.
Ergokryptinin s. unter $C_{32}H_{41}N_5O_5$.
Ergoline, Herst.: v. 4.6.6a.7.8.9.10.10a- – 29-1836*. v. 6-Methyl- bzw. 1.6-Dimethyl-8-[α-hydroxyalkyl]-ergolin-I-deriv. 46-1678*.
Ergometrin s. unter $C_{19}H_{23}N_3O_2$.
Ergometrinin s. unter $C_{19}H_{23}N_3O_2$.
Ergonovin s. unter $C_{19}H_{23}N_3O_2$.
Ergoplast ADC s. unter $C_{18}H_{30}O_4$.
Ergoplast FDC s. unter $C_{20}H_{26}O_4$.
Ergoplast FTD s. unter $C_{34}H_{58}O_4$.
Ergosin s. unter $C_{30}H_{37}N_5O_5$.
Ergosinin s. unter $C_{30}H_{37}N_5O_5$.
Δ^7-Ergostenol s. unter $C_{28}H_{48}O$.
Ergosterin s. unter $C_{28}H_{44}O$.
Ergosteron s. unter $C_{28}H_{42}O$.
Ergostin s. unter $C_{34}H_{37}N_5O_5$.
Ergostinin s. unter $C_{34}H_{37}N_5O_5$.
Ergot, biochem. Unters. über – 42-1557.
Ergotamin s. unter $C_{33}H_{35}N_5O_5$.
Ergotaminin s. unter $C_{33}H_{35}N_5O_5$.
Ergoterm LCZ-11, toxikolog. Unters. 6-1577.
Ergoterm SCZ-23, toxikolog. Unters. 6-1577.
Ergoterm TGC s. unter $C_{30}H_{40}O_4S_2Sn$.
Ergoterm TGO s. unter $C_{34}H_{52}O_4S_2Sn$.
Ergothionein s. unter $C_9H_{15}N_3O_2S$.
Ergotocin s. unter $C_{19}H_{23}N_3O_2$.
Ergotoxin, – -Geh. auxotropher UV-Mutanten d. Mutterkorns bei parasit. Kultur auf Roggen 47-1456; Biosynth. d. Peptidseitenketten v. – 26-1411; chromatograph. Trenn. v. anderen Ergotamin-Alkaloiden 11-1678.
Ergovalin s. unter $C_{29}H_{35}N_5O_5$.
Ergovalinin s. unter $C_{29}H_{35}N_5O_5$.
Ergoxanthin s. unter $C_{31}H_{28}O_{14}$.
Erie fast rubin B s. unter $C_{37}H_{26}N_6O_{15}S_4$.
Erinicin s. unter $C_{22}H_{26}N_2O_4$.
Erinin s. unter $C_{22}H_{24}N_2O_4$.
Erioblauschwarz R s. unter $C_{20}H_{14}N_2O_5S$.
Eriochromblauschwarz R s. unter $C_{20}H_{14}$·N_2O_5S.
Eriochromblau SE s. unter $C_{16}H_{11}ClN_2O_9S_2$.
Eriochromcyanin R s. unter $C_{23}H_{18}O_9S$.
Eriochromcyanin RC s. unter $C_{23}H_{18}O_9S$.
Eriochromschwarz s. unter $C_{20}H_{13}N_3O_7S$.
Eriochromschwarz T s. unter $C_{20}H_{13}N_3O_7S$.
Eriochromviolett B s. unter $C_{16}H_{12}N_2O_5S$.
Eriocitrin s. unter $C_{27}H_{32}O_{15}$.
Erioclarit B, Verw. beim einbad. Bleichen u. Färben v. Wolle 16-2745.
Eriodictin s. unter $C_{21}H_{22}O_{10}$.
Eriodictyol s. unter $C_{15}H_{12}O_6$.
Erioglaucin s. unter $C_{31}H_{34}N_2O_{10}S_3$.
Erioglaucin A s. unter $C_{37}H_{38}N_2O_{10}S_3$.
Eriogrün B s. unter $C_{27}H_{28}N_2O_7S_2$.
Erionit, Nichtidentität d. Zeolithe – u. Offretit 26-0836; – in d. Mandeln v. verändertem Basalt v. Maze, Niigata Prefecture, Japan 47-0729; erster – -Fund in enger Assoziat. mit Heulandit in d. UdSSR 48-0742; Natur d. sauren Zentren in entkationisiertem – 23-0896; Ionenaustausch- u. Sorpt.-Eig. v. synthet. – 9-2076; Adsorpt.-Eig. v. – gegenüber W.-Dampf 12-0618; katalyt. Eig. einer ionenaustauschenden – -Form bei Dehydratat.- u. Dehydrier.-Rk. 46-2036.

Ernährung

– d. *Mikroorganismen* s. dort; – d. Pflanzen s. unter *Pflanzen, Pflanzenernährung* bzw. unter *Pflanzen, Spezielle Pflanzen*; *Fütterung*; *Nahrungs- und Genußmittel* s. dort; s. auch *Stoffwechsel*; *Wachstum.*

Ernährung und Nährwert von Nahrungsmitteln u. dgl.: Ernähr.-physiolog. Wrkg. d. bei d. Maillard-Rk. gebildeten lösl. Prod. 5-3246; Nahr.-Verbrauch: bei Ratten (Wrkg. v. Alloxan u. Insulin) 6-1462; normaler u. Hypothalamus-geschädigter Ratten (Einfl. v. zentralwirkenden Arzneimitteln) 7-1634; Ernähr.-physiolog. Aspekte d. modernen Lebensmittelverarbeit. (Übersicht) 12-3176; Wrkg. v. Östrogen u. Progesteron auf d. Nahr.-Aufnahme durch hypophysektomierte weibl. Ratten 29-1610; period. Nahr.-Aufnahme v. Albinoratten (Einfl. v. Amphetamin) 29-1783.

γ-emittierende Fallout-Nuclide in d. niederländ. Nahr. 2-1479; Organochlorinsektizidrückstände in vollständ. vorbereiteten Mahlzeiten in Großbritannien während d. Jahres *1965* 4-1308; Aufnahme v. Schädlingsbekämpf.-Chemikalien mit d. Nahr. 28-3199; Schädlingsbekämpf.-Mittel in d. Gesamtkost 31-3501.

Nährwert: v. Speisepilzen 1-3060; d. Fleisches u. seine Veränder. beim Erhitzen (Übersicht) 2-2911; Erhöh. d. biolog. Wertes d. Brotes (Zusatz v. Sonnenblumenschrot) 2-2934; Nährwert: v. Kartoffelchips 7-3190; d. Fleisches v. Astacus leptodactylus 11-3134; Milch u. Milcherzeugnisse in d. menschl. – 11-3135; Nährwert: v. Alliumpflanzen 14-1499; v. tiefgekühlten u. sterilisierten Fertigmahlzeiten 14-3095; v. eßbaren Wildpflanzen aus West-Pakistan 25-3418; v. Fischpulver (beeinflussende Faktoren) 27-1614; v. Lebensmitteln d. Mittleren Ostens 33-3528; eßbarer Wildpflanzen 42-2880; d. Steinpilzes 46-2819; d. Alge Spirulina maxima 47-3209; v. Boletus edulis 48-2940; Darst. v. Hydroxocobalamin-Salzen (eutroph. Mittel) 3-1744*.

Beziehung zu anderen Körperfunktionen: – -bedingte Varianten d. Jensen-Sarkoms (L-Asparaginbiosynth.) 1-1152; Einfl. d. –: auf d. Synth. v. Amylase u. Lipase d. Rattenpankreas 2-1187; auf d. Nucleinsäure- u. Proteingeh. d. Albinorattenkörpers 4-0980; Ca-Verwert. beeinflussende Faktoren d. Nahr. (Einfl. auf Gew. u. Größe d. Knochen v. Ratten) 4-1255; Einfl. d. –: bei d. A.-Wrkg. auf d. Vaginalzyklus d. Ratte 4-1297; auf d. Stoffwechsel v. $^{14}C_{(6)}$-Glucose in perfundierten Herzen v. Ratten 5-1418; auf d. Cholesterinsynth. in d. Leber d. Alloxan-diabet. Ratte (Rolle d. Futters) 11-1434; auf d. intestinale Komponente d. alkal. Phosphatase d. Serums bei Menschen verschiedener ABO-Gruppen u. eines verschiedenen Sekretorstatus 12-1251; auf d. Gaslsg.- u. d. Gassättig.-Fähigk. d. Blutes unter Überdruckbeding. 12-1460; auf d. Aktivität d. gastr. Histidindecarboxylase 12-1509; auf d. Zus. d. Niere 16-1591; auf d. Körpergeh. an Ca u. Sr 16-1646; Enzymregulier. d. Fructosestoffwechsels in Rattenleber durch d. – 20-1385; Wechselwrkg. zwischen – u. Cortison bei d. Regulier. adaptiver Enzyme d. Rattenleber 20-1386; Langlebigk. v. Wistar-Ratten bei ad libitum-Fütter. mit halbsynthet. Futter 24-1659; Einfl. d. Ernähr.: auf d. Biosynth. v. α-Amylase in d. Bauchspeichel- u. Ohrspeicheldrüse d. Ratte 31-1434; bei d. Palmitat- u. Glucoseox. durch isolierte durchströmte Herzen 34-1535; Einfl. Kachexie-erzeugender

Nahr. auf d. Toxizität v. Coffein 41-1596; Stoffwechsel v. α-Tocopherol während d. —-bedingten Lebernekrose d. Ratte u. d. Wrkg. v. Se, Methionin u. ungesätt. Fettsäuren 47-1633; Wechselwrkg. zwischen — u. Toxizität v. Dieldrin 49/50-1617.

Untersuchungsmethoden: —-Unters. über Coleomegilla maculata 22-1608; Nährwertunters. an Reis u. Reisprod. aus Ostpakistan 22-3206; mikrobiolog. Verf. zur Best. d. Nährwertes einiger Prod. unter Verw. v. Streptokokken 24-3033.

Bibliographie: Deutsche Gesellschaft für Ernährung (Vorträge des Symposions, Mainz *1965*) B 67.

Introductory nutrition B 4; Nutrition B 12; Chemical senses and nutrition B 13; Food and nutrition B 21; Nutrition; an integrated approach B 28; World review of nutrition and dietetics B 36; A new look at nutrition B 44; Newer methods of nutritional biochemistry, with applications and interpretations. Vol. *3* B 44; International Congress of Nutrition, Hamburg *1966* (Proceedings. Vol. *1*: Nutrition and health. Vol. *2*: Regulation of hunger and satiety. Vol. *3*: Nutritions under various geographic and climatic conditions. Vol. *4*: Problems of world nutrition. Vol. *5*: Physiology and biochemistry of food components) B 52; Nutrition and infection B 60; Essays on history of nutrition and dietetics B 65.

Problèmes actuels d'endocrinologie et de nutrition. Série n⁰ *11*: Foie et glandes endocrines B 36; Progrès en chimie agricole et alimentaire B 72, B 79.

Diät

Beziehung zu anderen Körperfunktionen: Resistenz gegenüber Pentobarbital bei mit Kachexie erzeugender Diät gefütterten Ratten 8-1624; Lipide d. Rattenleber bei Standarddiäten (Fettsäurezus.) 9-1497; Carboxylesterasen d. Leber u. Nieren u. Plasma-Acetylcholinesterasen bei Verfütter. v. Nährstoffmangeldiäten an Ratten (Einfl. v. Parathion) 17-1670; Insulineinfl. auf enzymat. Adaptat. an spezif. Diäten 20-1246; Einfl. d. Diät: auf d. β-Galaktosidaseaktivität im Dünndarm d. Ratte (postnatale Entw.) 20-1339; auf d. Aktivität d. Glucose-6-phosphatdehydrogenase d. Rattenleber in vivo 21-1386; u. Adrenalin auf d. Lipide 25-1578.

Mineralstoffdiät: Na-Geh. im Trinkwasser bei Diät mit beschränkter Na-Zufuhr 1-1995; Ca- u. P-Geh. d. Diät (Wechselwrkg. mit Vitamin D bei Ratten) 2-1410; Einfl.: Ca-reicher Diät auf d. ^{90}Sr-Stoffwechsel d. Ratten 5-1447; v. NaCl-Diät auf d. vasopressor. Aktivität u. auf d. histochem. Bild d. Neurohypophyse v. normalen u. bestrahlten Ratten 6-1564; einer Diät mit geringem Na-Geh. auf d. Aldosteron-stimulierende Aktivität v. Angiotensin II bei Hunden 22-1566; Blutbldg. bei Ratten bei erhöhtem Geh. d. Diät an F u. Ca (Einfl. v. ^{90}Sr) 34-1507; Vitamin C-Synth. bei Ratten mit normaler oder Fe-Mangeldiät 47-1632.

Kohlenhydratdiät: Einfl.: v. Dextrin-Maltose-Diät auf d. Aktivität v. Leber-Glucose-6-phosphatase, anorgan. Pyrophosphatase, Pyrophosphatglucosephosphotransferase 3-1257; einer Vitamin D-halt. Getreidediät auf d. Knochen bei Ratten 4-1255; Identifizier. v. 2.8-Chinolindiol im Harn v. Ratten mit einer Mais-halt. Diät 12-1503; Anpass. d. Biosynth. d. pankreat. Amylase u. v. Chymotrypsin A an eine Stärke-reiche Diät 18-1458; Einfl.: d. Glucosediät auf d. Homovanillinsäureausscheid. 30-1500; einer Stärkediät auf d. Fermentausscheid.-Funkt. d. Hühnerpankreas 34-1465; v. Kohlenhydratdiät auf d. Cholesterinstoffwechsel 47-1626.

Fettdiät u. dgl.: Wrkg.: v. Fettdiät auf d. Zus. d. Triglyceride u. d. freien Fettsäuren aus Plasma, Leber u. Fettgewebe v. Kaninchen 2-1432; v. fettfreier Diät auf d. „in vitro"-Bldg. v. Lipidperoxiden in Rattengeweben, Succinatdehydrogenaseaktivität u. Lipidzus. v. Lebermitochondrien 21-1704; Effekt v. Adrenalin auf d. Lipide v. Ratten mit Diäten v. unterschiedl. Fett- u. Cholesteringeh. 25-1578; Einfl. diätet. Lipoide auf d. Fähigk. v. Chlorpromazin zur Hemm. d. oxydativen Phosphorylier. in Lebermitochondrien 28-1380; Einfl.: v. Fettdiät auf d. Cholesterinstoffwechsel 47-1626; einer Diät mit erhöhtem Geh. an mehrfach ungesätt. Fettsäuren auf d. Thermosensibilisier. v. Krebszellen mit Vitamin K_3 51/52-1230.

Proteine, Aminosäurendiät u. dgl.: Einfl. d. diätet. Proteingeh. auf d. regionale Verteil. v. Ascorbinsäure im Rattenhirn 7-1503; Aktivität v. Threonindehydratase u. Histidase bei mit Threonin- oder Histidinmangeldiät gefütterten Ratten 15-1412; Behandl. v. Leberschäden infolge einer Diät mit wenig Protein u. unausgeglichener Aminosäurezus. mit massiven Dosen v. 4-Aminoimidazol-5-carbonsäureamid u. 4-Aminoimidazol-5-carbonsäureamid-Orotat 15-1741; Einfl. v. AICA u. AICA-Orotat auf d. Stoffwechsel bei Leberschäden nach Proteinmangeldiät 15-1742; Anpass. d. Biosynth. d. pankreat. Amylase u. v. Chymotrypsin A an eine Eiweiß-reiche Diät 18-1458; Harnausscheid. d. B-Vitamine u. ihre Retent. in d. Rattenleber bei Aminosäuremangeldiät 22-1615; Einfl.: hoher Methioninzulagen zu Eiweißdiäten auf d. Toxizität u. Resorpt. v. Methionin u. d. S-Ausscheid. im Harn v. Ratten 25-1627; einer an Protein armen Diät auf d. Zus. v. Zellfrakt. d. Rattenleber 33-1384.

Wirkstoffdiät: Einfl. einer Vitamin D-halt. Getreidediät auf d. Knochen bei Ratten 4-1255; Unterschiede in d. selektiven Antitumorwrkg. v. 4-Desoxypyridoxin u. diätet. Pyridoxinmangel 12-1175; Einfl.: v. Ascorbinsäure-armer Diät auf d. Histaminstoffwechsel in Meerschweinchen 13-1516; einer Tocopherol- u. Ubichinon-Mangeldiät auf d. Schilddrüsenfunkt. d. Ratte 33-1688.

Diätetische Mittel: Diätet. Wert v. P-Mangelmaulbeerblättern 10-1336; Verw. eines Milchprod. als Arzneimittel zur Diätbehandl. gastro-intestinaler Beschwerden 27-1959*; Zus. v. Diätetikum auf Milchbasis 28-1818*; Anreicher. v. Speise- u. Diätsalzen mit Fe 38-3240*.

Bibliographie: World review of nutrition and dietectics B 36; Essays on history of nutrition and dietetics B 65.

Mineralstoffe in der Ernährung

Siehe auch d. Abschnitt *Diät–Mineralstoffdiät.*

^{90}Sr-Aufnahme mit d. Nahr. bei Erwachsenen u. Kleinstkindern 1-3040; Wichtigk. v. Spurenmetallen in d. — 3-1469; Aufnahme v. ^{90}Sr mit d. Nahr. 41-1619.

Beziehung zu anderen Körperfunktionen: Einfl.: d. Nahr. mit verschiedenem Mn-Geh. auf d. Anreicher. v. Vitamin A u. d. Aktivität d. Coeruloplasmins im tier. Organismus 3-1481; d. Ca-Geh. im Futter bei d. Ratte auf d. Umsatz v. ^{40}Ca u. ^{45}Ca 5-1551; Radio-Sr-Ausscheid. im Kot junger Ratten nach Ca-reicher — 5-1552; Zusammenhang zwischen d. ^{137}Cs- u. ^{90}Sr-Geh. v. Nahr. u. Urin bei einer italien. Kindergruppe 7-1578; Einfl. v. Methionin u. Zn in d. Nahr. auf d. ^{65}Zn-Verteil. u. -Ausscheid. bei d. Ratte 19-1696; herabsetzende Wrkg. v. Na_2SO_4, $BaSO_4$ u. Ca-Phosphat im Futter auf d. Resorpt. u. Retent. v. Sr bei Ratten 20-1580; Bezieh. zwischen d. Konz. an ^{90}Sr in d. Nahr. u. im Haar 22-1680; Einfl. d. hohen Mo-Geh. in d. Nahr. auf d. Mo-Geh. in d. Organen u. Geweben v. Kaninchen u. auf d. Umsatz d. Kohlenhydrate u. Lipide 30-1501; Einfl. v. Veränder. d. Fluoridzufuhr in d. Nahr. auf d. Mg-Geh. im Skelett d. Ratte 51/52-1595.

Mineralstoffüberangebot: Einfl. v. Überdosen an NaCl im Futter: auf d. Geh. an Brenzcatechinaminen in d. Nebennieren u. ihre Ausscheid. im Harn bei Ratten 8-1477; auf d. 5-Hydroxytryptamingeh. d. Gehirns u. d. Epiphyse v. Ratten 8-1493; Fe-Überangebot u. D-α-Tocopherol-Stoffwechsel bei d. Ratte 30-1507.

Mineralstoffmangel: Ätiologie d. „Fleischanämie" (Bedeut. d. Spurenelemente) 9-1495; Citratstoffwechsel u. Mechanismus d. Nierenverkalk. infolge v. Mg-Mangel 13-1524; Wrkg.: einiger synthet. u. natürl. Chelate in d. Nahr. auf Hühner mit Zn-Mangel-Syndrom 23-1737; v. Zn-Mangel auf d. Aktivität d. Pankreascarboxypeptidase u. d. Proteinverdauung u. -resorpt. bei d. Ratte 32-1648; Stör. d. Zahnstoffwechsels bei Hunden mit experimentellem Mg-Mangel 47-1639; Augenschädig. bei Ratten nach Verfütter. v. Cr-armem Futter 51/52-1597.

Bibliographie: The soil-plant system in relation to inorganic nutrition B 72.

Kohlenhydrate in der Ernährung

Siehe auch d. Abschnitt *Diät–Kohlenhydratdiät.*

Wrkg. v. Dextrose, Fructose, fl. Glucose u. Saccharose im Futter bei d. ausgewachsenen männl. Ratte 5-1453.

Beziehung zu anderen Körperfunktionen: Verteil. v. Galaktit in Geweben v. mit Galaktose gefütterten Ratten 1-1475; Einfl.: v. Ca-Na-Alginat in d. Nahr. auf d. Sr-Aufnahme bei Ratten 4-1256; d. Saccharosegeh. d. Nahr. auf d. ATP:Citratlyase d. Leber bei Hypophysektomie 5-1288; Kohlenhydratreicher Futterarten auf Zahnkaries bei d. Albinoratte 5-1454; Vgl. d. oxydativen Stoffwechsels bei hungernden, mit Fett gefütterten u. mit Kohlenhydraten gefütterten Ratten 16-1589; Wrkg. v. Saccharose in d. Nahr. auf d. Rk. auf Na-Tolbutamid bei d. Ratte 49/50-1496.

Kohlenhydratmangel: Wrkg. v. Kohlenhydratmangel: auf d. Gluconeogenese in d. Niere (Einfl. v. Äthionin) 21-1492; auf d. Mitochondrien - α - Glycerophosphatdehydrogenase 45-1566.

Fette und andere Lipide in der Ernährung

Siehe auch d. Abschnitt *Diät–Fettdiät u. dgl.*

Änder. d. Merkmale u. d. Nährwertes v. Ölen beim Erhitzen 14-3073, 14-3074; —-physiolog. Bedeut. erhitzter Fette (Übersicht) 27-3543.

Beziehung zu anderen Körperfunktionen: Arteriosklerose u. Nahr.-Fette (Übersicht) 2-1399; Wrkg. d. Lipidgeh. d. Nahr. auf einige endokrine Drüsen d. Sherman-Ratte 4-1258; Plasmacholesterinkonz.-Wechsel durch Austausch v. Nahr.-Fetten (Steringleichgew.) 7-1498; Einfl.: verschiedener Fett- — auf d. Fettsäurezus. v. Serum, Gehirn, Gehirnmitochondrien u. Myelin bei d. Ratte 12-1510; verschiedener Öle u. Fette in d. Nahr. auf d. Wachstum v. Ratten 14-1496; einer Variier. d. alimentären Lipide auf d. fäkale Fettausscheid. bei d. Ratte 14-1517; Vgl. d. oxydativen Stoffwechsels bei hungernden, mit Fett gefütterten u. mit Kohlenhydraten gefütterten Ratten 16-1589; Einfl. v. Fettfütter. auf d. Konz. v. Effektoren gluconeogenet. Schlüsselenzyme in d. Rattenleber 29-1448; —-mäß. Kontrolle d. Zus. d. arteriellen Lipide bei d. Eichhörnchenaffen (Haupttesterklassen u. Typen v. Phospholipiden) 47-1627; Wrkg. v. thrombogener Ernähr. auf d. Carnitinpalmitoyltransferase-Aktivität d. Lebermitochondrien 51/52-1537.

Einfl.: d. — mit Schweinefett bzw. Sonnenblumenöl auf d. Fettsäurezus. v. Lipiden d. Frauenmilch 7-1410; v. Erdnußöl in d. — auf d. Zahnkaries d. Albinoratte 19-1656; d. — mit Maisöl auf d. Steringleichgew. beim Menschen 19-1670.

Phospholipide v. Rattengeweben nach d. Verfüttern v. reinem Phosphatidyläthanolamin u. Lecithin 17-1598.

Verfütter. v. Proteinen u. Fettsäuren bei Kaninchen (Erzeug. v. Cholelithiaisis) 5-1458; Einfl. d. — mit Fettsäuren auf d. Bldg. polyungesätt. Fettsäuren in Ratten 17-1618; Verfütter. eines Thrombose erzeugenden Futters (Wrkg. ungesätt. Fettsäuren) 51/52-1512.

Einfl.: v. Äthyllinolat auf d. durch Cholesterin-reiches Futter verursachten atheromatösen Veränder. bei d. Ratte 11-1491; v. Cholesterinfütter. u. Östrogenverabreich. auf d. Schilddrüsen- u. Nebennierenfunkt. bei Kaninchen 11-1511; d. Nahr.-Geh. an Cholesterin u. Ubichinon auf d. Isoprensynth. in d. Rattenleber 20-1547; Cholesterin-halt. Nahr. u. Aktivität v. Cholesterinester-hydrolysierenden u. synthetisierenden Enzymen im Pankreassaft v. Ratten 47-1649.

Überernährung an Fetten bzw. anderen Lipiden: Hypocholesterinäm. Wrkg. v. 17-[3 - Hydroxy - 1 - propinyl] - 3 - methoxy-$\Delta^{1.3.5.10}$-östratrien-17β-ol - 17α - hydrocinnamat bei Ratten bei fettreicher Kost 1-1383; Wechselbezieh. zwischen d. Schilddrüse u. Androgenen bei Ratten mit —-bedingter Hypercholesterinämie 11-1402; Fehlen d. Chylomikronenbldg. beim Menschen bei Überlad. mit Triglyceriden mittlerer Fettsäuren 24-1668; Kardiomyofibrose bei Wanderratten infolge kardiopathogener Nahr. 25-1661.

Mangel an Fetten bzw. anderen Lipiden: Einfl.: fettarmer Nahr. auf Rattengewebeenzyme 16-1588; v. Fettmangel auf d. Mitochondrien - α - Glycerophosphatdehydrogenase 45-1566.

Bibliographie: Fettstoffwechsel. *2.* Fortschritte der parenteralen Ernährung (Symposion d. International Society of Parenteral Nutrition) B 35.

Proteine, Aminosäuren u. dgl. in der Ernährung

Siehe auch d. Abschnitt *Diät–Proteine-, Aminosäurendiät u. dgl.*:

Geh. an essentiellen Aminosäuren d. chilen. Bohne (Bedeut. zur Teildeck. d. Eiweißbedarfs d. chilen. Bevölker.) 2-2929; Aminosäurebedarf v. ausgewachsenen Ratten 5-1451; Nährwerteig. d. Proteins v. Sojabohnen (Einfl. d. Überhitzens) 23-3461; Bedeut. d. freien Aminosäuregeh. v. Gemüse

u. Obst für d. – 24-3009; biolog. Nährwert v. Champignoneiweiß 30-3063; Pflanzensamen als Eiweißquellen für Nahr.- oder Futtermittel (tabellar. Zusammenstell. d. Zus. d. Pflanzensamen) 33-3514; biolog. Wertigk. gemischter Proteine (Übersicht) 36-3131; Nähr- u. Proteinwert jugoslaw. Pilze 41-3257; Verhältnis v. N-Geh. im Gesamtprotein u. essentiellen Aminosäuren in d. an junge Männer verabreichten Kost 42-1450; Bezieh. zwischen Aminosäurezus. v. wärmebehandelter Sojamilch u. ihrem Nährwert 51/52-2932.

Beziehung zu anderen Körperfunktionen: Wrkg.: v. Protein- u. Ca-Zufuhr auf Wachstum, Proteinverwert. u. Körperzus. v. Ratten 2-1398; d. alimentären Proteinspiegels auf d. Vitamin A-Geh. d. Leber 2-1401; d. Proteingeh. d. Nahr. auf einige endokrine Drüsen d. Sherman-Ratte 4-1258; Nährwert d. Nahr.-Proteins in Bezieh. zur Aktivität d. Arginase in d. Leber u. d. Transamidinase in d. Niere 5-1450; Verfütter. v. Proteinen u. Fettsäuren bei Kaninchen (Erzeug. v. Cholelithiaisis) 5-1458; Wrkg.: v. Nahr.-Protein u. Thyroxin auf d. Resorpt. v. Vitamin A u. auf d. Plasmaproteine bei Küken 5-1462; v. Proteintyp im Futter auf d. Glucosetoleranz bei d. wachsenden männl. Ratte 10-1480; d. Proteinfütter. auf d. Zus. d. Niere 16-1591; d. Eiweiß- – auf d. Aktivität v. Arzneimittel abbauenden Enzymsyst. d. Mikrosomen in Abhängigk. v. Geschlecht 19-1353; Bezieh. zwischen Proteinernähr. u. B-Vitaminen 22-1613 bis 22-1615; Qualität d. Nahr.-Eiweißes u. Leberarginase-Aktivität v. Ratten 25-1378; Einfl. v. Protein in d. – auf d. Fermentausscheid.-Funkt. d. Hühnerpankreas 34-1465; Änder. d. Serumproteine während N-Erschöpf. u. neuerl. Protein- – bei d. Ratte (Wrkg. d. Immunisier.) 40-1496; Wrkg.: v. Proteinaufnahme auf d. Entw. d. anomalen Tryptophanstoffwechsels beim Menschen während Vitamin B_6-Verarm. 41-1558; d. Eiweiß- – auf d. Aktivität d. Fermente v. Blutserum u. Leber bei parenchymatöser Leberschädig. 43-1474; v. Nahr.-Protein auf d. Ascorbinsäurestoffwechsel v. Ratten 44-1462; d. Protein- – auf d. β-Asparagyloligopeptidausscheid. durch d. Harn 51/52-1529.

Indukt. v. Ochronose bei Ratten durch Dauerfütter. mit L-Tyrosin 5-1565; Einfl.: v. Methionin u. Zn in d. Nahr. auf d. ^{65}Zn-Verteil. u. -Ausscheid. bei d. Ratte 19-1696; v. alimentärem Tryptophan auf d. Blut-γ-Globulinspiegel 27-1692; d. Leucin–Isoleucin-Antagonismus bei d. Fütter. auf d. Aminosäureverteil. in Plasma u. Geweben d. Ratte 32-1649.

Überernährung an Aminosäuren und Proteinen u. dgl.: Einfl. eines hohen Aminosäuregeh. im Futter auf d. Toxizität v. Thioacetamid 7-1588; biochem. Veränder. beim Hamster nach Verfütter. eines Phenylalaninüberschusses 22-1607; Einfl. Protein-reicher Nahr.: auf d. Transaminaseaktivität in d. Rattenleber u. -niere 32-1365; auf d. Enzymaktivitäten d. Leber 51/52-1536.

Mangel an Aminosäuren, Proteinen u. dgl.: Wrkg. v. Tryptophanmangel auf d. Stoffwechselprod. v. Tryptophan u. Niacin 3-1476; Proteinkalorienunterernähr. u. d. Wrkg. auf d. Enzymkonz. in d. Schleimhaut d. Rattenjejunums 5-1452; Wrkg. v. Protein- oder Aminosäurenverarm. auf d. Verteil. v. Vitamin B_{12} im Gewebe 6-1519; Interpretat. v. Folsäure- u. Vitamin B_{12}-Zufuhrtesten bei Eiweißunterernähr. 6-1520; Einfl. v. Nahr.-Eiweißentzug auf d. ^{59}Fe-Resorpt. bei d. Verdauung u. Gewebeverteil. bei d. männl. Ratte (Wrkg. v. Erythropoietininjekt.) 6-1527; Zwischenstufenmetaboliten u. Adeninnucleotide in d. Leukozyten v. Proteinkalor. unterernährten Kindern 12-1477; Aufrechterhalt. d. Trächtigk. durch Reserpin beim Fehlen v. Protein in d. Nahr. 13-1510; Wrkg. d. Fütter. einer Tryptophan-freien Aminosäuremisch. auf Polysomen u. ribosomale RNS d. Rattenleber 20-1207; Zusammenhang d. Leber–Cytochromoxydase-Aktivität mit Mitochondrien-Cytochromoxydase u. Phospholipidkonz. bei Ratten mit Proteinmangel 29-1413; Wrkg. v. verschiedenen Aminosäuregemischen auf d. Leukozytenregenerat. d. Eiweißmangelratte 32-1604; Spurenelementgeh. d. Leber v. Proteinmangelratten 40-1504; Wrkg.: verschiedener Aminosäuregemische auf d. Leukozytenregenerat. d. Eiweißmangelratte 40-1505; eines Mangels an essentiellen Aminosäuren auf d. Verteil. v. Flavinverb. in d. Rattenleber 42-1463; v. Proteinmangel auf d. Mitochondrien-α-Glycerophosphatdehydrogenase 45-1566.

Untersuchungsmethoden: Nährwert verschiedener Kombinat. v. Brot mit Fischmehl u. Aminosäuren (Vgl. v. Bewert.-Meth., PER-Meth.) 5-3214; „net dietary protein value" (NDPV) u. „net dietary-protein calories percent" (NDpCal %) (Übersicht) 20-3086; Best. d. biolog. Eiweißwertes mit Tetrahymena pyriformis 20-3099; Ausnutz.-Grad u. biolog. Wert d. Proteins v. Scenedesmus obliquus im Ratten-Bilanz-Vers. 23-3489; mikrobiolog. Best. d. Eiweißqualität mit Tetrahymena pyriformis 25-1459.

Wirkstoffe in der Ernährung

Siehe auch d. Abschnitt *Diät–Wirkstoffdiät.*

Verwert.: v. Vitamin A aus einer Komplexverb. mit Casein durch Ratten 6-1515; v. β-Carotin aus d. Myzelium v. Blakeslea trispora u. aus Mohrrübensaft durch Mäuse 6-1516; Bedeut. v. natürl. Folsäurederiv. in d. menschl. – 6-1522; Thiaminbedarf d. Meerschweinchens 51/52-1547.

Beziehung zu anderen Körperfunktionen: Wrkg.: v. Vitaminen in d. – auf d. Zahnkaries d. Albinoratte 19-1656; v. Thiamin d. Nahr. 51/52-1546.

Wirkstoffüberdosierung: Einfl.: großer Mengen PP-Faktor in d. Nahr. auf d. Energieverbrauch bei Küken 9-1514; einer Hypervitaminose auf d. Darmlipide d. Ratte 27-1694.

Wirkstoffmangel: Einfl. v. Cortison auf d. Aktivität d. Glutaminoxalessigsäuretransaminase v. Ratten mit Pyridoxinmangel 3-1474; $Na_2{}^{35}SO_4$ u. $^{45}CaCl_2$ bei d. Unters. d. experimentellen Rachitis d. Ratte 3-1482; Labornachw. v. Folsäuremangel 6-1523; Einfl.: v. Vitamin B_6-Mangel auf d. A.-Stoffwechsel bei d. Ratte 6-1570; v. Biotinmangel u. ranz. Fett-enthaltender Diät mit Biotinmangel auf d. Pentobarbitalwrkg. bei Ratten 8-1624; einer Folsäure-Mangelkost auf d. Folsäuredeponier. in Organen (experimentelle Beobacht.) 9-1510; Leberschäden bei Riboflavin- u. Pyridoxin-arm ernährten Pavianen (mögl. Bezieh. zur durch Aflatoxin induzierten Leberzirrhose u. Karzinom bei Afrikanern) 12-1172; Wrkg.: v. Vitamin B_{12} u. Biotin auf d. Stoffwechsel v. Vitamin B_{12} bei Ratten mit Biotinmangel 12-1518; v. Vitamin D-Mangel auf d. Nierenverkalk. infolge v. Mg-Mangel 13-1524; Diurese u. Überleben bei Vitamin-Mangelratten (antitox. Aktivität u. Wrkg. gerein. Hirnextrakte) 16-1592; wachstumsfördernde Wrkg. v. Methyl-5.6-monoepoxyretinoat bei Vitamin A-Mangelratten 16-1594; Ähnlichk. d. klin. Symptome bei Vitamin B_6-Mangel u. Phenylketonurie 16-1599; Einfl. v. Vitamin E-Mangel u. seiner Dauer auf d. Lysosomenstabilität d. Rattenniere 16-1603; Bedeut. d. alimentären Mangels an Vitamin u. Eiweiß bei Dysenterie 18-1503; Vitamin B_{12}-Mangel u. Ausscheid. v. in Ae. lösl. Säuren bei Ratten 19-1651; halbsynthet. Futter mit unvollständ. u. beschränkter Vitaminzus. (Einfl. auf Wachstum, Verh. u. Langlebigk. v. Wistar-Ratten) 20-1550; Spiegel d. polyungesätt. Fettsäuren in Leber u. Herz v. an Riboflavin defizitären Ratten 22-1619; Einfl.: eines relativen Vitamin C-Mangels auf d. Entw. d. Thioacetamid-Leberfibrose beim Meerschweinchen 25-1640; v. Tocopherol-Mangelfutter auf orale, paraorale u. hämatopoet. Gewebe d. Ratte 25-1641; Veränder. d. Hodens u. Nebenhodens d. weißen Ratte bei A-Avitaminose 26-1612; in vitro-Umwandl. v. Transdehydroepiandrosteron in Androstendion durch d. Nebennierenrinde v. Vitamin A-Mangelratten (Wrkg. v. Retinal) 28-1652; Einfl. v. Riboflavinmangel auf d. Einbau v. ^{14}C aus markiertem Alanin in Leberglykogen in vivo 28-1653; alimentärer Vitamin B_6-Mangel u. Stör. im Tryptophanstoffwechsel 28-1654; Veränder. d. Asparagataminotransferase- u. d. Alaninaminotransferase-Aktivität bei Ratten mit Vitamin B_6-Mangel 41-1270; Vork. u. Bedeut. v. Lipidperoxiden bei Vitamin E-Mangel 47-1635; Wrkg. v. CoA u. Pantethin auf Leber-CoA- u. Pantothensäuregeh. bei Ratten nach Pantothensäure-freier – 51/52-1563.

Mangelerscheinungen

Mangelernähr. an bestimmten Stoffgruppen s. d. vorst. Abschnitte.

Beziehung zu anderen Körperfunktionen: Wrkg. v. Hunger: auf d. Regulier. d. Rattenleberenzyme 1-1498; u. Wiederfütter. auf d. Enzymaktivität d. Hexosemonophosphatnebenweges u. d. DNS-, RNS- u. N-Geh. d. Rattenfettgewebes 2-1140; Ketonämie bei Hunger u. Insulinmangel (Hemm. durch 3.5-Dimethylisoxazol) 5-1416; Wrkg. v. Hunger auf d. Kontrakt.-Fähigk. isolierter Rattenvorhöfe 6-1550; Gallensekret. d. Leber bei hungernden u. verdauenden Hunden (Wrkg. v. Cholecystokinin-Pankreozymin-Präp.) 6-1610; Mineral- u. Proteinverluste während d. Hungerns 7-1520; Einfl. v. Fasten: auf d. Aktivität d. anorgan. Pyrophosphatase, Pyrophosphatglucosephosphotransferase u. Glucose-6-phosphatase in Rattenleber- u. -nierenmikrosomen 8-1316; auf d. Lipogenese in vivo 8-1555; auf d. Triglyceride d. Herzens u. d. Ausnutz. d. freien Fettsäuren 9-1439; Hunger-induzierte Adaptat. v. Rattenleber-Tyrosintransaminase u. Serindehydrase 10-1226; Glucose-6-phosphatdehydrogenase-Aktivität im Fettgewebe zweier Arten adipöser Mäuse bei Hungerbehandl. 11-1224; Ketose bei hungernden trächt. Ratten (Einfl. v. Hypophysen- u. Nebennierenhormonen) 11-1395; Einfl. v. Futtereinschränk. auf d. durch 3-Methylcholanthren induzierte Mammakarzinom in Ratten (Wrkg. v. Chemotherapie u. Ovariektomie) 13-1159; Auswrkg. d. Fastens auf d. Phosphoenolpyruvatcarboxykinaseniveau d. Rattenlebermitochondrien 13-1250; Heterogenität in d. Zus. v. Cholesterinestern, d. durch Leberzellfrakt. v. fastenden u. gefütterten Ratten synthetisiert werden 15-1424; Einfl. v. Nicotinsäure auf d. Wahl d. während d. Fastens verwerteten Substrate (Ratte) 15-1594; Rolle d. Fastens bei d. Synth. d. Fettsäuren (Vortragsbericht) 15-1606; Vgl. d. oxydativen Stoffwechsels bei hungernden, mit Fett gefütterten u. mit Kohlenhydraten gefütterten Ratten 16-1589; Einfl. d. Hungerketose auf Konz. u. Umsatzraten v. Acetyl-Coenzym A u. Acetylcarnitin in Muskel u. Leber bei Ratten u. Meerschweinchen 16-1623; Citratgeh. d. Leber u. Niere v. hungernden Ratten 16-1650; Hungern u. Indukt. v. Leberenzymen durch Hydrocortison 20-1296; Wrkg. v. Hunger auf d. Phosphofructokinase-Aktivität im Rattenherzen 20-1304; Unempfindlichk. d. Geschw. d. Fettsäuren- u. Cholesterinsynth. durch Mäusehepatom BW *7756* gegenüber Hungern u. Wiederfütter.-Kontrolle 22-1291; Retent. v. B-Vitaminen in Organen v. fastenden oder Protein-frei ernährten Ratten 22-1613; Riboflavingeh. v. Organen fastender Ratten nach FAD-Gabe 22-1614; Hemmwrkg. d. Durchström. d. Leber mit AMP bei hungernden Ratten 24-1289; Einfl. v. Hungern auf d. Synth. d. Leber-Glucokinase in d. neugeborenen Ratte 24-1365; Hemm. d. Nahr.-Aufnahme hungernder Mäuse durch Enterogastron 24-1617; Aktivität d. anorgan. Pyrophosphatase im Kaninchenhirn in d. Norm u. nach Hungern 26-1611; Einfl. v. Hunger auf d. Konz. v. Effektoren gluconeogenet. Schlüsselenzyme in d. Rattenleber 29-1448; Einbau v. [Ring-2-^{14}C]-L-Histidin in Organproteine unreifer Ratten nach Nahr.-Entzug (Einfl. v. Testosteron) 31-1601; Wrkg.: v. Cortison u. Kalorienverminder. auf d. Skelettbldg. unreifer Ratten 31-1608; v. Nahr.-Entzug auf d. UDP-Glucuronyltransferase-Aktivität u. Steroidglucuronidsynth. in Rattenlebermikrosomen 32-1370; Gewebegeh. v. Citrat u. -spaltendem Enzym während Hunger- u. Wiederfütter.-Perioden 32-1459; Blutzucker sowie Leber- u. Muskelglykogen in gefütterten u. hungernden Ratten (Einfl. v. Carbaryl) 36-1628; vermutete Bezieh. d. Citratenzyme zur Fettsäuresynth. u. Ketosis beim Fasten 38-1700; Einfl. d. Hungerns auf d. Geschw. d. Eintritts v. Triglycerid in d. Kreislauf d. Ratte 39-1564; Coffeintoxizität bei hungernden Ratten 41-1666; Katabolismus d. geometr. Isomeren v. einheitl. mit ^{14}C markierter Δ^{9}-Octadecensäure u. v. einheitl. mit ^{14}C markierter $\Delta^{9,12}$-Octadecadiensäure bei d. fastenden Ratte 43-1487; Wrkg. v. Cholesterinfütter. u. Hunger auf β-Hydroxy-β-methylglutaryl-CoA-Reduktase 44-1186; Einfl. v. Hunger: auf d. Citratgeh. d. Rattenleber 44-1425; auf d. Geh. an freien Fettsäuren im Plasma v. Embryonen u. neugeborenen Ratten 45-1608; auf d. Ascorbinsäuregeh. d. Cotton-Pellet-Granuloms v. Ratten 46-1170; Wrkg. v. Melatonin auf d. Radlaufaktivität v. hungernden Ratten 51/52-1643.

Unterernährung: Harnausscheid.: v. Hydroxyprolin bei Kwaschiorkor 20-1557; lysosomaler Arylsulfatasen bei Kwashiorkor 41-1551.

Erstarrungsvorgänge s. unter *Schmelz- und Erstarrungsvorgänge.*

Erucasäure s. unter $C_{22}H_{42}O_2$.

Erycanosid s. unter $C_{35}H_{52}O_{15}$.

Erychrosid s. unter $C_{34}H_{50}O_{13}$.

Erycordin s. unter $C_{35}H_{54}O_{14}$.

Eryscenoblose s. unter $C_{12}H_{22}O_{10}$.

Eryscenosid s. unter $C_{35}H_{52}O_{15}$.

Erysimin s. unter $C_{29}H_{42}O_9$.

Erysimosid s. unter $C_{35}H_{52}O_{14}$.
Erysimosol s. unter $C_{35}H_{54}O_{14}$.
Erysimupikron s. unter $C_{23}H_{32}O_{6}$.
Erysodienon, Einbau v. $^{3}H_{(17)}$-— in Erythratin durch Erythrina cristagalli 48-1545.
Erysotrin s. unter $C_{19}H_{23}NO_{3}$.
Erythorbinsäure s. unter $C_{6}H_{8}O_{6}$.
Erythralin s. unter $C_{18}H_{19}NO_{3}$.
Erythralosamin s. unter $C_{29}H_{49}NO_{8}$.
Erythramin s. unter $C_{18}H_{21}NO_{3}$.
Erythratin s. unter $C_{18}H_{21}NO_{4}$.
Erythrin s. unter $C_{20}H_{22}O_{10}$.
Erythrinan s. unter $C_{16}H_{21}N$.
Erythrisid s. unter $C_{40}H_{60}O_{18}$.
Erythrit s. unter $C_{4}H_{10}O_{4}$.
Erythrocruorin s. unter *Blutfarbstoffe, Andere respiratorische Farbstoffe.*
Erythrocuprein s. unter *Proteine, Spezielle Proteine.*
Erythrodiol s. unter $C_{30}H_{50}O_{2}$.
Erythroidin s. unter $C_{16}H_{19}NO_{3}$.
Erythrolaccin s. unter $C_{15}H_{10}O_{6}$.
Erythromycin s. unter $C_{37}H_{47}NO_{13}$.
Erythromycin A s. unter $C_{37}H_{67}NO_{13}$.
Erythromycin B s. unter $C_{37}H_{67}NO_{12}$.
Erythromycin C s. unter $C_{36}H_{65}NO_{13}$.
Erythromycine, Biosynth. 51/52-1361; subchron. Toxizität bei Ratten 38-1762.
Erythronsäure s. unter $C_{4}H_{8}O_{5}$.
Erythrophlamsäure s. unter $C_{21}H_{30}O_{6}$.
Erythrophlein, Wrkg.: auf Herz-ATPase 23-1440; auf K-Konz. u. Membranpotential d. Frosch-Sartorius-Muskels 34-1305.
Erythropoietin s. unter *Hormone, Hypophysenvorderlappenhormone (Erythropoietisches Hormon).*
Erythropoietisches Hormon s. unter *Hormone, Hypophysenvorderlappenhormone.*
Erythropterin s. unter $C_{9}H_{7}N_{5}O_{4}$.
Erythrose s. unter $C_{4}H_{8}O_{4}$.
Erythrosin s. unter $C_{20}H_{8}J_{4}O_{5}$.
Erythrosin B s. unter $C_{20}H_{8}J_{4}O_{5}$.
Erythroskyrin s. unter $C_{26}H_{33}NO_{6}$.
Erythroxydiol Y s. unter $C_{20}H_{34}O_{2}$.
Erythrozyten s. unter *Blut, Blutzellen (Rote Blutzellen).*
Erythrulose s. unter $C_{4}H_{8}O_{4}$.

Erze

Spezielle — s. dort bzw. unter d. entsprechenden Metallen. *Geologie (einschließlich Geochemie und Geophysik)* s. dort.

Verarbeit. v. — zu Metallen s. unter *Aufbereitung*; *Flotation*; *Metallurgie. Bergbau* v. — s. dort.

Siehe auch *Gesteine*; *Lagerstätten*; *Mineralien.*

Best. v. Alkalimetallen in — (flammenphotometr.) 1-1833; polarograph. automat. Analysatoren zur Best. v. Zn u. Cu in — 2-1903; Anwend. v. Ultraschall zur chem. Phasenanalyse v. Sb- u. As-Erzen 3-2048; analyt. Eigenh. bei d. Best. d. Au-Geh. v. — 6-1915; polarograph. Best. v. Ti in — 6-1977; Isolier. u. Best. v. Mo in Proben v. — u. Zwischenprod. d. Cu-Metallurgie mit Benzoinoxim (Cupron) 7-2023; Identifizier. v. gemahlenen —-Aufbereit.-Prod. durch Hitzeeinw. 12-1865; polarograph. Best. v. Mikrogrammengen In in — 13-1887; Best. v. Edelmetallspuren in — (Neutronenaktivier.- u. Leitisotopenmeth.) 14-1933; rationelle Analyse v. armen Sb-Erzen 17-2046; Best. v. Al_2O_3 in Cr-— u. Cr–Magnesitsteinen 17-2048; spektrograph. Ge-Best. in — 17-2050; spektralphotometr. Best. v. metall. Fe in red. Fe-— 22-2172; Best. v. Ag in — durch Neutronenaktivier. u. hochauflösende γ-Spektroskopie 23-2165; Siebanalysen v. Ilmenit-— 24-2045; Best. v. Spurenelementen aus — 24-2115; quant. spektrograph. Best. v. Y u. Seltenerdmetallen d. Y-Untergruppe in — 26-2062; Re-Best. in einigen jugoslaw. — 28-2046; Best.: d. magnet. Fe in — 31-2208; v. Mo, Fe u. Ti in — (Radioisotopen-Röntgenfluoreszenzanalysator) 35-2064; v. Pb, Zn, Cu, As u. S zu sulfid. — (Röntgenspektrometrie) 36-1956; v. Au in — (Atomabsorpt.-Spektroskopie) 39-2008; Analyse v. Nichteisenmetall-— durch Atomabsorpt.-Spektrophotometrie 41-2075; Phasenanalyse v. Be-— 41-2076; spektrograph. Sn-Best. in Sn-halt. — 41-2078; röntgenspektrometr. Au-Best. in sulfid. — nach chem. Anreicher. 41-2080; Anwend. d. oszillograph. Wechselstrompolarographie bei d. Analyse v. — 42-1839; zerstörungsfreie Analyse v. Sulfid-— durch Neutronenaktivier. 42-1840; kerngeophysikal. Meth. zur Unters. v. — 43-1995; flammenphotometr. Best. v. Na u. K in Mn-— 43-1997; Erwärm. einphasiger polykristalliner Sulfid-— (Texturanalysen) 47-0747.

Bibl.: Atlas der Spektrallinien für die Erz- und Mineralanalyse am Diffraktionsspektrograph [russ.] B 5; Bearbeitungstechnologie und Analysenmethoden der Erze der Edelmetalle, Buntmetalle und seltenen Metalle (Mitteilungssammlung) [russ.] B 29; Behandlung von Gold, Diamant und seltenen Erzen und Seifen (Mitteilungssammlung) [russ.] B 70; Spektralanalyse von Erzen, Schlacken, feuerfesten Materialien und Silicaten [russ.] B 93.

Eschscholtzin s. unter $C_{19}H_{17}NO_{4}$.
Eschscholtzxanthin s. unter $C_{40}H_{54}O_{2}$.
ESCOREZ s. unter *Plaste, Weitere C-Plaste (Weitere C-Polymerisate).*
Esculetin s. unter $C_{9}H_{6}O_{4}$.
Esculin s. unter $C_{15}H_{16}O_{9}$.
Eseramin s. unter $C_{16}H_{22}N_{4}O_{3}$.
Eserin s. unter $C_{15}H_{21}N_{3}O_{2}$.
„Eserinum sulfuricum", spektrophotometr. Best. d. Physostigmingeh. in — 8-1654.
Esidrex s. unter $C_{7}H_{8}ClN_{3}O_{4}S_{2}$.
Eskebornit, — aus Proben v. Chaméane (Puy-de-Dome) 37-0817.
Essenzen s. unter *Aromastoffe.*
Essexit, Vork. v. Olivin-—-Dolerit im Grat d. Kleinen Kurilen 42-0658; Differentiat. in —-Porphyrit-Gängen 43-0749.
Esshete 1250 s. unter *Eisen, Schmiedeeisen und Stahl (Sondermarken).*
Essig, Best. v. 2-Ketogluconsäure in — 5-2051; Analyse v. — 16-3242; Herst. 26-3195*; Best. pyrogener Verunreinig. in — 31-2262.
Essigester s. unter $C_{4}H_{8}O_{2}$.
Essigsäure s. unter $C_{2}H_{4}O_{2}$.
Estabex S, Toxizität 17-3469.
Estabex U 18, Toxizität 17-3469.

Ester

— v. Carbaminsäuren s. *Urethane*; Cellulose-— s. *Cellulosederivate — Celluloseester*; — v. Kohlenhydraten s. unter Kohlenhydrate (Derivate); Peptid-— s. unter Peptide; Poly-— s. *Plaste (Polyester)* bzw. *Chemiefasern (Polyesterfasern)*; Stärke-— s. unter *Stärke (Derivate)*; Sterin- bzw. Steroid-— s. unter *Sterine* bzw. *Steroide*; Terpen-— s. unter *Terpene*; — v. *Aminosäuren*; *Borinsäuren*; *Boronsäuren*; *Epoxysäuren*; *Harzsäuren*; *Hydrazinocarbansäuren*; *Hydroxysäuren*; *Ketonsäuren*; *Mercaptosäuren*; *Naphthensäuren*; *Phosphinigen Säuren*; *Phosphinsäuren*; *Phosphonigen Säuren*; *Phosphonsäuren*; *Sulfensäuren*; *Sulfinsäuren*; *Sulfonsäuren*; *Thiosäuren* s. dort; s. auch *Acylale*; *Fette, Glyceride*; *Lipoide*; *Orthoester*; *Spans*; *Tweens*; *Wachse.*

Ester, anorganische

Bldg. (u. Umlager.) 4-0806; (u. Umwandl.) 30-1012 bis 30-1014; 34-1017; Rk. v. — aus niederen Alkoholen u. starken Säuren mit aliphat. Aminen u. Äthern 3-2782*; Solvolyse v. Mineralsäurealkyl-— (Mechanismus) 18-0923.

Ester, organische

Allgemeines. Unters. d. sterilen Lsg. v. Diphenylessigsäure-— 5-1688; α-Cyanacrylsäure-— 19-1060; reaktive — v. heterocycl. Alkoholen 20-0983; — v. 2-Hydroxyäthylaminen u. ihren Deriv. 26-0957; geminale Dinitro- — 26-1011; akt. — 43-1004; reaktive — v. heterocycl. Alkoholen 48-1205; — v. 2-Hydroxyäthylamin u. ihre Deriv. 49/50-1041; farb. aktivierte — 49/50-1042.

Vorkommen. Vork. bzw. Geh.: v. langkett. — im Wachs v. Calocephalus brownii 14-1382; v. Carotinoid-— im Mais 19-1475; v. Fettsäuremethyl-— im Holz v. Populus tremula 33-1629; v. Fettsäure-— in Blättern d. Olivenbaumes 45-1461; v. Fettsäuremethyl-— in Pollen v. Zea mays 46-1347; in Centranthus ruber 48-1621; v. veresterten Fettsäuren im Serum bei Frauen mit verschied. Körpergew. (Bezieh. zum Blutdruck) 7-1524; v. veresterten Fettsäuren in Serum u. Leber v. Ratten (Veränder. nach Applikat. v. Orotsäure u. hepatotox. Stoffen) 22-1650; v. veresterten Fettsäuren im Serum bei Fettleber nach chron. A.-Verabreich. 23-1710; v. Diacylglyceryläthern in Walker-*256*-Karzinom d. Ratte u. einem Humanlymphosarkom 26-1229; v. Glycerylätherdi-— in Tumorzellen 26-1231; v. Fettsäure-— in Fossilien 38-1596; in Kollagen aus d. Schwimmblase d. Hechts 32-1545; in Bier 19-3252.

Bildung, Darstellung, Reinigung. Bldg.: d. Tigloyl-— v. Datura 5-1354; v. 2-Acyl-1-alkenylglycerinen bei d. enzymat. Spalt. v. Äthanolaminplasmalogen 12-1256; enzymat. Bldg. v. Essigsäure-— aus Alkoholen durch Hefe (Kinetik) 40-1332; Bldg. v. Fettsäuremethyl-— während d. Konzentrier. methanol. Extrakte v. Serum- oder Plasmalipiden 49/50-1524.

Herst.: v. β-Cyancarbonsäure-— 2-2373*; v. Poly-1.3-dialkylenharnstoffpoly-— 2-2676*; aus Mannich-Ketonen 4-0820; v. Diisocyanatocarbonsäure-— 6-2742*; v. Hydroxymethylsiloxanen zur Herst. v. — 7-2593*; v. α-Diazocarbonsäureäthyl-— 13-0980; v. Borhydridverb. v. Phosphinen u. Arsinen als Verester.-Katalysatoren 16-2547*; v. symm. — aus Alkoholen 18-2501*; v. D-markierten — 19-1102; v. ungesätt. — aus Carbonsäuren u. Olefinen u. O_2 (Verhinder. d. Pd-Spiegelbldg.) 20-2524*; Bldg. bei d. Luftox. v. Propylen 21-2707; Darst.: durch Ox. v. Aldehyden oder Ketonen 21-2757*; aus Säuren u. Alkoholen in Ggw. v. phosphin. oder phosphorig. Säure 22-2609*; aus KW-Stoffen 25-2643*; v. β-Perfluor(cyclo)alkyläthanolen als Zwischenprod. für — 30-2496*; v. Salzen v. α-Sulfocarbonsäure-— (Netz- u. Waschmittel) 34-2692*; v. — durch Ver- oder Umester. in Ggw. v. pyrophorem Bi 36-2520*; aus Carbonsäuren u. höher als W. sd. Alkoholen 36-2521*; v. ungesätt. — aus ungesätt. organ. Verb. mit Cu-Carboxylaten 41-2681*; v. α-Nitroperfluorcarbonsäure-— 42-0908; Umester.: unter W.-Ausschluß in Ggw. v. Al-Trialkylen 42-2294*; v. Dicarbonsäure-— 47-2549*; Darst.: durch Dehydrier. v. prim. oder sek. Alkoholen 49/50-2577*; v. reinsten, gesätt. u. ungesätt. — aus Carbonsäurehalogeniden u. Alkoholen oder Phenolen 49/50-2611*.

Herst.: v. 3.3-Bis-[hydroperoxy-tert.-butyl]-butan-1-carbonsäure-— (Vernetz.-Initiatoren für Äthylen-Mischpolymere) 1-2690*; v. 2.4-Dichlorphenoxyacetylglykolsäurealkyl-— (Herbizide) 1-2945*; v. O.O-Dialkyl-S-[carbäthoxymethyl]-thiolphosphaten (Insektizide) 2-2855*; v. — aus aliphat. Carbonsäurehydraziden 3-0972; v. Acrylsäure-— 4-2113*; v. Alkylendicarbonsäuredialkyl-— (Schmieröle) 4-2215*; v. n-Butoxymethyl-— v. aliphat. Carbonsäuren 5-0964; v. α-Alkylmalonsäurediäthyl-— 5-0966; v. — aus C_2-Olefinen, CO u. Alkoholen oder Phenolen 5-2538*; katalyt. Darst. v. — aus Essigsäure, Olefinen u. O_2 6-2506*; Darst.: v. — aus Acetaldehyd u. Butanol (gaschromatograph. Analyse d. Rk.-Prod.) 7-2029; v. $\alpha.\alpha$-Dichloralkansäure-ω-halogen (bzw. cyan)alkyl-— (Herbizide) 7-3087*; v. Trichlorbenzyloxyalkyldichlor- (oder trichlor)acetaten bzw. propionaten (Herbizide) 7-3091*; Elektrosynth. d. Di-— höherer ungesätt. Dicarbonsäuren 8-2458; Darst.: v. Acrylsäure-— aus d. Poly-— aus β-Propiolacton 8-2491*; v. Hydroxylaminoessigsäure-— (Herbizide) 8-3064*; v. Methacrylsäure-— (Übersicht) 9-2501; v. hochmol. — v. C_8–C_{20}-Carbonsäuren u. C_{19}-Diolefinen (Schmiermittel, Weichmacher für Kautschuk) 9-2539*; v. 1-[ω-Alkoxycarbonylalkyl]-cis-trans-1.3-alkadienen 9-2541*; v. sulfatierten Alkylen- oder Polyalkylenglykol-— v. gesätt. aliphat. Monocarbonsäuren 9-2747*; v. Alkenyl-— aus Olefinen u. gesätt. aliphat. Monocarbonsäuren 10-2525*; v. Alkanoyloxyalkansulfonaten 10-2740*; v. γ-Trinitrobuttersäure-— (pharmakolog. Aktivität) 11-1648; v. äthylen. ungesätt. Dicarbonsäure-— 12-2537*; v. — aus Salzen v. Perfluoralkancarbonsäuren 13-0973; v. Alkanoyloxyhydroxyalkansulfonaten 13-2770*; v. Methacrylsäure-— aus Isobutylen 14-0925 bis 14-0928, 15-2645*; v. $\beta.\beta$-Dialkylacrylsäure-2-sek.-butyl-4.6-dinitrophenyl-— (Insektizide, Akarizide) 15-3202*; v. Äthyl-— v. Acrylsäuren durch PO-Olefinier. 16-1050; Bldg. bei d. milden Ox. v. Linolsäuremethylester 16-1974; Herst.: v. Acrylsäure-— 16-2536*; v. Di-Neoalkyl-$\beta.\beta.\beta^1.\beta^1$-tetraalykyl-substituierten Dicarbonsäure-— (Hochleist.-Schmierstoffe) 17-2961*; v. 1.1.1-Trimethylolalkan-— v. niedr. aliphat. Monocarbonsäuren 18-2499*; v. Glyoxylsäureesteracetalen 19-1107; v. β-Carbäthoxyäthanphosphonsäureesteramiden 19-1115; v. o- u. p-Benzochinolacetaten 19-1121; v. Perfluoralkancarbonsäurephenyl-— 19-2709*; v. Acrylsäure-— 19-2710*; v. Succinaten v. Undecylensäurealkylolamiden (Bakterizide, Fungizide) 20-1681*; v. Aralkenyl- u. Alkinylpropiolsäure-— (Wachstumsverhinderer für Mikroorganismen; Vernetz.-Mittel für Polymere) 21-2750*; v. kältestabilen — aus pflanzl. oder tier. Fettsäuren u. Polyalkoholen 21-2753*; v. Alkyl-— v. niederen Fettsäuren 22-0983; v. — v. α-Trimethylammoniumderiv. höherer Fettsäuren (Desinfekt.-Mittel) 22-1816*; v. Fettsäure-— aus Lipiden (für d. gaschromatograph. Analyse) 22-2202; v. Alkenylacetaten 22-2647*; v. Bis-(cyanameisensäure)-— (Pestizide) 22-3144*; v. Dehydrodimeren d. Ölsäuremethyl-— 23-1069; v. Acetaten (aus KW-Stoffen, Ketonen u. Nitrilen mit Peressigsäure) 23-2776*; (aus Monoolefinen oder Alkylbenzolen mit O_2 u. CH_3COOH) 23-2777*; v. Alkyl-β-cyan-β-chloracrylaten(methacrylaten) [Herbizide] 23-3395*; v. α,β-ungesätt. Carbonsäure-- 24-2519*; v. γ-Fluor-α,β-ungesätt. Carbonsäure-- (cholesterinspiegelsenkende Heilmittel) 25-1834*; v. Fettsäure-- aus Lipiden für d. gaschromatograph. Analyse (App.) 25-2040; v. 2.2-Dihalogenäthylcarbonsäure-- 25-2647*; v. vic. Acryloyloxyhalogenverb. 25-2695*; v. β.β-Dihalogenalkan(di)säurealkyl-- 26-2641*; elektrolyt. Herst. v. Hydrodimeren v. α.β-Monoolefincarbonsäurealkyl-- 26-2647*; u. Isolier. d. Methyl-- v. α-verzweigten aliphat. Säuren 26-2845; v. Acrylsäure-- aus C_2H_2, CO u. Alkoholen (Kinetik) 27-1057; v. Alkylacrylaten 27-2810*; v. α-Nitroalkancarbonsäure-- 27-2813*; v. aliphat. ω-Oxocarbonsäuremethylestern 28-2571; v. Arylhydrazonderiv. v. Mesoxalsäureäthylesteramidoxim 28-2587*; v. 2.4-Dinitro-6-sek.-alkylphenyl-ω-chlorbutyraten (Insektizide, Akarizide) 28-3147*; v. acetalisierten Azelainaldehydsäure-- 29-1085; v. Methacrylsäure-- 29-2719*; 29-2720*; v. Alkalisalzen v. (Meth)-Acrylsäure-[ω-sulfoäthyl (bzw. propyl)]-- 29-2721*; v. Bernsteinsäurehalb-- v. Alkylenglykolphosphorsäure-- (Rostverhinderer, Treibstoffadditive, Schmierölzusatz) 29-2912*; v. fluorierten Teil--| v. aliphat. Tri- u. Tetracarbonsäuren (nichtkorrodierende Zusätze zu Schmierölen) 29-2913*; v. aliphat. Dicarbonsäureesteraniliden (Herbizide) 29-3316*; v. symm. Dihydroxyalkyl-- d. (Meth)Acrylsäure 30-2501*; v. α-Alkylstearinsäure-- 31-3105; v. Malein- u. Bernsteinsäuremonoestermonoamiden (Pflanzenwachstumsregulatoren) 31-3440*; Verester. v. Acetylen- u. Fluorcarbonsäuren (Acidität u. Autokatalyse) 32-0996; Darst.: v. 1-Äthoxy-1.2-diacetoxyalkanen 32-1059; v. Alkyl-N-[halogenacetyl]-N-phenyloxamaten (Herbizide) 32-2991*; v. aliphat. Monocarbonsäure-- aus Dicarbonsäure-- 33-2767*; v. – v. ungesätt. u. zweibas. Säuren 33-2778*; v. N-Mono- oder N.N-Dialkylalkylendicarbonsäureamido-- (Ersatz für Naturwachse) 33-3031*; v. Metallylcarbonsäure-- durch Pyrolyse v. 1.3-Dioxanen 34-2523*; durch Carbalkoxylier. v. Olefinen 35-1020; v. Methyl-- v. all-konjugierten Octadecatetraensäuren 35-1023; v. monomeren Dokosahexaensäuremethylesterdihydroperoxiden 35-1024; v. Fettsäuremethyl-- für d. DC- u. GLC-Analyse 35-2149; v. ungesätt. – durch Acetoxylier. v. Olefinen (Mechanismus) 35-2610; elektrochem. Synth. v. aliphat. Dicarbonsäuredimethyl-- 36-1028; Darst.: v. Äthyl-- v. niederen Fettsäuren 36-2529; v. α-Halogenacrylsäure-- 36-2551*; v. – aus Mono- oder Polyolefinen mit CO u. W., Alkoholen oder Phenolen 36-2570*; v. Alkylformiaten 37-1089; v. Alkyl-- v. O-Chloracetyl- u. O-Trichloracetylglykolsäuren (Herbizide) 37-1093; v. – aus CO, Olefinen u. acylierbaren Verb. 37-1133; v. ungesätt. – aus Halogenolefinen u. aliphat. Carbonsäuren 37-2766*; v. Diesteraldehyden in d. Malonbernsteinsäure- u. Malonglutarsäurereihe 38-1113; v. Trihalogenessigsäurecarboranylalkyl-- (Sprengstoffe) 38-3270*; v. Dodecen-(7)-ol-(1)-acetaten u. Verwandten (Insektensexuallockstoffe) 39-1411; v. – v. Carboxymethyldimethyl-C_{12}–C_{18}-aliphat. Ammoniumchloriden 39-2549; v. Halogenfettsäurenitroalkyl-- (Insektizide) 40-2882*; v. Alkenylacetaten 41-2685*; v. nichtcycl., oberflächenakt. Xylit-Fettsäure-- 42-2543*; v. 2.2.4-Trimethyl-1-isobutyroxy-3-(chlorphenoxyacetoxy)-pentanen (Herbizide) 42-2803; v. ungesätt. – aus Olefinen u. aliphat. Monocarbonsäuren 43-2610*; v. Gemischen gesätt. 2.2-Dimethylfettsäure-- 43-2612*; v. kältefesten – aus fl. Fettsäuren u. Polyalkoholen (Schmiermittel, Bremsfl., Ersatz für Klauenöl) 43-2614*; v. α-Sulfofettsäure-- (Eig. als Waschmittel) 44-2593; v. Fettsäure-- aus 1-Alkylhalogeniden u. fettsauren Alkalisalzen 45-2723*; v. α-Nitroperfluorpropionsäure-- 46-0908; u. Struktur dimerer Ölsäuredimethyl-- 47-2761; v. Methacrylsäure-β-hydroxyalkyl-- 48-2338*; v. Di-tert.-butylphenyl-- v. aliphat. Dicarbonsäuren (Schmiermittel, Wärmeübertrag.-Fl.) 48-2432*; v. Bis-[phenylphenyl]-- v. aliphat. Dicarbonsäuren (Schmiermittel u. Wärmeübertrag.-Fl.) 48-2433*; v. Monofluorderiv. v. aliphat. Tri- u. Dicarbonsäure-- 49/50-1036; v. Alkenylacetaten 51/52-2398*.

Darst.: v. Cycloalkancarbonsäure-- 31-2831*; v. Vinyl-- d. Cycloalkan-, Cycloalkencarbonsäuren 33-2744.

Darst.: v. polyfluorierten aromat. – (Carbonylstreckschwing.-Frequenzen) 6-1004; v. Glykoljodbenzoaten 7-1003; u. Rk. v. α-Methoxycarbonyl-β-aryl-γ-nitrobuttersäuremethyl-- 8-1020; v. Ketal-- aus Benzophenonpolycarbonsäuren (Weichmacher für Vinylharze) 9-2842*; u. Rk. v. 5-Aryl-$\Delta^{2.4}$-pentadiensäureäthyl-- 10-1005; v. Ketomethylazobenzol-2.5-dicarbonsäuredialkyl(cycloalkyl)-- 11-2719*; v. Phenyl-2.3.6-trichlorphenylessigsäure-- 12-3076*; u. Rk. v. β-Aryl-α.β-dicyan-α.β-dialkylpropionsäureäthyl-- 14-1009; v. Alkylchlorbenzolmonocarbonsäure-- 16-2559*; v. – v. Phthalsäure, Benzoesäure u. Stearinsäure (Weichmacher) 17-1150; v. Zimtsäure-- (pharmakodynam. Wirksamk.) 19-1127; v. α-Carboalkoxyalkylbenzyldimethylammoniumverb. (Desinfekt.-Mittel) 19-1936*; v. Phenyl-- v. carbocycl., aromat. Mono- u. Polycarbonsäuren (Weichmacher) 21-2695*; v. Monoalkylmono-β-hydroxyalkyl- u. Bis-(β-hydroxyalkyl)-- v. Benzoldicarbonsäuren 21-2780*; v. α-Cyan-β-alkyl-β-phenylacrylsäure-- 23-3080*; v. alkylierten Phenylessigsäure-- (Parfümzusätze) 24-2692*; v. 2.3.5.6-Tetrachlorterephthalsäuremonoalkylestermono-N-alkyl-N-alkoxyamiden (Herbizide) 25-3342*; v. kernchlorierten Alkylbenzolmonocarbonsäure-- 29-2747*; u. Alkylier. v. α-Alkylphenylessigsäure-- 31-1114; v. Methyl-- v. α,β-ungesätt. Carbonsäuren aus arylierten Olefinen u. CO 38-1136; v. Phthalsäuredi-- 40-2375*; v. β-Dialkylaminoxyäthyl-- v. p-substituierten (o-Halogen)Benzoesäuren (Lokalanästhetika) 42-1588*; aus aromat. Dicarbonsäuren u. Glykolen 51/52-2430*.

Herst.: v. β.β-Diaryl- oder heterocycl. substituierten Acrylsäure-- 8-2492*; v. bicycl. Esterlactonen 14-2582*; v. 1.1.1-Trialkoxy-3.4-dicarbalkoxy-3.4-dimethyl-2.5-dioxaphospholanen 24-1124.

Herst.: v. 3-Hydroxy-2.2-dialkylpropyl-- 1-2436*; v. ungesätt. acylierten N-Methylolcarbonsäureamiden 2-2369*; v. ungesätt. – aus Alkalisalzen v. Carbonsäuren u. Halogenalkenen-(2) 4-2138*; v. α-Chloralkyl-- 5-0965; v. partiellen – v. Polyolen 5-2536*; v. Glykol-- 5-2540*; v. Vinyl-- 6-2508*; v. Alken-(2)-yl-- 6-2511*; v. – v. ungesätt. Alkoholen 7-2581*; v. aliphat. Mono-- v. 2.2′.4-Trihydroxy-4′-alkoxybenzophenonen 8-2768*; v. – v. ungesätt. Alkoholen aus Olefin-Metall-Komplexen u. Carbonsäuresalzen 9-2485*; v. Vinyl-- v. halogensubstituierten Carbonsäuren 9-2538*; v. in 6-Stell. substituierten 2.3-Dimethoxy-5-methyl-1.4-benzohydrochinon-4-monoacylderiv. (Heilmittel) 10-1679*; v. – v. alkylsubstituierten Hydroxybenzylalkoholen 13-2101*; v. Vinyl-- mit langen Ketten 14-0956; v. Vinyl-- (Katalysatoren) 15-2641*; v. Alkenylendicarboxylaten 16-2535*; v. Trimethylolalkan-Misch-- (Hochleist.-Schmierstoffe) 17-2958*; v. Aryl-- 18-0984; v. Alkylidendiphenol-- (Bakterizide) 21-1926*; v. Vinyl-- 21-2747*; v. – v. Halogenalkoholen 22-2610*; v. – v. β-Hydroxyalkanonen 22-3066*; v. Polynitroestern v. ungesätt. Carbonsäuren (Hochenergietreibstoffe) 22-3288*; aus höhermol. geradkett. Olefinen u. Mono- oder Polycarbonsäuren 23-2741*; v. Gemischen mit hohem Carbonsäureglykolmono- u. diestergeh. 23-2778*; v. Cycloalkylpolycarboxylaten 24-2478*; v. (ar)alkoxy-substituierten Glykolen als Zwischenprod. zur Herst. v. – 27-2797*; v. Si-organ. Carbonsäurevinyl-- 28-2596*; v. α-Alkoxycarbonyldialkylphosphatomethylen-γ-butyro(δ-valero)lactonen (Insektizide) 29-3325*; v. α-Alkoxycarbonyldialkylthionophosphatomethylen-γ-butyro(δ-valero)lactonen (Insektizide) 29-3326*; v. γ-Acyloxyfettsäure-N-(2.2-dialkyl-2-phenyläthyl)-amiden 29-3331*; aus prim. Alkylhalogeniden u. Säureamiden 31-1093; v. Aryl-- 31-2739*; aus aliphat. Glycidylestern u. äthylen. Mischpolymerisaten (Überzüge) 32-2941*; u. Charakterisier. v. 3-Alkoxy-1.2-di-O-acylpropandiolen 33-1675; v. p-Acetamidophenyl-- (Antipyretika, Analgetika) 33-1919*; v. Dicarbonsäuremonovinyl-- 33-2780*; v. 2.2′-Bisphenol-- 35-2872*; v. Glykolmono-- 36-2522*; v. Metallyl-- 36 2588*; v. Acyloxyalkylencarbamidsäurechloriden (Pflanzenschutzmittel) 37-3313*; v. β-Acyloxycarbonsäuren 38-2651*; v. Carbonsäurevinyl-- 39-2537*; v. β-Hydroxyäthyl-- 40-0924; v. Carbonsäureglykolmono-- 40-2313*; v. halogen- u. alkylthiosubstituierten Allyl-- 40-2610*; v. Gemischen v. Glykol-- 41-2684*; v. Diepoxy-- (zur Herst. v. harten Harzen) 41-2720*; v. – v. 1-Hydroxymethyl-4-phospha-3.5.8-trioxabicyclo[2.2.2]octan-4-sulfid (Herbizide) 41-3184*; Enol---Bldg. bei d. Rk. v. Ketol-Enol-Syst. mit Acylhalogeniden (Mechanismen) 44-0859; Darst.: v. – v. Vitamin A 46-0966; v. Vinyl-- 49/50-2612*; v. Chloräthyl-- v. Mono- u. Dicarbonsäuren aus d. Diäthylenglykol-- u. $AlCl_3$ 51/52-2426*.

Basische Ester. Herst.: v. Sulfolanylalkansäureaminoalkanol-- (Insektizide, Herbizide, Anthelminthika) 7-3105*; v. α-Phenyl-α-[o-acyloxyphenyl]-β-sek.-aminopropionsäureamiden (Therapeutika) 9-1678*; v. Dialkylaminoäthylpentafluorbenzoaten (physiolog. Wrkg.) 25-3352*; v. Phenylbenzoxacycloalkancarbonsäuredialkylaminoalkyl-- (Heilmittel) 35-1788*; v. 4-[N-Alkyl-N-α(β)-phenyl-β-acyloxyäthylamino]-phenylazoverb. 35-2793*; Bldg. v. Bis-[β-äthoxycarbonylstyryl]-aminen 36-1050; Herst.: v. Benzoesäuredialkylaminoalkyl-- 36-1672*; v. – v. 2-Hydroxyäthylaminen u. Deriv. (Eig.) 40-0945.

Stabilisier. v. Acryl- u. Methacrylsäure-- mit 4-Alkoxyphenolen 12-2535*; Trenn. v. positionellen Isomeren v. langkett. ungesätt. Fettsäuremethyl-- mittels Dünnschichtchromatographie 17-1194; Verhinder. d. Autox. durch Ascorbinsäure-- 18-1642; Trenn. v. gesätt. Fettsäuremethyl-- durch präparative Gaschromatographie (Einfl. v. „C-Zahl", Polarität d. Trennfl., Temp. u. Ströms.-Geschw.) 18-1994; Darst. v. stabilen wss. Lsg. v. Polysäurepartial-- durch Lösen in Ggw. v. Stabilisatoren u. Alkanolaminen 19-2368*; Reinig.: v. Benzoldicarbonsäure-- v. niedrigmol. prim. Alkoholen 21-2777*; v. Phthalsäurealkyl-- 21-2781*; v. Terephthalsäure-- 22-2669*; v. Fettsäuremethyl-- über d. Harnstoffaddukte (u. Geruchsbest.) 25-2987; Trenn. v. azeotropen Gemischen aus – u. Alkoholen 29-2664*; Stabilisier. v. Monoacrylaten gegen Polymerisier. 29-2718*; gaschromatograph. Trenn. v. diastereoisomeren – 33-2179; Rückgewinn. d. Methyl-- v. kurzkett. Fettsäuren aus Misch. (beeinflussende Faktoren) 37-2249; Entfernen v. Ameisensäure-- aus Gemischen mit Alkoholen 38-2638*; Gewinn. v. ungesätt. – aus bei d. Herst. anfallenden Gemischen 39-2566*; Abtrenn. v. Formylbenzoesäure-- aus Benzoldicarbonsäure-- 39-2579*; chromatograph. Trenn. v. diastereoisomeren – 40-1840; Reinig. v. – oder Poly-- mit Molgew. v. *400–5000* 43-2618*; Trenn. v. --Gemischen in Bestandteile verschied. F. 47-2165*; Aufbewahr. v. oxydablen Fettsäuremethyl-- in Glaskapillarrohren 34-1958.

Physikalisches und physikalisch-chemisches Verhalten. Elektronen-Absorpt.-Spektren v. α,β-ungesätt. – (Einfl. v. Lsgm. u. Struktur) 11-0878; UV-Spektren: v. Fettsäure-- 11-0879; v. Dipropargyl-- 18-0822; IR-Spektren v. Maleinsäuredi-- 22-0879; Spektroskopie v. Methacrylsäure-β-phenyläthyl-- u. verwandten Verb. 24-0900; integrale Intensitäten charakterist. Absorpt.-Banden v. Vinyl-- 31-0940; IR-Absorpt.: v. aliphat. – 37-0921; v. p-Phenylphenacyl-- u. p-Nitrobenzyl-- 38-0926; Phasenübergänge in fl. Krist. v. p-Carbalkoxybenzoaten v. Diphenolen 15-0932; MO-Berechn. für Benzoesäure-- 24-0934; Röntgenbeug.-Unters. v. n-Alkyl-- v. langkett. Säuren 36-0924; Konfig. v. Chloracrylsäuren-- durch NMR-Spektroskopie 38-0953; Krist.-Eig. v. Stearinsäure-- v. racem. u. (+)-Propylenglykol 49/50-0830; Reib.-mindernde Eig. v. Dicarbonsäure-- (Abhängigk. v. d. chem. Konstit. im Gebiet d. Grenzschichtreib.) 15-2782; spezif. Umlager. in d. Massenspektren v. Neopentyl-- 9-0867; Massenspektren: v. ungesätt. Methyl-- 21-0952; v. – v. zweibas. Säuren 29-0957; v. Polyolacetaten 29-0958; Relaxat.-Zeiten u. Dipolmomente 51/52-0706; EPR-spektroskop. Unters. v. aus aliphat. Carbonsäure-- u. verwandten Verb. gebildeten Radikalen 12-0828; ^{1}H-NMR-Spektren v. substituierten Bernsteinsäure-- 22-0890; Klassifizier. v. Alkoholen aus d. ^{19}F-Spektren v. Trifluoracetaten 32-0921; NMR-Spektren v. Croton-, Mesacon-, Citracon- u. β.β-Dimethylacrylsäuremethyl-- 32-0922; Spin–Spin-Fernkoppl.-Konst. in Ameisensäure-- (relative Vorzeichen) 43-0801; 45-0822; ESR d. Anionradikale v. Di-- v. Benzoldicarbonsäuren 46-0755; differenzierende Wrkg. v. – auf d. Stärke v. Säuren 13-0909; Säurestärke v. Hg(II)-Halogeniden in Alkoholen u. – 25-0608; Konz.-Gebiete d. Lage u. Temp.-Verschieb. v. Azeotropen v. term., sich entmischendes Syst. v. Typ W./A./– 5-0857; physikal. Eig. v. Fettsäuremethyl-- (Viskosität) 10-2734; F. d. Di-- d. α.α-Diphenylbernsteinsäure mit normalen prim. Alkoholen 11-0918; Viskosität u. D. v. unterkühlten Dialkylphthalaten (Temp.-Abhängigk.) 14-0883; thermodynam. Betracht. d. Syst. Polyvinylchlorid/o-Phthalsäure-- (als Weichmacher) 18-1119; 2. Virialkoeff. für n-Alkylformiate 49/50-0890; Verteil.-Gaschromatographie (Einfl. d. Molkohäs.) 2-1810; Adsorpt.-Verh. d. höheren Monocarbonsäuremethyl-- an Aktivkohle in organ. Lsgm. 3-0887; Stabilisier. v. TiO_2- u. Fe-Oxid-Pigment-Dispers. mit Poly-- d. Adipinsäure mit Neopentylglyzol 15-0640;

Bezieh. zwischen Phaseninvers.-Temp. u. Trüb.-Punkt oder HLB-Wert in Emuls. 21-0692; Oberflächenspann. u. Adsorpt. in Lsg. v. Fettsäure-- in fl.-viskosen Oligo-- 45-1192; Oberflächenaktivität v. Na-Salzen d. α-Sulfofettsäure-- 48-2491; DK u. Viskosität v. cycl. — 49/50-0691; Extrakt. v. Po, Bi u. Pb mit — 4-0453; Löslichk. d. Methyl-- d. C_{10}–C_{18}-Fettsäuren in Dimethylsulfoxid 4-2271; Extrakt. v. Fettsäuremethyl-- mit Hexan aus Gemischen mit Saccharosefettsäure-- u. Saccharose 4-2272; Solubilisier.-Vermögen d. Di-Na-Salzes v. Alkylsulfobernsteinsäuremono-- 9-2740; (u. Maleinsäuremono--) 20-2737; Löslichk. v. Chelaten d. Halogenderiv. d. 8-Mercaptochinolins in — 34-0605; NH ... O–H-Bind. in aromat. Aminkomplexen v. — 49/50-0915.

Chemisches Verhalten. Reaktivitäten v. Methacrylsäure-- 10-1102; Synth. mit α-Halogen-- 17-1053; Rk.: v. α- Acyloxysäurehalogeniden 21-1094; v. α,β-ungesätt. — 27-1123; v. Phenolen u. Phenyl-- 36-1009; scheinbare anomale Reaktivität anion. nucleophiler Reagenzien auf acylaktivierte — 41-0964.

Hydrodimerisat. 2-2374*; Umlager. v. rac. α,α'-Dibromidicarbonsäure-- 7-0991; reduktive Cyclisier. v. α-Alkyl-α-[o-nitrobenzyl]-malonsäurediäthyl-- 7-1053; elektrolyt. Hydromerisier. v. Cycloalkyl-1-encarboxylaten 11-2580*; elektrolyt. Dimerisier. v. α,β-monoolefin. ungesätt. Mono- oder Dicarbonsäurealkyl- u. -aryl-- 14-2543*; Austausch enolisierbarer H-Atome 15-1979; Stereochemie d. Polymerisat. v. Methacrylsäure-- 17-1163; Umlager.-Rk. bei Elektronenbeschuß 24-0919; radikal. (Co-)Polymerisat. v. p-substituierten Vinylbenzoaten 24-1192; Benzothiazolyl-(2)-malonester aus Methantricarbonsäurediäthylestermonothioaniliden 26-1077, 26-1078; Acyl-Austauschrk. v. Phenylacetaten u. $^{14}C_{(1)}$-Essigsäure (Kinetik) 27-1050; therm. Umlager. v. — d. Cyanhydrine α,β-ungesätt. Aldehyde 32-1030; photochem. Veränder. v. ungesätt. Fettsäure-- 33-1234; elektrolyt. Hydrodimerisier. v. Alkyl- oder Aryl-- v. α,β-monoungesätt. olefin. Carbonsäuren 34-2502*; photolyt. Umwandl. v. Aryl-- 40-0923; Cyclisier. v. Phenylpropiolsäure-trans-cinnamyl-- u. -phenylpropargyl-- 42-0951; H-Isotopenaustausch in Trifluoressigsäure-- (Kinetik, Mechanismus) 45-0952; Fries-Rk. v. — d. Dimethylphenole (Xylenole) 47-1182.

Photochem. Zers. v. Aryl-- 5-0953; Debromier. v. α-mono- u. α,α'-dibromierten aliphat. Dicarbonsäure-- mit $LiAlH_4$ 11-1029; Pyrolyse v. Alkylacetaten (Kinetik) 15-0984; leichte Spalt. v. Alkyl-- 16-1099; Zers. v. 2-Chlor-1-cyanäthyl-- niedrigmol. aliphat. Monocarbonsäuren 17-2752*; Solvolyse: v. Aminoalkoholazobenzolcarbonsäure-- (Kinetik) 20-0926; v. Essigsäure-- (selektive Katalyse) 21-1030; Pyrolyse 21-1096; Photolyse v. substituierten Formiaten in Lsg. (direkte Einführ. einer Äthoxycarbonylgruppe) 27-1103; Spalt. v. Formylgruppen in Ameisensäure-- 29-1073; Thermolyse 31-1061; homolyt. Ringöffn. v. Glycidaten durch Acetonylradikale 32-1043; Solvolyse v. 5-Tosyloxycyclooctancarbonsäuremethyl-- 34-0968; Alkyl-O-Spalt. in — 36-0993; --Eliminier. v. Cyancarbonsäure-tert.-butyl-- 36-1026; Pyrolyse v. α-Formylalkyl-- 36-1081; radioakt. Zerfall v. T-markierten Fettsäure-- 38-1111; Eliminier. aus β-Acetoxyketonen (Kinetik) 51/52-0904.

Ox.: v. — höherer Alkohole u. niederer Carbonsäuren 18-2505*; v. höheren Glykol-- in Ggw. v. Acetanhydrid 19-2686; v. ungesätt. — mit Peressigsäure 21-2822*; Epox. v. ungesätt. — mit Monoperphthalsäure 34-2535*; Ox. v. Octadecensäure-- („unerwartete" Aldehyde) 38-1105; Autox. v. polyungesätt. — in W. (chem. Struktur u. biolog. Aktivität d. Prod.; Übersicht) 47-1357; Chemilumineszenz bei Rk. v. elektronegativ substituierten Aryloxalaten mit H_2O_2 u. fluoreszierenden Verb. 48-0812; Autox. v. ungesätt. Fettsäure-- in Ggw. v. Methanol u. Protonen 49/50-1947.

Red.: v. Dialkylterephthalaten 2-2398*; v. Fettsäure-- (Katalysator) 4-0578; katalyt. Hydrogenolyse v. Benzoesäure- u. Dodecansäure-- 5-2521; Red. 6-0726; Hydrier.: v. — ungesätt. höherer Carbonsäuren 6-2491*; v. acycl. — 15-2629*; v. ω-Chlorcarbonsäurepoly-- 18-2488*; v. kleinen Mengen v. Methyl-- ungesätt. Fettsäuren (A. als Lsgm.) 19-1093; Red.: v. substituierten α-Nitroacrylsäure-- 23-1073; v. aromat. Monocarbonsäure-- 25-2724*; v. ungesätt. — 25-2985; Hydrogenolyse v. Benzyl-- 26-0944; metallkatalysierte Hydrier. u. Austausch an α,β-ungesätt. — (homolyt. Mechanismus) 30-0926; Red.: v. α-Arylcyanessigsäureäthyl-- 36-1050; v. Na-Allylmalon-- mit $SiAlH_4$ 44-0871.

Hydrolyse v. — in Ggw. v. polymeren Sulfonsäuren 2-1080; Ligandenaustausch mit (dien)NiHal 3-0750; Hydrolyse: v. Benzoesäureäthyl-- (Kinetik) 3-0927, 3-0928; v. — (Temp.-Abhängigk. d. Geschw.) 4-0746; v. — mit polymeren Sulfonsäuren 5-1125; v. — (Einfl. v. wss. Dimethylsulfoxid, Kinetik) 8-0920; v. — d. o-Tolylsäure (Einfl. v. Substituenten auf d. Ortho-Effekt) 8-0921; v. Dicarbonsäuredi-- 9-0938, 9-0939; v. — (Mechanismus) 12-0885; v. Trichloressigsäurealkyl-- 12-0886; Aminolyse v. Phenylacetaten in wss. Lsg. 12-0887; Isotopentrenn. unter Verw. v. BF_3-Komplexverb. mit — durch chem. Austausch 13-0709; Hydrolyse 13-0958; (Kinetik) 14-0938; Sulfonier. v. Fettsäure-- 14-2505*; Rk.: v. $AlBr_3$ mit Essigsäure-- v. mehrwert. Alkoholen (Prod.) 16-1012; v. NH_3 mit — v. ungesätt. Monocarbonsäuren 19-2721*; Bromier. v. höhermol. olefin.-ungesätt. — 23-2742*; Hydrolyse u. Aminolyse (Nachbargruppeneffekte) 24-0982; Hydrolyse: v. [N-Bis-(2-Chloräthyl)-aminoäthyl]-nitrobenzoaten in Lsg. (Kinetik; Mechanismus) 26-0957; v. — (Kinetik) 27-1049; v. protolyt. — 28-0965; v. — (Kinetik) 30-0936; v. ster. gehinderten — (1.6-Nachbargruppenwrkg.) 31-1045; Rk. v. schwach ungesätt. Fettsäure-- mit SO_3 31-2309*; Hydrolyse (kontrolliert durch asymm. Indukt.) 35-0940; (Lsgm.-Einfl.) 35-0967; Rk. v. 2.2'-Acetoxybenzoesäureanhydriden mit NH_2OH 36-1041; Hydrolyse v. aliphat. — 36-2517*; Rk. v. Methacrylsäure-- mit H_2 u. CO 37-2772*; Alkalihydrolysegeschw. v. substituierten Äthylbenzoaten (in W.) 39-0898; (in wss. Dimethylsulfoxid) 39-0899; Herst. v. Sulfonier.-Prod. v. ungesätt. Fettsäure-- 39-2562*; Hydrolyse v. Dicarbonsäuremono-- (ohne hydrolyt. Spalt. d. Monocarbonsäure-- u. Dicarbonsäuredi--) 39-2885; — als Liganden 40-0656; Hydrolyse: v. — (Kinetik) 41-0978; v. Phenylacetaten (Kinetik) 43-0909; SCl_2-Diaddukte v. ungesätt. Fettsäure-- 44-2356; --Gruppen als Liganden in Schwermetallchelaten 45-0708; Hydrolyse: v. α-Halogen-sek.-alkyl-- in Aceton/W.-Lsg. (Kinetik) 45-0974; v. — (Carbonyl-O-Austausch) 45-0975; Ionenbromier. v. α-Hydroperfluorcarbonsäure-- 46-0840; Hydrolyse: v. Arylbenzoaten 47-1060; v. Nitrophenyl-- (Einfl. d. Polarität d. Lsgm.) 47-1065; v. — (Holzanalysen, Einfl. v. W.) 47-2121; Rk. v. 2.6-disubstituierten Benzoesäure-- mit Hydrazin 48-2373*; Hydrolyse (intramol. nukleophile Katalyse durch d. Carboxylatgruppe) 51/52-0867; (intramol. allg. Säurekatalyse durch d. Carboxylgruppe) 51/52-0868.

Alkylier. v. Phenylessigsäurealkyl-- 31-1114; Addit. v. Malon-- an β-Pinen 43-1020; Rk. v. α-substituierten Essigsäure-- mit 1-Oxaazulanderiv. 8-2547*; elektrolyt. reduktive Kuppl. v. Pyridinderiv. mit Carboxylaten 16-2583*; Rk.: v. Maleinsäure- oder Fumarsäuredialkyl-- mit 4-Methyloxazol 25-2760*; v. α-Brom-- mit Py. 44-0932; v. Fumarsäurealkyl-- mit (Chlor)Cyclopenta (bzw. hexa)dien 11-2581*; v. Alkylhalogeniden mit α-Cyan-β-alkylzimtsäureäthyl-- u. KCN 14-1009; Mischpolymerisat. v. Fumarsäure-- mit Vinylidenchlorid 18-2946*; Rk.: v. Alkylmalon-- mit Geranylhalogeniden 26-1113; v. Tetrahalogenmethanen mit Acetaten ungesätt. Alkohole 30-0988.

Rk. v. Alkyloxyessigsäurealkyl-- mit NH_3 oder Aminen 2-2375; Aminaddit. an acetylen. — (Stereochemie) 3-0982; Rk.: v. — v. Polycarbonsäuren mit Diaminen 7-2201*, 7-2202*; v. Cyanessigsäurealkyl-- mit Halogen-3-nitropyridinen 8-1036; Polykondens. v. Dicarbonsäurediphenyl-- mit Diaminen 17-1165; Rk.: v. Fumarsäure-- mit Nitroalkanen 22-2618; v. Carbonsäurecyanmethyl-- mit Arylhydrazinen 25-1111; v. Malonsäure oder Fumarsäuredialkyl-- mit Mono- oder Dialkylaminen 25-2716*; v. Acetonyl-- mit prim. aliphat. Aminen (Unters. d. krist. Prod.) 29-1074; v. Carbalkoxyacetiminoalkyläthern in Form d. Salze v. starken Mineralsäuren mit o-Arylendiaminen 31-2845*; v. Enaminen mit Carbalkoxyacetylenverb. 41-2686*.

Methanolyse v. Brenzcatechinmono-- 1-0885; Rk.: v. pp'-Diphenyldicarbonsäuredialkyl-- mit Glykolen 3-2916*; mit Trimethoxy-LiAlH 7-0975; v. ungesätt., aliphat. Monocarbonsäure-- mit Alkanolen 12-2537*; v. α-Chloralkylmethyläthern mit Na-Alkylmalonsäurediäthyl-- 22-1024; Kondens. mit Äthoxyacetylen 23-1096; alkal. Hydrolyse u. Alkoholyse (Analogierechn.) 36-2528; Komplexe v. Phenol mit — 45-0928; Acylier. v. prim. Alkoholen mit Dialkylaminoäthanol-Esterbasen 51/52-1058.

Rk.: v. α-Halogencarbonsäure-- mit 1-Mercapto-4-äthoxyisochinolin 6-1069; mit d. Methylsulfinylcarbanion CH_3SOH_2 26-1003; Amidier.-Rk. v. Malonsäureäthyl-- mit Tris-(dimethylamino)-phosphin 2-0938; Rk.: v. α-Halogencarbonsäure-- mit tert.-Phosphinen 17-1051; mit Na u. Trialkylchlorsilanen 28-1032; mit normalem, sek. u. tert. Alkyl-Li (Bldg.-Schema d. anomalen Prod.) 19-1096; Verh. gegen $LiAl(CH_3)_4$ 20-0950; Kondens.-Rk. v. — mit Hilfe verzweigter Organomagnesiumverb. 21-1044; Rk. v. Fluorcarbonsäure-- mit Biguanid 42-0990.

Kondens.: v. (Alkylen-, Arylen- oder Heterocyclenbis)-cyanessigsäurealk(en)yl (bzw. aryl bzw. heterocycl)-- mit 2-Alkenoxynaphthaldehyden 4-2151*; v. Alkylformiaten mit 6-Methoxytetralonen 4-2156*; v. α-Cyanessigsäure-- mit 2-Alkoxy-1-naphthaldehyden 13-2102*; v. α-Cyanessigsäure-- mit 2-Alkenoxy-1-naphthaldehyden 14-2109*; v. Aldehyden mit ω-Halogencarbonsäure-- 19-2761*; v. Triphenylcarbalkoxymethylenphosphinen mit α-Fluorketonen 25-1834*; mit β-Diketonen 33-1237; v. Cyanessigsäure-- mit Iminen u. Enaminen v. β-Dicarbonylverb. 31-3064*; v. 1.2-Dimethylbenzimidazol-3-oxid mit Acetylencarbonsäure-- 41-1079; Acylier. v. o-Tolunitril mit — 9-1047; Radikalrk. v. ungesätt. — mit Bromacetonitril 15-2600; Rk.: v. Acrylsäurenitril oder β-Methoxypropionitril mit Alkylformiaten 26-2650*; v. CH-aciden — mit Trichloracetonitril 27-1182.

Copolymerisat. v. C_9-Fluoralkylacrylaten mit Carboranylmethylacrylat 7-1152; Rk.: v. Diphenylenitaconsäurehalb-- mit Acetanhydrid 12-0959; v. 1.5.8-Trihydroxy(bzw. Alkoxy)-2-carbamoyl-3-hydroxy-(4-dimethylamino)-naphthalinen mit Benzoldicarbonsäure-- 17-2788*; v. Phenyl-- mit ungesätt. Fettsäuren 18-2647*; Cyclisier. v. Hexadiensäure-- u. Acetylier. d. Kerns in Orthostell. 22-1040; Copolymerisat. v. Linolen- u. Linoleinsäure-- mit Äthylacrylat 23-3061; Acyl-Austauschrk. substituierter Phenylbenzoate 27-1051; Rk. v. Carbonsäurephenyl-- mit Säureamiden 30-1021; Verw. v. p-Chlorbenzyl-- in d. Peptidsynth. 38-1119; lichtinduzierte Amidier. v. α,β-ungesätt. — mit Formamid 45-1039; Alkylier. v. cycl. β-Keto-- mit α-Halogen-- 49/50-1071; Rk.: v. 2-Nitroalkylacetaten mit Na-Alkyl(1)-nitronaten 13-1019; v. Monochloressigsäure-- mit Bis-[diäthylamido]-phosphorigsäurealkyl-- 8-0938; v. Phosphiten mit Phosphaten u. α-Mono- oder Dihalogencarbonsäure-- 25-2720*.

Rk.: v. Fettsäuremethyl-- mit Saccharose (Einfl. d. Mol-Verhältnisse auf d. Bldg. v. Saccharosemono-, -di- u. -triestern) 48-2495; v. Dicarbonsäurenitrophenyl-- mit Wolle 9-2988.

Biochemisches und physiologisches Verhalten. Eig. u. Stoffwechsel v. 2-Alkylalkanoaten 46-1464; enzymat. Hydrolyse v. 4-Mikrophenyl-- (Unters. mittels Substituentenkonst. u. Regress.-Analyse) 32-1317; Spalt. v. Glykolmonoäthyl-, Phenyl- u. Nitrophenyl-- durch Fermente d. menschl. Lunge 35-1298; enzymat. Hydrolyse v. fluoreszenzauslösenden — durch lebende Säugetierzellen 38-1316; Chymotrypsin-katalysierte Hydrolyse v. spezif. Substrat-- (kinet. Unters. d. Rk.-Schritts d. Alkoholbldg.) 38-1435; Hemmwrkg. v. Arylidencyanessigsäure-- auf Atmung u. Glucosefermentat. v. Saccharomyces cerevisiae 7-1296; biochem. Wrkg. v. Fettsäure-- auf d. Glutaminsäure-Gär. 9-1290.

Antikörper mit Spezifität gegen p-Nitrophenylester 27-1678; pharmakolog.-chem. Unters. über d. Deriv. d. Acyloxyessigsäuren (Übersicht) 1-1502; termitenwidr. Wrkg. 5-3163; experimentelle Unters. v. intravasculär injizierbarer Lsg. v. jodierten Äthyl-- d. Fettsäuren v. Mohnsamenöl 11-1550; histolog. Unters. v. Leber, Milz, Nieren u. Lunge nach Injekt. v. jodierten Äthyl-- d. Fettsäuren v. Mohnsamenöl mit Zusatz v. oberflächenakt. Stoffen 11-1551; Wrkg. v. Deriv. v. Phenylacetat auf d. Kontrakt. u. Acetylcholinfreisetz. durch d. cholinerg. Nervenendig. d. Meerschweinchenileums 19-1816; anticholinerg. Wrkg. v. — v. 4-Dialkyl- (oder 4-Polymethylen)-amino-2-butinolen 20-1605; Wrkg. v. Äthyl-- hochungesätt. Fettsäuren auf d. Mangel an essentiellen Fettsäuren d. Regenbogenforelle 23-1685; Bezieh. zwischen akuter Toxizität u. in vitro-Inhibit. u. -Hydrolyse v. Carbalkoxyhomologen d. Malathions 25-1715; curareähnl. Wrkg. d. bisquatern. Salze d. Truxillsäuredialkylaminoalkyl-- (Wrkg.-Breite u. -Dauer)

26-1715; zentrale u. periphere Wrkg. v. Spasmolytinderiv. 34-1635; Einfl. v. bas. Phenol-— auf Rattenfeten 43-1471;. durch — u. Reizhäufigk. hervorgerufene Stör. d. Rk.-Verh. v. Katzen-Soleusgeweben 47-1689; Bezieh. d. Struktur zur pharmakolog. Wrkg. bei Acyloxy-N-dimethylanilinen u. -anilinium-jodiden 49/50-1664.

Verwendung. Verw.: in chirurg. Klebemittel für lebendes Gewebe (α-Cyanacrylsäurealkyl- bzw. -cycloalkyl-—) 28-1827*; als fettende Komponenten für Salben, Hautöle u. Cremes (— d. $C_{12}-C_{20}$-Fettsäuren mit C_7-C_9-Alkoholen) 38-1823*; zur Bekämpf. v. Mikroorganismen in industriellen Abwässern [Halogencarbonsäurehydroxyalkyl- (bzw. polyhydroxyalkoxyalkyl)-—] 2-1579*; zum Verhindern d. Schäumens v. wss. Syst. (Di-— v. polyoxypropyliertem Glycerin mit aliphat. Monocarbonsäuren) 27-2408*; in Frostschutzmittel (Fettsäure-—) 34-2143*; als UV-Schutzmittel für organ. Stoffe (Äthan- oder Propantetracarbonsäure-—) 20-2473*; zur Extrakt. v. aromat. KW-Stoffen aus KW-Stoffmisch. (— d. Pentaerythrits mit *1*- u. *2*-bas. Säuren) 47-2541*; in Schmieröl (Chlorendosäuremono- oder -di-—) 4-2219*; in Motorentreibstoffen (Li-Salze v. monoaliphat. — v. Polycarbonsäuren) 18-2639*; in Stabilisier.-Mittel für Hochtemp.-Schmiermittel (Mono-— v. Trialkylolalkanen) 20-2695*; als Antiklopfmittel in Motortreibstoff (Di- bzw. Polycarbonsäure-—) 30-2638*; als Schmiermittel (1.1.1-Tris-[acyloxymethyl]-äthane) 39-2763*; zur Verhinder. v. Zers. durch Mikroorganismen in KW-Stoff-Kraftstoffen (2-Halogenacetessigsäure-—) 47-2672*; in Riechstoffmisch. [7-Methyl-3-vinyl(äthyl)-octen-(6)-ylalkanoate] 5-2811*; in wasserfreiem Kontaktklebstoff (2-Methylenmalonsäure-—) 25-3010*; in Mittel zum Kleben v. Metallflächen (Glykoldiacrylate oder -dimethacrylate) 33-3061*; in Raumdesodorantien (ungesätt. Dicarbonsäure-—) 39-2856*.

Verw. zur Herst. v. plastifizierenden Vinylcopolymeren (Vinylalkyldicarbonsäure-—) 1-2701*; Charakterisier. höherer Fettsäure-— als Suspendiermittel für d. Polymerisat. v. Vinylchlorid auf Grund ihrer Hydrophilie–Lipophilie-Bilanz 8-1110; Verw.: als Weichmacher für Vinylchloridpolymerisate (Fumarsäure-—) 10-2834*; in lufttrocknenden Alkydharzen (Acrylsäure-—) 12-2989; zur Stabilisier. v. Polyolefinen (Dialkoxycarbonylalkylselenide) 17-3112*; zur Stabilisier. v. Polyoxymethylen (Alkylidendicarboxylate) 17-3146*; zur Stabilisier. v. Olefinpolymeren (— v. Hydroxyalkylsulfiden) 18-2770*; (—) 23-3086*; zur Stabilisier. v. Polyoxymethylenen (Aldehyddicarboxylate) 31-3193*; bei d. Polymerisat. v. Vinylchlorid (aliphat. Ketosäureperoxid-—) 31-3245*; als Weichmacher für PVC [1.1-Di-(alkylbenzolcarboxylat)-1.1-alkoxymethane] 34-2782*; als Weichmacher für Polymere (Dicarbonsäure-—) 44-2645*; zur Herst. v. flammwidr. Polyurethanen (Pentahalogenphenyl-—) 51/52-2607*; zur Faserherst. (Fluoralkyl-— v. polyfunktionellen aromat., hydroaromat. oder alicycl. Carbonsäuren) 1-2842*; bei d. Textilausrüst. (1.1-Dihydroperfluoralkylacrylate) 28-3042*; in Latexfarben (Vinyl-— v. synthet., verzweigten Fettsäuren) 16-3070; in Farbenabbeizmitteln (Alkyl-— d. chlorierten Essigsäure) 18-2928*; in Überzugsmitteln (Fettsäuremono-—) 38-3077*.

Verw.: als Herbizide (chlorierte Alkansäurealkyl-—) 9-3047*; als Fungizide (substituierte Dihalogenbenzoate) 9-3063*; in herbiziden Mitteln (N.N′-Dicarbalkoxyalkylendinitramine) 13-3054*; als antimikrobielle Mittel (polyhalogenierte Alkansäureester) 14-3019*; gegen Spinnmilben (2.4-Dinitro-6-sek.-alkylphenylchlorbutyrate) 18-3025* als Schädlingsbekämpf.-Mittel (O.O-Dialkyldithiophosphorylessigsäure-—) 28-3152*; (2.4-Dinitro-6-sek.-alkylphenylchlorbutyrate) 29-3323*; in fungiziden Mitteln (Benzoesäure- bzw. Zimtsäuredialkylaminoäthyl-—) 30-2994*; als Herbizide (3.5-Dihalogen-4-alkanoyloxybenzaldoxim-O-alkanoate) 35-3107*; in Mittel zum Schutz gegen biolog. Angriffe v. Textilien (Pentachlorfettsäure-—) 39-3123*; in Schädlingsbekämpf.-Mitteln (2.4-Dinitro-6-sek.-alkylphenylchlorbutyrate) 41-3198*; in herbizidem Gemisch (Phthalsäure-—) 45-3256*; als Insektizide [O.O-Dialkylthio- bzw. -dithiophosphoryl(α-phenyl)-essigsäure-—] 47-3094*; in Druckfarbe (Amidalkyl-—) 3-3234*; als Bleichaktivatoren 23-3435*; zur Herst. v. elektrophotograph. Schichten (α-Alkylacrylsäure-—) 6-3157*; als Zusätze zu photograph. Emuls. (Bernsteinsäurehalb-—) 28-3306*.

Analyse. Photolyt. Abbau als Hilfsmittel zur —-Best. 2-1815; Analyse v. Citronensäure- u. Sebacinsäure-— 6-1985; Gaschromatographie 7-1928; Best. v. isolierten trans-Isomeren v. langkett. Fettsäure-— durch IR-Spektrophotometrie 9-2028; chromatograph. Identifizier. v. Monocarbonsäure-— u. Polyesterweichmachern 12-1969; Identifizier. v. Deriv. d. Aminoalkyl-— v. arylaliphat. Säuren mit Azofarbstoffen 16-1689; Nachw. d. funktionellen Gruppen in — mit Hilfe d. Ringofentechnik 17-2065; Gaschromatographie d. Methyl-— d. C_{8-18}-Fettsäuren 18-1934; Adsorpt.-gaschromatograph. Trenn. v. — an mit Anthrachinon modifiziertem Ruß 18-1937; Gaschromatographie v. Methyl- u. Äthyl-— v. $C_{14}-C_{22}$-Fettsäuren 19-2118; Meth. zur Identifizier. v. gaschromatograph. getrennten Fettsäure-— 19-2303; Gaschromatographie: d. 3.5-Dinitrobenzoate v. Alkoholen 22-2127; v. Fettsäuremethyl-— 23-2210; Verlust v. Methyl-— polyungesätt. Säuren während d. Gaschromatographie 25-2092; Trenn. v. — v. Fettsäuren durch Dünnschichtchromatographie 26-2141; Verteil.-Gaschromatographie v. Fettsäuremethyl-— an zwei Säulen 28-2061; polarograph. Best. v. Di-— d. Maleinsäure 28-2064; Dünnschichtchromatographie v. Methyl-— d. Benzolcarbonsäuren 29-2152; dünnschicht- u. gaschromatograph. Nachw. v. gesätt. cycloaliphat. u. aromat. Fettsäuremethyl-— 29-2222; Analyse d. isomeren Octadecen- u. Octadecadiensäuremethyl-— durch kombinierte Fl.- u. Verteil.-Gaschromatographie in Kapillarsäulen 29-2223; Ionenaustauschermeth. für d. Nachw. v. — 32-2015; Best. v. — durch Verseif. in Dimethylsulfoxid 32-2016; Dünnschichtchromatographie geschwefelter Fettsäuren u. ihrer — 32-2533; Korrelat.-Prüf. für Fettsäure-— (Gaschromatographie) 33-2179; Pyrolyse-Gaschromatographie v. gesätt. u. ungesätt. Methyl-— 34-1946; photometr. Best. v. Fettsäure-— unter Verw. d. Kationenaustauscherharzes Wofatit KPS 34-1999; dünnschichtchromatograph. Trenn. v. Fettsäuremethyl-— in Abhängigk. v. d. Kettenlänge u. d. Sättig.-Grad 34-2000; chromatograph. Meth. mit inneren Standards zur Mikrobest. v. Fettsäure-— 34-2001; gaschromatograph. Trenn. v. Malon-— 34-2004; Fettsäure-— unter Verw. v. „Free-fatty-acid-phase" als Flüssigphase 34-2005; Chromatogramme u. Fingerprints d. Pyrolyseprod. v. Fettsäure-— 35-2025; Verteil.-chromatograph. Schnellmeth. für d. Analyse v. Methyl-— langkett. Fettsäuren 35-2150; Patrone für d. Samml. v. radioakt. Methyl-— bei d. Verteil.-Gaschromatographie 37-2101; Hydrolyse v. — auf Kieselgelplatten mit chromatograph. Trenn. d. Spaltprod. 38-2028; Gaschromatographie v. gesätt. u. ungesätt. C_{16-22}-Fettsäuremethyl-— 38-2105; Isotopentrenn. v. Fettsäuremethyl-— durch Verteil.-Gaschromatographie 38-2106; Gaschromatographie v. Fettsäuremethyl-— (Äthylenglykol-γ-ketopimelatpoly-— als Fl.-Phase) 42-1929; Gaschromatographie v. —-Gruppen 51/52-1917; Best. v. —-Addukten an Äthylenoxid (Zus.) 51/52-1924.

Best.: v. Acyl-— im Serum (kolorimetr.) 2-1892; v. —-Beimeng. in Alkylamid-Fettalkoholen 13-1981; Vgl. d. offiziellen AOAC-Ester-Best. in alkohol. Getränken mit kolorimetr. Meth. verschiedener Labor. 13-2029; Konzentrier. v. hochungesätt. Fettsäuremethyl-— in Seefischfetten zur gaschromatograph. Identifizier. 14-2062; Best.: v. als — in Weichmachern u. Polymeren enthaltenen Carbonsäuren durch Umester. u. Gaschromatographie 19-2255; v. — in Wein (titrimetr.) 21-2287; v. natürl. u. künstl. Methyl-— in Lipidextrakten 24-2098; App. zur schnellen Herst. v. Fettsäure-— aus Lipiden für d. gaschromatograph. Analyse 25-2040; Verteil.-gaschromatograph. Best. v. Milchfett nach Darst. v. Butyl-— aus Milchfett 39-2142; gaschromatograph. Best. in alkohol. Getränken 47-2143.

Chromatographie d. Autox.-Prod. v. Fettsäure-— 32-2020; Analyse v. monomeren Dicarbonsäuren in Gemischen mit ihren Mono-— 36-1973.

Verw.: als stationäre Phase in d. Gaschromatographie (höhere Nitrobenzoesäure-—) 7-1932*; (Dialkylphthalate) 26-2023; als Solubilisatoren in d. Papierchromatographie (Arylcarboxylate) 27-1854; Einsatz v. Glykolbenzoaten als stationäre Phasen in d. Gaschromatographie 36-1929; Verw. d. Poly-— v. Bernsteinsäure mit α-Butyl-α′-hydroxyäthylglycerylläther bei d. Gas–Fl.-Chromatographie v. Fettsäuremethyl-— 39-2025; Best. wss. Substrate v. — langkett. Fettsäuren u. ihre Verw. in d. enzymat. Analyse 51/52-1851.

Estocin s. unter $C_{18}H_{21}NO_2$.
Estragol s. unter $C_{10}H_{12}O$.
ET-50-65 s. unter *Plaste, CS-Plaste.*
ET-120-65 s. unter *Plaste, CS-Plaste.*
Etaperazin s. unter $C_{21}H_{26}ClN_3OS$.
Étard-Reaktion s. unter *Oxydation.*
Etazol s. unter $C_{10}H_{12}N_4O_2S_2$.
Ethacrynsäure s. unter $C_{13}H_{12}Cl_2O_4$.
Ethambutol s. unter $C_{10}H_{24}N_2O_2$.
Ethamide s. unter $C_9H_{10}N_2O_3S_2$.
Ethaminal s. unter $C_{11}H_{18}N_2O_3$.
Ethamivan s. unter $C_{12}H_{17}NO_3$.
Ethamoxytriphethol s. unter $C_{27}H_{33}NO_3$.
Ethaverin s. unter $C_{24}H_{29}NO_4$.
Ethchlorvinol s. unter C_7H_9ClO.
Ethidium s. unter $C_{21}H_{21}N_3O$.
Ethinamat s. unter $C_9H_{13}NO_2$.
Ethion s. unter $C_9H_{22}O_4P_2S_4$.
Ethionamide s. unter $C_8H_{10}N_2S$.
Ethionin s. unter $C_6H_{13}NO_2S$.
Ethofat s. unter *Plaste, Polyester (Weitere Polyester).*
Ethomeen 18/60, Wrkg. auf d. Acetylcholinesterase d. Säugetierhirns 40-1250.
Ethomeen C/15, Verw. als Sprühhilfsmittel in DDT-Emuls. 3-3167.
Ethomoxan s. unter $C_{15}H_{23}NO_3$.
Ethopabat(e) s. unter $C_{12}H_{15}NO_4$.
Ethopropazin s. unter $C_{19}H_{24}N_2S$.
Ethotrimeprazine s. *Ditran.*
Ethoxazolamid s. unter $C_9H_{10}N_2O_3S_2$.
Ethoxyquin s. unter $C_{14}H_{19}NO$.
Ethylbiscoumacetate s. unter $C_{22}H_{16}O_8$.
Ethynodioldiacetat s. unter $C_{24}H_{32}O_4$.
Etimizol s. unter $C_9H_{14}N_4O_2$.
Etiocholanolon s. unter $C_{19}H_{30}O_2$.
ETM s. unter $C_4H_6N_2S_3$.
Etonitazen s. unter $C_{22}H_{28}N_4O_3$.
Etorphine s. unter $C_{18}H_{19}NO_3$.
Etriol s. unter $C_6H_{14}O_3$.
Etruscomycin s. unter $C_{36}H_{53}NO_{14}$.
Etryptamin s. unter $C_{12}H_{16}N_2$.
Eucarvon s. unter $C_{10}H_{14}O$.
Euchinin s. unter $C_{23}H_{28}N_2O_4$.
Euchlumin s. unter $C_{20}H_{31}NO_6$.
Euchrisin 3R, Akkumulat. v. — in Lysosomen 40-1169.
Euchrysin s. unter $C_{17}H_{19}N_3$.
Eucupin s. unter $C_{24}H_{34}N_2O_2$.
Eudan s. unter $C_{11}H_{10}N_2O_3$.
Eudesmane, Synth. v. 1-Oxo-— 44-0966.
Eudesmin s. unter $C_{22}H_{26}O_6$.
Eudesmol s. unter $C_{15}H_{26}O$.
Eudialyt, Vork. v. — in agpait. Phonolithen 8-0756; — in d. Gesteinen d. Illimaussaq-Alkalimassivs 26-0821; Vork. v. Neptunit in Assoziat. mit — in Tadžikistan 36-0824.
Eugenol s. unter $C_{10}H_{12}O_2$.
Euglobuline s. unter *Proteine, Spezielle Proteine.*
Euklas, — aus Quarz–Chlorit-Zonen veränderter Granite Jakutiens 19-0892.
Eukollagen s. unter *Proteine, Spezielle Proteine.*
Eukrit s. unter *Meteorite.*
Eukryptit, Bldg. v. β-Eukryptit in keram. Glaskörpern 7-2263*; halbleitende Metalloxidschichten auf —-Glaskeramik 6-2189; P^{5+}-halt. β-Eukryptitmischkrist. im Syst. $LiAlSiO_4/AlPO_4$ 32-0598; Kristallisat. u. Polymorphie v. Hoch-— 44-0136; Verw. v. — in keram. Körpern mit stabilem Ausdehn.-Koeff. 17-2394*.
Eulit s. unter *Pyroxene.*
Eumydrin s. unter $C_{18}H_{27}NO_4$.
Eunarcon s. unter $C_{11}H_{15}BrN_2O_3$.
Euparen s. unter $C_9H_{11}Cl_2FN_2O_2S_2$.
Euparin s. unter $C_{13}H_{12}O_3$.
Eupatoriopicrin s. unter $C_{20}H_{26}O_6$.
Eupaverin s. unter $C_{20}H_{21}NO_2$.
Euphenol s. unter $C_{30}H_{52}O$.
Euphol s. unter $C_{30}H_{50}O$.
Euphyllin s. unter $C_7H_8N_4O_2$.
Eupteleogenin s. unter $C_{29}H_{42}O_4$.
Eupteleogenon s. unter $C_{29}H_{40}O_4$.
Eurinol s. unter $C_8H_8Cl_3N_3O_4S_2$.
Eurocidin, Klassifikat. u. Eig. 25-1443.
Europen-1500 s. unter *Kautschuk, Butadien–Styrol-Elastomere.*
Europetin s. unter $C_{16}H_{12}O_8$.
Europin s. unter $C_{16}H_{27}NO_6$.

Europium

Änder. d. Äquivalentlinienbreiten u. Wellenlängen v. Eu II in d. A2p-Stern *73* Draconis (HD *196502*) 15-0805; — in Meteoriten u. Tektiten (Zeitschriftenref.) 16-0764; Häufigk. v. — in Ap-Sternen 20-0782; Geh. an — im grünen Flußspat (neue Quelle für —) 24-0829; Linien v. — im Kosmos 25-0845, 25-0846; Verteil. d. — in Mineralkomponenten d. Chondriten Bruderheim 28-0806; —- u. Ba-Häufigk. im Howarditen Bununu 29-0864; ^{155}Eu im Nd. v. Kernwaffen 30-0823; Diffus. v. — in d. Sonne 40-0672; vertikale Verteil. v. ^{90}Sr, ^{144}Ce u. ^{147}Pm u.

^{155}Eu in marinen Küstensedimenten 45-0762; Eu-Anomalien u. d. Genese v. Basalt 47-0681; —-Geh. in Stromsedimenten d. Paparoa-Bereichs, New Zealand 49/50-0658; Unters. v. — in Epidot u. Orthit 49/50-0681; Linien v. — im Kosmos 51/52-0604, 51/52-0606, 51/52-0610, 51/52-0615, 51/52-0621; Linien v. —: im Spektrum d. Veränderlichen HR *234* 51/52-0622; in einigen C-Sternen 51/52-0623; Häufigk. v. — im Kosmos 51/52-0626.

Gewinn. v. — aus Seltenerdmetallen 44-2286*; Dekontaminat. v. ^{152}Eu aus wss. Lsg. mittels Molekularsieb *4*A 12-2098; Abtrenn. v. — durch Fl.-Extrakt. v. d. anderen Seltenerdmetallen 22-2319; radiochem. Trenn. d. — v. anderen Lanthaniden 34-1976.

Physikalisches und physikalisch-chemisches Verhalten

Isomerieverschieb., Mössbauer-Effekt-Ausb. u. Debye-Temp. in — 17-0294.

γ-Spektrum bei d. Umwandl. ^{155}Sm→^{155}Eu 7-0087; (Konvers.-Elektronen) 11-0062; Einfangzerfall ^{153}Gd→^{153}Eu 19-0022; Richt.-Korrelat. zwischen K-Röntgenstrahlen, d. Elektroneneinfang folgen, u. Kern-γ-Strahlen beim ^{153}Gd→^{153}Eu-Zerfall 40-0002; Energiespektren v. α-Teilchen aus d. Rk. ^{159}Tb(n, α)·^{156}Eu mit *14,2* MeV-Neutronen 47-0012.

Zerfall: v. ^{155}Eu (*1,81*a) zu Niveaus in ^{155}Gd 1-0074; v. ^{146}Eu 7-0085; zweifach verbotene Beiträge zu isospin-verbotenen (*0*$^+$)–(*0*$^+$)–β-Übergängen in ^{156}Eu 9-0071; Zerfall v. ^{145}Eu 11-0091; elektromagnet. Übergänge in ^{153}Eu 14-0026; gestörte Winkelkorrelat. v. β-Teilchen aus ^{154}Eu 16-0002; $|\Delta K| = 1$, E*1*-Übergänge in —-Isotopen ungerader Masse 17-0022; Isomerieverschieb. v. γ-Strahlen in ^{151}Eu u. ^{153}Eu 17-0055; Spektren hoher Energie v. *12*-a-^{152}Eu 17-0070; Zerfall: v. ^{152}Eu 21-0067; v. ^{147}Eu zu Niveaus in ^{147}Sm 23-0073; Kernenergiezustände v. ^{155}Eu 24-0002; γ-Strahlen in d. Zerfallskette ^{149}Gd→^{149}Eu→^{149}Sm; Energieabhängigk. d. β–γ-Richt.-Korrelat. beim Zerfall v. ^{154}Eu 25-0027; α-Zerfall v. —-Isotopen 27-0010; M*1*-Übergangswahrscheinlichk. in ^{153}Eu 31-0019; niederenerget. γ-Intensitäten beim Zerfall v. ^{152,154,155,156}Eu 32-0002; β-Zerfall v. ^{152}Eu u. ^{154}Eu 32-0020; angeregte Zustände v. ^{155}Gd aus d. ^{155}Eu-Zerfall 33-0031; Konvers.-Elektron-Teilchen-Parameter im Zerfall v. ^{152}Eu→^{152}Sm u. ^{154}Eu→^{154}Gd 35-0011; Effekte höherer Ordn. in anormal erlaubten β-Übergängen v. ^{154}Eu 37-0012; Zerfall v. ^{145}Eu→^{145}Sm 41-0026; Strahl. v. ^{149}Eu 42-0002; longitudinale Polarisat. d. β-Teilchen v. ^{152}Eu 43-0030; kollektive gyromagnet. Verhältnisse für ^{153,155}Eu 44-0003; (*0*$^+$)-(*0*$^+$)–β-Übergang in ^{156}Eu 44-0027; Isomerenverschieb. d. *83,4*-keV-Rotat.-Überganges v. ^{153}Eu u. Zwischenbandmisch. 46-0004; Konz.-Abhängigk. d. Isomerieverschieb. v. zweiwert. ^{151}Eu in CaF_2 49/50-0012.

Spektren v. Konvers.-Elektronen beim Einfang therm. Neutronen durch ^{151}Eu u. ^{153}Eu 12-0066; Einfangquerschnittunters. für Neutronen v. *30*–*220* keV in — unter Verw. einer neuen Technik 23-0053; therm. Neutronenquerschnitte u. Resonanzintegrale d. —-Isotope 32-0030; Strahl.-Einfang v. Neutronen durch Eu u. ^{153}Eu 49/50-0011.

Schwing.-Absorpt.- u. Emiss.-Spektren v. KCl:Eu^{2+}, NaCl:Eu^{2+}, RbCl:Eu^{2+}, CuF_2:Eu^{2+} u. KBr:Eu^{2+} 3-0343; Emiss.- u. Anreg.-Spektren v. CeO_2 bzw. ThO_2, aktiviert mit Eu^{3+} 3-0352; Beispiel für d. Nichtübereinstimm. zwischen Platzsymmetrie u. Aufspalt. d. Eu^{3+}-Emiss.-Linien in β-YOF:Eu u. β-GdOF:Eu 7-0326; Feinstruktur d. Röntgenabsorpt.-Spektren im Bereich d. $N_{IV,V}$-Absorpt.-Kante v. ^{63}Eu 10-0317; $M_{IV,V}$-Spektren v. ^{63}Eu in Eu_2O_3 u. EuF_3 10-0318; Kathodolumineszenzspektren v. mit — dotierten Orthoboraten 10-0340; Röntgenabsorpt.-Spektren v. ^{63}Eu 12-0108; polarisierte Spektren u. Krist.-Feldparameter v. Eu^{3+} in YVO_4 12-0309; Lumineszenzspektren v. mit — dotierten Orthovanadaten 12-0346; Absorpt.- u. Emiss.-Spektren d. Phosphors YVO_4:Eu 15-0361; Röntgenabsorpt.-Spektren 17-0367; Einfl. d. endl. Kerngröße auf d. Abstand d. Röntgen-L_I–L_{II}-Niveaus 18-0090; Absorpt.- u. Lumineszenzspektren v. CdJ_2:Eu-Einkrist. 31-0334; Selbstabsorpt.-Effekte in d. weichen Mα- u. Mβ-Röntgenemiss.-Spektren 34-0408; Konz.-Verbreiter. d. Linien in d. Lumineszenzspektren v. Eu^{3+} in CdF_2 40-0268; Hyperempfindlichk. d. $^5D_0$–$^7F_2$-Übergangs d. dreiwert. — in d. Granatstruktur 43-0312; Temp.-Einfl. auf d. Gleichgew. opt. Zentren in CaF_2:Eu^{3+} 44-0284; Röntgenlumineszenzspektren v. mit Eu^{2+} aktivierten $CdCl_2$-, $CdBr_2$-, CdJ_2- u. CaJ_2-Krist. 45-0332; Berechn. d. Einfl. d. Polarisat. auf d. Hyperfeinstruktur v. Eu u. Eu(II) 48-0045; Temp.-Abhängigk. d. Quellenzahl u. d. Linienbreite d. $^7F_0$→$^5D_0$-Übergangs in Eu^{3+} 48-0317; Einfl.: d. Lad.-Kompensat. auf d. UV-Anreg.-Spektren d. —-Fluoreszenz 49/50-0235; d. Symmetrie d. Umgeb. auf d. Lumineszenzspektrum d. Eu^{3+}-Ions in —-Chelaten 49/50-0238; Modell für magnet. Sterne (Radialgeschw. u. Linienintensitäten v. —) 51/52-0612.

Energietransportmechanismus unter Einschluß v. Tb(III) u. Eu(III) in $Na_{0,5}Tb_{0,5-x}$·Eu_xWO_4, $Na_{0,5}Tb_{0,01}Y_{0,49-x}Eu_xWO_4$ u. $Na_{0,5}$·$Eu_{0,5-x}Nd_xWO_4$ 1-0363; Temp.-Abhängigk. d. α- u. γ-Szintillat.-Ausb. für LiJ:Eu-Krist. 1-0366; Mechanismus d. Energieübertrag. bei Beteilig. v. dreiwert. — u. Nd in $Na_{0,5}$(Y, Eu, $Nd)_{0,5}WO_4$ u. (Y, Eu, $Nd)_2O_3$ 6-0364; Fluoreszenz: v. Eu^{3+}-aktivierten Oxiden 6-0365; v. Eu^{3+}-aktivierten Lanthanidoxidhalogeniden 8-0296; Lösch. d. Fluoreszenz v. Tb^{3+} in $Y_3Al_5O_{12}$:Tb(Eu) 8-0298; Sensibilisier. d. Lumineszenz v. Eu^{3+} mit Farbstoffen in Lsg. v. Polyphosphorsäure 9-0356; Relaxat.-Prozesse d. Eu^{3+} in Y_2O_3 u. YVO_4 bei Anreg. mit pulsierenden Kathodenstrahlen 9-0363; Struktur u. Lumineszenz d. Phosphat-Vanadate v. Y, Gd, Lu u. La u. Einfl. d. Dotier. mit — 9-0367; temperaturabhäng. Fluoreszenzlösch. v. Eu(III)-Ionen enthaltenden Lsg. 10-0099; Lumineszenzmess. an Lsg. v. Eu^{3+} in H_2O/D_2O-Gemischen 13-0147; Einfl. v. Eu^{3+} auf d. opt. Zentren v. Nd^{3+} in CaF_2-Krist. (Typ *1*) 13-0318; Fluoreszenz Eu^{3+}-aktivierter Granate mit Geh. an fünfwert. V 15-0359; Best. v. totalen Massenabsorpt.-Koeff. für γ- u. Röntgenstrahl. im Bereich v. *30*–*200* keV 17-0348; Energietransport in Y_2O_3:Tb(Eu) 18-0356; Lumineszenz v. —-Ionen in Verb. v. Kryolithtyp 21-0401; Radiolumineszenz v. mit — aktivierten Zirkonosilicaten 21-0408; Absorpt. u. Lumineszenz v. Eu^{3+} in Berylliumfluoridglas 22-0365; magnetoopt. Rotat. in mit — aktivierten Krist. 23-0378; Elektrolumineszenz u. Halbleitereig. v. mit Eu^{3+} aktivierten CdF_2-Einkrist. 23-0409; Änder. v. Beimeng.-Zentren unter d. Einw. ionisierter Strahl. in mit — aktivierten Alkalimetallhalogenidphosphoren 24-0368; V_k-Zentren u. Rekombinat.-Lumineszenz in RbJ u. NaJ mit —-Geh. als Elektronenfänger 24-0375; opt. u. Lasereig. v. Nd(III)- u. Eu(III)-dotiertem YVO_4 25-0395; UV-Lumineszenz u. Eu^{2+}-Geh. in Flußspaten 27-0906; molare Absorpt.-Koeff. u. Oszillatorenstärke v. Übergängen in gemischten (f–d)-Konfig. v. Eu^{2+} in Krist. d. Fluoridtyps 28-0315; Energieübergang zwischen absorbierenden Gruppen u. Eu^{3+}-Ionen in YVO_4:Eu 28-0340; Lumineszenz v. Leukosapphir mit —-Beimeng. 28-0343; Lumineszenz-Eig. v. — dotierten Cd_4·SiS_6-Krist. 29-0370; strahlungsfreie Prozesse u. Kinetik d. Nachleuchtens d. antiferromagnet. Krist. MnF_2:Eu^{3+}(Co^{2+}) 30-0313; Lichtausb. v. CaJ_2:Eu-Szintillatoren 31-0333; Fluoreszenzlebensdauern u. Mehrphononenprozesse in wasserhalt. Eu^{3+}-Salzen 32-0366; Lumineszenzzentren v. Eu^{3+}-Ionen in natürl. Zirkon 32-0369; Quantenausb. bei d. Radikalrekombinat.-Lumineszenz v. ZnS:Eu 36-0329; Mechanismus d. Energietransports unter Beteilig. v. Tb^{3+} u. Nd^{3+} in $Na_{0,5}$·(Y, $Nd)_{0,5}WO_4$:Te(Eu) 36-0331; YVO_4:Eu-Phosphor mit konst. Quantenausb. 37-0367; Fluoreszenz v. mit — dotiertem Quarzglas nach Wärmebehandl. in H_2 43-0313; Thermolumineszenz u. Absorpt.-Spektren v. —-Ionen in CaF_2 44-0295; YVO_4:Bi- u. YVO_4:Bi(Eu)-Phosphore 44-0304; Vgl. v. Eu^{3+}- mit Tb^{3+}-aktivierten Phosphoren 49/50-0234.

Hyperfeinstruktur v. Eu I 1-0102; Atomstreufaktoren 11-0191; Zücht. u. Gitterkonst. 11-0243; Berechn. d. relativist. Effekte in d. Mehrelektronenhyperfeinstruktur für d. Grundzustand v. ^{151}Eu 12-0084; Matrixelemente zwischen d. Mannigfaltigk. d. Zustände mit unterschiedl. J für Eu^{3+}-Ionen in einem Krist.-Feld tetragonaler Symmetrie 12-0463; opt. Eig. u. Elektronenbandstruktur v. — 21-0355; Berechn. d. Wellenfunkt. v. Eu^{3+} in CaF_2 31-0522; opt. Unters. v. Hyperfeinwechselwrkg. in $LaCl_3$:Ho u. CaF_2:Eu 35-0305; Berechn. für d. Grundzustand d. neutralen —-Atoms 45-0036; Best. d. phänomenolog. Parameter A_2^0, A_4^0 u. A_4^4 d. Hamilton-Operators d. Krist.-Feldes in Hinsicht auf d. Niveau v. Eu^{3+} in $GdVO_4$ aus Absorpt.- u. Fluoreszenzspektren 48-0313; kovalente Effekte v. EuO, EuF_2 u. $EuTiO_3$ für Eu^{3+} mit *6,8* u. *12* Nachbarn 49/50-0212.

Spin–Gitter-Relaxat.-Zeit für Eu^{2+} in CaF_2 2-0326; inneres Magnetfeld für ^{153}Eu in Fe 2-0461; durch Phononen bedingte Korrekturen d. temperaturunabhängigen Van-Vleck-Suszeptibilität v. ^{31}Eu 2-0474; Einfl. d. Cr^{3+}–Eu^{3+}-Wechselwrkg. auf d. EPR d. Cr^{3+} in Eu–Ga-Granaten 8-0326; EPR v. mit — dotierten CaF_2-Einkrist. 10-0345; Einfl. d. Druckes auf d. elektr. Widerstand u. d. antiferromagnet. Umwandl.-Temp. 15-0497; elektron. u. kernmagnet. Relaxat. v. Eu^{2+} oder Mn^{2+} in Krist. mit Flußspatstruktur 16-0384; Thermokraft u. magnet. Suszeptibilität bei tiefen Temp. v. — (*0,5* Atom-%) in Au u. Ag 22-0503; Temp.-Abhängigk. d. kub. Aufspalt. im EPR-Spektrum v. Eu^{2+} in Krist. v. CaF_2-Typ 28-0361; Unters. d. krist. Umgeb. v. 2wert. Ionen mit Hilfe d. EPR v. Mn^{2+} in Al_2O_3 u. Eu^{2+} in KJ 28-0364; Hyperfeinstruktur d. EPR-Spektren v. —-Ionen in Gläsern 28-0377; EPR-Spektren v. Gd^{3+} u. Eu^{2+} in ZnO·P_2O_5-Glas 28-0378; Spin-Polarisat. in d. Nähe lokalisierter Momente v. in fl. Al gelöstem — 31-0339; NMR v. ^{207}Pb in PbSe: Eu 31-0361; EPR- u. spektroskop. Unters. v. $LaCl_3$:Eu^{2+} u. damit verbundenen Farbzentren 36-0337; Eu^{3+}-Ionen als Elektronenhaftstellen in Glas (ESR-Spektrum) 36-0342; Magnetismus v. Eu^{3+} 42-0374; ESR-Spektrum v. Eu^{2+} in $BaTiO_3$ 43-0337; Fermi-Fläche u. Antiferromagnetismus in —-Metall 48-0536; EPR b. Eu^{2+} in KCl-Einkrist. 51/52-0244.

Polarographie: in Formamid 1-1808; v. Eu(III) in wasserfreiem Sulfolan 11-0654; Potentialabhängigk. d. Faraday-Impedanz für d. Redoxpaar Eu(III)/Eu(II) in $NaClO_4$ 14-0626; spannungsabhäng. Geschw.-Konst. für d. Red. v. Eu(III) in ClO_4^--Lsg. 27-0716; polarograph. Verh. v. Eu(III) in Benzonitril u. Acetonitril 36-0553; Einfl. d. Leitelektrolytkonz. auf d. Unvollständigk. reversibler Peaks bei d. Wechselstrompolarographie v. Eu^{3+}-Lsg. 47-0517; Polarographie v. — in wss. Lsg. 47-0522.

Elastizität, Schubmodul, Kompressibilitätskoeff. u. d. Wärmeausdehn.-Koeff. 5-0318; F.-Anomalie 16-0265; Wärmeleitfähigk. v. KCl-Einkrist. mit Zusätzen v. Eu^{2+} 22-0291; Wander. v. ^{152,154}Eu in einer Röhre mit Temp.-Gradienten 31-1988; *16* °K-Anomalie d. spezif. Wärme v. —-Metall 33-0235; Elastizitätsmodul: u. Ultraschalldämpf. v. polykrist. — 38-0253; u. Debye-Temp. v. polykrist. — 39-0167; Wärmekapazität 43-0206.

Abtrenn. v. leichten Seltenerdmetallen an Anionenaustauschern 1-1803; Trenn. d. — v. Seltenerdmetallen durch Anionenaustausch 1-1805; Unters. d. Einfl. d. pH auf d. Trenn. v. Eu, Gd, Am u. Cm an Dowex *50*-X *8* 1-1822; Boratgläser als Ionenaustauscher für $^{152-154}$Eu in geschmolzenem $NaNO_3$ 11-0672; Adsorpt.: an AgJ-Solen 21-0693; an Ionenaustauschpapier SV-*2* 22-0673; extraktiver Ionenaustausch bei d. Trenn. v. —, Tb u. Tm 25-0716; pH-Abhängigk. d. Adsorpt.-Stärke v. Eu^{3+} an Versenol 25-2031; Zustand v. —-Spuren in wss. Lsg. (Bldg. v. Koll.) 26-0669; Koll.-Bldg. 26-0670; Desorpt. v. einer W-Oberfläche 34-0723; Einfl. d. Salzzus. d. Kationits KU-*2* auf d. Geschw. d. Innerdiffus.-Prozesse d. Sorpt. v. — 37-0715; Abtrenn. v. —-Spaltprod. durch Elut. mit Milchsäure–EDTA 45-0615.

Extrakt. v. — durch TBP in Ggw. v. Thiocyanationen 7-0533; Verteil. d. Radiotracers ^{152,154}Eu zwischen wss. $Na_2C_2O_4$-Lsg. u. Lsg. v. TTA in Toluol als Funkt. d. Oxalatkonz. 8-0518; Solventextrakt. 11-1911; Verteil.-Koeff. v. ^{152,154}Eu bei d. Fäll. v. Ca–Lanthaniden-Oxalaten 12-0535; Berechn. d. Solvatat.-Zahlen u. intrinsic-Ionenradien für Eu^{3+} 14-0591; Extrakt. aus Nitratlsg. 25-2125; Aktivitätskoeff. bei d. Extrakt. v. Metallionen Eu^{3+} u. Am^{3+} durch Lsg. v. Di-n-butylphosphorsäure in organ. Lsgm. 28-0572; fl.–fl.-Extrakt. v. anion. —-Komplexen d. Hydroxyäthylendiamintriessigsäure u. Diäthylentriaminpentaessigsäure 28-2036; Chemie d. Lsgm.-Extrakt. v. — 37-0545; Verteil.-Koeff. v. — bei d. Extrakt. anorgan. Ionen mit N-(Di-n-butylphosphono)-succinimid (N-DPBS) 45-0484; Verdünn.-Effekte bei d. Extrakt. v. Eu^{3+} durch Bis-[hexoxyäthyl]-phosphorsäure 45-0488; Extrakt. v. Eu(III) mit chelatbildenden Säuren u. adduktbildenden Neutralliganden 46-0475.

Unters. d. Komplexbldg. v. $EuSO_4^+$ aus d. dreiwert. Ion v. Eu mit Hilfe d. Ultraschallabsorpt. (Kinetik) 32-0717; Kinetik d. —-Zementier. aus wss. Lsg. durch Na-Amalgam 35-0637; Red. v. Acidopentamminkobalt(III)-Komplexen durch Eu(III) (Kinetik) 46-0628; Red. v. Bzl. durch — 44-0694; Herst. v. Methylmethacrylatpolymeren mit opt. Aktivität in Ggw. v. Eu^{3+} 2-2652*; Chemilumineszenz v. Lucigenin bei d. Rk. mit H_2O_2 in Ggw. v. —-Ionen 6-0708.

Übergang v. $^{152/154}Eu$ auf d. Nachkommen während Trächtigk. u. Laktat.-Periode 2-1475.

Best. mit Xylenolorange (photo- u. titrimetr.) 1-1807; Unters. zur Analyse durch Atomabsorpt. 5-1849; spektrometr. Best. 13-1867; Best. als Oxalat (Mikroanalyse) 34-1984; funkenspektrograph. Best. 49/50-1903.

Best.: v. ^{152}Eu u. ^{154}Eu im Boden (gammaspektroskop.) 1-1836; v. ^{155}Eu in Spaltprod. durch Red. mit Li-Amalgam 2-1847; in Phosphatgesteinen durch Atomabsorpt. 8-1903; Trenn.: v. UO_2^{2+}, ^{90}Sr u. ^{90}Y sowie UO_2^{2+} u. ^{151}Eu mit Hilfe v. Wein- oder Citronensäure als Komplexbildner 15-2012; v. ^{152}Eu, ^{147}Pm, ^{241}Am u. ^{246}Cm durch elektrophoret. Fokussieren 15-2013; Wrkg. mehrwert. Alkohole auf Ionenaustausch u. Trenn. v. –/Y mit α-Isohydroxybuttersäure 19-2096; Best. v. Spuren – in hochreinem Graphit durch Emiss.-Spektrographie 23-2121; röntgenfluoreszenzanalyt. Best. in hochreinem Dy_2O_3 23-2143; Kathodenstrahlpolarographie u. Best. in Monazit 23-2164; Elektrophorese v. $^{152+154}Eu$ auf Cellogel 24-1998; Amalgamverf. zur Abtrenn. v. – v. La, Ce, Pr u. Nd 24-2029; aktivierungsanalyt. Best. v. Spuren – in Gd 25-2064; spektrofluorimetr. Spurenbest. v. Eu^{3+} in Na-Wolframatlsg. 27-2195; Trenn. v. – v. Am u. Cm an Dowex *50*-X *4* (Verteil.-Koeff. in HBr-Lsg.) 38-2029; oszillopolarograph. Best. v. – neben anderen Seltenerdelementen u. in Amalgamen 43-1965; papierchromatograph. Verh. 46-1809; Papierchromatographie 46-1832; Trenn. v. Tb, Gd u. – in Milligramm-Mengen: durch Kationenaustausch 46-1834; durch Anionenaustausch 46-1835; Aktivier.-Analyse v. – in Salz- u. Süßwasser 46-1859; Best.: in Eruptivgesteinen (spektrochem.) 47-1981; in Monaziten u. Y_2O_3 (fluorimetr.) 47-1982; dünnschichtchromatograph. Trenn. v. Gemischen d. Seltenerdmetalle 51/52-1874.

Chromatograph. Abtrenn. d. U v. ^{152}Eu an mit Wolframatosilicat imprägniertem Papier 30-1955; Abtrenn. d. Ioniums v. U, Pa, Fe, Mn u. Eu durch Kationenaustauscher 51/52-1879.

Verw. v. ^{155}Eu für Röntgenstrahlquellen bei d. Röntgenfluoreszenzanalyse 40-1744; Nicht-*1*/v-Aktivier.-Sonden aus – 41-1991.

Europiumlegierungen

Ag: Struktur v. $EuAg_5$ 27-0260.

Al: Isomerieverschieb., Mössbauer-Effekt-Ausb. u. Debye-Temp. in $EuAl_2$ u. $EuAl_4$ 17-0294.

Au: Struktur v. $EuAu_5$ 27-0260.

Bi: röntgenograph. u. DTA-Unters. v. Eu_4Bi_3 31-0212; Übersicht über magnet. Eig. v. EuBi 7-0455.

Cu: Struktur v. $EuCu_5$ 27-0260; Isomerieverschieb., Mössbauer-Effekt-Ausb. u. Debye-Temp. in $EuCu_2$ 17-0294.

Ge: Krist.-Struktur u. Isotypie v. $EuNi_2Ge_2$ 9-0268; Darst. u. Krist.-Struktur v. EuGe 31-0215.

Ni: Krist.-Struktur u. Isotypie v. $EuNi_2Ge_2$ 9-0268; Verb. Eu_2Ni_{17} u. $EuNi_5$ u. ihre Krist.-Strukturen 10-0250; Struktur v. $EuNi_5$ 27-0260.

Pb: Krist.-Struktur d. Phasen d. Syst. Eu/Pb 31-0637.

Pd: Isomerieverschieb., Mössbauer-Effekt-Ausb. u. Debye-Temp. in $EuPd_3$ 17-0294.

Pt: Darst. u. Röntgenunters. v. Pt_5Eu 31-0222; Isomerieverschieb., Mössbauer-Effekt-Ausb. u. Debye-Temp. in $EuPt_2$ 17-0294.

Rh: Mössbauer- u. magnet. Eig. v. $EuRh_2$ 48-0565; Isomerieverschieb., Mössbauer-Effekt-Ausb. u. Debye-Temp. in $EuRh_2$ 17-0294.

Sn: Darst. u. Krist.-Struktur v. EuSn 31-0215.

Tl: Gitterdaten u. Beschreib. v. TlEu 9-0256.

Zn: Gitterkonst. u. Darst. v. $EuZn_{13}$ 31-0211; Mössbauer- u. magnet. Eig. v. $EuZn_2$ 48-0565.

Europiumverbindungen

Anorganische Europiumverbindungen

Mössbauer-Isomerieverschieb. in Eu(III)-Verb. 21-0154.

Europiumantimonid: EuSb, Übersicht über magnet. Eig. 7-0455.

Europiumarsenid: EuAs, Übersicht über magnet. Eig. 7-0455.

Europiumborate, opt. Absorpt.-Spektren u. Röntgenunters. v. nichtstöchiometr. $Eu\cdot(Eu_{0,5}Al_{2,5})(BO_3)_4$ u. $EuAl_3(BO_3)_4$ 37-0358.

Europiumborid: EuB_6, Mg-therm. Darst. 35-0698; Supraleitfähigk. 29-0503; magnet. Suszeptibilität 31-0525.

Europiumbromat(V): $Eu(BrO_3)_3$, Fluoreszenzlebensdauern u. Mehrphononenprozesse in $Eu(BrO_3)_3\cdot 9\,H_2O$ 32-0366.

Europiumbromide bzw. -bromokomplexe

Thermogravimetr. Unters. v. Verb. mit Tetrahydrofuran 41-0646.

$EuBr_3$, Elektronenübergangsspektren 14-0325.

Bromoeuropium(III)-säure:

$H_3[EuBr_6]$, Elektronenübergangsspektren v. $[EuBr_6]^{3-}$ 14-0325.

Salze, Absorpt.-Spektren v. oktaedr. $[(C_6H_5)_3PH]_3[EuBr_6]\cdot[(C_6H_5)_3PH]\cdot Br$ 23-0111.

Europiumcarbide: Verw. zur Herst. feuerfester Formkörper hoher D. 49/50-2222*.

Eu_3C, Herst. v. ferromagnet. – 14-2223*.

EuC_2, Herst. v. ferromagnet. – 14-2223*; Bldg.-Enthalpie, Standardentropie u. Zers.-Dampfdruck v. – in Hinsicht auf d. Permeabilität d. Graphits für flücht. Spaltprod. 17-0610.

Eu_2C_3, Herst. v. ferromagnet. – 14-2223*.

Europiumcarbonate bzw. -carbonatokomplexe

$Eu_2(CO_3)_3$, Darst. aus einigen Salzen v. organ. Säuren 6-0734; Elektronenübergangsspektren v. $Eu_2(CO_3)_3\cdot 3\,H_2O$ 14-0325; IR-Spektren v. –, $Eu_2(CO_3)_3\cdot 8\,H_2O$ sowie d. Zers.-Prod. 25-0098.

Carbonatoeuropium(III)-säure:

$H_3[Eu(CO_3)_3]$, Salze s. *Natriumcarbonatoeuropate(III)*.

Europiumchalkogenide, opt. Beug. an magnet. Domänen in – 9-0337.

Europiumchloride bzw. -chlorokomplexe

Komplexbldg. v. Eu(III) mit Cl^- in *4*m $HClO_4$ u. *4*m $NaClO_4$ (Stabilitätskonst.) 25-0598; Elektronenübergangsspektren v. EuOCl 14-0325; Bezieh. zwischen Gitterenergie u. Schmelztemp. in – 36-0221; Darst. v. EuO durch Umsetz. v. EuOCl mit LiH 4-0464; Darst. v. Komplexverb.: mit 2.2'-Bipyridyl 1-0706; mit Pyridin-2-aldoxim 7-0695.

$EuCl_2$, Absorpt.-Spektren wss. –-Lsg. 2-0095; potentiometr. Titrat. d. Red.-Prod. v. $(P_2W_{18}O_{62})^{6-}$ u. $(As_2W_{18}O_{62})^{6-}$ mit – 5-0642; Phononenstreuung an Gitterleerstellen u. spezif. Wärmeleitfähigk. v. –-dotierten KCl-Krist. 6-0286.

$EuCl_3$, Mössbauer-Isomerieverschieb. in – 21-0154; Elektronenübergangsspektren v. – u. $EuCl_3\cdot 6\,H_2O$ 14-0325; Fortschritte in d. Unters. v. magnetoopt. Rotat.-Spektren v. – in wss. Lsg. 29-0361; temperaturabhäng. Fluoreszenzlösch. v. – in D_2O 10-0099; Fluoreszenzlebensdauern u. Mehrphononenprozesse in $EuCl_3\cdot 6\,H_2O$ u. $EuCl_3\cdot 6\,D_2O$ 32-0366; Temp.-Abhängigk. d. Wellenzahl u. d. Linienbreite d. $^7F_0$–$^5D_0$-Übergangs in – 48-0317; Kinetik d. Übergangs v. d. kub. zur hexagonalen Phase in mit Mössbauer-Ionen dotiertem Eis [gefrorene Lsg. v. $FeCl_2$, $Fe(NO_3)_2$ in HNO_3, $FeCl_3$ u. –] 31-0163; magnet. Eig. v. $GdCl_3$ aus Mess. an Gd(III)-Paaren in – 7-0453; Löslichk. u. Addit.-Rk. d. wasserfreien – mit Äthylenglykoldiäthyläther 49/50-0588; Pharmakologie 1-1499.

Chloroeuropium(III)-säuren:

$H[EuCl_4]$, Salze s. *Cäsium-*, *Kalium-* u. *Natriumchloroeuropate(III)*.

$H_3[EuCl_6]$, Elektronenübergangsspektren v. $[EuCl_6]^{3-}$ 14-0325.

Europiumcyanid: $Eu(CN)_3$, Herst. v. $Eu(CN)_3\cdot 2$ THF 21-0824.

Europiumfluoride: EuF_2, kovalente Effekte v. – für Eu^{2+} mit *6,8* u. *12* Nachbarn 49/50-0212.

EuF_3, Standardbldg.-Enthalpie 13-0549; $M_{IV,V}$-Spektren v. ^{63}Eu in Eu_2O_3 u. – 10-0318; opt. Absorpt.- u. Lumineszenz-Spektren v. $CdF_2:EuF_3$ 18-0341; opt. Absorpt.- u. Fluoreszenzspektren v. – 38-0347; opt. Daten u. Gitterkonst. d. beiden Hochtemp.-Modifikat. v. – 2-0552; Phasendiagramm u. Gitterkonst. d. Phasen d. Syst. EuF_3/NaF 11-0599.

Europiumhalogenide, refraktometr. Unters. d. Bldg. d. komplexen – 25-0597; IR-Spektren v. Komplexen mit 8-Aminochinolinen 19-0131.

Europiumhydrid: EuH_2, *16* °K-Anomalie in Eu-Metall durch –-Verunreinig. 33-0235; Umsetz. geeigneter Misch. v. Eu_2O_3 u. SrO mit SrH_2 u. – bei etwa *800*° (Verf. zur Darst. v. EuO) 29-0814.

Europiumhydroxide: Bldg. v. – bei d. Umsetz. d. Oxids mit W. 30-0705.

EuO(OH), Zusammenhang zwischen Krist.-Struktur u. d. IR-Absorpt.-Spektrum 36-0322.

$Eu(OH)_3$, Zusammenhang zwischen Krist.-Struktur u. d. IR-Absorpt.-Spektrum 36-0322; Elektronenmkr. u. Elektronenbeug.-Unters. 21-0682; elektrodialyt. Abscheid. auf Anionenaustauschermembranen 44-0616; Löslichk.-Grenzen v. – in verschieden konz. Meerwasser 47-0772.

Europiumjodide: EPR v. Eu-Phthalocyaninen d. Formel $EuHPc_2\cdot J_2$ 28-0371.

EuJ_3, Elektronenübergangsspektren 14-0325.

Europiummolybdate(VI), Darst. u. Krist.-Struktur v. $NaEu(MoO_4)_2$ 33-0914.

Europiumnitrate: Komplexbldg. v. Eu(III) mit NO_3^- in *4*m $HClO_4$ u. *4*m $NaClO_4$ (Stabilitätskonst.) 25-0598; Stabilitätskonst. u. Bldg.-Enthalpie u. Entropie-Werte v. $Eu\cdot NO_3^{2+}$ 5-0589; Chemie d. Lsgm.-Extrakt. v. $Eu(NO_3)^{2+}$ (Sammelref.) 37-0545; Darst. v. Komplexen: mit Triphenylarsinoxid 40-0617; mit Triphenylphosphinoxid 47-0641; Verw. für Leuchtstoffe 1-2076*.

$Eu(NO_3)_2$, Temp.-Abhängigk. d. Wellenzahl u. d. Linienbreite d. $^7F_0$–$^5D_0$-Übergangs in – 48-0317.

$Eu(NO_3)_3$, Elektronenübergangsspektren v. $Eu(NO_3)_3\cdot 6\,H_2O$ 14-0325; temperaturabhäng. Fluoreszenzlösch. v. – in CH_3OH, CH_3OD u. CD_3OD 10-0099; Fluoreszenzlebensdauern u. Mehrphononenprozesse in wasserhalt. Salzen v. Eu^{3+} u. Tb^{3+} in $Eu\cdot(NO_3)_3\cdot 6\,H_2O$ 32-0366; Mechanismus d. Energieübergangs v. aromat. Verb. auf $Eu(NO_3)_3\cdot 6\,H_2O$ 35-0314; Synth. v. Piperidiniumtetrakis-[benzoylacetonato]-europat aus – u. Benzoylaceton in Ggw. v. Piperidin 25-0359; Best. in Gemischen v. Seltenerdmetallsalzen in nichtwss. Lsg. durch potentiometr. Titrat. mit $(CH_3)_4NOH$-Lsg. 21-2162.

Europiumnitride: Darst. v. $Gd_{0,75}Eu_{0,25}N$ durch reaktives Bogenschmelzen 15-0730; Verw. zur Herst. feuerfester Formkörper hoher D. 49/50-2222*.

EuN, Übersicht über magnet. Eig. 7-0455.

Europiumoxide

Mechanismus d. Energieübertrag. bei Beteilig. v. dreiwert. Eu u. Nd in $(Y, Eu, Nd)_2O_3$ 6-0364; Elektronenübergangsspektren v. EuOCl 14-0325; ferro- u. paramagnet. Resonanz v. O-Verb. d. zweiwert. Eu: EuO, $Eu_xMe_{1-x}O$ mit $0 < x \leqq 1$ ($Me = Ca^{2+}$, Sr^{2+}, Ba^{2+}), Eu_3O_4 26-0380; magnetoelast. Verh. v. –-Einkrist. (Anomalie d. therm. Ausdehn.) 27-0324; Bezieh. zwischen Gitterenergie u. Schmelztemp. in – 36-0221; Verw. v. – bei d. Herst. v. Leuchtstoffen 39-2297*; Mess. d. Neutronendichte u. Temp.-Verteil. mit in Polyäthylen dispergierten – im Brennelement 6-1864.

EuO, Darst. durch Umsetz. v. EuOCl mit LiH 4-0464; Mischkrist.-Reihe EuO–SrO u. ein neues Verf. zur Darst. 29-0814; Aufdampfen v. – auf Krist. 21-2428*.

Opt. Beug. an magnet. Domänen in – 9-0337.

Einfl. v. ferromagnet. geordneten Ionenspins auf ein Leit.-Elektron (numer. Berechn. für –) 15-0331; kovalente Effekte v. – für Eu^{2+} mit *6,8* u. *12* Nachbarn 49/50-0212.

Photoleitfähigk. in – 48-0442.

Mess. d. spontanen Magnetisier. 7-0455; quasistat. u. dynam. Schalteig. v. –-Toroiden 7-0477; magnet. Krist.-Anisotropie v. –-Einkrist. 20-0440; ferro- u. paramagnet. Resonanz v. O-Verb. d. zweiwert. Eu: EuO, $Eu_xMe_{1-x}O$ mit $0 < x \leqq 1$ ($Me = Ca^{2+}$, Sr^{2+}, Ba^+), Eu_3O_4, $EuGd_2O_4$ u. $EuDy_2O_4$ 26-0380; magnet. Eig. 31-0519; Abschätz. d. magnet. Eig. v. – u. EuS nach d. Padé-Näher. 48-0589.

Therm. Ausdehn. durch Spinwellen in d. typ. ferromagnet. Isolator – bei tiefen Temp. 3-0298; Dissoziat.-Energie, Bldg.-Enthalpie u. thermodynam. Funkt. v. gasf. – 17-0609; Phasengleichgew. in d. Syst. EuO/SiO_2 42-0428.

Eu_2O_3, Bldg. v. – bei d. therm. Zers. d. Acetats 15-0731.

Unters. d. diffusen Reflex.-Spektrums (*225*–*2700* nm) 7-1956; $M_{IV,V}$-Spektren v. ^{63}Eu in – 10-0318; Elektronenübergangsspektren 14-0325; IR-Absorpt.-Spektren 17-0136.

Empir. Unters. d. Absorpt.- u. Emiss.-Spektren d. Phosphors YVO_4:Eu, Vgl. mit Reflex.-Spektren v. – 15-0361; Fluoreszenzspektrum d. aktivierenden Ions Eu^+ in einer Matrix v. $Lu_2O_3:Eu_2O_3$, Anwend. auf d. Berechn. d. Krist.-Feldparameter 26-0360; Energieübertrag. in mit – aktivierten Na_2O–B_2O_3-Gläsern u. d. relative Anordn. d. Energieniveaus 35-0323.

Darst., Mikrohärte u. Farbe v. —-Einkrist. 9-0232; Pulverdiagramme u. spektroskop. Unters. d. Mischoxide v. — mit Seltenerdmetalloxiden bzw. TiO_2, Bi_2O_3, ZrO_2 u. ThO_2 10-0209; Darst. v. durchsicht. keram. Y_2O_3 mit —-Dotier. 31-0176.

Eu^{3+}-Ionen als Elektronenhaftstellen in Glas aus *80* (Gew.-%) $LiPO_3$ u. *20* $Al(PO_3)_3$: Eu_2O_3 (ESR-Spektrum) 36-0342.

Best. d. Erstarr.-Punktes 3-1918; schwarzes rhomb.-krist. Eu_3O_4 als Phase d. Syst. EuO/Eu_2O_3 4-0464; Phasengleichgew. im Syst. Eu_2O_3/UO_2 bei hohen Temp. 9-0556; Best. d. Erstarr.-Punktes mit einem Sonnenofen 10-0532; F. v. — 14-0531; Isomerieverschieb., Mössbauer-Effekt-Ausb. u. Debye-Temp. in — 17-0294; Krist.-Struktur u. Erstarr.-Punkt 27-0642; Phasendiagramm d. Syst. Eu_2O_3/Ta_2O_5 im Bereich *0 – 25* Mol.-% — 39-0478; Zustandsdiagramm d. Syst. Eu_2O_3/Cr_2O_3 40-0471.

Umsetz. geeigneter Misch. v. — u. SrO mit SrH_2 u. EuH_2 bei ca. *800°* (Verf. zur Darst. v. EuO) 29-0814; Umsetz. v. — mit W. 30-0705; Erhitzen v. Misch. v. Sm_2O_3, —, Gd_2O_3 u. Tb_2O_3 mit WO_3 zur Synth. v. Wolframaten u. ihre thermograph. Unters. 31-0831; Rk. u. Verdampf.-Mechanismus in —-halt. Graphitelektroden bei Lichtbogenanreg. 38-0583.

Verw. v. —-Y_2O_3-Gemischen zur Herst. v. Leuchtstoffen 22-2340*.

Unters. v. abgeschreckten —-Schmelzen 33-2499.

Eu_3O_4, Struktur 36-0193; ferro- u. paramagnet. Resonanz v. O-Verb. d. zweiwert. Eu:EuO, $Eu_xMe_{1-x}O$ mit $0 < x \leq 1$ (Me = Ca^{2+}, Sr^{2+}, Ba^{2+}), Eu_3O_4, $EuGd_2O_4$ u. $EuDy_2O_4$ 26-0380; Metamagnetismus in — 48-0590; schwarzes rhomb.-krist. — als Phase d. Syst. EuO/Eu_2O_3 4-0464.

Mischoxide

Al: Darst. u. strukturelle Eig. v. $EuAlO_3$ 31-0210.

Al–B: Fluoreszenz v. Cr^{3+} in d. Huntitstruktur v. $EuAl_3B_4O_{12}$ 7-0331.

Cr: Bldg. v. kongruent schmelzendem $EuCrO_3$ im Syst. Eu_2O_3/Cr_2O_3 (Unters. d. Eig.) 40-0471.

Ga: F-freie Schmelze für d. Züchten v. $Eu_3Ga_5O_{12}$ 10-0193; Krist.-Struktur u. Darst. v. $Eu_3Ga_5O_{12}$ 16-0237; Einfl. d. Cr^{3+}–Eu^{3+}-Wechselwrkg. auf d. paramagnet. Resonanz d. Cr^{3+} in Eu–Ga-Granaten 8-0326; Austauschbeitrag zu d. D-Parametern v. Fe^{3+} u. Cr^{3+} in $Eu_3Ga_5O_{12}$ 39-0397.

Ga–B: Fluoreszenz v. Cr^{3+} in d. Huntitstruktur v. $EuGa_3B_4O_{12}$ 7-0331.

Ga–Fe: Austauschwechselwrkg. d. Seltenerdmetallionen in $Eu_3Ga_xFe_{5-x}O_{12}$ 7-0473.

Gd–Al–B: Konz.-Lösch. d. Eu^{3+}-Fluoreszenz in $Gd_{1-x}Eu_xAl_3B_4O_{12}$ 8-0297.

Fe: F-freie Schmelze für d. Züchten v. $Eu_3Fe_5O_{12}$ 10-0193; Charakter d. Magnetisier.-Kurven eines Orthoferriteinkrist. in d. Nähe d. Reorientier.-Temp. 4-0411; magnet. Beitrag zur spezif. Wärme 10-0481; Mössbauer-Unters. d. Hyperfeinwechselwrkg. d. Fe-Kerne in Eu-Ferraten(III) u. Temp.-Abhängigk. d. Untergitter-Magnetisier. 16-0508; Magnetostrikt.-Konst. v. $Eu_3Fe_5O_{12}$ 18-0490; lineare magnetoakust. Doppelbrech.- u. transversale ferroakust. Resonanzexperimente an $Eu_3Fe_5O_{12}$ 40-0364.

Ho–Fe: kristallograph. Unters. u. magnet. Eig. v. Mischgranaten $5\,Fe_2O_3 \cdot x\,Eu_2O_3 \cdot (3-x)\,Ho_2O_3$ 36-0155.

In: Darst. u. Struktur d. Perowskits $EuInO_3$ 46-0249.

Li: Umwandl. v. $LiEuO_2$ unter sehr hohen Drücken u. bei sehr hohen Temp. 31-0164.

Li–Ba: Darst. u. Krist.-Daten v. $LiBa_2EuO_4$ 29-0203.

Li–Ge: Darst. u. Röntgenunters. v. $LiEuGeO_4$ 49/50-0152.

Nb: Verteil.-Koeff. bei d. Zücht. v. $CaMoO_4$ mit —-Dotier. 27-0216.

Nb–Ba–Gd: Konz.-Lösch. d. Eu^{3+}-Fluoreszenz in $Ba_2Gd_{1-x}Eu_xNb^{5+}O_6$ 8-0297.

Sb–Cr: magnet. Moment u. Curie-Temp. v. Eu_2CrSbO_7 6-0479.

Si: Herst. v. magnet. Eu_xSiO_{x+2} 20-2236*, 32-2296*; Unters. v. $EuSiO_3$, $EuSiO_4$, Eu_2SiO_5 u. $Eu_3Si_2O_7$ in d. Syst. EuO/SiO_2 42-0428.

Si–K: Darst. u. strukturelle Eig. v. $K_3Eu(Si_2O_7)$ 31-0210.

Si–Li: Darst. u. Röntgenunters. v. $LiEuSiO_4$ 49/50-0152.

Ta–Ba–Gd: Konz.-Lösch. d. Eu^{3+}-Fluoreszenz in $Ba_2Gd_{1-x}Eu_xTa^{5+}O_6$ 8-0297.

Ti: kovalente Effekte v. $EuTiO_3$ für Eu^{2+} mit *6,8* u. *12* Nachbarn 49/50-0212; Suszeptibilitätswerte v. $EuTiO_3$ 8-0138.

Ti–Hf: Gewinn. v. $Eu_2O_3 \cdot 2\,HfO_2$ u. $Eu_2O_3 \cdot HfO_2 \cdot TiO_2$ 10-2205*.

U: Gitterdaten, Darst. u. Isotypie v. $EuUO_4$ 28-0210.

Y–Ga: Laseranreg. d. Elektronen-Raman-Spektrums v. Eu-Yttriumgalliumgranat [Eu^{3+} YGaG] 6-0353.

Y–Fe–Ga: magneto-elast. Verh. v. Eu(III) in $Eu_{3-x}Y_xFe_{5-y}Ga_yO_{12}$ 6-0485.

Europiumoxidhydrate s. unter *Europiumhydroxide.*

Europiumperchlorate: $Eu(ClO_4)_2$, Red. v. Nitro-, Nitrito- u. Nitratopentamminkobalt(III) sowie v. HNO_3 durch — (Kinetik) 46-0631.

$Eu(ClO_4)_3$, Mössbauer-Isomerieverschieb. in — 21-0154.

Europiumperrhenat(VII): **$Eu(ReO_4)_3$**, Darst. 33-0920.

Europiumphosphate

Europiumorthophosphat:

$EuPO_4$, IR-Spektren v. wasserfreiem — 5-0132; Elektronenübergangsspektren 14-0325.

Europiumdiphosphate, Stabilitätskonst. v. $[Eu_2P_2O_7]^{2+}$ 17-0642.

Europiumphosphid: **EuP**, Übersicht über magnet. Eig. 7-0455.

Europiumphosphit: **$EuPO_3$**, Mössbauer-Isomerieverschieb. in — 21-0154.

Europiumselenate(VI), Elektronenübergangsspektren v. $EuSeO_4^+$ 14-0325.

Europiumselenide: Herst. v. — aus d. Elementen in fl. NH_3 40-2068*; Darst. u. Gitterparameter v. Eu_2O_2Se 22-0226; „riesenhafte“ negative magnet. Widerstandsänder., Hall-Effekt u. Thermo-EMK in ferromagnet. $Eu_{1-x}Gd_xSe$ 9-0429; magnet. Suszeptibilität u. elektr. Widerstand v. $Eu_{0,99}R_{0,01}Se$, R = Gd, La 42-0374.

EuSe, Aufdampfen v. — auf Krist. 21-2428*; Schleifen v. —-Einkrist.-Kugeln für Mikrowellenunters. 18-1825; Photoleitfähigk. 48-0442; Mess. d. spontanen Magnetisier. 7-0455; magnet. Moment 48-0543; magnet. Struktur 48-0549; spezif. Wärme bei tiefer Temp. 25-0223.

Europiumsilicide: Krist.-Struktur u. Isotypie v. $EuNi_2Si_2$ 9-0268.

EuSi, Darst. u. Krist.-Struktur v. EuSi 31-0215.

Europiumsulfate bzw. -sulfatokomplexe

Darst. u. Unters. v. Cs-Doppelsulfaten mit Eu 22-0744; physikal.-chem. Eig. v. Na-Doppelsulfaten mit Eu 23-0792; Elektronenübergangsspektren v. $Na_2SO_4 \cdot Eu_2(SO_4)_3 \cdot n\,H_2O$ 14-0325; Fluoreszenzlebensdauern u. Mehrphononenprozesse in $Eu_2(SO_4)_3 \cdot 8\,H_2O$ 32-0366; Strukturunters. v. $Eu_2O_2SO_4$ 44-0191; Best. d. Stabilitätskonst. v. $Eu(SO_4)^+$-Komplexen 28-0590; thermodynam. Parameter v. $EuSO_4^+$ 28-0591; Red. v. $(EuO)_2SO_4$ mit H_2 14-0670.

$EuSO_4$, Mössbauer-Isomerieverschieb. in — 21-0154; Red. v. — mit H_2 14-0670.

$Eu_2(SO_4)_3$, Mössbauer-Isomerieverschieb. in — 21-0154; Elektronenübergangsspektren v. — u. $Eu_2(SO_4)_3 \cdot 8\,H_2O$ 14-0325; Fluoreszenzlebensdauern u. Mehrphononenprozesse in wasserhalt. Salzen v. Eu^{3+} in $Eu_2(SO_4)_3 \cdot 8\,H_2O$ 32-0366; Red. v. — mit H_2 14-0670.

Sulfatoeuropium(III)-säuren: Best. d. Stabilitätskonst. v. Sulfatokomplexen v. Eu(III) 28-0590; Best. d. Bldg.-Enthalpien v. Sulfatokomplexen v. Eu(III) 28-0591.

Europiumsulfide: Herst. v. — aus d. Elementen in fl. NH_3 40-2068*.

EuS, Aufdampfen v. — auf Krist. 21-2428*; Reflex.-Vermögen 31-0303; opt. Beug. an magnet. Domänen in — 9-0337; Verf. zum Schleifen v. —-Einkrist.-Kugeln für Mikrowellenunters. 18-1825; Spin-polarisierte elektron. Energiebandstruktur in — 31-0409; Photoleitfähigk. 48-0442; Mess. d. spontanen Magnetisier. 7-0455; magnet. Eig. 31-0519; Abschätz. d. magnet. Eig. v. — u. EuO nach d. Padé-Näher. 48-0589.

Europiumtellurid: **EuTe**, Schleifen v. —-Einkrist.-Kugeln für Mikrowellenunters. 18-1825; Mess. d. spontanen Magnetisier. 7-0455.

Europiumvanadat(V): **$Eu_2V_{10}O_{28}$** [**Europiumdekavanadat(V)**], Bldg.-Beding. u. einige Eig. 3-0712.

Europiumwolframate(VI), Synth. u. Eig. 31-0831; Darst. u. Krist.-Struktur v. $NaEu \cdot (WO_4)_2$ 33-0914; Energietransportmechanismus unter Einschluß v. Tb(III) u. Eu(III) in $Na_{0,5}Tb_{0,5-x}Eu_xWO_4$, $Na_{0,5}Tb_{0,01}Y_{0,49-x}Eu_x \cdot WO_4$ u. $Na_{0,5}Eu_{0,5-x}Nd_xWO_4$ 1-0363; Mechanismus d. Energieübertrag. bei Beteilig. v. dreiwert. Eu u. Nd in $Na_{0,5}(Y, Eu, Nd)_{0,5}WO_4$ 6-0364; Charakterisier. d. Energietransportwechselwrkg. zwischen Seltenerdmetallionen in Phosphoren d. Zus. $Na_{0,5}(Y, Eu)_{0,5}WO_4$ 45-0329.

Organische Europiumverbindungen

Durch Tb sensibilisierte Lumineszenz v. Eu in Komplexverb. 3-0130; Lumineszenzunters. an Eu-Chelaten mit achtfacher Koordinat. 21-0116.

Darst. v. Komplexverb. v. Eu-Chloriden mit 2.2'-Bipyridyl 1-0706; Best. d. Wrkg.-Grades innerer Energieübergänge in Eu(III)-Chelaten mit Piperidin 10-0098; Darst. v. Komplexen d. Halogenacetate d. Eu mit 1.10-Phenanthrolin u. α.α'-Bipyridyl 15-0732; Darst. u. Eig. (Löslichk., Spektren) v. Eu-Diphthalocyanin aus Eu-Acetat u. o-Phthalonitril 16-0596; Absorpt.-Spektren d. Addukte v. Eu-Phthalocyanin mit Trifluoressigsäure in o-Dichlorbenzol 22-0100; Kinetik d. Neutralliganden-Austausches in $[Eu(NO_3)_3(4.4'\text{-Di-n-butyl-2.2'-bipy})_2]$ 24-0707; thermogravimetr. Unters. v. Eu-Bromid-Tetrahydrofuran-Verb. 41-0646.

Bldg., Stabilitätskonst. u. Verteil.-Koeff. v. Komplexen aus Eu(III) mit 1-(Thiazolylazo)- u. 1-(Pyridylazo)-2-naphthol (Verwendbark. zur Extrakt.) 4-0610; IR-Spektren v. Komplexen d. 8-Aminochinolins mit Eu-Halogeniden 19-0131; EPR v. Eu-Phthalocyaninen d. Formel $EuHPc_2 \cdot J_2$ 28-0371; Einfl. eines starken opt. Pumpens auf d. opt. Homogenität eines fl. Lasersyst. (Benzoyltrifluoracetonatoeuropium in Acetonitril) 47-0078.

Mitfäll.-Verh. d. Oxinate v. Eu in Ggw. v. organ. Mitfäll.-Mitteln 40-0446; Löslichk. u. Addit.-Rk. d. wasserfreien $EuCl_3$ in Äthylenglykoldiäthyläther 49/50-0588.

Komplexe d. Eu-Nitrats: mit Triphenylarsinoxid 40-0617; mit Triphenylphosphinoxid 47-0641.

Lumineszenzspektren v. Eu-Komplexen mit β-Diketonen d. Selenophenreihe 1-0127; Lumineszenz einer Piperidinium-tetrakis-[benzoylacetonato]-europat Lsg. bei intensiver Impulsanreg. 1-0128; opt. Verstärk. in Chelat-Lasern stimulierenden Emiss. d. Eu(III) in Na-Benzoylacetonatoeuropat 1-0153; kernmagnet. Resonanz d. Acetylacetonate v. Eu(III) 1-0161; IR-Spektrum v. Tris-[acetylacetonato]-europium(III) 4-0116; Zusammenhang zwischen d. Beständigk. u. d. IR-Absorpt.-Spektren v. Komplexverb. d. Eu mit β-Diketonen (Acetylaceton) 5-0598; Darst. u. Eig. tern. Komplexe v. Eu mit Thenoyltrifluoraceton u. einigen organ. Basen 6-0735; Zweiquantenabsorpt. organ. Mol. Daten für Tetraäthylammonium-tetrakis-[benzoylacetonato]-europat u' Tetraäthylammonium-tetrakis-[thenoyltrifluoracetonato]-europat 8-0110; Eig. v. Benzoyltrifluoraceton-Eu-Laserchelaten 8-0131; Best. d. Wrkg.-Grades innerer Energieübergänge in Eu(III)-Chelaten mit β-Diketonen 10-0098; Darst. u. chem. Eig. v. Komplexen d. Tropolonat-Anions mit Eu 13-0749; Fluoreszenzeig. v. Piperidinium-tetrakis-[benzoyltrifluoracetonato]-europat(II) (Lsgm.-Einfl.) 14-0141; Kationeneinfl. auf d. Fluoreszenzspektrum d. Lsg. v. Tetrakis-[benzoyltrifluoracetonato]-europaten 15-0102; Mechanismus d. intermol. Energieaustausches in Eu-Chelaten mit Ketonen 21-0115; Lumineszenzunters. an Addukte d. Tris-[dibenzoylmethanato]-Eu, Symmetrie u. Struktur 21-0116; Beständigk. v. Eu-Komplexen mit Benzoylaceton in W.–Methanol-Lsg. 22-0598; Synth. u. Tribolumineszenz v. Piperidinium-tetrakis-[benzoylacetonato]-europat 25-0359; Möglichk. zur Erzieh. induzierter Laser-Emiss. unter d. Beding. einer Reabsorpt. an Triplett–Triplett-Übergängen (Beispiel: Tris-[benzoylacetonato]-europium) 28-0382; Koordinat.-Polyeder v. Eu in Diäthylammonium-tetrakis-[benzoylacetonato]-europat u. Piperidinium-tetrakis-[benzoylacetonato]-europat 29-0201; Stabilität d. Komplexverb. v. Eu mit Benzoylaceton in Methanol 37-0568; Komplexbldg. v. Eu mit Benzoylaceton 40-0504; Darst. einiger v. fluorierten β-Diketonen abgeleitete fluoreszierende Eu-Chelate 43-0598; Lumineszenzunters. verschiedener Strukturformen v. Eu–β-Diketon-Komplexen mit vier Liganden in krist. Zustand 43-0599; Adduktbldg. v. Eu(III)-Chelaten mit TTA u. IPT bei d. Extrakt. 46-0474; Extrakt. v. Eu(III) mit Misch. v. Thenoyltrifluoraceton (TTA) u. β-Isopropyltropolon (IPT) 46-0477; Einfl. d. Symmetrie d. Umgeb. auf d. Lumineszenzspektrum d. Eu^{3+}-Ions in Eu-Chelaten 49/50-0238.

Darst. v. Komplexverb. v. Pyridin-2-aldoxim mit Eu-Chloriden 7-0695; Darst. d. Benzil-α-monoxim-Komplexes v. Eu 44-0693.

Thermogravimetr. Unters. d. Thermolyse d. Malonate u. Succinate d. Eu 1-0707; Darst. d. Eu-Carbonate aus einigen Salzen v. organ. Säuren 6-0734; Assoziat. v. Eu-

Oxalationen in W. 8-0518; Thermogravimetrie d. Oxalathydrate d. Eu 11-0758; Fluoreszenzverh. v. Eu-Fluorenoncarboxylaten 15-0101; thermograph. Unters. d. Acetate d. Eu 15-0731; Darst. v. Komplexen d. Halogenacetate d. Eu mit 1.10-Phenanthrolin u. α.α'-Bipyridyl 15-0732; IR-Absorpt.-Spektren v. $Eu(HCOO)_3$ 17-0140; Best. d. Stabilität d. 1.3.4.5-Tetrahydroxycyclohexancarbonsäure-Komplexe d. Eu (potentiometr.) 18-1959; oszillopolarograph. Unters. v. Nitrido-tris-[acetat]-Komplexen v. Eu(III) unter Einschluß d. Kinetik d. Elektrodenprozesse 20-0568; Mössbauer-Isomerieverschieb. in Eu-Salzen d. Oxal-, Essig-, Milch- u. Äthylendiamintetraessigsäure 21-0154; zunehmende Stabilität u. vorgeschlagene Modelle v. Chelaten d. Eu mit 1-Hydroxycyclopentancarbonsäure (potentiometr. Unters. d. Bldg.-Konst.) 21-0827; Assoziat. v. Eu-Tartronat u. -Mandelationen in W. 26-0613; Polarographie v. Eu-Komplexen mit DTPA 27-2194; Fluoreszenz v. Eu-Komplexen mit Salicylsäure u. Deriv. in wss. Lsg. 28-0073; IR-spektroskop. Unters. an $Eu(NO_3)_3 \cdot 3$ TBP 28-0088; Darst. u. Unters. d. IR-Spektren d. Komplexes K[Eu(iminodiacetat)$_2$]·3 H_2O 35-0694; Einfl. d. Komplexbldg. auf d. Verh. bei d. Mitfäll. im Syst. Ca/Eu-Oxalat 40-0445; Beständigk.-Konst. d. α-Alaninats v. Eu 40-0502; papierelektrophoret. Trenn. d. Eu/N-2-Hydroxyäthyliminodiessigsäure-Komplexes v. anderen Seltenerdmetall-Komplexen 40-1816; Stabilitätskonst. d. α-Hydroxycyclohexancarboxylat-Komplexe v. Eu 51/52-0396.

Darst. d. Eu-Komplexverb. mit 4'-Sulfophenyl-3-methylpyrazolon-(5) u. deren Eig. (Löslichk., F. usw.) 14-0719.

Darst. u. therm. Zers. d. Eu-Dibutylorthophosphats 37-0825; Adduktbldg. einiger Tris-TTA-Komplexe v. Eu mit TBP, Methylisobutylketon u. Di-n-butylsulfoxid 46-0476.

Euspiran s. unter $C_{11}H_{17}NO_3$.
Eutaxite, ignimbrit. Ursprung d. – v. Teneriffa, Kanarische Inseln 38-0794.
Euvernil s. unter $C_7H_9N_3O_2S$.
Euxanthon s. unter $C_{13}H_8O_4$.
Euxenit, Best. d. Verhältnisses U/Th in – durch α-Spektrometrie 6-0795; genet. Wechselbezieh. v. – u. Priorit (Bldg.-Beding.) 8-0780; Migrat. d. U u. dessen Zerfallsprod. in *Chlopinit* 49/50-0682.

Evansblau s. unter $C_{34}H_{28}N_6O_{14}S_4$.
Evansit, Identifizier. d. PO_4^{3-}-Gruppe in – mit Strychninmolybdat-Reagenz 27-2216.

Evaporit s. unter *Geologie*.
Evipan s. unter $C_{12}H_{16}N_2O_3$.
Evlan s. unter *Chemiefasern, Viskosefasern.*
Evodiamin s. unter $C_{19}H_{17}N_3O$.
Evodin s. unter $C_{18}H_{19}NO_5$.
Evolitrin s. unter $C_{13}H_{11}NO_3$.
Evoxin s. unter $C_{18}H_{21}NO_6$.
EW9Co10 s. unter *Eisen, Schmiedeeisen und Stahl (Sondermarken).*

EX 4407 s. unter $C_{10}H_{12}ClN_3O_5S_2$.
EX 5005 s. unter $C_{18}H_{16}ClN_7O_4S_2$.
Exaltolid s. unter $C_{15}H_{28}O_2$.
Exalton s. unter $C_{15}H_{28}O$.
Exinit s. unter *Kohlen.*
Exotoxine s. unter *Toxine.*
Explosionen (und schlagende Wetter)

Drahtexplosionen s. dort. Anwend. v. Stoßwellen s. unter *Schallwellen (und andere mechanische Wellen).* Siehe auch *Betriebsschutz; Verbrennung und Flammen.*

Mess. v. – -Geschw. in gegossenen Sprengstoffen mit Hilfe v. Mikrowellen 1-3093; Kriterien d. – -Schutzes 3-2193; Koppl. zwischen drehender – u. Schwing. hinter d. Welle 4-0434; –: in verd. Atmosphären 4-0561; v. fl. Treibstoffen 4-2713; Theorie d. Wärme-– sich selbst beschleunigender Rk. 6-0666; Frontparameter überkomprimierter – -Wellen 7-0640; eindimensionale sich stetig fortpflanzende – in fl. Explosivstoffen 7-0641; Kanaleffekt bei d. – kondensierter Explosivstoffe 7-0644; elektromotor. Kraft u. elektr. Leitfähigk. bei – v. Sprengstoffen 8-2301; Stabilität einer – gegenüber transversalen Stör. kleiner Wellenlänge 9-0654; Fortpflanz. d. – in reinem oder verd. ClO_2 10-0638; – -Gefahr v. Kunststoffpulvern bei d. Herst. u. Verarbeit. 10-2761; näherungsweise abgeschlossene Lsg. für – -Parameter in kondensierten Sprengstoffen 12-3207; nichtlineare Theorie instabiler eindimensionaler – 13-0673; Näher. zur Struktur einer laminaren – -Welle durch d. Meth. angepaßter asymptot. Entw. d. Theorie d. Stoßwellenstruktur 13-0674; elftes Symposium über Verbrenn. (–) 14-0657; Verh. v. in getrennten krist. Phasen reagierenden Syst. mit u. ohne – -Aktivier. 14-3117; Verhüt. v. – v. organ. Verb. 16-2489; Ox. u. Verbrenn. (–) 16-3260; Best. d. – -Geschw. v. starken Sprengstoffchargen auf Abstand 16-3263; Entzünd. kondensierter Stoffe bei konst. Temp. an Oberflächen 17-2228; Möglichk. v. – bei chem. Umwandl. 18-0644; Bldg. v. Hohlräumen u. Mikrostrahlen in Fl. u. ihre Rolle bei d. Auslsg. u. d. Wachstum d. – 19-0758; Dichte u. Druck in d. Chapman-Jouguet-Ebene als Funkt. d. Anfangsdichte v. Explosivstoffen 20-3139; über explodierende Fl.-Strahlen sowie über eine period. arbeitende Maschine zur Erzeug. sehr hoher Temp. 21-0208; Verw. radioakt. Betaquellen zur Überwach. hoher Staubkonz. im Hinblick auf Staub-– 21-2239; Natur d. Wrkg. elementorgan. Antidetonatoren 23-0731; – -Anreg. in fl. – -Stoffen durch Kavitat.-Blasen 23-0732; – -Gefahr v. Gemischen aus brennbaren Dämpfen oder Gasen mit Luft (Theorie d. explosiven Verbrenn. u. Berechn.-Methoden techn. Parameter d. Explosivität) 24-3061; therm. – kondensierter Stoffe bei Vorliegen einer Autokatalyse durch gasf. Rk.-Prod. 25-0725; Eig. d. – in einigen heterogenen Syst. 25-0727; zweistuf. Verbrenn. explosiver Misch. 28-0691; Stabilität d. – -Front in fl. – -Stoffen 28-3257; – v. mit Füllstoffen versetzten Sprengstoffen 30-3112; Methodik d. Best. d. relativen – -Leist. v. verschiedenen – -Stoffen bei d. Modelldarst. d. – 30-3113; dynam. Führ. v. Wärme-– (Wärme-– v. Tetryl, Pyroxylen u. DINA) 30-3114; verallgemeinertes Kriterium d. therm. – 32-0702; therm. – u. Entzünd. als Meth. für formale kinet. Unters. exothermer Rk. in d. kondensierten Phase 32-0715; – -Schutzmembranen 33-2390; Topographie d. Zers. unter Einfl. einer – 34-0768; in – -Stoßwellen beobachtete elektromotor. Kraft 34-3119; Abhängigk. d. Größe d. chem. Verluste v. d. Größe d. Lad. homogener Explosivstoffe 35-0616; Auslösch. v. – u. ihre Fortpflanz. in engen Kanälen 35-0617; analyt. Lsg. einfachster nichtstationärer Fragestell. bei nichtadiabat. Wärme-– 36-0614; Beurteil. d. – -Gefahr bei brennbarem Staub 36-2126; Struktur d. bin. – bei Übergangsbeding. d. Verbrenn. 37-0748; dynam. Beding. d. therm. – (Best.-Meth. d. krit. Wärme-– -Beding. d. autokatalyt. Rk. bei abgekürzter Indukt.-Periode) 37-0749; querverlaufende Wechselwrkg. Flamme–Stoß in einem explosiven Gas 38-0600; – in verd. Atmosphären 40-0532; nichtexplosives Verh. v. Verbrenn. in einem Teilgebiet bei Rk.-Syst. mit drei – -Grenzen am Beispiel d. Kinetik d. Verbrenn. v. H_2 oder CO 40-0535; photochem. Einfl. auf d. – -Instabilität 41-0570; Näher.-Lsg. nichtstationärer Aufgaben bei Wärme-– im Erhitz.-Stadium 42-0565; Anomalie d. Temp.-Abhängigk. d. Zerfallsgeschw. v. Sprengstoffen unterhalb d. Schmelzpunkts 42-0567; – -Auslös. während Gaptests v. Fl. 44-0625; Verstärk. einer Stoßwelle durch Polymerisat.-Energie u. Möglichk. einer Polymerisat.-– 45-1196; Schutzmaßnahmen gegen Staub-– 45-2295; negative Absorpt. in chem. Rk.-Syst., Flammen u. – (Überblick über Fortschritte d. Unters. chem. Laser) 46-0623; Existenz v. Abbruchprozessen zweiter Ordn. u. ihr Einfl. auf d. Rk.-Kinetik v. drei – -Grenzen im Halbinselverbrenn.-Bereich am Beispiel d. Einw. v. CH_3Cl auf d. Rk. in H_2/Luft-Gemischen u. d. v. Äthan auf CO/Luft-Gemische 46-0624; – -Vorgang bei zylindr. Sprengstofflad. mit axialer Höhl. 46-2852; durch – erzeugte elektr. Effekte 48-2999.

Verpuff. v. Hydraziniumperchlorat mit u. ohne Zusätzen an Brennstoffen (Delvin, Thioharnstoff) u. Katalysatoren ($CuCrO_2$, $K_2Cr_2O_7$, MgO u. CaO) 2-0631; Detonierbark. v. H_2/O_2-Gemischen in großen Kesseln bei niederen Anfangsdrücken 4-2710; Bldg. v. – -Wellen in strömenden H_2/O_2- u. CH_4/O_2-Gemischen 4-2711; Konz.-Bereich d. Explosivität v. H_2/O_2-Gemischen bei Drücken oberhalb *1* atm 7-0639; Stirn-Stoßwelle bei d. Ausbreit. einer langsamen – in fl. Nitroglycerin 7-0642; Zustandsgleich. d. – -Prod. v. Hexogen 7-0643; Wärmeübertrag. hinter – in H_2/O_2-Gemischen 8-3198; Verhinder. d. NO-– in Waschanlagen für fl. N_2 8-3199; Eig. einer neuen aus α-UF_4 unter d. – v. Hexogen gebildeten γ-Modifikat. v. UF_4 9-0542; Labor.-Unters. v. H-– -Phänomenen bez. elektr. Anordn. 10-3163; – -Erschein. bei hohen Drücken v. wss. Oxalsäure, Malon-, Milch-, Wein- u. Citronensäure, Aspirin, Sucrose, Polystyrol u. $CaCl_2$ in Gasatmosphäre, wasserfreier Oxalsäure, Bernstein-, Glutar-, Adipin-, Pimelin-, Suberin-, Malein-, Fumar-, Phthal- u. Salicylsäure, NaCl, $CaSO_4$, NaH_2PO_4 u. $NaHCO_3$ 12-0273; Stoßwellen-Flammenfront-Wechselwrkg. bei d. – eines C_2H_2/O_2-Gemisches in einer zylindr. Kammer 12-0635; – -Verh. v. NH_3-Gas 12-3205; Kondens.-Effekte u. – -Grenzen bei d. – bin. Gemische aus Tetramethylsilan u. O_2 bzw. tern. Gemische aus TMS, O_2 u. He 17-0724; Katalyse d. Rk. in fester Phase (therm. Zers. u. – v. NH_4ClO_4 in Ggw. v. CdO, MgO, Li_2O u. In_2O_3) 21-0770; (Einfl. v. Zn-, Cd- u. Mg-Perchlorat auf d. therm. Stabilität v. NH_4ClO_4) 21-0771; elektr. Leitfähigk. d. – -Prod. d. Gemisches $C_3H_8/O_2/N_2$ 27-0778; – -Grenzen u. Ox. v. Diboran 28-0689; spontane – bei Lager. v. β-Aminopropionitril 28-3255; Wärme-– v. Oktogen, Hexogen u. Explosivstoff V-6 bei erhöhten hydrostat. Drücken 28-3259; – -Vermögen v. Gemischen aus Acetylen mit Dämpfen v. gesätt. einwert. Alkoholen 30-3110; Rk.-Fähigk. v. SO_2 in Ggw. freier O_2-enthaltender Radikale (Einfl. v. SO_2 auf d. – -Grenzen v. C_2H_6, C_2H_4, C_2H_2, Aceton, n-Hexan, Cyclohexan u. Bzl.) 32-0701; – -Einsatz hinter einer beschleun. Stoßwelle in Misch. v. C_2H_2 u. O_2 mit Ar bzw. v. CO, O_2, C_2H_2, H_2 u. Ar 32-0704; – -Eig. v. NH_3 in strömenden Gasgemischen 32-3098; – u. Übertrag. v. Bleiazid in kompakten Pulversätzen 32-3099; Mess. d. Fortpflanz.-Geschw. v. – -Wellen in Propan/O_2/N_2-Gemischen (Reflex. einer elektromagnet. Welle an d. – -Wellenfront) 33-0748; kinet. Unters. d. Zers., Disproportionier. u. – d. Metallchlorite 33-0775; Einfl. d. Anfangstemp. u. d. Anfangsdruckes auf d. – -Geschw. stöchiometr. Misch. Propan/O_2/N_2 34-0737; – -Vermögen v. Co-Komplexsalzen mit Nitrogruppen 34-3120; – -Druck v. Aerosolen aus Ni/Ti-Leg. 35-0615; – -Gefahr v. Xenontrioxidlsg. 35-0669; – -Eig. v. Gemischen aus gasf. HN_3 mit anorgan. Lsgm. 36-0613; erste Grenze d. H_2/O_2-Rk. in Gefäßen (Wände mit $BaBr_2$ oder CsCl bedeckt) 37-0750; Berechn. d. Zündverzugs im Syst. H_2/Luft 37-0751; isentrop. Ausdehn. v. – -Prod. v. Hexogen 37-0755; Einfl. v. Material u. Gefäßdicke auf d. – -Geschw. in NH_4ClO_4–Hexogen-Gemischen 38-3261; Ausbreit. u. Struktur v. – -Wellen in H_2/O_2- u. H_2/O_2/CO-Gemischen bei niedr. Ausgangsdrücken 40-0533; Funkenzünd. konvergierender – -Wellen in Acetylen/O_2-Gemischen 40-0538; – -Verh. v. NH_4ClO_4 40-0540; – v. NH_4NO_3/Metallpulver-Syst. 42-2922; – -Grenzen v. CH_4-Gemischen mit durch Ar oder He verd. O_2 45-0622; explosive Zers. v. Tetramethylammoniumamid 46-0880; Best.: d. unteren Zündgrenzen v. Acetylen/Luft-Gemischen bei *1* atm 46-2851; d. elektr. Leitfähigk. d. – -Prod. v. Propan/O/N-Misch. mit Hilfe v. Zentimeterwellen 48-0111; Unters. über d. – v. Propylenoxid 48-2998.

Einfl. d. Vorverdicht. u. d. – -Vol. auf d. – -Kennzahlen v. Kohlenstaub/Luft-Gemischen 17-2229; Gesteinstaubsperre zur Dämm. v. Schlagwetter- u. Kohlenstaub-– in Kohlenbergwerken 38-2748*; – -geschütztes Gerät zur Best. v. Methan u. CO_2 39-2080; Vers. zur Inertisier. d. – u. Glimmrk. v. Braunkohlenstaub mit N_2, CO_2 u. W.-Dampf 44-3006.

Explosivstoffe s. unter *Sprengstoffe.*
Ext. D&C Red. No. 14 s. unter $C_{18}H_{16}N_2O$.
Ext. D&C Yellow No. 9 s. unter $C_{16}H_{13}N_3$.
Ext. D&C Yellow No. 10 s. unter $C_{17}H_{15}N_3$.
Extinktion s. unter *Lichtabsorption.*

Extraktion

Verf. zur – v. speziellen Stoffen u. Stoffklassen für präparative u. analyt. Zwecke s. unter d. betreffenden Stichwörtern.

Chromatographie s. dort. Extraktive Destillation s. unter *Destillation*. *Gasabsorption* s. dort. Verteil.-Gleichgew. s. unter *Verteilung.*

Fortschritte auf d. Gebiet d. – 2-1965; fl.–fl.-– (Fortschrittsbericht) 2-1969; – 3-2159; (Übersicht Ende *1963–1965*) 9-1942; Solvent-– (Übersicht *1964* u. *1965*) 20-1884; fl.–fl.-– (Fortschrittsbericht) 25-2258; (Berechn.-Grundlagen) 31-2295; Chemie d. Lsgm.-– (Sammelref.) 37-0545; – (Fortschrittsbericht) 37-2306; Fl.-– (Übersicht) 38-2218; neuere Fortschritte in d. fl.–fl.-Gegenstromverteil. 42-1704.

Gleich. für d. Kinetik d. Auslaug. v. körn. Feststoffen 3-2164; – v. geometr. verschiedenen porösen Formkörpern 8-2026; Beding. d. kontinuierl. Gegenstromauslaug. 10-2311; Gesetzmäßigk. bei d. Mazerat. u. Perkolat. 13-1642; Durchtrittsmechanismus eines Salzes durch d. Phasengrenzfläche in – -Syst. 2-0533; wahrscheinl. Struktur d. Phasengrenzschicht in – -Syst. 2-0534; Größe d. Tropfens in einem Venturi-Extraktor unter turbulenten Beding. 3-2159; vergleichende Charakteristik eines Pulsat.-Mischextraktors u. eines Extraktors mit Schwingböden 3-2160; Vorausberechn. d. Grenzflächengröße in bewegten fl.-fl.-Syst. (Abhängigk. d. Stoffübertrag.-Geschw. v. d. Grenzfläche) 3-2161;

Grenzflächenerschein. u. Stoffübertrag. bei --Vorgängen 3-2162; Grenzflächenerschein. in bin. fl.–fl.-Syst. (Stoffübergangszahlen) 3-2163; Best. d. W.-Menge in organ. Phasen nach --Vorgängen 5-2052; Wrkg.-Grad eines neuen Misch-Absitz-Vibrat.-Extraktors 6-2039; Tropfengröße, -verh. u. Stoffaustausch in pulsierten Füllkörper-Extrakt.-Kolonnen 7-2084; Axialdispers. in --Kolonnen 8-2027; Mess. d. Mischbark.-Grenzen u. Zus. d. koexistierenden Phasen v. fl.–fl.-Syst. bei d. – 8-2028; dynam. Verh. eines stufenweisen fl.–fl.---Prozesses 8-2029; Simulier. v. frakt. fl.–fl.---Prozessen 8-2030; Unters. d. d. Leist. v. Fl.-Extraktoren beeinflussenden Faktoren 8-2031; Meth. d. Fraktionier. durch Verteil. zwischen *2* im Gegenstrom fließenden nichtmischbaren Lsgm. 8-2033; einige Gesetzmäßigk. d. Stoffaustauschs im Rührkesselextraktor 9-2092; Theorie d. Trennsäulen mit aufeinanderfolgendem Austausch zwischen drei Fl. 11-1813; Handlos-Baron-Tropfen-Extrakt.-Modell 11-2081; Integralgleich. für d. Stoffverteil. bei d. kontinuierl. – in mehreren hintereinander geschalteten App. 11-2082; Trenn. mit Hilfe d. Verteil. im stationären Zustand 12-1771; Berechn. d. Flutpunkts in einem Drehscheibenextraktor 12-2021; Nomogramme für d. Gegenstromverteil. 13-1808; Flut.-Punkt in pulsierten Siebboden--Kolonnen 13-2063; Wrkg. d. axialen Mischens auf d. Stoffübergang in --Kolonnen 13-2064; – in Kolonnen mit perforierten Böden bei variablen Werten d. Fourier-Kriteriums 15-2185; differenzierende Wrkg. d. Lsgm. u. d. Verteil.-Koeff. bei d. – 16-0548; Unters. d. Übergangsverh. eines vielstuf. Misch-Absetz-Syst. für d. automat. Regel. u. Optimier. v. Solvent-- 16-2086; Extrahieren v. zu bestimmenden Verb. aus Fl. 17-2166*; Optimier. d. – mit Zwischenlsgm. (Gegenstrom) 17-2192; (Kreuzstrom mit Rezirkulat.) 17-2193; theoret. Unters. d. Stoffübertrag. bei --Vorgängen 17-2194; --Vermögen u. σ-Wert 18-0525; Anwend. v. Binomialverteil.-Tabellen zur Berechn. v. Entnahmereihen bei d. Gegenstromverteil. 19-2044; Einfl. d. Rezirkulat. d. Phasen auf d. Wrkg.-Grad eines Kastenextraktors 19-2326; Anwend. d. Rücklaufs in d. Solvent-- 19-2327; – v. Ionenassoziaten 20-0506; Vgl. d. differentiellen u. stufenweisen Gegenstrom-- mit Rückvermisch. 21-2318; Bezieh. zwischen d. Zus. d. Komplexes u. optimalem Säuregrad seiner – 22-0560; Ionen-- mittels Schaum 22-0561; Koeff. d. Längsdurchmisch. in d. dispersen Phase bei Fl.-- 22-2245; Unters. d. Stoffaustausches mit u. ohne Grenzflächenturbulenz unter genau definierten Beding. bei d. fl.–fl.-- 22-2246; Stoffübergang in fl.–fl.-Syst. durch Grenzflächenkonvekt. 23-2320; Optimier. v. Gegenstromextrakt.-Kolonnen 23-2321; Verf. zur kontinuierl. Stofftrenn. durch fest–fl.-Gegenstromaustausch 23-2327; Fl.–fl.-- in Füllkörperkolonnen 25-2259; Ionenflotat. als neue Meth. zur Ionen-- aus verd. Lsg. 27-2372; axiale Misch. u. – bei mechan. bewegter Fl. in einer --Kolonne 27-2380; Thermodynamik tern. Syst. Fl./überkrit. Gas mit Anwend. auf d. Hochdruck-Gas-- 28-0558; thermochem. Unters. u. enthalp. Titrat. in Verteil.-Syst. 28-1981; Ausleg. v. Luftpulsatoren für Pulsat.-Kolonnen 29-2273; stat. – als ein neues --Verf. 31-2063; stat. Konz.-Verteil. in Zweiphasen-Stoffaustauschern mit Gleich- u. Gegenstrom d. Phasen 31-2288; Wrkg.-Grad einer pulsierenden --Kolonne mit rotierenden Einbauten 31-2294; Simulier. doppelter Gegenstromverteil. mit Hilfe eines Digitalrechners 33-2074; Anionentausch durch – 33-2354; Stoffübergang bei d. – in Kolonnen mit perforierten Böden 33-2371; Einfl. d. Intensität d. Durchmisch. auf d. Stoffübertrag. bei d. – im Syst. fl.–fl. 33-2372; Einfl. d. Säure–Base-Wechselwrkg. v. Extrakt.- u. Verdünn.-Mitteln (spezif. Solvatat.) auf d. – 35-0465; Diffus.-Näher. zur Gegenstrom-Verteil.-Theorie 35-2191; Veränder. d. Grenzflächenspann. beim --Prozeß 36-2100; Best. d. Oberflächenstoffaustausches im Extraktor mit Vibrationsböden 36-2101; Tabellen zur Berechn. d. Prozeßparameter v. verbundenen Lsgm.---Kolonnen 37-2319; axiale Vermisch. in --Kolonnen mit mechan. Phasenvermisch. 38-2219; Polythermen d. gegenseit. Löslichk. in Syst. W./phosphororgan. --Mittel 39-0855; Verh. eines Drehscheibenextraktors mit perforierten Scheiben 40-1962; Solventextrakt. aus Salzschmelzen 41-0461, 41-0462; kombiniertes Ionenaustausch-Lsgm.-Extrakt.-Verf. 43-1930; Anwend. d. Theorie regulärer Lsg. bei Lsgm.-- (Oxin/inerte Lsgm.-Syst.) 46-0791; Stoffaustausch in pulsierenden Füllkörperkolonnen bei d. fl.–fl.-- 46-2011; hydrodynam. u. Stoffaustauschcharakteristika v. Extraktoren mit vibrierenden perforierten Böden 46-2012; Verteil. d. dispergierten Phase in Tropfen u. Zellen u. deren Einfl. auf d. Wrkg.-Grad u. d. Fl.-Inhalt v. --Kolonnen 46-2013; Skala zur Berechn. d. Einfl. d. Natur d. Verd.-Mittels auf d. – 51/52-0379.

Apparate: Moderne Ausrüst. in d. fl.–fl.-– (Übersicht) 2-1970; mechan. Extraktor für kontinuierl. Perkolat. 3-1904; App. für Gegenstromverteil. u. Gaschromatographie 4-1609; --App. 8-2032; periodengesteuerte Arbeitsweise bei --Prozessen 12-2022; App. zur – wss. Lsg. mit spezif. leichten Lsgm. 16-1832; --App. 22-2244; App. für d. Dest., Sorpt. u. – (Fortschrittsbericht) 25-2248; Füllkörperkolonnen für – 37-2301; Labor.-Gerät zur kontinuierl. – v. Stoffen mit flücht. Lsgm. unter Vakuum 41-1910.

Kolonnen mit Siebböden für d. Fl.-- 5-2074; Verw. v. Analogcomputer zur numer. Lsg. v. simulierten stufenweisen --Prozeß 8-2029; Anwend. v. Digitalrechnern zur Simulier. d. Durchgangs einer Verb. durch einen Gegenstromverteil.-App. 9-1943; Ferranti-Argus-Computer für d. Regel. eines Fl.---Prozesses 16-2087; – unter Vakuum (--Zusatzgerät für Rotat.-Verdampfer) 18-1837; Spiralkolonne für Fl.–fl.-- 28-2181.

Extraktionsmittel

Extraktionsmittel für spezielle Stoffe s. unter d. entsprechenden Abschnitt.

Herst.: (cyclo)aliphat. Methyläther als --Mittel 6-2492*; tert. aliphat. Amine als --Mittel 17-2729; v. Alkoxy- bzw. Aryloxymethylphosphonigsäuren u. deren Salzen als Mittel für d. Lsgm.-- v. Metallen 23-2806*; v. Isopropylidenazastreptonigrin als --Mittel für Metalle 38-2676*; v. Mercaptomethylphosphonigsäuren u. deren Salzen als Metall---Mittel 41-2702*.

– mit β-Diketonen als chelatbildenden Lsgm. 3-2010; Abhängigk. d. Extrakt.-Vermögens v. Salzen quatern. Ammoniumbasen v. ihrer Struktur 13-0571; – mit gemischten Lsgm. (Unters. am Syst. Cyclohexan/Bzl./Methanol/W.) 13-0895; Thiothenoyltrifluoraceton als --Mittel u. Reagenz zur Photometrie 18-1864; Verh. d. Extrakt.-Mittels TBP + CCl_4 bei γ-Bestrahl. 25-0779; Verw. v. KW-Stoffimiden zur – v. Metallen 25-2453; Einfl. v. Tri-n-butylphosphat u. n-Octanolzusätzen auf d. thermodynam. Aktivität v. Di-n-butylphosphorsäure in Bzl. u. n-Heptan im Zusammenhang mit ihren antagonist. Wrkg. bei d. – v. Metallen 26-0577; Unters. v. Dialkoxyalkylphosphinsäure, Alkylphosphorsäure u. Tributylphosphat als --Mittel für Metalle (Verteil.-Koeff.) 26-2387; Thermodynamik v. --Syst. mit Tri-n-butylphosphorsäure 28-0572; Anwend. d. --Syst. Essigsäure + W./CS_2 zu – v. Prod. millimolarer Konz. aus Essigsäurelsg. 29-2064; Äthylenglykolester als selektive Lsgm. 38-2618; saure Organophosphor---Mittel 39-0468; Dampf–Fl.-Gleichgew. in Heptan/Toluol/Extrakt.-Mittel-Syst. 39-0851; Einfl. v. Verdünn.-Mitteln auf d. --Eig. v. Aminsalzen (Übersicht) 41-0459; Verw. hydrotroper Lsg. für Gegenstrom-Trenn. 41-1911; Best. einiger neutraler phosphororgan. --Mittel 43-2024; – mit langkett. tert. Aminen 49/50-0407; saure Organophosphor-Extrakt.-Mittel 51/52-0395.

Anwendung: kombinierte Ionenaustausch Lsgm.-- als neues Trenn.-Prinzip in d. analyt. Chemie 28-1991; extraktive Mikrometh. in d. Toxikologie 12-1938; Unters. über Komplexbldg. mit Hilfe v. Solvent---Meth. 10-0560; extraktive Analysenmeth. (Überblick UdSSR) 22-2083; Anwend. d. Fl.-- zur Best. d. effektiven fl.–fl.-Phasengrenzfläche in einem Rührgefäß 31-2296; analyt. Anwend. d. – v. Kationen 44-1798.

Untersuchungsmethoden: Best. d. Zwischenphasenoberfläche bei d. Fl.-- durch eine Sedimentat.-Meth. 20-2052; Kalorimeter zur Best. d. Wärmen v. --Prozessen 24-1999; Wägebürette für --Unters. 43-1873; iterative Meth. für d. Best. d. Bodentemp. u. d. zwischen d. Böden strömenden Mengen im Gleichgew.-Zustand bei Dest. u. – 46-2005.

Extraktion spezieller Stoffe

– komplexer Säuren mit O-halt. Lsgm. 4-0452, 4-0453; --Gleichgew. v. einwert. Anionen an Aminen mit hohem Molgew. 39-1936; – v. Anionen mit Triphenylmethanfarbstoffen 39-1937.

Extraktion anorganischer Stoffe und metallhaltiger organischer Verbindungen: – v. Element-Innerkomplex-Verb. mit 1-Phenyl-3-methyl-4-benzoylpyrazolon-(5) 2-0538; Solvent-- v. anorgan. Stoffen 2-0668; – v. Elementen mit cycl. Lsgm. u. ihre Anwend. auf geochem. Analysen 2-1865; synerget. u. antagonist. Effekte bei d. – anorgan. Verb. mit einem Gemisch v. Aminen mit alkylphosphorsäuren 5-0577; Schnell-- in d. Brennstoff-Aufarbeit. 5-2133; Verh. v. Mikromengen an Verunreinig. in Fe bei – mit Methylisobutylketon 23-2154; Lsg.-Experimente bei d. geochem. Prospektier. 36-0847; Zweiphasen---Verf. zur Best. v. lösl. Spurenelementen im Boden 42-1845; – anorgan. Ionen mit N-(Di-n-butylphosphono)-succinimid (N-DPBS) 45-0484; Mechanismus d. Kernbrennstoff-- aus d. Brennelement-Hülle 49/50-2129.

– v. He, Ne u. H (Übersicht) 43-2253*.

Selektive – v. W. aus wss. NaCl-Lsg. durch Amine 12-0527; Kinetik d. – v. W. mit TBP-Lsg. in Bzl. 19-0643.

Thermochemie d. Syst. Salpetersäure/Extrakt.-Mittel 6-0577; Abhängigk. d. --Konst. v. HNO_3 mit Aminnitraten in o-Xylol v. d. Hammet-Taft-Konst. σ, σ° u. σ^* d. Substituenten am N-Atom 18-0525.

–: v. Halogenwasserstoffen durch Trilaurylamin 12-0521; v. Mineralsäuren (HNO_3, $HClO_4$ bzw. HCl) durch Bis-[2-äthylhexyl]-phosphorsäure 3-0545; Mechanismus d. – d. Chlorwasserstoffsäure mit Tributylphosphat 20-0500; –: v. W. u. Salzsäure durch aromat. Kohlenwasserstoffe 23-0617; v. $HClO_4$ u. HCl bei gemeinsamem Vorliegen durch Tri-n-butylphosphat 26-0570; v. HCl durch Di-Isononylamin in Chlf. 47-0442; v. HCl mit Trioctylamin in Extrakt.-Syst. $HCl/H_2O/(C_8H_{17})_3N$ 51/52-0380; v. HBr durch Trilaurylamin in o-Xylol 51/52-0381; v. radioakt. J aus HCl-Lsg. mit organ. Lsgm. u. chromatograph. Überprüf. d. Extrakte 13-1940; Tris-n-octylarsinoxid (TOCASO) als Reagenz zur fl./fl.-- v. Mineralsäuren ($HClO_4$, HCl, HBr, HJ u. HNO_3) 47-0443.

–: v. H_2SO_4 mit Lsg. v. Tri-n-octylamin in Bzl. u. CCl_4 5-0576; v. H_2SO_4 in W. mit einem Gemisch aus Tri-n-octylamin u. Mono-n-butyl-, Mono-2.6.8-trimethylnonyl-4-, Di-n-butyl- u. Bis-[2-äthylhexyl]-phosphorsäure in Bzl. als Verdünn.-Mittel 5-0577; v. HNO_3, HCl, $HClO_4$ bzw. H_2SO_4 durch Dinonylnaphthalinsulfonsäure in Heptanlsg. 6-0660; Vers. zur Aufspalt. d. π-Schwefels durch Gegenstromverteil. 34-0807; v. Se mit Benzyldimethyloctadecylammoniumchlorid 26-0571; Mechanismus d. –: v. Te durch Tributylphosphat aus HCl- u. HCl–H_2SO_4-Lsg. 16-0550; v. Te(IV) aus salzsauren Lsg. durch TBP 23-0618; v. Po(II) u. Po(IV) (– komplexer Säuren mit O-halt. Lsgm.) 41-0469.

–: v. H_3BO_3 durch Isoamylalkohol aus magnesiumhalt. Lsg. 23-0619; v. H_3BO_3 durch organ. Lsgm. 27-0648; v. H_3PO_4 durch Lsg. v. Tri-n-octylamin in Bzl. 16-0551; Unters. d. Butanol-- v. H_3PO_4 im Syst. $CaCl_2/H_3PO_4/HCl$ 47-2177.

– v. $SbCl_3$ mit aromat. Lsgm. 9-2163; Solvent-- v. Sb(III) aus Chloridlsg. mit Tri-n-butylphosphat (TBP) 5-0574.

Solvent-- v. Metallionen mit Trifluoracetylaceton-Isobutylamin 2-1819; Unters. d. Koordinat.-Vermögens v. N-methylsubstituierten Phosphorsäurenamiden mit Metallsalzen u. d. --Verh. d. gebildeten Komplexe 3-0765; Solvent-- v. SO_3H-Gruppen enthaltenden Metallchelaten mit hochmol. Aminen 3-2011; Unters. d. Chelate einiger Azofarbstoffe mittels d. --Meth. 4-0610; Solvatat. v. extrahierten komplexen Metallsäuren 5-0579; – v. Metallnitrosonaphtholaten in Ggw. heterocycl. Basen 7-0536; --Vers. an wss. Metallsulfat-Lsg. mit Versatic *9* 8-2128; Einfl. v. Strukturfaktoren auf d. thermodynam. Charakteristika d. – v. Salzen bas. Farbstoffe (Zus. u. Struktur d. Solvate in Isoamylalkohol) 9-0899; – v. Metallen: aus wss. Lsg. mit Naphthensäuren 12-2394; durch Fettsäuren 13-0567; durch Polyallylchloridphosphonsäuren 20-0505; Unters.-- v. Edelmetallen aus Cyanidlsg. mit quart. Ammoniumverb. 26-2446; Unters. v. Metall-Chlorid-Komplexen durch Ionenaustausch u. Solvent-- (Nichtübergangsmetall-, Seltenerdmetall-, Actiniden- u. d°-Übergangsmetallionen) 28-0682; [Übergangsmetallelemente u. Actiniden(VI)] 28-0683; Solvent-- v. Salicylaten 32-0594; – v. Metallen mit Pyridin u. NaN_3 32-1991; Extrakt. vierwert. Metalle mit Bis-[2-äthylhexyl]-phosphorsäure 39-0473; Analogien zwischen d. Amin-- v. Metallen u. ihrer Sorpt. an festen Anionenaustauscherharzen 39-1935; Verw. v. radioakt. Isotopen zur Unters. d. Trenn. v. Übergangsmetallen durch – 40-0455; – v. tern. u. quatern. Metalltrihydroxyfluoronkomplexen 42-0477; synerget. u. antagonist. Effekte bei d. – anorgan. Verb. mit einer Misch. aus Aminen u. Organophosphorsäuren 45-0492; Lsgm.-- v. Metallionen mit gemischten Liganden 46-0474 bis 46-0477; – v. Chlorometallatanionen aus wss. Chloridlsg. mit fl. Anionenaustauschern 46-0482; – vierwert.

Metalle mit Bis-[2-äthylhexyl]-phosphorsäure 47-0446; Verw. v. Py. u. seiner Analogen bei d. Lsgm.-– v. Metallen als Acetylacetonate 49/50-0409, 49/50-0410.

Unters. d. W.-– v. Alkalimetallen aus Alunit 11-2142; – u. –-Konst.: v. Alkalimetallhalogeniden durch Isoamylalkohol 16-0552; v. Alkalimetalljodiden durch neutrale Organophosphorverb. 16-0553; – v. Alkalimetallen durch organ. Säuren 27-0649; Kinetik d. – d. Alkalimetallionen aus bin. u. tern. Gläsern 32-0733; – v. K_2CO_3 aus Kambriumsedimenten 23-2380; selektive – v. KCl aus einem Sylvinvork. 23-2392; – v. K mit Pikryl-2.4-dinitronaphthylamin (α-Hexyl) in Nitrobenzol 51/52-0382; Trenn. v. K u. Rb durch – ihrer Polyjodide in Ggw. v. NH_4J 41-0460; Fl.-–: v. Cs aus Pollucit mit Di-2-äthylhexylphosphonsäure u. 4-sek.-Butyl-2-(α-methylbenzyl)-phenol 7-2331; v. Pollucit mit 4-sek.-Butyl-2-(α-methylbenzyl)-phenol u. Di-(2-äthylhexyl)-phosphorsäure 7-2332; – v. Cs- u. Rb-Ionen mit Phenolen aus alkal. Medium 22-0562; Verteil.- u. Trenn.-Koeff. v. Cs- u. Rb-Halogeniden bei ihrer – mit Jodlsg. in Nitrobenzol 26-0572; Trenn. v. Cs- u. Rb-Salzen durch – in Ggw. v. NH_4J 26-0573; Synergismus u. Verdünn.-Effekte bei d. – v. Cs mit 4-sek.-Butyl-2-[α-methylbenzyl]-phenol 26-0574.

Solvent-– d. Erdalkalimetalle mit TTA 10-0550; – v. Erdalkalimetallen: aus $NaNO_3$-Lsg. durch Bis-[2-äthylhexyl]-phosphat in Bzl. (Mechanismen u. Gleichgew.) 18-0526; mit Buttersäure (Trenn. d. Seltenerdmetalle v. Ca, Sr, Mg u. Ba) 26-0575; Unters. d. Hochtemp.-– v. Be aus oxid. Schmelzen u. Gläsern (Rekristallisat.-Verh.) 11-2145; Lsgm.-– v. Be mit Trifluoracetylaceton u. Hexafluoracetylaceton 47-1949; Trenn. v. Ca u. Sr durch – ohne u. mit Zusatz v. EDTA als Komplexbildner 16-1933; – v. Sr mit einigen Dialkylphosphorsäuren 39-0468; radiochem. Trenn. v. ^{45}Ca–^{46}Sc, ^{140}Ba–^{140}La u. ^{89}Sr–^{133}Ba durch Solvent-– unter Verw. v. 1-Phenyl-3-methyl-4-caprylpyrazolon-(5) als –-Mittel 46-0473.

– v. ZnCl durch Trilaurylammoniumchlorid u. Trilaurylamin in Xylol 12-0522; Entmisch. bei d. – v. $ZnCl_2$ mit TBP in n-Hexan, n-Decan u. n-Tridecan 19-0644; Einfl. einiger neutraler Donatoren auf d. – v. ^{65}Zn durch Dinonylnaphthalinsulfonsäure u. Natriumdinonylnaphthalinsulfonat 23-0620; – v. Zn mit leichtem Dieselöl 26-2392; synergist. Einfl. endständiger Gruppen v. β-Diketonen auf d. Solvent-– im Syst. Zn/β-Diketon/TOPO 39-0469; Solvent-– v. $ZnCl_2$, $ZnBr_2$ u. ZnJ_2 zwischen einer $LiNO_3$/KNO_3-Schmelze u. einem Polyphenyl-Eutektikum 41-0461; –: v. Zn-Spezies aus Misch. v. $ZnCl_2$, $ZnBr_2$ u. ZnJ_2 41-0462; v. Zn mit Aminen hohen Molgew. in fl. Phase 44-1798; v. Cd mit Py. aus Na-Formiat-Lsg. 7-1945; Hg-– aus Zinnobererz mit $<1\%$ Hg 11-2309; Solvent-– v. anion. Sulfato-, Selenato- u. Oxalatoquecksilber(II)-Komplexen mit Methyldioctylamin 22-0563; Anwend. d. Atomabsorpt.-Spektrometrie bei d. Unters. d. – v. HgJ_2 mit CCl_4 32-0589; – u. Reextrakt. v. 8-Mercaptochinolinaten 34-0604.

Vergleichende Unters. d. chromatograph. Verh. u. d. – v. Ga mit TBP aus Lsg. v. Chloriden verschiedener Metalle 19-0645; –: v. $GaCl_3$ durch Tributylphosphat 45-0485; v. Ga, Al u. In mit Trifluoracetylaceton 1-1800; v. In als Hydroxychinolat 1-1801; Bldg. v. gemischten Komplexen bei d. – v. In mit 1-[2-Pyridylazo]-2-naphthol (PAN) 17-2017; –: v. Ga u. In mit Methylisobutylketon 20-0501; v. In-Verb. aus Sulfatlsg. mit Alkylphosphorsäuren 42-2078; v. In-Halogeniden mit organ. Lsgm. 47-0444; v. Tl als $TlBr_4^-$ mit Methylviolett 1-1816; v. Tl(III) durch Tributylphosphat aus wss. Chlorid–Sulfat-Lsg. 13-1866; Mechanismus d. – v. Tl(III) durch Tributylphosphat aus wss. Chlorid–Sulfat-Lsg. 16-0554; Koordinat.-Zahl v. Tl(III) in Solvaten u. Komplexen bei – aus wss. Chlorid–Sulfat-Lsg. mit TBP 19-0640; – v. Tl(III) aus einem Gemisch mit La^{3+}, Zr^{4+}, Th^{4+} u. UO_2^{2+} als Glycinchelat 40-1811.

Lsgm.-– u. Komplexbldg. v. Sc(III) mit Acetylaceton u. Thenoyltrifluoraceton 7-0532; –: v. Sc als $ScCl_3$ aus HCl-Lsg. mit TBP (Komplex-Bldg.) 16-0555; v. Sc mit Acetylaceton 41-0463; v. Sc(III) mit Tri-n-butylphosphat aus wss. Chloridlsg. 47-0445.

–-Mittel mit Di-2-äthylhexylphosphorsäure u. TBP für Seltenerdmetalle 4-1928; Einfl. d. Verdünn.-Mittels auf d. – v. Seltenerdmetallen mit Carbonsäuren 10-0551; Vgl. zwischen monomerem u. dimerem Bis-[2-äthylhexyl]-phosphat als –-Mittel für Elemente d. La-Reihe (Syst. $SmCl_3/HCl/H_2O/1m$ Bis-[2-äthylhexyl]-phosphat) 18-0527; Trenn. v. Seltenerdmetallen durch – mit Misch. v. Bis-[2-äthylhexyl]-orthophosphorsäure u. Mono-[2-äthylhexyl]-orthophosphorsäure 20-0502; –: einiger Seltenerdmetalle mit Trioctylamin aus komplexierter wss. Phase 20-0503; d. Seltenerdmetalle mit Tributylphosphat 20-0504; v. Seltenerdmetallen u. Y mit Trialkylphosphinoxid 26-0576; thermochem. Unters. d. – d. Nitrate d. leichten Lanthaniden mit Tributylphosphat 36-0463; physikal.-chem. Eig. v. Seltenerdmetall–Nitrat-Lsg. bei ihrer –-Trenn. mit Tributylphosphat in Ggw. v. $LiNO_3$ 36-0571; Einfl. d. Temp. bei d. Trenn. d. Lanthaniden durch – mit Phenylphosphonsäure-(2-äthylhexyl)-ester 39-0470; Unters. d. Stabilitätskonst. v. Seltenerdmetalltrifluoracetonataddukten mit n-Hexanol, TBP u. Tri-n-octylphosphinoxid durch Lsgm.-– 51/52-0397; spektrophotometr. Unters. d. Rk. bzw. Komplexbldg. v. Cerionen mit Methylenblau in alkal. Lsg. mit Ae., CCl_4, Dichloräthan, Bzl., $CHCl_3$ u. Butanol als –-Mittel 1-0580; Extrahierbark. v. Ce(III) aus citrathalt. Lsg. mit Bis-[2-äthylhexyl]-phosphorsäure bei Zugabe v. Cr(III) 9-0572; –: v. Ce(IV) im Syst. $Ce(NO_3)_4/HNO_3/H_2O/(C_4H_9O)_3PO$ bei *25°* 16-0556; v. Ce(III) mit Äthylen-bis-[dioctylphosphinoxid] 41-0464; v. Ce(IV) mit Bis-[2-äthylhexyl]-phosphorsäure 47-0446; Einfl. d. Verdünn.-Mittels auf d. Gleichgew. im Syst. $NdCl_3/HCl/H_2O/1m$ Di-(2-äthylhexyl)-phosphorsäure bei d. – v. Nd 32-0590; Solvent-– in d. Syst. $Nd(NO_3)_3/Pr(NO_3)_3/HNO_3/H_2O/TBP$ u. $NdCl_3/PrCl_3/HCl/H_2O/TBP$ 12-0523; Vgl. zwischen monomerem u. dimerem Bis-[2-äthylhexyl]-phosphat als –-Mittel für Elemente d. La-Reihe (Syst. $SmCl_3/HCl/H_2O/1m$ Bis-[2-äthylhexyl]-phosphat) 18-0527; –: v. Sm u. Eu durch Tributylphosphat in Ggw. v. Thiocyanationen 7-0533; v. Nitratkomplexen d. Seltenerdmetalle Pm, Sm, Tb, Dy, Ho, Er mit Diisoamyl-, Di-n-amyl- bzw. Di-n-octylphosphorsäure in Toluol 51/52-0395; v. Lu u. HNO_3 im Syst. $Lu(NO_3)_3/HNO_3/H_2O/(C_4H_9O)_3PO$ 37-0546.

–: v. Ti(IV) durch Tributylphosphat aus HCl-sauren Lsg. in Ggw. eines Aussalzmittels 16-0557; v. Ti mit 2-Äthylhexylphosphorsäuren (komplexometr. Ti-Best. in Reextrakt.-Lsg.) 29-2096; v. Tributylamin–Citrat- u. Tributylamin–Tartrat-Komplexen d. Ti 39-0471; v. $Zr(NO_3)_4$ aus salpetersauren Lsg. mit Tributylphosphat 13-0568; Komplexbldg. bei d. – v. Makromengen Zr mit Bis-[p-kresyl]-phosphat aus HNO_3-saurer Lsg. 18-0529; Unters. d. – v. Zr mit Trilaurylamin unter Verw. v. ^{95}Zr in Abhängigk. v. d. HNO_3-Konz. 23-0621; –: v. Zr aus verschiedenen Medien in Form v. $ZrCl_4 \cdot 2\,TBP$ bzw. $Zr(NO_3)_4 \cdot 2\,TBP$ 37-0547; v. Sulfatkomplexen d. Ti u. Zr durch Gemische organ. Lsgm. 39-0472; v. Zr mit Bis-[2-äthylhexyl]-phosphorsäure 39-0473; v. Zr aus salzsauren Lsg. durch Di-n-pentylsulfoxid 47-0447; v. Zr u. Hf durch Tributylphosphat aus HNO_3–$HClO_4$-Gemischen 16-0558; Einfl. d. Temp. auf d. Verteil. bei d. – v. Hf durch Tributylphosphat aus HNO_3-saurer Lsg. 18-0530; Trenn. v. Zr u. Hf durch – mit Selenenoyl-(2)-trifluoraceton 20-1897; – u. Trenn. v. Zr u. Hf mittels fl. Ionenaustauscher im HCl-Medium (– mit Tricaprylmethylammoniumchlorid) 27-2423; Solvent-– v. Hf(IV) 40-0453; Lsgm.-– v. Hf(IV) [Synergismus bei d. Hf(IV)-– durch N-Benzoyl-N-phenylhydroxylamin aus stark sauren Lsg.] 41-0465; [Stabilität d. Hf(IV)-Halogenkomplexe bei *3,0*m Ionenstärke] 44-0423; – v. Th: aus HNO_3-Lsg. durch Methylphosphonsäurediisoamylester 27-2443; aus salpetersauren Lsg. durch Bis-[2-äthylhexyl]-phosphorsäure 37-0552; Unters. d. Komplexbldg. v. Th(IV) mit N-Cinnamoylphenylhydroxylamin mit d. Verteil.-Meth. [– d. Th(IV)-Komplexes] 37-0572; Aussalzen bei d. – v. $Th(NO_3)_4$ [*25°*-Aussalzisothermen bei d. – v. $Th(NO_3)_4$ durch Lsg. v. Tri-n-butylphosphat u. Tri-n-octylamin] 41-0466; (Aussalzen durch Gemische zweier Aussalzmittel) 41-0467; (Vorberechn. d. Aussalzeffekte mit – enthaltenden Gemischen als Aussalzmittel) 41-0468.

–: d. Ge mit CCl_4 in Ggw. v. Fluorid 2-1849; v. Tris-[brenzcatechinato]-germaniumsäure durch Tri-n-octylamin 22-0564; Einfl. d. Lsgm. u. d. Zus. d. wss. Phase auf d. – v. Ge-8-Hydroxychinolat 37-0548; –: d. Ge mit CCl_4 39-1969; v. Monobutylzinntrichlorid aus wss. Phase mit Tributylphosphatlsg. auf Butanol- u. Bzn.-Basis 45-0486; selektive – v. Triäthylblei aus Blut u. Harn 1-1865; Unters. d. – v. Pb mit Diäthylentriamin 26-2395; Unters. v. Dialkyldimethyl- bzw. Alkyltrimethyl- bzw. Alkyldimethylbenzylammoniumchlorid zur Pb-– 29-2500.

–: v. V(V) u. V(IV) mit Brenzcatechin, Pyrogallol u. Pyrogallolsulfonsäure in Ggw. v. Diphenylguanidin oder S-Benzylthiouron 6-0578; v. V(V) durch quatern. Ammoniumbasen mit d. Benzylgruppe 7-0534; v. V(V) mit einem langkett. Alkylamin u. Amberlite (LA-*2*) 8-0509; v. V aus mit einem Gemisch v. Fettalkoholen behandelten Lsg. 23-0622; extraktive Trenn. v. V u. P, As u. Fluor mit Di-2-äthylhexylphosphorsäure 36-0464; – v. V(IV) mit $CHCl_3$ in Ggw. v. p-Methoxybenzthiohydroxamsäure 39-1972; Solvent-– v. V aus Chloridlsg. mit Bis-[2-äthylhexyl]-phosphorsäure 47-0448; – v. Nb(V) u. Komplexbldg. im Syst. $NbCl_5$/HCl/Tributylphosphat 7-0535; –-Unters. v. Nb–Tartrat-Komplexen 26-0578; Lsgm.-– u. Trenn. v. Zr u. Nb mit d. Monooctylester d. Anilinobenzylphosphonsäure 51/52-1883; – v. Nb u. Ta aus nichtwss. Lsgm. (aus Tributylphosphat) 6-0579; Nb-– neben Ta aus Fluoridlsg. mittels TBP–H_2SO_4 11-2147; Mechanismus d. – v. Nb u. Ta aus Sulfat–Fluorid-Lsg. 13-0569; – v. Nb u. Ta aus H_2SO_4-sauren Lsg. als Peroxokomplexe mit einer benzol. Lsg. v. $(n\text{-}C_4H_9O)_2(HO)PO$ 16-0559; Verteil.-Koeff. für d. – v. Nb u. Ta aus salzsauren Lsg. 19-0646; selektive – v. Ta mit aliphat. Aminen 22-0565; –: v. Ta, Nb u. Ti durch organ. Lsgm. 23-0623; v. Ta, Nb u. Ti mit Furfurol aus schwefelsauren Lsg. in Ggw. v. NH_4F 23-0624; v. Nb u. Ta aus nichtwss. Lsgm. (– v. Nb- u. Ta-Thiocyanatokomplexen aus n-Butanol) 27-0651; Solvent-– v. Nb u. Ta 44-0424; – v. Nb u. Ta mit Tri-n-butylphosphat aus salzsauren Lsg. 45-0487; Lsgm.-– v. Nb u. Ta 46-0479; Vers. zur – v. Pa mit langkett. Aminen 7-0705; Abtrenn. d. Pa v. Elementen d. Gruppen IVa u. Va durch Solvent-– mit Tricaprylmonomethylammonium- u. Tetra-n-heptylammoniumchlorid in Xylol 23-0626; Unters. d. Sulfatokomplexe d. Pa(V) mittels Solvent-– bei Verw. v. Thenoyltrifluoraceton als Chelatbildner 30-0726; Solvent-– v. Pa, Nb u. Ta aus Citratlsg. 32-0592; –: v. ^{233}Pa aus HCl-sauren Lsg. mit Alkoholen 34-0603; v. Phenylarsonaten d. Protactiniums u. anderer Elemente 35-2046; v. Po, Bi u. Pb mit Alkoholen aus wss. salzsauren Lsg. 4-0452; v. Po, Bi u. Pb mit Ketonen, Äthern u. Estern 4-0453; Anreicher. u. Trenn. v. In, Ga, Tl, Sb u. Bi durch – mit Alkylphosphorsäuren 28-2021; extraktive Trenn. v. ^{210}Po u. ^{210}Bi zwischen linearen aliphat. Äthern u. HNO_3-Lsg. 30-0535; Unters. d. Acidokomplexe v. $BiCl_3$ durch – mit Aminen sowie UV-Spektrophotometrie 37-0549; – d. Bi-PAR-Komplexes mit TBP 39-1976; Solvent-– v. Zephiramin–Jodo–Bi- u. Tl-Komplexen 39-1977; Lsgm.-– v. Po u. Bi aus Nitratlsg. 46-0480.

–: v. Na-Röstgut v. Cr-Erzen 2-2165; v. Cr^{3+} aus wss. Lsg. in Ggw. v. NH_4F durch 2-Thenoyltrifluoraceton in Bzl. 19-0647; Trenn. v. Mo u. V durch – mit Amylacetat 1-1818; –: v. Komplexverb. d. Mo mit Thioglykolsäure in Ggw. v. Diphenylguanidinkationen durch bin. Lsgm.-Gemische 5-1928; v. Mo mit einem mit W. nicht mischbaren Lsgm. 10-2206*; v. red. Molybdatophosphorsäure durch O-halt. organ. Lsgm. 17-2010; v. 8-Hydroxychinolinatomolybdän-Verb. mit $CHCl_3$ 26-0579; v. red. Molybdatophosphorsäuren mit höhermol. Aminen 27-2181; v. Mo(VI) aus HCl-sauren Lsg. durch Ketone 34-0602; Verw. v. radioakt. Isotopen zur Unters. d. –-Mechanismus v. Mo(VI) mit Tributylphosphat 40-0454; –: v. Molybdatochromatophosphat-Komplexen 44-0425; v. Mo(VI) mit langkett. Alkylamin 47-0449.

– v. Ra, Ac u. Pa(V) mit 8-Hydroxychinolin 32-0593; Solvent-– v. dreiwert. Actiniden u. Lanthaniden aus wss. Lsg. organ. Säuren mit hochmol. Aminen 11-1911; Lsgm.-– v. Actiniden durch organ. P-Verb. 30-0534; – d. Lanthaniden u. Actiniden durch Alkylphosphinoxide 40-1825; –: v. U, Th u. Übergangsmetallen mit Monocarbonsäuren d. Frakt. C_7–C_9 in Abhängigk. v. pH-Wert 2-0539; v. U(VI) aus H_2SO_4-Lsg. mit Lsg. v. Dialkylphosphorsäuren in Bzl. u. CCl_4 5-0575; Einfl. eines Verdünn.-Mittels (CCl_4, $CHCl_3$, Bzl.) auf d. – v. Uranylnitrat mit TBP 15-0571; IR-Spektren u. Struktur d. bei d. – v. Essigsäure u. U(VI) durch Trioctylaminlsg. sich bildenden Verb. 15-0572; synergist. u. antagonist. Effekte beim –-Vorgang v. anorgan. Verb. mit einer Misch. aus Aminen u. Organophosphorsäuren (Syst. $UO_2^{2+} + H_2SO_4 + H_2O$/Tri-n-octylamin + Mono-[2.6.-8-trimethylnonyl-(4)]-phosphonsäure + Verdünn.-Mittel) 16-0560; Kinetik d. – v. $UO_2(NO_3)_2$ mit Tributylphosphatlsg. in Bzl. 19-0770; U(VI)-– mit einer Thenoyltrifluoraceton/Tri-n-octylamin-Misch. 23-0625; Kinetik d. – v. $UO_3 \cdot 2\,H_2O$ durch wss. H_2SO_4, HNO_3 oder HCl mit durch Diffus. bestimmter chem. Rk. 23-0754; –: v. U(VI) u. Th aus HCl-Lsg. mit Tri-(n-butyl)-phosphat 23-2387; v. HNO_3 u. $UO_2(NO_3)_2$ mit Tri-n-octylamin 31-2344; Grenzschichtmechanismus bei d. U-– mit Aminsulfat 32-0591; – v. Uranylsalzen mit Tri-n-octylaminoxid 32-2361; Mechanismus d. – v. U(VI) mit Bis-[2-äthylhexyl]-phosphorsäure aus salpetersauren Lsg. 35-0468; synergist. Effekt bei d. U(VI)-– aus schwefelsauren Lsg. mit einer Misch. aus Mono-n-butylphosphorsäure u. neutralen Alkylphosphorverb. (TOPO, TBP) 47-0450; Hydratisier. d. organ. Phase bei d. – v. U mit Organophosphorverb. 49/50-0404; – v. $UO_2(NO_3)_2$ mit Tributylphosphat 51/52-0383; Änder. d. Pu-–-Eig. v. Tri-n-butylphosphat u. Alkylaminen durch γ-Bestrahl. 21-2356; –: einer Innenkomplexverb. d. Pu(IV) mit 1-Phenyl-3-methyl-4-benzoylpyrazolon-5 43-1977; v. Ca^{2+}, UO_2^{2+}, Am^{3+}, Eu^{3+} u. Tm^{3+} durch Bis-[hexoxyäthyl]-phosphorsäure 45-0488; Unters. d. Lsgm.-– v. Cf, Fm u. Md im Syst. Di-(2-äthylhexyl)-orthophosphorsäure/Toluol/HCl 21-2174.

–: v. ^{46}Sc, ^{54}Mn u. ^{89}Sr mit 1-Phenyl-3-methyl-4-benzoylpyrazolon-(5) 2-0538; d. Assoziate v. CrO_4^-, MnO_4^- u. AlF_4^- mit Triarylmethanfarbstoffen 35-0467; v. Re aus schwefelsaurer Lsg. durch organ. Lsgm. (Isopentanol, Tributylphosphat, Dioctylamin u. Tri-n-octylamin) 5-0578; Unters. d. Re-– aus Molybdänit-Mutterlaugen durch Ionenaustausch 7-2330; Trenn. d. Re v. Mo, W, V, Se u. As durch – mit Chinolin 13-1878; – v. Re mit Gemischen v. Trioctylamin u. Tributylphosphat aus nitrathalt. Medien 40-0456; Trenn. v. Te u. Re durch fl.–fl.-– mit Kaliumxanthogenat 48-1848.

Triphenylarsinoxid als –-Mittel für UO_2^{2+}, Bi(III), Th(IV), Ce(IV), CrO_4^{2-}, VO_4^{3-}, Thiocyanato-, Chloro-Fe(III)-Komplexe 2-1725; –: d. Fe (bzw. v. HCl) aus salzsauren Lsg. mit Butylacetat 3-0546; v. S-halt. Magnetit mit verd. H_2SO_4 3-2391; Solvatat. v. extrahierten komplexen Metallsäuren (Syst. $H[FeCl_4]$, $H[FeBr_4]$ u. $H[InBr_4]$/Nitrobenzol) 5-0579; Verteil.-Koeff. v. Fe^{3+}, Al^{3+}, Ca^{2+}, Mg^{2+}, UO_2^{2+} u. einiger Spaltprod. bei d. – durch Palmitinsäure u. Paraffinschmelzen 13-0567; Solvent-– v. Fe(III) u. U(VI) mit Misch. v. Tri-n-octylamin u. Thenoyltrifluoraceton in Bzl. u. Nitrobenzol 13-0570; –: v. Phosphatoeisenkomplexen durch Amine 16-0561; v. Fe(III) aus wss. Sulfatlsg. durch Bis-[3.5.5-trimethylhexyl-(2)]-amin 22-0566; Einfl. v. komplexbildenden Agenzien auf d. Herauslsg. v. Fe aus Mineralien u. Granodiorit 33-1015; Kinetik d. – v. Fe mit Diisopentylorthophosphorsäure 37-0550; – v. Mo u. Fe(III) durch Bis-[2-äthylhexyl]-phosphorsäure 39-0474; Fe(III)-– aus wss. Thiocyanatlsg. durch Tri-n-octylamin 47-0451; – u. Verteil.-Diagramm in d. quatern. Syst. $FeCl_3/HCl/H_2O$/Lsgm. 49/50-0406; Mechanismus d. – v. Fe(III) mit Trilaurylammoniumchlorid 49/50-0407; Solvent-– einiger Co(II)-Chelate 5-1937; Komplexbldg. v. Co mit Thioharnstoff in Isoamylalkohol bei d. – 8-0532; –: v. Co(II) aus HCl-Lsg. durch aliphat. Langkettenamine 11-2149; v. Co aus $ZnSO_4$-Lsg. (α-Nitroso-β-naphthol in CCl_4) 11-2338; Mechanismus d. – v. $CoCl_2$ mit Tributylphosphat u. Möglichk. d. Trenn. v. Co^{2+}- u. Ni^{2+}-Ionen durch TBP-– 12-0524; – v. Co aus $NiCl_2$-Lsg. 27-2573; Verteil. v. Co(II) zwischen wss. Lsg. u. Tributylphosphat in Ggw. v. Salicylsäure 32-0594; synergist. Effekte v. Py.-Basen bei d. – v. Co(II)-Acetylacetonat 32-0595; – v. Co(II) aus salzsaurer Lsg. durch Tri-n-octylamin 37-0551; Kinetik u. Mechanismus d. – v. Co(II) durch Komplexbldg. mit substituierten Diphenylthiocarbazonen 37-0764; Solvent-– einiger Co(II)-Chelate 47-0452; Lsgm.-– v. Co(II) mit Acetylaceton (synerget. Effekt v. Pyridin) 49/50-0408; – v. Co(II), Cd u. Zn als Acetylacetonate in Ggw. v. Py. 49/50-0410; Kinetik d. Ni-Auslaug. in NH_3-halt. $(NH_4)_2CO_3$-Lsg. 2-2163; Ni-– (Drucklaug. v. Garnieriterz mit H_2SO_4 in Ggw. v. O_2) 26-2388; extraktive Trenn. v. $CoCl_2$, $NiCl_2$ u. $MnCl_2$ durch Tri-n-butylphosphat (Anwend. v. Aussalzmitteln) 26-0582; synergist. – v. Ni mit Salicylaldehydthiosemicarbazon 36-1948; Verw. d. radioakt. Indikatoren zur Unters. d. – v. Fe(III)-, Co(II)-, Ni(II)-, Th(IV)-, Pa(V)- u. U(VI)-Ionen mit Natriumtetradecylsulfat, n-Dodecylaminhydrochlorid, Cetylpyridiniumbromid u. Dodecylthiouroniumchlorid 45-0489; – v. Ni(III) in Ggw. v. Pyridin (Bldg. v. Ni–Py.-Addukten) 49/50-0409.

Wechselwrkg. zwischen $CuCl_2$ u. $FeCl_3$ bei d. – mit Tributylphosphat 2-0669; – v. Cu u. Zn aus Mahlgut mittels Thiobacillus ferrooxydans 10-2306; Bldg. gemischter Komplexe mit p-Nonylphenol bei d. – d. Cu aus ammoniakal. Lsg. durch Naphthensäure 28-0573; Unters. d. – v. Cu, Zn u. S aus komplexen Sulfidkonzentrat 35-2369; – v. Cu, Zn, Ga, In u. Fe mit Acetylaceton u. Zus. d. Metall–Acetylaceton-Komplexe 39-1996; Mechanismus d. Drucklaug. v. Cu-Sulfiden 39-2368; Lsgm.-– v. Cu mit Gemischen v. Naphthensäuren u. Alkylaminen 41-2410; Adduktbldg. v. Kupfer(II)-β-diketonaten bei d. synerget. – v. Cu 45-0490; Solvent-– v. Cu(II) mit Pivalinsäure 45-0491; Unters. d. Komplexe d. 1-(Thiazolylazo)-2-naphthols u. d. 1-(Pyridylazo)-2-naphthols mit Ag u. Seltenerdmetallen mittels –-Meth. 4-0610; Extrakt. v. Ag u. Au aus HCl- u. HNO_3-Lsg. mit leichtem Dieselöl 26-2392.

Trenn. einiger Metalle d. Pt-Gruppe durch Gegenstrom-– d. Br-Komplexe 31-2101; Einfl. d. Sulfations auf d. – v. Pt-Metallen durch Amine 36-0465; –: d. radioakt. Isotopen ^{106}Ru, ^{51}Cr, ^{95}Nb, ^{89}Sr, ^{144}Ce u. ^{91}Y mit Naphthensäuren in Ggw. bestimmter Zusätze wie Fe^{3+}, Cu^{2+} u. Mn^{2+} 4-0451; v. Ru durch Tetraoctylammoniumchlorid unter Komplexbldg. 28-0574; komplexer Nitrosopentahalogenoruthenate mit Salzen quart. Ammoniumbasen 41-0472; partielles Lösen neutraler Komplexverb. v. Cr, Co u. Rh mit Acetylaceton durch Lsgm.-– 7-0530; – v. Rh(III) mit Chloriden quatern. Ammoniumbasen 13-0572; Mechanismus d. – v. Rh durch Tri- u. Tetra-n-octylammoniumchlorid 23-0627; – v. koll. gelöstem Pd aus Lsg. mit d. Emulgiermeth. 31-0688; Unters. d. – v. Ir(IV) durch ANP-Sammler in HCl 33-2578; Lsgm.-– v. Pt in salzsaurem Medium mit Tri-n-butylphosphat in inerten Verdünn.-Mitteln 12-0525; Unters. d. Zustandes d. Pt in Platindehydrocyclisier.-Katalysatoren mittels –-Meth. 45-0654; synerget. u. antagonist. Effekte bei d. – v. Pt im Syst. Tri-n-octylamin + Di-n-butylphosphorsäure + Bzl./H_2PtCl_6 + H_2SO_4 + H_2O 45-0492.

Extraktion organischer Verbindungen: – organ. Verb. aus wss. Phase mit fl. Ionenaustauschern 29-2655.

Verw. v. F-Kohlenstoffen, Sulfolan u. komprimierten Gasen als selektive Lsgm. zur fl.–fl.-– v. KW-Stoffen 33-2928; Nitroalkohole als selektive Lsgm. für d. Aromaten-– 17-2915; –: v. Aromaten aus Bzn. mit Äthylenglykolestern 38-2618.

– v. Thiophen aus Bzl.-Lsg. mit DMSO–W.-Gemischen 40-1851.

– v. Aminen als Komplexe mit anorgan. Anionen (Best. d. Konst. für d. – d. Amine als Komplexe u. als Basen) 20-1928; – v. o-, m- u. p-Phenylendiamin in d. C-Pastenelektrode 21-0665; Ionenpaar-– pharmazeut. Amine 24-1750; – v. Aminen als Komplexe mit anorgan. Anionen 28-0937.

Lsgm.-Effekte bei d. Lsgm.-– v. 8-Hydroxychinolin 28-1992; – v. Äthylenchlorhydrin aus d. azeotropen Gemisch mit W. 38-1002; Gesetzmäßigk. d. Phenol-– aus W. mit Schwingböden 46-2064.

– v. Aceton aus wss. Lsg. mit Kerosin in Füllkörperkolonnen (–-Geschw., Einfl. d. Kolonnenvariablen) 4-2083; neues Modell für d. Darst. d. Stoffaustausches im Syst. W./Aceton/Kerosin (Füllkörperkolonnen) 25-2259.

– v. Salicylaldehydthiosemicarbazon durch unpolare Lsgm. 47-1965.

Einfl. d. Zustandsform einiger quatern. Ammoniumverb. auf d. –-Prozeß 34-0601.

Quant. Bezieh. im –-Syst. A./W./Acrylsäure/Äthylacrylat 13-0566; Verb.-Bldg. bei – v. U neben Essigsäure durch Trioctylaminlsg. 15-0572; fl.–fl.-– v. Glyceriden (Theorie) 28-0936; Wrkg. d. Bodenabstandes auf d. Extrakt.-Wrkg.-Grad v. fl.–fl.-Siebboden-Extrakt.-Kolonnen für d. Syst. Pegasol/Propionsäure/W. 29-2272; Faßbark. sehr schneller Rk. an Phasengrenzen (Durchtritt organ. Säuren aus CCl_4 in H_2O) 37-0734; Fraktionier. d. geometr. Isomeren d. Linolensäuremethylesters durch Gegenstromverteil. zwischen 0,2n $AgNO_3$-Lsg. in *90*%ig. CH_3OH u. n-Hexan 51/52-1923.

Gegenstromverteil. d. $^{14}C_{(1)}$-D-Lyxose im Syst. Cyclohexan/A. 1-0838; – v. freien Zuckern aus Pflanzenmaterial mit Isopropanol 8-1946.

Erforsch. d. –-Beding. d. Alkaloide als Basen oder Salze 37-1827.

Gegenstromverteil.-Unters. v. Hamycin 13-1319.

Extrakt. d. Gliadins aus Mehl (Einfl. d. Konz. d. als –-Mittel verwendeten Alkohole) 5-3210; Gegenstromverteil. v. Histonen 19-2218.

Extraktion technischer Produkte: – d. Heilpflanzen (Wrkg. v. therm. Einfl. vor d. – auf d. Diffus. d. Wirkstoffs) 5-1671; Anwend. d. multiplikativen Verteil. in d. Toxikologie zur Gruppentrenn. toxikolog. wicht. Gift- u. Arzneistoffe (Gegenstromverf.) 18-2036.

Lsgm.-– eines Tieftemp.-Teeres 19-2821; selektive Lsgm. bei d. – v. Rohölen (Gemische mit *30*% Aromaten bzw. Teeren u. *70*% Naphthenen bzw. Paraffinen) 11-2657; Dynamik d. – v. Naturbitumina 27-3008; – v. C_6–C_8-Aromaten aus katalyt. reformierten Ölen mit Sulfolan 42-2450.

– d. Assoziate d. Anionen CrO_4^-, MnO_4^-, BF_4^-, AlF_4^- mit Triarylmethanfarbstoffen 35-0467.

Trenn. u. Reinig. v. Makromol. u. Partikeln durch multiplikative Verteil.-Verf. (Übersicht) 9-1089; Theorie d. Wirksamk. d. Lösefraktionier. v. Polymeren 44-0993.

p-Werte d. – v. Pestiziden u. verwandten Verb. in sechs bin. Lsgm.-Syst. 7-2038.

Einfl. d. Teilchengröße auf d. Ölextrakt.-Geschw. aus grob zerkleinerten Baumwollsamen 31-3101.

Bibliographie

Anwendung von Extraktion und Ionenaustausch in der Analyse der Edelmetalle (Mitteilungssammlung) [russ.] B 77.

Solvent extraction chemistry. Proceedings of the International Conference held at Gothenburg, *1966* B 2; New methods for the carrier-free production of various isotopes by the liquid extraction technique B 38; The extraction of metals B 86.

Extralax s. unter $C_{22}H_{19}NO_4$.
Exzitonen s. unter *Elektronenstruktur*.
EZ 2 s. unter *Eisen, Schmiedeeisen und Stahl* (*Sondermarken*.
EZ 3 s. unter *Eisen, Schmiedeeisen und Stahl* (*Sondermarken*).
Ezcurrit, Vork. in Borax 42-0673; Neuunters. v. – 42-0691.
F-1 s. unter *Plaste, Acrylpolymerisate* (*Polyacrylsäureester*).
F 116 s. unter $C_{21}H_{27}NO_5$.
F 461 s. unter $C_{12}H_{13}NO_4S$.
883 F s. unter $C_{13}H_{19}NO_2$.
933 F s. unter $C_{14}H_{19}NO_2$.
F 6060 s. unter $C_{19}H_{20}O_3$.
F 6066 s. unter $C_{23}H_{24}O_4$.
F 6096 s. unter $C_{25}H_{28}O_8$.
F 13838 s. unter $C_{18}H_{20}N_2O$.
Fabiatrin s. unter $C_{21}H_{26}O_{13}$.
Fabuphar, analget. Wrkg. (algopupillometr. Beurteil.) 1-1551.
Fac s. unter $C_9H_{20}NO_3PS_2$.
FAD s. unter $C_{27}H_{33}N_9O_{15}P_2$.

Fällung

– bei d. *Analyse* sowie *Maßanalyse* s. dort. Spezielle –-Rk. für analyt. u. präparative Zwecke s. unter d. entsprechenden Stoffen. Elektro-– s. unter *Elektrolyse*. Elektrophoret. – s. unter *Elektrophorese*. Flockung s. unter *Kolloidchemie*; *Dispersionen*; *Emulsionen*; *Suspensionen*. *Fällungs- und Flockungsmittel* s. dort.

Fraktionierte – (Übersicht) 3-2166; Technologie d. Isolier. v. Stoffen aus Lsg. durch chem. – (automat. Regulier. d. kontinuierl. chem. – v. Verb. veränderl. Zus. nach d. pH-Wert d. Mediums) 4-0498; – aus homogener Lsg. durch Freisetz. d. Kations bei konst. pH-Wert 5-1835; Methodik d. –-Vorgangs 7-0615; rhythm. – u. ihr Bldg.-Mechanismus nach älteren u. neuen Theorien 22-0645; Berechn. d. frakt. – schwer lösl. Stoffe mit Ioniten 26-0700; Herst. leichtfiltrierbarer krist. Fäll. 34-2267*; gemeinsame – bei d. Darst. akt. Adsorbentien u. Katalysatoren 37-2321.

D.-Verteil. in d. Nd. in Aerosolspektrometern 21-0707; Mikroeinkrist. aus – 24-0221; Abhängigk. d. Zus. eines Nd. v. d. chem. –-Meth. 24-0556; Auflsg. v. Nd. unter gleichzeit. Einw. v. H-Ionen u. eines komplexierenden Liganden 24-0588; Ionensorpt. aus Lsg. an heteropolaren Nd. 25-0699; Berechn. u. Unters. mehrstuf. aufeinanderfolgender Auswasch. v. Nd. 33-2351; Reinig. v. Substanzen v. bei d. – d. festen Phasen wenig mitgerissenen Beimeng. 44-0443; Einfl. v. plast. Verform. v. elektrophoret. Nd. auf d. Charakter ihrer Porenstruktur 44-0564; Sorpt. oberflächenakt. Substanzen an anorgan. Nd. 4-0550; physikal. Unters. v. zusammen ausgefällten Oxiden 16-0576; Einfl. adsorbierter Mg-Ionen auf d. Krist.-Form v. Calciumcarbonat-Ausfäll. 15-0635; Löslichk. frisch bereiteter GeO_2-Nd. in wss. Lsg. v. Alkalimetallhydroxid u. Alkalimetallchlorid 35-0485; Prod. d. hydrolyt. – v. V 20-0728; Porosität v. im Ultraschallfeld gefälltem

Nickeloxidhydrat 49/50-0484; Flotat. organ. Nd. 23-2172.

— : u. Hydrolyse v. Metallionen in Meerwasser 47-0772; v. Be aus homogener Lsg. in Ggw. v. Sulfat durch Hydrolyse v. Harnstoff 20-1891; elektrometr. u. konduktometr. Unters. d. — v. Be-Oxidhydrat 17-0662; Inhibier. d. Abscheid. v. $CaSO_4$ durch Polymere 5-2150; Nd.-Bldg. im wss. Syst. $Sr(OH)_2$–H_3PO_4 25-0577; —-Verh. v. Kationen d. Gruppe IIb mit Oxoanionen v. Se u. Te 13-0578; Einfl. v. K_2SO_4 auf d. Kristallisat.-Prozeß bas. Al-Sulfate in wss. $Al_2(SO_4)_3$-Lsg. bei *170 – 250°* 19-0639; — v. Al durch $Ca(OH)_2$ in Anwesenh. v. Wyoming-Bentonit u. SO_4^{2-} 33-3365; —-pH-Wert im heterogenen Syst. $In^{3+}/OH^-/Cl^-/H_2O$ in Ggw. d. neutralen Elektrolyts $CaCl_2$ 28-0565; Verh. v. Seltenerdmetallen u. Calciumoxalat bei gemeinsamer — aus homogenen Syst. 12-0535; kalorimetr. Unters. d. —-Rk. u. d. Bldg.-Wärme v. Seltenerdmetallfluoriden aus wss. Lsg. 42-0409; oszillopolarograph. Best. d. Fäll.-pH-Wertes v. Y- u. Nd.-Hydroxiden 19-0704; Absetz- u. Reif.-Prozeß v. Ba-Titanyloxalat in d. Mutterlauge nach Zugabe v. $BaCl_2$-Lsg. zu wss. Lsg. v. $H_2C_2O_4$ u. $TiCl_4$ 19-0641; Freie Enthalpie u. Aktivier.-Energie d. —-Rk. v. $[Zr_5O_8(SO_4)_3]\cdot(OH)_2\cdot 15\,H_2O$ in d. Syst. $Zr(OH)_4/HCl/H_2SO_4/H_2O$ bzw. $Zr(OH)_4/HCl/(NH_4)_2SO_4/H_2O$ 28-0568; — : v. Th in wss. Lsg. 41-0486; u. Hydrolyse v. Th in wss. Lsg. 47-0652; Nd.-Bldg. in d. Syst. $GeO_2/NaOH/NaCl/H_2O$, $GeO_2/LiOH/LiCl/H_2O$ u. $GeO_2/NH_4OH/NH_4Cl/H_2O$ 25-0582; Umsetz. v. Ga_2S_3, In_2S_3 u. SnS_2 bei ihrer Ausfäll. aus salzsauren Lsg. 41-0522; Kinetik d. — dünner Pb-Sulfidfilme an d. Phasengrenze PbS–Lsg. 14-0676; homogene — v. $PbMoO_4$ 49/50-1914; pH-Wert d. —-Beginns v. Ti-, Nb- u. Ta-Verb. aus ihren phosphorsauren Lsg. 23-0642; autokatalyt. — v. U aus Carbonatlsg. durch Red. mit CO 24-0735; — v. Plutonium-*238*(IV)-oxalat aus homogener Lsg. 36-0713; hydrothermale Ausfäll. in Th-Nitrat-, Fe(III)-Nitrat- u. Al-Nitratlsg. 46-0489; — v. Cu, Pb u. Zn aus Oberflächenwässern 33-0981; Einfl. v. n-Hexanol auf d. — v. Natriumdodecylsulfat mit $CaCl_2$ 46-0574.

Kinetik: d. Zementier.-Prozesses v. Edelmetallen aus Cyanidlsg. 26-0725; d. chem. Abscheid. dünner Ni-Filme auf einer Glasoberfläche aus ammoniakal. Lsg. 13-0682; d. Cu-Abscheid. aus einer $CuSO_4$-Lsg. auf Fe 32-0731; Zementier. v. Cu an einer vibrierenden Fe-Platte 33-0798; kinet. Unters. d. Cu-Abscheid. an Fe 40-0580.

Mitfällung: Mitfäll. radioakt. Isotope mit isomorphen u. nichtisomorphen, aus d. Schmelze kristallisierenden Trägern (Übersicht) 41-0451; „Ausfäll." d. Kieselsäure unter natürl. Beding. (Mitfäll. mit röntgenamorphen Hydroxiden) 10-0540; Mitfäll. v. Phosphationen mit einigen Metallhydroxiden 25-0700; Geschw. d. Mitfäll. v. Kationen an Sulfiden (Bldg. fester Lsg.) 35-2038; Verringer. d. Mitfäll. verschiedener Kationen mit Al-Hydroxid in Ggw. v. Glykokoll 32-1989; Einfl. organ. Mitfäll.-Mittel auf d. Mitfäll. v. Metallchelaten 40-0446; Mitfäll.: v. Metallionen mit Al-Hydroxid 51/52-0377; v. Kalium- u. Cäsiumtetraphenylborat 37-0818; v. Zn mit Metallhydroxiden 44-0446; v. In mit Metallhydroxiden durch KOH 25-0701; v. kleinen In-Mengen mit Metallhydroxiden 44-0447; Sorpt. v. Sc bei d. hydrolyt. — v. Ti aus H_2SO_4-Lsg. 3-0638; Einfl. d. Komplexbldg. auf d. Verh. bei d. Mitfäll. im Syst. Ca/Eu-Oxalat 40-0445; Cokristallisat. v. Th mit $BaSO_4$ bei d. — 26-0225; Mitfäll.: v. Th mit Fe-Hydroxid in NH_4NO_3-Lsg. 49/50-0400; v. Ge mit Schwermetallsulfiden (d. Sulfiden v. Fe, Ni, Sb, Sn u. Cu) 1-0558; Mechanismus d. Mitfäll. v. Sb u. Ge im Jodid-Prozeß 2-0554; Darst. v. Bleizirkonat durch Mitfäll. 33-0901; Wrkg. d. Begleitionen auf d. Mitfäll. v. Mo u. W mit Zr-Hydroxid 44-0448; Mitfäll. v. Molybdat-, Wolframat- u. Chromationen mit d. Hydroxiden einiger Seltenerdmetalle 44-0449; Anwend. organ. Mitfäll.-Mittel zur Konzentrier. d. Actinidenelemente (Übersicht) 35-0725; Mitfäll.: v. Co(III) mit $Fe(OH)_3$ in NH_4NO_3- u. KNO_3-Lsg. 41-0489; v. K_2SO_4 u. $NiSO_4$ 10-0188.

Untersuchungsmethoden: Mess. d. Rk.-Geschw. mit kationenempfindl. Glaselektroden. Kinet. Unters. d. Fäll.-Rk. v. K^+, NH_4^+, Rb^+, Cs^+, Tl^+ u. Ag^+ mit Tetraphenylborat 12-0677; Unters. v. Chemismus d. —-Prozesse nach d. Löslichk.-Meth. 23-0608.

Anwend. eines Ionenaustauschers zur Best. d. Rk.-Fähigk. eines Nd. 26-0701.

Bibliographie: The formation and properties of precipitates B 21.

Fällungs- und Flockungsmittel

Siehe auch *Suspensionen.*

Herst.: v. Copolymeren aus Methacrylsäure u. Salzen v. ungesätt. Dicarbonsäuren als Flock.-Mittel 1-2703*; körn. Stärkeäther mit quatern. Aminogruppen 2-2412*; Verw. v. Rk.-Prod. v. Vinylbenzylchloridpolymerisaten u. tert. Aminen als Fäll.-Mittel 17-3175*; Herst.: v. Gelier.- u. Flock.-Mitteln aus Polyvinylbenzylchlorid u. einem tert. Amin 17-3175*; v. wasserlösl. Kondens.-Prod. aus Äthylenimin u. Epichlorhydrin (zur Klär. wss. Suspens.) 19-3030*; v. polymeren sek. Aminen u. Nitrilen als Flock.-Mittel 22-2877*; v. polymerem Flock.-Mittel aus Alkylenimin oder Polyalkylenpolyamin u. vicinalem Dihalogenalkan 22-2919*; v. Alkyleniminpolymerisaten als Flock.-Mittel 22-2922*.

Herst.: v. hochmol. Kondens.-Prod. aus Alkylenpolyaminen u. Epihalogenhydrinen zum Koagulieren v. wss. Suspensionen 23-2351*; v. Alkalimetall-quatern.-ammoniumdoppelsalzen d. Kieselsäure als Fäll.-Mittel 23-2804*; Einfl. d. Struktur kationogener Polymere auf d. Flock. krist. Kieselsäure 25-0719; Ausflocken v. in wss. Fl. suspendierten Festteilchen durch Zusatz eines wasserlösl. Acrylamid–Methacrylamid-Mischpolymerisats 33-2391*; Herst.: v. polymeren Ausflock.-Mitteln aus Polyalkylenpolyaminen durch Kondens.-Polymerisat. mit einem Alkylenimin oder Dihalogenalken 35-2237*; v. Alkalimetall enthaltenden organ. N-Basen-Silicaten als Fäll.-Mittel 41-2701*; v. halogenierten Naphthoesäuren als Fäll.-Mittel für Amine, Ag, Cu, Fe, Ba 44-2429*.

Färben, automat. Hochtemp.-Färb. 1-2576; rechner. Färberezeptermittl. u. Rezeptaufstell. über Farbatlanten 2-2547; Bedeut. d. Korrekturfaktoren für d. Coloristen 2-2548; Anforder. an d. W. in d. Färberei 27-3056; moderne Aspekte d. Färbetheorie 40-2518; Fortschritte in d. Instrumentier. für Farbrezepte 46-2438; Farbmess. u. Farbtoleranz in Bezieh. zur Automat. u. Instrumentier. beim textilen — 51/52-2505.

Herst. als Färbereihilfsmittel: v. Sulfonsäureestern 8-2482*; v. N-β-Hydroxyalkyl-N-methyltaurinen, deren Oxiden u. Salzen 15-2632*; v. Acetylsalicylsäureestern mehrwert. Alkohole 16-2566*; v. wasserlösl. Mischpolymerisaten aus Alkydharzen u. Acrylverb. 16-3109*; v. Si-organ. Verb. 21-2952*; v. nichtion. Cu(II)-Komplexverb. mit hydriertem Dextran 26-2671*; schaumarmes egalisierendes Netzmittel zum kontinuierl. — 36-2751*; Acylcarbodiimide als Farbverbesser.-Mittel bei Färb. 37-2783*; anorgan. Deriv. v. bas. N-Polykondensaten als Färbmodifikatoren 41-3100*; höhermol. polyfunktionelle $\alpha.\beta$-Chlorhydrinäther als Färbereihilfsmittel 45-3170*; wasserlösl. höhermol. Rk.-Prod. als Fixier.-Mittel für Farbstoffe 47-2856*.

Digitalkolorimeter für Labor.- u. Verf.-Kontrolle 4-2255; Papierchromatographie als Hilfsmittel für d. Färber 11-2015.

Bibl.: Farbe, Farbstoffe, Färben B 31; Dyeing of plastic materials B 55.

Färbung, biologische

Schnittfärb. für d. Elektronenmikroskopie (Unverträglichk. v. Methyl–Nadic-Anhydrid mit Permanganaten) 13-1928; Vers. zur Standardisier. d. Fixier. mit Glutaraldehyd (Reinig. u. Konz.-Best. d. Glutaraldehyds) 19-2178; (Einfl. d. Aldehydkonz. u. d. Osmolalität) 19-2179; Routineverf. für d. Doppelkontrastier. ultradünner Schnitte mit Uranyl- u. Pb-Salzen 19-2180; Agargelelektrophorese zur Unters. biolog. Färb.-Mittel 22-2200; perforierte BEEM-Kapseln für d. präzipitatfreie Übertrag. ultradünner Schnitte in d. Färbelsg. 25-2115; Gallocyanin–Cr–Alaun-Farblsg. (Einfl. d. Herst.-Meth. auf ihre Aktivität) 44-1892; säurefester Färbetank 45-2140.

— v. Zellen auf einem Membranfilter mit Giemsastammlsg. u. Leitungswasser 19-2177.

Kolonien- — zur Auffind. v. Mutanten mit abweichenden Wachstumsbedürfnissen (Verw. d. Naphthol-Azofarbstofftechnik) 3-1287; Verf. zur Fluorochromier. v. Mikroorganismen in Agar-Nährkammern in vivo 12-1903; Fluorescein-markierte β-Glucosidase als bakterielles Färbemittel 38-1483.

Differential- — für Wurzel u. Keimblatt 19-2181.

Differential- — ultradünner Schnitte v. mit Epon eingebetteten Geweben zur Lichtmikroskopie 13-1927; Anfärben v. Gewebe für Licht- u. Elektronenmikroskopie durch brückenbildende Metalle mit mehrzähn. Liganden 18-2033; — v. Kollagen u. elast. Gewebe mit Resorcin–Fuchsin 20-1452.

Fluoreszenz- — v. Spermienköpfen mit Oxytetracyclin 2-1896; Phenylhydrazin–Leucofuchsin-Sequenz zur — v. Nerven u. Nervenendungen im Integumentum v. Vögeln 6-1970; Vital- — d. Chondriosomen mit Pinacyanol 8-1944; Besonderh. bei d. Vital- — d. Fibroblasten v. mit polycycl. Kohlenhydraten behandelten Kulturgeweben 12-1902; vereinfachte Antikörperfluoreszenz- — v. Virusinfizierten Gewebekulturen 13-1930; Histochemie d. Myelinscheidefärb. mit Wolframatophosphorsäure–Hämatoxylin, Perjodsäure–Schiff, Phloxin–Tartrazin u. Luxol fast blue 18-2017; Vital- — für d. spezialisierten Gewebe d. Herzens 23-2208; Unterschiede bei d. — d. Myeline v. zentralem u. peripherem Nervengewebe v. Vögeln 45-2141; Fluoreszenz- — in d. Frühdiagnose v. Gewebeveränder. 5-1998.

Fluoreszenzmeth. zur histochem. Sichtbarmach. v. Monoaminen 40-1861.

Färbemeth. für Polyanionen in Gewebeschnitten durch Komplexbldg. 46-1902; Kongorot als Anfärbemittel bei d. Fluoreszenzmikroskopie v. Amyloid 8-1943; — v. sauren Glucosaminglucanen durch Alcianblau in Salzlsg. 12-1896; histochem. Eig. v. Alcianblau zur Identifizier. v. sauren Glucosaminglucanen (Übersicht) 13-1911; Färbemeth. für Proteine u. Dextrane auf Celluloseacetat 13-1956; frakt. Anfärb. zur Identifizier. individueller Mucopolysaccharide u. anderer Polyanionen in Gewebeschnitten durch Komplexbldg. 46-1903; histolog. Identifizier. d. Amylosesubstanz durch Thioflavin T bei UV-Licht 47-2035.

Anwend. v. Sulfatnilblau für d. Nachw. v. Phospholipiden im Zentralnervensyst. 19-2214.

Positive — v. Proteinmol. für d. Elektronenmikroskopie 22-1643; spezif. — v. Histon mit ammoniakal. Ag-Lsg. 44-1891; cytochem. Nachw. v. Histonen u. Protaminen durch — mit Bromphenolblau 47-2036.

Feulgenfärb. für quant. zytochem. DNS-Unters. 22-1234; Fluorochromisier. d. durch Streptomycin u. Wärme aus Kochschem Bazillus freigesetzten Nucleinsäuren 49/50-1356.

$HgCl_2$–Bromphenolblau- — v. Präzipitinlinien in Agar 6-1962; Erhöh. d. elektronenmkr. Erkennbark. v. eingebettetem Antigen durch Überbrück. v. Os- u. U-Antikörpern mit Thiokohlensäurehydrazid 18-2032.

Färbemeth. für d. schnelle Lokalisier. v. β-Glucuronidase in menschl. Leukozyten- u. Ehrlich-Mäusekarzinomzellen-Populat. 24-1387; Bedeut. d. Osmiophilie für d. Bldg. stabiler Azoindoxylkomplexe v. hohem Kontrast für d. kombinierte Enzymzytochemie u. Elektronenmikroskopie 32-2060; histochem. Nachw. v. alkal. Phosphatase mit Naphthol-AS-phosphat (Vgl. mit substituierten Naphthol-AS-phosphaten) 34-1195; Enzymlokalisier. durch Färberk. nach d. Wachstein-Meisel-Verf. 38-1351.

Fäzes (Kot, Stuhl)

Siehe auch *Stoffwechsel.*

Gesamtgeh. bas. Stoffe in Rinder- — in Bezieh. zur Hypomagnesämie 8-1574; Ausscheid.: v. ^{40}Ca u. ^{45}Ca mit d. — (Einfl. d. Ca-Geh. im Futter bei d. Ratte) 5-1551; v. Radio-Sr mit d. — junger Ratten nach Ca-reicher Ernähr. 5-1552; v. K^+ u. Tl^+ mit d. — 14-1546; Wrkg. v. Diphenylthiocarbazon u. Diäthyldithiocarbamat auf d. Ausscheid. v. Tl mit d. — bei Ratten 14-1651; Ausscheid.: v. Tc mit d. — beim Menschen 17-1614; v. Se u. Te mit d. — 23-1736; Pu-Abgabe durch d. — nach einer DTPA-Therapie (Vgl. v. retiniertem monomerem Pu mit polymerem Pu) 26-1655; fäkale Ausscheid. v. Radio-Cs bei Ratten u. Ziegen (Einfl. v. Cyanoferraten) 30-1545.

Proteingeh. in Schafs- — (Verdaulichk. v. Gräsern) 2-1427; Steroide im — (Einfl. d. Verdaulichk. v. Kohlenhydraten) 5-1498; Vitamin-B_{12}-Ausscheid. mit d. — bei Ratten (Einfl. v. Protein- u. Aminosäurenmangel) 6-1519; Digoxin u. Abbauprod. im — 11-1660; Wrkg. einer Varíier. d. alimentären Lipide auf d. fäkale Fettausscheid. bei d. Ratte 14-1517; Biosynth. v. Coprostanylestern im — 24-1667; Intestinal- u. Fäkalsteroide v. keimfreien u. normalen Ratten 33-1781; konjugierter Metabolit v. Vitamin D_3 im — d. Ratte 36-1569; Sexuallockstoffe im — v. Ips. confusus-Männchen an Ponderosakiefern 40-1434.

Metabolite v. ^{125}J-Chlorhydroxychinolin im — d. Menschen 9-1583; Ausscheid.: v. ^{14}C-Hygroton mit d. — 9-1644; v. 2.3.5-Trijodbenzoesäure mit d. — d. Ratte 14-1558; v. butyliertem ^{14}C-Hydroxytoluol mit d. — d. Ratte 27-1740; v. ^{14}C-Teroxalen-Hydrochlorid in d. — bei Vers.-Tieren u. Menschen 27-1835; v. Thiophosphamid mit d. — 34-1674.

Bakterien aus menschl. — 3-1316; Wrkg. v. Antibiotika auf d. aerobe Flora im — d. Menschen 3-1588; Aminosäurezus. d. Zellwände d. fäkalen Laugenbildner u. d. laugenbildenden Varianten d. Enterobakterien 11-1271; Bakterien d. Ratten-– 39-1306.

Photometr. Best. v. J im – 7-2010; Schnellmeth. zur Best. v. Cr(III)-Oxid in –-Homogenaten 25-2142; Best.: d. gesamten kationenbildenden Mineralelemente im – (Bezieh. zur „Netto-Säuren"-Ausscheid. durch d. Niere) 45-1656; v. Mg im – 38-2135; techn. Erfordernisse u. Identifikat. v. Pralidoximchlorid u. seine Best. im – 14-1999; Best. v. ätherlösl. Porphyrinen im Mekonium durch Gegenstrommikroanalyse 18-1520; Identifizier. v. Mono- u. Dihydroxygallensäuren in Human-– durch Verteil.-Gaschromatographie u. Massenspektrometrie 22-2154; semiquant., dünnschichtchromatograph. Best. v. Gallensäuren im – 24-2097; Best.: d. in d. – ausgeschiedenen Proteine 31-2188; d. gesamten Fäkallipide einschließl. d. mittelkett. Triglyceride 45-1640; fluorimetr. Best. v. Indoxol in – 45-2160; markiertes Cr_2O_3 als Indikator für Verdauungsprod. (Darst. u. Best. im –) 46-1921.

γ-Fagarin s. unter $C_{13}H_{11}NO_3$.
Fagarin II s. unter $C_{21}H_{23}NO_5$.
γ-Fagarinsäure s. unter $C_{12}H_{11}NO_5$.
Fahlerze, Vork. v. *Silberfahlerz* in d. teleskopart. Lagerstätte v. Fournial (Cantal) 8-0792; Geochemie v. – in d. Litschkwasker Au-Erzlagerstätte 13-0816; Unters. d. Siderit-Septarien u. d. Paragenese v. – 36-0775; Vork. v. Chalkostibit in Assoziat. mit – in Hg-Erzen d. Altaigebirges 38-0838; Texturen v. – v. Thackaringa 47-0748.
Fairfieldit, Identifizier. d. PO_4^{3-}-Gruppe in – mit Strychninmolybdat-Reagenz 27-2216.
FAK s. unter *Plaste, Phenolharze* (*Weitere Phenolharze*).
Faktor Ψ, Biosynth. durch Actinomyces olivaceus auf synthet. Nährboden 17-1383.
Faktor II s. unter *Enzyme, Spezielle Enzyme* (*Prothrombin*).
Faktor III s. unter $C_{61}H_{84}CoN_{14}O_{15}P$.
Faktor V s. unter *Blut, Blutgerinnung*.
Faktor VII s. unter *Blut, Blutgerinnung*.
Vaktor VIII s. unter *Proteine, Spezielle Proteine*.
Faktor IX s. unter *Blut, Blutgerinnung*.
Faktor X s. unter *Blut, Blutgerinnung*.
Faktor XIII s. unter *Proteine, Spezielle Proteine* (*Fibrinstabilisierungsfaktor*).
Faktor B s. auch $C_{48}H_{74}CoN_{11}O_{10}$.
Faktor C, Wrkg.-Mechanismus bei d. Zelldifferenzier. bei Bakterien 51/52-1181.
Faktor C$_1$, Biosynth. durch Actinomyces olivaceus auf synthet. Nährboden 17-1383.
Faktor C$_2$, Biosynth. durch Actinomyces olivaceus auf synthet. Nährboden 17-1383.
Faktor E, Biosynth. durch Actinomyces olivaceus auf synthet. Nährboden 17-1383.
Faktor IIIm s. unter $C_{61}H_{87}CoN_{13}O_{16}P$.
Faktor S, – als neuromuskuläre Erregersubstanz aus Insekten u. Crustaceen 46-1421.
Falicain s. unter $C_{17}H_{25}NO_2$.
Famatinit, Unters. d. Paragenese v. Sphalerit mit – in verschiedenen Mineralisat.-Etappen 38-0868; Verf. zur hydrothermalen Darst. v. – 6-0725; Krist.-Struktur d. Mineralien d. Luzonit-–-Serie 14-0793.
„FA Monomer", Zus., Verharz.-Wärme 29-1248: Verw. zur Herst. v. Plastbeton mit hoher Zug- u. Druckfestigk. sowie guter Rißbeständigk. 41-2405.
Famophos s. unter $C_{10}H_{16}NO_5PS_2$.
Famphur s. unter $C_{10}H_{16}NO_5PS_2$.
Fanasil s. unter $C_{12}H_{14}N_4O_4S$.
Fangchinolin s. unter $C_{37}H_{40}N_2O_6$.
Faraday-Effekt s. unter *Rotation, magnetische*.
Farbe

Farbphotographie s. unter *Photographie*. *Färben*; *Färbung, biologische*; *Farbstoffe*; *Farbzentren*; *Indikatoren* s. dort. *Kolorimetrie* als chem. Analysenverf. s. dort.

Siehe auch *Lichtabsorption*; *Optik*; *Spektrum*.

– u. Konstit. v. Farbstoffen u. verwandten Verb. 1-2575; Vgl. d. rechner. Färberezeptermittl. u. d. Rezeptaufstell. über Farbatlanten 2-2547; Probleme bei d. Herst. eines Farbatlas 4-2243; fehlerhafte Farbvision (*1*. Eigenart) 10-2694; *Solvatochromie, Tautochromie* u. *Metachromie* 15-2829; *Metachromasie* 19-0918; *metachromat*. Verh. v. Farbstoffen in Lsgm. hoher DK 20-0809; Anwend. d. Winkelüberlapp.-Modells auf chirale *Chromophore* u. d. Ursprungsbezieh. d. abs. Konfig. 21-0097; Bekämpf. d. *Phototropie* v. Textilfärb. 24-2654*; Wiedergabe v. Farbtönen durch Kolorimetrie (I.M.P.-Verf.) 30-2652; – u. Konstit. 35-0859; Farbnormen u. ihre Anwend. in d. Textilindustrie 29-2952; Einführ. in d. Farbtheorie u. ihre Anwend. auf Farbbest. 43-2820; quant. Best. d. Farbindukt. 44-2564; optimierte Gleich. für Max-Adam-Farbunterschiede 44-2565.

– u. Konstit. bei anorgan. Feststoffen 39-0272; Elektronenspektren v. trans-[Cr(III)-a_4b_2)-*Chromophoren* 13-0126; Brenn-– im Dreistoffdiagramm Kalk/Tonerde/Fe-Oxid 31-2457.

Feinstruktur v. Elektronenübergangsspektren *chromophorer* Gruppen 7-0825; *solvatochrome* Chelatbildner 18-1039; allg. Zusammenhänge zwischen – u. Struktur organ. Verb. (Übersicht) 45-0786; Fulvene u. *thermochrome* Äthylene 15-0887, 18-0871, 44-0716, 48-0879; Cyclobutendiylium-Kation, ein neuart. *Chromophor* aus Quadratsäure 18-1014; *Photochromie* in Triphenylmethanen 41-0801; opt. akt. aromat. *Chromophore* 47-0786; Herst. v. 2.4.5-Triphenylimidazolyl-Dimeren als *phototrope* Stoffe 34-2543; Mess. d. Quantenausb. *photochromer* Rk. v. Spiropyranen in polymeren Medien nach d. Lumineszenzmeth. 46-0890; *Solvatochromie* einer Reihe v. substituierten Nitrobenzolen u. Hammett-Konst. 11-0865; neue *photochrome* Verb. mit p-Nitrobenzyl-Strukturen 38-1096; – v. o-hydroxylierten Formazanen in Abhängigk. v. pH-Wert 14-0807; –-Rk. mit Xanthydrol 19-0919; *Phototropie* v. Farbstoffen v. Pyranthion/Flavanthion-Typ in Ggw. cycl. Harnstoffderiv. 25-2950; *Photochromie* v. Metalldithizonaten (Darst.) 4-0103; Kinetik u. IR-Unters. d. *Photochromie* v. Metalldithizonaten 4-0104; *Halochromie* v. Chinolinanaloga d. Chalkons mit Elektronendonatorsubstituenten 23-0907; *Thermochromie* v. β-Hydroxyalkylamino-p-chinonen (Mechanismus) 34-0871; *Solvatochromie* v. substituierten Benzaldehyden 45-0952; *photochromes* Verh. v. Piperidin- u. Py.-Molybdaten 33-2745; *Halochromie* d. Arylhydrazide v. Diarylglykolsäuren 14-0820; Farberschein. bei Deriv. d. N-[Phenylglycyl]-O-[4-nitrocinnamoyl]-1-aminonaphthols-(4) 40-0842; rote Formen d. Methylenblaus 38-0897; Struktur d. *Chromophors* v. Sulfmyoglobin 6-1540; Unters. d. Bind. v. PAS an Serumalbumin mit BCG-*Metachromasie* 21-1673; Ursachen d. Färb. v. Aphiden (Massenspektren v. Aphinderiv.) 11-0906; – v. Ölen (Verhältnis zwischen trichromat. u. nach verschiedenen subjektiven Meth. erhaltenen Resultaten, Umrechn.-Tafel) 13-1975; – u. Aussehen v. Kunststoffen 3-2778.

Spektrophotometr. Syst. zur Farbmess. mit d. Computer 1-2852; Grundbegriffe d. Farbmess. 2-2552; Verf. zur Herst. u. Behandl. v. Prüflingen für Farbmess. 2-2554; Herst. u. Behandl. v. Proben für Farbmess. (Textilien) 3-2781; temperaturanzeigendes Korros.-Schutzmittel auf d. Basis d. Farbwecnsels anorgan. Phosphate 5-2118*; Farbmetrik u. *Photometrie* in d. Textilind. 5-2753; Entw. eines Spektrographen zur Beobacht. d. Zeitabhängigk. v. – (Anwend. v. *Photochromismus*) 12-1807; industrielle Verw. v. Vorr. u. Geräten für d. Farbmess. u. Kontrolle 14-2699; apparative Farbmess. in d. Textilindustrie 15-2812; Kugelphotometer als neues Gerät für d. Mess. d. – u. d. Trüb. in Lsg. v. weißen Krist.-Zuckern 19-2065; Verf. zur Herst. u. Handhab. v. Mustern für Farbmess. 19-2870; Meth. zur Farbmess. v. Polyestermisch .24-2650; Anwend. d. Farbmetrik in d. Glastechnologie 27-2496; Spektrophotometrie zur Analyse u. Charakterisier. v. Farbtön. 42-2719; Mess. v. Farbkoordinaten v. Standards u. Mustern 43-2818; Best. d. – (CIE-Syst.) 45-2943; Farbmess. in d. Teppichfärberei 49/50-2758.

Bibl.: Farbe, Farbstoff, Färben B 31.

Farblacke, Azofarbstoffe für – 1-2593*; Unters. v. – für kosmet. Präp. 12-1967.

Farbstoffe

Siehe auch *Anstrichmittel* (*und Anstriche*) [*Anstrichfarben*]; *Blutfarbstoffe*; *Färben*; *Gallen farbstoffe*; *Indikatoren*; *Pflanzen* (*Pflanzenfarbstoffe*); *Tierfarbstoffe*.

Pigmente: u. Farben (Fortschrittsbericht) 8-2972; u. – (Überblick) 12-2977; u. Farben (Überblick) 42-2727; (Fortschrittsbericht) 48-2760; Verhüt. d. Korros. durch W. in –-Anlagen 22-3042.

Herst.: v. wetterfesten, fluoreszierenden Pigmenten 10-2961*; v. hochmol. – (Verw.) 20-2957*; Wrkg.-Mechanismus v. Antiflock.-Mitteln für Pigmente in Farbgrundlagen 8-2975; Pigmentausschwimmen bei Graulacken mit verschiedenen Schwarzpigmenten 12-2979; Kaolin als Pigmentstreckmittel für Anstriche 26-3010; Beeinfluss. d. Lichtbeständigk. v. – durch d. Bindemittel 44-2823.

Effekt metalloider Substit. auf d. Elektronenspektren einfacher Chromophore 4-0086; Zwischenzustände v. Pigmenten bei Impulsphotoanreg. 28-1007; elektronenmkr. Unters. v. Teilchengröße u. -form v. Lackpigmenten 51/52-2800; Deckvermögen d. Buntpigmente in Anstrich- u. Druckfarben. *2*. Mitt. Bedeut. d. Deck.-Kriteriums 8-2976; Berechn. d. Deckvermögens d. Buntpigmente in Anstrich- u. Druckfarben 20-2934; Lichtstreuung u. Deckfähigk. v. weißen – 32-2903; Farbe pigmentierter Materialien. *3*. Mitt. Reflex. d. Lichtes an dünnen Schichten 36-2995; Oberflächensensibilisier. durch – (*1*. Mitt.) 10-0385; (*2*. Mitt.) 10-0386; potentiometr. Bewert. v. korrosionsschützenden Pigmenten in Anstrichen 51/52-2802; Einfl. d. Pigmentier.-Höhe u. d. Pigment/Extender-Verhältnisses auf d. Verh. v. Dispers.-Farben bei d. Bewitter. 4-2504; Einfl.: d. Pigment-Vol.-Konz. in einfachen Weißlacken 12-2978; v. Tracer-– auf d. Größenverteil. u. d. Transporteig. v. Micellen 25-0671; v. feinteil. Füllern auf d. Verminder. d. Leist.-Fähigk. v. Pigmenten in Latexfarben 28-3060; Bewert. d. optimalen Dispers.-Zus. weißer Pigmente 34-2889; Flock. u. ähnl. Pigmentwechselwrkg. in Anstrichen 34-2892; Zusammenhang zwischen lösl. Salzgeh. u. d. Anstrichverh. v. Pigmenten 34-2893; Mess. d. Filmdichte u. PVK v. Dispers.-Farben 40-2777.

Wechselwrkg. v. – mit Ionenaustauscherharzen 1-1757; Bind. v. – an Polykationen. *2*. Mitt. 29-1276.

Aufnahme v. radioakt. – durch Aquariumfische (Einfl. v. DMS) 4-1300.

– zur Kennzeichn. v. Massenteilen 48-2795*; Verw. v. – bei d. Herst. v. synthet., geformten Steinen 29-2457*; Pigmente u. – für plast. Material (Übersicht) 30-2887; Verw. v. Pigmenten: bei d. elektrophoret. Lackier. v. Automobilteilen 20-2935; u. Füllstoffen für plast. Anstrichgemische 24-2883*; Verw. v. beschichteten Pigmenten für Anstrichmittel 28-3092*; Einsatz v. Weißpigmenten in d. Lackindustrie (Überblick) 30-2885; Verw. v. mit Polymerisaten umhüllten Pigmenten zur Herst. v. Dispers.-Farben 40-2796*.

Identifizier. v. – 42-2718; polarograph. Analyse v. Farbpigmenten 46-1971; halbquant. Best. d. Pigmente in Anstrichmitteln mittels Röntgenfluoreszenz 47-2106; Best.: d. Pigmentverteil. in Anstrichfilmen 40-2778; v. Farbe, Festigk. u. Verteilbark. v. Pigmenten mit d. Kleinkugelmühle v. Sherwin-Williams 44-2812; Identifizier. synthet. – in Arzneiformen 12-1608; Mikrobest. v. Hg in –-Zusätzen nach d. photometr. Hg-Dampfverf. 2-1916; IR-spektrophotometr. Analyse für d. Betriebskontrolle bei d. Herst. v. – 24-2136.

Farbstoffe, anorganische

Anorgan. Hochtemp.-Farbstoffe 18-2909; weißdeckende anorgan. Pigmente u. Streckmittel 22-3046; neue keram. Pigmente v. Granattyp 40-2056.

Anorgan. Pigmente durch iso-, homöo- u. heterotype Mischphasenbldg. 1-2856; Herst.: v. Metalloxidpigmenten 5-2192*; v. Metall- oder Halbmetalloxid-Pigmenten durch Gas-Rk. 6-2150*; v. Perlmuttpigmenten 6-2158*; v. anorgan. Glasurfarben 11-2278*; v. Metalloxiden für Pigmente durch Gasphasenox. 12-2158*; v. beständ. Dispers. aus anorgan. Pigmenten u. synthet. Polyamiden (Verw.) 14-2955*; Verw. feinteil. Oxide als Pigmente 21-2390*; Herst.: eines perlmutterart. Pigmentes mit Schichtaufbau 25-2352*; v. hitzebeständ. anorgan. Pigmenten 27-2469*; v. Metall-Pigmentflocken 28-2291*; u. Klassifikat. keram. Pigmente 33-2533; Trenn. anorgan. Farbpigmente durch Teilchenelektrophorese 37-2102; neues Mineralfärbeverf. für bessere Wetterbeständigk. v. Baumwolle 25-2937.

IR-Spektren hoher Auflös. anorgan. Pigmente u. Streck.-Mittel 40-0263; Best. d. Farbstärke v. anorgan. Buntpigmenten 2-2773; Unters. v. anorgan. Hochtemp.-Pigmenten 18-2909; Einfl. d. Form u. Größe v. Mineral-Pigmentteilchen auf d. Seiger. in Anstrichen 36-2992; Best. d. Dispergiereig. v. anorgan. Oxidpigmenten in organophilen u. hydrophilen Bindemittel/Lsgm.-Syst. 40-2778.

Verw. v. organ. u. anorgan. Farbpigmenten als Material für Glasdünnschichtkapillaren 39-1923; Verw. v. anorgan. Pigmenten: in d. Bauindustrie (Überblick) 4-2505; in wasserabstoßenden pigmentierten Überzügen für poröse oder faser. Baustoffe 15-2376*; Farbkörper für keram. Erzeugnisse 26-2360; anorgan. Pigmente: in steifem u. weichem PVC 13-2778; in Hart- u. Weich-PVC 25-3036; zum Färben v. Natur- u. synthet. Gummi (Übersicht) 30-2888; Verw. v. oberflächenbehandelten Glimmerplättchenpigmenten für Anstrichmittel 14-2954*.

Korngrößenanalyse anorgan. Pigmente 9-2026; systemat. qual. Analyse v. anorgan. Pigmentgemischen (2. Ergänz.) 13-1988; Best. v. Cu u. Hg in Antifäulnispigmenten 8-1978.
Bibl.: Systematische qualitative Analyse anorganischer Pigmentgemische B 29.

Spezielle anorganische Farbstoffe

Die Hinweise mit *) beziehen sich auf Stichwörter außerhalb des Kapitels „Farbstoffe, anorganische".

Aluminiumpigmente, Herst.: v. Perlmuttpigmenten unter Verw. v. Na_3AlF_6 6-2158*; eines perlmutterart. Pigmentes unter Verw. v. Na_3AlF_6 25-2352*; v. gefärbten Na-Al-Silicatpigmenten 25-2353*; v. Na-Al-Silicat-Pigmenten aus Wasserglas u. Al-Sulfat 40-2074*.
Elektr. u. rheolog. Eig. v. *Alurotpigment*-Suspens. 36-2996; dielektr. Eig. v. *Alurotpigmenten* 36-2997.
Verw.: v. pulver. – für Anstrichstoffe 1-2895*; in Lsgm.-halt. Farben 20-2959*; in Holzprimern 22-3044; in Anstrichen 22-3060; v. Al-Blättchen u. Zn-Staub für Anstrichmittel 24-2884*; v. –-halt. Anstrichmittel zur Herst. v. elektr. nicht leitenden Überzügen 28-2316*; Absorpt.- u. Pigmenteig. v. durch Al- u. Si-Oxide modifiziertem TiO_2 38-2316.
Best. v. Al in Pigmentgemischen 13-1988; s. auch *Farbstoffe, anorganische – Satinweiß*; *Farbstoffe, anorganische – Ultramarine.*
Alurotpigmente s. unter *Farbstoffe, anorganische – Aluminiumpigmente.*
Anataspigmente s. unter *Farbstoffe, anorganische – Titanpigmente.*
Antimonpigmente, Herst.: v. Sb-Ni-Titanat-Pigmenten mit *25–75* SiO_2 31-2366*; v. Co-, Sb- u. Ta-Oxidgemischen als Pigmente 41-2318*.
Verw. v. Sb_2O_3-Pigmenten in Anstrichmitteln 2-2806*.
Bariumpigmente, elektr. u. rheolog. Eig. v. gefällten Ba-Sulfatpigmentsuspens. (Blanc fixe) 36-2996; dielektr. Eig. v. *Blanc-fixe*-Pigmenten 36-2997.
Verw. v. modifizierten Ba-Metaboratpigmenten für Alkydanstrichmittel 14-2927.
Tafelprüf. v. Anstrichen mit Ba-Metaboratpigmenten 1-2867.
Berliner Blau s. unter *Eisencyanoferrate*).*
Blanc fixe s. unter *Farbstoffe, anorganische – Bariumpigmente.*
Bleipigmente, weißdeckende – (Übersicht) 22-3046; Eig. u. Einsatz v. *Bleiweiß*-Pigmenten (Überblick) 30-2885.
Herst.: u. Emiss.-Spektralanalyse u. Verw. v. *Bleiweiß* in d. Malerei 1-2857; v. *Chromgelb* (*13* $PbCrO_4 \cdot PbSO_4$) 4-1792; v. mit organ. Pigmenten mischbarem *Molybdatorange* aus Pb-Salzen, Chromaten u. Mo-Sulfat 6-2945*; v. komplexen Pb-Verb. u. Verw. als Pigmente 9-2219*; Verw. v. Suspens. komplexer Pb-Salze aus PbO, Pb-Verb. u. Pb-Carbonsäuresalzen für Farbpigmente 20-2958*; Herst.: eines perlmutterart. Pigmentes unter Verw. v. $PbCl_2$ 25-2352*; v. Blei-Chrom-Farbe 32-2262*; v. $PbCrO_4$-*Chromgelb* aus PbO u. $Na_2Cr_2O_7$ (Rk.) 34-2240; v. gegen SO_2 beständ. *Molybdatorangepigmente* durch Behandl. mit Sb(III)-Verb. u. $(NH_4)_2SiF_6$ 38-2328*.
Lichtechth. v. Pb(II)-Chromat enthaltenden Pigmentgemischen 18-2904; Einfl. v. PbO_2-Pigmenten auf d. physikal.-mechan. Eig. v. gespritzten Polyäthylenüberzügen 28-3057.
Verw. v. *Chromgelb*: zur Anfärb. v. PVC 7-2833; in farb. Kunststein 19-2477*; Verw.: v. metall. – für Korros.-Schutzanstriche 2-2777; v. PbO-halt. Zinkweiß in Schutzanstrichen 6-2924; chem. Rk. in Pb-pigmentierten Anstrichfilmen 32-2407; Verw. v. metall. – in Korros.-Schutzanstrichen 38-3050; – in wasserverdünnbaren Holzgrundier. 51/52-2801.
Best. v. Pb-Cyanamid in Pigmentgemischen 13-1988; polarograph. Best. v. *Bleiweiß* in Anstrichfarben 15-2123; Best. d. wasserlösl. Anteile v. *Chromgelb*-Pigmenten durch Mess. d. elektr. Leitfähigk. 38-3045; Mess. d. Adsorpt. v. Polydimethylsiloxanen an *Chromgelb*-Pigmenten mit d. radioakt. Tracermeth. 44-2815; s. auch *Farbstoffe, anorganische – Mennige.*
Bleiweiß s. unter *Farbstoffe, anorganische – Bleipigmente.*
Borpigmente, Verw.: v. B_2O_3 in Form v. $B(OH)_3$ oder Boraten in anorgan. Glasurfarben 11-2278*; v. modifizierten Ba-Metaboratpigmenten für Alkydanstrichmittel 14-2927.
Cadmiumpigmente, Herst. v. Pigmenten aus Polyamiden u. – 8-2995*; Gewinn. u. Eig. v. gelben – aus Cd-Sulfat, Cd-Carbonat, ZnO u. $Na_2S_2O_3$ 20-2936; Herst. v. Pigment d. Zus. $CdS \cdot CdSe$ 33-2445*.
Verw. v. – zur Anfärb. v. PVC 7-2833.
Best. v. *Cadmiumrot* in Pigmentgemischen 13-1988.
Cadmiumrot s. unter *Farbstoffe, anorganische – Cadmiumpigmente.*
Calciumpigmente, Herst.: eines verbessert deckenden Füll- u. Farbpigments aus TiO_2 u. $CaCO_3$ 5-2191*; v. Perlmuttpigmenten unter Verw. v. CaF_2 6-2158*, 25-2352*; v. hitzebeständ. Pigmenten unter Verw. v. $CaSO_4$ u. $CaCl_2$ 27-2469*.
Best. v. Mg u. Ca in Pigmentgemischen aus Dolomit 13-1988; s. auch *Farbstoffe, anorganische – Satinweiß.*
Carbonatpigmente, Herst. v. anorgan. organophilen –, Sulfat- u. Phosphatpigmenten 31-2365*.
Chromgelb s. unter *Farbstoffe, anorganische – Blei- bzw. Chrompigmente.*
Chrompigmente, Chromatpigmente, chem. kristallograph. u. physikal. Eig.; Grenzen d. anwendungstechn. Einsatzes (*2.* Mitt.) 8-2973; (*1.* Mitt.) 26-3008.
Herst.: v. *Chromgelb* (*13* $PbCrO_4 \cdot PbSO_4$) 4-1792; v. keram. Pigmenten v. Spinelltyp aus d. Serie $NiO-Cr_2O_3$ 4-1892; v. mit organ. Pigmenten mischbarem *Molybdatorange* aus Pb-Salzen, Mono- u. Dichromaten u. Mo-Sulfat 6-2945*; v. Pigmenten aus Polyamiden u. Cr_2O_3 oder – 8-2995*; v. Blei-Chrom-Farbe 32-2262*; v. $PbCrO_4$-*Chromgelb* aus PbO u. $Na_2Cr_2O_7$ (Rk.) 34-2240; v. Zn-Chromat-Pigmenten 35-2279*; v. gegen SO_2 beständ. *Molybdatorange*-Pigmente durch Behandl. mit Sb(III)-Verb. u. $(NH_4)_2SiF_6$ 38-2328*.
Lichtechth. v. Pb(II)-Chromat enthaltenden Pigmentgemischen 18-2904; Einfl. v. Cr_2O_3-Pigmenten auf d. physikal.-mechan. Eig. v. gespritzten Polyäthylenüberzügen 28-3057; elektr. u. rheolog. Eig. v. Zn-Tetraoxychromatpigmentsuspens. 36-2996; dielektr. Eig. v. Zn-Tetraoxychromatpigmenten 36-2997.
Wirkungsweise v. Zn-Chromatpigmenten in Metallgrundier. 12-2981.
Verw.: v. Cr_2O_3 in anorgan. Glasurfarben 11-2278*; v. *Chromgelb* in farb. Kunststein 19-2477*; Cr-enthaltende Farbkörper für keram. Erzeugnisse 26-2360; Verw.: v. *Chromgelb* zur Anfärb. v. PVC 7-2833; v. Cr-Oxid-Pigmenten (zur Anfärb. v. PVC) 7-2833; (in Polymerüberzügen) 4-2511; v. Chromatpigmenten in Antikorros.-Farben zum Metallschutz 30-2889.
Schnellmeth. zur Phasenbest. bei d. Synth. v. Chromfarben 37-2232; Best. d. wasserlösl. Anteile v. *Chromgelb*-Pigmenten durch Mess. d. elektr. Leitfähigk. 38-3045; Mess. d. Adsorpt. v. Polydimethylsiloxanen an *Chromgelb*-Pigmenten mit d. radioakt. Tracermeth. 44-2815.
Bibl.: Specification for chromic oxide pigments B 94
Echtbrauneisenoxidpigmente s. unter *Farbstoffe, anorganische – Eisenpigmente.*
Echtschwarzeisenoxidpigmente s. unter *Farbstoffe, anorganische – Eisenpigmente.*
Eisencyanblaupigmente s. unter *Farbstoffe, anorganische – Eisenpigmente.*
Eisenoxidrot s. unter *Farbstoffe, anorganische – Eisenpigmente.*
Eisenpigmente, Herst.: v. feindispersen *Eisenoxidrot*-Pigmenten 1-2073*; v. *Echtbraun*- u. *Echtschwarzeisenoxid-Pigmenten* v. Hämatitstruktur 1-2856; v. Pigmenten aus Polyamiden u. Fe_2O_3 8-2995*; v. *Eisencyanblaupigmenten* 11-2191*; v. Fe_3WO_6 u. Verw. als Pigmente 17-2393*; naßchem. Herst. v. roten Fe_2O_3-Pigmenten 37-2408*; Stabilisier. v. Fe_2O_3-Pigmentdispers. durch Polyester in nichtwss. Medien 36-2994.
Einfl. d. Form u. Größe v. Fe_2O_3-Pigmenten auf d. Seiger. in Anstrichen 36-2992.
Verw.: v. Fe-Oxid-Pigmenten zur Anfärb. v. PVC 7-2833; v. Fe_2O_3 in anorgan. Glasurfarben 11-2278*; v. rostfreien Stahlpigmenten in Anstrichen 22-3060; v. Fe_2O_3-Pigmenten in Polyvinylüberzügen 22-3092*.
Mess. d. Adsorpt. v. Polydimethylsiloxanen an FeO_3-Pigmenten mit d. radioakt. Tracermeth. 44-2815; s. auch *Eisencyanoferrate*).*
Kieselsäurepigmente s. unter *Farbstoffe, anorganische – Siliciumpigmente.*
Kobaltblau s. unter *Farbstoffe, anorganische – Kobaltpigmente.*
Kobaltpigmente, Herst. v. Co-, Sb- u. Ta-Oxidgemischen als Pigmente 41-2318*.
Verw. v. Co_3O_4 in anorgan. Glasurfarben 11-2278*; Farbkörper d. Syst. Co/Zn für keram. Erzeugnisse 26-2360; Verw. v. *Kobaltblau* zur Anfärb. v. PVC 7-2833.
Kupferpigmente, Farbkörper auf Cu-Basis für keram. Erzeugnisse 26-2360.
Best. v. *Schweinfurter Grün* in Pigmentgemischen 13-1988.
Lithopone, – für elektrophoret. Lacke. 2. Mitt. 42-2742.
Magnesiumpigmente, Herst. v. Perlmuttpigmenten unter Verw. v. MgF_2 6-2158*, 25-2352*.
Best. v. **Mg** u. Ca in Pigmentgemischen aus Dolomit 13-1988.
Manganpigmente, Herst. v. *Manganviolett* durch Glühen v. $(NH_4)_2HPO_4$, H_3PO_4 u. Mn-Verb. 33-2444*; Zus. u. Eig. v. *Manganviolett* ($MnNH_4P_2O_7$) 35-2267.
Manganviolett s. unter *Farbstoffe, anorganische – Manganpigmente.*
Mennige, Sedimentat. v. – in thixotropen Lackfarbenmaterialien mit ^{60}Co-Strahlen 32-2904.
Molybdänpigmente, Herst.: v. mit organ. Pigmenten mischbarem *Molybdatorange* aus Pb-Salzen, Chromaten u. Mo-Sulfat 6-2945*; v. gegen SO_2 beständ. *Molybdatrot*-Pigmenten u. *Molybdatorange*-Pigmente durch Behandl. mit Sb(III)-Verb. u. $(NH_4)_2SiF_6$ 38-2328*.
Verw. v. *Molybdatrot* zur Anfärb. v. PVC 7-2833.
Molybdatorange s. unter *Farbstoffe, anorganische – Blei-, Chrom- bzw. Molybdänpigmente.*
Molybdatrot s. unter *Farbstoffe, anorganische – Molybdänpigmente.*
Nickelpigmente, Herst.: v. keram. Pigmenten v. Spinelltyp aus d. Serie $NiO-Cr_2O_3$ 4-1892; v. Ni-Sb-Titanat-Pigmenten mit *25* bis *75* SiO_2 31-2366*.
Verw. v. *Nickeltitangelb* zur Anfärb. v. PVC 7-2833.
Nickeltitangelb s. unter *Farbstoffe, anorganische – Nickel- bzw. Titanpigmente.*
Phosphatpigmente, Herst. v. anorgan. organophilen –, Sulfat- u. Carbonatpigmenten 31-2365*.
Ruß s. dort*).
Rutilpigmente s. unter *Farbstoffe, anorganische – Titanpigmente.*
Satinweiß, Herst. fl. Dispers. v. – für Papierstreichfarben 3-3229*; Verw. als Papierstreichmasse 20-3068*.
Schweinfurter Grün s. unter *Farbstoffe, anorganische – Kupferpigmente.*
Siliciumpigmente, Herst.: v. verbessertem Kieselsäurepigment 27-2468*; v. hitzebeständ. Pigmenten unter Verw. v. Na-Silicat 27-2469*; v. gefärbten Na-Al-Silicat-Pigmenten durch Ox. einer Silicat-Leukofarbstoff-Dispers. 25-2353*; v. Ni-Sb-Titanat-Pigmenten mit *25* bis *75* SiO_2 31-2366*; eines Siliciumcarbidpigmentes durch Rk. v. großen C-Teilchen mit SiO_2 37-2409*; v. Na-Al-Silicat-Pigmenten aus Wasserglas u. Al-Sulfat 40-2074*.
Verw.: v. feinst zerkleinerten, porösen Kieselsäurepigmenten als Mattier.-Mittel für Anstriche 40-2782; v. SiO_2-halt. Aerogel als Mattier. für Lacke 6-2144*; mikronisierte u. nachbehandelte poröse Kieselsäuren als Mattier.-Mittel in d. Lackindustrie 16-3071; Absorpt.- u. Pigmenteig. v. durch Al- u. Si-Oxide modifiziertem TiO_2 38-2316; s. auch *Farbstoffe, anorganische – Ultramarine.*
Sulfatpigmente, Herst. v. anorgan. organophilen –, Carbonat- u. Phosphat-Pigmenten 31-2365*.
Tantalpigmente, Herst. v. Co-, Sb- u. Ta-Oxidgemischen als Pigmente 41-2318*.
Titanpigmente, weißdeckende – (Übersicht) 22-3046; Eig. u. Einsatz v. *Titanweiß*-Pigmenten (Überblick) 30-2885.
Herst.: eines verbessert deckenden Füll- u. Farbpigments aus TiO_2 u. $CaCO_3$ 5-2191*; v. *Rutil-Pigment* 6-2139; v. Permuttpigmenten unter Verw. v. TiO_2 6-2158*; v. TiO_2-Pigmenten 8-2141* bis 8-2143*; v. Pigmenten aus Polyamiden u. TiO_2 8-2995*; v. TiO_2-Pigmenten 15-2262*, 15-2264*, 15-2265*; [durch Hydrolyse v. $TiO(SO_4)_2$] 15-2266*; (durch Oberflächenbehandl. mit Trimethylolpropan) 15-2267*; v. TiO_2-Pigmenten 20-2216*; v. perlmutterglänzenden TiO_2-Pigmenten 23-2416*; v. TiO_2-Pigmenten mit verbesserter Lichtbeständigk. durch Überziehen mit Al_2O_3 u./oder SiO_2 25-2351*; eines perlmutterart. Pigmentes unter Verw. v. TiO_2 25-2352*; v. – aus Ti-Tetrahalogenid u. H_3PO_4 25-2355*; v. TiO_2-Pigmenten mit verbessertem Glanz 27-2467*; v. klassifizierbaren TiO_2-Pigmenten 28-2292*; v. dispersem TiO_2-Pigmenten 31-2362*, 31-2363*; v. Sb-Ni-Titanat-Pigmenten mit *25–75* SiO_2 31-2366*; v. *Titanweiß* durch Sulfatier. Ti-halt. Stoffe 32-2263*; v. TiO_2-Pigmenten aus $TiCl_4$ 32-2264*; v. TiO_2-Pigment 34-2269*; v. TiO_2-Pigment (durch Calcinieren) 34-2270*; (aus Rutil) 34-2271*; v. TiO_2-Pigment 35-2277*; v. golden gefärbten nitrierten – 35-2278*; v. TiO_2-Pigment d. Rutilform 40-2076*; nach d. H_2SO_4-Verf. hergestellte TiO_2-Pigmente (Übersicht) 41-2287.
Herst. v. chloridfreiem TiO_2-Pigment durch Gasphasenox. v. $TiCl_4$ 42-2104*.

Pigmentdispergier. v. TiO_2 14-2924; Stabilisier. v. TiO_2-Pigmentdispers. durch Polyester in nichtwss. Medien 36-2994; Erhöh. d. Farbbeständigk. v. TiO_2-Pigmenten 1-2074*; Oberflächenbehandl. u. opt. Eig. v. TiO_2 2-2774; elektronenmkr. Beobacht. v. Überzügen auf TiO_2-Pigmenten 6-2925; Oberflächenbehandl. v. *Titanweiß* mit Al_2O_3, SiO_2 u. ZnO (Verw. für Anstriche) 32-2897; chem. Modifizier. d. Oberfläche v. TiO_2-Pigmenten durch normale aliphat. Alkohole 32-2898; Modifizier. v. *Rutilpigment* nach d. Naßverf. mit Gemischen aus Al_2O_3 u. SiO_2 32-2899; Erhöh. d. Weißgeh. u. d. Intensität v. TiO_2-Pigmenten durch Zusatz v. Zr-Salzen 32-2927*.

Einfl.: v. Elektrolyten auf d. Eig. v. TiO_2-Pigmenten (Rutil) 34-2893; v. mineral. Extendern auf d. Eig. v. TiO_2-Pigmenten in Anstrichfarben 38-3049; v. Zusätzen u. Calcinier. auf d. Pigmenteig. v. TiO_2. (*3.* Mitt., Einfl. einiger Rutilisier.-Katalysatoren) 40-2780; (*4.* Mitt. Einfl. einiger Ti-Verb. als Rutilisier.-Katalysatoren) 40-2781; Reflex.-Verh. v. mit TiO_2-pigmentierten Anstrichfilmen 4-2518; Körnchenbldg. u. Glanzverlust bei TiO_2/Zinkweiß-Alkydharzanstrichen 14-2930; Lichtechth. v. Pigmentgemischen aus Pb-Chromat u. TiO_2 18-2904; Lichtstreuung u. Deckfähigk. v. *Rutil-* u. *Anatas-Pigmenten* 32-2903; Zusammenhänge zwischen Pigmentgeometrie, Dispergier.-Zustand u. opt. Eig. v. TiO_2-Pigmenten 36-2989; strukturmechan. Eig. v. mit Na-Oleat modifiziertem TiO_2-Pigment 32-2902; Einfl.: d. Form u. Größe v. TiO_2-Pigmenten auf d. Seiger. in Anstrichen 36-2992; d. Oberflächenbehandl. v. TiO_2-Pigmenten auf ihr Agglomerisat.-Verh. 8-2974; Adsorpt.- u. Pigmenteig.: v. TiO_2 mit modifizierter Oberfläche. *1.* Mitt. 32-2899; v. durch Al- u. Si-Oxide modifiziertem TiO_2 38-2316; Ausflock., Aus- u. Aufschwimmen in mit Phthalocyanin/TiO_2 pigmentierten Farben 44-2814; Adsorpt. v. oberflächenakt. Stoffen u. eines Polymers an TiO_2-Pigmente 48-2761; Einfl.: d. Pigmentier.-Höhe u. d. Rutil/Extender-Verhältnisses auf d. Verh. v. Dispers.-Farben bei d. Bewitter. 12-2980; v. modifiziertem Rutil-TiO_2 auf d. Eig. v. Alkydharzlacken 24-2860.

Verw.: v. TiO_2-Pigmenten u. *Nickeltitangelb* zur Anfärb. v. PVC 7-2833; v. TiO_2-Pigmenten (in Polysiloxanlacken) 1-2879*; (in Polyvinylüberzügen) 22-3092*; Flowpoint-Technik als Hilfsmittel bei d. Herst. v. Anstrichmitteln mit TiO_2 30-2886.

Best. v. Pb-Titanat in Pigmentgemischen 13-1988; Verfolg. d. Anreibvorganges v. TiO_2-Pigmenten durch Mess. d. DK 14-2925; massenspektrometr. Analyse v. TiO_2-Pigmenten mit einer Funkenionenquelle 24-2150; Bewert. d. optimalen Dispers.-Zus. v. *Anataspigmenten* 34-2889; Best.: d. Aufhellvermögens v. TiO_2 mit d. Lichtkomperator EKC-*1* 34-2890; d. Red.-Vermögens u. d. Tön. v. TiO_2-Pigmenten in grauen Anstrichen 38-3047; Mikroelektrophoresegerät zur Unters. v. TiO_2-Pigmentsuspens. 40-2776; Prüf. v. TiO_2-Pigmenten auf Dispergierbark., Witter.-Beständigk. u. opt. Eig. 42-2723; Kurzbewitter.-Prüf. v. TiO_2-pigmentierten Lacken 10-2953; Mess.: d. Streukoeff. v. TiO_2-halt. Anstrichfarben 24-2859; d. opt. Eig. v. mit TiO_2-Pigmenten versehenen Filmen 42-2726; röntgenfluoreszenzspektrometr. Best. v. Sikkativzusätzen in TiO_2 enthaltenden Lackfarben 44-1953; Mess. d. Adsorpt. v. Polydimethylsiloxanen an TiO_2-Pigmenten mit d. radioakt. Tracermeth. 44-2815.

Titanweiß s. unter *Farbstoffe, anorganische — Titanpigmente.*

Ultramarinblau s. unter *Farbstoffe, anorganische — Ultramarine.*

Ultramarine, Verw.: v. *Ultramarinblau* zur Anfärb. v. PVC 7-2833; v. — in Signierfarbstoff 5-3189*.

Bibl.: Specification for ultramarine pigments B 96.

Vanadinpigmente, *Zirkonvanadinblau*-Farbkörper, bes. für Keramik u. Email 4-1902*; Farbkörper d. Syst. Zr/V für keram. Erzeugnisse 26-2360.

Wismutpigmente, Mischphasenbldg. v. Bi_2O_3-Pigmenten 1-2856.

Wolframpigmente, Herst. v. Fe_2WO_6 u. Verw. als Pigment 17-2393*.

Zinkpigmente, weißdeckende — (Übersicht) 22-3046; Eig. u. Einsatz v. *Zinkweiß*-Pigmenten (Überblick) 30-2885.

Herst.: v. Perlmuttpigmenten unter Verw. v. ZnS u. ZnO 6-2158*; eines perlmutterart. Pigmentes unter Verw. v. ZnO oder ZnS 25-2352*; v. Zn-Chromat-Pigmenten 35-2279*; v. ZnO in Ggw. v. Li_2O zur Verw. als Pigment 40-2075*.

Körnchenbldg. u. Glanzverlust bei TiO_2/*Zinkweiß*-Alkydharzanstrichen 14-2930; Lichtechth. v. Pigmentgemischen aus Pb-Chromat u. *Zinkweiß* 18-2904; Lichtstreuung u. Deckfähigk. v. ZnO-Pigmenten 32-2903; krit. PVK v. ZnO-Anstrichmitteln im Leinsamenstandölmedium 1-2855; strukturmechan. Eig. v. mit Na-Oleat modifiziertem ZnO-Pigment 32-2902; elektr. u. rheolog. Eig. v. Zn-Tetraoxychromatpigmentsuspens. 36-2996; dielektr. Eig. v. Zn-Tetraoxychromatpigmenten 36-2997; Fließverh. v. ZnO-Anstrichen bei unterschiedl. PVK 22-3055.

Wirkungsweise v. Zn-Chromatpigmenten in Metallgrundier. 12-2981.

Fungizide Wrkg. v. *Zinkweiß* 18-2910.

Farbkörper d. Syst. Co/Zn für keram. Erzeugnisse 26-2360; *Zinkweiß*-Granulat für keram. Farben 27-2512; Verw.: v. Zn-Staub in Silicatanstrich zum Korros.-Schutz 10-2384; v. Zn-Staubpigment in Korros-Schutzanstrichmitteln für Fe 24-2912*; v. Pb-halt. *Zinkweiß* in Schutzanstrichen 6-2924; v. ZnO_2-Pigmenten in Polyvinylüberzügen 22-3092*; v. sphär. Zn-Staub u. Al-Blättchen für Anstrichmittel 24-2884*; Entw. —-halt. Anstrichfarben 32-2905.

Best.: d. Granulathärte v. *Zinkweiß* u. sein Einfl. auf d. Verteil. in Kautschukmisch. 3-2858; v. Zr in Pigmentgemischen 13-1988.

Zinkweiß s. unter *Farbstoffe, anorganische — Zinkpigmente.*

Zirkonpigmente, Herst. v. hitzebeständ. Pigmenten unter Verw. v. Zr-Erz 27-2469*.

Zirkonvanadinblau-Farbkörper, bes. für Keramik u. Email 4-1902*; Farbkörper d. Syst. Zn/V für keram. Erzeugnisse 26-2360.

Zirkonvanadinblau s. unter *Farbstoffe, anorganische — Vanadin- bzw. Zirkonpigmente.*

Farbstoffe, organische

Allgemeines: Zusammenhang zwischen —-Konz. u. Normfarbwerten 2-2548; Entw. bei d. Anwend. v. — 4-2251; — für synthet Fasern. *5.* Mitt. 7-2754; Fortschritte auf d. Gebiet d. Pyridin-Ox. Haarfarben. *2.* Mitt. (Übersicht) 9-2755; Qualität u. Kontrolle d. — rumän. Herkunft 13-2721; Lumineszenz-— (Übersicht) 13-2728; neue —-Gruppen für Polyamidfasern 15-2818; Entw. bei Textil-— (Überblick) 18-2679; Chemie d. in d. Kosmetik verwendeten — (Übersicht) 18-2715; organ. Hochtemp.-— 18-2909; Änder. zum —-Gesetz (Absicher. d. Lebensmittelschutzes) 23-2282; Entw. d. Textil-— u. ihre Anwend. 26-2822; neue — u. Färbeverf. 35-2783; Aminochrome (*1.* Mitt.) 38-1659; (*2.* Mitt.) 38-1660; Fortschritte auf d. Gebiet d. Pyridin-Ox.-Haarfarben (Übersicht) 49/50-2798, 49/50-2799.

Herstellung: Gewinn. v. Fluoreszenz-— für Olefine u. Aromaten aus hochmol. Erdölfrakt. 3-2596*; Darst.: v. — u. deren quatern. Ammoniumsalzen 7-2759*; v. hochmol. wasserlösl. — 15-2849*; v. hochmol. — 15-2851*; v. farbstarken Aufschlüssen v. Farbbasen mit höhermol. Fettsäuren 20-2703; radiochem. Synth. d. — (Überblick) 20-2715; Herst. v. hochmol. — (Verw.) 20-2957*; Synth. v. — u. Zwischenprod. unter Hydridabspalt. 22-2809; Verbesser. d. —-Herst. durch Sprühtrockn. 23-2967; Darst.: v. hochmol. — 25-2971*; v. lösl. gemachten Farbbasen 27-3099*; u. Anwend. neuer Universal-Signier-— 30-2667; Zus. v. öllösl. Annatto-Lebensmittel-— (*3.* Mitt.) 31-1096; Eig. u. Herst. polypeptidart. — für Gewebeschnitte 36-2717; Darst. eines faserreakt., photochromen — für Nylon 38-2798; Herst.: v. fl. —-Komposit. 42-2497*; v. Farbstoffpaste aus W., wasserlösl. Metallsalzen oder -komplexen u. metallisierbaren, in W. wenig oder unlösl. — 46-2449*; v. polycycl. — 48-2486*.

Darst.: u. färber. Verw. v. 2.3:6.7-Diareno-1-thia-4.5-diazepinen 1-2598*; v. pyrimidinringhalt. — 1-2601*; v. — auf d. Basis polycycl. Ketone 2-2563*; v. wasserunlösl. Hydrazon-— 3-2807*; v. 2-(2.5-bis)-oxodihydrofuranringhalt. — 8-2694*; v. 9-Dicyanomethylennitrofluorenen zur Herst. v. π-Kompl. mit Lewis-Basen als — 11-2579*; u. Verw. v. Polyen-— 14-3098*; v. peri-Naphthazol-— 15-2848*; v. farb. Kondens.-Prod. aus Aminen u. Benzophenonen 15-2850*; v. wasserunlösl. carbonsäureamidgruppenhalt. — 15-2852*; v. 3.5-Epidithiopenta-2.4-dien-1-(thi)-onderiv. 16-2578*; v. p-(1.2-Dicyanvinyl)-N.N-dimethylanilin-— 17-3016*; v. Cyclobutendiylium-— 18-1014; v. hexachlor-[2.2.1]-bicycloheptencarbonylgruppenhalt. — 20-2724*; v. oxazolinyl- u. thiazolinylringhalt. Fluoreszenz-— 24-2673*; v. Pyrrol-— 30-2669; v. Oniumtetracyanäthyleniden als Färbemittel 31-2868*; v. fluoreszierenden cumarinringhalt. — 31-3077*; v. trihalogenpyrimidinylgruppenhalt. — 31-3078*; v. Perinaphthazol-— 33-3005*; v. cyanvinylgruppenhalt. — 33-3006*; v. —-Salzen d. Heterocyclo-c.d-benzindolreihe 34-2666*; Bldg. v. — aus heterocycl. N-Methyl-Betainen über Ylide 35-0997; Darst.: v. Triphenylphosphinmethylen-— 42-2517*; u. färber. Verw. v. acylaminomethylgruppenhalt. — 43-2821*; v. neuen Pyromellithsäurediimiden als — 46-2469*; v. 4-, 5- oder 8-Amino-1.9-pyrazolanthronen als — 47-2750*.

Herstellung von Farbstoffzwischenprodukten: Herst. v. mehrkern. aromat. Verb. als Zwischenprod. für — 40-2400*.

Darst. v. Zwischenprod. zur Herst. v. — (substituierte Sulfone) 1-2400*; (Oxosulfurylencarbonsäureamide) 1-2423*; (3.5-Dichlor- u. 3.5-Dibromanthranilsäure) 1-2591*; (Naphthofurochinolin- u. -isochinolindione) 5-2786*; (chlorierte Imidchloride) 6-2460*; (araliphat. Sulfoxide) 7-2604*; (Pyrazolderiv.) 7-2625*; (Mercaptane u. Thioäther) 12-2520*; (1.3.4-Oxadiazole) 16-2590*; (Alkylmercapto-[di(tri)-mercapto]-benzole) 17-2766*; (2.6-Bis-(dicyanmethylen)-2H.6H-naphthalin) 17-2785*; (Aminoaryl-[β-sulfatoxyäthyl]-sulfone) 17-3000*; (4-Arylhexahydrophthalsäure (bzw. hexahydrophthalimid)-deriv.) 20-2558*; (substituierte 1.3-Oxathiol-2-one) 20-2565*; (mit aromat. Nitroverb. verätherte gem.-Di-p-hydroxyphenylakane) 21-2812*; (Imidchloridgruppen enthaltende organ. N-Verb.) 21-2828*; (Naphthalindiacylnitrite) 21-2963*; (verätherte N-Hydroxymethylcarbonsäureamide u. -imide) 24-2520*; (2.5-Di-(benzimidazolyl-(2')]-furane) 27-2878*; (Anthramethoxazin-Monoacylderiv.) 31-3063*; (2-Amino-3.5-dicarbalkoxythiophene) 31-3064*; (12-Aminonaphthindolizinchinone) 31-3065*; (heißhärtbare Siloxane) 31-3259*; (Pyridazonimine) 35-2658*; (1-Aminopyridon-(4)-hydrazone) 35-2788*; (o.o'-Dialkylhydrazobenzole) 35-2789*; (Mercaptoformamidchloride) 36-2523*; (1.3.5-Trichlor-5-amino-2.4-diaza-2.4-pentadienylidendialkyl (bzw. alkylen)-ammoniumchloride) 37-2775*; (monoarylsubstituierte Äthylendiamine) 38-2663*; (4-Nitropyrazole) 38-2674*; (1-Acylacetalamino-2.5-dialkoxy-4-brombenzole) 38-2799*; (4-Amino-5-hydroxypyridazon-(6)-Deriv.) 38-2800*; (N-Chlorformylcarbamidsäureester) 39-2569*; (3.3.4.4-Tetrafluor-1-chlor-2-hydroxy-5-oxocyclopenten-[1]) 40-2391*; (N-substituierte 1.2.3.4-Tetrahydrochinoline) 42-2361*; (2-Halogennaphthaline) 43-2640*; (Anthrapyrimidine) 47-2751*; (2.4.-5.7-Tetrachlorphenthiazine) 49/50-2650*; (Pyrrolidone) 51/52-2444*.

—-Fixier. durch polyfunktionelle Vernetz.-Mittel 7-2751; Herst. v. aromat. Alkylaminen als Antioxydantien für — 12-2552*; kovalente —-Faser-Bind. über Vernetzer 16-2746; Körn. wasserlösl. — in Ggw. v. Polyäthylenoxiden 17-2999*; Herst. v. 1.5-Bis-[dihydroxyphenyl]-3-pentylamin u. dessen Salze als Zwischenprod. für —-Entwickler 24-2549*; Erhöh. d. Lichtechth. fluoreszenzfähiger — 38-2792*; Herst. v. Alkalimetall enthaltenden organ. N-Basen-Silicaten als Zusatzmittel für — 41-2701*.

Eigenschaften: Absorpt.-Spektren v. —; 9. Mitt. Elektronenspektren v. 1:1- u. 1:2-Komplexen sowie CT-Banden 2-0815; UV-Absorpt.-Spektren v. Lsg. v. —-Basen 21-0916; Elektronenspektren v. —-Lsg. (Temp.-Einfl.) 28-0861; spektroskop. Unters. an — *5.* Mitt. 32-0900; Elektronenspektren v. polaren — 41-0827; spektroskop. Unters. v. — *6.* Mitt. 47-1160; Elektronenabsorpt.-Spektren v. — in verschiedenen Aggregatzuständen 49/50-0722.

Metachromat. Verh. v. — in Lsgm. hoher Dielektrizitätskonst. 20-0809; opt. Rotat.-Dispers. v. Mucopolysacchariden u. ihren Komplexen mit aromat. — 33-1352; elektrochem. Unters. an energieübertragenden — 44-0805; anomale Rotat.-Dispers. metachromat. Mucopolysacchrid-—-Komplexe *2.* Mitt. 49/50-1526.

Verblassen v. — unter Lichteinfl. 6-2674; Lichtechth. natürl. — 9-2698; Ursache d. „anomalen" Farbe v. B-Komplexen mit hydroxylhalt. — 12-0791; Fluoreszenz v. — im IR 19-2871; Dichroismus v. — in einer gestreckten PVA-Folie; *5.* Mitt.; Korrektur d. Bezieh. zwischen d. Verhältnis d. opt. Dichten u. d. Streckverhältnis bei dichroit. Spektren 21-0899; Abänder. d. Gleich. d. Bezieh. zwischen Reflektanz u. —-Konz. 24-2659; Phototropie v. Pyranthion- u. Flavanthion-— in Ggw. cycl. Harnstoffderiv. 25-2950; direkte u. verzögerte Fluoreszenz v. — in fester Lsg. 40-0724; schnelle Fluoreszenzmess. in — 43-0314; selektiv sättigbare — als opt. Schalter (opt. Impulsverstärker) 6-0831; Wrkg. d. Lichts auf färbende Substanzen 37-2941

Statist. Bezieh. zwischen mol. Geometrie v. – u. ihrer Lichtechth. 22-2806; Abhängigk. zwischen Struktur u. Lichtechth. fluorhalt. – 27-3098; Wechselwrkg. eines – mit F-Zentren in NaCl-Krist. 4-0306; Struktur polarer – aus Leberproteinen v. mit N-Methyl-4-aminoazobenzol gefütterten Ratten *1.* Mitt. 51/52-1202.

Wrkg. v. – auf d. Photoleitfähigk. v. ZnO 3-0436; äußerer Photoeffekt v. auf Halbleitern (ZnO, AgBr u. TlJ) adsorbierten sensibilisierenden – 15-0421; Photoleitfähigk. u. Bleichmechanismus v. – 19-1036.

Eindringen v. – in polymere Filme; *2.* Mitt. 10-0884; Sorpt. an verschiedenen Alumosilicaten 14-0642; Diffus. v. – 27-3057; Adsorpt. an Ätzgruben auf Krist.-Flächen v. KCl 28-0671.

Reaktionen: direkter Nachw. chem. Rk. in mono- u. multimol. –-Schichten durch period. Rk.-Erreg. 32-1024; Einfl. v. Lsgm. u. Zusätzen auf d. photochem. Zers. v. – 8-2681; Entfärb. v. – durch Ultraschallwellen 21-1084; ^{60}Co-γ-Bestrahl. v. wss. –-Lsg. (Rolle d. HO_2-Radikals) 28-0946; Photochemie d. – *4.* Mitt. 33-1196; Photoisomerie v. – bei Impulsanreg. (Kinetik) 38-1102; Geschw. d. alkal. Entfärb. v. –-Ionen in Ggw. v. Salzen 48-1093; Halogenidionenaktivität v. – u. organ. Salzen in wss. Lsg. 47-1014; Kuppl. v. Histonen mit – 27-1609; Wechselwrkg.: zwischen – u. Polypeptiden in fluoreszierenden Konjugaten (Unters. d. Polypeptidstruktur) 1-1057; zwischen Tensiden u. – 26-0934; v. – mit Red.-Mitteln 26-2823; v. –-Ionen mit hochmol. Substanzen (polarograph. Unters.) 26-2825; durch – sensibilisierte Photopolymerisat. (v. Methylmethacrylat in Ggw. v. Aminen) 16-1166; (*5.* Mitt. v. Acrylamid in luftfreien Syst.) 17-1168; (*3.* Mitt.) 29-1265; (*4.* Mitt.) 29-1266; $^1\Sigma^+_g$ u. $^1\Delta_g$-Sauerstoff in –-sensibilisierten Photoox.-Prozessen; *1.* Mitt. 47-1162; (*2.* Mitt.) 47-1163.

Biochemisches und physiologisches Verhalten: Wechselwrkg. zwischen Glutamatdehydrogenase u. – 37-1366.

– v. Staph. epidermis aus Kuheutern (spektrophotometr. Charakterisier.) 23-1485; Bldg.: v. – durch Azotobacter chroococcum; *1.* Mitt. (–-Bldg. fördernde Kulturbeding.) 31-1484; v. Actinomyceten-–; *8.* Mitt. 48-1211; Red. d. Viologen-– in Azotobacter vinelandii 49/50-1315; photodynam. Wrkg. v. – (*7.* Mitt.; Hemm. d. RNS-Synth. bei Saccharomyceszellen verschiedenen Ploidiegrades durch – in Ggw. u. in Abwesenh. v. sichtbaren Licht) 36-1223.

Transport v. – u. Fe (Transportfunkt. d. Serumproteine) (Übersicht) 14-1425.

Kanzerogenität einmal. intragastr. Dosen v. – bei weibl. Sprague-Dawley-Ratten 17-1251; karzinogene – u. Zwischenprod. d. –-Produkt. (Überblick) 34-2460.

Verwendung: – für Lebensmittel, Arzneimittel u. Kosmetika 22-2807; Verw. v. selektiv sättigbaren – als opt. Schalter (opt. Impulsverstärker) 6-0831; – u. Strychninmolybdatreagenz als Hilfsmittel bei d. Isolier. v. Phosphatmineralkörnern 27-2216; neue Anwend. für Hydrosol-– 38-2788; Färben plast. Massen mit N-halt. – 23-2983*; Verw. v. lösl., – als UV-Absorber für Kunststoffilme u. Anstrichmittel 48-2764.

Überwach. d. Misch. d. Vorprod. v. Ox.-– beim Färben v. Keratinmaterialien 3-2785*; Färben v. Cellulosefasern mit Naphthanilidfarben 4-2250; – für synthet. Fasern (5. Mitt.) 7-2754; neue –-Gruppen für Polyamidfasern 15-2818; Färben: v. Polyestern mit 3-Hydroxychinophthalon-– 20-2705; v. Polyesterfasern mit mercaptogruppenhalt. – 23-2982*; v. Polypropylenfasern mit o-hydroxynitrosogruppenhalt. – 23-2985*; v. Cellulose (mit sulfatoalkylsulfonylamino- oder alkenylsulfonylaminogruppenhalt. –) 23-2988*; (mit thioschwefelsäuregruppenhalt. –) 23-2991*; v. Polyacrylonitriltextilien mit Benzylidenoxindol-– 26-2813*; v. Cellulosefasern mit 2.3-Dichlorchinoxalinyl-(6)-carbonylaminogruppenhalt. – 29-2929*; v. Cellulose mit Chinoxalin-– 29-2930*; v. Textilien mit heterocyclenhalt. – 32-2707*; v. Cellulose (mit 1-aza-4.6.10-trioxaadamantangruppenhalt. –) 33-2989*; (mit sulfoaminoäthylsulfonylgruppenhalt. –) 35-2763*; v. Textilien mit hydrazoniumgruppenhalt. – 36-2711*; v. Polyacrylonitril mit indoliumgruppenhalt. – 36-2715*; v. Polyestern mit Bis-isoindolyden-– 37-2948*; v. Fasern mit carboxyalkylcarbonylaminogruppenhalt. Diarylaminfarbstoffen 38-2795*.

Analyse, Prüfverfahren: analyt. Meth. u. d. Änder. zum –-Gesetz (Absicher. d. Lebensmittelschutzes) 23-2282; Fortschritte im Bereich d. Analyse v. – 26-2139; Probleme im Zusammenhang mit d. Analyse v. Leder-– 29-2220.

App. zur Durchführ. v. Blitzlichtphotolysen für –-Unters. 18-1920; Identifizieren v. –-Klassen aus d. Substanz 26-2140; Nachw. d. zum Färben üblicher Arzneipräp. verwendeten – 51/52-1728.

Einfl. d. chem. Eig. d. Cellulose chromatograph. Papiere u. d. Charakters d. stationären Phase auf d. chromatograph. Verh. v. – 5-2029; Papierchromatographie v. – (*8.* Mitt.) 10-1916; (*5.* Mitt.) 13-1973; (*6.* Mitt., Echtbasen) 13-1974; Chromatographie v. – unter Berücksichtig. neuester Erkenntnisse (*1.* Mitt.) 25-2931; (*2.* Mitt.) 25-2932; Chromatographie d. – 30-2072; Papier- u. Dünnschichtchromatographie d. Echtfärbebasen (*66.* Mitt.; Identifizier. organ. Verb.) 35-2145; Papierchromatographie v. – (*10.* Mitt.) 46-1958; (*11.* Mitt.) 46-1959; (*12.* Mitt., Rapidogene) 46-1960; (*13.* Mitt., Echtsalze) 47-2095; zweidimensionale Dünnschichtchromatographie zur Best. v. –-Zwischenprod. bei Arylamin-Ox.-– zur Haarfärb. 49/50-2049; Papierchromatographie v. – (*15.* Mitt.) Unters. d. Randeffektes in d. Papierchromatographie 51/52-1836.

Trenn.: u. Best. synthet. – in Lippenstiften (dünnschichtchromatograph.) 2-1922; v. synthet. – in Futtermitteln durch zirkulare Papierchromatographie u. Elektrophorese 10-2055; Best. v. – auf gefärbtem Cellulosematerial mit Hilfe v. Cadoxen 11-2029; chromatograph. Nachw. v. synthet. – aus gefärbten Textilfasern 12-1976; vereinfachte papierchromatograph. Best. v. – in kosmet. Präp. 16-2041; Extrakt. d. – aus Lebensmitteln u. ihre zirkularchromatograph. u. Identifizier. 19-2285; Anwend. d. Dünnschichtchromatographie auf d. Best. v. künstl. – in Lebensmitteln (*1.* Mitt.) 19-2286; (*2.* Mitt. in Spanien zugelassene wasserlösl. –) 19-2287; Identifizieren v. – auf d. Faser (Überblick) 20-2716; Isolier. u. Dünnschichtchromatographie lösl. – aus Lebensmitteln 28-2153; quant. Best. v. – auf gefärbter oder bedruckter Baumwolle 31-2228; papierchromatograph. Best.-Meth. für d. nach italien. Recht in Lebensmitteln zugelassenen – 33-2335; Identifizier. u. Best. natürl. – pflanzl. Herkunft in Medikamenten 40-1562; Meth. zur Trenn. u. Identifizier. v. synthet., organ. – in Ölen 47-2134.

Zusammenhang zwischen –-Konz. u. Normfarbwerten 2-2548; Best. d. Diffus.-Koeff. als Funkt. d. –-Konz. in Fasern 12-2678; polarograph. Unters. am Syst. Faserstoff-– 35-2761; Best. d. Egalisiervermögens v. – 42-2504; Genauigk. v. Tristimulus-Colorimetern bei d. Best. v. metamer. Färbepaaren 43-2818.

Kolorimetr. Best. d. Komponenten tern. Gemische v. – 31-2227.

Antipyrin-– als Reagenzien zur photometr. Sb-Best. 6-1892; Cu(I) als reduzierendes Titrat.-Mittel für einige – 7-1879; Antipyrin-– als analyt. Reagenzien 21-2160; Test. v. – als Indikatoren für d. photometr. Titrat. v. F mit $ZrOCl_2$-Lsg. 34-1962; Verw. v. –-Protein-Komplexen als Substrat bei d. einfachen kolorimetr. Aktivitätsbest. proteolyt. Enzyme 44-1252.

Bibliographie: Farbgebung und Technik frühmittelalterlicher Buchmalerei. Studien zu den Traktaten „Mappae Clavicula" und „Heraclius". Bd. *1* und *2* B 8; Farbe, Farbstoff, Färben B 31; Synthese und Reaktionsmechanismen in der Farbstoffchemie. *3.* Internationales Farbensymposium, Interlaken, *1967* B 95.

Photonik der Moleküle der Farbstoffe und verwandten organischen Verbindungen [russ.] B 63; Chemie der Farbstoffe [rum.] B 31; Farbstoffe in der mikroskopischen Technik [tschech.] B 8.

Basische Farbstoffe (Kationenfarbstoffe, kationische Farbstoffe)

Siehe auch unter d. entsprechenden Farbstoffgruppen.

Neue Klassifizier. v. – nach d. Affinität zu ionisierten Gruppen v. Polyanionen 11-2704; neue – (Überblick) 18-2679.

Darst.: v. quatern. ammoniumgruppenhalt. – 10-2710*; v. bas. Triazenfarbstoffen für Polyacrylonitrilfasern 14-2700; v. bas. hydraziniumgruppenhalt. Farbstoffen 14-2718*; v. metallhalt., wasserlösl. – 17-3006*; v. heterocyclenringhalt. – 18-2687*; Herst. stabiler hochkonz. Lsg. v. – 20-2718*; Darst.: v. kation. 8-[Arylamino]-ceramidon-(9)-farbstoffen 34-2664*; v. quatern. ammoniumsalzhalt. – 39-2811*; v. hydrazoniumgruppenhalt. – 45-2947*.

Verw. v. alkalilösl. Kondens.-Prod.: aus Phenolen u. HCHO als Verlack.-Mittel für – 1-2885*; aus Phenolen, HCHO u. Sulfonsäureamiden als Verlack.-Mittel für – 1-2886*; Verw. v. N-halt. Kondens.-Prod. als Verlack.-Mittel für – 2-2795*; Herst. v. alkalilösl. Kondens.-Prod. aus Phenolen, CH_2O u. Carbonsäuren als Verlack.-Mittel für – 3-2923*; alkalilösl. Kondens.-Prod. als Verlack.-Mittel für – 3-3232*; Herst.: v. farbstarken Aufschlüssen v. Farbbasen mit höhermol. Fettsäuren 20-2703; v. Kondens.-Prod. aus Phenolen, HCHO u. Carbonsäuren als Verlack.-Mittel für – 20-2829*; Einfl. v. p-Aminophenol u. p-Aminosalicylsäure auf d. Lichtechth. v. – 25-2938; Fixieren v. – mit Hochtemp.-Dampf 44-2552.

UV-Absorpt.-Spektren v. Lsg. v. Farbstoffbasen 21-0916; Absorpt.-Spektren u. Elektronenstruktur v. symmetr. – 29-0964; ster. Hinder. v. bas. (direkten) –-Farbstoffen bei ihrer Fixier. auf Kollagen 4-2703; Mess. d. Thermo-EMK in photohalbleitenden – 19-1037; Adsorpt.-Mechanismus v. – an Al_2O_3 u. Wärmeänder. bei Lsg.-Adsorpt. 1-0843; Konz.-Abhängigk. d. Diffus. v. – in sulfonathalt. Polyacrylonitril-Fasern 15-1190; Sorpt. v. – in Polyacrylonitril (*2.* Mitt., Ionenaustausch) 41-2880; Einfl. v. Strukturfaktoren auf d. thermodynam. Charakteristika d. Extrakt. v. Salzen; *6.* Mitt. Zus. u. Struktur d. Solvate in Isoamylalkohol 9-0899.

Einfl. v. Lsgm. u. Zusätzen auf d. photochem. Zers. v. – 8-2681.

Lyse v. Hefezellen durch – (Wrkg. v. Metallionen) 35-1367; Komplexe v. – mit RNS 41-1198.

Färben mit –: v. Polyacrylnitril 3-2787*; v. Acrylfasern/Wolle 4-2247; v. Polyacrylonitrilfasern 5-2758; v. Acrylfasern 6-2670; v. Diolen/Dralon 6-2671; – für Polyacrylonitrilfasern (Übersicht) 9-2691; Färben v. Polyacrylonitrilfasern mit – 10-2695; Kettbaumfärb. mit – 22-2791; Färben mit –: v. Polyacrylonitrilfasern 27-3072*, 27-3073*; v. Polyamidtextilien 29-2922*; v. Textilien 30-2663*; v. textilen Bodenbelägen 31-3034; v. Polyacrylonitrilfasern 33-2981; Aufziehkurven bei d. Auswahl v. – für Polyacrylonitrilfasern (*2.* Mitt.) 35-2759; kontinuierl. Färben v. Nitron mit – 39-2796; Färben v. Nitron mit – 39-2798; Ausziehkurven v. – für Acrylfasern 40-2524; – für Acrylfasern 41-2881; Färben mit – in Ggw. organ. Säuren 44-2557*; – mit Acrylfasern (Egalisiereig.) 51/52-2501.

Chromatograph. Nachw. v. – aus gefärbten Textilfasern 12-1976; Papierchromatographie v. – 19-2244.

Beizenfarbstoffe

Siehe auch unter d. entsprechenden Farbstoffgruppen.

Neue Chromfarbstoffe (Überblick) 18-2679.

Färben: v. Cellulose- u. Polyamidfasern mit – 31-3049*; mit Chromfarbstoffen 49/50-2764.

Papierchromatographie v. Chromkomplexfarbstoffen 40-1916.

Direktfarbstoffe

Siehe auch unter d. entsprechenden Farbstoffgruppen.

Darst., färber. Verw. v. Substantivfarbstoffen 37-2956*.

Ster. Hinder. v. direkten Farbstoffen bei ihrer Fixier. auf Kollagen 4-2703; Einfl. hydrophiler organ. Lsgm.: auf d. Lad.-Größe v. – 15-2828; auf d. Auflad. v. – 21-2959; Verh. v. Na^+-Ionen an d. Phasengrenze v. mit Substantivfarbstoffen gefärbten Fasern 1-2577; Diffus. v. substantiven Farben in Cellulose bei Temp. v. über *100°* 13-2714; Desorpt.-Kinetik v. – auf Cellulosefasern 13-2715; Einfl. starker Elektrolyte auf d. Micellaradsorpt. v. – 19-2872; Formylgruppen als Adsorpt.-Stellen für – in formylierter Baumwolle 21-2948; Unters. d. Diffus. u. Adsorpt. v. direktziehenden Farbstoffen bei Viskosefasern mit Hilfe d. Differentialfärberei. *2.* Mitt. (Unters. d. Faserarten) 26-2804; Diffus.- u. Adsorpt.-Vorgänge v. – in Viskosefasern durch Differentialfärbemeth. (*2.* Mitt., Unters. v. Faserverbänden) 26-2808; Mizellaradsorpt. v. – an Al_2O_3 30-2666; Aggregat.-Verh. einiger – in wss. Lsg. 34-0960.

Affinität u. Kuppl.-Stelle in Benzidin-– 8-2682; Rk. v. – beim Färben v. Zellstoffmaterialien 19-2866; Unters. Cu-halt. – 43-2817; Wrkg. verschiedener Metallsalze auf – 37-2942.

Fixier. v. Substantivfarbstoffen mit Divinylsulfon auf Cellulosefasern 4-2248; Färben: v. Polyamidseide mit – 5-2756; u. Bedrucken

v. Wolle mit — 13-2718; Kontinuefärb. mit — u. Direkt-/Dispersionsfarbstoffen 15-2817; einbad. Färben u. Bleichen mit — 16-2744; Färben v. Vinolfasern mit — 23-2970; Lsgm.-Einfl. beim Färben v. Cellulose mit — 32-2700; Färben v. Baumwolle mit — 33-2986; Verw. v. — im Klotz-Kaltverweilverf. 35-2780; Bedrucken v. Dorlastan mit — 38-2790; Färben: v. Baumwolle mit — 43-2796; v. Cellulose mit substantiven Farbstoffen 48-2473; v. Kunstseide mit — 48-2474; v. Modal mit — 49/50-2768.

Fäll. v. — mit Eisensalzen 43-2819; chromatograph. Nachw. v. — aus gefärbten Textilfasern 12-1976.

Dispersionsfarbstoffe

Siehe auch unter d. entsprechenden Farbstoffgruppen.

Entw. d. Handelsformen v. — 13-2726; neue — (Überblick) 18-2679.

Synth.: u. UV-Spektren v. Nitrodiphenylamin-— (*1.* Mitt.) 2-2557; (*2.* Mitt.) 17-2998; v. feindispersen Farbstoffen u. Pigmenten mit Ultraschall 45-2945*; v. — durch Rk. v. 1.5-oder 1.8-Diaminoanthrachinon mit Br_2 47-2747*.

Anschmutz. v. Cellulosefasern durch — bei d. Thermosolier. 25-2940; Fixieren v. — mit Hochtemp.-Dampf 44-2552; verbesserte Fixier. v. — auf Synth.-Fasern 47-2720.

Chem. Struktur u. kolorist. Eig. einiger — bei d. Färb. v. Lawsan. (*2.* Mitt.) 9-2708; Einfl. ster. Faktoren: beim Färben v. hydrophoben Fasern mit — 32-2719; auf d. Färb. mit — 36-2708; Sublimat. u. Verdampf. v. — in nichtfixiertem Zustand 18-2669; Unters. d. Sublimat. v. — 43-2794; Fixierverh. v. — in Sattdampf 6-2666; Diffus. v. — in Polyestersubstrat bei erhöhten Temp. (*2.* Mitt.) 7-2750; Färbeeig. v. — (*2.* Mitt.) (Diffus. in Polyestermaterialien) 8-2683; Diffus.-Verhältnisse v. — u. Färbebeschleunigern beim Färben v. Polyestermaterialien. *1.* Mitt. (kristall. Bereich) 27-3059; Absorpt.-Eig. v. Latyl-— auf Dacron 38-2787; Farbstoffwander.-Vorgänge beim Thermosolfärbeverf. mit — 44-2545; Diffus. metallhalt. — in Kapronfaserstoffen 45-2941; Einfl. d. Sulfonsäuren auf d. W.-Löslichk. v. — 8-0887; Löslichk. metallhalt. — in W. u. in Ggw. oberflächenakt. Stoffe 18-2678.

Gleichgew. beim Färben v. Polyesterfasern mit — 4-2252; Färbemechanismus v. — 24-2648; Kinetik d. Färbens v. Polyesterfasern mit — 41-2861; Wrkg. v. trockener Hitze auf — 11-2702.

Färben mit —: v. Polyester/Baumwolle 4-2251; v. Polyamidseide 5-2756; v. Polyester u. Polyamid 5-2757; v. Triacetatfasern 6-2669; v. Acrylfasern 6-2670; v. Diolen/Dralon 6-2671; v. Polyester/Cellulose 9-2697; Rapidothermverf. zum Färben v. synthet. Fasern mit — 10-2702; Färben v. Relon mit — 13-2719; Kontinuefärb. mit Direkt-/— 15-2817; Färben: v. Polyesterfasern mit — 16-2741; v. Polyester/Baumwolle mit — 17-2983; Bedrucken v. Polyamidfasern mit metallhalt. — 22-2793; Färben v. Polyesterfasern mit dispergierten Farbstoffen 22-2795*; Kettbaumfärb. mit — 22-2971; Färben mit —: v. Vinolfasern 23-2970; v. Polyäthylenterephthalat 24-2653; v. Polyoxymethylentextilien 27-3075*; v. Polyacrylonitrilfasern 31-3034; Bedrucken v. Polyester/Cellulose mit — 31-3037; Färben v. Polyester mit — 31-3044*; Bedrucken: v. Polyestergeweben mit dispersen Farbstoffen 31-3052*; v. Polyamidfasern mit dispersen metallhalt. Farbstoffen 33-2985; Färben v. Cellulose/Polyester mit — 34-2648*; Verw. v. überhitztem Dampf beim Textildruck mit — 36-2706; Färben: v. Polyamidfasern mit — 37-2933; v. Polyestersubstraten mit — 37-2936; Bedrucken v. Dorlastan mit — 38-2790; Färben v. Polyamid u. Polyester mit dispersen Farbstoffen 38-2791; Thermosolfärb. mit — 42-2495; Färben: v. Polyester/Baumwolle mit — 44-2548; v. Polyester/Cellulose mit — 44-2550; v. Acetatfasern mit — 45-2928; v. Polyester/Cellulosemischgeweben mit Chromesterschwarz T u. — nach d. Einbad-Thermofixier-Verf. 47-2712; v. synthet. Fasern mit — (vorheriges Anreiben d. Farbstoffe mit Alkylolamiden) 47-2724*; Thermosolierbark. v. — auf Polyestergeweben 48-2464; Färben: v. Polyester/Cellulose mit — u. Reaktivfarbstoffen 49/50-2762; v. Polyester/Baumwolle mit — u. Reaktivfarbstoffen 49/50-2765; v. Polyester-Cellulosefaser-Mischgeweben nach d. Thermosol-Thermofixier-Verf. mit — u. Reaktivfarbstoffen 51/52-2509.

Chromatograph. Nachw. v. — aus gefärbten Textilfasern 12-1976; Papierchromatographie v. — 19-2241.

Küpenfarbstoffe

Siehe auch unter d. nachstehenden Farbstoffgruppen.

Entw. d. Handelsformen v. — 13-2726; Vgl. d. Hydrosol- u. Hydrosollicht-Schwefelfarbstoffe mit — 48-2471.

Darst.: v. sulfonsäuregruppenhalt. u. carbonsäureamidgruppenhalt. — 3-2804*; v. arylaminogruppenhalt. — 3-2806*; v. Ceramidonin-— 4-2265*; v. benzthiazolgruppenhalt. — 5-2782*; v. indigoiden — d. Isatinreihe (*12.* Mitt.) [Indol-(3)]-[7-brom-thionaphthen-(2)]-indigofarbstoffe 10-1026; v. carbonsäureamidgruppenhalt. — 10-2717*; v. — d. Perylentetracarbonsäurediimidreihe 15-2844*; v. —-Dispers. unter Verw. v. Vinylmischpolymeren 21-2970*; v. sulfonsäuregruppenhalt. — 21-2977*; v. aroylaminogruppenhalt. — 22-2818*; v. lösl. — 23-3003*; v. wasserlösl. sulfatierten — 24-2661*; v. phthaloylacridongruppenhalt. — 38-2809*; v. 1.4-Bis-[benzimidazolyl-(2)]-naphthalindicarbonsäure-[5 → 1'; 8 → 1'']-dilactamen 39-1006; v. Leukoschwefelsäureestern v. — 40-2532*; v. — durch Einführ. wasserlösl. machender Gruppen 43-2831*; v. — d. Perylentetracarbonsäurereihe 43-2836*.

Verw. v. $NaClO_2$ beim Druck mit — 7-2755; Stabilisator für Emuls.-Verdicker beim Drucken mit — 9-2690; rheolog. Eig. emulgierter Verdick.-Mittel v. Typ W.–Öl u. daraufbasierender Küpendruckfarben 15-2814; Hilfsmittel für d. Färben mit — 27-3064*; Wrkg. v. Schwermetallkomplexen als Katalysatoren bei d. Fixier. v. — 31-3036; Präp. zur Reifbeschleunig. mit — bedruckter Baumwolle 35-2758.

Faserschädigendes Verh. u. physikal.-chem. Charakteristik v. — 3-2777; Phototropie v. — in Ggw. v. cycl. Harnstoffderiv. 25-2950; Bezieh. zwischen d. Geometrie v. — u. d. Lichtechth. 22-2806; Verteil. v. Küpensolen in Lavsan-Baumwolle 23-2972; zum färber. Verh. v. — Theorie d. substant. Färb. (*1.* Mitt.) 26-2805; (*2.* Mitt.) 26-2806; Einfl. d. Bestandteile v. —-Pasten auf d. Beständigk. v. W.–Öl-Emuls. 13-2716.

Red.-Mittel zum Färben v. — (*3.* Mitt., Anwend. in Abhängigk. v. d. Färbebeding.) 1-2578; (*2.* Mitt., Beständigk. in Lsg. u. Rk.-Fähigk. gegenüber Farbstoffen) 3-2779; Red.-Geschw. v. — 15-2816; Verw. v. Formaldehydsulfoxylat u. Nitroarylverb. zur Red. v. — 23-2976*; haltbare Red.-Mittelgemische für — 26-2810*; Redoxverh. v. — an d. Hg-Tropfelektrode 32-2718; Red. v. — mit $NaBH_4$ 34-2654; Verhinder. d. Überred. v. — 38-2794*; Verw. alkal. Borhydride als Red.-Mittel für — 39-2793; lagerfäh. Gemisch aus $NaBH_4$ u. $NaHSO_3$ zur Red. v. Küpen 40-2312*; Rk. v. Red.-Mitteln bei d. Küpenfärberei 44-2547.

Grundlagen u. Anwend. d. Küpenfarbendruckes (Übersicht) 1-2584; Ausführ. d. *2*-stuf. Küpenfarbendruckes (Übersicht) 1-2585; — zum Gewebedruck (Übersicht) 1-2586; Färben mit —: v. Baumwolle, Acetatfasern u. Baumwolle/Polyester 4-2251; v. Polynosic Z *45*/Baumwolle 7-2752; v. Baumwolle in Ggw. v. Thioharnstoffdioxid 9-2696; v. Baumwolle in Ggw. v. Hydritex-D 11-2697; einbad. Bleichen u. Färben: mit — 16-2743; Färben mit —: v. Polyester/Baumwolle 17-2983; v. Polypropylen/Cellulose 19-2868; kontinuierl. Färben v. Fasermaterial mit — 21-2954*; Färben mit —: v. Vinolfasern 23-2970; v. Textilien 24-2656*; v. polyhydroxylierten Materialien 25-2943*; Bedrucken v. Textilstoffen mit — 25-2944*; färber. Verw. v. Schwefelsäureestern v. — 30-2659*; Bedrucken v. Polyester/Cellulose mit — 31-3037; Färben v. Polyester mit — 31-3044*; Zwei-Phasen-Druckverf. für — 32-2702; Färben: v. Viskosegarn mit — 35-2762*; v. Textilien mit — 36-2710*; Herst. v. Drucken auf Fasermaterial mit — 40-2522*; Färben: v. Baumwolle mit — 43-2796; mit — (Borwasserstoffe als Red.-Mittel) 44-2556*; v. Textilgut mit — (Verw. organ. Egalisiermittel) 46-2451*; Bedrucken v. Fasergut mit — u./oder S-Farbstoffen nach d. Zweiphasendruckverf. 47-2734*.

Best. d. Egalisier.-Vermögens v. — (*1.* Mitt.) 45-2930; Redoxpotentialmess. reduktiver Flottensyst. bei Küpen-HT-Färb. 51/52-2502; Papierchromatographie v. — 5-2770, 19-2243; quant. Best. v. — auf d. Cellulosefaser 10-2704, 31-3042.

Metallkomplexfarbstoffe

Siehe auch unter d. nachstehenden Farbstoffgruppen.

Neue Chromfarbstoffe (Überblick) 18-2679.

Darst.: v. metallhalt. pyrimidylaminogruppenhalt. Reaktivfarbstoffen 9-2721*; v. Ammoniumsalzen v. — 25-2958*; v. Reaktivfarbstoffen u. ihren Metallkomplexverb. 41-2884*; v. metallisierbaren Reaktivfarbstoffen 41-2885*; v. wasserlösl. metallhalt. — 47-2743*; Gewinn. v. Metallkomplexen makrocycl. Hämiporphyrazinverb. 47-2749*; Verw. v. — für wss. Farbteige 45-2932*.

Physikochem. Eig. v. — u. d. Verh. beim Klotzverf. 12-2677; Eig. u. Verw. v. aus neutralem Bad färbenden Komplexfarbstoffen 33-2982; Unters. Cu-halt. Direktfarbstoffe 43-2817; Fixierverh. v. — in Sattdampf 6-2666; Zustand disperser metallhalt. Farbstoffe d. 1:2-Komplexes im Färbebad 18-2678; Fixieren v. — mit Hochtemp.-Dampf 44-2552; Diffus. metallhalt. Dispersionsfarbstoffe in Kapronfaserstoffe 45-2941; Löslichk. metallhalt. Dispers.-Farbstoffe in W. u. in Ggw. oberflächenakt. Stoffe 18-2678.

Mechanismus d. Färb. v. Wolle mit — 12-2679.

Färben: v. Polyester u. Polyamid mit — 5-2757; v. Polyacrylontrilfasern mit metallisierten Farbstoffen 5-2758; v. Wolle mit Chromierfarbstoffen 13-2718; Filmdruck mit — auf Acetatkunstseide 16-2738; Bedrucken v. Polyamidfasern mit metallhalt. Dispersionsfarbstoffen 22-2793; Färben: v. tier. Fasern mit metallhalt. Farbstoffen 22-2794*; v. Vinolfasern mit metallhalt. Farbstoffen 23-2970; v. Wolle u. Polyamidfasern mit — 23-2979*; v. Wolle mit — 27-3058; v. pflanzl. Fasern mit verkupferbaren Farbstoffen 30-2661*; v. Wolle u. Cellulose mit — 31-3046*; v. N-halt. Fasern mit — 32-2709*, 32-2710*; Bedrucken: v. Polyamidfasern mit dispersen metallhalt. Farbstoffen 33-2985; v. Dorlastan mit — 38-2790; Färben: v. Polyamid u. Polyester mit metallhalt. Farbstoffen 38-2791; v. Cellulose mit Metallkomplexverb. v. Oxynitrosoverb. 39-2800*; v. natürl. N-halt. Fasern mit — 42-2498*; mit — in Ggw. organ. Säuren 44-2557*; färber. Verw. v. Cu-halt. Reaktivfarbstoffen 48-2463; Färben: mit Chromfarbstoffen 49/50-2764; v. Wolle mit — 49/50-2773*.

Papierchromatographie v. Chromkomplexfarbstoffen 40-1916; chromatograph. Nachw. v. — aus gefärbten Textilfasern 12-1976.

Organische Pigmente

Siehe auch unter d. nachstehenden Farbstoffgruppen.

Fortschritte im Pigmentdruck 24-2652; makrozykl. Tetrapyrrolpigmente (Übersicht) 25-1267; Übersicht über — für Plaste 35-2856; neuere Entw. auf d. Gebiet — 36-2721.

Herst.: v. N-halt. Polyphenylensulfiden als — 3-2960*; v. 9-Dicyanomethylennitrofluorenen zur Herst. v. π-Kompl. mit Lewis-Basen als — 11-2579*; v. beständ. Dispers. aus — u. synthet. Polyamiden (Verw.) 14-2955*; v. 2.6-Bis-(dicyanmethylen) - 2H.6H - naphthalin für — 17-2785*; v. 1.2-Phthalyldiphenylensulfid-— 17-3015*; v. pulverförm. — 20-2725*; v. thermoplast. Mischkondens.-Prod. aus Aralkylmonosulfonamid, Aminotriazin u. HCHO als — 27-2896*; Verw. v. farb. Copolymerisaten aus äthylen. ungesätt. Verb. u. wss. Diazoniumsalzen als — 36-2848*; Herst.: v. Pigmentfarbstoffen 37-2810*; v. Polyamidpigmentmassen 38-2682*; v. organ. Pigmentfarbstoff zum Färben v. Lacken 40-2416*; v. feindispersen — mit Ultraschall 45-2945*; v. — mit Ni-Komplexen v. Dioximen v. $\alpha.\beta$-Diketobuttersäureaniliden 47-2748*; v. bei Tage fluoreszierenden Pigmentfarbstoffen aus Kunstharz u. Indoleninfarbstoffen 48-2790*; v. Bis-[6-oxo-6H-anthra[9.1-c.d]-isothiazol-3 - oxamid] - Gelbpigmenten 49/50-2792*.

Herst. v. mit farbechten — gut mischbarem Molybdatorange 6-2945*; Konditionieren v. — 20-2578*; Auslaufformen v. — 28-3091*; Verw. v. Kondens.-Prod. aus Phenolen, N enthaltenden Verb. u. CH_2O als Dispergiermittel für d. Pigmentfarbstoffzubereit. 38-3068*; Herst. v. Pigmentpräp. durch Vermahlen v. organ. Pigmentfarbstoffen mit Polyalkylenwachs 48-2383*.

Dispergiermittel aus Salzen v. tert. Alkylammoniumionen mit Alkylestern v. Olefinmischpolymerisaten für — 34-2927*.

Unters. v. organ. Hochtemp.-Pigmenten 18-2909; Krist.-Strukturen organ. Pigmentfarbstoffe (*1.* Mitt.) 38-0976; (*2.* Mitt.) 38-0977; Temp.-Beständigk. v. — in Styrolcopolymeren 26-3009; Vermeid. d. Wander. v. Pigmentfarbstoffen beim Färben v. Fasern 37-2946*.

Verw. v. —: in d. Bauindustrie (Überblick) 4-2505; u. Farbstoffen zum Färben v. autoklavgehärteten Betonen 4-2506; Verw.

v. organ. Farbpigmenten als Material für Glasdünnschichtkapillaren 39-1923; Färben: v. Kunstfasern mit – 10-2698; v. synthet. Stoffen mit Pigmentfarbstoffen 49/50-2778*; – zum Färben v. Natur- u. synthet. Gummi (Übersicht) 30-2888.

Best. d. Kornanteile v. bekannter Größe in dispergierten – durch Sedimentat. 22-2597; Texturklassifizier. v. – 30-2884; Best. d. Farbstärke v. organ. Buntpigmenten 2-2773.

Bibl.: Pigments: an introduction to their physical chemistry B 31; Organic pigments B 83.

Reaktivfarbstoffe

Siehe auch unter d. entsprechenden Farbstoffgruppen.

Neue – für Cellulosetextilien (Überblick) 18-2679; – (*2.* Mitt.) 25-2951; (*20.* Mitt., 4.6-Bis-[thiosulfato]-triazinylgruppenhalt. –) 28-2786; neue – u. verbesserte Anwend.-Meth. 32-2717; über eine neue Gruppe v. – 34-2655; neue – u. neue Färbeverf. 35-2783; Levafix P-Farbstoffe als neuart. – für Textildruck u. Färberei 37-2940; – (*1.* Mitt.) 45-2925.

Darst.: v. triazinringhalt. Farbstoffen für Cellulose 1-2596*; v. trihalogenpyrimidinringhalt. – 1-2606*; v. halogentriazinylgruppenhalt. – 2-2571*; v. chinolinringhalt. – 4-2266*; v. – mit 3.5.6-Trichlorpyridon-(4)-yl- u. Pentachlorcyclohexen-(1)-dion-(3.6)-yl-Gruppen 5-2771; v. metallhalt. pyrimidylaminogruppenhalt. – 9-2721*; v. heterocyclomercaptotriazingruppenhalt. Farbstoffen 11-2720*; v. halogen phthalazinringhalt. – 11-2818*; v. Bis-(äthylsulfonyl)-arylen, -alkanen oder -äthern als – 12-2544*; v. chinoxalinringhalt. – 12-2696*; v. quatern. ammoniumgruppenhalt. – u. d. Bind. an d. Faser 23-2968; v. N-aminoalkyleniminiumgruppenhalt. – 26-2832*; v. Styrylpyrimidin- u. Styryl-symm.-triazinyl- – 28-2787; v. halogen-1.2.4-triazingruppenhalt. – 29-2962*; v. 2-pyrimidylbenztriazolgruppenhalt. – 35-2787*; v. aminosulfonylaminotriazinylgruppenhalt. – 36-2726*; v. hydraziniumgruppenhalt., triazinringhalt. – 37-2954*; v. triazinringhalt. – 38-2806*; v. 1.2.4-thiadiazolringhalt. – 38-2811*; v. pyrimidinringhalt. – 39-2812*; v. wasserlösl. – 40-2536*; v. – u. ihren Metallkomplexverb. 41-2884*; v. metallisierbaren Reaktivfarbstoffen 41-2885*; v. – durch Rk. mit 2.4.5.6-Tetrahalogenpyrimidinen 41-2891*; v. wasserlösl. organ. – durch Rk. v. Farbstoffen oder Farbstoffzwischenprod. mit Sulfinsäuren 47-2745*; v. säurebeständ. – 48-2489*; v. – mit N-aminosubstituierten, hydrierten heterocycl. Ringen 49/50-2780*; v. – durch Rk. mit 2.4-Dihalogen-6-oxyamino-1.3.5 triazinen 51/52-2525*.

Verw. v. – für fl. Farbstoffkomposit. 42-2497*; Desaktivier. bas. – 41-2882, 45-2940; Einfl. v. Textilhilfsmitteln beim Färben v. Cellulose mit – 5-2759; Verw. v. quatern. N-Verb. beim Färben mit – 45-2931*.

Physikochem. Eig. v. – u. Verh. beim Klotzverf. 12-2677; Festigk. d. Bind. v. – mit Cellulose 9-2699; Struktur, Eig. u. Färbemechanismus v. – 9-2706; Fixierverh. v. – in Sattdampf 6-2666; Best. d. Affinitäten u. Integraldiffus.-Koeff. v. – aus alkal. Lsg. 44-2563; Einfl.: d. pH-Wertes auf d. Absorpt. v. – durch Wolle 8-2670; d. pH-Wertes auf d. Adsorpt. v. – durch Wolle 21-2951; Adsorpt.-Vermögen v. Cellulosefasern für – 22-2792.

Über reaktionsmechanist. Unters. an – (*1.* Mitt.) 34-0987; (*2.* Mitt.) 34-0988; (*3.* Mitt.) 34-0989; (*4.* Mitt.) 42-0859; Kinetik d. Färbens mit – aus langer Flotte 11-2695; Unters. d. Färbemechanismus v. – nach d. Meth. d. asymm. Analyse 19-2873; Theorie d. – u. ihre Verw. zum Färben v. Cellulosefasern (*2.* Mitt., Kinetik d. Färbeprozesse) 35-2781; Rk.: v. Dichlortriazinfarbstoffen mit Polyamidfasern 4-2244; v. – mit Cellulose (*4.* Mitt.) 29-2953; (*5.* Mitt., Nebenprod. bei d. Applikat. v. –) 29-2954; Rk. v. – mit Cellulose 38-2796; säurekatalysierte Hydrolyse d. Bind. zwischen Cellulose u. Triazinyl- – 36-2718; Berechn. d. Aciditätskonst. v. Sorbit aus d. Sorbitolysenkinetik v. – 42-0859; Rk.-Verh. v. – mit chlorierten Heteroaromaten 21-2945; Hydrolyse u. Alkoholyse v. – (*1.* Mitt.) 34-0987; (*2.* Mitt.) 34-0988; (*3.* Mitt.) 34-0989.

Verw. v. – im Basenaufdruck 2-2551; Färben u. Bedrucken: v. Cellulosefasern mit – 3-2783*; v. Textilien mit Gemischen triazinringhalt. – 4-2256*; Färben v. Baumwolle mit –/Harz-Kombinat. 5-2755; Beschreib. eines neuen Faserreaktivfärbesyst. 6-2668; Färben: v. Polynosic Z *54*/Baumwolle mit – 7-2752; v. Wolle mit – 8-2668; Fixieren v. – auf Wolle 8-2669; – für Polyamidfasern (Übersicht) 9-2692; neue – für Wolle 9-2694; – im Druck auf Gewebe 12-2681; kontinuierl. Färben v. Viskosegeweben mit reaktiven Farbstoffen 14-2703; Färben: v. Kapron mit – 16-2740; regenerierter Cellulosefasern mit reakt. Farbstoffen 16-2752*; v. Polyester/Baumwolle mit – 17-2983; v. Cellulose mit chinoxalinfaserreakt. Farbstoffen 17-2985*; unregelmäß. Färben v. cellulosehalt. Garnen mit – 21-2955*; Färben v. Baumwolle mit – 22-2790; – in binären Gemischen beim Färben v. Zellstoffmaterialien 23-2971; Färben: u. Bedrucken v. Geweben mit – 23-2990*; v. keratinhalt. Textilien mit – 24-2657*; v. Wolle mit – 25-2936; Einsatzmöglichk. v. – 26-2824; Färben v. Cellulosetextilien mit reakt. Farbstoffen 27-3080*; Bedrucken v. Polyester/Cellulose mit – 31-3037; Färben v. Viskose mit – 31-3040; Zwei-Phasen-Druckverf. für – 32-2702; Färben: v. N-halt. Fasern mit – 32-2710*; v. Cellulosefasern mit – (Übersicht) 33-2978; Fixieren v. – auf Wolle 33-2980; Färben: v. Polyester/Cellulose mit – 33-2990*; v. Textilien mit – 34-2651*; v. Fasergemischen mit – 35-2760; Verw. v. überhitztem Dampf beim Textildruck mit – 36-2706; textiles Färben mit – 37-2932; Thermofixier. v. – v. Vinylsulfontyp auf Baumwolle 37-2938; Färben v. Cellulosetextilien mit – 37-2950*; Echtfärben heller Töne auf Wollgarn u. Stückware mit spezif. – 40-2520; Herst. v. Drucken auf Fasermaterial mit – 40-2522*; Färben: v. natürl. N-halt. Fasern mit – 42-2498*; v. Polyester/Baumwolle mit – 44-2548; v. Polyester/Cellulose mit – 44-2550; neue Anwend.-Meth. auf d. Reaktivdruckgebiet 44-2551; Fixieren v. – mit Hochtemp.-Dampf 44-2552; Fixierprobleme beim Druck v. – auf Cellulosefasern 44-2553; Färben mit – in Ggw. v. organ. Säuren 44-2557*; Kombinat.-Färb. mit Schwefel- u. – 45-2935*; Färben natürl. Superpolyamide mit – 45-2937*- Bedrucken v. Gewebe mit – nach Behandl. mit Weißreservedruckpaste 45-2938*; verbessertes Textilfärbeverf. mit – 45-2452*; färber. Verw. v. Cu-halt. – 48-2463; Färben: v. Cellulosefasern mit – 48-2470; v. Cellulose mit – 48-2473; v. Polyester/Cellulose mit Dispersions- u. – 49/50-2762; v. Polyester/Baumwolle mit Dispersions- u. – 49/50-2765; v. Modal mit – 49/50-2768; v. Polyester–Cellulosefaser-Mischgeweben nach d. Thermosol–Thermofixier-Verf. mit Dispers.- u. – 51/52-2509.

Analyse d. – auf Cellulose 7-2747; komplexe kolorist. Unters. v. – (*2.* Mitt.) 7-2034; Papierchromatographie v. – 19-2242.

Bibl.: Reactive dyes. Structure and applications B 63.

Säurefarbstoffe (Anionenfarbstoffe, anionische Farbstoffe)

– für egale Färb. (Überblick) 18-2679.

Quatern. Ammoniumverb. als Färbereihilfsmittel für Polyamide mit – 3-2782*; Verw. d. Verdick.-Mittels MPO beim Drucken mit – 10-2696.

Ster. Hinder. v. – bei ihrer Fixier. auf Kollagen 4-2703; Bezieh. zwischen d. Geometrie v. – u. d. Lichtechth. 22-2806; Konz.-Profile v. – innerhalb einzelner Nylonfilamente 37-2931; Fixierverh. v. sauren Wollfarbstoffen in Sattdampf 6-2666; Rolle d. Aminogruppen für d. Sorpt. v. – 27-3055.

Spektroskop. Unters. d. Färbemech. v. – 6-2667; Färbeisotherme v. – auf Nylon 24-2648; Gleichgew. beim Färben aminisierter Baumwolle 31-3035; Einfl. v. Lsgm. u. Zusätzen auf d. photochem. Zers. v. – 8-2681; Wechselwrkg. zwischen – u. Nonylphenol–Äthylenoxid-Deriv. (*3.* Mitt., mögl. Wechselwrkg.-Weisen) 21-2947.

Färben: v. Lammfell mit – 3-2780; v. Acrylfasern/Wolle mit sauren Wollfarbstoffen 4-2247; Färben mit –: v. Wolle u. Nylon 4-2251; v. Polyamidseide 5-2756; v. Polyester u. Polyamid 5-2757; v. Acrylfasern 6-2670; neue – für Wolle 9-2694; Färben: v. Wolle mit – 13-2718; v. Relon mit – 13-2719; Filmdruck mit sauren Wollfarbstoffen auf Acetatkunstseide 16-2738; Färben: v. Nylon mit neuen – 17-2981; v. Textilien mit Umsetz.-Prod. aus – u. organ. N-Basen 20-2708; Kettbaumfärb. v. – 22-2791; Bedrucken v. Textilien mit – 22-2797*; Färben: v. Polypropylenfasern mit – 26-2811*; v. Wolle mit – 27-3058; Bedrucken v. Wolle mit – 27-3081*; Färben: modifizierter Polyacrylonitrilfasern mit – 30-2650; v. Polyester mit – 31-3044*; v. N-halt. Fasern mit – 32-2709*; Thermosolfärb. v. Polyamidfasern mit – 33-2983; Färben: v. Fasergemischen mit – 35-2760; v. Polyamidfasern mit – 37-2933; Bedrucken v. Dorlastan mit – 38-2790; Färben v. Polyamid u. Polyester mit – 38-2791; Auswahl – für d. Färb. kation. Polyacrylonitrilfasern 39-2795; Färben v. Polypropylen mit – 43-2799*; Fixieren v. – mit Hochtemp.-Dampf 44-2552; Färben: v. Polyamidfasern mit – 48-2465; v. Nylon/Wolle mit – 48-2469; v. Polyamiden mit – 48-2476*; v. Polyamid/Wolle mit – 49/50-2766.

Fäll. v. – mit Eisensalzen 43-2819; chromatograph. Nachw. v. – aus gefärbten Textilfasern 12-1976; Papierchromatographie v. – (*9.* Mitt.) 18-2058; Verw. v. – bei d. Best. v. Protein in Milch nach d. Farbstoffbind.-Meth. 37-2280.

Farbstoffgruppen

Acridinfarbstoffe

Siehe auch *Chinacridonfarbstoffe.*

Darst. v. – 20-2721*.

Fluoreszenzverh. v. – -DNS-Addukten 22-1205; Fluoreszenzmess. an DNA-Aminoacridin-Farbstoff-Addukten 23-1249.

Anilinfarbstoffe

Darst. v. p-(1.2-Dicyanvinyl)-N.N-dimethyl- – 17-3016*; Ausnutz. mechan. Trockner als Rk.-Trockenapp. in d. Anilinfarbenindustrie 27-2393.

Anthrachinonfarbstoffe

Aminoanthrachinone (*4.* Mitt., Photochemie) 15-2830; (*5.* Mitt.) 21-2961; (*6.* Mitt., Photochemie v. N-Methylderiv. auf Polymerfilmen) 31-3041; (*7.* Mitt.) 32-2720.

Darst.: v. polycycl. – 2-2565*; v. Farbstoffgemischen d. Anthrachinonreihe 2-2568*; v. wasserunlösl. – 3-2799*; v. – 6-3144*; v. wasserunlösl. – 43-2832*; v. heterocyclenringhalt. – 43-2833*.

Darst.: v. triazinringhalt. Anthrachinonpigmentfarbstoffen 3-2805*; v. Anthrachinonazopigmenten 9-2713*; v. Anthrachinonpigmentfarbstoffen d. 1.2-Phthalylcarbazolreihe 15-2845*; v. Anthrachinonpigmentfarbstoffen d. 1.2-Phthalylcarbazolreihe 15-2847*; v. carbonsäureamidgruppenhalt. Anthrachinonmonoazopigmentfarbstoffen 17-3013*; v. Anthrachinonazopigmentfarbstoffen 44-2578*.

Darst.: v. Alkylanthrachinon-Dispers.-Farbstoffen 5-2772; v. Dispers.- – 33-3003*; v. dicarbonsäureimidgruppenhalt. Anthrachinondispers.-Farbstoffen 44-2573*.

Darst.: v. triazinringhalt. Azoanthrachinonreaktivfarbstoffen 10-2718*; v. aminoalkylenphenylaminogruppenhalt. Anthrachinonreaktivfarbstoffen 15-2843*; v. acylaminogruppenhalt. reakt. – 24-2675*; v. Reaktivfarbstoffen d. Anthrachinonreihe 41-2891*; v. benzthiazolgruppenhalt. Anthrachinonreaktivfarbstoffen 43-2835*; v. aminosulfonylanilinogruppenhalt. Anthrachinonreaktivfarbstoffen 44-2574*; v. Anthrachinonreaktivfarbstoffen 49/50-2779*.

Darst.: v. sulfonsäuregruppenhalt. Anthrachinonküpenfarbstoffen 3-2800* bis 3-2803; v. Ceramidoninküpenfarbstoffen 4-2265*; v. triazinringhalt. Anthrachinonküpenfarbstoffen 10-2713*; v. carbonsäureamidgruppenhalt. Küpen- – 10-2717*; v. Anthrachinonküpenfarbstoffen d. Phthaloylacridonreihe 23-3001*; v. triazinringhalt. Anthrachinonküpenfarbstoffen 34-2663*; v. heterocyclenhalt. Anthrachinonküpenfarbstoffen 42-2515*; v. Anthrachinonküpenfarbstoffen 43-2836*, 44-2576*.

Darst.: v. Halogen- – 1-2600*; v. aminopropylaminopropylaminogruppenhalt. – 7-2763*; v. arylaminogruppenhalt. – 12-2698*; v. Amino- – 13-2739*; v. 2-benzylcyclohexylaminogruppenhalt. – 13-2741*; v. Nitroamino- – 16-2765*; v. p-halogenierten α-Aminoanthrachinonen u. Verw. für Farbstoffe 18-2690*; v. Anthrachinonazofarbstoffen 18-2691*; v. 1.2.5(8)-Triaminoanthrachinonen u. Verw. für Farbstoffe 31-3067*; v. α-[ω-Dialkylaminopolymethylenamino]-anthrachinonen 34-2661*; v. p-Nitrophenylamino- – 34-2662*; v. anilinogruppenhalt. – 38-2810*; v. aminophenylaminogruppenhalt. – 39-2825*; v. Disazopigmenten d. Anthrachinonreihe 39-2826*; v. Dialkylaminoalkylaminogruppenhalt. – 45-2955*.

Darst.: v. cyangruppenhalt. – 30-2670*; v. Phenylthio- – 6-2689*; v. phenylmercaptogruppenhalt. – 37-2958*.

Darst.: v. 1-Aminoanthrachinon-3.4(N)-benzacridonfarbstoffen 1-2599*; v. hydroxyarylgruppenhalt. – 2-2569*; v. Phthaloylacridonfarbstoffen 4-2264*; v. hydroxyalkylphenylalkyloxygruppenhalt. — 5-2784*; v. 1.4-Dihydroxy-2-alkylaminoalkylamino-— 10-2715*; v. di- bzw. monooxatetrahydronaphthylgruppenhalt. — 11-2721*; v. glyoxaldiureingruppenhalt. — 13-2740*; v. 1-Hydroxy-4-phenylamino-— 17-3011*; v. 1-Amino-2-hydroxyanthrachinonen u. Verw. für Farbstoffe 18-2689*; v. phenoxygruppenhalt. — 21-2972*; v. aroylgruppenhalt. — 22-2821*, 22-2822*; v. dihydroxydiaminogruppenhalt. — 25-2964*; v. 1.5-Dihydroxy-4.8-diaminoanthrachinonfarbstoffpräp. 25-2965*; v. hydroxyphenylgruppenhalt. — 34-2660*; v. substituierten Dihydroxyphenylamino-— 40-2533*; v. — durch Chlorier. oder Bromier. v. 1.5- oder 1.8-Dihydroxy-4.8- bzw. -4.5-bis-[monoalkylamino]-anthrachinonen 40-2535*; v. — durch Rk. v. Aminen mit 1.4-Dihydroxy- oder 1.4-Diaminoanthrachinonen 41-2892*; v. schwer wasserlösl. Dihydroxyphenylamino-— 46-2467*; v. Hydroxy-1.4-dichlor-— 49/50-2787*; v. phenoxygruppenhalt. — 49/50-2789*.

Darst.: v. halogenacylaminogruppenhalt. — 2-2570*; v. Acylamino-— 5-2785*; v. acylaminogruppenhalt. — 10-2714*; v. acylaminomethylgruppenhalt. — 12-2697*; v. phosphonsäuregruppenhalt. — 15-2842*; v. aminocarbonylphenylaminogruppenhalt. — 22-2823*; v. halogenbenzoylaminogruppenhalt. — 25-2968*; v. N-aminoalkyleniminiumgruppenhalt. — 26-2832*; v. Anthrachinon-2.3-dicarbonsäureimidfarbstoffen 28-2798*; v. acylaminogruppenhalt. — 29-2964*; v. 1-Amino-4-hydroxyanthrachinon-2-carbonsäure u. Verw. für Farbstoffe 31-3066*; v. wasserlösl. — u. d. quatern. Ammoniumsalze 41-2893*; v. — aus 1-Amino-4-halogen (oder nitro)-anthrachinon-2-carbonsäurechlorid, γ-Cyclohexylalkylaminopropylaminen u. NH_2CH_3 46-2466*; v. dicarbonsäureimidgruppenhalt. — 49/50-2791*.

Darst.: v. alkyl- u. arylsulfonylgruppenhalt. — 2-2566*; v. aminosulfonylphenyloxy-(mercapto-)gruppenhalt. — 10-2716*; v. diphenylsulfongruppenhalt. — 13-2742*; v. aminosulfonylgruppenhalt. — 14-2720*; v. sulfophenylaminogruppenhalt. — 16-2766*; v. Anthrachinonsulfonsäuren u. Verw. für Farbstoffe 17-3002*; v. 1-Aminoanthrachinon-4-halogen-2-sulfonsäuren u. Verw. für Farbstoffe 17-3003*; v. diphenylsulfongruppenhalt. — 21-2971*; v. aminosulfonylarylaminogruppenhalt. — 25-2962*; v. sulfoaralkylaminogruppenhalt. — 28-2799*; v. aminosulfonylaryl(alkyloxy bzw. mercapto bzw. sulfonyl bzw. amino)alkylaminogruppenhalt. — 28-2800*; v. diäthylaminoäthylsulfonylgruppenhalt. — 37-2957*; v. aminosulfonyloxygruppenhalt. — 37-2959*; v. aminosulfonylarylalkylaminogruppenhalt. 37-2960*; v. Farbstoffen aus Aminobenzolsulfonsäureamiden u. Dinitroanthrachinonen 41-2894*; v. sulfatoäthylsulfonylanilinogruppenhalt. — 43-2834*; v. acylaminoarylsulfonyl(carbonyl)-aminogruppenhalt. — 45-2946*; v. Arylsulfonyl-— 49/50-2788*.

Darst.: v. tetrahydrofurylalkoxygruppenhalt. — 5-2783*; v. tetrahydrofuranringhalt. — 8-2692*.

Darst.: v. pyrrolidonringhalt. — 23-3002*; v. Anthrachinoncarbazolen 2-2567*; v. — d. Dianthrimidcarbazoltyp 10-2719*.

Darst.: v. arylopyridinringhalt. — 18-2685*; v. pyridinyloxysulfonylgruppenhalt. — 29-2959*; v. Farbstoffen d. Pyridanthronreihe 32-2723*.

Darst.: v. imidazol- bzw. imidazolingruppenhalt. — 8-2693*; v. imidazoliumsalzhalt. — 12-2699*; v. Imidazolo-— 49/50-2790*.

Darst.: v. Anthrachinonazinfarbstoffen 20-2722*; v. N.N'-Dihydroxyanthrachinonazinfarbstoffen 20-2723*; v. azinringhalt. — 37-2962*; v. Anthrachinonazinfarbstoffen 48-2487*; v. diazinringhalt. — 9-2720*.

Darst.: v. pyrimidin- bzw. triazinringhalt. — 13-2738*; v. halogenpyrimidylgruppenhalt. — 19-2884*, 29-2963*; v. 2-pyrimidylbenztriazolgruppenhalt. — 35-2787*.

Darst.: v. pyridazonringhalt. — 21-2974*.

Darst.: v. triazinylgruppenhalt. — 2-2571*; Stabilisier. v. Dihalogentriazinylamin-— 3-2798*; Darst.: v. triazinringhalt. Azo-— 9-2712*; v. pyrimidin- bzw. triazinringhalt. — 13-2738*; triazinringhalt. — 17-3010*, 18-2692*; v. — aus 2.4-Dihalogen-6-aryloxy-1.3.5-triazinen u. α-Aminoanthrachinonen 41-2895*.

Darst.: v. benzoxazolringhalt. — 25-2963*; v. 1.2-Anthrachinonoxadiazolen als Farbstoffvorprod. 10-2705*; v. oxadiazolringhalt. — 33-3002*.

Darst.: v. benzthiazol- u. benzoxazolringhalt. — 25-2963*; v. thiadiazolringhalt. — 25-2961*; v. 1.2-Anthrachinon-1.2.5'-thiadiazolen u. Verw. für Farbstoffe 33-2993*.

Photolumineszenz alkohol. Lsg. v. — 42-0755; Einfl. ster. Faktoren beim Färben mit — 32-2719.

Überführ. v. — in Reaktivfarbstoffe 40-2536*; Prüf. d. Red.-Geschw. v. Anthrachinonküpenfarbstoffen 11-2703; Rk. v. —: mit 1.2.4-Thiadiazolderiv. 38-2811*; mit Cyanurchlorid 28-2786; photochem. Wechselwrkg. v. — mit Alkoholen 38-1103; Rk. v. — mit 2.4-Dihalogen-6-oxyamino-1.3.5-triazinen 51/52-2525*; Polykondens. v. Dihydroxyanthrachinon-Farbstoffen mit Phthalsäuren 34-1162.

Färben: u. Bedrucken v. Polyesterfasern mit — 4-2257*; v. Polyamiden mit — 12-2684*; v. Textilien mit hexahydrotriazinringhalt. 13-2724*; v. Polyestern u. Polyamiden mit 1.2-Diamino-— 16-2755*; v. Polyestern mit Diaminoanthrachinoncarbonitrilfarbstoffen 16-2757*; Bedrucken v. Polyesterfasern mit — 22-2798*; Färben: v. hydroxylgruppenhalt. Materialien mit thiosulfatoäthylsulfonylgruppenhalt. — 26-2814*; v. Polyesterfasern mit — 26-2815*; v. Polyesterfasern mit 1.4-Diamino-2.3-dicyananthrachinon 27-3074*; v. Cellulose mit — 27-3076*; v. synthet. Fasern mit — 30-2656*; v. Polypropylen mit Amino-— 31-3048*; v. Polyamiden mit halogentriazinylaminogruppenhalt. — 32-2708*; v. N-halt. Fasern mit — 32-2709*; v. Fasern mit thiosulfatoäthylsulfonylgruppenhalt. — 32-2712*; v. Polyesterfasern mit — 32-2713*; v. Cellulosefasern mit — 33-2987*; v. Polyester/Cellulose mit — 33-2990*; v. Fasern mit Carboxyalkylcarbonylaminogruppenhalt. — 38-2795*; v. Vinol mit aldehydgruppenhalt. 30-2707; und Bedrucken v. Textilgut aus linearen Polyestern mit — 40-2534*; v. Polyesterfasern mit — 44-2575*; Verbesser. d. therm. Beständigk. v. Färb. auf Gebilden aus linearen Polyestern bzw. deren Misch. mit Cellulose- oder animal. Fasern mit — 47-2729*; Färben: v. Wolle mit — 49/50-2773*; Foulardieren u. Bedrucken v. textilen Gebilden mit — 51/52-2516*.

Verw.: v. 2- oder 5-substituierten 1.4-Diamino-— für Haarfärbemittel 9-2759*; v. — mit quart. Ammoniumgruppen zum Färben v. Humanhaar 28-2817; v. — zum Färben v. Polyestern 36-2826*.

Analyse v. Anthrachinonreaktivfarbstoffen auf Cellulose 7-2747; Identifizier. v. — durch Dünnschichtchromatographie auf Al_2O_3 22-2133.

Azinfarbstoffe

Siehe auch *Azofarbstoffe*; *Oxazinfarbstoffe*; *Phthalocyaninfarbstoffe*; *Thiazinfarbstoffe*; *Triazinfarbstoffe*.

Solvatochromie. Tautochromie u. Metachromie v. Phenazinfarbstoffen 15-2829.

Azofarbstoffe

Siehe auch *Azomethinfarbstoffe*; *Naphthol-AS-Farbstoffe*; *Phthalocyaninfarbstoffe*.

Darst. v. — aus DDT-Nebenprod. 2-2555; — durch oxydative Kuppl. (*26.* Mitt.) quart. heterocycl. Azosulfone 4-0867; Darst.: v. heterocycl. Ringe enthaltenden Mono-— 6-2681*; v. heterocyclenhalt. — 6-2685*; v. als photograph. Entwickler geeigneten — 6-3147*; v. chlorhalt. — 9-2714*; v. Mono-— 16-2763*; v. — auf Cellulosefasern 18-2679; u. Rk. v. — 20-1010; eines — für Wolle 21-2967*; v. — durch Kuppl. in Ggw. aromat. Carbonsäuren 24-2663*; v. — 25-3143*; neue — aus phenol. Kuppl.-Komponenten d. Kaschunußschalenöls 29-2955; aromat. Diazo- u. Azoverb. (*66.* Mitt.; Darst. makrocycl. —) 30-2668; Darst.: v. — durch direkte Diazotier. auf d. SiO_2-Gel-Dünnschichtplatte 31-2025; v. — 34-2658*; v. heterocyclenringhalt. Mono-— 39-2817*; v. Cl-gruppenhalt. Mono-— 43-2826*.

Affinität u. Kuppl.-Stelle in Benzidindirektfarbstoffen 8-2682; Darst.: v. nitrogruppenhalt. Azodispersionsfarbstoffen 8-2690*; v. dispersen — aus Diphenylalkanen für Lawsan 19-2867; v. Thiazol-Entw.- u. Azodispers.-Farbstoffen d. Acetacetylaminothiazols 37-1156.

Darst.: v. tetracarbonsäurediimidgruppenhalt. Azopigmentfarbstoffen 1-2602*; v. carbonsäureamidgruppenhalt. Azopigmenten 8-2686*; v. Anthrachinonazopigmenten 9-2713*; v. cycl. dicarbonsäureimidgruppenhalt. Azopigmentfarbstoffen 15-2846*; v. Monoazopigmentfarbstoffen 25-2970*; v. Anthrachinonazopigmentfarbstoffen 44-2578*; v. Azopigmentfarbstoffen 45-2956*; Entwässern v. Azopigmenten durch Erwärmen in inerten organ. Fl. 46-2468*.

Darst.: v. wasserunlösl. Mono-— 16-2762*; v. wasserunlösl. Mono-— 40-2528*; v. wasserunlösl. — (Dialkylaminohalogennitroazobenzolcarbonsäureester) 47-2742*.

Darst.: v. wasserlösl. Mono-— 41-2887*; v. wasserlösl. — (Acetoacetylaminophenylazonaphthalinsulfonsäuren) 51/52-2519*; v. in W. schwer lösl. — 51/52-2523*.

Darst.: v. metallhalt. Azoreaktivfarbstoffen 1-2595*; v. metallhalt., halogenacylaminogruppenhalt. Azoreaktivfarbstoffen 5-2773*; v. reakt. Azophthalocyaninfarbstoffen 6-2690*; v. arylureylengruppenhalt. Monoazoreaktivfarbstoffen 9-2723*; v. triazinringhalt. Azoanthrachinonreaktivfarbstoffen 10-2718*; v. Cr-halt., reakt. Mono-— 11-2709*; v. pyrimidin- oder triazinringhalt., reakt. Mono- u. Dis-— 11-2712*; v. metallhalt. di- oder triazinringhalt. Monoazoreaktivfarbstoffen 12-2695*; v. pyrimidin- bzw. triazinringhalt. Azoreaktivfarbstoffen 13-2729*; v. pyrazolringhalt., reakt. Mono-— u. d. Cu-Komplexen 15-2831*; v. reakt. disulfonaphthylgruppenhalt. — 15-2837*; v. carbonylaminogruppenhalt. Azoreaktivfarbstoffen 15-2838*; v. hydraziniumsalzhalt. Mono- u. Disazoreaktivfarbstoffen 15-2839*; v. metallhalt. Azoreaktivfarbstoffen 16-2767*; v. metallhalt., reakt. — 22-2814*; v. Cu-halt. Azoreaktivfarbstoffen 29-2957*; v. ureylengruppenhalt. reakt. Mono-— 43-2822*; v. halogentriazingruppenhalt. Azoreaktivfarbstoffen 45-2954*; v. Metallkomplexverb. v. reakt. — 46-2462*; v. reakt. — 46-2463*; v. wasserlösl. reakt. Mono-— 47-2744*; v. alkylaminogruppenhalt. Azoreaktivfarbstoffen 48-2483*, 48-2484*; v. Azoreaktivfarbstoffen 49/50-2779*.

Darst.: v. bas. — mit β-Diketonen als Azokuppl.-Komponenten 12-2694*; v. bas. Pyridazin-— 14-2709*; v. metallhalt., kation. — 17-3006*; v. hydrazingruppenhalt. bas. — 31-3073*; v. sauren Mono-— (Aminobiphenylylazonaphthalinsulfonsäurederiv.) 51/52-2520*.

Darst.: v. metallhalt. Mono-— 1-2594*; v. metallhalt. Azoreaktivfarbstoffen 1-2595*; v. metallhalt., carbazolgruppenhalt. Mono-— 4-2262*; v. metallhalt., halogenacylaminogruppenhalt. Azoreaktivfarbstoffen 5-2773*; v. metallhalt. benzthiazolringhalt. — 6-2688*; v. metallhalt. Monoazopyrimidinfarbstoffen 8-2687*; v. metallhalt. Benzthiazolazopyrazolonfarbstoffen 9-2716*; v. metallhalt. Benzthiazolazo-α-naptholfarbstoffen 9-2717*; v. metallhalt. crotonoylgruppenhalt. Mono-— 9-2718*; v. metallhalt. sulfatoalkylaminosulfonylgruppenhalt. — 9-2719*; v. metallhalt., pyrimidylaminogruppenhalt. — 9-2721*; v. metallhalt. Benzthiazolazo-β-naphtholfarbstoffen 9-2725*; v. metallhalt. — auf 2-Aryl-4.5-arylen-1.2.3-triazolbasis 12-2691; v. metallhalt. di- oder triazinringhalt. Monoazoreaktivfarbstoffen 12-2695*; v. diarylsulfid- bzw. diarylsulfongruppenhalt., metallhalt. — 13-2733*; v. metallhalt., heterocyclenhalt. — 14-2716*; v. metallhalt. Azoreaktivfarbstoffen 16-2767*; v. metallhalt., kation. — 17-3006*; v. metallhalt., acylaminogruppenhalt. — 20-2720*; v. metallhalt. Mono-— 22-2811*; v. metallhalt., reakt. — 22-2814*; v. metallhalt. — auf d. Faser 23-2987*; v. metallhalt. pyrazolringhalt. — 23-2998*; v. metallhalt. pyridazonringhalt. — 23-2999*; v. metallhalt. alkyl- bzw. arylmercaptogruppenhalt. — 24-2666*; v. metallhalt. 1.2.3-triazolringhalt. — 28-2790*; v. metallhalt., acryloylaminosulfonylgruppenhalt. — 28-2794*; v. metallhalt. pyrazolringhalt. — 29-2960*, 31-3070*; v. metallhalt., sulfonamidgruppenhalt. — 31-3075*; v. metallhalt., imidazolringhalt. — 33-2995*; v. metallhalt. triazinringhalt. — 34-2656*; v. metallhalt. Mono-— 42-2513*; v. elektrolytfreien metallhalt. — in fester Form 44-2567*; v. diacylaminogruppenhalt., metallhalt. — 45-2953*.

Darst.: v. elektrolytfreien —-Metallkomplexpräp. 3-2789*; v. di- u. trihydroxyphenylgruppenhalt. — u. d. Metallkomplexen 14-2708*; v. heterocyclenringhalt. — u. d. Metallkomplexen 17-3004*, 17-3005*; v. cyanoacetylaminogruppenhalt. — u. d. Metallkomplexen 24-2662*; v. pyrazol-[1.5-b]-[1.2.4]-benzthiadiazin-1.1-dioxidgruppenhalt. Monoazoverb. u. d. Metallkomplexen 29-2956*; v. Metallkomplexen einiger — u. Azomethinfarbstoffe (*3.* Mitt.) 33-2094; v. β-hydroxypropylaminosulfonylgruppenhalt. Mono-— u. d. Metallkomplexen 36-2722*; v. acetessigsäureamidgruppenhalt. — u. d. Metallkomplexen 39-2813*; v. Metallkomplexen v. — (*2.* Mitt.) 42-0607; v. Metallkomplexverb. v. reakt. — 46-2462*.

Kuppl.-Verh. v. Naphtholsulfonsäureamiden bei d. Herst. metallisierbarer – 21-2960; Darst.: v. metallisierbaren – mit Dihydroxydiphenylmethanderiv. als Kuppl.-Komponente 24-2664*; v. metallisierbaren phenylaminosulfonylgruppenhalt. Mono-– 24-2665*; v. metallisierbaren phosphonsäuregruppenhalt. – 24-2669*; v. metallisierbaren – 26-2826*; v. metallisierbaren alkyl(aryl)sulfonyloxyalkyl(amino)sulfonylgruppenhalt. – 28-2795*; v. benzolsulfonsäureanilidgruppenhalt. metallisierbaren Mono-– 39-2816*; v. metallisierten – 40-2531*; v. – aus metallisierbaren Diazoniumverb. u. mono- oder polyhalogenierten aliphat. Methylketonen 46-2460*.

Darst.: v. Cr-Komplexen mit *2* verschiedenen Mono-– 3-2791*; v. Cr-halt., reakt. Mono-– 11-2709*; v. Cr-halt. pyrazolringhalt. – 13-2735*; v. Cr-Komplexen v. zwei verschiedenen pyrazolringhalt. – 25-2957*; v. Ammoniumsalzen Cr-halt. – 25-2958*; v. Cr-halt. phenylaminonaphtholgruppenhalt. – 28-2791*; v. Cr-halt. – 31-3071*; v. Cr-halt. Mono-– 33-2998*; v. Cr-halt. – 33-3000*, 43-2825*; v. Cr-Mischkomplexen v. – 49/50-2784*; Darst.: v. Cr- u. Co-halt. – 10-2708*; (mit N-Heterocyclen) 10-2712*; Cr- u. Co-halt. o-Hydroxy-o'-aminomono-– 24-2668*; v. Cr- u. Co-halt. – 28-2792*.

Darst.: v. cobaltierten Gemischen v. – 17-3008*; eines 1:2-Co-Komplex-– 28-2793*.

Darst.: v. Cu-halt., halogentriazingruppenhalt. Mono-– 3-2793*; v. Cu-halt., triazinringhalt. Mono-– 9-2715*; v. Cu-halt., pyrazolonringhalt. Mono-– 10-2706*; v. pyrazolringhalt. reakt. Mono-– u. d. Cu-Komplexe 15-2831*; v. Cu-halt. – 21-2966*; v. Cu-halt. Azoreaktivfarbstoffen 29-2957*.

Darst.: v. Amino-– 7-2758*; v. aminoalkylaminophenylgruppenhalt. – 10-2711*; v. 1-Amino-1-perfluoralkyläthylenen u. Verw. für – 11-2705*; v. cyclobutylgruppenhalt. – 19-2881*; v. – aus α-Bromnaphthylaminen (Farbe u. Konstit.) 22-2810; v. alkylaminogruppenhalt. Mono-– 25-2955*; v. Naphthylmonoazophenylfarbstoffen 34-2659*.

Darst.: v. cyanalkyloxyalkylaminogruppenhalt. Mono-– 11-2714*; v. cyanogruppenhalt. Mono-– 13-2734*; v. cyanalkylaminogruppenhalt. Mono-– 43-2824*.

Darst.: v. nitrogruppenhalt. Mono-–-Gemischen 12-2693*; v. nitrogruppenhalt. – 15-2832*; v. nitrogruppenhalt. Mono-– 16-2761*; v. Dinitrobromanilinen u. Verw. für – 17-3001*; v. mit aromat. Nitroverb. verätherten gem.-Di-p-hydroxyphenylalkanen als Zwischenprod. für – 21-2812*; v. 4-Nitro-4'-dialkylamino-1.1'-azobenzolen u. Verw. für – 42-2506*, 42-2507*, 43-2827*; v. nitrogruppenhalt. Mono-– 45-2951*.

Darst.: v. naphtholgruppenhalt. Mono-– 2-2559*; v. unbeständ. Polyäthylenoxid-– (zur vorübergehenden Kennzeichn. v. Fasern) 6-2686*; (zur kurzzeit. Kennzeichn. v. Fasern) 6-2687*; v. Mono- u. Dis-– auf Chinonbasis 6-3148*; v. glyoxaldiureingruppenhalt. – 13-2740*; v. 2-Aminoarylalkylendihydroxybenzolen als Zwischenprod. für – 24-2540*.

Darst.: v. Monoazinium-– 3-2794*; v. carbonsäureestergruppenhalt. – 4-2260*; v. quatern. ammoniumgruppenhalt. Mono-– 5-2774*; v. benzolygruppenhalt. – 5-2775*; v. quatern. ammoniumgruppenhalt. – 5-2780*; v. quatern. Ammoniumsalzen v. – 7-2759*; v. α.β-bis-[acyloxy]-propylaminogruppenhalt. – 8-2685*; v. Mono-– auf d. Basis v. β- oder γ-Resorcylsäure 11-2710*; v. carbonsäureestergruppenhalt. Mono-– 11-2719*; v. hydroxynaphthoesäuregruppenhalt. – 14-2711*; v. carboxylgruppenhalt. Azoaminofarbstoffen 16-2764*; v. carbonsäuregruppenhalt. Azoaminofarbstoffen 18-2682*; v. 2.3-hydroxynaphthoesäure-2'-methoxyanilidgruppenhalt. – 19-2875*; v. alkoxycarbonyläthylaminogruppenhalt. Mono-– 20-2719*; v. alkoxycarbonylalkylaminogruppenhalt. Mono-– 21-2963*, 22-2812*; v. carboxyalkylaminogruppenhalt. – 22-2813*; v. Trifluormethylbenzolazosalicylsäurefarbstoffen 24-2667*; v. akyl- bzw. aryloxyalkylaminogruppenhalt. – 25-2952*; u. färber. Verw. v. carbonsäurecyclohexylestergruppenhalt. – 25-2953*; v. acyloxyäthylaminogruppenhalt. Mono-– 35-2793*; v. wasserunlösl. dicarbonsäureesterhalt. – 41-2883*; v. harnstoffgruppenhalt. – 42-2509*; v. N-alkoxyäthyl-N-alkoxycarbonyläthylaminogruppenhalt. Mono-– 44-2571*; v. wasserunlösl. carboxydiphenylgruppenhalt. – 46-2461*; v. wasserunlösl. Mono-– mit veresterten Aminobenzolgruppen 46-2464*; v. carbonsäureestergruppenhalt. – 49/50-2781*.

Darst.: v. aralkylcarbonylaminogruppenhalt. – 2-2558*; v. halogenacylaminogruppenhalt. Mono-– 2-2570*; v. nitro- u. acylaminogruppenhalt. Mono-– 4-2258*; v. dicarboximidogruppenhalt. – 5-2776*; v. carbonsäureamidgruppenhalt. – 8-2691*; v. acylaminogruppenhalt. – 11-2706*; v. N-carboximidoalkylgruppenhalt. – 14-2714*; v. hydroxynaphthoylamingruppenhalt. Mono-– 16-2759*; v. alkylcarbonylaminopropylaminogruppenhalt. – 16-2760*; v. carbonsäurearylamidgruppenhalt. – 17-3007*; v. carbonsäureamidgruppenhalt. – 17-3009*; v. carbonsäureamidgruppenhalt. Mono-– 17-3014*; v. acylaminomethylgruppenhalt. – 9-2724*; v. hydroxynaphthoesäureanilidgruppenhalt. Mono-– 19-2877*; v. acetoacetylaminogruppenhalt. – 19-2878*; v. hydroxynaphthoesäureanilidgruppenhalt. Mono-– 19-2880*; v. hydroxynaphthoylaminogruppenhalt. Mono-– 22-2824*; v. carbonsäureamidgruppenhalt. Mono-– 25-2967*; v. acetylessigsäureamidgruppenhalt. – 26-2828*; v. N-aminoalkyleniminiumgruppenhalt. – 26-2832*; v. aroylaminogruppenhalt. – 31-3074*; v. 1-Acylacetylamino-2.5-dialkoxy-4-brombenzolen u. Verw. als Azokuppl.-Komponenten 38-2799*; v. arylaminocarbonylgruppenhalt. Mono-– 38-2801*; v. benzoylaminophenylgruppenhalt. Mono-– 38-2803*; v. acylaminogruppenhalt. Mono-– 38-2804*; v. hydroxyalkylaminocarbonylgruppenhalt. – 38-2805*; v. carbonsäureamidgruppenhalt. – 39-2815* v. 2-hydroxynaphthoesäure-(3)-acyloxyalkylamidgruppenhalt. – 42-2508*; v. benzolcarbonsäureestercarbonsäureamidgruppenhalt. Mono-– 43-2823*; v. acylaminopropylaminogruppen halt. Mono-– 44-2570*; v. carbonsäureamidgruppenhalt. Mono-– 49/50-2785*.

Darst.: v. sulfatoäthylsulfonylaminogruppenhalt. – 1-2592*; v. 1-hydroxy-3-sulfo-7-aminonaphthylgruppenhalt. Mono-– 6-2682*; v. aminoäthylsulfonylaminogruppenhalt. – u. d. quatern. Ammoniumsalze 7-2756*; v. alkylsulfonylaminogruppenhalt. – 7-2760*; v. dialkylsulfoniogruppenhalt. – 7-2761*; v. alkylsulfonylgruppenhalt. Mono-– 8-2688*; v. sulfatoalkyloxyphenylgruppenhalt. Mono-– 8-2689*; v. alkylsulfonylaminogruppenhalt. Mono-– 9-2722*; v. aminobenzolsulfonamidgruppenhalt. – 10-2709*; v. sulfolanringhalt. Mono-– 18-2684*; v. Azodisulfidfarbstoffen 27-3100*; v. äthylsulfonylamino- bzw. vinylsulfonylaminogruppenhalt. – 35-2790*; v. alkylsulfonyläthylgruppenhalt. – 35-2791*; v. alkylsulfonylgruppenhalt. Mono-– 38-2807*; v. thiosulfonsäureestergruppenhalt. – 42-2510*; v. sulfonamidgruppenhalt. Mono-– 44-2569*; v. acylaminoarylsulfonyl(carbonyl)aminogruppenhalt. – 45-2946*; v. sulfonylharnstoffgruppenhalt. Mono-– 45-2950*; v. Sulfamylphenylazophenol-Farbstoffen (*2*. Mitt.) 46-1318; v. Gemischen v. Phenylsulfonamidohalogenbenzolazoaminonaphtholsulfonsäuren 51/52-2522*.

Darst.: v. triazinringhalt. Azoanthrachinonfarbstoffen 9-2712*; v. Anthrachinonazopigmenten 9-2713*; v. triazinringhalt. Azoanthrachinonreaktivfarbstoffen 10-2718*; v. carbonsäureamidgruppenhalt. Monoazoanthrachinonpigmentfarbstoffen 17-3013*; v. Azoanthrachinonfarbstoffen 18-2691*; v. Anthrachinonazopigmentfarbstoffen 44-2578*.

Darst.: v. reakt. Azophthalocyaninfarbstoffen 6-2690*; v. Phthalocyanin-– 32-2724*.

Darst.: v. Indolylazopyrazoliumfarbstoffen 29-2958*; v. – auf Basis v. Hydroxyderiv. d. Carbazols (Struktur u. chem. Umwandl. d. Carbazols u. seiner Deriv. ,*19*. Mitt.) 13-2727.

Darst.: v. Pyridinium-– 2-2561*; v. 1[*p*-Aminophenyl]-3.5.6-trichlorpyridon-(4) u. Pentachlor-1-[p-aminoanilino]-cyclohexen-(1)-dion-(3.6) u. Verw. für – 5-2771; v. N-aminopiperidiniumsalzhalt. Mono-– 14-2719*; v. arylopyridinringhalt. – 18-2685*; v. pyridinyloxysulfonylgruppenhalt. – 29-2959*; v. Azo-Pyridinfarbstoffen als Haarfärbemittel 33-3040.

Darst.: v. hydroxychinolingruppenhalt. Mono-– 2-2560*; v. Chinolinyl-– 15-2836*; eines Mono-– 4-Chloranilin → 8-Hydroxychinolin 21-2965*; v. 1.2.3.4-tetrahydrobenzo-(h)-chinolinringhalt. – 33-2996*.

Darst.: v. benzimidazolongruppenhalt. Mono-– 1-2593*; v. imidazol- bzw. imidazolingruppenhalt. – 8-2693*; v. imidazoliumsalzhalt. – 12-2699*; v. benzimidazolhalt. – 14-2710*; v. pyrazoloimidazolgruppenhalt. Mono-– 15-2833*; v. benzimidazoliumsalzhalt. – 19-2879*, 25-2954*; v. pyrazolo-(1.5-a)-benzimidazolringhalt. – 28-2789*; v. benzimidazol- u. indazolkernhalt. – 40-2526; v. Pyrazolobenzimidazol-– 46-2465*.

Darst.: v. pyrazolonringhalt. Mono-– 1-2597*; v. pyrazoloimidazolgruppenhalt. Mono-– 15-2833*; v. carbamoylphenylpyrazolongruppenhalt. Monoazofarbstoffpigmenten 18-2683*; v. pyrazolonringhalt. – 23-3000*; v. pyrazolringhalt. Mono-– 25-2956*; v. pyrazolringhalt. – 26-2827*; v. pyrazolonringhalt. Mono-– 28-2788*; v. pyrazolo-(1.5-a)-benzimidazol- u. pyrazolo-(1.5-b)-chinazolonringhalt. – 28-2789*; v. Indolylazopyrazoliumfarbstoffen 29-2958*; v. pyrazolonringhalt. – 34-2657*; v. pyrazolringhalt. – 36-2723*, 37-2952*, 37-2953*, 45-2952*; v. Pyrazolobenzimidazol-– 46-2465*; v. pyrazoliogruppenhalt. Mono-– 51/52-2521*.

Darst.: v. indazolringhalt. – 4-2259*, 19-2874*; v. indazoliumsalzhalt. – 35-2792*, 38-2802*; v. benzimidazol- u. indazolkernhalt. – 40-2526.

Darst.: v. – aus Chinazolon-(4)-carbonsäuren-(5) 3-2788; v. pyrimidinringhalt. – 11-2708*; v. triazin- oder pyrimidinringhalt. Mono-– 11-2711*; v. pyrimidinringhalt. – 18-2686*; v. dihalogenpyrimidylgruppenhalt. – 19-2884*; v. pyrazolo-(1.5-b)-chinazolonringhalt. – 28-2789*; v. halogenpyrimidinringhalt. – 29-2963*; v. 2-pyrimidylbenztriazolgruppenhalt. – 35-2787*; v. barbitursäuregruppenhalt. Mono-– 37-2951*; v. gelben barbitursäurehalt. Mono-– 41-2889*; v. pyrimidinringhalt. – 42-2511*; v. Pyrimidinium-– 44-2568*.

Darst.: v. bas. Pyridazin-– 14-2709*; v. dioxotetrahydropyridazingruppenhalt. Mono-– 21-2968*; Darst. pyridazonringhalt. – 21-2974*.

Darst.: v. – aus 2-(o-Aminophenyl)-2.1.3-benzotriazolen 5-2777*; v. benzimidazol- bzw. benztriazolhalt. – 14-2710*; v. 2-pyrimidylbenztriazolgruppenhalt. – 35-2787*.

Darst. triazinylgruppenhalt. – 2-2571*; Stabilisier. v. Dihalogentriazinylamino-– 3-2798*; Darst.: v. triazinringhalt. Mono-– 3-2790*; v. triazinringhalt. Azoanthrachinonfarbstoffen 9-2712*; v. triazin- oder pyrimidinringhalt. Mono-– 11-2711*; v. triazinringhalt. – 14-2712*; eines dichlortriazingruppenhalt. – 28-2797*; v. Monochlortriazin-– 31-3076*; v. halogentriazingruppenhalt. – 32-2721*; v. triazinringhalt. – 33-2999*; v. triazinylringhalt. – 36-2724*, 36-2725*; v. triazengruppenhalt. – 48-2485*.

Darst.: v. benzthiazolgruppenhalt. – 4-2261*; v. thiazolringhalt. Mono-– 6-2683*; v. isothiazolringhalt. – 6-2684*; eines benzthiazoliumsalzhalt. Mono-– 7-2757*; v. benzthiazolringhalt. – 9-2711*, 11-2713*; v. Benzthiazolylazokresolfarbstoffen 14-2713*; v. Benzthiazolyl-– 15-2835*; v. benzthiazolringhalt. – 33-2994*; v. thiazoliumsalzgruppenhalt. – 39-2814*.

Darst.: v. benzothiazepinonringhalt. – 10-2707*; v. Perimidinium-– 19-2876*; v. Pyrrocolin-– 37-1167; u. Verw. v. Amiden d. Rosinamine für – 40-2530*; v. naphthoxidinringhalt. – 41-2888*; v. N-aminomorpholiniumgruppenhalt. – 49/50-2782*.

Darst.: v. Diazoaminoverb. für Eisfarben 40-2527*; v. Diazopolymethinfarbstoffen 42-2514*; polyfunktioneller Diazoniumhalogenide u. Verw. für – 49/50-2783*.

Darst.: v. wasserunlösl. Dis-– 3-2795*; v. Dis-– 6-3145*, 6-3146*; v. heterocyclenhalt. Dis-– 14-2717*, 24-2670*; v. Dis-– 31-3072*; v. wasserunlösl. Dis-– 35-2794*; v. Dis-– 51/52-2524*.

Darst.: v. Disazodipers.-Farbstoffen 13-2730*; v. Disazodispers.-Farbstoffen mit Hydroxybenzoe- bzw. Hydroxynaphthoesäuren als Kuppl.-Komponenten 13-2731*; v. Disazodispers.-Farbstoffen 13-2732*; v. alk(aryl)oxycarbonylaminogruppenhalt. Disazodispers.-Farbstoffen 45-2948*.

Darst.: v. wasserlösl. metallisierten Dis-– 2-2562*; v. metallhalt., benzimidazolgruppenhalt. Dis-– 4-2263*; v. triazinringhalt. Dis-– u. d. Metallkomplexen 11-2707*; v. reaktiven Cr- oder Co-halt. Dis-– 14-2715*; v. Cu-halt. Dis-– 22-2815*; v. reakt. metallhalt. Dis-– 33-3001*; v. Cu-halt. Dis-– 35-2795*; v. metallhalt. reakt. Dis-– 39-2818*; v. Cu-halt. acryloylaminogruppenhalt. Dis-– 39-2821*.

Darst.: v. quaternierten heterocyclenhalt. Dis-– 5-2778*; v. halogentriazingruppenhalt. Dis-– 5-2779*; v. Mono- u. Dis-– auf Chinonbasis 6-3148*; v. pyrimidin- oder triazinringhalt., reakt. Mono- u. Dis-– 11-2712*; v. Dis-– auf d. Basis v. Resorcylsäure 11-2715*; v. Dis-– auf d. Basis v. Salicylsäure 11-2716*; v. acylaminogruppenhalt. Dis-– 11-2717*; v. hydraziniumsalzhalt. Mono- u. Disazoreaktivfarbstoffen 15-2839*; v. pyrazolonringhalt. Dis-– 19-2882*; v. dicyanäthylaminogruppenhalt. Dis-– 22-2816*; v. pyrimidinyl- bzw. triazinylgruppenhalt. Dis-– 22-2817*; v. triazin- u. pyrimidinringhalt. Dis-– 25-2960*; v. benzdioxan-(1.3)-gruppenhalt. Dis-— 28-2796*; v. pyrazolringhalt. Dis-— 38-2808*; v. acetessigsäureanilidgruppenhalt. Dis-— 39-2819*; v. carboxylgruppenhalt. Dis-— 39-2820*; v. acylacetylaminoheterocyclengruppenhalt.Dis- 39-2822*; v. halogentriazinylgruppenhalt. Dis-— 39-2823*; v. Disazopigmenten d. Anthrachinonreihe 39-2826*; v. acetoessigsäureanilidgruppenhalt. Dis-— 39-2827*; v. 4-hydroxy-4-methyl-2-oxoamylgruppenhalt. Dis-— 43-2828*; v. methylketoncyanhydringruppenhalt. Dis-— 43-2829*; v. carbonsäureamidgruppenhalt. Dis-— 43-2830*; v. diphenylgruppenhalt. Dis-— 44-2572*; v. hydroxynaphthoylaminogruppenhalt. Disazopigmentfarbstoffen 44-2577*; v. Aminobenzoesäure- u. Aminotoluylsäureestern mehrwert. Alkohole u. Verw. für Dis-— 45-2949*; v. phthalsäureimidgruppenhalt. Dis-— 49/50-2786*.

Darst.: v. diphenylgruppenhalt. Tris-— 21-2969*; v. Cu-halt. Tris-— 29-2961*; v. heterocyclenringhalt. Tris-—-Salzen 33-2997*.

Darst.: v. triazolringhalt. Poly-— 3-2796*; v. metallhalt. Poly-— 5-2781*; v. Poly-— 41-2890.

Absorpt.-Spektren d. 1:1- u. 1:2-Komplexe v. Di-— mit Chrysophenin G 2-0815; spektrale u. Echtheitseig. v. Benzothiazolyl-— 28-2785; strahlungslose Desaktivier. d. Azoverb. u. Lichtechth. v. — 51/52-0726; Struktur: Echtheit u. R_m-Werte v. wasserlösl. — 21-2946; u. Lichtechth. fluorhalt. Mono-— 27-3098; Einfl.: d. Kuppl.-Verf. auf Verteil. Teilchengröße v. Azopigmenten 35-2785; ster. Faktoren auf d. Färb. mit Hydroxy-— 36-2708; Bezieh. zwischen d. Struktur u. d. chromatograph. Verh. wasserunlösl. — 44-1889; Rolle d. Aminogruppen bei d. Sorpt. v. Mono-— auf d. Faser 27-3055; H-Brücke in o-Hydroxy- 33-1143; charge transfer-Komplexe v. Amino-— mit Tetracyanchinondimethan 43-0885.

Überführ. v. Amino-— in Reaktivfarbstoffe 40-2536*; Desox. v. Azomonoazin-N-oxid-Farbstoffen 3-2792*; Red.-Geschw. v. — durch Na_2SO_3 8-2684; Unters. d. Chelate einiger — mittels d. Extrakt.-Meth. (*2.* Mitt.) Komplexe d. 1-(Thiazolylazo)-2-naphthols u. d. 1-(Pyridylazo)-2-naphthols mit Ag u. Seltenerdmetallen 4-0610; säurekatalysierte Hydrolyse d. Bind. zwischen Cellulose u. Dichlortriazinylamino-— 36-2718*; Rk. v. —: mit Triazinverb. 38-2806*; mit Cyanurchlorid 28-2786; Hydrazinier. v. Cu-, Cr- u. Co-halt. Mono-, Dis- u. Tris-— 15-2841*; Rk. v. — mit 2.4-Dihalogen-6-oxyamino-1.3.5-triazinen 51/52-2525*; Acylier. v. Schwermetallkomplexen v. Mono-— 15-2834*; Pfropf. v. — auf d. Cellulosekette 36-1175; Bind. v. Amino-— an Serumalbumin u. Kernproteine v. Rattenleber 9-1190; Einfl. d. N-Substituenten auf d. Proteinbind. karzinogener Amino-— 27-1389; Protein-—-Wechselwrkg. in vitro (mögl. Funkt. sek. Valenzen bei d. chem. Karzinogenese) 49/50-1246.

Red. wasserlösl. — durch Darmbakterien 47-1480; Hydroxylier. u. karzinogene Wrkg. v. Amino-— in vivo 15-1287; Bind. v. Stoffwechselprod. d. Amino-— an Rattenleber-RNS in vivo 25-1318; Isolier. v. Kernen aus Rattenleber während d. Karzinogenese durch Amino-— 9-1189; —-Karzinogenese 21-1370; Verh. v. Hepatozyten bei —-Karzinogenese 23-1348; —-Karzinogenese (Einfl. auf d. Enzyme d. Nicotinamidadenindinucleotid-Biosynth.) 35-1232.

Russ. kontinuierl. Färbeverf. mit unslösl. — 26-2809; Kettschlichtefärb. mit unlösl. — 37-2934; Verbesser. d. therm. Beständigk. v. Färb. auf Gebilden aus linearen Polyestern bzw. deren Misch. mit Cellulose- oder animal. Fasern mit — 47-2729*.

Färben: v. Baumwolle u. Zellulose mit Bordeauxfarbstoffen auf Naphthanilidbasis 1-2583; v. pflanzl. Textilien mit — in Ggw. quatern. Ammoniumverb. 3-2786*; v. Polyamidfasern mit — 12-2683*; v. Polypropylenfasern mit Mono-— 12-2685*; v. Polyesterfasern mit — 13-2725*; v. Polyalkylenfasern mit — 16-2751*; v. Polyacrylonitril mit bas. — 16-2753*; v. Cellulose mit heterocyclenhalt. — 16-2756*; v. Textilien mit — 18-2671*; v. Polyestern u. Polyamiden mit — 20-2707; v. Polypropylen mit triazolringhalt. Mono-— 21-2958*; Bedrucken: v. Polyesterfasern mit — 22-2798*; v. Acetatfasern mit nichtlösl. — 23-2974; Färben v. Textilien mit heterocyclenringhalt. — 23-2978*; Direktfärben v. Polyolefintextilien mit Disazodispers.-Farbstoffen 24-2671*, 24-2672*; Färben: metallhalt. synthet. Fasern mit — 25-2941*; v. hydroxylgruppenhalt. Materialien mit thiosulfatoäthylsulfonylgruppenhalt. — 26-2814*; v. Polyamiden mit metallhalt. sauren — 27-3069*; v. Textilfasern mit Azodisulfidpigmentfarbstoffen 27-3070*; v. Cellulose mit Mono- u. Poly-— 27-3076*; Bedrucken v. Textilfasern mit Azodisulfidfarbstoffen 27-3078*; Färben: v. Cellulose mit geschwefelten — 27-3079*; v. Baumwolle mit Mono-— 27-3080*; v. Polypropylenfasern mit pyrazolonringhalt. Mono-— 29-2923*; v. Polypropylenfasern mit 8-hydroxychinolingruppenhalt. Mono-— 29-2924*; v. Polypropylenfasern mit Cu- u. Ni-halt. Mono-— 29-2925*; v. Polyesterfasern mit — 29-2926*; v. Polyester u. Celluloseacetat mit — 30-2660*; v. Textilien mit — 30-2663*; v. Wolle u. Cellulose mit metallhalt. Mono-— 31-3046*; v. Polypropylen mit — 31-3048*; v. Textilien mit — 31-3051*; v. Florgewebe mit unlösl. — 32-2701; v. Polyamiden mit halogentriazinylaminogruppenhalt. — 32-2708*; v. N-halt. Fasern mit — 32-2709*, 32-2710*; v. Fasern mit thiosulfatoäthylsulfonylgruppenhalt. — 32-2712*; v. Polypropylenfasern mit Mono-— 32-2714* bis 32-2716; v. Cellulosefasern mit — 33-2987*; v. Cellulose mit —-Salzen 33-2988*; v. Polyester/Cellulose mit — 33-2990*; v. Polypropylenfasern mit Mono-— 34-2652*, 34-2653*; v. Cellulose mit — 35-2763*; v. Polyesterfasern mit Mono-— 36-2712*; v. Wolle mit metallhalt. — 36-2713*; v. Polyesterfasern mit — 36-2714*; Erzeug. v. — auf Textilien 37-2945*; Färben: v. Textilien nach reduktiver Spalt. v. — 37-2947*; v. Wolle mit — 40-2523*; oder Bedrucken v. Ni-halt. Polyolefinen mit — 41-2868*; u. Bedrucken v. Wolle mit — 41-2869*; färber. Verw. v. benzocarbazolgruppenhalt. Dis-— 42-2512*; Färben: mit Mono-— in Ggw. organ. Säuren 44-2557*; v. Textilgut mit Azodisulfidfarbstoffen 45-2934*; u. Bedrucken v. Ni-halt. Polypropylentextilien mit — 47-2730*; v. Polyolefinen mit Poly-— 48-2475*; v. Textilien mit — 48-2479*; Bedrucken v. Textilien mit — 48-2480*; Färben: v. Modal mit — 49/50-2768; v. Wolle mit Azo- u. Metall-— 49/50-2773*; v. Polypropylenfasern mit metallhalt. — 49/50-2774*.

— mit quart. Ammoniumgruppen zum Färben v. Humanhaar 28-2817; Färben v. Ni-halt. Polypropylen mit — 23-3098*.

—: für d. Silberfarbbleichverf. 16-3293*; als Streulichtschutz in farbenphotograph. Materialien 32-3144*; für d. photograph. Silberfarbbleichderf. 34-3141*; in farbenphotograph. Materialien 44-3037*.

Analyse v. Azoreaktivfarbstoffen auf Cellulose 7-2747; Konstit.-Analyse v. Azopigmentfarbstoffen durch Spalt. d. Azogruppe mit $SnCl_2$ 19-2239; Papierchromatographie v. direkt-ziehenden — 19-2240; quant. oscillopolarograph. Best. d. in d. Azofärberei gebräuchl. Kuppl.-Komponenten 37-2929; Papierchromatographie v. Farbstoffen (*11.* Mitt.) Diazoaminoverb. 46-1959; Dünnschichtchromatographie fettlösl. — im Paprika 19-2286; chronometr. Reinh.-Kontrolle heterocycl. — 28-2131; Identifizier. organ. Verb. (*60.* Mitt.) Identifizier. d. Pyrazolonkomponenten in — 29-2155; Al-Chelate mit Pyridyl-— v. Chromotropsäure u. ihre Anwend. in d. Mikroanalyse 3-2034; chromotropsaure — d. Pyridinreihen als spektrometr. Reagenzien 14-1925; Identifizier. v. Deriv. d. Aminoalkylester v. arylaliphat. Säuren mit — 16-1689; V(IV)-Komplexe v. Azoxin-S-Farbstoffen (analyt. Verw.) 16-1942; heterocycl. — in d. analyt. Chemie (Überblick) 32-1884; (*1.* Mitt.) 41-1933; (*2.* Mitt.) 41-1934; ster. Störeinfl. bei d. Verw. v. heterocycl. — als spektralphotometr. Reagenzien 45-2000.

Bibl.: Herstellung v. Azoidfarbstoffen in der Textilindustrie [russ.] B 31.

Azomethinfarbstoffe

Siehe auch *Polymethinfarbstoffe.*

Darst.: v. Isonicotinoylessigsäureäthylestern u. v. Aryliden u. — aus d. Estern 5-1019; v. Ammoniumsalzen Cr-halt. — 25-2958*; v. Metallkomplexen einiger Azo- u. — (*3.* Mitt.) 33-2094; v. — 35-3160*; v. Bisazomethinpigmentfarbstoffen 36-2728*.

Färben mit —: v. Polyalkylenfasern 16-2751*; v. hydrophoben Materialien 25-2942*; Färben u. Klotzen v. hydrophoben Materialien mit Azomethinen aromat. Amine 41-2865*.

Benzanthronfarbstoffe

Darst.: v. acylierten Dibenzanthron- u. Isodibenzanthronküpenfarbstoffen 21-2973*; v. Küpenfarbstoffen d. Benzanthronacridonreihe 35-2796*.

Carbocyaninfarbstoffe

s. unter *Polymethinfarbstoffe.*

Chinacridonfarbstoffe

Siehe auch *Acridinfarbstoffe.*

Darst.: v. — 1-2604*; v. reinen Krist.-Formen v. substituierten Chinacridin-7.14-dionen als Farbstoffe 24-2674*.

Chinolinfarbstoffe

Darst.: v. chinolinringhalt. Reaktivfarbstoffen 4-2266*; v. Naphthofurochinolin- u. -isochinolindionen u. Verw. für Farbstoffe 5-2786*; v. N-substituierten 1.2.3.4-Tetrahydrochinolinen für Farbstoffe 42-2361*.

Chinonfarbstoffe

Siehe auch *Anthrachinonfarbstoffe*; *Chinacridonfarbstoffe.*

Darst.: v. o-chinoidenen Indazolonfarbstoffen 20-1010; v. 12-Aminonaphthindolizinchinonen u. Verw. für Farbstoffe 31-3065*.

Mikrobest. v. Hydroxychinonen in roten Lackfarben 28-2132.

Chinoniminfarbstoffe

Darst.: v. bas. substituierten Naphtho-— 32-2722*.

Cyaninfarbstoffe

s. unter *Polymethinfarbstoffe.*

Dibenzanthronfarbstoffe

s. unter *Benzanthronfarbstoffe.*

Dioxazinfarbstoffe

s. unter *Oxazinfarbstoffe.*

Diphenylmethanfarbstoffe

Ster. Effekte bei — 36-2720.

Addit.-Rk. zwischen Kationen v. — u. O-, N- u. C-Lewis-Basen (Lsgm.-Einfl. auf Absorpt.-Banden v. —) 36-0952.

Eisfarben

s. unter *Azofarbstoffe.*

Fluoresceinfarbstoffe

s. unter *Triphenylmethanfarbstoffe.*

Formazanfarbstoffe

Darst.: v. metallhalt. Formazanreaktivfarbstoffen 12-2700*; v. schwermetallhalt. — 25-2959*; v. metallhalt. — 40-2529*.

Verw.: v. gelben — zur Farbkorrektur in photograph. Farbfilmen 22-3320*.

Imidazolfarbstoffe

Über — (*14.* Mitt.) 26-1074; (*15.* Mitt.) 39-1006.

Indanthrenfarbstoffe

Egalisier.-Meth. d. — auf Zellwolle 47-2718; Färben v. Modal mit — 49/50-2768.

Indigo- und Indigosolfarbstoffe

Indigoidfarbstoffe. *8.* Mitt. 2-2556; indigoide Farbstoffe (*5.* Mitt.) 10-1018; Unters. an einigen thioindigoiden u. verwandten Verb. (*4.* Mitt.) 46-0985.

Darst.: v. indigoiden Farbstoffen aus substituierten 3-Hydroxythionaphthenen u. 5-Chlor-6-fluoracenaphthenchinon 2-0976; v. indigoiden Küpenfarbstoffen d. Isatinreihe (*12.* Mitt.) 10-1026; kombinierte Bleich-Färbeverf. mit Indigosolen 16-2742; Verw. v. $NaClO_2$ beim Indigolsoldruck 7-2755.

UV-Spektren v. Deriv. d. cis-Indigos 32-0900; Verteil. v. Indigosolen in Lavsan-Baumwolle 23-2972; Einfl. d. Bestandteile v. Thioindigofarbstoffpasten auf d. Beständigk. v. W.–Öl-Emuls. 13-2716.

Färben: v. Acetatfasern mit indigoiden Küpenfarbstoffen 4-2251; v. Polyester u. Polyester/Cellulose mit Indigosolfarbstoffen 14-2705; v. Cellulosefasern mit Indigosolfarbstoffen (Erfahr.-Bericht) 33-2979; u. Bleichen v. Cellulosefasern mit Indigosolen 36-2704; Verw. v. Indigosolen in kombinierten Bleich/Färbe-Verf. auf Rundwirkware 36-2705.

Papierchromatographie v. Farbstoffen (*10.* Mitt.) Indigosole 46-1958.

Indoanilinfarbstoffe

Wrkg. d. Solubilisier. durch oberflächenakt. Substanzen auf d. Kinetik d. alkal. Zers. v. – 8-0932.

Indophenolfarbstoffe

Kolorimetr. Konz.-Best. v. Farbsalzen d. Typs „Variaminblau" 41-2159.

Merocyaninfarbstoffe

s. unter *Polymethinfarbstoffe.*

Methinfarbstoffe

s. unter *Polymethinfarbstoffe.*

Naphthol-AS-Farbstoffe

Darst.: v. – (Pigment *217*-V) 30-2673*; (Pigment *201*-V) 30-2675*; v. in W. schwerlösl. – 41-2886*.

Prakt. Gesichtspunkte beim Ausziehfärben mit – 4-2253; neue Färbeverf. auf d. Naphthol AS-Gebiet 47-2713.

Papierchromatographie v. Entw.-Farbstoffen. *2.* Mitt. OFNA-CET-Farbstoffe 9-2027; Phosphate d. Naphthol AS-Reihe bei d. quant. Best. d. Aktivität d. alkal. u. sauren Phosphatase in situ untersucht an Polyacrylamidmembran-Modellsyst. mit Hilfe d. Zytospektrophotometrie 39-1241.

Neutrocyaninfarbstoffe

s. unter *Polymethinfarbstoffe.*

Nitrofarbstoffe

Synth. u. UV-Spektren v. Nitrodiphenylamin-Dispers.-Farbstoffen (*1.* Mitt., *2.* Mitt.) 2-2557, 17-2998.

Bezieh. zwischen Farbe u. Struktur für einfache – 47-2711; Verw. v. handelsübl. Nitrocellulosefarben zum Marmorisieren v. Glas 11-2249*.

Verw. v. handelsübl. Nitrocellulosefarben zum Marmorisieren v. Glas 11-2249*; Färben v. Polyamiden mit halogentriazinylaminogruppenhalt. – 32-2708*; – mit quart. Ammoniumgruppen zum Färben v. Humanhaar 28-2817.

Orceinfarbstoffe

s. unter *Oxazinfarbstoffe.*

Oxazinfarbstoffe

Über Orceinfarbstoffe (*18.* Mitt.) 2-1013; (*19.* Mitt.) 2-1014; (*20.* Mitt.) 2-1015; (*21.* Mitt.) 2-1016; (*22.* Mitt.) 2-1017.

Darst.: v. wasserlösl. Dioxazinpigmenten 1-2605*; v. – auf 2-Aryl-4.5-arylen-1.2.3-triazolbasis 12-2692; v. pyridazonringhalt. – 21-2974*; v. Triphendioxazinfarbstoffen 25-2969*; v. Echtviolettpigmenten d. Dioxazinreihe 31-3080*; v. Triphendioxazinfarbstoffen 33-3004*; v. acylaminogruppenhalt. Dioxazinfarbstoffen 39-2824*.

Phthalocyaninfarbstoffe

Makrocycl. Pigmente vom Phthalocyanintyp (Übersicht) 9-2709; Phthalocyanine. *2.* Mitt. (Sulfonamidfarbstoffe) 18-2681; Entw., Herst. u. Verw. v. Phthalocyanin-Pigmenten (Übersicht) 22-3047.

Darst.: v. flockungsbeständ. Phthalocyaninmischfarbstoffen 20-2727*; v. polyhalogenierten Cu-Phthalocyaninen 21-2975*; v. Phthalocyaninazofarbstoffen 32-2724*; v. modifikat.- u. flockungsbeständ. Cu-Phthalocyaninen d. α-Modifikat. 37-2961*.

Darst. flockungsbeständ. u. lösungsmittelechter Phthalocyaninpigmentgemische 1-2603*; radiochem. Synth. v. Porphinpigmentfarbstoffen (Überblick) 20-2715; Darst.: v. N-aryl- bzw. -alkylsulfamylgruppenhalt. Phthalocyaninpigmentfarbstoffen 30-2671*; v. feindispersen kristallisationsbeständ. Phthalocyaninpigmenten 36-2727*; v. Cu-Phthalocyanin-Pigmenten mit guten färber. Eig. u. Pigment-Wrkg.-Grad durch Aufquellen in HCl u. Filter. 41-2896*; v. flokkulationsbeständ. Cu-Phthalocyaninpigmenten 48-2488*.

Darst.: v. reakt. Phthalocyaninazofarbstoffen 6-2690*; v. Phthalocyaninreaktivfarbstoffen 43-2837*, 49/50-2779*.

Darst.: u. färber. Verw. v. dialkylsulfoniogruppenhalt. – 7-2761*; v. diphenylsulfongruppenhalt. – 13-2742*; v. sulfonsäure-[hydrazinioalkylamid]-gruppenhalt. – 25-2966*; v. N-aminoalkyleniminiumgruppenhalt. – 26-2832*; v. hydraziniumgruppenhalt. – 27-3101*; v. sulfonylaminosulfonylgruppenhalt. – 27-3102*; v. acylaminoarylsulfonyl-(carbonyl)aminogruppenhalt. – 45-2946*.

Darst.: v. azinringhalt. – 37-2962*; v. arylopyridinringhalt. Tetrazaporphinfarbstoffen 18-2685*; v. imidazol- bzw. imidazolingruppenhalt. Tetrazaporphinfarbstoffen 8-2693*; v. imidazoliumsalzhalt. – 12-2699*; v. dihalogenpyrimidylgruppenhalt. – 19-2884*; v. halogenpyrimidingruppenhalt. – 29-2963*; v. 2-pyrimidylbenztriazolgruppenhalt. – 35-2787*; v. pyridazonringhalt. – 21-2974*; v. triazinylgruppenhalt. – 2-2571*.

Überziehen v. Cu-Phthalocyanin-Teilchen mit Überzug aus Acryl-Mischpolymerisat 3-2199*; Umwandl. v. Polychlor- u. Polychlorbrom-Cu-phthalocyaninen in Pigmentform 20-2726*; Konditionieren v. Phthalocyaninpigmenten 42-2516*; Reinig. v. rohem Phthalocyanin durch Behandl. mit Alkylarylsulfonaten 43-2838*.

Physiokochem. Eig. d. Metallkomplexe v. – u. d. Verh. beim Klotzverf. 12-2677; UV-Spektrum v. – 17-0898; Ausflock., Aus- u. Aufschwimmen in mit Phthalocyanin/TiO_2 pigmentierten Farben 44-2814.

Strahlenresistenz v. – in fester Phase 1-0925; Überführ. v. – in Reaktivfarbstoffe 40-2536*; Rk.: v. Tetrazaporphinfarbstoffen mit 1.2.4-Thiadiazolderiv. 38-2811*; v. – mit 2.4-Dihalogen-6-oxyamino-1.3.5-triazinen 51/52-2525*; Ameisensäuredampf-Zerfall an – 1-0906; Zers. organ. Peroxide in Ggw. v. – (Lumineszenz) 27-0931.

Bekämpf. d. Phototropie v. Cu-Phthalocyaninsulfonsäurefärb. 24-2654*.

Färben: v. Cellulosetextilien mit aminomethylgruppenhalt. – 21-2956*; v. Cellulosetextilien mit – 23-2992*; v. hydroxylgruppenhalt. Materialien mit thiosulfatoäthylsulfonylgruppenhalt. – 26-2814*; v. Cellulose mit – 27-3076*; v. Cellulosetextilien mit – 29-2927*; v. Fasern mit thiosulfatoäthylsulfonylgruppenhalt. – 32-2712*; v. Cellulosefasern mit – 33-2987*; v. Cellulose mit –-Salzen 33-2988*; v. Cellulose mit – 45-2939*; sowie Klotzen u. Bedrucken v. Textilgut mit Phthalocyaninpigmenten 46-2450*; u./oder Bedrucken v. ungebeizten nativen oder regenerierten Cellulosetextilien mit – 47-2746*; u. Bedrucken v. Cellulose mit – 49/50-2775*.

Verw. v. in W. lösl. – als grünstich. Blaukomponente zur Herst. v. Mehrfarbendrucken 18-3065*.

Analyse v. Phthalocyaninreaktivfarbstoffen auf Cellulose 7-2747; Co-Phthalocyaninsulfonsäure als Redoxindikator in d. Cerimetrie 11-1835; Diazophthalocyanine als Reagenzien d. feinstrukturellen Zytochemie 13-1929.

Polymethinfarbstoffe

Siehe auch *Azomethinfarbstoffe.*

Methinfarbstoffe: Darst.: v. γ-Phenylazopentamethincyaninfarbstoffen 31-1136; v. in d. Methinkette substituierten Dimethinhemicyaninfarbstoffen 40-3005*; v. Dimethinhemicyaninfarbstoffen 40-3006*; v. Dimethinmerocyaninen 48-3028*; Nichtnachbar-Matrixelemente in d. HMO-Meth. v. Pentamethincyaninen 47-0890; Lad.-Übertrag.-Komplexe v. Trimethincyaninen 16-3281; photochem. Umlager. eines Trimethincyaninfarbstoffs aus einer all-trans-Form in eine mono-cis- u. di-cis-Form 27-1108; Verw. v. Imidadimethinmerocyaninen zur spektralen Sensibilisier. photograph. Emuls. 1-3125*; Übersensibilisier. v. Benzimidazoltrimethincyaninen mit Benzimidazolinotrimethincyaninen in photograph. Schichten 18-3174*; Verw.: v. substituierten Imidmethinmerocyaninen als Sensibilisatoren für photograph. Materialien 26-3265*; v. Imidadimethinmerocyaninen als Sensibilisatoren für photograph. Materialien 32-3135*; v. halogensubstituierten Imidadimethinmerocyaninen als Sensibilisatoren für photograph. Materialien 32-3136*; v. Dimethinmerocyaninen zur Sensibilisier. photograph. Emuls. 51/52-2992*.

Polymethinfarbstoffe: P enthaltende – (*2.* Mitt.) 29-0964; Quadrupolmerocyanine, ein neuer Typ v. – 40-0927; Darst.: v. – durch Rk. v. N-substituierten 2-Aminothiophenen mit Carbonylverb. 1-3124*; v. Diaza- – 13-2737*, 19-2883*; v. bes. für farbenphotograph. Materialien geeigneten – 20-3169*; v. – -Deriv. heterocycl. Basen mit kondensierten Thiophenringen (*1.* Mitt.) 24-1122; v. Diazapoly- – 26-2830*, 26-2831*; v. Thiophenothiazolringe enthaltenden – 26-3267*; v. – -Deriv. v. 2-Methyl-4.5-diphenylthiazolin 26-3268*; v. – 32-3138*; v. Ausgangsverb. zur Synth. v. – 32-3140*; v. – 34-3127*, 34-3128*; v. – aus 2-Methyl-8H-indeno-[1.2:d]-thiazol u. 2-Methyl-4H-indeno-[2.1:d]-thiazol 42-2505; v. Diazo- – 42-2514*; v. – 44-3029*; Verw. v. grellgefärbtem, lichtfestem, hartem Kunstharz aus Melamin, CH_2O u. – als Pigmente 38-3066*; stimulierte Emiss. v. – 17-0881; Gütemodulat. d. Resonators eines Nd-Glaslasers mit – 22-0394; Berechn. d. Elektronenenergieniveaus v. – in photograph. Emuls. 46-2878; photochem. trans–cis-Umlager. einfacher – 27-1107; Sensibilisier. lichtentwickelbarer Silberhalogenidemuls. mit – 4-2738*; Verw. v. – als Sensibilisatoren für elektrophotograph. Materialien 24-3135*.

Cyaninfarbstoffe: Oxazolocyanine (*3.* Mitt.) 5-1012; fluorhalt. Cyaninfarbstoffe. *14.* Mitt. (Imidacyanine) 20-2717; Darst.: v. Cyanin- u. Styrylfarbstoffen für d. photograph. Sensibilisier. 16-3288*; v. Thiacyaninfarbstoffen 22-2809; v. γ-Phenylazopentamethincyaninfarbstoffen 31-1136; v. 1.2-Dimethylimidazo-[4.5-e]-benz-1′.2′.3′-thiadiazol u. Verw. für Cyaninfarbstoffe 31-3068*; v. Cyaninfarbstoffen 34-3129*; v. Dimethinhemicyaninfarbstoffen 40-3006*; sehr reiner Cyaninfarben, Darst. einer vinylogen Reihe d. Bisthiazolyl-, Bis-thiazolinyl-, Bis-benzothiazolyl- u. Bis-benzoselenazolylcyaninjodide 51/52-1093; neuer Cyaninfarbstoffe durch Rk. v. Lactamen mit Indolderiv. 51/52-2526*; Fluoreszenzspektren v. Cyaninfarbstoffschichten 4-0668; blitzspektroskop. Unters. kurzleb. Photoisomerer v. Cyaninfarbstoffen 27-1109; strahlungslose Übergänge bei Cyaninfarbstoffen 37-0898; Unters. d. Elektronen- bzw. Energieübertrag. zwischen Cyaninfarbstoffen u. Silberhalogeniden 42-2937; Lumineszenzeig. v. 1.1′-Diäthyl-2.2′-cyaninen allein u. an Silberhalogenid adsorbiert 42-2941; Nichtnachbar-Matrixelemente in d. HMO-Meth. v. Pentamethincyaninen 47-0890; Stereoisomerie bei Cyaninfarbstoffen, meso-substituierte Thiacarbocyanine 49/50-0808; Stereoisomerie v. Pyridocyaninen (*1.* Mitt.) 49/50-0811; elektrochem. Oxydationspotentiale einiger Cyaninfarbstoffe 4-2723; elektrochem. Unters. an energieübertragenden Cyanin-Farbstoffen 44-0805; Lad.-Übertrag.-Komplexe v. Trimethincyaninen 16-3281; Addit.-Rk. zwischen Kationen v. Cyaninfarbstoffen u. O-, N- u. C-Lewis-Basen (Lsgm.-Einfl. auf Absorpt.-Banden v. Cyaninfarbstoffen) 36-0952; photochem. Umlager. eines Trimethincyaninfarbstoffs 27-1108; Verw. v. Cyaninfarbstoffen für ein photograph. Mehrfarbenausbleichverf. 2-3005*; Spektralsensibilisier. in d. Photographie (*1.* Mitt., Berechn. d. Absorpt.- u. Sensibiliser.-Maximums v. Cyaninfarbstoffen als photograph. Sensibilisatoren) 16-3278; (*2.* Mitt., Bezieh. zwischen Elektronen-Energieniveau u. polarograph. Halbwellenpotential bei Cyaninfarbstoffen) 16-3279; (*3.* Mitt., Berechn. d. Ionisat.-Potentials u. d. Anreg.-Energieniveaus v. an AgBr-Emuls.-Körnern adsorbierten Cyaninfarbstoffen) 16-3280; Übersensibilisier. v. Benzimidazoltrimethincyaninen mit Benzimidazolinotrimethincyaninen in photograph. Schichten 18-3174*; Verw. v. Cyaninfarbstoffen: zur Sensibilisier. v. ZnO-Bindemittel-Schichten 42-2952*; als spektrale Sensibilisatoren 46-2896*.

Carbocyaninfarbstoffe: Herst.: v. Thiatetracarbocyaninfarbstoffen 32-3139*; v. m-Alkyl- bzw. Aryldicarbocyaninen 48-3029*; Einfl. d. – auf d. Lumineszenz v. photograph. Silberbromidjodid-Schichten 28-0335; photograph. Eig. einiger symmetr. Imidacarbocyanine 32-3122; Fluoreszenz- u. Absorpt.-Mess. an Oxa- u. Thiacarbocyaninen 44-3019; Stereoisomerie bei meso-substituierten Thiacarbocyaninfarbstoffen 49/50-0808; Säure–Base-Eig. v. symm. Carbocyaninen, *3.* Mitt. (Einfl. d. Polymethinkettenlänge) 3-0905; Verw.: v. Imida-, Imidathia-, Imidaselenacarbocyaninen u. Imidadimethinmerocyaninen zur spektralen Sensibilisier. photograph. Emuls. 1-3125*; v. mesosubstituierten Thiazolocarbocyaninen als photograph. Sensibilisatoren 16-3289*; v. 9- oder 10-Alkyl- bzw. Alkoxythiadicarbocyaninen als Sensibilisatoren für photograph. Emuls. 16-3290*; v. δ-Alkoxy-3.3′-dialkylthiatricarbocyaninen als opt. Sensibilisatoren 22-3314*; v. meso-Äthylthiaselenacarbocyaninen zur Sensibilisier. farbenphotograph. Materialien 24-3112*; v. 6.7;6′.7′-Dibenzothiatricarbocyaninen als Infrarotsensibilisatoren für photograph. Emuls. 24-3113*; v.

substituierten Imidcarbocyaninen als Sensibilisatoren für photograph. Materialien 26-3265*; desensibilisierende Wrkg. v. Tricarbocyaninen auf photograph. Schichten 30-3135; Verw.: v. Imidacarbocyaninen als Sensibilisatoren für photograph. Materialien 32-3135*; v. halogensubstituierten Imidacarbocyaninen als Sensibilisatoren für photograph. Materialien 32-3136*.

Styrylfarbstoffe: Farbstoffe, Styryle, Mero- u. Rhodacyanine aus 2.3-Polymethylenbenzthiazoliumsalzen 5-1013; Herst.: u. Verw. v. Polyenfarbstoffen 14-3098*; v. Cyanin- u. Styrylfarbstoffen für d. photograph. Sensibilisier. 16-3288*.

Merocyaninfarbstoffe: Oxazolocyanine. *3.* Mitt. Merocyanine aus 5-Aryloxazolen 5-1012; Farbstoffe, Styryle, Mero- u. Rhodacyanine aus 2.3-Polymethylenbenzthiazoliumsalzen 5-1013; Quadrupolmerocyanine, ein neuer Typ v. – 40-0927; Darst.: v. 3-[ε-Carboxyamyl]-rhodaninen u. Verw. für Dimerocyaninfarbstoffe 31-3069*; v. Merocyaninen durch Kondensat. v. N-Alkyl-2-chlorchinoliniumsalzen mit Ketomethylenverb. 28-3310*; v. Dimethinmerocyaninen 48-3028*; Solvatochromie bei Merocyaninen 35-0859; Verw.: v. Imidadimethinmerocyaninen zur spektralen Sensibilisier. photograph. Emuls. 1-3125*; v. Merocyaninen als Sensibilisatoren für Silberfarbbleichmaterialien 18-3175*; v. durch Fluorsulfonyl-, Trifluormethylmercapto- oder Trifluormethylsulfoxy-Gruppen tragendem Imidcarbo- oder Imidmethinmerocyaninen als Sensibilisatoren für photograph. Materialien 26-3265*; v. Imidacarbocyaninen u. Imidadimethinmerocyaninen als Sensibilisatoren für photograph. Materialien 32-3135*; v. halogensubstituierten Imidacarbocyaninen bzw. Imidadimethinmerocyaninen als Sensibilisatoren für photograph. Materialien 32-3136*; v. Dimethinmerocyaninen zur Sensibilisier. photograph. Emuls. 51/52-2992*.

Rhodacyaninfarbstoffe: Farbstoffe, Styryle, Mero- u. Rhodacyanine aus 2.3-Polymethylenbenzthiazoliumsalzen 5-1013; Darst. v. 3-[ε-Carboxyamyl]-rhodaninen u. Verw. für Dimerocyaninfarbstoffen 31-3069*.

Porphinpigmentfarbstoffe

s. unter *Phthalocyaninfarbstoffe.*

Rhodacyaninfarbstoffe

s. unter *Polymethinfarbstoffe.*

Rhodaminfarbstoffe

Herst. d. Lactone v. – 4-2637*; Unters. v. – u. verwandten Verb., *16.* Mitt. Butylrhodamine (Fluoreszenzspektren) 14-0822.

Schwefelfarbstoffe

Neue – (Überblick) 18-2679; Vgl. d. Hydrosol- u. Hydrosollicht- – mit Küpenfarbstoffen 48-2471.

Darst.: eines – aus DDT-Nebenprod. 2-2555; v. – 37-2955*.

Unters. d. Alterns v. – 6-2673; Ox. v. – 18-2688*; (auf Baumwolle mit H_2O_2) 43-2800*; haltbare Red.-Mittelgemische für – 26-2810*.

Verw. v. Otamol als Hilfsmittel für Cellulosefasern nach d. Färb. mit – 15-2815; Verbesser. d. Echtheitseig. v. Färb. mit – 21-2957*; Hilfsmittel für d. Färben mit – 27-3064*; Verbesser. d. Echth. v. Färb. u. Drucken mit – 48-2481*; 48-2482*; neue Fixiermöglichk. v. wasserlösl. – 49/50-2760.

Färben: v. Cellulose mit – in mechan. Färbeapparaten 13-2720; v. Polyester/Baumwolle mit – 17-2983; kontinuierl. Färben v. Fasermaterial mit – 21-2954*; Färben: v. Vinolfasern mit – 23-2970; v. Textilien mit – 24-2656*; v. Textilfasern mit – -Pigmenten 27-3070*; Bedrucken v. Textilfasern mit – 27-3078*; Färben: v. Cellulose mit – 27-3079*; v. Textilien mit – 36-2710*; Herst. v. Drucken auf Fasermaterial mit – 40-2522*; Kombinat.-Färb. mit – u. Reaktivfarbstoffen 45-2935*; Färben v. Textilgut mit – (Verw. organ. Egalisiermittel) 46-2451*; Bedrucken v. Fasergut mit Küpen- u./oder – nach d. Zweiphasendruckverf. 47-2734*; Färben hydroxylgruppenhalt. Fasern mit – 49/50-2776*.

Photometr. Best. wasserlösl. S-halt. Farbstoffe in Zweistoffsyst. 2-1915; Best. d. Na_2S-Gehalts beim Färben mit – 18-2668.

Styrylfarbstoffe

s. unter *Polymethinfarbstoffe.*

Tetraazaporphinfarbstoffe

s. unter *Phthalocyaninfarbstoffe.*

Thiacarbocyaninfarbstoffe

s. unter *Polymethinfarbstoffe.*

Thiazinfarbstoffe

Photored. v. – u. Spektralunters. 26-0855; über eine eindeut. Rk. v. $\Delta^{5(10)}$-19-Nor-3-ketosteroiden mit – 18-1073.

Thiazolfarbstoffe

Darst.: v. oxazolinyl- u. thiazolinylringhalt. Farbstoffen 24-2673*; v. Thiazol-Entw.-Farbstoffen d. Acetacetylaminothiazols 37-1156.

Färben: v. Cellulosefasern mit – 33-2987*; v. Cellulose mit – 33-2988*.

Thioindigofarbstoffe

s. unter *Indigo- und Indigosolfarbstoffe.*

Triarylmethanfarbstoffe

Siehe auch *Triphenylmethanfarbstoffe.*

Darst.: v. naphthalinringhalt. – 7-2762*; v. – (zum Färben v. Papier in d. Masse) 48-2915*.

Absorpt.-Spektren: einiger – *5.* Mitt. 16-0870; ion. Assoziate mit – 45-0797; Eig. v. Anionen (z. B. CrO_4^-, MnO_4^-, BF_4^-, AlF_4^-), d. die Extrahierbark. ihrer Assoziate mit – bestimmen 35-0467.

Temp.-Abhängigk. d. Umwandl. v. – in d. Carbinolbasen (Kinetik) 27-1016; Anwendbark. d. Hammett-Bezieh. zur Beschreib. d. Substituenteneinfl. auf d. Umwandl.-Geschw. v. – in d. Carbinolverb. 10-0928; σ-Effekt in d. Reihe d. Diantipyrylarylmethanfarbstoffe (Hydrolyse) 12-0871.

Verw. d. Leucocyanide v. Naphthylmethanfarbstoffen in photograph. Kopiermaterialien 34-3135*.

Triazinfarbstoffe

Darst. v. – 9-2726*.

Hydrolyse: v. Dichlor- – *1.* Mitt. 34-0987; v. Monochlor- – *2.* Mitt. 34-0988; Sorbitolyse v. Monochlor- – *3.* Mitt. 34-0989.

Triazolfarbstoffe

Darst. v. Farbstoffen auf 2-Aryl-4.5-arylen-1.2.3-triazolbasis (*4.* Mitt.) 12-2691; (*5.* Mitt.) 12-2692.

Triphenylmethanfarbstoffe

Siehe auch *Triarylmethanfarbstoffe.*

Radiochem. Synth. v. – (Überblick) 20-2715.

Ausbleichmechanismus für – 44-2823; ster. Hinder. v. – bei ihrer Fixier. auf Kollagen 4-2703; ster. Effekte bei – 36-2720; polarograph. Red. einiger v. Fluorescein abgeleiteter Farbstoffe im alkal. Medium 10-0899; Extrakt. v. – aus W. mit Isoamylalkohol 9-0899; spektrophotometr. Unters. d. Assoziat. v. – in wss. Lsg. 14-0899.

Addit.-Rk. zwischen Kationen v. – u. O-, N- u. C-Lewis-Basen (Lsgm.-Einfl. auf Absorpt.-Banden v. –) 36-0952.

Verw.: v. – zum Desinfizieren v. Saatgut 2-2849*; v. Leukobasen oder Alkyläthern v. – in photograph. Materialien für d. Spiritusdruck 4-2753*; d. Leukobasen v. – zur Herst. lichtempfindl. Schichten 22-3306*.

Papierelektrophorese saurer – 11-2016; Isolier. u. Identifizier. v. Fluoresceinfarbstoffen aus kosmet. Präp. 13-1984; Unters. v. – als Indikatoren in wasserfreier Essigsäure 34-1705; Verw. v. – zur Extrakt. v. Anionen 39-1937.

Xanthenfarbstoffe

Triplett–Singulett-Energieübergang im Syst. Benzophenon- – 48-0817; Quantenausb. v. Triplettzuständen einiger – in verd. Lsg. 51/52-1016; Lichtsensibilisier. d. Glochidien v. Anodonta cygnea L. durch – (Einfl.) 23-1744.

Farbzentren

Exzitonenabsorpt. in Anwesenh. v. angeregten F-Zentren mittels eines Q-geschalteten Rubinlasers 4-0296; – in Borat-, Phosphat- u. Borphosphatgläsern 5-0399; Modellpotentialnäher. für Z_1-Zentren in Ionenkrist. 8-0279; anharmon. Nebenbandeneffekte d. lokalen Schwing. d. U-Zentrums in Ionenkrist. 8-0285; Aufspalt. doppelt entarteter Zustände tetragonaler u. trigonaler Zentren in kub. Krist. durch einaxiale Spann. 9-0341; diskrete Sättig. v. EPR-Linien bei F-Zentren 12-0350; Polaronenmodell d. Elektronenüberschuß- – in Ionenkrist. 13-0311; Hochtemp.-Sättig. d. F-Zentren-ESR 14-0356; Raman-Streuung an – 15-0343; Analyse d. Raman-Streuung an F-Zentren 15-0344; Spektren d. Bldg. v. – in Ionenkrist. bei UV-Bestrahl. 21-0372; IR-Absorpt. u. Anharmonizität d. lokalisierten Mode d. U-Zentrums 21-0376; Auswahlregeln für d. R-Zentren-Absorpt. 23-0391; Einfl. zweiwert. Fremdatome auf d. A-Zentrum 25-0327; kovalente Wechselwrkg. im Prozeß d. M^+-Zentren-Bldg. 25-0328; Elementarmechanismen d. Bldg. v. – in Ionenkrist. 25-0329; Theorie d. Photoionisat. v. F′-Zentren 25-0330; radiative u. mechan. Änder. d. Parameter v. – 25-0331; Phononenstreuung durch v. Strahl. erzeugte F-Komplementzentren 30-0223; magnetoakust. Elektron–Kern-Doppelresonanz in lokalen Elektronenzentren 30-0333; Struktur v. – (Überblick) 33-0325; Das relaxierte F-Zentrum 33-0327; angeregte Niveaus d. M-Zentrums 33-0330; Halbwertsbreite u. effektive Gitterfrequenz v. F-Zentren-Banden 33-0334; neuer Beweis für d. Modell u. d. Prozeß d. Bldg. v. Z_1-Zentren 33-0337; Spektren v. – 33-0341; magnetoopt. Unters. an – 33-0349; – v. Ionenkrist. 37-0172; Edelgas- – in Ionenkrist. 38-0327; Elektronenstruktur d. U-Zentrums (opt. Absorpt. u. Gitterrelaxat.) 41-0253; (Kraftkonstantenänder. u. lokale Schwing.) 41-0254; Modelle v. Aggregat- – 43-0279; Theorie d. g-Werte v. F-Zentren in zweiwert. Verb. 45-0347.

Postulierte Strukturen, d. d. opt. – -Banden in Amethyst-Quarz verursachen 5-0398; Ausglühen v. E-Zentren in bestrahltem Si 6-0421; opt. Absorpt. u. paramagnet. Resonanz v. – in rötgenbestrahltem, Ge enthaltendem α-Quarz 15-0382; Spin–Gitter-Relaxat. v. Elektronen d. A-Zentren in Si 32-0375; – v. Fe^{3+} als Ursache d. Farbe v. Amethyst durch ESR-Unters. 39-0305; Spin–Gitter-Relaxat. d. Phosphorelektronen in Si bei Kompensat. durch A-Zentren 41-0274.

Wellenfunkt. für F-Zentren in Alkalimetallhalogeniden 4-0297; Temp.-Abhängigk. d. durch d. U-Zentren bedingten IR-Absorpt. in Alkalimetallhalogeniden 4-0299; empir. Mollwo-Ivey-Relat. für d. Z_3-Zentrum in Alkalimetallhalogeniden 4-0300; Lumineszenz v. $V_K{}^+$-Elektron-Zuständen in Alkalimetallhalogenidkrist. 5-0404; Einfl. v. – auf d. Versetz.-Beweglichk. in Alkalimetallhalogenidkrist. 6-0222; Verhinder. d. Bldg. v. F-Zentren in Alkalimetallhalogeniden durch Elektroneneinfangverunreinig. 8-0280; Absorpt. lokaler Moden durch U-Zentren in Alkalimetallhalogenidmischkrist. 8-0286; Modell für opt. Übergänge zwischen gebundenen Zuständen für F-Zentren in Alkalimetallhalogeniden 13-0313; Kinetik d. Anhäuf. v. Loch- – in mit Erdalkalimetallen dotiertem Alkalimetallhalogenidkrist. 13-0314; Elektronenstruktur d. U-Zentrums für Alkalimetallhalogenide 13-0327; Abklingen v. laserinduzierten Anreg. v. F-Zentren in Alkalimetallhalogeniden 15-0336; Vorschlag für einen Exzitonenmechanismus d. – -Bldg. in Alkalimetallhalogeniden 15-0337; angeregte Zustände v. F-Zentren v. Alkalimetallhalogeniden 18-0332; – d. Chalkogene in Alkalimetallhalogenidkrist. 21-0373; Variat.-Berechn. d. Multipol-Polarisierbark. d. F-Zentrums in Alkalimetallhalogenidkrist. 21-0374; Sättig. d. F-Zentrenbldg. in Alkalimetallhalogeniden unter Protonenbestrahl. 21-0375; Auswahlregeln für d. R-Zentren-Absorpt. in Alkalimetallhalogenidkrist. 23-0391; temporäres Bleichen in dotierten Alkalimetallhalogenidkrist. mit einem Rubinlaser 23-0392; Besonderh. d. additiven Färb. v. mit Ag-Halogeniden aktivierten Alkalimetallhalogenid-Phosphoren 23-0397; opt. Absorpt. d. U_2-Zentren in Alkalimetallhalogeniden d. NaCl-Typs 25-0335; Strahl.-Akkumulat. d. F-Zentren in Alkalimetallhalogenidkrist. 25-0336; Wechselwrkg. photoangeregter F-Farbzentren mit Mikrodefekten d. Krist.-Gitters in Alkalimetallhalogenidkrist.-Phosphoren 26-0357; ESR v. U_2-Folgezentren in Alkalimetallhalogenidkrist. 27-0422; Nebenbanden: in d. v. U-Zentren induzierten IR-

Absorpt.-Spektren v. Alkalimetallhalogenidkrist. 29-0346; d. IR-Spektrums v. U-Zentren in Alkalimetallhalogeniden 29-0347; Kinetik d. additiven Färb. v. Alkalimetallhalogenidkrist. mit Beimeng. 30-0292; – v. Alkalimetallhalogeniden mit Alkalimetallüberschuß 30-0295; Mechanismus d. therm. Ionisat. v. F-Zentren in Alkalimetallhalogenidkrist.-Phosphoren 30-0299; lokalisierte Gitterschwing. v. U-Zentren in Alkalimetallhalogeniden 30-0300; Färb. u. Lumineszenz v. Alkalimetallhalogenidkrist. mit aktivierenden Beimeng. 31-0329; Überschußelektron- – in d. Alkalimetallhalogeniden 33-0326; Anwend. d. Theorie d. linearen Koppl. auf d. F_2^+- u. F_3^+-Zentren v. LiF 33-0328; Z_1-Banden in Alkalihalogenidkrist. 33-0336; B-Zentrum in mit Ag^+ dotierten Alkalimetallhalogeniden 33-0338; mol. Charakter d. O_2^-- – in Alkalimetallhalogeniden 33-0404; – in Co-, Ni- oder Cu-halt. Alkalimetallboratgläsern 35-0301; Absorpt.-Eig. für Edelgas- – in Alkalimetallhalogeniden 38-0327; Temp.-Abhängigk. d. Mollwo-Bezieh. für d. Lage d. F-Bandenmax. in Alkalimetallhalogenidkrist. 38-0329; angeregte Zustände d. F-Zentrums in d. Alkalimetallhalogeniden 38-0330; Lumineszenz v. F-Zentren in Alkalimetallhalogeniden unter hydrostat. Druck 42-0281; Modelle für d. E-Bande in einem Alkalimetallhalogenid 43-0271; Kinetik d. Akkumulat. v. F-Zentren in fadenförm. Alkalimetallhalogenidkrist. 45-0320; Theorie d. Nebenbanden d. U-Zentrenschwing. in Alkalimetallhalogeniden 45-0323; Emiss.-Energien u. Lebensdauern d. F-Zentrums in Alkalimetallhalogeniden als H-Atom 46-0333; empir. Mollwo-Ivey- u. Smakul-Bezieh. für d. Z_1- u. Z_2-Zentren in Alkalimetallhalogeniden 47-0275; linearer Stark-Effekt d. R-Zentrums in Alkalimetallhalogeniden 47-0276; Lebensdauer d. Triplett-M-Zentrums in Alkalimetallhalogenidkrist. 48-0298; Z_1- u. Z_2-Zentren in mit Sr^{2+} dotierten Alkalimetallhalogenidmischkrist. 48-0300.

R-Zentren-Lumineszenz in LiF 2-0311; Photolumineszenz v. Z_3-Zentren in LiF:Mg 4-0301; F_3^+-Zentrum in LiF 13-0315; Beobacht. v. R-Zentren in LiF bei *300* °K 15-0338; diskrete Sättig. v. nicht einheitl. verbreiterten EPR-Linien der F-Zentren v. LiF 15-0363; – in LiF 19-0376; opt. Eig. einiger F-Aggregat-Zentren in LiF 23-0400; opt. Eig. u. Bldg.-Mechanismus v. einigen F-Aggregatzentren in LiF 26-0358; Temp.-Abhängigk. d. Bldg. v. – in LiF-Krist. 30-0293; Bldg. v. F-, M- u. R-Zentren in LiF 33-0320; Entw. v. – in LiF unter d. kombinierten Einfl. v. Temp. u. plast. Deformat. 33-0331; Temp.-Abhängigk. d. Radiolumineszenz-Ausb. u. d. – -Erzeug. in LiF-Krist. 33-0332; Gitterverzerr. d. V_k-Zentrums in LiF 36-0332; ENDOR v. F-Zentren in LiF 36-0333; – in LiF-Krist. 41-0246; Färb. v. LiF-Krist. bei „großen" Röntgenstrahl.-Dosen 45-0322; linearer Stark-Effekt: im R-Zentrum in LiF 47-0277; an phononenfreien Linien d. – in Krist. v. LiF 47-0278; Bldg. v. – in LiF-Krist. 47-0279; Frequenzerhöh. d. lokalisierten Schwing. d. U-Zentrums beim Ersatz v. ^7Li durch ^6Li in LiF 48-0303; – in LiF 51/52-0231.

Einfl. d. Temp. auf d. F-Zentrenabsorpt. in NaF 4-0302; opt. Absorpt. d. F_2-Zentrums in NaF 4-0303; Bldg. v. F-Aggregatzentren in reaktorbestrahlten NaCl-Krist. 4-0304; Verstärk. d. Röntgenverfärb. v. NaCl durch zweiwertige Verunreinig. (F-Zentren) 4-0305; Wechselwrkg. eines organ. Farbstoffs mit F-Zentren in NaCl-Krist. 4-0306; photostimulierte Exoelektronenemiss. aus plast. deformierten NaCl-Einkrist. mit F-Zentren 4-0347; trigonales – in NaF 5-0386; Mechanismus d. Strahl.-Färb. v. NaCl-Einkrist. 5-0390; F-Aggregat-Zentren in NaCl 5-0391; mkr. Theorie d. F-Zentren in NaCl-Krist. 8-0281; durch Fe-Verunreinig. bestimmte F→M-Umwandl. in röntgenbestrahltem NaF 13-0316; F_3^+-Zentren in NaF 15-0339; F-Zentren in NaF 15-0340; Bezieh. zwischen d. therm. Stabilität d. F-Zentren u. d. Versetz.-Dichte in NaCl-Krist. 18-0329; F-Zentren v. Fe^{3+} in NaF 18-0364; – rhomb. u. monokliner Symmetrien in NaF 21-0377; phononenfreie Absorpt.- u. Emiss.-Übergänge in strahlungsverfärbten NaF-Krist. 21-0378; Wechselwrkg. d. photoangeregten F-Zentrums mit Mikrodefekten d. Krist.-Gitters in NaCl:Ag-Phosphoren 21-0379; Bedeut. d. γ-Strahl.-Intensität im ersten Stadium d. F-Färb. in NaCl 23-0390; Strahl.-Gleichgew. d. Bldg.-Prozesse v. F-Zentren im Phosphor NaCl:Ni 24-0369; F-Zentren-Bldg. in NaCl 30-0123; IR-Schwing.-Absorpt. durch U-Zentren in NaJ 30-0303; ESR-Unters. v. – in $NaClO_3$ 33-0416; – in NaCl nach Röntgenbestrahl. 41-0247; F-Aggregat-Zentren in NaF 43-0272; F-Zentren v. NaCl:Dy^{3+} 47-0293.

R-Zentrum in KCl 1-0390; Lumineszenz v. N_1-Zentren in KCl 2-0312; ENDOR v. F-Zentren in KCl 3-0388; Einfl. zusätzlicher Kationenverunreinig. auf d. durch U-Zentren bedingten lokalisierten Gitterschwing. in NaCl u. KCl 4-0307; modulierte F-Zentrenabsorpt. in KCl 4-0308; M-Zentrenbldg. in röntgenbestrahltem KCl 4-0309; Energieübertrag. v. F- zu M-Zentren in KCl 5-0392; Koagulat. v. F-Zentren in photochem. gefärbten NaCl- u. KCl-Krist. mit anion. Dotier. 8-0282; Quasikontinuummodell v. F-Aggregatzentren in KCl, KBr u. NaCl 8-0283; Bldg. v. Aggregatzentren in additiv verfärbtem KCl (M- u. R-Zentren u. -Banden) 8-0284; Lebensdauer d. Anreg.-Zustandes d. F-Zentren in KCl:Ag 9-0360; ESR v. KCl-Krist. mit U_2-Zentren 10-0348; Bldg. v. F-Zentren in KCl-Krist., d. unter Vibrat. d. Schmelze gezüchtet wurden 13-0319; opt. Bldg. v. F-Aggregat-Zentren in KCl 13-0320; Zeeman-Effekt d. R-Zentren in KCl 13-0323; Kinetik d. therm. gegenseit. Umwandl. v. F- u. Z_2- – in KCl:Sr-Krist. 13-0324; Bldg. u. Bleich. v. F-Zentren in KCl 15-0341; dielektr. Relaxat. in additiv gefärbten KCl- u. KCl:$SrCl_2$-Krist. 17-0517; metastabile F-Aggregat- – in bestrahltem KCl 18-0333; Thermodynamik d. M-Zentrenbldg. in additiv verfärbtem KCl 18-0334; Bldg. v. M-Zentren aus „gespeicherten" Photoelektronen in additiv verfärbtem KCl 18-0335; bevorzugte therm. Reorientier. v. V_K-Zentren in KCl 18-0336; Lumineszenz u. Photoleitfähigk. d. B-Zentrums in additiv gefärbten KCl:Ag-Krist. 19-0373; Polarisat. d. Lumineszenz d. F-Zentrums in KCl durch elektr. Felder 19-0375; Tunnel. v. Elektronen zwischen – in KCl:Ag-Krist. 21-0380; Einfl.: d. Deformat. auf d. Verfärbbark. v. KCl 21-0381; gleichzeit. opt. Bleich. u. γ-Bestrahl. auf d. Verfärbbark. v. KCl 23-0395; opt. Unters. zum metastabilen Triplett-Zustand v. M-Zentren in KCl 23-0396; durch L_2- u. L_3-Licht angeregte Lumineszenzspektren in KCl-Krist. mit F-Zentren 24-0372; auf Anreg. höherer Zustände d. M-Zentrums in KCl-Krist. zurückzuführende Lumineszenz 24-0373; Gitterfehlordn. in KCl mit – 25-0332; mögl. Modell für stabile V-Zentren in röntgenbestrahlten KCl:Ca-Krist. 25-0333; F-Zentren in KCl u. NaCl 25-0345; Thermolumineszenz u. F-Zentrenbleich. in stark bestrahltem KCl 27-0394; Elektronenzustände d. M_A-Zentren in KCl 27-0372; Hochtemp.-Lösch. d. F-Szintillat. in KCl:Tl 27-0391; Tieftemp.-Photoleitfähigk. d. F-Zentrums in KCl 27-0498; Einfl. einer Elektroneneinfangsbeimeng. auf d. Ausbleichen v. bei *78* °K bestrahltem KCl 28-0276; Wärmeleitfähigk. v. additiv gefärbten KCl-Krist. 29-0287; therm. Anreg. eines F_A'-Zentrums in KCl–Na-Krist. 30-0298; Huang-Rhys-Faktor u. Halbwertsbreite d. F-Bande in KCl- u. NaCl-Krist. 33-0335; Umwandl. v. OH-Zentren in U-Zentren bei KCl-Krist. durch elektrolyt. Verfärb. 33-0345; Zirkulardichroismus v. R-Zentren in KCl 33-0350; Elektronenstruktur d. Tl^{2+}-Zentrums in KCl-Krist. 33-0399; gleichzeit. Erzeug. u. Bleich. v. F-Zentrum in KCl 38-0331; Lebensdauer angeregter F-Zentren in KCl 41-0249; therm. F⇌M-Konvers. in additiv gefärbten KCl-Krist. 41-0250; Lumineszenz d. F_A-Zentren in KCl:Na 42-0280; Lage d. Z_1-Zentrums in KCl:Ca u. KCl:Sr 43-0274; Photoleitfähigk. v. gefärbten KCl-Krist. bei tiefen Temp. 43-0383; F-Zentren nach Protonenbestrahl. bei KCl:Tl, KCl:Nd, NaCl:Mn, NaCl:Nd u. NaCl:Ce 45-0319; Photoleitfähigk. in verformten, gefärbten KCl- u. NaCl-Krist. 48-0418.

F-Zentrenkonz. in KBr bei tiefen Temp. 5-0393; Nebenbanden d. IR-U-Zentrums in KBr 5-0394; Quasikontinuummodell v. F-Aggregatzentren in KCl, KBr u. NaCl 8-0283; F-Zentren v. KCl- u. KBr-Krist. mit SH^- u. SD^- 8-0287; Einfl. einer Verspann. auf d. V-Zentren in KBr 8-0288; Form v. F-Aggregat-Banden in KCl u. KBr (Mess.) 13-0321; (Analyse) 13-0322; Zunahme d. F-Zentren in Ca-dotiertem KBr durch Röntgenstrahl. 13-0325; Mol.-Modell für U-Zentren in KBr 13-0326; Informat.-Speicher. in KJ durch Zentrenbldg. bei UV-Bestrahl. 13-0328; therm. u. opt. Bleichen v. röntgenbestrahlten $KClO_3$-Krist. 13-0330; Resonanzenergieübertrag. zwischen angeregten F-Zentren in KJ 15-0342; Mechanismus d. Abnahme d. Radiolumineszenzausb. bei tiefen Temp. v. KBr : Tl-, KJ : Tl- u. KJ : In-Phosphoren durch Aktivator- – 16-0363; IR-Absorpt. d. U-Zentrums v. KBr 18-0337; Spektren d. Bldg. v. F-Zentren für d. mit Tl^+ u. In^+ aktivierten Einkrist. KCl:Tl, KBr:Tl, KJ:Tl, KCl:In, KBr:In u. KJ:In 21-0372; Abnahme d. F-Verfärbbark. in K-Halogenid-Polykrist. 23-0393; verstärktes Anwachsen v. V-Banden bei Anwesenh. v. Korngrenzen in K-Halogeniden 23-0394; therm. Eig. d. M-Zentrums in KBr-Krist. 24-0374; durch Bestrahl. mit Licht in d. L-Bande erzeugte Lumineszenz in F-Zentren enthaltenden K-Halogenid-Krist. 28-0331; mikrospektrophotometr. Unters. d. therm. Stabilität v. F-Zentren in NaCl-, KCl- u. KBr-Krist. 30-0297; magnet. Zirkulardichroismus d. R_2-Bande in KCl u. KF 33-0351; Änder. d. Leerstellenkonzentrat. in KBr-Krist. bei elektrolyt. Färb. 35-0241; Berechn. v. Wellenfunkt. eines F-Zentrums für LiF, NaCl, NaBr, KCl, KBr u. KJ 41-0099; komplexe H-Zentren in KBr 41-0251; U-Zentrum in KBr 41-0252; Lösch. d. F'-Zentrenbldg. in additiv verfärbtem KJ 41-0255; Symmetriezuordn. für d. B-Bande in KJ:Tl^+ 41-0256; verminderte Ausb. d. F-Zentren-Bldg. in KCl–BKr-Mischkrist. 45-0321; Rk. zwischen V- u. F-Zentren in KBr 48-0301; – in $KClO_3$ 48-0307.

Spannungsinduzierte Polarisat. d. F-Zentren-Lumineszenz v. KCl-, NaCl-, RbCl- u. NaF-Einkrist. 19-0374; V_k-Zentren in RbJ u. NaJ 24-0375; v. elektronenbestrahlten NaF- u. RbF-Einkrist. 38-0332; Zirkulardichroismus eines Z_1-Zentrums in RbCl 38-0333; L_1-Bande in gefärbten KCl–RbCl-Mischkrist. 43-0273; U-Zentren in CsBr 4-0310; V_k-Zentren in CsJ 33-0366; Photoleitfähigk. v. F- u. M-Zentren enthaltenden CsBr-Einkrist. 48-0419; V_k-Zentrum in NH_4Br- u. NH_4Cl-Einkrist. 5-0423; – in Ammoniumhalogeniden 13-0312; V_k-Zentren in mit Röntgenstrahlen bestrahlten NH_3OHCl-Einkrist. 43-0340.

F-Zentren in Erdalkalimetallfluoriden 8-0289; Elektronenstruktur, Hyperfeinstruktur v. F-Zentren in Erdalkalimetallfluoriden 27-0423; Faraday-Dreh. v. F-Zentren in Erdalkalimetallfluoriden 38-0334; – -Absorpt. v. röntgenverfärbten Erdalkalimetallfluoridkrist. 43-0275; durch Phononen unterstützte – -Fluoreszenz v. additiv gefärbten Erdalkalimetallfluoridkrist. 43-0299; ESR v. F-Zentren in bestrahltem ^{43}CaO u. anderen Erdalkalimetalloxiden 45-0348; Bldg. v. F-Zentren in Erdalkalimetalloxiden durch plast. Verform. 48-0200; – in plast. verformten Erdalkalimetallfluoriden 48-0304; mikrowellenempfindliche Faraday-Dreh. d. F-Bande v. MgO 4-0327; Symmetrie eines – in MgO 5-0396; Dosisabhängigk. d. F-Zentren-Erzeug. in MgO durch schnelle Neutronen 5-0397; ENDOR v. F-Zentren in MgO 10-0350; strahlungsinduzierte – in MgF_2 25-0339; Einfl. atomarer Umlager. auf d. – -Erzeug. in MgO 25-0342; Thermolumineszenzunters. d. – in bestrahltem polykrist. MgO 26-0359; opt. Absorpt.-Unters. v. – in stark bestrahltem MgO 29-2424; Bldg. v. F-Zentren in MgO 34-0380; F-Zentrum in CaF_2 5-0387; Wellenfunkt. für d. Grundzustand d. F-Zentrums in CaF_2 5-0388; durch Röntgenstrahlen induzierte – in CaF_2 13-0317; opt. Zentren v. Nd^{3+} in CaF_2-Krist. 13-0318; Elektron–Kern-Doppelresonanz v. F-Zentren in CaF_2 21-0413; Verh. d. F-Bande in CaF_2 bei Röntgen- u. Elektronenbestrahl. 23-0401; Wachstumskurven d. – in Calcit 25-0340; Faradayrotat.-Unters. in – v. MgO u. CaO 29-2424; Verfärb. d. Flußspates 30-0312; isotrope Hyperfeinstrukturkonst. d. vierten Schale v. F-Zentren in CaF_2 33-0333; Temp.-Einfl. auf d. Gleichgew. opt. Zentren in seltenerdmetalldotierten CaF_2-Krist. 44-0284; ESR-Spektrum v. $SrCl_2$-Krist. u. V_k-Zentrum 4-0326; Temp.-Verh. d. Absorpt. v. additiv gefärbten SrF-Krist. 13-1820; F-Zentren in SrF_2 18-0328; Bldg. v. Elektronenzentren in polykrist. NaCl u. $SrCl_2$ durch ^{60}Co-γ-Strahlen 47-0254; F-Zentren in BaF_2 48-0302.

Selbstaktivierte Lumineszenz, Photoleit. u. Donatoren in ZnS-Einkrist. mit A-Zentren 18-0352; durch Neutronenbestrahl. induzierte – in ZnS-Einkrist. 41-0257; opt. u. photoelektr. Eig. d. F-Zentrums in ZnS 48-0305; ESR d. F-Zentrums in ZnS 48-0306; – in Rubinkrist. 18-0343; linearer Stark-Effekt in d. U-Bande v. Rubin 25-0341; – : in Y–Ga- u. Y–Al-Granat $Y_3Ga_5O_{12}$ u. $Y_3Al_5O_{12}$ 41-0258; v. $LaAlO_3$ 11-0272; v. $LaCl_3$:Eu^{2+} 36-0337; in Gläsern mit Nd 47-0322; Verunreinig. v. aus d. Schmelze gezüchteten Cd–Ca-Granaten mit Pb u. Einfl. auf – 9-0348; F-Zentren-Bldg. in red. $BaTiO_3$-Einkrist. mit Mn^{2+} 47-0317; – v. CeO_2- u. ThO_2-Einkrist. 26-0214; F-Zentren in ThO_2 30-0304; – -Bldg. in dünnen Schichten v. MoO_3 28-0304; F-Zentren v. MoO_3 37-0338; Red.-Färb. v. $CaWO_4$:Nd^{3+}-Einkrist. 44-0290.

Bibliographie: Les centres colorés dans les cristaux ioniques B 65.

Farnesal s. unter $C_{15}H_{24}O$.

Farnesan s. unter $C_{15}H_{32}$.

Farnesol s. unter $C_{15}H_{26}O$.
Farnesylaceton s. unter $C_{18}H_{30}O$.
Farnesylpyrophosphat s. unter $C_{15}H_{28}O_7P_2$.
Fasern
— aus speziellen Stoffen s. unter d. betreffenden Stichwörten; faserstoffhalt. Baustoffe s. unter *Baustoffe*; *Chemiefasern* s. dort; metall. — s. unter *Metalle*; *Mineralfasern* s. dort; *Textilfasern* s. unter *Textilstoffe*; s. auch *Fasern, pflanzliche*; *Fasern, tierische*.
Abschätz. d. Orientier.-Grades d. Makromol. in — aus Hochpolymeren (KMR-Meth.) 3-1120; —-Verkürz. durch Bruch 5-0310; Theorie d. —-Verstärk. 7-2846; Koaleszenz in —-Schichten 21-2309; Thermodynamik d. Deformat. orientierter — 21-3291; Röntgenbeug. in faser. Stoffen unter Berücksichtig. d. Dauer d. kohärenten Strahl. 22-0192; Ström.-Charakteristiken v. Modell-—-Suspens. 23-2332; Lebensdauer-Statistik u. mol. Prozesse beim Ermüd.-Bruch v. Polymer-— 27-1272; Mess. v. Randwinkeln an — 30-0618; Schubmodul v. —-Netzwerken u. durchschnittl. —-Steifigk. 34-3049; akust. Meth. d. Unters. d. Mol.-Orientier. v. — 46-1086; Mess. d. Benetzbark. einzelner — 51/52-0442; Längenänder. u. Feinstruktur v. Polymer-— 51/52-1134; Orientier. d. Mol. in — 51/52-1135; Struktur u. mechan. Eig. v. — 51/52-1137.
Wasser- u. ölabweisende Imprägnier. v. Faserstoffen 1-2440*; Ligninlsg. zumVerkleben v. Schichten aus organ. — 11-3124*; Behandl. mit Antiseptika 12-1623*; Trocknen v. blattförm. — nach d. Elektrokontaktverf. 15-2203; Mischpolymerisate für —-Behandl. 16-3109*; wärmebeständ. — 17-3289; Hochtemp.-— 17-3294; Wachsmisch. für Überzüge auf faser. Untergrund 24-2905*; Acrylharze zur Beschicht. v. — 32-2945*; Celluloseäther zum Imprägnieren v. —-Material 40-2820*.
Probenhalter für Elektronenspinresonanzunters. an röntgenbestrahlten — 11-1839; Vibroskop-Umwandler zur Unters. v. — 11-2024; Röntgenstrahl.-Diffraktometer zur Best. d. Grades d. Kristallit-Orientier. in — 14-1876; App. für Dehn.-Mess. an Mikro-—-Proben v. *4—330* °K 15-0252; IR-Spektroskopie nach d. Meth. d. verhinderten mehrfachen inneren Reflex. bei —-Beschicht. 19-2258; Mess. d. spezif. Wärme v. — 26-2145; verbessertes —-Refraktometer 32-1890.
Bibl.: Probleme der physikalisch-chemischen Mechanik fasriger und poröser disperser Strukturen und Materialien [russ.] B 24; Fasern mit Heteroketten (Mitteilungssammlung) [russ.] B 39; Wirkung von Kernstrahlung und Strahlungsimpfung auf Fasern [russ.] B 87; High temperature resistant fibers: Amer. Chem. Soc. symp. held at Phoenix, Ariz., Jan., *1966* B 55; Fiber-strengthened metallic composite B 70; Supramolecular structure in fibers B 79; Chemical treatment of fibres B 79.
Fasern, pflanzliche
Textile Ausrüst. u. dgl. v. — s. unter *Textilstoffe*; spezielle — s. auch unter d. betreffenden Stichwörtern; *Cellulose*; *Holz*; *Papier*; *Pappe*; *Rohfaser*; *Stroh* s. dort.
Bleichmittel für — 4-2454*; Aufbereit. v. —-Material für Leichtbaustoffe 8-2264*; Hg-halt. mikrobenfeste Bastgewebe 14-2910; Röntgenkleinwinkelstreuung in — 15-1209, 15-1210; Bleichen v. Bastfasern 19-3105*; bakterizide Hg-halt. Bastfasergewebe 22-3028; chem. Veredl. v. Flachsbast 37-3215; Gewinnen v. Bastfasern 39-3051*.
Bibl.: Foundations of chemical technology of bast raw materials and fibres B 79.
Fasern, polynosische s. unter *Chemiefasern* (*aus Cellulose und Cellulosederivaten*).
Fasern, synthetische s. *Chemiefasern*.
Fasern, tierische
Textile Ausrüst. u. dgl. v. — s. unter *Testilstoffe*; spezielle — s. auch unter d. betreffenden Stichwörtern; *Federn*; *Leder*; *Pelze* s. dort; s. auch *Haare*; *Zellgewebe, tierische*.
Bleichmittel für — 4-2454*; Herst. v. vernetzten Kollagenfaserschichten 10-3149*; Reib.-Koeff. v. Kollagenfasern aus Känguruhu. Rattenschwanzsehnen 14-3106; Bleichen v. dunkelfarb., natürl. Keratinfasermaterial 18-2871*; Auftreten v. Ortho- u. Paracortex bei tier. Haaren 20-2920; strukturelles Verh. v. Keratinfasern beim Erhitzen im Vakuum 26-2990; Behandl. v. Kollagenfasern mit proteolyt. Enzym 35-3024*; S-reiche Proteine v. α-Keratin u. ihre Bezieh. zu Faserstruktur u. -eig. 51/52-1177.
Faserstoffe s. unter *Textilstoffe*.
Faservliesstoffe s. unter *Textilstoffe*.
Fast Black K s. unter $C_{14}H_{14}N_4O_4$.
Fast blue B s. unter $C_{14}H_{16}N_2O_2$.
„Fast Blue BBN“, Verw. zum histochem. Nachw. v. Leukozyten-Naphthylamidase 8-1313.
Fast Blue R R s. unter $C_{15}H_{16}N_2O_3$.
Fast Garnet GBC s. unter $C_{14}H_{15}N_3$.
Fast green, Wechselwrkg. mit Ionenaustauscherharzen 1-1757.
Fast Grey RA, Verw. zur spektrometr. Best. v. Ti u. Co 28-2040.
Fast Red A s. unter $C_{20}H_{14}N_2O_4S$.
Fast Red B s. unter $C_7H_8N_2O_3$.
Fast Red S s. unter $C_{20}H_{14}N_2O_4S$.
Fast Red Salt B, Verw. bei d. Best. d. Aktivität d. sauren Phosphatase in Gewebehomogenaten 6-1270.
Fast Yellow s. unter $C_{14}H_{15}N_3O_6S_2$.
Faujasit, Nachw. v. — im Pontian 16-0832.
Krist.-Struktur v. mit Ce(III) ausgetauschtem — 49/50-0169; NMR-Relaxat. v. an — adsorbiertem SF_6 29-0377; kernmagnet. Resonanzunters. an d. Na-, Li- u. Cs-Formen synthet. Zeolithe v. —-Typ 42-0529; Diffus. v. W. in — 3-0626; Hochtemp.-IR-Spektroskopie v. an — adsorbierten Olefinen 14-0650; Adsorpt.-Mess. in d. Dampfphase v. C_6-KW-Stoff-Misch. an synthet. — 14-0651; Unters. d. Struktur u. Adsorpt.-Eig. v. —-Y mit Hilfe d. Kern-γ-Resonanz 22-0665; reversible Adsorpt. v. H_2 an — Na-*13* Y u. Ca-*13* Y 30-0624; intrakrist. Neuanordn. v. Konstitut.-W. in — 51/52-0462.
Bezieh. zwischen katalyt. Aktivität u. Art d. Acidität v. Y-Faujasit 42-0587.
Halbquant. Schätz. d. N-Geh. in NH_4-— durch DTA 48-1859.
Faulschlamm s. unter *Schlamm*; Abwasser-— s. unter *Abwasser*.
Favistan s. unter $C_4H_6N_2S$.
Favorskii-Umlagerung s. unter *Umlagerungen*.
Fayalit s. unter *Eisensilicate*.
F-17 C, Wrkg. auf d. durchströmte Kaninchenherz 2-1503.
FC-379 s. unter $C_{14}H_{21}NO_2$.
FD & C-Blau Nr. 1 s. *Erioglaucin*.
FD & C Blue Nr. 2 s. unter $C_{16}H_{10}N_2O_8S_2$.
Federn, Federwachse v. Vögeln 7-1409, 27-1618; Färben 44-2557*; Best. v. N in Hühner-— 46-1981; Behandl. mit [1-Chlorformimidoyl]-carbamoylchloriden 51/52-2411*.
Felamedin s. unter $C_{21}H_{18}O_5$.
Feldelektronenmikroskopie s. unter *Elektronenemission-Feldemission*.
Feldionenmikroskopie s. unter *Ionen*.
Feldspate
Mineralogie d. K-Ba-—-Serie 13-0819; Anwend. d. linearen Algebra auf d. Mineralklassifizier. v. — 38-0762.
Meteorit Bununu u. eine Diskuss. d. Pyroxen-*Plagioklas*-Achondrite 1-0746; O-Isotopenverhältnisse in — regionalmetamorpher Gesteine 1-0752; Vork. v. *Plagioklas* in bas. Stöcken u. Gängen d. Rhein. Schiefergebirges 1-0762; perthit. —-Vork. in d. Hornblende-Granulit-Subfazies in Ceylon 1-0767; Vork. v. — in d. Esopus Format., Kingston, New York 1-0768; Änder. d. Au-Geh. v. Quarz-Feldspat-Proben d. Marysville-Quarz-Diorit-Stocks, Montana 1-0771; Verteil. d. Edelgase in — d. Meteoriten Khor Temiki 2-0732; — d. Granits v. Eisenkappel (Kärnten) 2-0767; Abhängigk. d. Zus. koexistenter Skapolithe u. *Plagioklase* v. d. Tiefe 2-0782; *Plagioklas* aus d. sauren vulkan. Gesteinen d. Taupo Vulkanzone, New-Zealand 4-0628; zonarer *Plagioklas* in einem Gabbrogang v. Alatornio, N-Finnland 4-0638; *Plagioklas* im Meteoriten „Harvard Univ.“ (Lodranit-ähnl. „Mesosiderit“) 6-0783; K-— d. Anatektite d. Monte Ischietto (Massiv v. Argentera) 7-0768; Vork. v. *Plagioklas*: in d. basanit. Laven v. südöstl. Kalifornien 7-0773; im monzonit. Hornblendegranit NW v. Tebo, Sierra Leone 7-0774; Bldg.-Beding. v. Na-K-— in d. Nikitov-Sb-Hg-Lagerstätte im Donezbecken 8-0787; Krist.-Chemie d. — v. Stjernöy, Nordnorwegen 9-0788; Vork. v. Kali-— in d. Rapakivi-Granit d. Salminski-Massivs (Fennoskandia) 12-0753; mikrograph. Verwachs. v. *Plagioklas* u. Quarz in isolierten Knollen einer Charnockit-Schwelle v. Hebbale, Coorg Distrikt, Mysore 12-0761; *Plagioklas* in d. rhyolith. Laven d. zentralen Nord-Island 13-0790; Vork. v. Kalk-*Plagioklas* in d. rezenten Laven d. Ätna 13-0796; Spurenelemente in Alkali-—, Quadrilatero Ferrífero, Minas Gerais, Brazil 14-0771; terrigene-vulkanogene Kali-— u. *Plagioklase* in rezenten Sedimenten d. Nord-Atlantik 14-0774; Kali-— d. metasomat. Gesteine d. Sor-Lagerstätte 14-0802; — in Meteoriten u. Tektiten (Zeitschriftenref.) 16-0764; K/Rb-Verhältnisse in koexistierenden K-— u. Biotiten einiger Granite u. Metasedimente aus Neu-England 16-0821; Kali-Natron-— d. Granitpegmatite d. Korostensker Massivs (Ukraine) 16-0833; kreuzförm. Verwachs. v. Kali mit *Plagioklas*-Säumen in krist. Gesteinen d. ostbayer. Moldanubikums 17-0831; *Plagioklas* in Leptiten in präkambr. Fe-Erzformat. d. Imandragebietes (Halbinsel Kola) 17-0836; *Plagioklas* u. Kali-—-Einsprenglinge in Gesteinen subalkal. Effusiva d. mittleren Transurals 17-0837; —-Varietäten in d. Deckschichten d. beloruss. Polessje 18-0795; Malakolith in Pyroxen-—-Gesteinen nahe Channapatna, Bangalore Distrikt, Mysore 18-0797; Mn, Ti, Sr u. Ba in d. Amphiboliten d. Sowie-Gebirges u. in d. aus ihnen abgetrennten *Plagioklasen* 21-0871; Unters. an K-— u. *Plagioklas*-— zur Altersbest. 23-0871; opt. Heterogenität v. — in kanad. Gesteinen 23-0884; Vork. v. *Plagioklas* in Eisensanden v. Neuseeland 24-0808; verschiedene Alkali-—-Generat. v. einer Druse v. La Paz (Canelones, Uruguay) 24-0827; Verteil. v. Haupt- u. Spurenelementen in — u. *Plagioklasen* d. Rosses- u. Ardara-Granitkomplexe, Donegal, Irland 26-0822; —-Neubldg. in Carbonatgesteinen d. unteren u. mittleren Karbons d. südl. Neig. d. Woronesh-Massivs 26-0830; Verteil.: v. bestimmten Elementen in —, Biotit u. Muskovit aus brit. Graniten in Bezieh. zur Mineralisat. 27-0896; v. Pb zwischen koexistierendem Kali-— u. *Plagioklas* 28-0820; Vork. v. *Plagioklasen* in ultrabas. u. bas. Gesteinen im Südteil d. Präkambriums Belorußlands 29-0890; Geochemie v. B u. Cs in *Plagioklas* im Zusammenhang mit vulkanogenen Gesteinen West-Tjan'-Sans 31-0877; Triklinität d. Alkali-— in lepontin. Gneisen 31-0881; Vork. v. — in Tonproben aus rezenten Seesedimenten Griechenlands 31-0892; Best. v. Kali-— in d. Minette v. Sisco (Korsika) 32-0841; —-Einschlüsse in d. Gardar-Eruptivgesteinen v. Süd-Grönland 33-0992; Anorthitgeh. u. Kompliziertheit. d. Zwillingsbldg. d. *Plagioklase* in Metamorphiten 33-1000; Vers. an —-Olivin-Basalt zur Trenn. v. Mondmaterialien 35-0834; Deformat. u. Umwandl. v. *Plagioklas* durch Stoßwellen in d. Gesteinen d. Nördlinger Ries 36-0788; Vork.: v. Sb-Erzgängen in d. Umgeb. v. —-reichen Gesteinen 36-0790; v. *Plagioklas* in Meteoriten (Übersicht) 37-0858; Best. v. *Plagioklas* in d. Wiona-Meteoriten 37-0878; ^{40}Ar in kogenet. —-Glimmer-Mineralvergesellschaft. 38-0800; Charakter v. orientierten Aufwachs. v. Kali-— auf Plagioklaskrist. in magnet. Gesteinen 38-0866; Unters. d. Paragenese v. Sphalerit mit Kali-— in verschiedenen Mineralisat.-Etappen 38-0868; Vork. v. Kali-— in einer calcit. Matrix d. Pinon-Peak-Breccien-Pipes 39-0686; Nichtmischbark. v. granit. Schmelzen angezeigt durch Fl.-Einschlüsse in Alkali-—-ejizierten Granitblöcken v. Ascension-Island 39-0698; Gesetzmäßigk. d. *Plagioklas*-Kristallisat. in Trappabarten verschiedener Basizität 39-0719; Alkali-—-Kristallisat. unter Nichtgleichgew.-Beding. aus pneumatolyt., hydrothermaler u. diagenet. Umgeb. 39-0738; Struktur d. Kali-— in Granitoiden verschiedener genet. Typen 39-0739; Studien mit d. Röntgen-Mikrosonde an bas. *Plagioklasen* alpiner Metamorphite 39-0742; span. —-Lagerstätten (Überblick) 40-2117; Vork. v. — im Bentonit v. Gurasada (Region Hunedoara) 41-0778; Temp.-Abhängigk. d. Na-Verteil. zwischen koexistenten Nephelinen u. — sowie d. Ca-Verteil. zwischen koexistenten Amphibolen u. *Plagioklasen* 42-0629; unterschiedl. Verh. v. — u. Phyllosilicaten bei tiefgrund. u. oberflächennaher Verwitter. 42-0633; — als Rückstände einer prägranit. paragneis. Phase 42-0634; Benutz. v. Diagrammen bei d. Best. d. Zus. v. *Plagioklasen* hypabas. Intrusivgesteine 42-0635; Thermometamorphose an — aus Granit-Xenolithen in Dykes bas. Gesteine 42-0692; Vork. v. „weißen Klinohumit“ in Assoziat. mit kaoliniertem — in d. Kugi-Ljal'-Grube 42-0699; Genese d. —-Lagerstätte Krupka 42-0724; Nachw. v. in Sc-halt. Columbit u. Haapalouma eingeschlossenem — 45-0738; Einfl. v. *Plagioklas* auf d. Verteil.-Besonderh. d. Seltenerdmetalle in akzessor. Mineralen d. Granite 45-0760; Gaseinschlüsse in K-— 47-0679; Bezieh. Mikroklin-*Plagioklas* im Granit v. Colettes (Allier) 49/50-0650.
Synth. d. *Plagioklase* 27-0919; Bldg. v. — durch Alter. v. Al-Hydroxid-Kieselsäure-Nd. in NaCl-KCl-Lsg. 41-0777.
Aktivier. d. Flotat. v. — durch Fluoride 13-2279; Flotat. v. — mit Dodecylamin 15-2247; Aufbereit. v. —-Sanden durch Flotat. (Conference on the Silicate Industry, Budapest *1965*) 30-2260; Autoklavenauslaug. v. —-Gestein 34-2315; Flotat. v. — 48-2141*; flotative Trenn. v. Nephelin u. — 51/52-2132.
N-Verb. in Silicatmineralen u. deren Bedeut. für d. technolog. Verh. d. — 23-2493; Auswrkg. d. Quarzeinsatzes an Stelle v. — auf Charakteristika v. Hochspann.-Porzellan 28-2367; physikal. Eig. v. *Plagioklas*-— aus Deccan Trappen 36-0772; IR-Spektren v. — 5-0776; Doppelbrech.-Dispers. v. *Plagioklas*-—

30-0279; Mess. d. IR-Reflex.-Spektren v. – durch Interferometrie mit Mehrfachabtast. 35-0304; spektrales Reflex.-Vermögen v. – 40-0679; Unters. d. Kristallisat. v. Quarz u. – aus d. Glas d. Shirataki Obsidan 9-0804; opt.-strukturelle Besonderh. metasomat. K-Na-– 12-0763; Bezieh. v. Periklin- u. Albit-Zwillingsbldg. zur Zus. u. zum strukturellen Zustand v. *Plagioklas*-– 19-0911; Ordn. in Alkali-– 21-0873; Bezieh. zwischen d. opt. Achsenwinkel u. d. Triklinität v. Kali-– (Bedeut. für d. Definit. v. „stabilen" u. „instabilen" Zuständen) 21-0874; opt. Orientier. v. Hochtemp.-*Plagioklasen* aus einem andesit. Gestein Islands 21-0887; Best. d. Auslösch.-Schiefe monokliner – aus d. Zwillingsoptik 22-0829; vorläuf. Einkrist.-Unters. d. Gitterwinkel v. triklinen – (*Plagioklas*) bei Temp. bis zu *1200*° 24-0825; wahrscheinl. u. unwahrscheinl. Zellen-Metrik trikliner Krist. im Hinblick auf – 24-0826; Natur d. Rb-Beimeng. in Kali-– (Einfl. auf d. Krist.-Struktur) 24-0828; Zusammenhang v. Gitterenergie u. Zerkleiner.-Eig. v. – 24-2170; Bezieh. zwischen Struktur u. Vol. v. Alkali-–-Mischkrist. 26-0831; Ordn.-Möglichk. d. Si–Al-Verteil. in *Plagioklasen* 33-1006; neue Verwachs.-Gesetze v. Quarz mit – 39-0697; Triklinität v. Kali-– (zur Lsg. v. Fragen d. Genese v. Gesteinen) 39-0740; Pulverdiagramm u. Chemismus v. *Plagioklas* (tief) 41-0731; polymorphe Umwandl.-Erschein. v. K-– niedr. Bldg.-Temp. 41-0732; Konstitut. v. Quarz u. – (Diskuss. verschiedener Bind.-Modelle u. Elektronenkonfigurat.) 43-0723; Anwend. d. fünfachs. Universaldrehtisches zur Mess. d. *Plagioklas*-Zwillingstriaden 45-0734; Austauschrk. d. Alkalimetalle in Alkalimetall-– unter Ausbldg. eines ungeordneten Gitters 46-0709; Elektronenmikroskopie an geätztem *Plagioklas*-– 49/50-0665; elektr. Leitfähigk. d. – 38-0842; paramagnet. Resonanz v. Fe^{3+} in – 24-0824; Thermolumineszenz u. ESR bestrahlter – 37-0382; Stoßwelleneffekte in *Plagioklas* 6-0813; Schmelzbezieh. in K-– (Einfl. v. Drücken bis zu *40* Kilobar) 6-0824; therm. Ausdehn. v. –-Glas 11-2242; Analyse d. thermodynam. Beding. d. Mineralgleichgew. in d. Amphibol-*Plagioklas*-Gesteinen 13-0801; experimentelle Unters. d. Gleichgew. Feldspat/ultrabas. Lsg. 33-1013.

Herauslsg. in tern. – (Bldg. v. Antiperthiten) 1-0774; Unters. d. chem. Verwitter. v. – (Mechanismus d. H-Ionenaufnahme) 27-3410; Herauslsg. in tern. – 39-0741; Mechanismus d. Rk. bei d. Erhitz. eines Spodumengemischs mit – u. $CaCl_2$ 22-0706; Lsg.-Kinetik d. Al- u. Si-Geh. v. K-– in gepufferten Lsg. bei niedr. Temp. 32-0732; Bldg. v. Alunit-Jarosit durch d. Einw. v. H_2SO_4 auf Kali-– 41-0771; Synth. v. KW-Stoffen bei feiner Zerkleiner. v. – in W. 34-0855.

Verw. v. – zur Herst. v. feuerfestem Material 2-2137*; –-Rohstoffe für d. Glasindustrie 4-1868; finn. Flotat.-– für d. Glas-, Email- u. Porzellanindustrie 7-2275; Verw. v. – in B-halt. Silicatemaillen 17-2392*; –-halt. Porzellanmassen (Ersatz v. – durch kristallisierende Gläser) 26-2363; K-reicher – für d. Glasindustrie 28-2337; –-Rohstoffe zur Herst. v. Elektro-Vakuum-Glas 28-2338; Verwert. v. –-halt. Schottersand aus Hálamky in d. Keramikindustrie 33-2530; einheim. – für d. Porzellan-Industrie 33-2531; Einfl. v. – auf d. Antikorros.-Eig. v. Polyäthylenüberzügen 18-2917.

Laboratoriumsunters. an *Plagioklasen* (Material für d. chem. u. physikal. Unters. an *Plagioklasen*) 33-1001; (Mikrosondenanalyse d. Nebenelemente in *Plagioklas*-–) 33-1002; (Diagramme für d. Best. v. *Plagioklasen* mit Röntgenpulvermeth.) 33-1003; [Gitterkonst. u. verwandte Parameter v. „*Plagioklas* (tief)"] 33-1004; (Thermolumineszenz v. skandinav. u. nordamerikan. *Plagioklasen*) 33-1005; mkr. Identifizier. v. Na-, K-– u. *Plagioklas* nach Anfärb. mit $Na_2[Co(NO_2)_6]$ 47-1979; Best. v. –: durch Flammenphotometrie 5-1950; in keram. Rohstoffen 3-2096; in Aufbereit.-Prod. durch mineralog. Meth. (Conference on the Silicate Industry, Budapest *1965*) 30-2260; in Be-Erzen 41-2076; Zus. v. K-– U.S.G.S. Referenzprobe G-*2* 3-0767; U-Geh. d. Na-–-Standards *99* 8-0745; spektrochem. Best. v. Spurenmengen Pb, Tl, Ga, Cu u. Sn in K-– 10-1951; Verbesser. d. *Plagioklas*-Schmelzmeth. zur Best. d. An-Geh. 28-0813; Röntgenfluoreszenzanalyse v. – (Best. v. Al_2O_3, SiO_2, TiO_2 u. Fe_2O_3) 48-1857; Unters. v. – mit Hilfe v. Röntgenstrahlen, DTA u. mkr. Unters. in Material mit pyroklast. Gesteinsveränder. 15-2342.

Felle s. unter *Pelze*.
Felombrine s. unter $C_{11}H_{12}J_3NO_2$.
Felypressin s. unter $C_{46}H_{65}N_{13}O_{11}S_2$.
Fenac s. unter $C_8H_5Cl_3O_2$.
Fenamate, Antagonismus v. – u. Aspirin gegenüber d. durch Adenosin-5'-triphosphat induzierten Bronchokonstrikt. u. Schädig. 8-1625.
Fenaminsäuren, Hemmwrkg. auf d. enzymat. in vitro-Bldg. v. Serotonin 4-1209.
Fenchan s. unter $C_{10}H_{18}$.
Fenchen s. unter $C_{10}H_{16}$.
Fenchlorfos s. unter $C_8H_8Cl_3O_3PS$.
Fenchlorphos s. unter $C_8H_8Cl_3O_3PS$.
α-Fenchocamphoron s. unter $C_9H_{14}O$.
Fenchol s. unter $C_{10}H_{18}O$.
Fencholensäure s. unter $C_{10}H_{16}O_2$.
Fencholsäure s. unter $C_{10}H_{18}O_2$.
Fenchon s. unter $C_{10}H_{16}O$.
α-Fenchylalkohol s. unter $C_{10}H_{18}O$.
Fenfluramin s. unter $C_{12}H_{16}F_3N$.
Fenit, neuer Elpidit-Fund in –-Massiven d. UdSSR 7-0777.
Fenitrothion s. unter $C_9H_{12}NO_5PS$.
Fenocyclin s. unter $C_{19}H_{22}O_3$.
Fensulfothion s. unter $C_{11}H_{17}O_4PS_2$.
Fentanyl s. unter $C_{22}H_{28}N_2O$.
Fenthion s. unter $C_{10}H_{15}O_3PS_2$.
Fentinacetat s. unter $C_{20}H_{18}O_2Sn$.
Fentinhydroxid s. unter $C_{18}H_{16}OSn$.
Fenuron s. unter $C_9H_{12}N_2O$.
Feramid II, Zus., Einfl. auf d. Einbau v. ^{14}C-Glycin in γ-Globulin u. Antikörper v. bestrahlten u. nicht bestrahlten Ratten 5-1531.
Ferbam s. unter $C_3H_7NS_2$.
Ferberit s. unter *Eisenwolframate(VI)*: $FeWO_4$.
Fergusonit, Vork. v. – im Pyörönmaa-Pegmatit v. Kangasala, SW-Finnland 4-0642; Verhältnisse U/Th in – verschiedener Fundorte 6-0795; Ta- u. Nb-Verteil. als – in Apograniten d. Granit-Granodiorit-Massivs v. Man'chambo (Südteil d. Pecora-Urals) 18-0781; metamikter Zustand v. – v. Zulova (Tschechoslowakei) 47-0680.
Synth. v. – 47-0708.
Fer-In-Sol, Best. d. Toxizität bei Mäusen 1-1500.
Fermentation s. unter *Gärung*.
Fermente s. *Enzyme*.
Fermentpräparate s. *Enzympräparate*.

Fermium

Berechn. d. Verteil. v. α-Teilchen für ^{254}Fm 2-0008; Synth. v. –-Isotopen mit d. Massenzahlen *247* u. *246* 12-0074; Zerfallseig. v. ^{251}Fm u. ^{252}Fm (α-Übergänge zu Cf) 24-0003; kernspektroskop. Unters. v. ^{257}Fm 26-0055; spontane Spalt. leichter –-Isotope (^{244}Fm u. ^{245}Fm) 35-0010; Zerfall v. ^{253}Fm 41-0010; Oberflächen-δ-Wechselwrkg. in d. g-Isotopen v. – 44-0016; relative Intensitäten u. Strahl.-Breiten d. Röntgen-$K\beta_2^{I}$, $K\beta_2^{II}$-Linien für – 18-0091; Unters. d. Lsgm.-Extrakt. v. Cf, – u. Md im Syst. Di-(2-äthylhexyl)-orthophosphorsäure/Toluol/HCl 21-2174; anomale Tendenz v. – zur Amalgambldg. 29-0833; App. zur Mess. d. Magnetfeldes über d. Hall-Effekt bei d. Ermittl. v. –-Oberflächen 12-1780.

Fermiumverbindungen

Bldg. v. Fm-Milchsäure-Komplexen 26-0618.

Fernen s. unter $C_{30}H_{50}$.
Fernsehröhren s. unter *Elektronenröhren*.
Ferramido-Chloromycin s. unter $C_{127}H_{201}Cl_2Fe_7 \cdot N_{24}O_{70}S$.
Ferredoxin s. unter *Proteine, Spezielle Proteine*.
Ferriannit, Mössbauer-Analyse d. Fe in – 26-0841.
Ferrichrom s. unter $C_{27}H_{42}FeN_9O_{12}$.
Ferrichrom A s. unter $C_{41}H_{58}FeN_9O_{20}$.
Ferrichrysin s. unter $C_{29}H_{46}FeN_9O_{14}$.
Ferrierit, – v. Mäntyharju, Finnland 45-0738; neues –-Vork. 47-0709; Synth. 45-0182; Ca/Sr-Ionenaustauscheig. v. – 49/50-0509.
Ferrihäm, Rk. v. – bei Perjodatox. v. Myoglobin d. Pottwales u. d. Rolle bei d. Antigen-Antikörper-Rk. 28-1641.
Ferrihämoglobin s. unter *Blutfarbstoffe, Derivate des Hämoglobins (Methämoglobin)*.
Ferri-Halloysit, Vork. in d. feinkrist. Mineralisat. v. Karst-Phosphoriten 2-0784.
Ferrimyoglobin s. unter *Blutfarbstoffe, Derivate des Myoglobins (Metmyoglobin)*.
Ferrimyoglobinazid s. unter *Blutfarbstoffe, Derivate des Myoglobins*.
Ferrioxamin A, Trenn. in Ferrioxamin A_1 u. A_2 2-1040.
Ferrioxamin B s. unter $C_{25}H_{45}FeN_6O_8$.
Ferrirhodin s. unter $C_{41}H_{64}FeN_9O_{17}$.
Ferrisepiolith, – v. Dorfe v. Goubertsi, Kurdjali-Gebiet 17-0856.
Ferrite s. unter *Eisenoxide, Mischoxide*.
Ferritin s. unter *Proteine, Spezielle Proteine*.
Ferroaktinolith s. unter *Aktinolith*.
Ferroanthophyllit s. unter *Anthophyllite*.
Ferrocen s. unter $C_{10}H_{10}Fe$.
Ferrocene, Ferrocenderiv. 2-0721, 4-0603; Ferrocenophan-Syst. (Übersicht) 6-0769; Ferrocenderiv. 7-0727; [1.1]-Ferrocenophan-Syst. 12-0715; Ferrocenderiv. 12-0717, 17-0797, 21-0846, 21-0847, 34-1135, 40-0637; [5]-Ferrocenophane 41-0654; ferrocenmarkierte Proteine 43-0639; Ferrocenpolymere (Übersicht) 48-1281.

Darst.: v. Glycidyl-– 2-0719; v. Phenylferrocencarbonsäurenitrilen 8-0717; v. Ferrocendialdehyden 8-0719; v. Silanyl-– 12-0716; v. (Di-) [ω-N.O (bzw. N.S bzw. N.N) Heteroaryl-alkyl (bzw. arylenmethyl)-– 16-2604*; v. Ferrocencarbonsäuren 20-0751; v. Ferrocenylcarbinolen u. -carbaldehyden 21-0848; v. Ferrocenyläthyläthern 36-0725; v. 1.2-disubstituierten – 44-0706.

Elektroneneffekte d. Substituenten in – 8-0715; chronopotentiometr. Unters. 20-0893, 20-0894; ^{1}H-NMR-Spektren v. monosubstituierten – 45-0952; Phosphorylier. 8-0716; Cyclisier. v. β-Ferrocenylpropionsäuren 12-0718; Spalt. v. cycl. Äthern v. 1.1'-Bis-[hydroxymethyl]-ferrocen 16-0759; Addit. v. Dichlorcarben an Ferrocenyläthylene 22-0773; Rk. v. Alkyl-ferrocenthiocarboxylaten 22-0774; Einfl. auf d. peroxid. Polymerisat. ungesätt. Verb. 34-1135; Demercurier. v. Chlormercuri-– (Kinetik) 40-0547.

Halbmikrobest. v. Al u. Fe in – 7-1963; Verteil.-Gaschromatographie 29-2116.

Ferro-Drops, Best. d. Toxizität bei Mäusen 1-1500.
Ferroedenit s. unter *Edenit*.

Ferroelektrika

Ferroelektrizität s. dort. Eig. v. speziellen Stoffen s. unter d. entsprechenden Stichwörtern.

Ferrelektr. Kaltleiter (Sammelref.) 4-0174; $Gd_2(MoO_4)_3$ als ferroelektr. Laserwirtsmaterial 7-0361; Verw. v. Metalloxiden als ferroelektr. Material 10-2194*; Beweis für d. Existenz zweier stark verschiedener seignetteelektr. Phasen in $NaH_3(SeO_3)_2$ 12-0448; Herst. ferroelektr. Keramik aus $PbZrO_3$ u. $PbTiO_3$ 12-2206*; ferroelektr. Li-Tantalat (Röntgenbeug.-Unters. an Einkrist.) 28-0471; (Neutronenbeug.-Unters.) 28-0472; aus Glas kristallisierte – (Übersicht) 31-2415; ferroelektr. Phase in $NaH_3(SeO_3)_2$ u. $NaD_3(SeO_3)_2$ 43-0461; Herst. ferroelektr. Keramik: aus $PbZrO_3$, $PbTiO_3$, $PbSnO_3$ u. Sb_2O_3 43-2339*; aus BaSrCa–Titanat-Gemischen 43-2340*; aus $PbTiO_3$, $PbZrO_3$ u. $PbSnO_3$ 44-2133*; Metallaufdampfschichten auf ferroelektr. Krist. 36-0128.

Krit. Phänomene in – 3-0469; röntgenograph., elektr. u. magnet. Unters. v. Syst. Seignetteelektrikum-Ferromagnetikum 3-0474; Clusternäher. für – v. Ordn.-Unordn.-Typ mit H-Bind. (kleine Cluster) 3-0475; (Anwend.) 3-0476; exakte Lsg.: d. F-Modells eines Antiferroelektrikums 12-0445; d. zweidimensionalen KH_2PO_4-Modells für ein Ferroelektrikum v. Slater 15-0470; Quantentheorie d. seignetteelektr. geordneten krist. Dielektrikums 19-0505; nichtlineare keram. – (Übersicht) 19-2429; mögliche Arten v. – 23-0535; verbesserte Analyse d. Temp.-Autostabilisier. v. – 23-0536; Theorie über d. Grad d. Funkt. d. freien Energie bei – 24-0485; krit. Erschein. in Ordn.–Unordn.-– 28-0469; Einfl. kleiner Beimeng. v. Co-II-, Ni-II- u. Cr-III-Verb. auf d. Eig. d. – v. Typ Pb, Sr (Zr, Ti)O_3 29-2385; statist. Stör.-Theorie für Ordn.–Unordn.-– (nullte Näher.) 33-0605; exakte Lsg. für d. Modell zweidimensionaler – in einem beliebigen äußeren elektr. Feld 46-0416, 46-0417.

Gesetzmäßigk. d. Mössbauereffekts in Seignetteelektrika mit verwischten Phasenübergängen 19-0510; Mössbauer-Effekt in einigen Seignetteelektrika 19-0511.

Struktureller Mechanismus d. elektroopt. u. thermoopt. Effekte in seignetteelektr. Krist. v. Typ d. Triglycinsulfats bzw. -selenats 5-0374; phänomenolog. Beschreib. d. elektroopt. u. elastoopt. Eig. v. Seignetteelektrika 22-0328; durch d. stat. elektr. Feld in kub. – v. Perowskittyp induzierter Raman-Effekt erster Ordn. 29-0523; Bezieh. zwischen linearen u. quadrat. elektroopt. Koeff. in – mit O-Oktaedern 43-0458.

Sintern v. ferroelektr. Keramiken 2-2076; Theorie d. Isotopeneffekte in – auf d. Grundlage d. Konzepts d. F-Moden d. Gitterschwing. 5-0505; Zücht., Morphologie u. Verdrill. v. Whiskern wasserlösl. ferroelektr. Krist. 9-0225; Deformat. ferroelektr. Krist. während d. Umpolens 21-0531; opt. Feldeffekte u. Bandstruktur einiger – v. Perowskittyp 22-0325; röntgenograph. Unters. d. Kationenverteil. in

d. Struktur v. Seignetteelektrika d. Typs $(A'A'')_6(B'B'')_{10}O_{30}$ 23-0265; Struktur u. Eig. neuer Seignetteelektrika v. Perowskittyp 23-0279; Lebensdauer weicher Moden in – v. Verschieb.-Typ 29-0521; Lebensdauer d. „ferroelektr." Phonons in einigen Perowskitkrist. bei tiefen Temp. 29-0522; spontane kristallograph. Formänder. v. – 37-0093; Konvers.-Bezieh. f. d. Elastizitätsformeln v. isotropen u. ferroelektr. Keramiken 42-0227; Phasenübergänge in Ordn.–Unordn.-- 48-0512.

Elektrostrikt. u. Piezoelektrizität d. – 21-0527; Exoelektronenemiss. bei Phasenumwandl. in – 23-0458; Halbleitereig. v. Seignetteelektrika 31-0440; Piezomodul u. elast. Konst. einiger glas.-krist. Materialien auf d. Basis v. Seignetteelektriken 40-0349; Elektrostrikt. in keram. – mit Perowskit-Struktur 46-0421; durch Umpolarisier. eines ferrodielektr. Stoffes induzierte Raumlad. 48-0510; elektr. Eig. v. geschichteten blättrigen ferroelektr. Keramiken 48-2153.

Magnetisier. ferrodielektr. Katalysatoren als polydisperse Syst. 5-0708; magnet. Eig. ferrodielektr. Katalysatoren (Best. d. Anzahl mögl. Adsorpt.-Zentren aus magnet. Daten) 6-0678; Wechselwrkg. v. Spinwellen mit Polaronen in – 18-0479; ESR im Phasenübergangsbereich einiger ferroelektr. Mischkrist. 26-0382; Einfl. eines magnet. Feldes auf d. therm. Leitfähigk. (zweiter Schall) v. Ferrodielektrika bei tiefen Temp. 28-0255; Temp.-Anomalie d. EPR-Spektren paramagnet. Ionen in – 28-0359; dynam. Kernpolarisat. in Ferrodielektrika 42-0363; magnet. Eig. ferrodielektr. Katalysatoren 47-0611.

Gekoppelte magnetoelast. Wellen in anisotropen Ferrodielektrika 2-0246; Ultraschallabsorpt. bei Phasenumwandl. in – v. Typ Triglycinsulfat 19-0288; Theorie d. Wärmeleitfähigk. in Seignetteelektrika mit verwaschenen Phasenübergängen 23-0339; Hyperschallabsorpt. in Ferro-- bei niedr. Temp. 25-0226; therm. Leitfähigk. einiger ferroelektr. Krist. mit H-Bind. 28-0470; anomale Schalldämpf. in d. Nähe d. Curie-Punktes in Verschieb.-- 32-0488; Wechselwrkg. v. akust. Wellen mit Polarisat.-Wellen in – 33-0606; Einfl. weitreichender Dipol-Dipol-Kräfte auf d. Dämpf. u. Geschw. v. Ultraschall in Seignetteelektrika in d. Nähe d. Phasenübergangspunkts zweiter Ordn. 35-0206; Temp.-Abhängigk. d. Ultraschallgeschw. u. d. Ultraschallabsorpt. in einigen seignetteelektr. festen Lsg. d. Perowskittyps 36-0246.

Dynam. Polymerisat. v. ferroelektr. Krist. 36-0395.

Modifizierte Sawyer-Tower-Schalt. für d. Unters. ferroelektr. Proben 9-1947.

Ferroelektrizität (Seignetteelektrizität)

Dielektrische Eigenschaften; *Dielektrizitätskonstante* (*und dielektrische Verluste*); *Polarisation, dielektrische* s. dort.

Übergangswärme u. phänomenol. Theorie d. – 3-0468; Phasenübergang d. Ferroelektrika v. Perowskittyp 5-0506; exakt lösbares Modell d. ferroelektr. Phasenumwandl. in zwei Dimens. 19-0506; – bei ultrafeiner Teilchengröße 21-2417; ferroelektr. krit. Punkt 24-0484; Seignetteelektrizität u. Gitterdynamik 24-0486; Ultraschallrelaxat. nahe d. ferroelektr. Phasenübergangspunkt zweiter Ordn. in einem elektr. Feld 26-0278; Domänenstruktur ferroelektr. Körper 27-0545; Bldg. v. *180°*-Domänen in Ferroelektrika mit kurzgeschlossenen Elektroden 27-0546; Verh. d. spezif. Wärme bei diffusen ferroelektr. Phasenübergängen 27-0547; Spin–Phonon-Quadrupolrelaxat. u. ferroelektr. Übergang 29-0517; Übergang v. antiferroelektr. zum ferroelektr. Zustand in einem einfachen „Kittel"-Antiferroelektrikum 32-0487; dynam. Aspekte d. Phasenübergangs in ferroelektr. Krist. v. KH_2PO_4-Typ 33-0609, 43-0457; Möglichk. ferroelektr. Phasenübergänge in Zusammenhang mit d. Elektron–Phonon-Wechselwrkg. 46-0418.

Anorganische Stoffe

Therm. Hysterese d. ferroelektr. Phasenumwandl. in SbSJ 5-0507; Typ d. ferroelektr. Phasenumwandl. in SbSJ 29-0516; photoferroelektr. Effekt in SbSJ 30-0394; Lichteinfl. auf d. paraelektr.-ferroelektr. Phasengrenze v. SbSJ 36-0396; ferroelektr. Verh. v. SbSJ 44-0181.

Domänenstruktur v. ferroelektr. $NaH_3 \cdot (SeO_3)_2$-Krist. 15-0468; ferroelektr. Umwandl. in $NaNO_2$-Krist. 15-0469; ferroelektr. Eig. v. $Na[H_{1-x}D_x]_3(SeO_3)_2$-Ein- u. -Polykrist. 19-0402; Unters. d. seignetteelektr. Phasenübergangs im $NaNO_2$-Krist. durch d. Ramanspektrum 23-0537; Röntgenunters. zum ferroelektr. Phasenübergang v. $NaNO_2$ 32-0489; – in KNO_3 5-0508; fundamentale Absorpt. in $NaNO_2$- u. KJO_3-Einkrist. im Bereich d. ferroelektr. Phasenübergänge 16-0353; magnet. Deuteronenresonanz d. ferroelektr. Phasenübergangs in deuteriertem KD_2PO_4 19-0405; ferroelektr. Phasenumwandl. in KNO_3 27-0548; Verschieb. d. Übergangstemp. v. $KH_2 \cdot PO_4$-Krist. durch hydrostat. Druck 29-0518; Reorientier.-Frequenzen ferroelektr. Dipole in d. Nähe eines paramagnet. Zentrums in KH_2AsO_4 u. KD_2AsO_4 32-0492; Druckabhängigk. d. ferroelektr. Eig. v. KD_2PO_4 33-0610; Einfl. d. hydrostat. Druckes auf d. ferroelektr. Curie-Temp. v. KH_2PO_4 u. $KD_2 \cdot PO_4$ 38-0511; Druckabhängigk. d. ferroelektr. Curie-Temp. v. KH_2PO_4 u. KD_2PO_4 48-0511; gruppentheoret. Betracht. d. antiferroelektr. Phasenübergangs in Ammoniumdihydrogenphosphat 5-0509; ferroelektr. Übergang erster Ordn. in $(NH_4)_2SO_4$ 12-0453.

Änder. d. Charakters d. Phasenumwandl. in $BaTiO_3$-Einkrist. unter d. Wrkg. hydrostat. Drücke 3-0471; Einfl. v. „a"-Domänen auf d. Beweg. v. „c"-Domänenwänden in $BaTiO_3$ 5-0511; elektronenmkr. Beobacht. v. Wavy-Streifen an Domänengrenzen in $BaTiO_3$ 5-0512; in d. Wänden zwischen d. Weißschen Bezirken mit antiparalleler Polarisat. lokalisierte Energie für $BaTiO_3$ 7-0431; opt. Beobacht. d. Domänenbeweg. in ferroelektr. $BaTiO_3$ 7-0432; Raster-Elektronenmikroskopie ferroelektr. Domänen in $BaTiO_3$ 12-0450; Abhängigk. d. Energie d. Domänenwände in d. Nähe d. Curie-Punktes v. elektr. Feld für $BaTiO_3$ 19-0507; – v. dünnen $BaTiO_3$-Filmen mit einer Stärke v. weniger als *1 μ* 23-0539; effektive Masse einer 180°-Domänenwand im $BaTiO_3$-Einkrist. 24-0488; Einfl. d. Ordn. in d. Domänen v. $BaTiO_3$ auf seine Übergangstemp. 27-0549; Domänenstruktur in polykrist. $BaTiO_3$ 27-0550; – u. Anti-- in $BaTiO_3$ 29-0520; Berechn. d. Domänenwanderenergien in $BaTiO_3$ 38-0510; Zwei-Phononen-Bind.-Zustand u. Phasenübergang in $SrTiO_3$ 42-0368; ferroelektr. Umschaltverh. v. $BaTiO_3$ bei kleinen Feldern 47-0399; Renormalisier. zweiter Ordn. u. Phasenstabilität in $SrTiO_3$ 47-0400; ferrolektr.-paraelektr. Übergangstemp. v. $BaTiO_3$ 48-0516; Einfl. eines einseit. mechan. Drucks auf d. Phasenübergänge in $BaTiO_3$-Einkrist. 51/52-0316.

Ferroelektr. Umwandl. v. $(Ba, Pb) \cdot TiO_3$-Krist. 31-0202; Curie-Temp. v. $LiNbO_3$ 5-0514; ferroelektr. Übergang in $LiNbO_3$ 29-0353; ferroelektr. Übergang v. $NaBa_2 \cdot Nb_5O_{15}$ 32-0330; durch ein äußeres elektr. Feld erzwungene Umwandl. d. antiferroelektr. in d. ferroelektr. Zustand d. Phase $Pb_{0,99}[(Zr_{0,8}Sn_{0,2})_{0,96}Ti_{0,04}]_{0,98}Nb_{0,02}O_3$ 32-0487; ferroelektr. Eig. v. $KSr_2Nb_5O_{15}$ 45-0435; ferroelektr. „weiche" Schwing. in $KTaO_3$ 6-0332; paraelektr.-ferroelektr. Phasengrenzen in $K \cdot Ta_{0,65}Nb_{0,35}O_3$ u. $BaTiO_3$ 7-0434; ferroelektr. Umwandl.-Verh. v. $YMnO_3$ 5-0515; Einfl. d. ferroelektr. Übergangs v. MnO_2 auf d. Kinetik d. katalyt. Zers. v. H_2O_2 11-0718; Domänen in ferroelektr. $YMnO_3$ 45-0432; ferroelektr. Eig. v. $PbZrO_3$–$BiFeO_3$-Mischkrist. 12-0451; seignette- u. antiseignetteelektr. Eig. in d. Reihe $Pb(Nb_{0,5}{}^{5+}B_{0,5}{}^{3+})O_3$ (B^{3+} = Fe, Mn, Sc, In, Lu, Yb, Tm, Ho) 23-0542; gitterdynam. Modell für d. ferroelektr. Phasenübergang in K-Cyanoferrat(II) 38-0513; Seignetteelektrizität d. Syst. $Bi_4Ti_3O_{12}/BiFeO_3$, $Bi_4Ti_3O_{12}/nBaTiO_3$, $Bi_4Ti_3O_{12}/PbTiO_3$ u. $Bi_4Ti_4O_{12}/CaTiO_3$ 45-0251; ferroelektr. Eig. v. $Bi_{0,1}Sr_{0,85}TiO_3$, $Ba_{1,15}(Nb_{1,75}Zr_{0,3})O_6$, $Pb_3 \cdot (MgNb_2)O_9$ u. $Pb_3(NiNb_2)O_9$ 12-0446; seignetteelektr. Eig. d. Reihe $Pb(B_{0,5}{}^{5+}B_{0,5}{}^{2+})O_{2,75}$ mit B^{5+} = Ta bzw. Nb, B^{2+} = Ni, Co, Mg, Zn, Cd, Ca, Sr, Pb 23-0543.

Metallhaltige organische Stoffe

Seignetteelektrizität v. $(CH_3)_4NHgJ_3$ 24-0490; – v. $NH_2CH_2COOH \cdot AgNO_3$ 29-0355; Pulver-Muster auf ferroelektr. $Ca_2Sr(C_2H_5 \cdot COO)_6$ 32-0493; Konfig.-Änder. d. Entropie beim Phasenübergang v. $Cu(HCOO)_2 \cdot 4\,H_2O$ u. $Cu(HCOO)_2 \cdot 4\,D_2O$ 41-0434; ferroelektr. Moment in Guanidiniumaluminiumsulfathexa hydrat 43-0464.

Organische Stoffe

Versetz. u. d. ferroelektr. Bereiche in Glykokollsulfat mit Röntgenstrahlentopographie 1-0820; partielles Umklappverh. in ferroelektr. Triglycinsulfat 3-0477; Thermodynamik d. Phasenübergangs in ferroelektr. Triglycinfluoroberyllat 3-0478; neue Phasenübergangslinie in einem Triglycinselenatkrist. bei hohen Drücken 5-0518; magnet. Deuteronenresonanz d. ferroelektr. Phasenübergangs in deuterierten Triglycinsulfat 19-0405; Abhängigk. d. Energie d. Domänenwände am Curie-Punkt v. elektr. Feld für Triglycinsulfat 19-0507; Einfl. d. Cu-Dotierung auf d. ferroelektr. Eig. v. Triglycinsulfat 30-0350; ferroelektr. Domänenwand in Triglycinsulfat 47-0401.

Untersuchungsmethoden

Meth. zur Ermittl. d. Curie-Temp. v. Seignette- u. Antiseignetteelektrika mit hoher elektr. Leitfähigk. 24-0491.

Bibliographie

Seignetteelektrik und Ferromagnetik (Mitteilungssammlung) [russ.] B 90; Ferroelectricity. Proceedings of the symposium on ferroelectricity General Motors research laboratories Warren, Michigan, *1966* B 50.

Ferrohastingsit s. unter *Hastingsit*.

Ferroin s. unter $C_{12}H_8N_2$.

Ferrokarpholith, – v. einem Glaukophan- u. Lawsonit-führenden Teil Calabriens, Süd-Italien 47-0719.

Ferrolegierungen s. unter *Eisen – Technisches Eisen*.

Ferro-Magnesit, Reinig. v. *Breunnerit* durch Chlorier. 29-2593*.

Ferromonticellit, thermodynam. Eig. v. – 42-0411; Red.-Geschw. v. – ($CaFeSiO_4$) 19-2502.

Ferron s. unter $C_9H_6JNO_4S$.

Ferro-, antiferro- und ferrimagnetische Resonanz

Ferromagnetische Resonanz

Winkelabhängigk. d. Frequenz d. ferromagnet. Resonanz in einer belieb. orientierten Ebene eines kub. Krist. 1-0380; Merkmale d. nichtlinearen ferromagnet. Resonanz 7-0352; Spinwellentheorie d. magnet. Resonanz in Spiralspinstrukturen (Einfl. eines angelegten Feldes) 9-0369; Streuung langsamer Neutronen an mit Hilfe d. ferromagnet. Resonanz angeregten Spinwellen 15-0479; Möglichk. einer niederfrequenten ferromagnet. Resonanz in dünnen magnet. Filmen 18-0378; dipolinduzierte Kernspin–Gitter-Relaxat. in ferromagnet. Isolatoren 19-0403; Einfl. d. thermodynam. Magnetisier.-Fluktuat. auf d. ferromagnet. Resonanzlinienbreite 21-0434; Berücksichtig. d. Einfl. d. Anisotropie auf d. ferromagnet. Resonanzfrequenz 24-0398; phänomenolog. Korrelat. d. Relaxat.-Erschein. bei d. ferromagnet. Resonanz u. bei d. Magnetfeld-Glüh. 27-0445; Beding. d. ferromagnet. Resonanz in Einkrist.-Filmen 27-0448; Abhängigk. d. Suszeptibilität v. Hochfrequenzfeld bei d. ferromagnet. Resonanz 28-0380; Theorie d. ferromagnet. Drei-Magnonen-Relaxat.-Frequenz für tiefe Temp. u. kleine Wellenvektoren 32-0387; ferromagnet. Resonanz in dünnen ferromagnet. Filmen 35-0333; Konsequenzen d. Inhomogenität d. entmagnetisierenden Feldes auf d. Form ferromagnet. Resonanzlinien 39-0307; Theorie d. Linienbreite d. ferromagnet. Resonanz bei Riesenanisotropie 39-0308; Einfl. eines entmagnetisierenden Feldes auf d. Beding. d. ferromagnet. Resonanz in Mehrdomänenfilmen 39-0309; Erwärm. v. Ferromagneten während ferromagnet. Resonanz 41-0291; Flaschenhals im Energiefluß bei d. ferromagnet. Resonanz 44-0318; nichtlineare Theorie d. ferromagnet. Resonanz 45-0359.

Ferromagnet. Resonanz in Co-Einkrist. 2-0343; Linienbreite d. ferromagnet. Resonanz in polykrist. Ferriten 2-0344; ferromagnet. Resonanz in dünnen Filmen v. Fe–Ni-Leg. mit *9,7 – 88,6* Ni 3-0497; Mössbauer-Unters. d. ferromagnet. Relaxat. in Yb–Fe-Granat 5-0530; ferromagnet. Resonanz: in Metallen 7-0353; in amorphen Co–Au-Schichten 7-0354; in Metallwhiskern 7-0419; Einfl. d. anomalen Skineffekts auf d. Linienbreite d. ferromagnet. Resonanz v. Fe 10-0360; Relaxat.-Prozesse d. ferromagnet. Resonanz in dünnen Ni/Fe-Schichten 10-0361; ferromagnet. Resonanz: v. $CdCr_2S_4$- u. $CdCr_2Se_4$-Einkrist. 10-0362; in Einkrist. v. Bi–Ca–Fe–V-Granat d. Zus. $Bi_{3-2x}Ca_{2x}Fe_{5-x}V_xO_{12}$ 10-0363; geringe ferromagnet. Linienbreite u. hohe IR-Durchlässigk. v. hydrothermal gezüchtetem Y–Fe-Granat 10-0365; ferromagnet. Resonanz: in einkrist. Fe-, Co- u. Ni-Filmen auf NaCl-Spaltflächen u. auf LiF 12-0366; in dünnen magnet. Filmen aus Fe/Ni u. Fe/Ni/Cu 14-0372; in dünnen Ni- u. Permalloyfilmen 14-0373; in NiCu, NiW, NiCo u. NiCr 14-0374; in CoPt, CoPd u. FePd 14-0375; Mess. d. Spinwellenresonanz v. dünnen Permalloy-Schichten im Ultrahochvakuum u. an Luft 14-0503; ferromagnet. Resonanz v. $CdCr_2Se_4$-Einkrist. 15-0383; Ionenumverteil. u. Anisotropie in wärmebehandelten, mit NiO dotierten YIG-Einkrist. mit ferromagnet. Resonanz 15-0384; innere Felder am Kernort einiger Verunreinig. in ferromagnet. Fe-, Co- u. Ni-Leg. 16-0387; ferromagnet. Resonanz: in reinem Fe bei tiefen Temp. 17-0418; in kleinen Ni-, Co-, u. Fe-Teilchen in Paraffinsuspens. 17-0419; Magnonanalyse d. ferromagnet. Resonanz in einem planaren Zn_2Y-Ferrit 18-0379; Abhängigk. d. ferromagnet. Resonanzlinienbreite v. Strukturfehlern in Li-Ferrit-Krist. 18-0380; longitudinale Resonanz in Y–Fe-Granat im Bereich v. Radiofrequenzen 19-0529; hochfrequente Schwing. in polykrist. Ferriten bei d. nichtlinearen ferromagnet. Resonanz 23-0439; ferromagnet. Resonanz: v. O-Verb. d. zweiwert. Eu 26-0380; in aufgedampften dünnen MnSb-Schichten 26-0511; Einfl.: einer γ- u. Neutronenbestrahl. auf d. ferromagnet. Resonanz in Ferriten 27-0441; d. Domänenstruktur auf d. ferromagnet. Resonanz in einkrist. Y–Fe-Granat 27-0442; Winkelabhängigk. d. ferromagnet. Kernresonanz in $MnCO_3$ 27-0444; Temp.-Abhängigk. d. ferromagnet. Resonanz v. polykrist. Ni 27-0446; ferromagnet. Resonanz u. Plasmaeffekte in Metallen 27-0447; niederfrequente ferromagnet. Resonanz an Permalloyfilmen auf Glas 29-0549; Unters. d. N_2-Adsorpt. an Ni mit Hilfe d. ferromagnet. Resonanz 30-0630; ferromagnet. Resonanz: v. mit ^3He bestrahlten dünnen Metall-Schichten 32-0388; in Kugeln aus polykrist. Ferriten 33-0417; Schwing.-Filter.-Effekte bei ferromagnet. Resonanzanreg. in Y–Fe-Granat 35-0337; Temp.-Abhängigk. d. ferromagnet. Resonanzlinienbreite in dünnen Ni–Fe-Schichten 39-0310; ferromagnet. Resonanz: u. g-Faktoren v. Fe_2B u. FeB 39-0311; v. mit chem. Transportrk. im Konvekt.-Gebiet hergestellten $NiFe_2O_4$-Einkrist. 42-0195; in dünnen β_1-MnZn-Filmen 43-0344; Erweiter. d. Frequenzbereiches für Koinzidenzbegrenz. bei Verw. v. Ni–Zn-Ferrit mit enger ferromagnet. Linienbreite 44-0319; anisotrope ferromagnet. Resonanz-Linienbreite in kleinen Ni-Platten 45-0360; ferromagnet. Resonanz: v. Ni in Paraffin 47-0325; v. Ni auf SiO_2-Trägern mit adsorbiertem H_2, O_2 u. Äthylen 47-0610; Einfl. d. Clusterbldg. v. Mn^{3+}-Ionen auf d. Linienbreite d. ferromagnet. Resonanz Mn-reicher Mn–Fe-Spinelle ($Mn_xFe_{3-x}O_4$) 48-0357; ferromagnet. Resonanz u. Spin-Diffus. in Supermalloy 51/52-0243.

Antiferromagnetische Resonanz

Antiferromagnet. Resonanzen in MnO bei niedr. Frequenz 1-0392; Linienbreite d. antiferromagnet. Resonanz in $CuF_2 \cdot 2\,H_2O$ 2-0345; ^1H- u. Cl-NMR in antiferromagnet. $MnCl_2 \cdot 4\,H_2O$ 3-0386; antiferromagnet. Resonanz in $Rb[MnF_3]$ unter axialem Druck 7-0356; antiferromagnet. Relaxat. in $CuCl_2 \cdot 2\,H_2O$ 7-0357; antiferromagnet. Resonanz: in $NiCl_2 \cdot 6\,H_2O$ 14-0376; in kub. $Tl[MnF_3]$ 17-0420; in $Na[MnF_3]$ 17-0421; magnetoelast. Koppl. in $Rb[MnF_3]$ durch Verschieb. d. antiferromagnet. Resonanz 18-0381; antiferromagnet. Resonanzen in d. Mischkrist. $CuBr_{2x}Cl_{2(1-x)} \cdot 2H_2O$ 18-0382; Beobacht. zweier Kernrelaxat.-Geschw. in antiferromagnet. $KMnF_3$ 22-0376; antiferromagnet. Resonanzabsorpt. in antiferromagnet. MnF_2 u. $RbMnF_3$ 23-0379; nichtlineare Koppl. zwischen antiferromagnet. Resonanzmoden in $Rb[MnF_3]$ 27-0449; hexagonale Anisotropie d. Lage d. antiferromagnet. Resonanzlinie in $CoCO_3$ 28-0381; Relaxat.-Effekte in d. antiferromagnet. Resonanz v. $CuCl_2 \cdot 2\,H_2O$ 30-0355; antiferromagnet. Resonanz: in Metallen 33-0389; in $MnCr_2O_4$, $CoCr_2O_4$, $ZnCr_2Se_4$, MnJ_2 u. $ZnCr_2S_4$ 49/50-0240; in Chrom-Chrysoberyl 51/52-0257.

Ferrimagnetische Resonanz

Anreg. u. Dämpf. d. ferrimagnet. Resonanz im Übergangsgebiet 21-0435; Einfl. schnell relaxierender paramagnet. Verunreinig. auf d. ferrimagnet. Resonanz u. Relaxat. in Ferriten u. Granaten 26-0526; anomale Eig. d. ferrimagnet. Resonanz v. Yb-dotiertem Y–Fe-Granat 27-0443; Einfl. d. Anreg. v. Spinwellen auf d. Halbwertsbreite d. ferrimagnet. Resonanz v. polykrist. kommerziellen Mg–Mn–Al-, Ni–Mn–Zn- u. Ni–Zn-Ferriten 30- 0356;Tieftemp.-Anomalie bei d. ferrimagnet. Resonanz v. mit Yb dotiertem Y–Fe-Granat 44-0317; anomales Verh. in d. ferrimagnet. Resonanz v. Yb^{3+} in Yb-dotiertem Y–Fe-Granat 48-0358; ferrimagnet. Resonanz in $MnCr_2O_4$, $CoCr_2O_4$, $ZnCr_2Se_4$, MnJ_2 u. $ZnCr_2S_4$ 49/50-0240.

Ferrosilit s. unter *Eisensilicate*.
Ferrotremolit s. unter *Tremolit*.
Ferrovac E s. unter *Eisen, Schmiedeeisen und Stahl* (*Sondermarken*).
Ferulasäure s. unter $C_{10}H_{10}O_4$.
Fervenulin s. unter $C_7H_7N_5O_2$.
Feste Stoffe

Spezielle – s. unter d. entsprechenden Stichwörtern.

Rk. im festen Zustand s. unter *Reaktionen*; *Oberflächen* v. – s. dort.

Dielektrika; *Glasiger und amorpher Zustand*; *Kristalle* s. dort.

Feststofflaser s. unter *Maser und Laser*.

Verdicht. v. Feststoffen 10-2059; Fl.-Dosiertechnik in Verb. mit Feststoffkomponenten 10-2090.

Physik nichtkrist. Festkörper (Sammelref.) 4-0175; Änder. d. physikochem. Eig. v. Feststoffen durch Zusätze 25-0767; diffuse Reflex.-Unters. v. Feststoff–Feststoff-Wechselwrkg. 28-1716, 28-1717; neue IR-Technik zur Charakterisier. teilweise amorpher Festkörper 34-0698; Einfl. d. Temp. auf d. Feinstruktur d. Röntgenabsorpt.-Spektren fester Körper 10-0313, 10-0314; IR-Spektren bei Ordn.–Unordn.-Übergängen in einfachen ion. Feststoffen 29-0341; Farbe u. Konstitut. bei anorgan. Feststoffen 32-0337; Totalreflex. d. Röntgenstrahl. an d. Oberfläche v. – 34-0392; Absorpt.-Koeff. v. – im kurzwell. Teil d. Millimeterbereiches 37-0342; kooperative Lumineszenz kondensierter Medien 41-0263; Bedeut. d. Bldg. stabiler Elektronenkonfig. für ein Modell d. kondensierten Zustands 5-0164; Verteil. v. Mikrobeimeng. in festen Substanzen 16-0214; Einw. akust. Schwing. auf d. Diffus.-Prozeß in Feststoffen 21-0574; Diffus.-Prozesse in Feststoffen während d. Temperns 24-2172; dielektr. Unters. v. Mol.-Beweg. in Feststoffen 41-0810; empir. Bezieh. zwischen elektr. Leitfähigk. u. Druck für organ. Feststoffe 17-0979; Funken-Massenspektren organ. Feststoffe 21-0946; elektron. Domänen in – (Gunn-Effekt) 36-0347; Zusammenhang zwischen Zerkleiner.-Geschw. u. Schallgeschw. bei spröden Feststoffen 24-2171; Erhitzen u. Abkühlen v. Feststoffen 25-2277; Dampf–Festkörper-Wechselwrkg. u. d. Effus.-Zelle 44-0403; Anwend. d. zentralen Streuung v. Röntgenstrahlen zur Unters. poröser – (Anwend.-Grenzen d. Gesetzes v. Porod) 37-0654; Tribokeimbldg. v. Gasblasen in einer metastabilen Fl. durch sanftes Reiben eines Festkörpers an d. Glaswand d. Gefäßes 51/52-0345.

Präzis.-Best. d. D. fester Proben durch hydrostat. Wägen 9-1831; Eintauch-Folienmeth. zur Mess. v. Stoßwellenprofilen in Feststoffen 19-0615.

Bibl.: Thermophysical properties of high temperature solid materials. Vol. *1*–*6* B 10; The storage and recovery of particulate solids; a report of a working party B 38; Encyclopaedic dictionary of physics: general, nuclear, solid state, molecular, chemical, metal and vacuum physics, astronomy, geophysics, biophysics, and related subjects B 41; The solid-gas interface. Vol. *2* B 42; Physics and chemistry of the organic solid state. Vol. *3* B 74.

Festigkeit

–: granulierten Materials 1-1935; v. Agglomeraten 1-1936; Vgl. d. Ring–Zug-– v. Feststoffen mit d. Druck-, Querbiege- u. Rißzug-– (Übersicht) 1-2242; mechan. Festigk. u. Verform. (atomist. Näher. für d. Natur u. Eig. v. Materialien) 2-0168; Bruchverh. nichtkrist. Festkörper 4-0175; mechan. – poröser disperser Körper 11-0310; ein kontinuumsmechan. Modell d. durch Laser verursachten Bruches transparenter Medien 11-0340; Wärmeleit. unter Verfestig. u. Konvekt.-Grenzbeding. an d. erstarrenden Front 12-0274; theoret. Ableit. d. Kriechdauer eines Fehlers in kommerziellem Material durch Tripelpunktspalt. 13-0283; Anisotropie d. – v. Einkrist. unter Druck u. ebener Reck. 13-2340; Einfl. v. dreiachs. Spann.-Zuständen auf d. Sprödbruch 15-0257; Spaltrißfortpflanz. in Krist. nach d. Griffith-Mechanismus unter Beteilig. eines Versetz.-Mechanismus 18-0265; statist. Theorie d. Sprödbruches 19-0292; mathemat. Best. d. Mittelwertes v. Parametern als Funkt. d. Zeit bei Dauervers. 20-2340; Rißspitzen-Radius 23-0306; – polykrist. Aggregate im ultrafeinen Korngrößenbereich 24-0300; molekularer Mchanismus d. Verfestig. 27-0206, 27-0207; Gleitvorgang als ein d. Bruch einleitender Mechanismus 27-0290; Einfl. v. Rückbldg.-Prozessen auf d. Bruch-– v. Feststoffen 27-0292; Bruch v. Polykrist. bei plast. Verform. 29-2533; Dauerfestigk.-Vers. zur Verbesser. d. Ermüd.-Grenze durch Verteil. d. cycl. Belast. 29-2541; –-Minder. feindisperser poröser Körper bei d. Adsorpt. grenzflächenakt. Stoffe 30-2106; Ursachen d. –-Steiger. durch Ausforming-Behandl. 31-2549; Bruch spröder Stoffe 32-0261; mehrachsiger Spann.-Zustand u. Bruch 33-2624; Einfl. v. Gleitversetz. auf d. Ausbreit. eines Bruches v. einer Rißspitze 34-0319; Besonderh. d. Gefüges eines „näpfchenförmig." Bruches im Zusammenhang mit d. Entsteh. u. Entw. v. Rissen 34-0328; Zug-– feuchter, granulierter Stoffe 34-0691; Verfestig. krist. Körper mittels stufenweiser Belast. bei Niedertemp.-Dauerstands-– 35-0214; Mechanismus d. Rißfortpflanz. unter pulsierendem Druck 35-2426; kinet. Konzept. d. – fester Phasen (Thermofluktuat.-Mechanismus d. Zerstör.) 36-0249; Bruchkinetik bei zweiachs. Zug 36-0251; Beschreib. d. anisotropen Kaltverfestig. 39-0131; Vgl. d. Rißkriterien v. Griffith u. Barenblatt 39-0133; Natur d. Spann. an d. Spitze eines vollständ. spröden Risses 39-0134; Zug-– v. körn. Material 39-0136; Theorie d. Dauer-– unter regelloser Belast. 40-0097; physikal. Faktoren d. mechan. – 40-2115; kontrollierter Bruch spröder Festkörper 41-0174; Substrukturverfestig. in großen plast. Spann. unterworfenen Materialien 44-0107.

Anorganische Stoffe

Nichtmetallische Elemente

Ermüd. v. B-Fasern 29-0241; Einfl. d. Verw. v. Ausgangsstoffen mit verschiedenem therm. Behandl.-Grad auf d. –-Charakteristik feinkörn. Graphite 8-0238; Bruch in polykrist. Graphit 40-0103; Einbau d. gelösten Komponente während d. cycl. Verfestig. v. Si 2-0184; Verform.-Verfestig. v. im Stadium d. leichten Gleitens verformtem Si 21-0222.

Metalle und Legierungen

Mechanismus d. Verfestig. sich ordnender Leg. 2-0251; Mechanismus d. Sprödbruchs v. Metallen mit kub.-raumzentriertem Gitter 2-0255; Richt.-Abhängigk. d. –-Eig. an Stahlschweißnähten 2-2228; Korros.-Ermüd. v. Metallen 5-2428; Wechselbezieh. v. Wechsel-– u. wahren Spann.–Dehn.-Verh. v. Metallen 6-2327; Zug-– v. mit Carbidwhiskern verstärkten schwer schmelzenden Metallen 7-0217; Einfl. d. plast. Fließens geordneter Leg. auf d. hohe Ermüd.-– 7-2379; Ermüd.-– v. Metallen bei Betriebsbeanspruch. mit *2* überlagerten Wechselspann.-Schwellen 8-2317; Ermüd.-Verfestig. in kub.-flächenzentrierten Metallen 9-0303; Erhöh. d. Warm-– v. Metallen durch Einlegieren 11-2387; Verfestig. v. Metallen bei d. Versetz.-Dekorier. durch oberflächenakt. Beimeng. 12-0255; d. d. – v. Leg. bei Mikroschlagbeanspruch. bestimmenden Kriterien 13-0282; Temp.-Abhängigk. d. Verfestig.-Koeff. geordneter Leg. 16-0282; Bruchcharakteristiken v. Schweißen in Al-Leg. 16-2406; Bezieh. zwischen –-Eig. reiner Metalle u. Parameter d. Atombind. 19-2550; Anisotropie d. Fließ-– in kaltgewalzten u. getemperten Metallen 19-2552; Zusammenhang d. – v. Metallen mit d. Fehlorientier. d. Mosaikblöcke u. d. Kristallitabmess. 21-0290; bleibende Verform. u. Verfestig. bei einer Explos.-Verarbeit. v. Metallen 22-0267; Einfl. d. Beanspruch.-Art auf d. Dauer-– v. Metallen an Hand d. mechan. Hystereseschleife 23-2604; Temp.–Zeit-Abhängigk. d. – v. Metallen u. Leg. im Ungleichgew.-Zustand (Metalle) 24-0302; Dauerbruch-Diagramm v. Metall bei Einw. oberflächenakt. Mittel 24-2385; Theorie d. Warm-– schwerschmelzender Metalle u. Leg. (Überblick) 26-2448; duktiler Bruch v. Metallen 27-0318; Temp.–Zeit-Abhängigk. d. – v. Metallen u. Leg. im Ungleichgew.-Zustand (Leg.) 28-0244; Unters. d. Bruchverh. v. metall. Verbundwerkstoffen 29-2531; Sprödbruchmechanismus u. Übergangsverh. v. Metallen 29-2534; Bruchverh. v. Metallen bei hohen Dehn.-Geschw. 33-2625; Bearbeit.-Verfestig. v. kub.-raumzentrierten Metallen 34-0290; Verfestig.-Mechanismus in kub.-flächenzentrierten Metallen 34-0291; Wrkg. metall. Überzüge auf d. Tors.-Erhol. v. Drähten 35-2483; Bruchmechanismus in Metallen mit disperser Phase 38-2476; Gesetzmäßigk. d. Bruches v. Metallen mit verschiedenem Typ d. Krist.-Gitters 39-0159; Kaltverfestig. v. hexagonal dicht gepackten Metallen 39-0162; physikal. Parameter d. Dauerbruchs einiger warmfester Leg. bei großen Spann. 39-0190; Einfl. d. Temp. auf d. Aktivier.-Energie d. Zerstör. v. Metallen 41-0147; Bldg. u. Ausbreit. v. Rissen bei Wechselverform. v. Metallen 41-2453; Einfl. d. Abdeck. d. Probenoberfläche auf d. Dauerschwing.-– metall. Werkstoffe 41-2454; –-Eig. elektronenstrahlgeschweißter hochfester Leg. 41-2482; Bldg. v. Mikrorissen in metall. Werkstoffen bei

Wechselbeanspruch. 43-2435; Fortpflanz. v. mit fl. Metall gefüllten Rissen 44-0107; Dauer-- metall. Filme unter Belast. bei d. Beding. einer cycl. Änder. d. Dehn.-Richt. 47-0229; Theorie d. Fließ- u. Sprödbruchverh. polykrist. hexagonal dichtest gepackter Metalle beim Zugversuch 51/52-0173; Verfestig. in d. Nähe v. Korngrenzen in zonengereinigten Metallen 51/52-0175; Verfestig. v. polykrist. hochschmelzenden Metallen u. Leg. 51/52-2236.

Anisotropie d. mechan. – v. Li, Na, u. K 12-0257; Einfl. d. hydrostat. Drucks auf d. Verfestig.-Verh. v. Be 6-0195; Mikro-– v. Be–Fe-Leg. 44-2219; ––Eig. v. Mg-Leg. mit Nd, Zr u. Zn 13-2323; Einfl. d. leg. Elemente auf d. ––Eig. Al-halt. Mg–Li-Leg. 28-2425; – v. Mg-Leg. MA *2-1* mit verschiedenem H-Geh. 30-2357; theoret. Bruchkriterium u. Spalt. v. Zn 27-0297; Einfl. d. Korngröße auf d. Adsorpt.-Erniedrig. d. – v. polykrist. Zn in Ggw. v. Tl 27-0298; Druck- u. Zug-– v. Zn-Überzügen nach einer Warmbehandl. 27-2657; Gültigk. d. Gesetzes d. konst. Normalspann. für d. Dehn.-Spalt. v. Zn-Einkrist. 29-0256; auf kugelförm. G.P.-Zonen in einer Al-reichen Zn-Leg. zurückzuführende Verfestig. 32-0270, 32-0271; Dauer-– v. Zn in Ggw. v. Hg u. Ga 34-0301; Kriechermüd.-Verh. v. polykrist. Zn 36-2373; durch Druckwellen induzierte Spalt. in Zn-Einkrist. 39-0161; Spann.-Verhältnisse im Bereich B d. Verfestig.-Kurve v. Zn- u. Cd-Einkrist. 13-0285.

Verfestig.-Mechanismus in abgeschrecktem Al 1-0299; – v. Al u. Al-Leg. bei Stoßbelast. 1-2251; Temp.-Abhängigk. d. Übergangsdrucks für Dauerbruch v. Al 3-0280; Bruchgefüge v. Al-Leg. im Gußzustand nach Wärmebehandl. u. nach Lsg.-Glühen mit Restphasen 3-2433; Zug-– v. Al*10*V 3-2434; – v. Al–Fe-Leg. (Einfl. isochroner Glüh.) 4-1988; Festigk. v. SAP mit *1,2* bis *15,5* Al_2O_3 5-2380; Einfl. v. Einschlüssen auf d. Festigk.-Verh. v. *99,7*%ig. Al 8-0239; Mikrostruktur v. gerichtet verfestigten eutekt. Al/$CuAl_2$- u. Al/Si-Leg. 10-0216; Einfl. unterschiedl. Walztemp. auf d. – kalt fertiggewalzter u. geglühter Bänder aus Rein-Al 10-2374; Struktur d. Kornoberflächen bei d. interkrist. Zerstör. einer Al-Leg. mit Cu 12-0268; – v. Al-Leg. ZergalX*3* 13-2324; Dauer-– v. Al-Leg. D*16*T in korrosiven Medien bei programmgesteuerter Belast. 15-2473; Zeitstand-– v. Al-Knetleg. AlZnMgCu 16-2378; Ermüd.-Verh. v. Al–Al_2O_3-Leg. (SAP) 17-2410; Wrkg. v. Temp. u. Zeit auf d. ––Verminder. beim Altern d. Leg. Al–Mg–Si 17-2453; – v. Al mit dünnen Al_2O_3-Schichten 17-2476; Zug-– v. Al–Si–Zn-Leg. 19-2536; Rißentsteh. in bei geringer Spann. ermüdetem polykrist. Al 20-0231; Wrkg. v. Überzügen auf d. Dauer-– v. Al-Knetleg. 20-2369; Verfestig.-Rate beim langsamen Belasten v. reinen Al-Einkrist. 23-0313; Ausbreit. eines Dreipunktrisses in einer einphas. Al-Leg. mit Zn 23-0316; Bezieh. d. Streckgrenze zur Bruch- u. Bruchdehn.-Belast. in Al–Guß-Leg. 24-2390; Einfl. v. Überzügen auf d. Dauer-– d. Al-Leg. AWT*1* 24-2391; Spann.-Korros.-Rißbldg. v. hochfesten Al-Leg. 26-0286; Abhängigk. d. Scher-– einer Al-Leg. mit Zn v. d. Größe d. GP-Zonen 27-0300; Einfl. v. Zn auf d. Zug-– v. Al–Si–Mg–Zn-Gußleg. 27-2587; Zug-– v. Rein–Al-Draht 27-2602; Wrkg. anod. Oxidfilme auf d. Dauer-– v. Al-Leg. 27-2660; Einschnür. im Verlauf d. Ziehens v. Einkrist. d. Al–Zn-Leg. 28-0248; Dauerstands-– v. durch Granulat. unter W.-Kühl. hergestellten Al-Leg. 28-2433; – v. Al mit Ce-Zusatz 29-2512; interkrist. Zerstör. dispersionsverfestigter Al-Leg. 30-0235; Einfl. v. Fe u. Mn auf d. ––Eig. v. Al-Druckguß A-S*10*U*4* 31-2518; Wachstum v. Dreipunktrissen in einer gealtert. Al–Zn-Leg. 34-0306; Bruch nach d. Dreipunktmechanismen v. Al–Zn bei hydrostat. Druck 34-0307; Dauer-– v. Al in Abhängigk. v. d. Temp. 35-2440; Einfl.: d. natürl. Alter. auf d. nachfolgende künstl. Alter. (––Steiger.) v. Al-Leg. 39-0166; v. erhöhter Temp. auf d. Zug-– v. mit Al_3Ni-Whiskern verstärktem Al 40-0118; mechan. Ermüd. d. Al-Leg. *2017*-T*4* im Hochvakuum u. an d. Luft 40-0121; v. Zn auf d. ––Eig. v. Al-Leg. 45-2515; Bezieh. v. Porosität u. Ermüd.-– v. Al-Leg.: Lo-Ex 46-2202; Ermittl. d. Zerreißspann. v. Al-Dendriten in Abhängigk. v. d. strukturellen Beschaffenh. 48-0216.

Dauerfestigk.-Eig. v. Ti-Leg. 1-2237; Dauer-–: v. Ti-Leg. bei dynam. u. stat. Beanspruch. 4-1959; v. AlMg*4* u. AlZnMgTi 8-2322; Einfl. v. Feingefüge u. Abkühl.-Geschw. auf d. ––Eig. v. Ti–Al*6* V-*2* Sn 12-2348; Sprödbruch in α-Ti u. Ermüd.-Bruch v. Ti–Al–*2* Nb–*1* Ta u. Ti–*6* Al–*4* V in Luft u. in wss. Umgeb. 17-2410; v. Ti-Leg. nach thermomechan. Hochtemp.-Behandl. 17-2497; Warmfestigk.-Eig. v. Ti-Leg. 19-2541; Einfl.: v. Leg.-Elementen auf d. – v. Ti bei –*196* bis *800*° 39-2415; d. Korngröße auf d. ––Eig. v. hydriertem α-Zr 2-0252; Bruch in α-Zr (Übersicht) 4-1963; Bruchmechanismus v. Zr mit Hydridausscheid. 4-1973; – bin. Zr–Nb-Leg. für Reaktorbau 17-2454; Einfl. v. H auf d. Rißgeschw. bei Zr-Kerbschlagproben 17-2477; Erhol. v. verformten Zr bei niedr. Temp. 18-0212; Dauerfestigk.-Vers. zur Best. d. multiaxialen Reckermüd. v. Zircaloy-*4* 19-2559; Zug–Bruch-Eig. v. Zr u. Leg. mit Seltenerdmetallen 20-2347; Beobacht. an Bruchoberflächen v. hochreinem Zr 39-0169.

Bruch v. Ge 25-0233; scheinbare Porenbldg. während zellularer Verfestig. v. Al u. Sn 47-0161; Zug-– v. Pb–Cu-Leg. 5-2360; Kriechfestigk. v. Pb bei geringer Beanspruch. 46-0275, 46-0276; Einfl. v. C auf d. Zug-– v. V 3-2431; ––Grenze u. Kerbschlagzähigk. d. Leg. mit *65*% Nb u. Ti mit Beimeng. v. Zr 8-0407; – v. Nb–V-Leg. bei hohen u. tiefen Temp. 13-2321; Dauerstand-– v. Nb-Leg. (Einfl. v. Mo, W u. Ta) 26-2443; – v. Nb–V–Ti-Leg. 27-2607; Einfl. v. Zr auf d. dynam. – v. Nb-Leg. mit W bzw. mit W u. Zr 30-0237; Zug-– v. Nb–Mo-Leg. 30-0239; Wrkg. v. O u. C auf d. Kriech-– v. Nb 37-2577; Verfestig.: u. Versetz.-Struktur in Ta u. Ta-Leg. 21-0291; v. durch Stauch. verformtem Ta in drei Bereichen 46-0277.

Rißverbreit. in polykrist. Cr bei thermocycl. Behandl. 29-2544; Zug-– u. Dehn. v. zonengeschmolzenem Cr 40-0129; elektronenmkr. Unters. an Brüchen v. Mo-Leg. mit V, Ti, Hf, Zr, La u. Y 5-0323; – d. Leg.-Syst. Mo/Nb im einkrist. Zustand 6-0203; Bldg. v. Mikrorissen in einer Mo-Leg. 9-0287; Schlag-– v. Mo-Blech 19-2558; wahre Bruchspann. v. Mo beim Anlassen 21-0293; Kaltbrüchigk. v. Mo bei d. Verform. 29-0264; Hochtemp.-Zerreißcharakteristiken v. Mo u. d. Mo-Leg. Mo-*50*Re u. TZM 29-0265; – v. Mo-Leg. (Wrkg. d. Leg.-Elemente) 29-2506; Spalt.-Bruch im Mo-Einkrist. 32-0277; spröder Bruch in Mo 42-0082; Einfl. v. Ultrahochvakuum auf d. Bruch v. Mo 44-0107; Temp.-Abhängigk. d. Hochtemp.-Reckermüd. im Vakuum u. d. Zug.-– v. gezogenem W-Draht 1-2234; ––Eig. v. gezogenem W-Draht 17-2410; mechan. – v. W-Einkrist. 23-0318; Kaltbrüchigk.-Grenze v. W–Mo-Leg. 24-0310; Korrelat.-Verf. auf d. Grundlage d. Larson-Miller-Parameters u. Anwend. auf d. Spann.-Bruch-Verh. v. Mo, W, Cr, Ta–*10* W 44-0107; ––Eig. v. pulvermetallurg. W–Re–Mo-Leg. 47-2323; Kriech-– v. kleine Leg.-Zusätze enthaltendem U 19-0302; Bezieh. zwischen Korngröße u. Bruchspann. in U 23-0320; Verschleiß-– v. austenit. Mn-Hartguß 23-2591.

Duktiler Bruch v. Fe–Al_2O_3-Sinter bei plast. Verform. 4-1972; Bruch v. Einkrist. aus einer Fe-Leg. mit Si mit stabilen Mikrorissen 8-0244; Zug–Druck-Wechsel-– v. Guß-Fe u. Stahlguß 8-2318; Verfestig. u. Temp.-Stabilität d. durch $\gamma \rightleftharpoons \varepsilon$-Umwandl. in Fe–Mn-Leg. bedingten Strukturänder. 9-0290; Einfl. d. Zus. auf d. Warm-– v. aufgeschweißtem Guß-Fe 10-2326; Erhol.- u. Verschleißfestigk.-Eig. v. hochvergütetem V-halt. Guß-Fe 10-2329; Verschleiß-– v. austenit. Guß-Fe mit bis *14* Mn 10-2330; Zug-– v. Sinter-Fe bei niedrigen Temp. 11-2360; Verschleiß-– v. weißem Guß-Fe bei Schmirgelwrkg. 14-2307; Bruchverh. v. Fe-Leg. mit Si 14-2345; Spann.-Rißverh. v. Schmiede-Fe bei erhöhten Temp. 14-2347; Einfl.: v. Cr auf d. – v. Grauguß 15-2424; v. B auf d. – u. Bruchdehn. v. Temper-Fe 16-2349; radiograph. Bewert. d. – v. Gußstücken mit inneren Fehlern 17-2482; Entfestig. v. Temper-Fe bei Neutronenbestrahl. 18-2347; Einfl. v. S auf d. Verschleiß-– v. Grauguß 19-2518; – gehärteter C-freier Fe-Leg. nach plast. Kaltverform. im Ungleichgew.-Zustand 19-2566; Bruchverh. hochreiner Fe-Einkrist. bei hohen Dehn.-Geschw. 23-0321; Einfl. v. Belast.-Änder. auf d. Kriech-– v. Fe–Mn–N-Leg. 23-2606; Keimbldg. u. Wachstum v. Mikrospaltrissen in Fluß-Fe 25-0235; Wrkg. d. Graphitausbldg. auf d. Druck-– v. Guß-Fe u. Stahl 25-2540; Bewert. d. – v. Grauguß an Hand v. Abkühl.-Kurven 26-2456; Bruch v. Fe-Mischkrist.-Leg. 27-0314; Abhängigk. d. Verschleiß-– v. mit Cu modifizierten Guß-Fe v. d. mechan. Eig. 28-2487; einleitender Mechanismus d. Bruchbldg. durch Spalt. in Fe-Einkrist. 31-0257; Mechanismus d. Verfestig. v. Armco-Fe u. v. niedrig gekohltem Stahl bei mehrmal. Verform.-Alter. 32-0281; – v. Fe mit *3,1* bis *5,1* Si 32-2392; statist. Meth. d. Beurteil. d. – v. porösem Fe 33-2622; Beweglichk. d. Versetz. u. Bruch-– v. Fe 34-0318; Kerbbruchverh. v. grobkörnigem Si–Fe 34-0320; Einfl.: d. Erwärm.-Geschw. bei d. martensit. Rückumwandl. einer Fe–Ni-Leg. auf d. Entw. d. Entfestig. im phasenverfestigten Zustand 34-0329; v. Ni auf d. Sprödbruch-– v. Fe u. Stahl bei tiefen Temp. 36-2369; v. Ti auf d. – v. Guß-Fe 38-2448; Bruchmechanismus durch Spalt. v. reinen Fe-Einkrist. 39-0177; intergranularer Bruch einer Fe–Si-Leg. 39-0182; Gleich. für d. – v. Guß-Fe 39-2386; Einschnür. u. Bruch in (*110*)-Si–Fe-Krist. bei *239* u. *473* °K 40-0104; Einfl. v. H auf d. Rißbldg. v. martensit. Fe–Ni-Leg. in Abhängigk. v. therm. u. thermomechan. Behandl. 41-0146; Verfestig.-Kurven v. Fe-Einkrist. mit unterschiedl. C-Geh. 41-0211; Verfestig.-Kenngrößen v. Fe-Einkrist. mit unterschiedl. C-Geh. 41-0212; Druck für durch Zwillinge bedingten Bruch an d. Leg. Fe*30*Cr*0,8*Ti 42-0231; Bruch-Verh. v. Guß-Fe mit Kugelgraphit 42-2203; Dauerbruch v. Fe mit elektrolyt. hergestellten Überzügen 42-2215; Spaltbruch v. α-Fe-Einkrist. bei Kombinat. v. Zug u. Tors. 44-0107; Verfest. durch Mischkrist-Bldg. in Fe-Leg. 44-0107; Einfl.: v. hydrostat. Druck auf d. Knickverh. v. Fe 45-2531; v. Sb auf d. – v. perlit. Grauguß 49/50-2259.

Einfl. v. Bestrahl. auf d. Biegewechsel-– v. Stahl 2-2210; Einfl. d. Blankglühens auf d. Ermüd. v. Stahl 5-2413; Beurteil. d. Kaltbrüchigk. v. Stahl nach d. Bruchaussehen 12-2336; Bruchmechanismus beim Warmverwinden v. austenit. u. ferrit. Stählen 12-2337; Veränder. d. Spröd.-– v. Stahl bei plast. Wechselverform. 12-2338; Bezieh. zwischen FeO-Einschlüssen u. Stahlermüd. bei Wechselbiegebeanspruch. 12-2345; Anisotropie d. Dauer-– v. Stahl (Einfl. nichtmetall. Einschlüsse) 14-2312; Einleit. eines duktilen Reißens durch Bruchcarbide in einem austenit. korrosionsbeständig. Stahl 15-0268; Einfl. v. Bestrahl. auf d. Bruch v. rostfreiem Stahl bei hohen Temp. 15-0269; Dauerstand-– v. Stahl bei σ-Phaseausscheid. 16-2368; Ermüd.-Kurve für niedriggekohltem Stahl 16-2369; Vgl. d. – v. Stahl nach thermomechan. Nieder- u. Hochtemp.-Behandl. 16-2389; Zerreiß-– hochgekohlter Stähle nach thermomechan. Hochtemp.-Behandl. u. Tors.-Verform. 16-2391; ––Eig. v. metastabilen austenit. rostfreien Stählen 17-2410; Einfl. mehrmaliger Verform. auf d. Wechsel-– v. Stahl 19-2553; Kaltbrüchigk. v. hochfestem Stahl 20-2341; Zug- u. Verschleiß-– v. Stahl in Abhängigk. v. d. Abschrecktemp. 21-2578; Einfl. v. Einschlüssen u. Carbidverteil. auf d. Dauer-– v. vergüteten Stählen 22-2471; Dauer-– bei Dauerschwingvers. an warmfesten Stählen bei erhöhter Temp. 22-2492; Zug- u. Dauer-– v. Stählen in Abhängigk. v. d. Verform.-Geschw. 23-2605; Hochtemp.-– v. neutronenbestrahltem Stahl 23-2611; Änder. d. Feinstruktur v. Austenit bei d. therm. Verfestig. 24-0245; Wechsel-– v. Stahlguß in einem Korros.-Mittel 24-2355; Dauerbruch-Keimbldg. in hochfestem Stahl 24-2386; Warmfestigk.-Eig. nahtloser Rohre aus d. unleg. Stählen 24-2388; – v. Gußstahl 25-2499; Dauer-– v. austenit. Stählen bei hoher Wechselbeanspruch. 25-2502; Dauer-– v. Stählen (Parameter) 26-2457; Stahl-– nach plast. Vorverform. u. Alter. 26-2458; Einfl. d. Kerbschärfe auf d. Sprödbruchverh. v. weichem Stahl bei *77* °K 26-2459; Dauer-– v. Stahl in Berühr. mit einer Schmelze 27-2566; Zeitstand-– v. austenit. Stählen in umgeformtem u. gegossenem Zustand 27-2599; Mikromechanismus d. Bruchverh. v. Stahl bei koexistierenden Phasen 29-2535; Bezieh. zwischen Streckgrenze u. Dauerschwingbruch v. weichem Stahl 31-2532; Einfl. einer Alitier. auf d. Ermüd. u. Korros.-Dauer-– v. Stahl 31-2582; Stahlverfestig. bei d. Einw. v. Laserstrahlen 33-2654; Bruchzähigk. v. Stahl im Langsam- u. Kerbschlag-Biegevers. 33-2626; Einfl. v. unterem Bainit auf d. – v. Stahl nach d. Anlassen 34-2420; Bruchmechanismus bei geringer Beanspruch. v. vorgestauchtem weichem Stahl 35-2427; Einfl. v. H auf d. Zug-– v. kaltverformten Stahl 36-2370; Einfl.: d. Beanspruch.-Art auf d. Ergebnisse d. Dauerschwingprüf. v. Stählen 37-2569; v. Nb u. Mo auf d. – v. Stahl 41-2456; d. Schleifens v. Hart-Cr-Überzügen auf d. ––Eig. hartverchromter Stahlbleche 41-2484; v. Nb. auf d. – niedriggekohlten Stahls 42-2185; d. Verform.-Geschw. auf d. Zug–Bruch-Dehnbark. v. kaltverfestigtem Stahl 42-2209; Dauer-– v. Ferrit–Perlit-Stählen 42-2218; Wrkg. v. Einschlüssen auf d. Sprödbruch v. warmgewalztem Stahl 48-2233; Einfl. d. Geometrie d. Entlast.-Kerben auf d.

Bruch- – v. Stahl 49/50-2287; Zeitfestigk.-Verh. niedrigleg. Stähle im Niedrigwechselbereich 51/52-2240.

Einfl. d. Alter. auf d. –-Steiger. v. aus verformtem Austenit erhaltenem Martensit v. Ni-Stählen 4-0253; H- – v. Verbundstählen 7-2381; Kriechbrucheig. v. Druckkesselstählen 9-2378; Dauer- – v. explos.-plattiertem Verbundstahl 13-2337; Bruchzähigk. v. Flußstahl 13-2342; –-Eig. v. Gesenkstählen nach isotherm. Austenitumwandl. 16-2386; Sprödbruchneig. v. Baustählen nach Warmverfestig. 17-2475; Bezieh. zwischen Tors.- u. Zugkriech- – v. Cr-Stahl 18-2342; Einfl. v. Nb auf d. Zug- u. Schlag- – v. Thomasstahl 21-2541; Zeitstand- – v. Cr-Stahl (Einfl. v. kombiniertem Zusatz v. Elementen) 22-2467; Einfl. d. Warmbehandl. auf d. Hochtemp.- – v. Cr-Stahl 23-2607; Dauer- – v. Cr-Stahl (Einfl. d. Warm- u. mechan. Oberflächenbehandl.) 23-2630; Streuungsgröße d. Dauer- – v. Cr–Ni-Stahl 25-2541; Sprödbruch v. Ti-plattiertem Stahl mit V-Zwischenschicht 26-2454; –-Eig. v. C-Stählen (Einfl. d. Verform. bei *20 – 700°*) 26-2460; Einfl.: mehrmal. $\gamma \rightleftharpoons \varepsilon$- u. $\gamma \rightleftharpoons \varepsilon'$-Übergänge auf d. Verfestig. v. Mn-Stahl 29-0269; d. Vakuumgießens v. Baustahl auf d. –-Eig. 31-2495; Zusammenhang v. Bruchausbldg. u. Spann. mit d. Restaustenitgeh. v. Cr-Stahl 34-2405; Einfl. d. Kerbtiefe auf d. Bruchart v. CrMoV-Stahl 35-2433; Sprödbruchverh. vergüteter Baustähle 37-2570; Entsteh. d. Sprödbruchs in Flußstahl 38-2477; Biegewechsel- – v. Vergüt.-Stahl nach Oberflächenhärt. 38-2480; zur Wrkg. v. Kerben auf d. Bruch in Si-Stahl 39-0185; Bezieh. zwischen Ausscheid. u. Bruch v. duktilem Aussehen bei einem martensit. aushärtenden Stahl mit *0,01*(%) C, *18,4* Ni, *5* Mo, *9* Co, *0,05* Ti 39-0187; Zeitstandverh. v. austenit. Cr–Ni-Stahl in Na-Rohren 39-2408; Warm- – v. Cr-Stahl 42-2186; verzögerter Sprödbruch v. cadmiertem – bei Dauerbeanspruch. 42-2216; – gehärteter Werkzeugstähle 43-2446; Mechanismus u. Übergangstemp. v. Sprödbruch v. C-Stahl an Hand v. Charpy-Kerbschlagvers. 45-2532; – Fe-halt. Martensite an Fe–C- u. Fe–C–Ni-Stählen 49/50-0179; Einfl. d. Zus. auf d. Kerbschlag- – v. Gußstahl bei *–30°* 49/50-2264; Vgl. d. –-Eig. v. Vergüt.-Stählen 51/52-2242.

Kriech–Bruch-Verh. v. *18/12*-Stahl bei *2*-Stufen-Lös.-Behandl. 4-1971; Phasenhärt.- u. Alter.-Prozesse d. Leg. N*27*T*2* nach einer Phasenverfestig. 6-0213; –-Eig. v. Stahl VNL-*1* 7-2367; Feingefüge-Besonderh. d. Hoch-Temp.-Ermüd.-Bruchs d. einer thermochem. Hochtemp.-Behandl. unterworfenen austenit. Stahls *40*Ch*12*NG*8* MW 9-0296; Kriech- – v. Stahl Esshete *1250* 12-2342; Wechsel- – v. Stahl *35*L 13-2344; Sprödrißbeständigk. v. Baustahl *14*GSMFR 14-2313; –: v. Stahl Ch*16*N*25*M2W*5* 15-2437; v. Baustahl *40*ChN nach elektrotherm. Wechselbehandl. 15-2480; Verschleiß- – v. Stahl R*18* nach Ultraschallbehandl. 15-2512; Verfestig. v. Stahl *40*ChSNMF durch Verform. im Bereich d. Martensitumwandl. 16-0281; Einfl. d. Bestrahl.-Temp. auf d. – v. AISA-Stahl d. Typs *304* 16-0319; –-Eig. v. Stahl Ch*18*N*9*T (Einfl. plast. Verform., Kältebehandl. u. Alter.) 16-2385; – v. Stahl St*3*kp,u.*35*GS nach thermomechan. Behandl. 16-2390; – u. Dauer- –-Eig. v. Stahl *55*ChGR 17-2492; Zerreiß- – v. Stahl *55*S*2* 17-2493; Verschleiß- – v. Stahl G*13*L (Einfl. d. Anlassens vor d. Härten) 18-2351; Wechsel- – v. dreischicht. Stahl U*7*/*30*/U*7* 20-2339; –-Eig. v. Federleg. *36*NChTJ u. Ju, *36*NChTJuM*8* u. *42* NChTJu nach thermomechan. Behandl. 20-2345; – v. Stahl EI *827* bei kyrogenen Temp. 21-2554; Einfl. v. Nb auf d. –-Eig. v. Stahl *52*G*2* 22-2469; Wechsel- u. Korros.-Ermüd.- – v. Stahl *45* 22-2504; Ermüd. bei geringer Lastspielzahl v. Stahl *12*ChN*3*A 23-2584; Wechsel- – v. Cr–Mn-Austenit v. Stahl *30*Ch*10*G*10* 23-2585; Einfl. v. plast. Vorverform. auf d. –-Eig. v. Stahl EP *543* 23-1619; Dauer- – v. Stahl Ch*16*N*15*M*3*B 25-2492; –: v. Stahl Ch*25*N*16*G*7*AR 25-2498; v. Stahl *5*ChNT (Druckeinfl. beim Gießen) 25-2501; Dauer- – v. Stahl EI *579* 25-2504; Wechsel- – d. Stahls *40*Ch (Einfl. v. Ferrit) 26-2461; –-Eig. v. Baustahl *19*G, *14*G*2* u. *15*G*2*S nach Wärmebehandl. 27-2621; Einfl. einer stabilisierenden Glüh. auf d. Dauer- – v. Stahl Ch*18*N*10*T 28-2454; Wrkg. d. Oberflächenverfestig. auf d. Dauer- – v. Stahl Ch*17*N*2* u. Ch*17*N*5*M*3* 31-2512; Warm- – v. plast. verformtem Stahl *3*Ch*19*N*9*WBT 33-2655; Zeitstand- – v. Stahl *45*Ch*10*G*15*Ju*2* 35-2435; – v. Stahl GS-N*15*CrNiSi*24*·*12* 38-2456; Dauer- – v. Stahl *40*Ch in eutekt. Pb–Sn-Schmelze 38-2481; Änder. d. – v. Stahl X*10*CrNiWTi*36*·*15* beim Umschmelzen im Elektronenstrahl-Mehrkammerofen 44-2209; Einfl. v. N auf d. Zeitstand- – v. Stahl *18.8* mit Mo u. B 47-2309.

Dauer- – v. Vitallium 49/50-2271; Dauerstand- – v. Ni-Leg. ZS*6*-K (Einfl. v. Gießen u. Erstarr.) 5-2365; Einfl. d. atomaren Ordn. auf d. Verform.-Verfestig. d. Leg. Ni_2Cr 9-0298; Wrkg. fester Lsg. auf d. – v. austenit. u. Ni-Leg. 16-2364; – v. Bi-überzogenem Ni im Ultraschallfeld 16-2371; gerichtete Verfestig. v. Fe/C-, Ni/C- u. Fe/C/Si-Eutektika 17-0231; – v. TiNi (Einfl. d. Kaltbearbeit.) 17-2410; Strukturumwandl. u. Zug- – in einer Ni–Cr-Leg. bei Neutronenbestrahl. 18-0305; Zeitstand- – v. Nimonic *80* (Wrkg. v. kombinierter Warmbehandl.) 18-2355; Warm- – v. Ch*20*N*80* 20-2334; Einfl. d. Temp. u. d. Verform.-Grads bei d. thermomechan. Bearbeit. auf d. Warm- – v. Ni 21-0299; Verfestig.-Koeff. v. Einkrist. einer Ni–Cr–Ti–Al–Leg. in verschiedenen Strukturzuständen 21-0300; Einfl. d. Korngröße d. Ni-Matrix auf d. Druck- – v. $Ni–Al_2O_3$-Leg. 22-0274; Dauerstand- – v. Ni-Leg. 25-2522; – v. gesinterten Ni-Preßlingen für Brennzellen 25-2533; Anomalien d. Temp.-Abhängigk. d. –-Charakteristik v. techn. reinem Ni 26-0292; – v. Ni bei Zugbeanspruch. im Vakuum 26-2462; Dauerstand- – v. ChN*77*TJuR nach Kugelstrahlverfestig. 26-2465; Relaxat.- – v. Ni-Leg. ChN*77*TJu nach Warmbehandl. 27-2626; Zug- – v. Ni-Whiskern 29-0272; Kriechbruch- – v. Mo/Nimonic*90*-Verbundguß 31-2530; Warm- – dispers.-härtender Ni–Cr–Al-Leg. 33-2658; Zeitstand- – v. gesintertem NiAl 42-2201; Kriechbruch- – v. Mo-Verbundguß mit Nimonic *90* 42-2202; charakterist. Eig. d. Stufe I d. Ermüd.-Bruches in einer hochfesten Ni-Leg. 51/52-0181; –-Eig. v. Superleg. auf Ni-Basis 51/52-2230.

Verfest.-Kenngrößen v. α-Cu–Zn-Leg. mit Sn-Geh. 1-0306; – v. Cu bei Stoßbelast. 1-2251; – v. AlZnMgCu-Leg. (Einfl. v. Leg.-Elementen) 2-2191; Einfl. d. Probengröße auf d. Zug- – plast. Cu-Leg. 5-2391; Temp.-Abhängigk. d. Hochtemp.-Vakuum-Zugermüd.- – v. Cu-Leg. mit *9* Al 8-2320; Einfl. einer Hochgeschw.-Verform. auf d. – v. Cu 9-0302; Ermüd. v. Cu–Ni–Fe-Leg. 15-0272; Spann.-Bruch-Eig. v. OFHC-Cu u. warmebehandeltem Cu mit *0,05* Atom-% ^4He 16-0284; Fließ- – an Hand d. Spann.-Verlaufs v. Cu bei einachs. Wechselbelast. 24-2389; Ermüd.-Verfestig. v. Cu-Einkrist. bei kleinen Spann.-Amplituden 25-0239; Verform.-Verfestig. v. Cu bei Impulsbelast. 25-2512; Vgl. d. Ermüd.-Eig. v. Einkrist. u. Polykrist. v. Fe bzw. Cu 31-0261; Zerstör.-Gesetzmäßigk. v. Cu-Leg. bei Mikrostoßwrkg. 31-2539; Schlag- – v. Sandguß-Al-Bronze BS*1400*AB*2* 36-2375; Röntgenanalyse v. Ermüd.-Schäden bei Cu 37-2068; Einfl. d. Tempern auf d. Ermüd.- – v. Blechen aus Messing *260* 38-2486; Zeitstand- – dünner elektrolyt. Cu-Schichten bei Längs- u. anschließender Querbelast. 39-0191; Einfl. einer programmierten Verfestig. auf d. Bauschinger-Effekt v. Cu u. Al 39-0193; elektronenmkr. Unters. d. Ermüd.-Erschein. in Cu 41-0148; Beginn d. Auftretens v. Ermüd.-Rissen in Cu 41-0150; Wachstum v. Ermüd.-Brüchen in einigen Cu-Leg. 44-0107; Wrkg. v. Spann.-Wechseln auf d. Bruch v. Cu–Al-Leg. 47-2366; Zeitstand- – v. Ag*970*, KT*12* u. Optasil 4-1964; Einfl. v. Korngröße, Temp. u. Vorzugsorientier. auf d. Zugverfestig. v. vielkrist. Ag 14-0279; eutekt. Verfestig. d. Syst. Bi/Sn, Bi/Pb, Bi/Tl, Bi/Ag u. Bi/Zn 17-0215; Warm- –: v. Ag 25-2530; v. dispers.-gehärtetem Ag 27-2596; –-Verh. v. Al mit Cu, von Al mit Mg u. von Ag mit Al bei *100 – 250°* 28-0244; Einfl. d. Reinheit bezügl. Sn u. In auf d. – v. Ag-Krist. 40-0150; Versetz.-Anordn. u. Verfestig. im Bereich II plast. verformter Au-Einkrist. 3-0293; Versetz.-Anordn. u. Verfestig. im Bereich plast. verformter Au-Einkrist. 18-0288.

Verbindungen

Schubspann.-Verteil. u. Versetz.-Vorgänge bei beweg. Rißspitzen in Ionenkrist. d. NaCl-Typs 27-0294; – v. glasigkrist. Silicatmaterialien 36-0263; Mess. d. Biege- – in situ v. Meereseis 4-0259; Risse in Eis 42-0081; – v. B_4C-Whiskern 7-0202; Bruch von Quarz bei Atmosphärendruck 32-0289; Rißbldg. v. therm. gewachsenen SiO_2- u. $2\ SiO_2 \cdot P_2O_5$-Filmen auf Si 47-0183.

Einfl.: d. Belast.-Beding. auf d. Verfestig. v. LiF-Krist. 41-0159; v. Cd.-Zusätzen auf d. Bruch- – v. NaCl-Einkrist. 5-0332; Verfestig. v. NaCl-Krist. 16-0166; theoret. – v. NaCl-Krist. unter Dehn. ihrer Raum- u. Flächendiagonalen 33-0251; Ausheilen v. Rissen in Steinsalzkrist. 45-0199; Einfl. d. Teilchengröße auf d. Bruch- – v. NaCl-Einkrist. 48-0215; Ausbreit. v. Spaltrissen in NaCl-Einkrist. 49/50-0173; Einfl. einer ionisierenden γ-Strahl. auf d. Bruchflächenenergie v. KCl 4-0276; Bestrahl.-Verfestig. v. KBr-Krist. durch ^{60}Co-γ-Strahlen bei *196*°K 39-0241; elektronenmkr. Unters. d. – v. Periklas-Krist. 22-0219; innere Brüchigk. v. MgO-Doppelkrist. 39-0147; Zerreiß- – fadenförm. Einkrist. v. MgO 42-0180.

– v. hexagonalem ZnS 22-0202; Einfl. d. Leitfähigk. auf d. elast. – v. hexagonalem ZnS 26-0297; – v. teilweise gesinterten Al_2O_3-Preßlingen 2-2119; Prüf. d. Oberflächen v. Al_2O_3- u. MgO-Bruchstellen mit einer Elektronen-Sonde 13-0223; Maßstabsabhängigk. u. Anisotropie d. – v. Saphirwhiskerkrist. 26-0299; Erhöh. d. Biege- – v. Al_2O_3 durch Zusatz v. feinverteiltem Mo 26-2367; Zug- – v. Al_2O_3-Whiskern 35-0237; – v. α-Al_2O_3-Whiskern bei Raumtemp. u. höheren Temp. 39-0148; Einfl. d. chem. Politur auf d. – v. Saphir-Whiskern 40-0110; Verfestig. v. Saphir durch Ti-haltige Ausscheid. 40-0111; Zusammenhang zwischen Größe u. – v. Saphir- u. Si-Nitrid-Whiskern 46-0283; Beobacht. d. Rißbldg. in n-GaAs bei hohem Druck 48-0421; –-Kennwerte poröser Gegenstände: aus Ti-Carbiden u. Ti-Boriden 12-2329; aus Zr-Carbiden u. Zr-Boriden 12-2329; – v. Dispers. v. ThO_2 in BeO 28-0243; direkte Mess. d. Erweich. v. V_3Si bei tiefen Temp. 9-0285; –-Kennwerte poröser Gegenstände aus Cr- u. W-Carbiden 12-2329; gerichtete Verfestig. v. Fe/C-, Ni/C- u. Fe/C/Si-Eutektika 17-0231; Einfl. einer wss. Umgeb. auf d. Oberflächenverfestig. v. AgCl 29-0248.

Mineralien, Gläser und andere technische Produkte

Einfl. v. Größe u. Gestalt auf d. Zug- – spröder Werkstoffe 9-0277; Spann.-Erhöh. in hochfesten spröden Werkstoffen (Al_2O_3-Einkrist., Quarzglas u. Na-Gläser) 15-0253; krummlin. Abhängigk. d. – v. d. Porosität v. gesinterten Werkstoffen im Niedertemp.-Gebiet 24-2380; Wrkg. geordneter Ungleichmäßigk. d. Wahrscheinlichk. d. Auftretens v. Mikrorissen in auf Ermüd. beanspruchten Werkstoffen 27-0293; Hypothesen d. Werkstoff- – an Hand d. Biege- – v. Guß-Fe 31-2531; Zeitstand- – v. Chemieapp.-Werkstoffen bei erhöhten Temp. 38-2485; hochfeste Werkstoffe 40-0096; theoret. Betracht. über d. Rißbldg. v. beschichteten Brennstoffteilchen 40-1999; Einfl.: einer Vorverform. v. polierten Verdrehproben auf ihre Dauer- – im gealterten u. nichtgealtertem Zustand 48-2236; d. Korngröße auf d. Bruchverh. v. Gesteinen 8-0751.

Einfl. d. Belast.-Dauer auf d. Bruchwiderstand v. hochfestem Gußglas 20-0223; – u. Oberflächenbehandl. v. Glas 20-2240; Wrkg. v. Alkalisilicatlsg. auf d. Glas- – 23-2480; Anwend. d. IR-Spektroskopie zur Best. d. Strukturänder. bei d. Ionenaustauschverfestig. v. Na/Al-Silicatglasproben mit TiO_2-Zusatz 24-0275; – v. Glasfasern 25-2405; Einfl.: therm. Behandl. auf d. hochfesten Zustand v. Glas 26-0300; d. Hydrophobisier. auf d. hochfesten Zustand v. Glas 26-0301; Glas- – nach Ionenaustausch bei niedr. Temp. 26-2341; –; d. Glases nach hydrotherm. Behandl. 26-2342; anorgan. Gläser 26-2344; durch Stoß in Glasblöcken hervorgerufene Brucherschein. 36-0265; Temp.-Abhängigk. d. – v. Glas d. Syst. $SiO_2/Al_2O_3/MgO/CaO/TiO_2$ u. Sitall 37-0320; Auerbach-Bereich beim Brechen v. Glas nach Hertz 40-0100; – v. Glas (Überblick) 46-0285.

Trockenbiege- – v. Kaolinen u. Tonen 1-2126; Einfl.: d. spezif. Oberfläche auf d. – v. Zementen verschiedener Sättig. 3-2354; einiger Faktoren auf d. Bezieh. zwischen d. Geschw. d. Ausbreit. v. Ultraschallwellen u. d. – v. Beton 3-2358; Gestaltabhängigk. d. Beton-Druck- – 3-2359; Beeinfluss. d. – v. Zementmörteln durch Karbonatisat. 3-2362; Gesetzmäßigk. d. –-Erhöh. d. Betons aus por. Stoffen 5-2282; Entw. d. – v. Gemischen v. gelöschtem Kalk/Kieselsäure-Hochofenschlacke durch Behandl. im Autoklaven 10-2286; allg. Bezieh. für d. – v. Betonproben verschiedener Form u. Größe 17-2404; Einw. v. Mineralölen auf d. – v. Zementmörtel 25-2432; Ermittl. d. Beton- – im einfachen Zug-Prüftest u. Prüf.-Ergebnisse 28-2387; Druck-, Biege- u. Zug- – d. Keramiken d. Syst. ZnO/TiO_2 (Teilabschnitt Zn_2TiO_4/ZnO) 30-0540; Trockenbruch- – v. Rohstoffen u. Porzellanmassen 31-2438; Einfl. d. Trockn.-Grades auf d. Trocken- – v. Porzellanscherben 31-2439; – u. Elastizität v. weißem Tongut, (Bezieh. zwischen Biege- – u. Elastizität) 36-2293; Literaturauswert. d. Theorien u. Unters. d. mechan. – d. Porzellans 39-2344; – v. feinkörn. ZrO_2-Feuerfestmaterial 45-2457; Einfl. v. Zusätzen unlösl. Anhydrits auf d. –

d. Erhärt.-Prod. v. Gips u. --Einbuße d. Gipses während seiner Regenerat. 45-2476.

Zerreiß-- v. WC mit Co bei Temp.-Wechsel 14-2341; Biege-- gesinterter Werkstoffe auf Fe- u. Cu-Basis bei niedr. Temp. 17-2461; – v. Ni–Graphit-Werkstoffen aus Elektrolyt- u. Carbonyl–Ni-Pulver 17-2465; spezif. – d. Primärkrist. d. Leg. aus WC u. Co 26-0291; Einfl. v. MoS_2-Zusätzen auf d. Ermüd.-- v. Maschinenteilen mit elektrolyt. Fe-Überzügen 32-2414; – W-Faserverstärkter Al-Verbundwerkstoffe bei hohen Temp. 36-2362; Einfl. d. Spann. d. Armier. auf d. – v. mit Glasplasten armierten Metallumhüll. 48-1246; mikroskop. Aspekte d. Bruches in WC–Co-Leg. 49/50-0180.

Organische Stoffe

Abhängigk. d. Druck-- kunststoffvergüteten Holzes v. d. Holzfeuchtigk. 1-2998; Best. d. Schäl-- v. galvan. verkupferten ABS-Polymerisaten nach d. Druckknopfmeth. 2-2241; Problem d. Langzeit-- polymerer Materialien 3-1099; Dauer-- hochelast. Polymerer 3-1100; Zerreißerschein. an festen Einschlüssen in gießbaren Elastomeren 3-1101; Besonderh. d. Zerreißens v. Vulkanisaten aus Naturkautschuk 3-1154; – v. polymerem Material bei schneller Beanspruch. 15-1167; Bruchmechanismus v. unidirektional u. orthogonal glasfaserverstärkten Kunststoffen 16-1151; Unters. d. Erhol. v. Naturkautschuk nach Belast. durch Mess. d. dichroit. Veränder. am IR-Spektrum 17-1180; Einfl. v. Feuchtigk. auf d. Zug-- v. (un-)gefüllten Epoxypolymeren 20-1109; Bruch-- v. glasart. Polymeren 21-1249; Brucherschein. bei Polymeren 23-1197; Wrkg. v. Zeit, Temp. u. Molgew. auf d. Spann.-Reißen v. linearem Polyäthylen in verschiedenen Medien 23-1205; Weißbruch v. schlagfestem Polystyrol 24-1186; Spann.-Rißbldg.: an transparenten Kunststoffen 26-1143; bei Polyäthylen unter d. Gesichtspunkt d. krit. Verform. 26-1149; Theorie über d. Bezieh. zwischen Lebensdauer-Statistik u. mol. Prozessen beim Ermüd.-Bruch v. Faserpolymeren 27-1272; verallgemeinerte Temp.-Zeit-Charakteristik d. – v. amorphen Polymeren 28-1136; Dauer-- hochelast. Polymerer 28-1138; Bruchdehn. v. Polyacrylonitrilfasern 29-1260; theoret. u. maximal erreichbare – verschiedener einachs. orientierter Polymerer 30-1115; Einfl. d. physikal. Zustandes auf d. Zerreißen v. amorphen Polymeren 38-1244; Zeitabhängigk. d. Zug-- v. Polymethylmethacrylat bei Einw. v. Arbeitsmedien 38-1253; Einfl. d. Medien auf d. Zerstör.-Energie v. Polymethylmethacrylat 38-1254; Bruch v. hochgrad. gefüllten Polymeren 40-1019; Abhängigk. d. --Eig. v. Polypropylen v. seiner Struktur u. seinem Molgew. 45-1171; Ermüd. v. Naturkautschuk-Vulkanisaten bei niedr. Zugspann. 48-1284.

Stoffe mit bestimmten Festigkeitseigenschaften

Verbesser. d. mechan. – v. Porzellan durch technolog. Maßnahmen 3-2328; chem. Verfestig. v. β-Quarzkeramiken durch K^+–Li^+-Ionenaustausch oder 2 Li^+–Mg^{2+}-Austausch 10-2271; Erhöh. d. mechan. – v. Glashohlkörpern 20-2242*; – u. chem. Zus. v. Glas 26-2346.

Untersuchungsmethoden

--Prüf. v. Stahl im stat. Biegevers. 2-2197; Druckprüfmaschinen mit Kolbenfedermanometer zur Best. d. – v. Betonprobewürfeln u. Hohlblocksteinen 3-2360; Meth. d. --Prüf. keram. Materialien 8-2230; Meth. zur Prüf. d. – poröser Betonfüllmittel 8-2242; Zugfestigk.-Prüf. an Leichtmetall-Leg. unter Verw. v. Explosivstoffen 8-2321; Vgl. d. Meth. v. Kurzzeitdauerfestigk.-Prüf. 12-2334; Prüf. d. Oberflächen v. Bruchstellen mit einer Elektronen-Sonde 13-0223; Meth. d. Schwellfestigk.-Prür. v. Stahl 15-2468; Prüf. d. Beton-- im Bauwerk 16-2303; Best. d. Zug-- v. Zement 17-2402; Prüf. d. Zug-- v. Grauguß mit Ultraschall 18-2339; krit. Unters. d. Sprödbruchprüf. nach Robertson 23-2603; Extrapolat. v. Dauerstandvers. 25-2505; Verf. zur krit. Bewert. d. Einfl. d. Defektanzahl auf d. Glas-- 26-2340; Abschätz. d. Beton-- mit Hilfe v. Ultraschallaufzeit u. Dämpf.-Konstanten 26-2381; Formel für d. Extrapolieren v. Zeitstandsvers. 27-2598; Meth. zur Best. v. dynam. Zugfestigk.-Charakteristiken v. Metallen 28-0246; Meth. zur Best. d. Schlag-- v. gekörnter Aktivkohle 30-2105; Vorr. für Wechselbiegeermüd.-Prüf. 36-2364; Meth. zur Best. d. Zeitstand-- v. Werkstoffen für d. chem. App.-Bau 37-2631; Konstrukt. einer Mikrodehn.-App. für Zerreißfestigk.-Unters. an μ-feinen Drähten 39-1864; Theorie u. Verf. zur Best. d. technolog. – v. Metallen während d. Kristallisat. beim Schweißen 39-2441; vereinheitlichtes Verf. zur Unters. d. Bruches v. hochgrad. gefüllten Polymeren 40-1019; Zerstör.-Diagramme v. Festkörpern 41-0122; Elektronenfraktographie zur Klär. v. Ermüd.-Brüchen 41-2452; Verf. zur Best. v. H_2-Bruch 43-2444; Sprödbruchprüf. nach d. „Drop-Weight-Test" 45-2528; Vorr. zur Beurteil. v. Sprödbrucheig. 46-2199; Keildruckprobe zur Prüf. d. Zug-- v. Guß-Fe mit Lamellengraphit 47-2330; Best. d. Zug-- in Graugruß durch Ultraschall 48-2232; Verf. zur Einzelscherprüf. v. Metallen 49/50-2283.

Bibliographie

Zur Festigkeits-Anisotropie von Gesteinen (Untersuchungen an Gesteinen des Ruhr-Karbons) B 27; Festigkeitslehre für Bauingenieure B 62; Problems in strength of materials. Beams and bending B 5; Solution of problems in strength of materials B 5; Mechanics of solids and strength of materials B 6; Fatigue of materials: an introductory text B 54; Strength of materials B 61; Ultimate strength design handbook B 69; Elements of strength of materials B 85; New ways of increasing the strength of metals B 86; Fragilité et effets de l'irradiation. *10e* colloque de métallurgie, Saclay, juin *1966* B 41; Résistance des matériaux. Tome I B 77; Problèmes résolus de résistance des matériaux B 78; Sterkteleer B 54.

Festuclavin s. unter $C_{16}H_{20}N_2$.
Fetoprotein s. unter *Proteine, Spezielle Proteine.*

Fette (bzw. fette Öle)

Siehe auch *Glyceride*; *Lipoide*; *Ölkuchen*; *Ölsamen*; *Wachse. Margarine* s. dort.

Studien auf d. --Gebiet 19-2299, 19-2300; Suche nach neuen industriell verwertbaren Ölen 34-1388; Studien auf d. --Gebiet 35-1057; Epoxysäuren u. epoxydierte Öle 41-1430; ind. Samenöle 47-2757.

Öl- und Fettgewinnung

Neuzeitl. Technologie d. – u. --Prod. 2-2586, 15-2859.

Ausschmelzen v. – aus tier. Material 5-2804*; Verw. v. Aceton bei Pflanzenölextrakt. 11-2737; Fest–Fl.-Extrakt. bei d. Ölgewinn. 15-2860; alkohol. Extrakt. v. Ölsamen mit Hilfe v. US 34-2682; Lsgm. zur Extrakt. v. Speiseölen 38-3214; Gewinn. v. tier. – durch Ausschmelzen nach Entwässer. 48-2955*.

Raffination und Entfernung bzw. Gewinnung von Bestandteilen aus Fetten

Raffinieren v. pflanzl. u. tier. Ölen in Ggw. v. sulfonsauren Salzen 1-3067*, 1-3068*; Raffinat. d. – 2-2586; Anwend. d. Molekulardest. in d. Industrie d. – 2-2587; neue Raffinat.-Verf. für Speiseöle 2-2923; Sterilisat. v. fetten Ölen 3-1711; Trennen v. gesätt. u. ungesätt. --Gemischen 5-2802*; Maleinsäureanhydrid in d. Raffinat. v. Speiseölen 8-3147; Reinig. v. gebrauchtem Bratöl 10-3132*; Desodorieren v. Ölen u. – 13-2756*; Raffinat. (Übersicht) 15-2859; Einfl. d. Herst.-Verf. v. Bleicherden auf d. Eig. v. pflanzl. Ölen 24-2676; gleichzeit. Raffinat. u. Desodorier. 31-3102; Molekulardest. als Trennmeth. in d. Industrie d. pflanzl. Öle 32-3047; Entsäuer. v. Ölen mit sehr hohem Geh. an ungesätt. Fettsäuren (Zenitmeth.) 39-3178; Einfl. d. Anwend.-Art v. adsorbierenden Erden auf d. Eig. pflanzl. Öle 48-2936.

Lsgm.: für pflanzl. Öle aus Aminoketonen 11-2574*; für – aus Dichlorpropan u. Trichloräthylen 20-2472*.

Lichtschutz v. durchsicht. Plastikflaschen für Speiseöle 2-2910.

Abfallfette

Schaumdämpfende Eig. v. Abfällen aus d. Pflanzenölprodukt. 20-2744.

Eigenschaften, Bestandteile

Feste Lsg. u. d. Härte v. --Misch. 2-2921; Farbe v. Ölen 13-1975; Oxylumineszenz v. natürl. Fettsubstanzen 19-3220; Viskositätskoeff. v. pflanzl. u. tier. Ölen 37-2031; Einfl. v. epox. Pflanzenölen auf d. Migrat. v. Organozinn-Verb. aus PVC 37-3366; Löslichk. v. Gasen in fetten Ölen 41-3250.

Epoxyacylgruppen in Samenölen 1-1317; aliphat. δ-Lactone in tier. – 1-1347; Organochlorinsektizidrückstände in – (*1965* in Großbritannien) 4-1308; Spurenelemente in Speise-- 10-3099; Fettsäurezus. v. Pflanzenölen 11-2038; flücht. Aromaverb. (Isolier. durch Vakuum-CO_2-Dest.) 17-3480; Strukturvariabilität bei pflanzl. – 21-1538; konjugiert ungesätt. Fettsäuren in Samenölen 23-1535; Triglyceridzus. v. an Octan-, Decan- u. Laurinsäure reichen Samen-- 25-1490; Steringeh. 30-1375; in Nahr.-- vorkommende tox. Substanzen 32-3066; Geh. roher Pflanzenöle an polycycl. KW-Stoffen 34-3076; 2-Pentylfuran in – u. Ölen u. Revers.-Geschmack 36-3149; Spurenelemente in Speise-- 37-3377; Acylgruppenverteil. in pflanzl. – (Gültigk. d. Theorie v. Gunstone) 44-1352; Hühnerödemfaktor aus d. Unverseifbaren v. – 46-1934; hochgeordnete Zus. bei natürl. – 47-1528; nichtglycerid. Substanzen in pflanzl. Ölen 47-3175; natürl. – aus zweifach gesätt. Glyceriden 51/52-1397.

Biochemisches und physiologisches Verhalten

Fettgewebe s. unter *Zellgewebe, tierische*; s. auch d. Abschnitte *Fette von* . . . u. *Spezielle Fette.*

Enzymat. Abbau d. – bei niedr. Wasserdampfpartialdrücken 2-2922; – als Substrate für d. Klär.-Faktor d. menschl. Plasmas 7-1469; Crocin-Ox. durch Oxydase-Syst. für ungesätt. – in Triton-Extrakten v. Mitochondrien 23-1402; Einfl. v. --Mangel auf d. Mitochondrien - α - Glycerophosphatdehydro - genase 45-1566.

Einfl. v. – auf d. Biosynth. v. Antibiotikum *252* 11-1303; --Geh.: in Aspergillus niger (Veränder. während d. Autolyse) 33-1554; v. verschiedenen Stämmen d. Grünalge Chlorella 33-1621; --Bestandteile v. Corynebacterium ovis 38-1494; Biosynth. v. –: in submersen Kulturen v. Polyporus sulfureus 39-1311; bei Endomycopsis vernalis u. Torulopsis utilis (Einfl. v. Nicotinsäureamid) 45-1629; durch Streptococcus (Zus.) 47-1423.

--Stoffwechsel in höheren Pflanzen 3-1361; --Bldg. u. Zus. in Haferkörnern (Einfl. v. Reifegrad u. N-Düng.) 9-1320; – im Lebenszyklus v. Tillina magna 17-1451; --Stoffwechsel in höheren Pflanzen 32-1532, 36-1489, 48-1504.

--Geh. in Leber u. Kadaver d. ausgewachsenen männl. Ratte (Einfl. v. Kohlenhydraten) 5-1453; Leber-- (Einfl. v. ω-Methylpantothensäure) 5-1467; Körper---Geh. bei Frauen mit verschiedenem Körpergew. 7-1524; Geh. d. Leber an Neutral-- nach Einw. v. Halothan 9-1624; Fettsäuren d. Leber-- v. mit höheren Homologen d. L- u. D-Methionins behandelten Ratten 10-1519; Körper---Geh. u. Abgabe v. freien Fettsäuren nach Adrenalin bei Ratten 13-1435; --Geh.: im Muskel normaler u. genet. dystroph. Küken (Wrkg. v. Sexualhormonen) 18-1441; d. Leber (Einfl. d. Zufuhr v. O_2 in d. Magen) 18-1527; Zus. d. Körper-- v. Lucilia sericata (Einfl. d. Futters) 20-1548; --Geh. in einigen Organen d. Maus (Einfl. d. Infekt. mit Virus MHV-*3*) 21-1527; Isomere v. Octadecen- u. Hexadecensäure im menschl. Depot-- 21-1596; Fettsäureverteil. bei tier. Depot-- 22-1501; Anhäuf. v. – in d. Nieren nach CCl_4-Inhalat. bei Katzen 22-1686; --Geh.: d. Leber nach chron. Alkoholverabreich. 23-1710; im regenerierenden Leberlappen d. Ratte 28-1352; Zus. v. tier. Organ- u. Depot-- in Abhängigk. v. d. Fütter. 29-1674; --Geh.: v. Aedes aegypti (Einfl. auf d. Dieldrin-Resistenz) 35-1677; d. Leber (Einfl. v. Chlorpropamid) 38-1635; (zeitl. Zusammenhang zum Blutalkoholspiegel) 38-1705; Fettsäuren d. Neutral-- reifer menschl. Plazentazotten in vitro 41-1471; --Geh. während d. Kastendifferenzier. v. Formica polyctena 42-1449; Zus.: d. Depot-- v. Katzen u. Meerschweinchen 43-1374; v. tier. Organ- u. Depot-- in Abhängigk. v. d. Fütter. 48-1926; Geh. an --Substanzen in d. Niere (Einfl. v. $CoCl_2$) 49/50-1597.

Einfl. v. Propanolol u. INPEA auf d. --Mobilisier. 3-1605; Einbau: v. Citronensäure in neutrale – in zellfreien Präp. aus Rattenleber bzw. laktierenden Rattenbrustdrüsen 4-1279; v. Elaidinsäure in d. Depot-- d. Eies 8-1554; Biotinmangel u. Einbau v. ^{14}C-Fettsäuren in d. Triglyceride d. Hühnchen-Leber 13-1520; Einfl. d. alimentären Lipide auf d. fäkale --Ausscheid. 14-1517; fördernde Rolle d. Glucocorticoide bei d. --Mobilisier. 17-1528; Struktur-Funkt.-Bezieh. bei lipomobilisierenden Adrenomimetika 19-1794; lipomobilisierende Wrkg. v. Noradrenalin u. Phenyl-tert.-butylnoroxedrin 21-1631; Synth. v. Triglyceriden im Verlauf d. Ovogenese bei Gallus gallus 32-1644; Citrat u. d. Umwandl. v. Kohlenhydraten zu – durch Rattenleberextrakte 36-1590; --mobilisierende Substanz im Harn alloxandiabet. Ratten 41-1553; durch $CHCl_3$ verursachte --Einlager. in d. Leber (Einfl. adrenerger β-Blockade) 43-1586; Ausscheid. d. neutralen – durch d. Dünndarmwand d. Hundes während d. akuten Strahlenkrankh. 45-1672; Glyceridsynth. in vivo während d. intestinalen Resorpt. v. – u. markierter Glucose 51/52-1591.

--Aufnahme bei Kranken mit hypazidem Magen 5-1490; intestinale Proteinsynth. u. --Transport (Hemm. durch Äthionin) 7-1527; Bldg. v. sek. --Partikeln während d. --Resorpt. aus Lymphchylomikronen beim Hund 11-1484; --Transport bei d. Heuschrecke (Rolle d. Diglyceride) 25-1646; --Resorpt. durch d. Rattendarm (Einfl. v. Tetracyclin) 35-1700; --Transport: u. Polypeptide 37-1688; in d. Heuschrecke (Rolle d. Diglyceride) 46-1460; Monoglyceridweg bei d. --Resorpt. d. Menschen 47-1637.

Ox. v. ^{14}C-markierten --Substraten durch Zn-Mangel-Ratten 2-1431; Stoffwechsel v. braunem – in neugeborenen Kaninchen bei Kälteaussetz. 8-1575; Leber- u. --Stoffwechsel 10-1523; durch CCl_4 hervorgerufene --Stoffwechselstör. (Einfl. v. Orotsäure) 22-1650; Rolle einer Arylesterase-Frakt. aus Leber im menschl. --Stoffwechsel 23-1695; --Stoffwechsel bei d. weißen Ratte (Wrkg. d. Theophyllins) 40-1547; physiolog. Rolle d. braunen – 51/52-1602.

Arteriosklerose u. Nahr.-- 2-1399; Karzinogenität eßbarer Öle 7-1195; Plasmacholesterinkonz.-Wechsel durch Austausch v. Nahr.- – 7-1498; Einfl.: v. ranz. – enthaltender Diät mit Biotinmangel auf d. Pentobarbitalwrkg. bei Ratten 8-1624; v. Ölen u. – in d. Nahr. auf d. Wachstum v. Ratten 14-1496; v. pflanzl. – auf d. Hypophysen-Nebennierenachse trächt. Albinoratten 15-1521; v. --armer Nahr. auf Rattengewebeenzyme 16-1588; oxydativer Stoffwechsel bei mit – gefütterten Ratten 16-1589; Einfl. v. -- u. Cholesterinaufnahme auf Bldg. u. Speicher. v. Lipiden u. Cholesterin 21-1662; Plasma-Clearing-Kinetik v. injizierbaren --Emuls. bei Mensch u. Tier 28-1629; Toxizität v. äußerl. örtl. verabfolgten – u. Ölen 29-1675; hemmende Wrkg. d. – auf d. Magensekret. 34-1520; Einfl. v. – auf d. Vitamin-B_{12}-Spiegel in Plasma u. Leber 38-1673; wachstumsfördernde Wrkg. v. Ölen bei Seidenraupen (Einfl. v. Chlorogensäure) 45-1624.

Synthese, Fettaustauschstoffe

Herst. v. bei tiefer Temp. plast. --Prod. durch Um- bzw. Verester. v. festem – bzw. fettem Öl 6-3109*; Gewinn. v. --Frakt. mit abweichendem Schmelzverh. v. Ausgangsprod. durch Umester. 24-2518*; Synth.: d. Glyceridbasis v. pflanzl. Ölen u. tier. Fetten 25-1090; v. --ähnl. Verb. 25-1091; verbesserte trocknende Öle aus Oxazolinen u. äthylen. ungesätt. Verb. 32-2951*; Darst. v. trocknenden Ölen durch Alkoholyse v. höheren ungesätt. Triglyceriden 34-2899; trocknende Öle: aus Butadien/Diolefin-Copolymerisaten 36-2812*; aus Mischoligomerisaten v. ungesätt. Fettsäuren mit Inden u./oder Cumaron 44-2840*.

Reaktionen

Herst. v. Monoestern d. Säuren aus Pflanzenölen 1-2430*; Katalysatoren für d. --Spalt. 2-2620; chem. Änder. v. Speiseöl durch Oberflächenwrkg. 2-2925; Dest. d. Säuren v. gespaltenen Pflanzen-- 4-2656; Neutralisat. v. glycerinhalt. W. aus d. --Spalt. 11-2739; Reinig. v. glycerinhalt. W. d. reagenzfreien --Spalt. 11-2740; Herst. v. Alkoholen aus tier. u. pflanzl. Ölen 12-2518*; Wechselwrkg. zwischen Kunststoffen u. – 16-3223; --Spalt. 24-2677; Bldg. v. konjugierten Syst. in – durch indirekte Dehydrier. 25-2985; Isomerisier. v. – u. Ölen 26-2844; therm. Hydrolyse v. natürl. – 33-1490; schnelle Umsetz. v. – in d. Methylester 34-2687; Wechselbezieh. zwischen Kristallwachstum u. Hydrolyse bei gehärteten – 35-3178; Einw. v. ionisierenden Strahlen auf – (Bldg. v. W.) 40-2946; kontinuierl. Neutral--Verseif. 41-2906; SCl_2-Diaddukte v. Deriv. ungesätt. – 44-2356.

Hydrierung, Fetthärtung

Katalyt. Hydrier. v. Ölen mit mehrfach ungesätt. Fettsäureestern für Nahr.-Mittel 1-3069*; Hydrier.: v. Glyceridölen (Katalysator) 2-2941*; v. fetten Ölen zur Herst. v. Speiseölen (Cu/Cr/Mn-Oxid-Katalysator) 4-2678*; partielle Hydrier. v. ungesätt. fetten Ölen 5-2800*; Best. d. Selektivität bei d. --Hydrier. 13-2750; Hydrier. v. ungesätt. fetten Ölen (Pd-Katalysator) 13-2755*; chem. Rk. bei d. katalyt. Hydrier. v. Ölen 23-3460; homogene Hydrier. v. ungesätt. – (Metallacetylacetonate als Katalysatoren) 26-2842; Vork., Nachw. u. Verhüt. d. während d. Hydrier. v. fetten Ölen auftretenden Cyclisier. 27-3119; Hydrier. u. Desodorier. d. Gemische v. Walfett mit Pflanzenöl 27-3550; Polymerisat. bei d. --Hydrier. 29-3386; Härt.-Verh. v. S-halt. – 30-3058; Selektivität bei d. katalyt. Hydrier. v. fetten Ölen 33-3507; während d. katalyt. Hydrier. aus d. Hydroperoxiden gebildete Zers.-Prod. 33-3513; kommerzielle Prozesse zur Hydrier. v. fetten Ölen 34-2685; Veredeln v. Ölen mit hohem Geh. an ungesätt. Fettsäuren durch selektive Hydrier. 42-2894*; Theorie u. Chemie d. Hydrier. 46-2495; gemischte Ni-Cu-Katalysatoren zur Hydrier. v. techn. – 46-2496; --Hydrier. an Ni-Formiat-Katalysatoren 47-3178; Kinetik d. --Härt. 48-2939.

Polymerisation, Trocknung, Autoxydation Ranzigkeit u. dgl.

Stabilisator für trocknende Öle 11-2476*; Katalysatoren für d. Trocknen v. Ölen 12-2049*; Verf. u. Anwend.-Gebiete für trocknende u. halbtrocknende Pflanzenöle 20-2938; Rk. v. Harz mit trocknenden Ölen 24-2864; Zusätze zu trocknenden Ölen aus Oxazolinen 46-2681*.

UV-Spektren erhitzter – 1-3049; Wrkg. v. Antioxydantien: bei d. Autox. v. tier. – 2-2924; in schwermetallhalt. --Substraten 3-3249; Einfl. v. ionisierender Bestrahl. auf d. --Stabilität 5-3201; Best. d. Lichteinfl. auf d. Autox. d. – 5-3202; Autox. v. – 6-2696; --Ox. in bestrahltem, gekochtem Fleisch 6-3079; Pro- u. Antioxydantien auf d. --Gebiet 6-3087; Best. d. Wirksamk. v. --Antioxydantien mittels synthet. lipoperoxydativer Syst. 9-1150; Autox. v. – (Kinetik) 10-3096; Änder. d. Merkmale u. d. Nährwerts v. Ölen beim Erhitzen 14-3073, 14-3074; Einfl. v. chelatbildenden Verb. auf d. Ranzigwerden 17-3481; --Veränder. bei Erhitz. u. Autox. (UV-spektrophotometr. Unters.) 18-3082; Tocopherol als Antioxydans 18-3083; Carbonyle bei d. --Ox. 20-3093; Färb. v. Bratölen während d. Erhitzens 23-3459; Einfl. d. O_2-Drucks auf d. Ox. v. – bei d. Lebensmittelkonservier. 25-3415; N-Aufnahme durch --Materialien während d. Lager. 26-2841; ernährungsphysiolog. Bedeut. v. erhitzten – 27-3543; UV-Spektren erhitzter – 27-3544; Pro- u. Antioxydantien auf d. --Gebiet 29-1280; Autox. v. Pflanzenölen bei erhöhter Temp. 30-3053; Stabilisier. d. – durch natürl. Antioxydantien 30-3054; Einfl. d. nichtglycerid. Komponenten v. Natur-- auf Bldg. u. Zers. d. Hydroperoxide 30-3055; Stabilität d. – in gefriergetrockneten Modellsyst. 31-3514; Antioxydantien für polyungesätt. Speiseöle 32-3048; Ranzigk. u. Fettsäurezus. v. Pflanzenölen 32-3052; Autox. v. Pflanzenölen bei erhöhten Temp. 33-3508; Zers. v. Brat-- in Syst. fortgesetzten Besprühens mit W. beim Erhitzen 34-3077; Einfl. v. Cu- u. Fe-Ionen auf d. Autox. 38-3215; durch Autox. verursachte Veränder. 38-3216; erhitzte – 38-3217; Stabilität v. Ölen u. Speise-- 40-2948; Pro- u. Antioxydantien auf d. --Gebiet 41-1332; Einfl.: d. Grades d. Ungesättigth. auf d. Autox.-Verlauf 41-3248; v. Hydroxycarbonsäuren auf Metallblockier. u. --Ox. 41-3249; Lactone in autox. pflanzl. Ölen 41-3251; Wertminder. v. Bratölen beim Erhitzen unter kontinuierl. Aufsprühen v. W. 41-3252; Stabilität v. – u. ihre Beeinfluss. 41-3276; nichtflücht. Zers.-Prod. in erhitzten – u. Ölen 42-2874; Stabilität d. – in gefrorenen, gemischten Diäten u. --Extrakten 47-3164.

Tetracyclin-Deriv. zur Verhinder. d. Ranzigwerdens 2-2411*; Antioxydantien für – u. Öle: aus Thio-bis-cyclohexylphenolen 6-2531*; aus 2-Aminobenzofuran-[2 H]-5-olen 10-2565*; Stabilisier.-Mittel für fette Öle aus Hydroxyphenylalkandicarbonsäurediestern 15-2587*; Cyclohexylamine als Zwischenprod. für Antioxydantien 23-2836*; Antioxydans für – u. Öle: aus tert.-Butylhydrochinon 42-2873; aus Hydroxy-1-naphthylmethylamino-N-bis-propionsäurenitril 44-2991*.

Sulfurierte Öle

Sulfatierte u. sulfitierte Öle u. – enthaltendes Lederfett.-Mittel 18-3125*; Konstit. d. bei d. Schwefel. v. Triglyceriden ungesätt. Fettsäuren entstehenden Faktis 32-2533; Best. d. Fettstoffgeh. v. sulfonierten, sulfatierten u. sulfitierten Ölen 42-1974.

Anwendungen

Backfette s. unter *Backen*. Siehe auch d. Abschnitt *Sulfurierte Öle*..

Nichtionogene Tenside aus epox. Ölen 7-2787; Zusatz v. fetten Ölen zu Kunstharzmörtel 12-2273*; Öle v. winterschlafenden Tieren in d. Kosmetologie u. Dermapharmazie 16-2796; Vitamin A, D u. E enthaltende Mittel mit hydriertem vegetabil. Öl 21-1884*; Einkapseln v. tier. u. pflanz. – oder Ölen 22-2263*; Arzneimittel aus perox. Ölen 28-1729*; --Deriv. für Zementprod. 28-2384; Herst. v. bromierten Ölen (Verw. in d. Getränkeindustrie) 44-2993*.

Analytisches

Anwend. d. Chromatoradiometrie zur quant. Mikroanalyse v. – 2-0001; Massenspektrometrie 7-1991; Farbmess. v. pflanzl. Ölen 7-3184; Best. d. J-Zahl durch N-Bromsuccinimid 16-2056; krit. Misch.-Temp. in d. --Analyse 17-2152; --Analyse 18-2065; Analyse v. –, Ölen u. oberflächenakt. Stoffen (Übersicht *1964* u. *1965*) 20-2015; Massenspektrometrie v. – 21-2195; Best. d. Viskosität v. Ölen (US-Meth.) 22-1989; Anwend. d. Lucigenin-Indikator bei d. Best. d. Verseif.-Zahl dunkler – u. Öle 22-2201; Analyse u. Prüf. v. Ölen u. – 24-2706; Plattenzellen für d. DTA 26-2153; Analyse u. Prüf. v. Ölen u. – 26-3006; Best. d. trans-Fettsäuregeh. in Triglyceriden (IR-spektroskop.) 30-2073; Charakterisier. durch Differentialregistrierkalorimetrie 30-2074; Verkohl.-Meth. zur Best. v. – 36-2027; neue App. zur --Extrakt. 36-2076; thermoanalyt. Meth. in d. --Analyse 39-2143; einheitl. Unters.-Meth. für d. Fett- u. Wachs-Industrie (Neubearbeit.) 40-1917; Analyse v. Ölen, – u. ähnl. Substanzen 42-1926; Beurteil. v. Speiseölen: durch Differenz-UV-Absorpt.-Analyse 42-1958; durch Fluoreszenzanalyse 42-2877; Best.: d. abs. Neutralölgeh. v. Pflanzenölen (radiochem. Verf.) 45-3329; d. Jodzahl mit JCl 46-1986.

Best. d. qual. Fettsäure-Zus. v. pflanzl. Ölen (papierchromatograph.) 2-1917; gaschromatograph. --Unters. 2-1930; Best. v. seltenen Säuren bei Saatöl-Analysen 3-2120; Pyrolysenchromatographie 7-1980; Best. v. tier. – in pflanzl. Ölen (gaschromatograph.) 11-2037; Chromatographie an Silicagel-Filterpapier 12-1892; halbquant. Strukturanalyse v. – (dünnschichtchromatograph.) 12-1962; Analyse v. Ölen u. – durch Gaschromatographie 18-2064; Dünnschichtchromatographie: auf d. --Gebiet 19-2299, 19-2300; in d. --Analyse 20-2016; Nachw. v. geringen Mengen an höhermol. gesätt. Fettsäuren in d. Gesamtfettsäuren v. Ölen 20-2019; Verteil.-Gaschromatographie (silylierte Gemische d. Spalt. v. Triglyceriden mit ungewöhnl. Acylresten) 22-2204; Best. v. tier. – in pflanzl. Ölen (gaschromatograph.) 27-2349; Gaschromatographie v. – (Zuverlässigk. d. Ergebnisse) 29-2056; Best.: d. Geh. an gesätt. Triglyceriden (säulenchromatograph.) 31-2255; d. Hauptbestandteile an Fettsäuren in pflanzl. Ölen (verteilungsgaschromatograph.) 35-2150; Nachw. v. Fremd-- über Fettsäurekomponenten u. Zus. 35-3179; Best. v. Mono-, Di- u. Triglyceriden in Koch-- durch Säulenchromatographie 38-2193; Gaschromatographie in d. --Chemie 41-2087; (Äthylenglykol-γ-ketopolyester als Fl.-Phase) 42-1929; gaschromatograph. Best. v. Ölen, – u. Wachsen 42-2721; Best. d. Fettsäurezus. 44-1893; gaschromatograph. Analysen auf d. --Gebiet 45-2235; quant. chromatograph. Analyse petroselinsäurehalt. Öle 46-1963; Best. d. essentiellen Fettsäuren in gehärteten – 47-2131; Meth. d. mathemat. Verteil. für d. Best. d. Triglyceridzus. pflanzl. u. tier. – 48-1919; Verteil.-Gaschromatographie v. Triglyceriden aus erucasäurehalt. Ölen 49/50-2080.

Best. v. –: in Konserven (kolorimetr.) 7-2049; in gekochten Gerichten 9-2045; in Fleischerzeugnissen (mit d. Derivatographen) 11-2032; in Käse 12-1988; in Schokolade 12-1999; in Lebensmitteln 16-2061; in Fleischwaren 21-2282; (Schnellbest.) 28-3201; in tischfert. tiefgekühlten Speisen (butyrometr.) 29-2244; in Konserven (Schnellmeth.) 29-2245, 29-2246; im Blutserum 31-2179; in Suppenkonserven 31-2256; in Eipulver (refraktometr.) 34-2093; in Futtermitteln aus Citrusfrüchten 40-1945; in Suppen, Soßen u. Brüherzeugnissen (refraktometr.) 43-2142; in Fleisch (veränderte Babcock-Meth.) 51/52-2002.

Jodometr. Peroxidzahlbest. für d. Bewert. d. Ox.-Grades eßbarer – 1-1913; modifizierte Thiobarbitursäurezahl-Best. 2-1918; Best.: d. Gesamtcarbonylgeh. in autox. – (Beeinfluss. durch Peroxide) 12-1961; d. Epoxidzahl 16-2035; v. Epoxiden in hitzebehandelten Pflanzenölen 21-2264; d. O_2-Aufnahme v. – (gaschromatograph. Meth.) 23-2270; Analyt. Beurteil. erhitzter – durch Dünnschichtchromatographie 25-3417; Ermittl. d. Ranzigk. v. Ölen (Abänder. d. Kreisschen Rk.) 33-2336; Best.: v. Epoxidspuren in – (photometr.) 34-2072; d. Ox.-Grades v. – u. Ölen (dünnschichtchromatograph.) 37-2282; v. O_2 u. N_2 sowie Erfass. prim. Ox.-Prod. in Ölen u. – auf physikal. chem. Wege 38-2162, 40-1918; oszillograph. Polarographie v. ox. – 41-2160; Best.: d. Carbonyl-Verb. u. Hydroperoxide bei d. Autox. v. olefin. — 51/52-1921; v. Peroxidzahl u. Ox.-Bereitschaft (Fehlerquellen) 51/52-2010.

Nachw. bzw. Best.: v. Antioxydantien in Speise- — 4-1706; v. Sterinen in pflanzl. Ölen (Reinh.-Kontrolle) 6-1983; v. BHT in Nahr.-Mittel- — 6-1992; v. Milchfett in anderen — (dünnschichtchromatograph.) 6-2010; v. Na u. K in — (durch Atomabsorpt.) 13-1976; v. kleinen Mengen partieller Glyceride in — 13-1978; d. Elaidinsäure in pflanzl. Ölen 13-1979; in —: Best. d. Kükenödemfaktors 17-2153; v. Vitamin D neben Vitamin A 18-2066; v. Ergosterin u. 7-Dehydrocholesterin (UV-spektrophotometr.) 19-2298; v. Gallussäurepropylester, Nordihydroguajaretsäure, Hydroxyanisol- u. Hydroxytoluolbutyläther 19-2301; v. Spuren v. Fettsäuren 19-2302; d. Feststoffgeh. 19-2304; Best.: d. unverseifbaren Anteile in Öl 20-2940; v. Tocopherol in Pflanzenölen 29-2224; Best. in —: v. Toxaphen (gaschromatograph.) 29-2250; v. Na, K, Ca u. Cu 33-2327; Best.: v. Ölsäure u. Petroselinsäure in Glyceridölen 34-2071; v. lactylierten Glyceriden u. Polyglycerinestern in Mono- u. Diglyceride enthaltenden Koch- — 36-2058; Best. in —: v. Schwermetallspuren 36-2077; v. Mineralöl 37-2251; v. PG, NDGA, BHT u. BHA (dünnschichtchromatograph.) 38-2183; papierchromatograph. Nachw. v. Senf- u. Rhizinusöl in anderen Ölen 39-2145; Best. in —: v. O_2 u. N_2 42-1927; d. nicht verseifbaren Stoffe 42-1928; v. Tocopherolen u. Tocopherylchinonen (polarograph.) 43-2143; v. Cu (Neutronenaktivier.-Analyse) 48-2024; Extrakt.: v. chlorierten Pestiziden aus — 49/50-2019; u. Best. v. polycycl. aromat. KW-Stoffen in pflanzl. Ölen 51/52-2013.

Bibliographie

Jahrbuch für den Praktiker aus der Öl-, Fett-, Seifen- und Waschmittel-, Körperpflegemittel-, Wachs- und sonstigen chemisch-technischen Industrie. *1968* B 79; Hydrierung der Fette, Zucker und des Furfurols [russ.] B 47; Technologie der Fette und Futtermittel (Mitteilungssammlung) [russ.] B 79; Chemie und Technologie der Fette (Mitteilungssammlung) [russ.] B 95; Progress in the chemistry of fats and other lipids. Vol. *10*. Part *1*: Fatty livers and lipotropic phenomena B 20, B 21; The inhibition of fat oxidation processes B 32; Fish oils; their chemistry, technology, stability, nutritional properties, and uses B 32; Fat and oil chemistry. Composition, oxidation, processing. Proceedings of the Scandinavian Symposium held in Turku, Finland, *1965* B 79; Progress in the chemistry of fats and other lipids. Vol. IX: Polyunsaturated acids. Part *2* B 83; Olii e grassi, chimica e tecnologia B 95.

Fette v. . . .

Abrus precatorius, antifertile Aktivität d. Samenöls 35-1685.

Acanthosyris spinescens, Zus. d. Samenöls 34-1431; Acetylenfettsäuren im Samenöl 42-1335.

Apodanthera undulata, Zus. d. Samenöls 42-1326.

Atractylodes ovata 26-1494.

Balanites aegyptiaca, Zus. 13-1933.

Bignonia capreolata, Fettsäuren d. Samenöls 15-1470.

Bombacopsis glabra, D-2-Hydroxysterculinsäure im Samenöl 42-1328.

Bombax oleagineum, Zus. (Gaschromatographie d. Cyclopropenfettsäuren) 22-1448.

Brassica napus s. unter *Rüböle.*

Brevaortia tyrannus s. unter *Fischöle.*

Calendula, Calendinsäure in d. Samenölen 7-1347.

Calendula officinalis, Calendinsäure im Samenöl 7-1347.

Calendula stellata, konjugierte Fettsäuren d. Samenöls 5-2795.

Campsis grandiflora, Fettsäuren d. Samenöls 15-1470.

Campsis radicans, Fettsäuren d. Samenöls 15-1470.

Carica papaya, Zus. d. Samenöls 34-1387.

Carthamus tinctorius s. *Safloröl.*

Catalpa bignonioides, Fettsäuren d. Samenöls 15-1470.

Centranthus macrosiphon, α-Eläostearinsäure im Samenöl 23-1535.

Cephalaria joppica, (+)-Vernoloylgruppen im Samenöl 1-1317; Fettsäuren d. Samenöls 22-2204.

Cephalaria leucantha, (+)-Vernoloylgruppen im Samenöl 1-1317.

Cesalpinia pulcherrima, Eig. u. Zus. d. Samenöls 16-3227.

Chamaepeuce-Arten, opt.-akt. Trihydroxysäuren in d. Samenölen 37-1554.

Cnidoscolus texanus, Fettsäuren d. Samenöls 9-1322.

Cordia myxa, Zus. d. Samenöls 49/50-1689.

Crambe abyssinica s. *Crambenöl.*

Crepis, Zus. d. Samenöle 39-1358.

Crepis aurea, (+)-Vernoloylgruppen im Samenöl 1-1317; Fettsäuren d. Samenöls 22-2204.

Crepis biennis, (+)-Vernoloylgruppen im Samenöl 1-1317.

Crepis intermedia, (+)-Vernoloylgruppen im Samenöl 1-1317.

Crepis occidentalis, (+)-Vernoloylgruppen im Samenöl 1-1317.

Crepis rubra, cis-trans-Linolsäure im Samenöl 42-1325.

Crepis vesicaria taraxacifolia, (+)-Vernoloylgruppen im Samenöl 1-1317.

Crotalaria, Unters. d. Samenfette 47-2757.

Crotalaria mucronata, Samenölgeh. u. -zus. 47-2757.

Cucurbitaceen s. *Cucurbitaceenöle.*

Cuphea lanceolata, Zus. d. Samenfetts 25-1490.

Cytisus scoparius, Zus. 13-1347.

Dimorphotheca sinuata, cis-trans-Linolsäure im Samenöl 42-1325.

Eccremocarpus scaber, Fettsäuren d. Samenöls 15-1470.

Entada pursaetha, Zus. d. Samenöls 13-1345.

Enterolobium saman, Eig. u. Zus. d. Samenöls 16-3227.

Ephedra campylopoda, Fettsäuren d. Samenöls 35-1403.

Euphausia superba s. unter *Fischöle.*

Euphorbia lagascae, (+)-Vernoloylgruppen im Samenöl 1-1317.

Euthynnus alletteratus s. unter *Fischöle.*

Garcinia indica, Zus. d. Samenfetts 51/52-1397.

Glaucium flavum, Eig., Zus. (Linolsäurerohstoff) 41-1760.

Gliricidia maculata, Eig. u. Zus. d. Samenöls 16-3227.

Gossypium s. *Baumwollsamenöl.*

Grevillea floribunda, Zus. d. Samenöls 2-1281.

Grevillea robusta, Zus. d. Samenöls 2-1281.

Grindelia oxylepis, trans-3-Ensäuren im Samenöl 19-1474.

Helichrysum bracteatum, Alkinenolsäure aus d. Samenöl 40-0906.

Hibiscus esculentus, Epoxyfettsäuren d. Samenöls 41-1430.

Hydnocarpus kurzii s. *Chaulmoograöl.*

Hydnocarpus wightiana, Triglyceridzus. d. Samenöls 34-1431.

Impatiens edgeworthii, asymm. Triglyceride aus d. Samenöl 22-1447.

Incarollea delvayi, Fettsäuren d. Samenöls 15-1470.

Ipomoea, Unters. d. Samenfette 47-2757.

Ipomoea hederacea, Samenölgeh. u. -zus. 47-2757.

Jacaranda semiserrata, Fettsäuren d. Samenöls 15-1470.

Kigelia pinnata, Fettsäuren d. Samenöls 15-1470.

Labiaten, Fettsäurezus. d. Samenöle 34-1388.

Lamium, Fettsäurezus. d. Samenöle 34-1388.

Lamium purpureum, opt.-akt. Octadecatriensäure im Samenöl 48-1430.

Lauraceae, Fettsäuren d. Samenöle 2-1283.

Laurus nobilis s. *Lorbeerfett.*

Lesquerella angustifolia, Fettsäuren d. Samenöls 22-2204.

Limnanthes douglasii, Fettsäuren d. Samenöls 22-2204.

Lindera umbellata, Fettsäuren d. Samenöls 2-1283.

Linum s. *Leinöl.*

Litsea consimilis, Zus. d. Öls aus d. Rinde 8-2708.

Lunaria annua 49/50-2080.

Madhuca latifolia s. *Mahuafett.*

Malva parviflora, Epoxyfettsäuren d. Samenöls 41-1430.

Melia japonica, Fettsäurezus. 1-1316.

Mimusops elengi, Glyceridstruktur d. Samenfetts 47-1528.

Mugil cephalus s. unter *Fischöle.*

Munida gregaria s. unter *Fischöle.*

Nasturtium officinale 49/50-2080.

Oenothera biennis, Charakteristika d. Samenöls 11-1677.

Olacaceen, Geh. an Acetylensäuren 48-1429.

Osteospermum ecklonis, Dimorphecolinsäure im Samenöl 23-1535.

Osteospermum hyoseroides, Octadecatriensäure im Samenöl 23-1535.

Pachira insignus, D-2-Hydroxysterculinsäure im Samenöl 42-1328.

Pachyrrhizus angulatus, Fettsäuren d. Samenöls 21-1539.

Pandorea jasminoides, Fettsäuren d. Samenöls 15-1470.

Parinarium holstii, Fettsäuren d. Samen 46-2494.

Parinarium insularum, konjugierte Fettsäuren d. Samenöls 5-2795.

Parinarium macrophyllum, Zus. 13-1933.

Persea americana s. *Avocadoöl.*

Peucedanum ruthenicum, Zus. d. fetten Öls aus d. Wurzeln 20-1084.

Phalaris canariensis, Zus. d. Samenöls 23-1534.

Pinus radiata, Zus. d. Samenlipide 46-2493.

Pongamia pinnata s. *Karanjaöl.*

Prangos pabularia, Zus. 26-1473.

Prasioideae, Fettsäurezus. d. Samenöle 34-1388.

Protea barbigera, Zus. d. Samenöls 2-1282.

Proteaceen, Samenöle 2-1281, 2-1282.

Protea lacticolor, Zus. d. Samenöls 2-1282.

Protea lanceolata, Zus. d. Samenöls 2-1282.

Protea laurifolia, Zus. d. Samenöls 2-1282.

Protea longiflora, Zus. d. Samenöls 2-1282.

Protea mundii, Zus. d. Samenöls 2-1282.

Protea neriifolia, Zus. d. Samenöls 2-1282

Protea obtusifolia, Zus. d. Samenöls 2-1282.

Protea repens, Zus. d. Samenöls 2-1282.

Protea roupelliae, Zus. d. Samenöls 2-1282.

Prunus persica, Fettgeh. d. Kerne 30-1375.

Prunus yedoensis, konjugierte Fettsäuren d. Samenöls 5-2795.

Pyrularia pubera, trans-Heptadecen-(10)-in-(8)-säure im Samenöl 17-1428.

Python molurus, Zus. 24-1545.

Python sebae, Zus. 24-1545.

Ricinodendron rautanenii, konjugierte Fettsäuren d. Samenöls 5-1795.

Santalaceen, Geh. an Acetylensäuren 48-1429.

Sapindus trifoliatus, Glyceridstruktur d. Samenfetts 47-1528.

Scabiosa, (+)-Vernoloylgruppen in d. Samenölen 1-1317.

Schleichera trijuga, Glyceridstruktur d. Samenfetts 47-1528.

Sebastes marinus s. unter *Fischöle.*

Secale cereale s. unter *Getreidefette.*

Sideroxylon argania, Zus. 13-1933.

Sinapis alba s. *Senfsamenöl.*

Sorghum s. unter *Getreidefette.*

Spathodea campanulata, Fettsäuren d. Samenöls 15-1470.

Spatholobus roxburghii, Eig. u. Zus. d. Samenöls 16-3227.

Stachyoideae, Fettsäurezus. d. Samenöle 34-1388.

Sterculia foetida, Best. v. Cyclopropenfettsäuren im Öl 2-1921, 13-1936; Einfl. auf Musca domestica-Larven 16-3152.

Tabebuia rosea, Fettsäuren d. Samenöls 15-1470.

Tagetes erecta, Hydroxyoctadecadiensäuren im Samenöl 23-1535.

Tamarindus indica s. *Tamarindensamenöl.*

Teucrium, Fettsäurezus. d. Samenöle 34-1388.

Thalictrum flavum, Zus. d. Samenöls 11-2736.

Thalictrum venulosum, Ensäuren d. Samenöls 44-1893.

Thymus, Hydroxyfettsäuren im Samenöl 34-1388.

Tilia cordata 22-1472.

Trachyspermum ammi, Gewinn., Verarbeit. 34-2681.

Trewia nudiflora, konjugierte Fettsäuren d. Samenöls 5-2795.

Tropaeolum majus 49/50-2080.

Valeriana officinalis, konjugierte Fettsäuren d. Samenöls 5-2795.

Valerianella radiata, (+)-Vernoloylgruppen im Samenöl 1-1317.

Vateria indica, Glyceridstruktur d. Samenfetts verschiedener Herkunft 21-1538.

Vernonia anthelmintica s. *Vernoniaöl.*

Virola surinamensis s. *Ucuhubakernfett.*

Spezielle Fette (bzw. fette Öle)

Die Hinweise mit *) beziehen sich auf Stichwörter außerhalb des Kapitels Fette.

Avocadoöl

Unverseifbares v. kaliforn. u. israel. – (Persea americana) 5-2796.

Backfette

s. unter *Backen**).

Baumwollsamenöl (Baumwollöl, Baumwollsaatöl)

Adsorptive Fraktionier. v. – für experimentell i.v. Fettemuls. 19-1645; Isolier. d. Gossypols während d. Vorraffinat. 19-2885; Hydratat. d. Phosphatide v. – u. Entfern. durch Aceton 22-2836; Extrakt. v. Baumwollsamen: mit wss. Aceton 29-2965; mit Aceton/Hexan/W. 31-3101; Vermeid. d. Verfärb. mit o-Aminobenzoesäure 34-2684; Gegenstromextrakt. v. rohen Baumwollsamenflocken mit Aceton/Hexan/W. 34-3095.

Zus. d. Samenöle d. Gatt. Gossypium 10-1357; Steringeh. 17-3483; Phosphatide v. – 19-2888; Kennziffern d. Fettsäuren gehärteter Gemische v. – u. Korianderöl 19-2889; Oxylumineszenz v. raffiniertem – 19-3220; 2-Pentylfuran in autox. bzw. gehärtetem – u. Revers.-Geschmack 36-3149.

Hydrolyse 2-2620; selektive Hydrier. d. Cyclopropenyldoppelbind. in – 5-2801*; Hydrier. 11-2738, 13-2751; Verester. v. Cottonsoapstock 13-2752; Gewinn. v. Stearinsäure aus d. Säuren d. – 15-2602; Hydrier. (Kinetik) 15-2861; (Ni-Cu-Katalysator) 17-3039; (Einfl. d. Beding. auf d. trans-Isomerisier. d. Fettsäureradikale) 17-3040; Intensivier. d. katalyt. Flüssigphasen-Hydrier. 19-2887; Hydrier. an Skelettkatalysatoren in Ggw. v. Py. 22-2837; Bromier. 23-2742*; Umester. (alkal. Katalysator) 24-2518*; N-Aufnahme während d. Lager. 26-2841; Addit. v. Dichlorcarben an – 29-2967; therm. Hydrolyse 33-1490; gleichzeit. Hydrier. u. Umester. (Ni-Skelettkatalysator) 38-2821; Hydrier. an mit Hg vergifteten Skelettkatalysatoren 38-2822; chem. u. physikal. Unters. beim Erhitzen 38-3217; selektive Hydrier. d. Cyclopropensäuregruppen mit Ni-Katalysator (Winterisier.) 41-2902; Erhitz.-Vers. mit – 42-2874; Hydrier. an Ni–Sn-Skelettkatalysator 47-2758.

Lipolyse (in vivo-Mechanismus) 2-1302; Einfl.: auf d. biolog. Wirksamk. v. Indoxolen 13-1579; auf d. Wachstum v. Ratten 14-1496; Hydrolyse durch Rizinusöllipase 31-1423; wachstumsanregende Wrkg. bei Seidenraupen 45-1624.

Fett aus –-Soapstock zur Lederfett. 38-3247.

Best. in –: v. Tributylphosphortrithioat (gaschromatograph.) 11-2028; v. tier. Fetten 11-2037; Anwend. d. Kapazitätsmeth. zur Analyse v. Lsgm.-Gemischen bei d. Extrakt. v. Baumwollsaat 21-2265; Best. in –: v. Anabasinspuren (Verteil.-Gaschromatographie 21-2267; v. Epoxiden 34-2072; Best. d. Ölgeh. v. Baumwollsamen 37-2250; Mess. d. Ranzidität v. – (gaschromatograph.) 51/52-2011; Best. v. Cyclopropenfettsäuren in – 51/52-2014.

Butterfett

s. unter *Butter**) bzw. *Milch**).

Castoröl

s. *Rizinusöl.*

Chaulmoograöl

DK u. elektr. Moment v. – (Hydnocarpus kurzii) 10-2733.

Crambenöl

Zus. u. Ölgeh. d. Samen v. Crambe abyssinica 5-3205.

Crotonöl

Einfl. v. – u. Carragheenin auf d. Abszeßgew. 1-1523; chem. Struktur eines Cokarzinogens u. v. Phorbol aus – 9-1205; Wirkstoffe d. – 15-1288; Isolier. v. Cokarzinogenen aus – (Charakterisier. d. Phorbolesters A_3) 21-1365; Einfl. v. – auf d. Rk. v. Mäuseepidermiszellen gegenüber Dimethylbenzanthracen 27-1396; Wirkstoffe d. – (Entzünd.-Teste am Mäuseohr) 30-1225; entzündungshemmende Wrkg. an d. Ratte 30-1582; Einfl. v. Cokarzinogenen aus – auf Mitochondrien d. Mäuseleber 32-1306; karzinogene Wrkg. v. –-Inhaltsstoffen 33-1431; Toxizität bei AKR- u. C57BL/6-Mäusen 35-1238; Rk. v. akt. –-Komponente in Kurzzeitunters. d. Karzinogenität 36-1246; Epidermal-Karzinogenese bei d. Maus durch Dimethylbenzanthracen u. – 37-1340; –-Behandl. bei Karzinogenese durch ein Karzinogen 39-1168; Wirkstoffe d. – 39-1169, 48-1312; (Partialsynth.) 48-1314; Auslös. v. Hauttumoren mit DMBA u. – 49/50-1243.

Cucurbitaceenöle

Zus. d. Samenöle: v. Cucurbita digitala u. C. palmata 5-2795; v. Cucurbita-Arten 29-1562; konjugierte Fettsäuren in – 37-1552.

Eichelöl

Glycerid-Inhaltsstoffe 34-1386.

Erdnußbutter

s. unter *Erdnußöl.*

Erdnußöl

Lipolyse (in vivo-Mechanismus) 2-1302; Phosphatide aus Rückständen d. –-Extrakt. 3-3252; Triterpenalkohole u. Sterine in – 7-3181; Abwesenh. v. Aflatoxin in raffiniertem – 8-3148; Einfl. auf d. Biosynth. v. Antibiotikum *252* 11-1202; Best. u. Trenn. d. ox. Säuren im – 11-2017; Einfl. auf d. Geh. d. Serums an Glykoprotein 13-1488; Gaschromatographie 18-2064; Einfl. auf d. Zahnkaries 19-1656; konjugierte Hydrier. (Alkohole als H-Donator u. Ni-Katalysator) 26-2843; Ölgeh. v. Erdnußsamen 27-1563; Carotinoidfarbstoffe d. – 31-3516; Linolensäuregeh. v. – 32-3050; Raffinat. durch neutralisierende Dest. (Verh. d. Aflatoxins) 33-3510; Herst. v. Preßlingen aus Erdnußbutter für d. Kolorimetrie 39-2138; Autox. 40-1918; rheolog. Verh. v. –/W.-Emuls. 41-1771; wachstumsanregende Wrkg. bei Seidenraupen 45-1624; Ringvers. zur Best. v. Aflatoxinen in Erdnußbutter 45-2232.

Färberdistelöl

s. *Safloröl.*

Fischöle (und Trane, Öle von Seetieren)

Fettgeh. v. Munida gregaria u. Euphausia superba 26-1536; Anstieg d. Fettgeh. v. Fischen durch Veränder. d. Co-Ernähr.-Kette 29-1673.

Abtrenn. v. höherschmelzenden Fettbestandteilen aus hydrierten – 5-2803*; Hydrier. u. Desodorier. d. Gemische v. Walfett mit Pflanzenöl 27-3550; Fraktionier. mit fl. Propan u. Butan 34-2686.

Empir. Bezieh. zwischen JZ. u. Geh. an polyungesätt. Fettsäuren in Seetierölen 2-2928; Rogenöle v. Mugil cephalus 9-1389; Triglyceride d. Drachenkopf-Fisches 19-2217; Öl v. im japan. Binnenmeer gefangenen Fischen 33-3503; Triglyceridzus. d. Öle v. Meeräsche, Thunfisch, Menhaden u. Sardine 34-1431; Unverseifbares d. Specköls v. Sei-Walen 37-2971; Tetramethylpentadecansäure in Waltran 39-2118; Alkohole d. Unverseifbaren v. maritimen Ölen 45-3330; Fettsäuren d. Süßwasserfisch- u. Seetieröle 47-1561; 4.8.12-Trimethyltridecansäure im Walöl 47-2097; 7-Methyl-6-hexadecensäure im Tran aus Finnwalen 47-2132.

AOM-Stabilität modifizierter Walöle 7-3186; Alkoholyse v. – zur Darst. v. Alkylestern 34-2899; antagonist. Wrkg. d. Tocopherole gegenüber N-halt. Antioxydantien in Haifischleberöl 40-2948; Einfl. v. ionisierender Strahl. auf polyungesätt. Fettsäuren v. Garnelen 45-3325.

Einfl. auf d. Wachstum v. Ratten 14-1496; antibakterielle Wrkg. v. Lebertranöl 41-1786.

Glycerinäther aus d. Leberöl v. Knorpelfischen enthaltende Futtermittel 2-2945*; Herst. v. pharmazeut. Öl aus d. Öl v. Sebastes marinus 14-1733*; Fett.-Prod. für chromgegerbte Leder mit sulfitiertem Fischtran 14-3107; Emuls. für Gerbereizwecke mit sulfitierten – 18-3124*.

Schnellbest. d. W.-Geh. v. – 6-2003; Konzentrier. v. hochungesätt. Fettsäuremethylestern in – zur gaschromatograph. Identifizier. 14-2062; Bewert. d. medizin. Lebertrans 22-1769; Unters. über Trane antarkt. Wale durch Gaschromatographie mit H-Flammenionisat.-Detektor 39-2118; photometr. Best. in –: v. Cholesterin 39-2144; v. Vitamin D 46-1987; Verteil.-Gaschromatographie: v. Ölen antarkt. Wale unter Verw. eines H-Flammenionisat.-Detektors 47-2097, 47-2132; d. Öle v. Brevoortia tyrannus u. Euthynnus alletteratus 49/50-2080.

Getreidefette

Siehe auch *Hirseöl*; *Maisöle*; *Reisöle*; *Weizenöle.*

Einfl. auf d. biolog. Wirksamk. v. Indoxolen bei Ratten 13-1579; threo-9.10-Dihydroxystearinsäure im Öl v. Secale cereale 34-1390; Zus. u. Eig. v. Sorghum-Öl 47-3168.

Hanfsamenöl

Einfl. d. Düng. auf Ölgeh. v. Hanfsamen 7-3058.

Hirseöl

Härt. 27-3548.

Holzöl

Ölharzlack mit modifiziertem – 18-2935*; Oxylumineszenz v. Tungöl 19-3220; Druckfarbenherst. unter Verw. v. – 23-3439*.

Hühnerfette

Zus. 22-3204.

Kaffeeöl

Beteilig. an d. physiolog. Effekten v. Kaffeegetränken 15-1660; Zus. d. Unverseifbaren 19-1215; Fettbest. in Roh- u. Röstkaffee 48-2033.

Kakaobutter

s. unter *Kakaofette.*

Kakaofette

Viskositätserhöhender Effekt v. Aerosil in Butyrum Cacao 1-1575; Triterpenalkohole u. Sterine in Kakaobutter 7-3181; Einfl. v. Kakaobutter auf d. Ausscheid. v. Glycerylguajacol 13-1546; Oxylumineszenz v. Kakaobutter 19-3220; Einfl. v. Kakaobutter auf Resorpt. u. Ausscheid. v. Arzneimitteln 27-1735; rektale Resorpt. v. Sulfisoxazolen aus Kakaobutter 27-1773; Polymorphie v. Kakaobutter 29-2225; Alkylpyrazine in Kakaobutter 35-3177; Verbesser. bei d. Extrakt. v. Kakaobutter 44-2966.

Gaschromatograph. Best. v. –-Verfälsch. 2-1937; Dünnschichtchromatographie v. Kakaobutter 6-2010; Best.: d. Steringeh. v. – (gravimetr.) 11-2057; v. – neben Butterfett 12-1999; d. Geh. an trans-Fettsäuren in Kakaobutter 30-2073.

Kamelienöl

Gaschromatograph. Unters. d. Triglyceride 35-2148.

Karanjaöl

DK u. elektr. Moment v. – (Pongamia pinata) 10-2733.

Kirschkernöl

Zus. 1-1928.

Klauenöl

Löslichk. v. Phenazon(-Deriv.) in Rinder-– 42-1567; kältefeste Ester als Ersatz für – 43-2614*; Hydrier. v. Rinder-– (Herst. v. Salbengrundlagen) 48-1645*.

Kokosöl (Kokosfett, Kokosnußöl)

Hydrolyse durch postheparine Plasmalipase 3-1245; Dest. d. Säuren v. gespaltenem – 4-2656; Dünnschichtchromatographie 6-2010; aktiviertes – als Substrat für d. Klär.-Faktor d. Plasmas 7-1469; Triterpenalkohole u. Sterine in – 7-3181; DK u. elektr. Moment 10-2733; Umester. (alkal. Katalysator) 24-2518*; flücht. Aromabestandteile 31-1560; Fettsäurezus. 31-2255; Verschlechter. v. –-halt. Backfett beim Lagern bei tiefer Temp. 33-3509; polycycl. aromat. KW-Stoffe in – (Vork. u. Beseitig.) 34-3075; gaschromatograph. Unters. 35-2148; Verschlechter. v. Ölen u. Fetten aus d. Reihe d. gehärteten – 35-3178; Hochdruckspalt. 37-3376; Zus. 42-2875; Extrakt. v. Gleitmitteln aus Polystyrol durch – 45-3326; Qualitätsverschlechter. v. durch Hydrier. v. – erhaltenen Ölen u. Fetten 46-2808; Einfl.: auf d. Fusarsäurebldg. durch Fusarium vasinfectum 47-1433; v. hydriertem – auf Wachstum u. Blut- u. Gewebekomponenten v. Schweinen 49/50-1544.

Korianderöl

Kennziffern d. Fettsäuren gehärteter Gemische v. Baumwollsamenöl u. – 19-2889.

Leberöle

s. unter *Fischöle.*

Lebertran

s. unter *Fischöle.*

Leinöl (Leinsamenöl)

Fettsäurezus.: d. Samenöls v. Wildspezies d. Gatt. Linum 2-1284; d. Öls einiger Leinsorten 4-2657; Isolier. v. Geranylgeraniol aus d. Unverseifbaren 6-1375; Triterpenalkohole u. Sterine in – 7-3181; Zus. d. Samenöle v. Linum-Arten 7-3182; Steringeh. 17-3483; Zus. d. Triglyceride 19-2248; cycl. gesätt. C_{18}-Säuren aus – 27-1561; 24-Methylencycloartanol in – 49/50-1395; Plastochromanol in – 49/50-1402.

Emuls. v. TiO_2 in – 18-0611; Verteil. v. Berliner Blau in – 34-2895; CO_2-Löslichk. in – 41-3250; Permeabilität v. – für W.-Dampf 44-1396; Emulgieren v. – 44-2817, 44-2818.

Hydrolyse 2-2620; Autox. 14-2947; Unters. d. Ox.-Vorgänge 20-2939; Epoxydier. (Beurteil. d. erhaltenen Weichmacher) 24-

2711; Einfl. v. Katalysatoren auf d. Rk. zwischen – u. Pentaerythritkolophoniumester 24-2864; homogene Hydrier. d. Methylester v. – an Metallacetylacetonaten 26-2842; kontinuierl. Verf. d. Alkoholyse unter Schallwrkg. 31-2731; Polymerisat. 34-2688; Rk. mit Diäthanolamin u. zweibas. Säuren zu Polyesteramiden 34-2916.

—-Emuls. für Schutzüberzüge 40-2784.

Best. d. J-Zahl durch Br-Methoxylier. 16-2056; dünnschichtchromatograph. Trenn. d. Fettsäuren v. – 19-2300; Plattenzellen zur DTA-Unters. 26-2153; gaschromatograph. Unters. d. Zus. 35-2148; Best. v. Schwermetallspuren in – 36-2077.

Lorbeerfett

Zus. d. Samenfetts v. Laurus nobilis 25-1490.

Mahuafett

Raffinat., Hydrier., Kristallisat. v. – (Madhuca latifolia) u. Verw. für Talg- u. Kakaobutterersatzprod. 6-3090.

Maisöl

Triterpenalkohole u. Sterine in – 7-3181; Steringeh. 17-3483; Bezieh. zwischen Ranzigk. u. Fettsäurezus. 32-3052; therm. Hydrolyse 33-1490; 2-Pentylfuran in therm. ox. – (Bezieh. zum Revers.-Geschmack) 36-3149; Zus. d. im rohen – enthaltenen freien Fettsäuren 47-3176.

Einfl. auf d. Synth. v. Cholesterin u. Totallipid durch Ratten 1-1457; Erhöh. d. Produkt. d. extrazellularen Lipase v. Achromobacter lipolyticum durch – 5-1243; aktiviertes – als Substrat für d. Klär.-Faktor d. Plasmas 7-1469; Einfl.: auf d. Biosynth. v. Antibiotikum *252* 11-1303; auf Rattengewebeenzyme 16-1588; auf d. Steringleichgew. beim Menschen 19-1670; auf Bldg. u. Speicher. v. Lipiden u. Cholesterin aus $^{14}C_{(1)}$-Acetat 21-1662.

Gaschromatographie 18-2064; dünnschichtchromatograph. Trenn. d. Fettsäuren v. – 19-2300; Best. in –: v. Gallussäurepropylester, Nordihydroguajaretsäure, Hydroxyanisol- u. Hydroxytoluolbutyläther 19-2301; v. BHA u. BHT (gaschromatograph.) 38-2185.

Milchfett

s. unter *Milch**).

Mohnöl

Triterpenalkohole u. Sterine in – 7-3181; intravasculär injizierbare Lsg. v. jodierten Äthylestern d. Fettsäuren v. – (experimentelle Unters.) 11-1550; (histolog. Unters.) 11-1551.

Murmeltieröl

Zus. 16-2796.

Nerzfett

Eig. u. Zus. 18-2714.

Oiticicaöl

Triterpenalkohole u. Sterine in – 7-3181; Druckfarbenherst. unter Verw. v. – 23-3439*.

Oleum Helianthi

s. *Sonnenblumensamenöl.*

Olivenöl

Maleinsäureanhydrid in d. Raffinat. v. – 8-3147; Entmetallisier. v. – mit Kationenaustauschern 10-3099; Verschlechter. v. Olivenpreßkuchen während d. Lager. 27-3549; Entmetallisier. durch Austauscherharze (Einfl. auf Haltbark. u. Geschmack) 37-3377.

Triglyceridstruktur 2-2927; Vork. v. Elaidinsäure in – 3-3250; Triterpenalkohole u. Sterine in – 7-3181; Kennwerte v. – aus Sizilien 7-3185; Geh. an Elaidinsäure (Erhöh. während d. Raffinat.) 17-3482; Zus.: d. italien. – 17-3484; d. Unverseifbaren (Unterscheid. v. extrahierten u. gepreßten Fruchtfleischölen) 19-2245; Elaidinsäuregeh. in – verschiedener Herkunft u. Vorbehandl. 30-3056; Fettsäurezus. d. apul. – 32-3051; Ranzigk. u. Fettsäurezus. 32-3052; Elaidinsäure-Geh. in rohem – 42-2878; Eig. u. Fettsäurezus. v. – aus Kalabrien 47-3173; 24-Methylencycloartanol in – 49/50-1395.

UV-Absorpt. v. kalt gepreßten italien. – d. Ernte *1965–1966* 2-2926; –/Glycerin-Syst. (Beeinfluss. v. Rheologie u. Teilchengrößenverteil.) 13-1643; (Beeinfluss. d. Grenzflächenviskosität) 13-1644; Strukturbldg. v. Pb-Stearat in Gel mit – 33-1904; CO_2-Löslichk. in – 41-3250.

Einfl. v. Hydroxycarbonsäuren auf d. Ox. 41-3249.

Hydrolyse durch postheparine Plasmalipase 3-1245; Erhöh. d. Produkt. d. extrazellularen Lipase v. Achromobacter lipolyticum durch – 5-1243; Einfl.: auf d. Phospholipide v. Rattengeweben 17-1598; auf d. Aktivität u. Wärmeinaktivier. v. Lipase 29-1439; auf d. Fusarsäurebldg. durch Fusarium vasinfectum 47-1433.

– in d. modernen Kosmetik 28-2814.

Nasse Verasch. unter Verw. v. H_2O_2 2-1924; UV-Spektrophotometrie v. – in geringer Schichtdicke ohne Lsgm 8-1975; Best.: d. Fettsäurezus. (Harnstoff-Fraktionier. u. Verteil.-Gaschromatographie) 11-2039; v. verestertem – (gaschromatograph.) 12-1964; spektrofluorimetr. Unters. 13-1977; Best. d. J-Zahl durch Br-Methoxylier. 16-2056; Unters. d. Fettsäureverteil. (gaschromatograph. Analyse d. partiellen Glyceride) 18-2059; Best.: d. Entfärb.-Grades v. – (spektrometr. Meth.) 33-2305; d. Rückstände v. Thiometon 33-2334; v. Epoxiden in – 34-2072; d. Rückstände v. Thiometon 35-2162.

Palmkernöl

Triterpenalkohole u. Sterine in – 7-3181; Qualität v. Palmkernen beeinflussende techn. Faktoren 7-3183; Umester. (alkal. Katalysator) 24-2518*.

Palmöl

Triterpenalkohole u. Sterine in – 7-3181; Umester. (alkal. Katalysator) 24-2518*; gaschromatograph. Unters. 35-2148.

Pferdefett

Nachw. v. Fremdfetten in – 35-3179.

Polarfuchsfett

Eig. u. Zus. 18-2714.

Pottwalöl

s. unter *Wachse-Walratöl**).

Rapsöl

s. unter *Rüböle.*

Reisöle

Triterpenalkohole u. Sterine in Reiskleieöl 7-3181; Unters. v. – 8-2709; Einfl. auf d. Wachstum v. Ratten 14-1496; Verteil. v. Neutralfetten im Reiskorn 27-3552; Glyceridzus. v. Reiskleieöl (Einfl. d. Hydrolyse) 34-3078; gaschromatograph. Unters. 35-2148; Bleich. v. rohem Reisschalenöl 37-2970.

Rinderfett

s. unter *Talg.*

Rizinusöl

Scherelastizität v. Castoröl 4-0442; Einfl.: auf d. Darmflora 5-1666; auf Cellulose-Acetophthalat-Filme 5-1686; Triterpenalkohole u. Sterine in – 7-3181; Vinylier. u. Carbonylier. 10-2507; DK u. elektr. Moment v. Castoröl 10-2733; Entwässer. v. hydriertem – 17-1047; Druckfarbenherst. unter Verw. v. – 23-3439*; Twitchell-Spalt. v. (hydriertem) Castoröl 24-2677; oxyalkyliertes – zur Verhinder. d. Schäumens in wss. Syst. 30-2703*; rheolog. Verh. v. Castoröl/W.-Emuls. 41-1771.

Best.: in natürl. Rohgummi (gaschromatograph.) 23-3064; d. Hydroxylzahl in Ggw. saurer Katalysatoren 28-2055; in anderen Ölen (papierchromatograph.) 39-2145.

Rüböle

Eikosensäure in bulgar. Rapsöl 2-1917; Fettsäurezus. d. Rapsölphospholipide 3-3254; Zus. d. Unverseifbaren v. Rapsöl 6-3089; Triterpenalkohole u. Sterine in Rapssamenöl 7-3181; Phytosterine aus Rapsöl 14-1965; Kennwerte u. Zus. v. Samenöl verschiedener Brassica-Arten 42-2876.

Autox. v. (gehärtetem) Rapsöl (Einfl. v. α-Tocopherol) 5-3203; chem. Verarbeit. v. Fettsäuren d. Rapsöles 22-2838; therm. Stabilität v. Rapsöl 24-2597; Gew.-Änder. bei Autox. v. Rapsöl 30-3053; – als Ausgangsprod. zur Herst. grenzflächenakt. Verb. 32-2730; Veränder. d. Fettsäuren v. Rapsöl bei d. techn. Hydrier. 32-3053, 39-3179.

Einfl. v. Rapssamenöl auf d. Wachstum v. Ratten 14-1496.

Unanwendbark. v. Bellier's Trüb.-Punkt als Standardtest für ind. Rapsöl 12-1965; Best. d. J-Zahl durch Br-Methoxylier. 16-2056; Plattenzellen zur DTA-Unters. 26-2153; Analyse d. Monoäthylen-Fettsäuren v. – durch Kapillar-Gaschromatographie 32-2081; gaschromatograph. Unters. v. Rapsöl 35-2148; Gas–Fl.-Chromatographie 39-2025; Verteil.-Gaschromatographie d. Triglyceride v. Brassica napus-Samenöl 49/50-2080.

Safloröl

Verw. für Oberflächenfilme 6-2927; Einfl.: auf d. Wachstum v. Ratten 14-1496; auf d. Arachidonsäurekonz. in d. Rattenleber 15-1590; Steringeh. 17-3483; Gaschromatographie 18-2064; Best. d. Feststoffgeh. 19-2304; indirekte Dehydrier. v. Carthamusöl 25-2985; N-Aufnahme während d. Lager. 26-2841; konjugierte Hydrier. (Alkohole als H-Donator u. Ni-Katalysator) 26-2843; Hydrolyse v. frischem u. erhitztem – durch Pankreaslipase in vitro 29-1440; chem. Zus. d. Samenöle d. Färberdistel (Carthamus tinctorius) 31-1561; Stabilität u. chem. Veränder. v. – mit hohem Ölsäuregeh. 34-2683; Gewinn. v. – mit hohem Ölsäuregeh. 47-3174; Einfl. auf d. Wachstum u. Blut- u. Gewebekomponenten v. Schweinen 49/50-1544.

Sanddornöl

Fettsäuren d. – 9-1321.

Schaffett

s. unter *Talg.*

Schmalz

s. unter *Schweinefette.*

Schweinefette (Schmalz, Speck)

Fettsäurezus. v. Schweineschmalz 31-2255; vergleichende Unters. v. – verschiedener Herkunft 41-3253; KW-Stoffe in Schweineschmalz 48-2938.

Verteil. v. Weichmachern zwischen Schweineschmalz u. organ. Lsgm. 6-1990; Strukturbldg. v. Pb-Stearat in Gel mit Schweineschmalz 33-1904; Löslichk. v. Phenazon(-Deriv.) in Schweineschmalz 42-1567.

Haltbark.-Unters. an gelagertem Schweineschmalz 4-2658; Autox. v. Schweineschmalz (Einfl. v. Myoglobin) 7-3180; (Einfl. v. Hämoglobin) 19-3221; bei d. Autox. v. Schweineschmalz gebildete Aldehyde 20-3094; Haltbark. v. – u. —-halt. Erzeugnissen (Einfl. d. Verfütter. v. Vitamin E) 25-3395; therm. Ox. v. Schweineschmalz (Einfl. v. Temp. u. Erhitz.-Zeit) 27-3544; therm. Hydrolyse 33-1490; antioxydativer Einfl. v. Äthoxypolysiloxanöl auf Schweineschmalz 33-1905; Einfl. einer Umester. v. Schweineschmalz auf Stabilität u. Wrkg. v. Antioxydantien 34-3079; Autox. v. Schweineschmalz in wasserfreiem Milieu (Einfl. v. Hämatin u. Hämin) 36-3150; Veränder. bei langfrist. Kühlhauslager. 38-3218.

Einfl.: auf d. Fettsäurezus. v. Lipiden d. Frauenmilch 7-1410; v. Schmalz auf d. Wachstum v. Ratten 14-1496; auf Bldg. u. Speicher. v. Lipiden u. Cholesterin aus $^{14}C_{(1)}$-Acetat 21-1662.

Best.: d. Peroxidzahl v. Schweineschmalz 1-1913; v. freien Fettsäuren u. POZ bei d. Unters. v. Importschmalz (Schnellmeth.) 8-1996; v. Schweineschmalzbeimisch. in pflanzl. Ölen (gaschromatograph.) 11-2037; v. Rindertalg in Schweineschmalz (DTA) 12-1989; v. Gallussäurepropylester, Nordihydroguajaretsäure, Hydroxyanisol- u. Hydroxytoluolbutyläther in – 19-2301; v. Spuren v. Fettsäuren in – 19-2302; statist. Betracht. d. Bömer-Zahl v. holländ. Schweineschmalz 22-2222; Best. d. Geh. an trans-Fettsäuren in Schweineschmalz 30-2073; Unters. u. Beurteil. v. Schweineschmalz 33-3511; Nachw. bzw. Best.: v. Fremdfetten in – 35-3179; v. Schwermetallspuren in Schweineschmalz 36-2077; v. BHA u. BHT in Schmalz (gaschromatograph.) 38-2185.

Senfsamenöl

Unanwendbark. v. Bellier's Trüb.-Punkt als Standardtest für ind. – 12-1965; Eiweißmehl aus Senfsamenkuchen 17-3490; Trenn. u. Identifizier. v. Nebenbestandteilen d. – 20-2019; Fettsäurezus. v. russ. – (Sinapis alba) 38-2820; papierchromatograph. Nachw. in anderen Ölen 39-2145; Fettsäureanalyse d. Samenöls v. weißem Senf 39-2147.

Sesamöl

Triterpenalkohole u. Sterine in – 7-3181; Einfl. auf d. Nebennieren trächt. Albinoratten 15-1521; Oxylumineszenz v. raffiniertem – 19-3220; Bromier. 23-2742*; Einfl. v. – auf d. biolog. Verh. v. Äthinylöstradiolen 35-1498; gaschromatograph. Unters. 35-2148; dünnschichtchromatograph. Nachw. d. Verfälsch. mit anderen Pflanzenölen 51/52-2012.

Sojabohnenöl (Sojaöl)

Erhöh. d. Stabilität v. – 3-3253; Einfl. v. Desodorier.-Dauer u. -Temp. auf d. Stabilität v. – 5-3204.

Alkylfurane u. Geschmacksrevers. v. – 1-3050; Triterpenalkohole u. Sterine in – 7-3181; Fettsäureisomere in handelsübl. hydrierten – 8-1995; 2-Pentylfuran in – u. Revers.-Geschmack 12-3159; Abtrenn. d. Phospholipoide aus rohem – 14-1978; Steringeh. 17-3483; Diacetyl als Buttergeschmack bewirkende Komponente im – 23-3458; Charakterisier. d. Revers.-Geschmacks v. – 31-3515; Ranzigk. u. Fettsäurezus. 32-3052; Vork. v. 2-Pentylfuran in autox. – (Bezieh. zum Revers.-Geschmack) 36-3149; Fraktionier. d. Fettsäuren v. – (Gewinn. v. linolsäurereichen Konzentraten) 46-1346.

Löslichk. v. Gasen in – 41-3250.

Epox. v. – (Stabilisier. d. Rk.-Prod.) 4-2334*; katalyt. Hydrier. v. – -Methylestern 5-2798; Epox. 15-2582*; Hydrier. an festem Ni–Cu-Katalysator 17-3039; Intensivier. d. katalyt. Flüssigphasen-Hydrier. 19-2887; katalyt. Hydrier. v. – -Methylestern 21-1013; Epox. 21-2822*; selektive Hydrier. (Cu–Cr-Katalysatoren) 22-3203; homogene Hydrier. d. Methylester v. – an Metallacetylacetonaten 26-2842; chem. u. physikal. Änder. v. – beim Erhitzen 41-3252; selektive Hydrier. d. Linolensäure in – (Cu-Katalysator) 42-2894*; oxydative u. Geschmacksstabilität v. gelagertem – 47-3172.

Einfl. auf d. Wachstum v. Ratten 14-1496.

Best. v. tier. Fetten in – 11-2037; Gaschromatographie 18-2064; Bewert. v. therm. ox. – durch Dünnschichtchromatographie 25-3417; Plattenzellen zur DTA-Unters. 26-2153; Best. in – : v. Tocopherolen (dünnschichtchromatograph.) 30-3057; v. Schwermetallspuren 36-2077.

Sonnenblumensamenöl (Sonnenblumenöl)

Herst. v. gereinigtem – durch Ausfrieren 47-3171; Citronensäure als Antioxydans in – 48-2937.

Triterpenalkohole u. Sterine in – 7-3181; Zus. v. argentin. – 25-1492; Kennziffern v. – aus mit Methylbromid begasten Sonnenblumensamen 27-3545; Einfl. d. Lager. u. technolog. Behandl. v. Samen auf d. SZ. d. – 46-2807; Fettsäuren d. – aus Samen v. verschiedenem Reifegrad 47-3169; Einfl. d. Lipide v. Sonnenblumenhülsen auf d. Qualität d. Öls 47-3170.

Viskositätserhöhender Effekt v. Aerosil in Oleum Helianthi 1-1575.

Erhitz. im inerten Medium u. an d. Luft 1-3049; Einfl. v. α-Tocopherol auf d. Autox. 5-3203; Gewinn. v. Stearinsäure aus d. Säuren d. – 15-2602; Hydrier. (Ni–Cr-Katalysator) 17-3038; (Ni–Cu-Katalysator) 17-3039; W.-Aufnahme v. – bei d. Hochtemp.-Spalt. 19-2886; Intensivier. d. katalyt. Flüssigphasen-Hydrier. 19-2887; therm. Ox. (Einfl. v. Temp. u. Erhitz.-Zeit) 27-3544; Autox. v. raffiniertem – 30-3055; kontinuierl. Alkoholyse unter Schallwrkg. 31-2731; Einfl. v. Schwermetallen u. Inhibitoren auf d. Ox.-Geschw. 33-3508; Hydrier. 33-3512; (Ni–Cr-Katalysator) 46-2811; (Ni–Cu-Katalysator) 46-2812; Einfl. v. Schwermetallspuren auf d. Beginn d. Autox. 47-3167.

Einfl.: auf d. Fettsäurenzus. v. Lipiden d. Frauenmilch 7-1410; auf d. Biosynth. v. Antibiotikum *252* 11-1202; auf d. Geschwulstbldg. 45-1332.

Herst. v. stabilen, – enthaltenden O/W-Emuls. 51/52-1726.

Nachw. bzw. Best.: d. Raffinat. 5-2043; d. J-Zahl durch Br-Methoxylier. 16-2056; v. Tocopherolen in – (dünnschichtchromatograph.) 30-3057; Anwend. d. Molekulardest. bei d. Trenn. v. Raffinat.-Prod. d. – 32-3047. Best. v. Schwermetallspuren in – 36-2077.

Spermöl

s. *Wachse-Walratöl**).

Talg

Vork. v. 3.7.11.15-Tetramethylhexadecansäure in perinephrit. Rinderfett 3-1372; Lactone in erhitztem Rinderfett 10-3100; Vork. v. Methylmethoxystearatisomeren in aus Schafsnierenfett dargestellten Methylestern 19-1537; 11-Cyclohexylundecansäure aus d. Nierenfett d. Schafes 22-1503; isomere Methoxystearinsäuren als Artefakte aus Hammelnierenfett 26-3171; chem. Eig. v. – u. daraus hergestellten Prod. 38-3219; vergleichende Unters. v. – verschiedener Herkunft 41-3253; Hemm. d. durch γ-Strahlen induzierten cis–trans-Isomerisat. in Rinderfett durch Zusatz v. Cephalin 44-2967.

Einfl.: v. Rinder- – auf d. Synth. v. Cholesterin u. Totallipid in Ratten 1-1457; auf d. Wachstum v. Ratten 14-1496.

Dünnschichtchromatographie v. Rinderfett 6-2010; Nachw. v. Rinder- – : in pflanzl. Ölen 11-2037; in Schweineschmalz (DTA) 12-1989; Best.: v. Gallussäurepropylester, Nordihydroguajaretsäure, Hydroxyanisol- u. Hydroxytoluolbutyläther in – 19-2301; d. trans-Fettsäuregeh. in Wiederkäuerfett (IR-spektroskop.) 30-2073; v. Fremdfetten in – 35-3179; v. BHA u. BHT in – (gaschromatograph.) 38-2185; Qualitätskriterien v. als Viehfutter vorgesehenem – 44-2968.

Tallöl

s. *Tallöl**).

Tamarindensamenöl

Zus. u. Eig. v. – (Tamarindus indica) 2-2589.

Teesamenöl

Triterpenalkohole u. Sterine in – 7-3181; Sulfonier. 31-2309*.

Tomatensamenöl

Einfl. auf d. Biosynth. v. Antibiotikum *252* 11-1202.

Traubenkernöl

Triterpenalkohole u. Sterine in Wein- – 7-3181.

Zus. d. Samenöle v. argentin. Trauben 25-1493.

Tungöl

s. *Holzöl.*

Ucuhubakernfett

Dünnschicht- u. gaschromatograph. Analyse v. – (Virola surinamensis) 19-2247.

Vernoniaöl

(+)-Vernoloylgruppen im Samenöl v. Vernonia anthelmintica 1-1317; Best. v. Epoxiden in – 34-2072.

Walnußöl

Best. v. Spuren v. Fettsäuren in – 19-2302.

Walöl

s. unter *Fischöle.*

Walratöl

s. *Wachse-Walratöl**).

Waltran

s. unter *Fischöle.*

Weizenöle

Steringeh. v. Weizenkeimöl 17-3483.

Wollfett

s. *Wachse-Wollfett (und Lanolin)**).

Fettmobilisierendes Hormon s. unter *Hormone, Hypophysenhinterlappenhormone.*

Fettsäuren s. unter *Carbonsäuren.*

Feuchtigkeit

Einfl. v. – auf Eig. anderer Stoffe u. Best. v. – s. unter *Wasser*; – im Boden s. unter *Boden. Trocknen (und Entwässern)* s. dort.

Therm. Dynamik eines nichtadiabat. Befeucht.-Vorgangs 15-2204; Wärme- u. – -Übergang in kapillarporösen Materialien v. Gesichtspunkt d. Thermodynamik irreversibler Prozesse (Fortschrittsbericht) 27-2387; Hygroskopizität d. Syst. $Ca(NO_3)_2/NH_4NO_3$ 40-0461.

Unters. d. – in d. Form beim Erstarren v. Gußstücken 17-2422; lokale – -Bereiche in granuliertem Material nach Wirbelschichttrockn. 22-2256; Zusammenhang zwischen – -Geh. u. Temp. v. dispersem Material bei Wirbelschichttrockn. 35-2232; Unters. über – in Torfproben 42-1935; Bind.-Energie v. in porösem oder koll. Medium gebundener – 44-0561; Best. d. – -Geh. v. Mn/Mg-Ferriten 46-1946.

– -Regel. für d. Pelletisier. oder Verschiff. v. Filterkuchen aus Fe-Erzkonzentraten 5-2329; Vorr. zur Erzeug. v. Luft konst. – 10-1813; Regel. d. – d. behandelten Textilware 11-2986; – -Regel. im Labor. unter Verw. v. Salzlsg. (Überblick) 21-2021.

Austauschkörper für – u./oder Wärme 36-2135*; Herst. v. 2-Methylpentan-2.3.4-triol als Feuchthaltemittel 49/50-2606*.

App. zur Best. d. Hygrostabilität v. Papier u. Pappe 2-1927; einfaches Verf. zur Handhab. u. Wäg. stark hygroskop. Stoffe 4-0460; Abwägen v. Zehntelmilligrammengen hygroskop. u. flücht. Substanzen 27-2077; verbessertes Wägegläschen zum Abwägen hygroskop. Materials 44-1722.

Feuerfeste Massen s. unter *Keramik.*

Feuerlöschmittel, Löschen brennender Gase (Übersicht) 29-2288; Leichtschaum zur Brandbekämpf. 34-2125, 34-2126; Toxizität v. als – verwendeten Halogen-KW-Stoffen 34-2128; – (Entw.) 37-2343; chem. – 41-2237; Perfluorcarbon- u. -sulfonsäuren als Schäumer bei d. Brandbekämpf. 8-2456; – : aus Br-halt. fluorierten KW-Stoffen 11-2132*; aus fluorierten KW-Stoffen u. Chlorfluoralkanen 11-2133*; aus Halogenalkanen u. Chlorfluoralkanen 11-2134*; Schaumlöschmittel aus Schaummitteln, Stabilisatoren u. Diäthermonoalkoholen 11-2135*; Chlorfluor-KW-Stoffe als Löschmittel 28-2558; freifließendes Feuerlöschpulver 30-2125*; Alkalibicarbonat in Feuerlöschpulver mit Stärkezusatz 41-2244*; stabilisierte Schaummittel aus quatern. Ammoniumverb. u. Fettalkoholen oder Fettaminen für Feuerlöscher 45-2737*.

Feuerschutz(mittel), Einschränk. d. Selbstentzünd. organ. Substanzen an Isoliermaterial 2-1985; Feuersicherh. in chem. Fabriken 19-2363; Kunststoffe im Bauwesen u. Brandschutzforder. 29-2455; Brandvers. an Lüft.-Kanälen aus Polyolefinen 34-2127; Brandschutz in d. chem. Industrie 41-2236; Brandhemmstoffe für Anstrichmittel (Übersicht) 42-2728; Flammenfester Anstrich 2-2798*, 2-2803*; (Überblick) 20-2947; feuerbeständ. Überzüge 24-2909*; wasserbeständ., auf Öl basierende, schwellende, feuerhemmende Anstriche 32-2921.

Herst. als Flammschutzmittel: v. S-Deriv. d. Pentachlorbutadiens 1-3020; v. in *4*- u. *5*-Stell. substituierten 4.5-Dichlor-1:3-dioxolan-2-onen 1-2476*; wasserfeste flammwidr. Überzüge mit Salzen v. bas. u. sauren Aminoverb. 4-2543*; Herst. als Flammschutzmittel: v. Silylharnstoffverb. 7-2637*; v. Bis-phenollactonen 14-2579*; feuerbeständ. Überzüge aus bituminösen Emuls. 18-2950*; Herst. v. halogenierten Polyhydroxy-Verb. als Flammschutzmittel 22-2876*; feuerfeste Schutzanstriche mit Li- u. Na-Silicat 24-2898*; flammfeste Überzugsmittel mit Li–Na-Silicatlsg. 24-2910*; Brandschutzüberzugsmittel mit Zusatz v. Emiss.-Strahlern 28-3114*; Verw. in Flammschutzmitteln: v. Antimonalkoxiden 27-2827*; v. Li- u. Na-Silicat 27-3523*; v. Methylolderiv. v. Tris-[2-carbamoyläthyl]-phosphinoxid 32-2891*; flammwidr. Bitumenmisch. 33-2575*; flammenwidr. Klebemittel 34-2731*; Flammschutzmittel aus N-2-Acyloxyäthylphthalimiden 38-2673*.

Verw. in Flammschutzmitteln: v. Dekachlor-3-hydroxypentacyclodecan - 3 - phosphonaten 2-2800*; v. Acetal- u. Ketalphosphonaten 10-2570*; v. halogenierten Phosphinopyronen 10-2574*; v. Borhydridverb. v. Phosphinen u. Arsinen 16-2547*; v. organ. Reste enthaltenden Ammoniumpolyphosphaten 18-2878*; v. α.ω-Dihydroxyalkylen-α.ω-diphosphinoxiden 24-2530*; v. thermoplast. aromat. Alkenylpolymeren u. organ. bromhalt. Phosphonaten 25-2292*; v. Phosphonsäureestern 31-3149*; v. 1-Hydroxyfluoralkyl-bis-[hydroxymethyl]-phosphinen u. 1-Hydroxyfluoralkylhydroxymethylalkylphosphinen 35-2641*; v. spirocycl. Phosphorsäureestern 35-2663*; v. Ammonphosphaten, Fe, Al u. Kieselerde 38-3188*; v. Fluorphosphoranen 42-2364*; v. Dicarbamylphosphinen u. -phosphinoxiden 43-2622*; v. Phosphorsäureglycidylestern 45-2741*; v. Thiophosphorsäureestern 46-2317*; v. Aminoestern v. phosphoriger u. phosphoniger Säure (Zwischenprod.) 47-2552*.

Feuersichere Isoliermaterialien aus Polyimiden 3-2931*; Flammfestmachen v. Polyesterharzen 4-2337*; schwer entflammbare Kunststoffe aus P-halt. Polyisocyanaten 4-2544*; feuerfeste Schaumpolyurethane mit P-halt. Polyestern 7-2828; feuerfeste Überzüge aus einem Polymerengemisch 10-2976*; mit Kunstharz imprägniertes, ein Flammschutzmittel enthaltendes Material 10-3085*; nichtbrennbare Überzüge aus Lacken v. Vinylmischpolymerisaten 12-3001*; Schwerentflammbarmachen v. Polyesterharzen mit Polytetrafluoräthylen u. Sb_2O_3 34-2761*; flammwidr. Emuls. aus in W. unlösl. Organopolysiloxanen u. Vorkondensaten synthet. Harze 34-2861*; flammhemmende Zusätze für Kunststoffe aus Bromderiv. v. Diphenyläthern 36-2796*; feuerbeständ. Polymere aus Phosphonitrilchloriden u. Epoxyharzen 36-2825*; schwerentflammbare ungesätt. Polyester unter Verw. v. Vinyläthern bromierter einwert. Phenole 36-2830*; entflammbarkeitshemmender Zusatz für Epoxidharze aus Polyestern aus β-Trichlormethyl-β-propiolacton 36-2851*; schwerentflammbare thermoplast. Polymerisate 36-2854*; schwerentflammbare Styrolpolymere 37-3087*; Flammschutzmittel für Polyurethanschaumstoffe aus Rk.-Prod. aus Polyolen u. P_2O_5 44-2710*; Schwerentflammbarmachen v. Polyolefinen mit 1.2-Monoepoxycyclododecadien-(5.9) oder d. Addukt an P-Halogenid 45-3048*; Feuerfestmachen: v. Polypropylen mit Sb_2O_3 u. Bromalkanen 45-3056*; v. Polyurethanschaumstoffen mit Halogenaldehyd-Polyol-Halbacetalen 45-3080*.

Flammbeständ. Pappe 3-3236*; feuerabweisende Isolierpappe 3-3237*.

Best. d. PO_4^{3-}-Geh. in Flammschutzmitteln 1-3000.

Bibl.: Encyclopedia of polymer science and technology: plastics, resins, rubbers, fibers. Vol. 7: Fire retardancy to isotopic labeling B 47.

Feuerungen
Bedeut. d. Wobbe-Zahl für d. Betrieb v. Industriefeuer 6-2622; Einblasen v. Kalkstein in d. Feuer.-Zone zur Bind. v. SO_2 6-2636*; feuerseit. Ablager. u. ihr Einfl. auf d. Wärmeübergang in einem mit gepulvertem Brennstoff beheizten Kessel 15-2201, 15-2202; Gas- u. Feststoffemiss. ölbeheizter Feuerstätten 22-2305.

Feuerwerkskörper, pyrotechn. Fackel 14-3123*; Verw. in Feuerwerkssätzen: v. Borhydridverb. v. Phosphinen u. Arsinen 16-2547*; v. organ. Borstickstoffverb. 20-3142*; Kunststoffhülle für Feuerwerkskörper zur Erhöh. d. Lichtausb. 26-3223*; Herst. v. Leucht- u. Signalsätzen 30-3117*; langsam brennender, plast. pyrotechn. Satz 36-3184*; pyrotechn. Masse für d. Erzeug. v. hygroskop. Rauch 38-3264*; Verw. v. Dodekaboranat- u. Dodekaboranthioäthern 40-2413*; Überziehen v. pyrotechn. Prod. mit Interpolyamiden 51/52-2967*.

FF-40 s. unter *Plaste, Phenolharze* (*Weitere Phenolharze*).

F-Gitonin s. unter $C_{50}H_{82}O_{23}$.

FI 58, Verw. gegen schädl. Forstinsekten 21-3382.

FI 59, Verw. gegen schädl. Forstinsekten 21-3382.

Fibrin s. unter *Proteine, spezielle Proteine.*

Fibrinogen s. unter *Proteine, spezielle Proteine.*

Fibrinogenaktivierungsfaktor s. unter *Blut, Blutgerinnung.*

Fibrinolyse s. unter *Enzyme, Spezielle Enzyme* (*Fibrinolytische Enzyme*).

Fibrinolysin s. unter *Enzyme, Spezielle Enzyme.*

Fibrinstabilisierungsfaktor s. unter *Proteine, Spezielle Proteine.*

Fibroin s. unter *Proteine, Spezielle Proteine.*

Ficin s. unter *Enzyme, Spezielle Enzyme.*

Fieber
Antipyretika s. unter *Arzneimittel*; s. auch *Rheumatismus*; *Virus.*

Pyrogene (*1.* Mitt.) 7-1316; Unters. über Pyrogene (*3.* Mitt.) 14-1585; Viruspyrogene (*1.* Mitt.) 16-1433; bakterielle Polysaccharide als Pyrogene (Übersicht) 26-1703; chem. Natur d. endogenen, durch Myxoviren induzierten Pyrogens 28-1505; Pyrogene aus gramnegativen u. grampositiven Bakterien 34-1372; Vers. zur Abtrenn. d. pyrogenen Prinzips v. Myxoviren 16-1433.

Ätiocholanolon- — 3-1400; Verh.-gesteuerte Wärmeregulier. bei d. Katze mit Pyrogeninduziertem — 6-1611; Hyperthermie bewirkende Eig. v. 2.6-Dimethyl-5-phenylnicotinsäurehydrazid bzw. 6-Methyl-5-phenylnipecotinsäureamiden 9-1039.

Inhibier. d. Hexokinase durch d. Blutserum v. Tieren mit — (Einfl. v. Insulin u. Adrenalektomie) 21-1640; Verschiedenh. d. Wrkg. v. bakteriellen Pyrogen u. α-Dinitrophenol auf d. Wärmeregulier. 26-1704; menschl. — -Rk. auf Influenzaviren oder seine ätherisolierten Hämagglutinine 30-1355; Rolle v. endogenem Pyrogen in d. Immunogenese 30-1489; Einfl. auf d. Sekret. v. Wachstumshormon beim Menschen 40-1441.

Vernicht. bakterieller Pyrogene durch physikal. Verf. 3-1712; antipyret. Aktivität bei Mäusen, Ratten u. Meerschweinchen mit normaler Temp. u. mit Fieber 5-1593; Hemm. d. Endotoxin- — durch Reserpin 17-1741.

Figon, Verw. als Ersatzmittel für Bordeaux-Fl. 33-3416.

Filican s. unter $C_{30}H_{52}$.

Filipin s. unter $C_{35}H_{58}O_{11}$.

Filixsäure BBB s. unter $C_{36}H_{44}O_{12}$.

Filixsäure PBB s. unter $C_{35}H_{42}O_{12}$.

Filixsäure PBP s. unter $C_{34}H_{40}O_{12}$.

Filme

Anstrich- — s. unter *Anstrichmittel* (*und Anstriche*); Klebfolien s. unter *Klebmittel* (*und Kleben*); Schmiermittel- — s. unter *Schmiermittel*; Überzugs- — s. unter *Metallüberzüge* bzw. *Überzüge.*

Verw. v. — in d. *Photographie* s. dort. Siehe auch *Cellophan*; *Schichten, dünne.*

Filme und Folien im allgemeinen

Herstellung: Polymeremuls. für wasserfeste Filme 5-2874*; Herst.: v. Kunstharzfilmen 6-2746*; v. Tinte annehmenden überzogenen plast. Filmen 8-2767*; v. Laminatfolien 9-2806; v. flexiblen transparenten Folien 9-2809*; Modifizieren v. Folien mit Antiseptika 12-1623*; Ausflocken v. Partikeln während d. Bldg. v. Filmen aus Emuls. 15-2926; Herst. v. transparenten, fungiziden u. insektiziden Filmen 16-3161*; Oberflächenbehandl. v. opt. Glasteilen zur Erzeug. v. reflexionsmindernden, achromat. Film 18-2256*; Herst.: v. Folien aus verschäumten Thermoplasten mit unverschäumten Außenseiten 18-2748*; v. Kunstharzfilmen oder -platten für landwirtschaftl. Zwecke 18-2813*; v. dünnen Polymerfilmen (Verf. u. App.) 19-1236; v. Polarisat.-Folien 23-3102*; v. Kunststoff-Folien mit reversibel veränderl. Lichtdurchlässigk. 23-3112*; v. heißsiegelfäh. Film aus polymerem Material 26-2870*; v. klebfäh. Filmen 30-2769*; v. Folien auf Textilunterlagen 35-2866*; v. aufschrumpfbaren Folien aus verschäumten Thermoplasten 40-2682*; v. Folien mit reversibler Lichtdurchlässigk. 43-2934*; v. 2-Schichtenfilmen mit erhöhter Zugfestigk. 45-3034; Verhüt. v. Schäden durch UV-Strahlen in Kunststoffilmen durch Zusatz v. UV-Absorbern 48-2764.

Lös.-Vermögen niedermol. Chlorfluor-KW-Stoffe für filmbildende Polymere 20-2941; Polyorganohydroxy- u. Polyorganoalkoxysiloxane als reaktionsfäh. Modifikatoren für organ. Filmbildner 23-3063; Herst.: v. cyanäthylierter Hydroxyäthylsaccharose als Weichmacher u. Streckmittel für filmbildende Massen 26-2673*; v. Tri-(dihydroxyoctadecyl)-phosphat als Zwischenprod. für flammresistente Filme 31-2813*.

Verarbeitung: Kräusel. v. Schmuckfolien (aus Papier) 3-3228; Herst. v. goldfarbenen Kunststoff-Folien 5-2943*; wetterfeste Schutzlackier. v. Kunststoff-Folien 6-2939; antistat. Appretur für Filme aus Polyalkylenglykolderiv. 9-2971*; Antistatischmachen v. Filmen 13-2953*; hochmol. Farbstoffe für Filme 15-2851*; modifiziertes Kolophonium als Bindemittel für Filme 16-3085*; Überzugsmittel aus Paraffinwachsen, Wachs u. Äthylenmischpolymerisaten für Folien 18-2959*; Azofarbstoffe für Filme 19-2877*; Verkleben v. Kunststoffolien 19-2895; Antistatischmachen v. Kunstharzformkörpern u. -filmen durch Überziehen mit Polycarbonat, Polysulfonat u. Polysulfonamid 19-2943*; Konditionieren v. Pigmenten zum Pigmentieren v. selbsttragenden Filmen 20-2578*; Beschichten v. mikroporösen Folien aus linearen Polymeren mit Polyamid-Copolymeren (Verw.) 20-2868*; Färben v. Folien aus hydrophobem Material 23-2977*; opt. Aufheller für — 23-3299*, 23-3300*; Färben oder Klotzen v. hydrophoben Folien u. Bändern 25-2942*; Beschichten: v. Folien mit Äthylen-Vinylacetat-Copolymerisatdispers. zur Verbesser. d. Glanzes 28-2873*; v. Folien mit Allylharzen 34-2940*; Lackier. v. Kunststoffolien mit propoxyliertem Schellack 36-3015*; Färben u. Bedrucken v. — in Ggw. v. Polyvinylverb. 39-2801*; Herst. v. 1.4-Diaryl-Δ^2-pyrazolinen als opt. Aufheller für — 41-3102*; Mittel zum Öl- u. W.-abweisendmachen v. nichttextilem Filmmaterial 43-2905*; Fleckenentfern.-Mittel für Folien 47-2770*; Beschichten v. in Wachsmaschinen verarbeitbaren Folien mit atakt. Polypropylen 48-2814*; Herst. v. halogenierten Cyclopentyl- oder Cyclohexylalkyläthern als Schweißhilfsmittel für Folien 49/50-2642*; Polymersalze zur Herst. v. antistat. Überzügen für Kinofilme 51/52-2810.

Eigenschaften, Reaktionen: Einfl. d. Bldg.-Beding. v. Latexfolien auf ihre Eig. 11-2803; Eig. v. im Stoßrohr aufgetragenen dünnen Filmen 49/50-0568; photoviskoelast. Unters. an hochpolymeren Filmen 14-1122, 17-1181; Interpretat. d. Streuung v. polarisierten Licht an Polymerfilmen 39-1080; verminderte Totalreflex.-Spektren v. Oberflächen anisotroper absorbierender Polymerfilme 44-0999; Transparenzmess. v. — aus Kunststoff 45-2214; Spann.-Verteil. u. Wind.-Fehler in Rollen v. Kunststoff-Filmen 5-2837; Thermostabilität geschweißter Nähte kombinierter Folienmaterialien 12-2759; Mess. d. spezif. Wärme v. Polymerfilmen 26-2145; Anisotropie d. Wärmeleitfähigk. in einachs. orientierten Polymerenfilmen 36-1138; Temp.-Einfl. während d. Sorpt. u. Desorpt. v. W.-Dampf in Hochpolymerfilmen 2-1084; Eindringen v. Farbstoffen in Polymerfilme 10-0884; Verdampf. v. Lsgm. ohne H-Brückenbldg. aus Harzfilmen 24-2865; photochem. Zers. v. Polymerfilmen 32-2720; Alter. v. Polymerfilmen unter Einw. v. UV- u. ionisierenden Strahlen 46-2667.

Plastikfilme auf Pflanzen als Antitranspirantien 24-1507; Meth. zur physikal. Charakterisier. v. magensaftresistenten Filmen 8-1640; Anwend. v. filmbildenden Polymeren zur Verlangsam. d. Auflsg. v. Harnstoff im Pansen v. Wiederkäuern 7-1511.

Verwendung: Verw.: v. filmbildendem Harz als Schutzpräp. für Wunden 33-1965*; v. Kunststoffolien für d. wirtschaftl. Entsalz. 6-2738; v. Kunststoffolie für pyrotechn. Fackeln 14-3123*.

Analyse, Prüfung: Mess. d. Filmbldg. u. -abbau mit d. Derivatographen 26-3007; Identifizier.: v. Kunststoff-Folien 5-2868; v. flexiblen Plastfilmen (Überblick) 46-2504; Analyse v. antistat. Stoffen in Kunststoff-Folien 6-2720; Probenhalter für d. Elektronenmikroskop zum gleichzeit. Spannen, Kippen u. Drehen dünner Folien 3-1962; Bleistifthärtetest zur Best. d. Härte v. getrockneten Filmen (Überblick) 24-2856; Gew.-analyt. Best. d. Oberflächenhaftvermögens v. Folien plastifizierter Thermoplaste 25-3022; Best. d. Wärmebeständigk. v. polymeren Filmbildnern für Leder 26-3212; radiochem. Unters. d. Diffus. v. Ionen durch Schutzfilme 28-3055; spektrophotometr. Meth. d. Mess. dünner Filme auf Festkörpern 38-1967; Best. d. Permeat. v. Kraftstoff durch Plastfolien 39-2870; Interferometereinstellvorr. zur Dickenmess. v. Filmen 42-1714; Mess. d. opt. Eig. v. mit TiO_2-Pigmenten versehenen Filmen 42-2726; T-markierte Metalloberflächen für d. radioakt. Unters. dünner Filme (Stabilität) 42-2720; Meth. zur Mess. d. Stärke dünner Filme 49/50-1824; Unters. d. mol. Orientier. u. d. mechan. Anisotropie v. krist. Polymerfilmen 49/50-2853.

Filme und Folien aus Olefinpolymerisaten

Siehe auch d. Abschnitte *Filme und Folien aus Äthylenpolymerisaten*; *Filme und Folien aus C-Copolymerisaten.*

Herstellung: Polyolefin-Formmassen zur Herst. v. Folien 1-2669*; Herst.: v. konz. Polytetrafluoräthylen-Dispers. zum Gießen v. Filmen 1-2729*; v. Folien u. Bändern aus ungesintertem Polytetrafluoräthylen 1-2733*; v. Folien aus Olefinpolymeren unter Zusatz oberflächenakt. Verb. 3-2890*; v. Filmen aus chloriertem Polybutadien 8-2964*; Filmbldg. aus Misch. wss. Dispers. v. Hochdruck-Polyäthylen u. Polyisobutylen 11-2778; isotakt. Polyolefine v. verbesserter Anfärbbark. zur Herst. v. Folien 12-2954*; Herst.: v. Folien aus 3-Methyl-1-hexen-Polymerisaten 16-2895*; v. leicht verschweißbaren Polypropylenverpack.-Folien mit Überzügen aus Vinylchlorid–Vinylacetat-Copolymerisat 17-3124*; v. heißsiegelbaren orientierten Polypropylenfolien 19-2969*; Verw.: v. olefin. Polymeremuls. für reißfeste Filme 21-3155*; v. äthylen. ungesätt. Polymeren für Filme 21-3157*; hydrochloriertes Polyisopren für Filme 22-2891*; Herst.: v. porösen elast. Folien aus Polychloropren 22-2929*; v. heiß siegelbaren Folien auf Olefinbasis 24-2737*; Verw.: v. Polyolefinen zur Herst. v. Filmen 30-2762*; v. stabilem olefin. Latex für Filme 33-3091*; Herst. v. gummielast. Polyolefinen für Filme 33-3233*; Formmassen zur Herst. v. antielektrostat. Filmen aus krist. α-Olefinpolymeren 37-3070*; Herst. v. Filmen mit verbesserter Anfärbbark. aus Polypropylen 37-3083*, 37-3084*; nicht axial orientierte Bänder aus Misch. v. filmbildendem Polyäthylen u. Polypropylen u. Copolymeren aus Alkylenmonomeren mit Vinylacetat 39-2911*; isotakt. Polypropylen mit verbesserter Färbbark. für Filme 40-2629*; Herst. v. antistat. Polyolefinfilmen 42-2587*; Allylchlorid homopolymere für Filme 42-2651*; Herst.: v. Polychloroprenfilmen 44-2727*; v. Filmen aus Polyolefinen 45-3051*; stabile Polymeremuls. v. ungesätt. Monomeren für — 49/50-2942*; Glimmentlad. v. Polyolefindämpfen auf Oberflächen (Herst. v. Filmen) 51/52-2831*.

Verarbeitung: Schweißen v. orientierten Polypropylenfolien 2-2647*; Metallbedampf. v. Polypropylenfilmen 2-2807*; Antistatischmachen: v. Polyolefinfilmen 7-2864*; v. Polypropylenfilmen durch Überziehen mit Polymeren 7-2875*; Überziehen v. Polyolefinfolien mit Polymeren (Verw. für Verpack.-Folien) 7-2945*; Verbesser. d. Anfärbbark. v. Filmen aus Olefinen durch N-Vinylpyrrolidone 10-2790*; Überziehen v. Polyolefinfilmen 10-2977*; Oberflächenbehandl. v. Polypropylenfilmen 12-2798*; Heißsiegeln v. Folien aus Polypropylen mit Copolymeren aus Propylen u. Buten-(1) 12-2799*; Einbrennen v. halogenierten Polyolefinfilmen auf Rasierklingen 12-3007*; Herst. v. Polyolefinfilmen mit Überzug: aus Copolymeren 13-2820*; aus Polyepoxyverb. u. Vinylidenchloridcopolymeren 14-2975*; Herst. v. Polyolefinfilmen mit klebender, warmverschweißbarer Oberfläche 16-2878*; Verbessern d. Widerstandsfähigk. v. in mehreren Achsen gerecktem Polyolefinfilm durch Erhitzen 16-2883*; Heißversiegel. v. Polyolefinfilmen 16-2891*; Antistatischmachen

v. Polypropylenfilm (Verw.) 16-2893*; Behandeln u. Überziehen v. Polyolefinfilmen 16-2894*; Polyolefinfilme mit nicht beschlagendem Überzug 16-3110*; Verbinden v. – aus Teflon 17-3085; Herst. v. transparenten nichtgleitenden Polyolefinfilmen mit Überzug aus koll. Kieselsäure u. Vinyl–Acryl–Maleinsäureanhydrid-Copolymerisat 17-3118*; Verbesser.: d. Haftfestigk. v. Überzügen u. Farbstoffen auf Polypropylenfilmen durch Coronaentlad. 17-3119*; d. Wärmeverschweißbark. v. Polyolefinfilmen 25-3057*; Überzüge u. Zwischenschichten aus Copolyestern für Folien u. Platten aus Polypropylen 28-3117*; Beschichten v. Polypropylenfilmen mit Vinylcopolymeren 30-2940*; Färben v. Polypropylenfolien in Ggw. v. Erdalkaliverb. 31-3084*; Herst. v. mit Copolymeren beschichteten Polyolefinfilmen 33-3237*; Überziehen v. elektr. nichtleitenden Polypropylenfilmen mit thermoplast. hitzeverschweißbarem Material 38-3090*.

Eigenschaften, Reaktionen: Einfl. v. Polyäthylenterephthalatzusätzen zu Polypropylen auf d. Filmeig. 13-2957; Eig. v. Filmen aus Polytetrafluoräthylen, Polychlortrifluoräthylen bzw. Polypropylen 14-2757; Entw. d. Einschnitte in Polypropylenfilmen bei einachs. Recken 16-2851; Besonderh. d. zweidimensionalen Reckens v. Polypropylenfilmen 16-2852; Einfl. d. Acetalier.-Beding. auf d. Eig. v. Filmen aus Polychloroprenlatex u. Polyvinylalkohol 20-2955; verminderte Totalreflex. v. orientierten Polypropylen-Filmen 44-1008; Veränder. d. dynam. Kristallisat.-Grades u. d. stereoisomeren Zus. v. Polypropylen bei d. Verarbeit. zum Film 2-1052; elektronenmkr. Strukturunters. d. Oberfläche v. Chloropren- u. Chloropren–Chlorisopren-Latexfilmen in verschiedenen Herst.-Stadien 8-1111; Krist.-Eig. v. Polypropylenfilmen 17-3072; Einfl. d. Kristallinität auf d. Glanz v. Polypropylenfilmen 17-3073; Durchschlagsfestigk. v. Filmen aus Fluorplast-4, Polystyrol u. d. Copolymeren v. Styrol SAM 25-3033; Anisotropie d. Wärmeleitfähigk. orientierter Polypropylen-Filme 47-1278; Einfl. d. Dampf- u. Gasdurchlässigk. v. Filmen aus Fluoroplast F-*4* auf ihre Eig. 32-2925; Gegendiffus. v. W. u. Elektrolyten in Filmen aus Polytetrafluoräthylen 34-2918; Einfl. v. ^{60}Co-γ-Strahl. auf Polypropylenfilme 14-1083; Aushärt. v. Oberflächenfilmen aus Polybutadienharz 42-2743.

Verwendung: Polyolefinfilm zum Abdecken v. Pflanzen oder Saat 41-2972*.

Filme und Folien aus Äthylenpolymerisaten

Siehe auch d. Abschnitt *Filme und Folien aus C-Copolymerisaten.*

Herstellung: Herst. v. nicht zum „Blokken" neigenden Polyäthylenfolien mit erhöhter Transparenz 1-2687*; Verbesser. d. Durchsichtigk. v. Filmen aus Polyäthylen 6-2763*; Filmbldg. aus Misch. wss. Dispers. v. Hochdruck-Polyäthylen u. Polyisobutylen 11-2778; Filmherst. aus Polyäthylen mit Carboxylgruppengeh. 11-2818*; klebstoffabweisende Trennfolien mit Polyäthylen 21-3188*; Herst. v. – aus Polyäthylen, Äthylen-Copolymerisat u. kieselsäurehalt. Füllstoff 24-2741*; Polyäthylenfilme mit verbesserter Lichtdurchlässigk. durch Mischen mit Polytetrafluoräthylen 27-3253*; Verpack.-Folien mit verbesserter Tieftemp.-Eig. aus chloriertem Polyäthylen 27-3273*; Herst.: v. flexiblen, kältefesten, chlorierten Polyäthylenfilmen 30-2817*; v. transparenten Polyäthylenfilmen 33-3114*; Verhinder. d. Blockens v. geblasenen Polyäthylenfilmen durch Stearinsäure u. NH_3 36-2776; Herst.: v. Formmassen aus Polyäthylen oder stereoregulären Polymeren v. α-Olefinen für heißsiegelbare Folien 38-2863*; v. nicht axial orientierten Bändern aus filmbildendem Polyäthylen u. Polypropylen u. Copolymeren aus Alkylenmonomeren mit Vinylacetat 39-2911*; v. porösen, gas- u. wasserdampfdurchläss. Folien aus Polyäthylen u. Butylkautschuk 40-2626*; v. heiß schrumpffäh. Filmen aus Polyäthylen 41-2979*.

Verarbeitung: Schweißen v. orientierten Polyäthylenfolien 2-2647*; Aufbringen v. Polyäthylenfilm auf hochporöse Körper 5-2942*; Polyvinylfarben für d. Oberflächenfärb. v. Polyäthylenfolien 14-2958*; Herst. v. Schichtstoffen aus oberflächl. ox. Polyäthylenfolien 19-3061*; Überzüge u. Zwischenschichten aus Copolyestern für Folien u. Platten aus Polyäthylen 28-3117*; Beschichten v. Polyäthylenfilmen mit Vinylcopolymerisaten 30-2940*; Herst. v. wärmeverschweißbaren Polyäthylenfilmen durch Überziehen mit Melaminkondensaten u. Vinyliden-Copolymerisaten 40-2828*; Verkleben v. Polyäthylen mit Polyisobutylenlsg. zu Schichtfilmen 45-3035.

Eigenschaften, Reaktionen: Einfl. v. HNO_3 auf Polyäthylenfolie 12-2748; Eig. v. Filmen aus Polyäthylen 14-2757; (Entw. d. Einschnitte bei einachs. Recken) 16-2851; (Besonderh. d. zweidimensionalen Reckens) 16-2852; (Änder. d. Sphärolithstruktur bei Recken u. Kontrakt.) 22-1159; (Strukturänder. beim Recken) 45-1166; Best. d. Dicke u. d. Faktors d. Zulässigk. v. veränderter Schicht einer Polyäthylenfolie unter d. Einw. partieller Entlad. 43-1058; Einfl. d. Dampf- u. Gasdurchlässigk. v. Filmen aus Hochdruckpolyäthylen PE-*500* auf d. Eig. 32-2925; Gegendiffus. v. W. u. Elektrolyten in Filmen aus Polyäthylen 34-2918; Pfropfpolymerisat. v. Polyäthylenfilmen: mit Vinyl- u. Aminverb. in Ggw. v. ionisierenden Strahlen 7-2849*; mit 2.5-Methylvinylpyridin in Ggw. v. ^{60}Co-γ-Strahlen u. $TiCl_3$ 16-2876*; Modifizieren v. Polyäthylenfolie durch Ox. u. Behandl. mit wss. $KHSO_3$-Lsg. 20-2801*.

Analyse, Prüfung: Best. d. C=O-Gruppengeh. in vorbehandelten Polyäthylenfolien 34-3070; Prüf. d. Vorbehandl.-Grades v. Polyäthylenfilmen durch Mess. d. krit. Oberflächenspann. 16-2850; Unters. d. Adhäs. zwischen Polyäthylen- u. Cellophanfilmen 28-2842; mkr. Beobacht. d. Bruches in Sphärolitfilmen v. linearem PE unter biaxialer Belast. 49/50-2852.

Filme und Folien aus Vinylpolymerisaten

Siehe auch d. Abschnitte *Filme und Folien aus Vinylchloridpolymerisaten*; *Filme und Folien aus C-Copolymerisaten.*

Herstellung: Wasser- u. chemikalienbeständ. Folien aus Polyvinylalkohol 7-2821; wasserlösl. thermoplast. Polyvinylalkohol für Filme 7-2891*; Polyvinylalkohol für Filme aus Vinylformiat 8-2956*; Herst. v. korrosionsbeständ. Polyvinylacetatfilmen 9-2784; Polymere: aus 2.2.2-Trifluoräthylvinyläthern für Filme 13-2857*; aus cycl. Vinylacetalen für lufttrocknende Filme 18-2944*; Bldg. v. Folien aus wss. H_3BO_3 u. Borate-halt. Polyvinylalkohollsg. 21-1240; Gießflächen zur kontinuierl. Herst. v. Polyvinylalkoholfilmen 27-3217*; Polyvinyläther für Filme 33-3134*; Herst.: v. Folien mit verbesserter Hitzestandfestigk. aus Polyvinylfluorid oder Polyvinylidenfluorid 33-3195*; v. gut auf Metallen haftenden thermoplast. Filmen aus Vinylpolymeren 33-3235*; v. gefärbten lichtpolarisierenden Folien aus Vinylalkoholpolymerisat 48-2552*.

Verarbeitung: Beseitig. d. Oberflächenklebrik. v. weichmacherhalt. Polyvinylbutyralfolien 1-2714*; Zus. v. Klebstoff zum Verkleben v. Polyvinylfluoridfolien mit anderen Materialien 27-3132*; Überzüge u. Zwischenschichten aus Copolyestern für Folien aus Polyvinylfluorid 28-3117*; Azofarbstoffe für Polyvinylfilme 31-3074*; Verkleben v. *Saran* mit Polyisobutylenlsg. zu Schichtfilmen 45-3035.

Eigenschaften, Reaktionen: Einfl. v. Emulgatoren auf Polyvinylacetatfilme 7-2836; Eig. v. Filmen aus Polyvinylfluorid 14-2757; Einfl.: d. Acetalier.-Beding. auf d. Eig. v. Filmen aus Polychloroprenlatex u. Polyvinylalkohol 20-2955; d. Polymerisat.-Temp. v. Vinylacetat auf d. Eig. v. Polyvinylalkoholfolien 28-3026; Unters. v. orientierten Poly-[4-vinylpyridin]-J-Filmen (Anordn. d. J im Py.–J-Komplex) 14-1124; Unters. d. Mikroheterogenität v. Polyvinylformalfilmen 45-3014; Haft. v. weichmacherhalt. Polyvinylbutyralfolien an Glas 29-3063*.

Verwendung: Verpack.-Folie aus Polyvinylalkohol 27-3219*.

Filme und Folien aus Vinylchloridpolymerisaten

Siehe auch d. Abschnitt *Filme und Folien aus C-Copolymerisaten.*

Herstellung: Herst.: v. feinpor. Folien aus nachchloriertem PVC 5-2916*; v. Folien mit verbesserter Hitzebeständigk. aus PVC 10-2835*; v. Filmen oder Platten aus Vinylchloridharz 15-3016*; v. antistat. u. leicht verklebbaren Folien aus Hart-PVC (Verw. im Möbelbau) 36-2853*; chlorierte Paraffine in PVC-Compounds (kalandrierte PVC-Folien) 51/52-2553; Herst.: v. porösen Filmen aus PVC-Latex 51/52-2605*; v. Folien aus weichmacherhalt. PVC u. organophilem Oniumbentonit 51/52-2849*.

Verarbeitung: Hochfrequenz-Schweißverh. v. PVC-Weichfolien 15-2919; Überziehen v. PVC-Filmen mit Äthylenpolymerisaten 18-2951*; Färben v. PVC-Folien mit Azofarbstoffen 25-3143*; Überziehen v. Metallen mit PVC-Folien 28-2939*; Überzüge u. Zwischenschichten aus Copolyestern für Folien u. Platten aus PVC 28-3117*.

Eigenschaften, Reaktionen: Eig. v. Filmen aus PVC 14-2757; (Spann.-Relaxat. u. Doppelbrech., Temp.-Abhängigk. d. Doppelbrech. bei Belast.) 14-1122; (thermomechan. Eig.) 17-3087; Einfl. d. Dampf- u. Gasdurchlässigk. v. Filmen aus PVC V-*118* auf ihre Eig. 32-2925; UV-Bestrahl. v. Filmen aus PVC 7-2831; Unters. d. Weichmachereig. v. Propan-2.2-bis-[p-phenylenoxyessigsäure]-estern in PVC-Folien 21-3037; Einfl. d. Weichmacher auf d. Thermostabilität u. d. Wärmeabbau v. PVC-Filmen 25-3034; Alter. v. Filmen aus Polychlorvinylharz mit UV- u. ionisierenden Strahlen 46-2667.

Filme und Folien aus Acrylpolymerisaten

Siehe auch d. Abschnitt *Filme und Folien aus C-Copolymerisaten.*

Herstellung: Polyacrylonitrillsg. in Komplexverb. v. BF_3 u. Alkoholen für Filme 8-2961*; Herst.: v. klaren Folien aus Acrylonitrilpolymeren 13-2853*; v. Filmen aus Acrylatharzen mit Polyestern als Weichmacher 17-3137*; v. Filmen aus 7.7-Dimethylbicyclo-[3.2.0]-heptyl-(6)-acrylat oder -methacrylat 17-3138*; v. geschichteten Polymerfilmen durch strahlungsinduzierte Polymerisat. v. Acrylsäure 34-1158; v. Filmen aus Polymethacrylsäureimiden 36-3032*; Einfl. funktioneller Gruppen d. Polymers auf d. Filmbildevermögen v. Acrylatlatex 48-2519.

Verarbeitung: Färben v. Polyacrylonitrilfolien (Ggw. v. Polyvinyldispers.) 16-2749*; (Verbesser. d. Lichtechth. mit bas. Farbstoffen) 25-2938.

Eigenschaften, Reaktionen: Best. d. Einfl. v. Emulgatoren auf Polyacrylatfilme 7-2836; Eig. v. Filmen aus Polymethylmethacrylat 14-2757; Doppelbrech. u. Reckdiagramme v. Filmen aus atakt. Polymethylmethacrylat nach orientierendem Recken 45-1190.

Filme und Folien aus Vinylaromat-Polymerisaten

Siehe auch d. Abschnitt *Filme und Folien aus C-Copolymerisaten.*

Polystyrol-Formmassen zur Herst. v. Folien 1-2669*; mit HF u. BF_3 vernetzte Filme aus vinylaromat. Polymeren 10-2932*; Herst.: v. Szintillatorfolien aus Poly-2.3.5.6-tetramethylstyrol 14-2952*; v. Folien aus verschäumten Styrolpolymerisaten mit unverschäumten Außenschichten 16-2903*; v. porösen Styrolharzfilmen 16-2907*; Zusatz v. Polyhydroxyäther zu Polystyrolfolien 19-2985*; Verw. v. schwarzem Polystyrol zur Herst. v. Filmen 20-2957*; Tiefziehen v. Folien aus Styrolpolymeren 40-2634*; Herst.: v. opalen verschäumten Folien aus Styrolpolymeren 40-2637; verschäumter Folien aus Polystyrol 41-2992*.

Überzugslsg. zur Verhinder. d. Beschlagens v. Folien aus alkenylaromat. Polymeren 13-2832*; Überzüge u. Zwischenschichten aus Copolyestern für Folien u. Platten aus Polystyrol 28-3117*; Verkleben v. Polystyrol mit Polyisobutylenlsg. zu Schichtfilmen 45-3035.

Eig. v. Filmen aus Polystyrol 14-2757; (Einfl. elektr. Entlad.) 49/50-2860; (Doppelbrech. u. Reckdiagramme nach orientiertem Recken) 45-1190; (Veränder. d. mechan. Festigk. bei elektr. Alter.) 18-2737; Durchschlagsfestigk. v. Filmen aus Fluorplast-4, Polystyrol u. d. Copolymer d. Styrols SAM 25-3033.

Filme und Folien aus C-Copolymerisaten

Herstellung: Herst.: v. plastifizierenden Vinylcopolymer-Folien 1-2701*; v. Folien aus verschäumten Vinylchlorid–Maleinsäurealkylester-Copolymeren 3-2955*; Pfropfpolymerisat. v. Acrylnitril an Proteine in HCOOH-halt. Medium für Filme 8-2960*; Herst. v. Äthylen–Vinylacetat-Pfropfpolymerfilmen (Kationenaustauscherfolien) 9-2122*; Vinylidenchloridcopolymerisate für Filme 10-2975*; Herst.: v. geschäumten Folien aus thermoplast. Copolymeren 11-2827*; v. Filmen aus Copolymerlatices 11-2828*; v. Filmen aus Äthylen-Copolymeren 12-2792*; wasserlösl. kation. Polymere aus Vinylpyridin, β-Hydroxyalkylacrylat u. olefin. Verb. für Filme 12-2842*; polymere Misch. aus Alkylacrylat u. Cellulose-schwefelsäureester für Filme 13-2836*; thermoplast. Copolymere aus Vinylverb. u. Aldehyd zur Herst. v. freitragenden Filmen 14-2795*; Copolymere d. Vinylchlorids für Filme 14-2825*; Herst.: v. Folien aus 3-Methyl-1-hexen-Copolymerisaten 16-2895*; v. klaren Folien aus Acrylonitrilcopolymerisaten 16-2919*; wasserlösl. Mischpolymerisate aus Alkydharzen u. Acrylaten für wasserfeste Filme 16-3109*; Herst. v. stippenfreien Filmen aus Vinylchlorid–Alkylvinyläther-Copolymerisaten 17-3180*; Äthylencopolymerisate zur Herst. v. klaren Filmen 18-2780*; feste, thermoplast. Vinylblockcopolymerisate als Filmbildner 18-2795*; F-halt. Copolymerisate für ölfeste Filme 18-2937*; krist. Blockpolymere aus Propylen u. Diolefinen für Filme (Tonbänder) 19-2968*; Formaldehyd–Dien-Copolymere für — 19-2993*; hitzeschrumpfbare biaxial orientierte Folien aus Copolymeren v. Vinylidenchlorid, Vinylchlorid u. Acrylverb. (Verpack.-Material) 19-3037*; Hydroxylgruppen-halt. Copolymere für Filme 21-3097*; Herst.: v. selbsttragenden Folien v. Blockcopolymeren 21-3140*; v. Copolymerisaten aus Äthylen u. Allylalkohol für Verpack.-Folien 22-2884*; v. Copolymerisaten aus β-Hydroxyalkylacrylat u. Vinylalkohol für Filme 22-2896*; v. Copolymerisaten aus Acrylonitril oder Methacrylonitril u. Polyalkenylmonomeren für flexible Filme 22-2905*; Äthylenterpolymere für Filme 27-3200*; Copolymere aus Äthylen u. Vinyläthyläther für Filme 29-3040*; UV-Licht polarisierende, farblose, transparente Filme aus Vinylmonomer–Polyphenylverb.-Copolymeren 29-3095*; Herst. v. filmbildenden Fl. aus Polymeren v. β,γ-ungesätt. Ätherverb. u. äthylen. ungesätt. Fl. (Verw. für Beschicht.) 30-2941*; Latex aus Vinylidenchloridcopolymeren für Filme 30-2944*; Monoolefin–Alkoxyäthylen-Copolymere zur Herst. v. Filmen 31-3179*; Herst. v. filmbildenden Copolymerisaten aus monoäthylen. ungesätt. Verb. u. Verester. mit Glycidylestern 32-2941*; Copolymere aus Isocyanaten u. Olefinen zur Herst. v. Filmen 33-3181*; gut anfärbbare Filme aus Copolymeren v. Acrylonitril u. Acrylsäureestern oder Vinylacetat 33-3334*; Copolymere aus Äthylen u. N-Vinyllactamen für Folien 35-2887*; gepfropfte Copolymere für transparente Filme 35-2935*; Herst. v. Copolymeren auf Acrylonitrilbasis für gut anfärbbare Filme 35-3003*; niedermol. Butadien–Diolefin-Copolymerisate für härtbare Filme 36-2812*; Herst.: v. antistat. u. leicht verklebbaren Folien aus harten Vinylchloridcopolymerisaten (Verw. im Möbelbau) 36-2853*; v. Äthylencopolymeren für Filme 37-3077*; nicht axial orientierte Bänder aus Misch. v. filmbildendem Polyäthylen u. Polypropylen u. Copolymeren aus Alkylenmonomeren mit Vinylacetat 39-2911*; Herst.: v. klaren, mehrfach orientierten Filmen aus Äthylen–Vinylacetat-Copolymeren 40-2627*; v. witterungsbeständ. Abdeck- u. Dicht.-Folien aus Copolymeren 40-2681*; lagerstabile Polymeremuls. aus Vinylacetat, Allylglycidyläther u. α,β-ungesätt. Monocarbonsäure für hitzehärtbare Filme 42-2617*; Latices aus Acrylonitril–α-Monoolefin- u. Butadien–Isopren-Copolymeren zur Herst. v. Filmen 44-2867*; Herst.: v. Filmen aus Olefincopolymerisaten 45-3051*; v. Folien aus Acrylonitril–Dien–Monovinyläther - Copolymerisat - Latex 45-3076*; Filme aus Copolymerisaten v. Acrylonitril u. konjugiertem aromat. Olefin 47-3028*; Copolymere aus Trioxan, cycl. oder olefin. Monomere u. Sulfonamiden für Folien 48-2558*; Copolymere zur Herst. v. Filmen 49/50-2924*.

Verarbeitung: Stabilisieren v. Folien aus Acrylonitril-Copolymerisaten 26-2994*; Verkleben v. Folien aus Vinylidenchlorid–Methacrylat–Itaconsäure-Copolymeren durch Bestrahl. 28-2940*; Verbesser. d. Steifh. u. Zähigk. v. Filmen aus Copolymeren v. Äthylen u. 1.3-Alkadien 40-2625*.

Eigenschaften, Reaktionen: Eig.: v. Filmen aus fluorierten Äthylen–Propylen-Copolymeren, Polyäthylen-Copolymeren u. PVC-Copolymeren 14-2757; v. mit Styrol gepfropften Polytetrafluoräthylenfilmen 34-2742*; physikal.-mechan. Eig. u. Haltbark. v. Folien aus Vinylchlorid–Vinylidenchlorid-Copolymerisat-Latex 20-2775; Durchschlagsfestigk. v. Filmen aus Fluorplast-*4*, Polystyrol u. d. Copolymer d. Styrols SAM 25-3033; Quell. v. Filmen aus Divinylstyrol-Latex (SKS-*30-1*) in W. 11-2782; Gegendiffus. v. W. u. Elektrolyten in Filmen aus Copolymerisaten v. Tetrafluoräthylen u. Vinylidenchlorid 34-2918; IR-spektroskop. Unters. v. photochem. abgebauten Filmen v. Styrolcopolymeren 6-2729; Rk. v. UV-vorbestrahlten Vinylidenchlorid–Vinylchlorid-Copolymer-Film mit wss. NH_3 51/52-1169.

Verwendung: Zus. v. Haftfolie aus Copolymeren v. Alkylacrylat u. N-tert.-Butylacrylamid für chirurg. Zwecke 33-1966*; Herst. v. witterungsbeständ. Abdeck- u. Dicht.-Folien aus Copolymeren 40-2681*; mit Vinyl- oder Acrylverb. pfropfpolymerisierte Polyolefinfilme als Membranen zur Trenn. v. organ. Verb. 15-2213*.

Filme und Folien aus Phenolharzen

Lichtempfindl. Folie aus Resorcin- oder Kresol–CH_2O-Harz (Herst. v. Flachdruckformen) 24-3001*; Filmbldg. d. durch wasserlösl. Alkydharz plastifizierten wasserlösl. Butylphenol–CH_2O-Harze 48-2784; Klebeverh. v. Nitrilkautschuk-Phenolharzfilmen an Al-Verkleb. 36-2790; Best. d. Übergänge in Filmen aus phenol. Firnissen nach d. dynam.-mechan. u. d. KMR-Linienbreiten-Meth. 36-1153.

Filme und Folien aus Polyäthern

Herst. v. Trioxan-Copolymerisaten für — 1-2707*; hochmol. Polyoxymethylen für Filme 7-2900*; CH_2-Copolymere für Filme 14-2808*; vernetzte lineare Polyoxymethylene mit Carbonsäureester oder -amid zur Herst. v. Filmen 14-2809*; Aldolpolymere für — 14-2812*; Autox. u. Vernetz. bei d. Filmbldg. aus Polyallyläthern 14-2947; Herst.: v. linearen krist. polymeren Ketenen für Filme 16-2916*; v. Folien aus Oxymethylenhomopolymerisaten 16-2917*; Copolymerisate aus Oxäthanen u. Chinolinaldehyden oder Aldehyden u. Polymelaminmethylmethylolläthern zur Herst. v. kratzfesten Filmen 18-2784*; Oxymethylencopolymere für Filme 19-2995*; Polyester, -äther u. -amino für Filme 19-3031*; Polyätheracetale für Filme 20-2972*; Herst.: v. — auf Basis v. Polyhydroxymethylenen 23-3156*; v. filmbildenden Fl. aus Polymeren v. β,γ-ungesätt. Ätherverb. u. äthylen. ungesätt. Fl. (Verw. für Beschicht.) 30-2941*; wärmebeständ. Chloral-Polymere für Filme 31-3249*; Addit.-Prod. aus Methylcellulose u. Propylenoxid für Filme 40-2806*; Herst. v. Mischpolymerisaten aus Trioxan u. Diglycidyläther v. aliphat. oder cycloaliphat. Diolen für Filme 45-3209*; Trioxancopolymere für Filme 48-2556*.

Überzüge aus Organo-Si-Verb. für Folien aus Polyäthylenoxid 26-3046*; Klebeverh. v. Nylon-Epoxidharzfilmen an Al-Verkleb. 36-2790.

Filme und Folien aus Polyestern

Herstellung: Filmbldg. durch Bestrahl. v. mit trocknenden Ölen modifizierten Alkydharzen 2-2805*; Filmmaterialien auf d. Basis v. Polycarbonat–Ilon 11-2790; Autox. u. Vernetz. bei d. Filmbldg. aus ungesätt. Polyestern mit aktivierten Methylengruppen 14-2947; Verestern v. CH_2O-Polymeren u. Verw. für Filme 15-2980*; technolog. Parameter d. kontinuierl. Herst. v. glasfaserverstärkten Polyesterfolien 18-2741; Verw. v. Polyestern für Filme 19-3031*; Herst.: v. Bis-(2-hydroxyäthyl)-terephthalat als Vorprod. zur Herst. v. Polyäthylenterephthalatfilmen 20-2823*; v. Folien aus linearen Polyestern 21-3120*; v. verklebbaren Polyäthylenglykolterephthalatfolien 21-3122*; Filme aus Lsg. v. hochmol., linearen Polycarbonaten 22-3034*; Herst.: v. Filmen aus Azelainaldehydmethylester u. Glucose 23-3048; v. filmbildenden Mischpolyestern 23-3129*; polymere 2-Norbornylmethylester für Folien 23-3136*; Polyäthylenterephthalate für Filme 25-3109*; Polymere v. ungesätt. Carbonsäuren für Filme 26-2905*; Herst. v. Folien: aus linearen Polycarbonaten 28-2905*; aus Polyestern (Rk.-Prod. aus 2.7-Dihydroxyxanthen-9.9-spiro-fluoren u. Dicarbonsäuredichloriden) 28-2908*; Polycarbonatfilme 29-3241*; Herst.: v. Polyestern für gut gleitende Folien 31-3206*; v. Polycarbonaten für Filme 31-3214*; Mechanismus d. Filmbldg. v. mit W. verdünnbaren, mit Leinöl modifizierten Alkydharzen 32-2914; Bldg. u. Alter. d. Filme lufttrocknender Alkydharze 32-2915; Glyptalharze als Folien mit guten elektr. Isoliereig. 33-3192*; Herst. v. linearen Polyestern für Filme (durch Epoxidverb. modifiziert; dehnbare Filme) 33-3329*; (Polykondens. v. Glykolestern aromat. Dicarbonsäuren unter Verw. v. metall. Sb) 33-3330*; Beschleunig. d. Filmbldg. v. Ölen u. Alkyden 34-2901; elektr. Abscheid. v. Filmen aus Kondens.-Prod. v. mehrwert. Alkoholen u. Polycarbonsäuren 36-3023*; Herst.: v. Polyäthylenterephthalat-Folien mit besserer Verklebbark. 38-2889*; v. Polyester mit hoher Beständigk. gegen W., Laugen u. organ. Lsgm. für Folien 45-3208*.

α-Cyan(bzw. Alkoxycarbonyl)-β,β-di-[aryl]-acrylonitrile als UV-Schutzmittel für Folien aus Polyestern 36-2515*.

Verarbeitung: Strecken v. Polycarbonatfolien oder -bändern 2-2660*; Behandl. v. Filmen aus hochmol. Polyestern zur Verbesser. d. Anfärbbark. u. Verringer. d. „Pilling-Effekts" 17-3313*; Verkleben v. Kautschuk u. Polyesterfilmen 20-2870*; Herst. v. Beschicht. für Polyesterfilme 21-3183*; Überzüge u. Zwischenschichten aus Copolyestern für Folien u. Platten aus Polyäthylenterephthalat 28-3117*; Überziehen v. elektr. nichtleitenden Polyäthylenterephthalatfilmen mit thermoplast., verschweißbarem Material 38-3090*; Beschichten v. Polyäthylenterephthalatfolien mit Copolymer 44-2684*; Verkleben v. *Lavsan* mit Polyisobutylenlsg. zu Schichtfilmen 45-3035; Dispers.-Farbstoffe für Polyäthylenterephthalatfolien 47-2747*; Überziehen v. Polyesterfilmen mit Polyäthylenharzmisch. 51/52-2842*.

Eigenschaften, Reaktionen: Abhängigk. d. Eig. v. porösen Filmen aus Carboxylatlatex v. Imprägnier.-Grad seiner Kügelchen 13-2793; Eig. v. Filmen aus Polycarbonat u. Polyester 14-2757; Einfl. v. UV-Strahl. auf Polycarbonatfilme (Eig.) 21-3048; Zusammenhang zwischen *2* achs. Doppelbrech. u. Streckverh. v. Polester-Folien 13-1086; Thermofixier. einer gleichzeit. nach zwei Richt. orientierten Polyäthylenterephthalat-Folie 12-2754; Struktur u. Eig. v. orientierten Polyäthylenterephthalat-Filmen 19-1265; Kristallisieren v. extrudierten Folien aus hochmol. linearen Polycarbonaten 19-3007*; Strukturveränder. beim Färben v. Hostaphanfolie Typ R 24-2653; elast. Modul v. Mylarfolie 12-1089; Haftfestigk. v. ungesätt. Polyesterharzfilmen 16-3083; Quell. v. Polycarbonatfolien in Lsgm. 41-2948; Vernetzen v. Polycarbonatfilmen durch Bestrahl. 7-2905*.

Analyse, Prüfung: Qualitätsbewert. v. orientierten Polyäthylenterephthalatfolien 11-2789; Zerreißvers. an orientierten Polyäthylenterephthalatfilmen 19-2922; Mess. d. Einfl. d. Härt.-Beding. auf d. Härt.-Geschw. u. Eig. v. Filmen aus ungesätt. Polyesterharz 36-2998; Best. d. Übergänge in Filmen aus Alkydharzen nach d. dynam.-mechan. u. d. KMR-Linienbreiten-Meth. 36-1153.

Filme und Folien auf Cellulosebasis u. dgl.

Herstellung: Gewinn.: u. Eig. v. Polyacetylsorbaten d. Cellulose für Filme 2-2746; v. Folien aus Carboxymethylcellulose 5-2110*; mikrokrist. Cellulose zur Herst. v. Filmen 5-3165; Cyanäthylcelluloselsg. zur Herst. v. Filmen 10-3080*; Herst.: v. Folien mit verbesserter Anfärbbark. aus Viskose 15-3131*; v. Cellulose- oder Stärkeäther für filmbildende Lsg. 16-2600*; v. untereinander nicht zusammenklebenden Viskosefolien 19-3102*; v. Schutzfilm gegen UV-Strahl. auf Basis Acetylcellulose u. arylsubstituierten 1.3.5-Triazinen 22-2266*; v. Filmen aus regenerierter Cellulose (Sulfonamid als Modifikator) 23-3337*; v. Hydroxypropylcellulose für Filme 26-3144*; Reinig. u. Entgas. v. Fäll.-Bädern bei d. Herst. v. Viskosefolien nach d. Flotat.-Meth. 32-2878; Herst.: v. Lackträgerfolien aus Cellulosederiv. u. Harnstoffharzen 36-3013*; v. Grundierfolie aus Cellulosederiv. für Polyesterlackier. 36-3014*; Folien aus regenerierter Cellulose mit Sulfonamiden als Modifizier.-Mittel 37-3224*; Reinig. u. Entgas. d. Spinnbäder bei d. Herst. v. Viskosefilmen durch Flotat. 38-3022; Addit.-Prod. aus Methylcellulose u. Propylenoxid für Filme 40-2806*; wasserunlösl. Celluloseäther zur Herst. v. Filmen 40-2820*.

Einfl. v. Plastifikatoren auf d. Qualität v. Cellulose–Acetophthalat-Filmen 5-1686; Plastifizier. v. Triacetatcellulose-Filmen durch substituierte Orthokieselsäureester 19-2931; Plastifizieren v. Cellulosetriacetat-Filmen 32-3018*; α-Cyan(bzw. Alkoxycarbonyl)-β,β-di-[aryl]-acrylnitrile als Schutzmittel gegen UV-Strahlen für Folien aus Nitrocellulose 36-2515*.

Verarbeitung: Überzüge aus Vinylidenchloridcopolymeren für Folien aus regenerierter Cellulose 1-2894*; wetterfeste Schutzlackier. v. Zellglasfolien 6-2939; Überziehen v. Filmen aus regenerierter Cellulose mit Vinylcopolymeren 6-2963*; Trockenverf. für mit Polymeren überzogene hydrophile Filme aus regenerierter Cellulose 16-3099*; Folienlacke aus Vinylidenchloridpolymerisaten für regenerierte Cellulose 18-2936*; Verbesser. d. Lichtechth. beim Färben v. Celluloseacetatfolien mit bas. Farbstoffen 25-2938; Überzüge u. Zwischenschichten aus Copolyestern für Folien u. Platten aus regenerierter Cellulose oder Celluloseacetat 28-3117*; Veredl. v. Hydratcellulosefolien durch Behandl. mit Gelatinelsg. u. Lacken 34-2794*; Färben v. Folien aus regenerierter Cellulose mit Reaktivfarbstoffen 41-2866*; Azopolymethinfarbstoffe für Celluloseester- u. Celluloseätherfolien 42-2514*; Fixieren v. Farbstoffen auf Cellulosefolien 43-2798*; Wasserfestmachen v. Hydroxyäthylcellulosefilmen durch Vinylidenchlorid-Homo- oder Copolymerisat-Emuls. 45-3096*; Dispers.-Farbstoffe für Cellulosetriacetatfolien 47-2747*.

Eigenschaften, Reaktionen: Eig. v. Filmen aus Celluloseacetat- u. -acetobutyrat 14-2757; UV-absorbierende Cellulosefilme 4-2633*; Struktur v. Filmen aus Emuls. v. Nitrocelluloselsg. 30-2909; Einfl.: v. Elastizität u. Oberflächenenergie auf d. Reib. v. geschmierten Cellulosefolien 44-1031; d. Temp. während d. Sorpt. u. Desorpt. v. W.-Dampf an Äthylcellulose-Folien 2-1084; Eindringen: v. Chlorazol Sky blue FF in Cellulosefilme 10-0884; v. wasserlösl. Stoffen in Cellulose-Filme 43-1089; Photochemie v. N-Methylaminoanthrachinonen auf Celluloseacetatfilmen 31-3041; Pfropfen v. Methacrylamid auf Filme aus Cellulosetriacetat unter Einw. v. UV-Bestrahl. 46-1100; schuppenförm. Material durch Abbau v. Celluloseregeneratfilm 10-3076*.

Analyse, Prüfung: Ultrarotspektroskop. Zugänglichk.-Mess. an Cellulosefilmen aus Viskose 40-2762; spektralphotometr. Nachw. v. Substanzen auf Acetatfolie im IR-Gebiet 4-1668.

Filme und Folien aus Polyamiden

H-Film (Polyamid-Film aus Pyromellitsäuredianhydrid u. 4.4'-Diaminodiphenyläther) 21-3052.

Herstellung: Herst.: v. polymeren Lactonen für Folien 3-2922*; v. Polyamiden für Filme aus Hexamethylendiammoniumadipat, Hexamethylendiamin u. W. 5-3056*; glasklare lineare Mischpolyamide für Folien 7-2916*; Herst. v. Polyamiden unter Verw. v. Xylylendiaminen oder Xylylendicarbonsäuren für Filme 9-2996*; hochviskose Emuls.-Pasten v. W/O-Typ aus N-Alkoxymethylpolyamiden zur Herst. v. Filmen 18-2103*; Herst. v. Lsg. v. Polyamiden u. Polyurethanen für Folien 19-3024*; bei *600* °F beständ. Amid-Imid-Kunststoff für Filme 21-3054; Herst.: v. unlösl. Folien aus Poly-β-lactamen 21-3130*; v. transparenten Folien aus amorphen Polyamiden 21-3133*; hochtemperaturbeständ. Polyamid HT-*1* für Folien 23-3314; Herst.: v. schwer entflammbaren Filmen aus P-halt. Polyamiden 24-2796*; v. Polyamiden für Filme 27-3239*, 33-3338*; v. Folien unter Verw. v. hochschmelzenden linearen Polyamiden 39-3044*.

Verarbeitung: Verringer. d. Härte v. porösen Polyamidfilmen (Oberflächenmodifizier. mit CH_2O) 15-2916; Klebeverh. v. Nylon-Epoxidharz-Filmen an Al-Verkleb. 36-2790; Plastizier. v. Polyamidfilmen 38-2898*; Dispers.-Farbstoffe für Polyamidfolien 47-2747*.

Eigenschaften, Reaktionen: Eig. v. Filmen aus Nylon 14-2757; röntgenograph. Unters. v. aus bestrahlten Lsg. gegossenen Polyamidfilmen (AK *50/50* u. S-*6*) 39-1110; Charakter d. Zerstör. v. Adhäs.-Bind. zwischen Elastomeren u. Caprolactam-Film 3-1134; Photochemie v. N-Methylaminoanthrachinonen auf Nylonfilmen 31-3041.

Filme und Folien aus Polyurethanen

Herst.: v. Polyhydroxyurethanfilmen 3-2939*; v. Filmen aus flexiblen Polyurethanen 4-2344*; v. Polyurethanfolien 5-2909*; v. filmbildenden Polyurethanen aus Sorbitpolyäther u. Triisocyanat 6-2962*; v. hitzebeständ. Filmen aus Diisocyanat-Polymeren 15-3001*; v. thermoplast. Polyurethanfilmen 19-2926; v. Lsg. v. Polyamiden u. Polyurethanen für Folien 19-3024*; v. Polyurethanfolien mit verbesserter Atmungsaktivität 21-3142*; v. Polyurethanfolien nach d. *2*-Komponenten-Spritzverf. 21-3143*; v. Polyurethan harnstofflsg. für mikroporöse – 48-2809*.

Stabilisier.: v. Polyesterurethan-Folien gegen Licht u. Abgase 14-2918*; v. Polyesterurethanen für Folien 44-2706*.

Best. d. Übergänge in Filmen aus Polyesterurethanen nach d. dynam.-mechan. u. d. KMR-Linienbreiten-Meth. 36-1153.

Filme und Folien aus weiteren CN-Plasten

Herst.: v. Folien aus Copolymerisaten v. cycl. Imiden mit Aldehyden 4-2349*; v. Folien aus hitzehärtbaren Lsg. v. organ. Säureanhydriden u. Aziranringe enthaltenden Verb. 8-2836*; v. Polyimiden aus Diamin u. Tetracarbonsäuredianhydrid für selbsttragende Filme 10-2824*; v. Polychinazolonen zur Herst. v. – 11-2865*; v. Polybenzimidazolen für Filme 15-2998*; v. N-halt. Polyvinylalkoholderiv. für Filme 15-3004*; Polyäthercopolymerisate u. Polymelaminmethylmethyloläther zur Herst. v. kratzfesten Filmen 18-2784*; Äthergemische v. Hexamethylolmelamin für harte, klare u. farblose Filme 18-2794*; Herst. v. Filmen aus Isobiuretderiv. 18-2876*; Verw. v. Polyaminen für Filme 19-3031*; Herst.: v. Folien aus Polyharnstoffen 20-2843*; v. Cyaniminoverb. für Filme 27-2877*; Polymere aus Dicyanolefinen u. a. für Filme 27-3251*; Herst.: v. Oxazolingruppen-halt. Terpolymeren für Filme 27-3252*; v. N-halt. Polymeren für Filme 29-3088*; v. Polyureiden für hydrophile Filme 33-3338*; v. wärmebeständ. Polyhydraziden für Filme 35-2928*; Kondens.-Prod. aus Methylolaceton u. NH_3, Aminen oder Säureamiden für Filme 36-2850*; modifizierte Harnstoff-CH_2O-Harze zur Herst. v. elast. Folien 36-3018*; Polyesterimide für hochtemperaturbeständ. – 42-2646*; Herst. v. Blockmischpolymerisaten aus Dienen oder olefin. ungesätt. Monomeren u. Isocyanatgruppen-halt. Polymeren für Filme 44-2654*; Polyurethanharnstofflsg. für mikroporöse – 48-2809*; Polymere aus Poly-1.3-oxaza-2.4-dionen für Filme 49/50-2938*; Imid- u. Estergruppen-halt. Polymere für Filme 49/50-2941*.

Eig. v. Filmen aus Polyimiden 14-2757.

Weitere Filme und Folien

Thiazolpolymere als hitzebeständ. Filme (Darst., Eig.) 40-1049; sich verjüngende Seifenfilme (Filmstabilisier. infolge Verdampf. d. Tensids) 45-2977.

Herstellung: Bldg. v. Casein-Methylacrylat-Filmen (Verw. für Pigmentfarben) 2-2776; schwer entflammbare Kunststoffe aus P-halt. Polyisocyanaten für Filme 4-2544*; zweiseit. Filme aus Lsg. v. Aerosolen v. Dihexylsulfosuccinat u. Gelatine 7-0907; Polymerisieren v. Trithian für Folien 8-2965*; schnelltrocknende Kautschukdispers. für Filme 8-3003*; Thiazolpolymere für hitzebeständ. Folien 9-2795; fluorierte Polymere mit 1.3.4-Oxadiazolring für Filme v. großer Widerstandsfähigk. 14-2823*; Herst.: v. sulfidiertem Polyäthylphenylenäthyl für Folien 20-2855*; v. – aus Kautschuk 24-2797*; Verw. v. Kautschuk mit Keton für Filme 25-3127*; Bldg. v. monomol. Filmen aus aromat. KW-Stoffen, Cholesterin u. Lecithin 26-1187; styrolisierte fl. Harze d. Kaschunußschalen für Filme 28-3083; transparente, elast. Filme aus Polymeren v. ungesätt. Monomeren u. Eiweißstoffen 31-3265*; Herst. v. faser., asbesthalt. Folien aus Kautschuklatex 33-3236*; Organopolysiloxanelastomere als Film- oder Kopiermaterial 36-2858*; Urethangruppen-halt. Elastomere für Film- u. Bänderherst. 49/50-2935*.

Eigenschaften, Reaktionen: Photopotential v. β-Carotinfilmen 26-1506; Ionenstruktur v. monomol. Lecithinfilmen 18-1422; Eig. v. Filmen aus KW-Stoff-Harzen mit höherem Erweich.-Punkt 2-2785; Best. d. Einfl. v. Emulgatoren auf Filme aus Styrol-Butadien-Kautschuk 7-2836; Intensität d. Röntgenkleinwinkelstreuung in pflanzl. Filmen (Cellulose) 15-1210; Einfl. d. Sphärolithgröße auf d. Deformat. v. Guttaperchafilmen 3-1155; photoviskoelast. Unters. v. Zugspann.-Relaxat. u. Kristallisat. v. Naturkautschuk-Filmen 17-1181; physikal.-mechan. Eig. u. Haltbark. v. Folien aus Vinylchlorid-Nairit L-7-Copolymerisat-Latex 20-2775; elektr. Leitfähigk. polymerer Filme (synthet. Isoprenkautschuk) 2-2068; Klebeverh. v. Nitrilkautschuk-Phenolharz-Filmen an Al-Verkleb. 36-2790.

Bibliographie: Plastic films from petroleum raw materials B 48.

Filter s. unter *Filtrieren*; –: für *Atemschutzgeräte*; für *Gasreinigung* s. dort; *Lichtfilter* s. dort; Luftfilter s. unter *Luft*; Tabakfilter s. unter *Tabak*.

Filterblaugrün, Verw. v. – bei geringster Konz. bei *6943* Å als opt. Schalter 6-0831.

Filth, in Mehl u. Backwaren vorkommende Verunreinig. 51/52-2018.

Filtrieren

Hyperfiltrat. (Salzrejekt. durch dynam. erzeugte hydratisierte Oxidmembranen) 5-0683; neueste Theorien, prakt. Ergebnisse, Technik u. Ausrüst. bei d. Filtrat. (Übersicht) 8-2012; Theorie d. Ultrafiltrat. 12-0599; Arbeitsweise v. Hochschichtfiltern (– v. koll. Lsg.) 17-2170; (– v. geflockten Suspens.) 17-2171; dynam.-adsorptive Unters. d. Geschw.-Verteil. u. d. Richt. d. Fl.-Stroms in d. Filtrierschicht 19-2317; – v. durch anion. u. kation. Polyelektrolyte ausgeflockten, koll. Dispers. 21-0694; unvollständ. – auf Grund gelöster Gase u. d. Permeabilität 23-2293, 23-2294; Verstopfen v. Filtermedien 24-2175; Beurteil. d. – v. Schlamm durch Meßwerte über d. Kompressibilität 24-2176; Grundbegriffe d. Hyperfiltrat. 25-0661; Theorie d. Filtrat.-Mechanismen bei d. Zsigmondy-Membranfiltern 28-0735; Einfl. d. Filters u. d. Filtrat. auf d. Fasergeh.-Best. 33-2340; Grundlagen d. Filtrat. 37-2294; Filtrat. (Fortschrittsbericht) 37-2295; Berechn. d. Druckverlusts beim – reagierender Dämpfe durch d. Katalysatorschicht für d. Projektier. v. Anlagen 37-2361; Abhängigk. d. „Leitwellen" saurer Komponenten v. d. Filtrat.-Geschw. hydrothermaler Lsg. 39-0727; theoret. Behandl. v. Filtrat.-Problemen auf d. Basis v. Hamilton-Jacobi-Funkt. 39-2159; Problem d. Filtrat.-Fähigk. (Entw. eines Netzfilters) 39-2160; Einfl. eines Magnetfeldes auf d. W. beim Filtrieren feiner Körn. 39-2167; Sekundärprozesse bei d. Filtrat. v. Aerosolen (Unters. v. Kapillarerschein. in Filtern) 41-2185; Unters. zur Ultrafiltrat. 44-1715; Anwend. d. nichtlinearen konvekt. Diffus. auf Hyperfiltrat. 44-1982; experimentelle Unters. d. Fäll. v. Aerosol-Feststoffteilchen auf Fasern v. Modellfiltern 45-2260; Auswaschen v. mit W. nicht mischbaren Mutterlaugen aus Filterkuchen 47-2167*.

Einfache Vakuumfiltrat.-Vorr. zum Anschluß an große Gefäße 3-1903; kontinuierl. arbeitendes Filter ohne bewegte Dicht. 4-1718; analyt. Form- u. Doppelschichtfilter zum Auffangen v. Staub-Aerosolproben 7-2017; neues Filtrax-IK A-Schnell-Filtriergerät 10-1831; App. zur Druckfiltrat. in inerter Atmosphäre 10-1832; Filterpressen mit korrosionsbeständ. Platten u. Rahmen aus Polyäthylen 12-2012; Arbeitsweise v. Zentrifugen u. Drehfiltern 12-2013; Schnellultrafiltrat.-App. 16-1828; App. zur Kristallisat. u. Filtrat. in Schutzatmosphäre 17-1933; Fl.-Filter (Fortschrittsbericht) 25-2240; Ermittl. d. Zus. d. natürl. Aerosolaktivität mit kontinuierl. arbeitenden Filterbandgeräten 29-2139; Filtriereinlage in Form einer mit TiO_2 pigmentierten Polymethylmethacrylatscheibe 30-2100; dynam. Entwässer. mittlerer bis feiner Körn. (App.) 31-2280; Betonfilterboden einer Schnellfilteranlage 34-2133*; Entwässer.-Schwingsiebmaschinen in d. Aufbereit.- u. Verf.-Technik 31-2276; elektromagnet. Vibrat.-Entwässer.-Siebe 31-2277; Filtrat. u. Koagulat. v. Suspens. unter Druck mit Vibrat.-Mischer 36-2086; Ultrafilter zur Konzentrier. v. Lsg. v. Substanzen mit hohem Molgew. 37-2011; theoret. Fragen zur Entw. d. Anschwemmplattenfilter 46-1998; Probleme bei d. Anwend. v. Drehfiltern in d. Aufbereit.-Technik 47-2153; Saugtrichter aus Polypropylen mit Einlage aus porösem Polyvinylchlorid 48-1758.

Magnetfilter für kleine Teilchen 35-2251; Filtrat. mit Glasfiltern 17-1932; Herst. eines Zellstoffprod. für Fl.-Filter 22-3180*; Herst. v. gefärbten festen Copolymeren aus *20 – 80* % Cyclopentadien u. *80 – 20* % Indol u./oder Pyrrol für Filterschichten 43-2956*.

Verw.: v. offenzell., elast. Polyurethanschaumstoffen für Filter 8-2816*; v. mit alkohol. Alkali-Lsg. nachbehandelten Polyurethanschaumstoffen für Filter 44-2715*; Herst. v. offenzell. Polyurethanschaumstoffen für Filterzwecke 44-2716*.

Pulvermetallurg. Herst. v. mit *1* rotem P u. *10 – 20* Sn-Bronze legierten Stahlfilter 6-2305; Eig. v. gesinterten Filtern aus Ti 6-2312; Herst.: poröser Körper aus Koks, Ruß u. Furfurylalkohol für Filterzwecke 9-2117*; v. porösen Formkörpern mit Porenvol. *40 – 80* % als Filterkörper 10-2299*; Einfl. d. Preßtechnologie auf d. ungleichmäßige vertikale D.-Verteil. v. gesinterten Stahlfilterelementen 11-2362; pulvermetallurg. Herst. v. Ti-Filter 14-2339; Filtermaterial in Trockenreinig.-Syst. zur Beseitig. gelöster saurer Substanzen aus d. Reinig.-Fl. aus Diatomeenerde u. aminmodifizierter Kieselsäure 16-2102*; Herst., Eig., Anwend. poröser Sintermetallwände als Filter 18-2078; Filtereig. v. zweischicht. Pulverfiltern 19-2316; Pulverauswahl für d. Herst. v. porösen Erzeugnissen für Filtrat.-Zwecke 20-2040; hochporöse Sinterwerkstoffe für d. Filtrat.-Technik 38-2201; Filtrat. v. Aerosolen durch poröse Aufsätze oder Suspens.-Schichten 51/52-2045*.

Herst. v. Filterpapier u. Filterelementen 8-3115*; UV-Verunreinig. in d. Pack. v. Filterpapieren 14-1826; experimentelle Unters. d. Aerosolfiltrat. durch Schichten faserförm. Materialien 19-2314; Herst. alkalifester Serpentinitfilter 26-2180; Eig. v. Filtern aus feinen Glasfasern 30-2099; im UV absorbierende Bestandteile d. Filtrierpapiers 32-1966; faser. Aerosolfilter (Berechn. d. Diffus.-Sedimentat. v. Aerosolen in Faserfiltern) 41-2184; asbesthalt. Steril- u. Apyrogenfiltermassen für fl. Phasen 44-2012*; experimentelle Unters. d. Fäll. v. Aerosol-Feststoffteilchen auf Fasern v. Modellfiltern 45-2260; Kalibrier. v. Glasfaserfiltern zur Korngrößenanalyse v. Aerosolen 45-1984; Porengrößenverteil. in Faserfiltern zur Aerosolfiltrat. 45-2261; Wind.-Faktor in Aerosol-Faserfiltern 51/52-2032.

Auswahl v. Filtergeweben 14-2076; Strukturparameter v. Glasfiltergewebe 19-2315; Polymethylphenylsiloxan für d. Behandl. v. Filterwatte aus Glasgewebe 25-3037.

Elektronenmkr. Unters. an Oberflächen v. Membranfiltern 9-2074; vergleichende Unters. zur Filtrat.-Wirksamk. v. Membranfiltern 9-2075; Herst. poröser Filtermembran aus Metall aus Ag_2O u. Acrylat 24-2470*; Theorie d. Filtrat.-Mechanismen bei d. Zsigmondy-Membranfiltern 28-0735; analyt. Meth. zur Best. v. Aerosolen mit Hilfe v. Ultramembranfiltern 35-1914; analyt. Meth. zur Best. v. Aerosolen mit Hilfe v. Membran-Ultrafiltern 39-1854; Membran zur Gewinn. v. in Fl. dispergierten Teilchen 41-2238*; analyt. Meth. zur Best. v. Aerosolen mit Membran-Ultrafiltern 45-1974.

Ungar. Perlit als Filterhilfsstoff 13-2047; Mittel zum beschleunigten Filtrieren wss. Suspens. 18-2158*; Steiger. d. Filtriergeschw. mineral. geflockter Suspens. durch Zusätze v. Polyacrylamid 36-2085; Asbest, Cellulose, Diatomeenerde u. Perlit als Filterhilfsmittel 45-2262.

Filtration spezieller Stoffe

— : v. *Abwässern*; zur *Gasreinigung*; v. *Luft*; v. *Wasser*; bei der *Zuckerfabrikation* s. dort.

Färb. v. Zellen auf einem Membranfilter mit Giemsa-Stammlsg. u. Leitungswasser 19-2177; Sterilisat. v. Arzneipräp. durch Filtrat. (Übersicht) 36-1650; Verw. d. Membranfilter bei d. mikrobiolog. Kontrolle v. Arzneimitteln 36-1651.

— galvan. Bäder 39-2444.

— v. H_3PO_4 (Übersicht) 2-2051; Kondens. v. Zn-Dämpfen mit Filtern aus metallurg. Koks 7-2452*; kolorimetr. Best. v. Mikromengen Mn als MnO_2 auf feinpor. Filtern 21-2175; Parameter d. Filtrat.-Geschw. v. SiO_2-Dispers. nach Flock. mit Polyäthyleniminen 22-2272; — : einer HNO_3-Lsg. v. Karatau-Phosphoriten mit Filterpatronen 28-2272; v. Al mit $MgCO_3$ u. Glasgewebe zur Raffinat. 30-2345; radiochem. Best. v. ^{137}Cs in Filtern 33-2328; Koksfilter zur Reinig. v. Zn-Dämpfen bei d. Kondens. 39-2484*; Speicherfähigk. v. SO_3 in Glasfaserfiltern für S-halt. Abgase 40-2041; Einfl. grenzflächenakt. Stoffe auf d. Filtrat. feinkörn. Löserückstände d. Kaliindustrie 41-2283.

Klär.- u. Filtrat.-Beschleunig. v. Kaolinen mit Polyacrylamid 4-1885; Filtrierbark. v. Kaolin- u. Kaolin–Ton-Suspens. (Einfl. v. anionenakt. Stoffen u. Elektrolyten) 11-2153; elektrostat. Filter in d. Zementindustrie 12-2257.

Steiger. d. Filtrat.-Geschw. v. Erzkonzentraten durch Terpentin 28-2395.

Neue Meth. d. Filtertechnik in d. Mineralölindustrie 22-2236; Bereit. v. Papier für Filter für Reinig. fl. Brennstoffe u. Öle 34-2134*.

Filtrierbark. v. Polyacrylonitril-Spinnlsg. 12-2944; Filtrat.-Eig. v. CMC-Lsg. 18-3040.

Meßverfahren: Analyse v. Glas- u. Keramikfritten durch Atomabsorpt.-Spektrophotometrie 1-1881; Anforder. an Prüfaerosole für Staubmeß- u. Probenahmegeräte sowie für Filterprüf. 28-2106; Best. d. mittleren Porengröße an d. Oberfläche v. Ultrafiltern mit Hilfe d. Elektronenmikroskops 35-1914; Best. v. Filtrat.-Koeff. durch Pumpvers. 35-2188; Best. d. mittleren Porenradius u. d. Porenverteil.-Kurve v. Membran-Ultrafiltern 39-1854; Sichtbarmach. v. Membranfilterstrukturen 44-1924; Best. d. mittleren Porengröße durch Mess. d. Gasdurchlässigk. 45-1974; Best. v. Phenol–Formaldehyd-Harzen in imprägniertem Filterpapier 45-2227.

Filtermeßgeräte zur Best. v. techn. Staubgrößen 19-2335; Best. d. spezif. Stauboberfläche mittels Gasdurchlässigk.-Mess. v. Filterbelägen 28-2107.

Bibliographie: Industrial filtration of liquids B 85.

Filz s. unter *Textilstoffe*.

Firnis

Siehe auch *Anstrichmittel* (*und Anstriche*).

Verw.: v. Melaminharzen für — 2-2797*; mikrokrist. Cellulose zur Herst. v. — 5-3165; Bereit. v. künstl. — aus Polydienen 14-2956*; Verw. v. Glycerophthalatharzen für — 16-3087*; Herst.: v. Epoxyharzester- — 16-3086*; v. Epoxyäthern v. Oligooxymethylenglykolen als — 27-2873*; v. fluorierten organ. Al-Verb. als — 29-2815*; aus Sonnenblumenöl u. Goudron-Talg 30-2921*; v. Alkylidendiharnstoffen als Ausgangsstoffe für — 43-2619*; Synth. v. Siliconharz- — (Überblick) 44-2831; — auf Basis v. Polyurethanen 46-2682*; Polyisocyanat- — für Holz 48-2768; Formazanfarbstoffe für — 25-2959*; Verw. v. Organosiliciumaerogelen als Verdick.-Mittel für — 38-3076*; metallhalt. Azofarbstoffe für — 45-2953*; Verhüt. d. Korros. durch W. in — -Anlagen 22-3042; Einfl. v. Katalysatoren bei d. Herst. v. Oleo-Harz- — 24-2864; Schutz- u. Verstärker- — für lithograph. Druckformen 22-3182*.

Fische, Bekämpf. d. Larven v. Neunaugen mit halogenierten Mononitrophenolen 13-3061*; Wrkg. v. Antioxydantien im Fischfutter 17-3514; experimentell hervorgerufene Veränder. d. Co-Ernähr.-Kette in Fischteichen 29-1673.

Bezieh. zwischen Erythrozytenzahl d. Blutes v. Salmo irideus u. d. fett. Leberdegenerat. 7-3168; Einfl. v. Strahlenschutzmitteln auf d. Schilddrüse v. Heteropneustes fossilis Bloch 17-1643; alkal. Phosphataseaktivität d. Kiemen v. Rosbora doniconius 21-1635.

Für — pathogene Stämme v. Achromobacter punctatum (Wrkg. v. Antimikrobenpräp.) 2-1258; tox. Wrkg. harter ABS-Detergentien auf — 2-2018; akute Toxizität v. Schwermetallen bei Warmwasser- — 17-1647; Justicidin A u. B als fischtötende Komponente aus Justicia Hayatai 24-1166; Wrkg.: biolog. weicher Waschrohstoffe auf — 26-2247; v. Pharmaka auf d. Untergrundfarbrk. d. Elritze 31-1717; v. anion. Detergentien auf d. Pestizid-Toxizität gegenüber Gold- — 38-2270; Callicarpon als fischabtötender Bestandteil in Callicarpa candicans 43-1022.

Vork. bzw. Geh.: an ^{137}Cs in — aus finn. Seen 2-1480; v. Fettsäuren im Coho-Lachs 3-3247; v. Organochlorinsektizidrückständen in — 4-1308; v. Phosvitinen in Fischrogen 16-1468; v. Phospholipiden in Fischereiprod. (Sardine) 17-3471; an radioakt. Antimycin in durch radioakt. Antimycin getöteten Fischen 22-3194; Stabilität v. Malic-Enzym in Fischfleisch bei $3°$ 22-3198; Procarboxypeptidase A aus d. gemeinen pazif. Dornhai 27-1459; Löslichmach. einer Cholinesterase aus Schollenmuskel durch Bakterien 27-1450; Zus. v. Myofibrillarproteinextrakten aus frischer u. gefrorener Kabeljaumuskulatur 27-3541; Vork.: v. Phospholipiden im Hechtdorsch 29-3383, 29-3384; v. Fettsäuren in Salzwasser-, Süßwasser- u. „Anadromus"- — 31-3509; v. flücht. Bestandteilen in Fischproteinkonzentraten 33-3504; oxydative Zers. d. Fleischlipide d. pazif. Kabeljaus 39-3170; γ-Guanidinobuttersäure-Ureohydrolase in Leber- u. Nierenzellen d. Rochen (Isolier. u. Reinig.) 44-1267; Veränder. in Fischproteinen u. ihre Hemm. durch Pyrophosphat 44-2965; Bezieh. v. freien Aminosäuren zum Verderb v. — 46-2797; Vork. bzw. Geh.: v. ^{137}Cs in Süßwasser- — 48-2015; v. Vitaminen d. B-Gruppe in poln. Fischkonserven 48-2931; v. Cholesterin im Heringsöl 51/52-2927.

Tetracyclin-Deriv. als Konservier.-Mittel für Süß- u. Salzwasser- — 2-2411*; Einfl. v. Schnellgefrier- u. v. langsameren Gefrierverf. auf d. Haltbark. v. Speise- — 7-3169; Tylosin als Konservier.-Mittel für Fischwurst 9-3139; resistente Bakterien an mit Antibiotika behandelten — 9-3142; biochem. u. kristallograph. Unters. über Struvit in eingedosten Meerestier-Lebensmitteln u. d. Verhinder. d. Struvitbldg. 17-3472, 17-3473; Toxinerzeug. durch Clostridium botulinum Typ E in bestrahltem u. unbestrahltem vakuumverpacktem Fisch 25-3403; Geh. an Carbonylverb. u. Phenolen in Fischmodellen bei d. Räucher. u. rauchlosen Konservier. 26-3160; Wirksamk. v. EDTA als Konservier.-Mittel für — 30-3047; Veränder. d. N-Substanz im Gewebe d. Ostseeherings bei verschiedenen Lager.-Beding. (Aminosäuren) 31-3508; Geh. an polycycl. KW-Stoffen in Räucherwaren 33-1424; Einfl.: v. Äthylenoxid auf Gewebe u. Flora v. frischem u. gefriergetrocknetem Kabeljaufilet 39-3168; v. Eindos., Lager. u. Zusatz v. Antioxydantien auf eingedoste Makrelen u. Ravas 39-3169; Geh. an Tyrosin in Ölanschovis beim Lagern 41-3240; Rk. v. N-halt. Substanzen mit Phenolen in Ölkonserven aus geräuchertem Fisch 46-2798.

Eiweißgewinn. aus — (Extrakt.-Verf.) 2-2916; Desodorier. d. Abgase v. Fischmehltrocknern 2-2943*; Wrkg. d. Verfütter. v. Fischmehl bei Schweinen auf d. Entw. einer Cu-Toxikose 5-1449; Geruchs- u. Geschmacksbldg. in thailänd. „Fischsaucen"-Zubereit. 6-3081; Auskleid. v. Behältern für Fischwaren 8-3174*; Leder aus Haifischhaut 10-3145; Entfett. u. Desodorisier. v. Fischproteinkonzentraten aus Harpoden nehereus 15-3283; Nährwert v. Fischpulver beeinflussende Faktoren 27-1614; Minder. d. Verdaulichk. v. Fischeiweiß beim Braten 36-3139.

Best. v. Trimethylamin-N in Extrakten u. Destillaten v. — 8-1991; Analyse v. — u. Fischprod. 11-2034; Identifizier. organ. Konservier.-Mittel in Bratheringen 13-2000; automat. Analyse v. Hypoxanthin in Fisch 13-2011; Thiaminbest. in Fischkonserven 14-2054; Qualitätstest-Schnellverf. im Vgl. mit konventionellen bakteriolog. u. chem. Labor.-Frischetesten 19-2289; N-Faktor für Kabeljaufleisch 22-2221; Prüf. d. Qualitätsverschlechter. v. Kabeljau bei Kaltlager. 23-3454; enzymat. Identifizier. v. Fischprod. 32-3039; Feststell. d. Totenstarre bei — 39-3167; Best. v. Dichlorbenzil u. seinem Stoffwechselprod. in — 42-1948; Scheiben-Elektrophorese-Meth. zur Identifizier. v. Fischsorten 42-1955; photometr. Best. v. Vitamin D in Süßwasser- — 46-1987; Best.: v. Benzpyren 47-2122, 47-2123; v. Hg in — 48-2013; v. Inosinmonophosphat u. Adenosinnucleotiden in Fischfleisch 48-2014; v. Lipiden in Fischmehl 48-2034; Identifizier.: v. Fischarten durch Agargel-Elektrophorese 51/52-2003; u. Best. v. Methyl-Hg-Verb. in Fisch 51/52-2004.

Bibl.: Industrielle Fischverarbeitung. Ein Lehr- und Handbuch über die Technik und Technologie der Fischbearbeitung und -verarbeitung B 48; Toxikologie der Fische [russ.] B 87; Fishery investigations B 56; Annual report on the handling and preservation of fish and fish products: report of the Torry Research Station, *1966* B 87.

Fischers Base s. unter $C_{12}H_{15}N$.

Fischer-Synthese s. unter *Umlagerungen*.

Fischer-Tropsch-Synthese s. unter *Hydrierung*.

Fischgifte, Ichthyothereol u. sein Acetat als — aus Ichthyothere terminalis 29-1221; — v. Rypticus saponaceus 29-1753.

Fisetin s. unter $C_{15}H_{10}O_6$.

Fitios B 77, Verw. zur Bekämpf. d. Mittelmeer-Fruchtfliege an Pfirsichen 40-2865.

FK 700, Einfl. auf d. renale SiO_2-Ausscheid. beim Menschen 43-1466.

FL-2 s. unter *Plaste, Weitere CO-Plaste*.

FL-39 s. unter *Plaste, Polyester* (*Weitere Polyester*).

Flachs s. unter *Lein* (*und Leinen*).

Flacrasid, pharmakolog. Eig. v. — (Gesamtflavonoide v. Crataegus) 45-1717.

Flagellin s. unter *Proteine, Spezielle Proteine*.

Flagil s. unter $C_6H_9N_3O_3$.

Flagyl s. unter $C_6H_9N_3O_3$.

Flammen s. unter *Verbrennung* (*und Flammen*).

Flammenphotometrie s. unter *Spektroskopie*.

Flammpunkt s. unter *Verbrennung* (*und Flammen*).

Flaschenkapseln, Abdichten 34-2788*.

Flavacin s. unter $C_{14}H_{20}N_2O_4S$.

Flavacol s. unter $C_{12}H_{20}N_2O$.

Flavane (und Flavanoide)

Neoflavanoide s. dort; s. auch *Catechine*.

Flavan-Deriv. 9-1033, 19-0969, 19-1163, 21-1155, 25-1150, 48-1462, 48-1465; Vork. bzw. Geh.: v. Flavanolen in Tee 15-1472; im Apfel 23-3472; v. Flavanoiden in d. Wurzelrinde v. Lophira lanceolata 45-1468; chromophor. Eig. v. Flavanolen-(4) u. Flavandiolen-(3.4) 22-1081; Epimerisier.-Mechanismus v. Flavandiolen-(3.4) 32-1101; enzymat. Ox. v. Flavanolen 15-1472; pharmakolog. Eig. v. Flavan-Polymeren aus Weißdorn (Crataegus oxyacantha) 19-1743.

Flavanon s. unter $C_{15}H_{12}O_2$.

Flavanone, Biosynth. in Soja hispida 1-1249; Darst. v. 3-Halogen- — 4-0862; Konfig. u. Konform. v. 3-Aryliden- — 48-0957; Jodier. mit J u. Ag-Acetat 17-1087; Antioxydans-Wrkg. für Ascorbinsäure 49/50-1554; Spezifität d. Shinoda-Tests bei — 29-1810.

Flavaspid(in)säure s. unter $C_{24}H_{30}O_8$.

Flavaspidsäure AB s. unter $C_{22}H_{26}O_8$.

Flavensomycin, Wrkg. auf Penicillium oxalicum (Mechanismus) 41-1387.

Flavensomycin-III 205, Pyrolyse-Gaschromatographie zum Nachw. v. — 12-1891.

Flavin s. unter $C_{10}H_6N_4O_2$.

Flavinadenindinucleotid s. unter $C_{27}H_{33}N_9O_{15}P_2$.

Flavine (Isoalloxazine), Chemie d. — u. Flavoproteine 9-1353; Fettsäureester v. — 9-1501, 9-1502; Chemie d. — u. Flavoproteine 15-

1305; Molekularkomplexe v. — u. Phenolen 28-1082; Fettsäureester v. — 51/52-1560.

Vork. bzw. Geh.: in d. normalen Leberzelle u. zu Beginn d. Krebsbldg. 4-0999; in Penicillium vitale (Einfl. v. Kohlenhydraten im Nährboden) 7-1290; in Hefen Candida 11-1275; in Ameisenmännchen 24-1549; in Rinderhirnmitochondrien 37-1280; in Propionsäurebakterien 41-1325; im Weizenkorn 42-1343; in d. Rattenleber (Verteil.) 42-1463; im Rattenhirn (Einfl. v. Oxotremorin) 51/52-1685.

Bldg. (durch Candida) 26-1391; (durch Schimmelpilze) 27-1511; Darst. v. 9-Halogenflavinen 48-0788.

Inter- u. intramol. Assoziat. v. — 4-1005; photochem. Abbau 5-0951; Wechselwrkg. mit 8-Chlortheophyllin 13-0900; Rk. mit Dihydroliposäure 15-1305; lichtinduzierte Benzylsubstitut. v. — durch Phenylacetat 16-1272; Photochemie (Übersicht) 25-1483; photochem. Abbau 29-1026; — als Katalysatoren bei d. H-Übertrag. v. Dihydronicotinamidadeninnucleotid-Modellverb. auf organ. Einelektronenakzeptoren 46-0835; Bromier. u. Chlorier. 48-0788; Elektronenstruktur u. Photochemie v. — 48-0943.

Einfl. auf d. Dehydrier. v. Glykoläthern durch zellfreie Extrakte aus Bodenbakterien 10-1214; Chemie d. biolog. Funkt. d. — (Übersicht) 26-1189; Stoffwechsel fettlösl. Flavinester 51/52-1561.

Flavinin s. unter $C_{18}H_{19}NO_4$.
Flavinmononucleotid s. unter $C_{17}H_{21}N_4O_9P$.
Flavipin s. unter $C_9H_8O_5$.
Flavisin s. unter *Enzympräparate*.
Flavochin s. unter $C_{20}H_{22}ClN_3O$.
Flavochrom s. unter $C_{40}H_{56}O$.
Flavodoxin, — aus Clostridium pasteurianum 14-1332; chem. u. biolog. Eig. 8-1354.
Flavofungin s. unter $C_{31}H_{50}O_7$.
Flavognost s. unter $C_{14}H_{16}BNO$.
Flavomenthin, gallentreibendes Präp. aus Mentha piperita 6-1597.
Flavon s. unter $C_{15}H_{10}O_2$.
Flavone (und Flavonoide), Flavonoide 17-1086; Unters. natürl. u. synthet. Flavonoide 26-1062; Flavonoidglykoside 27-0972; Flavonoide 44-0928, 44-0929.

Vork. bzw. Geh. v. Flavonoiden: in Lemnaceae 1-1313; in Onopordon acanthium 1-1569; in Tanacetum vulgare L. 3-1701; in Coniferen 4-1343; in Cynara scolymus 5-1672; in Asparagus officinalis 5-1676; in Amaranthus retroflexus 5-1677; in Citrusfrüchten 6-1104; in Blüten v. Galega officinalis L. 6-1382; in Magnoliablüten 7-1354; in Celastrus hypoglauca 7-1670; in Vaccinium vitis 7-1671; in Arnika 7-1672; u. Darst. v. Hinokiflavonmethyläthern 12-0977; in d. männl. Blüte v. Salix caprea L. (Zus.) 17-1441; in Serratula isophylla 17-1768; in Sorbus pendula 17-1769; in Blättern v. Acacia saligna 18-1362; in Asarum europaeum 18-1634; in Filicinae (Verteil.) 20-1428; v. Flavonololigosacchariden in d. Blüten v. Leucojum vernum u. Galanthus nivalis 20-1429; in Pollen v. Lilium lancifolium 21-1548; in Pisum sativum 21-1569; in Hibiscus trionum 22-1460; in Blättern v. Phellodendron sachalinense 24-1736; in Convolvulus sepium 24-1525; in Achillea-Arten 25-1812; in Herba serpylli 25-1814; in d. Zellen d. Weidenblattes 26-1472; in Koniferen 26-1737; in Blättern v. Crataegus curvisepala Lindm. 27-1263; in Mimulus cardinalis u. verwandten Arten 27-1578; in Capsicum-Pflanzen 27-1579; in Lithospermumarten 29-1806; in Herba bursae pastoris 30-1640; in Lophophytum leandri 31-1563; in Kartoffel (Einfl. d. Keimalters d. Knollen u. d. Kulturbeding.) 32-1526; in Hydrangea radiata 33-1899; in Ricinocarpus muricatus 34-1116; in Buchweizenpflanzen (chromatograph. u. spektrophotometr. Charakteristik) 35-1407; v. Flavonolglykosiden in d. Blüten v. Gossipium hirsutum L. 35-1093; in Flavonolen in d. Trieben d. Apfelbaumes (Dynamik) 35-1439; in Blättern v. Evonymus Europaea 37-1817; in Kreuzblütlern 39-1040; v. Flavonoidglykosiden in Salix purpurea 39-1375; v. Flavonolen im Tee 39-1377; in d. Blättern v. Rosa mollis Sm 40-1550; in grünem Tee 42-1340; in Rosa damascena Mill. 46-1614; in Euphorbiaceen 46-1615; in Äpfeln u. Birnen 46-2820; in Pfefferminze 47-1747; in Zwiebel v. Allium ascalonicum 48-1466; in Prunus persica Batsch (Pfirsichrinde) 48-1468; in Leguminosen (Unters. an d. Blüten v. Vicia cracca) 48-1471; in Blättern v. Cassia marylandia 48-1472; in Teclea sudanica 48-1625; Verbreit. v. Galeopsis in d. Ukraine u. vergleichende Bewert. d. Arten nach d. Geh. an — 51/52-1721; Synth. v. Flavonderiv. 2-0995; chromatograph. Trenn. v. Flavonoiden aus Hopfen u. Gerste 9-1327; Synth. v. Flavoniminen 20-1020; stereospezif. Einbau v. (—)-5.7.4'-Trihydroxyflavonen in Flavonoide 20-1439; Biogenese d. Flavonoide 20-1440; Darst. (Heilmittel) 20-1657*; Biogenese d. Flavonoide 28-1530; Darst.: v. 2'-substituierten — 29-1168; v. — durch Cyclisier. v. 2.3-Dimethoxy-β-phenoxyzimtsäure 37-1161; v. Polyhydroxydihydroflavonolen 39-1014; Massenspektren 14-0854; Rotat.-Isomerie v. C-Glucosylflavonoidacetaten 16-0887; Massenspektren v. Quercetagetinderiv. 24-0918; NMR-Spektren u. Struktur v. C-Glykosylflavonoiden 27-0955; Struktur v. Flavon-C-Glykosiden 29-1169; NMR-Unters. v. Baptisia-Flavonoiden 36-0909; IR-Spektren 44-0926.

Ringisomerisier. 10-1040; reduktive Dimerisier. 21-1153.

Choleret. Eig. v. — aus d. Blättern v. Pfefferminze 3-1681; Wrkg. auf d. Überlebensdauer v. Ratten bei Verfütter. v. thrombogener oder atherogener Kost 6-1593; vergleichende Biochemie d. Flavonoide 7-1355; Bedeut. d. Bioflavonoide für d. Leberstoffwechsel v. Tyrosin 13-1201; C-Glykosidier. v. Flavonoiden bei Spirodela polyrhiza 14-1390; Einfl. v. Bioflavonoiden: auf d. Aktivität v. Atmungsenzymen 17-1270; auf d. Leukopenie d. Ratte 17-1645; enzymat. Partialhydrolyse v. Flavonoidglykosiden 19-1445; stereospezif. Einbau v. (—)-5.7.4'-Trihydroxy- — in Flavonoide 20-1439; Biochemie d. Flavonoide 22-1458; Verschwinden v. Quercetinheterosiden in Convolvulus sepium (Einw. v. 2.4-Dichlorphenoxyessigsäure) 24-1525; Wrkg. d. Bioflavonoide auf d. Ox. u. d. oxydative Phosphorylier. in Lebermitochondrien 34-1576; Flavonoidstoffwechsel im Meerschweinchen 36-1612; Wrkg. d. Bioflavonoide: auf d. O-Methyltransferase 37-1381; auf d. Zunahme d. durch Cysteamin induzierten SH-Gruppen im Gehirn 37-1735; auf d. Verringer. d. Brenzcatechinamine im Herz durch Strophantin u. Reserpin 37-1736; enzymat. Ox. v. Flavonolen d. Tees 39-1377; vergleichende Biochemie v. Flavonoiden 39-1379; phenol. Hydroxylier. d. Kernholz-Flavonoide 48-1462; Stoffwechsel d. Flavonoide bei Uncaria gambir 48-1537.

Therapeut. Verw. v. Citroflavonoiden 27-1956*.

Photometr. Analyse v. Flavonoiden aus Pflanzenmaterial 5-1984; Papierchromatographie v. Obstflavonoiden 10-2044; Verteil.-Gaschromatographie d. Trimethylsilyläther v. — 11-1949; papierchromatograph. Identifizier. 19-2158, 34-2028; gaschromatograph. Best. v. Flavonoiden als Silylderiv. 35-2093; Analyse v. Flavonolen 40-1856; Best. v. Bioflavonoiden in Fruchtsaft 40-1945; Identifizier. durch reduktive Spalt. 49/50-1387.

Bibl.: Bioflavonoidi. Aggiornamento sulle caratteristiche chimiche, sulla formacologia e sulle applicazioni terapeutiche. Atti, Symposium sui bioflavonoide. Stresa aprile *1966* B 28; Die Flavonoide. Eine Übersicht über ihre Physiologie, Pharmakodynamik und therapeutische Verwendung B 76.

Flavonoide s. unter *Flavone (und Flavonoide)*.
Flavonole s. unter *Flavone (und Flavonoide)*.
Flavophosphin, Absorpt.- u. Emiss.-Spektren in äthanol. NaOH 28-0861; Ausb. d. Antistokes-Fluoreszenz 42-0745.
Flavoproteine s. unter *Enzyme, Spezielle Enzyme (Flavinfermente)*.
Flavoxanthin s. unter $C_{40}H_{56}O_3$.
Flavyliumverbindungen s. unter *Pyryliumverbindungen*.
Flaxedil s. unter $C_{30}H_{63}N_3O_6$.
Flectol H, Mäusetests zur Best. d. Karzinogenität v. — 23-1341.

Fleisch und Fleischwaren

Luftdesinfekt. in fleischverarbeitenden Betrieben 4-2651; Fleischforsch. (Übersicht) 4-2652.

Physiologie

Nährwert d. Fleisches u. seine Veränder. beim Erhitzen (Übersicht) 2-2911; Einfl. d. Temp. auf d. post-mortem-Stoffwechsel in Rindermuskeln 7-3165; Ätiologie d. „Fleischanämie“ 9-1495; Veränder. v. Schweinemuskeln unter d. Einfl. v. Entw.-Stadium, genet. Veranlag. u. post mortem-Muskeltemp. 24-3010.

Zusammensetzung, Eigenschaften

Geh.: an Na-Tripolyphosphat u. Na-Ascorbat-Verlust in Schweinefleisch 1-3042; an Organochlorinsektizidrückständen 4-1308; Hydroxytetracyclin im Fleisch v. Hennen (Einfl. d. Verfütter.) 7-3161; Zus.: u. Verh. d. Bindegewebes d. Schlachttiere 7-3164; v. Leberpasteten 8-3142; Geh.: d. Fleisches an Radionucliden 17-3470; an Milchsäure u. Zuckern in d. post mortem-Muskulatur v. Rind u. Schwein 19-3200; an Vitamin B_6 u. Pantothensäure in Rindfleisch 19-3201; an Hydroxytetracyclin im Fleisch v. Hennen (Einfl. v. Dosis u. Dauer d. Verabreich.) 20-3088; an Endosulfanrückständen im Fleisch v. Rindern nach endosulfanbehandeltem Futter 21-3466; Zus. d. Muskeln v. mit Hexöstrol behandelten Stieren 21-3467; Chemie d. Fleischfarbstoffe (Übersicht) 22-3197; Zus. v. rohem u. gebratenem Lamm- u. Hammelfleisch (Aminosäuren) 23-3453; K-, Na-, Ca- u. Mg-Geh. v. Fleischwaren 24-3008; Einfl. v. Mikroorganismen auf d. Anreicher. v. Carbonylverb. in Schinken 27-3540; Bezieh. zwischen d. Menge an Fleischfarbstoffen u. d. Umwandl. in Nitrosofarbstoffe 28-3200; Geh.: an Methmyoglobin u. Malonaldehyd u. d. reduzierende Aktivität v. rohem, zerkleinertem Rindfleisch 31-3507; an Inosin-5'-monophosphat in Fleisch 32-3037; polycycl. KW-Stoffe in Fleisch 33-1424; Veränder. im Sulfhydryl- u. Disulfidgeh. v. Hühnermuskulatur (Einfl. v. N-Äthylmaleinimid) 33-3499; Einfl. technolog. Prozesse auf d. Vitamin A-Geh. v. Schweineleber 33-3500; Zus. v. Rohwurst 33-3501, 33-3502; Verteil. v. p.p'-DDT-Rückständen im Fett- u. Muskelgewebe v. Rindvieh 34-3070; Bldg. v. NO-Myochromogen in Schweinefleisch 35-3170; Aktivität d. sauren Phosphomonoesterasen d. Fleisches 36-3137; Einfl. d. Kochverf. auf chlorierte Insektizide in eßbarem Hühnergewebe 40-2935; Gesamtpigment- u. Myoglobin-Geh. v. Rindermuskeln 40-2937; Ca- u. Mg-Bind. in Fleisch 45-3317; Einfl. d. Zubereit. auf Rückstände v. chlorierten KW-Stoffen in Hühnergeweben 45-3321; S-halt. Verb. d. Fleisches 46-1984; Cholesterin d. Muskelgewebes v. Schlachtvieh 47-3153; Einfl. d. Behandl. v. Hühnern mit Oxytetracyclin auf d. Antibiotikumspiegel in Fleisch u. Innereien u. d. hygien. Beurteil. dieser Prod. 51/52-2006.

Aminosäurezus. v. Fleischmehl 10-3128; Proteinzus. u. damit zusammenhängende Eig. v. Fleisch (Übersicht) 15-3278; Charakterisier. d. Mucoproteins in Rinderskelettmuskulatur 15-3280; Einfl. v. Temp. u. pH-Wert auf d. lösl. Proteine v. Schinken 15-3281; Geh. an N-halt. Substanzen in Geflügelfleischextrakt 19-3203; Einfl. ionisierender Strahlen auf d. Aminosäuren v. Fleischeiweiß 25-3397; N-Restsubstanzen in Hühnermuskeln nach d. Schlachten 39-3165; Aminosäuren u. Nucleotide in verderbendem Rindfleisch 39-3166; postmortale Veränder. d. Eiweißextrahierbark. v. Rinder-, Schweine- u. Hühnermuskeln 45-3319.

Geh. an freien Fettsäuren in Rohwürsten 4-2649; Rolle d. flücht. Fettsäuren bei Entw. d. sauren Geruchs in gekühltem Fleisch 21-3468; Bezieh. zwischen Phospholipiden u. anderen Gewebebestandteilen v. Rindermuskeln 31-3506; Lipide: v. normalen u. blassen, weichen, exsudativen Schweinemuskeln 33-3498; in rohem u. gekochtem, gemahlenem Rind- u. Schweinefleisch 35-3167; v. Hühnermuskeln (Veränder. bei Gefrierlager.) 40-2936; Phospholipide d. Schweinemuskels 41-3236; Lipide in gefriergetrocknetem Fleisch u. Ox. (Übersicht) 45-3316; Fettsäurezus.: v. Truthahnfleisch 45-3322; v. Schweine-Muskellipiden 47-3177.

pH-Wert, Säuregrad u. Geschmack bei Rohwürsten 2-2915; Verh. v. Rindersarkoplasma beim Erhitzen 5-3193; Fettox. in bestrahltem, gekochtem Fleisch 6-3079; Aroma v. Hühnerfleisch 7-3166; Geschmackskomponenten v. Rindfleisch 8-3143; Synth. v. Hühnerfleischaroma aufweisenden Verb. 10-1396; Bezieh. zwischen chem. Eig. u. Zarth. v. Geflügelmuskelfleisch 15-3277; enzymat. Red.-Vorgänge in Fleisch 23-3452; Veränder. d. physikochem. Eig. d. Myosin-B-Frakt. v. Putenmuskulatur nach Eintritt d. Starre 29-3382; Geschmack v. Fleisch-Nahr.-Mitteln 32-3065; Quell. verschiedener Bindegewebsarten in Kochsalzlsg. 33-3496; Bezieh.: zwischen biochem. Veränder. an d. intrazellulären Proteinen u. d. W.-Bind.-Vermögen v. Fleisch 33-3497; zwischen Farbe u. chem. u. physikal. Eig. d. Schweinemuskels 34-3071; Mol.-Eig. postmortaler Muskeln (Aktivität d. myofibrillären Nucleosidtriphosphatasen d. Rindermuskels) 35-3165; Temp.-Abhängigk. v. postmortalen pH-Wert-Änder. im Ochsenmuskel 45-3318; Einfl. d. pH-Wertes auf d. W.-Aufnahmevermögen v. Schweinefleisch 46-2796.

Konservierung

Toxinbldg. in leicht verderbl. vakuumverpacktem Fleisch durch Cl. botulinum 2-2912; postmortale Veränder. bei d. Kältebehandl. v. Geflügelfleisch 4-2650; Pökeln v. Fleisch 4-2677*; Veränder. d. freien Amino- u. anderen Stickstoffverb. in gelagertem Rindermuskelfleisch 6-3080; Auskleid. v. Behältern für Fleischwaren 8-3174*; Pökeln v. Fleisch 12-3157; Einfl. d. Gefriertrocknens auf d. Denaturier. v. Myosin aus Kaninchen-Skelettmuskulatur 15-3279; chem. Veränder. v. geräuchertem Fleisch beim Lagern 19-3202; Beobacht. an strahlungspasteurisiertem Fleisch nach *12* Jahren Lager. 22-3196; Behandl. v. Fleisch mit ionisierenden Strahlen (Pasteurisier. v. Rind- u. Lammfleisch) 25-3397, 25-3398; Decarboxylier. v. Aminosäuren bei d. Autolyse d. Muskelgewebes während d. Kühllager. v. Kalbfleisch 25-3399; Änder. d. Rk.-Fähigk. d. Thiolgruppen v. kontraktilem Eiweiß bei d. Muskelerstarr. während d. Lager. v. Hühnerfleisch 27-3538; Erhöh. d. Lagerfähigk. v. geschlachtetem Geflügel durch Tetracyclinverb. 32-3038; postmortale biochem. Veränder. im Rindermuskel u. d. Einfl. v. schnellem Abkühlen in Eis 34-3072; biochem. Eig. v. Schweinemuskeln u. ihre Bezieh. zum Pökeln 35-3166; Vork. v. Enterokokken in verpacktem Gefrierhackfleisch unter d. Einfl. d. Verf.-Technik u. während d. Gefrierlager. 39-3164; Stabilität v. Thiamin u. Riboflavin bei d. Gefriertrockn. v. Fleisch 41-3237; Umwandl.-Grad d. Fleischfarbstoffe beim Pökeln 47-3155; Veränder. v. flücht. aromat. Substanzen beim Lagern v. abgekühltem u. unterkühltem Fleisch 48-2930.

Behandlung und Verarbeitung

Herst. v. Carboxymethylderiv. d. Amylose, Stärke oder anderer Polysaccharide als Verfestig.-, Geliermittel für Sülze 6-2557*; Veränder.: d. Fleischpigmente bei Verf. zur Wurstherst. 10-3092; d. Fette in Fleisch durch verschiedene Verarbeit.-Meth. 10-3100; Eiweißveränder. in Bezieh. zur Temp. d. Schinkenbehandl. (Einfl. v. Zeit u. Temp. auf Menge u. Zus. v. lösl. Eiweiß) 15-3282; Umwandl. d. Carbonylverb. bei d. Wärmebehandl. d. Fleisches (Gänsefleisch) 20-3090; Eindringen flücht. Fettsäuren beim Räucherprozeß in frischen Schinken 21-3469; Locker. v. Fleisch mit Hilfe proteolyt. Fermente 25-3400; Übergang v. ^{90}Sr aus Fleisch in d. Bouillon bei verschiedenen technolog. Bearbeit.-Prozessen 26-3163; Behandl. v. Fleisch mit Fermentrohstoffen tier. Ursprungs 30-3082*.

Verh. d. Lipide während d. Reif.: v. Dauerwurst (Unters. d. Mikrobenflora) 1-3043; v. Rohwürsten 7-3167; Umwandl. v. $^{14}C_{(1.6)}$-Glucose in Rohselchwaren während d. Reifens u. Räucherns 8-3144; Extrahierbark. d. Hühnerbrustmuskelproteine nach postmortaler Reif. 10-3091; Zarth. v. Fleisch (Proteolyse u. Reif. v. Rindfleisch) 18-3078; Chemismus d. natürl. Zartwerdens oder Reifens v. Fleisch 20-3089; Dynamik d. Rohwurstgär. 25-3401, 25-3402; Änder. d. Eiweißkomponente in d. Wurstmasse beim Reifen rohgetrockneter Würste 27-3539; Einfl. v. postmortaler Reif. u. v. Zartmacherenzymen auf d. Mucoprotein v. Rinderskelettmuskulatur 35-3168; Reif. v. Rohwürsten (Verh. d. Proteine u. ihrer Spaltprod.) 36-3138; (Änder. d. Nucleotide, Nucleoside u. Basen) 41-3238; Reifen ungar. Trockenwurst (Änder. d. Proteinlöslichk.) 41-3239; Veränder. d. Ribonucleotide u. ihrer Deriv. bei d. postmortalen Reif. v. Hühnermuskeln 45-3320; Umwandl. d. Elastins d. Zwischenmuskel-Bindegewebes beim Reifen v. Fleisch 47-3154; Entw. d. Mikroflora in schnellreifender deutscher Rohwurst (Aminosäureanalyse einer Salami) 47-3156.

Analytisches

Best. v. Pentosen + Pentosanen in — 2-2913; Nachw. v. Pferdefleisch in Lebensmittelzubereit. 2-2914; Best. d. Stärkegeh.: v. Fleischwaren 4-1707; v. durchgedrehtem Fleisch 6-2002; Best.: v. Ascorbinsäure im Hackfleisch 7-2061; v. Chlorid, Nitrit u. Nitrat in Fleischerzeugnissen 8-1988; d. W.-Geh. in Fleischwaren 8-1990; v. wasserlösl. Synth.-Farbstoffen u. Cochenillefarbstoffen in — 10-2026; d. W.- u. Fettgeh. v. Fleischerzeugnissen 11-2032; v. Lactose in Stärkesirup enthaltenden Fleischzubereit. 11-2033; automat. Analyse v. Hypoxanthin in Fleisch 13-2011; Best.: v. Kreatin in Fleischextrakt u. fleischextrakthalt. Erzeugnissen 13-2009; v. Blutzusätzen zu Hackfleisch 13-2010; v. HCN in begastem Frischfleisch 14-2060; v. Carbonyl- u. S-Verb. in d. flücht. Frakt. v. gekochten Hühnchen 19-2288; v. Feuchtigk. u. Fett in — 21-2282; v. 5'-Ribonucleotiden in Fleischwaren 25-2211; v. Sulfhydrylgruppen im Fleischeiweiß 26-2163; v. Milcheiweiß in Fleischerzeugnissen 26-1164; v. Fett in Fleischwaren 28-3201; v. Lipoperoxiden in Fleischzubereit. 31-2264; v. Nitraten in Fleisch- u. Wurstwaren 32-2092; Nachw. v. aufgeschlossenem Milcheiweiß in hocherhitzten Fleischwaren 34-2085; Best.: v. Phosphamid in Fleisch u. Innereien 37-2272; v. Stärke in Fleischprod. 37-2277; d. SH-Gruppen in Fleisch- u. Muskeleiweiß 38-2192; v. Lipoiden aus magerem rohem Rindfleisch 42-1953; v. Gluconsäure-δ-lacton in schnittfesten Dauerwürsten 42-1954; v. Sulfhydrylgruppen in Muskelgewebe u. Myofibrillen mit N-Äthylmaleinimid 46-1984; v. Benzpyren (in Schinkenproben) 47-2122; (in Würstchen) 47-2123; v. Mononucleotiden in Fleisch 47-2127; v. SH- u. Disulfidgruppen in Myofibrillen u. Muskelgewebe v. Fleisch 47-2128; v. Fett in Fleisch 51/52-2002.

N-Faktoren bei Truthühnern 5-2039; N-Faktor d. Zunge 5-2040; N-Geh. v. Mehl für Wurstwaren 5-2041; Best. d. Redoxpotentials in Fleischkonserven 8-1989; Beurteil. d. „Sauerranzigk." bei Rohwürsten 8-3141; Standardisier. d. aeroben Gesamtkeimzahlbest. in Fleisch u. Fleischerzeugnissen 11-2031; Nachw. einer Bestrahl. bei Fleisch 16-3224; Benutz. d. Resazurintests für Fleischwaren 17-2147; Konz.-Best. v. Fleischextraktlsg. 28-2154; Schnellbest. d. bakteriellen Verunreinig. v. Schinken mit Triphenyltetrazoliumchlorid 30-3046; Ultra-X'-Schnellanalysenwaage u. ein neues Verasch.-Gerät zur Unters. v. Fleisch u. Fleischwaren 32-2098; biochem. Unterscheid. zwischen Frisch- u. aufgetautem Gefrierfleisch 42-1952; schnelle Extrakt. v. chlorierten Pestiziden aus Fleischprod. 49/50-2019.

Bibliographie

Handbuch der Fleischwarenherstellung. Praxis und Wissenschaft der Fleischverarbeitung B 32; Anwendung von chemischen Konservierungsmitteln, Antioxydantien, Stabilisatoren und Ionenaustauschharzen in der Fleischindustrie [russ.] B 31; Technologische, physikalisch-chemische und biologische Untersuchungen von Fleisch und Fleischprodukten (Mitteilungssammlung) [russ.] B 79.

Flexuosin A s. unter $C_{17}H_{24}O_6$.
Flexuosin B s. unter $C_{20}H_{28}O_6$.
Fließen s. unter *Plastizität*; *Rheologie*; *Strömung*.
Flindersiamin s. unter $C_{14}H_{11}NO_5$.
Flindissonlacton s. unter $C_{30}H_{44}O_3$.
Flinkit, Krist.-Struktur 47-0733.
Flint s. unter *Siliciumoxide*: SiO_2.
Flit 406 s. unter $C_9H_8Cl_3NO_2S$.
Flockung s. unter *Fällung*; *Kolloidchemie*.
Florencit, Identifizier. d. PO_4^{3-}-Gruppe in — mit Strychninmolybdat-Reagenz 27-2216.
Floridastärke, — aus Joculator maximus (Isolier., Reinig., Eig.) 33-1627.
Floridin s. unter *Bleicherden*.
Florimycin s. unter $C_{23}H_{36}N_{12}O_8$.
Floropipamid s. unter $C_{21}H_{30}FN_3O_2$.

Flotation

Allgemeines

Modifizierte Labor- —-Zelle 3-2145; Ionen- — (Übersicht) 3-2146; Kinetik d. Schaum- — 6-2033; Schaum- — (Übersicht) 8-2014; Seifenfilme bei d. — 14-2077; Zweiphasenmodell d. —-Prozesses 15-2167; Wrkg. v. Aminen (u. Xanthaten) bei d. — magnet. Erze 22-2428; — organ. Nd. 23-2172; Unters. d. hydroelektr. Flock. (Wrkg. v. Al- u. F-Elektroden) 24-2324; Vgl. d. mechan. u. Zyklon- — 27-2546; Adsorpt. v. polaren Mol. an polarer u. nichtpolarer Mineraloberfläche 27-2547; Theorie d. Film- — v. Mineralien 28-2176; Verschmutz. d. —-Schlamms durch Gangart-Mineralien 28-2268; Unters. d. Flotierbark. d. Ionenaustauscher 32-2362; Einfl. v. Ultraschallschwing. auf d. sek. Konz. v. Mineralien in einem Schaum 33-2352; Mechanismus d. Ausflock. u. Peptisier. v. Mineralien aus Lsg. durch langkett. Sammler 33-2579; Kinetik d. physikal.-chem. Zustandes d. Grenzfläche Fl. — Gas u. ihre Rolle beim Elementarakt d. — 34-0706; Wrkg. v. unpolaren Sammlern u. anderen oberflächenakt. Substanzen bei d. Schaum- — 36-2088; Mizellbldg. d. Amine in Salzlsg. 36-2089; radiograph. Unters. d. Wrkg. v. Xanthogenat auf Mineralien 36-2319; Einfl. d. Temp. d. Trübe auf d. — unter Verw. v. Na_2S als Drücker 36-2320; — (Fortschrittsbericht) 37-2295; Einfl. eines Magnetfeldes auf d. W. bei d. — 39-2167; Oberflächenenergie u. Adsorpt. in d. Feinkorn- — 39-2168; Amin- — v. Erzmineralien u. Silicaten (theoret. Grundlagen) 39-2369; allg. Grundlagen d. Sammleradsorpt. bei d. — 40-1957; — v. wasserunlösl. Nd. 40-1978*; Einfl. d. Salzart auf d. — unter Verw. verschiedener KW-Stoffe als Sammler 43-2257; — feiner Schlämme 45-2497; Ström.-Potentiale u. elektrokinet. Zeta-Potentiale in d. Phasengrenzfläche fest/fl. (Unters.-Meth. für d. —-Prozesse) 46-0563; Rolle d. CO_2 bei d. — carbonathalt. Mineralien 47-2287.

— v. Mineralien durch kationenakt. Sammler 3-2147; Schaum- — v. Erzen mit dithiosubstituierten sek. Organophosphorverb. als Sammler 3-2498*; — sehr feinkörn. Erze (Belüftungsbeding.) 7-2335; Emulgier. öl. —-Mittel mittels Ultraschallwellen 8-2013; Schaum- — zur Dekontaminat. v. W. 16-2186; Elektro- — v. Abwasser d. Kunstseidebetriebe 18-2144; Erörter. d. Kohlenflotat. in Abhängigk. v. d. Schaumbildnerkonz.; Reagenzienzugabe bei d. Automatisier. d. — 21-2889; — v. Mikroorganismen aus biolog. behandeltem Kokereiabwasser 22-2289; Flotat. v. sulfid. Erzen 26-2203*; Vorbehandl. d. Sammler im elektr. Feld 27-2367; Ionen- — als neue Meth. zur Ionenextrakt. aus verd. Lsg. 27-2372; kontinuierl. Reinig. u. Entgas. v. Fäll.-Bädern nach d. —-Meth. mit CS_2-Rückgewinn. 32-2878; Erz- — (selektives Drücken v. Silicaten mittels Na-Polyphenolsulfit) 33-2701*; Beschleunig. d. Sedimentat. einer mineral. Suspens. durch Anwend. gemischter anion. u. kation. Polyelektrolyte 34-2359; Aufbereit. v. Mineralien durch Versetzen d. wss. Aufschlämm. mit einem Benzingemisch mit geringen Heizöl-Anteilen u. oberflächenakt. Mitteln 37-2879*.

CN^--Entfern. in —-Abwasser 10-2131.

Flotation von speziellen Stoffen

Wemco-Fagergren- — für d. Steinkohlenaufbereit. 8-2611; Anwend. d. Setz- — für d. Kohleaufbereit. 31-2963; Einfl. makromol. Flock.-Mittel u. koll. Teilchen auf d. Kohlen- — 33-2927.

— v. Silicaten (Vakuumflotat., Adsorpt. v. Dodecylamin an Feldspat) 15-2246, 15-2247; Aktivier. v. Quarz bei d. Oleat- — 16-2200; Drücken v. Quarz mit Ascorbinsäure 23-2391; Gravitat.- — v. ox. Hornstein 25-2457; Rolle v. bas. Komplexverb. bei d. anion. — v. Quarz 37-2385.

Einfl. v. Schlämmen auf d. Schwimmfähigk. sulfid. Mineralien 10-2309; —-Fähigk. v. S-Erzen 22-2322; — v. sulfid. Erzen 26-2203*; Kinetik d. — d. Borsäure 34-2103; Schaumfraktionier. v. Orthophosphat 3-2221; Verw. v. KW-Stofföl zur Schaum- — v. Phosphat 46-2089*; Phosphat- — (Sammlermisch.) 49/50-2324*.

Theorie d. Alkalisalz- — (Sammleradsorpt.) 12-2142; Adsorpt. ^{14}C-markierter —-Sammler an Alkalimetallsalzen 18-0630; Anwend. v. Holzhydrolysaten bei d. Depress. v. Tonschlamm bei d. Kalierz- — 51/52-2131; flächenspezif. Hydrophobie u. selektive — v. KCl u. NaCl 1-0635; — v. Kalirohsalz 1-2078*; Änder. d. Sammlerwrkg. v. —-Aminen gegenüber KCl durch Alkanol (C_{3-16}) u. cycl. Verb. 14-2178; Einfl. v. Peptisatoren auf d. Entschlamm. bei Sylvin- — 16-2201; Wrkg. nichtelektrolyt. Zusätze auf d. — v. Sylvinit 22-2324; — v. K-Erz 38-2329*; Ausflock. v. Tonschlamm bei d. Anreicher. v. Kalimineralien durch —; Verw. v. Polyacrylamid bei d. — v. K-Mineralien 40-2051; Drückerwrkg. v. Carboxymethylcellulose bei d. — v. K-Mineralien 40-2052; theoret. Fragen d. — v. NaCl u. KCl 44-2065; Aktivier. v. Orthoklas mit HF bei d. — mit kationakt. Sammlern 47-2185; — v. Sylvin mit Diaminsammlern 48-2134*; — v. Feldspaten 48-2141*; Flotierbark. v. NaCl u. KCl 51/52-2130; NaCl- — mit Phenoxyessigsäurederiv. 10-2169; — v. Halit in Mg-Salze enthaltenden Lsg. 32-2266*; flotative Trenn. v. Nephelin u. Feldspat 51/52-2132.

Einfl. d. Behandl. v. Fluorit mit Ölsäure auf d. Fixier. d. Sammlers 19-2392; Aktivier. d. — v. Beryll u. Feldspat durch Fluoride in kation. Sammlersyst. in d. Hallimondröhre 13-2279; Rk. kation. Sammler mit Phenakit 19-2391; —: d. Kieserit-Carnallits v. Kłodowa 3-2231; v. Roh-Magnesit 34-2361; v. poln. Carnallit 36-2218; Anti-Schäumeranwend. bei d. — v. kryptokrist. Magnesit 39-2372; Entschlämm. vor d. Magnesit- — 47-2396*; flotative Trenn. v. Kieserit u. Anhydrit 48-2144*; Unters. d. — v. Magnesit mit Na-Oleat 49/50-2245; Alkali–Phosphat-Einfl. bei d. — v. Calcit aus Phosphatschlamm 9-2174; elektrokinet. Erklär. d. — v. Flußspat mit n-Natriumdodecylsulfonat 15-0634; Anwend. v. ox. Rücklauf für d. Dolomit- — aus Čulak-Tau-Erz 15-2249; Aufbereit. v. Phosphatgestein durch — 20-2208*; Gewinn. v. Fluoritkonzentraten mit geringem S-Geh. durch — 27-2430; Depress.-Wrkg. v. Wasserglas bei d. — v. Ca-Mineralien 34-2241; Rolle d. KW-Stoffkette bei d. anion. — v. Calcit 37-2378; — v. Phosphoriten in W. nach dessen Behandl. im Magnetfeld 42-

2073; Verbesser. d. – v. Phosphorit durch Einw. eines Magnetfeldes auf W. u. Pulpe 43-2260; Einfl. d. paramagnet. Zentren d. Cölestins auf seine – -Eig. 25-2325; Mechanismus d. Anhaftens eines Sammlers im Syst. Schwerspat–Oleat 28-2269; Feinkorneinfl. bei d. selektiven Schwerspat–Flußspat-– 42-2070; Parameter d. – v. Schwerspat 45-2498.

Drücken v. Sphalerit bei d. – mit ZnO-Lsg. 30-2400*; Verw. v. Sulfhydrylsammlern bei d. Zinkblende-– 31-2485; Vers. d. – feiner oxid. Zn-Erze mit Amin–Xanthat-Komplexen ohne Vorentschlämm. 46-2172; Ölsäureadsorpt. bei d. Phenakit-– 31-2486; Adsorpt. v. HF u. Ölsäure bei d. Beryll-– 31-2487; – v. Baryt mit sulfurierten Fettsäuren 31-2488; Einfl. d. Sammlerzus. auf d. – tonhalt. K-Mineralien 10-2182; Trenn. v. Al u. Be durch Nd.-– 10-2183; – -Fähigk. v. Sillimanit 10-2310; Aktivier. d. – v. Beryll u. Feldspat durch Fluoride in kation. Sammlersyst. in d. Hallimondröhre 13-2279; – v. Bauxiterzen 28-2270; Anwend. d. Setz-– bei d. Aufbereit. v. Seltenerdmetallerzen 27-2550.

Kollektive – v. Ti–Zr-Sanden aus Seifenlagerstätten mit Dest.-Rückständen synthet. Waschmittel als Sammler 41-2412; – v. Monazit mit schweren Sulfonaten u. Stärke als Regler 12-2143; Rk. v. NaF u. Ölsäure bei d. – -Trenn. v. Ti u. Zr 12-2285; selektive – v. Monazit u. Zirkon 35-2265; Flotierbark. v. Italien. Cassiterit-Mineralien (Übersicht) 15-2402; – v. Cassiterit 16-2322; – -Eig. v. Cassiterit 18-2292; Agglomerat.-– v. Cassiterit 22-2429; Kollektorsysteme für d. – v. Cassiterit 39-2269; Bezieh. v. Korngröße u. Sammlerwrkg. bei – v. Zinnstein 39-2371; – v. Zinnstein mit Tolyl-Arsonsäure als Sammler 42-2168; – v. oxid. Sn-Erzen 47-2397*; – -Hilfsmittel für oxid. Sn-Erze 48-2280*; Sn-Erzflotat. mit F^- 49/50-2323*; – -Eig. v. Pb-Glanz (Einfl. v. Fremdelementen) 14-2284; Einfl. feinkörn. Bestandteile auf d. – v. Pb-Mineralien 35-2371; Bezieh. v. Sammlerwrkg. u. Korngröße bei – v. Bleiglanz 39-2371; Einfl. feinkörn. Materialien in Pb–Zn-Erz auf d. Pb-– 46-2171; – v. ultrafeinem PbS 47-2288.

Abtrenn. v. koll. $Nb(OH)_5$ aus HCl-Lsg. durch Flotat. 26-0667; – Nb-halt. Erze mit komplexbildendem Sammler 28-2399; selektive Abtrenn. v. Granat u. Turmalin v. Tantalit u. Cassiterit mit Na-Oleat 27-2447; Flotierbark. v. Bi-Mineralien 22-2430; Unters. d. flotativen Entfern. v. Cr aus Abwasser d. Metallindustrie 17-2270; – v. Cr-Erz mit vorher. Entschlamm. d. Ausgangsprod. 32-2435*; kontinuierl. Ionen-– v. Dichromat mit gelöster Luft unter Verw. v. Äthylhexadecyldimethylammoniumbromid u. Dow N-*12* 46-2000; – v. Mo-Erz im Gegenstrom unter Verw. v. Schaumrückfluß 30-2298; selektive – v. Cu–Mo-Konzentraten durch sulfid. Ablauge 30-2402*; – -Verh. v. W-Mineralien (Einfl. d. Kornfeinh.) 2-2164; – -Eig. v. Wolframit 18-2292; – : austral. U-Erze 30-2299; v. carbonat. Mn-Erz mit Trommel- u. Spiral-Trogseparatoren 28-2398.

– -Eig. v. Ilmenit 1-2052; Aktivier. d. Pyrit-– durch Schwermetallionen 7-2334; Flotierbark. v. Hämatit mit Na-Dodecylbenzolsulfonat 15-2401; Bezieh. zwischen Flotierbark. u. Pyrittypus 17-2173; – -Eig. v. Ilmenit u. Hämatit 18-2292; – v. koll. Fe-Oxid mit anion. Dodecyl-Na-sulfat bzw. kation. Äthylhexadecyldimethylammoniumbromid 27-3125; – v. armen erdigen Fe-Erzen 29-2472; Flotierbark. oxid. Fe-Erze (anion. Verf. für armes Erz) 29-2473; Wrkg. d. Entfern. fettsaurer Überzüge v. oxid. Fe-Erz auf d. Duplex-– 31-2483; Wrkg. d. Xanthogenat- u. Dixanthogenatsorpt. auf d. Pyrit-– 31-2484; Einfl. d. Trübendichte auf d. Pyrit-– 32-2363; Hydrophobier. v. Pyrit in Xanthogenatlsg. 32-2364; selektive – v. Pyrit u. Pyrrhotin 33-2703*; Xanthogenatabscheid. u. Flotierbark. v. Pyrit 35-2370; Unters. d. – v. Fe-Sulfidmineralien (Schwank. d. – -Fähigk. v. Pyriten) 37-2523; – silicat. Fe-Erze 38-2543*; Zusatz zur selektiven – v. Fe-Oxid 42-2167; Aktivier. d. Pyrrhotin-– durch Schwermetallionen 44-2189; Unters. v. Fe-Sulfidmineralien (– v. Pyrrhotin) 44-2388; Wechselwrkg. v. Laurylamin mit Quarz u. wasserfreien Fe-Oxiden bei d. – 46-1999; selektive – v. Magnetit u. Chromit 48-2214; selektiv wirkende Flocker für Fe-Erz-– 49/50-2322*; Flotierbark. v. Hämatit 51/52-2211, 51/52-2212.

– -Meth. zur Aufarbeit. d. Schlämme d. Ni-Elektrolyse 26-2397; – sulfid. Ni-halt. Erze (Pyrrhotin) 32-2434*; therm. Aktivier. d. Xantat-– v. Chrysokoll 5-2326; cyanidfreie – v. Cu–Zn-Erzen d. Sibaj-Vork. 17-2412; Cu-Ausbring. aus Konverterschlacken durch – 17-2413; Trenn. v. Pb–Cu-Konzentraten (physikal.-chem. Unters. d. Syst. $FeSO_4$–Na_2SO_3–H_2SO_4–H_2O) 26-2396; Verw. nichtsulfonierter Verb. zur – v. Cu-Oxiderz 30-2297; selektive – v. Cu–Mo-Konzentraten durch sulfid. Ablauge 30-2402*; – -Verh. v. hoch-Fe-halt. Cu-Erz 39-2370; – v. Kupferkies 39-2477*; flotative Anreicher. v. Au-halt. Skarnerzen 26-2390.

Entfärb.-– -Verf. v. bedrucktem Altpapier 5-3179; Entfärb. v. Papier durch – 9-3112.

Flotationsmittel

Verw. d. Dest.-Rückstands d. Spalthydrier. v. Dicköl als – -Mittel für verkokbare Kohle 1-2533; Sammler für – silicat. Erze 3-2499*; Polymerkomplexe als neue Sammler bei d. – v. Magnetit 8-2132; – -Eig. v. Cycloalkyl- u. Phenylgruppen enthaltenden Carbonsäuren 10-2064; Rolle unpolarer Zusatzstoffe bei d. Schaum-– 12-2014; Bedeut. d. Kettenlänge für d. – -Eig. v. Alkylsulfaten 12-2284; Herst., Verw. v. – -Mitteln in Rumänien 13-2051; Tallölersatz für d. Phosphorit-– 14-2174; Schaumbldg.-Fähigk. v. – -Mitteln für Steinkohle 15-2762; Verw. v. α-terpineolhalt. – -Ölen für Kohle 15-2764; – -Schaumbildner „Aroma" auf Basis v. tert. Terpenalkoholen 16-2676; Einfl. d. Kettenlänge bei d. – leicht lösl. Salze mit Na-n-Alkylsulfaten 20-2180; Verw. regulierender Schwimmittel wie Wasserglas u. Na_2S bei d. – seltener Metalle 21-2502; technolog. Eig. v. Schaumbildner D-*3* (Dimethylphthalat) für d. Pb–Zn-Erz-– 25-2460; Wrkg. v. γ-Strahlen auf d. – -Eig. d. Sammlerreagenzien v. Anionenaustauschertyp 26-2182; oberflächenakt. Stoffe als – -Reagenzien 27-2368; Bewert. einiger Schaumbildner bei d. selektiven – polymetall. Erze 27-2549; drückendes Mittel mit d. Sulfiden v. Cu, Pb, Zn, Fe u. Bi zur – sulfid. Erze 30-2401*; Verw. v. Fettverb. als – -Reagenzien (Übersicht) 31-2282; – metallarmer Erze durch Verw. v. feingemahlenen Pulvern fester KW-Stoffe 33-2702*; Bearbeit. v. Pyrolyseteer zur Gewinn. eines – -Mittels für Kohle 35-2618*; stabilisierte Schaummittel aus quatern. Ammoniumverb. u. Fettalkoholen oder Fettaminen zur – 45-2737*.

– -Mittel mit Alkalidialkylmonothiophosphaten 1-1971*; Kokosnußaminsalz zur – v. quarz- oder silicathalt. Fe-Erzen 6-2375*; Herst. v. Dithiocarbaminsäure-2-cyanvinylester in wss. Milieu oder organ. polaren Lsgm. zur Schaumflotat. v. Erzen 10-2534*; flotative Entfern. v. Sr-Spuren aus wss. Lsg. mittels α-Sulfopalmitinsäure 12-2136; Verbesser. d. Sammlereig. v. Na-Oleat durch γ-Bestrahl. 15-2168; Reagenzienrückgewinn. bei – -Prozessen mit Isooctylphenoxypolyäthanol 15-2209*; Herst. v. N-β-Hydroxyalkyl-N-methyltaurinen, deren Oxiden u. Salzen zur Herst. v. – -Hilfsmitteln 15-2632*; Wrkg. v. Thioamiden als – -Sammler für sulfid. Mineralien 16-2320; Sammlerwrkg. v. Alkylpyridiniumbromiden auf Quarz u. sulfid. Minerale 18-2183; nichtionogener Sammler IN-*5* (Extrakt aus d. Phenolreinig.) 19-2487; Rk. v. Ölsäure mit Rutil, Granat u. Glaukophan bei d. – 23-2536; Herst. v. Alkalimetall-quatern.-ammoniumdoppelsalzen d. Kieselsäure als – -Mittel 23-2804*; Zus. u. Eig. d. – -Mittels SCM-*2* mit Methoxycarbonylbutoxythiocarbonylsulfid u. ggf. Bis-(butoxythiocarbonyl)- oder Bis-(methoxycarbonyl)-sulfid 27-2548; Alkylamin- u. Alkylpyridiniumhalogenide als Sammler für Quarz u. sulfid. Minerale 28-2271; Herst. v. 2-Cyanvinylalkylxanthogenaten als – -Hilfsmittel für d. Gewinn. v. Cu, Pb, Zn, Fe aus sulfid. Erzen 31-2803*; Unters. d. drückenden Wrkg. v. Cellulosesulfoäthylestern bei d. – 36-2090; – -Mittel zur – v. Kohle u. Mineralien auf d. Basis v. 6-Caprolactam u. Aminocapronsäure 36-2129*; schaumbildende Eig. v. Na-Oleatlsg. 37-2297; Herst.: v. Salzen v. Organo(di)(thio)phosph(on bzw. in)aten als Erz-– -Mittel 37-2777*; v. Alkalimetall enthaltenden organ. N-Basen-Silicaten als – -Mittel 41-2701*.

Untersuchungsmethoden

Best. d. alkohol. Schaumbildner in Kohlen-– -Ölen 15-2763; IR-Spektrum v. bei d. – v. Karaganda-Kohleschlämmen verwendeten Kerosin u. Schäumer 16-2675; magnet. Radiospektroskopie zur Unters. einiger Probleme d. – -Theorie 20-2041; Best. d. Rückstandes anion. oberflächenakt. Stoffe in Mineral-– -Lsg. 21-2238; Bedeut. d. Oberflächenspann. bei – -Unters. 23-2299; Best. v. elementarem S in d. festen Phase d. – -Pulpe v. Erzen gediegenen S 25-2155; Anwend. d. Korrelat.-Meth. zur Analyse d. – -Prozesses 26-2181; nephelometr. Meth. zur quant. Best. v. Ölsäure in – -Reagens 27-2369; Sedimentat.-Meth. zur Kontrolle d. Korngrößenverteil. einer – -Trübe 26-2393; Kontrolle d. Qualität d. bei – -Prozessen anfallenden Graphits mit Hilfe reflektierter β-Strahl. (Möglichk. zur Automatisier.) 27-2281; rechner. Auswert. v. – -Ergebnissen in d. Industrie 27-2370; Fehlerquellen u. d. Genauigk. einer Schnellsiebanalyse durch Naßverf. 28-2115; direkte Best. v. sulfid. Mo in – -Rückständen 28-2116; Best. d. Aggregat.-Wrkg.-Grades makromol. Reagenzien in Mineraliensuspens. 34-2360; Nachw. u. Best. sulfatierter Fettsäuren in techn. – -Traglaugen 35-2129.

Bibliographie

Aufbereitung fester mineralischer Rohstoffe. *3* Bde. Bd. *2*: Sortierverfahren, Dichtesortierung, Magnetscheidung, Elektrosortierung, Flotation, Klauben, Sortierung nach verschiedenen mechanischen und nach thermischen Eigenschaften B 62.

Russ.: Selektive Flotation B **6**; Unpolare Reagenzien und ihre Wirkung bei der Flotation B 94; Untersuchung der Wirkung von Flotationsreagenzien (Mitteilungssammlung) B 94.

Fluanisone s. unter $C_{21}H_{25}FN_2O_2$.
Fluanxol s. unter $C_{23}H_{25}F_3N_2OS$.
Fludrocortisonacetat s. unter $C_{23}H_{31}FO_6$.
Flüchtigkeit s. unter *Dampfdruck*; s. auch *Verdampfung*; Fugazität s. *Aktivitätskoeffizient*.
Fluellit s. unter *Aluminiumfluoride*: AlF_3.
Flüssiggas, Verw. zur Anpass. d. Leuchtgasprodukt. 13-2670; Vergas. v. LPG 31-2965.
Bibl.: Model code of safe practice in the petroleum industry. Part *6*: Petroleum pipelines safety code. Part *9*: Liquefied petroleum gas safety code. Part *11*: Bitumen safety code B 16; Oli minerali e carburanti, gas di petrolio liquefatti B 86.

Flüssigkeiten

Spezielle – s. unter d. entsprechenden Stichwörtern. Nicht-Newtonsche – s. unter *Rheologie. Elektrolyte*; *Extraktion*; *Hydraulische Flüssigkeiten*; *Körperflüssigkeiten*; *Lösungen und Mischungen*; *Verdampfung* s. dort.

Siehe auch *Schmelzen*.

Fl. u. amorphe Materialien (atomist. Näher. für d. Natur u. Eig. v. Materialien) 2-0168.

Herstellung und Behandlung

Destillation; *Filtrieren*; *Gasverflüssigung* s. dort.

Herst.: v. Dialkyltribrombenzolen als funktionelle – 11-2557*; v. wasserstoffmodifizierten Fluorkohlenstoffpolyäthern als chem. indifferente – 22-2639*; Polyaromate als funktionelle – 35-2730.

Verbesserter Faltenbalg-Füllstandsregler mit Magnetspring-Schalt. zur Konstanthalt. d. Pegels fl. Gase 1-1968; – -Reinig. mit granulierter Aktivkohle 2-1974; einfacher – -Abfüller 12-1761; modifiziertes Labor.-Gerät zum Konstanthalten d. – -Standes 15-1913; abs. Entwässern v. organ. – mit Klinoptilotith 20-2074*; Absolutieren v. – im Labor durch Mol.-Siebe 31-1986; Klären v. Fl. durch Alkanon-OS-*2*-Lsg. u. Bentonit 33-3537*; Wrkg. v. elektr. Gleichstromfeldern auf fl.–fl.-Abscheider 35-2190; Verw. eines symm. Triazins zur Stabilisier. funktioneller – 35-2745*; permeable Entfern. v. W. aus organ. – mit Polyamidmembranen 36-2516*; mechan. – Abtrenn. (Fortschrittsbericht) 37-2295; Entfern. v. – v. festen Oberflächen 43-2152; Ionenreinig. aprot. Fl. durch Elektrodialyse 44-0615; Niveausonde für dielektr. – 44-1730; Auswaschen v. – aus körn. Feststoffen 44-2006; kontinuierl. Kondens.-Standanzeiger für tiefsd. – 47-2160.

Beeinfluss. d. anwendungstechn. Eig. v. – durch Zusatz v. weißen, hochdispersen Füllstoffen 2-2779; Ström.-Bilder v. – innerhalb d. Flügelradmischer 6-2025; – -Dosiertechnik in Verbind. mit Feststoffkomponenten 10-2090; Regel. d. Eindampfens v. – 10-2099*; Geschw.-Verteil. v. – in Rührbehältern 17-2169; Beschreib. v. Rohr- u. Scheibenrührer als leistungsfäh. Rührer zur – -Begas. 22-2233; Multikapillarmischer für – 36-1834; App. nach Baumann zur Best. d. – -Aufnahme v. pulvr. Substanzen 36-1866; Benetz., Misch. u. Granulier. v. Feststoffen mit – 38-2206; – -Zerteil. durch rotierende poröse Körper 49/50-2092.

Überziehen v. fl. hydrophilen Materialien durch Koazervier. mit Polymerisaten 40-2824*.

Physikalisches und physikalisch-chemisches Verhalten

Flüssigkeitsstruktur s. dort. Strömung v. Newtonschen – s. unter *Strömung*.

Physikal.-chem. Analyse v. bin. Fl.-Syst. mit Austauschwechselwrkg. (additive Eig. v. Modellsyst.) 3-0878; Computer-Experimente an klass. – 29-0584; Theorie klass. – 33-0686; Parameter d. Nichtlinearität in – 34-0553; elektroviskose – (rheolog. Eig.) 36-0555; (elektr. Eig.) 36-0556; fl. Krist. (Erklär. d. Begriffs, Eig.) 40-0808.

Wechselwirkung mit Elementarteilchen

Positroniumvernicht.: durch O_2 in – 14-0920; in fl. Krist. 24-0941; Lösch. v. Triplett-Positronium in – 26-0006; dynam. Korrelat. in einfachen – u. Streuung kalter Neutronen durch Ar 33-0009; Sauerstofflösch. d. Positronlebensdauer in – 42-0004.

Optische Eigenschaften

Intensität d. IR-Absorpt.-Banden in fl. Phase 1-0350; Spektrum d. v. einer normalen – quasielast. gestreuten Lichts 3-0327; angulare Verteil. v. angeregter Raman-Emiss. in – 6-0838; Breite u. Form depolarisierter Raman-Linien u. Rayleigh-Linien in – 8-0829; spektrale Komponente in d. Brillouin-Streuung v. – 38-0990; Unzulänglichk. d. Relaxat.-Theorien bei d. Deut. d. Hertz- u. Ultrahertz-Spektren v. polaren – 47-0843.

Theorie d. stimulierten Brillouin-Streuung in – 4-0285; Schwellenwert für stimulierte Raman-Streuung in – u. Selbstfokussier. v. Laserstrahlen 4-0334; Brech.-Index v. – 5-0365; Rayleigh-Linienbreite bei reinen – (krit. Opaleszenz) 6-0323; Ausbreit. eines Laserstrahls v. hoher Intensität in – 7-0296; Abhängigk. d. Brech.-Index v. – v. d. Lichtintensität aus einer halb-makroskop. Meth. 7-0297; Theorie d. linearen Instabilität d. Laserfortpflanz. in – 8-0132; Verstärk., Frequenzverschieb. u. Winkelverteil. stimulierter Raman-Strahl. v. – bei Multimodenerreg. 9-0324; Intensitäten d. durch Lichtstreuung an transversalen elast. Wellen erzeugten Feinstrukturkomponenten bei – 9-0325; Lorentz-Feld u. Bandintensitäten d. fl. Zustands 12-0794; Doppelbrech. bei nemat. fl. Krist. 14-0873; Einfl. mol. Neuverteil. auf d. nichtlinearen Brech.-Index v. – 15-0462; Photostatistik v. durch eine – gestreutem Licht eines Einmodenlaserstrahls 16-0326; hochaufgelöste Brillouin-Streuung an Phononen in – durch Gas-Laserstrahlen 16-0327; längenabhäng. Schwellenwert für d. angeregten Raman-Effekt u. Selbstfokussier. v. Laserstrahlen in – 17-0873; Lichtstreuung v. –-Grenzflächen 21-0680; Selbstunterbrech. d. Strahl. eines Rubinlasers durch –-Küvetten im opt. Resonator 24-0401; Lichtstreuung durch Fluktuat. d. Orientier.-Richt. v. CS_2 in – 26-0321; intensitätsabhäng. Änder. d. Brech.-Index v. – 28-0841; nichtlineare Lichtstreuung durch – 29-0101; Cotton-Mouton-Effekt einer – 29-0313; Absorpt. v. – im fernen IR 33-0301; Kleinwinkelstreuung v. Röntgenstrahlen an homogenen – 33-1019; Spektren v. therm. u. stimulierter Mol.-Streuung d. Lichts in – 35-0285; mehrfachharmon. mol. Lichtstreuung in – 36-0299; Sonolumineszenz u. Kavitat. in – 36-0864; nicht-lineare Änder. d. Brech.-Index v. – als Folge d. Elektrostrikt. u. d. elektrokalor. Effektes 37-0889; mehrfache stimulierte Brillouin-Streuung einer – innerhalb eines Laser-Hohlraums 39-0312; erzwungene Temp.-Streuung v. Licht in – 40-0247; Vorzeichen langsamer Nichtlinearitäten in nichtabsorbierenden opt. Medien beim Durchgang v. Strahl. durch – 40-0248; theoret. Vorhersage v. stimulierter therm. Rayleigh-Streuung in – 40-0717; elektrodynam. Doppelbrech. v. – 42-0741; opt. Selbsteinfang in mol. – bei Sättig. d. nichtlinearen Indexes 43-0263; Dreiphotonenlichtstreuung in atomaren – 44-0261; nichtresonante Verbreiter. v. Verunreinig.-Spektren in einfachen – 45-0299; Temp.-Abhängigk., Orientier.-Korrelat. u. mol. Felder bei d. Lichtstreuung d. zweiten Harmonischen v. – 46-0298; Fließ-Doppelbrech. in einfachen – 46-0712; Lichtstreuung durch – mit anisotropen Mol. 48-0789; Rayleigh-Quotienten reiner – 48-0790; quasistationärer Zustand bei d. angeregten Brillouin-Streuung v. – 49/50-0693; piezo-opt. Koeff. v. – 51/52-0688.

Mechanische Eigenschaften

Scherelastizität organ. – 1-0828; Mess. d. Scherelastizität v. – u. d. ihrer Grenzschichten nach einer Resonanzmeth. 4-0442; Verh. v. – unter Zugspann. 11-0568.

Elektrische Eigenschaften

Fehlerquelle d. Poley-Meth. bei Berücksichtig. d. –-Einfl. auf d. Wellenlänge im DK 1-0480; Mess. d. Leitfähigk. u. d. DK v. – durch Wechselstrom 4-1523; dynam. Polarisat. v. – durch Verw. poröser paramagnet. Oberflächen 6-0832; Grenzbeding. für d. elektrostat. Auflad. sich bewegender – 7-0613; dielektr. Eig.: v. – mit großen Verlustfaktoren 7-1887; v. organ. – bei Mikrowellenfrequenzen 9-0829; dielektr. Zelle für – mit großer DK 11-1837; Berechn. d. komplexen DK einer polaren – nach d. Meth. d. Librat.-Mol. 13-0461; Theorie d. dielektr. Relaxat. in polaren – 13-0462; durch Laser erzeugter dielektr. Durchschlag in – mit folgender Absorpt. eines sek. Lichtstrahls 13-0463; genauer Michelson-Interferometer sowie DK u. dielektr. Verluste v. – mit niedr. Verlust bei *2,1* mm 15-0845; Einfl. d. Wechselbezieh. d. Elemente d. Syst. Elektrode/organ. Fl./Elektrode auf seine Leitfähigk. 17-0975; Ionisat. nichtpolarer – durch Strahl. in Abwesenh. eines äußeren elektr. Feldes (theoret. Behandl.) 19-0795; Berechn. d. DK v. – durch eine Clusterreihenentw. 20-0428; Mess. d. stat. Suszeptibilität v. polaren – in Lsg. auf ein Millionstel 20-1822; über explodierende –-Strahlen sowie über eine period. arbeitende Maschine zur Erzeug. sehr hoher Temp. (elektr. Entlad. an –-Fäden) 21-0208; Durchschlag in dielektr. – 24-0964; Vol.-Ionisat. in organ. – 30-0906; schnellrelaxierende Komponente d. Photoleitfähigk. v. organ. – 30-0907; stat. Elektrizität in – 31-0488; unelast. Streuung v. kV-Elektronen durch – (Best. v. Energieverlusten, Wrkg.-Querschnitten u. Korrelat. mit opt. Daten) 34-0014; erhöhter Lad.-Transport in leitende Teilchen enthaltenden dielektr. – 35-0377; Temp.-Abhängigk. d. dielektr. Eig. polarer – bei Mikrowellenfrequenzen 41-0809; Injekt. heißer Elektronen in isolierende – aus einer Tunnel-Verb. 42-0323; Streuung v. Elektronen an unpolarisierten – 44-0373; Beding. d. Auftretens einer Starkstrompolarisat. in dielektr. oder halbleitenden organ. – homogener Medien 44-0375; nichtlineare Gleich. für d. elektr. Lad.-Transport in – mit niedr. DK 44-0795; Ionisier. v. – durch Bestrahl. (Mess. durch ein Abfangfeld) 51/52-0959; (Mess. durch Lad.-Abfangen) 51/52-0960.

Magnetische Eigenschaften

Mkr. Theorie d. kernmagnet. Relaxat. in – 3-0373; dynam. Kernpolarisat. v. – in sehr schwachen Feldern 3-0819; Spin–Gitter-Relaxat. v. Kernen in – 6-0374; Sättig. bei d. kernmagnet. Resonanz in – 9-0372; intra- u. intermol. Beiträge zur Proton–Spin–Gitter-Relaxat. in – 9-0833; Ermittl. elektr. Feldgradienten in – durch D-Quadrupolrelaxat. 9-0834; NMR in hoch viskosen – 19-0392; Linienmomente d. magnet. Resonanz in – 25-0366; NMR-Unters. v. – 25-0367; Anwend. d. kernmagnet. Resonanz zur Unters. fl. Medien 26-1949; Einfl. d. Korrelat.-Zeit auf d. Vorzeichen d. Overhauser-Effekts in – 27-0949; Best. d. Vorzeichens d. Spin-Hamilton-Operator-Parameter aus EPR-Mess. in – 28-0355; Auffindbark. d. quadrat. NMR-Effekts eines elektr. Feldes in – 28-0877; modifizierte Gleich. für Spin–Gitter-Relaxat.-Zeit in – 31-0907; Lokalfeldkorrekturen am Tensor d. kub. Suszeptibilität bei gyroopt. – 40-0053; hochauflösende protonmagnet. Resonanz v. an pyrogenes Silicagel adsorbierten – 45-2009; NMR-Unters. v. auf C adsorbierten – bei hoher Auflsg. (Ursache d. Linienverschieb.) 48-0363; magnet. Äquivalenz v. Kernspins in fl. Krist. 48-0824, 48-0825; Anisotropie d. chem. Verschieb. aus NMR-Unters. v. fl. Krist. 48-0874.

Thermodynamische Eigenschaften

Aus d. Zustandsgleich. abgeleitete Bezieh. zwischen Vol. u. Energie für – bei *0* °K 4-0710; phänomenolog. u. statist. Aspekte bei d. Entw. v. Zustandsgleich. für – 7-0499; Form d. Koexistenz-Kurve einer analyt. – im krit. Bereich 8-0481; Monte-Carlo-Berechn. d. thermodynam. Eig. einfacher – 9-0525; relativist. Thermodynamik einer – 12-0493; Gleichgew.-Theorie v. – u. fl. Misch. 13-0507; mol. Thermodynamik einfacher – 19-0559; red. Zustandskorrelat. d. Enskog-Moduls für – 19-0587; mol. Thermodynamik einfacher – 19-0602; Bezieh. zwischen thermodynam. Funkt. nahe d. krit. Punkt einer einfachen – 20-0473; Vol.-Energiebezieh. in – bei *0* °K 23-0967; hydrodynam. Variable für einfache klass. – (angenäherte Eigenfunkt. d. Lioville-Operators beim klass. Vielkörpersyst.) 25-0552; Scaled-particle-Meth. zur Berechn. d. Ausdehn.-Koeff., d. isothermen Kompressibilität u. d. Verdampf.-Enthalpie sowie d. Zustandsgleich. für eine – aus harten konvexen Teilchen 27-0599; phänomenolog. u. statist. Aspekte bei d. Entw. v. Zustandsgleich. für – 28-0512; Zustandsgleich. d. – aus starren Scheiben 28-0520; Thermodynamik tern. Syst. Fl./überkrit. Gas mit Anwend. auf d. Hochdruck-Gas-Extrakt. 28-0558; Zustandsgleich. v. einfachen – 31-0012; irreversible Thermodynamik eines fl. Syst. mit Spin 34-0543; Bezieh. zwischen d. Brech.-Index, d. DK u. thermodynam. Parametern v. Fluiden 35-0284; Phasenübergang einer Hartkugel-– 35-0404; Gittermodell für d. λ-Übergang in einer Bose-– 35-0432; Stör.-Theorie u. Zustandsgleich. für – (erfolgreiche Theorie für –) 38-0569; anomaler Schmelzübergang im signifikanten Strukturmodell v. – 38-0585; Zustandsgleich. einer einatom. – mit *6 – 12*-Potential 39-0423; verbesserte Zustandssumme für Gase in d. signifikanten Strukturtheorie für – 40-0373; thermodynam. Funkt. für – in d. Nähe d. krit. Punktes 45-0470; Unters. d. krit. Zustands v. – mit Gravitat.-Wellen 46-0453; Zustandsgleich. v. – mit Kastenpotential 49/50-0352.

Temp.-Verteil. in einer horizontalen, v. unten beheizten –-Schicht 4-1736; thermodynam. Eig. u. Struktur v. einkomponent. fl. Phasen 11-0569; Phasengleichgew. Gas/Fl., Dampf/Fl. u. Fl./Festkörper bei hohen Drücken 11-0678; D.-Best. an kleinen fl. Proben 12-1787; Auslsg. d. Erstarr. in unterkühlten – durch Kavitat. 13-0526; vierter Parameter für Dampfdruck u. Verdampf-Entropie polarer – 16-0517; Ähnlichk-Theorie für d. Best. d. D. gesätt. Dämpfe organ. – 17-0962; Formel zur Berechn. v. –-Dichte 21-2690; Gleichgew.- u. Nichtgleichgew.-Kompressibilität v. – 22-0534; zum T^4-Gesetz für d. D. d. normalen Komponente in Bose-– 26-0537; Temp-Abhängigk d. D. v. – 29-0587; spezif. Wärme einer Fermi-– 31-0564; innerer Druck v. einfachen – 33-1127; Best. d. Dampfdruckes v. – durch v. mikroporösen Medien induzierte Ström-Mess. 35-0397; Koexistenzkurve für – u. Gas nahe am krit. Punkt 35-0454; Kompressibilität u. therm. Ausdehn. v. – 37-0497; Maschinenberechn. d. thermodynam. Eig einer einfachen – bei superkrit. Temp. 38-0568; Berechn. d. D. v. N_2, O_2, Ar, CH_4 u. Luft aus einer für alle niedr. sd. – gemeinsamen red. Zustandsgleich. 40-0396; Änder. d. isothermen Kompressibilität v. – mit d. Temp. 40-0821; Enthalpien v. – bei erhöhten Drücken u. tiefen Temp. 43-2200; Druckentw. während d. Eigenerwärm. unstabiler – in nichtgeschlossenen Behältern mit Gasabführ. als bestimmendem Faktor 45-2258.

Viskositätseffekte unter dynam. Beding für Newtonsche – 11-0567; empir. Bezieh korrespondierender Zustände für d. Viskosität v. – 14-0513; Viskosität u. D. v. unterkühlten – (Temp.-Abhängigk.) 14-0883; Viskosität v. kugelförm. Mol. oder Ionen enthaltenden – 15-0549; vergleichende Mess. d. Temp.-Abhängigk. v. Viskosität, D. u. Brech.-Index reiner – 17-0952; Ström.-Doppelbrech. u. Viskosität v. – bei hohen Geschw.-Gradienten 19-0608; Prinzip d. korrespondierenden Zustände für d. Viskosität einfacher – 32-0549; Theorie: d. Vol.-Viskosität v. – 33-0685; d. Viskosität in nahezu ferromagnet. Fermi-– 37-0500; Abhängigk. d. Viskosität v. – v. Druck 40-0398; einfache Bezieh. zur Best. d. Viskosität organ. – 45-0886; Beitrag zur Beschreib. d. thermodynam. Zustandes laminarer Ström. u. d. Viskosität v. – 49/50-0371.

Stoffübertrag. in einem laminaren fl./fl.-Stahl 3-2150; Mechanismus d fl./fl.-Stoffübertrag. in turbulentem Ström-Feld 3-2151; Impuls- u. Stoffübertrag. v. einem in einer – rotierenden vertikalen Zylinder 3-2152; Beeinfluss. d. Stoffübergangs bei –-Ström. über feste Oberflächen durch d. Benetz.-Grad 4-1719; Stoffübertrag. u. Selektivität in fl./fl.-Rk-Syst. 7-2075; Kinetik d. Stoffaustausches zwischen einer Festkörperschicht u. einem pulsierenden –-Strom 17-2181; Einfl. d. Mischens auf d. Koeff. d. Stoffübergangs v. Feststoff zu – bei gleichzeit. chem. Rk. (experimentelle Bestätig. v. Stoffübergangsmodellen mit gleichzeit. chem. Rk.) 17-2183; Kinetik d. Stoffübergangs durch eine glatte Oberfläche im Syst. Fl./Fl. 17-2186; Stoffübertrag. an d Phasengrenze in bin. –-Syst./laminare –-Strahlen 17-2187; Stoffübergang v. d. Wand eines glatten Rohres in eine turbulente –-Ström. bei hohen Schmidtzahlen 18-2094; Theorie d. Transports in – 26-0548; Sprungkennlinien-Meth. für eine einfache Erfass. d. Stoffübergangs in – u. Dispers. 29-2262; Transporteig. kryotechn. – u. ihrer Misch. 32-0533; Transportkoeff. in d. Nähe d. krit. Punktes Fl./Gas 33-0677; nichtstat. Stoffaustausch im Syst. Festkörper/Fl. 35-2195; Unters. d. Struktur u. Transporteig. v. – mit Streustrahl. 37-0102; Stoffübergangskoeff. in Feststoff/Fl.-Syst. beim Umrühren 39-2158; Stoffaustausch zwischen – beim Strömen in Rohrleit. 41-2190; polarograph. Mess. d. Stoffübergangs in – 41-2193.

Mechanismus d. Diffus. v. Gasen in einfachen – 15-0545; Geschw.-Autokorrelat. für harte Kugeln über d. gesamten Bereich d. – -Dichte (Boltzmann-Theorie d. Selbstdiffus.-Koeff.) 17-0582; Thermogravitat.-Thermodiffus. in – (Geschw., Gradienten u. Flüsse in engen zylindr. Kreisringen) 17-0590; Einw. akust. Schwing. auf d. Diffus.-Prozeß in – 21-0574; Diffus. in einfachen – 22-0535; Berechn. v. Diffus.-Koeff. in – 32-0548; Diffus.-Koeff. für Gase in – aus Lsg.-Geschw. kleiner Gasblasen 39-0435; Instabilität bei mehrkomponent. – -Diffus. 45-0884; Berechn. v. Diffus.-Koeff. in – 45-0885; Molekulardiffus. v. CO_2 in hochviskose Newtonsche – 45-2266; Thermodiffus.-Unters. in – mit d. Durchflußzelle 47-0984; Selbstdiffus. in einfachen – (lineare Bahnapproximat.) 49/50-0376.

Wärmeübertrag.: an gerührte Zweiphasen- – in ummantelten Kesseln 1-1960; v. einer isothermen Kugel an – mit niedr. Prandtl-Zahl für d. Fall einer Potentialström. 3-2170; Wärme- u. Stoffaustausch beim Verdampfen v. – mit offener Oberfläche in verd. Gasmedium 5-2089; Wärmeübergang bei Verdampf. mit erzwungener Konvekt. in Spiralrohren 7-2082; Wärmeleitfähigk.-Mess. v. – 10-0878; Kriteriengleich. für d. Best. d. Wärmeabgabekoeff. sd. – 10-2069; Rollzellen u. Oszillat. beim Wärmeübergang zwischen Gas u. – 11-2113; Wärmeleit. in kryotechn. – sowie Wärmeübertrag. auf kryotechn. – u. Abkühl. v. Festkörpern in – mit tiefem Kp. 12-0496; Wärmeübergang an d. Grenzschicht zweier – in einem Rührgefäß 14-2102; anharmon. Modell für d. Wärmeleitfähigk. v. – 15-0547; Mechanismus d. Wärmetransports beim Sieden (Wachstumsgeschw. d. Dampfblasen beim Sieden v. –) 19-2324; Wärmeübergang in sd. – (krit. Erschein. beim Wärmeübergang bei sd. Ein- u. Zweikomponenten- –) 19-2325; Wärmeaustausch beim Strömen nichtkomprimierbarer – in runden Rohren mit Berechn. d. axialen Wärmeflusses zur Rohroberfläche unter d. Grenzbeding. *1.* u. *2.* Art 20-2059; Wärme- u. Stoffübergang in – -Ström. (Übersicht) 20-2070; Wärmeübertrag. bei d. Ström. zäher inkompressibler – in Zylinder u. in zylindr. Ringraum 23-2342; Überschußwärmeleitfähigk. v. – als Funkt. v. D. u. Temp. 26-0550; Stoffübergang bei Verdunst., Kondens. u. Absorpt. an freien – -Oberflächen 26-2188; Abschätz. d. Wärmekapazität v. – 27-0608; Wärmeübergang einer – im Dünnschichtverdampfer Sambay 28-2179; Theorie d. Wärmeleitfähigk. v. – 29-0586; Wärmeübergang in sd. – 31-2200; Wärmeübertrag. beim Sieden v. unterkühlten – 33-2366; analyt. Gleich. zur Ermittl. optimaler Parameter d. Wirksamk. v. thermoelektr. Halbleiterkühlern u. -erhitzern für – - u. Gasströme 33-2386; Wärmeaustausch in laminaren Ström. inkompressibler – in Rundrohren 35-2210; – -Reib. u. Wärmeübergang bei Ström. in einem geradem, konzentr. Ringspalt 35-2212; Einfl. d. elektr. Feldes auf d. Wärmeübertrag. beim Sieden organ. – 36-2094; Besonderh. beim Wärmeübergang auf eine turbulente – -Ström. bei überkrit. Druck 37-2334; Wärmeübergang zwischen inkompressibler – u. einem porösen Körper 39-2209; Verw. v. Halbleitern zur Unters. d. Wärmeübergangs an sd. Tieftemp.- – 40-1972; Best. d. Wärmeleitfähigk. u. spezif. Wärme v. – bei hohen Temp. mit einer quasi-stationären Meth. 41-0382; Wärmeleitfähigk. einatom. – 41-0408; Ermittl. v. Wärmeübergangskoeff. für pseudoplast. – in Rührkesselchargen 41-2180; Wärmeübergang: beim Sieden v. unterkühlter – in Rohren 43-2166; in sd. – (Siedeparadoxon in bin. – -Gemischen) 45-2269; zwischen nichtmischbaren – in direktem Kontakt bei turbulenter Rohrström. 51/52-2041.

Variat.-Prinzip für eine rotierende relativist. – 6-0529; Gleichgew.-Verteil. geradlin. Wirbel in einer – in einem rotierenden Gefäß 6-0534; Wirbelringe in Bose- – 19-0570; niedr. liegende superfluide Zustände in einem rotierenden Ring am Modell einer klass. nichtviskosen – 19-0595; Impuls u. Wirbel in einer – 21-0576; Übergänge superfluider – in rotierenden engen Ringen 40-0394; kollektive Moden v. Wirbelgittern (ideale klass. –) 43-0531.

Blasenbldg. in – niedr. Viskosität unter konst. Ström.-Beding. 1-1949; Äquivalenz d. Durchdring.- u. Potentialflußtheorie für d. Stoffübergang zwischen Gasblase u. strömender – 5-2056; Schätz.-Meth. d. Überhitz. d. – infolge Oberflächenbeding. beim Blasensieden 5-2126; mikrokinematograph. Unters. d. Mechanismus d. Wachsens u. Abreißens v. Dampfbläschen beim Sieden v. – an waagerechten glatten Oberflächen u. Poren 9-2082; verallgemeinerte Gleich. d. Stoffaustausches beim Durchsprudeln 22-2240; Blasenbldg. in nichtviskosen – unter konst. Fließbeding. 25-2273; Mechanismus d. Blasensiedens in reinen – u. in bin. Misch. 29-2268, 29-2269; Einfl. gerichteter Gasführ. in d. – auf d. Hydraulik u. d. Stoffaustausch beim Durchperlen 33-2359; thermodynam. Theorie d. durch Partikel hoher Energie in – ausgelösten Blasenkeimbldg. 34-0544; Auflsg. stationärer Gasblasen in – 43-2163; Keimbldg. in sd. – 43-2164; Tribokeimbldg. v. Gasblasen in einer metastabilen – 51/52-0345.

Brownsche Beweg. in einer Fermi- – 6-0540; quantenmechan. mkr. Brownsche Beweg. 19-0567; langsame Beweg. zweier ident., willkürl. orientierter Kugeln durch eine viskose – 21-2332; Brownsche Mol.-Beweg. in – mit ähnl. Mol.-Bau 22-0926; statist. Theorie d. Brownschen Beweg. einer – mit Temp.-Inhomogenitäten 31-0551; Best. d. Aktivier.-Energien d. Brownschen Beweg. in einer – durch Lumineszenzmeth. 31-1014; Korrektur d. Stokes-Gesetz für eine geladene, sich in einer polarisierbaren kompressiblen – bewegenden Kugel 40-0393; langsame, viskose Beweg. einer Kugel: parallel zu einer ebenen Wand durch eine ruhende – 42-0495; in einer – parallel zu einer ebenen Wand bei Couette-Ström. 42-0496; Geschw. einer beschränkten Teilchenbeweg. in dispersen Phasen v. fl./fl.-Syst. 45-2259.

Umwandl. elektromagnet. in akust. Energie durch Oberflächenerwärm. bei – 7-0298; akust. Interferometer für Geschw.- u. Dämpf.-Mess. in – über einen weiten Frequenz- u. Temp.-Bereich 7-0516; durch intensive Rubinlaser in – induzierte akust. Impulse u. Zusammenbruch d. dielektr. Eig. 8-0410; Mechanismus d. akust. Relaxat. in – 8-0483; ber. Parameter d. Nichtlinearität aus Schallgeschw. u. thermodynam. Daten in – 10-0879; elementare Phononen-Anreg. in klass. – 16-0525; Amplitude d. zylindr. Druckwellen in – u. Anteil d. übertragenen Energie 26-0490; Schallgeschw. in – 26-0553; Bezieh. zwischen d. Schallgeschw. u. Kompressibilität einerseits u. d. – -Struktur u. d. intermol. Wechselwrkg.-Potential andererseits 26-0554; photograph. Unters. d. laserinduzierten Druckimpulse in – 31-0572; Dispers. d. Schallgeschw. in nicht assoziierten organ. – 31-1009; Berechn. d. Schallgeschw. für normale – 32-0550; Schallabsorpt. in d. Nähe d. krit. Punktes einer reinen – 35-0431; Temp.-Abhängigk. d. Hyperschallgeschw. u. Kompressibilität bei hohen Frequenzen gewisser normaler u. assoziierter – 36-0431; Mess. d. Hyperschallgeschw. in – durch stimulierte Brillouin-Streuung 37-0505; Schall-Relaxat. in organ. – bei *1* GHz 38-0987; Zusammenhang zwischen Schallgeschw. in – u. ihrem Sätt.-Dampfdruck 39-0850; Geschw. u. Absorpt. v. Ultraschallwellen in – bei konst. D. 40-0826; Detonat.-Auslös. während Gaptests v. – 44-0625; stoßloser Schall in klass. – 46-0452.

Andauern v. Null-Schall bei Phasenübergang in einer Fermi- – 12-0501; Existenz d. Nullschalls in einer Fermi- – 29-0585.

Grenzflächenverhalten

Oberflächenenergie verschiedener – 1-0631; Vorausberechn. d. Grenzflächengröße in bewegten fl./fl.-Syst. (Literaturübersicht) 3-2161; Grenzflächenerschein. in bin. fl./fl.-Syst. 3-2163; Adhäs. pulverförm. Teilchen v. einem – -Strom 4-0526; Oberflächenspann. (Theorie) 5-0660; Abhängigk. d. Oberflächendrucks v. d. Oberflächenausdehn., d. Temp. u. d. Kettenlänge aus d. Schalenteilchen-Theorie für ein zweidimensionales Hartscheiben-Fluid 5-0664; freie Adhäs.-Energie u. Gleichgew. v. Kontaktrk. an Grenzflächen fest/fl. (vollkommener fester Stoff u. –) 5-0666; Einfl. d. magnet. Feldes auf d. Plateau-Marangoni-Gibbs-Effekt bei – (Oberflächenbeweglichk.) 6-0649; Gleich. für Haftkraft, Kapillardruck, – -Vol. u. Grenzwinkel einer – -Brücke zwischen *2* Kugeln 7-2071; Benezbark. v. körn. Material u. d. Netzwrkg. v. Tensidlsg. 12-0610; Eig. reiner – in Bezieh. zur Kohäs. 12-0844; Oberflächenspann. v. strömenden – 14-0638; Grenzschichtdurchfluß für eine Klasse elast. – 15-0544; Oberflächenspann. elektr. geladener – 15-0654; Best. u. Steuer. d. Geschw. d. Stoffaustausches an Grenzflächen lackähnl., mischbarer – 16-3066; Bezieh. zwischen Oberflächenspann. u. latenter Verdampf.-Wärme v. reinen – 17-0557; Ausbreit.-Geschw. v. – über Festkörperoberflächen 17-0698; Sorpt.-Kinetik v. – an krist. Zeolithen 17-0710; Lochtheorie d. Oberflächenspann. polymerer – 20-0589; Einfl. v. lyophilen Oberflächen auf d. Eig. v. fl. Grenzschichten 21-0695; Adsorpt. v. bin. – -Gemischen an Grenzflächen Fl./Gas u. Fl./Festkörpern (thermodynam. Unters. d. Adsorpt.-Gleichgew.) 21-0731; Einfl. v. adsorbiertem W. auf d. Auftragen organ. – auf Kalk–Natron-Gläser (Benetzbark.) 21-2458; Oberflächengröße v. – in einem kreisförm. Behälter 25-0682; Best. v. Stoffübergangszahlen u. Grenzflächen bei Gas/Fl.-Kontaktsyst. 25-2263; Einfl. v. – auf d. Grenzflächenenergie v. Glimmer 26-0673; Oberflächenspann. v. – u. Anwend. bei hohen Drücken 27-0741; Ungleichgew.-Thermodynamik v. Grenzflächen nichtmischbarer – 27-0742; Berechn. d. Kontaktwinkels einer – 27-0744; asymptot. Charakter d. Drucktensors in d. Oberflächenschicht v. – 28-0650; Adsorpt. an d. Grenzfläche Festkörper/Fl. (Dicke d. adsorbierten Schicht bei d. Adsorpt. an Rutil aus Alkohol–KW-Stoff-Lsg.) 28-0670; – -Adhäs. an festen Oberflächen kleiner Energie 30-0617; Einfl. v. Elektrolyten auf d. Adsorpt. v. anorgan. Koll. an d. Phasengrenzfläche Fl./Festkörper 31-0685; Oberflächenspann.: v. – 34-0670; zwischen Festkörpern u. – u. d. Natur d. fl. Zustandes 34-0700; Kinetik d. physikal.-chem. Zustandes d. Grenzfläche Fl./Gas 34-0706; Depress. v. – -Oberflächen beim Auftreffen v. Gasstrahlen 34-2118; geometr. Parameter für d. hängenden – -Ring (pendular ring fluid) 35-0571; Berechn. d. Oberflächenspann. u. d. Randwinkels nach d. Meth. d. liegenden Tropfens 35-0572; Kontaktwinkel v. – an Drähten 35-0573; Grenzflächenspann. an d. Phasengrenze fl./fl. 35-0574; Bezieh. zwischen d. latenten Schmelzwärme u. d. Oberflächenspann. v. – 36-0568; Thermodynamik u. Phasenumwandl. in Monoschichten auf – 36-0569; Theorie d. Übergangsschicht u. Oberflächenspann. im Syst. Fl./Dampf 37-0657; Oberflächenenergie v. Ionenkrist. an d. Grenze zu organ. – 37-0659; Selektivität d. Adsorpt. u. Desorpt. v. Cs im Syst. hydrophobe Oberfläche/Fl. 37-0708; Beweg. organ. – im nichthomogenen Wechselfeld (Form d. – -Oberfläche u. Steighöhe) 39-0871; – -Transport in d. Haft.-Ström. hinter einem fallenden Körper 40-1966; Anwend. d. statist. Mechanik auf d. Oberflächenschicht eines Fluids in großer Entfern. v. einer Grenzfläche 44-0405; theoret. Näher.-Unters. d. Einfl. d. Viskositätsunterschiedes auf d. Verschieb. eines Meniskus zwischen *2* – 44-0409; elektronenmkr. Unters. gefriergetrockneter – -Oberflächen 44-0551; Verteil. d. – an d. Oberfläche eines porösen Trägers 44-0613; Oberflächenwiderstand beim Transport v. Dampf zur – 44-1985; – -Profile im Kontakt mit symm. festen Oberflächen 45-2288; mechan. Wrkg. d. Oberflächenspann. einer Monoschicht auf einer – 46-0585; Elektrokapillarerschein. in Ggw. v. schwach leitenden – 49/50-0464; Verteil. einer – in einer willkürl. Pack. (Ableit. d. Bezieh. für d. Verteil. d. Benetzungsdichte in einer zylindr. Säule) 49/50-0487.

Stoffübertrag. an fallende, wellenförm. – -Filme bei niedr. Reynolds-Zahlen 2-1961; Näher.-Lös. für d. Gleich. d. Filmkinetik d. Ionenaustausches durch Diffus. im – -Film 4-0552; Mechanismus für d. spontanen Riß v. dünnen, freien – -Filmen 5-0663; Einfl. d. Stofftransports auf d. Aufreißen v. – -Filmen 5-2059; Wärmeabgabe an einem vorher bis zur Siedetemp. erwärmten fallenden – -Film 5-2091; Geschw.- u. Temp.-Verteil. in einem – -Film 11-2087; Best. d. Phasengrenzflächen u. Stoffübergangskoeff. im – -Film für einen Glockenboden 16-2088; Einfl. d. Oberflächenneig. auf d. hydrodynam. Stabilität fallender – -Filme 20-2057; Fortschritte in d. Erforsch. dünner – -Filme 21-0679; an fallenden – -Filmen auftretende Wellenerschein. 26-2195; Einfl. oberflächenakt. Stoffe auf d. Stabilität fallender – -Filme 26-2196; Korrektur d. Gleich. v. Sheludko für d. Gibbs-Elastizität v. – -Filmen 29-0728; Einfl. v. Tensiden auf d. Stabilitätscharakteristik fallender – -Filme 31-0691; Wärmeübertrag. an fallende – -Filme 31-2306; Theorie: d. konvektiven Diffus. in dünnen – -Filmen 32-0546; d. Abbrems. dünner – -Filme durch oberflächenakt. Stoffe 34-0687; Elastizität dünner – -Filme 34-0702; Einfl.: v. gleich- u. gegenläuf. Luftström. auf d. Wellenbeschaffenh. fallender – -Filme 41-2211; v. oberflächenakt. Substanzen auf d. Hydrodynamik v. laminaren fl. Filmen (Vgl. zweier Mechanismen) 45-0595; Eig. v. – -Filmen zwischen Emuls.-Tröpfchen 46-0587; Instabilität eines an einer geneigten Fläche abwärts fließenden – -Films 47-2158.

Gleichgew. bei d. stat. Reinig. v. – v. Elektrolytbeimeng. mit Hilfe einer Ionitmischschicht 4-0554; Fließen v. — durch poröse Medien 8-0588; Einfl.: d. Arbeitsbeding. u. d. geometr. Faktoren auf d. Holdup v. Schaum, Gas u. — auf Glockenböden 17-2175; d. Temp. auf d. Durchdringen v. — durch Polyäthylenmembranen 17-2188; Beginn d. Instabilitätsmuster zwischen mischbaren — in porösen Medien 20-0587; Druckverlust beim Durchströmen d. Fl.-Schicht auf einem Siebboden 23-2314; W.-Transport durch nichtwss. —-Membranen 32-0666; Einfl. d. Permeat.-Drucks bei —-Permeat.-Prozessen 32-2534; —-Texturschwank. beim Durchfluß durch eine Füllkörper-Absorpt.-Kolonne in Gegen- oder Gleichstrom mit Gas 39-2182; theoret. u. experimentelle Unters. d. Ionenreinig. durch Elektrodialyse 44-0614, 44-0615.

Nichtlineare rheolog. Zustandsgleich. für einfache — 20-0580; rheolog. Eig. v. Syst. fest/fl. 47-0530.

Elektrophorese mit hohen Feldern in — mit niedr. Leitfähigk. 46-0614.

Mechanismus d. Desaggregat. u. Stabilität v. Rutil-Dispers. in organ. — 21-0699; NMR-Unters. d. Zustandes v. — in Polykieselsäuregelen 23-0701.

Löslichkeit

Modellunters. d. Misch. viskoser — in einem Tiegel 1-1937; Äquivalenzbezieh. zwischen Zellen- u. Diffus.-Modell d. Längsmisch. v. — 5-2057; Längsverteil. v. — in Füllkörperschichten 6-2034; Integralgleich. für Verteil.-Funkt. klass. — 7-0509; elektrochem. Unters. d. Stoffübergangs v. einer — an eine gasende Düse 7-2081; Temp.-Abhängigk. d. gegenseit. Löslichk. v. — 10-0536; Intensivier. v. Wärme- u. Stoffaustauschprozessen bei Umsetz. in einem Gas/Fl.-Syst. 17-2184; Verstärk. d. Stoffübergangs im Syst. Gas/Fl. durch erzwungene Pulsat. d. Gasphase 17-2185; Gasabsorpt. durch d. freie —-Oberfläche v. Rührbehältern im turbulenten Bereich 18-2087; Stoffübertrag. in Gas/Fl.-Syst. 19-2080; Mess. d. gasseit. Stoffübergangszahl durch einen —-Strahl 20-2045; Vol.-Verhältnis d. Phasen im Durchlaufmischer für d. Syst. Fl./Fl. 21-2307; instat. laminares Mischen in Potenzgesetz- — 21-2324; statist. Analyse v. Modellen für —-Misch. unter verschiedenen hydrodynam. Beding. 22-2250; Stoffübertrag. zwischen Gas u. — mit einer sich tangential bewegenden Grenzfläche 31-2283; Best. d. Aktivitätskoeff. bei unendl. Verdünn. durch d. Gas-Fl.-Chromatographie 37-0721; Absorpt. v. Cl in ruhenden — in einfachem Sperrhahn-Absorber 37-2323; Stoffdurchgangszahlen v. d. Gas- in d. —-Phase u. nichtlineare Phasengrenzflächenrk. 38-2212; Einfl. d. Esterradikals auf d. gegenseit. Löslichk. v. — 39-0855; Absorpt. v. Gasen durch — in Rührkesseln 39-2180; Rolle d. —-Eig. bei d. Gasabsorpt. 39-2181; Berechn. d. Vol.-Änder. beim Mischen einfacher — auf d. Grundlage d. Theorems d. übereinstimmenden Zustände mit einer neuen Zustandsgleich. für d. reinen — 40-0397; Viskositäts- u. Löslichk.-Verh. v. makromol. Stoffen in niedrigmol. nichtionogenen — 40-2787; Berechn. d. Oberflächenspann., Viskosität u. Diffus. v. — 44-1969.

Tropfen

Erzeug. v. —-Tröpfchen gleicher Größe 2-0601; Tropfenkoaleszenz in Syst. fl./fl. 16-0653; Koaleszenz u. Redispers. v. Tröpfchen im Gegenstromfüllkörperbett für Fl./Fl.-Kontakt 16-2082; photograph. Unters. d. Zerplatzens v. —-Tropfen im Gebiet unmittelbar hinter einer ebenen Druckwelle 19-0610; Koaleszenz in Faserschichten 21-2309; Best. d. Spreizfaktors v. Tropfen auf Objektträgern 25-0679; Mess. d. Grenzflächenspann. aus d. Form eines rotierenden Tropfens 25-0681; schwimmende Tropfen u. —-Kugeln 25-2227; Tropfenverh. in — 25-2228; Ausbldg. v. Tropfen aus viskosen — 26-0672; Gleich. für ein modifiziertes Zellmodell für d. Verschwinden einer Wolke aus monodispersen —-Tropfen in ein unbewegtes Medium 28-0644; Randwinkel kleiner Tropfen 29-0725; Scherdeformat. v. Tropfen 29-0726; Zerfall u. Elektrisier. v. elektr. Kräften ausgesetzten —-Tropfen 31-0488; Tropfengrößeverteil. in stark koaleszierenden gerührten fl./fl.-Syst. 32-2123; Best. d. Spektrums d. Tröpfchendimens. bei d. Zerstäub. v. — 33-2348; Tropfengrößeverteil. in bewegten fl./fl.-Syst. 33-2350; Stoffübertrag. an eine Reihe v. einzelnen Tropfen 33-2357; Stoffaustausch in d. Periode d. Tropfenbldg. 33-2358; Lebensdauer v. Tropfen an d. ebenen Grenzfläche zweier fl. Phasen 36-0570; Zusammenhang zwischen Strukturmerkmalen d. — u. d. Tropfenaustrag beim Sieden 37-2307; Tropfenbldg. aus Fächerstrahldüsen gesprühter viskoser Newtonscher — 39-2190; Koaleszenzprozesse 39-2191; Theorie d. Beweg. v. —-Tropfen in diffundierenden bin. Gasgemischen 41-0414; Verhältnis Lad. zu Masse für elektrohydrodynam. versprühte —-Tropfen 42-0492; tabellierte Korrekturfaktoren für d. Best. d. Ober- oder Grenzflächenspann. aus d. Tropfengew. oder -vol. 42-0515; Häufigk. d. Tröpfchenvereinig. in einem Rührtank 44-1973.

Chemisches Verhalten

Reaktionstechn. Eig. für Gas/Fl.-Teilchenoperat. 12-2038; Einfl. d. Stoffübergangs bei d. Rk. zwischen einem porösen Festkörper u. einer — 14-2079; chem. Effekte v. Ultraschall auf reine organ. — 45-0879; γ-Radiolyse v. — bei hohen Drücken 41-0623, 41-0624, 47-1124; App. zur Unters. d. Verlaufs d. Autox. bei fl. u. festen Stoffen 21-2024; Einfl. verschiedener organ. — auf d. sonochem. Zers. v. Bromoform 7-0967.

Physiologisches Verhalten

Bezieh. zwischen Kp. v. — u. d. Toxizität ihrer Dämpfe 43-2096; qual. Rk. in d. Diagnostik v. Vergift. mit einigen techn. — 44-1916.

Analytische Verfahren und Untersuchungsmethoden

Informat.-Geh. v. IR-Analysenmeth. v. — 8-1834; Erhöh. d. Genauigk. bei d. Best. hochsd. Frakt. im App. CIATIM-*51* U 15-1935; Zuführ. brennbarer, spektralanalyt. zu untersuchender — 17-1997; Verdampf.-Einricht. für Analysen v. hochreinen — 21-2031; Gerät zur Absorpt.-Spektroskopie v. — unter Gasdrücken bis zu *300* atm u. Temp. bis *600°* 22-2028; Analyse v. — in opt. Analysatoren 30-1923*.

Chromatograph. Best. geringer Feuchtigk.-Mengen v. — 4-1612; Best. v. W.: in unpolaren — 9-1954; in organ. — 26-2027; gaschromatograph. Best. v. in — gelöstem O 27-2166; Best. v. Partikeln in — für i.v. Verabreich. 27-2274; App. für d. Best. v. O in nicht inerten — mit d. Al-Elektrode 44-1785; Meth. zur Best. d. Kohlensäurekonz. in Gas-Fl.-Einschlüssen 45-0731; Gerät zur Best. v. W.-Spuren in organ. — 49/50-1886; Anwend. d. IR-Spektroskopie zur W.-Best. in — 49/50-1887.

Laser-Mikro-Anordn. für d. Raman-Spektroskopie v. — 1-1734; Meth. zur Unters. d. dielektr. Eig. v. — im Millimeterbereich 4-0383; App. für genaue u. schnelle Löslichk.-Best. v. Gasen in — 4-1507; Erprob. einer photoelektr. Registriereinricht. zur spektralen Unters. d. Streulichtes v. — 4-1552; Hochdruckzelle für opt. Absorpt.-Mess. reaktionsfäh. — 6-1842; Michelson-Interferometer zur Mess. v. —-Niveaus 9-1825; Verf. für d. Mess. d. —-Standes in geschlossenen Behältern unter hohem Druck 11-1824; Rotat.-Viskosimeter zur Best. d. Viskosität v. — 15-2207; relative Ungleichgew.-Hitzdrahtmeth. zur Mess. d. Wärmeleitfähigk. v. — 17-0592; Ungleichgew.-Meth. zur Mess. d. Wärmeleitfähigk. v. durchsicht. — 19-0603; γ-Strahlenreflex. zur Best. v. —-Abständen u. —-D. 19-2361; Sondenmeth. zur Unters. d. elektr. Leitfähigk. organ. — 22-0946; Photographieren v. —-Tropfen 22-1996; Misch.-Kalorimeter für — 22-2054; gepulste Breitband-Ultraschallmeßbrücke für — 27-2083; App. nach Baumann zur Best. d. —-Aufnahme v. pulvr. Substanzen 30-1834; Meth. zur Unters. v. Transporterschein. in — 32-0547; Ultraschall-absorpt.-Zelle für — 34-1889; App. zur genauen Mess. v. radioakt. — 36-1863; Meßzelle zur Best. d. DK v. — in einem weiten Temp.-Bereich 36-1869; fl. Krist. als Lsgm. in d. kernmagnet. Resonanzspektroskopie 36-1870; App.: zur Unters. d. Rührbeweg. d. — in bewegl. Behältern 39-2156; zur Best. kleiner Druckdifferenzen in — 40-1702; Meth. zur Mess. d. DK polarer — im Bereich ultrahoher Frequenzen 42-1741; App. zur Stoßwellen-Unters. v. Lsg.-Rk. in — 44-0789; Verbesser. d. Meth. d. hängenden Tropfens (pendant drop method) zur Best. d. Oberflächenspann. viskoser — 45-0607; experimentelle Anordn. zur mikrokalorimetr. Mess. v. Misch.-Wärmen flücht. — nach E. Calvet 46-0450; Zelle zur Mess. d. Diffus.-Koeff. d. Translat. bei — 47-0429.

Bibliographie

Wärme- und Stofftransport beim Aufblasen von Gasstrahlen auf Flüssigkeiten B 29; Messung des Verbrauchs und der Menge von Flüssigkeiten, Gas und Dampf [russ.] B 54; Handbuch des Stickstoffherstellers. Bd. *1*: Physikalisch-chemische Eigenschaften der Gase und Flüssigkeiten. Herstellung technischer Gase. Reinigung technischer Gase Ammoniaksynthese. Methanolsynthese [russ.] B 70; Einfluß der Isotope auf die physikalisch-chemischen Eigenschaften von Flüssigkeiten [russ.] B 90; An introduction to the liquid state B 18; Advances in fluidics B 22; Liquid crystals; proceedings B 42; Physical properties of molecular crystals, liquids, and glasses B 65; Mécanique des fluides appliquées. *2*. Fluides compressibles, aérodynamique, mesures B 22; Encyclopédie internationale du conditionnement des liquides B 37; Essai d'une nouvelle théorie de la résistance des fluides B 58; Traité de l'équilibre et du mouvement des fluides B 58.

Flüssigkeitsstruktur

— v. koll. Lsg. s. auch unter *Kolloidchemie*. Siehe auch *Zwischenmolekulare Kräfte*.

Fehlordn.-Modell d. Schmelzens u. v. Schmelzen 1-0528; Struktur: u. Eig. v. fl. u. amorphen Materialien (atomist. Näher. für d. Natur u. Eig. v. Materialien) 2-0168; v. einfachen Fl. 3-0248; v. geschmolzenen Salzen (Alkalimetallhalogenide) 3-0249; quantenstatist. Verteil.-Funkt. einer Hartkugel-Fl. 3-0525; Bedeut. v. Diffus.-Prozessen bei d. Streuung v. langsamen Neutronen in Fl. 4-0226; Nahordn. in Salzschmelzen [Koordinat.-Zustand v. Ni(II) in $ZnCl_2$/KCl-Schmelzen] 4-0460; Bedeut. d. Bldg. stabiler Elektronenkonfig. für ein Modell d. Kondens.-Zustandes 5-0164; Theorie d. Fl. u. d. fünfte Virialkoeff. 6-0528; Isomorphiebezieh. zwischen krist.-fl. Phasen (krist.-fl. Zwischenphasen) 6-0896; Quasiteilchenensemble-Theorie für eine normale Fermi-Fl. 7-0501; Integralgleich. für Verteil.-Funkt. klass. Fl. 7-0509; Prüf. d. Theorie v. Landau über d. Fermi-Fl. 7-0516; Paar-Verteil.-Funkt. für eine Zellenmodell-Fl. 8-0466; Modell d. wandernden Oszillatoren für Fl. 8-0482; Mesomorphie u. chem. Konstit. 8-0874; Percus-Yevick-, Hyperketten- u. Born-Green-Gleich. für klass. Fl. 9-0524; durch elektr. Felder induzierte Domänenstrukturen in fl. Krist. 9-0887; Struktur v. einkomponent. fl. Phasen 11-0569; Gitterschwing. v. symm. Typ in Fl. 12-0243; Lochtheorie d. Fl. 12-0505; Tunnelmodell für Quanten-Fl. 13-0520; Ausdrücke für d. Elektroneneigenzustände in einer eindimensionalen Fl. Kette schwacher Löcher 14-0243; Elektronenenergiebänder in einer eindimensionalen Fl. 14-0380; Superposit.-Näher. für d. Triplettverteil.-Funkt. in einer klass. Fl. 14-0514; Einfl. v. Edelgaszusätzen auf d. Struktur einfacher Fl. 15-0546; Mikrowellen-absorpt. u. Molekularstruktur in Fl. 15-0845; Unters. v. Phasenübergängen in polymesomorphen fl. Krist. durch Ultraschall-Meth. 15-0931; thermodynam. Eig. d. allg. Kugelmodell für Kontinuumsfl. 17-0562; therm. Relaxat. u. Brillouin-Streuung in Fl. 17-0868; Lös.-Meth. für zusammengesetzte radiale Paarverteil.-Funkt. 18-0180; Struktur d. Fl. (Röntgenbeug. v. fl. Ar) 19-0271; (direkte Korrelat.-Funkt. d. fl. Ar) 19-0272; Strukturfaktor u. direkte Korrelat.-Funkt. für eine klass. Fl. aus starren Kugeln 19-0569; Theorie einer Bose-Fl. niedr. D. 19-0571; Strukturtheorien v. Fluiden u. Berechn. thermodynam. Funkt. 19-0599; Theorie heißer Elektronen in Fl. 23-0446; intermol. Kräfte u. Natur d. fl. Zustandes 23-0587; Modellberechn. d. Interionenpotentials in Ionenpaaren 23-0675; Lokale-D.-Näher. für Elektronen-Eigenzustände in einem eindimensionalen Fl.-Modell 25-0203; Unters. d. Mol.-Beweg. in Fl. durch Mess. d. Kernrelaxat. 25-0365; fl. Krist. (fluorierte Anile) 25-0963; Ordn.-Zustand u. Fließverh. fl. Krist. (Fließeig. v. Mesophasen) 25-0964; Theorie d. Exzitonen in Fl. (klass. Modell v. Polarisat.-Wellen in einer einfachen Fl.) 26-0552; Bezieh. zwischen d. Schallgeschw. u. Kompressibilität einerseits u. d. Fl.-Struktur u. d. intermol. Wechselwrkg.-Potential andererseits 26-0554; Atomverteil. in amorphen Substanzen u. Schmelzen 27-0263; Struktur d. Energiebänder einer zweidimensionalen Fl. mit Winkelkorrelat. zu d. nächsten Nachbarn 27-0470; Theorie signifikanter Strukturen v. Fl. 28-0537; Oszillat. v. Fl.-Mol. u. d. kontinuierl. Spektrum in d. Nähe d. Rayleigh-Linie 30-0069; Phasenübergang in fl. Krist. 31-0997; zur Mol.-Beweg. in Fl. 31-1013; Streuung v. Röntgenstrahlen in Fl. mit komplexen Mol. (Wahl d. Mol-Zentrums) 32-0144; Ableit. d. radialen Verteil.-Funkt. für Rechteckpotential-Fl. bei niedr. D. 33-0687; Beweg. eines Atoms in einer Fl. als stochast. Prozeß 33-0688; kollektive Beweg. in einfachen klass. Fl. 33-0689; verallgemeinerte Näher. kohärenter Wellen für elektron. Wellenfunkt. in einer strukturierten Fl. 34-0238; Struktur v. Fl. (charakterist. Eig. v. Entw. d. radialen Verteilungsdirekten Korrelat.- u. Streuintensitätsfunkt. bis zur *1*. Ordn.

in d. D.) 34-0239; Bezieh. zwischen d. azentr. Faktor v. Pitzer u. d. Morse-Funkt. für d. zwischenmol. Potential v. Fl. 34-0520; Geschw.-Selbstkorrelat. in einer klass. Fl. 34-0540; Triplettpotentiale in d. Theorie klass. Fl. 34-0541; Einführ. v. Triplettpotentialen in d. Perkus-Yevick-Theorie d. Fl. 34-0542; veränderter Zustand u. strukturelle Polymorphie v. aus ihren untersätt. Dämpfen in Quarzkapillaren kondensierenden Fl. 34-0699; exakte u. angenäherte Werte für d. Verteil.-Funkt. einer einfachen Fl. 35-0428; frequenzabhäng. direkte Korrelat.-Funkt. zur Beschreib. d. zeitabhäng. Fluktuat. in einer Fl. im Gleichgew. 35-0429; Ordn. u. Ström. v. fl. Krist. 35-2024; Regularisier. d. SCF-Meth. in d. statist. Mechanik für Fl. 36-0418; Abbrucheffekt eines isolierten Max. in d. Röntgenstrukturanalyse v. einatom. Fl. 36-0105; Temp.-Abhängigk. d. Hyperschallgeschw. u. Kompressibilität bei hohen Frequenzen gewisser normaler u. assoziierter Fl. 36-0431; Unters. d. Struktur v. Fl. mit Streustrahl. 37-0102; Parakrist. als Modell für fl. Krist. 37-0289; modifiziertes Zellenmodell für Fl. (Ordn.-Defekte u. zwischenmol. Potentiale) 37-0493; Korrekturen an einem Fl.-Modell starrer Kugeln 37-0494; Zusammenhang zwischen Strukturmerkmalen d. Fl. u. d. Tropfenaustrag. beim Sieden 37-2307; asymptot. Verh. für d. Teilchenverteil.-Funkt. einfacher Fl. in d. Nähe d. krit. Punktes 38-0552; druckkonsistente Integralgleich. für klass. Fl. (Lsg. harter Kugeln) 38-0570; signifikante Strukturen für Fl. 39-0403; Winkelkorrelat. in Fl. 39-0422; Struktur d. Elektronenenergiespektrums in nichtpolaren Fl. 40-0077; verbesserte Zustandssumme für Gase in d. signifikanten Strukturtheorie für Fl. 40-0373; fl. Krist. (Erklär. d. Begriffs, Eig.) 40-0808; Schwing.-Relaxat. zweiatom. Mol. in Fl. 41-0398; Mol.–Mol.-Potential in Fl. 41-0899; Ordn. u. Fließen v. fl. Krist. (spezif. Wärme v. nemat., smekt., cholester. fl. Krist.) 42-0782; asymptot. Modifizier. d. Yvon-Born-Green-Gleich. für Fl. aus starren Kugeln u. Scheiben 43-0185; Theorie d. Atombeweg. in einfach klass. Fl. 43-0527; Form d. Bogoljubov-Beding. d. Schwäch. d. Korrelat. in klass. Fl. mit Van-der-Waals- u. Dipol–Dipol-Wechselwrkg. v. Mol. in großen Entfern. (Verteil.- u. Korrelat.-Funkt.) 43-0528; kollektive Effekte u. d. hydrodynam. Näher. für Neutronenstreuung an Fl. 44-0108; lineares Verh. klass. Fl. bei d. Hochfrequenzabsorpt. eines Brownschen Oszillators 44-0410; Theorie v. Excitonen in Fl. 45-0299; Natur d. Lücken im Elektronenenergiespektrum v. flüssigkeitsähnl. eindimensionalen Syst. 48-0370; verbesserte Superposit.-Näher. für Fl. 49/50-0353; Linear-Theorie d. mechan. Gleichgew. v. fl. Krist. d. nemat. Typs 49/50-0813; Bezieh. zwischen nemat. u. cholesterin. Mesophasen 51/52-0779.

Allg. Strukturkategorie v. Heteropolyelektrolyten 9-0514; Struktur v. Elektrolytlsg. 9-0587; statist. Theorie v. Elektrolytlsg. mittlerer Konz. 10-0565; Nahordn.-Modell für starke Elektrolyte 10-0566; statist. Mechanik v. Elektrolytlsg. 13-0507; Theorie d. signifikanten Strukturen v. bin. fl. Ionenmisch. 14-0517; Struktur: v. eutekt. Schmelzen 17-0595; v. Belaformelektrolyten 17-0978; interion. Wechselwrkg.-Potential in Elektrolyten 18-0565; Struktur v. bin. Fl.-Misch. 20-0194; Relaxat.-Zeiten d. Mol.-Orientier. in verschiedenen Lsgm. in einem isotropen Ionenfeld 21-0642; Einfl. d. Stabilitätsgrades d. Struktur d. Lsgm. auf d. Solvatat. d. Ionenpaares 23-0675; Struktur v. bin. fl. Misch. (spezif. Widerstand v. Leg. u. d. Ion–Ion-Wechselwrkg.) 25-0470; radiale Verteil. v. Ionen für einfaches Modell v. Elektrolytlsg. 27-0679; reale nächste Annäher.-Abstände v. Ionen in wss. Lsg. 29-0669; Einfl. d. Struktur d. Lsgm. auf d. Solvatat. v. Ionenpaaren 29-0670; Thermodynamik u. Struktur nichtwss. Elektrolytlsg. (Thermochemie u. Struktur v. NaJ-Lsg. im Mischlsgm. Methanol/W.) 30-0514; Mechanismus d. reversiblen Orientier. v. Mol. in Lsg. (Rotat.-Relaxat.-Zeiten) 31-0080; Kleinwinkelmaxima auf d. Röntgen-Streuintensitätskurven v. Elektrolyten 31-0227; mikrodynam. Modell v. Elektrolytlsg. 32-0628; d. umhüllte Atom, Grundeinh. eines quasichem. Modells d. bin. Lsg. (Einführ. einer Schwing.-Zustandssumme) 37-0459; statist. Eig. mol. Wechselwrkg. in fl. Lsg. (allg. Formulier.) 37-0492; Mol.-Beweg. in Lsg. freier Radikale 41-0814; Aufbau wss. Lsg. amphiphiler fl. Krist. 45-0592; Ausdehn. d. Widom-Modells auf Fl.-Gemische mit zwei u. drei Komponenten 46-0251; Unters. d. Struktur fl. Lsg. durch Meth. mit mehreren Beug.-Diagrammen 48-0165; mol. Theorien d. Fl. u. Fl.-Gemische 49/50-0368.

Strukturfaktor: für fl. Edelgase (Dimens. d. harten Kerns d. Edelgasatome) 21-0253; v. fl. He-*4* u. He-*3* 39-0432; durch Röntgenstreuung in fl. He-*3* 43-0186; quasielast. Streuung kalter Neutronen durch fl. Ar 45-0283; zufäll. dichte Pack. v. Ar bei hohen Drücken 49/50-0389; Röntgenbeug. an Ar u. Xe im fl. Zustand in d. Nähe d. Tripelpunkte 31-0226; Mol.-Beweg. in fl. H u. D 13-0254; Anwend. d. Theorie d. signifikanten Struktur zur Berechn. d. Eig. v. fl. O_2 42-0403; einfache Deut. d. quasielast. Streuung langsamer Neutronen in W. (Strukturbild v. W.) 8-0228; Struktur v. W. 8-0485; spektroskop. Best. d. Struktur v. W. 11-0300; strukturelle Umwandl. in W. u. ihr Einfl. auf d. Löslichk. v. Gasen 11-0580; Struktur v. W. 14-0536; Einfl.: v. Tetraalkylammoniumsalzen auf d. Struktur d. W. 14-0537; v. Li^+, K^+ u. Br^- auf d. Struktur v. W. 16-0616; Thermodynamik d. Zweistrukturmodells v. W. (Verw. d. isotopen Unterschiede v. gewöhnl. u. schwerem W. zur Best. d. relativen Mengen d. eisähnl. u. ungeordneten Struktur) 17-0285; IR-spektroskop. Unters. d. Struktur 19-0604; Thermodynamik d. Zweistrukturmodells v. W. (Temp.-Abhängigk. d. Enthalpie, Entropie u. d. spezif. Wärme d. eisähnl. u. entordneten Struktur) 24-0546; eisähnl. Modell nach Samojlov u. d. thermodynam. Eig. v. W. (Betracht. mit d. Frank-Quist-Meth.) 31-0571; Thermodynamik d. Zweistrukturmodells v. W. (Berechn. d. thermodynam. Eig. d. eisähnl. ungeordneten Struktur in schwerem W.) 32-0572; dynam. u. thermodynam. Struktur v. W. aus d. Streuung kalter Neutronen 33-0212; Lokalisier. d. Mol. in d. Hohlräumen d. quasikrist. Struktur v. W. (theoret. Unters.) 34-0240; Lage d. W.-Mol. in d. Hohlräumen d. eisart. Struktur v. fl. W. u. Auffüll.-Grad d. Hohlräume 34-0241; Einfl. v. Alkalimetallhalogeniden auf d. Struktur v. W. 37-0290; Struktur v. W. 37-0506; Aktivier.-Energie d. Selbstdiffus. v. W.-Mol. in Hohlräumen d. eisähnl. Struktur v. W. 41-0416; Struktur v. W. 43-0723; flüssigkeitsähnl. (Übergangs-)Schicht auf Eis 45-0281; W./Eis-Grenzfläche, v. d. Fl.-Seite aus betrachtet (Strukturmodelle für W. u. Eis) 45-0282; Anwend. d. Domänentheorie d. fl. W. (Oberflächenspann. v. leichtem u. schwerem W. u. DK d. niedr. aliphat. Alkohole) 45-0608; Röntgenstrahlstreuung an fl. Br 34-0242; Best. d. Struktur v. fl. Se aus Viskositätsmess. 30-0206.

Strukturfaktor fl. Metalle bei kleinen Winkeln 8-0229; Elektronenstruktur u. Knight-Verschieb. in verd. fl. Leg. 11-0397; —: v. Metallen im unterkühlten Zustand 23-0225; v. Metallen 31-0145; Vgl. d. Atomverteil.-Kurven v. fl. Metallen 44-0241; Struktur einer Reihe geschmolzener Metalle u. intermetall. Verb. an Hand v. Literaturdaten 46-0447; zellulares Lochmodell für geschmolzene Alkalimetallhalogenide 9-0528; Struktur v. geschmolzenen Alkalimetalleg. 11-0301, 11-0302; Berechn. d. Wechselwrkg.-Potentials aus d. Misch.-Wärme v. bin. Syst. aus geschmolzenen Alkalimetallhalogeniden u. v. ion. Mischkrist. 51/52-0385; Struktur v. geschmolzenem Na 24-0280; Änder. d. Nahordn.-Struktur in Schmelzen v. Mg-Verb. mit Elementen d. IV. Gruppe beim Erhitzen 9-0529; Struktur d. gebildeten Hydratkomplexe v. Na^+, Mg^{2+} u. J^- in wss. Lsg. 29-0673; Neutronenbeug.-Analyse v. fl. Zn 16-0256; Struktur: v. fl. Hg 4-0229; v. B_2O_3 u. bin. Al-Boratschmelzen 2-0232; Koordinat. v. Al^{3+} in fl. Alumosilicaten 19-0275; Zusammenhang zwischen Zus., Struktur u. Viskosität homogener Silicat- u. Alumosilicatschmelzen 32-0570; Struktur v. Na-Aluminaten in wss. Lsg. 44-0502; unstetige Änder. d. Koordinat.-Zahl in fl. Al (Umwandl.) 45-0284; radiale Atomverteil. u. Ionen–Ionen-Potentiale in fl. Ga 4-0227; physikal.-chem. Eig. u. Struktur v. Na-Gallat-Lsg. (Viskosität u. D.) 22-0620; (Oberflächenspann. u. elektr. Leitfähigk.) 22-0621; röntgenograph. Unters. d. Struktur einer fl. In/Ga-Leg. mit eutekt. Konz. 20-0195; Interferenzfunkt., Paarverteilfunkt. u. Eig. d. Elektronentransports v. fl. Hg/In-Leg. 47-0384; Strukturänder. in fl. Tl 32-0242; Atomverteil. im fl. Ge 17-0286; Nachw. monomerer Baugruppen in Schmelzen v. Polygermanatosilicaten 17-0287; Röntgenunters. v. fl. Ge 42-0215; Leitfähigk. u. ihre Verb. mit d. Röntgenstruktur v. fl. In/Sn-Leg. 16-0459; Raman-Spektren u. Struktur v. geschmolzenem $SnCl_2$ u. geschmolzenen Misch. v. $SnCl_2$ u. KCl 47-0288; elektr. Eig. u. Strukturen v. fl. GeS, SnS u. PbS 16-0447; Struktur v. geschmolzenem Bi 4-0228; Charakter d. Verteil. v. Atomen in Schmelzen d. Syst. In/Bi 26-0267; Struktur v. $FeCl_3$ in wss. Lsg. 10-0255; Strukturübergänge in Fe/C-Schmelzen 13-0256; Struktur v. Cu- u. Ni-Schmelzen in d. Nähe ihrer Schmelztemp. 13-0255; partielle Interferenz- u. Atomverteil.-Funkt. v. fl. Ag/Sn-Leg. 38-0224; kalorimetr. Unters. d. mögl. Mol.-Assoziat. in fl. Leg. in d. Nähe d. Zus. AuSn 42-0082.

Mikrostrukturen v. kieselsäurereichen bin. Silicatschmelzen u. -gläsern 12-0538.

Eig. u. Strukturen wss. Na-Caprylatlsg. (Dampfdruck d. Lsg. u. osmot. Koeff. d. Na-Caprylats) 42-0498; (Aktivität v. W. u. Na-Caprylat) 42-0499; (Aktivität d. Na-Ionen) 42-0500; Eig. u. Struktur d. Lsg. v. Decanol im Syst. Na-Caprylat/Decanol/W. (Existenzgebiet d. isotropen Decanollsg.) 45-0579; (D. u. Viskosität d. Lsg.) 45-0580; (NMR-Unters. d. Lsg.) 45-0581; Eig. u. Strukturen wss. Na-Caprylatlsg. (Aktivitäten d. Caprylatanionen u. d. Bind. d. Gegenionen an d. Mizelle) 51/52-0435.

Lebensdauer d. angeregten Zustände in geschmolzenen, Lad.-Träger bildenden Aromaten 47-1021; Röntgenbeug.-Aufnahmen u. Struktur v. fl. Bzl. 51/52-0778; Indizes v. Gemischen v. p-Azoxyanisol u. p-Azoxyphenetol im nemat. Zustand 1-0816; Struktur v. CH_3OH u. C_2H_5OH 19-0604; Winkelverteil. d. Vernicht.-Quanten in normal fl. u. nemat. p-Azoxyanisol (Einfl. d. Ordn.) 23-0903; thermochem. Unters. d. Struktur d. Gemische v. Methyl- u. Äthylalkohol 40-0408; Lage d. Beug.-Maxima bei zwei Typen fl. siliciumorgan. Verb. 9-0886; Phasenübergänge in fl. Krist. v. p-Alkoxy- u. p-Carbalkoxybenzoaten v. Diphenolen 15-0932; Gelbldg. u. Sphärolitherzeug. in d. mesomorphen Schmelzen v. Cholesterinestern 49/50-0816; elektronograph. Unters. d. Struktur einer Polyäthylenschmelze 45-1167.

Elektronenmkr. Darst. einer Intermediärphase d. fl.–krist. Syst. K-Oleat/W. 21-0255; Struktur: d. Lsg. v. Essigsäure u. starken Protonsäuren 10-0916; v. Essigsäureanhydridlsg. in Schwefelsäure 10-0917; d. Acetylhalogenidlsg. in Schwefelsäure 10-0918; d. fl.–krist. Phasen verschiedener Phospholipide, Monoglyceride, Sphingolipide, als Anhydride oder in Ggw. v. W. 23-1258.

Bibl. Moderne Probleme der physikalischen Chemie (Mitteilungssammlung). Bd. *1*: Struktur der Moleküle, Flüssigkeiten und Kristalle [russ.] B 90; Struktur und Eigenschaften flüssiger Kristalle und hochmolekularer Stoffe (Mitteilungssammlung). Lfg. *1* [russ.] B 92; Liquid crystals; proceedings B 42.

Flufenam(in)säure s. unter $C_{14}H_{10}F_3NO_2$.
Fluhyzon, Eign. v. — als Trenn-Fl. bei d. gaschromatograph. Analyse v. Aromatengemischen 36-2048.

Fluide Systeme
Suprafluider Zustand s. dort.
Diffus. aus gut gerührter fluider Phase in eine d. Form eines rechtwinkl. Parallelepipeds besitzende feste Phase 2-1958; Abflußtheorie für d. Ellis-Modell fluider Syst. 2-1978; Selbstdiffus. in einfachen Fluiden 3-0532; Eig. d. Funktionalformalismus u. seine Anwend. auf d. Theorie klass. Fluide 6-0527; Transporteig. v. mehratom. — 7-0500; neue Meth. zur Berechn. d. Kinetik klass. dichter Fluide 11-0560; Bethe-Salpeter-Gleich. u. Transportkoeff. v. einfachen Fluiden 14-0511; Eig. v. Gittern u. Kontinua van d. Waalsscher Fluide am krit. Punkt 15-0536; Transport in dichten fluiden Misch. mit Kastenpotential-Wechselwrkg. 15-0542; thermodynam. Eig. d. Misch. v. Fluiden 17-0550; Strukturtheorien v. Fluiden u. Berechn. thermodynam. Funkt. 19-0599; Scher-Relaxat.-Zeiten einfacher — 19-0605; Integralgleich. für d. Verteil.-Funkt. klass. fluider Medien 24-0532; Spann.-Tensor in d. Oberflächenschicht klass. fluider Medien 24-0533; Transporteig. polyatomarer Fluide 28-0519; neues Modell für klass. Fluide 35-0426; kinet. Theorie für Misch. dichter Fluide 35-0427; Einfl. eines endlichen Ionen-Larmor-Radius auf d. Stabilität überlagerter Fluide 42-0404; Anwend. d. statist. Mechanik auf d. Oberflächenschicht eines Fluids in großer Entfern. v. d. Grenzfläche fest–fl. 44-0405.

Bibl.: Fluid mechanics B 10; Fluid mechanics and singular perturbations B 18; An introduction to the statistical theory of classical simple dense fluids B 34; Modern fluid dynamics. Vol. *1*: Incompressible flow B 50; Mécanique des fluides. Tome I: Généralités. Statique des fluides. Écoulements à une dimension B 65.

Fluidisation

Allgemeines

Axiale Änder. d. Intensität d. Gasvermisch. in Fließbetten 1-1953; Verteil. d. Teilchengeschw. in einem fluidisierten Syst. 5-2085; Aufstiegsgeschw. v. Blasen in zweidimens. Fluidatbetten 5-2086; Wechselwrkg. zwischen Ström. u. Vermisch. d. Anströmgases in gasdruchströmten Fließbetten 11-2100; Wrkg. d. Gitterdruckgefälles in gasfluidisierten Syst. 12-2024; Hydrodynamik v. Fest- u. fluiden Schütt. sowie Anfangsfluidisier. 14-2101; hydrodynam. Stabilität d. Fließbetts 23-2333; Mindestdruckverlust d. Anströmbodens bei Fluidatbetten 24-2192; allg. Meth. zur Abschätz. d. Mindestfluidisat.-Geschw. 26-2199; Berechn. d. Sedimentat.- u. Fluidisier.-Geschw. v. kugelförm. Teilchen 29-2260; Gasaustausch zwischen Blasen u. kontinuierl. Phase in Fluidatbetten 31-2299; Pfropfenström. in Fluidatbetten 31-2300; Technologie fluidisierter Teilchen (Fortschrittsbericht) 35-2214; Einfl. v. zwischenpartikulären Adhäs.-Kräften auf d. Fluidisier. feiner Partikel 35-2215; pulsierender Kontakt zwischen Feststoffteilchen u. Fl. im Fließbett bei pulsierender Ström. 35-2216; Längsvermisch. in einem Gas-Feststoff-Fluidatbett mit Siebfüllkörpern 35-2217; Mischen v. Feststoffteilchen in einem Fluidatbett 35-2218; hydrodynam. Stabilität v. Fluidatbetten 35-2220; Modelle für d. Mischen u. Kontaktieren in Fließbetten 38-2236; – (Verh. v. Gasen u. Feststoffen während d. –) 39-2202; Zweiphasentheorie d. – 39-2203; Leerraumverdräng. durch strömende Festkörper 39-2204; ident. Verh. v. Fl. u. fluidisierten Syst. 42-1994; Fluidisat.-Vers. in großen Gas–Feststoff-Syst. (Aufstiegsgeschw. v. Blasen) 43-2101; (Einfl. d. Verteilerkonstrukt. u. d. Feststoffeig. auf d. Fluidatbettqualität) 43-2192; Gasaustausch zwischen Blasen u. dichter Phase in Fluidatbetten 43-2193; Theorie u. Anwend. fluidisierter Feststoffe 44-1998; Prüf. d. qual. Verhältnisses zwischen d. Quadrat d. durchschnittl. Geschw. wirbelnder Teilchen u. d. Verbrauch an fluidisierendem Gas 46-2019; Wärme- u. Stoffübertrag. v. d. Partikeln an d. Fluid in aus feinen Partikeln bestehenden Festketten 47-2159.

Gasmisch. in Siebpack. enthaltenden Wirbelbetten 5-2084; Blasenbild. in einem Wirbelbett 5-2087; period. arbeitende Wirbelbetten (Teilchenverteil. in Fl.) 6-2052; Probleme d. Wirbelschichttechnik 10-2078; Struktur d. Wirbelschicht 10-2079; Fl.-Ström. durch Fest- u. Wirbelschichtbetten 11-2101; Viskosität: eines Wirbelschichtsyst. 11-2102; v. Suspens. kugelförm. Teilchen in gasf. Wirbelschicht 11-2103; Feststoffverteil., Vermisch. u. Kontaktmerkmale v. Gas–Feststoff-Wirbelschichtbetten 12-2026; Verteil. d. Partikelgeschw. in Chargen-Wirbelschichtbetten 13-2083; Fließbilder in Fl. durchströmten Wirbelschichten 15-2193; Verh. einer kontinuierl. brodelnden Wirbelschicht 15-2194; Durchmisch. d. Gasphase in d. Wirbelschicht 15-2195; Umlaufbeding. d. körn. Materials in einem Fünfstufen-Wirbelschichtapp. 15-2198; elektrostat. Erschein. in d. Wirbelschicht 15-2200; Geschw.-Gleich. für gleichzeit. Wärme- u. Stoffübergang bei d. Adsorpt. einer Komponente aus einem fluiden Medium 16-2089; Fl.- u. Partikelmechanik in Fl.-Wirbelbetten 16-2093; Materialvermisch. in aneinander angrenzenden Wirbelschichten 17-2209; Einfl. d. Druckes auf d. Stoffaustausch unter d. Beding. eines heterogenen chem. Prozeßablaufs in d. Wirbelschicht 17-2210; Reib., Wärme- u. Stoffaustausch bei Wirbelström. 17-2211; Ungleichförmigk. in Wirbelschichten 19-2342; Gasdurchmisch. v. körn. Material in d. Wirbelschicht 20-2060; Beweg.-Kräfte in Wirbelschichtapp. 20-2061; gasdurchströmte Wirbelschichten 23-2335; Uneinheitlichk. d. Wirbelschicht mit körn. Material 23-2336; Druckabfall in d. Wirbelschicht 23-2337; Stoffübergangszahl zwischen Fluidisier.-Mittel u. festen Teilchen bei diskontinuierl. Wirbelschichten 26-2200; Einfl.-Faktoren d. Mitreißens fester Teilchen aus d. Wirbelschicht 27-2385; Wirbelschichtstruktur in Abhängigk. v. d. Gasverteil. 27-2386; Verweilzeitverteil. in Wirbelbetten 29-2310; hydromechan. Modell d. heterogenen Wirbelschicht 33-2380; Berechn. d. kontinuierl. Adsorpt.-Prozesses im Einstufenapp. mit d. Sorbenten in d. Wirbelschicht 34-2114; Stoffaustauschkoeff. in Wirbelschichtsyst. 34-2115; Dynamik d. kontinuierl. Adsorpt. u. Desorpt. in d. Wirbelschicht bei nichtlinearer Isotherme 34-2116; Geschw. bewegter Teilchen in einer Wirbelschicht 35-2219; Traggitterzone d. Wirbelschicht über Glocken–Gas-Verteilern 35-2221; Berechn. period. Abkühl.-Prozesse in Wirbelschichten 35-2223; hydrodynam. Gleichgew. in einer Wirbelschicht aus körn. Materialien in kon. App. großen Grundrisses 37-2331; Verlust v. Teilchen verschiedener Größen aus Wirbelschichten 37-2332; Best. d. Mindest-Wirbelschichtgeschw. v. Stoffen mit verschiedener Teilchengröße 39-2205; Wirbelschichttechnik 41-2218; expandierter Schichthohlraum in Fl.-Wirbelschichten 42-1993; Druckfluktuat. in Wirbelbetten mit u. ohne zylindr. Siebpack. 43-2194; Berechn. d. Stoffübergangskoeff. zwischen Teilchen u. Fluidisier.-Mittel in d. Wirbelschicht 43-2195; Theorie d. Wirbelschichtausbldg. 43-2196; fluidmechan. Beschreib. v. Wirbelschichten 43-2197; statist. Beweg.-Charakteristik v. Teilchen in einer polydispersen Wirbelschicht 45-2289; Phasengleichgew. im Syst. Wirbelschicht/verd. Phase 46-2020.

Wärmeübergang zwischen Wirbelschichtbett und darin eingetauchten Zylinder 3-2174; Wärmeübergangswirkungsgrad in einem Fluidatbett 5-2088; Wärmeaustausch bei Wirbelschichtbldg. 7-2098; Wärmeaustausch zwischen Gasmedium u. Material in d. Wirbelschicht beim Vorliegen einer chem. Rk. 9-2098; Best. d. Wärmeaustauschkoeff. in einer Wirbelschicht bei wechselnder Ström.-Geschw. 11-2104; Wärmeaustausch in d. Wirbelschicht mit zylindr. Oberfläche bei Druckerhöh. 11-2105; Einfl. einer heterogenen chem. Rk. auf d. Wärmeaustausch einer Wirbelschicht mit einer Oberfläche 15-2199; Reib., Wärme- u. Stoffaustausch bei Wirbelström. 17-2211; Wärmeübertrag. in Fluidatbetten 17-2212; Wärmeübergang zwischen d. Phasen in einem Fluidatbett 19-2343; Wärmeübergangszahlen zwischen d. Oberflächenabschnitten v. in d. Wirbelschicht horizontal eingebrachten Rohren u. d. Wirbelschicht 19-2344; Wärmeübergang in Wirbelschichten 23-2334; Temp.-Verteil. u. lokaler Wärmeübergang v. Kreiszylinder mit im Innern sich bewegender Wirbelschicht 33-2381; Einfl. diskreter Strukturen „fester" Phasen auf d. Wärmeaustausch in d. Wirbelschicht 35-2222; Korrelat. d. Wärmeübergangs v. Bett zur Wand in Gas–Feststoff-Fluidatbetten 41-2219; mikroelektron. Gerät zur Mess. d. Wärmeübergangs in Fließbetten 41-2220; Wärmeübergang in v. außen erhitzten u. im Innern gekühlten Wirbelschichtbetten 42-1995; Wärmeübergang in d. verd. Phase eines Wirbelschichtbettes 42-1996; Wärmeübergang in Füllkörper- u. Fluidatbetten bei period. Temp.-Änder. 42-1997; Wärmeaustausch bei Ausbldg. einer Wirbelschicht 44-2000; Wärmeaustausch zwischen Festteilchen u. Gasstrom in einer Wirbelschicht unter Druck 46-2021; Koeff. d. linearen Lad.-Verlustes u. d. Wärmeübertrag. in einem Festbett v. Kugeln 46-2023; Wärme- u. Stoffübertrag. v. d. Partikeln an d. Fluid in aus feinen Partikeln bestehenden Festbetten 47-2159; Wärmeübergang an horizontal in einem Fluidatbett angeordneten Rohrbündeln 48-2045.

A p p a r a t e: Frequenzempfindlichk. d. Gasmisch. in einem Wirbelschichtreaktor 12-2025; körn. Material in Wirbelschichtapparaten mit rotierendem Verteil.-Rost (radiale Dispers. in gesätt. porösen Medien) 15-2174; verallgemeinerte Gleich. für d. Feststoffverteil. in einem halbfluidisierten MT-Reaktor 39-2228; Berechn.-Verf. zur Ausleg. eines kontinuierl., mehrstuf. Wirbelschichtreaktors 37-2357; Fluidisier.-Geräte 44-1997.

Verw. v. PVC-Präp. für Wirbelbettüberzüge 6-2967*.

Direkte Beheiz. einer fluidisierten Phase durch elektr. Strom 4-1733; Heiz.-Technik im Fluidatbett 44-2001.

Produkteinführ. in erhitzte Wirbelbetten 40-1987; Einleiten v. Aufströmgas in Wirbelschichten durch eine Gasverteil.-Platte mit Windformen 46-2040*.

Höhe d. Wirbelschicht u. Betriebszuverlässigk. v. Siebrosten 15-2197; Betrieb v. Siebrosten in Wirbelschichtapp. 15-2196; Betrieb v. Siebböden in d. Wirbelschicht für Desorpt.-Prozesse 36-2115.

Anwendung

Aluminosilicat-Zeolithe als Katalysator für Wirbelschichtverf. 5-2189*; Einfl. d. Temp. auf d. Wirbelverh. v. Metall-Träger-Katalysatoren 11-0712; Wirbelschichtreaktor als chem. Reaktor (Übersicht) 27-2416; katalyt. Rk. in einer Wirbelschicht 32-2162; Fluidatbett-Prozesse in d. Kerntechnik (Fortschrittsberricht) 35-2250; Herst. v. Katalysatoren nach einem Wirbelschichtverf. 39-2239*; Rk. mit sinterfäh. feinteil. Feststoffen im Wirbelbett 40-2072*; Rk. v. Feststoffen mit Gasen im Wirbelbett 46-2038*; Wirbelschichtreaktor zur Ausführ. endothermer Prozesse mit Feststoffen 49/50-2091; Entcarbonisier. v. W. im Wirbelreaktor 24-2219; Ox. v. SO_2 in d. Wirbelschicht (Wirksamk. v. V_2O_5-Katalysatoren) 1-2044; (mit Fe-Oxidkatalysatoren) 1-2045; (mit V_2O_5-Katalysatoren) 1-2046; (mit V-Katalysatoren) 45-2331; Chlorier. v. Ruß mit CCl_4 in d. Wirbelschicht 41-2297; Gasphasenox. v. Metalloxiden im Wirbelbett 12-2158; selektive Chlorier. v. Erzen mit Cl_2 in d. Wirbelschicht 15-2271*; tiegelloses Schmelzen v. Metall im Schwebezustand im elektromagnet. Feld 20-2304; Metallgewinn. durch Segregat.-Verf. im Fließbett 21-2619*; Herst. v. ultrafeinem Metallpulver durch elektr. Entlad. im Wirbelbett 30-2429*; Grenzen d. Existenz einer Wirbelschicht beim Brennen v. diktyonem. Schiefer 36-2118; Herst. v. Metalloxiden durch Ox. d. Halogenide im Wirbelbett 38-2325*; Red. v. Metalloxiden mit Kohle im Wirbelbett 48-2287*; kontinuierl. Wirbelbett-Ox. v. Na_2S zu Na_2SO_3 25-2315; Dehydratisier. v. $NaBO_2 \cdot H_2O_2$ im Wirbelbett 38-2322*; Beeinfluß. d. Dehydratisier. u. Hydrolyse v. Carnallit in d. Wirbelschicht 26-2282; Gewinn. v. MgO aus $MgCl_2$-Hydrat im Fließbett 41-2311*; Gewinn. v. $CaCN_2$ in d. Wirbelschicht 10-2170; Red. v. $BaSO_4$ durch KW-Stoffgas in d. Wirbelschicht 13-2131; Herst. v. $TiCl_2$ aus $TiCl_4$ im Fluidbett mit Al als Bettmaterial 44-2098*; Chlorier. v. Silicat-halt. Zr-Verb. im Fließbett 17-2557*; kontinuierl. Gewinn. v. Sn im Wirbelbett 36-2443*; Herst.: v. Mo in d. Wirbelschicht 20-2418*; v. sinterfäh., niedrig angereichertem UO_2 in Wirbelbettöfen 5-2129; Herst. v. UF_4 aus UO_2 u. HF in d. Wirbelschicht 41-2316*; Red. v. Fe_2O_3 mit H im Wirbelschichtreaktor 8-2127; Red. v. Ilmenit in d. Wirbelschicht 15-2524*; Schnellgraphitisier. v. Guß-Fe in d. Wirbelschicht 16-2337; Kinetik d. H_2-Red. v. Fe-Mineralien im Wirbelbett 19-2506; Bldg.-Geschw. v. $Fe(CO)_5$ im Wirbelbett 19-2507; Fe-Erzred. im Wirbelbettverf. 20-2396*; laufende As-Entfern. beim Fe-Erzrösten im Wirbelreaktor 22-2543*; Red. eines geschmolzenen Fe-Katalysators in d. Wirbelschicht 23-2373; Red. v. pulverförm. Fe-Erz mittels CH_4 in d. Wirbelschicht 24-2427*; Gewinn. v. Schwamm-Fe aus $Fe(CO)_5$ in d. Wirbelschicht 26-2449; Red. v. Fe-Erz in d. Wirbelschicht 29-2610*; 2stuf. H_2-Red. v. Fe-Erz in d. Wirbelschicht 29-2611*; 2stuf. Red. v. Fe-Erz im Wirbelbett 36-2440*; Red. v. Fe-Oxiden in d. Wirbelschicht 39-2480*; Fe-Erzanreicher. im Wirbelbett 41-2408; Mindestfluidisier.-Geschw. für Hämatit–Luft-Syst. 44-1999; Behandl. v. Magnetit in d. Wirbelschicht 51/52-2280*; Red. v. NiO in d. Wirbelschicht 15-2529*; Kinetik d. Entschwefel. v. Ni-Feinstein in d. Wirbelschicht 18-2298; selektive Chlorier. v. Cr- u. Ni-halt. Erzen mit Hilfe eines Fluidrösters 32-2368; selektive Red. v. $CuSO_4$ im Wirbelreaktor 4-1932; Vgl. d. Cu-Gewinn. durch O_2-Suspens.-Schmelzen im Flamm- u. im Wirbelschichtofen 29-2480; Wirbelschichtrösten sulfid. Cu-Erze 30-2292; Vergröber. d. Cu-Abbrände u. Senk. d. Staubaustrages beim Wirbelschichtrösten 30-2304; Ox. v. mit Al_2O_3 gemischtem Cu_2S in einem Wirbelbett (Mechanismus u. Kinetik d. Ox. v. Cu_2S) 41-0601.

Regenerier.: v. Adsorbenten durch Abbrennen in d. Wirbelschicht 25-2275; v. Adsorbenten durch Abbrennen in d. Wirbelschicht 27-2383.

Fortschrittsbericht über Sprüh- u. Wirbelschichttrockn. 2-1982; Zerkleiner. v. $(NH_4)_2 \cdot SO_4$ beim Trocknen in d. Wirbelschicht 11-2144; lokale Feuchtigk.-Bereiche mit granuliertem Material nach Wirbelschichttrockn. 22-2256; Berechn. eines Wirbelschichttrockners mit einem Computer 32-2142; Wärmeaustausch beim Wärmestrahl.-Erhitzen u. Trocknen v. körn. Material in d. Wirbelschicht 33-2388; Zusammenhang zwischen Feuchtigk.-Geh. u. Temp. v. dispersem Material bei Wirbelschichttrockn. 35-2232; Wirbelschichttrockn. 38-2238.

Kontinuierl. Warmbehandl. einer Stahlstange in d. Wirbelschicht 11-2420*; Drahtpatentier. in einer Wirbelschicht mit Schutzatmosphäre 31-2557; Glühen v. langgestrecktem metall. Material in d. Wirbelschicht 40-2242*, 40-2243*; Warmbehandl. v. Stahlstangen im Wirbelbett 41-2519*.

Vereinheitlichender Schicht-Parameter v. in d. Wirbelschicht abgeschiedenen C 1-0212; Thermoplastüberzüge im Wirbelbett 2-2804*; Fluidbett-Überzüge (Übersicht) 18-2914; Wirbelsintern v. pulverförm. Überzugsmitteln aus Polyestern 22-3082*; Schwebeschmelzverf. (Vers. mit rotationssymm. Schwebespulen bei *270* u. *10* kHz) 24-2330; Beschicht. mit Pulvern im elektrostat. Wirbelbad 32-

2407; Unters. über d. Schwebeschmelzen (Auftrieb u. Heizvermögen) 38-2442; Wirbelsintern zum Aufbringen v. ferromagnet. Metallteilen 51/52-2158*.

Anwend. d. Wirbelschichtmeth. bei d. Wäsche v. Pigmentsuspens. 20-2179; Sichten v. körn. Material in d. Wirbelschicht 28-2190; Wachstum v. $KAl(SO_4)_2 \cdot 12\,H_2O$ in einem Wirbelschicht-Kristallisat.-Gerät 30-2104; F-Beseitig. aus einem Gasstrom in einer Wirbelschicht 44-2064.

Meßmethoden

Tracer-Meth. zur Unters. d. Feststoffbeweg. in einem Wirbelschichtbett 7-2097; Meth. zur Mess. d. Viskosität d. Wirbelschicht 20-2062; Best. v. Wärmeübergangskoeff. in d. Wirbelschicht durch therm. Partikelrelaxat. 20-2063; Anwend. v. mit H_2SO_4 markiertem Koks bei d. Unters. d. Misch. in d. Wirbelschicht 36-2116; Best. d. Diffus. u. Stoffaustauschkoeff. zwischen d. Phasen in d. Wirbelschicht nach d. Tracergas-Meth. 36-2117; Mess. d. elektr. Widerstands zur Unters. eines Wirbelbetts aus leitenden Teilen 44-2002; piezometr. Unters. d. Kontaktverteil. in einer ungleichart. Wirbelschicht 45-2290.

Bibliographie

Wärme- und Stoffübergang in der Wirbelschicht [russ.] B 5; Rösten von Nickelkonzentraten in der Wirbelschicht [russ.] B 39.

Flumethiazid s. unter $C_8H_6F_3N_3O_4S_2$.
Fluocinolonacetonid s. unter $C_{24}H_{30}F_2O_6$.
Fluon s. unter *Plaste, Olefinpolymerisate* (*Polytetrafluoräthylen*).

Fluor

– (Übersicht) 31-0789.

Vorkommen, Gehalt

Bldg. v. – in Sternen bei sehr hohen Temp. 10-0757; Linien v. – im Kosmos 25-0842; Diffus. v. – in d. Sonne 40-0672.

–-Verlust krist. u. glas. silicat. vulkan. Gesteine 1-0753; Verh. v. – bei d. Sedimentanhäuf. in W.-Becken 3-0772; Geh. in tschech. Grundwasser 10-2119; Rolle v. jungen Lsg., Connate-Wässern u. evaporit. Solen in d. Genese v. Pb–Zn–F–Ba-Lagerstätten 11-0851; – in Gaseinschlüssen v. Mineralien 14-0777; Verh. v. – in Alkaligesteinen West-Transbaikals 18-0774; Vork. v. – in d. Rokko-Mountains, Hyogo-Prefecture, Japan (– im Oberflächenwasser) 23-0867; – in d. Thermalwässern v. Rotorua 23-0868; – in d. Grundwässern im Snamjanki-Gebiet (Ukrain. Schild) 29-0869; –-Verteil. in Glimmern aus Granitoiden d. Großen Kaukasus u. d. Dzirkul'sker krist. Massivs 31-0876; –-Geh.: in d. Grundwässern d. Lovozero-Massivs (Einfl. auf d. Si-Migrat.) 32-0832; im Tinkwasser d. Wojewodschaft Kielce 34-2180; Hydrogeochemie v. – im Bereich –-halt. Lagerstätten 36-0766.

Normale menschl. Serum-F^--Konz. 8-1512, 20-1520; F^--Konz. d. Plasmas u. d. Cerebrospinalliquors 30-1467; menschl. Zahnschmelz mit unterschiedl. F^--Geh. (Röntgenbrech.-Analyse) 37-1595.

Herkunft u. Emiss.-Raten v. F^- bei d. Düngemittel-Herst. 10-2163; hygien. u. analyt. Aspekte d. – in Nahr.-Mitteln (Übersicht) 15-3275.

Bildung, Darstellung

Gewinn. v. trägerfreiem ^{18}F (Bestrahl.-Weise v. Li_2CO_3) 8-0661; –-Herst. u. elektrochem. Fluorier. anorgan. Verb. (Übersicht) 10-0692; Erhöh. d. –-Ausb. bei d. Herst. v. Superphosphat 18-2170; Gewinn.: aus d. Abwasser einer Phosphatdüngemittelfabrik 20-2140; durch Elektrolyse v. $NaBF_4$ 26-2294*; bei d. Herst. v. Superphosphat 32-2231; Fluidatbett-Rückgewinn. v. – bei d. Herst. v. UF_6 35-2250; Wiedergewinn. d. – bei d. Düngemittelherst. 36-2212; Einfl. v. $CaCO_3$-Zusätzen auf d. –-Ausb. bei d. Herst. v. Superphosphat 38-2309; Wiedergewinn. d. – bei d. Kunstdüngerprodukt. 39-3070; Ausb. v. – bei d. Erzeug. v. Superphosphat 46-2075.

Entfern.: aus Abgasen d. elektrolyt. Al-Gewinn. 5-2451*; aus Abfallgips 11-2177*; aus H_3PO_4 durch Fäll. als Fluorid 14-2166; aus Gasen d. Al-Hütten 21-2558; Auswrkg. v. Siliconfett bei d. Diffus.-Meth. zur –-Abtrenn. 33-2194; Beseitig. v. – in einer Wirbelschicht 44-2064.

Physikalisches und physikalisch-chemisches Verhalten

Vergleichende Unters. d. physikal. Eig. d. isoelektron. Syst. F, Ne^+, Na^{2+} 41-0335.

Winkelkorrelat. v. $^{16}O(^3He, p\gamma)^{18}F$ 1-0059; Energie v. ^{19}F beim Austritt aus einem *2*-Stufen-Beschleuniger 3-1906; scheinbare Schwelle u. Ausb.-Kurve v. $^{23}Na(\gamma, \alpha n)^{18}F$ 18-0054; DW-Analyse v. $^{16}O(^3He, p)^{18}F$ bei *18* MeV 21-0046; $^{18}O(p, n)^{18}F$ bei *2500* bis *3000* keV 26-0033; $^{18}O(p, n)^{18}F$ in W. 40-0025; Nachw. geladener Teilchen mit hohem Auflsg.-Vermögen (Ergebnisse für $^{20}Ne(d, \alpha)^{18}F$ an gasf. Targets) 51/52-1806.

γ-Übergänge zwischen d. tiefliegenden Niveaus v. ^{18}F 3-0066; projizierte Hartree-Fock-Spektren v. ^{20}F 4-0013; Lebensdauer d. *0,28*-MeV-Niveaus v. ^{21}F 4-0024; Drehimpulse v. Niveaus v. $^{20}F^*$ zwischen *7,025* u. *7,709* MeV 4-0026; g-Faktoren angeregter Zustände in ^{18}F 6-0031; Steifeparameter d. Oktupolvibrat. in ^{19}F 8-0022; Unters. gestörter Winkelverteil. an ^{19}F in ferromagnet. Gittern 9-0059; direkte Berechn. d. Kernstruktur v. ^{17}F aus Zweinukleonen-Phasenverschieb. 10-0013; Struktur v. ^{18}F u. freie Nukleon–Nukleon-Wechselwrkg. 10-0024; Niveaus v. ^{18}F aus $^{16}O(^3He, p\gamma)^{18}F$ 12-0027; effektive Kernlad.-Werte 12-0081; Schalenmodell-Berechn. mit trennbaren Potentialen für ^{18}F 13-0048; ber. Niveaudichten in ^{20}F 14-0022; P_4-Deformat. in einem Unabhäng.-Teilchen-Modell v. ^{19}F 14-0023; Struktur d. tiefliegenden Zustände v. ^{18}F 17-0022; Lebensdauer: d. ersten angeregten Zustandes in ^{17}F 18-0030; d. *1,042*-MeV-Zustandes in ^{18}F 18-0031; angeregte Niveaus in ^{20}F bei *1,82* u. *1,84* MeV 18-0033; Struktur d. sd-Schalen-Kerne ^{18}F u. ^{19}F 19-0022; magnet. Moment u. Lebensdauer d. *1,131*-MeV-Niveaus in ^{18}F 22-0010; Spinzuordn. für d. *1,131*-MeV-Niveau in ^{18}F; tiefste T = *3/2*-Zustände v. ^{17}F bei d. Rk. $^{16}O(p, p)^{16}O$ 25-0028; Lad.-Abhängigk. v. Kernkräften im β-Zerfall v. ^{20}F mit $\Delta J = 0$, $\Delta T \pm 1$ 27-0032; β-Strahl.-Asymmetrie v. ^{20}F 29-0013; tiefliegende Zustände negativer Parität in ^{17}F 30-0014; Berechn. angeregter Zustände v. ^{18}F mittels realer Nukleon–Nukleon-Wechselwrkg. 30-0015; Schalenmodellberechn.: v. ^{18}F nach d. Tabakin-Wechselwrkg.; v. –-Isotopen 32-0002; SU_3-Symmetrie u. realist. Wechselwrkg. in ^{19}F 35-0010; Ableit. v. Niveaus für ^{18}F aus d. Zerfall v. ^{18}Ne 42-0001; Energieniveaus v. ^{18}F aus $^{16}O(d, d)^{16}O$ 45-0022; projizierte Wellenfunkt. aus d. Nilsson-Modell in ^{19}F 49/50-0010; tiefliegende T = *3/2*-Niveaus v. ^{21}F 49/50-0012.

$^{19}F(p, \alpha)^{16}O$ nahe *45* MeV 2-0044; Strahl.-Einfang durch ^{19}F 2-0045; Analyse d. im Neutronenquerschnitt v. ^{19}F beobachteten intermediären Struktur 4-0023; Protronen- u. Neutronen-Spallat. für Targets aus ^{19}F 4-0049; differentielle photonukleare Streuquerschnitte im Bereich d. Riesenresonanz für ^{19}F 11-0053; Fluktuat.-Unters. d. (α, p)-Rk. an ^{19}F 14-0056; γ-Strahlen aus keV-Resonanz-Neutroneneinfang in – 15-0051; (α, t)-Rk. in ^{19}F 22-0044; beobachtete γ-Strahlen u. Ausb. d. (γ, n)-Rk. mit *20*-MeV-Bremsstrahl. an ^{19}F 23-0052; Analyse d. Protonenstreuung an ^{19}F mit gekoppelten Kanälen 24-0002; Aktivier.-Querschnitte für $^{19}F(n, 2n)^{18}F$; Neutronenstreuung u. d. Protoneneinfang durch ^{19}F 25-0028; Kernstruktureffekte in $(\pi^+, 2p)$-Rk. an ^{19}F 28-0002; Anreg.-Funkt. für d. Rk. $(\pi^-, \pi^- n)$ an ^{19}F 28-0022; Mechanismus v. (p, n)-Rk. an ^{19}F bei *6,8* MeV 28-0025; Emiss. schwerer Teilchen aus d. Rk. $^{19}F + d$ u. $^{19}F + {}^3He$ 29-0012; $^{19}F(d, n)^{20}Ne$-Rk. v. *2,5* bis *6,5* MeV 31-0019; Fluktuat. d. Wrkg.-Querschnitte für $^{19}F(n, 2n)$-^{18}F 33-0056; (d, n)-Rk. an ^{19}F bei *2,980* MeV 34-0005; Mess. d. (n, 2n)-Querschnitte für ^{19}F 34-0029; *2* + *1*-Regel u. Rk.-Mechanismus v. $^{19}F(d, \alpha)^{17}O$ bei *0,9 – 4,25* MeV 36-0004; Winkelkorrelat. bei $E_d = 1{,}6$ MeV in ^{19}F 37-0024; Einfl. d. Protonen-Kanalwander. auf d. γ-Strahlenausb. bei d. Rk. $^{19}F(p, \alpha\gamma)^{16}O$ in CaF_2-Einkrist. 43-0023; $^{19}F(n, 2n)^{18}F$ als *14*-MeV-Neutronen-Flußmonitor 44-0022; Interpretat. d. (d, α)-Rk. an ^{19}F bei *20,9* MeV, unelast. Protonen-Streuung in d. *2*s–*1*d-Schale v. ^{19}F 45-0015; Kernform u. Photoneutronen-Wrkg.-Querschnitt d. ^{19}F-Kerns 46-0025; Mess. d. Winkelverteil. u. abs. Querschnitte für d. Streuung v. ^{19}F an ^{12}C 47-0014; $^{19}F(\alpha, p\gamma)^{22}Ne$ bei *10,80* MeV 48-0015; Compoundkern- u. direkte Effekte in d. (n, d)-Rk. an ^{19}F bei *14* MeV 49/50-0009; Winkelverteil. d. Rückstoßkerne aus $^{19}F(p, pn)^{18}F$ 51/52-0012.

Theorie d. Röntgensatelliten bei F^- 18-0092; IR-spektroskop. Unters. v. H_2–F_2-Flammen 19-0754; quant. Ausmess. d. –-Affinitätskontinuums (*6800 – 2600* Å) 20-0084; neue Absorpt.-Serien (*600 – 1500* Å) u. Ionisat.-Potentiale v. atomarem – 41-0053; KLL-Auger-Spektrum 43-0075.

Einfl. d. chem. Bind. u. d. –-Geh. auf d. Lumineszenz v. Uranyl in Gläsern 16-0375; Beitrag freier Elektronenpaare zur Refrakt. 24-0099; Refrakt.-Werte für Bind. v. – mit sich selbst 46-0036; Fluoreszenzansprechen v. NaJ(Tl)- u. CsJ(Tl)-Krist. auf –-Ionen 47-0296.

Atomare Potentiale aus SCF-Daten für – 1-0095; Spin–Bahn-Koppl.-Konst. für – u. F^+ 1-0104; analyt. Näher. für kohärente u. inkohärente Atomstreufaktoren 1-0172; Bedeut. d. Rotat. bei Mol.-Stößen v. F_2 mit sich selbst 1-0177; Abschirmparameter u. Effekte d. Quasientart. in – 2-0069; Mol.-Orbitaldichten 2-0078; erweiterte Hartree-Fock-Näher. Berechn. für d. isoelektron. Reihen v. Be–Ne 3-0097; Stör. Rechn. für d. Einfl. d. elektr. Wechselwrkg. auf d. protonenmagnet. Abschirm. für – u. F^- 3-0099; Termwerte für F VIII 4-0076; Berechn. d. Einzentrum-Integrale in d. halbempir. MO-Theorie für F^+, F^0 u. F^- 4-0078; H-Bind. in FHF^- 5-0106; Übergangswahrscheinlichk. 6-0082; elektrostat. Polarisierbark. u. Abschirmfaktoren für F^- 11-0111; Atomstreufaktoren 11-0191; Coulomb-Integrale 12-0085; Radius d. maximalen Elektronendichte für F^{7+} u. F^{5+} 13-0464; Darst. d. –-Atomorbitale durch nicht am Kern zentrierte Gauß-Funkt. 14-0082; Elektronenaffinität 17-0084; Überwind. d. Vieldeutigk. bei d. Berechn. v. Kraftkonst. aus Normalschwing. für F_2 18-0077; Berechn. d. Streufaktors u. d. inkohärenten Intensität d. Röntgen- u. Elektronenstreuung 18-0152; Atomparameter für halbempir. SCF–LCAO–MO-Berechn. 19-0082; Entw. v. Gaußschen Überlapp.-Funkt. d. Hartree-Fock-Lsg. für – 19-0084; Lad.-Verschieb. beim Eintritt chem. Bind. in F_2 19-0098; Überlapp.-Integrale v. Clementi-Orbitalen für Bind. v. – 22-0068; Dissoziat.-Energie v. F_2 22-0077; Berechn. d. Aktivier.-Energien d. –-Ionenverschieb. in NaF-Krist. 22-0251; SCF-Rechn. für offene Schalen an – 23-0085; Oszillatorenstärken v. Interkombinat.-Linien: in d. isoelektr. He-Reihe (F VIII) 24-0060; in d. isoelektr. Be-Reihe (F VI) 24-0061; Mullikensche Elektronenpopulat.-Analyse 25-0069; vereinfachte LCAO-MO-SCF-Berechn. für F_2 27-0080; Verh. v. F^--Zwischengitterionen während d. Red. v. Dy^{3+}-Ionen in CaF_2 27-0212; Energieniveaus in d. isoelektron. BI-Folge (F V) 28-0041; Oszillatorenstärken für d. isoelektron. He-Reihe (F^{7+}) 29-0053; räuml. Korrelat. u. Mol.-Eig. v. F_2 nach erweiterten Hartree-Fock-Berechn. 31-0053; Anwend. v. Röntgen- u. Elektronenbeug.-Erschein. auf d. Unters. d. Elektronenstruktur v. F_2 31-0111; Meth. effektiver Potentiale zur Berechn. d. Wellenfunkt. einwert. Atome u. ihrer isoelektron. Reihen (Anwend. auf F VII) 32-0043; Unters. v. mol. Vibrat.-Frequenzen v. F_2^- in Alkalimetallhalogenid-Krist. durch ESR 33-0405; Verbesser. ungekoppelter Hartree-Fock-Erwart.-Werte für physikal. Eig. v. F^{5+} 35-0049; F^- als Substituent im NaCl-Gitter u. Phononendaten 40-0168; Bahn–Bahn-Wechselwrkg. 41-0033; $1s^2\,{}^1S$–$1snp\,{}^1P$-Übergänge d. He-isoelektron. Reihe (F VIII) 42-0034; Korrelat.-Energie v. K-Schalen-Elektronen (Abschätz. für F^-) 44-0034; Ionisat.-Potentiale v. –-Atomen u. -Ionen 45-0033; Kraftkonst. für F_2 47-0042; mol. Lad.-Verteil. u. chem. Bind. in F_2 49/50-0035; Einfl. v. F^--Zugaben auf d. Bldg. v. Zementklinker in Abhangigk. v. d. Elektronegativitäten d. Kations u. Anions d. Mineralisatoren 5-2278; Austausch v. O- u. –-Ionen in Silicatgläsern 19-0274; Hyperpolarisierbark. v. F_2 21-0093; Identifizier. d. orthogonalen Zonen in rhomb. –-Krist. mit Flächen- u. Raumzentrier. 22-0196; Kristallisat. v. –-halt. Schlackengläsern 24-0277; Bezieh. zwischen d. azentr. Faktor v. Pitzer u. d. Morse-Funkt. für d. zwischenmol. Potential v. fl. F_2 34-0520; Verschieb. v. F^--Ionen bei d. γ-Bestrahl. v. CaF_2-Krist. 35-0273; Best. d. Wechselwrkg.-Potentiale für Edelgase mit –-Atomen aus d. elast. Streuung schneller F-Atomstrahlen 37-0084.

Einfl. v. –-Zusatz u. Ersatz v. K-Oxid durch Na-Oxid auf d. Verfestig.-Geschw. v. Flachglas 4-1874; empir. Bezieh. zwischen Scherspann., Druck u. Temp. 15-0255.

Ionisier.-Energie für F^{2+} 7-0102; Wrkg.-Querschnitte für d. Einquanten-Photoablsg. v. F^- 14-0176; Temp.-Abhängigk. d. elektr. Widerstandes v. $BaTiO_3$ bei Behandl. mit F_2 29-0470; elektr. Widerstand v. aus geschmolzenem KF gezüchteten Gd^{3+}-dotierten $BaTiO_3$-Krist. mit –-Verunreinig. 35-0362.

Magnet. Hyperfeinstrukturkonst. für d. neutrale Atom sowie positive u. negative Ionen v. – 1-0103; atomarer Parameter zur

Erklär. v. ESR- u. diamagnet. Suszeptibilitätsdaten v. ^{19}F 2-0129; Spindichteverteil. in Fluoriden mit Perowskit-Struktur am Ort d. —-Kerns 11-0408; dynam. Kernpolarisat. v. ^{19}F durch Festkörpereffekte in CaF_2, d. Zentren v. atomarem H enthält (ESR-Spektrum) 14-0359; starker Festkörpereffekt in einem inhomogenen Elektronenspinsyst., dynam. Polarisat. v. —-Kernen in bestrahltem LiF 18-0363; Ultraschallanreg. magnet. Dipolübergänge in ^{19}F-Kernen in LiF-Einkrist. 19-0409; dynam. Polarisat. v. ^{23}Na u. ^{19}F in F_2^--Mol.-Ionen enthaltendem NaF 24-0385; ^{19}F-Spin in einem CaF_2-Krist. 25-0371; Unters. d. dynam. ^{19}F-Kernpolarisat. an CaF_2:H 25-0379; magnet. Suszeptibilitäten v. F_2 37-0079, 37-0080; dynam. Polarisat. v. — in CaF_2 38-0368; magnetoelektr. Suszeptibilitäten v. F^- 40-0052; Suszeptibilität u. chem. Verschieb. v. ^{19}F in PtF_6 40-0285; übertragene Hyperfeinstruktur in Ferromagneten u. d. an F in Fe beobachteten großen positiven Felder 42-0383; ^{19}F-Hfs d. Fe^{3+}-EPR in $Al_2SiO_4(OH, F)_2$ (Topas) 51/52-0248.

ESR-Unters. eines Rk.-Zwischenprod. in vakuumsubl. NaCl:F_2 1-0388; ESR-Spektrum 2-0130; ESR-Spektren v. —-Atomen in d. Gasphase im elektron. Grund ($^2P_{3/2}$)- u. angeregten ($^2P_{1/2}$)-Zustand 2-0132; NMR-Unters. v. $XeF_2 \cdot 2\,SbF_5$ (^{131}Xe–^{19}F-Koppl.) 2-0333; durch NMR gemessener Abklingverlauf d. freien Indukt. u. Momente für ^{19}F in CaF_2 2-0334; ^{19}F-NMR-Spektrum v. polykrist. UF_4 2-0336; ^{19}F-NMR: v. PF_2Br u. $PFBr_2$ 3-0164; in $Rb[MnF_3]$ 3-0366; in d. Spinellen $MgM_x \cdot Al_{2-x}O_{4-x}F_{-x}$ 3-0384; v. Sauerstofffluoriden 9-0154; v. $BF_3 \cdot H_2O$ 13-0348; ^{19}F-Kernrelaxat.-Zeit in CaF_2:Nd 13-0365; F-NMR v. 1.1-Difluor-2-chlor-2-bromäthylen mit Zusatz d. Radikals Tri-tert.-butylphenoxyl 14-0148; ^{19}F-NMR-Spektrum: v. $NF_4^+AsF_6^-$ 14-0152; v. Fluorphosphin-Übergangsmetall-Komplexen mit nullwert. Ni u. Mo 14-0153; hochauflösende NMR-Spektroskopie v. ^{19}F in $(NH_4)_2BeF_4$ 15-0120; NMR-Spektrum v. ^{19}F d. (p-Fluorphenyl)-chlorstannane 15-0121; Unters. d. HF_2^--Ions durch NMR v. — 16-0112; elektron. u. kernmagnet. Relaxat. v. Eu^{2+} oder Mn^{2+} in Krist. mit Flußspatstruktur (^{19}F-NMR) 16-0384; NMR-Übergänge in Ggw. eines starken Hochfrequenzfeldes (^{19}F-NMR in CaF_2) 16-0391; ^{19}F-NMR-Spinecho in antiferromagnet. MnF_2 19-0395; Kerndoppelresonanz v. ^{19}F u. ^{23}Na in NaF 20-0319; Problem d. Linienform in d. NMR für ^{19}F in CaF_2 20-0320; ^{19}F-NMR v. CaF_2 20-0321; Relaxat. u. NMR v. polarisierten, β-akt. ^{20}F-Kernen 20-0324; Spin-Gitterrelaxat.-Zeiten v. ^{19}F-Kernen in antiferromagnet. $KMnF_3$ 22-0376; ^{19}F-NMR-Spektrum v. $KAsF_6$ 22-0377; experimentelle Best. d. Feldabhängigk. kernmagnet. Spin–Gitter-Relaxat.-Zeiten in CaF_2-Einkrist. 24-0386; chem. Verschieb. v. ^{19}F für $F^-[BF_4]^-$ u. $[SiF_6]^{2-}$ in diamagnet. Salzen 25-0113; NMR-Relaxat. in adsorbierten Mol., (SF_6 an Faujasit; Dipolkoppl. d. —-Kerne an Fe-Ionen-Störstellen) 29-0377; —-NMR-Absorpt. u. -Relaxat. in festem $(NH_4)_3[ZrF_7]$ 29-0395; NMR-Spektren v. ^{19}F in fl. — 31-0349; NMR-Unters. v. anorgan. Fluoriden (Si_2F_6) 31-0350; NMR-Verschieb. v. ^{19}F für d. a- u. c-Achsen am $KCuF_3$ 31-0352; räuml. Schwank. d. Spindichte u. d. NMR an ^{19}F 31-0353; NMR u. nicht-exponentielle Spin–Gitter-Relaxat. für — in ferroelektr. $(NH_4)_2[BeF_4]$ 31-0367; Unters. d. Krist.-Feldverzerr. im Syst. LiF:Fe^{3+} durch magnet. Resonanz (ESR, ^{19}F-NMR u. ^7Li-NMR) 32-0381; EPR-Unters. d. —-Donators in BeO 32-0383; ^{19}F-NMR-Unters.: gemischter Addukte v. Titantetrafluorid 34-0072; v. Trifluormethyltrichlorfluorphosphoran 34-0073; Berechn. d. NMR-Spin–Spin-Koppl.-Konst. v. F_2 37-0075; NMR v. ^{19}F in d. Seltenerdmetalltrifluoriden 38-0378; Mol.-Beweg. u. ^{19}F-Relaxat. in d. fl. Hexafluoriden v. Mo, W u. U 38-0379; ^{31}P- u. ^{19}F-NMR in P_2F_4 43-0116; ^{19}F-NMR-Linien: v. CF_4 u. SF_6 in ihren Clathrathydraten 44-0086; v. Hexafluorometallaten d. Gruppen IV a u. IV b 46-0083; Spin–Gitter-Relaxat. v. — in festem MoF_3 in einem starken Hochfrequenzfeld 46-0357; ^{19}F-NMR in VF_3 46-0358; Verschieb. d. Linien im NMR-Spektrum v. ^{19}F in C_6H_5F u. C_6HF_5 bei Adsorpt. auf verschiedenen Rußen u. Aktivkohlen mit großer Oberflächenentw. 48-0363; NMR-Unters. v. ^{19}F in polykrist. $Rb[CoF_3]$ 49/50-0240.

Potentiometr. Mess. u. Löslichk. im Syst. $[(CH_3)_3Sn]^+/F^-$ 8-0521; anod. Anstieg. d. Kapazität einer Hg-Elektrode in F^--halt Lsg. 9-0612; Mechanismus d. Abscheid. v. Mo u. W aus —-Schmelzen 10-0593; Spann.-Rißkorros. v. Ti/Al-Leg. in F^--Lsg. 10-0596; thermodynam. Potentiale v. F^- in wss. Lsg. bei erhöhten Temp. 12-0568; Normalpotentiale v. —-Elektroden 14-0593; Beding. zur elektrolyt. Abscheid. eines Ti-Filmes aus Cl^-/F^--Elektrolyten 18-0600; Abschätz. d. Lad.-Dichte adsorbierter F^--Ionen aus d. Bezieh. zwischen Elektrodenlad. u. -potential 23-0688; elektrolyt. Abscheid. v. Cr aus H_2CrO_4 in Ggw. v. —-Ionen 26-0652; Einfl.: d. Zus. u. Temp. v. Glycerin–W.-Lsg. auf d. Überführ.-Zahlen v. F^- in KF 28-0609; v. F^- auf d. differentielle Doppelschichtkapazität v. Pb 31-0676; v. F^- auf d. Korros. d. Al_2O_3-Films in Citratlsg. 51/52-0424.

Best. d. zweiten Virialkoeff. v. F_2 mit red. Zustandsbezieh. 8-0472; Anreg.-Mechanismus d. intramol. Schwing. im akust. Bereich in F_2 8-0483; Berechn.: d. Zustandsgleich., Viskosität, Wärmeleitfähigk. u. Diffus. für gasf. — 10-0498; d. Temp.-Abhängigk. d. thermodynam. Größen u. d. spezif. Wärme für d. thermodynam. ähnl. Mol. F_2–HF u. FCl–F_2 11-0573; Ultraschallabsorpt. u. Struktur v. F^--Lsg. 16-0616; Potentialparameter aus d. Viskositätswerten d. quadrupolaren —-Gases 17-0573; Unters. d. Gleichgew.-Beding. d. Syst. Xe/F_2 in Abhängigk. v. Temp., Druck, Zus. u. Bldg.-Wärmen v. XeF_2, XeF_4 u. XeF_6 21-0615; Flammentemp. d. Syst. $F_2/(CN)_2$ 30-0649; Näher.-Meth. zur Berechn. d. molaren Ionengitterentropie bei Standardbeding. für F^- 32-0253; Verbrenn.-Wärmen v. Polytetrafluoräthylen (Teflon) u. Graphit in elementarem — 34-0561; Trenn. v. niedr. sd. Nichtmetallfluoriden durch frakt. Verdampf. (Best. d. „Austrittstemp.") 34-1961; Vol.-Änder. bei Phasenübergängen v. festem Sauerstoff u. festem — 36-0454; chronopotentiometr. Best. d. Diffus.-Koeff. v. Ti-Ionen in Cl^-/F^--Schmelzen 37-0586; verbesserte Zustandssumme für F_2 40-0373; Verdampf.-Wärme v. fl. — 40-0421; Schwing.-Relaxat.-Zeit 41-0398; Differentiat.-Bereiche in Schmelzen d. Syst. Si, Al, Na/O, F 47-0754.

Oberflächenspann. v. fl. — (Theorie) 5-0660; Anionenaustausch zwischen Amberlite CG-*400* u. KF-Lsg. im Syst. $[(CH_3)_2Sn]^{2+}/F^-$ 8-0520; Ionenaustausch F^-/OH^- an Hydroxylapatit 20-0614; Austauschwärme v. F^- in verschiedenart. kreuzvernetzten stark bas. Anionenaustauschern (Dowex-*2*) 20-0615; Desorpt. v. F^- aus einer an d. Cu-Oberfläche adsorbierten Schicht durch langsame Elektronen 23-0708; Thermodynamik d. Anionenaustauschs F^-/OH^- an Dowex-*1* 25-0715; Einfl. v. F^- auf d. elektr. Eig. v. Membranen 27-0729; Best. d. Verteil.-Koeff. v. F^- zwischen Dowex *50* X *4* u. HBr-Lsg. 38-2029; dünnschichtchromatograph. Verh. v. F^- 44-1775.

Extrakt. v. Ge mit CCl_4 in Ggw. v. F^- 2-1849; diskontinuierl. Modell für d. Hydratat. v. F^- 3-0588; wahre Freie Solvat.-Energien v. F^- in nichtwss. u. gemischten Lsgm. 26-0626; quant. Charakteristik d. Nahhydratat. v. F^- in verd. wss. Lsg. (Aktivier.-Energie d. Selbstdiffus.) 29-0671; extraktive Trenn. v. V v. P, As u. — mit Di-2-äthylhexylphosphorsäure 36-0464.

Reaktionen

—-Chemie 15-0724; Erzeug. u. Rk. v. atomarem — in Festkörpern 23-0772; Berechn. d. Rk.-Wärmen für Gasphasenrk. v. — aus d. Hartree-Fock-Energien 40-0409; —-Chemie 46-0661.

—-Austausch in SF_4 37-0795, 37-0796.

Kinetik d. Dissoziat. v. F_2 hinter reflektierten Stoßwellen (Einfl. v. Xe-Zusätzen) 12-0630.

Fortschritte in d. —-Herst. u. elektrochem. Fluorier. anorgan. Verb. (Übersicht) 10-0692; Kinetik d. photochem. Bldg. v. ClF_5 aus ClF_3 u. F_2 11-0729; Unters. d. Rk. v. $O{=}SF_2{=}NCOF$ mit F_2 in Ggw. v. CsF zu $O{=}SF_2{=}NF$ 18-0687; Rk. mit Graphit in Ggw. v. CoF_3 18-2193*; Bldg. hydratisierter Elektronen bei d. Rk. v. F^- mit H-Atomen in wss. Lsg. (Kinetik) 20-0679; Rk. mit wss. NH_2SO_3H-Lsg. 21-2372*; photolyt. Rk. v. F_2 mit N_2O bei *4* °K unter Bldg. v. OF_2 (IR-Spektrum) 26-0731; Rk. zwischen F_2 u. Cu_2O 31-0751; Kondens. v. CO_2 u. F_2 in Ggw. v. CsF zu $CF_2(OF)_2$ 31-0798; Rk. mit Fluorcarbonylhypofluorit 37-0804; Fluorier. v. NpF_4 mit F_2 40-0400; Bldg. v. $U_3O_5F_8$ im Syst. U/O/F 44-0455.

Einw. v. elementarem — auf organ. Verb. 13-0965; Komplexbldg. zwischen $(CH_3)_3 \cdot {}^{113}SnClO_4$ u. F^- 8-0522; polare Addit. v. mol. — an Acetylene 48-1101; Kompl.-Bldg. v. F_2 mit Pyridin 27-1194; Rk.: v. heißem — mit Tetrafluormethan in d. Gasphase (Kinetik) 22-1003; v. F_2 mit Halogen-halt. Verb. (Spektren) 30-0969; Unters. d. Kinetik komplizierter Rk. mit Hilfe einer Berechn.-Technik am Beispiel d. Rk. v. CH_3J mit F_2 36-0597; Rk. v. CF_3COONa mit F_2 29-0798; Bind. v. F^- durch rekonstituiertes Kollagen 8-1420; Rk. v. F^- mit Methämoglobin M 47-1598.

Einfl. v. F^- auf d. $[Ni(CN)_4]^{2-}$- u. $[Ni(CN)_5]^{3-}$-Gleichgew. 2-0567; Kinetik d. Elektronenübergangs v. V(II) zu Co(III) unter katalyt. Einfl. v. F^- 2-0641; Acidität v. fluorierten Al-Oxiden u. ihre katalyt. Aktivität bei d. Cumol-Hydrodealkylier. 3-0667; Einfl. v. F^- auf d. Bldg. v. U(IV)-Pongamol-Komplexen in Lsg. 9-0574; katalyt. Eig. v. mit —promotierten Al_2O_3-Modifikat. 14-0687; Einfl.: v. F^- auf d. Rk. v. Fe(II) mit H_2O_2 17-0726; v. CO_2 u. — auf d. Bldg. v. Apatit u. Oktacalcium phosphat 18-0706; v. F^- auf d. Geschw. d. Elektronenübertrag.-Rk. zwischen Co(II)- u. Co(III)-Ionen in wss. Lsg. 27-0788; v. F^- auf d. Hydrolysegeschw. v. $Cr_2O_7^{2-}$ 35-0623; Herst. v. —-halt. Katalysator zur KW-Stoffumwandl. 36-2514*; scheinbare anomale Reaktivität v. F^- auf acylaktivierte Ester 41-0964; durch F^--katalysierte Hydrolyse v. Carbonsäureanhydriden 51/52-0874.

Biochemisches und physiologisches Verhalten

Akkumulat. v. Fluorid durch Mitochondrien 16-1211; Einfl.: auf d. zellulare oxydative Phosphorylier. 2-1213; auf d. oxydative Phosphorylier. in physikal. modifizierten Spermien 2-1214; Erzeug. freier Radikale in festen biolog. Substanzen durch —-Ionen 3-1527.

Fluoridbind. durch Meerrettich-Ferriperoxydase 13-1196; Wechselwrkg. v. F^- mit Co(II)-Kohlensäureanhydrase 41-1289; Hemmwrkg. v. F^- auf gereinigte Peroxydase aus Rinderschilddrüsengewebe 1-1190; keine aktivierende Wrkg. v. F^- auf Pflanzeninvertase 1-1231; Hemmwrkg. v. F^- auf d. Halogenier.-Rk. durch Chlorperoxydase 8-1253; Einfl. v. Fluoriden auf Reaktivier. v. Dehydrogenasen 12-1190; in vitro-Wrkg. v. Fluorid auf Dehydrogenasen d. Tricarbonsäurezyklus u. d. oxydative Phosphorylier. 13-1182; histochem. Unters. d. in vivo-Wrkg. v. Fluorid auf Dehydrogenasen d. Tricarbonsäurezyklus in Pelargonium zonale 13-1185; Wrkg. v. F^- auf d. $NADH_2$-gestörte Mess. d. Milchsäuredehydrogenase im Plasma 14-1241; hemmende Wrkg. v. F^- auf d. Nucleotidphosphorylasen d. Gehirns 14-1281; Einfl. v. F^-: auf d. latente Aktivität v. Asparaginattranscarbamylase 15-1337; auf d. ($Na^+ + K^+$)-aktivierte ATPase 17-1334; Hemmwrkg. v. F^- auf Glycerinkinase v. Mycobacterium *607* 18-1201; Wrkg. v. F^- auf d. Aktivität d. Cholinesterase d. Serums 18-1212; Hemm.: d. Fumarathydratase durch F^- 21-1482; v. Acetylcholinesterase durch Fluorid 22-1349; Einfl.: v. Fluorid auf Enzyme d. Pentosephosphatbahn u. Glucoseox. bei Ratten 22-1362; v. F^- auf d. v. Cholin-Acetyltransferase katalysierten Rk. 23-1406; v. F^- auf Erythrozytencarboanhydrase (Komplexbldg.) 23-1441; Hemmwrkg.: v. F^- auf saure Phosphomonoesterase aus Milz 27-1447; v. Fluorid auf d. Fructose-1.6-diphosphat-1-phosphohydrolase in Opuntia ficus indica 32-1404; Einfl. v. Fluorid auf d. Konz. d. sauren Phosphatase in Rattengalle während Anästhesie 44-1229.

Einfl. v. Fluorid auf d. Einbau v. ^{14}C-Formiat in Saccharomyces cerevisiae 3-1303; Toxizität für Bacillus thuringiensis var. thuringiensis Berl 39-1319; Hemm. d. Hefewachstums durch Fluorid (Aufheb. durch P-Säureester als Effekt d. pH-Wertes) 43-1294.

Fluoridstoffwechsel v. Acacia georginae u. anderen Pflanzen 28-1529; Einfl.: v. — in d. Industrieatmosphäre Oberschlesiens auf d. physiolog. Verh. d. Pflanze 1-2035; v. atmosphär. — auf Pflanzen 6-2129; v. F^- auf d. Äthylen-Bldg. durch eine subzellulare Frakt. v. reifenden Tomaten 23-1558.

^{18}F-Aufnahme u. -Lokalisier. in Knochensarkomablager. u. weichen Geweben v. Ratte u. Mensch 51/52-1211; Bedeut. in d. Ernähr. 3-1469; Blutbldg. bei Ratten bei erhöhtem Geh. d. Diät an — (Einfl. v. ^{90}Sr) 34-1507; Einfl. v. Veränder. d. Fluoridzufuhr in d. Nahr. u. während d. Wachstums auf d. Mg-Geh. im Skelett d. Ratte 51/52-1595; Durchtritt v. Fluorid durch d. Plazenta beim Meerschweinchen 6-1648; Aufnahme u. Freisetz. v. ^{18}F durch intakten menschl. Oberflächenschmelz in vitro 11-1671; —-Aufnahme u. -Abgabe v. oberflächenfluoridiertem menschl. Zahnschmelz 21-1603; Stoffwechsel v. ^{18}F bei Hunden u. seine Eign. für Knochenscanning 17-1638; Einfl. v. F^- auf d. Kohlenhydratabbau in d. Nuclei v. Kalbsthymus 10-1445; Fluoridhemm. d. Erythrozytenstoffwechsels als Funkt. d. Zell-P_i-Geh. 10-1462; Einfl. v. Fluorid auf d. Atmung d. Mitochondrien d. Nieren (Einfl. v. Anoxie) 16-1329; Se–F^--Wechselwrkg. in Bezieh. zur Zahnkaries 22-1631; Einfl. d. Behandl. mit —

auf Dentin bei Ratten 25-1804; Hemm. d. Knochenresorpt. durch Fluorid beim Kaninchen 28-1681; Einfl. v. F^- auf d. Hämintransfer zwischen Methämoglobinen verschiedener Spezies u. Humanserumalbumin 29-1644; Wirksamk. u. Risikofreih. verschiedener Fluorid- u. Fluorid–Phosphat-Syst. auf menschl. Zähne 30-1406; Wrkg. v. Fluorid auf d. Permeabilität v. stoffwechselfreien menschl. Erythrozytenschatten für K u. Na 34-1488; keine Wrkg. v. Fluorid auf d. Zentralnervensyst. 37-1720; Einfl. d. mit d. Trinkwasser aufgenommenen – auf d. Sr-Anreicher. im menschl. Organismus 41-1554; Wrkg. v. Fluorid auf d. Insulin- plus Lactat-stimulierte K^+-Aufnahme u. d. Atmungsfrequenz v. Froschmuskeln 43-1500; Hemmwrkg. v. F^- auf d. in vitro-Einbau v. ^{32}P-Orthophosphat in Phosphatidyläthanolamin u. andere Phosphatide durch reife menschl. Erythrozyten-Ghostzellen 44-1439; Wrkg. v. F^-: auf d. physikal. Elektrotonus d. denudierten Froschnerven 45-1663; auf d. Verkalk.-Prozeß im Rattenknochen 47-1638; auf d. Mg-Mangel beim Meerschweinchen 49/50-1539; Toxizität für Plodia interpunctella 3-1538.

Technische Verwendung

Photokathoden für d. Vakuum-UV auf d. Basis v. mit – behandelten Metallen 3-0413; Zusatz v. – zur Herabsetz. d. Kristallisat.-Temp. v. vitrokeram. Materialien 11-2246; F_2-halt. opt. Glas 31-2421*; –-halt. Emailfritte 37-2477*; – in: wärmeabsorbierendem Glas v. geringer Wärmeausdehn. 39-2335*; gegen W. u. Chemikalien widerstandsfäh. Glas 39-2336*; Einfl. v. – bei Herst. konz. P-Dünger 21-3335; –-halt. Leim.-Mittel bei d. Papierherst. 2-2890; H_2/F_2-Treibstoffsyst. 26-3221.

Analyse, Prüfverfahren

Neues Glas für Spektralunters. –-halt. Stoffe 8-1822.

Nachw. durch eine (α, n)-Rk. 20-1861.

Thermodynam. Wahrscheinlichk. chem. Rk. bei d. Spektralbest. v. –-Spuren 2-0514; schnelle potentiometr. Best. v. F^- in hohen Konz. 5-1902; spektrophotometr. Best.: v. – mit d. PAC–Th-Komplex 10-1920; v. Mikromengen F^- durch Alizarinkomplexonextrakt. 8-1875; Empfindlichk.-Steiger. d. neutronenaktivierungsanalyt. Best. v. – durch Aktivier. mit gepulstem Reaktor 9-1916; Best. v. – durch Beschleuniger-Kernrk. 12-1834; zerstörungsfreie –-Best. durch Neutronenaktivier. u. γ-Spektrometrie v. ^{20}F oder ^{16}N 12-1864; Mikrobest. v. F^- mit Hilfe einer verbesserten Dest.-Technik 16-1928; radiometr. Endpunktbest. bei d. F^--Titrat. unter Verw. v. „Kryptonat" 16-1929; Best. v. – durch Neutronenaktivier. 23-2114; potentiometr. Titrat. v. F^- mit Tetraphenylantimon(V)-sulfat 26-2028; F^--Best. durch thermometr. Titrat. 26-2029; Best. v. – unter Verw. einer Hohlkathode im Vakuumbereich 30-1933; turbidimetr. Titrat. v. F^- mit Nd(III) 31-2068; Best. durch γ-Aktivier.-Analyse 33-2169; voltammetr. –-Best. 33-2190; Erhöh. d. Empfindlichk. d. spektrophotometr. –-Best. mit Ce(III)–Alizarin-Komplexen durch DMSO 33-2191; photometr. –-Titrat. mit $ZrOCl_2$-Lsg. u. Na-1.2.4-Trihydroxyanthrachinon-3-sulfonat als Indikator 34-1962; F^--Titrat. mit Th-, La- bzw. Ca-Lsg. (Endpunktsbest. mit LaF_3-Membranelektrode) 34-1968; Abhängigk. d. Empfindlichk. d. Spektral-Best. v. Mikromengen – v. d. Bogentemp. u. d. Plasmazus. 37-2109; Best. v. F^- durch amperometr. Titrat. mit Zr-Lsg. 38-2070; titrimetr. F^--Best. mit Th-Lsg. u. Methylthymolblaukomplexon als Indikator 40-1794; mikrotitrimetr. Best. v. organ. gebundenem – mit Th^{4+}-Lsg. u. Arsenazo I als Indikator 40-1838; vereinfachte kolorimetr. F^--Best. 41-2036; verbesserter Endpunkt für d. –-Best. mit $Th(NO_3)_4$ 42-1809; direkte elektrometr. Best. v. F^- 45-2059; volumetr. u. kolorimetr. Best. v. F^- 45-2060; spektrograph. Best. v. F^- durch Hochfrequenzanreg. 48-1827; F^--Spurenbest. mit spezif. Elektrode 48-1828.

Best. v. – in Gesteinen (chem. Analysenexperiment für Surveyors Mondaufgabe) 5-0777; modifizierte Diffus.-Meth. zur Best. v. F^- im Harn 5-1992; Best. v. – in W. u. Abwässern 5-2007; Einfl. v. SO_4^{2-} auf d. –-Best. mit d. Zr–Eriochromcyanin R-Komplex 8-1876; kolorimetr. F^--Best. in W. 8-1905; verbesserte C- u. –-Best. in hochfluorierten Substanzen 8-1908; Abtrenn. v. – aus Korund in zugeschmolzenen Ampullen u. photometr. Best. 10-1919; Best.: in Stahl mit d. Mikrosonde 10-1982; in gewöhnl. Salz (abgeänderte Meth. v. Thompson u. Taylor) 14-1938; in organ. Substanzen im Mikro- u. Halbmikromaßstab 15-2041; spektrophotometr. –-Best. in Gesteinen u. Mineralien 17-2045; gemeinsame Best. v. C, H u. – in organ. Verb. 17-2062; visuelle kolorimetr. Meth. zur Best. v. – im Trinkwasser 17-2108; F-Best. in biolog. Material 18-2034; Best. v. – im Dezimilligrammbereich in organ. Verb. 19-2111; Brauchbark. v. PbClF u. PbBrF zur –-Best. in techn. Fluoriden 21-2240; differentialphotometr. Best. v. – in Schweißflußmitteln 25-2176; spektrograph. Best. v. F^- in Pu-Nitratlsg. 26-2054; Best. v. F^- in Elektrolyten zur Cr-Abscheid. 26-2171*; –-Geh.: v. geochem. Standards 31-2108; in Aufbereit.-Lsg. v. Transuranelementen 32-1978; –-Best. in Silicaten 32-1997; Best. kleiner F^--Mengen in Nahr.-Mitteln (modifiziertes Zr-SPADNS-Verf.) 32-3035; zerstörungsfreie –-Best. in organ. u. metallorgan. Verb. durch *14*-MeV-Neutronenaktivier.-Analyse 33-2192; LaF_3-Elektrode in Cl^--Lsg. zur Best. v. F^--Geh. 33-2193; –-Best. in Flußspat 33-2241; photometr. –-Best.: in Silicatgesteinen mit Zr-Eriochromcyanin R 33-2242; in organ. Verb. mit Malachitgrün/$Ta_2(SO_4)_5$ 33-2255; –-Best.: in kunststoffgebundenen Sprengstoffen u. Kunststoffen 33-2341; in W mit d. LaF_3-Elektrode 34-1982; halbautomat. F^--Best. in Harn 34-2036; Best. v. F^- in Trinkwasser (kommunalhygien. Aufgaben bei d. Trinkwasser-Fluoridier.) 36-2032; photometr. Best. v. – in W nach vorhergehender Pyrohydrolyse 36-2045; Abtrenn. u. Best. v. F^- mit Si-organ. Verb. 37-2108; photometr. Best. geringer –-Geh. in Pb- u. B-Silicatgläsern nach pyrohydrolyt. Abtrenn. 37-2234; Best. v. F^-: in Käse durch eine Mikrodiffus.-Meth. 37-2281; im Harn durch Mikrodiffus. unter Verw. v. Spadns 39-2064; in Haushaltsdetergentien (Elementaranalyse) 39-2119; konduktometr. Best. v. Spuren organ. gebundenen – in KW-Stoffen 40-1839; Best. v. elementarem – in Gasmisch. mit O 42-1808; Überprüf. d. Verf. v. Megregian-Maier zur –-Best. in W. 42-1909; –-Best.: an Mineralen u. Gesteinen 45-2105; in Pflanzen durch Mikrodiffus. 45-2142; im Harn nach d. Diffus.-Meth. 45-2154; in Knochen mit d. Fluoridelektrode 45-2165; in mineralisierten Geweben mit d. Fluorid-Elektrode 48-1952; photometr. Best. v. –-Ionen in Zahnpasten 48-1992; Mikrobest. v. – in organ. Substanzen 49/50-1941; –-Best. in biolog. Material bei W.-Fluoridier.-Vers. 49/50-1995.

Trenn. v. W u. Mo in –-halt. Lsg. durch d. Anionenaustauscher 2-1854; C–H-Best. in –-halt. organ. Verb. 17-2060; Einfl. v. F^- auf d. Fäll.-Titrat. v. Molybdat u. Wolframat 46-1846.

Quant. Röntgen-Emiss.-Analyse v. Mg durch – mit Röntgen- u. Elektronenanreg. 37-2068.

Aktivitätsmess. mit einer F^--selektiven Membranelektrode 45-2061.

Bibliographie

Fluorine chemistry reviews. Vol. *1* B 58; Chemistry and chemical technology of fluorine. Vol. *9* B 69.

Fluorverbindungen

Organofluorverbindungen s. dort.

Verb. mit P u. F 9-1005, 9-1006; F-halt. Komplexe 15-0717, 15-0729, 32-0760.

Herst. v. F_3NO: als Ox.-Mittel hoher Energie für Raketentreibstoffe 24-3082*; aus NF_3 u. O_2 45-2342*; Abtrenn. v. –: aus Naßverf.-H_3PO_4 41-2300*; Abtrenn. v. – aus Aluminatlsg. 43-2263.

Raman-Spektren v. N–F-Verb. 15-0110; IR-Spektren d. Komplexe aus HF u. Carbonyl- oder anderen Verb. 17-0902; Krist.-Spektren v. Fluorid-Komplex d. Metmyoglobins 19-1611; Absorpt.-Spektren instabiler N–S–F-Verb. während d. Blitzlichtphotolyse v. COF–NF_3–Ar-Gemischen wechselnder Zus. 22-0726; spektroskop. Unters. an Si–F–Verb. 31-0091; Druckabhängigk. d. Ligandenfeldaufspalt. (*10* Dq) von Ionen mit oktaedr. F^- 2-0295; Bezieh. zwischen d. verschiedenen Elektronegativitätsskalen in d. MO-LCAO-Näher. Anwend. auf d. σ-Bind. C–F, O–F, N–F, S–F u. Cl–F 3-0095; Näher.-Meth. zur Berechn. d. Trägheitsdefektes v. HFO 12-0835; erweiterte Hückel-Theorie u. d. Gestalt v. FOH-Mol. 16-0066; Ligandenfeldstärke für F^- in Komplexen v. Mn(II), Fe(III), Cr(III), Co(III) u. Rh(III) 21-0097; Pack. in Fluoridkomplexen 30-0189; Überlapp.-Integrale für verschiedene Bind.-Abstände v. F–F, C–F, N–F u. F–H 31-0049; Krist.-Struktur-Unters. an – d. V. Hauptgruppe 42-0205; Unters. an P–F-Verb. (Kernresonanzunters.) 3-0163, 3-0164; Abhängigk. d. magnet. Rotat. (Faraday-Effekt) d. (C–F)-Bind. v. d. Stell. d. Elements im Periodensyst. 20-0090; magnet. Suszeptibilität v. $UF_4N_2H_4 \cdot HF$ u. $UF_4NH_2OH \cdot HF$ 28-0497; Energie d. H-Bind. d. Komplexe v. HF mit organ. Basen 30-0902; begrenzte Löslichk. v. Gasen in Gemischen v. He u. – 41-0454.

B–F-Chemie 31-0795; C–F-Bind.-Spalt. 36-1330; Chemie d. P–F-Verb. 43-0662; Si–F-Chemie 46-0945.

Einfl. F-halt. Verb. auf steroidinduzierte Myopathien 1-1376.

Verw. v. F-Chemikalien in ölabweisenden Streichmitteln für Papier u. Pappe 29-3363.

Best. v. – in d. Luft 7-1975; Anwend. v. Vermiculit bei Best. v. C u. H in Verb. mit hohem F-Geh. 6-1927; Prüf. d. Auswaschbark. eines sauren Cr–F–As-Salzgemisches aus Holz (nach DIN *52176* Blatt *2*) 2-2884.

Fluorazid: FN_3, Absorpt.-Spektrum v. – 15-0099.

Fluoroxide: ^{17}O- u. ^{19}F-NMR-Unters. v. – 9-0154; NMR-Spektren v. ^{19}F in – 31-0349; EPR d. $(^{17}OF)^{2-}$ 33-0401; gesinterte F_3O_4-Katalysatoren zur Synth. höherer Alkohole aus CO u. H_2 19-2681.

F_2O, Bldg. bei d. photolyt. Rk. v. F_2 u. NO bei *4* °K 26-0731; Entsteh. bei d. Elektrolyse v. fl. HF u. SO_2 9-2179*; IR-Spektrum v. gasf. – 6-0122; Näher.-Meth. zur Berechn. d. Trägheitsdefektes v. – 12-0835; erweiterte Hückel-Theorie u. d. Gestalt v. –-Mol. 16-0066; Fermi-Diade v. ν_1 u. $2\nu_2$ im – 25-0075; Bezieh. zwischen Bind.-Energie u. Kraftkonst. für – 47-0043; NMR-Spektren v. ^{19}F in – 31-0349; unimol. Zerfall v. – u. FO–F-Bind.-Energie 19-0743; Korros. v. Ta, Pt, Ni u. Cu in fl. – 13-2401; Addit. v. – an Carbonylfluorid unter Bldg. v. Bis-[trifluormethyl]-trioxid 47-0616.

FO, Berechn. d. NMR-Spin–Spin-Koppl.-Konst. v. – 37-0075; Ermittl. d. Zustandssumme v. –-Mol. bei hohen Temp. 17-0555.

F_2O_2, MO-Behandl. d. Bind. in – 9-0104; ^{17}O- u. ^{19}F-NMR-Spektren v. – 9-0154; NMR-Spektren v. ^{19}F in – 31-0349.

FO_2, IR-Spektrum v. – (Bind.-Verhältnisse) 5-0130; ESR-Spektrum u. Struktur v. – 11-0161.

Fluorwasserstoff

F^- s. unter *Fluor*.

–: in d. Gaseinschlüssen d. Wölsendorfer Flußspate 7-0779; in d. Venus-Atmosphäre 15-0775, 15-0825.

Gewinn.: aus d. Abgasen d. Düngemittel- u. Al-Herst. 3-2244*; v. Flußsäure 9-2176*; aus SiF_4 10-2188*; aus Fluoriterz 11-2157*; v. –-Säure aus wss. HF–H_2SO_4-Lsg. 11-2158*; Wiedergewinn. v. – aus Kryolith 27-2453*; Herst.: aus Metallfluorid u. H_2SO_4 27-2454*; v. hochkonz. reiner – aus Fluorit u. SO_3-halt. H_2SO_4 27-2455*; aus Flußspat u. H_2SO_4 29-2333*; v. trockenem – aus H_2SiF_6 u. konz. H_2SO_4 31-2350*; durch Zers. v. $NaHF_2$ 31-2351*; v. trockenem – über SiF_4 33-2423*, 33-2424*; v. trockenem – aus H_2SiF_6 33-2425*; aus Flußspat u. H_2SO_4 34-2248*; v. trockenem – 35-2274*; aus NH_4HF_2 u. H_2SO_4 37-2390*; aus NH_4F u. H_2SO_4 40-2057*; Bldg. v. – bei d. Rk. v. ClF_3 mit W. 43-0577; Herst.: durch Zers. v. Flußspat 49/50-2155*; v. konz. – aus Fluorit 51/52-2135*.

Extrakt. v. – aus Gemisch mit H_2SO_4 3-2243*; Entfern.: aus seinen Gasgemischen mit HCl mit H_3BO_3-Lsg. 18-2187*; aus Abwasser mittels $CaCl_2$-Lsg. 24-2241*; Reinig. v. trockenem – 35-2273*; Entfern. v. Flußsäure durch Abrauchen mit H_2SO_4 oder $HClO_4$ 40-1795.

Kompress. v. –-halt. Gasmisch. (Vermeid. d. Teerbldg.) 16-2520*.

IR- u. Raman-Spektren wss. –-Lsg. v. TiO_2, ZrO_2, HfO_2, V_2O_5, Nb_2O_5, Ta_2O_5, MoO_3 u. WO_3 8-0128; Matrix-Spektren d. – u. DF-Mol. in Edelgas-Wirtsgittern 11-0366; Rotat.-Schwing.-Banden d. Mol. DF 15-0105; IR-Spektren v. Äther–HF-Syst. 17-0901; Schwing.-Spektren u. Kraftkonst. v. HF_2^- 28-0081; IR-Spektrum d. –(g)-Trimeren u. -Dimeren 29-0103; Schwing.-Spektrum v. krist. – 29-0344; Form u. Feinstruktur d. druckinduzierten Bande in d. Rotat.-Schwing.-Banden v. – 31-0086; IR-Spektrum v. Gemischen aus – u. Dimethyläther 33-1051; Rotat.-Absorpt.-Spektrum v. – 38-0105; Einfl. v. Zusätzen an – auf d. spektrale Verteil. d. Lichtemiss. wss. T_2O-Lsg. 8-0658; Laseremiss. v. Rotat.-Übergängen v. – 32-0099; – als chem. Laser 35-0086.

SCF-Einzentrum-Entw. für – 1-0109; H-Bind. in FHF^- 5-0106; Mol.-Orbital-Meth. für – 9-0107; weitreichende zwischenatomare Kräfte aus spektroskop. Daten für – 17-0091; Bind.-Längen v. – 19-0089; Stör.-Berechn. d. Kernspin–Spin-Koppl.-Konst. für d. –-Mol. 19-0093; Berechn. d. Bind.-Energien u. Eigenfrequenzen v. – (Meth. d. dynam. Ähnlichk.) 19-0095; theoret. Elektronenübergangswahrscheinlichk. v. – 20-0067; Einzentrumsunters. d. Edelgashydridionen NeH^+ u. ArH^+ u. Vgl. mit – 21-0090; phänomenolog. Unters. d. abs. Vorzeichens d. Spin–Spin-Koppl.-Konst. in – 27-0086; Korrelat.-Energie u. Mol.-Eig. v. – 31-0059; Anwend. v. Röntgen- u. Elektronenbeug.-Erschein. auf d. Unters. d. Elektronenstruktur v. – 31-0111; Feldgradienten aus Einzentrumentw.-Wellenfunkt. für d. D-Plätze in DF 40-0037; Bezieh. zwischen Struktur d. Grenzfläche Eis/Lsg. u. d. freien Wachstumsgeschw. v. Eiskrist. in unterkühlter wss. –-Lsg. 42-0168; Einfl. v. Dispers.- u. Debye-Indukt.-Kräften auf d. Linienbreite d. Grundschwing.-Banden v. – 43-0082; Kraftkonst. für – u. HF^+ 47-0042; SCF-Hartree-Fock-Wellenfunkt. v. – 49/50-0032; Erweich. v. Eiskrist. durch – 40-0101.

Thermokraft v. –-halt. Eis-Einkrist. 36-0350; Leitfähigk. v. Eis bei Dotier. mit – 42-0081; chem. Verschieb. für Te in – 14-0158; elektr. Polarisierbark. u. magnet. Suszeptibilität v. – 21-0094; ^1H-NMR-Spektrum v. – in Lsg. v. AgCN in wasserfreiem – 23-0145; Berechn. d. NMR-Spin–Spin-Koppl.-Konst. v. – 37-0075; magnet. Suszeptibilitäten v. – 37-0080, 38-0142; ber. Deuteronenquadrupolkoppl.-Konst. v. DF 46-0350.

Elektrochem. Verh. v. Anodenwerkstoffen in – 4-2012; Einfl. d. Lichtes auf d. Kinetik gekoppelter elektrochem. Rk. bei d. Selbstauflsg. v. Si in $HF-HNO_3$-Lsg. 7-0604; anod. Auflsg. v. Elektroden endl. Größe aus n-Ge in – 9-0602; anod. Passivität v. Ni in – 10-0602; thermodynam. Potentiale v. – in wss. Lsg. bei erhöhten Temp. 12-0568; Tieftemp.-Batteriesyst. mit einem $HF-N_2O_4$-Gemisch 14-0599; Potentialverteil. an d. Phasengrenze Ge/HF 16-0632; Best. d. pH-Wertes v. – mit Hilfe v. Phosphatelektrodengläsern 20-0546; Aziditätsfunkt. wss. –-Lsg. 24-0612; Abhängigk. d. sich zwischen in W. eintauchenden Elektroden einstellende Potentialmax. v. d. Zugabe an – 25-0616; Einfl. v. anod. Ox. u. Mol.-Struktur auf d. Aktivität gesätt. normaler KW-Stoffe in CsF/HF- u. H_3PO_4/HF-Lsg. 26-0645; Mess. d. elektrolyt. Leitfähigk. im Syst. $HF/TeO_2/H_2O$ 30-0568; H_2-Vgl.-Elektrode in fl. – 32-0635; Einfl. v. – auf d. elektr. u. chem. Oberflächeneig. v. Ge-Elektroden während d. anod. Auflsg. 32-0643; Ionenverteil. u. Phasengrenzpotentiale während d. Ausfrierens v. stark verd. –-Lsg. bei einheitl. Ausfriergeschw. 45-0567; Einfl. v. – auf d. anod. Abscheid. v. Cm 46-0542.

Berechn. d. Temp.-Abhängigk. d. thermodynam. Größen u. d. spezif. Wärme für d. thermodynam. ähnl. Mol. F_2–HF 11-0573; Viskosität v. fl. – 15-0549; Ermittl. d. Zustandssumme v. –-Mol. bei hohen Temp. 17-0555; Wärmeleitfähigk. v. gasf. –, DF u. einer äquimolaren HF–DF-Misch. 17-0580; Näher.-Meth. zur Berechn. d. molaren Ionengitterentropie bei Standardbeding. für HF_2^- 32-0253; Möglichk. zur Berechn. d. Zustandssummen d. Verb.-Gruppe HF–HCl–HBr–HJ durch d. Vgl.-Meth. 37-0458; Thermodiffus. v. He, Ne, Ar, Kr, Xe in Ggw. d. $(HF)_6 \rightleftharpoons$ 6 HF-Gleichgew. 40-0386; isotherme Löslichk. u. feste Phasen in d. Syst. HF/RbF/H_2O u. HF/CsF/H_2O 51/52-0370.

Sorpt.: v. Nitrosonitro–Ru-Komplexen aus –-Lsg. 2-0617; v. Cr(VI) aus CrO_3–HF–H_2O^-, CrO_3–HF–HCl–H_2O- u. CrO_3–HF–H_2SO_4–H_2O-Lsg. durch AV-*17* 8-0604; v. Cr(III) aus –-halt. Lsg. durch Anionenaustauscher 19-2388; Einfl. auf d. Desorpt. v. Co v. Ge-, Si- u. Quarz-Oberflächen 26-0697; Desorpt. v. Cu, Ag, In u. Sb mit – v. Ge-, Si- u. Quarz-Oberflächen 26-0698; Adsorpt. v. Metallionen aus HF/H_2SO_4-Misch. an Dowex *1X8* 29-0748; –-Adsorpt.: bei d. Beryllflotat. 31-2487; an Anioniten aus d. Gasphase 42-0552; Sorpt. v. Mo-Verb. aus –-Lsg. durch Ionenaustauscher 43-2265.

Lsgm.-Syst. – 2-0571; Trenn. v. Elementen in fl. – 2-0669; Mechanismus d. Extrakt. im Syst. (Nb, Ta)/HF/H_2SO_4/NH_4SO_4/H_2O/Cyclohexan 13-0569; Löslichk.-Isotherme bei $0°$ d. Syst. HF/V_2O_5/H_2O 22-0576; refraktometr. Unters. saurer Erdalkalimetallfluoride im Syst. W./HF 25-0579; Trenn. v. Si u. B in fl. – 25-0796; IR-spektroskop. Unters. d. Entwässer.-Prod. d. Krist.-Hydrate v. PuF_4 u. UF_4 in wasserfreiem –-Strom 29-0832; Löslichk. v. Bertrandit in – 29-0902; Kationenaustauschverh. v. Elementen in Medien aus Flußsäure u. organ. Lsg. (Verteil.-Koeff.) 33-2178; Löslichk.: v. TeO_2 im Syst. HF/TeO_2/H_2O 44-0427; v. – u. DF in geschmolzenem $LiF–BeF_2$ 47-0441.

Berstscheibenampulle zum wasserfreien –-Zusatz 19-0802; Fluidatbett-Hydrofluorier. in d. Kerntechnik (Fortschrittsbericht) 35-2250.

Elektrolyse v. fl. SO_2 u. – (Darst. v. Sulfurylfluorid) 9-2179*; Rk. fester Hypophosphorsäure bzw. Phosphorsäure mit wasserfreiem – zu PH_2F_3 bzw. PHF_4 11-0478; Fluorier. d. Oberfläche v. porösem Glas mit – 12-0617; Zustand v. Nb(V) in –-Lsg. 16-0755; Korros. v. Y in – 19-2611; Umsetz. zwischen HNO_3 u. – in wss. Lsg. u. Lsg.-Geschw. v. BeO im Säuregemisch 34-0772; Einw. v. wss. – auf Kaolin 39-0658; Rk. mit UO_2 41-2316*; ber. Aktivier.-Energien u. Geschw.-Konst. für Hin- u. Rückübertrag. v. H-Atomen im Syst. HF/F 42-0558; Umsetz. v. Nb-Pentoxidhydrat mit – 45-0548; Röntgenstrukturanalyse d. Umsetz.-Prod. v. – mit Al_2O_3 45-0682; Rk. mit UO_2 45-2358*; Unters. d. Syst. VF_5/HF (Rk.) 49/50-0603.

Ätzgeschw. v. dotierten SiO_2-Schichten in – 10-0400; Umwandl.-Erschein. d. Protoenstatits im Elektronenmikroskop durch Anätzen mit 4%ig. H_2F_2 13-2264; Korros.-Unters. an Granaten durch Ätzen mit – 24-0851; Herauslsg. v. Alkalimetallionen aus Rb_xWO_3 u. K_xWO_3 durch Ätzen mit – 30-0438; Änder. d. Oberflächenrekombinat.-Geschw. durch Ätzen v. Si-Dioden mit – 32-0428; Ätz.: v. n-Si in wss. –-Lsg. 34-0158; v. Si-Plättchen mit –-halt. Ätzmittel SR 37-0700.

Rk.: mit Oxiranen in Ggw. v. Acetonitril 34-1027; mit Aryljodosodichloriden 4-0807; Protonenübertrag. zwischen – u. 2.4.6-Trinitrobenzylanion (Kinetik) 27-1076; Rk.: mit BF_3 u. Diglyme 4-0788; mit CH_3Sn 8-0519; mit Chlorcyan 41-1025; v. –-Lsg. mit Tributylphosphat in Ggw. u. in Anwesenh. v. W. 16-0549; Verw. v. – bei d. Merrifield-Peptidsynth. an d. festen Phase 3-1088; Freisetz. v. Oxytocin aus vollgeschützten Nonapeptiden unter Verw. v. – 48-1224.

Einfl. auf d. Chemolumineszenzrk. v. Siloxen mit Permanganat 2-1858; Alkylier. v. KW-Stoffen mit –-Katalysator 15-2581; –-katalysierte Addit. v. CO an Propylen 21-2708; Verw. als Katalysator bei d. Alkylier. v. Paraffinen durch Olefine 25-2877; Alkylier. v. Bzl. mit Dodecen-(1) u. trans-Dodecen-(6) in Ggw. v. – 48-1081.

–-Empfindlichk. v. Gladiolus (Wrkg. d. mineral. Ernähr.) 37-1582.

Verw.: zur Erhöh. d. Festigk. v. Flachglas 5-2251; zur Herst. glanzfreier Glasgegenstände 26-2348*; Abtrennen v. Olefinen aus KW-Stoffgemischen mit Ag-Salzlsg. unter Zusatz v. – 14-2523*; Reinig. v. tert. aliphat. Aminen v. sek. Aminen mit – u. W. 25-2710*; Verw.: v. ––HCl-Gemisch zur Säuer. bei d. Erdölgewinn. 29-2877; v. – mit Zusätzen zum Reinigen v. Steinflächen 3-2376*; als Reinig.-Mittel zum Entfernen v. harzart. Ablager. u. Überzügen 28-3099*, 38-2833*; zum Vernetzen v. vinylaromat. Fäden u. Filmen 10-2932*.

Best. v. – bei d. sanitär-chem. Kontrolle v. Arbeitsräumen (kolorimetr. Rhodanidmeth.) 23-2247; selektive elektrochem. Best. v. – u. ihren Salzen 29-2073; –-Best. in d. Luft 42-1851; photometr. Best. v. B in – v. bes. hoher Reinh. 13-1854; kontinuierl. Feuchtemeßgerät für –-halt. Gase 24-1967; photometr. Best. v. Spurenmengen As in – 28-1999; Mikrobest. v. Ge in –-halt. Lsg. 32-1984; Trenn. u. photometr. Best. v. *18* Spurenelementen in – 39-2090; Mikrobest. v. Ge in –-halt. Lsg. 45-2187; potentiometr. Titrat. monobas. Perfluorsäuren in Ggw. v. – in nichtwss. Lsgm. 49/50-1946; Verw. beim Aufschluß v. Silicatgesteinen zur Analyse 26-2060; Nb-Auflsg. v. d. N-Analyse durch HF/KJO_3 35-2141; Verw. zur Best. v. SiO_2 in Schlacken durch thermometr. Analyse 37-2237; Kalorimeter für langsame Rk. in – 49/50-1870; –-Ionenquelle für *2*-MeV-Drucktank-Beschleuniger 11-1816.

Salze (**Fluoride**)

Spezielle – s. unter d. betreffenden Verbindungen.

Bin. – 11-0739.

Herst. v. Oxidfluoriden d. Übergangsmetalle d. *1*. Reihe 48-0142; Trenn. flücht. – durch frakt. Verdampf. 34-1961; Reinig. v. – zur Zücht. v. Einkrist. 47-2187*.

Eig. v. Hexa- u. Penta-– d. schweren Übergangsmetalle 38-0752; Elektronenabsorpt. Spektrum v. Ni(II) in kub. Perowskit-– 7-0317; relative Intensitäten d. f–d-Übergänge im Syst. MeF_2/Ce 40-0254; Theorie d. Lichtstreuung an antiferromagnet. – d. Fe-Gruppe 44-0263; Keimbldg. u. Krist.-Wachstum in –-halt. Silicatgläsern 17-2367; Zücht. opt. Krist. aus –-Verb. 26-0223; Wachstumsstreifen in vertikal gezogenen –-Einkrist. 37-0162; Kondens.-Koeff. dünner –-Schichten 45-0174; NMR-Unters. v. anorgan. – 31-0350; NMR v. paramagnet., hydratisierten – 31-0354; oszillopolarograph. Unters. v. –-Chlorid-Schmelzen mit lösl. Ti-Verb. 5-0641; Entw. einer in geschmolzenen – verwendbaren Bezugselektrode mit einer BN-Umhüll. 26-0643; Mechanismus d. Beeinfluss. d. Schmelzvorgangs v. Na–Cl-Gläsern durch – 10-2265; Einfl. v. adsorbiertem – auf d. D. v. warmgepreßtem BeO 51/52-2185; –-Wechselwrkg. mit Tonen in Verb. mit d. dritten Pufferbereich 24-0686; Adsorpt. v. – durch Böden u. Mineralien 33-3361.

Reaktivität d. Übergangsmetall-– 36-0703; Rk. v. Kaolin mit – 39-0657, 39-0658, 33-1012; Abspalt. v. Salpetersäure aus organ. Nitraten mit – 4-2109*; Darst. v. Fluormethan in geschmolzenen – 5-0957; – mit hohem Ox.-Vermögen u. ihre Verw. zur Darst. fluororgan. Verb. (Übersicht) 24-0796; Röntgen-Beug.-Unters. d. Rk. v. angesäuertem – mit gepulvertem Zahnschmelz 25-1803.

Applikat.-Formen v. – bei d. Kariesprophylaxe (Übersicht) 39-1677.

Verteil.-Gaschromatographie flücht. Metall-– 3-2007.

Fluoral s. unter C_2HF_3O.
Fluorandrenolon s. unter $C_{24}H_{33}FO_6$.
Fluoranil s. unter $C_6F_4O_2$.
Fluoranthen s. unter $C_{16}H_{10}$.
Fluoranthene, Darst.: aus Diphenylenitaconsäurehalbestern 12-0959; v. 8-substituierten 7.10-Diphenyl-8.9-dihydro-– 51/52-1037; HMO-Energiecharakteristiken v. fluoranthenähnl. KW-Stoffen 46-0767; Konjugat.-Stärke: v. isomeren Amino-– 46-0769; v. isomeren Amino- u. Nitro-– 46-0770; HMO-Unters. v. Amino-, Nitro- u. Aza-– 46-0771; katalyt. Wrkg. v. Fluoranthenchinonen 8-1000.
Fluoranthren s. unter $C_{16}H_{10}$.
Fluorel s. unter *Plaste, Andere Plaste*.
Fluoren s. unter $C_{13}H_{10}$.
Fluorenacene s. unter *Ringsysteme, organische (Spezielle Ringsysteme)*.
Fluorenaphene s. unter *Ringsysteme, organische (Spezielle Ringsysteme)*.
Fluorene, aliphat. Fluorenchemie 23-1121; Deriv. v. Fluoren 30-1229, 30-1230, 42-1164, 47-1358; kinet. Unters. in d. Fluorenreihe 4-0740; Fluorenonderiv. 49/50-1069.

Darst.: v. Bis-[glyoxyloyl]-– 4-1418*; v. Alkyl-– 9-0948; v. 9-Dicyanomethylennitro-– 11-2579*; v. 9-tert.-Aminopropyliden-– (Heilmittel) 20-1651*; v. 9-Fluorenylidenacetamidderiv. 22-1832*.

UV- u. NMR-Spektren v. Alkylfluorenonen 9-0950; Krist.-Struktur v. 9-Dicyanmethylen-– 48-0989.

Rk.: v. Fluoren-9.9-bis-[ω-alkansäurederiv.] mit Diaminen 4-2342*, 4-2343*; v. Nitro-– mit Malonsäurenitril 11-2579*; Alkylier. u. Bromier. v. Fluorenaminen 20-0998; Formolysegeschw. v. [9-Alkylfluorenyl-(9)]-methyltosylaten (Kinetik) 21-1033; Protonenaustausch 9-substituierter – mit methanol. $NaOCH_3$ (induktive Effekte) 47-1071.

Wrkg. v. Deriv. d. 9-Fluorenol-9-carbonsäure auf d. Regenerat. v. Begonienblattscheiben (Begonia Rex) 7-1377; Morphactine (Fluoren-9-carbonsäure-Deriv.) als Pflanzenwachstumsregulatoren 8-1409.

Verw. v. Fluoren-9-carbonsäuren (als Herbizide) 16-3156*; (als Pflanzenmorphoregulatoren) 29-3294*; (zur Beeinfluss. d. Pflanzenwachstums) 31-3444*.
Fluorenol s. unter $C_{13}H_{10}O$.
Fluorenon s. unter $C_{13}H_8O$.
Fluorescein s. unter $C_{20}H_{12}O_5$.
Fluoresceinkomplexon s. unter $C_{30}H_{26}N_2O_{13}$.
Fluorescent Brightening 48 s. unter $C_{15}H_{12}N_2 \cdot O_7S_2$.
Fluoreszenz s. unter *Lumineszenz*.
Fluorexon s. unter $C_{30}H_{26}N_2O_{13}$.
Fluorierung s. unter *Halogenierung*.
Fluorimetrie s. unter *Lumineszenz; Spektroskopie*.
Fluorit s. unter *Calciumfluoride*: CaF_2.
Fluorkautschuk SKF-26 s. unter *Kautschuk, Andere Elastomere*.
Fluorochromierung s. unter *Färbung*.
Fluoroform s. unter CHF_3.
Fluoroformylon s. unter $C_{29}H_{38}ClFO_8$.
Fluorolube S s. unter *Plaste, Olefinpolymerisate (Halogenolefinpolymerisate)*.
Fluoropak s. unter *Plaste, Andere Plaste*.
Fluoroplast 4 s. unter *Plaste, Olefinpolymerisate (Polytetrafluoräthylen)*.
Fluoroplast 40 s. unter *Plaste, Olefinpolymerisate (Polytetrafluoräthylen)*.
Fluor-Phlogopit s. unter *Phlogopit*.
Fluorprednisolon s. unter $C_{21}H_{27}FO_5$.
Fluothan s. unter $C_2HBrClF_3$.
Fluoxymesteron s. unter $C_{20}H_{29}FO_3$.

Flupenthixol s. unter $C_{23}H_{25}F_3N_2OS$.
Flupentixol s. unter $C_{23}H_{25}F_3N_2OS$.
Fluphenazin s. unter $C_{22}H_{26}F_3N_3OS$.
Flurosemid s. unter $C_{12}H_{11}ClN_2O_5S$.
Flurothyl s. unter $C_4H_4F_6O$.
Fluroxene s. unter $C_4H_5F_3O$.
Flußmittel
— für spezielle Zwecke s. unter d. entsprechenden Stichwörtern.
Amperometr. Best. v. F in Schlacken u. — 29-2191.
Flußspat s. unter *Calciumfluoride*: CaF_2.
FM 1322/300 s. unter *Plaste, Si-Plaste* (*Weitere Organo-Si-Polymere*).
FMN s. unter $C_{17}H_{21}N_4O_9P$.
FMN' s. unter $C_{17}H_{19}N_4O_8P$.
Focusan s. unter $C_{19}H_{17}NOS$.
Fördern s. unter *Technologie*; s. auch *Pumpen, Transportbänder.*
Folcystein, Einfl. auf d. 17-Ketosteroid- u. Phenolsteroid-Hormone in Abhängigk. v. Alter beim Menschen 7-1592; Schutzwrkg. gegen d. akute Strahlenkrankh. 35-1653.
Folcystein Oerlu, Einfl. auf d. Vitamin-C-Geh. beim alten Menschen 7-1591.
Folcystein-Oerlu „U", Einfl. auf d. Aminosäuregeh. v. Rattenorganen (Alter.-Prozeß) 25-1542.
Folex s. unter $C_{12}H_{27}OPS_3$.
Foliachrom s. unter $C_{40}H_{56}O_4$.
Foliaxanthin s. unter $C_{40}H_{56}O_4$.
Folidol E 605, Verw. zur Bekämpf. d. Weizensattelmücke in d. Niederlanden 38-3146.
Folien s. unter *Filme.*
Folinsäure s. unter $C_{20}H_{23}N_7O_7$.
Foliosidin s. unter $C_{16}H_{21}NO_5$.
Foliosidinal s. unter $C_{13}H_{13}NO_4$.
Follikel s. unter *Drüsen, Geschlechtsdrüsen* (*Ovarien*).
Follikelhormone s. unter *Hormone, Ovarialhormone* (*Östrogene*).
Follikelreifungshormon s. unter *Hormone, Hypophysenvorderlappenhormone* (*Follikelstimulierendes Hormon*).
Follikel stimulierendes Hormon freisetzender Faktor s. unter *Hormone, Hypophysenhinterlappenhormone.*
Follikelstimulierungshormon s. unter *Hormone, Hypophysenvorderlappenhormone.*
Follikulin s. unter $C_{18}H_{22}O_2$.
Folpet s. unter $C_9H_4Cl_3NO_2S$.
Folsäure s. unter $C_{19}H_{19}N_7O_6$.
Folsäurederivate, —-Konz. in Rattenleber (Einfl. v. Vitamin B_{12} u. Methionin) 10-1943; Synth. 45-1103.
Fomannosin s. unter $C_{15}H_{18}O_4$.
Forat s. unter $C_7H_{17}O_2PS_3$.
Forensische Chemie
Siehe auch *Blutanalyse*; *Toxikologie.*
Übersicht *1962–1965* 20-1980.
Anwend. d. Kernspektrometrie zum Nachw. v. Verbrechen 9-1812; analyt. Meth. in d. — 9-2010; kontinuierl. automat. Titrat. für Prozeßanalysen u. -kontrollen in d. — 11-1984; Mikrometh. in d. — 12-1938; Fortschritte bei apparativen forens. Unters. 23-2236; Dünnschichtchromatographie in d. — 41-2125; spektrophotometr. Meth. in d. — 45-2166.
Best. v. Carbonylhämoglobin im Leichenblut 7-2001; Isolier., Identifizier. u. Mikrobest. v. Datura-Alkaloiden bei gerichtschem. Unters. durch Papierchromatographie 7-2013; Anwend. d. Aktivier.-Analyse auf kriminalist. Probleme (Autolacke) 12-1939; Ursache v. Vergift.-Erschein. an organ. Hg in d. Niigata-Präfektur (gaschromatograph. Nachw. v. Methyl-Hg-Verb. in d. Haaren v. Patienten) 20-1982; Cr-Best. bei gerichtschem. Unters. 28-2097; gerichtschem. Best. v. Noxiron 30-2043; Nachw. v. Arzneimitteln in Leichenorganen nach therapeut. Dosen mit verschiedenen forens.-toxikolog. Meth. 34-2043; störende Substanzen bei d. Best. v. Giften in Autopsiematerial (5-Hydroxymethylfurfurol) 48-1956; Strychninnachw. auf chem. u. elektrophoret. Wege in d. — (Vgl.) 51/52-1962.
Bibl.: Forschungsergebnisse der gerichtlichen Medizin B 45.
Forit s. unter $C_{23}H_{29}N_3O_2$.
Formaldazin s. unter $C_2H_4N_2$.
Formaldehyd s. unter CH_2O.
Formaldehydsulfoxylsäure s. unter CH_4O_3S.
Formaldoxim s. unter CH_3NO.
Formalin s. unter CH_2O.
Formamid s. unter CH_3NO.
Formamidin s. unter CH_4N_2.
Formazan s. unter CH_4N_4.
Formazane
— u. Tetrazoliumsalze (Übersicht) 4-0860; über Formazylverb. 14-0807; Darst.: v. o-hydroxylierten — 14-0807; v. metallhalt. N-[Sulfonylaminoaryl]-N'-[aryl]-— 25-2959*; enzymat. Bldg. 41-1185; Bldg. durch Diazonium-Ion-Angriff an Hydrazone (Kinetik u. Mechanismus) 45-0980; U- u. Co-Komplexe heterocycl. substituierter — 20-0758; photometr. Tl(III)-Best. mit — 5-1918.
Formazanfarbstoffe s. unter *Farbstoffe, organische.*
Formiate s. unter *Ameisensäure.*
Formicaflavin, Isolier. aus Ameisenmännchen 24-1549.
Formo-Cibazol s. unter $[C_{10}H_9N_3O_2S_2]_x$.
Formolit s. unter *Plaste, Weitere CO-Plaste.*
Formolzahl, — v. italien. Citrusfruchtsäften (Normwerte) 22-3214.
Formononetin s. unter $C_{16}H_{12}O_4$.
Formosulfathiazol s. unter $[C_{10}H_9N_3O_2S_2]_x$.
Formothion s. unter $C_6H_{12}NO_4PS_2$.
Formvar s. unter *Plaste, Vinylpolymerisate* (*Weitere Vinylpolymerisate*).
Formycin s. unter $C_{10}H_{13}N_5O_4$.
Formycin B s. unter $C_{10}H_{12}N_4O_5$.
Formycine, antivirale Aktivität 43-1338.
Formylierung s. unter *Acylierung.*
Formylsulfamethin s. unter $C_{13}H_{14}N_4O_3S$.
Fornacit, Krist.-Struktur 30-0200; Vgl. d. Struktur v. — mit anderen sek. Pb-Mineralien 46-0702.
Forocidin, Darst., antibakterielle Aktivität 20-1413.
Forocidin B s. unter $C_{32}H_{51}NO_{12}$.
Foronfarbstoffe, Färben v. Polyester/Cellulose mit — 25-2935.
Foron SE-Farbstoffe, Färben v. Polyester/Baumwolle mit — 49/50-2765.
Foron S-Farbstoffe, Färben v. Polyester/Baumwolle mit — 49/50-2765.
Forsazin s. unter $C_{23}H_{27}Cl_2N_3O_4$.
Forschungsstätten, chem. Forsch. an österreich. Hochschulen (organ., elektr. neutrale Lewis-Säuren v. Typ substituierter Doppelbind.-Syst.) 44-0708.
Forsterit s. unter *Magnesiumsilicate.*
Fortiflex A 60/500 s. unter *Plaste, Olefinpolymerisate* (*Polyäthylen*).
Fortrel s. unter *Chemiefasern, Polyesterfasern.*
Fortuitin s. unter $C_{72}H_{129}N_9O_{15}$.
Fosalon s. unter $C_{12}H_{15}ClNO_4PS_3$.
Foyait, — d. Alkalimassivs v. Chibino 6-0815.
F-Prostensäure, Vork. in verschiedenen Geweben 51/52-1435.
Fradiomycin s. *Neomycin.*
Fragilin s. unter $C_{15}H_{20}O_8$.
Fragin s. unter $C_{13}H_{27}N_3O_3$.
„362-Fragment", — aus Thiostrepton 11-1111.
Fraktionieren s. unter *Scheiden* sowie unter d. einzelnen Verfahren.
Framycetin s. unter $C_{23}H_{46}N_6O_{13}$.
Framycin s. *Neomycin.*

Francium

Abtrenn. v. reinem ^{223}Fr aus ^{227}Ac auf einer Trennsäule 32-0762.
α-Zerfall v. ^{221}Fr 1-0081; Kernniveaus v. ^{220}Fr (angeregt durch α-Zerfall v. ^{224}Ac) 13-0072; α-Zerfall v. —-Isotopen mit Neutronendefizit 26-0045; γ-Übergänge in ^{221}Fr 40-0022; γ-Strahl. v. ^{223}Fr 41-0027; α-Strahl. v. ^{221}Fr 43-0018; ^{221}Fr-Niveaus aus ^{225}Ac 46-0016; Einfl. d. endl. Kerngröße auf d. Abstand d. Röntgen-L_I-L_{II}-Niveaus in — 18-0090; Atomstreufaktoren für — 11-0191; Näher.-Meth. zur Berechn. d. molaren Ionengitterentropie bei Standardbeding. für Fr^+ 32-0253; Best. d. Verteil.-Koeff. v. — zwischen Dowex *50* X *4* u. HBr-Lsg. 38-2029.

Franciumverbindungen

Franciumastatid: **FrAt,** Temp.-Koeff. d. Ionenabstände in — 22-0284.
Franciumbromid: **FrBr,** Temp.-Koeff. d. Ionenabstände in — 22-0284.
Franciumchlorid: **FrCl,** Temp.-Koeff. d. Ionenabstände in — 22-0284.
Franciumfluorid: **FrF,** Temp.-Koeff. d. Ionenabstände in — 22-0284.
Franciumjodid: **FrJ,** Temp.-Koeff. d. Ionenabstände in — 22-0284.
Franciumoxid: **Fr_2O,** Temp.-Koeff. d. Ionenabstände in — 22-0284.
Franciumpolonid: **Fr_2Po,** Temp.-Koeff. d. Ionenabstände in — 22-0284.
Franciumselenid: **Fr_2Se,** Temp.-Koeff. d. Ionenabstände in — 22-0284.
Franciumsulfid: **Fr_2S,** Temp.-Koeff. d. Ionenabstände in — 22-0284.
Franciumtellurid: **Fr_2Te,** Temp.-Koeff. d. Ionenabstände in — 22-0284.
Franckeit, ^{119m}Sn-Mössbauer-Spektren v. — 36-0160.
Frangulin s. unter $C_{21}H_{20}O_9$.
Franklinit s. unter *Zinkoxide, Mischoxide*: *Fe* ($ZnFeO_4$).
Franz-Keldysh-Effekt s. unter *Elektrooptische Effekte.*
Frauenmilch
Milch s. dort; s. auch *Drüsen, Brustdrüsen.*
Lysozyme aus — (Bezieh. zwischen d. Cystin- u. Tryptophangeh., Wärmestabilität u. spezif. Aktivität) 2-1189; Fettsäurezus. v. Lipiden d. — 7-1410; ausgeschiedenes A-Immunglobulin v. Kolostrum (Polypeptidstruktur) 7-1485; Lsyozyme in d. — 15-1374; Proteine d. — (Isolier. u. Charakterisier. v. β_2A-Globulin) 15-1506; Vork. v. saurer Phosphatase v. Prostatatyp im menschl. Kolostrum 19-1400; Glucosegeh. d. — 19-1543; Immunglobuline d. Kolostralsekrets (Antigendeterminanten) 24-1643; Geh. an Lactose, Na u. K in d. — 30-1395; antirachit. Potenz d. wasserlösl. Vitamin-D-Sulfate in d. — 42-1473; Struktur eines Hexasaccharids aus — (Dilactaminyllacto-N-tetraose) 48-1560; photometr. Best. v. Eiweiß in — 49-2062.
Fraxidin s. unter $C_{11}H_{10}O_5$.
Freelingyn s. unter $C_{15}H_{12}O_3$.
Freibergit s. unter *Tetraedrit.*
Freieslebenit, Vork. in d. teleskopart. Lagerstätte v. Fournali (Cantal) 8-0792.
Frenolon s. unter $C_{31}H_{36}ClN_3O_5S$.
Freon 11 s. unter CCl_3F.
Freon 12 s. unter CCl_2F_2.
Freon 13 s. unter $CClF_3$.
Freon 14 s. unter CF_4.
Freon 21 s. unter $CHCl_2F$.
Freon 22 s. unter $CHClF_2$.
Freon 23 s. unter CHF_3.
Freon 112 s. unter $C_2Cl_4F_2$.
Freon 113 s. unter $C_2Cl_3F_3$.
Freon 114 s. unter $C_2Cl_2F_4$.
Freon 142 s. unter $C_2H_3ClF_2$.
Freon 143 s. unter $C_2H_3F_3$.
Freon 226 s. unter C_3HClF_6.
Freon 416 s. unter $C_5Cl_2F_6$.
Freon 12 B 1 s. unter $CBrClF_2$.
Freone, Viskosität bromierter — 19-2348; katalyt. Disproportionier. v. — (kinet. Strukturanalyse) 34-1006.
Freon S 318 s. unter C_4F_8.
Fresnoit, Krist.-Struktur 31-0223; IR-Absorpt.-Spektrogramm u. kristallograph. Daten 37-0246; ungewöhnl. Koordinat. v. Ti in — 44-0232.
Freundsches Adjuvans, Einfl. d. Vorbehandl. v. C3H-Mäusen mit gleichart., mit 3-Methylcholanthren u. — inkubiertem Mäusegewebe auf d. Tumorbldg. durch Methylcholanthren 23-1334.
Friedelan s. unter $C_{30}H_{52}$.
Friedel-Crafts-Reaktionen
Acylierung; *Alkylierung* (*und Arylierung*) nach Friedel-Crafts s. dort; Friedel-Crafts-Isomerisierungen s. unter *Umlagerungen.*
Neue — 1-0953; — (Bldg. v. freien Radikalen) 3-0918; —-Zwischenprod. (Stereochemie) 12-0223; — (Cokatalyse) 36-0966.
—-Katalysatoren 6-2951*; (aus chloriertem Al_2O_3) 20-2502*; intramol. Katalyse 48-1154.
—: v. Cycloalkanen mit CO 1-0945; v. Butadien mit Bzl. 1-0952; eines Vinylchlorids mit Thiophenol u. Benzylmercaptan 6-1050; v. Benzophenothiazinen 7-1067; zwischen $AlCl_3$ u. $P_3N_3Cl_6$ 12-0696; v. cis-P.P'.P''-Trichlor-P.P'.P''-triphenylcyclotriphosphazatrien mit Bzl. 14-0708; v. Cyclopentadienyl-Metall-Komplexen 16-0708; v. 3-Alkyl- bzw. 2.3-Dialkyl-6.7-benzo- bzw. -4.5-benzothianaphthenen 19-1148; v. Tetraphthen (Revis. d. betreffenden Literatur) 20-0999; v. Tetramethylbenzo-[b]-thiophenen 20-1011; v. Fluorbrombenzolen 28-1047; v. 3-Nitrophenol 29-1106; anomale — v. Hexa-(n-propyl)-benzol mit Acylchloriden bzw. Anhydriden 51/52-1036.
Friedelin s. unter $C_{30}H_{50}O$.
Fries-Verschiebung s. unter *Umlagerungen.*
Frondelit, Identifizier. d. PO_4^{3-}-Gruppe in — mit Strychninmolybdat-Reagenz 27-2216.
Frost- und Gefrierschutzmittel, —: für Motorkühl. aus d. Propylfrakt. d. Kautschuksynth., Phosphaten u. Dextrin 2-1994*; für Kühlfl. aus mehrwert. Alkoholen, Alkalisilicaten, Alkalisalzen d. Tetraborsäure, Alkaliverb., Mercaptothiazolin u. Mercaptobenzothiazol 6-2061*; für Kraftwagenkühler aus Äthylenglykolen, Na-Mercaptobenzthiazol u. Triäthanolaminphosphat 8-2045*; Verw. v. Perfluorcarbon- u. -sulfonsäuren als Vereis.-Schutz bei Flugzeugen u. Geräten 8-2456; Herst.: v. oxäthylierter Saccharose durch Rk. mit Äthylenoxid als — 17-2099*; v. Epoxiden zur Herst. v. — 27-2874*; Herst. v. 6-Hydroxymethyl-2- u. -3-hydroxybicyclo-[2.2.1]-heptan u. Verw. als — 44-2017*.
Schmelzmittel für Schnee u. Eis auf Basis v. NaCl u. Zusatz v. Ester einer Fettsäure u. Mineralöl 34-2143*; Auftauen v. eis- u./oder schneebedeckten Flächen durch Aufsprühen v. Gemischen aus wasserlösl. einwert u. mehr-

wert. Alkoholen 34-2144*; Entfrost.-Fl. auf d. Basis Alkylenpolyol oder -Gemischen 40-1984*; Herst. v. 2-Methylpentan-2.3.4-triol als Enteis.-Mittel 49/50-2606*.

Fruchtsäfte

— v. speziellen üblichen Früchten s. unter d. betreffenden Früchten; s. auch *Getränke*.

Bezieh. zwischen saurem Geschmack v. — u. Gesamtkonz. an Säure, pH u. Dissoziat.-Konst. 6-3104; CO_2-Entw. aus erhitztem Acerolasaft 12-3163; Hydroxymethylfurfurol in — 14-3083; Vitamin-C-Geh. in Muttersäften v. Stein- u. Beerenobst, in Obstsäften u. Süßmosten *1962—1965* 20-3106; Inhaltsstoffe in Muttersäften, Obstsäften u. Süßmosten 25-3440; Ascorbinsäuregeh. u. ihr Verlust in Obstsäften, Muttersäften u. Süßmost d. Handels 25-3441; Hydroxymethylfurfurolgeh. d. — beeinflussende Faktoren (Wärmebehandl. v. — u. ihr Hydroxymethylfurfurolgeh.) 38-3225; Vitamin-C-Geh. in — u. Süßmosten d. Handels *1962—1965* 46-1993.

Wrkg. d. Hitzebehandl. auf d. organolept. Qualität u. Inhaltsstoffe d. — 2-2938; Entpektinisier. v. Guavafruchtsaft mit Pilzpektinase 2-2939; Einfl. d. Pektin- u. Cellulosegeh. auf d. Dauer d. Gefriertrockn. v. Modell-Lsg. v. — 6-3072; Anwend. v. gereinigten pektolyt. Fermentpräp. zur Herst. v. Saftextrakten 11-1266; Entfern. v. Konservier.-Mitteln aus — durch Ionenaustauscher 16-3248*; Vernicht. v. in — enthaltenen Mikroorganismen 22-3224; Eign. d. Acerola-Kirsche zur Vitaminier. v. Obstgetränken 35-3189; Klär. v. Guajavasaft mit Pilzpektinase 37-3385.

Vgl. d. Best.-Meth. für Sorbinsäure in — 10-2045; analyt. Best. v. Karamel in — 16-2065; mikrofluorimetr. Best. v. Vitamin C in — 10-2279; analyt. Erfass. mikrobiolog. bedingter Veränder. in —-Erzeugnissen 22-3215; Schnellbest. d. A. in — u. Süßmosten 26-2167; Gaschromatographie zur kontinuierl. Analyse v. — 32-2090; polarograph. O_2-Best. in — 32-2119*; Dichte u. Trockenextrakt v. — 35-2172; Best. v. Ascorbinsäure in — 48-2031.

Bibl.: Obst- und Gemüsesäfte. Rohstoffe, Herstellung, Haltbarmachung, Erfrischungsgetränke, Obstwein und Wein B 40.

Fructane s. *Fructosane*.

Fructosane (Fructane), Vork. in Eupatorium Cannabinum 43-1644.

Fructose s. unter $C_6H_{12}O_6$.

Fructosediphosphat s. unter $C_6H_{14}O_{12}P_2$.

Fructosemonophosphat s. unter $C_6H_{13}O_9P$.

Früchte, Entw. u. Mineralstoffversorg. v. Obstunterlagen unter d. Einfl. v. Hydrogencarbonaten, Carbonaten u. CO_2 im Substrat 18-3003; Aufnahme v. Ca u. K aus Ton durch Wurzeln v. Obstbäumen 19-3138; ionisierende Bestrahl. zur Bekämpf. v. Krankh. nach d. Ernte 32-3064; Wirksamk. v. Defoliatoren in Obstbaumschulen 33-3385; Einw. äther. Öle auf d. Auskeimen v. Achänen 45-1485.

Organochlorinsektizidrückstände in — (*1965* in Großbritannien) 4-1308; Pestizidrückstände in Obstarten 4-2641; Hg-Konz. in — 16-3221; Bromidrückstände nach Methylbromidbegas. v. — 19-3222.

Protein- u. Nucleinsäurestoffwechsel bei — 6-1394, 31-1570.

Geh.: an β-Carotin in Obst- u. Wild-— 1-3062; an Ca in Bergmandeln u. anderen Obstsamen 8-3159; an Vitamin C in Obst-— 20-3106; Lipidox.-Aktivität in — 22-3209; K-, N-, Ca- u. Mg-Geh. v. Obst 24-3008; freier Aminosäuregeh. v. Obst u. Ernähr. 24-3009; Zus. u. Ascorbinsäuregeh. d. wichtigsten Obstarten u. ihrer Verarbeit.-Prod. 25-3440; Geh. an Aromastoffen v. Obst 35-3180; Verh. d. Sorbits in Kernobst-— 36-3159; in — vorhandene wasserlösl. Vitamine 40-2934; Qualität d. Pektins v. frischen u. tiefgekühlten — 40-2958; Zucker- u. Säuregeh. im eßbaren Teil v. — 41-3258.

Abwasseraufbereit. in d. Obstindustrie 1-2019; Einfl. v. Blanchierverf., Gefriertrockn. u. Lager.-Zeit auf Änder. d. Vitamingeh. in Obst 1-3051; Verwert. v. Obstabfällen (Übersicht) 28-3213; Glucoseoxydase als Antioxydans in d. Obsttechnologie 31-3517; Bestrahl.-Physiologie d. — in Bezieh. zur Art d. Technologie (radiobiolog. Parameter) 32-3064.

Nachw. freier Aminosäuren als DNP-Deriv. in — 5-2045; papierchromatograph. Best. v. Obstflavonoiden v. Vitamin P-Wirksamk. 10-2044; Best. v. SO_2 in Trockenobst 11-2046; densitometr. Auswert. d. Papierchromatogramme v. Äpfelsäure, Weinsäure u. Citronensäure in Obst 12-1990; Extrakt. u. Elektrophorese v. Proteinen aus — 12-1991; Best.: d. W.-Geh. in Obst u. Obsterzeugnissen 15-2143; v. Hexuronsäuren in — 28-2156; v. Sulfitrückständen in — 32-2094; v. bewegl. K-Formen unter Fruchtkulturen 37-2263; v. Na-Benzoat u. K-Sorbat in konservierten Obstprod. 38-2181; d. Restmengen v. SO_2 in Obstpulpen u. Erzeugnissen daraus 43-2146; d. Fruchteinwaage in Obstkonfitüren 45-2238.

Trennverf. für Organothiophosphat-Pestizid-Rückstände an — 6-2000; Best.: v. Dibrom- u. DDVP-Rückständen in — 6-2001; v. Bidrinrückständen in — 10-2041; d. P-Geh. in — 23-2343; Nachw. v. Schädlingsbekämpf.-Mitteln in — 28-2150; Best. v. Rückständen in Obst (Pestizide) 34-2087; (Temik) 36-2069; (Tranid) 36-2070; (Organophosphate) 37-2276; (Dimethoat) 40-1940; (2.6-Dichlor-4-nitroanilin) 45-2236; (Dimethoat) 48-1999; [1-Naphthyl-N-methylcarbamidat (Carbaryl, Sevin)] 48-2029; [Diäthyl-1-(2.4-dichlorphenyl)-2-chlorvinylphosphat] 49/50-2058; (Aldrin u. Telodrin) 51/52-1994; (Pentachlorphenol u. Natriumpentachlorphenolat) 51/52-1995.

Bibl.: Fruchtsäuren. Wissenschaft und Technik B 24; Handbuch der Lebensmittelchemie. *9* Bde. Bd. *5*, Teil *2*: Obst, Gemüse, Kartoffeln, Pilze B 79; Preservation of fruit and vegetables by radiation. Proceedings of a panel, held in Vienna, August *1966* B 79.

Frusemid s. unter $C_{12}H_{11}ClN_2O_5S$.

FS-85 s. unter *Nioblegierungen* (*Sondermarken*).

FSF s. unter *Proteine, Spezielle Proteine* (*Fibrinstabilisierungsfaktor*).

FSH s. unter *Hormone, Hypophysenvorderlappenhormone* (*Follikelstimulierungshormon*).

Fuchsin s. unter $C_{20}H_{21}N_3O$.

Fuchsinrot s. unter $C_{22}H_{24}ClN_3$.

Fuchsinschweflige Säure (Schiffsches Reagens), Feulgenfärb für quant zytochem DNS-Unters 22-1234; Perjodsäure-Schiff-Rk. in neutrophilen Leukozyten 19-1320

Fuchsit, — v. Puchegg bei Vorau (Oststeiermark) 48-0744.

Fucidin s. unter $C_{31}H_{48}O_6$.

Fuciformsäure s. unter $C_{18}H_{18}O_8$.

Fucit s. unter $C_6H_{14}O_5$.

Fucoidan s. *Fucoidin*.

Fucoidin (Fucoidan), Synth. bei d. braunen Meeresalge Fucus gardneri 44-1370; Alkoholyse mit prim. u. sek. Alkoholen 16-1122.

Fucoribose s. unter $C_5H_{10}O_5$.

Fucosamin s. unter $C_6H_{13}NO_4$.

Fucose s. unter $C_6H_{12}O_5$.

Fucosterin s. unter $C_{29}H_{48}O$.

Fucoxanthin s. unter $C_{42}H_{60}O_6$.

Füllstoffe

— für spezielle Stoffe s. unter d. betreffenden Stichwörtern; *Spachtelmassen* s. dort.

Mineral. — (*1.* Mitt.) 21-3038; Herst.: v. N-halt. Polyphenylensulfiden als — 3-2960*; v. 9-Dicyanomethylennitrofluorenen zur Herst. v. π-Komplexen mit Lewis-Basen als gefärbte — 11-2579*; v. unschmelzbaren Verstärker-— 12-2776*; Herst. v. —: aus krist. Oxydhydraten 17-2294*; aus Dimethylketen-Polymerisaten 17-3143*; aus d. Mischpolymerisat Triallylcyanurat u. Maleinsäureanhydrid 21-2291*; Verw. v. mit Kautschuklsg. überzogenen Asbest als — 45-3028; Bezieh. zwischen —-Kenngrößen, Wärmeausdehn. u. Kompress.-Modul bei hochgefüllten Elastomeren 27-1305; —-Teilchengröße u. mechan. Eig. v. Polymeren 24-1178; spezif. Oberfläche bei mineral. — 8-2978; Einfl. d. Oberflächenchemie auf d. Adsorpt. v. Polymeren aus Lsg. an — 20-1104; Adsorpt. v. organ. Dämpfen im Polymer-—-Syst. 32-1202; mechan.-chem. Modifizier. d. Oberfläche v. — durch Impf. mit Polymeren 34-2897.

Fütterung

Futtermittel; *Silage* s. dort; s. auch *Ernährung*; *Stoffwechsel*; *Verdauung*.

Nährwert v. Grasproteinen 23-3486; Wirkungsweise d. D-Vitamine u. ihre Bedeut. für d. Tier-— 26-3192; Aminosäurezus. u. biolog. Wertigk. d. Proteins d. für industrielle Mischfutter verwendeten Rohstoffe 51/52-2942; Zus. tier. Organ- u. Depotfette in Abhängigk. v. d. — 29-1674.

Verfütter. v. Harnstoff an Wiederkäuer (Umwandl. v. Aminosäuren im Vormagen) 6-1513; Verw. v. Harnstoff u. NH_4-Salzen als einzige N-Quelle bei Kühen (Übersicht) 4-1257; Wrkg. v. Bicarbonat auf d. Futteraufnahme bei Milchkühen 6-3102; Rückstände im Futter u. in d. Milch v. auf mit Estern v. 2.4D-behandelten Futter weidenden Kühen 41-1462; gaschromatograph. Analyse v. Kälberfetten nach definierter — 29-1674; Wrkg. v. Thyroprotein u. eines energiearmen Futters auf d. Eliminier. v. DDT aus laktierenden Milchkühen 42-1496.

Einfl. d. Ca-Geh. d. Futters auf d. P-Stoffwechsel d. Schafes 4-1254; Verwert. d. Salze v. flücht. Fettsäuren durch wachsende Schafe 5-1455, 5-1456; Einfl. v. S-Mangeldiät bei Schafen auf d. Umwandl. v. Milchsäure, Bernsteinsäure u. Acrylsäure durch Pansenmikroorganismen 26-1622.

Einfl. d. Fettsäuren d. Futters auf d. Zus. d. Fettes d. Ziegenmilch 12-1511.

Nicotinsäurestoffwechsel bei Schweinen mit Rohfutter oder gekalktem Maisfutter (Wrkg. eines Lysin- u. Tryptophan-Zusatzes) 3-1475; Wrkg.: d. Proteinquelle u. anderer Nahr.-Bestandteile auf d. Entw. einer Cu-Toxikose bei Schweinen 5-1449; v. Safloröl oder hydriertem Kokosnußöl in d. Nahr. auf d. Wachstum u. einige Blut–Gewebe-Komponenten v. fettfrei ernährten Schweinen 49/50-1544.

Nährwert v. D-Aminosäuren im Kükenfutter 10-1481; Cholesterin-— bei Küken 11-1495; Einfl.: chelatbildender Substanzen u. v. hohem Ca- u. P-Spiegel auf d. Knochenverkalk. bei mit Sojaprotein gefütterten Küken 3-1467; d. Menge u. Dauer d. Verfütter. v. Hydroxytetracyclin an Hennen auf d. Konz. d. Antibiotikums in Eiern, Fleisch u. Organen 7-3161; fettfreier Diät auf d. Synth. v. Fettsäuren bei Hühnchen 13-1520; kein Auftreten v. Atherosklerose in d. Gehirnarterien v. Hühnern nach atherogener Diät 16-1590; Verfügbark. v. As aus Geweben v. Hühnchen, d. mit ^{74}As-Arsanilsäure gefüttert wurden, beim Verzehr durch d. Menschen 19-1843; Wrkg.: eines Kohlenhydrat-armen Futters auf d. Gluconeogenese in d. Kükenniere 21-1491; v. Diätfaktoren auf d. Synth. v. Taurin aus Sulfat im Küken 22-1640; v. Aminosäuren in d. Nahr. auf Hühner mit Zn-Mangelsyndrom 23-1670; Gesamtwrkg. kontrollierter Anteilmengen verschiedener Carotinoide im Futter d. Legehenne auf d. Dotterfärb. 32-1650; Einfl. d. — auf d. Fermentausscheid.-Funkt. d. Hühnerpankreas 34-1465; Zn-Mangelsymptome bei Küken (Einfl. v. Histamin, Histidin u. einigen verwandten Verb.) 38-1670; Wrkg. v. Bis-[monoisopropylamino]-fluorphosphinoxid u. Hungern auf d. Lipide im Nervensyst. d. Henne 41-1636.

Bibl.: Grundzüge der Fütterungslehre B 68; Grundlagen der Fütterung. Eine Einführung in die Fütterungslehre B 76; Recent advances in animal nutrition B 36.

Fugapavin s. unter $C_{18}H_{17}NO_3$.

Fugazität s. unter *Aktivitätskoeffizient*.

Fujénal s. unter $C_{20}H_{28}O_4$.

Fullererden s. *Palygorskit*.

Fulvalen s. unter $C_{10}H_8$.

Fulvalene, Cyclopentadiene, Fulvene u. — 1-0946; MO-LCAO-Meth. für Doppel- u. Einfachbind. v. — u. Sesqui-— 24-0931; Elektronenübergänge bei — 44-0716.

Fulven s. unter C_6H_6.

Fulvene, Cyclopentadiene, — u. Fulvalene 1-0946; heterosubstituierte — 1-0950; — u. thermochrome Äthylene 15-0887, 18-0871, 39-0985, 44-0716, 48-0879; HMO-Unters. 39-0832; H-Bind. v. Phenol mit d. π-Elektronen v. — 40-0840; Alkylier. v. — mit sek. Alkoholen 15-2791*; Verw. in Kraftstoffen mit hohem Literheizwert 33-2953*.

Fulvin s. unter $C_{16}H_{23}NO_5$.

Fulvinsäure s. unter $C_{14}H_{12}O_8$.

Fulvoplumierin s. unter $C_{14}H_{12}O_4$.

Fulvosäuren, Bldg. durch starke Ox. v. Humussäuren 9-2643; Adsorpt. v. — aus Bodenhumus (Einfl. d. pH-Wertes) 12-0773; Komplexbldg. mit Mo(VI) (IR-spektroskop. Unters.) 26-1498; Stabilitätskonst. v. Cu^{2+}–, Fe^{3+}– u. Zn^{2+}-—-Komplexen 27-3421; Darst. u. Eig. v. —-Metall-Phosphaten 33-3366; Stabilitätskonst. v. Metall-—-Komplexen 33-3367; Rk.: mit Fe 35-3038; mit akt. Cl 37-3252; Einfl. auf d. Wachstum u. d. Morphologie v. Tomaten 11-1369; thermogravimetr. Analyse v. Metallkomplexen 3-0805; Best. d. Aminosäuren in — 29-3259.

Fumagillin s. unter $C_{26}H_{34}O_7$.

Fumarophycin s. unter $C_{22}H_{23}NO_6$.

Fumaropimarsäure s. unter $C_{24}H_{34}O_6$.

Fumarprotocetrarsäure s. unter $C_{22}H_{16}O_{12}$.

Fumarsäure s. unter $C_4H_4O_4$.

Fumigatin s. unter $C_8H_8O_4$.

Fungichromatin, Klassifikat. u. Eig. 25-1443.

Fungichromin s. unter $C_{35}H_{60}O_{13}$.

Fungimycin, Herst. aus Streptomyces coelicolor-Kultur 3-1783*

Fungistatika s. unter *Antimykotika*.

Fungitox OR, komplexometr. Best. v. Hg in — 48-1996.

Fungizide s. unter *Antimykotika*.

Funtessin s. unter $C_{22}H_{38}N_2O$.

Funtumafrin-C s. unter $C_{23}H_{39}NO$.

Funtumidin s. unter $C_{21}H_{37}NO$.

Funtumin s. unter $C_{21}H_{35}NO$.

Funtuphyllamin C s. unter $C_{23}H_{41}NO$.

Furacilin s. unter $C_6H_6N_4O_4$.

Furacrylin s. unter $C_9H_7N_5O_3$.

Furadantin s. unter $C_8H_6N_4O_5$..
Furadoin s. unter $C_8H_6N_4O_5$.
Furadonin s. unter $C_8H_6N_4O_5$.
Furan s. unter C_4H_4O.
Furane, Furanderiv. 6-1042; Nitrofurylheterocyclen 16-1083 bis 16-1088; Unters. in d. Furanreihen 23-1115; Furanverb. 26-1066, 26-1067; Furanderiv. 32-1087; Alkylderiv. v. 3-Amino-5-furyl-(2)-1.2.4-triazol 33-1145, 36-0968, 36-0969; Furanderiv. 41-1071; Furylalkine 45-1066; Furanderiv. 47-1211.

Darst.: v. α-Aryl-α-aminoalkyl-β-furylpropionitrilen (Antitussiva) 2-1608*; v. *2*-substituierten Deriv. d. 3.4-Dicarbomethoxyfurans 5-1007; v. furylsubstituierten Aminoketonen 5-1707*; v. Furanmercaptanen 5-2577*; v. [2-Cyclopropylfuryl-(5)]-aldehyden u. -ketonen 6-2549*; u. ¹H-NMR-Spektren v. bromierten — 7-0857; v. 5-Trialkyl(phenyl)-silylfurfuroldiäthylacetalen 7-1026; v. 1.2-Glykolmonofurfuryläthern 7-1028; v. Benzoylfuranen 7-1721*; v. 2-[Alkyl- oder Phenylamino]-5-[2-(5-nitrofuryl-(2))-äthenyl]-1.3.4-oxadiazolen 7-1768*; v. 1-Acyl-2-[5-nitrofuryl-(2)-vinyl]-benzimidazolen 7-1769*; v. 1-[5-Nitrofuryl-(2)]-2-pyridyläthylenen 7-1770*; v. 1-Alkyl(bzw. 1-Carbalkoxymethyl)-2-oxo-4-[5-nitrofuryl-(2)]-5-carbalkoxy-6-alkyl-1.2.3.4-tetrahydropyrimidinen 10-1698*; v. 3-{2-[5-Nitrofuryl-(2)]-vinyl}-isoxazolon-(5)-4-carbonsäurederiv. 10-1740*; v. Alkyl-2-[(5-nitrofurfuryl)-mercapto]-pyrimidinen 10-1741*; v. 3-(Di)Acylamino-6-[5′-nitrofuryl-(2′)-äthenyl]-1.2.4-triazinen 10-1742*; v. 5-Nitrofuryl-(2)-carbonsäure-N′-pyrimidinylhydraziden 12-1688*; v. 2-{2-[5-Nitrofuryl-(2)]-vinyl}-4-pyrimidinyl-1.3.4-oxadiazolinonen-(5) 12-1689*; v. 5-Nitrofuran-2-carbonsäure-N-pyrimidinyl-(2)-amiden 12-1690*; u. biolog. Eig. v. Deriv. d. 1-[5-Nitrofurfurylidenamino]-hydantoins 13-1017; v. 5-Dialkylaminofurfurolen 13-2562*; v. Semicarbazonen d. 5-Nitro-2-furaldehyds 14-1755*; v. Halogenderiv. d. Furfurylidenmalonsäurediäthyl- u. -diisopropylesters 16-1082; v. 2-Alkyl-6-[5-nitrofuryl-(2)]-3-oxo-2.3-dihydropyridiazinen 16-1084; v. 3-Alkyl-5-[5-nitrofuryl-(2)]-4H-1.2.4-triazolen 16-1085; v. 4-Amino-2-[5-nitrofuryl-(2)]-chinazolinderiv. 16-1086; v. 4-Acyl-5.5-dialkyl-2-[5-nitrofuryl-(2)]-Δ^2-1.3.4-oxadiazolinen 16-1087; v. 1-Alkyl- u. 1-Aryl-5-[5-nitrofuryl-(2)]-tetrazolen 16-1088; u. bakteriostat. Eig. v. 5-Nitrofuranderiv. d. Penicillansäure 17-1402; v. 5-Nitrofuroyl-(2)-amidoxim-O-acylaten 17-1856*; v. 3-[5-Nitrofuryl-(2)]-acrylsäure-N-[alkyl(amino)pyrimidylmethyl]-amiden 17-1857*; v. 6-[5′-Nitrofuryl-(2′)]-pyridazinonen-(3) 21-1927*; aus α-Bromketonen 22-1068; v. 2-Furylphenylketonen 22-1410; u. Stabilität v. Furylsilanen 24-1106; v. N-[3-(5-Nitrofuryl-(2))-acryloyl]-aminosäureestern 25-1885*; v. 2-Alkyl(bzw. -Aralkyl bzw. -Aryl)-5-[2-(5-nitrofuryl-(2))-vinyl]-1.3.4-oxadiazolen 25-1886*; v. 5-[2-(5-Nitrofuryl-(2))-äthenyl]-3-alkylamino-1.2.4-triazinen 25-1890*; v. 5-Aryliden-3-furfurylrhodaminderiv. 28-1744; v. N-[1-Phenylpropyl-(2)]-N-alkylfurfurylaminen 28-1759*; v. Nitrofuranderiv. 29-1150, 29-1151; v. 1-[5-Nitrofuryl-(2)]-2-[2-alkylmercapto-1.3.4-oxadiazolyl-(5)]-alkenen-(1) 29-1870*; v. 2-[5-Nitrofuryl-(2)-vinyl]-pyrimidinen 29-1872*; v. 2-Alkyl-4-{2-[5-nitrofuryl-(2)]-vinyl}-6-[hydroxymethylamino]-pyrimidinen 29-1873*; v. Furancarbonsäure-N.N-bis-[2-chloräthyl]-amiden oder -hydraziden 29-2780*; v. 5-Nitrofurylpyridazinonen-(3) 29-2801*; v. Furan-2-thiolcarbonsäureestern (Wirksamk. gegen Trichophyton asteroides) 30-1310; v. 5-Nitrofuran-2-carbonsäurenitrilderiv. 30-1721*; v. Furyl-(2)-alkylmethanolen 31-1140; v. 3-[5-Nitrofuryl-(2)]-acryloxyessigsäureestern 31-2842*; v. Furfurylisothiocyanaten 32-1087; v. 4-[5-Nitrofurfuryliden]-crotonsäurealkylestern 32-1754*; v. 2-[2-(5-Nitrofuryl-(2))-vinyl]-4-acyl-5-oxo-1.3.4-oxadiazolinen 32-1755*; v. 2-Diazo-3-oxo-5-[5-nitrofuryl-(2)]-penten-(4)-säureestern 32-1756*; v. 2-[5-Nitrofurfuryliden]-tetralonen-(1) 32-1758*; v. α-Furfuryldialkylarylammoniumhalogeniden 34-1065; v. 1-[5-Arylfurfurylidenamino]-hydantoinen 37-1155; v. 5-[2-(5-Nitrofuryl-(2))-1-methylvinyl]-1.3.4-oxadiazolinonen-(2) 39-1009; v. 3-Amino-5-(5-nitro-2-furyl)-1.2.4-triazolen 39-1744*; v. 4-{2-[5-Nitrofuryl-(2)]-vinyl}-pyrimidinen 43-1752*; v. 2-[3-Oxo-4-substituierten-1-butenyl]-5-nitrofuranen 45-1919*; v. Furanketonen v. 4-Carbäthoxy-4-phenylpiperidin 46-1006; v. 3-[5′-Nitrofuryl-(2′)]-1H-1.2.4-triazolen 46-1699*; v. 6-{β-[5-Nitrofuryl-(2)]-vinyl}-pyrimidinderiv. 48-2881*.

Massenspektren 2-0832; IR-Spektren v. *2*- u. *3*-substituierten — 18-0826; Unters. v. 2-Nitrofuranderiv. mit Hilfe d. Polarographie 40-0858.

Hydrier. v. 2-Alkyl-5-aminoalkyl-— 5-2587*; Diels-Alder-Rk. mit Acetylendicarbonsäurediäthylestern 6-2462; Umwandl. v. Furylalkanolen-(3) an Aktivkohle 8-1015; Hydrier. v. 1-[α-Furyl]-3-methylaminoalkanen 8-1019; Rk.: v. Arylfurylaminen mit Maleinsäureanhydrid 10-1023; v. *5*-substituierten Furancarbonsäuren-(2) mit Diphenyldiazomethan 17-1008; Einw. v. HCl auf 2-[ω-Chlor-n-alkyl]-— 17-2738*; Rk. mit Acrylsäurechlorid 18-1021; Kondens. v. β-Furyl-β′-alkylglycidsäuremethyl(bzw. äthyl)ester mit Äthylenimin 28-2916*; Ringschluß v. 1-Furoylaminoguanidinen 36-0968; Rk. mit Polysulfiden 37-2956*; Umwandl. v. Furanalkoholen 42-0961; photochem. Decarbonylier. 46-0889; Rk. v. Furfurylaminen mit Acrolein 46-0984.

Pharmakolog. Eig. v. 5-Alkyl-5α-furfuryl-(2)-thiobarbitursäuren 10-1626; Nitro-— als radiomimet. Agenzien 13-1312; antibakterielle Aktivität d. *2*-substituierten Guanyl-5-nitrofuranderiv. 15-1443; Einfl.: v. Nitrofuranpräp. auf d. immunolog. Reaktivität 17-1584; v. 5-Nitro-— auf d. Chloroplastensyst. v. Euglena viridis 19-1456; {3-[5-Nitrofuryl-(2)]-5-methylisoxazolyl-(4)}-glyoxal-Deriv. als Antivirussubstanzen 19-1462; entzündungshemmende Wrkg. v. Furfurylessigsäurederiv. 24-1710; antimikrobe Aktivität v. Nitro-— 26-1421; Einfl. v. N.N-Bis-[2-chloräthyl]-amiden v. Carbonsäuren d. Furanreihe auf durchsetzte Geschwülste v. Ratten u. Mäusen 27-1409.

Verw. als Lichtschutzmittel für d. menschl. Haut (Furylacrylsäuredialkylaminoalkylester) 5-2814*; zum Kleben v. Kunststoffen (Furyloxysilane) 5-2824*; als Lebensmittelkonservier.-Stoffe (Nitro-—) 12-3154; als Tuberkulosemittel (5-Nitrofurfurol-1.3.5-triazinylhydrazone) 27-1925*; als Bakterizide (5-Nitrofuran-2-carbonsäureamidoxime) 30-1720*; {3-[5-Nitrofuryl]-(5-alkyl)-1.2.4-triazole} 51/52-1800*.

Papierchromatographie v. Nitro-— 30-2020; Best. v. Nitro-— 44-1544; Verteil.-Gaschromatographie 44-1869.

Bibl.: Methoden der analytischen Bestimmung von Verbindungen der 5-Nitrofuranreihe [russ.] B 93.

Dihydrofurane, Darst.: v. 2.2-Dichlor-3-(2H)-furanonen 21-3386*; v. 2.3-— 26-2668*; v. 3-Alkylamino-4.5-— 38-1864*; NMR-Unters. an Alkylderiv. d. 2-Phenyl-2.3-— 27-0948; Isomerisier. d. Alkylderiv. v. 2-Vinyl-2.3-— 1-0899; photochem. Umlager. v. Alkylderiv. d. 2-Vinyl-2.3-— 42-0962; Verw. v. 3.4.5-trisubstituierten 2-Oxo(Imino)-1-oxa-Δ^3-cyclopentenen als Entw.-Beschleuniger für photograph. Materialien 24-3107*.

Tetrahydrofurane, Darst.: v. 1.2-Glykoltetrahydrofurfuryläthern 7-1028; v. 1-Amino-2-[tetrahydrofurylalkyloxy]-4-hydroxyanthrachinonen 8-2692*; v. — 13-1060; v. N-[3-(p-Fluorbenzoyl)-propyl]-tetrahydrofurfurylaminen 20-1653*; aus 1.7- bzw. 1.6-Allyldiolen 21-1139; v. Alkenyl-— 22-1069; v. Deriv. d. Tetrahydrofurylessigsäure 28-1053; v. 3-[Tetrahydrofuranyl-(2)]-propionaldehyden 35-1078; v. 2-Aryl-2-(p-diäthylaminoäthoxyphenyl)-— 41-1801*; v. α-Aryl-β-[2-tetrahydrofuryl]-propionitrilen 41-1806*; v. 1-[α-Tetrahydrofuryl]-2.2-dialkyl-1.3-dihydroxypropanen 42-2354*; v. Di-— 48-1167; Rk. v. Alkalisalzen d. Mono(Di)hydroxyalkyl-— mit Anthrachinonverb. 5-2783*; Umwandl. v. Tetrahydrofurylalkanolen-(3) an Aktivkohle 8-1015; Rk. v. Alkalialkoholaten d. Tetrahydrofurans mit Anthrachinonverb. 8-2692*; Chemie d. 3-Keto-— 11-1047; Rk. chlorierter Furanidine 28-1053; Red.: v. Tetrahydrofuranyläthern 29-1164; v. Tetrahydrofuranyl-(2)-thioäthern 29-1165.

Furanomycin s. unter $C_7H_{11}NO_3$.
Furanopetasin s. unter $C_{20}H_{28}O_4$.
Furanopetasol s. unter $C_{15}H_{22}O_3$.
Furazane (1.2.5-Oxadiazole), Furazanoxide 21-1051; IR-Spektren 45-0808; Darst. v. β-Aryläthanolaminen aus 3.4-Diaroylfurazanoxiden 11-1022.
Furazolidon s. unter $C_8H_7N_3O_5$.
Furédème s. unter $C_{10}H_9N_7O$.
Furfenorex s. unter $C_{15}H_{19}NO$.
Furfural s. unter $C_5H_4O_2$.
Furfurol s. unter $C_5H_4O_2$.
Furfurylalkohol s. unter $C_5H_6O_2$.
Furfurylamin s. unter C_5H_7NO.
Furidazol s. unter $C_{11}H_8N_2O$.
Furil s. unter $C_{10}H_6O_4$.
Furocumarin s. unter $C_{16}H_{14}O_4$.
Furocumarine, — 9-1996; Unters. an angularen — 34-1078; synthet. — 35-1095; — 45-1812.

Geh. in Pastinaca sativa (Veränder. während d. Vegetat.) 15-1750; Isolier.: aus d. Früchten v. Hippomarathrum microcarpum 22-1140, 22-1141; aus Hippomarathrum caspium 31-1156; aus Ruta graveolens 36-1647; Vork. in Phebalium argenteum 48-1473.

Synth.: v. Cumarino-α-pyronen u. — 10-1036; Synth. v. neuen — 29-1170.

UV-Absorpt. v. Psoralenen 9-0843; integrale Intensitäten d. CO-Bande v. Furo-[2.3:g]-cumarinen 18-0830; MO-Berechn. v. photosensibilisierenden Psoralenderiv. 24-0930.

Rk. mit Hydrazin u. Phenylhydrazin 11-1053; Photork. mit Flavinmononucleotid 16-1143; Dunkelwechselwrkg. zwischen — u. Nucleinsäuren 44-1042.

Photoinaktivier. v. Ehrlich-Ascitestumorzellen in vitro mit hautsensitivierenden — 15-1294; Haut-lichtsensibilisierende — 23-1733; antikonvulsive Wrkg. v. — aus Heracleum sibiricum u. H. verticillatum 41-1737.

Photometr. Best. 45-1812.

Bibl.: Natürliche Cumarine und Furocumarine [russ.] B 19.

Furoesäure s. unter $C_5H_4O_3$.
Furoguajacin s. unter $C_{20}H_{20}O_5$.
Furoin s. unter $C_{10}H_8O_4$.
Furosemid(e) s. unter $C_{12}H_{11}ClN_2O_5S$.
Fursemid s. unter $C_{12}H_{11}ClN_2O_5S$.
Furteren s. unter $C_{10}H_9N_7O$.
Furtrethonium s. unter $C_8H_{15}NO_2$.
Furylgrün s. unter $C_{21}H_{24}N_2O_2$.
Fusafungin s. unter $C_{29}H_{51}N_2O_8$.
Fusar(in)säure s. unter $C_{10}H_{13}NO_2$.
Fuselöle, Bldg. bzw. Vork. 8-3168, 10-3121, 17-3510, 25-3448, 42-1967, 44-2975.
Fusidin, Biosynth. (Einfl. v. Saccharose) 11-1304; — u. seine Eig. 46-1281.
Fusidinsäure s. unter $C_{31}H_{48}O_6$.
Fusidsäure s. unter $C_{31}H_{48}O_6$.
Fusigen, —, ein neues Sideramin aus Pilzen 31-1485.

Fußböden, Bodenbeläge mit Schichten aus Epoxidharz u. gepulvertem Korund oder SiC 1-2159*; —-Platten auf Basis v. Asphalt- u. Polyesterharzmisch. 3-2383*; Verschleißprüf. an organ. —-Belägen 4-1925; Bodenbeläge: aus PVC, Asbest, Stabilisator u. Alkalicarbonat 4-2362*; aus PVC u. Füllstoffen 4-2363*; Festigk. v. — aus Zement-, Polymerzement- u. zementfreiem Plastbeton 5-2291; chem. widerstandsfäh. —-Fliesen 5-2309*; hitzebeständ. —-Beläge aus PVC 8-2825*; Polyepoxidharzmassen für Böden 11-2303*; thermoplast. Formmassen für —-Beläge 11-2873*; Keramsitbeton als —-Material 12-2263; Platten für Bodenbeläge aus mineral. Füllstoff u. Vinylchloridpolymerisaten 13-2867*; Trockenpreßmasseaufbereit. in d. Bodenfliesenindustrie 15-2351; hitzebeständ. Isolierkörper für — 16-2316*; KW-Stoffharz für —-Belag 20-2793*; —-Belag: aus chloriertem Niederdruckpolyäthylen, Vinylharz u. Füllstoff 27-2544*; aus Vinylcopolymerisaten, chloriertem oder chlorsulfoniertem Polyäthylen u. Füllstoff 27-3287*; Bitumen für —-Beläge 30-2914; Weichmacher für PVC zur Verhinder. d. Verfärb. v. Bodenbelägen 31-2480*; Herst. v. Überzügen oder Reparaturen an — unter Verw. v. kunststoffhalt. Misch. 31-2481*; Bodenbeläge: aus anorgan. Füllstoff, Kunststoffbindemittel u. MgO 31-3278*; aus Vinylchloridharzen 32-2823*; Versiegel., Beschicht. u. Beläge aus Kunstharzen 36-2310; Bodenbeläge: aus Polyurethanmassen mit Sulfonylisocyanaten 36-2844*; aus Polyester-Formmassen mit Kaolin 36-2864*; Monolith-— mit wärmehärtenden Bindemitteln erhöhter Elastizität 38-2438; abriebfeste, rutschsichere Silicone für — 38-2913*; künstl. Marmorsteine für Böden 43-2392*; Bodenbeläge: aus Epoxidharzmassen 44-2660*; aus chloriertem Polyäthylen, Vinylpolymerisaten u. Füllstoffen 45-3103*; aus PVC mit Acrylharzen 46-2161*; aus Wasserglas, Doppel- oder Al-Sulfat u. wärmeisolierenden Füllstoffen 46-2162*; aus PVC-Misch. (biegsam, nicht zur Verschmutz. neigend) 49/50-2236*; Verw. v. Chlorparaffinen in PVC-Bodenbelägen 51/52-2553.

Klebmittel für —-Beläge 19-2904*, 34-2717*.

Verlaufmittel für wss. Wachs- u./oder Harzemuls. für — (Amidderiv. v. Fluorcarbonsäuren) 1-2440*; wss., mit Selbstglanz auftrocknende Pfropfpolymerisatdispers. zur —-Pflege 1-2691*; Hartwachse für —-Pflegemittel 3-2815*; Wachssäuren für fl. Bohnerwachse 3-2817*; —-Pflegemittel aus Montanwachs, Ceresin, Hartparaffin u. oberflächenakt. Substanz 7-2794*; fl. wachshalt. Bohnermassen 14-2744*; —-Poliermittel aus wss. Dispers. v. Copolymerisaten aus (Meth)Acrylaten u. Itaconsäurehalbestern 18-2787*; —-Glänzer (hellfarb., mit Alkali zu entfernen) 19-2892*; wss. Selbstglanzdispers. aus Pfropfpolymerisaten v. (Meth)Acrylaten mit wasserlösl. Salzen d. Schellacks 19-2893*; Überzugsmittel für --Versiegel. u. Kegelbahnen 22-3079*; Copolymere aus Vinylacetat u. Inden für Bodenpoliermittel 24-2756*; wachsart. lösl. Polyester für --Pflegemittel 39-2838*; wachsart. Äthylencopolymerisate für selbstglänzende Emuls. 47-2779*; --Pflegemittel: aus Ätherwachsen 47-2781*; aus harten lösl. Esterwachsen 47-2782*.

Best. v. Nitrobenzol in --Pflegemitteln (gaschromatograph.) 1-1902.

Fussol s. unter C_2H_4FNO.

Fustin s. unter $C_{15}H_{12}O_6$.

Futtermittel

Silier. v. – u. Verw. v. Silage als – s. unter *Silage*.

Aufarbeit. v. fetthalt. organ. Material für – 1-3066* enzymat. Hydrolyse v. Eiweiß-– 16-3245; Verwert. v. Klärschlamm als – 18-2142; Rückstände v. Pestiziden u. a. Fremdstoffen in – (Rückstandsberichte) 31-3500 bis 31-3502, 32-3036; Herst. v. – aus Fleisch-Nebenprod. oder Fleischmehlen, pflanzl. Proteinen, festen Zuckerarten, Fetten, Propylenglykol u. Sorbinsäuren 33-3543*; Rückstände v. Pestiziden u. a. Fremdstoffen in – 41-1750; Vork. v. Aflatoxin in – 47-3210.

Pflanzliche Futtermittel

Eign. v. Blatteiweißkonzentrat aus Luzerne u. Erbsenranken als – 2-2906; Vork. v. Dieldrin in Futterpflanzen nach Bodenbehandl. zur Bekämpf. v. Brachyrhinus ligustici 3-3169; Pufferungsvermögen v. Weidegras u. Silagen 19-3260; Futterwert v. druckammonisierten Trockenschnitzeln 19-3262; DDT-Verunreinig. v. Futtergetreide u. Futter in Pennsylvania 21-1591; S-Bedarf u. -düng. v. Weide- u. Futterpflanzen 21-3331; Wrkg. d. Phosphatdüng. auf Ertrag, Phosphorsäure- u. Eiweißgeh. d. Wiesenfutters 21-3341; Beständigk. v. Heptachlorepoxid- u. Dieldrinrückständen auf Futterpflanzen 22-3192; Verarbeit. v. Crambesamen zu Tierfuttermehl 22-3223; chem. Zus. d. Zellwandbestandteile u. d. mit sauren Detergention erhaltenen Faserfrakt. v. – 32-3062; Pflanzensamen als Eiweißquelle für – 33-3514; Korrelat. d. Nichtnährstoff-Bestandteile mit d. Eiweißgeh. v. getrockneter Luzerne bei Verfütter. an Nichtwiederkäuer 33-3526; Behandl. v. Grün-– zur Verminder. d. Nährstoffverluste bei d. Lager. 33-3542*; Aminosäurezus. u. fermentatives Hydrolysiervermögen v. Proteinen in pflanzl. – 41-3279; lösl. Kohlenhydrate in d. Samen v. trop. Futterarten 48-1435; s. auch d. Abschnitte *Futtermittel für bestimmte Tiere*; *Analytisches*.

Tierische Futtermittel

Herst. v. Protein-– mit hohem Cystin/Cystein-Verhältnis durch Hydrolyse v. Skleroproteinen 33-3546*; Qualitätskriterien v. als Viehfutter vorgesehenem Talg 44-2968.

Futterhefe

Verw. v. Buchenholzhydrolysat zur Zücht. v. Futterhefe 8-3172; Schwank. d. Futterhefeausb. in Abhängigk. v. Konz. u. pH d. Holzzuckerlsg. 23-3488; Erzeug. v. Futterhefe (aus Kartoffelfruchtwasser) 24-3027; (aus Sulfitablaugen u. Schlempen) 28-3219; (biochem. u. mikrobiolog. Kriterien für d. Beurteil. d. Qualität d. Hefensatzes) 38-3234, 38-3235; (aus Hydrolysaten v. Torf) 39-2703; (aus Holzhydrolysaten, Einfl. d. Entfern. v. Koll.- u. Farbstoffen) 41-3268; (aus KW-Stoffen) 44-2972; (Steiger. d. Ausb. durch Biostimulatoren) 47-3208.

Beifuttermittel

Überziehen v. Futterzusätzen durch Koazervier. 22-2264*, 40-2823*.

Herst. für Futterzwecke: v. Salzgemischen (Mg- u. Ca-Orthophosphate) 2-2944* v. fluorarmen Ca-Phosphat 7-3195; v. Ca-Phosphaten (aus Naturphosphaten u. HNO_3) 19-3152*; (aus Rohphosphaten u. Doppelsuperphosphat) 24-3042*; Radioaktivität in Phosphat-Viehfutter 31-2242; Herst. v. Lecksteinen für Haustiere u. Wild 41-3285*; Verw. v. citratlösl. Ca-Phosphat als --Zusatz 44-2086*; filtrationsloses Verf. zur Herst. v. Futterphosphat aus Extrakt.-H_3PO_4 48-2954; Leckstein aus festen, wachsart. Stoffen, Mineralstoffen u. einer Citronensäure enthaltenden lösl. Chelatkomplexverb. 48-2958*.

Wachstumsfördernde Bei-– (Gärrückstand bei d. Zücht. d. Bacillis licheniformis) 1-3071*; – mit Geh. an Glycerinäthern 2-2945*; Darst. v. Aminosäuren als --Zusätze 4-1369*; Bei-– aus Neomycin, Penicillin, Novobiocin oder Erythromycin 4-2681*; Gewinn. v. mikroorganismenhalt. Futterzusätzen 6-3113*, 6-3114*; Bei-– (mit Geh. an Diaryl(thio)harnstoff) 10-3135*; (Harnstoffderiv.) 10-3136*; (Penicillinderiv.) 13-1714*; Herst.: v. gelben, roten oder violetten Farbstoffen für – 14-3098*; v. Vitaminpräp. in Trockenform für – 16-3251*; v. in W. lösl. komplexen Pyrrolidinomethyloxytetracyclinverb. als --Zusatz 18-3113*; v. Carotinoiden als Farbstoffe für – 19-3270*; v. Bei-– auf Basis v. Acrylsäuresalzen u. Tetracyclinderiv. 22-3227*; v. Ornithin (Förder. d. Bldg. v. Harnsäure bzw. Harnstoff bei Haustieren) 23-2802*; v. 1.3-Bis-[D-glucopyranosyl]-harnstoff als Zusätze zu – 25-2707*; einer stabilen trockenen J-Stärke-Verb. als Bei-– 26-3197*; Geschmacksverbesser. v. Haustier-– durch Zusatz eines Acetamides 28-3236*; Darst.: eines carotinoidhalt. Präp. als --Zusatz 30-1718*; v. Carotinoiden als --Farbstoffe 30-3080*; eines vitaminhalt. Ergänz.-– 30-3086*; Pyridinole als --Zusatzstoffe 32-3072*; 2-Brom-5-nitrothiazol-Zusatz bei – zur Verhüt. d. Mycotoxicosis 33-3544*; Stabilisier. v. Menadion-Bisulfit-Addukten in – durch nichttox. Überzüge 33-3545*; Herabsetz. d. Freßlust v. Warmblütern mit 1-Phenoxy-2-amino-propan 33-3547*; Harnstoff-Addit.-Komplexe als Beifutter-Konzentrate 33-3548*; Verw. v. p-Aminomethyl-benzolsulfonamid oder dessen Salzen in – 33-3549*; wachstumsbeschleunigendes Mittel für Haustiere (4.4'-Dihydroxydiphenylsulfid-Zusatz) 33-3552*; Herst.: eines vitaminhalt. – 40-2962*; v. haltbaren Futterzusätzen mit erhöhter Konz. an Wirkstoffen durch SiO_2-Zugabe 40-2963*; v. Futter-Vitamin B_{12} aus Fruchtwasser u. Pülpe d. Kartoffel 41-3282; zweigliedr. Komplex aus Morpholin-3-onderiv. u. 4-Hydroxy-3-methoxy- bzw. -3-äthoxybenzaldehyd als Geschmackskomponente für – 44-2432*; Herst. v. Tocopheraminen (Antioxydantien für –) 45-2698*; s. auch d. Abschnitte *Futtermittel für bestimmte Tiere*; *Analytisches*.

Futtermittel für bestimmte Tiere

Verw. v. 2-substituierten 4-Aminobenzoesäurederiv. als --Zusätze gegen Coccidiose bei Geflügel 5-1741*; Einfl. v. Ca- u. Fe-Zusätzen u. d. Kochens v. Schweinefutter auf d. Toxizität v. Gossypol 8-3171; Zusatz für Geflügelfutter (Verhüt. u. Behandl. v. Coccidiose) 10-3134*; (aus 4-Sulfanilamido-2.6-dimethoxypyrimidin u. 2.4-Diamino-5-[3.4-dimethoxybenzyl]-pyrimidin) 10-3136*; (Herst. v. ox. Carotinoiden) 14-3103*; Einfl. therm. Prozesse auf d. Qualität d. Rapsschrotes (Fütter.-Vers. bei Hühnern) 23-3487; Bekämpf. d. Coccidiosis durch 2-Alkoxy(alkenoxy)-4-substituiertes-benzaldehyd in – für Geflügel 32-3073*; Beschleunig. d. Wachstums u. Verbesser. d. Futterausnutz. bei Wiederkäuern durch Zusatz v. 1-Alkyl-2-mercaptoimidazol u. Vitamin A 32-3074*; Zusatz v. Propionsäure zu Enten-– 32-3075*; Coccidiostatica für – für Geflügel (2-substituierte 4-Nitrobenzoesäuren) 33-3550*; (2-substituierte 4-Aminobenzoesäuren oder deren N-substituierte Deriv.) 33-3551*; Herst. v. flock. mit Vitaminen angereicherten Fisch-– 36-3167*; Geflügelfutter unter Zusatz v. 5-Methyl-3-sulfanilamidoisoxazol u. 2.4-Diamino-5-[3.4-dimethoxybenzyl]-pyrimidin oder deren Salze 40-2964*.

Analytisches

Faseranalyse v. – 2-1942; spektrophotometr. Best. v. Futter-Chlortetracyclin in d. Atmosphäre 3-2093; thermolektr. Kalorimeter zur Best. d. energet. Wertes v. – 3-2134; Best. in –: d. Methionins u. Cystins 7-2069; d. Verdaulichk. v. Protein 8-2005; v. Zucker (in Grünpflanzen u. Trockenfutter) 8-2006; v. Vitamin B_{12} (kolorimetr.) 9-2056; v. Amprolium (fluorimetr.) 9-2057; v. Ronnel (UV-spektrophotometr.) 9-2058; v. Thiabendazol (spektrophotometr.) 9-2059; v. Dimetridazol (durch UV-Spektrophotometrie) 9-2060; v. Bacitracin (mikrobiolog.) 9-2061; v. Hygromycin B (mikrobiolog.) 9-2062; v. Penicillin (Prüf. d. AOAC-Meth.) 9-2063; v. geringen Chlortetracyclin-Konz. (mikrobiolog.) 9-2064; Trenn.: u. Rückgewinn. v. Fallout-^{137}Cs aus Zr-^{95}Nb in Futterproben 10-2053; v. synthet. Farbstoffen in – durch zirkulare Papierchromatographie u. Elektrophorese 10-2055; automat. Spurenelement-Analyse v. – 12-1984; Aufschluß mit Säure-Pepsin zur Best. d. Faserrückstandes v. Weidefutter 12-2001; Best. in –: v. Phosphat u. Ca 12-2002; v. Ethopabat 12-2004; v. Antibiotika 12-2005; v. Vitamin K_3 13-2039; v. Gesamt-Cholin 14-2072; d. Gesamt-N (nach Kjeldahl in verschiedenen Labor.) 22-2231; v. Nitrodan 27-2353; v. Thiabendazol 27-2354; v. Ronnel (UV-spektrophotometr.) 27-2355; v. Furazolidon u. Nitrofurazon 27-2356; v. Raceophenidol 27-2357; v. Zn u. Cu (in Schweinefutter) 31-2099; v. Lipoperoxiden (in Geflügelfutter) 31-2264; v. Cellulose u. Rohfaser 32-1216; v. Procain-Penicillin 32-2117; v. Cl- oder Thiophosphat enthaltenden organ. Insektiziden 36-2067; v. Spurenmengen Co (polarograph.) 39-2140; v. Zn (atomabsorpt.-spektroskop.) 40-1947; v. Cu u. Mn (atomabsorpt.-spektroskop.) 40-1948; v. Spurenmengen Cu, Zn u. Mg (atomabsorpt.-spektrometr.) 41-2170; Unters. v. Faserstoffen im Viehfutter nach d. offiziellen AOAC-Verf. u. d. „acid-detergent"-Verf. 42-1973; Best. in –: v. Ca u. stabilem Sr (flammenphotometr.) 43-2151; d. Aminosäuren (papierchromatograph.) 44-1862; d. Kaloriengeh. (Verw. v. $Cr_2O_7^{2-}$ als Ox.-Mittel) 44-1965; v. nach Kjeldahl aufgeschlossenem N (coulometr.) 46-1981; v. Harnstoff u. NH_4 46-1997; v. Spurenelementen (polarograph.) 47-2145; v. Ergosterol u. Vitamin D (in Futterhefe) 47-2147; v. Äthopabat (spektralphotometr.) 47-2148; v. Diäthylstilböstrol 47-2149, 49/50-2081; v. zusätzl. d- u. dl-α-Tocopherylacetat 49/50-2082; v. Piperazin (Verteil.-gaschromatograph.) 51/52-2024; v. Diäthylstilböstrol 51/52-2025; v. Dienöstroldiacetat 51/52-2026; analyt. Methodologie v. Oxytetracyclin in – 51/52-2027; Ringvers. mit einer UV-photometr. Meth. für Griseofulvin in – 51/52-2028.

Bibliographie

Mühlen- und Mischfutter-Kalender. Technisches Jahrbuch für die gesamte Getreideverarbeitung B 32; Methoden der Vitaminbestimmung im Futter [russ.] B 56; Technologie der Fette und Futtermittel [russ.] B 79; Residue reviews; residues of pesticides and other foreign chemicals in foods and feeds. (Vol. *18*) B 8; (Vol. *19*) B 56; (Vol. *22*) B 96; Food poisoning and food hygiene B 96.

FW 450 s. unter $C_4H_6Cl_2O_2$.

FX-80, Erythrozytenersatz für d. Gehirnperfus. 36-1565.

Fylomac 90 s. unter $C_{19}H_{35}NO$.

Fytolan, Verw. zur Bekämpf. v. Pythium aphanidermatum an Tomate 3-3163.

08G s. unter *Eisen, Schmiedeeisen und Stahl* (*Sondermarken*).

19 G s. unter *Eisen, Schmiedeeisen und Stahl* (*Sondermarken*).

24 G s. unter *Eisen, Schmiedeeisen und Stahl* (*Sondermakren*).

65 G s. unter *Eisen, Schmiedeeisen und Stahl* (*Sondermarken*).

G-72 s. unter $C_{15}H_{23}ClN_4$.

0 9 G 2 s. unter *Eisen, Schmiedeeisen und Stahl* (*Sondermarken*).

14 G 2 s. unter *Eisen, Schmiedeeisen und Stahl* (*Sondermarken*).

52 G 2 s. unter *Eisen, Schmiedeeisen und Stahl* (*Sondermarken*).

60 G 2 s. unter *Eisen, Schmiedeeisen und Stahl* (*Sondermarken*).

G 1000 s. unter *Aktivkohle*.

G-2854 (Polyoxyäthylensorbittetraoleat), Wrkg. auf d. Bldg. v. L-Äpfelsäure neben Fumarsäure mit Rhizopus 29-1499.

G 13 838 s. unter $C_{18}H_{18}N_2O_2$.

G 13 871 s. unter $C_{19}H_{20}N_2O_2$.

G 14 744 s. unter $C_{15}N_{12}N_2O_2$.

G 15 138 s. unter $C_{17}H_{16}N_2O_2$.

G 24 746 s. unter $C_{10}H_{17}N_2O_4PS$.

G 24 747 s. unter $C_{10}H_{17}N_2O_3PS_2$.

G 27 202 s. unter $C_{19}H_{20}N_2O_3$.

G27 463 s. unter $C_{19}H_{20}N_2O_4$.

G 30 044 s. unter $C_8H_{15}N_5O$.

G-31 150, leukozytot. Wrkg. bei d. Ratte 12-1478.

G-31 717 s. unter $C_{11}H_{21}N_5O$.

G-32 911 s. unter $C_8H_{15}N_5S$.

G 34 586 s. unter $C_{19}H_{23}ClN_2$.

G 34 690 s. unter $C_{12}H_{23}N_5O_3$.

G-34 764 s. unter $C_{20}H_{22}N_2O_4S$.

G 35 716 s. unter $C_{18}H_{18}N_2O_3$.

G 36 393 s. unter $C_{11}H_{21}N_5OS$.

18 G 2 A s. unter *Eisen, Schmiedeeisen und Stahl* (*Sondermarken*).

GABA s. unter $C_4H_9NO_2$.

Gabbro, zonarer Plagioklas in einem --Gang v. Alatronio, N-Finnland 4-0638; Differentiat. v. --Anorthosit-Intrus. 14-0779; Rb-Sr- u. K-Ar-Altersbest. an d. Modipe-– v. Betschuanaland u. Südafrika 16-0813; K-Häufigk. in – 16-0820; experimentelle Unters. d. Umwandl. – zu Eklogit (petrolog. Bedeut.) 17-0861; Ausbldg. v. Amphibol-Klinopyroxen- u. Granat-Rk. Säumen in Meta-Olivin-– v. Cabo Ortegal (N.W. Spanien) 18-0771; mineralog. Zus. v. --Noriten im Südteil d. Präkambriums Belorußlands 29-0890; Mineralbestand eines Kontaktmarmors im Radautal-– (Harz) 39-0685; Genese taxit. --Dolerite differenzierter Trapp-Intrus. d. Norilsker Gebietes 42-0653.

Spektrales Reflex.-Vermögen v. – 40-0679; Wärmeleitfähigk. v. – bei hohen Temp. 39-0690.

Genauigk. d. chem. Best. d. Gesamt-Fe-Geh. u. Al-Geh. in – 5-1949.

Gabbroide, Verwitter.-Prozesse v. gabbroiden Gesteinen d. Nowa Ruda Region (Unterschlesien) 22-0823; UV-Reflex.-Mess. v. gabbroid. Gesteinen 20-0789.

Gabonin s. unter $C_{42}H_{54}N_4O_8$.

G-AC 3 FGN s. unter *Aluminiumlegierungen (Sondermarken).*

Gadolensäure s. unter $C_{20}H_{38}O_2$.

Gadolinit, Vork. v. – u. Ca-– im Pyörönmaa-Pegmatit v. Kangasala, SW-Finnland 4-0642; Verhältnis U/Th in – 6-0795; –-Synth. 18-0199; Synth. v. *Calciogadolinit* 47-0763; IR-spektroskop. Unters. v. – 40-0218.

Gadolinium

– in Meteoriten u. Tektiten 16-0764; Häufigk. v. – in Ap-Sternen 20-0782; Linien v. – im Kosmos 25-0845; Verteil. d. – in Mineralkomponenten d. Chondriten Bruderheim 28-0806; –- u. Ba-Häufigk. im Howarditen Bunun 29-0864; akzessor. Xenotime aus Pegmatitgängen v. Čupa u. d. Verteil.-Besonderh. v. – 38-0877; Diffus. v. – in d. Sonne 40-0672; –-Geh. in Stromsedimenten d. Paparoa-Bereichs, New Zealand 49/50-0658; Unters. v. – in Epidot u. Oethit 49/50-0681; Linien v. – in C-Sternen 51/52-0623; Häufigk. v. – im Kosmos 51/52-0626.

Hochtemp.-Zelle zur elektrolyt. Gewinn. 10-2349; Verteil.-chromatograph. Abtrenn. v. anderen Seltenerdmetallen mit Di-(2-äthylhexyl)-phosphorsäure 5-1921; metallograph. Präparat. 20-0155.

Zerfall v. ^{155}Tb u. ^{155}Eu zu Niveaus in ^{155}Gd 1-0074; Mössbauer-Effekt an ^{161}Dy-Beimeng.-Kernen in metall. – 3-0077; Zerfallsschema $^{152}Yb \rightarrow ^{152}Gd$ 7-0086; Zerfall v. $^{157}Tb \rightarrow ^{157}Gd$ 23-0074; Konvers.-Elektron-Teilchen-Parameter im Zerfall $^{154}Eu \rightarrow ^{154}Gd$ 35-0011.

Populat. v. Rotat.- u. Isomerenzuständen in – 1-0048; magnet. Hyperfeinstruktur d. ^{155}Gd-Niveaus in metall. – u. in d. intermetall. Verb. $GdAl_2$ 2-0034; Spin-*11/2*-Isomer in ^{157}Gd 4-0034; rotationslose Zustände in ^{156}Gd 4-0036; innere Konvers. v. E*2*-Übergängen in ^{154}Gd 5-0079; $t_{1/2}$-Mess. an ^{155}Gd 6-0044; S-Wellen-Neutronen-Stärkefunkt., Niveauabstände u. Potentialstreuung-Radiusparameter für –-Isotope 7-0057; Populat. v. Rotat.-Niveaus durch unelast. Streuung v. Deuteronen an –-Isotopen 12-0045; Vibrat.-Zustände in ^{154}Gd aus d. (α, 2n)-Rk. 13-0065; innere Konvers.-Koeff. mit relativist. Hartree-Fock-Modell für ^{156}Gd 14-0034; relative Intensitäten d. inneren Konvers.-Linien d. L-Schale reiner E*2*($2^+ \rightarrow 0^+$)-Übergänge in ^{156}Gd 14-0039; Berechn. v. Kerndeformat. aus Isotopieverschieb. in Atomspektren für ^{152}Gd 17-0041; Einfangzerfall $^{153}Gd \rightarrow ^{153}Eu$ 19-0022; β-Übergänge v. ^{161}Gd 19-0065; angeregte Zustände d. ^{155}Gd-Kerns 20-0030; g-Faktoren d. ersten angeregten 2^+-Zustände in ^{156,158,160}Gd 24-0029; γ-Strahlen in d. Zerfallskette $^{149}Gd \rightarrow ^{149}Eu \rightarrow ^{149}Sm$ 25-0027; Misch. aus verschiedenen Hauptschalen d. harmon. Oszillators in –-Kernen 26-0004; phänomenolog. Analyse v. Rotat.-Zuständen in ^{160}Gd 26-0013; angeregte $K = 0^+$-Niveaus in ^{154}Gd u. Rotat.-Koppl. 26-0014; neue Mössbauer-Niveaus in ^{155,156,158,160}Gd nach Coulomb-Anreg. 26-0025; α-Zerfall v. –-Isotopen; Strahl. v. ^{151}Gd; Spins d. Grundzustände d. $(2f_{7/2})^{\pm 3}$-Konfig. in ^{149}Gd u. ^{151}Gd; 2^+-Zustände in ^{154,156,158,160}Gd 27-0010; Coriolis-Koppl. zwischen d. tiefliegenden Zuständen positiver Parität in ^{155}Gd 28-0002; eγ-Koinzidenzspektren u. Elektroneneinfangpopulat, v. ^{151}Gd-Niveaus 29-0013; Trägh.-Momente, Deformat. u. Lebensdauer in ^{152}Gd 33-0021; angeregte Zustände v. ^{155}Gd aus d. ^{155}Eu-Zerfall 33-0031; Mössbauer-Effekt-Mess. an *79,5*-keV-Niveau v. ^{158}Gd 33-0032; Test v. M*1*–E*2*-Misch. beim Zerfall v. $2^{+\prime}$-β-Vibrat.-Zuständen in ^{154}Gd 34-0022; Übergang zwischen sphär. u. deformierten ungerade–A–Gd-Kernen 37-0012; Kernisomere aus d. Beschuß v. – mit *24*-MeV-α-Teilchen 38-0013; γ-Strahl-Winkelverteil. v. rückstoßimplantierten –-Kernen in ferromagnet. Umgeb. 38-0526; $t_{1/2}$-Mess. für d. ersten 2^+- u. 4^+-Zustände in ^{156}Gd, ^{158}Gd 39-0016; γ-Koinzidenzspektren beim Zerfall v. ^{147}Gd 39-0017; Richt.-Korrelat. zwischen K-Röntgenstrahlen, d. Elektroneneinfang folgen, u. Kern-γ-Strahlen beim $^{153}Gd \rightarrow ^{153}Eu$-Zerfall 40-0002; Spins u. Schwäch.-Koeff. d. *86,5*- u. *105,3*-keV-Zustände in ^{155}Gd 41-0009; Strahl. v. ^{149}Gd 42-0002; Unters. v. Deformat.-Parametern durch Analyse d. *50*-MeV-α-Streuung an ^{158}Gd 42-0003; Bandmisch. in ^{154}Gd 42-0011; kollektive gyromagnet. Verhältnisse für ^{155,157}Gd 44-0003; Zerfall: eines neuen *26*-ns-Isomerenzustandes in ^{159}Gd 45-0014; v. ^{159}Gd 49/50-0009; Mess. d. elektron. K_{α_1}-Isotopieverschieb. für d. Kombinat. ^{155,156,160}Gd, Niveaus v. ^{158}Gd 49/50-0012; Niveaudichte deformierter –-Kerne 51/52-0011; Unters. v. Energieniveaus in –-Kernen ungerader Masse mittels (d, p)- u. (d, t)-Rk. 51/52-0020.

Winkelverteil. für ^{160}Gd(d, t)^{159}Gd 3-0090; Parameter v. Resonanzen langsamer Neutronen in –-Isotopen 7-0059; Drehimpulsverlust durch Verdampf. v. Neutronen u. Photonen in d. (α, 3n)-Rk. an ^{155}Gd 17-0058; Neutronen-Wrkg.-Querschnitt 19-2070; Reichweite v. Phototeilchen-Rückstoß-Atomen in – 21-0346; elast. Streuung v. *55*-MeV-Protonen an – 22-0004; Winkelverteil. d. γ-Strahl. d. Positron-Vernicht. in – 27-0573; Streuquerschnitte u. totale Neutronenquerschnitte im Resonanzbereich 37-0013; Reaktorneutronen-Einfangquerschnitte v. ^{154,156}Gd 44-0020.

Feinstruktur d. Röntgenabsorpt.-Spektren im Bereich d. $N_{IV,V}$-Absorpt.-Kante v. ^{64}Gd 10-0317; Röntgenabsorpt.-Spektren v. ^{64}Gd 12-0108; opt. Spektren v. Gd^{3+} in SrF_2 u. BaF_2 14-0316; Röntgenabsorpt.-Spektren 17-0367; Einfl.: d. endl. Kerngröße auf d. Abstand d. Röntgen-L_I–L_{II}-Niveaus 18-0090; d. krist. Matrix SrF_2 u. BaF_2 auf d. opt. Spektrum v. –-Beimeng.-Zentren 28-0314; phononeninduzierte Verschieb. einer Spektrallinie v. Gd^{3+} in CaF_2 29-0335; Spektren d. Gd^{3+}-Ions im $CaWO_4$-Einkrist. 32-0342; Aufspalt. v. Gd^{3+}-Termen im Krist.-Feld v. CaF_2 33-0306; Selbstabsorpt.-Effekte in d. weichen Mα- u. Mβ-Röntgenemiss.-Spektren 34-0408; M_{IV}- u. M_V-Absorpt.-Linien u. -Kanten 36-0048; Zeeman-Effektunters.: in einfach ionisiertem – 44-0066; d. Spektrums v. neutralem – 44-0067; Thermolumineszenzspektren v. Gd^{3+} in CaF_2, SrF_2 u. BaF_2 44-0296; Modell für magnet. Sterne (Radialgeschw. u. Linienintensitäten v. –) 51/52-0612.

IR-Faraday-Effekt u. g-Werte in Seltenerdmetallgranaten mit Gd^{3+} 2-0294; Besonderh. d. Bldg. v. Gd^{3+}-Störstellenzentren in CdF_2 7-0314; Röntgenschwäch.-Koeff. 10-0293; Triplett-Lösch. durch – in Glas 10-0820; Einfl. v. Gd^{3+} auf d. opt. Zentren v. Nd^{3+} in CaF_2: Krist. (Typ *1*) 13-0318; Symmetrie d. Zentren u. Natur d. angeregten Stark-Niveaus v. Gd^{3+}-Ionen in CaF_2-Krist. 13-0334; Anreg.-Spektren u. sensibilisierte Lumineszenz v. NaCl-Krist. mit Dotier. durch Gd^{3+} 16-0365; Best. v. Massenabsorpt.-Koeff. für γ- u. Röntgenstrahl. 17-0348; Fluoreszenz: v. Tb^{3+} u. strahlungsloser Energieübergang v. Gd^{3+} auf Tb^{3+} in Boratgläsern 19-0386; v. Cr^{3+} in $GdAlO_3$ (Wechselwrkg. v. Cr^{3+} mit Gd^{3+}) 22-0361; Absorpt. u. Lumineszenz v. Gd^{3+} in Berylliumfluoridglas 22-0365; Einfl. eines sek. Aktivators auf d. Einfangzentren v. ZnS-Krist.-Phosphoren ohne u. mit –-Beimeng. 25-0357; Energieübertrag. zwischen Gd^{3+}-Beimeng.-Ionen in einem CaF_2-Krist. 27-0392; durch Senken begrenzte Konz.-Lösch. d. Fluoreszenz v. Gd^{3+} u. Yb^{3+} in einer Glasmatrix 41-0270; Thermolumineszenz u. Absorpt.-Spektren v. –-Ionen in CaF_2 44-0295.

Nullfeldaufspalt. d. $^8S_{7/2}$-Grundniveaus v. Gd^{3+} in einem $LaCl_3$-Wirtsgitter 7-0261; Atomstreufaktoren 11-0191; Analyse d. Bandstruktur v. Gd^{3+} nach d. Reflex.-Spektrum v. Gd_2O_3- u. GdF_3-Pulvern 22-0334; Unters. d. Termschemas v. Gd^{3+} in CaF_2 aus d. Thermolumineszenz 39-0280; Energieniveaus u. Krist.-Feld v. $LaCl_3$: Cd^{3+} 43-0278; Berechn. für d. Grundzustand d. neutralen Atoms 45-0036.

Max. d. inneren Reib. in polykrist. – 4-0244; Rekristallisat. u. Kalthärt. 47-2320.

Anomale Winkelverteil. gestreuter –-Ionen 1-0175; Besonderh. d. transversalen magnet. Widerstandsänder. eines –-Einkrist. 5-0484; Elektronenspinpolarisat. bei d. Feldemiss. aus – 11-0429; Nachbarschaftseffekte zwischen supraleitenden dünnen Schichten u. – 28-0463; Streuung v. –-Ionen an polykrist. Oberflächen 31-0396; spezif. elektr. Leitfähigk. u. Hall-Effekt v. mit – dotiertem p-GaP 31-0430; Photoleit. v. GaP bei Anreg. mit Riesenimpulsen eines Rubinlasers (–-Dotier.) 31-0431; Mess. d. Polarisat. feldemittierter Elektronen v. polykrist. – 35-0358; elektr. Widerstand v. aus geschmolzenem KF gezüchteten, Gd^{3+}-dotierten $BaTiO_3$-Krist. 35-0362; Hall-Effekt v. –-Einkrist. 42-0357.

Effektive Magnetfelder an –-Kernen in metall. Fe nach Coulomb-Anreg.-Implantat. 2-0460; inneres Magnetfeld für ^{156}Gd in Fe 2-0461; magnet. u. elektr. Eig. v. –-Filmen 4-0366; Basisflächenanisotropie v. – aus Drehmomentenmess. 7-0452; paramagnet. Formfaktor 9-0475; einachs. Anisotropie u. Rotat.-Hysterese in dünnen –-Schichten 9-0503; Druckabhängigk. d. Curie-Temp. eines –-Einkrist. 13-0481; Hyperfeinkoppl. in –-Metall durch Mess. d. spezif. Wärme zwischen *0,023* u. *1,2* °K 13-0482; Néel- bzw. Curie-Temp. in Abhängigk. v. Druck bis zu *85* kbar 15-0501; Thermokraft u. magnet. Suszeptibilität bei tiefen Temp. v. – in Au u. Ag 22-0503; Vol.-Effekt d. magnet. Umwandl.-Temp. 27-0587; therm. Ausdehn. u. neutronengraph. Unters. d. magnet. Struktur 28-0254; mkr. u. makroskop. magnetoelast. Tensoren in Gd^{3+}-Granaten aus d. EPR unter Druck 30-0343; Einfl. v. Druck auf Curie-Temp. u. magnet. Widerstand 30-0474; Spin-Polarisat. in d. Nähe lokalisierter Momente v. in fl. Al gelöstem – 31-0339; spezif. Wärme u. magnet. Suszeptibilität v. festen Y-Lsg. mit magnet. Verunreinig. v. – 36-0403; Temp.-Änder. u. Abstandsabhängigk. d. Austauschwechselwrkg. v. Gd^{3+}-Paaren in $LaCl_3$ 41-0277; Änder. d. magnet. Suszeptibilität v. – in d. Nähe v. T_c 43-0496; Einfl. d. Druckes auf d. magnet. Phasenumwandl. u. d. Anomalie d. elektr. Widerstands 46-0438; magnet. Eig. v. in $LaRu_2$ verd. Gd^{3+} 48-0588.

Einfl. d. elektr. Feldes auf d. ESR v. Gd^{3+} in $SrTiO_3$ 7-0348; Sondier. d. Krist.-Feldes in $BaTiO_3$ mit paramagnet. Ionen u. d. Teilchengrößeneffekt durch Unters. d. EPR-Spektrums v. Gd^{3+} an feindispersem $BaTiO_3$-Pulver 8-0324; EPR v. mit Gd^{3+} dotierten CaF_2-Einkrist. 10-0345; EPR-Spektren v. Gd(III): in Y-Al- u. Y–Ga-Granat 17-0413; in Krist. v. Scheelittyp 21-0427; paramagnet. Resonanzübertrag. in – 24-0389; Superhyperfeinwechselwrkg. im ESR-Spektrum v. Gd^{3+} an Gitterplätzen in CaF_2-Einkrist. unter äußerem Druck 24-0390; EPR-Spektren v. Gd^{3+}-dotiertem $NdCl_3 \cdot 6\,H_2O$ u. $PrCl_3 \cdot 7\,H_2O$ 26-0378; Einfl. d. Temp. auf Gd^{3+}-Beimeng.-Zentren in SrF_2(EPR u. opt. Absorpt.) 27-0426; Isotopieverschieb. im ESR-Absorpt.-Spektrum v. Gd^{3+} in ThO_2 27-0434; ESR v. Gd^{3+}-dotierten $La(NO_3)_3 \cdot 6\,H_2O$- u. $Nd(NO_3)_3 \cdot 6\,H_2O$-Einkrist. 27-0435; EPR-Spektren v. Gd^{3+} u. Eu^{2+} in $ZnO \cdot P_2O_5$-Glas 28-0378; EPR-Spektrum v. Gd^{3+} in Einkrist. v. $Pr(NO_3)_3 \cdot 6\,H_2O$ 36-0339; ESR v. Gd^{3+} in $SrCl_2$-Einkrist. 39-0298; ESR-Spektrum v. Gd^{3+} in $BaTiO_3$ 43-0337; ESR v. Fe^{3+} in $SrTiO_3$ unter bes. Brücksichtig. d. Phasenwechsels bei *110* °K (Vgl. mit ESR-Daten v. Gd^{3+}) 45-0352; EPR v. Gd^{3+} in $SmCl_3 \cdot 6\,H_2O$-Einkrist. 47-0304; EPR v. Gd^{3+} in Einkrist. v. $Sm(NO_3)_3 \cdot 6\,H_2O$ 47-0320; ESR- u. IR-Unters. v. halbleitendem, mit – dotiertem CdF_2 48-0342.

Elektrolyt. Abscheid, v. – in Abhängigk. v. d. Zeit 39-0544.

Phasenbezieh. für Zus. zwischen Gd:Se = *1:1,6* u. Gd:Se = *1:2,0* 4-0468; Wärmeleitfähigk. u. elektr. Leitfähigk. 6-0283; magnet. Absorpt. v. Ultraschall in mit – dotiertem Y–Ga-Granat 14-0262; Schmelzpunktanomalien 16-0265; Grüneisen-Parameter 20-0217; Zustandsdiagramm d. Syst. Gd/Te 23-0650; Wärmeleitfähigk. 25-0256; anomale Wärmeleitfähigk. unter *4* °K 32-0302; Verdampf. 37-0526; spezif. Wärme u. Ausdehn.-Koeff. unterhalb d. magnet. Umwandl.-Temp. 39-0125; Elastizitätsmoduln u. Debye-Temp. v. polykrist. – 39-0167; krit. Schalldämpf. 48-0583.

Abtrenn. v. Seltenerdmetallen an Anionenaustauschern 1-1803; Reinig. u. Konzentrier. v. Seltenerdmetallen aus metall. – durch Anionenaustausch 1-1804; Trenn. d. – v. Seltenerdmetallen durch Anionenaustausch 1-1805; Einfl. d. pH auf d. Trenn. v. Eu, –, Am u. Cm an Dowex *50*-X *8* 1-1822; ionenaustauschchromatograph. Verh. in HCNS-Lsg. 17-1985; Adsorpt. an Ionenaustauschpapier SV-*2* 22-0673; pH-Abhängigk. d. Adsorpt.-Stärke v. Gd^{3+} an Versenol 25-2031; Austauschgleichgew. mit H^+, NH_4^+ u. Na^+ an Kationiten 27-0766.

Best. d. Verteil.-Koeff. in Aceton/NH_4SCN- u. A./Aceton-Lsg. 6-1899; Einfl. d. Gd(III)–W.-Wechselwrkg. auf d. Valenzschwing. u. H-Brücken-Donator-Eig. d. OH-Gruppen in d. H-Brücken Hydratwasser-Anion 7-0580; Einfl. d. Verdünn.-Mittel auf d. Extrakt. v. – mit synthet. Fettsäuren-

Frakt. C_7-C_9 10-0551; Berechn. d. Solvatat.-Zahlen u. intrinsic-Ionenradien für Gd^{3+} 14-0591; Verteil. im Syst. TBP/HNO_3 27-0650; Einfl. d. Temp. auf d. negative Hydratat. v. Gd^{3+} 32-0624.

Desox. v. Ti mit – 29-2514; Unters. d. Komplexbldg. v. $GdSO_4^+$ aus d. dreiwert. Ion v. Gd mit Hilfe d. Ultraschallabsorpt. (Kinetik) 32-0717; Bldg.-Konst. d. Lactatokomplexe v. – 20-0530; Chemilumineszenz v. Lucigenin bei d. Rk. mit H_2O_2 in Ggw. v. –-Ionen 6-0708.

Verw. v. – zur Herst. ferromagnet. Verb. 44-2132.

Unters. zur Analyse durch Atomabsorpt. 5-1849; Verw. v. Thymolphthalexon zur Best. v. – (spektrophotometr.) 8-1888; spektrometr. Best. 13-1867; Best. mit d. Träger-Dest.-Verf. 18-1961; elektrometr. Unters. d. quant. Ausfäll. v. Gd(III) als Chromat 34-1977; funkenspektrograph. Best. 49/50-1903.

Best.: in Stählen u. Leg. (spektralanalyt.) 3-2103; v. ^{155}Gd in Kernbrennstoffen durch d. Isotopenverdünn.-Meth. 5-2006; in Reinstgraphit (spektrograph.) 5-2015; in hochreinem Dy_2O_3 (röntgenfluoreszenzanalyt.) 23-2143; Elektrolyse v. ^{159}Gd auf Cellogel 24-1998; Trenn. d. – v. Tb, Ho u. v. Lu/Y durch Elektrolyse an einer Hg-Kathode 38-2056; Trenn. v. anderen Lanthaniden an Kationenaustauschern 39-1963; papierelektrophoret. Trenn. d. –/N-2-Hydroxyäthyliminodiessigsäure-Komplexes v. anderen Seltenerdmetall-Komplexen 40-1816; papierchromatograph. Verh. 46-1809; Papierchromatographie 46-1832; Trenn. v. Tb, –, Eu in Milligramm-Mengen (durch Kationenaustausch) 46-1834; (durch Anionenaustausch) 46-1835; verdampfte Mengen, Flüchtigk. u. Intensität d. Spektrallinien v. – in Graphitpulver bei Bogenentlad. 47-1956; spektrochem. Best. in Eruptivgesteinen 47-1981; Best. kleiner Mengen in Y-Oxid mit Hilfe eines Lumineszenzverf. 51/52-1872; dünnschichtchromatograph. Trenn. v. Gemischen d. Seltenerdmetalle 51/52-1874.

Best. v. O u. N in – 14-2019; aktivier.-analyt. Best. v. Spuren Eu in – 25-2064.

Verw. d. γ-Strahl. v. ^{159}Gd zur Best. v. Gd_2O_3 in Gd_2O_3/Tb_4O_7-Misch. 38-2057.

Meth. zur Mess. v. Mikrogrammoberflächendichten v. –-Schichten 2-0178.

Verw. einer –-Folie zum Nachw. für langsame Neutronen 4-1572; Herst. v. Röntgen-K- u. -L-Kantenfiltern aus – 34-0433; Verw. v. ^{153}Gd für Röntgenstrahlquellen bei d. Röntgenfluoreszenzanalyse 40-1744.

Gadoliniumlegierungen

NMR einiger in Gd-Leg. enthaltenen Seltenerdmetallverunreinigungen $^{143,145}Nd$, $^{147,149}Sm$, ^{149}Tb, $^{161,163}Dy$, ^{167}Er u. ^{169}Tm 42-0298.

Ag: Struktur v. $GdAg_2$ 16-0254; Gitterdaten v. $GdAg_2$ 37-0279.

Al: magnet. Hyperfeinstruktur d. ^{155}Gd-Niveaus in d. intermetall. Verb. $GdAl_2$ 2-0034; Gitterkonst. u. Strukturtyp v. GdAlGe u. $Gd_2Al_{58,3}Ge_{34}$ 47-0195; Unters. d. Einfl. einer magnet. Ordn. auf d. elektr. Widerstand d. $GdAl_2$ 18-0438; Supraleitfähigk.-Übergangstemp. v. $La_{1-x}Gd_xAl_2$ 48-0484; Phasengleichgew. u. krist. Struktur d. Phasen in Al-reichen – 46-0516.

Au: Struktur v. $GdAu_2$ 16-0254; Gitterdaten v. $GdAu_2$ 37-0279; magnet. Suszeptibilität v. GdAu 2-0476.

Bi: röntgenograph. u. DTA-Unters. v. Gd_4Bi_3 31-0212; Übersicht über magnet. Eig. v. GdBi 7-0455.

Cd: Gitterdaten u. Beschreib. v. CdGd 9-0256; Magnetisier. v. Gd_xCd mit x = *1,2* bis *1,3* 44-0394.

Ce: Einfl. einer Kaltbearbeit. (Feilen) auf Stapelfolge u. Gitterfehler v. – mit *10*, *17* u. *30* Atom-% Ce 5-0217; Gitterabstände in – 18-0235; Gitterkonst. u. effektive Atomdurchmesser in d. Syst. Th/Ce/Gd 36-0146; Atomdurchmesser v. Ce in – 37-0250.

Co: Gitterdaten, Isomorphie mit $PuNi_3$ u. Darst. v. $GdCo_3$ 18-0243; Atomdurchmesser v. Gd in $GdCo_2$ 37-0250; Krist.-Struktur u. Darst. v. Gd_2Co_7 46-0224; magnet. Eig. v. $Gd_{1-x}Y_xCo_2$-Verb. 5-0539; magnet. u. kristallograph. Eig. v. $GdCo_5$ 48-0577.

Cu: Strukturdaten v. Gd_2NiCu 37-0251.

Dy: magnet. Übergänge in – 44-0392; magnet. Krist.-Anisotropie v. – mit *1,3* Dy 44-0393.

Er: Fehlordn.-Widerstand u. Spindepolarisat. in – 2-0417.

Fe: magnet. u. elektr. Eig. v. Fe–Gd-Filmen 4-0366.

Ge: Gitterkonst. v. Gd_5Ge_4 30-0181; Gitterkonst. u. Strukturtyp v. GdAlGe u. $Gd_3Al_{58,3}Ge_{34}$ 47-0195; Krist.-Struktur u. manget. Eig. v. Gd_5Ge_3 20-0439; Herst., Struktur u. magnet. Eig. v. Gd_5Ge_4 38-0543.

In: anomale Abhängigk. d. Supraleit.-Übergangstemp. v. paramagnet. Verunreinig. in $La_{3-x}Gd_xIn$ 9-0452; magnet. Verh. v. $La_{3-x}Gd_xIn$([Gd] = *2,61–6,53* Atom-%) 14-0496.

Ir: Magnetfelder am Kern ^{193}Ir in $GdIr_2$ 33-0629.

La: anomale Abhängigk. d. Supraleit.-Übergangstemp. v. paramagnet. Verunreinig. in $La_{3-x}Gd_xIn$ u. $La_{1-x}Gd_x$ 9-0452; Kondo-Effekt in Supraleit.-Eig. v. magnet. verd. – 33-0585; magnet. Verh. v. $La_{3-x}Gd_xIn$·([Gd] = *2,61–6,53* Atom-%) u. v. einer La–Gd-Leg. ([Gd] = *5,0* Atom-%) 14-0496.

Lu: Fehlordn.-Widerstand u. Spindepolarisat. in – 2-0417; Einfl. v. Druck auf Curie-Temp. u. magnet. Widerstand 30-0474.

Mn: Struktur v. $GdMn_2$, Gd_6Mn_{23} u. Gd·Mn_{12} sowie Isomorphie mit Th_6Mn_{23} u. $ThMn_{12}$ 6-0239; röntgenograph. Unters. u. Bldg.-Mechanismus v. Leg. in d. Syst. d. Gd mit Mn bei Benutz. d. Amalgamverf. 1-0569; Aufbau d. bin. Zustandsbildes v. Gd mit Mn 3-0567; Best. v. Schmelzenthalpien u. Rk.-Wärmen im Syst. Gd/Mn durch DTA 5-0555.

Ni: Strukturdaten v. Gd_2NiCu 37-0251; Krist.-Struktur v. Gd_3Ni 37-0270; kristallograph. u. magnet. Eig. v. $GdNi_3$ 11-0542; magnet. Eig. v. Gd_2Ni_{17} 14-0493.

Pb: Darst. u. Struktur v. Gd_5Pb_3 5-0257, 21-0240.

Pd: Gitterkonst. u. Phasen v. $GdPd_3$ 14-0283.

Pr: Gitterabstände in – 18-0235; Atomdruchmesser v. Pr in – 37-0250.

Pt: Darst. u. Röntgenunters. v. Pt_5Gd 31-0222; magnet. Eig. v. $GdPt_2$ 45-0448.

Pu: Zustandsdiagramm d. Syst. Pu/Gd u. Krist.-Struktur d. Phasen 41-0532.

Re: Struktur u. Darst. v. $GdRe_2$ 26-0264; Zustandsdiagramm d. Syst. Gd/Re, Verb.-Bldg. u. deren Gitterkonst. 18-0543.

Sn: Darst. u. Struktur v. Gd_5Sn_3 5-0257; Darst., Gitterdaten u. magnet. Suszeptibilität v. Gd_5Sn_3 5-0260; Darst. u. Struktur v. $GdSn_2$ 5-0261; Atomdurchmesser v. Gd in $GdSn_3$ 37-0250.

Tb: magnet. Krist.-Anisotropie v. – mit *1,8* Tb 44-0393.

Th: Gitterabstände d. Th-reichen Mischkrist. mit Gd mit *0–100* Seltenerdmetall 19-0233; Gitterkonst. u. effektive Atomdurchmesser in d. Syst. Th/Ce/Gd 36-0146.

Y: Fehlordn.-Widerstand u. Spindepolarisat. in – 2-0417; magnet. Eig. v. $Gd_{1-x}Y_xCo_2$-Verb. 5-0539; magnet. Eig. v. Gd–Y-Leg. mit *10*, *25* u. *35* Atom-% Y 11-0540; Hyperfeinkoppl. in – durch Mess. d. spezif. Wärme zwischen *0,023* u. *1,2* °K 13-0482; Vol.-Effekt d. magnet. Umwandl.-Temp. 27-0587; Einfl. v. Druck auf Curie-Temp. u. magnet. Widerstand 30-0474.

Zn: Krist.-Struktur v. $Gd_{13}Zn_{58}$ 5-0255; Gitterkonst. u. Darst. v. $GdZn_{12}$ 31-0211; paramagnet. Suszeptibilität v. $GdZn_2$ 31-0528.

Gadoliniumverbindungen

Anorganische Gadoliniumverbindungen

Bldg. v. GdCO u. GdC_xO_y bei d. Rk. v. C mit Gd_2O_3 38-0662.

Gadoliniumantimonide: röntgenograph. u. DTA-Unters. v. Gd_4Sb_3 31-0212.

GdSb, Übersicht über magnet. Eig. 7-0455.

Gadoliniumarsenid: GdAs, Bldg.-Enthalpie 13-0544; Vorzeichen d. Wechselwrkg. zwischen nächsten Nachbarn u. deren Ableit. in – 31-0526.

Gadoliniumborate

Gadoliniumorthoborat:

$GdBO_3$, Darst. v. – durch Umsetz. v. Gd_2O_3 mit Natriumboratschmelzen 39-0476; Kathodolumineszenzspektren v. $GdBO_3$:Eu·(Tb) 10-0340.

Gadoliniummetaborat:

$Gd(BO_2)_3$, Darst. v. – durch Umsetz. v. Gd_2O_3 mit Natriumboratschmelzen 39-0476.

Gadoliniumboride:

Nachw. u. Gitterparameter v. GdB_2C_2 u. Zustandsdiagramm d. Syst. Gd/B/C 3-0565.

GdB_4, vakuumtherm. Herst. [Eig.) 18-2332; magnet. Suszeptibilität 31-0524.

GdB_6, vakuumtherm. Herst. (Eig.) 18-2332; Mg-therm. Darst. 35-0698; Technologie d. Darst. v. – unter Erhitzen durch Elektronenbestrahl. 38-0650; magnet. Suszeptibilität 31-0525; Dampfzus. u. Verdampf.-Wärmen 6-0561.

Gadoliniumbromide bzw. -bromokomplexe

Fluoreszenz v. Eu^{3+}-aktivierten GdOBr 8-0296; Herst. v. Verb. mit Tetrahydrofuran 11-0757.

Bromogadolinium(III)-säure:

$H[GdBr_4]$, Salze s. *Natriumbromogadolinate(III)*.

Gadoliniumcarbide: Darst. d. Oxidcarbids d. Gd beim Glühen v. Gd_2O_3–Kohle-Gemischen 44-0691; Nachw. u. Gitterparameter v. GdB_2C_2 u. Zustandsdiagramm d. Syst. Gd/B/C 3-0565.

GdC_2, elektrophysikal. Eig. 12-0396; Charakter d. Änder. d. effektiven Lad.-Trägerkonz. in d. Reihe d. Seltenerdmetalldicarbide u. Werte für – 12-0395; Bldg.-Enthalpie, Standardentropie u. Zers.-Dampfdruck v. – in Hinsicht auf d. Permeabilität d. Graphits für flücht. Spaltprod. 17-0610; Verdampf., Verdampf.-Enthalpie u. Bldg.-Enthalpie v. GdC_2 37-0526.

Gadoliniumcarbonate bzw. -carbonatokomplexe

$Gd_2(CO_3)_3$, Darst. d. – aus einigen Salzen v. organ. Säuren 6-0734; IR-Spektren v. –, $Gd_2(CO_3)_3 \cdot 8\,H_2O$ sowie d. Zers.-Prod. 25-0098.

Carbonatogadolinium(III)-säure:

$H_3[Gd(CO_3)_3)$, Salze s. *Natriumcarbonatogadolinate(III)*.

Gadoliniumchloride bzw. -chlorokomplexe

Darst. v. Na_3GdCl_6 durch Rk. v. NaCl mit $GdCl_3$ 31-0628; Fluoreszenz v. Eu^{3+}-aktivierten GdOCl 8-0296; Bezieh. zwischen Gitterenergie u. Schmelztemp. in – 36-0221; Darst. v. Komplexverb. mit 2.2'-Bipyridyl 1-0706; Unters. d. Rk.-Prod. v. Piperidin u. Py. mit wasserfreien – 47-0643; Darst. v. Komplexverb. mit Pyridin-2-aldoxim 7-0695; Einfl. auf Enzyme 14-1232.

$GdCl_3$, Mössbauer-Effekt-Mess. an *79,5*-keV-Niveau v. ^{158}Gd in – (elektr. Feldgradient) 33-0032; vibron. Übergänge d. hexagonalen Seltenerdmetalltrichloride, Pr^{3+} in – 45-0326; Krist.-Struktur 36-0176; magnet. Eig. aus Mess. an Gd(III)-Paaren in $LaCl_3$ u. $EuCl_3$ 7-0453; Hochtemp.-Reihenentw. für magnet. Gitter, Anwend. auf – 37-0438; Spinwellenberechn. für ferromagnet. – 37-0439; Molwärmen u. d. dabei auftretenden Anomalien v. $GdCl_3 \cdot 6\,H_2O$ 20-0209; Singularitäten d. spezif. Wärmen in $GdCl_3 \cdot 6\,H_2O$ unterhalb *1* °K (magnet. Ordn.) 38-0234; Lsg.-Wärme v. – in DMF 17-0616; Löslichk. u. Addit.-Rk. d. wasserfreien – in Äthylenglykoldiäthyläther 49/50-0588; Rk. mit H_3PO_4 in wss. Lsg. bei 25° 1-0708; Schmelzdiagramm d. Syst. NaCl/$GdCl_3$ 31-0628.

Chlorogadolinium(III)-säuren:

$H[GdCl_4]$, Salze s. *Cäsiumchlorogadolinate(III)*.

$H_3[GdCl_6]$, Existenz v. $[GdCl_6]^{3-}$ in d. Schmelzen d. Syst. NaCl/$GdCl_3$ 31-0628.

Salze

Natriumchlorogadolinate(III) s. dort.

Absorpt.-Spektren v. oktaedr. $[(C_6H_5)_3 \cdot PH]_3[GdCl_6]$ 23-0111.

Gadoliniumcyanid: $Gd(CN)_3$, Herst. v. $Gd(CN)_3 \cdot 2$ THF 21-0824.

Gadoliniumcyanoargentat(I): $Gd[Ag \cdot (CN)_2]_3$, Herst. 21-0824.

Gadoliniumfluoride: Beispiel für d. Nichtübereinstimmen zwischen Platzsymmetrie u. Aufspalt. d. Eu^{3+}-Emiss.-Linien in β-GdOF:Eu 7-0326; Stabilitätskonst. v. GdF^{2+} 32-0612; Gd(III)-Verteil. aus Fluorid-Lsg. zwischen einem Kationenaustauscher u. wss. Phase 49/50-0430; Komplexbldg. v. Gd mit F^- 32-0612.

GdF_3, Standardbldg.-Enthalpie 13-0549; Mössbauer-Effekt-Mess. an *79,5*-keV-Niveau v. ^{158}Gd in – (elektr. Feldgradient) 33-0032; Reflex.-Spektrum v. –-Pulvern 22-0334; opt. Daten u. Gitterkonst. d. beiden Hochtemp.-Modifikat. v. – 2-0552; DK bei Raumtemp. 30-0442; Oberflächenschichten-Relaxat. im dielektr. Spektrum v. –-dotiertem CaF_2 39-0373; NMR v. ^{19}F in – 38-0378; Phasendiagramm d. bin. Syst. v. – mit CaF_2, SrF_2 bzw. BaF_2 9-0553; Phasendiagramm u. Gitterkonst. d. Phasen d. Syst. GdF_3/NaF 11-0599; kalorimetr. Unters. d. Fäll.-Rk. u. d. Bldg.-Wärme 42-0409.

Gadoliniumhalogenide, IR-Spektren v. Komplexen mit 8-Aminochinolin 19-0131.

Gadoliniumhydride, Protonen-Knight-Verschieb. in $GdH_{2,1}$ 11-0407.

Gadoliniumhydroxide: Bldg. v. – bei d. Umsetz. d. Oxids mit W. 30-0705; Mitfäll. v. Molybdat-, Wolframat- u. Chromationen mit – 44-0449; IR-Absorpt.-Spektren v. $9\,GdPO_4 \cdot Gd(OH)_3 \cdot 27\,H_2O$, $9\,GdPO_4 \cdot Gd(OH)_3$

23-0083; Bldg. v. $Gd(OH)_3$ bei d. elektrolyt. Gd-Abscheid. 39-0544; Sorpt.-Fähigk. gegenüber Selenitionen 25-0703.

GdO(OH), Zsammenhang zwischen Krist.-Struktur u. d. IR-Absorpt.-Spektrum v. – 36-0322.

$Gd(OH)_3$, Zusammenhang zwischen Krist.-Struktur u. d. IR-Absorpt.-Spektrum v. – 36-0322; Löslichk.-Grenzen v. – in verschieden konz. Meerwasser 47-0772.

Gadoliniumjodide, EPR v. Gd-Phthalocyaninen d. Formel $GdHPc_2 \cdot J_2$ 28-0371; Gittererwärm. infolge paramagnet. Relaxat. in Hexakis-[antipyrin]-gadoliniumtrijodid 29-0379.

Gadoliniummolybdate(VI), Darst. u. Krist.-Struktur v. $NaGd(MoO_4)_2$ 33-0914.

$Gd_2(MoO_4)_3$, – ein ferroelektr. Laserwirtsmaterial 7-0361.

Gadoliniumnitrate: Darst. v. Komplexen: mit Dimethylsulfoxid 18-0716, 47-0645; mit Triphenylarsinoxid 40-0617; mit Triphenylphosphinoxid 47-0641.

$Gd(NO_3)_3$, Best. in Gemischen v. Seltenerdmetallsalzen in nichtwss. Lsg. durch potentiometr. Titrat. mit $(CH_3)_4NOH$-Lsg. 21-2162.

Gadoliniumnitride: Darst. v. $Gd_{0,75}Eu_{0,25} \cdot N$, $Gd_{0,9}Y_{0,1}N$ u. $Gd_{0,75}Y_{0,25}N$ durch reakt. Bogenschmelzen 15-0730.

GdN, Darst. durch reakt. Bogenschmelzen 15-0730; Übersicht über magnet. Eig. 7-0455; Mess. d. spezif. Wärme bei tiefen Temp. zur Unters. d. elektron. u. magnet. Eig. 6-0258.

Gadoliniumoxide

Darst. d. Oxidcarbids d. Gd beim Glühen v. Gd_2O_3–Kohle-Gemischen 44-0691; IR-Absorpt.-Spektren v. 18 $GdPO_4 \cdot Gd_2O_3$ 32-0083; Beispiel für d. Nichtübereinstimmen zwischen Platzsymmetrie u. Aufspalt. d Eu^{3+}-Emiss.-Linien in β-GdOF:Eu 7-0326; Fluoreszenz v. Eu^{3+}-aktivierten GdOCl u. GdOBr 8-0296; mkr. u. makroskop. magnetoelast. Tensoren in Gd^{3+}-Granaten aus d. paramagnet. Elektronenresonanz unter Druck 30-0343; Bezieh. zwischen Gitterenergie u. Schmelztemp. in – 36-0221.

GdO, Dissoziat.-Energie, Bldg.-Enthalpie u. thermodynam. Funkt. v. gasf. – 17-0609.

Gd_2O_3, Bldg. v. – bei d. therm. Zers. d. Acetats 15-0731.

Unters. d. diffusen Reflex.-Spektrums (*225 – 2700* nm) 7-1956; IR-Absorpt.-Spektren 17-0136; Molrefrakt. u. IR-Spektren v. monoklinem – 26-0349.

Reflex.-Spektrum v. —-Pulvern 22-0334.

Darst., Mikrohärte u. Farbe v. —-Einkrist. 9-0232; Pulverdiagramme u. spektroskop. Unters. d. Mischoxide v. – mit Seltenerdmetalloxiden bzw. TiO_2, Bi_2O_3, ZrO_2 u. ThO_2 10-0209; Krist.-Chemie u. Stabilität v. Oxiden im Syst. Gd_2O_3/Dy_2O_3, ThO_2/Gd_2O_3 u. ZrO_2/Gd_2O_3 21-0236; therm. Ausdehn. u. Kristallographie d. kub. (C) u. monoklinen (B) Form v. – im Temp.-Bereich zwischen *20* u. *900°* 41-0177; kristallchem. Interpretat. einiger intermediärer Phasen in d. Syst. $Gd_2O_3/TiO_2 \cdot (ZrO_2)$ 44-0197.

Elektr. Leitfähigk. v. Gemischen v. ZrO_2 mit – 2-2127; Einfl. d. Glühtemp. in O_2 auf d. Kontaktpotentialdifferenz v. – gegen eine Au-Elektrode 9-0676.

Magnet. Eig. v. 5 $Ga_2O_3 \cdot$ 3 Gd_2O_3 in hohen Magnetfeldern 28-0492.

Best. d. Erstarr.-Punktes 3-1918; Verdampf.-Kinetik v. – bei Temp. um *2000°* 10-0531; Best. d. Erstarr.-Punktes v. – mit einem Sonnenofen 10-0532; F. v. – 14-0531; Krist.-Struktur u. Erstarr.-Punkt 27-0642; feuerfester Charakter d. v. ZrO_2 u. – gebildeten kub. festen Lsg. 34-0615; Berechn. d. Löslichk. v. – in CaO 45-0466; Dampfdruck v. – zwischen *2350* u. *2590* °K 46-0470.

Makro–Mikro-Trenn. zur Konzentrier. v. Seltenerdmetallverunreinig. aus Gd_2O_3 an Anionenaustauschern 1-1804.

Umsetz. v. – mit W. 30-0705; Erhitzen v. Misch. v. Sm_2O_3, Eu_2O_3, – u. Tb_2O_3 mit WO_3 zur Synth. v. Wolframaten u. ihre thermograph. Unters. 31-0831; Einfl. v. C auf – bei hoher Temp. 38-0662; Umsetz. mit Natriumboratschmelzen 39-0476; verschiedene Arten d. O-Bind. auf d. Oberfläche v. —-Katalysatoren 11-0713; Eig. v. – bei d. heterogenen katalyt. Ox. d. Propens 23-0760.

Inhalat. v. – bei Meerschweinchen 18-1551.

Verw.: für magnet. Werkstoffe 2-2090*; als Zusatz für neutronenabsorbierendes Glas 28-2350*.

Best. v. – in $–/Tb_4O_7$-Misch. (durch Aktivier.-Analyse) 38-2057.

Mischoxide

Al: Fluoreszenz v. Cr^{3+} in $GdAlO_3$ 22-0361.

Ba: Struktur u. Bldg. u. $BaGd_2O_4$ 42-0113.

Cr: Best. d. Erstarr.-Punktes v. $GdCrO_3$ 3-1918.

Eu: ferro- u. paramagnet. Resonanz v. O-Verb. d. zweiwert. Eu:EuO, $Eu_xMe_{1-x}O$ mit $0 < x \leq 1$ (Me = Ca^{2+}, Sr^{2+}, Ba^{2+}) u. $EuGd_2O_4$ 26-0380.

Fe: IR-Gitterspektren v. $Gd_3Fe_5O_{12}$ 27-0384; IR-Faraday-Effekt v. $Gd_3Fe_5O_{12}$ 2-0294; Faraday-Effekt im nahen Infrarot in Gd-Granaten 5-0380; magnetoopt. Eig. dünner Gd–Fe-Granatschichten auf Quarz- oder Glasträgern 31-0297; neuere Mess. d. magnetoopt. Eig. in Gd–Fe-Granat 46-0312; Krist.-Struktur d. $GdFeO_3$-Typs 43-0181; Wachstums- u. Auflsg.-Formen v. Gd-Ferritgranat-Krist. 47-0176; Photoleit. in $Gd_3Fe_5O_{12}$ 41-0337.

Spinwellenspektrum v. Gd–Fe-Granat 1-0507; Änder. d. Temp. d. Kompensat.-Punktes in Abhängigk. v. hydrostat. Druck bei Gd-Ferraten(III) 6-0491; Druckabhängigk. d. Ordn.-Temp. u. Temp.-Abhängigk. d. paramagnet. Suszeptibilität v. 3 $Gd_2O_3 \cdot$ 5 Fe_2O_3 16-0507; Mössbauer-Unters. d. Hyperfeinwechselwrkg. d. Fe-Kerne in Gd-Ferraten(III) u. Temp.-Abhängigk. d. Untergitter-Magnetisier. 16-0508; magnet. Eig. v. Gd-Ferraten(III) nahe d. Curie-Punkt 18-0489; Magnetostrikt.-Konst. v. $Gd_3Fe_5O_{12}$ 18-0490; lineare magnetoakust. Doppelbrechungs- u. transversale ferroakust. Resonanzexperimente an $Gd_3Fe_5O_{12}$ 40-0364; Änder. d. manget. Suszeptibilität v. 5 $Fe_2O_3 \cdot$ 3 Gd_2O_3 in d. Nähe v. T_c 43-0496.

Ga: Verunreinig. v. aus d. Schmelze gezüchteten Gd–Ga-Granaten mit Pb u. Einfl. auf d. opt. Eig. 9-0348; Krist.-Struktur u. Darst. v. $Gd_3Ga_5O_{12}$ 16-0237; Photoleit. in $Gd_3Ga_5O_{12}$ 41-0337; mit steigender Temp. stark abnehmende Magnetostrikt. v. $Gd_3Ga_5O_{12}$ 4-0418; kalorimetr. u. magnet. Unters. an Gd-Gallaten(III) zwischen *0,35* u. *4,2* °K 6-0490; kalorimetr. Unters. an Gd-Ga-Granaten 19-0285.

In: Darst. u. Struktur d. Perowskits $GdInO_3$ 46-0249.

Li: Umwandl. v. $LiGdO_2$ unter sehr hohen Drücken u. bei sehr hohen Temp. 31-0164.

Li–Ge: Darst. u. Röntgenunters. v. $LiGd \cdot GeO_4$ 49/50-0152.

Mg–Ca–Ge: Hyperempfindlichk. d. $^5D_0$–$^7F_2$-Übergangs v. Eu^{3+} in $CaGd_2Mg_2Ge_3O_{12}$ 43-0312.

Mg–Ga–Ge: Hyperempfindlichk. d. $^5D_0$–$^7F_2$-Übergangs v. Eu^{3+} in $Gd_3Mg_2GaGe_2O_{12}$ 43-0312.

Na: Fluoreszenz v. Eu^{3+} in $NaGdO_2$ 15-0360; Fluoreszenz d. Ce^{3+}-aktivierten Phosphors $NaGdO_2$ 43-0311.

Nb: Verteil.-Koeff. bei d. Zücht. v. $Ca \cdot MoO_4$ mit —-Dotier. 27-0216.

Nb–Ba–Eu: Konz.-Lösch. d. Eu^{3+}-Fluoreszenz in $Ba_2Gd_{1-x}Eu_xNb^{5+}O_6$ 8-0297.

Sb–Cr: magnet. Moment u. Curie-Temp. v. Gd_2CrSbO_7 6-0479.

Sb–Ga: Mess. d. magnet. Suszeptibilität u. d. Entropie v. Gd_2GaSbO_7 3-1901.

Si: Best. d. Struktur u. Darst. v. $Gd_2 \cdot Si_2O_7$ 21-0237.

Si–Li: Struktur u. Eu^{3+}-Fluoreszenz v. $LiGdSiO_4$ 36-0179; Darst. u. Röntgenunters. v. $LiGdSiO_4$ 49/50-0152.

Si–Na: Struktur u. Eu^{3+}-Fluoreszenz v. $NaGdSiO_4$ 36-0179.

Sn: Mess. d. magnet. Suszeptibilität u. d. Entropie v. $Gd_2Sn_2O_7$ 3-1901.

Sn–Ca–Fe: Mössbauer-Effekt v. ^{119}Sn in $Ca_2GdSn_2Fe_3O_{12}$ 39-0024.

Sr: Struktur u. Bldg. v. $SrGd_2O_4$ 42-0113.

Ta–Ba–Eu: Konz.-Lösch. d. Eu^{3+}-Fluoreszenz in $Ba_2Gd_{1-x}Eu_xTa^{5+}O_6$ 8-0297.

Ti: Krist.-Chemie u. Stabilität v. Gd_2TiO_5 u. $Gd_2Ti_2O_7$ 21-0236; kristallchem. Interpretat. d. intermediären Phase Gd_2TiO_5 in d. Syst. $Gd_2O_3/TiO_2(ZrO_2)$ 44-0197; Mess. d. magnet. Suszeptibilität u. d. Entropie v. $Gd_2Ti_2O_7$ 3-1901; Suszeptibilitätswerte v. $GdTiO_3$ 8-0138.

Ti–Nb: Fluoreszenz v. Eu^{3+}-aktiviertem $GdTiNbO_6$ 6-0365.

Ti–Sb: Fluoreszenz v. Eu^{3+}-aktiviertem $GdTiSbO_6$ 6-0365.

Ti–Ta: Fluoreszenz v. Eu^{3+}-aktiviertem $GdTiTaO_6$ 6-0365.

U: Gitterdaten, Darst. u. Isotypie v. $GdUO_4$ 28-0210.

W: Darst. v. Einkrist. v. $Gd_{0,19}WO_3$ 12-0199; elektr. Widerstand v. $Gd_{0,085-0,19} \cdot WO_3$ 39-0351.

Y: Unters. d. Elektronenrelaxat. in Y–Gd-Misch-Granatpulvern durch Mess. d. Spin–Gitter-Relaxat.-Zeit in Abhängigk. v. d. Zeeman-Frequenz 51/52-0253.

Y–Al–Fe: chem. Aufdampfen v. epitakt. Gd/Fe-Granat auf Y/Al-Granat 42-0186.

Y–Al–Fe–In: magnet. Eig. v. Y–Gd–Fe–Al–In-Granaten d. allg. Zus. $Y_{3-x}Gd_xFe_{5-y-z} \cdot Al_yIn_zO_{12}$ 32-0518.

Y–Ca–Fe–V: magnet. u. Mikrowelleneig. v. $\{(Y_{0,5}Gd_{0,5})_{3-2x}Ca_{2x}\}[Fe_2](Fe_{3-x}V_x)O_{12}$ mit $x = 0,6 - 1,2$ 7-0472.

Y–Fe: Verh. v. Spinwellenlinienbreite beim Einbau v. Seltenerdmetallen in Yttrium-Eisengranat $Y_{3-\delta}GdFe_5O_{12}$ 35-0336.

Y–Tb: Fluoreszenzverh. v. Gd^{3+} u. Tb^{3+} in einem maximal mit *10* Mol.-% Tb_2O_3 + Gd_2O_3 + Y_2O_3 dotierten Calibo-*1*-Glas (*20* Mol.-% CaO, *10* Mol.-% Li_2O, *70* Mol.-% B_2O_3) 19-0386.

Y–Ti: Mess. d. magnet. Suszeptibilität u. d. Entropie v. $GdYTi_2O_7$ 3-1901.

Zr: Krist.-Chemie u. Stabilität v. $Gd_2Zr_2 \cdot O_7$ 21-0236.

Gadoliniumoxidhydrate s. unter *Gadoliniumhydroxide.*

Gadoliniumperchlorate: Darst. v. Antipyrinkomplexen mit – 47-0644; Darst. v. Komplexen: mit Dimethylsulfoxid 21-0826; mit Pyridin–N-Oxid 33-0882.

$Gd(ClO_4)_3$, konduktometr., kryoskop. u. IR-Unters. an – 36-0689.

Gadoliniumperrhenat(VII): **$Gd(ReO_4)_3$,** Darst. 33-0920.

Gadoliniumphosphate

Gadoliniumorthophosphate:

IR-Absorpt.-Spektren v. 9 $GdPO_4 \cdot Gd \cdot (OH)_3 \cdot$ 27 H_2O, 9 $GdPO_4 \cdot Gd(OH)_3$, 18 $GdPO_4 \cdot Gd_2O_3$, 4 $GdPO_4 \cdot Na_3PO_4 \cdot$ 12 H_2O u. 4 $GdPO_4 \cdot Na_3PO_4$ 32-0083; Struktur u. Lumineszenz d. Gd–Phosphat-Vanadate 9-0367.

$GdPO_4$, Bldg. v. – bei d. Rk. v. $GdCl_3$ mit H_3PO_4 in wss. Lsg. bei *25°* 1-0708; IR-Spektren v. wasserfreiem – 5-0132; IR-Absorpt.-Spektren v. –, $GdPO_4 \cdot H_2O$ u. $GdPO_4 \cdot$ 0,33 H_2O 32-0083.

Gadoliniumdiphosphate: IR-Absorpt.-Spektren v. $KGdP_2O_7 \cdot$ 3 H_2O u. $KGdP_2O_7$ 32-0083; Stabilitätskonst. v. $[Gd_2P_2O_7]^{2+}$ 17-0642.

$Gd_4(P_2O_7)_3$, IR-Absorpt.-Spektren v. $Gd_4 \cdot (P_2O_7)_3 \cdot$ 13 H_2O, $Gd_4(P_2O_7)_3 \cdot$ 3 H_2O u. – 32-0083.

Gadoliniumphosphid: GdP, Übersicht über magnet. Eig. 7-0455; Vorzeichen d. Wechselwrkg. zwischen nächsten Nachbarn u. deren Ableit. in – 31-0526.

Gadoliniumselenide: Darst. u. Gitterparameter v. Gd_2O_2Se 22-0226; „riesenhafte" negative magnet. Widerstandsänder. Hall-Effekt u. Thermo-EMK in ferromagnet. $Eu_{1-x} \cdot Gd_xSe$ 9-0429; magnet. Suszeptibilität u. elektr. Widerstand v. $Eu_{0,99}Gd_{0,01}Se$ 42-0374; Vorliegen einer Polyselenidphase zwischen $GdSe_{1,775}$ u. $GdSe_{1,862}$ mit tetragonaler Struktur 4-0468.

$GdSe_2$, Krist.-Chemie v. – 35-0167.

Gd_3Se_4, kristallograph. u. magnet. Eig. 9-0485.

Gadoliniumsilicide: Krist.-Struktur u. Isotypie v. $GdNi_2Si_2$ 9-0268; Gitterkonst. v. Gd_5Si_4 30-0181; Strukturdaten v. Gd_4AlSi_3 u. Gd_2Cu_3Si 37-0251; Gitterkonst. u. Strukturtyp v. GdAlSi u. $Gd_{33,3}Al_{58,3}Si_{8,4}$ 47-0195.

GdSi, Krist.-Struktur 16-0236.

$GdSi_2$, manget. Eig. 22-0505.

Gd_5Si_4, Herst., Struktur u. magnet. Eig. 38-0543.

Gadoliniumsulfate: Darst. u. Unters. v. Cs-Doppelsulfaten mit Gd 22-0744; Strukturunters. v. $Gd_2O_2SO_4$ 44-0191; Gd(III)-Verteil. aus Sulfat-Lsg. zwischen einem Kationenaustauscher u. wss. Phase 49/50-0430.

$Gd_2(SO_4)_3$, Spin–Gitter-Relaxat. v. $Gd_2 \cdot (SO_4)_3 \cdot$ 8 H_2O 33-0422; Singularitäten d. spezif. Wärmen in $Gd_2(SO_4)_3 \cdot$ 8 H_2O unterhalb *1* °K (magnet. Ordn.) 38-0234.

Gadoliniumsulfide: Struktur, Darst. u. Isotypie v. $U_2Gd_2O_4S_3$ 1-0256.

GdS, Unters. v. epitakt. Abscheid. v. – auf GaP-Laser-Reflektogramme 42-0110.

Gd_3S_4, kristallograph. u. magnet. Eig. 9-0485.

Gadoliniumtantalat(V), Bldg. u. Gitterparameter u. therm. Zers. v. $GdTa_7O_{19}$ neben Verb. v. bekannten Typ $GdTaO_4$ bzw. $GdTa_3O_9$ aus Ta_2O_5 u. Gd-Oxiden 2-0712.

Gadoliniummetatantalate(V): Gitterkonst. u. Darst. v. $GdTa_3O_9$ 36-0185.

Gadoliniumtelluride: Unters. d. Syst. Zn/Ge/Te auf tern. Phasen 29-0370.

GdTe, – als Phase d. Syst. Gd/Te (Wärmeleitfähigk. u. Hall-Koeff.) 23-0650.

$GdTe_2$, Krist.-Chemie v. – 35-0167; – als Phase d. Syst. Gd/Te (Wärmeleitfähigk. u. Hall-Koeff.) 23-0650.

Gd_2Te_3, – als Phase d. Syst. Gd/Te (Wärmeleitfähigk. u. Hall-Koeff.) 23-0650;

$GdTe_3$, – als Phase d. Syst. Gd/Te (Wärme-leitfähigk. u. Hall-Koeff.) 23-0650.

Gd_3Te_4, – als Phase d. Syst. Gd/Te (Wärmeleitfähigk. u. Hall-Koeff.) 23-0650.

Gd_2Te_5, Gitterkonst. u. Darst. 16-0235; – als Phase d. Syst. Gd/Te (Wärmeleitfähigk. u. Hall-Koeff.) 23-0650.

Gd_4Te_7, – als Phase d. Syst. Gd/Te (Wärmeleitfähigk. u. Hall-Koeff.) 23-0650.

Gadoliniumvanadate(V)

Gadoliniumorthovanadate(V): Struktur u. Lumineszenz d. Gd–Phosphat-Vanadate 9-0367.

$GdVO_4$, Best. d. phänomenolog. Parameter A_2^0, A_4^0 u. A_4^4 d. Hamilton-Operators d. Krist.-Feldes in Hinsicht auf d. Niveau v. Eu^{3+} in – aus opt. Absorpt.- u. Fluoreszenzspektren 48-0313.

Gadoliniumwolframate(VI), Synth. u. Eig. 31-0831; Darst. v. Na–Gd-Doppelwolframaten 30-0732; Darst. u. Krist.-Struktur v. $NaGd\cdot(WO_4)_2$ 33-0914.

Organische Gadoliniumverbindungen

Darst. v. Komplexverb. v. Gd-Chloriden mit 2.2'-Bipyridyl 1-0706; Herst. v. Tetrahydrofuranverb. d. Gd-Bromide 11-0757; Darst. u. Eig. (Löslichk., Spektren) v. Gd-Diphthalocyanin aus Gd-Acetat u. o-Phthalonitril 16-0596; Absorpt.-Spektren d. Addukte v. Gd-Phthalocyanin mit Trifluoressigsäure in o-Dichlorbenzol 22-0100; Gittererwärm. infolge paramagnet. Relaxat. in Hexakis-[antipyrin]-gadoliniumtrijodid 29-0379; Unters. d. Rk.-Prod. v. Piperidin u. Py. mit wasserfreiem Gd-Chlorid 47-0643.

IR-Spektren v. Komplexen d. 8-Aminochinolins mit Gd-Halogeniden 19-0131; EPR v. Gd-Phthalocyaninen d. Formel $GdHPc_2\cdot J_2$ 28-0371.

Komplexbldg. v. Gd mit Alizarin S u. Äthylendiamin 27-0663; Darst. v. Methanolaten d. Gd-Chlorids mit Hilfe v. 2.2-Dimethoxypropan 40-0618; Löslichk. u. Addit.-Rk. d wasserfreien $GdCl_3$ in Äthylenglykoldiäthyläther 49/50-0588.

Darst. v. Dimethylsulfoxid-Komplexen: v. Gd-Nitrat 18-0716; v. Gd-Perchlorat 21-0826; Eig. d. Diagrammes isomolarer Lsg.-Reihen v. Komplexverb. d. Gd mit Methylthymolblau 45-0541; Darst. v. Dimethylsulfoxidkomplexen v. Gd-Nitrat 47-0645.

Komplexe d. Gd-Nitrats: mit Triphenylarsinoxid 40-0617; mit Triphenylphosphinoxid 47-0641.

Stabilitätskonst. d. 1:1-, 1:2- u. 1:3-Komplexe v. Gd mit α-Carboxy-β-methyltropolon 10-0556; Darst. u. chem. Eig. v. Komplexen d. Tropolonatanions mit Gd 13-0749; Mechanismus d. intermol. Energieaustausches in Gd-Chelaten mit Ketonen 21-0115; Beständigk. v. Gd-Komplexen mit Benzoylaceton in W.–Methanol-Lsg. 22-0598; Phosphoreszenz v. Gd-Thenoyltrifluoracetonchelat 34-1975; Darst. v. Antipyrinkomplexen v. Gd-Perchlorat 47-0644.

Darst. v. Komplexverb. d. Pyridin-2-aldoxim mit Gd-Chloriden 7-0695.

Darst. v. Pyridin-N-Oxid-Komplexen d. Gd-Perchlorate 33-0882.

Thermogravimetr. Unters. d. Thermolyse d. Malonate u. Succinate d. Gd 1-0707; Darst. d. Gd-Carbonate aus einigen Salzen v. organ. Säuren 6-0734; Thermogravimetrie d. Oxalathydrate d. Gd 11-0758; Thermograph. Unters. d. Acetate d. Gd 15-0731; IR-Absorpt.-Spektren v. $Gd(HCOO)_3$ 17-0140; Best. d. Stabilität d. 1.3.4.5-Tetrahydroxycyclohexancarbonsäure-Komplexe d. Gd (potentiometr.) 18-1959; zunehmende Stabilität u. vorgeschlagene Modelle v. Chelaten d. Gd mit 1-Hydroxycyclopentancarbonsäure (potentiometr. Unters. d. Bldg.-Konst.) 21-0827; Komplexbldg. in d. Syst. d. Milchsäure mit Gd(III) 27-0662; IR-spektroskop. Unters. an $Gd(NO_3)_3\cdot 3$ TBF 28-0088; Darst. u. Unters. d. IR-Spektren d. Komplexes $K[Gd(iminodiacetat)_2]\cdot 3\,H_2O$ 35-0694; freie Energie-, Enthalpie- u. Entropieänder. für d. Bldg. v. Gd-Acetatkomplexen in W. (*5%*)-Methanol (*95%*) 37-0567; Beständigk.-Konst. d. α-Alaninats v. Gd 40-0502; Bldg. v. Komplexverb. d. Gd^{3+} mit Methylthymolblau 40-0503; polarograph. Unters. v. Chelaten d. Äthylendiamin-N.N'-diessigsäure-N.N'-bis-[α-propionsäure] mit Gd (Stabilitätskonst.) 41-0556; IR-Spektren d. Äthylendiamintetraacetate v. Gd^{3+} 46-0074; Gd(III)-Verteil. aus Oxalat-, Fluorid- u. Sulfat-Lsg. zwischen einem Kationenaustauscher u. wss. Phase. Gleichgew.-Konst. für d. stufenweise Komplexbldg. in d. wss. Phase 49/50-0430; Stabilitätskonst. d. α-Hydroxycyclohexancarboxylat-Komplexe v. Gd 51/52-0396; Stabilitätskonst. d. Komplexe v. Gd mit α-Carboxy-β-methyltropolon 51/52-0398.

Komplexbldg. zwischen Gd-Ionen u. 5-Sulfosalicylsäure 12-0550; IR-Spektren v. Gd-Salzen d. Polystyrolsulfon-, -selenon-, -selenin- u. -phosphinsäure (Valenzschwing. freier OH-Gruppen u. Hydratatat.) 13-0164; Komplexbldg.-Eig. v. Äthylendiamin-N.N.N'.-N'-tetramethyl- u. Diäthylentriamin-N.N.N'.-N''.N''-pentamethylphosphonsäure mit Gd^{3+} 47-0497.

Darst. u. therm. Zers. d. Gd-Dibutyl orthophosphats 37-0825.

Gärung

Siehe auch *Abwässer*; *Backen*; *Bier*; *Brot*; *Essig*; *Käse*; *Kakao*; *Mikroorganismen*; *Silage*; *Spirituosen*; *Tabak*; *Tee*; *Wein.*

Gewinn.: v. K-Salzen zur Herst. v. Düngemitteln aus Abfällen d. – 10-3017*; organ. Verb. aus d. Nebenprod.-Säften d. – -Industrie 19-3281*; – -Vermögen v. Hefen bei kontinuierl. Zücht. 28-3220; kontinuierl. – (Einfl. d. Hefekonz.) 41-3269; Temp.-Kontrolle mit Hilfe v. Thermistoren für Fermentier.-Behälter im Labor.-Betrieb 42-1699.

Vergärung bestimmter Stoffe: Vergärbark. v. Sulfitzellstoffablaugen 2-2940; Veränder. bei d. diskontinuierl. – v. Würze 5-3231; Einfl. v. Sulfiten auf d. Vergär. v. Na–Bisulfitablaugen 6-3099; durch Hefe fermentierte Kohlenhydrate aus Körnern (Wrkg. v. Zuckern, Pentosanen u. Aminosäuren auf d. Best. nach Evers) 17-1360; techn. Verhef. v. wenig schäumenden C-halt. Substraten 19-3286*; CO_2-fixierende Fermentat. 27-1506 bis 27-1508; Aktivieren d. Vergär. zuckerhalt. Lsg. durch Zusatz v. Lävoglucosan 33-3539*; CO_2-fixierende Fermentat. 35-1355 bis 35-1357, 39-1312; Vergär. d. Alkohol-Melasseschlempe durch Mischkultur methanbildender Bakterien 47-3206; KW-Stoffermentat. u. ihre industrielle Nutz. (Überblick) 49/50-2582

Bildung und Gewinnung bestimmter Gärungsprodukte: Stoffwechsel u. Synth. v. flücht. Stoffen während d. – 5-3227; Steuer. d. – zur Gewinn. v. Stoffwechselprod. durch Pyrokohlensäurediäthylester 6-3112.

Anaerober Abbau v. Hefe-Abwasser durch Methan- – 2-2037; Methan- – in Abwasserschlamm 42-1272*.

Vork. v. Monoterpenen als Fermentat.-Prod. in d. Sulfitablauge v. Kiefernholzpulpe 38-1498.

Bldg. v. aromat. Alkoholen bei d. – v. Hefe 5-3224; techn. Verw. v. Penicillin bei d. alkohol. – v. Rohrzucker 10-3117; Vergär. v. Traubensaft (Bldg. höherer Alkohole bei verschiedenen Temp.) 10-3121; Verhinder. d. Bldg. v. Brenztraubensäure u. α-Ketoglutarsäure bei d. alkohol. – 10-3123; Einfl. v. Temp. u. Hefestamm auf d. Bldg. v. – -Amylalkohol, Isobutanol u. Äthylacetat bei d. Vergär. v. Bierwürze 19-3249; Wrkg. d. Elektrolytkonz. auf d. alkohol. Vergär. d. Melasse 31-3529; Hefewachstum u. Nebenprod. bei d. alkohol. – (Übersicht) 38-3230; radio-gaschromatograph. Unters. d. Stoffwechselleist. v. Hefen in d. Bild. v. Aromastoffen bei d. alkohol. – 40-2960; Einfl. d. Elektrolytkonz. auf d. alkohol. Vergär. v. Melasse 42-2892; Fuselölbldg. bei d. kontinuierl. alkohol. – 44-2975.

Einfl. d. Führ. v. Anstellhefe auf d. Diacetyl- u. Acetoinbldg. während d. – 19-3248; Bldg. v. Aldehyden u. Ketonen durch Glucose- – bei E. coli 37-1486.

Darst. v. D-Fructose aus D-Sorbit durch Fermentier. 47-2517.

Wrkg. v. Kaliumhexacyanoferrat bei d. Herst. v. Melasselsg. für d. Citronensäure- – (Unters. einer geringe Mengen Hexacyanoferrat(II) erforderlichen Melasse] 4-2671; submerse aerobe Vergär. v. Kohlenhydraten zu Itaconsäure 6-2515* Umwandl. .d Fumarsäure- – in eine L-Äpfelsäure- – durch Kombinat. v. Rhizopus chinensis u. Pichia membranefaciens in stationären u. Schüttelkulturen 7-1288; Stabilisier. Milchsäure-halt. Fermentierlsg. gegen Lichteinw. durch Behandeln mit Ionenaustauscherharz 9-2543* fermentative Gewinn. organ. Säuren unter Verw. d. Gatt. Rhizopus 29-1499.

L-Glutaminsäure- – 18-1323 ;(in Melassen) 26-1399, 26-1400; Gewinn. v. Glutaminsäure durch – 33-3540*; L-Glutaminsäure- – mit Melasse 49/50-1298.

Erzeug. v. Nucleinsäure-verwandten Substanzen durch Fermentat.-Prozesse 17-1388, 30-1302; Abscheid. v. Nucleotiden u. ihren Salzen aus einer – -Brühe 30-3085*.

Vergär. v. KW-Stoffen u. Bldg. v. Vitaminen 5-1305; beeinflussende Faktoren d. submersen Griseofulvinfermentat. 17-1787.

Analyse, Untersuchungsmethoden: Polarimetr. Best. v. mit Penicillium chrysogenum bei d. Fermentat. erzeugten Mannit 7-1996; spektrophotometr. Best. v. Erythromycin in Fermentat.-Brühen 8-1939; automat. photometr. Best. v. 6-Aminopenicillansäure in Fermentier.-Lsg. 20-1937; Best. v. Viomycin in Hefemaischen (Vgl. verschiedener Meth.) 21-2213; spektralphotometr. Best.-Meth. für Erythromycin in Fermentier.-Lsg. 22-2140; Gewinn. v. Extrakten aus Kulturfl. zur gaschromatograph. Best. v. – -Prod. nichtsaurer Natur 39-1271; Analyse v. niederen freinen Fettsäuren in mikrobiellen Fermentat.-Lsg. 42-1950; chromatograph. Nchw. verschiedener Zuckerarten in vergorenen Kirschmaischen 49/50-2078.

Bibliographie: Biochemie der Gärungsindustrie [russ.] B 8; Microbial technology. *1*: Fermentation B 40; Chemicals from fermentation B 87.

Gahnit s. unter *Zinkoxide, Mischoxide*: *Al·*($ZnAl_2O_4$).

Galaktane, – aus Sporobolomuces roseus 18-1263; Geh. d. Schößlinge v. Mungbohnen 3-1355; Vork.: im Tannenholz 25-1486- in d. Blättern v. Plantago major 26-1485; Isolier. u. Charakterisier. v. – aus Druckholz d. Rotfichte 13-3089; serolog. Bezieh. zwischen – d. normalen Rinderlunge u. v. Mycoplasma mycoides 4-1240.

Galaktin(ol) s. unter $C_{12}H_{22}O_{11}$.

Galaktit s. unter $C_6H_{14}O_6$.

Galaktocerebrosid s. unter *Cerebroside.*

Galaktoflavin s. unter $C_{18}H_{22}N_4O_7$.

Galaktogen, natives – aus d. Eiern v. Lymnaca stagnalis 33-1677; Synth. in Helix pomatia 27-1478; Stoffwechsel bei d. Weinbergschnecke 10-1517.

Galaktoglucomannane, Vork. im Koniferenholz 18-1347; alkal.Abbau 33-1350.

Galaktoheptulose s. unter $C_7H_{14}O_7$.

Galaktolipide s. unter *Glykolipide.*

Galaktomannane (Mannogalaktane), – d. Samen v. Gleditschia triacanthos (Herst. u. Unters.) 23-1533; Bldg. durch Trichophyton rubrum-Kulturen (Isolier.) 39-1281; Reinig. v. wasserlösl. Hydroxyalkyläthern v. – 26-3145* Struktur eines –: aus d. Samen .v Ipomoea muricata 15-1468; aus d. Samenhüllen v. Sesbania grandiflora 28-1199; Verzöger. d. Abbaus v. koll. – -Lsg. (Bohrfl.) 4-2210*; Herst. v. Deriv. u. Zers.-Prod. v. – (Verw. zur Verbesser. d. Eig. v. Papier oder Textilien) 29-3367*; Wrkg. v. L-α-Galaktosidase d. Kaffees auf – 38-1545; Aufnahme radioakt. organ. u. anorgan. Verb. u. d. Vermehr. v. Mycobacterium leprae murium auf alkal. – -Medium 25-1398; Verw.: v. ox. Poly- – -Gummi im Papierleim.-Mittel 2-2898*; v. Addukten aus Poly- – u. Acrolein zum Naßfestmachen v. Papier 27-3527*; zur Verbesser. d. mechan. Eig. v. Sack- u. Spinnpapier 40-2918.

Galaktonsäure s. unter $C_6H_{12}O_7$.

Galaktosamin s. unter $C_6H_{13}NO_5$.

Galaktosazon s. unter $C_{18}H_{22}N_4O_4$.

Galaktose s. unter $C_6H_{12}O_6$.

Galaktosephosphat s. unter $C_6H_{13}O_9P$.

Galakturonsäure s. unter $C_6H_{10}O_7$.

Galangin s. unter $C_{15}H_{10}O_5$.

Galanthamin s. unter $C_{17}H_{21}NO_3$.

Galanthaminon s. unter $C_{17}H_{19}NO_3$.

Galanthin s. unter $C_{18}H_{23}NO_4$.

Galapagin s. unter $C_{21}H_{24}O_{11}$.

Galbanolen s. unter $C_{11}H_{18}$.

Galbanum s. unter *Harze, Naturharze.*

Galegin s. unter $C_6H_{13}N_3$.

Galenit s. unter *Bleisulfide*; *PbS.*

Galenobismutit, Modellvers. zur Bldg. v. – im Syst. Ag/Bi/Pb/S (Phasenbezieh. u. Mineralvergesellschaft.) 3-0804.

Galgravin s. unter $C_{22}H_{28}O_5$.

Galipot s. unter *Harze, Naturharze.*

Galirubin, Gewinn. aus Streptomyces JA *3043*, Eig. 22-1418.

Galirubinon B, Gewinn. aus Streptomyces Ja *3043*, Eig. 22-1418.

Galirubinon D s. unter $C_{22}H_{20}O_7$.

Gallamin s. unter $C_{24}H_{45}N_3O_3$.

Galle

Siehe auch *Körperflüssigkeiten*; *Organe, Gallenblase (und Gallenwege).*

Cholerese und Cholagoga, Choleretika: – -Sekret.: d. Leber bei hungernden u. verdauenden Hunden (Wrkg. v. Cholecystokinin-Pankreozymin-Präp.) 6-1610; in kultivierten Lebergeweben 17-1613; Rolle d. – -bildenden Funkt. d. Leber beim Umsatz v. Methionin 26-1636.

Neues hydrocholeret. Mittel 2-1553; choleret. Wrkg.: verschiedener Alkoholika 3-1542; d. Flavonoidverb. aus d. Blättern v. Pfefferminze 3-1681; Agenzien zur Beeinfluss. d. Cholerese 3-1682; --treibendes Präp. aus Mentha piperita 6-1597; Wrkg. v. Morphin, Codein u. Nicocodin auf d. --Sekret. d. Ratte (Vgl.) 22-1730; choleret. Wrkg.: v. Permeabilitäts-verringernden Substanzen 22-1751; v. Cumarinderiv. 30-1634; Wrkg. v. Isoprenalin auf d. --Sekret. narkotisierter Hunde 31-1615; cholagogene Substanzen v. Seta-Shijimi 33-1876; (Isolier.) 33-1877; Na-Salz d. Phenyl-n-amylmonoesters d. Camphersäure als Choleretikum 33-1878; Einfl. sympathikomimet. Amine auf d. --Sekret. 34-1589; choleret. Aktivität v. α-Methyl-α-(2-morpholinoäthyl)-1-naphthylessgisäure-HCl 34-1653; Wrkg. d. Extrakts v. männl. Wurmfarn auf d. --Sekret. 36-1641; Bezieh. zwischen chem. Struktur u. choleret. Aktivität bei Naphthyl-(1)-essigsäure- u. Naphthyl-(2)-essigsäurederiv. 38-1800; Deriv. d. Adamantans mit choleret. Wrkg. 43-1636; --treibende Eig. v. Oxaphenamid 45-1797; Wrkg. v. Aporphinalkaloiden auf d. --Sekret. bei Ratten 45-1798.

Darst.: kernsubstituierter Phenylalkylcarbinole mit choleret. Wrkg. 1-1600*; eines Erlenextraktes mit hypercholeret. Wrkg. 12-1620*; v. Dioxolan-2-carbonsäuren als Choleretika 13-1670*; v. N-(α-Diphenylbutyryl)-aminoessigsäure u. Deriv. (Choleretika) 15-1771*; v. Methyl- u. Äthylestern d. Cyclododecan- u. Cycloundecancarbonsäure mit choleret. Wrkg. 16-1706*; v. Adamantyl-(1)-thiocarbonsäuren (Choleretika) 40-1594*.

Bestandteile, Gallenausscheidung von Substanzen: Zus. d. Blasen-- (bei Normal- u. Gallensteinpatienten u. Hamster) 23-1689; (tern. u. quatern. wss. Gallensalze, Lecithin u. Cholesterin) 31-1691.

Einbau v. $^{35}SO_4^{2-}$ in d. – v. Küken 2-1422; Wrkg. v. Arsenik auf d. Se-Ausscheid. in d. – 25-1696.

Rolle v. Lecithin bei d. Cholesterinsolubilisier. in d. – 13-1521; Wrkg. v. --Drainage auf einzelne Rk. bei d. Umwandl. v. Cholesterin in Taurocholsäure 27-1430; Vork. v. Trihydroxybufosterocholensäure in d. Kröten-- 38-1681; Cholesterin in d. – v. Tieren (Beständigk.) 45-1638; Zus. d. – einer Molchart (5α-Cholestan-3α.7α.12α.25.26-pentol (5α-Bufol) u. Gallensalze) 46-1457; freie u. konjugierte Steroide in d. – d. Meerschweinchens nach Gabe v. ^{3}H-markiertem Dehydroepiandrosteron, seinem Sulfat u. seinem Sulfatid 49/50-1461.

Zus. d. Gallensalze d. – v. Fischen 2 1423; Identifizier. v. 3α.7α-Dihydroxy-5β-cholestansäure in Alligatoren-- 26-1625.

Zus. d. --Lecithine 15-1601; Phospholipide d. – (Synth. in d. Leber) 41-1586; Biosynth. v. --Lecithinen 49/50-1567.

--Ausscheid. v. exogen verabreichtem Bilirubin (Einfl. v. α-Naphthylisothiocyanat) 15-1600; Identifizier. v. sich v. d. 9α-Form unterscheidenden Isomeren im früh markierten Bilirubin d. – 32-1652; Viskosität u. Bilirubingeh. d. – (Einfl. v. Chlorpromazin) 39-1593.

N-Glykolyl- u. -Acetylneuraminsäuren in d. Kalbs-- 44-1465.

Geschw. d. Spalt. u. Resorpt. v. ^{131}J-Casein im Verdauungskanal u. Ausscheid. seiner Hydrolyseprod. mit d. – 11-1504; hepat. Ausscheid, v. Lipoprotein-Komplexverb. mit d. – 17-1612.

Konz.-Änder. d. sauren Hydrolasen in Ratten-- während d. Anästhesie 44-1229.

Resorpt., Transport u. Verteil. d. mit d. – ausgeschiedenen freien u. konjugierten Androstenolon-Metaboliten beim Meerschweinchen 5-1379; --Stoffwechselprod. v. $^{3}H_{(15)}$-Östriol-3-^{35}S-sulfat bei Frauen 22-1529; Verh. v. ^{131}J-Thyroxin in d. – (Einfl. v. Cortison) 37-1619.

--Sekret. d. Metabolite v. Retinol u. Retinoesäure bei Meerschweinchen u. Küken 18-1509; konjugierter Metabolit v. Vitamin D_3 in d. – d. Ratte 36-1569; Vitamin A-Deriv. in d. Ratten-- (Vork. u. biolog. Aktivität) 51/52-1539.

Stoffwechselprod. v. 1-Phenylazonaphthol-(2) in d. – 9-1191; Digoxin u. Abbauprod. in d. – 11-1660; in d. – d. Ratte auftretende Metabolite v. butyliertem Hydroxytoluol 14-1518; Verteil. u. Ausscheid. v. Guanisoquin in d. – (fluorometr. Best.) 14-1630; --Ausscheid. v. butyliertem ^{14}C-Hydroxytoluol bei d. Ratte 27-1740; Ausscheid. v. 2-Cyclohexyl-4-jod-3.5-dimethylphenol mit d. – 29-1742; Stoffwechselprod. v. o-Aminoazotoluol in d. Ratten-- 42-1143; Ausscheid.-Prod. v. Phenolrot in d. – v. Ratten 43-1543; akt. Transport v. Chlorothiazide in d. – 43-1630; Stoffwechsel v. Jocetaminsäure in d. – d. Menschen 46-1503.

Einfluß auf andere Körperfunktionen: Einfl. auf d. Dünndarmlipide d, Schafes 36-1572.

Cholestase: Cholestase durch α-Naphthylisothiocyanat (Wrkg. v. Noräthandrolon, Acetohexamid u. Enovid) 17-1663; chron. Cholestase nach Daueranwend. v. Tolbutamid 22-1556.

Analyse, Untersuchungsmethoden: Best.: v. ätherlösl. Porphyrinen in d. – durch Gegenstrommikroanalyse 18-1520; v. Steroiden in d. – 23-2210; Nachw. d. Brenzcatechine in d. – 26-1550; differenzierte Best. d. Gallensäuren in d. – durch Säulenverteil.-Chromatographie u. Gas–Fl.-Chromatographie 30-1508; Dünnschichtchromatographie v. freier u. gebundener Cholsäure in menschl. – 34-2040; Trenn. u. Best. v. drei Bilirubinfrakt. in d. – 44-1903.

Gallein s. unter $C_{20}H_{12}O_6$.

Gallenalkohole, Sterogallensäuren u. -- (*96.* Mitt.) 46-1457.

Gallenfarbstoffe, – (*5.* Mitt.) 33-1292; Aplysioviolin als ein neuart. – aus Aplysia limacina 14-1422; Konz. d. – (Einfl. v. Sedormid u. Allylisopropylacetamid) 23-1794; Geh. in einem an Bilirubin gebundenem Makromol. 19-1657; Bldg. aus δ-Aminolävulinsäure durch Cyanidium caldarium 21-1572.

Bibl.: Bile pigments; chemical, biological, and clinical aspects B 92.

Gallensäuren, Stero-- u. -alkohole (*82.* Mitt.) 2-1423; – u. Steroide (*34.* Mitt.) 9-1075; über – (*154.* Mitt.) 12-1534; – u. Steroide (*30.* Mitt.) 14-0872; bas. – (*3.* Mitt.) 24-1157; Stero-- u. -alkohole (*84.* Mitt.) 25-1642; – u. Steroide (*172.* Mitt.) 33-1781; (*189.* Mitt.) 34-1522; – u. Gallenalkohole (*88.* Mitt.) 37-1689; – u. Steroide (*161.* Mitt.) 38-1219; Stero-- u. -alkohole (*83.* Mitt.) 39-1505; (*94.* Mitt.) 38-1680; (*95.* Mitt.) 38-1681; (*183.* Mitt.) 41-1567; Evolut. d. „Gallensalze" (Übersicht) 42-1376; Stero-- u. -alkohole (*96.* Mitt.) 46-1457; – u. Steroide (*166.* Mitt.) 48-1215; (*156.* Mitt.) 49/50-1144.

Geh.: im Stuhl (Einfl. d. Verdaulichk. v. Kohlenhydraten) 5-1498; d. Galle nach Einw. v. Flavomenthin 6-1597; Anwesenh. im menschl. Gelbsuchtharn 12-1502; – menschl. Gallensteine 13-1398; Geh. d. Blasengalle bei Normal- u. Gallensteinpatienten u. Hamster 23-1689; --: bei Meerschweinchen mit induzierten Gallensteinen 33-1682; im Pfortaderblut v. Ratten nach Verfütter. v. verschiedenart. Futter u. Cholestyramin 34-1522; Geh. in d. Galle (Einfl. v. Oxaphenamid) 45-1797; Gallensalze einer Molchart 46-1457; Geh. an Gallensalzen in einem an Bilirubin gebundenem Makromol. 19-1657.

Bldg.: in vivo u. in vitro aus 3β-Hydroxycholensäure 8-1573; aus Cholesterin (Tages- u. Stundenkinetik) 28-1663; aus Cholestanol u. 7α-Hydroxycholesterin im Karpfen 37-1689; --Sekret. narkotisierter Hunde (Wrkg. v. Isoprenalin) 31-1615; Trenn. konjugierter Serum-- (dünnschichtchromatograph.) 2-1894, 14-1988.

Biophysikal. Eig. v. ternären Syst. Lecithin–Gallensalz–Wasser 18-1134; Fluoreszenzspektren v. – in S-Säure 41-2096; Struktur 41-0005; Bezieh. zwischen d. chem. Struktur u. ihrer Beweglichk. in d. Adsorpt.-Chromatographie 16-1990; mizelläre Solubilisat. d. Palmitin-, Stearin- u. Ölsäure in Lsg. v. konjugierten – 7-1517; Gallensalze enthaltende tern. u. quatern. wss. Syst. 31-1691; Selbstassoziat. v. Phenol- u. --Deriv. 49/50-0921; --Bind.-Kapazität v. Cholestyramin (Vgl. mit d. hypocholesterinäm. Aktivität) 11-1663; Red. v. 3-Keto-- in vitro 41-1567.

Einfl.: v. Salzen konjugierter – auf d. Aktivität nicht-lipolyt. Verdauungsenzyme d. Pankreas 5-1494; v. Gallensalzen auf d. Carboxylesterhydrolasen d. Ratten-Pankreassaftes 23-1411; aktivierende Wrkg. auf d. Lipase aus Candida paralipolytica 29-1441; Verwert. durch Cholsäure verwertende Mikroorganismen 41-1343; Einfl.: d. Na-Salze v. – auf d. L-Glutaminsäurefermentat. in Ggw. eines Biotinüberschusses 2-1230; v. Gallensalzen auf Bakterienzellwände 20-1388; Ausscheid. v. – im Kot: v. Hähnchen mit Hypercholesterinämie 5-1659; v. Menschen bei Plasmacholesterinkonz.-Wechsel durch Austausch v. Nahr.-Fetten 7-1498; Stoffwechsel bei d. Maus (Einfl. v. Cholestyramin) 19-1665; Exkret. bei Thyreotoxikose u. Hypothyreose 26-1556; Bldg. v. --Sulfaten (ein neuer Weg d. --Stoffwechsels beim Menschen) 38-1679; --Ausscheid. bei normalen Ratten 39-1504; Wrkg. v. Salzen d. – bei d. Resorpt. v. Sr u. Fe 8-1572; Rolle bei d. mizellaren Solubilisat. v. Hexadecan u. Resorpt. in d. Lymphe d. Ductus thoracicus d. Ratte 17-1611; Wrkg. v. Gallensalzen: auf Stoffwechsel u. Transport wasserlösl. Nährstoffe durch durchströmtes Rattenjejunum in vitro 35-1608; auf O_2-Verbrauch, oxydative Phosphorylier. u. Adenosintriphosphataseaktivität v. Mucosahomogenaten aus Rattenjejunum u. -ileum 35-1609.

Massenspektrometr. Unters. an – 26-1625; neue Lsgm.-Syst. für d. Dünnschichtchromatographie v. – 36-1981; Lsgm.-Syst. zur papierchromatograph. Trenn. v. – 36-1982; Best. durch direkte Densitometrie d. Dünnschichtchromatogramme 38-2137; Verteil.-gaschromatograph. Best. im Serum 12-1921; Identifizier. v. Mono- u. Dihydroxy-- in Humanfäzes durch Verteil.-Gaschromatographie u. Massenspektrometrie 22-2154; Best. v. – d. Eidechse 23-2210; dünnschichtchromatograph. Best. im Serum, Duodenalsaft u. Stuhl 24-2097; differenzierte Best. in d. Galle durch Säulenverteil.-Chromatographie u. Gas–Fl.-Chromatographie 30-1508.

Gallium

Unters. über – 20-0496; Herst. u. Eig. (Übersicht) 47-2182.

Vorkommen, Gehalt

Unters. v. Eisenmeteoriten mit niedr. --Geh. 1-0743; --Konz. in einer Serie v. Proben d. Meteorite Canyon Diablo u. Odessa 6-0787; --Unters. an Fe-Meteoriten 9-0766; Verteil.: in Rifflagersätten d. Olekma-Tokko-Zwischenflußgebietes (Südjakutien) 12-0759; in Meteoriten u. Tektiten 16-0764; Bezieh. zwischen – u. Fe(III) in verschiedensten Mineralien 16-0822; – in Torfen d. Nordteils d. Russ. Plattform 18-0788; Häufigk. in Ap-Sternen 20-0782; – in Sternspektren 20-0770; Verteil. v. – in Feldspaten d. Rosses- u. Ardara-Granitkomplexe, Donegal, Irland 26-0822; Korrelat.-Unters. d. Hauptbestandteile u. d. – d. ungar. Bauxite 29-0895; Verf. zur quant. Berechn. v. --Beimeng. in Cassiteriten verschiedener genet. Typen 29-0896; –: in Mn-Erzen d. Ciatura- u. anderen Lagerstätten d. Georg. Sowjetrepublik 31-0896; in d. *6* Standardgesteinen G-*2*, GSP-*1*, PCC-*1*, DTS-*1*, BCR-*1* 32-0836; in Gesteinen d. mittleren Vordneprs 36-0780; in Pyroxenen u. Amphibolen v. ultramaf. Gesteinen d. Urals 38-0797; --Beimeng. als Indikatoren unterschiedl. Alterswerte polymetall. Vererz. im Süd-Tjan-Šan 38-0816; Migrat.-Formen v. – u. d. Seltenmetallmineralisat. kohl. Stoffe 38-0822; Diffus. v. – in d. Sonne 40-0672; --Verteil. in Chondriten 41-0677; Unterschiede in d. --Geh.: austral. Eisenmeteorite 41-0684; u. d. Struktur d. nordchilen. Hexaedrite 41-0685; Verteil.-Gesetzmäßigk. v. – in fossilen Kohlen 49/50-0683; Häufigk. v. --Kernen in d. kosm. Strahl. in geolog. Vergangenh. 51/52-0614.

--Geh. in Pflanzen 30-1376.

Bildung, Darstellung

Elektrolyt. Herst.: v. hochreinem – aus HCl-saurer $GaCl_3$-Lsg. 1-2298*; aus $GaCl_3$ 30-2348; v. metall. – aus d. rückgeführten Aluminatlsg. 32-2390; an d. --Kathode aus alkal. Lsg. d. Bayerzyklus 51/52-2233; Gewinn.: aus rumän. Bauxit 6-2300; aus Teer 17-2288*; aus Asche d. Kohleverbrenn. 22-2557*; aus Aluminat–Gallat-Umlauflsg. 31-2624*; aus Bayer-Schlamm 45-0485; Ätzmeth. zur schnellen Entfern. v. metall. – v. GaP-Krist. 13-0226; Reinig. v. fl. – durch Säureextrakt. 17-2559*; Extrakt. aus HCl-Lsg. d. Flugascheverarbeit. 22-2558*; Anreicher. u. Trenn. einiger Verunreinig. d. – an Ionenaustauscherharzen 30-1947; Abtrenn. v. – v. Fe u. Al durch Verteil.-Chromatographie 33-2211; U-Trenn. v. – durch Ionenaustausch 33-2218; Unters. d. elektroly Al-Reinig. v. – unter Verw. radioakt. Leitisotope 48-0675; Raffinat.-Programm für hochreines metall. – 51/52-2232; Herst.: v. Laserdioden aus d. --Schmelze durch Aufwachsen auf d. (*111*)-Fläche einer p-GaAs-Scheibe 2-0354; v. GaP durch Überströmen v. – mit H_2–PCl_3-Gemischen 37-0417; Zementieren mit Na-Amalgam 14-2330; Ätzen mit NaOCl 40-2093*.

Physikalisches und physikalisch-chemisches Verhalten

Spinmess. u. Isospinunreinh. d. ^{64}Ga-Grundzustandes 7-0053; ^{64}Ga-Spin aus β–γ(CP)-Korrelat.-Daten u. Zerfall zu ^{64}Zn-Niveaus 7-0054; Isomerenverschieb. d. *14,4*-keV-Gammalinie v. ^{57}Fe im --Gitter 7-0067; zweifach verbotene Beiträge zu isospin-verbotenen (0^+)–(0^+)-β-Übergängen in

^{64}Ga u. ^{66}Ga 9-0071; (0+)–(0+)-Positronenzerfall v. ^{66}Ga 11-0081; elast. Streuung v. *3,2*-MeV-Neutronen an – 15-0029; ^{64}Zn(^{3}He, d)^{65}Ga 15-0064; Behinder. erlaubter β-Übergänge d. GT-Typs zum Einphononzustand beim Zerfall Ga→Sr 16-0039; β–γ(CP)-Korrelat.-Unters. v. ^{72}Ga 20-0002; Wrkg.-Querschnitte v. (n, p)- u. (n, α)-Rk. an —-Isotopen mit *14,8*-MeV-Neutronen 21-0055; Winkelverteil. v. —-Rückstoßprod. aus Rk. v. Cu mit ^{4}He-Ionen 23-0068; Niveaus v. —-Isotopen 24-0023; γ-Strahl. v. ^{66}Ga, ^{67}Ga u. ^{72}Ga 27-0010; ^{70}Ge(d, α)^{68}Ga 30-0003; Mess.: v. Konvers.-Koeff. u. γ-Winkelverteil. bei ^{68}Ga 34-0025; v. (n, 2n)-Querschnitten für ^{69}Ga u. ^{71}Ga 34-0029; Präzess.-Mess. nach Coulomb-Anreg. mit H-Ionen (in fl. – rückstoßende Hf-Ionen) 36-0004; Winkelverteil. v. γ-Strahlen aus ^{68}Zn(p, n)^{68}Ga u. ^{65}Cu(α, n)^{68}Ga 37-0012; Zerfall v. ^{72}Ga 37-0030, 38-0016; Kernresonanzfluoreszenz in ^{69}Ga 40-0001; radiochem. Unters. d. Rk. ^{71}Ga(^{3}He, γ)^{74}As 42-0013; (n, 2n)-Wrkg.-Querschnitt v. ^{69}Ga für *14,8*-MeV-Neutronen 44-0023; Zerfall d. *15*-min-^{65}Ga zu ^{65}Zn 47-0013.

Anreg.-Spektren v. – in Ge unter einaxialem Druck 9-0346; Röntgenabsorpt.-Spektrum 10-0313; Anisotropie d. Feinstruktur d. Röntgen-K-Absorpt.-Spektrums eines —-Einkrist. 10-0316; Spektrallage d. Kα-Satelliten 13-0129; Röntgenabsorpt.-Spektren v. – in GaAs, GaP u. im Metall 17-0377; Spektren v. Ga V im Vakuum-UV 18-0103; Aufspalt. d. Linie v. Ce (*1* %) in mit – substituiertem Y–Fe-Granat 18-0344; Kernquadrupol-Wechselwrkg. in fl. u. festen – 19-0388; Absorpt.-Banden v. Tl^{+} in – 20-0265; Oszillatorstärken u. Wrkg.-Querschnitte d. verbreiternden Stöße für Resonanzlinien v. – (Stöße mit He, Ne u. Ar) 23-0170; K-Absorpt.-Kante v. – u. seinen Verb. 34-0406; Energieniveau-Berechn. für Ga IV-Spektren 38-0040 autoionisierte Linien in d. UV-Spektren v. —-Atomen 40-0045; lokalisierte Schwing.-Moden v. —-Verunreinig. in Ge 40-0260; anomale Breite v. Photoanreg.-Linien d. —-Akzeptors in Si 41-0245; Sättig.-Effekte bei d. NQR v. – in GaJ_3 u. v. In in InJ_3 44-0313; Absorpt.- u. Reflex.-Spektren v. stark mit – dotiertem n- u. p-InAs 46-0321; Anreg.- u. Photolumineszenzspektren v. NaJ–Ga 45-0340; Anreg.-Spektren v. —-Zuständen in Si 49/50-0217.

Rekombinat.-Mechanismus zur Deut. d. Kantenemiss. in CdS:Ga 1-0373; Lumineszenzeig. v. durch UV- u. γ-Strahl. angeregtem CaO:Ga 4-0316; opt. Konst. v. —-Einkrist. 5-0370; Einfl. d. Substitut. v. Al für – auf d. Fluoreszenz v. Mn-aktiviertem $MgGa_2O_4$ 11-0391; opt. Parameter 14-0302; Einfl.: einseit. Kompress. auf d. Interstörstellen-Rekombinat.-Strahl. in Ge:As(Ga) 15-0348; v. Ga^{3+} auf Lumineszenz v. $MgGa_2O_4$:Mn 16-0370; Polarisat. d. Lumineszenz in KBr: Ga^{+}-Krist. durch d. Jahn-Teller-Effekt 28-0334; Lumineszenz-Eig. v. mit – dotierten Cd_4SiS_6-Krist. 29-0370; einige Eig. d. Lichtemiss. v. vorwärtsgepolten GaP–p–n-Übergängen in aus Ga–GaP-Lsg. gezogenen Krist. 31-0327; Reflex.-Vermögen v. mit – dotiertem CdS 43-0258; Polarisat. d. selbstaktivierten Lumineszenz in ZnS:Al- u. ZnS:Ga-Krist. 43-0306; opt. Eig. v. dünnen —-Schichten 44-0270; magnetoopt. Eig. in —-Eisengranat u. —-dotiertem Y-Eisengranat 46-0312; Anisotropie d. Lumineszenz u. Mikrostruktur d. Lumineszenzzentren in mit – dotierten Alkalimetallhalogenidkrist. 51/52-0228.

Magnet. Hyperfeinstrukturkonst. für d. neutrale Atom sowie positive u. negative Ionen v. – 1-0103; Spin–Bahn-Koppl.-Konst. für – u. Ga^{-} 1-0104; radiale Atomverteil. u. Ionen–Ionen-Potentiale in fl. – 4-0227; Diffus. v. – in Zn-Einkrist. 8-0254; Wachstumsmechanismus v. —-Krist. aus d. Schmelze 10-0196; Oktupol-Hyperfeinwechselwrkg.-Konst. v. – 11-0107; Atomstreufaktoren 11-0191; Einfl. d. Zus. auf d. Verteil. v. – zwischen auskrist. $Y_3Fe_{5-x}Ga_xO_{12}$ u. $PbO/PbF_2/Fe_2O_3/Ga_2O_3/Y_2O_3$-Schmelzen 11-0278; Struktur 15-0248; Herst. v. —-Schichten zur Unters. d. Elektronenbeug. bei tiefen Temp. 17-1963; Berechn. d. Streufaktors u. d. inkohärenten Intensität d. Röntgen- u. Elektronenstreuung 18-0152; Best. d. Fermi-Flächen in – aus d. Hochfrequenz-Größeneffekt 18-0402; Atomparameter für halbempir. SCF–LCAO–MO-Berechn. 19-0082; Strukturunters. v. fl. – durch NMR 20-0322; Zücht. v. ZnS- u. CdS-Krist. aus —-Schmelzen 24-0218; Bldg. eines Versetz.-Netzwerkes in —-Einkrist. 24-0234; Störeffekte v. – auf d. Stabilität d. Phasen AuCu I u. AuCu II u. auf d. Länge d. Antiphasenperiode II 24-0253; experimentelle Bestätig. d. Fermi-Dirac-Verteil. d. Elektronen in – 27-0519; Mess. d. Lebensdauer v. angeregten Zuständen d. – durch d. Phasenverschieb.-Meth. 30-0060; geometr. Schwing. 32-0259; Gittereinbau v. – in Si-Krist. bei heißer Implantat. 33-0273; Diff. v. – in Si (Einfl. v. As- bzw. Sb-Konz.-Gradienten im Si) 33-0484; einfache Basis für Mol.-Wellenfunkt. 36-0043; Diffraktometeruntere. d. Struktur v. amorphem – mittels eines Elektronenbeug.-Gerätes mit Gegenfeld 37-0291; Term.-Syst. v. Ga I (IR-Mess.) 38-0102; effektive Bandmasse 39-0316; Bahn–Bahn-Wechselwrkg. 41-0033; Ausgleich d. Zus. bei d. programmierten Änder. d. Wachstumsgeschw. v. Krist. (Verteil. v. – in Ge) 42-0133; Einbau v. Ga^{3+}-Fremdionen in pulverförm. NiO im Vakuum bei tiefer Temp. 42-0200 bis 42-0202; elektronenmkr. u. Elektronenbeug.-Unters. v. feinen, durch Verdampf. in Ar dargestellten —-Rauchteilchen 45-0166; Unters. d. Fermi-Fläche v. – mit Hilfe geometr. Ultraschallresonanz 45-0418; Koppl.-Konst. u. Bandstruktur-Zustandsdichten 48-0483; Fermi-Niveau-Spektroskopie in —-dotiertem ZnO mit Hilfe v. sich umwandeltnden Zentren 49/50-0301.

Wrkg. geladener —-Verunreinig. auf d. Verform. v. versetzungsfreiem Ge 4-0245; Kriechdehn. v. eigenleitendem u. v. —-dotiertem Ge 8-0242; Zus.-Wrkg. v. α-, β- u. γ-Bestrahl. u. granzflächenakt. Bedeck. auf d. mechan. Eig. —-Einkrist. 11-0342; Metallverspröd. v. Al durch fl. – 17-2410; Dauerfestigk. v. Zn in Ggw. v. – 34-0301.

Magnetfeldabhängigk. d. HF-Skintiefe 1-0472; Ohmsche elektr. In–Ga-Kontakte an ZnS-Krist. hohen Widerstandes 2-0389; Berechn. d. Ionisat.-Potentials für —-Atome bzw. -Ionen 7-0101; Elektrotransport u. effektive Eigendiffus. in reinem, fl. – 8-0392; strahlender Einfang v. Lad.-Trägern durch —-Störstellenatome in Si 10-0390; magnet. Zusammenbrechen v. Zyklotronresonanzbahnen in – 13-0435; Supraleitfähigk. mitstarker Koppl. in – in d. Schicht. $Al/Al_xO_y/Ga$, $Sn/Sn_xO_y/Ga$ u. $Ga/Ga_xO_y/Pb$ 13-0447; graph. Best. d. Barrierenhöhe u. d. Temp.-Überschusses einer Au–Ga–As-Schottky-Barriere 17-0441; krit. Magnetfelder v. körn. supraleitenden —-Filmen 19-0491; Leitfähigk. v. fl. u. festem – 20-0406; Leitfähigk.-Bereich u. Absorpt.-Kante v. Zinkselenid–Tellurid-Mischkrist. bei —-Dotier. 25-0460; Kathodenfall eines Entlad.-Bogens an – 27-0193; direkte Mess. d. Elektronengeschw. u. d. mittleren freien Weglänge in – 28-0448; Meth. zur getrennten Best. d. Konz. v. Donatoren u. Akzeptoren in n-Ge mit —-Dotier. 31-0419; —-Ionen-Implantat. in Si 33-0488; Natur d. Schwing. im Störstellen-Photoleitfähigk.-Spektrum (mit – dotiertes Ge) 33-0502; Zyklotronresonanz 33-0559; Parameter d. elektr. Überführ. u. d. elektr. Widerstandes v. —-Beimeng. in fl. Pb 34-0465; Niederfrequenz-Stromoszillat. in aus Lsg. gewachsenen p–n-Übergängen in GaP mit —-Kontakt 35-0355; elektr. Eig. —-dotierter ZnSb-Einkrist. 35-0359; Zyklotronresonanz u. effektive Zyklotronmasse 40-0336; Geschw. v. Elektronen in offenen Bahnen in – 40-0337; Temp.- u. Frequenzabhängigk. d. Amplitude d. Hochfrequenzgrößeneffektes in – 40-0338; anomales Verh. d. Widerstandes v. reinem – nahe *1,7* °K 42-0355; Grenzflächenstreuung in supraleitenden —-Einkrist. 43-0440; elektr. Widerstand v. unterkühltem – 44-0107; photoelektr. Eig. v. mit – dotiertem Si 45-0391; Verschieb.-Richt. v. geschmolzenem – auf Ge- u. Si-Oberflächen unter d. Einfl. eines elektr. Stroms 45-0400; Einfl. eines —-Ionenbeschusses auf dünne CdTe-Schichten 45-0415; Übergangstemp. Halbleiter→Metall v. —-dotierten VO_2-Krist. 46-0386; Einfl. eines transversalen elektr. Feldes auf d. Photostrom-Lad.-Träger v. CdS-Einkrist. mit —-Elektroden 46-0390; Best. d. effektiven Massen in d. ab-Ebene v. – durch Ultraschallfrequenz-Zyklotronresonanz 46-0400; Löslichk.-Effekte eingepflanzter —-Ionen in Halbleitern 47-0340; Supraleitfähigk. d. *3* metastabilen Formen v. – 47-0393.

Atomarer Parameter zur Erklär. v. ESR u. diamagnet. Suszeptibilität v. Ga^{3+} 2-0129; ^{71}Ga-NMR-Unters. d. Syst. $GaCl_3$/HCl, $GaBr_3$/HBr bzw. GaJ_3/HJ u. in Schmelzen v. $GaCl_2$ bzw. $GaBr_2$ 6-0377; Knight-Verschieb. d. NMR v. —-Kernen in fl. Ga/In-, Ga/Sn- u. Ga/Zn-Leg. 6-0378; Antiferromagnetismus innerhalb d. Untergitters in Ca_3[Fe]·(Fe)O_5 bei Austausch d. Fe^{3+} durch Ga^{3+} 8-0421; Relaxat.-Verh. v. ^{71}Ga u. ^{69}Ga in Y_3Fe_{5-x}·Ga_xO_{12}-Proben (x = *0,05 – 1,0*) mit Einzeldomänen 8-0454; Spin-flip-Streuung v. Leit.-Elektronen durch – in Li 10-0343; maget. Polarisat. v. – als Verunreinig. in fl. Al 11-0399; NMR-Unters. an Ga^{3+} in bin. Lsgm.-Gemischen 12-0574; ESR eines photosensitiven —-Zentrums im $^{2}S_{1/2}$-Zustand in ZnS 17-0412; räuml. Verteil. d. Stör. d. magnet-Moments in ferromagnet. Fe durch – 32-0526; Spin- u. akust. Bragg-Beug. v. longitudinalen magnetoelast. Wellen an —-dotiertem Y–Fe-Granat 33-0624; EPR in elektronenbestrahltem, —-dotiertem Ge 39-0295; kalorimetr. Nachw. d. Nichtexistenz einer magnet. Phasenumwandl. in – nahe *1,7* °K 45-0441.

Potentiale v. —-Elektroden u. Polarisat. beim elektrolyt. Abscheiden v. – in Abhängigk. v. dessen Aggregatzustand 1-0611; polarograph. Red. v. Ga(III) in chloridhalt. Brenzcatechinlsg. 2-1843; Verw. d. Edwards-Gleich. zur Best. d. „Härte" v. Ga^{3+} 3-0584; elektrochem. Verh. d. – in wss. Elektrolytlsg. 4-0515; elektr. Beweglichk. v. Bi in fl. – 7-0585; elektrochem. Eig. d. —-Elektrode (Syst. Cu/Tl/Ga) 7-0590; Unters. d. Struktur d. elektrochem. Doppelschicht am – mit d. Meth. d. Aufnahme v. Elektrokapillarkurven 7-0594; Verhältnis d. Werte d. H-Überspann. an festem u. fl. – hoher Reinh. 7-0595; Einfl.: d. Oberflächenzustands einer fl. —-Elektrode auf d. effektive Aktivier.-Energie d. elektrolyt. Abscheid.-Prozesses 9-0601; d. Temp. auf d. Nullad.-Potential v. – in Schmelzen v. LiCl u. KCl 11-0636; Bldg.-Mechanismus anod. Oxidschichten an fl. – 16-0631; Mess. d. Differentialkapazität v. – in hochkonz. Elektrolyten 17-0679; spezif. Adsorpt. v. Halogenidionen an d. Bi-Tropfelektrode (Vgl. mit d. —-Elektrode) 19-0701; Abhängigk. d. H-Überspann. an einer —-Elektrode v. d. Reinh. d. – u. v. d. Art d. Verfertig. d. Elektrode 29-0705; Modell d. Struktur d. elektr. Doppelschicht am – 30-0583; partielle Lad.-Übergangsrk. d. Alkalimetallionen an —-Elektroden 35-0537; Berechn. d. spezif. Leitfähigk. v. —-Elektrolyten in Abhängigk. v. d. Änder. d. Konz. an —-Ionen u. OH^{-} 37-0592; fließende Beweg. an d. Oberfläche einer tropfenden —-Elektrode u. d. Einfl. auf d. Ox. d. – 37-0615; anod. Ox. d. fl. —-Elektrode 39-0599; elektrochem. Eig. d. —-Elektrode 49/50-0458.

Phononenstreuung in —-dotiertem Ge 4-0271; P–T–X-Phasendiagramm d. Syst. Ga/S 8-0511; Diffus. v. ^{110}Ag in fl. – 10-0517; Zustandsschaubild d. Syst. Ga/As/Si 12-0542; Abhängigk. d. Sättig.-Dampfdrucks v. Kp. für – 13-0557; Thermodynamik v. Gasphasengleichgew. (Möglichk. d. epitakt. Abscheid. v. GaAs im Syst. Ga/As/Cl/H) 14-0539; Ultraschalldämpf. 17-0305; spektrale Analyse v. Temp.-Schwank. in fl. – 23-0591; Phasenunters. im Syst. Ga/J 24-0582; Berechn. d. Schallgeschw. in fl. – 30-0510; Absorpt. v. Ultraschallwellen in —-Einkrist. unter Einfl. eines senkrecht zur Schallricht. angelegten Magnetfeldes 32-0259; Schallgeschw. in fl. – 32-0569; Quantenoszillat. d.Schallgeschw. 33-0626; Phononenleitfähigk. 35-0245; Dampfdrücke 36-0457; magnetoakust. Dämpf. in fl. – bis *150* kG 37-0513; therm. Elektronenleitfähigk. v. —-Einkrist. (Einfl. d. Größe u. Krist.-Orientier.) 38-0259; Dampfdrücke u. Phasengleichgew. im Syst. Ga/As 38-0589; Ultraschall-Geschw. u. Kompressibilität v. fl. – u. ihr Zusammenhang mit verschiedenen physikal. Eig. 39-0437; Schmelzdiagramme d. Syst. Ga/As/Cu, Ga/As/Ag u. Ga/As/Au 39-0489; Liquidus d. Syst. Ga/P 40-0466; Zustandsdiagramm: d. Syst. Ga/S 41-0519; v. Ga/Te 41-0520; Einfl. v. —-Zusätzen auf d. thermodynam. Aktivität v. Zn in geschmolzenem Bi 42-0453; Thermodynamik d. —-Ionenverteil. in einfachen Spinellen 44-0245; Phasendiagramm d. Syst. Ga/As/Te für d. festen Zustand 45-0516; Einfl. d. Beimeng. auf d. Gitterwärmeleitfähigk. v. Ge mit < *1,3* Atom-% – 46-0288; Aktivitätskoeff. v. – (Gasphasengleichgew. im Syst. Ga/As/Zn) 48-0635; Tribokeimbldg. v. Gasblasen in einer metastabilen Fl. durch sanftes Reiben v. – an d. Glaswand d. Gefäßes 51/52-0345.

Chromatographie v. Ga(III) auf mit hochmol. Aminen imprägniertem Papier 1-1790; komplexchem. Eig. eines Chelatharzes mit Sarkosin-Ankergruppen gegenüber – 2-0627; chromatograph. Verh. auf mit Aminen behandelten Papieren 2-1790; Kationenaustauschverh. v. – u. In an KU *2* × *8* in Ggw. v. Alkalimetallchloriden 6-0664; Chromatographie mit umgekehrten Phasen v. Al, –, In, Tl u. d. Übergangsmetalle d. Fe-Gruppe 12-1861; ionenaustauschchromatograph. Verh. in HCNS-Lsg. 17-1985; Ausbreiten v. – auf einer Sn-Oberfläche (Bldg. d. festen Lsg.) 17-2481; Benetzbark. v. Diamant u. Graphit durch geschmolzenes – 19-0714; Oberflächenspann. v. – u. ihre Temp.-Abhängigk. 22-0654; Beweglichk. v. – bei d. Elektrophorese v. —-Komplexen mit EDTA, HEDTA,

DETP, NTE u. EGTA 28-0686; elektrokapillare Eig. d. Syst. Ga/Hg 31-0683; Verteil.-Koeff. an Dowex *1*-X *8* 33-2214; R_F-Werte in *3* Dünnschichtmedien 35-2020; Einfl. auf d. Absorpt.: v. Au an Si-Oberflächen 37-0700; v. Hg aus Elektrolyten an Si 37-0701; v. Fe aus Elektrolyten an Si 37-0702.

Hydratat.-Zahl v. Ga(III) in wss. Lsg. 1-0591; Extrakt. mit cycl. Lsgm. 2-1865; Lsg.-Prozeß v. As-Dampf in einer Ga–As-Schmelze 4-0567; Einfl. d. Ga(III)–W.-Wechselwrkg. auf d. Valenzschwing. u. H-Brücken-Donator-Eig. d. OH-Gruppen in d. H-Brücken Hydratwasser-Anion 7-0580; NMR-Unters. zur Best. d. Koordinat.-Zahl v. Ga(III)-Ionen 17-0653; vergleichende Unters. d. chromatograph. Verh. u. d. Extrakt. v. – mit TBP aus Lsg. v. Chloriden verschiedener Metalle 19-0645; Extrakt. v. – mit Methylisobutylketon 20-0501; Mechanismus d. Extrakt. mit Alkylphosphorsäuren 28-2021; Löslichk. v. B in fl. – 29-0640; stat. Extrakt. v. – als Rhodamin-B-Chlorogallat 31-2063; begrenzte Löslichk. im fl. Zustand im Syst. Ga/Te 36-0492; Chemie d. Lsgm.-Extrakt. v. – 37-0545; Extrakt.-Verh. d. Acetylacetonkomplexes v. – 39-1996; Verteil.-Koeff. v. – bei d. Extrakt. anorgan. Ionen mit N-(Di-n-butylphosphono)-succinimid 45-0484.

Reaktionen

Rk.: v. – u. einer Lsg. v. Na in fl. NH_3 3-0701; mit PCl_3 24-2280*; Rk.-Fähigk. v. Fluoroschwefelsäure gegenüber – 37-0808; Umsetz. v. – mit Elementen in bin. Syst. 41-0527; Kinetik d. *1:1*- u. *1:2*-Komplexbldg. zwischen Ga^{3+} u. Methylthymolblau 30-0654; Rk. mit o.o'.p'-Trihydroxyazoverb. 46-1829; Chemilumineszenz v. Lucigenin bei d. Rk. mit H_2O_2 in Ggw. v. Ga(III)-Ionen 6-0708; Hydrier. v. C_2H_4 mit –-halt. Halbleiter als Katalysator 7-2562*; katalyt. Einfl. v. – auf d. Zers. v. wss. H_2O_2 16-0721; Einfl. v. Ga^{3+}-Beimeng. zum ZnO auf dessen Sensibilisier. (Aktivität bei d. Photolyse v. wss. $AgNO_3$-Lsg.) 28-0713.

Technische Verwendung

Gewinn., einige Eig. u. Perspektiven d. Anwend. v. – in d. Technik (Überblick) 22-0742; Verw. bei d. Herst. v. harten Supraleitern 36-2257*, 45-2386*.

Analyse, Prüfverfahren

Rk. mit Erioblauschwarz R 29-1996; Nachw. durch Flammenfluoreszenzspektrometrie 41-1973; Rk. mit o-Dihydroxyazoverb. 46-1828; Wechselwrkg. v. – mit o.o'-Dihydroxyazoverb. 46-1830.

Best. mit Xylenolorange (photo- u. titrimetr.) 1-1807; Extrakt. u. direkte spektralphotometr. Best. in d. organ. Phase mit 4-(2-Pyridylazo)-resorcin 5-1917; komplexometr. Titrat. v. Ga(III) unter Verw. v. Na-Azid als Metallindikator 10-1928; Komplexbldg. v. Ga^{3+} mit N-Methylanabasin-α'-azo-n-heptylresorcin (photometr. Best.) 12-1799; Best.: d. Bruchteiles atomaren – in einer Acetylen–Luft-Flamme 14-0660; v. – mit Deriv. d. Salicylaldehyds (fluorimetr.) 19-2094; Wechselwrkg. zwischen –-Ionen u. Brenzcatechinviolett 28-2017; Best.: mit PAR (photometr.) 34-1974; mit Lumogallion (fluorimetr.) 39-1960; über eine Verb. d. Komplexions $[GaCl_4]^-$ mit Victoria-Blau (photometr.) 42-1822; v. – (fluorimetr.) 43-1961; v. – (wechselstrompolarograph.) 44-1808; Aktivier.-Analyse v. – unter Anwend. d. Lsgm.-Extrakt. 45-2075; Best. mit EDTA mit biamperometr. Endpunktanzeige (titrimetr.) 47-1888; Dünnschichtchromatographie auf mit neutralen Organophosphorverb. imprägniertem Trägermaterial 51/52-1833.

Aktivier.-analyt. Best. in hochreinem Al 1-1797; chelatometr. Titrat. in Ggw. v. In u. anderen Metallen 1-1799; Analyse v. Gemischen aus Al, – u. In durch Lsgm.-Extrakt. u. Gaschromatographie 1-1800; Best.: in Al 2-1776; in einigen ind. Böden (spektrograph.) 5-1951; v. –-Spuren in Brennschiefer (spektrograph.) 6-1918; in Spurenmengen in einigen Silicatgesteinen u. Mineralien (spektrochem.) 10-1951; in standardisiertem Kohlpulver 12-1904; d. –-Geh. v. W u. Wolframaten (photometr. u. polarograph.) 16-1945; v. –-Spuren in Al 16-2028; Trenn. geringer In- u. Ga-Mengen durch Verteil.-Chromatographie 17-2018; Best. in Bauxiten mit Hilfe v. Kristallviolett (photometr.) 17-2049; Trenn. u. Mikrobest. v. Al, –, In u. Tl 18-1958; Best.: in Fe-Meteoriten durch Neutronenaktivier. 20-1912; in Al (massenspektrometr.) 22-2017; in metall. W u. in Wolframaten (spektrophotometr.) 22-2186; in natürl. u. industriellen Substanzen 23-2137; Verh. v. Mikromengen an – in Fe bei Extrakt. mit Methylisobutylketon 23-2154; Best.: als Verunreinig.- in Fe u. schwach legiertem Stahl (massenspektrometr.) 23-2256; v. Mikromengen – in reinem Fe (spektrophotometr.) 23-2260; Schnellbest. v. – in Ggw. einer großen Menge Al durch amperometr. Titrat. 25-2060; Best. in Graphit (spektrograph.) 27-2177; radiochem. Trenn. d. – u. anderer Spurenverunreinig. 27-2190; Best. in sechs–neun Pb durch Neutronenaktivier.-Analyse 29-2102; Trenn. v. –: u. Al durch Hydrolyse ihrer Sulfatlsg. 30-1946; u. Fe in Ggw. v. EDTA 37-2125; Best. in Silicaten (spektrograph.) 37-2135; Trenn. v. Al/In an Dowex *50*-X *4* 38-2029; Best. in SnO_2 durch Neutronenaktivier. 38-2060; Trenn. v. –, In, Te u. Best. durch Ringkolorimetrie (papierchromatograph.) 39-1914; Best. v. –-Spuren in hochreiner HNO_3 bzw. HF 39-2090; Extrakt. als Dithiocarbamat aus Alkalimetall-Lsg. u. spektrograph. Best. 40-1799; Best.: in Reinstgold (spektrograph.) 41-2070; in Trichlormethylsilan (aktivier.-analyt.) 41-2090; in Rb_3AsO_4 u. Cs_3AsO_4 (spektroskop.) 42-1815; in Al u. Zn durch Aktivier.-Analyse/Extrakt.-Photometrie 42-1821; in Böden 42-1845; Verteil.-Gaschromatographie 44-1779; verteil.-gachromatograph. Abtrenn. v. –-Spuren aus Zn 44-1799; Beeinfluss. d. atomfluoreszenzspektroskop. Best. v. – durch andere Elemente 46-1783; Best.: v. –-Spuren in hochreinem Al (voltametr.) 49/50-1917; in reinsten Wässern (automat. polarograph.) 49/50-2025; in Al (aktivier.-analyt.) 49/50-2033.

Best. v. Cu in metall. – mit Hilfe v. Neocuproin (spektrophotometr.) 1-1798; photometr. u. katalyt. Spurenbest. v. Ni in – 18-1975; Spektralanalyse v. hochreinem – 23-2138; Best. v. Cu, Fe, Zn u. Al in hochreinem – (photometr.) 23-2139; Abtrenn. einiger Verunreinig. d. – mittels Ionenaustauschchromatographie 28-2018; Nachw. metall. Verunreinig. in Reinst-– (polarograph.) 31-2084; Trenn. u. photometr. Best. v. UO_2^{2+} neben – 38-2066; substöchiometr. aktivier.-analyt. Best. v. Pt in – mit DDTC 39-2002; Best.: v. Cd, Pb u. Cu in Reinst-– u. Best. v. – in Al (voltammetr.) 40-1903; v. Bi, Cu, Pb u. In in Reinst-– 40-1913; störende Wrkg. bei d. Aktivier.-Analyse v. höchstreinem – 44-1807; Best. v. Spurenmetallen in hochreinem – durch inverse Voltammetrie 49/50-1917.

Elektrodenlose Röhren mit Hochfrequenzanreg. d. Spektrums v. – als Lichtquellen zur Atomabsorpt.-Analyse 6-1838.

Galliumlegierungen

Eutekt. Schmelztemp. einiger – 22-0584.

Ag: UV-Absorpt.-Spektrum d. Mol. AgGa 12-0121; Krist.-Struktur d. tern. intermetall. Phase Li_2AgGa 37-0277; elektr. Überführ. in fl. – 25-0472; eutekt. Schmelztemp. v. – mit *5,3* Ag 22-0584; Oxydierbark. leicht schmelzender – 22-0691.

Al: Clusterbldg. in – mit GP-Zonen nach Bestrahl. bei niedr. Temp. 51/52-0190; elektr. Überführ. in fl. – 25-0472; Elektronenstruktur u. Knight-Verschieb. in verd. fl. – mit Hilfe v. ^{27}Al-NMR-Mess. 11-0397; eutekt. Schmelztemp. v. – mit *0,62* Al 22-0584; Berechn. d. eutekt. Konz. für d. Syst. Al/Ga 41-0453.

Au: Opt. Eig. v. $AuGa_2$ 47-0263; Krist.-Struktur d. tern. intermetall. Phase Li_2AuGa 37-0277; Modell starrer Bänder für – 42-0354; Hall-Koeff. u. elektr. Widerstand d. fl. – 47-0389.

Ba: Leg.-Verh. v. Ga u. Verb. in d. bin. Syst. Ba/Ga (Gitterkonst., Raumgruppen u. Zustandsdiagramme) 36-0491.

Bi: Begrenzte Löslichk. im fl. Zustand im Syst. Ga/Bi 36-0492.

Ca: Leg.-Verh. v. Ga u. Verb. im Syst. Ca/Ga (Gitterkonst., Raumgruppen u. Zustandsdiagramme) 36-0491.

Cd: Elektr. Überführ. in fl. – 25-0472; thermodynam. Eig. d. Syst. Ga/Cd 42-0082.

Co: Elektr. Widerstand v. CoGa 43-0424.

Cu: Bldg. einer einphas. Cu–Tl–Ga-Leg. bei d. elektrochem. Unters. d. Syst. Cu/Tl/Ga 7-0590; Analyse d. Konfigurat. v. Stapelfehlern einer – mit *21* Atom-% Cu 28-0202; Krist.-Struktur: u. Isotypie v. ZrCuGa u. HfCuGa 28-0218; d. tern. intermetall. Phase Li_2CuGa 37-0277; transmiss.-elektronenmkr. Unters. v. Cu–Ga-Phasen 48-0159; Thermokraft v. – 4-0344.

Er: Krist.-chem. Unters. v. ErGa 30-0178.

Fe: Gitterparameter d. Fe-reichen – mit *34*–*50* Ga 19-0242; magnet., elektr. u. therm. Eig. v. FeGa 5-0542; magnet. Eig. d. Syst. Ga/Fe 44-0396; Phasenbereichs-Umwandl.-Diagramm, Suszeptibilitätsisothermen u. Gefügeunters. d. Syst. Ga/Fe 29-0645.

Hf: Krist.-Struktur u. Isotypie v. HfCuGa u. HfNiGa 28-0218.

Hg s. *Quecksilberlegierungen*: *Ga*.

Ho: Krist.-chem. Unters. v. HoGa 30-0178.

In: Kristallisat. einer – eutekt. Konz. 20-0161; röntgenograph. Unters. d. Struktur einer fl. – mit eutekt. Konz. 20-0195; elektr. Widerstand d. – mit *22,4* In 25-0471; elektr. Überführ. in fl. – 25-0472; elektr. Widerstand d. eutekt. – mit *24,56* In 44-0107; Knight-Verschieb. d. NMR v. Ga- u. In-Kernen in fl. – 6-0378; D. im Syst. Ga/In/Sn 22-0538; Viskosität d. – mit *22,4*–*25* In 22-0539; eutekt. Schmelztemp. v. – mit *15,9* In 22-0584; Viskosität: elektr. Leitfähigk. u. Zustandsdiagramm d. Syst. Ga/In 22-0587; u. spezif. elektr. Widerstand d. Syst. Ga/In/Sn 22-0588; integrale Misch.-Enthalpien d. Syst. Ga/In 47-0456.

Oxydierbark. leicht schmelzender – 22-0691; Korros. v. Stahl u. Ni in – mit *25* In 29-2579.

K: Verw. in Fl.-Gleitkontakten 26-2329.

Li: Krist.-Struktur d. tern. intermetall. Phase Li_2EGa (E = Cu, Ag, Au) 37-0277.

Lu: Krist.-chem. Unters. v. LuGa 30-0178.

Mg: Thermodynam. Unters. d. Syst. Mg/Ga 36-0490.

Na: Verw. v. Fl.-Gleitkontakten 26-2329.

Nd: Krist.-chem. Unters. v. NdGa 30-0178.

Ni: Krist.-Struktur u. Isotypie v. ZrNiGa u. HfNiGa 28-0218; Leerstellenbldg. durch Kaltverform. in NiGa mit *47,4*–*52,25* Atom-% Ni 40-0145; elektr. Widerstand v. NiGa 43-0424; Oberflächenspann. u. D. fl. Leg. d. Syst. Ni/Ga 31-2523.

Pb: Elektr. Überführ. in fl. – 25-0472; begrenzte Löslichk. im fl. Zustand im Syst. Ga/Pb 36-0492.

Seltenerdmetalle: Krist.-chem. Unters. u. Darst. v. Monogalliden d. Seltenerdmetalle 30-0178.

Sm: Krist.-chem. Unters. v. SmGa 30-0178.

Sn: Spontane Umkristallisat. eines Sn/Ga-Mischkrist. 28-0170; elektr. Widerstand d. – mit *10,5* Sn 25-0471; elektr. Überführ. in fl. – 25-0472; elektr. Übertrag. u. elektr. Widerstand im fl. Syst. Sn/Ga 34-0466; Knight-Verschieb. d. NMR in fl. – 6-0378; D. im Syst. Ga/In/Sn 22-0538; Viskosität v. – mit *8*–*25* Sn 22-0539; eutekt. Schmelztemp. v. – mit *11,6* Sn 22-0584; Viskosität: spezif. elektr. Widerstand u. Zustandsdiagramm d. Syst. Ga/Sn 22-0585; u. spezif. elektr. Widerstand d. Syst. Ga/In/Sn 22-0588; Misch.-Wärme u. andere thermodynam. Eig. d. Syst. Ga/Zn/Sn aus MK-Mess. 22-0589; integrale Misch.-Enthalpien d. Syst. Ga/Sn 47-0456.

Oxydierbark. leicht schmelzender – 22-0691; Korros. v. Stahl u. Ni in – mit *13* Sn 29-2579.

Sr: Leg.-Verh. v. Ga u. Verb. im Syst. Sr/Ga (Gitterkonst., Raumgruppen u. Zustandsdiagramme) 36-0491.

Tl: Bldg. einer einphas. Cu–Tl–Ga-Leg. bei d. elektrochem. Unters. d. Syst. Cu/Tl/Ga 7-0590; thermodynam. Eig. fl. Lsg. u. Zustandsdiagramm d. Syst. Ga/Tl 26-0600; begrenzte Löslichk. im fl. Zustand d. Syst. Ga/Tl 36-0492.

Tm: Krist.-chem. Unters. v. TmGa 30-0178.

U: Freie Bldg.-Enthalpien v. festem UGa, UGa_2 u. UGa_3 21-0588.

V: Pulvermetallurg. Herst. v. V_3Ga 4-2032,43-2333*.

Einfl. hohen Druckes auf d. Plastizität d. V_3Ga 29-0271; Herst. v. V_3Ga-Draht mit Supraleitfähigk. 5-2366; anisotrope Knight-shift u. Quadrupolkoppl. in d. intermetall. Verb. V_2Ga_5 22-0369; bin Eutektika GaSb–GaV_3Sb_5 u. GaSb–V_2Ga_5 1-0568; Zustandsdiagramm d. Syst. V/Ga 14-0567.

Verf. zur anod. Ox. v. – 29-2572.

Zn: Elektr. Überführ. in fl. – 25-0472; Knight-Verschieb. d. NMR v. Ga-, In- u. Zn-Kernen in fl. – 6-0378; Viskosität 22-0539; eutekt. Schmelztemp. (v. –) mit *3,2* Zn 22-0584; Misch.-Wärme u. andere thermodynam. Eig. d. Syst. Ga/Zn/Sn aus EMK-Mess. 22-0589; Thermodynamik d. Syst. Ga/Zn 29-0638; Berechn. d. eutekt. Konz. für d. Syst. Zn/Ga 41-0453.

Oxydierbark. leicht schmelzender – 22-0691.

Zr: Krist.-Struktur u. Isotypie v. ZrCuGa u. ZrNiGa 28-0218.

Galliumverbindungen

Chemie d. – 2-0695; Herst. v. Ga(III)-P(V), -As(V) u. -Sb(V)-Verb. 25-2344*; Abhängigk. d. magnet. Rotat. (Faraday-Effekt) d. (C-Ga)-Bind. v. d. Stell. d. Elements im Periodensyst. Faktoren d. Bind.-Rotat. 20-0090; automat. potentiometr. Titrat. v. – mit EDTA zur Best. d. stöchiometr. Zus. 21-2064.

Anorganische Galliumverbindungen

Galliumamide bzw. -amidokomplexe

Amidogallium(III)-säure: $H[Ga(NH_2)_4]$, Salze s. *Natriumamidogallate(III)*.

Galliumantimonate(V), Lichtabsorpt. v. $Cr_{0,1}Ga_{0,9}SbO_4$ 43-0282.

Galliumantimonide: Wärmeleitfähigk. v. InSb-GaSb-Mischkrist. 21-0312; Herst. 35-2270*; Elektronendurchstrahl.-Unters. an – 35-0118; Photoleitfähigk. in InSb-GaSb-Leg. 33-0518; bin. Eutektika GaSb/GaV_3Sb_5 u. GaSb/V_2Ga_5 1-0568; Mechanismus d. Wärmeleitfähigk. in $(GaSb)_{3-x}(Ga_2Te_3)_{1-x}$ u. $(GaSb)_x$-$(GaTe)_{1-x}$-Mischkrist. 6-0289.

GaSb, Röntgenspektren u. Verschieb. d. Ionizität bei Sb in – 10-0323; Elektroreflex.-Spektren 26-0344; Einfl. v. Druck auf Zwischenbandreflex.-Spektren v. – 28-0313; Isomerieverschieb. d. Mössbauer-Spektren v. ^{119}Sn in – 39-0023.

Tunnel-Strahl.-Rekombinat. in p-n-Übergängen v. – 4-0315; Rekombinat.-Strahl. 6-0361; stimulierte Emiss. 10-0367; Einfl. v. Beimeng. auf d. Reflex.-Spektren v. – -Krist. 11-0370; IR-Faraday-Effekt in p-GaSb-Krist. 28-0297; Unters. v. – -Injekt.-Lasern 28-0386; Feinstruktur d. Spektrums d. – -Laserdiode 29-0402; Faraday-Rotat. in p-leitendem – 33-0299; Anwend. logarithm. Verstärker im Registriersyst. für d. Emiss.-Spektren v. – 39-0290; opt. Suszeptibilität 2. Ordn. v. – 43-0251; Natur d. stimulierten Emiss. v. Injekt.-Lasern aus – 44-0321; Bezieh. zwischen d. Miller-Koeff. (bei Berechn. d. opt. Suszeptibilität 2. Ordn.) u. d. Bind.-Dipolmoment v. – 48-0270; Emiss. v. – -Injekt.-Lasern bei Impulsbetrieb 49/50-0258; Laser-Besonderh. gezogener GaSb-p-n-Übergänge 49/50-0259; Elektronenlumineszenz u. kristallograph. Polarität v. – 51/52-0240.

Ein mit d. *(100)*-Leit.-Band v. – verknüpftes Schwefel-Donatorniveau 1-0434; interatomare Abstände 3-0415; Meth. zum Dünnätzen v. – für Durchstrahl.-Unters. 8-0177; epitakt. Krist.-Zücht.-Prozeß für – 9-0215; Bedeut. d. Oberflächenpolarisat. beim Wachstum v. – in einer polaren Richt. 15-0183; Meth. zur Herst. in d. Zus. – homogener Filme 15-0209; Diffus. u. Löslichk. v. Li in – 16-0300; Ermittl. d. inhomogenen Verteil. v. Beimeng. in – 23-0248; Energie d. Grundzustandes d. gebundenen Polarons für – 27-0269; Best. d. Breite d. verbotenen Zone für – aus d. Modell d. deltaförm. Potentials 30-0378; Änder. d. Bandstruktur v. – bei Einw. äußerer Drücke durch Nadelübertrag. 32-0409; Diffus. u. Löslichk. v. Li in – 33-0261; Laser-Schäden auf – -Oberflächen 40-0216; Bedampf. v. Ionenkrist. für d. Elektronenmikroskopie u. Unters. v. – durch Durchstrahl.-Elektronenmikroskopie (Unters. v. – durch Durchstrahl.-Elektronenmikroskopie) 42-0203; Drucksintern 44-0165.

Spann. in polierten u. reinen *(111)*-Flächen v. – 41-0170.

Schubnikov-de Haas-Effekt in Te-dotiertem, Li-diffundiertem n-GaSb 3-0433; Leit.-Mechanismus u. Phononenstreuung in dotiertem – 5-0464; Theorie d. an ionisierte Verunreinig. in – -Halbleitern gebundenen Exzitonen 11-0433; Halbleiterverh. 15-0400; Einfl. d. Donator-Verunreinig.-Konz. auf d. Piezowiderstand v. n-GaSb 19-0456; Bedeut. d. Minoritätsträger bei d. Störstellenleit. v. – 24-0447; Wrkg. energiereicher Teilchen auf d. Transporteig. v. p-leitenden – -Einkrist. 26-0440; Unters. d. Valenzbandes v. – durch Mess. d. magnet. Widerstandsänder. u. d. Hall-Effektes bei niedr. Temp. 33-0519; Schweb.-Effekte bei Shubnikov-de-Haas-Oszillat. in – 33-0520; kurzwell. Emiss. v. – -Diffus.-p-n-Übergängen bei tiefen Temp. 34-0449; Überschußstrom einer – -Tunneldiode 35-0357; Änder. d. elektr. Leitfähigk. u. Thermo-EMK v. Zn_4Sb_3 durch Bldg. v. – 35-0360; Elektronen-Phononen-Wechselwrkg. in piezoelektr. – 41-0315; Einfl. v. Druck u. Temp. auf d. Hall-Koeff. u. d. elektr. Leitfähigk. v. p-GaSb 43-0387; piezoelektr. Konst. 43-0465; Best. d. Temp.-Koeff. d. Eigenleit. v. Halbleitern aus den Charakteristiken v. p-n-Übergängen in – 44-0348; Schubnikov-de-Haas-Schwing. in – 45-0407; Einfl. einer Elektronenbestrahl. bei tiefen Temp. auf d. elektr. Eig. v. undotiertem – 47-0364.

Oszillator. Magnetostrikt. in n-GaSb 12-0486; Faraday-Rotat., Spektrale Emiss. v. Hall-Effekt v. n-GaSb: Te bei *77* °K 38-0443.

Bin. Eutektika GaSb-GaV_3Sb_5 u. GaSb-V_2Ga_5 1-0568; Wärmeleitfähigk. v. p-GaSb im festen u. fl. Zstand 15-0281; Schmelzwärme v. – 25-0558; Systematik d. charakterist. Temp. v. – 27-0283; Molwärme, Wärmeinhalt u. Schmelzwärme v. – 27-0643; therm. Dissoziat. 36-0457; therm. Ausdehn. u. Grüneisen-Konst. v. *2–40* °K v. – 41-0180.

Therm. Zers. v. – -Oberflächen im Vakuum 37-0226; Mischkrist.-Bldg. zwischen AlP u. – 2-0557; Kinetik d. Auflsg. v. – in salzsauren Jod- u. Fe(III)-chlorid-Lsg. 7-0662; Kinetik d. Auflsg. v. – -Einkrist. in HCl-sauren Fe-Chlorid-Lsg. 40-0574.

Galliumarsenide: Herst.: v. hochreinem – 2-0669; v. – als Halbleiter 34-2291*; v. – 35-2270*; v. GaAs-GaP-Mischkrist. 38-2353*.

IR-Reflex.-Spektren v. Gitterschwing. in $GaAs_xP_{1-y}$-Leg. 12-0327; opt. Phononen in $GaAs_yP_{1-y}$ 26-0353.

Injekt.-Elektrolumineszenz in (Al_xGa_{1-x})-As-Dioden mit abgestuften Bandabständen 4-0313; Injekt.-Lumineszenz epitakt. Heteroübergänge im Syst. GaP/GaAs 7-0328; Photomisch. in $GaAs_xP_{1-x}$-GaAs-Heterodioden mit Br_2-Ar-Laseranreg. 18-0383; opt. Eig. v. $GaAs_{1-x}P_x$-Mischkrist. 23-0365; Herst. v. bei Zimmertemp. arbeitenden $GaAs_{1-x}P_x$-Injekt.-Lasern durch Züchten aus d. Dampfphase 23-0441; Einfl. einer Anreg.-Inhomogenität bei GaAs- u. $GaAs_xP_{1-x}$-Lasern mit Pumpelektronenstrahl 26-0389; Eig. v. Injekt.-Lasern aus GaAs, sowie GaP-GaAs-Mischkrist. im Wellenlängenbereich *0,8* bis *1,1* μ 26-0393; Schwank. in Lumineszenzübergängen v. Ga(AsP)-p-n-Übergangs-dioden 27-0398; lichtemittierende $GaAs_{1-x}P_x$-Dioden mit negativem Widerstand 31-0326; innere Fadenreflex. in dreieckförm. Laserdioden aus $GaAs_{0,59}P_{0,41}$ 31-0379; sichtbare Elektrolumineszenz hoher Ausb. bei *300* °K aus $Ga_{1-x}Al_xAs$-p-n-Übergängen 15-0335.

Einfl. v. Ausheiltemper. u. As-Überdrücken auf Defekte in – 2-0383; Zücht., Hall-Konst. u. Versetz.-Struktur v. einkrist. $Ga(As_{1-x}P_x)$ 3-0212; Strukturdefekte in epitakt. $GaAs_{1-x}P_x$ 17-0262; Verf. u. App. zum Wachstum v. GaP_xAs_{1-x}-Krist.) aus d. Gasphase 42-0189; Herst. v. epitakt. $Ga_xIn_{1-x}As$ 44-0162.

Elastizitätsmodul *3.* Ordn. v. – 25-0245.

Halbleiterverh. 15-0400; Ursache d. Photo-EMK an d. Grenzfläche Ga-Arsenid/Elektrolyt 18-0590; Strom-Spann.-Charakteristiken v. p-n-Diffus.-Übergängen in $GaAs_{0,65}P_{0,35}$ 22-0427; elektr. Eig. v. mit Te dotierten tern. Verb. d. Typs $GaAs_{1-x}P_x$ 22-0429; Spektralverh. d. Photoströme bei durch Auftragen v. $GaAs_xP_{1-x}$ bzw. $Ga_yIn_{1-y}As$ auf GaAs-Substrate hergestellten p-n-Heteroübergängen 28-0421; Modulat. d. Photostroms in p-n-Übergängen d. Syst. Ga-As/Ga(As, P) u. (Ga, In)As/GaAs durch Strominjekt. in Durchlaßricht. 33-0511; Variat. d. opt. Bandabstandes in $Ga_xIn_{1-x}As$-Leg. 38-0297; Stoßionisat. u. Lad.-Transport in GaAs-GaP-Leg. 43-0385; hochohm. p-n-Übergänge in $Ga_xAl_{1-x}As$-Krist. 44-0357; Kosntrukt.-Möglichk. eines Gleichrichters für superhohe Stromdichten auf d. Grundlage v. p-i-n-(p-n-n⁺, n-p-p⁺)-Strukturen mit Heteroübergängen (Erläuter. am Beispiel GaAs-$GaAs_{0,85}P_{0,15}$-GaAs-$GaAs_{0,85}P_{0,15}$) 44-0360; $In_xGa_{1-x}As$ zur Beobacht. v. Diffus.-Instabilitäten 48-0395.

Elektrochem. Verh. d. – -Elektrode 15-0615.

Dampfdrücke u. Phasengleichgew. im Syst. Ga/As 38-0589; Ausdehn.-Koeff. v. Ga (As, P) v. *–62* bis *200°* 40-0156; thermodynam. Analyse d. Löslichk.-Grenze v. Ga- u. In-Arsenid in Schmelzen d. entsprechenden Komponenten A^{III} 40-0441.

Radioaktivier.-Best. v. Beimeng. in – 27-2191; Verw. v. dünnen Halbleiterschichten v. InAsGa zur Herst. v. Photozellen u. deren elektr. Eig. 12-0408.

Bibl.: Feste Lösungen von Galliumarsenid und -phosphid (Literaturübersicht von *1955* bis *1966*) [russ.] B 94.

GaAs, Gewinn. v. – sehr hoher Reinh. 30-2228*; Züchten v. – -Halbleiter-Einkrist. 33-2469*; Herst. u. mkr. Unters. v. – -Schliffen 28-2305; Herst. v. GaAs/Ge- u. InAs/GaAs-Heteroübergängen unter Verw. v. J im geschlossenen Syst. 44-0164; Wärmebehandl. v. halbleitendem – 45-2391* Meth. u. App. für epitakt. Aufwachsen v. – unter Verw. v. $SiCl_4$ 49/50-0130; Herst. epitakt. – -Filme nach d. Sandwich-Meth. 49/50-0131; Verarbeit. zu Halbleiter 46-2105*; Ätz.: v. – -Einkrist. mit HCl-H_2-Gemischen (Kinetik) 7-0657; v. halbleitenden – -Krist. 21-2419*; Polierätz. 37-0222 Ätz. v. – -Oberflächen 45-0297.

Reflex. v. stark dotiertem – in einem breiten Spektralbereich 2-0305; Temp.-modulierte opt. Absorpt. in – 3-0320; Frequenzspektrum d. Mikrowellenemiss. v. – 9-0422; Einfl. v. Beimeng. auf d. Reflex.-Spektren v. – -Krist. 11-0370; IR-Reflex.-Spektren v. Gitterschwing. in – 12-0327; Röntgenabsorpt.-Spektren v. Ga in – 17-0377; IR-Absorpt.-Spektren freier Lad.-Träger in n- – 19-0367; gebundene Exzitonen in mit Cu dotierten – -Krist. (Absorpt.- u. Photolumineszenzspektren) 20-0305; temperaturabhäng. Frequenzverschieb. in d. Photolumineszenzspektren als Nachw. v. Donator-Akzeptor-Paar-Rekombinat. in n- – 23-0410; Elektroreflex.-Spektren 26-0344; IR-Absorpt.-Spektren v. stark mit S, Se u. Te dotiertem – 27-0383; Krist.-Feldspektren v. $3d^n$-Beimeng. in – 28-0320; Raman-Streuung durch gekoppelte Schwing. zwischen Plasmonen u. longitudinalen opt. Phononen in – 32-0349; Mess. lokalisierter Schwing. v. Li-diffundiertem, Te-dotiertem – 36-0318; Natur d. langwell. Max. in d. Rekombinat.-Spektren v. – -Diffus.-p-n-Übergängen 39-0289; Anwend. logarithm. Verstärker im Registriersyst. für d. Emiss.-Spektren v. – 39-0290; Absorpt.-Koeff. bei *1,8–100* GHz 43-0262; Photolumineszenzspektren mit Te, S, Se u. Sn dotierter – -Proben 44-0298; IR-Absorpt. v. – mit Beimeng. d. VI. Gruppe 45-0310; IR-Absorpt. bei *10,6* μ 46-0309; lokale Schwing.-Spektren v. Li-Komplexen in – 48-0310.

Einfl. d. inneren Reflex. auf d. opt. Faraday-Rotat. v. n- – 2-0292; IR-Absorpt. in n- – 3-0325; Elektroreflex.-Unters. 3-0331; experimentelle Bestätig. d. Gesetze d. Reflex.-Intensität d. *2.* Harmonischen d. Lichtes an piezoelektr. – -Krist. 4-0292; elektroopt. Effekt 5-0373; durch bewegl. Lad.-Träger in – verursachte opt. Nichtlinearitäten 6-0320; Elektroreflex. 8-0270; strahlungsinduzierte opt. Emiss. aus – bei hohen Dosisraten 10-0333; Faraday-Interbandrotat. 11-0359; Theorie d. anomalen IR-Dämpf. in neutronenbestrahlten Halbleitern im Vgl. zu mit schnellen Neutronen bestrahltem – 18-0312; durch freie Lad.-Träger in – mit nicht parabol. u. nicht sphär. Energieflächen hervorgerufene Vermisch. v. zwei Lichtfrequenzen 23-0373; Interband-Faraday-Dreh. u. Elliptizität 23-0377; therm. Effekte bei d. Reflex.-Erhöh. 24-0333; Elektroabsorpt. in – mit Hilfe d. differentiellen Photostromempfindlichk. 24-0432; Theorie d. Raman-Gitterstreuung in Isolatoren (Schätz. für –) 28-0289; IR-Faraday-Effekt in p-GaAs-Krist. 28-0297; Verw. hochohm. – -Krist. zur Lichtmodulat. 31-0292; Modulat. v. IR durch Löcher in impuls-ionisiertem – 31-0429; Darst. d. Franz-Keldysh-Effekts durch spektrale Verbreiter. (Prüf. für –) 32-0327; IR-Reflex. v. stark dotiertem p- – 33-0290; Faraday-Rotat. in p- – 33-0299; Piezoreflex.-Vermögen für direkte Übergänge in – 35-0298; Mode-Locking d. CO_2-Lasers mit – als Verlustmodulator 38-0132; opt. Suszeptibilität *2.* Ordn. 38-0289; Beding. d. Modulat. v. Licht d. Wellenlänge *10,6* μm mit Hilfe d. elektroopt. Effektes in – -Krist. 39-0261; Einfl. eines Magnetfeldes auf d. Absorpt. in – 41-0239; opt. Suszeptibilität *2.* Ordn. 43-0251; Modulat. d. opt. Absorpt. bei d. Eigenabsorpt.-Kante durch akustoelektr. Domänen in n- – 43-0261; Anreg.-Intensitätseffekt in d. Bandkantenemiss. 43-0309; Modulat. d. spektralen Reflex.-Vermögens v. Halbleiter-Elektrolyt-Grenzflächen an Si-dotiertem – 44-0282; Polarisat. u. Intensität d. Raman-Streuung an Plasmonen u. Phononen in – 47-0259; transversales Elektroreflex.-Vermögen an – -Proben 47-0266; Raman-Streuung durch gekoppelte Moden opt. Phononen u. Plasmonen in – 48-0252; Einfl. d. Dotier. auf d. opt. Absorpt. zirkular polarisierter Wellen in n- – in einem Magnetfeld 48-0259; Bezieh. zwischen d. Miller-Koeff. (bei Berechn. d. opt. Suszeptibilität *2.* Ordn.) u. d. Bind.-Dipolmoment v. – 48-0270; magnetoopt. Interbandabsorpt. in – bei *2,77* u. *300* °K 48-0274; Ultrahochfrequenz-Emiss. (Strominstabilität) 48-0422.

Spontane u. kohärente Photolumineszenz v. $Cd_xHg_{1-x}Te$ durch Anreg. mit einem – -Dioden-Laser 2-0319; Photolumineszenz v. Cu-dotiertem – 4-0312; Tunnel-Strahl.-Rekombinat. in p-n-Übergängen v. – 4-0315; *1,0*- u. *1,28*-eV-Emiss. v. – -Dioden 5-0412; durch elektr. Felder verursachte IR-Absorpt. in GaAs-p-n-Übergängen 9-0351; Rekombinat.-Strahl. v. – bei Anreg. mit einem Elektronenstrahl 10-0330; Kathodolumineszenz 10-0337; Strahl.-Rekombinat. in angelassenem, elektronenbestrahltem – 12-0339; Elektrolumineszenz: mit Hilfe v. – -Metall-Isolator-Halbleiter-Strukturen 15-0355; v. Fe-(S)-dotierten – -Übergängen 15-0356; Analyse v. n- – – aus d. Strahl.-Rekombinat. bei Elektronenstrahlanreg. 16-0366; Photolumineszenz v. mit Si kompensiertem – 17-0397; Quantenausb. d. Elektrolumineszenz in – -Dioden 20-0331; Zerstör.-Erschein. bei hoher Lebensdauer in – -Elektrolumineszenzdioden 20-0333; Zweiphotonenrekombinat. v. Elektron–Defektelektron-Paaren in – 28-0339; Eig. lumineszierender – -p–n-Übergänge mit legiertem p-Gebiet in – 19-0380; opt. Eig. v. legierten – -p–n-Übergängen 19-0381; strahlende Rekombinat. in – -p–n-Übergängen 19-0415; Abnahme d. Quantenausb. in – -Lichtquellen 20-0332; Festkörperkonverter für IR-Wellenlängen unter Verw. eines Ge–GaAs-Heteroübergangs hoher Quantenausb. 24-0378; Lumineszenz v. Zn-dotiertem, aus d. Lsg. gewachsenem – 25-0347; Rolle d. Akzeptoren bei d. Lumineszenz v. n- – 25-0348; Bandauffüll.-Modell für d. Injekt.-Lumineszenz v. epitakt. u. Diffus.-Dioden bei höheren Temp. 27-0397; Schwank. in Lumineszenzübergängen v. – - u. Ga(AsP)-p–n-Übergangsdioden 27-0398; Photolumineszenz v. Akzeptorzentren in – 27-0399; Verbesser. d. Quantenausb. in elektrolumineszierenden – -Dioden 31-0325; Spann.-Abhängigk. d. Photolumineszenz 36-0327; Strahl.-Rekombinat. in – mit Rest- u. Strahl.-Defekten 37-0365; Photolumineszenz v. kompensiertem, p-leitendem – 38-0352; Temp.-Abhängigk. d. Photolumineszenz in Cd-dotiertem, epitakt. – 40-0267; strahlender Band–Pinch-Effekt u. Temp.-Abhängigk. d. strahlenden Rekombinat. in – 41-0327; stufenweise Anreg. d. Lumineszenz 48-0319; Einfl. d. Wärmebehandl. mit As-Überschußdruck auf d. Photolumineszenz v. p- – 48-0320; Lumineszenz Zn-dotierter, aus d. Lsg. gezogener – -Krist. 48-0321; Vol.-Elektrolumineszenz v. – -Einkrist. 51/52-0238.

Herst. v. Laserdioden aus d. Schmelze durch Aufwachsen auf d. (*111*)-Fläche einer p-GaAs-Scheibe 2-0354; Änder. d. Strom–Spann.-Kurven v. – -Lasern beim Übergang v. Verstärk.- zum Erzeug.-Bereich 3-0392; Breite d. Bereichs d. spontanen Emiss. in entarteten – -p–n-Übergängen 4-0314; Elektronenstrahlabtast. v. Injekt.-Lasern aus – 6-0386; Variat. d. Verstärk.-Faktors v. – -Lasern mit d. Photonen- u. Stromdichte 6-0388; Orientier.-Effekt in – -Injekt.-Lasern 7-0359; bei Raumtemp. arbeitender – -Laser 8-0336; – -Halbleiterlaser mit opt. Anreg. durch Strahl. mit einer Quantenenergie in d. Nähe d. Breite d. Bandlücke 9-0391; spektrale Unters. v. Emiss.-Inhomogenitäten in – -Injekt.-Lasern 9-0392; einachs. Verspann.-Erschein. in – -Laserdioden 10-0366; Anreg. v. – -Lasern mit einem Strahl schneller Elektronen 10-0368; physikal. Prozesse in Injekt.-Lasern aus – 11-0419; Strahleneinfang in – -Lasern 11-0420; – -Laser mit p–p^0–n-Struktur 11-0422; Trägerrekombinat. in einem – -Injekt.-Laser 11-0423; Einfl. d. Temp. auf d. strahlende Rekombinat. in – -p–n-Injekt.-Lasern 11-0424; Temp.-Abhängigk. d. Emiss.-Spektrums u. d. S-Stroms in – -Lasern 11-0425; Dispers. u. Verluste in – -Injekt.-Lasern 11-0426; kontinuierl. kohärente Strahl. epitakt. – -Dioden bei *77* °K 13-0375; Theorie d. Hochleist.-Betriebes v. – -Lasern 19-0411; Oberflächenzerstör. v. Hochleist.-GaAs-Lasern 19-0412; – -Laser-Lichtquellen hoher Leist. 19-0413; Lad.-Trägerfluß u. sein Einfl. auf d. räuml. Verteil. d. Strahl. v. Injekt.-Lasern 19-0414; Raman-Spektroskopie mit – -Lasern (linearer Raman-Effekt) 24-0118; opt. u. elektr. Eig. epitakt. u. diffundierter – -Injekt.-Laser 24-0403; spektrale Emiss.-Verh. v. ns-gepulsten – -Laserdioden 25-0389; Mess. v. Laserimpulsdauern im Picosekundenbereich an d. Oberfläche eines – -Krist. 25-0400; Einfl.: einer Anreg.-Inhomogenität bei – -Lasern mit Pumpelektronenstrahl 26-0389; eines Magnetfeldes auf d. Strahl. v. – -Dioden 26-0392; Eig. v. Injekt.-Lasern aus – sowie GaAs–InAs-Mischkrist. im Wellenlängenbereich $0{,}8-1{,}1\ \mu$ 26-0393; Hermite-Gauß-Modenverteil. in – -Injekt.-Lasern 28-0383; verbesserte Laseremiss. in diffundierten – -Injekt.-Dioden 28-0384; Kompensat. u. Bandausläufereffekte in Hochtemp.-Hochleist.-GaAs-Lasern 28-0385; durch einen Rubinlaser gepumpter – -Laser 29-0403; Theorie d. Rauschens bei d. – -Laseremiss. 30-0357; Temp.-Abhängigk. d. Spektren u. d. Schwellenstroms epitakt. – -Injekt.-Laser 30-0360; spektrale Charakteristiken v. Injekt.-GaAs-Lasern 30-0361; Charakteristik v. sphär. – -Rekombinat.-Dioden als Elemente für d. opt. Pumpen 32-0390; spontane u. induzierte Emiss. in – -Laserdioden (parabol. Zustandsdichten) 33-0436; Spektralcharakteristiken eines kontinuierl., bei d. Temp. d. fl. N arbeitenden – -Halbleiterlasers 36-0345; Wrkg.-Grad v. Laser u. Lumineszenzdioden 38-0283; Laserwrkg. in feldionisiertem n-GaAs:Te 38-0398; Mess. d. Verluste durch Photonenabsorpt. in d. akt. u. passiven Bereichen eines – -Lasers 39-0314; Interferenzerschein. im Fernfeldmuster v. – -Injekt.-Lasern 40-0290; strahlende p–n-Übergänge in – bei Elektronenstrahlanreg. 41-0261; elektr. u. opt. Eig. v. – -Injekt.-Lasern mit nahezu kompensiertem p-Bereich 43-0303; Vielkörper-Wellenlängenverschieb. im GaAs:Sn- u. GaAs:Zn-Laser bei opt. Anreg. 43-0346; Pulsbetrieb eines – -Lasers 47-0329; Zeitcharakteristiken. v. p–n-GaAs-Lasern 47-0330; kontinuierl. Arbeitsweise v. Laserdioden aus – in fl. He 47-0331; mittlere Leist. eines – -Lasers mit opt. Anreg. 47-0332; spontane u. kohärente Strahl. epitakt. GaAs-p–n-Übergänge 47-0333; Einfl. d. p–n-Übergangsstruktur auf d. Parameter v. – -Laserdioden 49/50-0256; Temp.-Abhängigk. d. Schwellenstromdichte v. – -Halbleiterlasern 49/50-0257.

Interatomare Abstände 3-0415; Röntgen-Atomformfaktoren u. effektive Atomlad. 47-0143; Best. d. Atomlad. in – mit Hilfe d. Überlapp.-Integrale 51/52-0280.

Elektron. Energiebänder in – für imaginären Krist.-Impuls 1-0433; Analyse d. Bandstruktur aus Elektroreflex.-Unters. 3-0416; halbempir. Auswahl v. Parametern zur Beschreib. d. Struktur d. Valenzbandes einiger $A^{III}B$-Verb. mit d. Meth. d. äquivalenten Orbitale mit Anwend. auf – 16-0418; Spin–Bahn-Aufspalt. d. Valenzbandes in – 18-0393; Bandstruktur v. n-GaAs–n-Ge-Heteroübergängen 23-0495; Energie d. Grundzustandes d. gebundenen Polarons für – 27-0269; Temp.-Abhängigk. d. Bandabstandes in – 27-0472; Best. d. Breite d. verbotenen Zone für – aus d. Modell d. δ-förm. Potentials 30-0378.

InAs-Epitaxieschichten auf – 1-0221; im O-Plasma auf – gewachsene Oxidschichten 2-0194; selektive epitakt. Abscheid. in Löchern 2-0195; Mischkrist.-Bldg. zwischen AlP u. – 2-0557; Si-Verunreinig. in aus SiO_2-freien Rk.-Gefäßen gezüchtetem – 4-0188; gerichtetes Wachstum v. – auf Ge 5-0202; epitakt. InAs auf – 5-0462; Realstruktur einkrist. epitakt. – -Schichten 6-0179; Temp.-Abhängigk. d. Isokonz.-Diffus. v. Zn in – 6-0297; Einfl. eines elektr. Feldes auf d. Diffus. v. Verunreinig. in – 6-0431; anomales unbegrenztes Krist.-Wachstum u. Morphologie 7-0214; Zwillingsbldg. u. Stapelfehler 7-0237; Überstruktur, Stapelfehler u. Darst. v. epitakt. – -Schichten 8-0188; Einfl. v. Beimeng. auf d. Versetz.-Beweglichk. in Oberflächenschichten u. d. Lad.-Träger-Konz. v. – -Einkrist. 9-0247; Epitaxie v. Ge-Schichten auf – beim Vakuumaufdampfen 11-0246; Verf. zur Zücht. versetzungsfreier – -Einkrist. 11-0282; Leg.-Zonenrekristallisat. v. dünnen – -Filmen 11-0283; epitakt. Wachstum v. – -Krist. in d. polaren Richt. 11-0284; – -Epitaxie 12-0202; Pyramidenbldg. in epitakt. – -Schichten 12-0203; Strukturdefekte in epitakt. – u. Einfl. auf d. Elektrolumineszenz 12-0204; Verteil.-Koeff. v. Al, Si, Fe, Te u. Bi in – -Krist. u. d. Eutektikum AlAs/GaAs 12-0205; Orientier., Zwillingsbldg., Versetz. u. elektr. Widerstand v. aus einer Schmelze gezogenen – -Krist. 12-0206; Reflex.-Röntgenstrahlentopographie v. auf Ge abgeschiedenem – 13-0246; Unters. v. Fehlern in – mit Hilfe d. Photolumineszenz bei *20* °K 14-0212; epitakt. Abscheid. v. – im Syst. Ga/As/Cl/H 14-0539; Oberflächenpolarisat. beim Wachstum v. – in einer polaren Richt. 15-0183; Meth. zur Herst. in d. Zus. homogener Filme v. – u. GaP/GaAs-Mischkrist. 15-0209; Versetz. u. Fäll. in – -Injekt.-Lasern 15-0239; Krist.-Fehler u. dünne Schichten v. – 16-0166; Best. d. kristallograph. Polarität v. – -Einkrist. am Röntgenfluoreszenzspektrometer 16-0183; Verteil. v. Mikrobeimeng. in festem – 16-0214; Unters. v. Inhomogenitäten in – durch Elektronenstrahlanreg. u. Rekombinat.-Strahl. 16-0367; gleichzeit. Beobacht. v. Oberflächendetails u. Kathodenlumineszenz an einem – -Krist. in einem Rasterelektronenmikroskop 17-0206; Herst. u. Eig. v. epitakt. – 17-0221; elektronenmkr. Nachw. d. Bldg. v. Se-Clustern in – 17-0263; Si-Verunreinig. v. gezogenen – -Krist. 20-0176; Wachstumsprozeß v. – auf W 22-0205; Herst.-Verf. für dünne, orientierte – -Krist. 23-0229; Einfl. d. Vol.-Dotier. auf d. Lage d. Fermi-Niveaus an d. Oberfläche v. – 23-0479; Präparat. u. Versetz.-Analyse [*100*]-orientierter Folien v. – bei Durchstrahl.-Elektronenmikroskopie 24-0191; epitakt. Abscheid. in Ar-Atmosphäre 27-0211; Atomverteil. in geschmolzenem – 27-0263; Zücht. v. – -Einkrist. aus d. Schmelze unter Verw. eines Keimkrist. 28-0420; Präzis.-Mess. v. Gitterparametern als Hilfsmittel für d. Charakterisier. v. – -Einkrist. 31-0154; thermodynam. Unters. d. Wachstumsgeschw. v. epitakt. – im Syst. $GaAs/AsCl_3/H_2$ 34-0141; Einfl. d. Erschöpf. v. Halbleitermischkrist. auf d. Geschw. d. Phasenausscheid. v. Li u. Cu in – 34-0155; Massenanalyse v. Ionenstrahlen einer Niederspänn.-Funken-Ionenquelle zur Dotier. v. – mittels Ioneneinbaus 34-0447; Diffus. v. Zn in unter As-Dampfdruck stehendem – 35-0256; Anwend. d. elektronograph. Reflex.-Meth. zur Unters. d. Strukturen v. – -Oberflächenschichten 36-0093; versetzungsfreies epitakt. – 37-0149; orientiertes Wachstum v. InAs auf – 37-0150; Konz. u. Typ d. Punktdefekte in – 37-0223; Bldg.: v. Fäll. in – bei Eindiffus. v. Zn 37-0224; v. dekorierten Versetz. u. Fehlern unterhalb d. Oberfläche in – bei Eindiffus. v. Zn 37-0225; therm. Zers. v. – -Oberflächen im Vakuum 37-0226; Gitterplatzwechsel v. Si in – (Si bei Li-Diffus.) 38-0264; Einfl. d. Legierens auf d. Temp.-Abhängigk. d. Mikrohärte u. Versetz.-Struktur v. Zn-dotierten – -Einkrist. 39-0153; Abhängigk. d. Diffus.-Koeff. v. Fermi-Niveau (Zn in –) 39-0223; Beweise für zerstörte Bereiche in mit schnellen Neutronen beschossenen – durch Anwend. chem. Ätzmeth. 40-0215; Laser-Schäden auf – -Oberflächen 40-0216; Verteil.-Koeff. v. Beimeng. in – beim tiegelfreien Zonenschmelzen 40-0442; Abscheid. v. Si_3N_4 aus d. Dampfphase auf – durch d. Syst. $SiCl_4/NH_3/N_2$ 42-0173; Zücht. epitakt. – -Schichten durch chem. Transportrk. u. ihre Lumineszenzeig. 42-0187; Wachstumsgeschw. krist. – -Schichten im Jodid-Prozeß 42-0188; epitakt. Wachstum v. – auf α-Al_2O_3, $MgAl_2O_4$, BeO u. ThO_2 43-0176; Einfl. einer vorhergehenden Behandl. d. Oberfläche v. – auf d. Vollkommenh. d. darauf wachsenden autoepitakt. Schichten 44-0160; Heteroepitaxie aus d. fl. Phase d. Syst. Ge/GaAs beim Kontaktschmelzen 44-0163; Kikuchi-ähnl. Bilder v. – -Einkrist. mit d. Rasterelektronenmikroskop 44-0175; Synth. u. Zücht. d. Vielkomponenten-Halbleiterkrist. $GaAs/ZnSiAs_2$, $GaAs/ZnGeAs_2$ u. $GaAs/Cu_2GeSe_3$ durch chem. Transportrk. 45-0168; Mehrfachzwillinge im epitakt. – 45-0209; Grenzen d. festen Löslichk. v. Zn in – 45-0515; Darst. fester Lsg. d. Syst. *2* $GaAs/ZnGeAs_2$ u. *2* $GaAs/ZnSiAs_2$ u. ihre physikal.-chem. Eig. 45-0520; Oberflächencharakter u. Zwillingsbldg. in – 46-0142; mittleres inneres Gitterpotential 46-0254; Herst. u. Eig. v. hochreinem, epitakt. – 47-0357; Facetten-Effekt v. epitakt. – 48-0144; Diffus. v. ^{65}Zn in – bei hohem As-Druck 48-0227; Wachstum v. – auf einkrist. Substraten v. Mo, W, Ta u. Nb 49/50-0129; Kanalleit. v. Protonen u. Deuteronen in – 51/52-0189.

Anelastizität durch eigenleitende Defekte in – 5-0337; Einfl. d. Konz. freier Lad.-Träger auf d. Elastizitätskonst. 27-0322; Elastizitätsmoduln bei mittleren Drücken u. Berechn. d. Kompress. bis *250* kbar 41-0169; Rißbldg. in n- – bei hohem Druck 48-0421.

Analyse d. stabilen Domänenausbreit. beim Gunn-Effekt in – 2-0375, 3-0431; therm. u. elektr. Transport in InAs–GaAs-Leg. 5-0461; elektr. Charakteristiken d. – -Ge-Epitaxie 7-0387; Energiespektrum v. stark dotiertem – 10-0332; stabile Raumlad.-Schichten in n- – 10-0382; durch Dampfphasentransport hergestellte epitakt., n-leitende – -Schichten auf n- u. p-Ge-Einkrist. 13-0406; Halbleiterverh. 15-0400; Dampfphasenwachstum u. Eig. v. – -Gunn-Anordn. 16-0440; Herst. u. elektr. Charakteristik epitakt. Schichten v. – 19-0444; Einfl. d. Beleucht.-Zeit auf therm. stimulierte Ströme in halbisolierendem – 19-0447; epitakt. – -Gunn-Oszillatoren 19-0450 bis 19-0452; lichtaktivierte Halbleiterschalter aus – 19-0454; Herst. v. Gunn-Effektoszillatoren aus epitakt. – 20-0334; Verh. v. GaAs:Cu in starken elektr. Feldern 20-0379; experimentelle Unters. d. Dynamik v. Domänen mit starkem elektr. Feld in – bei Elektron–Phonon-Koppl. 20-0380; Relaxat. d. Starkfelddomänen u. mit Stromschwing. in – verbundene Lichtemiss. 20-0381; elektr. Eig. v. mit Zn dotierten polykrist. – -Filmen 22-0425; Sekundärelektronenemiss. aus – -Einkrist. 24-0416; Verstärk. in – 24-0425; elektr. Eig. epitakt. – -Schichten 24-0443; Erzeug. v. ohmschen Kontakten auf – durch einen einfachen Tieftemp.-Leg.-Prozeß 27-0502; Einfl. v. Temper.

auf d. elektr. Eig. v. stark dotiertem n-— 31-0426; Oberflächeneig. v. n-— (ohne u. mit SiO_2-Beschicht.) nach Ätzen mit $HNO_3/H_2O/HF$ (*3:2:1*) 33-0510; Dampfplattieren v. Sn auf — 34-0448; Pseudopotentialberechn. v. ε_2 38-0506; nichtlineare Theorie d. elektr. Domänen in Ggw. v. Haftstelleneinfang (Anwend. auf —) 41-0313; Elektronen-Phononen-Wechselwrkg. in piezoelektr. — 41-0315; Suche nach einem Resonanzverh. d. Mikrowellen-DK 41-0352; DK: bei Mikrowellenfrequenzen 41-0353; bei Mikrowellen- u. Millimeterfrequenzen 41-0354; u. Verlustwinkel v. halbisolierendem — bei Mikrowellenfrequenzen 41-0355; wandernde Hochfelddomänen in sauerstoffdotiertem — 43-0384; Temp.-Abhängigk. d. Mikrowellen-DK v. GaAs:Cr-Einkrist. 43-0453; piezoelektr. Konst. 43-0465; lokalisierte Schwing.-Moden v. Li-diffundiertem, p-leitendem — 47-0361.

Atomablsg. bei d. Zerstäub. durch Ar^+ u. Ne^+ an — 19-0325; elektr. u. photoelektr. Eig. epitakt. —-Filme 22-0426; massenspektrometr. Unters. d. Zerstäub. v. —-Einkrist. durch Ar-Ionen niedr. Energie 31-0280; Nachw. für d. Nichtauftreten einer Stoßionisat. bei niedr. Feldstärken in — 46-0380.

Hall-Effekt: v. n-— in hohen elektr. Feldern 31-0427; bei hohem elektr. Feld 43-0371.

Negative magnet. Widerstandsänder. in n-— mit Cu-Dotier. 8-0374; Einfl. v. hohem Druck, einachs. Verspann. u. Temp. auf d. spezif. elektr. Widerstand v. n-— 26-0438; Mikrowellenmess. d. durch Zwischental-Übergang heißer Elektronen in n-— verursachten differentiellen negativen Leitfähigk. 27-0501; Best. d. magnet. Widerstandsänder. v. p-— mit Hilfe einer Kapazitätsmeth. 29-0428; Leitfähigk. eines Gleichrichterkontakts Hg/GaAs 39-0353; Natur d. negativen magnet. Widerstandsänder. in — 45-0382; Leitfähigk. d. (*110*)-Spaltflächen v. — 45-0403; negative differentielle Leitfähigk. v. — bei d. Erwärm. v. Elektronen im Hochfrequenzfeld 45-0404.

Schwellenenergie für d. Lawinenvervielfach in — 2-0371; Elektron-Loch-Erzeug. in — 3-0430; Feldabhängigk. d. Driftgeschw. in — 11-0445; Diffus.-Längen v. Elektronen u. Löchern in — 13-0404; Lad.-Trägerkonz. in — unter Laserbelicht. 15-0347; Abhängigk. d. Stromschwing. in piezoelektr. — v. Magnetfeld 15-0407; Mess.: d. Diffus.-Längen in n-— durch Elektronenstrahlanreg. 16-0419; d. Geschw.-Feldstärke-Charakteristik 16-0437; Schwelle d. Stromsättig. 17-0461; Best. d. negativen differentiellen Beweglichk. u. Strom-Spann.-Kennlinien v. n-— mit Hilfe v. 8-mm-Mikrowellen 19-0445; nichtohm. Stromtransporterschein. in hochohm. — 19-0446; opt. u. therm. angeregter Lad.-Träger-Austausch mit Oberflächenzentren v. — 23-0480; Deut. v. Mess. d. Elektronengeschw. in — mittels kurzer Impulse 23-0481; Elektron-Loch-Gas hoher Dichte in — 24-0424; Best. d. Elektronenkonz. in — mit Hilfe d. Plasmareflex.-Kante 25-0445; Nachw. einer opt. Besetz. d. X-Minima in — 26-0436; Wrkg. energiereicher Teilchen auf d. Transport-Eig. v. n-GaAs-Einkrist. 26-0440; Best. d. Geschw.-Feld-Charakteristik v. — aus d. Mess. d. Leitfähigk. in einem Mikrowellenfeld 27-0500; effektive Masse d. Zustandsdichte 29-0450; Lad.-Trägerkonz.-Profile in n-leitenden, mit Sn u. Te dotierten epitakt. —-Schichten 29-0451; Best. d. Hall-Beweglichk. v. heißen Elektronen in — durch *8*-mm-Wellen 30-0395; Stromsättig. u. Oszillat. in photoempfindl. — 30-0396; Raumlad.-Ströme in n-— 31-0425; Verstärk. laufender Wellen durch driftende Träger in — 32-0413; Relaxat.-Zeiten für heiße Elektronen in — (Zweital-Halbleiter) u. ihr Einfl. auf d. Mikrowellenoszillatoren 33-0478; effektive Leitfähigk.-Massen v. — als Funkt. d. Trägerdichte 38-0440; Transport bei hoher Feldstärke in n-— 38-0441; Stromsättig. in aufgedampften —-Schichten 39-0337; Strominstabilitäten in —, d. d. Beding. einer nichtlinearen, akust. Verstärk. unterworfen ist 40-0310; Interbandübergänge d. Lad.-Träger in — bei hohen Drücken 41-0328; inhomogene Minoritäts-Lad.-Trägerverteil. in mit Elektronenstrahlen gepumpten n-GaAs: Te-Lasern 43-0348; Änder. d. opt. Eig. u. d. Lad.-Trägerkonz. in — bei intensiver Photoanreg. durch einen Rubinlaser 45-0405; Quantentransporttheorie u. mehrfache Streuung in dotierten Halbleitern (Beweglichk. v. n-—) 46-0379; Lad.-Trägererzeug. u. Schalterschein. in n-GaAs-Anordn. 47-0356.

Berechn. d. tiefen Donator- u. Akzeptorniveaus in — mit Cu-Dotier. 6-0414; Rekombinat.- u. Haftprozesse an tiefen Zentren in n-— 10-0331; Dotier. v. epitakt. — mit Zn durch Verw. v. Zn-Diäthyl 10-0394; tiefe Akzeptoren in mit Fe dotiertem — 14-0411; flache Donatorniveaus u. hohe Beweglichk. in epitakt. — 16-0436; Donator- u. Lad.-Trägerverteil. v. in O_2 gezüchtetem — 16-0438; Haftstellendichte in epitakt. gewachsenem — 18-0411; Mikroinhomogenität d. Störstellenverteil. in stark dotiertem — 22-0424; Einfl. natürl. Akzeptoren auf Elektronenprozesse in — 22-0438; Ionisat.-Energie u. Störbandleit. flacher Donatoren in n-— 23-0482; Haftstellenniveaus in — 26-0437; Photoanreg. u. Photoionisat. neutraler Mn-Akzeptoren in — 27-0373; durch Cu-Diffus. in Te-dotierten —-Krist. erzeugte Hall-Effekt-Niveaus 29-0452; Anwend. d. Quantendefektmeth. auf d. Photoionisat. v. Störstellen in — 30-0383; Zweiwegrekombinat. v. Lad.-Trägern in monopolarem — 31-0424; Akzeptorverh. v. Ge in — 33-0509; Zn- u. Te-Einbau in — 34-0446.

Sonnenzellen aus dünnen —-Schichten 12-0406; Einfl. v. Elektronen- u. Protonenbestrahl. auf Dünnschichtsonnenzellen aus — 12-0407; Verw. v. dünnen Halbleiterschichten v. — zur Herst. v. Photozellen u. deren elektr. Eig. 12-0408; durch Dünnschichtsonnenzellen aus — eröffnete Perspektiven bei Raumfahrtanwend. 12-0411; niederfrenuente Photostromoszillat. in hochohm. — 14-0412; Natur d. Hochspann.-Photo-EMK in dünnen —-Schichten 24-0431; anomal hohe Photospann. bei — im monochromat. Licht 25-0461; Modulat. d. Photostroms in p—n-Übergängen d. Syst. GaAs/Ga(As, P) u. (Ga, In)As/GaAs durch Strominjekt. in Durchlaßricht. 33-0511; Photoleitfähigk. in z. T. mit Zn u. Cr dotierten InAs–GaAs-Leg. 33-0518; anomaler Photospann.-Effekt in — 34-0445; Photoemiss. aus dünnen, Zn-halt. —-Filmen 38-0416; Photoleitfähigk. v. Cr-dotiertem — 47-0360.

Darst. v. Ge/GaAs-Heteroübergängen 2-0409; Lawinendurchschlagsspann. v. abrupten u. linearen p—n-Übergängen in — 3-0424; Abb. elektr. Felder an —-p—n-Übergängen 6-0418; Lawinendurchbruch in —-p-π-p-Strukturen 6-0432; Entw. u. Unters. eines linearen funktionellen Verstärkers auf d. Basis einer Hall-Sonde aus — 11-0462; induktive Eig. v. p-n-n^+-Dioden mit einem Minimum d. Verteil. d. stationären Lad.-Trägerkonz. in d. Basis 13-0397; kurzzeit. Spann.-Zusammenbruch infolge Lawinendurchschlags in stufenförm. p—n-Übergängen aus Si u. — 16-0451; Herst. u. Eig. v. Schottky-Mischdioden aus — mit einer dielektr. Zwischenschicht u. Metallelektroden 19-0448; Dioden aus aufgedampften Au- u. Ti-Schichten auf epitakt. —-Schichten als Mischer 19-0449; Beobacht. v. Fehlpass.-Versetz. in GaAs—Ge-Heteroübergängen 19-0455; Schicht v. entartetem Ge in d. Nähe d. Heteroübergangs eines epitakt. —-Films auf Ge 20-0374; elektr. Eig. v. Heteroübergängen Ge/GaAs 23-0494; Einfl. v. Versetz. auf d. Struktur v. Diffus.-p—n-Übergängen in — u. d. Parameter d. Rekombinat.-Strahl. 24-0444; elektr. Charakteristiken v. —-Diffus.-p—n-Übergängen in Solarzellen 24-0445; Darst. u. Eig. v. aus d. Lsg. gewachsenen GaAs–Si-Heteroübergängen 28-0422; Zeitabhängigk. d. Kapazität u. d. Sperrstromes in einer —-Schottky-Sperrschichtdiode 30-0397; Einfl. d. Vorspann. in Sperricht. auf d. Lichtdurchlässigk. u. auf d. Photoempfindlichk. v. —-p—n-Übergängen 31-0428; GaP—GaAs-Heteroübergänge 35-0356; elektr. Charakteristiken v. Ni–GaAs-Oberflächensperrschichtdioden 39-0354; Rauschen in Cu-dotiertem — 41-0329; Sn–Au-Kontakte für ebene —-Dioden 43-0386; Best. d. Temp.-Koeff. d. Eigenleit. v. Halbleitern aus den Charakteristiken v. p—n-Übergängen in — 44-0348; elektr. u. opt. Eig. v. SnO_2–GaAs-Heteroübergängen 44-0355; Schmelzflußdarst. u. Unters. d. elektr. Eig. v. AlAs–GaAs-Heteroübergängen 44-0358; Konstrukt.-Möglichk. eines Gleichrichters für superhohe Stromdichten auf d. Grundlage v. p–i–n-(p–n–n^+, n–p–p^+)-Strukturen mit Heteroübergängen (Erläuter. am Beispiel GaAs–$GaAs_{0,85}P_{0,15}$–GaAs–$GaAs_{0,85}P_{0,15}$) 44-0360; Mess. d. Rauschens in sensibilisiertem — 46-0359; thermodynam. Nichtgleichgew. d. Elektronen in —-p—n-Übergängen 47-0344; Theorie d. LSA-Oszillator-Diode (numer. Ergebnisse für n-—) 47-0347; Berechn. d. Rauschens in sensibilisiertem — 47-0358; Lebensdauermess. an —-Dioden 47-0363; Druckabhängigk. d. Schwellenhöhen in Ge–GaAs-n—n-Heteroübergängen 48-0455.

Leitvermögen einer —-p–n-Tunneldiode 5-0446; Einfl. hydrostat. Drucks u. d. Temp. auf d. Strom-Spann.-Charakteristik v. p—n-Tunnelübergängen in — 9-0423; Zustandsdichten bei d. Metall-Halbleiter-Tunnel. (Anwend. auf —) 30-0388; neue Meth. für d. Spitzentunneln in Supraleiter (—-Spitze) 32-0479; Überschußstrom einer —-Tunneldiode 35-0357; Tunnelspektroskopie in — 47-0362.

EPR flacher Akzeptoren in GaAs:Cd 37-0379.

Mitwrkg. v. Oberflächenzuständen bei Redoxrk. v. J_2 an — 4-0511; elektrochem. Verh. v. —-Elektroden bei Belicht. 20-0551; anod. Verh. v. —-Einkrist. bei erhöhten Stromdichten in alkal. u. sauren Lsg. 21-0667; elektrochem. Prozesse an —-Elektroden 47-0505.

Mikrowellenultraschalldämpf. 2-0384; Temp.-Abhängigk. v. Drei-Phononen-Prozessen in Festkörpern mit Anwend. auf — 5-0296; Anwend. einer Meth. zur Best. d. Liquiduskurven zersetzl. Verb. auf d. Syst. Sn/GaAs 6-0568; Wärmewiderstand v. —-Laserdioden 14-0286; Schmelzwärme 25-0558; charakterist. Temp. 27-0283; Molwärme, Wärmeinhalt u. Schmelzwärme 27-0643; Zustandsdiagramm d. Schnitts GaAs/Sn 29-0641; Verdampf. v. As aus — 35-0469; Ausdehn.-Koeff. bei *−62* bis *200°* 40-0156; therm. Ausdehn. u. Grüneisen-Konst. bei *2−40* °K 41-0180; Ultraschallerzeug. beim Gunn-Effekt in piezoelektr. — 48-0518; Wärmeausdehn.-Koeff. u. Gitterparameter zwischen *10* u. *65°* im Syst. GaP/GaAs 49/50-0183.

Kinetik d. Auflsg. v. einkrist. — 7-0661, 36-0645, 40-0574.

Best. v. Cu in — (spektrophotometr.) 1-1798; Anwend. einer Hohlkathodenentlad. zur Spektralbest. überstöchiometr. Mengen As in — 6-1893; Genauigk. leitprobenfreier Verf. bei d. Analyse v. reinem — 27-2112; massenspektrometr. Unters. d. Verunreinig. in —-Krist. 36-1939; störende Wrkg. bei d. Aktivier.-Analyse v. höchstreinem — 44-1807; Verw. eines Lasers zur Mess. d. Lebensdauer d. Ungleichgew.-Lad.-Träger in —-Einkrist. 8-0373; App. zur Mess. geringer Lebensdauern in — 13-0405.

Galliumazide, Bldg. v. $[(C_2H_5)_2GaN_3]_3$ 19-0849.

Galliumborate, Fluoreszenz v. Cr^{3+} in d. Huntitstruktur v. $YGa_3B_4O_{12}$, $EuGa_3B_4O_{12}$ u. $VGa_3B_4O_{12}$ 7-0331.

Galliumbromat(V): **$Ga(BrO_3)_3$**, Herst. v. $Ga(BrO_3)_3 \cdot 7\,H_2O$ 4-0597.

Galliumbromide bzw. -bromokomplexe

Bldg. v. $Ga_2Br_4 \cdot C_6H_6$ u. $Ga_2Br_4 \cdot 3\,C_6H_6$ 32-0766; Darst.: v. $Br_2GaMn(CO)_5$ 45-0700; v. Verb. d. Typs $(CH_3)_3NGaH_{3-n}Br_n$ u. $(CH_3)_3 \cdot NGaD_{3-n}Br_n$ (n = *0, 1, 2* oder *3*) 14-0716; v. NH_3-Addukten v. Ga-Tribromid 33-0878.

Spektren im ferenen IR v. $Ga_2Br_6 \cdot P_2H_4$ 41-0069; Gütemodulat. d. Resonators eines Rubinlasers mit Hilfe transparenter Verb. d. Phthalocyaninreihe mit — 2-0348; Absorpt.- u. Lumineszenz-Spektren v. GaBrPc 9-0368.

Rk. v. Tetrachlorkohlenstoff mit Trichloräthylen in Ggw. v. — 2-2397*.

GaBr, Anwend. d. Meth. d. dynam. Ähnlichk. auf d. Berechn. d. Bind.-Energien u. Eigenfrequenzen v. — 19-0095.

$GaBr_2$, ^{71}Ga-NMR-Unters. in Schmelzen v. — 6-0377.

$GaBr_3$, ^{71}Ga-NMR-Unters. d. Syst. $GaBr_3$/HBr 6-0377; Gleichgew.-Konst. d. Rk. v. — mit Anilinderiv. 14-0578; Rk. mit Organosiloxanen zu Organogalliumhalogeniden 27-0838; Bldg. v. *1:1*-Addukten zwischen 4-Methoxyacetophenon-(1) bzw. 4.4′-Dimethoxybenzophenon(II) u. — 41-0550; Rk. v. Fluor(halogen)äthylen mit Halogenmethan in Ggw. v. — 10-2511*.

Ga_2Br_4, Einlager.-Rk. v. $Mn_2(CO)_{10}$ mit — 45-0700.

Bromogallium(III)-säure:

$H[GaBr_4]$, Zustandssumme für $[^{69}Ga^{79}Br_4]^-$ 5-0556; Temp.-Koeff. d. spezif. Wärme u. d. Bldg.-Wärme v. gasf. $[GaBr_4]^-$ 49/50-0383.

Galliumcarbide, Darst. u. Gitterparameter v. Nd_3GaC u. Pr_3GaC durch Festkörperrk. 9-0715; Hohe Supraleit.-Sprungtemp. in Mo_2GaC 25-0495.

Galliumcarbonyle, Darst. v. $Br_2GaMn \cdot (CO)_5$ 45-0700.

Galliumchalkogenide

Bibl.: Chalkogenide des Galliums [russ.] B 91.

Galliumchloride bzw. -chlorokomplexe

Darst. v. Verb. d. Typs $(CH_3)_3NGaH_{3-n}Cl_n$ u. $(CH_3)_3NGaD_{3-n}Cl_n$ (n = *0, 1, 2* oder *3*) u. v. GaH_2Cl 14-0716.

Spektren im fernen IR v. $Ga_2Cl_6 \cdot P_2H_4$ 41-0069; Gütemodulat. d. Resonators eines Rubinlasers mit Hilfe transparenter Verb. d. Phthalocyaninreihe mit — 2-0348; spektrale Verbreiter. d. Strahl. eines Rubin-Lasers mit ausbleichbarem fl. Filter aus Ga-Chlorid-Phthalocyanin 2-0346; Schwing.-Spektren u. Struktur v. $PCl_5 \cdot GaCl_3$ u. $NOCl \cdot GaCl_3$ 5-0131; Lad.-Übertrag. (CT) für Donator-Akzeptor-Bind. in $GaCl_3 \cdot PR_3$, $GaCl_3 \cdot SR_2$, $GaCl_3 \cdot NR_3$ u. $GaCl_3 \cdot OR_2$ 28-0049; NMR-Unters. v. N.N-Dimethylformamid-Komplexen mit $GaCl_3$ 19-0146.

Rk. v. Tetrachlorkohlenstoff mit Trichloräthylen in Ggw. v. – 2-2397*.

GaCl, Anwend. d. Meth. d. dynam. Ähnlichk. auf d. Berechn. d. Bind.-Energien u. Eigenfrequenzen v. – 19-0095.

$GaCl_2$, ^{71}Ga-NMR-Unters. in Schmelzen v. – 6-0377.

$GaCl_3$, Bldg. beim Kationenaustausch v. Ga u. In in Ggw. v. Alkalimetallchloriden 6-0664; Trenn. v. $ZnCl_2$ durch Extrakt.-Chromatographie im Syst. TBP/HCl 21-2144. ^{71}Ga-NMR-Unters. d. Syst. $GaCl_3$/HCl 6-0377; Phasendiagramm d. Syst. $GaCl_3$/Methanol 12-0534; Zustandsdiagramm d. Syst. $GaCl_3/NbCl_5$ u. $GaCl_3/MoCl_5$ 16-0586; Schmelzdiagramm d. Syst. $GaCl_3/BiCl_3$, Verb.-Bldg. u. elektr. Leitfähigk. in $POCl_3$ 18-0540; therm. Analyse d. Syst. $GaCl_3/POCl_3$ 24-0581; Schmelzdiagramme v. – mit $MnCl_2$, $CoCl_2$, $NiCl_2$ u. $CrCl_3$ 24-0586; physikal.-chem. Unters. d. Syst. $GaCl_3$/MeCl (Dampfdruck in d. Syst. $GaCl_3$/RbCl u. $GaCl_3$/CsCl) 49/50-0413; Löslichk. u. feste Phasen im Syst. $GaCl_3/K_2SO_4/H_2O$ 1-0556; Syst. $GaCl_3/SiO_2/Na_2O$ in wss. Lsg. 20-0496; Verteil.-Koeff. bei d. Extrakt. v. – durch Tributylphosphat 45-0485.

Rk. mit P_4O_6 18-0693; Umsetz.: v. – mit $Li_4P_2O_7$, $Rb_4P_2O_7$, $Cs_4P_2O_7$ u. $(NH_4)_4P_2O_7$ in wss. Lsg. 35-0482; v. SCl_2 mit – 35-0706; Gleichgew.-Konst. d. Rk. v. – mit Anilinderiv. 14-0578; Darst. v. Oxoniumverb. v. – mit Dimethyläther u. Al 19-0850; Rk. mit Organosiloxanen zu Organogalliumhalogeniden 27-0838; NMR-spektroskop. Unters. d. Komplexbldg. zwischen DMF u. – 34-0748; Komplexbldg. v. Phenalenon-(1) mit – 41-0548; Bldg. v. *1*:*1*-Addukten zwischen 4-Methoxyacetophenon-(1) bzw. 4.4′-Dimethoxybenzophenon(II) u. – 41-0550; Isomerisat. v. Dichlorbutenen mit –-Katalysator 2-2358*; Rk. v. Fluor- oder Fluor(halogen)äthylen mit Halogenmethan in Ggw. v. – 10-2511*; –-katalysierte Konproportionier.-Rk. v. Alkylgermaniumhalogeniden 32-0777.

Verw.: zur elektrolyt. Herst. v. Ga 30-2348; als Polymerisat.-Katalysator zur Herst. v. Olefinen 43-2908*.

Ga_2Cl_6, Schwing.-Spektrum 14-0127.

Chlorogallium(III)-säure:

$H[GaCl_4]$, Zustandssumme für $[^{69}Ga^{35}Cl_4]^-$ 5-0556; Anionenaustausch v. $[GaCl_4]^-$ an AV-*17* im Syst. HCl/organ. Lsgm. 6-0663; Bldg. v. $[GaCl_4]^-$ beim Kationenaustausch v. Ga u. In in Ggw. v. Alkalimetallchloriden 6-0664; Verteil.-Koeff. v. – bei d. Extrakt. v. $GaCl_3$ durch Tributylphosphat 45-0485; photometr. Ga-Best. über eine Verb. d. Komplexions $[GaCl_4]^-$ mit Victoria-Blau 42-1822.

Salze

Kalium- u. *Lithiumchlorogallate(III)* s. dort.

Einfl. d. Mol.-Assoziat. v. Rhodamin-6-Sh-Salzen mit $[GaCl_4]^-$ auf d. IR-Absorpt. 1-0138.

Galliumchlorophosphat: $Ga(PO_2Cl_2)_3$, IR-Spektren (Darst. u. Eig.) 17-0142.

Galliumfluoride bzw. -fluorokomplexe

Synth. u. Struktur v. Dialkyl-Ga-Fluoriden 8-0675; Gütemodulat. d. Resonators eines Rubinlasers mit Hilfe transparenter Verb. d. Phthalocyaninreihe mit – 2-0348; Atomisier.-Wärme v. GaOF 28-0544.

GaF, Rk. v. Ga_2O_3(f) mit GaF(g) unter Bldg. v. Ga(g) u. GaOF(g) 28-0544.

GaF_3, Bldg. v. $GaF_3 \cdot NH_3$ bei d. Zers. v. Ammoniumtetrafluorogallat in Ggw. v. NH_3 19-0847.

Fluorogallium(III)-säuren:

$H[GaF_4]$, Salze s. *Ammoniumfluorogallate(III)*.

$H_3[GaF_6]$, Salze s. *Cäsium-*, *Kalium-*, *Kupfer-*, *Natrium-*, *Nickel-* u. *Rubidiumfluorogallate(III)*.

Galliumhalogenide, Darst. v. Koordinat.-Komplexen v. Ga(III)-Halogeniden mit Triarylphosphin 19-0853; refraktometr. Unters. über d. Bldg. d. komplexen – in wss. Lsg. 25-0596; neue Wege zu Organo-Ga-Halogeniden 27-0838; Spektren im fernen IR v. Ga(III)-Halogenid-Komplexen mit Triarylphosphinen 41-0069; Energie d. Valenzzustände d. Ga-Atome u. thermochem. Eig. gasf. – 24-0066; Gleichgew. zwischen Ga-Trihalogeniden u. Anilinbasen in äther. Lsg. 14-0578; Metall–Sauerstoff-Bind. v. Addit.-Verb. v. Ga-Trihalogeniden mit THF u. Äthern 40-0439; Metall–Schwefel-Bind. v. Ga-Trihalogeniden mit Tetrahydrothiophen u. organ. Sulfiden 40-0440.

Galliumhydride bzw. -hydridokomplexe

Darst. v. Verb. d. Typs $(CH_3)_3NGaH_{3-n}X_n$ u. $(CH_3)_3NGaD_{3-n}X_n$ (n = *0*, *1*, *2* oder *3* u. X = Cl, Br oder J) u. v. GaH_2Cl 14-0716.

GaH, Rydberg-Klein-Rees-Vanderslice-Potentialkurven für – 28-0051; auf d. Grundzustand red. Potentialkurven v. – 33-0097.

Ga_2H_6, Rk. mit AsH_3 oder $AsCl_3$ in Ggw. v. H 30-2228*.

Hydridogallium(III)-säure:

$H[GaH_4]$, Salze s. *Lithiumhydridogallate(III)*.

Galliumhydroxide bzw. -hydroxokomplexe

Bldg. d. bas. Salzes $GaOHSO_4$ 35-0688; Löslichk. v. α-GaO(OH) bei *60°* in perchlorsauren Lsg. konst. Ionenstärke 47-0460.

Hydroxogallium(III)-säure:

$H[Ga(OH)_4]$, Salze s. *Lithiumhydroxogallate(III)*.

Galliumimide bzw. -imidokomplexe

Imidogallium(III)-säure:

$H[Ga(NH)_2]$, Salze s. *Natriumimidogallate(III)*.

Galliumjodide bzw. -jodokomplexe

Chemie d. niederwert. – 32-0767.

Darst.: v. $(CH_3)_3NGaH_{3-n}J_n$ u. $(CH_3)_3 \cdot NGaD_{3-n}J_n$ (n = *0*, *1*, *2* oder *3*) 14-0716; v. NH_3-Addukten v. Ga-Trijodid 33-0878; Spektren im fernen IR v. Ga_2J_6 P_2H_4 41-0069; GaSJ als Zwischenprod. bei d. Zücht. v. Einkrist. einiger Ga-Sulfide aus d. Gasphase 45-0175; Phasenumwandl.-Diagramm d. Syst. Ga/J 40-0465.

GaJ, – als Phase d. Syst. J/Ga 24-0582, 40-0465; Anisotropie d. Lumineszenz u. Mikrostruktur d. Lumineszenzzentren in mit Ga^+J^- dotierten Alkalimetallhalogenidkrist. 51/52-0228.

Ga_2J_3, – als Phase d. Syst. J/Ga 24-0582.

GaJ_2, – als Phase d. Syst. J/Ga 24-0582, 40-0465, Bldg.-Enthalpie v. – aus d. Metall u. NaJ 27-0636.

Ga_2J_5, – als Phase d. Syst. J/Ga 24-0582.

GaJ_3, – als Phase d. Syst. J/Ga 24-0582, 40-0465; ^{71}Ga-NMR d. Syst. GaJ_3/HJ 6-0377; Sättig.-Effekte bei d. Kernquadrupolresonanz v. Ga in – 44-0313; elektr. Leitfähigk. v. – in fl. J in Abhängigk. v. d. Konz. 44-0504; Zustandsdiagramme: d. Syst. GaJ_3/NaJ, GaJ_3/KJ, GaJ_3/TlJ, GaJ_3/CuJ u. GaJ_3/AgJ 29-0627; v. Syst. d. – mit MgJ_2, ZnJ_2, HgJ_2, SnJ_2, PbJ_2, FeJ_2 u. NiJ_2 31-0627; Phasen u. Mischkrist.-Bldg. bei d. Umsetz. v. – mit d. Jodiden einiger drei- u. vierwert. Elemente 41-0499.

Jodogallium(III)-säure:

$H[GaJ_4]$, Salze s. *Kalium-*, *Kupfer-*, *Natrium-*, *Silber-* u. *Thalliumjodogallate(III)*.

Zustandssumme für $[^{61}Ga^{127}J_4]^-$ 5-0556; Temp.-Koeff. d. spezif. Wärme u. d. Bldg.-Wärme v. gasf. $[GaJ_4]^-$ 49/50-0383.

Galliumnitrat: $Ga(NO_3)_3$, thermodynam. Standardfunkt. 41-0423.

Galliumnitride: Bldg. v. – beim therm. Abbau v. $Na[Ga(NH_2)_4]$ 3-0701.

GaN, Bldg. bei d. Zers. v. Ammoniumtetrafluorogallat in Ggw. v. NH_3 19-0847; Elektrolumineszenz v. GaP : GaN 37-0364; Zücht. u. –-Dotier. v. einkrist. GaP-Nadeln durch ein Verf. mit feuchtem H im offenen Rohr 7-0213; Best.: d. Breite d. verbotenen Zone für – aus d. Modell d. δ-förm. Potentials 30-0378; v. Atomlad. in – mit Hilfe d. Überlapp.-Integrale 51/52-0280.

Galliumnitrit: $Ga(NO_2)_3$, thermodynam. Standardfunkt. 41-0423.

Galliumoxide

Energie d. Valenzzustände d. Ga-Atome u. thermochem. Eig. gasf. – 24-0066; Darst. u. Krist.-Chemie v. Ga-Sesquioxiden aus Ga_2O_3–Al_2O_3, Sc_2O_3–Ga_2O_3, In_2O_3–Ga_2O_3 24-0786; Supraleitfähigk. mit starker Koppl. in Ga in d. Schicht. Ga–Ga_xO_y–Pb 13-0447.

Ga_2O, Bldg. bei d. Adsorpt. v. O_2 an GaAs(*111*)-Flächen 34-0719; Si-Verunreinig. in aus SiO_2-freien Rk.-Gefäßen gezüchtetem GaAs auf Grund einer Ga_2O/SiO-Transportrk. 4-0188; Berechn. d. EMK-Werte d. reversiblen galvan. Zelle Ga_2O/O_2 44-0516.

Ga_2O_3, Bldg.-Enthalpie v. – aus d. Metall u. Na_2O 27-0636.

Polymorphie v. – an Hand d. IR-Spektren 29-0341; Koordinat. d. Al-Ionen in Tricalciumaluminat 3 CaO · Al_2O_3 mit steigender Substitut. durch – 29-0354; K-Absorpt.-Kante v. Ga-Metall u. – 34-0406; Zücht., Farbe, Form u. Gittertyp v. –-Krist. 9-0240; Bind.-Längen in α-Ga_2O_3 10-0246; lokalisierte Abkühl. bei d. Schmelzflußkrist.-Zücht. v. – 32-0163; elektr. Eig. d. Halbleiters β-Ga_2O_3 10-0399; Mössbauer-Effekt in β-Ga_2O_3 : Fe^{3+} 33-0632; Berechn. d. EMK-Werte d. reversiblen galvan. Zelle Ga_2O_3/O_2 44-0516; Unters. v. abgeschreckten –-Schmelzen 33-2499; Einfl. auf d. Plasmatemp. 35-1968.

Chlorier. durch HCl 20-0650; Darst. v. Ga_2TiO_5 aus – u. TiO_2 28-0319; Enthalpie d. Rk. v. Ga_2O_3(f) mit GaF(g) unter Bldg. v. Ga(g) u. GaOF(g) 28-0544; Herst. eines – enthaltenden Krackkatalysators 10-2676*.

Spektralanalyse v. hochreinem – 23-2138; empfindl. spektrochem. Analysenmeth. zur Best. v. Ge u. Sn unter Verw. v. – 1-1834.

Mischoxide, Gallate

Ga_2O_3-halt., für elektromagnet. Strahlen d. Wellenlänge $>$*6,5* μ durchläss. Glas 13-2240*; Ga_2O_3-halt. nichtkristallisierendes opt. Glas mit verkürzter Dispers. 29-2418*; Ga_2O_3-halt. opt. Glas mit einem Brech.-Index *1,7223* – *1,9178* u. einem Dispers.-Koeff. *54,2* bis *29* 31-2420*.

Al: Energieniveaus v. Yb^{3+} in Ga–Al-Granaten (Spektren) 35-0307; (Krist.-Feld-Berechn.) 35-0308

Be: Herst. v. $Be(GaO_2)_2$ 10-2194*.

Co: Herst. v. $Co(GaO_2)_2$ 10-2194*.

Dy: Krist.-Feld am Ort d. Seltenerdmetallions in Dy-Gallaten mit Granatstruktur (Dy^{3+} in $Dy_3Ga_5O_{12}$) 8-0276; Absorp.t- u. Emiss.-Spektren v. 3 Dy_2O_3 · 5 Ga_2O_3 18-0354; Krist.-Struktur u. Darst v. $Dy_3Ga_5O_{12}$ 16-0237; Modell d. Krist.-Feldes v. Dy-Gallat 23-0294; mit steigender Temp. stark abnehmende Magnetostrikt. v. $Dy_3 \cdot Ga_5O_{12}$ 4-0418.

Er: Krist.-Struktur u. Darst. v. $Er_3Ga_5O_{12}$ 16-0237; kalorimetr. u. magnet. Unters. v. Er–Ga-Granaten zwischen *0,35* u. *4,2* °K 6-0490.

Eu: F-freie Schmelze für d. Züchten d. Granats $Eu_3Ga_5O_{12}$ 10-0193; Krist.-Struktur u. Darst. v. $Eu_3Ga_5O_{12}$ 16-0237; Einfl. d. Cr^{3+}–Eu^{3+}-Wechselwrkg. auf d. EPR d. Cr^{3+} in Eu–Ga-Granaten 8-0326; Austauschbeitrag zu d. D-Parametern v. Fe^{3+} u. Cr^{3+} in $Eu_3 \cdot Ga_5O_{12}$ 39-0397.

Fe: Hochdruckphase: v. $GaFeO_3$ mit Korundstruktur 2-0180; v. $Ga_{2-x}Fe_xO_3$ 10-0246; Krist.-Zücht. v. $GaFeO_3$ nach d. Schmelzflußmeth. u. Entmisch.-Unters. v. Fe^{3+} in $Ga_{2-x}Fe_xO_3$-Krist. 12-0200; kristallograph. Unters. v. $Ga_{2-x}Fe_xO_3$ mit polarisierten Neutronen 25-0514; Unters. v. $Ga_{0,85}Fe_{1,15}O_3$ mit Hilfe v. Mössbauer-Effekt, Röntgenstrahlen, Neutronenbeug. u. magnet. Mess. 2-0468; Mössbauer-Effekt in $Ga_{2-x}Fe_xO_3$ 33-0632; Mess. d. magneto-elektr. Effektes zwischen *1,8* u. *33* °K an $Fe_{1,15}Ga_{0,85}O_3$ 47-0422; ESR d. magnet. geordneten Krist. $GaFeO_3$ in d. Ggw. eines äußeren elektr. Feldes 48-0356.

Fe–Eu: Austauschwechselwrkg. d. Seltenerdmetallionen in $Eu_3Ga_xFe_{5-x}O_{12}$ 7-0473.

Gd: Verunreinig. v. aus d. Schmelze gezüchteten Gd–Ga-Granaten mit Pb u. Einfl. auf d. opt. Eig. 9-0348; Krist.-Struktur u. Darst. v. $Gd_3Ga_5O_{12}$ 16-0237; mit steigender Temp. stark abnehmende Magnetostrikt. v. $Gd_3Ga_5O_{12}$ 4-0418; kalorimetr. u. magnet. Unters. an Gd-Gallaten(III) zwischen *0,35* u. *4,2* °K 6-0490.

Ho: Krist.-Struktur u. Darst. v. $Ho_3 \cdot Ga_5O_{12}$ 16-0237; Magnetostrikt. v. $Ho_3Ga_5O_{12}$ 4-0418; kalorimetr. u. magnet. Unters. v. Ho–Ga-Granaten zwischen *0,35* u. *4,2* °K 6-0490.

K: K-Gallate u. ihre Hydrolyseprod. 1-0556; Zers. v. $KGaO_2$ mit H_2SO_4 35-0688.

La: Temp.-Abhängigk. d. scharfen Cr^{3+}-Fluoreszenz in $LaGaO_3$ 20-0310; Krist.-Struktur u. Darst. v. $LaGaO_3$ 16-0237.

Li: Herst. v. $LiGaO_2$ u. $LiGa_5O_8$ 10-2194; Löslichk. v. $LiGaO_2$ in NaOH-Lsg. 15-0575.

Lu: Spektrale Auflsg. v. Er^{3+} in Lu-Gallat mit Granatstruktur 32-0336; Krist.-Struktur u. Darst. v. $Lu_3Ga_5O_{12}$ 16-0237; Spin–Gitter-Relaxat.-Zeit für Seltenerdmetall-Ionen in Lu–Ga-Granat 2-0326.

Mg, $MgGa_2O_4$ s. unter *Magnesiumoxide, Mischoxide*.

Herst.: v. $Mg(GaO_2)_2$ 10-2194*; v. $Mg_xGa_2O_4$:Mn_y 11-2190*.

Mg–Cu: Farbe u. Konstit. bei anorgan. Feststoffen. *14*. Mitt., d. Lichtabsorpt. v. Cu^{2+} in $Cu_xMg_{1-x}Ga_2O_4$ 32-0337.

Mg–Gd–Ge: Hyperempfindlichk. d. $^5D_0$–$^7F_2$-Übergangs v. Eu^{3+} in $Gd_3Mg_2Ga \cdot Ge_2O_{12}$ 43-0312.

Mn: Herst. v. $Mn(GaO_2)_2$ 10-2194*.

Mn–Cr–Mg: Röntgen- u. Neutronenbeug.-Unters. d. Mischkrist. v. $MgGa_{2-x}Mn_xO_4$ u. $MgCr_{2-x}Mn_xO_4$ 33-0208.

Mo: Darst. v. 5 Ga_2O_3 · 3 Mo_2O_3-Einkrist. 46-0144.

Na: Herst. v. $NaGaO_2$ u. $NaGa_5O_8$ 10-2194*; Viskosität u. D. v. Na-Gallatlsg. in Abhängigk. v. Na_2O/Ga_2O_3-Verhältnis 22-0620; Oberflächenspann. u. d. elektr. Leitfähigk. v. Na-Gallatlsg. in Abhängigk. v. Na_2O/Ga_2O_3-Verhältnis 22-0621; Löslichk.-Isothermen v. Na_3VO_3 in alkal. Na-Gallatlsg. 22-0577.

Nd: Kalorimetr. u. magnet. Unters. v. Nd–Ga-Granaten zwischen *0,35* u. *4,2* °K 6-0490; Krist.-Struktur u. Darst. v. $NdGaO_3$

u. $Nd_3Ga_5O_{12}$ 16-0237; Neutronenbeug.-Unters. d. magnet. Struktur v. Nd–Ga-Granat bei *0,31* °K 38-0533.

Pb–Nb: Darst. u. Perowskitstruktur v. $PbGa_{1/2}Nb_{1/2}O_3$ 45-0248.

Pr: Krist.-Struktur u. Darst. v. $PrGaO_3$ u. $Pr_3Ga_5O_{12}$ 16-0237.

Sb–Ho: Mess. d. magnet. Suszeptibilität u. d. Entropie v. Ho_2GaSbO_7 3-1901.

Seltenerdmetalle: Hydrothermale Synth. v. $Ln_3Ga_5O_{12}$ (Ln = Seltenerdmetall) 26-0767; magnet. Eig. v. 5 $Ga_2O_3 \cdot 3\ M_2O_3$ bei hohen Magnetfeldern (M = Seltenerdmetalle) 28-0492; kalorimetr. Unters. verschiedener Seltenerdmetall–Ga-Granate 19-0285.

Si–Ca: Glasbldg. u. Eig. v. Gläsern im Syst. $CaO/Ga_2O_3/SiO_2$ 9-2250; Hochdruckumwandl. v. $Ca(Ga_{0,5}Si_{0,5})O_3$ (geophysikal. Bedeut.) 45-0782.

Si–Li: EPR-Unters. v. Ga-Gläsern mit *16* Li_2O, *12* Ga_2O_3, *72* SiO_2 u. *16* Li_2O, *21* Ga_2O_3, *63* SiO_2 26-0387.

Sm: Krist.-Feld an Ort d. Seltenerdmetallions in Sm-Gallaten mit Granatstruktur (Sm^{3+} in $Sm_3Ga_5O_{12}$) 8-0276; kalorimetr. u. magnet. Unters. v. Sm–Ga-Granaten zwischen *0,35* u. *4,2* °K 6-0490; Krist.-Struktur u. Darst. v. $Sm_3Ga_5O_{12}$ 16-0237.

Sn–Ca: Mössbauer-Effekt v. ^{119}Sn in $Ca_3Sn_3Ga_2O_{12}$ 39-0024.

Sn–Ca–Nb: Mössbauer-Effekt v. ^{119}Sn in $Ca_3[SnNb]Ga_3O_{12}$ 39-0024.

Sr–Fe: Hyperfein-Magnetfelder an d. ^{57}Fe-Kernen in $SrFe_{12-x}Ga_xO_{19}$ 47-0024.

Ta–Ca–Sn: Mössbauer-Effekt v. ^{119}Sn in $Ca_3[SnTa]Ga_3O_{12}$ 39-0024.

Tb: Mit steigender Temp. stark abnehmende Magnetostrikt. v. $Tb_3Ga_5O_{12}$ 4-0418; Krist.-Struktur u. Darst. v. $Tb_3Ga_5O_{12}$ 16-0237; Suszeptibilität u. Magnetisier. v. Tb–Ga-Granaten bei niedr. Temp. 19-0530.

Tb–Li–Si: Spektrale Abhängigk. d. Verdet-Konst. v. Li–Ga-Silicatgläsern mit hoher Konz. an Tb_2O_3 20-0264.

Ti: Gitterkonst. u. Darst. v. Ga_2TiO_5 17-0274; Darst. v. Ga_2TiO_5 aus Ga_2O_3 u. TiO_2 28-0319.

Ti–Li–Si: Temp.-Abhängigk. d. Viskosität anorgan. Gläser d. Syst. $Li_2O/Ga_2O_3/SiO_2/TiO_2$ 21-0256.

Ti–Nb: Krist.-Struktur u. Fluoreszenz v. $GaTiNbO_6$ 31-0216.

Ti–Sb: Krist.-Struktur u. Fluoreszenz v. $GaTiSbO_6$ 31-0216.

Ti–Ta: Krist.-Struktur u. Fluoreszenz v. $GaTiTaO_6$ 31-0216.

Tm: F-freie Schmelze für d. Züchten d. $Tm_3Ga_5O_{12}$ Granats 10-0193; Krist.-Struktur u. Darst. v. $Tm_3Ga_5O_{12}$ 16-0237.

V–Ca–Fe: Sättig. u. Neel-Temp. v. $(Ca_3)[Fe](Fe_{1,3}V_{1,2}Ga_{0,2})O_{12}$ 30-0483.

V–Ca–Sn: Mössbauer-Effekt v. ^{119}Sn in $Ca_3[Sn_2]V_{0,5}Ga_{2,5}O_{12}$ 39-0024.

Y: Hydrothermale Synth. v. $Y_3Ga_5O_{12}$ 26-0767; Reflex.-Spektren v. $Y_3Ga_5O_{12}$ 31-0305; spektrale Auflsg. v. Er^{3+} in Y-Gallat mit Granatstruktur 32-0336; Farbzentren in $Y_3Ga_5O_{12}$ 41-0258; opt. Absorpt.-Intensitäten u. Quantenzählerwrkg. v. Er^{3+} in Y–Ga-Granaten 45-0327; opt. Phononen bei d. Elektronenspinrelaxat. in Y–Ga-Granat:Nd^{3+} 9-0344; opt. Absorpt. v. Co^{3+} u. Co^{2+} auf Tetraederplätzen in $Y_3Ga_5O_{12}$ 25-0343; Krist.-Struktur u. Darst. v. $Y_3Ga_5O_{12}$ 16-0237; lokalisierte Abkühl. bei d. Schmelzflußkrist.-Zücht. v. $Y_3Ga_5O_{12}$ 32-0163; Spin–Gitter-Relaxat.-Zeit für Seltenerdmetall-Ionen in Y–Ga-Granat 2-0326; EPR in $Y_3Ga_5O_{12}$:Co^{2+} u. Mn^{2+} 4-0329; magnet. Absorpt. v. Ultraschall in mit *4* % Yb oder Gd dotiertem Y–Ga-Granat 14-0262; ESR v. Ce^{3+} in Y–Ga-Granat 14-0365; EPR-Spektren v. Gd(III), Yb(III) u. Er(III) in Y–Ga-Granat 17-0413; ESR v. Ru^{3+} in Y–Ga-Granat 38-0393.

Y–Al: Fluoreszenz v. $Y_3Al_2 \cdot Ga_3O_{12}$:Ce 46-0343.

Y–Ca–Ge: Hyperempfindlichk. d. $^5D_0$–$^7F_2$-Übergangs v. Eu^{3+} in $Ca_2YGa_3Ge_2O_{12}$ 43-0312.

Y–Eu: Laseranreg. u. Elektronen-Raman-Spektrums v. Eu–Y–Ga-Granat 6-0353.

Y–Eu–Fe: magneto-elast. Verh. v. Eu(III) in $Eu_{3-x}Y_xFe_{5-y}Ga_yO_{12}$ 6-0485.

Y–Fe: Relaxat.-Verh. v. ^{71}Ga u. ^{69}Ga in $Y_3Fe_{5-x} \cdot Ga_xO_{12}$-Proben (x = *0,05 – 1,0*) mit Einzeldomänen 8-0454; Faraday-Effekt im Granat $Y_3Fe_{5-x}Ga_xO_{12}$ 9-0338; Einfl. d. Zus. auf d. Verteil. v. Ga zwischen auskrist. $Y_3Fe_{5-x}Ga_xO_{12}$ u. $PbO/PbF_2/Fe_2O_3/Ga_2O_3/Y_2O_3$-Schmelzen 11-0278; Mess. d. Magnetostrikt.-Konst. v. $Y_3Ga_xFe_{5-x}O_{12}$-Einkrist. mit Hilfe einer Mikrowellenmeth. 26-0533; Sättig. u. Neel-Temp. v. $Y_3Fe_{5-z}Ga_zO_{12}$ 30-0483.

Yb: Mess. d. Mössbauer-Isomerieverschieb. d. *84*-keV-(*2⁺ → 0⁺*)-Rotat.-Übergangs im Grundzustand v. ^{170}Yb in Yb–Ga-Granat 12-0047; Einfl. d. Lad.-Kompensat. auf d. Absorpt.-Spektrum v. Yb^{3+} in CdF_2 (Vgl. mit Yb–Ga-Granat) 14-0315; F-freie Schmelze für d. Züchten d. Granats $Yb_3Ga_5O_{12}$ 10-0193; Krist.-Struktur u. Darst. v. $Yb_3Ga_5O_{12}$ 16-0237.

Yb–Fe: F-freie Schmelze für d. Züchten d. Granats $Yb_3Fe_2Ga_3O_{12}$ 10-0193.

Zn: Züchten v. $ZnGa_2O_4$-Einkrist. 32-0163.

Mehrkomponentige Oxide: Magnet. Resonanzeig. v. Einkrist. d. Zus. $Bi_{0,4}Ca_{2,6}Fe_{3,2} \cdot Ga_{0,5}V_{1,3}O_{12}$ 47-0315; Sättig. u. Neel-Temp. v. $(Ca_3)[Fe_2](FeV_{1,45}Ga_{0,45}Ge_{0,1})O_{12}$ 30-0483.

Galliumoxidhydrate

Galliumoxidhydroxide s. unter *Galliumhydroxide.*

Bldg.-Mechanismus anod. $Ga_2O_3 \cdot H_2O$-Schichten an fl. Ga 16-0631; Löslichk. v. – in LiOH-Lsg. 41-0484.

Galliumphosphide: Herst. 34-2291*, 35-2270*; tiegelfreie Herst. v. GaP–GaAs-Mischkrist. 38-2353*; Herst. homogener Filme v. GaP–GaAs-Mischkrist. 15-0209.

IR-Reflex.-Spektren v. Gitterschwing. in $GaAs_yP_{1-y}$-Leg. 12-0327; opt. Phononen in $GaAs_xP_{1-y}$-Mischkrist. 26-0353.

Injekt.-Lumineszenz epitakt. Heteroübergänge im Syst. GaP/GaAs 7-0328; Photomisch. in $GaAs_xP_{1-x}$–GaAs-Heterodioden mit Br_2–Ar-Laseranreg. 18-0383; opt. Eig. v. $GaAs_{1-x}P_x$-Mischkrist. 23-0365; Herst. v. bei Zimmertemp. arbeitenden $GaAs_{1-x}P_x$-Injekt.-Lasern durch Züchten aus d. Dampfphase 23-0441; Einfl. einer Anreg.-Inhomogenität bei $GaAs_xP_{1-x}$-Lasern mit Pumpelektronenstrahl 26-0389; Eig. v. Injekt.-Lasern aus GaP–GaAs-Mischkrist. im Wellenlängenbereich *0,8 – 1,1 μ* 26-0393; Schwank. in Lumineszenzübergängen v. GaAs- u. Ga(AsP)-p–n-Übergangsdioden 27-0398; lichtemittierende $GaAs_{1-x}P_x$-Dioden mit negativem Widerstand 31-0326; innere Fadenreflex. in dreieckförm. Laser-Dioden aus $GaAs_{0,59}P_{0,41}$ 31-0379.

Zücht., Hall-Konst. u. Versetz.-Struktur v. einkrist. $GaAs_{1-x}P_x$ 3-0212; Bldg.- u. Wachstumsprozeß v. – -Barren 9-0228; Strukturdefekte in epitakt. $GaAs_{1-x}P_x$ 17-0262; Einführ. v. S-Spuren bei d. – -Krist.-Zücht. 31-0169; Verf. u. App. zum Wachstum v. GaP_xAs_{1-x}-Krist. aus d. Gasphase 42-0189.

Strom–Spann.-Charakteristiken v. p–n-Diffus.-Übergängen in $GaAs_{0,65}P_{0,35}$ 22-0427; elektr. Eig. v. mit Te dotierten tern. Verb. d. Typs $GaAs_{1-x}P_x$ 22-0429; Spektralverh. d. Photoströme bei durch Auftragen v. $GaAs_xP_{1-x}$ auf GaAs-Substrate hergestellten p–n-Heteroübergängen 28-0421; Modulat. d. Photostroms in p–n-Übergängen d. Syst. GaAs/Ga(As, P) durch Strominjekt. in Durchlaßricht. 35-0511; Stoßionisat. u. Lad.-Transport in GaAs–GaP-Leg. 43-0385; Konstrukt.-Möglichk. eines Gleichrichters für superhohe Stromdichten auf d. Grundlage v. p–i–n(p–n–n⁺, n–p–p⁺)-Strukturen mit Heteroübergängen (Erläuter. am Beispiel GaAs–$GaAs_{0,85}P_{0,15}$–GaAs–$GaAs_{0,85} \cdot P_{0,15}$) 44-0360.

Ausdehn.-Koeff. v. Ga(As, P) v. *– 62* bis *+ 200°* 40-0156.

Bibl.: Feste Lösungen von Galliumarsenid u. -phosphid (Literaturübersicht von *1955* bis *1966*) [russ.] B 94.

GaP, Herst. v. – aus PCl_3 u. Ga 24-2280*; tiegelfreie Herst. v. – -Stäben 38-2353*; Herst. homogener Filme v. –, GaS u. GaSb 15-0209; Ätzen v. halbleitenden – -Krist. 21-2419*; Verarbeit. zu Halbleiter 46-2105*.

IR-Reflex.-Spektren v. Gitterschwing. in – 12-0327; Röntgenabsorpt.-Spektren v. Ga in – 17-0377; Elektroreflex.-Spektren 26-0344; Einfl. v. Druck auf Zwischenbandreflex.-Spektren v. – 28-0313; Krist.-Feldspektren v. – in II–VI- u. III–V-Halbleiterverb. 28-0320; Misch. v. sichtbarem Licht u. IR-Strahl. in d. Nähe d. Resonanzstelle in – 30-0283; Interferenz für Zwischenzustände in d. opt. Eig. v. N-dotiertem – 40-0258; Absorpt.-Spektrum v. Ni in – 48-0312.

Nachw. strahlender Rekombinat. durch Photolumineszenzspektren zwischen tiefen Donator–Akzeptor-Paaren in – 3-0350; Photolumineszenz-Paarspektren unter Beteilig. v. Ge als Donator u./oder Akzeptor in – 3-0351; Nachw. d. Paar-Rekombinat.-Prozesse in d. grünen Kantenemiss. v. CdS bei *4,2* u. *77* °K (Vgl. mit –) 3-0353; Dispers. d. Brech.-Index bei – 6-0330; Elektrolumineszenzspektren v. Dioden auf – -Basis 9-0361; Rekombinat.-Strahl. v. – bei Anreg. mit einem Elektronenstrahl 10-0330; Fluoreszenzemiss. v. – durch entfernte Paare 10-0335; Feinstruktur d. Abklingzeit u. Abhängigk. d. Lumineszenzspektrums v. d. Intensität d. anregenden Lichtes in – -Krist. 10-0336; Kathodolumineszenz v. – 10-0337; Lichtemiss. d. Photospann.-Erschein. in Bandkantennähe v. – -Dioden 10-0338; Fluoreszenzabklingzeiten v. in – gebundenen Excitonen 13-0342; Zwei-Elektronen-Übergänge in d. Lumineszenzspektren v. an neutrale Donatoren in – gebundenen Excitonen 13-0355; Auger-Rekombinat. v. an neutrale Donatoren gebundenen Excitonen in – 16-0362; opt. Eig. 17-0398; Lumineszenz v. mit Si verunreinigtem – 18-0349; grüne Elektrolumineszenz u. Doppelinjekt. in epitakt. – bei d. Temp. d. fl. Stickstoffs 19-0379; kohärente Raman-Verstärk. (Anwend. auf –) 23-0361; Injekt.-Elektrolumineszenz v. p–n-Übergängen in – 28-0337; Rekombinat.-Strahl. v. GaP-p–n-Leg.-Übergängen 28-0338; Elektronenlumineszenz v. durch Zonenschmelzen gezüchteten – -Krist. 29-0366; einige Eig. d. Lichtemiss. v. vorwärtsgepolten GaP-p–n-Übergängen 31-0327; Absorpt. u. Lumineszenz v. Excitonen an neutralen Donatoren in – 31-0328; dielektr. Dispers. u. Phononenlinienform in – 33-0357; innere Quantenausb. v. rot emittierenden – -Dioden 36-0328; Elektrolumineszenz v. – -Dioden 37-0364; opt. Eig. d. Cd–O- u. Zn–O-Komplexe in – 38-0353; neue rote Paar-Lumineszenz v. – 38-0354; Elektrophotolumineszenz in GaP–GaS-Heteroübergängen 39-0288; Nanosekunden-Reihenimpuls-Lichtgenerator auf d. Grundlage einer Elektrolumineszenz-Diode aus – 39-0291; Durchlässigk. v. – v. *0,17 – 3,0 μ* 41-0231; opt. Suszeptibilität zweiter Ordn. v. – 43-0251; Abhängigk. d. Elektrolumineszenzstrahl. v. mit Zn u. O dotiertem – u. d. Wärmebehandl. 43-0304; Bezieh. zwischen d. Miller-Koeff. (bei Berechn. d. opt. Suszeptibilität *2.* Ordn.) u. d. Bind.-Dipolmoment v. – 48-0270; Elektrolumineszenz: v. Ge-dotierten GaP-p–n-Übergängen 48-0322; mit hoher Ausb. in GaP-p–n-Übergängen 51/52-0239.

Zücht. v. mit N dotierten – -Krist. aus d. Lsg. 3-0211; interatomare Abstände 3-0415; elektronograph. Unters. d. Struktur dünner Halbleiterfilme v. – 10-0208; Einfl. d. Wachstumsorientier. auf d. Verunreinig.-Geh., Oberflächenmorphologie, Stapelfehler- u. Versetzungsdichte v. epitakt. gewachsenem – 11-0286; Ätzmeth. zur schnellen Entfern. v. metall. Ga v. – -Krist. 13-0226; Bedeut. d. Oberflächenpolarisat. beim Wachstum v. – in einer polaren Richt. 15-0183; Darst. v. – durch Zonenschmelzen unter Druck 16-0205; halbempir. Auswahl v. Parametern zur Beschreib. d. Struktur d. Valenzbandes v. – 16-0418; Best. d. Breite d. verbotenen Zone für – aus d. Modell d. *δ*-förm. Potentials 30-0378; Züchten v. Halbleiter-Einkrist. aus – 33-2469*; tiegelloses Zonenschmelzen v. – 34-0140; Polymorphie in im Vakuum abgeschiedenen – -Filmen 38-0203; Anwend. d. Weissenberg-Goniometers auf d. Best. d. Orientier. u. d. Morphologie v. – -Mikrokrist. 42-0082; epitakt. Abscheid. v. CdS auf – durch Laser-Reflektogramme 42-0110; Meth. zur epitakt. Zücht. v. – 49/50-0128.

Besonderh. bei d. elektr. Eros. v. – -Einkrist. entstehenden plast. Verform. 39-0246.

Lawinendurchschlagsspann. v. abrupten u. linearen p–n-Übergängen in – 3-0424; Photoleit.- u. Photo-Hall-Mess. an – mit hohem Widerstand 10-0397; Diffus.-p–n-Übergänge in – -Nadelkrist. u. ihre elektr. Eig. 11-0450; Sonnenzellen aus dünnen Schichten v. – 12-0406; Halbleiterverh. 15-0400; schnelles Dampfphasenwachstum v. – mit hohem elektr. Widerstand für elektroopt. Modulatoren 16-0441; Einfl. v. W.-Dampf auf d. Donatorüberschußkonz. in aus d. Dampfphase in SiO_2-Rohren gezüchtetem – 16-0442; direkte Mess. v. Wechselwrkg. zwischen heißen Elektronen u. Phononen in – 24-0414; p–n-Übergänge in – mit äußerer Elektrolumineszenzausb. v. *≈ 2* % 26-0445; Doppelinjekt. u. Oszillat. d. Strom–Spann.-Kennlinie eines legierten GaP-p–n-Übergangs 27-0506; Eig. v. – -Filmen 27-0507; Photoleitfähigk. v. – -Krist. 30-0401; elektr. Eig. v. mit Elementen d. La-Gruppe aktiviertem – 31-0430; Photoleit. v. – bei Anreg. mit Riesenimpulsen eines Rubinlasers 31-0431; anomaler Photospann.-Effekt in – 34-0445; Niederfrequenz-Stromoszillat. in aus Lsg. gewachsenen p–n-Übergängen in – 35-0355; GaP–GaAs-Heteroübergänge 35-0356; Herst. u. Eig. v. epitakt. – 37-0417; photoelektrochem. Verh. v. n-GaP 37-0613; Wechselwrkg. zwischen heißen Elektronen u. Phononen in – 40-0314; p–n-Übergänge in aus d. Lsg. gezogenem, kompensiertem – 40-0315; Anisotropie d. effektiven Elektronenmasse in – (Berechn. für d. Leit.-Band) 43-0391; elektr. Eig.: v. Schwefel-dotiertem – 43-0392; v. mit Zn dotierten – -Einkrist. 43-0393; GaP–Ge-

Heteroübergänge 44-0356; Wechselwrkg. zwischen Plasmonen u. opt. Phononen in stark dotiertem – 46-0381; Retardat.-Effekte für d. Energieverlust-Wahrscheinlichk. v. Elektronen in – 48-0236; Mikroplasmen in GaP-p–n-Übergängen 49/50-0299; Best. d. Atomlad. in – mit Hilfe d. Überlapp.-Integrale 51/52-0280; Oberflächenzustände v. – 51/52-0286.

Elektron. Raman-Streuung durch Akzeptoren in – 4-0290; EPR v. S-, Se- u. Te-Donatorverunreinig. in – 10-0349; Hall-Effekt u. elektr. Leitfähigk. v. reinem u. mit Si, S bzw. Zn dotiertem – 38-0442; EPR-Unters. über d. Einfl. einer Substratorientier. auf aus d. Dampfphase gezogenes – 47-0308.

Systematik d. charakterist. Temp. v. – 27-0283; Mol-Wärmen, Wärmeinhalte u. Schmelzwärmen v. – 27-0643; thermodynam. Eig. v. – aus EMK-Mess. 30-0518; Dissoziat.-Energie d. gasf. – 36-0447; Thermodynamik d. Syst. $GaP/Cl_2/H_2$ beim Dampftransport im offenen Rohr u. Transportgeschw. 38-0566; Ausdehn.-Koeff. v. – v. *−62* bis *+200°* 40-0156; Wärmeausdehn.-Koeff. u. Gitterparameter zwischen *10* u. *65°* im Syst. GaP/GaAs 49/50-0183.

Mischkrist.-Bldg. zwischen AlP u. – 2-0557.

Galliumselenate(IV), Synth. d. Selenids durch Red. v. $Ga_2O_3 \cdot 3{,}5\ SeO_2 \cdot 2\ H_2O$ 19-0852.

Galliumselenate(VI): Darst.: v. $CsGa(SeO_4)_2 \cdot 12\ H_2O$ u. $RbGa(SeO_4)_2 \cdot 12\ H_2O$ 33-0876; u. Unters. d. therm. Zers. v. $GaH \cdot (SeO_4)_2$ 30-0704

Galliumselenide: Bldg. d. – d. Typs $A^IB^{II}C_2^{IV}$ in d. Syst. Cu_2Se/Ga_2Se_3 u. Ag_2Se/Ga_2Se_3 40-0480; Einfl. d. Temp. u. d. elektr. Feldes auf d. opt. Eig. v. $CdGa_2Se_4$ 23-0491; interatomare Abstände v. $CuGaSe_2$ 3-0415; Darst. u. röntgenograph. Unters. v. $TlGaSe_2$ 10-0233; Gitterdaten, Isotypie, Darst. u. Farbe v. $CuGaSiSe_4$ u. $CuGaGeSe_4$ 15-0246; röntgenograph. Unters. v. Ga_2SeTe 22-0225; elektr. Eig. d. Leg. im Syst. $CuGaSe_2/Ga_2Se_3$ 2-0403; spektrale Verteil. d. Photoempfindlichk. u. Bandabstand v. $CuGaSe_2$ 2-0402; Thermogramme, Temp.-Abhängigk. d. elektr. Leitfähigk., d. Hall-Koeff. u. d. Trägerbeweglichk. v. $GaTlSe_2$ 24-0465; Bandabstand, Widerstand u. Photoempfindlichk. glasförm. Halbleiter d. Syst. Ga/Se 48-0456.

GaSe, Reflex.-Spektrum v. ––Einkrist. in d. Nähe d. Hauptabsorpt.-Kante 3-0332; IR-Absorpt.-Spektren 36-0320; IR-Phonon-Absorpt.-Spektrum v. β-GaSe 43-0291; opt. Absorpt., Reflex. u. Dispers. v. ––Schichtkrist. 22-0345; Erzeug. d. zweiten Harmonischen in ––Krist. 31-0290; Excitonen in ––Polytypen 18-0324; Sichtbarmachen v. Versetz. auf Basisebenen v. ––Einkrist. 34-0186; Bandstruktur u. opt. Eig. v. – 39-0342; Halbleiterverh. 15-0400; spezif. Wärme 39-0122.

Ga_2Se_3, Standardbldg.-Enthalpie 39-0441; Synth. v. – durch Red. d. Selenites 19-0852; elektr. Leitfähigk., Wärmeleitfähigk., Thermo-EMK, Hall-Konst., Mikrohärte, Wärmeausdehn.-Koeff. sowie Bandbreite 2-0398; Temp.-Abhängigk. d. elektr. Leitfähigk. v. – 2-0401; Zustandsdiagramme d. Halbleitersyst. Cu_2Se/Ga_2Se_3 45-0526.

Galliumsilicate, Säureeig. v. $Ga_2O_3 \cdot SiO_2$ 9-0675.

Galliumsulfate: Bldg. d. bas. Salzes $GaOHSO_4$ 35-0688; Lösen d. Alaune $MeGa \cdot (SO_4)_2 \cdot 12\ H_2O$ (Me = K, Rb, NH_4) u. d. Doppelsalzes $NaGa(SO_4)_2 \cdot 7\ H_2O$ in W. bei *250°* zu bas. – d. konst. Zus. $Me(H_2O) \cdot [Ga_3(OH)_6(SO_4)_2]$ (Me = H, Na, K, Rb, NH_4) v. Alunittyp 3-0700.

$Ga_2(SO_4)_3$, Bldg. 35-0688; Cu-Entfern. aus – für Halbleiter mittels 6-Chlor-8-mercaptochinolin 33-2461; K-Absorpt.-Kante v. Ga-Metall u. – 34-0406; Gitterdaten, Nachw. d. krist. hydratisierten Phasen v. – durch Röntgenbeug. 6-0182; Löslichk. u. feste Phasen im Syst. $Ga_2(SO_4)_3/K_2SO_4/H_2O$ 1-0556; Hydratat.-Grade v. – unter konst. W.-Dampfdruck durch Thermogravimetrie u. Differentialthermoanalyse 9-0710.

Galliumsulfide: Synth. v. $Cu_2S \cdot Ga_2S_3$ u. $Ag_2S \cdot Ga_2S_3$ 25-0821; Struktur u. opt. Eig. v. $CuGaS_2$–Ga_2S_3-Leg. 32-0340; opt. Aktivität in einem nichtenantiomorphen Krist. $AgGaS_2$ 45-0312; Darst. u. röntgenograph. Unters. v. $TlGaS_2$ 10-0233; Gitterdaten, Darst. u. Farbe v. $CuGaQS_4$ (Q = Si, Ge) 15-0246; Thermogramme, Temp.-Abhängigk. d. elektr. Leitfähigk., d. Hall-Koeff. u. d. Trägerbeweglichk. v. $GaTlS_2$ 24-0465; Umsetz. v. Ga- u. Cd-Sulfid in HCl-saurer Lsg. zu $3\ CdS \cdot Ga_2S_3$ u. $CdGa_2S_4$ 26-0760.

Ga_2S, – als Phase d. Syst. Ga/S (Mikrohärt[*]) 41-05[illegible]9.

GaS, – als Phase d. Syst. Ga/S 8-0511, 41-0519; Reflex.-Spektrum v. ––Einkrist. 3-0332; IR-Absorpt.-Spektren 36-0320; IR-Phonon-Absorpt.-Spektrum 43-0291; opt. Absorpt., Reflex. u. Dispers. v. ––Schichtkrist. 22-0345; Elektrophotolumineszenz in GaP–GaS-Heteroübergängen 39-0288; Bandstruktur u. opt. Eig. 39-0342; Zücht. v. ––Einkrist. aus d. Gasphase 45-0175; Wärmeleitfähigk. 6-0288; Dampfdruck u. therm. Stabilität 34-0589; ––halt., hochschmelzendes, für elektromagnet. Wellen v. *6,5 – 10,5 μ* durchläss. Glas 13-2241*.

Ga_2S_3, – als Phase d. Syst. Ga/S 8-0511, 41-0519; Zücht. v. ––Einkrist. aus d. Gasphase 45-0175; elektr. Leitfähigk., Wärmeleitfähigk., Thermo-EMK, Hall-Konst., Mikrohärte, Wärmeausdehn.-Koeff. sowie Bandbreite 2-0398; Zustandsdiagramme (graph. Darst.) d. Halbleitersyst. Cu_2S/Ga_2S_3 45-0526; Umsetz. v. –, In_2S_3 u. SnS_2 bei ihrer Ausfäll. aus salzsauren Lsg. 41-0522.

Ga_4S_5, – als Phase d. Syst. Ga/S (Mikrohärte) 41-0519; Zücht. v. ––Einkrist. aus d. Gasphase 45-0175.

Galliumtellurate(VI), Lichtabsorpt. v. $Cr_{0,2}Ga_{1,8}TeO_6$ 43-0282.

Galliumtelluride: $AgGaTe_2$ u. $AgGa_5Te_8$ als Phasen d. Syst. Ag_2Te/Ga_2Te_3 4-0470; Bldg. d. – d. Typs $A^IB^{II}C_2^{IV}$ in d. Syst. Cu_2Te/Ga_2Te_3 u. Ag_2Te/Ga_2Te_3 40-0480; Struktur d. Halbleiterleg. Ag_2Te–Ga_2Te_3 4-0470; Darst. u. röntgenograph. Unters. v. $TlGaTe_2$ 10-0233; Gitterdaten, Isotypie, Darst. u. Farbe v. $CuGaSiTe_4$ 15-0246; Phasen u. Gitterparameter substituierter Leg. v. CdTe mit $CuGaTe_2$ 21-0233; röntgenograph. Unters. v. Ga_2SeTe 22-0225; spektrale Verteil. d. Photoempfindlichk. u. Bandabstand v. $CuGaTe_2$ u. $AgGaTe_2$ 2-0402; Thermogramme, Temp.-Abhängigk. d. elektr. Leitfähigk., d. Hall-Koeff. u. d. Trägerbeweglichk. v. $GaTlTe_2$ 24-0465; Mechanismus d. Wärmeleitfähigkeit in $(GaSb)_{3x}$–$(Ga_2Te_3)_{1-x}$- u. $(GaSb)_x$–$(GaTe)_{1-x}$-Mischkrist. 6-0289; massenspektrometr. Unters. d. Subl.-Prozesse v. $AgGaTe_2$ u. $CuGaTe_2$ 40-0422.

GaTe, elektr. Leitfähigk. v. p-GaTe-Polykrist. u. ––Einkrist. in starken elektr. Feldern 10-0407; Wärmeleitfähigk. 6-0288; Mischkrist.-Bldg. im Syst. SnTe/GaTe 45-0521.

Ga_2Te_3, Reflex.-Spektrum v. ––Krist. 6-0345; elektr. Leitfähigk., Wärmeleitfähigk., Thermo-EMK, Hall-Konst., Mikrohärte, Wärmeausdehn.-Koeff. sowie Bandbreite 2-0398; Temp.-Abhängigk. d. elektr. Leitfähigk. v. – 2-0401; Abweich. v. d. Stöchiometrie im Halbleiter – 41-0520; Zustandsdiagramme d. Halbleitersyst. Ag_2Te/Ga_2Te_3 45-0526.

Galliumthiocyanate bzw. -thiocyanatokomplexe

Darst. v. Diäthyl-Ga-Thiocyanaten 18-0712; Chromatographie v. ––Anionkomplexen auf mit höheren tert. Aminen imprägniertem Papier 21-2145.

Thiocyanatogallium(III)-säure: **$H[Ga(SCN)_4]$**, Salze s. *Kaliumthiocyanatogallate(III)*.

Organische Galliumverbindungen

Organo-Ga-Verb. (Übersicht) 23-0859; neue Wege zu Organo-Ga-Halogeniden 27-0838; Best. d. Molgew. luftempfindl. – 35-1924; stereochem. Eig. (Überblick) 48-0671; Synth. v. – d. Typs R_3Ga 49/50-0586.

Synth.: u. Struktur v. Dialkyl-Ga-Fluoriden 8-0675; v. Ga-Alkylen mit opt.-akt. Alkylgruppen 9-0711; u. physikal.-chem. Unters. einiger Trialkylverb. v. Ga 16-0748; v. Diäthyl-Ga-Thiocyanaten 18-0712; Bldg. v. $[(C_2H_5)_2GaN_3]_3$ 19-0849; Koppl.-Konst. $J(^{13}C-H)$ v. $Ga(CH_3)_3$ 21-0096; Bldg. v. $Ga_2Br_4 \cdot 3\ C_6H_6$ u. $Ga_2Br_4 \cdot C_6H_5$ 32-0766; Rk. d. Diphenylketimin mit Trimethyl-Ga, Triäthyl-Ga u. Triphenyl-Ga 34-0816.

Synth. u. Eig. v. Ga-Äthylat 2-0695; polarograph. Unters. d. Zus. eines komplexen Ga-Ions in chloridhalt. Brenzcatechinlsg. 2-1843; Bldg. d. Komplexe $GaCl_3 \cdot CH_3OH$ u. $GaCl_3 \cdot 3\ CH_3OH$ im Syst. $GaCl_3$/Methanol 12-0534; Metall–Sauerstoff-Bind. v. Ga-Trihalogeniden mit Äthern u. THF 40-0439; Komplexbldg. v. Ga: mit 3.4-Dihydroxyazoverb. 46-1828; mit o.o'.p'-Trihydroxyazoverb. 46-1829.

Darst. d. krist. $[As(C_6H_5)_4]$- u. $[N(C_2H_5)_4]$-Salze d. Ga-Komplexe mit cis-Äthylendithiol u. 4.5-Dimercapto-o-xylol 23-0803; Komplexbldg. v. GaJ_2 gegenüber O-, N- u. S-Heterocyclen, Anilin, Anisol u. Organosulfiden 32-0767; Metall–Schwefel-Bind. v. Ga-Trihalogeniden mit organ. Sulfiden u. Hydrothiophen 40-0440; Innerkomplexsalze v. 4-Methyl-8-mercaptochinolin mit Ga(III) 40-0520; Instabilitätskonst. innerkomplexer Salze: v. 5-Fluor-8-mercaptochinolin mit Ga 44-0486; v. 5-Brom-8-mercaptochinolin mit Ga 51/52-0404; Bldg.-Konst. d. *1:1*-Komplexe v. Ga mit 8-Mercaptochinolin bzw. 2-Methyl-8-mercaptochinolin 51/52-1809.

Kinetik d. Austausches v. $Ga(CH_3)_3$ u. seinen Addit.-Verb. mit $N(CH_3)_3$, $O(CH_3)_2$ u. $P(CH_3)_3$ 3-0646; Darst. v. Koordinat.-Komplexen v. Ga(III)-Halogeniden mit Triarylphosphinen 19-0853; Lad.-Übertrag. (CT) für Donator–Akzeptor-Bind. in $GaR_3 \cdot PR_3$, $GaR_3 \cdot SR_2$, $GaR_3 \cdot NR_3$ u. $GaR_3 \cdot OR_2$ 28-0049; Spektren im fernen IR v. Ga(III)-Halogenid-Komplexen mit Triarylphosphinen 41-0069.

Unters. an Komplexen v. Bis-[trimethylphosphinimino]-dimethylsilan mit $Ga(CH_3)_3$ 17-0768; Darst. v. Pentaorganogallosiloxanen 27-0839.

Kinetik d. Austauschrk. zwischen $LiGa \cdot (C_2H_5)_4$ u. $LiAl(C_2H_5)_4$ bzw. LiC_2H_5 in Ae. 7-0654.

Bldg. u. Eig. v. Ga-Dithizonat 26-2047.

Analyse d. Ga-Hexafluoracetylacetonats (gaschromatograph.) 23-2104; KMR-Unters. an Diketonato-Ga-Komplexen 24-0794; Extrakt. v. tern. u. quatern. Ga-Trihydroxyfluoronkomplexen 42-0477; Darst. u. IR-Unters. v. GaL_3 (HL = Monothiodibenzoylmethan) 43-0703.

Komplexbldg. v. GaJ_2 gegenüber Acetyl- u. Benzoylaceton u. Salicylaldehyd u. Salicylaldoxim 32-0767; Rk. zwischen Oximen u. Trimethyl-Ga (Komplexbldg.) 51/52-0538.

IR-Absorpt.-Spektren v. Ga-Citrato-Komplexen 16-0592; NMR-Unters. v. N.N-Dimethylformamid-Komplexen mit $GaCl_3$ 19-0146; Darst. v. Komplexen d. Ga mit Chinolin-2-carbonsäure 31-0810; v. Ga^{3+} mit Gluconsäure 38-0645; Krist.-Struktur v. Hydrogenäthylendiamintetraacetatoaquogallat(III) 44-0210.

Thermodynam. Stabilitätskonst. v. Metallchelaten d. Sulfosalicylate u. Salicylate v. Ga 2-0566; IR-Spektren v. Ga^{3+}-Salzen d. Polystyrolsulfon-, -selenon-, -selenin- u. -phosphinsäure 13-0164.

Gütemodulat. d. Resonators eines Rubinlasers mit Hilfe transparenter Ga-Verb. d. Naphthocyaninreihe 2-0348; Absorpt.- u. Lumineszenz-Spektren d. Phthalocyanin (H_2Pc)-Verb. GaBrPc 9-0368; spektrophotometr. Unters. d. Komplexe d. Ga mit Methylthymolblau 28-1965; Stabilitätskonst. d. Komplexe v. Xylenolorange mit Ga 37-0566.

Gallocatechin s. unter $C_{15}H_{14}O_7$.

Gallocyanin s. unter $C_{15}H_{12}N_2O_5$.

Gallotannine s. unter *Tannine*.

Gallussäure s. unter $C_7H_6O_5$.

Galvanomagnetische und thermomagnetische Effekte

Hall-Effekt s. dort. Helikonen s. unter *Plasmen* . . . Einfl. v. Magnetfeldern auf *Leitfähigkeit, elektrische*, s. dort. Thermomagnet. Behandl. v. Werkstoffen s. unter *Magnetismus-Magnetisches Feld*.

Analogien d. *Ettingshausen-* u. Peltier-*Effekts* im gemischten Zustand d. Supraleiters II. Art 2-0434; galvanomagnet. Eig. eines nichtellipt., nichtparabol. Bandmodells 5-0449; Quantentheorie d. *Nernst-Ettingshausen-Effekts* in Halbleitern 9-0414; thermomagnet. Effekte in anisotropen Medien 12-0485; galvanomagnet. u. akustoelektr. Effekte in Halbleitern 15-0400; galvanomagnet. Effekte in dünnen Halbleiterfilmen 17-0439; phänomenolog. Theorie d. thermomagnet. Effekte in anisotropen Medien 18-0388; Mess. d. Anisotropie d. galvanomagnet. Transversalspann. an Einkrist.-Folien 19-0479; Quantentheorie nichtlinearer galvanomagnet. Erschein. (Fall starker magnet. Indukt.) 20-0339; thermomagnet. Effekte in d. gemischten Zuständen v. Supraleitern v. Typ II 21-0512; Quantenoszillat. d. thermomagnet. Koeff. in starken Magnetfeldern 22-0405; Beitrag d. Phononendrageffekts zu thermomagnet. Erschein. 25-0406; thermomagnet. Effekte in einem durch ein elektr. Hochfrequenzfeld erhitzten Halbleiter-Elektronengas 25-0428; galvanomagnet. Effekte in Halbleitern mit ringförm. Energieoberflächen 25-0429; galvanomagnet. Effekte in Halbleitern bei geringen Konz. freier Lad.-Träger 32-0416; Meth. zur Mess. d. isothermen, transversalen *Nernst-Ettingshausen-Effekts* in thermoelektr. Halbleitern 35-0344; Theorie d. nichtlinearen galvanomagnet. Effekte in Halbleitern in starken longitudinalen elektr. u. magnet. Feldern 45-0381; *Nernst-Ettingshausen-Effekt* in Abhängigk. v. Temp. u. Magnetfeldstärke 45-0402; Quantentheorie d. thermogalvanomagnet. Erschein. in Leitern mit gleicher Konz. v. Elektronen u. Löchern 48-0376; galvanomagnet. Bauelemente 49/50-0275.

Thermomagnet. Konvekt. in O-Analysatoren 25-2045; thermomagnet. Drehkräfte in N_2 geringer D. 37-0474; Temp.- u. Druckabhängigk. d. thermomagnet. Tors.-Effekts bei N_2 43-0526; longitudinaler u. transversaler *Nernst-Ettingshausen-Effekt* in n-Si 51/52-0266; galvanomagnet. Eig. v. Sb-Einkrist. zwischen *77* u. *273* °K 16-0426.

Thermomagnet. Effekte in endl. metall. Proben 3-0402; galvanomagnet. Eig. d. Metalle 16-0166; planarer *Nernst-Effekt* in ferromagnet. Metallen 21-0503; magnet. Zusammenbrechen (breakdown), Fermi-Fläche u. galvanomagnet. Eig. in antiferromagnet. Metallen 31-0466; galvanomagnet. Erschein. in CdSb 3-0432; nichtlineare galvanomagnet. Erschein. in CdS 3-0445; klass. galvanomagnet. u. thermomagnet. Effekte in Cd_3As_2 14-0410; Beweis d. anisotropen Elektronen–Phononen-Streuung aus galvanomagnet. Eig. v. Cd 46-0401; Magnetophononenschwing. d. Thermo-EMK in n-InAs im longitudinalen Magnetfeld 2-0360; Quantenoszillat. d. *Nernst-Ettingshausen-Effekts* in InAs 3-0404; *Nernst-Effekt* in n-InSb im quantisierenden Magnetfeld 6-0403; Thermo-EMK v. n-InSb im quantisierenden Magnetfeld 16-0410; Magneto-Thermo-EMK v. InSb 16-0411; galvanomagnet. Phänomene in n-InSb bei d. quantentheoret. Grenze 19-0458; *Nernst-Ettingshausen-Effekt* in dotierten Krist. v. InSb 20-0384; galvanomagnet. Effekte in n-InAs in starken Magnetfeldern 22-0431; transversaler *Nernst-Ettingshausen-Effekt* v. InSb im Bereich d. Eigenleit. 25-0446; galvanomagnet. Eig. v. Cu-dotierten InSb-Filmen 28-0425; Möglichk. zum Ausschalten d. Inhomogenitätseinfl. auf d. transversalen, thermomagnet. *Nernst-Ettingshausen-Effekt* in InSb 29-0413; galvanomagnet. Effekte v. n-InSb unterhalb *1* °K 33-0517; oszillator. galvanomagnet. Effekte beim magnet. induzierten Lad.-Trägerübergang in n-InSb 43-0390; Quantenoszillat. d. *Nernst-Ettingshausen-Effekts* in n-InSb 45-0410; Magnetophononenschwing. in d. longitudinalen thermoelektr. Kraft v. n-Typ-InAs 48-0379; galvanomagnet. Effekte in n-Ge bei hohem magnet. Feld im Bereich d. Verunreinig.-Leit. 1-0431; Anisotropie d. thermomagnet. Effekte in n-Ge 22-0406; Phononendrag in n-Ge im quantisierenden, longitudinalen Magnetfeld (Thermo-EMK) 23-0452; galvanomagnet. Eig. v. bes. sauberen Ge-Krist. 51/52-0277; Einfl. v. Beimeng. auf d. *Nernst-Ettingshausen-Effekt* v. $CdSnAs_2$ 20-0378; galvanomagnet. Effekte in PbTe 26-0462; thermomagnet. Effekte in supraleitendem Nb 29-0508; galvanomagnet. Eig. v. Nb-Einkrist. 39-0363; galvanomagnet. Unters. v. Sn-dotiertem Bi (positive Fermi-Energien) 16-0430; galvanomagnet. Effekte v. Sn-dotierten Bi-Krist. 18-0407; thermomagnet. Gütezahlen v. Bi bei *77* °K 22-0407; thermomagnet. Effekt in Bi 26-0431; galvanomagnet. Effekte in Bi 39-0335; galvanomagnet. Mess. an $(Bi_2Te_3)_5(Bi_2Se_3)_1(Sb_2Te_3)_{18}$ 46-0395; galvanomagnet. Effekt in Bi u. Bi–Pb-Leg. 46-0404; galvanomagnet. Eig. v. Bi mit Sn- oder Te-Dotier. 48-0414; galvanomagnet. Eig. v. Mo-Krist. in starken effektiven Feldern 6-0451; Phonon–Drag-Effekte in W unterhalb *2,6* °K (Nernst-Ettingshausen-Koeff.) 33-0458; galvanomagnet. Effekte in festen Lsg. aus (HgMn)Te mit sehr kleinem Bandabstand 2-0399; Einfl. d. magnet. Feldes auf d. Thermo-EMK v. MnP im metamagnet. Zustand 2-0477; thermomagnet. Effekt in Fe–Ni-Leg. 4-0345; galvanomagnet. Eig. v. Fe-Einkrist.-Schichten u. -Whiskers 11-0479; Einfl. magnet. Felder auf d. Thermokraft v. MnP-Einkrist. (Berichte d. Internationalen Konferenz über d. Physik d. Halbleiter, Kyoto *1966*) 15-0400; thermomagnet. Effekt v. Fe_3Al 25-0407; thermomagnet. Analysen d. Syst. $MgFe_2O_4/Mg_2VO_4$ u. $MgFe_2O_4/Mg_7V_2O_{12}$ 30-0479; galvano- u. thermomagnet. Eig. einer Fe–Pd-Leg. nahe d. Zus. Fe_3Pd 32-0458; thermomagnet. Analyse v. Fe-Katalysatoren d. KW-Stoff-Synth. 33-2734; galvanomagnet. Effekte in Fe-Whiskern 45-0424; galvanomagnet. Effekt v. Co im Bereich d. $\varepsilon \rightleftharpoons \gamma$-Umwandl. 3-0464; Besonderh. d. galvanomagnet. Effekts dünner Co-Filme im rotierenden Magnetfeld 21-0505; thermomagnet. Effekt v. Co bei $\varepsilon \rightleftharpoons \gamma$-Phasenumwandl. 25-0409; galvanomagnet. Effekte in Co-Filmen 29-0547; Temp.-Abhängigk. d. thermomagnet. *Thomson-Effekts* im Leg.-Syst. Ni/Si im longitudinalen Magnetfeld 3-0403; galvanomagnet. Effekt: im rotierenden Magnetfeld bei Ni- u. Co-Filmen 21-0506; in dünnen Filmen einer Ni-Leg. 21-0507; Temp.-Abhängigk. d. thermomagnet. Thomson-Effekts in Leg. d. Syst. Ni/Cu, Ni/Zn, Ni/Al, Ni/Sn 23-0572; thermomagnet. Effekt v. Ni 25-0408; longitudinaler thermomagnet. Effekt in Ni–Cu-Leg. 30-0369; Temp.-Abhängigk. d. galvanomagnet. Effekts in Leg. d. Syst. Ni/W im longitudinalen Magnetfeld 32-0456; galganomagnet. Effekte u. Fermi-Fläche v. Pd 14-0303.

Leichte Löcher in Bi–Sn-Leg. nach galvanomagnet. Mess. 11-0475; Best. d. Leit.-Bandstruktur v. HgTe aus thermomagnet. Mess. 26-0460; Kryostaten für d. Mess. galvano- u. thermomagnet. Eig. 32-1863; Texturunters. an Zn u. Cd mit galvanomagnet. Effekten 36-0108; galvanomagnet. Unters. d. Energiebänder in As 38-0429.

Festkörper mit hoher thermomagnet. Wirksamk. 8-2177*.

Bibl.: Thermoelectric and thermomagnetic effects and applications B 34.

Galvanotechnik

Siehe auch *Elektrolyse*; *Metallüberzüge*.

Allgemeines

Terminologie d. Elektrolyte u. elektrolyt. Abscheid. (Arten, Eig. u. Konst.) 2-2238; Modifizier. d. Hull-Zelle 16-2409; Meth. zum Beschränken d. elektrolyt. Einw. auf eine bestimmte Oberfläche 18-1828; Korros.-Verh. elektrolyt. Nd. 18-2376; Regel. galvan. Bäder durch oszillograph. Polarographie 24-2405; Entw. d. Edelmetall- – 26-2485; elektrolyt. Vibrat.-Behandl. v. Metalloberflächen 26-2520*; Waschen u. Spülen in d. – (Überblick) 27-2643; Verf. zur Oberflächenbehandl. v. Ti u. seinen Leg. (erst anod., dann Red. u. Überzug 30-0585; Galvanisier.-Verf. für Metalle d. Gruppen IVa, Va u. VIa u. d. Actiniden 30-2386; Bedeut. v. Badzus. (Abscheid.-Beding. u. Wärmebehandl. für d. metallurg. Eig. metall. Nd.) 32-2413; Filtrat. galvan. Bäder 39-2444.

Elektrolytisches Ätzen

– metall. Phasen bei konst. Potential 2-2203; alkal. Entrost. (Verw. v. cyanid- u. cyanidfreien elektrolyt. Entrost.-Bädern) 32-2411; elektrolyt. Isolier. u. Ätz. intermetall. Verb. in Leg. 36-2382.

Lsg. zum – v. chirurg. Nadeln 26-2518*; Verw. v. Natriumgluconat in alkal. Entfett.- u. Entrost.-Bädern für d. Galvanotechnik 32-2412.

Al: –: v. Al-Folien für Elektrolytkondensatoren 2-2284*; v. Al mit gleichzeit. Ox. 13-2436*; v. Al-Folien zur Vergrößer. d. Oberfläche 37-2677*.

Cu: verbesserte Ätzwrkg. bei d. Photogravüre v. Cu-Platten in $FeCl_3$ 19-2658*.

Fe: Unterscheid. P-armer u. P-reicher Bereiche im Fe durch – 1-2259; – zur Beobacht. v. Struktur u. Substruktur d. Fe (Meth.) 12-2353; elektrolyt. Beizen v. rostfreiem Stahl 12-2416*; –: für d. elektrolyt. Stahlverchrom. (Haftfestigk.) 15-2497; v. hochlegierten Stählen im Mittelleiterverf. 15-2540*; Beizen v. Stahl (Elektrodenpotential) 16-2408; elektrolyt. Entzunder. v. Stahl in KOH 19-2657*; elektrolyt. Versetz.-Ätz. v. Fe–Si-Leg. 34-2411; – u. Isolier. v. intermetall. Verb. in Fe-Leg. 36-2382; kathod. Behandl. v. Weißblech in $Na_2Cr_2O_7$-Lsg. 38-2519; elektrolyt. Beizen hochlegierter Stähle 51/52-2308*.

Ge: – v. Ge in H_3PO_4 mit Umkehrstrom 37-2679*.

Nb: – v. Nb mit pulsierendem Gleichstrom 46-2258*.

Ni: Elektrolyt. Beizen v. Ni-Leg. mit *20* Cr im Mittelleiterverf. 15-2540*.

Ta: – v. Ta mit pulsierendem Gleichstrom 46-2258*; Einfl. v. moduliertem Strom auf d. – v. Ta in NH_4Br/CH_3OH/W.-Gemischen 29-0688.

Elektrolytisches Polieren [und Glänzen]

– als Vorbehandl.-Maßnahme bei Auftragen v. Kunststofflacken auf Metallgrundflächen 12-2993; Einfl. d. W.-Geh. d. Elektrolyten auf d. anod. Metallauflsg. beim – 23-2623; Mechanismus d. – 30-2183, 32-2407; physikal.-chem. Grundlagen d. – v. Hartmetallen auf d. Diamantscheibe 32-2410; chem. Polarisat. beim – 33-0719; kontrolliertes – v. Metallen u. Leg. für d. elektronenmkr. Unters. 36-0112; App. zum – v. Metallfolien 40-1758; Wrkg. v. Ultraschall beim – 41-2485; örtl. – für d. direkte Elektronenmikroskopie 47-2338; Probentemp. während d. – dünner Folien für d. Elektronenmikroskopie 47-2339.

Lsg. zum anod. – v. Metallen 7-2473*; Bad zum anod. – einphas. homogener Metalle 47-2421*.

Ag: – v. Ag im Sulfamatbad 1-2278.

Al: Güte- u. Kostenverbesser. beim anod. Glänzen v. Al 9-2410.

Co: – v. Co im Sulfamatbad 1-2278.

Cr: Elektrolyt zum – v. Cr 30-2435*.

Cu: – v. Cu im Sulfamatbad 1-2278; Mechanismus d. – v. Cu 28-0629; – v. Cu u. Neusilber 45-2574; – v. Cu (Wrkg. d. Rührens) 51/52-2245.

Fe: Erhöh. d. Ermüd.-Festigk. eines aufgekohlten Stahles durch – 1-2213; – v. Stahl *304* L 2-2235; Bldg. v. Ätzfiguren auf Fe–Si-Blechen beim – in Cr-Phosphorsäure-Elektrolyten 8-2328; Elektrolyt zum – v. einkrist. Fe–Si-Leg. auf d. Fläche (*001*) 19-2561.

Ge: Gleichzeit. – d. beiden Flächen v. Ge-Scheiben 1-2279; anod. – v. Ge 28-0626; – v. Ge-Lamellen mittels Gleichstrom 28-2538*.

Nb: – v. Nb 32-0158.

Ni: – v. Ni im Sulfamatbad 1-2278; elektronenmkr. Unters. d. – v. Ni in konz. Sulfatlsg. 8-0568.

Pb: – v. Pb im Sulfamatbad 1-2278.

Pt: – d. Pt 20-0557.

U: Nichtwss. Elektropolierbad für U mit Äthandiol u. Na-Hypophosphit 48-2267.

W: – v. W-Draht 37-2675*.

Abscheiden von Metallüberzügen

Galvanoveredl. v. Kunststoffen (Übersicht) 4-2320; Galvanisieren v. Sintermetallen 6-2355; galvan. Erzeugen eines Metallüberzugs großer Härte u. Korros.-Beständigk. 12-2412*; elektrolyt. Abscheid. v. Metallüberzügen auf d. Fluoridschmelze 15-2549*; Galvanisieren v. geformten Kunststoffgebilden 18-2432*; gemeinsame Ionenentlad. bei d. elektrolyt. Metallabscheid. durch Anlegen v. Wechselstrom (Wrkg. v. Sb, Co u. Fe auf Verkupfer., Vernickel. u. Verzink.) 27-2649; Grundlagen d. galvan. Abscheid. v. Leg.-Nd. 30-2388; Entw. d. Kunststoffgalvanisier. 31-2566; Galvanisier.: v. ABS-Pfropfpolymerisaten 32-2407; v. geformten Gebilden aus Kunststoffen [Poly-4-methylpenten-(1)] 32-2468*; [Poly-buten-(1)] 32-2469*; wss. Überzugslsg. zur elektrolyt. Beschicht. v. Metallen 32-2480*; Wrkg. v. prim. u. sek. Glanzzusätzen 33-2662; galvan. Metallüberzüge auf Kunststoffen 33-2664; Zweifaktorentheorie d. Glanzbldg. v. galvan. Nd. 34-0653; galvan. Überzüge aus Edelmetallen für elektr. Kontakte 34-2432; galvan. Verf. für Metallüberzüge durch Bürstentechnik 37-2600; Theorie d. mechan. Haft. galvan. Metallüberzüge auf ABS-Pfropfpolymerisaten 37-2601; galvan. Herst. v. porösen Metallüberzügen mit fl. Schmiermittel in d. Poren 37-2914*; galvan. Überzüge auf nichtleitenden Werkstoffen gegen Eros. durch Regen 42-2244.

Lichtempfindl. Reservage für elektrolyt. Überzüge 7-2470*; Elysierwerkzeug für d. elektrolyt. Bearbeit. v. Werkstoffen 9-2453*; Herst. v. Kathodenmaterial für ablösbare Metall-Nd. 15-2541*; Verw. unlösl. Hilfsanoden aus Ta mit Pt-Überzug für d. – 38-2521; Anodenbehälter aus Ti zur galvan. Metallabscheid. 46-2259*.

Mercaptoäthylaminalkanol oder -alkansäure für galvan. Bäder 2-2285*.

Verw. v. Chelaten d. Hf, Th, Ti u. Zr zur Metalltrenn. in elektrolyt. Bädern 8-2138*; grenzflächenakt. Substanzen in d. – (Einebn.-, Glanz- u. Netzmittel) 8-2345; Selenigsäureester-Zusatz für metall. Glanzüberzüge 14-2404*; Herst.: v. Perfluorchloralkancarbylsulfaten als Zusätze für galvan. Bäder 14-2593*; v. 2-Imidazolidon- u. Imidazolidin-2-thion-Verb. zur Elektroplattier. 27-2707*; v. 5-Chlormercurimercapto-2.3-diphenyl-2-H-tetrazoliumchlorid für Elektroplattier.-Bäder 27-2708*; v. Sulfobetainen für galvan. Bäder 33-2711*; v. Amiden für d. Elektroplattier. 49/50-2351*.

Vorbehandlung

Unters. d. Wärmebehandl. galvan. Metall-Nd. unter Schutzgas u. erhöhter Temp. 2-2219; Verhindern v. unerwünschten Rk. d. Grundmetalls mit d. Elektrolyt beim galvan. Überziehen mittels Wachsschicht 8-2419*; Aufbringen v. Zn-Haftschichten vor d. Aufbringen v. Metallüberzügen 8-2420*; Sandstrahlen für anschließende galvan. Behandl. 15-2550*; Erhöh. d. Haftfestigk. metall. Überzüge durch vorangegangene Passivier. 31-2563; Einfl. d. thermoplast. Umwandl. v. ABS-Polymeren auf d. nachfolgende galvan. Metallabscheid. 37-3022; Vorbehandl. in Aluminatlsg. zur Erzeug. harter haftender Überzüge

38-2578*; Isolat. v. hängenden u. schützenden Teilen bei galvan. Prozessen 39-2445; Abdecken v. nicht zu galvanisierenden Teilen durch kathod. Behandl. 40-2250*; Vorbehandl. zum Galvanisieren v. Kunststoffoberflächen 47-2424*.

Galvanoplastik

Galvan. Herst. metall. kugelförm. Gegenstände 4-2037*; Beeinfluss. d. Lochprofile bei d. galvanoplast. Siebherst. 11-2390; galvanoplast. Herst. v. Hohlleiterbauteilen mit verlorenem Kern 13-2438*; Galvanoform. v. Ni 25-2569; galvanoplast. Herst.: v. gedruckten Schalt. 35-2295*; v. Hohlrohrwellenleitern 36-2476*; v. Hohlleiterbauteilen 37-2432*.

Abscheidung bestimmter Metalle

Ag: Elektrolyt für Ag–Co-Leg.-Überzüge 3-2548*; Bad zur Versilber. 4-2052*; cyanid. Ag-Bad mit Hexaoxycyclohexan 5-2480*; galvan. Ag-Bad 6-2398*; Glanzzusatz 6-2399*; Struktur v. Ag-Abscheid. aus Sulfamatbädern auf monokrist. Kathoden 13-2384; Mittel für cyanid. Glanz-Ag-Bad 13-2447*; cyanidfreies Ag-Bad 13-2448*; Bad für Ag–Sb-Leg.-Überzüge 13-2449*; elektrostat. Versilber. v. keram. Kondensatoren 26-2486; Lsg. zur Versilber. 28-2540*; Nachgalvanisieren v. Bestecken (mit Ag) 47-2429*; galvan. Ag-Bad 49/50-2360*.

Al: Oberflächeneig. v. galvan. erzeugtem Al 17-2504; $AlCl_3$-Schmelze für elektrolyt. Al-Überzüge 20-2442*; Herst. galvan. Al-Überzüge auf W, Mo u. Nb 25-2628*; Vorbehandl. mit porenfreier Zn-Schicht für galvan. Al-Überzüge 26-2521*; Al-Überzüge durch Schmelzflußelektrolyse d. Al-Halogene 26-2522*; Bad für galvan. Abscheid. v. Al 39-2507*.

Au: Saure galvan. Glanzvergold. 2-2245; Einfl. modulierter Ströme auf elektrolyt. Au-Nd. aus Ferrocyanidbädern 3-2469; Bad: mit Citronensäure für harte Glanz-Au-Nd. 6-2400*; für Au–Pd-Leg. 6-2402*; Einfl. d. Untergrundrauhigk. auf d. Porosität v. galvan. Au-Überzügen 7-2413; galvan. Au-Bad mit KAuCN 7-2482*; cyanid. Au-Bad 8-2427*; Bad für galvan. Weiß-Au-Überzüge 14-2408*; Elektrolyt für reine Au-Nd. 15-2556*; Cyanidbad 15-2557*; cyanid. Au-Leg.-Bad 16-2473*; Bad für Au- u. Au-Leg.-Überzüge mit Oxalat 21-2667*; cyanid. Bad für elektrotechn. Zwecke 22-2565*; galvan. Abscheid. v. Au- u. Au-Leg.-Überzügen 33-2666; Einfl. d. Anode auf d. elektrolyt. Au-Abscheid. aus saurer Lsg. 34-2431; Bad: zur galvan. Au-Abscheid. 38-2576*; zum galvan. Abscheiden v. Au-Überzügen 41-2549*.

Bi: Elektrolyt zur Abscheid. v. Bi–Sb-Leg. 31-2649*; elektrolyt. Abscheid. lötfäh. Bi-Schichten auf einem Halbleiterkörper 40-2092*.

Cd: Elektrolyt. Abscheid. v. Cd–Fe- u. Cd–Zn-Leg.-Überzügen (Überblick) 2-2240; galvan. Cd-Bad mit Extrakt d. Ipecacuanha-Wurzel 7-2475*; Beding. d. galvan. Cd-Abscheid. auf Sulfamatbädern 13-2376; Abhängigk. d. Rauhigk.-Koeff. v. d. Polarisierbark. d. Kathode 18-2360; vergleichende Charakteristik neuer Elektrolyte für d. galvan. Cd-Abscheid. 22-2390; Herst. v. Cd-Überzügen aus $CdCl_2$- u. NaCl-Lsg. 28-2539*; elektrolyt. Cadmier. mit Fixiermittel „stabil-*2*" 30-2440*; Einfl. v. Hohlräumen auf d. Dickenänder. galvan. Cd-Überzüge 31-2565; galvan. Cadmieren mit Stromumkehr. 31-2646*; Co(III)-Amminkomplexverb. als Glanzzusatz für Cd-Bäder 48-2270.

Co: Elektrolyt. Abscheid. v. Ni–Co- u. Co–Fe-Leg.-Überzügen im Sulfamatbad (Überblick) 2-2240; Elektroabscheid. magnet., tern. Leg.-Überzüge aus Co/P/Mn-Leg. 3-2539*; Elektrolyt für Ag–Co-Leg.-Überzüge 3-2548*; Einfl. d. Abschreckbeding. auf Gefüge v. galvan. Co-Überzügen 13-2379; Beding. d. elektrolyt. Abscheid. v. Co–Cr-Leg.-Überzügen 13-2380; Galvanisieren v. Plaste für Magnetbänder mit Co 14-2208*; elektrolyt. Herst. v. Co-Leg.-Überzügen (Übersicht) 35-2482; saures galvan. Co–Ni-Leg.-Bad mit Pyridinium 37-2685*; elektrolyt. Abscheid. v. Co–Zn-Leg.-Überzügen aus d. Pyrophosphatbad 41-2490; stromlose Abscheid. v. Co-Überzügen auf nichtleitenden Bändern 43-2338*; Herst. v. ^{57}Co-Mössbauer-Quellen durch ^{57}Co-Elektroplattier. auf rostfreiem Stahl, Cu, Fe u. Pd 47-1870; elektrolyt. Abscheid. v. Cu–Co-Leg. im Pyrophosphatbad 48-2268.

Cr: Herst. dekorativer Cr-Überzüge mit feiner Rißbldg. 2-2289*; Elektrolyt zur gleichzeit. galvan. Abscheid. v. Fe, Ni u. Cr auf Metalloberflächen 3-2534*; Vorbehandl. zur elektrolyt. Verchrom. 4-2043*; Bad: zur Glanzverchrom. mit Tiefenwrkg. u. Streufähigk. 4-2044*; mit Pyridinsulfonsäure-(3) 5-2473*; kathod. Abscheid. zur Nivellier. metall. Oberflächen 6-2357; galvan. Tetrachromatbad 6-2395*; mikroporöse Cr-Schicht mittels Glanz-Ni-Schicht 6-2396*; elektrolyt. Abscheid. v. Cr- u. Ni–Cr-Überzügen aus d. Amidosulfatbad 7-2411; Bad: für Überzüge mit Mikrorissen 7-2476*; mit Seltenerdmetall-Fluorid 7-2477*; Beding. d. elektrolyt. Abscheid. v. Co–Cr-Leg.-Überzügen 13-2380; Zusatz aus H_2SiF_6 u. CrO_3 für elektrolyt. Verchrom. 13-2442*; Hartverchrom. in Elektrolyten mit niedr. Sulfatverhältnis 14-2367; Überwach. d. elektrolyt. Verchrom. durch Plating simulation 15-2496; silicathalt. Zwischenschicht zwischen Ni- u. Cr-Hochglanzschicht 15-2551*; galvan. Cr-Bad mit halogenierter Carbonsäure für erhöhte Streufähigk. 15-2552*; galvan. Verchrom. v. Glanz-Ni-Schichten, korrosionsbeständ. 15-2553*; galvan. Chromier. im schmelzfl. Fluoridelektrolyten 16-2457*; elektrolyt. Abscheid. v. Cr- u. Cr-Leg.-Überzügen aus $Cr_2(SO_4)_3$-Lsg. 19-2585; Einfl. d. Ultraschallintensität auf d. galvan. Verchrom. 22-2515; Unters. d. elektrolyt. Abscheid. v. Cr im Schmelzfluß (Elektroden-Rk.-Mechanismus) 26-2484; Chromsäurebad mit Katalysatoren u. Perfluorcarbonsulfonsäure 27-2712*; Anwend. v. Ultraschall zur elektrolyt. Chromier. 29-2568; Unters. d. Hartverchrom. bei hoher Stromdichte 37-2605; kathod. Polarisat. u. Oberflächenvorgänge in Chromsäure 38-2527; galvan. Abscheid. v. mikrorissigem Cr 41-2548*; elektrolyt. Abscheid. v. Hartchromschichten (Zusätze) 47-2374; Vgl.-Unters. neuer Glanz-Cr–Ni-Syst. 48-2272.

Cu: Elektrochem. Verkupfer. v. Mo, Zr. Ti u. ihren Leg. 3-2538*; komplexes Cu-Salz für galvan. Cu-Bad 4-2040*; Einebner für saures galvan. Cu-Bad 5-2469*; säureamidsubstituiertes Tetrahydropyran für saures Cu-Bad 6-2392*; Kathodenpolarisat. u. Überzugsqualität bei galvan. Herst. v. Messingüberzügen 9-2398; saure galvan. Cu-Bäder mit organ. Sulfonsäuren 9-2459*; Elektrolyt zur chem. Verkupfer. mit Rhodanin u./oder Methylrhodanin 9-2460*; galvan. Cu-Pyrophosphat-Bad 11-2456*; saures Cu-Bad mit Äthylen-bis-(dimethylaminodithiocarbaminat) 11-2457*; optimale Zus. u. Badführ. für NH_3-halt. $CuCl_2$- u. $CuSO_4$-Elektrolyte 13-2377; Verhinder. d. Rauhigk. v. Cu-Schichten aus sauren $CuSO_4$-Bädern 13-2378; saures Glanz-Cu-Bad mit Thioverb. 13-2440*; Bad zur autokatalyt. Abscheid. v. Cu 15-2548*; galvanoplast. Bereit. v. Cu-Teilen 18-2431*; Bad mit Hydroxyäthyläthylendiamintriessigsäure 21-2663*; Glanzmittel für alkal. Pyrophosphatbad 23-2694*; galvan. Glanzverkupfer. im H_2SO_4-Bad mit Zusätzen v. Deriv. v. Dicyanamid–Formaldehyd-Kondens.-Prod. 26-2479; Meth. zur Erzeug. einer optimalen Haft. v. elektrolyt. abgeschiedenem Cu an Al-Leg., d. als nicht zu zerstörende Formen verwendet werden 27-0703; gemeinsame Ionenentlad. bei d. Verkupfer. durch Anlegen v. Wechselstrom 27-2649; elektrolyt. Cu-Abscheid. durch pulsierenden Gleichstrom 27-2650; oberflächenakt. Zusätze für d. Abscheid. v. Cu–Sn-Leg. 29-2566; Bad zur Herst. v. Cu-Überzügen mit Trilon B 30-2439*; Zerfall v. Cu-EDTA-Komplexverb. in stark alkal. Bädern 31-2562; Kinetik d. Cu-Abscheid. aus einer $CuSO_4$-Lsg. auf Fe 32-0731; saure Glanzverkupfer. mit UBAC-Elektrolyten 32-2407; galvan. Abscheid. v. Cu für gedruckte Schalt. 34-2428; elektrolyt. Abscheid. festhaftender Mo–Cu-Überzüge 36-2408; Glanzmittel 2.5-Dimercapto-1.3.4-thiadiazol für galvan. Cu-Bad 36-2479*; Abscheid. v. Cu auf PTFE 37-2602; Thioharnstoffderiv. als Glanzbildner in sauren Cu-Bädern 37-2603; galvan. Cu-Bad mit Dioxolan-Polymer 37-2682*; Netzmittel für galvan. Cu-Bad 37-2684*; Wrkg. organ. Stoffe in galvanoplast. $CuSO_4$-Bädern 38-2522; Vorgänge im Cu-Sulfamat-Elektrolyten 39-2447; saure Glanzverkupfer. 41-2491; Abscheid. v. Cu–Co-Leg. aus d. Pyrophosphatbad 48-2268; cyanid. galvan. Cu-Bad 49/50-2352*.

Fe: Elektrolyt. Abscheid. v. Ni–Fe-, Co–Fe-, Cd–Fe- u. Zn–Fe-Leg.-Überzügen im Sulfamatbad (Überblick) 2-2240; Bad für dünne Ni–Fe-Überzüge mit guten magnet. Eig. 2-2291*; Elektrolyt zur gleichzeit. galvan. Abscheid. v. Fe, Ni u. Cr auf Metalloberflächen 3-2534*; Bad: zum Abscheiden rostfreier Stahlüberzüge 5-2468*; für galvan. Fe-Überzüge 15-2543*; für galvan. Ni–Fe-Leg.-Schichten 15-2544*; Elektrolyt zum Polieren einkrist. Fe–Si-Leg. auf d. Fläche (*001*) 19-2561; galvan. Abscheid. v. Fe–Ni-Leg.-Überzügen (Polarisat.-Spann.) 19-2589; Best. v. H in elektrolyt. Fe-Überzügen durch anod. Auflsg. 29-2193; Elektrolyt für dekorativen Überzug aus Fe 31-2643*; Einfl. v. MoS_2-Zusätzen auf d. Ermüd.-Festigk. v. Maschinenteilen mit elektrolyt. Fe-Überzügen 32-2414; galvan. Abscheid. v. Fe aus $FeSO_4$-Bädern 41-2488.

Hf: Unters. d. elektrolyt. Abscheid. v. Hf im Schmelzfluß, Elektroden-Rk.-Mechanismus 26-2484.

Hg: Amalgamieren v. Metalloberflächen 2-2288*.

In: Elektrolyt. Abscheid. v. In aus Tartratelektrolyten 22-2514.

Mn: Elektroabscheid. magnet., tern. Leg.-Überzüge aus Co/P/Mn-Leg. 3-2539*.

Mo: Elektrolyt. Abscheid. v. Mo aus d. Schmelze 2-2287*; Unters. d. elektrolyt. Abscheid. v. Mo im Schmelzfluß (Elektroden-Rk.-Mechanismus) 26-2484; elektrolyt. festhaftender Mo–Cu-Überzug 36-2408.

Na: Na-Aktivität in Leg. mit Pb bei *660–1100* °K (elektrolyt. Na-Abscheid.) 32-2387.

Nb: Unters. d. elektrolyt. Abscheid. v. Nb im Schmelzfluß (Elektroden-Rk.-Mechanismus) 26-2484.

Ni: Verbesser. d. Korros.-Beständigk. v. dekorativen elektrolyt. Ni–Cr-Überzügen 1-2280; elektrolyt. Abscheid. v. Ni–Co-, Ni–Fe-Leg.-Überzügen im Sulfamatbad (Überblick) 2-2240; verd. Sulfamatbäder für Glanz-Ni-Überzüge 2-2242; saures galvan. Ni-Bad mit 3-Butinol u. 2-Propen-1-sulfonsäure 2-2290*; Bad: für dünne Ni–Fe-Überzüge mit guten magnet. Eig. 2-2291*; für satinart. Ni-Überzüge 2-2292*; zur gleichzeit. galvan. Abscheid. v. Fe, Ni u. Cr auf Metalloberflächen 3-2534*; ungiftige Elektrolyte für d. Abscheid. v. Ni/Zn-Leg. 3-2545*; Glanzbildner u. Einebner für saures Ni-Bad 5-2474*; Bad mit Acetanilid u. 2-Naphthylamin-5.7-disulfonsäure 5-2475*; elektrolyt. Abscheid. v. Ni–Cr-Überzügen aus d. Amidsulfatbad 7-2411; Reinigen galvan. Ni-Bäder durch Zusatz v. Chloramin 7-2478*; Glanzzusatz aus Propargylverb. mit Glykolderiv. 7-2479*; Ni-Bad mit aliphat. Br-Verb. 8-2425*; elektrolyt. Abscheid.: dünner magnet. Permalloy-Schichten 9-0505; dünner magnet. Schichten d. Syst. Ni/Fe/Cu 9-0507; Einfl. v. Gemischen aus 2.6- u. 2.7-Naphthalindisulfonsäuren auf d. elektrolyt. Abscheid. v. Ni (glanzbildend) 10-2387; organ. Verb. für saure galvan. Ni-Bäder 12-2429*; Glanzmittel für saures galvan. Ni-Bad 12-2430*; Einebn.-Mittel für galvan. Ni-Bäder 12-2431*; Alkinol für Ni-Bad 13-2443*; Ni-Bad mit Rk.-Prod. v. Acetylenalkohol u. Na-Perborat 13-2444*; Einfl. d. Abscheid.-Beding. auf d. Struktur galvan. Ni-Überzüge 14-2355; Textur dicker galvan. Ni-Nd. 14-2356; 1.2-Dichlorpropenpyridiniumderiv. für Ni-Bäder 14-2405*; Pyridinderiv. für Ni-Bäder 14-2406*; Anfangsstufen d. Ni-Abscheid. (aus d. Watts-Bad) 15-2498; Bad für magnet. Ni–Fe-Leg.-Schichten 15-2544*; silicathalt. Zwischenschicht zwischen Ni- u. Cr-Hochglanzüberzug 15-2551*; Erzeug. galvan. Ni-Schicht mit anschließender Verchrom. korrosionsbeständ. 15-2553*; galvan. Vernickel. mit Ni-Anoden 15-2554*; galvan. Ni-Bad mit 2-Butin-1.4-diolborat 16-2467*; galvan. Ni-Bad mit Propargylchlorid, 2-Propen-1-sulfonsäure 16-2468*; Bad mit Dimethylaminopropinhydrochlorid u. Na-Allylbisulfit 16-2469*; Glanzzusatz aus Propargylester u. Aminoderiv. v. Benzol-KW-Stoff 16-2470*; Einfl. v. Cumarin u. p-Toluolsulfonamid auf d. galvan. Vernickel., Rk.-Mechanismus 17-2508; elektrolyt. Ni-Abscheid. (Kinetik d. kathod. Zers. v. Thioharnstoff) 17-2509; galvan. Herst. v. spannungsfreien glänzenden Ni-Plattier. mittels Polyalkylpyrimidinoxiden 17-2571*; Abscheid. v. Ni-Schichten 18-0482; Elektrolyt zur Glanzvernickel. mit Butandiol-(1.4) 18-2435*; Wrkg. v. Ultraschall auf d. Abscheid. v. Glanz-Ni-Nd. 19-2588; galvan. Abscheid. v. Ni–Fe-Leg.-Überzügen (Polarisat.-Spann.) 19-2589; elektrolyt. Abscheid. adhäsiver Ni–W-Überzüge 19-2590; verbesserte Ni-Abscheid. aus Red.-Bädern mit d. zu vernickelnden Gegenstand als Kathode 19-2660*; galvan. Abscheid. dünner Überzüge aus Ni–Fe-Leg. 21-2429*; galvan. Ni-Überzüge durch Überlagern v. Gleichstrom u. Wechselstrom 21-2664*; Einebn. u. Glanzmittel für saures Ni-Bad 21-2665*; gemeinsame Ionenentlad. bei d. Vernickel. durch Anlegen v. Wechselstrom 27-2649; Herst. v. N-Allyl- oder 2-Methallyl-2-vinyl- oder 4-Vinylpyridiniumbromid oder -chlorid für Ni-Bäder 27-2713*; Lsg. mit Korundteilchen u. Al_2O_3 zur galvan. Vernickel. 28-2469; Elektrolyt zur Vernickel. v. Werkstücken mit komplizierten Formen 30-2441*; Überwach. d. Gradienten d. Badzus. v. Ni–Fe- u. Ni–Fe–Cu-Bädern mittels Programmier. d. Galvanisier.-Stromes 31-2564; Ausgleichsvernickel. 32-2415; anod. Auflsg. v. Ni-Anoden in Vernickel.-Bädern 37-2606; saures galvan. Co–Ni-Leg.-Bad mit Pyridinium 37-2685*; Verh. v. Ni-Anoden in Elektrolyten für galvan. Ni-Überzüge 38-2528; Ni-Einspar. unter Bewahr. d. Qualität elektrolyt. Nd. 39-2450; galvan. Herst. v. Ni-Überzügen aus $NiCl_2$-Lsg. 39-2508*; galvan. Abscheid. ferromagnet. Schichten aus Ni–Fe-Leg. 40-2100*; Cl-freie galvan. Ni-Bäder 42-2243; potentiostat. Verf. zur Abscheid. v. Ni–Fe-Leg.-Schichten 46-2220; galvan. Abscheid. einer magnetisierbaren Ni-Schicht 48-2161*; Vgl.-Unters. neuer Glanz-Cr–Ni-Syst. 48-2272; elektrolyt. Vernickeln 49/50-2357*; Herst. v. N-Hydroxyalkinylsaccharinen als Glanzzusatz für Ni-Bäder 51/52-2310*.

Pb: Zusatzmetall für galvan. Sn–Pb-Überzüge 15-2545*; Elektrolyt zum Verbleiben 18-2433*; Herst. v. p-Phenolsulfonsäure zur Abscheid. v. Sn–Pb-Leg. 31-2651*; Bad zum Abscheiden v. Pb–Sn-Leg. 31-2652*; Herst. v. Gleitüberzügen durch elektrolyt. Fällen einer Pb–Ti-Leg. 32-2472*; Einfl. d. Streufähigk. galvan. Sn–Pb-Elektrolyten auf d. Schichtdicke beim Massengalvanisieren 39-2446.

Pd: Bad für Au–Pd-Leg. 6-2402*; galvan. Bad mit $Pd(NH_3)_2(NO_3)_2$ 6-2403*; galvan. Pd-Bad 7-2483*; Herst. v. reinen galvan. Pd-Überzügen mit p-Aminobenzolsulfonamidoguanidin 17-2572*; Bad zum galvan. Abscheiden v. Pd auf elektr. Kontaktteilen 38-2577*; galvan. Pd-Bad 40-2260*.

Pt: Dickschicht, elektrolyt. Platinieren v. Ni u. Mo 10-2390; elektrolyt. Abscheid. v. Pt–Re-Leg.-Überzügen erhöhter Härte 41-2493.

Re: Bad zum galvan. Abscheiden v. Re 20-2443*.

Sn: Verarbeit. zu Glanzüberzügen 4-2048*; zinnpestbeständ. Sn–Bi-Leg.-Überzug 4-2051*; Bad mit Formalin u. Arylalkylen 5-2479*; Glanzmittel für galvan. Sn-Bäder 9-2407; galvan. Sn-Bad 10-2437*; Zusatzmetall für galvan. Sn- u. Sn–Pb-Überzüge 15-2545*; Unters. d. Verzinn. im Pyrophosphat-Elektrolyten 16-2412; Bad: mit Dihydroxydiphenylsulfon u. Alcoylphenol 16-2471*; mit Hydrazin 21-2666*; organ. Zusatz für galvan. Sn-Bad 23-2696*; oberflächenakt. Zusätze für d. Abscheid. v. Cu–Sn-Leg. 29-2566; Herst. v. p-Phenolsulfonsäure zur Abscheid. v. Sn–Pb-Leg. 31-2651*; Bad zum Abscheiden v. Pb–Sn-Leg.-Überzügen 31-2652*; galvan. Glanzverzinn. mit $SnSO_4$ 35-2484; Einfl. d. Streufähigk. galvan. Sn–Pb-Elektrolyten auf d. Schichtdicke beim Massengalvanisieren 39-2446; saure Glanz-Sn-Bäder (Überblick) 42-2245; Glanzmittel für saures galvan. Sn-Bad 42-2281*; galvan. Abscheid. v. Sn–Zn-Leg. aus d. Pyrophosphatbad 46-2221; saures galvan. Sn-Bad 47-2427*; Glanzmittel für saures galvan. Sn-Bad 47-2428*.

Ta: Unters. d. elektrolyt. Abscheid. v. Ta im Schmelzfluß (Elektroden-Rk.-Mechanismus) 26-2484.

Tl: Herst, v. Gleitüberzügen durch elektrolyt. Fällen einer Pb–Tl-Leg. 32-2472*.

V: Unters. d. elektrolyt. Abscheid. v. V im Schmelzfluß, Elektroden-Rk.-Mechanismus 26-2484.

W: Elektrolyt. Abscheid.: v. W aus d. Schmelze 2-2287*; v. adhäsiven Ni–W-Überfügen 19-2590; Unters. d. elektrolyt. Abscheid. v. W im Schmelzfluß, Elektroden-Rk.-Mechanismus 26-2484.

Zn: Elektrolyt. Abscheid. v. Cd–Zn- u. Zn–Fe-Leg.-Überzügen (Überblick) 2-2240; galvan. $Zn(CN)_2$-Bad 2-2293*; Glanzbildner zür saures Zn-Bad 2-2294*; cyanidfreies Verzink.-Bad 2-2295*; Elektrolyt zum Verzinken 3-2544*; ungiftige Elektrolyte für d. Abscheid. v. Ni/Zn-Leg. 3-2545*; Co(III)- u. Cr(III)-Komplexverb. als Glanzzusatz für cyanid. Zn-Bäder 4-1996; elektrolyt. Abscheid. v. Zn–Co-Überzügen mit *16* Co aus d. Amidsulfatbad 7-2411; CN-freies alkal. Glanz-Zn-Bad mit Triazolderiv. 7-2480*; quartern. N-Verb. für galvan. $Zn(CN)_2$-Bad 10-2436*; Beding. d. galvan. Zn-Abscheid. aus Sulfamatbädern 13-2376; Abhängigk. d. Rauhigk.-Koeff. v. d. Polarisierbark. d. Kathode 18-2360; CN^--freier Zn-Elektrolyt 27-2714*; gemeinsame Ionenentlad. bei d. Verzink. durch Anlegen v. Wechselstrom 27-2649; Beschleunig. d. elektrolyt. Verzink. durch Ultraschall 27-2656; saures galvan. Zn-Bad mit prim. Amin u. HCHOH 27-2715*; Zerfall v. Zn-EDTA-Komplexverb. in stark alkal. Bädern 31-2562; Glanzzusatz für saures galvan. Zn-Bad 39-2509*; elektrolyt. Abscheid. v. Co–Zn-Leg.-Überzügen aus d. Pyrophosphatbad 41-2490; Wrkg. v. Verunreinig. im Elektrolyten auf d. nachfolgende Glanztauch. v. Zn 48-2274; galvan. Bad mit Süßholzextrakt für Glanz-Zn-Überzüge 49/50-2359*.

Zr: Unters. d. elektrolyt. Abscheid. v. Zr im Schmelzfluß (Elektroden-Rk.-Mechanismus) 26-2484.

Überzüge auf speziellen Metallen

Actinide: Galvanisier.-Verf. für Actiniden 30-2386.

Al: Vorbereit. v. Al-Erzeugnissen zur Galvanisier. 3-2533*; Blasenbldg. beim elektrolyt. Abscheiden v. Ag auf Al 13-2385; Verf. zum Imprägnieren v. Al-Guß vor d. Galvanisieren 14-2327; galvan. Vernickeln für Brennstäbe u. -hüllen 19-2661*; Meth. zur Erzeug. einer optimalen Haft. v. elektrolyt. abgeschiedenem Cu an Al-Leg. (d. als nicht zu zerstörende Formen verwendet werden) 27-0703.

Cu: Galvan. Erzeug. radioakt. Überzüge auf Cu 26-2525*.

Fe: Unters. d. Keimbldg. in galvan. Sn-Überzügen auf Stahl 5-2422; Glanzverkupfer. v. Stahl im Pyrophosphatbad 5-2470*; galvan. Verkupfer. v. Cr- u. Cr–Ni-Stahl 5-2471*; elektrolyt. Versilbern v. Stahl über Ni-Zwischenschicht 7-2481*; galvan. Herst. v. Cu-Überzügen auf Stahl mit $(NH_4)_2 \cdot SO_4$-halt. Elektrolyten 9-2397; Elektrolyte für d. Erzeug. v. Zn–Ni-Überzügen auf Stahl 9-2399; kontinuierl. elektrolyt. Verzinn. v. Fe-Bandstahl in geschmolzenen Salzen 9-2406; galvan. Al-Überzüge auf Fe-Oberflächen 12-2427*; galvan. Bi-Überzüge auf Stahl 12-2428*; elektrolyt. Verzink. v. Fe-Bändern 12-2432*; Vernickeln v. Stahlband 13-2445*; mattiertes galvan. Verzinnen v. Stahl 14-2407*; Bldg. intermetall. Schichten bei elektrolyt. Herst. v. Weißblech 17-2511; Hydrier. v. Stahl während d. elektrolyt. Verchrom. 19-2586; Einfl. v. Leg.-Elementen auf d. elektrolyt. Borier. v. Stahl 19-2594; Verspröd. v. Stahl bei d. elektrolyt. Cd-Abscheid. 20-2364; Erzeug. elektrolyt. verzinnter Stahlbleche 26-2526*; Unters. d. Entfett. v. Stahlbändern bei d. elektrolyt. Verzinn. 29-2564; elektrolyt. Fe-Überzug auf Stahlerzeugnissen mit Zusatz v. Trilon B 32-2471*; galvan. Zn-Überzug auf Fe 39-2510*; kinet. Unters. d. Cu-Abscheid. an Fe 40-0580; elektrolyt. Auftrag. v. Ni–Fe-Leg. auf Stahl zum Korros.-Schutz 41-2489; galvan. Zn-Überzüge auf Stahl 44-2242; stabile Bäder zur Elektroplattier. v. Stahl 45-2579.

Ge: Galvan. Abscheid. v. Pb auf p-leitendem Ge 20-2445*.

Mo: Starkvernickel. v. Mo-Blech 13-2446*; elektrolyt. Abscheid. v. Ti auf Mo-Blech aus d. Schmelze 41-2492.

Nb: Galvan. Abscheid. v. Al auf Nb 13-2441*.

Ni: Galcan. Abscheid. v. Ni auf Ni–Co-Leg. 49/50-2358*.

Ti: Mechanismus d. Oberflächenaktivier. v. Ti (vor d. Aufbring. galvan. Überzüge) 24-2404; galvan. Platinieren v. Ti 31-2653*; elektrolyt. Herst. v. Co–Ni-Überzügen auf Ti 36-2410; galvan. Behandl. v. Ti mit Au oder Ag gegen Reib. u. Abnutz. 46-2257*.

U: Galvan. Vernickeln für Brennstäbe u. -hüllen 19-2661*; galvan. Herst. v. Ni-Überzügen auf U 34-2429.

W: Elektroplattier. v. W mit Ir im Schmelzfluß 45-2580.

Zn: Elektrolyt. Überzüge auf Preßguß v. Zn-Leg. in d. europäischen Autoindustrie 7-2410; Verchrom. v. Preßguß aus Zn in d. Autoindustrie d. USA 7-2412; elektrolyt. Erzeug. v. Cu, Ni u. Cr auf Zn 12-2424*.

Zr: Galvan. Vernickeln für Brennstäbe u. -hüllen 19-2661*.

Abscheidung von nichtmetallischen Überzügen

Verf. d. selbstfärbenden anod. Ox. für Anwend. in d. Architektur 3-2472; Nachbehandl. v. elektrolyt. Chromatier.-Schichten 4-2056*; anod. Bearbeit. v. Metallen 4-2058*; anod. Ox. einer dünnen Schicht v. Ventilmetall 4-2059*; anod. Schutzüberzug auf Metallen 12-2421*; verbesserte Reib.-Eig. durch anod. Oberflächenbehandl. v. Metallen in KOCN 15-2538*; elektrolyt. Abscheid. v. organ. Überzugsgemischen auf Metallen 24-2911*; elektrochem. Kunststoffabscheid. auf Metall 28-3082; Nitrieren u./oder Carbonitrieren v. Metallen in d. Salzschmelze u. gleichzeit. Elektrolysier. 31-2636*; elektrochem. Herst. halbleitender Cupritschichten 32-2289*; Entw. im Hartanodisieren 32-2407; elektrolyt. Fäll. v. Überzügen auf Basis v. mit W. verdünnbarer Emaille FI-*149* 32-2416; Herst. polymerer Überzüge auf Metall aus nichtwss. Polyelektrolytlsg. durch elektrolyt. Fäll. 32-2417; anod. u. kathod. Kunststoffabscheid. auf Metall 37-2611; Aufbringen elektr. leitender Metallphosphatschichten aus $Zn_3(PO_4)_2$ vor d. galvan. Vernickeln oder Verchromen 39-2503*; elektrolyt. Überziehen v. Metalloberflächen mit organ. Stoffen 42-2755*; elektr. Abscheid.: v. Kunstharzüberzügen auf metall. oder elektr. leitfäh. Flächen 42-2763*; v. fest haftenden Überzugsfilmen auf Metallen 44-2850*; galvan. Abscheid. v. Cermets mit Metalllen 48-2269.

Überzüge auf speziellen Metallen

Al: Herst. v. Schutzüberzügen auf Al u. Al-Leg. durch anod. Ox. 1-2315*; Lsg. zum Farbanodisieren v. Al u. Al-Leg. 1-2316*; Eig. anod. Oxidschichten auf Al an Hand v. Impedanzmess. 2-2251; Einfl. v. *0,15* Cu u. Homogenisier.-Verf. auf d. Glanzanodisat. v. Blechen aus Al mit *1* Mg 3-2471; harte Al-Oberflächen durch anod. Chromatier. 4-2061*; Texturbldg. während d. anod. Ox. v. Al im Sulfamatbad 5-2424; anod. Ox. im Sulfamatbad 5-2425; Verteil. u. Komplexbldg. d. Al in Bädern für anod. Ox. 7-2415; gefärbte Oxidschichten auf Al in Dioxy-1.8-naphthalin-3.6-disulfonsäure-Elektrolyten 8-2431*; braungefärbte Oxidschichten durch anod. Behandl. v. Stahl 12-2445*; Anodisieren v. Al zur Erhöh. d. Reflex. 12-2446*; anod. Ox.: v. Al 12-2447*; v. Al mit 5-Sulfoanthranilsäure 12-2448*; v. Al-plattierten Metallen 13-2451*; Nachbehandl. eloxierter, gefärbter Al-Oberflächen 13-2452*; Rolle d. H^+ u. OH^- bei d. anod. Ox. v. Al 22-2516; Fixieren v. anod. ox. Al-Oberflächen durch Behandl. mit Ni-Formiat 26-2532*; Schnellverf. zur Eloxier. v. Al-Leg. 27-2659; Farbtön. v. anod. Oxidfilmen auf Al–Mn–Mg-Leg. 27-2661; anod. Ox. v. Al 28-2474; Verh. d. Leg.-Elemente beim Anodisieren v. Al 29-2575; tiefes Eloxieren v. Al in H_2SO_4 30-2442*; anod. Erzeug. v. Schmierschichten für d. heiße Bearbeit. v. Al 30-2443*; anod. Ox. v. Al-Leg. mit ca. *6* Cu 32-2483*; technolog. Fortschritte beim elektrochem. Finishen v. Al 35-2485; Bad mit 4-Sulfophthalsäure für gefärbte anod. Schichten auf Al 37-2690*; anod. Ox. v. Al mit anschließender Behandl. mit Organohydrogenpolysiloxan 39-2513*; Hartanodisieren v. Al in Oxalsäure 40-2200; Lsg. zur anod. Oberflächenbehandl. v. Al 40-2263*; Isolier. anod. Oxidfilme auf Al v. d. Trägersubstanz 49/50-2309; anod. Ox. v. Al in Bernsteinsäure 49/50-2367*.

Be: Anod. Ox. v. Be 7-2484*; anod. Schutzschicht auf Be 19-2664*; anod. Ox. v. Be 33-2668.

Cr: Verbesserte elektrolyt. Chromoxidüberzüge auf Metallen 12-2449*.

Cu: Verbesserte Haft. v. Cu-Plattier. durch anod. Ox. 4-2060*.

Fe: Anod. Behandl. v. Teilen aus hochfestem Stahl für d. Flugzeugbau 25-2624*.

Ga: Anod. Ox. v. V–Ga-Leg. 29-2572.

Ge: Galvan. Abscheid. v. Sb auf p-leitendem Ge 20-2445*.

Mo: Markier. v. Mo-Draht durch kurzzeit. anod. Ox. 27-2706*.

Ni: Anod. Erzeug. v. Polyäthylenmembranen auf Ni-Folien für alkal. Sammler 12-2224*.

Ta: Anod. Ox.: mit Reservage 15-2564*; mit begrenzter Dicke 16-2475*; v. Ta im O-Plasma 51/52-2262; Herst. v. Ta_2O_5-Filmen durch anod. Ox. 51/52-2167.

Ti: Anod. Erzeug. dielektr. Oxidschichten auf Ti 4-2062*; anod. Ox.: v. Ti zur Erhöh. d. Abnutz.-Beständigk. 19-2654*; v. Ti zum Korros.-Schutz 34-2436.

V: Anod. Ox. v. V–Ga-Lsg. 29-2572.

W: Markier. v. W-Draht durch kurzzeitige anod. Ox. 27-2706*; anod. Behandl. d. Leg. WK-*8* mit *92* WC, Rest Co 29-2577.

Zr: Unters. d. anod. Filmwachstums bei *200 – 300°* 6-2359.

Entfernen von Überzügen

Elektrolyt. Auflsg. d. Metalle v. d. Oberfläche indifferenter Metalle (experimentelle Kriterien d. Reversibilität d. Vorgangs, Auflsg. d. Ag) 8-0571; anod. Ablös. v. Metallüberzügen aus Cr u. Au 11-2455*; Wiedergewinn. v. Metallen v. galvan. Überzügen 16-2465*; therm. Zers. v. Dekapierlsg. 22-2564*; anod. ablösen: v. Überzügen aus Cr, Ni oder Cu v. Al 49/50-2349*; v. Cr-Nd. auf Be 49/50-2350*; elektrolyt. Entfern. v. Zunderschichten v. Fe u. Stahl 51/52-2307*.

Abwässer

Cyanid-Entgift., amperometr. Regeleinricht. 5-2420; automat. Kontrolle v. Galvanik-Abwässern 8-2346; Entfern. v. CN^- u. CrO_4^{2-} aus Abwasser kleiner Elektroplattier.-Anlagen 20-2137; Einsatz v. Ionenaustauschern zur Spülwasser-Regenerier. in galvanotechn. Betrieben 26-2257; Aufbereit. v. galvan. Abwasser 30-2163; CN-Ox. in galvan. Abwasser mit NaOCl 34-2197; Beseitig. v. Abwasserschlamm in galvan. Betrieben 34-2212; Entgift. galvan. Abwässer mit elektron. gesteuerter Durchlaufanlage 44-2047; Reinig. galvan. Abwässer 51/52-2110.

Prüfung und Analyse

Best. d. Schälfestigk. v. galvan. verkupferten ABS-Polymerisaten nach d. Druckknopfmeth. 2-2241; Meth. zur Best. d. Farbstoffmenge auf anodisierten Al-Blechen 2-2254; Prüfzelle mit rotierender Kathode für Unters. v. Trommelgalvanisier.-Lsg. 10-2388; Prüfmeth. für anod. Schutzschichten auf Al 12-2138; Verw. organ. Chelatbildner zur Best. kleiner Mengen seltener Elemente in galvan. Bädern u. Überzügen (Anwend. v. Tiron zur Best. kleiner Mo-Mengen in Ni–Co–Mo-Leg.) 13-1971; Best. d. Schichtdicke v. elektrolyt. verzinnten Blechen 17-2512; Prüf. v. Zn-Überzügen mit d. Elektronenmikroskop 18-2361; Verf. zur elektrograph. Best. d. Porosität elektrolyt. Au-Überzüge 26-2477; spektrometr. Unters. d. Mikroreliefs v. Oberflächen elektrolyt. behandelter Metalle 32-1906; Prüf. galvan. Überzüge mit radiochem. Verf. 33-2641; Eign. d. Radioindikatormeth. zur Unters. anod. erzeugter Oxidschichten auf Al 37-2615; Verf. zur Best. d. Eig. u. Güte galvan. Überzüge 41-2486; Korros.-Schnelltest für galvan. Überzüge 41-2506.

Ag-Analyse in Cyanidbädern mit EDTA 10-1994; schnelle spektrophotometr. Best. v. Au in Vergold.-Bädern 11-2006; Best. v. NaCN in galvan. Zn-Bädern 14-2024; Sulfatbest. in Verchrom.-Bädern 22-2190; polarograph. Na-Best. in galvan. Bädern 22-2191; Schnellmeth. zur Analyse gebräuchl. galvan. Bäder 25-2177; polarograph. Best. v. Saccharin in galvan. Ni-Bädern 26-2133; Best. eines Fremdanions in Elektrolyten zur Cr-Abscheid. 26-2171*; amperometr. Best. v. Fluorokieselsäure in Verchrom.-Bädern 27-2307; schnelle gravimetr. Best. v. Au in Plattier.-Bädern 27-2308; Best. v. H in elektrolyt. Fe-Überzügen durch anod. Auflös. 29-2193; extraktive Best. v. Bi in Verzinn.-Bädern u. Sn–Bi-Überzügen 29-2211; Best.: v. In–Ni–Zn u. In–Al–Ni in galvan. Au-Bädern 44-1929; v. Cl^- in sauren Cu-Bädern 47-2084; v. NaCN in d. Alkalicyanidbädern d. elektrolyt. Verzink. 48-1986; komplexometr. Best. v. Ag in Bädern zur elektrolyt. Versilber. 48-1976; Analyse d. Plattier.-Bäder v. Au-Leg. 49/50-2030.

Bibliographie

Die galvanische Vernicklung. Glanz- und Halbglanzvernicklung. Korrosionsfragen. Einschließlich Dickvernicklung und Nickelgalvanoplastik B 39; VEM-Handbuch Galvanotechnik B 63; Analytische Untersuchungen im galvanischen Betrieb (= Schriftenreihe Galvanotechnik. *13*) B 77.

Moderne Galvanotechnik [russ.] B 6; Elektrolytisches Verzinnen aus Salzlösungen [russ.] B 47; Elektrolytisches Verzinnen aus Salzschmelzen [russ.] B 70.

Potassium and sodium cyanides for electroplating B 7; Specification for electroplated coatings of gold and gold alloy B 86.

Galvinoxyl s. unter $C_{29}H_{41}O_2$.
Gambogasäure s. unter $C_{38}H_{44}O_8$.
Gammabyk s. unter *Proteine, Spezielle Proteine (Globuline)*.
Gammaceran s. unter $C_{30}H_{52}$.

Gammastrahlen

Compton-Effekt; *Mössbauer-Effekt*; *Strahlenschutz* s. dort. Äußere Bremsstrahl. s. unter *Röntgenstrahlen*. Paarbldg. u. Vernicht.-Strahl. s. unter *Positronen*. – bei Mesonenprozessen s. unter *Mesonen und Hyperonen*.

Vorkommen, Erzeugung

Energieniveaus v. Kernen aus γ-Spektren s. diesen Abschnitt unter *Kernphysik*.

Effekte d. Paritätsnichterhalt. bei elektromagnet. Kernzerfällen 3-0060; γ–γ-Richt.-Korrelat.-Mess. an $2 \rightarrow 2 \rightarrow 0$-Kaskaden zur Best. d. E*2*/M*1*-Misch.-Verhältnisses d. $2^+ \rightarrow 2^+$ Übergangs 3-0061; E*1*-Übergänge in deformierten Kernen ungerader Masse mit Rotat.-Teilchen- u. Vibrat.-Teilchen-Koppl. 3-0063; relative Phasen v. E*2*- u. M*1*-Matrixelementen in *1*p-Schalen-Kernen 3-0065; Strahl.-Einfangquerschnitte für *14,7*-MeV-Neutronen 3-0080; Mess. d. Asymmetrie-Koeff. d. β-γ-Zirkularpolarisat.-Korrelat. an erlaubten β-Übergängen 5-0085; I-verbotene M*1*-Übergänge 9-0053; Systematik v. E*1*-Übergängen 9-0054; E*2*-Übergänge u. effektive Quadrupollad. in ungeraden, nahezu mag. Kernen 9-0056; Korrekturen infolge elektromagnet. Übergänge höherer Ordn. in Kernen 9-0057; – aus Wechselwrkg. v. *14,7*-MeV-Neutronen mit verschiedenen Elementen 13-0075; Koeff. d. sek. – für Al, Cu u. W 13-0076; elektromagnet. Übergänge in ungerade-Kernen 14-0026; Paritätsreinh. bei einem γ-Übergang 14-0027; Einzelteilchen-E*2*-Strahl.-Breiten in d. *1*p-Schale 17-0038; unelast. Alphastreuung u. assoziierte – 19-0045; mittlere Breiten für hochenerget. Strahl.-Übergänge 20-0010; E*0*-, M*1*- u. E*2*-Übergangswahrscheinlichk. 20-0011; Einfl. d. spinabhäng. Niveaudichten u. –-Konkurrenz in Zerfall v. stark angeregten Kernen 21-0042; Präzis.-Mess. d. γ-Energien v. *2,3 – 7,1* MeV 23-0049; Wahrscheinlichk.: I-verbotener M*1*-Übergänge u. magnet. Momente ungerader sphär. Kerne; v. elektromagnet. Übergängen in sphär. gg-Kernen; Verhältnis d. erzwungenen Wahrscheinlichk. v. γ-Übergängen zwischen Rotat.-Niveaus 27-0010; Best. d. Energie v. γ-Übergängen 28-0001; Teilcheninduziertes elektromagnet. Abklingen v. Kernen in stellarer Materie 28-0010; Best. v. Misch.-Parametern bei nuklearen Strahl.-Übergängen 28-0011; obere Grenze für elektromagnet. Übergangsraten 29-0014; Korrektureffekte in d. Theorie d. inneren Bremsstrahl. 31-0017; M*1*-Übergangswahrscheinlichk. in deformierten Kernen ungerader Masse 31-0019; Intensitätsregeln für d. E*1*- u. M*1*-Übergänge in Kernen (Abhängigk. v. d. Spins d. Niveaus) 34-0006; Test v. M*1*-E*2*-Misch. beim Zerfall v. 2^+-β-Vibrat.-Zuständen 34-0022; Verhältnisse v. E*2*-Übergangswahrscheinlichk. in gg-Kernen 34-0023; Winkelverteil. v. – aus Zuständen mit hohem Spin in deformierten ungerade-A-Kernen 35-0011; – d. Mondes u. d. Zus. v. Mondgesteinen 35-0835; Winkelverteil. v. – aus (α, n)- u. (p, n)-Rk. 37-0012; Korrekturen zu elektromagnet. Übergangsraten infolge v. Grundzustandskorrelat. (Unters. für d. Dipolzustände in ^{16}O) 39-0015; E*2*-Übergänge in ungerade-A-Kernen 39-0016; Partialbreiten v. nach Einfang therm. Neutronen verlaufenden γ-Übergängen 39-0017; Existenz v. Richt.-Korrelat. zwischen K-Röntgenstrahlen, d. Elektroneneinfang folgen, u. –; Systematik d. abs. Übergangswahrscheinlichk. K-verbotener γ-Übergänge 40-0002; Systematik v. E*2*-Übergängen in deformierten gg-Kernen 41-0013; Winkelverteil. d. – aus unelast. Neutronenstreuung nahe d. Schwelle 45-0014; Meth. d. Gewinn. v. γ-Spektren aus d. Rk. (n, n'γ) an kleinen Streuern 45-1980; Bldg. innerer Paare u. d. Multipolarität v. Kernübergängen 47-0012; (p, γ)-Rk. (Übersicht) 51/52-0022.

Spezielle Kernumwandlungen: Winkelkorrelat.-Mess. v. ^{12}C(n, n'γ)^{12}C bei *14,7* MeV 3-0040; α-γ-Winkelkorrelat.-Unters. v. angeregten Zuständen in ^{11}C u. ^{14}N 20-0015; γ-Emiss. bei d. Kernrk. ^{15}N(p, αγ)^{12}C u. ^{7}Li(p, γ)^{8}Be 44-1770; γ-Übergänge zwischen d. tiefliegenden Niveaus v. ^{18}F 3-0066; γ-Zerfall d. *5,25*- u. *5,37*-MeV-Niveaus v. ^{18}O 4-0022; gestörte γ-Winkelverteil. an ^{19}F in ferromagnet. Gittern 9-0059; Einfl. d. Protonen-Kanalwander. auf d. –-Ausb. bei d. Rk. ^{19}F(p, αγ)^{16}O in CaF_2-Einkrist. 43-0023; schwache γ-Übergänge in ^{20}Ne (Unters. mittels ^{12}C(^{12}C, αγ)^{20}Ne] 33-0023; elektronenmagnet. Abklingen d. Niveaus bei *11,89* u. *12,28* MeV v. ^{22}Ne 48-0014; Protoneneinfang durch ^{23}Na, d. – aus d. Riesenresonanz v. ^{24}Mg auslöst 15-0056; Berechn. zur Schwäch. d. Doppelverschieb. für niedr. Rückstoßgeschw. bei ^{25}Mg(α, nγ)^{28}Si 33-0048; – aus d. Rk. ^{26}Mg(p, γ)^{27}Al bei E_p = *2322* keV 6-0036; Ge(Li)-Zählerunters. d. γ-Zerfalls v. ^{28}Si aus ^{27}Al(p, γ)^{28}Si 20-0016; Multipolordn v. elektromagnet. Übergängen in ^{11}B, ^{11}C, ^{18}O u. ^{28}Si 48-0017; ^{31}P(n, γ)^{32}P 3-0086, 33-0057; – aus unelast. Protonenstreuung durch ^{34}S-Kerne 6-0034; Dreifachkorrelat bei multiplen γ-Kaskaden in ^{36}Ar 13-0085; Protoneneinfang- – aus ^{8}Be, ^{12}C, ^{24}Mg u ^{40}Ca im Riesenresonanzbereich 15-0060; ^{44}Ca(p, γ)^{45}Sc 33-0066; ^{46}Ti(p, γ)^{47}V 33-0027; elektronenmagnet. Abklingen d. *4,51*-MeV-Niveuas v. ^{48}Ca 48-0018; Korrelat.-Funkt einer γ–γ-Kaskade (*0,34 – 1,38* MeV) an ^{49}Ti 3-0067; –-Verzweig. aus d. ^{49}Ca-Grundzustandsanalogen in ^{49}Sc 20-0018

^{50}Cr(p, γ)^{51}Mn 33-0064, 33-0065; K-Röntgen-γ-Richt.-Korrelat. beim Zerfall v. ^{54}Mn 12-0059; γ-Zerfall v. zwei Resonanzen in ^{54}Fe(p, γ)^{55}Co 33-0063; Mess. d. echten Winkelkorrelat. in ^{57}Fe in einem Einkrist- aus Co 3-0070; Zerfall ^{58m}Co → ^{58g}Co 33-0067; γ-Spektren: v. ^{60}Co u. ^{56}Mn nach Neutronen-Resonanzeinfang in ^{59}Co u. ^{55}Mn 14-0059; aus (n, γ)-Rk. mit therm. Neutronen an ^{58,60,62}Ni 21-0054; γ-Übergänge in ^{63}Cu 11-0058; Hyperfeinfelder an rückstoßimplantierten Kernen mit $62 \leq Z \leq 74$ in polarisierter Fe-, Co- u. Ni-Umgeb. (γ-Winkelverteil.) 38-0526; Unters. d. – hoher Energie v. ^{77}Ge mittels eines Paarspektrometers 1-0064; Stör. d. Resonanzstreuung v. – einer ^{79}Kr-Quelle an ^{79}Br durch gaskinet. Stöße d. Quelle 20-0022; γ-Zerfall d. Isomerenpaare ^{73m,g}Se u. ^{81m,g}Se 1-0065; γ-Spektren: beim Zerfall v. ^{86}Br, ^{87}Br u. ^{88}Br 4-0063; beim Einfang schneller Neutronen in Rb, Sr, Y, Zr u. Nb 3-0088; Winkelkorrelat. v. Kaskade- – in ^{94}Nb 11-0059.

Nachw. v. NMR in einem *235*-ns-Kernzustand durch gestörte Winkelkorrelat. d. *84,0 – 74,8*-γ-Kaskade v. ^{100}Rh 9-0058; – beim Zerfall v. ^{110,110m}Ag zu ^{110}Cd 8-0068; Winkelkorrelat.-Mess. d. γ–γ-Kaskade *722 – 556* keV in ^{114}Cd 3-0062; Nachw. v. – schwacher Intensität beim Zerfall $^{115m}_{48}$Cd → $^{115}_{49}$In 48-0035; Best. d. Energie v. Sb–Be-Photoneutronen aus einer Mess. d. –-Energie v. ^{124}Sb 2-0053; Richt.-Korrelat. in ^{124}Te 8-0040; β- u. γ-spektroskop. Unters. v. ^{125}Sb 43-0028; Unters. d. Zerfalls v. ^{131}Ba mit einem Ge(Li)-γ-Spektrometer 4-0065; Unters. d. – hoher Energie v. ^{132}J mittels eines Paarspektrometers 2-0054; γ–γ-Richt.-Korrelat.-Unters. u. Niveauschema v. ^{134}Ba 11-0060; γ-Spektrum beim Zerfall v. ^{138}Pr 43-0029; spezif. γ-Emiss. v. natürl. K u. La 2-0056; γ-Übergänge in ^{140}Ce 3-0073; spektroskop. Unters. in SCS- u. (SCS-*1*)-Kernen mit einem Ge(Li)-Detektor (γ-Spektren v. ^{111}Sn → ^{111}In, ^{116}In → ^{116}Sn, ^{139}Pr → ^{139}Ce u. ^{143}Sm → ^{143}Pm) 39-0027; γ–γ-Richt.-Korrelat. in ^{144}Pr 11-0061; γ-Spektrum v. ^{145}Pr 11-0090; – aus d. Zerfall v. ^{147}Nd 17-0068.

Neu beobachtete γ-Übergänge beim ^{151}Tb- u. ^{152}Tb-Zerfall 11-0093; γ-Spektrum bei d. Umwandl. ^{155}Sm → ^{155}Eu 7-0087; E*1*-Übertrag.-Wahrscheinlichk. zwischen korrespondierenden Zuständen in ^{155}Tb, ^{157}Tb u. ihren benachbarten Kernen mit ungeradem Proton 3-0075; ^{164}Dy(n, γ)^{165}Dy 33-0076; Wert d. red. Wahrscheinlichk. d. magnet. Dipolübergänge in ^{165}Ho 3-0076; Nachw. d. Einfl. extranuklearer Felder auf d. Anisotropie d. β-γ-Winkelkorrelat. im Falle v. $^{170}TmCl_3$ 4-0040; – beim Zerfall ^{171}Hf → ^{171}Lu 7-0088; Bedeut. v. δ in d. γγ-Winkelkorrelat. bei d. Strahl. v. ^{172}Yb 4-0041; Nichterhalt. d. Parität beim Strahl.-Übergang v. ^{175}Lu 1-0050; E*1*- u. E*3*-Übergangswahrscheinlichk. in Lu-Isotopen (Nilsson-Modell) 43-0015; Linearpolarisat. d. *482*-keV-Übergangs in ^{181}Ta 4-0042; Nichterhalt. d. Parität beim γ-Zerfall v. ^{181}Ta 19-0057; Zirkularpolarisat. d. *482*-keV-γ-Übergangs in ^{181}Ta 38-0025; verzögerter E*1*-Übergang 4-0043; γ-Energien u. Intensitäten beim Zerfall ^{186}Re → ^{186}Os 7-0089; Neutroneneinfang- – in W-Isotopen 4-0067; Richt.-Korrelat. d. – beim Zerfall v. ^{187}W 14-0069; Oberflächen-Delta-Wechselwrkg. u. kollektive E*2*- u. E*3*-Übergänge in Seltenerdmetallkernen 5-0071; experimentelle Tests d. theoret. E*2*-Übergangsraten für d. Os-Isotope 5-0081; – beim Zerfall v. ^{192}Ir u. ^{194}Ir 2-0059; γ-Übergänge im Zerfall v. ^{195m}Pt 33-0037; Eig. partieller Strahl.-Breiten in ^{196}Pt 11-0065; γ-Spektren aus d. Strahl.-Einfang v. therm. u. Resonanzneutronen in Hg u. W 12-0067; Multipolaritäten v. prim. – in ^{199}Hg(n, γ)^{200}Hg 6-0048; $S_{1/2} \rightarrow d_{1/2}$-Übergang in ^{199}Au 33-0038.

Unters. d. elektromagnet. Übergänge in ^{207}Tl, ^{13}C, ^{12}B u. ^{53}Mn durch Winkelkorrelat.-Meth. 3-0064; Oberflächen-Deltawechselwrkg. u. elektromagnet. Übergänge in Sn- u. Pb-Isotopen 8-0042; γ-Spektrum: v. ^{210m}Bi 14-0072; v. ^{214}Po(RaC') mit ^{222}Rn-Quelle 33-0041; – hoher Energie bei Zerfall v. ^{227}Th 48-0038; γ-Emiss. nach β-Zerfall v. ^{233}Pa 11-0097; Spektrum d. beim β-Zerfall v. ^{233}Th ausgesandten γ-Strahl. 48-0039; Winkelkorrelat. v. Spaltfragmenten u. prompten – aus d. Spalt. v. ^{235}U durch langsame Neutronen 1-0086; Übergangsenergie v. ^{235m}U 11-0066; Abhängigk. d. Anisotropie d. – bei d. Spalt. v. ^{235}U durch therm. Neutronen v. Verhältnis d. Fragmentmassen 12-0069; verzögerte – aus Spaltfragmenten v. ^{235}U mit langsamen Neutronen 15-0074; Beweis für d. γ-Spalt.-Rk. in ^{238}Pu durch langsame Neutronen 14-0077; α-γ-Winkelkorrelat. in *3* schweren Nukliden mit ungeradem A (^{243}Am, ^{233}U, ^{237}Np) 14-0074; γ-Quanten in d. spontanen tern. Spalt. v. ^{244}Cm 7-0094; Bezieh. zwischen d. Energie d. α-Teilchen u. d. Anzahl d. γ-Quanten bei d. spontanen tern. Spalt. v. ^{244}Cm 13-0097.

Quellen: Daten zur Kalkulat. d. Belüft. v. Räumen mit starken γ-Strahl.-Quellen 6-1791; Vorr. zur Bestrahl. mit ^{60}Co-Quelle bei erhöhter Temp. 12-1773; ^{60}Co-Bestrahl.-Anlagen im Institut für Metallphysik u. Reinstmetalle, Dresden 16-1833; Herst. v. γ-Strahlenquellen durch Verdicht. v. Pulvern mittels Schwing. im Schaltbereich 26-1927;

γ-Feld einer isotropen ^{60}Co-Quelle in W. nahe d. Grenzschicht W./Luft 35-1921; Geh. an N-Oxiden u. O_3 in d. Luft d. Arbeitskammern v. γ-Aggregaten 41-1752.

Wechselwirkungen

Einfl. d. Krist.-Feldes auf d. γ–γ-Winkelkorrelat. in Paramagnetika 28-0014; totale – -Wrkg.-Querschnitte in Al, Cu u. Pb 48-0232; inelast. Wechselwrkg. v. – mit K-Schalen-Elektronen 49/50-0044.

Streuung: Schätz. d. elast. Streuquerschnitte für – v. verschiedenen Elementen 3-0033; Meth. zur Berechn. d. Intensität rückgesteuerter – 3-0034; Verletz. d. T-Invarianz bei d. Resonanzstreuung v. Photonen durch Kerne 5-0068; Resonanzstreuung v. γ-Quanten an ^{28}Si, ^{60}Ni u. ^{66}Zn 8-0035; Coulomb-Fragmentier. v. Mol., beobachtet über d. Resonanzstreuung v. – 9-0074; Berechn. d. – -Streuung bei d. D.-Mess. 9-1832; inkohärente Streuung v. *662*-keV- – durch K-Schalen-Elektronen v. Pb, Ta, Sm u. Sn 11-0039; Rückstreuung v. – niedr. Energie 11-0339; Einfl. d. D. d. Streumaterials auf d. Rückstreuung v. γ-Quanten 12-0007; Einfl. v. Zugspann. auf Absorpt. u. Streuung v. – in Metallen 12-0008; Kern-Raman-Streuung an ^{181}Ta 19-0058; Kernresonanzstreuung v. – in Cu, Sn u. Bi 19-0061; inkohärente Streuung v. – in Pb 20-0003; Primärextinkt. bei d. Resonanzstreuung v. γ-Quanten 21-0326; Energie- u. Winkelverteil. v. an Al gestreuten – 21-0327; inkohärente Streuung v. – in Elementen niedr. u. mittlerer Ordn.-Zahlen 23-0030; Rückstreuung d. – isotroper Quellen an zylindr. Oberflächen 23-0031; Amplitude d. Photon-Kern-Streuung u. deren Thomson-Grenze 31-0017; anomale diffuse Mössbauer-Kleinwinkelstreuung in Krist. 35-0099; nukleare Photonenstreuung 36-0004; Streuung ebenpolarisierter Photonen durch d. Riesenresonanzen v. Kernen 39-0016.

Absorption: Durchgang v. – durch kugelförm. u. zylindr. Schutzschranken 15-2234; – -Schwäch.-Koeff. für Ge 16-0009.

Konversionselektronen

Nukleare strukturlose Teilchenparameter d. inneren Konvers. in d. K- u. L-Schalen 5-0075; Koeff. d. inneren Konvers. für höhere Schalen in Atomen 5-0076; Einfl. d. Kernstruktur auf innere Konvers.-Prozesse 5-0077; anomale K-, L- u. M-Schalen-Konvers. in E*1*-Übergängen 9-0055; Mess. d. transversalen Polarisat. d. Elektronen d. inneren Konvers. beim β-Zerfall 9-0073; Berücksichtig. d. Abschirm. d. Kernfeldes bei d. Berechn. v. Koeff. d. inneren Konvers. 14-0029; L-Unterschalenverhältnisse in E*2*-Übergängen 14-0031; Best. d. L-Unterschalen-Verhältnisse reiner M*1*-Übergänge 14-0032; innere Konvers.-Koeff. mit relativist. Hartree-Fock-Atommodell 14-0033, 14-0034; relative Intensitäten d. inneren Konvers.-Linien d. L-Schale reiner E*2*($2^+ \rightarrow 0^+$)-Übergänge in Seltenerdmetallkernen 14-0039; Energieabhängigk. hochenerget. K-Konvers.-Koeff. 20-0012; M/L- u. (N + O)/M-Verhältnisse d. inneren Konvers. für E*2*-Übergänge 27-0008; Theorie d. Polarisat.-Korrelat. v. Konvers.-Elektronen in Kaskadeübergängen 28-0012; Koeff. d. inneren Konvers. an d. M-Unterschalen 28-0013; L-Unterschalen-Konvers.-Elektronen 33-0092; K-Konvers.-Koeff. d. M*1*-Übergänge in Kernen ungerader Masse 34-0024; innere Konvers. u. Multipolstrahl. zwischen angeregten Zuständen v. mittelschweren Kernen 34-0025; atomare Abschirm. bei Berechn. d. inneren L-Konvers. 36-0004.

Spezielle Umwandlungen: Konvers.-Elektronen d. Zerfalls ^{75}Se → ^{75}As 48-0032; totale u. K-Konvers.-Koeff. in ^{54}Cr, ^{65}Cr u. ^{88}Sr als Standards 5-0078; Konvers.-Elektronen u. Multipolordn. v. Übergängen in ^{110}Ag 43-0012; K-Konvers.-Koeff. v. Übergängen in ^{114}In u. ^{114}Cd 3-0074; hochenerget. Konvers.-Elektronen v. ^{114}Cd nach Neutroneneinfang 14-0035; innerer Konvers.-Koeff. d. *192*-keV-Übergangs in ^{114m}In 14-0036; chem. Beeinfluss. d. inneren Konvers. an äußeren Schalen in ^{119}Sn 20-0027; M*1*- u. E*2*-Übergangsgeschw. in ^{125}J u. ^{127}J (Zeitkorrelat. zwischen K-Röntgenstrahlen u. Konvers.-Elektronen) 20-0028; Elektron-γ- u. γ-Elektron-Richt.-Korrelat.-Experimente an d. *496*–*124*-keV-Kaskade in ^{131}Cs 3-0071; anomaler K-Konvers.-Koeff. d. *124*-keV-Übergangs in ^{131}Cs 38-0018; Kernstruktureffekte im Prozeß d. inneren Konvers. d. *81*-keV-Übergangs in ^{133}Cs 3-0072; innere u. äußere Konvers. beim ^{143}Ce-Zerfall 14-0037; Spektrum innerer Konvers.-Elektronen v. ^{147}Nd 14-0038; L-Konvers.-Gruppen v. Übergängen in ^{145}Pm, ^{145}Pm u. ^{149}Pm 38-0021; Spektrum: v. Konvers.-Elektronen beim Einfang therm. Neutronen durch ^{151}Eu u. ^{153}Eu 12-0066; v. bei d. Umwandl. v. ^{155}Sm in ^{155}Eu emittierten inneren Konvers.-Elektronen 11-0062; Koinzidenz d. Konvers.-Elektronen beim Zerfall v. ^{165}Tm 6-0045; Konvers.-Elektronen u. Multipolordn. v. Übergängen in ^{165}Dy 33-0034; Koeff. d. inneren Konvers. d. M-Schale d. Übergänge E*2*($2^+ \rightarrow 0^+$) v. ^{160}Dy u. ^{168}Er 11-0063; E*2*/M*1*-Misch.-Verhältnisse v. Übergängen in ^{170}Tm 11-0064; dynam. Effekte bei d. inneren Konvers. v. E*1*-Übergängen in ^{175}Lu 1-0051; Koeff. d. inneren Konvers. in ^{180}Hf 8-0041; Konvers.-Elektronen beim γ-Zerfall v. ^{180m}Hf 43-0016; niederenerget. Spektrum d. inneren Konvers. v. ^{182}W aus d. Zerfall v. ^{182}Ta 15-0070; Konvers.-Elektronenspektrum v. ^{184}Re im Energiebereich oberhalb *750* keV 14-0040; innere Konvers.-Unters. d. Zerfalls v. ^{193}Au → ^{193}Pt 48-0037; K-Konvers.-Elektron-Gammastrahl-Winkelkorrelat.-Unters. über d. Abklingen v. ^{194}Pt 14-0041; Suche nach Kernstruktureinfl. beim K-Konvers.-Koeff. d. *385*-keV-Übergangs in ^{197}Tl 14-0042; Theorie d. Einfl. d. Kernstruktur auf d. innere Konvers. in ^{203}Tl 1-0052; Existenz v. Satellitenbanden in Spektren innerer Konvers.-Elektronen beim Zerfall v. ^{227}Th u. ^{223}Ra 14-0030; Spektrum d. inneren Konvers. beim α-Zerfall v. ^{227}Th 15-0071; charakterist. K-Strahl. d. Fragmente bei d. therm. Spalt. v. ^{235}U 20-0057.

Methodik: Genaue Koinzidenzmess. v. Konvers.-Elektronen 2-1768; Präzis.-Mess. d. Konvers.-Elektronenspektrums am neuen Heidelberger γ-Spektrometer mit $\pi/2\sqrt{13}$-Fokussier. 20-0014; doppelfokussierendes Betaspektrometer mit hoher Dispers. u. Zwischenbild zur Mess. v. Konvers.-Elektronen nach Neutroneneinfang 47-1869.

Physikalische Wirkungen

Bldg. u. Bleicheig. d. T-Banden in KCl nach ^{60}Co-γ-Bestrahl. 15-0341; ladungskompensierte O^{2-}-Ionen in CaF_2 : Y nach ^{60}Co-γ-Bestrahl. (Unters. d. opt. Spektren) 18-0327; Absorpt.-Spektren u. γ-Bestrahl. v. natürl. Fluoritkrist. sowie synthet. CaF_2 : Sc-, CaF_2 : Y- u. CaF_2 : La-Krist. 21-0383; Mess. d. abs. Ausb. v. Fluoreszenz-Röntgenstrahlen aus einem mit – bestrahltem Target 25-0031.

γ-Anreg.-Übertrag.- u. Zerfallsprozesse in Vielkomponentensyst. (Cyclohexan/Bzl./p-Terphenyl) 1-0919; durch plast. Verform. hervorgerufene Lumineszenz γ-bestrahlter KCl-Krist. 2-0313; Einfl. v. – auf d. Extinkt. d. Glases einiger SEV 3-0326; Wrkg. v. – auf opt. Eig. v. Kohlenhydraten 3-0810; Lumineszenzeig. v. durch – angeregtem CaO 4-0316; Wrkg. v. – auf d. Lumineszenzvermögen v. Chininsulfat 5-0816; Fluoreszenzlicht v. wss. Lsg. v. Na-Salicylat bei γ-Bestrahl. 8-0817; γ-Bestrahl. v. reinen Alkan-Gläsern (Lumineszenz-Phänomene) 8-0945; Ionenprozesse in γ-bestrahlten organ. Festkörpern (opt. Verh.) 13-0826; Thermolumineszenz γ-bestrahlter Alumosilicatgläser 14-0350; metastabile F-Aggregat-Farbzentren in γ-bestrahltem KCl 18-0333; phononenfreie Absorpt.- u. Emiss.-Übergänge in γ-bestrahlten NaF-Krist. 21-0378; Einfl. einer Elektronenbestrahl. auf d. Lumineszenzeig. v. $CaWO_4$ 21-0409; IR-Absorpt. v. γ-induzierter Oberflächenschicht auf Ge 23-0383; Bedeut. d. γ-Strahl.-Intensität im ersten Stadium d. F-Färb. in NaCl 23-0390; Einfl. gleichzeit. opt. Bleich. u. γ-Bestrahl. auf d. Verfärbbark. v. KCl 23-0395; γ-Radiothermolumineszenz in Tetracen-dotierten u. hydrostat. deformierten Anthracen-Krist. 25-0896; opt. Eig. durch eingefangene Elektronen in γ-bestrahltem 3-Methylpentan 29-1059; Bestrahl. v. ThO_2 mit ^{60}Co- – (F-Zentren-Erzeug.) 30-0304; Entfärb. v. Co-Glas nach ^{60}Co-γ-Bestrahl. 30-0306; Farbzentren in Gläsern mit Nd nach γ-Bestrahl. 47-0322.

Durch α-Teilchen v. ^{239}Pu im Feld einer γ-Bestrahl. verursachte Diffus. v. Strahl.-Schäden in CdS 1-0324; Bldg. v. F-Aggregatzentren in γ-bestrahlten NaCl-Krist. 4-0304; Charakteristik v. Locheinfangstellen in γ-bestrahlten Anthracen-Krist. 5-0869; therm. Ausglühen v. paramagnet. Fehlern, hervorgerufen durch γ-Bestrahl. in Einkrist. v. $(NH_4)_2SO_4$ u. $(ND_4)_2SO_4$ 7-0350; Temperunters. v. mit ^{60}Co γ-bestrahltem Ge 7-0385; Vgl. d. Effekte d. α- u. γ-Bestrahl. auf d. Kristallinität v. Polyäthylen 9-1093; Einfl. therm. Defekte auf d. – -Stabilität v. Ge mit einer Au-Oberflächenschicht 11-0344; Unters. d. Auswrkg. v. – auf Silicatgläser hoher BaO-Geh. 12-2236; Vgl. v. Neutronen- u. – -Schäden in n-Si 18-0302; ionisationsinduzierte Strahlenschädig. (γ–bestrahlt) in MgO 19-0331; Bldg.-Querschnitte für Frenkel-Defekte unter d. Einw. d. – v. ^{60}Co 21-0328; isochrones u. isothermes Ausheilen v. röntgen- n. γ-bestrahltem InSb 23-0486; Ätzspiralen auf mit – bestrahltem LiF 26-0312; Natur d. durch γ-Bestrahl. in InSb erzeugten Schäden 26-0314; Bedeut. korrelierter Defekte in d. γ-strahlungsverstärkten Diffus. 27-0340; γ-strahlungsverstärkte Diffus. in Festkörpern 27-0341; diffuse Röntgenstreuung in γ-bestrahltem LiF 28-0274; Fehlstellenstruktur v. γ-bestrahlten ZnO-Einkrist. 29-0462; Ausheil. v. γ-bestrahltem $Ca(BrO_3)_2$ 30-0262; Verschieb. v. F^--Ionen bei d. γ-Bestrahl. v. CaF_2-Krist. 35-0273; diffuse Röntgenstreuung γ-bestrahlter Metalle (Mo u. Zn) 39-0248; Erzeug. v. – -Schäden u. Ausheil. in KCl 41-0248; Fehlstellenstruktur γ-bestrahlter Boratgläser 45-0357; Bldg. v. Elektronenzentren in polykrist. NaCl u. $SrCl_2$ durch ^{60}Co- – 47-0254.

Wrkg. v. –: auf d. mechan. Eig. d. Fasern 2-2734; auf d. Bruchflächenenergie v. KCl 4-0276; auf d. Spektrum d. mechan. Relaxat. v. Al 9-0284; Zus.-Wrkg. v. (α, β- u. γ-) Bestrahl. u. grenzflächenakt. Bedeck. auf d. mechan. Eig. metall. Einkrist. 11-0342; Best. d. Elastizitätskonst. v. Polymeren nach d. dynam. Meth. im Wrkg.-Feld v. – 20-1134; Einfl. v. – auf d. Härte v. Gläsern d. Syst. As_2Se_3/As_2Te_3 21-0306; mechan. Effekt v. – in KCl-Krist. 33-0266; Einfl. v. – auf mechan. Eig. v. Fasern 34-2880; Bestrahl.-Verfestig. v. KBr-Krist. durch ^{60}Co- – bei *196* °K 39-0241; Einfl. einer Bestrahl. mit Elektronen u. – auf d. Mikrohärte v. Ge 39-0245.

γ-Bestrahl. eines MOS-Feldeffekt-Transistors 1-0466; durch *0,1*- bis *1*-GeV-γ-Quanten erzeugte Schauer in Pb 3-0031; Ausheilen v. mit ^{60}Co- – bestrahltem mit As oder Sb dotiertem Ge 4-0277; experimentelle Unters. über d. Korrekturfaktor für d. Meth. d. äußeren Konvers. bei γ-Strahlenmess. 11-0040; durch – erzeugte elektr. Leitfähigk. in Al_2O_3 13-0411; Rekombinat. u. Einfang in ^{60}Co-γ-bestrahltem Sb- u. As-dotiertem n-Ge 15-0416; Halbleiterverh. v. Anthracen u. γ-Bestrahl.-Effekt 25-1022; Änder. d. Lad.-Trager-konz. u. -beweglichk. γ-bestrahlter n-Ge-Proben mit verschiedenen Sb-Geh. 31-0420; Änder. d. Gradienten d. spezif. elektr. Widerstandes in n- u. p-Ge unter d. Einfl. einer γ-Bestrahl. 31-0421; Einfl. v. – auf d. elektr. Widerstand v. durch Verdampfen v. Ag, Al, Ni u. Permalloy erhaltenen Filmen 32-0449; γ-Photoleitfähigk. v. Al_2O_3 38-0457; Leitfähigk. v. Hexan bei Einw. v. – (Bedeut. für d. Dosimetrie) 38-1017; Wrkg. v. – auf Al–Al-Nitrid–Si- u. Al–Al-Oxid–Si-Kondensatoren (elektr. Leitfähigk.) 43-0414; Lad.-Konvers. v. mit – bestrahlten Seltenerdmetallionen in CaF_2 44-0295; (Thermolumineszenzspektren v. Gd^{3+} in CaF_2, SrF_2 u. BaF_2) 44-0296; Einfl. einer Bestrahl. mit γ oder (n + γ) auf DK, dielektr. Verlustfaktor u. dielektr. Hysterese v. $BaTiO_3$-Ein- u. Polykrist. 51/52-0319; Barkhausen-Effekt bei d. Einw. v. – unterworfenen seignetteelektr. Krist. 51/52-0321.

Durch γ-Bestrahl. erzeugtes atomares Ag in Pyrex- u. Natriumtetraborat-Gläsern (EPR-Spektren) 1-0398; ESR-Absorpt. v. Hexan-Kieselgel-Syst., d. bei tiefen Temp. γ-bestrahlt wurden 9-0864; ESR-Absorpt.-Spektren v. CO_3^-- u. CO_3^{3-}-Mol.-Ionen in γ-bestrahlten Calciteinkrist. 12-0363; spektrophotometr. u. ESR-spektrometr. Unters. an γ-bestrahlten reinen u. Fe^{3+} enthaltenden Schwefelsäuregläsern 13-0697; akust. paramagnet. Resonanzspektren an γ-bestrahltem Rubin 14-0369; ESR: v. γ-bestrahltem $Sr(NO_3)_2$, $Ba(NO_3)_2$ u. $Pb(NO_3)_2$ 18-0370; v. γ-bestrahltem K_2SO_4 21-0419; EPR-Spektren u. Struktur d. paramagnet. Zentren in bestrahlten Lithiumalumosilicatgläsern d. Syst. $Li_2O/Al_2O_3/SiO_2$ 21-0432; EPR u. opt. Unters. an γ-bestrahltem $CdCl_2$: Ag u. $MgCl_2$: Ag 23-0426; ESR u. paramagnet. Zentren in γ-bestrahltem polykrist. $(NH_4)_2SeO_4$ 24-0396; ESR-Unters. d. Hydroxylradikals in mit γ-Strahlen bestrahltem Eis 27-0413; Unters. v. γ-bestrahltem BN mit Hilfe d. EPR 27-0429; Einfl. einer γ- u. Neutronenbestrahl. auf d. ferromagnet. Resonanz in Ferriten 27-0441; ESR-Absorpt.-Spektrum rhomb. CO_3^--Mol.-Ionen in γ-bestrahlten Calcit-Einkrist. 30-0347; ESR u. ENDOR v. γ-bestrahltem $AgNO_3$ 36-0334; paramagnet. Relaxat.-Charakteristiken d. fixierten H-Atome in γ-bestrahlten gefrorenen wss. Lsg. 43-0331; paramagnet. Zentren in γ-bestrahltem $NaBrO_3$ 45-0350; ESR-Unters. γ-bestrahlter Cr(VI)-Verb. 45-0354; EPR-Spektren γ-bestrahlter Dreistoffgläser 45-0358; X-Band-ESR-Spektrum v. γ-bestrahltem K_2SO_4 47-0318.

Einfl. v. – auf d. Red. v. O_2 an d. Pt-Elektrode in alkal. Lsg. 7-0598; Impedanz d. Grenzfläche Hg/Lsg. bei γ-Bestrahl. 20-0553.

Einfl. v. – auf d. therm. Leitfähigk. v. Al_2O_3 mit Cr- u. Mn-Verunreinig. bei tiefen Temp. 21-0311.

Wrkg. v. – auf d. Kationenaustauscherharz zur Abwasserreinig. 8-2110; Adsorpt.-Eig. v. Adsorbentien bei Einw. v. – bei tiefen Temp. 16-0668; Chemisorpt. v. H u. O an ZnO u. Al_2O_3 unter Einw. v. – 19-0721; Art d. bei γ-Bestrahl. v. synthet. Zeolithen d. Typs A entstehenden paramagnet. akt. Zentren bei d. Adsorpt. 25-0784; Wrkg. v. – auf d. Flotat.-Eig. d. Sammlerreagenzien v. Anionenaustauschertyp 26-2182; Oberflächenzentren u. schnelle irreversible O-Adsorpt. an γ-bestrahltem MgO, CaO u. SrO 27-0753; Eigenvol.-Defekte u. Adsorpt. v. O an γ-bestrahltem MgO, CaO u. SrO 27-0754; durch – induzierte Chemisorpt. v. O an TiO_2 27-0755; Einfl. v. – auf d. Adsorpt.-Eig. v. Silicagel KSM-*6* 29-0731.

Chemische Wirkungen

Chemische Wirkungen von Kernprozessen, Szilard-Chalmers-Prozesse s. diesen Abschnitt unter *Kernumwandlung.*

Dissoziat.-Prozesse in UV- u. γ-bestrahlten fl. Szintillatoren 5-0936; Energieübertrag. v. höher angeregten Zuständen v. Lsgm. bei γ-Strahlanreg. 5-0937; ^{60}Co-γ-Bestrahl. v. wss. Farbstofflsg. (Rolle d. HO_2-Radikals bei d. Entfärb.) 28-0946; γ-Radiolyse v. bin. Gemischen 29-1067.

Wrkg. v. – auf d. Ox. v. Zr-Leg. 2-2249; katalyt. Aktivität γ-bestrahlter wss. Lsg. komplexer Co(III)-Salze 6-0701; Lumineszenz- u. Absorpt.-Spektren v. CaF_2:Dy^{2+}-Krist. (Red. v. Dy^{3+} durch –) 11-0383; Wrkg. v. – auf Ablager. v. Stahl in übersätt. $CaSO_4$-Lsg. 21-2575; Geschw. d. therm. Zers. v. γ-bestrahltem $KMnO_4$ 26-0740; therm. Zers. v. festem $AgNO_2$ nach γ-Bestrahl. 39-0612; Einfl. d. Lsgm. (Aceton) u. einer γ-Bestrahl. auf d. Austauschkinetik in Pt(II)-Komplexen 40-0552.

ESR-Best. d. γ-Radiolyseausb. v. eingefangenen Elektronen u. anderen Gruppen in einem organ. Glas 5-0943; γ-strahlungsinduzierte Ox. organ. Verb. 16-0998; Carboxylier. organ. Stoffe unter d. Einfl. v. – 18-0947; Unters. d. Energietransports in bin. organ. Fl.-Misch. unter γ-Strahl. 25-1063; chem. Wrkg. v. γ-Strahlen auf organ. Substanzen 35-1035; cis–trans-Isomerisier. in fester Matrix durch – 38-1076.

C_2H_4 aus d. γ-Radiolyse v. Cyclohexan 1-0916; Verh. v. Bzl. bei d. γ-Radiolyse v. Cyclohexan–Bzl.-Misch. 1-0917; ^{60}Co-γ-Radiolyse v. C_2H_6/C_2D_6/NO- u. CH_3CD_3/NO-Gemischen 2-0926; Ausb. an Triplettzuständen bei γ-Bestrahl. v. fl. Bzl. 5-0935; Reichweite v. Wechselwrkg. bei d. γ-Radiolyse v. festen KW-Stoff-Misch. 7-0964; Energieübertrag.-Effekte bei d. Bestrahl. v. Gemischen v. Bzl. u. Buten-(2) 7-0965; durch ^{60}Co-γ-Strahlen hervorgerufene Radiolyse konjugierter Diene (Divinyl, Isopren, Piperylen, Diisopropenyl u. Chloropren) 8-0946; γ-Bestrahl. v. KW-Stoff-Gläsern (Nachw. für dissoziative Elektronenanlager.) 8-0947; Unters. d. durch γ-Bestrahl. an Polyäthylen gebundenen Organo-Tone 11-0861; γ-Radiolyse v. Cyclohexanlsg. (Einfl. d. gelösten Stoffe) 11-0990; ^{60}Co-γ-Radiolyse v. n-Pentan in d. Gasphase 15-1005; ^{60}Co-γ-strahlungsinduzierte Ox. v. Cumol in fl. Phase 15-1007; Rk. v. aliphat. Verb. mit H- u. Br-Atomen in wss. Lsg. unter γ-Bestrahl. (Kinetik) 16-0999; Umwandl. v. leichten Paraffinen in höhersd. Prod. mit – 17-2951*; ^{60}Co-γ-Strahlenchemie d. Cyclopentans 18-0950; sensibilisierte γ-radiolyt. Isomerisier. v. Stilben 18-0951; „thermal-spike“-Modell für niedr. LET-γ-Radiolyse, Temp.-Abhängigk. v. durch Radiolyse in fl. Toluol induzierten Rk. 20-0943; γ-Radiolyse: v. C_2H_4 21-1070; v. [D_{12}]-Cyclohexan–Cyclopentan-Gemischen 22-1007; Einfl. aromat. Verb. auf d. γ-Radiolyse v. Cyclohexanlsg. 24-1013; γ-strahlungsinduzierte Ox. v. Äthan in wss. Lsg. 25-1066; Einfl. v. Edelgasen auf d. γ-Radiolyse d. Äthans 27-1080; Austauschrk. bei d. γ-Radiolyse v. adsorbierten KW-Stoffen 27-1081; γ-Radiolyse v. mit tritiiertem W. gesätt. KW-Stoffen 27-1088; γ-strahlungsinduzierte Ox. v. p-Xylol (Mechanismus; Kinetik) 27-1089; γ-Radiolyse v. wss. Bzl.-Lsg. 29-1061; Einw. v. γ-Strahl. auf wss. Lsg. v. Acetylen (Einfl. v. Fremdionen) 31-1077; γ-strahlungsinduzierte Bromier. v. 2.3-Dimethylbutan 37-1050; γ-radiolyt. Ox. v. Cyclohexan 37-1051; γ-strahlungsinduzierte cis–trans-Isomerisier. v. Stilben in Methanol 37-1054; γ-Radiolyse v. Methan 40-0884; γ-strahlungsinduzierte Anti-Markownikoff-Addit. v. HBr an α-Olefine 46-0885.

γ-Bestrahl. v. Methyltetrahydrofuran bei *77,5* °K 2-0930; Photochemie d. in Methyltetrahydrofuran-Gläsern bei *77* °K festgehaltenen Elektronen 3-0956; γ-Radiolyse v. Dioxan–Bzl.-Gemischen 6-0967; Wrkg. v. – auf Pyrimidinbasen: in festem Zustand 25-1069; in wss. Lsg. 40-0887.

γ-Radiolyse v. krist. Methylbromid in Cyclohexan bei *77* °K 5-0939; Anlager. v. mol. N_2 an Perchlor-KW-Stoffe unter Einw. ionisierender γ-Strahl. 5-0940; Einfl. d. Dosisleist. u. d. integrierten Dosis auf therm. u. γ-Strahl.-Tempern v. C_2Br_6 20-0945; γ-Radiolyse v. Hexachlorcyclopentadien 21-1076; γ-Bestrahl. v. Alkylchloriden u. -bromiden (Isomerisier.) 22-1009; γ-Radiolyse v. Tetrafluormethan (Kinetik) 27-1092; Neutronen- u. γ-Radiolyse d. Syst. Trichloräthylen/O/W. 41-1007.

γ-Radiolyse v. Nitromethan u. Nitroäthan 5-0944; ^{60}Co-γ-Radiolyse v. Nitroalkanen 15-1008; γ-Radiolyse v. Monomethylhydrazin 25-1070; γ-Bestrahl. v. Safranin T in wss. Lsg. 28-0947; ^{60}Co-γ-Bestrahl. v. wss. Safranin T-Lsg. (Kinetik d. Rk. mit OH-Radikalen in Ggw. v. Halogenidionen) 28-0948.

γ-radiolyt. Abbau v. wss. Cytosin 1-0923; Pulsradiolyse u. Matrixisolier. v. Methanol u. 2-Methyltetrahydrofuran (MTHF) 3-0957; γ-Radiolyse v. Cytosin in wss. Lsg. 5-1541; Einfl. v. organ. Haliden auf d. H-Ausb. bei d. γ-Radiolyse v. Methanol 9-0971; Wrkg. v. γ-Strahlen auf Cytosin (polarograph. Unters.) 18-1546; Mechanismus d. H_2-Bldg. bei d. γ-Radiolyse v. fl. Äthanol 20-0946; Photolyse v. durch γ-Bestrahl. einiger C_3- u. C_4-Alkohole bei *77* °K gebildeten freien Radikalen 20-0947; Besonderh. d. γ-strahlenkatalyt. Umwandl. v. Methanol bei kleinen Oberflächenbedeck. 21-1079; γ-strahlenchem. Ox. v. Butanol 21-1081; Elektroneneinfang durch gelöste Stoffe bei d. ^{60}Co-γ-Radiolyse v. Methanol u. A. 26-0987; γ-Radiolyse: v. o-Nitrophenol in saurer, neutraler u. alkal.-wss. Lsg. 27-1087; d. Syst. A./Bzl. in Ggw. v. J_2 (Kinetik) 27-1094; Ausb. u. Geschw.-Konst. v. H-Vorläufern bei d. γ-Radiolyse v. n-Propanol 27-1095; ESR v. γ-bestrahlten Fluoralkoholen 28-0886; γ-Radiolyse v. reinem Methanol 29-1065; Einfl. einiger gelöster Stoffe auf d. γ-Radiolyse v. Methanol 29-1066; Radikalabbruch-Mechanismus bei d. γ-Radiolyse v. krist. Cholinchlorid 29-1071; Polaritätseffekte bei d. γ-Radiolyse v. n-Alkoholen 37-1058; γ-Radiolyse d. Syst. Äthanol–Bzl. bei $-196°$ in Ggw. v. Elektronenfängern 40-0885.

Freie Radikale in γ-bestrahlten Olefin-organo-Kieselerden 4-0776.

ESR eines Einkrist. d. Addit.-Verbind. v. H_2O_2 mit Harnstoff nach γ-Bestrahl. 36-0341; γ-Radiolyse verd. wss. Lsg. v. Thioharnstoff 37-1059.

Mittlere Lebensdauer freier Radikalketten in ^{60}Co-γ-bestrahlten Lsg. v. Chloralhydrat u. Bromalhydrat 26-0995; γ-radiolyt. Spalt. v. n-Butyrophenon (Triplett-Beteilig.) 27-1097; γ-Radiolyse v. Aceton in fl. Phase (quant. Unters.) 37-1063.

γ-Radiolyse v. Dimethylglyoxim 6-0895.

In tritiiertem oder mit – bestrahltem Thymidin induzierte freien Radikale 1-0924; EPR-Spektren freier Radikale in γ-bestrahlter gefrorener Ameisensäure 3-0859; ESR-Spektrum v. $N(CH_3)_3$ in γ-bestrahltem Betain, $[(CH_3)_3N^+CH_2CO_2H]OH^-$ 5-0842; γ-Bestrahl. v. Palmitinsäure u. K-Palmitat (Bldg. peroxid. Radikale) 5-0890; γ-Strahlenchemie v. Benzylacetat bei -196 u. $+20°$ in polaren Lsgm. 6-0975; Imprägnier. v. Holz mit Methylmethacrylat u. nachfolgende Polymerisat. mittels – 6-3040; elektrochem. Mess. in wss. Lsg. v. Oxalsäure mit Hg-Tropf- u. Pt-Elektroden bei γ-Bestrahl. 9-0974; EPR-Spektren v. γ-bestrahlten Einkrist. v. Na-Succinat 13-0876; Unters. d. durch γ-Bestrahl. initiierten Polymerisat. v. Methacrylat (Dilatometer) 17-1988; γ-Radiolyse: v. Äthylenglykoldiacetat 18-0957; v. wss. Alaninlsg. 22-1015; v. wss. Mandelsäure-Lsg. 27-1102; paramagnet. Zentren bei d. ESR v. Silberoxalat im Anfangsstadium d. γ-Radiolyse 28-0370; anisotrope Hyperfeinstruktur in ESR-Spektren v. γ-bestrahlten Krist. v. Malonamid u. Glycin 29-0942; ESR eines γ-bestrahlten Einkrist. v. Barbitursäuredihydrat 33-1089; ESR-Spektrum: v. γ-bestrahlten Fumarsäure/Harnstoff-Einkrist. 33-1090; v. γ-bestrahlter Fumarsäure 34-0926; γ-Bestrahl. v. Maleinanhydrid in Bzl. 51/52-1005.

ESR-Unters. d. Elementarprozesse in d. Radio- u. Photochemie (γ-bestrahlte Kaliumalkylsulfate zwischen *77* u. *300* °K) 15-0378; Einfl. ionisierender γ-Strahlen auf Tributylphosphat (TBP) 15-1013; Änder. d. Pu-Extrakt.-Eig. v. Tri-n-butylphosphat u. Alkylaminen durch γ-Bestrahl. 21-2356; Verh. d. Extrakt.-Mittels TBP + CCl_4 bei γ-Bestrahl. 25-0779.

Strahl.-Zers. v. D-Glucose 9-0977; chem. Einfl. v. γ-Strahl. auf Cycloamylosen 9-0978; Energieübertrag. in Cycloheptaamylose-Komplexen 9-0979; Mechanismus d. zwischenmol. Energieübertrag. in Cycloamylosekomplexen nach γ-Bestrahl. 9-0980; Wrkg. d. γ-Bestrahl. auf wss. Lsg. v. α-Methyl-D-glucosid 40-0890; γ-Radiolyse wss. Lsg. v. Lactose u. Cellobiose (Kinetik) 40-0891.

Unters. v. wss. Lsg. d. Nucleinsäure u. verwandter Verb. mit Hilfe d. Puls-Radiolyse 1-0865; Spalt. v. Ketten u. H_2-Brücken bei d. γ-Bestrahl. v. DNS 4-0989; quant. ESR-Mess. d. durch – induzierten Radikale: in Nucleosiden 7-0871, 7-0872; in Nucleinsäurebasen u. Pentosen 7-0873; ^{60}Co-γ-Bestrahl. v. Desoxyribonucleohistonlsg. (Aminosäurenabbau) 7-1167; (Labilisier. d. DNS – Histon-Bind.) 7-1168; Wrkg. v. γ-Strahl. auf Polyriboadenyl- u. Polyribouridylsäuren u. deren bi- u. trifiläre Assoziat. 14-1537; γ-Bestrahl. v. DNS in verd. Lsg. 15-1271; Wrkg. auf d. DNS im Nucleoproteidkomplex 25-1309; γ-Bestrahl. v. DNS in verd. Lsg. 25-1469; physikal.-chem. Effekte nach d. Einw. v. – auf d. DNS 26-1215; γ-bestrahlte DNS als Matrize (Primer) bei d. RNS-Synth. 29-1314; Einfl. v. – auf Desoxyribonucleinsäuren 44-1149; strahlungsinduzierte Veränder. v. Rinderfett–Cephalin-Gemischen durch – (Hemm. d. cis–trans-Isomerisat.) 44-2967.

Physiologische Wirkungen

Durch – induzierte langleb. ESR in wss. biolog. Syst. 2-1371; Verlust v. K-Ionen in d. γ-bestrahlten Zelle 5-1528; kombinierte Wrkg. v. Desoxyfluoruridin mit – auf Chromosomen 7-1164.

Einfl.: v. – auf d. Aktivitäten v. Enzymen u. d. Hillsche Rk. in d. Chloroplasten 5-1341; v. ^{60}Co-Bestrahl. auf d. proteolyt. Aktivität d. Rattenleber (jahreszeitl. Veränder.) 5-1529; v. γ-Bestrahl. auf Lactatdehydrogenasen 11-1222; in vitro-Einfl. v. – auf verschiedene Cholinesterase-Präparat. 12-1245; Einfl. d. γ-Bestrahl.: auf d. Struktur d. Ribonuclease A 13-1205; auf d. Geschw. d. Ox. v. Tyrosin durch Tyrosinase 14-1538; auf d. (Na^+–K^+)-ATPase u. auf d. akt. Na-Transport durch biolog. Membranen 16-1397; auf saure u. alkal. Phosphatase 17-1316; auf d. Struktur v. Ribonuclease 19-1385; auf d. Enzymspiegel im Kuheuter 19-1710; auf d. Katalase-Aktivität v. normalen Mäusen u. Mutanten 20-1159; auf d. adapt. Synth. v. Tryptophanpyrrolase in d. Rattenleber 21-1736; Erhöh. d. Empfindlichk. d. tier. Organismus gegenüber – mit Hilfe v. Barenen 21-1755; Einfl. v. – auf d. oxydativen Enzyme in bestrahlten Tests u. Epididymis 21-1760; Inaktivier. v. α-Amylase u. Katalase durch – 23-1424; Einfl. v. – auf d. enzymat. Aktivität v. Actomyosin 26-1351; Lipaseaktivität im Fettgewebe u. in d. Leber nach γ-Bestrahl. 26-1665; Einfl. v. –: auf β-Fructofuranosidase in Kartoffeln 27-1555; auf UDP–Glucose–Fructose–Glucosyl-Transferase in Kartoffeln 27-1556; Aggregat.-Vermögen d. γ-bestrahlten Lysozyms (Unters. nach d. Meth. d. Löslichk. u. Gelfiltrat.) 30-1262; Aktivier. v. Ribonuclease I durch γ-Bestrahl. v. *30* S-Ribosomen aus E. coli 35-1288; Einfl. einer Ganzkörper-γ-Bestrahl. auf d. subzelluläre Verteil. d. Proteinasen im Rattenthymus 41-1600; Wrkg. v. – auf d. Fibrinase 41-1601; Inaktivier. d. Lsg. d. alkal. Phosphatase durch – u. Eig. d. bestrahlten Phosphatase 46-1228; Einfl. v. –: auf Fermente d. DNS-Synth. 47-1679; auf d. fermentativen Abbau d. Desoxyribonucleoproteide aus Geweben 51/52-1619.

γ-Bestrahl. v. Bakteriensporen u. vegetativen Zellen (Konz. freier Radikale) 2-1478; Aktivier. d. Diacetylbldg. durch Streptococcus diacetilactis durch γ-Bestrahl. 7-1287; Wrkg. v. – auf Bakteriophagen mit einspiral. RNS u. DNS 7-1328; Bodenentw. unter Einw. v. – 10-3003; Acriflavinhemm. d. Dunkelwiederherst. u. d. Absterben späterer Generat. nach γ-Bestrahl. v. Chlamydomonas reinhardi 13-1277; Sensibilisier. v. Hefen gegen – durch Diäthylcarbonat 18-1256; neue – -Modifikatoren bei Bakterien 19-1443; – -Sensibilisier. v. Hefen durch Jodacetamid 19-1708; Wrkg. d. γ-Bestrahl. auf d. Einbau v. ^{14}C-Uracil in Euglena-Zellen 23-1301; Inaktivier. d. Phagen, seiner DNS mit Transfekt.-Fähigk. u. d. Bakterientransformat.-Aktivität nach γ-Bestrahl. (mol. Mechanismus) 25-1469; Einfl. v. – auf Actinomyces spheroides 26-1444; Temp.-Abhängigk. u. Glycerin-Einfl. auf d. Strahlenempfindlichk. v. Bakteriophage E. coli-Komplexen bei direkter u. indirekter Einw. v. – 26-1654; γ-Bestrahl. v. Staphylokokken-Enterotoxin B 26-1668; Entgift. v. Salmonella typhimurium-Liposaccharid durch – 30-1331; Lebensfähigk. d. Mikroorganismen d. Bodens bei γ-Bestrahl. 34-1338; Zerfall d. DNS bei E. coli 15T⁻L⁻ durch – -Induzier. 35-1227; Bldg. v. Itaconsäure u. Itaweinsäure durch mit UV-Licht u. – behandelte Isolate v. Aspergillus terreus 46-1293; Nucleotidzus. d. DNS d. Bakterien u. ihre Empfindlichk. gegenüber – 46-1310.

Einfl. v. – auf d. Prolingeh. v. Kartoffelknollen 1-1311; positiver Thiobarbiturtest auf Peroxide im Extrakt v. γ-bestrahlten Flachssamen 1-1312; Einfl. v. – auf Datura stramonium var. inermis aus d. U.A.R. 7-1332; durch – induzierte Chromosomenbrüche bei Gerstensaatgut (Einfl. v. Diäthylpyrocarbonat) 9-1151; freie Aminosäuren in γ-bestrahlten Karotten 10-1326; Äthylenbldg. in Erbsenepikotylengeweben nach Bestrahl. mit – v. ^{60}Co 14-1374; Einfl. v. ^{60}Co-γ-Bestrahl. auf d. Ox.-Kapazität u. quant. Erhol. bei Birnen-Mitochondrien nach massiven Dosen ionisierender Strahl. 21-1531; Gibberellin u. Wachstum v. isolierten Weizenembryonen nach γ-Bestrahl. 24-1527; Einfl.: d. γ-Bestrahl. d. Weizenkorns auf d. Biosynth. v. Thiamin 34-1379; d. – auf d. Pflanzenertrag 34-1380; d. vorsaatl. Strahl. auf Lupinensamen mit ^{60}Co- – auf d. Ansamml. v. Alkaloiden 37-1551; v. – auf d. organ. P-Verb. im Pflanzengewebe 45-1448; v. – auf d. Entw. v. Nicotiana tabacum 45-1451.

Einfl.: v. ^{60}Co- – auf d. Aminoazofarbstoff-N-demethylierende Aktivität bei d. sich regenerierenden Rattenleber 1-1402; v. lokaler γ-Bestrahl. auf subkutane Granulome (Kollagen- u. Hexosaminveränder.) 2-1116; – -Wrkg. (^{60}Co) auf Mortalität u. Mißbldg. bei Hühnerembryos 3-1523; ^{137}Cs-γ-Strahl. u. Wundheil. (Bedeut. v. Schwefelaminosäuren) 4-1284; Wrkg. v. γ-Bestrahl. auf d. Funkt. d. neurosekretor. Zellen 6-1565; Kollagen u. d. Mucopolysaccharide indurierter Haut v. Patienten nach Telekobaltbestrahl. (Wrkg. v. DMSO) 7-1568; Einfl. d. γ-Bestrahl.: auf d. Phosphorylier. d. Histone bei Ratten 7-1571; mit geringer Dosisleist. auf d. Wrkg. v. oral angewandtem Cystamin bei Mäusen 7-1575; biolog. Differenzier. v. ^{99}Mo u. ^{99m}Tc bei Kaninchen u. d. Einfl. auf d. γ-Zählrate v. Plasmaproben 13-1549; Beeinfluss. d. Properdin-Geh. u. d. Agglutininbldg. durch Ganzkörperbestrahl. v. Ratten 18-1547; Verlauf d. Strahlenkrankh. v. Ratten nach γ-Bestrahl. (Einfl. d. BACG-Vakzine) 21-1764; durch – induzierte mitot. Verzöger. in Seeigel-Eiern (Behandl. mit Puromycin u. Actinomycin D) 23-1260; Nucleinsäuren in normalen u. γ-bestrahlten Eiern v. Bombyx mori 23-1295; Wrkg. v. ^{60}Co- – auf Glykogenstoffwechsel u. DNS-Synth. v. Yoshida-Sarkom 23-1323; Ag-Aufnahme im Gehirn chron. γ-bestrahlter Ratten (Unters. durch Neutronenaktivier.-Analyse) 26-1656; – -Empfindlichk. v. Ephestia kuehniella (Transindukt. v. DNS) 27-1373; Einfl. d. – : auf d. Antikörperbldg. durch d. Milzzellen in vivo 34-1501; auf d. Synth. u. d. Zerfall d. rasch markierbaren RNS in HeLa-Zellen 41-1197; auf d. Synth. v. Eiweiß u. DNS in d. Zellen d. aszit. Ehrlich-Karzinoms 45-1311; auf d. Freiradikalrk. in d. Organellen d. Leberzellen 45-1670; Glykolyse in d. Erythrozyten nach γ-Bestrahl. 46-1491; Einfl. einer Ganzkörper-γ-Bestrahl. auf d. Konz. v. Kernhistonen im Rattenthymus 49/50-1582.

Wirkung auf Lebensmittel

γ-emittierende Fallout-Nuclide in d. niederländ. Nahr. 2-1479; Wrkg. v. – : auf Milch u. Milchproteine 10-3095; auf d. Haltbark. frischer Himbeeren 47-3190.

Wirkung auf technische Produkte

Siehe auch d. Abschnitte *Physikalische Wirkungen* u. *Chemische Wirkungen*.

Einfl. d. – : auf d. PVC-Faser 9-2979; auf Arzneimittel 21-1841; auf d. Ölalter. 24-2599; auf d. Säure- u. Basenaufnahmevermögen d. Leders 24-3059; auf gegerbtes Kollagen 46-2846.

Anwendungen

Anwend. v. – zur Behandl. v. Lebensmitteln s. d. vorst. Abschnitt *Wirkung auf Lebensmittel*. Durchführ. spezieller chem. Rk. unter γ-Bestrahl. s. d. vorst. Abschnitt *Chemische Wirkungen*. Anwend. v. – -Mess. s. d. nachst. Abschnitt *Meßverfahren und deren Anwendung*.

Bestrahl. v. Spirituosen mit – zur künstl. Alter. 2-2942*; γ-Bestrahl. v. Nadelhölzern u. Buchenholz 5-3164; Steinkohlenentgas. durch – 11-2654; Verbesser. d. Sammler-Eig. v. Na-Oleat durch γ-Bestrahl. 15-2168; Entseuch. v. Getreidewaschwasser durch γ-Bestrahl. 22-2295; Fixier. photoelast. Interferenzbilder durch – 36-0309; Umwandl. v. – in elektr. Energie mittels eines galvan. Elements 38-2367.

Meßverfahren und deren Anwendung

Ergebnisse spezieller Mess. s. unter d. entsprechenden Stichwörtern.

Standardisier. v. Radionukliden; Ansprechvermögen v. 4 π-Proportionalzählern auf – ; Meth. zur Mess. d. γ-Zählausb. v. 4 π-β-Gaszählern; adiabat. γ-Kalorimeter erhöhter Empfindlichk.; Analyse u. Steuer. radioakt. Standards mit Hilfe d. γ-Spektrometrie 2-1768; Darst. d. geometr. Abbild.-Eig. v. – -Detektoren 3-1974; neuart. Abschirm. für d. γ-Spektrometer 3-1975; Pulsformverteil. v. – in Li-gedrifteten Ge-Detektoren 3-1976; Erzeug. v. einzelnen – -Profilen für d. Analyse v. Spektren 3-1995; Instrument zum Messen d. Intensität v. – 3-2013*; Vgl. ber. u. experimenteller Werte für d. Photoanteil v. Szintillat.-Krist. 4-1582; magnet. Paarspektrometer für – mit Energie v. *5 – 50* MeV 4-1591; Änder. d. Probeneig. als Fehlerquelle bei d. γ-Spektrometrie großer Probenvol. 4-1596; Compton-Halbleiter-γ-Spektrometer mit verbesserter Lichtstärke 7-1908; γ-Spektroskopie 9-1812; Mess. v. Hochdosis-γ-Flüssen v. Reaktorimpulsen u. starken γ-Quellen mit Hilfe d. Leitfähigk. v. Cu_2O 10-1883; Genauigk. u. Empfindlichk. v. – -Filmmess. (innere u. äußere Fehler) 13-1815; Berechn. d. – -Nachw.-Empfindlichk. v. ring- u. bohrlochförm. NaJ-Krist. 14-1887; Großdetektor u. Antikoinzidenz-geschirmtes, vieldimensionales γ-Spektrometer 15-1963; Spektrometer für Unters. mit Neutroneneinfang- – 15-1964; Verbesser. an einem Funkenkammersyst. zum Nachw. v. Hochenergie- – 16-1883; Ansprechen eines Li-gedrifteten Si-Detektors auf – 16-1887; Best. v. totalen Massenabsorpt.-Koeff. für – 17-0348; Gesichtspunkte für d. Entwurf v. γ-D.-Meßgeräten nach d. Durchstrahl.-Prinzip 18-1852; Vielzählergoniometer für γ – γ-Winkelkorrelat.-Mess. 18-1907; Vielparametermeßsyst. für Neutronenresonanz-Einfang- – 18-1910; spektrometr. Zähler für γ-Quanten auf d. Basis v. Ge mit Strahl.-Defekten 19-2069; multidimensionale γ-Spektrometrie mit Antikoinzidenzabschirm. zur direkten Analyse v. Radionuklidgemischen 19-2073; experimentelle Unters. d. Schwank. u. Fehler d. γ-Spektrometrie bei d. radiochem. u. Aktivier.-Analyse 19-2074; Summen-Koinzidenz-γ-Spektrometrie bei d. Spurenbest. v. ^{60}Co u. ^{110m}Ag in Meeresorganismen 20-1950; Gradeinteil. d. Szintillat.-Luft-γ-Spektrometers ASG-*48* 22-2045; γ-Radiometer für d. kontinuierl. Registrier. niedr. Kontaminier.-Niveaus im Meerwasser 23-2167; prakt. Vgl. zwischen N_2O- u. Fricke-Dosimetrie für d. Ermittl. d. in gasf. Medien absorbierten γ-Energie 24-1992; γ-Impulsdosimeter 24-1993; Totalabsorpt.-γ-Spektrometersyst. für n, n′-γ-Mess. mit gepulstem Strahl 25-2010; Mess. d. Zirkularpolarisat. v. – durch Reflex. an einem magnetisierten Einkrist. 26-1977; hochauflösendes γ-Spektrometer mit Ge(Li)-Detektor u. Feldeffekttransistor-Vorverstärker 26-1993; Herst. v. Li-gedrifteten Ge-p–i–n-Detektoren für hochauflösende γ-Spektroskopie 26-1994; Anwend. v. SGDS-Gläsern zur Dosimetrie d. γ-Strahl. d. IGR-Reaktors 27-2134; Einfl. schneller Neutronen auf d. Thermolumineszenz-Ansprechvermögen v. ^{7}LiF für – 27-2137; Mess. d. Dosisleist. v. – mit Si-Strahl.-Detektoren 27-2138; neues Instrument zur Best. d. Intensität v. – (Gauß-Quantometer) 28-1970; Mess.: d. Dosisleist. u. Toleranzflußdichte hochenerget. – 32-1877; ber. γ-Effektivitäten v. NaJ(Tl)-Detektoren für gasf. zylindr. Quellen 32-1929; Koinzidenz–Antikoinzidenz - γ - Spektrometrie mit gespaltenem, ringförm. NaJ(Tl)-Krist. u. Ge(Li)-Detektor 32-1930; Ansprechfunkt. eines Ge(Li)–NaJ(Tl)-Detektorsyst. (γ-Spektrometer) 32-1932; Compton-Polarimeter für Neutroneneinfang-γ-Strahl. 32-1936; v. γ-Strahlern mit d. Einkanalanalysator im „Plateau" 33-2166; Mn–As–Boratglas-Dosimeter bei Mess. v. – hoher Konz. 36-2279; mit n-Hexan gefüllte Ionisat.-Kammern zur Dosisbest. v. – 38-1017; Ge-γ-Strahlspektrometer (Übersichtsbericht) 38-2017; γ-Dosimetrie mit Polyvinylfluorid 38-2018; Best. d. γ-Dosisleist. an einem Außenpunkt auf d. Hauptachse einer festen, rotationsellipt. radioakt. Quelle 38-2129; Best. d. absorbierten Dosen bei γ-Bestrahl. v. polymerem Material 39-1083; Unters. über d. Eign. verschiedener γ-Dosimetersyst. für d. Havariedosimetrie 40-1709; Aussagefähigk. v. Personendosimetern über d. Energie d. – 41-1927; Hochenergie-γ-Detektor mit Winkel- u. Spektralauflös. 41-1993; Seiten-Bohrloch-γ-Strahldetektor 41-1994; Eichvorr. für punktförm. – -Quellen 41-1996; Winkelkorrelat.-Korrekturen auf begrenzte Raumwinkel für rechteck. Ge(Li)-γ-Detektoren 41-2007; Antikoinzidenz-geschirmtes γ-Spektrometer zur Unters. v. Kernrk. 44-1770; Ansprechkurven eines Ge(Li)-Detektors auf – im Energiebereich bis zu *11* MeV 45-2028; Spektrometrie niederenerget. – mit Ge(Li)-Detektoren (Aufnahme d. ^{57}Co-Spektrums); Ge(Li)-Spektrometer zur Unters. v. Neutronen-Einfang-γ-Strahlen 46-1756; Energie d. ^{40}K- – u. Verw. als Eichstandard; Elektron-γ- u. Elektron–Elektron-Koinzidenzspektrometer mit Halbleiterzählern 47-1868; Berechn. d. Amplitudenverteil. in d. γ-spektrometr. Mess. mittels Ge-Detektoren; tabellierte Wrkg.-Grade einiger γ-Szintillat.-Detektoren v. Muldentyp für verschiedene Geometrien 47-1869; *4* π-γ-Ionisat.-Kammer zur Mess. niederenerget. – ; Auswahl v. Li-gedrifteten Ge-Detektoren für γ-Spektroskopie 47-1870; abs. Aktivitätsmess. v. γ-Quellen mittels eines Szintillat.-Zählers bei fester Geometrie; CdTe als γ-Detektor 47-1871; Bestrahl. v. Ge(Li)-Detektoren mit ^{137}Cs-γ-Strahl. 47-1918; radiometr. Best. d. optimalen Anwend.-Beding. radioakt. Quellen in d. γ-Defektoskopie 47-2349; Energiemess. hochenerget. – ; Mess. d. – aus d. Einfang therm. Neutronen mit Ge(Li)-Spektrometern u. inneren Reaktortargets; Ge(Li)-Einkristall-Compton-Spektrometer (γ-Nachw. in Ggw. v. starken Compton- u. Neutronen-Backgrounds) 48-1762; Gütekontrolle für ein γ-Szintillat.-Spektrometer mit Hilfe eines Computers 48-1803; Neutroneneinfang-γ-Meßeinricht. hoher Empfindlichk. 49/50-1820; empir. Meth. zur Best. d. relativen Wrkg.-Grades eines Ge(Li)-Detektors; γ-Spektrometer mit extremen Low-level 49/50-1820; γ-Dosimetrie mit luftfreier Fe(II)-Sulfatlsg. bei *150 – 250°* 49/50-1861; Faktoren für d. Berechn. d. γ-Dosisleist. einer unendl. ausgedehnten ebenen Platte 49/50-1862; Mess. d. Umgeb.-Strahl. in einem Steinsalzbergwerk 49/50-2132; Impulshöhedefekt infolge Elektronenwechselwrkg. in d. Totschichten v. Ge(Li)-γ-Detektoren 51/52-1806; Best. d. räuml. Verteil. d. absorbierten Dosis d. ^{60}Co- – mittels Filmen aus Cellulosetriacetat 51/52-1808.

Analyse v. – -Szintillat.-Spektren unter Verw. eines Krist.-Monochromators mit Hilfe d. Meth. d. kleinsten Quadrate 4-1594; Analyse d. γ-Spektren v. NaJ(Tl)- u. Ge(Li)-Spektrometern (Computerprogramme) 4-1595; allg. anwendbares Rechenprogramm zur Auswert. u. Analyse v. γ-Spektren 12-1827; Auswert. v. γ-Photopeaks 16-1891; Einfl. d. Spektrometerstabilisier. auf d. Analyse zusammengesetzter γ-Szintillat.-Spektren 19-2068; Richtlinien zur Analyse v. γ-Spektren 22-2049; Rechenprogramme zur Auswert. v. γ-Spektren 32-1954; elektron. Instabilität u. χ^2-Test bei d. γ-Spektrumzerleg. 35-2000; mathemat. Darst. d. Photopeaks v. γ-Spektren eines NaJ-Szintillators 35-2010; Best. v. γ-Peakflächen bei d. Auswert. v. Aktivier.-Analysen 39-1904; Anwend. d. Iterat.-Meth. d. gewogenen kleinsten Quadrate zur Analyse d. γ-Spektren bei d. unelast. Streuung v. Neutronen 45-1979; Analyse v. zeitabhäng. γ-Impulshöhenspektren nach d. Meth. d. kleinsten Quadrate 47-1868; mathemat. Glätten v. γ-Spektren; Auswert.-Syst. v. kernphysikal. Daten auf Computerbasis (Teilchen-γ-Korrelat.) 47-1870; verbessertes Rechnerprogramm zur Best. v. Radioisotopen durch Auflös. d. γ-Spektren nach d. kleinsten Fehlerquadraten 47-1919.

Best. v. Spurenverunreinig. durch Neutronenaktivier. u. γ-Spektrometrie 2-0001; Dickenmess. einer Betonplatte mit – 2-2154; kolorimetr. Identifizier. v. Isotopen über d. – 7-1907; kontinuierl. Kontrolle heißer Vorblöcke mittels – 8-2329; Anwend. d. Röntgen-γ-Dosimeters VA-J-*15* für Strahlenschutzmess. 10-1850; – -Reflex. zur Best. v. Fl.-Ständen u. -D. 19-2361; zerstörungsfreie Abbrandbest. d. Brennstoffs durch d. Mess. d. – -Intensität 21-2355; Verw. v. Li-gedrifteten Ge-Dioden für d. γ-spektrometr. Best. radioakt. Spaltprod.-Nuklide 23-2069; Best. d. D. v. feuerfesten Stoffen durch Mess. d. Absorpt. v. γ-Strahlen 24-2313; Fortschritte in d. Röntgenblitztechnik zur Unters. schnell verlaufender Vorgänge in d. Plasmaphysik u. d. β/γ-Graphie 29-1985; γ-spektrometr. Kontrolle d. radioisotopen Zus. d. W. im ersten Kühlkreislauf d. Kernreaktors IRT-*1000*, Sofia 30-2142; Ermittl. d. Nachw.-Grenze bei Aktivier.-Analysen mit γ-Spektrometrie 31-

2040; γ-Defektoskopie 32-1948; Analyse: mit Hilfe v. – nach Neutroneneinfang aus Quellen niedr. Energie 33-2170; v. Gasen durch Absorpt. v. weicher – 35-1943; Anwend. d. γ-Streustrahl. für Unters. u. Mess. physikal. Größen 36-2031; ^{60}Co-– zur kalorimetr. Best. d. G-Wertes d. Fe_2SO_4-Dosimeters 37-2081; Best. v. B in Glas durch Mess. d. – nach Neutronenbestrahl. 38-2152; Ermittl. d. günstigsten Integrat.-Zeitkonst. bei d. γ-Durchstrahl.-Prüf. v. Werkstoffen 40-1951; Mess. d. Abbrandes bei Nulleist.-Vers. durch γ-Spektrometrie 40-1989; automat. Abtast. v. Chromatogrammplatten mit Hilfe eines ––Spektrometers 42-1792; Korrektur an Mess. d. Reorientier.-Effekts (durch Schwäch. d. γ-Winkelverteil.) 44-0004; Best. d. Niveaus v. Fl. nach d. Meth. d. Streuung d. – 47-2161; Unters. v. Sedimentat.-Vorgängen bei Flock.-Verf. mit γ-Strahlern 48-2037; Best. d. scheinbaren D. v. feuerfesten Stoffen durch Absorpt. v. – 49/50-2229.

Sonstige Apparate und Methodik

Frontverstärkerschirme aus Pb für d. γ-Radiographie 39-1905.

Bibliographie

Russ.: γ-Strahlung des radioaktiven Fallouts B 38; Resonanzstreuung der γ-Strahlen an Kernen B 49.

L'analyse par activation. Traitement des informations en spectrométrie gamma après irradiation aux neutrons B 37.

Gammexan s. unter $C_6H_6Cl_6$.
Gangleron s. unter $C_{20}H_{33}NO_3$.
Ganglienblocker s. unter *Nerven*.
Ganglioplegika s. unter *Nerven*.
Ganglioside

Siehe auch *Glykolipoide*; *Sphingomyeline*.

Struktur u. Funkt. d. – (Übersicht) 51/52-1437; Geh.: in isolierten Membranen d. Kortex d. Rattenhirns 1-1492; im Rinderhirnmyelin 18-1536; subzelluläre Lokalisat. im Gehirn 25-1681; Verteil. d. Protein-gebundenen u. Protein-freien – in subzellulären Frakt. d. ganzen Rattengehirns 34-1547; Konz. d. menschl. Gehirns (Wrkg. d. Formaldehydfixier.) 39-1519; – in isolierten Neuronen u. Gliazellen 44-1060; ––Neuraminsäure aus Rattenhirn (Säulenchromatographie) 13-1543; Zus. v. Gehirn-– 25-1682; Komponenten d. Gehirn-– 25-1683; zwei Komponenten d. Gemisches d. Gehirn-– 51/52-1617.

Einbau v. Glucose-C in – durch Hirnschnitte v. Ratten während d. Entw. 6-1305; Bldg. u. Umsatz d. Gehirn-– während d. Entw. 35-1643.

Konstit.-Ermittl. (Übersicht) 37-1712; Bedeut. d. polaren Gruppen v. Hirn-– für ihre Eig. an d. Grenzfläche Luft–W. 44-1391; Verh. in einem Zweiphasen-Chloroform–Methanol–W.-Syst. (Wrkg. physiolog. Kationen) 2-1462; Bind. v. Ca an ––W.-Grenzflächen 9-1161; Perjodatox. (Freisetz. v. Kohlenhydraten durch Osmium-katalysierte Perjodatox. u. nachfolgende Behandl. mit mildem Alkali) 45-1523.

Rk. v. Lysozym mit – 13-1218; Hydrolyse v. Monosialo-– durch β-Galaktosidase d. Rattengehirns 15-1379; Nucleohistondissoziat. durch ––Mizellen 20-1172; ––Stoffwechselstör. mit Anhäuf. v. Ceramidlactosid, Monosialoceramidlactosid u. Tay-Sachs-Gangliosid im Gehirn 20-1572; Aktivität verschiedener reiner – als Serotoninrezeptoren 14-1474.

Analyse d. – v. Kryostat-Reihenschnitten durch d. Ammonshorn u. d. Kleinhirnfolien 51/52-1616.

Gangliosid G_{Lact}, Ozonolyse 38-1188.
Gangtokmycin, Herst. durch Zücht. v. Streptomyces gangtokensis 37-1896*.
Gantrisin s. unter $C_{11}H_{13}N_3O_3S$.
Gargilon s. unter $C_{30}H_{42}N_4O_2$.
Garne s. unter *Textilstoffe*.
Garnelen s. unter *Crustaceen*.
Garnierit s. unter *Antigorit*.
Garronit, Kristallisat. v. – unter hydrothermalen Beding. 48-0775.
Garryin s. unter $C_{22}H_{33}NO_2$.

Gasabsorption

Chemisorpt. u. Bezieh. zur Katalyse s. unter *Adsorption*. ––Verf.: bei d. *Elementaranalyse*; bei d. *Gasanalyse*; bei d. *Gasreinigung* s. dort. Allgemeines über Kolonnen s. unter *Scheiden*. Herst. v. Gettern s. unter *Vakuumtechnik*. ––Wärme s. unter *Lösungs- und Mischungswärme bzw. -energie*.

Allgemeines

– (Literaturübersicht *1965* u. *1966*) 34-2111; (Fortschrittsbericht) 37-2306.

Kinetik d. – aus Trägergasstrom bei stufenweiser Konz.-Änder. 3-2165; tern. Zustandsschaubild zur Berechn. d. isothermen – v. *2* Komponenten eines Gasgemisches durch fl. Lsgm. 5-0572; Äquivalenz d. Durchdring.- u. Potentialflußtheorie d. Stoffübergangs zwischen Gasblase u. strömender Fl. 5-2056; – infolge irreversibler chem. Rk. in Fl. 6-0673; Abhängigk. d. Transporteig. auf d. gasseit. Stoffübergangskoeff. 6-2042; physikal. Löslichk. v. Gasen in geschmolzenem SiO_2 8-0505; – durch Fl. bei momentaner chem. Rk. 8-0506; experimentelle Prüf. theoret. Gleich. v. – mit chem. Rk. 10-2075; ––Vers. 12-0519; Einfl. v. Leg.-Elementen auf d. Gassättig. v. fl. Ni 15-2445; – u. Stoffübergang bei d. annularen u. dispersen horizontalen Ström. zweier Phasen 21-2323; Gründe für d. geringe Löslichk. unpolarer Gase in W. 22-0558; Kriterium für d. Übersättig. bei gleichzeit. Absorpt. u. Desorpt. v. Gas 24-2178; Stoffübergang bei – an freien Fl.-Oberflächen 26-2188; Wrkg. v. Na auf d. Kinetik d. Gasaufnahme v. fl. Silumin AL*2* u. AL*4* 26-2438; Stoffübertrag. mit chem. Rk. v. einzelnen Gasblasen 33-2373; Berechn. d. – durch feste Sorbentien 34-2112; Löslichk. d. Gase unter Druck in Fl. 35-0464; – in horizontaler gleichgerichteter Blasenström. 35-2203; Lsgm.-Gegendiffus. bei d. – 35-2204; Mechanismus d. Absorpt. v. Teilchen eines wss. Aerosols an d. Oberfläche v. Lsg. 36-0564; Stoffaustausch in Rohren mit benetzter Wand bei Vermisch. d. Gasphase durch Rühr. 36-2108; Gesetzmäßigk. d. – durch Tropfen kleinen Durchmessers 36-2110; Kinetik d. mit chem. Rk. kombinierten – in Lsg. 37-2324; – durch wss. Aktivkohle-Suspens. 39-2179; Rolle d. Fl.-Eig. bei d. – 39-2181; begrenzte Löslichk. v. Gasen in Gemischen v. He u. F-Verb. 41-0454; Temp.- u. Konz.-Verteil. bei – 41-2202; Kinetik d. mit chem. Rk. kombinierten – 42-1989; adiabat. – (theoret. Grundlagen u. Anwend.) 43-2171; Diffus. u. chem. Rk. bei d. – 43-2225; Einfl. v. Inertgasdruck u. -löslichk. auf d. Leitfähigk. geschmolzener Salze 46-0534; Einfangkoeff. u. Desorpt.-Geschw. v. Atomen an Metallgittern (eindimensionales Modell) 48-0644; Folger. u. Erweiter. d. Durchdring.-Theorie d. – durch Fl. 49/50-0393.

Druckverlust u. Stoffaustausch in Ventilböden v. ––Kolonnen 1-1945; Anwend. d. Grenzflächentheorie einschließl. Andrewscher Näher. auf – bei chem. Rk. in Gas–Fl.-Reaktoren 1-1983; Hydrodynamik u. Stoffaustausch im düsenfreien Venturi-Absorber 6-2045; – im zyklonart. Diffus.-App. bei koaxialer Anordn. 6-2046; Einfl. d. Pulsierens d. Gasstroms in Füllkörperabsorpt.-Kolonnen 10-2072; Intensivier. d. – durch Impulse niedr. Frequenz 10-2073; Abhängigk. d. Schaumdichte v. Fl.-Durchsatz u. Gasdurchsatz in ––Kolonnen 10-2074; Gas-Holdup u. Stoffaustausch in Blasenkolonnen 11-2085; Modell d. Fl.-Verteil. in Füllkörperabsorpt.-Kolonnen 14-2092; Stoffaustausch in Rohren mit berieselten Wänden bei Gegenstrom d. Gases 14-2093; Vgl. zwischen d. chem. – mit schnellen Rk. *1.* Ordn. u. d. physikal. – in Füllkörperkolonnen 14-2094; Stoffabgabe in Rohren mit berieselter Wand bei Durchmisch. d. fl. Phase 15-2188; Umlaufbeding. d. körn. Materials in Fünfstufen-Wirbelschichtapp. 15-2198; – durch d. freie Fl.-Oberfläche v. Rührbehältern im turbulenten Bereich 18-2087; Verweilzeitverteil. d. fl. Phase in Füllkörper-Absorpt.-Kolonnen 19-2332; Übergangsverh. v. Absorbern für mehrkomponent. Gase 21-2321; Einfl. d. Verteil. d. Beriesel. u. d. Höhe d. Füllkörperschicht auf d. ––Effektivität in Kolonnen mit verschiedenen Füllringen 23-2325; Berechn.-Verf. für d. Zerleg. schwer trennbarer Zweistoffgemische durch selektive – 23-2326; Wahl d. Computerverf. für Absorber 25-2266; Gleichstrom-Gas–Fl.-Kontakt in Füllkörperkolonnen 29-2274; hydraul. Widerstand d. Aktivkohleschicht beim Durchgang eines aufsteigenden Gas–Fl.-Stroms 33-2374; Einfl. d. Abmess. eines Venturi-Absorbers auf d. – 36-2105; Analyse v. ––Prozessen mit chem. Rk. in Industrieapp. 36-2106; – v. Gasen durch Fl. in Rührkesseln 39-2180; Fl.-Texturschwank. beim Durchfluß durch Füllkörper-Absorpt.-Kolonne im Gegen- oder Gleichstrom mit Gas 39-2182; gleichzeit. Best. v. axialer Dispers. u. Stoffübergangszahlen in ––Kolonnen 39-2183; Fl.-Phasenwiderstand im Füllbereich bei d. – in Füllkörperkolonnen 40-1965; Minimumverhältnis d. Ström.-Geschw. zweier Phasen im Gegenstrom–Gleichgew.-Stufenbetrieb bei d. – 42-1988; Energieverbrauch u. Gas-Holdup d. Pulsat.-Kolonne 45-2284; Anwend. v. Zeitverzöger. bei d. Simulier. v. ––Füllkörperkolonnen 45-2285.

Absorption spezieller Gase durch Flüssigkeiten und Schmelzen

Löslichk.: v. He in fl. Ar, O u. Kohlenmonoxid 6-0572; v. Ar in H_2O–CH_3OH-Misch. 45-0482.

H-Löslichk.: in Fe, Co, Cu, Ni u. bin. Ni-Leg. bei *900–1680°* 4-1956; in KOH u. H_2SO_4 12-0520; in fl. Ni 24-0559; in fl. Fe-Leg. mit Übergangselementen d. *2.* Periode 31-2536; in fl. Ti u. Ni 34-0600; in d. Syst. v. KOH, RbOH u. CsOH mit W. 35-0472; in fl. Fe u. bin. Fe-Leg. 36-2332; in KOH/K_2CO_3/K_2ZnO_2-Lsg. 49/50-0446.

O-Löslichk. in unterkühlten Fe-Schmelzen 1-2199; Löslichk.: u. Diffus.-Koeff. v. O_2 in KOH 3-0544; v. O_2 in n-Decan u. Tetrakis-[dimethylamino]-äthylen 12-0790; v. O_2 in Fe–Ce-Schmelzen bei ihrer Entkohl. 14-2299; v. O_2 in fl. Ag 17-0622; Kinetik d. –: v. Luft-O_2 durch fl. Ag 20-0493; Grenzlöslichk. v. O_2 in geschmolzenem Fe, Co u. Ni 28-0583; Kinetik d. – v. O_2 in wss. CuCl-Lsg. 30-0663; Zusammenhang zwischen d. – v. O_2 in $K_2S_2O_8$ + Dialkylaminoalkohol u. d. Polymerisat. v. Styrol, Acrylnitril u. Vinylacetat 36-0629; Löslichk. v. O_2: in Meerwasser 38-0774; in geschmolzenen Cu–Co-Leg. 44-0464; Bedeut. d. O-Löslichk. für d. Geschw. d. O-Übertrag. in Glucoselsg. 48-1050; Einfl. v. Cumolhydroperoxid auf d. – v. O_2 in Cumol 48-2320; – v. O_2 in Abhängigk. v. Druck in Ag-Schmelzen 49/50-0423.

Löslichk. v. W.-Dampf: in fl. Schlacken d. Syst. CaO–SiO_2–Al_2O_3 35-2389; u. O_2 in NaOH-Schmelzen 40-0428.

Ammoniakal. – v. Stickoxiden 5-2076; Löslichk. v. N_2 in fl. Leg. auf Mn-Basis 6-0574; Kinetik d. –: v. Stickoxiden durch $(NH_4)_2CO_3$-Lsg. 6-2043; v. NO_2 durch HNO_3–H_2SO_4 7-2086; Koeff. d. Füllkörperkolonne bei NO_2-– durch HNO_3–H_2SO_4 7-2087; Wrkg. v. Zusatzelementen auf d. Löslichk. v. N in Fe-Schmelzen bei *1600°* 9-2331; N_2-Löslichk. in fl. Ni–Ce-Leg. mit Nitridphase 21-2553; – v. Stickoxiden aus Industrieabgasen 23-2399*; Wrkg. v. Zusatzelementen auf d. Löslichk. v. N_2 in Fe-reichen Schmelzen 23-2554; Ström.-Widerstand d. Gitterböden v. ––Kolonnen für Stickoxide 27-2382; Optimier. d. – v. Stickoxiden aus Abgasen im Schaum-App. 28-2182; Löslichk.: v. N_2 in Schmelzen aus metall. Normangan 32-2385; v. NH_3 in wss. Kalilaugelsg. 42-0423; v. N_2 in fl. Mehrkomponenten-Fe-Leg. (Cr, Nb, Mo, Ni, Si) 44-0107.

Löslichk.: v. Cl in CCl_4 6-0573; v. HCl in Triäthoxysilan 7-0526; v. Cl_2 in geschmolzenem $PbCl_2$–KCl 7-0527; adiabat. – verd. HCl-Gase in Bodenkolonnen 11-2472; Löslichk.: v. HCl in Sulfonen, Sulfonaten u. Sulfonylchloriden 13-0898; v. Cl_2 in d. eutekt. Schmelze $AlCl_3$/NaCl/KCl 7-0601; v. Cl_2 in 1.2-Dichloräthan 23-0610; – v. Cl_2 in ruhenden Fl. in einfachem Sperrhahn-Absorber 37-2323; Löslichk. v. HCl in 1.2-Dichlor-, 1.1.2-Trichlor-, 1.1.2.2-Tetrachloräthan u. in Trichloräthylen 41-0456.

Kinetik d. SO_2-Abtrenn. aus Ammoniumsulfit/-hydrogensulfit-Lsg. in Füllkörpersäulen 3-2167; –: v. SO_2 durch Na_2CO_3-Lsg. im Venturi-Rohr 6-2044; v. SO_2 durch W. u. wss. Lsg. oberflächenakt. Stoffe 6-2045; Löslichk. v. SO_2 in geschmolzenem S 20-0491; selektive – v. H_2S aus d. Abgasen v. Winkler-Gasbetrieben durch Lsg. 23-2378; H_2S-– in wss. Monoäthanolamin-Lsg. 29-0980; Löslichk. v. H_2S in $HClO_4$/$NaClO_4$/H_2O-Misch. 37-0553; – v. SO_2 in Hg 44-0107.

– v. CO_2 in wss. Lsg. v. Borax u. v. H_2S in W. unterhalb Atmosphärendruck 3-0543; ––Gleich. für CO_2 in Äthylaminen u. Äthylendiamin 4-1619; ––Geschw. v. CO_2 in NaCl enthaltenden wss. Lsg. v. Äthanolamin 5-0573; Löslichk. v. CO_2 in geschmolzenen Alkalimetallhalogeniden 10-0535; Einfl. v. O_2 auf d. C-Löslichk. in fl. Guß-Fe 12-2294; – v. $^{14}CO_2$ u. direkte Mess. im Fl.-Szintillat.-Zähler 13-1857; CO_2-Löslichk. in Aceton als Funkt. v. Druck u. Temp. 13-2128; Mechanismus d. – v. CO_2 in wss. Monoäthanolamin im Laminarstrahl 21-2322; – v. CO_2 durch $[Co(CN)_5]^{3-}$ (Kinetik) 25-0742; Stoffübergangszahlen u. Grenzflächen bei d. – v. CO_2 in NaOH 25-2263; Einfl. d. axialen Dispers. auf d. Verh. v. CO_2-Absorpt.-Türmen 26-2192; Löslichk. v. CO in Meerwasser in Abhängigk. v. d. Temp. u. d. Cl^--Konz. 30-0526; CO_2-Entfern. aus Gasen durch – in organ. Absorpt.-Mitteln (Sulfolan) 33-2394*; Löslichk.: v. CO_2 u. H_2S in organ. Lsgm. 34-2633; im Syst. CO_2/W. unter Druck 35-0464; Desorpt.-Prozeß v. gasf. CO_2 in Schaum-Entgasern 37-2325; Simultan-– v. H_2S u. CO_2 in Lsg. aus Carbonat u. Bicarbonat 41-2203; Grenzflächenturbulenz während d. – v. CO_2 in Monoäthanolamin

42-1990; hydraul. Charakteristika u. Stoffübertrag. auf Zyklonböden bei d. Desorpt. v. CO_2 45-2282.

Lsg.-Prozeß v. As-Dampf in Ga–As-Schmelzen 4-0567.

Bzl.-– im Waschöl ohne Regenerat. 14-2662; Tribosorpt. niederer KW-Stoffe 15-0716; Löslichk.: in $(CH_3)_2SO$ v. He, Ne, Ar, Kr, Xe, H_2, D_2, N_2, O_2, CO_2 u. CH_4 sowie in C_6H_{12} v. Ne, Ar, Kr, Xe, H_2, N_2, CO_2, C_2H_6 u. Cyclopropan 16-0546; v. CH_4 in n-Decan 19-1022; – v. Pyridinbasen durch Ammoniumorthophosphat-Lsg. 23-3372; Henry-Koeff. v. Äthylen u. CO_2 in acetylenhalt. Aceton bei tiefen Temp. 25-0996; – in Gasgemischen mit kondensierbaren KW-Stoffen 36-2652; Berechn. d. – v. KW-Stoffen 39-2529; Löslichk. v. Äthylen in aromat. KW-C_8-Stoffen 40-0835.

Absorption spezieller Gase durch feste Stoffe

– v. He durch Schichten kondensierter Gase 21-0720; Bldg. u. Gleichgew. v. Ar, Kr u. Xe enthaltenden Gashydraten 49/50-0382; – v. H_2 durch dünne Nb-Schichten 4-0535; H-Löslichk.: in Fe, Ni, Co u. Cu sowie d. bin. Ni-Leg. bei *900 – 1680*° 4-1956; in Ti 7-0528; mechan.-statist. Deut. d. Löslichk.-Isothermen v. H_2 in d. Hydrid-Phasen d. Metalle Pd, V, Nb u. Ta 7-0529; Kinetik d. Löslichk. v. H in Fe, Ni, Co u. Cu 9-0319; Löslichk. v. H in Cu 12-0286; – v. H_2 in Pd 15-0570; Löslichk.: v. H_2 u. D_2 in Pd-reichen Leg. d. Syst. Au/Pd 17-0623; v. H_2 in Zr-Leg. 21-0614; v. H_2 in Ti, Zr, Nd, Pr, V, Pd u. Fe 24-0560; Gleichgew.-Isotopeneffekt während d. – v. H_2 in dispergierten Pd–Pt-Leg. 24-0681; Protonenmodell für d. H_2-– in d. β-Phase d. H_2/Pd-Syst. 29-0743; Eindringen v. Wasserstoff aus d. Gasphase in Fe 29-0782; Einfl.: d. Temp.-Gradienten auf d. H_2-Verteil. in Zr 30-2377; v. aromat. Aminen auf d. H-Aufnahme v. Stahl 30-2391; Löslichk. v. H_2 in Übergangsmetallen u. Leg. 34-0090; Grenzlöslichk. v. H_2 in Zr-Leg. 35-2414; – v. H_2 durch Zircaloy-*2* 36-0637; Einfl. d. – v. H_2 auf d. elektr. Widerstand v. Pd/B-Leg. 38-0472; Löslichk.-Grenze v. H_2 in d. α-Phase v. Zr, Zircaloy-*2* u. Zircaloy-*4* 39-0491; selbständ. Desorpt. v. in Ni-, Stahl- u. Ti-Proben eingedrungenem H 40-0194, 40-0195; Löslichk. v. H_2: in porösem, polykrist. Al_2O_3 42-0424; in festem Cu, Ag u. Au 44-0465; Einfl. d. Löslichk. v. O_2 auf d. Red. v. O_2 an d. glatten Pt-Elektrode in H_3PO_4 7-0599; Löslichk.: v. O_2 in kub.-raumzentriertem Fe 14-0293, 44-0107; v. O_2 in Fe 44-2200; v. O_2 in Nb u. in Nb-reichen Nb–Hf-, Nb–Mo- u. Nb–W-Leg. 49/50-0418 bis 49/50-0420; v. W.-Dampf in reinem $LiNO_3$ u. in $LiNO_3$-Gemischen mit $NaNO_3$ bzw. KNO_3 45-0483; v. N_2 in α-, β- u. γ-Fe sowie Fe-Leg. mit Si u. Mn 14-0535; Bldg. einer festen Lsg. v. N_2 in Nb 18-0539; Löslichk. v. N_2: in γ-Fe 25-0565; in Ta 31-0709; Wrkg. v. P auf d. N-Löslichk. v. α-Fe 35-2390; Entgas.-Geschw.-Konst. für verd. Lsg. v. N in Ta 37-0674; Endlöslichk. v. N_2 in Nb bei hohen Temp. 42-0082; N in einer Cr/Y-Leg. 44-0107; Löslichk.: v. N_2 in Nb u. Nb-reichen Nb–Hf-, Nb–Mo- u. Nb–W-Leg. im festen Zustand 46-0517, 46-0518; v. F in Silicatgläsern 19-0274; u. Lsg.-Geschw. v. S in reinem Fe bei *1410*° 40-0569; v. S in Ag 46-0513; Entfern. v. CO_2 aus Gasen durch – mittels Zeolith A 2-1993*; Erhöh. d. Wrkg. v. Kohle bei d. Abtrenn. v. Divinyl aus Butylen–Divinyl-Frakt. 32-2551.

Absorptionsverfahren und Absorptionsapparate

Verf. u. App. für spezielle Gase s. d. betreffenden Abschnitt.

Einsatz v. Füllkörpern aus Plasten für Gegenstrom-Absorpt.-Prozesse 1-1946; App. für genaue u. schnelle Löslichk.-Best. v. Gasen in Fl. 4-1507; chem. Unters.-Meth. d. Oberflächenkontakts d. fl. Phasen mit d. Siebböden bei d. – 9-2093; Schnellverf. zur –-Mess. bei Überdruck 12-0519; Best.: d. Fl.-Stoffaustauschwiderstandes durch Mess. d. –-Geschw. v. CO_2 durch W. 12-2023; d. Löslichk.-Isotherme v. Gasen in Fl. 14-0535; Technik zur Entgas. v. Fl. 17-0017; Modell einer Füllkörperabsorpt.-Kolonne 17-2195; Kolonnen mit bewegl. Füllkörpern zur – 18-2085; Wirbelschicht-Absorpt.-App. mit Füllkörperberiesel. 19-2333; Gerät zum Messen d. Löslichk. aggressiver Gase 23-0610; Fluoreszenzmeth. zur Unters. d. Stoffübergangs bei d. – im Rieselfilm 23-2324; Verw. d. H_2-Absorpt.-Kapazität v. Pd bei kinet. Unters. 31-0733; Abtrenn. saurer Bestandteile aus wasserunlösl. Gemischen mit wss. Lsg. v. Diisopropanolamin 32-2150*; Füllkörperkolonnen für Rk. mit – 37-2301; Meth. zur Best. d. örtl. u. durchschnittl. –-Koeff. bei Industrie-Absorbern 39-2184; automat. Anzeige v. – 48-1785.

Absorptionsmittel

–-Mittel zur Feinreinig. v. KW-Stoffen v. S-Verb. 1-2561*; Korros.-Eig. v. Monoäthanolaminlsg. (–-Fl. für CO_2 u. Rauchgase) 10-2076; strukturelle Umwandl. in W. u. ihr Einfl. auf d. Löslichk. v. Gasen 11-0580; Bi als –-Mittel für Halogene 15-2039; Herst. v. Borhydridverb. v. Phosphinen u. Arsinen als –-Mittel für Basen 16-2547*; Verw. v. therm. zersetztem $KMnO_4$ als –-Mittel 17-2060; Herst.: v. Aminocyclohexen(thio)-carbonsäureamiden als –-Mittel für mol. O_2 22-2681*; v. Bis-[dialkylamino]-alkoxymethanen u. Tetrakis-[dialkylamino]-äthylenen als –-Mittel für O_2 23-2800*; v. mikrokapillaren Kunstharzkörpern für –-Zwecke 26-2204*; Regenerieren d. Al_2O_3-Absorpt.-Mittels zur Gas- u. Luftreinig. 26-2205*; Herst. v. –-Mitteln mit hoher Kapazität aus Fe-Carbonyl, SiC, Wasserglas u. Na_2SiF_6 38-2244*; optimale Zus. d. ammoniakal. Cu-Lsg. für d. – v. CO 45-2283.

Gasanalyse

–: mit Hilfe d. Gaschromatographie s. unter *Chromatographie*; mit Hilfe d. *Massenspektroskopie* s. dort. Best. v. radioakt. Stoffen in Gasen s. unter *Kernumwandlung-Darstellung, Abtrennung und Analyse von radioaktiven Nukliden*; *Strahlung*. –-Verf.: bei d. *Blutanalyse*; bei d. *Elementaranalyse* s. dort.

Analyse v. Zweikomponenten-Gasmisch. bei niedr. Drücken durch eine Wärmeleitfähigk.-Zelle mit Thermistor 2-1735; empfindl. Element eines Katarometers 2-1736; Atomstrahl-Lichtquelle für Gase 3-1948; Vers. einer Deut. d. Eichkurven v. Prüfröhrchen 4-1541; Best. geringer Feuchtigk.-Mengen in – 4-1612; Informat.-Geh. v. IR-Analysenmeth. für Gase 8-1834; Entwurf u. Konstrukt. eines Wärmeleitfähigk.-Gasanalysators 9-0024; – 9-1869; gasdichte Metallfolienfenster für Gastargets 12-1762; Meßmeth. zur Best. d. Anteils an organ. Dämpfen in einem Vakuum 12-1763; Herst. eines Divinyleichgases zur Ermittl. d. MAK 12-1946; Fortschritte in d. Ausführ. v. IR-Gasanalysatoren; Anwend. eines Ar-Hochstrombogens für d. Analyse v. Gasen 13-1820; Aufbau eines Kalorimeters zur Reinh.-Best. kondensierter Gase 14-0528; Erhöh. d. Genauigk. bei d. Best. hochsd. Frakt. im App. CIATIM-*51* U 15-1935; moderne –-Meth. in d. Kreislauf- u. Lungenfunkt.-Diagnostik 15-2077; Meth. zur Analyse bin. Gase mit Ultraschallgeschw.-Anzeige 16-1853; verbesserte – bei Stoffumsatzexperimenten 16-1998; transportables Gerät zur Herst. v. Gasmisch. zur Eich. v. Meth. zur Best. v. Luftverunreinig. 16-2021; Gesetz d. Strahl.-Modulat. für einen opt.-akust. Gasanalysator mit fixiertem Nullpunkt 18-1868; industrielle – 20-1824; Best. v. Dämpfen organ. Substanzen im Gemisch mit Luft mittels eines monochromatorlosen UV-Gasanalysators 20-2071; Rest-– in einem Vakuumverdampfer 21-2078; Modifizier. d. Boys-Kalorimeters für d. Anwend. bei Gasen mit geringem Wärmeinhalt 21-2079; Gerät zur selbsttät. volumetr. Mess. v. Gasen 21-2190; Verbrenn.-Pipette für d. techn. – 23-2046; Ur-Standards für d. Gasspurenanalyse 24-1966; Gasprobenventil für geschlossene Probensyst. 25-1974; experimentelle Resultate aus d. Weltraumsimulat. 25-1997; prakt. Meth. zur – bei d. Projektier. v. Bzn.-Raffinerien 25-2182; Rest-– in abgeschmolzenen Elektronenröhren unter Betriebsbeding. 26-2160; Selektivität d. opt.-akus.t Meth. d. – 31-2010; Best. geringer Beimeng. in Gasen 32-1976*; – durch Absorpt. v. weicher γ-Strahl. 35-1943; Selektivität d. opt.-akust. Meth. d. – 35-1944; Spektralanalyse komplexer Gasgemische durch Isotopenverdünn. 35-2029; Überblick über Meth. in d. – 36-1872; Ionisat.-Detektor für Gasphasentitrat. 36-1873; amperometr. Gastitrat. mit Festelektrolytindikatorzelle 38-1983; quant. Analyse v. Gasspuren durch IR-Spektroskopie 41-1945; App. zur Unters. d. Absorpt.-Spektren v. Lsg. in komprimierten Gasen 41-1954; Gaszellen für d. langwell. IR-Bereich 41-1958; dynam. Fehler v. Gasanalysatoren 42-1742; Ionisat.-Rauchgasmelder mit ^{85}Kr-Strahl.-Quellen 43-1896; elektr. Schwingkreisanordn. zum Nachw. v. Gasen 45-2050; IR-– 49/50-1849.

Verfahren für spezielle Gase: Gaschromatograph. Best. v. permanenten Gasen in He bei vermindertem Probendruck 1-1783; konduktometr. Mikrobest. v. SO_2 bei niedr. Konz. in Gasen 1-1785; Analyse v. H_2/N_2-Gasmisch. bei niedr. Drücken durch eine Wärmeleitfähigk.-Zelle mit Thermistor 2-1735; O-Best. in Inertgasen 3-2017; automat. Gasanalysator für N-Oxide 3-2020; – in Kernbrennstoffcarbiden 4-1675; Geräte zur stet. Aufzeichn. v. gasf. Luftverunreinig. 10-1978; Best. v. C, N u. O u. v. Spuren ihrer stabilen Isotope in Gasen durch Neutronen-Flugzeit-Spektroskopie 11-1893; Laserwrkg. in menschl. Atem u. ihre Verw. zur Anzeige d. CO_2-Geh. in Luft 12-1909; Anwend. d. Coulometrie zur Best. v. O_3 u. NH_3 in Raumluft 12-1942; Analyse d. Kontaktgases bei d. Dehydrier. v. Butylenen 12-1952; Gültigk. u. Grenzen d. Gastitrat. v. atomarem N mit NO 13-1852; Gerät: zur kontinuierl. H-Anzeige in Gasen 16-1922; zur kontinuierl. Best. v. NO im Koksofengas 16-2032; „Drei-Gase-Technik" zur Best. flücht. Hydride u. verwandter Substanzen in einer modifizierten Warburg-App. 18-1939; Empfindlichk. d. Phosphoreszenzbest. v. O_2 in Gasen 19-2088; Best. v. Dämpfen organ. Substanzen im Gemisch mit Luft mittels eines monochromatorlosen UV-Gasanalysators 20-2071; diskontinuierl. coulometr. O-Best. in kleinen Gasmengen 23-2110; kontinuierl. Feuchtemeßgerät für HF-halt. Gase 24-1967; Anwend. einer Stallwood-Düse u. d. Gleichstrombogens zur Analyse v. Luftverunreinig. in Inertgasen 29-2003; Best. v. Spurenverunreinig. in Gasen (C_2H_2, PH_3, AsH_3, H_2S, CO_2) 29-2004; Anzeigegerät für N-Verunreinig. in Edelgasen 29-2067; Best.: v. ^{3}He in Ar bei Geh. v. 10^{-12} 29-2068; d. Fremdgasgeh. v. CO_2 30-1941; opt. Rauch-– zur Kontrolle häusl. Ölheiz.-Anlagen 30-2188; Analyse v. Stadtgas mit d. Ionisat.-Kammer 32-2074; opt.-akust. App. zur Best. d. CO-Konz. in Abgasen v. Bzn.-Motoren 32-2221; Best. v. O_2-Spuren in Gasen 34-1960; Nachw.: v. O_2 in inerten Gasen mit Hilfe v. weißem P 37-2046; v. ClO_2 in einem Gasgemisch in Ggw. v. Cl_2 37-2145*; Analyse d. Brandgase v. Kunststoffen 37-2342; coulometr. Meth. zur Best. v. NH_3 u. CO_2 in Gasen 38-2044; elektrochem. Gerät zur Mess. d. O_2-Partialdrucks in Gasgemischen durch d. O-Ionenleit. in ZrO_2 42-1743; Konz.-Best. v. NO in Gasen 42-1852; Best. v. NO, O_2 u. NO_2 in einer Salpetersäure-Druckanlage 43-2099; kontinuierl. Best. geringer Cl-Mengen in Gasen 44-1927; Best. geringer H_2S- u. SO_2-Konz. 44-1928; chromatograph. Schnellmeth. zur Best. v. H_2S in Gasen 44-1940; kontinuierl. Best. d. Konz. v. NO_2 u. NO/NO_2 in chem. Produkt.-Anlagen 48-2053; Fehler bei mit d. Orsatapp. durchgeführten Hochofen-– 49/50-2031.

Tragbares, batteriegetriebenes Instrument zur Mess. v. Konz. halogenierter KW-Stoffverb. in d. Luft 12-1943; photometr. Best. v. Naphthalin in Luft 12-1944; Verw. d. Gasanalysatoren GEUK-*21* u. TP-*1120* zur kontinuierl. Best. v. Methan im Gasgemisch 24-2058; Best. v. Vinylacetat u. Acetaldehyd im Gasgemisch mit Äthylen 24-2130; poröse Gläser zur Trenn. u. Analyse komplizierter KW-Stoff-Gemische 33-2375; Analyse d. Gesamt-KW-Stoffe in Auspuffgasen (Vgl.-IR-Analyse u. Flammenionisat.-Analyse) 34-2052; gleichzeit. selektive Best. v. H_2S u. Mercaptanen in Gasgemischen 51/52-1945.

Bestimmung von Gasen in anderen Stoffen: Vergleichende Unters. zur Gasbest. in kub.-raumzentrierten Metallen durch Heißextrakt. u. Dämpf.-Mess. 2-1905; Ergebnisse bei d. Best. v. N u. O in Stahl durch Schmelzextrakt. im Graphittiegel unter Inertgas 2-1906; Vakuumheißextrakt.-Analyse: v. Gasen in Metallen 2-1907; zur N-Best. in Ti, Zr, TiN u. ZrN 2-1912; modifiziertes u. automat. Gerätzur Best. v. Gasen in Metallen 4-1684; Emiss.-Spektrographie, verfeinerte Meth. zur – in Metallen 8-1823; Best. v. H in Schweißmetall (Überblick) 14-2018; Simultanbest. v. O u. N in Metallen durch Trägergas-Heißextrakt. 14-2019; thermodynam. Grundlagen d. Best. v. Gasen in Metallen nach d. Vakuumschmelzmeth. 15-2099; Best. v. O in Ag, Pd u. deren Leg. durch Heißextrakt. 22-2101; automat. H-Analysator nach d. Vakuumextrakt.-Verf. 22-2170; Anwend. d. heißen Hohlkathode zur spektralanalyt. Best. v. Gasen in Metallen unter Verw. v. Isotopen 23-2255; Spurenanalyse v. O in Metallen durch Schmelzen in Inertgas 24-2110; Best. v. N in fester Lsg. u. differentielle Analyse v. Nitriden in Cr-Stahl 24-2111; emissionsspektrometr. Meth. zur Best. gasf. Elemente in Metallen 27-2287; Best. v. Metallcarbiden u. Metallnitriden in Stahl durch therm. Differentialanalyse u. Analyse d. entweichenden Gases 27-2292; Beschreib. eines Hochtemp.-Ultrahochvakuum-Tiegels zur Gasextrakt. aus geolog. Proben 28-0812; Einfl. d. Sorpt. auf d. Vollständigk. d. Best. d. Gasgeh. v. Metallen durch Vakuum-Heißextrakt. 29-2192; Empfindlichk. u. Genauigk. d. Best. d. Gesamt-O-Geh. in Metallen durch Neutronenaktivier. 31-2210; Best. v. N_2 in Fe- u. Ni-Bädern nach d. Heißextrakt.-Verf. 34-2056; Mikroheißextrakt.-Anlage zur Best. v. Gasen in Metallproben 34-2057; zweiteil. Probenahmekokille zur spektrometr. u. gasanalyt. Unters. v. Stahl 34-2058; Gang-Pipetten-Verf. für d. Probennahme zur H_2-Best. im Stahl 34-2059; Herst. u. Hitzeprüf. v. Standards für d. Best. v. H_2 in Stahl 34-2060; Best. v. O_2 in Cr-Stahl durch Chlorier. u. Vakuumsubl. 34-2061; direktes Auswertesyst. für d. O_2-Best. in Stahl durch Neutronenaktivier.-Analyse 34-2062; Best. v. O_2 in U-Carbiden nach einer neuen badfreien Trägergasmeth. 35-2142; Fortschritte in d. analyt. Meth. zur Best. v. Gasen in Metallen 41-2139 bis 41-2142; Best.: v. O in Kathoden-Ni nach d. Vakuum-Extrakt.-Verf. 42-1919; v. N in V durch reduzierendes Schmelzen im Vakuum 42-1920; Fortschritte in d. analyt. Meth. zur Best. v. Gasen in Metallen (emissionsspektrograph.) 44-1933; automat. spektrograph. Best. v. Gasen in Metallen 46-1951.

Best. v. O, N u. H in Oxiden u. Hartstoffen durch Hochtemp.-Vakuumentgas. 20-1993; – im Innern einer Misch. aus Fe-Erzen u. Koks während d. Agglomerat. 27-2288; Analyse v. in Mineralen eingeschlossenen Gasen 32-1996; gleichzeit. Best. v. O, N u. H in Materialien für d. Raumfahrt 42-1915; Marinemodell eines Meßgeräts für gelösten O_2 in Kesselspeisewässern 4-1676; elektrochem. O_2-Mess. mit membranbedeckten Elektroden in Gewässern sowie im Kläranlagen- u. Labor.-Betrieb 33-2296; Best. v. O_2 u. N_2 sowie Erfass. prim. Ox.-Prod. in Ölen, Fetten u. Emuls. auf physikal.-chem. Wege (Methodik 38-2162.

Bibliographie: Hygrometrie. Ein Handbuch der Feuchtigkeitsmessung in Luft und anderen Gasen. Lfg. *4* B 37; Metrologische Grundlagen gasanalytischer Messungen. (Theorie und Praktikum der Herstellung von Eich- und Kontrollgasen und Gasgemischen) [russ.] B 53; Gas effluent analysis B 45; Spectral analysis of gases in metals B 61.

Gas Chrom P, Verw. als gaschromatograph. Trägermaterial bei d. pyrolyt. Umwandl. v. Cyclohexan zu Bzl. 34-1939.

Gase

Spezielle – s. unter d. betreffenden Stichwörtern. Gasionen s. unter *Ionen.* Siehe auch *Dämpfe.*

– in Metallen (Überblick) 16-2318.

Darstellung und Behandlung

Gasabsorption; *Gasreinigung*; *Gasverflüssigung* s. dort. Trenn. v. – -Isotopen s. unter *Isotope.*

Verbesserter Faltenbalg-Füllstandsregler mit Magnet-Springschalt. zur Konstanthalt. d. Pegels fl. – 1-1968; Abtrenn. v. – v. Aerosolen in Bodenkolonnen durch Kondensatvergröber. 5-2067; – -Mengenmess. nach d. Bezugsgeschw.-Verf. 5-2108; Herst. standfester poröser Massen zur Speicher. v. in Fl. gelösten – 5-2115*; Anwend. v. allg. Programm d. optimalen Verf.-Führ. auf d. Best. d. Charakteristiken einer – -Trockn.-Einh. 7-2116; zur – -Trockn. angewendete wss. LiCl-, LiBr- u. $CaCl_2$-Lsg. 8-2041; Zentrifugalpumpe für verflüssigte – 10-1821; Verw. v. N-halt. Polykondensaten als Adsorpt.-Mittel für saure – 11-2864*; Ventil zur genauen Einführ. kleiner – -Mengen 18-1847; Lagern v. konditioniertem – bei *–73* bis *–129°* u. *21–65* at in unterird. Gewölben mit unter Druck deformierbarem Dicht.-Material überzogenen Wand. 20-2076*; thermodynam. Wrkg.-Grad v. – -Trennanlagen 22-2599; Abtrenn. v. H aus – -Gemischen 24-2258*; dichte elektr. Durchführ. für Hochdruckgassyst. bei tiefen Temp. 27-2066; mit Hg abgesperrte Vorr. zur – -Entnahme 28-1951; Hochtemp.-Ventil für korrosive – 36-1828; period. Verf. zum Trennen v. – -Gemischen mit KW-Stoff-Geh. durch selektive Adsorpt. 36-2133*; selbsthaftender u. selbstdichtender Testgasbehälter 41-1896; Lager. leicht verflüssigbarer – 41-2230; neuart. – -Durchflußmesser für Labor. 42-1720; hygrometr. Kontrolle sehr trockener – mit d. Kondens.-Hygrometer 43-1895; Trenn. v. – -Gemischen in Freistrahldüsen 43-2190; Niveauanzeiger für verflüssigte – 45-1994; lösl. körn. Trokkenmittel für – 48-2061*.

– -Mischgerät zur Herst. definierter – -Misch. unterschiedl. Zus. 10-1872; Bereit. v. – -Gemischen mit genauem Geh. an einer Komponente 10-2092*; App. zur kontinuierl. Misch. v. – 11-0023; App. zur Bestrahl. v. – mit Elektronen d. Energie *10–100* keV 11-0726; Beschreib. v. Rohr- u. Scheibenrührer als leistungsfäh. Rührer zur Fl.-Begas. 22-2233; Kompress. v. – 24-2262*.

Löschen brennender – (Übersicht) 29-2288.

Physikalisches und physikalisch-chemisches Verhalten

Gasabsorption s. dort.

Ermittl. d. Eig. v. – (Berechn. d. Zustandsgleich. u. d. Transportkoeff. für reine – bei niedr. D.) 10-0498.

Wechselwirkung mit Elementarteilchen

Quantenstatistik u. Streuung langsamer Neutronen durch – 43-0004.

Spektrum

Bezieh. für d. totale Bandenabsorpt. strahlender – 3-0116; hochauflösende Raman-Spektroskopie v. – 7-0835; Genauigk. d. Lokalisier. d. Linien in d. Spektren atmosphär. – zur Best. d. Absorpt. v. Laserstrahl. in d. Atmosphäre 10-0803; kontinuierl. Spektren atomarer – (Übersicht) 11-0136; Verstärk. d. *2062*-Å-Linie v. atomarem J in einer J_2/Inertgas-Blitzlampe 20-0079; induzierte IR-Absorpt.-Spektren v. Deuterium in kondensierten – 24-0104; Selbstverbreiter.-Effekte in d. IR-Banden v. – 27-0116; Phaseneffekte in d. Theorie d. Spektrallinienverbreiter. in – bei nichtadiabat. Stößen 29-0129; Bemerk. zum Bandenmodell für nichtisotherm strahlende – 42-0059; hochauflösende Raman-Spektroskopie v. – mit Dauerstrichlaser-Anreg. 47-0071; Absorpt.-Spektren v. kleinen, in – dispergierten Fe-Teilchen u. Beobacht. v. Absorpt.-Banden aus hochangeregten Zuständen d. – -Mol. 48-0059; Raman-Effekt in – (Überblick) 48-0074.

Optische Eigenschaften

Strahl.-Übergang u. Irreversibilität eines stationären, isothermen – 1-0132; Strahl.-Übergang in nichtisothermen – 1-0133; Lumineszenz bei d. Adsorpt. v. – an Festkörpern 4-0545; mol. Theorie d. natürl. u. magnetoopt. Rotat. in – 8-0118; Lichtemiss. eines – unter Einfl. intensiver Strahl. eines Nd-Glas-Lasers 9-0131; molare Kerr-Konst. v. – u. Mol.-Polarisierbark. 9-0830; Lumineszenz v. –, angeregt durch Strahl. hoher Energie 12-0112; Brillouin-Streuung durch – als Test d. Boltzmann-Gleich. 12-0125; Einfl. d. Phononenlebensdauer auf d. stimulierte opt. Streuung in – 12-0126; Einfl. adsorbierter – auf d. Photonen-Erzeug. durch Beschuß mit niederenerget. Elektronen 13-0299; Summenfrequenzerzeug. in – 25-0091; nichtlineare Lichtstreuung durch – 29-0101; Druckabhängigk. d. Absorpt.-Koeff. in organ. – bei *3,3913* μm u. *3,5070* μm 31-1017; mol. Lichtstreuung in – -Misch. 33-0279; Strahl. v. nichtisothermen – 37-0052; Berechn. d. Strahl. v. erhitzten – 37-0486; Lichtstreuung in – 40-0705; Modulat. d. *3,39*-μ-Ne-Linie durch elektroopt. – 41-0062; modifizierte mittlere Planck-Koeff. für opt. dünne – -Strahl. 44-0053; opt. Erzeug. d. Dritten Harmon. in – durch einen Q-geschalteten Rubinlaser 44-0080; Strahlenabsorpt.-Phänomene in – (allg. Theorie d. Linienverbreiter. durch Stöße mit Fremd- – u. durch Eigenstöße) 44-0087; Unters. d. Emiss.-Vermögens u. d. Übergangswahrscheinlichk. zweiatom. Mol. in opt. dicken, heißen – 45-0058; Analyse d. Lichtstreuung an Mol.- – mit einem kinet. Modell 45-0062; selbstinduzierte Transparenz in – 45-0063; Verstärk.- u. Absorpt.-Koeff. in – bei Anreg. v. Vibrat.-Schwing. durch Mol.-Laser 46-0079; Temp.-Abhängigk., Orientier.-Korrelat. u. mol. Felder bei d. Lichtstreuung d. zweiten Harmon. v. – 46-0298; Intensität d. durch – unter d. Einfl. einer gebündelten Laserstrahl. ausgesandten Lumineszenz 48-0068; Bremsstrahl. langsamer Elektronen in neutralen – u. Frei-Frei-Absorpt. v. Mikrowellen 49/50-0042.

Einfl. v. Stößen auf d. spektralen Charakteristiken v. – -Lasern 1-0154; Quantentheorie eines – -Lasers 9-0145; leistungsstarke – -Laser 11-0154; opt. Meth. bei d. experimentellen Unters. nichtlinearer Vorgänge im – -Laser 11-0155; Resonator-Q-Modulat. v. – -Lasern mit einem äußeren sich bewegenden Spiegel 11-0156; experimentelle Unters. d. Spektrums eines – -Lasers 11-0157; Hochfrequenzindukt.-Anreg. v. kontinuierl. Laserübergängen im Sichtbaren in ionisierten – 14-0145; Divergenz d. Strahl. v. – -Lasern bei Laserwrkg. bei Moden d. Typs TEM_{nm} 16-0105; magnet. Erschein. in – -Lasern 22-0125; Einfl. d. opt. Weglängenunterschiede bei d. Photomisch. v. – -Laserstrahl. mit vielen Schwing.-Arten 22-0126; – -Laser mit negativen Ionen 22-0128; Polarisat. d. spontanen Strahl. eines – -Lasers 25-0105; Wechselwrkg. laufender Wellen in einem ringförm. – -Laser 32-0094; abs. Frequenzbest. d. – -Laser-Übergänge bei *190* u. *194* μ 32-0096; abs. Frequenzmess. u. Spektroskopie v. – -Laser-Übergängen im fernen IR 32-0097; Fortschritte auf d. – -Laser-Gebiet (Übersicht) 36-0066; – -Laser (Übersicht) 36-0067; Erzeug. v. monochromat. Licht durch Amplitudenmodulat. im – -Laser 36-0068; experimentelle Unters. d. Strahl.-Feldes d. axialen Schwing.-Typs eines – -Lasers 36-0069; experimentelles Verf. d. Best. d. optimalen Koppl. in einem – -Laser 36-0074; – -Laser LG-*55* u. LG-*56* 36-0075; Berechn. d. Ausgangsleist. eines – -Lasers 40-0065; Instabilität stehender Wellen im – -Laser mit ringförm. Resonator 42-0065; Interferometer zur Unters. v. – -Lasern 42-0068.

Struktureigenschaften

Relaxat. v. Oszillatoren in einem – 2-0496; linearisiertes Anfangswertproblem für ein – 2-0497; Dimerisier. in polaren – 4-0432; Breite u. D. hochangeregter Atomniveaus in – 6-0084; Relaxat.-Prozesse in – (Ungleichgew.-Verteil. d. Translat.-Energie) 7-0507; erweiterte Intensitätsfunkt. für Elektronenbeug. an – u. ihre Interpretat. durch kinemat. Asymmetrien 10-0126; Abtrenn. d. mol. Komponente d. Streuungsintensität in d. – -Elektronographie (Verw. zweidimensional modifizierter Funkt. in d. Radialverteil.-Meth.) 10-0127; Relaxat. eines – harmon. Oszillatoren 15-0091; Berechn. v. Erwart.-Werten für anharmon. Vibrat.-Rotat. unter Verw. v. Hellmann-Feyman-Bezieh. u. eines Hypervirial-Theorems u. ihre Anwend. auf – -Beug. 15-0133; Energieverteil. v. Atomen in – (elast. Streuung v. Teilchen durch sphär. Potentiale d. Form $V(r) = (A_1/r^{s_1}) + (A_2/r^{s_2})$ 20-0113; theoret. Unters. d. Relaxat. v. Alkalimetallatomen durch Stoß mit d. Wand u. einem – 23-0162; Energie d. Valenzzustände d. Atome u. thermochem. Eig. gasf. anorgan. Verb. 24-0066; modulierte Doppelresonanz u. unelast. Stöße in – 26-0158; Theorie d. Streuung v. – -Atomen an einer festen Oberfläche unter Annahme dreidimensionaler fester Kugeln (Beschränk. auf große Auftreffgeschw.) 26-0543; Mol.-Zentralpotentiale, Kombinat.-Regeln u. Eig. v. – u. – -Misch. 27-0095; Nachw. d. Möglichk. einer Anisotropie d. Relaxat. in d. angeregten Niveaus eines – 29-0087; Bldg. v. hoch angeregten H-Atomen während d. Lad.-Austausches v. Protonen in – 32-0124; innermol. Relaxat. d. Rotat. u. d. Vibrat. v. zweiatom. – (Einfl. d. Dissoziat.) 33-0103; Schwing.-Relaxat. zweiatom. Mol. in – 41-0398; Elektronenbeug. an – 41-0908; Beschreib. d. quantenmechan. idealen – durch d. effektive Potential 43-0513; statist. Deut.-Probleme in d. – -Elektronographie 49/50-0086; Effekt v. Mol.-Schwing. auf d. Elektronenbeug. an – (Wahrscheinlichk.-Verteil.-Funkt. u. mol. Intensität für zweiatom. Mol.) 49/50-0087; (Wahrscheinlichk.-Verteil.-Funkt. u. Phasenparameter für mehratom. Mol.) 49/50-0088.

Elektrische und magnetische Eigenschaften

Erzeug. v. Harmon. in einem ionisierten – 2-0148; Unters. ionisierter – mit einer Hochfrequenzsonde 3-0198; Wrkg.-Querschnitte für Ionisat. u. Elektroneneinfang beim Auftreffen v. Protonen auf zweiatom. – 4-0148; Ionisat. u. Elektroneneinfang beim Auftreffen v. Protonen auf zweiatom. – 4-0149; effektive Ionisier.-Energie in – 8-0150; Ionisat. u. therm. Gleichgew. eines durch UV-Synchrotronstrahl. angeregten – 10-0752; Elektronenrekombinat. in einem schwach ionisierten – 11-0203; Ionisat.-Raten in inerten – 14-0165; DK v. realen – 19-0581; hochgrad. Ionisier. in kaltem – 19-0590; Zerstäub. v. eingeschlossenem – aus polykrist. W durch Ionenbeschuß 20-0352; elektrodynam. Eig. eines – v. Teilchen mit d. Spin *1/2* in einem gleichförm. Magnetfeld 23-0118; Theorie heißer Elektronen in – 23-0446; Einfl. einiger nichtlinearer Terme auf d. elektromagnet. Feld in einem ionisierten – 26-0852; Photoionisat. d. – 27-0157; Ionisat. v. – durch Laserstrahl. 27-0158; lineare Theorie stoßinduzierter Instabilität teilweise ionisierter – in einem äußeren Magnetfeld

27-0169; Dynamik schwach ionisierter — 27-0170; nichtlineare therm. Diffus. u. therm. Diffus. zweiter Ordn. v. Elektronen in ionisierten — 27-0171; statist. Theorie v. Elektrostrikt. u. nichtlinearer Polarisat. in nichtidealen — 28-0074; Einfl. v. — auf d. Leitvermögen organ. Festkörper 29-0991; Beweg. v. Ionen in ihrem eigenen — in einem konst. elektr. Feld 31-0117; Modell d. Metalloberfläche u. seiner Wechselwrkg. mit — im Feldionenmikroskop 33-0463; Einfl. mol. Wechselwrkg. auf d. Clausius-Mossotti-Funkt. für nichtpolare — 36-0054; Ionisat. u. Erhitz. v. — durch Laser-Strahl. 43-0158; Zyklotronresonanz in — (Atome u. nichtpolare Mol.) 45-0103; (Wrkg.-Querschnitte für dipolare — u. für CO_2) 45-0104; nichtlineare Koeff. d. dielektr. Suszeptibilität dritter Ordn. v. — u. d. Erzeug. d. dritten opt. Harmon. 46-0064; Transportkoeff. ionisierter — auf d. Basis d. Chapman-Enskog-Transport-Stoß-Integrale 49/50-0091; Ionisat. beim Eindringen v. Fe-Atomen in verschiedene —-Targets 49/50-0100; dielektr. Eig. adsorbierter —-Mol. 49/50-0494; Auswrkg. inelast. Stöße auf d. Elektronen-Transportkoeff. in — mit niedr. Ionisat.-Grad 51/52-0089; besondere Rolle v. Peroxiden bei d. Ionisat. v. — 51/52-0479.

Lokalfeldkorrekturen am Tensor d. kub. Suszeptibilität bei gyroopt. — 40-0053; Beding. für Ferromagnetismus in realen — 42-0374; gyrotherm. Effekt mit mehratom. — in einem Magnetfeld 45-0064; Drehmomentanomalie v. — in schwachen magnet. Feldern 45-0065; X-Band-ESR-Hohlleiter für Unters. paramagnet. — 46-1773.

Elektrochemische Eigenschaften

Analyse d. Kinetik v. Rk. an porösen —-Elektroden mit Hilfe Übergangsmeth. 1-0602; Mechanismus d. Wirkungsweise v. —-Elektroden auf einem hydrophoben Plastträger (halbeingetauchte Elektroden) 9-0599; opt. Unters. v. Elektrolytfilmen auf —-Elektroden 10-0576; Theorie eines Dünnschichtmodells d. porösen —-Diffus.-Elektroden 10-0584; Mechanismus u. Kinetik d. strombildenden Prozesse d. elektrochem. Verbrenn. v. — (diffusionselektrochem. Kinetik) 26-0656; (diffusionselektrochem. Kinetik) 27-0708; Beweg. eines viskosen bin. —-Gemisches in einer porösen Elektrode 31-0678; Arbeitsweise v. —-Elektroden mit (hydrophoben) Trägern aus Plasten (Verh. d. Elektrode in einem geschlitzten Spalt) 31-0679; Polarographie v. — 35-0509; —-Diffus.-Kinetik in einer porösen Elektrode 44-0545; Einfl. v. Inertgasdruck u. -löslichk. auf d. Leitfähigk. geschmolzener Salze 46-0534; fundamentale Gleich. d. elektrochem. Kinetik an porösen —-Diffus.-Elektroden 49/50-0452.

Thermodynamische Eigenschaften

Korrekturen zur therm. u. kalor. Zustandsgleich. d. idealen — 5-0559; Energieabgabe an ein kaltes Träger-— (Korrekturen höherer Ordn. zum Fokker-Planck-Operator eines Lorentz-Gases) 5-0560; Anwend. d. angenäherten thermodynam. Ähnlichk. für d. analyt. Beschreib. d. Eig. u. d. Zustandsgleich. realer — auf Grund weniger Vers.-Daten 7-0494; phänomenolog. u. statist. Aspekte bei d. Entw. v. Zustandsgleich. für — 7-0499; Beschreib. d. Realgaseinfl. bei —-dynam. Problemen 7-0506; vierter Virialkoeff. für d. Rechteck-Potentialschwelle v. — 8-0470; Best. d. zweiten Virialkoeff. v. — mit red. Zustandsbezieh. 8-0472; Berechn. d. Realgasfaktoren v. —-Gemischen aus d. Daten d. reinen — 8-0480; T, s/R- u. i, s/R-Diagramm für ideale — 9-0521; zweiter Virialkoeff. für polare — 10-0499; Redlich-Kwong-Zustandsgleich. für Real-— 11-0566; zweite Virialkoeff. nichtkugel. polarer — 13-0511; Zustandsgleich. v. — bei tiefen Temp. 14-0510; Modell d. nichtzentralen Dipols u. zweite Virialkoeff. für polare — 15-0525; Ableit. einer Zustandsgleich. für ein ionisiertes — in Debye-Hückelscher Näher. 17-0560; Berechn. d. zweiten Virialkoeff. für polare — 17-0570; red. Zustandskorrelat. d. Enskog-Moduls für — 19-0587; phänomenolog. u. statist. Aspekte bei d. Entw. v. Zustandsgleich. für — 28-0512; Näher.-Meth. für d. Berechn. d. *3.* Virialkoeff. v. —-Gemischen 28-0521; Zustandsgleich. für —-Gemische 29-0569; Ausbreit.-Prozeß eines Knudsen-— in einem abgeschlossenen Vol. 30-0494; Vorhersage d. Joule-Thomson-Koeff. einer —-Misch. aus einer allg. Zustandsgleich. u. Best. d. Virialkoeff. 32-0543; zwischenmol. Wechselwrkg. u. d. Zustandsgleich. eines stark angeregten — 33-0673; Meth. zum Aufstellen d. Zustandsgleich. v. komprimierten — aus experimentellen thermodynam. Daten unter Verw. elektron. Rechenmaschinen 34-0509; Zustandsgleich. für Gemische idealer — mit einer chem. Rk. zwischen Komponenten 35-0407; Berechn. d. zweiten Virialkoeff. für zwei- u. dreidimensionale — 35-0408; Kompressibilitätsexponenten, chem. Potential u. Zustandsgleich. für — im krit. Gebiet 37-0469; Beitrag verbundener Doppelmol. zum zweiten Virialkoeff. polarer — 37-0470; Yang-Lee-Verteil. v. Nullstellen für ein Van-der-Waals-— 38-0560; Vorstell. d. van der Waalsschen —-Theorie 40-0368; verbesserte Zustandssumme für — in d. signifikanten Strukturtheorie für Fl. 40-0373; Gleich. für —-Gemische 41-0399; dritte Virialkoeff. v. unpolaren — u. ihren Misch. 41-0400; Bemerk. zur Rice-Allnatt-Annahme im Grenzfall niedr. D. 42-0045; Zustandsgleich. u. Virialberechn. für — 49/50-0350.

Berechn. v. Simultangleichgew. für —-Gemische nach einem Iterat.-Verf. in Matrizenschreibweise 11-0558; Gleichgew.-Eig. v. — u. —-Gemischen 16-0523; thermodynam. Theorie d. stationären Zustandes zweier durch eine Kapillare verbundener —-Vol. 19-0555; Meth. zur visuellen Beobacht. v. Gas/Gas-Gleichgew. 25-0559; Thermodynamik tern. Syst. Fl./überkrit. Gas mit Anwend. auf d. Hochdruck-Gas-Extrakt. (Phasendiagramm mit Entmisch.-Bereichen) 28-0558; Gleichgew.-Beding. in einem —-Gemisch bei konst. Vol. unter d. Einw. eines äußeren, v. einem zeitunabhäng. Potential abgeleiteten Gravitat.-Feldes 34-0521; ionisierte — im therm. Gleichgew. 35-0406; chem. u. physikal. Stabilität v. einfachen gasf. Mol. u. Einfl. v. Druck auf Eig. u. Umwandl. v. — 41-0377; Phasenregel u. Klassifikat. d. Phasenzustände eines Syst. aus festen Teilchen u. — 42-0390; chem. u. physikal. Stabilität d. einfachen gasf. Mol. 44-0402.

Experimentelle Näher. an d. ideale —-Gesetz 5-0027; kinet. Theorie eines Van der Waals-— 3-0524; Ableit. dreidimensionaler Gleich. d. Wellenbeweg. für eine Misch. v. zwei einatom. — auf d. Basis d. kinet. Molekulartheorie 6-0516; kinet. Theorie eines dichten — aus ideal starren Kugeln u. Koeff. d. Scher- u. Vol.-Viskosität u. Wärmeleitfähigk. 7-0500; kinet. Modelle für ein — mit innerer Struktur 13-0512; Transportkoeff. für dichte — aus d. kinet. Theorie geladener Kugeln 22-0532; Quantenstatistik d. Einteilchenzustände eines Elektronen–Ionen-Gases in d. Näher. willkürl. Phasen als Funkt. v. D.-Schwank. 22-0529; dynam. Entw. für ein — mit Abstoß.-Kräften kurzer Reichweite 23-0582; Verallgemeiner. d. kinet. Theorie d. — 24-0523; Geschw.-Verteil.-Funkt. v. —-Mol. in d. Nähe d. festen Wand im nichthomogenen erwärmten — 25-0544; Definit. d. Temp. in d. kinet. Theorie dichter — 28-0510; Anwend. d. Monte-Carlo-Meth. zur Lös. einiger Probleme d. physikal. u. chem. Kinetik in einem Gemisch zweier — 30-0490; Bemerk. über d. kinet. Gleich. eines verd. — mit abstoßenden u. anziehenden Wechselwrkg. 30-0495; kinet. Theorie vielatom. — (Modelle für d. Stoßprozesse) 31-0117; kinet. Gleich.: eines — v. angeregten Atomen 33-0672; für ein — mit Anzieh.-Kraft langer Reichweite 33-0674; kinet. Theorie v. — mit Rotat.-Freih.-Graden in einem äußeren Feld 33-0682; Beitrag zur kinet. Theorie vielatom. — 35-0410; Möglichk. v. Resonanzerschein. in d. Kinetik mol. — 35-0411; kinet. Eig. v. — bei hohen Temp. 35-0421; Regularisier. d. SCF-Meth. in d. statist. Mechanik für — 36-0418; Erklär. thermomagnet. Drehkräfte in — geringer D. mit d. kinet. Theorie 37-0474; kinet. Theorie d. Fluktuat. in idealen — im Nichtgleichgew. 38-0559; Berechn. d. Diffus.-, d. Thermodiffus.- u. d. Wärmeleitfähigk.-Koeff. für verd. — aus d. kinet. Theorie d. geladenen Kugeln 42-0394; divergenzfreie kinet. Gleich. für ein dichtes Boltzmann-— 43-0514; kinet. Theorie mehratom. — 43-0515; Modell d. Wandgrenzflächenbeding. in d. kinet. Theorie 44-0579; nichtadditive Wechselwrkg. zwischen Mol. in einer statist. Behandl. verd. — 46-0451; kinet. Theorie d. Überführ.-Erschein. in mehratom. — 47-0432; relativist. Onsager-Bezieh. in d. kinet. —-Theorie 48-0615; relativist. Entropiegesetz für eine —-Misch. außerhalb d. Gleichgew. 48-0616.

D. v. — 3-2012; Joule-Thomson-Effekt in —-Gemischen bei niedr. Temp. 5-0563; Verf. zur näherungsweisen Berechn. v. thermodynam. Daten v. hocherhitzten —-Gemischen (Berechn. v. Enthalpien, Entropien, Kompressibilitätsfaktoren u. verwandten Größen) 6-0506; Analyse d. thermodynam. Eig. d. Kompressibilität d. spezif. Wärme u. d. Schallgeschw. v. — bei hohen Temp. 6-0512; Kondens. verschiedener — 6-0559; Meth. zur Berechn. d. thermodynam. Eig. v. —-Gemischen 7-0493; Molvol. v. — u. —-Gemischen bei hohen Drücken 7-0505; Drücke verd. — u. Best. deren wahrer Werte 10-0503; thermodynam. Ähnlichk. einfacher gasf. Mol. u. Ionen 11-0572; Näher.-Berechn. d. Temp.-Abhängigk. v. thermodynam. Größen u. v. Korrekturen erster Ordn. für einfach gasf. Mol. 11-0573; Kompressibilität v. — 13-0517; Zus. u. thermodynam. Eig. hoch ionisierter —-Gemische 17-0568; Meth. zur Ableit. v. einfachen selfconsistent-Gleich. für d. Abhängigk. d. thermodynam. Eig. mehratom. — v. d. Temp. 17-0598; Berechn. d. Teilchendichten u. D., Enthalpie, spezif. Wärmen, Schallgeschw., elektr. Leitfähigk. u. Wärmeleitfähigk. v. —-Gemischen belieb. Zus. mit u. ohne Berücksichtig. d. Rk.-Entmisch. 19-0589; Thermodynamik gasf. Dielektrika mit starren Multipolmol. 23-0576; Einfl. d. Druckes auf d. Enthalpie einiger — (App. zur Mess. v. Enthalpie-Differenzen) 23-0579; Joule-Thomson-Effekt in —-Gemischen bei niedr. Temp. 23-0585; Berechn. thermodynam. Größen in realen gasf. Syst. 26-0534; Verf. zur näherungsweisen Berechn. v. thermodynam. Daten v. hocherhitzten —-Gemischen 26-0535; Näher.-Berechn. d. Temp.-Abhängigk d. thermodynam. Eig. u. d. spezif. Wärme komplexer —-Mol. 26-0559; Stirling-Kreisprozeß im dissoziierenden — 27-0595; Korrelat.-Meth. für d. Theorem d. korrespondierenden Zustände zur Berechn. d. thermodynam. Eig. v. Real-— u. ihren Gemischen 27-0604; Berechn. d. isothermen Verdicht.-Leist. bei realen — 31-0560; thermodynam. Beding. für ein Testgas in einem ballist. Kompressor 35-0409; Joule-Thomson-Effekt in —-Gemischen bei niedr. Temp. 39-0453; Berechn. d. Enthalpie u. Entropie realer — aus d. Meßdaten 40-0370; Schmelzerschein. in verfestigten — 40-0420; thermodynam. Eig. v. — bei hohen Temp. 41-0377; Bezieh. zwischen thermodynam. u. informationstheoret. Entropie v. — 41-0378.

Berechn. d. Viskosität realer — 15-0524; Dimerisat. u. anfängl. Druckabhängigk. d. Viskosität v. polaren — 15-0526; Berechn. d. Viskositätskoeff. v. —-Gemischen unter Atmosphärendruck 19-0584; d. Viskosität v. Misch. polarer — nach d. Meth. v. Wilke 22-0523; Einfl. d. Clusterbldg. auf d. Viskosität v. komprimierten — 28-0530; Magnetfeldabhängigk. d. Scherviskositätstensors in Misch. diamagnet. — 38-0561; Senftleben-Beenakker-Effekt bei d. Viskosität eines verd. — diamagnet. zweiatom. Mol. 46-0066; Viskosität v. Misch. aus polaren u. nichtpolaren — 47-0434.

Ansatz zur Behandl. v. Transportvorgängen in — 4-0431; Einfl. eines elektr. Felds auf Überführ.-Erschein. in polaren — mit nicht sphär. Mol. 6-0519; Transporteig.: eines im Nichtgleichgew. teilweise ionisierten — 13-0515; v. quadrupolaren — 17-0572; Verstärk. d. Stoffübergangs im Syst. Gas/Fl. durch erzwungene Pulsat. d. —-Phase 17-2185; Stoffübertrag. in Gas/Fl.-Syst. 18-2080; Entw. d. Transportkoeff. für ein mäßig dichtes — nach d. D. 19-0573; Transporteig. einatom. — bei hohen Temp. 19-0574; verallgemeinerte Gleich. d. Stoffaustausches beim Durchsprudeln 22-2240; Äquivalenz d. Bogoljubov- u. Prigogine-Theorien für d. Transportkoeff. in klass. dichten — 24-0534; Transporteig. v. — 24-0535; Transportphänomene in — (Jahresübersicht) 26-0001; Trenn. bin. —-Gemische im Ultraschallfeld 26-0542; Transport-Relaxat.-Gleich. für ein verd. — rauher Kugeln 28-0519; Massen- u. Diffus.-Transport v. — bei nicht gleichförm. Drücken 28-0524; Transportkoeff. bin. —-Misch. 28-0528; adiabat. Anreg.-Übertrag. in — u. Einfl. auf d. Transporteig. 31-0126; Berechn. d. Transporteig. verd. polarer — über eine Potentialenergiefunkt. 31-0554; Stoffübertrag. zwischen — u. Fl. mit einer sich tangential bewegenden Grenzfläche 31-2283; Transportkoeff. in d. Nähe d. krit. Punktes Fl./Gas 33-0677; Einfl. eines Magnetfeldes auf d. Transporteig. v. — polyatomarer Mol. (Viskosität) 33-0679; (Wärmeleitfähigk.) 33-0680; Einfl. eines elektr. Feldes auf d. Transportkoeff. polarer — 33-0681; —-Verteil.- u. -Transportprobleme bei Anreicher. v. — mit kondensierbaren KW-Stoffen (Übersicht) 36-2652; Einfl. eines Magnetfeldes auf d. Transporteig. vielatom. — (Vgl. d. Theorie mit d. Experiment) 37-0473; Stoffdurchgangszahlen v. d. —- in d. Fl.-Phase u. nichtlineare Phasengrenzflächenrk. 38-2212; Freiflug-Theorie für d. Transportvorgänge in — u. —-Gemischen 39-0416; Transport-Eig. v. — bei hohen Temp. 41-0377; vereinfachte Ausdrücke für d. Transporteig. ionisierter einatom. — 41-0396; Transportkoeff. v. — im krit. Bereich 41-0401; Transporteig. v. Misch. polarer — 42-0397; Anwend. thermodynam. Daten auf ausgewählte Transportrk. in d. --Phase 46-0460; Annäher. d. Temp.-Abhängigk. d. Transportkoeff. v. — durch einen Potenzansatz 48-2044; quantenmechan. verallgemeinerte Boltzmann-Gleich. für Transportvorgänge in mehratom. — 49/50-0360.

Abhängigk. d. Thermodiffus.-Faktors bin. --Gemische v. d. Zus. 1-0529; Interdiffus. v. — in zylindr. Gefäßen 6-0524; Tabellen d. Thermodiffus.-Faktoren für verschiedene isotope --Gemische 7-0495; Bezieh. zwischen d. therm. Leitfähigk. u. d. Diffus.-Koeff. reiner u. gemischter mehratom. — 8-0478; therm. Diffus. in vielatom. — 8-0479; -- Diffus. in einem Kavitat.-Hohlraum 10-0504; Diffus. v. — bei hohen Drücken 11-0565; Mechanismus d. Diffus. v. — in einfachen Fl. 15-0545; isotherme Diffus. in komprimierten — nahe am krit. Punkt 17-0574; Thermodiffus. in isotopen --Misch. 17-0576; Einw. akust. Schwing. auf d. Diffus.-Prozeß in — 21-0574; Theorie d. Beweg. großer flücht. Teilchen in einem diffundierenden --Gemisch 22-0531; Diffus.: in Mehrkomponenten-Gasmisch. 26-0541; v. — in elektrolyt. Lsg. 26-2187; Temp.-Abhängigk. d. Thermodiffus.-Faktoren in d. bin. u. tern. --Gemischen 30-0497; experimentelle Unters. d. nichtäquimolalen Diffus. in tern. --Misch. 31-1007; Diffus.-Koeff. in reagierenden — 33-0684; Baro-Diffus.-Effekt auf d. Diffus.-Zeit in — 35-0412; Verw. d. Spinechos bei d. opt. Orientier. zur Unters. d. Diffus. in — 37-0466; nichtstat. Diffus. in tern. --Gemischen 38-2211; Diffus.-Koeff. für — in Fl. aus Lsg.-Geschw. kleiner Gasblasen 39-0435; Druckabhängigk. d. Diffus.-Thermoeffektes in — (Dufour-Effekt) 40-0378; Thermodiffus. v. --Misch. im chem. Gleichgew. 40-0386; Diffus. u. Thermodiffus. in --Misch. mit inneren Freih.-Graden 43-0524.

Turbulente Wärmeübertrag. an ein nicht im Gleichgew. befindl., chem. reagierendes — 1-1958; Fortpflanz. v. Wärmewellen in einem — 2-0500; Wärmeübertrag. v. aufgerauhten Oberflächen an ein gasf. Kühlmedium 4-1738; Wärmeübergang im verd. — 6-0514; Geschw. d. Temp.-Ausbreit. für ein einatom. ideales — 6-0515; Wärmeaustausch zwischen --Medium u. Material in d. Wirbelschicht beim Vorliegen einer chem. Rk. 9-2098; Rollzellen u. Oszillat. beim Wärmeübergang zwischen — u. Fl. 11-2113; Wärmeleitfähigk. eines — aus rotierenden diamagnet. Mol. in einem äußeren Magnetfeld 17-0578; Intensivier. v. Wärme- u. Stoffaustauschprozessen bei Umsetz. in einem Gas/Fl.-Syst. 17-2184; Überschußwärmeleitfähigk. v. komprimierten — als Funkt. v. D. u. Temp. 26-0550; Wärmeleitvermögen v. Misch. einatom. — u. Translat.-Relaxat. 28-0526; Berechn.: d. Wärmeleitfähigk. v. tern. Syst. mehratom. — 28-0527; d. Temp.-Abhängigk. d. Viskosität u. Wärmeleitfähigk. nicht reagierender verd. --Gemische 32-0538; Wärmeleitfähigk. u. Viskosität eines — nichtsphär. Mol. in einem Magnetfeld 32-0539; Wärmeaustausch: bei d. Beweg. eines — durch eine ruhende Schüttfüll. mit variabler Eintrittstemp. d. — 33-2385; beim Kühlen eines gesätt. Dampf/Gas-Gemisches im vertikalen Rohr 33-2387; Berechn. d. anomalen therm. Leitfähigk. u. Scherviskosität eines — in d. Nähe d. krit. Punktes 36-0423; Einfl. eines elektr. Feldes auf d. Wärmeleitfähigk. polarer — 37-0472; Best. d. Wärmeleitfähigk. u. spezif. Wärme v. — bei hohen Temp. mit einer quasistationären Meth. 41-0382; Wärmeübertrag. v. kugelförm. Wand auf — 43-2201; Quellfunkt. für d. Strahl.-Wärmetransport in einem grauen — 51/52-0344.

Ström. verd. — 2-0498; Kanalström. verd. — für drei Mol.-Modelle 2-0499; Rayleigh-Problem für ein dissoziierendes — 3-0528; Temp.-Profile u. -Schwank. in --Ström. mit kombinierter freier u. erzwungener Konvekt. 3-2169; Geschw.-Profil u. Reib. in einem planparallelen Kanal mit entwickelter, turbulenter, kompressibler --Ström. 4-1730; Stoffaustausch zwischen kugelförm. festen Körper u. turbulentem --Strom 5-2058; Einfl. d. Eig. realer — auf d. Überschallström. verd. — in d. Nähe d. scharfen Anströmkante einer dünnen Platte 7-2093; Lsg. d. linearisierten Rayleigh-Problems für ein dissoziierendes — 9-0518; Wechselwrkg. zwischen Diffus. u. viskoser Ström. in Gemischen verd. — mit Maxwellschen zwischenmol. Kräften 9-0519; Theorie d. Gleitens an d. Grenze eines --Gemisches 10-0501; unterkrit. Bereich einer laminar-adiabat. --Ström. in einem planparallelen Kanal 11-2096; Widerstandsbeiwert d. --Ström. im innen berieselten Rohr 11-2098; allg. Meth. zur Lös. d. Gleich. v. laminaren, nicht im Gleichgew. befindl. Grenzschichten eines dissoziierenden — 12-0494; ebene Couette-Ström. verd. — 13-0514; Ström. u. Selbstdiffus. v. — in Kapillaren 15-0651, 15-0652; Gleitström. v. — im hydrodynam. Einlaufgebiet eines Rohres u. eines Kanals mit parallelen Wänden 17-2200; Wärmeaustausch zwischen einer Rohrwand u. einem turbulent strömenden Gas/Feststoff-Gemisch 18-2097; Parameter-Meth. zur Lös. v. Gleich. laminarer Grenzschichten mit longitudinalem Druckgradienten bei d. Umström. eines Festkörpers durch ein Gas unter Beding. d. Gleichgew.-Dissoziat. d. — 19-0591; mathemat. Darst. d. nichtstationären Ström. v. — durch Pipelines 19-2339; Mess. d. --seit. Stoffübergangszahl durch einen Fl.-Strahl 20-2045; Vers. zur Mol.-Ström. v. — durch Rohre u. Teile v. Vakuumsyst. unter Verw. eines Bayard-Alpert-Ionisat.-Vakuummeters 24-1945; Ström.-Dynamik v. Fl., — u. Feststoffen (Fortschrittsbericht) 29-2281; mol. Ström. v. — durch Rohre unter Berücksichtig. verschiedener Teilchen–Wand-Wechselwrkg. 29-2283; analyt. Gleich. für d. Wirksamk. v. thermoelektr. Halbleiterkühlern u. -erhitzern für Fl.- u. --Ströme 33-2386; Diagramm d. Ausfließtendenz eines dissoziierenden — aus d. Knudsen-Kammer 34-0506; Modellabhängigk. d. Gleitkoeff. in Ström. verd. — 35-0414; Fließen verd. — in einer zylindr. Röhre 35-0415; Grenzbeding. für verd. Mehrkomponentengasström. über einer sublimierenden Oberfläche 35-2199; Einfl. d. Stofftransports in Wärmeaustauschprozessen bei Subl. in verd. --Medien mit einer Couette-Ström. 35-2200; freier Konvekt.-Strom im Bereich d. Totlage eines absorbierenden-emittierenden — 39-0413; Berechn. d. örtl. u. durchschnittl. Reib.-Koeff. für laminare u. turbulente --Ström. durch ein glattes Rohr 39-2199; Verbesser. d. Wärmeübergangs v. --Strömen durch Zusatz einer fl. Phase 40-1971; --Teilchen-Überschallström. mit chem. Rk. 41-0392; Wärmeübertrag. in d. laminaren Grenzschicht bei einem teilweise ionisierten einatom. — 41-0395; Ström. eines verd. — durch ein zylindr. Rohr 43-2176; experimentelle Unters. d. Wärmeübergangs zwischen einem Festkörper u. einem --Strom hoher Enthalpie im Staupunktbereich 43-2199; Ström. v. — in porösen Festkörpern 46-0580.

Turbulente Verbrenn. v. — 19-0745; Stabilisier.-Zone laminarer Vormischflammen an d. Abhebegrenze 22-2252; Entzünd. v. — an heißen Oberflächen unter nichtstationären Beding. 24-1004; Explos.-Gefahr v. Gemischen aus brennbaren Dämpfen oder — mit Luft (Theorie d. explosiven Verbrenn. u. Berechn.-Meth. techn. Parameter d. Explosivität) 24-3061; querverlaufende Wechselwrkg. Flamme–Stoß in einem explosiven — 38-0600; konvektiver Wärmeübergang bei --Explos. 41-0393.

Linearisiertes Grenzwertproblem in einatom. verd. — u. Schallausbreit. 2-0501; Druckwellenerzeug. in einem spaltenden — (Analyse mit d. Meth. d. Charakteristiken) 2-0502; Stoßwellenstruktur in einem — mit einem Geh. an sich abtragenden Teilchen 2-0503; kinet. Theorie d. Fortpflanz. u. Absorpt. d. Ultraschalls in mol. — in einem äußeren stationären elektr. u. magnet. Feld 21-0575; Schallabsorpt. u. -dispers. in Mol.-Gasen 27-0605; kinet. Theorie d. Fortpflanz. v. Ultraschallwellen in mehratom. — 29-0571; Schalldämpf. in krit. — 29-0572; Fortpflanz. v. Ultraschall in --Gemischen 30-0503; Schallfortpflanz. in einatom. — 35-0413; Stoßwellen in einem mit Schwing. angeregten — 37-0471; Hyperschallgeschw. in — 37-0491; Erzeug. v. Stoßwellen in — 40-0380; Fortpflanz. v. Schall- u. Wärmewellen in verd. einatom. — 40-0382; Best. d. Rotat.-Stoßzahlen u. d. Schwing.-Relaxat.-Zeiten v. mehratom. — bei hohen Temp. durch Ultraschall 40-0383; Struktur einer Stoßfront in einem — aus starren, nichtzentr. Teilchen 41-0394; Schalldispers. in verd. einatom. — 42-0392; Stoßrohrunters. d. Struktur einer Stoßwelle mittels d. Fluoreszenz d. durch einen Elektronenstrahl hoher Energie angeregten — 51/52-0088.

Grenzflächenverhalten

Spann.-Tensor in d. Oberflächenschicht eines van der Waals-- in d. Nähe einer ebenen Wand 24-0533; Berechn. d. Oberflächenspann., Viskosität u. Diffus. v. — 44-1969; Einfl. d. Grenzwertbeding. bei d. Schmier. mit — 47-2653.

Desorpt.-Kinetik Gas/Festkörper 1-0637; Adsorpt. einfacher zweiatom. — an aufgedampften B-Filmen 1-0639; Gas/Festkörper-Wechselwrkg. 1-0645; Adsorpt.-Geschw. v. — an porösen festen Körpern 2-0613; Adsorpt. verschiedener — auf einem Re-Katalysator 2-0654; statist. Berechn. d. Gleichgew. d. Adsorpt. Gas/Festkörper 3-0631; durch einen Riesenimpulslaser erzeugte --Desorpt. 4-0538; Lös. d. kinet. Gleich. für adsorbierte — 6-0656; Vorhersage v. Mehrstoff-Adsorpt.-Gleichgew. aus d. Isothermen d. einzelnen — 8-0599; kathod. Polarisat. u. Unters. d. Adsorpt.-Mechanismus v. — auf Festkörpern 10-0628; Einfl. d. Adsorpt. v. — auf d. Leitfähigk. dünner Metallschichten 10-0629; Oberflächenpotentiale bei physikal. Adsorpt. im Syst. Gas/Metall 15-0656; intermol. Energiebezieh. zwischen d. Physisorpt.-Wärmen nichtpolarer — 15-0657; Phänomene d. Gas/Festkörper-Wechselwrkg. 17-0701; Gleich. für d. Akkomodat.-Koeff. d. Syst. Festkörper/einatom. — 19-0556; Desorpt.-Geschw. v. --Gemischen aus zwei Komponenten aus einem Adsorpt.-Bett 19-0719; Einfl. d. Anharmonizität auf d. Energieübertrag. zwischen — u. Festkörper 20-0591; kinet. Theorie v. Transportvorgängen in adsorbierten — 20-0593; Sorpt. v. He durch Schichten kondensierter — 21-0720; Übertrag.-Geschw. adsorbierter — in Aktivkohlekörnchen 21-0727; Adsorpt. v. bin. Fl.-Gemischen an Grenzflächen Fl./Gas u. Fl./Festkörper (thermodynam. Unters. d. Adsorpt.-Gleichgew.) 21-0731; Chemisorpt. u. durch — begünstigte Feldverdampf. 24-0675; Haftwahrscheinlichk. v. — auf Metallfilmen 25-0688; therm. Akkomodat.-Koeff. zwischen — u. Festkörpern 26-0675; Chemisorpt. v. — an ferromagnet. Pulver 29-0738; Theorie d. Akkomodat.-Koeff. eines zweiatom. — 30-0620; Transportrk. in adsorbierten — 30-0621; Konfig.-Entropie eines an einer Krist.-Oberfläche adsorbierten idealen — 35-0438; numer. Berechn. v. Gas/Oberflächen-Wechselwrkg. 37-0662; Änder. d. Oberflächenleitfähigk. u. d. Voltapotentials bei d. Adsorpt. v. Akzeptor- u. Donator-- an modifizierten Polyäthylenoberflächen 37-0687; Berechn. d. Wechselwrkg.-Potentials v. --Atomen mit kub. Gittern mit d. $6-12$-Paar-Potential 42-0518; Mechanismus d. durch Ionenbeschuß induzierten --Abgabe v. Glas 44-0583; Adsorpt. u. Okklus. v. — durch d. Tieftemp.-Formen v. Eis 47-0550; Einfl. d. Oberflächen-— auf d. --Geh. v. Mo- u. W-Einkrist. 47-0551; Monoschichtadsorpt. v. --Misch. an homogenen u. heterogenen Festkörpern 49/50-0492; Haftwahrscheinlichk. chemisorbierter — auf Metallfilmen 51/52-0453.

Aktivierte Diffus. v. — in Feststoffen 2-1957; therm. Ström.-Mess. v. — durch eine poröse Keramik 8-0587; Diffus. v. —: durch poröse Medien 20-0586; durch Silicongummi zur Partialdruckmess. in Gasmisch. 32-0534; --Durchlässigk. v. Seifenfilmen (einfacher Mechanismus d. Monoschichtpermeabilität) 34-0675; Massentransport durch Diffus. v. nichtadsorbierten — in porösen Strukturen (Experimentelles u. Bezieh.) 42-0512; (strukturelle Bedeut. d. Modells konvergenter-divergenter Poren) 42-0513.

Thermoosmose idealer — 45-0469; kinet. Theorie d. radiometr. Photophorese in einem Knudsen-- 47-0435.

Äquivalenz d. Durchdring.- u. Potentialflußtheorie für d. Stoffübergang zwischen --Blase u. strömender Fl. 5-2056; elektrochem. Unters. d. Stoffübergangs v. einer Fl. an eine gasende Düse 7-2081; Ström. einzelner --Blasen in Fl. in vertikalen Rohren 7-2092; Geschw. v. --Blasen in geneigten Röhren bei Zweiphasenström. 8-2037; Fließbilder um große --Blasen herum 11-2095; Einfl. d. Arbeitsbeding. u. d. geometr. Faktoren auf d. Holdup v. Schaum, — u. Fl. auf Glockenböden 17-2175; Theorie d. freien Stromlinie für eine große --Blase in einer Fl. 23-2330; --Austausch zwischen Blasen u. kontinuierl. Phase in Fluidatbetten 31-2299; Einfl. gerichteter --Führ. in d. Fl. auf d. Hydraulik u. d. Stoffaustausch beim Durchperlen 33-2359; Kinetik d. physikal.-chem. Zustandes d. Grenzfläche Fl./Gas u. ihre Rolle beim Elementarakt d. Flotat. 34-0706; Einfl. oberflächenakt. Substanzen auf d. hydraul. Widerstand u. d. Fließstruktur v. Fl.-Gas-Dispers. im vertikalen Ringkanal 35-2185; Stoffübergang an Blasen bei Gleichström. 35-2194; sphär. --Blasenbeweg. durch Maxwell-Fl. 35-2213; allg. Gesetzmäßigk. d. --Dispergier. u. charakterist. Dispers.-Bereiche für monodisperse blasengesätt. Syst. 36-2083; Auflsg. stationärer --Blasen in einer Fl. 43-2163; Fluidisat.-Vers. in großen Gas/Feststoff-Syst. (Aufstiegsgeschw. v. Blasen) 43-2191; (Einfl. d. Verteilerkonstrukt. u. d. Feststoffeig. auf d. Fluidatbettqualität) 43-2192; --Austausch zwischen Blasen u. dichter Phase in Fluidatbetten 43-2193; Tribokeimbldg. v. —-Blasen in einer metastabilen Fl. 51/52-0345.

Ausscheid. v. Aerosolen aus d. —-Phase durch Einspritzen v. W. in — 28-2183; therm. Kraft auf suspendierte Teilchen in — im Übergangsgebiet (Knudsen-Zahl → ∞) 31-0553; Theorie d. Beweg. v. Fl.-Tropfen in diffundierenden bin. —-Gemischen 41-0414; Turbulenzcharakteristiken d. —-Phase in einer gelenkten Ström. einer Suspens. feiner Teilchen 43-2181; Adsorpt.-Kinetik v. durch Gelatine aktivierten Koll.-Teilchen an d. bewegl. Phasengrenzfläche Hydrosol/Gas 49/50-0469.

Lösungsverhalten

Axiale Änder. d. Intensität d. —-Vermisch. in Fließbetten 1-1953; theoret. u. experimentelle Unters. d. kompressiblen freien Mischens v. *2* unähnl. — 4-1727; —-Misch. in Siebpack. enthaltenden Wirbelbetten 5-2084; Löslichk.: v. — in fl. Leg. auf Mn-Basis 6-0574; v. — in geschmolzenem SiO_2 8-0505; strukturelle Umwandl. in W. u. ihr Einfl. auf d. Löslichk. v. — 11-0580; Meth. zur Kontrolle d. Fugazität v. — mit kontinuierl. Änder. in Hydrothermalsynth. bei hohen Drücken 11-0853; Anwend. d. Scaled-particle-Theorie auf wss. Lsg. unpolarer — 13-0539; Stabilität d. konzentr. laminaren Mischens zweier —-Ströme in einem Rohr 21-2325; Fugazitätskoeff. unter Berücksichtig. v. Wechselwrkg.-Kräften in —-Misch. 28-0523; Behandl. nach korrespondierenden Zuständen für d. Überschußenthalpie v. bin. —-Misch. mittlerer D. 34-0532; Best. d. Aktivitätskoeff. bei unendl. Verdünn. durch d. Gas–Fl.-Chromatographie 37-0721; Koeff. d. axialen —Vermisch. in Fließbetten 40-1969; Löslichk. v. — in fetten Ölen (Einfl. v. Druck u. Temp.) 41-3250.

Chemisches Verhalten

Mathemat. Formulier. für Rk. zwischen — u. festem Stoff 12-2039; reaktionstechn. Eig. für Gas/Fl.-Teilchenoperat. 12-2038; Ultraschall- u. Relaxat.-Spektroskopie schneller Rk. in d. —-Phase 16-0678; Ionenverlust durch Diffus. bei d. Radiolyse v. — 30-0675; Einfl. v. zugesetzten — auf d. Rk. v. SiO_2 mit SiC bei erhöhten Temp. 4-0574; Bedeut. d. Substratsymmetrie bei Rk. Gas/Festkörper 18-0666, 18-0667; Ionen-Mol.-Rk. in Gemischen v. — mit Alkalimetall- u. Hg-Dämpfen 20-0625; Vulkanisat. synthet. Kautschuke durch auf Zeolithen eingeführte gasf. Syst. 7-2845.

Physiologisches Verhalten

Einfl. v. Überdruck v. — auf d. Wrkg. v. Indolyl-3-essigsäure auf Haferkoleoptilen 9-1359; —-Umsatz d. weißen Maus (Einfl. d. langen Hyperoxie) 2-1428.

Anwendung

Verw. v. — als Kühlmittel in Kernreaktoren (Überblick) 7-2125; Bau u. Wirkungsweise zweier Schutzgaserzeuger 13-2489; vielseit. verwendbares —-Leck für Vakuumsyst. 41-1895; Aufbewahr. v. Furfurol unter einer Inertgasschicht 10-2505; Änder. d. physikal.-chem. Eig. v. Erdöl unter d. Einfl. v. trockenem — 29-2875; Verw.: v. komprimierten — als Lsgm. bei d. Entasphaltier. v. Erdölrückständen 33-2937; v. verflüssigten — als Lsgm. für d. aromat. u. Bitterstoffe d. Hopfens 32-3068*.

Untersuchungsmethoden

Chromatographie; *Gasanalyse*; *Massenspektroskopie* s. dort.

App. zur Feuchtigk.-Best. in aggressiven u. leicht hydrolysierenden — 3-1941; automat. Mess. langsamer —-Ström. 3-2191; App.: für genaue u. schnelle Löslichk.-Best. v. — in Fl. 4-1507; zur Unters. d. p–v–T-Bezieh. v. — u. ihren Gemischen u. Piezometer zur Mess. d. Kompressibilität v. — 6-0511; Best. d. Viskosität v. — im Bereich v. *20–950°* (App.) 6-1807; therm. Röhren-Mikrodurchsatzmesser zur Best. v. —-Durchsätzen 8-1789; Absolut-Meth. zur Mess. geringer —-Geschw. 8-1790; Auftriebsmikrowaage zur —-Dichtemess. 10-1842; Viskosimeter für relative Mess. v. korrosiven — unter Druck 12-1789; Aufbau eines Kalorimeters zur Reinh.-Best. kondensierter — 14-0528; automat. Töpler-Pumpe u. App. zur Vol.-Mess. korrosiver — 15-1912; empfindl. Differential-Manometer für korrosive — 22-2002; Gerät zum Messen d. Löslichk. aggressiver — 23-0610; Ström.-Messer für — nach d. Bogenprinzip 23-2032; Verw. einer porösen Membran als Kontrollelement für —-Durchflußmess. 24-1946; modifiziertes Diaphragmadruckmeßgerät für korrodierende — 26-1937; Konstrukt. eines Kalorimeters für kondensierte — 26-2008; —-Geschw.-Mess. unter Ausnutz. d. Ionenrekombinat. 28-1935; thermodynam. Temp.-Meßgerät für d. Mess. hoher —-Temp. 29-2286; halbautomat. App. zur experimentellen Unters. d. Viskosität aggressiver — 30-1831; gegenwärt. Stand. d. Feuchtigk.-Mess. in — 30-1833; Grenzen d. Wärmewellentechnik zur Best. d. Kinetik d. —-Mol.-Anlager. 31-0702; Photoelektronen-Spektrometer für — mit einem Gitter 31-2018; App. zur Best. v. Rk.-Wärmen dissoziierender — 31-2002; Küvette zur Aufnahme v. IR-Absorpt.-Spektren kondensierter u. gasf. Stoffe in einem breiten Temp.-Intervall 32-1909; Best. d. —-Geh. v. Zweiphasenströmen durch Mess. d. elektr. Leitfähigk. d. Gemisches 33-2365; Meth. zur Mess. d. Wärmeleitfähigk. gasf. Dielektrika u. ihre Anwend. 34-0508; Düsenthermoelement für Mess. in hocherhitzten — 36-1859; App. zur genauen Mess. v. radioakt. — 36-1863; Spektrometer hoher Auflös. zur Best. v. bez. Winkel u. Energie differentiellen Wrkg.-Querschnitten für Stöße langsamer Ionen mit — 36-1874; Mess. minimaler u. maximaler —-Ström. 41-2234; Meth. zur Mess. d. Druckabhängigk. d. Wärmeleitfähigk. v. — 42-1724; Detektor für gasf. Komponenten unter Verw. v. dünnen Halbleiterfilmen 46-1774; Ionisat.-Manometer für —-Druckmess. 47-1879; Meth. zur Mess. d. Wärmeleitfähigk. v. — 47-1923.

Bibliographie

Hygrometrie. Ein Handbuch der Feuchtigkeitsmessung in Luft und anderen Gasen B 14; Wärme- und Stofftransport beim Aufblasen von Gasstrahlen auf Flüssigkeiten B 29; Elektronische Vorgänge in Gasen und Festkörpern B 41.

Russ.: Dynamik des verdünnten Gases. Theorie der Kinetik B 10; Theorie und Praxis der Verbrennung von Gasen. Lfg. *3* (Mitteilungssammlung) B 16; Messung des Verbrauchs und der Menge von Flüssigkeiten, Gas und Dampf B 54; Gasprozesse. Herstellung von Kraft- und Synthesegasen B 63; Handbuch des Stickstoffherstellers. Bd. *1*: Physikalisch-chemische Eigenschaften der Gase und Flüssigkeiten. Herstellung technischer Gase. Reinigung technischer Gase. Ammoniaksynthese. Methanolsynthese B 70; Eigenschaften der Gase bei hohen Temperaturen. Physikalische Gasdynamik. Thermodynamik und Physik der Verbrennung (Mitteilungssammlung) B 90.

Photoionization processes in gases B 26; Thermal properties of matter. Vol. *2*. Thermodynamics and statistics: with applications to gases B 34; High pressure gas as a heat transport medium: a symposium arranged by the Nuclear Energy Group, March *1967*, London B 37; Fundamentals of gas-surface interactions B 41; Thermodynamic properties and reduced correlations for gases B 42; The solid-gas interface. Vol. *2* B 42; Calculations involving gases B 49; The international encyclopedia of physical chemistry and chemical physics. Vol. *3*: Collisional activation in gases B 50; Collisional activation in gases (= International encyclopedia of physical chemistry and chemical physics. Topic *19*: Gas kinetics, vol. *3*) B 58; Gas industry directory and undertakings of the world. *1968* B 63; The ‚Gas Journal' directory. *1968* B 71; Gas transmission and distribution B 79; Gas dynamics B 82; A survey of phenomena in ionized gases (Invited papers presented at the *8*th international conference in Vienna, *1967*) B 94.

Gasöle, chem. Zus. v. Frakt. d. Hydrierprod. v. —-Extrakten d. katalyt. Krack. 3-2746; Verbesser. v. — durch katalyt. H_2-Behandl. 3-2759*; Gewinn. aus Mineralölrückständen 8-2640*; bicycl. aromat. KW-Stoffe von — aus d. katalyt. Krack. 9-2657; — aus Belaim-Rohölrückstand 12-2627; Gewinn. v. Dimethylnaphthalinen aus gekracktem — 15-2689*; Laugenbehandl. (Gegenstromverf.) 15-2797*; Behandl. mit H_2 (katalyt.) 16-2717*; Hydrofinieren u. Kracken 18-2640*; Entfernen v. geradkett. KW-Stoffen aus paraffinhalt. — durch Bakterien 18-2643*; kombiniertes Hydrokracken v. — u. Reformieren v. Schwerbenzin 22-2762; katalyt. Umwandl. zu niedriger sd. Prod. 22-2770*; Raffinat. 25-2886*; Zus. v. — u. Eign. als Rohstoff für d. Rußherst. 27-2433; Einfl.: d. S-Geh. v. — auf d. Ergebnisse v. Motorvers. 29-2886; d. Eig. v. — auf d. Bldg. v. Abscheid. in Dieselmotoren 30-2617; Entfernen v. geradkett. KW-Stoffen aus — (Züchten v. Mikroorganismen) 33-2949*; Gasturbinentreibstoff aus — d. langsamen Verkok. 35-2725; Unters. d. Kerosin-—-Frakt. v. Arlansk-Erdöl 37-2868; Lagerstabilität 37-2874; Kracken v. Vakuum-— (Einfl. d. Katalysator-Zus.) 37-2875; Behandl. v. Kerosin-—-Frakt. zur Gewinn. v. Tetralin, Benzothiophen u. Paraffinkonzentraten 39-2747*; Kracken v. natürl. —-Frakt. an Kieselsäure–Tonerde-Katalysator 41-2820*; Entparaffinier. 42-2451; Tropfenbldg. bei Einspritz. v. — in W. 43-2722; Herabsetzen v. S-Geh. u. Stockpunkt v. schwerem Vakuum-— (katalyt. hydrierende Entschwefel. u. Wärmespalt.) 47-2674*.

Best.: d. spezif. Gew. v. — 23-2029; d. Harzbldg. v. — durch Filtrat. 37-2874; d. Gruppenzus. v. —-Frakt. (lumineszenzchromatograph.) 49/50-2041.

Bibl.: Chemische Zusammensetzung und Untersuchungsmethoden der Kerosin–Gasöl-Fraktion mit geringem Schwefelgehalt [russ.] B 95.

Gasolin s. *Benzin*.

Gasreinigung

Dekontaminat. v. Gasen s. unter *Kerntechnik*.

— durch Absorpt.-Mittel 12-2632; Rückgewinn. v. H_2, CO u. anderen Gasen aus d. Druckwasser v. Gaswäschen 17-2238*.

Einsatz v. therm. aktiviertem Kiesabbrand als —-Masse 7-2704; hochakt. Silicagel für d. — 8-2616; Regenerieren v. Al_2O_3 zur — 26-2205*; hochakt. —-Mittel aus Fe(II)-Oxidhydrat 37-2403*.

Fasern in d. —-Technik 3-2143; Naßwäscher mit Zerstäub. d. Reinig.-Fl. 5-2077; Staubbeseitig. in Siebbödenkolonnen 6-2049; neuzeitl. Entstaub.-Geräte 7-2088; Staubabscheid. in Gleichstrom-Füllkörper-Skrubbern (Gesetzmäßigk.) 10-2077; Schlauchfilter aus Glasfasergewebe für d. Staubabscheid. 14-2095; Naßentstauber in ständ. Weiterentw. 14-2096; Einfl. d. Benetzbark. auf Staubsamml. im Venturi-Wäscher 17-2198; Leist. v. Syst. zur Abscheid. industrieller Verunreinig. 17-2199; Skrubber mit bewegl. Füllkörpern 18-2085; Flächengewebeentstauber 23-2328; Best. d. Kohäs.-Kraft v. abgeschiedenen Staubteilchen 23-2329; Entstaub.-Geschw. u. -Grad in Venturi-Wäschern 28-2183; Abscheid. beeinflussende Eig. d. Staubes zur Projektier. v. Entstaub.-Anlagen 28-2184; Unters. an Naßabscheidern für Vorausberechn. d. Abscheidegrades 28-2186; Venturi-Wäscher zur Abscheid. v. Staubteilchen < *1* μm 28-2187; Entstaub. in Spiralzyklon (theoret. Analyse) 34-2117.

Gastrocknung, mechanische Reinigung, Entstaubung

Betriebsführ. einer Gastrockn.-Glykol-Anlage 10-2501; Gastrockn. mit Al_2O_3 29-2277; Trocknen v. HCl enthaltenden Gasen mit H_2SO_4 40-1983*; Entnaphthalier. u. Gastrockn. 43-2173.

Elektr. Staubabscheid. aus Rauchgasen 1-1948; Grenzen zwischen Luftfilter. u. Entstaub. 4-1726; elektr. Entfernen v. Teilchen aus Gasen 4-1740*; Verf. zur elektrostat. Gasentstaub. 7-2089; — mit Elektro-Filtern 11-2655; Glasfasergewebe als Filtermaterial für d. Staubabscheid. aus SO_2 u. SO_3 14-2095; Naßwaschverf. zur gleichzeit. Entfern. v. staub- u. gasf. Verunreinig. 24-2184; mechan. Reinig. heterogener Gassyst. mit Tropfenabscheider 24-2185; Staubbeseitig. beim Windfrischen v. Stahl 26-2270; Staubabscheid. auf nassem Wege zur Bekämpf. d. Silicose 27-2402; Konditionier. d. Rauchgase v. Kesselanlagen zur Verbesser. d. Staubabscheidegrades v. Elektrofiltern 28-2185; Verh. v. NO bei d. elektrostat. — 29-2868; Abscheidegrad d. Elektrofilters 30-2107; Entfern.: v. suspendierten Teilchen durch Richten d. Gasstroms gegen Hindernisse 34-2151*; v. festen oder fl. Schwebeteilchen mit organ. Bindemittel 40-1981*; Entstaub. v. heißen Gasen durch Naßentstauber 42-1011*; Teilchenabscheid. durch Raumlad. bei Rohrström. v. Gas 43-2174.

Reinigung verschiedener Gase

Reinig. d. Abgase: v. Salzbadhärtereien 3-2168; beim Beseitigen v. Schwarzlauge mit W. 5-2078; Reinig. v. Rauchgasen durch kugelförm. Granalien aus Asche 5-2704*; Beseitig. v. Feststoff- u. Nebelteilchen aus Abgasen v. Pigmentkalziniervorr. unter Verw. v. nassen Filtern 9-2097; Adsorbieren v. Verunreinig. aus Gasen bei sehr niedr. Temp. mit Kieselgel 11-2127*; Katalysator zur Ox. v. Gasverunreinig. 16-2702*; Reinig. v. Synth.-Gas zur NH_3-Herst. 23-2376; poröse Metallfilter in Kernenergiestationen für d. CO_2-Reinig. 30-2138; Entgift.: v. Abgasen d.

Captax-Herst. 30-2194; v. Auspuffgasen (Katalysator mit porösem Träger) 30-2196*; (Cr-Oxid–Manganit-Katalysator) 30-2198*; Reinig. v. Cl_2 durch UV-Bestrahl. 31-2352*; Bzl.-Wäsche v. Gas (Problematik d. Kontrolle) 34-2634; Reinig. v. Gasgemischen aus Atommeilern 35-2252*; Reinig. v. Gasen: oder Dämpfen durch Adsorpt. an festem Sorbens 39-2554*; mit benetzten Filterbetten aus Koks, Kies oder Filtermaterial 41-2242*; v. $CuSO_4$-Öfen mit Elektrofilter 41-2286; Entfern. v. organ. Verunreinig. aus d. aus Emaillier.-Öfen abziehenden Gasen 44-2162*; Reinig.: d. bei Behandl. v. Al-Schmelzen mit Cl_2 entstehenden Abgase 44-2282*; v. Butadien enthaltenden Gasgemischen 44-2376*; v. Cl_2-Gas (Elektrofilter) 45-2330; Ox.-Katalysator zur Abgasreinig. 51/52-2117*.

Entfernung bestimmter Stoffe aus Gasen

Entfern.: v. höheren KW-Stoffen aus acetylen- u./oder äthylenhalt. Gasgemischen 2-2495*; v. F aus Abgasen d. elektrolyt. Al-Gewinn. 5-2451*; v. Acetylen mit NH_3 an Konvertier.-Katalysatoren 5-2703*; v. sauren Komponenten durch Waschen in alkal. Lsg. 8-2631*; v. Hg mit Ag-überzogener Sintertonerde 16-2449*; v. $SiHCl_3$ mit zeolith. Mol.-Sieb 16-2696*; v. Acetylen aus H_2 u. CO enthaltenden Gemischen (NiS-halt. Katalysator) 20-2661*; v. Dien-Verb. aus H_2 u. CO enthaltenden Gasgemischen (NiS-Katalysator) 20-2662*; v. Acetylen aus KW-Stoff-Gasgemisch (2-stuf. Waschen mit Rohölfrakt.) 20-2663*; v. F u. Rückgewinn. aus Gasen d. Al-Hütten 21-2558; v. sauren Bestandteilen mit N-dialkylsubstituiertem aliphat. Amid 21-2915*; v. V-, Alkali- u. S-Verb. aus Brenngasen 21-2916*; v. H_2 (elektrolyt.) 23-2397*; v. PH_3, AsH_3 u. H_2S mit Fe-Komplex-Verb. 26-2207*; v. Hg-Dämpfen aus Luft (mit KJ u. J_2 behandelte Aktivkohle) 30-2121*; v. sauren Bestandteilen mit Diisopropanolamin 32-2150*; v. acetylen. ungesätt. KW-Stoffen mit Metallverb. enthaltendem organ. Lsgm. 32-2664*; v. Hg mit metallimprägnierter Aktivkohle 33-2395*; v. Acetylen(verb.) mit Edelmetall-Verb.) 40-2479*; v. KW-Stoffen u. CO aus Auspuffgasen (Ox.-Katalysator) 51/52-2120*.

CO und CO_2. Entfern. v. CO: aus H_2-halt. Gasen an Raney-Ni-Katalysatoren 8-2629*; mit zeolith. Fe, Ni u./oder Co enthaltendem Mol.-Sieb 30-2120*; aus Auspuffgasen (Ox.-Katalysator) 30-2197*, 51/52-2119*, 51/52-2120*; Entfern. v. CO_2: u. H_2S aus Kokerei- u. Leuchtgas durch Absorpt. in Fl. 1-2537; mittels Zeolith A 2-1993*; mit K_2CO_3-Lsg. mit Mono- oder Diäthanolamin u. $K_2Cr_2O_7$ 2-2492*; u. H_2S bei gleichzeit. chem. Rk. (partielle Stoffübergangszahlen d. fl. Absorpt.-Mittels) 14-2663; u. H_2S, COS u. W. mit Tetrahydrothiophen-1.1-dioxiden 15-2786*; mit organ. Absorpt.-Mitteln 33-2394*; u. SO_2 u. H_2S mit tetrasubstituiertem Harnstoff 36-2666*; aus Gasgemischen mit Alkali u. As_2O_3 enthaltenden Lsg. 41-2296*; Best. d. Stoffübergangswerte für CO_2 bei d. Gasauswasch. 46-2392.

O_2. Entfern. v. O_2: aus inerten Gasen (BTS-Katalysator) 1-0022; mit Ni-Trägerkatalysatoren 13-2098*; mit Metalltetracyanäthyleniden 31-2869*; aus H_2-halt. Gasen (Katalysator) 48-2123*.

N_2 und N-Verbindungen. Entfernen: v. NO mit $NaClO_2$ 2-2491*; v. NH_3 mit $(NH_4)_2 \cdot SO_4$ enthaltendem verd. H_2SO_4 3-2755*; Regenerieren d. wss. Waschfl. für d. Entfern. v. H_2S u. NH_3 aus Gasen 6-2635*; Entfern.: v. HCN durch therm. Zers. mit O_2 14-2677*; v. NO aus HCN enthaltenden Industriegasen 14-2678*; v. HCN mit K_2CO_3 oder Na_2CO_3 u. Fe-Oxid oder -Hydroxid 17-2933*; v. NO durch Zusatz v. Peroxide bildenden organ. Verb. 21-2912*; v. NO aus H_2 u. KW-Stoffe enthaltenden Gemischen 23-2929; v. HCN mit Cyclopentadien 24-2606*; v. N-Oxiden aus O_2-halt. Gasen 32-2244*; v. NO aus Kokereigasen durch Ox. 38-2733; v. HCN aus Kokereigas mit Raseneisenerz unter Druck 41-2802; v. NO bei Elektrofilterbetrieb 47-2639.

S-Verbindungen. Entschwefel.: v. Rauchgasen (elektr. Hochspann.-Feld) 6-2050; (mit Dolomitkalkstaub) 7-2090; v. Brenngasen zwischen Gaserzeuger u. Flugstaubfeinabscheid. 7-2720*; Entfern. v. COS, CO_2, H_2S u. W. aus Gasgemischen mit Tetrahydrothiophen-1.1-dioxiden 15-2786*; Katalysator zur Hydrodesulfurier. v. Industriegasen 16-2701*; Entfern. v. S-Verb.: aus Gasen (Katalysator aus Fe_2O_3 mit MgO) 21-2910*; aus Kohlengasen mit Erdölfrakt. oder Kohlenteeröl 21-2913*; u. V- u. Alkaliverb. aus Brenngasen 21-2916*; durch Rk. mit feinverteilten Feststoffen 29-2276; Entschwefel. v. Heizgasen (katalyt.) 30-2190; Entfernen v. CS_2 u. anderen S-Verb. aus Koksofengas (akt. Al_2O_3 als Katalysator u. akt. Kohle als Adsorpt.-Mittel) 30-2625*; Entschwefel.: mit Waschölen 34-2635; v. Rauchgasen durch katalyt. Ox. (Abtrenn. d. S-Oxide mit C-halt. Adsorpt.-Mitteln) 40-1982*; moderne Entschwefel.-Verf. 47-2638; Entfern. v. S-Verb. aus Rauchgas mit Aktivkohle 47-2665*; Entschwefel.-Masse 48-2401*; Entfernen v. organ. u. anorgan. S-Verb. aus Gasen 49/50-2684*.

Entfern. v. H_2S: u. CO_2 aus Kokerei- u. Leuchtgas durch Absorpt. in Fl. 1-2537; mit As-halt. Waschlauge (Regenerier.) 1-2555*; mit alkyliertem Cyclotetramethylensulfon 1-2556*; Regenerieren d. wss. Waschfl. für d. Entfern. v. H_2S u. NH_3 aus Gasen 6-2635*; Entfern. v. H_2S: aus Raffineriegas durch katalyt. Nachverbrenn. 12-2129; u. CO_2 bei gleichzeit. chem. Rk. (partielle Stoffübergangszahlen d. fl. Absorpt.-Mittel) 14-2663; u. CO_2, COS u. W. aus Gasgemischen mit Tetrahydrothiophen-1.1-dioxiden 15-2786*; aus Brenngasen mit wss. Lsg. v. Alkalicarbonat, -bicarbonat u. -hydroxid 20-2664*; in Ggw. v. O_2 an krist. Zeolithen 20-2665*; mit Fe^{3+}-Ionen enthaltender wss. Lsg. v. chelatbildenden Stoffen 20-2666*; mit Aktivkohle 21-2909*; mit neutrale Aminosäure enthaltender wss. Lsg. 21-2911*; mit Tetrahydrothiophen-1.1-dioxid, Fe-Sulfat u. Fe-Chelatverb. 21-2914*; mit O_2 unter Anwend. fein vermahlener Aktivkohle 23-2928*; durch organ. O-Träger 24-2587; Regenerieren v. alkal. Waschlaugen für d. H_2S-Entfern. durch Elektrolyse 25-2891*; Entfern. v. H_2S: mit Fe-Komplex-Verb. 26-2207*; mit Fe(III)-Verb. 33-2942*; mit Fe-Komplex v. Aminverb. 33-2943* bis 33-2945*; u. SO_2 u. CO_2 mit Harnstoffderiv. 36-2666*; mit As-Waschlsg. 39-2714; bei *350 – 1000°* mit Bauxit 39-2733*; aus Kokereigas mit Raseneisenerz unter Druck 41-2802; Best. d. Stoffübergangswerte für H_2S bei d. Gasauswasch. 46-2392.

Entfern.: v. S-Oxiden mit alkal. Mg-Verb. 30-2626*; v. SO_2, H_2S u. CO_2 mit Harnstoffderiv. 36-2666*; v. S-Oxiden mit alkal. reagierenden Mg-Verb. 48-2060*.

Bibliographie

Handbuch des Stickstoffherstellers. Bd. *1*: Physikalisch-chemische Eigenschaften der Gase und Flüssigkeiten. Herstellung technischer Gase. Reinigung technischer Gase. Ammoniaksynthese. Methanolsynthese [russ.] B 70; Reinigung von Gas, Abwässern und wärmetechnische Untersuchungen in der Industrie der seltenen Metalle (Mitteilungssammlung) [russ.] B 78.

Gastricsin s. unter *Enzyme*, *Spezielle Enzyme*.

Gastrin s. unter *Hormone*, *Gastrointestinale Hormone*.

Gastrin I s. unter $C_{97}H_{124}N_{20}O_{31}S$.

Gastrocknung s. unter *Gasreinigung*.

Gastroferrin s. unter *Proteine*, *Spezielle Proteine*.

Gastrointestinale Hormone s. unter *Hormone*.

Gastron s. unter $C_{21}H_{27}NO_4$.

Gasverflüssigung

Flüssiggas (liquid petrol gas) s. dort.

Verflüssig. v. Cl 22-0559; Abscheid. verflüssigter Gase in petrochem. Anlagen 39-2214.

Leit. mit geringen Wärmeverlusten für fl. N_2 33-2069; elektr. isolierende Kältefalle für verflüssigte Gase 38-1962.

Gaylussit, Elementarzelle u. Raumgruppe v. — 30-0201.

10 G 2 B s. unter *Eisen, Schmiedeeisen und Stahl* (*Sondermarken*).

G-253 B_1 s. unter $C_{15}H_{20}N_4O_5$.

G-253 B_2 s. unter $C_{15}H_{21}N_3O_5$.

G-253 C s. unter $C_{17}H_{22}N_4O_6$.

GC-4072 s. unter $C_{12}H_{14}Cl_3O_4P$.

GC-6506 s. unter $C_9H_{13}O_4PS$.

GC-9879 s. unter $C_8H_{15}O_4PS_2$.

GDP s. unter $C_{10}H_{15}N_5O_{11}P_2$.

Gebaganharze s. unter *Plaste*, *C-Copolymerisate* (*Weitere C-Copolymerisate*).

Gebutox flüssig, Nachw. v. Dinoseb in Blut u. Organen bei Vergift. mit — 46-1610.

Gedrit, Granat, Hypersthen, Cordierit u. — enthaltende Gesteine v. Kiuruvesi, Finnland 11-0838; kristallchem. Besonderh. v. Holmquistit-Li- — 24-0830.

Gefrierschutzmittel s. *Frost- und Gefrierschutzmittel*.

Gefüge

— v. Metallen s. unter *Metallographie*. *Korngrenzen*; *Kristallbaufehler* s. dort. Oberflächen- u. Schichtenstrukturen s. unter *Oberflächen*, bzw. unter *Schichten, dünne*.

Siehe auch *Porosität*.

Ausscheid., Einschlüsse u. Frakturen als Ursachen d. Doppelbrech. v. Diamant 1-0777; Kennzeichn. v. — durch Angabe d. Heterogenität oder d. Homogenität 3-2450; Unters. d. Domänenstruktur v. Ruß durch Dunkelfeld-Elektronenmikroskopie hoher Auflsg. u. durch Röntgenbeug. 5-0212; Mikrostruktur im Syst. $BaTiO_3/CaTiO_3$ 6-0228; — -Formen im Eutektikum InSb/NiSb 6-0229; — in carbonitrierten W- u. WC-Pulvern 6-2342; metallograph. Unters. v. Mn-Zinkferrit 7-0240; Struktur v. $Mg_3(OH)_2Cl_4 \cdot 4\ H_2O$ 8-0186; Calcitgefügeunters. hinsichtl. ihrer Mehrdeutigk. 8-0762; Mosaikstruktur in Mikrokrist. photograph. Emuls. 8-3220; Kristallinitätsgrad v. anod. Al-Oxid 9-0249; $MgCl_2$-Verunreinig.-Substrukturen in aus d. Schmelze gezüchteten KCl-Krist. 11-0285; Mosaikparakrist. in Polyäthylenkrist. 11-1139; Strukturbest. v. Sintermaterial d. Syst. Me/MeO durch Ionenbeschuß 11-2377; Unters. d. mikrochem. Inhomogenität v. Na-Silicat- u. Na-Borosilicatgläsern auf Grund d. spezif. Wärme bei niedr. Temp. 13-0268; Mikrostruktur v. massiven pyrolyt. Kohlenstoffen 14-0704; Einw. v. PVC auf d. Bldg. d. Feinstruktur v. Zementmörtel 15-2362; metallograph. Nachw. einer martensit. Umwandl. in U_3Si 16-0185; Schicht. in d. Strukturen v. Bi-Seleniden u. -Telluriden sowie Sb-Telluriden 17-0273; Unters. d. inneren Baus v. Pyritmetakrist. in orientierten Schnitten 17-0855; — -Änder. in pyrolyt. C durch Bestrahl. mit schnellen Neutronen bei hohen Temp. 19-0329; röntgenograph. Beobacht. d. Moiré-Muster an aufeinanderwachsenden CdS-Krist. 20-0175; Mikrostruktur v. „Molekular"-Cermets aus Zr- oder Ca-Molybdaten, -Wolframaten oder -Chromaten 20-2259; Faktoren, die d. Mikrostruktur u. d. Kornwachstum in Zweiphasen- (ein Festkörper u. eine Fl.) u. in Dreiphasensyst. (zwei Festkörper u. eine Fl.) beeinflussen 20-2260; Substrukturen an Sb-dotierten Te-Krist. 21-0221; mikrograph. Struktur v. durch Schmelzen im Elektronenstrahlofen erhaltenem schwarzen ZrO_2 22-0220; Röntgenunters. v. Deformat.-Lamellen in Olivinen ultramaf. Gesteine 22-0833; Emittl. d. inhomogenen Verteil. v. Beimeng. in Ga-Antimonid 23-0248; Röntgenunters. an natürl. — (Wachstums- — in Hämatit-Kidney-Erz u. in faser. Calcit 23-0891; Struktur überstöchiometr. U-Carbid-Einkrist. mit hohen C-Geh. 24-0261; elektronenmkr. Unters. d. Struktur fester Gemische v. Methylmethacrylat u. Paraffinöl bei tiefer Temp. 25-0974; Struktur d. Suboxide v. Ta u. Nb durch Einlager. v. O-Atomen 25-2551; — -Regel. v. Hämatit 26-0838; topotakt. — 27-0208; Einfl. v. Ultraschalleinw. auf d. Struktur erstarrter Schmelzen v. Bi_2Te_3 u. seinen festen Lsg. mit Bi_2Se_3 u. Sb_2Te_3 27-0237; elektronenmkr. Unters.: v. Mosaikstrukturen d. Galenits 27-0907; d. Struktur v. Opal 27-0911; Einfl. d. Zücht.-Beding. auf d. Mikrostruktur v. CdS : Cu-Einkrist. 28-0184; Heterogenität gefrorener Lsg. v. Thymidin 28-0924; therm. Simulier. v. In-Pile-Mikrostrukturen in ThO_2–UO_2 28-2196; Einfl. d. — im geätzten Zustand auf d. Meßergebnisse bei d. Elektronenstrahlmikroanalyse 29-2188, 29-2189; Mikrostrukturen säulenart. Körner in UO_2 30-0147; — v. WC–TaC–Co-Leg. 30-2359; inhomogene Zus. v. (Ba, Pb)·TiO_3-Krist. 31-0202; submkr. Lamellen v. Labradorit 31-0885; Mikrostruktur v. Cu/Mn-Ferriten 36-0157; — d. Ausscheid.-Phase geschmolzener Ni-Ferrite 36-2391; Mosaikstruktur v. Quarz mit einem im Ergebnis einer chem. Rk. auftretenden Nd. 37-0213; Mikrostruktur durchscheinender polykrist. Korund-Keramik 37-0221; Struktur u. Zus. einiger Sitalle d. Li-Alumosilicatsyst. 37-0295; quant. röntgenograph. Phasenanalyse v. Rost 37-2627; Beobacht, an Ilmenitfein- — 38-0850; Mikrostruktur triaxialer Porzellane 38-2412; Strukturcharakteristik d. Eutektikuums Fe/FeS 42-0082; Unters. d. Struktur einer Reihe v. Halbkoksen durch Relaxat. d. Elektronenzentren 42-0311; Deformat.-Lamellen parallel zu (*1013*) u. (*0001*) in Quarz 42-0714; Best. d. Zahl, Größe, Abstände u. d. Vol.-Anteils v. sphär. Teilchen einer zweiten Phase aus Extrakt.-Repliken 44-0107; elektronenmkr. Unters. lamellarer Misch. zweier dicht gepackter Phasen 48-0159.

Korngröße, Kornwachstum: Korngrößenverteil. in — -Bestandteilen 2-2204; Korngröße in polykrist. Stoffen 4-0527; Einfl.: d. Korngröße auf d. Bruchverh. v. Gesteinen 8-0751; d. Kristallitgrößenverteil. auf d. Korngrenzen-Selbstdiffus. in Polykrist. 10-0270; Kristallitgröße v. Graphit 12-0210; Änder. d. Elektronenbeug.-Intensitäten v. lamellenförm. BiOCl-Polykrist. mit Wellenlänge, Krist.-Größe u. Filter. 15-0159; Einfl. d. Korngröße dielektr. Schichten aus TiO_2, SiO_2, ZnS u. MgF_2 auf d. Stabilität gegenüber d. Einwrkg. starker Strahl. 15-0240; röntgenograph. Best. d. Korngröße grobkrist. Stoffe 17-0205; Ox.-Kinetik v. mikrodispersem C (Vgl. mit d. Theorie d. Teilchengrößenabhängigk.) 17-0731; Einfl. d. Kristallitform auf d. aus d. Teilchengröße resultierende Verbreiter. v. Debye-Scherrer-Reflexen 19-0208; Mikrostruktur u. d. Kornwachstum in Zweiphasen- u. in Dreiphasensyst. beeinflussende Faktoren 20-2260; Kristallitgröße epitakt. ZnTe-Schichten auf ion. Substraten 24-0257; Festigk. polykrist. Aggregate im ultrafeinen Korngrößenbereich (Anhäuf. kreisförm. Versetz.) 24-0300; Best. d. effektiven Korngrenzenselbstdiffus. in Polykrist. geringer Kristallitgröße 25-0266; Erstarr. u. Korngröße v. Bi_2Te_3 u. seinen festen Lsg. mit Bi_2Se_3 u. Sb_2Te_3 unter d. Einfl. v. Ultraschalleinw. 27-0237; Gitterparameter v. feinverteiltem MgO (Abhängigk. d. zwischenion. Abstoß.-Energie v. d. Kristallitgröße) 31-0239, 31-0240; Größenverteil. d. Kristallite in Festkörpern durch Unters. ebener Schnitte durch d. Proben 34-0118; Einfl.: d. Teilchengröße bei d. quant. Röntgenanalyse v. Substanzen mit einer ausgeprägten Neig. zur bevorzugten Orientier. v. Kristalliten 39-1895; d. sich mit d. Entfern. v. d. Probenoberfläche ändernden Kristallitgröße auf d. Linienverbreiter. v. Röntgenbeug.-Reflexen 42-0099; diffraktometr. Unters. d. Kornverteil. nach Größe u. Orientier. 44-0130; Korngrößenabhängigk. d. Festigk. v. Porzellan 45-2443; röntgenograph. u. elektronenmkr. Best. v. Kristallitgrößenverteil. 46-0109; Einfl. d. Korngröße: auf d. therm. Zers. v. $Ba(N_3)_2$ 46-0644; auf d. Bruchfestigk. v. NaCl-Einkrist. 48-0215.

Theorie d. Kornwachstums in porösen Feststoffen 4-0528; „Begegn."-Mechanismus beim Kornwachstum 11-0242; Theorie d. Stengelkornwachstums im Inneren v. oxid. Brennstäben aus UO_2, ThO_2, ZrO_2 17-0265.

Orientierung, Textur: Neue IR-polarisierende Texturen 1-0347; Textur v. durch Widerstandserhitz. dargestellten pyrolyt. Graphit 5-0438; Einfl. d. Orientier. auf d. Oberflächenlad.-Dichte an $Si-SiO_2$-Grenzflächen 7-0403; Orientier. v. GaAs-Krist. aus einer abgedeckten Schmelze 12-0206; Fehlorientier. in nach d. Verneuil-Meth. gezüchteten Rubin-Einkrist. 24-0258; Einfl. d. Walztemp. auf d. Walz- u. Rekrist.-Textur 25-2552; Unters. d. Quarzkornstell. am Röntgenuniversaldrehtisch 26-0837; Reorientier.-Effekte in glas. C u. pyrolyt. Graphit 28-0179; elektronenmkr. Unters. d. Bldg. einer kub. Rekristallisat.-Textur 30-2361; gerichtete Erstarr. d. $BaFe_{12}O_{19}/BaFe_2O_4$-Eutektikums 32-0174; Einfl. d. Dehydroxylier. auf d. Morphologie u. d. Textur v. Chrysotilen 32-0665; Textur v. Ag–CdO-Verbundstoffen 34-2409; elektronenmkr. Nachw. d. Domänentextur in Orthoklas ($KAlSi_3O_8$) 43-0720; Vorzugsorientier. in rekristallisiertem, heißgepreßtem MgO 44-0156; bevorzugte Orientier. in heißgepreßtem MgO 45-0203; Orientier.-Umkehr polykrist. CdS-Krist. 45-0206; Krist.-Orientier. in Rußpartikeln 45-2334; opt. Best. v. bevorzugter Orientier. in Tonen u. ihre Anwend. auf d. Unters. d. Mikrostruktur v. verfestigtem Kaolin 46-0111, 46-0112.

Einschlüsse: gerichteter Einbau v. Schwermetallphasen in InP. Eutektika v. InP mit Co_3P, Co_2P, CoP, CrP bzw. MnP 1-0222; isomorphe u. isodimorphe Einschlüsse in krist. Salzen (Verteil. v. Co- u. Cd-Ionen in Zinkacetatdihydrat) 5-0201; Röntgenreflexe u. Metalleinschlüsse in synthet. Diamanten 7-0808; Einschlüsse, Doppelbrech. u. Struktur natürl. Diamanten 8-0769; Bezieh. d. Bldg.-Temp., d. Homogenisier. u. d. Dekrepitat. v. Gas–Fl.-Einschlüssen in Mineralien 8-0794; Akmiteinschlüsse in synthet. Quarzkrist. 14-0804; Mikroanalyse v. Einschlüssen in bestrahltem UO_2 16-0318; elektronenmkr. Nachw. d. Bldg. v. Se-Clustern in GaAs 17-0263; elektronenmkr. Unters. fl. Einschlüsse in Fluoriten aus einigen Lagerstätten d. Mississippi-Tales 17-0844; Übersätt. v. Fl.-Einschlüssen in Fluorit-Krist. 19-0893; Interpretat. d. elektronenmkr. Beug.-Kontrastes v. Einschlüssen nahe einer kräftefreien Folienoberfläche 28-0140; elektronenmkr. Unters. d. Einschlüsse u. Hohlräume v. synthet. Quarz mit einer nicht strukturierten Beimeng. 37-0212; Geometrie v. S-förm. Einschlußspuren in Granat-Porphyroblasten 39-0694; spiralenförm. Luftblasen in Eis 45-0195.

Ausscheidungen: kristallograph. Eig. v. SiP-Ausscheid. in Si 9-0244; Mikrosondenunters. v. Cu-Ausscheid. in Si-Einkrist. 15-0226; Einfl. v. C auf d. Ausscheid. v. Cu in Si-Einkrist. 25-0182; kohärentes Zweiphasengleichgew. v. Ausscheid. in Krist. 27-0220; Einfl. v. O-Ausscheid. in Si-Einkrist. auf d. Halbwertsbreite d. Doppelkrist.-Rockingkurve therm. Neutronen 28-0142; Ausscheid. aus krist. $CaO:Yb_2O_3$-Lsg. 31-0200; Einfl. d. Erschöpf. v. Halbleitermischkrist. auf d. Geschw. d. Fremdphasenausscheid. 34-0155; Ausscheid.-Vorgänge aus übersätt. Nb/O/N-Mischkrist. 37-0126; Röntgenbeug.-Kontrast v. Verunreinig.-Nd. in CdS-Einkrist. 37-2068; intergranulare Ausfäll. bei Ca in feste Lsg. enthaltenden Alkalifeldspaten 39-0741; Beobacht. v. bandförm. Ausscheid. v. Ti in unterstöchiometr. Ti-Carbid 45-0211; Natur d. in B-dotiertem TiC auftretenden Ausscheid. 45-0212.

Untersuchungsmethoden: Ultraschallmeißel zur Präparat. grober --Bestandteile für d. Elektronenmikroskopie 2-2205; Anpass. einer einfachen Vorr. an ein Siemens-Diffraktometer zur Ermöglich. v. Texturdiagrammen 4-1556; Best. d. Orientier. v. Mikrokrist. unter Verw. einer Kossel-Rückreflex.-Technik u. eines Elektronensondenmikroanalysators 5-0187; Anwend. d. Holographie auf d. Phasenkontrast u. auf d. Strioskopie zur Unters. v. Mikroeinschlüssen 7-0189; Verf. zur Best. d. Korngrößenverteil. (feuerfeste Prod.) 7-2300; Streuverhältnisse bei Grobstruktur-Aufnahmen im Energiebereich v. *0,1 – 25* MeV 9-2067; Auswert. v. Grobstruktur-Aufnahmen mit Hilfe photograph. Äquidensiten 9-2068; vollständ. Best. d. Verschwenk. v. Subkörnern durch eine röntgentopograph. Meth. 10-0166; elektrochem. Anätzen verschiedener --Bestandteile u. v. Mischkrist. unterschiedl. Zus. 10-2367; Nachw. v. Orientier.-Zusammenhängen makroskop. Substrukturen durch Drahtschattenabbldg. mittels Berg-Barrett-Technik 15-0171; zerstörungsfreie Strukturunters. im Elektronenmikroskop 16-2373; röntgenograph. Best. d. Korngröße grobkrist. Stoffe 17-0205; Texturbest. an nuklearem Material durch Röntgen- u. Neutronenbeug. 17-0335; Mess. d. Orientier.-Verteil. u. ihre Anwend. auf d. quant. Röntgenbeug.-Analyse 19-0209; röntgenograph. Methodik zur Substrukturbest. 20-0153; Entw. d. Primärgefüge durch Schichtätz. 25-2545; Anwend. topograph. Röntgenmeth. zur Unters. d. Mosaikstruktur in Einkrist. 29-0165; Punktzähl-Rechenprogramm für d. Gefügeanalyse v. einachs. Mineralorientier. 29-1995; Rechenprogramm zur Auswert. v. Röntgen-Texturgoniometer-Aufnahmen 31-0158; röntgenograph. Best. d. Vol.-Verhältnisses v. Phasen in Materialien mit Texturen 31-0159; direkte Registrier. v. Podiagrammen für d. Best. v. Texturen durch Röntgenstrahlen 35-1979; autoradiograph. Verf. zur Best. d. Verteil. v. B in Feststoffen 35-2447; Ermittl. d. mittleren Maßzahlen v. Partikeln eines Körpersyst. durch Mess. auf d. Rand eines Schnittbereichs 37-0112; Meth. zur Texturunters. mit Strukturgoniometern 42-0108; Grenzen d. Autoradiographie als Meth. zur Mess. v. Ausscheid. 42-0111; Orientier. v. Krist. nach Laue-Rückstahlphotographien; röntgenograph. Best.-Meth. d. Vol.-Anteils v. Phasen in texturiertem Material 44-0107; diffraktometr. Unters. d. Kornverteil. nach Größe u. Orientier. 44-0130; Möglichk. in d. Strukturforsch. durch Anwend. d. Interferenzmikroskopie 45-0138; röntgenograph. Unters. opt. Texturen 47-0142.

Bibliographie: Fracture of structural materials B 14.

Gegenstromelektrolyse
Elektrolyse; *Überführung, elektrische* s. dort.

Trenn. v. Li-Isotopen durch Gegenstromaustauschelektrolyse 1-0599; – v. geschmolzenem $PbCl_2$ 3-2215; Isotopentrenn. durch – 5-1885; Dynamik elektrochem. Rk.-Syst. mit Rückström. 12-0584; Isotopenanreicher. beim Rb durch kontinuierl. – 29-0809.

Gegenstromverteilung s. unter *Extraktion.*

Gehirn s. unter *Organe.*

Gehlenit, Änder. im Gitter d. – bei Einführ. v. NaF 11-0855; Tendenz melilith. Gläser d. Reihe Akermanit/Gehlenit zur Kristallisat. 32-0240; Entglas. v. Gläsern fester Lsg. v. Akermanit/Gehlenit 32-0241; Phasen d. Syst. Akermanit/Gehlenit/Anorthit 39-0486.

Geigy 12968 s. unter $C_7H_{13}N_2O_4PS_2$.

Geikielith s. unter *Magnesiumtitanate(IV)*: $MgTiO_3$.

Geiparvarin s. unter $C_{19}H_{18}O_5$.

Gelatine

Photo-– s. unter *Photographie*, s. auch *Proteine.*

Vorkommen, Gehalt, Zusammensetzung: Isolier. gelatinöser Schichten aus Zugholzfasern 2-2885; Nucleinsäuren in – (Isolier. u. Identifizier.) 2-2973; Natur u. Menge v. Aldehyden in – 2-2981; elementare Zus. u. chem. Struktur v. – nach Elektronenbestrahl. 11-1168; Nucleinsäuregeh. v. Knochen-– 34-3124.

Darstellung, Gewinnung: Anreicher. mit Aminosäureestern 21-1274; Gewinn.: aus fermentativ-verarbeiteten Leder- u. Rohlederabfällen 1-2634*; aus Cr-halt. Kollagen-Material 5-2607*; Abtrenn. d. Nd. beim Klären d. Lsg. v. Kollagenabbauprod. bei d. Gewinn. v. – 5-2827*; Umwandl. v. Kollagen in – 10-3114; Gewinn. aus Kollagen enthaltendem Material 19-2813*; Extrakt. aus alkal. behandelter Kalbshaut mit d. Harnstofftauchverf. 41-3266; Reinig. v. Roh-– 19-3269*.

Härt. v. – mit polymeren Phoshornitrilen 1-3127*; Mechanismus d. Anfärbens v. --Schichten 28-3278, 28-3279; Härten v. – mit Phosphoramidoverb. 34-2747*; Herst. v. [1-Chlorforminidoyl]-carbamoylchloriden zur Behandl. v. – 51/52-2411*; Härten v. – mit 1.3-Diglycidylisocyanuraten 51/52-2993*.

Physikalisches und physikalisch-chemisches Verhalten: Strahl.-Energie-Übertrag. auf gelöste thiolierte – in bestrahlten, gefrorenen wss. Lsg. 23-1252; spektrophotometr. Unters. d. – in Glycerinlsg. 26-1192; Einfl. lyotroper Elektrolyte auf d. --Struktur 40-1058; Elastizitätsmodul (Best.) 22-3295; Verh. v. –/Gummi arabicum-Koazervaten im elektr. Wechselfeld 48-1289; ESR-Unters. d. Radikalbldg. bei UV-Bestrahl. 25-0937; Einfl.: auf d. Sperrschichtphotoeffekt in Ag-Silberjodid/Kaliumjodid-Zellensyst. 12-0583; auf d. polarograph. Red. v. Co^{2+} 19-0706; auf d. Kathodenpolarisat. bei d. Abscheid. einer Sn/Mo-Leg. aus alkal. Elektrolyten 21-0672; Polarisat. bei d. H_2-Abscheid. an Sn/Cd-Leg. in H_2SO_4 mit Zusatz v. – 24-0641; Einfl.: auf d. polarograph. Verh. v. Cd-Ionen 25-0658; auf d. polarograph. Red. d. Triäthylhalogenozinnverb. 27-0718; potentiometr. Studien über d. Adsorpt. v. – an Zn 32-0645; Einfl.: auf Unters. d. momentanen Strom-Zeit-Kurven während d. Entlad. v. zweiwert. Co an d. Hg-Tropfelektrode 39-0583; auf d. Ausscheid. koll. Stoffe aus ihren Hydrosolen durch Adsorpt. 5-0652; zweiseit. Filme aus Lsg. v. Aerosolen v. Dihexylsulfosuccinat mit Zusätzen v. – 7-0907; Einfl. auf d. Gelier. u. d. Schmelzen v. Polyvinylalkohollsg. 8-1092; Adsorpt. v. kation. Schaumerzeugern auf Silberhalogenid-–-Dispers. 10-0633; Komplexkoazervat. d. Syst. Arabinsäuresalz-– 17-1187; Diffus.: v. SO_2 in wss. --Lsg. 18-0613; v. Silberhalogenid-Lsgm. in --Gelen 24-3084; Einfl.: auf d. Abtrenn. v. koll. $Nb(OH)_5$ aus HCl-Lsg. durch Flotat. 26-0667; v. Elektrolyten auf d. Adsorpt. v. $K_2Cu_3[Fe(CN)_6]$-Koll. in Ggw. v. – 31-0685; Viskosität in hydroalkohol. Gemischen (Koazervat.-Bereiche) 33-1358; Adsorpt. an AgBr 34-3123; Einfl. v. Alkaliionen auf d. Diffus. v. Thiosulfat, Ferrocyanid u. Ferricyanid durch – 40-2995; Adsorpt. an AgBr 44-3016; Einfl. v. Polymerbasen auf d. Festhalten v. sauren Farbstoffen durch --Schichten 44-3025; Darst. v. koll. Au aus $H[AuCl_4]$ u. – 49/50-0463; Adsorpt.-Kinetik v. durch – aktivierten Kolloidteilchen an d. bewegl. Phasengrenzfläche Hydrosol – Gas 49/50-0469; thermodynam. Parameter d. Verdünn. bei – in Salzlsg. 25-1245; Lösen u. Gelieren v. – unter Berücksichtig. d. Lsgm.-Struktur 44-3020.

Reaktionen: Deuteriumaustausch v. – 20-3121; Darst. v. gepfropften Copolymeren d. – 30-3133; Strahl.-Abbau 20-1148; Desaminier. d. Guanidinogruppe in – mit N-Bromsuccinimid 30-1006; Ox. v. --gebundenem Hydroxylysin durch Perjodat 14-1415; potentiometr. Unters. d. Wechselwrkg. v. Ag(I)-Ionen mit – 8-0538; Hydrolyse (Gewinn. eines Gemisches v. α-Aminosäurehydrochloriden) 22-1204; Halogenaufnahme durch – 36-3195; Wechselwrkg. mit LiBr (Komplexbldg.) 44-1039; Freisetz. v. Hydroxypyrolin aus – durch saure Hydrolyse 46-1941; Rk.: v. Ag-Ionen mit – 48-3018; mit In-Brenzcatechinviolett 25-2061; in vitro-Spalt. d. Vernetz. in – durch β-Aminopropionitril 35-1661; Rk.: mit N-Acetylhomocysteinthiolacton 31-2866*; mit S-halt. Dicarbonsäureanhydriden 39-1121; mit aromat. Sulfonsäuren 30-3131; mit Alkylsultonen 40-3007*; Einfl. auf d. Eig. v. Keimlsg. zur Darst. v. TiO_2 10-0617.

Biochemisches und physiologisches Verhalten: --W.-Modellsyst. für d. „alles-oder-nichts"-Adsorpt. durch lebende Zellen 15-1236; enzymat. Abbau 12-1271; proteolyt. Aktivität v. Zahnplattenmaterial gegenüber – 16-1362; Rk. mit Gelatinase 26-1336; Spalt. durch krist. Protease v. Streptomyces griseus 38-1441; Aktivität d. proteolyt. Enzyme v. zwei Stämmen v. Pseudomonas fluorescens gegenüber – 42-1225; Einfl.: auf d. Red. v. Xanthindehydrogenase durch Tetrazoliumsalz 14-1247; auf d. Thermostabilität v. Penicillinase aus Bacillus cereus

16-1387; d. Zusatzes v. – im Futter auf d. Aktivität v. Enzymen d. Harnstoffzyklus in d. Rattenleber 19-1437; auf d. DNase-Synth. durch Actinomyces levoris 41-1340; – -Verflüssig. bei Ankistrodesmus u. Scenedesmus 22-1365; Verwert. durch Bacillus mesentericus 35-1338; Einfl.: auf d. Wachstumsgeschw. v. Aspergillus terricola 51/52-1307; hoher Methioninzulagen zu – -Diäten auf d. Toxizität u. Resorpt. v. Methionin u. d. S-Ausscheid. im Harn v. Ratten 25-1627; Verw. v. – -Kapseln zur rektalen Anwend, v. Glycerylguajacol (Vgl. mit Suppositorien mit d. alten Grundlagen) 13-1546; Prüf. als Blutersatzmittel 17-1587.

Verwendung: Herst. v. Weich- – -Kapseln 14-1679*; Verw. v. – -Lsg. als Schutzprotein für hochwert. ^{131}J-Protein-Präp. 15-1221.

Analyse, Untersuchungsmethoden: Best. d. an α-Amino-, ε-Amino- u. Imidazolgruppen v. Proteinen eingetretenen Substitut. mit bes. Berücksichtig. v. – 28-2085; Kombinat. eines Temp.-Gradienten mit d. Gelelektrophorese, Anwend. auf d. Analyse d. Kollagen- – -Überganges 34-2044; Fraktionier. v. verschiedenen – -Präp. mit Ionenaustauscherharzen 19-2306; heterometr. Titrat. mit Heteropolysäuren oder Na-Tetraphenylborat 31-2168; Best.: v. SO_2 in – 2-1932; d. Aschegeh. v. – 11-2020; Abtrenn. v. Prolinen u. Hydroxyprolinen aus – durch Gaschromatographie 13-1945; Feuchtigk.-Best. in – (Schnellmeth.) 21-2269; dünnschichtchromatograph. Isolier. d. Skleroproteine aus – 25-2191; Best.: v. Cu in – 33-2327; v. NH_3 in Totalhydrolysaten v. – 37-2182; d. proteolyt. Aktivität d. Fermente an *5*%ig. wss. – 46-1239.

Gelatinol, Einfl. auf d. Leberfunkt. 30-1492.
Gelbbraun LG, papierchromatograph. Verh. 9-2027.
Gelbkörper s. unter *Drüsen, Corpus luteum.*
Gelbkörperbildungshormon s. unter *Hormone, Hypophysenvorderlappenhormone* (*Luteinisierungshormon*).
Gelbkörperhormon s. unter $C_{21}H_{30}O_2$.
Gelb MP s. unter $C_{17}H_{14}N_4O_3$.
Gelborange S s. unter $C_{12}H_{10}N_2O_7S_2$.
Gele s. unter *Kolloidchemie.*
Gelee, Herst. v. Carboxymethylderiv. d. Amylose, Stärke oder anderer Polysaccharide als Verfestig.-, Geliermittel, Emulgierhilfsmittel, Suspens.- oder Verdick.-Mittel für Frucht- – 6-2557*.
Gelfiltration s. unter *Chromatographie*; *Molekülsiebe.*
Gelierungsmittel s. unter *Kolloidchemie.*
Gelée royale, Verw. in kosmet. Prod. 28-2818*.
Gelose, Gewinn. aus Tamarindensaat 14-2594*.
Gelsemin s. unter $C_{20}H_{22}N_2O_2$.
Gelvatol s. unter *Plaste, Vinylpolymerisate* (*Polyvinylalkohol*).
Gemüse, Einfl. v. Stalldung auf d. Mikronährstoffgeh. v. jungen – -Pflanzen 3-3148; Bodendüng. u. NO_3-Anreicher. bei – 17-3351; ionisierende Bestrahl. zur Bekämpf. d. Auftretens v. Krankh. nach d. Ernte v. – 32-3064.

Organochlorinsektizidrückstände in – (*1965* in Großbritannien) 4-1308; Pestizidrückstände in – (Marktkontrollen *1956* bis *1965*) 4-2641; Dimethoat-Rückstände an blattreichem – 10-3090; Hg-Konz. in – 16-3221; Veränder. d. Vitamin-C-Geh. v. länger aufbewahrtem – 17-3494; Verteil. d. freien Zucker in Organen v. – im Verlauf d. Samenkeim. u. in d. Reifeperioden 18-1346; Bromidrückstände nach Methylbromidbegas. v. – 19-3222; Lipidox.-Aktivität: in – 22-3209; in gefrorenem – (Bezieh. zu Geschmacksveränder.) 22-3211; K-, N-, Ca- u. Mg-Geh. v. – -Sorten 24-3008; Bedeut. d. freien Aminosäuregeh. v. – für d. Ernähr. 24-3009; Geh. an Aromastoffen v. – (Einfl. d. Temp. bei d. Gefriertrockn.) 35-3180; wasserlösl. Vitamine in – (Übersicht) 40-2934; Qualität d. Pektins v. – 40-2958; Nitrate in – u. – -Prod. 45-1453; Ascorbinsäuregeh. v. nigerian. – 47-3187.

Abwasser-Aufbereit. in d. – -verarbeitenden Industrie 1-2019; Einfl. v. Blanchierverf. Gefriertrockn. u. Lager.-Zeit auf Änder. d. Vitamingeh. in – 1-3051; qual. Zus. u. Verwert. v. – -Abfällen (Übersicht) 28-3213; Gewinn. v. Furfurol aus – -Abfällen durch saure Hydrolyse 31-2841*; Verw. d. Glucoseoxydase als Antioxydans in d. – -Technologie 31-3517; radiobiolog. Parameter bei d. Bestrahl. v. – 32-3064; Abhängigk. d. Ascorbinsäure-Verluste u. Farbveränder. v. Art u. Dauer d. Erhitzens v. – 47-3188.

Trennverf. für Organothiophosphat-Pestizid-Rückstände an – (mikrocoulometr. Gaschromatographie) 6-2000; Best. in –: v. Dibrom- u. DDVP-Rückständen (mikrocoulometr. Gaschromatographie) 6-2001; v. Bidrinrückständen (kolorimetr.) 10-2041; v. Carbaryl-Rückständen 13-2005; v. Aldrin 19-2269; v. Rest-Alkylbenzolsulfonaten 19-2280; v. Na-cis-3-Chloracrylat-Rückständen (in Wurzel- –) 19-2283; v. Dicamba 19-2283; v. Schädlingsbekämpf.-Mitteln (durch Dünnschichtchromatographie) 28-2150; v. Chlorophyll a u. b 31-2257; v. Nitraten 32-2092; Trenn. u. Charakterisier. v. Geschmackskomponenten aus – 32-3065; Best. in –: v. Pestiziden 34-2087; v. Organochlorinsektiziden (durch Gaschromatographie mit Elektroneneinfangdetektor) 35-2168; v. Temikrückständen 36-2069; v. Tranidrückständen 36-2070; d. Rückstände v. Organophosphaten 37-2276; v. Na-Benzoat u. K-Sorbat (in konservierten – -Prod.) 38-2181; Extrakt. v. Pestizidrückständen in – (Vgl. verschiedener Verf.) 38-2188; Best. in –: v. Azinphosmethyl-Rückständen (Abänder. d. Meth. v. Miles) 39-2136; v. Ca (Vgl. verschiedener Verf.) 40-1938; v. Dimethoatrückständen 48-1999; v. 1-Naphthyl-N-methylcarbamidat (photometr.) 48-2029; d. Feuchtigk. (in getrocknetem –) 48-2032.

Bibl.: Handbuch der Lebensmittelchemie. *9* Bde. Bd. *5*, Teil *2*: Obst, Gemüse, Kartoffeln, Pilze B 79; Analyses of preserved fruits, vegetables and mushrooms B 53; Preservation of fruit and vegetables by radiation. Proceedings of a panel, held in Vienna, August *1966* B 79.

G(eneral)-C(hemical)-3707 s. unter $C_9H_{15}O_8P$.
„Genin A" s. unter $C_{30}H_{50}O_3$.
Genin A_1 [aus Panaoxid A] s. unter $C_{30}H_{52}O_6$.
Genin A_2 [aus Panaoxid A] s. unter $C_{31}H_{54}O_6$.
Genin A_3 [aus Panaoxid A], chromatograph. Nachw. 16-1144.
Genin A_4 [aus Panaoxid A], chromatograph. Nachw. 16-1144.
Genin A_5 [aus Panaoxid A] s. unter $C_{32}H_{58}O_5$.
Genin A_6 [aus Panaoxid A] s. unter $C_{30}H_{52}O_4$.
Genipin s. unter $C_{11}H_{14}O_5$.
Genistein s. unter $C_{15}H_{10}O_5$.
Genotherm s. unter *Plaste, Vinylpolymerisate* (*Polyvinylchlorid*).
Gentamian s. unter $C_{17}H_{38}N_2O_2$.
Gentamicin s. unter $C_{17-18}H_{34-36}N_4O_7$.
Gentamicin C_1 s. unter $C_{17-18}H_{34-36}N_4O_7$.
Gentamicin C_2 s. unter $C_{17-18}H_{34-36}N_4O_7$.
Gentamycin s. unter $C_{17-18}H_{34-36}N_4O_7$.
Gentamycin C_{1a}, biolog. Aktivität, Isolier. aus Micromonospora purpurea 47-1502.
Genthelvin, – v. d. Gairngorm Mountains, Scotland 16-0837.
Gentialutin s. unter $C_9H_{11}NO$.
Gentianidin s. unter $C_9H_9NO_2$.
Gentianin s. unter $C_{10}H_9NO_2$.
Gentiobiose s. unter $C_{12}H_{22}O_{11}$.
Gentioflavin s. unter $C_{10}H_{11}NO_3$.
Gentiopikrosid s. unter $C_{16}H_{20}O_9$.
Gentisinaldehyd s. unter $C_7H_6O_3$.
Gentisinsäure s. unter $C_7H_6O_4$.
Gentrogenin s. unter $C_{27}H_{40}O_4$.
Geochemie s. unter *Geologie.*
Geokronit, – v. Madoc, Ontario 36-0809.

Geologie (einschließlich Geochemie und Geophysik)

Vork. u. Eig. v. speziellen Mineralien, Gesteinen u. Erzen s. unter d. entsprechenden Stichwörtern.

Binnen- u. Grundwasser, Mineral- u. Heilwässer, Meerwasser s. unter *Wasser.*

Braunkohlen; *Erdöl*; *Kohlen*; *Meteorite*; *Petroleum* s. dort.

Siehe auch *Boden*; *Mineralien.*

Allgemeine Geologie, Geophysik, Geochemie

Regionale Beschreibungen s. d. entsprechenden Abschnitt.

Entsteh. d. bei Sonnenuntergängen leuchtenden Schicht nach Vulkanausbrüchen 5-0788; Unters. v. glas. Objekten in Tiefseesedimenten u. Vgl. mit austral. Tektiten 6-0793; chem. Zus. fossiler Schalen 9-0826; Unters. v. Teilchen auf extraterrestr. Ursprung 16-0781; terrestr. Xe-Anomalie u. d. Explos. unserer Galaxie 16-0786; eine Klassifizier. v. extraterrestr. in sedimentären Gesteinen u. Ackerland gefundenen Kügelchen 26-0808; Bldg. d. Ozeane (Gedanken zur Entsteh. d. Erdkruste d. Weltmeeres u. d. Atmosphäre) 26-0811; Entw. d. Erdrinde nach Angaben über Pb-Erzisotopen 27-0883; metall. Kügelchen in Einschlag- u. Tektitengläsern 29-0865; chem. Grundlagen für d. Entsteh. d. Lebens auf d. Erde (Übersicht) 34-0839; Verdunkl. d. Gesteinspulver durch Protonenbestrahl. (Verunreinig.- u. Temp.-Einfl. u. d. Anwend. auf d. Verdunkl. d. Mondes durch Sonnenwind) 35-0836; Zus. d. durch Meteoriteneinfall entstandenen Glases im Streufeld d. Henbury-Kraters 37-0867; Mess. über d. Zufluß v. extraterrestr. Material (Suche nach Menge u. Art interplanetar. Trümmer in Meeressedimenten u. im Polareis) 51/52-0674.

Sinterverh. v. Dolomiten unterschiedl. Petrographie 1-2130; therm. Eig. v. Meereseis (spezif. Wärme) 4-0236; mechan. Eig. v. Meereseis (Biegefestigk. in situ) 4-0259; Tektite u. d. Umkehr. d. Erdmagnetfeldes 6-0792; Stoßwelleneffekte in einigen gesteinsbildenden Mineralen 6-0813; Unters. d. opt. Anomalien U-führender carbonat. Gesteine verschiedener Herkunft u. verschiedenen geolog. Alters 6-0814; Einfl. d. Korngröße auf d. Bruchverh. v. Gesteinen (Unters. an Graniten) 8-0751; Wärmekonvekt. in dielektr. Fl. u. Modellaufstell. bei d. geophysikal. Fl.-Dynamik 9-0769; Wechselstrommagnet zur Ermittl. v. Hystereselinien in Gesteinen 11-1829; Einfl. d. Sondenlänge auf d. Dichtemess. v. Gesteinen mit d. γ-γ-Meth. 13-0769; α-Radioaktivität unbekannten Ursprungs u. d. Entdeck. eines neuen pleochroit. Hofes 16-0816; magnet. Polarität u. Magmatitpetrologie 16-0835; mkr. Heterogenität („Sackgassenporen") im Lagerstättengestein 21-2896; Wärmekapazität einiger Gesteine bei hohen Temp. 22-0822; ringförm. Wärmequelle als Sonde zur Schnellbest. d. Wärmeleitfähigk. v. Gesteinen 22-2002; Veränder. d. chem. Eig. d. Elemente bei hohen Drücken 24-0802; Best. d. Dichten v. verschiedenen meteorit., vulkan. u. aus Eis stammenden Kügelchen 28-0808; Erdschwing. u. d. Erdinnere 28-0809; Beweis für d. Schmelzen v. Mineralen einiger Meteorite 31-0863; lineare Programmier. zur Berechn. chem. Gleichgew. in Mineralparagenesen 36-0758; Gleichgew.-Thermodynamik v. offenen geolog. Syst. u. d. Phasenregel 38-0760, 38-0761; geophysikal. Bedeut. d. in Pazifikwasser gefundenen Überschuß-He 38-0771; thermodynam. Gleichgew. in metamorphen u. metasomat. Gesteinen 39-0730; n-dimensionales Konoden-Problem (Anwend. auf Mineralvergesellschaft.) 39-0734; spektrales Reflex.-Vermögen v. Silicatgesteinspulvern zwischen 0,4 u. *2,0* μ 40-0679; akust. Eig. (Schallgeschw. u. Dämpf. in Abhängigk. v. Korngröße, Schüttdichte u. Kompressibilität) v. Sedimenten 41-0787; Koeff. d. Wärmeleitfähigk. v. einigen Sedimenten u. seine Abhängigk. v. d. Dichte u. v. W.-Geh. d. Gesteine 43-0719; Hugoniot-Zustandsgleich. für zwölf Gesteine 43-0738; galvan. Effekt bei Mineralen u. Gesteinen 45-0565; Lumineszenz-Eig. v. Gesteinen, Meteoriten u. natürl. Gläsern unter Protonenbeschuß 45-0716; Mohorovičić-Diskontinuität u. d. Struktur d. Silicate 45-0745; Hochdruckumwandl. v. geophysikal. Bedeut. 45-0782; Mess. d. DK u. d. elektr. Leitfähigk. v. feuchten Gesteinen (neue Labor.-Meth.) 46-0694.

Fraktionier. v. K/Rb durch Amphibole (Folger. hinsichtl. d. Mantelzus.) 1-0754; Graphit-H-Rk. u. ihre Bedeut. in d. Geochemie 9-0770; Genese d. Erdkruste u. d. Struktur innerhalb d. Mantels (vereinheitlichte chem. Theorie) 16-0788; Geochemie (Zeitschriftenref.) 16-0801; N-Isotopenzus. d. Erdkruste 18-0755; Evolut. d. C d. Erde 18-0757; Geochemie (Zeitschriftenref.) 22-0795, 22-0796, 22-0797, 22-0798, 23-0869, 23-0870, 23-0871, 23-0872; (Rolle d. Strukturänder. u. Mischkrist.-Entw. bei d. Deut. d. Differentiat. u. Kristallisat. vulkan. Gesteine) 23-0873; Geochemie (Zeitschriftenref.) 24-0808; Mineralogie d. chem. Hauptkomponenten d. Erdmantels 29-0866; Beweg. d. Erdkruste u. Alter d. glazialen Stadien auf Spitzbergen 29-0868; Geochemie (Zeitschriftenref.) 32-0835, 33-0991, 33-0992, 33-0993, 33-0994, 36-0769, 36-0771; ber. Mineralrk. im Erdmantel 38-0757; Phasenumwandl. im Oberen Erdmantel (Betracht. d. Syst. Mg_2SiO_4/Fe_2SiO_4 als chem. Modell für d. Erdmantel) 38-0758; Stabilitätsfelder v. Al-halt. Pyroxen-Peridotit u. Granat-Peridotit u. ihre Bedeut. für d. Struktur d. oberen Mantels 38-0887; Einfl. v. Mikroorganismen auf geolog. Prozesse (Zeitschriftenref.) 45-0739; Zodiakal-Staub u. Tiefseesedimente 45-0742; Evolut. d. Pb-Isotopenzus. d. Erdkruste u. d. Fe-Meteorite 45-0743; chem. Bau d. Erdkruste 45-0744; Phasenübergänge u. krit. Erschein. im Erdmantel (thermodynam. Betracht.) 49/50-0637.

Ausgestorbene Radioaktivität u. d. Entdeck. eines neuen pleochroit. Halos 1-0775; die „Zwei Magmentheorie" u. d. Ursprung v. Ignimbriten 2-0748; laterale Änder. d. basalt. Magmentyps über Kontinentalgrenzen u. Inselbögen 2-0752; chem. Zus. komagmat. vulkan. u. intrusiver Gesteine d. Daly's Durchschnittszus. 8-0760; Ursprung d. Kalk/

Alkali-Eruptivgesteinssuite 9-0801; relative Tiefe d. Herkunft alkal. u. tholeiit. Gesteine 13-0809; Viskositäts- u. Kristallisat.-Verh. v. Steinkohlenaschen im Vgl. zu d. v. Ergußgesteinen 13-2266; Zus. v. Macedon u. Darwin-Glas u. v. Riesglasbomben 16-0764; Differentiat. d. magmat. Emanat. 16-0787; Rk. zwischen bas. Magma u. pelit. Material 17-0725; Umwandl. Gabbro zu Eklogit u. seine petrolog. Bedeut. 17-0861; Bezieh. d. U-Mineralisat. zu Extrus. saurer Gesteine 18-0783; sauer-bas.-Differentiat. v. Elementen in magmat. Gesteinen 22-0816; Kalk/Alkali-Gesteinsgenese 22-0819; vulkanolog. Betracht. u. d. Entsteh. d. Diamanten 23-0874; geochem. Beweis für gerade stattfindende Serpentinisier. 23-0876; schwere radioakt. Elemente in vulkanogenen Prozessen 24-0804; prim. Ox.-Veränder. u. Petrogenese in einer Einzellava 26-0820; kinet. Unters. in kontaktmetamorphen Zonen (Einfl. d. therm. Metamorphose auf d. Mineralienalter) 31-0870; Bedeut. d. frakt. Kristallisat. bei d. Umwandl. Basalt/Trachyt 36-0782; Beweglichk. d. Komponenten u. ihr Einfl. auf d. Bldg. diagenet. Konkret. 36-0786; Möglichk. d. Differenzier. verschiedenaltr. Salzschichten 36-0787; Abkühl.- u. Kristallisat.-Wärme v. Intrus. verschiedener Tiefe 38-0792; opt., chem. u. röntgenograph. Daten v. verschiedenen „Ameletit“-halt. fels. vulkan. Gesteinen 38-0832; Gesetzmäßigk. d. Trapp-Kristallisat. verschiedener Basizität 39-0719; neue Meth. d. petrochem. Charakteristik magmat. Gesteine 41-0703; Krist.-Keimbldg. in einem natürl. Magma 43-0754; Rekristallisat. v. Mineralen unter Stress (krit. Sicht. d. Literatur u. Darleg. einiger theoret. Überleg.) 48-0771.

Sedimentpetrograph. Unters. d. Flammenmergels 3-0784; zwei Möglichk. zur Bldg. vulkanogen-sedimentärer Gesteine 7-0762; Rolle v. jungen Lsg., Connate-Wässern u. evaporit. Solen in d. Genese v. Pb–Zn–F–Ba-Lagerstätten 11-0851; Opalphytolithe in einem nordatlant. Staubfall 13-0788; Verteil. d. Spurenelemente in d. Halogenidablager. 14-0769; gelöste chem. Substanz in marinen Sedimenten 17-0817; geochem. Provinzen in Flußsedimenten (Mn-Oxid-Ausfäll.) 17-0820; Fraktionier. v. carbonathalt. Tiefseekernen 17-0821; Ursachen d. Alkalinitätsabnahme in Grundwässern tiefer ozean. Sedimente 21-0865; geolog., strukturelle u. physikochem. Grundfragen bei d. prim. Ausscheid. u. d. sek. Faziesentw. d. ozean. Kalilager 22-0824; thermodynam. Analyse d. Migrat.-Beding. d. U in hypergenen sulfathalt. Wässern 22-0850; hydrochem. Charakteristik als Hinweis für sedimentäre Seeablager. 32-0831; Radioaktivität ozean. Suspens. 37-0881, 37-0882; $^{87}Sr/^{90}Sr$-Verhältnisse in einigen eugeosynklinalen Sedimentgesteinen u. ihre Bezieh. zu d. Ursprung v. granit. Magma in orogenen Zonen 38-0790; Abhängigk. d. „Leitwellen“ saurer Komponenten aus Nebengesteinen v. d. Filtrat.-Geschw. hydrothermaler Lsg. 39-0727; Entsteh. v. Nitratablager. 43-0747; Digitalmodell v. Evaporitsedimentat. 43-0753; Existenz aufeinanderfolgender Zonen in ton. Gesteinen mit zunehmender Tiefe 49/50-0660.

Erzvork. 7-0789; Merkmale erzkontrollierender Stör. 8-0795; Rolle v. jungen Lsg., Connate-Wässern u. evaporit. Solen in d. Genese v. Pb/Zn/F/Ba-Lagerstätten 11-0851; genet. Bezieh. zwischen Erzablager. u. Evaporiten 16-0827; Laterite u. ihre Lagerstätten 18-0789; Geochemie erzeinschließender Strukturen (Mechanismus u. thermodynam. Beding. d. magmatogenen Erzbldg. u. Bldg. endogener Seltenmetall-Lagerstätten) 29-0874; Zus. schichtenförm. Erze als Hinweis auf Ablager.-Prozesse 29-0891; massive pyrit. Lagerstätten in Bezieh. zum Vulkanismus u. mögl. Formen d. Ablager. 29-0899; Hauptbesonderh. v. mit vulkanogenen Format. verbundenen Lagerstätten 32-0852; Beweis für „sulfurization“ u. d. Ursprung einiger Erze v. Sudbury-Typ 36-0774; Bedeut. d. Unters. d. Konz.-Verteil.-Kurven bei Prozessen d. Erzbldg. 38-0796; verbreitete Erzmineralparagenese (Serpentinisier.) 38-0825; Polymerisat. bei Vererz.-Mechanismen 39-0729; Rolle d. Vulkanismus u. d. Riffe bei d. Bauxitbldg. geosynklinaler Gebiete 39-0753; Bldg.-Möglichk. v. Seifenlagerstätten d. U 39-0757; Metasomatismus u. Erzablager. u. radiograph. Meth. bei mineralog. u. geochem. Unters. 43-0721; hydrothermale Veränder. d. Gesteine einer U-Lagerstätte 43-0722; geochem. Einteil. epigenet. Erzlagerstätten 45-0776; Erzlsg.-Chemie 47-0459; Teilnahme v. organ. Verb. am Transport v. Erzmetallen in hydrothermalen Lsg. 47-0679.

S-Isotopenverhältnisse in Bezieh. zu vulkanolog. u. geothermalen Problemen 2-0735; äußere Einfl. bei d. marinen Evaporitbldg. 2-0747; vulkan. Hydrothermalbereiche u. d. Interpretat. d. Zus. v. Thermalwässern 4-0620; geochem. Beding. d. Verwitter., Wander. u. Anreicher. einiger Trümmermineralien 6-0808; W.-Dampfdruck in Zonen regionaler Metamorphose u. d. Natur d. Hornblende-Granulit-Fazies 7-0763; Greisenbldg. bas. Gesteine 8-0754; Bezieh. d. Bldg.-Temp., d. Homogenisier. u. d. Dekrepitat. v. Gas–Fl.-Einschlüssen in Mineralien 8-0794; Häufigk. v. magnet. Kügelchen in Silur- u. Perm-Salzproben 9-0768; Ursprung v. marinen Evaporiten durch Diagenese 13-0787; Diffus.-Ringe u. sphäroide Verwitter. 13-0805; Gase postmagmat. Mineralbldg.-Prozesse 14-0777; Granate als Indizes für progressive Regionalmetamorphose 16-0826; mit d. geothermalen Salton Sea-Sole assoziierte Sulfide 17-0858; d. Rolle alluvialer Prozesse bei d. rezenten Verwitter. 18-0761; Sammlereig. v. Gesteinen im Zusammenhang mit d. Stabilitätsgrenzen d. Calcits 18-0767; Verdräng. v. Öl durch W. in heterogenen Gesteinen u. d. Abschätz. d. Heterogenität bei Berechn. d. „reservoir engineering“ 19-0883; Nb in Kohlensäurewässern u. Betracht. über d. Migrat. seltener Elemente unter hydrothermalen Beding. 21-0891; Löslichk. v. HCl in Schmelzen vulkan. Gesteins bei einem Gesamtdruck v. einer Atmosphäre u. bei Temp. v. *1200* u. *1290°* unter wasserfreien Beding. 23-0897; Azidität u. Basizität in d. Umgeb. d. Mineralbldg. 26-0816; Veränder.-Prozesse vulkan. Gesteine unter hydrothermalen Beding. 26-0850; W. in basalt. Gläsern verschiedener Veränder.-Stadien 29-0875; Beweglichk. d. Elemente bei d. Aureolen-Bldg. in hydrothermalen Lagerstätten 31-0894; natürl. Hydrothermal-Syst. u. experimentelle Rk. heißes W./Gestein 32-0867; Carbonatversteiner. auf d. Meeresgrund 33-0989; Chelatbldg. als ein Verwitter.-Prod. 33-1015; Rolle d. Mikroorganismen bei d. Migrat. d. natürl. radioakt. Elemente in Böden 35-1347; natürl. Hydrothermalsyst. u. d. Rk. v. heißem W. mit Sedimentgesteinen 36-0849; Säure/Basen-Wechselwrkg. u. d. summar. Aktivitätskoeff., theoret. u. prakt. Erwäg. für Mineralbldg.-Prozesse 38-0763; Zus.-Vol.-Bezieh. d. Metasomatose 38-0764; Geochemie einiger Wässer aus Öl enthaltenden tert. u. kretazäischen Format. 38-0766; Migrat.-Beding. v. Al, Fe u. Ti während d. postvulkan. hydrothermalen Prozesse 38-0818; Migrat.-Formen d. Elemente u. d. Seltenmetallmineralisat. kohl. Stoffe 38-0822; Serpentinisier. als metasomat. Prozeß mit konst. Vol. 38-0826, 38-0827; Abhängigk. d. „Leitwellen“ saurer Komponenten v. d. Filtrat.-Geschw. hydrothermaler Lsg. 39-0727; Koexistenz v. „nichtverträgl.“ Ionen u. Konz.-Prozesse im Zweimineralsyst. 41-0715; mineralog. Unters. an tiefgründ. Verwitter.-Decken mit Hinweisen auf d. unterschiedl. Verh. v. Feldspaten u. Phyllosilicaten bei tiefgründ. u. oberflächennaher Verwitter. 42-0633; Begleitmineralien als Rückstände einer prägranit. paragneis. Phase 42-0634; Gaszus. v. an d. Bldg. krist.-führender Gänge u. Skarne beteiligten Lsg. 43-0751; Hydrogeochemie einiger Elemente bei d. Verwitter. v. Intrusivkörpern unter d. Beding. d. Fernen Ostens 47-0687.

Veränder. maf. Gesteine u. isochem. Entw. einiger Cordierit-Anthophyllit-Gesteine 1-0759; Sulfide d. Muskox-Intrus. 3-0785; Umwandl. v. Siderit in Magnetit bei niedrigen O_2-Fugazitäten (thermochem. Erklär. u. geolog. Folger.) 7-0811; authigene Quarze in salzhalt. Böden 11-0847; Hochdruck-Transformat. v. $CoSiO_3$-Pyroxen u. einige geochem. Folger. 13-0820; Montmorillonite d. lithomorphen Vertisole sind Fe-halt. (geochem. u. sedimentolog. Folger.) 23-0877; Geochemie d. „Glaukophan“-Metamorphose 31-0874; Agloporit aus kohlehalt. Gesteinen d. Donbasslager 33-2557; energet. u. thermodynam. Charakteristika v. Wolframaten u. Molybdaten im Zusammenhang mit einigen Merkmalen ihrer Geochemie 41-0701; Temp.-Einfl. auf d. Verteil. isomorpher Komponenten auf koexistente Minerale d. Alkaligesteine 42-0629; thermodynam. Abschätz. d. Stufen d. progressiven Metamorphosen v. kiesel., dolomit. Kalksteinen 42-0631; Huntit aus Carbonat-Evaporiten 47-0712.

Elementverteil. in einem silur. Graptolith-Band 13-0791; Verteil. d. Elemente in geolog. Prozessen 16-0789; Isotopen-Geochemie v. sedimentären Sulfaten 16-0818; Verteil.-Besonderh. natürl. radioakt. Elemente in Carbonat-Gesteinen 18-0778; Einfl. d. Krist.-Feld-Stabilisier. auf d. Verteil. v. Übergangsmetallen zwischen metamorphen Mineralien 32-0837; mögl. Änder. in d. Isotopenzus. d. ozean. u. atmosphär. C-Reservoirs u. geolog. Zeiten 38-0753; Entw. d. Konz. d. Radio-C in d. niedr. geograph. Breiten d. Nordhemisphäre während d. letzten Jahre 38-0754; histor. Aspekte d. Geochemie multivalenter Elemente bei d. Lagerstättenbldg. 41-0689; statist. Natur d. abweichenden Verteil in d. Geochemie 41-0690; geochem Evolut seltener Elemente in granit. magmat Prozessen 41-0691; d. Elementverhältnisse bei d. Kristallisat. v. Mineralien beeinflussende Faktoren 45-0746; O-Isotopen-Verhältnisse in koexistierenden Mineralien regionalmetamorpher Gesteine 1-0752; Halogen-Verlust krist. u. glasiger silicat. vulkan. Gesteine 1-0753; Cd u. Zn in einigen alkalihalt., sauren Gesteinen 1-0755; Verh. v. J, Br u. F bei d. Sedimentanhäuf. in W.-Becken 3-0772; Verteil. v. Cl in terrestr. Gesteinen 3-0773; vertikale Verteil. v. U, Th u. K in d. Kontinentalkruste 3-0777; Verhältnis v. Th zu U in natürl. Gläsern 3-2047; Ti/Fe-Oxide in einigen silicat. Gängen u. Stöcken 4-0643; Seltenerdmetalle (vgl. d. relativen Häufigk. in chondrit. Meteoriten u. in Sedimenten) 6-0798; U-Geh. einiger internationaler Standards 8-0745; Besonderh. d. Hydrogeochemie v. Rb u. Cs 8-0748; geochem. Unters. v. J in vulkan. Gasen 8-0761; Änder. v. radiogenem Sr in vulkan. Gesteinen 11-0829; Seltenerdmetalle in Sedimenten 11-0831; Pb-Isotope u. vulkan. Magmen 11-0833; O-Isotopen-Fraktionier. in magmat. Gesteinen 13-0780; Se-Geh. in bodenbildenden Gesteinen 13-0783; Mess. d. natürl. Häufigk. v. ^{234}U 14-0766; Isotopenhäufigk. v. Fe 14-0767; Th- u. U-Isotope in Seewasser u. in Sedimenten 16-0795; geochem. Verh. v. Ca u. Fe im Syst. Schlamm/Sediment am Beispiel eines Sees 16-0796; Pb-Isotopenzus. in magmat. Gesteinen 16-0802; Br, J u. B in Seesedimenten u. Böden 16-0819; K-Häufigk. in einigen ultrabas. u. bas. Gesteinen 16-0820; Bezieh. zwischen Ga u. Fe(III) in verschiedensten Mineralien 16-0822; geochem. Übereinstimm. zwischen Sr-Isotopen u. Pb-Isotopen 16-0823; IR-Best. d. Gesamtcarbonate in marinen Carbonatsedimenten 16-0828; Verteil.-Besonderh. d, S-Isotope u. deren Wert bei geochem. Unters. 18-0756; Isotopenzus. rezenten Pb 18-0758; Isotopenzus. d. U u. Th in Gesteinen u. Prod. akt. Vulkanismus 18-0784; Verbreit. v. V-Isotope in Vork. v. geochem. Interesse 19-0884; O-Isotope im Granitier.-Prozeß d. Gesteine 21-0868; Th-Transport in hydrothermalen Lsg. silicat. magmat. Schmelzen 22-0814; geochem. Verh. v. U in einigen U-halt. Lagerstätten 22-0815; Verh. d. Seltenen Alkalielemente in rezenten Sedimenten 24-0806; Verh. d. Seltenen Alkalimetalle u. v. Sr während d. Halogenese 24-0809; Möglichk. einer Kohlensäureentsteh. im Erdinnern bei mäß. hohen Temp. 26-0817; Verh. d. B in Stadien d. Salzabscheid. 26-0818; Interpretat. d. U-Anomalien in ariden Gebieten mit Hilfe d. Isotopenverhältnisse $^{234}U/^{238}U$ 27-0891; Geochemie d. Sn 27-0892; Besonderh. d. Mn-Geochemie im Ablager.-Prozeß d. S 27-0899; Unters. d. Geh. u. d. Verteil. d. U in einigen Gesteinen u. Mineralen mit Hilfe d. Neutronenaktivier. u. Registrier. d. Spaltspuren 28-0822; Geochemie d. Ge im hydrothermalen Prozeß 29-0881; Verh. d. Pb u. Zn bei hydrothermalen Veränder.-Prozessen intrusiver Gesteine 29-0882; Typen d. V-Konzentrier. in sedimentären Gesteinen u. einige Fragen seiner Geochemie 29-0884; U- u. Th-Geh. in ultrabas. Gesteinen 29-0886; hydrothermale Rk. v. vulkan. Gläsern 30-2264; Verteil.-Koeff. d. Lanthanide bei verschiedenen Kristallisat.-Beding. als Funkt. d. reziproken Ionenradien (Best. für d. „Ca-Effekt“) 31-0866; Schnellbest. v. CO_2, H_2S, N u. SO_2 in Gasen aus Vulkanen u. heißen Quellen 31-2125; Geochemie d. Seltenerdmetalle im sedimentären Zyklus 33-0986; Pb-Isotopenzus. v. Schichtenablager. 33-0987; Best. v. Hg in geolog. Proben 33-2245; Isotopen- u. Elementhäufigk. v. Sn (Unters. v. meteorit. u. terrestr. Proben) 36-0748; Extrakt. v. W. aus wasserhalt. vulkan. Gläsern 36-2303; terrestr. Ursprung v. ^{26}Al u. ozean. Sedimentat.-Rate 38-0756; Verteil. v. Cl in terrestr. Gesteinen 38-0802; Größe d. während prograder Metamorphosen erreichten O-Isotopengleichgew. 38-0803; NaCl-Geh. u. Verdicht.-Effekt in Tiefsee-Bohrkernen 38-0806; K u. Rb in einer kontinentalen alkal. Suite magmat. Gesteine 38-0808; Wrkg. d. Diagenese bei d. Konz. v. Au in d. Sulfiden einiger Sedimentgesteine (Übersicht) 38-0824; Fe/Ti-Oxide u. d. O-Fugazitäten in vulkan. Gesteinen 39-0731; Modell zur Bldg. d. Isotopenzus. d. Pb. aus Erzen 41-0699; C- u. O-Isotopenzus. in marinen Carbonatsedimenten (Bermudas) 42-0663; Mn u. verwandte Elemente im Schichtenwasser mariner Sedimente 42-0664; Ursprung einiger U in d. Lagerstätten d. sog.

„5-Metall"-Format. begleitenden Komponenten 42-0729; erste Stadien d. Verwitter. eines vulkan. Glases 44-2148; Geochemie d. Alkalimetalle in Effusiva u. Gängen eines ultrabas. Alkalimagmatismus 45-0756; Ca-Isotopenzus. in natürl. Stoffen 45-0758; Bedeut. chem. u. kristallchem. Faktoren bei d. Verteil. d. Seltenerdmetalle 45-0759; Verteil.-Besonderh. d. Seltenerdmetalle in akzessor. Mineralen d. Granite 45-0760; Geochemie v. Sc (vgl. mit d. Seltenerdmetallen u. Fe) 45-0761; vertikale Verteil. v. ^{90}Sr, ^{144}Ce, ^{147}Pm u. ^{155}Eu in marinen Küstensedimenten 45-0762; Evolut. d. V-Konz.-Typen im Verlauf d. Zeit 45-0764; Geochemie d. Re in Erzlagerstätten 45-0770; Verteil. v. Mn, Cr, Ti u. Ni in koexistierenden Mineralien ultramaf. Gesteine 45-0772; Interpretat. d. Richt. d. Elementverhältnisse in differenzierten Ergußgesteinen mit bes. Bezieh. auf Sr u. Ca 47-0681; Pb-Isotopenverhältnisse im Raum d. alpinmediterranen Metallogenese 47-0682; Einfl. natürl. Beding. auf d. Geh. u. Verteil. v. radioakt. Sr in d. Bodendecke 47-0688; Verh. d. Cu im Differentiat.-Prozeß v. Trapp-Magmen 47-0689; Geochemie d. Elemente d. Pt-Gruppe 47-0690; Möglichk. zur Best. d. Hg-Erschein.-Formen in Gesteinen u. Erzen 47-0751; Isotopenanalyse v. Li terrestr. Proben durch Massenspektrometrie mit einer Ionenstoß-Ionenquelle 48-0733; Geh. d. Seltenerdmetalle in akzessor. Mineralen 48-0772; abs. Häufigk. u. Verteil. v. Rb, K u. Sr in d. Erde 49/50-0641; weitere Anwend. d. Concordia-Darst. für d. Gesteins-Pb-Isotopen-Häufigk. 49/50-0642; Problem d. radioakt. Gleichgew. in d. U-halt. Mineralien 49/50-0661; O- u. S-Isotopenhäufigk. in natürl. Sulfaten 49/50-0680; Migrat. d. U u. dessen Zerfallsprod. in Mineralen 49/50-0682; Nachw. verschiedener Arten v. exogenem Au durch Unters. d. Verteil. d. Ag (Einfl. auf d. Zyklus d. exogenen Au) 49/50-0685.

KW-Stoffgenese in Sedimentgesteinen (Unters. über d. therm. Abbau v. Kerogen unter besonderen Berücksichtig. d. n-Paraffin-Bldg.) 2-0797; aliphat. KW-Stoffe in präkambr. Gesteinen 3-0789; organ. Geochemie alter Sedimente 9-0775; chem. Zus. fossiler Schalen (Mn- u. Fe-Geh. in fossilen Schalen) 9-0826; radioakt. C in Hölzern aus Gebieten rezenten Vulkanismus 12-0752; geochem. Beurteil. u. Genese v. KW-Stoffansamml. 12-0769; anomale C-Isotopenverhältnisse in nichtflücht. organ. Material aus Sandbänken 14-0765; rote Wegschnecken (Arion rufus L.) als biolog. Indikator für Mn-54-Kontaminat. in terrestr. Umgeb. 23-0865; Bekämpf. d. bei d. biolog. Zers. v. Gestein wirksamen S-Bakterien 23-1489; Rolle d. Endpotentials u. natürl. elektr. Ströme bei organ. geochem. Prozessen 28-2725; biogeochem. Se-angereicherte Provinzen 29-0876; Unters. v. aus Sedimentgesteinen mit komprimierten KW-Stoffgasen entzogenen bituminösen Stoffen 29-2890; Verteil. d. Aminosäuren in einigen kretaz. Kernproben 34-0844; Biogenese v. CH_4 in Sedimentgesteinen 37-2867; Veränder. d. Ox.-Funkt. d. Biosphäre 38-0755; mathemat. Modell für einen geochem. Prozeß (Bldg. v. n-Paraffin aus n-Fettsäuren) 39-0724; organ. Stoffe rezenter mariner Sedimente 41-0713; Charakteristik d. Huminsäure u. d. organ. Reststoffe sedimentärer Gesteine (EPR-Meth.) 42-0667; Anreicher. d. ^{13}C-Isotops in CH_4 während seiner Filtrat.-Prozesse in Gesteinen 45-0755; biogeochem. u. elektronenmikr. Unters. präkambr. Gesteine 47-0777; Verteil.-Gesetzmäßigk. einer Reihe v. Metallen in fossilen Kohlen 49/50-0683.

Regionale Beschreibungen

Europa (ohne Rußland): Genese d. „Weißen Gebirges" im Pb-Zn-Erzbezirk d. südl. Rhein. Schiefergebirges 1-0761; Petrographie u. Geochemie einiger bas. Stöcke u. Gänge aus d. Rhein. Schiefergebirge 1-0762; S-Isotopen-Verhältnisse an Evaporiten d. Kreuznacher Gruppe im Saar-Nahe-Gebiet 2-0744; geochem. Unters. an limonit. Gangausbissen im Raum Niedersfeld (Sauerland) 2-0749; Mineralparagenese in Geoden d. Unterkreide v. Farmsen bei Hildesheim 7-0766; mineralog. Unters. d. Granites v. Eisenkappel (Kärnten) u. seines Randporphyres 2-0767; Geologie, Petrographie u. Sedimentologie d. Eisenerzlagerstätte v. Achim-Horstedt südöstl. v. Bremen 7-0786; Eisenerzvork. d. Lias d. Grube „Friederike" bei Bad Harzburg 7-0787; O-Isotopen-Unters. v. Schnee u. Firn eines alpinen Gletschers 13-0778; S-Isotopen-Verhältnisse in Format.-Wässern u. Evaporiten Nord- u. Süddeutschlands 13-0781; Vgl. d. K-Ar- u. Rb-Sr-Alter v. alpinen Biotiten 16-0803; Unterscheid. u. Genese varist. u. postvarist. magmatogener Lagerstätten Mitteleuropas 16-0845; Zirkone eines pyroklast. Gesteines aus d. Silur v. Hasselfelde (Harz) 21-0889; paläomagnet. Altersbest. an einigen Mineralparagenesen d. Freiberger Lagerstättenbezirkes 38-0795; Verteil. v. Sr in oberjurass. Carbonatgesteinen d. nördl. Kalkalpen 39-0684; diaplekt. Gläser in d. Breccien d. Ries v. Nördlingen als Anzeichen für Stoßwellenmetamorphose 42-0637; Mineralstufen aus d. Lengenbach (Binnatal) 42-0672; akzessor. Zirkone aus Gesteinen d. Venediger-Gruppe in d. Hohen Tauern u. ihre Bedeut. für d. Fragen zur Genese dieser Gesteine 7-0767; alpid. Metallogene in Nordtirol 24-0815; Cu-Lagerstätten v. Trattenbach (Niederösterreich) (Übersicht über d. Erzparagenese u. Behandl. v. Gangarten) 48-0768; erste Resultate über d. Verteil. v. Schwermineralien in verschiedenen Flyschkomplexen d. Schweiz 1-0763; Schwermineralvergesellschaft. aus ostalpinen Sedimentat.-Becken d. Kreidezeit 1-0764; paläoklimatolog. Entw. d. Sedimente d. Genfer Sees 12-0750; vier geochem. Profile durch d. waadtländ. Jura 13-0792; Verteil. d. Radioaktivität u. opt. Phänomene in d. Kohle v. Dorénaz (Kanton Wallis, Schweiz) 13-0794; Geologie u. Geochemie d. Gebietes zwischen Valle Antigorio (Provincia di Novara) u. Valle di Campo (Tessin) 13-0795.

Anatektite d. Monte Ischietto (Massiv v. Argentera) 7-0768; Rb/Sr- u. K/Ar-Alter d. Intrus.-Gesteine v. Adamello u. M. Sabion (Trentino, Italien) 9-0774; U-halt. Mineralien Calabriens 9-0779; neue Beweise für d. sedimentäre Entsteh. d. Bauxits v. Var u. Biorhexistas 9-0780; K-Ar-Isotopenalter d. Gesteine in d. französ. Besitz. d. Pazifiks 13-0776; Magmatismus u. d. hydrothermalen Mineralisat. d. Bohème Massiv 36-0774; erste Ergebnisse einer mineralog. Unters. d. Karst. Ausfüll. d. Causses im Süden d. Tarn 42-0639; Tonformat. in d. Becken v. Amléie-les-Bains u. v. Coustouges-Lamanére (Ostpyrenäen) 49/50-0659; Hg-Vork. in Almaden in Spanien 7-0790; K-reiche vulkan. Gesteine v. Südspanien 38-0807; Stell. u. Zonenbldg. d. Sulfidmineralisat. in einem vulkano-sedimentären Komplex (Kambrium d. Sierra Morena, Spanien) 39-0771.

Isotopenalter v. präkambr. Mona-Komplex v. Anglesey, North Wales (Großbritannien) 16-0805; Aminosäuren in rezenten Sedimenten d. südöstl. Devon (England) 36-0805; K/Ar-Alter d. Basiskomplexes v. Großbritannien u. d. angrenzenden französ. Mutterlandes 38-0781; Rolle d. Hydratat. bei d. räuml. Verteil. v. metasomat. Kationen in d. Land's End Aureole (Cornwall) 49/50-0656; Hauptelementzus. im Loch-Coire-Migmatit-Komplex (Sutherland, Scotland) 1-0766; K-reiche Sedimente im Kambrium v. Nordwest-Schottland (Isotopenzus. v. Sr) 17-0832; irische schichtgebundene Grundmetall-Lagerstätten 9-0800; biogene Carbonate in Strandsedimenten d. Westküste 34-0842; Chemie d. appinit. mit d. Ardara-Pluton assoziierten Gesteinen (Donegal, Irland) 36-0789; Chemie d. therm. Wässer u. Gase in Island 2-0738; K/Ar-Alter v. sauren Intrusivgesteinen v. Island 11-0824; Paläomagnetismus u. Geochronologie d. pliozänpleistozänen Laven Islands 13-0773; K/Ar-Alter regional metamorpher Gesteine Süd-Islands (Neuseeland u. einige tekton. Folger.) 38-0785; Beweg. d. Erdkruste u. Alter d. glazialen Stadien auf Spitzbergen 29-0868; Geologie u. Mineralogie d. Vork. v. gediegenem Sb bei Seinäjoki (Finnland) 2-0758.

Geochem. u. mineralog. Unters. in d. Tschechoslowakei 22-0797; Spuren v. Au in d. vorsudet. Cu-Lagern d. Lubin-Region 22-0796; chem. Umwandl. bei d. Vergreis. d. Gesteine in d. Umgeb. v. Cínovec 23-0878; isogenet. erzlagerbildende Mineralassoziat. hydrothermalen Ursprungs im tschechoslowak. Teil d. Böhm. Massivs 27-0894; Geologie u. Mineralisat. d. Lagerstätte Zinnwald (Cinovec) 42-0725; Mineralogie Ni-führender Verwitter.- u. sedimentärer Fe-Erze in Lokis (Mittelgriechenland) 2-0766; metamorpher Komplex auf Naxos u. Sr- u. Ba-Geh. seiner Carbonatgesteine 4-0627; Genese u. Altersstell. v. Vork. d. Sb-W-Hg-Format. in d. Türkei u. auf Chios 7-0791; Erzkarte v. Bulgarien 9-0799; petrograph. Bewert. einiger bulgar. Effusivgesteine 11-2285; geochem. Verteil. d. Spurenelemente (Mn, Zn, Cu, Co, Mo) in einigen Schwarzerdeböden u. braunen Waldböden v. Rumänien 6-0801; geochem. Beiträge zur Entsteh. d. Lagerstätte Lesul-Ursului (Rumänien) 41-0753; chem. Zus. d. Grund- u. Mineralwässer v. Polen (jahreszeitl. u. hundertjährl. Änder. d. Bezieh. zur geolog. Struktur) 22-0796; mineralog. u. geochem. Unters. d. Verwitter.-Prozesse v. gabbroiden Gesteinen d. Nowa Ruda Region (Unterschlesien) 22-0823; Schwerminerale in d. Flysch in d. West-Karpaten Polens 28-0826.

Rußland: Lumineszierende Apatite aus Granitoiden u. Greisenbldg. d. Altaigebirges 2-0759; mineralog. Charakteristik d. Au v. Stockwerk in Bohuliby bei Jiové 2-0768; Geologie u. Mineralogie d. Mn-Erzlagerstätten v. Urkut. 2-0791; Genese v. Au in Lagerstätten d. „pluton. Format." Mittelböhmens 2-0794; einige Umwandl. v. Mineralien in ultrabas. Gesteinen d. Böhm. Mittelgebirges 4-0649; Naphthid-Erschein. an d. Küste d. Beringmeeres 6-0810; Rolle d. Tonminerale während d. Bitumenbldg. in Sedimenten (westl. Transkaukasus) 6-0811; chem. Zus. d. Gesteine d. Alkalimassivs v. Chibino 6-0815; Zus. u. Verteil. niedrigsd. KW-Stoffe in mesozoischen Gesteinen Westsibiriens 6-2625; Bitumen- u. Gasgeh. in d. Gesteinen d. Präkambriums v. Tujmazy 6-2631; Fund d. Diaspor-Konkret. in vulkanogen-sedimentären Serien devon. Alters aus d. Tarbagatai-Bergen 7-0769; Granate aus Gesteinen d. krist. Fundamentes Tatariens 7-0780; Zus. u. Texturen d. Erzmineralien v. d. Furutobe-Mine 7-0800; Herkunft d. Calciumchlorid-Solen in d. vulkanogenen Ablager. d. Mittleren Jura am Südhang d. West-Kaukasus 8-0750; Einfl. tekton. Spann. auf d. Thermolumineszenz d. Kalke aus d. Felszone d. Karpaten 8-0755; Mineralogie d. Ablager. d. oberen Eozän im Kiev-Dnepr-Gebiet 8-0758; petrochem. Charakteristik d. Plutongesteine aus d. Gegend v. Bourgas 8-0759; U-Geh. in Sedimenten d. Kasp. Meeres 8-0762; Sulfid-Mineralisat. d. Effusivgesteine d. Mittleren Bug-Region 8-0785; Ätzstrukturen v. Erzen d. östl. Teils d. Schlesisch-Karakauer Erzbeckens u. deren genet. Bedeut. 9-0796; Mikroelemente in granulometr. Spektrum d. Deckablager. d. beloruss. Polessje 11-0835; Verteil. v. Schwermineralen u. gestreuten Elementen in Rifflagerstätten d. Olekma-Tokko-Zwischenflußgebietes (Südjakutien) 12-0759; Verteil. v. Ag in Mineralien u. Erzen v. Tieftemp.-Erzvork. d. westl. Kopet-Dag 12-0760; geochem. Besonderh. d. Gesteine d. subvulkan. Komplexes d. Basumsker Erzgebietes d. Armen. SSR 13-0802; Vulkanogene u. kieselige Gesteine an d. Basis d. Verchojan-Komplexes (im Nordosten d. UdSSR) 13-0803; Mineralogie u. Geochemie d. Erze d. Litschkwasker Au-Erzlagerstätte 13-0816; Best. v. 2 neuen zweiachs. Mineralen in d. Sedimenten im Kara-Bogas-Gol 14-0775; Bldg.-Temp. d. Synnyrsker Alkali-Massivs 14-0782; Geochemie d. U u. Ra in d. Dern-Podsol-Böden Belorußlands 16-0825; mineralog. Zus. d. Pontians aus d. Struktur v. Boldeşti 16-0832; Spurenelemente in jurass. u. unterkretaz. Sedimenten d. d. Kaspisee nahen Depress. 17-0818; petrochem. Besonderh. spätmesozoischer magmat. Assoziat. v. Süd-Ost-Transbaikal 17-0826; subalkal. Effusiva d. mittleren Transurals 17-0837; Mineralogie d. Erzlagerstätte „Stastie" (Kreis Widin) 17-0857; wasserlösl. Komplexe v. Gesteinen d. Nord-Kaukasus nach experimentellen Werten 17-0860; neue Altersdaten zur unteren Suite d. Unterbavlinsker Serie d. Wolga-Ural-Gebietes 18-0762; abs. Alter magmat. Gesteine d. Krimberge 18-0763; proterozoisches Alter d. Gesteine d. Aldan-Komplexes 18-0764; einige neue Daten zum abs. Alter d. Granitoidmassive d. westl. Pamir 18-0766; geochem. Besonderh. d. Verh. v. F in Alkaligesteinen West-Transbaikals 18-0774; akzessor. Alkalimetallspurenelemente in halogenhalt. Sedimenten d. Ukraine 18-0775; Zus. d. Seltenerdmetalle in d. v. d. Wolga transportierten Material 18-0777; Nb- u. Ta-Verteil. in Effusivgesteinen d. Kuznec Alatau u. d. Malmeča-Kotuisk-Provinz 18-0782; Geochemie d. Re u. Mo in exogenen Sulfidmineralen Uzbekistans 18-0785; seltene Elemente u. Spurenelemente in Torfen d. Nordteils d. Russ. Plattform 18-0788; Diamanten in hexaedr. Habitus aus tert. Seifen v. Pridneprovie 19-0889; Interpretat. d. nach d. Rb-Sr-Meth. erhaltenen abs. Altersdaten v. Gesteinen d. Südteils d. Jenissei-Bergrückens 21-0866; P-Verteil. in bas. Effusivgesteinen ripheischen u. kambr. Alters d. Altai-Sajaner-Falt.-Gebietes 21-0869; ^{36}Ar-Überschuß in vulkan. u. postvulkan. Gasen d. UdSSR 22-0810; Struktur u. Alter d. Bochtinsker Granitmassivs in Zentralkasachstan 23-0869; Verteil. d. Seltenen Elemente in granitoiden Körpern verschiedener Morphologie (Altai) 24-0810; Besonderh. d. stoffl. Zus. vulkanopluton. Komplexe (Balygyčano-Sugojsk) 24-0817; abs. Alter d. Granitoide u. Besonderh. d. Zus. ihrer akzessor. Minerale in d. Zone d. seltenmetall. Verz. im Ostteil d. Katun Alp v. Altai-Gebirge 24-0818; Cu in d. Intrus. d. zentralen Teils

v. Nord-Tjan-San in Verbind. mit metallgenet. Fragen 24-0819; mesozoische hydrothermale Veränder. archaischesr Gesteine in d. zentralen Aldan-Region 24-0820; Isotopenzus. d. Pb aus Erzlagerstätten u. d. Bldg.-Besonderh. endogener Mineralisat. d. Altai-Sajan-Erzprovinz 24-0847; Isotopenzus. v. Ar in vulkanogenen Gasen d. UdSSR 25-0885; Verteil. d. Mikroelemente in Moränen verschiedenen Alters d. Grodno-Gebietes d. BSSR 26-0823; Seltenerdmetalle in akzessor. Mineralen alter Bldg. d. mittleren Dnepr-Gebietes 27-0897; Geochemie d. Be in mittelpaläozoischen Intrus. v. Nordost-Tuva 28-0819; Verteil.-Gesetzmäßigk. d. Au u. Ag in d. Haupterzmineralen endogener Lagerstätten v. Karamazar u. West-Usbekistan 28-0823; Rn-Quellen d. Snamjanki-Gebiets 29-0869; Geochemie d. Seltenerdmetalle d. Burpal-Massivs 29-0880; U u. Spurenmetalle in Säulenprofilen v. Bodensedimenten d. Schwarzen Meeres u. mediterraner Seen 29-0885; mineralog. Zus. ultrabas. Gesteine im Südteil d. Präkambriums Belorußlands 29-0890; Au-Anreicher. in endogenen Lagerstätten u. d. Vererz. in Usbekistan 29-0900; Mixed-layer-Minerale in d. Verwitter.-Kruste v. Gesteinen bas. Zus. d. Nordteils v. Mittel-Pridneprovie 31-0893; Mineralassoziat. in d. extremen K- u. Na-Differentiaten alkal. Intrus. am Beispiel d. Chibinsk- u. Synyrskij-Massive 32-0835; petrogenet. Korrelat. u. Metallogenese einiger westböhm. Granitoidkörper 32-0839; Fluorit in ordoviz. u. silur. Sedimenten d. Sibir. Plattform 32-0847; Zus. d. Schichten zwischen d. Steinsalz u. Sylviniten in d. Randgebieten d. zweiten Kali-Horizontes d. Starobin-Lagerstätte 32-0860; Anhäuf. künstl. Isotope auf d. Erdoberfläche im Bereich v. Leningrad *1954–1965* 33-0983; K-Führ. kambr. Sedimente d. Irkutsker Amphitheaters 33-0984; Sr in Halogen-Schichten d. Perms v. Donezk 33-0985; thermoanalyt. Daten mesozoischer Sedimente d. Vorbalkan 33-0988; Besonderh. d. hydrothermalen Veränder. v. Gesteinen d. Kadainsker Erzfeldes (östl. Vorbaikal) 36-0766; vergleichende Charakteristik d. postsedimentären Umwandl. terrigener Gesteine d. Irkutsker Beckens 36-0768; K–Ar-Altersbest. in Dykes d. Vorerz- u. Erzperiode d. Jano-Kolymsker Au-halt. Gürtels 36-0769; Be-Verteil. in herzyn. Intrusivgesteinen d. Zentralteils v. Nord-Tjan'San 36-0777; Verteil. u. Anhäuf. v. Sr in quart. Ablager. u. Salzwasserbecken d. Krym-Steppe 36-0778; Verteil. d. akzessor. Elemente in Gesteinen d. mittleren Vordneprs 36-0780; Verteil. v. Elementbeimeng. auf fazielle Profile d. Fe-Kieselsäure-Schiefer-Format. d. Kursker Magnet. Anomalie 36-0794; dauerhafte Veränder. in d. geochem. Besonderh. v. Gesteinen d. Fe-Kieselsäure-Schiefer-Format. d. Kursker Magnet. Anomalie (KMA) 36-0795; Elementausgleich u. Veränder. d. Beweglichk. in alten Verwitter.-Krusten präkambr. Phyllite d. Kursker Magnet. Anomalie 36-0796; neue Alterswerte d. Komplexe ultrabas. alkal. Gesteine v. Vitim-Hochland 38-0784; geochem. Bezieh. d. Genese v. Zechsteinkupferlagern in Südwestpolen am Beispiel d. Zechstein d. Leszczyna Synklinale 38-0793; Elementzus. präkambr. apatithalt. Gesteine v. Krivorož'e 38-0799; P-Verteil. in d. kambr.-ordoviz. Ablager. d. Sary-Džaz-Flußbeckens (Zentrak-Tjan'-San') 38-0805; Elementbeimeng. als Indikatoren unterschiedl. Alterswerte polymetall. Vererz. im Süd-Tjan-San 38-0816; chemogene Carbonatgesteine d. Oligozäns in d. Südukraine 39-0683; Besonderh. d. chem. Zus. tiefer Gase nach Angaben d. mitteltiefen Bohr. v. Aralsorsk (kasp. Vorsenke) 39-0723; hydrothermal veränderte Zonen d. Gebietes d. Elsica-Mine (Panagjursko) 39-0728; Geochemie d. Seltenerdmetalle im Pluton v. Rossen 41-0697; mineralog. Merkmale K-führender agpait. Alkaligesteine v. Dorfe Scidnja (Sofioter Gebiet) 41-0710; Besonderh. akzessor. Monazits aus präkambr. krist. Gesteinen d. Südostteils d. UdSSR 41-0730; geolog. u. geochem. Unters. d. Mn-Erzlagerstätten v. Dadu u. Cosna (Ostkarpaten) 41-0754; Alter d. polymetall. Vererz. d. Achtal-Lagerstätte 42-0619; abs. Alter d. Ober-Udomin-Intrus. (Nord-Sichote-Alin') 42-0620; vulkanogene Typen d. Phosphatmineralisat. in d. Ukraine 42-0644; neuer Typ paläogener Phosphatbldg. im Süden d. Ukraine 42-0645; Verteil. einiger seltener u. verstreuter Elemente in d. Gesteinen d. Paläogen im Süden d. Ukraine 42-0646; Besonderh. d. mineralog. Zus. d. Konkret. d. Smoljaninov-Serie (C_2^3) im zentralen Donezbecken 42-0650; regional-petrochem. Ursachen d. Kusnecker Alatau 42-0651; C-Isotopenzus. KW-Stoff-halt. Gase u. v. CO_2 aus alkal. Eruptivgesteinen d. Chibin-, Lovozer- u. Illimaussak-Massive 42-0655; Alkaligesteine v. Grat d. Kleinen Kurilen 42-0658; Genese d. Lagerstätte Krupka 42-0724; Best. d. abs. Alters holozäner Torfe aus d. Borzomi-Bakurian-Gebiet (Gruzin. SSR) 43-0727; V in d. Ablager. d. Kambriums u. unteren Ordoviziums d. Sary-Džazs-Region 45-0765; H_2-Geh. in freien Rinnsalen v. Chibin 47-0686; chem. Zus. d. Eruptivgesteine d. Kurilen 49/50-0657; typomorphe Besonderh. einiger Minerale d. Kreide-Ablager. im östl. Teil d. Tadzikischen Depress. 49/50-0679.

Asien (ohne Rußland): Au-Erzlagerstätte Kolar (Südindien, Majsur) 2-0793; Mineralogie u. Genese d. Mn-Erze d. Kajlidongri-Mine, Jhabua-Distrikt, Madhya Pradesh (Indien) 4-0653; Cu-Erzvork. am Ostrand d. Wadi Araba (Jordanien) 7-0792; Paragenese d. metasomat. Aktinolithführenden Gesteine d. Kethri-Cu-Beckens, Rajasthan (Indien) 13-0807; eine eigenart. Mineralvergesellschaft. in d. Türkei 16-0846; Porphyr-Cu-Lager im nördl. Sabah (Malaysia) 23-0871; Lateritprofile auf klast. Sedimenten d. Mittelmiozäns v. Neyveli (Madrasstate-Indien) 39-0704; Regionalmetamorphose pelit. Gesteine v. Kandra, Singhbhum, Bihar 39-0709; Temp.-Beding. v. magmat. Kontakten mit bestimmten Permkohlen in Indien 39-0722; Geologie d. Thanksgiving-Mine, Baguio-Gebiet, Mountain Province, Philippinen 39-0765; K–Ar-Alter v. ältesten metamorphen Bezirk in Indien 43-0729.

Differentiat. v. vulkan. Emmanat. um d. Siedepunkt v. W. in geothermalen Regionen in Japan 2-0740; Spurenelemente in einigen Erzvork. u. d. zugehör. Gesteinen d. „Kuroko"-Lager 6-0802; radiometr. Prospekt. mit einem fahrbaren Meßinstrument im Ostteil d. Präfektur Aichi 7-0771; Mineralbestandteile u. Struktur d. „Kurokô"-Erzlager 7-0795; mineralog. Zus. d. Erze d. „Schwarzerzlager" d. Kosaka- u. Hanaokagruben 7-0796; Mineralansamml. u. Texturen d. Erze d. Uchinotai-Erzlager (Mine Kosaka) 7-0798, 7-0799; Erze d. Daiichi-Erzlager d. Shakanai-Mine 7-0801; Merkmale u. Texturen d. Erzmineralien v. d. Hanawa-Mine (Nordwestjapan) 7-0802; Textur u. Mineralzus. d. Gipslagers in d. Wanibuchi-Mine 7-0803; Geochemie d. in d. Erzen u. Erzmineralien in d. Lagern v. Kurokô-Typ in geringer Menge auftretenden Elemente 7-0804; Radiolarien-Rückstände in d. geschichteten Mn-Lagerstätten aus d. Tamba-Gebiet 8-0799; geochem. Unters. v. B in japan. Gesteinen 14-0768; schwarze Teilchen v. Mount Norikura (Japan) 16-0870; chem. Gleichgew. d. Rk. $2\,H_2S + SO_2 \rightleftharpoons 3\,S + 2\,H_2O$ in Solfataren d. Vulkans Nasudake 21-0892; Vork. v. Fluor in d. Rokkō-Mountains, Hyōgo-Prefecture (Japan) 23-0867; K–Ar-Datier. d. Eruptivgesteine Japans 24-0812, 24-0813; mineralog. u. chem. Änder. in einer Lavaflußfläche v. Aso Caldera (Südwestjapan) 43-0720.

Afrika: Radiometr. Alter v. West-Ahaggar (Sahara) 11-0825; Altersbest. v. Gängen d. Kibaran-Gürtels v. Zentral- u. Nord-Katanga (Kongo) 12-0749; Vulkan Niragongo (Kongo) 13-0806; Pyroxene d. alkal. Komplexes magmat. Gesteine v. Ost-Uganda 13-0814; metall. Kügelchen in Kratergläsern v. Bosumtwi 16-0779; Altersbest. mit Isotopen am orogenen Limpopo-Gürtel (Südafrika) 16-0812; regional-geochem. Unters. in Ost-Sierra Leone 17-0819; regional-geochem. Unters. in Sierra Leone 17-0839; junge (postpräkambr.) Granite u. Greisen v. Nigeria 18-0790; Chronologie d. alten Ägypten (^{14}C-Meth.) 19-0920; Korrekturen zu C-Isotopendaten v. Salzdom-Kapgesteinen d. Goldküste 26-0813; Rb–Sr-Unters. d. Gesteine d. Bosumtwi-Kraters (Ghana) 27-0887; Mineralogie u. Geochemie einiger Fe-Erzlager in Ägypten 36-0756; vergleichende Bemerk. über einige sedimentolog. u. paläogeograph. Vork. v. oolith. Fe in Djebel Ank (Tunesien) 36-0774; Alter d. Paresis-Komplexes (Südwestafrika) 43-0730; Geochronologie v. West-Afrika u. Nordost-Brasilien 43-0735.

Amerika: Fl.-Einschlüsse in d. Apatitkrist. d. Gesteine aus d. Gebiet v. Oka (Canada) 3-0791; geochem. Unters. d. Kanad. Schildes 16-0801; geochronometr. Unters. d. oberen Provinz in d. Nähe d. roten Sees im nordwestl. Ontario 16-0809; Häufigk. radioakt. Elemente in Gesteinen d. krist. Kanad. Schildes 17-0830; Unters. d. Strathcona Mine u. d. Ursprung d. Ni–Cu-Erze d. Sudbury Districts (Ontario) 24-0821; Abschätz. d. Zus. v. Teilen d. Kanad. Schildes in Nordwest-Ontario 26-0826; Spurenelemente d. Böden v. Alberta 28-0817; Alter d. Sulfidmineralisat. v. Lynn Lake (Manitoba) 38-0786; U, Th u. K im präkambr. Kanad. Schild u. mögl. Mantelzus. 38-0817; geochem. Prospektier. Anwend. d. A-Horizonts bei d. Bodenunters. bei Cobalt (Ontario) 42-0628.

Zus. d. alten nordamerikan. Erdrinde 1-0749; Bezieh. d. Änder. in d. Spurenelementen u. d. Mineralogie d. Esopus Format., Kingston (New York) 1-0768; Fraktionier. d. Seltenerdmetalle in Allanit u. Monazit u. d. Bezieh. zur Geologie d. Mt. Wheeler-Minen-Bereichs (Nevada) 3-0774; Häufigk.-Verteil. v. Nebenmetallen im Rocky Hill Stock, Tulare County (California) 3-0781; Herkunft u. Verteil. v. As in Böden bei Bathurst (New Brunswick) 6-0796; petrograph. u. modale Zusammenhänge in d. Ti-halt. Magnetitlagerstätte Sanford Hill 7-0806; Sedimentbeweg. auf d. Kontinentalgebirge nahe Washington u. Oregon 8-0746; Fazie devon. Schiefertone d. Curuá-Gruppe d. Amazonas-Beckens 8-0757; Mn-Bodenbeläge auf d. Black Plateau (südöstl. Küste) 8-0790; Isotopenzus. v. O u. C in hydrothermalen Mineralien bei Butte (Montana) 9-0794; eine paläomagnet. Unters. d. Fe-Bereiche, Gunflint, Mesabi u. Cuyuma in d. Lake Superior-Region 9-0798; Ursprung u. Alter einiger mineralisierter Laramide-Intrusiva in d. südwestl. Vereinigten Staaten aus Sr-Isotopen- u. Rb–Sr-Mess. 13-0777; K–Ar-Daten für bas. Intrusivgesteine d. Distrikts v. Mackenzie 16-0810; Sedimente d. Bone-Valley-Phosphat-Distrikts v. Florida 16-0829; ^{14}C-Alter u. Durchflußgeschw. v. W. in Carrizo Sand, Atascosa County (Texas) 23-0885; ^{13}C-reiche diagenet. Carbonate in Miozänformat. v. Californien u. Oregon 26-0827; Stylolith diagenet. Alters u. ihre Bedeut. für d. Deut. d. Flußspatlagerstätten im südl. Illinois 26-0843; porphyr. Cu-Lagerstätte bei d. Liberty-Open-Pit-Mine nahe Ely (Nevada) 26-0845; Rb–Sr-Alter granit. Gesteine v. Südost-Massachusetts u. d. Alter d. unteren Kambriums v. Hoppin Hill 29-0879; Zus. u. Kristallisat. v. maf. Mineralien d. magmat. Komplexes v. Guadalupe (California) 31-0879; Perylen in Beckensedimenten im südl. Californien 31-0880; Serpentinisier. im Burro Mountain (Californien) 32-0850; Cu-Mineralisat. in d. oberen Teil d. Harbor–Cu-Konglomerate v. White Pine (Michigan) u. Alter d. Intrus. u. Erzablager. in d. Robinson-Mining-District v. Nevada 33-0994; J-Geh. d. Ölfeldsolen in Oklahoma 38-0772; Anomalien im $^{230}Th/^{232}Th$-Aktivitätsverhältnis v. einigen Sedimenten d. Mississippi 38-0814; Präzis.-Mess. v. Pb-Isotopenverhältnissen: Vorläuf. Analysen v. d. U.S. Mine, Bingham Canyon (Utah) 38-0815; Granulit-Fazies Metamorphose, Granit Falls-Montevideo Bereich (Minnesota) 39-0700; Bereiche d. Hauptmineralisat. im Westen d. Vereinigten Staaten 39-0768; Mineralogie u. Petrologie d. vulkan. Gesteine d. Leucite Hills (Wyoming) 42-0661; Rb-Sr- u. K-Ar-geochronolog. Unters. an ummantelten Gneis-Domen, Albion Range (südl. Idaho) 43-0732; neue Schätz. d. Alters d. Hamilton-Gruppe, New-York u. Pennsylvanien, u. d. Bedeut. v. anhaftendem radiogenen ^{87}Sr 43-0733; d. in d. Liberty Open-Pit Mine, nahe Ely, Nevada, aufgeschlossene porphyr. Cu-Lagerstätte 45-0779.

Rhyolith. Magmen v. Mittelamerika 2-0754; Tonmineralien u. Geomorphologie v. vier karib. Inseln 4-0648; Hg als Erz-Leitelement im Pachuca-Real Del Monte District, Hidalgo (Mexico) 7-0749; Unters. im Providencia-Bereich (Mexico) 14-0798; Bedeut. v. Th/U-Verhätlnissen (Vielstufen-Pb-Daten v. westzentralen Neu-Mexico) 16-0784; Unters. in d. Gebiet v. Providencia, Mexiko (K/Ar- u. Rb/Sr-Alter v. Intrusivgesteinen u. Hydrothermalmineralien) 22-0798; Paläomagnetismus u. K–Ar-Alter einiger vulkan. Gesteine d. Rio-Rande-Schlucht (New Mexico) 39-0733; S-Isotope u. d. Ursprung d. Quemont-Erzkörpers 42-0662.

K/Ar-Alter v. alkal. Gesteinen in Südbrasilien 1-0750; Sedimente d. unteren Columbia u. d. Herkunft d. Grauwacken 2-0756; Altersbest. d. Granite d. Region d. Mogi das Cruzes, Sao Paulo 8-0752; K/Ar-Altersbest. an basalt. Gesteinen v. Südbrasilien 16-0811; Bezieh. zwischen supergenen Mineralveränder. u. d. Geomorphologie, südl. Atacama Wüste (Chile) 17-0859; regionale Umgeb. d. Au-halt. Konglomerate v. Jacobina (Brasilien) 22-0798; Isotopenalter d. Pegmatit-Provinzen im östl. Brasilien 43-0734; Geochronologie v. West-Afrika u. Nordost-Brasilien 43-0735; Radio-C-Geh. v. marinen Muschelschalen d. pazif. Küsten v. Zentral- u. Süd-Amerika 43-0737.

Australien: Pb-Isotope am Dugald River u. Mount Isa (Australien) 3-0775; Tonmineralogie einiger Sedimente d. oberen Devon aus Zentralneusüdwales 3-0783; Mineralogie u. Chemie d. sauren vulkan. Gesteine d. Taupo Vulkanzone (New-Zealand) 4-0628; biochem. Prospekt. v. Mo in Neuseeland 7-0750; Isotopendatier. v. jüngeren Vulkaniten v. Victoria (Australien) u. geomagnet. Polaritätsepochen 11-0826; weitere mineralog. Daten über native Pb-Anhäuf. im Hawkesbury-Sandstein (N.S.W.) 13-0811; Chronologie d. sauren magmat. Gesteine v. North Queensland 16-0814; Geochemie v. Wandgesteinsänder. u. d. Rolle d. Sulfurier. bei d. Bldg. d. Ore Knob-Sulfid-Lagers 22-0798; geochem. Unters. in Neuseeland 24-0808; K–Ar-Alter regional metamorpher Gesteine Süd-Islands, Neuseelands u. einige tekton. Folger. 38-0785; eine geochronolog. Rb–Sr-Unters. d. Willyama Komplexes, Broken Hill (Australien) 38-0789; Seltenerdmetallgeh. in Stromsedimenten d. Paparoa-Bereichs (New Zealand) 49/50-0658.

Grönland: ^{210}Pb Altersdatier. d. Firneis-Kruste v. Grönland 16-0806; Referenzzonen für d. künstl. Radioaktivität im Grönlandfirn 16-0817; chem. Zus. d. Gesteine d. Ilimaussaq-Alkalimassivs 26-0821.

Antarktis: Glaskügelchen aus d. Eis v. Scott Base (Antarktis) 2-0733; Isotopenalter d. Granit-Gneis v. Olympus (Victoria Land) 8-0753; Sommer *1957 – 1958* am Südpol (ein Beispiel eines ungewöhnl. meteorolog. Ereignisses, aufgezeichnet durch d. Sauerstoffisotopen-Verhältnisse d. Firns) 13-0779; Zus. d. Inneren v. Kügelchen aus arkt. u. antarkt. Eis-Ablager. 16-0781; Rb–Sr-Daten v. Mt. Byerly (West-Antarktis) 16-0815; abs. Alter einiger Gesteine v. Scotia-Bogen u. d. Alexander-I.-Insel (Westantarktis) 18-0765; Radioaktivität v. Gesteinen d. antarkt. Halbinsel u. d. Skotia-Bogens (West-Antarktis) 31-0872; Einblick in d. magnet. Mineralogie antarkt. Gesteine 38-0791; Rb–Sr-Altersbest. v. pluton. magmat. Gesteinen d. östl. Ellsworth Land u. d. nördl. Antarktis Halbinsel 43-0726.

Weltmeere: Verteil. d. Spurenelemente in Tiefseesedimenten d. Atlant. Ozeans 13-0789; Ursachen für d. Al-26-Geh. pazif. Sedimente 14-0772; Calcit (Auflsg.-Geschw. in einem vertikalen Profil im Zentralpazifik) 14-0773; Terrigen-vulkanogene Minerale in rezenten Sedimenten d. Nord-Atlantik 14-0774; HCl-lösl. Fe-, Mn- u. Cu-Geh. v. rezenten Sedimenten d. ind. Ozeans v. d. östl. Küste v. Somalia 26-0824; Sedimente u. sedimentäre Geochemie d. südöstl. atlant. Schelfs 45-0736.

Methodik

Analyse v. *Erzen*; *Gesteinen*; *Mineralien* s. dort.

Extrakt. v. Elementen mit cycl. Lsgm. u. ihre Anwend. auf geochem. Analysen 2-1865; Chromspinell als petrogenet. Indikator (Petrolog. Anwend.) 3-0786; Meßverf. mit Radioisotopen für d. Geophysik 6-2083; S-Isotopen-Meth. zur Unterscheid. v. Sulfaten hypogenen u. supergenen Ursprungs 7-0748; halbautomat. Präparat, v. ultradünnen, großfläch. petrograph. Schliffen 7-0751; Röntgenemiss.-Spektroskopie bei d. chem. Analyse v. Seesedimenten (Best. v. *41* Elementen) 9-1812; geochem. Analyse mit Hilfe d. HF-Funken-Massenspektrographie 10-1947; Rolle stabiler H-Isotope bei d. Unters. geolog. Prozesse 11-0821; UV-spektrochem. Spurenelementbest. in Sedimenten 11-1990; K–Ar-Geothermometrie u. Abschätz. thermodynam. Parameter bei d. Bldg. intrusiver Körper 13-0775; Eich. v. Thermolumineszenzmess. an geolog. Proben 13-2040; schnelle, quant., spektrograph. Analyse v. Flußsedimenten 16-1955; Kornanalyse u. Probleme d. Best. d. mineralog. Grundzus. einiger trop. Böden 17-0810; spektrochem. Meth. für geochem. Zwecke 20-1910; Gaschromatographie in d. Geologie 20-1911; bei geochem. Erkund.-Diensten angewendetes Verschlüssel.-Syst. u. verwendete Datenkarten (Beschreib. d. Maschinenlochkarten d. Geological Survey of Canada) 22-0794; stabile nichtradioakt. Isotope in d. – (Übersicht) 22-0799; Problem d. Pseudokorrelat. (Berechn. an gleichaltr. Gesteinen verschiedener genet. Typen) 22-0821; Beschreib. einer einfachen Meth. zur Ermittl. unbekannter Durchschnittsgeh. beliebiger Elemente in verschiedenen geolog. Objekten 23-0862; Verteil. v. Ni zwischen Olivin u. Augit als Geothermometer 23-0864; rote Wegschnecken (Arion rufus L.) als biolog. Indikator für Mn-54-Kontaminat. in terrestr. Umgeb.) 23-0865; mechan. App. zum Schmelzen v. Proben zur Best. v. Sn bei geochem. Vermess. 23-0871; Quellen für geochem. Standards 23-2159; Meth. zur Eh-pH-Best. chem. Gleichgew. d. W. mit Gesteinen u. Mineralien 24-0799; Statistiken zur Interpretat. geochem. Daten (Best. d. Konz. Schwelle für d. Ausbeut.) 24-0808; statist.-geochem. Bearbeit. d. analyt. Archivs eines Spektrallabor. 25-2001; Anwend.: stabiler Isotope in d. – (Übersicht) 26-0002; eines Elektronenrechners bei d. Spektralanalyse geolog. Proben 29-2026; Cl- u. F-Geh. v. geochem. Standards 31-2108; Möglichk. d. Anwend. v. Überstrukturen fester Lsg. zur Schaff. wirksamer mineralog. Thermometer u. Barometer 33-0976; Anwend. d. Änder. d. Doppelbrech. v. Einschlüssen in Granaten beim Erwärmen auf *900°* in d. Geothermometrie 33-0992; direktanzeigende Emiss.-Spektrometrie zur geochem. Anwend. 33-2240; Verw. v. chlorierten Alkohol zur Entfern. freier Fe-Oxide u. -Hydroxide aus d. rezenten Sedimenten d. Santorin-Vulkan-Zone 35-2063; geolog. Interesse einer Isotopenunters. d. Verdampf. (Fall d. Meerwassers) 36-0763; magnet. Eig. v. an gebaggerte submarine Basalte gebundenen Mn-Knoten (Verw. für ein Geothermometer) 38-0759; Anwend. d. linearen Algebra auf petrograph. Probleme 38-0762; Sr als geochem. Indikator für d. genet. Bezieh. d. Mineralisat. zu Alkaligesteinen 38-0810; Methodik mineralanalyt. Unters. bei d. geolog. Erkund. v. Kaolinlagerstätten 38-2081; Zustandskoordinat.-Regeln in Anwend. auf einige petrogenet. Probleme 41-0688; neue Meth. d. petrochem. Charakteristik magmat. Gesteine 41-0703; geochem. Meth. d. Prognose v. Vererz. in d. Tiefe u. eine Blinderzkörperermittl. in Sulfid–Cassiterit-Lagerstätten 41-0752; O-Isotopenanalysen u. Pleistozän-Temp. 41-0791; Vgl. magmat. Komplexe mit Hilfe d. fraktionierten geochem. Analyse 42-0624; Biotit–Granat-Geothermometer 42-0625; Zuverlässigk. petrolog. Schlußfolger. in Verb. mit d. Fehlern d. chem. Fe-Best. 42-0626; kerngeophysikal. Meth. zur Unters. v. Mineralien u. Erzen 43-1995; röntgenograph. Best. v. Chrysotil in Proben d. Grundmaterials u. d. Sedimentat.-Staubes 44-1837; Anwend. d. abs. Massenmeth. bei geochem. Unters. v. Gesteinen in Verwitter.-Profilen 45-0737; Best. v. stabilem Sc in Sedimenten 45-2149; zerstörungsfreie Best. v. Si in Meeressedimenten 46-1855; statist. Berechn. d. physikochem. Beding. d. Mineralbldg. 47-0750; Möglichk. d. Benutz. v. Alunit in d. K/Ar-Geochronometrie 49/50-0643; Anwend. d. Röntgen Mikrosonde auf d. Gebiet d. Geochemie 49/50-1928.

Altersbestimmungen

Radio-C (Zusammenstell. v. ^{14}C-Altersbest. verschiedener Laboratorien) 2-0734; K–Ar-Geochronologie v. Tiefseesedimenten 2-0741; Probleme bei d. Datier. v. vulkan. Gesteinen mit d. K–Ar-Meth. 2-0742; Radio-C-Datier. v. Knochen 3-0809; chem. Meth. zur Datier. v. Fossilien 5-1955; fossile Rückstoßspuren v. α-Teilchen (neue Meth. zur Altersbest.) 6-0794; Altersbest. nach d. K–Ar-Meth. mit Hilfe d. Aktivier.-Analyse 7-0746; Altersbest. v. Mineralen auf Grund v. U–Kern-Zerfallsspuren 7-0747; verbesserte Methodik zur Best. d. abs. Alters mit Hilfe d. natürl. Radio-C 9-0825; neue K/Ar- u. Spaltspurenalter v. Einschlaggläsern u. Tektiten 12-0740; Radio-C (Angabe d. Altersbest. an verschiedenen Objekten v. *30* verschiedenen Laboratorien) 12-0744; Altersbest. nach d. Radio-C-Meth. 12-0745; Korrektur d. atmosphär. Ar bei d. Datier. v. Gesteinen nach d. K–Ar-Meth. 12-0746; abs. Geochronologie känozoischer Schichten 13-0774; Ermittl. d. Alters v. Mineralen u. Gesteinen (He-, Pb-, Rb-, Ca-, Ar- u. C-Meth. (Übersicht) 16-0782; Best. d. K–Ar-Alters unter Verw. d. Omegatrons an Einzelproben 16-0783; Ionium-Datier. v. Eruptivgesteinen 17-0808; Anwend. d. Entw. d. Isotopenverdünn.-Meth. für geolog. Altersbest. 18-0760; Altersbest. hydrothermaler Lagerstätten mit Hilfe d. K/Ar-Meth. 22-0795; Nutzen d. Fortschritte in d. Bzl.-Chemie für d. Radio-C-Dater. 22-0800; ^{15}N-Gebrauch als inneren Standard bei d. Best. radiogener Ar-Geh. 23-0860; Mineraltrenn. zur Altersbest. 23-0871; verbessertes Synth.-Verf. für d. Altersbest. mit Radio-C mittels Methan u. Reinbenzol 24-0800; Isotopenverhältnisse in sek. Kalk – Geochronolog. Aspekte 24-0801; fehlerhafte Umrechn. v. C-Isotopendaten 26-0810; Radioaktivität u. abs. Alter junger vulkan. Gesteine 26-0812; Mess. im ^{14}C-Laboratorium in Gdańsk (Meßergebnisse in d. Jahren *1961 – 1965*) 28-0810; Beschreib. eines Hochtemp.-Ultrahochvakuum-Tiegels zur Gasextrakt. aus geolog. Proben 28-0812; Verw. v. Sandsteinabrund. u. d. verwitterten Basaltrinde für abs. Chronologie 29-0867; Änder. d. Erdmagnetfeldes u. Radio-C-Datier. 36-0757; statist. Analyse v. geomagnet. Umkehr.-Daten u. d. Genauigk. v. K–Ar-Datier. 38-0779; Nephelin für d. K–Ar-Geochronometrie 38-0783; Isotopendatier.-Befund für d. Alter d. oberen Perm u. d. mittleren Trias 38-0787; Datier.-Ergebnisse durch Best. d. Radiokohlenstoffs (Altersbest. v. Hölzern u. Vegetat.-Böden) 41-0790; sedimantäre Phosphatmeth. zur Best. d. Paläosalinitäten 42-0665; K–Ar-Alter v. präkambr. Schilden u. phanerozoischen Orogenesen 43-0725; Alter d. Erdkruste u. d. Dynamik d. Zuführ. radiogener Gase wie ^{4}He u. ^{40}Ar in d. Atmosphäre 45-0741; spektrochem. Unters. zur geolog. Altersbest. nach. d. Rb–Sr-Meth. 49/50-0638; Zusammenhang zwischen d. ursprüngl. Isotopenzus. d. Sr u. d. Alter v. Gesteinen granit. Zus. 49/50-0649.

Schürfung, Prospektierung

Co bei d. geochem. Prospekt. 2-0736; schnelle kolorimetr. Meth. bei d. geochem. Suche nach Mo 10-1946; Gebrauch d. Begriffe „prim." u. „sek." Dispers. bei d. geochem. Prospekt. 33-0994; Verw. d. tragbaren Radioisotopen-Röntgenfluoreszenzanalysators bei d. geochem. Suche nach Sn 35-2060; Lsg.-Experimente bei d. geochem. Prospektier. 36-0847.

Bibliographie

Sammlung von Mitteilungen zur Geochemie von Sedimentgesteinen B 11; Geochemie der Pyrite einiger Lagerstätten der Tschechoslowakei B 58; Industriegesteinskunde. Eine Einführung in die technische Petrographie der nutzbaren Gesteine B 59; Landolt-Börnstein, Zahlenwerte und Funktionen aus Physik, Chemie, Astronomie, Geophysik und Technik. Bd. *2*: Eigenschaften der Materie in ihren Aggregatzuständen. Teil *10*: Magnetische Eigenschaften B 65; Einführung in die Mineralogie (Kristallographie und Petrologie) B 74; Zur Geochemie des Bariums im exogenen Zyklus B 74; Zahlenwerte und Funktionen aus Physik, Chemie, Astronomie, Geophysik und Technik. Physikalisch-chemische Tabellen. Bd. *4*: Technik. Teil *4*: Wärmetechnik B 77.

Russ.: Mineralogie der Pegmatite und Hydrothermalite von Alkali-Massiven (Mitteilungssammlung) B 2; Seltene Elemente in Gesteinen verschiedener metamorphologischer Fazies B 2; Mineralogische Untersuchungen der Erze der Buntmetalle und seltenen Metalle B 2; Geochemische Forschung der Elemente in der Zone der Hypergenese. Bd. 2: Geochemische Forschung einzelner Elemente B 2; Seltene Elemente in Gesteinen verschiedener metamorphologischer Fazies B 2; Elektrochemische Prozesse in Sulfid-Lagerstätten B 2; Mineralogie und Geochemie (Mitteilungssammlung). Lfg. *2* B 2; Spektralanalyse in der Geologie und Geochemie B 5; Geochemische Suche nach Elementen in der Zone der Hypergenese. Buch *1*: Theoretische Grundlagen der geochemischen Suche B 11; Geochemie kohlenstoffhaltiger Fluida B 11; Geochemie diffuser organischer Stoffe und des Erdölmuttergesteins von Devon-Ablagerungen des Wolga-Ural-Erdölgebietes B 11; Seltene metallische Metasomatite von Alkali-Massiven (Mitteilungssammlung) B 18; Physikalisch-chemische Merkmale und hydrogeologische Faktoren der Migration natürlicher Lösungen (in Verbindung mit der Untersuchung erdölhöffiger Becken) B 18; Chemische Prozesse in Meereswässern und -ablagerungen (Mitteilungssammlung) B 18; Experimentelle Untersuchung der Formen des Vorkommens der seltenen Elemente in der Oxydationszone B 18; Isotopenzusammensetzung des Kohlenstoffs natürlicher Kohlenwasserstoffe und einige Fragen ihrer Genesis B 27; Anreicherung nichtmetallischer Bodenschätze B 30; Mineralische Paragenese von Talkumlagerstätten B 50; Isotope des Schwefels und Fragen der Erzbildung (Mitteilungssammlung) B 50; Einführung in die Geochemie des Ozeans B 50; Geologisch-geochemische Sammlung B 58; Materialien zur genetischen und experimentellen Mineralogie. Bd. *5* B 58; Untersuchung der Geochemie von Tiefenwässern nach kohlenstoffhaltigen Relikten und der Paragenesis der Mineralien (Mitteilungssammlung) B 58; Grundlagen der geochemischen Methoden der Nachforschung von Erzlagersätten B 59; Aktivierungsanalyse der Elementzusammensetzung geologischer Objekte (Mitteilungssammlung) B 61; Schwefelisotope und Fragen der Erzbildung (Mitteilungssammlung) B 66; Metallogenese und Magmatismus von Tjan'-Šan (Mitteilungssammlung) B 74; Metasomatose und andere Fragen der physikalisch-chemischen Petrologie (Mitteilungssammlung) B 82.

Russian-English petrographic dictionary B 2; Geochemistry and mineralogy of rare elements and genetic types of their deposits. Vol. *1*: Geochemistry of rare elements. Vol *2*: Mineralogy of rare elements B 18; Scientific method in analysis of sediments B 18; Carbonate rocks. Part A: Origin, occurence and classification B 18; Researches in geochemistry. Vol. *2* B 27; Rocks and minerals; a guide for collectors of the eastern United States B 27; Atomic absorption spectrometry in geology (= Methods in geochemistry and geophysics series no. 7) B 34; Geochemical prospecting in Fennoscandia B 34; Isotope techniques in the hydrologic cycle (= Geophysical Monograph Series Nr. *11*) B 34; Encyclopaedic dictionary of physics: general, nuclear, solid state, molecular, chemical, metal and vacuum physics, astronomy, geôphysics, biophysics, and related subjects B 41; Investigating the earth B 42; Chemistry of the earth's crust. Vol. *2* B 42; Cyclic sedimentation B 42; Metacolloids in endogenic deposits B 42; Sedimentary petrology. Part *1*: Methods in sedimentary petrology B 42; Radiosisotope tracers in industry and geophysics. Proceedings of the symposium in Prague, *1966* B 46; Layered igneous rocks B 50; Diagenesis in sediments B 66; Krystalinikum. Contributions to the geology and petrology of crystalline complexes B 74; Metamorphic petrology; mineralogical and field aspects B 74; Australian rocks, minerals and gemstones B 82.

La Genèse des roches métamorphiques B 2; Cours de géochimie du pétrole B 18; Géochimie et hydrogéologie des enveloppes aqueuses et des eaux thermominérales B 34; La genèse des sols en tant que phénomène géologique. Esquisse d'une théorie géologique et géochimique. Biostasie et rhexistasie B 34.

Geokemi B 82.

Geosmin s. unter $C_{12}H_{22}O$.
Geranial s. unter $C_{10}H_{16}O$.
Geraniol s. unter $C_{10}H_{18}O$.
Geraniumsäure s. unter $C_{10}H_{16}O_2$.
Geranylbromid s. unter $C_{10}H_{17}Br$.
Geranyllinalool s. unter $C_{20}H_{34}O$.
Gerbsäuren s. unter *Gerbstoffe, Natürliche Gerbstoffe*.

Gerbstoffe

Neue Einteil. d. – auf Grund d. heut. Vorstell. d. Kollagenstruktur 20-3123; Verw. als Rostumwandler in Überzügen 23-2624.

Natürliche Gerbstoffe

Siehe auch *Catechine*; *Tannine*.

– (*33.* Mitt.) 32-1162.

Vork. in Onopordon acanthium 1-1569; – in d. Rinde d. Acacia nilotica 1-3075; Vork. in Rhodiola rosea 9-1658; –: aus Babulrinde 24-3057; einiger jugoslaw. wildwachsender Pflanzen (Unters.) 26-1742; in Juglansarten (Unters.) 41-1763; Vork. im Extrakt v. Pega Palo 45-1722; – aus Babul 48-2982; Vork. u. Bedeut. in Rotweinen 5-3237; – im Rotwein 35-3194, 48-2951; Saccharidkomponenten wss. Pflanzen- –-Auszüge 2-2947; Funktionsgruppen v. – einiger offizineller Drogen 12-1600.

Biosynth. v. einfachen – (Übersicht) 14-1375; Herst. v. Gerbextrakten aus –-halt. Pflanzenteilen 42-2916* Modifizieren v. leichtlösl., nichtadstringierenden Gerbextrakten 22-3265*.

Unters. über d. bessere Ausnutz. v. Myrobalanen 2-2949, 2-2950; Verstärk. d. Gerbwrkg. v. – Lignosulfonaten u. Syntanen 32-3090* P-Vitamin-Wrkg. v. – aus Eichenholz 17-1609.

Best. mit Milcheiweiß 46-1940; Dünnschichtchromatographie v. Gerbeextrakten auf Fertigschichten 28-2160; Problematik d. Best. v. – in Drogen 10-1658; oxydimetr. Best. im Wein 22-2227; vergleichende Best. d. Geh. einiger Drogen 38-1812; Best. einiger Hydroxyzimtsäure-art. – in pflanzl. Lebensmitteln 44-1966; Cu- u. Fe-Best. in –-Extrakten 7-2070.

Mineralische Gerbstoffe

Darst.: v. bas. Al- – aus $Al_2(SO_4)_3$ u. $AlCl_3$ 24-3052; v. – aus mehrkern. Chrom(III)-Komplexen u. Polyamidpulver AK 50/50 26-3208; Gerbwrkg. modifizierter Sulfatkomplexe d. Al 28-3246; Unters. d. ion. Charakters v. – aus bas. Cr-Sulfaten u. ihr durch Radioisotop ^{51}Cr kenntl. gemachtes Verh. 30-3095.

Synthetische Gerbstoffe

Neue – (Übersicht) 8-3193.

Darst.: synthet. wasserlösl. Weiß- – 1-3080*; v. stickstoffhalt. Kondens.-Prod. als – 1-3083* v. *Kortan PM* 6-3117; Darst. eines –: aus Phenol–HCOH-Kondensaten u. Sulfonier. in Ggw. v. Polysacchariden 6-3123*; durch Kondens. v. Aminophenolen mit Phenolen u. HCHO (amphotere Verb. mit akt. Gerbeig.) 6-3124*; aus Sulfosintan 6-3125*; Darst.: v. Lignin- – 10-3142; v. oxydierter Stärke als Gerbmittel für Leder 14-2595*; Zubereit. v. Austausch- – aus sulfonierten Phenol–HCHO-Novolaken u. Metallsalzen eines modifizierten Ligninsulfonats 18-3123*; Darst. v. Fettemuls. für Gerbereizwecke durch Ox. v. Ölen, Fetten oder Wachsen u. Sulfitier. mit $NaHSO_3$ oder $Na_2S_2O_5$ 18-3124*; Gerbmittel: aus Misch. v. ungesätt. Polymeren mit Aminoharzen 30-3100*; v. *Syntan*-Typ aus Teerphenol durch Kondens. mit HCHO 32-3091* Darst.: durch Kondens. v. Dimethylphenyl-p-kresol mit Aldehyden u. Umsetz. mit ω-sulfierten Prod. 34-3107* v. wasserlösl. – durch Sulfier. v. Kondens.-Prod. v. Phenol mit CH_2O u. aromat. Aminen 34-3108* v. wasserlösl. u. färbenden – 36-3179* v. alkalilösl. Kondens.-Prod. durch Rk. v. aromat. OH-Verb., Harnstoffen u. HCHO als – 37-2788*; v. Alkalimetall enthaltenden organ. N-Basen-Silicaten als – 41-2701*; v. [1-Chlorformimidoyl]-carbamoylchloriden zum Gerben 51/52-2411*; lichtechter Kondens.-Prod. durch Nachbehandl. v. Sulfonsäuregruppen enthaltenden β-Naphtholharnstoff-CH_2O-Kondens.-Prod. mit Phenolen u. CH_2O als Austausch- – 51/52-2954*; v. wasserlösl. höhermol. Rk.-Prod. v. Styrol als Fixier.-Mittel für – 47-2855*, 47-2856*.

Gerbwrkg. v. Brenzcatechin-Formaldehydnovolaken 6-3116; Einfl. d. Gerbmittel auf Polyamidfasern 18-2666; Eig. v. aus Hydrolyselignin gewonnenen – 26-3206; Verstärk. d. Gerbwrkg. v. Lignosulfonaten u. *Syntanen* 32-3090*; Eig. eines – aus Chlorlignin 38-3245.

Anwend. synthet. Gerbmittel auf Ligninbasis verbunden mit Melamin–Formaldehyd-Harz zur Verbesser. d. Lederqualität 20-3126.

Chromatographie u. Elektrophorese bei d. Unters. v. – 28-2159; photometr. Best. in Sulfitlsg. 51/52-2029.

Bibl.: Synthetische Gerbmittel [russ.] B 80.

Germacran s. unter $C_{15}H_{30}$.
Germacron s. unter $C_{15}H_{22}O$.
Germanicol s. unter $C_{30}H_{50}O$.
Germanicon s. unter $C_{30}H_{48}O$.

Germanium

Vorkommen, Gehalt

Unters. v. Eisenmeteoriten mit niedr. Geh. an – 1-0743; –-Konz. in einer Serie v. Proben d. Meteorite Canyon Diablo u. Odessa 6-0787; Geochemie v. – in d. Erzen u. Erzmineralien in d. Lagern v. Kurokô-Typ 7-0804; Verteil. v. – in d. Fe-Meteoriten nach Neutronenaktivier.-Analysen 11-0812; Hauptform d. –-Migrat. in fossilen Kohlen 11-0832; gesetzmäß. auftretendes – in Zn- u. Pb-Erzen auf d. Oberschlesisch-Krakauer Gebiet 11-0834; –-Geh. d. Magnetite verschiedener Vork. 13-0813; Akkumulat. v. – in Braunkohlenkomponenten 14-2655; Fe-Meteorite u. Pallasite mit –-Konz. zwischen *8* u. *100* ppm 16-0764; –-Geh. v. Mineralien als Mittel zur Deut. d. Lagerstättengenese 16-0845; Geochemie d. – in thermalen Kohlensäurewässern (am Beispiel d. Pamirs u. großen Kaukasus) 17-0816; – in Torfen d. Nordteils d. Russ. Plattform 18-0788; Linien v. – im Kosmos 25-0842; Geochemie d. – im hydrothermalen Prozeß 29-0881; –-Beimeng. in Cassiteriten verschiedener genet. Typen 29-0896; Migrat.-Besonderh. d. – in Untergrundwässern v. Erzlagerstätten 31-0895; – in Mn-Erzen d. Ciatura- u. anderen Lagerstätten d. Georg. Sowjetrepublik 31-0896; – in Thermalwässern Neuseelands 34-0841; Verteil.: v. – in Gesteinen d. mittleren Vordneprs 36-0780; v. –-Beimeng. auf fazielle Profile d. Fe-Kieselsäure-Schiefer-Format. d. Kursker Magnet. Anomalie 36-0794; v. – in d. Metallphase einiger Fe-Meteorite 37-0869; in Braunkohle je nach d. Bezieh. zwischen d. Kohlenflözen u. d. sie einschließenden Gesteinen 37-2963; Migrat.-Formen v. – 38-0822; – in einigen sek. U-Mineralen Süddeutschlands 38-0878; Diffus. v. – in d. Sonne 40-0672; Verteil. v. – in Chondriten 41-0677; Unterschiede in d. –-Geh.: austral. Eisenmeteorite 41-0684; u. d. Struktur d. nordchilen. Hexaedrite 41-0685; Gesetzmäßigk. d. –-Verteil. in Kalksteinen u. Mergeln 42-0632; Ursachen d. Bldg. v. anomalen –-Geh. in Steinkohlen 42-0649; Verteil.-Gesetzmäßigk. v. – in fossilen Kohlen 49/50-0683; Häufigk. v. –-Kernen in d. kosm. Strahl. in geolog. Vergangenh. 51/52-0614.

Bestandteil v. IR-durchläss. Gläsern 14-1866.

Bildung, Darstellung

Zücht. v. –-Einkrist. 2-2064*; Gewinn.: aus Gaswasser 17-2287*; aus Teer 17-2288*; aus Asche d. Kohleverbrenn. 22-2557*; Herst. v. F-freiem – 24-2283*; Wiedergewinn. v. – aus HF-halt. Lsg. 43-2288*.

Fäll. durch Tannin aus H_2SO_4-Lsg. 10-2173; Reinig. v. –-Ionen enthaltenden Lsg. durch Ausfällen 29-2359*; raffinierende Wrkg. v. – beim Vakuumschmelzen v. Fe–Ni-Leg. 30-2337; Trenn. v. – u. Si in fl. HF 38-2314.

Dotier. v. Halbleiterkörpern aus – 6-2193*; Wärmebehandl. v. halbleitendem – 45-2391*; Lotleg. für – in d. Halbleitertechnik 45-2555.

Gleichzeit. Elektropolieren d. beiden Flächen v. –-Scheiben 1-2279; Diffus.-Schutzschicht auf – aus Si-SiO_2 5-2484; Oberflächenraffinat. 17-2331; galvan. Abscheid. v. Sb u. Pb auf p-leitendem – 20-2445*; Polieren v. –-Lamellen mittels Gleichstrom 28-2538* elektrochem. Ätzen v. – 37-2679*; Beseitig. v. GeO_2-Überzügen auf –-Oberflächen für Halbleiterzwecke 41-2337*.

Physikalisches und physikalisch-chemisches Verhalten

Kerneigenschaften: Unters. d. γ-Strahl. hoher Energie v. ^{77}Ge mittels eines Paarspektrometers 1-0064; verzögerte Neutronen-Vorläufer v. – aus d. therm. ^{235}U-Spalt. 1-0084; Aktivier.-Querschnitte v. – für *14,4*-MeV-Neutronen 2-0049; Wrkg.-Querschnittverhältnisse v. Isomeren bei (n, γ)-Rk. mit ^{76}Ge 2-0050; Isomerenverschieb. d. *13,4*-keV-Gammalinie v. ^{57}Fe im –-Gitter 7-0067; (^{3}He, α)-Rk. an ^{70}Ge 7-0078; Isobarenanalogresonanzen bei (p, n)-Rk. v. ^{74}Ge 14-0021; elast. Streuung v. *3,2*-MeV-Neutronen an – 15-0029; Positronenlebensdauern in – 16-0003; γ-Strahl.-Schwäch.-Koeff. für – 16-0009; Diffrakt.-Streuung v. *40*-MeV-α-Teilchen durch – 18-0019; Mössbauer-Experimente mit ^{73}Ge durch Coulomb-Rückstoßeinbau 18-0047; Mess. d. Energieverlustes v. –-Atomen an Elektronen in – bei Energien unter *100* keV 19-0319; β-γ(CP)-Korrelat.-Unters. v. ^{72}Ga u. Spinzuordn. in ^{72}Ge 20-0002; Wrkg.-Querschnitte v. (n, p)- u. (n, α)-Rk. an –-Isotopen mit *14,8*-MeV-Neutronen 21-0055; Reichweite v. Phototeilchen-Rückstoß-Atomen in – 21-0346; beobachtete γ-Strahlen u. Ausb. d. (γ, n)-Rk. mit 20-MeV-Bremsstrahl. an ^{76}Ge 23-0052; Positroniumatom in – 24-0005; Niveaus v. –-Isotopen 24-0023; γ-Strahlen aus d. Einfang therm. Neutronen in – 24-0052; ^{235}U-Spaltprod. in d. Zerfallskette v. ^{78}Ge 27-0057; Unters. d. angeregten Niveaus v. ^{71,73}Ge mittels d. (d, p)-Strippingrk. 29-0013; ^{70}Ge(d, p)^{71}Ge, ^{70}Ge(d, n)^{71}As, ^{70}Ge·(d, 2n)^{70}As, ^{70}Ge(d, α)^{68}Ga 30-0003; (p, n)-Rk. an ^{74}Ge, ^{76}Ge 31-0019; Strahl.-Einfangquerschnitt für schnelle Neutronen durch ^{74}Ge 32-0031; Positronenvernicht. in – 34-0010; Zerfall. v. ^{72}Ga(*14*h) zu ^{72}Ge 37-0030; Anreg.-Zustände in ^{72}Ge 38-0016; Streuung ebenpolarisierter Photonen durch d. Riesenresonanzen v. Vibrat.-Kernen d. –-Isotope; (d, p)-Rk. an ^{70}Ge (Identifizier. v. *86* Niveaus) 39-0016; (d, p)-Abstreifrk. an angereicherten ^{73}Ge- u. ^{76}Ge-Targets 39-0017; Linearität d. Ge(Li)-Detektors im Energiebereich *0,5* bis *10* MeV 42-1779; *113*-μs-Isomer v. – durch *10*-MeV-Protonen 43-0007; Bldg. v. ^{71}Ge, ^{75m}Ge u. ^{77m}Ge durch Neutroneneinfang 43-0025; γ-spektroskop. Unters. d. Zerfalls ^{77}Ge → ^{77}As 51/52-0010; Kanalleit. v. Protonen u. Deuteronen in – 51/52-0189; Hybrid-Computer für Aktivier.- u. Zerfallsberechn. (Bldg. v. ^{77}Ge); Impulshöhedefekt bei Ge(Li)-γ-Detektoren 51/52-1806.

Optisches Verhalten: Absorpt.-Spektren realer –-Oberflächen 2-0300; opt. Absorpt. durch freie Löcher in – 3-0322; Photolumineszenz-Paarspektren unter Beteilig. v. – als Donator u./oder Akzeptor in GaP 3-0351; Mess. u. Berechn. d. Ge II-Vakuum-UV-Linien 5-0120; Farbzentrenbanden v. Ge^{4+} in Amethyst-Quarz 5-0398; Formfaktoren u. UV-Spektren v. – bei hohem Druck 9-0345; Anreg.-Spektren v. Verunreinig. d. III. Gruppe in – unter einaxialem Druck

9-0346; Erzeug. charakterist. Röntgenstrahl. in dünnen --Krist. 10-0304; Röntgenabsorpt.-Spektrum 10-0313; spektrale Emiss. im Bereich *2200–6600* Å v. durch Laserstrahl erzeugten Plasmen v. – 11-0137; Einfl. d. Dotierens auf d. Reflex.-Spektren v. – 11-0368; Anreg.-Spektrum v. Al-Akzeptoren in Diamant unter axialem Druck (Vgl. mit –) 11-0375; Spektrallage d. Kα-Satelliten 13-0129; Verdampf. im Bogenplasma u. Intensität d. Spektrallinien 14-1871; Röntgen-K-Absorpt.-Spektren 17-0376; Spektren v. Ge VI im Vakuum-UV bei *222–242* Å 18-0103; Exzitonenabsorpt.-Spektrum in verformtem – 18-0323; Lichtabsorpt. freier Lad.-Träger in – im quantisierenden Magnetfeld 19-0352; IR-Absorpt. v. γ-induzierter Oberflächenschicht auf – 23-0383; Elektroreflex.-Spektren 26-0344; Absorpt.-Kanten 27-0361; Einfl. v. Druck auf d. Zwischenbandreflex.-Spektren 28-0313; Zeeman-Effekt u. Konfig.-Wechselwrkg. in – 29-0098; Absorpt. v. $GeCl_4$ in Ggw. u. in Abwesenh. v. freiem – im Bereich *2300* Å bis *2* μ 30-0061; Anreg.-Spektren u. Photoionisat. neutraler Hg-Zentren in – 30-0291; Elektroreflex.-Spektren u. Bandstruktur 33-0296; Anreg.-Spektren v. As- u. Sb-Störstellen in – unter einaxialem Druck 33-0323; IR-Absorpt. v. flachen Akzeptoren in – 35-0306; opt. Raman-Streuung durch Phononen in --dotierten Si 35-0313; Auger-Rekombinat. v. Band zu Band u. Photonenemiss. 38-0346; Absorpt.-Kante v. mit schnellen Elektronen bestrahltem – 39-0266; neue Summenregel für IR-Absorpt. in einem unpolarem --Krist. 40-0240; lokalisierte Schwing.-Moden v. Li- u. P-Verunreinig. in – 40-0260; Piezoabsorpt. d. freien Lad.-Träger in n-– 46-0317; Linienform d. Elektrorelfex.-Spektren 46-0318; Thermoreflex.-Spektrum 48-0268; magnetooszillator. Anreg.-Spektren v. Verunreinig. mit flachen Akzeptoren in – 48-0309; K-Absorpt.-Spektrum polarisierter Röntgenstrahlen in einem --Einkrist. 51/52-0208; Beobacht. einer Exzitonen-Feinstruktur bei d. Zwischenband-Magnetoabsorpt.-Spektren 51/52-0284.

Opt. Eig. v. dünnen --Schichten auf Quarzglas bzw. CaF_2 5-0371; Einfl. d. Temp. auf d. anomale Transmiss. v. Röntgenstrahlen in – 10-0295; Reflex. v. Röntgenstrahlen durch – im Bereich *7–44* Å 10-0297; Piezotransmiss.-Mess. v. phononenunterstützten Übergängen in – 11-0355; Exzitonenabsorpt. in dotiertem – 14-0313; direkte Interband-Magnetoabsorpt. in einachs. gedehntem – 14-0314; opt. Konst. 15-0318; magnetoopt. Absorpt.-Oszillat. in spannungsfreien --Krist. 15-0319; Erzeug. *3.* Harmon. durch Mikrowellen in – bei tiefen Temp. 17-0437; Viel-Körpereffekte d. opt. Eig. 18-0308; Effekt d. Modulat. d. Absorpt.-Koeff. v. stark dotiertem – im elektr. Feld 20-0257; durch freie Lad.-Träger in – hervorgerufene Vermisch. v. zwei Lichtfrequenzen 23-0373; klass. Theorie d. opt. Eig. freier Träger in – 23-0376; Interband-Faradaydreh. u. Elliptizität 23-0377; Festkörperkonverter für IR-Wellenlängen unter Verw. eines Ge–GaAs-Heteroübergangs hoher Quantenausb. 24-0378 Unters. d. Elektroabsorpt. in – mit Hilfe d. differentiellen Photostromempfindlichk. 24-0432; anomale opt. Effekte in --Schichten 25-0313; opt. Eig. im fernen UV 29-0318; Faraday-Rotat. in p-– 33-0299; Piezoreflex.-Vermögen für direkte Übergänge 35-0298; Druckkoeff. d. indirekten opt. Energielücke (Absorpt.-Koeff.) 38-0295; Bind.–Bieg.- u. –Streck.-Modell d. photoelast. Konst. in --Krist. 39-0151; Lichtmodulat. durch heiße Defektelektronen in – 41-0234; Best. d. opt. Konst. v. – mit d. k·p-Meth. 42-0249; Brech.-Indizes v. – im fernen IR 42-0250; Best. d. Anisotropie d. Brech.-Index v. n-– im elektr. Feld 42-0251; opt. Differenzmisch. in – u. Ge:Sb 43-0264; Best. d. komplexen Brech.-Index u. d. opt. Dicke dünner --Filme durch Mess. d. Reflex.-Vermögens bei schrägem Einfall 44-0271; Modulat. d. spektralen Reflex.-Vermögens v. Halbleiter-Elektrolyt-Grenzflächen (gesätt. Methanol–NaCl- u. wss. NaCl-Elektrolytlsg. an Sb-dotiertem –) 44-0282; Refrakt.-Werte für Bind. v. – mit sich selbst 46-0036; Piezoabsorpt. v. dünnen --Schichten oberhalb d. fundamentalen Absorpt.-Kante 48-0257; Theorie d. Niederfrequenz-Reflex.-Vermögens v. – im Magnetfeld 48-0266; elektroopt. Zwischenbandeig. (Elektroabsorpt.) 48-0276; (Elektroreflex.-Vermögen) 48-0277; Bezieh. zwischen Photoelastizität Elektrostrikt. u. Raman-Effekt *1.* Ordn. in – 49/50-0203.

Strahlende Rekombinat. in stark dotiertem u. kompensiertem – 10-0328; Anreg. v. --Lasern mit einem Strahl schneller Elektronen 10-0368; Mechanismus für strahlende Rekombinat. an Versetz. in – 12-0338; Spektralunters. d. Thermolumineszenz v. Quarz mit Al- u. --Beimeng. durch Fourier-Spektrometrie 14-0349; Einfl. einseit. Kompress. auf d. Interstörstellen-Rekombinat.-Strahl. in – 15-0348; direkte strahlende Übergänge in – u. deren Benutz. bei d. Unters. d. Lebensdauer 17-0396; Strahl.-Rekombinat. in mit schnellen Elektronen bestrahltem – bei 77° K 21-0481; Einfl. einer einseit. Kompress. auf d. strahlende Rekombinat. v. mit Sb stark dotiertem – 21-0482; strahlender Elektroneneinfang durch neutrale u. einfach geladene Zn-Ionen in – 25-0346; Rekombinat.-Strahl. v. stark dotiertem – 26-0355; Störstellen-Rekombinat.-Strahl. v. mit Zn u. Sb dotiertem – 44-0294; neuart. strahlende Rekombinat.-Prozesse unter Beteilig. neutraler Donatoren u. Akzeptoren in – 45-0330; Elektrolumineszenz v. --dotierten GaP–p–n-Übergängen 48-0322; Anisotropie d. Lumineszenz u. Mikrostruktur d. Lumineszenzzentren in mit – dotierten Alkalimetallhalogenidkrist. 51/52-0228.

Struktur: Magnet. Hyperfeinstrukturkonst. für d. neutrale Atom sowie positive u. negative Ionen v. – 1-0103; Spin–Bahn-Koppl.-Konst. für – u. Ge^+ 1-0104; Atomstreufaktoren 11-0191; Coulomb-Integrale 12-0085; Atomparameter für halbempir. SCF–LCAO–MO-Berechn. 19-0082; Resonanzübergangswahrscheinlichk. bei intermediärer Koppl. 20-0063; Abschätz. d. Elektronegativität eines --Atoms mit d. Lad. Null 23-0084; Elektronendichte-Änder. um – als ein Verunreinig.-Atom in Cu 33-0199; einfache Basis für Mol.-Wellenfunkt. 36-0043; Energieniveaus d. Hg–Li-Paares in – 37-0349; Bahn–Bahn-Wechselwrkg. 41-0033; Pendellsg.-Mess. d. Atomstreufaktors 48-0129.

Energiebandstruktur v. – nach d. k. p-Meth. 2-0378; Bandstruktur aus Elektroreflex.-Unters. 3-0416; Berechn. d. tiefen Donator- u. Akzeptorniveaus in – mit Dotier. 6-0414; Abnahme d. Breite d. verbotenen Zone bei starker Dotier. 8-0357; Spin–Bahn-Aufspalt. d. Valenzbandes in – 18-0393; halbempir. Beschreib. d. Valenzbandes v. – durch d. Meth. d. äquivalenten Orbitale 21-0455; Best. d. Valenzbandstruktur v. – durch Lichtabsorpt. 21-0475; Temp.-Abhängigk. d. Breite d. verbotenen Zone in stark dotiertem n-– 21-0476; Einfl. d. Vol.-Dotier. auf d. Lage d. Fermi-Niveaus an d. Oberfläche v. GaAs (Vgl. mit –) 23-0479; Bandstruktur 25-0021, 25-0441, 27-0470; Temp.-Abhängigk. d. Bandabstandes in – 27-0472; Best. d. Bandstruktur v. Sb mit Hilfe d. Pseudopotentials v. – 27-0490; Elektronenenergiebänder in --Filmen 29-0421; Fourier-Entw. für d. Elektronenerngiebänder in – 29-0433; Best. d. Breite d. verbotenen Zone für – aus d. Modell d. deltaförm. Potentials 30-0378; Einfl. v. einachs. Druck auf d. *(000)*-Tal v. As-dotiertem – 30-0391; Änder. d. Bandstruktur v. – bei Einw. äußerer Drücke durch Nadelübertrag. 32-0409; Nichtparabolizität d. L_1-Leit.-Bandes in – aus Magnetopiezotransmiss.-Vers. 38-0294; Präzis.-Gitterkonst.-Best. in Mikrobereichen v. – 42-0101; komplexe Bandstruktur 42-0337.

Präzis.-Best. v. Gitterkonst. an --Einkrist. mit Elektroneninterferenzen 1-0206; interatomare Abstände 3-0415; diffuse Streifendiagramme bei d. Röntgen- u. Elektronenbeug. an – 7-0186; Ätzen v. – in wasserfreien HCl-Dämpfen 7-0222; Verw. eines Feldelektronenprojektors zur Unters. einer --Oberfläche 7-0372; Struktur v. perfekten dendrit. --Krist. 8-0197; Bind.-Isomerie u. ihre Rolle beim Aufbau v. --Krist. 12-0189; Berechn. d. Strukturfaktors F_{222} für – 12-0191; chem. Ätz. v. – im Syst. $HF/H_2O_2/H_2O$ 13-0228; elektrolyt. Schneiden v. –; Eig. d. *{111}*-, *{110}*- u. *{100}*-n- u. p-Flächen 13-0229; Berechn. d. Streufaktors u. d. inkohärenten Intensität d. Röntgen- u. Elektronenstreuung für – 18-0152; spiralförm. Ätzvertief. auf – 20-0183; röntgenograph.-topograph. Unters. 20-1850; Herst. v. dünnen --Blättchen für d. Transmiss.-Eletronenmikroskopie 21-2126; Ätzen 22-0198; (mit J-Dämpfen im elektr. Feld) 22-0199; (mit gasförm. H_2S) 22-0200; (durch O) 23-0235; Best. d. kohärenten Intensität u. d. Intensität d. Untergrunds aus d. experimentellen Elektronenstreukurve v. --Filmen 25-0160; Breite v. Kikuchi-Linien für – 25-0162; Röntgenstreuung u. kovalente Bind. in --Krist. 27-0201; therm. Ätz. v. --Flächen im Vakuum 27-0224; Berechn. d. Peierls-Potentials im --Gitter mit Hilfe d. Pseudopotentialmeth. 28-0230; vergleichende Unters. an Ge–Si-Mischkrist. mit Hilfe d. Röntgenfeinstruktur- u. Mikroanalyse 29-2099; Reflex.-Koeff. v. J-Dämpfen an einer Oberfläche v. einkrist. – bei d. Ätz. 32-0191; Zerfallsmechanismus einer ungesätt. festen Lsg. v. As u. Sb in – 35-0139; stat. Gleichgew.-Konfigurat. eines halbunendl. --Gitters 35-0195; Bldg. metall. --Modifikat. unter d. Beding. d. Stoßkompress. 35-0459; anharmon. Schwing. u. verbotene Reflexe in – 37-0106; atomare Aufeinanderpass. v. --Oberflächen 39-0333; Anwend. d. Weissenberg-Goniometers auf d. Best. d. Orientier. u. d. Morphologie v. --Mikrokrist. 42-0082; Unters. v. reinen u. Na-bedeckten --Oberflächen mittels Beug. niederenerget. Elektronen 42-0094; Kikuchi-ähnl. Bilder v. --Einkrist. mit d. Rasterelektronenmikroskop 44-0175; a-posteriori-Theorie d. kovalenten Bind. in --Krist. 45-0146; Rasterelektronenbeug.-Unters. d. diffusen inneren Ringe v. sehr dünnen Aufdampfschichten v. – 46-0215; mittleres inneres Gitterpotential 46-0254; --Krist.-Beug.-Profile für monochromat. Strahl. 47-0136; Alkalimetalldotier. v. – 47-0339; Spann.-Röntgentopographie dünner --Schichten 48-0217; anomale Intensität d. bei Laue-Reflex. an einem idealen --Krist. entstehenden Röntgenfluoreszenzstrahl. 51/52-0207.

Temp.-Feld einer --Schmelze u. Darst. v. Krist. gegebener Abmess. mit gleichförm. Beimeng.-Verteil. im Querschnitt 4-0181; Wachstum v. GaAs auf – 5-0202; epitakt. Wachstum v. – bei d. Red. v. GeJ_4 mit H_2 8-0191; Frenkelsche Kondens.-Theorie u. Anwend. auf – 11-0227; Kristallisat. dünner --Halbleiterschichten durch Zonenschmelzen 11-0244; Wachstumsmechanismen epitakt. --Krist. 11-0245; Epitaxie v. --Schichten auf GaAs beim Vakuumaufdampfen 11-0246; Gewinn. v. CdS-Einkrist. durch epitakt. Wachstum auf – 11-0281; Reflex.-Röntgenstrahlentopographie v. auf – abgeschiedenem GaAs 13-0246; Verf. zur Zugabe v. Zn zur Schmelze während d. Krist.-Ziehens v. – 15-0191; Zücht. epitakt. --Filme nach d. Sandwich-Meth. 15-0197, 15-0198; Krist.-Wachstumserschein. v. – im Syst. Ge/J_2 im abgeschlossenen Rohr 17-0223; Verteil. v. Beimeng. in d. Schmelze u. Einfl. ihrer Durchmisch. bei d. Zücht. v. --Einkrist. 17-0224; Wachstumsmechanismus u. Krist.-Qualität v. --Krist. 17-0241; faserförm. Wachstum v. --Krist. 18-0203; Wachstum u. Struktur dünner, aus schmelzfl. Filmen auskrist. --Krist. 20-0162; Unters. d. Zücht.-Prozesses v. --Einkrist. aus d. Schmelze 21-0217; Zonenschmelzen v. – unter Verw. einer zweiten fl. Phase als Umhüll. 34-0113; Wachstumsmechanismus v. aus d. Dampf abgeschiedenen --Schichten 34-0122; Darst. entarteter, epitakt. --Filme im Jodidverf. 34-0123; Einkrist.-Zücht. v. – aus fl. Sn u. Sn/Pb-Gemischen 34-0124; optimale Beding. zum Zonenschmelzen 34-0125; Wachstum u. Ätz. v. – 36-0124; Darst. v. Einkrist. aus Si/Ge-Mischkrist. mit starker Segregat. beim Kristallisieren 37-0124; durch Pyrolyse d. Hydride erhaltene einkrist. --Schichten 37-0125; Herst. u. Struktur dünner Schichten v. ZnSe u. $ZnSe_xTe_{1-x}$ auf – 38-0214; Mechanismus d. dendrit. Wachstums v. --Krist. 42-0132; Ausgleich d. Zus. bei d. programmierten Änder. d. Wachstumsgeschw. v. Krist. (Verteil. v. Ga in –) 42-0133; Unters. v. epitakt. Si-Schichten auf einer *(111)*-Oberfläche v. – mittels Beug. langsamer Elektronen 42-0145; Verhältnisse an d. Phasengrenze beim --Einkrist.-Ziehen 42-0149; Zonenschmelzen v. – mit einmal. Durchgang u. variablem Abscheid.-Koeff. 44-0141; Heteroepitaxie aus d. fl. Phase d. Syst. Ge/GaAs beim Kontaktschmelzen 44-0163; Orientier. u. Struktur epitakt., durch Aufstäuben im Vakuum gebildeter CdS-Filme auf – 49/50-0132.

Mess. v. Versetz.-Geschw. in – 5-0219; Versetz.-Beweglichk. in – 9-0247; Identifizier. d. Versetz.-Typs in – mit Hilfe v. Ätzfiguren 12-0213; Ätzen in Versetz. in – 16-0166; Verteil. v. Mikrobeimeng. in – 16-0214; Versetz.-Dichte u. lokale Abgleit. in --Einkrist. 17-0245; Versetz.-Anordn. in dünnen, durch Kristallisat. gewonnenen --Folien 20-0163; experimentelle Best. v. Diffus. u. Bldg.-Energie v. therm. Leerstellen in – 21-0322; Einfl. v. Defekten u. ihrer Wechselwrkg. auf d. Phononenstreuung in stark dotierten --Krist. 22-0287; metastabile Defekte in – 24-0237; Meth. d. anomalen Röntgendurchlässigk. zur Unters. d. in --Krist. erzeugten Gitterverzerr. 29-0278; Meth.

zur Unters. d. Ausheilens v. Defekten in – 31-0396; Struktur v. Krümm. u. Stufen an Versetz. im ––Gitter 32-0190; tiefliegende ––Beimisch. in Si 32-0421; Gittereinbau v. In u. Sb in ––Krist. bei heißer Implantat. 33-0273; Sichtbarmachen v. Versetz. in –– Einkrist. durch Diffus. markierter Atome 36-0106; Anwend. asymm. Aufnahmen zur Unters. v. Versetz. in – nach d. Meth. v. Borrmann 42-0107; Streuung v. Gitterwellen durch Versetz. in –· 43-0232; Schwing.-Eig. v. unvollkommenen Ge–Si-Krist. mit großen Fehlstellenkonz. 45-0291; Schrauben- u. Stufenversetz.-Dämpf. in – 46-0274; neue Meth. zur Beobacht. d. Defektausheil. in ––Krist. 47-0118; Beobacht. v. strahlungsinduzierten Cu-Störstellen auf Zwischengitterplätze in – 47-0351; Berechn. d. Enthalpie d. Leerstellenbldg. in – 48-0181; Abschreckdefekte in versetzungsfreiem – 49/50-0294.

Wrkg. geladener Verunreinig. (Ga u. As) auf d. Verform. v. versetzungsfreiem Ge 4-0245; Röntgenunters. v. Versetz. in durch Biegen verformten ––Krist. 15-0170; durch Kerbschlag in – erzeugter Schaden 16-0219; mkr. Nachw. plast. Verform. auf gespaltenen ––Oberflächen 24-0306; mechan. Zwillingsbldg. in – 27-0225; Einfl. einaxialer Spann. auf – 37-0408; plast. Verform. einer durch Punktkontakt gebildeten ––Diode 39-0152; Röntgenbeug.-Abb. v. bei d. plast. Verform. entstehenden Versetz. 46-0168.

Ausheilen: v. mit ^{60}Co-Gammastrahlen bestrahltem, mit As oder Sb dotiertem – 4-0277; v. durch schnelle Neutronen erzeugten Strahlenschäden in fremdleitendem n–– 4-0357; Längenänder. in mit Elektronen bestrahltem hochreinem – 5-0354; Tiefe d. Beschäd. v. – durch Beschuß mit niederenerget. Ar^{+}-Ionen 8-0261; Energieverluste v. *50*-keV-Elektronen an – 8-0371; Einfl. therm. Defekte auf d. γ-Strahl.-Stabilität v. – mit einer Au-Oberflächenschicht 11-0344; O-Defekt-Komplexe in mit Neutronen bestrahltem u. O-dotiertem – 15-0303; Bldg. v. fehlgeordneten Bereichen in – durch Elektronenbestrahl. 16-0312; Atomverschieb. durch Coulomb-Streuung v. Protonen mit *30* MeV bis *30* GeV an ––Kernen 20-0246; Rekristallisat. v. dünnen ––Filmen auf nichtleitenden Substraten durch Elektronenstrahl-Zonenschmelzen 27-0215; Wechselwrkg. v. Strahl.-Defekten mit Versetz. in – 28-0277; Atomverschieb. durch eine Kaskade schneller Elektronen 29-0303; Einfl. v. Licht auf d. Ausheilen v. Strahl.-Defekten in – bei tiefen Temp. 31-0423; Struktur v. ––Einkrist. nach Elektronenstrahlbehandl. 32-2406; Temp.-Abhängigk. d. Größe d. Gruppendefekte in – bei d. Bestrahl. mit raschen Neutronen 35-0276; Laser-Schäden auf –– Oberflächen 40-0216; Amorphisier. polykrist. ––Filme bei d. Bestrahl. mit Ar-Ionen 40-0223; Bestrahl. v. ––Einkrist. mit niederenerget. He^{+}- u. Xe^{+}-Ionen 40-0224. Elektronenschädig. unterhalb d. Schwelle in n–– 48-0238; durch Beschuß bei tiefen Temp. erzeugte Defekte in p–– 48-0408; Fano-Faktor in – bei *77* °K 49/50-0194.

Selbstdiffus. entlang eingewachsener Versetz. in äußeren elektr. Feld 6-0296; Diffus.: v. Li in – 12-0279; v. Al u. B in – 33-0259.

Einfl. d. Erschöpf. v. Halbleitermischkrist. auf d. Geschw. d. Phasenausscheid. v. Li u. Cu in – 34-0155; Röntgenbeug.-Unters. d. Struktur v. stark dotiertem – (As-Cluster u. Ausscheid. einer zweiten Phase) 46-0169.

Atomverteil. im fl. – 17-0286; Röntgenunters. v. fl. – 42-0215; Wechselwrkg. zwischen O u. B in fl. – 48-0407.

Mechanisches Verhalten: Elastizitätskonst. *3.* Ordn. v. dotiertem n–– 3-0284; Prüf. d. Theorie d. viskosen Versetz.-Dämpf. in mit – dotierten Cu-Einkrist. 4-0258; isotherm.-adiabat. Druckkoeff. d. Elastizitätskonst. 5-0313; Best. d. Scher-Deformat.-Potentiale aus d. Piezo-Doppelbrech. d. freien Lad.-Träger in – 5-0369; Kriechdehn. v. Ga-dotiertem – 8-0242; Substitut.-Lsg.-Härt. v. Cu mit – 12-0267; Eig. d. Max. d. inneren Reib. bei tiefen Temp. in n–– 15-0258; Spaltrißfortpflanz. in ––Krist. (Modellberechn.) 18-0265; Temp.-Abhängigk. d. Peierls-Spann. 18-0273; plast. Verform. im elektr. Feld 19-0300; nichtverschwindender Beitrag niedrigster Ordn. zur Gitterviskosität 23-0299; Bruch 25-0233; Einfl. freier Träger: auf d. elast. Konst. 26-0287; auf d. Schermodul 27-0303; Wrkg. v. gelöstem – auf d. Gleiten u. d. mechan. Zwillingsbldg. in Fe-Leg. 30-0241; Berechn. d. elast. Eig. 33-0243; Gittertheorie d. Elastizitätskonst. dritter Ordn. 33-0244; Einfl.: v. Beimeng. u. thermomechan. Behandl. auf d. photomechan. Effekt 35-0223; v. Bestrahl. mit Elektronen u. γ-Strahl. auf d. Mikrohärte v. – 39-0245; Besonderh. d. bei d. elektr. Eros. v. ––Einkrist. entstehenden plast. Verform. 39-0246; Translat.-Gleit. u. Fließoberfläche 41-0130; Streckverh. v. versetzungsfreiem – v. *500*° bis in d. Bereich d. F. 41-0139; Spann. in polierten u. reinen (*111*)-Flächen 41-0170; innere Reib. 43-0208; Scherspann. u. Energien v. $1/2\langle 110\rangle$, $\{111\}$-Stufenversetz. 43-0216; Berechn. d. Scherspann. v. Kippgrenzen 48-0201.

Elektrisches Verhalten: Helikon-Ausbreit. in n–– 1-0429; Bldg. v. Domänen in – beim Durchgang starker elektr. Ströme 5-0448; Einfl. v. Cu-Ionen auf schnelle Oberflächenzustände 5-0457; Gang d. komplexen DK in eigenleitendem – im Mikrowellenbereich 6-0460; photodielektr. Effekt in kompensiertem – 7-0384; Temperunters. v. mit ^{60}Co-γ-bestrahltem – 7-0385; elektr. Charakteristiken d. GaAs–Ge-Epitaxie 7-0387; elektrochem. u. photoelektrochem. Eig. 10-0391; Modelle für Oberflächenzustände für reine u. O-bedeckte ––Oberflächen 11-0439; Theorie d. Überführ.-Erschein. in Halbleitern mit entarteten Zonen am Beispiel v. p–– 13-0395; Halbleiterverh. 15-0400; elektr. Eig. v. Versetz. in – 15-0419; Photoleit.- u. elektr. Eig. v. nichtkompensiertem Be-dotiertem – 16-0427; epitakt. Wachstum u. elektr. Eig. v. – auf Spinelleinkrist. 16-0429; Mikroberechn. d. DK v. ––Krist. 16-0484; Mess. d. Potentialverteil. in einem n-Ge-Krist. mit einem Elektronenstrahl 17-0434; schraubenförm. D.-Wellen u. Oszillistor-Effekt im Elektron-Loch-Plasma d. n–– 19-0438; akustoelektr. Effekt u. Zwischental-Streuraten in mit Sb dotiertem – 19-0440; elektr. Oberflächeneig. v. mit N-Ionen beschossenem – 19-0441; Einfl. v. Röntgenstrahlen auf elektr. Eig. v. – u. ––pn-Übergängen (Änder. d. Strom-Spann.-Charakteristiken in Sperricht. v. ––Dioden u. -Transistoren) 20-0373; Bldg. u. d. Beweglichk. elektr. Bereiche in mit Cu-dotiertem n–– 21-0480; magnet. Kapazitätsänder. eines durch Aufdampfen eines TiO_2-Films auf eine ––Platte hergestellten Kondensators 22-0452; elektr. u. opt. Eig. v. amorphem – 23-0478; Übergang Isolator–Metall bei hohem Druck 24-0423; Polarisat. v. – bei Stoßbelast. 26-0430; Einfl. d. Versetz. auf d. elektr. Eig. 27-0495; tensoelektr. Eig. v. eigenleitendem – 32-0431; Druckeinfl. auf „High field"-Domänen in n–– 33-0498; Dispers. u. Absorpt. v. n–– in d. Q-Bande 38-0505; nichtlineare Theorie d. elektr. Domänen in Ggw. v. Haftstelleneinfang 41-0313; elektr. Auflad. v. ––Staub 41-0323, 41-0324; Anwend. d. EPR-Meth. bei Halbleiter-Unters. an – 42-0334; Textur u. elektr. Eig. v. im Vakuum abgeschiedenen ––Schichten 44-0146; Verschieb.-Richt. v. geschmolzenen Metallen auf ––Oberflächen unter d. Einfl. eines elektr. Stroms 45-0400; Mechanismus d. Elektrostrikt. 47-0343; näherungsweise Symmetriebezieh. für Doppelgruppen-k·p-Reihenentw. (Wellenvektor in –) 48-0406; schraubenförm. D.-Wellen u. d. Oszillistoreffekt d. Elektronen-Loch-Plasma v. n–– (Theorie) 48-0410; Einfl. einer *35*-MeV-Elektronenbestrahl. auf d. elektr. Eig. 49/50-0293.

Berechn. d. Ionisat.-Potentials für ––Atome bzw. -Ionen 7-0101; Stoßionisat. 25-0442; Zerstäub.-Ausb. bei niedr. Energie v. ––Einkrist. 26-0316; Elektronenbestrahl. v. p–– bei *4,2* °K 27-0496; charakterist. Energieverluste langsamer Elektronen bei d. Reflex. an – 29-0307; Zerstäub.-Vers. mit *1*–*5*-keV-Ar^{+}-Ionen an Einkrist.-Targets aus – 37-0331; Elektronenstoßionisat. 38-0172; Exzitonenstoßionisat. in – 42-0338; Erzeug. v. Ionen u. Elektronen durch Wechselwrkg. eines kohärenten Lichtstrahls mit – 48-0381.

Galvanomagnet. Effekte in n–– bei hohem magnet. Feld im Bereich d. Verunreinig.-Leit. 1-0431; Einfl. v. ϱ-Gradienten auf d. Hall-Koeff. in n-Ge-Einkrist. 2-0379; Piezo-Hall-Effekt in n–– 6-0426; Umkehr d. Hall-Effekt-Spann. bei Stoßbelast. in p-leitendem (*100*)–– 9-0421; Unters. d. Feld- u. Konz.-Abhängigk. d. Hall-Koeff. in n-Ge-Einkrist. in hohen u. mittleren Magnetfeldern 20-0371; Anisotropie d. thermomagnet. Effekte in n–– 22-0406; Schadenbldg.-Geschw. u. Temp.-Abhängigk. d. Hall-Koeff. in einer therm. Behandl. unterworfenem – 26-0315; Anisotropie d. photomagnet. Erschein. in – 26-0431; galvanomagnet. Effekte in – bei geringen Konz. freier Lad.-Träger 32-0416; Anisotropie d. Hall-Koeff. in n–– in starken elektr. Feldern 32-0433; Hall-Beweglichk. in p-Ge- u. p-Ge–Si-Einkrist. (Temp.-Abhängigk.) 43-0382; Bestrahl. v. n–– mit schnellen Neutronen bei verschiedenen Temp. im Intervall *78*–*330* °K (Mess. d. Hall-Beweglichk.) 51/52-0276; galvanomagnet. Eig. v. bes. sauberen ––Krist. 51/52-0277.

Durch IR-Strahl. gesteuerte Feldelektronenemiss. aus – 7-0374; Feldemiss. aus p–– u. aus mit Ba oder Au beschichteten p-Ge-Emittern 14-0390; Feldelektronenemiss. 14-0391; thermostimulierte Lad.-Träger-Nachemiss. v. wasserbehandelten ––Oberflächen 19-0418; Sek.-Emiss.-Unters. an – u. Na-bedecktem – 21-0451; Einfallwinkelabhängigk. u. Temp.-Abhängigk. d. Anisotropie d. Koeff. d. Elektronenemiss. v. ––Targets unter Ne-, Ar- u. ^{84}Kr-Ionenbeschuß 23-0457; Fowler-Nordheim-Diagramme v. ––Feldemittern 26-0408; ––Feldemiss.-Kathode 33-0464; Mess. d. Koeff. d. unelast. Reflex. d. Elektronen u. d. Elektronen-Sekundäremiss. bei großen Einfallswinkeln d. Primärstrahls 34-0439.

Magnet. Widerstandsänder.: heißer Lad.-Träger 1-0416; v. n–– im phononenunterstützten Sprungleit.-Gebiet bei hohen Magnetfeldern 1-0430; Diffus.-Unters. d. beobachteten Zeitverzöger. d. therm. Koeff. d. spezif. Widerstandes 4-0354; Beeinfluss. d. elektr. Leitfähigk. u. d. Hall-Effektes v. ––Einkrist. durch Reaktorneutronen 4-0356; Phononenerhitz. in – im starken elektr. Feld u. ihr Einfl. auf d. elektr. Leitfähigk. 8-0361; magnet. Widerstandsänder. bei hohen Feldern u. statist. verteilte Inhomogenitäten in mit As bzw. Sb dotiertem n–– 10-0392; Berechn. d. Eichfaktors (Winkelkoeff. d. Piezowiderstandes) eines ––p-Films 10-0393; Oberflächenleitfähigk. u. Energiebänder-Modell v. entartetem – 13-0401; Hall-Beweglichk. heißer Lad.-Träger u. d. magnet. Widerstandsänder. in n–– für mittlere Lad.-Trägerkonz. 15-0418; Mikrowellenleitfähigk. in n–– unter Beding. heißer Elektronen u. opt. Deformat.-Potentialkonst. 16-0424; magnet. Widerstandsänder. v. einachs. verspanntem – im Bereich d. Störbandleit. 17-0452; Mechanismus d. Einfl. v. W.-Dampf auf Langzeiteffekte im Feldeffekt für ––Einkrist. 20-0356; räuml. Periodizität d. spezif. elektr. Widerstands in ––Einkrist. 20-0369; negativer Widerstand in mit Au dotiertem p–– in starken elektr. Feldern 20-0370; Deut. d. Feldeffektes in – 23-0474; Eich. v. ––Widerständen bei tiefen Temp. (*2*–*20* °K) 23-2026; Magnetophononenschwing. d. longitudinalen magnet. Widerstandsänder. in n–– 25-0443; de Haas-Shubnikov-Oszillat. d. spezif. elektr. Widerstandes u. d. Hall-Koeff. in – 27-0494; langsame Leitfähigk.-Relaxat. im Vol. v. O-dotiertem – 28-0419; Best. d. magnet. Widerstandsänder. v. n–– mit Hilfe einer Kapazitätsmeth. 29-0428; Nachw. v. Widerstandsschwank. in – mit einem Elektronenstrahl 29-0430; Best. d. Homogenität d. spezif. Widerstandes v. ––Einkrist. u. -Epitaxieschichten nach d. Durchbruchverf. 29-0441; Änder. d. Gradienten d. spezif. elektr. Widerstandes in n- u. p–– unter d. Einfl. einer γ-Bestrahl. 31-0421; Konz.-Abhängigk. d. Anisotropieparameters K in n–– 31-0422; Einfl. einer Schichtstruktur v. n-Ge-Einkrist. auf d. longitudinale magnet. Widerstandsänder. in starken Magnetfeldern 32-0432; Einfl. eines überlagerten ––Films auf d. elektr. Leitfähigk. dünner Metallfilme 32-0447; Vgl. d. Theorie d. stationären Zustandes eines Halbleiters mit negativer differentieller Vol.-Leitfähigk. mit Vers.-Daten an mit Cu dotiertem n–– 33-0479; Leitfähigk. v. n–– bei *4,2* °K als Funkt. d. elektr. Feldes 33-0501; tensomagnet. Widerstandsänder. v. n–– bei gemischtem Streumechanismus 34-0444; Bezieh. d. Parameter d. elektr. Überführ. u. d. elektr. Widerstandes v. ––Beimeng. in fl. Cd 34-0467; Kinetik d. Feldeffekts an einer reinen ––Oberfläche 36-0363; transversale magnet. Widerstandsänder. in n–– 37-0409; Hall-Beweglichk. heißer Elektronen u. magnet. Widerstandsänder. v. n–– für elektr. Felder entlang d. $\langle 100\rangle$-Richt. 38-0435; Hall-Koeff. u. Widerstand v. mit As dotiertem – als Funkt. d. Temp. 39-0332; longitudinale magnet. Widerstandsänder. u. Hall-Effekt v. n–– bei hohen elektr. Feldern 40-0305; magnet. Widerstandsänder.: bei tiefen Temp. v. n–– 40-0306; d. Sprungleit. in p–– 40-0307; Mikrowellenleitfähigk. 43-0378; Einfl. eines starken elektr. Feldes auf d. elektr. Leitfähigk. 45-0379; Natur d. negativen magnet. Widerstandsänder. in – 45-0382; negativer differentieller Widerstand in – u. tiefen Niveaus bei Injekt. v. Minoritätslad.-Trägern 45-0398; Einfl. v. einachs. Kompress. auf d. Störstellenleit. in p-Si (Vgl. mit –) 46-0373; Elektronenstrahlmeth. zur Mess. d. Widerstandsverteil. in – 51/52-0279; Temp.-Abhängigk. d. Hall-Koeff. d. elektr. Leitfähigk. u. d. Beweglichk. an ––dotiertem InSb 51/52-0283.

Elektronenlebensdauer aus Intensität u. Linienbreite d. Zyklotronresonanz für p-leitende Ge(Zn)-Krist. 3-0417; frequenzabhäng. Linienbreite d. klass. Zyklotronresonanz in – 4-0355; Nachw. d. Zyklotronresonanz über d. Änder. d. stat. Leitfähigk. 8-0364; Lad.-Trägererwärm. bei d. Zyklotron- u. bei d. kombinierten Resonanz in p-– 11-0436; Zyklotronresonanz v. plast. verformtem – 21-0486.

Elektronenstreuung durch therm. Akzeptoren in – 1-0427; Aktivier.-Energien d. Verunreinig.-Leit. in n-– bei hohen magnet. Feldern 1-0432; Vieltal-Dipolstreuung v. Elektronen in – 4-0352; Konz. heißer Träger in n-– 4-0353; Überprüf. d. Read-Modells hinsichtl. d. Elektronenbeweglichk. in plast. verformtem n-– 6-0425; Verteil.-Funkt. u. Driftgeschw. warmer Elektronen in – 7-0383; Beweglichk. u. Konz. d. Lad.-Träger in p-– bei einachs. Kompress. u. tiefen Temp. 9-0420; Lad.-Trägerkonz. in – unter Laserbelicht. 15-0347; Erwärm. v. Lad.-Trägern in dünnen –-Proben 17-0451; Theorie d. heißen Elektronen in sehr reinem – 21-0477; Anisotropie d. Elektronenstreuprozesse: in – 21-0478; an Versetz. in – nach Mess. d. longitudinalen Hall-Effektes 21-0479; Beding. zur Bldg. v. Leit.-Kanälen in homogenen Krist.-Detektoren aus – 22-0420; Einfl. v. Elektronenstößen auf d. Mechanismus d. Energierelaxat. heißer Elektronen in p-– 22-0433; Spin-Umkehr-Übergänge bei d. Störstellen-Sprungleit. in – 24-0429; Lsg. d. effektive-Masse-Gleich. für Leit.-Elektronen in – 25-0440; Summenregeln für effektive Massen in d. Bandtheorie (Anwend. auf –) 26-0415; Effekte warmer Elektronen in n-– 27-0486; Bldg.-Energie v. Elektron–Loch-Paaren in – 27-0491; Änder. d. Lad.-Trägerkonz. u. -Beweglichk. v. γ-bestrahltem n-– mit verschiedenen Sb-Geh. 31-0420; Gitterbeweglichk. in n-– bei tiefen Temp. 33-0499; Leit.-Elektronen-g-Tensor aus d. k·p-Theorie 33-0494; Lebensdauer d. Ungleichgew.-Lad.-Träger in –-dotiertem, hochohm. p-InSb-Krist. 36-0365; Lad.-Trägerbeweglichk. in polykrist. –-Filmen nach d. Theorie für massive Einkrist. 37-0403; Energieverlust warmer Elektronen an ein –-Gitter durch Zwei-Phononen-Prozesse 38-0405; Abhängigk. d. Elektronengeschw. v. d. elektr. Feldstärke in n-– 38-0433; Gleichstrom-Leit. in n-– bei kleinen Feldern in Ggw. v. großen Mikrowellenfeldern 38-0434; effektive Bandmasse 39-0316; Formulier. d. Problems heißer Lad.-Träger mittels variablem Weg (Anwend. auf –) 41-0316; Übergang zwischen Tälern u. Mikrowellenstromoszillat. in n-– unter Druckspann. 43-0380; Elektronenbeweglichk. in Sb-dotiertem – bei hohen Temp. 43-0381; Theorie d. Strominstabilitäten in – bei geringer Oberflächenrekombinat. 45-0377; Strahl. heißer Lad.-Träger in – 45-0397; Theorie d. Donatorabhängigk. d. Elektronenbeweglichk. in entartetem – 47-0352.

Rekombinat. heißer Lad.-Träger an d. realen Oberfläche v. n-– 8-0370; strahlender Einfang v. Lad.-Trägern durch Störstellenatome in – 10-0390; Rekombinat.: u. Einfang in ^{60}Co-γ-bestrahltem Sb- u. As-dotiertem n-– 15-0416; v. Elektronen u. Donatoren in n-– bei tiefer Temp. 15-0417; Erzeug.-Rekombinat.-Rauschen in –-Einkrist. bei Bestrahl. mit schnellen Neutronen 16-0428; Dangling bonds u. Versetz. in –-Krist. 18-0397; Defektelektronen-Kombinat.-Resonanz in Halbleitern v. Typ – 18-0404; Eigenwerte v. Oberflächen- u. Vol.-Störstellen in d. Störstellentheorie flacher Donatoren am Beispiel v. – 19-0433; aus Mess. d. Lebensdauer u. d. Rauschens bestimmte Trägerrekombinat. in mit Ni dotiertem – 19-0439; eindeut. Best. d. Parameter v. Oberflächenrekombinat.-Zentren in – 27-0473; Aufspalt. d. Grundzustandes v. Hg in – 27-0476; Best. v. Querschnitten v. Au-Zentren in einkrist. – durch Doppelinjekt.-Vers. 27-0492; Anwend. d. Quantendefektmeth. auf d. Photoionisat. v. Störstellen in – 30-0383; Meth. zur getrennten Best. d. Konz. v. Donatoren u. Akzeptoren in n-– 31-0419; Zweiwegrekombinat. v. Lad.-Trägern in monopolarem – 31-0424; Geschw. d. Oberflächenrekombinat. an –-Metall-Kontakten 32-0412; Erzeug.-Rekombinat.-Rauschen in – 33-0495; Vol.-Lebensdauer u. Oberflächenrekombinat. in –-Stäbchen (Trägerinjekt. im Magnetfeld) 33-0496; Akzeptorverh. v. – in GaAs 33-0509; Störstellenstreuung in – im starken Magnetfeld 41-0325; Rolle d. Rekombinat.-Prozesse im oberflächennahen Bereich d. Raumlad.-Zone v. – 42-0330; indirekte Band–Band-Stoßrekombinat. in – 43-0379; therm. Akzeptoren in – 45-0396; Änder. d. Oberflächenrekombinat. infolge v. Kantenversetz. 48-0389.

Negative Photoleitfähigk. 1-0428; Lebensdauermess. in photoleitendem – mit Hilfe opt. Schweb. 4-0351; durch Versetz. hervorgerufene Störstellenphotoleit. in – 6-0427; Strahlenschädig. durch Neutronenbestrahl. bei tiefen Temp. u. ihre Ausheil. in hochreinem – (Einfl. auf d. Photoleitfähigk.) 12-0289; optimaler Überlager.-Nachw. bei *10,6* μm in photoleitendem Ge : Cu 16-1888; feldverstärkte Photoemiss. v. großfläch. –-Dioden bei tiefen Temp. 17-0455; Mikrowellen-Photoleitfähigk. in ZnS : Ge 18-0424; Photoleit. u. Quantenausb. in – bei Bestrahl. mit Röntgenimpulsen 20-0372; Schwing. in d. Spektren d. Photoeffektes 21-0460; Kinetik d. Photoleit. in mit Be dotiertem n-– 21-0484; Mess. d. Hall-Photo-EMK an dünnem – 21-0485; Deut.-Möglichk. d. negativen Photoleitfähigk. bei mit Au dotiertem – 23-0467; Lebensdauergradienten u. Dember-Photospann. in – 23-0469; spektrale Abhängigk. d. Photoleitfähigk. v. – im Magnetfeld 23-0475; Einfl. v. kurzwell. Licht auf d. Photospann. v. –-Filmen 24-0206; Natur d. Hochspann.-Photo-EMK in dünnen –-Schichten 24-0431; Einfl. d. Zus. v. in Sonnenzellen verwendeten, –-dotierten Si-Krist. gegenüber Strahl. 26-0433; Photoleit. v. amorphem – 27-0493; Halbleiterphotoelement für Thermophotoumwandler auf d. Basis v. – 27-0516; Metallurgie u. physikal. Eig. v. mit Hg dotiertem – in bezug auf d. Leist.-Fähigk. d. IR-Detektors 29-0445; Begrenz. d. Nachw.-Vermögens v. Stör- u. Eigenphotoleit.-IR-Detektoren (Hg-dotiertes –) für d. *8 – 14*-μ-Bereich durch Erzeug.-Rekombinat.-Rauschen 31-0456; Photoleitfähigk. v. Sb-dotiertem – im Bereich d. fernen IR 32-0430; Natur d. Schwing. im Störstellen-Photoleitfähigk.-Spektrum (mit Ga dotiertes –) 33-0502; langsame Photoleit.-Relaxat. in O-dotiertem n-– 36-0362; Einfl. v. Mikrowellen auf d. Photospann. v. – 39-0327; Photo- u. therm. Effekte in kompensiertem Zn-dotiertem – 40-0304; Magneto-Photoleit. 47-0354.

Einfl. v. *2000* atm Druck auf d. Thermokraft 2-0359; Thermokraft v. amorphem Si (Vgl. mit amorphem –) 23-0449; Phononendrag in n-– im quantisierenden, longitudinalen Magnetfeld (Thermo-EMK) 23-0452; Seebeck-Koeff. dünner –-Schichten 27-0464.

Instabilität eines injizierten Plasmas in – 1-0426; Schwellenenergie für d. Lawinenvervielfach. in – 2-0371; spiralförm. Instabilitäten im Plasma v. n-Ge-Scheiben in transversalen Magnetfeldern 10-0380; Einfl. einer Kompensat. auf d. Durchschlagsfelder in – 23-0465; elektr. Durchschlag 23-0477; Pinch-Effekt 25-0424; Lawinendurchbruch bei opt. Band–Band-Anreg. 26-0434; Einfl. eines magnet. Feldes auf d. D.-Verteil. eines injizierten Plasmas in –-Stäben 30-0381; Magnetolawine in As-dotiertem – bei *4,2* °K 33-0500; Entmisch.-Effekt im Gleichstrombogenplasma im inhomogenen Magnetfeld (radiale D.-Verteil. v. –) 42-0078; Effekte einer einaxialen Spann. auf d. krit. Feld beim elektr. Tieftemp.-Durchschlag in n-– 48-0409.

Darst. v. Ge/Si u. Ge/GaAs-Heteroübergängen 2-0409; Lawinendurchschlagsspann. bei abrupten u. linearen p – n-Übergängen in – 3-0424; Schwing. in p–i–n-Ge-Dioden in gekreuzten Feldern 3-0428; epitakt. Ge–PbS-Heteroübergänge 7-0407; Beobacht. d. Einw. v. Licht auf d. Potentialrelief v. p – n-Übergängen an d. Oberfläche v. –-Krist. im Rasterelektronenmikroskop 9-0418; Einfl. v. Feinlunkern auf d. Eig. v. CdSe–Au–Ge-Metallbasis-Transistoren 12-0417; induktive Eig. v. p–n–n^{+}-Dioden mit einem Minimum d. Verteil. d. stationären Lad.-Trägerkonz. in d. Basis (Anwend. auf –) 13-0397; durch Dampfphasentransport hergestellte epitakt. n-leitende GaAs-Schichten auf n- u. p-leitenden –-Einkrist. 13-0406; Impulsverh. v. Ge-p–i–n-Dioden 14-0406; in –-p – n-Übergängen durch Elektronenbeschuß induzierte EMK 14-1885; Lawinendurchschlagspann. selektiver Diffus.-p – n-Übergänge am Beispiel v. – 17-0442; Rauschen in raumladungsbegrenzten –-Dioden mit Doppelinjekt. 17-0443; Einfl. einaxialer mechan. Spann. auf mit Cu dotierte –-p – n-Übergänge 17-0453; Durchschlagcharakteristiken metallisierter –-Dioden u. deren Mikrowellenschwing. 17-0454; experimentelle Unters. d. Ausdiffundierens v. Sb aus – u. seine Anwend. auf Transistoren 17-0456; bistabile Stromschwank. v. in Stromricht. gepolten p – n-Übergängen in – 18-0403; Fehlpass.-Versetz. in GaAs – Ge-Heteroübergängen 19-0455; Schicht v. entartetem – in Heteroübergängen 20-0374; Rauschen u. Instabilität v. –-Leg.-Transistoren 20-0375; Einfl. eines anisotropen Drucks auf d. Strom in Sperricht. u. d. Lebensdauer d. Minoritätsträger in –-Dioden 21-0483; elektr. Eig. v. Heteroübergängen Ge/GaAs 23-0494; Bandstruktur v. n-GaAs – n-Ge-Heteroübergängen 23-0495; Spann.-Stabilisier. durch Mikroplasmen mit –-p – n-Übergängen 26-0427; Best. d. Breite d. kompensierten Bereichs in –-p–i–n-Detektoren mit Hilfe einer Lichtsonde 29-0443; Lochinjekt. in Übergänge zwischen amorphen –-Schichten u. n-Ge-Einkrist. 29-0444; Theorie d. stat. Sperrcharakteristik einer –-Diode im Vordurchschlagsbereich 29-0446; –-Dioden-Mikrowellenoszillatoren 30-0392; Frenkel-Effekt in –-Dioden 31-0453; Einfl. d. magnet. Feldes: auf d. Lebensdauer v. Minoritätslad.-Trägern in –-Dioden 38-0437; auf d. V–I-Charakteristik v. –-Dioden 41-0319; Herst. v. GaAs/Ge-Heteroübergängen unter Verw. v. J im geschlossenen Syst. 44-0164; Lad.-Träger-Driftzeiten im Feld v. p – n-Übergängen in – 44-0342; Raumlad.-Kapazität asymm. abrupter p – n-Übergänge in – 44-0344; Best. d. Temp.-Koeff. d. Eigenleit. v. Halbleitern aus d. Charakteristiken v. p – n-Übergängen in – 44-0348; elektr. u. opt. Eig. v. SnO_2 – Ge-Heteroübergängen 44-0355; GaP – Ge-Heteroübergänge 44-0356; Verbesser. d. Frequenzeig. v. Thyristoren mit Si – Ge-Übergängen 44-0361; Impedanz u. Übergangsprozesse in –-Dioden mit tiefen Niveaus 45-0399; thermodynam. Nichtgleichgew. d. Elektronen in –-p – n-Übergängen 47-0344; negative Widerstände d. N- u. S-Typs u. Relaxat.-Schwing. in mit Au dotierten –-Doppelinjekt.-Dioden 48-0411; Druckabhängigk. d. Schwellenhöhen in Ge–GaAs-n – n-Heteroübergängen 48-0455; elektr. Kennlinien v. Dioden aus entartetem n-– mit metall. Au- oder In-Elektroden bei tiefen Temp. 49/50-0285; –-Magnetodioden in fl. He 51/52-0278.

Supraleit. 23-0258; Einfl. einer sehr dünnen –-Schicht auf d. Supraleit.-Übergang v. dünnen Sn- u. Tl-Filmen 33-0588; Supraleitfähigk. in einem Ungleichgew.-Syst. (Anwend. auf d. Syst. β-Sb/Zn/Ge) 37-0430.

Durch Oberflächenzustände in –-Tunneldioden verursachte Oberflächenüberschußleit. 3-0427; Einfl. v. Cu auf As-dotierte –-Tunnelübergänge 14-0405; Druckkoeff. d. v. Phononen begleiteten Tunnelströme in – 23-0476; große (nicht-Esaki)-Überschußströme bei niedr Spann. v. p–n-Tunneldioden aus – 24-0436; durch Bestrahl. verursachte Abnahme d. eingebauten Spann. in –-Tunneldioden 31-0454; oszillator. Verh. d. Tunnelstromes in – in einem longitudinalen Magnetfeld 38-0436; Tunnel. in amorphe –-Filme 43-0416.

Magnetisches Verhalten: Temperaturabhäng. Austauschverschmäler. d. Linienbreite d. ESR v. wechselwirkenden Donatoren in – 1-0385; ESR: an Sb-dotiertem – 1-0386; v. ZnS : Ge 1-0393; atomarer Parameter zur Erklär. v. ESR u. diamagnet. Suszeptibilität v. Ge^{4+} 2-0129; magnet. Polarisat. v. – in fl. Al 11-0399; opt. Absorpt. u. EPR v. Farbzentren in röntgenbestrahltem, – enthaltendem α-Quarz 15-0382; Zusammenhänge zwischen ESR, elektr. Leitfähigk. u. Photoleit. bei –-dotiertem B 17-0446; Einfl. v. – auf d. magnet. Eig. v. *50* Ni-Permalloy 30-2338; Magnetisier.-Verteil. im Zusammenhang mit –-Verunreinig. in Fe 32-0526; Verhältnis d. Larmor-Frequenz v. ^{73}Ge zu ^{2}H u. ^{41}K 33-0398; EPR in elektronenbestrahltem – 39-0295; ^{73}Ge-ESR-Hyperfeinstruktur d. Radikals GeH_3 47-0081.

Elektrochemisches Verhalten: –-Bezugselektrode zur Unters. d. Adsorpt. v. O_2, W.- u. Naphthalindampf mit d. Kondensatormeth. zur Mess. d. Kontaktpotentialdifferenz 2-0591; Bldg. v. Oberflächenzuständen u. -radikalen auf –-Elektroden 4-0512; anod. Auflsg. v. Elektroden endl. Größe aus n-– 9-0602; Kontrolle d. Oberflächenpotentials v. – mit Hilfe eines H_2O_2 u. KCl_2 enthaltenden Elektrolyten mit variablem pH-Wert 15-0608; neue Meth. d. Unters. d. Potentialverteil. an d. Phasengrenze Ge/Elektrolyt 16-0632; Kapazität d. Helmholtzschicht an d. –-Elektrode 17-0681; elektrochem. Verh. v. –-Elektroden bei Belicht. 20-0551; ellipsometr. Unters. d. Filmwachstums an d. Grenzfläche Ge-Elektrolyt 25-0635; Einfl. d. chem. Zus. d. Elektrolyten auf d. anod. Polarisat. v. – 26-0660; anod. Polieren 28-0626; Einfl. v. HF auf d. elektr. u. chem. Oberflächeneig. v. –-Elektroden während d. anod. Auflsg. 32-0643; Bezieh. zwischen Oberflächenzuständen u. –-Radikalen an d. Grenzfläche Ge/wss. H_2SO_4 33-0497; elektrolyt. H_2-Entw. aus NH_4-Salzlsg., in denen – als Katalysator suspendiert ist 44-0531; Elektrochemie im konz. salzsauren Milieu [Red. v. Ge(IV)] 44-0549; elektrochem. Prozesse an –-Elektroden 47-0505; Unters. d. Azidität v. Sulfoanionen

d. Reihe $As^{3+} \rightarrow Sb^{5+} \rightarrow Ge^{4+} \rightarrow Sn^{4+} \rightarrow As^{3+} \rightarrow Bi^{3+}$ 47-0746; anod. Tafelsteig. für n-– 49/50-0459.

Thermisches und akustisches Verhalten: Phononenstreuung in As- u. Ga-dotiertem – 4-0271; Temp.-Abhängigk. v. Drei-Phononen-Prozessen 5-0296; Berechn. d. spezif. Wärme 5-0300; therm. Phononentransport in n-– 5-0341; spezif. Wärme bei hoher Temp. 7-0272; anharmon. Anteil d. spezif. Wärme 8-0232; Struktur u. Gitterparameter d. Verb. im Syst. Ce/Si/Ge 8-0513; quasiklass. Abschätz. d. Querschnitte d. Mehrphononeneinfanges in d. Nicht-Condon-Näher. für d. Verform.-Wechselwrkg. in Krist. v. Typ – 11-0437; Phasen d. Syst. Ge/Se/Te 14-0430; Verdampf. v. – (U-Spaltprod.) im H-, N- u. O-Strom 16-1946; Grüneisen-Parameter 20-0217; Temp.-Abhängigk. d. Viskosität anorgan. Gläser d. Syst. Ge/Se u. Ge/As/Se 21-0256; Arbeiten v. aufgedampften akust. Ge/ZnS-Dünnschichtwandlern bei erhöhter Temp. 21-0287; Temp.-Abhängigk. d. therm. Ausdehn.-Koeff. 23-0335; Zustandsdiagramme d. quasibin. Syst. v. – mit AlSb, GaSb, InSb, GaAs u. InAs 25-0558; Best. d. Grüneisen-Parameters aus elast. Daten 27-0282; charakterist. Temp. 27-0283; Berechn. v. tern. Phasendiagrammen aus bin. Daten (Mischbark. im Syst. Ge/Bi/Si) 28-0580; hydrodynam. Betracht. d. Wärmetransportphänomens in – 31-0268; Mess. sehr kleiner Änder. in d. Geschw. v. Ultraschallwellen in – 34-0268; Temp.-Abhängigk. d. therm. Ausdehn.-Koeff. 34-0344; Wärmeleitfähigk. bei tiefen Temp. v. mit schnellen Neutronen bestrahltem – 34-0351; Gitterdynamik u. Debye-Temp. 36-0213; elast. Oberflächenwellen in geschichteten Syst. v. CdS auf – 36-0243; Ultraschalldämpf. bei niedr. Temp. 36-0245; thermograph. Unters. d. krit. Temp.-Gebietes im glasähnl. Syst. As/Ge/Te 37-0293; Mechanismus d. Einw. v. Beimeng. auf d. Wärmeleitfähigk., D. u. Mikrohärte v. – 39-0206; phototherm. Effekt 39-0209; Einfl. einer Elektronenbestrahl. auf d. Wärmeleitfähigk. v. n- u. p-– 39-0210; Unters. d. Mischprofile v. legierten Ge–Si-Heteroübergängen mit Hilfe d. Elektronen-Mikrosonde 39-0224; therm. Ausdehn. u. Grüneisen-Konst. v. *2–40* °K 41-0180; Berechn. d. eutekt. Konz. für d. Syst. Ge/Sb 41-0453; Unterkühl. 42-0148; röntgenograph. Unters. im Syst. Cr/Ge/As 42-0455; Thermodynamik d. –-Ionenverteil. in einfachen Spinellen 44-0245; Ultraschalldämpf. in Ge–Si-Leg. 46-0264; Einfl. d. Beimeng. auf d. Gitterwärmeleitfähigk. v. reinem – u. – mit $<1{,}3$ Atom-% Si, Sn, Ga, Al, Sb oder As 46-0288; Phonon–Elektron-Streuung in n-– bei tiefen Temp. 47-0353; stimulierte Emiss. v. Phononen durch Überschall-Elektronen in – 49/50-0172.

Oberflächenverhalten: Feldemiss.-Mikroskopie d. Adsorpt. an – 1-0640; Chromatographie v. Ge(IV) auf mit hochmol. Aminen imprägniertem Papier 1-1790; Anionenaustauschtrenn. v. – v. As(III u. V) u. anderen Elementen im $HCl–CH_3COOH$-Medium 1-1811; Adsorpt.: v. Metallionen aus W., H_2O_2 u. KOH an d. Oberfläche v. –-p–n-Übergängen 2-0615; v. In-, Co- u. Zn-Ionen aus Aceton an – 2-0616; Adsorpt. v. H_2S u. H_2Se auf einer Ge(*111*)-Fläche 4-0534; Chemisorpt. v. O an – 7-0628; Adsorpt.: v. Au auf – 8-0600; v. Ge^{4+} aus $HF–HClO_4$-Gemischen an Ionenaustauscherpapieren 16-1910; v. – aus wss. GeO_2-Lsg. durch Asche fossiler Kohle 16-2198; feldemissionsmkr. Unters. d. Adsorpt. v. Ba auf – 17-0431; Oberflächenspann. v. –-Schmelzen in einem breiten Temp.-Bereich 21-0715; Adsorpt. v. W. auf p-Ge-Pulver 23-0706; Best. d. Haftwahrscheinlichk. im Syst. Ge/O 25-0692; Einfl. v. Oxalsäure auf d. Adsorpt. v. – an Aktivkohle 26-0694; Adsorpt. v. Co aus seiner Lsg. in NaOH an – 26-0697; Gewinn. reiner Oberflächen v. – (Desorpt. v. Cu, Ag, In u. Sb mit W. u. Säuren) 26-0698; (Desorpt. v. Cu, Ag, In, Sb u. Au mit organ. Reagenzien) 26-0699; Abscheid. u. Eig. v. durch pyrolyt. Zers. eines Aluminiumalkanolats erhaltenem Al_2O_3 auf – 29-0811; Adsorpt. aus wss. u. oxalsauren Lsg. durch Aktivkohle 32-0691; R_F-Werte in *3* Dünnschichtmedien 35-2020; Adsorpt. v. NH_3 an – 37-0671; Gitterstör. u. Oberflächeneig. 42-0535; Orientier.-Abhängigk. d. Haftwahrscheinlichk. im Syst. Ge/O 42-0536; Nachw. u. Identifizier. v. Oberflächenvergift. v. – 46-0592.

Lösungsverhalten: Mitfäll. v. – mit Schwermetallsulfiden 1-0558; Extrakt.: mit CCl_4 in Ggw. v. Fluorid 2-1849; aus Braunkohlenteer mit organ. Lsgm. 13-2668; effektive Lsg.-Geschw. v. Si in Ge- u. Ge–Si-Schmelzen 35-0636; Verteil.-Koeff. v. – bei d. Extrakt. anorgan. Ionen mit N-(Di-n-butylphosphono)-succinimid 45-0484.

Reaktionen

Mechanismus d. Mitfäll. v. – im Jodid-Prozeß 2-0554; kinet. Unters. v. Ätz.- u. Anwachsrk. d. –-Einkrist.-Oberflächen in d. Gasphase 2-0669; Oberflächenox. u. ihre Kinetik an –-Einkrist.-Flächen 11-0691; Darst. v. Nitriden auf d. Oberfläche v. –-Einkrist. 17-0781; Ox. v. – in HNO_3 19-0785; Umsetz. v. – mit O_2 24-0719; Rk. mit $GeCl_4$ 29-2519; Geschw. d. Ätzens v. einkrist. – mit HBr 36-0638; Rk. mit MoO_3 im festen Zustand 36-0646; Peroxid-Ätz. v. – 40-0577; Ätzen v. – mit NaOCl 40-2093*; Gasphasendiffus. bei d. Oberflächenrk. v. – mit J 46-2080; transportbegrenzte Rk. v. – mit J_2 46-2081; Umsetz. mit Trihydroxyfluoronen 37-0573.

Chemilumineszenz v. Lucigenin bei d. Rk. mit H_2O_2 in Ggw. v. Ge(IV)-Ionen 6-0708; Promotier. eines Ni-Katalysators durch elektron. Wechselwrkg. mit einer –-Trägersubstanz beim Ameisensäure-Zerfall 11-0715; Einfl. v. Licht auf d. Zers. v. N_2H_4 an – 21-0774; katalyt. Wrkg. v. –-Pulver auf Transalkylier.-Rk. zwischen –-Verb. 25-0813; katalyt. u. chem. Eig. reiner –-Oberflächen 44-0644.

Biochemisches und physiologisches Verhalten

Wrkg. auf d. Wachstum höherer Pflanzen 45-1503; Lebenszeitunters. über d. Wrkg. v. Ge^{IV} auf Spontantumoren in Mäusen 43-1167.

Technische Verwendung

Referenzelektrode mit leitender –-Platte als Verb. zur zu messenden Lsg. 17-1993*; Verw. zur Desox. v. Stahl 40-2214*.

Analyse, Prüfverfahren

Verh. v. Mikromengen an – in Fe bei Extrakt. mit Methylisobutylketon 23-2154.

Empfindlichk. u. Nachw.-Grenzen für – bei Verw. v. abgeschirmten Hohlkathodenlampen 18-1881; Farbrk. mit Anthragallol u. Anthrapurpurin (Empfindlichk.) 32-1883.

Katalyt. Best. v. Mikrogrammengen – 1-1812; Best. unter Verw. einer N_2O/Acetylen-Flamme 18-1966; komplexometr. Ge(IV)-Best. 24-2105; Best. mit Brenzcatechinviolett in CCl_4 nach Extrakt. 27-2200; photometr. –-Best. mit Resarson 28-2028; katalyt. Ultramikrobest. mit Hilfe d. Simultankomparat.-Meth. 38-2058; spektralphotometr. Best. mit Phenylfluoron in d. organ. Phase nach Extrakt. mit CCl_4 39-1969; photometr. Best. mit Phenylfluoron 41-2054; Zers. d. Silicate mit Rücksicht auf d. Best. v. – mit Phenylfluoron 45-2205; Stabilisier. v. Ge(II) durch Komplexbldg. bei d. jodometr. Titrat. v. – 46-1838; spektralphotometr. Best. mit 2′.3′.4′-Trihydroxychalkon 47-1958.

Empfindl. spektrochem. Analysenmeth. zur Best. in Gesteinen 1-1834; spektrograph. –-Best. in Erzen, Mineralien u. Kohleasche 17-2050; polarograph. Best. v. – in Erzeugnissen u. Abfallprod. d. Nicht-Fe-Metallurgie 17-2127; röntgenfluorimetr. Best. in organ. u. anorgan. Verb. 20-1899; Best.: in Fe-Meteoriten durch Neutronenaktivier. 20-1912; in Aschen u. Schlacken 25-2079; Anwend. d. Photoaktivier. zur –-Best. in Ti 25-2174; spektralanalyt. Best. in metallorgan. Verb. 26-2050; Best. in Rauchgasen 27-2279; gravimetr. Best. in Leg. mit hohem –-Geh. 27-2306; Schnellbest. in Kohleaschen 29-2216; vanadatometr. Best. v. Ge(II) im Monooxid 31-2088; Mikrobest. v. – in HF u. H_2O_2 enthaltenden Lsg. 32-1984; Best. v. ^{77}Ge in Si 35-2032; spektrograph. Best. in Silicaten 37-2135; spektrochem. Best. in hochreinem Cd 39-1956; spektralphotometr. Best. v. Ge(IV) in Cu-Erzen mit Brompyrogallolrot 39-1968; chromatograph. Best. in mineral. Rohstoffen 42-1841; Best. in „sechs-neun“-Pb durch Neutronenaktivier.-Analyse 43-1968; Verteil.-Gaschromatographie 44-1779; photometr. Best. v. P, As u. – nebeneinander 44-1812; Mikrobest. in H_2O_2- u. HF-halt. Lsg. 45-2187; emissionsspektralanalyt. Best. in Gesteinen u. Mineralien 46-1852.

Einfl. auf d. Molybdänblau-Best. v. H_3PO_4 7-1940; B-Best. in – durch Aktivier. mit Protonen u. Deuteronen 25-2065; Best. d. Geh. an O in – 29-2100; Schnellbest. v. P in Ggw. v. – 41-2101; Stör. zweiter Ordn. bei d. Neutronenaktivier.-Analyse v. As in –-Matrix 48-1835; Best. d. Verunreinig. in –-Einkrist. 49/50-1906.

Li-dotierte –-Detektoren (Anwend. u. Leist. in d. Spektrometrie) 1-1736; Anwend. v. Li-gedrifteten –-γ-Strahl-Detektoren bei d. Neutronenaktivier.-Analyse 2-1841; Verw. einer Li-gedrifteten –-Diode zur C-Best. in Stählen durch Mess. d. prompten γ-Strahl. 2-1908; Pulsformverteil. v. γ-Strahlen in Li-gedrifteten –-Detektoren 3-1976; dotierte –-Halbleiter für d. Thermometrie im Bereich v. *20–70* °K 14-1839; Rauschspektren eines –-Bolometers bei d. Temp. d. fl. He 15-1920; spektrometr. Zähler für γ-Quanten auf d. Basis v. – mit Strahl.-Defekten 19-2069; Kühlfingerkryostaten für Li-gedriftete –-Detektoren 21-2131; Verw. v. Li-gedrifteten –-Dioden für d. γ-spektrometr. Best. radioakt. Spaltprod.-Nuklide 23-2069; Anwend. v. –(Li)-Detektoren bei d. Neutronenaktivier.-Analyse 23-2073; Herst. v. dicken –-Detektoren 27-2135; Koinzidenz-γ-Spektrometer mit –(Li)-Detektor 32-1930; Ansprechfunkt. eines Ge(Li)–NaJ(Tl)-Detektorsyst. (γ-Spektrometer) 32-1932; koaxialer –(Li)-Detektor für d. Aktivier.-Analyse 32-1933; Herst.: v. koaxialgedrifteten –-Zählern 32-1934; v. Röntgen-K- u. -L-Kantenfiltern aus – 34-0433; eines –(Li)-Detektors niedr. Kapazität 34-1922; Hochtemp.-Thermoelemente aus Ge–Si-Mischkrist. für Thermogeneratoren 36-1858; Unters. v. Kaskaden-γ-Übergängen nach d. Summen- u. Koinzidenzmeth. mittels eines Spektrometers mit einer n–i–p–Ge-Diode 36-1893; Vgl. v. Gleich. für –-Widerstandsthermometer im *2–20°*-K-Bereich 40-1701; Photopeak- u. Doppel-Escape-Peak-Ausb. bei Ge–Li-Driftdetektoren 41-2004; Berechn. d. Winkelkorrelat.-Dämpf.-Faktoren u. Wrkg.-Grade für Li-gedriftete –-Detektoren 41-2006; Winkelkorrelat.-Korrekturen auf begrenzte Raumwinkel für rechteck. –(Li)-γ-Detektoren 41-2007; Miniatursyst. zur Kühl. v. –(Li)-Feststoffdetektoren 41-2010; Eich. u. Verw. v. –-Widerstandsthermometern für genaue Molwärmenmess. zwischen *1* u. *25* °K 41-2019; Mess. v. Röntgenspektren mit Li-gedrifteten –-Halbleiterdetektoren 42-1765; Verw. v. Li-gedrifteten –-γ-Detektoren in d. Neutronenaktivier.-Analyse 42-1840; Ansprechkurven eines –(Li)-Detektors auf γ-Strahlen im Energiebereich bis zu *11* MeV 45-2028; O_2-freies, Al-beigemischtes – für Li-Drifting 46-1756; –-Widerstandsthermometer für niedr. Temp. 47-1877; Verw. v. p-Ge für Bolometer auf d. Grundlage d. Hall-Effektes 47-1878.

Bibliographie

Chemie des Germaniums [russ.] B 58; Semiconduttori: germanio e silico. Transistori: diodi e raddrizzatori. Teoria, tecnologia, applicazioni B 30.

Germaniumlegierungen

Herst. metall. Germanide im Amalgam-Verf. 11-2354; Best. d. Oberflächen-Rekombinat.-Geschw. v. Leg.-Ge-Trioden 31-0455.

Bibl.: Germanide [russ.] B 94.

Ag: Krist.-Struktur d. tern. intermetall. Phase Li_2AgGe 37-0277; Modell starrer Bänder für Ag–Ge 42-0354; Thermokraft in – 21-0446; elektr. Widerstand fl. Leg. d. Syst. Ge/Ag 35-0354.

Al: Struktur u. Eig. d. Phase $Nb_3(Sn_x \cdot Al_yGe_z)$ 4-0201; Mikrostruktur u. Kristallographie d. Al–Ge-Eutektikums 31-0191; Krist.-Struktur v. $CaAl_2Ge_2$ u. $SrAl_2Ge_2$ 44-0187; kristallchem. Unters. an d. AB_2-Schnitten d. tern. Syst. Seltenerdmetall/Al/Ge 47-0195; Elektronenstruktur u. Knight-Verschieb. in verd. fl. – 11-0397; Berechn. d. eutekt. Konz. für d. Syst. Al/Ge 41-0453; Schliffherst. zur Unters. v. eutekt. – 8-2327.

Au: Meth. zur Berechn. d. opt. Konst. v. adsorbierenden dünnen –-Schichten aus Reflex.- u. Transmiss.-Mess. 14-0308; Krist.-Struktur d. tern. intermetall. Phase Li_2AuGe 37-0277; Modell starrer Bänder für Au–Ge 42-0354; elektr. Widerstand fl. Leg. d. Syst. Ge/Au 35-0354; Berechn. d. eutekt. Konz. für d. Syst. Au/Ge 41-0453.

Maßanalyt. Best. v. Ge in – 24-2031.

Ba: Röntgenograph. Unters. u. Darst. v. BaGe 30-0182; Darst. u. Krist.-Struktur v. BaGe 31-0215.

Ca: Röntgenograph. Unters. u. Darst. v. CaGe 30-0182; Krist.-Struktur v. $CaAl_2Ge_2$ 44-0187; Darst. u. Solvolyse v. CaGe u. $CaGe_2$ 15-0738; Hydrolyse v. getemperten Misch. aus d. Siliciden, Germaniden, Phosphiden, Arseniden u. Nitriden d. Ca mit verd. HCl 15-0739.

Cd: Darst., Struktur u. Isotypie v. $Li_2Cd \cdot Ge$ 20-0193.

Ce: Lage d. Ce-L_{III}-Kante in CeGe, Ce_5Ge_3 u. $CeGe_2$ 51/52-0218; Gitterkonst.: v. Ce_5Ge_4 30-0181; u. Strukturtyp v. $Ce_8Al_{13}Ge_3$ u. $Ce_{33,3}Al_{64,7}Ge_2$ 47-0195.

Co: Röntgenstrukturanalyse tern. Verb. d. Syst. R/Co/Ge mit R = Ti, Zr, Hf, V, Nb, Ta 32-0233; thermodynam. Eig. v. Leg. Co–Ge 29-0648.

Cr: Herst. v. Cr_3Ge durch Warmpressen (Eig.) 14-2170; Krist.-Struktur v. $Cr_{11}Ge_{19}$ 11-0294; Röntgenstrukturanalyse tern. Verb. d. Syst. R/Cr/Ge mit R = Ti, Zr, Hf, V, Nb, Ta 32-0233; Mikrohärte v. Cr_3Ge 40-0134; elektr. Widerstand v. ferromagnet. — im Temp.-Bereich *20 – 300* °K 24-0474; Phasen-Gleichgew.-Diagramm d. Syst. Cr/Ge 31-0639.

Cu: Krist.-Struktur d. tern. intermetall. Phase Li_2CuGe 37-0277; Röntgenanalyse d. Linienform v. deformierten — 37-2068; Thermokraft v. — 4-0344; elektr. Widerstand fl. Leg. d. Syst. Ge/Cu 35-0354.

Dy: Gitterkonst. v. Dy_5Ge_4 30-0181; Herst., Struktur u. magnet. Eig. v. Dy_5Ge_4 38-0543.

Er: Gitterkonst. v. Er_5Ge_4 30-0181; Krist.-Chemie d. tern. Syst. $ErAl_2/ErGe_2$ 47-0195; Herst., Struktur u. magnet. Eig. v. Er_5Ge_4 38-0543.

Erdalkalimetall: Röntgenograph. Unters. u. Darst. d. Erdalkalimetallgermanide mit d. CrB-Strukturtyp 30-0182.

Eu: Krist.-Struktur u. Isotypie v. $EuNi_2 \cdot Ge_2$ 9-0268; Darst. u. Krist.-Struktur v. EuGe 31-0215.

Fe: Röntgenstrukturanalyse tern. Verb. d. Syst. R/Fe/Ge (R = Ti, Zr, Hf, V, Nb, Ta) 32-0233; Mössbauer-Effekt in intermetall. $Fe_{2-x}Ge$-Verb. 4-0046; magnet. Tors.-Mess. an hexagonalem FeGe 48-0579; Enthalpie, Schmelzwärme u. spezif. Wärme d. festen u. fl. Germanide Fe_4Ge_3 u. FeGe 13-0555; Veränder. d. Enthalpie d. β- u. δ-Phase d. Syst. Fe/Ge bei hohen Temp. 16-0542; Mess. d. Thermokraft v. — 39-2099.

Gd: Gitterkonst.: v. Gd_5Ge_4 30-0181; Strukturtyp v. GdAlGe u. $Gd_3Al_{58,3}Ge_{84}$ 47-0195; Herst., Struktur u. magnet. Eig. v. Gd_5Ge_4 38-0543.

Hf: Röntgenstrukturanalyse tern. Verb. d. Syst. Hf/X′/Ge (X′ = Cr, V, Mn, Fe, Co, Ni) 32-0233; Mikrohärte v. Hf_5Ge_3 u. $HfGe_2$ 40-0134.

Ho: Gitterkonst. v. Ho_5Ge_4 30-0181; Herst., Struktur u. magnet. Eig. v. Ho_5Ge_4 38-0543.

In: Herst. supraleitender —-Schichten auf Glas 15-2296*.

Ir: Krist.-Struktur v. Ir_4Ge_5 45-0263.

La: Gitterkonst.: v. La_5Ge_4 30-0181; u. Strukturtyp v. LaAlGe, La_2Al_3Ge u. La_4Al_7Ge 47-0195; anomale spezif. Wärme v. supraleitendem $LaGe_2$ 16-0476.

Li: Darst., Struktur u. Isotypie v. Li_2XGe (X = Zn, Cd, Hg) 20-0193; Krist.-Struktur d. tern. intermetall. Phase Li_2EGe (E = Cu, Ag, Au) 37-0277.

Lu: Gitterkonst. v. Lu_5Ge_4 30-0181.

Mg: Zustandsdiagramm d. Syst. Mg_2Sn/Mg_2Ge 7-0554; Druckkoeff. d. Bandlücke in Mg_2Ge 28-0442; Auswahlregeln u. Mg_2Ge (Theorie) 48-0417; thermodynam. Eig.: v. fl. — (aus Sammelref.) 42-0082; v. fl. Mg–Si-Leg. u. — (Vgl.) 49/50-0385; Hydrolyse v. getemperten Misch. aus d. Siliciden, Germaniden, Phosphiden, Arseniden u. Nitriden d. Mg mit verd. HCl 15-0739.

Mn: Röntgenstrukturanalyse tern. Verb. d. Syst. R/Mn/Ge (R = Ti, Zr, Hf, V, Nb, Ta) 32-0233.

Mo: Herst. v. Mo_3Ge durch Warmpressen (Eig.) 14-2170; Krist.-Struktur v. $Mo_{13}Ge_{23}$ 11-0294; Mikrohärte v. $MoGe_2$, Mo_2Ge_3, Mo_3Ge_2 u. Mo_3Ge 40-0134.

Nb: Struktur u. Eig. (Gitterparameter, Mikrohärte, Ordn.-Grad) d. Phase $Nb_3(Sn_x \cdot Al_yGe_z)$ 4-0201; Röntgenstrukturanalyse tern. Verb. d. Syst. Nb/X′/Ge (X′ = V, Cr, Mn, Fe, Co, Ni) 32-0233; Supraleit. u. Härte v. Nb_3Ge 27-0535.

Nd: Gitterkonst.: v. Nd_5Ge_4 30-0181; u. Strukturtyp v. Nd_2Al_3Ge u. $Nd_8Al_{13}Ge_3$ 47-0195.

Ni: Gitterparameter u. Umwandl. in $Ni_{1,75}Ge$ 24-0196; Röntgenstrukturanalyse tern. Verb. d. Syst. R/Ni/Ge (R = Ti, Zr, Hf, V, Nb, Ta) 32-0233; Polymorphie u. Gitterdaten d. intermetall. Phase $Ni_{1,75}Ge$ 47-0153; magnet. Suszeptibilität v. Ni_3Ge 47-0414; thermodynam. Eig. v. Leg. Ni–Ge 29-0648.

Verw. v. — bei d. Diamantsynth. 20-2183.

Pb: Meth. zur Mess. d. isothermen, transversalen Nernst-Ettingshausen-Effektes in Pb·Ge 35-0344.

Pr: Lage d. Pr-L_{III}-Kante in $PrGe_2$ 51/52-0218; Gitterkonst. v. Pr_5Ge_4 30-0181.

Rh: Krist.-Struktur v. $Rh_{17}Ge_{22}$ (elektron. Verb.) 5-0258.

Seltenerdmetall: Gitterkonst. v. Verb. d. Seltenerdmetalle mit Ge mit d. Zus. *5:4* u. *4:3* 30-0181; kristallchem. Unters. an d. AB_2-Schnitten im tern. Syst. Seltenerdmetall/Al/Ge 47-0195; ferromagnet. *5:4*-Verb. im Syst. Seltenerdmetall/Ge 38-0543.

Si: Herst. v. —: mit je *50* Ge u. Si u. *50 – 500* ppm Sb u. In durch Zonenschmelzen 26-2513*; für d. thermoelektr. Energieumwandl. 39-2491*; Raman-Streuung an lokalen Schwing. in Si–Ge-Leg. mit hohem Ge-Geh. 1-0360; Meth. zur exakten Mess. d. Reflex.-Vermögens v. GeSi 8-0270; Einfl. d. Überhitz.-Temp. d. Schmelze auf d. Mikroinhomogenitätsgrad v. Ge-Mischkrist. mit *10* Atom-% Si 26-0213; Temp.-Abhängigk. d. effektiven Masse d. Zustandsdichten u. d. elektron. u. d. Phononenanteile d. Wärmewiderstandes dotierter — bei hohen Temp. 6-0424; paramagnet. Resonanz d. Leit.-Elektronen in — 27-0420.

Sm: Lage d. Sm-L_{III}-Kante in $SmGe_2$ 51/52-0218; Krist.-Struktur v. Sm_5Ge_4 7-0246; Gitterkonst. v. Sm_5Ge_4 30-0181.

Sn: Herst. supraleitender —-Schichten auf Glas 15-2296*; Struktur u. Eig. (Gitterparameter, Mikrohärte, Ordn.-Grad) d. Phase $Nb_3(Sn_xAl_yGe_z)$ 4-0201.

Sr: Röntgenograph. Unters. u. Darst. v. SrGe 30-0182; Darst. u. Krist.-Struktur v. SrGe 31-0215; Krist.-Struktur v. $SrAl_2Ge_2$ 44-0187.

Ta: Röntgenstrukturanalyse tern. Verb. d. Syst. Ta/X′/Ge (X′ = V, Cr, Mn, Fe, Co, Ni) 32-0233; Mikrohärte v. Ta_5Ge_3 40-0134.

Tb: Gitterkonst. v. Tb_5Ge_4 30-0181; Herst., Struktur u. magnet. Eig. v. Tb_5Ge_4 38-0543.

Th: Freie Bldg.-Enthalpien v. festem Th_3Ge, Th_3Ge_2, ThGe, Th_3Ge_5, $ThGe_2$ u. $ThGe_3$ 21-0588.

Ti: Röntgenstrukturanalyse tern. Verb. d. Syst. Ti/X′/Ge (X′ = V, Cr, Mn, Fe, Co, Ni) 32-0233; Mikrohärte v. Ti_5Ge_3 u. $TiGe_2$ 40-0134.

Tm: Gitterkonst. v. Tm_5Ge_4 30-0181.

V: Krist.-Struktur v. $V_{17}Ge_{31}$ 11-0294; Röntgenstrukturanalyse tern. Verb. d. Syst. R/V/Ge [R = Ti, Zr, Hf, (Nb, Ta)] 32-0233; Mikrohärte v. V_5Ge_3 u. V_3Ge 40-0134; Temp.-Abhängigk. d. magnet. Suszeptibilität, d. spezif. elektr. Widerstandes sowie d. Elastizitätskonst. v. V_3Ge 24-0476.

Y: Gitterkonst. v. Y_5Ge_4 30-0181; Krist.-Chemie d. tern. Syst. YAl_2/YGe_2 47-0195.

Zn: Verteil.-Koeff. v. Zn in Leg. mit Ge 15-0584; Darst., Struktur u. Isotypie v. $Li_2 \cdot ZnGe$ 20-0193; Berechn. d. eutekt. Konz. für d. Syst. Ge/Zn 41-0453.

Zr: Röntgenstrukturanalyse tern. Verb. d. Syst. Zr/X′/Ge (X′ = V, Cr, Mn, Fe, Co, Ni) 32-0233; Mikrohärte v. Zr_5Ge_3 u. $ZrGe_2$ 40-0134.

Germaniumsauerstoffsäuren

Germanium(IV)-säuren

Wechselwrkg. v. — mit 8-Mercaptochinolin in wss. Lsg. 15-0591; katalyt. Einfl. v. $H_3GeO_4^-$ auf d. Rk. zwischen CO_2 u. W. 19-0762.

Salze

Ammonium-, *Barium-*, *Natrium-* u. *Strontiumgermanate(IV)* s. dort.

Andere — s. unter *Germaniumoxide* (*Mischoxide*).

Ester s. unter *Organische Germaniumverbindungen*.

Germaniumverbindungen

Darst.: u. einige Eig. einer neuen Ge–N-Ringverb. 26-0774; v. Sn–Ge-Verb. durch hydrogenolyt. Spalt. v. Metall(IV)–N-Bind. 17-0784; v. Metall–Metall-Bind. zwischen Ge–Mo (Cr, W, Fe) 32-0794.

Struktur u. Eig. ungesätt. Ge-Heterocyclen 22-0750; schwierig nachzuweisende $(p \rightarrow d)\pi$-Bind., Unters. an d. Elementen N u. P an Ge 30-0048; Bind.-Energien v. Si–Ge 39-0036; Kraftkonst. u. mittlere Bind.-Energien v. Ge mit Halogen-, C-, S- u. H-Atomen 49/50-0039; Abhängigk. d. magnet. Rotat. (Faraday-Effekt) d. C–Ge-Bind. v. d. Stell. d. Ge im Periodensyst. 20-0090.

Austausch v. Ringgliedern zwischen cycl. Germthioxanen im Gleichgew. 39-0660; Chlorier. v. sauerstoffhalt. — mit gasf. Cl_2 42-0410; Verw. als Polymerisat.-Katalysator 25-3070*.

Anorganische Germaniumverbindungen

Darst.: v. Pseudohalogengermaniumphthalocyaninen 4-0600; v. Triphenylgermylplatin-Komplexen 13-0764; v. $SiGeH_6$, $Si_2 \cdot GeH_8$, $SiGe_2H_8$, GeH_3PH_3, GeH_3AsH_2, $GeH_3 \cdot NH_2$ u. $H_2Ge(NH_2)_2$ 15-0739; Synth. eines Germylsilylstannylamins 17-0783; Bldg.-Wärme v. Silylgerman 27-0626; Darst.: v. $H_3Ge–SnH_3$ u. seinen Phenyl-, Acetato- u. Chlorderiv. 30-0715; v. $(C_6H_5)_4AsMo(CO)_5 \cdot GeCl_3$, $(C_6H_5)_4AsCr(CO)_5GeCl_3$, $(C_6H_5)_4AsW \cdot (CO)_5GeCl_3$ u. $(C_6H_5)_4AsFe(CO)_4GeCl_3$ 32-0794; v. $F_2GeCo(CO)_4$ 35-0741; v. Bis-[trimethylgermyl]-quecksilber 37-0827; v. Tris-[trimethylgermyl]-bismutin 37-0834; v. Organogermyl–Pt(II)-Komplexen 43-0694; neue Germylphosphin-Synth. 48-0680.

Darst. u. IR-Spektren: v. $[(CH_3)_3Ge]_3 \cdot PNi(CO)_3$ 16-0762; v. $(NO)(CO)_2CoP[Ge \cdot (CH_3)_3]_3$ u. $(CO)_5CrP[Ge(CH_3)_3]_3$ 37-0848; Mikrowellenspektrum u. Struktur v. $GeH_3 \cdot SiH_3$ 16-0102; IR-Unters. d. Bind.-Polaritäten u. Atomlad. in $GeCl_3–Co(CO)_4$ 24-0116; Krist.-Struktur u. Darst. v. geordnetem Na/Sn(IV)/Ge(IV)-Oxidhydroxid $[Na_8Sn_4Ge_{10}O_{30}(OH)_4]$ 27-0246; CX_2-Einlager. in Bis-[trimethylgermyl]-quecksilber 37-0828; Massenspektrum v. $H_3Si–GeH_3$ 31-0114.

Kinetik d. Auflsg. v. Gläsern d. Syst. As/Te/Ge u. As/Se/Ge in NaOH-Lsg. 5-0703; Synth. v. Triäthylgermyllithium u. d. Unters. einiger ihrer Rk. mit einer Reihe v. Organometallhalogeniden 36-0695; Darst. u. Rk. v. Alkalimetallderiv. d. Germans 51/52-0545.

Germaniumarsenide: einige Aspekte d. Chemie diamantähnl. Verb. d. Typs $AGeAs_2$ mit A = Zn, Cd 38-0673; opt. Eig. v. Gläsern d. Syst. As/Ge/Te 9-0355; interatomare Abstände v. $ZnGeAs_2$ 3-0415; Temp.-Abhängigk. d. Viskosität anorgan. Gläser d. Syst. Ge/As/Se 21-0256; feste Lsg. im Syst. $CdSnAs_2/CdGeAs_2$ 21-0626; Diffus. v. Au in krist. u. glas. $CdGeAs_2$ 35-0277; thermograph. Unters. d. krit. Temp.-Gebietes im glasähnl. Syst. As/Ge/Te 37-0293; Synth. u. Zücht. d. Vielkomponenten-Halbleiterkrist. $GaAs/Zn \cdot GeAs_2$ durch chem. Transportrk. 45-0168; Darst. fester Lsg. d. Syst. 2 $GaAs/ZnGeAs_2$ u. ihre physikal.-chem. Eig. 45-0520; elektr. Eig. v. $ZnGeAs_2$ 2-0381; Hochtemp.-Modifikat. d. Halbleiterverb. $CdGeAs_2$ (Mikrohärte, elektr. u. therm. Leitfähigk., Hall-Konst.) 48-0426; spezif. elektr. Leitfähigk. u. Hall-Effekte für d. Syst. 2 $InAs/ZnGeAs_2$ 49/50-0295; Kinetik d. Auflsg. v. Gläsern d. Syst. As/Te/Ge u. As/Se/Ge in NaOH-Lsg. 5-0703; Auflsg.-Geschw. glasförm. Halbleiterleg. $As \cdot Ge_xTe_y$ in HNO_3 46-0652.

GeAs, Krist.-Struktur 46-0228; Erzeug. v. Ionen u. Elektronen durch Wechselwrkg. eines kohärenten Lichtstrahls mit — 48-0381.

$GeAs_2$, Krist.-Struktur 46-0228.

Germaniumazide, Darst. u. IR-spektroskop. Unters. d. Addukte v. Lewis-Säuren mit Triphenylgermaniumazid 4-0601; Herst. v. Verb. d. allg. Formel $R_{4-n}Ge(N_3)_n$ 44-2434*.

Germaniumbromide

Wasserstoff-halt. — s. unter *Germaniumhydride*.

Synth. v. n-Propyl- u. n-Butylgermaniumbromiden u. Verw. zur Darst. v. asymm. Tetraalkylgermanen 6-0739; Bezieh. zwischen d. energet. Charakteristiken u. d. Refrakt. v. Bind., Berechn. für GeBr 13-0116.

$GeBr_2$, Darst. u. Rk. mit Alkenen 24-1065.

$GeBr_4$, Bldg.-Wärme 27-0628; Chemilumineszenz-Emiss.-Spektrum v. in K-Dampf brennendem — 17-0752; Zustandssumme für $^{72}Ge^{79}Br_4$ 5-0556; Schmelztemp. v. — 22-0525; Möglichk. zur Berechn. d. Zustandssummen d. Verb.-Gruppe $CBr_4 – SiBr_4 – GeBr_4 – SnBr_4$ durch d. Vgl.-Meth. 37-0458; keine photochem. Kuppl. v. — mit einfachen aliphat. Bromverb. 22-0729.

Germaniumcarbide, Bezieh. zwischen d. energet. Charakteristiken u. d. Refrakt. v. Bind., Berechn. für GeC 13-0116.

Germaniumcarbonylcobaltate, Darst. u. IR-Spektren d. Mono- u. Bis-[tetracarbonylkobalt]-deriv. v. Ge 31-0848; IR-Unters. d. Bind.-Polaritäten u. Atomlad. in $(C_2H_5)_3Ge–Co(CO)_4$ 24-0116.

Germaniumcarbonylmanganate, Gitterabstände u. Metall–Metall-Bind. in $(CO)_5 \cdot MnGe(C_6H_5)_3$ 15-0245; Darst., IR- u. NMR-Unters. v. $R_3GeMn(CO)_5$ 7-0723.

Germaniumcarbonylrhenate, Gitterabstände u. Metall–Metall-Bind. in $(CO)_5Re \cdot Ge(C_6H_5)_3$ 15-0245; Darst., IR- u. NMR-Unters. v. $R_3GeRe(CO)_5$ 7-0723.

Germaniumchloride bzw. -chlorokomplexe

Wasserstoff-halt. — s. unter *Germaniumhydride*.

Bldg. u. Charakterisier. v. $GeCl_4 \cdot 4$ Hox u. $GeCl_2(ox)_2$ (Oxin = Hox) 6-0745; Synth. v. Methyltrichlorgerman 23-0797; Darst.: .v $(C_6H_5)_4AsMo(CO)_5GeCl_3$, $(C_6H_5)_4AsCr(CO)_5 \cdot GeCl_3$, $(C_6H_5)_4AsW(CO)_5GeCl_3$ u. $(C_6H_5)_4As \cdot Fe(CO)_4GeCl_3$ 32-0794; v. 2.2′-Bipyridylkomplexen v. $GeCl_4$ in Acetonitril 33-0891; v. π-Cyclopentadienyldicarbonyleisentrichlorgerman u. Bis-[π-cyclopentadienyldicarbonyleisen]-dichlorgerman 39-0693.

IR-Spektren v. $Cl_2Ge(acac)_2$ 23-0133; Bezieh. zwischen d. energet. Charakteristiken u. d. Refrakt. v. Bind., Berechn. für GeCl 13-0116; Anwend. d. Meth. d. dynam. Ähnlichk. auf d. Berechn. d. Bind.-Energien u. Eigenfrequenzen v. GeCl 19-0095; IR-Unters. d. Bind.-Polaritäten u. Atomlad. in $GeCl_3$–$Co(CO)_4$ 24-0116; Krist.-Struktur v. Bisdicarbonyl-π-cyclopentadienyleisen]-dichlorgerman 25-0193; NQR d. ^{35}Cl in Organylgermaniumchloriden 19-0139; Synth., D. u. Brech.-Index v. $(C_2H_5)_2GeCl_2$ u. $(C_2H_5)_3GeCl$ 9-0718.

Darst. u. Rk. v. Alkyldi(tri)chlorgermanen 21-1108; vergleichende Unters. d. photochem. Chlorier. v. Äthyltrichlorgerman u. Äthyltrichlorsilan 6-0738; Chlorier. v. Trimethylchlorgerman 32-0776; Darst. u. photochem. Chlorier. v. γ-Trifluorpropyltrichlorgerman 38-0668; Rk. d. Azobenzol–Dilithium-Addukts mit Dichlordiphenylgerman 39-0663.

$GeCl_2$, Geschw.-Konst. d. Rk. v. Ge zu – 29-2519.

$GeCl_4$, Bldg.-Wärme 27-0628; Reindarst. 36-2239*; Bldg. bei d. Wiedergewinn. v. Ge aus HF-halt. Lsg. 43-2288*; Unters. d. Technologie d. Reinig. v. – bis zur Halbleiterreinh. 2-0669; Sorpt.-Reinig. (Abtrenn. v. $AsCl_3$, PCl_3) 5-2154; Reinig. v. – durch Leiten d. Dämpfe über Absorpt.-Mittel 24-2282*.

Feinstruktur d. Cl-Isotope in – 18-1896; NQR d. ^{35}Cl in – 19-0139; opt. Unters. d. Syst. $GeCl_4$/Ge 30-0061; Chemilumineszenz–Emiss.-Spektrum v. in K-Dampf brennendem – 17-0752; Berechn. d. mittleren quadrat. Schwing.-Amplituden v. – 26-0089; Massenspektrum 18-0158; Bezieh. zwischen mol. elektr. Feldgradienten u. mittleren Mol.-Polarisierbark. 48-0818; Zustandssumme für $^{72}Ge^{35}Cl_4$ 5-0556; Anreg.-Mechanismus d. intramol. Schwing. im akust. Bereich in – 8-0483; Berechn. d. Temp.-Abhängigk. d. thermodynam. Größen u. d. spezif. Wärme für d. thermodynam. ähnl. Mol. $SiCl_4$-$GeCl_4$ 11-0573; Schmelztemp. 22-0525; Berechn. d. Zustandssummen d. Verb.-Gruppe $CCl_4-SiCl_4-GeCl_4-SnCl_4$ durch d. Vgl.-Meth. 37-0458; krit. Daten, orthobare D., Viskosität u. Oberflächenspann. v. – 13-0532; Löslichk. v. – in HCl, HNO_3 u. H_2SO_4 40-0447.

Halogen-Austauschrk. im Syst. $GeCl_4/BBr_3$ 8-0615; Umsetz. mit Silicagel 18-0619; Rk. mit Ge (Geschw.-Konst.) 29-2519; Bldg. v. Anlager.-Verb. mit Brückenbind. bei d. Anlager. v. – an $Fe(phen)_2(CN)_2$ 29-0840; keine photochem. Kuppl. v. – mit einfachen aliphat. Bromverb. 22-0729; Rk. mit Tetraäthylblei 21-1108; Transalkylier.-Rk. zwischen – u. $(C_4H_9)_4Ge$ 25-0813; Rk.: mit Propenyl-Li 26-1027; mit CH_3–MgBr 30-1015; oxydative Eliminier.-Rk. v. Tetracarbonylbipyridylmolybdän u. -wolfram mit – 41-0650.

Trenn. u. Best. v. $AsCl_3$, – u. $SnCl_4$ (gaschromatograph.) 1-1813; photometr. u. katalyt. Best. v. Ni-Spuren in – 18-1975; spektrochem. Best. d. Spurenverunreinig. v. B in – 19-2090; Best.: v. Bi in – unter Anwend. d. Hg-Filmelektrode 20-1900; v. Zn in – 25-2066.

Chlorogermanium(II)-säuren:

$H[GeCl_3]$, mittlere Schwing.-Amplituden für $GeCl_3^-$ (isoelektron. Reihe) 6-0101; Herst. v. Ge-organ. Polymeren aus – u. ungesätt. aliphat. Verb. 33-3217*; Rk. mit Tetraalkylstannan 21-1108.

Salze, symm. u. asymm. Metall–Halogen-Valenzschwing. in $[(C_6H_5)_4As][GeCl_3]$ 47-0069.

$H[GeCl_5]$, Raman- u. IR-Spektren v. $[GeCl_5]^-$ 28-0090.

Germaniumchloroferrate(III), UV-, IR-, sichtbare u. Mössbauer-Spektren v. $[Ge(acac)_3][FeCl_4]$ 12-0141.

Germaniumcyanide, Spektrum v. GeH_3CN 4-0123.

Germaniumfluoride bzw. -fluorokomplexe

Bldg. v. $Fe(phen)_2(CN)_2 \cdot x\,GeF_4$ mit x = *1*, *2* u. *3* 29-0840; Bezieh. zwischen d. energet. Charakteristiken u. d. Refrakt. v. Bind., Berechn. für GeF 13-0116; Struktur v. BrF_3-Addukten mit GeF_4 15-0737; Kraftkonst. v. GeF 24-0075; therm. u. chromatograph. Unters. an Fluorohydroxo- u. Fluorooxokomplexen d. Ge (Unters. d. Kondens.) 31-0803.

GeF_4, Bldg.-Wärme 27-0628; IR-Absorpt. 26-0130; Ionenquelle mit – aus $BaGeF_6$ 37-2014; Berechn. d. Zustandssummen d. Verb.-Gruppe $CF_4-SiF_4-GeF_4-SnF_4$ durch d. Vgl.-Meth. 37-0458; Bldg. v. Anlager.-Verb. mit Brückenbind. bei d. Anlager. v. – an $Fe(phen)_2(CN)_2$ 29-0840; Verb.-Bldg. im Syst. XeF_6/GeF_4 34-0818; Rk. mit $(CH_3)_3 \cdot SiCo(CO)_4$ 35-0741.

Fluorogermanium(IV)-säuren:

Salze s. *Kalium-* u. *Magnesiumfluorogermanate(IV)*.

$H[GeF_5]$, IR-spektroskop. Beweis d. Existenz v. GeF_5^- 49/50-0063.

$H_2[GeF_6]$, ^{19}F-NMR- u. Schwing.-Spektren v. – 46-0083; Hydrolyse v. $[GeF_6]^{2-}$ 30-0656.

Salze s. *Barium-*, *Cäsium-*, *Kalium-* u. *Rubidiumfluorogermanate(IV)*.

Germaniumhalogenide, Organylgermaniumhalogenide (Übersicht) 29-0806; Darst. v. Bipyridyl- u. Terpyridinkomplexen mit – 14-0722; Energie d. Valenzzustände d. Ge-Atome u. thermochem. Eig. gasf. – 24-0066; Zusammenhang zwischen d. Siede-(oder Schmelz)-Temp. u. d. Elektronendichteverteil. in – 34-0584; Gleichgew.-Konst. d. Halogen–Methoxyl-Austausches im Syst. $(CH_3)_2GeX_2 + (CH_3)_2Ge(OCH_3)_2 \rightleftharpoons 2\,(CH_3)_2 \cdot GeX(OCH_3)$ 3-0647; Rk. v. Phthalocyaninatogermaniumdihalogeniden mit Silberpseudohalogeniden 4-0600; Halogenaustausch zwischen Methylsilicium- u. Methylgermanium-Halogeniden 27-0783; $GaCl_3$-katalysierte Konproportionier.-Rk. v. Alkylgermaniumhalogeniden 32-0777; oxydative Eliminier.-Rk. v. Tetracarbonylbipyridylmolybdän u. -wolfram mit Halogeniden u. Organometallhalogeniden v. Ge(IV) 41-0650.

Germaniumhydride

Organ. – s. unter d. Abschnitt *Organische Germaniumverbindungen*.

Darst.: v. niederen – durch Solvolyse v. intermetall. Ge-Verb. 15-0738; d. gemischten Hydride $SiGeH_6$, Si_2GeH_8, $SiGe_2H_8$, GeH_3PH_2, GeH_3AsH_2, GeH_3NH_2 u. $H_2Ge(NH_2)_2$ 15-0739; Bldg.-Wärme v. Silylgerman 27-0626; Darst.: v. H_3Ge–SnH_3 u. seinen Phenyl-, Acetato- u. Chlorderiv. 30-0715; v. GeH_3PH_2 48-0680.

Rotat.-Analyse d. $^2\Delta-^2\Pi$-Bandensyst. v. GeH u. GeD 2-0093; Spektrum v. Germylcyanid 4-0123; Raman- u. IR-Spektren v. H_3GeNCS u. D_3GeNCS 26-0120; Bind.-Winkel in $(H_3Ge)_3P$ 4-0091; Spin–Bahn-Koppl.-Konst. für GeH 15-0085; Mikrowellenspektrum u. Struktur v. GeH_3SiH_3 16-0102; Massenspektren v. H_3Si–GeH_3 31-0114; ^{73}Ge-ESR-Hyperfeinstruktur d. Radikals GeH_3 47-0081.

Germyl-Chemie 15-0740; (Tris-[dimethylamido]-phosphat als Lsgm. für d. Darst. u. Rk. v. Alkalimetallderiv. d. Germans) 51/52-0545.

GeH_4, IR-Spektren v. – u. GeD_4-Krist. 19-0365; elektroopt. Parameter u. d. abs. Intensitäten d. IR-Banden v. –, GeH_3D, GeH_2D_2, $GeHD_3$ u. GeD_4 34-0055; Matrixverschieb. u. Beitrag klass. elektrostat. Kräfte v. – 40-0259; Massenspektren 31-0114; Zustandssumme für $^{72}GeH_4$ u. $^{72}GeD_4$ 5-0556; Temp.-Abhängigk. d. thermodynam. Größen u. d. spezif. Wärme für d. thermodynam. ähnl. Mol. SiH_4-GeH_4 11-0573; D. v. – 34-0550; Entropie 36-0438; Berechn. d. Zustandssummen d. Verb.-Gruppe $CH_4-SiH_4-GeH_4-SnH_4$ durch d. Vgl.-Meth. 37-0458; massenspektrometr. Best. 41-2055.

Ge_2H_6, Näher.-Berechn. d. Temp.-Abhängigk. d. thermodynam. Eig. u. d. spezif. Wärme v. – 26-0559; Standardenthalpie d. Gasrk. $^1/_2\,Si_2H_6 + {}^1/_2\,Ge_2H_6 \rightarrow H_3SiGeH_3$ 27-0626; Rk. v. K mit – 45-0688.

GeH_3Br, s-Hybrid-Charakter v. Bind.-Orbitalen v. ^{79}Br in GeH_3Br 23-0099.

$GeHBr_3$, Rk. mit Alkenen bzw. Acetylen (Darst.) 24-1065.

GeH_3Cl, s-Hybrid-Charakter v. Bind.-Orbitalen v. ^{35}Cl in GeH_3Cl 23-0099.

$GeHCl_3$, NQR d. ^{35}Cl in – 19-0139; Umsetz. v. – mit Ketonen u. Alkoholen 17-0782.

GeH_3J, Synth. 15-0740.

GeH_2J_2, Synth. 15-0740.

Germaniumhydroxide

$Ge(OH)_4$ s. unter *Germanium(IV)-säuren*.

Raman-Spektrum v. Dimethylgermaniumhydroxid in wss. Lsg. 23-0138; Krist.-Struktur u. Darst. v. geordnetem Na/Sn(IV)/Ge(IV)-Oxidhydroxid $[Na_8Sn_4Ge_{10}O_{30}(OH)_4]$ 27-0246; therm. u. chromatograph. Unters. an Fluorohydroxokomplexen d. Ge (Unters. d. Kondens.) 31-0803.

Germaniumisothiocyanate s. unter *Germaniumthiocyanate*.

Germaniumjodide

Wasserstoff-halt. – s. unter *Germaniumhydride*.

Synth. v. n-Propyl- u. n-Butylgermaniumjodiden u. Verw. zur Darst. v. asymm. Tetraalkylgermanen 6-0739; Bezieh. zwischen d. energet. Charakteristiken u. d. Refrakt. v. Bind., Berechn. für GeJ 13-0116.

GeJ_2, Physisorpt. an Graphitspaltflächen 31-0706; katalyt. Wrkg. v. – auf Transalkylier.-Rk. zwischen Ge-Verb. 25-0813.

GeJ_4, Chemilumineszenz–Emiss.-Spektrum v. in K-Dampf brennendem – 17-0752; Zustandssumme für $^{72}Ge^{127}J_4$ 5-0556; Schmelztemp. 22-0525; Berechn. d. Zustandssummen d. Verb.-Gruppe $CJ_4-SiJ_4-GeJ_4-SnJ_4$ durch d. Vgl.-Meth. 37-0458; Physisorpt. an Graphitspaltflächen 31-0706; Phasen u. Mischkrist.-Bldg. bei d. Umsetz. v. GaJ_3 mit – 41-0499.

Germaniummolybdate bzw. -molybdatokomplexe

Molybdatogermanium(IV)-säuren:

Absorpt.-Spektren wss. Lsg. v. Dodekamolybdatogermaniumsäure 5-0126; Synth.-Beding., Beständigk., Redox-Eig. u. Absorpt.-Spektren v. Molybdänheteropolyverb. d. Ge 8-0686; Unters. d. Zus. u. Stabilität v. – an Hand d. Zentralion–0-Bind.-Energien 30-0730.

Salze, Dünnschichtelektrophorese v. Alkalimetallionen an Pyridiniumdodekamolybdatogermanat 28-2009.

Germaniumnitride: Darst. v. – auf d. Oberfläche v. Ge-Einkrist. 17-0781; Bldg.-Rk. v. – 38-0666; Darst. v. $MgGeN_2$ 43-0600; Bezieh. zwischen d. energet. Charakteristiken u. d. Refrakt. v. Bind., Berechn. für GeN 13-0116; Struktur d. Oxidnitride v. Ge 31-0146.

Ge_3N_4, Bldg.-Rk. v. – 38-0666.

Germaniumoxide

Diffuse Reflex.-Spektren v. Pulvern aus 3,5 $MgO \cdot 0{,}5\,MgF_2 \cdot GeO_2$ 12-0319; Energie d. Valenzzustände d. Ge-Atome u. thermochem. Eig. gasf. – 24-0066.

GeO, Bldg. bei d. Adsorpt. v. O an Ge 42-0536; Bezieh. zwischen d. energet. Charakteristiken u. d. Refrakt. v. Bind., Berechn. für – 13-0116; Anwend. d. Meth. d. dynam. Ähnlichk. auf d. Berechn. d. Bind.-Energien u. Eigenfrequenzen v. – 19-0095; Rydberg-Klein-Rees-Vanderslice-Potentialkurven für – 28-0051; Berechn. d. EMK-Werte d. reversiblen galvan. Zelle GeO/O_2 44-0516; Herst. u. Analyse v. – 36-0694; vanadatometr. Best. v. Ge(II) in – 31-2088.

GeO_2, IR-Absorpt.: v. γ-induzierter Oberflächenschicht auf Ge, Vgl. mit – 23-0383; v. – 26-0130; Habitus hydrothermal gezüchteter –-Krist. mit Rutilstruktur im Licht d. Hartman-Theorie u. deren Erweiter. 9-0233; Abscheid. v. amorphen –-Schichten bei tiefen Temp. durch Mikrowellen-Entlad. 14-0244; Einfl. v. Zusätzen v. – auf d. Polymorphie v. ZrO_2 26-0197; Elektronenstruktur v. $(nd)^1$-Ionen in $GeO_2{:}V^{4+}$ 30-0342; „sensibilisierter“ Spann.-Aufbau in mit –-dotierten Natriumboratgläsern durch UV-Bestrahl. 14-0280; nichtkrist. Struktur u. elektron. Leit. v. – 29-0460; Einfl. d. –-Geh. auf d. Anfangspermeabilität v. Mn–Zn-Ferriten 1-0504; Ionenumverteil. u. Anisotropie in wärmebehandelten u. mit – dotierten Yttriumeisengranat(YIG)-Einkrist. 15-0384; EMK-Werte d. reversiblen galvan. Zelle GeO_2/O_2 44-0516; thermodynam. Funkt. u. Mol-Wärmen v. tetragonalem – 27-0616; Zustandsdiagramm d. Syst. SrO/GeO_2 28-0576; röntgenograph. u. thermograph. Unters. d. Syst. CuO/GeO_2 u. Cu_2O/GeO_2 30-0544; Phasengleichgew. im Syst. GeO_2/Al_2O_3 36-0483; tern. Phasen im Syst. $MgO/GeO_2/LiF$ 42-0429; thermodynam. Eig. d. Syst. MgO/GeO_2 u. CaO/GeO_2 42-0430; Sorpt. v. Ge aus wss. –-Lsg. 16-2198; Adsorpt.: positiver u. negativer Ionen in verd. wss. Lsg. an – 23-0718; v. Ge aus wss. u. oxalsauren –-Lsg. durch Aktivkohle 32-0691; Einfl. d. Zusatzes v. – auf d. Löslichk. v. W. in fl. Silicat 23-0615; Löslichk. in sauren u. alkal.-wss. Lsg. 31-2218; Löslichk.-Isotherme v. – mi Syst. $Na_2O/GeO_2/H_2O$ 35-0484; Löslcihk.: frisch bereiteter –-Nd. in wss. Lsg. v. Alkalimetallchlorid u. Alkalimetallhydroxid 35-0485; u. pH-Wert im Syst. $GeO_2/NaOH/MeX/H_2O$ 35-0486.

Nd.-Bldg. im Syst. $GeO_2/NaOH/NaCl/H_2O$, $GeO_2/LiOH/LiCl/H_2O$ u. $GeO_2/NH_4OH/NH_4Cl/H_2O$ 25-0582; Chlorier.-Rk. v. – mit verschiedenen chlorierenden Agenzien 28-0739; Umsetz. v. – mit H_2SeO_3 30-0712; Verh. bei d. Hochofenverhütt. 33-2593; Red. v. –-Überzügen auf Ge mit Ti 41-2337*; Chlorier. v. – mit gasf. Cl_2 42-0410; Komplexbldg. bei d. Rk. v. – mit 9-Propyl-2.3.7-trihydroxy-6-fluoron 37-0573; potentiometr. u. spektrophotometr. Unters. d. Rk. v. Alizarinrot S mit – 11-0621; Wechselwrkg. v. – mit Zuckersäure u. Natriumsaccharaten (Komplexbldg.) 22-0748.

Hemm. d. Chlorophyllsynth. u. d. NADP$^+$-abhäng. Glycerinaldehyd-3-phosphat-Dehydrogenase bei Cyclotella cryptica 14-1245; Wrkg. auf d. Stoffwechsel v. Cyclotella cryptica 25-1482.

Verw. zur Herst. v. lichtempfindl. Zement 9-2310*.

Best.: v. Cd u. Pb in – durch Amalgampolarographie mit Voranreicher. 4-1628; v. Zn in – 25-2066.

Mischoxide

Darst. v. Germanaten mit Apatit-Struktur 38-0834; Quantenzähler durch Energieübergang v. Yb^{3+} auf Tm^{3+} in einem Germanatglas 20-0314; Phosphatgläser als neue Laser-Materialien, Vgl. mit Germanatgläsern 23-0444; Lumineszenzeig. einiger Germanatverb. 40-0273; Einfl. v. UV-Strahlen auf d. Spann.-Aufbau in GeO_2-halt. Gläsern 3-2316; Spann.-Aufbau in Germanatgläsern durch UV-Bestrahl. 21-2464; Strukturchemie d. Germanate 22-0189; Sättig.-Magnetisier. u. Néel-Temp. v. Ge-halt. Ferriten mit Granat- u. Spinellstrukturen 30-0483.

Ba: Krist.-Struktur v. $BaGe[Ge_3O_9]$ u. ihre Bezieh. zu Benitoit 15-0244.

Bi: Opt. Aktivität u. elektroopt. Effekt in Wismutgermaniumoxid ($Bi_{12}GeO_{20}$) 32-0328; Photoaktivität v. Wismutgermaniumoxid $Bi_{12}GeO_{20}$ 41-0236.

Ca: Bldg.-Enthalpie v. Ca_3GeO_5, Ca_2GeO_4 u. $CaGeO_3$ 29-0595; Bldg.-Wärmen d. Ca-Germanate Ca_3GeO_5, Ca_2GeO_4 u. $CaGeO_3$ 34-0572; Gitterkonst. v. $CaO \cdot GeO_2$ 17-0287; Analogien u. feste Lsg. v. Tri-Ca-Silicat u. Tri-Ca-Germanat 35-2359; Hochdruckumwandl. v. $CaGeO_3$ (geophysikal. Bedeut.) 45-0782.

Cd: Hochdruckumwandl. v. $CdGeO_3$ (geophysikal. Bedeut.) 45-0782.

Co: Trigonale Krist.-Felder in Co_2GeO_4 21-0393; Ordn./Unordn.-Gleichgew. in Co_2GeO_4 44-0213; Magnetisier.-Kurve eines Pulvers aus $GeCo_2O_4$ 19-0539; Unters. d. antiferromagnet. Spinellverb. $GeCo_2O_4$ durch Neutronenbeug. 34-0496.

Cu: Bldg. d. festen Phase $CuGeO_3$ im Syst. CuO/GeO_2 30-0544.

Fe: Bldg. v. ($Fe_2O_3 \cdot GeO_2 \cdot n\,H_2O$, $Fe_2O_3 \cdot 2\,GeO_2 \cdot n\,H_2O$ u. $Fe_2O_3 \cdot 3\,GeO_2 \cdot n\,H_2O$) bei d. gemeinsamen Absetz. v. Ge mit Fe-Hydroxiden 19-0898; Mössbauer-Absorpt. v. Fe_2GeO_4 12-0219; IR-Hauptabsorpt.-Banden v. Fe_2GeO_4 19-0368; Neutronenbeug.-Unters. d. antiferromagnet. Spinells $GeFe_2O_4$ 2-0472.

K: Darst. v. K_4GeO_4 28-0741, 28-0742; Ionendiffus. u. elektr. Leitfähigk. v. Gläsern d. Syst. K_2O/GeO_2 19-0471.

Li: Lumineszenzeig. v. $Li_2Ge_7O_{17}$ mit Dotier. 40-0273.

Li–Dy: Darst. v. $LiDyGeO_4$ 49/50-0152.

Li–Er: Darst. u. Röntgenunters. v. $LiErGeO_4$ 49/50-0152.

Li–Eu: Darst. u. Röntgenunters. v. $LiEuGeO_4$ 49/50-0152.

Li–Gd: Darst. v. $LiGdGeO_4$ 49/50-0152; Struktur v. $LiGdGeO_4$ 36-0179.

Li–Ho: Darst. v. $LiHoGeO_4$ 49/50-0152.

Li–La: Darst. v. $LiLaGeO_4$ 49/50-0152; Struktur v. $LiLaGeO_4{:}Eu^{3+}$ 36-0179.

Lu–Li: Darst. v. $LiLuGeO_4$ 49/50-0152; Struktur v. $LiLuGeO_4{:}Eu^{3+}$ 36-0179.

Mg: IR-Hauptabsorpt.-Banden v. Mg_2GeO_4 19-0368; Hochdruckumwandl. v. Mg_2GeO_4-Spinell (geophysikal. Bedeut.) 45-0782.

Mg–Ca–Cu: Lichtabsorpt. v. Cu^{2+} in $Cu_xMg_{1-x}CaGeO_4$ 32-0337.

Mg–Ca–Gd: Hyperempfindlichk. d. $^5D_0$–$^7F_2$-Übergangs v. Eu^{3+} in $CaGd_2Mg_2Ge_3O_{12}$ 43-0312.

Mg–Co: Lichtabsorpt.-Spektren v. $Co_{2-x} \cdot Mg_xGeO_4$-Mischkrist. (*0,0* $\geqq$ x $\geqq$ *1,0*) 21-0393.

Mg–Ga–Gd: Hyperempfindlichk. d. $^5D_0$–$^7F_2$-Übergangs v. Eu^{3+} in $Gd_3Mg_2GaGe_2O_{12}$ 43-0312.

Na: Lumineszenzeig. v. $Na_4Ge_9O_{20}{:}Nd$ 40-0270; Krist.-Struktur v. $Na_2O \cdot GeO_2 \cdot 6\,H_2O$ 5-0259; Ionendiffus. u. elektr. Leitfähigk. v. Gläsern d. Syst. Na_2O/GeO_2 19-0471; akust. Spektren v. Na_2O–GeO_2-Gläsern 18-0257.

Na–Al: Hochdruckumwandl. v. $NaAlGe_2O_6$ (geophysikal. Bedeut.) 45-0782.

Na–B: Struktur v. Gläsern u. Schmelzen im Syst. $Na_2O/GeO_2/B_2O_3$ 37-2459.

Na–Gd: Struktur: v. $NaGdGeO_4{:}Eu^{3+}$ 36-0179; u. Eu^{3+}-Fluoreszenz v. $NaGdGeO_4$ 36-0181.

Na–La: Struktur v. $NaLaGeO_4{:}Eu^{3+}$ 36-0179.

Na–Lu: Struktur u. Eu^{3+}-Fluoreszenz v. $NaLuGeO_4$ 36-0179.

Nd: Darst. u. Eig. v. Nd-Germanat 35-0704; Einfl. v. Nd-Germanat auf d. Polymorphie v. ZrO_2 26-0197.

Nd–Li: Darst. v. $LiNdGeO_4$ 49/50-0152.

Ni: IR-Hauptabsorpt.-Banden v. Ni_2GeO_4 19-0368; Ordn./Unordn.-Gleichgew. in Ni_2GeO_4 44-0213; trigonale Krist.-Felder in Ni_2GeO_4-Spinellverb. 21-0393.

Ni–Mg: Lichtabsorpt.-Spektren v. $Ni_{2-x} \cdot Mg_xGeO_4$-Mischkrist. (*0,0* $\geqq$ x $\geqq$ *1,25*) 21-0393.

Pb: Lumineszenzspektrum v. Nd^{3+} in PbO–GeO_2-Gläsern 28-0342.

Pr–Li: Darst. v. $LiPrGeO_4$ 49/50-0152.

Rb: Ionendiffus. u. elektr. Leitfähigk. v. Gläsern d. Syst. Rb_2O/GeO_2 19-0471.

Si: Ge-Silicat-halt. keram. Glas 13-2249*.

Si–Ca: Gitterkonst. v. $3\,CaO \cdot 2\,SiO_2 \cdot GeO_2$, $2\,CaO \cdot SiO_2 \cdot GeO_2$ u. $3\,CaO \cdot SiO_2 \cdot 2\,GeO_2$ 17-0287.

Si–Na: EPR-Spektren v. bestrahltem $4\,SiO_2 \cdot Na_2O \cdot 0{,}5\,GeO_2$ 45-0358.

Sm–Li: Darst. v. $LiSmGeO_4$ 49/50-0152.

Sm–Na: Struktur $NaSmGeO_4{:}Eu^{3+}$ 36-0179.

Sr: Darst. v. Sr_3GeO_5 30-0714.

Sr–Si: Mischkrist. im Syst. $SrSiO_4/Sr_2GeO_4$ 42-0431.

Tb–Li: Darst. v. $LiTbGeO_4$ 49/50-0152.

Ti–Ba: IR-Spektrum v. $Ba_2TiGe_2O_8$ 37-0246.

Tm–Li: Darst. v. $LiTmGeO_4$ 49/50-0152.

Y: Darst. u. Eig. v. Y-Germanaten 35-0704; Einfl. v. Zusätzen v. Y-Germanaten auf d. Polymorphie v. ZrO_2 26-0197.

Y–Ca–Fe: Sättig.-Magnetisier. u. Néel-Temp. v. $Y_{3-x-y}Ca_{x+y}Fe_{5-x-y}Ge_yO_{12}$ 30-0483.

Y–Ca–Ga: Hyperempfindlichk. d. $^5D_0$–$^7F_2$-Übergangs v. Eu^{3+} in $Ca_2YGa_3Ge_2O_{12}$ 43-0312.

Y–Fe–Ni: Bldg. v. Spinellphasen im Syst. $Y_2O_3/Fe_2O_3/NiO/GeO_2$ 1-0225.

Y–Li: Darst. v. $LiYGeO_4$ 49/50-0152; Struktur v. $LiYGeO_4{:}Eu^{3+}$ 36-0179; Unters. d. Tb^{3+}-aktivierten $LiYGeO_4$ 49/50-0234.

Y–Na: Struktur u. Eu^{3+}-Fluoreszenz v. $NaYGeO_4$ 36-0181; Unters. d. Tb^{3+}-aktivierten $NaYGeO_4$ 49/50-0234.

Yb–Li: Darst. v. $LiYbGeO_4$ 49/50-0152.

Zn: Bldg. v. Zn-Germanaten 43-0601; Lumineszenzeig. v. Cr-dotiertem Zn-Germanat 40-0273; Umwandl. v. $ZnGeO_3$ u. Zn_2GeO_4 bei hohen Drücken 27-0204; Löslichk. v. Zn-Germanaten in sauren u. alkal.-wss. Lsg. 31-2218.

Zn–Al–Li: Mischkrist.-Bldg. im Syst. $LiAlGeO_4/Zn_2GeO_4$ 31-0609.

Germaniumphosphide: Darst.: u. Eig. d. halbleitenden Verb. $CdGeP_2$ u. $ZnGeP$ 17-0464; v. Organogermaniumphosphinen 18-0722; Bind.-Winkel in $(H_3Ge)_3P$ 4-0091; App. zur Synth. u. Kristallisat. v. $ZnGeP_2$- u. $CdGeP_2$-Halbleitern 17-0216; photoelektr. Eig. v. n-$CdGeP_2$- u. p-$ZnGeP_2$-Einkrist. 39-0340; einige Aspekte d. Chemie diamantähnl. Verb. d. Typs $AGeP_2$ mit A = Zn, Cd 38-0673.

GeP, Krist.-Struktur 46-0228.

Germaniumselenate(IV) bzw. -selenato(IV)-komplexe

$Ge(SeO_3)_2$, Bldg. u. Unters. v. – bei d. Umsetz. v. GeO_2 mit H_2SeO_3-Lsg. 30-0712.

Selenato(IV)-germaniumsäure: **$H_2[Ge(SeO_3)_3]$**, Bldg. u. Unters. v. – bei d. Umsetz. v. GeO_2 mit H_2SeO_3-Lsg. 30-0712.

Germaniumselenide, Eig. v. Triäthylgermylhydrogenselenid u. Deriv. 47-0653; therm. Änder. im nichtdispersiven IR-Brech.-Index v. $Ge_{28}Sb_{12}Se_{60}$-Glas 31-0287; interatomare Abstände v. $ZnGeSe_3$ 3-0415; Gitterdaten, Isotypie, Darst. u. Farbe v. $CuMGeSe_4$ mit M = Al, Ga, B, In 15-0246; Temp.-Abhängigk. d. Viskosität anorgan. Gläser d. Syst. Ge/Se u. Ge/As/Se 21-0256; Synth. u. Zücht. d. Vielkomponenten-Halbleiterkrist. $GaAs/Cu_2GeSe_3$ durch chem. Transportrk. 45-0168; Herst., Gitterkonst. u. Halbleitereig. v. $GeSe_{0,75}Te_{0,25}$ 14-0430; Gitterwärmeleitfähigk. v. $Cu_2(Sn, Ge)(Se, S)_3$ 2-0257; Unters. d. Syst. Zn/Ge/Se auf tern. Phasen 29-0370; Auflsg. v. Gläsern d. Syst. As/Se/Ge in NaOH-Lsg. 5-0703.

Germaniumsilicate s. unter *Germaniumoxide, Mischoxide.*

Germaniumsilicide, Meth. zur exakten Mess. d. Reflex.-Vermögens v. GeSi 8-0270; Schwing.-Eig. v. unvollkommenen Si–Ge-Krist. mit großen Fehlstellenkonz. 45-0291; Hall-Beweglichk. in p-Ge–Si-Einkrist. (Temp.-Abhängigk.) 43-0382; Phononenstreuung, Debye-Temp. u. Schallgeschw. durch Punktdefekte in Ge_xSi_{1-x}-Mischkrist. 35-0250.

Germaniumsulfide: Darst.: v. Fe_2GeS_4 u. Mn_2GeS_4 9-0240; u. Eig. v. Gläsern d. Syst. GeS_2/Na_2S, GeS_2/PbS, GeS_2/CdS, GeS_2/FeS, GeS_2/ZnS, $GeS_2/Na_2S/Li_2S$, $GeS_2/Na_2S/CdS$, $GeS_2/Na_2S/FeS$, $GeS_2/Na_2S/ZnS$ u. $GeS_2/Na_2S/PbS$ 9-2253; Bldg. v. Tetrakis-[methylgermanium]-hexasulfid 23-0798; IR-Spektren ringförm. Organo-Ge-Sulfide 25-0100; interatomare Abstände v. Zn_2GeS_4 3-0415; Krist.-Wachstum u. Gitterdaten v. Cu_2AGeS_4 mit A = Zn, Cd, Fe, Mn, Ni 15-0216; Gitterdaten, Isotypie, Darst. u. Farbe v. $CuMGeS_4$ mit M = Al, Ga, B, Sn 15-0246; gesätt. Photoströme in Cd_4GeS_6 25-0458; Gitterwärmeleitfähigk. v. $Cu_2(Sn, Ge)(Se, S)_3$ 2-0257; Unters. d. Syst. Zn/Ge/S auf tern. Phasen 29-0370.

GeS, Zücht., Farbe, Form u. Gittertyp v. – -Krist. 9-0240; Bezieh. zwischen d. energet. Charakteristiken u. d. Refrakt. v. Bind., Berechn. für – 13-0116; elektr. Eig. u. Strukturen v. festem u. fl. – 16-0447; Löslichk. in sauren u. alkal.-wss. Lsg. 31-2218; Dissoziat.-Energien v. – 31-0579; – -halt., hochschmelzendes, für elektromagnet. Wellen v. *6,5 – 10,5* μ durchläss. Glas 13-2241*.

GeS_2, Darst. u. Unters. einiger Eig. v. – -Einkrist. 38-0667; Zücht., Farbe, Form u. Gittertyp v. – -Krist. 9-0240; Löslichk. in sauren u. alkal.-wss. Lsg. 31-2218.

Germaniumtelluride: Herst. v. $Ge_{1-x}A_x \cdot Te_{0,85-0,995}$ (x = *0,001 – 0,15* u. A = Bi, Fe, In, Ga, Sc, La, Pb, Y, Ru u./oder Tl) für elektr. Erhitz.-Vorr. 31-2388*; Unters. d. Syst. Zn/Ge/Te auf tern. Phasen 29-0370; thermograph. Unters. d. krit. Temp.-Gebietes im glasähnl. Syst. As/Ge/Te 37-0293; thermoelektr. Eig. d. Syst. GeTe/PbTe 12-0375; Herst., Gitterkonst. u. Halbleitereig. d. neuen, nichtstöchiometr. Verb. $GeSe_{0,75}Te_{0,25}$ 14-0430; Charakteristiken v. Al–Al_2O_3–GeTe-Übergängen 42-0324; Verh. v. – beim Sublimieren im Vakuum 39-0445; Kinetik d. Auflsg. v. Gläsern d. Syst. As/Te/Ge in NaOH-Lsg. 5-0703; Auflsg.-Geschw. glasförm. Halbleitereig. $AsGe_xTe_y$ in HNO_3 46-0652.

GeTe, Mikrowellenrotat.-Spektrum 10-0113; opt. Eig. 22-0324; neuer epitakt. Krist.-Zücht.-Prozeß 9-0215; Natur d. Fehlstellen in – 10-0406; Instabilität v. symm. Konfig. d. – -Gitters 28-0229; Phasenumwandl. u. Struktur v. α-GeTe 44-0198; thermoelektr. Eig. d. Syst. GeTe/PbTe 12-0375; Thermo-EMK v. – beim Schmelzen u. in fl. Phase 15-0392; Halbleiterverh. 15-0400; Phasenübergang in – bei hohen Drücken 8-0503; $\alpha \rightleftharpoons \beta$-Phasenübergang in GeTe/SnTe-Leg. bei hohem Druck 45-0519; Verw. v. – in thermoelektr. Leg. 25-2392*.

Germaniumthiocyanate, Raman- u. IR-Spektren v. H_3GeNCS u. D_3GeNCS 26-0120; Chromatographie v. Ge–Thiocyanatanionkomplexen auf mit höheren tert. Aminen imprägniertem Papier 21-2145.

Germaniumwolframate bzw. -wolframatokomplexe

Wolframatogermanium(IV)-säuren:

Salze s. *Cäsium-, Kalium-, Lithium-, Natrium-* u. *Rubidiumwolframatogermanate(IV).*

Organische Germaniumverbindungen

Elektr. Dipolmomente v. Organo-Ge-Verb. 2-0107; Synth. u. Umwandl. ungesätt. Ge-organ. Verb. (Synth. u. Umwandl. einiger verzweigter einwert. tert. Ge-organ. Alkohole d. Äthylenreihe) 6-0740; (Synth. u. Umwandl. einiger ein- u. zweiwert. tert. γ-Ge-organ. Alkohole d. Acetylenreihe) 6-0741; Elektrochemie v. Organo-Ge-Verb. 7-0610; Unters. v. Organo-Ge-Verb. 12-0703; Organo-Ge-Verb. (Darst. v. Alkyldigermaniumhalogeniden) 18-0719; Darst. v. Organogermaniumphosphinen 18-0722; NQR d. ^{35}Cl in Organylgermaniumchloriden 19-0139; Organo-Ge-Verb. (H-T-Austausch in Ge-substituierten Acetylenen) 19-0765; neue Klassen v. Organo-Ge-Verb. (Alkylhydrogengermoxane u. Alkylhydrogengermylamine) 19-0862; metallorgan. Ge-Verb. (Synth. v. Alkoxygermanen aus Organogermaniumoxiden) 20-0716; Organo-Ge-Verb. (Darst. v. Trialkylgermyl-Alkalimetall-Deriv.) 21-0832; organ. Deriv. d. Ge (Glykolderiv. d. Tri-n-butyl- u. Diphenylgermaniumalkanolate) 24-0772; IR-Spektren ringförm. Organo-Ge-Sulfide 25-0100; Organo-Ge-Verb. (Transalkylier.-Rk. zwischen Ge-Verb.) 25-0813; IR- u. UV-Absorpt.-Spektren v. Organo-Ge-Verb. mit Propargylliganden

29-0109; Organyl-Ge-Halogenide (Übersicht) 29-0806; Rk. zwischen Organo-Ge-Hydriden u. perhalogenierten Cyclobutenen 29-0818; Indikat. d. relativen Basenstärken v. Organo-Ge-Basen aus d. protonenmagnet. Resonanzverschieb. bei Verdünn. in CCl_4 31-0655; Synth. ungesätt. Organo-Ge-Verb. 31-0821; Thermochemie, Verbrenn.-Wärmen u. Bldg.-Wärmen v. – 32-0575; Bldg. v. cycl. Organogermanosilthianen 33-0890; Analogien u. Unterschiede zwischen organometall. Verb. d. Si, Ge u. Sn (Übersicht) 33-0895; Addit. v. Organo-Ge-Hydriden $R_{n-1}Ge_nH$ an $R_{m-1}\cdot Ge_mC{\equiv}CH$ zu disubstituierten Organo-Ge-Deriv. d. Äthylens 36-0698; Rk. v. Organo-Ge-Hydriden mit Phenyl-(trihalogenmethyl)-quecksilberverb. 38-0674; Austausch v. Ringgliedern zwischen cycl. Organogermthioxanen im Gleichgew. 39-0660; oxydative Eliminier.-Rk. v. Tetracarbonylbipyridylmolybdän u. -wolfram mit Organo-Ge-Halogeniden 41-0650; Schwing.-Spektren u. Struktur v. Organogermanen ($C_6D_5GeCl_3$) 43-0099; Darst.: v. Organogermyl–Pt(II)-Komplexen 43-0694; v. organ. Aziden v. Ge $R_{4-n}Ge(N_3)_n$ als Insektizide, Herbizide, Fungizide, Ölzusätze u. Blähmittel für Harze 44-2434*; u. Brech.-Index v. organ. Di- u. Trigermanen 46-0689; Anwend. v. ^{77}Ge-markierten Ge-organ. Verb. zur Unters. v. Materialflüssen in Erdölverarbeit.-Anlagen 46-2395.

Bldg. v. Dodekamethylcyclohexagermen 3-1151; Herst.: v. Alkyl- oder Aryl(oxy)-Ge-Komplexen 3-2638*; u. IR-spektroskop. Unters. d. Addukte v. Lewis-Säuren mit Triphenylgermaniumazid 4-0601; Erschein. d. σ,π-Konjugat. in d. Spektren v. Alkenylgermanen in Abhängigk. v. ster. Faktoren 4-0671; vergleichende Unters. d. photochem. Chlorier. v. Äthyltrichlorgerman u. Äthyltrichlorsilan 6-0738; Synth. d. n-Propyl- u. n-Butylgermaniumjodide u. -bromide u. ihre Verw. zur Darst. asymm. Tetraalkylgermane 6-0739; Rk. v. Cl_2 u. Br_2 mit Triphenylalkenyl- u. Diphenyl-bis-[p-alkenylphenyl]-germanen 6-0742; durch Li-Metall induzierte Isomerisier. d. Propenylderiv. v. Ge 6-0746; Schwing.-Spektren u. Struktur v. 1.3-Enin–Ge-KW-Stoffen 7-0145; elektrochem. Unters. u. Unters. d. nucleophilen Verh. v. $[(C_6H_5)_3Ge{:}]^-$ 7-0611; Darst., IR- u. NMR-Unters. v. $R_3Ge\cdot Me(CO)_5$ (R = Aryl bzw. Alkyl u. Me = Mn, Re) 7-0723; Herst. v. Tetramethyl-Ge 7-2636*; IR- u. Raman-Spektren v. $Ge(C{\equiv}CH)_4$ 9-0140; protonenmagnet. Resonanzspektren einiger Äthyl-Ge-Verb. 9-0157; Synth., D. u. Brech.-Index v. $(C_2H_5)_2GeCl_2$ u. $(C_2H_5)_3GeCl$ 9-0718; Intensitätsänder. d. symmetrieverbotenen $A_{1g} \rightarrow B_{2u}$-Elektronenübergänge im UV-Spektrum v. Benzolderiv. d. Ge 12-0097; Bind.-Struktur d. Arylderiv. v. Ge 12-0098; Darst.: u. Eig. einer Reihe v. Dialkinylverb. d. Typs $R_2Ge\cdot(C{\equiv}CR)_2$ 12-0705; v. Triphenylgermylplatin-Komplexen 13-0764; Zusammenstell. v. Retent.-Werten v. Alkyl-Germanen, -Digermanen 13-1847; Verw. v. Vinyl-2-methallyldimethylgerman in Copolymeren 14-2791*; Gitterabstände u. Metall–Metall-Bind. in $(CO)_5XGe(C_6H_5)_3$ [X = Mn, Re] 15-0245; IR-Spektrum v. Germylacetylen 16-0096; $[(CH_3)_3Ge]_3PNi(CO)_3$ (Darst., IR-Spektren) 16-0762; Darst. v. Tetraäthinylgerman u. substituierten Äthinylorganogermanen 20-0717; Rk. v. Triäthylgermaniumhydrid mit Triäthylwismut u. -antimon 20-0735; Koppl.-Konst. J(^{13}C–H) v. $Ge(CH_3)_4$ 21-0096; Darst. u. Rk. v. Alkyldi(tri)chlorgermanen 21-1108; durch H_2PtCl_6 katalysierte Addit. v. Trimethylgermaniumhydrid an Diene 22-0749; Raman-Spektren v. Dimethylgermaniumdihydroxid in wss. Lsg. 23-0138; protonenmagnet. Resonanz d. Phenyl- u. Äthinylderiv. v. Ge 23-0147; einfache Synth. v. Methyltrichlorgerman 23-0797; Bldg. v. Tetrakis-[methylgermanium]-hexasulfid beim Einleiten v. H_2S in eine benzol. Lsg. v. CH_3GeBr_3 in Ggw. v. Triäthylamin 23-0798; Darst. u. Ultrarotspektren d. Verb. $(CH_3)_3GeC{\equiv}CH$ u. $(CH_3)_3GeC{\equiv}CD$ 23-0800; IR-Unters. d. Bind.-Polaritäten u. Atomlad. in $(C_2H_5)_3Ge-Co(CO)_4$ 24-0116; Synth. neuer gemischter Organo-Ge-Verb. d. Typs $(C_6H_5)_2Ge(C_6H_5X)_2$ 24-1089; Bezieh. zwischen Struktur u. Toxizität aliphat. Ge-Verb. 24-1695; Temp.-Abhängigk. d. thermodynam. Eig. v. $Ge(CH_3)_4$ 26-0559; Darst. v. Ge-Alkenyl-Verb. durch Rk. v. Halogen-Germanen mit Propenyl-Li 26-1027; Synth. neuer ungesätt. – d. aromat. Reihe 26-1038; Halogenaustausch zwischen Methylsilicium- u. Methyl-Ge-Halogeniden (Kinetik) 27-0783; Rk. v. $GaCl_3$ bzw. $GaBr_3$ mit Tetramethylgerman zu Organogalliumhalogeniden 27-0838; Darst.: v. Dimethyl-bis-[biphenyl-(4)]-german 27-1147; v. – aus Tetramethylgerman 30-1015; Polymerisat. v. Diphenylgerman mit Diphenyldiäthinylgerman bzw. anderen Bis-acetylenverb. 30-1126; halbempir. Potentiale u. innermol. Kräfte aus Torsionsdaten für Methylgerman 31-0066; Synth.: v. Vinyltrimethylgerman 31-0819; v. Alkylaryl-Organo-Ge-Verb. v. Typ $C_6H_5GeR_3$ 31-0820; u. Unters. d. IR-Spektren v. Mono- u. Bis-[tetracarbonylkobalt]-deriv. v. Methyl- u. Phenylderiv. d. Ge 31-0848; Chlorier. v. Trimethylchlorgerman 32-0776; $GaCl_3$-katalysierte Konproportionier.-Rk. v. Alkylgermaniumhalogeniden 32-0777; Äthinylderiv. v. Ge (Übersicht) 32-0783; Synth. einiger Alkenyl-Ge-Verb. 33-0892; Berechn. d. Schwing.-Spektren v. Methylgerman sowie d. Deuteriumanalogen 34-0056; Synth. v. Triäthylgermyllithium u. d. Unters. einiger ihrer Rk. mit einer Reihe v. Organometallhalogeniden 36-0695; Darst. v. Bis-[trimethylgermyl]-quecksilber aus Bromtrimethylgerman mit Na-Amalgam oder aus Trimethylgerman mit Diäthylquecksilber 37-0827; CX_2-Einlager. in Bis-[trimethylgermyl]-quecksilber 37-0828; Darst.: v. Tris-[trimethylgermyl]-bismutin 37-0834; u. IR-Spektren v. $(NO)(CO)_3CoP\cdot[Ge(CH_3)_3]_3$ u. $(CO)_5CrP[Ge(CH_3)_3]_3$ 37-0848; u. Charakteristik v. Trialkyl-α-naphthyl-Ge-Verb. 38-0670; Austausch v. Halogenatomen zwischen d. Dimethylsilicium- u. d. Dimethylgermanium-Gruppier. 39-0659; Schutz v. Aminophenylgruppen bei d. Synth. v. – 39-0661; Rk. d. Azobenzol–Dilithium-Addukts mit Dichlordiphenylgerman 39-0663; IR-Absorpt.-Spektren v. Phenylderiv. d. Ge 43-0100; Eig. v. Triäthylgermylhydrogenselenid u. Deriv. 47-0653; Polymerisat. v. Triäthylvinyl-Ge 47-2907*; Substituentenaustausch an d. Methylgermaniumgruppe 48-0681; Umwandl. v. Hexaalkyldigermazanen u. -digermoxanen durch nucleophile u. elektrophile Agenzien wie CH_3OH, W., $AlCl_3$, $R_3'GeCl$ u. $R_3'SiCl$ 49/50-0596.

Darst. v. Pseudohalogengermaniumphthalocyaninen bei d. Rk. v. Phthalocyaninatogermaniumdihalogeniden mit d. Silberpseudohalogeniden 4-0600; Bipyridyl- u. Terpyridinkomplexe mit Halogeniden d. Ge 14-0722; Darst.: neuer Phthalocyanine d. Ge 27-0846; v. 2.2′-Bipyridylkomplexen v. $GeCl_4$ in Acetonitril 33-0891; u. IR- u. Kernresonanz-Unters. v. Ge-Phthalocyaninen u. -Hemiporphyrazinen 38-0671.

Darst.: v. (Pentafluorphenyl)-germanen 20-0715; u. photochem. Chlorier. v. γ-Trifluorpropyltrichlorgerman 38-0668.

Trialkylgermylamine 10-0716; Darst. v. N-tributylgermylsubstituierten aliphat. u. heterocycl. Aminen 11-0703; Umwandl.-Rk. v. Ge-Imidazolidinen in ihre P(V)-Analoga in einer Stufe 20-0720; zweifaches Verh. d. Ringöffn. d. β-Propiolactons durch Trimethylgermyldiäthylamin 23-0801; IR-Spektren v. geminalen Diaminen v. Ge u. d. cycl. Deriv. 30-0078; Basizität v. $(CH_3)_3GeCH_2N(C_2H_5)_2$ 38-0680; Aminier.- u. Transaminier.-Rk. als Weg zu Diaminen v. Organo-Ge-Verb. 39-0662.

Gleichgew.-Konst. d. Halogen-Methoxyl-Austausches im Syst. $(CH_3)_2GeX_2 + (CH_3)_2\cdot Ge(OCH_3)_2 \rightleftharpoons 2\,(CH_3)_2GeX(OCH_3)$ 3-0647; Rk. v. $GeCl_4$ mit Oxin (Hox), Bldg. u. Charakterisier. v. $GeCl_4\cdot 4$ Hox u. $GeCl_2(ox)_2$ 6-0745; scheinbare Übersättig. v. Lsg. v. Dihydroxo-bis-[8-hydroxychinolinato]-germanium(IV) in W. 10-0546; Überlapp. zwischen d. d-Bahnen v. Ge u. d. π-Bahn d. Benzolringes in p-substituierten Anisolen 12-0097; Abscheid. v. amorphen GeO_2-Schichten durch Zers. v. $(C_2H_5O)_2Ge$ 14-0244; Extrakt. v. Tris-[brenzcatechinato]-germaniumsäure durch Tri-n-octylamin 22-0564; Einfl. d. Lsgm. u. d. Zus. d. wss. Phase auf d. Extrakt. v. Ge-8-Hydroxychinolat 37-0548; Herst. v. 1.4.5.6.7.7-Hexachlorbicyclo-[2.2.1]-5-heptenyl-(2)-methoxy-Ge-Verb. (Verw.) 40-2398*; Chelate v. Ge(IV) mit 8-Hydroxychinolin u. substituierten Deriv. 41-0551; Darst. u. Eig. v. Germylmethyläther u. [Germylmethyl]-methyläther 51/52-0546.

Elektr. Dipolmomente v. Alkoxy-, Alkylthio- u. verwandten Verb. v. Ge 2-0108; Best. v. Alkoxy- u. Mercaptogermanen durch Acetylier. u. mit HBr 13-1869; Komplexbldg. v. Ge-Sauerstoffsäure mit 8-Mercaptochinolin in wss. Lsg. 15-0591; Darst.: v. Tetramercaptogermanen, $Ge(SR)_4$ 28-0740; u. ^{1}H-NMR-Spektren v. [Methylmercapto]-methylgermanen 32-0779; v. Trimethylsilyl-Deriv. d. Ge 33-0896; v. Butylgermanthiolaten 38-0669.

IR-, Raman- u. ^{31}P-NMR-Spektren einiger Phosphinderiv. v. Organo-Ge-Verb. 9-0141; Darst.: v. Diphenylphosphinoorganogermanen u. Unters. ihrer Hydrolyse sowie Spalt. d. Ge–P-Bind. 12-0704; v. N.P-Organogermaniumphosphiniminen aus Aminophosphinen 24-0757.

Darst.: v. $R\text{-}Si(CH_3)_2N[Ge(CH_3)_3]\cdot[Sn\cdot(CH_3)_3]$ 17-0783; v. Plumbylgermaniumarylen mit Pb–Ge-Gruppen 18-0726; v. $[(C_6H_5)_3Ge]_2\cdot[(C_2H_5)_3P]_2Pd$ u. Rk. mit HCl zu trans-$[(C_2H_5)_3P]_2PdBr_2$ 20-0769; Krist.-Struktur v. Bis-[dicarbonyl-π-cyclopentadienyleisen]-dichlorgerman 25-0193; Synth. v. π-Cyclopentadienyldicarbonyleisentrichlorgerman u. Bis-[π-cyclopentadienyldicarbonyleisen]-dichlorgerman 39-0673.

Bldg. u. Eig. v. Ge-Dithizonat 26-2047.

Spektrum v. $[Ge(acac)_3][FeCl_4]$ 12-0141; Chelate v. Ge(IV) mit 2.5-Dihydroxy-p-benzochinonen (Stabilitätskonst.) 18-0555; Zus. u. Dissoziat.-Konst. v. Tartrato- u. Citratogermaniumsäure 18-0578; Darst. v. Bis-[silyl]- u. Bis-[germyl]-ketonen 20-0719; IR-Spektren v. $Cl_2Ge(acac)_2$ 23-0133; NMR-Unters. an Diketonato-Ge-Komplexen 24-0794; Übersicht über 1.3-Diketonatoverb. d. Ge 36-0664; Komplexbldg. v. GeO_2 mit 9-Propyl-2.3.7-trihydroxy-6-fluoron 37-0573; Extrakt. v. tern. u. quatern. Ge-Trihydroxyfluoronkomplexen 42-0477; Strukturunters. an Acetylacetonaten d. Ge 51/52-0147.

Darst.: u. Charakterisier. einiger organ. Komplexe v. Ge mit geradkett. α-Hydroxycarbonsäuren 6-0737; v. organogermylierten Alkylacetaten 20-0718; Kp. v. Organogermaniumcarboxylaten u. -mercaptiden 27-0640; Darst.: v. Phthalocyaninatogermaniumdiacetat 27-0846; v. organ. aliphat. Ge-Verb. mit einer Nitril-, Amin- oder Säurefunkt. 27-1137; v. $H_3Ge{-}SnH_3$ u. seinen Phenyl-, Acetato- u. Chlorderiv. 30-0715; Kinetik d. Hydrolyse v. Trialkylgermaniumacetaten u. d. katalyt. Einfl. v. Kaliumacetat 31-0738; Bldg. v. $H_2[Ge(C_2O_4)_3]$ bei d. Adsorpt. v. Ge aus oxalsauren Lsg. durch Aktivkohle 32-0691; Darst. einiger Ge(IV)-Verb. mit Gallussäure 35-0705; Krist.-Struktur v. Mandelatogermaniumsäure ($C_{16}H_{20}GeO_{10}$) 46-0229.

Polarograph. Unters. d. Komplexbldg. v. Ge mit Brenzcatechinviolett 18-0556.

Best. v. Ge in Au–Ge-Leg. durch Alkalititrat. d. Ge–Mannit-Komplexes 24-2031.

Bibl.: Organische Germaniumverbindungen [russ.] B 50.

Germerin s. unter $C_{37}H_{59}NO_{11}$.

Germin s. unter $C_{27}H_{43}NO_8$.

Germitetrin s. unter $C_{41}H_{63}NO_{14}$.

Germizide s. unter *Desinfektion (und Desinfektionsmittel, Antiseptika)*.

Gersdorffit, Vork. v. Tetraedrit. in Assoziat. mit – aus d. VII. bis X. Sohle d. Ader Maria bei Roznava (Süd-Slowakei) 36-0840; Krist.-Struktur v. – 13-0250.

Gerste, N-Ernähr. bei Futter-– (Gefäßvers. mit Sommer-–) 1-2911; Einfl.: v. Saatzeit u. N-Gabe auf Qualität u. Ertrag v. Brau-– 3-3141; v. CCC auf W.-Verbrauch u. Wachstumseig. 6-2993; v. Diäthylpyrocarbonat auf –-Saatgut 9-1151; Düng.-Vers. mit fl., ausgefaultem Abwasserschlamm 9-3026; Bezieh. zwischen Mineralmangel u. Aminsynth. bei – 12-1372; Verh. v. –-Sorten gegenüber variierten Al-Konz. im Boden 18-2999; Wrkg.: v. Kalk-, N-, K- u. Mg-Düngemitteln auf d. Mg-Aufnahme durch – 21-3348; v. CCC auf agronom. Merkmale d. – 29-3288; v. CCC, D-Phosphon u. S-Phosphon auf Wachstum u. Entw. v. Sommer-– 32-2975; Ammonium- u. Nitrat-Düngerwrkg. auf Frühlings-– mit u. ohne Na u. K 51/52-1422.

Bekämpf. v. Flugbrand an – mit system. Fungiziden 3-3164; Wrkg. v. Actinomycin D auf mit Trespenmosaikvirus infizierte –-Blätter 10-1317; Entw. v. Weizen- u. Gerstenrost auf Sämlingen nach Behandl. mit Maleinsäurehydrazid 19-1533; Reinig. d. – v. Avena fatua durch Saatgutbehandl. mit Triallat bzw. Avadex u. Granosan 33-3413.

Zunahme d. Atmung in –-Blättern bei Infekt. mit staub. Mehltau 1-1340; Bldg. v. α-Amylase in –-Keimen 4-1061; Anreicher. u. Verbrauch d. Kohlenhydrate u. d. Proteins in Hordeum bulbosum 5-1352; kombinierte Wrkg. v. Desoxyfluoruridin mit Strahl. u. mit Äthylmethansulfonat auf Chromosomen v. – 7-1164; Wrkg. v. Äthylmethansulfonat auf d. Fertilität v. – 7-1165; Verteil. d. Photosynth.-Prod. zwischen Mehltau u. – 7-1393; Aktivier. d. α-Amylaseprod. im –-Endosperm 9-1257; Membranpermeabilität junger –-Wurzeln 9-1333; Stimulier. d. Transpirat.-Geschw. v. –-Blättern durch Kinetin u. Gibberellsäure 9-1366; Dynamik d. Hemicellulose in d. – 11-1366; biochem. Prozesse u. Ertrag bei – (Einfl. v. Mo) 13-1372; Umwandl. v. CCC in Cholin in –-Sprößlingen 13-1374; Wrkg. d. Lichtintensität auf Enzyme d. photosynthet. Carboxylier.-Phase u. Chlorophyllsynth. in –-Blättern 14-1400; Stoffwechseländer. in –-Samen (Einfl. v. Phenylurethan-Herbiziden) 15-1496; keimungs- u.

wachstumshemmende Eig. allelopath. Substanzen in – 15-1498; Durchdring. u. Verteil. v. Fettsäure-markiertem u. Oxyäthylen-markiertem ^{14}C-Tween *20* in – 18-1366; Löslichk. u. Verwertbark. für – v. Radionucliden in reaktoraktivierten Böden 18-1401; durch Gibberellsäure beschleunigte Synth. u. Freisetz. v. α-Amylase u. Ribonuclease durch isolierte – -Aleuronschichten 18-1404; Ox. u. Phosphorylier. in – -Keimlingen (Einfl. v. Gibberellin A_3) 18-1406; Bezieh. zwischen W.-Geh. u. Strahlenempfindlichk. bei trokkenen – -Samen 19-1470; Aufnahme u. Stoffwechsel v. P durch – -Sämlinge (Wrkg. d. Al) 19-1495; CO_2-Assimilier. durch etiolierte Hordeum vulgare-Sämlinge während d. Photosynth. 19-1499; Vorstufen d. Biosynth. v. Gibberellsäure bei – 19-1520; Bezieh. zwischen α-Amylaseaktivität u. Nucleinsäuregeh. d. – -Korns während d. Keim. 19-3243; W.-Aufnahme u. Enzymaktivität während d. Weichens v. – 19-3244; Verringer. d. α-Amylasebldg. in – durch einen Inhibitor aus d. Johannisbrot 20-1332; phänotyp. Wiederherst. d. Fertilität einer männl.-sterilen Mutante einer – -Sorte 20-1448; Wrkg. v. DDT auf d. Photosynth. in – 20-1450; Translokalisier. d. DNS in keimender – 22-1267; Biosynth. d. Gramins durch – -Keimlinge 23-1556; Einfl. v. Vitamin B_{12} auf Entw., Wachstum u. Ertrag v. – 23-1567; Inositstoffwechsel u. Bldg. d. Zellwand in – 24-1516; subzellulare Frakt. bei d. Biosynth. v. Graminalkaloiden in Hordeum vulgaris 24-1522; Biochemie d. Entsteh. v. Aminosäuren in keimender – 25-3446; Halogenphenole als Abbauprod. d. Halogenphenoxyessigsäuren in d. – -Pflanze 26-1526; Inkorporat.-Weise v. S in d. Zellfrakt. d. – -Blattes 27-1600; Wrkg.: v. Kinetin auf d. Spaltöffn. u. d. CO_2-Aufnahme in ausgewachsenen Primärblättern v. – 27-1604; eines Morphaktins auf d. Amylasesynth. im – -Endosperm 29-1591; Nucleinsäuresynth. in – -Blattsegmenten (Einw. v. Kinetin) 30-1388; Wrkg.: d. Gibberellsäure während d. Keim. d. – 30-3070; v. ATP u. 2.4-Dinitrophenol auf d. Chromosomenschädig. d. – -Korns nach γ-Bestrahl. u. Einw. v. raschen Neutronen 34-1381; d. blauen, roten u. grünen Lichtes auf d. Geh. an Eiweiß, Nucleinsäuren u. Chlorophyll in jungen – -Pflanzen 35-1387; rhythm. Ausscheid. v. organ. Substanzen durch – -Wurzeln 35-1432; Aufnahme d. markierten 6-Benzylaminopurins durch Blattausschnitte d. – (Verteil. auf d. Frakt. d. Zellstrukturen) 35-1433; Phosphataufnahme v. – -Wurzeln (Ca-Wrkg.) 38-1569; Glucosenutz. in Sproß u. Wurzel v. – (Einfl. v. Dalapon) 38-1576; Wrkg. d. γ-Strahlen auf Malz- – (Einfl. v. Gibberellinsäure) 41-3271; Beweg. u. Umwandl. v. CCC nach Applikat. auf – -Blätter 46-1367; Biosynth. d. Prenyl-Seitenkette d. Plastochinons u. ähnl. Verb. in – -Schößlingen 48-1517; Transport v. Kationen in isolierten – -Wurzeln [Einfl. v. Tl(I)-Ionen] 51/52-1418; Wrkg. v. 1-Alkyl-1-nitrosoharnstoffen u. 1-Alkyl-3-nitro-1-nitrosoguanidinen auf d. M_1-Generat. v. – 51/52-1428.

Einfl. v. γ-^{60}Co-Strahl. auf Brau- – 8-3164; – -Lipide (Übersicht) 14-3069; Isolier. u. Struktur biflavonoider Proanthocyanidine d. – 15-1473; Nicht-Stärke-Polysaccharide aus d. Endosperm v. Nackt- – 17-1430, 17-1431; 3.4-Benzpyren-Geh. 17-3511; Verteil. v. Nitrat- u. Nitritreduktase in – 20-1281; Indolauxine in – -Sämlingen 22-1489; Heterogenität lösl. – -Proteine unter bes. Berücksichtig. v. β-Amylase 23-1423; Lokalisier. u. Entw. v. α-Glucosidase während d. – -Keim. 23-1426; antifungale Faktoren v. – (Isolier. u. Synth. v. Hordatin A) 23-1541; Carbohydrasen aus – (Übersicht) 25-3393; Geh. an Phenolen in gekeimter – 25-3447; Verteil. v. Protein sowie freier u. gebundener Amylase in – 29-3388; Einfl. d. Bodenversalz. auf d. Geh. an P-organ. Verb. d. – 31-3399; Spezifität d. R-Enzyme aus gemälzter – 32-1412; partielle Reinig. v. Proteasen aus gekeimter – 33-1519; Schwank. d. Zus. v. – aus Wales 35-3181; bas., wasserlösl. – -Protein 40-1384; Extrakt. u. Charakterisier. d. Proteine d. – 41-1174; Konstit. d. Glucofructane aus d. Endosperm d. Nackt- – 43-1345; nicht stärkeart. Polysaccharide d. Endosperms v. Nackt- – 43-1346; Fraktionier. d. wasserlösl. Gersten- – 44-1355; Art, intrazellulare Verteil. u. Bldg. v. Terpenoidchinonen in – -Sprossen 48-1442; Anreicher. d. Oligosaccharide in – (Bedeut. für d. Anpass. d. Kulturen an niedr. Temp.) 51/52-1392.

Serienbest. v. N nach Kjeldahl für d. Klassifizier. v. – 1-1918; chromatograph. Trenn. v. Flavonoiden aus – 9-1327; quant. Best. v. Tryptophan im – -Korn 11-1353; Mikrometh. zur Best. d. Proteinfrakt. im – -Korn 11-1354; immunoelektrophoret. Meth. d. Analyse v. – -Samenprotein 12-1906; Unters. d. Eiweißgeh. v. – in d. Brauindustrie 12-1997; Best.-Meth. d. gesamten β-Amylase in – u. Arten v. Zymogen-β-amylase in – 43-1229.

Geruch

Beseitig. v. – s. *Desodorierung*; *Aromastoffe* s. dort; Riechstoffe s. unter *Parfümerie und Riechstoffe*.

Chem. Konstit. u. – (*5.* Mitt.) 23-3028; Chemie d. – (Symposium, Detroit *1965*) 32-3065.

Saure Chloritbleiche ohne – -Belästig. 11-2992; mögl. Beitrag phenol. Komponenten zum Eber- – 22-1511; katzenart. – in Lebensmitteln (Rk. zwischen H_2S u. ungesätt. Ketonen) 28-3197; (Rk. zwischen Mesityloxid u. S-Verb. in Lebensmitteln) 28-3198; durch Cystein verursachte – -Verstärk. in Zwiebeln u. anderen Nahr.-Mitteln 34-3085; O_3 als maskierender – -Stoff für d. Erkennen v. Röntgenstrahlen durch d. olfaktor. Syst. 44-1479; – -Verbesser. v. Polychloropren 3-2958*; zweigliedr. Komplex aus Morpholin-3-onderiv. u. 4-Hydroxy-3-methoxy- bzw. -3-äthoxybenzaldehyd als Raumodorans 44-2432*; Wahrnehmbark.-Grenzen v. Standardgeruchsstoffen 5-3248.

Sensor. Analyse v. – in Verb. mit stereochem. Theorien 5-3248; Best.: v. Formaldehyd- – bei nach verschiedenen Permanent-Press-Verf. ausgerüsteten Geweben 13-2947; v. Fettsäuremethylestern nach Reinig. über d. Harnstoffaddukte 25-2987; Verf. zur Best. v. – -Verunreinig. 42-2060; gaschromatograph. Analytik d. S-Odoriermittel 20-1994.

Gesagard s. unter $C_{10}H_{19}N_5S$.

Gesaprim s. unter $C_8H_{13}ClN_5$.

Geschichte

Bibliographien (*und Nachrufe*) s. dort.

Siehe auch *Forschungsstätten*.

Rolle d. wissenschaftl. Kultur in d. modernen Gesellschaft 7-0027; – d. Chromatographie 11-0008; Nobelpreise als Spiegel d. wissenschaftl. Entw. im *20.* Jahrhundert 21-0002; Erinner. an *50* Jahre d. Forsch. 23-0020; Liebig u. Kolbe (krit. Herausgeber) 39-0003; Wegbereiter d. Chromatographie 49/50-0002.

Physik und physikalische Chemie: Früheste Best. d. Mol.-Größen 1-0009; Physik unmittelbar vor Einstein 3-0009; Fixier. v. W. in verschiedenen Feuern (Leidenfrostsches Phänomen) 7-0004; Männer u. Meilensteine d. Optik 9-0013; Entdeck. d. Elektronenspins 15-0006; Kirchhoff-Planck-Strahl.-Gesetz 15-0007; zusammengesetzte Mikroskope d. Guiseppe Campani (*1635 – 1715*) in Rom 17-1966; – d. Strahl.-Prozesse 31-0010; *100* Jahre Massenwrkg.-Gesetz v. Guldberg u. Waage (Bedeut. für d. Wirtschaftstheorie) 35-0002; Entw. d. Optik u. Spektroskopie in d. Sowjetunion während d. vergangenen *50* Jahre 35-0003; – d. Theorie d. Säuren u. Basen 37-0006; – d. elektrochem. Theorie d. photograph. Entw. 37-0008; Thermochemie u. d. *3.* Gesetz d. Thermodynamik sowie *100* Jahre Oktavenregel 39-0003; Erklär.-Wert u. Schwierigk. d. Atomhypothese u. ihrer Anwend. auf chem. Probleme in d. *1.* Hälfte d. *17.* Jahrhunderts 45-0006.

Chemie: Vom Geist d. Chemie 1-0008; – d. Kernchemie in Polen 2-0001; Entw. d. chem. Wissenschaften in Rumänien 5-0020; Bedeut. v. Pt-Komplexen für d. Koordinat.-Chemie 7-0005; Rolle d. Zufalls in d. chem. Forsch. 9-0014; theoret. Chemie in Polen 25-0014; – d. Chemie (Chemie: d. Aristoteles, d. Jains, im *9.* Jahrhundert, im alten Rußland; Entw. d. Katalyse) 39-0003; Koordinat.-Zahl acht u. wechselnde Koordinat.-Zahl (unveröffentlichtes Manuskript v. Alfred Werner) 47-0005; ein span. Vorläufer d. modernen Valenztheorie 49/50-0003.

Anorganische Chemie: Alchimist. Heizhaus 13-0005; kurze Entdeck.- – d. Transurane 19-0002; Bedeut. v. Kalk in d. Entw. chem. Theorien [chem. Analysen u. Synth. mit $Ca(OH)_2$ u. $CaCO_3$] 21-0003; Entw. u. derzeit. Stand d. anorgan. Chemie in d. ČSSR 25-0015; Macquer über d. Zus. v. Metallen u. d. künstl. Darst. v. Au u. Ag 39-0003; chem. Bind. in d. anorgan. Chemie (Anwend. d. Ligandenfeldtheorie in d. Krist.-Chemie) 51/52-0002; (Mol.-Orbitale in d. anorgan. Chemie) 51/52-0003; (Alkylcyanide u. damit zusammenhängende Gruppen als Liganden) 51/52-0004.

Organische Chemie: Übersicht über d. Chemie d. Organophosphorverb. in d. UdSSR 37-0007; Entw. d. Organometallchemie in d. UdSSR 39-0004; Theorie d. tetraedrischen C-Atoms 49/50-0004.

Pharmakologie, Pharmazie: Chemie in d. medizin. Formulier. v. al-Samarquandi (*12.* Jahrhundert) 39-0003; Geschichte d. Distickstoffmonoxid-O-Anästhesie (Anfänge d. Lachgasnarkose *1867*) 41-0003.

Analyse: Vorschlag zur Darst. d. Analyseergebnisse in „Ionenform“ schon vor d. Ausarbeit. d. Ionentheorie 5-0019; große Entdeck. d. analyt. Chemie im Jahre *1867* 17-0011; analyt. Chemie in d. Tschechoslowakei 25-0016.

Geschichte der Technik

Raketentechnik im *16.* Jahrhundert [Bemerk. zu einer in Sibiu (Harmannstadt) vorhandenen Handschrift d. Conrad Haas] 13-0006; – d. Technik u. Technologie 45-0006.

Chemische Industrie: – d. elektrotherm. Herst. v. Al u. seinen Leg. 1-0010; histor. Gesichtspunkte d. Entsalz. v. salzhalt. W. 17-0012; Entw. d. chem. Industrie v. *1770* bis *1870* 27-0005.

Bergbau, Metallurgie, Metallverarbeitung: Metallhüttenwesen in d. Slowakei bis zum *18.* Jahrhundert 11-0009; Einfl. d. Anfänge d. theoret. Denkens auf d. Bau d. böhm. Fe-Schmelzöfen in d. Zeit d. unbeschränkten Holzkohlenbetriebes 13-0007; Fe-Schmelzen in d. Heilig-Kreuz-Bergen (Mittelpolen) 29-0007; Fe-Schmelzöfen im geschichtl. Grusinien 29-0008.

Waschmittel: Seifen-ähnl. Prod. im alten Orient 39-0005.

Textilfasern: – d. Entw. synthet. Fasern 17-0013.

Agrikultur: Bedeut. d. mineral. Düng. u. d. Düngemittelindustrie in d. letzten *100* Jahren 45-0006.

Bibliographie

Internationale Gesellschaft für Geschichte der Pharmazie: Vorträge des Internationalen Pharmaziegeschichtlichen Kongresses in London *1965* B 9; Geschichte der Quantentheorie B 57; Die Begründung der Elektrochemie und Entdeckung der ultravioletten Strahlen B 73.

Sources for history of quantum physics: an inventory and report B 1; Essays on history of nutrition and dietetics B 65.

Geschmack

Aromastoffe s. dort.

Chemie d. – (Symposium, Detroit *1965*) 32-3065; Mol.-Theorie über d. süßen – 36-1604; Abhängigk. d. sauren – v. Fruchtsäuren v. deren pH, Konz. u. Dissoziat.-Konst. 6-3104; – v. angereicherten Nahr.-Mitteln 18-3103; ranz. – bei Nahr.-Ölen 32-3052; synergist. – -Effekt v. Mononatriumglutamat u. Dinatrium-5′-inosinat 34-3094; α-Hydroxy-β-methyl-$\Delta^{\alpha,\beta}$-γ-hexenolacton als mutmaßl. – -Prinzip in Pflanzenproteinhydrolysaten 44-2985; Konfig., Konform. u. Süßigkeitsgrad v. Hexoseanomeren 37-1182; süß-empfindl. Protein aus Rinder- – -Knospen (Isolier. u. Best.) 24-1694; Synth. v. mit Inosin-5′-phosphat verwandten Verb. u. ihre – -steigernde Aktivität 25-1706; Herst. v. 5(4)-Amino-4(5)-imidazolcarboxamidribosid-5[1]-phosphorsäure zur – -Verbesser. v. Lebensmitteln 32-3071*; Analysenmeth. zum Nachw. v. – -Verfälsch. 27-3577.

Gestagene s. unter *Hormone*, *Ovarialhormone*.

Gesteine

Spezielle – s. unter d. entsprechenden Stichwörtern. *Geologie* (*einschließlich Geochemie und Geophysik*) s. dort.

Siehe auch *Erze*; *Mineralien*; *Salzgesteine*.

Verfestig. v. wasserdurchläss. bzw. lockeren Böden u. bröckl. – 8-2272*; petrograph. Kontrolle d. Klinkerqualität 11-2290; Acrylharzüberzüge für Schlackensteine 22-3078*; Fettsäuren aus Felsen- – 27-1118; nutzbare Mineralien u. – 27-2508; Skarn- – als Zusatzstoff u. Mineralisator bei d. Zementerzeug. 28-2383; Glas zur Herst. v. Glasfasern auf d. Grundlage v. – 29-2422*; Verw. v. – für Beton 29-2445; Zus. elektrotechn. Gläser auf d. Basis Fe-halt. u. polyalkal. Silicat- – 33-2516; Gießeig. v. – -Schmelzen 33-2558; keram. Nutzbarmach. d. tauben – d. Illit-Lagerstätte v. Füzérradvány 41-2360; Füllen d. Porenräume natürl. oder künstl. – 44-1846.

Schnellmeth. zur Best. d. Hauptelemente in einem Silicat- – 3-2135; Best. d. Hauptelemente v. – (Emiss.-Spektrographie) 7-1971; Röntgenfluoreszenzmeth. zur schnellen Best. d. Elemente in – 9-1967; Zusammenfass. d. neueren Daten über d. – -Proben G-*1* u. W-*1* (*1962 – 1965*) 10-1945; Verw. eines O-Stroms zur spektrochem. Spurenanalyse einiger Silicat- – 10-1951; petrograph. Bewert. einiger bulgar. Effusiv- – 11-2285; Best. v. Edelmetallspuren in – (Neutronenaktivier.- u. Leitisotopenmeth.) 14-1933; schnelle, quant. spektrograph. Analyse v. – 16-1955; Schnellmeth. zur Analyse v. Kalk- – u. anderen

Carbonat-- 17-2047; Unters. v. carbonathalt. — durch Oberflächenabdrücke u. Beobacht. im Elektronenmikroskop 18-0791; Mess. polarisierter Absorpt.-Spektren kleiner Krist. v. Silicat-- 23-2160; absorptiometr. Meth. zur schnellen Silicatanalyse 23-2161; einfaches Aufschlußverf. zur Lsg.-Spektralanalyse v. — 26-2059; Unters. d. Zus. d. bei d. Zers. v. Silicat-- in *38 – 40*%ig. HF auftretenden Nd. 26-2060; Mess. d. Modalzus. eines granit. --Pulvers durch Punktzähl., IR-Spektroskopie u. Röntgenbeug. 27-0882; halbquant. Spektralanalyse d. Nachbar-- v. rumän. Erdöllagerstätten 29-2122; Primärstrahl-Schwäch.-Faktor bei d. Röntgenemiss.-Analyse u. d. Best. schwerer Elemente in Standard-- 31-2110; Röntgenstrahlenanalyse d. D.-Frakt. (neue Meth. zur modalen --Analyse) 33-0992; Rechenprogramme für d. Nachrechn. v. -- u. Mineralanalysen 33-2239; Schmelzen v. Mineralien u. — mit Hilfe d. Hochfrequenzerhitz. 38-2082; Direkt-Spektral-Analysator DSA *24* bei d. quant. Spektralanalyse v. Silicaten 39-2003; chem. Best. einiger Hauptbestandteile in — 41-2073; chem. u. spektrochem. Analyse v. Standard-Carbonat-- 41-2074; FORTRAN-Programm zur Berechn. d. chem. Analyse v. — aus d. Modalanalyse 47-1978; selektive Anfärb. v. Gesteinskörnern zur mkr. Identifizier. 47-1979; U. S. Geological Survey-Standards v. Silicat-- (vollständ. konventionelle u. spektrochem. Analysen sowie --Schnellanalysen) 49/50-0639; Computer-Programm zur Umrechn. v. --Analysen 49/50-1929.

Empfindl. spektrochem. Analysenmeth. zur Best. v. Ge u. Sn in — 1-1834; Genauigk. d. chem. Best. d. Gesamt-Fe-Geh. u. Al-Geh. in Silicat-- 5-1949; spektrograph. Best. v. W. in — 7-1972; Spurenbest. v. Sc in Silicat durch Kombinat. v. Ionenaustausch u. Spektrophotometrie 10-1949; Best. v. U in — (Meth. d. verzögerten Neutronen) 10-1950; spektrochem. Au-Best. in silicat. — 10-1953; Best. d. U-Verteil. in — durch Spaltspuren-Registrier. in Lexan-Kunststoffen 17-0809; spektrophotometr. F-Best. in — 17-2045; interferenzfreies Spektrometer für hochempfindl. Meth. zur Hg-Best. in — 17-2056; Trenn. u. Best. v. Rb u. Sr in Eruptiv-- u. Glimmern 21-2181; γ-spektrometr. Best. d. Clarke-Geh. v. Th, U u. K in --Proben 22-0797; flammenphotometr. Schnellbest. v. Na u. K in Silicat-- 22-2103; Best. v. In in Standard-- durch Neutronenaktivier.-Analyse 22-2104; atomabsorptionsspektrometr. Best.: v. Sr u. Ba in — 23-2052; v. Rb in — 23-2163; Beseitig. d. gegenseit. Beeinfluss. v. Ta u. Nb bei d. Spektralanalyse v. — 27-2218; Einfl. d. Probenzus. auf d. Intensität d. Linien v. Mo, W u. Sn bei d. Spektralanalyse v. — 27-2219; U, Th u. K in sechs U.S.G.S.-Standard-- 28-2045; polarograph. Simultanbest. v. Al u. Mg in — 29-2127; Best. v. Pd, Os, Ir u. Pt in — durch Neutronenaktivier.-Analyse 31-2104; Cl- u. F-Geh. v. geochem. Standards 31-2108; photometr. Best. v. Ce in — 31-2112; atomabsorptionsspektrometr. Best. d. Ca u. Mg in — u. Mineralien 33-2244; Spurenanalyse v. U in — mit Hilfe d. Neutronenaktivier. 35-2062; Best. v. Mo, Fe u. Ti in — (Radioisotopen-Röntgenfluoreszenzanalysator) 35-2064; Best. v. Cl in U.S.G.S.-Standard-- (Neutronenaktivier.-Analyse) 38-0801; photometr. Best. v. V in Silicat-- mit N-Benzoyl-o-tolylhydroxylamin 39-2007; photometr. Mikrobest. v. U in — unter Verw. v. Arsenazo-III 39-2012; spektrophotometr. Best. v. Ti in Silicat-- nach Extrakt. als Ti(IV)-Gallat 40-1818; photometr. Best.: v. Mo in Sedimenten mit Zn-Dithiol 40-1834; v. W in Silicaten 40-1836; Best. v. Spurengeh. an ^{232}Th in — durch Neutronenaktivier. 43-1996; F-Best. in — 45-2105; Best. v. stabilem Sc in — durch Neutronenaktivier.-Analyse 45-2149; emissionsspektralanalyt. Best. v. Ge in — 46-1852; Best. v. Cr in — 46-1853; spektrochem. Best. v. Seltenerdmetallen in Spurenmengen in Eruptiv-- 47-1981; automat. Mn-Best. in Silicat-- u. Sedimenten 48-1861; photometr. Best. v. B in Sedimenten u. — mit Methylenblau 48-1865; Aktivier.-Analyse v. --Proben auf Geh. an Al u. Si 49/50-1930; photometr. Best. geringer U-Mengen in — 51/52-1909.

Bibl.: Zur Festigkeits-Anisotropie von Gesteinen (Untersuchungen an Gesteinen des Ruhr-Karbons) B 27; Industriegesteinskunde. Eine Einführung in die technische Petrographie der nutzbaren Gesteine B 59; Die Festigkeitseigenschaften natürlicher Gesteine, insbesondere der Salz- und Karbongesteine B 91.

An introduction to the practical study of crystals, minerals, and rocks B 42.

Gestyl s. unter *Hormone, Chorionhormone (Serumgonadotropin)*.

Getinax s. unter *Plaste, Andere Plaste.*

Getränke

Bier; *Milch*; *Spirituosen*; *Wein* s. dort.

Herst. v. Mineraltrinkwasser mit hohem Fe- u. extrem niedrigem Na-Geh. 4-1765*; W.-Aufbereit. für d. --Herst. 10-2121; Anreicher. v. --Pulvern mit Dibenzoylthiaminhydrochlorid 18-3103; Minorbestandteile in alkohol. — 18-3105; Herst. einer nicht hygroskop. Brauseverb. 20-3118*; Adsorpt.-Mittel zum Stabilisieren v. — (Ca-, Mg- oder Zn-Silicat) 22-3226*; Herst. v. bromierten Fettsäuren u. Estern als Zusätze für alkoholfreie — 23-2742*; Konservier. v. — mit einem Ascorbinsäure–Metabisulfit-Gemisch 24-3041*; Aufnahme v. F^- aus fluoriertem W. durch — 32-3035; Geschmack v. — 32-3065; Sorbinsäure als Konservier.-Mittel für — 33-2742; Milchsäurebakterien in d. --Industrie 39-1340.

Best. v. Benzoesäure in Fruchtsaft-- (Ionenaustauschchromatographie) 2-1931; opt. Schnellverf. zum Nachw. v. Hefen aus — 12-1995; Vgl.: d. offiziellen AOAC-Ester-Best. in alkohol. — mit kolorimetr. Meth. 13-2029; Anwend. d. Gaschromatographie zur analyt. Kontrolle d. Aromastoffe in — 13-2036; Best. d. Feststoffgeh. in Sirupen u. — aus Mittelinvertzucker 20-2031, 20-2032; Nachw. bzw. Best.: v. Nitrobenzol in — 25-2220; v. Orangensaft in alkoholfreien Misch-- 32-2106; v. CO_2 in — 32-2107; gaschromatograph. Unters.-Meth. für Aromastoffe aus — 45-2239; selektive Analyse v. Spurenbestandteilen v. Dämpfen alkohol. — 47-2143; Best. v. Ascorbinsäure in Fruchtsaft-- 48-2031.

Bibl.: Obst- und Gemüsesäfte. Rohstoffe, Herstellung, Haltbarmachung, Erfrischungsgetränke, Obstwein und Wein B 40; Technology of creamogenes and fruit and vegetable juices and beverages B 80.

Getreide, Rolle d. Lipidfrakt. beim Wachsen, Lagern u. Verarbeiten v. — (Übersicht) 20-3095; Unters. über Cerealien 24-3014.

Vers. zur Erhöh. d. Standfestigk. v. — 1-2918; Rk. d. --Arten auf d. gegenwärt. angewandten Herbizide 4-2580; Katalase-Aktivität v. Herbst-- während d. Winters 7-1334; Bekämpf. v. --Krankh. durch Saatgutbehandl. 21-3376; Wrkg. v. 2.4-D-Herbiziden auf nematodenbefallene --Arten 23-3386; Bekämpf. d. Umlegens v. — mit CCC 25-3303; Behandl. d. — mit d.l-α- oder d.l-γ-Tocopherol (Verhinder. v. Ernteschäden im Winter) 35-3074*.

Einfl. einer Vitamin D-halt. --Diät auf d. Knochen bei Ratten 4-1255; Biochemie d. Frostbeständigk. v. Herbst-- 7-1334; Wrkg. v. CCC auf d. Redox-Potential v. — (Einfl. d. Umwelt) 23-1566; rhythm. Ausscheid. v. organ. Substanzen durch --Wurzeln 35-1432; Aufnahme v. CCC durch --Arten 46-1366; CCC-Wrkg. bei d. --Arten 46-1367.

Fett–Eiweiß-Komplexe in Cerealien 1-3055; Rückstände in — (Vorratsschutzmittel) 6-3078; (Aldrin u. Dieldrin) 8-3139; Abbauprod. d. Phosphatidylinosits d. --Keims durch Essigsäure 15-1123; durch Hefe fermentierte Kohlenhydrate aus Körnern 17-1360; enzymat. Abbau v. --Proteinen 20-3097; DDT-Verunreinig. v. Futter-- in Pennsylvania 21-1591; Extrakt. d. --Proteine 22-1456; Ribonucleaseaktivität u. ihre Best. in — (Übersicht) 32-3054; Enzymaktivität v. --Prod. (Hitzeempfindlichk.) 33-1536; Pflanzenschutzmittel-Rückstände im --Vorratsschutz 36-3134; Si in --Prod. 38-3221; Riboflavingeh. in Kleie 42-1343; Cellulase-Aktivität in mit Fusarium moniliforme infizierten Kornhalmen 43-1232; Aminosäureanalysen v. --Proteinen 46-2815; Einfl. v. Kleie im Nährboden auf d. Synth. v. proteolyt. Fermenten durch Micromonospora 51/52-1309; Anreicher. d. Oligosaccharide in — (Bedeut. für d. Anpass. d. Kulturen an niedr. Temp.) 51/52-1392.

Schälen v. — auf chem. Wege 4-2661; Beseitig. v. Schimmelschädig. bei lagerndem — 41-3176; Einfl. v. Salzwasser-Suspens. v. BHA auf d. Oxydierbark. v. --Lipiden in --Prod. 45-3327.

Vitamin B_2-Best. in --Prod. 3-1473; ^{32}P-Injekt.-Meth. zur Best. d. Verteil. u. d. Ausdehn. d. Wurzeln v. --Pflanzen 6-1964; Best. v. Carbaryl in — durch Oszillopolarographie 7-2057; biolog. Nachw. v. Bidrinrückständen auf — 7-2059; mkr. Unters. u. Nachw. v. Reismehl in --Stärken 7-2063; Valorigraph im Labor. für --Unters. 10-2032; Best.: v. Zn in — (kolorimetr.) 10-2034; d. N-terminalen Aminosäuren v. --Eiweißstoffen 10-2035; v. Tryptophan im Korn 11-1353; d. Stärkegeh. nach d. Meth. v. Ewers (Einfl. d. Zerkleiner.-Grades d. Korns) 11-2040; v. Pentosanen in Cerealien 11-2041; orientierende Rohproteinbest. mit Orange G für Serienanalysen bei — 13-2023; gaschromatograph. Best. v. phenol. Pestiziden u. Rückständen in — 19-2266; Analyse u. schnelle Reinig.-Meth. v. Dicamba in — 19-2283; Best.: d. Stärkegeh. v. — nach d. Meth. d. VNIISP 21-2283; v. Rückständen einer Begas.-Misch. in --Körnern durch Elektroneneinfang-Gaschromatographie 25-2209; v. Asche bei — 30-2085; v. Thiamin in — 36-2079; v. --Prod. in Wurst 37-2277; d. α-Amylase-Aktivität im — durch papierkapillarograph. Viskositätsmess. 38-1431; v. Azinphosmethyl-Rückständen in — (Abänder. d. Meth. v. Miles) 39-2136; d. Stärkegeh. v. — (enzymat.) 40-1936; v. Eiweiß in — (Variier. d. Biuret-Meth.) 42-1959; v. Rohprotein in — mit Orange G 47-2136; d. Vitamin B_2-Geh. im — 47-2137; d. Feuchtigk. in --Körnern 48-2025; Abtrenn. u. Mess. v. Bidrin- u. Azodrin-Rückständen in — 48-1998; Beschleunig. d. Pentosanbest. in — 51/52-2017.

Bibl.: Das Getreide. Teil *2*: Das Getreide und seine Untersuchung B 24; Atlas der Krankheiten und Schädlinge der Getreidepflanzen B 31; Mühlen- und Mischfutter-Kalender. Technisches Jahrbuch für die gesamte Getreideverarbeitung B 32; Arbeitsgemeinschaft Getreideforschung. Bericht über die Getreidechemiker-Tagung *1967* B 48; Qualitätsbestimmung von Korn, Mehl und Schrot [russ.] B 79; Modern cereal chemistry B 80; La vitamina C nella tecnologia dei cereali B 87.

Getter s. unter *Vakuumtechnik*.

Gewerbeerkrankungen und Gewerbehygiene

Berufsdermatosen s. unter *Haut*; berufsbedingte Tumoren s. unter *Tumoren*; Strahlenschäden s. unter *Photobiologie und Strahlenbiologie*; Be- und Entlüftung sowie Luftverunreinigung s. unter *Luft*; *Betriebsschutz*; *Strahlenschutz* s. dort; s. auch *Toxikologie, Spezieller Teil.*

Berufskrankh. durch Cr 2-1560; Gesundheitsschädig. durch einen neuen nichtbackenden Gießereibinder mit Methylendiphenyldiisocyanat 8-2283; Symptomatologie bei Pb-halt. Noxen ausgesetzten Arbeitern d. keram. Industrie 9-1653; toxikolog. Wrkg. d. Salze v. 2.4-Dichlorphenoxyessigsäure auf Feldarbeiter nach Behandl. v. Maissaat 21-1824; Arbeit mit Oleinsäure u. tox. Wrkg. auf d. Arbeiter 26-1733; mögl. Gesundh.-Schäden v. Frauen in Betrieben für d. Herst. v. Chloropren-Kautschuk 26-1735; Berufsschädig. bei d. Herst. v. Zn-Tetraoxychromat 33-1896; maximale Arbeitsplatzkonz. v. Thiuram 34-2223; akute Vergift. mit p-Nitrodiphenyläther bei Arbeitern 49/50-1683; Schädig. bei Arbeitern bei d. Brestanherst. 51/52-1716.

Vitamin C-Bedarf v. Arbeitern, d. Hg ausgesetzt sind 7-1505; Einfl. d. Antibiotikaaerosole auf einige Kennzahlen d. natürl. Immunität d. bei ihrer Fabrikat. beschäftigten Arbeiter 11-1675; Proteinurie bei Arbeitern unter Einw. v. Cd-Dampf (Bezieh. zur Konz. an d. Arbeitsstätte) 22-1759; Einfl. v. krist. $CaCl_2$ auf d. Nasenschleimhaut bei Arbeitern 45-1805; Aktivität d. Serumaminopherasen bei chron. Berufsintoxikat. 45-1809; Einfl.: v. Rohopium auf d. Funkt. d. Organismus bei Arbeitern in d. Mohnernte 45-1810; v. Polyvinylchloridharzdämpfen auf d. Konz. u. Virulenz d. Bakterien in d. Nasenschleimhaut bei Schuhfabrikarbeiterinnen 51/52-1715.

Holzschutz u. Hygienefragen (Literaturübersicht) 22-3136; hygien. Bedeut. u. biolog. Aktivität v. Stabilisatoren für Kunststoffe u. Kautschuk (Überblick) 27-3149; Arbeitshygiene in Betrieben für Sulfanilamidpräp. 34-1671; hygien. Arbeitsbeding. bei d. Dublier. v. Porolon mit Baumwollgewebe 39-1645.

Hippursäureausscheid. im Harn als Index für Toluolaussetz. 9-1654; Best. v. Sulfaten im Harn v. Arbeitern unter Einw. v. CS_2 10-1650; Anwend. d. Coulometrie auf gewerbehygien. Analysen 12-1942; verbessertes Verf. zur Best. v. HF bei d. sanitär-chem. Kontrolle v. Arbeitsräumen 23-2247; analyt. Meth. für d. Arbeitsmedizin u. Industriehygiene (photometr. Mikrobest. kleinster Mengen Cr-Verb. in d. Luft) 27-2278; Anwend. d. Dispers.-Färb. in d. industriellen Hygiene 28-2110; analyt. Meth. für d. Arbeitsmedizin u. Industriehygiene (photometr. Mikrobest. kleinster Hydrazinmengen in d. Luft) 29-2177; Anwend. d. Gaschromatographie für Hygieneunters. in d. chem. Industrie 41-2129; hygien. Beurteil. v. Polyvinylchlorid durch dünnschichtchromatograph. Unters. 42-1951; Aktivität d. Aminolävulinsäuredehydratase d. Erythrozyten als diagnost. Mittel bei d. berufl. Pb-Vergift. 43-1643; Bemerk. zu vergleichenden Staubniederschlagsmess. 44-1926; arbeitshygien.-toxikolog. Beurteil. volkswirtschaftl. bedeutsamer chem. Substanzen (2.4-Dimethyl-1.3-dioxan) 51/52-1711.

Bibl.: Arbeitshygiene und Arbeitsschutz im Bauwesen B 23; Hygiene der Polymere. Sanitär-chemische Untersuchungsmethoden bei der Herstellung und Verwendung synthetischer Polymerer [russ.] B 63.

Silikose: Ersatz v. Quarzsand beim Druckluftstrahlen durch nicht Silikose erzeugende mineral. Strahlmittel 3-2466; Verw. v. Olivinsand statt Silikose erzeugenden Quarzsand für d. Stahlguß 6-2277; biochem. u. histochem. Veränder. d. Nucleinsäuren zu verschiedenen Zeiten d. Silikose 21-1821; Mucopolysaccharide d. Rattenlunge bei experimenteller Silikose 21-1822; Teilnahme v. Vitamin C an d. Bldg. v. Bindegewebe bei Silikose 26-1734; Citronensäuregeh. im Blut bei experimenteller Silikose bei Ratten 34-1440; Rolle d. Silanolgruppen d. hydratisierten Oberfläche d. Kieselerde bei d. Pathogenese d. Silikose 41-1757; Si-Geh. im Blut u. Harn in verschiedenen Stadien d. Silikose 45-1806; Wrkg. v. P *204* auf d. Silikose (Speicher. in Lysosomen) 31-1723; Gewinn. eines leicht lösl. Poly-2-vinylpyridin-N-oxid-Präp. (Mittel zur Bekämpf. d. Silikose) 36-1682*.

Gewürze

Spezielle — s. unter d. eigenen Stichwörtern bzw. unter *Pflanzen, Spezielle Pflanzen*; s. auch *Aromastoffe*; *Öle, ätherische*.

Elektrolyt. Reinig. v. wss. Proteinhydrolysaten zur Herst. v. Speisewürzen 24-2578*; Geschmacksintensität chem. — 16-3243; Fortschritte auf d. Gebiet d. Geschmacks v. — 32-3065; natürl. Vork. tox. Stoffe in — 32-3066; coliart. u. Gesamtbakterienzahlen in —, Würzen u. Zutaten 38-2197; Best. d. Feuchtigk. in — 48-2032.

Bibl.: Food flavorings: composition, manufacture, and use B 72.

15GF s. unter *Eisen, Schmiedeeisen und Stahl (Sondermarken)*.

GFD s. unter $C_{15}H_{12}N_2O_3$.

GGL s. unter *Eisen, Schmiedeeisen und Stahl (Sondermarken)*.

GH s. unter *Hormone, Hypophysenvorderlappenhormone (Wachstumshormon)*.

Glareg s. unter $C_{13}H_{17}NO_4$.

Gibbanderivate, Synth. 43-1042.

Gibberellin A$_1$ s. unter $C_{19}H_{24}O_6$.

Gibberellin A$_2$ s. unter $C_{19}H_{26}O_6$.

Gibberellin A$_3$ s. unter $C_{19}H_{22}O_6$.

Gibberellin A$_4$ s. unter $C_{19}H_{24}O_5$.

Gibberellin A$_5$ s. unter $C_{19}H_{22}O_5$.

Gibberellin A$_6$ s. unter $C_{19}H_{22}O_6$.

Gibberellin A$_7$ s. unter $C_{19}H_{22}O_5$.

Gibberellin A$_8$ s. unter $C_{19}H_{24}O_7$.

Gibberellin A$_9$ s. unter $C_{19}H_{24}O_4$.

Gibberellin A$_{10}$ s. unter $C_{19}H_{26}O_5$.

Gibberellin A$_{13}$ s. unter $C_{20}H_{26}O_7$.

Gibberelline, — (*10.* Mitt.) 7-1277; (*9.* Mitt.) 43-1043; — u. ähnl. Stoffe aus d. Kulturfl. v. Fusarium moniliforme 7-1278; Geh. in Buschbohnen (Wrkg. d. Entfernens v. Kotyledonen, d. apikalen wachsenden Spitzen oder d. Blätter) 1-1336; —-art. Stoffe in d. sich entwickelnden Aprikosenfrucht 8-1405; Vork. eines nicht identifizierten — in Rudbeckia bicolor bei Wachstum in verschiedenen Photoperioden 9-1371; —-art. Substanzen: in d. Früchten v. Ginkgo biloba 17-1497; in Pfirsichgewebe (Trenn. durch Dünnschichtelektrophorese u. Chromatographie) 17-1498; in Tulpenzwiebeln 17-1499; Geh.: in keimenden Pflanzensamen (Wrkg. v. Kinetin) 29-1593; in d. Organen d. Pflanze in Abhängigk. v. Alter 35-1461; Bezieh. zwischen endogenem Spiegel bei d. Pflanze u. jahreszeitl. Aspekten d. Kambiumtätigk. 41-1460; wasserlösl. — aus unreifen Samen v. Pharbitis nil (Isolier.) 45-1504; — in Samen u. Kapseln v. Pharbitis purpurea (Analyse) 45-1505; (Entw.-Stadien) 45-1506.

Durch Verwund. induzierte — 8-1406; Bldg. u. Abgabe v. —-ähnl. Verb. durch d. Wurzelsyst. (Einfl. v. CCC) 9-1374; Biosynth. 22-1404; (in Wurzeln) 34-1418; Lichtstimulierte Biosynth. in Fusarium moniloforme 36-1448; Biosynth. 48-1535; Synth. v. mit — verwandten Substanzen 15-1499, 22-1142.

Massenspektrometrie 33-1100; Dünnschicht- u. Gaschromatographie 22-1487; Dissoziat.-Konst. 8-0901.

Rückstände aus organ. Lsgm. mit —-ähnl. biolog. Aktivität 32-1539; —-art. Wrkg. v. Helminthosporol u. Helmenthosporinsäure 44-1376; Wrkg.: auf d. Sporulat. bei Hefe 7-1388; (Bezieh. zum RNS u. Proteinstoffwechsel) 7-1389; auf Wachstum u. Ertrag d. Baumwolle in Abhängigk. v. d. Düng. 5-3090; auf Ertrag u. technolog. Eig. d. Hanffaser 5-3091; auf d. Wrkg. einiger Deriv. d. 9-Fluorenol-9-carbonsäure auf d. Regenerat. v. Begonienblattscheiben 7-1377; v. exogenem — auf d. Wachstum bei Keimpflanzen v. Pisum sativum (Wechselwrkg. mit Chlorcholinchlorid) 9-1369; auf d. CO_2-Freisetz. aus ^{14}C-Carboxylmarkiertem Tryptophan in apikalen Pflanzengeweben 9-1370; v. bakteriellen — auf d. Pflanzenwachstum 10-1390; Rolle bei d. Fadensproßbldg. d. Kartoffelknollen 13-1375; Unabhängigk. v. Morphactin- u. —-Wrkg. auf höhere Pflanzen 17-1501; Einfl.: auf d. Wachstum v. Ginseng 18-1403; d. —-Behandl. auf d. Feuchtigk.-Empfindlichk. v. Beta vulgaris-Samen 24-1526; auf d. RNS-Geh. in d. Blättern gesunder u. v. Mosaikvirus befallener Kartoffelpflanzen 25-1475; in d. Norm u. nach Mosaikvirusinfekt. auf d. Kohlenhydratumsatz in d. Kartoffelpflanze 26-1460; auf d. Kohlenhydratgeh. v. Topinambur 34-1419; physiolog. Aktivität bei Pflanzen 35-1460; Einfl. auf d. Geh. an N, P u. K in d. Hanfpflanze 37-3279; Verzöger. d. Reifens d. Tomate durch — 44-1375; Einfl.: auf d. Beschleunig. d. Blattalter. durch Amo *1618* 49/50-1428; auf d. Energieumsatz d. Pflanze 51/52-1425.

Chromatographie an Kieselgel-Trennsäulen 11-1950.

Gibberellinsäure s. unter $C_{19}H_{22}O_6$.

Gibberellsäure s. unter $C_{19}H_{22}O_6$.

Gibberinsäure s. unter $C_{18}H_{20}O_3$.

Gibberon s. unter $C_{17}H_{18}O$.

Gibbersäure s. unter $C_{18}H_{20}O_3$.

Gibbsit s. unter *Aluminiumhydroxide*: $Al(OH)_3$.

Gießerei

—: v. Gußeisen u. Stahl s. unter *Eisen*; v. *Plasten* s. dort.

Allgemeines

Jahresübersicht: Sonderguß (Hartguß u. Walzenguß) 1-2180; Schwermetallguß (Schmelzen, Gießen, Technologie) 1-2181; Leichtmetallguß (Werkstoffe u. Werkstoffeig.) 1-2182; Formen u. Gußteile aus Hochdruckguß (Überblick) 1-2187; Anwend. v. Leg. in d. — 16-2333; Jahresübersicht: Druckguß (Teil *2*) 23-2548; Anschnitt- u. Speisertechnik 34-2369; Druckguß 34-2370; Leichtmetallguß (Schmelzen, Gießen, Technologie) 34-2373; Putzverf. u. -einricht. in d. — 34-2426; Schwermetallguß (Werkstoffe u. -Eig.) 36-2327.

Gießpraxis

Thermodynam. Analyse chem. Rk. in einer durch Wasserglas gebundenen Form 1-2184; Einfl. d. Elemente d. Eingußtrichter-Syst. auf d. Metallqualität 1-2186; Schmier. beim Stranggießverf. 1-2190; Verbesser. d. Formstandzeit v. Druckgießwerkzeugen 7-2349; Mechanite-Guß 7-2353; kinet. Einflußgrößen bei d. Druckgußformfüll. 9-2323; Natur d. SiO_2:CO_2-Bind. (Mechanismus d. Rk.) 10-2314; Ursprung d. äquiaxialen Zone in Gußstücken (Wachstumsgeschw. d. Dendriten) 10-2315; Herst. v. Gußstücken in Metallformen in d. SSSR 16-2332; Imprägnier. v. Gußstücken 19-2500; thermoelektr. kontrollierter Metallguß 21-2509; Einfl. d. Vol.-Verhältnisses auf d. therm. Verh. metall. Formen 21-2515; Kornfein. v. Metallschmelzen durch Schwing.-Behandl. 33-2583; Kohäs.-Kräfte in Bindern v. Formmassen 33-2587; Bind.-Mechanismus in keram. Formverf. (Wachs- u. Dauermodelle) 33-2589; Plasma-Elektronenstrahl-Vorr. zum Gießen v. hitzebeständ. oder reaktiven Metallen 39-2379; Einfl. d. Eigenspann. auf d. Haltbark. v. Kokillen 40-2150; Fortschritte d. —-Technik 45-2505; Maßtoleranzen u. Werkstoffe d. Feingießverf. 45-2507; Werkstoffe für d. — unter niedrigem Druck 47-2292; Bedeut. verstärkter Fließbeweg. v. Metallschmelzen für d. Gußstruktur 47-2295; Ursachen endogener Einschlüsse beim Schleudergüß 47-2296.

Ausdehn. d. Gußstücke vor d. Schrumpf. durch Wärmeausdehn. v. Formmaterial 1-2185; Unters. v. Abkühlen u. Erstarren beim Füllen eines Formhohlraumes 4-1937; Wärmeübergang in kontinuierl. Gießformen (Theorie u. Praxis) 7-2350; Wärmefluß in d. Form d. Druckgußherst. 14-2296; Vorschwind.-Ausdehn. v. Gußstücken (Einfl. d. Kristallisat.-Drucks) 14-2302; Zusammenhang v. Erstarr. u. Metallfluß (Vergießbark.-Probe) 15-2413; Einfl. d. elast. Schwing. auf d. Kristallisat. v. Metallen u. Leg. in d. — 15-2414; Wärmeaustausch im Spalt zwischen Gußstück u. Sandform 17-2420; Unters. d. Feuchtigk. in d. Form beim Erstarren v. Gußstücken 17-2422; Einfl. v. Niedrigfrequenz auf d. Keimbldg. erstarrender Metalle 19-2498; Herst. einwandfreier Gußbarren durch beschleunigte Erstarr. 19-2499; beschleunigte Erstarr. v. Platten- u. Schmiedeblöcken mittels Druck 25-2468; Wechselwrkg. zwischen d. erstarrenden Metall u. d. Form (Einbrandbldg.) 26-2407; Seiger. in Sphäroguß (u. Einfl. auf d. mechan. Eig.) 33-2597; Wärmeübergang zwischen geschmolzenem Metall u. Metallform beim Gießen 35-2379; Mechanismus d. Erstarr. beim Gießen v. beruhigten Stahlblöcken 35-2381; Parameter zur Anwend. d. überwachten Erstarr. 40-2149.

Bezieh. v. Oberflächenqualität u. Rk.-Fähigk. d. Metalloxide u. Silicate v. Gußstücken 1-2188; Druckgußtrennmittel u. deren Einfl. auf Gießfehler 7-2353; Fehler an Feingußteilen (Übersicht) 8-2286; Entsteh. u. Vermeid. v. Gußspann. 11-2380; Gußfehler durch Anomalie d. Quarzausdehn. im Gießereiformsand 12-2287; Ursachen d. Schülpneig. v. Grünsand u. formstoffbedingten Oberflächenfehlern 20-2305; krit. Bestrahl.-Dauer als gießtechn. Maß zum Vermeiden v. Sandausdehn.-Fehlern 20-2306; Kontrolle d. gelösten Gases als Qualitätsfaktor in Leichtmetall- — 21-2513; Entsteh. u. Ursache v. Inhomogenitäten beim Schlickergießprozeß u. in keram. Massen 23-2492; Unters. d. Warmrißneig. v. Gußmetallen (Verhüt.) 29-2486; Auftreten v. Sandlöchern in Gußstücken aus Zementsandformen 43-2410.

Herst. v. feuerfestem Werkstoff als Mundstücke für Metalldruckguß-Maschinen 1-2283*; Metall- — mit vergasbarem Schaummodell 17-2540*; Herst. v. Gußstücken mit untereinander verbundenen Hohlräumen 17-2541*; — v. Metallfäden oder Drähten 17-2544*; gleichzeit. — zweier verunreinigter Stränge zur Herst. v. Fäden 17-2545*; Herst. v. Gelenkverb. aus Metall durch Umgießen eines Teils 17-2546*; Dichten poröser Gußstücke aus Metall 17-2547*; — v. Flaschenrohblöcken (u. deren Ausb. beim Walzen) 21-2512; Genau- — v. Metallen mittels Formüberzug aus brennbarem Desox.-Mittel 22-2542*; Strang- — lunkerfreier Knüppel (Brammen) 23-2666*; — v. Auskleid.-Platten für metallurg. App. in vorgeheizten Sandformen 24-2328; Abtrenn. v. Teilstranglängen bei kontinuierl. Strang- — 25-2607*; Herst. fester warmbeständ. Formkörper aus C, Graphit u. Bitumen 25-2593*; Strang- — v. Metallbändern 27-2679*; — v. Bremskörpern 29-2609*; Oberflächenbehandl. v. —-App. mit Perfluorcarbonsäure 37-2686*.

Vergießen bestimmter Metalle

— v. Metallen d. Gruppe IV B d. Period. Syst. 17-2543*.

Al: Einfl. metall. Formen auf d. Erstarr. v. Zn-Al-Guß 4-1936; Schrumpfeig. in Abhängigk. v. Nachgieß-Vol. 5-2338; Unters. d. Kornfein. bei Al-Guß 10-2316; Einfl. d. —-Beding. auf d. Blechqualität 11-2345; Kokillenguß v. Al mit Kern aus Zn, Sn, Pb, Cd (Schlichte) 14-2384*; Berechn. d. Steiger. für Al-Si-Leg. 15-2415; Gieß- u. Walzbeding. d. Properzi-Meth. (Qualität u. Durchsatz) 17-2486; Bedeut. d. Fremdelemente für d. Kornfein. v. Al-Si-Leg. 24-2372; Einfl. d. Sandformrauhigk. auf d. Ström.-Widerstand beim Gießen v. Al-Leg. 22-2438; — v. Al in Metallformen 25-2469; Einfl. v. TiC, TaC u. WC auf d. Fein. v. Al 27-2586; Speis.-Technik bei Al-Leg. mit großer Erstarr.-Schrumpf. u. endogener Erstarr. 30-2306; Einfl. v. Be-Zusatz auf d. Rk. Metall-Gießform in Al-Mg-Guß 34-2374; Vers. zum Schleudergießen v. Al 36-2328; Strang- — v. Al-Blech 45-2508.

Co: Schlickerguß v. WC/Co-Pulver 25-2471.

Cr: Kokillenguß v. Silico-Cr 49/50-2249.

Cu: Niedrigschmelzende Messingleg. für Kokillen- u. Druckguß 1-2191; Betriebsüberwach. bei d. Herst. v. hochwert. Guß 6-2280; Erstarr. v. Bronze BrOSN 10-2-3 u. BrOS 10-10 unter Kolbendruck zur Verringer. d. Porosität 13-2316; Kornfein. v. bin. Cu-V-Leg. 13-2349; — v. Bronze CuSn *12* 17-2443; Gießen v. Cu-Leg. in Blöcken gleicher Qualität 22-2437; Fehler beim Gießen v. Cu-Leg. 28-2422; Druck- — v. Cu-Leg. 31-2496; Unters. d. Cu-Segregat.-Verf. durch therm. Analyse 42-2191; Herst. v. druckdichtem Sandguß aus Cu u. Cu-Leg. 44-2198.

Mg: — v. Mg-Li-Leg. für d. Flugzeugbau 27-2557.

Mo: Schlickergußmasse zum Gießen v. Mo 25-2587*.

Pb: Einfl. v. Leg.-Elementen auf d. Gießbark. v. Pb 6-2279.

Pu: – v. Pu u. seinen Leg. (als Neutronenquelle) 12-2322.

Sl: Kokillenguß v. Silico-Cr 49/50-2249.

Sn: Einfl. d. Gestalt auf d. Erstarr. v. Sn-Guß 41-2425.

Ta: Schlickergußmasse zum Vergießen v. Ta 25-2587*.

U: Herst. feinkörn. U-Gußleg. 6-2381*; – für ^{235}U hoher Ausb. 11-2351.

W: Schlickergußmasse zum Gießen v. W 25-2597*.

Zn: Einfl.: metall. Formen auf d. Erstarr. v. Zn- u. Zn–Al-Guß 4-1936; v. Leg.-Elementen auf d. Gießbark. v. Zn 6-2279.

Modell und Formherstellung

Gießmodell aus Kunstschaumstoff mit Flammschutzmittel 5-2440*; Modell aus Polystyrolschaumstoff für mehrmal. Einsatz beim Formen v. Schmiedeblockkokillen 7-2346; Harnstoffmodelle für d. Feingießverf. 7-2347; Anwend. v. Modellackier. 7-2348; verlorenes Gießmodell aus geschäumtem Kunststoff (Styrolpolymerisat) 9-2431*; Gießform mit verlorenem Modell aus geschäumtem Kunststoff 9-2432*; verlorenes Gießmodell: aus aufgeschäumten Kunststoff (Verw. v. Schaumstoffolie) 9-2433*; aus Styrolpolymerisatkörnern u. härtbarem Bindemittel 9-2434*; vergasbares Schaumstoffmodell mit Azodicarbonamid als Treibmittel 9-2435*; mit Silicon modifiziertes Epoxidharz zur Modellherst. 13-2288; Ausschmelzmodelle aus Polystyrol für Genauguß 22-2539*; Matrize für Wachsmodelle mit magnetisierbarem Füllstoff 23-2662*; emulgierbare Wachsmisch. für ausschmelzbare Modelle zum Feingießverf. 23-2663*; Ausschmelzen u. Wiedergewinn. v. Modellmassen aus einer Genaugießform 25-2596*; stearinfreie Modellstoffzus. für d. Ausschmelzverf. 26-2403; Herst. v. in d. Gießform zerstörbarem Modell 27-2677*; harte Modellwachse mit hohem Geh. an Rohmontanwachs für Präzis.-Gießverf. 28-2808; Herst. v. Formen für Ausschmelzmodelle d. Präzis.-– (Verw. v. Zn-Leg.) 33-2590; Jahresübersicht Modellbau 34-2368; Entfern. v. plast. Kunststoff-Modellen aus Schalengießformen 36-2437*, 36-2438*.

Beschleunig. d. Kerntrockn. mit KO-Binder durch Salzzusatz 5-2335; Kernfertig. nach d. Hot-Box-Verf. unter Berücksichtig. d. Heiz- u. Kernkasteneinricht. 7-2344; Verw. kunstharzbeschichteter Al-Kernkästen 7-2345; Kerne für d. Metall-– mit Phenolformaldehydharz u. Methylensulfat als Katalysator 10-2411*; Sandkerne für –-Zwecke mit guter Biegefestigk. 18-2398*; Vorausberechn. v. Gasdruck u. Kernbelüft. 21-2519; japan. Härt.-Verf. für –-Kerne 21-2522; Abkühlen gegossener Formkörper aus Metall durch gekühlte Kanäle im Kern 21-2627*; Verw. v. Siebkernen in d. – 22-2435; automat. Kernfertig. nach bekannten Herst.-Verf. (Überblick) 44-2196.

Wärmeausdehn. v. –-Formen 2-2170; Auskleid. v. Blockgießformen für ausblasbares Modell 3-2500*; Herst.: v. Schalenformen für Präzis.-Gießen 11-2319; v. Präzis.-Gußschalenformen 14-2383*; v. Gießformen mit ausschmelzbarem Modell 17-2536*, 17-2537*; v. Gießformen mittels vergasbarer Modelle 17-2538*; Silicat–CO_2-Bind. (Begas.-Verf.) 18-2303; Herst.: v. Gießformen für Präzis.-Guß mit verstärkter Schicht 18-2399*; v. feuerfestem Formkörper zum Metallschmelzen 19-2625*; v. Schalenformen mittels verlorenen Modells 19-2626*; v. Formmasken zum Genauguß 22-2537*; v. Schalenformen 22-2538*; v. Gießformen mittels feuerfester Schlämme 23-2659*; v. dünnwand. Gußformen 23-2660*; v. Schalengußformen mittels Ausschmelzmodell 23-2661*; v. Gießformen durch Gelieren v. Polysilicatbinderlsg. u. feuerfestem Granulat 24-2423*; v. schichtförm. Genaugießform 25-2590*; v. Gießformen mit Hohlräumen 25-2591*; v. Schalenformen aus mehreren Schichten 25-2592*; Schnellherst. v. Formen u. Kernen mit heißen Modellen oder Kernbüchsen 25-2594*; Formen mit Kunstharzschaum 26-2405; gleichmäß. Erwärm. v. Warmformkästen 28-2493*; Jahresübersicht Maschinen zur Form- u. Kernherst. 34-2367.

Wärmeübergang in Grünsandformen 9-2322; Einfl. d. Zus. u. Verdicht. v. Naßgußsanden auf Druck- u. Zugfestigk. v. Prüfkörpern u. Sandformen 19-2494; Gasabgabe v. kunstharzgebundenen Quarzsanden an Form- u. Kernoberfläche 19-2495; Unters. d. Verdicht. v. ton- u. ölgebundenen Sanden 20-2308; Einfl. verdichteter Sande auf d. Wärmeleitfähigk. v. Grünsand 21-2517; Herst.: v. Formmasken aus selbsthärtenden Sandgemischen 22-2536*; v. –-Sandformen mit Furfurylalkohol- u. Formaldehydharz 25-2589*; Reinigen v. Formsandmischern 25-2609*; Herst. v. –-Formen aus Sand u. polymerisierbarem Binder 44-2264*.

Saugfäh., kapillarakt. Gießformen für keram. Zwecke aus einem Gemisch v. Quarzkörn. mit geringem Anteil eines selbsthärtenden Kunststoffes 5-2272*; Gußmassen für feuerfeste Formkörper 7-2313*; Herst. v. Gipsformen für kleine Modelle u. Kernkästen 17-2421; hohle, keram. Schalengießform 17-2539*; Herst.: v. keram. Formen aus Silica-Sol 23-2658*; silicat. feuerfester Gegenstände für d. Präzis.-Gießverf. 25-2583*; keram. Kornmasse mit Äthylsilicat, Feldspatpulver, Bleiboratglasfritte u. Magnesia 26-2500*.

Stahl für Konstrukt. v. Druck- u. Spritzgußformen 6-2276; Verw. v. Guß-Fe erster Schmelz. für d. Kokillenherst. 7-2356; wärmeisolierende Überzüge für Kokillen (Best. d. Haft.) 15-2411; Guß-Fe-Kokillen mit Ti-Zusatz 23-2563; Herst. u. Einsatz v. Stahlwerkskokillen aus Guß-Fe mit Kugelgraphit 36-2330; Guß-Fe mit Mn für Stahlwerkskokillen 38-2550*; Ursachen für Schwierigk. d. – gebrauchter Roh-Fe-Kokillen 41-2415; Vgl. d. Lebensdauer v. Kokillen aus grauem u. kugelgraphit. Guß-Fe 47-2291.

Gieß- oder Blockformaufsatz 25-2608*; feuerfeste Steine für d. Gußstückherst. (Rk. zwischen fl. Stahl u. Feuerfestmaterial im Vakuum) 32-2368.

Moderne Formtrennmittel, Schmierstoffe u. Schmiergeräte für Druckguß 9-2324; Überzugsmasse mit feinverteilten inerten Füllstoffen für –-Formen 9-2430*; Druckgußtrennmittel (Eig.) 14-2297; Herst. v. Organoalkoxysiloxanen als –-Hilfsmittel 17-2761*; aktivierende Zusätze für Kokillenüberzüge 19-2496; Misch. zur schmierenden Einpuder. v. Stahlformen 19-2497; Kokillenschlichte mit Tallöl u. Tallölpech 19-2630*; Masse zum Abdichten v. Vakuumgießvorr. 22-2540*; exotherm. Gemisch zur Erwärm. v. Gußblockköpfen u. Angüssen 22-2541*; Kokillenschlichte zum Vergießen v. Stahl 23-2665*; Verarbeit. v. metallurg. Schlacke zu vitrokrist. Massen für d. Formguß 24-2424*; exotherm. Masse für Sandformen 25-2588*; Schlichte zum Ausspritzen v. Schleudergießmodellen 25-2597*; Formschlichte mit Kryolith, Hexachloräthan u. Melasse 25-2598*; Trennmittel zum Überziehen v. Formen u. Kernen mit PVA 25-2599*; Kernöl mit fettsaurem Caprolactam u. Polyamin 25-2600*; exotherm. Masse zum Auskleiden u. Aufheizen v. Gießformen 25-2601*; exotherm. Misch. zur Verw. im verlorenen Kopf d. Form 29-2607*; Überzüge für Dauerformen 43-2408; Graphitüberzug für Schalengießformen 48-2291*; Trennmittel für –-Modelle 48-2292*.

Modell- und Formmassen: Herst. v. selbstaushärtenden Acrylharz als Modelliermaterial für Metallguß auf schmelzenden Modellen 1-2704*; Formmasse aus Sand mit Fe_2O_3 u. Binder 7-2442*; bei Raumtemp. erhärtende Formmasse 9-2428*; Formmassen: aus inerten Füllstoffen u. Alkalisilicatlsg. 9-2429*; für Schalenformen aus Wirbelschichtkoks u. Bindemittel 9-2427*; für Gießformen aus Kieselsäure, Na-Silicozirkonat 9-2422*; Modellmasse aus *25–30* Damarharz, *30–60* mikrokrist. Wachs u. *10–25* W. 12-2396*; Schlamm aus *30–50* Graphit u. *50–70* Keramikpulver für Schalengießformen mit Graphitformflächen 12-2397*; polystyrolschaumhalt. Misch. zur Herst. v. Formen u. Kernen (Porosität) 13-2289; CO_2-härtbare Form- oder Kernmasse mit Na_2SiO_3 13-2403*; Masse für Ausschmelzmodelle auf Wachsbasis 13-2404*; Wasserglas–Ton-Misch. für d. Stahl-– 14-2293; Bedeut. d. Korngrößenverteil. für d. Eig. v. Olivin-Formmassen 15-2409; Parameter d. Festigk. v. Formmassen aus Formaldehyd-Phenolharz (Kohäs.) 15-2410; Regenerier. v. Altkorundmisch. 15-2412; Verw. v. Disthen-Sillimanit zur – mit verlorener Form 16-2331; Gemisch zur Herst. v. elast. herausnehmbaren Modellen für Genauguß 17-2535*; Form- oder Kernsandmisch. mit Glucose u. $Ca(OH)_2$ 17-2533*; Formsandmisch. mit Alkylammoniumhumat 17-2532*; freifließende Formmasse für –-Zwecke mit Wasserglas 19-2627*; Pulvermisch. zum Pressen v. Formkörpern aus Metallpulver, organ. Zusatz u. Oxid 19-2628*; Formmasse für Präzis.-Guß v. Metallen 19-2629*; Unters. d. Wärmeleitfähigk. v. Formstoffen 21-2516; bei Raumtemp. aushärtende Formsandmisch. für –-Zwecke 21-2614*; Formmasse: mit Silicatbinder u. Harnstoff 25-2584*; zum Vergießen v. Stahl mit hohen Cr-, Ti- oder Al-Geh. 25-2585*; Verw. v. Teer für Formmassen mit hohem Erweich.-Index 25-2586*; Herst.: v. nach d. Abgießen leicht zerfallender wasserglasgebundener Form- oder Kernmasse 28-2494*; selbsterstarrender Misch. mit Wasserglas u. Ca_2SiO_4 u. Quarzsand 29-2481; Form- u. Kernsandmisch. mit Wasserglas u. Al_2O_3 (formzerfallfördernd) 29-2603*; selbstbindende Wasserglasmisch. 33-2586; Jahresübersicht Formstoffe (Formstoffe u. Formstoffeig., Bindemittel, Schlichten, Kerne u. Kernsande, Verf., Prüfverf.) 34-2364 bis 34-2366; Stampfgemenge für Roh-Fe-Pfannen 35-2372; Formmasse: aus Sand, Ton u. Wasserglas mit regulierter Erhärt.-Geschw. 36-2435*; für selbsthärtende Gießformen 39-2479*; mit CO_2 aushärtbare Masse für –-Formen u. Kerne 40-2210*; Form- u. Kernmasse mit *75* Erdalkalimetallcarbonat 45-2600*; Formsand- u. Kerngemische mit Wasserglas in d. ČSSR 47-2290.

Gießereiformsand: Anwend. v. Vibrat. bei d. Formsand-Bereit. 1-2183; Zusatz aus *60–90* Kohlepulver, *40–1* Teeröl, zu –-Formsand 2-2263*; synthet., gebundene Sande für Stahlgußformen 7-2343; Glanz-C-Bldg. u. Erweich.-Verh. v. Steinkohlenstäuben im bentonitgebundenen Formsand beim Gießen in ungetrockneten Formen 8-2284; Bedeut. d. W.-Bind. an Tonteilchen für d. Festigk. v. –-Formsand 9-2320; Trockenmittel für ölgebundene –-Sande 9-2321; Aufbereiten: v. Steinkohlenteerpech u. Erdölbitumen für Formsande 9-2426*; v. harzhalt. –-Formsand 9-2423*; Überwach. v. Formsand mit d. Methylenblau-Adsorpt.-Meth. 11-2316; Formsandmisch.: für schnellhärtbare Formen u. Modelle 14-2381*; für Pb- u. P-Bronze 14-2382*; Eign.: v. Kernsand mit Kunstharz Pololit E 16-2330; v. Sand „Visolaje" zur Formherst. in Graugießereien 17-2419; polymerer Zusatz zu tonhalt. Formsanden 17-2534*; Formsandmisch. aus *85–95* Sand, organophilen Zusätzen 18-2397*; Anwend. v. Chromit in Sand gegen Sandausdehn.-Fehler 20-2307; Bedeut. u. Kontrolle d. Grünsanddurchlässigk. 21-2518; therm. Beständigk. C-halt. Sande u. kieselsäurefreier Formstoffe 21-2520; Aufbereit. v. Formsand im Kaskadenverteiler 25-2481*; Eig. v. Formsandgemischen (aktivierende Zusätze u. pH) 25-2465; verbesserte Eig. v. Formsandgemischen mit $Al(OH)_3$, Ton u. Wasserglas 25-2466; Best. d. thermophysikal. Eig. v. Sandgemischen 27-2554; Formsandmisch. für Grauguß mit Erdölasphalt 29-2482; Einfl. v. Glanzkohle in Formsand auf d. Qualität v. Grauguß 29-2483; Benetz., Penetrat. u. Anbrennen v. Chromit-, Olivin- u. Zirkonsand mit fl. Stahl 29-2484; Hot-box-Sandverf. 33-2588; rieselfähiger Sand mit Kunstharz zur Herst. v. Schalenformen u. Kernen 40-2209*; Zusatz zu Formsand gegen Schülpenbldg. oder sandbedingte Fehler 40-2212*; Einfl.: v. Metallpulvern auf d. Selbsthärt. v. Formsand mit $Al(H_2PO_4)_3$ 44-2195; d. Sandkorngröße auf d. gießtechn. Eig. v. synthet. Formsanden 45-2506; kalthärtende Kernsandmisch. 48-2290*.

Bindemittel: Verw.: kalthärtender Furanharz-Bindemittel 2-2169; v. Gossypol-Harz als Bindemittel für Sandformen 5-2332; v. Gossypolharz für Kernsandmisch. 5-2333; Binder KO für Kernsandmisch. aus Dest.-Rückständen d. Fettsäuresynth. 5-2334; Bindemittel für Gießkerne mit Co-Naphthalat 5-2441*; Gesundheitsschädig. durch einen neuen nichtbackenden –-Binder mit Methylendiphenyldiisocyanat 8-2283; Kern- u. Formsandbindemittel aus Phenolharz 9-2424*; Formsandbindemittel mit Fe-Oxid u. Stärke u./oder feinkörn. Lignosulfat 9-2425*; therm. Stabilität v. Bentoniten in –-Formsand 11-2317; Herst. v. Kernbindern aus Kesselrückständen synthet. Fettsäuren 13-2286; Abbinden nichtbackender –-Bindemittel auf Furfurylalkoholbasis 13-2287; Verw. v. Organotonen für d. – 14-2290; –-Bindemittel mit Glukopren 14-2291; neues Bindemittel für synthet. wasserfreie Formmassen 14-2292; Verw. v. $Al_3(OH)_8 \cdot NO_3$ als selbstaushärtendes Bindemittel für kieselsäurefreie Formen 14-2294; Eign. v. Ton d. Novoraisk-Lagerstätten 16-2326; Überwach. d. Tonverarbeit. durch therm. Differentialanalyse 16-2327; Unters. v. Bindemitteln in Formsanden (Einfl. d. Trockentemp. auf d. Qualität v. Bentoniten) 16-2329; Herst.: v. –-Bindern aus Baumwollsaatharz 18-2301; v. –-Binder *KO* aus Dest.-Rückständen d. Carbonsäuresynth. 18-2302; Sandbinder für neuzeitl. Sandformverf. 21-2521; warmhärtbarer Binder für Schalenformen oder Kerne 21-2625*; kalthärtendes Bindersyst. für Sandformverf. 22-2433; härtbare Dextrosebinder für Kerne wechselnder Wandstärke 22-2434; organ. Polysilicate für Bindemittel 23-2664*; Geh. d. austauschbaren Basen v. Bentoniten für Bindemittel u. Schlichten 24-2333; wasserfester Binder mit Siliconester 25-2582*; Silicat/CO_2/Bindemittel (Einfl. d. Lager.) 26-2404; Binder für –-Formsand aus Harnstoff-Formaldehyd-Furfurylalkohol-Kondensat 27-2676*; härtbarer Kunstharzbinder für Formen u. Kerne aus Sand 28-2495*; Form- u. Kernsandmisch. mit hydrophilem u. hydrophoben Binder 29-2604*; Bindemittel: für Formsand mit Fe-Oxid (Amidenverb. u. Lignosulfat) 29-2605*; zum Umhüllen v. Sand für Schalengießformen aus Quebrachoextrakt u. Zucker 29-2606*; aus Novolak-Phenol-Harz u. Härter für —-Formmasse 36-2436*; Verw. v. Abfallholzteer als Kernbindemittel 39-2378; Formsandbinder auf Harnstoff-Formaldehyd-Basis 40-2211*; Schnellbinder aus Furfurylalkohol-Formaldehyd mit Katalysator zur Herst. v. Schalenformen 44-2265*; Petroleumharz-Zusatz zu Formsandbinder aus KW-Stoffpolymeröl 47-2401*; Härt. im Syst. Wasserglas-Di-Ca-Silicat 51/52-2215.

Prüfung und Analyse

Vorr. zur Prüf. v. exothermen Stoffen für Steiger-Wärmhauben 2-2171; kontinuierl. Kontrolle heißer Vorblöcke mittels γ-Strahlen 8-2329; Verf. zur Best. d. Füllzeit u. d. Eingießquerschnitte 9-2325; viskosimetr. Meth. zur Best. d. Liquidustemp. v. geschmolzenen Leg. 12-2333; Best. v. Schweißfehlern mittels Betatrondurchstrahl. 12-2358; Bewert. v. Gußstückfehlern auf d. Betatronogramm 12-2359; radiograph. Meth. zur Bewert. d. Qualität v. Gußstücken mit inneren Fehlern 17-2482; Kapillarmeth. d. zerstörungsfreien Kontrolle v. Gußstücken 18-2334; Gußstückprüf. durch Ultraschallschwäch.- u. Geschw.-Mess. 18-2338; Reinh.-Prüf. v. Gußstücken nach d. Ausschmelzmodellverf. mittels Benetz. v. —-Modellen mit Suspens. auf Wasserglasbasis 24-2334; Farbverf. zur Unters. d. Verh. v. Gußmetallen in d. Form 27-2555; autoradiograph. Verf. zur Best. d. Gestalt d. Erstarr.-Front v. Al-Strangguß 44-2230; Best. d. Temp.-Verlaufs in Kokillen auf d. Gießwagen (in d. Gießgrube) 51/52-2216.

Prüfverf. für Sandmisch. für d. Hot-Box-Verf. 8-2282; Verf. zur Best. d. Hochtemp.-Eig. v. Formsand (Vorr.) 11-2318; Prüf.-Meth. tongebundener Formsande 16-2328; Meth. zur Best. d. akt. Tongeh. im Formsand 20-2309; Prüfverf. für Formstoffe (Übersicht) 34-2366; Schlagprüf. v. Grünsand 42-2175.

Bibliographie

Gießerei-Lexikon. Eine Gesamtdarstellung des Gießereiwesens mit über *7000* Begriffen B 7; Staubbekämpfung in der Gießerei-Industrie B 7; Einführung in die Spritzgußtechnologie B 23; Die Gießerei-Industrie und ihre Helfer. Eisen-, Stahl- und Temperguß, NE- und Edelmetallguß. Jg. *1967* B 47; Taschenbuch der Gießerei-Praxis B 63; Gießerei-Kalender. *1968* B 63.

Russ.: Gießeigenschaften von Metallen und Legierungen B 30; Schmelze von Buntmetallegierungen für Formguß B 47; Herstellung und Guß von Buntmetallegierungen. *1*. Theoretische Grundlagen von Schmelze und Guß B 78.

The technology of gravity die casting B 23; The theory and practice of metalwork: a textbook for those offering this subject in the General Certificate of Education and other examinations. Part *1*: Metallurgy, foundry and forgework B 23; Data sheets on moulding materials B 39; Metallurgical principles of founding B 71; Thermodynamics for the foundryman B 78; Casting pit practice B 95.

Nomenclature des alliages légers de fonderie B 78.

Gifte s. unter *Toxikologie*.
Gilutensin s. unter $C_{17}H_{19}N$.
Gindarin s. unter $C_{21}H_{25}NO_4$.
Ginsenoid R$_{b1}$, partielle Hydrolyse im Gemisch mit Ginsenoid R$_{b2}$ u. R$_c$ 43-1026.
Ginsenoid R$_{b2}$, partielle Hydrolyse im Gemisch mit Ginsenoid R$_{b1}$ u. R$_c$ 43-1026.
Ginsenoid R$_c$, partielle Hydrolyse im Gemisch mit Ginsenoid R$_{b1}$ u. R$_{b2}$ 43-1026.
Ginsenosid Rg-1 s. unter $C_{42}H_{72}O_{14}$.
Gips s. unter *Calciumsulfate*: $CaSO_4$.
Girard-Reagenz P s. unter $C_7H_{11}N_3O_2$.
Girard-Reagenz T s. unter $C_5H_{15}N_3O_2$.
Gitaloxigenin s. unter $C_{24}H_{34}O_6$.
Gitaloxigenon s. unter $C_{24}H_{32}O_6$.
Gitaloxin s. unter $C_{42}H_{64}O_{15}$.
Gitogenin s. unter $C_{27}H_{44}O_4$.
Gitoxigenin s. unter $C_{23}H_{34}O_5$.
Gitoxin s. unter $C_{41}H_{64}O_{14}$.

Gitterschwingungen (Phononen)

Phononenmaser s. unter *Maser und Laser*.

Anomalien in d. Phononen-Dispers.-Bezieh. 5-0286; Theorie d. Schwing.-Struktur v. Mehrphotonenspektren (Störstellenzentren) 6-0347; Lsg. d. linearisierten Phononen-Boltzmann-Gleich. 8-0234; Mol.-Beweg. in einem Krist. 14-0247; IR-Spektroskopie u. Gitterdynamik 14-0329; Unters. d. Coulomb- — durch d. SCF-Meth. 16-0261; effektive Debye-Temp.: für d. Oberflächenschwing. eines Krist. 16-0262; quasiharmon. Phononentheorie 16-0267; Richt.-Verteil. d. Frequenzen v. — einer festen Wellenzahl 16-0272; Analogon d. Kohn-Anomalie in Phononenspektren 17-0301; spezielle Frequenzen in n-dimensionalen harmon. Gittern 22-0241; Ableit. Greenscher Phononenfunkt. durch funktionelle Meth. 25-0213; Feinstruktur teilweise harmon. Phononen 32-0258; Verwend. v. Valenzkraftpotentialen bei d. Berechn. v. Krist.-Schwing. 33-0222; Anwend. d. SCF-Meth. d. Gitterdynamik auf d. Coulombsche Gitter 33-0223; Konvergenzeig. d. Zellen-Cluster-Entw. in d. Gitterdynamik 33-0224; Dispers.-Dynamik v. Krist.-Gittern 33-0225; neue Theorie d. Gitterdynamik bei *0* °K 33-0226; Gitterdynamik v. Quantenkrist. 34-0248; Dynamik eines halbunendl. Krist.-Gitters in quasiharm. Näher. (stat. Gleichgew.-Konfig. eines halbunendl. Gitters) 35-0195; (Normalschwing.-Analyse eines halbunendl. Gitters) 35-0196; zeitl. Entw. eines Ensembles linearer Gitter v. gekoppelten harmon. Oszillatoren 35-0405; Schwing.-Spektrum einer speziellen anharmon. Kette u. einer halbrealist. Kette 36-0210; Eigenschwing. v. Doppelspiralen aus diskreten Massenpunkten 38-0197; Quantisier. v. — 38-0227; Computerunters. d. Ergodizität in gekoppelten Schwing. mit anharmon. Wechselwrkg. 39-0096; Gültigk. d. Born-Huang-Bezieh. in d. Gitterdynamik 40-0079; Berechn. d. Fourier-Koeff. in d. Entw. d. Greenschen Funkt. d. Gitters u. d. Frequenzspektrums 41-0098; kollektive Moden v. Wirbelgittern 43-0531; Vielkörper-Quantentheorie d. Gitterdynamik (Näher. kollektiver Schwank.) 48-0173.

Dynamik zweiatom. Krist. u. d. einfachsten Schichtstrukturen 1-0284; Phononen u. Eig. eines Bose-Syst. 3-0533; Ultra-Dispers. zwei- u. einachs. Krist. (—) 6-0334; ein Programm zur Analyse d. Ellipsoids therm. Schwing. in einem triklinen Krist. 7-0264; Verschieb.-Korrelat. u. Frequenzspektren für massenungeordnete Gitter 8-0230; gruppentheoret. Analyse u. Basisvektoren d. normalen langwelligen Schwing. v. Krist. mit KH_2PO_4-Struktur unterhalb d. Curie-Punktes 10-0257; anharmon. Nullpunktsschwing.-Energie v. kub. Gittern 16-0260; Gitterdynamik einfacher Mol.-Krist. 19-0986; einige Modellprobleme in d. Dynamik v. Überstrukturen v. Krist. mit zwei Komponenten 20-0201; Schwing. einer Kette mit nichtlinearer Wechselwrkg. 22-0239; Dynamik ungeordneter harmon. Gitter (Normalmoden-Frequenzspektren willkürl. angeordneter isotop. bin. Gitter) 22-0242; eine neue Behandl. d. Normalschwing. eines linearen zweiatom. Gitters 29-0219; spektrale Phononendichte in einem Ferromagneten beim Curiepunkt 33-0623; Frequenzspektrum in dünnen Filmen 38-0226; Retardier.-Einfl. auf d. Phononengrenzfrequenzen v. Ionenkrist. endl. Größe 39-0106; Phononen in Bravais-Gittern 40-0089; Dynamik v. Krist. d. Perowskit-Typs 43-0194; Gitterbeweg. in Mol.-Krist. 43-1916; kollektive Effekte in Vibronenspektren v. Mol.-Krist. 46-0719; Schwing. opt. Phononen mit großer Wellenlänge in Mischkrist. 48-0283; eine genaue numer. Meth. zur Berechn. v. Frequenzverteil.-Funkt. in Festkörpern (Ausdehn. auf hexagonal dicht gepackte Krist.) 51/52-0162; starre Körper-Schwing. v. Mol. in Krist. (Anwend. d. Schomaker-Trieblood-Analyse) 51/52-0761.

Schwing.-Arten einer Atomkette mit einem Verunreinig.-Atom 4-0231; Dynamik v. mehratom. Krist. u. v. Krist. mit Defekten 7-0262; elast. Spektren zweidimensionaler fehlgeordneter Gitter 8-0231; Theorie d. translator. — v. orientierungsmäß. fehlgeordneten Krist. 12-0321; Substitut.-Defekte u. Resonanzmoden in Festkörpern 13-0266; — u. Versetz. in Krist. (Sammelreferat) 16-0166; Schwing. einer Kette mit glasähnl. Fehlordn. 16-0259; Schwing.-Eig. d. Exzitonen in Mol.-Krist. 16-0324; Frequenzspektren eindimensionaler Gitter mit belieb. verteilten Störstellen (zweiatom. Kette) 17-0289; Dynamik d. verzerrten harmon. Gitters (Normalschwing. d. isotop fehlgeordneten bin. Gitters) 21-0260; Schwing. eines komplexen Mediums mit bewegl. Versetz. 21-0289; Schwing.-Instabilität v. Störstellenzentren u. asymmetr. Gitterverzerr. für Krist. v. NaCl-Typ 26-0271; Existenz einer Unendlichk.-Stelle in d. Frequenzverteil. v. einatom. kub.-raumzentrierte Krist. 27-0275; verunreinigungsinduzierte Streuresonanzen u. lokalisierte Phononenmoden in Isolatoren 29-0230; Quasiphononen in einem mit Isotopen substituierten Krist. 30-0221; Einfl. eines Verunreinig.-Atomes auf d. Schwing.-Moden einer Atomkette 32-0243; Schwing. einer zweiatom. Kette mit Defekt 32-0244; Einfl. v. Kraftkonst.-Änder. auf d. Gitterdynamik kub. Krist. mit Punktdefekten durch Störstellen 33-0227; Behandl. d. Schwing. v. Substitut.-Defekte enthaltenden Krist. mit einem Schalenmodell (lokalisierte Schwing. d. U-Zentrums) 33-0343; Vibrat.-Analyse d. Seitenbandes d. Absorpt. d. lokalen Schwing. d. U-Zentrums 33-0344; Schwing.-Formen einer Fehlstelle in einer Kette v. Atomen mit regelmäß. Anordn. 36-0208; asymptot. Beschreib. lokalisierter — u. niederfrequenter Resonanzen 38-0228; Einfl. einer starken Wechselwrkg. nächster Nachbaren auf d. Frequenzverteil.-Funkt. einer fehlgeordneten zweiatom. Kette mit einer unendl. schweren Masse 38-0229; Kraftkonstantenänder. u. lokale Schwing. d. U-Zentrums 41-0254; Schwing.-Eig. v. unvollkommenen Krist. mit großen Fehlstellenkonzentrat. 45-0291; Berechn. d. Differenz d. freien Schwing.-Energie v. Mol. d. Mikrobeimeng. u. d. Hauptkomponente für d. Debye-Spektrum 45-0464; quasilokale Schwing. in einem Festkörper 46-0345; Resonanzschwing. v. Versetz.-Linien 47-0211.

‚Erhitz.' v. Phononen in paramagnet. Krist. 1-0282; Oszillat. d. Phononenstrahl.-Intensität im quantisierenden Magnetfeld 3-0314; allg. Ansatz für Phononenwechselwrkg.-Probleme 4-0237; Temp.-Abhängigk. v. Drei-Phononen-Prozessen in Festkörpern 5-0296; Piezotransmiss.-Mess. v. phononenunterstützten Übergängen in Halbleitern (Ge) 11-0355; Zwei-Phononenprozesse in Krist. 14-0330; Energieverluste lokalisierter Moden bei großer Auslenk. 15-0247; — u. Wechselwrkg. mit mechan. Wellen in Halbleitern (Berichte d. Internationalen Konferenz über d. Physik d. Halbleiter, Kyoto *1966*) 15-0400; Theorie d. strahlungslosen Mehrphononenübergänge zwischen lokalen Zuständen verschiedener Multiplizität 16-0323; elementare Phononen-Anreg. in klass. Fl. 16-0525; Temp.-Abhängigk. d. Breite d. Absorpt.-Maximums d. fundamentalen — in Ionenkrist. (angenäherte numer. Ergebnisse) 19-0361; Auswahlregeln für Zweiphononen-Absorpt.-Prozesse 21-0259; Anisotropie-Einfl. dritter Ordn. auf konkurrierende anharmon. *3*-Phononen-Prozesse bei tiefen Temp. 21-0273; Phononen-Dämpf. in d. Nähe d. Curiepunktes 22-0490; Druckabhängigk. d. langwell. opt. Phononen in Ionenkrist. 24-0355; strahlende Mehrphononenübergänge in stark dotierten Halbleitern 28-0308; Theorie d. IR-Absorpt.-Intensitäten d. — v. mol. Festkörpern 29-0340; Null-Phonon-Übergänge u. Vibrat.-Struktur 33-0341; Anreg. teilweise harmon. Phononen in Festkörpern 34-0280; Anwend. akust. Dämpf.-Mess. auf therm. Phononentransporterschein. 36-0244; Phononenanreg. durch ein elektr. Feld in Halbleitern 38-0420; Langzeitverh. d. Schwing. im eindimensionalen harmon. Gitter 39-0095; Abklingen hochfrequenter longitudinaler Phononen 40-0088; Stimulier. v. interstellarem OH durch Phononen 40-0664; Hysterese fraktioneller Phononen 48-0193; räuml. inhomogene Phononenverstärk. in Festkörpern 51/52-0262.

Zweiter Schall u. hydrodynam. Phononenerschein. in nichtmetall. Krist. 9-0311; Nullschall, erster u. zweiter Schall v. Festkörpern 16-0275; Gleichgew.-Näher. für d. zweiten Schall in Festkörpern 21-0310; Einfl. eines magnet. Feldes auf d. zweiten Schall v. Ferrodielektrika bei tiefen Temp. 28-0255; zweiter Schall in Krist. 39-0127; Einfl. d. Anreg. d. zweiten Schalls auf d. Photostatistiken eines Laserstrahls 42-0313.

Theorie d. Interferenzeffekte bei Quantenübergängen in einem Elektronen-Schwing.-Syst. 3-0312; Polaronenstreuung durch akust. — 5-0291; Theorie d. kinet. Erschein. in einem Elektronen–Phononen-Syst. 15-0276; Einfl. d. abgeschirmten Elektronen–Phononen-Wechselwrkg. auf d. Trägerbeweglichk. in Halbleitern 21-0459; dem äußeren Feld proportionale Elektron–Phonon-Wechselwrkg. 21-0526; Leitfähigk. v. Halbleitern bei Elektron–Phonon-Wechselwrkg. 23-0466; indirekte Wechselwrkg. v. Elektronen u. Defektelektronen über Phononen u. deren Auswrkg. auf d. kinet. Eig. v. Halbmetallen 24-0413; EPR-Spektrum unter Berücksichtig. d. Elektronen-Schwing.-Wechselwrkg.: im Falle starker Koppl. 27-0415; für d. Fall schwacher Koppl. 28-0356; nichtlineare Dämpf. v. Phononen infolge Gliedern höherer Ordn. in d. piezoelektr. Phonon–Elektron-Wechselwrkg

28-0464; Theorie d. Elektronen–Phononen-Wechselwrkg. unter Berücksichtig. d. Zustandsmisch. v. *1s*, *2s* u. *2P*o 29-0434; Elektron–Phonon-Resonanzstreuung in polaren Halbleitern 31-0411; neue Variat.-Meth. in d. Transporttheorie d. gekoppelten Elektron–Phonon-Syst. 37-0391; therm. Eig. v. Supraleitern mit starker Elektron–Phonon-Wechselwrkg. 37-0432; Energieverlust „warmer" Elektronen an ein Gitter (Ge) durch Zwei-Phononen-Prozesse 38-0405; Abschirm-Einfl. auf d. piezoelektr. Phonon–Elektron-Streuung 38-0514; Einfl. d. Elektron–Phonon-Wechselwrkg. auf zwischenatomare Kraftkonst. 41-0103; Elektronen–Phononen-Wechselwrkg. in piezoelektr. Halbleitern 41-0315; Anteil d. Elektron–Phonon-Wechselwrkg. an d. nichtlinearen Polarisierbark. v. Halbleitern 49/50-0276; Elektron–Phonon-Wechselwrkg. u. Erzeug. niederfrequenter Schwing. in n-Halbleitern 51/52-0273.

Operator d. Exciton–Phonon-Wechselwrkg. 5-0290; Absorpt. u. Dispers. v. Licht bei d. Bldg. molekularer Exzitonen mit Wechselwrkg. v. Phononen 5-0383; Exziton–Phonon-Wechselwrkg. in eindimensionalen Mol.-Krist. 22-0318; Mehrphononenkoppl. v. Elektronen u. Defektelektronen zu Exzitonen in Eigenhalbleitern 32-0410; vibron. Koppl. in d. Exciton-Zuständen d. starren Gittermodells v. Mol.-Krist. 38-0276; Beweg. eines schwingungsgekoppelten Exciton-Wellenpakets in einem eindimensionalen Krist. unendl. Ausdehn. 44-0799; induzierte Strahl. über freie Exzitonen mit Emiss. akust. Phononen 46-0314.

Wechselwrkg. opt. Phononen mit Spinwellen in Ionenkrist. 3-0313; Interferenzeffekte in d. Spin–Gitter-Relaxat. über Zweiphononenprozesse 3-0375; opt. Phononen bei d. Elektronenspinrelaxat. 9-0344; Elektronenspinrelaxat. durch Phononenmodulat. d. Hyperfeinwechselwrkg.-Tensors in – u. isotropen Krist. 18-0358; Spin–Gitter-Relaxat. infolge lokaler Schwing. mit temperaturunabhäng. Amplituden 19-0407; Magnon–Phonon-Wechselwrkg. in kub. Krist. 25-0214; krit. magnet. Streuung d. Phononen 31-0503; Magnonen–Phononen-Wechselwrkg. in ferromagnet. Krist. 31-0504; Koppl. v. Magnonen u. Phononen bei hohen Frequenzen 32-0246; Spin–Phonon-Relaxat. infolge transversaler opt. Moden 35-0325; direkte Koppl. v. Magnonen mit transversalen opt. Moden v. – 38-0382; thermodynam. Effekte d. Spin–Phonon-Koppl. 39-0119; Spin–Phonon-Wechselwrkg. d. Kerne paramagnet. Ionen 39-0294; Koppl. zwischen d. – in einer paramagnet. Substanz 41-0272; Dispers. einer gekoppelten Phonon-Magnon-Helicon-Schwing. in ferromagnet. Leitern 42-0384.

Raman-Streuung durch gekoppelte Schwing. zwischen Plasmonen u. longitudinalen opt. Phononen in Krist. v. Zn-Blendetyp 32-0349; Wechselwrkg. lokalisierter Schwing. mit Plasmonen in polaren Halbleitern 32-0411.

Phononenstreuung an einer substituierten Verunreinig. in einem kub. raumzentrierten Gitter 1-0283; quasiklass. Abschätz. d. Querschnitte d. Mehrphononeneinfanges an Störstellen in d. Nicht-Condon-Näher. 11-0437; Phononenstreuung durch Isotope 12-0496; Einfl. d. Ionenpolarisat. auf d. Phononenspektrum v. Ionenkrist. 21-0276; dynam. Wechselwrkg. zwischen paramagnet. Ionen u. resonanten Phononen in einem „Flaschenhals"-Gitter 24-0387; Streuung v. Phononen an Gitterverzerr. v. Ionenkrist. mit nichtstöchiometr. Leerstellen 27-0326; Beitrag v. Nullpunkts-Phononen zur Hyperfeinkoppl. v. Ionen im S-Zustand 29-0334; Bedeut. d. Van-Vleck-Bahn–Gitter-Wechselwrkg. in einem S-Zustand-Ion v. phononeninduzierter Verschieb. einer Spektrallinie 29-0335; Phononenstreuung durch v. Strahl. erzeugten F-Komplementzentren 30-0223.

Durch Phononen bedingte Korrekturen d. temperaturunabhängigen Van-Vleck-Suszeptibilität 2-0474; opt. Absorpt. v. Festkörpern durch – 4-0174; Einphononenstoßkorrekturen d. dielektr. Hochfrequenzfunkt. v. Halbleitern 6-0463; Phonenerhitz. in Halbleitern im starken elektr. Feld u. ihr Einfl. auf d. elektr. Leitfähigk. 8-0361; Meth. d. Greenschen Funkt. in d. elektr. Leitfähigk. eines mit Phononen in Mol.-Krist. wechselwirkenden Überschußlad.-Träger 12-0385; Phononenstrukturen in d. durch Polaronen verstärkten Lichtabsorpt. bei tiefen Temp. 20-0254; Intensität d. Mössbauer-Effekts in Krist. mit Leerstellen u. in Mischkrist. im Fall nicht lokaler Schwing. 23-0288; Berücksichtig. d. partiellen Reflex. d. Phononen an d. Grenzen bei d. Berechn. d. Wärmeleitfähigk. v. Dielektrika bei tiefen Temp. 25-0252; Streuung v. Phononen durch ein Rechteckmulden-Potential u. d. Einfl. v. Kolloiden auf d. Wärmeleitfähigk. (Experimente) 27-0327; (Theorie) 27-0328; Einfl. lokalisierter u. v. Resonanzmoden d. – auf d. Strahl.-Rekombinat. in Halbleitern 31-0324; durch Phononen bewirkte Fluoreszenzspektrallinienbreite in Krist. 32-0354; Halbwertsbreite u. effektive Gitterfrequenz v. F-Zentren-Banden 33-0334; innere Spann. durch ramanaktive Schwing. in Festkörpern 35-0200; opt. Raman-Streuung durch Phononen in dotierten Krist. 35-0313; Beitrag d. Anharmonizität zur Linienbreite d. Raman-Lichtstreuung durch – v. Mol.-Krist. 42-0218; – u. lokale Ordn. in festen Lsg. v. Substitut.-Typ 42-0220; anisotrope Temp.-Faktoren u. Schraubenrotat.-Koeff. v. einem gitterdynam. Standpunkt 47-0212.

Dämpf. therm. Neutronen in einem Einkrist. durch Phononen 2-0169; Mess. d. Phononenverteil.-Funkt. mit Hilfe d. kohärenten Streuung langsamer Neutronen an Polykrist. unter einem festen Winkel 5-0287; Einfl. d. therm. Schwing.: d. Krist.-Gitters auf d. Energieverteil. gestreuter Ionen 6-0304; auf d. Fortpflanz. v. Atom–Atom-Stößen in Krist. 6-0307; Bezieh. zwischen d. Energieverlustspektrum inkohärent gestreuter Elektronen u. d. Phononenzustandsdichte in Krist. 6-0317; Einfl. v. – auf d. dynam. Beug. v. Elektronen u. Röntgenstrahlen 18-0185; Beiträge therm. Schwing. zur anomalen Röntgentransmiss. 20-0148; Energieübertrag. durch Einzelphononen zwischen Molekularstrahlen u. festen Oberflächen 26-0309; dynam. Theorie d. Wechselwrkg. v. Röntgenstrahlen u. Neutronen mit Phononen 47-0127.

Einfl.: d. Substrates auf d. *Debye-Waller-Faktor* v. sehr dünnen Schichten 2-0238; d. Gitterdeformat. auf d. *Debye-Waller-Faktor* (ausgedehnte innere Defektbereiche) 39-0098.

Anorganische Stoffe

Nichtmetallische Elemente

Theorie d. durch Verunreinig. induzierten Einphononen-IR-Absorpt. in festen Edelgasen 16-0355; neue Näher. zur Gitterdynamik mit Anwend. auf festes ^{3}He bei *0* °K 21-0261; Phononendispers.-Mess. an einem Einkrist. aus hexagonal dicht gepacktem ^{4}He bei *27* atm 31-0233; Unters. d. Gitterdynamik v. festem He bei *2,9* °K u. *125* atm durch Neutronenstreuung 32-0248; Berechn. v. Phononenfrequenzen v. krist., kub.-raumzentrierten He 34-0252; Dreiphononenprozeß u. Schallfortpflanz. in ^{4}He 36-0429; drei-Phononen-Prozesse in festen He-Krist. 38-0240; Phononengeschw. eines verd. Gemischs v. ^{3}He in ^{4}He 40-0372; Phononenspektrum v. krist. Ar u. Ne 33-0228; Phononen u. atomare Beweg. in fl. Ar 39-0434; Phononendispers.-Gesetz in festem Kr 17-0292; Phononen-Dispers.-Bezieh. v. Kr-Einkrist. 24-0286; anharmon. Effekte v. Phononen in festem Kr 48-0175; mittlere Schwing.-Frequenz v. festem Ar, Kr u. Xe 36-0212; Mol.-Beweg. in festem H u. D 13-0254; – in festem N_2 42-0262; Einfl. d. Nah- u. Fernordn. auf d. Schwing.-Spektren v. krist. Se 19-0279; IR-akt. – -Eig. v. trigonalem Se 30-0216; Nachw. IR-akt. – in Te 20-0281; IR-Gitterbanden v. trigonalem Te u. Se 29-0342; Phononenspektrum v. Te 34-0386; Gitterdynamik v. Diamant 16-0264; Phononenwechselwrkg. d. *N3*- u. *N9*-Absorpt.-Emiss.-Syst. v. Diamant 25-0360; Gitterdynamik v. Diamant 36-0213; Phononendispers.-Bezieh. für Diamant 37-0303; therm. Schwing.-Amplituden v. C-Atomen im Graphitgitter senkrecht zur C-Achse 37-0304; Gitterdynamik v. Diamant 37-0343; Temp.-Abhängigk. d. *415*-nm-Null-Phonon-Linie in Diamant 38-0324; Phononenstreuung in As-, Sb- u. P-dotiertem Si 4-0271; therm. Phononentransport in n-Si 5-0341; lokalisierte Schwing. in Si:B-P-Paar-IR-Absorpt.-Banden 16-0357; Einfl. v. Defekten auf d. Phononenstreuung in stark dotierten Si-Krist. 22-0287; Theorie d. Schwing. v. Fehlstellenpaaren in Si 27-0379; lokale Modenabsorpt. eines B-Paars in Si 28-0312; verunreinigungsbedingte lokalisierte Moden in Si 29-0343; Diffus. v. Phononen in bestrahltem Si bei niedrigen Temp. 30-0260; Frequenzspektrum d. Oszillat. d. Gitters v. Si 35-0201; anharmon. Schwing. in Si 37-0106; IR-Absorpt. lokalisierter Schwing. v. B–Ar u. B–P-Paaren in Si 48-0308.

Metalle und Legierungen

Heiße Elektron–Phonon-Wechselwrkg. in Metallen 2-0411; Phononenfrequenzen d. Metalle 3-0399; Phononen im Modell eines ferromagnet. Metalls 3-0482; Gittersummenformel für d. dynam. Phononenmatrix in kub.-flächezentrierten u. kub.-raumzentrierten Metallen 7-0263; Phononenspektrum d. Metalle 14-0250; Phononen-Effekte in d. Beweg. v. Positronen in Metallen 16-0408; Pseudoatompotentialmodell für d. Gitterdynamik v. Metallen 24-0288; Phononenspektren v. Metallen 25-0215; Näher.-Dispers.-Bezieh. für kub.-raumzentrierte Metalle 27-0272, 27-0273; theoret. Interpretat. d. Mess. d. Phononenspektren in Metallen 29-0338; Anharmonizität v. – v. Metallen 36-0219; elektromagnet. Anreg. transversaler Mikrowellen-Phononen in Metallen 45-0370.

Schwing.-Spektrum v. Li 9-0275; Polarisat.-Vektoren für – in Na 5-0292; quasiharmon. Berechn. d. Gitterdynamik für Na 32-0251; Gitterdynamik d. Alkalimetalle Na, K, Rb u. Cs 47-0213; Phononendispers.-Bezieh. für metall. Be 5-0293; Erweiter. d. Mess. d. Phononen-Dispers.-Bezieh. v. Be 8-0235; lokale Schwing. in Li–Mg- u. Be–Cu-Leg. 35-0202; Gitterbeweg. v. Mg unter Verw. einer Pseudopotentialnäher. 25-0218; Beweis d. anisotropen Elektronen–Phononen-Streuung aus galvanomagnet. Eig. v. Cd 46-0401; Phononenspektren v. Li, Na, K, Rb, Cs u. Al 15-0249; Phononendragkoeff. in Al-Einkrist. 16-0274; – in Al 22-0247; Gitterdynamik v. Al 22-0248; Neutronenbeug.-Unters. d. *Debye-Waller-Faktors* für Al 25-0158; Dämpf. v. Phononen in Al 29-0235; Erhöh. d. Gitterwärmekapazität infolge niederfrequenter Resonanzschwing. in verdünnter Al–Ag-Leg. 34-0261; – in festen Substitut.-Lsg. v. Ag in Al 39-0094; elektromagnet. Anreg. v. elast. Schwing. in Al 43-0210; geometr. Schwing. in Ga 32-0259; Einfl. eines Phononenflaschenhalses auf d. dynam. Polarisat. v. Protonen in $Mg_3(La, Ce)_2$ 25-0386; quasilokales Niveau im Schwing.-Spektrum d. Ti-Gitters mit schweren Verunreinig.-Atomen 6-0257.

Phononenstreuung in As- u. Ga-dotiertem Ge 4-0271; therm. Phononentransport in n-Ge 5-0341; Einfl. v. Defekten u. ihrer Wechselwrkg. auf d. Phononenstreuung in stark dotierten Ge-Krist. 22-0287; Phononendrag in n-Ge im quantisierenden, longitudinalen Magnetfeld 23-0452; Druckkoeff. d. v. Phononen begleiteten Tunnelströme in Ge 23-0476; anharmon. Schwing. in Ge 37-0106; Phonon–Elektron-Streuung in n-leitendem Ge bei tiefen Temp. 47-0353; stimulierte Emiss. v. Phononen durch Überschall-Elektronen in Ge 49/50-0172; ber. – -Frequenzen v. Mg_2Sn 3-0262; Gitterdynamik d. weißen Sn 18-0252; gruppentheoret. Unters. d. – in metall. β-Sn 32-0249; Krist.-Dynamik v. metall. β-Sn bei *110* °K 32-0250; Phononendispers.-Bezieh. v. Mg_2Si, Mg_2Ge u. Mg_2Sn 48-0417; Mess. d. druckinduzierten Phononenfrequenzverschieb. in Pb durch Streuung unelast. Neutronen 12-0248; Dispers.-Bezieh. für Phononen in Pb bei *90* u. *300* °K 36-0217; Elektron–Phonon-Koppl. u. Phononenspektren in Pb–Tl-Leg. 48-0503; Frequenzen therm. Schwing., d. sich einer vierzähl. Symmetrieachse folgend in V-Krist. ausbreiten 18-0253; Verteil. v. Phononenfrequenzen in V 23-0295; Best. d. – v. V durch inelast. Streuung langsamer Neutronen 28-0232; Frequenzen d. sich in V-Krist. parallel einer dreizähligen Symmetrieachse fortpflanzenden thermischen Schwing. 30-0218; Einfl. v. Kraftkonst.-Änder. u. lokalisierter Moden auf d. V: ^{57}Fe-Mössbauer-Syst. 33-0236; mittlere quadrat. Atomverschieb. für Nb-Leg. mit W, Mo, Ta, V oder Ti 20-0206; Gitterdynamik d. Leg.-Syst. Bi–Pb–Tl 3-0255; Phononenverstärk. in Bi 49/50-0268; Phonon-Drag-Effekte in W unterhalb *2,6* °K 33-0458; Wärmeschwing.-Amplituden in MnHg bei *298* °K 36-0216.

Analyse d. – v. geordnetem Fe_3Al 3-0256; Normalschwing. in α-Fe 5-0297; nichtlineare Temp.-Abhängigk. d. *Debye-Waller-Faktors* für ^{57}Fe in Fe 39-0099; Phononendispers.-Bezieh. für Fe 39-0115; Dispers.-Bezieh. für Phononen in α-Fe 43-0196; – v. Ni im Modell v. Krebs 5-0295; Gitterdynamik v. Ni 27-0278, 41-0108; Krist.-Dynamik u. *Debye-Waller-Koeff.* v. Cu 22-0249; In-band-Schwing.-Moden einer Cu–Au-Leg. 31-0244; diffuse therm. Streuung v. Al- u. Cu-Polykrist. unter Berücksichtig. d. Mehrphononenstreuung 32-0149; Vergrößer. d. Elektronenmasse durch Elektron–Magnon-Koppl. in Ni u. Cu–Ni-Leg. 32-0257; Phononenfrequenzen in Cu bei *49* u. *298* °K 46-0266; Versetz.-Phononen-Streuung in einigen Cu-Leg. 48-0221; Atomschwing.-Amplituden in Ag–Cu u.-Au–Cu-Leg. 42-0222; *Debye-Waller*-Faktoren v. Cu u. Au 13-0270; Wrkg. v. okkludiertem H auf d. Schwing. d. Atome v. Pd 37-0312; Dynamik v. völlig geordnetem AuCu oder CuPt 1-0284; Einfl. d. Gitterharmonizität auf d. *Debye-Waller-Faktor* v. Cu, Au, Pd, Ir, Pt u. Rh 32-0245.

Verbindungen

Beweg. v. W.-Mol. in W. u. Eis 3-0257; Mol.-Dynamik v. Salpetersäure-Monohydrat 33-0232; Schwing. d. Krist.-Gitters v. N_2O bei *80* °K 42-0263; Mol.-Dynamik v. $SC(NH_2)_2$ 33-0234; Wechselwrkg. v. fast kollinearen longitudinalen Phononen in Quarz 22-0258; einige Aspekte d. Gitterdynamik v. Quarz 27-0276; Schwelle u. Schwing. v. fraktionellen Phononen an Quarzwandlern 30-0222; bolometr. Nachw. kohärenter, longitudinaler *9*-GHz-Phononen in parallel zur X-Richt. geschnittenen Quarz 36-0237; Mikrowellen-phononendämpf. in Quarz 36-0238, 36-0239; longitudinale u. transversale opt. — in Quarz 39-0107; — in festem CO_2 u. CO 42-0262; Temp.-Abhängigk. d. Phononenzerfallskonst. in Quarz 44-0264.

Deut. d. Schwing.-Spektren d. Spinelle 19-0368; Niederfrequenzbeweg. v. H_2O-Mol. in hydratisierten Übergangsmetallsalzen 27-0281; charakterist. Schwing.-Frequenzen v. AlO_4-Tetraedern u. AlO_6-Oktaedern in anorgan. Aluminaten 31-0312; anharmon. Schwing. in Fluorit-Strukturen 37-0105; Einfl. d. Krist.-Deformat. auf d. — v. Oxidspinellen 45-0311; Phononenresonanzen einiger Alkalimetallhalogenide mit zweiwert. Verunreinig. 22-0291; Theorie d. Kern-Quadrupol-Spin-Gitter-Relaxat. infolge anharmon. Raman-Phononenprozesse in Alkalimetallhalogeniden 23-0422; lokalisierte — v. U-Zentren in Alkalimetallhalogeniden 30-0300; mol. Vibrat.-Frequenzen v. zweiatom. Halogenzentren in Alkalimetallhalogenid-Krist. 33-0405; Gitter-Frequenzen v. Alkalimetallhalogenidkrist. 40-0261; Gitterdynamik d. Austauschlad.-Modells d. Alkalihalogenide 48-0174; Wechselwrkg. v. *25* keV-Elektronen mit — in LiF (Oberflächen-—) 21-0329; Gitterdynamik v. LiH- u. LiD-Krist. 27-0277; IR-— v. LiH-Einkrist. u. einiger seiner Isotopen-Deriv. 27-0381; Phononenfrequenz in NaF 4-0302; Multiphononenstrukturen u. trigonales Farbzentrum in NaF 5-0386; vibron. Struktur-Eig. v. F-Aggregat-Zentren in NaCl 5-0391; Gitterdynamik: v. NaCl 11-0305; v. NaF 14-0253; Verschieb. d. Hauptbande durch Ankoppl. d. lokalisierten Oszillators an — in NaJ 30-0303; neuere Ergebnisse über Null-Phonon-Linien in NaF 33-0342; *Debye-Waller-Faktoren* v. NaCl bei *300*, *202* u. *78* °K 36-0214; genaue Schwing.-Frequenzverteil. v. NaCl 36-0215; mittleres Verschieb.-Quadrat u. mittleres Geschw.-Quadrat eines Punkt-Massendefekts in NaJ 39-0110; Phononenstreuung an einfachen Gitterfehlstellen von NaCl 40-0168; Unters. d. anisotropen Rotat.-Beweg. v. NO_2-Radikalen in $NaNO_2$ durch Neutronenbeug. 47-0125.

Einfl. zusätzlicher Kationenverunreinig. auf d. durch U-Zentren bedingten lokalisierten — in NaCl u. KCl 4-0307; Phononenstreuung an Gitterleerstellen v. dotierten KCl-Krist. 6-0286; Wechselwrkg. v. F-Aggregat-Banden in KCl u. KBr mit Phononen 13-0322; durch Verunreinig. in KBr hervorgerufene lokalisierte Moden 18-0337; Fern-IR-Absorpt.-Spektren durch — in dotiertem KJ 20-0286; Best. d. Dispers. elast. Krist.-— in KCl aus d. diffusen Röntgenstreuung 22-0252; spannungsinduzierte Frequenzverschieb. einer Gitterresonanzwelle in KBr-${}^6LiBr$-Einkrist. 23-0291; — in KBr-Krist. 24-0374; Dispers.-Kurven v. KCl- u. KJ-Ionenkrist. 25-0217; Massenunabhängigk. d. v. U-Zentren in KJ induzierten Phononenresonanzen 25-0255; durch Verunreinig. induzierte Absorpt. im fernen IR in d. Phononenlückenbereichen v. KJ u. KBr 27-0382; Aus d. Temp.-Abhängigk. d. Kernquadrupolresonanz-Frequenz v. ${}^{35}Cl$ in $KClO_3$ zwischen *12* u. *90* °K bestimmte Gittermoden 31-0362; lokalisierte Schwing. v. Cl^- u. Br^- in KJ im Frequenzbereich zwischen opt. u. akust. Phononen 36-0317; durch diffuse Streuung v. Röntgenstrahlen erhaltenes Frequenzspektrum v. KCl 42-0221; — in KHF_2 u. $NaHF_2$ 42-0265; nahe Instabilität v. Resonanzgittermoden an Mischkrist. aus KBr u. KCl + LiBr u. LiBr, KJ + LiBr 47-0285; Schwing.-Frequenzen v. NO_2^- u. NO_3^- in KBr-Krist. 47-0286; Theorie d. IR-Gitterschwing.-Absorpt. durch Frequenzlücken u. Resonanzmoden in KJ mit Cl^-- u. Br^--Verunreinig. 48-0292; IR-Spektren d. drei krist. Phasen v. KNO_3 im Gebiet d. inneren Schwing. d. NO_3^- Ionen 48-0294; — in CsBr 4-0310; Gitterdynamik u. Raman-Spektrum v. CsBr 6-0351; Dispers.-Kurven für CsCl auf d. Basis d. Schalenmodells 33-0241; Schwing.-Beimeng. für Cu^{2+}-Ionen in NH_4Cl-Einkrist. zwischen *4,2* u. *453* °K 8-0316.

Schwing.-Eig. v. Erdalkalimetallfluoriden 16-0289; Gitterdynamik v. MgO 5-0294; Schwing.-Formen v. MgF_2 11-0378; Phononen-dispers.-Bezieh. für MgO 16-0276; phononenbegrenzte kohärente Emiss. v. V^{2+}-Ionen in MgF_2 31-0331; Dispers.-Bezieh. für Phononen in MgF_2 33-0229; Gitterdynamik v. MgF 39-0113; Null-Phonon-Linien u. Phononenkoppl. in mit Neutronen bestrahlten MgO-Krist. 43-0277; Einfl. einaxialer Spann. u. elektr. Felder auf lokalisierte Schwing.-Moden v. H^-- u. D^--Ionen in CaF_2 7-0315; Zweiphononenabsorpt. in d. ultraschallparamagnet. Resonanz v. mit U dotiertem CaF_2 22-0264; Energieübertrag. zwischen Gd^{3+}-Beimeng.-Ionen in einem CaF_2-Krist. durch Phononen 27-0392; Beweis für Phononen-Vernicht.-Prozesse in d. angeregten Zuständen v. BaClF: Sm^{3+} 45-0333.

Opt. Phononen v. ZnTe 9-0352; Multiphonon-IR-Absorpt. in ZnO 21-0358; —-Effekte in d. opt. Spektren v. ZnO:Ni u. ZnO:Co 36-0314; —-Eig. v. hexagonalem CdSe 2-0290; Einfl. hoher Phononenflußdichten auf d. Röntgenreflex.-Vermögen fast idealer CdS-Krist. 6-0178; Eig. d. — in hexagonalem CdSe 18-0313; durch Phononen begleitete Emiss. bei CdSe 22-0360; opt. Phononen in $CdSe_yS_{1-y}$-Mischkrist. 26-0353; Koppl. zwischen longitudinalen opt. Phononen u. Plasmonen in CdS 43-0258; Einfl. d. — auf d. IR-Reflex. v. CdO 43-0260; Protonenbeweglichk. in Festkörpern (H-Schwing.-Moden u. Protonendelokalisier. in Böhmit) 9-0353; — v. MgO u. Korund (Einfl. d. Temp.) 12-0301; Raman-aktive Phononen v. Korund 35-0312; Debye-Modell für Phononen für Linienverschieb.-Prozesse v. hochdotiertem Rubin 35-0320; IR-— v. aus d. Gasphase gezogenem AlN 43-0289; IR-Reflex.-Spektren v. — in $GaAs_yP_{1-y}$-Leg. 12-0327; direkte Mess. v. Wechselwrkg. zwischen heißen Elektronen u. Phononen in GaP 24-0414; lokalisierte Schwing. v. Li-diffundiertem, Tedotiertem GaAs 36-0318; Wechselwrkg. zwischen heißen Elektronen u. Phononen in GaP 40-0314; Phononenfrequenzen in β-GaSe u. GaS 43-0291; Polarisat. u. Intensität d. Raman-Streuung an Phononen in GaAs 47-0259; Gitterdynamik v. Tl-Bromid 19-0282; mol. Schwing. d. PO_4^{3-}-Ions in YPO_4 25-0344; Multiphononrelaxat.: v. angeregten Zuständen im nahen IR v. $LaCl_3$:Dy^{3+} 28-0333; in $LaCl_3$:Nd^{3+} 32-0355.

Koppl. zwischen lokalisierten H^--Moden u. Elektronenzuständen v. Seltenerdmetallionen in Seltenerdmetalltrifluoriden 3-0342; vibron. Übergänge d. hexagonalen Seltenerdmetalltrichloride (Pr^{3+} u. Nd^{3+} in $NdCl_3$) 45-0325; (Pr^{3+} in $LaCl_3$, $PrCl_3$ u. $GdCl_3$) 45-0326; Mehrphononenprozesse in wasserhalt. Salzen v. Eu^{3+} u. Tb^{3+} 32-0366; niederfrequente, transversale opt. — v. $BaTiO_3$ 2-0208; Röntgenunters. v. — in tetragonalem $BaTiO_3$ 27-0280; weiche opt. Schwing. in $BaTiO_3$ 38-0230; überdämpfte weiche Schwing. Mode in $BaTiO_3$ auf Grund d. Raman-Streuung 40-0083; Temp.-Abhängigk. d. niederfrequenten transversalen opt. — v. $BaTiO_3$ 42-0365; Richt.-Dispers. d. opt. — d. tetragonalen $BaTiO_3$ 43-0195; durch ein elektr. Feld verstärkte Raman-Streuung u. Frequenzverschieb. d. weichen Schwing. in $SrTiO_3$ 47-0265; Misch. akust. u. weicher opt. Schwing. in ferroelektr. $BaTiO_3$ 48-0514.

Phononenstreuung v. Mischkrist. im tern. Syst. PbTe/PbSe/PbS nach Dotier. mit PbJ_2 13-0423; Helicon-Phonon-Koppl. in n-PbTe Einkrist. 38-0453; Unters. lokalisierter Schwing.-Moden v. H in V-Hydrid durch unelast. Streuung kalter Neutronen 30-0255; Gitterdynamik v. NH_4VO_3 33-0233; opt. Phononen in $LiNbO_3$ 29-0353; Energie d. Phononenzweige v. $SrTiO_3$ u. $KTaO_3$ 47-0289; Phononenstreuung an Antistrukturbeimeng. v. Bi in Bi_2Te_3 7-0285; Größe d. Spin-Phonon-Wechselwrkg. im $CaWO_4$:Nd-Syst. 30-0344; Unters. d. Gitterdynamik d. Hydride CeH_2, CeH_3, ThH_2 u. $UH_{2,7}$ durch unelast. Streuung kalter Neutronen 26-0272; anomale Phononenabsorpt. v. antiferromagnet. UO_2 im fernen IR 46-0323; IR-Spektren d. — v. Mn-Fluorid 29-0349; — v. $Rb[MnF_3]$ 47-0283.

Beweg. v. W.-Mol. in K-Cyanoferrat(II)-trihydrat 3-0257; Einfl. v. Beimisch. auf d. — v. Y-Fe-Granat 9-0349; Rotat. akust. Wellen durch Spin-Phonon-Wechselwrkg. bei Salzen d. Fe-Gruppe 26-0507; IR-Gitterspektren v. Seltenerdmetall-Fe-Granaten 27-0384; Wechselwrkg. v. Mikrowellenphononen mit Domänenwänden in Y-Fe-Granat 48-0599; Gitterdynamik d. Komplexe $[Co(NH_3)_6]J_3$, $[Co(NH_3)_6]Cl_3$, $[Co(NH_3)_6]J_2$ 33-0230; Krist.-Dynamik in CoO 48-0559; IR-Gitterschwing.-Spektren in NiF_2, CoF_2 u. FeF_2 1-0355; phononeninduzierte spinabhängige IR-Absorpt.- in $K[NiF_3]$ 2-0301; IR-— v. $KNiF_3$ bei *300* u. *90* °K 31-0308; Abschätz. d. Mehrphononen-Einfangsquerschnitte in einem Cu_2O Krist. in d. „Nicht-Condon"-Näher. 9-0410; Fundamentalbande d. — v. Cu_2O bei *146* cm^{-1} 33-0293.

Metallhaltige organische Stoffe

Phononeneinfang durch Pr^{3+}-Ionen in Pr-Äthylsulfat 14-0353; Beobacht. eines Phononenflaschenhalses in Tb-Äthylsulfat 36-0336.

Organische Stoffe

Gitterdynamik v. Dynamit 16-0264; Dynamik eines Harnstoffkrist. 16-0906; innere Dynamik d. Tieftemp.-Phasen d. Mol.-Krist. CH_4 30-0876; Gitterdynamik v. Methyljodid 33-0231; Berechn. v. Frequenzen u. Intensitäten d. — v. Thioharnstoff u. D_4-Thioharnstoff 43-0854; Charakterisier. v. KW-Stoffen durch ihre Phononenspektren 45-0882.

Untersuchungsmethoden

Hochdruckkammer zur Best. v. druckinduzierten Phononenenergieverschieb. durch unelast. Neutronenstreuung 25-1955; Neutronenbeug.-Verf. zur Best. therm. — 27-0274; piezoelektr. Dünnfilmschwinger als Generatoren u. Dektoren v. Mikrowellenphononen 29-0233; Neutronen-Krist.-Spektrometer für Unters. über d. Dynamik v. Krist. 40-1750; neue Neutronenbeug.-Meth. zur direkten Beobacht. d. therm. Beweg. v. Radikalen 47-0124.

Bibliographie

Elementartheorie der Schwingungsspektren von Fremdstoffzentren der Kristalle [russ.] B 90.

45G17Ju3 s. unter *Eisen, Schmiedeeisen und Stahl (Sondermarken)*.
45G17JuZ s. unter *Eisen, Schmiedeeisen und Stahl (Sondermarken)*.
GKŽ-94, Herst. d. Fl. — durch Hydrolyse v. Äthyldichlorsilan 28-2594*.
G13L s. unter *Eisen, Schmiedeeisen und Stahl (Sondermarken)*.
35GL s. unter *Eisen, Schmiedeeisen und Stahl (Sondermarken)*.
Glabralacton s. unter $C_{16}H_{16}O_5$.
GL-Amin s. unter $C_7H_8N_2O_2$.
Glandulain s. unter *Enzyme, spezielle Enzyme*.
Glaphenin s. unter $C_{19}H_{17}ClN_2O_4$.

Glas

Natürliche (vulkanische) Gläser s. unter *Geologie*; organ. — s. unter *Plaste*; s. auch *Spiegel*.

Allgemeines, Geschichte, Fortschritte

Chem. Unters. an archäolog. —-Perlen 26-0851; abweichende —-Eig. (anomale Alkalizus.) 33-2507; Begriff, Eig., Geschichte d. Borosilicatgläser (Einfl. auf d. modernen App.-Bau, Übersicht) 36-2278; Definit. d. Glases 41-2354; — (Fortschrittsbericht) 43-2358.

Herstellung, Bearbeitung, Anwendungen

Überwach. d. —-Herst. durch Röntgenfluoreszenz 10-2262; Entw. d. Floatverf. u. seine Zukunft in d. —-Industrie 12-2234; Projektieren v. —-Werken (Conference on the Silicate Industry, Budapest *1965*) 30-2260; chem. Überwach. d. —-Herst. 31-2408; Verw. v. aktivierbaren Tracern in d. —-Industrie 43-2352; Kinetik d. Zerstör. u. Wege zur Erhalt. defektfreier Gläser 47-2251.

Beseitig. d. stat. Auflad. v. —-Teilchen 11-2250*; Einfl. v. Spann. u. Verform. auf d. Kerbenbldg. in —-Platten 13-2227; laserinduzierte Schäden im — in Abhängigk. v. d. Zus. 13-2229; Entfern. unerwünschter Ionen aus — (Na^+) 13-2235*; Stabilisier. v. Na-K-Krist.-Gläsern gegen Veränder. durch Sonnenstrahl. 19-2439; Vermisch.-Grad u. Schüttgew. v. aufgeschichteten —-Perlen 23-2491; Verringer. d. Alkaligeh. v. —-Hohlkugeln aus Alkalisilicaten 27-2504*; Masse zum Abdichten v. Hohlräumen in — 27-2505*; Verbesser. d. Durchsichtigk. v. kommerziellem — 33-2501; Anwend. aktivierbarer Indikatoren bei industriellen Problemen d. —-Herst. 43-2244.

Rohstoffe

Rk.-Kinetik in K_2CO_3-Quarz-Gemischen in d. —-Industrie 3-2314; Feldspatrohstoffe 4-1868; Vorerhitzen d. Rohstoffe 7-2260*; finn. Flotat.-Feldspat 7-2275; Flammenspektrophotometrie zur Kontrolle d. Rohstoffe 9-2244; Sandveredl. mit Ultraschall 10-2263; —-Sande v. Hohenbocka u. Weferlingen 13-

2220; elektromagnet. Entfern. v. Fe aus flotiertem, getrocknetem Quarzsand v. Valenii de Munte 15-2334; Puzzolanaktivität v. d. Syst. $CaO/Al_2O_3/SiO_2/MgO$ angehörenden Gläsern 18-2286; Veredl. v. für d. --Industrie bestimmten Quarzsandarten 19-2436; deutsche u. ausländ. Quarzsandvork. 27-2490; Roh- u. Hilfsstoffe für – 27-2508; Aufbereit. v. --Schmelzsanden 28-2336; K-reicher Feldspat für d. --Industrie 28-2337; Feldspatrohstoffe zur Herst. v. Elektro-Vakuum-- 28-2338; Entfärben v. Rohstoffen zur Herst. v. – 32-2332*; Verw. v. Natriummetasilicathydrat in d. --Industrie 33-2495; Waschen d. Sandes v. Valenii de Munte im Hydrozyklon für d. --Herst. 40-2109; Legieren v. synthet. SiO_2 für d. --Bereit. mit Metalloxiden 49/50-2200*.

Öfen

Einfl. v. --Bestandteilen auf d. Korros. v. Hafenmassen durch d. --Schmelze 1-2115; feuerfester Stein zur Ausmauer. v. --Öfen 2-2131*, 2-2142*; Auskleid. v. --Wannen mit einem feuerfesten Prod. aus Zr, Korund u. SiO_2 4-1905*; hitzebeständ. Stähle für direkte Berühr. mit d. geschmolzenen --Masse 5-2354; Verbesser. d. Qualität v. Dinas für --Schmelzöfen u. Steiger. ihrer Haltbark. 6-2210; --Schmelzwannen aus feuerfesten Schmelzgußkörpern 6-2222*; bas. Steine in d. --Industrie 7-2253; Herst. v. Silikasteinen zur Auskleid. v. --Schmelzwannen 7-2315*; keram. gebundener, hitzebeständ. Stoff bei d. --Herst. 9-2246; Prüf. d. dichten Dinas in --Schmelzöfen 13-2221; Verunreinig. u. Gase in schmelzfl. gegossenen Steinen für --Schmelzöfen 13-2222; feuerfeste Stähle für direkte Berühr. mit geschmolzener --Masse 16-2353; --Schmelzofen mit guter Wärmenutz. für d. Schmelze v. Spezialgläsern 19-2437; feuerfeste Steine in --Öfen 19-2438; Wechselwrkg. d. feuerfesten SiO_2–Al_2O_3-halt. u. bas. Stoffe in d. Auskleid. d. hohen Generatorkammern d. --Schmelzöfen 20-2255; feuerfeste Stoffe für Hafen- u. Wannenöfen bei d. Herst. v. Spezialgläsern 23-2476; Korros. v. schmelzgegossenen Zirkon–Korund-Steinen in --Schmelzwannen 23-2477; „Lochfraß" Metallablager. in einer Flaschenglaswanne 25-2401; in Glaswannen zur Ausbldg. v. Spülfugen u. zum Lochfraß führende physikal. u. chem. Rk. 25-2402; Erfahr. mit Raco-Schmelzern 27-2491; Korros. feuerfester Steine durch --Schmelzen 27-2493; feuerfeste Tonerdesinter als Mager.-Mittel bei d. Herst. v. --Wannensteinen 30-2278*; --Schmelzofenbau 31-2409; feuerfeste Baustoffe für d. --Industrie (Übersicht) 32-2323; Zirkon- u. Zirmulsteine im Oberbau v. --Schmelzöfen 32-2324; keram. feuerfeste Körper mit erhöhter D. u. Widerstandsfähigk. gegen geschmolzenes – 32-2333*; elektroschmelzendes, feuerfestes Material für --Schmelzöfen 33-2551*; Best. d. in einem --Ofen auftretenden Ström. mit Tracern 42-2141; Neig. feuerfester Stoffe zur Blasenbldg. in Soda–Kalk–Kieselsäure-Gläsern 42-2143; feuerfeste Keramikkörper als Elektroden in --Schmelzöfen 45-2430*.

Glasschmelzen und Schmelzverfahren

--Misch. aus SiO_2, B_2O_3, Al_2O_3, Na_2O, K_2O, CaO, MgO, BaO, ZnO, ZrO_2 u. CaF_2 2-2705*; Danburitkonzentrat für Borglasschmelzen 4-1870; Erhöh. d. Schmelztemp. v. Fenster-- durch La_2O_3 4-1872; red. S-Verb. als Schmelz- u. Läuter.-Mittel für Soda–Kalk-Flintgläser 9-2245; Zeit- u. Temp.-Einfl. auf d. SiO_2-Verteil. in Boratgläsern 13-2223; Mikromisch. in Pb-Boratgläsern 13-2224; niedrigschmelzendes – aus einem Netzwerkbildner u. einem Netzwerkmodifikator 18-2257*; spontane Blasenbldg. in Silicatschmelzen bei hohen Temp. (Einfl. feuchter Atmosphäre u. d. Verh. v. Alkali-Mischgläsern) 31-2411; Herst. eines --Versatzes aus Sand, Na_2CO_3 u. $CaCO_3$ 32-2331*; – aus SiO_2, B_2O_3, BaO, La_2O_3, ThO_2 u. Pr_2O_3, Nd_2O_3, Yb_2O_3 als Aktivatoren u. ZrO_2, Al_2O_3, As_2O_3, Sb_2O_3 32-2337*; Sinter.-Kinetik alkal. Schmelzagenzien 36-2274; Verschmelzen radioakt. Konzentrate in Gläser oder keramische Massen 37-2370; Herst. eines --Versatzes aus SiO_2, Al_2O_3, CaO, BaO, B_2O_3, MgO, Na_2O u. K_2O 38-2392*; Einw. v. Zuschlagstoffen auf d. Liquidustemp. v. – 41-2355.

Quarzbldg. u. Kristallisat. aus bin. Li-Silicatschmelzen u. -gläsern 3-2315; Abhängigk. d. Eig. vakuumgeschmolzener Gläser v. d. Zus. 5-2246; Krist.-Wachstum an Blasenoberflächen im – beim Schmelzen 11-2241; Ne-Diffus. in --Schmelzen 17-2363; Form d. Phosphations in geschmolzenem Ca–Mg-Silicophosphat-- 17-2365; derivatograph. Unters. d. Rk. im Gemenge v. Borosilicat-- 18-2241; metastabile Entmisch. im Syst. $BaO/Li_2O/SiO_2$ 18-2245; Verdampf.-Verluste v. --Komponenten tern. Natriumborosilicate u. d. Bldg. v. Inhomogenitäten in d. Schmelze 20-2239; Best. v. Viskositäts-Temp.-Daten in --Schmelzen 21-2454; Verdampf. u. flücht. Komponenten aus Pb-Glasschmelzen 21-2455; Rk. zwischen – u. geschmolzenen Borofluorid–Nitrat-Gemischen 23-2478; Zusammenhang zwischen Phasendiagramm, Rk.-Verlauf u. Struktur v. Schmelzen 25-2403; Phasentrenn. in Gläsern d. Syst. $Na_2O/SiO_2/B_2O_3$ u. $Na_2O/SiO_2/Al_2O_3$ 27-2494; Phasenumwandl. in Pb-Gläsern beim Erwärmen 30-0207; N_2-Diffus. in --Schmelzen 31-2410; --Bldg.-Bereich u. Eig. d. Gläser im Syst. $MgAl_2O_4/LiAlSi_2O_6$ 33-2497; Mischalkalieffekt in geschmolzenen Silicatgläsern 34-2310, 34-2311; metastabile Entmisch. im Syst. $Li_2O\cdot SiO_2/Li_2O\cdot Al_2O_3\cdot 4\,SiO_2/SiO_2$ 38-2382; Veränder. d. mechan. Eig. d. --Masse durch krist. Oxide 39-2327; Dampffraktionier. v. silicat. Schmelzen bei Atmosphärendruck u. hohen Temp. 39-2328; Na_2O-Aktivitäten in geschmolzenem Na_2SO_4 u. Na-Silicaten (--Schmelz- u. -läutervorgänge) 45-2418; Fl.–Fl.-Misch.-Lücke in einigen bin. u. tern. Alkalimetallsilicatgläsern 47-0454.

Elektr. Leitvermögen v. Natron–Kalk-Silicat-Gemengen beim Fertigschmelzen (Beitrag zum Läuter.-Vorgang) 1-2116; elektr. Schmelzen alkaliarmer Gläser 4-1869; Verflüchtig. v. B_2O_3 beim --Schmelzen 4-1871; Best. d. elektr. Widerstände v. --Gemengen 5-2244; Erschmelz. v. Gläsern d. Syst. $Li_2O/SrO/Al_2O_3/SiO_2$ 5-2245; Mechanismus d. Beeinfluss. d. Schmelzvorgangs v. Na–Ca-Gläsern: durch Chloride 10-2264; durch Fluoride 10-2265; elektr. Schmelzen v. – im Wannenofen 18-2242; elektr. --Schmelzen 18-2243, 18-2244, 20-2238; (Sn-Oxid-Elektroden mit hoher Korros.-Festigk.) 21-2453; Gaszus. beim Quarzglasschmelzen 28-2341; elektr. --Schmelzen 30-2260; Entsteh. v. UV-Absorpt.-Banden v. glas. Na-Silicaten während d. Schmelzvorgangs 32-2325; strukturelle Übergänge in silicat. glasbildenden Schmelzen beim Schmelzprozeß 33-2496; Kinetik d. Schmelzprozesses v. Soda–Kalk-- 36-2275; elektr. Leitfähigk. v. geschmolzenem – u. Fragen d. Elektroschmelzens v. – 41-2356; elektr. --Schmelzen in Ungarn 41-2357; Einfl. d. Schmelzverf. v. – auf seine Homogenität 42-2142.

Formen, Kühlen, Härten

Rolle d. Ström. bei d. Homogenisier. d. – in Flachsglaswannen 1-2114; --Bearbeit.-Drehbank zum Graduieren v. --Rohren 6-1792; Metallisieren v. Gußformen für d. --Fabrikat. 8-2422*; Reinig. d. Bäder bei d. Tafelglasherst. auf geschmolzenem Sn 11-2247*; Herst. v. Tafel-- unter Berühr. d. --Bandes mit d. Oberfläche eines geschmolzenen Metallbades 11-2248*; Kristallisier.-Probleme beim Ziehen v. Plan-- 18-2247; Cu-Leg. Incramet *800* für --Gußformen 19-2530; Deut. d. Schlieren im – 24-2300; Reinigen v. Formen aus Fe für d. Herst. v. --Gegenständen 26-2517*; Unters. d. Ström. in offenen --Wannen mit d. radioakt. Isotop ^{24}Na 27-2492; Herst. dünner --Schichten auf Unterlagen 28-2345*; Verdichten poröser, hochkieselsäurehalt. --Gegenstände 28-2352*; Herst. dielektr. dünner Filme techn. Gläser durch Hf-Zerstäub. 34-0475; Formfestigk. v. chem. verstärktem – 34-2312; chem. Rk. beim Heißpressen v. Al_2O_3---Zus. 37-2460; Entsteh.-Ursache v. Luftblasen im Flach-- 44-2149; Tracerunters. an einer Flachglaswanne 48-2178.

Bldg. pseudoglas. u. pseudokrist. Syst. (Übersicht über Abkühl.) 3-2320; Einfl. v. F-Zusatz u. Ersatz v. K-Oxid durch Na-Oxid auf d. Verfestig.-Geschw. v. Flach-- 4-1874; kontrollierte --Verfestig. durch Abschreck. in Fl. 9-2248; permanente Verdicht. v. B_2O_3-Glas durch hydrostat. u. nichthydrostat. Drücke 17-2370; neue -- u. polymorphe Oxidphasen durch schnelle Abschreck. 33-2499; Verfestig.-Möglichk. glaskrist. Materialien 33-2520; Wärmeimpulseffekte auf – 37-2461; Technologie d. Härt. wärmestabiler Gläser in Fl. 47-2252; Verfestig.-Prozeß eines Natron–Kalk–Silicat-- bei niedr. Temp. 51/52-2175; Erhöh. d. Konstrukt.-Festigk. v. --Erzeugnissen durch Härt. in Fl. 51/52-2176.

Oberflächenbehandlung, Überzüge und dergleichen auf Glas

Mechanismus d. --Verfestig. (Ätz. u. Polyäthylsiloxan-Behandl.) 4-1875; hohe Festigk. v. Flach-- nach Ätz. in HF 5-2251; --Festigk. u. Oberflächenbehandl. 16-2283; (Ätzen, Glasieren, Härten u. Ionenaustausch) 20-2240; Erhöh. d. mechan. Festigk. v. --Hohlkörpern 20-2242*; Wrkg. v. Alkalisilicatlsg. auf d. --Festigk. 23-2480; Säureschutz u. Abwasserprobleme in --Ätzereien 26-2338; --Festigk. (Einfl. d. Defektanzahl) 26-2340; (nach Ionenaustausch) 26-2341; (nach hydrotherm. Behandl.) 26-2342; Verfestig. v. Glasgegenständen: durch Ätzschmelzen 26-2349*; durch Salzbäder 26-2350*; mit wss. Na-Silicatlsg. 28-2346*; durch Eintauchen in K-Salz-Schmelze 28-2347*; durch Ionenaustausch 29-2415*; Dekorieren v. Tafel-- durch Ätzen 31-2418*; --Verfestig. durch Ätz. 33-2504; Wrkg. v. Ag-Beize auf – 33-2505; Einfl. v. Spann. auf d. chem. Beständigk. ionenausgetauschter Oberflächen bei – 33-2506; durch Ionenaustausch verfestigtes – (Bestrahl.-Effekte) 38-2386; (therm. Ermüd.) 38-2390; Verfestigen v. Alkalisilicatgläsern 39-2334*; Natur d. K-Diffus. in ein Na–Ca-- u. Einfl. d. Ionenaustausches auf d. Eig. d. Oberflächenschichten 42-2144; Inhibitoren zur Steiger. d. Ätzgeschw. v. – bei Lichteinw. 45-2419; chem. Verfestig. unberührter --Stäbe 46-2134.

Polyesterspritzlacke für – 1-2873*; Beschicht.-Mittel für – aus Polyvinylhalogenid u. Polymeren v. N-Vinylpyrrolidon 10-2848*; Überziehen v. –: mit Polytetrafluoräthylen 13-2238*; mit Äthylenterpolymerisaten 18-2951*; Aufbringen v. Kunstharzüberzügen auf kleine --Körper 24-2899*; Überzüge u. Zwischenschichten aus Copolyestern für Folien u. Platten aus – 28-3117*; Einbrennlacke aus Vinylmischpolymerisaten für – 32-2948*; UV-absorbierende Epoxyharzüberzüge für --Behälter 34-2933*; Überzüge aus Oxymethylenpolymerisaten auf – 40-2818*; Polyester u. Polyamidacetale als Schutz- u. Schmucklackier. für --Behälter 42-2740; Überzüge für –: aus Polyurethan 46-2691*; aus Polypropylen 48-2783; aus chloriertem Polyäthylen 48-2811*.

Beschlagverhindernde Mittel für --Oberflächen aus Organopolysiloxanen 1-2122*; Dampfaushärt. v. siloxanbeschichteten --Behältern 2-2792; Verbesser. d. Oberflächeneig. v. – durch Organopolysiloxanmisch. 7-2934*; Überzugsmasse aus fl. Polysulfidpolymerisat u. Silanen 8-3007*; transparente wasserabweisende Schichten auf – aus d. Rk.-Prod. eines Tetraalkyltitanats u. Verb. $(R)(R_1)Si(OR_2)(OR_3)$, $(R)(R_1)SiX_2$ oder $(R)SiX_3$ 11-2251*; Hydrophobier. v. – mit Siliconpräp. 16-3008; Mercaptoalkylaminoalkylsilane als Haftmittel für – 20-2574*; Verbesser. d. Haft. v. Phenolharzen an --Oberflächen mit ω-Mercaptoalkylorganosilan 21-3189*; Überzugsmittel für – aus Dispers. v. reaktionsfäh. Gruppen tragendem Harz u. Hydroxysilan 23-2483*; silicathalt. Überzugsmittel für – 24-2910*; Hydrophobier.-Mittel aus Tetraalkoxysilan u. (Methyl)polysiloxanharzen für --Oberflächen 25-2719*; Schutz d. Oberfläche v. Silicat-- durch siliciumorgan. Verb. 26-2343; Verw. v. Li-Silicatlsg. zum Überziehen u. Imprägnieren v. – 26-3040*; chem. Beständigk. hydrophober Si-organ. Überzüge auf – 34-2926.

Tetracyclin-Deriv. als Desinfekt.-Mittel für --Waren 2-2411*; Beständigk. v. Wärmeschutzüberzügen auf – 6-2931; Markier.-Farben 6-2948*; --Verzier. mit keram. Email 9-2249; Marmorisieren v. – oder Krist.-- 11-2249*; Herst. v. auf – haftenden Tinten 13-2252*; Chargen für Kristallglasüberzüge aus SiO_2, TiO_2, CaO, Li_2O, Na_2O, B_2O_3 u. F_2 18-2253*; Einfl. v. adsorbiertem W. auf d. Auftragen organ. Fl. auf Kalk–Natron-Gläser (Benetzbark.) 21-2458; wss. K-Silicatlsg. als Binder für Phosphore auf – 21-2459; Verzier. v. --Oberflächen (Schmelzfarbenbilder) 24-2893*; Herst. glanzfreier --Gegenstände 26-2348*; Email als --Überzug mit erhöhter Laugenbeständigk. u. Haftfähigk. 29-2425; Mittel gegen d. Beschlagen v. --Fenstern 38-2393*; verringerte Lichtreflex. v. – 38-2394*; lichtdurchläss., UV-absorbierende Schichten auf --Gegenständen 38-2398*; durchsicht., infrarote u. violette Strahlen absorbierender --Scheibenbelag 38-2399*; Herst. krist., hitzebeständ. --Überzüge 39-2353*; Mattgoldeffekte auf – durch Silber-tert.-alkylmercaptide 44-2386*; wasserabweisende Schichten auf – 45-2434*.

--Poliermittel: aus Ceroxid u. Nitraten d. Seltenen Erden 13-2236*; aus W. u. tetragonalem ZrO_2 22-2400*; aus *50–60*%ig. H_2SO_4 u. *5–10*%ig. H_2F_2 25-2408*; Polierprozeß v. – (Oberflächenfehler beim Polieren mit gebundenem Korn) 27-2498; Theorie d. --Polierens 30-2262; --Poliermittel: aus Oxiden Seltener Erden 45-2431*; aus Bastnäsit-Konzentrat 45-2432*; zirkonhalt. Poliermittel 45-2433*.

Au-Resinatlsg. zum Vergolden v. – 2-2297*; gleichmäß. ZnO-Überzüge auf großen

--Flächen 4-1876; Abscheid. v. Sn- u. Si-Filmen aus Glas- oder Glassubstraten mit Al-Überzug bei Einw. v. Elektronenstrahlen 6-0705; SnO_2- u. In_2O_3-Schichten erhöhter elektr. Leitfähigk. auf – 11-2207; Kinetik d. chem. Abscheid. dünner Ni-Filme auf einer --Oberfläche 13-0682; transparente, elektr. leitende Schichten aus $SnO_2 + Sb_2O_3$ auf – 13-2225; supraleitende In- bzw. Sn-Germanid-Schichten auf – 15-2296*; Ni–Pd-Überzüge auf – 15-2560*; Metallisieren v. – für elektr. Leit. 16-2231*; Aufdampfen v. schwerschmelzendem Metall auf – für elektr. Widerstände 16-2250*; Dekorieren v. Glas durch Einbrennen einer Ag-Salzlsg. 18-2254*; Edelmetallmuster auf – 18-2255*; Kondens.-Effekte bei Mess. v. Schichtdicken v. ZnS- oder MgF_2-Schichten auf – mit d. Schwingquarzverf. 21-2035; zirkonhalt. --Überzüge nach d. Flammspritzverf. 22-2403*; Überziehen v. --Scheiben mit einem Metalloxidfilm 22-2404*; Metallisieren v. – mit d. Oxiden v. Mo u. W 22-2405*; Ag-Überzüge auf – 23-2489*; lötfäh. Au-Film auf – 25-2414*; kalibrierte Hohlglasgegenstände unter Verw. v. Cu- u. Ag-Ionen 26-2347*; Indukt.-Periode d. chem. Verkupfer. v. – 27-0817; Cu-Film auf – 27-2506*; Edelmetallmuster auf – 29-2416*; Bedampf. v. --Oberflächen mit Oxidschichten (IR-spektroskop. Unters.) 42-2146; physikal.-chem. Grundlagen für d. Aerosolnd. als anorgan. --Überzug 42-2147; Eig. v. TiO_2- u. Edelmetallschichten auf Sonnenstrahlen reflektierendes – 42-2148; Eig. dünner auf – aufgedampfter W-Schichten 43-2357; Abscheiden v. Co- u. Co–Ni-Überzügen auf – 51/52-2153.

Verbinden von Glas mit Metallen und anderen Werkstoffen

Verb. v. Quarz oder Keramik mit – 4-1918*; Übersicht über --Überzüge für Metalle 9-2261; Verbinden v. – mit Metall oder Si 20-2246*; Primärstadien d. Wechselwrkg. zwischen Metalloberflächen u. geschmolzenem – 20-2253; Herst. v. Quarz–Metall-Verschmelz. 22-2406*; Verschmelz. v. – u. Metall durch hochfrequente Indukt.-Heiz. 23-2482; --Fritte für hitzebeständige Überzüge auf Metallen 27-2717*; festhaftende Verb. zwischen Metall u. – 28-2354*; Haft.-Temp. v. – u. Metall (Wrkg. d. --Phase) 29-2413; (Wrkg. d. Kontaktbeding. auf d. Haft.-Temp.) 29-2414; --Metall-Verb. (Belastbark.) 31-2417; (Bind.-Mechanismen) 35-2330; Einfl. v. Ultraschall auf d. Verkleben v. – mit Metallen 38-2384; Verbundelement aus Metall u. – 41-2336*; Einschweißen v. --Rohren in Stahl 48-2265.

Verbinden v. Kautschukpolymeren mit --Oberflächen durch Organosilane 26-2907*.

Anwendungen

Prüf. d. Theorie v. --Kugelsäulen für d. Verteil.-Gaschromatographie 1-1768; Verw.: eines --Flusses aus SiO_2, ZnO, BaO, PbO u. B_2O_3 zur Glimmer–Metall-Bind. 1-2137*; v. – für d. App.- u. Instrumentebau (Übersicht) 2-1945; v. --Pulver, Na–Ca- oder Pb-- zum Metallisieren v. Metalloxidkörpern zur Verlöt. mit Metallkörpern 3-2345*; elektr. Auflad. v. – für Schutzfenster gegen γ-Strahl. 9-2255; Verw.: v. – zum Schmieren v. Matrizen beim Warmformen v. Metallen 9-2448*; poröser Gläser zur chromatograph. Trenn. v. KW-Stoffen 11-1878; in – eingeschmolzene Vorr. aus Thermoelementen u. einstellbarem Thermostaten 17-1931; Filtrat. mit --Filtern 17-1932; Schwind. beim Sintern v. Fe-Pulver mit $\leq$ *12* --Pulver 17-2460; Verbinden v. LiF–MgO- u. Quarzfenstern mit Pyrex- u. FN-- 18-1831; Bewert. v. glas. Fritten als Mikronährstoffdünger 18-3008; Glanzglasfüll. für Destillierkolonnen 21-2032; Herst. v. dünnen --Blättchen für d. Transmiss.-Elektronenmikroskopie 21-2126; Wärmeisolierstoffe aus Schaum-- 23-2485*; Bewert. v. --Fritten als Mikronährstoff-Düngemittel 23-3376; gefärbter Metall–Glas-Baustoff 25-2440*; lumineszierende --Gegenstände aus --Hohlkörper mit kristallhalt. lumineszierender Oberfläche 26-2351*; Ersatz v. Feldspat durch kristallisierende Gläser in Porzellanmassen 26-2363; Verschmelz-- für Keramik u. Metall 28-2353*; Eig. u. Verh. v. Schaum-- als Wärmedämmstoff 28-2391; poröse Gläser zur Trenn. u. Analyse komplizierter KW-Stoff-Gemische 33-2375; Verschmelz-- aus PbO, B_2O_3, ZnO u. SiO_2 36-2288*; Anwend. in d. nuklearen Technik (Übersicht) 38-2388; Aufbringen v. Überzügen aus – im Wirbelbett 40-2819*; – in d. chem. Industrie 45-2252; Beständigk. v. – bei d. Beseitig. v. hochradioakt. Abfallprod. 45-2429; Überzüge u. feste Körper aus --bildenden Verb. 45-2439*; Verw. v. transparenten --Perlen für reflektierende Überzugsmittel 51/52-2818*.

Physikalische Eigenschaften und chemisches Verhalten

Vorgänge bei d. --Herst. s. d. Abschnitt *Herstellung, Bearbeitung, Verwendung*. Eig. u. Verh. besonderer Gläser s. auch d. Abschnitt *Spezielle Gläser*. Eig. v. silicatfreien Gläsern s. unter *Glasiger und amorpher Zustand*.

Physikal. Eig. v. Gläsern (Sammelref.) 4-0175; Periodizität v. --Eig. (spezif. Vol., D., Brech.-Index, Dispers., Wärmeausdehn., E-Modul, DK, Härte u. Oberflächenspann.) 28-2339; (Übersichtsmonographie) 29-2408; Eig. glas. Massen v. Kieselsäureprod. 32-2330; physikal.-chem. Unters. v. Alumosilicatphosphatgläsern 34-0613; Strahl.-Effekte in Gläsern (Übersicht) 34-2329.

Reichweite u. Tiefenverteil. v. 40 keV Xe-Ionen in Quarz-- 21-0347.

IR-Reflex.-Spektren v. Lithiumalumosilicatgläsern 6-0355; Raman-Unters. v. Gläsern mit einer Laser-Lichtquelle; IR- u. UV-Spektren u. Struktur v. Pb-Silicatgläsern 13-0253; Temp.-Abhängigk. d. Spinrelaxat. v. atomarem Wasserstoff in Quarz-- 19-0406; Röntgen-Kleinwinkelstreuung getrübter Fluorosilicatgläser u. ihre Deut. 20-0196; EPR-Spektren u. Struktur d. paramagnet. Zentren in bestrahlten Lithiumalumosilicatgläsern d. Syst. $Li_2O/Al_2O_3/SiO_2$ 21-0432; Struktur u. Eig. v. Gläsern d. Syst. Li_2O/SiO_2 nach Daten d. IR-Spektralanalyse 22-0238; interferenzmkr. Unters. v. porösen – 22-0649; IR-Spektroskopie d. Strukturänder. bei d. Ionenaustauschverfestig. v. Na/Al-Silicatglasproben mit TiO_2-Zusatz 24-0275; Reflex.-Spektren krist. u. glasförm. Silicate d. Syst. PbO/SiO_2 27-0377; UV-Absorpt.-Spektren v. Gläsern d. Syst. SiO_2/BaO 28-0326; Best. d. Änder. d. chem. Bind. v. Mn^{2+}-dotierten Gläsern verschiedener Zus. aus Absorpt.-Spektren, EPR u. Lumineszenz 28-0374; Zeit- u. spektrale Emiss.-Charakteristiken v. Laserstrahlschäden in – 29-0301; IR-spektroskop., röntgenograph. u. mkr. Unters. d. Mischkrist.-Syst. $Ba_2Si_4O_{10}/MgBaSi_4O_{10}$ 29-2405; IR-Absorpt.-Spektren v. Zn-Silicatgläsern d. Syst. ZnO/SiO_2 u. $Na_2O/ZnO/SiO_2$ 32-0347; Schwing.-Spektren dreikomponent. Silicatgläser u. d. Rolle chem. Elemente in d. Struktur d. Gläser 32-0348; spektrale Verschieb. v. Gläsern mit Ho-Geh. 32-2327; Spektren v. therm. u. stimulierter Mol.-Streuung d. Lichts v. Quarz-Einkrist., Quarz- u. Silicat-Gläsern 35-0285; Best. d. Absorpt.-Koeff. für Quarz- u. Glas K*8* im kurzwell. Teil d. Millimeterbereiches 37-0342; IR-Spektren v. Silicatgläsern mit zwei Alkalimetallen 39-0275; Eig. d. stimulierten Strahl. v. – mit Ne 41-0294; Schwellen d. induzierten Mandelstam-Brillouin-Streuung für Silicat-- K-*8* bei verschiedenen Wellenlängen 46-0299; Schwing.-Spektren v. Na/Zn- u. Na/Ca/Silicat-Gläsern d. Syst. $Na_2O/ZnO/SiO_2$ u. $Na_2O/CaO/SiO_2$ 47-0206; IR-spektroskop. Unters. d. strukturellen Bedeut. v. Ca, Mg u. Zn im Silicatglasnetzwerk verschiedener Syst. 47-0207.

Strahlungslose Anreg.-Energieübertrag. zwischen Yb^{3+}-, Nd^{3+}- u. Pr^{3+}-Ionen in Silicatgläsern (Ba-Krongläser) 2-0320; Einfl. v. Neutronen- u. γ-Strahl. auf d. Extinkt. d. – v. Photoelektronenvervielfachern 3-0326; opt. Absorpt. u. Thermolumineszenz v. γ-bestrahltem Fenster-- 3-0361; Polarisat.-Zustand d. Fluoreszenz v. Borosilicatgläsern 3-0362; Polarisat., Richt.-Verteil. u. nicht im Glanzwinkel liegende Maximaerschein. im reflektierten Licht v. mit Al überzogenem – 6-0333; Absorpt. u. Lumineszenz v. mit Ho aktivierten Gläsern (Silicat-, Borosilicat-, Phosphat--) 6-0368; Anreg.-Enerbieübertrag. in d. Kette d. Ionen $UO_2^{2+} \rightarrow Nd^{3+} \rightarrow Yb^{3+} \rightarrow Er^{3+} \rightarrow Tm^{3+}$ in – bestimmter Zus. mit bestimmten Zusätzen 7-0336; Änder. d. Brech.-Indes. v. – bei Beschuß mit einem fokussierten Laserstrahl 8-0267; Reflex. v. Röntgenstrahlen v. Glas-F-1 10-0297; Depolarisat. v. linearpolarisiertem Laserlicht bei d. Rückstreuung v. – 11-0349; Thermolumineszenz γ-bestrahlter Alumosilicatgläser 14-0350; Teilcheninterferenz bei d. Lichtstreuung in submikroinhomogenen Gläsern 16-0333; Berechn. d. Verstärk.-Koeff. d. stimulierten Emiss. aus Fluoreszenzmess. für verschiedene --Sorten 16-0405; Photolumineszenz v. Borosilicat u. Walzgläsern 19-0384; Fluoreszenz v. Tb^{3+} u. strahlungsloser Energieübergang v. Gd^{3+} auf Tb^{3+} in Boratgläsern 19-0386; spektrale Abhängigk. d. Verdet-Konst. v. – mit hoher Konz. an Tb_2O_3 20-0264; Dicke u. Brech.-Index nichtabsorbierender dünner Schichten auf – 21-0362; Interpolat. d. Brech.-Index für Quarz-- 23-0368; Bezieh. zwischen Thermolumineszenz, Photoleitfähigk. u. opt. Absorpt. v. dotiertem u. bestrahltem Quarz-- 23-0420; opt. Eig. u. d. Mechanismus d. nichtlinearen Absorpt. v. CdS enthaltendem – 24-0351; Mechanismus d. Einw. eines Laserstrahls auf photosensibilisiertes – 25-0278; Abhängigk. d. Intensität d. erzwungenen Mandelstam-Brillouin-Streuung in Quarz-- v. d. Anreg.-Intensität 26-0322; Mess. v. Phasenverzöger. bei d. Reflex. an – 26-0324; Mess. d. totalen hemisphär. Emiss.-Vermögens v. Quarz-- bei tiefen Temp. 28-0286; UV-Absorpt.-Spektren v. Gläsern d. Syst. SiO_2/BaO mit *30*–*70* Mol-% BaO 28-0326; Lumineszenzspektrum v. Nd^{3+} in SiO_2–B_2O_3–K_2O-, SiO_2–B_2O_3–Na_2O-, SiO_2–PbO–K_2O-Gläsern 28-0342; opt. Eig. v. durch Stoß komprimiertem Pb-- (elastoplast. Wellen im –) 29-0251; Strukturunters. nicht einheitl. verbreiteter Lumineszenzbanden aktiver Medien mittels Spektren induzierter Strahl. v. Kaliumbariumsilicat u. Phosphatgläsern mit Nd^{3+}-Ionen 31-0385; Dipolstärken u. Rotat.-Stärken aus d. Dispers. für Quarz-- 32-0323; Faraday-Effekt bei tiefen Temp. in Tb–Al-Silicatglas 32-0326; Einfl. d. therm. Bearbeit. auf d. Intensität d. Thermolumineszenz v. Industriegläsern 32-0370; halbkugelförm. Reflex. v. Metall-Oberflächen auf – als Funkt. d. Wellenlänge u. d. Oberflächenrauhigk. 35-0291; Lösch. d. Kathodolumineszenz v. mit Ce aktivierten Silicat-Gläsern 35-0324; Absorpt.-Koeff. v. Glas K*8* u. Quarz-- im kurzwell. Teil d. Millimeterbereiches 37-0342; spektroskop. Unters. d. Lumineszenz in – 39-0292; Einfl. d. Laserstrahl. auf d. Durchlässigk. v. KS-*19*-Gläsern 40-0252; Brech.-Indizes v. Ge, Si u. Quarz-- im fernen IR 42-0250; Schädig. u. opt. Eig. v. Nd-dotiertem – bei Laserbestrahl. 43-0241; Lumineszenz v. Corning-, Na-Silicat-, Na–Ca-Silicat- u. Na-Al-Silicatgläsern 43-2353; Temp.-Abhängigk. d. stimulierten Brillouin-Streuung in – 46-0301; Emiss.-Banden d. Nd in Silicatgläsern 47-0299; Farbzentren in Gläsern mit Nd 47-0322; Streuung d. v. akust. Oberflächenwellen in Quarz--, Flint-- reflektierten Lichts 49/50-0199; Einfl. hohen Druckes auf d. Brech.-Indizes, opt. Absorpt. u. Kristallisat.-Tendenz v. – 51/52-0160.

Mössbauer-Effekt in Sn-halt. Gläsern zur Strukturunters. 1-0274; Struktur v. Alkalisilicatgläsern u. -schmelzen (Einbau v. OH-Gruppen) 1-2117; Kristallisat. v. Gläsern im Syst. $Na_2O/MgO/CaO/Al_2O_3/SiO_2$ 1-2118; kontinuierl. isotherme Kristallisat. halbleitender Gläser 4-0230; Kristallisat. v. Be-- 5-2247; strukturelle Übergänge in bin. u. Mehrkomponenten-Gläsern 5-2252; Änder. d. submkr. Struktur u. Opalescenz v. Na-Silicat-- beim Erhitzen 7-0252; höherdimensionale Krist.-Modelle 7-0624; Na^+-Diffus. in NaCl- u. Na_2SO_4-halt. $Na_2O \cdot 2\,SiO_2$-- (Einfl. auf d. Kristallisat.) 7-2256; Verteil. farbloser u. farb. Zusatzkomponenten in einfachen Gläsern sowie ihr Einfl. auf Struktur u. Kristallisat. 9-2247; --Bldg. u. Eig. v. Gläsern in d. Syst. $CaO/Ga_2O_3/SiO_2$ u. $CaO/Al_2O_3/SiO_2$ 9-2250; Oberflächenstrukturen v. Gläsern d. Syst. $SiO_2/CaO/Na_2O$ u. $SiO_2/MgO/Na_2O$ 10-2269; Kristallisat. v. Schlackengläsern, F-halt. – 11-0304- Kristallisat. v. Li_2O/SiO_2-Gläsern bei hohem Druck 12-0244; Ausheilen v. Teilchenspuren d. spontanen Uranspalt. in – 12-0292; Mikrostrukturen v. kieselsäurereichen bin. Silicatschmelzen u. -gläsern 12-0538; strahleninduzierte Defekte u. Struktur v. Ba-Silicatgläsern 12-2236; Einfl. v. N auf d. Elektrolyse u. Kristallisat. v. SiO_2-reichem – 12-2240; Kristallisat. v. Schlackengläsern, Ti-halt. Gläser 14-0246; Phasenzus. u. Struktur v. Mikrolithen aus 3–4 Vol.-% glasart. Phase 14-2247; Mössbauer-Unters. an Fe in Natriumtrisilicatgläsern 16-0266; Kristallisat.-Prozeß v. Gläsern auf Basis magmat. Gesteine 17-0284; diffusionskontrolliertes Wachstum v. Teilchen einer sek. Phase in Li-Silicat-- 17-2366; Keimbldg. u. Krist.-Wachstum in fluoridhalt. Silicatgläsern 17-2367; Kristallisat. u. Entmisch. in Gläsern d. Syst. SnO/SiO_2 17-2368; krist. Einschlüsse im – 17-2369; Verteil. v. K in einem Natriumcalciumsilicat-- nach Austausch v. Na^+ gegen K^+ 18-0292; Verh. v. F in Silicatgläsern 19-0274; Keimbldg. u. Kristallisat. v. $NaNbO_3$ in Gläsern d. Syst. $Na_2O/Nb_2O_5/SiO_2$ 21-2456; Synth. u. Struktur v. Silicatgläsern 21-2460; Einfl. v. Al_2O_3-Zusätzen auf Borsilicatgläser 21-2461; Entglas.-Kurven v. Gläsern 21-2463; Struktur v. Gläsern d. Syst. Li_2O/SiO_2 22-0238; Kristallisat.: v. F- u. Ti-halt. Schlackengläsern 24-0277; v. P- u. Ti-halt. Schlackengläsern 24-0278; Keimbldg.-Wrkg. v. Cr_2O_3 bei d. heterogegen Kristallisat. v. Gläsern d. Syst.

$SiO_2/Al_2O_3/Fe_2O_3/MgO/CaO/Er_2O$ 25-0206; Best. d. K-Ionendiffus. in einem Natron–Kalk-Silicat-– mit d. Röntgenfluoreszenz 25-0265; metastabile Mischkrist. mit Quarzstruktur im Oxidsyst. $Li_2O/MgO/ZnO/Al_2O_3/SiO_2$ 25-2406; Polytropie v. Kiesel-– 27-0202; Differentialthermoanalyse u. Röntgenbeug.-Unters. v. Entglas.-Prozessen 28-0222, 28-0223; Punktdefekte in durch Neutronen beschädigten Quarzgläsern 28-0272; Schwärz. u. Strukturveränder. an d. Oberfläche v. Leuchtröhren-– 29-0218; Diffus. v. Tritium in Quarz-– 29-0290; Einfl. d. Ti-Ions auf d. Elektronenstruktur d. Cu-Ionen in Silicatgläsern 29-2407; Struktur v. Quarz-– 31-0228; Best. d. –-Bldg.-Gebiets, d. stimulierten Kristallisat.-Fähigk. u. anderer Eig. d. Gläser in einem Teil d. Syst. $Na_2O/CaO/MgO/Al_2O_3/Fe_2O_3/SiO_2$ 31-0612; Einfl. v. W.-Dampf auf d. Oberflächenstruktur v. Blei-– 31-0716; Homogenität u. Struktur v. – 31-2412; Tendenz melilith. Gläser zur Kristallisat. 32-0240; Zus., Struktur u. Eig. d. Gläser d. Syst. $BaO/PbO/SiO_2$ u. $MgO/Al_2O_3/SiO_2$ 33-2508; Ringkonfig. im statist. Netzwerkmodell v. Quarz-– 34-0243; homogene Keimbldg.-Geschw. im glasbildenden Syst. $Na_2O/CaO/SiO_2$ 34-0244; Struktur v. Na-Silicatgläsern mit geringem Fluorgeh. 34-0245; Eig. alkal. Mg-Silicatgläser in Verb. mit d. Stell. d. Mg^{2+} in d. –-Struktur 34-0246; Feinstruktur-Unters. v. Gläsern d. Syst. $(50 - x) Na_2O \cdot xK_2O \cdot 50 SiO_2$ 34-2309; durch CaF_2 induzierte Kristallisat. v. Tephrit-Basalt-Gläsern 34-2313; Struktur u. Eig. v. Alkalimetallsilicat-Gläsern 35-0192; –-Bldg., stimulierte Kristallisat.-Fähigk. u. andere Eig. v. Gläsern d. Syst. $Na_2O–CaO–MgO–Al_2O_3–Fe_2O_3–SiO_2$ 35-2181; Sinter- u. Kristallisat.-Prozesse v. –-Pulver aus Cordierit 35-2329; Festigk. u. Struktur v. glasigkrist. Silicatmaterialien 36-0263; Strukturunters. v. Silicat- u. Boratgläsern mit röntgenograph. Meth. 37-0294; Krist.-Keimbldg. durch Verunreinig. an Blasenoberflächen im – u. Krist.-Wachstum 37-2458; Einfl. d. α–β-Quarzumwandl. auf d. ^{22}Na-Diffus. in SiO_2-Glas 40-0177; Unterdrück. v. Bestrahl.-Effekten in Gläsern durch Synth. unter hohem H-Druck 40-0219; Struktur v. Gläsern d. Syst. $SrO/TiO_2/SiO_2$ 40-0264; Kristallisat.: v. $Li_2Si_2O_5$ aus $Li_2O–SiO_2$-Gläsern 40-2111; v. Gläsern d. Syst. Anorthit/Wollastonit in Ggw. v. Cr_2O_3 45-0286; Isostruktur u. Korrelat. v. Gläsern d. Syst. $Li_2O \cdot SiO_2/Li_2O \cdot Al_2O_3 \cdot 4 SiO_2$ 47-0208; P-Konz.-Profil u. Phasenausscheid. in Phosphatsilicatgläsern auf SiO_2-Filmen 47-0247; gesteuerte Kristallisat. durch Mischkrist. 51/52-2177.

Durch UV-Bestrahl. verursachte Spann. im – („Therm. Auslöseströme" in durch UV-Bestrahl. geschädigten Gläsern) 1-2120; (Spann.-Aufbau in bin. Boratgläsern durch UV-Bestrahl.) 3-2316; mechan. Eig. v. gesinterten Metall–Glas-Materialien 11-2364; Kinetik d. Spann.-Aufbaus in Gläsern durch UV-Bestrahl. (durch UV-Strahl. hervorgerufene Spann. in –) 12-2237; Spann.-Erhöh. in Quarzglas u. Na-Gläser 15-0253; Sekundärvorgänge beim Bruch v. vorgespanntem – 16-2284; Einfl.: v. W.-Dampf auf d. Bruchausbreit. in Natron–Kalk-– 17-2373; d. Belast.-Dauer auf d. Bruchwiderstand v. hochfestem Guß-– 20-0223; Einfl. auf d. hochfesten Zustand v. –: d. therm. Behandl. 26-0300; d. Hydrophobisier. 26-0301; Festigk. anorgan. Gläser 26-2344; Aufspalt.-Geschw. v. –-Materialien 29-2409; Zerstör. v. – durch Kavitat. 32-2326; Wrkg. mikrochem. Spann.-Konz. auf d. Festigk. v. porösem – 33-2510; Hertzscher Spann.-Bruch in – 33-2511; Härte, Verformbark. u. Rißbldg.-Widerstand v. – 34-2101; durch UV-Strahlen verursachte Spann. im – (Entspann. durch Wärmebehandl.) 35-2326; durch Stoß in –-Blöcken hervorgerufene Brucherschein. 36-0265; Festigk.-Mängel in – 36-2277; Abhängigk. d. Mikrohärte eines Mehrstoff-– v. d. therm. Bearbeit. 37-0319; Temp.-Abhängigk. d. Festigk. u. d. Elastizitätsmoduls v. – d. Syst. $SiO_2/Al_2O_3/MgO/CaO/TiO_2$ 37-0320; Verform. anorgan. Gläser durch Mikroeindrücke 39-0140; Rißverzweig. in – 39-0141; Auerbach-Bereich beim Brechen von – nach Hertz 40-0100; kontrollierter Bruch v. – 41-0174; Festigk. v. – (Überblick) 46-0285; Einfl. d. Rk. zwischen Petalit-Krist. u. Li-halt. – auf d. Biegefestigk. 49/50-2198.

Best. d. Raumlad.-Polarisat. in –-Schichten mittels Metall/Glas/SiO_2/Si-Doppelschichtkondensatoren 1-0482; komplexe DK v. Gläsern 1-0483; Temp.-Abhängigk. v. DK u. tg δ einiger Gläser 1-0484; Einfl. d. –-Substrats auf Konz. u. Vorzeichen d. Stromträger in PbTe-Filmen 2-0404; Theorie d. elektr. Leitfähigk. geschmolzener Gläser 2-0576; Temp.-Abhängigk. d. elektr. Leitfähigk. geschmolzener Gläser 2-0577; Änder. d. elektr. Leitfähigk. d. Oberflächenschicht eines Bleisilicat-– bei d. therm. Behandl. in H_2 4-0362; nichtpolarisierendes Elektrodensyst. für dielektr. Mess. an Natron-– 6-1810; Einfl. v. BeO, MgO u. BaO auf d. elektr. Leitfähigk. geschmolzener Gläser 8-0549; Elektrodeneig. komplexer V-halt. Na-Silicatgläser 8-0550; Faraday-Effekt in Silicatgläsern 9-0339; Einfl.: v. Alkali- u. Erdalkalimetallen auf d. dielektr. Eig. v. – 10-0452; d. Kristallisat. auf d. elektr. Eig. v. – d. Syst. $R_2O/RO/PbO/SiO_2$ 10-2267; elektr. Eig. v. krist. Gläsern im Syst. $MgO/Al_2O_3/SiO_2/TiO_2$ 15-2337; Na-Diffus. u. elektr. Leitfähigk. v. Na–Al-Silicat- u. Na–Ca–Al-Silicat-Gläsern 17-2374; Einfl. d. Unterlage auf d. Struktur u. Leitfähigk. metall. Aufdampfschichten v. Au-Filmen auf – 18-0444; dielektr. Verluste in Scheiben-–, K_2O- u. Li_2O-Gläsern bei sehr hohen Frequenzen 18-0473; Leitfähigk.-Neutralisat. in Gläsern 18-2249; dielektr. Unters. d. Syst. $PbO/BaO/MgO/SiO_2$ 22-2397; Gültigk. d. Nernst-Einstein-Gleich. in Alkalimetallsilicat-–-Syst. 23-0679; Einfl. d. gemeinsamen Ggw. v. zwei Alkalimetallionen auf d. elektr. Leitfähigk. v. Silicatgläsern (Unterdrück.-Effekt) 24-0468; Entgas. v. – durch Elektronenbeschuß 28-0403; Mechanismen d. elektron. Leit. in Gläsern 30-2263; Seebeck-Koeff. v. halbleitenden Oxidgläsern 31-0395; Erzeug. u. Dissipat. stat. Lad. auf – im Vakuum (Auflad.; Kontaktpotential; Trägerbeweglichk.) 31-0488; laserinduzierte Photoleitfähigk. v. Silicatgläsern 33-0540; elektr. Leitfähigk. v. Mg- u. Ca-halt. Na-Silicat-Gläsern in großen Temp.-Intervallen 33-2509; Herst. dielektr. dünner Filme aus Quarz-– durch Hochfrequenzzerstäub. 34-0475; elektr. Eig. d. Gläser d. Syst. $(50 - x) \cdot Na_2O \cdot xK_2O \cdot 50 SiO_2$ 34-2309; Photostromkurven v. Blei-– u. Fenster-– 35-0365; Oberflächenleitfähigk. Pb-halt. Gläser 38-2385; Elektroneneleitfähigk. v. Ce-halt. Gläsern 39-0356; dielektr. Eig. v. Gläsern bei *40* GHz 40-2114; elektr. Eig. eisenhalt., aus silicat. Gesteinen erschmolzener Gläser 47-2253; Einfl. v. OH^--Konz. u. Bestrahl. auf d. dielektr. Verluste im Kiesel-– bei tiefen Temp. 48-2182; Erzeug. v. Licht bei Entlad. durch d. relative Beweg. benachbarter Oberflächen v. Hg u. – 49/50-0104.

Einfl. v. elektromagnet. Strahl. auf –-Syst. 16-2282; EPR-Unters. v. Ga-Gläsern (Zus.) 26-0387; Thermolumineszenz, EPR u. Elektronenabsorpt.-Spektren bestrahlter Silicat-Gläser (Zus.) 28-0372; Fehlstellenzentren in bestrahlten Alkalimetallsilicatgläsern (Zus.) 28-0373; Hyperfeinstruktur d. EPR-Spektren v. Seltenerdmetallionen in Gläsern 28-0377; magnetoopt. Rotat.-Spektren v. Ho^{3+}-dotiertem – 29-0361; EPR v. Mn^{2+} in Silicat-– (Zus.) 37-0384; EPR-Spektren: Thermolumineszenz u. elektron. Absorpt.-Spektren v. Natriumcalciumsilicatgläsern (Zus.) 41-0290; bestrahlter Dreistoffgläser 45-0358; v. röntgenbestrahlten Alkalimetallsilicat-Gläsern mit eingefangenen Lochzentren 47-0323.

Elektrochem. Eig. v. –-Membranen in einer $PbCl_2/NaCl$-Schmelze 6-0625; Acidität v. Emaillegläsern 7-0584; Potential v. –-Membranen in geschmolzenem NaCl/KCl/Ag als Elektrolyt 12-0581; gestreute Depolarisat. durch behandelte Oberflächenschichten v. Quarzglas-Blöcken mit Ionenbestrahl. 16-0336; elektrolyt. Red. v. –-Pulver auf Hg 17-0687; Substitut. einer –-Elektrode durch eine H_2-Elektrode in einer Kette mit Überführ. 26-0637; pH-Funkt. v. Gläsern d. Syst. Li_2O/BaO-$(Pr, Nd)_2O_3/SiO_2$ 34-0649; –-Membran-Potentiale in Schmelzen mit gemischten Anionen 34-0650; Bezieh. zwischen d. elektr. Leitfähigk. u. d. dielektr. Relaxat. in –-Reihen (Zus.) 39-0374.

Rolle v. TiO_2 im Syst. Kieselsäure/TiO_2/K_2O 3-2319; Einfl. d. Erhitz.-Geschw. auf d. Ausdehn. v. – 4-1877; Wärmeaustausch in – 6-1795; Strahl.-Wärmeleitfähigk. in geschmolzenem – 7-2254; D. v. – als Funkt. d. therm. Vorgeschichte 7-2255; Einfl. kleiner Mengen v. La_2O_3 auf Schmelztemp. u. Viskosität v. Na-Zirkonsilicatgläsern 10-2266; therm. Ausdehn. v. Feldspat-– 11-2242; innere Reib. v. Misch-Alkalisilicatgläsern 12-2238; spezif. Wärme bei niedr. Temp. v. Na-Silicat-, u. Na-Borosilicatgläsern (Unters. d. mikrochem. Inhomogenität) 13-0268; Peak d. inneren Reib. bei d. Kondens. v. W. auf Ba-Silicatgläsern 13-2231; innere Reib. d. Gläser d. Syst. $Na_2O/BaO/SiO_2$ 17-2375; Temp.-Abhängigk. d. Viskosität anorgan. Gläser d. Syst. $Li_2O/Al_2O_3/SiO_2/TiO_2$ u. $Li_2O/Ga_2O_3/SiO_2/TiO_2$ 21-0256; theoret. Schema d. Seiger.-Prozesses in Gläsern (Fluktuat.-Stadium d. Phasenzerfalls) 21-0610; spezif. Gew. v. –-Partikeln 21-2243; Wärmeleitzahlmess. an Flaschen-– 22-2398; D.: v. geschmolzenen Gläsern 23-0592; v. synthet. F-Phlogopit-– 24-2302; Na-Selbstdiffus. in Na-Aluminosilicatgläsern 25-2404; Dilatometermess. an techn. Gläsern 27-2503; Viskositätsmess. v. Gläsern 29-2411; Sintern poröser Gläser 35-0191; Wärmeschrumpf. v. Gläsern mit Mikroporen 36-2276; elast. Wärmeleit.-Koeff. u. Wärmeausdehn.-Koeff. v. Gläsern 41-0173; innere Reib. in schwingenden körn. Röhren u. Anwend. auf Quarz-– 43-0209; therm. –-Eig. bei tiefen Temp. 45-2420.

Radiochem. Unters. d. Adsorpt. v. PO_4^{3-} an zwei tern. Boratgläsern 3-0637; Differentialthermoanalyse v. an porösem – adsorbiertem W. 5-0670; Oberflächendiffus. in mikroporösem Silicat-– 8-0597; Wrkg. v. verschiedenen Überzügen auf d. Rekombinat.-Koeff. für Sauerstoffatome an –-Oberflächen 8-0633; Adsorpt. v. sauren Gruppen handelsübl. Schichtstoffharze an – 8-2765; Nd. v. koll. Ruß auf – 10-0619; Sorpt. v. Metallspuren auf – 11-0671; Effekt zweier Alkalimetalle in Silicatgläsern 11-0675; Mess. d. Oberfläche v. Mikroglaskügelchen mit ^{85}Kr 13-0651; Adsorpt. v. Histamin an – 13-1909; Benetz.-Verh. v. Gläsern auf Pt u. Pt-Leg. 13-2232; Vorgänge in d. Grenzschicht zwischen feuerfestem Material u. Glas 13-2263; Rk. v. NH_3 mit Oberflächen v. porösem – 16-0664; Adsorpt. v. Ar durch d. –-Oberfläche v. Entlad.-Lampen 17-2356; Diffus.-Prozesse in –-Oberflächen 17-2371; physikal. Adsorpt. v. Gasen an festen –-Oberflächen 17-2376; elektr. u. Struktureig. v. Au-Filmen auf – 18-0617; Kinetik d. Grenzflächenrk. u. Diffus.-Prozesse im Syst. Fe–Na-Disilicat-– 18-2250; magnet. Unters. an in Na-Silicat-– eindiffundiertem Fe 18-2251; Ionendiffus. u. elektr. Leitfähigk. v. Gläsern mit einem Alkalimetall 19-0471; Dehydratat. v. porösem – 20-0600; Einfl. v. –-Oberflächen auf d. Eig. polarer Fl. 21-0695; Bedeut. v. Oberflächenboratomen als Adsorpt.-Zentren für d. Sorpt. v. W. durch poröses – 21-0723; neuzeitl. Anschauungen über Bruch u. Fließen v. – 21-2452; elektr. Simulier. d. Entspann. v. – im Umwandl.-Bereich 21-2465; Adsorpt. u. Desorpt. v. SO_2 an –-Rohren 22-2304; Kinetik eines durch Laserlicht auf d. Oberfläche v. – angeregten Funkens 23-0445; Säure–Base-Eig. v. Flintglassuspens. 24-0667; Adsorpt.: v. Ru an – in angesäuerten, wss. Lsg. 25-0705; v. Spuren v. Nb u. Zr auf Quarz-– 26-0668; v. Eu auf Quarz-– 26-0669; v. Be durch – in Abhängigk. v. pH-Wert 26-0692; therm.-viskose Eig. v. – aus Tonen 26-2339; opt. Verh. koll. verteilter Teilchen in Gläsern 27-0726; Kationenaustausch in Silicatgläsern 27-2499; Abhängigk. d. spezif. Oberfläche techn. –-Pulver v. d. chem. Zus. 27-2502; Einfl. d. Sättig. metall. Oberflächen mit Cr, Al u. B auf d. Benetzbark. durch –-Schmelzen 28-2344; Thermodynamik d. Adsorpt. gemischter Gase im Syst. Methanol/Bzl./poröses – 29-0732; Abscheid.-Verhältnis d. Langmuir-Blodgett-Monoschicht v. Stearinsäure für – 29-0745; Verdampf. v. an – adsorbiertem Methan 34-0716; Isotopeneffekt bei d. Adsorpt. v. CH_4/CD_4 an porösem – 34-0717; Ionenaustausch im Syst. –/geschmolzenes – 34-0730; Randwinkel v. Hg auf – u. Quarz-– 35-0578; Kationenaustausch in porösem – 35-0599; Selbstanreg. akust. Schwing. durch N_2-Adsorpt. an –-Oberflächen 36-0575; Bldg. v. Pseudokoll. bei d. Auflös. v. techn. – in NaOH bzw. KOH 37-0643; Haftfestigk. dünner Schichten auf – 37-0651; Best. d. Oberfläche v. Borosilicat-– 37-0654; Temp.-Abhängigk. d. Desorpt. v. ionengepumptem Ne auf – 38-0596; rheolog. Eig. d. Schlicker aus –-Pulvern 38-2380; Abhängigk. d. spezif. Oberfläche techn. –-Pulver v. d. chem. Zus. 38-2381; Filmflächenhysteresis in porösem – 44-0570; Unters. d. Dampfadsorpt. u. Vorbeleg. auf porösem – durch Oberflächenleitfähigk. 44-0582; Mechanismus d. durch Ionenbeschuß induzierten Gasabgabe v. – 44-0583; Best. koll. Kaolin-Ablager. auf ebenen –-Oberflächen 45-0588; therm. Desorpt. v. Edelgasionen aus – 47-0543; Rk. v. BCl_3, $TiCl_4$ oder $SnCl_4$ mit –-Oberflächen 47-0553; Desorpt. u. Austausch v. adsorbiertem Oktadecylamin u. Stearinsäure auf – 47-0569; Diffus. v. –-Bestandteilen in feuerfesten Stoffen 48-2179; Adhäs. v. –-Teilchen 49/50-0477; Best. v. Oberflächengrößen v. Borosilicat-– aus Quecksilberporosimeter-Mess. 49/50-0481; Gasadsorpt. an frisch gebrochenen –-Oberflächen 49/50-0495; Verweilzeit v. H, N u. Ar an –-Oberflächen 51/52-0446; Löslichk. v. Ru in Soda-Silicat-Gläsern 30-2261.

In Gläsern bei Zimmertemp. eingefangene anorgan. Radikale (Jodatome u. J_2^- in Borsäuregläsern) 3-0680; chem. Stabilität v. Gläsern d. Fünfstoffsyst. $R_2O/CaO/MgO/Al_2O_3/SiO_2$ (R = Na, K) 8-0671; Hydratat. v. Gläsern d. Syst. $SiO_2/Al_2O_3/CaO$ (Einfl. d. Anfangszus. auf d. Natur d. Hydratphasen) 9-0707; Säurefestigk. v. Gläsern d. Syst. $Li_2O/Al_2O_3/SiO_2$ 9-2251; Ausbleichen v. – KS-*19* durch inkohärente Strahl. 13-0331; Mess. d. Entfärb. v. Eisenoxid halt. – 15-2336; chem. Resistenz v. Silicatgläsern 15-2338; Einfl. v. K_2O auf d. Rk.-Fähigk. v. Gläsern d. Syst. $CaO/Al_2O_3/SiO_2$ 16-2297; Unters. d. Rk. zwischen W. u. – 18-2248; Korros. v. Schwerkron-– durch alkal. Lsg. 22-2396; in – durch lineare Absorpt. v. Laserstrahl. induzierte Schäden 26-0310; Mechanismus u. Kinetik d. Zers. v. Silicatgläsern durch wss. Lsg. 28-2343; Verteil. u. Einbau v. Co^{2+}-Ionen in fluorhalt. Natriumsilicatgläsern (Zus.) 29-0217; Kinetik d. Extrakt. d. Alkalimetallionen aus bin. u. tern. Gläsern 32-0733; chem. Beständigk. v. glasbildenden Materialien 35-2328; Oberflächenzustand v. verschiedenen Einfl. ausgesetztem – 38-2383; Blasenbldg. in – bei Elektronenbestrahl. 45-2421; Wirksamk.-Koeff. v. HF-vorbehandeltem – bei d. Zers. v. H_2O_2-Dampf u. v. HO_2-Radikalen 26-0726; Mechanismus u. Kinetik d. Zers. v. Silicatgläsern durch wss. Lsg. 28-2343.

Spezielle Gläser

Zus. heller Opalgläser 4-1873; Herst. v. gegen Alkalimetalldämpfe stabilen Gläsern 4-1878; gegen alkal. Lsg. stabiles Laboratoriumglas DG-*3* 4-1879; Zus. v. Gläsern auf Perlitbasis zur Herst. v. Hochspann.-Isolatoren 4-1880; Schäden in hochfestem – u. Schutzmöglichk. 9-2252; Eindringen v. geschmolzenem Spezial-– in durch therm. Einw. erhaltene SiO_2-Filme 9-2254; Einfl. v. Rasotherm-– auf d. Peroxid-Bldg. bei d. Methan-Ox. mit O_3 12-2485; Silicat-– für Kathodenröhre mit MnO u. TiO_2 13-2215*; chem. Beständigk. techn. Gerätegläser für Labor.-, Chemieanlagen, Pharmazie u. Biologie 13-2225; elektr. Isolier-– 13-2244*; – zum Einschmelzen radioakt. Abfalloxide 13-2245*; Herst. v. Schaum-– 13-2250*; Best. d. Wertigk. v. Ti u. Koordinat.-Zahl v. Al in Spezialgläsern durch Röntgen-K-Spektren 17-0375; – zum Einbetten lumineszierender Stoffe 18-2260*; Test-– für Strahl.-Mess. 18-2261*; – für Laserkörper aus alkalifreiem Grundglas 18-2262*; Verw. v. glasigem B-Oxid zur Herst. v. Spezialgläsern 19-2408*; temperaturbeständ. – 22-2401*; Elektrodengläser für pH-Mess. 23-2034; Entw. v. App.-Gläsern für d. präparative Photochemie 24-2303; Opal-– 25-2409*; gelbes, stark lichtbrechendes – für d. Perlenherst. 25-2411*; neutronenabsorbierendes – 28-2350*; Schwärz. u. Strukturveränder. an d. Oberfläche v. Leuchtröhren-– 29-0218; Herst. v. Schaum-– 29-2410; elektr. isolierendes – 29-2420*; farbloses – mit hohem Brech.-Index. für Perlen 32-2336*; Synth. v. IR-durchläss. – 33-2515; Zus. elektrotechn. Gläser 33-2516; Herst. v. gegen Alkalimetalldämpfe beständ. – 33-2522*; – für Radiotechnik u. Kondensatoren 33-2523*; nach Wärmebehandl. an d. Oberfläche elektronenleitende Eig. aufweisendes – 33-2524*; – mit Rotat.-Polarisat.-Eig. 33-2525*; farbloses, lichtbrechendes – zur Perlenherst. 36-2283* bis 36-2285*; wärmeabsorbierendes – v. geringer Wärmeausdehn. 39-2335*; gegen W. u. Chemikalien widerstandsfäh. – 39-2336*; ionenempfindl. – 39-2337*; leichtes, feuerbeständ. v. gleichmäß. Zellstruktur u. guter Wärmeisolierfähigk. schäumbares Silicatgemisch 39-2339*; Herst. v. Laser-– 45-2398*; chem. Beständigk. techn. Gerätegläser für Labor.- u. Chemieanlagen, Pharmazie u. Biologie 45-2425; gegen ascorbinsäurehalt. Glucoselsg. stabiles u. zur Sterilisier. im Autoklav geeignetes Ampullen-– 45-2436*; Herst. v. Gläsern als Fluoreszenzstandard 48-2181.

Herst.: keramikart., mikrokrist. –-Körper mit Zusätzen v. As_2O_3 1-2125*; v. glaskrist. Material auf d. Basis schwerschmelzbarer Tone 4-1899; v. semikrist. –-Keramik (thermoschockbeständ.) 5-2269*; v. halbkrist. Keramikkörpern (Verw. als Tischgeschirr) 6-2220*; v. keram. –-Körper mit linearen Wärmeausdehn.-Koeff. 7-2263*; Kristallisat. u. chem. Verfestig. v. β-Quarzglaskeramiken mit Füllstoffen 10-2271; Herabsetz. d. Kristallisat.-Temp. v. vitrokeram. Materialien 11-2246; durchsicht. oder durchscheinendes krist. – 13-2242*; keram. – aus K- oder Ge-Silicat u. TiO_2, Nb_2O_5 oder Ta_2O_5 13-2249*; Vitrokeramkörper „Agalit“ 15-2339; porzellanähnl. Gegenstände aus krist. – 18-2258*, 18-2259*; chem. Verfestig. polykrist. Keramik durch eine Oberflächenschicht 19-2455; Sitallbldg. in Gläsern d. Syst. $CaO/Al_2O_3/SiO_2$ 20-1098; Herst.: halbkrist. Spezialkeramik v. hoher Festigk. 21-2482*; v. halbkrist. –-Krist.-Mischkörper 22-2402*; mikromechan. Spann.-Konz. in keram. Zweiphasenverbundstoffen mit spröder Grundmasse 24-2304; keramikähnl. –-Körper 26-2352*; entglasende metallurg. Schlacke 27-2507*; Herst. eines elektr. –-Keramik-Kondensators 28-2334*; Keramik aus Quarz-– 28-2342; Kristallisationsfäh. – 28-2348*; Herst.: v. keramikart. –-Gegenständen hoher Festigk. 28-2351*; v. glaskrist. Materialien mit erhöhter Elektronen-Leitfähigk. 31-2422*; v. kristallisationsfäh. – für keramikähnl. Gegenstände 32-2340*; v. Gläsern mit mikrokrist. Struktur v. Typ Schlackesitall 33-2519; Form. v. Quarz-Keramik nach d. Schlickergußverf. 33-2540; Quarzkeramik (Übersicht) 33-2541; Herst.: techn. –-Keramiken 34-2314; v. keramikart. –-Gegenständen 36-2289*; Dekorat. v. Keramik aus entglastem Material 37-2476*; Verfestig. v. –-Keramik durch Ionenaustausch 38-2389; therm. Ermüd. v. durch Ionenaustausch verfestigten –-Keramiken 38-2390; stabilisierender Einfl. d. Schlackenminerale auf –-kristall. Materialien 38-2391; Herst.: knochenporzellanähnl. Gegenstände aus rekristallisierendem – 39-2340*; v. keramikart. –-Gegenständen 39-2341*, 39-2342*; strahleninduzierte Vol.-Veränder. u. Ausglühen in SiO_2–UO_2-glaskeram. Syst. 41-0222; Herst. v. glasart. Materialien aus Talkschiefer u. Verw. als Werkstoff in d. chem. Industrie 45-2251; Inhibitoren bei d. Ätz. v. Chuasiceram 45-2419; Rk. zwischen Petalit-Krist. u. Li-halt. – (Temp.-Wechselbeständigk. d. Keramiken d. Syst. $Li_2O/Al_2O_3/SiO_2$) 49/50-2198; Herst.: v. –-Krist.-Mischkörpern 49/50-2201*; v. –-klarer Zn-Silicat-Vitro-Keramik 51/52-2177.

IR-Reflex.-Spektren v. Li-Alumosilicatsitallen 6-0355; Einfl. d. Wärmebehandl. auf Schlagzähigk., Bruch- u. Dichtekennziffern –-krist. Materialien 9-2259; dreidimensionale Betracht. d. Phasentrenn. bei –-Keramik 12-0245; Kinetik d. Abbrands v. Sulfiden in Schlackengläsern 12-2241; EPR v. Cu in Forsteritkeramiken 17-0416; dielektr. Verluste in Sitall, K_2O- u. Li_2O-Gläsern 18-0473; Einfl. d. Zusatzes v. BaO u. TiO_2 enthaltenden Gläsern auf d. Eig. v. $BaTiO_3$-Keramiken 26-2370; spinodale Seiger. in Sitallgläsern d. Syst. $MgO/CaO/Al_2O_3/TiO_2$ 27-0264; Einfl. therm. Behandl. auf d. Eig. v. Vitrokeramen aus Schlacke (Quasikerame) 29-2412; Struktur u. Eig. d. metastabilen quarzähnl. Phasen in Sitallen d. Syst. $SiO_2/Al_2O_3/MgO/TiO_2$ 35-0193; Hitzebeständigk. v. sitallisierten Gläsern 36-0264; Struktur: u. Zus. einiger Sitalle d. Lithiumalumosilicatsyst. 37-0295; u. Eig. einer Lithiumzinksilicat/–-Keramik 37-0296; Temp.-Abhängigk. d. Festigk. u. d. Elastizitätsmoduls v. Sitall 37-0320; therm. Ermüd. v. –-Keramiken 38-2390; dynam. Unters. d. Temp.-Abhängigk. d. Elastizitätsmoduln d. Sitalls u. Ausgangs-– d. Syst. $SiO_2/Al_2O_3/MgO/CaO/TiO_2$ 39-0142; physikal.-mechan. u. elektr. Eig. d. Sitalle in Bezieh. zu ihrer Phasenzus. 39-2332; elektroopt. Effekt in transparenten Niobat-–-Keramik-Syst. 47-0271.

Halbleitende Metalloxidschichten auf Eukryptit-–-Keramik 6-2189; Sitalle für d. chem. Maschinenbau 9-2066; Verw.: v. entglastem – für elektr. Kondensatoren 23-2447*, 28-2334*; v. krist. – zur Erhöh. d. mechan. Festigk. v. Porzellan durch Substitut. d. Quarzes durch krist. Gläser 33-2538; chem. Beständigk. v. Schlackensitallen in aggressiven Medien d. Viskoseprodukt. 38-2203; Unters. v. Li–Zn-Silicat-–-Keramik mit Elektronenmikroskopie u. Röntgenbeug. 39-2333.

Durch γ-Bestrahl. erzeugtes atomares Ag in *Pyrex*- u. Natriumtetraborat-Gläsern (EPR-Spektren) 1-0398; physikal. Adsorpt. v. CO auf *Pyrex*-– bei sehr kleinen Drücken 8-0596; Hydroxylgruppen auf d. Oberfläche v. porösem *Vycor*-– 12-0617; Dispers.-Zustand d. in Porenräumen poröser *Vycor*-Gläser abgeschiedenen CuO u. NiO 12-2239; Verbinden v. LiF–MgO- u. Quarzfenstern mit *Pyrex*-– 18-1831; opt. Eig. v. *Pyrex*-– im extremen UV 22-0322; durch Ionenbeschuß induzierte Emiss. v. Gas aus *Pyrex*-– 23-0360; Diffus. v. Gasen in einfach dispergiertem *Vycor* 24-2178; Ausbreit. d. 4. Schalles u. d. D. d. suprafl. He II in Mikroporen v. *Vycor*-– 25-0549; Einfl. hoher einaxialer Druckspann. auf d. mechan. Verh. v. *Pyrex*-– 29-0250; ESR-Unters. v. aufgedampften C-Filmen auf pulverförm. *Pyrex*-, SiO_2- u. Al_2O_3-Substraten 30-0353; therm. Desorpt. v. in *Pyrex*-– ion. gepumptem Ar 32-0687; Herst. dielektr. dünner Filme aus *Pyrex*-– durch Hochfrequenz-Zerstäub. 34-0475; Elektrophorese u. Sedimentat.-Potential im Syst. *Pyrex*-–/W. 34-0733; pulsierender Funkenüberschlag im Vakuum an verschiedenen Pyrex-–-Sorten 36-0394; physikal. Adsorpt.: v. Edelgasen an Pyrex-– 36-0577; einer Misch. v. Xe u. Ar an Pyrex-– 37-0693; Elektrophorese u. Sedimentat.-Potential in d. Syst. Pyrex/Aceton u. Quarz/W. 45-0616; diffuse Lichtreflex. v. Dural u. *Pyrex*-– 47-0262.

Farbgläser und Gläser für optische Zwecke

Siehe auch d. Abschnitt *Silicatfreie anorganische Gläser.*

Behandeln v. – mit d. Verb. eines färbenden Metalls 1-2121*; Einfl. v. Cu-Oxiden auf d. Kohäs. einiger Gläser mit Cu 5-2248; Farbursachen roter Cu-halt. Gläser 5-2249; Färb. v. Alkali-Silicatgläsern durch Ni 5-2250; Ausbleichen v. – KS-*19* durch inkohärente Strahl. 13-0331; Mess.- u. Darst.-Möglichk. d. Entfärb. v. – 15-2336; Reduzier. v. Se-Verlusten während d. Schmelzens v. Se–Rubin-Gläsern 16-2281; opt. u. magnet. Eig. eines durch Auflösen v. Zn in $ZnCl_2$-Schmelze erhaltenen gelben – 17-0630; magnet. Suszeptibilität u. Absorpt.-Sepktren v. mit V, Mn, Co u. Ni gefärbten Gläsern 21-0395; Möglichk. d. Färb. u. Entfärb. v. – mit Er-Oxid 21-2457; Herst. v. rotgefärbtem – 22-2399*; durch Bestrahl. induzierte Farbzentren in –-Syst. 24-2301; Herst. v. gefärbtem – unter Zusatz v. $Na_2Cr_4O_7 \cdot 2\,H_2O$ u. $NaNO_3$ 25-2407*; Anwend. d. Farbmetrik in d. –-Technologie zur Ermittl. d. Konz. an Fe_2O_3 u. CoO 27-2496; Einfl.: C-halt. Sande auf d. Gelbfärb. v. Borosilicatgläsern 27-2497; d. therm. Aufarbeit. auf d. Färb. v. vakuumverpreßtem Quarz-– 28-2340; Chromophore in Cu-Rubin-– 29-2406; Einfl. d. Ti-Ions auf d. Elektronenstruktur d. Cu-Ionen in Silicatgläsern 29-2407; Entfärb. v. Co-– nach ^{60}Co-γ-Bestrahl. 30-0306; gelbes – für –-Perlen 31-2419*; Pb-halt. Farbgläser für d. Bijouterieerzeug. 33-2503; Dauerfarbüberzüge für Klar-– 36-3011; Verw. v. Co-, Sb- u. Ta-Oxidgemischen als Pigmente für Gläser 41-2318*; Durchstrahl. d. –-Bades bei Farbgläsern 44-2150; Viskosität d. Cu-Rubin-– im oder unterhalb d. Anlaufbereiches 44-2151; spektralphotometr. Mess. an gefärbten Boraxgläsern (Anwend. in d. quant. Ultramikroanalyse) 45-2095; diffuse Lichtreflex. v. schwarzem – IKS-*3* 47-0262; Färb.-Mittel u. Farbgemenge für Silicatgläser 48-2180.

Mikrokristallisat. v. lichtempfindl. Gläsern 6-0247; Säureempfindlichk. v. opt. Gläsern 13-2230; Bldg. v. Kristallisat.-Zentren in lichtempfindl. Gläsern 20-0197; Einfl. d. Wärmebehandl. auf d. Durchlässigk. v. Anlauffarbgläsern 23-2479; Ursache d. Abhängigk. d. Lichttransmiss. gewisser Anlaufgläser v. d. Lichtintensität 26-0323; Herst. phototroper –-Gegenstände 26-2353* bis 26-2355*; lichtempfindl. – aus Silicat-– mit Einschluß v. Mikrokrist. v. Halogeniden d. Cu u. Cd 26-2356*; Eig. u. Anwend. v. photochromen Gläsern (Übersicht) 32-2329; phototroper –-Körper 36-2287*; Eig. u. Anwend. v. Photochromgläsern 39-2329; Red. v. Ag in lichtempfindl. – 41-0225; opt. Unters. d. durch H_2 red. Oberflächenschichten Ag-halt. Gläser 42-2145.

– mit hohem Lichtbrech.-Vermögen 1-2123*; opt. – mit n = *1,74* u. Dispers.-Koeff. *50* 1-2124*; opt. Absorpt. u. Thermolumineszenz v. γ-bestrahlten kommerziellen opt. Gläsern 3-0361; Herst.: v. – opt. Qualität in geringen Ansätzen 10-2268; v. Rohlingen multifokaler Linsen 13-2234*; Sr- u. Ga-halt., für elektromagnet. Strahlen d. Wellenlänge $> 6{,}5\mu$ durchläss. – 13-2240*; GeS-halt., hochschmelzendes, für elektromagnet. Wellen v. $6{,}5-10{,}5\mu$ durchläss. – 13-2241*; opt. – zur Faserherst. 13-2246*; Korros. v. polierten Oberflächen opt. Gläser 17-2372; Oberflächenbehandl. opt. –-Teile zur Erzeug. eines reflexionsmindernden, achromat. Films 18-2256*; opt. – mit hohem Brech.-Index 20-2245*; Präzis.-Mess. d. Brech.-Index an opt. – *541599* 23-0369; Herst. v. interferenzfäh. absorptionsfreien Mehrfachschichtsyst. aus Oxiden auf opt. wirksamen Flächen durch Aufdampfen d. Oxide bzw. d. Suboxide 23-2490*; Ultraschallunters. v. opt. Gläsern 25-0228; Einfl. v. therm. Neutronen auf d. Eig. opt. Gläser 29-0329; Verw. d. Ionenaustauschmeth. zur Abtrenn. v. Alkalimetallionen bei Herst. v. opt. Gläsern 29-2295*; nichtkristallisierendes opt. – mit verkürzter Dispers. 29-2418*; therm. Änder. im nichtdispersiven IR-Brech.-Index opt. Gläser 31-0287; opt. – mit einer Wärmestrahlenaberrat.

v. fast Null bei *0°* u. linearem Ausdehn.-Koeff. v. *85–90* 31-2421*; substituierte 3.3-Dimethylindole zur Veränder. d. opt. Durchlässigk. v. Gläsern 32-2334*; Polierpaste für opt. – 33-2521*.

Sicherheitsglas und Verbundglas

—-Kleber (wasserfeste –/—-Verkleb.) 1-2663; Sicherheits-—: für Windschutzscheiben im Schichtaufbau 7-2262*; aus zwei —-Platten mit Zwischenschicht aus Polyvinylbutyral-Kunstharz 13-2243*; mehrschicht. —-Körper 13-2251*; Farbe reversibel änderndes Sicherh.-— 23-2486*; Verbundsicherh.-— aus – u./oder Quarz-— u. ungehärteten Polysiloxanen 23-3185*; IR-Absorpt.-Mittel für Sicherheits-— 29-2419*; —-Kleben (füllstoffhalt. Klebstoffsyst.) 39-2873; Polysiloxanelastomere für Zwischenlagen v. Sicherheits-— 44-2726*; Mehrfachglasscheibe mit *2* Klebschichten 45-2435*.

Glasfasern, Glaswolle u. dgl.

Synth. u. Unters. d. Eig. v. Gläsern d. Syst. $SiO_2/Al_2O_3/MgO/CaO/BaO$ zur Herst. v. —-Fasern 4-1882; B-freies Sr-halt. – für —-Fasern 9-2256; hitzebeständ. —-Fasern 11-2243; B-freie —-Fasern für elektr. Isolat. 13-2204*; opt. – zur Faserherst. 13-2246*; hochfeste Fasern aus geschmolzenem Quarz 13-2248*; Herst. v. —-Fasern (Zus. u. Eig.) 15-3110, 15-3111; (u. Verw.) 17-3294; hochzugfestes Mg–Al-Silicat-— zur Faserherst. 23-2487*; Herst. feuerfester Fasern aus Zr-Silicat 23-2488*; Einfl. d. Zus. v. – mit sehr niedr. Alkaligeh. auf d. Düsenziehen kontinuierl. Fasern 26-2982; Zus. v. – für d. Faserherst. 26-2997*; – für —-Fasern: mit guter Chemostabilität u. ohne Korros.-Wrkg. 29-2421*; auf d. Grundlage v. Gesteinen 29-2422*; —-Fasermaterial 36-2290*; Abhängigk. d. Textur quarzoider Fasern v. d. chem. Zus. d. Ausgangsbasaltgläser 39-2330; —-Masse zur Herst. v. —-Fasern nach d. Schleuderverf. 45-2437*; hoch zugfestes Borosilicat-— zur Faserherst. 45-2438*; – mit geringer Schmelzviksosität zur Herst. v. wasser- u. witterungsbeständ. Fasern 49/50-2202*; Möglichk. d. Bldg. v. Einzelfasern aus modifiziertem, alkalifreiem – d. Typs E 49/50-3005.

Herst. v. farb. kunstharzimprägnierten —-Fasergeweben 1-2843*; Schlichten v. —-Fasern: mit Diphenoxyalkenylsilanen 7-2613*; mit Aryloxysilanen 8-2530*; mit ein Aminoalkylalkoxysilan, ein Epoxid u. ein Amin enthaltender Kunstharzmasse 10-2940*; metallhalt. kation. Farbstoffe für —-Fasern 17-3006*; —-Faserausrüst.-Mittel aus amylosehalt. Stärkederiv. 19-3098*; Herst. v. Mercaptoalkylaminoalkylsilanen zur Verbesser. d. Anfärbbark. v. —-Geweben 20-2574*; wss. —-Faserschlichte 26-2998*; Verw. v. „537 HT" als Schmälzmittel für —-Fäden 30-2750; Entschlichten v. —-Fasergewebe 32-2885*; Färben v. —-Fasern für textile Zwecke 47-2727*; Schmälzmittel für —-Fäden 48-2726.

Gefrierbeschicht. v. —-Fasern 3-2317; Imprägnieren v. —-Fasergewebe 3-3119*; Styrol-Allylalkoholpolymerisat.-Prod. zum Überziehen v. —-Fasern 4-2491*; Herst. v. geruchsfreien —-Faserprod. durch Aufbringen v. phenol. Resolharz 7-2264*; Theorie d. —-Faserverstärk. 7-2846; Brauchbark. d. Harze R-*2* M u. NR-*20* als Bindemittel für —-Fasern 9-2805; im Glas/Harz-Syst. —-faserverstärkter Kunststoffe vorkommende Zwischenphasenerschein. 10-2778; Überziehen poröser —-Faserkörper mit thermoplast. Kunststoffilm 15-2385*; —-Faserüberzüge aus Silan 19-3062*, 19-3067*; (Polyester, Gelatine u. Polyvinylpyrrolidon) 19-3070*; silicathalt. Überzugsmittel für —-Wolle 24-2910; Behandl. v. Filterwatte aus —-Gewebe mit Polymethylphenylsiloxan 25-3037; Li-Silicatlsg. zum Überziehn u. Imprägnieren v. —-Wolle 26-3040; Trockn. v. —-Faserpolymeren 27-2326; Rk. siliciumorgan. Verb. mit —-Fasern 28-2855; Metallisier. v. —-Fasern 31-2416; —-Faserbindemittel aus einen Phenol–CH_2O-Harz u. einer Tallölfrakt. 32-2339*; Überziehen v. —-Füllmaterial mit Polystyrol 32-2768*; Bindemittel für —-Fasergewebe 32-2886*; Behandl. v. —-Fasern mit Polyisocyanaten 34-2803*; antistat. Überzugsmasse für —-Fäden 38-2401*; Adhäs.-Mittel für —-Fasern 38-3037*; Appretieren v. —-Fasern 44-2798*; Überziehen v. —-Fasern zur Verbesser. ihrer Abriebfestigk. u. Flexibilität 44-2799*; Bindemittel für —-Fasern 44-2800*.

Eig. v. —-Fasern verschiedener —-Syst. 4-0175; mechan. Eig. aus armen. Perliten hergestellter alkal. —-Fasern 4-1881; Einfl. v. Quarzglasdefekten u. Oberflächendefekten v. Quarzglasfasern auf d. Festigk. 4-1883; Festigk.-Steiger. v. —-Fasern 5-2253; Eig. v. hohlen —-Fasern 7-2258; Struktur v. —-Fasern 9-2257; Eig. v. —-Fasern 10-2915; Berechn. d. elast. Eig. v. mit —-Fasern verstärkten Epoxidharzen 18-2745; Lichtstreuung durch lange Submikron-—-Zylinder bei normalem Einfall 20-0249; Einfl. einiger Parameter auf d. Elektrowiderstand v. —-Geweben 25-2378; Aufbau u. Festigk. v. —-Fasern 25-2405; Festigk. u. chem. Zus. v. Kiesel- u. MgO–Al_2O_3–SiO_2-—-Fasern sowie B_2O_3-, P_2O_5- u. PbO/SiO_2-—-Fasern 26-2346; Eig. therm.-chem. nachbehandelter —-Seidengewebe (analyt. Probleme bei d. Veredl. v. —-Seidengewebe) 28-3035; Dickenmess. v. —-Mikrofasern 33-2517; Unters. an d. —-Faser-Oberfläche v. Polyesterharz-Laminaten 35-2865; mit C überzogene Kieselsäurefasern hoher Festigk. 36-2280; Bldg. dünner Filme auf unberührten Oberflächen v. —-Fasern 38-2387; Reib. zwischen —-Fasern u. Harz in —-faserverstärkten Plasten 38-2856; innere Spann. u. Mikrostruktur —-Faserverstärkter Polyesterüberzüge 45-1161; elast. Konst. u. d. Spann.-Zustand v. Bändern aus —-Fasern u. Polymeren 45-1162; Kriechen v. —-Fasern mit Bakelitbindemittel 45-3033; Unters. d. Kriechens v. anisotropem —-Fasermaterial 45-3034; Einfl.: d. Umgeb. u. d. Temp. auf d. Festigk. v. E-—-Fasern (Hochvakuum u. niedr. Temp.) 46-2135; d. Spann. d. Armier. auf d. Festigk. v. mit —-Fasern armierten Metallumhüll. 48-1246.

—-Seide als Trägermaterial in Schicht-Isolierstoffen 1-2099; Werkstoffkennwerte v. —-Vlies zur Erzeug. v. bituminösen —-Vliesdachbahnen 1-2151; Verw.: v. —-Gewebe zur Herst. splittersicherer Keramikwerkstoffe 4-1912*; v. mit —-Fasern bewehrten Zementsteinen 6-2243; Formkörper aus Mineralfasern mit bes. hoher Festigk. u. Temp.-Beständigk. 13-2247*; Verw. v. —-Faservliesen oder Sulfatcelluloseablaugen für Isolierstoffbahnen 15-2383*; Deformat.-Verh. u. Bruchmechanismus v. unidirektional u. orthogonal —-faserverstärkten Kunststoffen 16-1151; Verw. v. Epoxyharz-Fiber-— zur Herst. ellipt. Spiegel für Schwellwert-Gas-Čerenkovzähler 18-1909; Eig. v. Filtern aus feinen —-Fasern 30-2099; Verw. v. —-Fasern zur Zerstör. d. bei d. alkal. Reinig. v. Düsentreibstoffen entstehenden W.–Öl-Emuls. 30-2616; Textil-—-Fasern 31-3360; Verw.: v. porösen —-Fasern als Träger für gasf. Vulkanisat.-Mittel u. -Beschleuniger 32-2755; v. —-Wolle als Trägermaterial bei d. pyrolyt. Umwandl. v. Cyclohexan zu Bzl. 34-1939; durch —-Fasern verstärkte Keramik 34-2327; Verw. v. —-Fasern zur Verstärk. v. Polycaprolactam 34-2740; alkalifreie u. chem. widerstandsfäh. —-Fasern für d. Herst. v. Glaspasten 46-2136; B-freie, chem. beständ. —-Faser für d. Herst. v. Bewehr. aus glasfaserverstärkten Plasten 49/50-2196.

Nachw. v. hitzehärtbaren Kunststoffarten in glasfiberverstärkten Gegenständen durch IR-Unters. 47-2104; Unters. d. Hohlräume in —-faserverstärkten Kunststoffen mit Hilfe einer wss. $^{24}NaCl$-Lsg. 49/50-2050.

Silicatfreie anorganische Gläser

Herst. v. kieselsäurefreiem – mit bes. physikal. u. chem. Eig. 7-2261*; neue —-Sorten; mit Oxiden quasiisomorphe Sulfide 9-2253; opt. transparentes Material für IR-Strahl. 11-2252*; Einfl. d. Schmelztiegel auf d. Herst. u. Eig. d. Gläser v. schweren Elementen 16-2280; stark lichtbrechendes – zur Herst. faser-opt. Materialien 20-2243*; Herst. v. opt. Elementen aus SrF_2 20-2244*; Spann.-Aufbau in Germanatgläsern durch UV-Bestrahl. 21-2464; Herst. v. opt. wirksamen Krist. für Linsen u. Prismen aus Ag-Halogeniden 23-2484*; opt. Glas: aus TeO_2, WO_3, Bi_2O_3, PbO, TiO_2 u. Nb_2O_5 29-2417*; aus B_2O_3, La_2O_3, In_2O_3, HfO_2, Ga_2O_3 u. Nb_2O_3 31-2420*; Verfärb. v. Zweikomponentengläsern durch Ni 33-2502; Zn–Te-Gläser im Syst. ZnO/TeO_2 33-2513; – für stark lichtreflektierende Linsenelemente aus BaO u. Sb_2S_3 36-2286*; Koordinat.-Gleichgew. v. Ni(II) in Alkaliboratgläsern 40-2112; Bedeut. v. TiO_2 u. ZnO in halbleitenden Gläsern auf d. Grundlage v. V_2O_5 49/50-0305; opt. – aus TeO_2, WO_3, Ta_2O_5, Bi_2O_3, BaO, Tl_2O, La_2O_3 sowie PbO + TiO_2 49/50-2199*.

Verw. v. Alkali–Phosphat–Tonerde-— als Düngemittel, Düngemittelkomponente oder Trägerstoffe für Mikronährstoffe 1-2925*; Kettenlängenverteil. in Polyphosphorsäuren u. Polyphosphatgläsern 13-2233; Alkali–Ti-Phosphat-— mit hoher Lichtzerstreuung 13-2239*; Anwend. d. Kugelstrukturmodells auf reine Schmelzen v. Ca-, Li-, Na- u. Zn-Phosphat 17-2364; Polymerisat.-Gleichgew.-Daten für Na-Polyphosphatgläser 19-0551; B–Phosphat-Gläser (Transmiss. d. Spektrums bei *0,2* u. *3,8* µm; IR-Absorpt.-Spektren) 19-2440, 19-2441; dosimetr. Eig. neuerer Phosphatgläser für d. Routinedosimetrie 20-1799; Glimmer in feinverteiltem Zustand enthaltendes glasart. Material aus Alkalioxid, Oxid eines zweiwert. Metalls, Phosphorsäureanhydrid u. Al-Oxid 25-2412*; Kinetik d. Verfärb. durch Strahl. u. Lumineszenz v. Alumophosphatgläsern 37-2462; UV-Durchlässigk. bin. Phosphatgläser 45-2424; Gläser im Syst. $Al_2O_3/Cr_2O_3/P_2O_5$ 46-2133; Verw. v. Metaphosphat-— in d. Individualdosimetrie 49/50-1832; Trüb.-Effekt in – beim mol. Ersatz v. SiO_2 durch Phosphate 49/50-2195.

Einschmelzgläser (PbO–ZnO–B_2O_3) für Halbleiterummantel. 1-2119; Farbzentren in Boratgläsern 15-2335; Rolle d. Netzwerkbildner in oxid. Halbleitergläsern (CaO–V_2O_5–P_2O_5 u. CaO–V_2O_5–B_2O_3) 18-2246; stark lichtbrechendes – aus TiO_2, ZrO_2, BaO, B_2O_3 u. ZnO 25-2410*; Fe-halt., elektr. leitfäh. – aus B_2O_3, Fe_3O_4, Al_2O_3, Na_2O u. PbO 28-2349*; niedrigschmelzendes – aus Tl_2O, PbO u. B_2O_3 32-2335*; – für therm. Isolierzwecke aus B_2O_3, Al_2O_3, PbO, Bi_2O_3 33-2526*; Farbzentren in Co-, Ni- oder Cu-halt. Alkalimetallboratgläsern 35-0301; Mn–As–Borat-—-Dosimeter 36-2279; – mit geringer Wärmeleitfähigk. aus B_2O_3, Al_2O_3, PbO u. Bi_2O_3 36-2282*; lumineszierendes – aus CdO u. B_2O_3 sowie Spuren v. MnO 39-2338*; Diskuss. d. Anteils d. B-Atome mit Viererkoordinat. in Boratgläsern 40-2113; Einfl. d. Alkalihalogenide auf d. —-Bldg. in Boratgläsern 47-2250.

Kinetik d. Auflsg. v. Gläsern d. Syst. As/Te/Ge u. As/Se/Ge in NaOH-Lsg. 5-0703; Herst. tern. As–Tl–S- u. As–Tl–Se-Gläser 9-0712; Herst., Eig. u. Struktur v. As/S/Cl-Gläsern (Chalkogenid-Gläser, Übersicht) 26-2345; nichtoxid., für IR-Strahlen durchläss. Chalkogenid-Gläser 32-2328; Sinter. im partiell glas. Syst. As/S/Se 33-2500; IR-durchläss. – aus nichtkrist. glas. Schmelze v. As, S, Se, Rest Te 38-2397*.

Neues – d. Syst. $BeF_2/MgF_2/AlF_3$ für Spektralunters. F-halt. Stoffe 8-1822; hydrolyt. Beständigk. v. Fluoroberyllat-Gläsern mit Zusätzen v. Seltenerdfluoriden 33-2514; F-Beryllatgläser mit erhöhter UV-Lichtdurchlässigk. 36-2281*.

Untersuchungsmethoden und Analyse

Schnellanalysen in d. —-Industrie 19-2435; —-Analyse (Übersicht *1962–1965*) 20-1996; Unters.: v. handelsübl. Gläsern 42-2149; kommerzieller Gläser 44-1930; Best.: v. Pb in – (Atomabsorpt.-Spektrophotometrie) 4-1680; (spektrochem.) 10-1981; v. Seltenerdmetallen in Gläsern durch Röntgenstrahlfluoreszenz 19-2224; Unters. d. Reinh. v. – durch Diffus. d. Lichtes (Nachw. örtl. Inhomogenitäten im – mit einem Diffusiometer) 21-2467; gaschromatograph. Analyse v. Blasen in – 21-2468; Best. in –: v. Chlorid durch Pyrohydrolyse 23-2252; v. Sb durch Rechteckwellenpolarographie 23-2253; elektrolyt. Schnellmeth. zur Betriebskontrolle d. PbO-Geh. im Pb-Krist.-— 27-2500; Identifizier. v. Inhomogenitäten in – 31-2413; Mikroproben-Analyse v. —-Fehlern durch Laser 35-2327; photometr. Best. geringer Fluoridgeh. in Pb- u. Borsilicatgläsern 37-2234; Best. v. B in – durch Mess. d. γ-Strahl. nach Neutronenbestrahl. 38-2152; photometr. B- u. Si-Best. in Gläsern 39-1949; B-Best. in Borosilicatgläsern 41-2135; Best. v. Fe in Gläsern 44-1930; Inhomogenitätsbest. v. Gläsern mit Christiansen-Filter 45-2428; Best.: v. B in – 47-2072; v. Sulfat in Kalk–Natron-Gläsern 48-1979; v. PbO in Pb-— 51/52-1821.

Identifizier. —-art. Schlackenstrukturen mit Hilfe d. DTA 3-2318; zerstörungsfreie Verf. zur Unters. d. in d. —-Industrie verwendeten Werkstoffe 7-2301; Schnellanalyse v. Tafel-— u. seinen Rohmaterialien durch Röntgenfluoreszenz 9-2022; Ausnutz. d. Thermolumineszenzeig. bei d. Unters. v. – 9-2258; Best. d. Bruchspann. v. – 10-2270; Transmiss.-Elektronenmikroskopie dünner —-Proben 11-2245; Mess. u. Registrier. d. Ablenkwinkels, d. Brechkraftabweich. u. d. Schlierigk. v. maschinell gezogenen —-Tafeln 13-2226; Spann.-Mess. in getemperten —-Platten 13-2228; Elektronenmikroanalysatoren im —-Labor. 16-2022; effektive Festigk. eines chem. vorgespannten – (Vierpunktbiegemeth.) 16-2285; Unters. v. Oberflächen u. Überzügen v. – (Oberflächentopographie mit d. Abtast-Elektronenmikroskop) 17-2378; Verfolg. d. Entglas. mit Röntgenstrahlen 20-2241;

gaschromatograph. Analyse v. Blasen im – 23-2481; Materialverschieb. beim Ritzen v. – 27-2501; Überwach. d. Rohstoffe u. Fertigprod. in d. – -Industrie mit d. Röntgenfluoreszenzspektroskopie 31-2407; Mössbauer-Effekt an Fe–Alkali-Silicatgläsern 31-2414; Spann.-Ermittl. in – -Oberflächen mit d. Mikrohärteprüfmeth. 33-2518; Mikroskopie krist. Inhomogenitäten im – 39-2331; Unters. frischer Oberflächen v. – u. Kiesel- – durch Adsorpt.-Mess. im Ultrahochvakuum 43-2354; Nachw. paramagnet. Zentren auf frischen Oberflächen v. – durch NMR-Mess. 43-2355; Durchstrahl.-Elektronenmikroskopie v. dünnen – -Proben 43-2356; Prüf. d. Hitzebeständigk. 46-2137; Analyse v. Phosphatgläsern durch Dünnschichtchromatographie 47-2096; quant. Spektralanalyse v. Silicatgläsern 48-1978; direkte Transmiss.-Elektronenmikroskopie dünner Filme v. Gläsern mit Phasentrenn. u. v. – -Keramiken 49/50-2197.

Bibliographie

Glasfaserverstärkte Kunststoffe B 64.

Russ.: Technologie des Glases B 15; Borfreie, alkalifreie und alkaliarme glasartige Systeme und neue Gläser auf ihrer Grundlage B 30; Glastechnologie B 30; Glasbildende Systeme und Materialien (Mitteilungssammlung) B 46; Untersuchung des Prozesses des Glaspolierens B 54; Eigenschaften glasfaserverstärkter Polyester und Kontrollmethoden (Mitteilungssammlung) B 79; Glas (Mitteilungssammlung) Teil *1* B 86.

Inorganic glass-forming systems B 6; Thermophysical properties of high temperature solid materials. Vol. *4*: Oxides and their solutions and mixtures. Part *2*: Solutions and their mixtures of simple oxygen compounds, including glasses B 11; The constitution of glasses: a dynamic interpretation. Vol. *2*, part *2*: Constitution and properties of some representative glasses B 15; Glass terminology. A German-English glossary B 15; Preliminary investigations into the use of glass beads in fibreglass reinforced plastics B 23; Glass in the modern world: a study in materials development B 62; Concise encyclopaedic dictionary of ceramics. Pottery, glass, vitreous enamels, refractories, clay building materials, cement and concrete, electroceramics, special ceramics B 70.

Glaselektroden, Herst. u. Theorie s. unter *Potentiale*; Anwend. zur Mess. v. Ionenkonz. s. unter *Dissoziation, elektrolytische.*

Glaserit, Identifizier. v. – im Syst. Na^+, K^+, $Mg^{2+}//Cl^-$, SO_4^{2-}/H_2O 35-0477.

Glasfasern s. unter *Glas.*

Glasiger und amorpher Zustand

Silicatgläser s. unter *Glas.*

Physik d. – (nichtkrist. Festkörper, Gläser-, Hochpolymere) 4-0175.

Glasiger Zustand: Änder. v. Eig. in unter hohem Druck stehende Na-Boratgläsern 21-2462; mit Sm-, Tb- u. Dy-Oxid aktivierte Gläser d. Syst. Na_2O/B_2O_3 25-0362; Gläser d. Syst. $MoO_3/P_2O_5/Ag_2O$ u. $MoO_3/P_2O_5/K_2O$ 33-2512; Temp.-Abhängigk. d. zusammenwirkenden Relaxat.-Eig. in glasbildenden Fl. 34-1140; nichtlineare Eig. d. Se/Cd-Gläser 40-0251; Thermophosphatgläser (IR-Unters.) 44-0292.

IR-Absorpt.-Spektren v. As/S-Gläsern 3-0347; IR-Absorpt.-Bande v. As/S-Gläsern nahe *12,5* μ 7-0321; IR-Spektren v. glas. Eis 12-0322; Einfl. einiger Elemente auf d. opt. Absorpt.-Kante v. glasförm. As_2S_3 14-0321; Spektralbesonderh. v. mit Seltenerdmetallen aktivierten Fluoroberyllatgläsern 24-0353; Lumineszenz-Spektrum v. Nd^{3+} in PbO/TiO_2- u. PbO/GeO_2-Gläsern 28-0342; Schwing.-Struktur im Absorpt.- u. Phosphoreszenzspektrum d. spinverbotenen ^2E_g–$^4A_{2g}$-Bande d. $[Cr(CN)_6]^{3-}$-Ions in glasart. erstarrte Glycerin/W.-Lsg. v. $K_3[Cr(CN)_6]$ 30-0322; IR-Spektren anorgan. Aluminate u. charakterist. Schwing.-Frequenzen v. AlO_4-Tetraedern u. AlO_6-Oktaedern sowie einer glas. Phase 31-0312; Lage d. Max. d. opt. Absorpt. d. in Eis im hypothet. glasförm. Zustand bei *77* °K eingefangenen Elektrons 39-0264; γ-induzierte Absorpt.-Banden d. Tl^+, Pb^{2+} oder Bi^{3+} in K-Boratgläsern 47-0281; Absorpt.-Spektren v. W-Ionen in Zn-Phosphatgläsern 49/50-0227; Energieübertrag. v. Nd zu Yb in Grundsubstanzen mit inhomogen verbreiterten Spektrallinien d. Aktivatoren (Fluoroberyllatgläser) 49/50-0237.

Lumineszenz im IR-Bereich von Sm^{3+} in Na-Boratglas 5-0415; Absorpt. u. Lumineszenz v. mit Ho aktivierten B/La/Ba- u. Al/Ca-Gläsern 6-0368; opt. Eig. v. Gläsern d. Syst. As/Ge/Te 9-0355; Einfl. d. chem. Bind. auf d. Lumineszenz v. Uranyl in Gläsern 16-0375; UV-Absorpt. d. Cr(VI) in bin. Alkaliboratgläsern 17-2377; Lumineszenz v. Phosphatgläsern mit Mn als Aktivator 19-0385; Fluoreszenzverh. v. Gd^{3+} u. Tb^{3+} in einem maximal mit *10* Mol.-% Tb_2O_3 + Gd_2O_3 + Y_2O_3 dotierten Calibo-*1*-Glas 19-0386; Anreg. d. Fluoreszenz bei *0,47* μ durch Energieübergang v. Yb^{3+} auf Tm^{3+} in einem Germanatglas 20-0314; Absorpt. u. Lumineszenz dreiwert. Seltenerdmetallionen in Be-Fluoridglas mit K-, Ca- u. Al-Fluorid 22-0365; opt. Eig. v. mit Tb aktiviertem Berylliumfluoridgläsern aus BeF_2, KF, CaF_2, AlF_3 u. TbF_3 25-0361; opt. Parameter v. glas. Arsenchalkogeniden 28-0321; Temp.-Abhängigk. d. $^2E_g \rightarrow {}^4A_{2g}$-Phosphoreszenz glasart. erstarrter Lsg. v. Cr(III)-Komplexen in Glycerin/W. u. Formamid/Methanol 28-0341; Kinetik d. Verfärb. u. d. Lumineszenz bei Röntgenbestrahl. v. Al-Phosphatgläsern 31-0337; Temp.-Abhängigk. d. Orientier.-Doppelbrech. v. Polymeren im glas. u. kautschukart. Zustand 31-1219; durch Senken begrenzte Konz.-Lösch. d. Fluoreszenz v. Gd^{3+} u. Yb^{3+} in einer Glasmatrix 41-0270; Radiophotolumineszenzzentren in Ag-aktiviertem Phosphatglas 41-0271; opt. Absorpt. v. Co(II) in bin. Alkaliboratgläsern u. ihre Bezieh. zur Basizität d. Glases 45-2422; UV-Absorpt. v. Cr(VI) in bin. u. tern. Alkali- u. Erdalkalioxidgläsern 45-2423; induzierte Mandelstam-Brillouin-Streuung in glas. krist. Quarz ohne Zerstör. d. Proben bei T = *300* °K 46-0300.

Farbzentren: in Borat-, Phosphat- u. Borphosphatgläsern 5-0399; in Al-Boratglas 5-0400; in Boratgläsern (Strukturmodelle) 15-2335; Unters. lokalisierter Zentren in glas. As-Selenid mittels raumladungsbegrenzter Ströme 26-0456; Entfärb. v. Co-Glas nach ^{60}Co-γ-Bestrahl. 30-0305; Farbzentren in Co-, Ni- oder Cu-halt. Alkalimetallboratgläsern 35-0301.

Bldg. pseudoglas. u. pseudokrist. Syst. Übergang zum glas. Zustand 3-2320; Verh. v. Polyäthylmethacrylat im Glasübergangsbereich an d. Fließgrenze 4-0944; Glasübergänge in Polymeren 5-0163; glas. Erstarr. v. Hochpolymeren unter hohen Drücken 5-1093; Schnellmess. d. Glastemp. u. ihre Anwend. auf d. Strukturproblem v. Äthylen/Propylen-Kautschuk 6-1121; glas. Erstarren v. abgeschreckten Proben im Syst. ZrO_2/Al_2O_3 15-2346; Bldg. durchscheinender Gläser oder glasart. Phasen in Abhängigk. v. Na_2O-Geh. bei Abkühl. d. Schmelzen d. Syst. TeO_2/Na_2O 16-0573; Glasumwandl.-Temp.: v. Acrylpolymeren 17-1164; v. Polytetrafluoräthylen 21-1260; Natur d. Glasumwandl., Beiträge zur Thermodynamik v. Polymerlsg. 23-1216; Theorie d. Glastemp. v. vernetzten Polymeren 25-1204; vielfache Glasübergänge bei Blockcopolymeren aus Styrol, Butadien u. Isopren 27-1288; Glas- u. Einfriertemp. v. Polyoxymethylen 27-1290; Druckeffekte beim Glasübergang in Polymeren 29-1251; Glasbldg.-Bereich im Syst. As/Se/Cu 31-0633; Bezieh. zwischen Mol.-Masse u. d. Temp. d. Verglasens 31-1015; thermograph. Unters. d. krit. Temp.-Gebietes im glasähnl. Syst. As/Ge/Te 37-0293; Glasbldg.-Temp. v. amorphem Se 44-0415; Glasumwandl.-Temp. v. statist. u. Blockcopolymeren v. Butadien u. Styrol 49/50-1176; direkt gemessene Glastemp. für konz. Elektrolytlsg. u. glas. Eis 51/52-0158; Glasbldg. in komplexonhalt. Syst. 51/52-0375, 51/52-0376.

Reorientier.-Effekte in glas. C 28-0179; Bldg. u. Entglas. v. Oxiden auf Si 28-0221; DTA u. Röntgenbeug.-Unters. v. Entglas.-Prozessen 28-0222, 28-0223; durch chem. Dämpfe verursachte Oberflächenkristallisat. v. glas. Se 30-0139; Kristallisat. u. Glastemp. v. Polyesterurethan-Blockcopolymeren 30-1122; Sinter. im partiell glas. Syst. As/S/Se 33-2500; Änder. d. Bandbreite v. As-Chalkogeniden beim Übergang v. glas. in d. krist. Zustand 46-0392; Kristallisat., Verdicht. u. Kristallisat.-Anomalie v. glas. B_2O_3 bei hohem Druck 51/52-0159.

Reversible Strukturumwandl. in glasart. SiO_2 bei erhöhten Temp. 1-0273; Mössbauer-Effekt in Sn-halt. Gläsern d. Syst. $Me_2O/SnO_2/B_2O_3$ (Me = Li, Na, K) zur Strukturunters. 1-0274; Aufklär. d. atomaren Struktur u. d. Korrelat. in glas. SiO_2 3-0250; Ätzen v. glas. C durch Ox. (Beobacht. d. Ätzgrübchen) 5-0213; strukturelle Übergänge in bin. u. Mehrkomponenten-Gläsern 5-2252; Unters. d. Glasstruktur d. Syst. $Na_2O/B_2O_3/P_2O_5$ durch NMR 6-0382; Aufbau v. NaF/B_2O_3-Gläsern 7-2257; Verteil. farbloser u. farb. Zusatzkomponenten in einfachem Glas in Abhängigk. v. seiner Feinstruktur 9-2247; Besonderh. d. Struktur u. einiger chem. Eig. v. BeF_2 u. Gläsern auf dessen Grundlage 11-0303; strukturelle Charakterisier. v. glas. anorgan. Polymeren d. Syst. As/Se, As/S u. As/S/Se durch therm. Unters. 25-0204; Struktur v. Fluoridgläsern d. Syst. PbF_2/BeF_2) 27-2495; Änder.: in d. Art d. chem. Bind. v. Mn^{2+}-dotierten Gläsern verschiedener Zus. aus Spektren d. Absorpt., EPR u. Lumineszenz 28-0374; d. elektron. Zustände v. glasart. Se bei Lichteinstrahl. u. plast. Verform. 28-0413; Homogenität u. Struktur v. Glas 31-2412; Energieübertrag. in mit Eu aktivierten Na_2O/B_2O_3-Gläsern u. d. relative Anordn. d. Energieniveaus 35-0323; Viskosität u. Struktur v. Gläsern d. Syst. S/As 37-0292; Strukturunters. v. Boratgläsern mit röntgenograph. Meth. 37-0294; Struktur v. Gläsern u. Schmelzen im Syst. $Na_2O/GeO_2/B_2O_3$ 37-2459; EPR-Unters. v. Gitterdefekten in einigen Boratgläsern 38-0396; Mol.-Struktur v. As/S-Gläsern 38-0507; Struktur v. Ni in Na-B-Oxid-Gläsern 45-0356; Fehlstellenstruktur v. γ-bestrahlten Boratgläsern 45-0357; Struktur d. Gläser im Syst. $K_2O/B_2O_3/Al_2O_3$ 45-2426; mikroheterogene Struktur v. PbF_2/BeF_2-Modellgläsern 45-2427; Anschauungen über d. Struktur v. Gläsern 47-0204; IR-spektroskop. Unters. d. Struktur v. Be-Phosphatgläsern d. Syst. $NaBeF_3/NaPO_3$ 47-0205; Röntgenkleinwinkelstreuung durch glasf. C 48-0168; Strukturcharakterisier. u. Phasentrenn. in Vanadatgläsern 48-0169; Spektrum d. Röntgenstreuung an glas. Eis (Radialverteil.-Funkt. d. H_2O-Mol.) 51/52-0157; chem. Struktur v. Gläsern d. $NaBO_2/NaPO_3$-Syst. 51/52-0161.

Modell für Diffus. in einem glas. Polymeren 17-1157; Diffus. v. Au in krist. u. glas. $CdGeAs_2$ 35-0277.

Glasumwandl. u. photoelast. Effekte bei Polymeren 8-1091; sensibilisierter Spann.-Aufbau in dotierten Natriumboratgläsern durch UV-Bestrahl. 14-0280; Schwing. einer Kette mit glasähnl. Fehlordn. 16-0259; Temp.-Abhängigk. d. Viskosität v. Gläsern d. Syst. Ge/Se u. Ge/As/Se 21-0256; Einfl. v. γ-Strahl. auf d. Härte v. Gläsern d. Syst. As_2Se_3/As_2Te_3 21-0306; Bruchfestigk. v. glasart. Polymeren 21-1249.

Wechselstromleitfähigk. eines glasförm. Halbleiters 10-0415; Herst. eines Glases im Syst. $B_2O_3/Bi_2O_3/TiO_2/BaO$ mit piezoelektr. Eig. 24-2295; elektr. Leitfähigk. alkal. Fluoroberyllatgläser 35-0364.

ESR: v. Mn in Boratgläsern d. Zus. $(MnO)_x(B_2O_3 + 0{,}04\ K_2O)_{1-x}$ 12-0364; u. opt. Absorpt. v. Cr^{3+} in Phosphatglas 14-0371; EPR in Gläsern 18-0376; Kernresonanzunters. am Syst. BaO/B_2O_3 18-2252; EPR-Spektren u. opt. Reflex.-Spektren v. mit *1* Mol-% V_2O_4 dotiertem Na_2O/B_2O_3-Glas 24-0397; EPR v. Fluoroberyllat-Gläsern mit Co u. Ni d. Syst. $BeF_2/AlF_3/CaF_2/KF$ 26-0388; EPR-Spektren bestrahlter Gläser d. Syst. Na_2O/TeO_2 28-0375; Hyperfeinstruktur d. EPR-Spektren d. Vanadylions in vanadinhalt. Gläsern 28-0376; EPR-Spektren v. Gd^{3+} u. Eu^{2+} in $ZnO \cdot P_2O_5$-Glas 28-0378; Eu^{3+}-Ionen als Elektronenhaftstellen in Glas aus $LiPO_3/Al(PO_3)_3$ (ESR-Spektrum) 36-0342; EPR: v. Ionen d. Fe-Gruppe in Fluoroberyllatgläsern mit Zusätzen v. $(NH_4)_2TiF_6$, NH_4VO_3, $(NH_4)_2Cr_2O_7$, $MnCO_3$, $Fe(NO_3)_3$, $CuCO_3$ u. CoO 36-0343; v. Mn^{2+} in Boratgläsern (Zus.) 37-0384; Hyperfeinstruktur d. EPR-Linie v. Mn^{2+} mit d. g-Faktor v. *4,3* in d. Chalkogenidgläsern $Tl_2Se \cdot As_2Se_3$, $Tl_2S \cdot As_2S_3$ u. $Tl_2Te \cdot As_2Te_3$ 37-0385; ESR-Spektren UV-bestrahlter Na-Boratgläser 47-0324.

Therm. Aspekte glasart. Strukturen (DTA-Unters.) 3-2318; spezif. Wärme u. Struktur v. glasart. SiO_2 u. diamantähnl. Gittern 5-0299; Cr^{3+}–Cr^{6+}-Gleichgew. in bin. Alkalimetallboratgläsern 9-0557; thermograph. Unters. v. Gläsern u. krist. Phasen wechselnder Zus. in Gemischen mit Komplexionen 11-0590; therm. Ausdehn. v. As/Se-Gläsern 12-2235; Einfl. d. OH-Geh. auf d. akust. Spektren v. B_2O_3-Glas 18-0256; akust. Spektren v. Na_2O/GeO_2-Gläsern 18-0257; Kristallisat. u. therm. Dehn. d. Gläser d. Syst. $PbO/B_2O_3/ZnO$ 33-2498; Wärmeleitfähigk. glasförm. Halbleiter 34-0348; therm. Ausdehn., Temp.- u. Wärmeleitfähigk. gegossener glas.-krist. Materialien 40-0175; Kinetik d. Vol.-Relaxat. v. glas. Boroxid 41-0176; photoelast. Verstärk. v. Licht u. d. Erzeug. v. Hyperschall durch d. stimulierten Brillouin-Prozeß in glas. Quarz 46-0302; physikal. Grenzen d. Leist.-Fähigk. v. glas. Kieselsäure in Hochfrequenzultraschall- u. akustoopt. Vorr. 51/52-0168.

Boratgläser als Ionenaustauscher für geschmolzene Salze 11-0672.

Amorpher Zustand: Struktur u. Eig. v. amorphen Alumosilicaten (hydratisierte Al-

Oxide u. Übergangsoxide) 1-0275; fl. u. amorphe Materialien: Struktur u. Eig. (in: Atomist. Näher. für d. Natur u. Eig. v. Materialien) 2-0168; Herst. u. Eig. v. amorphen ZnO-Schichten auf metall. bzw. Quarzglasträgern 5-0372; amorphe B-Fasern 13-0251; amorpher Zustand d. Oxid/Metall-Grenzfläche v. elektropoliertem Al 13-0252; amorpher Zustand v. therm. u. anod. SiO_2-Schichten 23-0284; amorphes SiO_2 27-0202; Herst. u. Eig. v. amorphem V_2O_5 28-0162; Wandl. d. Bedeut. v. amorph u. koll. durch d. Strukturforsch. mit d. Elektronenmikroskopie 51/52-0156.

Im O-Plasma auf GaAs gewachsene amorphe Oxidschichten 2-0194; Abscheid. v. amorphen SiO_2-Schichten durch ein Gasentlad.-Verf. 2-0233; Abscheid. v. amorphen Oxidschichten aus SiO_2, GeO_2, S_2O_3, Ti_xO_y bzw. Sn_xO_y bei tiefen Temp. durch Mikrowellen-Entlad. 14-0244; elektronenmkr. Beobacht. d. Bldg. amorpher Oxide bei d. therm. Ox. v. Al-Aufdampfschichten 24-0205; amorphe Keimbldg. in Metallen 30-0150; Darst. v. Polypropylen mit hohem amorphem Anteil 33-1322; amorphe W-Schichten nach Kathodenzerstäub. bei niedr. Druck u. kleinen Energien 35-0125; Amorphisier. polykrist. Ge-Filme bei d. Bestrahl. mit Ar-Ionen 40-0223; eine LEED-Unters. d. homoepitakt. Wachstums v. dicken amorphen Si-Schichten 44-0143; Herst. v. amorphen $Cd_xHg_{1-x}Te$-schichten durch Kathodenzerstäub. 46-0141; Abscheid. v. amorphen SiO_2-Schichten nach einem Stickoxidverf. 47-0209; Amorphwerden einer Pd/Si-Leg. unter d. Einfl. v. Strahl. 48-0167.

Absorpt.-Spektren v. amorphen dünnen, mit Bi u. Zn dotierten Se-Schichten 16-0339; IR- u. Raman-Spektren v. amorphem Se 20-0280; langwell. IR-Spektren v. amorphem SiO_2 u. v. polymorphen SiO_2-Verb. bei tiefen Temp. 24-0356; Unschärfe v. DK-Spektren im Bereich d. langwell. Kante d. Eigenabsorpt.-Bande v. amorphen TiO_2-Schichten durch Gitterfehler 32-0334; opt. Absorpt. durch Exzitonen in amorphem Se 47-0273.

Opt. Absorpt. in amorphem Se bei hohen elektr. Feldstärken 3-0321; diffuse Reflex. v. amorphem Se 28-0310; therm. Änder. im nicht-dispersiven IR-Brech.-Index v. amorphen Substanzen 31-0287; Dispers. amorpher B-Filme im nahen IR 32-0313; opt. Eig. d. amorphen Mischsyst. $As_2S_xSe_{3-x}$ 41-0232.

Deut. d. Elektronenbeug.-Abb. v. amorphem B 1-0272; Phasenanalyse u. Kristallisat. v. amorphen Widerstandsschichten aus Cr/Ni 2-0234; Elektronenstruktur v. ungeordneten Materialien 6-0246; röntgenograph. Unters. v. amorphen anod. Oxid-Filmen auf Al 9-0248; Altern u. Kristallinitätsgrad v. amorphen anod. Al-Oxid 9-0249; Elektronenbeug. bei tiefen Temp. v. amorphen Filmen v. Übergangsmetallen u. Leg. bei Tieftemp.-Kondens. 10-0256; Best. d. Verteil. v. amorphem Material in einem gemischten amorphen u. krist. Film durch Dunkelfeldelektronenmikroskopie 15-0078; Radialverteil.-Analyse einer amorphen Schicht (Elektronenbeug. bei tiefen Temp.) 15-0158; Auswert. v. Röntgenstreukurven nichtkrist. Strukturen 15-0164; Erhalt. d. Kontrastes bei elast. u. quasielast. Streuung v. schnellen Elektronen nahezu in Bragg-Richt. an amorphen Oxiden 16-0175; elektronenmkr. Unters. d. Struktur dünner amorpher sublimierter ZnS-Schichten 16-0257; Kristallisat. v. durch Vakuumverdampf. erhaltenen amorphen Se-Filmen 17-0218; Berechn. d. Radialverteil. d. Atome amorpher Stoffe 17-0283; Unters. d. Bandstruktur v. amorphem B durch Ultralangwellen-Röntgenspektren (in Emiss. u. Absorpt.) 17-0360; Berechn. d. oberen Grenze d. Kleinwinkelbeug.-Intensitäten für Kristallit-Modelle amorpher Stoffe 18-0188; Nachw. v. amorphem Eis u. Phenol durch Röntgenbeug. u. DTA 19-0273; Elektronenbeug. an durch Tieftemp.-Kondensat. hergestellten amorphen Schichten v. Fe u. Cr 19-0276; Darst., Unters. u. Kristallisat.: v. amorphen Ag/Cu-Leg.-Schichten 20-0199; v. amorphen Au/Co-Leg-Schichten 20-0200; Struktur v. amorphen Si- u. Si-Oxid-Filmen 25-0205; Best. d. Atomverteil. in amorphen Substanzen u. Schmelzen 27-0263; Lochinjekt. in Übergänge zwischen amorphen Ge-Schichten u. n-Ge-Einkrist. 29-0444; Struktur v. amorphen Si-Filmen 33-0210; elektronenmkr. Unters. v. amorphem Ca-Phosphat 36-0206; Diffraktometerunters. d. Struktur v. amorphem Ga mittels eines Elektronenbeug.-Gerätes mit Gegenfeld 37-0291; Radialverteil.-Funkt. v. nichtkrist. B u. seine polymorphe Umwandl. 42-0214; Struktur v. amorphen Siliciumnitridfilmen 43-0184; Abtrenn. d. Compton-Komponenten in d. Röntgenstreuung amorpher Stoffe 44-0116; elektronograph. Unters. d. Struktur v. amorphem Eis 44-0239; elektronograph. Unters. d. Struktur v. nach verschiedenen Meth. erhaltenen amorphen SiO_2-Filmen 44-0240; Glasbldg.-Temp. v. amorphem Se 44-0415; atomare radiale Verteil.-Funkt. in amorphem Se 45-0285; Haftstellenprozesse in amorphem Se 46-0371; Einfl. eines elektrostat. Felds auf d. Kristallisat. v. amorphem Se 47-0162; elektron. Prozesse bei d. Photokrist. v. amorphem Se 48-0140.

Einfl. v. Sb-Zusätzen auf d. Viskosität v. amorphem Se 24-0279; über natürl. u. erzwungene Singularitäten eines ebenen wohldefinierten Eigenspann.-Zustands u. ihre Bedeut. für d. Rißbldg. in makroskop. spröden amorphen Festkörpern 30-0231.

Elektronentransport in amorphen Stoffen 15-0432, 15-0433; Thermokraft v. amorphem Si (Vgl. mit amorphem Ge) 23-0449; elektr. u. opt. Eig. v. amorphem Ge 23-0478; Photoleit. v. amorphem Ge 27-0493; Grenzstrom-Spann.-Charakteristiken d. Raumlad. in dünnen Schichten v. amorphem Se 28-0415; Modell für d. theoret. Deut. d. dielektr. Verh. v. amorphen Polymeren 32-1167; DK u. dielektr. Verlust v. amorphen Polymeren bei *9,6* GHz 32-1169; Widerstands- u. Hall-Effektsmess. an dünnen, durch Aufdampfen im Vakuum auf amorphe u. orientierte Substrate hergestellten PbTe-Schichten 40-0231; raumladungsbregrenzte Ströme u. Effekt starker elektr. Felder in amorphen Se-Filmen 43-0370; Photoemiss.-Unters. an amorphen Se-Schichten 48-0382; Einfl. d. Kristallisat.-Grades u. v. O-Verunreinig. auf d. spektrale Verteil. d. Photoempfindlichk. v. amorphem Se 49/50-0288; Einfl. amorpher Bereiche auf d. photoelektr. Eig. v. Sb_2S_3 51/52-0290.

Berechn. d. g-Werte paramagnet. Zentren aus ESR-Mess. in amorphen Se 15-0377; zur Frage d. ESR d. Kettenenden im amorphem Se 26-0374.

Anwend. d. Theorie signifikanter Strukturen zur Berechn. d. thermodynam. Eig. v. amorphem Polyäthylen 12-1060; Wärmeleitfähigk. amorpher Stoffe am Beispiel v. Porzellan 46-0289.

Bibliographie: Physical properties of molecular crystals, liquids, and glasses B 65.

Glasuren

— auf Metall s. unter *Email.*

Herst. v. Dispers. zum Flammspritzen v. — 3-2340*; Andesit-— für Porzellanhochspann.-Isolatoren 4-1890; schwarze Steingut-— 4-1891; Herst. keram. Pigmente v. Spinelltyp 4-1892; fest haftende keram. — 7-2302*; dekorative Syenit-— 11-2265; anorgan. —-Farben 11-2278*; Schlicker: für elektr. Emailwiderstand 12-2193*; für elektr. Widerstand auf Keramik 12-2194*; Kalk-— v. engl. Typ im Bogucice-Werk 12-2250; keram. —-Masse mit bes. hoher Deckkraft 13-2237*; lichtunempfindl., getrübte, keram. — 17-2391*; Herst. v. Fe_2WO_6 für — v. Keramiken 17-2393*; Glasieren v. Ignimbrite-Bausteinen 17-2409; Herst. v. Seladon-— 27-2511; Zn-Weiß-Granulat für — 27-2512; farb. Li-— 28-2363; Email als Glasüberzug 29-2425; Schmelzen u. Kristallisat. d. Zirkonfritten für — 33-2534; Herst. gemusterter — auf Keramiken 39-2354*; Erzeug. v. kupferroten — 42-2155*; farb. — für Steingutplatten 46-2143; Zr–Sr-— 47-2261*; Aufhell. v. — 47-2262*.

Einfl. d. Zus. auf d. physikal.-chem. Eig. d. Dolomit-Emaille-— für Steingut (Ausgangszus. d. Emaille-—) 12-2249; Opafizier. v. — mit Zirkon 19-2446; Rißbldg. in — v. Dolomitsteingut 26-2361; Mattstreifen u. Mattflecke auf — für Hartporzellan 33-2535; Einfl. d. Zus. undurchsicht. Dolomit-— für Fayencen auf ihre physikal.-chem. Eig. 34-2319; Stabilität v. Widerstandsglasurschichten mit PdO 38-2350.

Opt. Eig. keram. — 43-2361; Kristallisat. v. Sr–Ba-Glasurgläsern 23-0655; Aufrechterhalten kraterförm. Oberflächenstrukturen v. — auf keram. Gegenständen 31-2453*; Einfl. d. —-Dicke auf d. Festigk. v. Elektroporzellan 30-2260; Verminder. d. Oberflächenspann. keram. — 2-2129*; Viskositätsberechn. durch Prüf. d. Schmelzström. v. Fritten 12-2248; Löslichk. u. Kristallisat. v. $ZrSiO_4$ in — während d. Brandes 23-2494; Pb-Boracit-— geringer Löslichk. 34-2320.

Best. v. —-Dicke u. Verwerf. dünner Unterlagen 13-2253; gasanalyt. Unters. zum Mechanismus d. Blasenbldg. in Porzellan-— 31-2437.

Glauberit, Bldg. v. Gips-—-Nd. in Kara-Bogas-Gol 14-0775; — im Steinsalzlager bei Mirowo 17-0845; hydrotherm. Meth. zur Aufarbeit. v. —-Gestein d. Tjan'-San'-Vork. 24-2256; Krist.-Struktur v. — 9-0252; Rk. zwischen —, SiO_2 u. NaCl in Ggw. v. H_2O-Dampf (thermodynam. Berechn.) 27-0623.

Glaucamin s. unter $C_{21}H_{23}NO_8$.

Glaucanol s. unter $C_{20}H_{24}O_6$.

Glaucansäure s. unter $C_{18}H_{20}O_6$.

Glaucarubin s. unter $C_{25}H_{36}O_{10}$.

Glaucarubol s. unter $C_{20}H_{28}O_8$.

Glaucin s. unter $C_{21}H_{25}NO_4$.

Glauconin s. unter $C_{11}H_8O_6$.

Glauconsäure s. unter $C_{18}H_{20}O_7$.

Glauflavin, Vork. in Glaucium flavum, Jodid (F. *216 – 217°* [Zers.]) 7-1677.

Glaukonit, mineralog. Unters. verschiedener rezenter — 2-0765; Nachw. v. — bei sedimentpetrograph. Unters. d. Flammenmergels 3-0784; Kontrolle d. SiO_2-Geh. im Meerwasser durch — 3-0769; — d. Kalksteinsedimente d. Halbinsel Salentina (Puglia) 9-0785; Mineralogie d. grusin. — 14-0783; — in d. Ablager. d. Rotliegenden (Unteres Perm) in Unterschlesien 16-0838; Verwitter. v. — 39-0744; Mössbauer-Analyse v. Fe in — 26-0841; Mössbauer-Spektrum v. Fe im — 27-0238; Ionenaustauscheig. v. — 6-0659.

Glaukophan. Bldg.-Beding. v. — in d. Nikitov-Sb-Hg-Lagerstätte im Donezbecken 8-0787; —Schiefer auf d. Insel Sachalin 29-0889; Ferrokarpolith v. einem —-führenden Teil Calabriens, Süd-Italien 47-0719; statist. Unters. d. chem. Zus. v. —-Schiefer Nordwest-Kamtschatkas 31-0874; Omphacit in kaliforn. —-Schiefern 34-0848; Rk. mit Ölsäure bei d. Flotat. 23-2536; IR-Unters. d. Kationenanordn. u. -cluster in — 21-0877; opt. Eig. u. Gitterparameter in d. —-Riebeckit-Reihe 34-0851.

Glaziovin s. unter $C_{18}H_{19}NO_3$.

Glebomycin, Pyrolyse-Gaschromatographie u. Charakterisier. 12-1891.

Gleditsin s. unter $C_{15}H_{14}O_6$.

Gleichgewichte, Allgemeines über — s. unter *Thermodynamik.* —-Konst. u. energet. Angaben über — s. unter *Reaktionsenergetik und -gleichgewichte. Phasengleichgewichte* s. dort bzw. unter d. entsprechenden Stichwörtern. Sonstige — s. unter d. entsprechenden Stichwörtern.

Gleitmittel s. unter *Schmiermittel.*

Gliadin s. unter *Proteine, Spezielle Proteine.*

Glianimon s. unter $C_{22}H_{24}FN_3O_2$.

Glimmer, K-Isotopenverhältnisse in — 2-0743; chem. Zus. d. —-Aegirin–Hornblende–Nephelin-Syenits d. Alkalimassivs v. Chibino 6-0815; chem. Änder. während d. Umwandl. v. — 9-0809; Verwitter. v. Zwei-—-Graniten d. Massivs Pierre-qui-Vire (Yonne-Nièvre) 12-0756; Bldg. eines Mischschicht-— in Karstfüll. mit quarz., siderolith. Sanden am Mont Girod 13-0793; junge (postpräkambr.) Granite u. —-Quarz-Greisen v. Nigeria 18-0790; Uraninit als akzessor. gewöhnl. Mineral in d. U-halt. Zwei-—-Graniten d. Limousin u. d. Vendée 22-0836; Vork. v. Gibbsit u. Alumosilicatgelen in Tonfrakt. aus Sanden u. Böden d. Zwei-—-Granit-Massivs v. La Pierre-qui-vire (Yonne-Nièvre) 23-0879; — in d. Flysch d. West-Karpaten Polens 28-0826; Ta-, Nb-, Sn- u. F-Verteil. in — aus Granitoiden d. Großen Kaukasus u. d. Dzirul'sker krist. Massivs 31-0876; d. chem. Zus. gesteinsbildender — bewirkende Hauptfaktoren 33-0996; ^{40}Ar in kogenet. Feldspat-—-Mineralvergesellschaft. 38-0800; Ursprung d. —-halt. Phyllite v. Französ. Guayana 39-0705; — d. Brown Derby Pegmatite, Gunnison County, Colorado 39-0710; —-Arten in d. —-Lagerstätten d. Lotrugebirges 40-2125; partiell geordneter mixed-layer —-Montmorillonit aus Maitland 41-0746; Vgl. trioktaedr. Spröd-— 42-0694; Röntgenunters. v. grünem — in Khondalit v. Auranga-Koel Valley, Palamau, Bihar, Indien 47-0711.

Elektrophoret. Abscheiden v. —-Schichten auf metall. Unterlagen 10-2439*; Herst.: v. synthet. F-Magnesia-— durch Erhitzen v. Li_2SO_4 u. Zusätzen 23-2418*; v. F-MgO-— durch Erhitzen v. Pb-Fluorid mit Zusätzen 32-2256*; elektrophoret. Abscheid. v. —-Schichten auf Metallen 40-2261*; Züchten schwerschmelzbarer —-Krist. 47-2210*; Herst. v. —-Formkörper für elektr. Isolat. 13-2203*; ——Metall-Bind. mit Hilfe eines Glasflusses aus SiO_2, ZnO, BaO, PbO u. B_2O_3 1-2137*.

Experimentelle Unters. v. feinkörn. — 19-0731, 19-0732; Beobacht. v. Spuren geladener Teilchen aus Neutrinowechselwrkg. in — 22-0003; Reflex.-Streuung v. aufgedampften Filmen im UV auf — 27-0356; trioktaedr. Einschicht-— 4-0224; —-ähnl. Mineral mit großem Schichtabstand 4-0645; Verwitter.-Einfl. auf d. Struktur v. Tonmineralien v. —-Typ 4-0646; Orientier. v. Au-Aufdampfschichten auf — 11-0255; Beobacht. zum epitakt. Wachstum v. NH_4J auf —-Substraten 11-0260; Ausheilen v. Teilchenspuren d. spontanen U-Spalt. in —-Krist. 12-0292; Fernwrkg. akt. Zentren auf Krist.-Oberflächen bei

Kristallisat.-Prozessen v. PbS auf – 22-0209; epitakt. Filme v. auf – -Substraten aufgewachsenem PbTe, PbSe u. PbS 24-0220; Struktur: u. Orientier. v. Krist. in Metallabscheid. auf – 37-0141; v. auf – aufgedampften InSb-Filmen 38-0213; Dickenabhängigk. d. Phasenänder. in Co-Schichten auf – 43-0172; Beobacht. v. elektr. Dipolen durch niederenerget. Elektronenbeug. auf – -Oberflächen 45-0224; Einfl. d. Teilchengröße auf d. scheinbaren Gitterabstände in – 47-0139; durch Temper. u. Säurebehandl. verursachte streif. Strukturen an – 48-0759; Best. d. Schichtpack.-Folge eines neuen komplexen – -Polytyps 32-0239; Leitfähigk. v. – bei erhöhten Temp. 6-2190; elektr. Eig. dünner Permalloyfilme auf – in Abhängigk. v. d. Substrattemp. 17-0485; Änder. d. photoelektr. Ausb. dünner Schichten v. auf – -Schichten aufgebrachtem Ag u. Cu mit d. Krist.-Orientier. 25-0417; durch Elektronenschauer bewirkte Spuren in – 40-0217; Energieänder. bei d. Dehydratat. v. – 12-0772; Wärmeausdehn.-Koeff. v. synthet. – -Krist. 16-0290; Adsorpt. v. Alkylaminhydrochloriden an Magnesia- – 23-0719; Einfl. v. Dampf, Fl. u. orientierten Monoschichten auf d. Grenzflächenenergie v. – 26-0673; Abscheid.-Verhältnis d. Langmuir-Blodgett-Monoschicht v. Stearinsäure für – 29-0745; therm. Desorpt. v. Stearinsäure-Monoschichten 35-0589; Einfl.: quatern. NH_4-Verb. auf – 44-0553; eines Magnetfeldes auf d. Koagulat.-Struktur-Bldg. in wss. Hydro- – -Suspens. 49/50-0471.

Verw. v. – zur Herst. v. porösem SiO_2 2-1992*; Unters. d. chem. Beständigk. v. – bei hohen Temp. im Hinblick auf d. Verw. als festes Schmiermittel 23-2922; chem. Verwitter. v. – (Mechanismus d. H-Ionenaufnahme) 27-3410; Umwandl. trioktaedr. – in Vermiculit 38-0874; Zers.-Dynamik v. – bei Säurebehandl. (spektroskop. Unters.) 43-0591; Ox. v. dünnen Mg-Schichten bei erhöhten Temp. auf – -Spaltflächen (Kinetik) 11-0688.

Verw. v. – für feuerfeste elektr. Isolier. 2-2088*; Glas- – -Halbleiter für d. Elektronik 8-2159; Verw. v. – bei d. Herst. v. elektr. Isoliermaterial 28-2313*; – in fein verteiltem Zustand enthaltendes glasart. Material 25-2412*; Verw.: v. – -Blättchen zur Herst. v. synthet. geformten Steinen 29-2457*; v. – -Spänen für Überzüge 4-2545*; v. oberflächenbehandelten – -Plättchen für Anstrichmittel 14-2954*; Einfl. v. –: auf d. Antikorros.-Eig. v. Polyäthylenüberzügen 18-2917; auf d. Strukturbldg. u. Eig. v. Lackfarbenfilmen 34-2904; Verw. v. – -Extendern auf d. Vol.-Formulier. v. Anstrichfarben 38-3049.

Trenn. u. Best. v. Rb u. Sr in – 21-2181; Dauer d. Sensitivitätsperiode bei d. Spurenregistrier. in – 48-1858; Best. d. Anteils an – in Be-Erzen 41-2076; Einschränk. d. Verw.-Möglichk. v. Fenstern oder Probenträgern aus – beim Mössbauer-Effekt durch Nachw. einer durch Fe-Verunreinig. in – bewirkten Fe^{5+}-Mössbauer-Resonanzabsorpt. 41-0019.

Glimmerschiefer, – d. Grenville-Schiefers in d. Nähe v. Fernleigh, Ontario 1-0770; Augengneisschichten in d. – -Serie v. Sore'zois (Montagne Noire) 32-0840.
Gliorosein s. unter $C_{10}H_{14}O_4$.
Gliotoxin s. unter $C_{13}H_{14}N_2O_4S_2$.
Globin s. unter *Proteine, Spezielle Proteine.*
Globucid s. unter $C_{10}H_{12}N_4O_2S_2$.
Globuline s. unter *Proteine, Spezielle Proteine.*
Glochidicin s. unter $C_{15}H_{23}N_3O$.
Glochidin s. unter $C_{15}H_{23}N_3O$.
Glomerin s. unter $C_{10}H_{10}N_2O$.
Glosall s. unter $C_{12}H_{22}O_5$.
Glu s. unter $C_5H_9NO_4$.
Glucagon s. unter $C_{153}H_{225}N_{43}O_{49}S$.
Glucal s. unter $C_6H_{10}O_4$.
Glucane (Glucosane), α-1.4- – (*19.* Mitt.) 43-1009; β-1.3- – als Komponente d. Hyphen-Wände v. Neurospora crassa 7-1273; Succino- – *10C3*; ein neues saures Polysaccharid aus Alcaligenes faecalis var. myxogenes 24-1447; Geh.: spontaner Mutanten bei Glykogenarmer Hefe 28-1216; in Zellwänden v. Saccharomyces 39-1282; – aus Candida albicans (Serotyp B) u. Candida parapsilosis 40-1320; Geh. d. Zellwand: v. Aspergillus 40-1322; v. Saccharomyces cerevisiae (Einfl. v. Wachstum u. Substrat) 40-1323; Vork., Struktur u. Bldg.-Beding. eines neuen – im Weizen 12-1352; Geh. im Tannenholz 25-1486; Isolier. eines – aus d. Zellwand v. Polyporus tumulosis 33-1626; Biosynth. v. β-1.3- u. β-1.6-gebundenen – durch Hyphenwände v. Phytophthora cinnamomi 1-1278; β- – *10C3*K-Produkt. durch eine Mutante v. Alcaligenes faecalis var. myxogenes im definierten Medium 18-1278, 47-1475; Struktur eines F-*4*-β- – aus d. Endosperm d. Nacktgerste 43-1346; Einfl. d. β- – auf d. Filtrieren starker Biere 28-3227; Abbau: eines F-*1*-β- – aus d. Endosperm v. Nacktgerste durch Perjodatox. 17-1430; v. β- – in Ggw. v. Oxyporus populinus 19-2812*; eines F-*1*-β- – aus Nacktgerste durch Laminarinase aus Bacillus circulans 17-1431; Rk. v. Glucosamino- – mit Testis-Hyaluronidase (Depolymerisat.) 26-1361; phosphorolyt. Spalt. v. β-1.3-Oligo- – durch Euglena gracillisenzyme 35-1280; mikrochem-Analyse v. Glucosamino- – in histolog. Schnitten v. Nasenknorpel (mikrochem. Analyse) 39-1401.
Glucide s. unter *Kohlenhydrate.*
Glucit s. unter $C_6H_{14}O_6$.
Glucitol s. unter $C_6H_{14}O_6$.
Glucoaubrietin s. unter $C_{15}H_{21}NO_{10}S_2$.
Glucobarbarin, Biosynth. in Reseda luteola 30-1381.
Glucoberteroin s. unter $C_{13}H_{25}NO_9S_3$.
Glucobrassicin s. unter $C_{16}H_{20}N_2O_9S_2$.
Glucocapparin s. unter $C_8H_{15}NO_9S_2$.
Glucocerebrosid s. unter *Cerebroside.*
Glucocheirolin s. unter $C_{11}H_{21}NO_{11}S_3$.
Glucocochlearin s. unter $C_{11}H_{21}NO_9S_2$.
Gucoconringiin s. unter $C_{11}H_{21}NO_{10}S_2$.
Glucoconvallosid, Isolier. aus Convallaria majalis 21-1829.
Glucocorticoide s. unter *Hormone, Nebennierenhormone (Rindenhormone).*
Glucodigifucosid s. unter $C_{35}H_{54}O_{13}$.
Glucoerucin s. unter $C_{12}H_{23}NO_9S_3$.
Glucoerysolin s. unter $C_6H_{11}NO_2S_2$.
Glucofrangulin s. unter $C_{27}H_{30}O_{14}$.
Glucofructane, – (*1.* Mitt.) 43-1345; Konstit. d. – aus d. Endosperm d. Nacktgerste 43-1345.
Glucoheptulose s. unter $C_7H_{14}O_7$.
Glucoiberin s. unter $C_{11}H_{21}NO_{10}S_3$.
Glucokaffeesäure s. unter $C_{15}H_{18}O_9$.
Glucolepidiin s. unter $C_9H_{17}NO_9S_2$.
Glucomannane, Struktur: eines – aus Schwarzfichte 3-3217; d. Pechtannen- – 3-3218, 3-3219; Stell. u. Einfl. d. O-Acetylgruppen auf d. Struktur bei einem – d. Paranakiefer 29-1270; Konstit. eines extrazellulären sauren – aus Serratia marcescens 30-1131; Sorpt. an α-Cellulose aus Holzzellstoffasern 11-1173; alkal. Abbau 33-1350; Hydrolyse durch ein Fermentpräp. aus Aspergillus oryzae 19-1441; Verw. v. Addukten aus Poly- – u. Acrolein zum Naßfestmachen v. Papier 27-3527*; hydrodynam. u. viskosimetr. Mess. sowie Sedimentat.-Gleichgew.-Vers. an acetyliertem – 3-3217.
Glucometasaccharinsäure s. unter $C_6H_{12}O_6$.
Gluconasturtiin s. unter $C_{15}H_{21}NO_9S_2$.
Gluconheptonsäure s. unter $C_7H_{14}O_8$.
Gluconolacton s. unter $C_6H_{10}O_6$.
Gluconsäure s. unter $C_6H_{12}O_7$.
Glucoperiplorhamnosid s. unter $C_{35}H_{54}O_{14}$.
Glucoproteide s. unter *Proteine, Spezielle Proteine (Glykoproteide).*
Glucoputranjivin s. unter $C_{10}H_{19}NO_9S_2$.
Glucosamin s. unter $C_6H_{13}NO_5$.
Glucosaminglucane s. *Mucopolysaccharide.*
Glucosaminsäure s. unter $C_6H_{13}NO_6$.
Glucosane s. *Glucane.*
Glucosazon s. unter $C_{18}H_{22}N_4O_4$.
Glucose s. unter $C_6H_{12}O_6$.
Glucosecycloacetoacetat s. unter $C_{12}H_{18}O_7$.
Glucose-1.6-diphosphat s. unter $C_6H_{14}O_{12}P_2$.
Glucosephosphat s. unter $C_6H_{13}O_9P$.
Glucoside s. unter *Glykoside.*
Glucosinalbin s. unter $C_{14}H_{19}NO_{10}S$.
Glucoson s. unter $C_6H_{10}O_6$.
methyliertes **[(D-Glucosyluronsäure)-L-fucosamin]**$_2$, Darst. aus d. Zellwandpolysaccharid v. Pneumococcus Typ V zur Strukturunters. 42-1263.
Glucotropäolin s. unter $C_{14}H_{19}NO_9S_2$.
Glucovanillin s. unter $C_{14}H_{18}O_8$.
Glucuron s. unter $C_6H_8O_6$.
Glucuronolacton s. unter $C_6H_8O_6$.
Glucuronoxylan, Struktur u. Verzweig.-Grad v. 4-O-Methyl- – aus Zitterpappelholz 30-1136; Darst. eines Polystyrol-4-O-methyl- – -Pfropfcopolymerisats durch anion. Kuppl. 33-1351
Glucuronoxylofucan, Zellwandpolysaccharid d. Phaeophyceae (Isolier., Zus., Konstit.) 47-1308.
Glucuronsäure s. unter $C_6H_{10}O_7$.
Glühkathoden

Emiss.: v. Elektronen aus – s. *Elektronenemission*; v. *Ionen* s. dort.

Aktivier. v. Oxidkathoden mit Ba-Dampf 12-0381; Herst. einer Th-Vorratskathode für einen Elektronenstrahlerzeuger 12-0382; neuer Typ eines zusammengesetzten Ganzmetall-Elektronenemitters aus W-Draht für Röhren u. elektronenopt. Anordn. 15-0399; Richtstrahlwertmess. mit d. Zwei-Blendenverf. an Elektronenstrahlern mit Kugelkathoden v. *250* bis *1,5* µm ⌀ 17-0432; Elektronenkanone mit langleb. LaB_6-Kathode 19-0422; Herst. v. – mit Emittern aus ThO_2 u. Y_2O_3 auf einem Kern aus d. Leg. WR-*20* 19-0423; V-A-Charakteristiken d. Kriech- u. Emiss.-Stroms v. $Al–Al_2O_3–Ag$- u. $Al–Na_3AlF_6–Ag$-Sandwich-Kathoden 21-0454; – aus in einer W-Matrix dispergiertem $BaO–UO_2$ 22-0417; Herst. v. Feldern hoher D. emittierenden Halbleiterkathoden 33-0464; Glühfadenelektrode aus gesinterter Ta/Nb-Leg. mit *2–10* W u. *3–9* Y- oder La-Oxiden 33-2482*; Elektronenemitter zur Verw. in oxydierenden Atmosphären 45-1981.
Glühlampen, Glühbehandl. v. W-Draht für – -Wendeln (Eig.) 6-2316; stoßfeste – -Wendel aus *96–99,75* W, *4–0,25* ThO_2 23-2689*; Glühbirne mit W-Draht u. lumineszierendem Stoff 41-2348*; Verw. v. Carbiden als Glühfaden in Lampen 42-2090*; Verw. v. Ta-Carbid-Einkrist. als Glühfaden in Lampen 42-2102*.
Glukagon s. unter $C_{153}H_{225}N_{43}O_{49}S$.
Glumamycin s. unter $C_{59}H_{91}N_{13}O_{20}$.
Glumitocin s. unter $C_{40}H_{59}N_{11}O_{14}S_2$.
Glutacondialdehyd s. unter $C_5H_6O_2$.
Glutaconsäure s. unter $C_5H_6O_4$.
Glutamin s. unter $C_5H_{10}N_2O_3$.
Glutaminsäure s. unter $C_5H_9NO_4$.
Glutamylglycin s. unter $C_7H_{12}N_2O_5$.
Glutaraldehyd s. unter $C_5H_8O_2$.
Glutardialdehyd s. unter $C_5H_8O_2$.
Glutarimid s. unter $C_5H_7NO_2$.
Glutaroin s. unter $C_5H_8O_2$.
Glutarsäure s. unter $C_5H_8O_4$.
Glutathion s. unter $C_{10}H_{17}N_3O_6S$.
Glutathion, oxydiertes s. unter $C_{20}H_{32}N_6O_{12}S_2$.
Gluten s. *Kleber.*
Glutenin s. unter *Proteine, Spezielle Proteine.*
Glutethimid s. unter $C_{13}H_{15}NO_2$.
Glutinon s. unter $C_{30}H_{48}O$.
Glybenzcyclamid s. unter $C_{23}H_{28}ClN_3O_5S$.
Glycarbylamid s. unter $C_5H_6N_4O_2$.
Glyceraldehyd s. unter $C_3H_6O_3$.

Glyceride

Siehe auch *Fette*; *Lipoide.*

Allgemeines, Struktur, Zusammensetzung: – -Unters. 43-1359.

Glyceridverteil. v. Fettsäuren im Fettgewebe d. Ratte 1-1468; Zus. d. Tri- – aus Plasma, Leber u. Fettgewebe v. Kaninchen (Wrkg. v. Diät) 2-1432; Triglyceridstrukturen d. Olivenöles u. d. durch Verester. v. Olivenölfettsäuren hergestellten Glyceridgemisches 2-2927; Verteil. d. cis- u. trans-Fettsäuren in d. Tri- – d. Schweinelymphe 3-1493; Zus. d. Triglyceridfettsäuren: d. Plasmas v. Mäusen mit Hypothalamusfettsucht 6-1538; v. Frauenmilch 7-1410; v. menschl. Speichel 9-1390; – -Zus. d. Samenfettes v. Entada pursaetha (Nichtübereinstimm. mit d. Verteil.-Regel für d. Glyceridtypen) 13-1345; essentielle Fettsäuren d. Plasma-Tri- – (Einfl. v. Geschlechts- u. Keimdrüsenhormonen) 16-1518; Zus.: d. Tri- – v. Leinöl 19-2248; v. gesätt. Tri- – d. Milchfettes 19-3213; – -Struktur v. Samenfetten v. Vateria indica 21-1538; Zus. d. – v. Colostralfett u. Milchfett d. Schweines 21-1604; Typen d. Fettsäureverteil. bei – in tier. Depotfetten (Übersicht) 22-1501; Fettsäurezus. d. Tri- – d. Serumlipoproteins v. männl. u. weibl. Hühnern 22-1588; Triglyceridzus. v. an Octan-, Decan- u. Laurinsäurereichen Samenfetten 25-1490; Säurezus. d. Tri- – d. Milchfettes 25-3408; Di- u. Monoglyceridgeh. u. deren Fettsäurezus. v. Käsefett 36-3148; Strukturanalyse v. Triglyceridklassen aus Kuhmilchfett 40-2944; endogene Ketten in d. Tri- – d. Lymphe d. Ratten-Ductus thoracicus 43-1488; Acylgruppenverteil. in pflanzl. Fetten mit wesentl. Geh. an gesätt. Tri- – 44-1352; Triglyceridstruktur v. Kuhmilchfett 45-3324; – -Strukturen d. Samenfette v. Schleichera trijuga, Sapindus trifoliatus u. Mimusops elengi 47-1528.

Vorkommen. Hypertriglyceridämie-Patienten (verringerte Glucose-Toleranz) 1-1473; Vork. bzw. Geh.: v. Tri- – in d. Cholindefizitären Fettleber 2-1414; v. Tri- – in peripheren Nerven bei Wallerscher Degenerat. 2-1454; v. kurzkett. Tri- – in d. menschl. Augenlinse 2-1457; v. Mono- u. Di- – im Fett v. Cheddarkäse (Bezieh. zum Reifegrad) 2-2920; v. Tri- – im Serum (Bezieh. zu d. aus Fettgewebe freigesetzten Lipoprotein-Lipase-Aktivität) 3-1248; in Lipiden v. Lotus corniculatus 3-1357; v. Tri- – in Chylomikronen d. Ductus thoracicus bei d. Weidekuh 3-1464; Verh. v. Triglyceridfettsäuren in verschiedenen Rattenorganen (Einfl. v. letalen Röntgendosen) 3-1531; Verringer. d. Tri- – im Plasma durch verminderte Mobilisier. freier Fettsäuren 3-1606; Geh. v. Tri- –: in d. Leber d. mit ω-Methylpantothensäure behandelten Ratte 5-1467; im Serum bei Hähnchen mit Hypercholesterinämie (Wrkg. v.

Dextran- u. Cellulose-Anionenaustauschern) 5-1659; Geochemie v. – 6-0809; – in d. Zellen d. grünen S-Bakterien (bei verschiedenen Belicht.-Verhältnissen) 6-1322; Geh. an Tri-– in d. Leber bei Ratten mit A.-induzierter Lebersteatose (Wrkg. v. α-[p-Chlorphenoxy]-isobuttersäureäthylester) 6-1573; Verteil. v. Di- u. Tri-– in Mucosa u. Serosa umgestülpter Dünndarmsäcke 8-1570; Geh.: v. Tri-– bei neugeborenen Kaninchen (Wrkg. v. Kälte) 8-1575; v. Tri-– in Leber u. Serum (Wrkg. v. Sporidesmin) 8-1578; v. neutralen – in d. Leber bei Proteinmangel 9-1493; Bezieh. zwischen Tri-– u. Phospho-– bei Pilzen 10-1332; Vork. bzw. Geh.: v. Tri-– in Rinderherz-Ventrikel 11-1519; v. Tri-– im Säugerpankreas 12-1444; in d. Leber (Einfl. v. Chlortetracyclin) 13-1574; v. Tri-– in R*3230* AC-Mammatumor u. Mammagewebe (Einfl. v. Östrogen) 14-1225; v. Mono-, Di- u. Tri-– in Lipiden v. Lipomyces lipofer 14-1329; v. Tri-– in d. A.-induzierten Fettleber (Verminder. durch Äthyl-α-p-chlorphenoxyisobutyrat) 15-1740; v. Tri-– in Leber bei Orotsäure-gefütterten Ratten 16-1612; v. Tri-– im Plasma (Einfl. v. Lebertransplantat.) 16-1625; Steringleichgew. bei Hyperglyceridämie 19-1670; Tri-– d. Drachenkopf-Fisches 19-2217; Vork. v. Tri-– in Kinetoplastida 20-1390; Anreicher. v. –– im Rattenherzen u. im Gastrocnemiusmuskel (Wrkg. v. Alloxandiabetes u. Perfus.) 20-1497; Geh.: v. Di- u. Tri-– im isolierten durchströmten Rattenherzen 20-1566; v. Mono-, Di- u. Tri-– in Leber u. Serum nach orthotop. Lebertransplantat. beim Hund 20-1568; v. Tri-– im Blut bei Patienten mit Diabetes mellitus 21-1646; asymm. Tri-– aus d. Samenöl v. Impaticus edgeworthii 22-1447; Geh.: in d. Rattenleber (Wrkg. v. Östradiolbenzoat) 22-1528; v. Tri-– im Serum (Bezieh. zur Fettsucht) 22-1633; v. Di-– in menschl. Serumproteinen 24-1633; Isolier. v. an Lipoprotein gebundenen Di-– aus Insekten-Hämolymphe 25-1621; Tri-– in Serum u. Leber v. Ratten (Wrkg. v. 3-Carboxyl-5-methylpyrazol) 25-1708; Vork. bzw. Geh.: v. Di- u. Tri-– in d. Neutrallipidfrakt. d. Zellmembranen v. Microbacterium ammoniaphilum 26-1400; v. Mono-, Di- u. Tri-– in Vernix caseosa 26-1537; v. Tri-– im Vaskularsyst. in Abhängigk. v. Alter 27-1617; v. Tri-– in d. menschl. peripheren Lymphe 27-1686; im Cerebrospinalliquor 27-1687; v. Tri-– in d. Leber (Einfl. v. Doapram) 27-1797; v. Di- u. Tri-– im Milchfett d. Kuh 28-1542; v. Di-– in erhitztem Safloröl 29-1440; Tri-– in d. Leber nach in vitro-Verabreich. v. Glukagon 32-1587; v. Tri-– im Plasma v. Normalpersonen (Einfl. v. Methandrostenolon) 33-1730; Glycerid-Inhaltsstoffe d. Eichelöls u. ihre physikal.-chem. Eig. 34-1386; Geh.: im Regenwurm 35-1477; v. Tri-– im reifenden Rattenhoden 36-1566; v. Tri-– im Blut bei Patienten mit Nieren- u. Blasensteinen (Wrkg. v. Citronensäure, Citraten u. Trimethoxybenzol) 38-1600; in d. Lipiden v. Lecanium horii 39-1408; Vork. v. Tri-– in Konidien v. Neurospora crassa 40-1326; – v. reifenden Sonnenblumensamen 43-1359; Vork. bzw. Geh.: v. Tri-– in d. Lipidkomponenten v. α_2-Lipoprotein aus Schweineserum 44-1442; v. Tri-– in d. Ratte (Erhöh. durch A. u. Isopropanol; Einfl. d. retikulo-endothelialen Syst.) 44-1483; v. Tri-– in d. perfundierten isolierten Leber unter Einfl. v. Methotrexat 45-1318; v. Tri-– in Blättern d. Olivenbaumes 45-1461; v. Tri-– in d. Leber bei Cholinmangel 45-1626; v. Tri-– in d. Leber unter Einfl. v. Mineralöl 45-1646; v. Mono- u. Di-– in Holotrichia-Arten aus d. Rumen v. Kühen 47-1521; v. D-(+)-1-O-cis-Alken-(1')-di-– im Leberöl d. Seekatze Hydrolagus colliei 47-1562; v. Tri-– beim Kaninchen (Einfl. v. Hormonen) 47-1591; natürl. Fett, ausschließl. aus zweifach gesätt. – aufgebaut 51/52-1397.

Bildung, Darstellung, Reinigung. Triglyceridsynth. im Fettgewebe d. Ratte in vitro (Wrkg. v. Theophyllin u. Prostaglandin E_1) 1-1394; Darst. d. Glyceridsynth. durch d. Bürstenschicht v. intestinalen Epithelzellen 1-1464; Herst. v. Mono-– d. Säuren aus Pflanzenölen 1-2430*; Einbau v. Erucasäure in Tri-– d. Rattenlymphe 2-1419; Bldg.: v. Mono-, Di- u. Tri-– im Darmlumen u. d. Mucosa d. Ratte (Einbau v. ^{3}H-Fettsäuren) 4-1267; v. Tri-– im Metabolismus d. Linolsäure bei d. Ratte mit Mangel an essentiellen Fettsäuren (Wrkg. v. Östradiol u. Testosteron) 5-1505; Anwend. d. Extrakt. fl./fl. zur Darst. v. Mono-– d. Fettsäuren 5-2797; enzymat. Bldg. v. β-Mono-– im Fettgewebe u. Austausch freier Fettsäuren an d. α-Stell. d. Tri-– 8-1282; Gewinn. v. säurefreien Tri-– 9-2529*; Synth.: d. Glyceridbasis d. Milchfetts 10-0983; v. β-Mono-– (Konfig.-Studium) 10-0984; Biosynth. v. Di- u. Tri-– (steuernder Einbau v. ATP, Mg^{2+} u. CTP) 10-1262; Ort d. Triglyceridsynth. in frisch sezernierter Milch 10-1398; Einbau v. ^{14}C-Fructose in Di-– in Leber 10-1513; Freisetz. v. Tri-– im Plasma (Wrkg. v. Hydrazin) 11-1552; Bldg.: d. Glyceridfettsäuren d. Milchfetts 13-1399; v. Tri-– in d. Hühnchenleber (Einfl. v. Biotinmangel auf d. Fettsäureeinbau) 13-1520; v. Tri-– aus 1-Palmitoyldiolein u. 3-Palmitoyldiolein durch Fettgewebe 14-1318; Einbau v. radioakt. Vorstufen in Tri-– im Apfelparenchym 15-1488; Bldg. v. Plasmatri-– (Einfl. v. Brenzcatechinaminen) 15-1532; Darst. v. Carbonsäuremono-– 19-3278*; Triglyceridsynth.: in vitro in Rattenfettgewebe (Wrkg. v. Nicotinsäure) 22-1637; in Rattenlebermikrosomen (Einbau v. ^{14}C aus Chimylalkohol u. Butylalkohol) 22-1651; Herst. v. Estern aus Glycerin u. Gemischen v. Stearin- u. Laurinsäure (Herst. v. Suppositorien) 22-1775*; Bezieh. zwischen d. Biosynth. v. Fettsäuren u. d. –-Synth. in Chlorella vulgaris 24-1513; vollständ. Synth. d. Glyceridbasis v. pflanzl. Ölen u. tier. Fetten 25-1090; Verteil. v. radioakt. Glycerin u. Fettsäuren auf d. Tri-– v. Fettgewebe nach Verabfolg. v. $^{14}C_{(U)}$-Glucose 25-1647; Bldg. v. Tri-– durch Einbau v. Phytosphingosin in d. Rattenleber 27-1711; Einbau v. Linolsäure u. Eikosadiensäure in Tri-– durch Lebermikrosomen 28-1240; Bldg. v. Di-– bei d. Hydrolyse v. Monophosphoinositid durch Hirnextrakte 29-1473; chromatograph. Trenn. d. Tri-– v. Ceroplastes pseudoceriferus-Larven d. *1.* Stadiums 31-1585 Bldg.: v. – mit Acetat durch intaktes Gewebe u. Muskelextrakt v. Ascaris lumbricoides suum 31-1699; v. Tri-– im Verlauf d. Ovogenese bei Gallus gallus 32-1644; Stimulier. d. Glyceridbiosynth. durch Mitochondrien- u. Mikrosomenfrakt. 36-1202; Bldg.: in d. Plasmamembran v. Fettzellen (Wrkg. v. Insulin u. katabolen Hormonen) 36-1537; v. Tri-– im Dünndarmepithel d. Schweins 36-1570; Herst.: v. öllösl. oberflächenakt. Mischestern aus Fettsäuren, Polyglycerinen u. Weinsäure 36-3165*; v. Monoglycerinestern höherer Fettsäuren (Hilfsstoffe in d. Pharmazie) 37-1820; Fraktionier. v. Tri-– durch Verteil.-Chromatographie mit umgekehrten Phasen 37-2151; Bldg. v. Tri-– im Gehirn (intravital) 41-1590; enzymat. –-Biosynth. (Bldg. u. Verwert. v. gebundenem CoA) 45-1345; Bldg. v. Tri-– in d. Lunge (Einbau v. Palmitat) 45-1645; Zerleg. v. fl. Epoxyfettsäuretri-– in Frakt. mit verschieden hohem Epoxy-O-Geh. durch Extrakt. 45-2770*; Synth. v. – mit festgestellten Eig. 46-2805; Bldg.: v. Tri-– bei Säugern (Einbau v. Fettsäuren) 49/50-1566; v. Tri-– in reifen menschl. Plazentazotten (Einbau v. Acetat) 51/52-1535; v. – in vivo während d. intestinalen Resorpt. v. Fetten u. markierter Glucose 51/52-1591.

Physikalisches und physikalisch-chemisches Verhalten. Phasenverh. wss. Syst. v. Mono-– 8-0886; Krist.-Habitus v. Tri-– 9-0890; physikal. Eig. v. Tri-– (Dispers.) 10-2732; Struktur d. fl.-krist. Phasen v. Mono-– als Anhydride oder in Ggw. v. W. 23-1258; Strukturanalyse v. ungesätt. – durch Gegenstromverteil. u. Lipasehydrolyse 25-2187; Verbrenn.-, Bldg.- u. Isomerisier.-Wärme v. isomeren Mono-– 27-0994; ein synthet. opt.-akt. trialiphat. Triglycerid u. eine Meth. zur Best. d. opt. Aktivität in natürl. asymm. Tri-– 27-1120; –-Fraktionier. (theoret. Grundlagen) 28-0935, 28-0936; bin. Syst. mit Mono-– 30-3052; physikal. Eig. v. Tri-– (Ultraschallgeschw.) 31-3513; Entdeck. v. opt. Aktivität in natürl. asymm. Tri-– 36-0860; Krist.-Lsg.-Temp. v. in Geweben vorkommenden Alkoxydi- u. Dialkoxy-– in Nitromethan u. Acetonitril 44-1913; bin. Syst. aus Palmitin–Stearin-Tri-– 47-0995.

Chemisches Verhalten. –-Alkoholyse bei d. Herst. v. ölmodifizierten Alkydharzen 12-2988; Umestern v. Fettsäure-– 13-2757*; Sulfier. v. Mono- u. Di-– (Einfl. v. Mavacid KF-Zusatz) 20-2740; partielle Tieftemp.-Alkoholyse v. Tri-– 25-1042; Schutz d. Nichtsättig. in teilweise epox. ungesätt. – während d. heterogenen Hydrier. aliphat. Epoxy- zu Hydroxygruppen 26-2846; Kondensier. v. 1.2;4.5-Dicyclohexylidenmyoinosit mit $\alpha.\beta$-Di-– in Ggw. v. $POCl_3$ 29-2766*; Alkoholyse v. höheren ungesätt. Tri-– aus Fischöl 34-2899; Einfl. v. Mono- u. Di-– auf d. durch Schwermetallionen katalysierte Autox. v. Ölsäure u. Ölsäuremethylester 40-2947; katalyt. Glycerinolyse v. Tri-– (Ausb. an Mono-–) 43-2581; Umlager.-Rk. v. natürl. – (chromatograph. Unters.) 44-1963; Äthanolaminolyse (quant. Unters. durch Best. d. Monoäthanolaminwertes) 46-2492.

Biochemisches und physiologisches Verhalten. Einfl. v. synthet. Di-– auf d. Bind. v. Streptolysin S an Ghosts v. Erythrozyten 6-1484; intestinale Proteinsynth. u. Triglyceridtransport (Einfl. v. Äthionin) 7-1527; Stoffwechsel d. Triglyceridfettsäuren durch d. perfundierte Rattenherz 8-1584; Ausnutz. v. Tri-– durch d. Myocard (Wrkg. v. Epinephrin) 9-1430; Stoffwechsel d. Tri-– im Herzen (Einfl. v. Diabetes u. Fasten) 9-1439; Verw. v. Tri-– mit mittlerer Kettenlänge bei Resorpt.-Stör. 10-1510; Wechselwrkg. v. Tri-– mit Lymphchylomikronen beim Hund (Bldg. sek. Fettpartikel) 11-1484; Phosphorylier. v. 2.β-Diglycerid in E. coli 12-1333; Resorpt. v. markierten Mono-– durch ein Darmsegment in situ 12-1525; Stoffwechsel d. – u. Phospholipide im Apfelparenchym 15-1487 bis 15-1489; Einfl.: v. D-2.β-Di-– auf d. enzymat. Bldg. d. Phospholipide im Hirngewebe 24-1360; v. Tri-– mit mittleren Fettsäuren beim Menschen (Chylomikronenbldg.) 24-1668; Rolle d. Tri-– beim Fetttransport bei d. Heuschrecke 25-1646; Freisetz. v. Fettsäuren aus d. Tri-– v. isolierten Fettzellen (Einfl. v. Norepinephrin) 27-1337; Spalt. durch Lipase v. Rhizopus arrhizus 28-1398; Triglyceridhydrolyse durch Rattenleberaufbereit. 33-1492; Spalt. v. Tri-– durch ein Lungenenzym 35-1298; Triglycerid-Stoffwechsel während d. reproduktiven Zyklus v. Leucophaea maderae 35-1553; Triglyceridaufnahme in d. Fettgewebe (Bezieh. zur Lipoproteinlipase-Aktivität) 35-1618; –-Stoffwechsel v. Villi d. reifen menschl. Plazenta 35-1619; Entfern. u. Stoffwechsel v. Chylomikronentri-– durch d. Rattenherz (Rolle einer durch Heparin freigemachten Lipase) 35-1625; Mono- u. Di-– als Akzeptoren bei d. Biosynth. v. Phosphatidsäure, Lysophosphatidsäure durch Fett-Acyltransferase bei E. coli 36-1300; Isomerisier. v. Mono- u. Di-– durch Pankreas-Lipase 38-1406; Geschw. d. Eintritts v. Tri-– in d. Kreislauf d. Ratte unter verschiedenen physiolog. Beding. (Wrkg. v. Triton WR *1339*) 39-1564; Rolle d. Di-– beim Fettransport in d. Heuschrecke 46-1460; Spalt. v. Tri-– durch Lipase im Zitteraal 47-1384; Einfl. v. Tri-– mit mittellangkett. Fettsäuren auf d. Lipidmetabolismus d. Ratte 47-1645.

Verwendung. Verw.: als Addukt-Inhibitoren bei d. Herst. v. langsam wirkenden Harnstoff-Düngemitteln (Fettsäuretri-–) 17-3383*; in wss. Schneidölemuls. v. Öl-in-W.-Typ (fl. Diacetyltri-–) 22-2771*; Einfl. höherer ungesätt. Säuren auf d. Eig. komplexer Schmiermittel 27-3007; Verw. zur Herst. v. Staufferfett–Ca-Komplexen (ungesätt. Fettsäure-–) 28-2768*; Glycerinester höherer Fettsäuren als Hilfsstoffe in d. Pharmazie 37-1820.

Analyse. Dünnschichtchromatographie d. Tri-– d. Plasmas 2-1890; Best. d. Geh. d. Emulgators C an 1- u. 2-Mono-– 3-2111; IR-spektrometr. Best. v. Hydroxylgruppen v. Mono- u. Di-– in Butterfett 6-2011; Dünnschichtchromatographie v. Gewebetri-– 7-2011, 7-2012; Gaschromatographie d. Tri-– d. Augenlinse 9-1556; Best. v. isolierten trans-Isomeren v. langkett. Tri-– durch IR-Spektrophotometrie 9-2028; Eliminier.-Max. v. gesätt. α-Mono-– 11-1932; Dünnschichtchromatographie v. isomeren Mono-– 12-1963; Best. kleiner Mengen partieller – in Fetten 13-1978; Dünnschichtchromatographie v. Di-– im Serum 15-2081; enzymat. Best. d. Triglyceridgeh. in Phosphatidpräp. 16-1682; Best. v. Di-– in Lebensmitteln 16-2061; dünnschichtchromatograph. Abtrenn. fettlösl. Antioxydantien aus – 18-1642; Unters. d. Verteil. d. Fettsäuren in – (gaschromatograph.) 18-2059; verteilungsgaschromatograph. Analyse v. Mono-– in Form ihrer Trimethylsilylätherderiv. 19-2122; Best. v. Tri-– im Blutserum 19-2199; Analyse v. Tri-– (ungelöste Probleme) 19-2246; (durch aufeinanderfolgende chromatograph. Verf.) 19-2247; Best. v. Serum-Tri-– (Mikrometh.) 20-1956; dünnschichtchromatograph. Trenn. v. Mono-, Di- u. Tri-– 20-2018; Best. v. Tri-– im Muskel 21-1717; Massenspektrometrie d. Mono-– v. Fetten 21-2195; Verteil.-Gaschromatographie v. Tri-– 22-2203; Verteil.-Gaschromatographie silylierter Gemische aus d. Spalt. v. Tri-– mit ungewöhnl. Acylresten 22-2204; IR-spektrometr. Best. v. Hydroxylgruppen v. Mono- u. Di-– in Butterfett 25-2213; Dünnschichtchromatographie 26-2141; Analytik v. 1- u. 2-Fettsäuremono-– 28-2062; IR-spektroskop. Best. v. trans-Verb. in Tri-– 30-2073; Nachw. v. BHA u. BHT in techn. Fettsäuremono-– u. Deriv. 32-2080; Gas–Fl.-Chromatographie v. Gemischen v. Tri-– mit ungerad- u. geradzahl. Fettsäuren 34-1431; kolorimetr. Mikrometh. zur Best. v. Serum-– 34-2031; Best. d. Fettsäuren v. Tri-– in Plasma durch Gas–Fl.-Chromatographie 34-2032; enzymat. Triglyceridbest. im Serum (Methodik) 35-1562; Gaschromatographie v. natürl. – 35-2146; Dünnschichtchromatographie mit $AgNO_3$ bei d. Unters. v. natürl. u. synthet. – 35-2147; Gaschromatographie v. Tri-– 35-2148; Best. v. lactylierten – u. Polyglycerinestern in Mono- u. Di-– enthaltenden Kochfetten 36-2058; stereospezif. Analyse v. Tri-– 37-1553; enzymat. Triglyceridbest. bei Kindern 37-1659; Trenn. v. – v. anderen Lipoiden d. Seewassers u. ihre Best. 37-2141; Best.: d. Tri-– im Serum mit d. Hantzsch-Rk. 37-2199; v. Mono-, Di- u. Tri-– in Kochfett durch Säulenchromatographie 38-2193; v. 1-Mono-– mit HJO_4 38-2194; chromatograph. Trenn. d. Tri-– v. anderen Serumlipoiden 39-2055; glyceringeschmierte Gummistopfen bei Blutröhrchen als Fehlerquelle bei d. Best. v. – im Blut 41-2105; Fraktionier. v. Triglyceridgemischen durch präparat. Gaschromatographie 44-1882; photometr. Routinebest. v. Plasma-Tri-– 49/50-2001; Verteil.-Gaschromatographie v. Tri-– aus Erucasäurehalt. Ölen u. Fischölen 49/50-2080; Verdünn.-HBr-Titrat.-Technik 51/52-2014.

Bibliographie. An introduction to the chemistry and biochemistry of fatty acids and their glycerides B 66.

Glycerin s. unter $C_3H_8O_3$.
Glycerinaldehyd s. unter $C_3H_6O_3$.
Glycerinaldehyd-3-phosphat s. unter $C_3H_7O_6P$.
Glycerinchlorhydrin s. unter $C_3H_7ClO_2$.
Glycerinepichlorhydrin s. unter C_3H_5ClO.
Glycerinphosphat s. unter $C_3H_9O_6P$.
Glycerinsäure s. unter $C_3H_6O_4$.
Glycerolipide s. unter *Lipoide*.
Glycerophosphat s. unter $C_3H_9O_6P$.
Glycerylaminophenachin s. unter $C_{19}H_{17}ClN_2O_4$.
Glycerylguajacol s. unter $C_{10}H_{14}O_5$.
Glycid s. unter $C_3H_6O_2$.
Glycidaldehyd s. unter $C_3H_4O_2$.
Glycidester s. unter *Epoxysäuren*.
Glycidol s. unter $C_3H_6O_2$.
Glycin s. unter $C_2H_5NO_2$.
Glycinanhydrid s. unter $C_4H_6N_2O_2$.
Glycinin s. unter *Proteine, Spezielle Proteine*.
Glycinmethyltetracyclin s. unter $C_{25}H_{29}N_3O_{10}$.
Glycochenodesoxycholsäure s. unter $C_{26}H_{43}NO_5$.
Glycodesoxycholsäure s. unter $C_{26}H_{43}NO_5$.
Glycodiazin s. unter $C_{13}H_{15}N_3O_4S$.
Glycosin s. unter $C_{16}H_{14}N_2O$.
Glycowax S-932, Verw. bei d. Sprühtrockn. v. Sulfäthylthiadiazol für Depotmedikat. 2-1502.

Glycozolin s. unter $C_{14}H_{13}NO$.
Glycylglycin s. unter $C_4H_8N_2O_3$.
Glycyphyllin s. unter $C_{21}H_{24}O_9$.
Glycyrrhetinsäure s. unter $C_{30}H_{46}O_4$.
18α-Glycyrrhetsäure s. unter $C_{30}H_{46}O_4$.
Glycyrrhetsäuren (Glycyrrhetinsäuren), über – 27-1237; Darst.: v. N[1]-Glycyrrhetinsäure-N[2]-isonicotinsäurehydrazid-Deriv. (Heilmittel) 6-1697*; v. Deriv. d. Glycyrrhetinsäure (Therapeutika) 7-1725*; (entzündungshemmende Wrkg.) 12-1658*; v. 3-Acylderiv. d. Glycyrrhetinsäure (Therapeutika) 14-1728*; v. N.N-disubstituierten Glycyrrhetinsäureamiden (entzündungshemmende Mittel) 18-1701*; v. Pyrazolen d. 18αH- u. 18βH-Glycyrrhetinsäure 31-1192; Einfl. v. Abkömmlingen d. Glycyrrhetsäure auf d. Umsatz v. W. u. Mineralien u. auf d. antitox. Funkt. d. Leber 45-1799.

Glycyrrhicin(säure) s. unter $C_{42}H_{62}O_{16}$.
Glycyrrhizin(säure) s. unter $C_{42}H_{62}O_{16}$.
Glykane, extrazellulares – aus Myxobacterium *402* 24-1448; **Artspezifität** v. Keratoglykosamino-– d. Bindegewebes 1-1349; Vork. v. Glucosamino- u. Glucosaminoglucorono-– in Frakt. d. Polysaccharid–Protein-Komplexes v. Aortengewebe 19-1538; saure Glykosamino-– d. Schweineaorta (Isolier.) 27-1723; Biosynth. d. Peptido-– d. Bakterienzellwände 32-1508 bis 32-1510, 48-1382 bis 48-1386.
Glykochenodesoxycholsäure s. unter $C_{26}H_{43}NO_5$.
Glykocholsäure s. unter $C_{26}H_{43}NO_6$.
Glykocyamin s. unter $C_3H_7N_3O_2$.
Glykocyclin s. unter $C_{25}H_{29}N_3O_{10}$.
Glykodesoxycholsäure s. unter $C_{26}H_{43}NO_5$.

Glykogen

Vorkommen, Gehalt: Vork. eines Phyto-– in Wildäpfeln (Struktur) 27-1572.

Geh.: d. Leber (bei Ratten mit transplantierbares Wuchshormon ausscheidenden Hypophysentumoren) 1-1151; (v. Küken u. Embryos, Einfl. d. entzündungswidr. Steroide) 2-1353; im Gehirn (Einfl. d. Blutserums v. Schizophrenikern) 2-1452; d. Rattenleber nach Transplantat. v. Guerin-Epitheliomen 3-1199; v. Leber, Milz u. Nieren (Wrkg. v. Glukagon) 3-1429; d. Rattenzwerchfells (Einfl. v. Pharmaka u. Brenzcatechinaminen) 3-1552; in anox. Hundeherzen mit extrakorporaler Zirkulat. (Einfl. v. Persantin) 3-1664; intramitochondriale u. interzisternale Lokalisat. v. monopartikularem – in Hypobranchialdrüsen 4-1154; Geh.: in d. Schilddrüse während d. postnatalen Wachstums 4-1190; d. Herzens beim Rattenfetus u. neugeborenen Ratten 4-1276; in d. Leber v. Küken mit zuckerreichem Futter 5-1499; Veränder. d. Geh. im Herzmuskel v. Kaninchen infolge v. Kältestress (Wrkg. v. Chlorpromazin, Mecamylamin u. Guanethidin) 6-1547; Geh.: d. Rattenleber (Einfl. v. Hypothermie infolge v. Dimethylsulfoxid u. Kälteeinw.) 6-1582; d. Leber bei Mäusen mit spontaner Fettsucht 7-1528; d. Rattengewebes bei akuter Hypoxie (Einfl. v. ACTH) 7-1415; d. Levator ani-Muskels kastrierter Ratten (Wrkg. v. Testosteron) 8-1468; im Hirn bei akut morphinisierten Mäusen u. Ratten 9-1626; im Rattenuterus (Einfl. v. Östradioldipropionat) 10-1419; v. Leber u. Muskel bei akuter Kälteexposit. (Einfl. v. Propanolol) 10-1512; d. Herzens (Einfl. v. Prenylamin u. Iproveratril) 10-1637; in Coxsackieviren infizierten Zellen 11-1323; im Hirngewebe d. Meerschweinchens (Einfl. v. Hydrocortison) 11-1411; d. Leber (unter Einfl. v. Anästhetika) 11-1637; (bei Pyridoxinarm ernährten Pavianen) 12-1172; (Wrkg. v. Cortison u. Einfl. v. Glycyrrhizin) 13-1443; im Rattengehirn (Beeinfluss. durch Chlorpromazin, Reserpin u. Phenobarbital in vivo) 13-1583; im Mäusehirn nach Einw. v. Dopa-Reserpin 14-1452; in Rinderzahnpulpa, Hühnerembryomuskel u. 3.4-Benzpyren-induziertem Sarkom d. Ratte 15-1423; d. Leber (bei Heliotrinhepatitis, Einfl. v. Prednisolon u. Methandrostenolon) 15-1529; (bei akuter A.-Vergift.) 15-1622; im asphykt. Herzen (Änder. durch Reserpin) 15-1730; v. Meerschweinchenleukozyten (Bezieh. zur phagozytären Wrkg. nach Anwend. v. Adrenalin) 16-1566; in Plazenta u. fetaler Leber beim Buschbaby 16-1585; intrazelluläre Verteil. in Leukozytenhomogenaten 17-1564; Geh.: im Muskel nach experimentellem Training u. Pangamsäure 18-1521; d. Leber (Einfl. d. Zufuhr v. O_2 in d. Magen) 18-1527; (bei Trichloräthylenvergift.) 18-1554; im Kaninchenhirn (Einfl. v. Monoaminoxydaseinhibitoren) 18-1595; d. Leber v. thyroidektomierten Ratten u. Tieren mit entferntem Nebennierenmark (Wrkg. v. Reserpin) 18-1613; v. Blutplättchen in vivo u. in vitro (Wrkg. v. Reserpin) 19-1617; Abnahme d. Geh. d. Leber bei Ermüd. infolge körperl. Tätigk. 19-1669; Geh.: d. Leber (Wrkg. einer A.-Einzelinjekt. bei A.-vorbehandelten u. unbehandelten Mäusen) 19-1721; im Muskel (Bezieh. zur Phosphorylase b-Kinase bei Mäusen) 20-1154; im Gehirn bei Konvuls. 20-1575; im Skelettmuskel nach Narkotisier. mit Ae. bzw. Pentobarbital 21-1718; d. Leber u. d. Skelettmuskels (Wrkg. v. p-Aminosalicylat) 21-1782; Änder. d. Geh. d. Leber d. Riboflavin-armen Ratte 22-1342; Geh.: v. Hepatozyten bei Azofarbstoff-Karzinogenese 23-1348; d. Rattenuterus (Wrkg. v. Actidion) 24-1708; d. Leber (Einfl. v. Glycodiazin u. anderen blutzuckersenkenden Substanzen) 25-1589; Vork. in d. sich entwickelnden Graafschen Follikel d. Ratte 25-1626; Spiegel bei experimenteller Myokardhypertrophie bei Ratten (Einfl. v. ATP-Na-Salz) 25-1664; Geh.: im insuffizienten Säugetierherzen nach Monojodacetat- u. Natriumfluoridvergift. 25-1697; d. Leber beim Hund (Wrkg. v. Hydrazin) 25-1700; d. Ratten-Diaphragmas (Einfl. v. Antibiotika) 25-1739; d. Großhirnrinde (Einfl. v. Konvulsiva) 25-1774; in d. Exsudatleukozyten bei Alloxandiabetes 26-1559; d. Leukozyten d. peripheren Blutes v. depankreatisierten Hunden 26-1579; d. Rattenleber (Einfl. d. Röntgenbestrahl.) 26-1662; d. Gehirns (Einfl. v. Iprazid u. Transamin) 26-1706; d. Leber (Wrkg. v. Pflanzenpolyphenolen) 27-1761; im regenerierenden Leberlappen d. Ratte 28-1352; d. menschl. Myometriums 28-1376; histochem. Verteil. in d. Plazenta 28-1405; Änder. d. Geh. im Lobus nervosus d. Hypophyse (Übersicht) 28-1413; Geh.: im Verlauf d. Entw. v. Eiern u. Brut d. Regenbogenforelle (Salmo gairdnerii Rich.) 28-1648; d. Blutes bei Kaninchen (Einfl. v. Mo in d. Nahr.) 30-1501; Speicher. bei Entenmuscheln verschiedener Niveaus d. Zwischengezeitenzone 30-1513; Geh. d. Leber beim Rattenfetus in Bezieh. zur UDPG-Transglucosylaseaktivität 32-1375; synthet. u. natives Leber-– (Eig.) 32-1551; Geh. hydratisierter Dauereier v. Artemia salina bei Anoxie 32-1640; Ansammlung v. – im Fettkörper eines Insekts vor d. Metamorphose 32-1643; Geh. d. Leber in Ratte, Hund u. Affe (Einfl. v. Atromid S) 32-1678; Verteil. in d. Wangentaschenschleimhaut v. Hamster u. d. Mundschleimhaut v. Totenkopfäffchen 33-1535; Konz. in d. Leber d. Ratte (Einfl. v. Physostigmin u. Neostigmin) 35-1713; Leber- u. Muskelgeh. in gefütterten u. hungernden Ratten (Einfl. v. Carbaryl) 36-1628; Geh. d. Leber (Einfl. v. Chlorpropamid) 38-1635; jahreszeitl. physiolog. Unterschiede im Geh. d. Froschherzens 40-1430; Geh.: d. Leukozyten nach Röntgenbestrahl. v. Kaninchen 41-1609; im Gehirn (Einfl. v. Metamphetamin) 41-1702; Änder. d. Geh. im Rattenhirn durch Chloroprenvergift. 41-1748; Geh. u. Ausscheid. Funkt. d. Katzenpankreas unter Infus. v. Gewebehormonen u. ischäm. Belast. 43-1421; kein Vork. v. – in d. Hämolymphe v. Ascaris lumbricoides 43-1467; Geh.: in d. Neutrophilen d. Milz v. bestrahlten Mäusen (Einfl. d. Synöstrols) 43-1525; d. Kaninchenhirns (Mechanismus d. Iproniazideinw.) 43-1575; Lokalisier. im Ergastoplasma 44-1076; Wechselbezieh. zwischen d. myokardialen Geh. an – u. d. Blutglucosespiegel in vivo an normalen Ratten u. Ratten mit akuter u. chron. Alloxandiabetes 44-1426; Geh. in d. perfundierten isolierten Leber unter Einfl. v. Methotrexat 45-1318; Vork. in menschl. Leukozytenhomogenaten (Rk. während d. Perjodat-Schiff-Rk.) 45-1591; histochem. Lokalisier. in d. Antennendrüse v. Pacifastacus leniusculus 46-1260; Geh.: in d. einzelnen Hypothalamuskernen (Veränder. bei Neurodystrophie) 46-1378; im Fettgewebe (Einfl. v. Dexamethason) 46-1396; d. Muskelgewebes d. Regenbogenforelle (halbjährl. Schwank.) 47-1653; in d. Niere (Einfl. v. $CoCl_2$) 49/50-1597; d. Leber (Einfl. v. Parathion) 49/50-1625; (Einfl. v. Glycyrrhetsäuremethylester) 51/52-1651.

Bildung, Darstellung: Biosynth.: v. Bakterien-– (Wrkg. d. Adenosindiphosphatglucose:α-4-Glucosyl-Transferase aus E. coli B) 2-1159; in d. Rattenleber (Wrkg. v. Adrenalektomie u. Hydrocortison) 3-1406; glykogenet. Wrkg. v. Pentobarbital auf Kaninchenleber (Unterdrück. durch Nebennierenektomie) 4-1326; Synth.: in d. Knochenmarkzellen (Einfl. d. totalen Röntgenbestrahl.) 5-1537; in d. Rattenleber (Einfl. v. Äthionin) 6-1576; in d. mit Fructose perfundierten Leber (Einfl. v. Trijodtyrosin) 10-1516; Hemm. d. Östrogen-induzierten –-Synth. im Rattenuterus durch Cycloheximid 12-1423; Synth.: aus Pyruvat im Muskel 12-1537; durch Aerobacter aerogenes (K-Ammonium-Antagonismus) 13-1297; v. bakteriellem – 15-1342; d. ovarektomierten Ratte (Östrogenwrkg.) 16-1509; unterschiedl. –-Bldg. beim Nachw. v. Uridindiphosphoglucose–Glykogen-Transferase 22-1341; Synth.: v. lösl. – durch ein zytoplasmat. Enzym v. Dictyostelium discoideum 23-1443; v. – (Energieliefer. durch Uridintriphosphat) 23-1453; in überlebenden Submaxillarisdrüsenschnitten in Ggw. verschiedener Substrate u. Inhibitoren 25-1393; aus ^{14}C- u. ^{3}H-markierten Substraten bei intakten Ratten (Wrkg. v. Hydrocortison) 27-1637; im Brenztraubensäurestoffwechsel v. Nierenrindenschnitten 27-1718; v. Leber-– in vivo (Einfl. v. Riboflavinmangel auf d. Einbau v. ^{14}C aus markiertem Alanin) 28-1653; in d. Leber (Stimulier. durch Glucocorticoide) 31-1466; aus Glucose, Glucose-6-phosphat, α-Glucose-1-phosphat u. Uridindiphosphatglucose in Novikoff-Asciteshepatomzellen 32-1303; Aktivier. d. Glykoneogenese in Tetrahymena durch Inhibitoren d. RNS- u. Proteinsynth. 33-1541; Synth. in d. Leber (Stimulier. durch Glucosegaben) 34-1529; –-bildende Funkt. d. Leber (Einfl. v. Co) 34-1537; Synth.: in Taubenleberhomogenaten (Einbau v. Hexose) 36-1586; aus Glucosemonophosphaten u. Uridindiphosphatglucose durch Taubenleber 36-1587; d. durchströmten Rattenleber 36-1588; Glykogenese in d. Leber d. Maus (abweichende Wrkg. v. Actinomycin D auf d. Cortisol- u. Glucosestimulier.) 40-1535; Synth.: durch Leberschnitte (Einfl. v. L-Leucin) 41-1584; (Wrkg. d. O_2-Drucks) 44-1470; im Skelettmuskel (Einbau v. Lactat) 45-1572; im isolierten Rattendiaphragma (Wrkg. v. Puromycin u. Puromycin-Analogen) 45-1736; v. bakteriellem – 48-1376; Darst.: v. 19-Nor-Δ^4-9β.10α.17α.21-diolverb. d. Pregnanreihe als –-bildendes Heilmittel 4-1392*; v. 19-Nor-9β.10α-steroiden d. Androstan- bzw. Pregnanreihe als –-wirksame Heilmittel 18-1706*.

Einbau: v. $^{3}H_{(2)}$-^{14}C-Glucose in – bei Ratten 3-1488; v. Glucose in – im epididymalen Fettgewebe (Einfl. v. 6-Aminonicotinsäureamid) 7-1595; v. 2-Desoxyglucose in – in intakten Novikoff-Asciteshepatomzellen 32-1302; ^{14}C-Glucose- u. -Glucose-6-phosphat-Einbau in – durch Rattenzwerchfell (Existenz zweier separater Pools) 32-1549; ^{14}C-Glucose-Einbau in – v. Leber u. Hirn (Einfl. d. Alters) 32-1660.

Darst. u. Stabilisier. d. Nitrats 40-2348.
Physikalisches und physikalisch-chemisches Verhalten: Vielfache Verzweig. in – 8-1427; Verzweig.-Punkt v. – 11-1082; Feinstruktur v. Muschel- – 11-1375; Struktur u. Auftreten v. Humanleber- – 36-1506.
Biochemisches und physiologisches Verhalten: Wrkg. v. Branching Enzym aus Muskeln auf durch Übertrag. v. UDP-Glucose vergrößerte Leber- – 2-1158; Hydrolyse durch weniger säurestabile, saccharogene Amylase 18-1280; Spalt. durch endozelluläre α-Amylase aus E. coli 24-1385; ein neues – spaltendes Enzymsyst. in Hefe 28-1375; Wirksamk. d. R-Enzyms aus Gerste auf d. Zwischenkettenbind. v. – 32-1412; spaltende Wrkg. v. α-Amylase (Best.) 35-1310; Phosphorolyse v. – durch Phosphorylase 37-1385; nichtspezif. Rk. v. Glucoseoxydasepräp. mit – (Anwend. zur Best. im Gewebe) 38-1361; Assoziat. v. Enzymen mit durch „rate-zonal"-Zentrifugat. dargestelltem Rattenleber- – 40-1216; Mechanismus d. Aktivier. d. Skelettmuskel-Phosphorylase A durch – 29-1427; Wrkg.: auf d. Phosphorylase-adsorpt. auf Amyloplasten bei Vicia faba 32-1376; auf d. „debranching"-Aktivität d. Transferase–Glucosidase-Syst. 36-1292.

– -Ernähr. Nematoden-fangender Fungi 16-1415; Einfl. v. endogenem – auf d. Biosynth. v. Ergosterin durch Hefe 7-1292; spontane Mutanten bei – -armer Hefe 28-1216; fördernde Wrkg. auf d. Wachstum v. Sclerotinia trifoliorum 42-1255.

Stoffwechsel im perfundierten Rattenherz (Kontrolle durch Epinephrin) 2-1356; Abbau im durchströmten Rattenherzen (Wrkg. v. pH, pCO_2 u. Hydrogencarbonat) 2-1441; (Wrkg. v. pH, pCO_2 u. Bicarbonat) 3-1503; Stoffwechsel in d. Leber 4-1034; – als Substrat d. aeroben Glykolyse während d. Muskelkontrakt. 7-1537; anaerober glykolyt. Abbau in menschl. Plazenta 10-1263; theoret. Unters. d. Leber- – -Stoffwechsels 12-1545; – im Lebenszyklus v. Tillina magna 17-1451; hormonale u. nichthormonale Kontrolle d. Stoffwechsels (Übersicht) 22-1551; Stoffwechsel v. Yoshida-Sarkom (Wrkg. v. ^{60}Co-γ-Bestrahl.) 23-1323; Fettgewebe- –, Umsatz u. Charakterisier. nach Markier. mit Glucose in vivo 29-1597; Stoffwechsel in Novikoff-Asciteshepatomzellen 32-1301; Milchsäurebldg. aus – in d. Leber v. hypothyreot. Ratten 32-1582; Stoffwechsel im Fettgewebe (Einfl. v. 5-Methylpyrazol-3-carbonsäure) 34-1471; anaerobe Glykogenolyse d. menschl. Plazenta 37-1456; Spalt. in Muskel, Hirn u. Leber d. weißen Maus (Einfl. v. Propanolol) 37-1759; Stoffwechsel 51/52-1599.

α-Glucosidase-Aktivität u. – -Geh. d. Gewebes bei Patienten mit generalisierter – -Speicherkrankh. 29-1701; Entzweig.-Enzymaktivität in Blutkörperchen v. Familien mit – -Speicherkrankh. Typ III (Meth. zur Ermittl. v. Heterozygoten) 29-1702; Amylo-1.6-glucosidase-Aktivität d. Erythrozyten d. gesunden Menschen, v. Patienten mit – -Speicher-Erkrank. u. v. Heterozygoten 46-1474.

Leukozytot. Wrkg. v. – -Sulfat bei d. Ratte 12-1478; Einfl. v. – -Sulfat auf d. Bradykinin-bildende Syst. im Plasma 20-1503.
Verwendung: Verw. in kosmet. Prod. 28-2818*.
Analyse, Untersuchungsmethoden: Trenn. v. Mannan/–/Dextran mit Dodecarboniumchlorid 22-2141; zytochem. Nachw. 12-1935; automatisierte Best. 48-1946; kontinuierl. Registrier. v. koll. – in aus Trennsäulen austretenden Proteinen 44-1885; enzymat. Mikrobest.-Meth. 49/50-1979; zytochem. Nachw. 10-1155; Best.: in Geweben (mit Anthronreagenz) 14-2000; in Leberpräp. 22-2219; im Blut bei Normalpersonen verschiedenen Alters sowie bei Diabetikern (Vgl.) 23-1627; histochem. Nachw. in Respirat.-Muskelfasern 28-1666; routinemäß. Mikrobest. im Gewebe 29-2169; nephelometr. Best. v. Rattenleber- – in Nebennierensteroidproben 33-2291; enzymat. Best. v. tier. Leber- – 46-1928.
Bibliographie: La morphologie du glycogène B 75.
Glykokoll s. unter $C_2H_5NO_2$.
Glykol s. unter $C_2H_6O_2$.
Glykoläther
Poly- – s. unter *Plaste (Polyäther)*.
– u. ihre Deriv. 18-0978, 20-0963, 20-0991, 26-1009, 26-1015, 26-1016, 31-1111, 35-1062, 35-1063, 39-0971, 39-0976, 42-0903.
Herst.: v. Poly- – (Netzmittel, Emulgatoren) 7-2567*; v. Alkindiolmonovinyläthern 8-0959; u. Sulfatier. v. Alkylenglykolalkyläthern 9-2745*; v. Alkylen- oder Polyalkylenglykolestern gesätt. aliphat. Monocarbonsäuren 9-2747*; v. 1.1'-Dimethoxyalkandien-(1.1')-diinen-(3.3') 13-0966; v. Vinylcyanalkyl- – 13-2533*; v. 1-Phenyl-2-aryloxyäthanolen-(1) 18-0978; v. Alkoxymethyläthern v. 1-Phenyl-2-diäthylaminoäthanol-(1) 18-0979; v. Monoglycidyläthern v. Glykolen durch Rk. mit Epichlorhydrin 18-2541*; v. 3.7-Dimethyl-3-alkoxy-6-alkyl-1-alken-7-olen (Riechstoffe) 18-2716*; u. Rk. v. Glykolvinylsilyläthern 20-0971; v. Mono- oder Diäthern v. Glykolen 20-2515*; β-Chloräthoxymethyläthern v. Tetramethylbutindiol 26-1009; v. Alkoxymethyläthern v. 1-Alkoxy-3-hexamethyleniminopropanol-(2) 26-1015; v. α-Alkoxymethyl-β-methoxyacrylsäurenitrilen 26-2650*; v. Dihydroxyalkancarbamatäthern (Heilmittel) 27-1889*; v. (ar)alkoxy-substituierten Glykolen 27-2797*; v. Epoxyäthern v. Oligooxymethylenglykolen 27-2873*; v. Perdimethylen- – 29-2707*; v. Alkoxymethyläthern v. 1-Chlor-3-benzyloxypropanol-(2) 31-1111; v. 3-[Nonylphenoxyoligoäthoxy]-propansulfonsäuren (oberflächenakt. Eig.) 31-3108; v. Anlager.-Prod. d. Äthylenoxids an Verb. mit alkohol. oder phenol. OH-Gruppen 36-2753*; v. Alkoxymethyläthern v. Tetramethylbutindiol 42-0903; v. Acetalen d. Monoäther v. Mono- oder Polyalkylenglykolen (nichtion., oberflächenakt. Verb.) 43-2842*; u. Ox. v. 4-Aryloxy-3-hydroxy-3-methylbutanonen-(2) 46-0940; v. β-Alkoxy-β-phenyläthanolen oder deren Carbamaten 47-2545*; v. propoxylierten Äthern (Verw. für kosmet. Zwecke) 47-2794; v. tert.-Ätherglykolen (Heilmittel) 49/50-1732*; v. Sn-organ. Vinyläthern v. Glykolen 49/50-2660*; v. Trichlorbenzyloxyalkanolen (Herbizide, Weichmacher) 49/50-3058*.

Löslichk.-Profile v. Xanthinen in wss. Lsg. v. – 4-1351; oberflächenakt. Wrkg. v. Isooctylphenolpolyäthoxylaten im Gemisch mit Na-Naphthenat 8-2711; intramol. H-Bind. v. Dioläthern als Modellverb. d. Diole 28-0940.

Cyclisier.-Rk. v. 3-[2-Halogenallyloxy]-propanolen 1-0965; Rk.: v. Monovinyl- – mit Acrylnitril 13-2533*; v. Vinylglycidyläthern v. Glykolen mit H_2S 14-2536*; Cyclisier. v. 1.ω-Dimethoxyalkanen 18-1015; Copolymerisat. v. 3-Hydroxyalkyloxäthanen mit Chinolinaldehyden oder Aldehyden 18-2784*; Rk. v. Äthoxyvinyläthern mit CH_3J 19-1132; Sulfier. v. Polyglykolen (Einfl. v. Mavacid KF-Zusatz) 20-2740; Cyclisier. v. 2-Halogenallyloxyäthanolen 22-1065; Cyanäthylier. v. Hydroxyalkylenvinyläthern 25-1095; Rk. v. 1-Alkoxy-2.3-dimethyl-2-pentanolen mit sauren Mitteln u. Hydrolyse d. gebildeten Enoläther 46-2306*.

Dehydrier. v. – durch zellfreie Extrakte aus einem Bodenbakterium 10-1214; Glykolmonomethylätherester-Spalt. durch Fermente d. menschl. Lunge 35-1298.

Verw.: in Waschmitteln (Polyoxyalkylen-alkyl-dialkylaminoxide) 2-2596*; für flammfeste Polyester [1.5-Di-(α-alkyl-β-hydroxyäthoxy)-2.4-dibrombenzol] 4-2337*; zur Reinig. fester Zucker u. deren Deriv. [(Di)Äthylenglykolmonoalkyläther] 4-2679*; als gewichtsreduzierende Mittel (Phenoxy-polyäthylenoxyäthanole) 7-1764*; zur extraktiven Dest. v. Acrolein aus Misch. (Glykolmonoäther) 15-2638*; in Frostschutzvernebel.-Mitteln (Monooxyalkylenalkyläther) 19-3158*; zur Extrakt.-Reinig. v. Hexafluorpropylenepoxid (Dialkyläther v. Äthylenglykol oder Diäthylenglykol) 23-2841*; in Gefrierschutzmittel für fl. KW-Stoffbrennstoffe 25-2903*; zum Reinigen v. Zucker (Äthylenglykolmonoalkyläther) 28-3234*; als oberflächenakt. Stoffe (Alkylphenoxyoligoäthoxyäthanole) 32-2737*; in Mittel zum Kleben v. Metallflächen (Diäthylen- –) 33-3061*; in Elektrolytkondensatoren 37-2449*; als Wasch-, Netz-, Emulgier- u. Dispergiermittel (substituierte α-Hydroxy-β-alkoxypropylamine) 47-2768*.

Maßanalyt. Best. v. Polyäthylenglykolen u. deren Deriv. mit Na-Tetraphenylborat u. $Ba(NO_3)_2$-Lsg. 13-1980.
Glykolaldehyd s. unter $C_2H_4O_2$.
Glykole (und andere Diole), Unters. an hochsubstituierten Äthylenen u. – 2-0961, 2-0962.
Isolier. aus Lipiden v. Lipomyceshefe 23-1509.
Darst.: v. aliphat. oder cycloaliphat. – 1-2457*; v. α.ω-Diolen aus Chlorbromalkanen 5-2532*; Stabilisier. 7-2571*; Darst.: aus Diarylketonen u. Aldehyden 9-1011; v. ungesätt. Bis-tert.-aryl- – (Heilmittel) 16-1699*; v. Rhodan- u. Chlorderiv. v. Acetylen- – 18-0963; v. höheren α.ω-Diolen aus ω-Chlorcarbonsäurepolyestern 18-2488*; aus Epoxyalkoholen 18-2489*; v. vic. – mit *3 – 30* C-Atomen 19-2778*; Bldg. v. Propylen- – bei d. Luftox. v. Propylen 21-2707; Darst.: v. Mentho- – 24-1152; v. substituierten 1.3-Diarylpropandiolen-(1.2) 26-1062; v. cis-Diolen 27-1941*; v. aliphat. – 27-2782; v. – aus lösl. Kohlenhydraten 28-2577*; v. – mit Bis-neopentylstruktur 29-2708*; v. Si-organ. Triacetylen- – 29-2735*; v. inakt. symm. Dialkyldimethyl- – v. Alkyl C_6-C_{18} 31-1090; Bldg. bei d. Radiolyse bin. Lsg. v. Alkoholen 33-1194; Darst. u. Rk. v. Diindiolen 35-1021; Aufarbeit. v. – mit Montmorillonit oder Hectorit 36-2544*; Herst.: v. 1.6-Hexandiolen 36-2545*; v. 1.1.4.4-Tetraalkylbutin-(2)-diolen-(1.4) 40-0899; v. β-Diolen mit bekannter Konfig. 40-0924; v. ditert. β-Diolen 40-0943; v. – aus Olefin-KW-Stoffen 44-2417*; v. cycloaliphat. Diolen 45-2760*; v. P u. N enthaltenden Diolen aus Diäthanolamin u. Alkenylphosphonsäuredialkylestern 49/50-2625*.

Intramol. H-Bind. bei Phenylalkandiolen 12-0854; Unters. v. tern. Syst. v. – 15-0943; Viskoelastizitätsrelaxat. u. Nicht-Arrhenius-Verh. v. Diolen 23-0973; H-Bind. in Diolen 43-0980; massenspektrometr. Unters. v. Cycloalkan-α- – 45-0831; physikal. Eig. v. Propylen- – 47-0782.

Copolymerisat. mit Isocyanatocarbonsäurechloriden 2-1066; Rk. v. cycl. Diolen mit NH_3 oder prim. Aminen 3-2675*; Esterbldg. mit dibas. Säuren (Kinetik) 10-0926; Rk.: v. Alkandiolen mit $(PNCl_2)_3$ 10-0993; v. Dihydroxyalkylhalogeniden mit Bis-[2-cyanoäthyl]-amin 10-2526*; Cyclisier. v. 2-Aryl-3-phenyl-(3-alkyl)-2.3-propandiolen 12-2562*; pyridinkatalysierte Ox. v. methylierten Äthylen- – mittels Chromsäure 17-1000; oxydative Spalt. v. α- – 19-1097; Wrkg. auf photochem. Redox-Rk. im Syst. $(NH_4)_2Fe\cdot(SO_4)_2/H_2SO_4$/organ. Substanz/$H_2O/O_2$ 20-0673; Dehydratisier. v. tert. Diacetylen- – 20-0954; Cyclodehydratisier. v. Diarylalkandiolen 21-1124; Dehydratisier. v. 1.7- bzw. 1.6-Allyldiolen in d. Allylstell. 21-1139; Umwandl. v. β- – d. Acetylenreihe 24-1104; Photoox. in d. fl. Phase 26-0994; oxydative Spalt. v. 1.2- – mittels Chromsäure (Kinetik) 28-0955; Rk. v. Diolen mit Phenylisothiocyanat 30-1013; Dehydrier. v. 1.2- – 32-2573*; Rk.: mit α.α-Dichlordiarylmethanen 32-2636*; v. $[CN]_2$ mit *2*wert. Alkoholen 34-2511*; Dehydratat. v. symm. u. asymm. Acetylen- – 35-1056; Rk.: v. 1.2-Diolen mit Hexachlorcyclopentadien bei hohen Temp. 39-0996; mit N-Dichlormethylencarbonsäureamiden 40-0967; Dehydratisier. v. Acetylen- – 40-2365*; Umwandl. v. α- – d. Acetylenreihe unter Einw. v. Schwefelsäure 46-0907; Ox. v. Polymethylen-α.ω- – mit Pb-Tetraacetat 48-1167.

Hemmwrkg. v. Diolen auf Elektronentransport, Photophosphorylier. u. oxydative Phosphorylier. 11-1235; Einfl. v. 1.2-Alkandiolen auf d. Wachstum v. Pseudomonas 26-1389.

Verw.: als Dispergiermittel bei d. Herst. v. Betonkörpern erhöhter Festigk. (Acetylen- –) 6-2262*; in Frostschutzmittel (Äthylen- –) 8-2045*; zur extraktiven Dest. v. Acrolein aus Misch. (Diole) 15-2638*.

Spurenbest. v. – durch Gaschromatographie 9-1811; Best. v. 1.2- – mit $NaJO_4$ im Submikrobereich 18-1990; Wrkg. auf Ionenaustausch u. Trenn. d. Seltenerdmetalle mit α-Isohydroxybuttersäure 19-2096; Analytik d. 1.2- – u. Polyoxyverb. 31-2160 bis 31-2163; fluorimetr. Best. v. 1.2-Diolen als Dihydrolutinderiv. 33-2256; gaschromatograph. Trenn. v. W., Alkoholen u. – 38-2030; Gaschromatographie v. langkett. Diolen u. verwandten Stoffen 46-1864; Verw. v. N-Trimethylsilyl-N-methylacetamid u. -formamid zur Silylier. v. – 47-2008; gaschromatograph. Trenn. v. isomeren Diolen 47-2019.
Glykolid s. unter $C_4H_4O_4$.
Glykolip(o)ide
Cerebroside; *Ganglioside*; *Sulfatide* s. dort; s. auch *Sphingolipoide*.
Vork. eines neuen – -Schwefelsäureesters bei Halobacterium cutirubrum (mögl. Konstit.) 6-1325; – v. Pilzen 32-1494, 32-1495; Vork. in einigen photosynthet. Bakterien (Isolier. u. Charakterisier.) 38-1492; – v. grüner u. v. etiolierter Euglena gracilis u. v. Blastocrithidia culicis 47-1547; pflanzl. – (Übersicht) 18-1350; – in höheren Pflanzen 32-1494, 32-1495; – in Seestern-Gameten 1-1344; Geh. an Galaktolipiden im Rinderhirnmyelin 18-1536; – d. menschl. Niere 25-1671; Monogalaktosyldiglycerid als neues Neuro- – 25-1688; Speicher. bei d. Gaucherschen Erkrank. 28-1662; neutrale – aus Nakahara-Fukuoka-Sarkom-Gewebe 33-1416; Erythrozyten- – (Übersicht) 45-1589; Vork. v. Peptido- – in Wachs D v. Mycobacterium (atherogene Eig.) 8-1613; Vork. v. 4-O-Methylgalaktose im –

v. Corbicula 1-1342; Fettsäurezus. d. Galaktolipide v. Artemisia grinceps-Blättern 6-1377; Vgl. d. Zus. d. – d. Gehirns bei Tierklassen 27-1730; Vork. v. 3-O-Methylfucose in d. Korbikula-– 39-1405; Glucose u. Uronsäuren enthaltende – in Pseudomonas-Arten 49/50-1287; Verwert. v. Phospholipid-Zwischenstufen für d. –-Synth. in d. Zellwand 3-1283; Bezieh. zwischen d. Biosynth. v. Digalaktosyldiglycerid u. v. Fettsäuren in Chlorella vulgaris 24-1513; Einbau: v. $^{14}C_{(6)}$-Glucose u. $^{3}H_{(9\cdot10)}$-Palmitinsäure in – d. Fettgewebes v. Ratten mit Mangel an essentiellen Fettsäuren 15-1605; v. Glucose in – durch subzelluläre Rattenhirnpartikel in vivo 36-1597; chromatograph. Arbeitsweise für d. Isolier. v. neutrales Ceramid enthaltenden – aus Säugetiergeweben 43-1489; Trenn. v. Galaktosyllipiden aus Spinatblättern u. Chloroplastenlamellen 14-1388; Struktur d. – v. Katzen-Erythrozytenstroma 1-1431; Massenspektrometrie 15-1436, 51/52-0749; Rk. mit Pneumokokken-Neuraminidase 33-1507; Hydrolyse v. Galaktolipiden durch Enzyme in Spinatblättern 46-1255; Galaktolipidstoffwechsel v. Chlorella-Zellen 9-1313; Anlager. v. Mn an d. Galaktolipide d. Blätter 51/52-1413; immunochem. Eig. v. – (Übersicht) 2-1388; Rolle d. Peptid-– v. Mycobacterium tuberculosis u. verwandten Organismen als immunolog. Adjuvans 9-1302; Chromatographie an Silicagelfilterpapier 12-1892; Best. bei Morbus-Alzheimer 34-1546.

Glykolneuraminsäuren s. *Sialsäuren.*

Glykolsäure s. unter $C_2H_4O_3$.

Glykoluril(e) s. unter $C_4H_6N_4O_2$.

***N*-Glykolylneuraminsäure** s. unter $C_{11}H_{19}NO_{10}$.

Glykolyse, – u. Atmung (*2.* Mitt.) 10-1192; aerobe – in synthet. u. natürl. Inkubat.-Medien 15-1422; Hemm. d. – durch ein Lipidperoxid 28-1229; glykolyt. Kontrollmechanismus 32-1656; Einfl. v. anorgan. Phosphat auf d. – 42-1191.

–: v. intakten Ehrlich-Asciteskarzinomzellen (Bezieh. zwischen Adeninnucleotidkonz. u. d. geschwindigkeitsbegrenzenden Schritte) 9-1208; v. Ehrlich-Ascitestumorzellen (Wrkg. v. Oligomycin) 12-1165; Einfl. v. alkylierenden Zytostatika auf d. Tumor-– in vivo 13-1162; Hemm. d. –: in Tumor- u. Leberhomogenaten durch Antikörper gegen Lactatdehydrogenase 15-1299; u. Wachstum v. Tumorzellen durch Antikörper gegen Lactatdehydrogenase 15-1300; –: in experimentellen Glioblastomen (histochem. Unters.) 22-1288; in neoplast. Gewebe 23-1327; Frage eines ursächl. Zusammenhangs zwischen d. Hemm. d. – u. d. onkolog. Wirksamk. v. Trenimon 23-1349; aerobe –: u. d. Crabtree-Effekt in NK/Ly-Lymphomzellen 29-1381; in Mäuseascitestumorzellen (Einfl. v. ICI *47 776*) 32-1246; – d. Tumorzellen (Einfl. v. $NaHCO_3$) 38-1343.

–: bei Hefe (Einfl. v. Arsenat) 1-1279; v. Saccharomyces carlsbergensis bei Inositmangel 23-1461; bei Saccharomyces cerevisiae (Wrkg. v. zugesetzten Na- u. K-Ionen) 38-1500; Einfl. d. Bestrahl. auf d. Geh. an Zwischenprod. d. – in d. Hefezelle 46-1271.

–: im Rattenhirn (Einfl. v. Rifamycinen) 2-1504; in Taubenfettgewebe (Wrkg. v. Insulin, Epinephrin u. Glukagon) 3-1491; im akut anox. Hundeherzen 4-1033; u. Gluconeogenese in d. Leber v. Ratten (Wrkg. v. Äthionin) 6-1576; aerobe – während d. Muskelkontrakt. 7-1537; glykolyt. Stoffwechsel in phagozytierenden Zellen 8-1145; glykolyt. anaerobe Aktivität d. menschl. Plazenta 10-1263; – im Epiphysenknorpel d. Ratte (Vgl. anatom. Bereiche, Bezieh. zum Wachstum) 10-1267; mitochondriale Regulier. d. – in d. Embryogenese d. Fische 11-1487; Enzymaktivitäten u. maximale –-Geschw. im anaeroben Herzmuskel 11-1520; Cofaktoren u. – in Erythrozyten 12-1472; – im Rattengehirn (Hemm. durch Chlorpromazin, Reserpin u. Phenobarbital) 13-1583; O_2-Verbrauch u. glykolyt. Aktivität d. Hirngewebes während d. Insulinkomas (Zufuhr verschiedener Präp.) 14-1470; Geh. an –-Zwischenstufen in Rinderzahnpulpa, Hühnerembryomuskel u. 3.4-Benzpyren-induziertem Sarkom d. Ratte 15-1423; –: in Gehirn u. Skelettmuskel eines überwinternden u. eines nicht überwinternden Tieres (Einfl. d. Temp.) 15-1626; d. menschl. roten Blutkörperchen gegen PO_4^{3-} (Einfl. d. pH) 16-1564; anaerobe – in Teilen d. Riesennervenfasern d. Tintenfisches 16-1638; Beeinfluss. d. – in Erythrozyten während d. Methämoglobinbldg. durch Phenylhydroxylamin 17-1561; – während d. embryonalen Entw. v. Misgurnus fossilis 17-1593; Veränder. d. glykolyt. Aktivität v. Rattenleberschnitten nach aerober Inkubat. 19-1679; Kontrolle d. – in menschl. roten Blutkörperchen 20-1516; – in d. zellfreien Überstandsfrakt. aus d. Mukosa d. Dünndarms d. Schafes 20-1553; in situ-Regulier. d. – im Gehirn während Konvuls. 20-1575; – d. menschl. Thrombozyten (Einfl. v. Glucose, Cyanid, Insulin, Citrat sowie v. Agglutinat. u. Schrumpf.) 21-1666; Bezieh. zwischen Aminosäuren u. d. glykolyt. Aktivität in Erythrozyten 22-1577; Erythrozyten-– 23-1640; aerobe – bei Herzinsuffizienz (Wrkg. v. Digitalis) 23-1709; Steuer. d. – in Gehirnrindenschnitten 24-1431; anaerobe – d. Erythrozyten (Hemm. d. Azidose) 28-1624; –: in Erythrozyten (Einfl. v. Ammoniumionen auf d. Phosphofructokinaseaktivität) 31-1404; in d. Leber v. hypothyreot. Ratten 32-1582; Wrkg. v. Thrombin auf d. – frischer u. konservierter Blutplättchen 33-1737; Veränder. v. –-Zwischenprod. nach längerer Reiz. eines isolierten Crustaceenneurons 34-1552; –-steigernde Eig. d. menschl. Speichels 36-1510; – in menschl. Erythrozyten (Einfl. v. Phenavinium) 36-1547; Stimulier. d. – in normalem Gewebe durch vorangehende Aerobiose 36-1592; – in Muskel, Hirn u. Leber d. weißen Maus (Einfl. v. Propanolol) 37-1759; Einfl. v. Dicumarin auf d. Pasteur-Effekt im Herzmuskel d. Frosches 37-1802; – in subzellulären Präparat. v. Dünndarmmukosa aus Katzen u. Ratten 40-1232; Erythrozyten-– (Veränder. d. glykolyt. Zwischenstufen v. Retikulozyten während d. Reif.) 41-1524; Wrkg. v. –-Zwischenstufen auf Quellen u. K- u. Na-Konz. v. Meerschweinchenhirnrindenschnitten in vitro 41-1589; –: menschl. Erythrozyten u. deren Permeabilität für Orthophosphat 44-1437; in d. Erythrozyten nach γ-Bestrahl. 46-1491.

Glykoniazid s. unter $C_{12}H_{13}N_3O_6$.

Glykopeptide s. unter *Peptide.*

Glykoproteide s. unter *Proteine, Spezielle Proteine.*

Glykosaminoglykan-Proteine s. unter *Proteine, Spezielle Proteine* (*Glykoproteine*).

Glykoside

Bufadienolide; *Cardenolide, Herzglykoside* s. dort; s. auch *Alkaloide*; *Anthocyane*; *Bitterstoffe*; *Kohlenhydrate* (*Derivate*); *Nucleoside*; *Saponine*; *Tannine.*

Über Phenol-– (*35.* Mitt.) 2-1193; (*36.* Mitt.) 2-1194; – (*4.* Mitt.) 4-1121; – u. Aglykone (*259.* Mitt.) 6-1097; über Seleno-– (*6.* Mitt.) 11-0966; natürl. C-– (Überblick) 11-1344; – v. Heterocyclen (*5.* Mitt.) 12-1006; –-Deriv. pharmakolog. wichtiger Amine u. Alkaloide (*2.* Mitt.) 12-1007; Alkyl-α- u. -β-fucopyranoside 16-1122; – u. Oligosaccharide d. L-Rhamnose-Reihe (*1.* Mitt.) 19-1445; Blausäure u. Blausäure-– (Übersicht) 22-1471; über Seleno-– (*3.* Mitt.) 23-1153; Monoterpenglucoside (*3.* Mitt.) 24-1147; Flavonoid-– (*1.* Mitt.) 27-0972; Anthrachinone u. Anthrachinon-– (*18.* Mitt.) 27-1222; Unters. über – v. Acacetin (*1.* Mitt.) 29-1193; – v. Heterocyclen (*10.* Mitt.) 37-1189; Unterscheid. zwischen C- u. O-– 39-1038; – u. Aglykone (*266.* Mitt.) 39-1043; (*283.* Mitt.) 41-1437; (*275.* Mitt.) 42-1351; (*267.* Mitt.) 43-1030; (*271.* Mitt.) 43-1034; über Flavon-C-– (*6.* Mitt.) 44-1349; – u. Aglykone (*268.* Mitt.) 49/50-1148; antibiot. – (*6.* Mitt.) 49/50-1340.

– v. Triterpensäuren aus d. Blüten v. Helianthus annuus 1-1315; Oligoside, ein neuer Typ v. Pflanzen-– 2-1294; Vork. in Symphytum officinale 5-1680; – d. Samen v. Vallaris solanacea 6-1379; (Strukturaufklär.) 6-1380; Vork. v. Flavonol-– in Magnoliablüten 7-1354; Energiekoppl. bei d. Galaktosidakkumulier. in E. coli 8-1357; Vork. in Saxifragaceen 8-1385; Aucubin-art. Glucoside u. verwandte Heteroside als systemat. Merkmale bei Pflanzen 10-1329; Panaxoside aus Ginseng-Wurzeln 11-1086; Vork. in Euphorbia dracunculoides 13-1567; C-– aus Blättern v. Parkinsonia aculeata 14-1391; – v. Coronilla hycrana 15-1474; Vork.: v. Quercetinglucosiden in Asarum europaeum 18-1634; v. Phenolglucosiden u. d. jahreszeitl. bedingten Veränder. d. Glucosidspektren in einigen Salix-Arten (Unters.) 19-2187; v. Luteolin-– in d. Kotyledonen v. Buchweizenkeimlingen 22-1459; Steroidglucoside aus Clerodendron infortunatum 24-1494; – v. Vaccaria segetalis 26-1474; Vork.: in d. Wurzeln v. Ononis arvensis u. O. spinosa 26-1493; v. Flavon-– in Capsicum 27-1579; – aus d. Wurzeln v. Panax ginseng 31-1179; Verteil. v. Anthrachinon-– in Cassia Senna 35-1434; –: aus d. Wurzeln v. Acanthopanax sessiliflorum 37-1194; aus Eleutherococcus senticoccus 37-1195; Geh. v. Solanum dulcamara 38-1810; – aus Apocynum androsaemifolium 39-1041; Triterpen-– v. Patrinia intermedia 39-1372; Vork. v. Senfölglucosiden in Lepidium hyssopifolium, L. bonariense u. Capsella bursa pastoris 40-1388; –: d. Samen v. Stapelia gigantea 42-1351; in Asclepias syriaca 42-1554; Flavon-C-– in d. Blättern v. Vitis cinerea 44-1349; Vork.: v. Cumarinheterosiden in Fraxinusarten 48-1474; v. ident. Hydroxylysyl-– im menschl. Harn (Isolier.) 48-1556; u. Konstit.-Unters. v. – aus Patrinia intermedia 48-1627; Vorhandensein v. N- u. O-glykosid. Bind. im gleichen Glykoprotein 9-1387; zyanogenet. – in Lebensmitteln 32-3066; Bestandteile d. polaren – v. Carissa carandas 31-1550.

Umwandl. v. Oximen in Senfölglucoside 20-1441; Biosynth.: v. – 25-2771*; v. Senfölglucosiden 30-1380, 30-1381, 31-1573; Bldg. v. Quercetin- u. Kämpferol-– im Teestrauch aus $^{14}CO_2$ 35-1451; enzymat. Synth. v. Sterylglucosiden durch ein Teilchenpräp. aus unreifen Sojabohnensamen 42-1188; Biosynth.: d. Spirostan-– in Digitalis lanata 42-1358; v. Senföl-– 45-1493; Darst.: v. 3-– d. 17-Amino-3-hydroxy-5-androstene (Heilmittel mit antihypertensiver Wrkg.) 3-1770*; v. C-– 3-2676*; Synth. v. O-– 5-1040; Darst.: anomerer N-Acetylneuraminsäurebenzyl-– 6-1559; v. Agluconen 10-1039; Synth. u. Spalt. v. Nitromercaptopyridin- u. Nitromercaptobenzol-S-– 12-1006; Glykosidier. v. N-Acyl-D-glucosaminen unter Verw. v. Lewis-Säuren als Katalysator 13-1052; Darst.: v. $^{3}H_{(6)}$-Galaktosiden 13-1130; v. – d. Benzthiazolthions 17-1102; Halolyse v. Glucosiden d. Triterpenreihe u. Synth. v. Oleanolsäureglucosiden 19-1210; Synth.: v. α- u. β-2.4-Dinitrophenyl-O-– 20-1051; v. – d. Äpfelsäure u. Weinsäure 20-1052; Annäher. an d. Synth. v. 2-Amino-2-desoxy-– 20-1055; Synth.: v. 5.5-Diphenylhydantoinyl-(2)-glucosiden 32-1131; v. N-Glucosiden v. 2.4-Dioxodihydro-1.3-benzoxazin, Salicoylamid u. deren Thioanaloga 33-1279; Gewinn. v. Flavonol-– aus d. Blüten v. Gossipium hirsutum 35-1093; Synth. u. stereospezif. Red. einiger 2(3)-Acylamino-3(2)-oxopyranoside 38-1226; Isolier. eines Acylphenolglucosid aus Salix americana 40-1552*; Synth.: v. Benzyliden- u. Acylderiv. v. Methyl-3-desoxy-3-nitro-D-hexopyranosiden 42-0995; v. Ribopyranosiden u. Ribofuranosiden v. Pyridon-(2) u. Pyridazinonen-(3) 43-1010; d. Benzyl-– aus 2-Acetamido-2-desoxy-D-mannose 44-0950; v. Glucosiden v. 4-Hydroxy- u. 4-Mercaptopyridazin 51/52-1066; Abtrenn. v. Sterin-– aus Spinatblättern u. Chloroplastenlamellen 14-1388.

Struktur: v. Lignan-– aus Acanthopanax-Wurzeln 26-1109; neuer u. bekannter Flavon-C-– 29-1169; Konfig.-Zuordn. an bestimmten Zentren v. Macrolid-– 35-0905; Konstit.-Unters. d. – aus Patrinia intermedia 48-1627.

Wander. einer Acetylgruppe zwischen d. C-2- u. C-3-Hydroxygruppe in Methylmannopyranosiden 49/50-1112; Spalt. v. 2- u. 4-Hydroxybenzamid-O-– durch Säuren u. Laugen 2-1194; Darst. u. opt. Dreh. v. 1 : 3- bzw. 1 : 2-Ni(II)-Komplexen mit Amino-– 10-0733; Alkalispalt. v. Selenoglucosiden 11-0966; Säure-katalysierte Hydrolyse v. Selenoglucosiden 11-0967; Halolyse v. Glucosiden d. Triterpenreihe 19-1210; Mechanismus d. Hydrolyse v. – u. seine Bedeut. für d. v. Enzymen katalysierten Rk. (Überblick) 21-1436; Säure-katalysierte Hydrolyse d. – 22-0977, 37-1018; Chlorolyse v. glykosid. Bind. 43-1008; allg. Gesetzmäßigk. d. Hydrolyse glykosid. Bind. 51/52-0880; Reaktivität d. Hydroxygruppe v. Methyl-β-D-Glucopyranosiden bei d. Koenigs-Knorr-Rk. 47-1082.

Enzymat. Hydrolyse v. 2- u. 4-Hydroxybenzamid-– 2-1193; Wrkg.-Mechanismus –-spaltender Enzyme 11-1244; Modifizier. enzymat. Abbauprod. d. Hauptthio-– in Crambe abyssinica- u. Brassica napus-Samenmehlen 11-1360; Einfl. d. weniger säurestabilen saccharogenen Amylase auf Glucoside 18-1280; enzymat. Partialhydrolyse v. Flavonoid-– 19-1445; Uronsäurebldg. bei enzymat. Ox. v. Galaktosiden 20-1267; Verw. v. Substituentenkonst. u. Regress.-Analyse zur Unters. enzymat. Hydrolyse v. Phenylglucosiden 32-1317; Wrkg. auf Membran-Enzyme v. Erythrozyten u. Muskel bei Entenmyopathie 38-1393; Anwendbark. v. α- u. β-Glucosiden als Atmungskettensubstrate für Stachybotrys atra 7-1265; induzierbares Syst. für d. Verwert. v. β-Glucosiden bei E. coli 49/50-1304; Senfölglucoside als Freßstimulantien für Pieris brassicae-Raupen bei einer semisynthet. Diät 5-1580; Pharmakologie eines – aus Vallaris solanacea 25-1796.

Photometr. Best. d. Kernglucoside v. Jute 9-2001; Isolier. u. Identifizier. v. Flavanonrutinosiden d. Grapefruit durch Säulen- u. Dünnschichtchromatographie 13-1937; Meth. zur Best. v. Thioglucosiden in Crambe abyssinica 20-1952; Best.: v. Anthrachinon- – neben d. -Aglykonen in Sennadrogen, -extrakten u. -zubereit. 42-1559; d. Aglucone in Sennesblätter-Präp. 51/52-1732; Zuckerbest. in – mit Hilfe d. Gaschromatographie 12-1885; Best. freier Methylpentosen in Ggw. v. glykosid. gebundenem Zucker 25-2147.

Bibl.: Pharmakologie der Alkaloide und Glykoside (Mitteilungssammlung) [russ.] B 52.

Glykosphingolipide s. unter *Sphingolipoide.*

Glykoursodesoxycholsäure s. unter $C_{26}H_{43}NO_5$.

Glyodin s. unter $C_{20}H_{42}N_2$.

Glyodindodine, Zus., Verw. zur Bekämpf. v. Venturia inaequalis 8-3061.

Glyoxal s. unter $C_2H_2O_2$.

Glyoxalsäure s. unter $C_2H_2O_3$.

Glyoxim s. unter $C_2H_4N_2O_2$.

Glyoxyl s. unter $C_2H_2O_2$.

Glyoxylsäure s. unter $C_2H_2O_3$.

Glyoxylsäurezyklus s. unter *Stoffwechsel.*

Glyvenol s. unter $C_{19}H_{34}O_6$.

Gmelinit, – in d. Basalten d. Monte Baldo (Trentino) 4-0652; Kristallisat. v. Chabasit- – unter hydrothermalen Beding. 48-0775; Krist.-Habitus v. – 27-0917; Hg-Aufnahme in verschiedenen kation. Formen v. – 28-0649; Verw. als Katalysator zum hydrierenden Kracken v. KW-Stoffen 23-2944*.

GMP s. unter $C_{10}H_{14}N_5O_8P$.

cycl. **3'.5'-GMP** s. unter $C_{10}H_{12}N_5O_7P$.

16 GN s. unter *Eisen, Schmiedeeisen und Stahl (Sondermarken).*

G-7426-N s. *Tween 40.*

Gneis, Rb/Sr-Alter-Hinweis für perm. Metamorphose d. Monson- –, West-Zentral-Massachusetts 1-0751; Vork. d. Palmer-Granits in Assoziat. mit – 1-0772; granulare – -Einschlüsse im Granit v. Lavadores (Vila Nova de Gaia) 2-0750; Verteil. v. Cl in – 3-0773; akzessor. Zirkone aus *Augengneis* u. Flaser- – d. Venediger-Gruppe in d. Hohen Tauern 7-0767; Isotopenalter d. Granit- – v. Olympus (Victoria Land, Antarktis) 8-0753; mineralog. Zusammenvork. v. Kalkmarmoren u. Kalk-Magnesia- – während d. herzyn. Regionalmetamorphose in d. Axialzone d. Ostpyrenäen 12-0757; Rb–Sr-Altersbest. an Orthogneisen v. Silvretta (Schweiz) 16-0804; Einfl. d. Verwitter.: auf d. U–Pb-Alter v. Zirkonen aus d. Morton- –, Minnesota 16-0807; auf d. Rb–Sr- u. K-Ar-Alter v. Biotit aus d. Morton- –, Minnesota 16-0808; Häufigk. radioakt. Elemente in Granadiorit- – d. krist. Schildes 17-0830; Hypersthen-Cordierit- u. Hypersthen-Hornblende- – in d. metamorphen Bogen v. Aracena (Huelva, Spanien) 17-0835; Triklinität d. Alkalifeldspate in lepontin. – 31-0881; *Augengneis*-Schichten in d. Glimmerschieferserie v. Sore'zois (Montagne Noire) 32-0840; Verteil. d. akzessor. Elemente in – d. mittleren Vordneprs 36-0780; Carbonatite u. präkambr. – -Fragmente d. Arkansas-River Bereichs, Fremont County, Colorado 39-0686; Petrologie eines Piemontit-halt. – v. San Gorgonio-Pass, Californien 39-0692; Vork. v. Cordierit-Granat- – in Georgia 39-0693; mit d. Granitisier. verbundene metasomat. Umbldg. gneis. in dolomit. Marmoren eingeschlossener Schichten 39-0699; Rb–Sr- u. K–Ar-geochronolog. Unters. an ummantelten – -Domen, Albion Range, südl. Idaho, USA 43-0732; Cr-halt. Muskovite aus Biotit- – -Xenolithen 47-0726.

Genauigk. d. chem. Best. d. Gesamt-Fe-Geh. u. Al-Geh. in – 5-1949.

Gnoscopin s. unter $C_{22}H_{23}NO_7$.

Goethit s. unter *Eisenhydroxide*: *FeOOH.*

Goetzenit, strukturelle Bezieh. zwischen – u. Rosenbuschit 4-0640.

Goillot-Effekt s. unter *Magnetismus, Magnetisierung.*

Goitrin s. unter C_5H_7NOS.

Gold

Vorkommen, Gehalt

Änder. d. – -Geh. v. Mineralien d. Marysville-Quarz-Diorit-Stocks, Montana 1-0771; mineralog. Charakteristik d. – v. Stockwerk in Bohuliby bei Jilove 2-0768; Quarzgänge d. „alten Au-tragenden Format." v. Bohutin 2-0769; – -Erzlagerstätte Kolar (Südindien, Majsur) 2-0793; Genese v. – in Lagerstätten d. „pluton. Format." Mittelböhmens 2-0794; Vork. v. nativem – in d. Schwarzerz d. Uchinotai-Erzlagers, Mine Kosaka 7-0798; neuer Typ d. – -Vererz. in d. Lena-Goldprovinz 8-0793; – -Unters. an Fe-Meteoriten 9-0766; Unters. u. Kartier. d. – -Erzvork. in Bulgarien 9-0799; Best. v. – in Meteoriten d. Samml. d. Naturhistor. Museums Wien durch Neutronenaktivier. 11-0810; Se-Verteil. in Untergrundwässern v. Au-Erzlagerstätten u. einigen Typen v. Mineralwässern 11-0822; As als Leitelement für d. – -Mineralisat. in d. Laterit bedeckten Bereichen in West-Australien 11-0842; Verteil.: v. – u. Re in Fe-Meteoriten 12-0735; v. Ag u. – in Mineralien u. Erzen v. Tieftemp.-Erzvork. d. westl. Kopet-Dag 12-0760; gediegenes – in d. Erzen v. Salsigne (Aude) 12-0768; Geochemie v. – in d. Litschkwasker – -Erzlagerstätte 13-0816; – in Meteoriten u. Tektiten 16-0764; gediegenes – in d. Erzlagerstätte „Stastie" (Kreis Widin) 17-0857; Spuren v. – in d. vorsudet. Cu-Lagern d. Lubin-Region 22-0796; regionale Umgeb. d. – -halt. Konglomerate v. Jacobina, Brasilien 22-0798; Verteil.-Gesetzmäßigk. d. – u. Ag in d. Haupterzmineralien endogener Lagerstätten v. Karamazar u. West-Usbekistan 28-0823; – -Anreicher. in endogenen Lagerstätten u. d. Vererz. in Usbekistan 29-0900; neues Vork. v. Nolanit assoziiert mit – 33-0999; K–Ar-Altersbest. in Dykes d. Vorerz. u. Erzperiode d. Jano-Kolymsker – -halt. Gürtels 36-0769; Annahme v. syngenet. Ursprung v. – -Erz u. Ignimbriten nahe Rhodalquilar (SW-Spanien) 36-0772; Vork. v. – in Tetraedrit aus d. VII. b. X. Sohle d. Ader Maria bei Roznava (Süd-Slowakei) 36-0840; Übersicht über d. Vork. v. – in Meteoriten 37-0858; Verteil. v. – in chondrit. Meteoriten 37-0868; Wrkg. d. Diagenese bei d. Konz. v. – in d. Sulfiden einiger Sedimentgesteine (Übersicht) 38-0824; zusammenfassende Beschreib. d. bei d. Serpentinisier. auftretenden Minerale mit Angaben über – 38-0825; Anwend. u. Bedeut. d. Au–Ag-Verhältnisse v. Val D'Or Quebec 39-0767; Diffus. v. – in d. Sonne 40-0672; Verteil. v. – in Sulfiden d. Skarnlagerstätten d. Altai-Sajaner-Gebietes 41-0702; Best. v. – durch Neutronenaktivier. in Fe-Meteoriten u. deren Einschlüssen 48-0736; Charakter v. – in d. Kieslagerstätten 48-0770; Nachw. verschiedener Arten v. exogenem – durch Unters. d. Verteil. d. Ag (Einfl. auf d. Zyklus d. exogenen –) 49/50-0685.

Verteil. v. koll. ^{198}Au in d. Geweben nach Einführ. in d. Bauchhöhle 34-1242.

Anwesenh. v. organ. Hochpolymeren (festen KW-Stoffen) in U- u. Au-Lagerstätten 2-0795; Adularsier. propylit. Gesteine d. Chelopech-Au-Cu-Pyrit-Lagerstätte, Pirdop-Gebiet 14-0781; Stellerit aus d. Au-Polymetall-Lagerstätte v. Tejs 41-0736; Ggw. v. fl. CO_2-Einschlüssen in Quarz d. – -führenden Distriktes v. Salsigne 42-0640; Volynskit aus d. – -Erzlagerstätten Mittelasiens 42-0722.

Bildung, Darstellung

Bad zur Abscheid. v. – -Überzug 4-2053*; galvan. Abscheid. v. Weiß-Au-Überzügen 14-2408*; Bad zur autokatalyt. Abscheid. v. – 15-2548*; Erzeug. v. – -Nd. (Elektrolyt) 15-2556*, 15-2557*; (Bad) 15-2558*; Bad für galvan. – -Überzüge mit Oxalat 21-2667*; galvan. Bad für – -Überzüge 22-2565*; Herst. v. Folien aus Metallen d. Pt-Gruppe u. – u. Dickenmess. 28-2440; Gewinn. bei d. Herst. v. $AgNO_3$ 29-2520; galvan. Herst. v. – -Überzügen 33-2666; Darst. einheitl. – -Mikrokrist. 35-0551; galvan. Abscheid. v. – auf Edelstahl 38-2576*; Sn–Au-Kontakte für ebene GaAs-Dioden (hohes Schwellenfeld) 43-0386; Gewinn. v. – aus wss. Lsg. 45-2615*.

Flotative Anreicher. v. – -halt. Skarnerzen 26-2390.

Gewinn.: aus Kiesabbränden 15-2517*; auf feinkörn. Erzen 19-2620*; aus wss. CN-Lsg. 19-2648*, 19-2649*; aus Prod. d. inneren Amalgamisier. 28-2527*; durch Ionenaustausch verf. mit anschließender Elektrolyse 36-2461*; Anwend. v. Ionenaustauschern bei d. – -Gewinn. aus CN-Lsg. 40-2168.

Extrakt. v. – aus HCl-saurer Lsg. mit Dieselöl 30-2428*; Sorpt.-Verf. v. – -halt. Abwasser 32-2209; Unters. d. elektrolyt. Al-Reinig. unter Verw. v. ^{198}Au 48-0675.

Saure galvan. Glanzvergold. (Eig.) 2-2245; Au-Resinatlsg. zum Vergolden v. Glas u. Keramik 2-2297*; cyanid. – -Bad 8-2427*; Einfl. d. Härt. auf d. Löcher in – -Draht 11-2386; anod. Ablösen v. – -Überzügen 11-2455*; Verbinden v. Sb-halt. – -Folien mit monokrist. Si-Körpern 28-2285*; Verf. zur Herst. eines – -Dekors, bes. v. Brokatkanten auf Keramik 30-2277*; Verbesser. d. Benetzbark. an Si-Halbleiterkörper anlegierter Au-Kontakte 36-2259*.

Physikalisches und physikalisch-chemisches Verhalten

Isomerenverhältnisse in Kernrk. mit ^{196}Au im Endzustand 28-0027; Ausb. an ^{195}Au bei Kernrk. am Zyklotron 28-0028.

$t_{1/2}$ v. ^{189}Au 1-0077; Meth. zur Berechn. d. Intensität rückgesteuerter γ-Strahl. v. ^{198}Au 3-0034; $\gamma-\gamma$-Richt.-Korrelat.-Mess. an $2 \rightarrow 2 \rightarrow 0$-Kaskaden zur Best. d. E*2*/M*1*-Misch.-Verhältnisses d. $2^+ \rightarrow 2^+$-Übergangs beim Zerfall v. ^{198}Au 3-0061; Mess. d. kernmagnet. Dipolmoments v. ^{197}Au u. Hyperfeinstrukturmess. in d. Grundzuständen v. ^{197}Au 3-0135; Spin u. Energie angeregter Zustände v. ^{195}Au 4-0038; semimkr. Beschreib. v. Spektren v. – -Kernen 7-0060; Wrkg. d. Druckes auf d. Mössbauer-Koeff. v. ^{197}Au 7-0066; Zerfall d. ^{195m}Au 10-0045; experimentelle Unters. über d. Korrekturfaktor für d. Meth. d. äußeren Konvers. bei γ-Strahlenmess. v. ^{198}Au 11-0040; Zerfall v. ^{191}Au u. d. Niveauschema v. ^{191}Pt 11-0096; Kerndichte v. ^{197}Au 13-0044; elektromagnet. Übergänge in ^{199}Au 14-0026; Zerfall v. ^{195}Au 14-0071; graph. Auswert. v. β-Absorpt. Meßergebnisse für ^{198}Au 14-1886; Eig. v. – -Kernen in Deformat.-Bereichen 15-0048; Hyperfeinstruktur-Trenn., magnet. Kernmomente u. HFS-Anomalien v. ^{198}Au u. ^{199}Au 17-0049; Niveaus u. Übergangsraten in ^{199}Au (Zerfall ^{199}Pt → ^{199}Au) 20-0002; Rückstreuung d. γ-Strahl. isotroper Quellen aus ^{198}Au an zylindr. Oberflächen 23-0031; Streuung kollimierter γ-Strahl. v. ^{198}Au an d. Grenze zweier Medien 24-0007; effektives Trägh.-Moment v. ^{197}Au + ^{14}N u. v. ^{197}Au + ^{22}Ne 28-0030; $t_{1/2}$ v. ^{198}Au 32-0019; $S_{1/2} \rightarrow d_{1/2}$-Übergang in ^{199}Au 33-0038; Matrixelementaufheb. im β-Zerfall v. ^{199}Au 34-0005; α-akt. – -Isotope 36-0004; Eig. hochliegender Niveaus in ^{199}Au 36-0025; Zerfällen v. *86*-min-^{197m}Pt u. *18*-h-^{197}Pt folgende Übergänge in ^{197}Au 37-0042; systemat. Eig. d. Schalenmodelle u. vereinheitlichten Kernmodelle für – 40-0020; neues Isotop ^{204}Au u. Zerfall v. ^{202}Au 41-0010; Zerfall v. ^{196}Au u. ^{198}Au in Fe-Leg. 43-0017; Entkommwahrscheinlichk. monoenerget. Elektronen aus einer dünnen Folie (Berechn. für ^{198}Au-β-Strahlen in – -Folien) 47-1868; innere-Konvers.-Unters. d. Zerfalls v. ^{193}Au → ^{193}Pt 48-0037; $t_{1/2}$ d. angeregten Zustände v. ^{196}Au 49/50-0012.

Relatives Bremsvermögen v. – für α-Teilchen bis *5* MeV 1-0036; durch energiereiche Protonen in – erzeugte α-Strahler 3-0092; Mehrfachstreuung v. Elektronen u. Positronen an – -Folien 4-0004; Isomerenverschieb. d. *14,4*-keV-γ-Linie v. ^{57}Fe im Metallgitter v. – 7-0067; Deuteronen, Tritonen u. Helionen direkter Wechselwrkg. aus d. Beschuß v. – durch *156*-MeV-Protonen 9-0078; Bldg. v. ^{7}Be bei Kernrk. mit *85*-MeV-Protonen an – 9-0079; Kernspalt. v. ^{197}Au in drei Fragmente durch schwere Ionen 9-0089; Deuteronenstreuung an ^{197}Au 10-0008; Mess. d. Spinpolarisat. v. *900*-eV-Elektronen nach elast. Streuung an – -Folien in Abhängigk. v. d. Targettemp. 11-0036; Mössbauer-Spektren v. ^{57}Fe-Kernen in Fängerfolien aus – 12-0052; Photospalt. v. – unterhalb *260* MeV 13-0094; Reichweite v. Phototeilchen-Rückstoß-Atomen in – 21-0346; elast. Streuung v. *55*-MeV-Protonen an – 22-0004; Erzeug. schneller Neutronen mit *54*-MeV-Deuteronen aus d. Bestrahl. v. – 22-0038; beobachtete γ-Strahlen u. Ausb. d. (γ, n)-Rk. mit *20*-MeV-Bremsstrahl. an ^{197}Au 23-0052; Einfangquerschnittunters. für Neutronen v. *30* bis *220* keV in – unter Verw. einer neuen Technik 23-0053; Abhängigk. d. *50*- u. *100*-keV-Bremsstrahl. v. Targetdicke u. geometr. Faktoren v. – 25-0034; Bremsstrahl.-Wrkg.-Querschnitt an dünnen – -Folien für einfallende Elektronen v. *1,0*; *1,7* u. *2,5* MeV 25-0035; Neutronenerzeug. in – durch Wechselwrkg. mit Protonen v. *7,5 – 14* MeV 25-0055; σ-Werte für d. Rk. ^{197}Au(n, γ) 27-0056; Verteil. d. Spaltfragmente in – -Folien 27-0061; Mess. d. (n, n'γ)-Wrkg.-Querschnittes im Zusammenhang mit d. Mechanismus d. (n, 2n)-Rk. an ^{197}Au 28-0008; Spalt. v. ^{197}Au durch *13,4*-MeV-Deuteronen 28-0029; Photospalt. v. – -Kernen im Energiebereich bis zu *1600* MeV 29-0013; unelast. Streuung schneller Neutronen an ^{197}Au (E_n = *0,13* bis *1,50* MeV) 31-0017; Spektren u. Winkelverteil. v. α-Teilchen aus d. Wechselwrkg. durch beschleunigte ^{22}Ne- u. ^{40}Ar-Ionen mit – -Kernen 34-0006; Erzeug. d. ^{197}Au-Isomers durch (n, n')-Rk. u. Anwend. bei Fluß-D.-Mess. in Reaktoren 35-0021; Elementarprozeß d. Bremsstrahl.-Erzeug. in einer – -Streufolie 35-0058; Deuteron-Desintegrat. durch – v. *8 – 15* MeV 41-0010; Vielfachstreuung v. α-Teilchen durch dünne – -Folien 44-0011; Mess. v. Absorpt.-Querschnitten für Neutronen mit einer mittleren Energie v. *24* keV in – 44-0020; Partialwellenanalyse d. unelast. Elektronenstreuung an ^{197}Au 45-0015; Energiespektren v. unelast. an – gestreuten *28,4*-MeV-α-Teilchen 46-0012; abs. Mess. v. (n, γ)-Querschnitten für – bei *30* keV u. ihre Anwend. bei d. Normalisier. anderer Daten 46-0017; Mössbauer-Spektren v. *0,02 – 1* Atom-% ^{119}Sn in – 46-0259; Energieverlust, Reichweiten u. Streuung v. *54,4*-MeV-α-Teilchen in – 48-

0010; Resonanzabsorpt.-Mess. v. Neutronen an ^{197}Au zur Durchführ. v. Spektrumberechn. für ein subkrit. Gitter 49/50-0014; Reichweite-Energie-Bezieh. u. Energieverlust v. Spaltfragmenten (^{235}U u. ^{252}Cf) in – 49/50-0193; Berechn. d. Abbrems. schneller Protonen in – nach einem statist. Atommodell 51/52-0018.

Einfl. v. – -Beimeng. auf d. Emiss.- u. Absorpt.-Spektren v. CdSe u. CdS-Krist. 1-0372; Rotat.-Analyse v. Banden d. gasf. Au_2-Mol. (Elektronen-Absorpt.-Spektrum) 7-0122; Absorpt.- u. Reflex.-Spektren v. sehr dünnen – -Schichten auf Quarz- bzw. CaF_2-Trägern 9-0343; Interpretat. d. Au(III)-Spektrums 10-0094; Absolutmess. v. Röntgen-Bremsspektren dicker – -Anoden im Energiegebiet um *500* keV 10-0299; spektrale Emiss. im Bereich *2200 – 6600* Å v. durch Laserstrahl erzeugten – -Plasmen 11-0137; Einfl.: v. – auf d. opt. Absorpt.-Kante v. glasförm. As_2S_3 14-0321; d. Flußmittels auf d. Spektren d. IR-Anreg. v. ZnS : Au-Phosphoren 14-0342; d. endl. Kerngröße auf d. Abstand d. Röntgen-L_I-L_{II}-Niveaus in – 18-0090; relative Intensitäten u. Strahl.-Breiten d. Röntgen-$K\beta_2{}^{I}$, $K\beta_2{}^{II}$-Linien für – 18-0091; NQR-Spektrum d. ^{197}Au-Kerns in AuCl 35-0331; lineare Polarisat. d. Röntgen-Bremsstrahl. v. dünnen – -Targets 38-0070.

Opt. Eig. v. dünnen – -Schichten mit Inselstruktur 1-0335; opt. Konst. v. auf $KTaO_3$ aufgedampften – - u. Pt-Schichten 1-0336; Übergangsstrahl. durch nichtrelativist. Elektronen in dünnen – -Filmen 3-0334; Lumineszenzeig. v. durch UV- u. γ-Strahl. angeregtem CaO : Au 4-0316; Absorpt.-Koeff. u. Brech.-Index feinster – -Kugeln im nahen UV 6-0328; Ausbreit. eines Laserstrahls v. hoher Intensität in Fl. mit koll. – 7-0296; Mess. v. Röntgenschwäch.-Koeff. für – 10-0293; Veränder. d. Reflex.-Vermögens für Röntgenstrahl. v. Rutil mit – -Elektroden unter d. Einfl. eines elektr. Feldes 10-0296; Reflex. v. Röntgenstrahlen v. – im Bereich *7 – 44* Å 10-0297; Depolarisat. v. linearpolarisiertem Laserlicht (He–Ne; *0,6328* μ) bei d. Rückstreuung v. – auf Al_2O_3 11-0349; Einfl. adsorbierter Gase auf d. Photonenerzeug. durch Beschuß mit niederenerget. Elektronen auf – -Oberflächen 13-0299; opt. Parameter 14-0302; Meth. zur Berechn. d. opt. Konst. v. adsorbierenden dünnen – -Schichten aus Reflex.- u. Transmiss.-Mess. 14-0308; Injekt.-Elektrolumineszenz in CdS bei hoher Stromdichte einer CdS–SiO–Au(Cr)-Diode 14-0347; Piezoreflex.-Vermögen 15-0312; durch Fokussier. eines Laserstrahls auf ein – -Target erzeugtes Plasma 18-0310; Radienbest. v. mit – überzogenem Pyrexglas durch Lichtstreuung 20-0249; temperaturmoduliertes Reflex.-Vermögen 22-0323; Berechn. d. Extinkt.-Koeff. für koll. – -Teilchen in W. 22-0643; mit ohmschem – -Kontakt erzeugte Elektrolumineszenz u. Halbleitereig. v. mit Seltenerdmetallionen aktivierten CdF_2-Einkrist. 23-0409; Ellipsometerunters. d. anomalen Absorpt. in sehr dünnen dielektr. Schichten auf aufgedampftem – 25-0317; Reflex.-Streuung v. aufgedampften – -Filmen im UV 27-0356; Einfl. v. Leg.-Bldg., Verform. u. Rekristallisat. sowie Nah- u. Fernordn. auf opt. Konst. v. – 29-0320; opt. Effekte in Metallen (Anwend. d. Meth. kleinster Quadrate auf Mess. an –) 30-0274; Übergangsstrahl. relativist. Elektronen beim Durchqueren v. – 30-0286; Strahl. bei senkrechtem Eintritt v. *6 – 23*-keV-Elektronen in – -Oberflächen 30-0287; Absorpt.-Koeff. im ultraweichen Röntgengebiet nach verschiedenen Meth. 34-0396; halbkugelförm. Reflex. v. – -Oberflächen als Funkt. d. Wellenlänge u. d. Oberflächenrauhigk. 35-0291; Elektrolumineszenz v. Al–Al_2O_3–Au-Schichtdioden 39-0287; opt. Emiss. – -dotierter Si-n^{2+}-n_l-n^+-Strukturen durch Aufschmelzen v. AsAuSn bzw. Sn auf d. Enden v. Si : Au 41-0260; spektrales IR-Reflex.-Vermögen v. – bei tiefen Temp. (Übersicht) 43-0259; theoret. Unters. d. opt. Eig. dünner – -Schichten 44-0267; Lichtabsorpt. durch anisometr., orientierte – -Teilchen 46-0305; Absorpt.-Mess. an – im fernen UV 46-0307; inelast. Wechselwrkg. v. γ-Strahlen mit K-Schalen-Elektronen v. – 49/50-0044.

Versetz.-Anordn. u. Verfestig. im Bereich II plast. verformter – -Einkrist. 3-0293; Grenzflächenenergie u. elast. Dehn. v. epitakt. Überzügen v. Pt/Au, Au/Cu, Au/Ni, Ag/Au, Pd/Au 5-0206; Versetz.-Anordn. u. Verfestig. im Bereich plast. verformter – -Einkrist. 18-0288; Beobacht. d. Rekristallisat.-Prozesses dünner – -Filme im Elektronenmikroskop 34-0135; Einfl. d. plast. Verform. auf d. Clusterbldg. v. Leerstellen in abgeschrecktem – 43-0224; Tieftemp.-Ausheil. u. Versetz.-Umlager. in kaltbearbeitetem – 46-0213.

Syst. Au/Hg u. d. Modell d. Elektronenkonz. 7-0257; Atomstreufaktoren 11-0191; relativist. Gleich. für d. SCF ohne Austausch für – 13-0184; Vgl. d. *4*d- u. *5*d-Radialwellenfunkt. v. – 17-0105; Aufspalt. d. Grundzustandes v. – in InSb 27-0476; ber. Übergangsstärken zwischen d. Konfig. $5d^8 6s$ u. $5d^8 6p$ in Au(III) 28-0043; Hyperfeinstruktur u. g_J-Wert d. $^2D_{3/2}$- u. d. $^4F_{9/2}$-Zustandes v. – 29-0099; auf d. Grundzustand red. Potentialkurven v. Au_2 33-0097; Berechn. für d. Grundzustände v. neutralem – 45-0036.

Einfl. d. Spann. auf d. Fermi-Flächen v. – 13-0261; Energieband 18-0431; isochromatenspektroskop. Unters. d. Zustandsdichte v. – 33-0304; Modell starrer Bänder für – 42-0354.

Elektronen-Kleinwinkelstreuung v. im Vakuum kondensierten – -Filmen 5-0171; höherdimensionale Krist.-Modelle 7-0624; Porosität galvan. – -Überzüge (Einfl. d. Untergrundrauhigk.) 7-2413; Kristallite in aufgedampften CdS-Schichten auf – 8-0195; gekreuzte Gitterabb. eines – -Krist. 8-0200; Fourier-Bilder eines – -Krist.-Gitters 9-0203; Einfl. d. Kathodenwasserstoffs auf Struktur (u. Eig.) v. galvan. – -Überzügen 9-2408; Orientier. u. Struktur v. im Ultrahochvakuum gebildeten – -Teilchen 10-0200; Frenkelsche Kondens.-Theorie u. Anwend. auf – 11-0227; elektronenmkr. Beobacht. eines Kreuzgitters in Krist. v. – -Schichten 13-0221; Unters. v. – -Filmen auf dünnen NaCl-Schichten 13-0222; Beug.-Unters. d. (*100*)-, (*110*)- u. (*111*)-Flächen v. – mit niederenerget. Elektronen 14-0222; Röntgenunters. d. Struktur galvan. aufgebrachter – -Überzüge 17-2513; Best. quant. Polfiguren für flache dünne – -Filme auf einem Substrat 18-0191; Interferenzen v. Röntgenstrahlen an dünnsten – -Aufdampfschichten 22-0194; Geometrie u. Energie einer Drehgrenze zwischen epitakt. Pt- u. – -Krist. mit ungleichen Gitterparametern 23-0231; Verteil. v. – in tiegelfrei gezogenen Si-Krist. 24-0202; Abschreckvers. an – 30-0171; elektronenmkr. Unters. d. Struktur v. auf NaCl aufgedampften dünnen – -Schichten (Einfl. v. Abscheid.-Geschw. u. Restgas) 31-0172; tiefliegende – -Beimisch. in Si 32-0421; Temp.-Verh. v. gefilterten Intensitäten bei d. dynam. Elektronenbeug. an – -Folien 33-0191; Korngrößenverteil. v. – -Schichten auf NaCl-Krist. 33-0196; anomale Oberflächenstruktur 34-0179, 34-0180; Struktur u. Orientier. v. Krist. in – -Abscheid. auf Glimmer 37-0141; Parakrist. als Modell für fl. – -Krist. 37-0289; Best. d. Gitterkonst. u. Kristallitgröße v. kondensiertem – -Dampf durch Röntgenanalyse 37-2068; quasithermodynam. Berechn. d. Leerstellen in – (aus Sammelref.) 44-0107; elektronenmkr. u. Elektronenbeug.-Unters. v. feinen, durch Verdampf. in Ar unter niedr. Druck dargestellten Rauchteilchen v. – 45-0166; Rasterelektronenbeug.-Unters. d. diffusen inneren Ringe v. sehr dünnen Aufdampfschichten v. – 46-0215; LEED-Unters. d. (*100*)-Fläche v. – 47-0123; röntgenograph. Unters. opt. Texturen v. – -Teilchen 47-0142; Veränder. d. Konz.-Niveaus v. – in Si 49/50-0187.

Pseudomorphes Wachsen v. Pt auf – 1-0216; durch Elektronenbeschuß induzierte Änder. v. Wachstum u. Epitaxie v. aufgedampften – -Schichten 2-0188; Anfangsstufen d. epitakt. Wachstums v. auf NaCl aufgedampften – -Schichten 2-0189; Einfl. v. Ultraschall auf d. Segregat.-Verh. v. – u. Te bei normaler Erstarr. 10-0231; Orientier. v. – -Aufdampfschichten auf Glimmer 11-0255; chem. Züchten v. einkrist. magnet. Oxidschichten aus d. Dampfphase unter Einschluß v. – 13-0237; Einfl. d. Vakuumumgeb. auf d. Substruktur, Korngröße, Krist.-Perfekt. u. Epitaxie v. aufgedampften – -Filmen 15-0195; anomales Wachstum v. – aus d. Dampfphase 15-0202; Abscheid. v. – durch chem. Red. 19-0223; epitakt. Wachstum v. – auf im Ultrahochvakuum gespaltenen Alkalimetallhalogenidkrist. 23-0227; Einfl. d. Beweglichk. v. – -Atomen auf d. Struktur dünner – -Schichten beim Aufdampfen mit schrägem Auftreffen 24-0213; Abscheid. v. dünnen – -Schichten unter d. Einfl. einer Bestrahl. mit schnellen Ionen 24-0324; epitakt. Wachstum v. – auf CdJ_2 25-0180; Keimbldg. v. Krist. in Multischichten metall. Adsorbate v. – auf sauberen W-Spitzen im Feldelektronenmikroskop 26-0205; Einfl. v. Verunreinig. auf d. Struktur epitakt. – -Schichten 26-0250; Theorie d. Orientier.-Effekte bei d. Keimbldg. v. – auf einem krist. Substrat 28-0152; Wachstum v. – -Filmen auf Steinsalz im Hochvakuum 28-0176; (Wachstumsmodell) 28-0177; Einfl. v. Ultraschallschwing. v. Unterlage auf d. Wachstum dünner – -Schichten 29-0181; Unters. d. Struktur epitakt. – -Schichten auf Alkalimetallhalogeniden durch Elektronenbeug. 32-0169; epitakt. Wachstum v. – auf im Ultrahochvakuum gespaltenem MgO 34-0134; Keimbldg.-D. v. – auf NaCl-Spaltflächen 37-0139; epitakt. – -Aufdampfschichten im Hochvakuum 37-0140; Temp.-Änder. in dünnen – -Schichten während d. Bedampf. 42-0163; Formier.-Prozeß in aufgedampften dünnen Al/SiO/Au-Filmen 42-0169; Wachstum u. Defektstruktur v. auf Molybdänit im Ultrahochvakuum gebildeten – -Filmen 43-0174; Unters. d. epitakt. Wachstums v. – im Ultrahochvakuum mittels Beug. langsamer Elektronen 44-0149; Wachstum v. dünnen – -Schichten zwischen *80* u. *475* °K auf NaCl 44-0150; epitakt., in Ggw. kleiner Mengen – gewachsene Si-Schichten 46-0126; Wachstum d. dichtgepackten (*111*)-Ebene v. – -Einkrist. 47-0165; morpholog. Änder. in diskontinuierl. – -Schichten nach d. Nd. 47-0166; Einfl. d. Nd.-Parameter auf d. Koaleszenz-Wachstumszustand dünner – -Schichten 48-0146.

Bldg. v. Fehlordn. in epitakt. – -Schichten 2-0190; Mess. d. Stapelfehlerenergie 4-0196; Berechn. d. Kräfte auf Störstellen in – mit einem Temp.-Gradienten 7-0266; Substitut.-Defekte u. Resonanzmoden in Festkörpern (Neutronenstreuexperimente an Cu-Krist. mit – -Verunreinig.) 13-0266; Leerstellenwander. in –, Thermokraft v. – 16-0166; Scherspann. u. Deformat.-Energien v. Kantenversetz. in – -Krist. 16-0213; Hohlräume, Versetz.-Ringe u. Stapelfehlertetraeder in abgeschrecktem – 18-0226; Beseitig. v. Leerstellen in – in Ggw. v. Versetz. 18-0227; durch – induzierte Versetz.-Schleifen in Si-Krist. 19-0231; Energien v. Stapelfehlern u. Zwillingen in – 20-0177; Vgl. d. elektronenmkr. Abb. v. Versetz. in Fe, Nb, Cu u. – auf d. Basis d. isotropen u. anisotropen Elastizitätstheorie 21-0211; Erzeug. v. Kationenleerstellen durch Einführen v. – -Ionen aus – -Anoden bei d. Elektrolyse v. KCl- u. KBr-Einkrist. mit Cd-Beimeng. 22-0421; Entsteh. v. – -Vielfachzwillingen bei Kondens. in Ar bei tiefen Drücken 23-0226; Berechn. d. mechan. Energie v. Leerstellenkondens.-Schleifen, Stapelfehlertetraedern u. Lücken für – 23-0232; Abschreckexperimente (Verh. eingefrorener Leerstellen) an – 23-0242; Existenz mehrfach verzwillingter Teilchen im Anfangszustand d. – -Filmbldg. auf Alkalimetallhalogenidkrist. 24-0212; Leerstellen u. Doppelleerstellen in abgeschrecktem – 29-0195; Energie d. dissoziierten dreieck. Frank-Versetz.-Schleifen in – 30-0213; Berechn.: d. Kontrasts v. Fehlerdipolen u. Mess. d. Stapelfehlerenergie für – 31-0187; v. Gleichgew.-Konfig. v. dissoziierten Jogs in – -Krist. 33-0202; Breite v. gleitfäh. aufgespaltenen Versetz. in anisotropen – -Krist. 34-0150; Wechselwrkg. v. Defekten in d. Diffus.-Zone schmaler Au–Ag-Diffus.-Paare 34-0365; Oberflächenleerstellen auf – -Krist. 35-0150; Leerstellenkonz. u. -zusammenball. in abgeschrecktem – 37-0207; Stoßaufheiz. u. Wander.-Energie einer einzelnen Leerstelle in – 39-0117; Tempern v. Stapelfehlertetraedern in – 46-0214; Unters. v. Krist.-Fehlern in – durch Kanaligraphie mit α-Teilchen 48-0149; Berechn.: d. Enthalpie d. Leerstellenbldg. in – 48-0181; d. Leerstellenwander.-Energie in – 48-0182; Keimbldg. u. Wachstum v. Stapelfehler-Tetraedern in abgeschrecktem – 51/52-0144.

Einlager., Diffus. u. D.-Verteil. v. Deuteronen in Selbsttargets aus – 10-0285; Einfl. therm. Defekte auf d. γ-Strahl.-Stabilität v. Ge mit einer – -Oberflächenschicht 11-0344; Nd. u. Diffus. v. Deuteronen in – 13-0293; Zwischengitterfehlstellen-Cluster in – nach Beschuß mit – -Ionen v. *270* eV 16-0320; Beweglichk. v. Zwischengitterfehlstellen v. in Stufe III mit – -Ionen v. *270* eV beschossenem – 16-0321; Strahlenausheil. in deuteronenbestrahltem – 17-0339; Erhol. v. deuteronenbestrahltem – 17-0340; Schädig. durch therm. Neutronen 21-0335; Stöße zwischen Spaltprod. u. Gitteratomen in – 21-0341; Zerstäub. v. polykrist. – durch schnelle Neutronen 25-0294; Spaltprod.-Schädig. an – -Einkrist. 28-0281; spontane Rekombinat. v. Frenkel-Paaren in neutronenbestrahltem – 35-0268; Strahlenschädig. in dünnen – -Filmen bei *4,2* °K 36-0291; Ausheil. d. Stufe I_E in bestrahltem – 40-0235; Wrkg. v. H^--, Ne^+–Ne^+-Ionen mittlerer Energie in dünnen – -Schichten 41-0217; Energieabhängigk. v. Spaltprod.-Schäden (U) in – -Schichten 42-0244; Rekristallisat. v. kaltverformtem – während α-Bestrahl. 48-0245.

Diffus. v. – in SiO_2 u. Si mit einer MOS-Struktur 2-0268; Diffus.-Koeff. d. O_2 durch eine – -Schicht 5-0455; Unters. v. Au–Al-Diffus.-Paaren nach Auslager. (für Verb.-

Stellen) 11-2152; Diffus. in Na 12-0283; Einfl. eines elektr. Feldes auf d. interkrist. Diffus. in – 25-0275; Diffus. in Si 25-0276; Strukturanisotropie d. Oberflächenkoeff. d. Selbstdiffus. v. polykrist. – 30-0258; Diffus.: in krist. u. glas. $CdGeAs_2$ 35-0277; in InAs 36-0283; Analyse v. Selbstdiffus.- u. Abschreckunters. in – 38-0266; Aktivier.-Energie d. Selbstdiffus., Rekristallisat.-Temp. u. krit. Fließspann. 39-0198; Oberflächenselbstdiffus. 44-0107; Versetz.-Schleifen durch –-Diffus. in Si-Krist. 46-0153; Aktivier.-Enthalpie d. Selbstdiffus. 46-0290; Entropieänder. bei Leerstellendiffus. 47-0238; Diffus. in Tl 48-0225; Temp.-Abhängigk. d. Diffus. in –-Krist. 49/50-0186.

Einschluß polykrist. – in einkrist. Ferrit 11-0265; Verteil. u. Fäll. v. – in durch Diffus. mit P dotiertem Si 15-0227; Löslichk. v. – in Al (Phasenausscheid.) 29-2513; durch Abschrecken u. Extrakt. bestimmte Löslichk. v. H in festem Cu, Ag u. – 44-0465.

Isotherm.-adiabat. Druckkoeff. d. Elastizitätskonst. 5-0313; elast. Scherkonst. *3.* Ordn. 9-0304; Einfl. v. –-Verunreinig. auf d. Erhol. v. kaltbearbeitetem Ni 13-0265; Spaltrißfortpflanz. in –-Krist. (Modellberechn.) 18-0265; Härte (u. Porosität) v. –-Nd. aus sauren Bädern 19-2592; Nachw. elast. Spann. in epitakt. gewachsenen Keimen (Pt) auf einkrist. –-Substraten 20-0191; plast. Spann.-Relaxat. in – 26-0285; Fließspann. v. –-Einkrist. bei hohen Temp. 29-0280; Morse-Potential-Berechn. d. Elastizitätskonst. *2.* u. *3.* Ordn. 29-0281; Translat.-Gleit. u. Fließoberfläche 41-0130; Scherspann.: v. stark verformtem – bei hohen Drücken u. Temp. 41-0153; u. Energien v. *1/2⟨110⟩*, *{111}*-Stufenversetz. 43-0216; v. Kippgrenzen in – 48-0201; Mikrodeformat. 48-0208.

Mehrschicht. ohmsche –-Kontakte an CdS 1-0446; interkrist. elektr. Überführ. v. Ag in – 2-0267; heißes Elektron–Phonon-Wechselwrkg. in – 2-0411; Berechn. d. spezif. elektr. Widerstands u. d. Thermokraft v. Leerstellen in – 2-0420; Zahl d. Leitfähigk.-Elektronen je Atom 6-0393; mit d. Kapazitätsmeth. gemessene Eig. d. Grenzfläche v. Au-Isolator–CdS-Schichten 7-0405; Spin-flip-Streuung v. Leit.-Elektronen durch Verunreinig. v. – in Li 10-0343; Einfl. d. hohen elektron. Stromdichte auf d. Beweg. v. ^{195}Au u. ^{125}Sb in – 12-0284; Herst. ohmscher Kontakte v. legiertem bzw. reinem – an Si 12-0392; Mess. d. Strom-Spann.-Kennlinie v. Au–CdSe-Kontakten 14-0426; Änder. d. Austrittsarbeit u. photoelektr. Ausb. v. – mit d. Krist.-Flächen 17-0429; graph. Best. d. Barrierenhöhe u. d. Temp.-Überschusses einer Au–Ga–As-Schottky-Barriere 17-0441; Zusammenhänge zwischen ESR, elektr. Leitfähigk. u. Photoleit. bei –-dotiertem B 17-0446; Restwiderstand u. Zunahme d. thermoelektr. Kraft d. Metalle bei tiefen Temp. am Beispiel v. verunreinigtem – 19-0475; Berechn. d. Wrkg.-Querschnitte für Photoionisat. v. –-Atomen im Bereich ultraweicher Röntgenstrahl. 21-0167; Kontaktpotentiale zwischen Zn, Al u. Ni gegen – u. Pt 23-0453; Hall-Koeff. u. spezif. elektr. Widerstand v. fl. – 24-0475; Temperabhängigk. d. Parameter v. –-dotiertem Si 25-0435; Best. v. Querschnitten v. –-Zentren in einkrist. Ge durch Doppelinjekt.-Vers. 27-0492; Erhöh. d. Thermokraft u. d. elektr. Widerstands v. – nach geringer plast. Verform. bei *–195°* 29-0412; ohmsche –-Kontakte an Si 29-0442; Kennzeichn. d. Halbleiter/Dielektrikum-Grenzfläche durch d. Unters. d. komplexen Kapazität v. Au/Si-Oxid/Si-Kondensatoren 31-0445; neue Leit.- u. reversible Memory-Phänomene in dünnen Au/SiO/Al-Schichten 31-0451; gemeinsam aufgestäubte Au–SiO_2-Cermetschichten 31-0452; Elektrisier. durch Reib. bei $3 \cdot 10^{-7}$ Torr 31-0488; Elektrotransport v. – in Bi_2Te_3-Einkrist. 33-0529; Druckeinfl. auf Thermo-EMK u. Widerstand 33-0551; elektr. Eig.: v. –-dotierten ZnSb-Einkrist. 35-0359; v. –-dotierten Zn_4Sb_3-Einkrist. 35-0360; ohmsche u. thermoelektr. Eig. v. dünnen –-Schichten 37-0393; Stromsättig. in GaAs-Schichten mit aufgedampften –-Elektroden 39-0337; Abhängigk. d. Kontaktpotential-Differenz v. verkokten Harzen gegen – 39-0540; Barrierenhöhen v. Au–Si-Kontakten 40-0325; auf leitendes Strontiumtitanat aufgedampfte –-Kontakte 40-0326; Struktur u. elektr. Eig. v. Ti/TiO_2/Au-Strukturen 40-0327; Rekombinat.-Eig. v. –-Akzeptorniveaus in Si mit Hilfe d. Störstellenphotospann.-Effekts 42-0336; elektr. Eig. v. mit – dotiertem n-Si 43-0377; Einfl. d. Adsorpt. v. – auf d. elektr. Eig. einer atomar sauberen Si-Oberfläche 45-0388; Verschieb.-Richt. v. geschmolzenem – auf Ge- u. Si-Oberflächen unter d. Einfl. eines elektr. Stromes 45-0400; Einfl. d. –-Elektroden auf d. Raumlad.-Fluß in $BaTiO_3$-Polykrist. 45-0431; Barrierenhöhe v. Au–$BaTiO_{3-x}$-Kontakten 47-0375; Phasenverschieb. d. Pseudoatome v. – 47-0385; Eig. v. –-Kontakten an sauberen n-Si-Oberflächen 48-0405; elektr. Eig. v. mit – dotiertem CdSb bei tiefen Temp. 49/50-0297; Temp.-Abhängigk. d. Hall-Koeff. d. elektr. Leitfähigk. u. d. Beweglichk. an –-dotiertem InSb-Proben 51/52-0283.

Krit. Winkel für d. Kanalleit. v. H^+-, D^+- u. He^+-Ionen in –-Einkrist.-Filmen im Energiebereich *1–17* keV 1-0323; unelast. Streuung v. Elektronen in –-Filmen 1-0408; Protonenkanalleit. niedr. Ordn. durch ultradünne –-Krist. 6-0315; charakterist. Energieverluste v. Elektronen in polykrist. – u. Einfl. v. Verunreinig. 8-0262; –-Ionenströme bei Ar- bzw. O-Beschuß 8-0351; Kathodenzerstäub.-Experimente, fokussierende Stoßfolgen u. d. Kanalleit. in – 10-0286; Zerstäub.-Rate, Energie u. Winkelverteil. zerstäubter –-Atome 11-0334; Abbremsenergie v. – für Protonen u. Deuteronen v. *5–12* MeV 15-0308; Bremsquerschnitte v. –-Filmen für langsame Protonen 17-0034; Neutralisat. v. Protonen in dünnen –-Folien 17-0035; Kanalleit. v. radioakt. ^{133}Xe u. ^{198}Au-Ionen in – 17-0338; K-Schalen-Ionisat. v. – durch Elektronenbeschuß 19-0171; Zerstäub. eines halbkugelförm. –-Einkrist. mit *5*-keV-Ar-Ionen 19-0326; höhere Näher. d. Molière-Theorie d. Elektronen-Vielfachstreuung an – 20-0146; Temp.-Abhängigk. d. Absorpt.-Koeff. für mittelschnelle Elektronen in polykrist. –-Schichten 21-0329; Gebrauch ebener Kollektoren bei Kathodenzerstäub.-Experimenten an – 25-0299; Dickeneffekte d. Elektronenstreuung an –-Filmoberflächen 25-0476; Elektronenstreuung in dicken –-Proben 27-0348; Einfl. d. Temp. auf d. Eindringen schwerer keV-Ionen in einkrist. Festkörper (^{133}Xe-Ionen in –) 28-0283; (verschiedene Ionen in –) 28-0284; charakterist. Energieverluste langsamer Elektronen bei d. Reflex. an – 29-0307; Bremsvermögen für J-Ionen bei Energien bis zu *200* MeV in – 29-0308; Schwäch. langsamer Elektronenstrahlen durch –-Schichten 29-0416; krit. Winkel für d. Kanalwander. v. *1–25*-keV-H^+, -D^+ u. -He^+ in –-Krist. 31-0281; Temp.-Abhängigk. d. *(110)*-Zerstäub. v. –-Einkrist. 31-0396; Energieverluste v. Elektronen an einem zweischicht. Be–Au-Target 35-0263; Zerstäub. v. –: durch niedr.-energet. Gasionen 37-0330; mit *1–5*-keV-Ar^+-Ionen 37-0331; Ionenbeschuß v. dünnen Filmen aus – 41-0203; Einfl. v. Rauschsignalen auf d. Mess. d. Zerstäub.-Ausb. v. – durch Resonanzabsorpt. 41-0216; Temp.-Abhängigk. d. Weitwinkelelektronenstreuung an polykrist. –-Folien 47-0122; Energieverlust-Verteil. v. Elektronen in dicken –-Targets 48-0234; Rückstreuung v. *3,2–14*-MeV-Elektronen an – 49/50-0192.

Mess. d. Hall-Effekts an Au–Cs–O in Abhängigk. v. Ox.-Grad 17-0473; Hall-Effekt in dünnen –-Filmen 32-0460.

Feldemiss. aus mit – beschichteten p-Ge-Emittern 14-0390; Trägh. d. Exoelektronenemiss. aus – 27-0466; Beobacht. über kohärente Streuung v. Elektronen durch d. –-Elektrode eines Dünnfilm-Kaltkathodenemitters 29-0417; Sekundärelektronenemiss. einer –-Oberfläche unter d. Einfl. eines Molekularstrahls hoher Energie 34-0438; Mess. d. Sekundärelektronenemiss. v. d. Austrittsseite dünner freitragender –-Folien 39-0322; Korrelat. zwischen Elektrolumineszenz u. Elektronenemiss. dünner Be/BeO/Au-Schichten 40-0300.

Widerstandsänder. in an d. Luft abgeschreckten –-Drähten 2-0421; spezif. elektr. Leitfähigk. dünner –-Schichten auf NaCl-Einkrist.-Substraten 3-0458; Temp.-Koeff. d. Widerstandes in dünnen –-Schichten 4-0364; Änder. d. elektr. Widerstandes v. – 9-0439; elektr. Leit. in Filmen aus – mit Inselstruktur auf isolierenden Filmen 12-0425; Einfl. d. Adsorpt. v. NH_3 auf d. Temp.-Koeff. d. Widerstandes v. –-Filmen 13-0661; elektr. Widerstand v. – in Abhängigk. v. Verunreinig. 16-0457; Erhol. d. elektr. Widerstandes v. – nach Neutronenbestrahl. mit niedr. Dosis bei *4,6* °K im Reaktor 17-0482; Einfl. d. Unterlage auf d. Struktur u. Leitfähigk. v. –-Aufdampfschichten 18-0444; Ionenleitfähigk. in KCl u. ihre Abhängigk. v. –-Elektroden 19-0443; negativer Widerstand in mit – dotiertem p-Ge in starken elektr. Feldern 20-0370; Resonanzstreuung u. elektr. spezif. Widerstände v. Versetz. in – 21-0494; elektr. Leitfähigk. dünner granulierter –-Filme 22-0464; Änder. d. spezif. elektr. Widerstandes v. dünnen –-Schichten bei Ionenbeschuß 25-0477; Mathiessen-Regel u. anisotrope Relaxat.-Zeiten für – 27-0526; Widerstände für einwert. Verunreinig. in – 28-0391; Leitfähigk.-Mechanismus pyrolyt. erhaltener Dielektrika mit aufgetragenen –-Elektroden 30-0402; Leitfähigk. 30-0420; Einfl. eines überlagerten Films auf d. elektr. Leitfähigk. dünner –-Filme 32-0447; Änder. d. spezif. Widerstandes v. dünnen –-Schichten mit d. Temp. 32-0450; Gleichspann.-Leitfähigk. v. Si–SiO_2–(Cr–Au)-Strukturen 36-0379; Einfl. d. –-Elektrode auf Temp.-Abhängigk. d. elektr. Leitfähigk. v. $PbZrO_3$ 42-0344; elektr. Leitfähigk. u. Übergangswiderstand galvan. –-Schichten 46-2222; anomaler Skin-Effekt u. Größen-Effekt in dünnen –-Filmen 49/50-0307.

Photoleit. in Al/Al_2O_3/Te/Au-Dünnschichtstrukturen 1-0460; Photoelektronenemiss. aus d. Filmsyst. Al/Al_2O_3/Au 7-0375; Zeit für d. Emiss. v. Photoelektronen aus –-Emittern bei d. Bestrahl. mit Laserstrahlen 13-0391; Quantenaustritt beim Röntgenphotoeffekt 14-0395; Abhängigk. d. Kontrastes im Photoelektronen-Emiss.-Mikroskop v. d. Oberflächeneig. d. Präp. 14-1883; photoelektr. Drei-Photonen-Effekt u. Austrittsarbeit in – 16-0412; photoelektr. Wrkg.-Querschnitte d. K-Schale für *280-* u. *662*-keV-γ-Strahl. 21-0164; Natur d. Photoventileffekts in CdSe nach Mess. d. Photo-EMK mit – vakuumbedampfter CdSe-Proben 22-0446; Deut.-Möglichk. d. negativen Photoleitfähigk. bei mit – dotiertem Ge 23-0467; negative Photoleit. v. –-dotiertem Si 23-0472; Wrkg.-Grad v. SEV mit –-Photokathoden im Wellenlängenbereich *75–300* Å 24-0418; photoelektr. Mess. an Übergängen aus –-beschichtetem Wolframsilicid u. n-Si 25-0463; photoelektr. Eig. d. Filmsyst. Al/Al_2O_3/Au 30-0377; innerer Photoeffekt in Al–Al_2O_3–Au-Schichten 33-0537; Laser-induzierter, nichtlinearer, photoelektr. Effekt in – 41-0306; Einfl. d. Erhitzens unter Vorspann. auf d. photoelektr. Schwelle beim Syst. Au/SiO_2/Si 43-0415; Photoelektronenemiss. einer als Photokathode benutzten Al–Al_2O_3–Au-Struktur 48-0385; innere Photoemiss. in Al–Al_2O_3–Au-Strukturen 48-0452.

Thermokraft: v. Gitterleerstellen in – 4-0342; v. reinem Al mit – als Standard 51/52-0265.

Bezieh. d. Elektronenkonz. zu d. Parametern einer kondensierten Niederspann.-Entlad. u. d. physikal. Eig. d. Elektroden aus – 6-0164; Einfl. v. –-Beimisch. auf d. Durchbruchsverh. v. n^+p-Si-Hochspann.-Übergängen 8-0389; elektr. Durchschlag zwischen Metallelektroden aus – im Hochvakuum (Theorie) 26-0174; Kathodenfall eines Entlad.-Bogens an – 27-0193; elektr. Durchschlagsfestigk. v. Al–Al_2O_3–Au 29-0461; Kathodenfall v. Vakuumbögen an Aufstäub.-Kathoden aus – 31-0139; Zerstäub. v. –-Filmen bei Entlad. in O_2 38-0274; galvanomagnet. Unters. in – mit Hilfe v. helikonähnl. Wellen 38-0473; Best. d. Konz. v. –-Atomen in d. Hohlkathodenentlad. aus d. Resonanzlinienabsorpt. 42-0078; Einfl. v. –-Spuren auf d. Durchschlagsspann. v. p–n-Übergängen bei Si 43-0376; Stromtransport u. maximale Durchschlagsfestigk. v. Au–Si_3N_4–Mo- u. Au–Si_3N_4–Si-Schichten 46-0382.

Elektrolumineszenz u. Stromleit. in Nb–Nb_2O_5–Au-Dioden 1-0464; Abscheid.-Effekte in P–Au-Diffus.-Si-Transistoren 8-0390; Einfl. v. Feinlunkern auf d. Eig. v. CdSe–Au–Ge-Metallbasis-Transistoren 12-0417; Druckempfindlichk. v. Au–$KTaO_3$-Schottky-Sperrschichtdioden 16-0452; Stromoszillat. in –-kompensierten Si–p–i–n-Dioden 17-0450; Dioden aus aufgedampften –-Schichten auf epitakt. GaAs-Schichten als Mischer 19-0449; Oberflächensperrschichtdioden aus –-Schichten auf halbleitendem $KTaO_3$ 19-0468; Si-Bauelemente mit negativem Widerstand durch Sb-Diffus. u. einseit. Leg. mit – 20-0367; ungewöhnl. Zerstör.-Erschein. v. Si-Planartransistoren mit Al-Elektroden u. –-Kontakten 20-0368; Strom–Spann.-Charakteristiken v. in Vorwärtsricht. gepolten Au–Si-Schottky-Dioden 23-0493; Unters. d. Strom–Spann.-Kennlinien v. CdS-Krist. mit –-Kathoden 26-0454; Photoempfindlichk. u. Interferenz in Nb_2O_5-Dioden (Gegenelektrode aus –) 28-0431; Injekt. u. Emiss. heißer Elektronen in Al–Al_2O_3–Au-Dioden 29-0419; Best. d. Lad.-Trägerkonz.-Profile in n-leitenden, mit Sn u. Te dotierten epitakt. GaAs-Schichten durch d. Kapazitäts-Spann.-Verf. an –-Dioden 29-0451; Doppelinjekt. in mit – dotiertes Si 45-0392; negativer Widerstand in –-dotierten Si–p–n_i–n-Dioden 45-0395; Theorie d. negativen Widerstandes v. –-dotierten Ge–p–n-Dioden 45-0398; Eig. v. –-dotierten MOS-Strukturen 47-0378; negative Widerstände d. N- u. S-Typs u.

Relaxat.-Schwing. in mit – dotierten Ge-Doppelinjekt.-Dioden 48-0411; Au–SiC-Sperrschichtdioden 48-0451; elektr. Kennlinien v. Dioden aus entartetem n-Ge mit –-Elektroden bei tiefen Temp. 49/50-0285.

Krit. Temp. u. krit. Felder v. supra- u. normalleitenden Mehrfachschichten (Au/Sn) 5-0502.

Tunnel-Emiss. aus Al–Al_2O_3–Au-Strukturen 1-0461; Energieverluste heißer Elektronen in d. Tunnelkathodenstruktur Al/Al_2O_3/Au 4-0359; Energieverteil. v. Elektronen beim Durchtunneln v. Al–Al_2O_3–Al–Au-Strukturen 20-0396; elektr. u. opt. Eig. v. Al/$CaWO_4$/Au- u. Al/Al_2O_3/Au-Tunnelstrukturen 33-0386; Tunnelspektroskopie in GaAs mit –-Elektrode 47-0362; Leitfähigk. v. Bi–Al_2O_3–Au-Tunnelübergängen 48-0454.

De Haas-van Alphen-Effekt bei niedr. Feldstärke 1-0488; atomarer Parameter zur Erklär. v. ESR- u. diamagnet. Suszeptibilitätsdaten v. Au^+ 2-0129; theoret. Betracht. d. Matrixverschieb. d. Hyperfeinstrukturaufspalt. für in einer polaren Matrix (H_2O) stabilisierte Cu-, Ag- u. –-Atome 11-0395; Druck- u. Vol.-Koeff. d. Isomerieverschieb. v. ^{57}Fe im Wirtsgitter v. – 11-0528; Superhyperfeinstruktur v. Yb^{3+} d. EPR-Spektren d. Syst. CdTe/(Yb^{3+}, Au) 18-0369; Thermokraft u. magnet. Suszeptibilität bei tiefen Temp. v. Seltenerdmetallen in – 22-0503; Spinresonanz d. Leit.-Elektronen in kleinen –-Teilchen 33-0396; magnet. Eig. u. Strukturen zusammengesetzter dünner Filme aus ein oder zwei Permalloy-Schichten u. einer –-Schicht 46-0437; Wrkg. v. –-Deckschichten auf d. Spinwellen-Spektren dünner Permalloy-Schichten 48-0337.

H_2-Überspann. an – 3-0615; Best. d. Standardpotentiale v. Au/$[Au(SCN)_2]^-$ u. Au/$[Au(SCN)_4]^-$ 4-0504; Unters. d. EMK d. Ketten aus –-Elektroden u. einer Chinhydron-Elektrode in Na-Acetat-Lsg. verschiedener Konz. in abs. Essigsäure 5-0612; chronoamperometr. Unters. v. Tl-Monoschichten auf – 8-0577; Einfl.: v. –-Elektroden auf d. elektrochem. Bldg. v. H_2 bei d. Elektrolyse v. geschmolzenem $KHSO_4$ 9-0595; v. Essigsäure u. n-Amylalkohol auf d. Elektrodenpotential einer –-Elektrode 10-0579; Elektrochemie v. CO_2 in Dimethylsulfoxid an –-Elektroden 13-0636; Abschätz. d. Korros.-Geschw. mit Hilfe d. Mess. d. Polarisat.-Widerstandes v. –-Elektroden in H_2-gesätt. H_2SO_4 14-0611; chronoamperometr. Unters. v. Pb-Nd. auf –-Elektroden 15-0620; reversible Zelle Pt, J_2/KJ gelöst/AuJ, Au (oder Au-Amalgam) 17-0668; Tl(I)/Tl(III)-Elektrodenrk. in sauren Lsg. an rotierenden –-Elektroden 17-0680; Vers.-Anordn. für eine neue Registriermeth. zur Unters. v. Differentialkapazitätskurven unter Benutz. v. –-Elektroden 19-0674; Kathodenprozesse an – in geschmolzenem KSCN u. $LiClO_4$ 19-0692; extremale Erschein. bei d. Einlager. v. Alkalimetallen in –-Elektroden 20-0555; elektrolyt. Entlad. v. –-Ionen im Gebiet d. Grenzstroms 21-0662; elektrochem. Verh. v. als Indikatorelektrodenwerkstoff benutztem – 21-0670; Unters. v. Elektrolytfilmen bei d. Ionisat. v. H_2 an d. platinierten oberen Teil v. –-Elektroden 24-0621; Red. v. O_2 an –-Elektroden in saurer Lsg. 24-0646; Diffus.- u. Vergift.-Parameter für d. anod. Ox. v. CO in wss. Lsg. an –-Elektroden 24-0648; auf Lad.-Übertrag.-Komplexen basierende elektrochem. Feststoffzellen v. Typ Mg/J_2-Komplex/Au 26-0644; anod. Verh. v. – in KOH-Lsg. 29-0697; potentiostat. u. potentiodynam. Unters. über d. Elektrosynth. nach Kolbe an –-Elektroden in Acetatlsg. 29-0992; H_2-Elektrodenrk. in D enthaltenden Syst. an –-Elektroden 31-0665; Mechanismus d. MnO_4^{2-}/MnO_4^--Redoxelektrode an –-Elektroden 32-0653; Einfl. d. Anode auf d. elektrolyt. –-Abscheid. 34-2431; Kinetik d. kathod. Red. $Co^{3+} \rightarrow Co^{2+}$ in perchlorsaurem Medium an –-Elektroden 35-0539; allg. Ausdruck für d. Tafel-Neig. u. d. Kinetik d. Red. v. O_2 an – 36-0528; Bldg. v. H_2O_2 bei d. Red. v. O_2 an –-Elektroden (saure Lsg.) 36-0529; (alkal. Lsg.) 36-0530; Einfl. rotierender –-Elektroden auf d. Rk.-Geschw. d. Red. v. Anionen 36-0541; Umsetz. v. Au(III) mit Thionalid an einer –-Elektrode 37-0621; polarograph. Verh. an d. Graphitelektrode 41-1936; pH-Abhängigk. d. kathod. H-Abscheid. an – 43-0556; Best. d. Grenzgeschw. d. H-Adsorpt. an Pt-Katalysatoren für Brennstoffzellen mit Hilfe v. –-Elektroden 44-0519; Anionen- u. pH-Einfl. auf d. Nullad.-Potential v. –-Elektroden 46-0539; Unters. d. anod. Wiederauflsg.-Peaks v. Cu bei linearer Chronoamperometrie mit einer planaren, vibrierenden –-Elektrode 46-0551; Verw. d. Chronoamperometrie zur Unters. d. Ox. v. –-Elektroden in festem LiCl/KCl u. NaCl/KCl 49/50-0461; elektrochem. Unters. d. –-Ablager. auf Sulfiden 49/50-0686; gleichzeit. Unters. d. Kurven Kapazität/Potential u. Strom/Potential einer –-Elektrode in einer neutralen K_2SO_4-Lsg. 51/52-0426; Kapazitäts/Potential- u. Strom/Potential-Kurven auf Krist.-Flächen einer –-Elektrode 51/52- 0427.

Wärmeausdehn.-Koeff., spezif. Atomwärme u. Schmelzentropie 1-0528; elektr. u. Wärmeleitfähigk. v. – im gesamten Existenzbereich d. fl. Phase 3-0457; Änder. d. Debye-Temp. in –-Mikrokrist. 12-0249; Anwend. d. Clapeyronschen Gleich. auf – 12-0513; Debye-Waller-Faktor 13-0270; Viskositäten u. Diffus.-Koeff. v. fl. – 13-0536; Elektronenviskosität u. Ultraschalldämpf. in – 14-0261; Einfl. v. –-Kontakten auf d. Erzeug. akust. Schwing. in dünnen CdS-Filmen 15-0467; Grüneisen-Parameter, Elastizitätskonst. *3.* Ordn., Temp.-Abhängigk. d. isotherm. elast. Konst. *2.* Ordn. u. d. elast. Konst. *4.* Ordn. für – 16-0285; Grüneisen-Parameter 20-0217; Bldg.-Energie, Fehlstellen, Elastizitätsmodul, Debye-Temp. u. Selbstdiffus.-Koeff. v. – 23-0289; Wärmeleitfähigk. unterhalb *1* °K 25-0257; Best. d. Grüneisen-Parameters aus elast. Daten 27-0282; Lindemannsches Schmelzkriterium für – 28-0231; Schmelzkurven v. – bis *70* kbar 28-0555; phänomenolog. Thermodynamik d. Schmelz- u. Erstarr.-Vorganges an Hand d. bekannten Meßwerte v. – 29-0564; Einfl. d. Gitterharmonizität auf d. Debye-Waller-Faktor 32-0245; Verdampf. v. – aus einer Knudsen-Zelle 34-0504; Phononenleitfähigk. 35-0245; Einfl. v. Gitterdefekten auf d. Temp.-Abhängigk. d. spezif. Wärme 36-0229; Ultraschalldämpf. in – 36-0248; Tabelle d. effektiven Ordn.-Zahl als Funkt. d. Drucks für – u. andere Kern- u. Mantelmineralien 36-0762; Bezieh. zwischen therm. Ausdehn.-Koeff. u. d. Kompressibilität 39-0200; Schmelzdiagramm d. Syst. Ga/As/Au 39-0489; eutekt. Konz. für d. Syst. Au/Si 41-0453; Einfl. v. – auf d. thermodynam. Aktivität: v. Zn in geschmolzenem Bi 42-0453; v. S in fl. Pb bei *600°* 44-0107; Dampfdruck 46-0472.

Chromatographie v. Au(III) auf mit hochmol. Aminen imprägniertem Papier 1-1790; Anionenaustauschtrenn. v. Au(II) u. anderen Elementen im HCl–CH_3COOH-Medium 1-1811; Adsorpt. aus H_2O, H_2O_2 u. KOH an d. Oberfläche v. Ge- u. Si-p–n-Übergängen 2-0615; Isolier. aus Gemischen v. Pt-Metallen durch Elektrophorese 2-1863; Oberflächenspann. v. fl. – (Theorie) 5-0660; Dispers.-Energien u. Oberflächenspann. 5-0661; Adsorpt. auf W 8-0600; Aerosolbldg. im Syst. Au/Ar u. Au/He 9-0631; Adsorpt. ionogener Tenside aus wss. Lsg. an – 12-0620; IR-Spektren v. auf – adsorbiertem CO 13-0660; W.-Dampf-Sorpt. an aufgedampften –-Filmen 14-0647; selektive Absorpt. v. Au^{3+} durch Polyäthylenpolyamingruppen enthaltende Anionenaustauschfasern 16-1911; elektr. u. Struktureig. v. Ca- u. Ba-Stearat-Filmen auf –-Oberflächen 18-0617; Anwend. d. BET-Gleich. auf d. Adsorpt. v. $AgNO_3$ an – 20-0609; Geochemie d. exogenen – (Bldg. v. koll. –-Dispers. u. ihre Stabilität) 22-0845; elektronenmkr. Unters. an –-Solen 23-0695; Adsorpt. aus wss. Lsg. ionogener Tenside an – 24-0683; Isothermen d. Adsorpt. an – 26-0676; Adsorpt. v. CO an – auf SiO_2-Trägern 26-0682; Desorpt. v. Ge, Si u. Quarz mit organ. Reagenzien 26-0699; Einfl. auf d. Aktivität v. an Ag chemisorbiertem O_2 29-0741; Oberflächenenergie 30-0619; Akkomodat.-Koeff. v. He, Ar, H_2 u. N_2 an – 32-0667; R_F-Werte in *3* Dünnschichtmedien 35-2020; Adsorpt. an Si-Oberflächen 37-0700; Einfl. auf d. Adsorpt.: v. Hg aus Elektrolyten an Si 37-0701; v. Fe aus Elektrolyten an Si 37-0702; Verteil.-Koeff. für –: in HCl u. HCl/organ. Lsgm. an Dowex *1*-X *8* 38-2078; zwischen Amberlyst XN-*1001* u. DMSO/CH_3OH/HCl 39-1915; Oberflächenergie u. Adsorpt. v. Verunreinig. an in Luft erhitztem – 41-0110; Adsorpt. u. Desorpt. an Si 42-0543; Grenzflächenenergie fest–fest bei Au–Al_2O_3 44-0247; koll. – 49/50-0463.

Lsg.-Enthalpien v. – in Sn 20-0486; Lsg.-Geschw. v. – aus natürl. Rohstoffen (Einfl. d. CN-Ionenkonz. u. d. akt. O) 26-2391; Extrakt. mit leichtem Dieselöl 26-2392; Parameter d. –-Verteil. bei d. Trommelvergold. elektr. Kontakte 26-2488; Verteil. in Flotat.-Konzentraten polymetall. Erze 28-2400; Löslichk. v. C in fl. – 29-0649; Chemie d. Lsgm.-Extrakt. v. – 37-0545; Löslichk. v. – u. Ag in Sulfidschmelzen 40-0452; Lsg.-Wärmen in d. Syst. Ag/Au/Sn, Au/Sn u. Au/In/Sn 44-0107; Verteil.-Koeff. v. – bei d. Extrakt. anorgan. Ionen mit N-(Di-n-butylphosphono)-succinimid 45-0484; Lsg.-Wärmen v. – in fl. Pb 49/50-0388.

Reaktionen

Auflsg. v. – in wss. CN^--Lsg. (Kinetik) 10-0674; Chlorier. v. – sowie thermochem. Umwandl. d. Chloride 35-0760; Wechselwrkg. v. gelöstem – mit Zn in verd. Lsg. mit geschmolzenem Bi 36-0493; Kinetik d. Sauerstoffübertrag. aus CO_2 an d. Oberfläche v. – 37-0773; Rk.-Fähigk. v. Fluoroschwefelsäure gegenüber – 37-0808.

Kinetik d. para–ortho-Wasserstoffumwandl. an – 4-0576; chem. Effekte v. ^{60}Co-γ-Strahl. auf wss. Au-Chloridlsg., Einfl. d. Temp. u. d. Au(III)-Konz. auf d. Radiolyse v. $[AuCl_4]^-$ 6-0704; verschiedene Arten d. O-Bind. auf d. Oberfläche v. –-Katalysatoren 11-0713; Rekombinat.-Wirksamk. v. Oberflächen aus – für O-Atome 31-0765; Bind.-Energie v. H, C u. O mit d. Katalysator – 37-0776; Einfl. einer Au-Platte auf d. C-Abscheid. bei d. therm. Zers. v. Methan 51/52-0494.

Biochemisches und physiologisches Verhalten

–-Stoffwechsel bei Ratten (Einfl. d. Chelatbldg.) 6-1566; Speicher. v. i.v. injiziertem Radiogold in Lunge u. Leber (Adsorpt. an Kohlepartikel) 29-1734; intrakavitäre Verabreich. v. ^{198}Au in d. Kontrolle v. krebsinduzierten Absonder. 6-1234*.

Technische Verwendung

–-halt. Ag-Halogenid zur Herst. v. opt. wirksamen Krist. für Linsen u. Prismen 23-2484*; Dichtungsverbind. mit –-Draht für d. Ultravakuum 43-1857; in d. hochauflösenden Elektronenspektrometrie verwendetes Au-Schwarz 48-1797.

Verw.: für elektr. leitende Schichten 14-2210*; zur Herst. v. Werkstoffen für elektr. Kontakte 37-2435*.

Verw.: in d. Keramik 20-2250; v. Au^+ als Austauschkation zur Verfestig. v. Glasgegenständen 26-2349*; in durchsicht., IR- u. violette Strahlen absorbierendem Glasscheibenbelag 38-2399*.

Analyse, Prüfverfahren

Empfindlichk.-Steiger. d. neutronenaktivierungsanalyt. Best. durch Aktivier. mit gepulstem Reaktor 9-1916; Gerät zur genauen Beobacht. d. Spuren durch Ionenbeschuß zerstäubter –-Einkrist. 41-1931.

Identifizier. v. ^{198}Au durch autoradiograph. Best. d. Halbwertszeit (Ringofenmeth.) 23-2074; Komplexbldg. v. Ammonium-bis-[carboxymethyl]-dithiocarbamat als analyt. Reagenz mit Au(III) 25-1968; Identifizier. v. ^{198}Au durch Autoradiographie 40-1771; Hochfrequenz-Emiss.-Spektralanalyse 41-1966; Nachw. durch Flammenfluoreszenzspektrometrie 41-1973.

Mikrobest. durch Röntgenstrahlfluoreszenz 4-1553; extraktiv-photometr. Trennverf. für –, Extrakt. unter Verw. substituierter Phosphorsäureamide 5-1944; spektralphotometr. Best. v. – mit Rhodamin B 5-1945; kinet. Best. über d. Katalyse d. Ce(IV)–Hg(I)-Rk. durch Au(III) 6-1910; Best. durch Ringkolorimetrie 7-1926; $NaBH_4$-Chemie in wss. Lsg. (Best. v. –) 7-1968; Titrat. mit Fe(II)-Verb. 8-1805; Best. d. Bruchteils atomaren – in einer Acetylen–Luft-Flamme 14-0660; Neutronenaktivier.- u. Leitisotopenmeth. zur Best. v. – 14-1933; amperometr. Best. v. Au(III) auf Grund d. Rk. mit Thiopiperidon 25-2076; photometr. Best. v. – in Lsg. 30-1983*; Best. d. –-Geh. v. Proben durch Solventextrakt. u. Atomabsorpt.-Spektrometrie 33-2233; Schnellanalyse v. – hoher Reinh. durch Röntgenfluoreszenz mit Radioisotopen 38-2077; titanometr. Titrat. v. Au^{3+} 45-2001; mikrochem. Best.-Meth. u. ihre Anwend. bei Mikrowaageneich. 49/50-1827; Best. v. – durch Röntgenfluoreszenzmeth. 49/50-1924.

Aktivierungsanalyt. Best. in hochreinem Al 1-1797; Radioaktivier.-Meth. zur Best. in Blut 4-1666; analyt. Eigenh. bei d. Best. d. –-Geh. v. Erzen u. Mineralien 6-1915; Best.: in galvan. Bädern (photometr.) 9-2021; in Ti-Leg. (spektrophotometr.) 9-2380; säulenchromatograph. Trenn. v. Cu 10-1942; spektrochem. Best. in silicat. Gesteinen u. Mineralien 10-1953; schnelle spektrophotometr. Best. in Vergold.-Bädern 11-2006; Best.: in standardisiertem Kohlpulver 12-1904; in Minenlsg. durch Atomabsorpt.-Spektroskopie 13-1820; neutronenaktivierungsanalyt. Best. in hochreinem Pb 15-2006; Trenn. v. – u. Pt mit Ascorbinsäure als Red.-Mittel 15-2019; Empfindlichk. u. Nachw.-Grenzen für – bei Verw. v. abgeschirmten

Hohlkathodenlampen 18-1881; Best.: in S-Kiesabbränden u. ähnl. Prod. durch Atomabsorpt.-Analyse 20-1995; in photograph. Emuls. (chromatograph.) 20-2036; gleichzeit. Best. v. Ag, — u. Hg in hochreinem Pb durch Neutronenaktivier.-Analyse 22-2097; Verh. v. Mikromengen an — in Fe bei Extrakt. mit Methylisobutylketon 23-2154; Best. in kosm. Staub durch Aktivier.-Analyse 23-2171; aktivierungsanalyt. Nachw. in Lebergewebe, Blut oder Muskelgewebe 23-2229; Best. v. Spurenverunreinig. an — in höchstreinem Ga durch Neutronenaktivier.-Analyse 24-2027; papierchromatograph. Verh. 24-2042; spektrograph. Best. in Graphit 27-2177; radiochem. Trenn. d. — v. Spurenverunreinig. d. Ga 27-2190; Best. in Cyanidabfallsg. durch Lsgm.-Extrakt. u. Atomabsorpt.-Spektrometrie 27-2212; schnelle gravimetr. Best. in Plattier.-Bädern 27-2308; Solventextrakt. u. spektralphotometr. Best. v. Au(III) mit 2-Thenoyltrifluoraceton 28-2042; Verw. d. γ-Spektrometrie zur Best. v. — in rumän. —-Mineralien durch Aktivier. mit therm. Neutronen 29-2128; R_F-Wert v. Au(III) auf Sn(IV)-Phosphat-Papier 31-2055; Best.: in Cu durch Neutronenaktivier.-Analyse 35-2138; in Silicaten (spektrograph.) 37-2135; Trenn. v. Au(III) v. Ag(I) an Dowex *50*-X *4* (Verteil.-Koeff. in HBr-Lsg.) 38-2029; Best.: in Erzen durch Atomabsorpt.-Spektroskopie 39-2008; an einer Graphitelektrode (polarograph.) 40-1721; Extrakt. als Dithiocarbamat aus Alkalimetall-Lsg. u. spektrograph. Best. 40-1799; Best.: in zur Halbleiter-Fabrikat. dienendem Si durch Neutronenaktivier.-Analyse 40-1897; in sulfid. Erzen nach chem. Anreicher. (röntgenspektrometr.) 41-2080; in Trichlormethylsilan (aktivierungsanalyt.) 41-2090; in mineral. Rohstoffen (chromatograph.) 42-1841; in „sechs-neun"-Pb durch Neutronenaktivier.-Analyse 43-1968; radiochem. Unters. zur Trenn. v. Au/Os, Au/Ir u. Au/Pt 43-1989; Verteil.-Gaschromatographie 44-1779; Abtrenn. d. Pb(II) v. Au(III) durch Anionenaustauschchromatographie 46-1839; Best. in Au-Plattier.-Bädern 49/50-2030; Dünnschichtchromatographie auf mit neutralen Organophosphorverb. imprägniertem Trägermaterial 51/52-1833; Verh. v. — bei d. Phasenumkehrchromatographie mit PBHA 51/52-1834; Trenn. v. anderen Metallionen an Ionenaustauschpapieren 51/52-1839; photometr. Best. mit Isonicotinsäurehydrazid u. 2.3.5-Triphenyltetrazoliumchlorid 51/52-1904.

Best. kleiner Metallmengen in Au nach deren Sorpt. an einem Kationenaustauscher 2-1862; photometr. Best. v. Sb in Ggw. großer Mengen — 8-1970; spektrograph. Best. v. Verunreinig. in Reinstgold 41-2070; Best. v. In–Ni–Zn u. In–Al–Ni in galvan. —-Bädern 44-1929.

Verw.: einer —-Kapillare zur Pyrolyse 2-1813; v. ^{198}Au als standardisierte γ-Quellen 2-1841; Vgl. d. Au–Thiocholin- u. d. Au-Thiolessigsäure-Meth. bei d. histochem. Lokalisier. v. Acetylcholinesterase u. Cholinesterasen 32-1390.

Verf. zur Best. d. Dicke v. —-Aufdampfschichten 2-0177; Mess. d. Dicke v. Aufdampfschichten auf einem Schwingquarz 10-1851; Verf. zur elektrograph. Best. d. Porosität elektrolyt. —-Überzüge 26-2477; nichtdestruktive Mess. d. Schichtdicke v. — auf anderen Metallen mittels β-Strahlen-Rückstreuung 28-2470; Prüf. d. Porosität v. —-Überzügen 32-2407; Autoradiogramme v. akt. ^{198}Au-Proben mit homogener Oberflächenaktivität 36-1903.

Verw. einer Au-Kette zur kontinuierl. Gasphasenanzeige v. Lipiden in d. Eluaten d. Fl.-Chromatographie 2-1884; Darst. v. ^{197}Au-Kerntargets auf dünnen Unterlagen 5-1821; Verw. als Detektor im Neutronendosimeter 9-1838; pyrometr. —-Fixpunkt mit horizontaler Strahlricht. 15-1915; Eign. v. —-Folien für d. Dosimetrie therm. Neutronen 17-1980; Verw. v. —-Aufdampfschichten zur Unters. d. Ox.-Mechanismus v. Metallen 22-0693; Unters. v. Dicke u. Perfekt. v. SiO_2-Schichten durch d. Reflex.-Spektren unter Benutz. v. —-Standards 25-0315; Verw. v. —-Pulver als gaschromatograph. Trägermaterial bei d. pyrolyt. Umwandl. v. Cyclohexan zu Bzl. 34-1939; Prüf. d. Verteil. v. Pflanzenschutzmitteln mit ^{198}Au 35-3079; Befestig. pulverförm. thermolumineszenter Proben mit verbessertem therm. Kontakt aus — 41-1975; Verw. als Target (Quelle für negative Ionen) 51/52-1806.

Bibliographie

Behandlung von Gold, Diamant und seltenen Erzen und Seifen (Mitteilungssammlung) [russ.] B 70; Specification for electroplated coatings of gold and gold alloy B 86.

Goldlegierungen

Allgemeines über — s. auch unter *Gold.*

Galvan. cyanid. —-Bad 16-2473*; Bad für galvan. —-Überzüge 21-2667*; Herst. v. galvan. —-Überzügen 33-2666; Änder. d. spezif. elektr. Widerstandes v. verd. magnet. — bei niedr. Temp. 11-0473; Einfl. d. Leit.-Elektronen auf d. spezif. Gitterwärme u. d. Elastizitätsmodul v. — mit α-Phasen-Struktur 13-0271; Anisotropie d. Relaxat.-Zeiten u. Phononen-Drag-Anteil d. Thermo-EMK in — 15-0391; vereinfachte Probenahmemeth. zur Verw. mit d. Weisz-Ringofen bei d. qual. Analyse v. — 17-2133; Analyse: v. — durch Röntgenemiss. 43-2115; v. —-Plattier.-Bädern 49/50-2030.

Legierungen mit speziellen Bestandteilen

Behandl. zur Änder. d. Färb. einer Bijouterie-— mit *12* Cu u. *13* Ag 6-2411*; Analyse d. Hall-Effekts u. d. Widerstandes v. — mit Elementen d. B-Gruppen 19-0483.

Ag: Bldg. u. Gitterparameter v. — bei d. Rk. v. Ag-Folie mit $Na_3Au(S_2O_3)_2$ 38-0747.

Faraday-Effekt u. Fermi-Flächen d. Leg.-Syst. Ag/Au 1-0348; Reflex.-Vermögen v. — 27-0359; Einfl. v. Leg.-Bldg., Verform. u. Rekristallisat. sowie Nah- u. Fernordn. auf opt. Konst. v. — 29-0320; Kinetik d. Nahordn. in AuAg (*50*:*50*) 5-0236; Diffus.-Koeff. v. Ag in Au–(*10*–*60* Atom-%) Ag-Leg. 5-0343; Aktivitätskoeff. u. Einfl. d. Leerstellenflusses auf d. Diffus. in — 12-0282; atomare Verschieb. in bestrahltem *50*/*50*-Ag–Au 25-0284; tern. Diffus. u. Phasendiagramm v. Cu–Ag–Au-Leg. 31-0276; Leerstellenkonz. u. -zusammenball. in abgeschreckten — 37-0207; Konz.-Abhängigk. v. elast. Konst. u. Debye-Temp. v. — 23-0308; Anisotropie d. Relaxat.-Zeiten v. Elektronen u. d. Phononen-Drag-Thermospann. in AgAu 12-0373; Analyse d. Hall-Effekts u. d. Widerstandes v. — 19-0483; Thermokraft in — 21-0446; spezif. Widerstand v. — u. d. Ion–Ion-Wechselwrkg. 25-0470; elektr. Widerstände v. — 35-0369; Thermokraft d. fl. Phase d. Syst. Ag/Au 36-0351; Streuung d. Leit.-Elektronen mit Einfl. auf d. NMR v. AgAu 2-0323; „Auflad." u. magnet. Suszeptibilität v. — 33-0653; spezif. Wärmen v. — bei tiefen Temp. 12-0251; elektron. spezif. Wärme v. — 22-0255; spezif. Kernwärme v. — 36-0231; Einfl. d. Schwing.-Terms d. Zustandssumme auf d. thermodynam. Misch.-Eig. d. Syst. Ag/Au 37-0459; Benetz. v. U-Carbid durch Au–*50* Ag-Leg. 16-0648; Lsg.-Wärme v. Au im Syst. Ag/Au/Sn (aus Sammelref.) 44-0107.

Äthylen-Ox. an — mit *0,5*, *15*, *30*, *45*, *60* u. *80* Atom-% Au 45-0652.

Verw. v. — mit >*10*–*40* Ag + Cu, Rest Au, für Kontakte 37-2434*.

Al: Bldg.-Wärme v. — 7-0520; Einfl. d. Leg.-Bldg. auf d. Al-K- u. Cu-L-Röntgenemiss.-Spektren im Syst. Au/Al 51/52-0214; Bezieh. zwischen d. Lage d. Röntgen-K-Emiss. Bande u. d. $K\alpha_4/K\alpha_3$-Intensitätsverhältnis d. Al in Al–Cu-Verb. 51/52-0215; intermetall. Phasen in Diffus.-Paaren v. Au–Al-Verbind.-Stellen 11-2152; Löslichk. v. Au in — (Phasenausscheid.) 29-2513; Ausscheid. v. Al_2Au in — 30-0172; Krist.-Struktur d. tern. intermetall. Phase Li_2AuAl 37-0277; Modell starrer Bänder für — 42-0354; Topologie d. Fermi-Fläche v. $AuAl_2$ 47-0381; Gleitsyst. v. Al_2Au 51/52-0143; spezif. elektr. Widerstand v. — 43-0358; Elektronenstruktur u. Knight-Verschieb. in verd. fl. — 11-0397; Einfl. v. Druck auf Curie-Temp. u. magnet. Widerstand v. Au_2MnAl 30-0474; magnet. Strukturen v. $Au_2(Mn, Al)_2$-Leg. 39-0384; thermodynam. Eig. d. Syst. Au/Al 40-0492.

Ba: Äußerer Photoeffekt v. dünnen Schichten einer Intermetallverb. v. Ba mit Au 6-0404.

Be: Duktile — mit *0,001* Be, Rest Au 36-2462*; Einfl. d. Leg.-Bldg. auf d. Al-K- u. Cu-L-Röntgenemiss.-Spektren im Syst. Au/Be 51/52-0214; differentielle Dickekurven d. unelast. Elektronenstreuung an einem Zweischichten-Target Be/Au 31-0149.

Bi: Sichtbares Spektrum v. AuBi 4-0098; Krist.-Struktur d. tern. intermetall. Phase Li_2AuBi 37-0277; Liquidusgrenzen auf d. Bi-reichen Seiten d. Syst. Bi/Zn/Au (aus Sammelref.) 42-0082.

Cd: Intermediäre Phasen Au/Zn/Cd mit Leerstellenüberschuß 5-0234; diffusionslose Phasenumwandl. im Syst. Au/Cd 35-0203; langperiod. Stapelordn. in dichtgepackten Strukturen v. — mit *25*–*30* Atom-% Cd 36-0151; Selbstdiffus. in fast gleichatomaren —-Ordn.-Leg. 40-0197; Martensitumwandl. in kub.-raumzentrierten β-Phasen im bin. Syst. Au/Cd 40-0490; Stapelfehler in hexagonalen — 48-0157; Plastizität d. β- u. β'-Verb. AuCd 39-0197; Analyse d. Hall-Effekts u. d. Widerstandes v. — 19-0483; Liquidus-Kurve d. Syst. Au/Cd u. Punktfehlstellen am F. 48-0152.

Co: Zustandsdiagramm d. Syst. Au/Cu/Co 24-0573; Meth. zur Berechn. d. opt. Konst. v. adsorbierenden dünnen —-Schichten aus Reflex.- u. Transmiss.-Mess. 14-0308; Darst., Unters. u. Kristallisat. amorpher —-Schichten 20-0200; ferromagnet. Resonanz in amorphen —-Schichten 7-0354; Kumulier. v. Elektronenzuständen in — 37-0442; magnet. Hyperfeinstrukturfelder an Co- u. Sn-Kernen in — 42-0382.

Tieftemp.-Thermoelement aus Au–Co (*2,1* Atom-% Co) u. Chromel 23-0451.

Cr: Änder. d. magnet. Eig. verd. — durch Austausch v. Sn, Al u. Cu gegen Au 8-0460; Hyperfeinfelder an ^{119}Sn in — 25-0517.

Cu: Auftreten v. „Auricuprid" Cu_3Au/CuAu bei d. Serpentinisier. 38-0825.

Zustandsdiagramm: v. Syst. Au/Cu/Fe 14-0572; v. Syst. Au/Cu/Co 24-0573.

Spaltprod.-Schädig. an Metallkrist. v. geordneter — 28-0282; Einfl. v. Leg.-Bldg., Verform. u. Rekristallisat. sowie Nah- u. Fernordn. auf d. opt. Konst. v. — 29-0320; Dynamik u. Schichtstrukturen v. geordnetem AuCu 1-0284; Elektronenbeug.-Unters. v. geordneten Leg. d. Syst. Cu/Au/Pd 2-0229; Röntgenmess. d. Ordn. in CuAu II 5-0235; Antiphasenbereiche in geordneten Au_3Cu-Leg. 5-0237; Ordn.–Unordn.-Umwandl. in Cu_3Au bei hohem Druck 13-0245; period. Atomverschieb. in CuAu(II) 14-0238; Konz. v. Gleichgew.-Leerstellen an Antiphasengrenzen in d. Überstruktur d. $AuCu_3$-Typs 15-0220; Struktur d. partiell geordneten Zustandes v. Cu_3Au 15-0237; kalorimetr. Nachw. d. Ordn.-Kinetik in Cu_3Au 15-0251; mit Ordn.-Vorgängen verbundene Zwillingsstrukturen in Aufdampfschichten v. $Cu_{60}Au_{40}$ 16-0228; Deut. v. Abweich. v. d. Vegardschen Regel auf d. Basis eines elast. Modells am Beispiel v. — 17-0202; Kinetik d. zunehmenden u. abnehmenden Ordn.-Zustandes d. Leg. $AuCu_3$ 17-0255; Diffus. v. Co in einer Cu_3Au-Leg. 17-0326; Elektronenbeug.-Kontrast v. elast. Schubverform. durch kohärente Phasen in CuAu 19-0201; Bind.-Energie v. Doppelleerstellen in einer fehlgeordneten Cu_3Au-Leg. 19-0247; nach ⟨*110*⟩ gerichtete Versetz. u. Härt. v. Cu_3Au 20-0190; Verform.-Mechanismus d. geordneten Leg. CuAu 23-0243; Störeffekte v. Ni u. Ga auf d. Stabilität d. Phasen AuCu I u. AuCu II u. auf d. Länge d. Antiphasenperiode II 24-0253; Einfl. v. Verunreinig. auf d. Struktur epitakt. Au/Cu-Schichten mit *1,5* Atom-% Cu 26-0250; Analyse v. Versetz.-Schleifen in Übergittern v. Cu_3Au 30-0173; Fermi-Fläche v. ungeordnetem Cu_3Au 30-0417; tern. Diffus. u. Phasendiagramm v. Cu–Ag–Au-Leg. 31-0276; Charakterisier. v. großen Leg.-Einkrist. v. $Cu_{0,97}Au_{0,03}$ durch Neutronenbeug. 34-0229; Elektronen-Energieniveaus in Cu_3Au 34-0464; Gitterparameter d. Phase CuAu(I) 37-0278; Röntgenstrahlbeug.-Unters. v. durch Protonenbeschuß hervorgerufenen Fehlordn. in Cu_3Au 39-0250; Phasenbezieh. u. Kinetik d. Umwandl. in tern. Au–Cu–Zn-Leg. 41-0541; Atomschwing.-Amplituden in Au–Cu 42-0222; Gittermodulat. in CuAu II (*50* Atom-% Au) mit Fernordn. 43-0182; Röntgenunters. d. Struktur d. tern. Au–Cu–Zn-Martensits 44-0224; geordnete GP-Zonen in kub.-raumzentrierten Fe–Au–Cu-Leg. 46-0212; Ordn.-Beding. bei Cu_3Au u. d. Strukturumwandl. kub.-tetragonal v. CuAu I 46-0261; Diffus. in kub.-flächenzentrierten geordneten Krist. v. CuAu-Typ (Theorie) 48-0231; Natur d. Stapelfehler in dichtgepacktem Cu_3Au-Atomgitter 51/52-0141; Leerstellenclusterbldg. in einer Cu_3Au-Leg. niedr. Ordn.-Grades 51/52-0142; Ordn.-Härt. in CuAu 39-0196; Plastizität v. CuAu 39-0197; Translat.-Gleit. u. Fließoberfläche v. CuAu 41-0130; Analyse d. Hall-Effekts u. d. Widerstandes v. — 19-0483; spezif. elektr. Widerstand u. Thermokraft v. CuAu-Leg. 38-0471; „Auflad." u. magnet. Suszeptibilität v. α-Cu–Au-Leg. 33-0653; magnet. Ordn. als Funkt. d. Spinkompensat. v. Fe in — 48-0574; Erweiter. d. für $AuCu_3$ festgestellten thermodynam. Funkt. u. d. Ordn.-Grades auf d. tern. Leg. $Au_{0,50}Cu_{0,45}\cdot Ni_{0,05}$ 28-0540; Anwend. einer Phasenfluktuat.-Theorie nach Anreg. durch d. Theorie v. Bartenev auf d. krit. Übergang $AuCu_3$ I → α-$AuCu_3$ 41-0114.

Verw.: v. — mit >*10*–*40* Ag + Cu, Rest Au für Kontakte 37-2434*; v. Cu–Au zum Verlöten v. Keramik u. Metall 1-2138*.

Best. v. Mikromengen Cu in – 2-1860.

Dy: Struktur v. $DyAu_2$ 16-0254; Gitterdaten v. $DyAu_2$ 37-0279; magnet. Suszeptibilität v. DyAu 2-0476.

Er: Struktur v. $ErAu_2$ 16-0254; magnet. Suszeptibilität v. ErAu 2-0476.

Eu: Struktur v. $EuAu_5$ 27-0260.

Fe: Zustandsdiagramm d. Syst. Au/Cu/Fe 14-0572; geordnete GP-Zonen in kub.-raumzentrierten Fe–Au–Cu-Leg. 46-0212; Thermokraft v. Au–Fe- gegen Ag-Normalthermoelemente bei tiefer Temp. 3-0406; Tieftemp.-Widerstand v. Au–*1* Fe in Ggw. v. inneren Feldern 44-0364; magnet. Suszeptibilität sehr verd. – mit $<$ *220* ppm Fe zwischen *6* u. *300* °K 24-0520; Hyperfeinfelder an ^{119}Sn in – 25-0517; Kumulier. v. Elektronenzuständen in – 37-0442; Einfl. v. NH_3 auf d. Zus. u. Geschw. d. kathod. Fe/Au-Abscheid. 34-0655; thermodynam. Eig. v. Syst. Au/Fe mit Misch.-Lücke (aus Sammelref.) 42-0082.

Ga: Krist.-Struktur d. tern. intermetall. Phase Li_2AuGa 37-0277; Modell starrer Bänder für Au–Ga 42-0354; Analyse d. Hall-Effekts u. d. Widerstandes v. – 19-0483; Hall-Koeff. u. elektr. Widerstand d. fl. Leg. Au-Ga 47-0389.

Gd: Struktur v. $GdAu_2$ 16-0254; Gitterdaten v. $GdAu_2$ 37-0279; magnet. Suszeptibilität v. GdAu 2-0476.

Ge: Meth. zur Berechn. d. opt. Konst. v. adsorbierenden dünnen –-Schichten aus Reflex.- u. Transmiss.-Mess. 14-0308; Krist.-Struktur d. tern. intermetall. Phase Li_2AuGe 37-0277; Modell starrer Bänder für Au–Ge 42-0354; Analyse d. Hall-Effekts u. d. Widerstandes v. – 19-0483; elektr. Widerstand fl. – 35-0354; Berechn. d. eutekt. Konz. für d. Syst. Au/Ge 41-0453.

Maßanalyt. Best. v. Ge in – 24-2031.

Hg s. unter *Quecksilberlegierungen*: *Au*.

Ho: Struktur v. $HoAu_2$ 16-0254; Gitterdaten v. $HoAu_2$ 37-0279; magnet. Suszeptibilität v. HoAu 2-0476.

In: Zustandsdiagramm d. Syst. InSb/$AuIn_2$ 14-0573; Krist.-Struktur d. tern. intermetall. Phase Li_2AuIn 37-0277; Analyse d. Hall-Effekts u. d. Widerstandes v. – 19-0483; Hall-Koeff. u. spezif. elektr. Widerstand fl. – 24-0475, 47-0389; Elektronenstruktur u. Knight-Verschieb. in verd. fl. – 11-0397; Lsg.-Wärme v. Au u. In in d. Syst. Au/In/Sn (aus Sammelref.) 44-0107.

Li: Krist.-Struktur d. tern. intermetall. Phase Li_2AuX (X = Al, Ga, In, Tl, Ge, Sn, Pb, Bi) 37-0277.

Lu: Struktur v. $LuAu_2$ 16-0254.

Mg: Röntgenbeug. an vielschicht. Au–Mg-Dünnfilmstrukturen u. deren Diffus. 51/52-0132.

Mn:

Quant. Größenfaktoren für Au–Mn-Mischkrist. 36-0150; Änder. elektr. Eig. durch Nahordn. in d. α-Mischkrist. v. – 11-0477; parametr. Erschein. in helikoidalen magnet. Strukturen d. $MnAu_2$-Typs 6-0473; Hyperfeinfeld: am Mn-Kern bei AuMn 21-0269; an ^{119}Sn in – 25-0517; spontane Magnetostrikt. v. $MnAu_2$ 30-0467; Einfl. v. Druck auf Curie-Temp. u. magnet. Widerstand v. Au_2MnAl 30-0474; magnet. Strukturen v. $Au_2(Mn, Al)_2$-Leg. 39-0384; effektive Felder in verd. – 42-0380; Austauschstrikt. d. Antiferromagneten Au_2Mn 43-0489; Antiferromagnetismus v. geordnetem Au_5Mn_2 (Temp.-Abhängigk. d. Suszeptibilität) 43-0500; inneres Feld an d. Au-Kernen in Au_4Mn 48-0027; magnet. Struktur v. AuMn 48-0578.

Na: Schichten v. – 2-0203.

Nb: Suszeptibilität v. $(V_{0,8}Nb_{0,2})Au_4$ 33-0654.

Ni: Elektrolyt. Herst. v. – 16-2413; Meth. zur Berechn. d. opt. Konst. v. adsorbierenden dünnen –-Schichten aus Reflex.- u. Transmiss.-Mess. 14-0308; Herst. kleiner Teilchen v. bin. – durch Verdampf. in Ar bei niedr. Drücken 46-0217; Abhängigk. d. Verform.-Widerstandes in – v. Temp. u. Geschw. 3-2446; Kumulier. v. Elektronenzuständen in – 37-0442; thermodynam. Eig. v. Syst. Au/Ni mit Misch.-Lücke (aus Sammelref.) 42-0082; Benetz. v. U-Carbid durch Au–*25* Ni-Leg. 16-0648; Kinetik d. Spreiz. v. Tropfen im reagierenden Metall/Metall-Syst. Au/Ni (aus Sammelref.) 44-0107.

Pb: Bldg. einer Pb-reichen Au-Leg. bei d. chronoamperometr. Unters. v. Pb-Nd. auf Au-Elektroden 15-0620; Krist.-Struktur d. tern. intermetall. Phase Li_2AuPb 37-0277; Identifikat. d. Anodic-Stripping-Peaks 5-2023; Phasenbezieh. im tern. Syst. Au/Pb/Sn 1-0573.

Pd: Bad zur Abscheid. v. –-Nd. 6-2402*; Meth. zur Berechn. d. opt. Konst. v. adsorbierenden dünnen –-Schichten aus Reflex.- u. Transmiss.-Mess. 14-0308; Elektronenbeug.-Unters. v. geordneten Leg. d. Syst. Cu/Au/Pd 2-0229; Einfl. v. plast. Verform. auf elektr. Widerstand u. Hall-Effekt v. – 15-0436; Näher.-Kurve d. Zustandsdichte u. ihre Bezieh. zum gemessenen elektr. Widerstand v. – 15-0437; Erhol.-Kinetik d. elektr. Widerstandes v. verformten – 15-0438; DK u. lokalisierte Elektronenzustände v. – 48-0262; Au–Pd-Elektrokatalysatoren 14-0620; Vorbehandl. v. –-Elektroden mit *25* Pd bei d. Unters. d. Red. v. O_2 23-0690; Red. v. O_2 an Elektroden aus – mit *25* u. *50* Pd in saurer Lsg. 24-0646; Tafel-Neig. u. Kinetik d. Red. v. O_2 an Pd mit *9,47–85,8* Au 36-0528; Mechanismus d. O_2-Red. in Bezieh. zur elektron. Struktur v. – 44-0526; Vgl. d. Löslichk. u. thermodynam. Parameter für d. Lsg. v. H u. D in Pd-reichen Leg. d. Syst. Au/Pd (*0–68,84* Atom-% Au) 17-0623.

Pt: Röntgenmess. d. chem. Diffus.-Koeff. im Syst. Au/Pt 15-0299; Wachstum einer modulierten Struktur in – 34-0182; Ausläufer in röntgenograph. Pulveraufnahmen getemperter – 47-0146; Verform. u. Bruch v. durch spinodale Entmisch. verfestigten Au–Pt-Polykrist. 25-0242; Thermokraft v. getemperten u. v. abgeschreckten – 36-0352; Streuung d. Leit.-Elektronen mit Einfl. auf d. NMR v. PtAu 2-0323; Isomerieverschieb. für – 12-0048; Vorbehandl. v. –-Elektroden mit *20* Pt bei d. Unters. d. Red. v. O_2 23-0690; Red. v. O_2 an Elektroden aus – in saurer Lsg. 24-0646; Tafel-Neig. u. Kinetik d. Red. v. O_2 an Pt mit *4,72–89,64*% Au 36-0528; thermodynam. Eig. v. Syst. Au/Pt mit Misch.-Lücke (aus Sammelref.) 42-0082; Kinetik d. Spreiz. v. Tropfen im reagierenden Metall/Metall-Syst. Au/Pt (aus Sammelref.) 44-0107.

Pu: Zustandsdiagramm d. Syst. Pu/Au u. Krist.-Struktur d. Phasen 41-0532.

Re: Verw. v. – mit *10–20* Re, Rest Au, für elektr. Kontakte 2-2083*.

Sb: Elektrolyt. Abscheid. v. – 26-2489; Technologie d. elektrolyt. Herst. v. – mit *1,5–2* Sb (Eig.) 49/50-2169.

Sc: Struktur v. $ScAu_2$ 16-0254.

Si: Zerfall d. Mischkrist. v. Au mit Si 7-0232; elektr. Widerstand v. fl. – 35-0354; therm. Eig. v. bin. – mit Zus. in d. Nähe d. Eutektikums 44-0413.

Sm: Elektr. Widerstand v. SmAu 18-0439.

Sn: Bldg. d. in Hg wenig lösl. intermetall. Verb. AuSn im Syst. Au/Sn/Hg 30-0520.

Opt. Emiss. Au-dotierter Si–n^{2+}–n_1–n^+-Strukturen durch Aufschmelzen v. AsAuSn auf d. Enden v. Si:Au 41-0260; partielle Interferenzfunkt. v. fl. – 33-0211; Krist.-Struktur d. tern. intermetall. Phase Li_2AuSn 37-0277; Modell starrer Bänder für Au–Sn 42-0354; Analyse d. Hall-Effekts u. d. Widerstandes v. – 19-0483; Hall-Koeff. u. spezif. elektr. Widerstand v. fl. – 24-0475, 47-0389; Best. d. Aktivität v. geschmolzenen – auf Grund v. EMK-Mess. 39-0492; Phasenbezieh. im tern. Syst. Au/Pb/Sn 1-0573; Oberflächenspann. v. Sn–Au-Schmelzen 16-0649; kalorimetr. Unters. d. mögl. Mol.-Assoziat. in fl. Leg. in d. Nähe d. Zus. AuSn (aus Sammelref.) 42-0082; Lsg.-Wärme v. Au u. In in d. Syst. Ag/Au/Sn, Au/Sn, Au/In/Sn (aus Sammelref.) 44-0107.

Verw. einer – mit *21* Sn zum Verlöten elektr. Kontakte an festen nichtmetall. Leitern 18-1829.

Ta: Suszeptibilität v. $(V_{0,9}Ta_{0,1})Au_4$ 33-0654.

Tb: Struktur v. $TbAu_2$ 16-0254; Gitterdaten v. $TbAu_2$ 37-0279; magnet. Suszeptibilität v. TbAu 2-0476; magnet. Struktur v. $TbAu_2$ aus Neutronenbeug.-Unters. 39-0383.

Tl: Krist.-Struktur d. tern. intermetall. Phase Li_2AuTl 37-0277; Berechn. d. eutekt. Konz. für d. Syst. Au/Tl 41-0453.

Tm: Struktur v. $TmAu_2$ 16-0254; magnet. Suszeptibilität v. TmAu 2-0476.

U: Dissoziat.-Energie v. gasf. UAu 43-0146.

V: Abwesenh. d. „riesen"-thermoelektr. Kraft in verd. – 5-0439; eigentüml. Temp.-Abhängigk. d. spezif. elektr. Widerstandes verd. – 14-0438; Thermokraft u. spezif. elektr. Widerstand v. Au–V in d. Nähe d. Kondo-Temp. 43-0358; Unterdrück. d. magnet. Moments in – mit *1* Atom-% V bei tiefen Temp. 18-0496; Ferromagnetismus v. Au_4V 22-0506; Anomalien d. magnet. Suszeptibilität u. d. elektr. Leitfähigk. verd. – auf Grund d. s–d-Wechselwrkg. bei sehr niedr. Temp. 30-0475; Einfl. d. atomaren Umgeb. auf d. magnet. Eig. v. VAu_4 33-0654; magnet. Hyperfeinstrukturfelder an Co- u. Sn-Kernen in – 42-0382; Mössbauer-Effekt-Mess. d. V-Moments in geordneten u. ungeordneten Phasen v. Au_4V 48-0027; spezif. Wärme v. Au_4V 36-0230.

Y: Struktur v. YAu_2 16-0254.

Yb: Struktur v. $YbAu_2$ 16-0254; magnet. Suszeptibilität v. YbAu 2-0476.

Zn: Bldg.-Wärmen v. Au_3Zn u. AuZn 29-0599; opt. Eig. d. β-Phasen d. Leg. AuZn 45-0305; intermediäre Phasen Au/Zn, Au/Zn/Cd mit Leerstellenüberschuß 5-0234; Martensitumwandl. in kub.-raumzentrierten β-Phasen in bin. Syst. v. Au mit Zn 40-0490; Modell starrer Bänder für Au–Zn 42-0354; Röntgenunters. d. Struktur d. tern. Au/Cu/Zn-Martensits 44-0224; Plastizität d. β- u. β'-Verb. AuZn 39-0197; Analyse d. Hall-Effekts u. d. Widerstandes v. – 19-0483; Aktivitäten u. andere partielle molare thermodynam. Größen v. Zn in fl. – aus EMK-Mess. 41-0424; Phasenbezieh. u. Kinetik d. Umwandl. in tern. Au–Cu–Zn-Leg. 41-0541; Liquidusgrenzen auf d. Bi-reichen Seiten d. Syst. Bi/Zn/Au (aus Sammelref.) 42-0082.

Goldverbindungen

Kinetik u. Rk.-Mechanismus v. Au(III)-Komplexen 18-0656; Red.- u. Komplexbldg.-Rk. v. Au(III), Se(IV) u. Te(IV) 28-0724; pK_1-Werte u. Eig. v. Komplexen v. Pseudohalogenen d. VI. Gruppe mit Au 30-0564; nukleophile Substitut. in quadrat.-planaren Au(III)-Komplexen 40-0551.

Anorganische Goldverbindungen

Darst. v. $[(C_6H_5)_3P]_3CuAuBr$ 43-0669; Elektrochemie v. Au-Salzen 4-0504; Resorpt. therapeut. anwendbarer Au-Salze u. Au-Sole 3-1540; – in d. Keramik 20-2250.

Goldantimonide: Krist.-Struktur d. tern. intermetall. Phase Li_2AuSb 37-0277; feste Löslichk. u. strukturelle Eig. v. $Pd_{1-m}Au_mSb_2$ u. $Pt_{1-m}Au_mSb_2$ 40-0481.

AuSb, sichtbares Spektrum d. –-Mol. 21-0112.

Goldarsenid: **AuAs**, Spektrum d. Mol. AuAs (*16000–18000* cm^{-1}) 45-0066.

Goldazide bzw. -azidokomplexe

Azidogold(III)-säure, Salze, Darst. u. Elektronenspektren v. $[(C_2H_5)_4N][Au(N_3)_4]$ 40-0657.

Goldbromide bzw. -bromokomplexe

Bromogold(III)-säure:

H[AuBr₄], Berechn.: d. mittleren Schwing. Amplituden d. Normalschwing. v. $[AuBr_4]^-$ 3-0111; d. Kraftkonst. v. $[AuBr_4]^-$ 18-0078; Bedeut. d. Kraftkonst. eines allg. quadrat. Valenzkraftfeldes, Anwend. auf $[AuBr_4]^-$ 30-0045.

Salze s. *Kaliumbromoaurate(III)*.

Goldcarbonyle, therm. Beständigk. v. Au-Oberflächencarbonylen 25-0696; Kinetik d. ^{14}CO-Austausches in $[(C_6H_5)_3P]AuCo(CO)_4$ u. $[(C_6H_5)_3P]AuMn(CO)_5$ 20-0636.

Goldchloride bzw. -chlorokomplexe

Diffuse Reflex.-Spektren v. $[AuCl_3]\cdot C_6H_5P$ u. $C_5H_5N[AuCl_3]$ 12-0320; chem. Effekte v. ^{60}Co-γ-Strahl. auf wss. Au-Chloridlsg. [Einfl. d. Temp. u. d. Au(III)-Konz. auf d. Radiolyse v. $[AuCl_4]^-$] 6-0704; katalyt. Aktivität v. wss. Lsg. komplexer Chloride v. Au in Ggw. v. Cu(II)-Salzen bei d. Ox. v. Äthylen zu Acetaldehyd 21-0772.

AuCl, opt. Eig. v. – bei tiefen Temp. 46-0315; Kernquadrupolresonanzspektrum d. ^{197}Au-Kerns in – 35-0331; –-Komplexe offenkett. Olefine 14-0749.

AuCl₃, Bldg. u. thermochem. Umwandl. 35-0760; Rk. mit o-Bis-[phenyläthinyl]-benzol (Komplexbldg.) 38-0750; Resorpt. bei Ratten 3-1540; Speicher. v. i.v. injiziertem markiertem – in Lunge u. Leber (Adsorpt. an Kohlepartikel) 29-1734; Sensibilisier. photograph. Emuls. mit – 20-3164*; Verw. zum Nachw. v. Cocainhydrochlorid u. 4-Aminobenzoesäurealkylestern 38-1840.

Chlorogold(III)-säuren: Bedeut. d. Kraftkonst. eines allg. quadrat. Valenzkraftfeldes, Anwend. auf $[Au(CN)_2Cl_2]^-$ 30-0045; Aquo- u. Chlorokomplexe v. Au^{3+} 44-0490.

Salze, diffuse Reflex.-Spektren v. $[AuCl_3](C_6H_5)_3P$ u. $(C_5H_5N)[AuCl_3]$ 12-0320.

H[AuCl₄], Absorpt.-Spektren 35-0067; Berechn.: d. mittleren Schwing.-Amplituden d. Normalschwing. v. $[AuCl_4]^-$ 3-0111; d. Kraftkonst. v. $[AuCl_4]^-$ 18-0078; Bedeut. d. Kraftkonst. eines allg. quadrat. Valenzkraftfeldes, Anwend. auf $[AuCl_4]^-$ 30-0045; Ionenaustausch v. $[AuCl_4]^-$ mit N-Methyl-β-aminopropionsäureharz (MAP-Harz) 47-0571.

Chem. Effekte v. ^{60}Co-γ-Strahl. auf wss. Au-Chloridlsg., Einfl. d. Temp. u. d. Au(III)-Konz. auf d. Radiolyse v. $[AuCl_4]^-$ 6-0704; Konst. d. Austausches v. Cl^- gegen Br^- in $[AuCl_4]^-$ 3-0655; Hydrolyse v. $[AuCl_4]^-$ (Kinetik) 10-0662; Hydrolysegleichgew. in saurem Medium 18-0656; Verw. zur Darst. v. Au-Solen 35-0551; Hydrolyse v. $[AuCl_4]^-$ 44-0489; Kinetik d. Austausches v. Chlorid im $[AuCl_4]^-$-Anion durch Pyridin, NO_2^-, N_3^-, Br^-, J^- u. SCN^- 45-0636; Darst. v. koll. Au aus – u. alkal. Glucose bzw. Gelatine-Lsg. 49/50-0463.

Goldcyanide bzw. -cyanokomplexe

Cyanogold(I)-säure:

$H[Au(CN)_2]$, Bldg. v. $Au(CN)_2^-$ in geschmolzenem KSCN 3-0582; Struktur u. Schwing.-Daten v. $[Au(CN)_2]^-$ 7-0114; Bedeut. d. Kraftkonst. eines allg. quadrat. Valenzkraftfeldes, Anwend. auf $[Au(CN)_2]^-$ 30-0045.

Salze s. *Kalium-* u. *Thalliumcyanoaurate(I)*.

Cyanogold(III)-säuren: Bedeut. d. Kraftkonst. eines allg. quadrat. Valenzkraftfeldes, Anwend. auf $[Au(CN)_2Cl_2]^-$ 30-0045.

$H[Au(CN)_4]$, Salze s. *Kaliumcyanoaurate(III)*.

Goldfluorid: AuF_3, Krist.-Struktur 10-0252.

Goldfluorophosphate(V), Rk. v. $[Au_6 \cdot L_2Cl_2] \cdot 2$ A. mit X^- (= PF_6^-), Bldg. v. $[Au_6L_2Cl]X^-$ (L = 1.2-Bis-[diphenylphosphino]-äthan) 22-0787; Darst.: v. $[L_4Au_6Cl]Y$ (L = Äthyldiphenylphosphin, Y = PF_6) 35-0762; v. $[Au_6L_2Cl]PF_6$ (L = 1.2-Bis-[diphenylphosphino]-äthan) 43-0679.

Goldhalogenide bzw. -halogenokomplexe

Darst. u. Addit.-Verb. aus – u. Triphenylphosphin-, -arsin-, -sulfid u. Triphenylphosphinselenid 43-0701; Herst. v. Au(I)-Halogenidkomplexen durch Rk. v. unsubstituierten Olefinen mit Au(I)-Halogeniden 37-2809*.

Goldhydride: Supraleitfähigk. in Ti_3AuH u. $Ti_3AuH_{2,8}$ 33-0581; Rydberg-Klein-Rees-Vanderslice-Potentialkurven für – 28-0051.

Goldnitrat: $AuNO_3$, thermodynam. Standardfunkt. 41-0423.

Goldperoxid: AuO_2, Bldg. v. – bei d. anod. Unters. v. Au in KOH-Lsg. 29-0697.

Goldselenat(IV): $Au_2(SeO_3)_3$, Synth. u. physikal. Eig. v. – u. $Au_2(SeO_3)_3 \cdot H_2SeO_3$ 33-0953.

Goldselenide, therm. Verh. d. Verb. in d. Syst. Ag, Au//S, Se, Te 34-0597; Best. im Schlamm d. Cu-Elektrolyse 10-1991.

Goldselenocyanate bzw. -selenocyanatkomplexe

Selenocyanatogold(III)-säure:

$H[Au(SeCN)_4]$, Salze, Absorpt.- u. Reflex.-Spektren im sichtbaren u. nahen UV-Bereich v. $[(C_6H_5)_4As][Au(SeCN)_4]$ 35-0065.

Goldsilicide, Krist.-Struktur d. tern. intermetall. Phase Li_2AuSi 37-0277.

Goldsulfide: therm. Verh. v. d. Verb. in d. Syst. Ag, Au//S, Se, Te 34-0597.

Au_2S, Darst. u. Strukturunters. 12-0241.

Goldtelluride, Vork. v. – in d. Au-Erzlagerstätte Kolar (Südindien, Majsur) 2-0793; Pb–Au–Ag-Telluride d. Cu-Erzvork. d. südl. Mugodžar 42-0728; Verdampf. v. Te aus – bei d. Aufarbeit. zur Gewinn. v. Au 32-0869; Mössbauer-Effekt v. ^{125}Te in einfach-kub. u. amorphen Leg. auf Te-Basis ($AuTe_2$ u. $Te_{70}Cu_{25}Au_5$) 35-0204; therm. Verh. d. Verb. in d. Syst. Ag, Au//S, Se, Te 34-0597; Best. im Schlamm d. Cu-Elektrolyse 10-1991.

Goldthiocyanate bzw. -thiocyanatokomplexe

Chromatographie v. Au(III)-Thiocyanatanionkomplexen auf mit höheren tert. Aminen imprägniertem Papier 21-2145.

Thiocyanatogold(I)-säure:

$H[Au(SCN)_2]$, Best. d. Standardpotentiale v. $Au/[Au(SCN)_2]^-$ u. $[Au(SCN)_2]^-/[Au(SCN)_4]^-$ 4-0504.

Thiocyanatogold(III)-säure:

$H[Au(SCN)_4]$, Best. d. Standardpotentiale v. $Au/[Au(SCN]_4]^-$ u. $[Au(SCN)_2]^-/[Au(SCN)_4]^-$ 4-0504.

Salze, Absorpt.- u. Reflex.-Spektren im sichtbaren u. nahen UV-Bereich v. $[(CH_3)_4N] \cdot [Au(SCN)_4]$ u. $[(C_6H_5)_4As][Au(SCN)_4]$ 35-0065.

Goldthiosulfate, Erhöh. d. Toxizität u. d. Fettsansatzes durch gleichzeit. Anwend. v. – u. Glucose 40-1523.

Natriumthiosulfatoaurate(I) s. dort.

Organische Goldverbindungen

Olefin–Au-Komplexe 14-0749, 28-0778.

Koordinativ fünfwert. Au(III)-Komplexe mit 2.2'-Bichinolyl 8-0726; Gewinn. v. Au-„Terpensulfid" 11-2150; Struktur v. Dimethylgold(III)-Verb., spektroskop. Unters. d. Aquo-Ions u. einiger Koordinat.-Verb. 13-0176; Verw. organ. Au-Verb. aus $AuCl_3$ u. einem Terpen zur Herst. eines lötfäh. Au-Films auf Glas oder Keramik 25-2414*; Krist.-Struktur v. Phenyläthinyl-[isopropylamin]-gold(I) 34-0230; Herst. v. Gold(I)-halogenidkomplexen mit cycl. Olefinen 37-2809*; Darst. v. Au–Salz-Komplexen mit 11H-Dibenzo-[c.f]-[1.2]-diazepin 51/52-0603.

Rk.-Fähigk. v. Aminen gegenüber kation. Au(III)-Komplexen d. Form $[Au(N{-}N)Cl_2]^+$ mit (N–N): 2.2'-Bipyridyl, 1.10-Phenanthrolin oder 5-Nitro-1.10-phenanthrolin 3-0656; spektralphotometr. Best. v. Au(III) mit Rhodamin B u. Bestätig. d. Komplexzus. 5-1945; IR-Spektrum d. Au(I)-Äthylendiaminchlorid (Konstit.) 30-0080; Absorpt.-Spektren v. Au(III)-Komplexen mit opt.-akt. Diaminen 35-0067; Rk. v. Cl_2 mit $[Au(en)_2]Cl_3$, einem Äthylendiamingold(III)-Komplex v. Tetramintyp unter Bldg. v. $[Au(NClHCH_2CH_2 \cdot NClH)Cl_2]Cl$ 35-0761; cis-Wrkg. d. Cyanidgruppe bei d. Substitut. v. heterocycl. Aminen in trans-$[Au(CN)_2Cl \cdot Amin]^0$ durch Br^-, N_3^- u. NO_2^- (Kinetik) 46-0634.

Darst. v. $[(n\text{-}C_4H_9)_4N][AuA_2]$ (H_2A = 1.2-Dimercaptobenzol-Deriv.) 16-0763.

Photochromie v. Au-Dithizonaten (Darst.) 4-0103; Verw. v. Au-Mercaptiden für Überzüge 10-2982*; Bldg. v. cis-1.2-disubstituierten Äthylendithiolat-(1.2)-Komplexen d. Form $[(C_6H_5)_4As][AuS_4C_4(CF_3)_4]$ 13-0751; Darst., Strukturunters. u. physikal. Eig. d. quatern. As- bzw. N-Salze v. Bis-[toluol-3.4-dithiolato]-auraten(III) 25-0840; Zus. u. Eig. d. Au-Dithizonats 26-2058; Verw. v. Au-Arylmercaptid in Metallisier.-Mittel auf Au-Basis 26-2527*; Herst. v. Au-Arylmercaptiden 26-2528*; Darst. u. Rk. v. $[(C_6H_5)_4As][AuS_4C_4 \cdot (CF_3)_4]$ 28-0788; Bldg.-Konst. d. *1:1*-Komplexe v. Au mit 8-Mercaptochinolin bzw. 2-Methyl-8-mercaptochinolin 51/52-1809.

Darst.: v. $[BrAuP(C_2H_5)_3]$ u. Rk. mit Alkylmercaptanen (RSH) u. C_6H_5SH zu $[P(C_2H_5)_3AuSR]$ u. $[P(C_2H_5)_3AuSC_6H_5]$ (Rk.) 4-0611; v. $[XAuPR_3]$ u. $[XAu(PR_3)_2]$ u. Rk. mit Alkyl- bzw. Arylmercaptanen (R'SH), Bldg. v. $[PR_3AuSR']$; X = Cl, Br, SCN; R = C_4H_9, C_6H_5 bzw. C_2H_5 4-0612; u. IR-Spektren u. magnet. Suszeptibilitäten v. Au(0)- u. Au(I)-Triphenylphosphin-Komplexen 8-0727; Red. v. $IrCOL_2Cl$ (L = Triphenylphosphin) mit Na/Hg zum Na-Salz $Na^+[Ir(CO)_3L]^-$ u. Weiterrk. mit AuLCl zur Synth. v. $LAuIr(CO)_3L$ 9-0754; Darst.: v. Diphenylen-3.3'-bis-[diphenylphosphingold(I)-chlorid]-trihydrat u. Unters. d. Rk. mit $H_2Fe(CO)_4$ zu [Diphenylen-3.3'-bis-(diphenylphosphin)-digold(I)]-eisentetracarbonyl 13-0748; v. Koordinat.-Komplexen v. Diphenyl-(o-diphenylarsinophenyl)-phosphinsulfid u. Diphenyl-(o-diphenylarsinophenyl)-phosphin mit Au(I) 14-0756; v. $LAuMn(CO)_5$ u. $LAuMn \cdot (CO)_4L'$ (L, L' = Phosphite, Phosphine, Stibine, Arsine u. Py.) 20-0768; Red. v. $[\mu\text{-}LAu_2 \cdot Cl_2]$ mit $NaBH_4$ in A. zu $[Au_6L_2Cl_2] \cdot 2$ A (L = 1.2-Bis-[diphenylphosphino]-äthan) 22-0787; Sn–Cl-Valenzschwing.-Frequenzen (*250* bis *340* cm^{-1}) in d. IR-Spektren v. $[(C_6H_5)_3P] \cdot AuSnCl_3$ 27-0126; Darst.: v. C_5H_5LAu aus LAuCl u. C_5H_5Na (L = Triphenylphosphin) 28-0778; u. Rk. v. $[(C_6H_5)_3P \cdot AuS_4C_4(CF_3)_4]Cl$ 28-0788; Krist.-Strukturbest. u. Diamagnetismus d. Komplexes $(C_6H_5)_3PAuMn(CO)_4P \cdot (OC_6H_5)_3$ 35-0187; Darst.: v. Au-Äthyldiphenylphosphin-Komplexen mit Au–Au-Bind. 35-0762; v. Au-Cluster-Verb. mit 1.2-Bis-[diphenylphosphino]-äthan 43-0679; v. Addit.-Verb. aus Au-Halogeniden u. Triphenylphosphin-, -arsinsulfid u. Triphenylphosphinselenid 43-0701.

Darst. v. Triphenylsilyltriphenylphosphingold(I) 35-0781.

Darst.: v. Au(I)-N.N-Dialkyldithiocarbamaten mit *1* u. *2* Mol. Phosphin als Neutralliganden 4-0613; u. NMR-Daten v. $ROCS_2AuL$ (R = Alkyl, L = Phosphin) 20-0767; v. $(CH_3)_4N[AuL_2]$ (H_2L = N-Cyanodithiocarbiminsäure) 38-0749.

Bldg. einer Au/Thionalid-Verb. bei d. elektrochem. Umsetz. v. Au(III) mit alkohol. Thionalid-Lsg. 37-0621.

Darst.: v. $[(n\text{-}C_4H_9)_4N]_2[AuSC(CN){=}C \cdot (CN)S)_2]$ 12-0733; u. Strukturunters. u. physikal. Eig. d. quatern. As- bzw. N-Salze v. Bis-[maleinsäuredinitrildithiolato]-auraten(III) 25-0840.

Unters. d. EMK d. Ketten Au/CH_3COOAu in Na-Acetat-Lsg. verschiedener Konz. in abs. Essigsäure 5-0612; Vgl. d. Aktivität v. Au-Acetat mit der v. anderen Metallkomplexen am Beispiel d. H_2O_2-Zers. 12-0661; Darst. v. Au-Komplexen mit 2-Thiocarbamoylpyridin 15-0773; Gold-, Thiocholin- u. Thiolessigsäure-Meth. zur elektronenmkr. Lokalisat. d. Acetylcholinesterase u. unspezif. Cholinesterase an d. neuromuskulären Verb. 17-1313; Darst. v. Prod. aus Au-Oxid u. Fettsäure (antibakterielle Eig.) 51/52-1798*.

Unters. d. Koordinat.-Vermögens v. N-methylsubstituierten Phosphorsäurenamiden mit Au-Salzen u. d. Extrakt.-Verh. d. gebildeten Komplexe 3-0765; Darst.: v. [ClLAu] aus $HAuCl_4$ zu Triphenylphosphit (L) 4-0612; v. $LAuMn(CO)_5$ (L = Phosphite) 20-0768.

Fettleibigk. bei AkR-Mäusen durch Goldthioglucose 4-1298; Fettsucht infolge v. Goldthioglucose (patholog. Physiologie) 7-1528; Schilddrüsenaktivität bei Mäusen mit Hypothalamusschädig. durch Goldthioglucose 10-1400; hypothalam. Fettsucht durch Goldthioglucose (Hemm. durch Glucoseanaloga) 35-1622.

Gomphrenin-I s. unter $C_{24}H_{26}N_2O_{13}$.
Gomphrenin-II s. unter $C_{24}H_{26}N_2O_{13}$.
Gomphrenin-III, Vork. in Gomphrena glubosa (Teilstruktur) 21-1547.
Gomphrenin-V, Vork. in Gomphrena glubosa (Teilstruktur) 21-1547.
Gomphrenin-VI, Vork. in Gomphrena glubosa (Teilstruktur) 21-1547.
Gonaden s. unter *Drüsen, Geschlechtsdrüsen.*
Gonadodormone s. unter *Hormone, Hypophysenvorderlappenhormone* (*Gonadotrope Hormone*).
Gonadotropine s. unter *Hormone, Hypophysenvorderlappenhormone* (*Gonadotrope Hormone*).
Gonan s. unter $C_{17}H_{28}$.
Gonnardit, – in d. Mandeln v. verändertem Basalt v. Maze, Niigata Prefecture, Japan 47-0729.

Gophicide s. unter $C_{14}H_{13}Cl_2N_2O_2PS$.
Gorceixit, – im argillisierten Phonolith v. Nordwestböhmen 9-0786.
Gossypetin s. unter $C_{15}H_{10}O_8$.
Gossypol s. unter $C_{30}H_{30}O_8$.
GOT s. unter *Enzyme, Spezielle Enzyme.*
Gougerotin s. unter $C_{16}H_{25}N_7O_8$.
G.P. 33679 s. unter $C_{19}H_{24}N_2O$.
GP 36329 s. unter $C_{18}H_{22}N_2O$.
GP 36526 s. unter $C_{17}H_{20}N_2$.
GP 38383 s. unter $C_{19}H_{24}N_2O$.
GP 43255 s. unter $C_{24}H_{30}N_2O_7$.
G.P. 27463 Geigy s. unter $C_{19}H_{20}N_2O_4$.

Gräser (Gramineen)

Vernichtung v. – s. unter *Unkrautbekämpfung.*

Einfl. d. Düng. auf Ertrag u. Radioaktivität bei Pflanzen d. alpinen Wiesen 3-3140; Gips u. S als Düngemittel für einjähr. Weiden 6-2991; Unterdrück. d. Samenbldg. bei einjähr. – durch Dimethylarsinsäure 7-3070; Düng.-Vers. auf Gras–Klee-Rasen mit fl., ausgefaultem Abwasserschlamm 9-3024; Einfl. v. Spurenelementen auf d. Leist. v. Milchviehweiden 9-3027; Ursprung d. C_3 d. Tetrahydro-β-carbolin-Alkaloide in – 14-1337; Wrkg. v. N-, P- u. K-Düngemitteln auf Ertrag u. N-, P- u. K-Geh. v. beweidetem Gras 21-3349; CCC im Grassamenbau 25-3306.

Morpholog. Wrkg. einer Vorauflaufbehandl. mit Tetrafluorpropionsäure auf – 7-1378; Einfl. v. Phenyl-Hg-Acetat auf Transpirat. u. Wachstum kleiner Grasflächen 8-1412; Tracer-Meth. bei d. Unters. v. Graswurzeln 28-1511; photosynthet. CO_2-Fixier. in trop. – (Aktivität v. Carboxylasen u. anderen Enzymen) 40-1392; (Teilnahme v. Phosphoenolpyruvatsynthetase) 44-1216.

Puffernde Bestandteile v. Weide-– u. Silage 19-3260; aus – isolierte RNS 21-1310; Nährwert v. Grasproteinen 23-3486; Na- u. K-Geh. einiger Grasfamilien, -arten u. -sorten 25-3462; Veränder. d. Zus. d. organ. Säuren während d. Bebrüt. v. asept. gewachsenem Gras 41-3280; Holzlignin v. – 42-1322; Anthocyane v. – 45-1465.

Best. v. Phytosterinen in Weide-– 1-1929; Mahltechnik für kleine radioakt. –-Proben 47-2032.

Graftonit, Identifizier. d. PO_4^{3-}-Gruppe in – mit Strychninmolybdat-Reagenz 27-2216.
Grahamsches Salz s. unter *Natriumphosphate, Natriummetaphosphate.*
Gramicidin s. unter $C_{146}H_{202}N_{30}O_{26}$.
Gramicidin A s. unter $C_{99}H_{140}N_{20}O_{17}$.
Gramicidin B, Darst. 15-1669.
Gramicidin C s. unter $C_{60}H_{92}N_{12}O_{10}$.
Gramicidin D s. unter $C_{98}H_{138}N_{20}O_{15}$.
Gramicidin J_2 s. unter $C_{35}H_{56}N_8O_6$.
Gramicidin-S s. unter $C_{60}H_{92}N_{12}O_{10}$.
Gramin s. unter $C_{11}H_{14}N_2$.
Gramoxone s. unter $C_{12}H_{16}N_2O_2$.
Granatane, adrenerg., neuronenblockierende Wrkg. 5-1637; pharmakolog. Analyse v. adrenerg., neuronenblockierenden N-Aralkylgranatanol-(3α)-p-toluylaten 29-1799.

Granate

Spezielle – s. unter d. entsprechenden Mineralien, Oxiden bzw. Mischoxiden.

O-Isotopenverhältnisse in – regionalmetamorpher Gesteine 1-0752; Verteil. v. – in Flyschkomplexen d. Schweiz 1-0763; Vergesellschaft. v. – aus ostalpinen Sedimentat.-Becken d. Kreidezeit 1-0764; –-Vork. in d. Hornblende–Granulit-Subfazies in Ceylon 1-0767; Chemismus d. – aus d. moldanub. Granulitkomplex v. Náměšt n.O. (Mähren,

ČSSR) 3-0787; Vork. v. Granaten in Hornblende d. krist. Fundaments Tatariens 7-0770; – aus Gesteinen d. krist. Fundaments v. Tatarien 7-0780; petrograph. u. modale Zusammenhänge bei d. Bldg. v. – in d. Ti-halt. Magnetitlagerstätte Sanford Hill 7-0806; bevorzugte kristallograph. Orientier. v. – in metamorphen Gesteinen 8-0772; – -halt. Gesteine v. Kiuruvesi, Finnland 11-0838; – -Peridotit u. Eklogit v. Bellinzona, Schweiz 11-0839; Verteil. v. – in Rifflagerstätten d. Olekma-Tokko-Zwischenflußgebiets (Südjakutien) 12-0759; Ursprung d. – -Pyroxenit-Einschlüsse („Eklogite") v. Salt Lake-Krater, Hawaii 13-0808; terrigene-vulkanogene – in rezenten Sedimenten d. Nord-Atlantiks 14-0774; Häufigk.: v. Hg in – 16-0767; v. K in – -Peridotit 16-0820; – als Indizes für progressive Regionalmetamorphose 16-0826; elektronenstrahlmikroanalyt. Unters. v. zonaren – aus metamorphen Gesteinen 16-0839; Best. v. – in Leptiten in präkambr. Fe-Erzformat. d. Imandragebietes (Halbinsel Kola) 17-0836; chem. Zus. v. – aus zwei Eklogiten d. Fichtelgebirges 18-0770; Ausbldg. v. Amphibol-Klinopyroxen- u. – -Rk.-Säumen in Meta-Olivingabbro v. Cabo Ortegal (N.W. Spanien) 18-0771; Vork. v. – im Pb–Zn-Erzlager v. Lázně Kynžart bei Mariánské Lázně 22-0797; Paragenese v. Ilvait mit – in italien. Skarnen 23-0872; Vork. v. – in Eisensanden Neuseelands 24-0808; – in d. Flysch in d. West-Karpaten Polens 28-0826; kristallograph.-mineralog. Unters. an – aus Metabasiten d. Sächs. Erz- u. Granulitgebirges 32-0838; Pyroxenolit- – in Einschlüssen d. Basalts v. Hoggar (Zentralsahara) 32-0843; Vork. v. – neben Moissanit in Pegmatiten v. Čepelare 34-0847; Gleichgew. Pyroxen- – u. Tiefenfazies v. Eklogiten 36-0769; Vork. v. – neben Bavenit in Skarnen aus Transbaikal 36-0808; – westmähr. Skarngesteine 38-0844; Vork. v. – in d. metallogenen Fe-Provinz v. Südost-Missouri 38-0856; Stabilitätsfelder v. Al-halt. Pyroxen-Peridotit u. – -Peridotit u. ihre Bedeut. für d. Struktur d. oberen Mantels 38-0887; – im Kontaktmarmor im Radautal-Gabbro (Harz) 39-0685; Vork. v. Cordierit- – -Gneis in Georgia 39-0693; – -Peridotite mit Cr-halt. Pyrop in d. Schloten d. Gegend v. Bédarieux (Herault) 39-0712; ein – -Peridotit u. ein – -Amphibol-Pyroxenit v. South Harris, äußere Hebriden 39-0714; – d. Molne-Schiefer im Ardnamurchan-Bereich, Argyllshire, Schottland 39-0715; Vork. v. – in d. Thanksgiving-Mine, Baguio-Gebiet, Mountain Provinz, Philippinen 39-0765; Verteil. v. akzessor. – in Pegmatiten v. Visterica, West-Rhodopen 41-0708; Bldg.-Beding. v. – d. Grossular-Andradit-Reihe u. Abhängigk. ihrer Fe-Führ. v. d. pH-Werten 41-0767; Biotit- – -Geothermometer 42-0625; – d. Rila-Granite 42-0696; Vork. v. „Dhandrasit" in – -Nestern in Teilen d. Dhanrashügels 48-0740; typomorphe Besonderh. v. – d. Kreide-Ablager. im östl. Teil d. Tadzikischen Depress. 49/50-0679.

Entw. neuer Silicat-*Hydrogranat*-Bindemittel 6-2252; Herst. einkrist. ferrimagnet. – 11-0277; Charakteristik v. im Syst. $Na_2O/CaO/Al_2O_3/SiO_2/H_2O$ gebildeten Verb. v. *Hydrogranat*-Typ 21-0814; Auftreten v. *Hydrogranaten* unter d. Hydratat.-Prod. v. granulierten Hochofenschlacken 28-2277; Herst. neuer keram. Pigmente v. – -Typ 40-2056; synthet. *Hydrogranate* 42-0730; Flotat. v. – 23-2536; selektive Abtrenn. d. – v. Tantalit u. Kassiterit durch Flotat. 27-2447.

Abhängigk. d. Eig. d. – v. ihrer chem. Zus. 39-0745; Bezieh. d. opt. Anisotropie d. – d. Grossular-Andradit-Reihe zur Zus. u. d. chem. Synth.-Beding. 19-0895; Änder. d. Doppelbrech. v. Einschlüssen in – beim Erwärmen auf *900°* (Anwend. in d. Geothermometrie) 33-0992; Mess. d. IR-Reflex.-Spektren v. – 35-0304; Kationenverteil. in Ionenkrist. mit vielen Untergittern u. Anwend. auf Mischkrist. v. ferrimagnet. – 38-0549; Geometrie v. S-förm. Einschlußspuren in – -Porphyroblasten 39-0694; Strukturdefekte in – -Einkrist. 45-0208; Krist.-Chemie d. – 45-0271; Elastizitätskonst. v. – (Almandin-Pyrop-Typ) unter Druck u. Temp. 41-0168; Photoleit. in – 41-0337; Einfl. eines magnet. Anlassens bei tiefer Temp. auf d. Linienbreite v. Fe(II)-Ionen-halt. – 42-0306; Best. d. Nullad.-Punktes v. – in wss. Lsg. 45-0585; Analyse d. thermodynam. Beding. d. Mineralgleichgew. in d. Amphibol- – -Gesteinen 13-0801; – -Ilmenit-Transformat. in festen Lsg. v. Ge–Si-Pyrop 36-0853; Einfl. d. Drucks auf d. – –Pyroxen-Gleichgew. im Syst. $MgSiO_3/CaSiO_3/Al_2O_3$ 38-0886; Mischbark. v. Pyralspit- u. Grandit-Mol. in – 41-0725; ausgewählte Phasenbezieh. im Syst. Al/Mn/Fe/Si/O/H als Modell für – -Gleichgew. 48-0782.

Korros.-Unters. an – durch künstl. Ätz. 24-0851; Unters. v. Rk. d. festen Lsg. v. Albit, Magnetit, – u. Klinopyroxen 47-0681.

Analyse In-halt. – 26-2061; Dy-Best. in ferrit. – nach d. Radioaktivier.-Verf. 33-2213.

Granaticin B s. unter $C_{28}H_{30}O_{12}$.

Grandifoliolin s. unter $C_{29}H_{38}O_8$.

Grandit, Mischbark. v. Pyralspit- u. – -Mol. in Granaten 41-0725.

Granit, Cd u. Zn in Biotit- u. Amphibol- – 1-0755; Ursprung v. granit. Magma 1-0756; Differentiat. v. Quarz führendem Syenit (Nordmarkit) u. Riebeckit-Arfvedsonit- – (Ekerit) d. Oslo-Serie 1-0760; Verwitter. d. Woodstock- – in d. Nähe v. Baltimore, Maryland 1-0769; Palmer- – in einer regionalmetamorphen Umgeb. 1-0772; granulare Einschlüsse im – v. Lavadores (Vila Nova de Gaia) 2-0750; Feldspate d. – v. Eisenkappel (Kärnten) 2-0767; Verteil. v. Th u. U in einem zonaren – -Batholith 3-0779; Assoziat. Manebach-Baveno v. Mikroklin im – v. Biellese 4-0625; akzessor. Zirkone aus – d. Venediger-Gruppe in d. Hohen Tauern 7-0767; monzonit. Hornblende- – NW v. Tebo, Central Sierra Leone 7-0774; Altersbest. v. – d. Region de Mogi das Cruzes, São Paulo (K–Ar- u. d. Rb–Sr-Meth.) 8-0752; Isotopenalter v. – -Gneis v. Olympus (Victoria Land, Antarktis) 8-0753; Ba-Geh. v. finn. – 11-0830; Magnetkies–Kupferkies-Vererz. am Kontakt d. Zentralen Aare- – im westl. Aarmassiv. nördl. Brig 11-0846; Altersbest. v. –, Pegmatiten u. Gängen d. Kibaran-Gürtels v. Zentral- u. Nord-Katanga (Kongo) 12-0749; Petrologie d. Rapakivi- – d. Salminski-Massivs (Fennoskandia) 12-0753; Lands-End- – u. ihre Bezieh. zum experimentellen – -Syst. 12-0754; Verwitter. v. Zweiglimmer- – d. Massivs Pierre-qui-Vire (Yonne-Nièvre) 12-0756; Se-Geh. in – 13-0783; – -Xenolithe in Diabas-Porphyrit-Dykes d. Cassiterit-Sulfid-Lagerstätte v. Levic (Kavalerovskiy-Region in d. Nähe d. Meeres) 13-0800; Ergebnis u. Ausdeut. radiometr. Unters. an – d. Brasilian. Schildes 14-0764; Mikrokörnigk. d. Gangquarze im Exokontakt d. Syenit- – -Massivs im Ural 14-0799; Häufigk. v. Hg in – 16-0767; K/Rb-Verhältnisse in koexistierenden K-Feldspaten u. Biotiten einiger – aus Neu-England 16-0821; Kali-Natron-Feldspate d. – -Pegmatite d. Korostensker Massivs (Ukraine) 16-0833; geochem. Glieder. granit. Gesteine d. Thüringer Waldes u. Erzgebirges u. ihre lagerstättengenet. Bedeut. 16-0845; Unters. v. Fl.-Einschlüssen d. mit d. herzyn. – v. Südwestengland assoziierten Mineralisat. 17-0833; strukturchem. Besonderh. d. Muskovite aus Zgid- – (Nord-Osetien) 17-0851; Ta- u. Nb-Verteil. in *Apograniten* d. – -Granodiorit-Massivs v. Man'chambo (Südteil d. Pecora-Urals) 18-0781; Bezieh. d. U-Mineralisat. zu Extrus. v. sauren – -Porphyr 18-0783; junge (postpräkambr.) – v. Nigeria 18-0790; Euklas aus Quarz–Chlorit-Zonen veränderter – Jakutiens 19-0892; Nb- u. Ta-Geh. niger. – 21-0870; Wärmekapazität v. – bei hohen Temp. 22-0822; Uraninit als akzessor. gewöhnl. Mineral in d. U-halt. Zweiglimmer- – d. Limousin u. d. Vendée 22-0836; Struktur u. Alter d. Bochtinsker – -Massivs in Zentralkasachstan 23-0869; Vork. v. Gibbsit u. Alumosilicatgelen in Tonfrakt. aus Sanden u. Böden d. Zweiglimmer- – -Massivs v. La Pierre-qui-vire (Yonne-Nievre) 23-0879; Verteil. u. Habitus d. Apatits im – v. Neira (Spanien) 23-0881; granit. Gesteine Südwest-Japans 24-0812; K–Ar-Datier. d. granit. Gesteine Japans 24-0813; stoffl. Zus. d. Liparit- – -Komplexe am Beispiel d. Balygyčano-Sugojsker Gebietes 24-0817; Verteil.: v. Haupt- u. Spurenelementen in Feldspaten d. Rosses- u. Ardara- – -Komplexe, Donegal, Irland 26-0822; v. bestimmten Elementen in Feldspat, Biotit u. Muskovit aus brit. – in Bezieh. zur Mineralisat. 27-0896; Fe/(Fe + Mg)-Verhältnis in Biotit v. Georgia- – 27-0904; Geochemie d. Be in mittelpaläozoischen Alaskit- – 28-0819; Geh. u. Verteil. v. U in – 28-0822; Rb–Sr-Alter granit. Gesteine v. Südost-Massachusetts 29-0879; Verh. v. Pb u. Zn bei hydrothermalen Veränder.-Prozessen v. – 29-0882; chem. Zus. v. Sanden u. – (Vgl.) 33-0990; Vgl. v. Mondmaterial mit – 35-0830, 35-0831; Verteil.: seltener Elemente in Ta-halt. *Apograniten* u. Biotit- – 36-0771; v. akzessor. Elementen in – d. mittleren Vordneprs 36-0780; Begleitmineralien in granit. Gesteinen d. Sierra Nevada als Funkt. d. Ca-Geh. 36-0802; radiometr. Altersdaten d. Urungwe- u. Miami- – Rhodesiens 38-0788; $^{87}Sr/^{90}Sr$-Verhältnisse in eugeosynklinalen Sedimentgesteinen u. ihre Bezieh. zu d. Ursprung v. granit. Magma in orogenen Zonen 38-0790; geochem. Unters. d. differenzierten – -Plutone d. südl. Schwarzwaldes 38-0813; Petrologie v. – -Gesteinen d. Lewisian 39-0695; Änder. v. Spurenelementen im Rosses- – -Komplex, Donegal 39-0696; Nichtmischbark. v. granit. Schmelzen, angezeigt durch Fl.-Einschlüsse in ejizierten – -Blöcken v. Ascension Island 39-0698; mit d. Granitisier. verbundene metasomat. Umbldg. gneis. Schichten 39-0699; geochem. Evolut. seltener Elemente in granit. magmat. Prozessen 41-0691; Verteil. gesteinsbildender Elemente in – u. Amphiboliten v. Korosten (Ukrain. Kristallines Massiv) 41-0706; Biotit aus einem intrusiven *Plagiogranit*-Körper in d. Nähe d. Manastyr-Berge 42-0678; Thermometamorphose an Feldspaten aus – -Xenolithen in Dykes bas. Gesteine 42-0692; Granate d. Rila- – 42-0696; Unters. an ost- u. südalpinen – (Vgl.) 43-0720; Änder. d. Verhältnisses $^{39}K/^{41}K$ u. d. Beweg. v. K in einer – -Amphibolit-Kontaktregion 43-0736; magmat. Quarz als Indikator d. Kaolinisier. d. – -Gesteine 43-0745; Sukulait u. Wodginit als Einschlüsse in Cassiterit in – -Pegmatit v. Sukula, Tammela in SW-Finnland 45-0738; Verteil.-Besonderh. d. Seltenerdmetalle in akzessor. Mineralen d. – 45-0760; Th–U-Bezieh. in Zirkonen aus granit. Gesteinen u. aus Kimberliten 45-0768; Hauptgesetzmäßigk. d. W.-Separat. v. magmat. Schmelzen granit. Zus. 47-0685; Verteil. geringer Mengen seltener Alkalimetalle zwischen d. K-Mineralen d. – u. d. wss. Lsg. bei erhöhten Temp. u. Drücken 47-0768; Zusammenhang zwischen d. ursprüngl. Isotopenzus. d. Sr u. d. Alter v. Gesteinen granit. Zus. 49/50-0649; Bezieh. Mikroklin–Plagioklas im – v. Colettes (Allier) 49/50-0650.

IR-Spektren v. – (Vgl. mit Mineralien v. Mond u. Planeten) 5-0776; UV-Reflex.-Mess. v. granit. Gesteinen 20-0789; IR-Reflex.-Spektren v. – -Komponenten 35-0304; spektrales Reflex.-Vermögen v. – 40-0679; Lumineszenz-Eig. v. – unter Protonenbeschuß 45-0716; Kristallisat.-Prozeß v. Gläsern auf – -Basis 17-0284; neue Verwachs.-Gesetze für Schrift- – 39-0697; Einfl. d. Korngröße auf d. Bruchverh. v. – 8-0751; galvan. Effekt bei – 45-0565; Hugoniot-Zustandsgleich. für – 43-0738; Wechsel d. – u. Pegmatite unter d. Einfl. alkal. kieselsäurehalt. hydrothermaler Lsg. u. hoher Drücke 9-0814; experimentelle Unters. d. Mo-Abtransports aus einer granit. Schmelze bei W.-Drücken bis *3000* atm 41-0779.

– als Rohstoff für d. keram. Industrie 16-2292.

Best. v. Ba in G-*1* durch Isotopenverdünn. 3-0766; Modalzus. d. U.S.G.S. Referenzprobe G-*2* 3-0767; Best. v. G-*1* (chem. Analysenexperiment für Surveyors Mondaufgabe) 5-0777; atomabsorptionsphotometr. Best. d. Sr-Geh. in G-*1* 5-1912; Genauigk. d. chem. Best. d. Gesamt-Fe-Geh. u. Al-Geh. in – 5-1949; U-Geh. im Standard G-*2* 8-0745; Analyse v. G-*2* 16-0801; neutronenaktivierungsanalyt. Best. v. In in G-*1* 22-2104; Mess. d. Modalzus. eines granit. Gesteinspulvers durch Punktzähl., IR-Spektroskopie u. Röntgenbeug. 27-0882; Best. v. U, Th u. K in – 28-2045; Analyse v. G-*2* (Haupt- u. Spurenelemente) 32-0836; Ce- u. Er-Geh. in G-*1* u. G-*2* 38-0793; Best. v. Spurenelementen in – durch Neutronenaktivier.-Analyse u. Lsgm.-Extrakt. 39-2006; analyt. Daten v. G-*1* 47-0681; Best. v. V, Mo u. W in G-*2* 49/50-0640.

Granitoide, lumineszierende Apatite aus – u. Greisenbldg. d. Altaigebirges 2-0759; chem. Zus. d. granitoid. Chibinite d. Alkalimassivs v. Chibino 6-0815; abs. Alter d. Učtapa-Kyzylkainsker – 14-0763; Ta-Verteil. in – 17-0829; abs. Alter d. – -Massivs d. westl. Pamir 18-0766; Verteil.-Gesetzmäßigk. d. Sn in – d. Konkudero-Mamakan-Komplexes (nördl. Baikal-Berge) 18-0779; Geochemie v. K, Na, Ca, Rb, Pb, Ba u. Sr in sudet. – u. ihren Pegmatiten 22-0813; Gesetzmäßigk. d. Verteil. radioakt. Elemente in – d. Zentralteils d. nördl. Kasachstans 23-0869; Verteil. d. seltenen Elemente in granitoiden Körpern verschiedener Morphologie am Beispiel einiger Massive d. Altai 24-0810; abs. Alter d. – u. Besonderh. d. Zus. ihrer akzessor. Minerale in d. Zone d. seltenmetall. Vererz. im Ostteil d. Katun Alp v. Altai-Gebirge 24-0818; K-, Rb- u. Tl-Verteil. in – d. Dzirul'er krist. Massivs (West-Grusinien) 29-0878; Ta-, Nb-, Sn- u. F-Verteil. in Glimmern aus – d. Großen Kaukasus u. d. Dzirul'sker krist. Massivs 31-0876; petrogenet. Korrelat. u. Metallogenese v. westböhm. – -Körpern 32-0839; Geochemie

v. Sr in oberpaläozoischen – v. Süd-Gissar (Tadshikistan) 38-0809; Änder. in Geh. u. Zus. d. Seltenerdmetalle in d. Magnetiten d. – 38-0811; Struktur d. Kalifeldspate in – verschiedener genet. Typen 39-0739; akzessor. Tscheffkinit in – d. östl. Transbaikal 41-0740; Seltenerdmetalle in Verwitter.-Krusten d. – 42-0652; Temp.-Intervall d. $\alpha \rightarrow \beta$-Quarzumwandl. v. – d. nördl. Transbaikal 42-0657; abs. Alter d. – v. Zentral- u. Süd-Kasachstan 43-0728; Geochemie v. V u. Cr in – 45-0737; O-Isotopenfraktionier. im Bldg.-Prozeß d. – v. Tyrny-Aus 45-0754.

Granodiorit, Struktur u. Zus. d. Orijärvi-– 11-0837; Häufigk.: v. Hg in – 16-0767; v. radioakt. Elementen in –-Gneisen d. krist. Schildes 17-0830; mineralog. Unters. am Kaolinit aus d. –-Kaolin v. Caminau in Königswartha (Lausitz) 17-0850; Verteil.: v. Ta u. Nb in Apograniten d. Granit-–-Massivs v. Man'chambo (Südteil d. Pecora-Urals) 18-0781; v. Na, K, Li u. Rb im – d. Insel Elba 32-0842; v. akzessor. Elementen in – d. mittleren Vordneprs 36-0780; geochem. Unters. an ost- u. südalpinen – (Vgl.) 43-0720.

Einfl. v. komplexbildenden Agenzien auf d. Herauslsg. v. Fe aus – 33-1015.

U-Geh. v. Standard GSP-*1* 8-0745; Analyse v. GSP-*1* 16-0801; Best. v. U, Th u. K in – 28-2045; Analyse v. GSP-*1* (Haupt- u. Spurenelemente) 32-0836; Ce- u. Er-Geh. in GSP-*1* 38-0793; analyt. Daten v. U.S.G.S. Standard-Gestein 47-0681; U.S.G.S. Standard v. – (vollständ. konventionelle u. spektrochem. Analysen sowie Gesteinsschnellanalysen) 49/50-0639; Best. v. V, Mo u. W in d. v. U.S.G.S. analysierten – GSP-*1* 49/50-0640.

Granophyr, Häufigk. v. Hg in – 16-0767.

Granosan s. unter *C_2H_5ClHg*.

Granosyenit, Verh. v. Pb u. Zn bei hydrothermalen Veränder.-Prozessen v. – 29-0882.

Granulit, Mineralvork. in d. Hornblende-–-Subfazies in Ceylon 1-0767; Chemismus d. Granate aus d. moldanub. –-Komplex v. Náměšt n. O. (Mähren, ČSSR) 3-0787; Natur d. Hornblende-–-Fazies 7-0763; Häufigk. v. Hg in – 16-0767; Diadochie d. Fe u. Mg in koexistenten Fe–Mg-Mineralen bas. – Ost-Sajans 32-0848; Entdeck. v. Be enthaltendem Sapphirin in d. – v. Musgrave Ranges (Zentralaustralien) 38-0793; neue Polytypie v. Taafeit v. – in Zentralaustralien 38-0870; –-Fazies Metamorphose, Granit Falls-Montevideo Bereich, Minnesota 39-0700.

Granulozyten s. unter *Blut, Blutzellen* (*Farblose Blutzellen*).

Grapefruit s. unter *Citrus*.

Graphit

– als Bestandteil v. Fe u. Fe-Leg. s. unter *Eisen. Graphitverbindungen* s. dort.

Vorkommen, Gehalt: Einheitl. Modell für interstellare Extinkt. u. Polarisat. für –-Teilchen 5-0759; – im Kosmos 15-0775; Entsteh. diffuser interstellarer Banden v. –-Teilchen mit Verunreinig. durch Si, Mg, Fe u. Ti 40-0661; Linien v. – im Kosmos 51/52-0615; Temp. interstellarer –-Partikelchen 51/52-0621.

Isotopenverteil. v. C im –-Anteil metamorpher Gesteine 4-0621; Anomalien in d. Isotopenzus. v. Kr u. Xe im – d. Canyon Diablo-Meteoriten 11-0801; Isotopenzus. v. – aus C-reichen Meteoriten 11-0808; – in Meteoriten u. Tektiten 16-0764; Vork.: im Meteorit Goose Lake u. d. Goose Lake Splittern 27-0876; neben Pyroxenolitgranaten in Einschlüssen d. Basalts v. Hoggar (Zentralsahara) 32-0843; erzmkr. Beschreib. v. – in Meteoriten 36-0745; Unters. v. – in Meteoriten (bes. aus New South Wales) 36-0752; Ursprung d. Edelgasanomalie im – d. Meteoriten Canyon Diablo 36-0753; –: in Amphibolit u. Hornblendeschiefer v. Puchegg bei Vorau (Oststeiermark) 48-0744; in Alkaligesteinen d. Oktobermassivs 49/50-0645.

Bildung, Herstellung: Graphitisier. v. C durch elektr. Funkenentlad. (Einfl. d. Entlad.-Energie) 1-0226; pyrolyt. Bldg. v. gut krist. –-Schichten 2-0183; Zeitfaktor im Graphitier.-Prozeß 6-2187; Einfl. v. S auf d. –-Bldg. bei Kohlenstoffen aus Polyvinylchlorid–S-Syst. 8-0665; Bldg. beim Brennen v. einer Masse aus Kohlepartikeln u. Furfurylalkohol bei *2000–3000°* 9-2280*; scheinbare katalyt. Beschleunig. d. Graphitisier. (mögl. Mechanismen) 11-0723; Umwandl. v. Kohlekörpern in – 11-2282*; Graphitisier. v. Kohlenstoffen 15-0496; Bldg. durch Rk. v. CaC_2 mit Al_2O_3 17-0634; Wechselwrkg. v. Kohleprod. im Verlauf d. Graphitisier. 21-2409; partielle Graphitisier. v. einigen harten Kohlenstoffen 23-0703; Bldg. v. pyrolyt. – in mit Öldiffus.-Pumpen betriebenen Raumkammern 30-0372; –-Abscheid. im Syst. $CaCO_3/SiO_2$ bei hohen Drücken u. Temp. 36-0848; Einfl. d. B-Konz. auf d. Graphitisier. v. BPG (Bor–Pyrolyse–Graphit) 36-0672; Graphitieren v. Kohle in Pulverform 39-2282*; –-Bldg. bei d. Verkok. v. anorgan. Materialien 40-2059*; katalyt. Graphitisier. v. C durch Ti bei d. therm. Zers. eines Gemisches aus CH_4 u. $TiCl_4$ 41-0606.

Gewinn. v. –-Koll.-Präp. (Ersatz v. Thermo-– durch natürl.) 25-2313; Herst. v. künstl. – für Elektroden aus Teerkoks 38-2348.

Entfernen: v. – aus synthet. Fasern 1-2829*, 1-2830*; v. dispers-koll. –-Schmiermittel v. Rohroberflächen 30-2645*.

Reinig. v. aschehalt. – 34-2255*.

Herst. v. Ag–Graphit- u. Ni– bzw. Cu-Graphit-Katalysatoren 8-0641; Herst. v. –-Elektroden: aus Petrolkoks (verbesserte Qualität durch Zusatz v. Hochtemp.-Teer) 31-2383; aus Pech 32-2290*; durch Glühen u. Graphitieren v. Kohleelektroden (Einfl. d. Temp.-Beding. auf d. Qualität) 40-2085; Herst. v. –-Anoden für d. Amalgamverf. 45-2612*.

Herst.: v. feuerfesten –-Gegenständen 2-2143*; einer Leg. aus pyrolyt. – u. einem Metall im Gasplattierverf. 10-2428*; v. aus Fasern aufgebautem –-Formkörper 12-2073*; Beschicht. v. Gegenständen mit Pyro-– 15-2257*; Aufbereit. v. koll. –-Pulver für Metallkeramikkörper 23-2685*; Herst.: v. C–Graphit-Preßlingen (Einfl. v. Kapillarwrkg. auf d. Verteil. v. fl. Bindemitteln) 36-2255; v. Feuerfest-Formkörpern aus Kieselsäure u. – 43-2371*; v. graphitiertem zellenförm. C mit miteinander nicht in Verbind. stehenden Zellen 47-2269*.

Unmagnet. Fe–Graphit-Verbundwerkstoff mit *10–30* Graphit 5-2458*; Klebemisch. auf Furyloxysilan-Grundlage zum Kleben v. Kunststoffen mit – 5-2824*; Herst. elektr. Kontakte zwischen Metalldrähten u. – 18-1829; Meth. zum Verlöten v. – mit Metallen 27-2065; Elektronenstrahlschweißen v. Mo mit – 45-2568.

Ätzen v. pyrolyt. – durch Ox. 5-0213.

Schützen v. –-Elektroden vor Ox. durch Imprägnieren 2-2086*; Verbesser. d. Ox.-Widerstandes v. – durch eine Verbundtechnik 2-2123; Herst.: v. oxydationsbeständ. C-Körper aus porösem – durch Imprägnieren mit Ca–Al-Oxyphosphat u. Trocknen bei *105°* 6-2143*; v. –-Körpern mit imprägnierter Oberfläche 7-2156*; Aufbringen v. Si auf – durch Flammenspritzen 8-2349; Herst. v. Al-Überzügen auf –-Elektroden 8-2424*; Schutz d. –-Anode d. Cl-Elektrolyse gegen mechan. Abnutz. durch Imprägnier. 13-2192*; Schutzschichten auf – 15-2256*; Aufdampfen v. Si auf – 17-2267; Schutz v. – vor Ox. bei *2100°* durch Ir-Umhüll. 20-2230; Veredl. v. –-Materialien für d. KW-Stoffpyrolyse (Herst. v. –-Überzügen auf keram. u. Kohle–Graphit-Materialien) 21-2410; Herst. v. Si-Carbidschichten auf – mittels Methyltrichlorsilan 20-2446*; Aufdampfen gleichförm. Si-Überzüge auf – 34-2236.

Physikalische und physikalisch-chemische Eigenschaften: Eig. v. –-Prod. (Übersicht) 7-2139; Einfl. d. Ox. auf d. Eig. v. – 30-2205; Eig. v. Elektro-– u. Wrkg. auf d. Einsatz im Lichtbogenofen (Temp.-Abhängigk.) 31-2384; Einfl. einer Neutronen- u. Elektronen-Bestrahl. bei *77* °K auf d. physikal. Eig. v. – 46-0293; Wechselwrkg.-Effekte im Graphit bei Neutronenbestrahl. (Änder. d. physikal. Eig.) 51/52-2074.

Anomale Winkelverteil. gestreuter schwerer Ionen an Graphit-Targets 1-0175; Berechn. d. Durchgangs schneller Neutronen durch – 12-0017; Effekt d. Bestrahl.-Temp. auf d. Streuung v. Neutronen langer Wellenlänge durch Defekte in neutronenbestrahltem – 19-0330; Spaltprod.-Aktivitäten in – (Best. durch γ-Spektrometrie) 20-0056; Neutronenspektren in – nahe einer Temp.-Diskontinuität 25-0038; Neutronendiffus. durch eine Temp.-Kontinuität in krist. –-Moderatoren 28-0003; Pyrolyse-– als Neutronenfilter *2.* Ordn. 32-1864; Veränder. d. mittleren freien Transportweglänge therm. Neutronen in – mit d. Temp. 39-0237; Mess. d. Neutronendiffus.-Parameter in – d. ANNA-Reaktors 45-0018; zeitabhäng. Neutronenspektren in – 45-0017; Neutronenstreugesetzmess. für – 46-0009; unelast. Neutronenstreuung in – bei verschiedenen Temp. 46-0009; Existenz einer Diffus.-Länge in einem endlichen Prisma eines reinen –-Moderators 47-0016; Mess. d. Intensitätsverhältnisse v. myon. Röntgenstrahlen im Targetpaar CH_2/Graphit 47-0014; therm. Neutronenspektren in – 49/50-0014; zeitabhäng. Probleme bei d. Neutronenthermalisier. in – 51/52-0017.

K-Emiss.-Bande v. – 10-0305; spektrale Strahldichte eines Niederstrom-–-Bogens 21-0206; IR-Reflex.-Spektrum v. pyrolyt. – 43-0296.

Opt. Anisotropie v. – 7-0301; Gleichstromelektrolumineszenz im Syst. ZnS:Cu(Mn) mit – überzogenen Elektroden 8-0300; Compton-Profile d. an – unelast. gestreuten Röntgenstrahlen 17-0344; IR-Lumineszenz (Fluoreszenz) u. Reflex.-Vermögen v. – 23-2909; Optik kleiner –-Kugeln 30-0790; Analyse v. krit. Punkten d. – aus d. temperaturmodulierten Reflex.-Vermögen 38-0293; opt. Absorpt. v. neutronenbestrahltem – 42-0241; transversale u. longitudinale opt. Eig. v. – 45-0306.

Wachstum v. Zwischengitterclustern in – bei Bestrahl. 2-0270; Basisebenenkontrakt. u. Anlassen v. graphitisiertem C 4-0203; Schwellenenergie für d. Verschieb. v. Atomen in – 6-0313; Herst. synthet. Graphiteinkrist. 8-0182; anomales Verh. bei d. Kristallisat. v. – 9-0220; kombinierte Wrkg. v. ultrahohem Druck u. Reaktorbestrahl. auf Umwandl. innerhalb d. festen Phase v. – 12-0194; Gitterkonst. v. synthet. – mit geringem Kristallisat.-Grad 12-0209; Kristallitgröße u. Gitterverzerr. v. – 12-0210; morpholog. Entw. d. Korros.-Figuren v. gereinigtem, natürl., bei *620°* an trockener oder feuchter Luft ox. – 12-0211; Strukturbldg. beim Sintern v. Fe–Graphit-Preßmassen 12-2323; Spin–Bahn-Wechselwrkg. in – 14-0431; Carbidbldg. in – 17-2410; Bezieh. zwischen Bestrahl.-Temp., Flußdichte u. Starttemp. auf d. Freigabe gespeicherter Energie aus bestrahltem – 18-0301; Vielschichten-Leerstellenschleifen in – 19-0230; Wechselwrkg. zwischen Versetz.-Schleifen u. Linienversetz. in einem anisotropen Material-– 20-0168; Berechn. d. bei d. Bestrahl. v. – angehäuften Energie nach röntgenograph. Daten 23-0353; σ-Zone v. – 24-0466; Potential einer unbesetzten Punktlage im –-Gitter 25-0216; Kristallisat. v. – 26-0207; Bezieh. zwischen Länge, Ordn. u. Kraftkonst. d. C–C-Bind. in – 26-0905; Reorientier.-Effekte in pyrolyt. – 28-0179; bevorzugte Orientier. in pyrolyt. – 33-2406; Vorzugskristallisat. v. C–Graphit-Materialien 34-0121; Burgers-Vektor v. Versetz.-Schleifen in – 34-0156; C–K- u. Metallemiss.-Banden u. Bind. in – 34-0424; Korrelat.-Effekte in d. Bandstruktur v. – 34-0460; erhöhte Reaktivität an Versetz. in Schichtstrukturen v. – 36-0143; Gittersummen für einen halbunendl. Krist. aus – 36-0207; Struktur v. pyrolyt. – 36-0566; Nachweisbark. makroskop. Fehler in Reaktor-– mit elektr. Unters. 37-0108; Mechanismus d. Krist.-Wachstums v. – in einer Fe/C/Si-Schmelze 37-0132; therm. Schwing.-Amplituden v. C-Atomen im –-Gitter senkrecht zur C-Achse 37-0304; Zwischengitteratom-Versetz.-Schleifen in – (Beweg. u. Einfl. auf d. Elastizitätsmodul) 39-0139; Strukturabhängigk. d. Tracer-Diffus. v. Th in pyrolyt. – 39-0217; Bandstruktur u. opt. Eig. v. – 39-0342; Versetz.-Dämpf. in mit JCl dotiertem – 40-0102; Diffus. v. Dy in –-Folien 40-0198; feste Lsg. v. B in – (Bldg. v. Substitut.-Mischkrist.) 40-0458; Tempern v. Strahlenschäden in – 43-0246; Einfl. v. Beimeng. auf d. Kristallisat. d. – aus Fe/C-, Ni/C- u. Co/C-Schmelzen 44-0142; Beobacht. v. Resonanzeffekten durch Vielfachstreuung bei LEED-Unters. an – 47-0121; Änder. in d. Struktur v. – bei Neutronenbestrahl. unter Behinder. 47-0255.

Einfl. v. Reaktorstrahl. niedr. Dosis auf d. dynam. mechan. Verh. v. pyrolyt. – 5-0350; Hochtemp.-Eig. v. Graphit (Festigk. u. Elastizitätsmodul) 7-2141; Spann.-Abhängigk. d. Kriechgeschw. v. *2* –-Sorten 7-2142; Festigk.-Charakteristik v. feinkörn. – 8-0238; Bruchzähigk. v. – d. EGCR-Typs *AGOT* 11-2136; Einfl. d. Oberflächentemp. auf d. Reib. v. Elektro-– auf Cu 15-0270; mechan. Eig. v. pulvermetallurg. Kontaktwerkstoffen d. Syst. Graphit/Ruß/Cu 17-2462; Festigk. v. Ni–Graphit-Werkstoffen 17-2465; Einfl. v. Verunreinig. auf d. Unelastizität v. – 23-0311; mechan. Eig. v. stranggepreßten Ag–Graphit-Verbundwerkstoffen 25-2537; Einfl. d. Querschnittsform auf d. strahlungsinduzierten mechan. Spann. in –-Moderatorkörpern 26-2217; Elastizitätskonst. einiger Reaktor-–-Arten 31-0255; Verform.-Charakteristiken v. Nuclear Grade – 36-0250; Elastizitätsmoduln v. –-Erzeugnissen 39-0137; Einfl. d. Porosität u. Krist.-Orientier. auf d. Young-Modul v. künstl. – 39-0138; Bruch in polykrist. – 40-0103; Einfl. d.

Dämpf. auf d. Frequenzgeh. eines Zugspann.-Bündels in — 41-0115; innere Reib. v. — 41-0131; Verform.-Mechanismen in polykrist. — 41-0132; Mechanismus d. plast. Hochtemp.-Verform. v. — 45-2333; mechan. Eig. v. metallgetränktem — 46-2177; elast. Eig. v. NbC–Graphit-Verbundwerkstoffen 47-2328.

Textur, spezif. elektr. Widerstand u. Thermokraft v. durch Widerstandserhitz. dargestelltem pyrolyt. — 5-0438; elektr. Widerstand v. natürl. — bei Kompress. 10-0414; Verw. v. ^{59}Fe zur Unters. v. Vorgängen in —-Elektroden bei Anreg. im Gleichstrombogen 13-1835; Halbleiterverh. v. — 15-0400; Mess. d. spezif. elektr. Widerstandes v. — 16-0456; Einfl. d. O-Chemisorpt. auf d. Thermokraft v. synthet. — 21-0444; lineare magnet. Widerstandsänder. in d. quantenmechan. Grenze in — 33-0541; Zyklotronresonanz in Einkrist.-— bei *72* GHz 34-0461; unelast. Streuung langsamer Elektronen an —-Oberflächen 35-0262; Unters. d. Banden mehratom. Ionen im Massenspektrum v. — 38-1991; anisotropes Plasmonverh. in — 51/52-0188; Emiss. v. Exoelektronen in — 51/52-0267; Mess. d. anisotropen Leitfähigk. v. — mit sehr kleinen Anordn. 51/52-0275; elektr. Widerstand v. — bei hohem Druck 51/52-0682.

Magnet. Suszeptibilität v. — entlang d. Richt. in d. Basisfläche 4-0390; Einfl. d. Adsorpt. nichtparamagnet. Verb. an ox. u. graphitisiertem Ruß auf d. EPR-Spektren 25-0707; EPR-Unters. v. durch Ox. erzeugten magnet. Zentren in — 32-0386; paramagnet. Resonanz freier Lad.-Träger in — (therm. Veränder. d. Anisotropie d. Linienbreite) 39-0306; ESR in neutronenbestrahltem — 41-0288.

Beständigk. v. Aluminatlsg. in Glasgefäßen beim Durchgang v. Wechselstrom bei Verw. v. Elektrodenplättchen aus — 2-0585; anod. Rk. d. Halogenidionen in DMS an d. pyrolyt. —-Elektrode 2-1826; Chronopotentiometrie d. J_2-Syst. an Elektroden aus pyrolyt. — 3-0607; elektrochem. Ox. v. Elektro-— in Alkalimetallcarbonatschmelzen 3-0610; Madagaskar-— als Bestandteil d. Depolarisat.-Gemisches v. Leclanche-Trockenzellen 6-0628; Anwend. v. Hg-überzogenen —-Elektroden in Voltammetrie u. Chronopotentiometrie 8-0565; Rekristallisat. v. Pt auf Trägerelektroden aus — 11-0637; Bldg. einer neuen Verb. an einer —-Anode während d. Betriebs in kryolith. Oxidlsg. 11-0638; elektrolyt. Ox. v. Halogeniden an einer Elektrode aus pyrolyt. — in wss. u. Acetonitrillsg. 13-0642; Tl(I)/Tl(III)-Elektrodenrk. in sauren Lsg. an rotierenden Scheibenelektroden aus — 17-0680; Einfl. v. *Aquadag*-Elektroden auf d. Ionenleitfähigk. in KCl 19-0443; Ionenstofftransport an ruhenden Scheiben- u. Konuselektroden aus — in strömender Lsg. 19-0669; Extrakt. organ. Mol. in d. —-Pastenelektrode 21-0665; Anodenprozeß bei d. Ox. v. Cl^--Ionen an —-Elektroden in schwefelsauren Lsg. 23-0684; Beschleunig. d. Zers. v. Na-Amalgam durch Depolarisat. mit Mo-halt. — beim Amalgam-Verf. (Herst. d. Mo-halt. —-Elektroden) 24-2293; Stromverteil. u. Elektrolytzus. im Inneren einer porösen —-Elektrode bei d. anod. Abscheid. v. O_2 u. Cl_2 25-0618; Kinetik d. Entlad. v. NO_2^- bei d. Elektrolyse v. Nitrit-Schmelzen an —-Elektroden 25-0644; Entsteh. v. Ox.-Elementen auf —-Pulver bzw. —-Stäben in Elektrolytlsg. im äußeren elektr. Feld 30-2248; Haltbark. d. —-Anoden bei d. wss. Alkalichloridelektrolyse 30-2249; Durchtrittsrk. d. MnO_4^{2-}/MnO_4^--Redoxelektrode an —-Elektroden 32-0653; Elektroaktivitätsbereich für Sintergraphit-Elektroden 33-0711; elektrochem. —-Ox. 33-0714; Elektroauflös. v. Ni v. d. Oberfläche einer rotierenden —-Scheibenelektrode 33-0729; Verh. v. —-Anoden in $NaClO_3$-Elektrolyseanlagen (bei verschiedenen Stromdichten) 35-2317; (Einfl. v. Na_2CrO_4-Zusätzen u. d. pH-Wertes d. Elektrolyten) 35-2318; Verw. v. zylindr. —-Elektroden bei d. Filmpolarographie mit Anreicher. 36-0548; Umsetz. v. Au(III) mit Thionalid an einer —-Elektrode 37-0621; Koppl. v. Elektrolyt-Prozessen an einer festen —-Elektrode 44-0522; — als Indikatorelektrode in geschmolzenen Chloriden 46-0540; elektrochem. Unters. am Festelektrolyt-Syst. AgBr/Graphit 47-0506.

Wärmeleitfähigk. v. pyrolyt. — 1-2050; Dimensionsänder. in zwischen *500* u. *1100°* bestrahltem — 5-0348; Verträglichk. v. borhalt. coated particles u. boronated graphite mit — in gasgekühlten Hochtemp.-Reaktoren 9-2151; Ultraschallstreuung durch monodisperse —-Suspens. in wss. Gelatinelsg. im Bereich *3 – 18* MHz 10-0260; Einfl. v. Bestrahl. auf d. Wärmeleitfähigk. v. pseudomonoklinem — bei tiefen Temp. 12-0496; Stoßausbreit. in — 17-0322; Permeabilität v. — für flücht. Spaltprod. 17-0610; spezif. Wärme bei tiefen Temp. u. Zustandsdichte v. mit B dotiertem — 18-0254; Ultraschallabsorpt. in — 19-0287; Grüneisen-Parameter v. — 20-0217; Wärmeleitfähigk.: v. — parallel zu d. Basisebenen u. Phononengeschw. für senkrecht zu d. Atomschichtebenen orientierte akust. Schwing. 25-0254; v. ZTH-Graphit 31-0269; therm. Leitfähigk. v. — 33-0253,, 33-0254; Verdampf. v. Au aus einer Knudsen-Zelle aus — 34-0504; Verbrenn.-Wärmen v. Teflon u. — in elementarem F 34-0561; Einfl. v. Fehlstellen auf d. Wärmeleitfähigk. eines —-Krist. in der Basisebene 34-0347; Änder. d. Elektronenspektrums u. d. thermodynam. Funkt. v. — unter Druck 36-0091; Vgl. d. Bromier.- u. Bestrahl.-Wachstums v. — 36-0284; Ermittl. optimaler Ström.-Geschw. in *Korobon*-Wärmeüberträgern 36-2120; experimentelle Beobacht. am Syst. K/Graphit 37-0519; Wärmeleitfähigk., Temp.-Leitfähigk. u. spezif. Wärme v. hohlzylinderförm. —-Proben 40-0169; Wärmekapazitäten v. nichtkub. — 41-0111; Best. d. therm. Verh. v. B in — mit Hilfe d. Emiss.-Spektroskopie 41-0196; Einfl. v. Akkomodat.-Faktoren auf d. Wärmeausdehn. u. strahlungsinduzierte Längenänder. v. — 44-0253; Anpass. d. Wärmeausdehn. in d. c-Achse bei polykrist. — 44-0252; Stoßkompress. v. —-Schaum 48-0631.

Adsorpt.-Isothermen u. -wärmen v. W.-Dampf u. Bzl. an graphitisiertem Ruß 1-0644; Adsorpt.: v. In-, Co- u. Zn-Ionen aus Aceton an d. Oberfläche v. — 2-0616; v. Kr u. N an graphitisiertem C 3-0625; Sorpt. v. Na-Dampf an — 3-0632; Ausscheid. koll. Stoffe aus ihren Hydrosolen durch Adsorpt. an — 5-0652; Adsorpt.-Mechanismus v. Gasen auf —-Elektroden 10-0628; Oberflächeneig. v. frischen —-Spaltflächen (KMR in Polyäthylen mit frisch gespaltenem — als Füllstoff) 10-1081; Viskosität u. Stabilität v. koll. —-Dispers. in Ggw. v. Nichtelektrolyten 12-0602; Benetzbark. v. —-Elektroden mit Chloridschmelzen 12-2182; spezif. Oberfläche v. — 13-0650; elektrostat. Lad. v. —-Suspens. 14-2671; Adsorpt.-Wärme v. Bzl. auf — 15-0658; Einfl. d. Oberflächenzustandes d. Prismaflächen v. hochdispersem — auf dessen elektr. Leitfähigk., Austrittsarbeit, Thermo-EMK u. Adsorpt.-Wärme chemisorbierter O_2-Mol. 17-0702; Sorpt.: u. Oberflächenström. in graphitisierten C-Membranen 17-0703; v. N-*16* an — 18-0623; Adsorpt. v. Bzl. an — 18-0632; Benetzbark. v. — durch geschmolzene Metalle u. Leg. 19-0714; Korrelat. zwischen Porengrößenverteil., Permeabilität u. Diffus. in — 22-2270; Umsetz. v. CO_2 mit — (Sorpt. u. Desorpt.) 23-0711; Adsorpt. polycycl. aromat. Verb. aus ihren Lsg. an — 24-0950; Ström. v. SO_2 über d. Oberfläche v. graphitisiertem Ruß 27-0740; Benetz.-Fähigk. v. Schmelzen d. Syst. $Na_3AlF_6/AlF_3/MgCl_2$ für —-Materialien 28-0655; nichtisothermes Ausbreiten fl. Metalle d. IV. Gruppe über — 28-0656; Adsorpt. v. He, Ar u. N an — 28-0659; bevorzugte Adsorpt. v. Verb. mit langen Methylenketten an — 28-2736; Benetzbark. v. — mit Chloridschmelzen 29-0727; Physisorpt. an —-Spaltflächen 31-0706; Adsorpt.: v. Xe an graphitisierten Rußen 32-0679; v. KW-Stoffen an graphitisiertem C 37-0686; v. Trichlorfluormethan an —-Oberflächen 42-0523; v. CO_2 an — 42-0527; Einfl. v. Tensiden u. v. Na-Triphosphat auf d. Sedimentat. v. — in W. 46-0567; Ström. v. He/N_2- u. Ar/He-Gemischen durch porösen — 46-0580; Anisotropie bei d. physikal. Adsorpt. an — 46-0594; lokalisierte Adsorpt. an —-Oberflächen 47-0555.

Reaktionen: Rk. v. — bei Explos. 7-2143; chem. Beständigk. v. Silber-— (festes Schmiermittel) 23-2922; Rk. u. Verdampf.-Mechanismus in oxidhalt. —-Elektroden bei Lichtbogenanreg. 38-0583.

Rk.: mit H_2- u. Tritiumatomen bei *77* °K 1-0685; mit H_2 bei *1300 – 1400°* (entstehende Prod.) 7-2144; Graphit–H_2-Rk. (Bedeut. in d. Geochemie) 9-0770; Rk.-Geschw. d. — mit H zwischen *2000* u. *3400°* (Verw. v. erhitzten Drähten) 33-0770.

Zünd. v. — 1-0648; —-Korros. durch radiolyt. aus CO_2 gebildetem atomarem O in Loopeexperimenten mit He am Reaktor 1-0673; Verbrenn. v. —-U-Brennstoff in festem oder fließendem Bett (mathemat. Unters.) 5-2131; Einfl.: v. gasf. Zusätzen auf d. durch Vakuum-UV-Strahl. induzierte Rk. zwischen CO_2 u. — 7-0664; v. elektr. Feldern auf d. Intensität d. Verbrenn. v. feinsten —-Partikeln in O_2 hinter reflektierten Stoßwellen 12-0637; v. ultrahohem Druck auf d. Ox. v. — 12-0667; Übergangserschein. bei d. Vergas. v. — durch hochreines CO_2 14-0667; Anisotropie bei d. Ox. v. — in geschmolzenen oxydierenden Agentien 15-0693; Ox.-Kinetik v. mikrodispersem — 17-0731; Ox. v. Reaktor-— durch HNO_3 u. O_2 17-2256; Zeitabhängigk. d. Abbrands v. ZTA-— im CO_2-Strom 19-0781; Ox. v. — mit CO_2 u. CO bei Temp. v. *400 – 900°* 23-0742; Verhinder. d. —-Korros. durch CO_2 in Kernreaktoren durch Zusatz v. gasf. KW-Stoffen 24-2211*; Anisotropie d. Rk.-Fähigk. d. — gegenüber Luft-O_2 25-0756; Rk. v. CO_2 mit — unter Bestrahl. (Unters. einer strahleninduzierten —-Korros. im Reaktor) 27-2422; Einfl. v. Br auf d. Ox. v. — durch CO_2 32-0724; Ox. v. — mit HNO_3, H_2SO_4 u. $KClO_3$ (Darst. v. Kationenaustauschmembranen aus Graphitoxid) 35-0594; Rk.-Ordn. d. —-Verbrenn. 37-0753; Verbrenn.-Geschw. eines Pyro-— in einem großen Temp.-Bereich 37-0754; Vergas. v. Reaktor-— mit CO_2 u. H_2 40-0553; Ox. v. — in einer heißen Lsg. v. $Ag_2Cr_2O_7$ in H_2SO_4 42-0575; Best. d. Rk.-Wärme beim Verbrennen v. Elektroden-— 47-2091; Ox. u. Subl. v. — unter simulierten Wiedereintrittsbeding. v. Raumkörpern 47-2175.

Rk. mit F in Ggw. v. CoF_3 18-2193*; Einlagern v. Alkalimetallen in — 32-2254*, 47-0622; Stahldesox. im SM-Ofen durch —-Injekt. 24-2347; kontaktfreie Red. v. Fe_2O_3 durch — (Einfl. v. K_2CO_3- oder Na_2CO_3-Beimeng. auf d. Geschw.) 31-0759; Rk. v. Fe(II)-, Ni(II)- u. Co(II)-Oxid mit — 44-2193.

Technische Verwendung: C u. — in d. chem. Industrie 3-2136; — als Werkstoff für Dicht., Lager u. Schleifbürsten (Übersicht) 7-2140; C u. — im chem. App.-Bau 9-2065; Verw.: v. —-Pulver in Kitt 21-2293*; v. pyrolyt. — zur Ummantel. v. Düsen 37-2291*; — für d. Industrie (Übersicht) 39-2264; Technologie v. — für Kernreaktoren 2-0001; Herst. u. Anwend. (— als Konstrukt.-Material im Lucens-Reaktor) 7-2129; Verw.: v. Natur- oder Kunst-— zur Herst. v. Diamanten 30-2219*; in Polyvinylchlorid-Halbleiterkomposit. 2-1078; für Zündstifte 5-2232*; für elektrolyt. Anoden (Übersicht) 7-2189; — mit hoher thermomagnet. Wirksamk. 8-2177*; Verw.: für elektr. leitende Überzüge 8-3010*; in Diaphragma-Cl-Zellen 30-2236; v. Elektro-— zur Herst. v. Kohleelektroden 44-2126*; v. Schuppen-— zur Herst. v. feuerfestem Material 2-2137*; v. faser. — in hohen Temp. widerstehenden Materialien 14-2259*; in Gemisch zur Herst. v. Carbidmaterial 14-2262*; in Bindemitteln für feuerfeste Körper 20-2265*; bei d. Herst. v. nichtporösem Si_3N_4 23-2510*; als Füllmittel für Polyorgansiloxan in festen Schmiermitteln 3-2752; Wrkg.-Dauer v. —-Schmierfilmen 12-2644; Einsatz v. MoS_2/Graphit in Phenolharz-Festschmierstoff bei extremen Belast. 33-2934; Verw. v. koll. — in Schmiermittel-Plattenvorlage zum Auspressen v. Kohlenstoff-Stahlblöcken 37-2908*.

Analyse, Prüfverfahren: Mkr. Best. d. — u. d. Graphitisier.-Grades in Rohstoffen zur Herst. v. Kohlekeramik 20-2257; Spektralanalyse v. Reinst-— (Best. d. Verunreinig.-Elemente) 5-2015; Nachw. v. Verunreinig. in — an Hand d. Exoelektronenemiss. 24-1980; spektrochem. Reinh.-Analyse v. — 27-2177; Best. d. Reinh. v. — mit Hilfe d. β-Rückstreuungsmeth. 47-2074; Best.: v. N in Halbleitergraphit durch d. Rk. $^{14}N(p, \alpha)^{11}C$ (aktivierungsanalyt.) 40-1896; v. B in ZrB_2-Graphit (integrierte Intensitäten v. Spektrallinien) 6-0102; v. B in borierten —-Krist. mit einem Funken-Ionenquellen-Massenspektrographen 25-2050; v. Si in — durch Neutronenaktivier. (Anwend. auf d. Analyse v. — für Kernforsch.-Zwecke) 20-1890; v. Spuren Sm u. Eu in hochreinem — durch Emiss.-Spektrographie 23-2121; verdampfte Mengen, Flüchtigk. u. Intensität d. Spektrallinien v. Gd in —-Pulver bei Bogenentlad. 47-1956.

Verw. zur Herst. brikettierter Proben in d. Spektralanalyse 1-1732; Best. v. N u. O in Stahl durch Schmelzextrakt. im —-Tiegel 2-1906; Verw. als Träger in d. Verteil.-Gaschromatographie (Unters. d. Textur d. —-Proben) 10-1912; Anwend. großer —-Tiegel bei d. Doppelbogenanalyse 51/52-1818.

Kontrolle d. Qualität d. bei Flotat.-Prozessen anfallenden — mit Hilfe reflektierter β-Strahl. (Möglichk. zur Automatisier.) 27-2281; Methodik u. App. zur Mess. d. Elastizitätskonst. v. — nach d. Resonanzmeth. bei *20 – 3000°* 47-0224.

Verw. v. —-Pulver zur opt. Hervorheb. feiner Poren in Keramikscherben 23-2504; Präparat. v. pyrolyt. — für d. Durchstrahl.-Elektronenmikroskopie 35-1995.

Bibliographie: Kohlenstoffverbindungen der Meteorite (Organische Verbindungen, Diamanten, Graphit) [russ.] B 66.

Graphit GFEC, He-Adsorpt. an --Oberflächen 51/52-0445.

Graphitverbindungen, Graphitoxid (Bldg.-Mechanismus) 47-0621; Darst.: v. Alkalimetall-graphitverb. aus Alkalimetallkomplexen v. aromat. KW-Stoffen in THF 28-0725; v. Graphiteinlager.-Verb. mit Mn-, Ni- u. Zn-Chlorid 28-0726; v. Graphitnitrat-Verb. mit kleinerem Schichtabstand als Graphit 31-0797; v. Alkalimetall-Graphit-Einschlußverb. 47-0622.

Herst. elektr. Kontakte zwischen Metalldrähten u. krist. – 18-1829.

Mössbauer-Spektren v. interlaminaren $FeCl_3$-Graphit-Verb. 36-0079; Bind.-Energie in Cs-Graphit-Verb. 9-0701; elektronenmkr. Unters. d. Fe(III)-Chlorid-Graphit-Verb. 35-0131; Darst. u. Best. d. Struktur v. $MoCl_5$-Graphit mit Elektronen- u. Röntgenbeug. an Einkrist. 36-0187; Ordn.-Unordn.-Umwandl. in K-Graphit 47-0189; Dimensionalität d. Supraleitfähigk. in lamellaren Alkalimetall-Graphit-Verb. 13-0459; Knight-Verschieb. v. ^{133}Cs in Cs-Graphiten 46-0360; thermodynam. Eig. v. Rb-Graphit-Schichtverb. 7-0551; aktivierte Adsorpt. v. H_2 am Lad.-Übertrag.-Komplex Graphit-Cs 21-0754; Kationenaustauschmembranen aus Graphitoxid 35-0594; Adsorpt. u. Rk. d. H_2 an Lad.-Übertrag.-Komplexen v. Graphit-Cs 37-0983.

Red. v. Graphitoxid (Darst. v. C-Varietäten) 4-0203; Stabilität v. Phasen d. Syst. Cs/Graphit 12-0541; Rk.-Enthalpien d. therm. Zers. v. C_8K 37-0519; Zers.-Rk. v. Einlager.-Verb. v. $FeCl_3$ mit Graphit 47-0623; Einw. verschiedener Lsgm. auf d. $FeCl_3$-Graphit-Einschlußverb. 49/50-0567.

Graphon s. unter *Ruß*.

Graptolithe, Faktoren, d. d. Elementverteil. in einem silur. --Band beeinflussen 13-0791.

Gratiosid s. unter $C_{42}H_{68}O_{14}$.

Grauwacke, geochem. Unters. präkambr. – u. Folger. auf d. Zus. d. alten nordamerikan. Erdrinde 1-0749; Sedimente d. unteren Columbia u. d. Herkunft d. – 2-0756; Häufigk. v. Seltenerdmetallen u. Ba in – d. Bosumtwi-Kraters, Ghana 16-0764; Geochemie frühpräkambr. – v. Wyoming 38-0823; Radioaktivität v. – d. oberen Mesozoikums in nördl. Küstengebieten v. Californien 39-0701; O-, CO_2- u. S-Fugazitäten während d. Diagenese u. schwacher Metamorphose v. spätpräkambr. Sub-– v. nördl. Utah 39-0702.

Graveolin s. unter $C_{17}H_{13}NO_3$.

Gravolensäure s. unter $C_{14}H_{16}O_6$.

Grawellth, Cd-Verteil. in tatar. – d. Uralgebietes v. Orenburg 6-0797.

Grayanotoxin I s. unter $C_{22}H_{36}O_7$.

Grayanotoxin II s. unter $C_{20}H_{32}O_5$.

Grayanotoxin III s. unter $C_{20}H_{34}O_6$.

Greisen s. unter *Geologie*.

Grenzflächen s. unter *Oberflächen*.

GRF s. unter *Hormone, Hypophysenhinterlappenhormone (Wachstumshormon freisetzender Faktor)*.

Griffithit s. unter *Saponit*.

Grifolin s. unter $C_{22}H_{32}O_2$.

Grignard-Reaktion s. unter *Kondensationsreaktionen*.

Grignard-Verbindungen s. unter *Magnesiumverbindungen, Organische Magnesiumverbindungen*.

Griphit, Identifizier. d. PO_4^{3-}-Gruppe in – mit Strychninmolybdat-Reagenz 27-2216.

Grisemin E s. unter $C_{25}H_{48}N_{10}O_9$.

Griseofulvin s. unter $C_{17}H_{17}ClO_6$.

Griseofulvine, – (*1.* Mitt.) 10-1064; (*2.* Mitt.) 10-1065; Synth. 9-1078; Herst. (Pharmazeutika) 31-1858*; Epimerisier. (Antimykotika) 5-1706*; Absorpt. u. Aktivität bei Microsporum gypseum 33-1584.

Griseofulvol s. unter $C_{17}H_{19}ClO_6$.

Griseolutein B s. unter $C_{17}H_{16}N_2O_6$.

Griseorhodin, –/Rubromycin-Typ d. Antibiotika v. Aktinomyceten 11-1307; Actinomyces cyanoglomerus als Produzent neuer Antibiotika d. --Gruppe 26-1452.

Griseorhodin A, Biosynth. 22-1414.

Griseoviridin s. unter $C_{22}H_{27}N_3O_7S$.

Grosspydit, experimentelle Unters. d. sich bei hohen Drücken bildenden Subliquiduspara-genesen aus Al-reichen basalt., kyanit.-eklogit. u. grosspydit. Zus. 49/50-0688.

Grossular, --Anteil in d. Varietäten d. Granate aus Gesteinen d. krist. Fundaments. v. Tatarien 7-0780; – in Mn-Lagerstätten, Olymp. Halbinsel, Washington 28-0836; Diagnostik kleiner, d. Diamanten begleitenden --Körner 36-0815; – in westmähr. Skarngesteinen 38-0844; chem. Bldg.-Beding. v. Granaten d. --Andradit-Reihe u. Abhängigk. ihrer Fe-Führ. v. d. pH-Werten 41-0767. Abhängigk. d. Eig. d. Granate v. --Geh. 39-0745; Bezieh. d. opt. Anisotropie d. Granate d. --Andradit-Reihe zur Zus. u. d. chem. Synth.-Beding. 19-0895; Strukturtyp $Th_3P_4/La_{3-x}S_4$ in – 9-0257; Phasenumwandl. Calcit + Wollastonit + Epidot = Grossular-Andradit + CO_2 + H_2O 3-0802; Mischbark. v. -- u. Grandit-Mol. in Granaten 41-0725.

Grossularit, Tabelle d. effektiven Ordn.-Zahl als Funkt. d. Drucks für – 36-0762; hydrothermale Stabilität v. Epidot---Anorthit 17-0865.

Groutit s. unter *Manganhydroxide: MnOOH*.

Grüneisen-Parameter s. unter *Ausdehnung*.

Grünstein, Omphacit in kaliforn. – 34-0848.

Grunerit, Synth. v. – 47-0757; röntgenkristallograph. Eig. d. Serie Cummingtonit-- 38-0845; Best. d. Kationenverteil. in d. Serie Cummingtonit-- durch Mössbauer-Spektren 42-0697; quant. Röntgenbeug.-Analyse v. Krokydolith u. *Amosit* in Substanz- oder Staubproben 29-2123.

15GS s. unter *Eisen, Schmiedeeisen und Stahl (Sondermarken)*.

16GS s. unter *Eisen, Schmiedeeisen und Stahl (Sondermarken)*.

17GS s. unter *Eisen, Schmiedeeisen und Stahl (Sondermarken)*.

35GS s. unter *Eisen, Schmiedeeisen und Stahl (Sondermarken)*.

09G2S s. unter *Eisen, Schmiedeeisen und Stahl (Sondermarken)*.

15G2S s. unter *Eisen, Schmiedeeisen und Stahl (Sondermarken)*.

36G2S s. unter *Eisen, Schmiedeeisen und Stahl (Sondermarken)*.

10G2S1 s. unter *Eisen, Schmiedeeisen und Stahl (Sondermarken)*.

GS 1339 s. unter $C_{30}H_{43}N$.

GS 13005 s. unter $C_6H_{11}N_2O_4PS_3$.

GS 13798 s. unter $C_{12}H_{12}N_2O_2$.

GSH s. unter $C_{10}H_{17}N_3O_6S$.

12G2SMF s. unter *Eisen, Schmiedeeisen und Stahl (Sondermarken)*.

14GSMFR s. unter *Eisen, Schmiedeeisen und Stahl (Sondermarken)*.

12G2SMV s. unter *Eisen, Schmiedeeisen und Stahl (Sondermarken)*.

GS-N15CrNiSi24.12 s. unter *Eisen, Schmiedeeisen und Stahl (Sondermarken)*.

GSSG s. unter $C_{20}H_{32}N_6O_{12}S_2$.

GTP s. unter $C_{10}H_{16}N_5O_{14}P_3$.

Guaiphenesin s. unter $C_{10}H_{14}O_4$.

Guajaconsäure, Vgl. d. Ox.-Rk. d. sog. – mit d. Ox.-Rk. d. Furoguajacin 34-2029.

Guajakharz s. unter *Harze, Naturharze*.

Guajakol s. unter $C_7H_8O_2$.

Guajan s. unter $C_{15}H_{28}$.

Guajaretsäure s. unter $C_{20}H_{24}O_4$.

Guajazulen s. unter $C_{15}H_{18}$.

S-Guajazulen s. unter $C_{15}H_{18}$.

Guajen s. unter $C_{15}H_{24}$.

Guajol s. unter $C_{15}H_{26}O$.

Guanamin s. unter $C_3H_5N_5$.

Guanamine, Darst.: v. 2-[(Dialkylthiophosphoryl)-alkyl]-4.6-dialkylamino-1.3.5-triazinen 4-2183*; v. 2.4-Bis-[alkylamino]-1.3.5-triazinen (Herbizide) 17-3405*; v. 6-Methoxy(Methylmercapto)-2.4-diamino-1.3.5-triazinen (Herbizide) 18-3020*; v. N-substituierten 2.4-Diamino-6-azido-1.3.5-triazinen (Mittel zur Beeinfluss. d. Pflanzenwachstums) 19-3167*; v. alkylierten 2.4-Diamino-6-cyan(azido)-1.3.5-triazinen (Unkrautvertilg.-Mittel) 24-2940*; v. 2-Alkylmercapto(bzw. Alkoxy)-4-alkylamino-6-alkoxyalkylamino-1.3.5-triazinen 30-2529*; v. 2-[Alkylhydrazino]-4.6-bis-tert.-amino-1.3.5-triazinen (spinale Blocker) 35-1799*; v. Diamino-symm.-triazinderiv. 35-2661*; v. 2-Alkylamino-4-sulfonylamino-1.3.5-triazinen (Unkrautbekämpf.-Mittel) 35-3113*; v. Diaminochlor-symm.-triazinen 37-2775*; durch Rk. v. Nitrilen mit Dicyandiamid 41-2728*; v. 2-Alkoxyamino-4-alkylamino-symm.-triazinen (Herbizide) 41-3186*.

Physikochem. Unters. v. *6*-substituierten 2.4-Diamino-1.3.5-triazinen 37-0916.

Veräther. v. Alkyl-, Aryl- oder Acylreste enthaltenden – (für Aminoplaste) 4-2526*; Darst. v. Salzen v. Methoxy- u. Methylmercaptodiamino-symm.-triazinen 21-3387*.

Substituierte 4.6-Diamino-1.2-dihydro-symm.-triazine als Inhibitoren v. Dihydrofolsäurereduktasen (Artunterschiede) 25-1346; herbizide Aktivität v. 2-Alkoxy-4-alkyl(dialkyl)amino-6-methoxyamino-symm.-triazinen 27-3465.

Verw.: in Herbiziden (N-substituierte 2.4-Diamino-6-azido-1.3.5-triazine) 4-2591*; in Mitteln zur Hemm. d. Pflanzenwachstums [N-substituierte 2.4-Diamino-6-brom(ggf. methoxy- oder methylmercapto)-1.3.5-triazine] 4-2592*; (Diamino-symm.-triazinderiv.) 6-3003*; als Insekten- u. Wurmbekämpf.-Mittel [O(bzw. S)-[4.6-Diamino-1.3.5-triazin-(2)-ylmethyl]-O.O-dialkylthio(bzw. dithio)-phosphorsäureester} 9-1740*; als Herbizide (2-Cyan-4.6-diamino-1.3.5-triazine) 18-3019*; in Mitteln zur Hemm. d. Pflanzenwachstums (2.4-Diamino-1.3.5-triazine) 25-3347*; zum Härten v. Epoxidharzen (2.4-Diamino-6-alkyl- oder -6-aryltriazine) 28-2898*; für Einbrennlacke (Tetrakis-[alkoxymethyl]-– 28-3101*; als Teilvernetzer für Epoxidharze (6-Alkyl-2.4-diamino-1.3.5-triazine) 34-2764*; in Novolak-Epoxyharzen (Alkyl-bis-[2-guanaminyläthyl]-amine) 34-2776*; in Schmierfetten (*6*-substituierte 2.4-Diamino-1.3.5-triazine) 35-2751*; als Herbizide (2.4-Bis-[alkylamino]-6-methylmercapto-symm.-triazine) 40-2875*; für Überzugsmittel (Alkyl-, Aryl-, Aralkyl- bzw. Alkarylgruppen enthaltende 2.4-Diamino-symm.-triazine) 48-2808*; als Herbizide (2.4-Diamino-1.3.5-triazine) 48-2878*.

Guanethidin(e) s. unter $C_{10}H_{22}N_4$.

Guanidin s. unter CH_5N_3.

Guanidine

Aminoguanidine; Biguanide; Säureguanidide s. dort.

N-*β*-Guanidinoäthylazaspiroalkane 20-1005; Chemie d. Guanidinderiv. (Übersicht) 21-1842; N-*β*-Guanidinoäthylazaspiroalkane 35-1083, 49/50-1076.

Darst.: v. – ohne antineoplast. Wrkg. 2-1123; v. Phosphinyl-– 3-0976; v. N-Amidino-1.2.3.4-tetrahydroisochinolinen 3-1733*; v. Phenylmercaptoalkyl-– (Mittel zur Blockier. d. peripheren sympathet. Nervensyst.) 4-1365*; v. N.N'-Dialkyl-N''-phenyl-alkyl-– (Heilmittel) 4-1366*; v. 1.1.3.3-Diäthylen-– 6-1006; v. 2-[Azabicycloalkyl]-alkyl-– 7-1720*; Biogenese bei Audouinia tentaculata 8-1576; Darst.: v. p-substituierten Benzyl-– (Depressiva) 9-1683*; v. N-Phenyl-alkyl-N'.N''-dialkyl-– (Heilmittel) 11-1703*; v. 2-Guanidinochinazolinen (Bakteriostatika) 11-3084*; v. Thenyl-– (Sympathikolytika) 16-1717*; v. N-[1-Naphthylmethyl]-– (blutdrucksenkende Mittel) 19-1886*; v. 2-Guanidinochinazolinen (Bakteriostatika) 19-1941*; v. aromat. p-Guanidinoaldehyden 19-2763*; v. Aryloxyguanidin-Salzen 20-0978; v. 2-Guanidinoalkyl-1.4-benzodioxanen (blutdrucksenkende Mittel) 20-1662*; v. Alkoxyphenyläthyl-– 22-1043; v. Phenylalkyl-– (Heilmittel) 24-1765*; v. 2-Guanidinoalkyl-1.2.3.4-tetrahydronaphthalinen (Heilmittel) 24-1775*; Biosynth. v. terpenoiden – 27-1595; Darst.: v. Mono- bzw. Di-[bis-(äthylenimino)-methylenimino]-benzolen 28-3315*; u. biolog. Aktivität v. Aralkoxy-– 29-1738; v. sek.-Aminoäthoxy-– (Pharmazeutika) 29-1835*; v. N-Arylaminoaryl-N'-cyan-– (antiinflammator. Mittel) 32-1708*; v. Salzen v. Alkylenbis-– (Mikrobizide) 33-1963*; u. Rk. v. N-Chlor-N'-aryl-– 34-1046; v. 1-[Indolyl-(3)-alkyl]-1-alkyl-– (Heilmittel) 35-1780*; v. N-Guanidinoalkyl-1.2.3.4.5.6-hexahydrobenzo-[d]-azocinen (Heilmittel) 35-1805*; v. O-(2-Guanidinoäthyl)-oximen 36-2564*; v. 2.(3)-(di)substituierten Guanoxanen 37-1171; v. 1.2.3.4-Tetrahydronaphthyl-(2)-(alkyl)-– (blutdrucksenkende Mittel) 38-1863*; v. N-Benzyl-N'-phenoxy(thenyloxy)alkyl-– (Antagonisten gegen d. blutdrucksteigernde Wrkg. v. 5-Hydroxytryptamin) 40-1586*; u. Verw. v. tert.-Octylguanidinsalzen 41-1788*; v. 3-[2-(6-Di)-Chlorphenoxypropyl]-– (blutdrucksenkende u. bakterizide Mittel) 41-1792*; v. N-[2.6-Dialkylphenyloxyäthyl]-– (Heilmittel) 41-1804*; v. [3.(5-Di)-Amino-(6-halogen)-pyrazin-(2)-imidoyl]-– (Diuretika) 41-1813*; v. Alkenyl-– (Mittel gegen Diabetes u. Hypertens.) 42-1591*; v. N-Alkyl-N'-aryl-– 45-1041; v. N.N'.N''-trisubstituierten – 45-1045; v. Azabicycloalkyl-– (Heilmittel) 46-1655*; v. N-Arylmethyl(bzw. -Thenyl)-(N'.N''-dialkyl)-– (Heilmittel) 47-1777*; Biogenese v. Di-– beim Blutegel 49/50-1563; Darst.: v. – (Heilmittel) 51/52-1756*; v. *β*-Adamantyloxy(bzw. thio-bzw. amino)-– (Heilmittel mit sympathikolyt. Wrkg.) 51/52-1757*.

Differentialthermoanalyse 29-0976; IR-Unters. v. 1-Amidino-O-alkylisoharnstoffen 41-0844; Massenspektren 49/50-0773.

Rk. mit Bortriarylen 4-2184*; Semicarbazon-Umlager. v. elektronegativ substituierten – 14-0976; Synth. v. Benzodiazaanthracenderiv. aus Triaryl-– 16-1106; Rk. mit Boranen 20-2571*; Synth. v. Diazaanthracen-Deriv. aus Triaryl-– 21-1165; Verh. gegenüber Bis-[alkylthiocarbamoyl]-disulfiden bzw. Bis-[dialkylthiocarbamoyl]-disulfiden 29-1087; Denitrier. v. Nitro-– in konz. Säuren (Mechanismus) 35-0962.

--Stoffwechsel in Pflanzen 5-1276; Hemmwrkg. v. 1-Amidino-4-arylazo-3-methyl-pyrazolon-(5)-hydrochloriden auf Atmung u. Glucosefermentat. v. Saccharomyces cerevisiae 7-1296; Einfl. auf d. Aktivier. v. menschl. Plasminogen durch Streptokinase u. auf d. Hydrolysegeschw. v. p-Toluolsulfon-L-argininmethylester durch Plasmin u. Aktivator 16-1375; in vitro-Aktivität v. 2-Guanidinobenzimidazol-Deriv. gegen Polioviren 17-1420; Rolle v. – bei allerg. Hautrk. d. Tuberculins 17-1583; – mit antihypertensiver Wrkg. 20-1005; Wrkg. v. Guanidiniumsalzen auf d. thermalen Übergang v. Rinderpankreas-Ribonuclease 24-1371; – mit antihypertensiver Aktivität 35-1083, 49/50-1076; Wrkg. v. 1-Alkyl-3-nitro-1-nitroso-– auf d. M_1-Generat. v. Gerste u. Arabidopsis thaliana 51/52-1428.

Nachw. mit Phenanthrenchinon 1-1356; photometr. Best. im Blut 42-1883; Best. mit Hilfe eines Autoanalysators 51/52-1741.

Guanidinoäthylcellulose s. unter *Cellulosederivate, Äthylcellulose.*
Guanin s. unter $C_5H_5N_5O$.
Guanisoquin s. unter $C_{10}H_{12}BrN_3$.
Guanochlor s. unter $C_9H_{12}Cl_2N_4O$.
Guanosin s. unter $C_{10}H_{13}N_5O_5$.
Guanosindiphosphat s. unter $C_{10}H_{15}N_5O_{11}P_2$.
Guanosinmonophosphat s. unter $C_{10}H_{14}N_5O_8P$.
Guanosin-*cycl.*-monophosphat s. unter $C_{10}H_{12}\cdot N_5O_7P$.
Guanosintriphosphat s. unter $C_{10}H_{16}N_5O_{14}P_3$.
Guanoxan s. unter $C_{10}H_{13}N_3O_2$.
Guanylharnstoff s. unter $C_2H_6N_4O$.
Guanylhydrazone, Darst.: v. Bis-– (herzglykosidart. Wrkg.) 15-1767*; v. Indandion-(1.3)-mono- u. -di-– 33-2831*; v. – (Herzmittel) 42-1597*, 51/52-1786, 51/52-1792*; v. – 51/52-1794*; Aminoguanidone v. Alkoxyacetophenonen als lokal anwendbare Bakteriostatika gegen polyresistente Staphylokokken 49/50-1318; Einfl. v. herzwirksamen Bis-– auf d. Veratrineffekt am Frosch-Sartoriusmuskel 10-1639.
Guanylsäure s. unter $C_{10}H_{14}N_5O_8P$.
Guaran, alkal. Abbau 41-1117.
Guatambuin s. unter $C_{18}H_{20}N_2$.
Gudmundit, gangförm. Vork. v. gediegenem Sb mit – bei Seinäjoki, Finnland 2-0758; Assoziat. v. – mit Stibnit in d. Sb-Lagerstätte v. Turhal, Türkei 24-0841; – aus d. Gorev-Lagerstätte 48-0746; Aufheiz-Experimente an – (Stabilitätsunters.) 8-0773.
Gümbelit, röntgenograph. Unters. v. – 8-0774.
C_{13}-**Guerbetalkohol,** Herst., Tensideig. v. –-Deriv. 48-2493.
C_{15}-**Guerbetalkohol,** Herst., Tensideig. v. –-Deriv. 48-2493.
Guettardit, – v. Madoc, Ontario 36-0809.
Guineagrün B s. unter $C_{37}H_{36}N_2O_6S_2$.
Guineesin s. unter $C_{52}H_{56}O_{26}$.
Gulonsäure s. unter $C_6H_{12}O_7$.
Gulose s. unter $C_6H_{12}O_6$.
Guluronsäure s. unter $C_6H_{10}O_7$.
Gumbrin s. unter *Bleicherden.*

Gummi

Siehe auch *Dextrine*; *Harze, Naturharze*; *Kautschuk.*

Pflanzen-– (Übersicht) 41-1764; –: aus Virgilia oroboides (Perjodatox. v. – u. seiner am Carboxyl red. Deriv.) 17-1185; aus Combretum leonense (partielle Hydrolyse) 30-1134; (Hydrolyseprod. d. methylierten – sowie d. methylierten Arabinose-freien abgebauten –) 30-1135; d. Gatt. Khaya 33-1354; d. Gatt. Sterculia 36-1177, 36-1178; Zus.: d. – v. Albizzia procera (Struktur d. Aldobiuronsäuren) 30-1133; u. Struktur d. Nebenbestandteile d. – aus Khaya senegalensis 33-1354; Bestandteile d. Polysaccharids d. Pflaumenbaum-– 13-1348; Struktur v. Salmaliamalabarica-– 27-1215; Zus. d. Exsudate v. Albizia sericocephala- u. A. glaberrima-– 35-1400; Struktur d. –: aus Sterculia caudata 36-1177; aus Sterculia setigera u. Cochlospermum gossypium 36-1178; strukturelle Bezieh. v. Exsudat-– zu anderen Gruppen v. Pflanzenpolysacchariden (Übersicht) 38-1551; Verwert. hydrophiler – für d. Kontrolle d. Arzneimittelfreisetz. aus Tablettenformulier. (Zerfall u. Auflsg.-Verh.) 20-1625; Nachw. v. Alginaten neben –-Verdick. 34-2076.

Akaziengummi s. *Gummi arabicum.*

Guargummi, Verw.: zur Pelletisier. v. Magnetit 21-2506; in Bohrlochbehandl.-Fl. 24-2611*.

Gummi arabicum (Akaziengummi), Isolier. v. 3-O-α-D-Galaktopyranosyl-L-arabinose aus – 20-1053; Zus. 24-1489; IR-Spektrum (Identifizier. u. Strukturbest.) 15-2111; Verh. v. Gelatine/bzw. Hämoglobin/–-Koazervaten im elektr. Wechselfeld 48-1289; Viskositätsmess. mit d. Stromer-Viskosimeter 34-1680; Einfl. auf d. Gelier. u. d. Schmelzen v. Polyvinylalkohollsg. 8-1092; Verw.: als Überzug auf treibmittelhalt. Polystyrolformmassen 17-3133*; d. Mol.-Siebchromatographie zur Unters. v. – 39-1384.

Traganth, Fumarsäure als Stabilisiermittel für –-Pasten 10-2097*; IR-Spektrum (Identifizier. u. Strukturbest.) 15-2111; Viskositätsmess. mit d. Stromer-Viskosimeter 34-1680; Verw. in Bohrlochbehandl.-Fl. 24-2611*.

Xanthamgummi, mikrobiolog. Gewinn., emulgierende Eig. 43-1654.

Gummi arabicum s. unter *Gummi.*
Gummigutt(i) s. unter *Harze, Naturharze.*
Gunmetall s. unter *Kupferlegierungen* (*Sondermarken*).
Gunn-Effekt, Berechn. d. – für d. elektro-akust. Oszillator aus d. Bezieh. zwischen Domänenspann. u. äußerer Feldstärke 33-0473.
Gurjunen s. unter $C_{15}H_{24}$.
Gurken, Wrkg. v. L-threo-β-Phenylserin bei –-Schorf 4-1140; system. Anwend. v. Pentobarbital-Na zur Bekämpf. d. –-Mehltaus 12-1387; Beurteil. d. Aktivität einer Reihe v. Procainderiv. u. analogen Verb. auf d. Mehltau d. – 33-1671.

Effektivität d. Atmung u. Konz. d. freien Radikale bei – 6-1393; Wachstums-regulierende Aktivität einiger N-Allylthioharnstoffderiv. bei –-Wurzeln 10-1387; Arsenit-BAL als Keim.-Hemmer bei – 14-1398; Chlorophyllbldg. in isolierten Wurzeln d. – 17-1478; Aktivität v. Dithiocarbamaten bei –-Wurzeln 17-1504; photosynthet. App. d. – (elektronenmkr. Analyse d. Wrkg. verschiedener Teile v. UV-Spektrum) 21-1570; Protein- u. RNS-Synth. in –-Schnitten (Einfl. v. Antibiotika u. Unterdrück. d. Bakterienwachstums) 23-1498; Lipidstoffwechsel keimender Samen u. kleiner Pflänzchen v. Curcurbita maxima 27-1589; durch Anthracnose bei d. – ausgelöste Stoffwechselveränder. 32-1540; Bldg. v. Perylenchinonen in etiolierten, mit Cladosporium cucumerinum infizierten –-Sämlingen 33-1623; Abbau in – durch d. Enzym v. Pestalotiopsis westerdijkii 38-1429; physiolog. Rk. v. im Licht gewachsenen –-Hypokotylen gegenüber Helminthosporol u. seinen Deriv. 39-1395; Photoindukt. v. Phenylalanindesaminase bei –-Sämlingen (Wrkg. v. rotem u. IR-Licht) 49/50-1414.

Geh. an Stärke u. lösl. Kohlenhydraten d. – bei tiefen Temp. 2-1275; Peroxydase in – (Komponente d. Ox.-Syst.) 5-1218; Einfl. d. N-Ernähr. auf d. Geh. an organ. Säuren in d. Blättern d. – 7-3056; Bezieh. zwischen d. Pigmentgeh. u. d. Aktivität d. Chlorophyllase in d. Innenhäuten d. –-Samens während d. Entw. 11-1356; Pigmentgeh. in d. Blättern d. – (Einfl. d. Virusinfekt.) 11-1372; Aktivität d. Phenylalanin-Desaminase in Sämlingen v. Cucumis sativus (Einfl. v. Cycloheximid) 13-1376; Isolier. u. Identifizier. v. Indol-3-äthanol aus –-Sämlingen 22-1490; Geh. an Indolyl-(3)-essigsäureoxydase d. –-Hypokotylschnitten (Einfl. v. Wachstumshormonen) 35-1457; gaschromatograph. Best. v. Organochlorinsektiziden in – 35-2168.

Gusathion s. unter $C_{10}H_{12}N_3O_3PS_2$.
Gusathion A s. unter $C_{12}H_{16}N_3O_3PS_2$.
Guthion s. unter $C_{10}H_{12}N_3O_3PS_2$.
Gutoxon s. unter $C_{10}H_{12}N_3O_4PS$.
Guttapercha s. unter *Kautschuk, Kautschukähnliche Stoffe.*
α-**Guttiferin** s. unter $C_{33}H_{38}O_8$.
β-**Guttiferin** s. unter $C_{29}H_{38}O_7$.
χ-**Guttiferin,** Antiprotozoenaktivität (Vgl.) 13-1337.
Guttiharz s. unter *Harze, Naturharze.*
Gyplure s. unter $C_{20}H_{38}O_3$.
Gypsogenin s. unter $C_{30}H_{46}O_4$.
Gypsogensäure s. unter $C_{30}H_{46}O_5$.
Gypsosid, Strukturunters., Methylester 19-1208.
Gyromagnetisches Verhältnis s. unter *Magnetismus, Gyromagnetischer Effekt* (*g-Faktoren*).
Gyromitrin s. unter $C_4H_8N_2O$.
Gyrophorsäure s. unter $C_{24}H_{20}O_{10}$.
H-10 s. unter $C_{59}H_{90}O_4$.
H 50 s. unter $C_8H_{14}ClN_5$.
H 835 s. *Akrinor.*
H 17/27 s. unter $C_9H_9NO_3$.
H 22/54 s. unter $C_{11}H_{15}NO_3$.
H 33/07 s. unter $C_{10}H_{13}NO_4$.
H 35-25 s. unter $C_{13}H_{21}NO$.
H 44/48, Einfl. auf d. Freisetz. d. Monoamine aus zentralen Neuronen 3-1604.
H 56/28 s. unter $C_{15}H_{23}NO_2$.
1100-H 14 s. unter *Aluminiumlegierungen* (*Sondermarken*).
1180-H 14 s. unter *Aluminiumlegierungen* (*Sondermarken*).
3003-H 14 s. unter *Aluminiumlegierungen* (*Sondermarken*).
5050-H 14 s. unter *Aluminiumlegierungen* (*Sondermarken*).
5052-H 34 s. unter *Aluminiumlegierungen* (*Sondermarken*).
5086-H 34 s. unter *Aluminiumlegierungen* (*Sondermarken*).
5154-H 34 s. unter *Aluminiumlegierungen* (*Sondermarken*).
Haare

Haarentfernung s. unter *Kosmetik*; *Haarpflegemittel* s. dort; s. auch *Fasern, tierische*; *Leder*; *Pelze*; *Proteine-Keratin.*

As-Geh. d. – v. nichtexponierten Personen 9-1655; Zn-Spiegel im Haar (Diagnose d. Zn-Mangels beim Menschen) 10-1393; Mn-Konz. im Haar v. Normalpersonen 19-1535; ^{90}Sr in menschl. Haar 22-1680; Isolier. d. Skleroproteine aus – 25-2191; Sexchromatinbest. aus d. Haarwurzel 27-1334; Fe-Protein als Farbstoffkomponente d. roten – 38-2838.

Einfl.: d. Shampoonier. auf extrahierbare Substanzen auf d. Haar 1-2622; v. Vitamin E auf d. Haarwuchs v. Kaninchen 3-1483; Leberschäden u. Haarverlust als Nebenwrkg. v. Bleomycin A 22-1308; antiseborrhoische Wrkg. v. Zinkpyrithion in einer Salbenzubereit. 47-1739.

Aufarbeiten v. – aus d. Gerberei 22-3040*; Einfl. d. pH auf d. Sorpt. v. aus Kollagenen stammenden Peptiden durch – 33-3041; Bind. v. Phenolen an Haar 42-2553.

Überwach. d. Misch. d. Vorprod. v. Ox.-Farbstoffen beim Färben v. – 3-2785*; Proteinbehandl. d. menschl. – (Oberflächenabsorpt. v. Protein) 30-2720; Diphosphonsäureverb. zur Verhinder. v. Schädig. beim Bleichen u. Färben v. – 30-2728*; neue Richt. in d. Haarfärb. (Überblick) 39-2848; Färben v. – in Ggw. organ. Säuren 44-2557*; Verf. u. Rezepturen für d. Haarfärberei 49/50-2820*.

Meth. zur Best. v. Se in Haarproben 4-1671; Nachw. v. Methyl-Hg-Verb. in – 20-1982; Best.: d. S-Geh. in – 47-1998; v. Carbaryl auf Viehhaar 42-1942.

Haarpflegemittel, Haarpflegemittel mit Alkylamin 5-2812*; kosmet. Wrkg. substantiver Proteine 7-2801; Haarwuchsmittel mit Swertiamarin 14-2753*; Betaine v. quart. Ammoniumverb. als Haarschutzmittel 16-2777*; Herst.: transparenter Gele für d. Haarpflege (Überblick) 18-2713; eines transparenten Öl–W.-Gels als – 21-2987*; Herst. eines Haarbehandl.-Mittels: mit Polyoxyalkylendiolen u. Siloxan–Alkylen-Blockpolymeren als Glanzmittel 28-2823*; aus Sulfit, Verdick.-Mittel, Quellmittel u. Talk 33-3049*; aus einem Aminamidderiv. 34-2705*; aus Polymeren mit Thiolgruppen u. Disulfiden 35-2839*; aus Dimethylolharnstoff oder -thioharnstoff u. einem sauren Polymerisat.-Katalysator 35-2838*; aus einer Öl-in-W.-Emuls. aus einem Organosiloxan, einem ion. Emulgiermittel u. einem alkal. Katalysator 35-2840*; Haarpflegemittel: aus oxäthyliertem Oleylalkohol u. S (Regulier. d. Talgdrüsentätigk.) 37-2983*; mit Lanolin-Deriv. (Übersicht) 45-2990*; mit chem. behandeltem Milchcasein 49/50-2797; mit bromierten Salicylsäureaniliden, 2.6-Di-tert.-butyl-p-kresol, Resorcin u. Kondens.-Prod. aus Dihydroxydiphenyldimethylmethan, HCHO u. Bisulfit 49/50-2816*.

Dauerwellmittel (Herst. v. Dioxymethylthiuramdisulfid) 1-2438*; (Herst.) 3-2837*; in Pulverform (Kaltwellmittel) 11-2761*; (Verw. v. Urease u. einer organ. SH-Verb.) 16-2802*; Fixieren v. lebendem Haar unter Verw. v. S-Oxiden v. Thioacylamiden 28-2825*; Haarfixiermittel auf Bromatbasis 28-2826*; Ondulieren v. –: mit Phosphinverb. 30-2726*; mit anorgan. Red.-Mitteln u. Lipoprotein- oder Lipopeptid-Komplexen 30-2727*; Mittel zum Kaltwellen aus Thioglykolsäuresalz, Alkalien, Harnstoff, Urease u. W. 43-2853*; Herst. v. Dauerwellen durch Behandl. mit Bisulfitlsg. u. kation., heißhärtbarem Harz aus Polyamid mit Epichlorhydrin 43-2854*; Herst. v. organ. Ti- u. Zr-Verb. als Haarwellmittel 45-2790*; Haarwellot. aus wss. Lsg. v. Alkanolaminen, deren Salzen einer Mercapto- u. einer anderen Säure u. aliphat. mehrwert. Alkohol 45-2999*, 45-3000*; Mercaptoalkylaminsalze d. Polyacrylsäure als Haarformer 49/50-2819*; [1-Chlorformimidoyl]-carbamoylchloride als Haarwellmittel 51/52-2411*.

Herst. eines Haarwaschmittels u. tönenden Shampoos (Verw. v. Aminoxiden) 2-2596*; Wirksamk. v. Malucidin in Haarshampoo 9-2754; Herst. v. N-β-Hydroxyalkyl-N-methyltaurinen, deren Oxiden u. Salzen zur Herst. v. Shampoo 15-2632*; Haarwaschmittel mit Alkalisalzen v. sauren, in W. lösl. Harzen 18-2723*; Best. d. Reinig.-Kraft v. Shampoos 24-2690; Haarwaschmittel: mit SeS in feiner Verteil. 28-2822*; mit tier. u. pflanzl. Extrakten 33-3046*; mit N.N-disubstituierten

Imidazoliniumsalzen 33-3047*; Herst. eines in d. Augen nichtbrennenden Haarwaschmittels 33-3048; Verw. v. Cetyltrimethylammonium-n-hexylsulfamat für Haarwaschmittel, v. Alkenyldimethyläthylammonium-n-hexylsulfamat für Haarshampoo 35-2836*; Haarshampoo (ohne Nachspülen mit W.) 35-2842*; Haarwaschmittel: mit N-Acyl-N-alkylaminoalkansulfonsäuren 35-2843*; mit Äthanolaminlaurylsulfaten oder synthet. prim. Fettsäuren 36-2762; aus einer Lanolinfrakt., einem nichtion. Tensid aus mit Äthylenoxid kondensiertem Lanolinalkohol u. Fettsäurealkanolamid 41-2918*; mit einem Bernsteinsäurederiv. 43-2852*; dünnschichtchromatograph. Analyse v. kommerziellen fl. Shampoos u. fl. Spülmitteln 45-2212; Trenn. u. Best. kation. oberflächenakt. Substanzen in Haarwaschmitteln 45-2213; Erkenn. v. H_3PO_4-Esteremulgatoren in eihalt. Kopfwaschmitteln 46-1962; Möglichk. u. Grenzen d. Analytik v. Shampoos 49/50-2048.

Haarfärbemittel (Übersicht) 1-2623; d. Färb. egalisierende Wrkg. v. substantiven Proteinen 7-2801; Fortschritte auf d. Gebiet d. Pyridin-Ox.-Haarfarben (Übersicht) 9-2755; Haarfärbemittel (Übersicht) 18-2715; (Nitro-, Azo- u. Anthrachinonfarbstoffe mit quart. Ammoniumgruppen) 28-2817; (Azo-Pyridinfarbstoffe) 33-3040; (Ox.-Farben-Zwischenprod.) 33-3042; dünnschichtchromatograph. Best. v. Farbstoffzwischenprod. bei Arylamin-Ox.-Farbstoffen zur Haarfärb. 49/50-2049; Fortschritte auf d. Gebiet d. Pyridin-Ox.-Haarfarben (Übersicht) 49/50-2798, 49/50-2799.

Haarfärbepräp. aus Naphthazarin 3-2838*; Färben v. Haaren unter gleichzeit. Waschen 5-2816*; Färben v. Haaren mit Monoazofarbstoffen 6-2681*; Haarfärbemittel aus substituierten Aminosäuren u. einem C_6-Glykol 7-2808*; Anthrachinonfarbstoffe für Haare 7-2763*; (2- oder 5-substituierte 1.4-Diaminoanthrachinonfarbstoffe) 9-2759*; Färben v. Haaren mit metallhalt. Farbstoffen 22-2794*; Haarfärbemittel: mit N-Alkyl-2.5-dihydroxyaminobenzolen 28-2827*; mit Pyridin- u. Chinolinderiv. 28-2828*; mit Benzidin u./oder dessen Deriv. u. aromat. Aminen als Ox.-Farbstoffe 28-2829*; mit Anthrachinoyl-(1)-aminsalzen 28-2830*; auf Anthrachinonbasis 30-2729*; mit substituierten 2-Aminophenolen oder substituierten 2-Aminoanilinen 30-2730*; Bleichmittel für menschl. Haare aus H_2O_2 u. einem Kräftig.-Mittel 33-3050*; Haarfärbemittel: mit Pyridinverb. 33-3051*; mit 4-Hydroxyanthrachinonyl-(1)-aminoalkyldialkylaminen 33-3052*; mit substituierten 2-Aminophenolen 34-2706*; mit Kuppl.-Prod. v. substituierten p-Phenylendiaminen mit substituierten Phenolen, 1.3-Dicarbonylverb. oder Pyrazolonen 34-2707*; mit 1-Alkylamino-2-nitro-4-[bis-hydroxyalkylamino]-benzol als Wirkstoff 34-2708*; Haarentfärb.-Mittel mit gleichzeit. neuer Farbtön. 35-2844*; Herst. eines stabilisierten Haarfärbemittels 35-2845*; bas. Azofarbstoffe für Haare 39-2814*; Čečel'nickij-Paste zur Haar-, Brauen- u. Lidfärb. 39-2854*; Herst. v. zum Haartönen verwendeten Shampoo 39-2855*; Anthrachinonfarbstoffe für Haare 41-2893*; Haarfärbemittel aus einer Dispers. wasserunlösl. Farbstoffe in wss. Lsg. v. Fettalkoholpolyglykoläther u. Fettalkohol–Harnstoff-Addukt 43-2855*; haarfestigende Wrkg. v. substantiven Proteinen 7-2801; Frisierhilfsmittel unter Verw.: eines organ. Si-Polymeren 7-2806*; v. Zr-Acetat-halt. Wachs 7-2807*; Tris-[p-aminobenzoyl]-ester v. Pantothenylalkohol zur Herst. v. filmbildenden Sprühmitteln zur Haarpflege 11-2759*; Haarfestiger aus Hydroxypropylcellulose 11-2760*; Haarfixativ mit Emulgatoren aus äthoxylierten Alkoholen u. hydriertem äthoxyliertem Lanolin 28-2824*; Haarfestiger aus Sulfhydryl- u. Disulfidbind. enthaltenden Eiweißmol. 31-2866*; Aerosolsprühpräp. 35-2841*; Haarfestiger mit einem tert.-Aminoalkyläther v. Stärke 39-2853*; Trenn. u. Best. kation. oberflächenakt. Substanzen in Haarfestigern 45-2213; Haarverfestig. durch wss. Alginatlsg. 45-3001*; Einfl. auf d. Brennbark. u. Explodierbark. eines Haarlack-Aerosolstrahls 49/50-2802; Mittel zum Auflösen v. Spraylack aus d. Haaren 49/50-2818*.

Haas (de)-van-Alphen-Effekt, —-Schwing. im krit. Temp.-Bereich d. Supraleiter *2.* Art 17-0500; Theorie d. Wandbereiche in Metallen unter d. Beding. d. — 18-0477; nichtlineare Effekte im — 44-0388.

—: u. Fermi-Fläche in As 10-0457; in As aus d. Tors.-Meth. 27-0565; in Sb bei sehr tiefen Temp. 5-0534; —-Suszeptibilitätsmess. an p-leitendem Sb_2Te_3 43-0497; — u. d. Fermi-Oberfläche v. K 38-0541; Stör. d. Wellenform bei Feldmodulat.-Unters. d. — in Be 15-0495; —: u. Fermi-Fläche v. Mg 44-0389; in Zn in magnet. Impulsfeldern 13-0479, 25-0526; u. Fermi-Fläche in verd. Zn–Cu u. Zn–Al 27-0564; v. Yb 33-0649; u. Fermi-Fläche in Th 49/50-0330; in weißem Sn 32-0501; Fermi-Oberfläche u. Pseudopotential-Koeff. v. weißem Sn aus d. — 32-0502; —: in Bi-Leg. mit Se, Te u. Zn 9-0435; v. Bi–Sb-Leg. 21-0491; Konz.-Abhängigk. d. — in n-leitendem Bi_2Te_3 40-0322; —: in Bi u. Bi–Pb-Leg. 46-0404; in antiferromagnet. Cr 5-0535; bei kugelförm. Ni-Krist. 40-0335; in Au bei niedr. Feldstärke 1-0488; in Ru 17-0545; u. Fermi-Oberfläche in Rh 33-0650; u. Fermi-Fläche v. β'-CuZn, β'-AgZn u. β'-PdIn 5-0536; v. Pd 14-0303; aus d. s- u. d-Band in Pt 22-0504; u. Fermi-Oberfläche in Pt 48-0473.

Fermi-Oberfläche v. Pb unter hydrostat. Druck aus Mess. d. — 12-0421; genaue de Haas-van Alphen-Perioden zur Eich. v. magnet. Feldern bei tiefen Temp. 17-0546; Unters. d. Fermi-Oberfläche v. Al bei niedr. Feldern mit Hilfe d. — 22-0458; Fermi-Oberfläche u. Pseudopotential-Koeff. v. weißem Sn aus Mess. d. — 32-0502; lokale u. nichtlokale Pseudopotential-Bandstrukturmodelle für Mg aus Unters. d. — 44-0390.

Hadacidin s. unter $C_3H_5NO_4$.

Hadfield s. unter *Eisen, Schmiedeeisen und Stahl (Sondermarken).*

Haeffner-Effekt s. unter *Überführung, elektrische.*

Häm s. unter $C_{34}H_{32}FeN_4O_4$.

Häm a s. unter *Blutfarbstoffe.*

Hämagglutination s. unter *Agglutination und Agglutinine.*

Hämagglutinine s. unter *Agglutination und Agglutinine.*

Hämanthamin s. unter $C_{17}H_{19}NO_4$.

Hämanthidin s. unter $C_{17}H_{19}NO_5$.

Hämatein s. unter $C_{16}H_{12}O_6$.

Hämatin s. unter $C_{34}H_{33}FeN_4O_5$.

Hämatin a s. unter *Blutfarbstoffe.*

Haematit s. unter *Eisenoxide*: Fe_2O_3.

Hämatoporphyrin s. unter $C_{34}H_{38}N_4O_6$.

Hämatoporphyrin IX s. unter $C_{34}H_{38}N_4O_6$.

Hämatoxylin s. unter $C_{16}H_{14}O_6$.

Hämerythrin s. unter *Blutfarbstoffe, Andere respiratorische Farbstoffe.*

Hämiglobin s. unter *Blutfarbstoffe, Derivate des Hämoglobins (Methämoglobin).*

Hämiglobincyanid s. unter *Blutfarbstoffe, Derivate des Hämoglobins (Methämoglobincyanid).*

Hämin s. unter $C_{34}H_{32}ClFeN_4O_4$.

Hämin a s. unter *Blutfarbstoffe.*

Hämin c s. unter $C_{40}H_{46}ClFeN_8O_8S_2$.

Hämochrome s. unter *Blutfarbstoffe, Derivate des Hämoglobins.*

Hämochromogene s. unter *Blutfarbstoffe, Derivate des Hämoglobins (Hämochrome).*

Hämocyanine s. unter *Blutfarbstoffe, Andere respiratorische Farbstoffe.*

Hämoglobin s. unter *Blutfarbstoffe.*

Hämoglobinazid s. unter *Blutfarbstoffe, Derivate des Hämoglobins.*

Hämoglobincarbonat s. unter *Blutfarbstoffe, Derivate des Hämoglobins.*

Hämoglobinfluorid s. unter *Blutfarbstoffe, Derivate des Hämoglobins.*

Hämolymphe, Proteinfrakt. in d. — v. Heuschrecken (Rolle d. Verpupp.-Zyklus) 2-1397; Veränder. im Spektrum d. —-Proteine bei Weibchen u. Arbeiterinnen v. Formica polytena während d. Metamorphose 16-1587; Hämocyanin aus d. — (Reinig. durch Adsorpt. an Ca-Phosphat) 19-1616; larvale —-Proteine autogener u. anautogener Formen v. Culex pipiens (elektrophoret. Muster) 20-1539; Isolier. v. an Lipoprotein gebundenen Diglyceriden aus Insekten-— 25-1621; Hämagglutinine in d. — v. Schnecken 39-1475; Trehalosederiv. in d. — v. Melanoplus differentialis 42-1448; freie Aminosäuren in d. — v. Philosamia ricini während d. Metamorphose 51/52-1533; Veränder. in d. Puppen-— v. Philosamia ricini während d. Metamorphose 20-1545.

Hämolyse

Hämolytische Anämie s. unter *Blut, Blutbildung und Anämie*; *Hämolysine* s. dort.

Hämolyse, Hämolysate: — d. Erythrozytenmembran (Stabilisier. durch Tranquillizer u. Antihistaminika) 6-1479; (Stabilisier. durch Lokalanästhetika u. Tranquillizer) 6-1480; osmot. — v. Erythrozyten (Einfl. v. Chlorpromazin) 11-1609; — bei Phenylhydrazinvergifteten Kaninchen (Schutzwrkg. v. Pyrimidinen u. Fumarsäure) 16-1565; pH-abhäng. — v. Hundeerythrozyten 45-1588; — v. Erythrozyten durch antibakterielle Verb. 45-1727.

Chemie d. Lipide d. posthämolyt. Restes oder d. Stromas v. Erythrozyten 1-1431; Einfl. d. Stromas auf d. Glucose-6-phosphatdehydrogenase u. d. 6-Phosphogluconsäuredehydrogenase d. Hämolysats 4-1017; Biosynth. v. Häm in vitro durch Hämolysate v. Hühnererythrozyten (Einfl. d. totalen Röntgenbestrahl.) 5-1536; Peroxydase-Aktivität v. Hämolysaten (Inhibitorwrkg. v. Aminazin) 7-1643; Uridindiphosphatgalaktose-4-Epimerasen bei Hämolysaten d. Neugeborenen u. d. Erwachsenen (Wrkg. v. NAD) 16-1404; Wrkg. d. Einfrierens v. Hämolysaten bei verschiedenen Temp. (elektrophoret. u. Methämoglobinunters.) 20-1512; Geh. an Methämoglobin in Hämolysaten menschl. Erythrozyten während d. Lager. 20-1513; enzymat. Red. v. Ferrihämoglobin in Hämolysaten 35-1265.

Hämolytische Wirkung verschiedener Substanzen und Faktoren: Hämolyt. Aktivität v. Botulinum-E-Toxin 3-1344; Verw. v. O-Stearoylpolysacchariden bei d. — 6-1504; hämolyt. Wrkg.: einiger Saponine u. Sapogenine (Einfl. v. Ester-Gruppen) 7-1660; v. Clostridium-Toxinen 11-1310; v. Asbest u. anderen Mineralstäuben 12-1479; durch Phenothiazine u. verwandte Verb. verursachte — roter Blutzellen v. Kaninchen 19-1781; hämolyt. Aktivität: nichtpathogener Pilzextrakte d. Luft 26-1730; v. Amphotericin-B u. anderen Polyen-Antibiotika (Wrkg. v. Lipoproteinen) 29-1526; jahreszeitl. Schwank. im hämolyt. Index v. Sanicula europaea u. Eryngium planum 34-1679; aus Stämmen v. E. coli extrahierte hämolyt. Faktoren 39-1342; Hemmwrkg. v. Serumproteinen auf d. zur — d. Erythrozyten durch Schlangengift führenden enzymat. Verlauf 42-1510; — durch nichtion. oberflächenakt. Substanzen 46-1428; hämolyt. Rk. infolge v. Primaquine bei Personen mit Glucose-6-phosphatdehydrogenase-Mangel 46-1609; Wrkg. v. entzündungshemmenden Mitteln in vitro auf d. — (Test) 49/50-1643; — v. Warm- u. Kaltblütererythrozyten durch Quarz 49/50-1684; — durch Vitamin-E-Mangel 51/52-1583, 51/52-1584.

Untersuchungsmethoden: Best. v. Galaktose-1-phosphaturidyltransferase im Hämolysat mit ^{14}C-Galaktosephosphat 5-1236; ATP in in vitro-—-Tests bei paroxysmaler nächtl. Hämoglobinurie 47-1620; —-Test: mit Dialursäure bei Vitamin-E-Mangel-Erythrozyten 51/52-1583; mit H_2O_2 51/52-1584.

Hämolysine

Siehe auch *Hämolyse.*

—: v. Enterokokken 21-1510; d. Zellextrakte v. Hefen 30-1325; Verlust v. *195*-—-Plaques bei d. Unterdrück. d. Immunrk. durch Cyclophosphamid bei Schafserythrozyten 13-1163; natürl. — d. Fisches gegen Erythrozytenantigene v. Fischen 17-1586; Bldg. v. Staphylokokken-— (Stimulier. durch Penicillin) 2-1251; Einfl. einiger Antikrebsantibiotika auf d. —-Bldg. im Experiment 41-1249; Wrkg. v. Streptolysin S auf Phospholipid–Cholesterin-Strukturen 4-1316; Wrkg. d. — v. Pseudomonas aeruginosa: auf d. Solubilisier. v. Phosphatiden 26-1386; auf d. Aktivität d. Phospholipase C 26-1386; durch Streptolysin S induziertes Auftreten v. Hydrolase-reichen Granula in Humanlymphozyten 47-1606; antibiot. Wrkg. v. δ-—-Präp. aus Staphylococcus aureus 3-1331; Geh. v. Streptolysin S u. onkolyt. in vitro-Aktivität bei Streptokokken 33-1448; zerstörende Wrkg. v. Streptolysin O u. S auf zellwandfreie Bakterien 45-1437; Bind. v. Streptolysin S an Ghosts u. Ghost-Lipide v. Erythrozyten 6-1484; Sekret. v. Protein durch Streptolysin O behandelte polymorphkern. Leukozyten 7-1465; Wrkg.: v. 5-Bromdesoxyuridin auf d. —-Rk. bei Kaninchen 10-1459; v. Antitumormitteln auf d. —-Plaques-bildenden Zellen d. Milz 11-1212; zytolyt. Wrkg. v. Oligoribonucleotid–Streptolysin S-Komplex auf Ehrlich Aszitestumorzellen 19-1347; Einfl. d. Temp. auf d. Aktivität d. — im Serum bei d. Komplementbind. 26-1599; Bezieh. zwischen zellgebundenem — u. onkolyt. in vitro-Aktivität v. Streptokokken 33-1448; durch Streptolysin O bewirkte Stimulier. d. Interferonbldg. in menschl. Lymphozyten 47-1518; zellschädigende Wrkg. v. — aus Amanita phalloides auf Kulturen v. KB-Zellen u. menschl. Amnionzellen in vitro 51/52-1648; Herst. u. Eig. v. Antistreptolysin-Pferdeserum 3-1456; nichtspezif. Hemm. v. Streptolysin O (neue Meth. zur Mess. d. Hemmwrkg. v. β-Lipoprotein) 32-1611; Meth. zur Unterscheid. spezif. v. unspezif. — 6-1481; Trenn. u. Charakterisier. v. α-— durch isoelektr. Fokussier. 41-1314.

Hämopexin s. unter *Proteine, Spezielle Proteine.*

Haemophilus-X-Faktor, Verbreit. bei heterotrophen Bakterien 14-1333.

Hämosiderin s. unter *Proteine, Spezielle Proteine.*

Hämostatika s. unter *Arzneimittel, Hämostyptika.*

Hämostyptika s. unter *Arzneimittel.*
Hämpigmente s. unter *Blutfarbstoffe.*
Hämproteine s. unter *Proteine, Spezielle Proteine (Hämoproteide).*
Hämulcholsäure (F. 252–253°), Vork. in d. Galle v. Fischen 2-1423.

Härte [und Härten]

– v. hitzebeständ. Stoffen 2-1948; Kalthärt.: d. Stufe II in Krist. 3-0268; bei leichter Gleit. 3-0269; Verform.-Härt. dispersionsgehärteter Krist. 6-0260; Theorie d. hydraul. Erhärt. 9-2292; Mischkrist.-Härt. 12-0252; Wrkg. kleiner tern. Zusätze auf d. Aushärt. bin. Substitut.-Mischkrist. 13-2327; Eindruck-– v. Festkörpern 18-0276; Supraleit. u. – 27-0535; krit. Prüf. d. Fernbereichs-Spann.-Theorie d. Verform.-Härt. 29-0238; Best. v. –, Verformbark. u. Rißbldg.-Widerstand im Zusammenhang mit d. Verschleiß nichtmetall. Stoffe 34-2101; Theorie d. kohärenten Ausscheid.-Härt. 35-2413; Einfl. d. Legierens auf d. Temp.-Abhängigk. d. Mikro-– v. Halbleitereinkrist. 39-0153; Häuf. v. Dehn. zweiter Ordn. in kalthärtenden Werkstoffen 39-0157; Temp.-Abhängigk. d. Härt. fein verteilter Schwellen 48-0206; Einfl. v. Eigenspann. *1.* Art auf d. Knoop-– 48-2231.

Anorganische Stoffe

Mikro-– chem. Elemente 34-0288.

Nichtmetallische Elemente

Mikro-– v. hochreinem Se 35-0353; Einfl. v. In-Beimeng. auf d. Mikro-– v. Se 49/50-0123; – v. unter Vakuum raffiniertem B 38-0611; –-Mess. v. Diamant bei hohen Temp. 35-0216; Abhängigk. d. Mikro-– v. Si-Einkrist. v. d. Versetz.-Dichte u. d. Beimeng.-Konz. 2-0250; Bezieh.: zwischen Leitfähigk. u. Mikro-– v. Si 5-0314; zwischen Mikro-–, Leitfähigk. u. Schleifgeschw. v. Si 40-0106.

Metalle und Legierungen

Mechanismus d. Kalthärt. in kub.-flächenzentrierten Metallen 3-0273; Theorie d. Valenzeinfl. v. Begleitatomen auf d. Härten v. Leg. 9-0305; Änder. d. elektr. Widerstandes d. Metalle bei mehrfacher Härt. 11-0470; Verform.-Härt. geordneter Leg. 16-0282; Abstand verteilter Sperren bei Härt.-Vorgängen in Metallen 18-0271; – verformter Metalle 37-2566; Mikro-– einiger Übergangsmetallgermanide 40-0134; Einfl. v. Leg.-Elementen auf d. Härtbark. 43-2423; Verform.-Mechanismus v. Metallen mit Härt. durch eine disperse, inkohärente zweite Phase 46-0271.

Einfl. d. Temp. auf d. –-Anisotropie v. Be-Einkrist. 15-0262; Härt. v. Mg–Zr-Leg. durch innere Hydrier. 7-2374; Einfl. einer Kaltverform. auf – einer Mg–Zn-Leg. nach Abschrecken u. Anlassen 11-0311; – d. Einschlüsse $FeAl_3$ u. $FeZn_{13}$ in Druckguß aus Zn-Leg. 20-2331; lineare Härt. v. Cd 3-0279; – v. Al*10*V 3-2434; Aushärt.-Verh. v. Al–Cu–Mg-Leg. (Wrkg. v. Ag) 5-2369; Abschreckhärten in reinem Al 6-0265; Best. d. Übergangserweich. während d. Alterns in einigen festen Lsg. d. Al durch –-Mess. 17-0316; – v. Al–Zn–Si-Leg. 19-2536; Alter.-Härt. einer Al-Leg. mit *5,9* Atom-% Ag 20-0232; Einfl. d. Härt.-Temp. u. -Geschw. auf d. Eig. v. Leg. d. Syst. Al–Zn–Mg 24-0305; Aushärt. v. AlMgSi-Knetleg. im ungereckten u. gereckten Zustand 24-2373; Wechselwrkg. v. Punktdefekten mit Versetz. in gehärtetem hochreinem Al 29-0260; Einfl. d. Vorlager. auf d. Aushärt. d. techn. AlMgSi-Leg. 29-2545; Änder. d. – d. Leg. Al–*5*% Zn–*1*% Mg u. Al–*5,5*% Ge im Alter.-Prozeß 34-0308; Einfl. d. Abschreckgeschw. auf d. Aushärt.-Verh. v. Al–Zn–Mg-Leg. 36-2356; Auslager.-Härt. v. Al–Ag–Cu-Leg. 37-2558; Härten v. Al–*1* Atom-% Zn-Einkrist. durch Elektronenbestrahl. 40-0221; Einfl. d. Glühtemp. auf d. Aushärten v. auf *–72°* abgeschrecktem, reinem Al 41-0136; – v. – Al-Verbundleg. mit duktilem Bindemetall 42-0082; Einfl. d. Legierens auf d. Temp.-Schwelle d. Mikro-– v. Al_3Mg_2 47-0230.

– v. Leg. d. Syst. Y/Tb, Y/Dy u. Y/Ho 7-0553; Kalthärt. v. Y, La, Ce, Pr, Nd, Sm, Gd, Tb, Dy, Ho, Er, Yb, Lu 47-2320; – v. Ti-Schwamm 26-2440; Härten v. Ti 38-2508; geometr. Orte d. Fließens bei d. Knoop-Härtemess. an zwei Ti-Leg. 39-0168; – v. Zr–O-Leg. 8-0240; Ausscheid.-Härt. in gleichatom. Zr–Nb-Leg. 19-2540; Verform. u. – v. Proben aus Zr verschiedener Reinh. durch Walzen 27-0302; – u. Mikro-– v. Hf u. Zr–Hf-Leg. 29-2517; Mikro-– v. Leg. d. Syst. Hf–Sc 15-0585.

Einfl. einiger Beimeng. u. d. thermomechan. Behandl. auf d. photomechan. Effekt (–-Änder.) bei Ge 35-0223; Aushärt.-Verh. v. Sn-Bronze 5-2363; einige Kriech- u. Ermüd.-Eig. v. dispergiertem, oxidgehärtetem Pb 41-0140; Aushärt. in einer Pb-reichen Leg. d. tern. Syst. Pb–Sn–Sb 42-0229; Mikro-– d. Phase $Nb_3(Sn_xAl_yGe_z)$ 4-0201; Zusammenhang d. Supraleit.-Eig. v. Nb mit d. Mikro-– 19-0495; – v. Nb-Leg. (Einfl. v. Ta, Mo u. W) 26-2443; Härt. v. Zr enthaltenden Nb-Leg. durch Auslagern 40-0131; Einfl. v. gelösten O–N-Gemischen auf d. Mikro-– v. Nb 40-0470; Mikro-– v. tern. Bi-Leg. mit *0,10*, *0,20* u. *0,25* Atom-% Te u. Sn 5-0307; Mechanismus d. Einwrkg. v. Beimeng. auf d. Mikro-– v. Cd, Sb, Ge, Mn, Bi, V, Tl, In u. Na 39-0206; Änder. d. Mikro-– v. neutronenbestrahltem Cr beim Anlassen u. Verformen 21-0292; Einfl. einer dritten Komponente auf d. Mikro-– eines bei großen Abkühl.-Geschw. erhaltenen Mischkrist. im Syst. Al/Cr 28-0579; Mikro-– v. Cr in d. Nähe d. Néel-Punktes 46-0278; Einfl. einer Neutronenbestrahl. auf d. – v. W 25-0292; Mikro-–: v. Leg. d. Syst. W–La_2O_3 39-0325; v. Pu–Ga-Leg. 19-0303; –-Anomalien in β-Pu 36-0253.

Vgl. d. mkr. u. Mikrohärtemess. v. Nitrier.-Stählen 2-2224; Mikro-– v. porösem Fe in spannungsverformtem Zustand 9-2374; Einfl. v. Cr auf d. – v. Grauguß 15-2424; Kalthärten v. Fe- u. Zn-Krist. 16-0166; Einfl.: v. Vibrat. auf d. Mikro-– bei Stahl *1*Ch*18*N*9*T 16-0280; v. As auf d. Durchhärtbark. v. C-Stahl 16-2384; Hochfrequenzhärten v. ferrit.-perlit. Grauguß 16-2388; Vgl. d. Härten v. Stahl nach thermomechan. Nieder- u. Hochtemp.-Behandl. 16-2389; Einsatzhärt. v. gesintertem Fe in endothermem Gas 18-2349; – v. Stahl nach d. Austenitisier. bei hohen Temp. 19-2572; induktive Oberflächenhärt. v. Stahl *40*ChGRT u. *45*RP 20-2359; Warm-– v. Schnelldrehstählen R *12* u. R*6*M*3* 21-2548; Verform.-Härt. v. austenit. Stählen beim Drahtziehen 21-2577; Einfl. v. Mo, W u. V auf d. Anlaßhärt. v. Cr-Stahl 23-2579; – v. Stählen in Abhängigk. v. d. Verform.-Geschw. 23-2605; Mechanismus d. hohen – v. elektrolyt. abgeschiedenem Fe 24-0311; Kalthärt. zur Steiger. d. Oberflächen-– v. gehärtetem legiertem Stahl 24-2393; Härt.-Verh. vakuumerschmolzener Stähle 25-2490; Einfl. d. Graphitausbldg. auf d. – v. Guß-Fe u. Stahl 25-2540; Alter.-– v. Cr-Stahl durch Ausscheid. v. Nitridphasen 25-2563; Einfl. mehrmal. $\gamma \rightleftharpoons \varepsilon$- u. $\gamma \rightleftharpoons \varepsilon'$-Übergänge auf d. –-Steiger. v. Mn-Stahl 29-0269; Natur d. großen – elektrolyt. Fe-Abscheid. 29-0681; Austenitformhärt. v. Werkzeugstahl 30-2373; sek. Härt. eines *1* V–*0,2* C-Stahls 32-2398; Ausscheid.-Stufen d. sek. Härt. eines *1* V–*0,2* C-Stahls 32-2399; isotherm. Härten v. Guß-Fe mit Kugelgraphit 33-2648; Härten v. Grauguß im Luftstrom u. Warmbad 33-2650; strukturelle Härt. eines austenit.-martensit. rostfreien Stahls bei gesteuerter Umwandl. 37-0202; Änder.: d. – v. Stahl *45* in Abhängigk. v. d. Abkühl.-Geschw. 37-2591; d. Elastizitätsmoduls d. gehärteten Stähle *20* Ch, *40* Ch, *9* ChS u. SCh *15* beim Tempern (niedriglegierte Stähle) 39-0184; Bezieh. zwischen Ausscheid. u. Bruch v. duktilem Aussehen bei einem martensit. aushärtenden Stahl 39-0187; Einfl. einer plast. Verform. u. Glüh. auf d. Mikro-– an Austenit einer Fe-Leg. 39-0228; Verbesser. d. Härtbark. v. unlegierten getemperten Stählen durch Verform.-Abschreck. 39-2430; – v. kaltgewalztem u. angelassenem Stahlblech 41-2470; Martensitaushärten v. Maragingstählen 43-2424; Ausscheid.-Härt. v. Stahl *17-7* PH (Einfl. v. Al) 43-2425; –-Änder. v. Martensit durch Verform. 43-2449; – v. Fe/Ni/Cr-Martensiten mit niedr. C-Geh. 44-0107; Kompress.-Abschreck. zur –-Steiger. v. Werkzeugstahl 45-2551; Entw. d. Matrix einer Fe/C-Leg. mit *2* C nach martensit. Härt. 46-0184; Änder. d. Phasenzus. d. Stahls R *18* bei Ultraschalleinw. beim Härten 46-0192; Härten v. Schienenstahl 46-2182; Zusammenhang v. – u. chem. Zus. v. Grauguß 47-2300; Aktivier.-Energie d. Entfestig. beim Anlassen v. Stahl zur Prognose d. – 47-2357; Null-Längenänder. beim Härten u. Zwischenstufenvergüten v. Stahl 48-2254; Ausscheid.-Härt. v. martensit. Fe–Ni–Co-Leg. 48-2256; Härtbark. v. B-behandelten Stählen 48-2261; Einfl. v. Impfmitteln auf d. – v. Grauguß 49/50-2258; Stahlhärten durch Zusatz v. Ferro-B 51/52-2223.

Verbesser. d. mechan. Eig. v. *20* Cr–*15* W–*10* Ni–Rest Co unter Zusatz v. Ti u. Al durch Aushärt. 32-2384; Aushärt. v. Ni mit *12* Atom-% Si 1-2233; Kalthärt. bei Ni u. Al 11-0317; Härt. durch geordnete Ausscheid. v. Austenit d. Zus. *0,04*(%) C, *55,5* Ni, *19* Cr, *14* Co, *7* Mo, *2* Ti u. *2,3* Al 20-0234; Einfl. v. Mo auf d. – v. Ni-Leg. Ch*15*N*85* 20-2333; Einfl. d. Temp. auf d. Elastizitätsgrenze v. durch kohärente u. geordnete Phasen gehärteten Leg. $Ni_3(TiAl)$ 32-0286; Härt.-Mechanismen in einer durch Ausscheid. härtbaren Leg. aus Ni mit Al 40-0144; – v. Ni_3Al–Ni_3Nb-Leg. 40-0146.

Latente Härt. in Cu-Einkrist. 3-0291; Härt. d. Leg. Cu–Ti infolge einer modulierten Struktur 4-0257; Warm-– d. β-Phase v. Messing 10-2380; Härt. bei bestrahlten Cu-Krist. 11-0345; Substitut.-Lsg.-Härt. v. Cu mit Si, Ge u. Sn 12-0267; Mikro-– galvan. Cu-Nd. 15-2494; separate Rollen d. Stufen- u. Schraubenversetz. im Stadium I d. Verform.-Härt. dünner Cu-Einkrist. 29-0276; Ermüd.-Härt. v. Cu–Zn-Leg. 22-0279; Oberflächenhärt. v. Cu u. α-Messingkrist. im *2.* Frühstadium 30-2381; – nach Abschrecken für d. Überstruktur v. Typ B_2Fe–Al *40*, Fe–Co–V u. β-Messing 31-0259; Dispers.-Härten v. Cu–Si–*3* Mn *1*–Bronze 37-2595; –-Abhängigk. bei *70/30*-Messing v. d. Korngröße 47-2334; Abschreckhärt. bei Cu 48-0207; Dispers.-Härt. homogener Ag–Mn-Leg. 2-2252; Vgl. v. – u. Abriebfestigk. v. elektrolyt. abgeschiedenem Ag 6-2374; Mikro-– v. elektrolyt. abgeschiedenen Ag/Pd-Leg. 18-0605; Dispers.-Härt. v. Ag durch innere Ox. 27-2596; – v. Au-Nd. aus sauren Bädern 19-2592; Ordn.-Härt. in CuAu 39-0196; – galvan. Au-Schichten 46-2222.

Verbindungen

Mikro-– d. Sulfide, Selenide u. Telluride d. Übergangsmetalle d. IV.–VI. Gruppe 2-0398; Temp.-Abhängigk. d. – einiger gebräuchl. Oxide 2-2125; Zusammenhang v. Mikro-– schwer schmelzender Verb. mit ihrer Elektronenstruktur 10-0267; Mikro-– d. Oxide einiger Elemente 22-0283; Änder. d. Mikro-– schwer schmelzender Carbidleg. 23-0204; Einfl. d. Läppens auf d. Mikro-– bei zementierten Carbiden mit WC-Phase 37-2645.

Einfl. v. γ-Strahl. auf d. – v. Gläsern d. Syst. As_2Se_3–As_2Te_3 21-0306; Mikro-– v. B-Siliciden aus d. Gasphase 34-0812; Einfl. einer α-Bestrahl. auf d. Mikro-– v. Quarzglas 11-0343.

Konst. d. elast. – d. Alkalimetalldihydrogenarsenate 20-0259; Mikro-–: v. Alkalimetallhalogenidkrist. 45-0320; v. LiF bei verschiedenen Temp. 39-0144; verformter NaCl-Krist. 6-0274; – v. NaCl-Whiskern 6-0275; Strahl.-Härt. in mechan. belasteten NaCl-Einkrist. 9-0321; Mikro-– bestrahlter Einkrist. aus NaF mit U-Beimeng. 28-0275; Einfl. d. Punktdefekt-Orientier. auf d. Lsg.-Härt. in KCl 3-0234; Härten v. mit Ag dotiertem KCl durch Röntgenbestrahl. bei tiefen Temp. 4-0278; Einfl. v. ionisierender Strahl. u. plast. Verform.: auf d. Mikro-– v. KCl-Krist. 16-0166; auf d. Mikro-– v. KBr-Krist. 30-0261; Mikro-– v. bestrahltem Be-Oxid 14-0297; Mikro-– v. unter Höchstdruck hergestellten Mg-Boriden 30-0698; gegenseitige Eindruck-– v. MgO-Einkrist. bei hohen Temp. 32-0293; Strahl.-Härt. in MgO-Einkrist. nach Dosen langsamer Neutronen 47-0257; Kinetik d. Änder. d. Mikro-– v. CaF_2-Krist. unter d. Einw. einer Protonenbestrahl. 40-0211.

Mikro-–: d. halbleitenden Verb. $ZnSiAs_2$, $ZnGeP_2$ u. $CdGeP_2$ 17-0464; v. CdF_2 45-0173; Härten v. Al_2O_3 durch Cr_2O_3 in fester Lsg. 3-2331; –-Mess. v. Saphir durch Ti-halt. Ausscheid. 40-0111; Mikro-–: im Syst. InAs–CdS 39-0355; v. Einkrist. d. festen Lsg. $In(As_{1-x}P_x)$ 44-0161; –: v. Einkrist. d. Seltenerdmetalloxide 9-0232; v. TiC, TiB_2, TiN, $TiSi_2$ 22-2486; Änder. d. Mikro-– bei Strahl.-Schäden v. TiB_2 34-0382; –: v. ZrC, ZrB_2, ZrN, $ZrSi_2$ 22-2486; v. HfC, HfB_2, HfN, $HfSi_2$ 22-2486.

Mikrohärtebest. fester Lsg. im Syst. $CdSnAs_2/CdGeAs_2$ 21-0626; Mikro-– d. Hoch- u. Tieftemp.-Modifikat. v. $CdSnAs_2$ u. $CdGeAs_2$ 48-0426; –: v. VC, VB_2, VN, VSi_2 22-2486; v. NbC, NbB_2, NbN, $NbSi_2$ 22-2486; v. TaC, TaB_2, TaN, TaSi 22-2486; Mikro-–: v. Nb- u. Ta-Nitriden 29-0459; v. Cr_2S_3 7-0706; graph. Darst. d. Mikro-– in Abhängigk. v. B/Cr-Verhältnis einiger Cr-Boride 8-0685; – v. $Cr_{23}C_6$, Cr_7C_3, Cr_3C_2, CrB_2, CrN, $CrSi_2$ 22-2486; Mikro-– d. sich im Syst. Eu_2O_3/Cr_2O_3 bildenden Verb. $EuCrO_3$ 40-0471; Bezieh. zwischen – u. Porosität v. Cr-Oxid/Cr-Cermets 47-2325; Mikro-–: v. TaC–MoC- u. HfC–MoC-Mischkrist. 7-0712; v. Leg. aus Zr-Diborid mit Mo 8-0241; – v. MoC, MoB_2, MoN, $MoSi_2$ 22-2486; Mikro-–: v. Boridschichten auf Mo 35-0720; d. Phasen Mo_2B, MoB, MoB_2, Mo_2B_5 u. $MoB_{ca.12}$ d. Syst. Mo/B 36-0494; Mikrohärtenanisotropie v. Mo_2C-Einkrist. 44-0107; –: v. WC 3-2438;

v. WC, WB_2, WN, WSi_2 22-2486; Temp.-Beständigk. d. – v. WC–Co-Leg. 49/50-2281; Mikro-– v. PuC 37-0843; Einfl. d. Legierens auf d. Temp.-Schwelle d. Mikro-– d. Verb. Cu_3Si u. Cu_5Si 47-0230.

Mineralien, Kohlen, Gläser, technische Produkte

– d. Zirkone aus d. Böhm. Mittelgebirge 4-0650; physikal.-chem. Prozesse bei d. Härt. d. Zellenbetons mit verschiedenen Bindemitteln 8-2246; Dampferhärt. v. Schlackenportlandzement 11-2293; Mikro-– v. Mineralien d. feuerfesten Rohstoffe u. Erzeugnisse 15-2343; Asphalthärt. durch gasf. Oxydantien 27-2538; Knoop-– v. Original- u. wärmebehandelter Kohle 30-2603; Abhängigk. d. Mikro-– eines Mehrstoffglases v. d. therm. Bearbeit. 37-0319; Mikro-– v. synthet. Uraniniten 38-0873; therm. Abhängigk. d. Knoop-– v. verschiedenen Kokssorten 41-2797.

Organische Stoffe

Mikro-– v. Triglycinsulfatkrist. im Bereich d. Curie-Temp. 11-0916; verallgemeinerte Temp.–Zeit-Charakteristik d. – v. amorphen Polymeren 28-1136.

Untersuchungsmethoden

Verbesserte Mikrohärteprüf. nach Vickers 5-2388; Meth. zur Beurteil. d. Einsatzhärtbark. v. Stählen 5-2414; Mikrohärteprüf. hochelast. Werkstoffe 11-2370; Unters. d. –-Anisotropie v. Krist. mit Eindruck- u. Ritzmeth. 12-0269; Einpreßkörper zur Unters. d. Hochtemp.-– für Temp. nahe *2000°* 29-0240; vereinheitl. Meth. d. Rockwell-Härtemess. 33-2621; App. zur Mikrohärtebest. bei geringer Belast. 34-2100; mkr. Unters. v. Mikrohärte-Eindruckstellen 35-0209; Best. d. Mikro-– durch Ritzen 35-0210; Methodik zur Best. d. Mikro-– v. synthet. Periklas 35-0211; –-Prüf. bei erhöhten Temp. 35-1933; Meth. zur Best. d. Kalthärt.-Wertes 42-2213.

Anwend. d. Mikrohärtemess. zur Feinstrukturunters. v. Al-Leg. 6-2336; Spann.-Ermittl. in Glasoberflächen mit Hilfe v. Mikrohärteprüfmeth. 33-2518.

Härtungsverfahren und Mittel

Härt.-Verf. für spezielle Stoffe s. unter d. entsprechenden Stoffen.

Härten im Gasstrom 5-2459*; Verf. zum Härten v. Polyepoxiden mit einem Polymercaptanhärter 11-2305*; Dispers.-Härt. durch Carbidausfäll. 13-2426*; Vorausbest. d. Einhärt.-Tiefe d. induktiven Oberflächenhärt. mit Hochfrequenz 16-2387; Schnellhärten v. Kunststoffen durch elektr. Schock 17-2337*; Härt. hochkoerzit. Leg. v. Magniko-Typ 17-2496; japan. Härt.-Verf. für Gießereikerne 21-2522; Härt. v. Mahlkörpern für Zementmühlen 26-2475; Herst. v. N-Acylaminoalkylsiliciumverb. als Härter 44-2403*; Fortschritte d. Härtereitechnik 45-2548; Dispers.-Härt. v. Metallen 46-2256*.

Bibliographie

Hardness measurement of metals and alloys B 7.

Häute

Siehe auch *Haut*; *Leder*; *Pelze*. Enthaar. v. – s. unter *Leder*.

Herst. v. Hautpulver aus gesalzener oder getrockneter Stierhaut 12-3195; Proteine d. Kalbshaut 16-3254; Bezieh. d. mechan. Eig. zu strukturellen Veränder. unterhalb d. Dicke bei Haut u. Leder 18-3121, 18-3122; Blößenkonservier. 1-3074; Vakuumtrockn. 6-3121; (Trockenfett.) 6-3122; Einfl.: gebrauchten Salzes beim Salzen grüner Felle auf deren Eig. 12-3197; v. anorgan. Salzen bei d. Konservier. auf Eig. d. Felle 12-3198; Zusatz v. Antiseptika zum Konservier.-Salz bei Schafs-– 12-3199; Konservier.-Mittel für Felle 12-3200; Konservier.-Meth. für naß gesalzene – 14-3105; Konservier. v. Schaffellen mit Natriumsilicofluorid 20-3125; Einfl. d. Salzens im grünen Zustand auf d. Proteinbestandteile v. Kuhhaut 24-3051; Konservier. v. Schaffellen 26-3205; Färben u. Bedrucken v. – mit wasserlösl. bzw. dispergierbaren Farbstoffen in sauren Bädern 32-2710*; Imprägnieren v. – 32-3093; Wrkg. d. Trockn. v. Rindshäuten in d. Sonne auf d. Qualität v. Cr-Oberleder 42-2908.

Best. d. Hautqualität 10-3140; komplexometr. Mikrobest. v. Ca u. Mg in – 31-2265.

Hafer, biochem. Prozesse u. Ertrag bei – (Einfl. v. Mo) 13-1372; Wrkg. v. N- u. K-Salzen mit Phosphaten auf Ertrag u. Geh. an P, N, K u. Mn v. – 13-3024; Einfl. v. Standort u. Düng. auf Ertrag u. Qualität 21-3328.

Einfl.: d. Bodenfaktoren auf d. Phytotoxizität v. Neburon bei – 10-3006; v. Herbiziden auf d. Qualität d. –-Korns 37-3295; Toxizität v. Simazin bei –-Sämlingen 38-1585.

Ox. v. Äthanolamin durch aufbereitetes Gewebe v. – 2-1133; Kinintransport in Avena sativa 4-1136; Wrkg. v. Indolyl-3-essigsäure auf –-Koleoptilen 9-1359; Aktivität d. Gibberelline A_1-A_9 im Avena-(*1.* Blatt)-Biotest 9-1368; Elongat. v. etiolierten Avenakoleoptilschnitten 13-1377; Äthanolaminstoffwechsel in Geweben v. Hafer 14-1402; Atmungskoppl. an –-Keimlingen durch 2.4-Dinitrophenyl 16-1448; Wrkg.: v. N- u. Mg-Düngern u. $CaCO_3$ auf d. Aufnahme v. Mg durch – 17-3369; v. Helminthosporol u. Helminthosporsäure auf Mesokotyl v. – 21-1587; v. Kalk-, N-, K- u. Mg-Düngemitteln auf d. Mg-Aufnahme durch – 21-3348; durch Taphrinales gebildete Stimulatoren d. Wachstums v. – 26-1385; Aufnahme, Verteil. u. Stoffwechsel v. Monuron u. Diuron in – 30-1390; wachstumsfördernde Wrkg. v. Fettsäuren bei –-Koleoptilen 33-1664; Veränder. d. Phytochrome bei Mesokotylhemm. in etiolierten –-Keimen 34-1403; opt.-akt. α-Alkylphenoxyessigsäuren als Wachstumsregulator bei – 34-1416; Einfl. v. monosubstituierten Phenoxyessigsäuren auf d. Wachstum v. – 34-1417; rhythm. Ausscheid. v. organ. Substanzen durch –-Wurzeln 35-1432; RNS-Umsatz in –-Koleoptilen 35-1458; Stoffwechsel v. freiem Hydroxyprolin in –-Koleoptilen 43-1362; Aufnahme d. mineral. Nährstoffe durch d. Wurzeln v. – 45-1500; Toxizität v. DSMA-Resten im Boden für – 45-1513; Nucleinsäure-Synth. während d. Hormon-stimulierten Wachstums v. exzidierten –-Koleoptilen 46-1131; Proteinstoffwechsel v. – in Abhängigk. v. d. Entw. 46-1365.

Isolier. eines Lipoproteids aus – 1-3055; γ-emittierende Fallout-Nuclide in niederländ. –-Flocken 2-1479; Phytochrom aus –-Keimlingen 7-1371; Fettbldg. u. Fettsäurezus. in –-Körnern 9-1320; Pigmentanreicher. im Blatt v. – 11-1368; Aktivität d. Glucosidasen u. Mannosidasen v. –-Samen 12-1264; Dynamik d. Nucleinsäuren u. anderer P-halt. Verb. in d. –-Blättern 17-1491; lösl. Nucleotide v. –-Keimlingen 20-1197; Vork. v. Myoinositoxygenase im – 20-1288; Zus. d. Fettsäuren d. – 21-1537; Frakt.-I-Protein v. –-Blättern u. Verteil. ribosomähnl. Partikel in Avena-Plastiden 21-1571; Schwank. d. Zus. v. – aus Wales 35-3181; Geh. an Phosphatestern in –-Koleoptilschnitten 36-1497.

Bekämpf. v. – in Weizensaat 2-2843*; Peroxydase-Schnelltest zur Beurteil. v. –-Nährmitteln 8-1997.

Hafnium

Vorkommen, Gehalt

–-Beimeng. in Cassiteriten verschiedener genet. Typen 29-0896; Diffus. v. – in d. Sonne 40-0672; Geh. v. Hf u. Y in Zirkonen 47-0744; Linien v. – in C-Sternen 51/52-0623.

Bildung, Darstellung

Herst.: durch Red. d. Oxide mittels Al oder Si im Elektronenstrahlofen 24-2421*; durch Gasphasenrk. 28-2438; aus $HfCl_4$ 51/52-2278*.

Abtrenn. v. Zr durch Komplexbldg. d. Oxide mit HF 3-2280*; Extrakt. v. – als Nitrosonaphtholat in Ggw. heterocycl. Basen 7-0536; Trenn. v. Zr: aus Oxidmisch. durch Chlorieren 19-2645*; durch Extrakt. mit Selenenoyl-(2)-trifluoraceton 20-1897; Abtrenn. d. Pa v. – durch Solventextrakt. 23-0626; radiochem. Trenn. d. – v. anderen Metallen durch Extrakt.-Chromatographie 24-2003; Extrakt. u. Trenn. v. Zr u. – mittels fl. Ionenaustauscher im HCl-Medium 27-2423; Trenn.: v. Zr über d. Oxalatokomplexe 29-1997; v. U durch Ionenaustausch 33-2218; frakt. Subl. zur Trenn. v. – u. Zr 35-2416; Solventextrakt. v. Hf(IV) 40-0453; Lsgm.-Extrakt. v. Hf(IV) 44-0423; Solventextrakt. v. Hf(IV) 46-0478.

Kaltverform. v. – mit hexagonal dichtester Kugelpack. 38-2500.

Physikalisches und physikalisch-chemisches Verhalten

Eig. v. – 15-2450.

Berechn. d. Nichtadiabatizitätskoeff. d. Rotat. im Rahmen d. Suprafluiditätsmodells für ^{127}Hf 4-0012; rotationslose Zustände in ^{177,179,181}Hf 4-0036; Mess. d. Lebensdauer bis zu einer Sek. v. beim Zerfall v. ^{177m}Lu bevölkerten isomeren Kernzuständen v. ^{177}Hf 5-1866; Isomerenverschieb. d. *14,4*-keV-γ-Linie v. ^{57}Fe im Metallgitter v. – 7-0067; γ-Strahl. beim Zerfall $^{171}\text{Hf} \rightarrow {}^{171}\text{Lu}$ 7-0088; Koeff. d. inneren Konvers. in ^{180}Hf 8-0041; anomale K-, L- u. M-Schalen-Konvers. in E *1*-Übergängen v. ^{177}Hf 9-0055; niederenerget. Anreg. v. ^{177}Hf 12-0020; Photospalt. v. – unterhalb *260* MeV 13-0094; Zerfall v. ^{183}Hf 14-0068; Isomeren-Querschnittsverhältnisse für (n, γ)-Rk. an ^{177}Hf u. ^{178}Hf 15-0050; Berechn. v. Kerndeformat. aus Isotopieverschieb. in Atomspektren für ^{174}Hf 17-0041; Suche nach Paritätsbeimisch. im *57,5*-keV-γ-Übergang v. ^{180m}Hf 19-0056; Unters. v. ^{179}Hf in d. (n, γ)-Rk. 19-0070; Isomerie in ^{176}Hf 20-0032; Einfl. d. Coriolis-Koppl., d. Paar. u. d. Oktupolvibrat.-Teilchen-Koppl. auf E *1*-Übergänge mit $\Delta K = -1$ in ^{177}Hf 22-0024; anomale L-Unterschalen-Konvers.-Koeff. d. stark K-verbotenen E *1*-Übergangs in ^{180m}Hf (*5,5* h) 22-0025; γ-Strahlen-Unters. angeregter Zustände v. –-Isotopen mit ungeradem A nach Einfang therm. Neutronen 23-0044; Beitrag ungepaarter Teilchen zur Deformat. d. –-Kerne 24-0014; Zerfall $^{178}\text{Ta} \rightarrow {}^{178}\text{Hf}$ 26-0003; angeregte $K = 0^+$-Niveaus in ^{176}Hf u. deren Rotat.-Koppl. 26-0014; Parität v. angeregten $I = 0$-Zuständen in ^{148}Hf 28-0001; Aktivier. v. ^{179m}Hf durch ^{116m}In-γ-Strahlen 28-0015; Photospalt. d. Kerns v. – im Energiebereich bis zu *1600* MeV 29-0013; Trägh.-Momente, Deformat. u. Lebensdauer in ^{172}Hf, ^{174}Hf u. ^{176}Hf 33-0021; Multipolarität d. *501*-keV-Übergangs v. ^{180}Hf 34-0026; Positronen beim Zerfall v. $^{172}\text{Hf} + {}^{172}\text{Lu}$ 34-0032; Mess. für 2^+-Zustände v. ^{176}Hf, ^{178}Hf u. ^{180}Hf mit (^{16}O, ^{16}O γ)-Rk. bei E (^{16}O) = *34* MeV 36-0004; Zerfall v. ^{178g,m}Lu zu Zuständen in ^{178}Hf 37-0038; ^{174}Hf-Zerfall (Elektroneneinfang-Halbwertszeit) 38-0024; γ-Strahl-Winkelverteil. v. rückstoßimplantierten –-Kernen in ferromagnet. Umgeb. 38-0526; Mess. d. γ-Zirkularpolarisat. beim Zerfall v. ^{175}Hf u. ^{181}Hf 42-0001; Unters. v. Deformat.-Parametern durch Analyse d. *50*-MeV-α-Streuung an ^{178}Hf 42-0003; γ-Zerfall v. ^{180m}Hf 43-0016; kollektive gyromagnet. Verhältnisse für ^{175,177,179}Hf 44-0003; Mess. v. Neutronen-Einfangquerschnitten für – mittels eines großen Fl.-Szintillators 44-0020.

Einfl. d. endl. Kerngröße auf d. Abstand d. Röntgen-L_I–L_{II}-Niveaus in – 18-0090; spektrales Emiss.-Vermögen v. – bei *0,65* μ 19-0336; Isotopieverschieb. im Spektrum v. – 24-0090; isochromatenspektroskop. Unters. an – (Zustandsdichte) 43-0267; Lumineszenzeig. v. durch UV- u. γ-Strahl. angeregtem CaO:Hf 4-0316; Mess. v. Röntgenschwäch.-Koeff. für – 10-0293; opt. Parameter v. – 14-0302; Absorpt. v. Photonen niedr. Energie in – 15-0320.

Atomstreufaktoren für – 11-0191; Einfl. v. Versetz. in – auf d. Röntgenbeug. 15-0168; Vgl. d. *4* d- u. *5* d-Radialwellenfunkt. v. – 17-0105; Einfl. v. Hf^{4+}-Zusätzen auf d. Sinterprozeß v. spektralreinem MgO 19-0839; Festkörper-Phasenumwandl. in – 23-0217; elektr. Feldgradienten in polykrist. –-Proben 24-0290; kub.-flächenzentrierte Modifikat. in aufgestäubten –-Schichten 26-0216; Stapelfehlerbldg. durch Verform. in – 32-0189; feste Löslichk. v. – in Cu 33-2612; Valenzelektronenkonfig. v. – 34-0428; Krist.-Strukturgruppenzahl-Bezieh. in – 44-0180; Berechn. für d. Grundzustände d. neutralen Atome v. – 45-0036; Diffus. v. C in – 47-0245; Selbstdiffus. u. elast. Konst. v. anomalen kub.-raumzentriertem – 3-0272; basales u. prismat. Gleiten in hexagonal dichtest gepackten Krist. v. – 3-0274; Diffus.-Relaxat. d. Spann. bei d. polymorphen Umwandl. bei – 12-0256; mechan. (u. Korros.-) Eig. v. – (Einfl. v. O) 17-2410.

Feldemiss. v. – 5-0442; Ganzmetall-Elektronenemitter aus W-Draht mit Überzügen aus W-Pulver bzw. W-Carbid u. Th oder La u. – für Röhren u. elektronenopt. Anordn. 15-0399; elektr. Durchschlag zwischen Metallelektroden aus – im Hochvakuum 26-0174; Kathodenfall eines Entlad.-Bogens an – 27-0193; Leitfähigk. v. – 30-0420; Kathodenfall v. Vakuumbögen an Aufstäub.-Kathoden aus – 31-0139; Koppl.-Konst. u. Bandstruktur-Zustandsdichten v. – 48-0483; Unters. d. Quadrupolwechselwrkg. aus d. Winkelkorrelat. v. ^{181}Ta in – 32-0247; Einfl. d. Legierens v. – auf d. Band-Ferromagnetismus v. $ZrZn_2$ 40-0355.

– als Kathodenmaterial für d. elektrolyt. Red. organ. Verb. 13-0630; Unters. d. elektrolyt. Abscheid. v. – im Schmelzfluß (Elektroden-Rk.-Mechanismus) 26-2484.

τ-Phase im Syst. Ni/Hf/B 11-0612; Phasen d. Syst. Hf/C/O, Hf/C/N u. Hf/N/O

20-0518; Ausmaß d. Phononenleitfähigk. in – 35-0245; vorläuf. Gleichgew.-Phasendiagramm d. tern. Syst. Ti/Hf/C 42-0451; Phasen d. tern. Syst. Hf/V/C 45-0529.

Chromatograph. Verh. v. –-Ionen auf mit Aminen behandelten Papieren 2-1790; Adsorpt. v. Hf^{4+} aus $HF-HClO_4$-Gemischen an Ionenaustauscherpapieren 16-1910; ionenaustauschchromatograph. Verh. v. – in HCNS-Lsg. 17-1985.

Einfl. d. Hf(IV)-W.-Wechselwrkg. auf d. Valenzschwing. u. H-Brücken-Donator-Eig. d. OH-Gruppen in d. H-Brücken Hydratwasser-Anion 7-0580; Extrakt. v. Zr u. – durch Tributylphosphat aus HNO_3-HClO_4-Gemischen (Verteil.-Koeff.) 16-0558; Einfl. d. Temp. auf d. Verteil. bei d. Extrakt. v. – durch Tributylphosphat aus HNO_3-saurer Lsg. 18-0530; radiometr. Best. d. Verteil.-Koeff. v. Zr u. – bei d. Extrakt. 18-1962; Verh. v. –-Mikromengen in Fe bei Extrakt. mit Methylisobutylketon 23-2154; Trenn. v. Zr u. – auf Grund d. unterschiedl. Löslichk. d. Fluorokomplexe 30-1951; Chemie d. Lsgm.-Extrakt. v. – (Sammelref.) 37-0545; Trenn. v. Cs an Dowex *50-X 4* (Verteil.-Koeff. in HBr-Lsg.) 38-2029; Lsgm.-Extrakt. v. Hf(IV) (Synergismus) 41-0465; Extrakt.-Verh. v. – in HCl (Verteil.-Koeff.) 44-1779; Verteil.-Koeff. v. – bei d. Extrakt. anorgan. Ionen mit N-(Di-n-butylphosphono)-succinimid (N-DPBS) 45-0484.

Reaktionen

Ox.-Kinetik v. – im Temp.-Bereich *300–1200°* 10-0668; Umsetz. mit H_2S (Bldg. v. HfS_3) 31-0746; kinet. Unters. d. Hochtemp.-Ox. v. – 32-0726; Rk. v. fl. – mit C 47-0601.

Chemilumineszenz v. Lucigenin bei d. Rk. mit H_2O_2 in Ggw. v. –-Ionen 6-0708.

Analyse

Analyt. Meth. zur Unters. u. Best. v. – 14-2017.

Spektrometr. Best. v. –-Spuren mit Chromotropsäurederiv. 7-1977; Verdampf. im Bogenplasma zur spektralanalyt. Best. 14-1871; spektralphotometr. Best. als Ascorbinat-Komplex 31-2106; Reagenz zur photometr. –-Best. 32-2002; ^{180m}Hf für d. Aktivier.-Analyse v. – 45-2080; Best. durch Titrat. mit Diäthylaminlsg. 49/50-1905; polarograph. bzw. amperometr. Best. v. – (über d. Red. v. H_2O_2) 51/52-1876.

Best. v. – in hochreinem Al durch Neutronenaktivier. 2-1841; chromatograph. Trenn. mit umgekehrten Phasen v. Zr u. – 10-1929; Best. d. –-Konz. in Zr (radiometr.) 18-1963; (unter Verw. einer Koinzidenzschalt.) 18-1964; Trenn. v. $^{170,171}Hf$ u. anderen Nucliden auf Grund d. Transporteig. d. Chloride 22-2095; spektrograph. –-Best. in ZrO_2 27-2199; aktivierungsanalyt. Best. v. –-Spuren in Reinst-Al 30-1894; spektrophotometr. u. aktivierungsanalyt. Best. in Mo u. W 31-2094; Dünnschichtchromatographie v. – (R_F-Werte) 35-2020; aktivierungsanalyt. Best. in Al 49/50-2033; Dünnschichtchromatographie v. – auf mit neutralen Organophosphorverb. imprägniertem Trägermaterial 51/52-1833.

Best.: v. O u. N in – 14-2019; v. O in – durch Bestrahl. mit ^3He u. ^4He 47-1963.

Hafniumlegierungen

Al: Krist.-Struktur u. Isotypie v. HfNiAl 28-0218.

Co: Röntgenstrukturanalyse tern. Verb. d. Syst. Hf/Co/Ge 32-0233.

Cr: Röntgenstrukturanalyse tern. Verb. d. Syst. Hf/Cr/Ge 32-0233.

Cu: Krist.-Struktur u. Isotypie v. HfCuGa 28-0218.

Fe: Röntgenstrukturanalyse tern. Verb. d. Syst. Hf/Fe/Ge 32-0233.

Ga: Krist.-Struktur u. Isotypie v. HfCuGa u. HfNiGa 28-0218.

Ge: Röntgenstrukturanalyse tern. Verb. d. Syst. Hf/X'/Ge (X' = V, Cr, Mn, Fe, Co, Ni) 32-0233; Mikrohärte v. Hf_5Ge_3 u. $HfGe_2$ 40-0134.

Hg s. unter *Quecksilberlegierungen: Hf.*

Ir: Gitterdaten v. Hf_5Ir_3 19-0267.

Mn: Röntgenstrukturanalyse tern. Verb. d. Syst. Hf/Mn/Ge 32-0233.

Nb: Mischkrist. im Syst. Zr/Nb/Hf 26-0602; Festlöslichk. v. C in Nb-reichen – 42-0456; Löslichk. v. N in Nb-reichen – im festen Zustand 46-0517, 46-0518.

Ni: Zustandsdiagramm u. intermetall. Phasen d. Syst. Hf/Ni 42-0473; Krist.-Struktur u. Isotypie v. HfNiAl u. HfNiGa 28-0218; Röntgenstrukturanalyse tern. Verb. d. Syst. Hf/Ni/Ge 32-0233.

Pd: Krist.-Strukturgruppenzahl-Bezieh. in – 44-0180.

Pu: Zustandsdiagramm d. Syst. Pu/Hf u. Krist.-Struktur d. Phasen 41-0532.

Sc: Zustandsdiagramm u. Eig. (Festigk., Mikrohärte, elektr. Widerstände u. spezif. Gew.) v. Leg. d. Syst. Hf/Sc 15-0585.

Ta: Koppl.-Konst. u. Bandstruktur-Zustandsdichten v. – 48-0483.

V: Röntgenstrukturanalyse tern. Verb. d. Syst. Hf/V/Ge 32-0233; HfV_2 als Phase d. tern. Syst. Hf/V/C 45-0529.

Zr: Mischkrist. im Syst. Zr/Nb/Hf 26-0602; Härte v. – aus d. Jodidverf. 29-2517.

Hafniumverbindungen

Reinig. v. – durch Entfern. v. Ti-Verunreinig. mit H_2O_2 42-2101*; Existenz v. Hf=O-Doppelbind. in Lsg. v. Hafnylkomplexsalzen (IR-Spektren) 25-0102.

Anorganische Hafniumverbindungen

Hafniumboride: Existenzbeding. u. Möglichk. d. Mischkrist.-Bldg. kub. Hartstoffphasen in Syst. d. Silicide, Boride, Carbide u. Nitride v. Ti, Zr, Hf, V, Nb, Ta, Cr, Mo u. W 11-0604; $W_2Cr_{21}C_6$-Strukturtyp v. $Hf_2Co_{21}B_6$ u. $Hf_2Ni_{21}B_6$ 37-0273.

HfB, Supraleitfähigk. v. – 29-0503.

HfB_2, Bldg.-Enthalpie v. – 23-0601; Warmhärte v. – 12-2254; Härte u. Elastizitäts-Modul v. – 22-2486; therm. Ausdehn. v. – bei hohen Temp. 31-0266; Ox.-Charakteristik v. – 34-0762; Verbesser. d. Ox.-Widerstandes v. Graphit durch –-Zusatz 2-2123.

Hafniumbromide bzw. -bromokomplexe

Existenz v. $HfBr^{3+}$ u. $HfBr_2^{2+}$ (Stabilitätskonst.) 44-0423.

$HfBr_3$, Darst. v. reinem – 17-0780.

$HfBr_4$, Zustandssumme für $^{178}Hf^{79}Br_4$ 5-0556; Red. v. – mit feinstgepulvertem Al 17-0780.

Hafniumcarbide: Herst.: durch Rk. eines KW-Stoffgases mit Hf-Halogenid 6-2151*; durch Gasphasenrk. 28-2438; physikal. Eig. v. Leg. d. Syst. TaC/HfC 45-0422; Existenzbeding. u. Möglichk. d. Mischkrist.-Bldg. kub. Hartstoffphasen in Syst. d. Silicide, Boride, Carbide u. Nitride v. Ti, Zr, Hf, V, Nb, Ta, Cr, Mo u. W 11-0604; Mischkrist.-Reihe HfC–TiC im Syst. Ti/Hf/C 42-0451; Warmhärte v. $HfC_{1+x}(Ta_{0,8}Hf_{0,2})C_{1+x}$ 12-2254; Supraleitfähigk. v. Mischkrist. d. Syst. HfC/NbC, HfC/TaC u. HfC/MoC 12-0444; Einfl. d. Metall-Metall-Wechselwrkg. auf d. thermodynam. u. Strukturеig. v. – 35-0097.

HfC, – als Phase d. tern. Syst. Hf/V/C 45-0529; Bldg. v. –-Schichten bei d. Rk. v. fl. Hf mit C 47-0601; Herst. v. hochporösem – 11-2365.

Physikal. Eig. v. – 13-0766; Änder. d. Eig. in d. Syst. X/HfC (X = TiC, ZrC, VC, NbC, TaC, Cr_2C_3) 23-0204; C–K- u. Metallemiss.-Banden u. Bind. in – 34-0424; aktivierter Sinterprozeß v. – unter Vakuum 36-0266; Diffus.-Gleich. für – 39-0225; Härte u. Elastizitätsmodul v. – 22-2486; Thermoelektronenemiss. v. – 8-0355; Supraleitfähigk. v. Mischkrist. d. Syst. HfC/NbC, HfC/TaC u. HfC/MoC 12-0444; supraleitende Leg. NbN–HfC u. NbN–NbC–HfC 14-0454; Abhängigk. d. Thermo-EMK v. – v. C-Geh. im Homogenitätsbereich 37-0395; Unters. d. Supraleitfähigk. u. d. Gitterkonst. bin., tern. u. quatern. Syst. v. – mit Carbiden u. Nitriden d. *4.* u. *5.* Nebengruppe 48-0482; thermodynam. Eig. v. $HfC_{0,99}$ 5-0565; elektr. Leitfähigk., therm. Leitfähigk., therm. Ausdehn. u. Thermokraft v. – mit stöchiometr. Zus. u. im Homogenitätsbereich bei Temp. bis *2500°* 18-0291; Berechn. d. „red. thermodynam. Potentials" v. – 45-0473.

Kinetik d. Hochtemp.-Ox. v. – 45-0639.

Verw. zur Herst. feuerfester Formkörper hoher D. 49/50-2222*.

Hafniumcarbonate bzw. -carbonatokomplexe

Carbonatohafnium(IV)-säuren:

Salze s. *Ammoniumcarbonatohafnate(IV)*.

Hafniumchloride bzw. -chlorokomplexe: Bldg. u. IR-Spektren v. $Hf_2O(OH)_2Cl \cdot 6\,H_2O$ u. $(ClHf-C_2O_4-HfOCl]_2Cl_4 \cdot 23\,H_2O$ 1-0712; Existenz v. $HfCl^{3+}$ u. $HfCl_2^{2+}$ (Stabilitätskonst.) 44-0423; Zus. u. Stabilitätskonst. gemischter Hf(IV)-Chlorid-Sulfat-Komplexe 45-0545.

$HfCl_4$, Zustandssumme für $^{178}Hf^{35}Cl_4$ 5-0556; D., krit. Daten, Dampfdruck, Verdampf.-Wärme, Oberflächenspann., Viskosität v. fl. u. dampfförm. – 19-0622; Grenzkurve Fl.-Dampf, Verdampf.-Wärme u. Entropieänder., krit. Temp., krit. Druck, krit. Mol-Vol. u. Sättig.-Dampfdruck v. – 21-0600; Best d. Thermodiffus.-Konst. eines Gemisches v $ZrCl_4$- u. –-Dämpfen 34-0536; therm. Analyse d. tern. Syst. $AlCl_3/HfCl_4/POCl_3$ 46-0493; Stabilisier. v. AgJ- u. AgBr-Solen durch hydrolysiertes – 21-0700.

Red. v. – zu Hf 51/52-2278*; Rk.: mit Imidazol u. seinen Deriv. 26-0773; mit o-Phenylen-bis-[dimethylamin] 23-0799; mit Hexamethylphosphorsäuretriamid u. Oktamethyldiphosphorsäuretetramid 27-0854.

$HfOCl_2$, Bldg. v. $HfOCl_2 \cdot H_2O$ bei d. therm. Zers. v. Alkalimetallhexachlorohafnaten 1-0713; Unters. d. Quadrupolwechselwrkg. aus d. Winkelkorrelat. v. ^{181}Ta in $HfOCl_2 \cdot 8\,H_2O$ 32-0247; Dampfdruck über $HfOCl_2 \cdot 8\,H_2O$ 1-0560; isopiest. Best. d. Aktivitätskoeff. v. – 27-0684; Löslichk.-Isothermen im Syst. $HfOCl_2/CaCl_2/H_2O$ 45-0496.

Chlorohafnium(IV)-säure:

$H_2[HfCl_6]$, Salze s. *Ammonium-, Cäsium-, Kalium-, Lithium-* u. *Rubidiumchlorohafnate(IV).*

Hafniumcyanoferrat(II): **$Hf[Fe(CN)_6]$**, Unters. d. Fäll. v. – 45-0702.

Hafniumfluoride bzw. -fluorokomplexe

Fluoridkomplexe v. Hf(IV) (Solventextrakt.- u. potentiometr. Unters. d. Stabilitätskonst.) 40-0506; (Best. d. Stabilitätskonst. durch Kationenaustausch) 40-0507.

HfF_4, Phasen d. Syst. $NaF/KF/HfF_4$ 2-0553; Schmelzdiagramm: v. bin. Syst. NaF/HfF_4 u. KF/HfF_4 6-0599; v. tern. Syst. $NaF/KF/HfF_4$ 31-0629; v. tern. reversiblen Syst. Na, K//Cl, HfF_4 31-0630; Umsetz.: mit CsF 31-0817; mit o-Phenylen-bis-[dimethylamin] 23-0799.

Fluorohafnium(IV)-säuren:

Salze s. *Hydrazinium-* u. *Cäsiumfluorohafnate(IV).*

$H[HfF_5]$, Salze s. *Cäsium-, Kalium-* u. *Natriumfluorohafnate(IV).*

$H_2[HfF_6]$, Schwing.-Frequenzen u. Zuordn. für $[HfF_6]^{2-}$ 8-0128; Bldg.- u. Instabilitätskonst. d. Hexafluorohafnatanions 26-0614.

Salze s. *Ammonium-, Cäsium-, Hydrazinium-, Kalium-, Kupfer-* u. *Natriumfluorohafnate(IV).*

$H_3[HfF_7]$, Salze s. *Ammonium-, Cäsium-, Kalium-* u. *Natriumfluorohafnate(IV).*

Hafniumhalogenide bzw. -halogenokomplexe, Stabilität d. Hf(IV)-Halogenokomplexe bei *0,3*m Ionenstärke 44-0423.

Hafniumhydridoborat(III): **$Hf[BH_4]_4$**, IR- u. PMR-Spektren sowie Struktur v. – 21-0148.

Hafniumhydroxide, Bldg. u. IR-Spektren v. $Hf_2O(OH)_2Cl \cdot 6\,H_2O$ u. $(ClHf-C_2O_4-HfOCl)_2Cl_4 \cdot 23\,H_2O$ 1-0712; katalyt. Aktivität eines Hydroxogruppen enthaltenden Komplexes v. Hf(IV) bei d. Redox-Rk. v. J^- mit H_2O_2 bzw. BrO_3^- 6-0668; Löslichk. v. Hf-Hydroxidtrichloracetat in Säuren 44-0437.

Hafniumjodide bzw. -jodokomplexe

Stabilität d. Hf(IV)-Jodokomplexe bei *0,3* m Ionenstärke 44-0423.

HfJ_4, Bldg.-Enthalpie v. – aus d. Metall u. NaJ 27-0636; Zustandssumme für $^{178}Hf^{127}J_4$ 5-0556.

Hafniummolybdate s. unter *Hafniumoxide (Mischoxide).*

Hafniumnitrate, isopiest. Best. d. Aktivitätskoeff. v. $HfO(NO_3)_2$ 27-0684; Zus. u. Stabilitätskonst. gemischter Hf(IV)-Nitrat-Sulfat-Komplexe 45-0545.

Hafniumnitride: Existenzbeding. u. Möglichk. d. Mischkrist.-Bldg. kub. Hartstoffphasen im Syst. d. Silicide, Boride, Carbide u. Nitride v. Ti, Zr, Hf, V, Nb, Ta, Cr, Mo u. W 11-0604; H_{c}-, J_{c}- u. T_c-Mess. für d. Supraleit. im Nb–Hf–N-Syst. 25-0493.

HfN, unvollkommener Aufbau v. – u. d. Bind.-Problem 37-0310; Härte u. Elastizitätsmodul v. – 22-2486; supraleitende pseudotern. Leg. NbN–NbC–HfN 14-0454; Supraleitfähigk. u. Gitterkonst. bin., tern. u. quatern. Syst. v. – mit Carbiden u. Nitriden d. *4.* u. *5.* Nebengruppe 48-0482; Einfl. d. Metall-Metall-Wechselwrkg. auf d. thermodynam. u. Struktureig. v. – 35-0097; Verw. zur Herst. feuerfester Formkörper hoher D. 49/50-2222*.

Hafniumoxide

Suboxide v. Hf (Übersicht) 35-0782; Herst. v. krist. Oxiden v. Zr u. Hf 43-2287*; Reinigen v. Oxiden d. Seltenen Erden, Ta, Th, Pa u. – 29-2428*; Einfl. d. Metall-Metall-Wechselwrkg. auf d. thermodynam. u. Struktureig. v. – 35-0097.

HfO_2, Herst.: eines –- u. ZrO_2-halt. Aquasols 38-2327*; v. stabilen –-Aquasolen (zur Verw. in Kernbrennstoffen) 35-2253*; Bldg.-Enthalpie v. – aus d. Metall u. Na_2O

27-0636; Verf. zur Darst. v. --Einkrist. 46-0144; Herst. (u. Eig.) v. Mikrohohlkugeln aus ZrO_2 u. – 9-2073.

IR- u. Raman-Spektren wss. HF-, HCl- u. $HClO_4$-Lsg. v. – 8-0128; Durchlässigk.-Grenzen v. --Interferenzfilmen im UV-Bereich d. Spektrums 22-0339; $K\alpha_1$-Linienverschieb. bei – im Vgl. zum Metall 34-0428; Temp. u. Emiss.-Vermögen v. – 27-0354; Zücht. u. Zwillingsbldg. v. --Einkrist. aus PbF_2 4-0189; Darst. u. Gitterdaten neuer --Hochdruckmodifikat. 23-0218; Löslichk. u. feste Phasen d. Syst. $HfO_2/SO_3/H_2O$ bei *60°* 30-0530; Einfl. v. Einschlüssen auf d. Kornwachstum v. – 30-2269; kristallchem. Interpretat. v. intermediären Phasen d. Syst. CaO/HfO_2 44-0197; Mikrohärte v. – 22-0283; Verbesser. d. Widerstandes gegen Wärmeschock v. ZrO_2 durch --Zusatz 25-2422; elektr. Leitfähigk. u. Strukturfehler v. monoklinem – bei hoher Temp. 26-0464; elektr. Eig. u. Defektstruktur v. – 29-0464; Berechn. d. EMK-Werte d. reversiblen galvan. Zelle HfO_2/O_2 44-0516; Verdampf.-Kinetik v. – bei Temp. um *2000°* 10-0531; Best. d. Erstarr.-Punktes v. – mit einem Sonnenofen 10-0532; Bezieh. d. kondensierten Phasen im Syst. $ZrO_2/WO_2/WO_3$ 32-0601.

Sinter. v. –, Mo-Pulver u. Lampenruß 7-0712; Bedeut. d. Substratsymmetrie bei d. Rk. v. gasf. UO_3 mit – 18-0666; Vakuumred. v. ZrO_2 u. – mit C, Si bzw. Al 26-2398; Rk. u. Verdampf.-Mechanismus in --halt. Graphitelektroden bei Lichtbogenanreg. 38-0583.

Mischoxide, Hafnate

Verw. v. HfO_2-halt. Keramik zur Herst. v. Keramik–Metall-Verbind. 4-1917*; HfO_2-halt. opt. Glas 31-2420*.

Ca: Bezieh. zwischen Gitterparameter u. d. Abständen Anion–Kation in $CaHfO_3$ 28-0146; kristallchem. Interpretat. d. intermediären Phase $CaHf_4O_9$ im Syst. $CaO/HfO_2 \cdot (ZrO_2)$ 44-0197.

Eu: Gewinn. v. $Eu_2O_3 \cdot 2\,HfO_2$ 10-2205*.

Li: Bldg. v. Li_2HfO_4 bei d. katalyt. Zers. v. H_2O_2 in fl. Phase in Ggw. v. Li_2HfO_3 26-0727.

Mo: Darst. u. Gitterdaten v. $HfMo_2O_8$ 19-0260; röntgenograph. Unters. v. $HfMo_2O_8$ 35-0179.

Sr: Synth. v. $SrHfO_3$ 25-0765.

Ti–Eu: Gewinn. v. $Eu_2O_3 \cdot HfO_2 \cdot TiO_2$ 10-2205*.

W: Röntgenograph. Unters. v. HfW_2O_8 35-0179.

Hafniumoxidhydrate, Herst. v. Hf-Oxiden in hydratisierter Form 26-2308*.

Hafniumphosphide, Phasen mit Ti_3P-Struktur im Syst. Hf/P 5-0263.

Hafniumselenide: Spinellstruktur u. Darst. v. $CuCrHfSe_4$ 10-0232.

$HfSe_2$, Zücht., Farbe, Form u. Gittertyp v. --Krist. 9-0240.

Hf_2Se, Krist.-Struktur v. – 45-0237.

Hafniumsilicate: Radiolumineszenz v. – 21-0408.

$HfSiO_4$, Synth. u. Röntgenunters. v. – 41-0647.

Hafniumsilicide: Existenzbeding. u. Möglichk. d. Mischkrist.-Bldg. kub. Hartstoffphasen in Syst. d. Silicide, Boride, Carbide u. Nitride v. Ti, Zr, Hf, V, Nb, Ta, Cr, Mo u. W 11-0604; Darst. v. HfCuSi-Einkrist. 17-0233; Röntgenstrukturanalyse v. $HfX'Si_2$ (X' = V, Cr, Mn, Fe, Co, Ni) 32-0233.

$HfSi_2$, Härte u. Elastizitätsmodul v. – 22-2486.

Hafniumsulfate: Löslichk. u. feste Phasen d. Syst. $HfO_2/SO_3/H_2O$ bei *60°* 30-0530; Zus. u. Stabilitätskonst. gemischter Hf(IV)–Chlorid–Sulfat- u. –Nitrat–Sulfat-Komplexe 45-0545.

$Hf(SO_4)_2$, Bldg. im Syst. $HfO_2/SO_3/H_2O$ 30-0530; Umsetz. mit K-Hexacyanoferrat(II) in wss. Lsg. 45-0702.

Hafniumsulfide: Spinellstruktur u. Darst. v. $CuCrHfS_4$ 10-0232.

HfS_2, Umsetz. v. Hf mit H_2S unter Bldg. v. – (Kinetik) 31-0746; Zücht., Farbe, Form u. Gittertyp v. --Krist. 9-0240; therm. Stabilität v. – 46-0471.

Hafniumthiocyanate bzw. -thiocyanatokomplexe

Thiocyanatohafnium(IV)-säure: Salze s. *Cäsiumthiocyanatohafnate(IV).*

Hafniumvanadate, Lumineszenzspektren v. mit Eu dotiertem $(Mg, Hf)VO_4$, $(Ca, Hf) \cdot VO_4$, $(Sr, Hf)VO_4$, $(Ba, Hf)VO_4$, $(Zn, Hf)VO_4$ u. $(Cd, Hf)VO_4$ 12-0346.

Organische Hafniumverbindungen

Darst.: v. π-Komplexen d. Hf mit Cyclopentadien, Inden u. Fluoren 27-0844; u. Rk. v. Cyclopentadienyl–Hf-Verb. 35-0701; Komplexe v. $HfCl_4$ mit Imidazol u. seinen Deriv. 26-0773; Darst. u. Unters. d. Absorpt.-Max. v. Hf^{4+}-Phthalocyaninen 29-0831; Bldg. v. Komplexen v. HfF_4 u. $HfCl_4$ mit o-Phenylen-bis-[dimethylamin] 23-0799; Darst. u. chem. Eig. v. Komplexen d. Tropolonat-Anions mit Hf 13-0749; KMR-Unters. an Diketonato–Hf-Komplexen 24-0794; Bldg. u. IR-Spektren v. $(ClHf-C_2O_4-HfOCl)_2Cl_4 \cdot 23\,H_2O$ 1-0712; Herst. v. unlösl. Hf–Komplexon II·4 H_2O- u. Hf–Äthylendiamin-(2-o-hydroxyphenyl)-glycin-Chelaten 8-2138*; Bldg. v. Verb. v. Hf mit Sulfosalicylsäure 22-0746; Darst.: (u. Eig.) v. Hf-Oxidformiat 31-0818; v. Hf-Oxidpropionat 33-0888; Löslichk. v. Hf-Hydroxidtrichloracetat in Säuren 44-0437; IR-Spektren v. Hf^{4+}-Salzen d. Polystyrolsulfon-, -selenon-, -selenin- u. -phosphinsäure (Valenzschwing. freier OH-Gruppen u. Hydratat.) 13-0164; Komplexbldg. v. Hf mit Tiron u. Brenzcatechin 32-0613; Darst. d. Komplexe v. Hexamethylphosphorsäuretriamid u. Oktamethyldiphosphorsäuretetramid mit $HfCl_4$ 27-0854.

Hagemann-Ester s. unter $C_{10}H_{14}O_3$.

Hagendorfit, Identifizier. d. PO_4^{3-}-Gruppe in – mit Strychninmolybdat-Reagenz 27-2216.

Haidingerit s. unter *Calciumarsenate(V): $CaHAsO_4$.*

Halbkoks s. unter *Koks.*

Halbleiter

Herst., Bearbeit. u. Verw. v. – s. unter *Halbleitertechnologie u. -Bauelemente.*

Halbleiterübergänge; Ladungsträger in Festkörpern s. dort.

Siehe auch *Dielektrika.*

Eig. v. speziellen – s. unter d. entsprechenden Stichwörtern.

Leitfähigkeit, elektrische v. – s. dort.

Bldg.-Kriterien für --Mischkrist. mit Sphaleritstruktur 2-0557; Bedeut. d. Bldg. stabiler Elektronenkonfig. bei d. Entw. d. --Eig. v. chem. Elementen u. Verb. 13-0394; halbleitende $A^{II}V^{IV}C_2^{V}$-Verb. (Übersicht) 14-0398; Herst. u. Eig. v. III–V-Verb. für Strahl.-Prozesse 16-0433; eine zu bin. – d. Typs $A^{III}B^{VI}$ analoge Gruppe v. Dreistoffverb. 24-0465; --Eig. v. intermetall. Verb. 30-0121; polykrist. – (Conference on the Silicate Industry, Budapest *1965*) 30-2260; Schema zur Ableit. d. Zus. allg. tern. anorgan. – 42-0325; – (Fortschrittsbericht) 45-2461; neue glasförm. – 48-0456.

Ermittl. d. --Eig. v. CdTe durch Mess. mit Kernteilchen 14-0427; neuer halbleitender Mischkrist. im Syst. Cd_3P_2–Cd_3As_2 49/50-0300; – im Syst. Hg_xSTe_{1-x} 32-0442; halbleitende Eig. v. TlSe 39-0347; --Eig. v. dünnen Tl_2O_3-Schichten 48-0432; Einfl. v. TiO_2 auf d. --Eig. v. $BaTiO_3$-Keramik 10-2229; Einkrist. aus TiB_2 u. ZrB_2 als mögl. neue Gruppe halbleitender Verb. 15-0401; Herst. u. --Eig. d. neuen nichtstöchiometr. Verb. $GeSe_{0,75}Te_{0,25}$ 14-0430; Darst. u. Eig. d. halbleitenden Verb. $ZnSiAs_2$, $ZnGeP_2$ u. $CdGeP_2$ 17-0464; Herst. u. einige Eig. d. halbleitenden $CdSnAs_2$ 7-0701; Bedeut. v. TiO_2 u. ZnO in halbleitenden Gläsern auf d. Grundlage v. V_2O_5 49/50-0305; Ursprung d. --Eig. v. mit Fe dotiertem polykrist. Ba-Bi-Titanat(IV) 41-0338; --Eig.: d. Katalysators γ-MnO_2 8-0637; fester Lsg. d. Oxide CuO–NiO 11-0457; physikochem. Aspekte bei Herst. v. dünnen halbleitenden Schichten v. CuO_x bzw. TiO_x in Ar–O_2-Gemischen durch Kondens. kalter Plasmen 12-0415; --Eig. v. $AgIn_9Te_{14}$ 31-0632; α-Ag_2Se, ein entarteter – 34-0459.

Polyvinylchlorid---Komposit. (Gemische mit Gasruß u. Graphit) 2-1078; --Eig.: u. ESR-Mess. an Mol.-Komplexen v. Polydiphenylamin mit verschiedenen Elektronenakzeptoren 13-1112; einiger nichtkanzerogener u. kanzerogener kondensierter aromat. KW-Stoffe 18-1162; --Verh. v. Anthracen u. γ-Bestrahl.-Effekt 25-1022; organ. – auf Polyäthylenbasis (Übersicht) 28-1147; --Eig.: v. Polykondens.-Prod. v. Hydrochinon u. seines Diäthyläthers mit einigen Polycarbonsäureanhydriden 29-1257; v. Polyäthinylarenen 38-1247; v. Azomethinen d. o-Vanillins u. ihrer Chelate 41-0342.

Eigenschaften

Festkörperprobleme Bd. *6*, zugleich --Probleme Bd. *12* 4-0174; physikal. u. chem. Eig. v. --Oberflächen (Nichtstöchiometrie in bin. --Verb.) 5-0163; Oberflächeneig. v. II–VI-Verb. 6-0405; Einfl. nichtparabol. Energiebänder auf d. kinet. Eig. v. – 6-0409; Einfl. v. Strukturänder. auf d. Eig. v. keram. – 6-2184; Relaxat.-Erschein. in – 9-0464; Berichte d. Internationalen Konferenz über d. Physik d. – (Kyoto *1966*) 15-0400; Transporterschein. in dünnen --Filmen 17-0439; Anwend. elast. Oberflächenwellen zur Unters. d. Oberflächeneig. v. – 18-0396; Theorie d. kinet. Erschein. v. – mit geringer Lad.-Trägerbeweglichk. 18-0398; --Oberflächen (Übersicht) 19-0425; Elektronentransport in – mit abgestufter Bandbreite 21-0006; Übersicht über d. physikal. Eig. einiger neuer – aus d. Gruppen II–VI u. IV 27-0471; Diskuss. d. Modelle u. d. gebräuchl. Terminologie für magnet. – 31-0405; nichtlineare Effekte in – 46-0297; einige Transportkoeff. v. n-leitenden, entarteten – 46-0369.

Optische Eigenschaften

Indirekte opt. Übergänge im Zentrum d. Brillouin-Zone ion. – 6-0319; Polaroneneffekt auf d. opt. Absorpt.-Kante v. – 7-0307; IR-Gitterreflex.-Spektren v. II–VI-Verb. 11-0371; opt. Interbandübergänge in extrem anisotropen – (Koexistenz v. Exciton- u. Landau-Niveaus) 18-0322; Pseudopotentialunters. d. Druckkoeff. opt. Übergänge in – 26-0334; Raman-Spektren erster Ordn. einiger kub. – 27-0388; strahlende Mehrphononenübergänge in stark dotierten – 28-0308; Krist.-Feldspektren v. *3*d^n-Beimeng. in II–VI- u. III–V-Halbleiterverb. 28-0320; auf freie Träger in – zurückzuführende Elektroreflex.-Spektren v. Halbleiter–Elektrolyt-Grenzflächen 44-0282; Eigenabsorpt.-„Kante" in halbleitenden II–VI-Verb. mit Wurtzit-Struktur 49/50-0222.

Elektromagnetoopt. Erschein. freier Träger in – 2-0291; temperaturmodulierte opt. Absorpt. in – 3-0320; opt. Eig. v. nichtkrist. – 4-0175; durch bewegliche Lad.-Träger in – verursachte opt. Nichtlinearitäten 6-0320; Theorie d. opt. Misch. durch bewegliche Lad.-Träger in – 6-0321; Theorie d. Elektroabsorpt. u. d. Elektroreflex. in – 6-0336; opt. Absorpt. in einem Kronig-Penney-– 7-0014; elektroopt. Kerr-Effekt freier Träger in – 9-0332; Absorpt. v. Laserstrahl. u. Zerstör. in – 10-0287; magnetoopt. Interbandeffekte an – 11-0357; opt. Verdet-Koeff. in – 11-0359; opt. Eig. eines Excitonenkondensats in – 13-0303; Beding. für negative Absorpt. in – 13-0373; Mehrfachreflex.-Effekte bei d. Faraday-Rotat. in dünnen --Filmen 14-0311; Erzeug. dritter Harmonischer durch Mikrowellen in – bei tiefen Temp. 17-0437; Viel-Körpereffekte d. opt. Eig. v. – 18-0308; Theorie d. anomalen IR-Dämpf. in neutronenbestrahlten – 18-0312; Lichtabsorpt. freier Lad.-Träger in – im quantisierenden Magnetfeld 19-0352; Einfl. freier Träger auf d. Erzeug. höherer Harmonischer in – 23-0372; zur klass. Theorie d. opt. Eig. freier Träger in – 23-0376; Mehrphotonen-Lichtabsorpt. v. Lad.-Trägern in – 24-0332; therm. Effekte bei d. Reflex.-Erhöh. v. – 24-0333; nichtlineare Magnetooptik v. Elektronen u. Löchern in – 24-0340; Elektroreflex. an einer --Elektrolyt-Grenzfläche 26-0344; IR-Faraday-Effekt in p-leitenden – 28-0297; Lichtabsorpt. an geladenen Störstellen v. in – lokalisierten Elektron–Defektelektron-Komplexen 29-0317; durch Phononen unterstützte Magnetoabsorpt. in Direktband-– 33-0298; IR-Absorpt. in p-– mit Zn-Blende-Gitter 35-0306; zur Theorie d. opt. Anreg. v. – (Absorpt. u. Dispers. in Einzelphoton- u. Zweiphotonenprozessen) 33-0309; Absorpt. für einen – mit Elektronen-Wechselwrkg. mit opt. Phononen 38-0285; opt. Suszeptibilität zweiter Ordn. v. III–V-Verb. 38-0289; Faraday-Effekt in – 41-0241; Mikrotheorie über d. Erzeug. einer Differenzfrequenz auf d. Basis d. nichtlinearen Photoleitfähigk. in – 41-0292; opt. Konst. eines Modell-– 42-0248; stimulierte Brillouin-Streuung in piezoelektr. – 43-0248; opt. Suszeptibilität zweiter Ordn. v. III–V-Verb. 43-0251; transversales Elektroreflex.-Vermögen v. – 47-0266.

Struktureigenschaften

Interatomare Abstände in einigen – 3-0415; Gasgleichgew. beim orientierten Wachstum v. --Schichten 4-0174; kontinuierl. isotherme Kristallisat. halbleitender Gläser 4-0230; gerichtetes Wachstum v. – 5-0202, 5-0203; Versetz. in – 5-0450; He-ähnl. Verunreinig. in – 6-0414; Mechanismen d. epitakt. Wachstums v. Verb.-– 9-0227; Mess. d. Oberflächenkonz. in diffundierten – durch IR-Plasmareflex. 15-0313; lokalisierte Defekte in – 19-0432; Übergang --Metall bei hohem Druck 24-0423; thermodynam. Grenzen für Störstellen in – 25-0421; Kinetik d. Versetz.-Multiplikat. bei stat. Verform. v. – 26-0238; Bibliographie über d. Krist.-Wachstum v. – 28-0150; Theorie d. --Metall-Phasenübergänge 29-0483; --Phasen-Übergänge in

Verb. d. Übergangsmetalle 29-0485; Kinetik d. epitakt. Zücht. v. --Filmen im Nahabstandsverf. 30-0136; orientiertes Wachstum v. – 46-0142; Einfl. d. Erschöpf. v. --Mischkrist. auf d. Geschw. d. Fremdphasenausscheid. 34-0155; Defekte in epitakt. Filmen v. halbleitenden Verb. mit Sphalerit-Struktur (Übersicht) 36-0142; chem. Einfl. v. Löchern u. Elektronen auf Versetz.-Geschw. in – 36-0360; spontane kristallograph. Formänder. bei Halbleiter/Metall-Übergängen 37-0093; Transportprozesse bei therm. Wachstum v. Oxidschichten auf – 46-0121; Fehlerbldg. in epitakt. Schichten v. – auf arteigenen u. fremden Substraten 46-0122; Krist.-Perfekt. v. --Epitaxieschichten (Nachw. u. Identifizier. v. Epitaxiebaufehlern) 46-0146; --Metall-Übergänge im Magnetfeld 46-0397.

Durch ESR nachgewiesene Akzeptorwrkg. v. Alkalimetallen in II–VI-Verb. 7-0349; Formfaktoren u. UV-Spektren v. – bei hohem Druck 9-0345; Röntgenspektralunters. d. Charakters d. chem. Bind. in --Verb. v. Typ $A^{III}B^{V}$ 10-0323; Best. d. Ionisat.-Energie v. Akzeptoren in – aus Laser-Emiss.-Unters. 23-0464; Exciton–Donator-Komplex in – 27-0474; magnetfeldinduzierter Mott-Übergang in – 28-0408; Theorie d. kovalenten Bind. für – 38-0196; Bind.-Energie d. aus einem Exciton u. einem an einer Haftstelle gebundenen Elektron bestehenden Komplexes in – 42-0326; indirekter Austausch in Vieltal- – 42-0374; Antiabschirmeffekt in III–V-Verb. 43-0319; Möglichk. zur Bldg. v. Excitonmol. in – 45-0375; Röntgen-Atomformfaktoren u. effektive Atomlad. in --Verb. d. Typs $A^{III}B^{V}$ 47-0143; Donator–Akzeptor-Paare in – (Übersicht) 48-0388; Existenz v. Mott-Excitonen in – bei hohen Elektronen- u. Defektelektronenkonz. 51/52-0269; Best. d. Atomlad. in – d. $A^{III}B^{V}$-Typs mit Hilfe d. Überlapp.-Integrale 51/52-0280.

Krist.-Potential u. eine Bezieh. für d. Energiebänder in Valenz-- 4-0349; lokale Zustände in – mit schmalem verbotenem Band 4-0350; Abnahme d. Breite d. verbotenen Zone eines – bei starker Dotier. 8-0357; Theorie d. an ionisierte Verunreinig. in – gebundenen Excitonen 11-0433; Spin-Bahn-Aufspalt. d. Valenzbandes in IV–IV- u. III–IV-- 18-0393; Verschieb. d. Elektronenenergieterme in – infolge Wechselwrkg. 25-0420; Bandstruktur d. – v. Spinell-Typ 26-0416; Änder. d. Bandabstandes in III–V-Mischkrist. 26-0417; Temp.-Abhängigk. d. Bandabstandes in – 27-0472; Parameter v. Oberflächenrekombinat.-Zentren in – 27-0473; Aufspalt. d. Grundzustandes v. Doppelakzeptoren in – 27-0476; Elektronenzustände bei opt. Interbandübergängen in – in Ggw. starker elektr. Felder 29-0337; Elektronenenergiebänder in --Filmen 29-0421; Zustandsdichten bei d. Metall---Tunnel. 30-0388; Theorie d. Störstellenzustände in – mit Bandabstand Null 31-0406; Quasi-Fermi-Niveau d. Lad.-Träger an --Oberflächen 31-0407; Änder. d. Bandstruktur v. – bei Einw. äußerer Drücke durch Nadelübertrag. 32-0409; Barrierenhöhen v. Metall–Halbleiter-Kontakten 40-0325; Leitfähigk.-Zone u. Anreg.-Zustände d. Mol. organ. – 42-0835; --Zweibandmodell in einem intensiven Photonenfeld 43-0366; Stabilisier. d. Fermi-Niveaus auf Cs-bedeckten --Oberflächen 44-0333; Bandstrukturberechn. in – 49/50-0275.

Durch elektr. Felder verursachter Energieaustausch zwischen Elektronen u. d. Gitter in polaren – 1-0412; Phononenerhitz. in – im starken elektr. Feld u. ihr Einfl. auf d. elektr. Leitfähigk. 8-0361; Piezotransmiss.-Mess. v. phononenunterstützten Übergängen in – 11-0355; Mehrphononenkoppl. v. Elektronen u. Defektelektronen zu Excitonen in Eigen-- 32-0410; Wechselwrkg. lokalisierter Schwing. mit Plasmonen in polaren – 32-0411; Phononenanreg. durch ein elektr. Feld in – 38-0420; Thermodynamik d. Phonon-Widerstandes in Ionen-- 47-0342.

Elektrische Eigenschaften

Phasenverschieb. u. örtl. Lad.-Neutralität in – 2-0368; Hall-Spann. u. Gütefaktor v. magnet. – 2-0374; elektrochem. Mechanismus d. Lad.-Übergangs u. d. Entstehens einer EMK in einigen organ. – 2-0856; --Oberflächen u. elektr. Doppelschicht 7-0612; akustomagnetoelektr. Effekt in – mit unipolarer Leitfähigk. 8-0363; stabile Raumlad.-Schichten in – mit zwei Tälern 10-0382; Mechanismus d. Halbleit. einiger fester Oxide 10-0401; Theorie d. Überführ.-Erschein. in – mit entarteten Zonen 13-0395; Mess. d. Potentialverteil. in einem --Krist. mit einem Elektronenstrahl 17-0434; nichteinheitl. Stromverteil. in – mit einer negativen, differentiellen Leitfähigk. 17-0438; Theorie d. Überführ.-Erschein. in – d. Typs NiO u. Fe_2O_3 18-0415; Parameter entarteter – 19-0428; Einfl. elektr. Felder auf d. magnet. Widerstandsänder. u. auf d. Hall-Effekt in polaren – mit nichtparabol. Dispers.-Gesetz 21-0461; Phasenverschieb. bei longitudinalen Schwing. in – 22-0419; Einfl. einer Kompensat. auf d. Durchschlagsfelder in homogenen – 23-0465; Herkunft d. EMK in einem gleitenden Druckkontakt auf einigen --Oberflächen 23-0499; Friedelsche Summenregel d. Phasenverschieb. für – 25-0419; Feldeffekt in dünnen --Schichten 26-0420; gleichzeitiger Effekt eines elektr. Feldes u. v. Licht auf --Oberflächen 26-0421; Theorie d. Beweglichk., d. Hall-Effekts u. d. magnet. Widerstandsänder. in – mit inhomogener Konz. geladener Ionen 29-0427; elektr. Eig. v. entarteten, eigenleitenden – 31-0413; abs. Thermo-EMK in einem entarteten – 33-0459; Wechselstrom-Feldeffekt mit großem Signal in Verarm.-Schichten für – mit großem Bandabstand 33-0476; stationärer Zustand eines – mit negativer differentieller Vol.-Leitfähigk. 33-0479; Ermittl. d. wahren ζ-Potentials aus elektroosmot. Daten feiner Festkörperteilchen, deren Oberfläche als – wirkt 34-0672; Kontaktauflad. v. --Mineralien 37-0433; Gleichgew.–Raumlad.-Verteil. in – 42-0327; zur mathemat. Beschreib. v. elektr. Prozessen in – (Phasenraumanalyse in Subräumen einer Dimens. kleiner als 3) 43-0367; „Strom-Strikt.“ – ein Mechanismus d. Elektrostrikt. in Vieltal-- 47-0343.

--Polarisat. unter Berücksichtig. d. Sättig. (Zweibänder-Modell) 2-0369; Einphononenstoßkorrekturen d. dielektr. Hochfrequenzfunkt. v. – 6-0463; Beitrag d. Excitonenzustände zur nichtlinearen Polarisierbark. v. --Krist. bei verschiedenen Frequenzen 23-0460; dielektr. Funkt. eines – in einem äußeren elektr. Feld 26-0419; Photodipoleffekt in organ. – 38-1019; Bezieh. zwischen d. Komponenten d. Tensors d. nichtlinearen Polarisierbark. in kub. u. hexagonalen II–VI-Verb. 48-0509; Anteil d. Elektron–Phonon-Wechselwrkg. an d. nichtlinearen Polarisierbark. v. – 49/50-0276.

Emiss. heißer Elektronen aus polaren – mit nichtparabol. Dispers.-Gesetz 8-0356; Ablös. v. Atomen bei d. Zerstäub. v. – 19-0325; Berechn. d. kinet. Reflex.-Koeff. in d. Gleich. für d. Strom d. Thermoelektronenemiss. aus einem – 39-0323.

Anreg. einer Zyklotroninstabilität in – 6-0413; Zyklotronresonanz d. Löcher in – v. Zn-Blendetyp 27-0481; Verstärk. laufender Wellen durch driftende Träger in – 32-0413; Genauigk. d. Akzeptorkompensier. u. – durch Drift v. Li-Ionen 36-0359; Diffus.-Instabilitäten in – 48-0395.

Bldg. v. Domänen in Vieltal-- beim Durchgang starker elektr. Ströme 5-0448; Beweg. elektr. Domänen in – mit heißen Elektronen 9-0413; Theorie d. elektr. Domänen in – mit heißen Elektronen 17-0433; einige Resonanzeig. eines – mit bewegl. elektr. Domänen 21-0456; Problem stat. Domänen in – mit heißen Elektronen 27-0478; sich langsam ausbreitende Domänen hoher Feldstärke in – mit negativer differentieller Leitfähigk. 33-0475; nichtlineare Theorie d. elektr. Domänen in Ggw. v. Haftstelleneinfang 41-0313.

Anreg. elektromagnet. Oberflächenwellen in – 9-0411; Anreg. elektronenmagnet. Wellen in Ionen-- durch einen Elektronenstrahl 10-0379; Helicoidinstabilität in – 18-0258; Theorie kinet. Oszillat. in – 25-0422; Existenzbeding. für langsame u. schnelle Rekombinat.-Wellen in – 25-0423; Theorie d. Oberflächenwellen in – 28-0407; negative Photoleitfähigk. u. elektr. Instabilitäten in – 33-0482; Wechselwrkg. zwischen Helicon-Wellen u. Drift-Strömen in einem Schicht-- 36-0377; nichtlineare Theorie d. Stromschwing. in piezoelektr. – 43-0400; Elektron–Phonon-Wechselwrkg. u. Erzeug. niederfrequenter Schwing. in n-- 51/52-0273.

Helicon-Wellen-Instabilitäten in --Plasmen 5-0434; spiralförm. Instabilitäten in --Plasmen in transversalen Magnetfeldern 10-0380, 10-0381; Theorie d. Pinch-Effekts in – 17-0435; Besonderh. d. elektr. Pinch-Effekts in bipolaren Many-Valley-- 17-0436; Elektron-Loch-Gas hoher D. in – 19-0424; elektr. Fluktuat. im Plasma eines – in einem starken elektr. Feld 24-0421; Elektron-Loch-Gas hoher D. in – 24-0424; Ionisat.-Wellen in – 26-0418; Pinch-Effekt in Eigen-- 29-0453; Einfl. eines magnet. Feldes auf d. D.-Verteil. eines injizierten Plasmas in --Stäben 30-0381; Instabilität in d. Ausbreit. v. Magnetoplasmaoberflächenwellen 30-0382; Wechselwrkg. zwischen Helicon-Wellen u. Drift-Strömen in einem Schicht-- 36-0377; Doppelstrominstabilitäten in --Plasmen 42-0340; Mikrowellen-Faraday-Rotat. in --Plasmen für d. Grenzfall hoher Magnetfelder 42-0341; Magnetoplasmareflex. v. – 43-0257.

Relaxat.-Effekte an Halbleiter–Isolator-Grenzflächen 1-0456; Quantentheorie d. Raumlad.-Kapazität am Kontakt Halbleiter/Dielektrikum 8-0359; elektr. Eig. v. Metalloxid-- 10-1846; Oberflächensperrschichten auf halbleitenden Ferroelektrika 24-0456; Kennzeichn. d. Halbleiter/Dielektrikum-Grenzfläche durch d. Unters. d. komplexen Kapazität v. Metall/Oxid/Halbleiter-Strukturen 31-0445; Elektronentunnel. zwischen einem Metall u. einem – 42-0324; Tunneln in Metall–Halbleiter-Übergängen 49/50-0285.

Magnetische Eigenschaften

Intensitäten u. Dublett-Abstände verbotener Übergänge bei d. paramagnet. Resonanz v. Mn^{2+} in II–VI-Verb. 4-0331; Wechselwrkg. zwischen elektromagnet., Plasma- u. Spinwellen in antiferromagnet. – 4-0391; Temp.- u. Feldabhängigk. d. Knight-Verschieb. in – 6-0370; Theorie d. Spin–Gitter-Relaxat. v. Leit.-Elektronen in – 9-0412; Wechselwrkg. zwischen Spinwellen u. Lad.-Trägern in antiferromagnet. – 9-0473; Theorie d. Spin–Gitter-Relaxat. v. Leit.-Elektronen v. ion. – in extrem starken Magnetfeldern 20-0355; Spin–Phonon-Wechselwrkg. d. Elektronen in – 25-0425; Spin–Zyklotron–Phononen-Resonanz in – 25-0426; effektiver g-Faktor d. Leit.-Elektronen in II–VI-Verb. 29-0425; lokalisierte magnet. Momente in Störband-- 29-0426; NMR u. NQR u. d. auf d. Elektronen wirkende effektive Feld in – 33-0391; Polarisat. v. Kernspins durch einen Gleichstrom in – 33-0477; gekoppelte Zyklotron- u. Spinwellen in – 33-0618; Theorie d. Spin–Gitter-Relaxat. v. Leit.-Elektronen in – mit magnet. Verunreinig. in Ggw. eines quantisierenden Magnetfeldes 41-0273.

Elektrochemische Eigenschaften

Elektrochem. Unters. v. --Elektroden 9-0596; elektrochem. u. photoelektrochem. Eig. d. --Elemente d. IV. Gruppe 10-0391; elektrochem. Verh. v. – bei Belicht. 20-0551; Lad.- u. Potentialverteil. an d. Phasengrenze Halbleiter/Elektrolyt 32-0641; Oberflächenleit. v. n-- bei anod. Auflsg. 37-0612; elektrochem. Prozesse an – 47-0505.

Thermodynamische Eigenschaften

Wärmeleitfähigk.: v. – d. $A^{III}B^{VI}$-Typs 6-0288; v. halbleitenden $A^{III}B^{V}$-Verb. 15-0281; Berechn. d. Einfl. d. gegenseitigen „Erschöpf.“ auf d. Wiedemann-Franz-Gesetz für – 16-0293; Vakuumkondens. stark dissoziierender --Verb. d. Typs $A^{II}B^{VI}$ 26-0206; Lsg.-Charakteristiken v. --Oxiden 26-0724; Systematik charakterist. Temp. v. – mit Zinkblende-Gitter 27-0283; Wärmeleitfähigk.: d. Gitters v. – 32-0301; v. glasförm. – 34-0348; v. fl. – 34-0555; therm. Unters. an II–IV-- (Gittermolwärmen u. Freie Bldg.-Enthalpien) 37-0520; Fluktuat.-Dissipat.-Theorem für ein --Syst. mit M verschiedenen Gruppen v. Elektronenzuständen 38-0400; phototherm. Effekt in – 39-0209; Löslichk. in halbleitenden intermetall. Verb. 42-0082; Statistik für einen – mit einem Valenzband v. InSb-Typ 48-0387.

Verstärk. v. Ultraschall- u. Driftwellen in – in elektr. u. magnet. Feldern 8-0362; nichtlineare Theorie d. Schallinstabilitäten in Piezo-- 9-0417; Wechselwrkg. v. elast. Wellen u. IR-Licht mit einer sich bewegenden Hochfelddomäne in einem piezoelektr. – 11-0510; Ultraschallverstärk. in Schichtstrukturen piezoelektr. Dielektrikum/Halbleiter 22-0257; Theorie d. Schallverstärk. in Vieltal-- 37-0404; Theorie d. Ultraschallverstärk. durch Driftlad.-Träger in Mehrschicht-- 45-0383; Theorie d. Instabilität mechan. Wellen in --Schichten 45-0385; Theorie d. Ultraschallverstärk. in – mit hoher DK 47-0222.

Adsorption, Chemisorption

Vorzeichen d. Photoadsorpt.-Effekts an – bei einem Excitonenmechanismus d. Lichtabsorpt. 1-0636; Volta-Potential bei d. Adsorpt. v. J auf Filmen v. polymeren organ. – 4-0547; Adsorpt.-Unters. an Metallen u. Element-- 23-0706; bei d. Chemosorpt. v. Elektronenakzeptormol. an --Oberflächen gebildete Radikale 32-0684; Rk.-Fähigk. chemisorbierter Mol. u. Elektronenprozesse in – 36-0572; Chemisorpt. an – 37-0660;

Gleichgew. v. neutralen u. geladenen Teilchen bei Chemisorpt. an — 37-0665; Elektronentheorie d. Adhäs. an — 46-0579; bei d. Chemosorpt. v. Elektronenakzeptormol. auf n- —-Oberflächen gebildete Radikale 49/50-0502.

Chemisches Verhalten

Mitwrkg. v. Oberflächenzuständen bei Redoxrk. an — 4-0511; Bezieh. zwischen d. katalyt. Aktivität v. — u. d. EMK 5-0722; —-Elektrodenkatalysatoren 11-0457; Hoch- u. Tieftemp.-Mechanismus katalyt. Ox.-Rk. an —-Oxiden 20-0667; Einfl. einiger —-Beimisch. auf d. Geschw. d. therm. Zerfalls d. $AgNO_2$ 25-0767; katalysierte Radiolyse v. NH_4NO_3 durch halbleitende Oxide 25-0782; Unters. v. als Elektroden dienenden —-Katalysatoren 27-0812, 27-0813; EPR u. katalyt. Aktivität v. — 34-0782; Einfl. organ. —-Zusätze auf d. therm. Zers. v. $Ba(N_3)_2$ 39-0610; katalyt. Aktivität organ. — 42-0878; —-katalyt. Unters. am Syst. Pt/Al_2O_3 44-0642; Einfl. einer Stoßkompress. auf d. katalyt. Eig. oxid. —-Katalysatoren bei d. Ox. v. CO 47-0604.

Untersuchungsmethoden

Differentialmeth. zur Best. d. Wärmeleitfähigk.-Koeff. zylindr. — im He-Bad 3-1925; App. zur Mess. d. abs. Thermo-EMK v. — bei *20—2500°* 13-0386; photoelektrochem. Meth. zur Ermittl. d. Impedanzkomponenten einer —-Elektrode 18-0590; Meth. zur Best. d. Temp.-Abhängigk. d. Wärmeleitfähigk. v. halbleitenden Materialien 27-0325; Meth. zur Mess. d. Diffus.-Spann. in — mit Hilfe einer Elektronenstrahlmeth. 27-0482; App. zur Best. d. Störstellenverteil. in —-Strukturen 31-0460; Methodik zur Best. d. Orientier. v. —-Krist. 35-0117; Meth. d. Wärmeleitfähigk.-Mess. an — 35-0243; Anwend. d. elektronograph. Reflex.-Meth. zur Unters. d. Strukturen v. Oberflächenschichten einiger —-Materialien 36-0093; App. zur Mess. d. Piezowiderstandes v. — 36-1864; Autoradiographie für Leitisotopenunters. v. — 37-2233; Best. d. Eindringtiefe v. Diffus.-Schichten in —-Krist. 38-2352*; Anwend. d. EPR-Meth. bei —-Unters. 42-0334; Meth. für d. Unters. v. Oberflächenzuständen an — 44-0332; Erfahr. mit d. Zusatz zum Siemens-Interferenzgoniometer bei d. Kontrolle d. Orientier. v. —-Einkrist. 49/50-2029.

Erfahr. bei d. spektrograph. Spurenbest. in —-Materialien mit d. Anwend. eines Hochfrequenz-Plasmageneratore 5-2016; Phasenanalyse v. —-Leg. unter Verw. eines funkenerosiven Verf. zur lokalen Probenentnahme 25-2157; spektrograph. Analyse v. halbleitenden Fäden nach einer Explos.-Meth. 35-2128; spektrochem. Analyse v. —-Material 47-1954.

Bibliographie

Festkörperprobleme. *6*: Halbleiterprobleme. *12*. Referate des Fachausschusses Halbleiter der Deutschen Physikalischen Gesellschaft, Bad Pyrmont, *1966* B 58.

Russ.: Elektronenprozesse auf Oberflächen und in monokristallinen Schichten der Halbleiter B 1; Halbleiter B 15; Flüssige Halbleiter B 22; Impulsschemata für Ferrite und Halbleiter B 50; Einführung in die Theorie der Halbleiter [tschech.] B 26.

Electrical properties of semiconductor surfaces B 1; Electrochemistry of semiconductors B 18; Semiconductors and semimetals. Vol. *3*: Optical properties of III–V compounds B 26; High field transport in semiconductors = Solid state physics. Supplement 9 B 34; Manufacturing and examination of non-homogeneity in semiconductors B 54; Chemical bonds in semiconductors and solids B 65; Practical semi-conductor experimentation B 78; Radiation effects in semiconductors; proceedings B 90; Chemical bonds in semiconductors and thermodynamics B 90.

Halbleitertechnologie und -Bauelemente

Verw. v. Halbleitern für *Maser und Laser*; *Thermoelemente* s. dort.

Erforsch. v. Halbleitermaterialien 9-2020; Massenübertrag. in d. Halbleitertechnologie 21-2406; gegenwärt. Stand u. Entw.-Tendenzen d. polykrist. keram. Halbleiter 14-0399.

Herstellungsverfahren

Herst.: v. Si als Halbleiter 4-1811*; v. CN-substituierten Polymeren als Halbleiter 4-1812*; Zonenschmelzen v. Halbleitern 4-1814*; Herst.: v. Komplexen aus Perylen u. anorgan. Halogeniden als Halbleiter 4-1815*; v. krist. SiC-Halbleitern 6-2191*; Ganzmetallhöchstvakuumanlage für Unters. bei d. Herst. halbleitender Schichten 8-1779; organ. elektr. Halbleiter (Poly-α-chloracrylnitril) 8-2166*; Ga-Phosphidbarren für Halbleitertechnik 9-0228; Zücht. v. K(Ta, Nb)O_3-Einkrist. für Halbleiterunters. 9-0234; Verw. v. Metalloxiden als Halbleiter 10-2194*; Herst.: definierter Versetz.-Liniendichten in Halbleiterkrist. 11-2215*; v. Ni–P-Leg. für halbleitende Ba–Titanat-Keramik 15-2291; v. Si-Halbleiter mit P 16-2229*; dendrit. Halbleiterkrist. 16-2230*; v. p-leitendem Si durch anod. Ox. (P-halt.) 16-2234*; v. n-leitendem Si mit epitaxialer Oberfläche (B-dotiert) 16-2242*; v. Halbleiter aus Hexaphenyl-1.2.3-triazo-2.4.6-triphosphocyclohexan 16-2245*; universelle App. zur Synth. u. Kristallisat. v. Halbleiterstoffen 17-0216; Kristallisat. hochschmelzender Halbleiterverb. 17-2336*; Herst. v. Einkrist. aus Halbleitermaterialien 22-2371*; v. Halbleitereinkrist. mit definierter Versetz.-Liniendichte 22-2372*; v. einkrist. Halbleiterstäben 22-2374*; eines halbleitenden Polymerisats aus Tetrajodpyrrol 25-2382*; tiegelfreies Zonenschmelzen eines Halbleiterstabes 27-2486*; Herst. halbleitender Selenide, Sulfide u. Telluride d. Zn, Cd u. Pb 31-2387*; Verh. v. Tiegelmaterialien beim Schmelzen v. Halbleiter-Si 31-2520; Züchten v. Halbleiter-Einkrist. aus GaP oder GaAs 33-2469*; Ziehen v. stabförm. einkrist. Halbleitern 33-2471*; Herst.: v. Halbleitereinkrist. 33-2472*; d. Arsenide u. Phosphide v. Al u. Ga als Halbleiter 34-2291*; Ziehen einkrist. Halbleiter 35-2301*; Herst.: v. Borimidazolpolymerisaten als Halbleiter 35-2655*; v. halbleitenden Polymeren aus Chloranil u. DMF 36-2258*; ferromagnet. Halbleiter aus Fe oder Fe-Leg. 36-2261*; v. halbleitenden Polymeren aus p-Phenylendiamin u. Anthrachinon 36-2267*; v. Polysiloxanen mit Halbleitereig. 38-2354*; Si-organ. Polymerer mit Halbleitereig. 38-2355*; v. Halbleitern aus Tetracyanoäthylen u. Metallsalzen 40-2090*; v. Ag–In–Se-Verb. mit Halbleitercharakter 43-2330*; pulvermetallurg. Herst. d. V–Ga-Verb. V_3Ga für Halbleiter 43-2333*; Herst. v. gefärbten festen Copolymeren aus *20—80%* Cyclopentadien u. *80—20%* Indol u./oder Pyrrol für Halbleiter 43-2956*; neues Li-Diffus.-Syst. für Halbleiter 44-2119; Synth. u. Zücht. d. Vielkomponenten-Halbleiterkrist. $GaAs/ZnSiAs_2$, $GaAs/ZnGeAs_2$ u. $GaAs/Cu_2GeSe_3$ durch chem. Transportrk. 45-0168; Herst.: v. Halbleiter-Einkrist. aus d. Schmelze 45-2387*; v. Halbleiterdendriten 45-2388*; v. Halbleitereinkrist. aus Si 45-2389*; eines Halbleiterkörpers aus GaP u. GaAs 46-2105*; organ. halbleitender Polymere (Übersicht) 47-2222; einkrist. Halbleiterstäbe durch Zonenschmelzen 47-2228*; v. halbleitenden Polyanhydriden v. KW-Stoffsäuren 47-2229*; ein- u. polykrist. Halbleiter $A^{III}B^{V}$ 48-2156*; einkrist. Halbleiterstäbe durch tiegelfreies Zonenschmelzen 49/50-2184*.

Halbleiterschichten

Herst.: v. einkrist. halbleitenden Schichten aus hexagonalem SiC 6-2192*; v. Epitaxialfilmen v. großen Einkrist. für Halbleiterzwecke 8-2165*; Meth. zur Herst. in d. Zus. homogener Filme d. $A^{III}B^{V}$-Halbleiterverb. GaAs, GaP, GaSb u. GaP–GaAs-Mischkrist. 15-0209; Kristallisat. dünner Halbleiterschichten durch Zonenschmelzen 11-0244; elektrochem. Herst. halbleitender Cupritschichten 32-2289*; Herst.: eines epitaxialen Halbleiterfilms aus GaP oder GaAs 33-2470*; eines epitaxialen Halbleiterfilms 35-2296*; v. halbleitenden monokrist. Si-Schichten aus $SiCl_4$ 44-2125*.

Halbleiterreinigung

Reinig. v. Si-Halbleiter-Stäben 1-2101*; Unters. d. Technologie d. Reinig. v. $GeCl_4$ bis zur Halbleiterreinh. 2-0669; Herst. v. Reinst-Sn für Halbleiter durch Vakuumdest. 2-2184; Reinig. organ. Halbleiter 10-2230; Meth. d. Oberflächenraffinat. v. Si u. Ge für d. Halbleitertechnik 17-2331; Verw. v. Ionenaustauschmeth. zur Abtrenn. v. Alkalimetallionen zur Reinig. v. Halbleitern 29-2295*; Cu-Entfern. aus Salzen für Halbleiter mittels 6-Chlor-8-mercaptochinolin 33-2461.

Halbleiterdotierung

Dotier. eines Halbleiterkörpers mit $B(H_3BO_3)$ 2-2078*; Maskier.-Verf. zum Dotieren v. Halbleiterkörpern (aus Ge oder Phosphiden, Arseniden u. Antimoniden) 6-2193*; Dotier.: v. epitakt. GaAs mit Zn durch Verw. v. Zn-Diäthyl 10-0394; v. Halbleitern durch Diffus.-Behandl. 32-2288*; Massenanalyse v. Ionenstrahlen aus einer Niederspann.-Funken-Ionenquelle zur Dotier. v. Halbleitern mittels Ioneneinbaus 34-0447; Herst.: hoher Dotier.-Grade in Halbleitern 34-2292*; v. Halbleitern durch Dotier. v. Oxidschichten 35-2300*; Alkalimetalldotier. v. Halbleitern 47-0339.

Halbleiterübergänge

Darst. v. Ge/Si- u. Ge/GaAs-Heteroübergängen 2-0409; Legier.-Verf. zur Erzeug. v. Übergängen zwischen Zonen unterschiedl. Leitfähigk. bei SiC 27-2484*; Herst.: eines pn-Übergangs mit ebener Begrenz.-Fläche durch Legieren 33-2473*; einkrist. Halbleiterkörper mit pn-Übergang 35-2299*; einkrist. Halbleiter mit mehreren Schichten u. Übergangszone 35-2302*; v. pn-Übergang durch Diffus. v. Dotier.-Stoffen 35-2303*; v. GaAs/Ge- u. InAs/GaAs-Heteroübergängen unter Verw. v. J im geschlossenen Syst. 44-0164.

Behandlungsverfahren, Herstellung von Bauelementen

Ätzen v. Halbleiter mittels HCl 15-2298*; Ätzunters. v. Halbleitern 16-0166; neue Maskier.-Technik für d. Halbleiterbearbeit. 19-0472; Ätzen eines halbleitenden Krist. 21-2419*; Elektrofunkenschneiden v. Halbleitermaterialien 30-2378; Herst. v. Halbleiterbauelementen 33-2474*; Fadentrennen für d. Bearbeit. v. Halbleitern 35-1999; Herst. einer d. Sperrspann.-Festigk. erhöhenden Randzonenprofilier. v. Si-Scheiben für Halbleiter 40-2091*; chem. Ätzen u. Polieren v. Halbleitern mit NaOCl 40-2093*; Wärmebehandl. v. Halbleitern (GaAs, Ge oder Si) 45-2391*; Reinig. d. Oberfläche v. Halbleiter-Bauelementen 46-2106*.

Anbringen von Kontakten

Vergolden v. Al-Elektroden einer Si-Halbleiteranordn. 6-2194*; chem. Vernickel.-Bad zur Herst. v. Kontaktflächen an Si-Halbleitern 6-2195*; Herst. Ohmscher Kontakte v. legiertem bzw. reinem Au an Si 12-0392; Kontaktleg. für d. Herst. v. Emitter- u. Gleichrichterelektroden in Ga–Arsenid-Halbleiter 12-2188*; Metallisieren v. Halbleitern 14-2211; Herst.: metall. Kontaktflächen auf dotiertem Si 16-2244*; v. Kontakten auf Si-Halbleitern 23-2460*; Erzeug. v. Ohmschen Kontakten auf GaAs durch einen einfachen Tief-Temp.-Leg.-Prozeß 27-0502; Verbesser. d. Benetzbark. an Si-Halbleiterkörper anlegierter Au-Kontakte 36-2259*; Verb. v. Al mit Halbleitern 36-2260*; Bldg. großfläch. Kontakte bei planaren Si-Halbleitervorr. 45-2390*; Lotleg. für Ge u. Si in d. Halbleitertechnik 45-2555; Herst. v. elektr. Leit. zur Kontaktier. v. Halbleiteranordn. 51/52-2154*.

Herstellung von Überzügen

Einschmelzgläser ($PbO–ZnO–B_2O_3$) für Halbleiterummantel. 1-2119; halbleitende Metalloxidschichten auf Eukryptit-Glaskeramik 6-2189; Vakuumaufdampfen v. feuchtigkeitsbeständ. Isolierüberzügen auf Halbleiter mit pn-Übergang 11-2216*; Herst. v. Ge-Schicht auf Halbleiter 14-2209*; Schutzschicht auf Halbleitermaterial mit $Si(OC_2H_5)_4$ 14-2409*; Herst.: v. Oxidschichten auf Halbleiter 15-2297*; v. Schutzschichten auf Halbleitern aus d. Gasphase (Silicate) 15-2299*; Halbleiteranordn. durch Aufdampfen v. Metallüberzügen mit verdampfbarer Reservage 16-2248*; Schutz v. p–n-Übergängen mit Si-organ. Polymeren 18-2225*; galvan. Abscheid. v. Sb u. Pb auf p-leitendem Ge 20-2445*; Herst. einer oberflächl. Schicht aus SiO auf Halbleiterelementen 23-2461*; monomol. Halbleiterschichten auf Metallen 26-0414; Dampfplattieren v. Sn auf GaAs 34-0448; epitaxiale Abscheid. v. Halbleiterschichten auf Si-Plättchen 35-2297*; Herst.: epitaxialer Schichten auf dendrit. Halbleitereinkrist. 35-2298*; v. SiO_2-Schichten auf Halbleiterelementen 37-2433*; elektrolyt. Abscheid. lötfäh. Bi-Schichten auf einem Halbleiterkörper 40-2092*; Beseitig. v. GeO_2-Überzügen auf Ge-Oberflächen für Halbleiterzwecke 41-2337*; Herst. v. Si_3N_4-Schichten auf Halbleiter 47-2227*; Aufdampfen v. Pb auf Metallen für Halbleiteranordn. 49/50-2356*.

Verwendung von Halbleitern

Glas–Glimmer-Halbleiter für d. Elektronik 8-2159; dotierte Ge-Halbleiter für d. Thermometrie im Bereich v. *20—70* °K 14-1839; Anwend. v. p–n-Übergängen zum Nachw. beschleunigter Elektronen mit einer Energie v. *1—5* MeV 14-1885; opt. durchläss. Kühlzelle für Halbleitergeräte 18-1833; lichtaktivierte Halbleiterschalter aus GaAs 19-0454; Si-Bauelemente mit negativem Wider stand 20-0367; Dünnfilm-Schaltelemente aus VO_2 22-0453; Festkörperkonverter für IR-Wellenlängen unter Verw. eines Ge–GaAs-Heteroübergangs hoher Quantenausb. 24-0378; Verstärk. in Zwei-Tal-Halbleitern 24-0425; Anwend. eines Halbleiterfilm-Heizelements zum Erhitzen d. Substrats beim Vakuumaufstäuben 33-2161; Einstell. d. magnet. u./oder elektr. Eig. dünner Schichten halbleitenden Materials 39-2316*; Verw. v. Halbleitern zur Unters. d. Wärmeübergangs an sd. Tieftemp.-Fl. 40-1972; quant. Analyse v. Leg. für Halbleitergeräte durch Emiss.-Spektralanalyse 45-2203.

Dioden

Druckmesser mit Tunnel-Flächendiode 9-1830; hyperabrupte Si-Dioden mit variabler Kapazitanz 14-0404; Dioden aus aufgedampften Au- u. Ti-Schichten auf epitakt. GaAs-Schichten als Mischer 19-0449; Oberflächensperrschichtdioden aus Ni-, Cu-, Pd-, Pt- u. Au-Schichten auf halbleitendem $KTaO_3$ 19-0468; Ge-Dioden-Mikrowellenoszillatoren 30-0392; lichtemittierende $GaAs_{1-x}P_x$-Dioden mit negativem Widerstand 31-0326; Herst. Ag-beschichteter $BaTiO_3$-Dioden 38-0454; Darst. v. Dioden aus therm. ox. Al-Schichten u. Schichten einer Zn–*0,1*% Mn-Leg. 40-0328; Sn–Au-Kontakte für ebene GaAs-Dioden 43-0386; Darst. v. Dioden durch Aufschmelzen v. Al auf GaAs 44-0358; Ge-Magnetodioden in fl. He 51/52-0278.

Transistoren

Lineares Transistortor 20-1860; Konstanthalt. v. Gleichstromspann. mit Transistoren 31-2065; Herst. v. Te-Dünnschichttransistoren 36-2254; Verwendbark. aufgedampfter u. aufgesprühter CdS- u. CdSe-Schichten für Dünnschichttransistoren 43-0405; graph. Meth. zur Herst. v. Feldeffekt-Transistoren 51/52-2150.

Gleichrichter

Verw. v. BP-beschichtetem SiC als Gleichrichter 7-2207*; Sn-Leg. für Emitter- u. Gleichrichterelektroden in Ga–Arsenid-Halbleitern 12-2188*; Herst. reaktionsgespritzter Ti-Gleichrichter 39-2310; Vorbehandl. v. Trägerelektroden für Se-Gleichrichter aus Al–Mg-Leg. 40-2094*; Herst. v. Si-Halbleitern für Gleichrichter 43-2332*; Konstrukt.-Möglichk. eines Gleichrichters für superhohe Stromdichten 44-0360; Mechanik u. mögl. Anwend. v. Halbleiter-Gleichrichtern (Übersicht) 45-2380.

Thermistoren

Material zur Abdicht. drahtförm. Thermistoren 2-2100*; Thermistoren auf d. Basis v. Carbonaten 13-1811; Vgl.-Mess. d. Wärmeleitfähigk. mit Thermistoren in Serienschalt. 13-1817; Mess. kleiner Drücke mit Thermistoren 15-1921; Thermistor-Gasdruckmeßgerät mit erweitertem Meßbereich 31-1998; dreipol. Thermistor: Varitherm 34-1883; Thermistorbrücke zur Anwend. in d. Kalorimetrie 40-1777; kryoskop. Mess. mit tschechoslowak. Thermistoren 37-2029; Thermometer mit Thermistoren 46-1759.

Detektoren

Formier. d. Oberflächensperrschicht v. Si-Detektoren 5-0455; InSb-Halbleiter zur IR-Strahl.-Mess. 7-2194*; Verw. v. Li-gedrifteten Ge-γ-Detektoren in d. Neutronenaktivier.-Analyse 42-1840; Detektor für gasf. Komponenten unter Verw. v. dünnen Halbleiterfilmen 46-1774.

Untersuchungen an Halbleiterbauelementen

Entw. u. Unters. eines linearen funktionellen Verstärkers auf d. Basis einer Hall-Sonde 11-0462; physikal. Beschreib. d. anisotropen Spann.-Effekts in einem freitragenden Si-Wandler mit pn-Übergang 15-0414; Charakteristik epitakt. GaAs-Gunn-Oszillatoren 19-0450; epitakt. GaAs-Dunn-Effekt-Oszillatoren 19-0451; Leck-Test für hermet. abgeschlossene Halbleiterbauelemente mit Hilfe v. radioakt. ^{133}Xe 27-2282; Möglichk. d. Erhöh. d. Frequenzeig. v. Thyristoren 44-0361.

Halbleiterkontakte

Mehrschichtige Ohmsche Kontakte an CdS 1-0446; Ohmsche elektr. Kontakte an ZnS-Krist. hohen Widerstandes 2-0389; Strom-Spann.-Charakteristik eines kleinfläch. Metall–Halbleiter-Kontakts unter d. Voraussetz. d. Diffus.-Theorie 23-0500; Kontaktmechanismus für d. Max. d. Dunkelleitfähigk. in CdS 25-0455; Beobacht. v. Metall–Halbleiter- u. Metall – Dielektrikum - Dünnschichtkontakten im Elektronenspiegel 25-0462; Ohmsche Kontakte an Si 29-0442; Gültigk. d. Ohmschen Gesetzes für Sn auf GaAs 34-0448; magnet. Widerstandsänder. v. Übergängen aus Metallkontakten auf $La_{0,85}Ba_{0,15}\cdot MnO_3$ 38-0462; auf leitendes Sr-Titanat aufgedampfte metall. Kontakte 40-0326; Strom–Spann.-Kennlinien v. Al–Al_2O_3–SnTe- u. –GeTe-Übergängen 42-0324; Tunnelspektroskopie in GaAs mit Au-Elektroden 47-0362; Barrierenhöhe v. Metall–$BaTiO_3$ x-Kontakten 47-0375; Schwellenhöhe v. Au-Kontakten an sauberen n-Si-Oberflächen 48-0405.

MOS-Strukturen und dgl.

Oberflächenursprung d. *1*/f-Rauschens an M–SiO_2–Si-Strukturen 1-0458; Energieverluste heißer Elektronen in Tunnelkathodenstrukturen MAl–Al_2O_3–Au 4-0359; Elektronentunnelprozesse durch dünne Metall–Isolator–Metall-Schichtstrukturen 1-0459; Tunnel-Emiss. aus Al–Al_2O_3–Metall-Strukturen 1-0461; Eig. d. Grenzfläche v. Au–Isolator–CdS-Schichten 7-0405; Eig. d. Oberflächenzustandslad. v. therm. ox. Si im Zusammenhang mit d. Si–SiO_2–Si-Grenzfläche 13-0408; nicht durch Fasern hervorgerufene Umschaltvorgänge in therm. gezüchteten dünnen SiO_2-Schichten zwischen Si u. Al 13-0410; kurzzeit. Spann.-Zusammenbruch infolge Lawinendurchschlags in einem Metall–Isolator-Halbleiter (MIS)-Kondensator 16-0451; Analyse d. mit d. Halbleiter–Isolator–Halbleiter-Struktur (SIS) verbundenen negativen Widerstandes 20-0395; Energieverteil. v. Elektronen beim Durchtunneln v. Al–Al_2O_3–Al–Au-Strukturen 20-0396; Lad.-Wander. auf SiO_2-Grenzflächen in MOS-Strukturen mit Si als Halbleiter 20-0397; Volt–Ampere-Charakteristiken d. Kriech- u. Emiss.-Stroms v. Al–Al_2O_3–Ag- u. Al–Na_3AlF_6–Ag-Sandwich-Kathoden 21-0454; Transmiss. heißer Elektronen durch metall. Schichten in Halbleiter/Metall/Halbleiter-Syst. 23-0497; Einfl. d. therm. Trägh. auf d. Strom–Spann.-Charakteristiken für Wechselstrom im Syst. Leiter–halbleitender oder dielektr. Film–Leiter 23-0498; Gesetzmäßigk. d. nichtstationären Stroms in Syst. Metall/Dielektrikum/Metall 25-0464; Mechanismus d. Stromtransports in Metall/Dielektrikum/Metall-Dünnschichtstrukturen 25-0468; durch eine Oberflächen-Raumlad. kontrollierte Ströme im Feldeffekt u. bei MOS-Strukturen 25-0469; Tunnel. für ein Syst. aus zwei Metallen u. einer Oxidschicht 26-0406; Spann.–Kapazität-Charakteristiken u. DK eines durch reaktive Zerstäub. hergestellten Syst. Si/Ta_2O_5 27-0515; zwei entgegengesetzte Tunnelströme in einer Metall–Oxid–Metall-Struktur 27-0518; Instabilitäten d. MOS-Struktur 31-0446; Beiträge v. Oberflächenzuständen zur MOS-Impedanz 31-0447; Lad.-Transporterschein. im MOS-Syst. 31-0448; Widerstand v. gemeinsam aufgestäubten Au–SiO_2–Cermet-Schichten 31-0452; elektr. u. opt. Eig. v. Metall–Dielektrikum–Metall-Tunnelstrukturen 33-0386; elektr. Wirkungsweise v. Wandlern aus Metall–Isolator–piezoelektr. Halbleiter-Strukturen 36-0378; Tunnel. in Grenzflächenzustände v. MOS-Strukturen 36-0379; Mess. d. Kapazität–Spann.-Charakteristiken v. MOS-Strukturen mittels einer Impulsmeth. 36-0381; Übergang v. elektrodenbegrenzten zu volumenbegrenzten Leit.-Prozessen in Metall–Isolator–Metall-Syst. 38-0460; Analyse d. Gütezahl, Ausb., Stabilität u. Anordn. v. Read-Strukturen im nichtlinearen Bereich 46-0375; Durchschlags-Leit. in Al–SiO–Al-Kondensatoren 47-0376; Eig. v. Au-dotierten MOS-Strukturen 47-0378; komplexe Kapazitätsänder. d. MOS-Struktur als Funkt. d. Frequenz, d. Temp. u. d. Gleichspann. 47-0379; Leitfähigk.-Extrema in Metall–Isolator–Halbleiter-Tunnelübergängen 48-0453; Leitfähigk. v. Bi–Al_2O_3–Au-Tunnelübergängen 48-0454.

Dioden

Lebensdauer d. Minoritätsträger in Halbleiterflächendioden 1-0017; Übergangsprozesse in Halbleiterdioden bei hohen Injekt.-Niveaus 1-0419; vorübergehende Veränder. d. Gleichstromcharakteristik einer im gepulsten Reaktor bestrahlten Diode 2-0410; Einfl. eines Beschusses mit schnellen Neutronen auf d. Strom–Spann.-Kurven einer leitfähigkeitsmodulierten p–i–n-Diode 3-0426; Dioden mit negativem Widerstand 7-0409; Mess. v. Nanosekunden-Lebensdauern in „langen“ Dioden 7-0410; Theorie d. stat. Charakteristiken v. Vierschicht-p^+–n–ν–n^+-Diodenstrukturen 7-0411; induktive Eig. v. p–n–n^+-Dioden mit einem Minimum d. Verteil. d. stationären Lad.-Trägerkonz. in d. Basis (Berechn. u. Anwend. auf Ge, Si, GaAs u. SiC) 13-0397; Gesamtwiderstand v. p–i–n-Dioden bei hohen Injekt.-Niveaus 20-0360; Vol.-Widerstand einer Halbleiterdiode 21-0462; erzwungene kinet. Schwing. in Halbleiter-Diodenstrukturen 24-0434; Durchschlag in Zener-Dioden bei tiefen Temp. 24-0435; große (nicht-Esaki)-Überschußströme bei niedr. Spann. v. p–n-Tunneldioden 24-0436; thermometr. Charakteristiken v. Halbleiterdioden 24-1942; Injekt. u. Emiss. heißer Elektronen in Dioden 29-0419; Zustandsdichten bei Schottky-Dioden 30-0388; Oberflächenlad.-Dichte v. MOS-Dioden 31-0446; Frenkel-Effekt in Halbleiterdioden 31-0453; durch Bestrahl. verursachte Abnahme d. „eingebauten“ Spann. in Tunneldioden 31-0454; Überschußstrom einer Tunneldiode 35-0357; Struktur u. elektr. Eig. v. Dioden aus dünnen Oxidschichten mit aufgestäubter Ti-Basis 40-0327; Einfl. eines Magnetfeldes auf d. V–I-Charakteristik v. Festkörperdioden 41-0319; Frequenzverh. v. Lawinendurchbruchs-Photodioden 47-0346; Theorie d. LSA-Oszillator-Diode 47-0347; Theorie langer Dioden mit negativem Widerstand 49/50-0286; Unterdrück. d. Raumlad.-Rauschens in Dioden bei niedr. Injekt. 51/52-0270.

Elektrolumineszenz u. Stromleit. in Nb–Nb_2O_5–Au-Dioden 1-0464; Kapazität v. Al–SiO_2–Si-Dioden 2-0408; durch Oberflächenzustände in Ge-Tunneldioden verursachte Oberflächenüberschußleit. 3-0427; Schwing. in p–i–n-Ge-Dioden in gekreuzten Feldern 3-0428; elektr. u. Photovolta-Eig. v. PbS–Si-Heterodioden 7-0408; phasenstarre Oszillat. v. Si-Lawinendioden 14-0402; Rauschunterdrück. in einer Si-Diode mit Doppelinjekt. 14-0403; Impulsverh. v. Ge–p–i–n-Dioden 14-0406; umgekehrte Charakteristik v. GaSb-Tunneldioden 15-0400; Druckempfindlichk. v. Au–$KTaO_3$-Schottky-Sperrschichtdioden 16-0452; Rauschen in raumladungsbegrenzten Ge-Dioden mit Doppelinjekt. 17-0443; Strom–Spann.-Kurven raumladungsbegrenzter Dioden auf n-Si-Basis mit Al-Kontakten 17-0449; Stromoszillat. in Au-kompensierten Si–p–i–n-Dioden 17-0450; Durchschlagscharakteristiken metallisierter Ge-Dioden u. deren Mikrowellenschwing. 17-0454; feldverstärkte Photoemiss. v. großfläch. Ge-Dioden bei tiefen Temp. 17-0455; Herst. u. Eig. v. Schottky-Mischdioden aus GaAs mit einer dielektr. Zwischenschicht u. Metallelektroden 19-0448; Änder. d. Strom–Spann.-Charakteristiken in Sperricht. v. Ge-Dioden bei Röntgenbestrahl. 20-0373; spontane Rekombinat.-Strahl. v. InAs-Dioden 20-0382; Einfl. eines anisotropen Drucks auf d. Strom in Sperricht. u. d. Lebensdauer d. Minoritätsträger in Ge-Dioden 21-0483; Strom–Spann.-Charakteristiken v. in Vorwärtsricht. gepolten Metall–Si-Schottky-Dioden 23-0493; Einfl. v. Röntgenbestrahl. auf d. stat. Strom–Spann.-Charakteristiken kommerzieller Si-Dioden 25-0439; Kennlinie einer Si–p–n-Diode 26-0432; Abweich. v. raumladungsbegrenzten Verh. in CdS-Krist.-Dioden 26-0454; negatives Widerstandsgebiet v. mit Au dotierten Ge-Doppelinjekt.-Dioden 27-0492; Photoempfindlichk. u. Interferenz in Nb_2O_5-Dioden 28-0431; Durchbruch v. Si-Kleinflächendioden bei Sperrbelast. 29-0440; Theorie d. stat. Sperrcharakteristik einer Ge-Diode im Vordurchschlagsbereich 29-0446; Rauschen d. raumladungsbegrenzten Stroms in einer CdS-Diode bei niedr. Injekt.-Strömen 29-0475; Zeitabhängigk. d. Kapazität u. d. Sperrstroms in einer GaAs-Schottky-Sperrschichtdiode 30-0397; Verbesser. d. Emiss.-Gleichmäßigk. v. monolith. Ga–As-Bildschirmdioden 31-2393; Einfl. d. Oberflächenrekombinat.-Geschw. auf Übergangsprozesse in Si-Dioden 32-0428; Abhängigk. d. Oberflächenrekombinat.-Geschw. d. Basis v. Si-Dioden v. Temp. u. Injekt.-Niveau 32-0429; I–V-Charakteristik v. Au/CdS/Te-Dünnschichtdioden 33-0522; Rauschen in Al–Al_2O_3–Al-Dünnfilm-Dioden 38-0459; elektr. Charakteristiken v. Ni–Ga–Arsenid-Oberflächensperrschichtdioden 39-0354; Kapazitäts-/Spann.-Charakteristik v. Metall/SiO_2/Si-Dioden 42-0170; negativer Widerstand v. Al–Al_2O_3–Metall-Dioden 44-0359; Strom–Spann.-Charakteristik v. mit Au dotierten Si-Dioden 45-0392; negativer Widerstand in Au-dotierten Si–p–n_i–n-Dioden 45-0395; Theorie d. negativen Widerstandes v. Au-dotierten Ge–p–n-Dioden 45-0398; Impedanz u. Übergangsprozesse in Ge-Dioden mit tiefen Niveaus 45-0399; feldinduzierte Photoelektronenemiss. aus Si-Oberflächensperrschichtdioden 46-0376; Lebensdauermess. an GaAs-Dioden 47-0363; negative Widerstände d. N- u. S-Typs u. Relaxat.-Schwing. in mit Au dotierten Ge-Doppelinjekt.-Dioden 48-0411; Sperrschichtdioden auf SiC 48-0451; elektr. Kennlinien v. Dioden aus entartetem n-Ge mit metall. Au- oder In-Elektroden bei tiefen Temp. 49/50-0285.

Transistoren

Einfl. d. Unterlage auf d. Gleichstromcharakteristik v. Si-MOS-Transistoren 1-0465; Abscheid.-Effekte in Diffus.-Transistorstrukturen 8-0390; Einfl. v. Feinlunkern auf d. Eig. v. CdSe-Au-Ge-Metallbasis-Transistoren 12-0417; Ausdiffundieren v. Sb aus Ge u. seine Anwend. auf Transistoren 17-0456; Zerstör.-Erschein. v. Si-Planartransistoren mit Al-Elektroden u. Au-Kontakten 20-0368; Änder. d. Strom–Spann.-Charakteristiken in Sperricht. v. Ge-Transistoren bei Röntgenbestrahl. 20-0373; Rauschen u. Instabilität v. Ge-Leg.-Transistoren 20-0375; Einfl. einer Ox.-Vorbehandl. auf d. Charakteristik v. MOS-Transistoren 31-0450; Oberflächen-Rekombinat.-Geschw. v. Leg.-Ge-Trioden 31-0455; Beobachtbark. d. Doppelschwellen-Transmiss.-Resonanz in Dünnschicht-Trioden 32-0417; Diffus. zwischen Basis u. Emitter in npn-Si-Transistoren 33-0484; Eig. v. Si-Transistoren mit Al_2O_3 als Torisolator 38-0458; Oberflächen-Termanalyse bei MIS-Transistoren 43-0413; Einfl. anisotroper Spann. in Emitter–Basis-Übergängen v. Si-Planartransistoren 45-0394.

Gleichrichter

Gleichrichtercharakteristik v. Si–SiC-pn-Heteroübergängen 7-0406; Anwend. d. Theorie d. heterogenen pn-Übergangs auf d. Se-Gleichrichter 17-0444; photomagnet. Gleichricht.-Effekt in Cu_2O bei 77 °K 27-0512; Gleichricht. an d. Grenze Cu–Cu-Phthalocyanin 35-0363; Leitfähigk. eines Gleichrichterkontakts Hg–GaAs 39-0353; induktive Eig. v. Se-Gleichrichtern in Durchlaßricht. 41-0322; Gleichrichtereig. v. SnO_2–Si-Heteroübergängen 44-0355.

Thermistoren

Unters. an Thermistoren 1-1715; Eig. d. Thermistormassen im Syst. d. Mn–Ni–Cu-Oxide 29-2395.

Detektoren

Ermittl. v. Defekten in Si-Kernstrahl.-p–i–n-Detektoren 10-0389; Photospann.-Empfindlichk. v. InSb-MOS-IR-Detektoren 16-0453; Beding. zur Bldg. v. Leit.-Kanälen in homogenen Krist.-Detektoren aus Ge oder Si 22-0420; Einfl. v. Dotier. u. magnet. Feldern auf d. Detektoreig. v. n-InSb im Millimeter- u. Submillimeterbereich 25-0447; Best. d. Breite d. kompensierten Bereichs in Ge-p–i–n-Detektoren mit Hilfe einer Lichtsonde 29-0443; Metallurgie u. physikal. Eig. v. mit Hg dotiertem Ge in bzw. auf d. Leist.-Fähigk. d. IR-Detektors 29-0445; Schwank. d. gesammelten Lad. in Halbleiterstrahl.-Detektoren 35-0352; Nachw. v. IR-Strahl. durch Reflex.-Vermögensänder. v. Halbleitern 35-1971; Detektoreig. d. photonenmodulierten Tunnel. einer Te–Al_2O_3–Al-Struktur 40-0331.

Bibliographie

Modelle und Ersatzschaltungen von Halbleiterdioden B 15; Ätzpraxis für Halbleiter B 46; Technologie der Halbleiterverbindungen. Fragen der physikalischen Chemie und der Technologie der Herstellung der Halbleiterverbindungen A^{III}, V^{V} [russ.] B 15; Halbleiterverbindungen, ihre Herstellung und Eigenschaften. Chalkogenide der Elemente der 2., 4. und 5. Gruppe des Periodensystems [russ.] B 46; Untersuchung des Wärme-Stoffaustausches im Prozeß der Herstellung monokristalliner Halbleitermaterialien und der Wärmeaustausch in Kanälen (Mitteilungssammlung) [russ.] B 70; Semiconductor junction devices B 6; Physics and technology of semiconductor devices B 6; Mosfet in circuit design: metal-oxide-semiconductor field-effect transistors for discrete and integrated-circuit technology B 22; Silicon controlled rectifiers B 30; Microelectronic technology; selected articles from semiconductor products and solid state technology B 62; Radiation effects in semiconductor devices B 74; Circuits de mesure et de contrôle à semiconducteurs B 6; Recueil des textes résumés des communications présentées au 2e Colloque international sur les applications des techniques du vide à l'industrie des semiconducteurs *1966*, Centre d'études nucléaires de Saclay B 22; Semiconductors. Théorie et pratique des circuits à semiconducteurs. Vol. *3*: Non-linear electronics B 50; Colloque international sur les applications des faisceaux ioniques à la technologie des semiconducteurs. Grenoble *1967* B 70; Composants à semiconducteur, réalisation, fonctionnement, caractéristiques B 78; Semiconduttori e loro applicazioni B 30; Semiconduttori: germanio e silico. Transistori: diodi e raddrizzatori. Teoria, tecnologia, applicazioni B 30; Física y electrónica de los semiconductores B 55.

Halbleiterübergänge

Herst. u. Verw. v. bestimmten – u. v. Halbleiterbauelementen mit – s. unter *Halbleitertechnologie und -Bauelemente*.

Schlierenopt. Abb. elektr. Mikrofelder an pn-Übergängen 6-0418; Strom–Spann.–Temp.-Abhängigk. symm. Tunnelübergänge 9-0419; Relaxat. v. p–n-Übergängen im Bereich starker Niveaus 12-0386; Bezieh. zwischen d. I–V-Charakteristik d. Tunnelsyst. u. d. Zustandsdichte auf beiden Seiten eines p–n-Übergangs 14-0400; einige Aspekte d. Durchtunnel. v. p–n-Übergängen 14-0401; Diffus.-Verbreiter. v. p–n-Übergängen in Halbleitern 16-0422; Lawinendurchschlagsspann. selektiver Diffus.-p–n-Übergänge 17-0442; Einfl. mechan. Spann. auf d. Durchschlagsspann. v. p–n-Übergängen 20-0358, 20-0359; Theorie d. Einschalt. einer p–n–p–n-Struktur 20-0361; Strom–Spann.-Charakteristiken v. p–n+–n-Strukturen 21-0463; Berechn. einer stark asymm. p–n–p–n-Struktur bei stationärem Betrieb unter Berücksichtig. d. Streuwiderstandes d. Basis 21-0464; Leit.-Diffus.-Theorie v. – 24-0433; extrem hohe Injekt.-Niveaus in n–p-Übergängen 24-0437; Rauschunterdrück. mittels Raumlad. in in Flußricht. vorgespannten p–n-Übergängen 24-0438; Hochtemp.-Ausheil. bestrahlter p–n-Übergänge 24-0439; Theorie d. inelast. Elektron–Mol.-Wechselwrkg. in Tunnelübergängen 26-0424; therm. Lawinendurchschlag in p–n-Übergängen 31-0416; Kapazität d. Verarm.-Randschicht eines stufenförm. p+–n-Übergangs 39-0328; elektr. Leitfähigk. eines annähernd eigenleitenden Halbleiters mit p–n-Übergang 39-0329; Lad.-Träger-Driftzeiten im Feld v. p–n-Übergängen 44-0342; Schwing. d. Grenzflächenspann. eines p–n-Übergangs 44-0343; Raumlad.-Kapazität asymm., abrupter p–n-Übergänge 44-0344; Kapazität eines p–n-Übergangs mit tiefen Störstellen 44-0345; elektromagnet. Moden anisotroper dielektr. Wellenleiter an p–n-Übergängen 44-0346; eingebautes elektrostat. Potential, Feld u. Feldgradient in diffundierten p–n-Übergängen 44-0347; Theorie durch Schmelzdotier. erzeugter p–n-Übergänge mit kleiner Diffus.-Länge d. Lad.-Träger 44-0349; thermodynam. Nichtgleichgew. d. Elektronen in p–n-Übergängen 47-0344; Unters. d. Diffus.-Profile planarer p–n-Übergänge nahe d. Kante einer Diffus.-Maske mit d. Raster-Elektronenmikroskop 47-0345; Stoßionisat. in p–n-Übergängen bei hohen Frequenzen 49/50-0280; Theorie d. elektr. Effekte d. Lawinenmultiplikat. bei in Sperricht. vorgespannten p–n-Übergängen 49/50-0281; Strom–Spann.-Charakteristiken realer p–n-Übergänge im Bereich d. Lawinendurchschlags 49/50-0282; Spann.-Moment in p–n-Übergängen 49/50-0283; Rauschen im Megahertz- u. Mikrowellengebiet v. – beim Lawinendurchbruch 49/50-0284.

Debye-Länge v. p–n-Übergängen in Se-Gleichrichtern 5-0451; Anwend. d. Theorie d. heterogenen pn-Übergangs auf d. Se-Gleichrichter 17-0444; Indukt.-Eig. v. Se-p–n-Übergängen bei Vorspann. in Flußricht. 44-0350; Einfl. v. Krist.-Defekten auf d. Sperrverh. v. n+pp+-Anordn. aus Si 12-0394; pn-Übergang in Si-Whiskern nach d. VLS-Meth. 13-0400; Übergang v. p- in n-leitenden einkrist. Si durch Dotieren mit P 14-2200; Blindcharakteristiken v. Si-p–n-Übergängen 25-0438; Einfl. v. Röntgenstrahl. auf Si u. p–n-Übergänge in Si 25-0439; Bezieh. zwischen Stromfluß u. O-Adsorpt. bei einem in Sperricht. gepolten Si-pn-Übergang 26-0432; Zusammenhang zwischen Versetz. u. Mikroplasma beim Lawinendurchschlag eines p–n-Übergangs in Si 27-0489; Ursache d. Erniedrig. d. Durchschlagsspann. an ebenen Si-p–n-Übergängen 32-0427; Einfl. v. Au-Spuren auf d. Durchschlagsspann. v. p–n-Übergängen beim Si 43-0376; elektr. Eig. v. durch Beschuß epitakt. Si-Schichten mit P-Ionen dargestellten p–n-Übergängen 44-0351; Stromoszillat. in Co-dotierten Si-p–i–n-Strukturen 44-0352; Einfl. v. anisotropen Spann. auf ebene Si-Übergänge 45-0394; Doppelinjekt. in lange Si-p–π–n-Strukturen 48-0397; Adsorpt. v. Metallionen aus W., H_2O_2 u. KOH an d. Oberfläche v. Ge- u. Si-p–n-Übergängen 2-0615; Einw.: v. Licht auf d. Potentialrelief v. p–n-Übergängen an d. Oberfläche v. Si- u. Ge-Krist. im Rasterelektronenmikroskop 9-0418; v. Cu auf As-dotierte Ge-Tunnelübergänge 14-0405; einaxialer mechan. Spann. auf mit Cu dotierte Ge-p–n-Übergänge 17-0453; Bistabile Stromschwank. v. in Stromricht. gepolten p–n-Übergängen in Ge 18-0403; Einfl. v. Röntgenstrahlen auf elektrophysikal. Eig. v. Ge u. Ge-pn-Übergänge 20-0373; Lochinjekt. in Übergänge zwischen amorphen Ge-Schichten u. n-Ge-Einkrist. 29-0444.

pn-Übergänge: v. SiC 14-0409; in mit Be dotiertem Si-Carbid 22-0422; Einfl. v. Licht auf d. Bldg. eines p–n-Übergangs im Halbleitersyst. ZnO/ZnO + x% Al_2O_3 12-0416; Strom–Spann.-Charakteristiken, Photospann. u. Elektrolumineszenz v. p–n-Übergängen in ZnS 13-0340; elektr. Transport-Eig. an $ZnSe_xTe_{1-x}$-p–n-Übergängen 40-0272; p–n-Übergänge in CdTe 12-0404; Volta-Effekt d. Elektronen an einer Korngrenze in Form eines n–n+-Übergangs v. CdS 14-0423; sichtbare Elektrolumineszenz v. p–n-Übergängen aus $Cd_{1-x}Mg_xTe$ 49/50-0232; Lawinendurchbruch in GaAs-p–π–p-Strukturen 6-0432; Einfl. hydrostat. Drucks u. d. Temp. auf d. Strom–Spann.-Charakteristik v. p–n-Tunnelübergängen in GaAs 9-0423; Diffus.-p–n-Übergänge in GaP-Nadelkrist. u. ihre elektr. Eig. 11-0450; Strom–Spann.-Charakteristiken v. p–n-Diffus.-Übergängen in $GaAs_{0,65}P_{0,35}$ 22-0427; Einfl. v. Versetz. auf d. Struktur v. Diffus.-p–n-Übergängen in GaAs u. d. Parameter d. Rekombinat.-Strahl. 24-0444; elektr. Charakteristiken v. GaAs-Diffus.-p–n-Übergängen in Solarzellen 24-0445; Doppelinjekt. u. Oszillat. d. Strom–Spann.-Kennlinie eines legierten GaP-p–n-Übergangs 27-0506; kurzwell. Emiss. v. GaSb-Diffus.-p–n-Übergängen bei tiefen Temp. 34-0449; Niederfrequenz-Stromoszillat. in aus Lsg. gewachsenen p–n-Übergängen in GaP 35-0355; p–n-Übergänge in aus d. Lsg. gezogenem, kompensiertem GaP 40-0315; hochohm. p–n-Übergänge in Ga_x-Al_{1-x}–As-Krist. 44-0357; Laser-Besonderh. gezogener GaSb-p–n-Übergänge 49/50-0259; Mikroplasmen in GaP-p–n-Übergängen 49/50-0299; Elektrolumineszenz mit hoher Ausb. in GaP-p–n-Übergängen 51/52-0239; elektr. Eig. v. Leg.-p–n-Übergängen in InAs 2-0385; Einfl. eines Magnetfeldes auf beleuchtete p–n-Übergänge v. InAs 6-0433; Lawinenmultiplikat. u. Ionisat.-Koeff. in InAs-p–n-Übergängen 22-0430; kapazitive Eig. v. p–n-Übergängen in InP 31-0432; elektr. u. Elektrolumineszenz-Eig. v. InP-p–n-Übergängen 34-0453; Einfl. d. Korngröße u. d. Dotier. mit Mg auf d. p → n-Übergang in Wüstit 46-0396; Leg.-p–n-Übergänge in Cu_2O u. ihre Parameter 18-0423.

Nicht d. Hecht-Modell entsprechende Impulshöhe–Spann.-Verh. v. Anthracen durch einen pn-Übergang 27-1029.

Heteroübergänge: Übergangsgrenzbeding. für Heteroübergänge 1-0417; Besonderh. d. Injekt. in Heteroübergänge 1-0418; Si-SiC-pn-Heteroübergänge 7-0406; epitakt. Ge–PbS-Heteroübergänge 7-0407; Unters. an heterogenen pn-Übergängen zwischen Se u. verschiedenen Seleniden 17-0445; Fehlpass.-Versetz. in GaAs–Ge-Heteroübergängen 19-0455; Schicht v. entartetem Ge in Heteroübergängen 20-0374; Grundgesetzmäßigk. elektr. Charakteristiken einiger Heteroübergänge u. ihr Bandschema 20-0394; elektr. Eig. v. Heteroübergängen Ge/GaAs 23-0494; spektrale Empfindlichk. v. p–n-Heteroübergängen 28-0421; Darst. u. Eig. v. aus d. Lsg. gewachsenen GaAs–Si-Heteroübergängen 28-0422; GaP–GaAs-Heteroübergänge 35-0356; CdTe–HgTe-Heterostrukturen 43-0411; elektr. u. opt. Eig. v. SnO_2–Si-Heteroübergängen 44-0355; GaP–Ge-Heteroübergänge 44-0356; elektr. Eig. v. AlAs–GaAs-Heteroübergängen 44-0358; Druckabhängigk. d. Schwellenhöhen in Ge–GaAs-n–n-Heteroübergängen 48-0455.

Untersuchungsmethoden: Röntgenbeug.-Mikroskopie v. planaren, diffusen pn-Übergangsstrukturen 37-2068; neue Meth. zur Mess. d. Rekombinat.-Geschw. v. Trägern in einem p–i–n-Übergang 38-0424.

Halbmetalle, Reinigen v. metall. oder halbmetall. Stoffen auf gaschromatograph. Wege 26-2206*.

Unters. magnetoopt. Interbandeffekte an – 11-0357; Struktur u. Eig. d. – 17-0286; Excitonenisolator, eine neue isolierende Phase (z. B. – mit sehr kleiner Bandüberlapp. bei tiefen Temp.) 20-0427; Quanten-Dimens.-Effekt in einem halbmetall. Film 22-0465; nichtlineare Magnetooptik v. Elektronen u. Löchern in Halbleitern u. – 24-0340; indirekte Wechselwrkg. v. Elektronen u. Defektelektronen über Phononen u. deren Auswrkg. auf d. kinet. Eig. v. – 24-0413; longitudinale, galvanomagnet. Quantenerschein. in dünnen –-Filmen 28-0411; Halbleiter u. – im Syst. Hg_xSTe_{1-x} 32-0442; Zusammenhang zwischen d. kinet. Koeff. im starken Magnetfeld bei – 32-0454; opt. u. photoelektr. Eig. d. Syst. HgS_xSe_{1-x} im Gebiet d. Übergangs Halbmetall–Halbleiter 39-0346; Quantenwellen in – 41-0299; Leit.-Anomalien durch raumladungsinduzierte, lokalisierte Zustände in – 47-0377.

Bibl.: Semiconductors and semimetals. Vol. *3*: Optical properties of III–V compounds B 26; Propriétés thermodynamiques physiques et structurales des dérivés semimétalliques; Colloque international, Orsay, *1965* B 9; Propriétés thermodynamiques, physiques et structurales des dérivés semi-métalliques B 18.

Haldol s. unter $C_{21}H_{23}ClFNO_2$.

Halidor s. unter $C_{19}H_{31}NO$.

Halit s. unter *Natriumchloride*: *NaCl.*

Hall-Effekt

Photo-Hall-Effekt s. *Photoelektromagnetischer Effekt.*

Siehe auch *Galvanomagnetische und thermomagnetische Effekte.*

Hall-Spann. u. Gütefaktor v. magnet. Halbleitern 2-0374; Leitfähigk. u. Hall-Konst. 6-0450; außerordentl. – in Ferromagnetika 7-0415; Leitfähigk. u. Hall-Konst. 10-0422; –: v. dünnen Halbleiterschichten für Photozellen 12-0408; in Halbleitern 15-0400; Hall-Konst. d. fast freien Elektrons in amorphen Stoffen 15-0432; Theorie d. spontanen – bei tiefen Temp. 17-0486; einfache Ableit. d. Hall-Anisotropiefaktors für kub. u. oktaedr. Flächen konst. Energie 20-0338; Einfl. elektr. Felder auf d. – in polaren Halbleitern mit nichtparabol. Dispers.-Gesetz 21-0461; Quanten-Dimens.-Effekt in Formeln für d. Hall-Konst. in einem halbmetall. Film (Anwend. auf Bi) 22-0465; Temp.-Abhängigk. d. Hall-Beweglichk. 23-0473; Einfl. starker elektr. Felder auf d. magnet. Widerstandsänder. u. d. Hall-Koeff. in Halbleitern 26-0422; Theorie d. – in fehlgeordneten Syst. 27-0480; anomale Vorzeichenumkehr d. Hall-Koeff. 27-0484; Theorie d. – in Halbleitern mit inhomogener Konz. geladener Ionen 29-0427; Theorie d. anomalen – in ferro- u. antiferromagnet. Materialien 30-0423; Thermokraft bei einwert. Metallen mit negativen Hall-Koeff. 31-0392; Hall-Koeff. v. entarteten, eigenleitenden Halbleitern 31-0413; Theorie d. – in Krist. mit einer eindimensionalen, quasistationären Stör. 31-0415; – in Halbleitern bei geringen Konz. freier Lad.-Träger 32-0416; Hall-Beweglichk. d. kleinen Polarons 33-0448; neue Meth. zur Berechn. d. Hall-Koeff. bei schwachen Feldern 33-0562; Temp.-Abhängigk. d. Hall-Beweglichk. kleiner Polaronen 38-0421; Minimum im Hall-Winkel eines Supraleiters II. Art 38-0490; – in Many-Valley-Halbleitern bei hohem elektr. Feld 43-0371; Einfl. d. Ungleichförmigk. d. Kantenversetz.-Dichte auf d. – v. Halbleitern 45-0380; Änder. v. Hall-Koeff. u. Hall-Beweglichk. mit d. Störstellenkonz. 46-0369; Theorie d. – in Ferromagnetika 48-0474.

Elemente und Legierungen

Hall-Beweglichk. v. trigonalen Se-Einkrist. 29-0431; – beim Ausheilen in fremdleitendem, einkrist. Te 2-0376; Hall-Beweglichk. in im Vakuum aufgedampften Te-Schichten 25-0433; – v. festen Lsg. Te–Se 32-0419.

Hall-Mess. in halbleitenden Diamanten 14-0367; Hall-Koeff. v. mit Na dotierten Kohlenstoffen 14-0432; Gültigk. einiger einfacher Elektronenmodelle für prägraphit. C bez. d. Hall-Koeff. 30-0455; Einfl. einer Neutronen- u. Elektronen-Bestrahl. bei *77* °K auf d. Hall-Konst. v. Graphit 46-0293; Hall-EMK in d. Basis einer Si-Diode mit negativem Widerstand 6-0423; –-Mess. an therm. vorbehandelten p-Si-Krist. 25-0434; durch Neutronenbeschuß induzierte Änder. d. Leit.-Typs in p-leitendem Si (Hall-Koeff.-Mess.) 25-0436; –: bei auf Si durch Beschuß mit P- u. Al-Ionen gebildeten Invers.-Schichten 25-0437; in p-Si 30-0389; v. durch Sb-Beschuß dotiertem Si 34-0370; v. teilweise kompensiertem, In-dotiertem Si 43-0374; Hall-Beweglichk. v. mit Ga dotiertem Si 45-0391; –-Mess. an schichtweise abgetragenem Si 47-0340; Hall-Beweglichk. in verformtem Si bei tiefen Temp. 49/50-0290.

De Haas-Shubnikov-Schwing. beim – in As 21-0467; Hall-Widerstand v. As-Einkrist. 38-0429.

Allg. Formalismus d. analyt. Fortsetz. in d. Nachwrkg. für große Quantensyst. mit Berechn. d. – in einem Metall mit Störstellenstreuung 20-0336; planarer Hall- u. Nernst-Effekt in ferromagnet. Metallen 21-0503; Hall-Koeff. fl. Metalleg. 24-0475; –: in antiferromagnet. Metallen 31-0466; in dünnen Metallfilmen 32-0460; in ferromagnet. Metallen 46-0311; Interpretat. d. Hall-Koeff. v. Edelmetalleg. 51/52-0302.

Verteil.-Koeff. v. Zn in Leg. mit Ge nach Mess. d. Hall-Konst. 15-0584; – in Zn mit geringen Verunreinig. 17-0489; Hall-Konst. dotierter ZnSb-Einkrist. 35-0359; Einfl. d. Probengeometrie auf magnetomorphe Schwing. beim – an Cd bei d. Temp. d. fl. He 30-0424.

Hall-Koeff. v. Al-reichen Leg. 4-0370; – in Al 21-0502; Hall-Widerstand in Al-Einkrist. bei Temp. d. fl. He 35-0370; Hall-Koeff. v. Al bei hohen Feldern 47-0388; Einfl. d. Temp. auf d. Hall-Koeff. v. In u. In-reichen festen Lsg. 28-0451; –: an In-Amalgam in fl. Phase 46-0402; in Y-Einkrist. 46-0403; v. Dy (Anisotropie) 2-0423; v. Gd-, Lu- u. Y-Einkrist. 42-0357.

Verh. v. Hall-Koeff. in TiFe, TiCo, TiNi u. ihren Leg. 23-0516; Hall-Koeff. v. mit Sb dotiertem Ge 1-0431; Einfl. v. ϱ-Gradienten auf d. Hall-Koeff. in n-Ge-Einkrist. 2-0379; Beeinfluss. d. – v. Ge-Einkrist. durch Reaktorneutronen 4-0356; Hall-Beweglichk. verformter n-Ge-Proben 6-0425; Piezo-– in n-Ge 6-0426; Umkehr d. –-Spann. bei Stoßbelast. in p-leitendem (*100*)-Ge 9-0421; Hall-Koeff. plast. verformter, schwach p-dotierter Ge-Einkrist. 15-0419; – v. nichtkompensiertem, Be-dotiertem Ge 16-0427; Erzeug.-Rekombinat.-Rauschen in Ge-Einkrist. bei Bestrahl. mit schnellen Neutronen nach Hall-Effekt-Mess. 16-0428; Unters. d. Feld- u. Konz.-Abhängigk. d. Hall-Koeff. in n-Ge-Einkrist. in hohen u. mittleren Magnetfeldern 20-0371; Anisotropie d. Elektronenstreuung an Versetz. in Ge nach Mess. d. longitudinalen – 21-0479; Mess. d. Hall-Photo-EMK an dünnen Ge-Proben 21-0485; – v. amorphem Ge 23-0478; Schadenbldg.-Geschw. u. Temp.-Abhängigk. d. Hall-Koeff. in therm. Behandl. unterworfenem Ge 26-0315; Hall-Beweglichk. dünner Ge-Schichten 27-0464; de Haas-Shubnikov-Oszillat. d. Hall-Koeff. in Sb-dotiertem Ge 27-0494; Einfl. d. Versetz. auf d. Hall-Konst. v. Ge 27-0495; Hall-Konst. v. elektronenbestrahltem p-Ge bei *4,2* °K 27-0496; Hall-Beweglichk. v. n- u. p-Ge unter d. Einfl. einer γ-Bestrahl. 31-0421; Anisotropie d. Hall-Koeff. in n-Ge in starken elektr. Feldern 32-0433; Hall-Koeff.: in n-Ge 37-0409; v. mit As dotiertem Ge als Funkt. d. Temp. 39-0332; – v. n-Ge bei hohen elektr. Feldern 40-0305; Hall-Beweglichk. in p-Ge- u. p-Ge-Si-Einkrist. (Temp.-Abhängigk.) 43-0382; Hall-Koeff. v. im Vakuum abgeschiedenen Ge-Schichten 44-0146; Temp.-Abhängigk. d. – in Ge 45-0396; Hall-Spann. v. O u. B enthaltenden Ge-Krist. 48-0407; – v. Ge 49/50-0293; Hall-Beweglichk. v. n-Ge u. n-Si während d. Bestrahl. mit schnellen Neutronen 51/52-0276; – v. n- u. p-Ge 51/52-0277; asymptot. Verh. d. Hall-Leitfähigk. v. Sn 13-0437; Hall-Koeff.: v. mikrokrist. Schichten v. Metallen mit gemischter Leit. (Be u. Pb) 14-0441; v. Pb–Sn in Abhängigk. v. Sn-Geh. 31-0463.

–: v. V 8-0395; in dünnen V-Schichten 37-0427; Hall-Winkel supraleitender Nb–Ta-Leg. im Mischzustand 31-0477; Einfl. oszillierender Felder auf – u. Widerstand v. supraleitendem Nb 36-0385; Hall-EMK v. Nb-Einkrist. 39-0363; Hall-Koeff. v. mit Te dotierten Bi-Polykrist. 3-0452; Abhängigk. d. Hall-Konst. v. d. Dicke d. Bi-Filme 3-0454; isotrope u. anisotrope Änder. d. Hall-Koeff. bei d. plast. Verform. v. Bi 3-0456; – Sn-dotierter Bi-Einkrist. 16-0430; Zusammenhang zwischen Epitaxie u. – v. Bi-Schichten 17-0230; Hall-Koeff.: v. Sn-dotierten Bi-Krist. 18-0407; in aufgedampften Bi-Schichten 18-0408; Effekt d. Größenquantisier. in dünnen Bi-Schichten nach Mess. v. spezif. Widerstand u. Hall-Koeff. 18-0409; Hall-Konst. v. InBi 28-0444; Temp.-Abhängigk. d. spezif. Widerstandes u. Hall-Konst. v. dimensionsquantisierten Bi-Filmen 33-0503; – in Bi 39-0335; Einfl. d. Probengröße auf d. Hall-Konst. in Bi 44-0335; Best. d. Donatorwertigk. v. Te in Bi durch –-Mess. 48-0413.

Einfl. mechan. Spann. auf d. Hall-Koeff. v. Cr-Filmen 23-0514; – in Cr–V-Leg. 28-0452; Hall-Koeff. v. Cr 31-0467; –: v. Cr–Mo-Leg. 38-0475; v. Mo-Krist. in starken effektiven Feldern 6-0451; v. Mo u. molybdänreichen Mo–Fe-Leg. 42-0358.

– v. α-Mn bei tiefen Temp. 28-0499.

– einer Invarleg. bei tiefen Temp. 4-0371; Zusammenhang d. Diffus.-Parameter v. H mit kinet. Koeff. in Fe–Al-Leg. sowie elektr. Widerstand u. Hall-Konst. 9-0318; – in dünnen Fe-Schichten 25-0480; Hall-Konst. v. Fe-Leg. 37-2042; – in Fe-Whiskern 45-0424; Einfl. d. Adsorpt. v. Cs-, Ba-, Th- u. Cu-Atomen sowie eines elektr. Feldes auf d. – dünner Ni-Filme 2-0422; Einfl. d. Übergangselemente d. IV. Periode u. v. Cu auf d. Hall-Konst. d. Leg. auf NiMn-Basis 10-0419; Anisotropie d. außerordentl. – v. Ni-Einkrist. 15-0441; –: v. Ni–Cu-Leg. bei tiefen Temp. 21-0504; in ferromagnet. Ni–Sn-Leg. 27-0528.

Hall-Spann. d. Cu–Mn-Mischkrist. in Abhängigk. v. d. therm. u. mechan. Vorbehandl. 1-0475; –: v. γ-Messing 16-0461; bei d. Chemisorpt. v. O an dünnen Cu-Schichten 19-0722; Hall-Koeff. v. ungeordnetem Cu_3Au 30-0417; vergleichende Unters. d. Einfl. d. O- u. CO-Adsorpt. auf d. Hall-Spann. v. dünnen Cu-Filmen 44-0367; Hall-Koeff. d. γ-Phasenleg. d. Syst. Cu/Cd, Ag/Zn, Cu/Zn u. Cu/Al 20-0410; Änder. d. Hall-Konst. durch Nahordn. in d. α-Mischkrist. v. Au-, Ag- u. Cu-Leg. mit Mn 11-0477; Einfl. v. plast. Verform. auf d. – v. Cu–Pd- u. Au–Pd-Leg. 15-0436; Mess. d. – an Au–Cs–O in Abhängigk. v. Ox.-Grad 17-0473; Analyse d. – u. d. Widerstandes v. Edelmetall-Leg. (Leg. v. Ag, Au bzw. Cu mit Elementen d. B-Gruppen) 19-0483; Hall-Koeff. d. fl. Leg. Ag–In, Ag–Sn, Ag–In–Sn, Au–In, Au–Ga, Au–Sn, Cu–In, Cu–Sn u. In–Sn 47-0389; –: in Pd u. verd. Fe–Pd-Leg. 13-0438; v. verd. ferromagnet. Pd–Fe- u. Pd–Co-Leg. 17-0488.

Hydride

– in CeH_2 16-0431.

Halogenide

Hall-Beweglichk.: d. beiden Lad.-Träger in TlCl 41-0326; in AgCl u. AgBr bei hohen elektr. Feldern 46-0377.

Boride, Carbide, Silicide

Verunreinigungsempfindl. – in α-SiC v. n-Typ 2-0304; – v. defekthalt. Nb-Monocarbid 11-0444; Hall-Koeff. d. Dicarbide v. Gd, Tb, Dy, Er u. Tm 12-0396; –-Unters. d. Leit.-Bänder in *6* H- u. *15* R-Siliciumcarbid 17-0459; – in Titanmonocarbid bei hohen Temp. 22-0423; Änder. d. Hall-Konst. schwer schmelzender Carbidleg. 23-0204; Hall-Koeff.: v. nichtstöchiometr. Th-Carbid 29-0449; v. Leg. d. Syst. ZrC/NbC u. TaC/HfC 45-0422; v. Cr-Boridcarbid 46-0398.

Arsenide, Antimonide, Phosphide, Nitride

Hall-Konst.: v. einkrist. $Ga(As_{1-x}P_x)$ 3-0212; v. $ZnSiAs_2$, $ZnGeP_2$ u. $CdGeP_2$ 17-0464; v. mit Te dotiertem $GaAs_{1-x}P_x$ 22-0429; –-Mess. an GaAs u. GaSb vor u. nach Beschuß mit energiereichen Teilchen 26-0440; – in GaAs u. GaSb 28-0297; Temp.-Abhängigk. d. Hall-Konst. v. InSb–InAs-Mischkrist. 28-0426; –: in InSb–InAs-Mischkrist. 36-0366; eines neuen halbleitenden Mischkrist. (Syst. Cd_3P_2/Cd_3As_2) 49/50-0300.

–: v. $ZnGeAs_2$ 2-0381; v. Cu-dotiertem GaAs 4-0312; Hall-Beweglichk. in InAs–GaAs-Leg. 5-0461; – v. Cd_3As_2 u. Cd_3As_2–Zn_3As_2-Leg. 6-0430; Hall-Koeff. v. epitakt. auf d. (*111*)-Fläche v. Ge-Einkrist. aufgewachsenem GaAs 7-0387; – v. epitakt. InAs hoher Reinh. auf hochohm. GaAs 9-0424; Hall-Koeff.: in epitakt. GaAs 16-0436; u. Beweglichk. mit Te oder Se dotierter epitakt. Schichten v. GaAs 19-0444; Einfl. v. Beimeng. auf d. – v. $CdSnAs_2$ 20-0378; –: v. mit Zn dotierten polykrist. GaAs-Filmen 22-0425; v. epitakt. GaAs-Filmen 22-0426; v. mit Cd dotiertem kompensiertem n-InAs 22-0428; Hall-Konst. v. mit Te dotierten GaAs-Proben 22-0438; – v. GaAs 23-0482; Abhängigk. d. – v. d. magnet. Indukt. in p-$CdSnAs_2$ 23-0483; – v. epitakt. GaAs-Schichten 24-0443; Einfl. einer Neutronenbestrahl. auf d. – v. InAs 24-0446; – v. GaAs 29-0450; durch Cu-Diffus. in Te-dotierten GaAs-Krist. erzeugte –-Niveaus 29-0452; Hall-Beweglichk. v. heißen Elektronen in GaAs 30-0395; – v. n-GaAs in hohen elektr. Feldern 31-0427; Hall-Beweglichk.: v. epitakt. InAs auf InAs-Substraten 37-0415; in n-InAs 38-0296; Hall-Koeff. dünner, im Vakuum aufgedampfter Cd_3As_2-Schichten 40-0309; Hall-Beweglichk. v. $ZnSnAs_2$-Krist. 44-0167; Hall-Koeff.: v. n-CdSnAs-Einkrist. 45-0401; für d. Hoch- u. Tieftemp.-Modifikat. v. $CdSnAs_2$ u. $CdGeAs_2$ 48-0426; – für d. Syst. *2* InAs–$ZnSnAs_2$ u. *2* InAs–$ZnGeAs_2$ 49/50-0295.

– in Abhängigk. v. hydrostat. Druck v. S- u. Se-dotierten GaSb-Krist. 1-0434; Hall-Koeff.: in InSb bei hohen elektr. u. magnet. Feldern 1-0437; v. Cu- u. Ag-dotierten p-InSb-Krist. in Abhängigk. v. d. Temp. u. v. Druck 2-0388; v. NiSb 3-0434; in dotiertem GaSb 5-0464; Abhängigk. d. – v. Druck in InSb 5-0465; Hall-Konst. in InSb 5-0469; Hall-Beweglichk. v. Elektronen in InSb 6-0434; – v. mit Sn dotiertem InSb 11-0449; Hall-Koeff. v. InSb 16-0434; – v. plast. verformtem p-InSb 19-0457; Hall-Koeff.: in n-InSb bei d. quantentheoret. Grenze 19-0458; v. kompensiertem p-InSb 22-0434; – in n-InSb 22-0436; Hall-Koeff. v. mit Zn u. Te dotierten GaSb-Krist. 24-0447; – v. Ligesätt. p-InSb 26-0442; Abhängigk. d. Hall-

Konst. u. d. Hall-Beweglichk. v. d. Dicke dünner InSb-Schichten 28-0423; Hall-Koeff.: v. Cu-dotierten InSb-Filmen 28-0425; v. InSb mit In- u. Sb-Versetz. 30-0400; – v. n-InSb unterhalb *1* °K 33-0517; Unters. d. Valenzbandes v. GaSb durch Mess. d. magnet. Widerstandsänder. u. d. – bei niedr. Temp. 33-0519; –: v. n-GaSb:Te bei *77* °K 38-0443; v. n-InSb 41-0331; in einer festen $Zn_xCd_{1-x}Sb$-Lsg. 41-0334; in InSb 42-0342; Einfl. v. Druck u. Temp. auf d. Hall-Koeff. u. d. elektr. Leitfähigk. v. p-GaSb 43-0387; Hochdruckeinfl. auf d. Hall-Konst. v. InSb 43-0388; – v. inhomogenem n-InSb bei *77* °K 43-0389; quantenoszillationsähnl. Hall-Koeff. in n-InSb 43-0390; Hall-Koeff. v. CdSb 45-0406; Einfl. eines Gradienten d. Lad.-Trägerkonz. in InSb auf d. Feldabhängigk. d. – 45-0409; Hall-Konst. in n-InSb 45-0410; Einfl. einer Elektronenbestrahl. bei tiefen Temp. auf d. Hall-Koeff. v. undotiertem GaSb 47-0364; –: in opt. angeregtem n-InSb 47-0366; v. n-InSb 47-0368; v. mit Au dotiertem CdSb bei tiefen Temp. 49/50-0297; Abhängigk. d. Hall-Beweglichk. v. CdSb-Polykrist. v. d. Temp. 49/50-0298; Temp.-Abhängigk. d. Hall-Koeff. v. InSb 51/52-0283; – v. InSb 51/52-0285.

Hall-Koeff. v. n-InP bei niedr. Temp. 20-0385; – v. mit Gd u. La dotiertem p-GaP 31-0430; Hall-Konst.: v. $ZnSnP_2$ 31-0433; v. epitakt. GaP 37-0417; –: v. GaP, GaP:Si, GaP:S u. GaP:Zn 38-0442; v. S-dotiertem GaP 43-0392; an epitakt. gewachsenem, Zn-dotiertem GaP 43-0393; Hall-Koeff. u. Hall-Beweglichk. v. $ZnSnP_2$ 48-0427; Hall-Beweglichk. v. epitakt. GaP 49/50-0128.

Hall-Koeff.: v. ThN u. Th_3N_4 11-0452; v. Nb- u. Ta-Nitriden 29-0459.

Oxide

–: v. VO_2 oberhalb u. unterhalb d. Umwandl.-Temp. 6-0354; v. Li-dotierten Rutilproben mit u. ohne Al_2O_3-Zusatz 6-0439; v. mit Nb dotiertem Rutil 8-0379; u. Hall-Beweglichk. in Lithiumferrit-Einkrist. 9-0427; v. β-Ga_2O_3 10-0399; in einkrist., mit Li dotiertem NiO u. CoO 11-0456; bei hoher Temp. in Cu_2O 13-0415; —-Best. d. Lad.-Trägerdichte u. d. Leit.-Typs v. Ta(V)-Oxiden mit O-Defizit 16-0502; –: v. mit Li dotierten NiO-Einkrist. 18-0416; in ferroelektr. Eindomänen-Bariumtitanat 18-0420; Hall-Beweglichk.: v. Cu_2O-Einkrist. durch Schmelzen 19-0224; in halbleitendem $SrTiO_3$ 19-0467; –: d. Syst. $Cd_xSr_{1-x}O$ 20-0387; in halbleitendem TiO_2 24-0449; v. Li-dotiertem MnO 24-0451; Hall-Beweglichk. v. red. $BaTiO_3$-Einkrist. 24-0455; Ordn.-Einfl. auf d. Hall-Koeff. v. Natriumwolframbronze 26-0477; Hall-Spann. v. K_xMoO_3 28-0432; n-— in MnO 30-0403; Hall-Beweglichk. v. NiO bei *1007°* 33-0535; Hall-Koeff. v. PdO 34-0455; – v. ZnO:Co u. ZnO:Ni (Temp.-Abhängigk.) 38-0455; Hall-Beweglichk. in $SrTiO_3$ 39-0350; – in CoO, NiO u. α-Fe_2O_3 40-0324.

Sulfide, Selenide, Telluride

– d. Sulfide, Selenide u. Telluride d. Übergangsmetalle d. IV. – VI. Gruppe 2-0398; – v. $PbTe_xSe$-Schichten 5-0477; Hall-Koeff. u. Hall-Beweglichk. v. β-Ag_2Te u. β-Ag_2Se 10-0408; Hall-Beweglichk. v. aus d. Dampfphase u. aus d. Schmelze gezogenen CdS- u. CdSe-Krist. 13-0417; Abhängigk. d. Hall-Konst. einkrist. fester Lsg. d. Zus. *0,85* PbTe·*0,15* PbS v. einem allseit. Druck 24-0464; Temp.-Abhängigk. d. Hall-Koeff. v. $InTlS_2$, $InTlSe_2$, $InTlTe_2$, $GaTlS_2$, $GaTlSe_2$ u. $GaTlTe_2$ 24-0465; – v. Zinkselenid–Tellurid-Mischkrist. 25-0460; Hall-Konst. v. HgSe u. $(HgSe)_{1-x}(CdTe)_x$ 30-0410; – v. Hg_xSTe_{1-x} 32-0442; —-Mess. d. Strahl.-Schäden in CdS u. CdTe 34-0381; – d. Syst. HgS_xSe_{1-x} im Gebiet d. Übergangs Halbmetall–Halbleiter 39-0346.

Hall-Beweglichk.: in n-CdS 1-0444; v. CdS 3-0445; – u. Elektronenbeweglichk. in photoleitendem HgS 13-0420; Hall-Mess. v. niederohm. n-ZnS-Krist. 17-0465; Temp.-Abhängigk. d. Hall-Beweglichk. d. Photo- u. Röntgenelektronen in CdS-Einkrist. 22-0441; – v. ZnS-Einkrist. 26-0447; Hall-Beweglichk. v. halbleitenden, aufgesprühten, dünnen CdS-Schichten 30-0404; – bei hohen Feldern in halbleitendem CdS 30-0406; Hall-Koeff. v. photoempfindl. PbS-Schichten 32-0440; Hall-Beweglichk. in reinen, aus d. Schmelze gezogenen CdS-Krist. 34-0456; – im Syst. InAs–CdS 39-0355; Interpretat. v. —-Mess. an polykrist. PbS-Schichten 40-0320; – v. Cu_2S-Einkrist. 48-0435; Hall-Beweglichk. v. PbS-Krist. 48-0443.

– in ferromagnet. $Eu_{1-x}Gd_xSe$ 9-0429; Hall-Konst.: v. Cu_2Se-Einkrist. 19-0463; v. β-Ag_2Se 28-0438; – v. p-CdSe-Einkrist. 29-0478; Hall-Koeff. u. Hall-Beweglichk. in Abhängigk. v. d. Temp. v. aufgedampften, dünnen CdSe-Schichten 30-0408; –: v. n-CdSe 33-0527; v. HgSe 37-0401; v. TlSe 39-0347; – v. HgSe 42-0345.

–: in festen Lsg. aus (HgMn)Te mit sehr kleinem Bandabstand 2-0399; v. PbTe 3-0450; v. $Cd_{0,1}Hg_{0,9}Te$ 7-0400; in Chromtellurid 7-0402; Natur d. Fehlstellen in GeTe nach —-Mess. 10-0406; Hall-Koeff. d. Syst. GeTe/PbTe 12-0375; Parameter eines Modells zweier Valenzzonen für SnTe aus Mess. d. – bei hohen Temp. 13-0421; Hall-Beweglichk. in PbTe 13-0422; Wrkg. v. hydrostat. Druck auf d. Hall-Koeff. v. n-CdTe 14-0428; Verh. d. Hall-Koeff. u. zweites Valenzband in PbTe 14-0429; Ermittl. d. Bandstruktur v. PbTe aus d. Mess. d. – u. d. elektr. Leitfähigk. bei hohen Temp. 20-0392; Besonderh. d. Temp.-Abhängigk. d. Hall-Koeff. v. HgTe 22-0450; Hall-Konst.: in SnTe 24-0463; v. $Cd_{0,1}Hg_{0,9}Te$ 26-0461; Hall-Streufaktor in PbTe 26-0462; –: v. PbTe 26-0463; v. n-Bi_2Te_3 28-0440; Hall-Koeff. in HgTe bei *4,2* u. *77* °K 30-0411; – v. Na-dotiertem PbTe 30-0412; Hall-Konst. v. PbTe 31-0438; – v. SnTe 32-0322; Einfl. geringer Substitut. v. Sn durch Nd auf Hall-EMK v. SnTe 33-0530; – bei $Cr_{1-x}Te_{1+x}$-Leg. in paramagnet. Zustand 38-0449; Temp.-Abhängigk. d. – bei CdTe:In 38-0451; —-Mess. an dünnen PbTe-Schichten 40-0321; Erklär. v. Hall-Koeff. v. p-leitendem Pb-Tellurid 42-0350; Temp.-Abhängigk. d. Hall-Koeff. bei n-HgTe 43-0409; – für *95* % HgTe·*5* % ZnTe 45-0416; elektr. Widerstand u. Hall-Beweglichk. v. dünnen PbTe-Filmen 48-0448.

Sonstige Verbindungen

– u. Elektronenbeweglichk. v. KW-Stoff-Flammen 14-0659; Hall-Beweglichk. u. Valenzbandbreite in Anthracen 15-0960; Hall-Koeff. als Funkt. d. EMK d. Zelle Ag/AgJ/α-Ag_2Se/Pt 34-0459.

Meßmethoden und Anwendungen

Empfindl. —-Schalt. für Wechselstrom 9-1836; Entw. u. Unters. eines linearen funktionellen Verstärkers auf d. Basis einer Hall-Sonde 11-0462; App. zur Mess. d. Magnetfeldes über d. – bei d. Ermittl. v. Fermi-Oberflächen 12-1780; Strahl.-Stabilität v. Hall-Sonden aus n-Si 21-0474; Anordn. zur Mess. d. Hall-Konst. v. Halbleitern unter Impulsbeding. 25-0427; Mess. d. Hall-Stroms im homöopolaren Medium 27-0175; Meth. zur Mess. d. gewöhnl. – in magnet. Krist. u. Anwend. auf d. Syst. Cr/Te 29-0482; Meth. zur getrennten Best. d. Konz. v. Donatoren u. Akzeptoren in n-Ge mit Hilfe d. Hall-Koeff. 31-0419; —-Magnetometer für kleine Magnetfelder 34-1885; Mess. d. – an Materialien mit hohem spezif. Widerstand 35-1932; Hall-Sonden für tiefe Temp. 38-1974; Stabilisier.-Syst. für magnet. Spektrometer auf d. Basis d. – 41-1987; magnet. Nachw. v. Hall-Strömen 42-0332; Best. d. Dicke dünner metall. Schichten aus Mess. d. Leitfähigk. u. d. isothermen Hall-Spann. 43-0427; Bolometer auf d. Grundlage d. – 47-1878; Gewinn. einer abfallenden Strom–Spann.-Charakteristik in Halbleitern in gekreuzten elektr. u. magnet. Feldern durch Kurzschließen d. transversalen Hall-Feldes 51/52-0282.

Halloysit s. unter *Aluminiumsilicate.*

Halochromie s. unter *Farbe.*

Halogenalkylierung s. unter *Alkylierung.*

N-**Halogenamine,** – 32-1065; Gewinn. v. perhalogenierten N.N-Dibromaminen 28-2590*; IR-Spektren v. N-Chlor-Verb. v. sek. Aminen 23-0929; Umlager. v. Fluoraminen 3-1037; Radikal-Addit. v. protonierten N-Chloraminen an Olefine 26-0940; Gleichgew. zwischen Mono- u. Dibromaminen in äther. Lsg. 37-0562; reduktive Defluorier. v. Perfluoraminen 40-0904; aromat. Aminier. mit Halogenaminen 42-0862; Rk. v. N-Chloraminen mit Isocyanatophosphiten 42-0991; Red. v. Difluoraminen mit Jod 45-0961.

Halogene

—-Verlust krist. u. glas. silicat. vulkan. Gesteine 1-0753.

Herst. durch Ox. v. Halogenwasserstoff 3-2242*, 24-2263*; Abgabe v. kovalentem – aus cis-Aquo- u. cis-Hydroxo-[halogenalkylamin]-bis-[äthylendiamin]-kobalt(III)-Kationen in wss. Lsg. bei verschiedenem pH 47-0591.

Chemie heißer Atome v. durch β-Zerfall aktivierten – 23-1050; Elektronenaffinität d. —-Atome 17-0084; mol. Vibrat.-Frequenzen v. zweiatom. —-Zentren in Alkalimetallhalogenid-Krist. durch ESR 33-0405; Ionenradien in Krist. mit —-Ionen 34-0104; massenspektrometr. Unters. über d. Einfl. v. – auf d. Oberflächenionisat. v. Al- u. Mg-Atomen an heißen W-Oberflächen 29-0414; Einfl. v. – auf d. PTC-Effekt v. Ba-Titanat-Halbleitern 29-0470; Unters. zum Spektrum u. d. Anfangsenergien v. —-Ionen 31-0397; Einfl. v. – auf Kernresonanzen d. Cu- u. —-Isotope in CuJ, AgJ, CuBr u. Cu_2S 31-0355; anod. Rk. d. Halogenidionen in Dimethylsulfoxid an d. pyrolyt. Graphitelektrode 2-1826; Einfl. v. —-Ionen auf d. Struktur d. elektrochem. Doppelschicht am Ga 7-0594; Kapazität d. elektr. Doppelschicht in konz. Halogenidlsg. 9-0600; Einfl. v. —-Ionen auf d. anod. Ox. v. Dihydrogenäthylendiamintetraacetatokobalt(II) an d. C-Pasten- u. Pt-Elektrode 10-0613; Normalpotentiale v. —-Elektroden 14-0593; Einfl. v. Halogenid-Ionen auf d. Kapazität d. elektr. Doppelschicht an d. Phasengrenze Fe/HCl 14-0617; elektrochem. Verh. v. Ag- u. Ag/Silberhalogenid-Elektroden in Halogenidlsg. 16-0637; spezif. Adsorpt. v. Halogenidionen an d. Bi-Tropfelektrode 19-0701; kombinierter Einfl. v. Halogenidionen u. organ. Zusätzen auf d. Geschw. d. elektrochem. Vorgänge an d. In(Hg)-Elektrode 22-0639; Einfl. v. —-Ionen auf d. anod. Auflsg. v. Al durch Rechteckstrompolarisat. in wss. Lsg. v. Alkalimetallhalogeniden 25-0648; Assoziat.-Konst. v. Ag- u. Halogenidionen in Sulfatschmelzen u. Vgl. mit d. Quasigittertheorie 28-0607; Kinetik d. Red. v. Mn(II) in Ggw. v. ClO_4^-/Halogenidion an d. Hg-Tropfelektrode 28-0635; Einfl. v. —-Ionen: im Red.- u. Ox.-Prozeß d. In an d. Amalgamelektrode 30-0584; auf d. differentielle Doppelschichtkapazität v. Pb 31-0676; auf d. Doppelschicht- u. katalyt. Effekt bei d. Polarographie v. $[Co(NH_3)_5H_2O]^{3+}$ 35-0547; auf d. polarograph. Unters. d. Elektrodenrk. d. Yb-Ions 37-0638; auf d. Auflsg.-Geschw. v. Fe bei Einw. v. Wechselstrom 46-0550; oszillograph. Polarographie v. Halogenidionen in Nitratschmelzen 51/52-0431; selektiver Tausch v. —-Ionen mit NO_3^- am Anionenaustauscher EDE-*10* P 9-2077; Austauschwärmen v. —-Ionen in verschiedenart. kreuzvernetzten stark bas. Anionenaustauschern 20-0615; Ionenaustauschgleichgew. zwischen NO_3^- u. Halogenidionen an Tri-n-octylamin 39-1936; Halogenidion/OH^--Austausch an Anionenaustauschern 44-0593.

—-Chemie 29-0806, 30-0696, 31-0788; Chemie d. – u. Polyhalogenide 26-0123, 46-0666.

Einfl. v. Halogenidionen auf d. Austauschgeschw. zwischen Hg-Dampf in wss. ^{203}Hg-Lsg. (Acetat) 27-0795; Kinetik d. homogenen Isotopenaustausches zwischen stellungsisomeren Hexylhalogeniden u. Halogenid-Ionen in Dimethylsulfoxid 35-0975.

Fortschritt in d. Photochemie am Beispiel d. Rk. d. – (Übersicht) 14-0693; Einfl. v. – auf d. Ionisat. alkalimetallhalt. H_2- u. Acetylenflammen 19-0753; Photolyse v. – in Ggw. v. Trifluoracetaldehyd 30-0983; Tieftemp.-Photolyse d. Gemische v. – mit KW-Stoffen u. Alkoholen 34-1014.

Wrkg.: d. – auf phosphinsubstituierte Metallcarbonyle d. VI. Gruppe 1-0720; einfacher u. komplexer Halogenidionen auf d. Rk. v. Fe(II) mit H_2O_2 17-0726; Rk. mit $(SiO)_n$ 32-0754; Mechanismen d. Spalt. d. C–Sn-Bind. durch – 34-0749 bis 34-0751; Ox. v. Oktahalogenodirhenat(III)-Ionen durch – 42-0597.

Red. u. Racemisier. v. Sulfoxiden durch —-Ionen in wss. Perchlorsäure 45-0963.

– als Stimulatoren d. Pollenkeim. 2-1301.

—-halt. Glas für phototrope Glasgegenstände 26-2354*.

Best. v. – durch Chronoamperometrie mit kathod. Wiederauflsg. 2-1825; Mikro-Carius-Bombenrohr-Meth. zur Best. v. – 11-1924; Identifikat. d. – bei ihrer quant. Best. 16-1965; Verbrenn. im geschlossenen Gefäß zur Best. v. – 35-2073; indirekte chelatometr. Best. v. – 36-1934; Spurenanalyse v. – durch Neutronenaktivier. 42-1842; potentiometr. Titrat. v. —-Ionen mit $AgClO_4$-Lsg. 44-1738.

Trenn. u. Nachw. v. Halogenid-Ionen mit Hilfe d. Dünnschichtchromatographie auf Stärke 5-1903; Leist.-Fähigk. d. Meth. d. Verbrenn. im O-gefüllten Kolben bei d. —-Best. in organ. Substanzen 6-1929; Best. v. – in organ. Substanzen 8-1909; gemeinsame u. getrennte Best. v. P, S u. – in Insektiziden durch mikrocoulometr. Gaschromatographie 15-2125; Best. v. – in organ. Verb. 16-1963; Trenn. v. Halogenidionen durch Ionenaustauschchromatographie in gemischten Lsgm. 23-2113; Schnelltitrat.-Meth. zur Best. d. —-Verhältnisses v. Wijs-Lsg. u. v. JCl 24-2015; Best. v. – in Phosphornitridhalogeniden 25-2047; Mikrobest. v. organ. gebundenem – 25-2086; Best. v. —-Ionen in Vinylharzen u. —-halt. metallorgan. Verb. durch Red. 26-2147; Trenn. u. Nachw. v. Halogenidionen an ZrO_2-Hydrat 30-1926; Adsorpt.-Reihenfolge d. Halogenidionen an Al_2O_3 beim chromatograph. Nachw. 30-1927; Mikrobest. v. –: in nichtflücht. Substanzen in Lsg. nach d. Schöniger-Meth. 30-1988; in Nitrohalogenbenzolen 30-2010; titrimetr. Best. v. – in organ. Verb. 33-2254; quant. Best. v. – in organ. Stoffen in Ggw. akt. Metalle 35-2104; Best. v. geringen Halogenidmengen in Lumineszenzstoffen u. elementarem S 41-2133; Chromatographie v. Halogenidionen auf Cellulosedünnschichten 49/50-1889.

Einfl. v. —-Zusätzen auf d. polarograph. Red. v. Chinonen in Methylcellosolvelsg. 45-2122.

Verw. v. – in d. Rk.-Chromatographie (Identifizier.-Verf. für Aromaten bei d. Papier- u. Dünnschichtchromatographie) 8-1861.

Thermion. —-Detektor 12-1803.

Bibl.: Halogen chemistry. Vol. *1* B 11; Halogen chemistry. Vol. *2*, vol. *3* B 42.

Halogensauerstoffsäuren

Chem. Effekte neutroneninduzierter Kernrk. bei Halogenaten u. verwandten Verb. 30-0682; Trenn. v. Halogeniden u. – mit Hilfe d. Dünnschichtchromatographie auf Stärke 5-1903; Best. v. Hypohalogenit durch Fäll.-Titrat. 12-1800.

Halogenverbindungen

Organohalogenverbindungen s. dort.

Halogenmetallverb. 6-1020; Interhalogenverb. (Übersicht) 13-0704; – d. IV. Gruppe 17-0776; Polyhalogen-Komplexionen (Übersicht) 31-0788; Halogenkomplexe 35-0917, 35-0918; Bldg. u. Eig. v. C-Halogen-Oberflächen-Komplexen 8-0595, 47-0557, 47-0558; IR-Spektren d. γ-Picolin–Halogen-Komplexe 12-0796; Natur d. Metall–Halogen-Bind. (Überblick) 30-0696; Elektronenstruktur u. MO-Behandl. v. Halogen- u. Edelgaskomplexen in positiven, negativen u. undefinierten Ox.-Zuständen (Übersicht) 31-0788; empir. Bezieh. zwischen d. mol. elektr. Feldgradienten u. d. mittleren Mol.-Polarisierbark. v. – 48-0818; IR-spektroskop. Beweis zur Assoziat.-Komplexbldg. v. NH_3 mit Halogen-halt. Verb. 3-0892; Unbeständigk.-Konst. u. Struktur d. Komplexions für Metallhalogenkomplexe 5-0597; Insert. v. Halogencarbenen in d. Hg–Halogen-Bind. 9-0705; narkot. u. tox. Wrkg. v. – auf Larven d. Entenmuschel 49/50-1602; Empfindlichk. d. Elektroneneinfangdetektors gegenüber Halogen-halt. Substanzen 22-2080.

Halogenamine s. unter *Stickstoffverbindungen.*

Halogencyanide (Cyanhalogenide), Rk.: mit sek. Aminen 37-2799*; mit Phenolen 21-2784*; chem. Koppl. v. Peptiden u. Proteinen an Polysaccharide mit – 23-1256.

Halogenfluoride, physikal. u. chem. Eig. v. – (Übersicht) 31-0788; ^{119}Sn-Kernquadrupolresonanzspektren v. Addukten d. SnF_4 mit – (Synth.) 37-0069.

Bibl.: Chemie der Halogenverbindungen des Fluors [russ.] B 90.

Halogenwasserstoffe

Halogenion s. unter *Halogene.*

Herst. aus halogenierten organ. Rückständen 10-2187*; Extrakt. v. – durch Trilaurylamin 12-0521.

Matrix-Spektren d. —-Mol. in Edelgas-Wirtsgittern 11-0366; dielektr. Eig. v. – 11-0507; Halogenwasserstoff/Anionit-Gleichgew. 22-0671; Ionensolvatat. v. – in Essigsäure–W.-Misch. v. *10, 20, 40* u. *60* % 8-0487.

Ox. zum Halogen 3-2242*; Addukte v. – 6-0767; Auflsg. v. Fe in d. – 25-0651; Kinetik d. – in Stoßwellen 37-0737; Assoziat. v. – mit Methyläther in d. Gasphase 33-1050; Rk. mit $(CH_3)_2NPOF_2$ 36-0675; Addit. v. – an Dimethylketen (Kinetik, Mechanismus) 32-1003; Einfl.: v. – auf d. Butanverbrenn. 5-0884; v. —-Spuren bei Halogen-Austauschrk. im Syst. $GeCl_4/BBr_3$ 8-0615; v. —-Spuren bei Halogen-Austauschrk. 8-0615; Katalyse durch – in d. Gasphase 31-1073, 31-1074, 32-1012, 41-0998, 45-0996, 45-0997, 45-0998, 45-0999.

Salze (Halogenide)

Spezielle – s. unter d. betreffenden Verbindungen.

Akzeptoreig. v. Metall-— 16-0904; Carbonyl-— d. Übergangsmetalle d. VI. Gruppe 17-0788, 17-0789; Penta-— d. Übergangsmetalle (Überblick) 30-0696; Komplexverb. d. Tetrahalogenide d. IV. Gruppe 32-0782; Carbonyl-— d. Übergangsmetalle d. *8*. Gruppe 32-0822; Koordinat.-Komplexe v. – d. *4*. Gruppe 34-0819; Carbonyl-— (Übersicht) 36-0741; Koordinat.-Komplexe d. Halogenide d. *4*. Gruppe 40-0619; komplexe – v. Übergangsmetallen 43-0286; Komplexverb. d. Tetra-— d. IV. Gruppe 51/52-0548.

Trenn. v. Metall-— mittels Extrakt.-Chromatographie im Syst. Tri-n-butylphosphat/HCl 21-2144; Extrakt.-Industrie für – auf Sizilien 30-2204.

Elektron. Absorpt.-Spektren v. Mn^{2+}, Fe^{2+} u. Co^{2+} in dihydratisierten —-Krist. 3-0339; Mol.-Spektren v. festen – v. Elementen d. *5*. Gruppe 6-0123; Schwing.-Spektren v. – u. komplexen – 47-0067; Rauschgrenze in Quantenzählern aus Seltenerdmetall-dotierten —-Krist. 19-0370; Bezieh. d. Oberflächenzustände zum Bandabstand in – 1-0411; Akzeptoreig. v. Metall-— 16-0904; Energie d. Valenzzustände d. Atome u. thermochem. Eig. gasf. – u. Oxid-— d. Elemente d. Nebengruppen Ib–IVb 24-0066; – mit Mehrzentren-Metall–Metall-Bind. (Überblick) 30-0696; elektron. Eig. v. – d. Metalle d. ersten Reihe d. Übergangselemente (Übersicht) 36-0089; charakterist. Metall–Halogen-Schwing.-Frequenzen v. Komplexen mit zweiwert. Metall-— 41-1951; Überspann. v. Na an Metallelektroden in —-Schmelzen 6-0635; elektrolyt. Ox. v. – an einer Elektrode aus pyrolyt. Graphit in wss. u. Acetonitrillsg. 13-0642; elektr. Leitfähigk. v. Schmelzen bin. —-Syst. 23-0678; Potentialmess. in —-Schmelzen mit einer Cl_2-Elektrode 45-2047; Nachw. v. Doppelsalzen mit hoher Ionenleitfähigk. in Syst. d. – d. I. Gruppe 3-0558; Best. d. thermodynam. Eig. v. – durch d. EMK-Meth. mit festen Elektrolyten 13-0554; Gleichgew. mit —-Komplexen in wss. Lsg. (Übersicht) 29-0806; Energieabsorpt. beim Pressen v. – 30-0249; Syst. Seltenerdmetall/Metall-— 30-0538, 30-0539; Zusammenhang zwischen d. Siede-(oder Schmelz-)Temp. u. d. Elektronendichteverteil. in Tetra-— d. *4*. Gruppe 34-0584; therm. Stabilität komplexer – in Dämpfen bei hohen Temp. 36-0466; thermodynam. Funkt. d. Transports v. Metallen über gasf. – bzw. Oxid-— 46-0460; —-Ionenaktivität v. Farbstoffen u. organ. Salzen in wss. Lsg. 47-1014; Temp.-Abhängigk. d. Oberflächenspann. geschmolzener – mit zwei u. mehr Komponenten 21-0716; Chromatographie v. —-Metallkomplexen an mit d. fl. Anionenaustauschern Amberlite LA *2* u. Tri-n-octylamin getränktem Papier 39-1916.

Chemie d. Halogene u. Poly-— 46-0666.

Rk. v. Peroxiden mit – 7-0943; Spektren v. Flammen aus Alkalimetallen u. anorgan. – 14-0657; Rk. v. – mit anorgan. Cyanaten 34-0998; Überführen v. Metall-— in Oxide 35-2271*; Umsetz. v. InAs mit Metall-— 42-0440.

Rk. mit KW-Stoffen im H-Plasma 37-2395*; Komplexe anorgan. – mit Perylen als Halbleiter 4-1815*; Addit. v. Hydrogen-— an Co(III) koordinierte ungesätt. aliphat. Amine 42-0604; reaktives Verh. v. Triphenyl-Sn-Thiophenolat gegen Metall-— 18-0720; Anlager. v. – d. *4*. Hauptgruppe an Dicyano-bis-[1.10-phenanthrolin]-Fe(II) 29-0840; Komplexe v. Anthronen mit d. – einiger Metalle d. *5*., *6*. u. *8*. Gruppe 29-0839; mögl. Koordinat. zwischen – d. Elemente d. IV. Gruppe u. d. Dreifachbind. d. Liganden Diäthylaminoacetonitril 38-0663.

Ox.: v. Propen oder Isobuten mit —-halt. Katalysator 1-2425*; v. Olefinen in Ggw. v. Edelmetall-— 2-2364*; durch Ni(0)-Biscyclooctadien-(1.5) u. Metall-— katalysierte stereospezif. Butadienpolymerisat. 8-1086; Erhitzen v. Alkyl-2-hydroxyäthylthiolcarbonat in Ggw. v. – v. Metallen d. Gruppe III B oder IV B oder Lanthaniden 10-2571*.

Halogenhydrine

Epi-— s. unter *Alkylenoxide.*

Darst. v. Acetylen-— 1-2420*; Dehalogenier. 27-2876*; Rk.: v. Chlorhydrinen mit anorgan. Cyanaten 34-0998; mit prim. oder sek. Aminen 42-2338*; Best. v. Chlorhydrinen in Lebensmitteln 48-2010.

Halogenierung

Elektrochemische – s. unter *Elektrolyse*; photo- u. strahlenchemische – s. unter *Photochemie und Strahlenchemie*; Halogen- oder Halogenwasserstoffabspalt. s. unter *Eliminierungsreaktionen.*

Katalyt. – in konz. Medium 5-0895; aromat. – (Kinetik u. Mechanismus) 11-0960; – u. Halogenaustausch in Salzschmelzen (Übersicht) 29-0806; – (Substituenteneffekte) 34-0979.

Katalyt. Wrkg.: v. halogenierten Essigsäuren bei d. Chlorier. 5-0895; v. Chlorperoxydase bei d. enzymat. – 8-1253; v. Metallchloriden für d. Fluorier. 21-0769; v. Metallchloriden auf Al_2O_3, SiO_2 u. Celiten bei d. Oxychlorier. 29-0788; durch Ni-Ionen auf d. Jodier. 29-1018; v. imprägnierter u. unimprägnierter Aktivkohle bei d. Dampfphasenchlorier. 38-2612; Eisenoxid–ZrO_2–Seltenerdoxid-Katalysator zur Fluorier. 41-2671*.

Chlorier. mit tert.-Butylhypochlorit (Kinetik) 5-0894; —-Wrkg. v. Halogenokupfer(II)- u. Halogenoeisen(III)-Komplexen auf CH_3CN 17-0727; Aryloxyphosphortrihalogenide als Halogendonatoren 22-2611*; Fluorier. mit Organopentafluorosilicaten 27-0829; – mit 1.3.5-Tribromtrimethylen-2.4.6-trisulfon 29-2665*; Chlorier.: mittels Sulfurylchlorid 33-1197; mit Aryloxyphosphortrichloriden 35-2600*; durch Sulfurylchlorid 42-0926; Chlorübertrag. zwischen organ. Chlorier.-Agenzien (Mechanismus u. Thermodynamik) 44-0816; Acetylhypojodit als aromat. Jodier.-Mittel 49/50-0964; – mit Cl_2O (Mechanismus) 51/52-0860.

—: v. Ketonen 2-0886; v. Pyrrolcarbonsäuremethylestern u. verwandten Pyrrolen 3-0920; v. Hexaphenylcyclotriphosphinoborin 6-0721; v. Palladiumacetylacetonat 8-0738; d. tert. C v. o-Benzhydrylbenzoesäurephenylester 8-0950; nucleophile – v. Polynitrobenzolen u. -phenolen mit Phosphoroxychlorid 9-0933; elektrophile – v. Barenen (Carboranen) 10-0919; – v. C_{2-10}-Olefinen mit $FeCl_3$ oder $FeBr_3$ (in Ggw. v. Metallhalogeniden als Promotoren) 10-2513*; enzymat. – v. Steroiden 11-1265; konkurrierende Mono-— v. Baren u. Neobaren (relative Rk.-Fähigk.) 16-0710; —: d. Nucleinsäuren 19-1188; v. Halogenacetonen 26-0972; selektive – v. Methylhydropolysiloxanen 29-1096; —: v. aromat. Verb. 33-1215; v. ungesätt. KW-Stoffen (Fließschema) 35-2599*; aromat. – 39-0895; —: v. Silanen mit AgCl u. AgBr 40-0597; v. substituierten Äthylenen (Aktivier.-Energien) 41-0975; v. Porphyrinen u. verwandten Verb. 42-1009; v. Olefinen (Lsgm.-Einfl.) 46-0838; v. Phenolen (Rk.-Fähigk.) 47-1056; d. Carboxygruppe v. Fettsäuren (Kinetik) 47-1057.

Chlorierung: v. ungesätt. Verb. in unpolaren Medien 14-0931, 14-0932, 23-1004, 23-1005.

Chlorier.: v. TiO_2 mit Chlor in Ggw. v. Kohlenstoff (Mechanismus) 1-0659; d. Triphenylsilylamins 2-0675; v. Organozinnchloriden mit Alkylammoniumchloriden bzw. LiCl 10-0717; v. Ga_2O_3 durch HCl 20-0650; v. Tribrom-o-carboran bzw. Dibrom-m-carboran 20-0693; v. metall. Na mit Cl_2 (Kinetik) 21-0747; v. V_2O_5 mit gasf. Cl_2/S_2Cl_2-Gemisch unter Red. 24-0722; v. Ge–Sauerstoff-Verb. 28-0739; v. Trimethylchlorgerman 32-0776; v. Metalloxiden mit Cl_2 (Zusammenhang zwischen RG u. Löslichk. in KCl- u. NaCl-Schmelzen) 33-0797; v. Hydrogensulfaten mit Thionylchlorid 35-0671; v. MoO_3 u. Molybdaten in Ggw. v. Schwefelchloriden 35-0721- v. 1-Methyl-o-barenylmagnesiumbromid 37 ; 0812; einer MgO-Suspens. in Chloridschmelze (Einfl. d. Mischens auf d. Stoffübergang) 37-2305; v. GeO_2 mit gasf. Cl_2 (thermodynam. Funkt.) 42-0410; v. 5-Chlormercuri-7-oxabicycloheptan - 2.3 - dicarbonsäuredimethylestern (Stereochemie) 45-1071; v. V_2O_5 in Ggw. v. Kohle (Kinetik) 46-0640; v. Al (Kinetik) 49/50-0548; v. Picolintrimethylamindihydrogenborhexafluorophosphat 51/52-0518.

Chlorier.: v. n-Decan (Selektivität d. Gas–Fl.-Rk.) 5-0704; v. aromat. KW-Stoffen (Aktivier. durch halogenierte Essigsäuren) 5-0895; v. aromat. KW-Stoffen mit tert.-Butylhypochlorit 7-0977; v. Benzolen (σ*-Konst. u. Informat.-Entropien) 10-0920; v. n-Butan 11-0959; v. Naphthalin (Stereochemie) 11-0960; v. Biphenyl u. einiger verwandter Verb. (Arrheniusparameter) 12-0882; v. hydrophoben, ungesätt. Verb. an Adsorpt.-Granulatelektroden 12-0916; v. alkylierten Äthylenen (Mechanismus) 14-0931; v. Norbornen u. Nortricyclen 14-0932; v. Cyclohexen (Konkurrenzrk. zwischen Ionen u. freien Radikalen) 23-1004; v. isomeren Butenen u. Allylchlorid (Mechanismus) 23-1005; v. Isobutylen (anomale Rk.) 24-1027; v. Buten-(2) u. 1-Phenylpropen 25-1077; v. Cyclopentadien in fl. Phase 27-1150; v. Biphenyl u. Bzl. 34-0979; heterolyt. – mit Cl_2 an ungesätt. Verb. (Kinetik u. Mechanismus) 34-0980; Chlorier.: v. Propan (Mechanismus) 48-1084; v. Polymethylbenzolen (Arrhenius-Parameter) 48-1086; v. Allen unter ion. Beding. 49/50-0966.

Chlorier.: v. Chlorbenzol u. Anisol 2-0897; v. Polynitrobenzolen u. -phenolen mit Phosphoroxychlorid 9-0933; v. Äthanol in fl. Phase (Kinetik) 11-2503; Oxychlorier. v. äthylen. ungesätt. C_{2-4}-KW-Stoffen u. deren Halogenderiv. (Fließschema) 11-2517*; Chlorier.: v. Nitrobenzol (Rk.-Gleichgew.) 14-2518; d. isomeren Butene u. Allylchlorid (Mechanismus) 23-1005; v. o-Kresol 29-1017; Oxychlorier. v. aliphat. KW-Stoffen u. ihrer teilweise chlorierten Deriv. 33-2752*; Chlorier.: v. Polychlorbutadienen, Chlorbenzol u. α,β,β-Trichlorstyrol mit Initiier. durch Vinylacetylen-KW-Stoffe 38-1104; v. 1.2-Dichloräthylenen (Kinetik) 40-0867; (RGK) 40-0868.

Chlorier.: v. N-Aryl- u. N-Alkyl-S-[2-chloralkyl]-isothiocarbamoylchloriden 3-0985; v. N-Acylisothiocyanaten 5-0983; v. Triphenylalkenyl- u. Diphenyl-bis-[p-alkenylphenyl]-germanen 6-0742; v. Lucanthon u. Oxalucanthon 6-1054; v. aliphat. Iminotrichlorphosphoranen durch Phosphorpentachlorid 16-1034; v. Isothiocyanaten 16-1094; v. Phosphorestern 21-1026; einiger Alkensulfide 24-1034; v. n-Alkansäurefluoriden u. -chloriden in d. Gasphase 28-0970; v. Isothiocyanaten 29-1162, 30-1064 bis 30-1066; v. Salicylsäureaniliden 35-1043; v. Carbonsäuren mit tert.-Butylhypochlorit 37-1091; v. N-Acetylcarbazol, Carbazol u. verwandten Verb. (Kinetik, Mechanismus) 39-0895; Chlorolyse v. glykosid. Bind. 43-1008; Chlorier.: v. Essig- u. Propionsäure durch Thionylchlorid (Kinetik) 47-1057; v. Flavinen 48-0788; v. unsymm. benzyl. Sulfiden mit N-Chlorsuccinimid 49/50-0968; v. Aldehyden mittels $CuCl_2$ 49/50-0969; v. α,β-ungesätt. Carbonylverb. 51/52-0865.

Chlorier.: v. Lammfell 3-2780; v. Kohle in d. Gasphase in einem Wirbelschichtreaktor 18-2609; v. Eialbumin 33-1357.

Bromierung: v. B_6H_9 in Ggw. v. $AlCl_3$ 12-0689; v. o-Carboran u. m-Carboran 20-0693; v. metall. Na mit Br_2 (Kinetik) 21-0747; v. Metallacetylacetonaten 26-0782; partielle Bromier. v. Hexaphenylcyclotriphosphinoborin 46-0680.

Bromier.: v. Olefinen unter Ox. 1-0930; v. Indan u. Tetralin (Mills-Nixon-Effekt) 6-0928; v. substituierten Styrolen (Kinetik u. Bromoniumionmechanismus) 8-0918; v. aromat. KW-Stoffen im festen Zustand mit Br_2 (Kinetik) 10-0929; v. olefin. KW-Stoffen (Kinetik) 16-0980; v. Olefinen mit Br_2 (Kinetik u. d. Dielektrizitätskonst. d. Lsgm.) 18-0920; v. Acenaphthen u. 2.6-Dimethylnaphthalin (Kinetik) 21-1025; v. Tricyclodekadienen (transannulare Doppelbind.-Anteile) 26-1061; v. Olefinen (Lsgm.-Einfl., Kinetik) 27-1044; v. Alkylbenzolen [durch Hg(II)-Acetat induziert] 29-1015; v. aromat. KW-Stoffen (Einfl. v. Salzzusätzen) 35-1002; v. vielkern. aromat. KW-Stoffen (Kinetik) 37-1016; v. Olefinen mit Br_2 (Kinetik) 42-0849 bis 42-0852; v. Bzl. u. Toluol (Kinetik, Isomerenverteil.) 42-0853; v. Monoalkylbenzolen (Geschw. u. Isomerenverteil.) 42-0854; v. Propylen bei tiefen Temp. (Intermediärkomplexe) 49/50-0965; v. cis- u. trans-Stilben mit Br_2 (Kinetik) 51/52-0864; v. Olefinen mit Br_2 (Kinetik, Mechanismus) 51/52-0910.

Bromier.: v. Arylcarbinolen unter Spalt. 3-0921; v. Benzhydrolen unter Spalt. (Kinetik) 3-0922; (Kinetik, Mechanismus) 3-0923; v. Anisol durch verschiedene 4-substituierte N-Bromacylanilide (Säurekatalyse) 12-0884; am Kern v. Trimethoxy-2-methylbenzol u. Trimethoxy-2.4-dimethylbenzol (prim. H-Isotopeneffekte) 18-0922; v. Fluorenaminen mit Alkyl- u. Aralkylbromiden 20-0998; v. $CHCl_3$ (Thermochemie) 21-0975; v. Phenolalkoholen 23-1082; v. Aminobenzthiazolen 23-1127; v. 2-Nitropropan (Kinetik) 27-1012.

Bromier.: v. Aceton mit wasserfreiem $CuBr_2$ (Säurekatalyse) 5-0726; v. Triphenylalkenyl- u. Diphenyl-bis-[p-alkenylphenyl]-german mit Br_2 6-0742; v. Fluoresceinen durch d. Haifisch Squalus acanthias 8-1579; v. 4-Acetamido-3-nitroanisol (Mechanismus) 12-0935; v. Hydrazonen (Kinetik) 13-0926; v. Aceton in konz. Salzlsg. 14-0904; v. Adenosin, Desoxyadenosin, Guanosin u. verwandten Purinnucleosiden 14-1067; v. Aceton, Nitrophenol u. o-Tyrosin; kinet. Unters. mit einem Gleichstromgenerator u. einem amperometr. Indikatorsyst. 18-0921; v. 2.3-Diphenylcumaronen 31-1139; v. Ketonen (Kinetik u. H-Isotopeneffekt) 32-0999; v. Acetessigsäureäthylester mit Br_2 (Kinetik) 33-1162; v. aromat. N-Oxiden in Ggw. v. Essigsäureanhydrid 38-1169; v. Steroid-β-ketonitrilen 41-1132; Bromolyse v. (+)-p-Methoxyphenylmethyl-[naphthyl-(1)]-phenylsilan (Stereochemie) 42-0780; Bromier.: v. 2-Monohydroperfluorisobutan u. v. α-Hydroperfluorcarbonsäureestern (Mechanismus) 46-0840; v. Flavinen 48-0788; d. Syst. Keratin/Ameisensäure mit Brom 48-1295.

Bromier. v. Naturkautschuk (Mechanismus) 36-1144.

Jodierung: Kinetik 3-0924, 35-0964.

Jodier.: v. Dekaboran 13-0710; v. Hexaphenyldizinn mit J_2 (Kinetik u. Mechanismus) 18-0650; v. Cu (Kinetik u. Mechanismus) 33-0789; v. Ag^+ mit Jod (Kinetik) 39-0603; v. Pb u. Ag (Kinetik u. Mechanismus) 40-0571; v. Cd im Syst. CdJ_2/J_2 (Kinetik) 41-0591; v. Pb im Syst. PbJ_2/J_2 (Kinetik, Mechanismus) 41-0592; v. 8-Hydroxychinolin-5-sulfonsäure u. ihren Fe(III)-, Cr(III)-, Pd(II)- u. Rh(III)-Komplexen (Kinetik) 45-0635; v. Hexaphenylcyclotriphosphinoborin (partiell) 46-0680.

Jodier.: v. L-Tyrosin u. einiger Deriv. (Kinetik) 3-0924; v. aromat. Verb. 4-0809; d. Zuckerrestes in Nucleosiden 4-0886; v. Ribonuclease (Modifizier. durch Subtilisin) 7-1226; v. Protein in Schafsschilddrüsenschnitten 7-1440; v. α-Chymotrypsin (relative Rk.-Fähigk. d. Tyrosinreste) 8-1311; v. Desoxyribonucleohiston 13-1146; v. 9.10-Dihydro-9.10-äthanoanthracen (Mechanismus) 14-0934; enzymat. — v. Tyrosin (Stimulier. u. Inhibier.) 15-1544; Jodier.: v. Humanalbumin (chem. u. biolog. Einfl.) 15-1574; v. Flavanonen 17-1087; v. Isopropylalkohol in d. Gasphase mit J_2 (Kinetik, Mechanismus) 24-0981; v. 2-Amino-2-hydroxymethylpropandiol-(1.3) in Ggw. v. Ni-Ionen 29-1018; v. Thyreoglobulin (Bezieh. zur Konform.) 31-1617; v. Histidin u. einigen anderen Imidazolderiv. mit J_2 (Kinetik) 35-0961; v. N-Acetyl-L-tyrosin u. N-Acetyl-3-jod-L-tyrosin 35-0964; v. Thyroglobulin u. 27 S-Jodprotein bei Ratten (Sedimentat.-Verh.) 35-1530; v. Ketonen u. Nitromethan in Ggw. v. Pyridin u. verwandten Brønsted-Basen 36-0970; v. 2'-Desoxycytidin u. verwandten Substanzen 36-1129; v. Purinnucleosiden 37-1191; v. Ni^{2+}-koordiniertem Imidazol (Kinetik) 43-0908; v. Thyroglobulin im zellfreien Syst. 49/50-1488; v. Alkanen 51/52-0861; v. Adrenochrom (allg. Basenkatalyse) 51/52-0866.

Fluorierung: v. C_2H_2 an AlF_3/Al_2O_3 10-2516*; v. Perhalogennitrilen 14-0965; v. CCl_4 durch NaF (katalyt. Wrkg. einiger Metallchloride) 21-0769; v. UF_4 u. UO_2F_2 mit BrF_5 unter Bldg. v. UF_6 (Kinetik) 27-0798; v. Cu_2O (Kinetik u. Mechanismus) 31-0751; v. CH_3J mit F_2 (Berechn.-Technik d. Kinetik komplizierter Rk.) 36-0597; v. Chlorcyan 40-0594; v. Fe (Kinetik) 42-0582; v. Indenen u. Acenaphthylenen 42-0856; v. Salzen d. Trifluoressigsäure 47-0617; v. Acetylenen mit F_2 48-1101.

Hydrohalogenierung: v. Perfluorisobutylen (nukleophile Rk.) 2-0883; Hydrofluorier. v. UO_2 3-2205; Hydrobromier. v. Hexen-(1) (Mechanismus) 5-0893; Hydrochlorier. v. C_2H_2 in Ggw. eines inerten Gases (Kinetik) 5-2509, 5-2510; Hydrofluorier. v. C_2H_2 an AlF_3/Al_2O_3 10-2516*; Hydrochlorier. v. C_2H_2 (Dynamik d. Wärmehaushalts in d. Reaktoren) 14-2508; Hydrojodier. v. Propiolsäuremethylester (Kinetik) 17-1004; Hydrochlorier. v. Methyläthylvinyläthinylcarbinol, -chlormethan u. 5-Methylheptadien-(1.5)-in-(3) 18-0962; Hydrojodier. v. Cyclohexen (Kinetik) 20-0917; Hydrochlorier. v. Methanol in d. Dampfphase an Metallchloriden u. Al_2O_3 (Kinetik) 26-0953; Hydrobromier. v. Allylchlorid (Bldg. eines mol. Komplexes) 30-0935; Hydrojodier. v. Pentadien-(1.3) u. -(1.4) (Kinetik) 51/52-0863.

Halogenmethylierung s. unter *Alkylierung.*
Haloheptan s. unter C_7ClF_{15}.
Halopentol, adrenerg. Wrkg. 28-1702.
Haloperidid s. unter $C_{24}H_{30}ClFN_2O_2$.
Haloperidol s. unter $C_{21}H_{23}ClFNO_2$.
Halophyllin s. unter $C_{22}H_{35}NO$.
Halopropane s. unter $C_3H_3BrF_4$.
Halosalin s. unter $C_{10}H_{21}NO$.
Halothan s. unter $C_2HBrClF_3$.
Haloxin s. unter $C_{16}H_{28}N_2O_2$.
Haloxon s. unter $C_{14}H_{14}Cl_3O_6P$.
Hamamelose s. unter $C_6H_{12}O_6$.
Hambergit, Vork. v. Berborit mit — in einer Skarnlagerstätte 21-0880.
Hammett-Gleichung s. unter *Konstitution.*
Hamycin, Gegenstromverteil. (Unters.) 13-1319; Wrkg. in vitro u. in vivo auf Candida albicans u. Curvularia maculans 29-1767; Wrkg. bei hochvirulenten Candida albicans-Infekt. bei Mäusen 51/52-1672; Herzwrkg. 10-1631; hämolyt. u. antifungale Aktivität (Wrkg. v. Lipoproteinen) 29-1526.
Handbücher
Siehe auch *Wörterbücher.*
Organ. Synth., jährl. Veröffentlich. befriedigender Meth. zur Darst. organ. Chemikalien (Bd. *45*) 24-1022.

Bibl.:
Beilsteins Handbuch der organischen Chemie. Erg.-Werk *3.* Literatur von *1930* bis *1949.* Bd. *6.* Teil *6.* Systemnummer *548—557* B 2; Zahlenwerte und Funktionen aus Naturwissenschaften und Technik. Gruppe *2.* Atom- und Molekularphysik. Bd. *4:* Molekelkonstanten aus mikrowellenspektroskopischen Messungen B 10; Biographisch-literarisches Handwörterbuch der exakten Naturwissenschaften. Bd. *7b.* Berichtsjahre *1932—1962.* Teil *1.* Lfg. *4* B 10; Gmelins Handbuch der anorganischen Chemie. System-Nr. *48.* Vanadium. Teil B. Lfg. *1.* Verbindungen bis Vanadium und Wismut B 11; Transportbeton-Handbuch B 15; Gmelins Handbuch der anorganischen Chemie. System-Nr. *16.* Phosphor. Gesamtregister. *1967* B 17; Gmelins Handbuch der anorganischen Chemie. System-Nr. *14.* Kohlenstoff. TB. Lfg. *1.* Das Element: Isotope, Atom, Molekeln, Einstoffsystem, Dampf, Diamant B 27; Dünnschicht-Chromatographie. Ein Laboratoriumshandbuch B 29; Handbuch der Lebensmittelchemie. Bd. *5.* Teil *1:* Kohlenhydratreiche Lebensmittel B 32; Handbuch der Fleischwarenherstellung. Praxis und Wissenschaft der Fleischverarbeitung B 32; Biographisch-literarisches Handwörterbuch der exakten Naturwissenschaften. Bd. *7b.* Berichtsjahre *1932* bis *1962.* Teil *2.* Lfg. *2* B 33; Handbuch der analytischen Chemie. Teil *3:* Quantitative Bestimmungs- und Trennungsmethoden. Bd. *7aβ:* Elemente der siebenten Hauptgruppe. *2.* Chlor, Brom, Jod B 37; Hygrometrie. Ein Handbuch der Feuchtigkeitsmessung in Luft und anderen Gasen. Lfg. *4* B 37; Lehr- und Handbuch der Abwassertechnik. Bd. *1* B 38; Beilsteins Handbuch der organischen Chemie. Erg.-Werk *3.* Die Literatur von *1930—1959* umfassend. Bd. *6.* Teil *7.* Systemnummer *558—573* B 42; Gmelins Handbuch der anorganischen Chemie. System-Nr. *34.* Quecksilber. Teil B. Lfg. *2.* Quecksilber-Halogen-Verbindungen. System-Nr. *48.* Vanadium. Teil B. Lfg. *2.* Schluß der Verbindungen. Legierungen, Koordinationsverbindungen mit neutralen und innerkomplexbildenden Liganden B 42; Handbuch für Kesselwärter. Bd. *1:* Grundbegriffe, Brennstoffe, Verbrennung, Feuerungen und Dampfkessel B 46; Industrielle Fischverarbeitung. Ein Lehr- und Handbuch über die Technik und Technologie der Fischbearbeitung und -verarbeitung B 48; ABC Biologie. Ein alphabetisches Nachschlagewerk für Wissenschaftler und Naturfreunde B 49; Gmelins Handbuch der anorganischen Chemie. System-Nr. *48.* Vanadium, Teil B. Lfg. *2.* Schluß der Verbindungen, Legierungen, Koordinationsverbindungen mit neutralen und innerkomplexbildenden Liganden B 50; Beilsteins Handbuch der organischen Chemie. Erg.-Werk *3,* die Literatur von *1930—1949* umfassend. Bd. *6,* Teil *8* B 51; Handbuch der medizinischen Radiologie. Bd. *18:* Allgemeine Strahlentherapie maligner Tumoren B 51; Handbuch der analytischen Chemie. Teil *3:* Quantitative Bestimmungs- und Trennungsmethoden. Bd. *4a:* Elemente der vierten Hauptgruppe. *1.* Kohlenstoff, Silicium B 53; Handbuch für Kesselwärter. Bd. *2:* Überhitzer, Nachschaltheizflächen, Kesselausrüstung, Kesselbetrieb, Kesselschäden und Speisewasserpflege B 54; Handbuch der Bauphysik. Berechnungs- und Konstruktionsunterlagen für Schallschutz, Raumakustik, Wärmeschutz, Feuchtigkeitsschutz B 54; Gmelins Handbuch der anorganischen Chemie. System-Nr. *48.* Vanadium. Teil A. Lfg. *1.* Geschichtliches, Vorkommen, Technologie, Darstellung des Elements B 58; Houben-Weyl, Methoden der organischen Chemie. Bd. *10:* Stickstoffverbindungen *1,* Teil *4* B 59; Handbuch der mikrobiologischen Laboratoriumstechnik B 59; Handbuch der Isoliertechnik. *2* Bde. Bd. *1:* Grundlagen der Isoliertechnik. Die Bedeutung des Wärme-, Kälte- und Schallschutzes für die Industrie B 62; Lexikon der Nutzhölzer. Vorkommen, Charakteristik und Verwendung der im Welthandel vorkommenden Nutzhölzer. Bd. *3* B 64; Lexikon der Holztechnik B 64; Handbuch der Papier- und Pappenfabrikation. Lfg. Nr. *13:* Kolbenpumpen bis K-Viskosität B 64; Landolt-Börnstein, Zahlenwerte und Funktionen aus Physik, Chemie, Astronomie, Geophysik und Technik. Bd. *2:* Eigenschaften der Materie in ihren Aggregatzuständen. Teil *10:* Magnetische Eigenschaften B 65; Gmelins Handbuch der anorganischen Chemie. System-Nr. *57.* Nickel. Teil C. Lfg. *1:* Koordinationsverbindungen mit neutralen und innerkomplexbildenden Liganden B 66; Handbuch der Mineralogie. Erg.-Bd. *3:* Lfg. *1—5.* Neue Mineralien und neue Mineralnamen B 66; Handbuch der Kältetechnik. Bd. *12:*

Die Anwendung der Kälte in der Verfahrens- und Klimatechnik, Biologie und Medizin. Sicherheitsvorschriften B 70; Die Stärke. Lfg. *2*: Hauptgruppe *1*. Technologie der Kartoffelstärke. Lfg. *3*: Hauptgruppe *2*. Technologie der Getreidestärken und sonstiger Stärkerohstoffe B 72; Biographisch-literarisches Handwörterbuch der exakten Naturwissenschaften. Bd. *7b*. Berichtsjahre *1932–1962*. Teil *2*. Lfg. *3* B 73; Beilsteins Handbuch der organischen Chemie. *4*. Aufl. Erg.-Werk *3*, die Literatur von *1930–1949* umfassend. Bd. *6*, Teil *9* B 74; Handbuch der analytischen Chemie. Vol. *2* AB. Part *3*: Elemente der siebenten Hauptgruppe B 77; Handbuch der Papier- und Pappenfabrikation (Papierlexikon). Lfg. Nr. *17* B 79; Handbuch der Lebensmittelchemie. *9* Bde. Bd. *5*, Teil *2*: Obst, Gemüse, Kartoffeln, Pilze B 79.

Russ.: Mineralien. Handbuch. Bd. *2*, Lfg. *3*. Zusammengesetzte Oxide, Titanate, Niobate, Tantalate, Antimonate, Hydroxide B 2; Handbuch der Theorie und Praxis der Laboratoriumsarbeiten für die physikalische Chemie. Teil *2* B 9; Handbuch der Plaste B 16; Grundwasserhandbuch B 22; Handbuch des Elektronen-Legierens B 30; Handbuch über Eigenschaften und Anreicherungsvermögen der Steinkohlen und Anthrazite der USSR. Bd. *2*. Charakteristik des Anreicherungsvermögens der Steinkohle der USSR B 39; Sauerstoff. Handbuch. Teil *1* B 46; Chemikalien. Handbuch in *4* Teilen. Teil *1* B 49; Kurzes Handbuch der physikalisch-chemischen Größen B 49; Handbuch der Chemie. Bd. *4*: Analytische Chemie B 53; Sauerstoff. Handbuch. Teil *2* B 54; Handbuch der Laboratoriumsarbeit zur physikalischen und Kolloidchemie B 58; Handbuch der toxikologischen Analyse in der Tiermedizin B 61; Handbuch des Chemikers. Bd. *6*: Rohstoffe und Produkte der organischen Industrie B 63; Überwachung der Kunstfaserproduktion. Handbuch B 64; Handbuch der analytischen Chemie B 69; Handbuch des Stickstoffherstellers. Bd. *1*: Physikalisch-chemische Eigenschaften der Gase und Flüssigkeiten. Herstellung technischer Gase. Reinigung technischer Gase. Ammoniaksynthese. Methanolsynthese B 70; Kontrolle der Kunstfaserproduktion. Handbuch B 79; Handbuch der Zubereitung von Titrierlösungen B 85; Materialien im Maschinenbau. Wahl und Anwendung. Handbuch. Bd. *2*: Baustahl B 86; Handbuch der Chemie. Bd. *6*: Rohstoffe und Produkte der organischen Industrie B 86; Praktisches Handbuch der Chromatographie B 93.

Ungar.: Aluminium-Handbuch B 54.

Handbook of materials and techniques for vacuum devices B 5; Engineering manual; a practical reference to data and methods in architectural, chemical, civil, electrical, mechanical and nuclear engineering B 5; Complete metalworking manual B 6; Encyclopedia of polymer science and technology; plastics, resins, rubbers, fibers. Vol. *6*: Enzymes to finishing B 7; Encyclopaedic dictionary of physics: general, nuclear, solid state, molecular, chemical, metal and vacuum physics, astronomy, geophysics, biophysics and related subjects. Supplementary vol. *2* B 10; A laboratory manual of experiments in physical chemistry B 13; Encyclopedia of chemical technology. Vol. *12*: Iron to manganese B 15; Handbook of epoxy resins B 16; A handbook of laboratory solutions B 21; Introductory general chemistry laboratory manual B 25; Handbook of chemistry; a reference volume for all requiring ready access to chemical and physical data used in laboratory work and manufacturing B 25; Introduction to general textiles; laboratory manual B 31; Experimental chemistry: a laboratory manual B 33; Handbook of the elements B 33; Encyclopedia of industrial chemical analysis. Vol. *4*: Ablative materials to alkaloids B 37; Molten salts handbook B 41; Encyclopaedic dictionary of physics: general, nuclear, solid state, molecular, chemical, metal and vacuum physics, astronomy, geophysics, biophysics, and related subjects B 41; Handbook of tables for organic compound identification B 43; Handbook of X-rays, for diffraction, emission, absorption, and microscopy B 43; Materials data book for engineers and scientists B 46; Encyclopedia of chemical technology. Vol. *13* B 46; Plutonium handbook; a guide to the technology B 46; Metals handbook B 47; Encyclopedia of polymer science and technology: plastics, resins, rubbers, fibers. Vol. *7*: Fire retardancy to isotopic labeling B 47; The encyclopedia of basimaterials for plastics B 48; The international encyclopedia of physical chemistry and chemical physics. Vol. *3*: Collisional activation in gases B 50; Encyclopedia of industrial chemical analysis. Vol. *5*: Alkanolamines to untibiotics B 53; Encyclopedia of chemical technology. Vol. *13*: Manganese compounds to Nitrophenols B 54; Petroleum processing handbook B 55; Chemistry and Industry buyer's guide: chemicals, chemical plant and laboratory equipment B 61; Handbook of the engineering sciences. Vol *2*: The applied sciences B 62; Fibre data summaries: a handbook of data on *28* principal textile fibres B 64; The encyclopedia of biochemistry B 67; Ultimate strength design handbook B 69; Handbook of steel drainage and highway construction products B 70; Concise encyclopaedic dictionary ceramics. Pottery, glass. vitreous enamels, refractories, clay building materials, cement and concrete, electroceramics, special ceramics B 70; Laboratory manual for food microbiology B 72 A chemical operatives' handbook B 73; Handbook of the physico-chemical properties of the elements B 73; Digest of lierature on dielectrics. Vol *30* B 74; Concise encyclopedia of the atom B 82; Microbial transformation of steroids a handbook B 84.

Encyclopédie internationale du conditionnement des liquides B 37; Manuel de technologie de plâtrerie, plâtre lissé et coupé, noveautés B 38; Manuel d'agriculture B 40; Manuel de pharmacie practice B 69;

Manuale del chimico industriale B 85; Manuale delle fibre tessili B 87; Manuale tecnico per i controlli e le analisi microbiologiche del latte e latticini B 87.

Handl Wrap s. unter *Plaste, Olefinpolymerisate (Polyäthylen)*.

Hanf

Cannabis indica (Marihuana) s. unter *Pflanzen, spezielle*.

Einfl. auf d. --Faser: v. Giberellin (Ertrag u. technolog. Eig.) 5-3091; v Hitze u. Feuchtigk. (Eig. u. Struktur) 7-3023; v. KCl-Gaben auf Ertrag u. Ölgeh. v. --Samen 7-3058; Verarbeit. v. – 8-2950; pyridazonringhalt. Farbstoffe für – 21-2974*; Färben mit thiosulfatoäthylsulfonylgruppenhalt. Farbstoffen 32-2712*; Einfl. v. Gibberellin auf d. Geh. an N, P u. K in d. --Pflanze 37-3279; durch radioakt. Strahlen initiierte Pfropf. auf --Garnen zur Verbesser. d. Fäulniswiderstandes 38-3027; Verarbeit. v. --Samen 47-3166.

Rk.-Fähigk. v. Kaninchen gegenüber --Präp. 7-1623; Zus. v. Cannabis sativa aus Brasilien 12-1601; biolog. Wertbest. v. --Präp. 29-1751; Tetrahydrocannabiolsäure aus mexikan. – 39-1365.

Identifizier. v. Cannabis sativa 30-1641.

Hanfsamenöl s. unter *Fette*.
Haplophyllidin s. unter $C_{18}H_{21}NO_4$.
Haplopin s. unter $C_{13}H_{11}NO_4$.
Haptene s. unter *Antigene*.
Haptoglobin s. unter *Proteine, Spezielle Proteine*.
Haptoglobulin s. unter *Proteine, Spezielle Proteine*.

Harmalan s. unter $C_{12}H_{12}N_2$.
Harmalin(e) s. unter $C_{13}H_{14}N_2O$.
Harmalol s. unter $C_{12}H_{12}N_2O$.
Harman s. unter $C_{12}H_{10}N_2$.
Harmin s. unter $C_{13}H_{12}N_2O$.
Harmol s. unter $C_{12}H_{10}N_2O$.
Harmotom, – v. Korsnäs, Finnland 36-0819; ^{1}H-NMR u. d. Lage d. H-Atome in natürl. – 25-0388.

Harn (Urin)

Diabetes (mellitus) sowie *Harnanalyse* s. dort; s. auch *Organe, Harnblase (und Harnwege); Organe, Nieren; Stoffwechsel, Stoffwechsel, tierischer*.

Wrkg. v. Ethacrynsäure auf d. --Konz. beim Hund 1-1562; --Konz. d. Menschen unter maximaler ADH-Wrkg. (Wrkg. v. Angiotensin) 6-1473; Einfl. v. Kininen auf d. --Verdünn. u. -Konzentrier. 21-1657; mögl. Rolle d. sauren Mucopolysaccharide bei d. --Konzentrier. 29-1717; Fehlen einer Bezieh. zwischen induzierten Änder. d. --Vol. u. d. Cortisolausschütt.-Rate 32-1576; Rolle d. sauren Mucopolysaccharide im Nierenmark während d. --Konzentrier. 40-1517; Wrkg. v. Furosemide auf d. renalen Konz.- u. Verdünn.-Mechanismus 41-1743; Vorgang d. --Verdünn. u. -Konzentrier. bei Wasserdiurese (Einfl. v. Kininhormonen) 43-1438; O_2-Tens. d. – (Wrkg. v. osmot. u. saluret. Diurese u. v. Ethacrynsäure) 31-1664; --Osmolarität 19-1549; Penetrat. v. Makromol. durch glomeruläre u. postglomeruläre Kapillaren in d. – 49/50-1435.

Wrkg. v. *Urämie* auf d. Verwert. v. Ammoniak-N zur Proteinsynth. bei Menschen 35-1612; fibrinolyt. Aktivität v. Blut bei Urämie 41-1534.

Harnbildung und Diurese

--Ausscheid.: nach Zufuhr v. KCN in d. Nierenarterie 2-1446; beim Menschen nach langem Gebrauch v. hartem Trinkwasser 3-1466; Diurese: d. Hundes mit Verbrenn. (Einfl. v. Na-Dehydrocholat) 4-1299; vor u. nach d. Denervier. (Mechanismus d. Hexoniumwrkg.) 7-1641; Clearance- u. Stop flow-Unters. in W.- u. osmot. Diurese bei normalen u. Diabetes insipidus-Ratten 8-1448; --Ausscheid.: bei Schafen, Rindern u. Kamelen (Einfl. v. Vasopressin) 12-1421; beim Huhn im Moment d. ersten Eiablage 32-1639; renaler Blutfluß u. p-Aminohippurat-Extrakt. bei osmot. Diurese 35-1631; Na- u. K-Konz. u. Blutfluß in Nierenrinde u. -mark während verschiedener diuret. Rk. 35-1632; Diurese u. Elektrolytausscheid. (Einfl. neurotroper Mittel) 45-1762; Ausscheid. v. freiem W. bei Antidiurese unter Einfl. v. Ethacrynsäure 46-1604.

Diuret. Wrkg. v. N-Amidino-3.5-diamino-6-chlorpyrazincarbonsäureamid 8-1628; Wrkg.: d. Brenzcatechinamine auf d. Diurese d. Ratte 9-1647; d. Oxyderiv. d. Purins auf d. Diurese 11-1664; diuret. Faktor im menschl. Serum während d. durch Expans. d. intrathorakalen Blutvol. ausgelösten Diurese 13-1492; Wrkg.: gereinigter Hirnextrakte auf d. Diurese v. Vitamin-Mangelratten 16-1592; einiger Anästhetika auf d. Diurese bei d. Ratte 17-1718; Mechanismus d. diuret. Wrkg. v. 3.5-Dimethylisoxazol u. 3.5-Dimethylpyrazol 17-1747; diuret. Wrkg. v. i.v. verabreichter Ethacrynsäure 17-1748; reflektor. Zunahme d. --Ström. infolge v. Veratridin 22-1720; Bezieh. d. diuret. Wrkg. v. Cyclophosphamid u. Nor-N-Lost zum Antidiuret. Hormon 31-1362; diuret. Wrkg.: v. Ca-Ionen beim Hund 33-1871; v. Furosemid (Übersicht) 35-1719; substituierter Hydrazide 35-1723; Lokalisier. d. diuret. Wrkg. (Verteil.-Bild v. W.- u. Elektrolytausscheid.) 35-1726; Wrkg. v. Ferritin auf d. Diurese beim Hund 36-1618; diuret. Wrkg.: v. Methopyron beim Hund nach W.-Belast. 38-1798; v. Adenin 39-1550; s. auch *Arzneimittel, Diuretika*.

Antidiuret. Wrkg.: v. 5-Hydroxytryptamin bei d. Ratte nach s.c. Injekt. physiolog. Dosen 3-1435; v. cycl. Adenosin-3'.5'-monophosphat (Wrkg. v. pH u. Theophyllin) 15-1739; v. Vasopressin u. Nicotin bei wasserbelasteten Ratten (Einfl. v. Acetazolamid) 19-1550; v. Adenosinderiv. in d. Niere 23-1742; spezif. Antidiurese-Aktivität in Rattenharn nach Infus. v. Lysin-vasopressin 25-1619; antidiuret. Wrkg. v. Lysin-Vasopressin u. Oxytocin (Einfl. v. Humanserum-Oxytocinase) 42-1385.

Einfl. v. Vasopressin auf d. Nierenfunkt. v. intakten u. *Diabetes insipidus*-Ratten 8-1448; --Konz. bei Ratten mit erhebl. hypothalam. Diabetes insipidus (Vasopressinwrkg.) 13-1406; Verh. d. Corticosteroide im Plasma bei Diabetes insipidus-Kranken während d. Insulinhypoglykämie 16-1542; Wrkg. v. Aldosteron u. Aldosteron-Antagonisten auf W. u. Elektrolytstoffwechsel bei Diabetes insipidus 25-1568; Empfindlichk. v. Ratten mit Diabetes insipidus für Antidiuret. Hormon 27-1622; antidiuret. Wrkg. v. Saluretika bei Patienten mit Diabetes insipidus (Mechanismus) 46-1605; Darst. v. 8-L-Citrullinvasopressin als Mittel gegen Diabetes insipidus 51/52-1777*.

Bestandteile

Einfl. d. Ca-Geh. d. Futters auf d. --Zus. d. Schafes 4-1254; Zus. (Einfl. v. Corticosteroiden) 10-1424; --Krist. u. ihre Bezieh. zur Steinbldg. 28-1556; Beseitig. d. Bakteriurie durch Nitrofurantoin 35-1692.

Anorganische Bestandteile: Wasserdiurese d. Hundes (Wrkg. verschiedener i.v. Anästhetika) 4-1327; --Eliminier. verschiedener Ionen beim Goldhamster 12-1529; --Elektrolytenausscheid. bei nichtnarkotisierten Hunden (Wrkg. v. Acetylstrophanthidin) 19-1831; Einfl. v. Änder. d. --pH auf d. Ausscheid. einiger Aminosäureester in d. perfundierten Rattenniere 21-1725; Ausscheid.: v. Elektrolyten u. Prod. d. N-Umsatzes mit d. – nach geringer ^{24}Na-Zufuhr 26-1659; v. W. u. Elektrolyten mit d. – bei Mutterschafen (Einfl. v. Arginin-Vasopressin u. Lysin-Vasopressin) 27-1621.

--Ausscheid. v. Bromiden bei mit Bromiden u. W. belasteten Ratten (Einfl. v. Diuretika) 3-1677; Verteil. d. Chloride im – (Wrkg. d. inneren Magendrucks) 45-1637.

Ausscheid. v. anorgan. Phosphat im Ratten- — (Wrkg. v. Chlorochinsulfat) 5-1595; Geh. v. Sulfaten im — v. Arbeitern unter Einw. v. Schwefelkohlenstoff 10-1650; Phosphaturie (Einw. v. Thyreocalcitonin) 13-1461; verstärkte ^{32}P-Ausscheid. durch d. Ratten- — nach Einzelinjekt. eines Extrakts aus Hypophysenhinterlappen u. nach synthet. Lysin-Vasopressin (Zusammenhang mit d. Strahlenkrankh.) 22-1514; Ausscheid.: v. Se u. Te im — 23-1736; v. anorgan. P im — (Einfl. v. Glukagon) 24-1611; ^{35}S-Ausscheid. nach ^{35}S-Infus. im Ratten- — (Einfl. hoher Methioninzulagen zu Eiweißdiäten) 25-1627; Phosphatgeh. d. — (Wrkg. eines Al-Carbonatgels) 45-1685.

Renale SiO_2-Ausscheid. beim Menschen (Einfl. polymerer Kieselsäuren) 43-1466; Si-Geh. im — in verschiedenen Stadien d. Silikose 45-1806.

As-Geh. d. — v. nichtexponierten Personen 9-1655; Aufnahme v. Sb im — v. Patienten mit Schistosoma haematobium-Infekt. 18-1622; Sb-Geh. im — nach Verabreich. Sb-halt. Arzneimittel gegen Bilharziosis 36-1642.

Salurese bei Karotisverschluß (Einfl. v. Oxytocin-Antagonisten) 11-1386; Na- u. Chloridausscheid., Elektrolyt- u. Proteingeh. d. — (Wrkg. v. Wy-*5256*) 5-1662; Na/K-Verhältnis im — bei mit β-Glycyrrhetinsäure behandelten Ratten (Einfl. v. Salzzufuhr) 12-1593; K^+- u. Tl^+-Ausscheid. mit d. — 14-1546; Korrelat. zwischen Na-Ausscheid., Plasma-Renin-Spiegel u. Hämatokrit 19-1590; gesteigerte natriuret. Rk. auf Infus. v. Kochsalzlsg. bei Hunden mit akuter Hypertens. infolge v. Metaraminol 19-1824; natriuret. Aktivität hoher Dosen v. Angiotensin II (Bezieh. zur mineralotropen Corticoadrenalfunkt.) 24-1619; Na^+-Ausscheid. im — bei Ratten (Einfl. v. Angiotensin) 30-1450.

—-Ausscheid. v. ^{40}Ca u. ^{45}Ca (Einfl. d. Ca-Geh. im Futter bei d. Ratte) 5-1551; Zusammenhang zwischen d. ^{137}Cs- u. ^{90}Sr-Geh. v. — bei einer italien. Kindergruppe 7-1578; ^{90}Sr- u. Ca- —-Ausscheid. beim Menschen 7-1581; Mg-Ausscheid. im — beim Menschen (Wrkg. v. Nebenschilddrüsenextrakt) 9-1436; Ca- u. Mg-Ausscheid. im — (Wrkg. v. Ethacrynsäure) 9-1646; nichtaustauschbares Ca im menschl. — 12-1501; Erhöh. d. Ca-Ausscheid. im — durch Nebenschilddrüsenhormon (Einfl. v. Thyrocalcitonin) 21-1637; Mg-Geh. im — (Einfl. v. Epiphysenhormon) 24-1615; Radio-Sr-Ausscheid. mit d. — beim Menschen (Einfl. v. Mercuhydrin allein u. in Verb. mit Ammoniumchlorid) 38-1797; Beschleunig. d. ^{140}Ba-Ausscheid. im — 46-1497.

—-Ausscheid.: v. Pu bei d. vergifteten Ratte (Einfl. v. Desferrioxamin u. Diäthylentriaminopentaessigsäure) 3-1698; v. ^{237}Np im tier. Organismus 5-1555; Wrkg. v. Diäthyldithiocarbamat auf d. Ausscheid. v. Tl im — bei Ratten 14-1651; Ausscheid. v. Tc im — beim Menschen 17-1614; provozierte Pb-Ausscheid. im — bei Vergift. mit Bleitetraäthyl 19-1842; „normaler" Pb-Spiegel im — (internationale Studie) 21-1661; ^{65}Zn-Ausscheid. mit d. Harn bei Diabetes 26-1560; Pu-Abgabe durch d. — nach einer DTPA-Therapie (Vgl. v. retiniertem monomerem Pu mit polymerem Pu) 26-1655; Einfl. v. EDTA u. DTPA auf d. Ausscheid. v. endogenem Zn im — 33-1803; Hg-Konz. im — (Bezieh. zur Proteinurie) 37-1814.

Cu-Geh. im — v. Kindern bei Nephritis 3-1369; —-Ausscheid.: v. ^{57}Co (Test für d. Vitamin B_{12}-Resorpt.) 15-1596; v. ^{59}Fe (Wrkg. v. Erythropoietin) 4-1164.

Organische Bestandteile:

—-Phenole bei Melanomen 8-1189; phenol. Verb. im — d. Menschen 29-1705, 30-1494, 35-1664.

Auftreten v. (+)-p-Menthen-(1)-diol-(8.9) im Human- — 7-1491.

Biochem. Schädig. bei Phenylketonurie (Übersicht) 6-1412; mütterl. u. fetale Ketonkonz. im — 10-1477; Bezieh. zwischen Phenylketonurie u. d. Vitamin B_6-Funkt. 16-1599; Genetik d. Phenylketonurie 24-1246; Tryptophanstoffwechsel in phenylketonur. Ratten 34-1526; Phenylketonurie bei Ratten (Reversibilität d. Verh.-Defekte) 40-1528.

Nichtdialysierbare Formen d. Fucose in normalem Menschen- — 8-1545; Ausscheid.-Muster individueller saurer Mucopolysaccharide im — 12-1531; Ausscheid. d. Lactose im — bei Kühen während d. Erstlaktat. 18-1522; biolog. Aktivität d. Tamm-Horsfall-Glykoproteids bei Saccharosurie 21-1702; Ausscheid. saurer Mucopolysaccharide im — d. Ratte (Einfl. einiger entzündungshemmender Mittel) 25-1744; Wrkg. v. Cortison u. Insulin auf —-Glucose u. -N_2 bei Ratten 27-1406; Mucopolysaccharide d. — bei Kindern u. Erwachsenen (Zus.) 27-1685; D-Xylose-Ausscheid. im — (Normalwerte nach oraler Belast. bei Kindern u. Erwachsenen) 33-1765; Ausscheid. v. Oligosacchariden im — v. zu verschiedenen Blutgruppen gehörenden Ausscheidern u. Nichtausscheidern 35-1573; Zuckervork. im — bei d. experimentell Cd-vergifteten Mäusen u. Kaninchen 38-1733; Oligosaccharide d. — v. A_1- u. B-Ausscheidern (Isolier. u. teilweise Charakterisier.) 39-1489; saure Mucopolysaccharide in Normal- — 47-1618.

—-Ausscheid. v. Vanillmandelsäure u. v. Homovanillinsäure bei Kindern mit Retinoblastom 5-1442; Uroterpenol aus menschl. — (Isolier., Charakterisier. u. Struktur) 8-1548; Hippursäure-Ausscheid. im — als Index für Toluol-Aussetz. 9-1654; —-Ausscheid. d. Hippur- u. Formiminoglutaminsäure (Wrkg. d. Folsäure u. d. Vitamins B_{12}) 10-1496; 2-Oxoglutarat: Glyoxylat-Carboligase-Aktivität in Mitochondrien u. Zytoplasmapräp. aus menschl. Organen bei Hyperoxalurie 14-1311; —-Ausscheid.: v. 2.3.5-Trijodbenzoesäure bei d. Ratte 14-1558; v. 3-Methoxy-4-hydroxymandelsäure bei Kollagenkrankh. 15-1610; einiger Phenol- u. Indolsäuren (dünnschichtchromatograph. Unters.) 18-1495; v. gebundener Benzoesäure bei Schafen 19-1663; prim. Hyperoxalurie (Glyoxylatstoffwechsel d. Blutzellen) 20-1514; 3.4-Dimethoxyphenylessigsäure im — 20-1535; —-Ausscheid. v. Phenylacetylglutamin u. Phenylbrenztraubensäure bei Leberkrankh. 21-1722; α-Ketosäuren u. phenol. Säuren im — v. Personen mit Phenylketonurie 23-1580; Homogentisinsäure aus d. — alkaptonur. Fälle (Isolier.) 25-1549; erhöhte Homogentisinsäureausscheid. im — bei Ratten nach Dauerverabreich. v. Tyrosin im Futter 29-1709; Stoffwechsel v. $^{14}C_{(1)}$-Glyoxylat, $^{14}C_{(1)}$-Glykolat, $^{14}C_{(1)}$-Glycin u. $^{14}C_{(2)}$-Glycin durch Homogenate v. Leber- u. Nierengewebe v. Hyperoxalurie-Patienten 36-1593; Vanillmilchsäure im — v. Melanompatienten 39-1152; —-Ausscheid. v. Vanillmandelsäure bei Patienten mit Krankh. d. Hirngefäße während d. Behandl. mit Prenylamin 41-1738; Bezieh. zwischen Vanillylmandelsäure- u. 5-Hydroxyindolyl-(3)-essigsäure-Ausscheid. bei einem Patienten mit Karzinoidtumor 42-1235.

—-Ausscheid.: d. Uronsäuren bei Kindern mit Tuberkulose (Einfl. d. Phthivazids) 7-1630; v. Glucuronsäure u. Ascorbinsäure (Einfl. v. Adrenohypophysenhormonen) 23-1589; Anwesenh. v. Gallensäuren im menschl. Gelbsucht- — 12-1502; Vork. v. ^{35}S-2-Hydroxyäthansulfonsäure im — v. Personen nach ^{35}S-Tauringaben 38-1695.

N-Zus. d. — d. trächt. Ratte 1-1478; N_2-Frakt. v. — beim Proteinkatabolismus d. Ratte (Einfl. d. Trächtigk.) 4-1247.

Vork.: v. Äthylamin im — nach Teeverabreich. bei Menschen u. Ratten 4-1248; v. Trimethylacetonylammoniumhydroxid im menschl. — 6-1506; Dopamin im menschl. — während Muskelarbeit 10-1511; Vork. v. p-Tyramin im — v. Schizophrenen u. Patienten mit Parkinsonscher Krankh. (Papierchromatogramm) 20-1536; urinäre Amine bei chron. Schizophrenie 20-1559; Nichtvork. v. o-Aminophenol in normalem menschl. — 22-1600; —-Ausscheid.: v. 3.4-Dimethoxyphenyläthylamin bei Parkinsonscher Krankh. 36-1574; v. Taurin beim Menschen (Wrkg. v. Isoniazid) 51/52-1660; —-Ausscheid.-Geschw. v. Kreatinin 2-1391; Ausscheid.: v. Kreatin u. Kreatinin im — (Einfl. v. Prednisolon) 6-1438; v. $N_{(1)}$-n-Butylbiguanid sowie Kreatin u. Kreatinin im — 13-1466.

— als Quelle d. Harnstoffs im Schweiß 12-1406; Harnstoffgeh. (Einfl. v. Nicotinsäure nach d. Fasten) 15-1594; Ausscheid. v. Harnstoff u. Allantoin im — (Einfl. v. Vitamin B_{12} u. Folsäure) 18-1511.

Cystinurie bei d. chron. Hg-Vergift. 3-1539; S-[β-Carboxy-n-propyl]-L-cystein u. S-[β-Carboxyäthyl]-L-cystein im — 8-1546; Sulfocystein im — d. gefleckten Kenia-Genette 8-1547; Geh. an Tryptophan, Kynurenin u. Anthranilsäure im — (Einfl. v. Hypophysenhinterlappenhormonen) 13-1405; experimentelle Isovalthinurie 13-1557; δ-Aminolävulinsäurespiegel im — v. Tumor- u. Normalratten 15-1276; —-Ausscheid. v. Hydroxyprolin (Wrkg. v. Ca-Gluconat) 15-1584; Kynureninausscheid. im — bei Krankh. u. nach Hydrocortisonverabreich. 19-1682; Isolier. u. Identifizier. v. N-Isovalerylglycin aus d. — v. Patienten mit Isovaleriansäureämie 20-1537; —-Ausscheid. v. Hydroxyprolin bei Kwaschiorkor 20-1557; Hydroxyprolin/Kreatinin-Verhältnis im — gesunder Menschen verschiedenen Alters 22-1598; Aminoacidurie nach Therapie mit Cycloleucin beim Menschen 24-1326; δ-Aminolävulinsäurekonz. im — als erstes Anzeichen einer Pb-Einw. 25-1808; Isolier.: v. S-(Carboxymethyl)-cystein aus d. — 27-1615; u. Identifizier. v. 5-Hydroxy-L-kynurenin aus d. — v. Hühnern 27-1710; δ-Aminolävulinsäuregeh. im — bei Pb-Vergift. 27-1841; Exkret. einer neuen S-halt. Aminosäure im — bei Homocystinurie 28-1645; Steiger. d. β-Aminoisobuttersäure-Exkret. im — bei Ratten mit Strahlenkrankh. 30-1543; Ausscheid. v. Hydroxyprolin im — 36-1632, 37-1669, 42-1508; größere Mengen 2-Acetamido-1-[β-L-aspartamido]-1.2-didesoxyglucose im — geistig retardierter Geschwister 44-1455; Ausscheid. d. Umsatzprod. d. aromat. Aminosäuren mit d. — nach Einw. v. Vibrat. u. elektromagnet. Hochfrequenzwellen 45-1804; freie Aminosäuren u. verwandte Verb. im — v. Patienten mit malignem Melanom 46-1168; Stoffwechsel v. Jocetaminsäure im — d. Menschen 46-1503; L-Threonin-Ausscheid. im — bei Ratten 47-1640; Isolier. v. ident. Hydroxylysylglykosiden aus menschl. — 48-1556.

Myelomprotein d. — (elektrophoret. Beweglichk.) 1-1145; Gewebeproteine d. normalen menschl. — 1-1453; Vitamin B_{12}-bindende Glykoproteine im — 3-1478, 3-1479; Konz. v. 3S-γ_1-Globulin in normalem menschl. — 5-1441; Ausscheid. v. Peptiden im menschl. — (mikropräparative Isolier. u. nähere Charakterisier.) 9-1527; (Verh. isolierter Peptidfrakt. gegenüber proteolyt. Enzymen) 9-1528; Vork. v. Vitamin B_{12}-bindenden Glykoproteiden im — bei Leukämiepatienten 14-1231; menschl. —-Glykoprotein v. Tamm u. Herzfall 15-1377; Strukturveränder. v. —-γ-Globulin (Übersicht) 19-1642; Proteinurie bei Arbeitern unter Einw. v. Cd-Dampf (Bezieh. zur Konz. an d. Arbeitsstätte) 22-1759; Myoglobinurie nach intermittierender Verabreich. v. Succinylcholin während d. Halothannarkose 23-1801; zwei Hydroxyprolin-enthaltende Glykopeptide aus normalem menschl. — 24-1653; Isolier. u. Charakterisier. d. Peptide I u. II aus menschl. — 30-1493; Mucoproteinurie bei Strahlenschäden (hormonelle Beeinfluss.) 33-1799; Fe-Fragment v. Immunglobulin G im — 36-1557; Isolier. zweier neuer Glykopeptidfrakt. aus menschl. — 41-1549; Gewinn. u. Charakterisier. eines geschlechtsabhäng. —-Proteins 43-1464; natürl. vorkommendes Bruchstück d. schweren Ketten v. Immunglobulin G im normalen menschl. — 44-1445; Identifizier. v. Kreutzer's —-Protein als Amylase 46-1441; Glucose u. Albumin im — bei Einfl. v. $CoCl_2$ auf d. Niere 49/50-1597; β-Asparagyl-Oligopeptid-Ausscheid. durch d. — (Unters.) 51/52-1529; niedermol. Proteine v. — 51/52-1532.

Geh. an 5-Hydroxyindolen im — (bei Bronchialkarzinom) 1-1156; Indolverb. im — eines geistig zurückgebliebenen Kindes 3-1495; Konz. v. Imidazolverb. im — (Einfl. d. kontinuierl. Aufnahme v. freiem L-Histidin) 28-1661.

5-Hydroxyindolylessigsäure-Ausscheid. im — (u. d. —-Menge) 7-1492; (Einw. v. Ergotamintartrat) 14-1575; 5-Hydroxy-6-methoxyindolcarbonsäure-(2) u. 5-Methoxy-6-hydroxyindolcarbonsäure-(2) im — v. Melanompatienten 22-1283; gesteigerte Ausscheid. v. 5-Hydroxyindolylessigsäure im — bei Karzinoid- u. „Dumping"-Syndrom 22-1569; Geh. v. Konjugaten d. 5-Hydroxyindolylessigsäure im — bei neurozirkulator. Asthenie u. nach Injekt. v. 5-Hydroxytryptamin 25-1591; tägl. Rhythmus d. 5-Hydroxyindolessigsäure-Ausscheid. mit d. — (Einfl. d. Persönlichk.) 32-1577; Vork.: v. Imidazolylmilchsäure im normalen menschl. — 9-1491; v. ringmethylierten Imidazolessigsäuren im — (Rolle d. Histaminfreisetz.) 11-1482; Exkret. v. 4-Pyridoxsäure mit d. — bei Koronarathero-sklerosekranken 5-1469.

—-Ausscheid. v. Pseudouridin u. Desoxycytidin bei Ratten (durch Glucocorticoide veranlaßte Veränder.) 8-1162; Rolle d. Milz bei d. Desoxycytidinurie d. Ratten nach d. Bestrahl. 21-1741; Vork. v. 8-Hydroxy-7-methylguanin im — d. Menschen (Herkunft) 23-1743; Uratexkret. während Mannit- u. Glucose-Diurese 31-1706.

Auftreten v. Diphosphopyridinnucleotid im — v. Patienten mit progressiver Muskeldystrophie 10-1527; Einfl. v. Nebenschilddrüsenhormon auf d. 3'.5'-AMP-Ausscheid. im — 34-1503; Organophosphate d. — 47-1616.

Vork.: v. 2.8-Chinolindiol im — v. Ratten mit einer maishalt. Diät 12-1503; v. 4.6-Chinolindiol u. 4.8-Chinolindiol im — v. Hennen 5-1502.

—-Ausscheid. d. Coproporphyrinisomere I u. III bei Erkrank. d. Leber u. d. Blutes 6-1552; Bezieh. zwischen chem. Struktur u. Porphyrie-induzierender Aktivität 7-1600; Unters. d. Porphyrinurie als Hinweis auf d. Vergift. durch Pb 14-1649; Stilböstrol-induzierte Porphyrie (Erhöh. d. δ-Aminolävulinsäuresynthetase-Aktivität d. Leber) 19-1561; Vork. v. Heptacarbonsäureporphyrin im — bei verschiedenen Porphyrieformen (F.-Kurve d. Methylester d. Isomere I u. III) 19-1613; Biopteringeh. im — d. Ratte (Einfl. v. Vitaminmangel u. eines Antagonisten) 22-1629; Porphyringeh. im — bei d. chron. Pb-Krankh. u. bei Anämien u. Hepatopathien anderen Ursprungs 26-1732; Verminder. d. Porphyringeh. im — nach Gabe d. bulgar. Präp. „Satal" als Heilmittel gegen Pb-Intoxikat. 26-1728; Löslichk. u. Ausscheid. v. nichtkonjugiertem Bilirubin im — 29-1719; Porphyrie-auslösende Wirksamk. (Bezieh. zur chem. Struktur) 29-1743, 29-1744; Melaninvorstufen im — bei malignem Melanom 39-1151; Geh. an Porphyrinvorläufern im — 45-1615; ATP in in vitro hämolyt. Tests bei paroxysmaler nächtl. Hämoglobinurie 47-1620; Porphyrie (Übersicht) 49/50-1593; experimentelle Porphyrie durch 2-Allyloxy-3-methylbenzamid 49/50-1604 bis 49/50-1606.

A- u. B-Agglutininogenfrakt. im — (Isolier. u. Charakterisier.) 51/52-1531.

Wirkstoffe-Hormone: Kinin- u. Kininogenkonz. im — (Einfl. v. chron. Infekt. mit Trypanosomen) 4-1208.

—-Gondaotropine (immunolog. Verh.) 1-1367; Geh. v. Gonadotropinen, 17-ketogenen Steroiden u. 17-Ketosteroiden im — normaler Frauen (Wrkg. einer Behandl. mit Delpregnin v. *20.* Tag d. Zyklus) 8-1463; Ausscheid. v. Choriongonadotropin im — 13-1419; Pergonal-*24* u. -*26* im — (Ascorbinsäure-Deplet.-Test am Rattenuterus) 16-1500; relative Giftigk. v. Gondaotropinextrakten aus postmenopausalem — (Meth. v. Albert u. Johnsen) 22-1534; spezif. Blutdruck-Aktivität im Ratten-— nach Infus. v. Lysin-Vasopressin 25-1619; melanostimulierender Faktor d. — im Verlauf d. Hypophysenenthemm. beim Hund 28-1644; Herst. eines Hypophysenhormons aus d. Frauen-— während oder nach d. Menstruat. 34-1759*; Fett-mobilisierende Substanz im — alloxandiabet. Ratten 41-1553; Geh. an TSH im — 49/50-1438.

Ausscheid. d. Brenzcatechinamine im —: beim Hamster (Einfl. d. Außentemp.) 4-1185; bei Ratten (Einfl. v. Überdosen an NaCl im Futter) 8-1477; Brenzcatechinamingeh. im — (Einfl. v. Diazoxid) 10-1638; —-Ausscheid. v. Brenzcatechinamin: u. Vanillmandelsäure bei normalen Personen (Einfl. v. Trinitroglycerin) 14-1562; u. Metaboliten während Morphinsucht u. Entwöhn. 17-1724; Epinephrin u. Norepinephrin im — während d. N_2O-Anästhesie beim Menschen 22-1731; tägl. Rhythmus d. —-Brenzcatechinaminausscheid. (Einfl. d. Persönlichk.) 32-1577; Wrkg. v. α-Methyldopa auf d. Exkret. v. Noradrenalinmetaboliten im — 32-1680; —-Ausscheid. v. Brenzcatechinaminen nach Lysergsäurediäthylamid beim Menschen 34-1598; Noradrenalin im — d. Menschen während phys. Belast. u. Chlorpromazinbehandl. 37-1755; —-Ausscheid.: v. 3.5-Dijodsynephrin beim Kaninchen nach Zufuhr v. 3.5-Dijodtyrosin oder 3.5-Dijodtyramin 40-1539; v. Noradrenalin u. Adrenalin bei Patienten mit Krankh. d. Hirngefäße während d. Behandl. mit Prenylamin 41-1738; v. Brenzcatechinaminen bei d. Nebennieren-entmarkten Ratte bei Kältebehandl. nach chron. Guanethidinbehandl. 42-1545.

Abnorme —-Ausscheid. v. Steroidhormonen u. nachfolgender Brustkrebs 5-1187; Geh. an Glucocorticoiden im — (Einfl. v. ACTH) 5-1384; Bind. v. Steroidhormonen an Proteine im Schwangeren-— 5-1385; Steroidgeh. im — bei Fettsucht (Einfl. v. ACTH) 5-1392; 17-Hydroxycorticosteroide im — v. männl. Neugeborenen 6-1446; Ausscheid. v. Cortisol u. Aldosteron im — (Einfl. v. Hydrochlorothiazid u. Ethacrynsäure) 10-1645; urinäre 17-Hydroxycorticosteroide bei wesentl. Hypertens. 13-1439; 17-Hydroxycorticosteroidausscheid. im — d. Meerschweinchens nach Hypothalamusläs. 16-1491; Ausscheid. d. 17-Ketosteroide im — nach Zufuhr d. β-hämolyt. Streptococcus u. d. Homogenats d. homologen Herzgewebes (Wrkg. v. Penicillin) 18-1579; urinäre Ausscheid. v. 5α-H- u. 5β-H-Stoffwechselprod. v. Cortisol bei an rheumat. Arthritis leidenden Patienten 19-1572; —-Eliminier. d. Haupt-17-Ketosteroide beim Säugling, beim Kind u. beim Erwachsenen (papierchromatograph. Unters.) 20-1479; Steroidgeh. im — bei vier Geschwistern mit kongenitaler virilisierender Adrenalhyperplasie 20-1484; Steroidausscheid. im — bei Beeinfluss. d. basalen adrenokortikalen Funkt. bei normalen, gesunden Indern durch ACTH u. Metyrapon 21-1620; Cortisol- u. Cortisonausscheid. v. Kindern u. Erwachsenen mit d. — 21-1622; —-Ausscheid. v. Tetrahydro-11-desoxycortisol, Tetrahydrocortison u. Tetrahydrocortisol: bei jungen u. alten Normalpersonen (Rk. auf d. Methopyrapon- u. Zn-Corticotropintest) 22-1538; bei Patienten mit kongenitaler Nebennierenhyperplasie u. Cushing-Syndrom 22-1539; bei Patienten mit Leber- u. Schilddrüsenkrankh. sowie bei Diabetikern 22-1540; —-Ausscheid.: v. Porter-Silber-akt. 11-Desoxycorticosteroiden bei gesunden Frauen sowie am Ende d. Schwangerschaft u. bei intrauterinem Fruchttod 24-1589; v. Steroiden bei postklimakter. Mammakarzinomfällen 26-1237; v. 11-Desoxy-17-oxosteroiden u. 17-Hydroxycorticosteroiden bei normalen japan. u. engl. Frauen 27-1623; Isolier. v. $Δ^5$-Pregnen-3α.16α.20α-triol aus d. — normaler Männer (Pregnenolon-Stoffwechselprod.) 27-1628; Ausscheid. v. C_{19}-Steroiden im Kaninchen-— nach Verabfolg. v. ^{3}H-Dehydroepiandrosteron 29-1615; Corticoide d. — u. Tryptophanstoffwechsel bei Kindern (Wrkg. v. Riboflavin, Vitamin B_6 u. anderen Vitaminen) 29-1679; Veränder. d. Geh. an Hydroxycorticosteroiden im — v. Meerschweinchen unter d. Einw. v. antikortikosuprarenalen u. anderen Zytoseren 30-1480; —-Ausscheid. d. 17-Hydroxycorticosteroide bei CS_2-Einw. auf Arbeiter 34-1500; —-Metabolite v. Aldosteron beim Meerschweinchen 41-1511; α.β-ungesätt. Steroidketone d. C *19*-Reihe im — bei Patientinnen mit Hirsutismus 43-1390; —-Ketosteroide beim Rhesusaffen 43-1397; 11-Desoxycorticosteroid im — bei Hypophysen-, Nieren- u. Leberkrankh. (Einfl. v. Metyrapon) 43-1413; Verh. v. 17-Ketosteroiden, Pregnandiol u. Pregnantriol im — bei normalen Personen (Einfl. v. ACTH, Desametazon u. gonadotropem Hormon) 46-1391; Geh. an unkonjugierten Steroiden im — bei rheumat. Arthritis 49/50-1473; Ausscheid. v. Glucuroniden u. Sulfaten v. acetaldehydogenen Steroiden im — 51/52-1452.

Stoffwechselprod. d. $^{14}C_{(4)}$-Progesterons im — beim Hausschwein 1-1374; Östrogenkonz. im Schwangeren-— 1-1378; —-Ausscheid v. Chinöstradol bei kastrierten Affen (Entzugsblut.) 1-1382; Isolier. v. 6-Hydroxyöstriol aus d. — schwangerer Frauen 3-1393; —-Ausscheid. v. Östron-Östradiol u. Östriol während d. normalen Schwangerschaft d. Frau 8-1458; Östrogenkonjugate im — v. Männern [nach $^3H_{(6.7)}$-Östron] 10-1416; [nach $^3H_{(6.7)}$-Östradiol] 10-1417; Oxopregnanderiv. im — beim trächt. Kaninchen (gaschromatograph. Identifizier.) 19-1560; —-Stoffwechselprod. v. $^3H_{(16)}$-Östriol-3-^{35}S-sulfat bei Frauen 22-1529; Isolier.: v. Progesteron aus menschl. Schwangerschafts-— 24-1582; v. 15α-Hydroxyöstradiol-(17β) aus d. — schwangerer Frauen 25-1554; Wrkg. d. Corticoidbehandl. auf d. Follikelhormone im mütterl. — 25-1559; Bezieh. zwischen Östrogen-3-glucosiduronaten u. Östrogen-16(oder 17)-glucosiduronaten in menschl. — aus d. Spätschwangerschaft 25-1620; Isolier. v. 2-Methoxyöstriol aus d. — schwangerer Frauen 30-1418; 16-epi-Östriol-16(17?)-glucosiduronat u. 16-epi-Östriol-3-glucosiduronat im Schwangeren-— 31-1658; Isolier. v. 15α-Hydroxyprogesteron aus Schwangeren-— 31-1659; Pregnandiolausscheid. im — während d. Postovulat.-Phase d. Monatszyklus bei unbehandelten u. mit Ergocornin behandelten Frauen 32-1568; Progesteron im — bei Patientinnen mit Hirsutismus 43-1390; Östrogenkonjugate im menschl. Hochschwangeren-— 48-1570; Isolier. v. 15α-Hydroxyöstriol aus d. Schwangerschafts-— u. d. — neugeborener Säuglinge 48-1573; Rk.-Prod. d. sauren urinären Stoffwechselprod. d. Progesterons (Struktur) 51/52-1453.

Stoffwechselprod. v. $^{14}C_{(4)}$-Androst-4-en-3.17-dion im Kaninchen-— 5-1381; Vork. v. Testosteronsulfat im — erwachsener Normalpersonen 7-1425; Testosteronausscheid. im — männl., an verschiedenen Hormonstör. leidender Patienten (Wrkg. v. ACTH u. HCG) 8-1439; Dehydroepiandrosteron-Ausscheid. im — v. Müttern mongoloider Kinder 8-1464; Vork. v. $Δ^4$-Androsten-3.17-dion in d. Sulfatfrakt. d. 17-Ketosteroide im — 10-1412; Ausscheid.: v. Epitestosteron, Testosteron u. Androstendion im — nach i.v. Infus. größerer Mengen dieser Steroide beim Menschen 23-1591; v. Testosteron u. Epitestosteron im — bei Hirsutismus 28-1585; Aldadien u. andere Metaboliten im — nach rektaler Applikat. v. Spironolacton u. i.v. Injekt. v. Aldadien-K 31-1605; Isolier. v. Testosteronsulfat aus männl. — 31-1660; Ausscheid.-Raten v. Androsteron, Ätiocholanolon u. Dehydroepiandrosteron im — (Einfl. v. Methenolon u. Methandrostenolon) 32-1573; Vork. v. Epitestosteron im — beim Stein-Leventhal-Syndrom (Nichtbeteilig. v. Testosteron u. Dehydroepiandrosteronsulfat bei d. Bldg.) 35-1509; freie u. konjugierte Steroide im — d. Meerschweinchens nach Gabe v. ^{3}H-markiertem Dehydroepiandrosteron, seinem Sulfat u. seinem Sulfatid 49/50-1461.

Auftreten v. Methylhistamin im — 4-1249; Salicylate u. urinäre Exkret. v. Histamin 6-1649; —-Histamin-Ausscheid. d. Menschen (Hemm. durch 4-Brom-3-hydroxybenzyloxyamin) 12-1451; Ausscheid.: v. freiem u. konjugiertem Serotonin im — bei Carcinoid-Syndrom 17-1247; v. endogenem Histamin im — (Einw. v. Aminoguanidin) 22-1563; v. Abbauprod. v. radioakt. markiertem 5-Hydroxytryptamin u. 5-Hydroxytryptophan im — 38-1640.

Vitamine: Vitamin B_{12}-Ausscheid. im — bei Ratten (Einfl. v. Protein- u. Aminosäurenmangel) 6-1519; Ausscheid. v. Riboflavin im — v. Ratten 9-1502; Geh. an Dithiopropylthiamin u. S-Äthoxycarbonylthiamin im — nach oraler oder i.v. Verabreich. 18-1505; —-Ausscheid. d. B-Vitamine u. ihre Retent. in d. Rattenleber bei Aminosäuremangeldiät 22-1615; —-Vitamin B_6 u. —-4-Pyridoxinsäure nach Vitamin B_6-Verarm. im Menschen 23-1677; Einfl. kurzdauernder Alkoholaufnahme auf d. Ausscheid. einiger Komponenten d. Vitamin B-Gruppe im Ratten-— 25-1636; Ascorbinsäuregeh. im — bei thyreotox. Kropf 25-1638; ^{57}Co-Cyanocobalamin-Bind.-Kapazität d. — bei einigen Blutkrankh. u. bei multiplen Sklerosen 27-1702; ^{57}Co-Cyanocobalaminkonz. im — bei Ratten (Einfl. v. Angiotensin) 30-1450; Ausscheid. v. Vitamin B_1-Deriv. im — nach peroraler Gabe beim Menschen 31-1671; Veränder. in d. Riboflavinkonz. im — nach Verabreich. v. Riboflavintetranicotinat 34-1513; Vork. v. Thiamin im — nach Gaben einiger neuer Thiaminderiv. beim Geflügel 37-1676; —-Ausscheid. d. Benzoylgruppe v. O-Benzoylthiamindisulfid beim Menschen 51/52-1550.

Enzyme: Kallikreine im — (Spezifität) 2-1392; Lactatdehydrogenase-Isozyme im — v. Patienten mit Geschwüren d. Harnblase 7-1190; Urokinaseausscheid. im — 10-1474; Isolier. u. Charakterisier. v. Urokinase aus menschl. — 14-1495; Präparat. d. Urokinase aus kleinen —-Mengen 18-1486; Kristallisat. v. menschl. Lysozym aus d. — v. Patienten mit monozyt. Leukämie 20-1337; Transamidinase-Aktivität im — d. Ratte bei Aminonucleosidnephrose 21-1424; Pepsinogenausscheid. im Ratten-— nach anaphylaktoidem u. anaphylakt. Schock 23-1658; Lysozymurie bei d. Ratte (Indukt. durch nephrotox. Mittel) 26-1322; Aktivität d. sauren u. neutralen Desoxyribonuclease im — v. weißen Ratten nach Neutronenbestrahl. 30-1544; amylolyt. Enzyme im Hunde-— 31-1441; Trehalase-Aktivität im — beim Menschen u. verschiedenen Säugetieren 32-1418; Mechanismus d. Ratten-—-Kallikrein-Katalyse u. d. Bezieh. zur Katalyse durch Trypsin 32-1447; Einfl. v. —-pH auf d. Aktivität v. —-Enzymen 37-1670; —-Ausscheid. lysosomaler Arylsulfatasen bei Kwashiorkor 41-1551; Polymorphismus d. menschl. Phosphatasen im — (immunolog. Unters.) 44-1241; Verteil. v. Pepsinogen im — (Wrkg. d. inneren Magendrucks) 45-1637; Transaminase-Aktivität im Ratten-— 49/50-1533.

Fremdstoffe: Stabilität v. Sulfamoxol im — 1-1517; —-Ausscheid.: v. sprühgetrocknetem Sulfäthylthiadiazol 2-1502; v. Sulfonamid u. bakteriostat. Aktivität im — nach oraler Verabreich. v. Sulfamethoxydiazin u. N-Sulfanilylcarbamid 3-1581; v. Demethylier.-Prod. v. 1-Dimethylaminonaphthalin-5-sulfonsäure 3-1584; v. Oleandomycinphosphat beim Hund 5-1589; Persantin-Spiegel im — beim Menschen 5-1646; Ausscheid.: v. ^{14}C-Bethanidin beim Menschen 6-1555; v. N-Hydroxy-p-aminopropiophenon v. Kaninchen nach Injekt. v. p-Aminopropiophenon 6-1572; Metabolik v. ^{125}J-Chlorhydroxychinolin im — d. Menschen 9-1583; —-Ausscheid.: v. ^{14}C-Hygroton 9-1644; v. Alkohol 11-1505; v. Polymyxin M 11-1593; Geh. an Chlormezanone u. Stoffwechselprod. im — 11-1610; —-Ausscheid. v. Glycerylaminophenachin 11-1639; Abbauprod. v. Glycerylaminophenachin im — (papierchromatograph. Unters.) 11-1640; Digoxin u. Abbauprod. im — 11-1660; —-Ausscheid.: v. Poly-2-vinylpyridin-N-oxid 11-1670; v. Guanisoquin (fluorometr. Best.) 14-1630; v. ^{14}C-Pyridostigmin bei d. Ratte 14-1632; eines

Glucuronidkonjugats v. 3-Hydroxyphenyltrimethylammoniumsalz 15-1687; krist. Aflatoxin M_1 aus – 16-1582; Isolier. d. Ribonucleoside v. Allopurinol u. Oxoallopurinol aus menschl. – 20-1294; – -Metabolite v. N-2-Fluorenylacetamid (Trenn. an DEAE-Cellulose-Anionenaustauschersäulen) 22-1601; – -Ausscheid. v. Thiamphenicol u. 4-Hydroxyisophthalsäure beim Menschen nach parenteraler u. rektaler Anwend. eines Kombinat.-Prod. 22-1710; Geh. an Äthionamid u. seines Sulfoxids im – (nach Applikat.) 23-1739; Stoffwechselprod. v. Chlorpromazin im – d. Menschen 23-1781; Hydroxyamobarbital im – (Stoffwechselprod. v. Amobarbital) 23-1795; – -Ausscheid. v. Oxytetracyclin bei adaptierten u. nichtadaptierten Tieren 25-1727; renale Ausscheid.-Prod. v. Methaqualon 25-1768; (Struktur u. Synth.) 25-1769; – -Ausscheid.: v. Äthylendiamintetraessigsäure u. Diäthylentriaminpentaessigsäure bei d. Ratte 26-1652; v. β-Aminopropionitril bei Tieren 26-1685; stereoselektive – -Ausscheid. v. Amphetamin 26-1707; – -Ausscheid. v. Dextranpräp. (Molgew.-Verteil.) 27-1683; Vork. v. Azelainsäure im menschl. – 27-1684; – -Ausscheid. v. butyliertem ^{14}C-Hydroxytoluol bei d. Ratte 27-1740; Metabolite v. 4.4'-Diäthoxythiocarbanilid im Kaninchen- – 27-1741; – -Ausscheid.: v. ^{14}C-Teroxalenhydrochlorid bei Vers.-Tieren u. Menschen 27-1835; v. N-Hydroxy-2-aminofluoren durch Meerschweinchen nach Injekt. v. 2-Acetylaminofluoren 29-1374; v. 2-Cyclohexyl-4-jod-3.5-dimethylphenol 29-1742; Vork. v. Carbamazepin u. Abbauprod. im – nach Applikat. 29-1780; – -Ausscheid. v. Cyclohexylamin nach oraler Verabreich. v. Na-Cyclamat an Personen 31-1724; Ursprung d. Sulfanilsäure im – nach Tartrazin 33-1764; – -Metabolite nach Verabreich. v. markiertem Imipramin beim Menschen 34-1597; – -Ausscheid.: d. Thiophosphamids 34-1674; v. Isäthionsäure beim Menschen 36-1573; v. Bufotenin v. Schizophrenen u. v. Geistesgestörten 36-1575; Resorpt. u. – -Exkret. v. ^{35}S-Furosemid beim Menschen 36-1640; Isolier. v. Dimethylsulfon aus menschl. – 40-1498; Ausscheid. v. d- u. *l*-Amphetamin im menschl. – 41-1710; chlorierte Insektizide u. verwandte Materialien im menschl. – 42-1497; Wrkg. d. „Nettosäure"-Ausscheid. auf d. Säure-Basen-Haushalt bei Hunden nach Verabreich. v. 2-Amino-2-hydroxymethylpropandiol-(1.3) 43-1634; Abwesenh. v. Tartronsäure im menschl. – 45-1616; – -Ausscheid. bei Verabreich. v. Hetacillin an normale Personen 47-1709; Stoffwechselprod. v. Propazine u. Prometone im – 49/50-1621; Ausscheid.: v. Kanamycin im – bei Tieren 51/52-1667; d. Aminopyrinabbauprod. im – 51/52-1677.

Verwendung

Gewinn. v. Trinkwasser aus –: durch Ionenaustausch an Aktivkohle oder Amberlite IR-*120* 5-1990; durch Kristallisat. u. Subl. unter Weltraumbeding. 36-2160*; elektrolyt. Gewinn. v. Trinkwasser aus – 36-2167*.

Harnanalyse

Siehe auch *Diabetes*; *Forensische Chemie*; *Harn*; *Körperflüssigkeiten*; *Schwangerschaftsreaktionen*.

Entsalz. 28-2093; Grundintensität d. Phosphoreszenz äther. Extrakte v. Harn mit unterschiedl. pH-Werten 37-2206; Harnanalyt. Schnelltest 41-2114; Best. d. titrierbaren Azidität u. Pufferkapazität v. Harn 43-2077; elektrochromatograph. Trenn. niedermol. Elson-Morgan- u. Ninhydrin-positiver, durch Gelfiltrat. v. Harn erhaltener Substanzen 45-2156; kolorimetr. Nachw. v. Blut im Harn 7-2015*.

Anorganische Bestandteile

Entfern. anorgan. Salze aus Ratten- u. Menschenharn mit Sephadex G *10* vor d. Chromatographie d. 5-Hydroxyindolstoffwechselprod. 39-2063; Nachw.-Grenze bei Spurenelementen im Harn durch Aktivier.-Analyse 42-1790; Best. d. gesamten Kationenbildenden Mineralelemente im Harn (Bezieh. zur „Nettosäuren"-Ausscheid. durch d. Niere) 45-1656.

Best. v. Fluorid im Harn: mit d. modifizierten Diffus.-Meth. 5-1992; durch Diffus. v. HF unter Verw. einer Conway-Zelle 18-2034; halbautomat. Fluoridbest. im Harn 34-2036; gleichzeit. Best. v. J u. Br im Harn durch Neutronenaktivier.-Analyse 34-2037; Best. v. F^- im Harn: durch Mikrodiffus. unter Verw. v. Spadns 39-2064; nach d. Diffus.-Meth. 45-2154; Mikrometh. zur Chloridbest. im Harn 49/50-2004.

Si-Best. im Harn mit d. Drei-Kammer-Bogenbrenner 1-1864; komplexometr. Best. v. Phosphaten im Harn 15-1992; Best. v. SO_4^{2-} im Harn 39-2065.

Best. v. Arsenik im Harn (Anpass. d. Meth. v. Vašák u. Sedivec) 18-1626; polarograph. Best. v. Bi im Harn 45-2155.

Nachw. v. ^{42}K durch d. Čerenkov-Effekt im Harn 40-1872; automat. Best.-Meth. v. Ca im Harn 4-1672; Best. v. Radio-Cs im Harn 10-1969; schnelle Ionenaustauscher-Analyse für Radio-Cs im Harn 16-2004; Anionenaustauschbest. v. ^{90}Sr im Harn 17-2097; komplexometr. Best. v. Ca u. Mg im Harn 21-1701; Best. v. Mikromengen Be im Harn 31-2184; fluorimetr. Meth. zur Best. v. Mg im Harn mit o.o'-Dihydroxyazobenzol 33-2288; Best.: v. Mg im Harn 34-2038, 35-2114; d. spezif. Aktivität v. Ca im Harn 36-2013; Ca-Best. im Harn (automat. Atomabsorpt.-Spektrometrie) 37-2204; Best.: v. Mg im Harn 38-2135; v. ^{90}Sr im Urin (Aufnahme durch d. Nahr.) 41-1619; flammenphotometr. Best. v. Cs im Harn 43-2078; Mikrobest. v. Mg im Harn 43-2079.

Spektrograph. Best. v. Mikromengen Pb im Urin 7-2005; Best. v. Cd im Harn durch Atomabsorpt.-Spektrometrie 10-1971; vereinfachte Best. v. anorgan. P im Harn mit Molybdat 20-1962; Wrkg. bakterieller Verunreinig. u. d. Alters auf d. Flüchtigk. d. Hg in Harnproben 20-1963; Best.: v. Cd, Tl u. Hg im Harn durch Atomabsorpt. 21-2228; v. Pb im Harn 25-2133; v. Cd im Harn durch Atomabsorpt.-Spektrometrie 37-2205; photometr. Best. v. Pb im Harn mit Dithizon 39-2066; Mess. d. Salzeffekts bei d. Cd-Best. im Harn durch Atomabsorpt. 47-2059; Best. v. Tl im Harn 49/50-2005.

Nachw. v. β-Strahlern mit Energien >*1* MeV im Urin nach Unfällen durch Mess. d. Čerenkov-Effekts in einem Fl.-Szintillat.-Zähler 12-1925; Isolier. niedr. α-Aktivitäten v. ^{241}Am aus Pu bei Routine- – 14-1992; Grundlage für Urin-Stichproben v. Pu-239 exponierten Arbeitern 19-1847; kolorimetr. Best. v. Mo im Harn 38-2134; automat. Best. d. Gesamt-Fe im Harn mit 2.6-Di-[pyridyl-(2)]-4-(p-methoxyphenyl)-pyridin u. seiner Sulfonsäure 43-2080; radiochem. ^{226}Ra-Best. im Harn 47-2068.

Organische Bestandteile

Verteilungschromatograph. Verf. zur Trenn. d. im Harn vorkommenden Metaboliten 48-1947; Unters. u. gaschromatograph. Best. d. Monophenole im Harn 39-2068.

Analyse polarer Lipide im Harnsediment 9-1490; Best. v. Ätiocholanolon im Harn durch Dünnschichtchromatographie 31-1665; dünnschichtchromatograph. Best. v. Phosphoäthanolamin im Harn 40-1873.

Best. d. freien Hexosamine im Harn 1-1867; papierelektrophoret. Trenn. v. Zuckern im Harn 4-1669; photometr. Mikrobest. v. d-Xylose im Harn 7-2009; photometr. Best. v. Inulin im Harn (automat. Analyse) 9-2006; automat. enzymat. Best. d. Glucose im Urin nach schneller Entfern. v. Inhibitoren durch Ionenaustauscher 12-1928; Best. d. gebundenen Kohlenhydrate in pigmenthalt. Frakt. menschl. Urins 15-1585; Glucosemikrobest. im Harn mit o-Toluidin 24-2081; Teststreifen zur Galaktosebest. im Harn 25-2136; enzymat. Best. v. Glucose u. Galaktose im Harn 25-2137; Polarimeterröhre H zur Harnzuckerbest. bei Reihenmess. mit d. Kreispolarimeter 34-1901; säulenchromatograph. Fraktionier. d. sauren Mucopolysaccharide im Harn 37-2208; automat. Anthronmeth. zur Best. v. Inulin im Harn 42-1891; Polarimeterröhre zur Harnzuckerbest. im Routinebetrieb 42-1894; fluorimetr. Meth. zur enzymat. Best. normaler Konz. v. Harnglucose 44-1907; Mißlingen d. Glucosenachw. mit Enzym-Papierstreifen bei gewissen anomalen Urinen 47-1617.

Best.: v. Citronensäure im Harn 1-1866; v. Phenylbrenztraubensäure im Urin v. an Oligophrenie leidenden Kranken 1-1868; photometr. Best. v. Methylmalonsäure im Harn bei perniciöser Anämie 5-1993; Best. v. p-Hydroxyphenylbrenztraubensäure im menschl. Harn 5-1994; photometr. Best. v. Vanillinmandelsäure, Metadrenalin u. Normetadrenalin im Harn 5-1995; Best. v. Oxalat, Glykolat u. Glyoxylat im Harn durch Isotopenverdünn.-Meth. 7-2006; Konservier., Extrakt. u. Best. bei d. Papierchromatographie phenol. Säuren d. Urins 7-2007; fluorimetr. Best. v. 3-Methoxy-4-hydroxyphenylessigsäure im Harn 7-2008; dünnschichtchromatograph. Trenn. d. α-Ketosäuren d. Harns 13-1523; $CoSO_4$ als Sekundär-Standard bei d. Best. v. Vanillinmandelsäure im Harn 19-2210; verteilungsgaschromatograph. Best. v. Vanillinmandelsäure im menschl. Harn 19-2211; Titrat.-Meth. zur Best. organ. Säuren u. Basen im Harn 20-1965; mögl. Fehler bei d. Best. titrierbarer Säuren im Harn 22-2150; Nachw. d. Vanillmandelsäure im Harn (Bedeut. für d. Differentialdiagnose d. Hypertonie) 23-1661; Best. v. 3.4-Dihydroxymandelsäure im Harn 23-1662; modifizierte Best. v. Citronensäure im Harn 23-2061; Wrkg. verunreinigter Labor.-Luft auf d. dünnschichtchromatograph. Best. v. 4-Hydroxy-3-methoxymandelsäure im Harn 23-2227; Best.: v. 3-Hydroxyanthranilsäure im Harn durch Gas–Fl.-Chromatographie 29-1668; v. 3-Methoxy-4-hydroxymandelsäure im Harn 32-1599; papierelektrophoret. Trenn. einiger Säuren d. Citronensäurezyklus im Harn 36-2014; schneller Nachw. v. Methylmalonsäure im Harn als empfindl. Vitamin-B_{12}-Defizit-Index 36-2015; Best. v. Homovanillinsäure im Harn 39-2069, 41-2116; Hippursäure-Best. im Harn 43-1540; Best. v. 4-Hydroxy-3-methoxymandelsäure u. Homovanillinsäure im Harn 43-2083; gleichzeit. Best. v. 3-Methoxy-4-hydroxymandelsäure u. 3-Methoxy-4-hydroxyphenylglykol im Harn durch Elektrophorese auf Celluloseacetatstreifen 45-2157; Best. v. Hippursäure im Harn 47-2057; gaschromatograph. Best. v. Methylmalonsäure im Harn 47-2058; Nachw. v. Homogentisinsäure aus Alcaptonurieharn auf Papierchromatogrammen 48-1942; gaschromatograph. Unters. u. Best. verschiedener aromat. Säuren im Harn 51/52-1951.

Chromatographie v. Aminen u. Aminalkoholen aus Harn als 2.4-Dinitrophenylderiv. 3-2080; Nachw. v. N-Acetyltyramin im Harn v. Patienten mit Neuroblastom 6-1507; Best. v. nichtkonjugiertem u. Gesamt-N-Acetyl-p-aminophenol im Harn 15-1624; modifizierte Cu-Meth. zur Best. v. α-Amino-N im Harn 31-2186.

Mikrobest. d. Harnstoff-N im Harn mit Diacetylmonoxim–Glucuronlacton 25-2123; Modifikat. d. Hypobromitmeth. zur Best. v. Harnstoff im Harn 36-2016; Entfern. v. Harnstoff aus Ratten- u. Menschenharn mit Sephadex G *10* vor d. Chromatographie d. 5-Hydroxyindolstoffwechselprod. 39-2063.

Best.: v. Tryptophan im Harn 1-1871; v. Methylhistamin im Harn 4-1249; chromatograph. Schnellanalyse v. Aminosäuren aus Harn 6-1968; Best. d. einzelnen freien Aminosäuren im Harn mit Hochspann.-Papierelektrophorese 11-1483; Dünnschichtchromatographie v. Säure- u. Ae.-lösl. DNP-Aminosäuren im Urin 13-1949; Hypercystinurie-Schnelltest 17-2099; automat. Aminosäureanalyse im Harn 20-1966; dünnschichtchromatograph. Best. d. γ-Aminocapronsäure im Harn 20-1967; Best. v. Prolin im Harn 24-2093; Einfl. v. Harnstoff auf d. mikrobiolog. Best. freier Aminosäuren im Harn 25-2134; Best. v. Prolinspuren im Harn 26-2115; Modifikat. einer spezif. Best. v. Hydroxyprolin im Harn 26-2117; Meth. zur schnellen Best. v. δ-Aminolävulinsäure im Harn unter Verw. einer Einricht. v. Ionenaustauschchromatographiesäulen 27-1841; Cystinbest. im Urin (Behandl. d. Cystinurie mit D-Penicillamin) 29-1704; Nachw. u. Best. v. L-Tyrosin-O-sulfat im Harn d. Kaninchens u. anderer Säuger 30-2041; Dünnschichtchromatographie v. Indolylacrylylglycin u. anderen Indolen aus Harn 36-2019; gaschromatograph. Best. d. Stoffwechselprod. v. Pethidin im Harn 38-1744; Best.: freier Aminosäuren im Harn 39-2067; v. geringen Mengen Aminosäuren im Harn 39-2073; Papierchromatographie einiger schwach bas. Harnbestandteile u. d. Best. v. Harntyrosin 41-1546; Best. kleiner Mengen v. Tryptophanmetaboliten u. deren Vork. im normalen menschl. Harn 41-1547; Schnellbest. v. Homocystin im Harn 42-1890; beschleunigte chromatograph. Aminosäureanalyse v. Glutamin u. Asparagin enthaltendem Harn 43-2081; Best. v. Tryptophan im Harn unter Verw. v. Dünnschichtchromatographie u. induzierter Fluoreszenz 46-1440; modifizierte Unters. v. radioakt. Hydroxyprolin im Harn nach Verabreich. v. markiertem Prolin 49/50-2018.

Best. v. Protein im Harn unter Verw. einer trockenen Indikatorzubereit. 11-1983; Trenn. v. Hydroxyprolin enthaltenden Harnpeptiden 15-1586; Nachw. v. Bence-Jones-Proteinen im Harn 20-1973; polarograph. Best. v. Peptiden mit –SH-Gruppen u. Ketosteroiden im Harn 25-2138; Vgl. zwischen Gelfiltrat. u. Immunodiffus. zur Best. d. Selektivität bei Proteinurie 25-2139; Gewinn. u. Identifizier. v. Interferon im Kaninchenharn 27-1548; vereinfachte Meth. für d. Analyse d. Ultrazentrifugenfilme v. Lipoproteinen geringer D. d. menschl. Harns 31-1663; automat. Säulenchromatograph zur

Trenn. v. Harn-Proteinen 37-2093; photometr. Best. v. Eiweiß im Harn 39-2071; papierelektrophoret. Diagnose zweier Albumine d. Harns 41-1552.

Automat. Best. v. diazotierbaren Imidazolen im Harn 42-1897; Analyse v. Indolsäuren im Urin 12-1927; Stör. d. Best. v. Hydroxyindolessigsäure im Harn durch Formaldehyd-bildende Medikamente 25-2140; Best. v. 5-Hydroxyindolessigsäure im menschl. Harn durch Chromatographie an Sephadex 26-2118; Best. v. Xanthurensäure im Harn 43-2084, 48-1943.

Photometr. Best. v. Xanthin u. Hypoxanthin im Harn 26-2119; dünnschichtchromatograph. Best. v. Kreatinin u. Kreatin im Harn 35-2116; Best. v. Kreatin im Urin 39-2072; Kreatininbest. im Harn durch Trenn. auf DEAE-Sephadex u. mit Hilfe d. UV-Spektrophotometrie 42-1892.

Gleichzeit. photometr. Best. v. Thymidin u. Desoxyuridin in Rattenharn 5-1996; Unters. v. Harnsäuren u. ähnl. Verb. durch analyt. Gasphasenmeth. im Harn 12-1929; Best. v. Harnsäure im Urin (Verbesser. d. Uricase-UV-Meth.) 14-1489; papierchromatograph. Best. v. Pseudouridin u. einiger neuer UV-absorbierender Metaboliten im Harn 20-1969; Trenn. v. Guanidinverb. im Harn durch Kombinat. v. Elektrophorese u. Gelfiltrat. 24-2094; Best. v. Harnsäure im Harn durch spektralphotometr. Best. nach dünnschichtchromatograph. Abtrenn. 25-2135.

Halbautomat. Best. v. Hämoglobin u. Gesamtprotein im Harn mit Hilfe einer Mol.-Siebmeth. 11-1968; Best. v. ätherlösl. Porphyrinen im Harn durch Gegenstrommikroanalyse 18-1520; Extrakt., spektrophotometr. u. fluorimetr. Best. d. Porphyrine im Harn 20-1970; Best. v. Porphobilinogen im Harn 22-2153; Trenn. d. Urin–Coproporphyrin-Isomeren I u. III durch Dünnschichtchromatographie (Unters. an gesunden Personen u. Patienten mit Myokardinfarkt) 23-1664; Best. d. Bilirubingeh. d. Harns 44-1920; Watson-Schwarz-Test für Porphobilinogen (falsche positive Rk. durch Tryptophan) 51/52-1530.

Wirkstoffe – Hormone: Gaschromatograph. Best. v. Melatonin u. Hydroxymelatonin nebeneinander im Harn 11-1970.

Choriongonadotropin-Best. im Harn 3-1391; Nachw. u. semiquant. Best. v. menschl. Choriogonadotropin im Harn mit immunolog. Meth. 9-1401.

Gonadotropin hemmende Eig. v. Kaolin–Aceton-Extrakten bei d. Best. im menschl. Harn 10-1406; Kaolin/Aceton-Meth. zur Vorbereit. d. Harns für d. klin. Routinetest auf menschl. Hypophysen-Gonadotropin 11-1969; Wiedergewinn. v. zugesetzten Gonadotropinen aus Männerurin nach Extrakt. mit Gerbsäure 13-1420; immunolog. Best. v. luteinisierendem Hormon im Harn 38-1606; Mess. d. menschl. Wachstumshormons im Harn durch Radioimmunbest. 51/52-1447.

Klin. Best. d. Ausscheid. d. Brenzcatechinamine im Harn 3-1414; chem. Best. v. Catecholaminen im Harn 14-1995; Best. v. Metanephrin, Normetanephrin u. 3.4-Dihydroxymandelsäure im Harn 32-2050.

Fraktionier. d. 17-ketogenen Steroide im Harn durch Perjodatox. u. Metopirontest bei Kindern 1-1369; Meth. zur Fraktionier. d. neutralen 17-Ketosteroide d. Harns 1-1390; Best. d. 11-Desoxy-17-ketosteroide durch Gaschromatographie im Harn 6-1430; Meth. zur systemat. Unters. v. Nebennierenrindensteroiden im Harn 9-2007; bessere Trenn. d. Pigmente v. 17-Ketosteroiden d. Harns mittels Sephadex 14-1443; Best. v. 17-Ketosteroiden d. Harns (Normalwerte bei Frauen u. Änder. durch Gestagene) 15-1520; Analyse v. 17-oxogenen Steroiden im Harn durch Ox. mit $NaJO_4$ 15-2084; Best. v. 11- u. 17-Hydroxycorticosteroiden im Harn (Vgl.) 18-2030; Nachw. u. Isolier. v. synthet. Steroiden im Pferdeurin 23-1663; Best. v. Steroiden im Urin 23-2210; Muster d. neutralen 17-Ketosteroide d. Harns auf Grund d. Dünnschichtchromatographie 26-1604; Best.: v. 11-Desoxy-17-oxosteroiden im Urin (dünnschichtchromatograph.) 31-1662; neutraler 17-Ketosteroide im Harn 36-2020; Verf. zur Isolier. u. Best. v. Aldosteron im menschl. Harn durch Dünnschichtchromatographie an Polyamid u. BTC-Mikrork. 39-1429; chromatograph. Auftrenn. d. 17-Ketosteroidfrakt. im Urin bei adrenalem Hirsutismus 41-1222; Best. v. 17-Hydrocorticosteroiden im Harn nach Umwandl. in 17-Ketosteroide 41-2097; verteilungsgaschromatograph. Best. d. hauptsächl. 17-Ketosteroidfrakt. d. Harns 46-1919; Extrakt. freier Steroide aus Harn nach kompletter Hydrolyse d. Steroidkonjugate 47-1619; Best. d. Harnausscheid. v. Cortol, Cortolone u. 11-Desoxycortol bei gesunden Vers.-Personen 49/50-1479; Metopyron-Test (Auswert. durch Dünnschichtchromatographie) 51/52-1467; Analyse d. 17-Ketosteroide d. Harns mit d. Verteil.-Gaschromatographie 51/52-1952.

Gaschromatograph. Best. v. 5β-Pregnan-3α.20α-diol im Urin normaler säugender u. ketosierter Kühe 1-1385; Best. v. Pregnandiol u. Pregnantriol im Harn durch direkte Photoreflektrometrie v. Dünnschichtchromatogrammen 1-1386; Ox. d. Glucuronoside mit Perjodat zur Best. v. Pregnandiol im Urin 1-1387; Best.: v. Pregnandiol im Urin 1-1388; (u. Allopregnandiol) 2-1394; (u. Pregnantriol) 5-1382; v. Pregnantriol u. Pregnantriolon im Harn 6-1449; gaschromatograph. Routinebest. v. Pregnandiol u. Pregnanolon im Harn 11-1967; Best.-Meth. für in *6*-Stell. ox. Abbauprod. v. Progesteron im Urin 13-1950; dünnschichtchromatograph. Best. v. Pregnandiol im Harn 22-1523; Vgl. u. Meth. zur Best. v. Pregnandiol im Harn schwangerer u. nichtschwangerer Frauen 39-2070; gleichzeit. gaschromatograph. Best. v. Pregnandiol u. Pregnanolon in Harnextrakten 41-2118; Vgl. v. vier Meth. zur Best. v. Pregnandiol im Harn 42-1893; gleichzeit. gaschromatograph. Best. d. 17-Ketosteroide v. Pregnandiol u. Pregnantriol im Harn bei Normalpersonen u. bei Frauen mit Hirsutismus ovariellen oder adrenalen Ursprungs 43-1465.

Best. v. Östrogenen im Rinderharn 1-1379; kolorimetr. Best. d. Gesamtöstrine im Urin v. Schwangeren 1-1384; Best. v. 16-Epiöstriol im Harn v. Knaben (gaschromatograph. Trenn.) 2-1393; dünnschichtchromatograph. Trenn. d. Östrogene im menschl. Harn 3-1392; klin. Routinemeth. zur simultanen Best. v. Östron u. 17β-Östradiol im menschl. Schwangerenharn 14-1998; gaschromatograph. Best. v. Harnöstrogenen während Schwangerschaft u. normalem Menstruat.-Zyklus in Trockenproben 23-1598; Schnellmeth. zur Östrogenbest. im Harn 23-1601; modifizierte Best. d. Geh. an Östriol im Harn v. Schwangeren 34-1506; Best. v. Östrogenen im Harn 40-1874.

Dünnschichtchromatograph. Best. v. Testosteron im Harn (Meth.) 1-1389; Best.: v. Testosteron im Urin (gaschromatograph.) 1-1869; d. Stoffwechselprod. v. $^{14}C_{(4)}$-Androst-4-en-3.17-dion im Kaninchenurin 5-1381; Testosteron–Glykuronid-Best. im Harn mit einer Isotopen-Doppelverdünn.-Meth. 5-1383; Mikrometh. zur photometr. Best. v. Dehydroepiandrosteron im Harn 20-1972; Best.: v. Harntestosteron bei Männern, Frauen u. Kindern 31-1602; v. Dehydroepiandrosteron, Androsteron u. Ätiocholanolon im Urin mit 2.4-Dinitrophenylhydrazin 31-1661; dünnschichtchromatograph. u. gaschromatograph. Best. v. Testosteron im Harn 33-2289; Best.: v. Androstenolon im Harn 41-2119; v. Androsteron, Etiocholanolon u. Dehydroepiandrosteron im Urin v. normalen männl. Rhesus-Affen 45-1614; v. Testosteron im Harn 48-1944.

Vereinfachte Best. v. Histamin im Harn 22-2152; Best. v. 5-Methoxytryptamin u. Serotonin im Harn 23-1631; gaschromatograph. Analyse v. Histaminmetaboliten im Harn 29-2166; Best. d. Harnausscheid. v. Serotonin u. verwandten Indolen normaler Personen 41-1548.

Vitamine: Indirekte komplexometr. Best. v. L-Ascorbinsäure im Harn in Ggw. v. Glucose 11-1966; Abtrenn. v. Ascorbinsäure aus Harn als 2.4-Dinitrophenylosazon 29-2164.

Enzyme: Mikrobest. d. Transaminase-Aktivität im Harn 30-1252; Trenn. v. Isoamylasen aus Urin an Celluloseacetat 36-1353; Methodik d. Pepsinogenbest. im Urin 37-1427; Best. d. proteolyt. Aktivität d. Harns 43-2085.

Fremdstoffe: Best.-Meth. für Triäthylblei im Harn 1-1865; Nachw. v. Procain im Harn durch Rundfilterchromatographie 1-1874; dünnschichtchromatograph. Best. v. Barbituraten im Harn 3-2078; „Rosa Fleck" im Papierchromatogramm d. Harns v. Geisteskranken 8-1618; acidimetr. Titrat. v. 2-Amino-2-hydroxymethyl-1.3-propandiol im Harn 8-1961; Nachw.: phenol. Metabolite v. Cinchophen im Harn durch Dünnschichtchromatographie u. Spektroskopie 8-1962; v. Barbituraten im Harn (dünnschichtchromatograph.) 10-1972; kolorimetr. Best. v. 1.3-Bis-[2-chloräthyl]-1-nitrosoharnstoff im Harn 13-1948; Best.: v. Penicillamin im Harn als Penicillaminsäure durch Chromatographie über Anionenaustauscher 13-1951; v. Amphetamin im Harn (gaschromatograph.) 14-1993; v. Terephthalsäure im Harn (Halbmikrometh.) 14-1994; gaschromatograph. Best. v. Nicotin im Harn v. Rauchern 14-1996; techn. Erfordernisse u. Identifikat. v. Pralidoximchlorid u. seine Best. im Harn 14-1999; chromatograph. Best. v. Isonicotinsäurehydrazid u. seinen Metaboliten im menschl. Harn 15-2083; Schnellnachw. v. Phenothiazinen im Harn 16-2006; Best. v. p-Nitrophenol im Harn durch Dünnschichtchromatographie u. Fluoreszenzspektrometrie 19-2209; vereinfachter Pentacyanonitrosylferrat(II)-Test auf Ketonkörper im Harn 20-1964; photometr. Best. v. Indican im Harn 20-1968; Nachw.: v. Phenothiazinderiv. im Harn (Überprüf. v. *3* Meth.) 20-1971; v. Harnstoffwechselprod. v. Calophyllolid u. Umbelliferonderiv. 22-1641; papierchromatograph. Nachw. v. Substanzen im Harn v. Schizophrenen 22-2151; photometr. Best. v. Trichloressigsäure u. $CHCl_3$ im Harn 24-2095; Nachw. v. Meprobamat im Harn 25-2141; Farbrk. auf Acetessigsäure im Harn 26-2114; dünnschichtchromatograph. Nachw. v. Amphetaminen im Harn 26-2120; Nachw. v. Barbituraten im Harn 27-2268; schnelle Erfass. v. p-Nitrophenol im Harn zum Nachw. einer E-*605*-Vergift. 28-2098; Best. v. Digitoxin u. Digoxin in menschl. Harn durch Dünnschichtchromatographie/Photometrie 32-2049; Identifizier. v. Beruhig.-Mitteln im Harn 32-2057; Abtrenn. v. p-Nitrophenol u. p-Nitro-m-kresol aus Harnfarbstoffen durch Dünnschichtchromatographie 36-2018; Verw. v. Aminosäureanalysatoren zur Trenn. u. Best. v. Cystin, D-Penicillamin- u. Cystein-D-penicillamindisulfid im Harn 37-2207; p-Aminophenolbest. im Urin als Routinemeth. zur Erfass. d. Phenacetineinnahme 38-1764; papierchromatograph. Nachw. für d. unveränderte Ausscheid. v. ^{14}C-Decamethonium beim Kaninchen 38-1787; photometr. Best. v. 2.5-Dichlor-4-bromphenol im Harn 38-2169; Vakuumdest.-Verf. zur gaschromatograph. Best. organ. Lsg. in Urinproben 40-1875; Best. d. dischepositiven Verb. d. Harns als mögl. Auswahl v. Strahlenischutzmitteln 41-1611; Nachw. v. Amidopyrin im Harn auf Grund des Nachw. seiner Metaboliten 41-2117; radiogaschromatograph. Best. v. ^{14}C-markiertem Methoxyfluran im Harn 43-2082; Amphetamin-Nachw. im Harn 44-1908; routinemäß. Best. v. Arzneimitteln im Harn 44-1909; fluorimetr. Best. v. Rivanol im Harn 44-1910; Best.: v. Äthylenglykoldinitrat- u. Nitroglycerinspuren im Harn 45-2158; v. Methanthiol im Harn durch „head-space"-Gaschromatographie 45-2159; fluorimetr. Best. v. Indoxol im Harn 45-2160; photometr. Best. v. Sulfonamiden mit Hilfe eines Sulfathiazol-Standards im Harn 46-1920; Schnellrk. auf p-Nitrophenol im Harn zum Nachw. einer E-*605*-Vergift. 46-1939; Isolier. u. Identifizier. v. im Urin ausgeschiedenen Metaboliten v. Dibenzepin bei Mensch u. Tier 47-1719; Eliminier. d. falschen, negativen Ergebnisse beim FPN-Forrest-Test für Phenothiazinderiv. im Harn 47-2060; Best. v. Chlorpromazin-Stoffwechselprod. im Harn chron. behandelter psychiatr. Patienten 47-2061; Identifizier. v. Thiazid-Diuretika durch absteigende Papierchromatographie im Harn 48-1945; UV-spektrophotometr. Best. v. Chlorprothixene im Harn 49/50-1647; Best.: v. Pentachlorphenol im menschl. Harn im Picogrammbereich 49/50-2006; v. Nicotin u. seinem Metaboliten Cotinin im Harn durch Gaschromatographie 49/50-2007; fluorimetr. Best. v. Tranylcypromin im Harn 49/50-2009; gaschromatograph. Analyse v. Trichloräthanol, Chloralhydrat, Trichloressigsäure u. Trichloräthanolglucuronid im Harn 51/52-1953.

Bibliographie

Die Urinanalyse. Praxis der chemischen und mikroskopischen Harnuntersuchung B 45; Untersuchungen von Harn und Konkrementen B 61.

Besitzen Sie alle Ergänzungsbände zum
CHEMISCHEN ZENTRALBLATT?

Für die Jahrgänge 1943 bis 1969 sind erschienen:

1943	Formelregister	vergriffen
	Sachregister	vergriffen
1944	I.—IV. Quartal	vergriffen
	Sach- und Formelregister	47,—
	Autoren- und Patentregister I. u. II. Halbj. (Nachdr.)	vergriffen
1945	1. Vierteljahresband (Nachdr.)	55,—
	2. Vierteljahresband (einschl. Autoren- und Patentregister I. Halbj.)	vergriffen
	3. Vierteljahresband (Nachdr.)	55,—
	4. Vierteljahresband (Nachdr.)	vergriffen
	Autoren- und Patentregister II. Halbj.	vergriffen
1946	I. Halbjahr Band 1	vergriffen
	I. Halbjahr Band 2	48,—
	I. Halbjahr Band 3	52,—
	I. Halbjahr Band 4	51,—
	II. Halbjahr Band 5	58,—
	II. Halbjahr Band 6	52,—
	II. Halbjahr Band 7	52,—
	II. Halbjahr Band 8	52,—
	II. Halbjahr Band 9	62,—
	II. Halbjahr Band 10	58,50
	Autoren- und Patentregister I. Halbj. (einzeln)	16,—
1947	Heft 1/2 bis 34	nur noch einzelne Hefte lieferbar
	Autoren- und Patentregister	vergriffen
	Sach- und Formelregister	70,—
	Ergänzungsband 1	52,—
	Ergänzungsband 2	60,—
	Ergänzungsband 3	60,—
1948	I. Halbjahr (Heft 1/2 bis 25/26)	nur noch einzelne Hefte lieferbar
	II. Halbjahr (Heft 1/2 bis 25/26) einschl. Autoren- und Patentregister	110,—
	Autoren- und Patentregister I. Halbj. (einzeln)	8,—
	Autoren- und Patentregister II. Halbj. (einzeln)	8,—
	Sach- und Formelregister	62,—
	Ergänzungsband 1	51,—
	Ergänzungsband 2	43,—
	Ergänzungsband 3	62,—
	Ergänzungsband 4	66,—
	Ergänzungsband 5	38,—
1949	I. Halbjahr (Heft 1/2 bis 25/26)	nur noch einzelne Hefte lieferbar
	II. Halbjahr (Heft 1/2 bis 25/26)	nur noch einzelne Hefte lieferbar
	Autoren- und Patentregister I. Halbj. (einzeln)	8,—
	Autoren- und Patentregister II. Halbj. (einzeln)	8,—
	Ergänzungsband 1	60,—
	Ergänzungsband 2	54,—
	Ergänzungsband 3	52,—
	Ergänzungsband 4	60,—
	Ergänzungsband 5	52,—
	Ergänzungsband 6	38,—
	Ergänzungsband 7	52,—
	Ergänzungsband 8	75,—
	Ergänzungsband 9	70,—
	Ergänzungsband 10	115,—
1950	I. Halbjahr	nur noch einzelne Hefte lieferbar
	II. Halbjahr (Heft 1 bis 26) einschl. Autoren- und Patentregister	125,—

Fortsetzung siehe umstehend

Kolibri 360 GmbH
Ferdinand-Jühlke-Straße 7
99095 Erfurt, Deutschland
produktsicherheit@kolibri360.de